HANDBOOK OF MECHANICAL DESIGN

《机械设计手册》第六版卷目

机械设计手册

第六版

第2卷

主编单位　中国有色工程设计研究总院

主　　编　成大先

副 主 编　王德夫　姬奎生　韩学铨

姜　勇　李长顺　王雄耀

虞培清　成　杰　谢京耀

HANDBOOK OF MECHANICAL DESIGN

化学工业出版社

·北　京·

《机械设计手册》第六版共5卷，涵盖了机械常规设计的所有内容。其中第1卷包括一般设计资料，机械制图、极限与配合、形状和位置公差及表面结构，常用机械工程材料，机构，机械产品结构设计；第2卷包括连接与紧固，轴及其连接，轴承，起重运输机械零部件，操作件、小五金及管件；第3卷包括润滑与密封，弹簧，螺旋传动、摩擦轮传动，带、链传动，齿轮传动；第4卷包括多点啮合柔性传动，减速器、变速器，常用电机、电器及电动（液）推杆与升降机，机械振动的控制及利用，机架设计；第5卷包括液压传动，液压控制，气压传动等。

《机械设计手册》第六版是在总结前五版的成功经验，考虑广大读者的使用习惯及对《机械设计手册》提出新要求的基础上进行编写的。《机械设计手册》保持了前五版的风格、特色和品位：突出实用性，从机械设计人员的角度考虑，合理安排内容取舍和编排体系；强调准确性，数据、资料主要来自标准、规范和其他权威资料，设计方法、公式、参数选用经过长期实践检验，设计举例来自工程实践；反映先进性，增加了许多适合我国国情、具有广阔应用前景的新材料、新方法、新技术、新工艺，采用了新标准和规范，广泛收集了具有先进水平并实现标准化的新产品；突出了实用、便查的特点。《机械设计手册》可作为机械设计人员和有关工程技术人员的工具书，也可供高等院校有关专业师生参考使用。

图书在版编目（CIP）数据

机械设计手册. 第2卷/成大先主编. —6版. —北京：化学工业出版社，2016.3（2022.1重印）
ISBN 978-7-122-26050-5

Ⅰ.①机… Ⅱ.①成… Ⅲ.①机械设计-技术手册 Ⅳ.①TH122-62

中国版本图书馆CIP数据核字（2016）第011792号

责任编辑：周国庆 张兴辉 王 烨 贾 娜　　装帧设计：尹琳琳
责任校对：王素芹

出版发行：化学工业出版社（北京市东城区青年湖南街13号 邮政编码100011）
印 装：三河市航远印刷有限公司
787mm×1092mm 1/16 印张106 字数3805千字
1969年6月第1版 2022年1月北京第6版第43次印刷

购书咨询：010-64518888　　售后服务：010-64518899
网 址：http://www.cip.com.cn
凡购买本书，如有缺损质量问题，本社销售中心负责调换。

定 价：170.00元

京化广临字2016——01号

撰稿人员

成大先　中国有色工程设计研究总院
王德夫　中国有色工程设计研究总院
刘世参　《中国表面工程》杂志、装甲兵工程学院
姬奎生　中国有色工程设计研究总院
韩学铨　北京石油化工工程公司
余梦生　北京科技大学
高淑之　北京化工大学
柯蕊珍　中国有色工程设计研究总院
杨　青　西北农林科技大学
刘志杰　西北农林科技大学
王欣玲　机械科学研究院
陶兆荣　中国有色工程设计研究总院
孙东辉　中国有色工程设计研究总院
李福君　中国有色工程设计研究总院
阮忠唐　西安理工大学
熊绮华　西安理工大学
雷淑存　西安理工大学
田惠民　西安理工大学
殷鸿樑　上海工业大学
齐维浩　西安理工大学
曹惟庆　西安理工大学
吴宗泽　清华大学
关天池　中国有色工程设计研究总院
房庆久　中国有色工程设计研究总院
李建平　北京航空航天大学
李安民　机械科学研究院
李维荣　机械科学研究院
丁宝平　机械科学研究院
梁全贵　中国有色工程设计研究总院
王淑兰　中国有色工程设计研究总院
林基明　中国有色工程设计研究总院
王孝先　中国有色工程设计研究总院
童祖楹　上海交通大学
刘清廉　中国有色工程设计研究总院
许文元　天津工程机械研究所
孙永旭　北京古德机电技术研究所
丘大谋　西安交通大学
诸文俊　西安交通大学
徐　华　西安交通大学
谢振宇　南京航空航天大学
陈应斗　中国有色工程设计研究总院
张奇芳　沈阳铝镁设计研究院
安　剑　大连华锐重工集团股份有限公司
迟国东　大连华锐重工集团股份有限公司
杨明亮　太原科技大学
邹舜卿　中国有色工程设计研究总院
邓述慈　西安理工大学
周凤香　中国有色工程设计研究总院
朴树寰　中国有色工程设计研究总院
杜子英　中国有色工程设计研究总院
汪德涛　广州机床研究所
朱　炎　中国航宇救生装置公司
王鸿翔　中国有色工程设计研究总院
郭　永　山西省自动化研究所
厉海祥　武汉理工大学
欧阳志喜　宁波双林汽车部件股份有限公司
段慧文　中国有色工程设计研究总院
姜　勇　中国有色工程设计研究总院
徐永年　郑州机械研究所
梁桂明　河南科技大学
张光辉　重庆大学
罗文军　重庆大学
沙树明　中国有色工程设计研究总院
谢佩娟　太原理工大学
余　铭　无锡市万向联轴器有限公司
陈祖元　广东工业大学
陈仕贤　北京航空航天大学
郑自求　四川理工学院
贺元成　泸州职业技术学院
季泉生　济南钢铁集团

方　正	中国重型机械研究院
马敬勋	济南钢铁集团
冯彦宾	四川理工学院
袁　林	四川理工学院
孙夏明	北方工业大学
黄吉平	宁波市镇海减变速机制造有限公司
陈宗源	中冶集团重庆钢铁设计研究院
张　翌	北京太富力传动机器有限责任公司
陈　涛	大连华锐重工集团股份有限公司
于天龙	大连华锐重工集团股份有限公司
李志雄	大连华锐重工集团股份有限公司
刘　军	大连华锐重工集团股份有限公司
蔡学熙	连云港化工矿山设计研究院
姚光义	连云港化工矿山设计研究院
沈益新	连云港化工矿山设计研究院
钱亦清	连云港化工矿山设计研究院
于　琴	连云港化工矿山设计研究院
蔡学坚	邢台地区经济委员会
虞培清	浙江长城减速机有限公司
项建忠	浙江通力减速机有限公司
阮劲松	宝鸡市广环机床责任有限公司
纪盛青	东北大学
黄效国	北京科技大学
陈新华	北京科技大学
李长顺	中国有色工程设计研究总院
申连生	中冶迈克液压有限责任公司
刘秀利	中国有色工程设计研究总院
宋天民	北京钢铁设计研究总院
周　堉	中冶京城工程技术有限公司
崔桂芝	北方工业大学
佟　新	中国有色工程设计研究总院
禤有雄	天津大学
林少芬	集美大学
卢长耿	厦门海德科液压机械设备有限公司
容同生	厦门海德科液压机械设备有限公司
张　伟	厦门海德科液压机械设备有限公司
吴根茂	浙江大学
魏建华	浙江大学
吴晓雷	浙江大学
钟荣龙	厦门厦顺铝箔有限公司
黄　畲	北京科技大学
王雄耀	费斯托（FESTO）（中国）有限公司
彭光正	北京理工大学
张百海	北京理工大学
王　涛	北京理工大学
陈金兵	北京理工大学
包　钢	哈尔滨工业大学
蒋友谅	北京理工大学
史习先	中国有色工程设计研究总院

审稿人员

刘世参　成大先　王德夫　郭可谦　汪德涛　方　正　朱　炎　李钊刚
姜　勇　陈谌闻　饶振纲　季泉生　洪允楣　王　正　詹茂盛　姬奎生
张红兵　卢长耿　郭长生　徐文灿

HANDBOOK OF MECHANICAL DESIGN

第六版前言

Sixth Edition Preface

《机械设计手册》自1969年第一版出版发行以来，已经修订了五次，累计销售量130万套，成为新中国成立以来，在国内影响力强、销售量大的机械设计工具书。作为国家级的重点科技图书，《机械设计手册》多次获得国家和省部级奖励。其中，1978年获全国科学大会科技成果奖，1983年获化工部优秀科技图书奖，1995年获全国优秀科技图书二等奖，1999年获全国化工科技进步二等奖，2002年获石油和化学工业优秀科技图书一等奖，2003年获中国石油和化学工业科技进步二等奖。1986~2015年，多次被评为全国优秀畅销书。

与时俱进、开拓创新，实现实用性、可靠性和创新性的最佳结合，协助广大机械设计人员开发出更好更新的产品，适应市场和生产需要，提高市场竞争力和国际竞争力，这是《机械设计手册》一贯坚持、不懈努力的最高宗旨。

《机械设计手册》（以下简称《手册》）第五版出版发行至今已有8年的时间，在这期间，我们进行了广泛的调查研究，多次邀请机械方面的专家、学者座谈，倾听他们对第六版修订的建议，并深入设计院所、工厂和矿山的第一线，向广大设计工作者了解《手册》的应用情况和意见，及时发现、收集生产实践中出现的新经验和新问题，多方位、多渠道跟踪、收集国内外涌现出来的新技术、新产品，改进和丰富《手册》的内容，使《手册》更具鲜活力，以最大限度地提高广大机械设计人员自主创新的能力，适应建设创新型国家的需要。

《手册》第六版的具体修订情况如下。

一、在提高产品开发、创新设计方面

1. 新增第5篇“机械产品结构设计”，提出了常用机械产品结构设计的12条常用准则，供产品设计人员参考。

2. 第1篇“一般设计资料”增加了机械产品设计的巧（新）例与错例等内容。

3. 第11篇“润滑与密封”增加了稀油润滑装置的设计计算内容，以适应润滑新产品开发、设计的需要。

4. 第15篇“齿轮传动”进一步完善了符合ISO国际最新标准的渐开线圆柱齿轮设计，非零变位锥齿轮设计，点线啮合传动设计，多点啮合柔性传动设计等内容，如增加了符合ISO标准的渐开线齿轮几何计算及算例，更新了齿轮精度等。

5. 第23篇“气压传动”增加了模块化电/气混合驱动技术、气动系统节能等内容。

二、在为新产品开发、老产品改造创新，提供新型元器件和新材料方面

1. 介绍了相关节能技术及产品，如增加了气动系统的节能技术和产品、节能电机等。

2. 各篇介绍了许多新型的机械零部件，包括一些新型的联轴器、离合器、制动器、带减速器的电机、起重运输零部件、液压元件和辅件、气动元件等，这些产品均具有技术先进、节能等特点。

3. 新材料方面，增加或完善了铜及铜合金、铝及铝合金、钛及钛合金、镁及镁合金等内容，这些合金材料由于具有优良的力学性能、物理性能以及材料回收率高等优点，目前广泛应用于航天、航空、高铁、计算机、通信元件、电子产品、纺织和印刷等行业。

三、在贯彻推广标准化工作方面

1. 所有产品、材料和工艺均采用新标准资料，如材料、各种机械零部件、液压和气动元件等全部更新了技术标准和产品。

2. 为满足机械产品通用化、国际化的需要，遵照立足国家标准、面向国际标准的原则来收录内容，如第 15 篇“齿轮传动”更新并完善了符合 ISO 标准的渐开线齿轮设计等。

《机械设计手册》第六版是在前几版的基础上重新编写而成的。借《机械设计手册》第六版出版之际，再次向参加每版编写的单位和个人表示衷心的感谢！同时也感谢给我们提供大力支持和热忱帮助的单位和各界朋友们！

由于笔者水平有限，调研工作不够全面，修订中难免存在疏漏和缺点，恳请广大读者继续给予批评指正。

编　者

目录
CONTENTS

第 6 篇 连接与紧固

第7篇 轴及其连接

第2章 联轴器

第 8 篇 轴承

HANDBOOK OF MECHANICAL DESIGN

第 9 篇　起重运输机械零部件

第 1 章　起重机械零部件 ······ 9-3

HANDBOOK OF MECHANICAL DESIGN

第10篇 操作件、小五金及管件

HANDBOOK OF MECHANICAL DESIGN

第 2 章 管件 …………………………… 10-36

HANDBOOK OF MECHANICAL DESIGN

机械设计手册

第六版

第2卷

HANDBOOK OF MECHANICAL DESIGN

第6篇 连接与紧固

主要撰稿 房庆久 李建平 韩学铨

审　　稿 王德夫 房庆久

第1章 螺纹及螺纹连接

1 螺　　纹

1.1 螺纹术语及其定义（摘自 GB/T 14791—2013）

表 6-1-1　　　　螺纹术语及其定义

序号	术　　语	定　　义
1	螺旋线 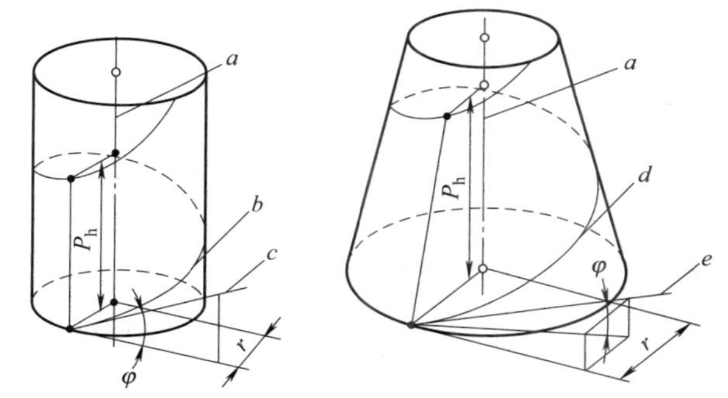 (a) 在圆柱表面上的螺旋线　(b) 在圆锥表面上的螺旋线	沿着圆柱或圆锥表面运动点的轨迹，该点的轴向位移与相应角位移成定比 a—螺旋线的轴线 b—圆柱形螺旋线 c—圆柱形螺旋线的切线 d—圆锥形螺旋线 e—圆锥形螺旋线的切线 P_h—螺旋线导程 φ—螺旋线导角
2	螺纹	在圆柱或圆锥表面上具有相同牙型、沿螺旋线连续凸起的牙体
3	圆柱螺纹 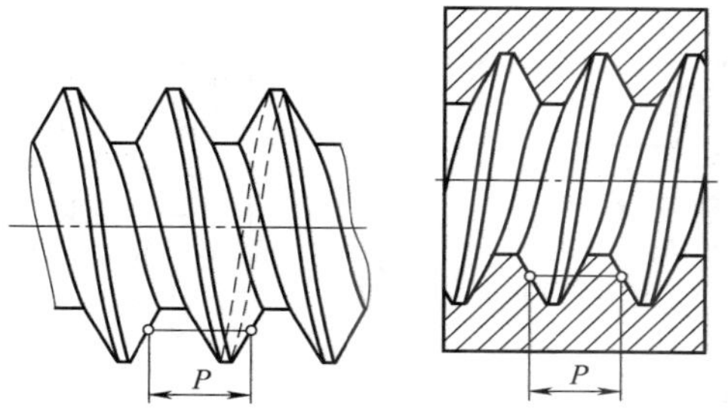 (a) 单线右旋外螺纹　(b) 单线右旋内螺纹	在圆柱表面上所形成的螺纹 P—螺距
4	圆锥螺纹(见序号 62 图)	在圆锥表面上所形成的螺纹

续表

序号	术　语	定　义
5	对称螺纹与非对称螺纹 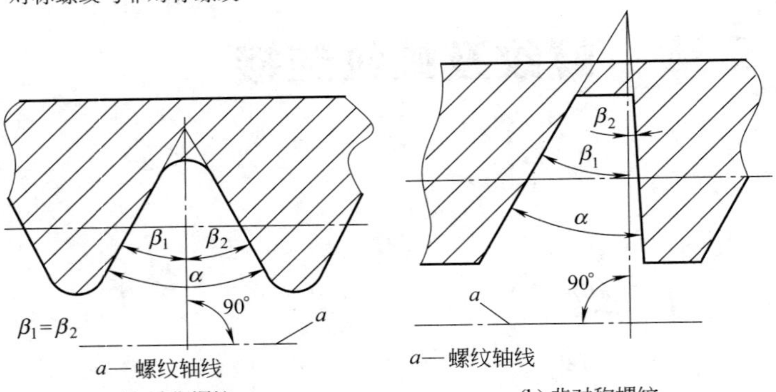 (a) 对称螺纹　(b) 非对称螺纹	对称螺纹:相邻牙侧角相等 非对称螺纹:相邻牙侧角不相等
6	单线螺纹与多线螺纹 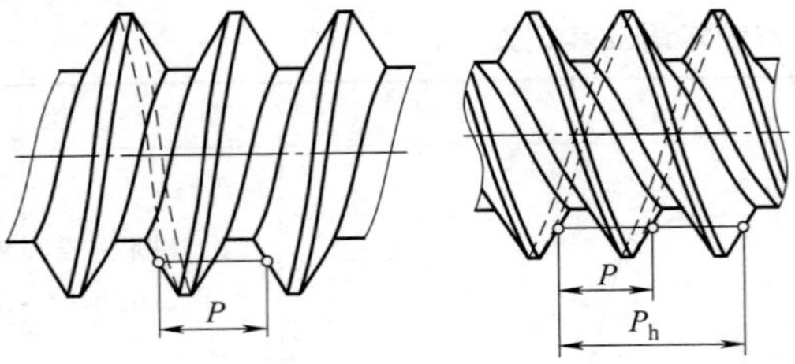 (a) 单线左旋外螺纹　(b) 双线右旋外螺纹	单线螺纹:只有一个起始点的螺纹,其螺距等于导程 多线螺纹:具有两个或两个以上起始点的螺纹,其螺距等于导程除以线数 P—螺距 P_h—导程
7	右旋 RH(或左旋 LH)螺纹(见序号 3,6 图)	顺时针(或逆时针)旋入的螺纹
8	螺纹收尾(见序号 62 图)	由切削刀具倒角或退出所形成的牙底不完整的螺纹
9	引导螺纹	旋入端的螺纹,其牙底完整而牙顶不完整
10	原始三角形和基本牙型 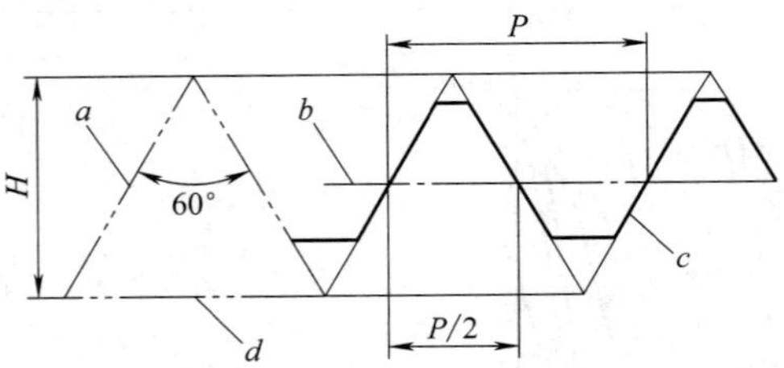	原始三角形:由延长基本牙型的牙侧获得的三个连续交点所形成的三角形 基本牙型:在螺纹轴线平面内,由理论尺寸、角度和削平高度所形成的内、外螺纹共有的理论牙型。它是确定螺纹设计牙型的基础 a—原始三角形 b—中径线 c—基本牙型 d—底边
11	原始三角形高度 H(见序号 10 图)	由原始三角形底边到与此底边相对的原始三角形顶点间的径向距离

续表

序号	术　　语	定　　义
12	削平高度 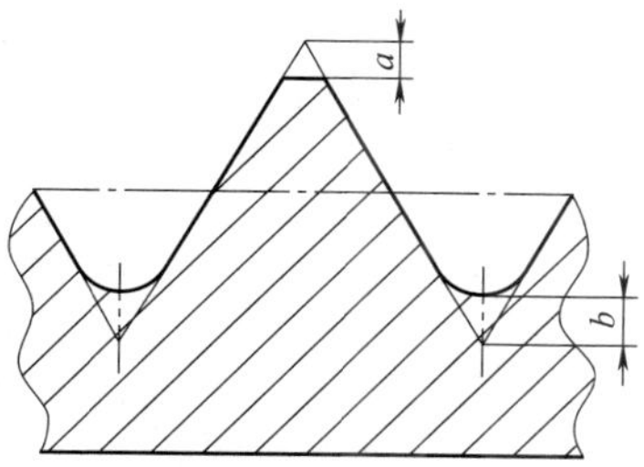 	在螺纹牙型上，从牙顶或牙底到它所在原始三角形的最邻近顶点间的径向距离 a—牙顶削平高度 b—牙底削平高度
13	螺纹牙型	在螺纹轴线平面内的螺纹轮廓形状
14	设计牙型 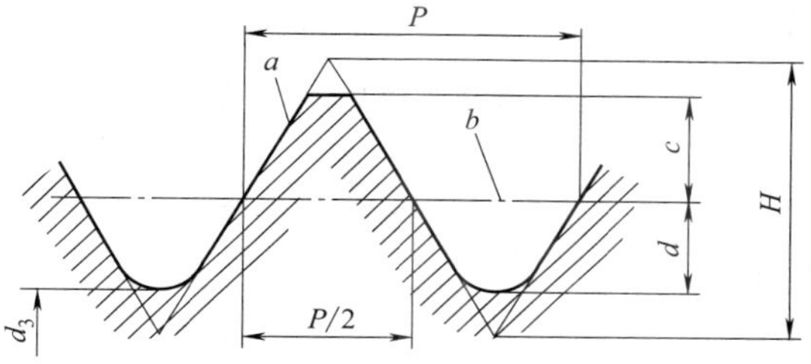 (a) 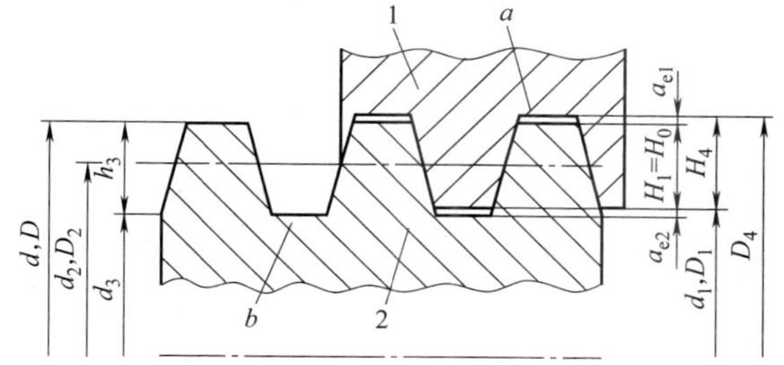 (b)	在基本牙型基础上，具有圆弧或平直形状牙顶和牙底的螺纹牙型 注：设计牙型是内、外螺纹极限偏差的起始点 图(a) a—设计牙型 b—中径线 c—牙顶高 d—牙底高 图(b) 1—内螺纹 2—外螺纹 a—内螺纹设计牙型 b—外螺纹设计牙型
15	最大(最小)实体牙型	具有最大(最小)实体极限的螺纹牙型
16	牙侧 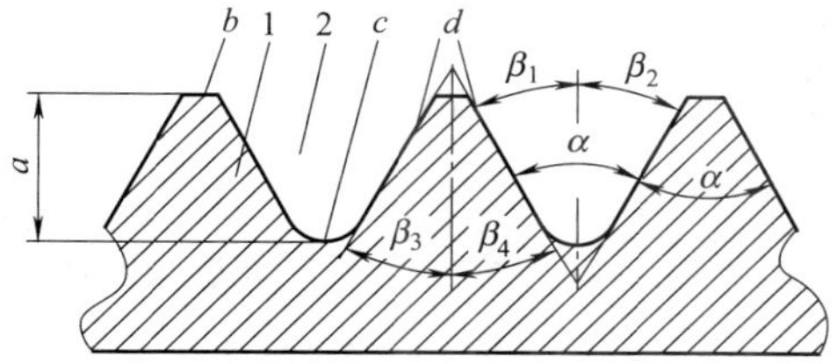 	由不平行于螺纹中径线的原始三角线一个边所形成的螺旋表面 1—牙体 2—牙槽 a—牙高 b—牙顶 c—牙底 d—牙侧
17	相邻牙侧	由不平行于螺纹中径线的原始三角形两个边所形成的牙侧

续表

序号	术 语	定 义
18	同名牙侧	处在同一螺旋面上的牙侧
19	牙体(见序号 16 图)	相邻牙侧间的材料实体
20	牙槽(见序号 16 图)	相邻牙侧间的非实体空间
21	牙顶(见序号 16 图)	连接两个相邻牙侧的牙体顶部表面
22	牙底(见序号 16 图)	连接两个相邻牙侧的牙槽底部表面
23	牙型高度(见序号 16 图牙高)	从一个螺纹牙体的牙顶到其牙底间的径向距离
24	牙顶高(见序号 14 图)	从一个螺纹牙体的牙顶到其中径线间的径向距离
25	牙底高(见序号 14 图)	从一个螺纹牙体的牙底到其中径线间的径向距离
26	牙侧角 β(米制螺纹)(见序号 5、16 图) 注:对寸制螺纹,对称螺纹的牙侧角代号为 α,非对称螺纹牙侧角代号为 α_1 和 α_2	在螺纹牙型上,一个牙侧与垂直于螺纹轴线平面间的夹角
27	牙型角 α(米制螺纹)(见序号 5、16 图) 注:对寸制螺纹,对称螺纹牙型角代号为 2α,非对称螺纹牙型角代号为 $\alpha_1+\alpha_2$	在螺纹牙型上,两相邻牙侧间的夹角
28	牙顶(牙底)圆弧半径 R,r	在螺纹轴线平面内,牙顶(牙底)上呈圆弧部分的曲率半径
29	公称直径 D,d	代表螺纹尺寸的直径 注:1. 对紧固螺纹和传动螺纹,其大径基本尺寸是螺纹的代表尺寸。对管螺纹,其管子公称尺寸是螺纹的代表尺寸。 2. 对内螺纹,使用直径的大写字母代号 D;对外螺纹,使用直径的小写字母代号 d
30	大径 D,d、D_4(米制螺纹) 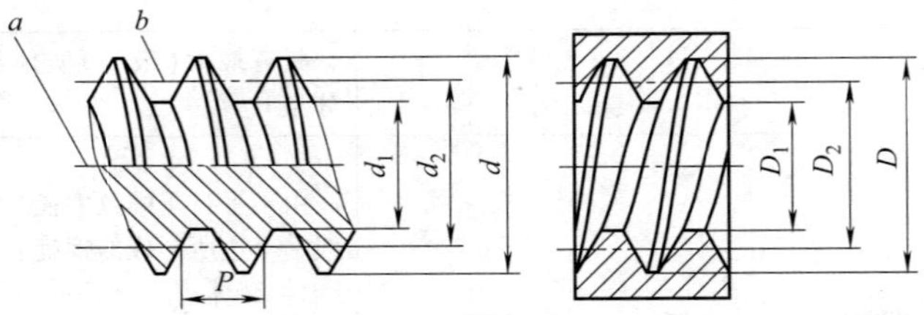 直径	与外螺纹牙顶或内螺纹牙底相切的假想圆柱或圆锥的直径 注:1. 对圆锥螺纹,不同螺纹轴线位置处的大径是不同的 2. 当内螺纹设计牙型上的大径尺寸不同于其基本牙型上的大径时,设计牙型上的大径使用代号 D_4 a—螺纹轴线 b—中径线
31	小径 D_1,d_1,d_3(见序号 30,14 图)	与外螺纹牙底或内螺纹牙顶相切的假想圆柱或圆锥的直径 注:1. 对圆锥螺纹,不同螺纹轴线位置处的小径是不同的。 2. 当外螺纹设计牙型上的,小径尺寸不同于其基本牙型上的小径时,设计牙型上的小径使用代号 d_3

续表

序号	术　　语	定　　义
32	顶径 D_1,d(见序号 30,14 图)	与螺纹牙顶相切的假想圆柱或圆锥的直径 注:它是外螺纹的大径或内螺纹的小径
33	底径 D,d_1(见序号 30 图),d_3,D_4(米制螺纹)(见序号 14 图)	与螺纹牙底相切的假想圆柱或圆锥的直径 注:1. 它是外螺纹的小径或内螺纹的大径 2. 当内螺纹的设计牙型上的大径尺寸不同于其基本牙型上的大径时,设计牙型上的大径使用代号 D_4 3. 当外螺纹设计牙型上的小径尺寸不同于其基本牙型上的小径时,设计牙型上的小径使用代号 d_3
34	中径 D_2,d_2(见序号 30 图)	中径圆柱或中径圆锥的直径 注:对圆锥螺纹,不同螺纹轴线位置处的中径是不同的
35	单一中径 D_{2s},d_{2s} 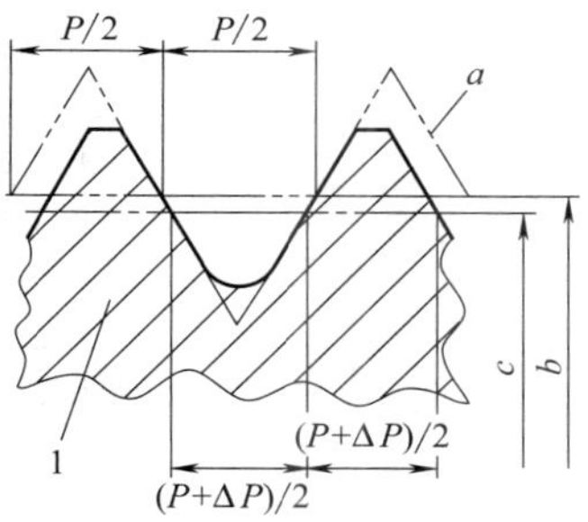 	一个假想圆柱或圆锥的直径,该圆柱或圆锥的母线通过实际螺纹上牙槽宽度等于半个基本螺距的地方。通常采用最佳量针或量球进行测量 注:1. 对圆锥螺纹,不同螺纹轴线位置处的单一中径是不同的 2. 对理想螺纹,其中径等于单一中径 1—带有螺距偏差的实际螺纹 a—理想螺纹 b—单一中径 c—中径
36	作用中径 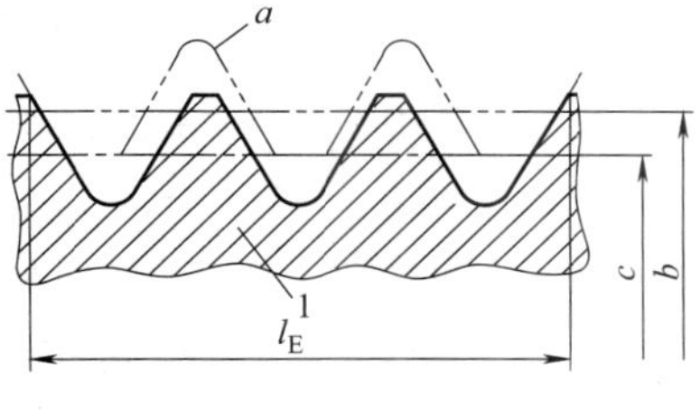 	在规定的旋合长度内,恰好包容(没有过盈或间隙)实际螺纹牙侧的一个假想理想螺纹的中径。该理想螺纹具有基本牙型,并且包容时与实际螺纹在牙顶和牙底处不发生干涉 注:对圆锥螺纹,不同螺纹轴线位置处的作用中径是不同的 1—实际螺纹 l_E—螺纹旋合长度 a—理想内螺纹 b—作用中径 c—中径

续表

序号	术　语	定　义
37	中径轴线，螺纹轴线（见序号30图）	中径圆柱或中径圆锥的轴线 注：如果没有误解风险，大多数场合允许用“螺纹轴线”替代“中径轴线”。但不允许用“大径轴线”或“小径轴线”替代“中径轴线”
38	螺距P，牙槽螺距P_2，累积螺距P_{Σ} 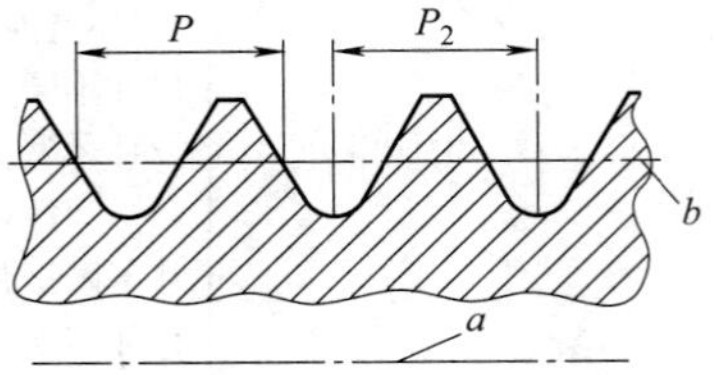	螺距P：相邻两牙体上的对应牙侧与中径线相交两点间的轴向距离牙槽螺距P_2：相邻两牙槽的对称线在中径线上对应两点间的轴向距离。通常采用最佳量针或量球进行测量 注：牙槽螺距仅适用于对称螺纹，其牙槽对称线垂直于螺纹轴线 累计螺距P_{Σ}：相距两个或两个以上螺距的两个牙体间的各个螺距之和 a—螺纹轴线 b—中径线
39	牙数n	每25.4mm轴向长度内所包含的螺纹螺距个数 注：此术语主要用于寸制螺纹。牙数是英寸螺距值的倒数。
40	导程P_h（米制螺纹）和L（寸制螺纹），牙槽导程P_{h2} 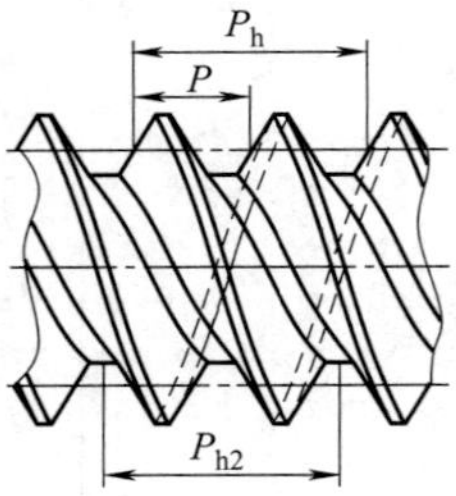	导程：米制螺纹为P_h，寸制螺纹为L，指最邻近的两同名牙侧与中径线相交两点间的轴向距离 注：导程是一个点沿着在中径圆柱或中径圆锥上的螺旋线旋转一周所对应的轴向位移 牙槽导程P_{h2}：处于同一牙槽内的两最邻近牙槽的对称线在中径线上对应两点间的轴向距离。通常采用最佳量针或量球进行测量 注：牙槽导程仅适用于对称螺纹，其牙槽对称线垂直于螺纹轴线
41	升角，导程角，φ（米制螺纹）和λ（寸制螺纹）	在中径圆柱或中径圆锥上螺旋线的切线与垂直于螺纹轴线平面间的夹角 注：1. 对米制螺纹，其计算公式为$\tan\varphi=\dfrac{P_h}{\pi d_2}$；对寸制螺纹，其计算公式为$\tan\lambda=\dfrac{L}{\pi d_2}$ 2. 对圆锥螺纹，其不同螺纹轴线位置处的升角是不同的
42	牙厚（见序号16）	一个牙体的相邻牙侧与中径线相交两点间的轴向距离
43	牙槽宽（见序号16）	一个牙槽的相邻牙侧与中径线相交两点间的轴向距离

续表

序号	术　语	定　义
44	螺纹接触高度 H_0，牙侧接触高度 H_1 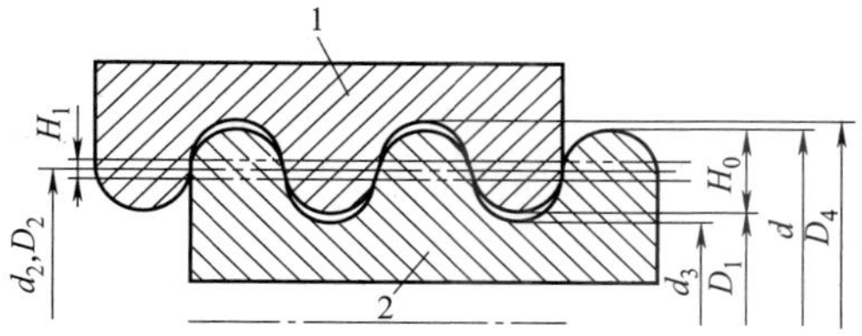 	螺纹接触高度：在两个同轴配合螺纹的牙型上，外螺纹牙顶至内螺纹牙顶间的径向距离，即内、外螺纹的牙型重叠径向高度 牙侧接触高度：在两个同轴配合螺纹的牙型上其牙侧重合部分的径向高度 1—内螺纹 2—外螺纹
45	螺纹旋合长度 l_E，螺纹装配长度 l_A 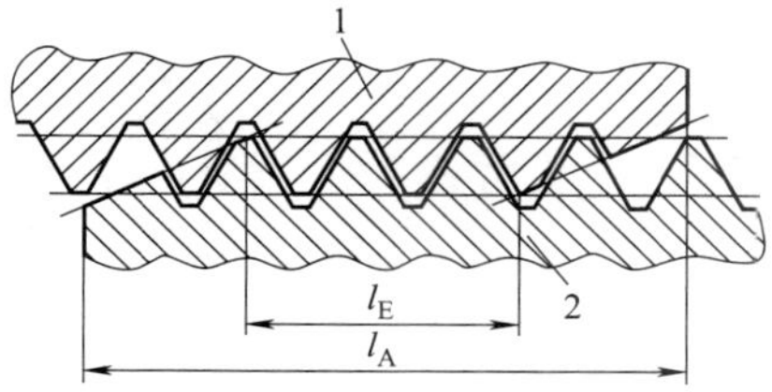 	螺纹旋合长度 l_E：两个配合螺纹的有效螺纹相互接触的轴向长度 螺纹装配长度 l_A：两个配合螺纹旋合的轴向长度。 注：螺纹装配长度允许包含引导螺纹的倒角和(或)螺纹收尾 1—内螺纹 2—外螺纹
46	大径间隙 a_{c1}(见序号 14 图)	在设计牙型上，同轴装配的内螺纹牙底与外螺纹牙顶间的径向距离
47	小径间隙 a_{c2}(见序号 14 图)	在设计牙型上，同轴装配的内螺纹牙顶与外螺纹牙底间的径向距离
48	行程 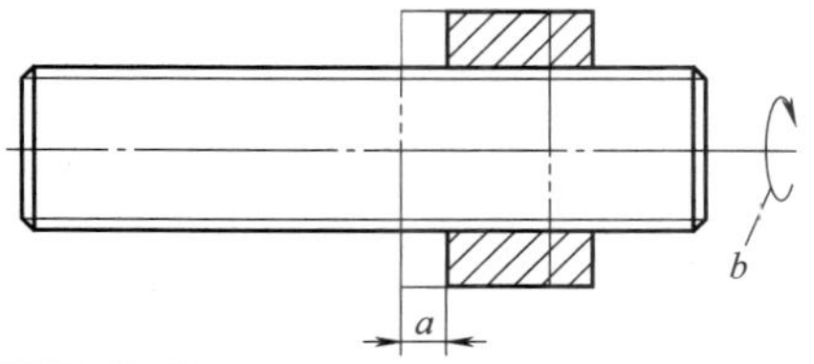 	两个配合螺纹相对转动某一角度所产生的相对轴向位移量。此术语通常用于传动螺纹 a—行程 b—转动角度
49	螺距偏差 ΔP	螺距的实际值与其基本值之差
50	牙槽螺距偏差 ΔP_2	牙槽螺距的实际值与其基本值之差
51	累积螺距偏差 ΔP_{Σ} 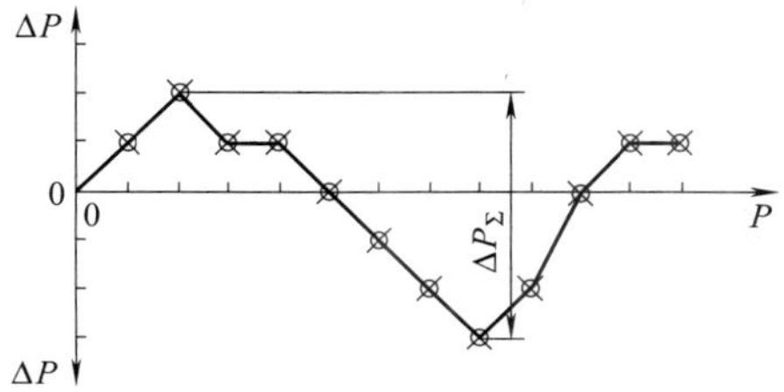 	在规定的螺纹长度内，任意两牙体间的实际累积螺距值与其基本累积螺距值差中绝对值最大的那个偏差 注：在一些场合，此规定的螺纹长度可能是螺纹旋合长度。对管螺纹，此规定的螺纹长度可能是 25.4mm
52	导程偏差 ΔP_h(米制螺纹)和 ΔL(寸制螺纹)	导程的实际值与其基本值之差
53	牙槽导程偏差 ΔP_{h2}	牙槽导程的实际值与其基本值之差
54	行程偏差	行程的实际值与其基本值之差

第6篇

续表

序号	术语		定义
55	累积导程偏差 $\Delta P_{h\Sigma}$ 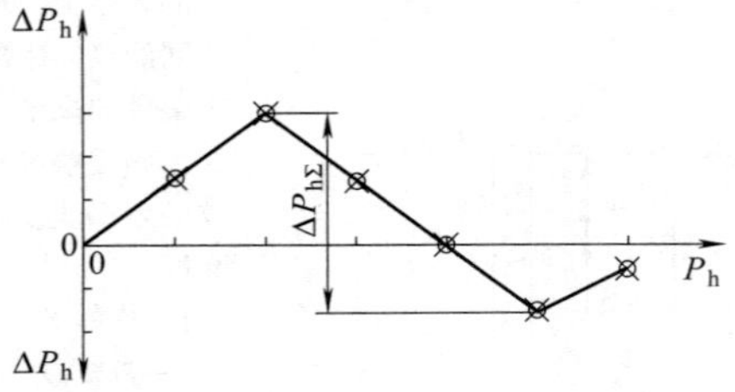		在规定的螺纹长度内,同一螺旋面上任意两牙侧与中径线相交两点间的实际轴向距离与其基本值之差中绝对值最大的那个偏差 注:在一些场合,此规定的螺纹长度可能是螺纹旋合长度。对管螺纹,此规定的螺纹长度可能是25.4mm
56	牙侧角偏差 $\Delta\beta$(米制螺纹)		牙侧角的实际值与其基本值之差
57	中径当量		由螺距偏差或导程偏差和(或)牙侧角偏差所引起作用中径的变化量。通常利用螺纹指示规的差示检验法进行测量 注:1. 对外螺纹,其中径当量是正值;对内螺纹,其中径当量是负值 2. 中径当量也可细分为螺距偏差的中径当量和牙侧角偏差的中径当量
58	与非对称螺纹相关的术语	承载牙侧	螺纹副中承受外部轴向载荷的牙侧
59		非承载牙侧	螺纹副中不承受外部轴向载荷的牙侧
60		引导牙侧	在螺纹即将装配时,面对与其配合螺纹工件的牙侧
61		跟随牙侧	在螺纹即将装配时,背对与其配合螺纹工件的牙侧
62	完整螺纹 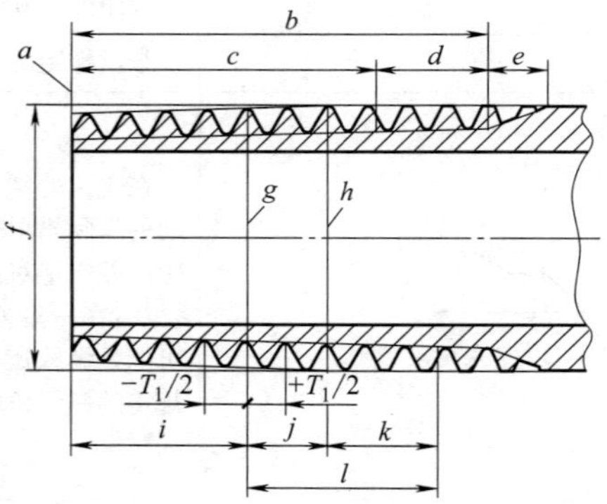 圆锥螺纹		牙顶和牙底均具有完整形状的螺纹 注:当引导螺纹的倒角轴向长度不超过一个螺距,此引导螺纹包含在完整螺纹长度之内 a—参照平面 b—有效螺纹 c—完整螺纹 d—不完整螺纹 e—螺纹收尾 f—基准直径(d) g—基准平面 h—手旋合时最小实体内螺纹工件端面能够到达的轴向位置 i—基准距离 j—与内螺纹正公差相等的余量 k—扳紧余量 l—装配余量 序号62~73是与密封管螺纹相关的术语

续表

序号	术　语	定　义
63	不完整螺纹(见序号62图)	牙底形状完整,牙顶因与工件圆柱表面相交而形状不完整的螺纹
64	有效螺纹(见序号62图)	由完整螺纹和不完整螺纹组成的螺纹,不包含螺尾
65	基准直径(见序号62图)	为规定密封管螺纹尺寸而设立的基准基本大径
66	基准平面(见序号62图)	垂直于密封管螺纹轴线、具有基准直径的平面 注:螺纹环规和塞规利用此平面进行螺纹工件的检验
67	基准距离(见序号62图)	从基准平面到圆锥外螺纹小端面的轴向距离
68	装配余量(见序号62图)	在圆锥外螺纹基准平面之后的有效螺纹长度。它提供了与最小实体状态内螺纹的装配量
69	扳紧余量(见序号62图)	手旋合后用于扳紧所需的有效螺纹长度。扳紧时,它容纳两配合螺纹工件间的相对运动
70	参照平面(见序号62图)	检验螺纹时,读取量规检验数值(基准平面的位置偏差)所参照的螺纹工件可见端面 注:它是内螺纹工件的大端面或外螺纹工件的小端面
71	容纳长度	从内螺纹大端面到妨碍外螺纹扳紧旋入所遇到的第一个障碍物间的轴向距离
72	中径圆锥锥度	在中径圆锥上,两个位置的直径差与这两个位置间的轴向距离之比
73	紧密距	在规定的安装力矩或者其他条件下,圆锥螺纹工作或量规上规定参照点间的轴向距离

1.2　螺纹标准

表6-1-2　　**我国常用螺纹标准一览**

序号	标准名称	标准号	对应的国际标准
1	螺纹术语	GB/T 14791—2013	ISO 5408
2	普通螺纹　基本牙型	GB/T 192—2003	ISO 68
3	普通螺纹　直径与螺距系列	GB/T 193—2003	ISO 261
4	普通螺纹　基本尺寸	GB/T 196—2003	ISO 724
5	普通螺纹　公差	GB/T 197—2003	ISO 965-1
6	普通螺纹　极限偏差	GB/T 2516—2003	ISO 965-3
7	普通螺纹　优选系列	GB/T 9144—2003	
8	普通螺纹　中等精度优选系列的极限尺寸	GB/T 9145—2003	ISO 965-2
9	普通螺纹　粗糙精度优选系列的极限尺寸	GB/T 9146—2003	
10	商品紧固件的普通螺纹选用系列	JB/T 7912—1999	ISO 262
11	普通螺纹　极限尺寸	GB/T 15756—2008	
12	普通螺纹　量规技术条件	GB/T 3934—2003	ISO 1502
13	光学仪器　特种细牙螺纹	JB/T 9313—1999	

续表

序号	标准名称	标准号	对应的国际标准
14	光学仪器用目镜螺纹	JB/T 8240—1999	
15	光学仪器用短牙螺纹	JB/T 5450—2007	
16	MJ 螺纹第一部分:通用要求	GJB 3. 1—2003	ISO 5855
17	MJ 螺纹第二部分:螺栓螺母螺纹的极限尺寸	GJB 3. 2—2003	
18	MJ 螺纹第三部分:管路件螺纹的极限尺寸	GJB 3. 3—2003	
19	过渡配合螺纹	GB/T 1167—1996	
20	过盈配合螺纹	GB/T 1181—1998	
21	小螺纹　牙型	GB/T 15054. 1—1994	ISO 1501
22	小螺纹　直径与螺距系列	GB/T 15054. 2—1994	ISO 1501
23	小螺纹　公差	GB/T 15054. 3—1994	ISO 1501
24	小螺纹　极限尺寸	GB/T 15054. 4—1994	ISO 1501
25	梯形螺纹　牙型	GB 5796. 1—2005	ISO 2901
26	梯形螺纹　直径与螺距系列	GB 5796. 2—2005	ISO 2902
27	梯形螺纹　基本尺寸	GB 5796. 3—2005	ISO 2904
28	梯形螺纹　公差	GB 5796. 4—2005	ISO 12903
29	梯形螺纹　极限尺寸	GB/T 12359—2008	
30	机床梯形螺纹丝杠、螺母技术条件	JB/T 2886—2008	
31	锻压阀门用短牙梯形螺纹	JB/T Q374—1985	
32	锯齿形(3°、30°)螺纹牙型	GB/T 13576. 1—2008	
33	锯齿形(3°、30°)螺纹直径与螺距系列	GB/T 13576. 2—2008	
34	锯齿形(3°、30°)螺纹基本尺寸	GB/T 13576. 3—2008	
35	锯齿形(3°、30°)螺纹公差	GB/T 13576. 4—2008	
36	水压机 45°锯齿形螺纹牙型与基本尺寸	JB/T 2001. 73—1999	
37	55°密封管螺纹第一部分:圆柱内螺纹与圆锥外螺纹	GB/T 7306. 1—2000	ISO 7-1
38	55°密封管螺纹第二部分:圆锥内螺纹与圆锥外螺纹	GB/T 7306. 2—2000	ISO 7-1
39	55°非密封管螺纹	GB/T 7307—2001	ISO 228-1
40	60°密封管螺纹	GB/T 12716—2011	
41	用螺纹密封的管螺纹量规	JB/T 10031—1999	ISO 7-2
42	非螺纹密封的管螺纹量规	GB/T 10922—2006	ISO 228-2
43	普通螺纹　管路系列	GB/T 1414—2013	
44	米制密封螺纹	GB/T 1415—2008	
45	气瓶专用螺纹	GB 8335—2011	
46	气瓶专用螺纹量规	GB/T 8336—2011	
47	轮胎气门嘴螺纹	GB/T 9765—2009	ISO 4570
48	气口和螺柱端	GB/T 14038—2008	ISO 7180
49	包装　玻璃容器　螺纹瓶口尺寸	GB/T 17449—1998	ISO 9056
50	螺纹样板	JB/T 7981—2010	
51	普通螺纹　收尾、肩距、退刀槽和倒角	GB/T 3—1997	ISO 3508
52	搓、滚制普通螺纹前的毛坯直径	GB/T 18685—2002	ISO 4755

1.3 英制标准

表 6-1-3 国外常用英制螺纹的代号名称和标准号

标记代号	名　称	国别及标准号	备　注
B. S. W.	标准惠氏粗牙系列，一般用途圆柱螺纹	英国标准 BS 84	牙型角为 55°的英制螺纹
B. S. F.	标准惠氏细牙系列，一般用途圆柱螺纹		
Whit. S	附加的惠氏可选择系列，一般用途圆柱螺纹		
Whit	惠氏牙型非标准螺纹		
UN	恒定螺距系列统一螺纹	美国标准 ANSI B1. 1	牙型角为 60°的英制螺纹，具有标准牙型（牙底是平的或随意倒圆的）的内、外螺纹
UNC	粗牙系列统一螺纹		
UNF	细牙系列统一螺纹		
UNEF	超细牙系列统一螺纹		
UNS[①]	特殊系列统一螺纹		
UNR	圆弧牙底恒定螺距系列统一螺纹		牙型角为 60°的英制螺纹，具有圆弧牙底的 UNR、UNRC、UNRF、UNREF、UNRS 只用于外螺纹而没有内螺纹
UNRC	圆弧牙底粗牙系列统一螺纹		
UNRF	圆弧牙底细牙系列统一螺纹		
UNREF	圆弧牙底超细牙系列统一螺纹		
UNRS	圆弧牙底特殊系列统一螺纹		
NPT[②]	一般用途锥管螺纹	美国标准 ANSI B1. 20. 1	牙型角为 60°的英制管螺纹
NPSC[②]	管接头用直管螺纹		
NPTR	导杆连接用锥管螺纹		
NPSM	机械连接用直管螺纹		
NPSL	锁紧螺母用直管螺纹		
NPSH	软管连接用直管螺纹		
NPTF	干密封标准型锥管螺纹	美国标准 ANSI B1. 20. 3	Ⅰ型
PTF-SAE SHORT	干密封短型锥管螺纹		Ⅱ型
NPSF	干密封标准型燃油用直管内螺纹		Ⅲ型
NPSI	干密封标准型一般用直管内螺纹		Ⅳ型
ACME[③]	一般用途梯形螺纹	美国标准 ANSI B1. 5	牙型角为 29°的英制传动螺纹

① 公差使用与标准系列相同的公式计算的标准系列之外的所有直径与螺距组合。

② 我国的 60°圆锥管螺纹 GB/T 12716—2002 包括 NPT 和 NPSC。

③ ACME 螺纹包括一般用途的和定心的两种配合的梯形螺纹，其中一般用途的与 GB/T 5796—2005 规定的梯形螺纹的性能类同。

1.4 螺纹的分类、特点和应用

表 6-1-4　　螺纹的分类、特点和应用

螺纹种类	代号	主要特点	主要应用
普通螺纹 GB/T 192～197—2003		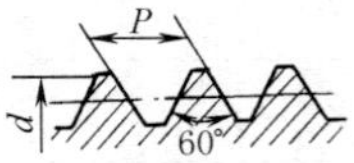 牙型角 α 为 60°的三角形螺纹，自锁性能好，按螺距分为粗牙和细牙两种，细牙螺纹螺距小、升角小、小径大、螺纹的杆身面积大、强度高、自锁性能较好，但不耐磨、易脱扣，粗牙螺纹的直径和螺距的比例适中、强度好，应用最为广泛	主要用于紧固连接，一般连接多用粗牙螺纹，细牙螺纹用于薄壁零件，也常用于受变载、振动及冲击载荷的连接，还可用于微调机构的调整 普通螺纹也称一般用途的螺纹，是螺纹件数量最多的一种
特种细牙螺纹 JB/T 9313—1999	M	牙型与普通螺纹相同，而螺距比普通螺纹的细牙螺距更小	主要用于光学仪器上大直径小螺距的薄壁零件
过渡配合螺纹 GB/T 1167—1996		牙型与普通螺纹相同，选取普通螺纹的部分尺寸，利用内、外螺纹旋合后在中径上形成过渡配合进行锁紧，易产生过松或过紧而影响装配效率和质量	主要用于双头螺柱固定于机体的一端，以防止当拧开螺柱的另一端螺母时，螺柱从机体中脱出，应在中径尺寸之外采用辅助的锁紧措施，防止螺柱松动
过盈配合螺纹 GB/T 1181—1998		牙型与普通螺纹相同，利用中径尺寸过盈锁紧螺柱，不允许采用辅助的锁紧措施	主要用于大功率、高转速、工作环境恶劣的动力机械 推荐采用分组装配以提高效益
短牙螺纹 JB/T 5450—2007	MD	牙型角 α 为 60°的三角形螺纹，将牙型高度由普通螺纹的 $\frac{5}{8}H$ 改为 $\frac{1}{2}H$，其螺距完全采用普通螺纹的全部细牙螺距，公称直径范围为 8～160mm	用于细牙螺纹不能很好满足的薄壁零件处，多用于光学仪器的调焦
MJ 螺纹 GJB 3.1～3.3—2003	MJ	牙型角 α 为 60°的三角形螺纹，与普通螺纹相比，加大了外螺纹的牙底圆弧半径 R 和小径的削平量，以此来减小应力集中并可提高螺纹强度	主要用于航空和航天器中 MJ 螺纹也称加强螺纹
小螺纹 GB/T 15054.1～5—1994	S	牙型角 α 为 60°的三角形螺纹，为提高小螺纹的强度，基本牙型上小径处的削平高度从普通小螺纹的 0.25H 加大为 0.321H，由于小螺纹的牙槽浅，工艺性将好一些	用于钟表、仪器和电子产品中公称直径小于 1mm 的紧固连接螺纹
方形螺纹 （矩形螺纹）	Tr	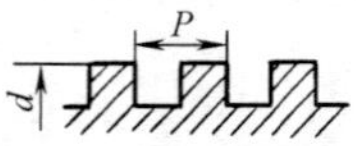 牙型角 α 为 0°的正方形螺纹，牙厚为螺距的一半，传动效率高，牙根强度差，对中性不好，磨损后间隙也无法补偿，工艺性差	曾用于力的传递或传导螺旋，如千斤顶、小型压力机等；目前仅用于对传动效率有较高要求的机件 方形螺纹也称矩形螺纹，没有制定国家标准

续表

螺纹种类	代号	主要特点	主要应用
梯形螺纹 GB/T 5796.1~4—2005	Tr	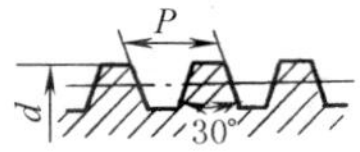 牙型角 α 为 30°的梯形螺纹，牙型高度为 0.5P，螺纹副的小径和大径处有相等的间隙，与矩形螺纹相比，效率略低，但工艺性好，牙根强度高，螺纹副对中性好，可以调整间隙（用剖分螺母时）	广泛应用于各种传动和大尺寸机件的紧固连接，常用于传动螺旋、丝杠、刀架丝杠等
短牙梯形螺纹 JB/T Q374~375—1985		牙型角 α 为 30°，牙型高度为 0.3P，结构紧凑，强度好，工艺性也好	用于要求径向尺寸小的梯形螺纹的传动，如阀门等，也用于紧固和定位
锯齿形（3°、30°）螺纹 GB/T 13576.1~4—2008		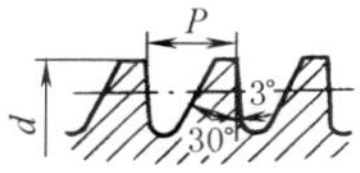 一般情况下，螺纹牙工作面的牙侧角为 3°，非工作面的牙侧角为 30°，也可根据传动效率来选择承载面的牙侧角，锯齿形螺纹兼有矩形螺纹效率高和梯形螺纹牙强度高、工艺性好的优点，是一种非对称牙型的螺纹，外螺纹的牙底有相当大的圆角，可以减小应力集中，螺纹副的大径处无间隙，便于对中，同时还可任选大径或中径两种不同的定心方式	用于单向受力的传动和定位，如轧钢机的压下螺旋、螺旋压力机、水压机、起重机的吊钩等 目前使用的有 3°/30°、3°/45°、7°/45°、0°/45°等数种不同牙侧角的锯齿形螺纹
自攻螺钉用螺纹 GB/T 5280—2002、 自攻锁紧螺钉的螺杆 GB/T 6559—1986	ST	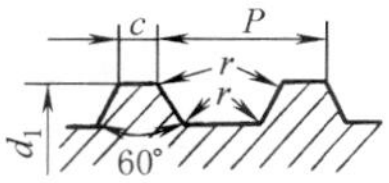 随着螺距 P 的减小，滚压螺纹时所消耗的能量降低，且制造精度有所提高	主要用于金属薄板
圆弧螺纹		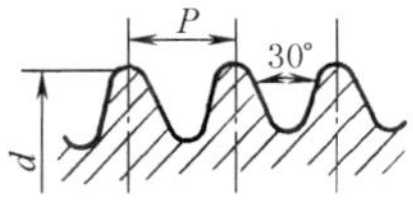 牙型为圆弧形，常用的牙型角 α 为 30°或 45°，牙粗、圆角大、螺纹不易碰损并易于消除污垢，内、外螺纹配合时有间隙，用于需要经常拆卸的地方，有较长的寿命，处于动载荷时强度较高	用于经常与污物接触和易生锈的场合，如水管闸门的螺旋导轴，也可用于玻璃器皿的瓶口、吊钩或需消除污物的场合，还可用于薄壁空心零件上
管连接用细牙普通螺纹	M	与普通细牙螺纹相同，不需专用量刃具，制造经济，靠零件端面和密封圈密封	用于液压系统、气动系统、润滑附件和仪表等处
55°非密封管螺纹 GB/T 7307—2001	G	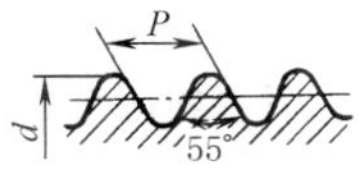 牙型角 α 为 55°，其牙顶和牙底均为圆弧形，公称直径近似为管子内径，内、外螺纹均为圆柱形的管螺纹，内、外螺纹配合后不具有密封性，在管路系统中仅起机械连接的作用	用于电线保护等场合 由于可借助于密封圈在螺纹副之外的端面进行密封，也用于静载荷下的低压管路系统

续表

螺纹种类	代号	主要特点	主要应用
55°密封管螺纹 GB/T 7306.1～2—2000	R	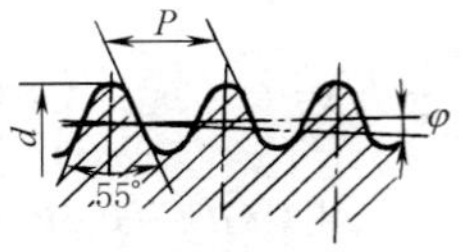 牙型角 α 为 55°，公称直径近似为管子内径，内、外螺纹旋紧后不用填料而依靠螺纹牙本身的变形即可保证连接的紧密性。它有两种配合方式：①圆柱内螺纹/圆锥外螺纹，密封性好一些；②圆锥内螺纹/圆锥外螺纹，密封性稍差些，但不易被破坏。圆锥螺纹的锥度为 1∶16，牙顶和牙底均为圆弧形	①圆柱内螺纹/圆锥外螺纹的配合，可用于低压、静载，水、煤气管多采用此种配合方式 ②圆锥内螺纹/圆锥外螺纹的配合，可用于高温、高压、承受冲击载荷的系统
60°密封管螺纹 GB/T 12716—2011	NPT	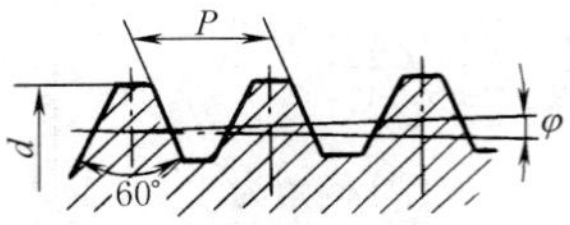 牙型角 α 为 60°的密封管螺纹，其锥度为 1∶16，与 55°密封管螺纹的配合方式及性能类同。该螺纹牙型规定牙顶和牙底均是平的，实际加工中多呈圆弧形，该螺纹牙型来源于美国标准	主要用于汽车、拖拉机、航空机械、机床等燃料、油、水、气输送系统的管连接
米制密封螺纹 GB/T 1415—2008	ZM	基本牙型及尺寸系列均符合普通螺纹规定的管螺纹，性能与其他密封管螺纹类同，其优点是能与普通螺纹组成配合，加工和测量都比较方便，锥度为 1∶16	用于气体、液体管路系统依靠螺纹密封的连接
气瓶螺纹 GB/T 8335～8336—2011		牙型角为 55°、锥度为 3∶25 的圆锥螺纹，牙顶与牙底均为圆弧形。螺纹牙分为螺纹牙型的角平分线垂直于螺纹轴线和垂直于圆锥体母线两种。锥螺纹的锥度也不完全相同	用于气瓶的瓶口与瓶阀连接及其他密封连接的锥螺纹（简称圆锥螺纹），以及瓶帽与颈圈连接的非螺纹密封的圆柱管螺纹（简称圆柱螺纹）

1.5 普通螺纹

我国的普通螺纹标准采用了国际标准中的米制螺纹系列，其内容包括牙型、尺寸、公差和标记等。

普通螺纹基本牙型的原始三角形为 60°的等边三角形。在其顶部和底部分别削去 $H/8$ 和 $H/4$ 便构成了普通螺纹的基本牙型。普通螺纹的基本牙型是内、外螺纹共有的牙型并具有基本尺寸。

普通螺纹的尺寸是由直径和螺距两个尺寸共同决定的。标准规定了它们的搭配关系，并称之为直径与螺距的组合。设计者应该按标准的规定选用。

GB/T 193—2003《普通螺纹　直径与螺距系列》对普通螺纹（一般用途米制螺纹）的直径与螺距组合系列进行了如下规定。

① 该标准适用于一般用途的机械紧固螺纹连接，其螺纹本身不具有密封功能。

② 直径与螺距的标准组合系列见表 6-1-5 的规定，在表内应选择与直径处于同一行内的螺距，并尽可能避免选用括号内的螺距；对于直径，则应优先选用第一系列的直径，其次是第二系列，最后再选择第三系列。

③ 除了标准系列，还规定有直径与螺距的特殊系列，对特殊系列的使用有一些限制。

④ 对于标准系列的直径，如需使用比标准组合系列中规定还要小的特殊螺距，则应从下列螺距中选取：3mm，2mm，1.5mm，0.7mm，0.5mm，0.35mm，0.25mm，0.2mm。选择非标准组合的特殊螺距会增加螺纹的制造难度。

普通螺纹基本尺寸（摘自 GB/T 196—2003）

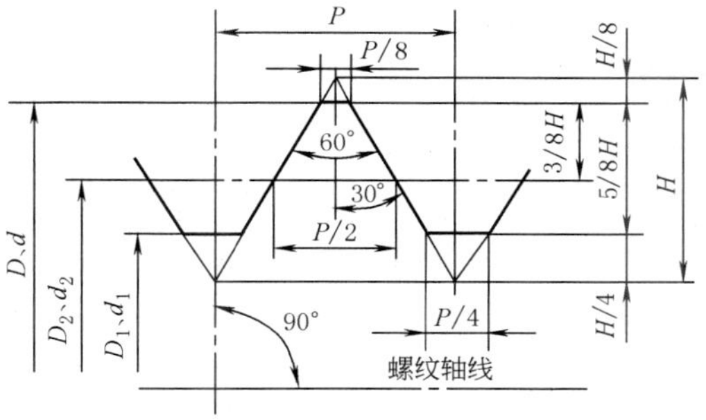

表中数值按下列公式计算，数值圆整到小数点后第三位数：

$$D_2=D-2\times\frac{3}{8}H=D-0.6495P$$

$$d_2=d-2\times\frac{3}{8}H=d-0.6495P$$

$$D_1=D-2\times\frac{5}{8}H=D-1.0825P$$

$$d_1=d-2\times\frac{5}{8}H=d-1.0825P$$

$$H=\frac{\sqrt{3}}{2}P=0.866025404P$$

D—内螺纹的基本大径；d—外螺纹的基本大径；D_2—内螺纹的基本中径；
d_2—外螺纹的基本中径；D_1—内螺纹的基本小径；d_1—外螺纹的基本小径；
P—螺距；H—原始三角形高度

表 6-1-5　　mm

公称直径 D、d			螺距	中径	小径
第一系列	第二系列	第三系列	P	D_2 或 d_2	D_1 或 d_1
1			0.25①	0.838	0.729
			0.2	0.870	0.783
	1.1		0.25①	0.938	0.829
			0.2	0.970	0.883
1.2			0.25①	1.038	0.929
			0.2	1.070	0.983
	1.4		0.3①	1.205	1.075
			0.2	1.270	1.183
1.6			0.35①	1.373	1.221
			0.2	1.470	1.383
	1.8		0.35①	1.573	1.421
			0.2	1.670	1.583
2			0.4①	1.740	1.567
			0.25	1.838	1.729
	2.2		0.45①	1.908	1.713
			0.25	2.038	1.929
2.5			0.45①	2.208	2.013
			0.35	2.273	2.121
3			0.5①	2.675	2.459
			0.35	2.773	2.621
	3.5		(0.6)①	3.110	2.850
			0.35	3.273	3.121
4			0.7①	3.545	3.242
			0.5	3.675	3.459
	4.5		(0.75)①	4.013	3.688
			0.5	4.175	3.959
5			0.8①	4.480	4.134
			0.5	4.675	4.459
		5.5	0.5	5.175	4.959
6			1①	5.350	4.917
			0.75	5.513	5.188
	7		1①	6.350	5.917
			0.75	6.513	6.188
8			1.25①	7.188	6.647
			1	7.350	6.917
			0.75	7.513	7.188
		9	(1.25)①	8.188	7.647
			1	8.350	7.917
			0.75	8.513	8.188
10			1.5①	9.026	8.376
			1.25	9.188	8.647
			1	9.350	8.917
			0.75	9.513	9.188
		11	(1.5)①	10.026	9.376
			1	10.350	9.917
			0.75	10.513	10.188
12			1.75①	10.863	10.106
			1.5	11.026	10.376
			1.25	11.188	10.647
			1	11.350	10.917
	14		2①	12.701	11.835
			1.5	13.026	12.376
			(1.25)	13.188	12.647
			1	13.350	12.917

续表

公称直径 D、d			螺距	中径	小径
第一系列	第二系列	第三系列	P	D_2 或 d_2	D_1 或 d_1
		15	1.5	14.026	13.376
			(1)	14.350	13.917
16			2①	14.701	13.835
			1.5	15.026	14.376
			1	15.350	14.917
		17	1.5	16.026	15.376
			(1)	16.350	15.917
	18		2.5①	16.376	15.294
			2	16.701	15.835
			1.5	17.026	16.376
			1	17.350	16.917
20			2.5①	18.376	17.294
			2	18.701	17.835
			1.5	19.026	18.376
			1	19.350	18.917
	22		2.5①	20.376	19.294
			2	20.701	19.835
			1.5	21.026	20.376
			1	21.350	20.917
24			3①	22.051	20.752
			2	22.701	21.835
			1.5	23.026	22.376
			1	23.350	22.917
		25	2	23.701	22.835
			1.5	24.026	23.376
			(1)	24.350	23.917
		26	1.5	25.026	24.376
	27		3①	25.051	23.752
			2	25.701	24.835
			1.5	26.026	25.376
			1	26.350	25.917
		28	2	26.701	25.835
			1.5	27.026	26.376
			1	27.350	26.917
30			3.5①	27.727	26.211
			(3)	28.051	26.752
			2	28.701	27.835
			1.5	29.026	28.376
			1	29.350	28.917
		32	2	30.701	29.835
			1.5	31.026	30.376
	33		3.5①	30.727	29.211
			(3)	31.051	29.752
			2	31.701	30.835
			1.5	32.026	31.376
		35	1.5	34.026	33.376
36			4①	33.402	31.670
			3	34.051	32.752
			2	34.701	33.835
			1.5	35.026	34.376
		38	1.5	37.026	36.376
	39		4①	36.402	34.670
			3	37.051	35.752
			2	37.701	36.835
			1.5	38.026	37.376
		40	(3)	38.051	36.752
			(2)	38.701	37.835
			1.5	39.026	38.376
42			4.5①	39.077	37.129
			(4)	39.402	37.670
			3	40.051	38.752
			2	40.701	39.835
			1.5	41.026	40.376
	45		4.5①	42.077	40.129
			(4)	42.402	40.670
			3	43.051	41.752
			2	43.701	42.835
			1.5	44.026	43.376
48			5①	44.752	42.587
			(4)	45.402	43.670
			3	46.051	44.752
			2	46.701	45.835
			1.5	47.026	46.376
		50	(3)	48.051	46.752
			(2)	48.701	47.835
			1.5	49.026	48.376
	52		5①	48.752	46.587
			(4)	49.402	47.670
			3	50.051	48.752
			2	50.701	49.835
			1.5	51.026	50.376

续表

公称直径 D、d			螺距	中径	小径
第一系列	第二系列	第三系列	P	D_2 或 d_2	D_1 或 d_1
		55	(4)	52.402	50.670
			(3)	53.051	51.752
			2	53.701	52.835
			1.5	54.026	53.376
56			5.5①	52.428	50.046
			4	53.402	51.670
			3	54.051	52.752
			2	54.701	53.835
			1.5	55.026	54.376
		58	(4)	55.402	53.670
			(3)	56.051	54.752
			2	56.701	55.835
			1.5	57.026	56.376
	60		(5.5)①	56.428	54.046
			4	57.402	55.670
			3	58.051	56.752
			2	58.701	57.835
			1.5	59.026	58.376
		62	(4)	59.402	57.670
			(3)	60.051	58.752
			2	60.701	59.835
			1.5	61.026	60.376
64			6①	60.103	57.505
			4	61.402	59.670
			3	62.051	60.752
			2	62.701	61.835
			1.5	63.026	62.376
		65	(4)	62.402	60.670
			(3)	63.051	61.752
			2	63.701	62.835
			1.5	64.026	63.376
	68		6①	64.103	61.505
			4	65.402	63.670
			3	66.051	64.752
			2	66.701	65.835
			1.5	67.026	66.376
		70	(6)	66.103	63.505
			(4)	67.402	65.670
			(3)	68.051	66.752
			2	68.701	67.835
			1.5	69.026	68.376
72			6	68.103	65.505
			4	69.402	67.670
			3	70.051	68.752
			2	70.701	69.835
			1.5	71.026	70.376

公称直径 D、d			螺距	中径	小径
第一系列	第二系列	第三系列	P	D_2 或 d_2	D_1 或 d_1
		75	(4)	72.402	70.670
			(3)	73.051	71.752
			2	73.701	72.835
			1.5	74.026	73.376
	76		6	72.103	69.505
			4	73.402	71.670
			3	74.051	72.752
			2	74.701	73.835
			1.5	75.026	74.376
		78	2	76.700	75.835
80			6	76.103	73.505
			4	77.402	75.670
			3	78.051	76.752
			2	78.701	77.835
			1.5	79.026	78.376
		82	2	80.701	79.835
	85		6	81.103	78.505
			4	82.402	80.670
			3	83.051	81.752
			2	83.701	82.835
90			6	86.103	83.505
			4	87.402	85.670
			3	88.051	86.752
			2	88.701	87.835
	95		6	91.103	88.505
			4	92.402	90.670
			3	93.051	91.752
			2	93.701	92.835
100			6	96.103	93.505
			4	97.402	95.670
			3	98.051	96.752
			2	98.701	97.835
	105		6	101.103	98.505
			4	102.402	100.670
			3	103.051	101.752
			2	103.701	102.835
110			6	106.103	103.505
			4	107.402	105.670
			3	108.051	106.752
			2	108.701	107.835

续表

公称直径 D、d			螺距 P	中径 D_2 或 d_2	小径 D_1 或 d_1
第一系列	第二系列	第三系列			
	115		6	111. 103	108. 505
			4	112. 402	110. 670
			3	113. 051	111. 752
			2	113. 701	112. 835
	120		6	116. 103	113. 505
			4	117. 402	115. 670
			3	118. 051	116. 752
			2	118. 701	117. 835
125			6	121. 103	118. 505
			4	122. 402	120. 670
			3	123. 051	121. 752
			2	123. 701	122. 835
	130		6	126. 103	123. 505
			4	127. 402	125. 670
			3	128. 051	126. 752
			2	128. 701	127. 835
		135	6	131. 103	128. 505
			4	132. 402	130. 670
			3	133. 051	131. 752
			2	133. 701	132. 835
140			6	136. 103	133. 505
			4	137. 402	135. 670
			3	138. 051	136. 752
			2	138. 701	137. 835
		145	6	141. 103	138. 505
			4	142. 402	140. 670
			3	143. 051	141. 752
			2	143. 701	142. 835
	150		8	144. 804	141. 340
			6	146. 103	143. 505
			4	147. 402	145. 670
			3	148. 051	146. 752
			2	148. 701	147. 835
		155	6	151. 103	148. 505
			4	152. 402	150. 670
			3	153. 051	151. 752
160			8	154. 804	151. 340
			6	156. 103	153. 505
			4	157. 402	155. 670
			3	158. 051	156. 752
		165	6	161. 103	158. 505
			4	162. 402	160. 670
			3	163. 051	161. 752
	170		8	164. 804	161. 340
			6	166. 103	163. 505
			4	167. 402	165. 670
			3	168. 051	166. 752
		175	6	171. 103	168. 505
			4	172. 402	170. 670
			3	173. 051	171. 752
180			8	174. 804	171. 340
			6	176. 103	173. 505
			4	177. 402	175. 670
			3	178. 051	176. 752
		185	6	181. 103	178. 505
			4	182. 402	180. 670
			3	183. 051	181. 752
	190		8	184. 804	181. 340
			6	186. 103	183. 505
			4	187. 402	185. 670
			3	188. 051	186. 752
		195	6	191. 103	188. 505
			4	192. 402	190. 670
			3	193. 051	191. 752
200			8	194. 804	191. 340
			6	196. 103	193. 505
			4	197. 402	195. 670
			3	198. 051	196. 752
		205	6	201. 103	198. 505
			4	202. 402	200. 670
			3	203. 051	201. 752
	210		8	204. 804	201. 340
			6	206. 103	203. 505
			4	207. 402	205. 670
			3	208. 051	206. 752
		215	6	211. 103	208. 505
			4	212. 402	210. 670
			3	213. 051	211. 752
220			8	214. 804	211. 340
			6	216. 103	213. 505
			4	217. 402	215. 670
			3	218. 051	216. 752
		225	6	221. 103	218. 505
			4	222. 402	220. 670
			3	223. 051	221. 752

续表

公称直径 D、d			螺距	中径	小径
第一系列	第二系列	第三系列	P	D_2 或 d_2	D_1 或 d_1
		230	8	224.804	221.340
			6	226.103	223.505
			4	227.402	225.670
			3	228.051	226.752
		235	6	231.103	228.505
			4	232.402	230.670
			3	233.051	231.752
	240		8	234.804	231.340
			6	236.103	233.505
			4	237.402	235.670
			3	238.051	236.752
		245	6	241.103	238.505
			4	242.402	240.670
			3	243.051	241.752
250			8	244.804	241.340
			6	246.103	243.505
			4	247.402	245.670
			3	248.051	246.752
		255	6	251.103	248.505
			4	252.402	250.670
	260		8	254.804	251.340
			6	256.103	253.505
			4	257.402	255.670
		265	6	261.103	258.505
			4	262.402	260.670
		270	8	264.804	261.340
			6	266.103	263.505
			4	267.402	265.670
		275	6	271.103	268.505
			4	272.402	270.670
280			8	274.804	271.340
			6	276.103	273.505
			4	277.402	275.670
		285	6	281.103	278.505
			4	282.402	280.670
		290	8	284.804	281.340
			6	286.103	283.505
			4	287.402	285.670
		295	6	291.103	288.505
			4	292.402	290.670
	300		8	294.804	291.340
			6	296.103	293.505
			4	297.402	295.670
		310	6	306.103	303.505
			4	307.402	305.670
320			6	316.103	313.505
			4	317.402	315.670
		330	6	326.103	323.505
			4	327.402	325.670
	340		6	336.103	333.505
			4	337.402	335.670
		350	6	346.103	343.505
			4	347.402	345.670
360			6	356.103	353.505
			4	357.402	355.670
		370	6	366.103	363.505
			4	367.402	365.670
	380		6	376.103	373.505
			4	377.402	375.670
		390	6	386.103	383.505
			4	387.402	385.670
400			6	396.103	393.505
			4	397.402	395.670
		410	6	406.103	403.505
	420		6	416.103	413.505
		430	6	426.103	423.505
	440		6	436.103	433.505
450			6	446.103	443.505
	460		6	456.103	453.505
		470	6	466.103	463.505
	480		6	476.103	473.505
		490	6	486.103	483.505
500			6	496.103	493.505
		510	6	506.103	503.505
	520		6	516.103	513.505
		530	6	526.103	523.505
	540		6	536.103	533.505
550			6	546.103	543.505
	560		6	556.103	553.505
		570	6	566.103	563.505
	580		6	576.103	573.505
		590	6	586.103	583.505
600			6	596.103	593.505

① 为粗牙螺距，其余为细牙螺距。

注：1. 直径优先选用第一系列，其次第二系列，第三系列尽可能不用。

2. 括号内的螺距尽可能不用。

3. M14×1.25 仅用于火花塞，M35×1.5 仅用于滚动轴承锁紧螺母。

4. 对直径 150~600mm 的螺纹，需要使用螺距大于 6mm 的螺纹时，应优先选用 8mm 的螺距。

表 6-1-6　　普通螺纹公差与配合（摘自 GB/T 197—2003）

外螺纹

公差精度	公差带位置 e			公差带位置 f			公差带位置 g			公差带位置 h		
	S	N	L	S	N	L	S	N	L	S	N	L
精密	—	—	—	—	—	—	—	(4g)	(5g4g)	(3h4h)	4h①	(5h4h)
中等	—	6e①	(7e6e)		6f①	—	(5g6g)	6g①	(7g6g)	(5h6h)	6h①	(7h6h)
粗糙	—	(8e)	(9e8e)	—	—	—		8g	(9g8g)	—	—	—

内螺纹

公差精度	公差带位置 G			公差带位置 H		
	S	N	L	S	N	L
精密	—	—	—	4H	5H	6H
中等	(5G)	6G	(7G)	5H①	6H①	7H①
粗糙	—	(7G)	(8G)	—	7H	8H

内、外螺纹公差带位置

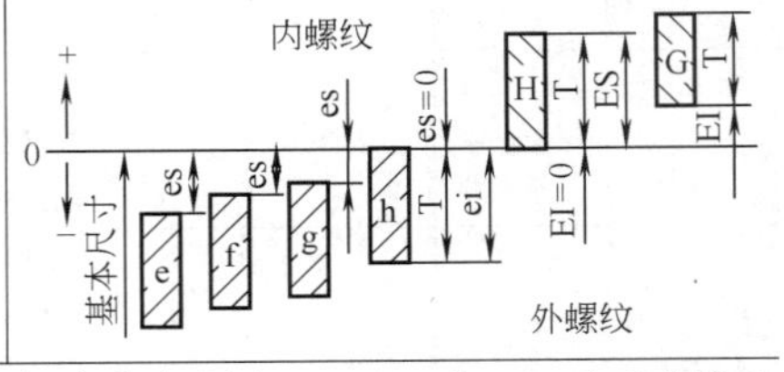

普通螺纹的配合选择

螺纹	配合选择
一般连接螺纹	为保证内、外螺纹有足够的接触高度，应优先采用 H/g、H/h 或 G/h；小于或等于 M1.4 的螺纹，应选用 5H/6h、4H/6h 或更精密的配合
经常装拆的螺纹	推荐采用 H/g
高温下工作的螺纹	工作温度在 450℃以下，选用 H/g；高于 450℃时应选用 H/e、G/h 或 G/g
需要涂层的螺纹	薄镀层螺纹件选用 H/g；中等腐蚀条件、中等镀层厚度的螺纹件选用 H/f；严重腐蚀条件、较厚镀层的螺纹件选用 H/e 或 G/e

标记示例

类别	说明	备注
粗牙螺纹	公差带代号由中径公差带代号和顶径公差带代号两部分组成。中径公差带代号在前，顶径公差带代号在后。若两者相同，则只标注一组代号。写在尺寸代号的后面，用“-”分开 直径 10mm，螺距 1.5mm，中径、顶径公差带均为 6H 的内螺纹：M10-6H	顶径指外螺纹大径和内螺纹小径
细牙螺纹	直径 10mm，螺距 1mm，中径、顶径公差带均为 6g 的外螺纹：M10×1-6g	
内、外螺纹的配合	表示内、外螺纹配合时，内螺纹公差带代号在前，外螺纹公差带代号在后，中间用斜线分开 对短旋合长度或长旋合长度，宜在公差带代号之后加注旋合长度代号“S”或“L”，用“-”与公差带代号分开，中等旋合长度的螺纹不标注 对左旋螺纹，应在旋合长度代号之后加注“LH”，之间用“-”分开，右旋螺纹不标注 直径 24mm，螺距 2mm，内螺纹公差带 7H 与外螺纹公差带 8g 组成配合，短旋合长度，左旋螺纹：M24×2-7H/8g-S-LH	

① 为优先选用的公差带。

注：1. 括号内的公差带尽可能不用。

2. 大量生产的精制紧固件螺纹，推荐采用带方框的公差带。

3. 精密精度—用于精密螺纹，当要求配合性质变动较小时采用；中等精度—一般用途；粗糙精度—对精度要求不高或制造比较困难时采用。

1.6　梯形螺纹

1.6.1　梯形螺纹牙型与基本尺寸

梯形螺纹牙型（摘自 GB/T 5796.1—2005）

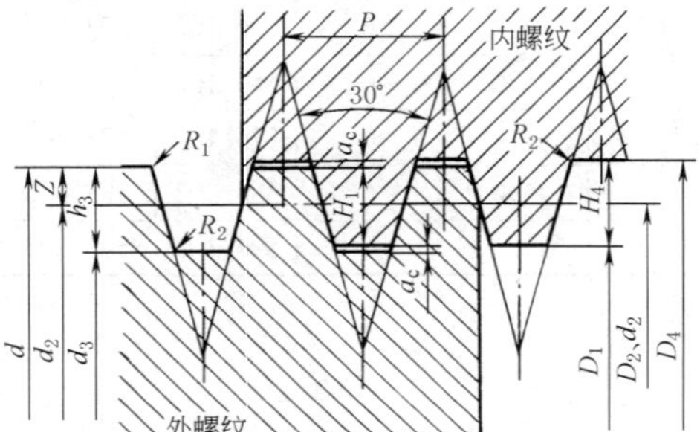

d —外螺纹大径（公称直径）；

P —螺距；

a_c —牙顶间隙；

H_1 —基本牙型高度，$H_1=0.5P$；

h_3 —外螺纹牙高，$h_3=H_1+a_c=0.5P+a_c$；

H_4 —内螺纹牙高，$H_4=H_1+a_c=0.5P+a_c$；

Z —牙顶高，$Z=0.25P=H_1/2$；

d_2 —外螺纹中径，$d_2=d-2Z=d-0.5P$；

D_2 —内螺纹中径，$D_2=d-2Z=d-0.5P$；

d_3 —外螺纹小径，$d_3=d-2h_3$；

D_1 —内螺纹小径，$D_1=d-2H_1=d-P$；

D_4 —内螺纹大径，$D_4=d+2a_c$；

R_1 —外螺纹牙顶圆角，$R_{1max}=0.5a_c$；

R_2 —牙底圆角，$R_{2max}=a_c$

表 6-1-7　　梯形螺纹最大实体牙型尺寸（摘自 GB/T 5796.1—2005）　　mm

螺距 P	a_c	$H_4=h_3$	R_{1max}	R_{2max}
1.5	0.15	0.9	0.075	0.15
2	0.25	1.25	0.125	0.25
3	0.25	1.75	0.125	0.25
4	0.25	2.25	0.125	0.25
5	0.25	2.75	0.125	0.25
6	0.5	3.5	0.25	0.5
7	0.5	4	0.25	0.5
8	0.5	4.5	0.25	0.5
9	0.5	5	0.25	0.5
10	0.5	5.5	0.25	0.5
12	0.5	6.5	0.25	0.5
14	1	8	0.5	1
16	1	9	0.5	1
18	1	10	0.5	1
20	1	11	0.5	1
22	1	12	0.5	1
24	1	13	0.5	1
28	1	15	0.5	1
32	1	17	0.5	1
36	1	19	0.5	1
40	1	21	0.5	1
44	1	23	0.5	1

表 6-1-8　　梯形螺纹基本尺寸（摘自 GB/T 5796.3—2005）　　mm

公称直径 d		螺距	中径	大径	小径	
第一系列	第二系列	P	$d_2=D_2$	D_4	d_3	D_1
8		1.5	7.25	8.3	6.2	6.5
	9	1.5	8.25	9.3	7.2	7.5
		2	8.00	9.5	6.5	7.0
10		1.5	9.25	10.3	8.2	8.5
		2	9.00	10.5	7.5	8.0
	11	2	10.00	11.5	8.5	9.0
		3	9.50	11.5	7.5	8.0
12		2	11.00	12.5	9.5	10.0
		3	10.50	12.5	8.5	9.0
	14	2	13	14.5	11.5	12
		3	12.5	14.5	10.5	11
16		2	15	16.5	13.5	14
		4	14	16.5	11.5	12
	18	2	17	18.5	15.5	16
		4	16	18.5	13.5	14
20		2	19	20.5	17.5	18
		4	18	20.5	15.5	16
	22	3	20.5	22.5	18.5	19
		5	19.5	22.5	16.5	17
		8	18	23	13	14
24		3	22.5	24.5	20.5	21
		5	21.5	24.5	18.5	19
		8	20	25	15	16
	26	3	24.5	26.5	22.5	23
		5	23.5	26.5	20.5	21
		8	22	27	17	18
28		3	26.5	28.5	24.5	25
		5	25.5	28.5	22.5	23
		8	24	29	19	20
	30	3	28.5	30.5	26.5	27
		6	27	31	23	24
		10	25	31	19	20
32		3	30.5	32.5	28.5	29
		6	29	33	25	26
		10	27	33	21	22
	34	3	32.5	34.5	30.5	31
		6	31	35	27	28
		10	29	35	23	24
36		3	34.5	26.5	32.5	33
		6	33	27	29	30
		10	31	27	25	26
	38	3	36.5	38.5	34.5	35
		7	34.5	39	30	31
		10	33	39	27	28
40		3	38.5	40.5	36.5	37
		7	36.5	41	32	33
		10	35	41	29	30
	42	3	40.5	42.5	38.5	39
		7	38.5	43	34	35
		10	37	43	31	32
44		3	42.5	44.5	40.5	41
		7	40.5	45	36	37
		12	38	45	31	32
	46	3	44.5	46.5	42.5	43
		8	42.0	47	37	38
		12	40.0	47	33	34
48		3	46.5	48.5	44.5	45
		8	44	49	39	40
		12	42	49	35	36
	50	3	48.5	50.5	46.5	47
		8	46	51	41	42
		12	44	51	37	38
52		3	50.5	52.5	48.5	49
		8	48	53	43	44
		12	46	53	39	40

续表

公称直径 d		螺距 P	中径 $d_2=D_2$	大径 D_4	小径		公称直径 d		螺距 P	中径 $d_2=D_2$	大径 D_4	小径	
第一系列	第二系列				d_3	D_1	第一系列	第二系列				d_3	D_1
	55	3	53.5	55.5	51.5	52	160		6	157	161	153	154
		9	50.5	56	45	46			16	152	162	142	144
		14	48	57	39	41			28	146	162	130	132
60		3	58.5	60.5	56.5	57		170	6	167	171	163	164
		9	55.5	61	50	51			16	162	172	152	154
		14	53	62	44	46			28	156	172	140	142
	65	4	63	65.5	60.5	61	180		8	176	181	171	172
		10	60	66	54	55			18	171	182	160	162
		16	57	67	47	49			28	166	182	150	152
70		4	68	70.5	65.5	66		190	8	186	191	181	182
		10	65	71	59	60			18	181	192	170	172
		16	62	72	52	54			32	174	192	156	158
	75	4	73	75.5	70.5	71	200		8	196	201	191	192
		10	70	76	64	65			18	191	202	180	182
		16	67	77	57	59			32	184	202	166	168
80		4	78	80.5	75.5	76		210	8	206	211	201	202
		10	75	81	69	70			20	200	212	188	190
		16	72	82	62	64			36	192	212	172	174
	85	4	83	85.5	80.5	81	220		8	216	221	211	212
		12	79	86	72	73			20	210	222	198	200
		18	76	87	65	67			36	202	222	182	184
90		4	88	90.5	85.5	86		230	8	226	231	221	222
		12	84	91	77	78			20	220	232	208	210
		18	81	92	70	72			36	212	232	192	194
	95	4	93	95.5	90.5	91	240		8	236	241	231	232
		12	89	96	82	83			22	229	242	216	218
		18	86	97	75	77			36	222	242	202	204
100		4	98	100.5	95.5	96		250	12	244	251	237	238
		12	94	101	87	88			22	239	252	226	228
		20	90	102	78	80			40	230	252	208	210
	110	4	108	110.5	105.5	106	260		12	254	261	247	248
		12	104	111	97	98			22	249	262	236	238
		20	100	112	88	90			40	240	262	218	220
120		6	117	121	113	114		270	12	264	271	257	258
		14	113	122	104	106			24	258	272	244	246
		22	109	122	96	98			40	250	272	228	230
	130	6	127	131	123	124	280		12	274	281	267	268
		14	123	132	114	116			24	268	282	254	256
		22	119	132	106	108			40	260	282	238	240
140		6	137	141	153	134		290	12	284	291	277	278
		14	133	142	124	126			24	278	292	264	266
		24	128	142	114	116			44	268	292	244	246
	150	6	147	151	143	144	300		12	294	301	287	288
		16	142	152	132	134			24	288	302	274	276
		24	138	152	124	126			44	278	302	254	256

注：优先选用第一直径系列，其次是第二系列，第三系列尽量不用。

1.6.2 梯形螺纹公差（摘自 GB/T 5796.4—2005）

外螺纹公差带

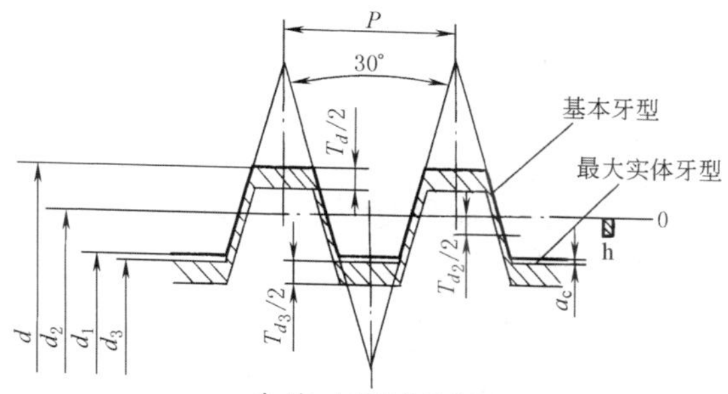

大、中、小径公差带位置为h

(a)

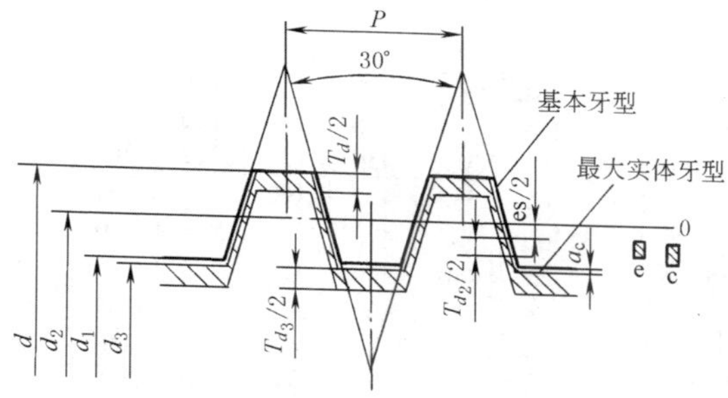

大、小径公差带位置为h，中径为e、c

(b)

内螺纹公差带

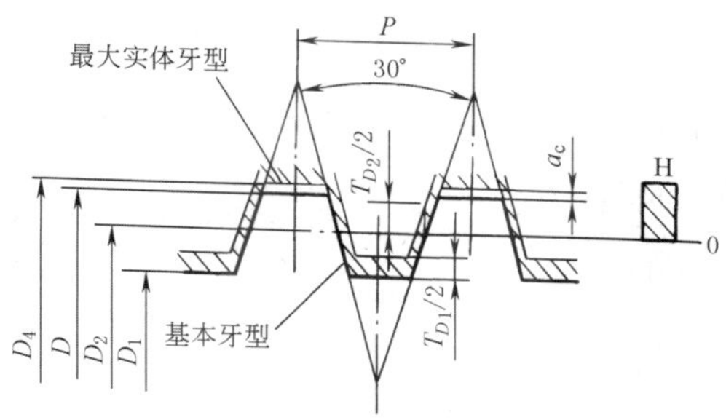

(c)

D_4—内螺纹大径；
T_{D_1}—内螺纹小径公差；
D_2—内螺纹中径；
D_1—内螺纹小径；
T_{D_2}—内螺纹中径公差；
P—螺距；
d—外螺纹大径；
d_2—外螺纹中径；
d_3—外螺纹小径；
es—中径基本偏差；
T_d—外螺纹大径公差；
T_{d_2}—外螺纹中径公差；
T_{d_3}—外螺纹小径公差

表 6-1-9　内、外螺纹中径基本偏差

μm

螺距 P /mm	内螺纹 D_2 H EI	外螺纹 d_2 c es	外螺纹 d_2 e es	外螺纹 d_2 h es	螺距 P /mm	内螺纹 D_2 H EI	外螺纹 d_2 c es	外螺纹 d_2 e es	外螺纹 d_2 h es
1.5	0	-140	-67	0	14	0	-355	-180	0
2	0	-150	-71	0	16	0	-375	-190	0
3	0	-170	-85	0	18	0	-400	-200	0
4	0	-190	-95	0	20	0	-425	-212	0
5	0	-212	-106	0	22	0	-450	-224	0
6	0	-236	-118	0	24	0	-475	-236	0
7	0	-250	-125	0	28	0	-500	-250	0
8	0	-265	-132	0	32	0	-530	-265	0
9	0	-280	-140	0	36	0	-560	-280	0
10	0	-300	-150	0	40	0	-600	-300	0
12	0	-335	-160	0	44	0	-630	-315	0

注：1. 公差带的位置由基本偏差确定，本标准规定外螺纹的上偏差 es 及内螺纹的下偏差 EI 为基本偏差。

2. 对外螺纹的中径 d_2 规定了三种公差带位置 h（图 a）、e 和 c（图 b）；对大径 d 和小径 d_3，只规定了一种公差带位置 h，h 的基本偏差为零，e 和 c 的基本偏差为负值。对内螺纹的大径 D_4、中径 D_2 及小径 D_1 规定了一种公差带位置 H（图 c），其基本偏差为零。

表 6-1-10　　**梯形螺纹公差值**　　μm

公称直径 d /mm		螺距 P /mm	内螺纹中径公差 T_{D_2}			外螺纹中径公差 T_{d_2}				外螺纹小径公差 T_{d_3}								
										中径公差带位置为 c			中径公差带位置为 e			中径公差带位置为 h		
			公差等级															
>	≤		7	8	9	6	7	8	9	7	8	9	7	8	9	7	8	9
5.6	11.2	1.5	224	280	355	132	170	212	265	352	405	471	279	332	398	212	265	331
		2	250	315	400	150	190	236	300	388	445	525	309	366	446	238	295	375
		3	280	355	450	170	212	265	335	435	501	589	350	416	504	265	331	419
11.2	22.4	2	265	335	425	160	200	250	315	400	462	544	321	383	465	250	312	394
		3	300	375	475	180	224	280	355	450	520	614	365	435	529	280	350	444
		4	355	450	560	212	265	335	425	521	609	690	426	514	595	331	419	531
		5	375	475	600	224	280	355	450	562	656	775	456	550	669	350	444	562
		8	475	600	750	280	355	450	560	709	828	965	576	695	832	444	562	700
22.4	45	3	335	425	530	200	250	315	400	482	564	670	397	479	585	312	394	500
		5	400	500	630	236	300	375	475	587	681	806	481	575	700	375	469	594
		6	450	560	710	265	335	425	530	655	767	899	537	649	781	419	531	662
		7	475	600	750	280	355	450	560	694	813	950	569	688	825	444	562	700
		8	500	630	800	300	375	475	600	734	859	1015	601	726	882	469	594	750
		10	530	670	850	315	400	500	630	800	925	1087	650	775	937	500	625	788
		12	560	710	900	335	425	530	670	866	998	1223	691	823	1048	531	662	838
45	90	3	355	450	560	212	265	335	425	501	589	701	416	504	616	331	419	531
		4	400	500	630	236	300	375	475	565	659	784	470	564	689	375	469	594
		8	530	670	850	315	400	500	630	765	890	1052	632	757	919	500	625	788
		9	560	710	900	335	425	530	670	811	943	1118	671	803	978	531	662	838
		10	560	710	900	335	425	530	670	831	963	1138	681	813	988	531	662	838
		12	630	800	1000	375	475	600	750	929	1085	1273	754	910	1098	594	750	938
		14	670	850	1060	400	500	630	800	970	1142	1355	805	967	1180	625	788	1000
		16	710	900	1120	425	530	670	850	1038	1213	1438	853	1028	1253	662	838	1062
		18	750	950	1180	450	560	710	900	1100	1288	1525	900	1088	1320	700	888	1125
90	180	4	425	530	670	250	315	400	500	584	690	815	489	595	720	394	500	625
		6	500	630	800	300	375	475	600	705	830	986	587	712	868	469	594	750
		8	560	710	900	335	425	530	670	796	928	1103	663	795	970	531	662	838
		12	670	850	1060	400	500	630	800	960	1122	1335	785	947	1160	625	788	1000
		14	710	900	1120	425	530	670	850	1018	1193	1418	843	1018	1243	662	838	1062
		16	750	950	1180	450	560	710	900	1075	1263	1500	890	1078	1315	700	888	1125
		18	800	1000	1250	475	600	750	950	1150	1338	1588	950	1138	1388	750	938	1188
		20	800	1000	1250	475	600	750	950	1175	1363	1613	962	1150	1400	750	938	1188
		22	850	1060	1320	500	630	800	1000	1232	1450	1700	1011	1224	1474	788	1000	1250
		24	900	1120	1400	530	670	850	1060	1313	1538	1800	1074	1299	1561	838	1062	1325
		28	950	1180	1500	560	710	900	1120	1388	1625	1900	1138	1375	1650	888	1125	1400
180	355	8	600	750	950	355	450	560	710	828	965	1153	695	832	1020	562	700	888
		12	710	900	1120	425	530	670	850	998	1173	1398	823	998	1223	662	838	1062
		18	850	1060	1320	500	630	800	1000	1187	1400	1650	987	1200	1450	788	1000	1250
		20	900	1120	1400	530	670	850	1060	1263	1488	1750	1050	1275	1537	838	1062	1325
		22	900	1120	1400	530	670	850	1060	1288	1513	1775	1062	1287	1549	838	1062	1325
		24	950	1180	1500	560	710	900	1120	1363	1600	1875	1124	1361	1636	888	1125	1400
		32	1060	1320	1700	630	800	1000	1250	1530	1780	2092	1265	1515	1827	1000	1250	1562
		36	1120	1400	1800	670	850	1060	1320	1623	1885	2210	1343	1605	1930	1062	1325	1650
		40	1120	1400	1800	670	850	1060	1320	1663	1925	2250	1363	1625	1950	1062	1325	1650
		44	1250	1500	1900	710	900	1120	1400	1755	2030	2380	1440	1715	2065	1125	1400	1750

螺距 P/mm	1.5	2	3	4	5	6	7	8	9	10	12	14	16	18	20	22	24	28	32	36	40	44
内螺纹小径公差 T_{D_1}(4 级)	190	236	315	375	450	500	560	630	670	710	800	900	1000	1120	1180	1250	1320	1500	1600	1800	1900	2000
外螺纹大径公差 T_d(4 级)	150	180	236	300	335	375	425	450	500	530	600	670	710	800	850	900	950	1060	1120	1250	1320	1400

注：1. 梯形螺纹公差带仅选择并标记中径公差带。

2. 6 级公差值仅是为了计算 7、8、9 级公差值而列出的。

表 6-1-11　　梯形螺纹旋合长度　　mm

公称直径 d >	公称直径 d ≤	螺距 P	旋合长度组 N >	旋合长度组 N ≤	旋合长度组 L >
5.6	11.2	1.5	5	15	15
		2	6	19	19
		3	10	28	28
11.2	22.4	2	8	24	24
		3	11	32	32
		4	15	43	43
		5	18	53	53
		8	30	85	85
22.4	45	3	12	36	36
		5	21	63	63
		6	25	75	75
		7	30	85	85
		8	34	100	100
		10	42	125	125
		12	50	150	150
45	90	3	15	45	45
		4	19	56	56
		8	38	118	118
		9	43	132	132
		10	50	140	140
		12	60	170	170
		14	67	200	200
		16	75	236	236
		18	85	265	265
90	180	4	24	71	71
		6	36	106	106
		8	45	132	132
		12	67	200	200
		14	75	236	236
		16	90	265	265
		18	100	300	800
		20	112	335	335
		22	118	355	355
		24	132	400	400
		28	150	450	450
180	355	8	50	150	150
		12	75	224	224
		18	112	335	335
		20	125	375	375
		22	140	425	425
		24	150	450	450
		32	200	600	600
		36	224	670	670
		40	250	750	750
		44	280	850	850

表 6-1-12　　梯形螺纹公差带的选用及标注

精度		内螺纹 N	内螺纹 L	外螺纹 N	外螺纹 L	应用
中等		7H	8H	7h、7e	8e	一般用途
粗糙		8H	9H	8e、8c	9c	对精度要求不高时采用
标记示例	内、外螺纹	Tr 40×7-7H 7H—中径公差带 7—螺距 40—公称直径 Tr—螺纹种类代号		Tr 40×7-7e Tr 40 × 7LH-7e LH—左旋(右旋不注) Tr40 ×14(P7)-8e-L(旋合长度为 L 组的多线螺纹) P7—螺距 14—导程 Tr40×7-7e-140(旋合长度为特殊需要时,可标数值)		
	螺旋副	Tr40×7-7H/7e				

注：1. 梯形螺纹的公差带代号只标注中径公差带（由表示公差等级的数字及公差位置的字母组成）。

2. 当旋合长度为 N 组时，不标注旋合长度代号。当旋合长度为 L 组时，应将组别代号 L 写在公差带代号的后面，并用“-”隔开。特殊需要时可用具体旋合长度数值代替组别代号 L。

3. 梯形螺纹副的公差带要分别注出内、外螺纹的公差带代号。前面的是内螺纹公差带代号，后面的是外螺纹公差带代号，中间用斜线分开。

表 6-1-13　　多线梯形螺纹中径公差系数

线数	2	3	4	≥5
系数	1.12	1.25	1.4	1.6

注：1. 多线螺纹的顶径公差和底径公差与单线螺纹相同。

2. 多线螺纹的中径公差是在单线螺纹中径公差的基础上按线数不同分别乘以本表系数而得。

1.7　锯齿形（3°、30°）螺纹

1.7.1　锯齿形（3°、30°）螺纹牙型与基本尺寸

锯齿形（3°、30°）螺纹牙型（摘自 GB/T 13576.1—2008）

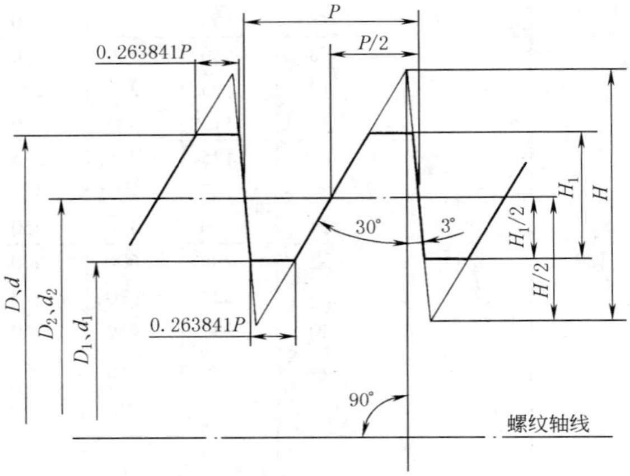

基本牙型

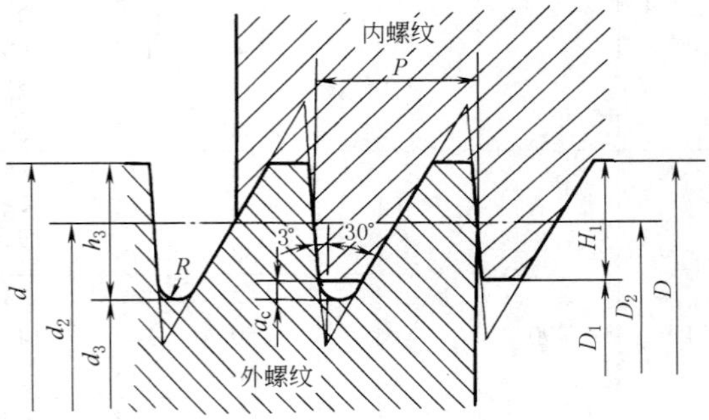

内、外螺纹的设计牙型

D—内螺纹大径；　d_1—外螺纹小径；

d—外螺纹大径；　P—螺距；

D_2—内螺纹中径；　H—原始三角形高度；

d_2—外螺纹中径；　H_1—基本牙型高度

D_1—内螺纹小径；

$H_1=0.75P$；　$D_2=d_2=d-H_1=d-0.75P$；

$a_c=0.117767P$；　$D_1=d-2H_1=d-1.5P$；

$h_3=H_1+a_c=0.867767P$；　$d_3=d-2h_3=d-1.735534P$；

$D=d$；　$R=0.124271P$；

$H=1.587911P$；　牙顶宽＝牙底宽＝$0.263841P$

表 6-1-14　　基本牙型和设计牙型尺寸（摘自 GB/T 13576.1—2008）　　mm

螺距	基本牙型			设计牙型			螺距	基本牙型			设计牙型		
P	H	H_1	牙底宽 牙顶宽	a_c	h_3	R	P	H	H_1	牙底宽 牙顶宽	a_c	h_3	R
2	3.176	1.50	0.528	0.236	1.736	0.249	16	25.407	12.00	4.221	1.988	13.884	1.988
3	4.764	2.25	0.792	0.353	2.603	0.373	18	28.582	13.50	4.749	2.120	15.620	2.237
4	6.352	3.00	1.055	0.471	3.471	0.497	20	31.758	15.00	5.277	2.355	17.355	2.485
5	7.940	3.75	1.319	0.589	4.339	0.621	22	34.934	16.50	5.804	2.591	19.091	2.734
6	9.527	4.50	1.583	0.707	5.207	0.746	24	38.110	18.00	6.332	2.826	20.826	2.982
7	11.115	5.25	1.847	0.824	6.074	0.870	28	44.462	21.00	7.388	3.297	24.297	3.480
8	12.703	6.00	2.111	0.942	6.942	0.994	32	50.813	24.00	8.443	3.769	27.769	3.977
9	14.291	6.75	2.375	1.060	7.810	1.118	36	57.165	27.00	9.498	4.240	31.240	4.474
10	15.879	7.50	2.638	1.178	8.678	1.243	40	63.516	30.00	10.554	4.711	34.711	4.971
12	19.055	9.00	3.166	1.413	10.413	1.491	44	69.868	33.00	11.609	5.182	38.182	5.468
14	22.231	10.50	3.694	1.649	12.149	1.740							

表 6-1-15　锯齿形（3°、30°）螺纹基本尺寸（摘自 GB/T 13576.3—2008）　mm

公称直径 d 第一系列	公称直径 d 第二系列	螺距 P	中径 $d_2=D_2$	小径 d_3	小径 D_1
10		2	8.500	6.529	7.000
12		2	10.500	8.529	9.000
		3	9.750	6.793	7.500
	14	2	12.500	10.529	11.000
		3	11.750	8.793	9.500
16		2	14.500	12.529	13.000
		4	13.000	9.058	10.000
	18	2	16.500	14.529	15.000
		4	15.000	11.058	12.000
20		2	18.500	16.529	17.000
		4	17.000	13.058	14.000
	22	3	19.750	16.793	17.500
		5	18.250	13.322	14.500
		8	16.000	8.116	10.000
24		3	21.750	18.793	19.500
		5	20.250	15.322	16.500
		8	18.000	10.116	12.000
	26	3	23.750	20.793	21.500
		5	22.250	17.322	18.500
		8	20.000	12.116	14.000
28		3	25.750	22.793	23.500
		5	24.250	19.322	20.500
		8	22.000	14.116	16.000
	30	3	27.750	24.793	25.500
		6	25.500	19.587	21.000
		10	22.500	12.645	15.000
32		3	29.750	26.793	27.500
		6	27.500	21.587	23.000
		10	24.500	14.645	17.000
	34	3	31.750	28.793	29.500
		6	29.500	23.587	25.000
		10	26.500	16.645	19.000
36		3	33.750	30.793	31.500
		6	31.500	25.587	27.000
		10	28.500	18.645	21.000
	38	3	35.750	32.793	33.500
		7	32.750	25.851	27.500
		10	30.500	20.645	23.000
40		3	37.750	34.793	35.500
		7	34.750	27.851	29.500
		10	32.500	22.645	25.000
	42	3	39.750	36.793	37.500
		7	36.750	29.851	31.500
		10	34.500	24.645	27.000
44		3	41.750	38.793	39.500
		7	38.750	31.851	33.500
		12	35.000	23.174	26.000
	46	3	43.750	40.793	41.500
		8	40.000	32.116	34.000
		12	37.000	25.174	28.000
48		3	45.750	42.793	43.500
		8	42.000	34.116	36.000
		12	39.000	27.174	30.000
	50	3	47.750	44.793	45.500
		8	44.000	36.116	38.000
		12	41.000	29.174	32.000
52		3	49.750	46.793	47.500
		8	46.000	38.116	40.000
		12	43.000	31.174	34.000
	55	3	52.750	49.793	50.500
		9	48.250	39.380	41.500
		14	44.500	30.703	34.000
60		3	57.750	54.793	55.500
		9	53.250	44.380	46.500
		14	49.500	35.703	39.000
	65	4	62.000	58.058	59.000
		10	57.500	47.645	50.000
		16	53.000	37.231	41.000
70		4	67.000	63.058	64.000
		10	62.500	52.645	55.000
		16	58.000	42.231	46.000
	75	4	72.000	68.058	69.000
		10	67.500	57.645	60.000
		16	63.000	47.231	51.000
80		4	77.000	73.058	74.000
		10	72.500	62.645	65.000
		16	68.000	52.231	56.000
	85	4	82.000	78.058	79.000
		12	76.000	64.174	67.000
		18	71.500	53.760	58.000
90		4	87.000	83.058	84.000
		12	81.000	69.174	72.000
		18	76.500	58.760	63.000

续表

公称直径 d 第一系列	公称直径 d 第二系列	螺距 P	中径 $d_2=D_2$	小径 d_3	小径 D_1
	95	4	92.000	88.058	89.000
		12	86.000	74.174	77.000
		18	81.500	63.760	68.000
100		4	97.000	93.058	94.000
		12	91.000	79.174	82.000
		20	85.000	65.289	70.000
	110	4	107.000	103.058	104.000
		12	101.000	89.174	92.000
		20	95.000	75.289	80.000
120		6	115.500	109.587	111.000
		14	109.500	95.703	99.000
		22	103.500	81.818	87.000
	130	6	125.500	119.587	121.000
		14	119.500	105.703	109.000
		22	113.500	91.818	97.000
140		6	135.500	129.587	131.000
		14	129.500	115.703	119.000
		24	122.000	98.347	104.000
	150	6	145.500	139.587	141.000
		16	138.000	122.231	126.000
		24	132.000	108.347	114.000
160		6	155.500	149.587	151.000
		16	148.000	132.231	136.000
		28	139.000	111.405	118.000
	170	6	165.500	159.587	161.000
		16	158.000	142.231	146.000
		28	149.000	121.405	128.000
180		8	174.000	166.116	168.000
		18	166.500	148.760	153.000
		28	159.000	131.405	138.000
	190	8	184.000	176.116	178.000
		18	176.500	158.760	163.000
		32	166.000	134.463	142.000
200		8	194.000	186.116	188.000
		18	186.500	168.760	173.000
		32	176.000	144.463	152.000
	210	8	204.000	196.116	198.000
		20	195.000	175.289	180.000
		36	183.000	147.521	156.000
220		8	214.000	206.116	208.000
		20	205.000	185.289	190.000
		36	193.000	157.521	166.000

公称直径 d 第一系列	公称直径 d 第二系列	螺距 P	中径 $d_2=D_2$	小径 d_3	小径 D_1
	230	8	224.000	216.116	218.000
		20	215.000	195.289	200.000
		36	203.000	167.521	176.000
240		8	234.000	226.116	228.000
		22	223.500	201.818	207.000
		36	213.000	177.521	186.000
	250	12	241.000	229.174	232.000
		22	233.500	211.818	217.000
		40	220.000	180.579	190.000
260		12	251.000	239.174	242.000
		22	243.500	221.818	227.000
		40	230.000	190.579	200.000
	270	12	261.000	249.174	252.000
		24	252.000	228.347	234.000
		40	240.000	200.578	210.000
280		12	271.000	259.174	262.000
		24	262.000	238.347	244.000
		40	250.000	210.579	220.000
	290	12	281.000	269.174	272.000
		24	272.000	248.347	254.000
		44	257.000	213.637	224.000
300		12	291.000	279.174	282.000
		24	282.000	258.347	264.000
		44	267.000	223.637	234.000
	320	12	311.000	299.174	302.000
		44	287.000	243.637	254.000
340		12	331.000	319.174	322.000
		44	307.000	263.637	274.000
	360	12	351.000	339.174	342.000
380		12	371.000	359.174	362.000
	400	12	391.000	379.174	382.000
420		18	406.500	388.760	393.000
	440	18	426.500	408.760	413.000
460		18	446.500	428.760	433.000
	480	18	466.500	448.760	453.000
500		18	486.500	468.760	473.000
	520	24	502.000	478.347	484.000
540		24	522.000	498.347	504.000
	560	24	542.000	518.347	524.000
580		24	562.000	538.347	544.000
	600	24	582.000	558.347	564.000
620		24	602.000	578.347	584.000
	640	24	622.000	598.347	604.000

注：新增第三系列（105，115，125，135，145，155，165，175，185，195）省略。

1.7.2 锯齿形（3°、30°）螺纹公差（摘自 GB/T 13576.4—2008）

锯齿形螺纹中径的基本偏差

外螺纹公差带

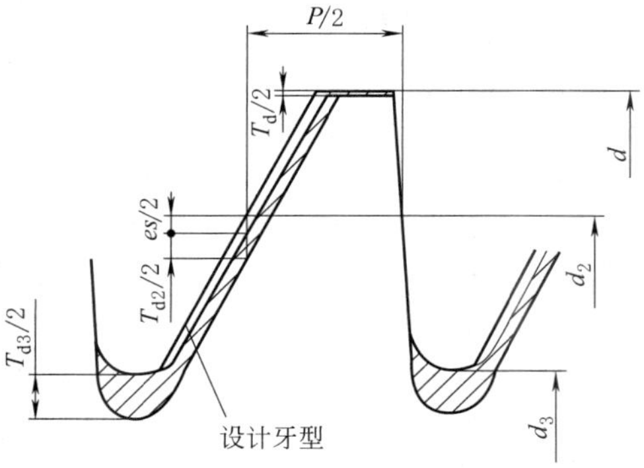

内螺纹公差带

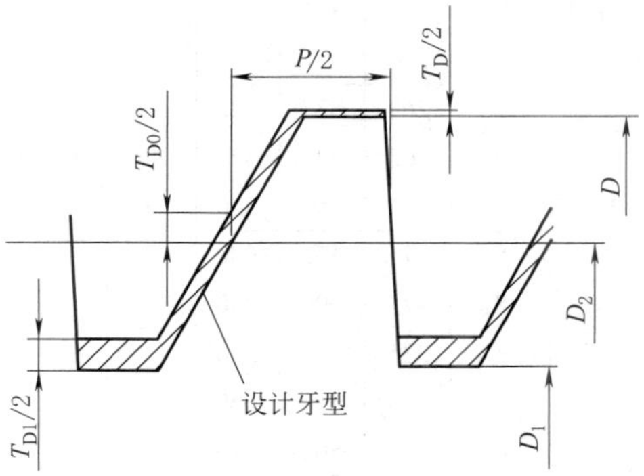

D——内螺纹基本大径；
D_2——内螺纹基本中径；
D_1——内螺纹基本小径；
d——外螺纹基本大径；
d_2——外螺纹基本中径；
d_3——外螺纹小径；
P——螺距；
N——中等旋合长度组；
L——长旋合长度组
l_N——中等旋合长度；
T——公差；
T_D——内螺纹大径公差；
T_{D_2}——内螺纹中径公差；
T_{D_1}——内螺纹小径公差；
T_d——外螺纹大径公差；
T_{d_2}——外螺纹中径公差；
T_{d_3}——外螺纹小径公差；
EI，ei——下偏差；
ES，es——上偏差

表 6-1-16　锯齿形螺纹中径的基本偏差　μm

螺距 P /mm		2	3	4	5	6	7	8	9	10	12	14	16	18	20	22	24	28	32	36	40	44
外螺纹 d_2	c es	-150	-170	-190	-212	-236	-250	-265	-280	-300	-335	-355	-375	-400	-425	-450	-475	-500	-530	-560	-600	-630
	e es	-71	-85	-95	-106	-118	-125	-132	-140	-150	-160	-180	-190	-200	-212	-224	-236	-250	-265	-280	-300	-315

注：内螺纹 D_2 的基本偏差 H EI 为零。

表 6-1-17　内螺纹小径公差 T_{D_1}（公差等级 4 级）　μm

螺距 P/mm	2	3	4	5	6	7	8	9	10	12	14	16	18	20	22	24	28	32	36	40	44
T_{D_1}	236	315	375	450	500	560	630	670	710	800	900	1000	1120	1180	1250	1320	1500	1600	1800	1900	2000

表 6-1-18　　内螺纹中径公差 T_{D_2}　　μm

公称直径 d /mm >	公称直径 d /mm ≤	螺距 P /mm	T_{D_2} 公差等级 7	8	9
5.6	11.2	2	250	315	400
		3	280	355	450
11.2	22.4	2	265	335	425
		3	300	375	475
		4	355	450	560
		5	375	475	600
		8	475	600	750
22.4	45	3	335	425	530
		5	400	500	630
		6	450	560	710
		7	475	600	750
		8	500	630	800
		10	530	670	850
		12	560	710	900
45	90	3	355	450	560
		4	400	500	630

公称直径 d /mm >	公称直径 d /mm ≤	螺距 P /mm	T_{D_2} 公差等级 7	8	9
45	90	8	530	670	850
		9	560	710	900
		10	560	710	900
		12	630	800	1000
		14	670	850	1060
		16	710	900	1120
		18	750	950	1180
90	180	4	425	530	670
		6	500	630	800
		8	560	710	900
		12	670	850	1060
		14	710	900	1120
		16	750	950	1180
		18	800	1000	1250
		20	800	1000	1250
		22	850	1060	1320

公称直径 d /mm >	公称直径 d /mm ≤	螺距 P /mm	T_{D_2} 公差等级 7	8	9
90	180	24	900	1120	1400
		28	950	1180	1500
180	355	8	600	750	950
		12	710	900	1120
		18	850	1060	1320
		20	900	1120	1400
		22	900	1120	1400
		24	950	1180	1500
		32	1060	1320	1700
		36	1120	1400	1800
		40	1120	1400	1800
		44	1250	1500	1900
355	640	12	760	950	1200
		18	900	1120	1400
		24	950	1180	1480
		44	1290	1610	2000

表 6-1-19　　外螺纹中径公差 T_{d_2}　　μm

公称直径 d /mm >	公称直径 d /mm ≤	螺距 P /mm	T_{d_2} 公差等级 7	8	9
5.6	11.2	2	190	236	300
		3	212	265	335
11.2	22.4	2	200	250	315
		3	224	280	355
		4	265	335	425
		5	280	355	450
		8	355	450	560
22.4	45	3	250	315	400
		5	300	375	475
		6	335	425	530
		7	355	450	560
		8	375	475	600
		10	400	500	630
		12	425	530	670
45	90	3	265	335	425
		4	300	375	475

公称直径 d /mm >	公称直径 d /mm ≤	螺距 P /mm	T_{d_2} 公差等级 7	8	9
45	90	8	400	500	630
		9	425	530	670
		10	425	530	670
		12	475	600	750
		14	500	630	800
		16	530	670	850
		18	560	710	900
90	180	4	315	400	500
		6	375	475	600
		8	425	530	670
		12	500	630	800
		14	530	670	850
		16	560	710	900
		18	600	750	950
		20	600	750	950
		22	630	800	1000

公称直径 d /mm >	公称直径 d /mm ≤	螺距 P /mm	T_{d_2} 公差等级 7	8	9
90	180	24	670	850	1060
		28	710	900	1120
180	355	8	450	560	710
		12	530	670	850
		18	630	800	1000
		20	670	850	1060
		22	670	850	1060
		24	710	900	1120
		32	800	1000	1250
		36	850	1060	1320
		40	850	1060	1320
		44	900	1120	1400
355	640	12	560	710	900
		18	670	850	1060
		24	710	900	1120
		44	950	1220	1520

表 6-1-20 外螺纹小径公差（T_{d_3}） μm

基本大径 d/mm		螺距 P/mm	中径公差带位置为 c			中径公差带位置为 e		
			公差等级			公差等级		
>	≤		7	8	9	7	8	9
5.6	11.2	2	388	445	525	309	366	446
		3	435	501	589	350	416	504
11.2	22.4	2	400	462	544	321	383	465
		3	450	520	614	365	435	529
		4	521	609	690	426	514	595
		5	562	656	775	456	550	669
		8	709	828	965	576	695	832
22.4	45	3	482	564	670	397	479	585
		5	587	681	806	481	575	700
		6	655	767	899	537	649	781
		7	694	813	950	569	688	825
		8	734	859	1015	601	726	882
		10	800	925	1087	650	775	937
		12	866	998	1223	691	823	1048
45	90	3	501	589	701	416	504	616
		4	565	659	784	470	564	689
		8	765	890	1052	632	757	919
		9	811	943	1118	671	803	978
		10	831	963	1138	681	813	988
		12	929	1085	1273	754	910	1098
		14	970	1142	1355	805	967	1180
		16	1038	1213	1438	853	1028	1253
		18	1100	1288	1525	900	1088	1320
90	180	4	584	690	815	489	595	720
		6	705	830	986	587	712	868
		8	796	928	1103	663	795	970
		12	960	1122	1335	785	947	1160
		14	1018	1193	1418	843	1018	1243
		16	1075	1263	1500	890	1078	1315
		18	1150	1338	1588	950	1138	1388
		20	1175	1363	1613	962	1150	1400
		22	1232	1450	1700	1011	1224	1474
		24	1313	1538	1800	1074	1299	1561
		28	1388	1625	1900	1138	1375	1650
		8	828	965	1153	695	832	1020
		12	998	1173	1398	823	998	1223
		18	1187	1400	1650	987	1200	1450
		20	1263	1488	1750	1050	1275	1537
		22	1288	1513	1775	1062	1287	1549
		24	1363	1600	1875	1124	1361	1636
		32	1530	1780	2092	1265	1515	1827
		36	1623	1885	2210	1343	1605	1930
		40	1663	1925	2250	1363	1625	1950
		44	1755	2030	2380	1440	1715	2065
355	640	12	1035	1223	1460	870	1058	1295
		18	1238	1462	1725	1038	1263	1525
		24	1363	1600	1875	1124	1361	1636
		44	1818	2155	2530	1503	1840	2215

表 6-1-21 内外螺纹大径公差 μm

公称直径 d/mm	>6 ≤10	>10 ≤18	>18 ≤30	>30 ≤50	>50 ≤80	>80 ≤120	>120 ≤180	>180 ≤250	>250 ≤315	>315 ≤400	>400 ≤500	>500 ≤630	>630 ≤800
内螺纹公差 T_d/H10	58	70	84	100	120	140	160	185	210	230	250	280	320
外螺纹公差 T_d/h9	36	43	52	62	74	87	100	115	130	140	155	175	200

表 6-1-22　　内、外螺纹直径公差等级

内螺纹			外螺纹		
大径 D	中径 D_2	小径 D_1	大径 d	中径 d_2	小径 d_3
IT10	7,8,9	4	IT9	7,8,9	7,8,9

注：外螺纹小径 d_3 所选取的公差等级必须与其中径 d_2 的公差等级相同。

表 6-1-23　　锯齿形螺纹公差带的选用及标注

精度		内螺纹 N	内螺纹 L	外螺纹 N	外螺纹 L	应用
中等		7H	8H	7	8e	一般用途
粗糙		8H	9H	8c	9c	对精度要求不高时采用
标记示例	内、外螺纹	B40× 7-7H 7H—中径公差带 7—螺距 40—公称直径 B—螺纹种类代号		B40×7-7e B40 × 7LH-7e LH—左旋(右旋不注) B40 ×14(P7) - 8e - L(旋合长度为 L 组的多线螺纹) P7—螺距 14—导程 B40×7-7e-140(旋合长度为特殊需要时,可标数值)		
	螺纹副	B40×7-7H/7e				

表 6-1-24　　多线锯齿形螺纹中径公差系数

线数	2	3	4	≥5
系数	1.12	1.25	1.4	1.6

注：1. 多线锯齿形螺纹的顶径和底径的公差与单线锯齿形螺纹相同。

2. 多线锯齿形螺纹的中径公差是在单线锯齿形螺纹的基础上按线数不同分别乘以本表系数而得。

表 6-1-25　　螺纹旋合长度　　mm

公称直径 d >	公称直径 d ≤	螺距 P	旋合长度组 N >	N ≤	L >
5.6	11.2	2	6	19	19
		3	10	28	28
11.2	22.4	2	8	24	24
		3	11	32	32
		4	15	43	43
		5	18	53	53
		8	30	85	85
22.4	45	3	12	36	36
		5	21	63	63
		6	25	75	75
		7	30	85	85
		8	34	100	100
		10	42	125	125
		12	50	150	150
45	90	3	15	45	45
		4	19	56	56
		8	38	118	118
		9	43	132	132
		10	50	140	140
		12	60	170	170
		14	67	200	200
		16	75	236	236
		18	85	265	265
90	180	4	24	71	71
		6	36	106	106
		8	45	132	132
		12	67	200	200
		14	75	236	236
		16	90	265	265
		18	100	300	300
		20	112	335	335
		22	118	355	355
		24	132	400	400
		28	150	450	450
180	355	8	50	150	150
		12	75	224	224
		18	112	335	335
		20	125	375	375
		22	140	425	425
		24	150	450	450
		32	200	600	600
		36	224	670	670
		40	250	750	750
		44	280	850	850
355	640	12	87	260	260
		18	132	390	390
		24	174	520	520
		44	319	950	950

1.7.3 水系统 45°锯齿形螺纹牙型与基本尺寸（摘自 JB/T 2001.73—1999）

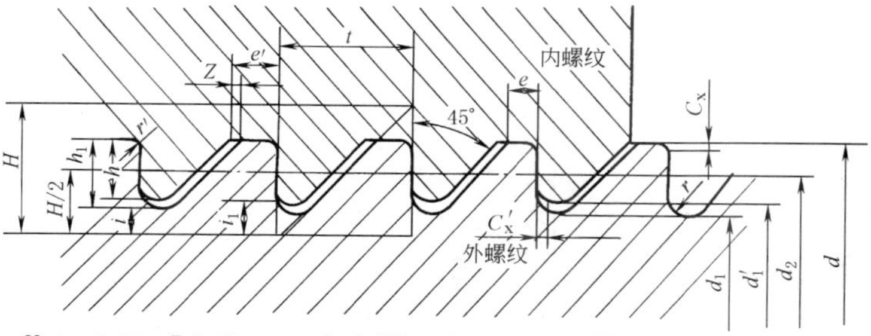

$H=t$ $e=0.25t$ $Z=0.02t+0.16$ $h_1=0.575t$ $i=0.175t$ $r=i/\sqrt{2}$ $h=0.5t$ $i_1=e=0.25t$

标记示例

螺纹外径 250mm，螺距 8mm，左旋单线锯齿形螺纹，标记为：

YS 250×8LH JB/T 2001.73—1999

螺纹外径 300mm，螺距 10mm，右旋单线锯齿形螺纹，标记为：

YS 300×10 JB/T 2001.73—1999

表 6-1-26 牙型尺寸 mm

螺距 P	外螺纹				间隙 Z	内螺纹			
	螺纹高度 h_1	齿顶宽度 e	圆角半径 r	倒角 C_x		螺纹高度 h	齿顶宽度 e'	圆角半径 r'	倒角 C'_x
6	3.45	1.5	0.74	0.5	0.28	3.0	1.78	0.4	0.5
8	4.60	2.0	0.99	0.5	0.32	4.0	2.32	0.4	0.5
10	5.75	2.5	1.24	1.0	0.36	5.0	2.86	0.8	1.0
12	6.90	3.0	1.49	1.0	0.40	6.0	3.40	0.8	1.0
16	9.20	4.0	1.98	1.0	0.48	8.0	4.48	0.8	1.0
20	11.50	5.0	2.48	1.5	0.56	10.0	5.56	1.2	1.5
24	13.80	6.0	2.97	1.5	0.64	12.0	6.64	1.2	1.5
32	18.40	8.0	3.96	1.5	0.80	16.0	8.80	1.2	1.8
40	23.00	10.0	4.95	1.5	0.96	20.0	10.96	1.2	2.0

表 6-1-27 基本尺寸 mm

螺距 P	内、外螺纹 大径 d	内、外螺纹 内径 d_2	外螺纹 内径 d_1	内螺纹 内径 d'_1	外螺纹截面积 F /cm²
6	150	147	143.1	144	160.8
	160	157	153.1	154	184.1
	170	167	163.1	164	208.9
	180	177	173.1	174	236.3
	190	187	183.1	184	263.3
8	200	196	190.8	192	285.9
	210	206	200.8	202	316.5
	220	216	210.8	212	348.0
	250	246	240.8	242	455.4
10	280	275	268.5	270	566.2
	300	295	288.5	290	653.7
	320	315	308.5	310	747.1
12	350	344	336.2	338	887.3
	380	374	366.2	368	1052.7
16	400	392	381.6	384	1143.7
	420	412	401.6	404	1266.1
	450	442	431.6	434	1463.0
	480	472	461.6	464	1672.6
	500	492	481.6	484	1821.6
20	520	510	497.0	500	1939.0
	550	540	527.0	530	2180.2
	580	570	557.0	560	2436.7

螺距 P	内、外螺纹 大径 d	内、外螺纹 内径 d_2	外螺纹 内径 d_1	内螺纹 内径 d'_1	外螺纹截面积 F /cm²
20	600	590	577.0	580	2614.8
	620	610	597.0	600	2797.8
24	650	638	622.4	626	3040.9
	680	668	652.4	656	3341.2
	700	688	672.4	676	3549.2
	720	708	692.4	696	3763.3
	750	738	722.4	726	4098.7
	780	768	752.4	756	4443.9
32	800	784	763.2	768	4572.6
	820	804	783.2	788	4815.2
	850	834	813.2	818	5193.8
	880	864	843.2	848	5580.6
	900	884	863.2	868	5852.1
	920	904	883.2	888	6123.0
	950	934	923.2	918	6549.7
	980	964	943.2	948	6981.8
	1000	984	963.2	968	7286.6
40	1060	1040	1014.0	1020	8075.4
	1120	1100	1074.0	1080	9059.4
	1180	1160	1134.0	1140	10099.9
	1250	1230	1204.0	1210	11385.3

注：1. 本标准规定了 45°锯齿形螺纹牙型与基本尺寸，适用于压力机立柱用 45°锯齿形螺纹。

2. 液压机用 45°锯齿形螺纹用“YS 直径×螺距/线数螺旋方向”表示，单线螺纹不必注明线数，右旋螺纹不必注明螺旋方向。

1.8 55°非螺纹密封的管螺纹（摘自 GB/T 7307—2001）

牙 型

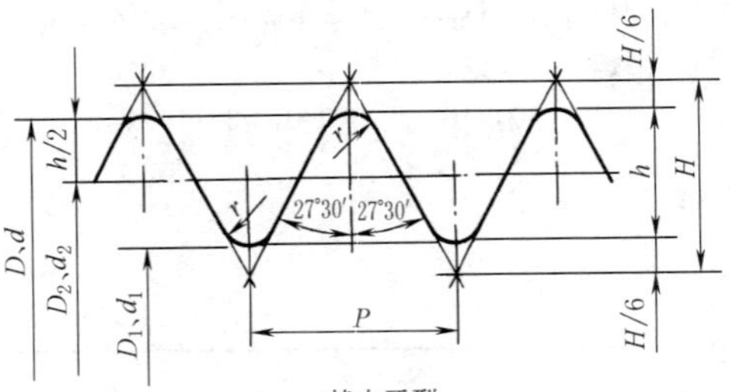

基本牙型

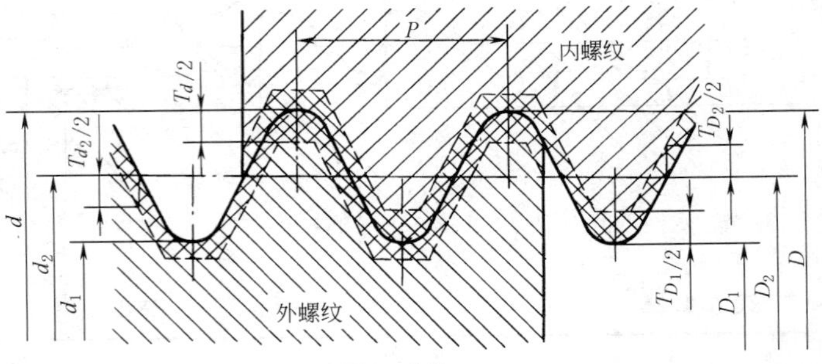

螺纹公差带

$P=\frac{25.4}{n}$；　$H/6=0.160082P$；

$H=0.960491P$；　$D_2=d_2=d-0.640327P$；

$h=0.640327P$；　$D_1=d_1=d-1.280654P$

$r=0.137329P$；

标记示例

尺寸代号为 1½的左旋圆柱内螺纹，标记为：

G1½-LH（右旋不标）

尺寸代号为 1½的 A 级圆柱外螺纹，标记为：

G1½A（A、B 表示外螺纹公差等级代号，内螺纹则不标）

尺寸代号为 1½的 B 级圆柱外螺纹，标记为：G1½B

尺寸代号为 1½的内、外螺纹装配，标记为：

G1½╱G1½A（仅需标注外螺纹的等级代号）

表 6-1-28　基本尺寸和公差　mm

尺寸代号	每25.4mm内的牙数 n	螺距 P	牙高 h	圆弧半径 r ≈	基本直径 大径 $d=D$	中径 $d_2=D_2$	小径 $d_1=D_1$	外螺纹 大径公差 T_d 下偏差	上偏差	中径公差 T_{d_2}① 下偏差 A级	B级	上偏差	内螺纹 中径公差 T_{D_2}① 下偏差	上偏差	小径公差 T_{D_1} 下偏差	上偏差
1/16	28	0.907	0.581	0.125	7.723	7.142	6.561	-0.214	0	-0.107	-0.214	0	0	+0.107	0	+0.282
1/8	28	0.907	0.581	0.125	9.728	9.147	8.566	-0.214	0	-0.107	-0.214	0	0	+0.107	0	+0.282
1/4	19	1.337	0.856	0.184	13.157	12.301	11.445	-0.250	0	-0.125	-0.250	0	0	+0.125	0	+0.445
3/8	19	1.337	0.856	0.184	16.662	15.806	14.950	-0.250	0	-0.125	-0.250	0	0	+0.125	0	+0.445
1/2	14	1.814	1.162	0.249	20.955	19.793	18.631	-0.284	0	-0.142	-0.284	0	0	+0.142	0	+0.541
5/8	14	1.814	1.162	0.249	22.911	21.749	20.587	-0.284	0	-0.142	-0.284	0	0	+0.142	0	+0.541
3/4	14	1.814	1.162	0.249	26.441	25.279	24.117	-0.284	0	-0.142	-0.284	0	0	+0.142	0	+0.541
7/8	14	1.814	1.162	0.249	30.201	29.039	27.877	-0.284	0	-0.142	-0.284	0	0	+0.142	0	+0.541
1	11	2.309	1.479	0.317	33.249	31.770	30.291	-0.360	0	-0.180	-0.360	0	0	+0.180	0	+0.640
1⅛	11	2.309	1.479	0.317	37.897	36.418	34.939	-0.360	0	-0.180	-0.360	0	0	+0.180	0	+0.640
1¼	11	2.309	1.479	0.317	41.910	40.431	38.952	-0.360	0	-0.180	-0.360	0	0	+0.180	0	+0.640
1½	11	2.309	1.479	0.317	47.803	46.324	44.845	-0.360	0	-0.180	-0.360	0	0	+0.180	0	+0.640
1¾	11	2.309	1.479	0.317	53.746	52.267	50.788	-0.360	0	-0.180	-0.360	0	0	+0.180	0	+0.640
2	11	2.309	1.479	0.317	59.614	58.135	56.656	-0.360	0	-0.180	-0.360	0	0	+0.180	0	+0.640
2¼	11	2.309	1.479	0.317	65.710	64.231	62.752	-0.434	0	-0.217	-0.434	0	0	+0.217	0	+0.640
2½	11	2.309	1.479	0.317	75.184	73.705	72.226	-0.434	0	-0.217	-0.434	0	0	+0.217	0	+0.640
2¾	11	2.309	1.479	0.317	81.534	80.055	78.576	-0.434	0	-0.217	-0.434	0	0	+0.217	0	+0.640
3	11	2.309	1.479	0.317	87.884	86.405	84.926	-0.434	0	-0.217	-0.434	0	0	+0.217	0	+0.640
3½	11	2.309	1.479	0.317	100.330	98.851	97.372	-0.434	0	-0.217	-0.434	0	0	+0.217	0	+0.640
4	11	2.309	1.479	0.317	113.030	111.551	110.072	-0.434	0	-0.217	-0.434	0	0	+0.217	0	+0.640
4½	11	2.309	1.479	0.317	125.730	124.251	122.772	-0.434	0	-0.217	-0.434	0	0	+0.217	0	+0.640
5	11	2.309	1.479	0.317	138.430	136.951	135.472	-0.434	0	-0.217	-0.434	0	0	+0.217	0	+0.640
5½	11	2.309	1.479	0.317	151.130	149.651	148.172	-0.434	0	-0.217	-0.434	0	0	+0.217	0	+0.640
6	11	2.309	1.479	0.317	163.830	162.351	160.872	-0.434	0	-0.217	-0.434	0	0	+0.217	0	+0.640

① 对薄壁管件，此公差适用于平均中径，该中径是测量两个互相垂直直径的算术平均值。

注：本标准适用于管接头、旋塞、阀门及其附件。

1.9 55°密封管螺纹（摘自 GB/T 7306.1～7306.2—2000）

圆柱内螺纹与圆锥外螺纹（GB/T 7306.1—2000）、**圆锥内螺纹与圆锥外螺纹**（GB/T 7306.2—2000）

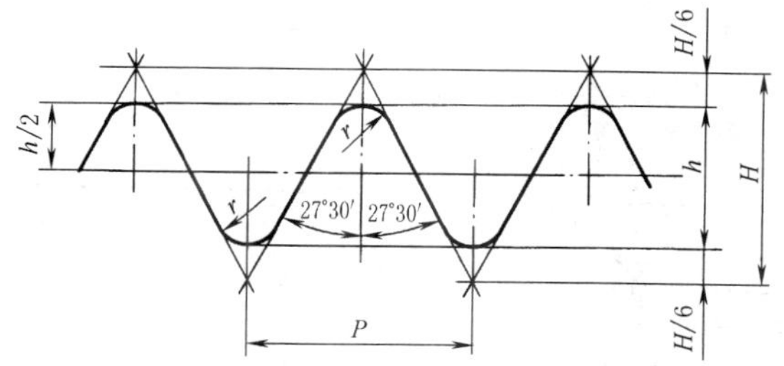

$H=0.960491P$

$h=0.640327P$

$r=0.137329P$

圆柱内螺纹的设计牙型

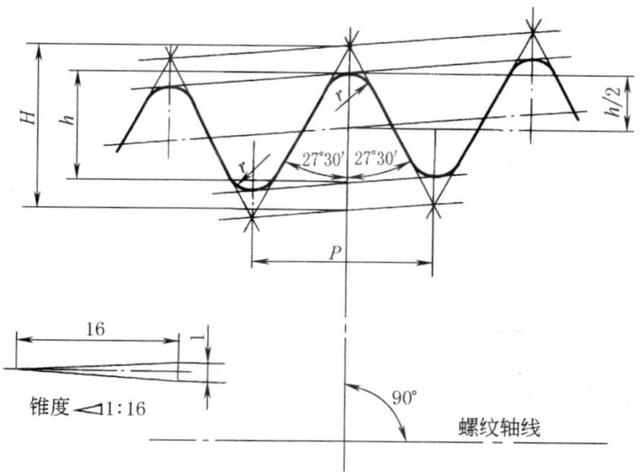

$H=0.960237P$

$h=0.640327P$

$r=0.137278P$

圆锥内、外螺纹的设计牙型（GB/T 7306.1、GB/T 7306.2）

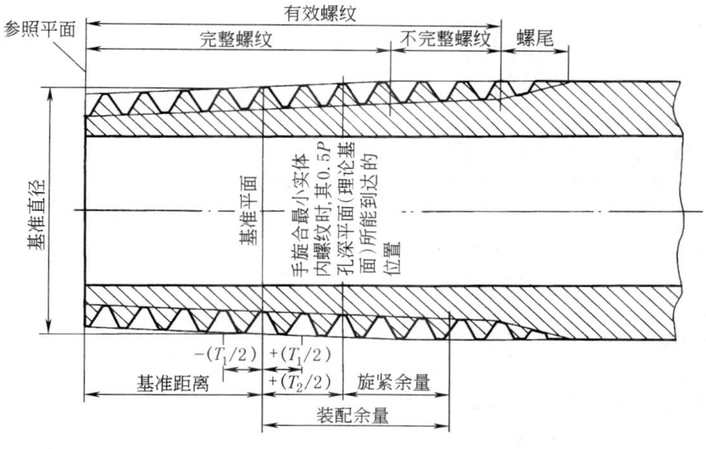

圆锥外螺纹上各主要尺寸的分布位置（GB/T 7306.1、GB/T 7306.2）

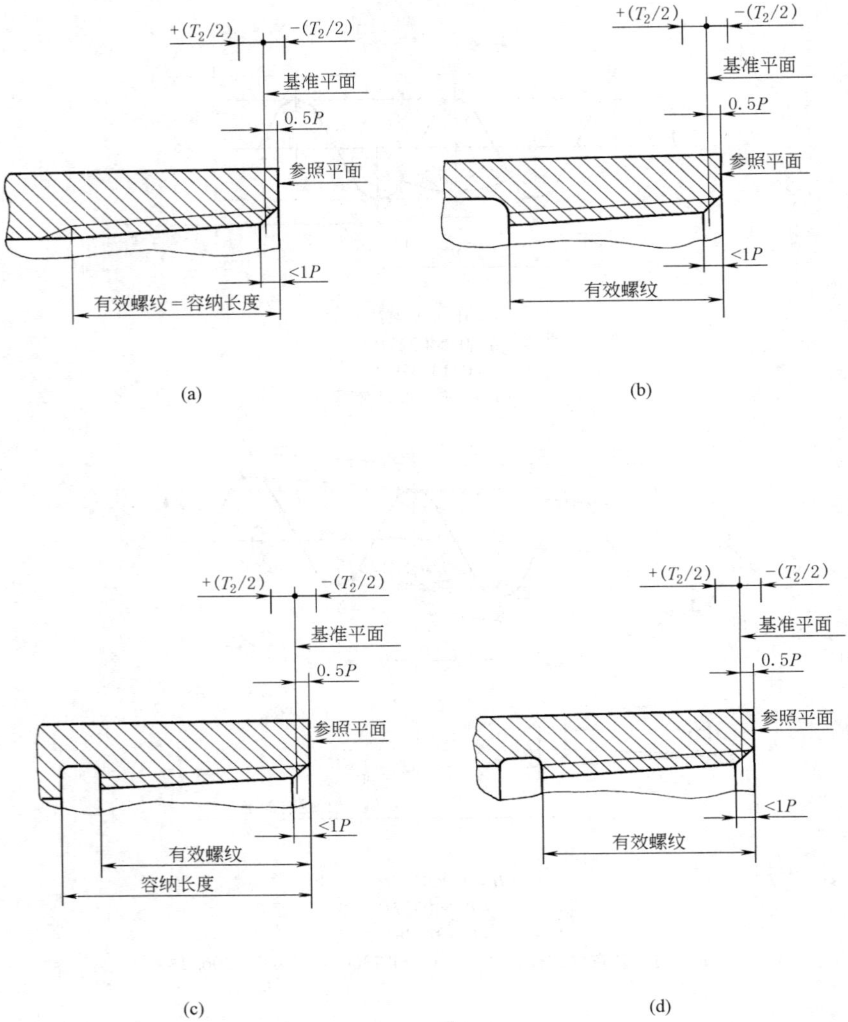

圆柱（锥）内螺纹上各主要尺寸的分布位置

管螺纹的标记由特征代号与尺寸代号组成。

螺纹特征代号：R_p——圆柱内螺纹；R_c——圆锥内螺纹；R_1——与圆柱内螺纹相配合的圆锥外螺纹；R_2——与圆锥内螺纹相配合的圆锥外螺纹。

尺寸代号见表6-1-29。

标记示例

右旋圆柱内螺纹：R_p3/4

右旋圆锥内螺纹：R_c3/4

右旋圆锥外螺纹：$R_1$3 或 $R_2$3

螺纹左旋时，尺寸代号后加注“LH”：R_p3/4-LH 或 R_c3/4-LH

螺纹副特征代号为“R_p/R_1”或“R_c/R_2”：$R_p/R_1$3 或 $R_c/R_2$3

表 6-1-29　　基本尺寸及公差　　mm

尺寸代号	每25.4mm内的牙数 n	螺距 P	牙高 h	圆弧半径 r ≈	基准平面上的基本直径			基准距离					装配余量		外螺纹的有效螺纹长度 ≥			圆柱内螺纹直径极限偏差 $\pm T_2/2$		圆锥内螺纹基准平面轴向位移极限偏差 $\pm T_2/2$	
					大径（基准直径）$d=D$	中径 $d_2=D_2$	小径 $d_1=D_1$	基本	极限偏差 $\pm T_1/2$		最大	最小	长度 ≈	圈数	基准距离			径向	轴向圈数	≈	圈数
									≈	圈数					基本	最大	最小				
1/16	28	0.907	0.581	0.125	7.723	7.142	6.561	4.0	0.9	1	4.9	3.1	2.5	2¾	6.5	7.4	5.6	0.071	1¼	1.1	1¼
1/8	28	0.907	0.581	0.125	9.728	9.147	8.566	4.0	0.9	1	4.9	3.1	2.5	2¾	6.5	7.4	5.6	0.071	1¼	1.1	1¼
1/4	19	1.337	0.856	0.184	13.157	12.301	11.445	6.0	1.3	1	7.3	4.7	3.7	2¾	9.7	11.0	8.4	0.104	1¼	1.7	1¼
3/8	19	1.337	0.856	0.184	16.662	15.806	14.950	6.4	1.3	1	7.7	5.1	3.7	2¾	10.1	11.4	8.8	0.104	1¼	1.7	1¼
1/2	14	1.814	1.162	0.249	20.955	19.793	18.631	8.2	1.8	1	10.0	6.4	5.0	2¾	13.2	15.0	11.4	0.142	1¼	2.3	1¼
3/4	14	1.814	1.162	0.249	26.441	25.279	24.117	9.5	1.8	1	11.3	7.7	5.0	2¾	14.5	16.3	12.7	0.142	1¼	2.3	1¼
1	11	2.309	1.479	0.317	33.249	31.770	30.291	10.4	2.3	1	12.7	8.1	6.4	2¾	16.8	19.1	14.5	0.180	1¼	2.9	1¼
1¼	11	2.309	1.479	0.317	41.910	40.431	38.952	12.7	2.3	1	15.0	10.4	6.4	2¾	19.1	21.4	16.8	0.180	1¼	2.9	1¼
1½	11	2.309	1.479	0.317	47.803	46.324	44.845	12.7	2.3	1	15.0	10.4	6.4	2¾	19.1	21.4	16.8	0.180	1¼	2.9	1¼
2	11	2.309	1.479	0.317	59.614	58.135	56.656	15.9	2.3	1	18.2	13.6	7.5	3¼	23.4	25.7	21.1	0.180	1¼	2.9	1¼
2½	11	2.309	1.479	0.317	75.184	73.705	72.226	17.5	3.5	1½	21.0	14.0	9.2	4	26.7	30.2	23.2	0.216	1½	3.5	1½
3	11	2.309	1.479	0.317	87.884	86.405	84.926	20.6	3.5	1½	24.1	17.1	9.2	4	29.8	33.3	26.3	0.216	1½	3.5	1½
4	11	2.309	1.479	0.317	113.030	111.551	110.072	25.4	3.5	1½	28.9	21.9	10.4	4½	35.8	39.3	32.3	0.216	1½	3.5	1½
5	11	2.309	1.479	0.317	138.430	136.951	135.472	28.6	3.5	1½	32.1	25.1	11.5	5	40.1	43.6	36.6	0.216	1½	3.5	1½
6	11	2.309	1.479	0.317	163.830	162.351	160.872	28.6	3.5	1½	32.1	25.1	11.5	5	40.1	43.6	36.6	0.216	1½	3.5	1½

注：1. 本标准适用于管子、阀门、管接头、旋塞及其他管路附件的螺纹连接。

2. 允许在螺纹副内添加合适的密封介质，如在螺纹表面缠胶带、涂密封胶等。

3. 圆锥内螺纹小端面和圆柱（锥）内螺纹外端面的倒角轴向长度不得大于1P。

4. 圆锥外螺纹的有效长度不应小于其基准距离的实际值与装配余量之和。对应基准距离为基本、最大和最小尺寸的三种条件，表中分别给出了相应情况所需的最小有效螺纹长度。

5. 当圆柱（锥）内螺纹的尾部未采用退刀结构时，其最小有效螺纹应能容纳表中所规定长度的圆锥外螺纹；当圆柱（锥）内螺纹的尾部采用退刀结构时，其容纳长度应能容纳表中所规定长度的圆锥外螺纹，其最小有效长度应不小于表中所规定长度的80%。

1.10　60°密封管螺纹（摘自 GB/T 12716—2011）

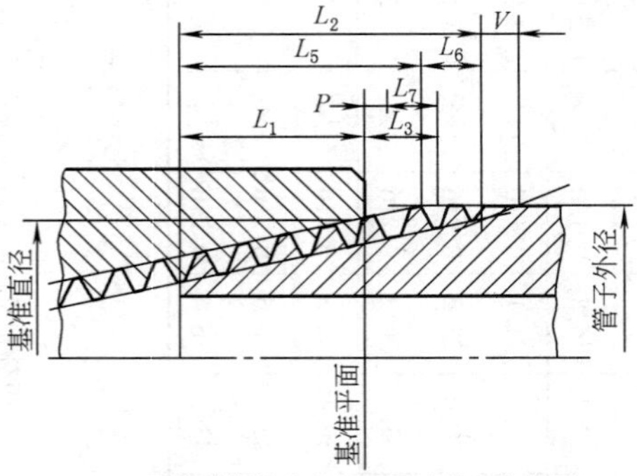

圆锥外螺纹上各主要尺寸的分布位置

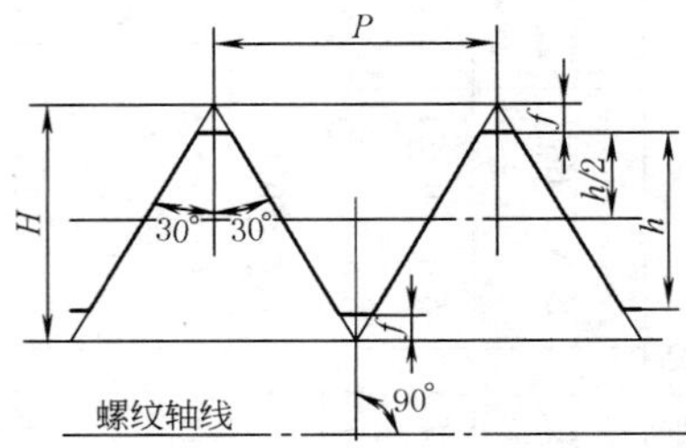

圆柱内螺纹的牙型（NPSC）

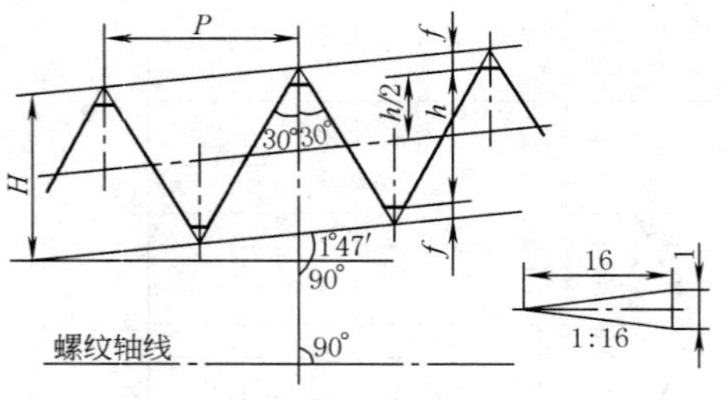

圆锥螺纹的牙型（NPT）

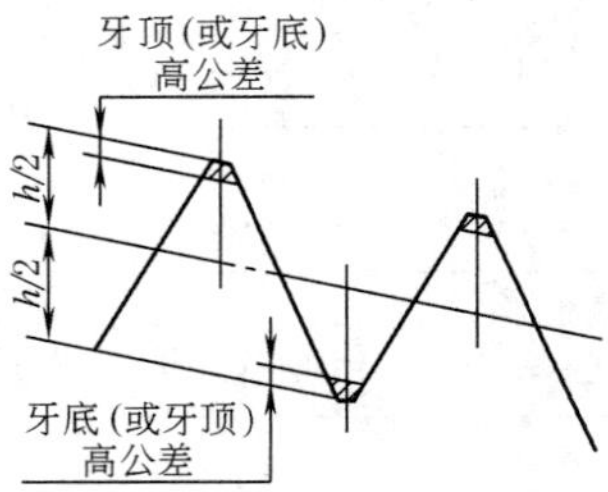

牙顶高和牙底高的公差带位置分布

f—削平高度；　h—螺纹牙型高度；　V—螺尾长度；
L_1—基准距离；　L_2—有效螺纹长度；　L_3—装配余量；
L_5—完整螺纹长度；　L_6—不完整螺纹长度；　L_7—旋紧余量；

$$P=25.4/n;\ H=0.866025P;\ h=0.8P;\ f=0.033P$$

标记示例

尺寸代号为3/4的右旋圆柱内螺纹，标记为：NPSC3/4

尺寸代号为6的右旋圆锥内螺纹或外螺纹，标记为：NPT6

尺寸代号为14 O. D. 的左旋圆锥内螺纹或外螺纹，标记为：NPT14 O. D. -LH

表 6-1-30　　圆锥管螺纹的基本尺寸　　mm

尺寸代号	每25.4mm内的牙数 n	螺距 P	牙高 h	基准平面内的基本直径			基准距离 L_1		装配余量 L_3		外螺纹小端面内的基本小径
				大径 $d=D$	中径 $d_2=D_2$	小径 $d_1=D_1$	圈数	mm	圈数	mm	
1/16	27	0.941	0.753	7.895	7.142	6.389	4.32	4.064	3	2.822	6.137
1/8	27	0.941	0.753	10.242	9.489	8.736	4.36	4.102	3	2.822	8.481
1/4	18	1.411	1.129	13.616	12.487	11.358	4.10	5.785	3	4.234	10.996
3/8	18	1.411	1.129	17.055	15.926	14.797	4.32	6.096	3	4.234	14.417
1/2	14	1.814	1.451	21.223	19.772	18.321	4.48	8.128	3	5.443	17.813
3/4	14	1.814	1.451	26.568	25.117	23.666	4.75	8.618	3	5.443	23.127
1	11.5	2.209	1.767	33.228	31.461	29.694	4.60	10.160	3	6.627	29.060
1¼	11.5	2.209	1.767	41.985	40.218	38.451	4.83	10.668	3	6.627	37.785
1½	11.5	2.209	1.767	48.054	46.278	44.520	4.83	10.668	3	6.627	43.853

续表

尺寸代号	每25.4mm内的牙数 n	螺距 P	牙高 h	基准平面内的基本直径			基准距离 L_1		装配余量 L_3		外螺纹小端面内的基本小径
				大径 $d=D$	中径 $d_2=D_2$	小径 $d_1=D_1$	圈数	mm	圈数	mm	
2	11.5	2.209	1.767	60.092	58.325	56.558	5.01	11.074	3	6.627	55.867
2½	8	3.175	2.540	72.699	70.159	67.619	5.46	17.323	2	6.350	66.535
3	8	3.175	2.540	88.608	86.068	83.528	6.13	19.456	2	6.350	82.311
3½	8	3.175	2.540	101.316	98.776	96.236	6.57	20.853	2	6.350	94.933
4	8	3.175	2.540	113.973	111.433	108.893	6.75	21.438	2	6.350	107.554
5	8	3.175	2.540	140.952	138.412	135.872	7.50	23.800	2	6.350	134.384
6	8	3.175	2.540	167.792	165.252	162.772	7.66	24.333	2	6.350	161.191
8	8	3.175	2.540	218.441	215.901	213.361	8.50	27.000	2	6.350	211.673
10	8	3.175	2.540	272.312	269.772	267.232	9.68	30.734	2	6.350	265.311
12	8	3.175	2.540	323.032	320.492	317.952	10.88	34.544	2	6.350	315.793
14	8	3.175	2.540	354.905	352.365	349.825	12.50	39.675	2	6.350	347.345
16	8	3.175	2.540	405.784	403.244	400.704	14.50	46.025	2	6.350	397.828
18	8	3.175	2.540	456.565	454.025	451.485	16.00	50.800	2	6.350	448.310
20	8	3.175	2.540	507.246	504.706	502.166	17.00	53.975	2	6.350	498.793
24	8	3.175	2.540	608.608	606.068	603.528	19.00	60.325	2	6.350	599.758

圆锥管螺纹(NPT)的单项要素极限偏差

在25.4mm轴向长度内所包含的牙数 n	中径线锥度(1/16)的极限偏差	有效螺纹的导程累积偏差	牙侧角偏差/(°)
27	+1/96 -1/192	±0.076	±1.25
18,14			±1
11.5,8			±0.75

注：1. D—内螺纹在基准平面内的大径；D_1—内螺纹在基准平面内的小径；D_2—内螺纹在基准平面内的中径；d—外螺纹在基准平面内的大径；d_1—外螺纹在基准平面内的小径；d_2—外螺纹在基准平面内的中径。

2. 对有效螺纹长度大于25.4mm的螺纹，其导程累积误差的最大测量跨度为25.4mm。

3. 螺纹的收尾长度（V）为3.47P。

4. 内、外螺纹可组成两种密封配合型式：圆锥内螺纹与圆锥外螺纹组成“锥/锥”配合，圆柱内螺纹与圆锥外螺纹组成“柱/锥”配合。

5. 本标准适用于管子、阀门、管接头、旋塞及其他管路附件的密封螺纹连接。

6. 为确保螺纹连接密封的可靠性，应在螺纹副内添加合适的密封介质，如缠胶带等。

表6-1-31　圆柱内螺纹（NPSC）的极限尺寸　mm

尺寸代号	每25.4mm内的牙数 n	中径		小径
		最大	最小	最小
1/8	27	9.578	9.401	8.636
1/4	18	12.619	12.358	11.227
3/8	18	16.058	15.794	14.656
1/2	14	19.942	19.601	18.161
3/4	14	25.288	24.948	23.495
1	11.5	31.669	31.255	29.489

续表

尺寸代号	每25.4mm内的牙数 n	中径		小径
		最大	最小	最小
1¼	11.5	40.424	40.010	38.252
1½	11.5	46.495	46.081	44.323
2	11.5	58.532	58.118	56.363
2½	8	70.457	69.860	67.310
3	8	86.365	85.771	83.236
3½	8	99.073	98.478	95.936
4	8	111.730	111.135	108.585

注：可参照最小小径数据选择攻螺纹前的麻花钻直径。

表 6-1-32　圆锥管螺纹的英寸尺寸　in

尺寸代号	每25.4mm内的牙数 n	螺距 P	牙高 h	基准平面内的中径 $d_2=D_2$	基准距离 L_1		装配余量 L_3		外螺纹小端面内的基本小径
					圈数	in	圈数	in	
1/16	27	0.03704	0.02963	0.28118	4.32	0.160	3	0.1111	0.2416
1/8	27	0.03704	0.02963	0.37360	4.36	0.1615	3	0.1111	0.3339
1/4	18	0.05556	0.04444	0.49163	4.10	0.2278	3	0.1667	0.4329
3/8	18	0.05556	0.04444	0.62701	4.32	0.240	3	0.1667	0.5676
1/2	14	0.07143	0.05714	0.77843	4.48	0.320	3	0.2143	0.7013
3/4	14	0.07143	0.05714	0.98887	4.75	0.339	3	0.2143	0.9105
1	11.5	0.08696	0.06957	1.23863	4.60	0.400	3	0.2609	1.1441
1¼	11.5	0.08696	0.06957	1.58338	4.83	0.420	3	0.2609	1.4876
1½	11.5	0.08696	0.06957	1.82234	4.83	0.420	3	0.2609	1.7265
2	11.5	0.08696	0.06957	2.29627	5.01	0.436	3	0.2609	2.1995
2½	8	0.12500	0.10000	2.76216	5.46	0.682	2	0.2500	2.6195
3	8	0.12500	0.10000	3.38850	6.13	0.766	2	0.2500	3.2406
3½	8	0.12500	0.10000	3.88881	6.57	0.821	2	0.2500	3.7375
4	8	0.12500	0.10000	4.38712	6.75	0.844	2	0.2500	4.2344
5	8	0.12500	0.10000	5.44929	7.50	0.937	2	0.2500	5.2907
6	8	0.12500	0.10000	6.50597	7.66	0.958	2	0.2500	6.3461
8	8	0.12500	0.10000	8.50003	8.50	1.063	2	0.2500	8.3336
10	8	0.12500	0.10000	10.62094	9.68	1.210	2	0.2500	10.4453
12	8	0.12500	0.10000	12.61781	10.88	1.360	2	0.2500	12.4328
14 O.D.	8	0.12500	0.10000	13.87262	12.50	1.562	2	0.2500	13.6750
16 O.D.	8	0.12500	0.10000	15.87575	14.50	1.812	2	0.2500	15.6625
18 O.D.	8	0.12500	0.10000	17.87500	16.00	2.000	2	0.2500	17.6500
20 O.D.	8	0.12500	0.10000	19.87031	17.00	2.125	2	0.2500	19.6375
24 O.D.	8	0.12500	0.10000	23.86094	19.00	2.375	2	0.2500	23.6125

圆锥管螺纹的单项要素极限偏差

每25.4mm轴向长度内所包含的牙数 n	中径线锥度(1/16)的极限偏差	有效螺纹的导程累积偏差	牙侧角偏差/(°)
27	+1/96 −1/192	±0.003	±1.25
18,14			±1
11.5,8			±0.75

表 6-1-33 圆柱内螺纹的极限尺寸 in

尺寸代号	每 25.4mm 内的牙数 n	中径		小径
		最大	最小	最小
1/8	27	0.3771	0.3701	0.340
1/4	18	0.4968	0.4864	0.442
3/8	18	0.6322	0.6218	0.577
1/2	14	0.7851	0.7717	0.715
3/4	14	0.9956	0.9822	0.925
1	11.5	1.2468	1.2305	1.161
1¼	11.5	1.5915	1.5752	1.506
1½	11.5	1.8305	1.8142	1.745
2	11.5	2.3044	2.2881	2.219
2½	8	2.7739	2.7504	2.650
3	8	3.4002	3.3768	3.277
3½	8	3.9005	3.8771	3.777
4	8	4.3988	4.3754	4.275

1.11 美国一般用途管螺纹的用途和代号

由于 GB/T 12716—2002《60°密封管螺纹》等效地采用了美国标准 ANSI B1.20.1 中的锥螺纹（NPT）和圆柱内螺纹（NPSC）部分，现将美国标准 ANSI B1.20.1—1983《一般用途管螺纹》的用途及代号列入表 6-1-34，供使用者参考。

表 6-1-34

标准号	性能	用途	内锥	外锥	内柱	外柱
ANSI B1.20.1（代替 ASA B2.1）	密封连接	普通用途(管子和附件)	NPT	NPT	—	—
		低压管接头连接	—	NPT	NPSC	—
	机械连接	钢轨连接	NPTR	NPTR	—	—
		设备的自由配合接头	—	—	NPSM	NPSM
		带锁紧螺母的松配合接头	—	—	NPSL	NPSL

1.12 普通螺纹的管路系列（摘自 GB/T 1414—2013）

表 6-1-35 普通螺纹的管路系列 mm

公称直径 D、d		螺距 P	公称直径 D、d		螺距 P	公称直径 D、d		螺距 P
第 1 选择	第 2 选择		第 1 选择	第 2 选择		第 1 选择	第 2 选择	
8		1		33	2	80		2
10		1		39	2		85	2
	14	1.5	42		2	90		3,2
16		1.5	48		2	100		3,2
	18	1.5		56	2		115	3,2
20		1.5		60	2	125		2
	22	2,1.5	64		2	140		3,2
24		2		68	2		150	2
	27	2	72		3	160		2
30		2		76	2		170	3

注：1. 本标准适用于一般的管路系统，其螺纹本身不具有密封功能。

2. 标记方法见 GB/T 197。

1.13 米制密封螺纹（摘自 GB/T 1415—2008）

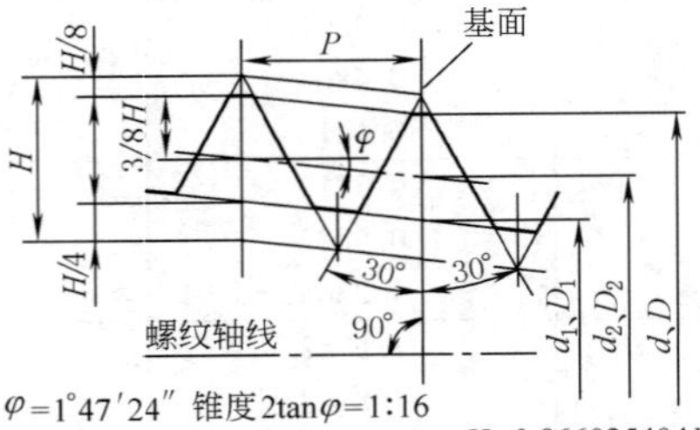

$\varphi=1°47'24''$ 锥度 $2\tan\varphi=1:16$

$H=0.866025404P$

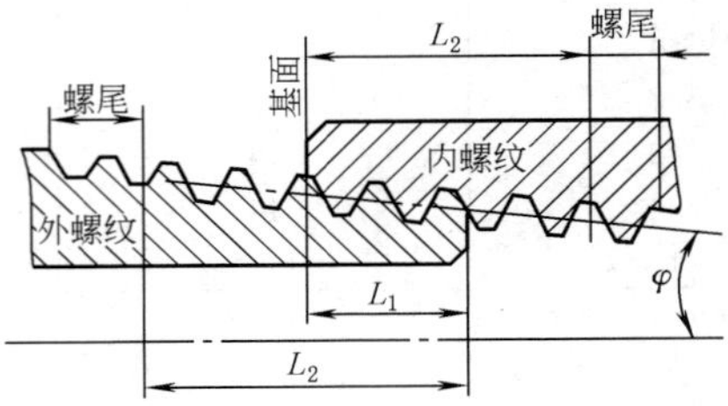

标记示例

公称直径 12mm，螺距 1mm，标准基准距离，右旋圆锥螺纹：Mc12×1（左旋标为：Mc12×1-LH）

公称直径 20mm，螺距 1.5mm，短型基准距离，右旋圆锥外螺纹：Mc20×1.5-s

公称直径 42mm，螺距 2mm，短型基准距离，右旋圆柱内螺纹：Mp42×2-s

表 6-1-36　　米制密封螺纹的基本尺寸　　mm

公称直径 D、d	螺距 P	基准平面内的直径[①]			基准距离 L_1[②]		最小有效螺纹长度 L_2[②]	
		大径 D、d	中径 D_2、d_2	小径 D_1、d_1	标准型	短型	标准型	短型
8	1	8.000	7.350	6.917	5.500	2.500	8.000	5.500
10	1	10.000	9.350	8.917	5.500	2.500	8.000	5.500
12	1	12.000	11.350	10.917	5.500	2.500	8.000	5.500
14	1.5	14.000	13.026	12.376	7.500	3.500	11.000	8.500
16	1	16.000	15.350	14.917	5.500	2.500	8.000	5.500
	1.5	16.000	15.025	14.376	7.500	3.500	11.000	8.500
20	1.5	20.000	19.026	18.376	7.500	3.500	11.000	8.500
27	2	27.000	25.701	24.835	11.000	5.000	15.000	12.000
33	2	33.000	31.701	30.835	11.000	5.000	16.000	12.000
42	2	42.000	40.701	39.835	11.000	5.000	16.000	12.000
48	2	48.000	46.701	45.835	11.000	5.000	16.000	12.000
60	2	60.000	58.701	57.835	11.000	5.000	16.000	12.000
72	3	72.000	70.051	68.752	16.500	7.500	24.000	18.000
76	2	76.000	74.701	73.835	11.000	5.000	16.000	12.000
90	2	90.000	88.701	87.835	11.000	5.000	16.000	12.000
	3	90.000	88.051	86.752	16.500	7.500	24.000	18.000
115	2	115.000	113.701	112.835	11.000	5.000	16.000	12.000
	3	115.000	113.051	111.752	16.500	7.500	24.000	18.000
140	2	140.00	138.701	137.835	11.000	5.000	16.000	12.000
	3	140.00	138.051	136.752	16.500	7.500	24.000	18.000
170	3	170.000	168.051	166.752	16.500	7.500	24.000	18.000

螺距 P	基准平面位置的极限偏差		牙顶高、牙底高的极限偏差				其他要素的极限偏差				
	外螺纹	内螺纹	外螺纹		内螺纹		牙侧角	螺距累积		中径锥角[③]/(′)	
	$(\pm T_1/2)$	$(\pm T_2/2)$	牙顶	牙底	牙顶	牙底	(′)	L_1 范围内	L_2 范围内	外螺纹	内螺纹
1	0.7	1.2	0 −0.032	−0.015 −0.020	±0.030	±0.030	±45	±0.04	±0.07	+24 −12	+12 −24
1.5	1	1.5	0 −0.048	−0.020 −0.065	±0.040	±0.040					
2	1.4	1.8	0 −0.050	−0.025 −0.075	±0.045	±0.045					
3	2	3	0 −0.055	−0.030 −0.085	±0.050	±0.050					

① 对圆锥螺纹，不同轴向位置平面内的螺纹直径数值是不同的。要注意各直径的轴向位置。

② 基准距离有两种型式：标准型和短型。两种基准距离分别对应两种型式的最小有效螺纹长度，标准型基准距离 L_1 和标准型最小有效螺纹长度 L_1 适用于由圆锥内螺纹与圆锥外螺纹组成的“锥/锥”配合螺纹；短型基准距离 L_1 和短型最小有效螺纹长度 L_2 适用于由圆柱内螺纹与圆锥外螺纹组成的“柱/锥”配合螺纹，选择时要注意两种配合形式对应两组不同的基准距离和最小有效螺纹长度，避免选择错误。

③ 测量中径锥角的测量跨度为 L_1。

注：圆柱内螺纹中径公差带为 5H，其公差值应符合 GB/T 197 的规定。

1.14 管螺纹

切制内、外螺纹前的毛坯尺寸（摘自 JB/ZQ 4168—2006）

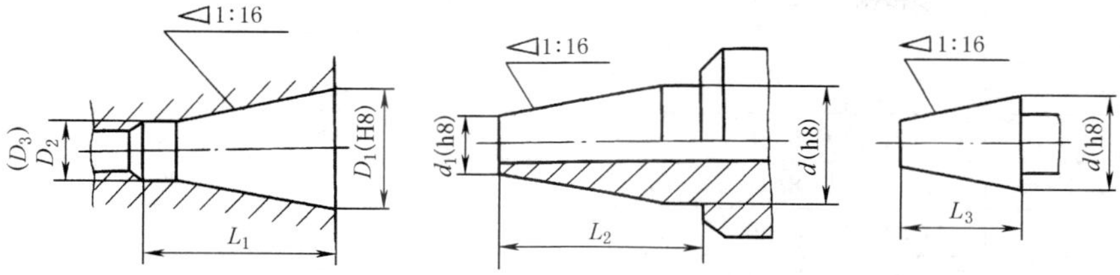

用于GB/T 7306.1～7306.2及GB/T 12716毛坯尺寸

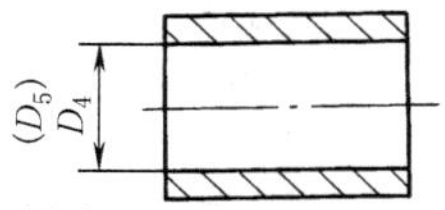

用于GB/T 7306.1～7306.2及GB/T 7307毛坯尺寸

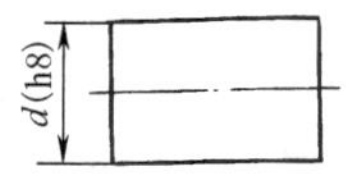

用于GB/T 7307毛坯尺寸

表 6-1-37

mm

尺寸代号（GB/T 7306.1～7306.2）	圆柱内螺纹 R_p		圆锥内螺纹 R_c				圆锥外螺纹 R			
	钻（扩）孔底径 D_4	车（镗）孔底径 D_5	柱孔坯底径 D_2	锥孔坯 底径 D_3	锥孔坯 锥孔大径 D_1	底孔深 L_{on} max	圆锥大端（圆柱）直径 d	圆锥小端直径 d_1	端肩距 L_2 max	螺塞长 L_3
1/16	6.60	6.55	6.40	6.20	6.56	15	7.8	7.45	12.5	9
1/8	8.60	8.55	8.40	8.20	8.57	15	9.8	9.45	12.5	9
1/4	11.50	11.45	11.20	11.00	11.45	22	13.5	13.00	18.5	11
3/8	15.00	14.95	14.75	14.50	14.95	22	16.8	16.25	19.0	12
1/2	18.75	18.65	18.25	18.00	18.63	30	21.1	20.40	25.0	15
3/4	24.25	24.15	23.75	23.50	24.12	31	26.5	25.80	26.5	17
1	30.50	30.35	29.75	29.50	30.29	38	33.4	32.55	31.8	19
1¼	39.00	39.00	38.30	38.00	38.95	40	42.1	41.10	34.2	22
1½	45.00	44.90	44.20	44.00	44.85	40	48.0	47.00	34.2	23
2	57.00	56.70	55.80	55.50	56.66	45	59.8	58.60	38.5	26
2½	73.00	72.30	71.20	70.90	72.23	50	75.4	74.05	43.0	30
3	85.00	85.00	83.70	83.50	84.93	53	88.1	86.55	46.0	32
3½		97.45	96.10	95.80	97.37	55	100.6	98.90	47.8	35
4		110.15	108.60	108.30	110.10	59	113.3	111.40	52.0	38
5		135.50	133.80	133.50	135.50	63	138.8	136.60	56.5	42
6		160.90	159.20	158.80	160.90	63	164.2	162.00	56.5	42

尺寸代号（GB/T 7307）	内螺纹 G 钻（扩）孔底径 D_4	内螺纹 G 车（镗）孔底径 D_5	外螺纹 G 坯径 d	尺寸代号（GB/T 7307）	内螺纹 G 钻（扩）孔底径 D_4	内螺纹 G 车（镗）孔底径 D_5	外螺纹 G 坯径 d
1/16	6.80	6.75	7.7	1¾	51.00	51.30	53.7
1/8	8.80	8.75	9.7	2	57.00	57.15	59.6
1/4	11.80	11.80	13.1	2¼	63.00	63.25	65.7
3/8	15.25	15.30	16.6	2½	73.00	72.70	75.1
1/2	19.00	19.00	20.9	2¾	79.00	79.00	81.5
5/8	21.00	21.00	22.9	3	85.00	85.40	87.8
3/4	24.50	24.55	26.4	3½	98.00	97.85	100.3
7/8	28.25	28.30	30.2	4		110.50	113.0
1	30.75	30.80	33.2	4½		123.20	125.7
1⅛	35.50	35.45	37.8	5		135.90	138.4
1¼	39.50	39.45	41.9	5½		148.60	151.1
1½	45.00	45.35	47.8	6		161.30	163.8

续表

尺寸代号 (GB/T 12716)	圆柱内螺纹 NPSC	圆锥内螺纹 NPT				圆锥外螺纹 NPT			
	螺孔坯底径 D_4	柱孔坯底径 D_2	锥孔坯		底孔深 L_1 max	圆锥大端(圆柱)直径 d	圆锥小端直径 d_1	端肩距 L_2 max	螺塞长 L_3
			底径 D_3	锥孔大径 D_1					
1/16	—	6.25	6.00	6.39	15	8.00	7.62	13	9
1/8	8.6	8.50	8.40	8.74	15	10.30	9.95	13	9
1/4	11.2	11.10	10.80	11.36	23	13.80	13.25	19	12
3/8	14.5	14.70	14.25	14.80	23	17.20	16.65	20	12
1/2	18.0	18.00	17.60	18.32	30	21.40	20.70	25	15
3/4	23.5	23.25	23.00	23.67	30	26.70	26.00	26	15
1	29.5	29.25	28.75	29.69	37	33.40	32.50	32	19
1¼	38.0	38.00	37.50	38.45	38	42.20	41.30	32	19
1½	44.0	44.25	43.50	44.52	38	48.30	47.30	33	20
2	56.0	56.25	55.50	56.56	39	60.40	59.40	34	20
2½	67.0	67.00	66.10	67.62	57	73.10	71.60	50	30
3	83.0	83.00	81.90	83.53	59	89.00	87.30	51	34
3½	96.0	95.50	94.50	96.24	60	101.70	100.00	52	34
4	109	108.00	107.10	108.90	61	114.40	112.50	54	37
5	—	135	133.90	135.90	64	141.40	139.40	56	38
6	—	162	160.50	162.70	67	168.40	166.20	59	42
8	—	213	210.90	213.40	72	219.20	216.70	64	46
10	—	267	264.40	267.20	77	273.10	270.30	70	51
12	—	317	314.80	318.00	82	324.00	320.80	75	58

注：1. 本标准适用于切制圆柱管螺纹或圆锥管螺纹前的毛坯尺寸。

2. 引用标准：GB/T 7306.1~7306.2《55°密封管螺纹》；GB/T 7307《非螺纹密封的管螺纹》；GB/T 12716《60°圆锥管螺纹》。

3. 当内螺纹底径由车（镗）削制出时，其公差代号规定为H10。

4. 本标准中各项尺寸均不包括螺纹倒角。

5. 英文管子尺寸 14 OD~24 OD 省略。

1.15 矩形螺纹

表 6-1-38 **牙型及尺寸** mm

矩形螺纹牙型	尺寸计算		
	名称	代号	公式
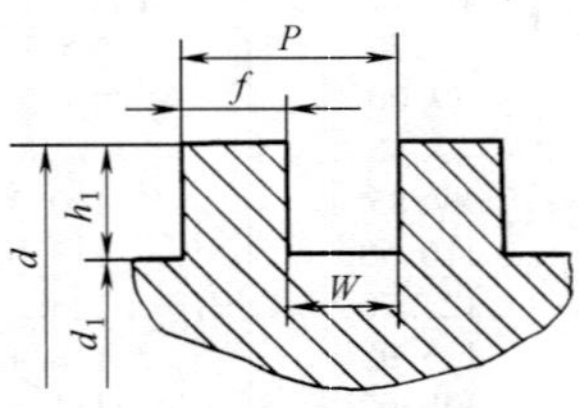	大径(公称)	d	$d=\frac{5}{4}d_1$(取整)
	螺距	P	$P=\frac{1}{4}d_1$(取整)
	实际牙型高度	h_1	$h_1=0.5P+(0.1\sim0.2)$
	小径	d_1	$d_1=d-2h_1$
	牙底宽	W	$W=0.5P+(0.03\sim0.05)$
	牙顶宽	f	$f=P-W$

注：矩形螺纹没有标准，对公制矩形螺纹的直径与螺距可按梯形螺纹的直径与螺距选择。

1.16 30°圆弧螺纹

表 6-1-39 牙型及尺寸 mm

实 体 牙 型

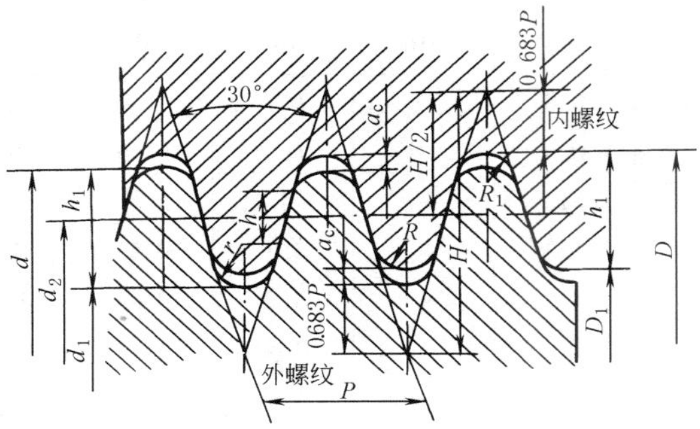

尺寸计算			
名称及代号			计算公式
牙型角 α			$\alpha=30°$
螺距 P			$P=\frac{25.4}{n}$
牙型高度	原始三角形高度 H		$H=1.866P$
	实际高度 h_1		$h_1=0.5P$
	接触高度 h		$h=0.0835P$
间隙 a_c			$a_c=0.05P$
大径	外螺纹 d		d（公称直径）
	内螺纹 D		$D=d+2a_c$
中径 d_2			$d_2=d-0.45P$
小径	外螺纹 d_1		$d_1=d-2h_1$
	内螺纹 D_1		$D_1=d-2(h_1-a_c)$
圆弧半径	外螺纹 r		$r=0.2385P$
	内螺纹	R	$R=0.256P$
		R_1	$R_1=0.211P$

注：30°圆弧螺纹以外径和螺距表示大小，牙型角 $\alpha=30°$，内、外螺纹配合时有间隙。通常用于经常和污物接触或容易生锈的场合。

表 6-1-40 30°圆弧螺纹的直径和每 25.4mm 牙数

螺纹直径 d /mm	8	9	10	12	14	16	18	20	22	24	26	28	30	32	36	40	44	48	52	55	60	65	68	70	75	80	85	90	95	100
每 25.4mm 牙数 n	10	10	10	10	10	8	8	8	8	8	8	8	8	8	8	6	6	6	6	6	6	6	6	6	6	6	6	6	6	6

注：直径 105~200mm 的螺纹，每 25.4mm 的牙数 $n=4$。

2 螺纹零件结构要素

2.1 紧固件

表 6-1-41 外螺纹零件的末端（摘自 GB/T 2—2001） mm

螺栓、螺柱及螺钉（开槽及十字槽螺钉）	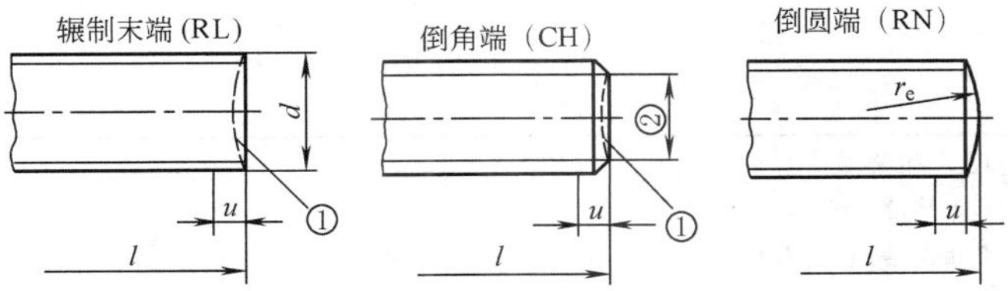	$u\leqslant 2P$ $r_e\approx 1.4d$

续表

螺钉及自攻螺钉的刮削端

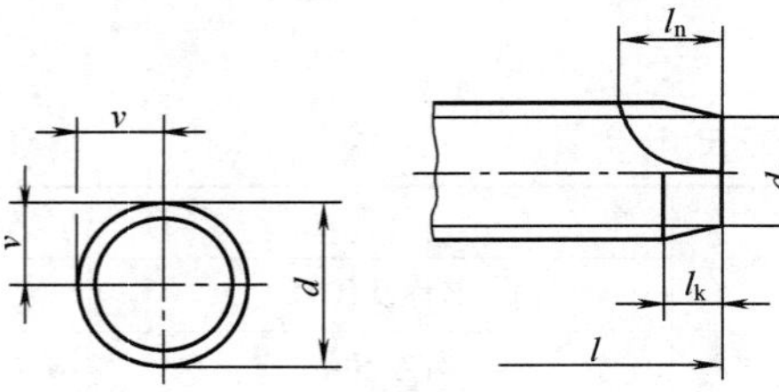

$d_n=d-1.6P$

$v=0.5d\pm0.5$

$l_k=3P\pm0.5$

$l_n=5P\pm0.5P$

紧定螺钉

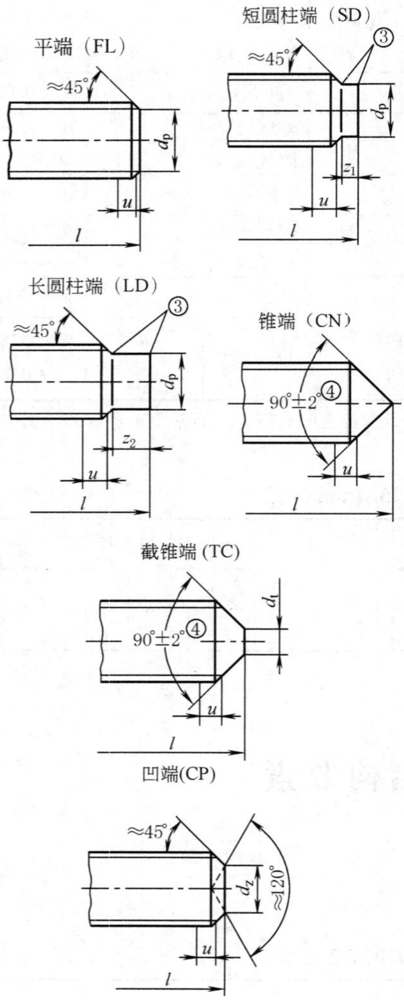

螺纹直径 d	d_p h14	d_t h16	d_z h14	$z_1{}^{+IT14}_{\ 0}$	$z_2{}^{+IT14}_{\ 0}$
1.6	0.8	—	0.8	0.4	0.8
1.8	0.9	—	0.9	0.45	0.9
2	1	—	1	0.5	1
2.2	1.2	—	1.1	0.55	1.1
2.5	1.5	—	1.2	0.63	1.25
3	2	—	1.4	0.75	1.5
3.5	2.2	—	1.7	0.88	1.75
4	2.5	—	2	1	2
4.5	3	—	2.2	1.12	2.25
5	3.5	—	2.5	1.25	2.5
6	4	1.5	3	1.5	3
7	5	2	4	1.75	3.5
8	5.5	2	5	2	4
10	7	2.5	6	2.5	5
12	8.5	3	8	3	6
14	10	4	8.5	3.5	7
16	12	4	10	4	8
18	13	5	11	4.5	9
20	15	5	14	5	10
22	17	6	15	5.5	11
24	18	6	16	6	12
27	21	8	—	6.7	13.5
30	23	8	—	7.5	15
33	26	10	—	8.2	16.5
36	28	10	—	9	18
39	30	12	—	9.7	19.5
42	32	12	—	10.5	21
45	35	14	—	11.2	22.5
48	38	14	—	12	24
52	42	16	—	13	26

① 对 d<M1.6 的规格，末端的尺寸和公差应经协议。

② 公称尺寸小于等于 1mm 时，公差按 h13。

③ 对 d 小于等于 M5 的规格，截面锥端上没有平面（d_t）部分，其端部可以倒圆。

④ 公称尺寸小于等于 1mm 时，公差按 ${}^{+IT13}_{\ 0}$。

2.2 普通螺纹收尾、肩距、退刀槽、倒角（摘自 GB/T 3—1997）

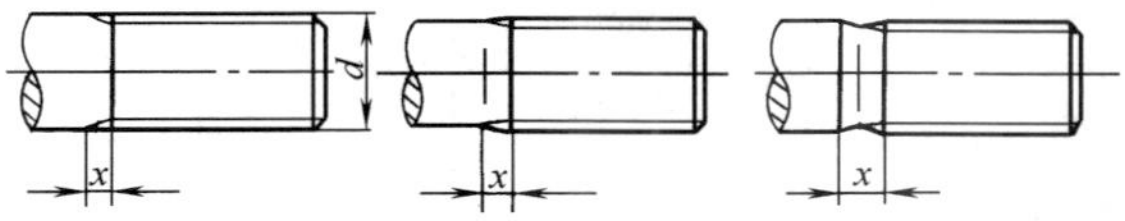

收尾

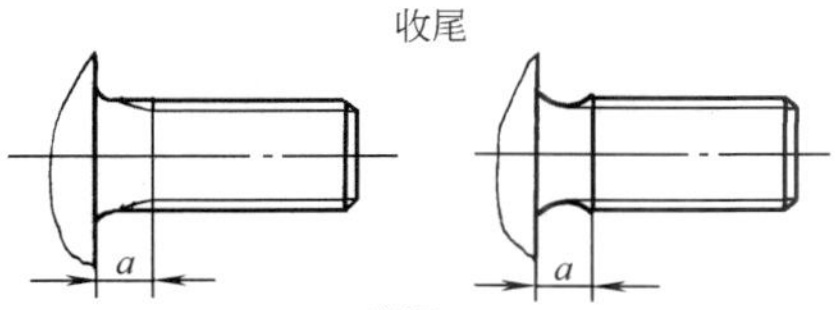

肩距

外螺纹的收尾和肩距

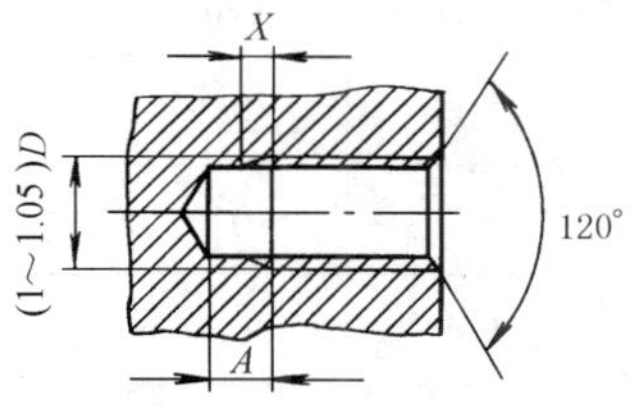

内螺纹收尾和肩距

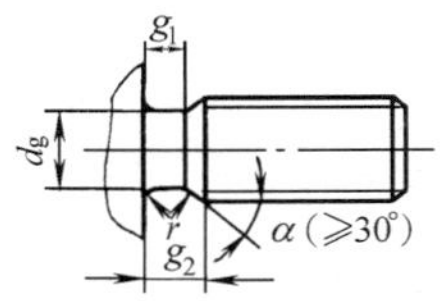

外螺纹退刀槽

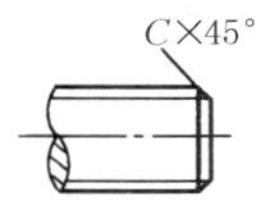

C≥螺纹牙型高度

外螺纹倒角

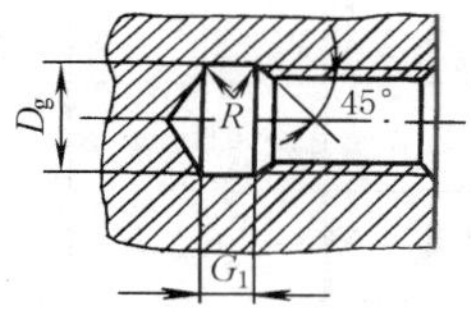

内螺纹退刀槽

表 6-1-42　外螺纹的收尾、肩距和退刀槽　mm

螺距 P	收尾 x 最大		肩距 a 最大			退刀槽			
	一般	短	一般	长	短	g_1 最小	g_2 最大	d_g	r ≈
0.2	0.5	0.25	0.6	0.8	0.4	—	—	—	—
0.25	0.6	0.3	0.75	1	0.5	0.4	0.75	d-0.4	0.12
0.3	0.75	0.4	0.9	1.2	0.6	0.5	0.9	d-0.5	0.16
0.35	0.9	0.45	1.05	1.4	0.7	0.6	1.05	d-0.6	0.16
0.4	1	0.5	1.2	1.6	0.8	0.6	1.2	d-0.7	0.2
0.45	1.1	0.6	1.35	1.8	0.9	0.7	1.35	d-0.7	0.2
0.5	1.25	0.7	1.5	2	1	0.8	1.5	d-0.8	0.2
0.6	1.5	0.75	1.8	2.4	1.2	0.9	1.8	d-1	0.4
0.7	1.75	0.9	2.1	2.8	1.4	1.1	2.1	d-1.1	0.4
0.75	1.9	1	2.25	3	1.5	1.2	2.25	d-1.2	0.4
0.8	2	1	2.4	3.2	1.6	1.3	2.4	d-1.3	0.4
1	2.5	1.25	3	4	2	1.6	3	d-1.6	0.6
1.25	3.2	1.6	4	5	2.5	2	3.75	d-2	0.6
1.5	3.8	1.9	4.5	6	3	2.5	4.5	d-2.3	0.8
1.75	4.3	2.2	5.3	7	3.5	3	5.25	d-2.6	1
2	5	2.5	6	8	4	3.4	6	d-3	1
2.5	6.3	3.2	7.5	10	5	4.4	7.5	d-3.6	1.2
3	7.5	3.8	9	12	6	5.2	9	d-4.4	1.6
3.5	9	4.5	10.5	14	7	6.2	10.5	d-5	1.6
4	10	5	12	16	8	7	12	d-5.7	2
4.5	11	5.5	13.5	18	9	8	13.5	d-6.4	2.5
5	12.5	6.3	15	20	10	9	15	d-7	2.5
5.5	14	7	16.5	22	11	11	17.5	d-7.7	3.2
6	15	7.5	18	24	12	11	18	d-8.3	3.2
参考值	≈2.5P	≈1.25P	≈3P	=4P	=2P	—	≈3P	—	—

注：1. 应优先选用“一般”长度的收尾和肩距；“短”收尾和“短”肩距仅用于结构受限制的螺纹件上；产品等级为 B 级或 C 级的螺纹紧固件可采用“长”肩距。

2. d 为螺纹公称直径。

3. d_g 公差为 h13（d>3mm）和 h12（d≤3mm）。

表 6-1-43　　内螺纹的收尾、肩距和退刀槽　　mm

<table>
<tr><th rowspan="3">螺距 P</th><th colspan="2" rowspan="2">收尾 X
最大</th><th colspan="2" rowspan="2">肩距 A</th><th colspan="4">退　刀　槽</th></tr>
<tr><th colspan="2">G_1</th><th rowspan="2">D_g</th><th rowspan="2">R
≈</th></tr>
<tr><th>一般</th><th>短</th><th>一般</th><th>长</th><th>一般</th><th>短</th></tr>
<tr><td>0.25</td><td>1</td><td>0.5</td><td>1.5</td><td>2</td><td rowspan="5">—</td><td rowspan="5">—</td><td rowspan="10">D+0.3</td><td rowspan="5">—</td></tr>
<tr><td>0.3</td><td>1.2</td><td>0.6</td><td>1.8</td><td>2.4</td></tr>
<tr><td>0.35</td><td>1.4</td><td>0.7</td><td>2.2</td><td>2.8</td></tr>
<tr><td>0.4</td><td>1.6</td><td>0.8</td><td>2.5</td><td>3.2</td></tr>
<tr><td>0.45</td><td>1.8</td><td>0.9</td><td>2.8</td><td>3.6</td></tr>
<tr><td>0.5</td><td>2</td><td>1</td><td>3</td><td>4</td><td>2</td><td>1</td><td>0.2</td></tr>
<tr><td>0.6</td><td>2.4</td><td>1.2</td><td>3.2</td><td>4.8</td><td>2.4</td><td>1.2</td><td>0.3</td></tr>
<tr><td>0.7</td><td>2.8</td><td>1.4</td><td>3.5</td><td>5.6</td><td>2.8</td><td>1.4</td><td>0.4</td></tr>
<tr><td>0.75</td><td>3</td><td>1.5</td><td>3.8</td><td>6</td><td>3</td><td>1.5</td><td>0.4</td></tr>
<tr><td>0.8</td><td>3.2</td><td>1.6</td><td>4</td><td>6.4</td><td>3.2</td><td>1.6</td><td>0.4</td></tr>
<tr><td>1</td><td>4</td><td>2</td><td>5</td><td>8</td><td>4</td><td>2</td><td rowspan="13">D+0.5</td><td>0.5</td></tr>
<tr><td>1.25</td><td>5</td><td>2.5</td><td>6</td><td>10</td><td>5</td><td>2.5</td><td>0.6</td></tr>
<tr><td>1.5</td><td>6</td><td>3</td><td>7</td><td>12</td><td>6</td><td>3</td><td>0.8</td></tr>
<tr><td>1.75</td><td>7</td><td>3.5</td><td>9</td><td>14</td><td>7</td><td>3.5</td><td>0.9</td></tr>
<tr><td>2</td><td>8</td><td>4</td><td>10</td><td>16</td><td>8</td><td>4</td><td>1</td></tr>
<tr><td>2.5</td><td>10</td><td>5</td><td>12</td><td>18</td><td>10</td><td>5</td><td>1.2</td></tr>
<tr><td>3</td><td>12</td><td>6</td><td>14</td><td>22</td><td>12</td><td>6</td><td>1.5</td></tr>
<tr><td>3.5</td><td>14</td><td>7</td><td>16</td><td>24</td><td>14</td><td>7</td><td>1.8</td></tr>
<tr><td>4</td><td>16</td><td>8</td><td>18</td><td>26</td><td>16</td><td>8</td><td>2</td></tr>
<tr><td>4.5</td><td>18</td><td>9</td><td>21</td><td>29</td><td>18</td><td>9</td><td>2.2</td></tr>
<tr><td>5</td><td>20</td><td>10</td><td>23</td><td>32</td><td>20</td><td>10</td><td>2.5</td></tr>
<tr><td>5.5</td><td>22</td><td>11</td><td>25</td><td>35</td><td>22</td><td>11</td><td>2.8</td></tr>
<tr><td>6</td><td>24</td><td>12</td><td>28</td><td>38</td><td>24</td><td>12</td><td>3</td></tr>
<tr><td>参考值</td><td>=4P</td><td>=2P</td><td>≈(5~6)P</td><td>≈(6.5~8)P</td><td>=4P</td><td>=2P</td><td>—</td><td>≈0.5P</td></tr>
</table>

注：1. 应优先选用“一般”长度的收尾和肩距；容屑需要较大空间时可选用“长”肩距，结构受限制时可选用“短”收尾。

2. “短”退刀槽仅在结构受限制时采用。

3. D_g 公差为 H13。

4. D 为螺纹公称直径。

2.3 圆柱管螺纹收尾、退刀槽、倒角

表 6-1-44

mm

外螺纹		内螺纹		倒角
收尾	退刀槽	收尾	退刀槽	

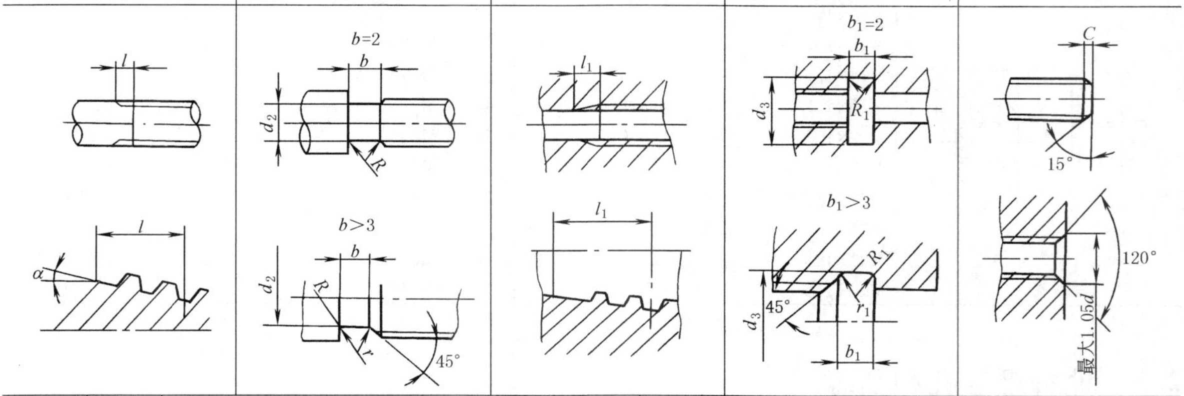

尺寸代号	每英寸牙数 n	外螺纹 $l\leqslant$ (α=25°时)	外螺纹 b	外螺纹 d_2	外螺纹 R	外螺纹 r	内螺纹 $l_1\leqslant$	内螺纹 b_1	内螺纹 d_3	内螺纹 R_1	内螺纹 r_1	C
1/8	28	1.5	2	8	0.5	—	2	2	10	0.5	—	0.6
1/4	19	2	3	11	1	0.5	3	3	13.5	1	0.5	1
3/8				14					17			
1/2	14	2.5	4	18			4	4	21.5			1.5
5/8				20					23.5			
3/4				23.5					27			
1	11	3.5	5	29.5	1.5	0.5	5	6	34	1.5	1	
1¼				38					42.5			
1½				44					48.5			
1¾				50					54.5			
2				56					60.5			
2¼				62			6	8	66.5	2		
2½				71					76			
2¾				78					82.5			
3				84			8	10	88.5	3		
3½				96					101			
4				109					114			
5				134.5					139.5			
6				160					165			

注：1. 外螺纹的螺尾角 $\alpha=25°$ 的螺尾数值系列为基本的。内螺纹的螺尾角不予规定，依螺尾长度 l_1 与螺纹牙型高度来确定。

2. 对辗制和铣制的螺尾角不予规定，而螺尾长度 l 不超过表中对 $\alpha=25°$ 时所规定的数值。

3. 螺纹倒角的宽度是指在切制螺纹前的数值。

4. 在必要的情况下，b（或 b_1）的退刀槽宽度可以采用本表规定以外的退刀槽宽度，但不得小于 1.2 倍螺距和不大于 3 倍螺距。

5. 在结构有特殊要求时，允许不按本表规定的退刀槽直径 d_2 与 d_3。

2.4 螺塞与连接螺孔尺寸

表 6-1-45　　mm

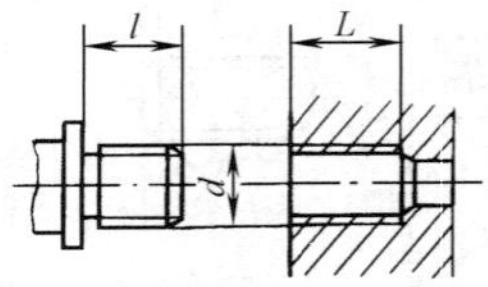

螺纹直径 d 公制	螺纹直径 d 管牙	l	L	螺纹直径 d 公制	螺纹直径 d 管牙	l	L
M10×1	G1/8″	10	16	M33×1.5	G1″	20	30
M12×1.25	G1/4″	12	18	M36×1.5	G1$\frac{1}{8}$″	20	30
M14×1.5	G1/4″	12	18	M39×1.5	G1$\frac{1}{8}$″	20	30
M16×1.5	G3/8″	12	18	M42×1.5	G1$\frac{1}{4}$″	25	35
M18×1.5	G3/8″	12	18	M45×1.5	(G1$\frac{3}{8}$″)	25	35
M20×1.5	G1/2″	15	23	M48×1.5	G1$\frac{1}{2}$″	25	35
M22×1.5	G5/8″	15	23	M52×2	G1$\frac{3}{4}$″	30	40
M24×1.5	G5/8″	15	23	M56×2	G1$\frac{3}{4}$″	30	40
M27×1.5	G3/4″	18	26	M60×2	G2″	30	40
M30×1.5	(G7/8″)	18	26	M64×2	(G2$\frac{1}{4}$″)	30	40

2.5 地脚螺栓孔和凸缘

表 6-1-46　　mm

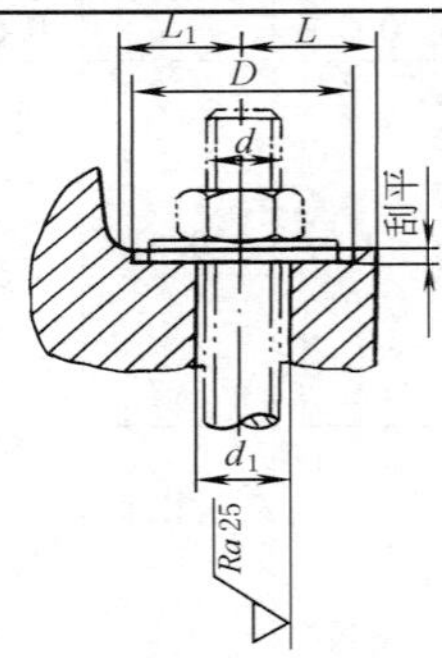

≤M48采用钻孔

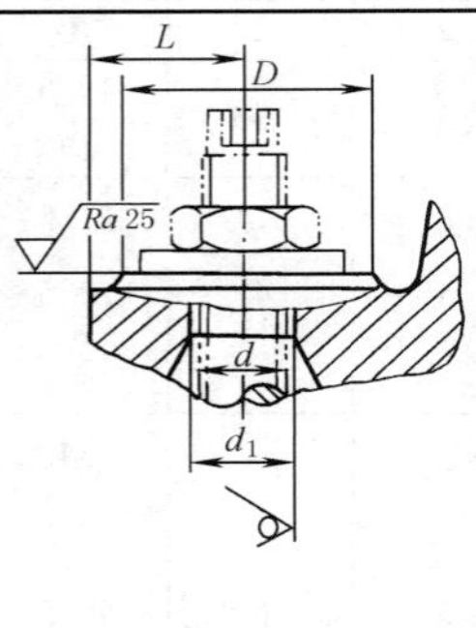

≥M56采用铸孔

d	16	20	24	30	36	42	48	56	64	76	90	100	115	130
d_1	20	25	30	40	50	55	65	80	95	110	135	145	165	185
D	45	48	60	85	100	110	130	170	200	220	280	280	330	370
L	25	30	35	50	55	60	70	95	110	120	150	150	175	200
L_1	22	25	30	50	55	60	70	—	—	—	—	—	—	—

注：根据结构和工艺要求，必要时尺寸 L 及 L_1 可以变动。

2.6 孔沿圆周的配置

表 6-1-47　　mm

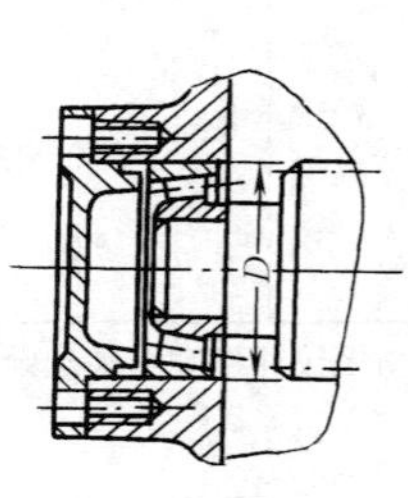

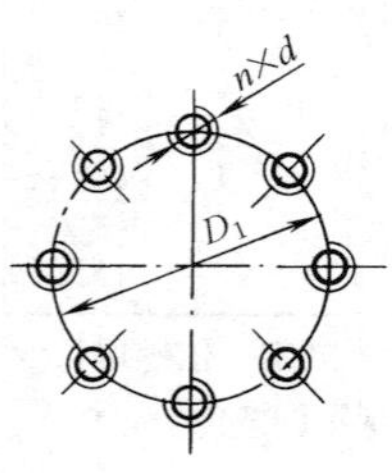

D	D_1	d	n	P_{max}/kN	D	D_1	d	n	P_{max}/kN	D	D_1	d	n	P_{max}/kN
420 430 440	480	M20	8	93	560 580 590	640	M24	10	167	800 810 820	880	M30	12	319
485 500 530	570	M20	8	93	600 620 640	700	M30	12	319	915 930 945	1020	M36	12	471
535 540 545 550	600	M24	10	167	650 680	740	M30	12	319	1030 1070	1140	M36	12	471
					730 740	800	M30	12	319	1130	1200	M36	12	471

注：螺栓上允许最大载荷（P_{max}）是以螺栓承受拉应力 54MPa 计算得出的。

2.7 通孔与沉孔尺寸

表 6-1-48　　螺栓和螺钉通孔（摘自 GB/T 5277—1985）　　mm

螺纹规格 d		M1	M1.2	M1.4	M1.6	M1.8	M2	M2.5	M3	M3.5	M4	M4.5	M5	M6	M7	M8	M10	M12	M14	M16	M18	M20	M22	M24	M27	M30
螺孔直径（GB/T 5277—1985）	精装配	1.1	1.3	1.5	1.7	2	2.2	2.7	3.2	3.7	4.3	4.8	5.3	6.4	7.4	8.4	10.5	13	15	17	19	21	23	25	28	31
	中等装配	1.2	1.4	1.6	2	2.1	2.4	2.9	3.4	3.9	4.5	5	5.5	6.6	7.6	9	11	13.5	15.5	17.5	20	22	24	26	30	33
	粗装配	1.3	1.5	1.8	2.2	2.4	2.6	3.1	3.6	4.2	4.8	5.3	5.8	7	8	10	12	14.5	16.5	18.5	21	24	26	28	32	35
螺纹规格 d		M33	M36	M39	M42	M45	M48	M52	M56	M60	M64	M68	M76	M80	M85	M90	M95	M100	M105	M110	M115	M120	M125	M130	M140	M150
螺孔直径（GB/T 5277—1985）	精装配	34	37	40	43	46	50	54	58	62	66	70	78	82	87	93	98	104	109	114	119	124	129	134	144	155
	中等装配	36	39	42	45	48	52	56	62	66	70	74	82	86	91	96	101	107	112	117	122	127	132	137	147	158
	粗装配	38	42	45	48	52	56	62	66	70	74	78	86	91	96	101	107	112	117	122	127	132	137	144	155	165

表 6-1-49　　六角螺栓和六角螺母用沉孔（摘自 GB/T 152.4—1988）　　mm

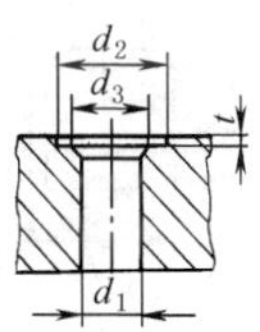

螺纹规格 d	M1.6	M2	M2.5	M3	M4	M5	M6	M8	M10	M12	M14	M16	M18	M20	M22	M24	M27	M30	M33	M36	M39	M42	M45	M48	M52	M56	M60	M64
d_2(H15)	5	6	8	9	10	11	13	18	22	26	30	33	36	40	43	48	53	61	66	71	76	82	89	98	107	112	118	125
d_3	—	—	—	—	—	—	—	—	—	16	18	20	22	24	26	28	33	36	39	42	45	48	51	56	60	68	72	76
d_1(H13)	1.8	2.4	2.9	3.4	4.5	5.5	6.6	9	11	13.5	15.5	17.5	20	22	24	26	30	33	36	39	42	45	48	52	56	62	66	70

表 6-1-50　　圆柱头用沉孔（摘自 GB/T 152.3—1988）　　mm

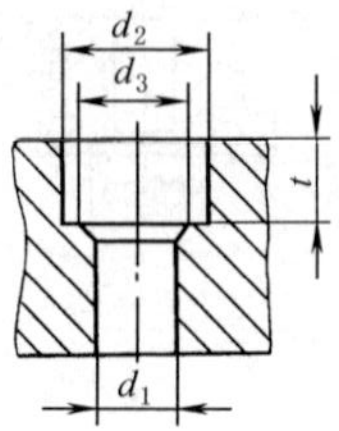

螺纹规格 d	适用于 GB/T 70												适用于 GB/T 6190、GB/T 6191、GB/T 65								
	M4	M5	M6	M8	M10	M12	M14	M16	M20	M24	M30	M36	M4	M5	M6	M8	M10	M12	M14	M16	M20
d_2（H13）	8	10	11	15	18	20	24	26	33	40	48	57	8	10	11	15	18	20	24	26	33
t（H13）	4.6	5.7	6.8	9.0	11	13	15	17.5	21.5	25.5	32	38	3.2	4	4.7	6	7	8	9	10.5	12.5
d_3	—	—	—	—	—	16	18	20	24	28	36	42	—	—	—	—	—	16	18	20	24
d_1（H13）	4.5	5.5	6.6	9	11	13.5	15.5	17.5	22	26	33	39	4.5	5.5	6.6	9	11	13.5	15.5	17.5	22

表 6-1-51　　沉头用沉孔（摘自 GB/T 152.2—1988）　　mm

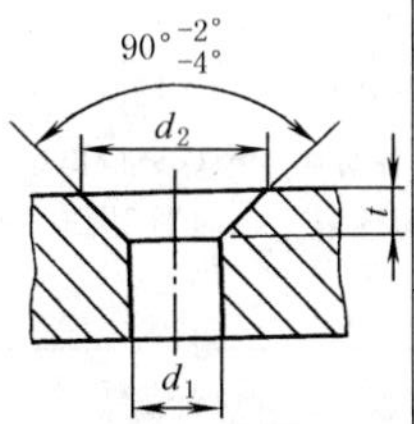

螺纹规格 d	适用于沉头螺钉及半沉头螺钉														适用于沉头木螺钉及半沉头螺钉												
	M1.6	M2	M2.5	M3	M3.5	M4	M5	M6	M8	M10	M12	M14	M16	M20	1.6	2	2.5	3	3.5	4	4.5	5	5.5	6	7	8	10
d_2（H13）	3.7	4.5	5.6	6.4	8.4	9.6	10.6	12.8	17.6	20.3	24.4	28.4	32.4	40.4	3.7	4.5	5.4	6.6	7.7	8.6	10.1	11.2	12.1	13.2	15.3	17.3	21.9
$t\approx$	1	1.2	1.5	1.6	2.4	2.7	2.7	3.3	4.6	5	6	7	8	10	1	1.2	1.4	1.7	2	2.2	2.7	3	3.2	3.5	4	4.5	5.8
d_1（H13）	1.8	2.4	2.9	3.4	3.9	4.5	5.5	6.6	9	11	13.5	15.5	17.5	22	1.8	2.4	2.9	3.4	3.9	4.5	5	5.5	6	6.6	7.6	9	11

2.8 普通螺纹的内、外螺纹余留长度、钻孔余留深度、螺栓突出螺母的末端长度（摘自 JB/ZQ 4247—2006）

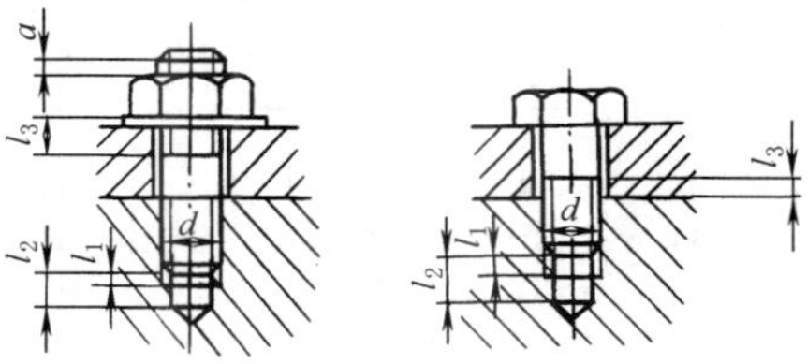

表 6-1-52　　mm

螺距 P	螺纹直径 d 粗牙	螺纹直径 d 细牙	余留长(深)度 内螺纹 l_1	余留长(深)度 钻孔 l_2	余留长(深)度 外螺纹 l_3	末端长度 a
0.5	3	5	1	4	2	1~2
0.7	4		1.5	5	2.5	2~3
0.75		6		6		
0.8	5					
1	6	8,10,14,16,18	2	7	3.5	2.5~4
1.25	8	12	2.5	9	4	
1.5	10	14,16,18,20,22,24,27,30,33	3	10	4.5	3.5~5
1.75	12		3.5	13	5.5	
2	14,16	24,27,30,33,36,39,45,48,52	4	14	6	4.5~6.5
2.5	18,20,22		5	17	7	
3	24,27	36,39,42,45,48,56,60,64,72,76	6	20	8	5.5~8
3.5	30		7	23	9	
4	36	56,60,64,68,72,76	8	26	10	7~11
4.5	42		9	30	11	
5	48		10	33	13	10~15
5.5	56		11	36	16	
6	64,72,76		12	40	18	

2.9 粗牙螺栓、螺钉的拧入深度、攻螺纹深度和钻孔深度

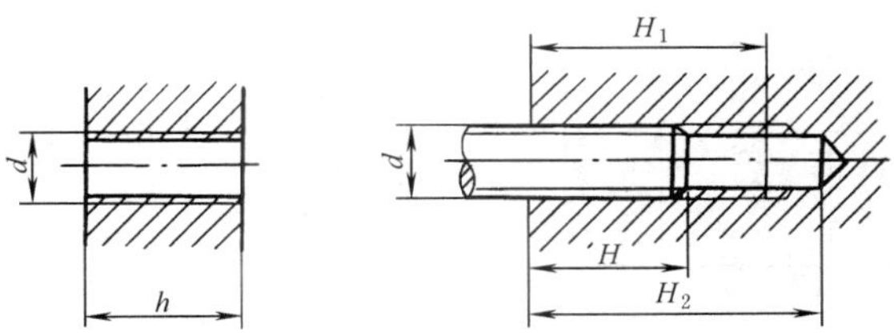

表 6-1-53

mm

公称直径 d	钢和青铜				铸铁				铝			
	通孔	盲孔			通孔	盲孔			通孔	盲孔		
	拧入深度 h	拧入深度 H	攻螺纹深度 H_1	钻孔深度 H_2	拧入深度 h	拧入深度 H	攻螺纹深度 H_1	钻孔深度 H_2	拧入深度 h	拧入深度 H	攻螺纹深度 H_1	钻孔深度 H_2
3	4	3	4	7	6	5	6	9	8	6	7	10
4	5.5	4	5.5	9	8	6	7.5	11	10	8	10	14
5	7	5	7	11	10	8	10	14	12	10	12	16
6	8	6	8	13	12	10	12	17	15	12	15	20
8	10	8	10	16	15	12	14	20	20	16	18	24
10	12	10	13	20	18	15	18	25	24	20	23	30
12	15	12	15	24	22	18	21	30	28	24	27	36
16	20	16	20	30	28	24	28	33	36	32	36	46
20	25	20	24	36	35	30	35	47	45	40	45	57
24	30	24	30	44	42	35	42	55	55	48	54	68
30	36	30	36	52	50	45	52	68	70	60	67	84
36	45	36	44	62	65	55	64	82	80	72	80	98
42	50	42	50	72	75	65	74	95	95	85	94	115
48	60	48	58	82	85	75	85	108	105	95	105	128

2.10 扳手空间（摘自 JB/ZQ 4005—2006）

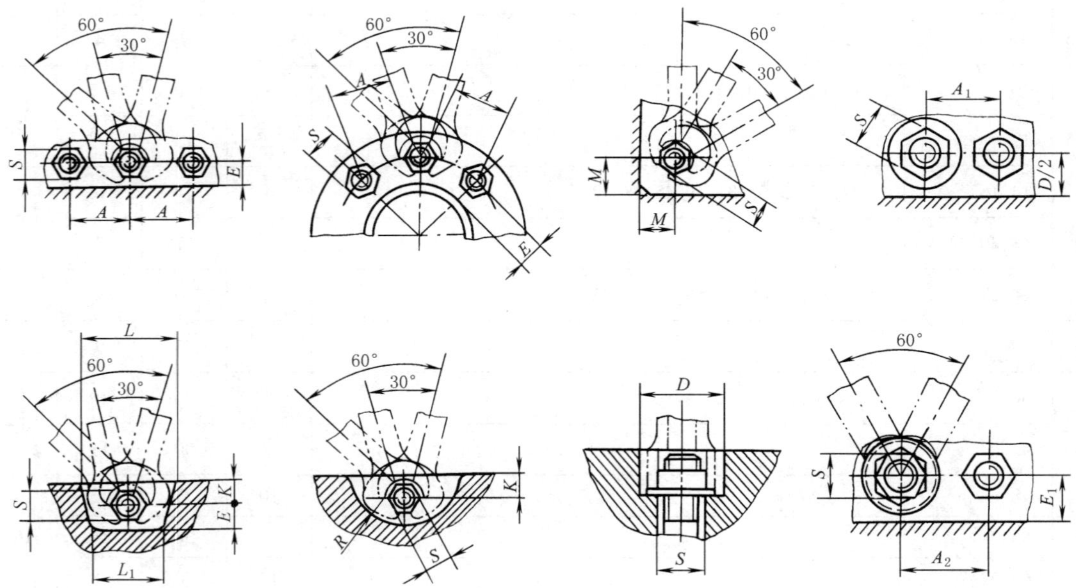

表 6-1-54

mm

螺纹直径 d	S	A	A_1	A_2	E	E_1	M	L	L_1	R	D
3	5.5	18	12	12	5	7	11	30	24	15	14
4	7	20	16	14	6	7	12	34	28	16	16
5	8	22	16	15	7	10	13	36	30	18	20
6	10	26	18	18	8	12	15	46	38	20	24
8	13	32	24	22	11	14	18	55	44	25	28
10	16	38	28	26	13	16	22	62	50	30	30

续表

螺纹直径 d	S	A	A_1	A_2	E	E_1	M	L	L_1	R	D
12	18	42	—	30	14	18	24	70	55	32	—
14	21	48	36	34	15	20	26	80	65	36	40
16	24	55	38	38	16	24	30	85	70	42	45
18	27	62	45	42	19	25	32	95	75	46	52
20	30	68	48	46	20	28	35	105	85	50	56
22	34	76	55	52	24	32	40	120	95	58	60
24	36	80	58	55	24	34	42	125	100	60	70
27	41	90	65	62	26	36	46	135	110	65	76
30	46	100	72	70	30	40	50	155	125	75	82
33	50	108	76	75	32	44	55	165	130	80	88
36	55	118	85	82	36	48	60	180	145	88	95
39	60	125	90	88	38	52	65	190	155	92	100
42	65	135	96	96	42	55	70	205	165	100	106
45	70	145	105	102	45	60	75	220	175	105	112
48	75	160	115	112	48	65	80	235	185	115	126
52	80	170	120	120	48	70	84	245	195	125	132
56	85	180	126	—	52	—	90	260	205	130	138
60	90	185	134	—	58	—	95	275	215	135	145
64	95	195	140	—	58	—	100	285	225	140	152
68	100	205	145	—	65	—	105	300	235	150	158
72	105	215	155	—	68	—	110	320	250	160	168
76	110	225	—	—	70	—	115	335	265	165	—
80	115	235	165	—	72	—	120	345	275	170	178
85	120	245	175	—	75	—	125	360	285	180	188
90	130	260	190	—	80	—	135	390	310	190	208
95	135	270	—	—	85	—	140	405	320	200	—
100	145	290	215	—	95	—	150	435	340	215	238
105	150	300	—	—	98	—	155	450	350	220	—
110	155	310	—	—	100	—	160	460	360	225	—
115	165	330	—	—	108	—	170	495	385	245	—
120	170	340	—	—	108	—	175	505	400	250	—
125	180	360	—	—	115	—	185	535	420	270	—
130	185	370	—	—	115	—	190	545	430	275	—
140	200	385	—	—	120	—	205	585	465	295	—
150	210	420	310	—	130	—	215	625	495	310	350

2.11 对边和对角宽度尺寸（摘自 JB/ZQ 4263—2006）

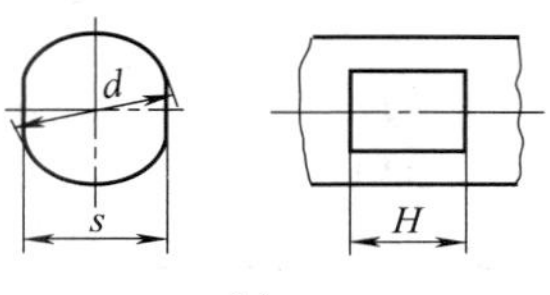

(a)

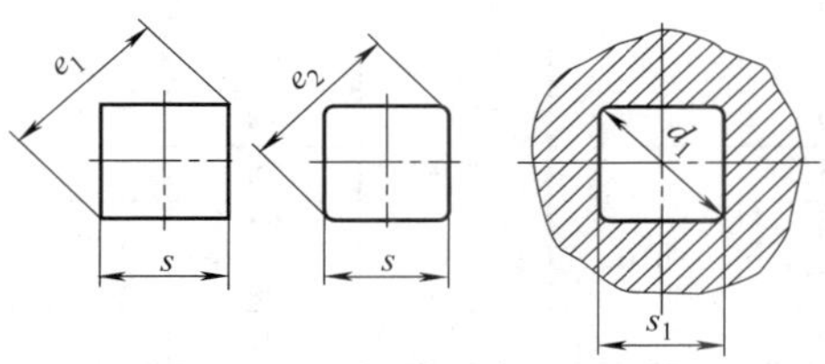

(b)

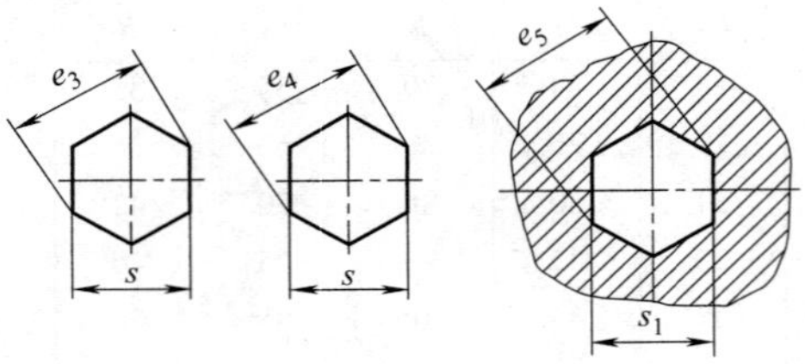

(c)

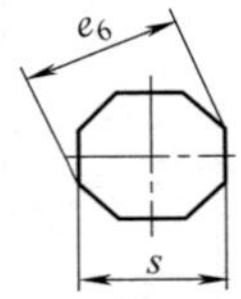

(d)

表 6-1-55

mm

对边基本宽度			d	H	四边形			六边形			八边形
s、s_1	偏差				e_1	e_2	d_1	e_3	e_4	e_5	e_6
	Δs	Δs_1				(h11)	min	min		min	min
5	h14	E12	6	7	7.1	6.5	6.6	5.45	—	5.75	—
5.5			7	8	7.8	7	7.2	6.01		6.32	
6			7	8	8.5	8	8.1	6.58		6.90	
7			8	8	9.9	9	9.1	7.71		8.10	
8			9	8	11.3	10	10.1	8.84		9.21	
9			10	8	12.7	12	12.1	9.92		10.32	
10			12	10	14.1	13	13.1	11.05		11.51	
11			13	10	15.6	14	14.1	12.12		12.63	
12			14	10	17.0	16	16.1	13.25		13.75	
13			15	10	18.4	17	17.1	14.38		14.96	
14			16	12	19.8	18	18.1	15.51		16.10	
15		D12	17	12	21.2	20	20.2	16.64		17.22	
16			18	12	22.6	21	21.2	17.77		18.32	
17			19	12	24	22	22.2	18.90		19.53	
18			21	12	25.4	23.5	23.7	20.03		21.10	
19	h15		22	14	26.9	25	25.2	21.10		21.85	
20			23	14	28.3	26	26.2	22.23		23.05	
21			24	14	29.7	27	27.2	23.36		24.20	22.7
22			25	14	31.1	28	28.2	24.49		25.35	23.8
23			26	14	32.5	30.5	30.7	25.62		26.32	24.9
24			28	14	33.9	32	32.2	26.75		27.65	26
25			29	16	35.5	33.5	33.7	27.88		28.82	27
26			31	16	36.8	34.5	34.7	29.01		29.96	28.1
27			32	16	38.2	36	36.2	30.14		31.12	29.1
28			33	18	39.6	37.5	37.7	31.27		32.44	30.2
30			35	18	42.4	40	40.2	33.53		34.52	32.5
32			38	20	45.3	42	42.2	35.72		36.81	34.6
34			40	20	48	46	46.2	37.72		39.10	36.7
36			42	22	50.9	48	48.2	39.98		41.61	39
41			48	22	58	54	54.2	45.63		46.95	44.4
46			52	25	65.1	60	60.2	51.28		52.80	49.8
50			58	25	70.7	65	65.2	55.80		57.20	54.1
55			65	28	77.8	72	72.2	61.31		62.98	59.5
60			70	30	84.8	80	80.2	66.96		68.80	64.9
65	h16		75	32	91.9	85	85.2	72.61		74.42	70.3
70			82	35	99	92	92.2	78.26		80.01	75.7
75			88	35	106	98	98.2	83.91		85.70	81.2
80			92	38	113	105	105.2	89.56		91.45	86.6

续表

对边基本宽度			d	H	四边形			六边形			八边形
s、s_1	偏差				e_1	e_2 (h11)	d_1 min	e_3 min	e_4	e_5 min	e_6 min
	Δs	Δs_1									
85			98	40	120	112	112.2	95.07		97.10	92.0
90			105	42	127	118	118.2	100.72		102.80	97.4
95			110	45	134	125	125.2	106.37		108.50	103
100			115	45	141	132	132.2	112.02		114.20	108
105			122	48	148	138	138.2	117.67		119.90	114
110			128	50	156	145	145.2	123.32	—	125.60	119
115			132	52	163	152	152.2	128.97		131.40	124
120			140	55	170	160	160.2	134.62		137.00	130
130	h16		150	58	184	170	170.2	145.77		148.50	141
135			158	62	191	178	178.2	151.42		154.15	146
145			168	66	205	190	190.2	162.72		165.50	157
150								168.37	165	171.22	162
155								174.02	170	176.90	168
165								185.32	180	188.32	179
170								190.97	185	194.00	184
175								196.62	192	199.80	189
180								202.27	198	205.50	195
185								207.75	205	211.12	200
190								213.40	210	216.85	206
200								224.70	220	228.21	216
210								236.00	232	239.62	227
220								247.30	242	251.10	238
230								258.60	255	262.42	249
235								264.25	260	268.15	254
245		D12						275.55	270	279.52	265
255								286.68	280	291.10	276
265								297.98	290	302.40	287
270								303.63	298	308.20	292
280								314.93	308	319.50	303
290			—	—	—	—	—	326.23	320	330.90	314
300								337.53	330	342.42	325
310								348.83	340	353.80	335
320	h17							360.02	352	365.10	346
330								371.32	362	376.50	357
340								382.62	375	388.00	368
350								393.92	385	399.40	379
365								410.87	400	416.50	395
380								427.82	420	433.50	411
395								444.77	435	450.60	427
410								461.55	452	467.80	444
425								478.50	470	484.80	460
440								495.45	485	502.00	476
455								512.40	500	519.00	492
470								529.35	518	536.20	509
480								540.65	528	547.52	519
495								557.60	545	564.60	536
510								—	560	—	552
525								—	580	—	568

3 螺纹连接

螺纹连接是利用螺纹紧固件和被连接件构成的可拆连接。

3.1 螺纹连接的基本类型

表 6-1-56 螺纹连接的基本类型

	螺栓连接	双头螺柱连接	螺钉连接	紧定螺钉连接
类型	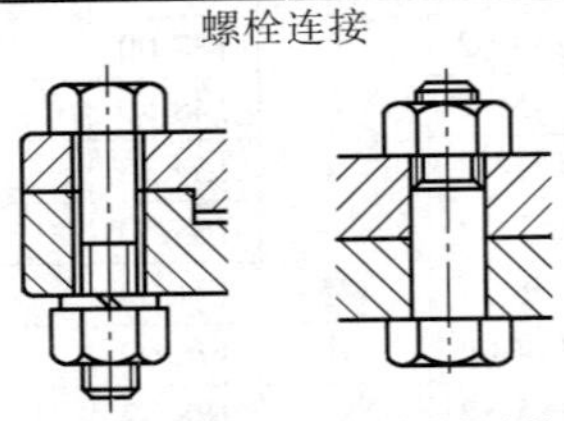 普通螺栓连接铰制孔螺栓连接	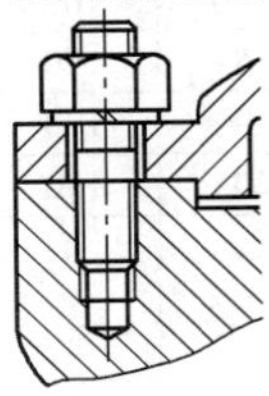	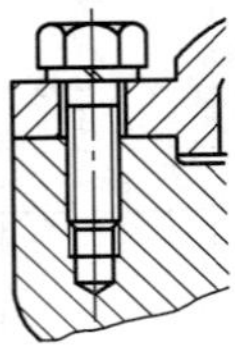	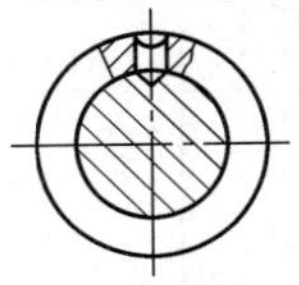
特点与应用	用于连接两个能够开通孔的零件。被连接件上开有通孔，插入螺栓后在螺栓的另一端拧上螺母。采用普通螺栓的栓杆与通孔之间留有间隙，通孔的加工要求较低，结构简单、装拆方便，损坏后容易更换，应用广泛。采用铰制孔螺栓时，通孔与螺杆间常采用过渡配合。这种连接能精确固定被连接件的相对位置，适于承受横向载荷，但通孔的加工精度要求较高，常采用配钻、铰加工	用于两个被连接件中一个较厚、且材料强度较差，又需要经常装拆，不适合用螺栓连接的场合。经常在较厚的被连接件上制出螺纹孔，较薄的被连接件上制出光孔，将双头螺柱拧入螺纹孔中，穿过光孔，用螺母压紧。拆卸时只需旋下螺母而不必拆下双头螺柱。可避免较厚被连接件上的螺纹孔损坏	用于两个被连接件中一个较厚，另一个较薄，且不能经常拆卸处。将螺钉（或螺栓）直接拧入被连接件之一的螺纹孔中，压紧另一被连接件。其结构比双头螺柱连接简单、紧凑、光整	利用拧入被连接件螺纹孔中的紧定螺钉末端顶住或进入另一被连接件的表面或凹坑中，用以固定两个被连接零件的相对位置，可传递不大的力和扭矩。此种连接结构简单，有的可任意改变两被连接零件在周向或轴向的位置，便于调整

	机器螺钉连接	紧固件-组合件连接	自攻螺钉连接	木螺钉连接	自攻锁紧螺钉连接
类型	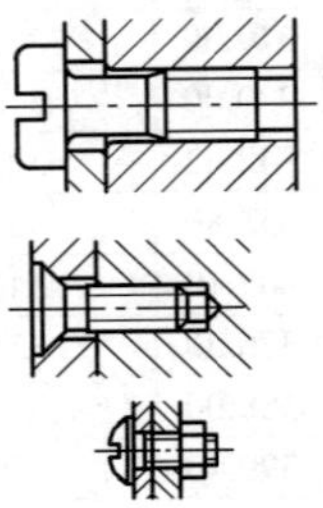	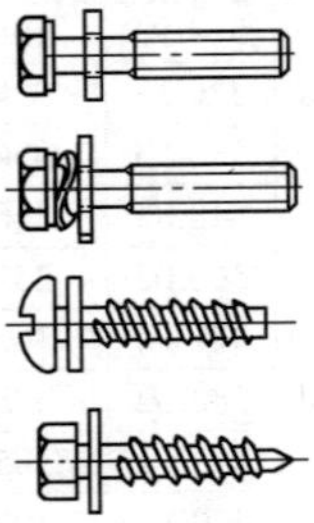	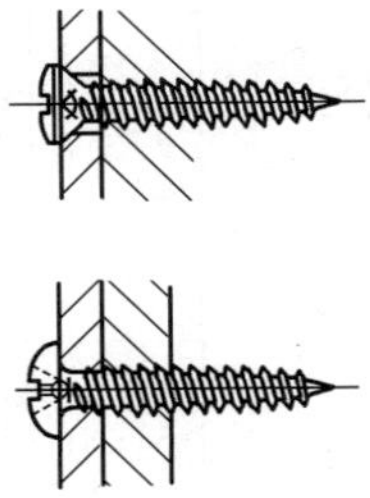	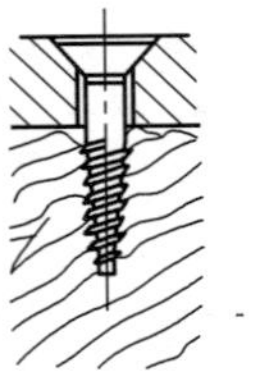	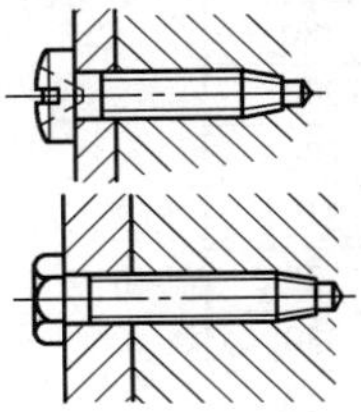
特点与应用	用于强度要求不高，螺纹直径小于 10mm，螺钉直接拧入机体的场合。螺钉头可全部或局部沉入被连接件中，这种结构多用于要求外表面平整、光洁的场合	垫圈与外螺纹紧固件由标准件专业厂生产后组装成套供应。我国于 1988 年发布了 23 个紧固件-组合件产品标准 这种连接件使用方便、省时、安全可靠，常用于密集采用紧固件连接的场合	用自攻螺钉在被连接件的光孔中攻出相配的内螺纹，在边攻螺纹边拧紧的过程中，螺钉与内孔形成过盈的紧固连接，更为简单、高效 用于连接强度要求不高的场合。被连接件可以是低碳钢、塑料、有色金属制品或硬质木材等。一般应预先制出底孔。若采用带钻头部分的自钻自攻螺钉，则不需预制底孔	一般用于铁木构件的连接。金属件应预制通孔，木质件视其材质的硬度和木螺钉的长度，可以不预制或制出一定大小、深度的预制孔	其螺纹为弧形三角形截面螺纹，螺钉经表面淬硬，可拧入金属材料的预制孔内，挤压形成内螺纹，挤压形成的内螺纹比切制的内螺纹可提高强度 30% 以上。螺钉的最小抗拉强度为 800MPa。自攻锁紧螺纹，所需拧紧力矩小，但锁紧性能好

3.2 螺纹连接的常用防松方法

螺纹连接防松的基本原理是防止螺纹副的相对转动。

按照螺纹连接防松的基本原理，常用的防松方法大致可分为：增大摩擦力防松；用机械固定件锁紧防松和破坏螺纹运动副关系防松等三种。

表 6-1-57　　螺纹连接的常用防松方法

增大摩擦力防松	方法	弹簧垫圈 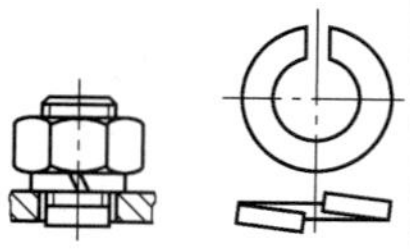 GB/T 93—1987	尖钩端弹簧垫圈 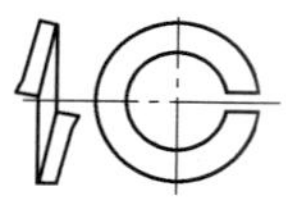 GB/T 859—1987	双圈弹簧垫圈 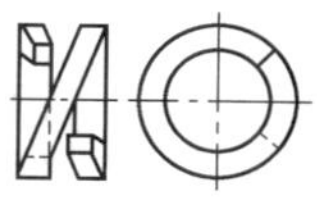	鞍形弹簧垫圈 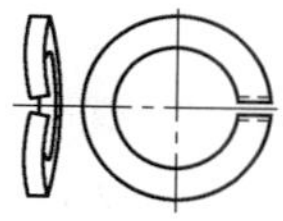 GB/T 7245—1987	波形弹簧垫圈 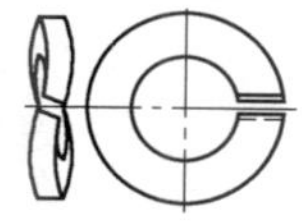 GB/T 7246—1987
	特点和应用	依靠拧紧螺母，把弹簧垫圈压平之后所产生的纵向弹力及弹簧垫圈与被连接件的支承面间的摩擦力来起防松作用。该防松方法结构简单、成本低廉、使用方便 GB/T 93—1987、GB/T 859—1987 等传统的弹簧垫圈，由于弹力不匀，可靠性差一些，多用于不太重要的连接。对于不允许划伤的被连接件处和经常装拆的连接处不允许使用 GB/T 7245—1987、GB/T 7246—1987 鞍形或波形弹簧垫圈可明显改善一般弹簧垫圈的不足之处				
	方法	波形弹性垫圈 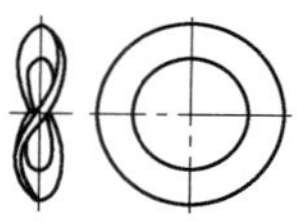 GB/T 955—1987	鞍形弹性垫圈 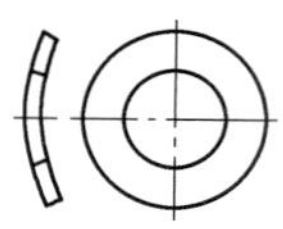 GB/T 860—1987	锥形弹性垫圈 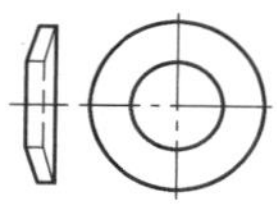 GB/T 859—1987	外齿锁紧垫圈 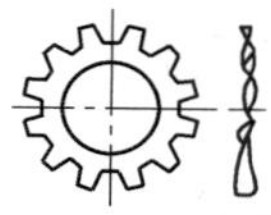 GB/T 862.1—1987	内齿锁紧垫圈 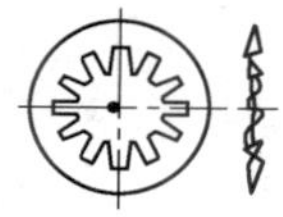 GB/T 861.1—1987
	特点和应用	弹性垫圈依靠将垫圈压平后产生的回弹力来防松。弹力均匀，效果良好。波形弹性垫圈、鞍形弹性垫圈在一定的载荷条件下，弹性好，各种硬度的被连接件均可使用。工作中不会划伤被连接件表面，可用于经常拆卸的场合。常用于连接并调整被连接件间的间隙处，以及低性能等级的连接 齿形锁紧垫圈也是靠垫圈翘齿压平后产生的回弹力，以及齿与连接件和支承面产生的摩擦力来起锁紧作用。外齿应用较多，内齿用于尺寸较小的钉头下。锥形弹性垫圈用于沉孔中。经常拆卸或被连接件材料过硬或过软的场合不宜使用 GB/T 861.1—1987、GB/T 862.1—1987 等齿形锁紧垫圈，依靠齿被压平产生的弹力，以及齿与连接件和支承面产生的摩擦力来起锁紧作用。由于齿的强度较低，弹力也有限，一般适用于小规格、低性能等级的连接				
	方法	锥形锁紧垫圈 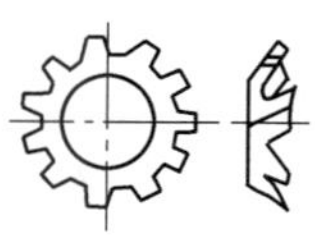 GB/T 956.1—1987	外锯齿锁紧垫圈 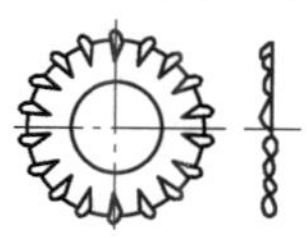 GB/T 862.2—1987	内锯齿锁紧垫圈 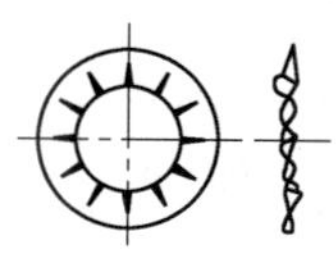 GB/T 861.2—1987	锥形锯齿锁紧垫圈 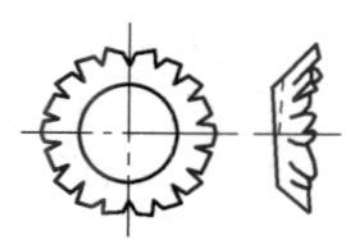 GB/T 956.2—1987	
	特点和应用	锯齿(又称错齿型)锁紧垫圈也是依靠齿被压平产生的回弹力，以及齿与连接件和支承面产生的摩擦力来起锁紧作用。锯齿强度高，可适用于性能等级较高及较大的规格，能获得较好的防松效果，如 GB/T 862.2—1987、GB/T 861.2—1987 的锯齿锁紧垫圈 GB/T 956.1—1987、GB/T 956.2—1987 的锁紧垫圈特点与上述情况类同，仅适用于沉头或半沉头螺钉齿形锁紧垫圈和锯齿锁紧垫圈，均不适宜被连接件材料过硬或过软的场合，否则效果不佳				

续表

		双螺母	金属锁紧垫圈	扣紧螺母	带尼龙嵌件锁紧螺栓或螺钉
增大摩擦力防松	方法	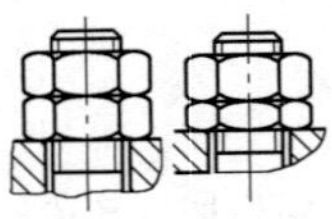	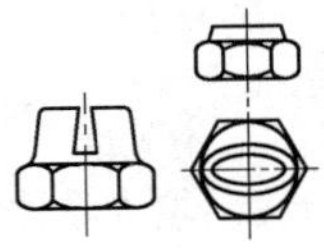	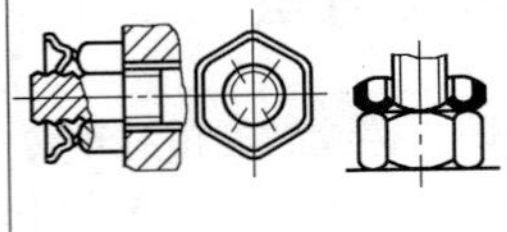	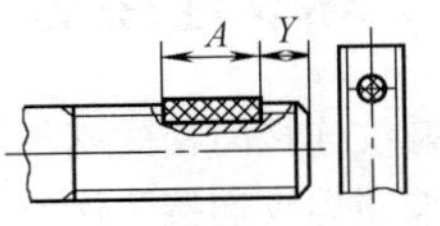 $Y=(3\sim4)P\quad A=5P$ （P 为螺距）
	特点和应用	两个螺母对顶拧紧，使螺栓在旋合段内受拉而螺母受压，构成螺纹连接副的纵向压紧。该方法结构简单、成本低廉、重量大，多用于低速重载或载荷平稳的场合	螺母一端具有非圆形收口或开缝后径向收口，拧紧后张开，利用相旋合螺纹副段的径向回弹力来锁紧。该方法简单、可靠，且可多次装拆，可用于较重要的连接	先用六角螺母拧紧连接件，然后再拧上扣紧螺母（扣紧螺母的螺纹有缺口，用以锁紧）。松开扣紧螺母时，必须先拧紧六角螺母，使其与扣紧螺母之间产生间隙，然后才能拧下扣紧螺母。该方法防松性能良好，但不宜用于频繁装拆的场合	尼龙嵌件锁紧螺栓或螺钉是在螺纹旋合处嵌入一尼龙环或块，使该处摩擦力增大。其效果良好。用于工作温度低于 100℃ 的连接处 锁紧部分的尼龙件，其尺寸与安装位置都影响锁紧性能。一般标准规定的安装位置如上图所示。详细尺寸见 JB 5787

		尼龙圈锁紧螺母	标准六角头螺栓与螺母采用或省略防松元件的参考条件	六角法兰面型式——无锁紧元件
增大摩擦力防松	方法	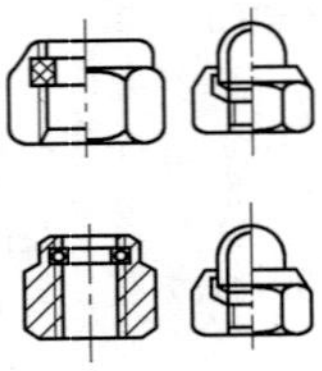	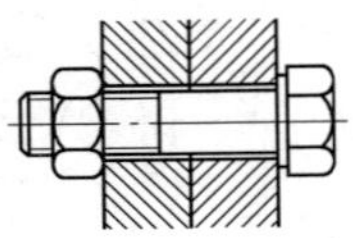	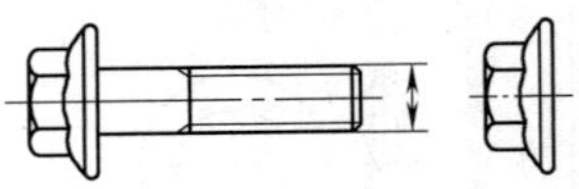 GB/T 5787　　GB/T 6177 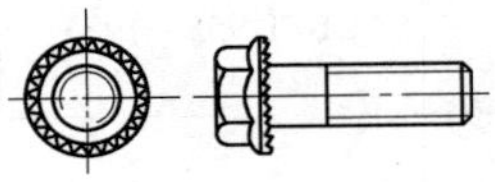
	特点和应用	尼龙圈锁紧螺母是将尼龙圈或块嵌装在螺母体上。没有内螺纹的尼龙圈，当外螺纹杆件拧入后，由于尼龙材料良好的弹性产生锁紧力，达到锁紧目的。该类螺母由于尼龙熔点的限制，用于工作温度低于 100℃ 的连接处 尼龙怕酸性物质的腐蚀，在装尼龙圈之前可电镀，之后不可电镀	防松装置的使用可能会使预紧力出现较大的损失，而预紧力的损失又增加松动的可能，所以在一定条件下可以省去防松装置 在螺栓承受轴向载荷的条件下，对 8.8 级及其以上的螺栓，其夹紧长度大于螺纹直径的 3 倍时，可以不采用防松装置。因为，在这种情况下，如能比较准确地控制预紧力，即使承受冲击载荷时，一般也能保证有足够的残余预紧力，以防止螺栓连接松动 对 4.8、5.6 和 5.8 级的螺栓，其夹紧长度大于螺纹直径的 5 倍时，同样也可以不采用防松装置。在引进技术中，有的重要的螺栓，省去了以往曾用的开槽螺母及开口销锁紧装置 在螺栓承受横向载荷的条件下，或由于被连接件的弹性变形，使轴向作用力引起横向位移的情况下，则必须要采用防松元件	GB/T 5787 六角法兰面螺栓、GB/T 6177 六角法兰面螺母，具有加大支承面直径（近似或大于 2 倍的螺纹直径）的作用，在一定的预紧力作用下，可获得足够的防松能力。如在其支承面上再制出齿纹，则防松能力可成倍提高，又称为“三合一螺栓（母）”，即具有六角扳拧部分、加大支承面的功能，以及防松功能，三者合为一体。这是当代一种最新型的六角扳拧紧固件的结构，适用于高强度（8 级及其以上）紧固件，在重要的连接场合使用，但比其他连接型式的成本要高

续表

类别	项目				
用机械固定件锁紧防松	方法	螺栓杆带孔和开槽螺母配开口销 	开口销 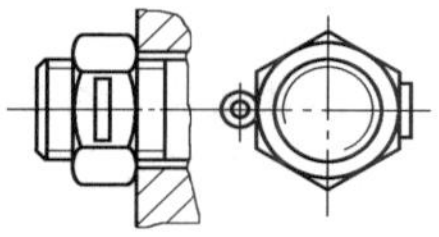	止动垫圈 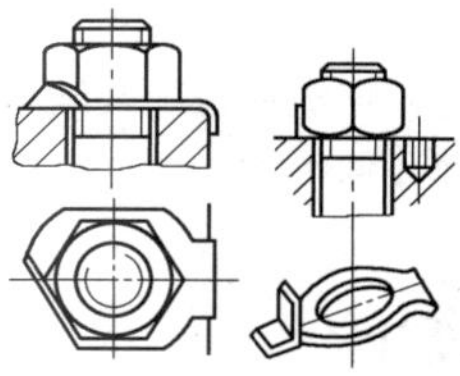	钢丝串接 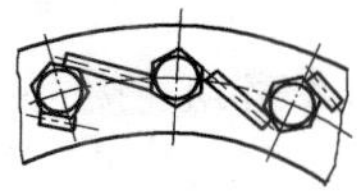
	特点和应用	防松可靠。螺杆上的销孔位置不易与螺母最佳销紧位置的槽口吻合，装配较难。用于变载、有振动场合的重要连接处的防松	普通螺母配以开口销，为便于装配，销孔待螺母拧紧后配钻。适用于单件或零星生产的重要连接，但不适用于高强度紧固件及双头螺柱的防松	利用单耳或双耳止动垫圈把螺母或钉头锁紧。防松可靠。只能用于连接部分有容纳弯耳的场合	用低碳钢丝穿入一组螺栓头部的专用孔后使其相互制约。防松可靠。钢丝的缠绕方向必须正确(图中为右旋螺纹螺栓的缠绕绕向)
	方法	楔压紧 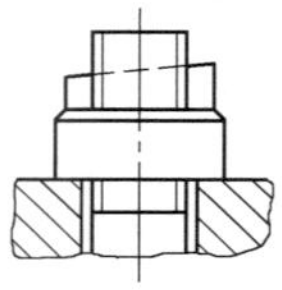	双联止动垫圈 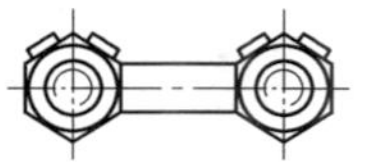	凹锥面锁紧垫圈 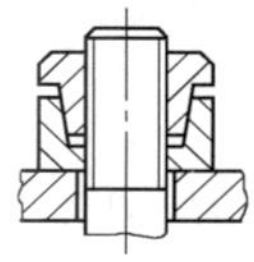	翅形垫圈 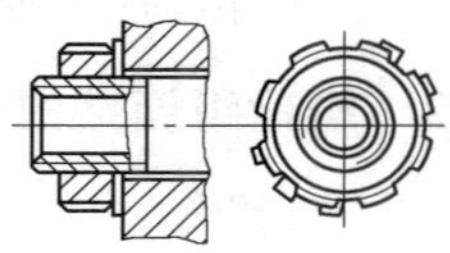
	特点和应用	利用能自锁的横楔楔入螺杆横孔压紧螺母。防松良好。一般用于大直径的螺栓连接	利用双联止动垫圈把成对螺母或螺栓锁住，使之彼此制约，不得转动。防松效果良好	螺母一端为外圆锥体，拧紧螺母时，楔入垫圈相应的凹锥内，借助楔紧的作用可以增大摩擦力。防松效果良好。用于重载或有振动的场合	带翅垫圈的内翅卡在螺纹杆的纵向槽内，圆螺母拧紧后，将对应的外翅锁在螺母的槽口内。防松可靠。多用于较大直径的连接和滚动轴承的紧固
破坏螺纹运动副关系防松	方法	铆接 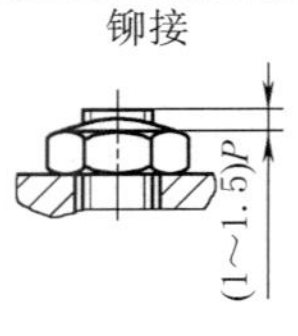	端面冲点 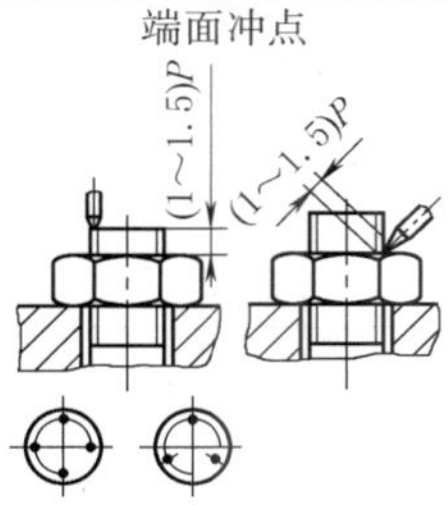	侧面冲点 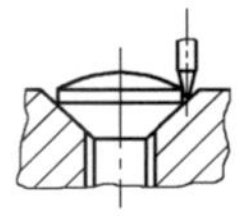	粘接 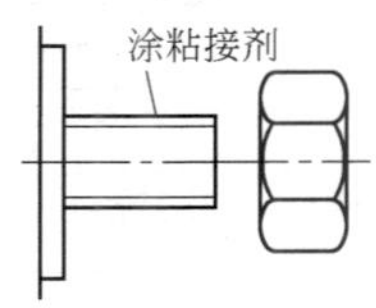
	特点和应用	螺栓杆末端外露部分(1~1.5)P长度，拧紧螺母后铆死，用于低强度螺栓，不拆卸的场合	冲点中心在螺栓螺纹的小径处或在钉头直径的圆周上；d>8mm时冲4点，d≤8mm时冲3点	d>8mm时冲3点，d≤8mm时冲2点	粘接螺纹方法简单、经济并有效。其防松性能与粘接剂直接相关。大体分为低强度、中等强度和高温(承受100℃以上)条件，及可以拆卸或不可拆卸等要求，应分别选用适当的粘接剂

注：防松装置和防松方法有很多种，各有各的特点，同一连接常可用不同的方法防松，至于具体用什么防松方法可根据具体的工作情况和使用要求来确定。

3.3 螺栓组连接的设计

进行螺栓组连接的设计时，应根据载荷情况及结构尺寸要求来确定。首先进行螺栓组的结构设计，即确定螺栓的布置方式、数量及连接接合面几何形状；然后进行受力分析，目的是找出一组螺栓中受力最大的螺栓及其受力大小，再进行强度计算。

3.3.1 螺栓组连接的结构设计

① 从加工角度看，螺栓组连接接合面的几何形状应尽量简单、易于加工。尽量设计成轴对称的几何形状，最好的圆形、矩形、方形等。

② 螺栓组的形心应与螺栓组连接接合面的形心相重合，最好有两个相互垂直的对称轴，这样可使加工方便，计算也比较容易。通常采用环状或条状接合面，以便减少加工量、减小接合面不平的影响，同时可以增加连接刚度。

③ 螺栓的位置应使螺栓组受力合理，受力矩作用的螺栓组，布置螺栓应尽量远离对称轴，以减小螺栓的受力，增加连接的可靠性；同一圆周上螺栓的数目应采用 4、6、8、12 等偶数，便于划线和分度。

④ 如螺栓同时承受较大轴向及横向载荷时，可采用销、套筒或键等零件来承受横向载荷。

⑤ 同一组螺栓的直径和长度应尽量相同，并应避免螺栓受附加弯曲载荷的作用。

⑥ 各螺栓中心间的最小距离应不小于扳手空间的最小尺寸，最大距离应按连接用途及结构尺寸大小来确定。

3.3.2 螺栓组连接的受力分析

螺栓组连接受力分析时，假设螺栓为弹性体，其变形在弹性范围内；且每个螺栓的预紧力相同；接合面的压强均布；被连接件为刚体；受载后接合面仍保持平面接触。预紧螺栓组连接受力分析见表 6-1-58。

表 6-1-58　　预紧螺栓组连接的受力分析

螺栓组连接的载荷和螺栓的布置	工作要求	螺栓所受载荷
承受轴向力 Q 的螺栓组 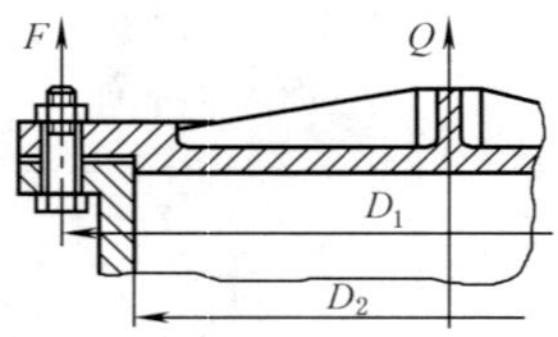 载荷垂直于连接的接合面，并通过螺栓组的形心	连接应预紧，受载后应保证其紧密性	当各螺栓截面直径一样时，各螺栓所受拉力 F 均相等，为 $F=\dfrac{Q}{Z}$ 式中　Q——螺栓组所受轴向外力； Z——螺栓组的螺栓个数
承受横向力 R 的普通螺栓组 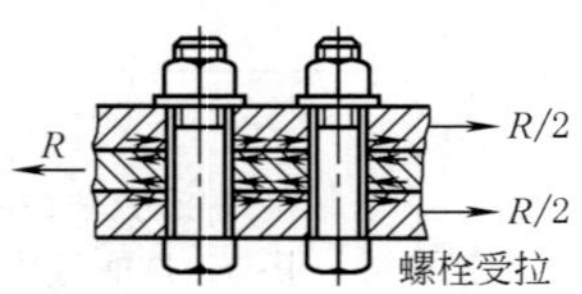 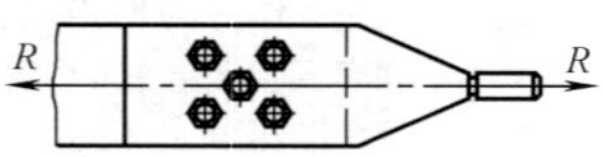	连接应预紧，受横向载荷后，被连接件间不得有相对滑动	其工作原理是靠拧紧螺栓后，在其接合面间会产生摩擦力，靠接合面间的摩擦力来平衡外力 R。这时螺栓只受预紧力，当各螺栓截面直径一样时，各螺栓所受预紧力 F' 相等并集中作用在螺栓中心处，根据平衡条件得 $\mu F'mZ=k_fR$　或　$F'=\dfrac{k_fR}{\mu mZ}$ 式中　R——螺栓组所受横向外力； Z——螺栓组的螺栓个数； m——摩擦面数量，等于被连接件数量减一； μ——连接摩擦副的摩擦因数，见表6-1-59； k_f——考虑摩擦因数的不稳定性而引入的可靠性系数，可取 1.2~1.5

续表

螺栓组连接的载荷和螺栓的布置	工作要求	螺栓所受载荷
承受横向力 R 的铰制孔螺栓组 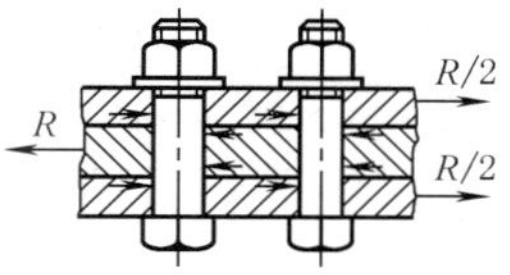 由于需要拧紧各螺栓，连接中就有预紧力和摩擦力，但一般忽略不计。由于板是弹性体，对于受横向力的铰制孔螺栓组，沿受力方向布置的螺栓不宜超过 6~8 个，以免各螺栓严重受力不均匀	连接应预紧，受横向载荷后，被连接件间不得有相对滑动	其工作原理是靠螺栓受剪和螺栓与被连接件相互挤压时的变形来平衡横向载荷 R。这时螺栓受剪切力，各螺栓所受剪切力 F_s 大小相等，为 $$F_s=\frac{R}{Z}$$ 式中　R——螺栓组所受横向外力； Z——螺栓组的螺栓个数
连接承受旋转力矩 T 的螺栓组 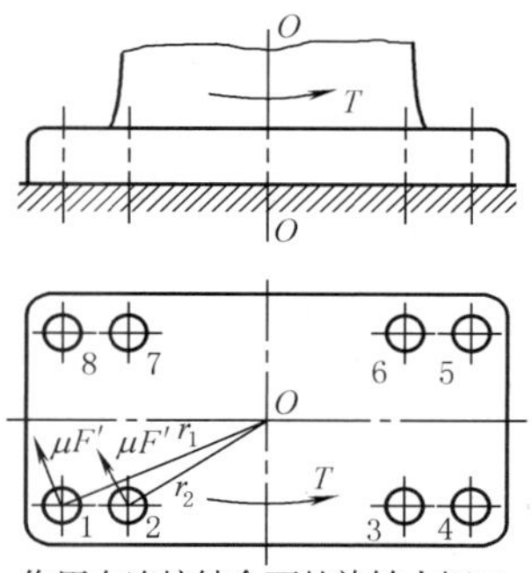 作用在连接结合面的旋转力矩 T	连接应预紧，受旋转力矩后，被连接件不得有相对滑动	用普通螺栓组连接承受旋转力矩 T，其工作原理是靠拧紧螺栓后，靠接合面间的摩擦力矩来平衡旋转力矩 T。在此假设各螺栓所受的预紧力相等，即在接合面产生的摩擦力相等，并集中在螺栓中心处，其方向与螺栓中心至底板旋转中心的连线垂直，每个螺栓预紧后在接合面间产生的摩擦力矩之和必与旋转力矩 T 相平衡。各螺栓所受预紧力相等，为 $$F'=\frac{k_f T}{\mu(r_1+r_2+\cdots+r_n)}$$ 式中　T——螺栓组所受旋转力矩； r——螺栓中心至底板旋转中心的距离； μ——连接摩擦副的摩擦因数，见表 6-1-59； k_f——考虑摩擦因数的不稳定而引入的可靠性系数，可取 1.2~1.5 用铰制孔螺栓组连接承受旋转力矩 T，其工作原理是靠螺栓与被连接件间相互剪切挤压来平衡旋转力矩 T。各螺栓所受到的剪切力集中作用在螺栓中心处，其方向与螺栓中心至底板旋转中心的连线垂直，各螺栓受力与其到中心的距离成正比，所以距离螺栓组形心最远处的螺栓受横向剪切力最大，为 $$F_{smax}=\frac{Tr_{max}}{r_1^2+r_2^2+\cdots+r_n^2}$$
承受翻转力矩 M 的普通螺栓组 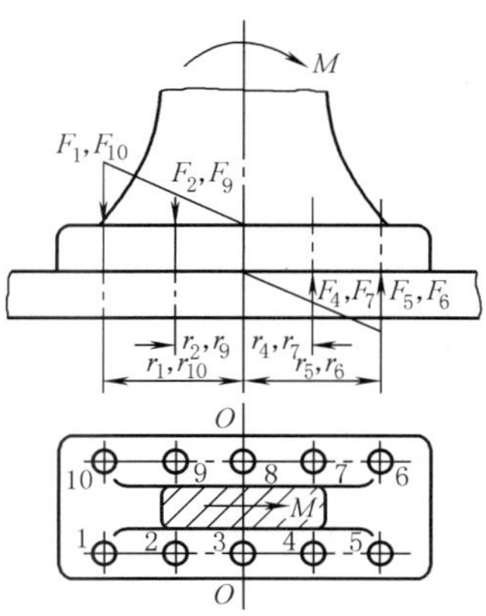 对受翻转力矩 M 作用的螺栓组连接不但要对螺栓组进行受力分析，还要对接合面的受力情况进行受力分析，防止接合面被压溃或分离	连接应预紧，受载后，接合面不允许开缝和压溃	受翻转力矩 M 作用后，对称轴线左侧的螺栓被进一步拉紧，其螺栓的轴向拉力进一步增大，对称轴线右侧的螺栓被放松，螺栓的预紧力也被减小。因各螺栓的受力与其到对称轴线的距离是成正比的，故距离螺栓组对称轴最远的螺栓所受拉力最大，为 $$F_{max}=\frac{Mr_{max}}{r_1^2+r_2^2+\cdots+r_n^2}$$ 式中　M——螺栓组所受翻转力矩； r——螺栓中心至底板对称轴线的距离 保证接合面最大受压处不压溃的条件是 $$\sigma_{pmax}=\frac{ZF'}{A}+\frac{M}{W}\leqslant\sigma_{pp}$$ 保证接合面最小受压处不分离的条件是 $$\sigma_{pmin}=\frac{ZF'}{A}-\frac{M}{W}>0$$ 式中　A——螺栓组底板接合面受压面积； W——螺栓组底板接合面的抗弯截面系数； σ_{pp}——接合面许用挤压应力，见表 6-1-60

注：在实际应用中，螺栓组的受力经常是上所述四种情况的不同组合。无论螺栓组受力情况如何，均可利用受力分析方法，将各种受力状态转化为上述四种基本受力状态的组合。

表 6-1-59　预紧连接结合面的摩擦因数 μ 值

被连接件	钢或铸铁零件		钢结构件		
表面状态	干燥的加工表面	有油的加工表面	喷砂处理	涂敷锌漆	轧制、钢刷清理表面
μ 值	0.10～0.16	0.06～0.10	0.45～0.55	0.40～0.50	0.30～0.35

表 6-1-60　底板螺栓连接结合面的许用挤压应力 σ_{pp}　MPa

结合面材料	σ_{pp}	结合面材料	σ_{pp}
钢	$\dfrac{\sigma_s}{1.25}$	混凝土	2～3
		水泥浆砖砌面	1.2～2
铸铁	$\dfrac{\sigma_b}{2\sim2.5}$	木材	2～4

表 6-1-61　螺纹连接件常用材料及力学性能　MPa

钢号	抗拉强度 σ_b	屈服点 σ_s	疲劳极限	
			拉压 σ_{-1t}	弯曲 σ_{-1}
10	340～420	210	120～150	160～220
Q215-A	340～420	220		
Q235-A	410～470	240	120～160	170～220
35	540	320	170～220	220～300
45	610	360	190～250	250～340
15MnVB	1000～1200	800		
40Cr	750～1000	650～900	240～340	320～440
30CrMnSi	1080～1200	900		

表 6-1-62　受轴向载荷时预紧螺栓连接所需剩余预紧力 F'' 及螺栓连接的相对刚度系数 $\dfrac{C_L}{C_L+C_F}$

工作情况	一般连接	变载荷	冲击载荷	压力容器或重要连接
F''值	$(0.2\sim0.6)F$	$(0.6\sim1.0)F$	$(1.0\sim1.5)F$	$(1.5\sim1.8)F$
垫片材料	金属(或无垫片)	皮革	铜皮石棉	橡胶
$\dfrac{C_L}{C_L+C_F}$	0.2～0.3	0.7	0.8	0.9

3.4　单个螺栓连接的强度计算

3.4.1　不预紧螺栓连接、预紧螺栓连接

本节以单个螺栓连接为例介绍螺栓连接的强度计算，也适用于双头螺柱连接和螺钉连接。

表 6-1-63　　单个螺栓连接的受力分析和强度计算

受力分析	计算内容	计算公式	许用应力
受轴向载荷 F 的松螺栓连接 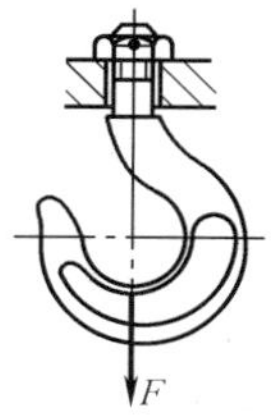 松螺栓连接的特点是,螺栓连接不需要预紧,加上轴向载荷 F 后,螺栓才受力	计算松螺栓的拉伸应力	校核公式:$\sigma_1=\dfrac{F}{\dfrac{\pi d_1^2}{4}}\leqslant\sigma_{1p}$ 设计公式:$d_1\geqslant\sqrt{\dfrac{4F}{\pi\sigma_{1p}}}$ 式中　F——轴向载荷,N; σ_{1p}——螺栓的许用拉应力,MPa	许用拉应力: $\sigma_{1p}=\dfrac{\sigma_s}{1.2\sim1.7}$ 式中　σ_s——螺栓材料屈服点,见表 6-1-61
只受预紧力 F' 的紧螺栓连接 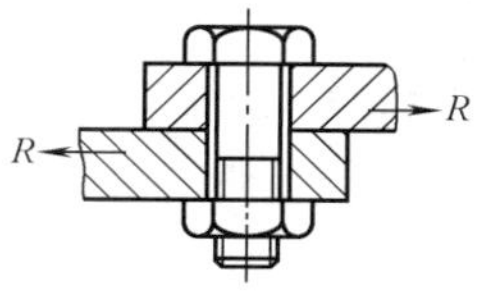 承受横向载荷 R 的普通螺栓连接,其工作原理是拧紧螺栓后,靠接合面间产生的摩擦力来平衡外载荷。这时螺栓只受预紧力 F'。此时的螺栓受到拉应力与拧紧螺栓时的扭转切应力的共同作用,相当于受到复合应力的作用	计算紧螺栓的拉伸应力	由于复合应力大约为拉应力的 1.3 倍,为了简化计算,其计算仍按拉应力计算,但需把拉应力扩大 30%,以此来计入扭转切应力的影响 校核公式:$\sigma_1=\dfrac{1.3F'}{\dfrac{\pi d_1^2}{4}}\leqslant\sigma_{1p}$ 设计公式:$d_1\geqslant\sqrt{\dfrac{4\times1.3F'}{\pi\sigma_{1p}}}$ 式中　F'——螺栓所受预紧力,N; σ_{1p}——螺栓的许用拉应力,MPa	许用拉应力: $\sigma_{1p}=\dfrac{\sigma_s}{S_s}$ 式中　σ_s——螺栓材料屈服点,见表 6-1-61; S_s——安全系数,见表 6-1-64
既受预紧力 F' 又受轴向载荷 F 的紧螺栓连接 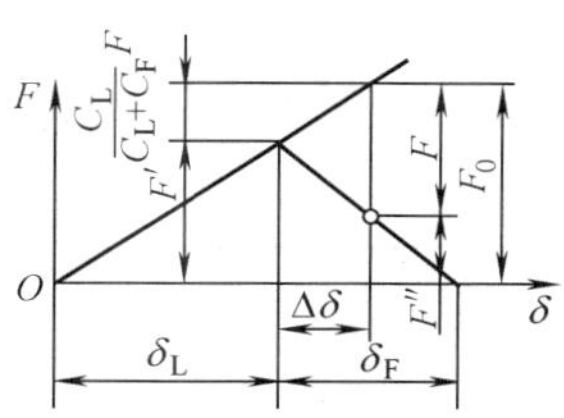 其工作情况是拧紧螺栓后,再加上轴向载荷 F,相当于螺栓连接既受预紧力 F',又受轴向载荷 F 的作用,螺栓的最大拉伸力为 F_0,根据此时螺栓和被连接件的受力变形图可知: $F_0=F''+F$ 或 $F_0=F'+\dfrac{C_L}{C_L+C_F}F$ 式中　F''——螺栓的剩余预紧力,见表 6-1-62; $\dfrac{C_L}{C_L+C_F}$——相对刚度系数,见表 6-1-62	计算紧螺栓的拉伸应力	如果所加轴向载荷 F 为静载荷时,按紧螺栓所受最大拉应力计算 校核公式:$\sigma_1=\dfrac{1.3F_0}{\dfrac{\pi d_1^2}{4}}\leqslant\sigma_{1p}$ 式中　F_0——螺栓所受最大拉伸力,N; σ_{1p}——螺栓的许用拉应力,MPa, $G_{1p}=\dfrac{G_s}{S_s}$ 如果所加轴向载荷 F 为变载何时,除了按紧螺栓所受最大拉伸应力计算外,还要计算螺栓的应力幅 应力幅:$\sigma_a=\dfrac{2F}{\pi d_1^2}\times\dfrac{C_L}{C_L+C_F}\leqslant\sigma_{ap}$ 式中　σ_{ap}——许用应力幅,见表 6-1-65; C_L——连接件刚度; C_F——被连接件刚度,见表 6-1-66	许用应力幅: $\sigma_{ap}=\dfrac{\varepsilon K_t K_u \sigma_{-1t}}{K_\sigma S_a}$ 式中　ε——尺寸因数; K_t——螺纹制造工艺因数; K_u——受力不均匀因数; K_σ——缺口应力集中因数; S_a——安全因数; σ_{-1t}——试件的疲劳极限,见表 6-1-61

续表

受力分析	计算内容	计算公式	许用应力
受横向载荷 F_s 作用的铰制孔螺栓连接 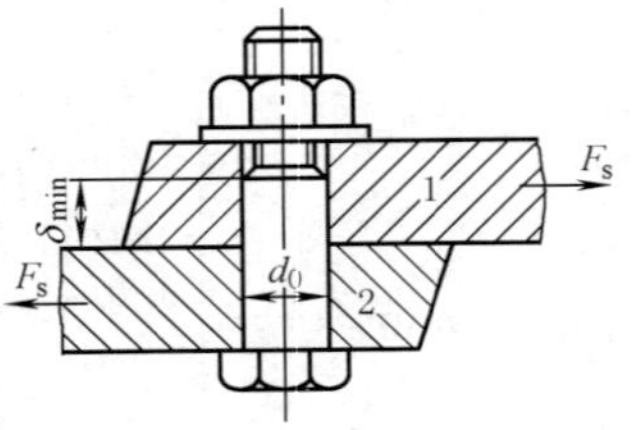 铰制孔螺栓连接受横向载荷 F_s 作用时，铰制孔螺栓受到剪切作用；铰制孔螺栓、被连接件1和2三者均受到挤压作用，当三者材料相同时，取挤压高度最小者为计算对象，当三者材料不相同时，取三者材料中挤压强度最弱者为计算对象	计算铰制孔螺栓的切应力计算铰制孔螺栓、被连接件1和2三者的挤压应力	螺栓切应力计算：$\tau=\dfrac{F_s}{m\dfrac{\pi}{4}d_0^2}\leqslant\tau_p$ 式中　τ_p——螺栓的许用切应力，MPa； d_0——铰制孔螺栓受剪处直径，mm； m——铰制孔螺栓受剪面数 挤压应力计算： $\sigma_p=\dfrac{F_s}{d_0\delta}\leqslant\sigma_{pp}$ 式中　δ——受挤压的高度，mm； σ_{pp}——最弱者的许用挤压应力，MPa	静载荷时许用切应力：$\tau_p=\dfrac{\sigma_s}{2.5}$ 变载荷时许用切应力：$\tau_p=\dfrac{\sigma_s}{3.5\sim5}$ 静载荷时许用挤压应力： 钢 $\sigma_{pp}=\dfrac{\sigma_s}{1.25}$ 铸铁 $\sigma_{pp}=\dfrac{\sigma_s}{2\sim2.5}$ 如是变载荷，将静载荷许用挤压应力值乘以0.7~0.8

表 6-1-64　预紧连接的螺栓安全系数 S_s

材料种类	静载荷			变载荷		
	M6~M16	M16~M30	M30~M60	M6~M16	M16~M30	M30~M60
碳钢	4~3	3~2	2~1.3	10~6.5	6.5	10~6.5
合金钢	5~4	4~2.5	2.5	7.5~5	5	7.5~6

表 6-1-65　螺栓许用应力幅计算公式 $\sigma_{ap}=\dfrac{\varepsilon K_t K_u \sigma_{-1t}}{K_\sigma S_a}$

尺寸因数 ε	螺栓直径 d/mm	<12	16	20	24	30	36	42	48	56	64
	ε	1	0.87	0.80	0.74	0.65	0.64	0.60	0.57	0.54	0.53
螺纹制造工艺因数 K_t	切制螺纹 $K_t=1$，搓制螺纹 $K_t=1.25$										
受力不均匀因数 K_u	受压螺母 $K_u=1$，受拉螺母 $K_u=1.5\sim1.6$										
试件的疲劳极限 σ_{-1t}	见表 6-1-61										
缺口应力集中因数 K_σ	螺栓材料 σ_B/MPa	400		600		800		1000			
	K_σ	3		3.9		4.8		5.2			
安全因数 S_a	安装螺栓情况	控制预紧力				不控制预紧力					
	S_a	1.5~2.5				2.5~5					

3.4.2 受偏心载荷的预紧螺栓连接

图 6-1-1 所示钩头螺栓连接，螺栓除受轴向拉力 F_Σ 外，还受到偏心弯矩 $F_\Sigma e$ 的作用，螺纹部分危险截面上的最大拉应力为

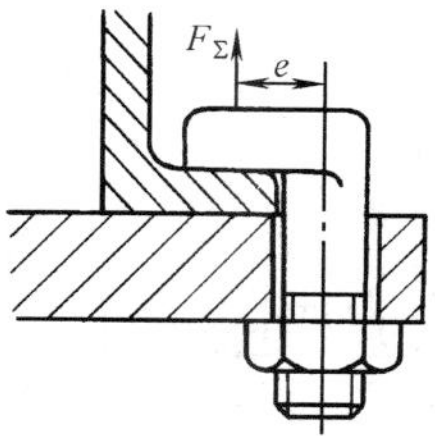

图 6-1-1 受偏心载荷的预紧螺栓连接

$$\sigma_{max}=\frac{F_\Sigma}{A_s}+\frac{F_\Sigma e}{W}=\frac{F_\Sigma}{A_s}\left(1+\frac{8e}{d_s}\right)\leqslant\sigma_{1p}$$

式中 A_s——螺纹危险截面积，mm^2；

W——螺纹危险截面系数，mm^3；

e——偏心距，mm；

F_Σ——轴向拉力，N；

d_s——螺纹危险截面的计算直径，mm，$d_s=d_1$；

σ_{1p}——螺栓的许用拉应力，MPa，见表 6-1-63。

3.4.3 高温螺栓连接

在高温下工作的螺栓连接，要考虑下列问题：温差载荷，螺栓和被连接件性能的变化，应力松弛。

当螺栓和被连接件的线胀系数不同，或工作温度不同，或两者都不同时，由于热变形不一致而使螺栓受到的温差载荷为

$$F_t=\frac{C_L C_F}{C_L+C_F}(\alpha_F\Delta t_F l_F-\alpha_L\Delta t_L l_L)$$

式中 C_L——连接件刚度，$\frac{1}{C_L}=\frac{1}{E_L}\left(\frac{L_1}{A}+\frac{L_2+L_3}{A_s}\right)$（见表 6-1-68）；

C_F——被连接件刚度，C_F 见表 6-1-66；

α——材料的线胀系数，$℃^{-1}$；

Δt——温升，℃；

l——常温时的装配长度，mm。

下脚标 L 代表螺栓，F 代表被连接件。

考虑温差载荷后，螺栓的总拉力载荷为

$$F_0=F'+\frac{C_L}{C_L+C_F}F+F_t$$

求出螺栓的总拉力载荷后，按受轴向载荷的预紧连接和高温时材料的性能数据进行强度计算。

为了防止旋合螺纹在高温下咬死，除了合理选择螺栓和螺母材料外，宜采用粗牙螺纹，并适当加大中径间隙。热强钢和合金钢在高温时对缺口敏感性增强，必须注意减少螺栓应力集中。

钢螺栓长期在 300~500℃ 高温下工作，经过一段工作时间后，会产生应力松弛，使连接的紧固作用减小。设计时，必须使剩余预紧力始终大于所要求的值，以保证连接的坚固与紧密。

3.4.4 低温螺栓连接

常用的螺栓钢材在低温下的静强度虽然有所提高，但其塑性却急剧降低，所以，在低温下工作的螺栓可能发生脆性破坏。

辗压螺纹能提高螺纹的常温强度，但其冷硬层会降低螺栓的低温塑性。

设计低温螺栓连接时，应注意以下两点。

① 材料应有较好的低温塑性，即在给定的工作温度下，有一定的冲击韧度（一般应使冲击值 $a_k>0.3J/mm^2$）；

② 材料在低温时对应力集中敏感性增强，必须减少应力集中。

表 6-1-66　被连接件刚度 C_F 计算式

连接形式	薄圆筒 $D=d_w$	厚圆筒 $D=(1\sim3)d_w$	平板
螺栓连接	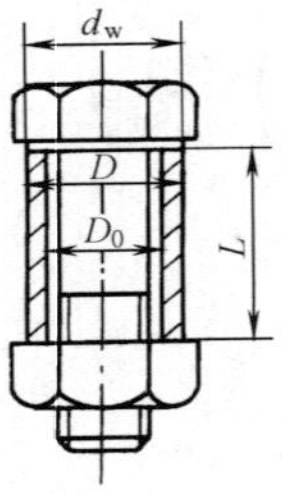 $C_F=\frac{E_F}{L}$①$\times\frac{\pi}{4}(D^2-D_0^2)$	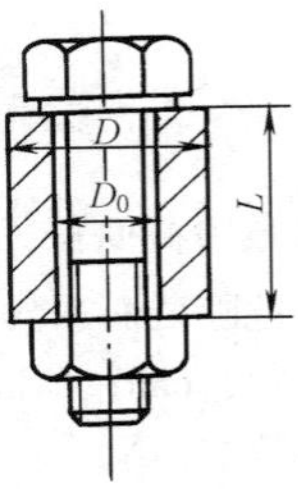 $C_F=\frac{E_F}{L}\times\frac{\pi}{4}[(D+k_L)^2-D_0^2]$ $k=\frac{1}{10}\left[1-\frac{1}{4}\left(3-\frac{D}{d_w}\right)^2\right]$	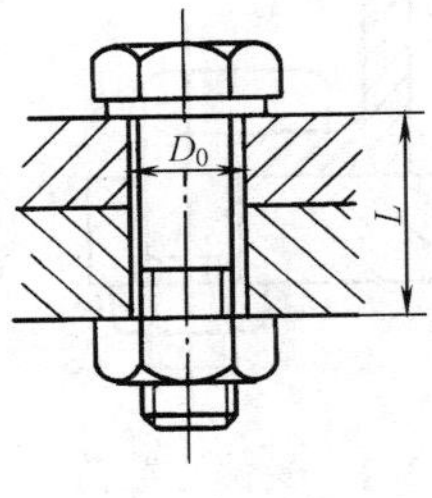 $C_F=\frac{E_F}{L}\times\frac{\pi}{4}\left[\left(d_w+\frac{L}{10}\right)^2-D_0^2\right]$
螺柱及螺钉连接	薄圆筒 C_F 计算式同螺栓连接	厚圆筒 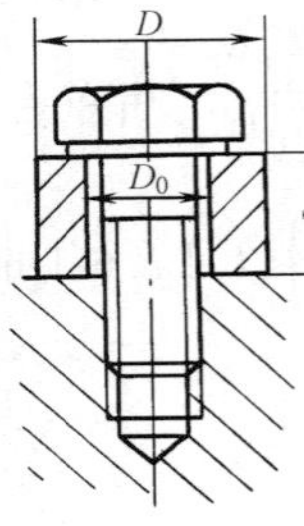 $C_F=\frac{E_F}{L}\times\frac{\pi}{4}[(D+2kL)^2-D_0^2]$ $k=\frac{1}{10}\left[1-\frac{1}{4}\left(3-\frac{D}{d_w}\right)^2\right]$	平板 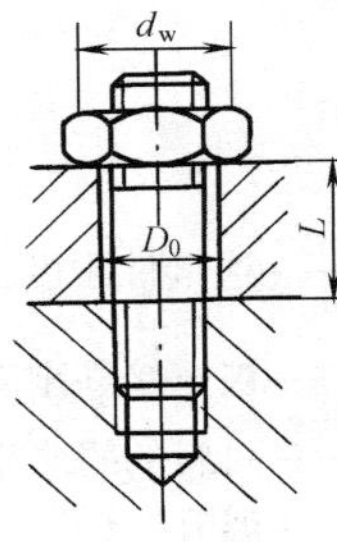 $C_F=\frac{E_F}{L}\times\frac{\pi}{4}\left[\left(d_w+\frac{L}{5}\right)^2-D_0^2\right]$

① E_F 为被连接件材料的弹性模量。

3.4.5　钢结构用高强度螺栓连接

钢结构用高强度螺栓连接靠摩擦力来传递载荷。具有应力集中小、刚性好、应力分布比较均匀、承载能力大等优点。目前，在钢结构中被广泛应用。

为保证传递的载荷，可对被连接件接合面进行喷砂、敷以涂料等特殊处理，以增大摩擦力，要严格控制预紧力，预紧应力可达 $(0.7\sim0.8)\sigma_s$。高强度螺栓计算与普通螺栓相同。

3.5　螺纹连接拧紧力矩的计算和预紧力的控制

3.5.1　拧紧力矩的计算

为了增强螺纹连接的刚性、紧密性、防松能力以及防止受横向载荷螺栓连接的滑动，多数螺纹连接在装配时都要预紧。对于螺栓连接，其拧紧力矩 T 用于克服螺纹副的螺纹阻力矩 T_1 及螺母与被连接件（或垫圈）支承面间的端面摩擦力矩 T_2。施加拧紧力矩时，可用力矩扳手法、螺母转角法、指示垫圈法、测定螺栓伸长法和螺栓预伸长法控制预紧力，后两种方法较准确但使用不便。计算拧紧力矩的计算公式为

$$T=T_1+T_2=F'\tan(\phi+\rho_v)\frac{d_2}{2}+\frac{F'\mu}{3}\times\frac{D_w^3-d_0^3}{D_w^2-d_0^2}=KF'd$$

$$K=\frac{d_2}{2d}\tan(\phi+\rho_v)+\frac{\mu}{3d}\times\frac{D_w^3-d_0^3}{D_w^2-d_0^2}$$

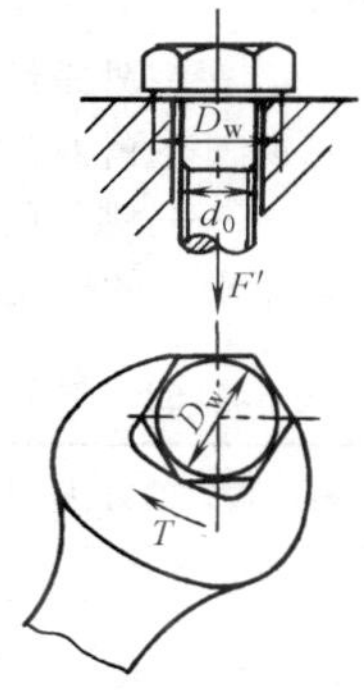

图 6-1-2　拧紧力矩

式中　d——螺纹公称直径，mm；

F'——预紧力，N；

d_2——螺纹中径，mm；

ϕ——螺纹升角；

ρ_v——螺纹当量摩擦角，$\rho_v=\arctan\mu_v$；

μ_v——螺纹当量摩擦因数；

μ——螺母与被连接件支承面间的摩擦因数，见表 6-1-59；

K——拧紧力矩系数。

D_w、d_0 见图 6-1-2。

表 6-1-59 推荐的 μ 值供参考使用，较精确的数值应通过实验取得。

对于普通粗牙 M12～M64 螺纹，当量摩擦因数 $\mu_v=0.10\sim0.20$，取 $\mu=0.15$，则拧紧力矩系数 K 在 0.1～0.3 范围内变动，表 6-1-67 推荐的 K 值可供设计计算时参考。

表 6-1-67　　拧紧力矩系数 K

摩擦表面状态	精加工表面		一般加工表面		表面氧化		表面镀锌		干燥粗加工表面	
	有润滑	无润滑	有润滑	无润滑	有润滑	无润滑	有润滑	无润滑	有润滑	无润滑
K 值	0.10	0.12	0.13～0.15	0.18～0.21	0.20	0.24	0.18	0.22	—	0.26～0.30

一般来讲，K 值主要取决于两个摩擦副的摩擦因数 μ_v 和 μ，对标准螺栓来说，尺寸大小对 K 值的影响是很小的。为了进一步简化，一般机械中常假设 $\mu_v=\mu=\mu'$（此条件常近似符合工程实际），这样拧紧力矩的公式可简化为如下形式：

一般标准六角螺栓

$$K=1.25\mu',\ T=1.25\mu'F'd$$

小六角螺栓或圆柱头内六角螺钉

$$K=1.2\mu',\ T=1.2\mu'F'd$$

式中，$\mu_v\neq\mu$ 时，取 $\mu'=\frac{1}{2}(\mu_v+\mu)$。

3.5.2　预紧力的控制

预紧力的大小需根据螺栓组受力的大小和连接的工作要求决定。设计时首先保证所需的预紧力，又不应使连接结构的尺寸过大。一般规定拧紧后螺纹连接件预紧应力不得大于其材料的屈服点 σ_s 的 80%。对于一般连接用钢制螺栓，推荐的预紧力 F' 计算如下：

碳素钢螺栓　　$F'=(0.6\sim0.7)\sigma_sA_s$

合金钢螺栓　　$F'=(0.5\sim0.6)\sigma_sA_s$

式中　σ_s——螺栓材料的屈服点，MPa；

A_s——螺栓公称应力截面积，mm^2。

$$A_s=\frac{\pi}{4}\left(\frac{d_2+d_3}{2}\right)^2$$

$$d_3=d_1-\frac{H}{6}$$

式中 d_1 ——外螺纹小径，mm；

d_2 ——外螺纹中径，mm；

d_3 ——螺纹的计算直径，mm；

H ——螺纹的原始三角形高度，mm。

对于重要的螺纹连接，必须有一套控制和测量预紧力的方法，常用的控制方法见表 6-1-68。

表 6-1-68　　控制和测量螺栓预紧力的方法

<table>
<tr><th>控制预紧力的方法</th><th colspan="3">特点和应用</th></tr>
<tr><td rowspan="8">感觉法</td><td colspan="3">靠操作者在拧紧时的感觉和经验。拧紧 4.6 级螺栓施加在扳手上的拧紧力 F 如下：</td></tr>
<tr><td>M6</td><td>45N</td><td>只加腕力</td></tr>
<tr><td>M8</td><td>70N</td><td>加腕力和肘力</td></tr>
<tr><td>M10</td><td>130N</td><td>加全手臂力</td></tr>
<tr><td>M12</td><td>180N</td><td>加上半身力</td></tr>
<tr><td>M16</td><td>320N</td><td>加全身力</td></tr>
<tr><td>M20</td><td>500N</td><td>加上全身重量</td></tr>
<tr><td colspan="3">最经济简单，一般认为对有经验的操作者，误差可达±40%，用于普通的螺纹连接</td></tr>
<tr><td>力矩法</td><td colspan="3">用测力矩扳手或定力矩扳手控制预紧力，是国内外长期以来应用广泛的控制预紧力的方法。费用较低，一般认为误差有±25%。若表面有涂层、支承面，螺纹表面质量较好，力矩扳手示值准确，则误差可显著减小。有润滑的控制效果较好</td></tr>
<tr><td>测量螺栓伸长法</td><td colspan="3">用于螺栓在弹性范围内时的预紧力控制。误差在±3%～5%，使用麻烦，费用高。用于特殊需要的场合</td></tr>
<tr><td>螺母转角法</td><td colspan="3">螺栓预紧达到预紧力 F' 时，所需的螺母转角 θ 由下式求得：
$$\theta=\frac{360^\circ}{P}\times\frac{F'}{C_L}$$
式中 P——螺距，mm；
C_L——螺栓的刚度，N/mm
$$\frac{1}{C_L}=\frac{1}{E_L}\left(\frac{L_1}{A}+\frac{L_2+L_3}{A_s}\right)$$
式中 E_L——螺栓材料的弹性模量，MPa；
A——螺栓光杆部分截面积，mm^2；
A_s——螺栓的公称应力截面积，mm^2
L_1、L_2、L_3 见右图，钢螺栓与钢螺纹孔 $L_3=0.5d$；钢螺栓与铸铁螺纹孔 $L_3=0.6d$
采用此法，需先把螺栓副拧紧到“紧贴”位置，再转过角度 θ。误差在±15%。在美国和德国的汽车工业和钢结构中广泛使用
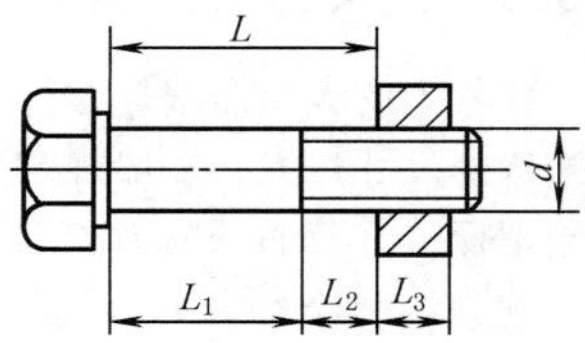
</td></tr>
<tr><td>应变计法</td><td colspan="3">在螺栓的无螺纹部分贴电阻应变片，以控制螺栓杆所受拉力，误差可控制在±1%以内，但费用昂贵</td></tr>
<tr><td>螺栓预胀法</td><td colspan="3">对于较大的螺栓，如汽轮机螺栓，用电阻丝加热到一定温度后拧上螺母（不预紧），冷却后即产生预紧力。通过控制加热温度即可控制预紧力</td></tr>
<tr><td>液压拉伸法</td><td colspan="3">用专门的液压拉伸装置拉伸螺栓，使其受一定轴向力，拧上螺母后，除去外力即可得到预期的预紧力</td></tr>
</table>

3.6 螺纹连接力学性能和材料

表 6-1-69　螺栓、螺钉和螺柱的材料和力学物理性能（摘自 GB/T 3098.1—2010）

性能等级	材料和热处理	化学成分极限(熔炼分析%)[①]					回火温度/℃ min
		C		P	S	B[②]	
		min	max	max	max	max	
4.6[③,④]	碳钢或添加元素的碳钢	—	0.55	0.050	0.060	未规定	—
4.8[④]							
5.6[③]		0.13	0.55	0.050	0.060		
5.8[④]		—	0.55	0.050	0.060		
6.8[④]		0.15	0.55	0.050	0.060		
8.8[⑥]	添加元素的碳钢(如硼或锰或铬)淬火并回火或	0.15[⑤]	0.40	0.025	0.025	0.003	425
	碳钢淬火并回火或	0.25	0.55	0.025	0.025		
	合金钢淬火并回火[⑦]	0.20	0.55	0.025	0.025		
9.8[⑥]	添加元素的碳钢(如硼或锰或铬)淬火并回火或	0.15[⑤]	0.40	0.025	0.025	0.003	425
	碳钢淬火并回火或	0.25	0.55	0.025	0.025		
	合金钢淬火并回火[⑦]	0.20	0.55	0.025	0.025		
10.9[⑥]	添加元素的碳钢(如硼或锰或铬)淬火并回火或	0.20[⑤]	0.55	0.025	0.025	0.003	425
	碳钢淬火并回火或	0.25	0.55	0.025	0.025		
	合金钢淬火并回火[⑦]	0.20	0.55	0.025	0.025		
12.9[⑥⑧⑨]	合金钢淬火并回火[⑦]	0.30	0.50	0.025	0.025	0.003	425
$\underline{12.9}$[⑥⑧⑨]	添加元素的碳钢(如硼或锰或铬或钼)淬火并回火	0.28	0.50	0.025	0.025	0.003	380

① 有争议时,实施成品分析

② 硼的含量可达 0.005%,非有效硼由添加钛和/或铝控制

③ 对 4.6 和 5.6 级冷镦紧固件,为保证达到要求的塑性和韧性,可能需要对其冷镦用线材或冷镦紧固件产品进行热处理

④ 这些性能等级允许采用易切钢制造,其硫、磷和铅的最大含量为:硫 0.34%;磷 0.11%,铅 0.35%

⑤ 对含碳量低于 0.25%的添加硼的碳钢,其锰的最低含量分别为:8.8 级为 0.6%;9.8 级和 10.9 级为 0.7%

⑥ 对这些性能等级用的材料,应有足够的淬透性,以确保紧固件螺纹截面的芯部在“淬硬”状态、回火前获得约 90%的马氏体组织

⑦ 这些合金钢至少应含有下列的一种元素,其最小含量分别为:铬 0.30%;镍 0.30%;钼 0.20%;钒 0.10%。当含有二、三或四种复合的合金成分时,合金元素的含量不能少于单个合金元素含量总和的 70%

⑧ 对 12.9/$\underline{12.9}$级表面不允许有金相能测出的白色磷化物聚集层。去除磷化物聚集层应在热处理前进行

⑨ 当考虑使用 12.9/$\underline{12.9}$级,应谨慎从事。紧固件制造者的能力、服役条件和扳拧方法都应仔细考虑。除表面处理外,使用环境也可能造成紧固件的应力腐蚀开裂

续表

序号	力学或物理性能		性能等级 4.6	4.8	5.6	5.8	6.8	8.8 $d\leqslant$16mm①	8.8 $d>$16mm②	9.8 $d\leqslant$16mm	10.9	12.9/12.9
1	抗拉强度 R_m/MPa	公称③	400		500		600	800		900	1000	1200
		min	400	420	500	520	600	800	830	900	1040	1220
2	下屈服强度 R_{eL}④/MPa	公称③	240	—	300	—	—	—	—	—	—	—
		min	240	—	300	—	—	—	—	—	—	—
3	规定非比例延伸 0.2% 的应力 $R_{P0.2}$/MPa	公称③	—	—	—	—	—	640	640	720	900	1080
		min	—	—	—	—	—	640	660	720	940	1100
4	紧固件实物的规定非比例延伸 0.004 8d 的应力 R_{Pf}/MPa	公称③	—	320	—	400	480	—	—	—	—	—
		min	—	340⑤	—	420⑤	480⑤	—	—	—	—	—
5	保证应力 S_P⑥/MPa	公称	225	310	280	380	440	580	600	650	830	970
	保证应力比	$S_{P,公称}/R_{eL,min}$或 $S_{P,公称}/R_{P0.2,min}$或 $S_{P,公称}/R_{Pf,min}$	0.94	0.91	0.93	0.90	0.92	0.91	0.91	0.90	0.88	0.88
6	机械加工试件的断后伸长率 A/%	min	22	—	20	—	—	12	12	10	9	8
7	机械加工试件的断面收缩率 Z/%	min	—					52		48	48	44
8	紧固件实物的断后伸长率 A_f(见附录 C)	min	—	0.24	—	0.22	0.20	—	—	—	—	—
9	头部坚固性		不得断裂或出现裂缝									
10	维氏硬度/HV, $F\geqslant$98N	min	120	130	155	160	190	250	255	290	320	385
		max	220⑦				250	320	335	360	380	435
11	布氏硬度/HBW, $F=30D^2$	min	114	124	147	152	181	245	250	286	316	380
		max	209⑦				238	316	331	355	375	429
12	洛氏硬度/HRB	min	67	71	79	82	89	—				
		max	95.0⑦				99.5	—				
	洛氏硬度/HRC	min	—					22	23	28	32	39
		max	—					32	34	37	39	44
13	表面硬度/HV0.3	max	—					⑧			⑧,⑨	⑧,⑩
14	螺纹未脱碳层的高度 E/mm	min	—					$1/2H_1$			$2/3H_1$	$3/4H_1$
	螺纹全脱碳层的深度 G/mm	max	—					0.015				
15	再回火后硬度的降低值/HV	max	—					20				
16	破坏扭矩 M_B/N·m	min	—					按 GB/T 3098.13 的规定				
17	吸收能量 K_V⑪⑫/J	min	—		27	—		27	27	27	27	⑬
18	表面缺陷		GB/T 5779.1⑭									GB/T 5779.3

① 数值不适用于栓接结构

② 对栓接结构 $d\geqslant$M12

③ 规定公称值，仅为性能等级标记制度的需要

④ 在不能测定下屈服强度 R_{eL} 的情况下，允许测量规定非比例延伸 0.2%的应力 $R_{P0.2}$

⑤ 对性能等级 4.8、5.8 和 6.8 的 $R_{Pf,min}$ 数值尚在调查研究中。表中数值是按保证载荷比计算给出的，而不是实测值

⑥ 表 5 和表 7 规定了保证载荷值

⑦ 在紧固件的末端测定硬度时，应分别为：250HV、238HB 或 99.5HRB_{max}

⑧ 当采用 HV0.3 测定表面硬度及芯部硬度时，紧固件的表面硬度不应比芯部硬度高出 30HV 单位

⑨ 表面硬度不应超出 390HV

⑩ 表面硬度不应超出 435HV

⑪ 试验温度在-20℃下测定

⑫ 适用于 $d\geqslant$16mm

⑬ K_v 数值尚在调查研究中

⑭ 由供需双方协议，可用 GB/T 5779.3 代替 GB/T 5779.1

表 6-1-70　　螺栓的保证载荷（$A_s \times S_p$）（摘自 GB/T 3098.1—2010）

螺纹规格 (d)	螺纹公称应力截面积 $A_{s,公称}$ ① /mm²	性能等级								
		4.6	4.8	5.6	5.8	6.8	8.8	9.8	10.9	12.9/<u>12.9</u>
		保证载荷 $F_P(A_{s,公称} \times S_{P,公称})$/N								
粗牙螺纹										
M3	5.03	1130	1560	1410	1910	2210	2920	3270	4180	4880
M3.5	6.78	1530	2100	1900	2580	2980	3940	4410	5630	6580
M4	8.78	1980	2720	2460	3340	3860	5100	5710	7290	8520
M5	14.2	3200	4400	3980	5400	6250	8230	9230	11800	13800
M6	20.1	4520	6230	5630	7640	8840	11600	13100	16700	19500
M7	28.9	6500	8960	8090	11000	12700	16800	18800	24000	28000
M8	36.6	8240②	11400	10200②	13900	16100	21200②	23800	30400②	35500
M10	58	13000②	18000	16200②	22000	25500	33700②	37700	48100②	56300
M12	84.3	19000	26100	23600	32000	37100	48900③	54800	70000	81800
M14	115	25900	35600	32200	43700	50600	66700③	74800	95500	112000
M16	157	35300	48700	44000	59700	69100	91000③	102000	130000	152000
M18	192	43200	59500	53800	73000	84500	115000	—	159000	186000
M20	245	55100	76000	68600	93100	108000	147000	—	203000	238000
M22	303	68200	93900	84800	115000	133000	182000	—	252000	294000
M24	353	79400	109000	98800	134000	155000	212000	—	293000	342000
M27	459	103000	142000	128000	174000	202000	275000	—	381000	445000
M30	561	126000	174000	157000	213000	247000	337000	—	466000	544000
M33	694	156000	215000	194000	264000	305000	416000	—	576000	673000
M36	817	184000	253000	229000	310000	359000	490000	—	678000	792000
M39	976	220000	303000	273000	371000	429000	586000	—	810000	947000
细牙螺纹										
M8×1	39.2	8820	12200	11000	14900	17200	22700	25500	32500	38000
M10×1.25	61.2	13800	19000	17100	23300	26900	355000	39800	50800	59400
M10×1	64.5	14500	20000	18100	24500	28400	37400	41900	53500	62700
M12×1.5	88.1	19800	27300	24700	33500	38800	51100	57300	73100	85500
M12×1.25	92.1	20700	28600	25800	35000	40500	53400	59900	76400	89300
M14×1.5	125	28100	38800	35000	47500	55000	72500	81200	104000	121000
M16×1.5	167	37600	51800	46800	63500	73500	96900	109000	139000	162000
M18×1.5	216	48600	67000	60500	82100	95000	130000	—	179000	210000
M20×1.5	272	61200	84300	76200	103000	120000	163000	—	226000	264000
M22×1.5	333	74900	103000	932000	126000	146000	200000	—	276000	323000
M24×2	384	86400	119000	108000	146000	169000	230000	—	319000	372000
M27×2	496	112000	154000	139000	188000	218000	298000	—	412000	481000
M30×2	621	140000	192000	174000	236000	273000	373000	—	515000	602000
M33×2	761	171000	236000	213000	289000	335000	457000	—	632000	738000
M36×3	865	195000	268000	242000	329000	381000	519000	—	718000	839000
M39×3	1030	232000	319000	288000	391000	453000	618000	—	855000	999000

① $A_{s,公称}$的计算见本标准的 9.1.6.1。

② 6az 螺纹（GB/T 22029）的热浸镀锌紧固件，应按 GB/T 5267.3 中附录 A 的规定。

③ 对栓接结构为：50700N（M12）、68800N（M14）和 94500N（M16）。

表 6-1-71　　螺母的力学性能

<table>
<tr><th colspan="7">粗牙螺纹（GB/T 3098.2—2000）</th></tr>
<tr><th rowspan="2">性能等级</th><th rowspan="2">螺纹规格</th><th rowspan="2">保证应力 S_p /MPa</th><th colspan="2">维氏硬度 HV</th><th colspan="2">螺母</th></tr>
<tr><th>最小</th><th>最大</th><th>热处理</th><th>类型</th></tr>
<tr><td rowspan="5">04</td><td>≤M4</td><td rowspan="5">380</td><td rowspan="5">188</td><td rowspan="5">302</td><td rowspan="5">不淬火回火</td><td rowspan="5">薄型</td></tr>
<tr><td>M4～M7</td></tr>
<tr><td>M7～M10</td></tr>
<tr><td>M10～M16</td></tr>
<tr><td>M16～M39</td></tr>
<tr><td rowspan="5">05</td><td>≤M4</td><td rowspan="5">500</td><td rowspan="5">272</td><td rowspan="5">353</td><td rowspan="5">淬火并回火</td><td rowspan="5">薄型</td></tr>
<tr><td>M4～M7</td></tr>
<tr><td>M7～M10</td></tr>
<tr><td>M10～M16</td></tr>
<tr><td>M16～M39</td></tr>
<tr><td rowspan="5">4</td><td>≤M4</td><td rowspan="4">—</td><td rowspan="4">—</td><td rowspan="4">—</td><td rowspan="4">—</td><td rowspan="4">—</td></tr>
<tr><td>M4～M7</td></tr>
<tr><td>M7～M10</td></tr>
<tr><td>M10～M16</td></tr>
<tr><td>M16～M39</td><td>510</td><td>117</td><td>302</td><td>不淬火回火</td><td>1</td></tr>
<tr><td rowspan="5">5</td><td>≤M4</td><td>520</td><td rowspan="4">130</td><td rowspan="5">302</td><td rowspan="5">不淬火回火</td><td rowspan="5">1</td></tr>
<tr><td>M4～M7</td><td>580</td></tr>
<tr><td>M7～M10</td><td>590</td></tr>
<tr><td>M10～M16</td><td>610</td></tr>
<tr><td>M16～M39</td><td>630</td><td>146</td></tr>
<tr><td rowspan="5">6</td><td>≤M4</td><td>600</td><td rowspan="4">150</td><td rowspan="5">302</td><td rowspan="5">不淬火回火</td><td rowspan="5">1</td></tr>
<tr><td>M4～M7</td><td>670</td></tr>
<tr><td>M7～M10</td><td>680</td></tr>
<tr><td>M10～M16</td><td>700</td></tr>
<tr><td>M16～M39</td><td>720</td><td>170</td></tr>
<tr><td rowspan="6">8</td><td>≤M4</td><td>800</td><td>180</td><td rowspan="4">302</td><td rowspan="4">不淬火回火</td><td rowspan="5">1</td></tr>
<tr><td>M4～M7</td><td>855</td><td rowspan="3">200</td></tr>
<tr><td>M7～M10</td><td>870</td></tr>
<tr><td>M10～M16</td><td>880</td></tr>
<tr><td>M16～M39</td><td>920</td><td>233</td><td>353</td><td>淬火并回火</td></tr>
<tr><td>M16～M39</td><td>890</td><td>180</td><td>302</td><td>不淬火回火</td><td>2</td></tr>
<tr><td rowspan="5">9</td><td>≤M4</td><td>900</td><td>170</td><td rowspan="5">302</td><td rowspan="5">不淬火回火</td><td rowspan="4">2</td></tr>
<tr><td>M4～M7</td><td>915</td><td rowspan="4">188</td></tr>
<tr><td>M7～M10</td><td>940</td></tr>
<tr><td>M10～M16</td><td>950</td></tr>
<tr><td>M16～M39</td><td>920</td><td></td></tr>
</table>

<table>
<tr><th colspan="7">细牙螺纹（GB/T 3098.4—2000）</th></tr>
<tr><th rowspan="2">性能等级</th><th rowspan="2">螺纹直径 D /mm</th><th rowspan="2">保证应力 S_p /MPa</th><th colspan="2">维氏硬度 HV</th><th colspan="2">螺母</th></tr>
<tr><th>最小</th><th>最大</th><th>热处理</th><th>类型</th></tr>
<tr><td>04</td><td rowspan="2">8≤D≤39</td><td>370</td><td>188</td><td>302</td><td>不淬火回火</td><td rowspan="2">薄型</td></tr>
<tr><td>05</td><td>500</td><td>272</td><td>353</td><td>淬火并回火</td></tr>
<tr><td rowspan="2">5</td><td>8≤D≤16</td><td>690</td><td>175</td><td rowspan="6">302</td><td rowspan="6">不淬火回火</td><td rowspan="6">1</td></tr>
<tr><td>16<<i>D</i>≤39</td><td>720</td><td>190</td></tr>
<tr><td rowspan="4">6</td><td>8≤D≤10</td><td>770</td><td rowspan="2">188</td></tr>
<tr><td>10<<i>D</i>≤16</td><td>780</td></tr>
<tr><td>16<<i>D</i>≤33</td><td>870</td><td rowspan="2">233</td></tr>
<tr><td>33<<i>D</i>≤39</td><td>930</td></tr>
<tr><td rowspan="6">8</td><td>8≤D≤10</td><td rowspan="2">935</td><td rowspan="2">250</td><td rowspan="4">353</td><td rowspan="4">淬火并回火</td><td rowspan="4">1</td></tr>
<tr><td>10<<i>D</i>≤16</td></tr>
<tr><td>16<<i>D</i>≤33</td><td>1030</td><td rowspan="2">295</td></tr>
<tr><td>33<<i>D</i>≤39</td><td>1090</td></tr>
<tr><td>8≤D≤10</td><td rowspan="2">890</td><td rowspan="2">188</td><td rowspan="2">302</td><td rowspan="2">不淬火回火</td><td rowspan="2">2</td></tr>
<tr><td>10<<i>D</i>≤39</td></tr>
</table>

续表

粗牙螺纹（GB/T 3098.2—2000）

性能等级	螺纹规格	保证应力 S_p /MPa	维氏硬度 HV 最小	维氏硬度 HV 最大	螺母 热处理	螺母 类型
10	≤M4	1040	272	353	淬火并回火	1
	M4~M7	1040				
	M7~M10	1040				
	M10~M16	1050				
	M16~M39	1060				
12	≤M4	1140	295	353	淬火并回火	1
	M4~M7	1140				
	M7~M10	1140				
	M10~M16	1170				
	≤M4	1150	272	353	淬火并回火	2
	M4~M7	1150				
	M7~M10	1160				
	M10~M16	1190				
	M16~M39	1200				

细牙螺纹（GB/T 3098.4—2000）

性能等级	螺纹直径 D /mm	保证应力 S_p /MPa	维氏硬度 HV 最小	维氏硬度 HV 最大	螺母 热处理	螺母 类型
10	$8 \leqslant D \leqslant 10$	1100	295	353	淬火并回火	1
	$10<D \leqslant 16$	1110				
	$8 \leqslant D \leqslant 10$	1055	250	353	淬火并回火	1
	$10<D \leqslant 16$					
	$16<D \leqslant 39$	1080	260			2
12	$8 \leqslant D \leqslant 10$	1200	295	353	淬火并回火	2
	$10<D \leqslant 16$					
	$16<D \leqslant 39$	—	—	—	—	—

注：1. 本标准规定了在环境温度为10~35℃条件下进行试验时，规定保证载荷值的螺母力学性能。该环境温度条件下判定为符合本标准的产品，在较高或较低温度下，力学和物理性能可能不同，使用者应予注意。本标准适合的螺母：螺纹公称直径不大于39mm；符合GB/T 192、GB/T 193、GB/T 196和GB/T 197的规定；有规定的机械要求；对边宽度符合GB/T 3104或相当的规定；公称高度不小于0.5D；由碳钢或合金钢制造。

2. 本标准不适用于有特殊性能要求的螺母，如要求有锁紧性能（GB/T 3098.9）、可焊接性、耐腐蚀性（GB/T 3098.15）的螺母及工作温度高于300℃或低于-50℃的螺母。

3. 最低温度仅对经热处理的螺母或规格太大而不能进行保证载荷试验时，才是强制的；对其他螺母是指导性的。对不淬火回火，而又能满足保证载荷试验的螺母，最低硬度应不作为拒收理由。

4. 对易切钢制造的螺母不能用于250℃以上；对特殊产品，如用于高强度螺栓和热浸镀锌的螺母，有关数据见产品标准。

5. 配合件的螺纹公差大于6H/6g时，将增加脱扣危险。

6. 在其他公差或大于6H的情况下，应考虑降低脱扣强度，见表6-1-72。

表6-1-72　　螺纹强度的降低（摘自GB/T 3098.2、GB/T 3098.4）

螺纹规格 >	螺纹规格 ≤	试验载荷比率/% 螺纹公差 6H	7H	6G
—	M2.5	100	—	95.5
M2.5	M7	100	95.5	97
M7	M16	100	96	97.5
M16	M39	100	98	98.5

表 6-1-73　　螺母的标记制度和材料（摘自 GB/T 3098.2、GB/T 3098.4）

公称高度	螺母性能等级	相配的螺栓、螺钉和螺柱			螺母			材料化学成分/%			
					1型		2型		C	Mn	P	S
		性能等级	螺纹规格范围		螺纹规格范围				最大	最小	最大	最大
			粗牙	细牙	粗牙	细牙	粗牙	细牙				
≥0.8D	4	3.6、4.6、4.8	>M16	—	>M16	—	—	—	0.50	—	0.060	0.150
	5	3.6、4.6、4.8	≤M16	≤M39	≤M39	≤M39	—	—				
		5.6、5.8	≤M39									
	6	6.8	≤M39	≤M39	≤M39	≤M39	—	—				
	8	8.8	≤M39	≤M39	≤M39	≤M39	>M16 ≤M39	≤M16	0.58	0.25	0.060	0.150
	9	9.8	≤M16	—	—	—	≤M16	—				
	10	10.9	≤M39	≤M39	≤M39	≤M16	—	≤M39	0.58	0.30	0.048	0.058
	12	12.9	≤M39	≤M16	≤M16	—	≤M39	≤M16	0.58	0.45	0.048	0.058
≥0.5D <0.8D	04	公称保证应力/MPa	400		实际保证应力/MPa	380			0.58	0.25	0.060	0.150
	05		500			500			0.58	0.30	0.048	0.058

注：1. 本标准规定了由碳钢或合金钢制造的，在环境温度为10~35℃条件下进行试验时，螺栓、螺钉和螺柱的力学性能。本标准适用的螺栓、螺钉和螺柱；粗牙螺纹 M1.6~M39；细牙螺纹 M8×1~M39×3；符合 GB/T 192、GB/T 193、GB/T 196 和 GB/T 197 的规定。本标准不适合于紧定螺钉及类似的不受拉力的螺纹紧固件。

2. 本标准未规定以下性能要求：可焊接性，耐腐蚀性，工作温度高于300℃（对10.9级为250℃）或低于-50℃的性能要求，耐剪切应力和耐疲劳性。

3. 公称高度大于等于0.8*D*（螺纹有效长度大于等于0.6*D*）的螺母，用螺栓性能等级标记的第一部分数字标记，该螺栓应为可与螺母相配的性能等级最高的（见表6-1-71）。

4. 公称高度大于等于0.6*D*而小于0.8*D*（螺栓有效长度大于等于0.4*D*，而小于0.6*D*）的螺母，由两位数字标记：第二位数字表示用淬硬试验芯棒测出的公称应力的1/100（以MPa计）；而第一位数字“0”则表示这种螺栓-螺母组合件的承载能力要小，同时也比注2规定的螺栓-螺母组合件的承载能力小。

5. 一般来讲，性能等级较高的螺母，可以替换性能等级较低的螺母，螺栓-螺母组合件的应力高于螺栓的屈服点或保证应力是可行的。

6. 性能等级4、5、6允许用易切钢制造，其硫、磷及铅的最大含量为：硫0.34%，磷0.11%，铅0.35%。

7. 对于性能等级为10、12的螺母，为改善其力学性能，必要时，可增添合金元素。性能等级为05、8（>M16、1型）、10和12的螺母应进行淬火并回火处理。

8. 粗牙螺母的2型高度比1型高10%（1型为公称高度大于等于0.8*D*的螺母，一般常用1型）。

表 6-1-74　　螺母的保证载荷　粗牙螺纹保证载荷（摘自 GB/T 3098.2—2000）

螺纹规格	螺距/mm	螺纹的应力截面积 A_s /mm^2	性能等级										
			04	05	4	5	6	8		9	10	12	
			保证载荷(A_s×S_p)/N										
			薄型	薄型	1型	1型	1型	1型	2型	2型	1型	1型	2型
M3	0.5	5.03	1910	2500	—	2600	3000	4000	—	4500	5200	5700	5800
M3.5	0.6	6.78	2580	3400	—	3550	4050	5400	—	6100	7050	7700	7800
M4	0.7	8.78	3340	4400	—	4550	5250	7000	—	7900	9150	10000	10100
M5	0.8	14.2	5400	7100	—	8250	9500	12140	—	13000	14800	16200	16300
M6	1	20.1	7640	10000	—	11700	13500	17200	—	18400	20900	22900	23100
M7	1	28.9	11000	14500	—	16800	19400	24700	—	26400	30100	32900	33200
M8	1.25	36.6	13900	18300	—	21600	24900	31800	—	34400	38100	41700	42500
M10	1.5	58.0	22000	29000	—	34200	39400	50500	—	54500	60300	66100	67300
M12	1.75	84.3	32000	42200	—	51400	59000	74200	—	80100	88500	98600	100300

续表

螺纹规格	螺距 /mm	螺纹的应力截面积 A_s /mm^2	性能等级 04	05	4	5	6	8		9	10	12	
			保证载荷(A_s×S_p)/N										
			薄型	薄型	1 型	1 型	1 型	1 型	2 型	2 型	1 型	1 型	2 型
M14	2	115	43700	57500	—	70200	80500	101200	—	109300	120800	134600	136900
M16	2	157	59700	78500	—	95800	109900	138200	—	149200	164900	183700	186800
M18	2. 5	192	73000	96000	97900	121000	138200	176600	170900	176600	203500	—	230400
M20	2. 5	245	93100	122500	125000	154400	176400	225400	218100	225400	259700	—	294000
M22	2. 5	303	115100	151500	154500	190900	218200	278800	269700	278800	321200	—	363600
M24	3	353	134100	176500	180000	222400	254200	324800	314200	324800	374200	—	423600
M27	3	459	174400	229500	234100	289200	330500	422300	408500	422300	486500	—	550800
M30	3. 5	561	213200	280500	286100	353400	403900	516100	499300	516100	594700	—	673200
M33	3. 5	694	263700	347000	353900	437200	499700	638500	617700	638500	735600	—	832800
M36	4	817	310500	408500	416700	514700	588200	751600	727100	751600	866000	—	980400
M39	4	976	370900	488000	497800	614900	702700	897900	868600	897900	1035000	—	1171000

注：同表 6-1-73 注 1、2。

表 6-1-75　　螺母的保证载荷　细牙螺纹保证载荷（摘自 GB/T 3098. 4—2000）

螺纹规格	螺纹的应力截面积 A_s /mm^2	性能等级 04	05	5	6	8		10		12
		保证载荷(A_s×S_p)/N								
		薄型	薄型	1 型	1 型	1 型	2 型	1 型	2 型	2 型
M8×1	39. 2	14900	19600	27000	30200	37400	34900	43100	41400	47000
M10×1	64. 5	24500	32200	44500	49700	61600	57400	71000	68000	77400
M10×1. 25	61. 2	23300	30600	44200	47100	58400	54500	67300	64600	73400
M12×1. 25	92. 1	35000	46000	63500	71800	88000	82000	102200	97200	110500
M12×1. 5	88. 1	33500	44000	60800	68700	84100	78400	97800	92900	105700
M14×1. 5	125	47500	62500	86300	97500	119400	111200	138800	131900	150000
M16×1. 5	167	63500	83500	115200	130300	159500	148600	185400	176200	200400
M18×1. 5	215	81700	107500	154800	187000	221500	—	—	232200	—
M18×2	204	77500	102000	146900	177500	210100	—	—	220300	—
M20×1. 5	272	103400	136000	195800	236600	280200	—	—	293800	—
M20×2	258	98000	129000	185800	224500	265700	—	—	278600	—
M22×1. 5	333	126500	166500	239800	289700	343000	—	—	359600	—
M22×2	318	120800	159000	229000	276700	327500	—	—	343400	—
M24×2	384	145900	192000	276500	334100	395500	—	—	414700	—
M27×2	496	188500	248000	351100	431500	510900	—	—	535700	—
M30×2	621	236000	310500	447100	540300	639600	—	—	670700	—
M33×2	761	289200	380500	547900	662100	783800	—	—	821900	—
M36×3	865	328700	432500	622800	804400	942800	—	—	934200	—
M39×3	1030	391400	515000	741600	957900	1123000	—	—	1112000	—

注：同表 6-1-73 注 1、2。

表 6-1-76　　**紧定螺钉的力学性能**（摘自 GB/T 3098.3—2000）

性能等级	力学性能											材料					
	维氏硬度 HV 10		布氏硬度 HB $P=30D^2$		洛氏硬度				螺纹未脱碳层的最小高度 E 最小	全脱碳层的最大深度 G_{max} /mm	表面硬度 HV 0.3 最大	钢的类别	热处理	化学成分/%			
					HRB		HRC							C		P	S
	最小	最大	最小	最大	最小	最大	最小	最大						最大	最小	最大	最大
14H	140	290	133	276	75	105	—	—	—	—	—	碳钢	—	0.50	—	0.11	0.15
22H	220	300	209	285	95	—	—	30	$\frac{1}{2}H_1$	0.015	320	碳钢	淬火并回火	0.50	—	0.05	0.05
33H	330	440	314	418	—	—	38	44	$\frac{2}{3}H_1$	0.015	450	碳钢	淬火并回火	0.50	—	0.05	0.05
45H	450	560	428	532	—	—	45	53	$\frac{3}{4}H_1$	—	580	合金钢	淬火并回火	0.50	0.19	0.05	0.05

注：1. 本标准规定了由碳钢或合金钢制造的、在环境温度为 10~35℃条件下进行试验时，螺纹公称直径为 1.6~24mm 的紧定螺钉及类似不受拉力的紧固件力学性能；不适用于特殊性能要求的紧定螺钉，如规定拉应力、可焊接性、耐腐蚀性、工作温度高于 300℃或低于-50℃的要求。

2. 性能等级的标记代号由数字和字母组成。数字表示最低的维氏硬度的 1/10；字母 H 表示硬度。

3. 内六角紧定螺钉没有 14H、22H 级；45H 级不允许有全脱碳层。

4. 表内 H_1 为最大实体条件下外螺纹的牙型高度。

表 6-1-77　　**自攻螺钉的力学性能**（摘自 GB/T 3098.5—2000）

力学性能	渗碳层深度					表面硬度	心部硬度
	螺纹规格	ST2.2 ST2.6	ST2.9 ST3.3 ST3.5	ST3.9 ST4.2 ST4.8 ST5.5	ST6.3 ST8	大于等于 450HV 0.3	≤ST3.9 270~390HV5， ≥ST4.2 270~390 HV10
	渗碳层深度/mm 最小	0.04	0.05	0.10	0.15		
	渗碳层深度/mm 最大	0.10	0.18	0.23	0.28		

最小破坏扭矩/N·m											
螺纹规格	ST2.2	ST2.6	ST2.9	ST3.3	ST3.5	ST3.9	ST4.2	ST4.8	ST5.5	ST6.3	ST8
螺纹大径 /mm 最大	2.24	2.57	2.90	3.30	3.53	3.91	4.22	4.80	5.46	6.25	8.00
破坏扭矩 /N·m 最小	0.45	0.90	1.5	2.0	2.7	3.4	4.4	6.3	10.0	13.6	30.5

注：本标准规定了渗碳钢自攻螺钉的性能及相应的试验方法。其螺纹应符合 GB/T 5280，螺纹规格为 ST2.2~ST8。

表 6-1-78　自挤螺钉的力学性能（摘自 GB/T 3098.7—2000）

力学性能

表面渗碳层深度		螺纹公称直径/mm									
		2	2.5	3	3.5	4	5	6	8	10	12
表面渗碳层深度/mm	最小	0.04		0.05		0.10		0.15		0.15	
	最大	0.12		0.18		0.25		0.28		0.32	

表面硬度	心部硬度
最低 450HV 0.3	290~370HV 10

扭矩分类	最小破坏扭矩(A),最大拧入扭矩(B)/N·m									
	螺纹公称直径/mm									
	2	2.5	3	3.5	4	5	6	8	10	12
A	0.5	1.2	2.1	3.4	4.9	10	17	42	85	150
B	0.3	0.6	1.1	1.7	2.5	5	8.5	21	43	75

材料

化学成分/%(极限)		
分析	碳	锰
桶样	0.15~0.25	0.70~1.65
检验	0.13~0.27	0.64~1.71

注：1. 本标准规定了表面淬火并回火的自挤螺钉的技术条件。符合本标准的自挤螺钉能挤出多种普通（内）螺纹，其规格范围为 2~12mm，用于机电产品。自挤螺钉应由渗碳钢冷镦制造。GB/T 3098.1 不适用于按本标准制造的螺钉。

2. 通过添加钛和（或）铝使硼受到控制，硼含量可达 0.005%。

表 6-1-79　不锈钢螺栓、螺钉和螺柱的力学性能（摘自 GB/T 3098.6—2000）

性能标记

材料 类别	材料 组别	性能等级 45	50	60	70	80	110
A 奥氏体	A1	—	A1-50	—	A1-70	A1-80	—
	A2	—	A2-50	—	A2-70	A2-80	—
	A3	—	A3-50	—	A3-70	A3-80	—
	A4	—	A4-50	—	A4-70	A4-80	—
	A5	—	A5-50	—	A5-70	A5-80	—

力学性能

组别	性能等级	螺纹公称直径 d/mm	抗拉强度 σ_b/MPa 最小	规定非比例伸长应力 $\sigma_{p0.2}$/MPa 最小	断后伸长量 δ 最小	硬度 HV
A1 A2 A3 A4 A5	50	≤39	500	210	0.6d	—
	70	≤24	700	450	0.4d	—
	80	≤24	800	600	0.3d	—

类别与组别		化学成分/% C	Si	Mn	P	S
A	A1	0.12	1	6.5	0.2	0.15~0.35
	A2	0.1	1	2	0.05	0.03
	A3	0.08	1	2	0.045	0.03
	A4	0.08	1	2	0.045	0.03
	A5	0.08	1	2	0.045	0.03
C	C1	0.09~0.15	1	1	0.05	0.03
	C3	0.17~0.25	1	1	0.04	0.03
	C4	0.08~0.15	1	1.5	0.06	0.15~0.35
F	F1	0.12	1	1	0.04	0.03

续表

性能标记								力学性能				
材料		性能等级						性能等级	螺栓、螺钉和螺柱			
类别	组别	45	50	60	70	80	110	螺纹公称直径 d /mm	抗拉强度 σ_b /MPa 最小	规定非比例伸长应力 $\sigma_{p0.2}$ /MPa 最小	断后伸长量 δ 最小	硬度 HV
C 马氏体	C1	—	C1-50	—	C1-70	—	C1-110	50 70 110	500 700 1100	250 410 820	0.2d 0.2d 0.2d	155~220 220~330 350~440
	C3	—	—	—	—	C3-80	—	80	800	640	0.2d	240~340
	C4	—	C4-50	—	C4-70	—	—	50 70	500 700	250 410	0.2d 0.2d	155~220 220~330
F 铁素体	F1	F1-45	—	F1-60	—	—	—	45 60	450 600	250 410	0.2d 0.2d	135~220 180~285

类别与组别		化学成分/%			
		Cr	Mo	Ni	Cu
A	A1	16~19	0.7	5~10	1.75~2.25
	A2	15~20	—	8~19	4
	A3	17~19	—	9~12	1
	A4	16~18.5	2~3	10~15	1
	A5	16~18.5	2~3	10.5~14	1
C	C1	11.5~14	—	1	—
	C3	16~18	—	1.5~2.5	—
	C4	12~14	0.6	1	—
F	F1	15~18	—	1	—

注：1. 本标准规定了由奥氏体、马氏体和铁素体耐腐蚀不锈钢制造的，在环境温度为15~25℃条件下进行试验时，螺栓、螺钉和螺柱的力学性能。在较高或较低的温度下，性能可能不同。本标准适用的螺栓、螺钉和螺柱：螺纹公称直径 $d\leqslant39$mm；符合 GB/T 192、GB/T 193、GB/T 196 和 GB/T 197 的规定；任何形状的。本标准不适合有特殊要求的紧固件，如可焊性要求。本标准未规定特殊环境下耐腐蚀性和氧化性。

2. 螺栓、螺钉和螺柱的不锈钢组别和性能等级的标记由短划隔开的两部分组成：第一部分标记钢的组别，由字母和一位数字组成，字母表示钢的类别，数字表示该类钢的化学成分范围；第二部分标记性能等级，由两位数字组成，并表示紧固件抗拉强度的1/10。

3. F1 的螺纹公称直径 $d\leqslant24$mm。螺纹公称直径 $d>24$mm、奥氏体性能等级70和80的，其力学性能由供需双方协议，可按本表给出的组别和性能等级标记。性能等级110的C1组别淬火并回火，最低回火温度为275℃。组别A2和A4的含碳量低于0.03%的低碳不锈钢，可增加标记‘L’，如A4L-80。

4. 马氏体及铁素体的硬度本表仅列出 HV 值，其 HB 及 HRC 值请见 GB/T 3098.6 中表3。

表 6-1-80　　不锈钢螺母的力学性能（摘自 GB/T 3098.15—2000）

类别	组别	性能等级 1型螺母（$m \geqslant 0.8D$）	性能等级 薄型螺母（$0.5D \leqslant m < 0.8D$）	保证应力 S_p /MPa 1型螺母（$m \geqslant 0.8D$）	保证应力 S_p /MPa 薄型螺母（$0.5D \leqslant m < 0.8D$）	硬度 HB	硬度 HRC	硬度 HV	螺纹公称直径 D /mm
奥氏体	A1	50	0.25	500	250	—	—	—	≤39
	A2、A3	70	0.35	700	350	—	—	—	≤24①
	A4、A5	80	0.40	800	400	—	—	—	≤24①
马氏体	C1	50	0.25	500	250	147~209	—	155~220	
		70	—	700	—	209~314	20~34	220~330	
		110③	0.55③	1100	550	—	36~45	350~440	
	C3	80	0.40	800	400	228~323	21~35	240~340	
	C4	50	—	500	—	147~209	—	155~220	
		70	0.35	700	350	209~314	20~34	220~330	
铁素体	F1②	45	0.20	450	200	128~209	—	135~220	
		60	0.30	600	300	171~271	—	180~285	

类别	组别	化学成分 /% C	Si	Mn	P	S	Cr	Mo	Ni	Cu
奥氏体	A1	0.12	1	6.5	0.2	0.15~0.35	16~19	0.7	5~10	1.75~2.25
	A2	0.1	1	2	0.05	0.03	15~20	—	8~19	4
	A3	0.08	1	2	0.045	0.03	17~19	—	9~12	1
	A4	0.08	1	2	0.045	0.03	16~18.5	2~3	10~15	1
	A5	0.08	1	2	0.045	0.03	16~18.5	2~3	10.5~14	1
马氏体	C1	0.09~0.15	1	1	0.05	0.03	11.5~14	—	1	—
	C3	0.17~0.25	1	1	0.04	0.03	16~18	—	1.5~2.5	—
	C4	0.08~0.15	1	1.5	0.06	0.15~0.35	12~14	0.6	1	—
铁素体	F1	0.12	1	1	0.04	0.03	15~18	—	1	—

① 螺纹公称直径 D>24mm 的紧固件，其力学性能由供需双方协议，可按本表给出的组别和性能等级标记。

② 螺纹公称直径 $D \leqslant$24mm。

③ 淬火并回火，最低回火温度为275℃。

注：1. 本标准规定了由奥氏体、马氏体和铁素体耐腐蚀不锈钢制造的，在环境温度为15~25℃条件下进行试验时螺母的力学性能。在较高或较低温度下，性能可能不同。本标准适合的螺母：螺纹公称直径 $D \leqslant$39mm；符合 GB/T 192 规定的普通螺纹；符合 GB/T 193 的直径与螺距组合；符合 GB/T 196 规定的基本尺寸；符合 GB/T 197 规定的公差；任何形状的；对边宽度符合 GB/T 3104；公称高度大于等于 $0.5D$。本标准未规定以下性能要求：锁紧性，可焊接性，特殊环境下的耐腐蚀性和耐氧化性。

2. 螺母的不锈钢组别和性能等级的标记由短划隔开的两部分组成：第一部分标记钢的组别，第二部分标记性能等级。钢的组别由字母和一位数字组成：A 为奥氏体钢，C 为马氏体钢，F 为铁素体钢；数字表示化学成分范围。性能等级标记：对 $m \geqslant 0.8D$（1型）螺母，由两位数字组成，表示保证载荷应力的1/10；对 $0.5D \leqslant m < 0.8D$ 的薄型螺母，由3位数字组成，第一位表示降低承载能力的螺母，后两位表示保证载荷应力的1/10。

3. A1 为机械加工专门设计的。A2 为最广泛使用的不锈钢，用于厨房和化工装置。A3 为稳定型的不锈钢，与 A2 同。A4 为耐酸钢含 Mo 元素。A5 为稳定型的耐酸钢。F1 不能淬硬，即使在某些情况下有可能，也不应淬火，该组有磁性。C1 耐腐蚀性有限，用于涡轮、泵和刀具。C3 耐腐蚀比 C1 好，用于泵和阀。C4 用于机械加工材料，与 C1 类似。

4. 化学成分的详细说明请见 GB/T 3098.15—2000。

5. 含碳量低于0.03%低碳不锈钢，可增加标记“L”，如 A4L-80。

表 6-1-81　不锈钢紧定螺钉的力学性能（摘自 GB/T 3098.16—2000）

保证扭矩

螺纹公称直径 d/mm	紧定螺钉试件的最小长度①/mm				保证扭矩/N·m	
					性能等级	
	平端	锥端	圆柱端	凹端	12H	21H
1.6	2.5	3	3	2.5	0.03	0.05
2	4	4	4	3	0.06	0.1
2.5	4	4	5	4	0.18	0.3
3	4	5	6	5	0.25	0.42
4	5	6	8	6	0.8	1.4
5	6	8	8	6	1.7	2.8
6	8	8	10	8	3	5
8	10	10	12	10	7	12
10	12	12	16	12	14	24
12	16	16	20	16	25	42
16	20	20	25	20	63	105
20	25	25	30	25	126	210
24	30	30	35	30	200	332

类别	组别	化学成分/%								
		C	Si	Mn	P	S	Cr	Mo	Ni	Cu
奥氏体	A1	0.12	1	6.5	0.2	0.15~0.35	16~19	0.7	5~10	1.75~2.25
	A2	0.1	1	2	0.05	0.03	15~20	—	8~19	4
	A3	0.08	1	2	0.045	0.03	17~19	—	9~12	1
	A4	0.08	1	2	0.045	0.03	16~18.5	2~3	10~15	1
	A5	0.08	1	2	0.045	0.03	16~18.5	2~3	10.5~14	1

硬度	性能等级	
	12H	21H
维氏硬度 HV	125~209	210(最小)
布氏硬度 HB	123~213	214(最小)
洛氏硬度 HRB	70~95	96(最小)

① 试件的最小长度是产品标准中阶梯虚线下方的长度。

注：1. 本标准规定了由奥氏体、马氏体和铁素体耐腐蚀不锈钢制造的，在环境温度为 15~25℃条件下进行试验时，紧定螺钉及类似的不受拉应力的紧固件的力学性能。在较高或较低温度下，性能可能不同。本标准适合的紧定螺钉及类似的不受拉应力的紧固件：螺纹公称直径为 1.6~24mm；符合 GB/T 192 规定的普通螺纹；符合 GB/T 193 的直径与螺距组合；符合 GB/T 196 规定的基本尺寸；符合 GB/T 197 规定的公差（任何形状的）。本标准不适合于有特殊要求（如焊接性）的紧固件。本标准未规定特殊环境下的耐腐蚀性和耐氧化性。

2. 紧定螺钉的不锈钢组别和性能等级的标记由短划隔开的两部分组成：第一部分标记钢的组别；第二部分标记性能等级。钢的组别由字母和一位数字组成：A 为奥氏体钢；数字表示化学成分范围。性能等级标记由表示最小维氏硬度 1/10 的数字和表示硬度的字母 H 组成。含碳量低于 0.03%的低碳不锈钢，可增加标记“L”，如 A4L-21H。

3. A1 为机械加工专门设计的。A2 为最广泛使用的不锈钢，用于厨房和化工装置。A3 为稳定型的不锈钢，与 A2 同。A4 为耐酸钢含 Mo 元素。A5 为稳定型的耐酸钢。

4. 化学成分的详细说明请见 GB/T 3098.16—2000。

5. 表中列出奥氏体不锈钢的化学成分，其他类别及特性见 GB/T 3098.1 附录 A。

3.7 螺纹连接的标准元件

3.7.1 紧固件的标记方法（摘自 GB/T 1237—2000）

① 紧固件的完整标记内容及顺序如下：

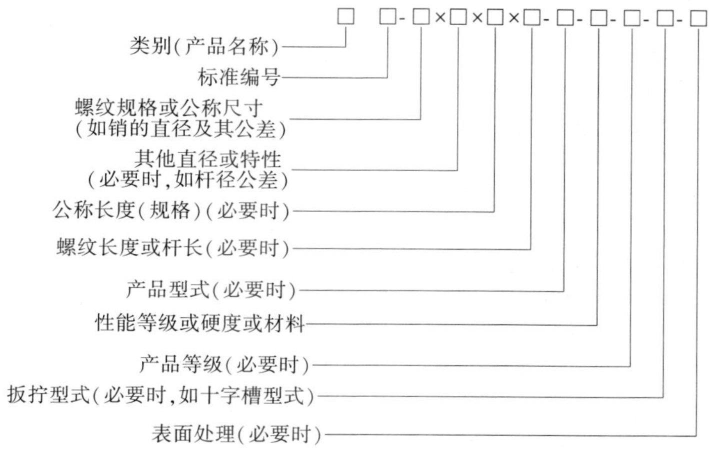

② 标记示例：

螺纹规格 d=M12、公称长度 l=80mm、性能等级为 10.9 级、表面氧化、产品等级为 A 级的六角头螺栓，标记为：GB/T 5783—2000-M12×80-10.9-A-O（完整标记）。

③ 紧固件名称、标准编号、型式与尺寸的标记方法按相应紧固件产品国家标准的规定。

④ 紧固件性能等级或材料、热处理（硬度）、产品等级、扳拧型式的标记方法按有关紧固件基础标准的规定。

⑤ 紧固件表面处理的标记方法，按 GB/T 13911 的规定。

⑥ 标记的简化原则：类别（名称）、标准年代号及其前面的“—”，允许全部或部分省略，省略年代的标准应以现行标准为准，标记中的“—”，允许全部或部分省略，标记中的“其他直径或特性”前面的“×”，允许省略，省略后不应造成对标记的误解，一般以空字代替为宜；当产品标准中规定一种产品型式、性能等级或硬度或材料、产品等级、扳拧型式及表面处理时，允许全部或部分省略。当产品标准中规定两种及以上的产品型式、性能等级或硬度或材料、产品等级、扳拧型式及表面处理时，应规定可以省略其中一种，并在产品标准的标记示例下给出省略后的简化标记。

⑦ 在后面各标准件中的标记示例，其标记方法均属省略后的简化标记，它代表了标准件的全部特征。

3.7.2 螺栓

表 6-1-82　　螺栓、螺柱汇总表

类别	名　称	标准号	规格范围/mm		主要用途
			d	l	
六角头	六角头螺栓 C 级	GB/T 5780—2000	M5～M64	10～500	六角头螺栓应用普遍,产品等级分为 A、B 和 C 级,A 级最精确,C 级最不精确。A 级用于重要的、装配精度高的以及受较大冲击、振动或变载荷的地方。A 级用于d=1.6～24mm 和 l≤10d 或l≤150mm 的螺栓,B 级用于d>24mm 或 l>10d 或 l≥150mm 的螺栓,C 级为 M5～M64,细杆 B 级为 M3～M20 六角法兰面螺栓,防松性能好 钢结构用高强度大六角头螺栓用于高强度连接;主要用于公路与铁路桥梁、工业与民用建筑、塔架、起重机
	六角头螺栓全螺纹 C 级	GB/T 5781—2000	M5～M64	10～500	
	六角头螺栓	GB/T 5782—2000	M1.6～M64	2～500	
	六角头螺栓全螺纹	GB/T 5783—2000	M1.6～M64	2～500	
	六角头螺栓细杆 B 级	GB/T 5784—1986	M3～M20	20～150	
	六角头螺栓细牙	GB/T 5785—2000	M8×1～M64×4	40～500	
	六角头螺栓细牙全螺纹	GB/T 5786—2000	M8×1～M64×4	16～500	
	A 级小系列六角法兰面螺栓	GB/T 16674—1996	M5～M16	25～160	
	六角法兰面螺栓 B 级加大系列	GB/T 5789—1986	M5～M20	10～200	
	六角法兰面螺栓 B 级细杆加大系列	GB/T 5790—1986	M5～M20	30～200	

续表

类别	名　　称	标准号	规格范围/mm d	规格范围/mm l	主要用途
六角头	六角头头部带槽螺栓 A 和 B 级	GB/T 29.1—2013	M1.6～M64	2～500	需要锁定时用栓接结构大六角螺栓与栓接结构大六角螺母，栓接结构与平垫圈配套使用，可使连接副具有高水平的防止因超拧而引起的螺纹脱扣
	六角头螺杆带孔螺栓 A 和 B 级	GB/T 31.1—2013	M1.6～M64	2～500	
	六角头螺杆带孔螺栓细杆 B 级	GB/T 31.2—1988	M6～M20	25～150	
	六角头螺杆带孔螺栓细牙 A 和 B 级	GB/T 31.3—1988	M8×1～M48×3	35～300	
	六角头头部带孔螺栓 A 和 B 级	GB/T 32.1—1988	M1.6～M64	2～500	
	六角头头部带孔螺栓细杆 B 级	GB/T 32.2—1988	M6～M20	25～150	
	六角头头部带孔螺栓细牙 A 和 B 级	GB/T 32.3—1988	M8×1～M48×3	35～400	
	钢结构用高强度大六角头螺栓	GB/T 1228—2006	M12～M30	35～260	
	钢结构用扭剪型高强度螺栓连接副	GB/T 3632—2008	M16～M24	40～180	
	栓接结构用大六角螺栓	GB/T 18230.1～2—2000	M12～M36	30～200	
	六角头铰制孔用螺栓 A 和 B 级	GB/T 27—2013	M6～M48	25～300	能精确地固定被连接件的相互位置，并能承受由横向力产生的剪切和挤压
	六角头螺杆带孔铰制孔用螺栓 A 和 B 级	GB/T 28—2013	M6～M48	25～300	
方头	方头螺栓 C 级	GB/T 8—1988	M10～M48	20～300	方头有较大的尺寸，便于扳手口卡住或靠住其他零件，起止转作用，有时也用于 T 形槽中，便于螺栓在槽中松动调整位置。常用在一些比较粗糙的结构上
	小方头螺栓 B 级	GB/T 35—2013	M5～M48	20～300	
沉头	沉头方颈螺栓	GB/T 10—1988	M6～M20	25～200	多用于零件表面要求平坦或光滑不阻挂东西的地方（方颈或榫起止转作用）
	沉头带榫螺栓	GB/T 11—1988	M6～M24	25～200	
半圆头	半圆头方颈螺栓	GB/T 12—2013	M6～M20	16～200	多用于结构受限制（不能用其他螺栓头）或零件表面要求较光滑的地方。半圆头方颈多用于金属零件，大半圆头用于木制零件，加强半圆头则用于受冲击、振动及变载荷的地方
	加强半圆头方径螺栓	GB/T 794—1993	M6～M20	20～200	
	大半圆头方颈螺栓 C 级	GB/T 14—1998	M6～M24	20～200	
	大半圆头带榫螺栓 C 级	GB/T 15—1988	M6～M24	20～200	
	半圆头带榫螺栓 C 级	CB/T 13—1988	M6～M24	20～200	
T 形	T 形槽用螺栓	GB/T 37—1988	M5～M48	25～300	多用于螺栓只能从被连接件一边进行连接的地方，此时螺栓从被连接件的 T 形孔中插入将螺栓转动 90°，也用于结构要求紧凑的地方
铰链用	活节螺栓	GB/T 798—1988	M4～M36	20～300	多用于需经常拆开连接的地方和工装上
地脚	地脚螺栓	GB/T 799—1988	M6～M48	80～1500	用于水泥基础中固定机架
	地脚螺栓	JB/ZQ 4363—2006	M8～M72	80～3200	
	直角地脚螺栓	JB/ZQ 4364—2006	M16～M56	300～2600	
	T 形头地脚螺栓	JB/ZQ 4362—2006	M24～M160	按设计要求	
双头	等长双头螺柱 C 级	GB/T 953—1988	M8～M48	100～2500	多用于被连接件太厚而不便使用螺栓连接或因拆卸频繁不宜使用螺钉连接的地方，或使用在结构要求比较紧凑的地方 一般双头螺柱用于一端需拧入螺孔固定死的地方，等长双头螺柱则两端都配带螺母来连接零件
	等长双头螺柱 B 级	GB/T 901—1988	M2～M56	10～500	
	双头螺柱 B 级 $b_m=1d$	GB/T 897—1988	M5～M48	16～300	
	双头螺柱 B 级 $b_m=1.25d$	GB/T 898—1988	M5～M48	16～300	
	双头螺柱 B 级 $b_m=1.5d$	GB/T 899—1988	M2～M48	12～300	
	双头螺柱 B 级 $b_m=2d$	GB/T 900—1988	M2～M48	12～300	
	U 形螺栓	JB/ZQ 4321—2006	M6～M16	98～680	用于固定管子
	手工焊用焊接螺柱	GB/T 902.1—2008	M3～M20	10～300	用于焊接
	机动弧焊用焊接螺柱	GB/T 902.2—2010	M3～M20	12～100	

六角头螺栓 C 级（摘自 GB/T 5780—2000）

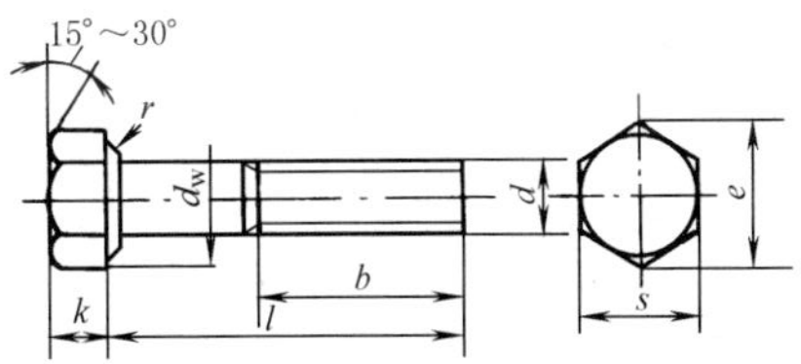

六角头螺栓全螺纹 C 级（摘自 GB/T 5781—2000）

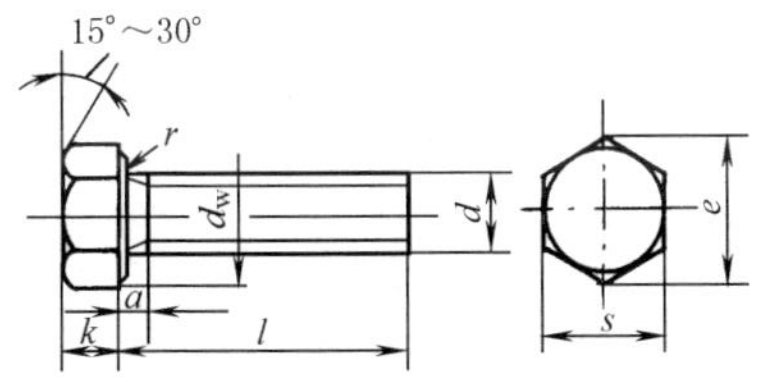

标记示例

螺纹规格 d=M12、公称长度 l=80mm、性能等级 4.8 级、不经表面处理、C 级六角头螺栓，标记为：螺栓　GB/T 5780　M12×80

表 6-1-83　　mm

螺纹规格 d		M5	M6	M8	M10	M12	(M14)	M16	(M18)	M20	(M22)	M24	(M27)	M30	M36	M42	M48	M56	M64
s(公称)		8	10	13	16	18	21	24	27	30	34	36	41	46	55	65	75	85	95
k(公称)		3.5	4	5.3	6.4	7.5	8.8	10	11.5	12.5	14	15	17	18.7	22.5	26	30	35	40
r(最小)		0.2	0.25	0.4	0.4	0.6	0.6	0.6	0.6	0.8	0.8	0.8	1	1	1	1.2	1.6	2	2
e(最小)		8.6	10.9	14.2	17.6	19.9	22.8	26.2	29.6	33	37.3	39.6	45.2	50.9	60.8	71.3	82.6	93.6	104.9
a(最大)		2.4	3	4	4.5	5.3	6	6	7.5	7.5	7.5	7.5	9	10.5	12	13.5	15	16.5	18
d_w(最小)		6.7	8.7	11.5	14.5	16.5	19.2	22	24.9	27.7	31.4	33.3	38	42.8	51.1	60	69.5	78.7	88.2
b(参考)	l≤125	16	18	22	26	30	34	38	42	46	50	54	60	66	78	—	—	—	—
	125<l≤200	—	—	28	32	36	40	44	48	52	56	60	66	72	84	96	108	124	140
	l>200	—	—	—	—	—	53	57	61	65	69	73	79	85	97	109	121	137	153
l(公称) GB/T 5780—2000		25～50	30～60	40～80	45～100	55～120	60～140	65～160	80～180	80～200	90～220	100～240	110～260	120～300	140～360	180～420	200～480	240～500	260～500
全螺纹长度 l GB/T 5781—2000		10～50	12～60	16～80	20～100	25～120	30～140	35～160	35～180	40～200	45～220	50～240	55～280	60～300	70～360	80～420	100～480	110～500	120～500
100mm 长的质量/kg≈		0.013	0.020	0.037	0.063	0.090	0.127	0.172	0.223	0.282	0.359	0.424	0.566	0.721	1.100	1.594	2.174	3.226	4.870
l 系列(公称)		10,12,16,20,25,30,35,40,45,50,55,60,65,70,80,90,100,110,120,130,140,150,160,180,200,220,240,260,280,300,320,340,360,380,400,420,440,460,480,500																	

技术条件	GB/T 5780　螺纹公差:8g GB/T 5781　螺纹公差:8g	材料:钢	性能等级:d≤M39, 3.6、4.6、4.8;d>M39,按协议	表面处理:不经处理,电镀,非电解锌粉覆盖	产品等级:C

注：1. M5～M36 为商品规格，为销售储备的产品最通用的规格。2. M42～M64 为通用规格，较商品规格低一档，有时买不到要现制造。3. 带括号的为非优选的螺纹规格（其他各表均相同），非优选螺纹规格除表列外还有 M33、M39、M45、M52 和 M60。4. 末端按 GB/T 2 规定。5. 本表尺寸对原标准进行了摘录，以后各表均相同。6. 标记示例“螺栓 GB/T 5780　M12×80”为简化标记，它代表了标记示例的各项内容，此标准件为常用及大量供应的，与标记示例内容不同的不能用简化标记，应按 3.7.1 中 GB/T 1237—2000 规定标记，以后各螺纹连接件均同。7. 表面处理：电镀技术要求按 GB/T 5267；非电解锌粉覆盖技术要求按 ISO 10683；如需其他表面镀层或表面处理，应由双方协议。8. GB/T 5780 增加了短规格，推荐采用 GB/T 5781 全螺纹螺栓。

六角头螺栓（摘自 GB/T 5782—2000）　**六角头螺栓全螺纹**（摘自 GB/T 5783—2000）　**六角头螺杆带孔螺栓 A 和 B 级**（摘自 GB/T 31.1—2013）

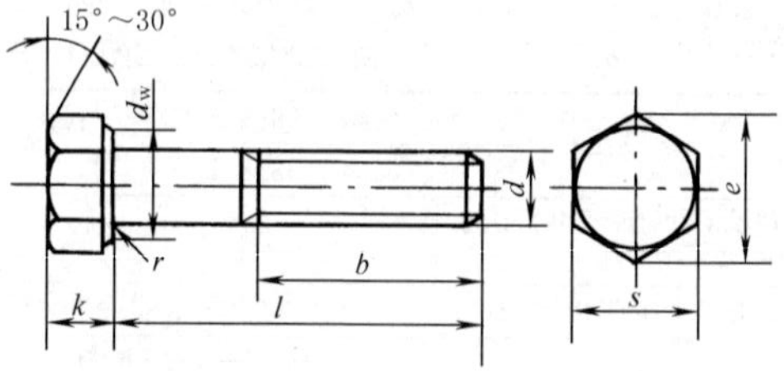

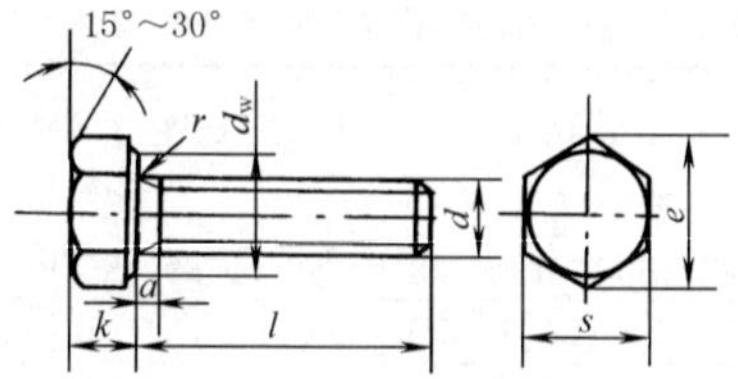

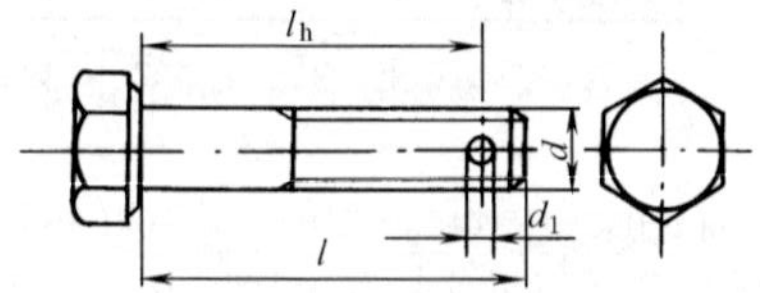

其余的型式与尺寸按 GB/T 5782 规定

六角头头部带孔螺栓 A 和 B 级（摘自 GB/T 32.1—1988）　**六角头头部带槽螺栓 A 和 B 级**（摘自 GB/T 29.1—2013）

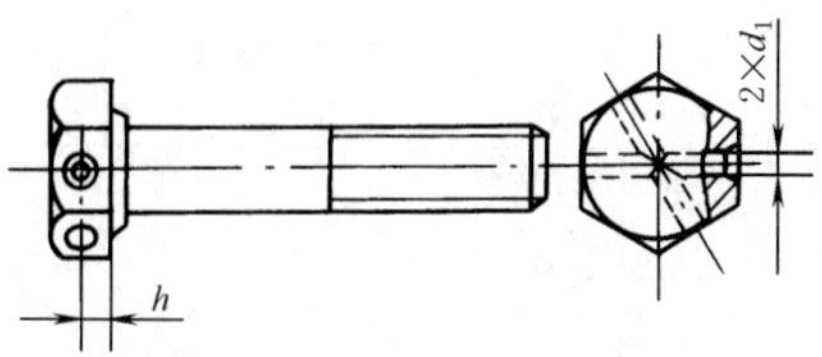

其余的型式与尺寸按 GB/T 5782 规定

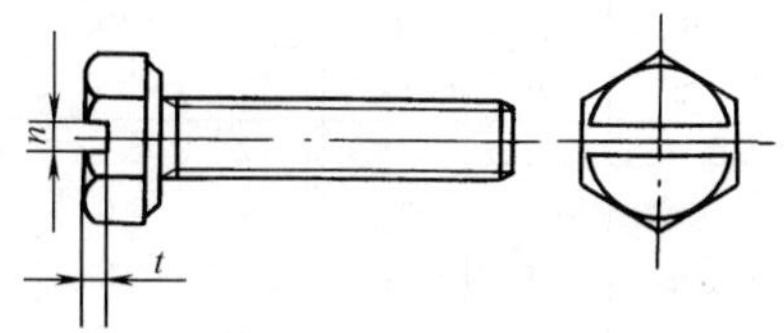

其余的型式与尺寸按 GB/T 5783 规定

标记示例

螺纹规格 d = M12、公称长度 l = 80mm、性能等级 8.8 级、表面氧化、A 级六角头螺栓，标记为：

螺栓　GB/T 5782　M12×80

螺纹规格 d = M12、公称长度 l = 80mm、性能等级 8.8 级、不经表面处理、A 级的六角头螺杆带孔螺栓，标记为：

螺栓　GB/T 31.1　M12×80

表 6-1-84

mm

螺纹规格 d		M1.6	M2	M2.5	M3	M4	M5	M6	M8	M10	M12	(M14)	M16	(M18)	M20	(M22)	M24	(M27)	M30	M36	M42	M48	M56	M64
s(公称)		3.2	4	5	5.5	7	8	10	13	16	18	21	24	27	30	34	36	41	46	55	65	75	85	95
k(公称)		1.1	1.4	1.7	2	2.8	3.5	4	5.3	6.4	7.5	8.8	10	11.5	12.5	14	15	17	18.7	22.5	26	30	35	40
r(最小)		0.1	0.1	0.1	0.1	0.2	0.2	0.25	0.4	0.4	0.6	0.6	0.6	0.6	0.8	0.8	0.8	1	1	1	1.2	1.6	2	2
e(最小)	A	3.41	4.32	5.45	6.01	7.66	8.79	11.05	14.38	17.77	20.03	23.36	26.75	30.14	33.53	37.72	39.98	—	—	—	—	—	—	—
	B	3.28	4.18	5.31	5.88	7.50	8.63	10.89	14.20	17.59	19.85	22.78	26.17	29.56	32.95	37.29	39.55	45.2	50.85	60.79	71.3	82.6	93.56	104.86
d_w(最小)	A	2.27	3.07	4.07	4.57	5.88	6.88	8.88	11.63	14.63	16.63	19.64	22.49	25.34	28.19	31.71	33.61	—	—	—	—	—	—	—
	B	2.3	2.95	3.95	4.45	5.74	6.74	8.74	11.47	14.47	16.47	19.15	22	24.85	27.7	31.35	33.25	38	42.75	51.11	59.95	69.45	78.86	88.16
b(参考)	l≤125	9	10	11	12	14	16	18	22	26	30	34	38	42	46	50	54	60	66	—	—	—	—	—
	125<l≤200	15	16	17	18	20	22	24	28	32	36	40	44	48	52	56	60	66	72	84	96	108	—	—
	l>200	28	29	30	31	33	35	37	41	45	49	53	57	61	65	69	73	79	85	97	109	121	137	153
a		—	—	—	1.5	2.1	2.4	3	3.75	4.5	5.25	6	6	7.5	7.5	7.5	9	9	10.5	12	13.5	15	16.5	18
h		—	—	—	0.8	1.2	1.2	1.6	2	2.5	3	—	—	—	—	—	—	—	—	—	—	—	—	—

续表

螺纹规格 d	M1.6	M2	M2.5	M3	M4	M5	M6	M8	M10	M12	(M14)	M16	(M18)	M20	(M22)	M24	(M27)	M30	M36	M42	M48	M56	M64
t	—	—	—	0.7	1	1.2	1.4	1.9	2.4	3	—	—	—	—	—	—	—	—	—	—	—	—	—
d_1	—	—	—	—	—	—	1.6	2	2.5	3.2	3.2	4	4	4	5	5	5	6.3	6.3	8	8	—	—
$h\approx$	—	—	—	—	—	—	2	2.6	3.2	3.7	4.4	5	5.7	6.2	7	7.5	8.5	9.3	11.2	13	15	—	—
l_h	—	—	—	—	—	—	27~57	31~76	36~96	40~115	45~135	49~154	54~174	59~194	63~213	73~233	82~292	81~291	100~290	118~288	128~288	—	—
l	12~16	16~20	16~25	20~30	25~40	25~50	30~60	40(35)~80	45(40)~100	50(45)~120	60(50)~140	65(55)~160	70(60)~180	80(65)~200	90(70)~220	90(80)~240	100~260 (90~300)	110(90)~300	140~360 (110~300)	160~440 (130~300)	180~480 (140~300)	220~500	260~500
全螺纹长度 l	2~16	4~20	5~25	6~30	8~40	10~50	12~60	16~80	20~100	25~120	30~140	30~150	35~150	40~150	45~150	50~150	55~200	60~200	70~200	80~200	100~200	110~200	120~200
100mm 长的质量/kg	—	—	—	—	0.008	0.013	0.020	0.037	0.066	0.094	0.132	0.178	0.229	0.289	0.366	0.431	0.569	0.722	1.099	1.611	2.254	3.224	4.427
l 系列	2,3,4,5,6,8,10,12,16,20,25,30,35,40,45,50,55,60,65,70,80,90,100,110,120,130,140,150,160,180,200,220,240,260,280,300,320,340,360,380,400,420,440,460,480,500																						

技术条件	材料		钢	不锈钢	有色金属	螺纹公差:6g	产品等级:A、B
	性能等级	GB/T 5782	M3≤d≤M39:5.6、8.8、10.9 M3≤d≤M16:9.8 d<M3 和 d>M39:按协议	d≤M24:A2-70、A4-70 M24<d≤M39:A2-50、A4-50 d>M39:按协议	CU2、CU3、AL4		
		GB/T 5783					
	表面处理		氧化	简单处理	简单处理		

注：1. 产品等级 A 级用于 d≤M24 和 l≤10d 或 l≤150mm 的螺栓，B 级用于 d>M24 和 l>10d 或>150mm 的螺栓（按较小值，A 级比 B 级精确）。

2. M3~M36 为商品规格，M42~M64 为通用规格，非优选螺纹的规格（除表列外）还有 M33、M39、M45、M52 和 M60。

3. l_h 随 l 变化，相同螺纹直径变量相等。l_h 的公差按+IT14。

4. 螺纹末端按 GB/T 2 规定。

5. 表面处理与表 6-1-83 注 7 同。

6. 技术条件 GB/T 31.1、GB/T 32.1 与 GB/T 5782 同；GB/T 29.1 与 GB/T 5783 同。

7. l 括号中数字按 GB/T 31.1—1988。

六角头螺栓细杆 B 级
（摘自 GB/T 5784—1986）

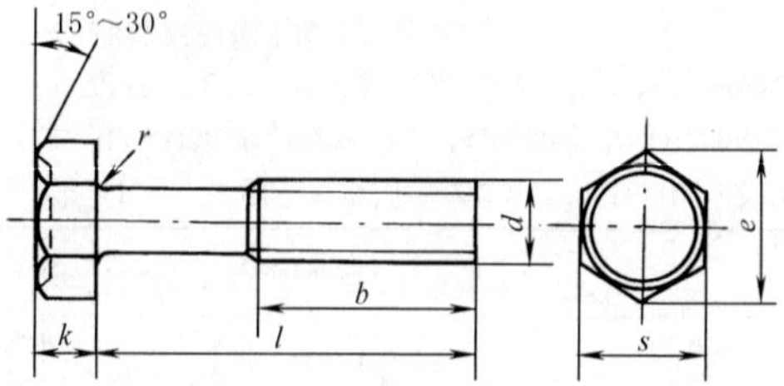

其余的型式与尺寸按 GB/T 5784 规定

六角头螺杆带孔螺栓细杆 B 级
（摘自 GB/T 31.2—1988）

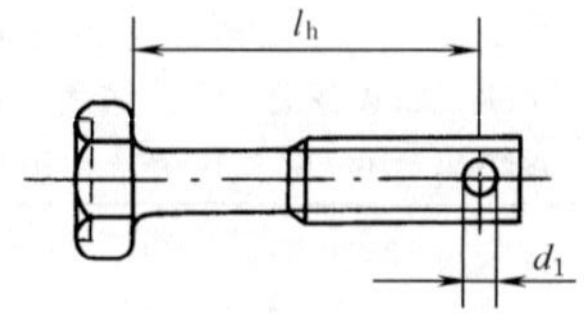

其余的型式与尺寸按 GB/T 5784 规定

六角头头部带孔螺栓细杆 B 级
（摘自 GB/T 32.2—1988）

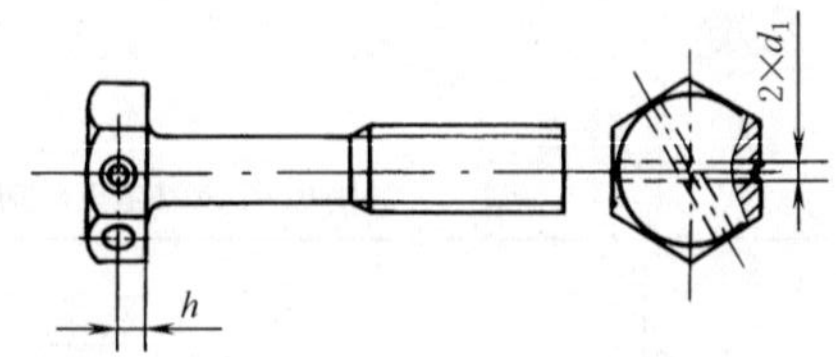

标记示例

螺纹规格 d=M12、公称长度 l=80mm、性能等级 5.8 级、不经表面处理、B 级的六角头螺栓，标记为：螺栓　GB/T 5784　M12×80

表 6-1-85

mm

螺纹规格 d		M3	M4	M5	M6	M8	M10	M12	（M14）	M16	M20
s		5.5	7	8	10	13	16	18	21	24	30
k		2	2.8	3.5	4	5.3	6.4	7.5	8.8	10	12.5
r		0.1	0.2	0.2	0.25	0.4	0.4	0.6	0.6	0.6	0.8
e		6	7.5	8.6	10.9	14.2	17.6	19.9	22.8	26.2	33
b（参考）	l≤125	12	14	16	18	22	26	30	34	38	46
	125<l≤200	—	—	—	—	28	32	36	40	44	52
d_1	GB/T 32.2	—	—	—	1.6	2	2	2	3.2	3	3
	GB/T 31.2	—	—	—	1.6	2	2.5	3.2	3.2	4	4
l_h		—	—	—	22~67	26~76	36~96	40~115	45~135	49~144	59~144
h≈		—	—	—	2	2.6	3.2	3.7	4.4	5	6.2
商品规格长度 l		20~30	20~40	25~50	25~70	30~80	40~100	45~120	50~140	55~150	65~150
100mm 长的质量/kg≈		0.005	0.008	0.014	0.020	0.038	0.061	0.089	0.125	0.172	0.287
l 系列		20,25,30,35,40,45,50,(55),60,(65),70,80,90,100,110,120,130,140,150									

技术条件	材　料	钢	不　锈　钢	螺纹公差:6g	产品等级:B
	性能等级	5.8、6.8、8.8	A2-70		
	表面处理	不经处理;镀锌钝化;氧化	不经处理		

注：1. l_h 随 l 变化，相同螺纹直径变量相等。

2. l_h 的公差按 IT14。

六角头螺栓细牙（摘自 GB/T 5785—2000）

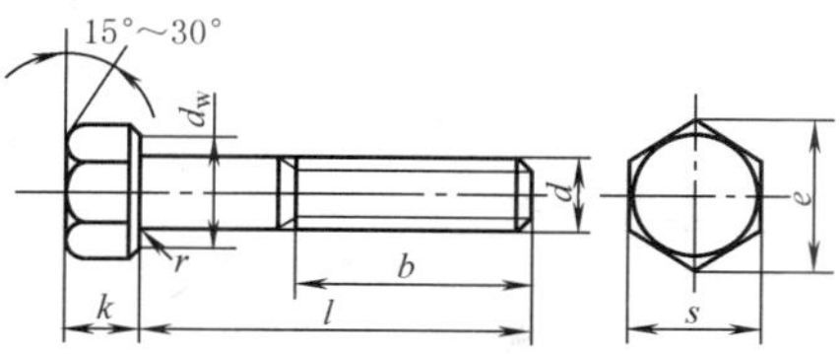

六角头螺栓细牙全螺纹（摘自 GB/T 5786—2000）

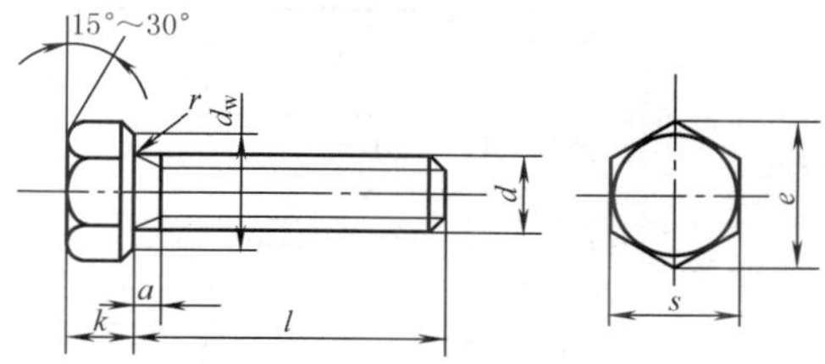

六角头螺杆带孔螺栓细牙 A 和 B 级（摘自 GB/T 31.3—1988）

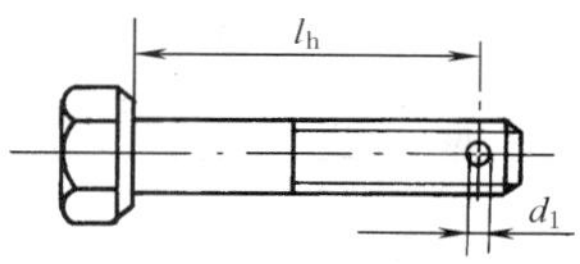

其余的型式与尺寸按 GB/T 5785 规定

六角头头部带孔螺栓细牙 A 和 B 级（摘自 GB/T 32.3—1988）

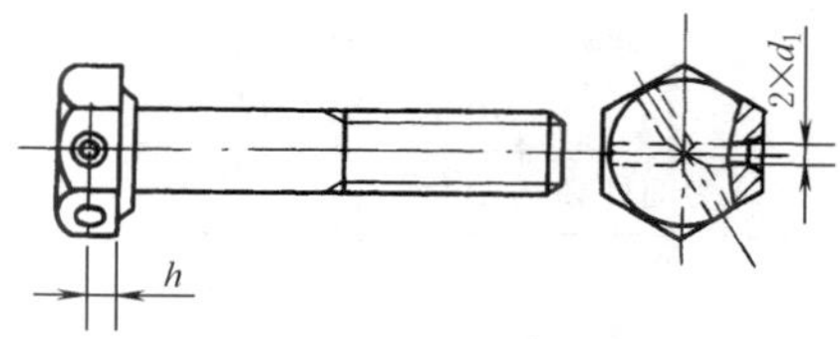

其余的型式与尺寸按 GB/T 5785 规定

标记示例

螺纹规格 d=M12×1.5、公称长度 l=80mm、性能等级 8.8 级、表面氧化、A 级六角头螺栓，标记为：

螺栓　GB/T 5785　M12×1.5×80

表 6-1-86

mm

螺纹规格 $d\times P$	GB/T 5785 GB/T 5786	M8×1	M10×1	M12×1.5	(M14×1.5)	M16×1.5	(M18×1.5)	M20×1.5	(M22×1.5)	M24×2	(M27×2)	M30×2	M36×3	M42×3	M48×3	M56×4	M64×4
	GB/T 32.3	—	(M10×1.25)	(M12×1.25)	—	—	—	(M20×2)	—	—	—	—	—	—	—	—	—
	GB/T 31.3	M8×1	M10×1.25	M12×1.5	(M14×1.5)	M16×1.5	(M18×1.5)	M20×2	(M22×1.5)	M24×2	(M27×2)	M30×2	M36×3	M42×3	M48×3	—	—
s		13	16	18	21	24	27	30	34	36	41	46	55	65	75	85	95
k		5.3	6.4	7.5	8.8	10	11.5	12.5	14	15	17	18.7	22.5	26	30	35	40
r		0.4	0.4	0.6	0.6	0.6	0.6	0.8	0.8	0.8	1	1	1	1.2	1.6	2	2
e(最小)	A	14.38	17.77	20.03	23.36	26.75	30.14	33.53	37.72	39.88	—	—	—	—	—	—	—
	B	14.2	17.59	19.85	22.78	26.17	29.56	32.95	37.29	39.55	45.2	50.85	60.79	71.3	82.6	93.56	104.86
d_w(最小)	A	11.63	14.63	16.63	19.64	22.49	25.34	28.19	31.71	33.61	—	—	—	—	—	—	—
	B	11.47	14.47	16.47	19.15	22	24.85	27.7	31.35	33.25	38	42.75	51.11	59.95	69.45	78.66	88.16
b(参考)	$l\leqslant125$	22	26	30	34	38	42	46	50	54	60	66	78	—	—	—	—
	$125<l\leqslant200$	28	32	36	40	44	48	52	56	60	66	72	84	96	108	124	140
	$l>200$	41	45	49	57	57	61	65	69	73	79	85	97	109	121	137	153
a		3	3.75	4.5					6				9			12	
d_1	GB/T 31.3	2	2.5	3.2		4			5			6.3		8		—	—
	GB/T 32.3	2				3							4				
$h\approx$		2.6	3.2	3.7	4.4	5	5.7	6.2	7	7.5	8.5	9.3	11.2	13	15	—	—
l_h		31～76	36～96	40～115	45～135	49～154	54～174	59～194	63～213	73～233	82～252	81～291	100～290	118～288	128～288	—	—
l(GB/T 31.3)		35～80	40～100	45～120	50～140	55～160	60～180	65～200	70～220	80～240	90～260	90～300	110～300	130～300	140～300	—	—
l(GB/T 5785)		40～80	45～100	50～120	60～140	65～160	70～180	80～200	90～220	100～240	110～260	120～300	140～360	160～440	200～480	220～500	260～500
全螺纹长度 l		16～80	20～100	25～120	30～140	35～160	40～180	40～200	40～200	40～200	40～200	40～200	40～200	90～420	100～480	120～500	130～500
100mm 长的质量/kg≈		0.039	0.067	0.096	0.125	0.181	0.237	0.295	0.372	0.445	0.586	0.753	1.131	1.652	1.898	3.295	4.534

续表

螺纹规格 $d\times P$																	
	GB/T 5785 GB/T 5786	M8×1	M10×1	M12×1.5	(M14×1.5)	M16×1.5	(M18×1.5)	M20×1.5	(M22×1.5)	M24×2	(M27×2)	M30×2	M36×3	M42×3	M48×3	M56×4	M64×4
	GB/T 32.3	—	(M10×1.25)	(M12×1.25)	—	—	—	(M20×2)	—	—	—	—	—	—	—	—	—
	GB/T 31.3	M8×1	M10×1.25	M12×1.5	(M14×1.5)	M16×1.5	(M18×1.5)	M20×2	(M22×1.5)	M24×2	(M27×2)	M30×2	M36×3	M42×3	M48×3	—	—
l 系列	16,20,25,30,35,40,45,50,55,60,65,70,80,90,100,110,120,130,140,150,160,180,200,220,240,260,280,300,320,340,360,380,400,420,440,460,480,500																

技术条件	材料	钢	不锈钢	有色金属	螺纹公差：6g	产品等级：A、B
	性能等级	$d\leqslant$M39：5.6、8.8、10.9 M3<$d\leqslant$M16：9.8 d>M39：按协议	$d\leqslant$M24：A2-70、A4-70 M24<$d\leqslant$M39：A2-50、A4-50 d>M39：按协议	CU2 CU3 AL4		
	表面处理	氧化	简单处理	简单处理		

注：1. A、B 级区别见表 6-1-84 注 1。

2. M8×1~M36×3 为商品规格；M42×3~M64×4 为通用规格。GB/T 32.3 中 M20×2 为优选，M20×1.5 为非优选。

3. l_h 随 l 变化，相同螺纹直径变量相等。l_h 的公差按+IT14。

4. 末端按 GB/T 2 规定。

5. 表面处理见表 6-1-83 注 7。

6. 括号内为非优选规格，GB/T 5785 除表中所列的非优选螺纹规格外，还有 M33×2、M39×3、M45×3、M52×4、M60×4。

A 级小系列六角法兰面螺栓（摘自 GB/T 16674.1—2004）

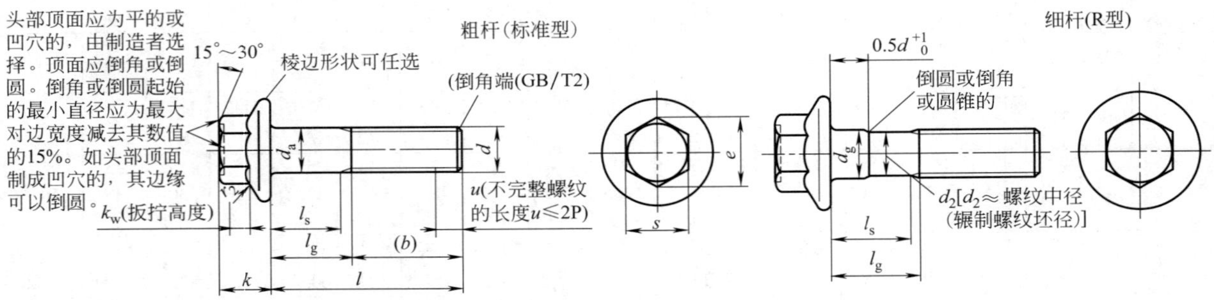

头下形状(支承面)

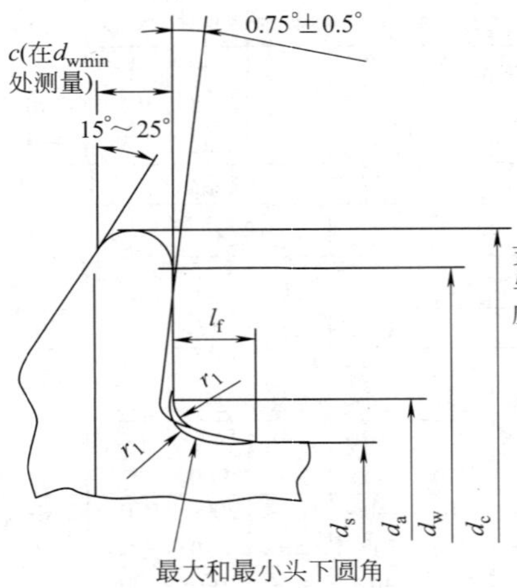

F型 — 不带沉割槽(标准型)

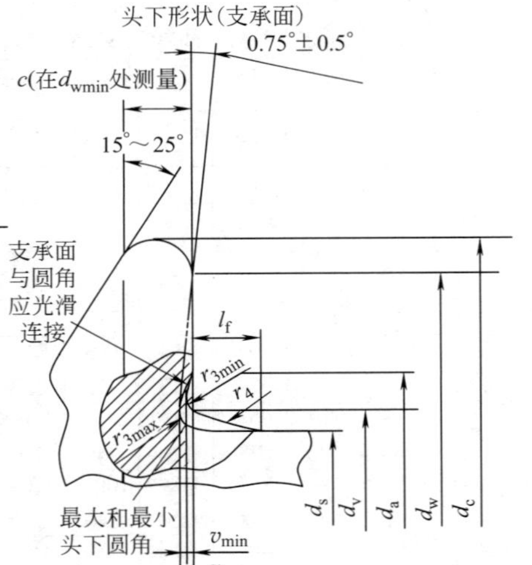

U型 — 带沉割槽(使用要求或制造者选择)

标记示例

螺纹规格 d=M12、公称长度l=80mm、由制造者任选 F 型或 U 型、性能等级为 8.8 级、表面氧化、产品等级为 A 级的小六角系列六角法兰面螺栓，标记为：

螺栓 GB/T 16674.1 M12×80

螺纹规格 d=M12、公称长度 l=80mm、F 型、性能等级为 8.8 级、表面氧化、产品等级为 A 级的小六角系列六角法兰面螺栓，标记为：

螺栓 GB/T 16674.1 M12×80-F

如在特殊情况下，要求细杆型式时，则应在标记中增加“R”：

螺栓 GB/T 16674.1 M12×80-R

表 6-1-87

mm

螺纹规格 d		M5	M6	M8	M10	M12	(M14)[a]	M16
P		0.8	1	1.25	1.5	1.75	2	2
$b_{参考}$	c	16	18	22	26	30	34	38
	d	—	—	28	32	36	40	44
c	min	1	1.1	1.2	1.5	1.8	2.1	2.4
d_a max	F 型	5.7	6.8	9.2	11.2	13.7	15.7	17.7
	U 型	6.2	7.5	10	12.5	15.2	17.7	20.5
d_c	max	11.4	13.6	17	20.8	24.7	28.6	32.8
d_s	max	5.00	6.00	8.00	10.00	12.00	14.00	16.00
	min	4.82	5.82	7.78	9.78	11.73	13.73	15.73
d_v	max	5.5	6.6	8.8	10.8	12.8	14.8	17.2
d_w	min	9.4	11.6	14.9	18.7	22.5	26.4	30.6
e	min	7.59	8.71	10.95	14.26	16.5	19.86	23.15
k	max	5.6	6.9	8.5	9.7	12.1	12.9	15.2
k_w	min	2.3	2.9	3.8	4.3	5.4	5.6	6.8
l_f	max	1.4	1.6	2.1	2.1	2.1	2.1	3.2
r_1	min	0.2	0.25	0.4	0.4	0.6	0.6	0.6
r_2	max	0.3	0.4	0.5	0.6	0.7	0.9	1
r_3	max	0.25	0.26	0.36	0.45	0.54	0.63	0.72
	min	0.10	0.11	0.16	0.20	0.24	0.28	0.32
r_4	参考	4	4.4	5.7	5.7	5.7	5.7	8.8
s	max	7.00	8.00	10.00	13.00	15.00	18.00	21.00
	min	6.78	7.78	9.78	12.73	14.73	17.73	20.67
v	max	0.15	0.20	0.25	0.30	0.35	0.45	0.50
	min	0.05	0.05	0.10	0.15	0.15	0.20	0.25

注：长度 l 系列尺寸为 10、12、16、20~70（5 进位）、70~160（10 进位）。

六角法兰面螺栓 B 级加大系列（摘自 GB/T 5789—1986）、B 级细杆加大系列（摘自 GB/T 5790—1986）

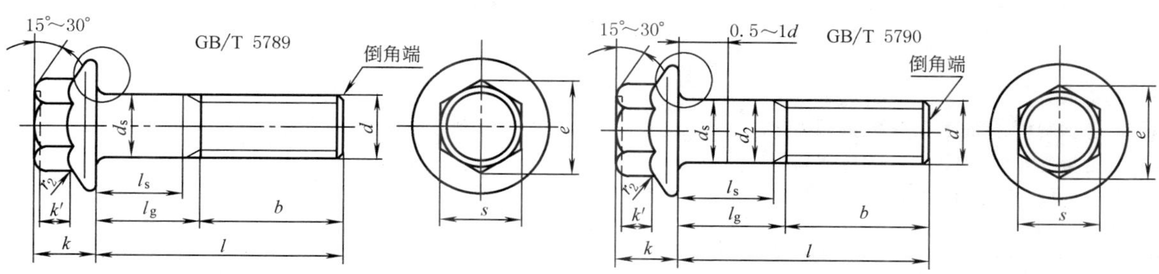

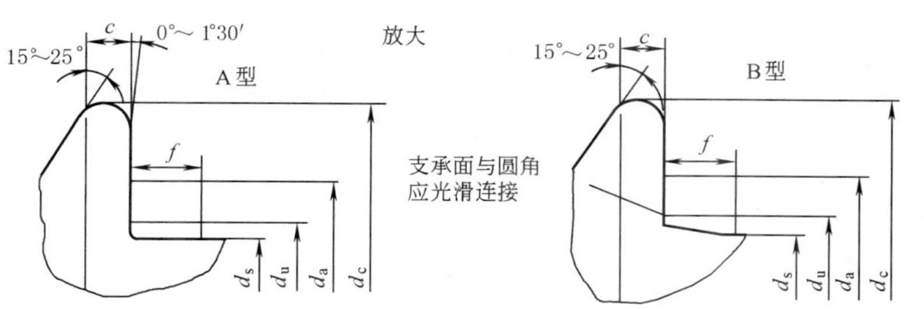

标记示例

螺纹规格 d=M12、公称长度 l=80mm、性能等级 8.8 级、表面氧化、A 或 B 型六角法兰面螺栓，标记为：

螺栓 GB/T 5789 M12×80

表 6-1-88 mm

螺纹规格 d(6g)		M5	M6	M8	M10	M12	(M14)	M16	M20
b	$l \leqslant 125$	16	18	22	26	30	34	38	46
	$125<l \leqslant 200$	—	—	28	32	36	40	44	52
d_a (最大)	A 型	5.7	6.8	9.2	11.2	13.7	15.7	17.7	22.4
	B 型	6.2	7.4	10	12.6	15.2	17.7	20.7	25.7
c(最小)		1	1.1	1.2	1.5	1.8	2.1	2.4	3
d_c(最大)		11.8	14.2	18	22.3	26.6	30.5	35	43
d_u(最大)		5.5	6.6	9	11	13.5	15.5	17.5	22
d_s(最大)		5	6	8	10	12	14	16	20
f(最大)		1.4	2	2	2	3	3	3	4
e(最小)		8.56	10.8	14.08	16.32	19.68	22.58	25.94	32.66
k(最大)		5.4	6.6	8.1	9.2	10.4	12.4	14.1	17.7
s(最大)		8	10	13	15	18	21	24	30
l①	GB/T 5789	10~50	12~60	16~80	20~100	25~120	30~140	35~160	40~200
	GB/T 5790	30~50	35~60	40~80	45~100	50~120	55~140	60~160	70~200
性能等级	钢	8.8,10.9							
	不锈钢	A2-70							
表面处理	钢	氧化;镀锌钝化							
	不锈钢	不经处理							

① 长度系列（单位为 mm）为 10、12、16、20~50（5 进位）、(55)、60、(65)、70~200（10 进位）。

注：1. 尽可能不采用括号内的规格。

2. 表中未列出 l_s、l_g、k'、r_2 值，加工时请查阅本标准。

六角头铰制孔用螺栓 A 和 B 级

（摘自 GB/T 27—2013）

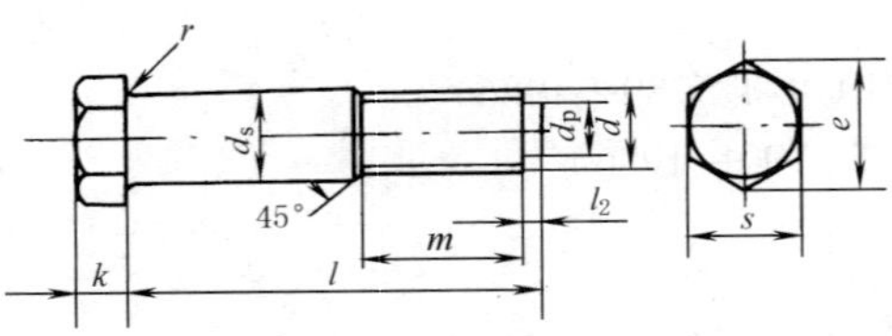

六角头螺杆带孔铰制孔用螺栓 A 和 B 级

（摘自 GB/T 28—2013）

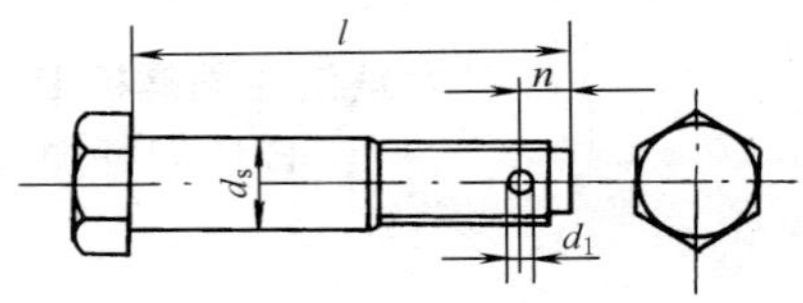

其余的型式与尺寸按 GB/T 27 规定

标记示例

1. 螺纹规格 d=M12、d_s 尺寸按本表规定、公称长度 l=80mm、性能等级 8.8 级、表面氧化处理、A 级六角头铰制孔用螺栓，标记为：螺栓　GB/T 27　M12×80

2. d_s 按 m6 制造时应加标记 m6：螺栓　GB/T 27　M12×m6×80

表 6-1-89 mm

螺纹规格 d		M6	M8	M10	M12	(M14)	M16	(M18)	M20	(M22)	M24	(M27)	M30	M36	M42	M48
d_s (h9)	(最大)	7	9	11	13	15	17	19	21	23	25	28	32	38	44	50
	(最小)	6. 964	8. 964	10. 957	12. 957	14. 957	16. 957	18. 948	20. 948	22. 948	24. 948	27. 948	31. 938	37. 938	43. 938	49. 938
s(最大)		10	13	16	18	21	24	27	30	34	36	41	46	55	65	75
k(公称)		4	5	6	7	8	9	10	11	12	13	15	17	20	23	26
r(最小)		0. 25	0. 4	0.4	0.6	0.6	0.6	0. 6	0.8	0.8	0. 8	1	1	1	1. 2	1. 6
e		11. 05	14. 38	17. 77	20. 03	23. 35	26. 75	30. 14	33. 53	37. 72	39. 98	—	—	—	—	—
d_p		4	5. 5	7	8. 5	10	12	13	15	17	18	21	23	28	33	38
l_2		1.5	1.5	2	2	3	3	3	4	4	4	5	5	6	7	8
d_1(最小)		1. 6	2	2. 5	3. 2	3.2	4	4	4	5	5	5	6.3	6. 3	8	8

续表

螺纹规格 d	M6	M8	M10	M12	(M14)	M16	(M18)	M20	(M22)	M24	(M27)	M30	M36	M42	M48
l	25~65	25~80	30~120	35~180	40~180	45~200	50~200	55~200	60~200	65~200	75~200	80~230	90~300	110~300	120~300
m	12	15	18	22	25	28	30	32	35	38	42	50	55	65	70
n	4.5	5.5	6	7	8	9	9	10	11	11	13	14	16	19	20
100mm 长的质量/kg≈	0.020	0.036	0.078	0.110	0.148	0.195	0.247	0.303	0.381	0.450	0.587	0.762	1.132	1.515	2.091
l 系列	25,(28),30,(32),35,(38),40,45,50,(55),60,(65),70,(75),80,(85),90,(95),100,110,120,130,140,150,160,170,180,190,200,210,220,230,240,250,260,280,300														
技术条件	材料:钢	螺纹公差:6g	性能等级:d≤M39 时为 8.8;d>M39 时按协议						表面处理:氧化			产品等级:A、B			

注：1. A、B 级区别见表 6-1-84 注 1。

2. 根据使用要求，螺杆上无螺纹部分杆径（d_s）允许按 m6、u8 制造。按 m6 制造的螺栓，螺杆上无螺纹部分的表面粗糙度为 $Ra1.6$；螺杆上无螺纹部分（d_s）末端倒角 45°，根据制造工艺，允许制成大于 45°，小于 1.5P（螺距）的颈部。

3. 尽可能不采用括号内的规格。

钢结构用高强度大六角头螺栓（摘自 GB/T 1228—2006）

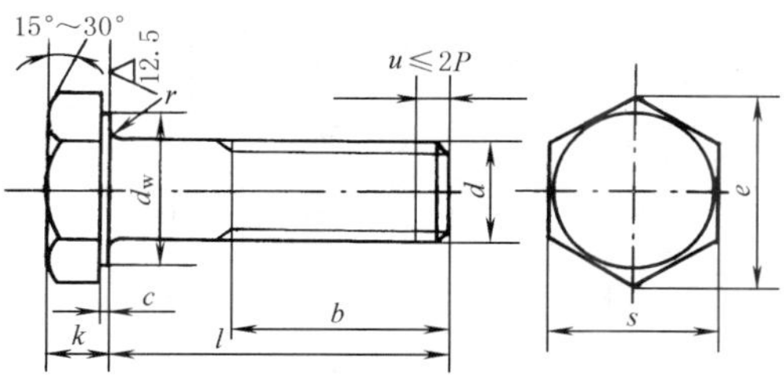

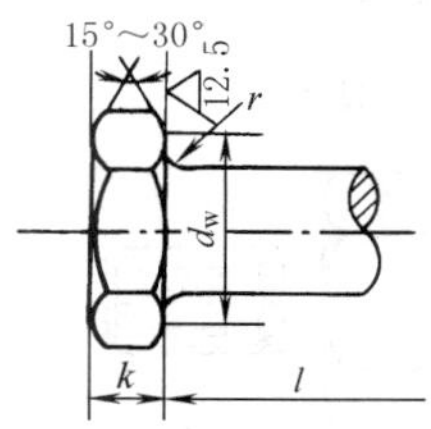

头部可选择的型式

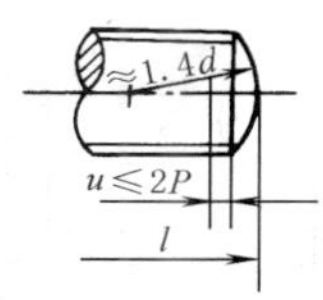

末端可选择的型式

标记示例

螺纹规格 d=M20、公称长度 l=100mm、性能等级 10.9S 级的钢结构用高强度大六角头螺栓，标记为：

螺栓 GB/T 1228 M20×100

螺纹规格 d=M20、公称长度 l=100mm、性能等级 8.8S 级的钢结构用高强度大六角头螺栓，标记为：

螺栓 GB/T 1228 M20×100-8.8S

表 6-1-90

mm

	螺纹规格 d	M12	M16	M20	(M22)	M24	(M27)	M30
GB/T 1228—2006	d_w （最小）	19.2	24.9	31.4	33.3	38	42.8	46.5
	e （最小）	22.78	29.56	37.29	39.55	45.2	50.85	55.3
	k （公称）	7.5	10	12.5	14	15	17	18.7
	r （最小）	1	1	1.5	1.5	1.5	2	2
	s （最大）	21	27	34	36	41	46	50
	c （最大）	0.8						
	$\frac{b}{l}$	$\frac{25}{35\sim40}$ $\frac{30}{45\sim75}$	$\frac{30}{45\sim50}$ $\frac{35}{55\sim130}$	$\frac{35}{50\sim60}$ $\frac{40}{65\sim160}$	$\frac{40}{55\sim65}$ $\frac{45}{70\sim220}$	$\frac{45}{60\sim70}$ $\frac{50}{75\sim240}$	$\frac{50}{65\sim75}$ $\frac{55}{80\sim260}$	$\frac{55}{70\sim80}$ $\frac{60}{85\sim260}$
	100mm 长的质量/kg≈	0.108	0.203	0.334	0.407	0.502	0.666	0.828
	l 系列(公称)	35~100(按 5 进级),110~200(按 10 进级),220,240,260						
	公称应力截面积 A_s /mm^2	84.3	157	245	303	353	459	561
	拉力载荷/N	$A_s \times \sigma_b$						

续表

	螺纹规格 d	M12	M16	M20	(M22)	M24	(M27)	M30	
		性能等级	抗拉强度 σ_b /MPa	屈服强度 $\sigma_{0.2}$ /MPa	推荐材料	洛氏硬度 HRC	通用规格	螺纹公差带	产品等级
GB/T 1231	技术条件	10.9S	1040~1240	940	20MnTiB	33~39	≤M24	6g	C
					35VB		≤M30		
		8.8S	830~1030	660	40B	24~31	≤M24		
					45		≤M22		
					35		≤M20		

表 6-1-91　钢结构用扭剪型高强度螺栓连接副螺栓（摘自 GB/T 3632—2008）　mm

螺栓连接副型式

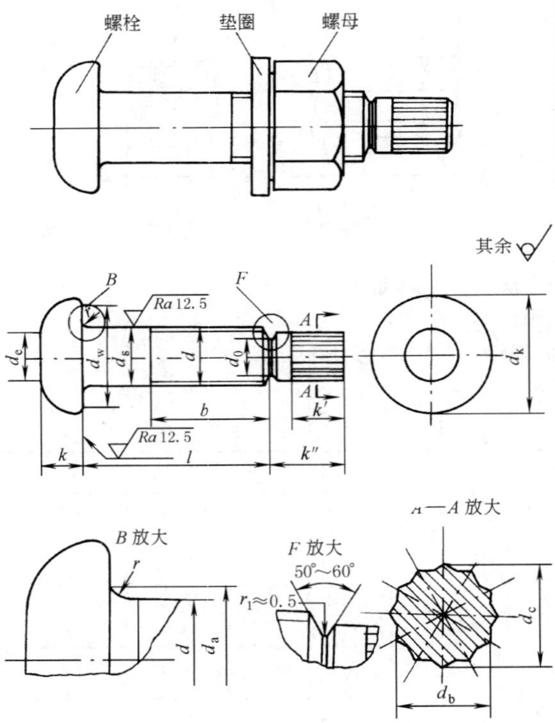

d	M16	M20	(M22)	M24	(M27)	M30
d_0(公称)	10.9	13.6	15.1	16.4	18.6	20.6
d_s(公称)	16	20	22	24	27	30
d_w(最小)	27.9	34.5	38.5	41.5	42.8	46.5
d_e≈	13	17	18	20	22	24
d_a(最大)	18.83	24.4	26.4	28.4	32.84	35.84
d_b(公称)	11.1	13.4	15.4	16.7	19.0	21.1
d_c≈	12.8	16.1	17.8	19.3	21.9	24.4
d_k(最大)	30	37	41	44	50	55
k(公称)	10	13	14	15	17	19
k'(公称)	12	14	15	16	17	18
k''(最大)	17	19	21	23	24	25
r(最小)	1.2	1.2	1.2	1.6	2.0	2.0
l	40~130	45~160	50~180	55~200	65~220	70~220
$\frac{b}{l}$	$\frac{30}{40\sim50}$	$\frac{35}{45\sim60}$	$\frac{40}{50\sim65}$	$\frac{45}{55\sim70}$	$\frac{50}{65\sim75}$	$\frac{55}{70\sim80}$
	$\frac{35}{55\sim130}$	$\frac{40}{65\sim160}$	$\frac{45}{70\sim180}$	$\frac{50}{75\sim200}$	$\frac{55}{80\sim220}$	$\frac{60}{85\sim220}$

l 系列（公称）	40~100(5 进位),110~180(10 进位),200~220(20 进位)	
技术条件	性能等级	10.9S
	推荐材料 ≤M24	20MnTiB, ML20MnTi8
	推荐材料 M27, M30	35VB, 35CrMn

标记示例

粗牙普通螺纹, d=M20、l=100mm、性能等级 10.9S、表面防锈处理钢结构用扭剪型高强度螺纹连接,标记为:

螺纹连接副　GB/T 3632　M20×100

注：1. 括号内的规格尽可能不采用。

2. 本标准适用于工业及民用建筑、公路与铁路桥梁、塔架、管路支架、起重机械及其他钢结构用摩擦型连接的扭剪型高强度螺栓连接副（包括一个螺栓、一个螺母和一个垫圈），如表图所示。该表仅为螺栓尺寸，其他见相应表格，螺母见表 6-1-132，垫圈见表 6-1-160。订货时以连接副型式。

栓接结构用大六角头螺栓 螺纹长度按 GB/T 3160 C 级 8.8 和 10.9 级（摘自 GB/T 18230.1—2000）

栓接结构用大六角头螺栓 短螺纹长度 C 级 8.8 和 10.9 级（摘自 GB/T 18230.2—2000）

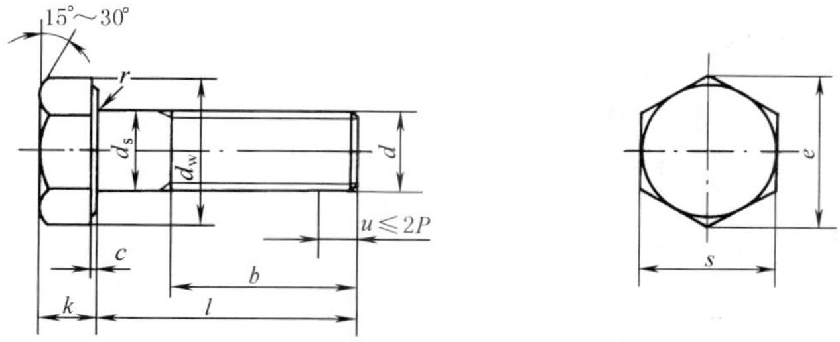

标记示例

螺纹规格 d=M16、公称长度 l=80mm、性能等级 8.8 级表面氧化、产品等级 C 级、螺纹长度按 GB/T 3160（短螺纹长度）的栓接结构用大六角螺栓，标记为：螺栓 GB/T 18230.1（GB/T 18230.2） M16×80

如需要镀前按 6az 规定制造，则标记中增加字母“U”：螺母 GB/T 18230.1（.2） M16×80 8.8s U［见 GB/T 18230.1（.2）第 7 章］

表 6-1-92

mm

螺纹规格 d		M12	M16	M20	(M22)	M24	(M27)	M30	M36
螺距 P		1.75	2	2.5	2.5	3	3	3.5	4
b①	1	30	38	46	50	54	60	66	78
	2	—	44	52	56	60	66	72	84
	3	—	—	65	69	73	79	85	97
	4	25	31	36	38	41	44	49	56
	5	32	38	43	45	48	51	56	63
c(最大)		0.8	0.8	0.8	0.8	0.8	0.8	0.8	0.8
d_w(最大)		d_w(最大)=s(实际)							
e(最小)		22.78	29.56	37.29	39.55	45.2	50.85	55.37	66.44
k(公称)		7.5	10	12.5	14	15	17	18.7	22.5
r(最小)		1.2	1.2	1.5	1.5	1.5	2	2	2
s(最大)		21	22	34	36	41	46	50	60
s(最小)		20.16	26.16	33	35	40	45	49	58.8
l 系列		30～100(按 5 进级),100～200(按 10 进级)							
l②	GB/T 18230.1	35～100	40～150	45～150	50～150	55～200	60～200	70～200	85～200
	GB/T 18230.2	40～100	45～100	55～150	60～150	65～200	70～200	80～200	90～200
技术条件		名称	材料	螺纹公差	性能等级	产品等级	表面处理	配套螺母	配套垫圈
		GB/T 18230.1	钢	6g	8.8,10.9	C 级	氧化常规	GB/T 18230.3	GB/T 18230.5
		GB/T 18230.2	钢	6g	8.8,10.9	C 级	氧化常规	GB/T 18230.4	GB/T 18230.5

① 按 GB/T 18230.1—2000 规定：1 用于公称长度 $l_{公称}$≤100mm；2 用于公称长度 100mm<$l_{公称}$≤200mm；3 用于公称长度 $l_{公称}$>200mm；按 GB/T 18230.2—2000 规定：4 用于公称长度 $l_{公称}$≤100mm；5 用于公称长度 $l_{公称}$>100mm。

② 商品规格长度。

注：1. 产品等级除 c、d_w（最小）［0.95 s（最小）］、r 和长度大于 150mm 的公差按±4.0mm 外，其余按 C 级。

2. 表面处理除常规外，可选择的有镀锌钝化（GB/T 5267）、镀镉钝化（GB/T 5267）、热浸镀锌（GB/T 13912）和粉末机械镀锌（JB/T 5067），粉末机械镀锌必须有驱氢措施，其他表面处理由供需双方协议，但不应损伤力学性能。

3. 螺纹的公差适用于电镀或热浸镀锌前的螺纹。热浸镀锌螺栓也可按供需双方的协议供货，详见 GB/T 18230.1（.2）—2000 附录 A。

4. 对于电镀或热浸镀锌的紧固件，制造者应在螺栓或相配的螺母上涂适当的润滑剂，以保证装配时不会咬死，有关润滑剂涂层效果的试验资料，详见 GB/T 18230.1（.2）—2000 附录 B。

5. 配套螺母与配套垫圈为推荐。

方头螺栓 C 级（摘自 GB/T 8—1988）

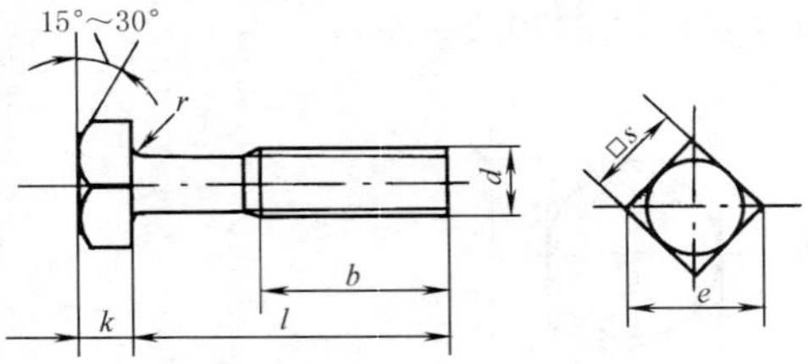

标记示例

螺纹规格 d=M12、公称长度 l=80mm、性能等级 4.8 级、不经表面处理的方头螺栓，标记为：螺栓　GB/T 8　M12×80

表 6-1-93　　mm

螺纹规格 d		M10	M12	(M14)	M16	(M18)	M20	(M22)	M24	(M27)	M30	M36	M42	M48
b	l≤125	26	30	34	38	42	46	50	54	60	66	78	—	—
	125<l≤200	32	36	40	44	48	52	56	60	66	72	84	96	108
	l>200	—	—	53	57	61	65	69	73	79	85	97	109	121
e(最小)		20.24	22.84	26.21	30.11	34.01	37.91	42.9	45.5	52	58.5	69.94	82.03	95.03
k(公称)		7	8	9	10	12	13	14	15	17	19	23	26	30
r(最小)		0.4	0.6	0.6	0.6	0.8	0.8	0.8	0.8	1	1	1	1.2	1.6
s(最大)		16	18	21	24	27	30	34	36	41	46	55	65	75
商品规格长度 l		20~100	25~120	25~140	30~160	35~180	35~200	50~220	55~240	60~260	60~300	80~300	80~300	110~300
100mm 长的质量/kg≈		0.060	0.087	0.122	0.166	0.216	0.277	0.353	0.416	0.560	0.721	1.117	1.611	2.276
l 系列		20,25,30,35,40,45,50,(55),60,(65),70,80,90,100,110,120,130,140,150,160,180,200,220,240,260,280,300												

技术条件	材料	螺纹公差	性能等级	产品等级	表面处理
	钢	8g	d≤M39:4.8 级;d>M39:按协议	C	不经处理;氧化;镀锌钝化

小方头螺栓 B 级（摘自 GB/T 35—2013）

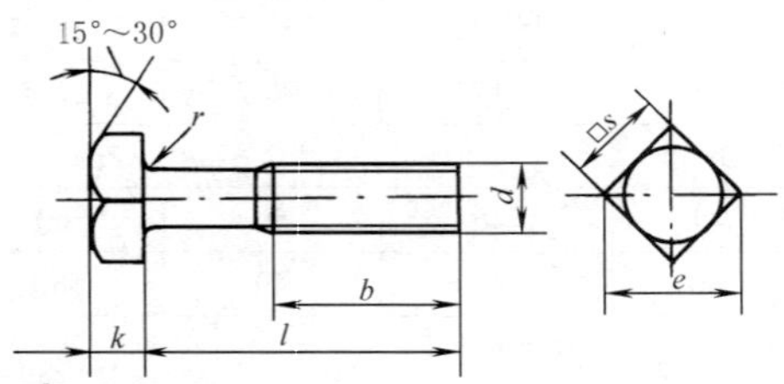

标记示例

螺纹规格 d=M12、公称长度 l=80mm、性能等级 5.8 级、不经表面处理的小方头螺栓，标记为：螺栓　GB/T 35　M12×80

表 6-1-94　　mm

螺纹规格 d		M5	M6	M8	M10	M12	(M14)	M16	(M18)	M20	(M22)	M24	(M27)	M30	M36	M42	M48
b	l≤125	16	18	22	26	30	34	38	42	46	50	54	60	66	78	—	—
	125<l≤200	—	—	28	32	36	40	44	48	52	56	60	66	72	84	96	108
	l>200	—	—	—	—	—	—	57	61	65	69	73	79	85	97	109	121
e(最小)		9.93	12.53	16.34	20.24	22.84	26.21	30.11	34.01	37.91	42.9	45.5	52	58.5	69.94	82.03	95.05
k(公称)		3.5	4	5	6	7	8	9	10	11	12	13	15	17	20	23	26
r(最小)		0.2	0.25	0.4	0.4	0.6	0.6	0.6	0.8	0.8	0.8	0.8	1	1	1	1.2	1.6
s(最大)		8	10	13	16	18	21	24	27	30	34	36	41	46	55	65	75
通用规格长度 l		20~50	30~60	35~80	40~100	45~120	55~140	55~160	60~180	65~200	70~220	80~240	90~260	90~300	110~300	130~300	140~300
100mm 长的质量/kg≈		0.013	0.020	0.036	0.059	0.085	0.119	0.163	0.208	0.266	0.338	0.400	0.539	0.694	1.060	1.611	2.276
l 系列		20,25,30,35,40,45,50,(55),60,(65),70,80,90,100,110,120,130,140,150,160,180,200,220,240,260,280,300															

技术条件	材料	螺纹公差	性 能 等 级	产品等级	表 面 处 理
	钢	6g	d≤M39:5.8,8.8;d>M39:按协议	B	不经处理;镀锌钝化

半圆头方颈螺栓（摘自 GB/T 12—2013）　　**加强半圆头方颈螺栓**（摘自 GB/T 794—1993）

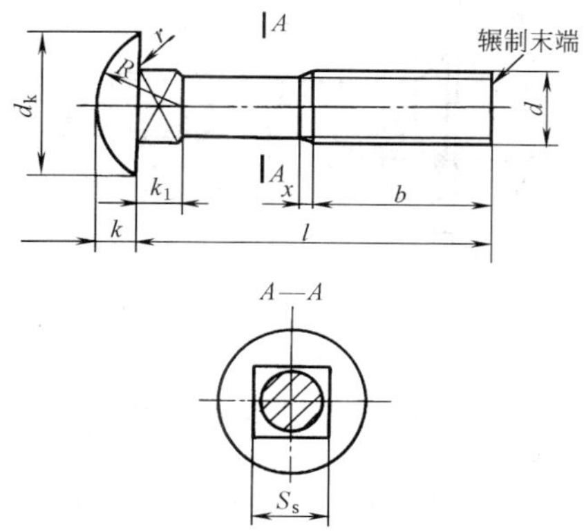

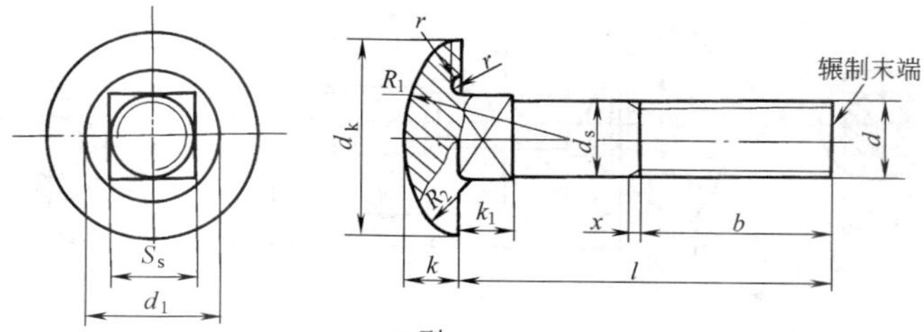

A型

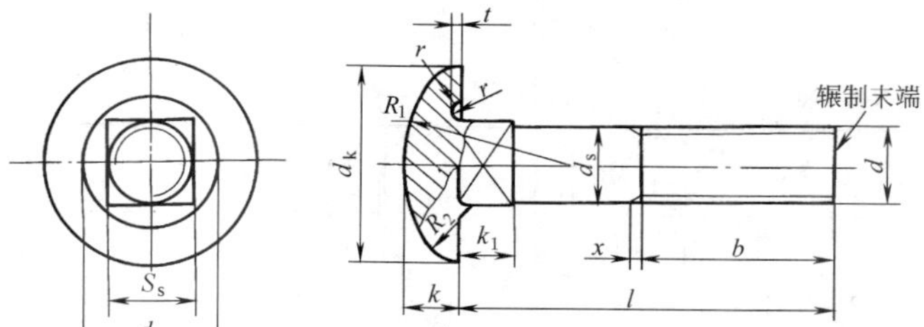

B型

标记示例

螺纹规格 d=M10、公称直径 l=70mm、性能等级为 4.8 级、不经表面处理的半圆头方颈螺栓，标记为：

螺栓　GB/T 12　M10×70

螺纹规格 d=M10、公称直径 l=70mm、性能等级为 8.8 级、不经表面处理的 A 型加强半圆头方颈螺栓，标记为：

螺栓　GB/T 794　M10×70

表 6-1-95

mm

螺纹规格 d		M6	M8	M10	M12	(M14)	M16	M20
b	l≤125	18	22	26	30	34	38	46
	125<l<200	—	28	32	36	40	44	52
d_k(最大)	GB/T 12	13.1	17.1	21.3	25.3	29.3	33.6	41.6
	GB/T 794	15.1	19.1	24.3	29.3	33.6	36.6	45.6
k_1(最大)		4.4	5.4	6.4	8.45	9.45	10.45	12.55
k(最大)	GB/T 12	4.08	5.28	6.48	8.9	9.9	10.9	13.1
	GB/T 794	3.98	4.98	6.28	7.48	8.9	9.9	11.9
S_s(最大)		6.3	8.36	10.36	12.43	14.43	16.43	20.52
r(最小)	GB/T 12	0.5	0.5	0.5	0.8	0.8	1	1
	GB/T 794	0.25	0.4	0.4	0.6	0.6	0.6	0.8
R		7	9	11	13	15	18	22
x(最大)		2.5	3.2	3.8	4.3	5	5	6.3
d_1 GB/T 794		10	13.5	16.5	20	23	26	32
R_1		14	18	24	26	30	34	40
R_2		4.5	5	7	9	10	10.5	14
d_s(最大)		6	8	10	12	14	16	20
商品规格长度 l	GB/T 12	16~60	16~80	25~100	30~110	40~140	45~160	60~200
	GB/T 794	20~60	25~80	40~100	45~120	50~140	55~160	65~200
l 系列	GB/T 12	16,20,25,30,35,40,45,50,(55),60,(65),70,80,90,100,110,120,130,140,150,160,180,200						
	GB/T 794	20,25,30,35,40,45,50,(55),60,(65),70,(75),80,(85),90,(95),100,110,120,130,140,150,160,(170),180,200						

技术条件	标　准	材料	螺纹公差	性能等级	产品等级	表面处理
	GB/T 12	钢	8g	3.6,4.6,4.8	C	不经处理;氧化;镀锌钝化
	GB/T 794	钢	A 型:6g	8.8	B	氧化
		钢	B 型:8g	3.6,4.8	C	不经处理;氧化

注：1. 长度 l 不能满足表中规定螺纹长度的螺栓，制成全螺纹（GB/T 794）。

2. 允许制成无螺纹部分杆径（d_s）约等于螺纹中径的型式（GB/T 794-A 型）。

沉头方颈螺栓（摘自 GB/T 10—2013）

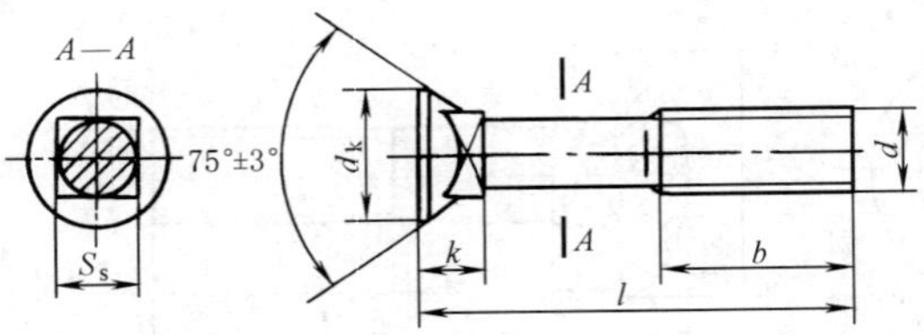

沉头带榫螺栓（摘自 GB/T 11—2013）

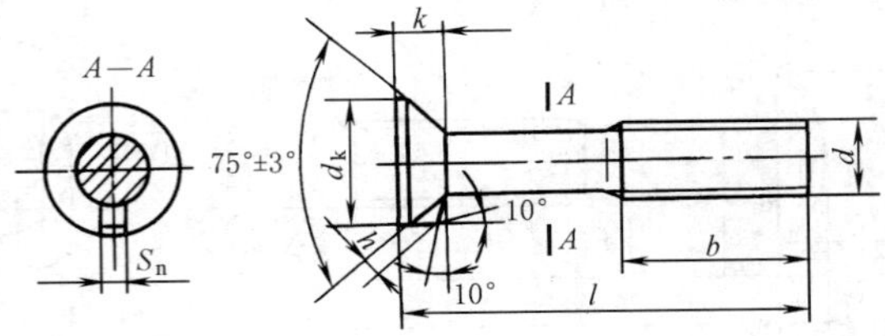

标记示例

螺纹规格d=M10、公称长度l=70mm、性能等级 4.8 级、不经表面处理的沉头方颈螺栓，标记为：

螺栓 GB/T 10 M10×70

表 6-1-96 mm

螺纹规格 d		M6	M8	M10	M12	（M14）	M16	M20	（M22）	M24
b	l≤125	18	22	26	30	34	38	46	50	54
	125<l≤200	—	28	32	36	40	44	52	56	60
d_k（最大）		11.05	14.55	17.55	21.65	24.65	28.65	36.8	40.8	45.8
S_n（最大）		2.7	2.7	3.8	3.8	4.3	4.8	4.8	6.3	6.3
h（最大）		1.2	1.6	2.1	2.4	2.9	3.3	4.2	4.5	5
k	GB/T 11	4.1	5.3	6.2	8.5	8.9	10.2	13	14.3	16.5
	GB/T 10（最大）	6.1	7.25	8.45	11.05	—	13.05	15.05	—	—
S_s（最大）		6.36	8.36	10.36	12.43	—	16.43	20.52	—	—
商品规格长度 l	GB/T 10	25~60	25~80	30~100	30~120	—	45~160	55~200	—	—
	GB/T 11	25~60	30~80	35~100	40~120	45~140	50~160	60~200	65~200	80~200
100mm 长的质量/kg≈		0.018	0.034	0.054	0.080	0.105	0.150	0.242	0.290	0.354
l 系列		25,30,35,40,45,50,(55),60,(65),70,80,90,100,110,120,130,140,150,160,180,200								
技术条件		材料	螺纹公差	性能等级	表面处理			产品等级：C		
		钢	8g	3.6,4.6,4.8	不经处理	GB/T 10 氧化 GB/T 11 镀锌钝化				

T 形槽用螺栓（摘自 GB/T 37—1988）

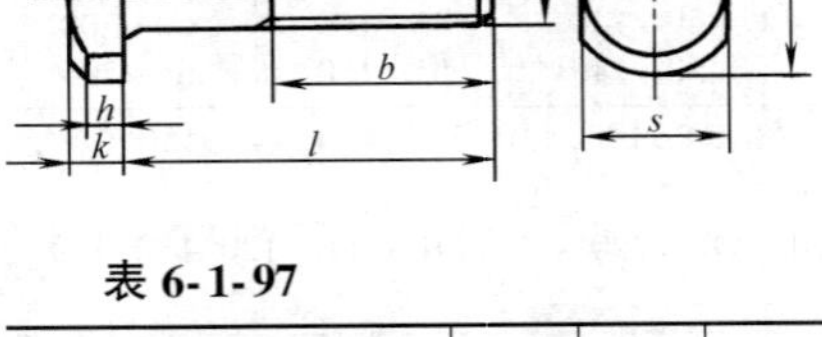

标记示例

螺纹规格d=M10、公称长度l=100mm、性能等级 8.8 级、表面氧化的 T 形槽用螺栓，标记为：螺栓 GB/T 37 M10×100

表 6-1-97 mm

螺纹规格 d		M5	M6	M8	M10	M12	M16	M20	M24	M30	M36	M42	M48
b	l≤125	16	18	22	26	30	38	46	54	66	78	—	—
	125<l≤200	—	—	28	32	36	44	52	60	72	84	96	108
	l>200	—	—	—	—	—	57	65	73	85	97	109	121
D		12	16	20	25	30	38	46	58	75	85	95	105

续表

螺纹规格 d	M5	M6	M8	M10	M12	M16	M20	M24	M30	M36	M42	M48
k(最大)	4. 24	5. 24	6. 24	7. 29	8. 89	11. 95	14. 35	16. 35	20. 42	24. 42	28. 42	32. 50
r(最小)	0. 20	0. 25	0.4	0. 4	0. 6	0.6	0.8	0. 8	1	1	1. 2	1. 6
h	2. 8	3. 4	4. 1	4. 8	6. 5	9	10. 4	11. 8	14. 5	18. 5	22	26
s(公称)	9	12	14	18	22	28	34	44	56	67	76	86
通用规格长度 l	25~50	30~60	35~80	40~100	45~120	55~160	65~200	80~240	90~300	110~300	130~300	140~300
100mm 长的质量/kg≈	0. 016	0. 027	0. 046	0. 075	0. 117	0. 225	0. 363	0. 580	1. 045	1. 587	2. 256	3. 088
l 系列	25，30，35，40，45，50，(55)，60，(65)，70，80，90，100，110，120，130，140，150，160，180，200，220，240，260 280，300											
技术条件	材料	螺纹公差		性能等级					产品等级		表面处理	
	钢	6g		d≤M39;8. 8 级;d>M39:按协议					B		氧化;镀锌钝化	

注：末端按 GB/T 2 的规定。

活节螺栓（摘自 GB/T 798—1988）

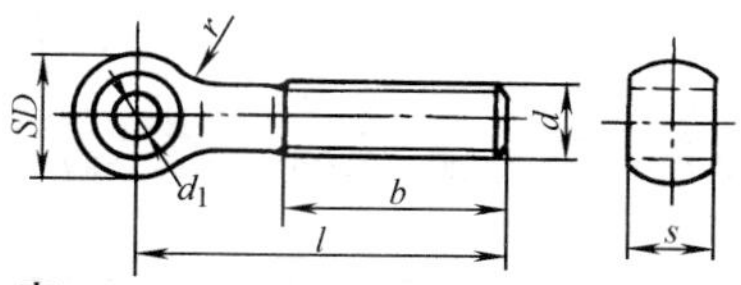

标记示例

螺纹规格 d=M10、公称长度 l=100mm、性能等级 4. 6 级、不经表面处理的活节螺栓，标记为：螺栓　GB/T 798　M10×100

表 6-1-98

mm

螺纹规格 d	M4	M5	M6	M8	M10	M12	M16	M20	M24	M30	M36
d_1	$3^{+0.16}_{+0.06}$	$4^{+0.19}_{+0.07}$	$5^{+0.19}_{+0.07}$	$6^{+0.19}_{+0.07}$	$8^{+0.23}_{+0.08}$	$10^{+0.23}_{+0.08}$	$12^{+0.275}_{+0.095}$	$16^{+0.275}_{+0.095}$	$20^{+0.32}_{+0.11}$	$25^{+0.32}_{+0.11}$	$30^{+0.32}_{+0.11}$
s	$5^{-0.07}_{-0.25}$	$6^{-0.07}_{-0.25}$	$8^{-0.08}_{-0.3}$	$10^{-0.08}_{-0.3}$	$12^{-0.095}_{-0.365}$	$14^{-0.095}_{-0.365}$	$18^{-0.095}_{-0.365}$	$22^{-0.11}_{-0.44}$	$26^{-0.11}_{-0.44}$	$34^{-0.12}_{-0.5}$	$40^{-0.13}_{-0.52}$
b	14	16	18	22	26	30	38	52	60	72	84
SD	8	10	12	14	18	20	28	34	42	52	64
r(最小)	3	4	5	5	6	8	10	12	16	20	22
商品规格长度 l	20~35	25~45	30~55	35~70	40~110	50~130	60~160	70~180	90~260	110~300	130~300
100mm 长的质量/kg≈	0. 009	0. 014	0. 021	0. 037	0. 060	0. 084	0. 171	0. 270	0. 414	0. 698	1. 114
l 系列	20，25，30，35，40，45，50，(55)，60，(65)，70，80，90，100，110，120，130，140，150，160，180，200，220，240，260，280，300										
技术条件	材料:钢	螺纹公差:8g		性能等级:4. 6,5. 6			产品等级:C		表面处理:不经处理;镀锌钝化		

注：由于结构原因，不进行楔承载及头杆结合强度试验。

地脚螺栓（摘自 GB/T 799—1988）

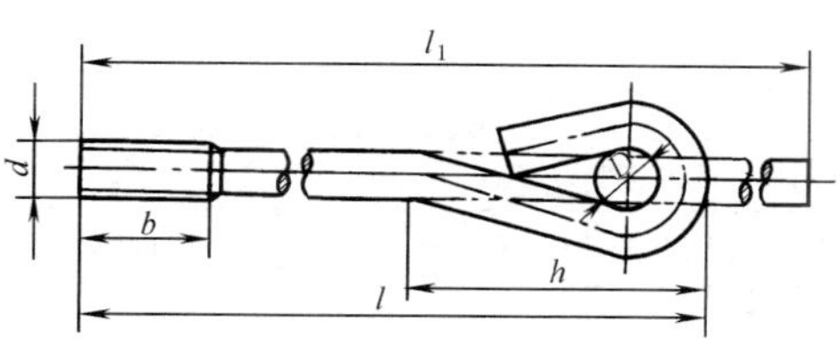

标记示例

螺纹规格 d=M20、公称长度 l=400mm、性能等级 3. 6 级、不经表面处理的地脚螺栓，标记为：螺栓　GB/T 799　M20×400

表 6-1-99

mm

螺纹规格 d	M6	M8	M10	M12	M16	M20	M24	M30	M36	M42	M48
b(最小)	24	28	32	36	44	52	60	72	84	96	108
D	10	10	15	20	20	30	30	45	60	60	70
h	41	46	65	82	93	127	139	192	244	261	302
l_1	l+37	l+37	l+53	l+72	l+72	l+110	l+110	l+165	l+217	l+217	l+255
商品规格长度 l	80~160	120~220	160~300	160~400	220~500	300~630	300~800	400~1000	500~1000	630~1250	630~1500
100mm 长的质量/kg≈	0. 024	0. 043	0. 075	0. 123	0. 225	0. 430	0. 619	1. 238	2. 151	2. 945	4. 327
l 系列	80,120,160,220,300,400,500,630,800,1000,1250,1500										
技术条件	材料	螺纹公差	性能等级				产品等级		表面处理		
	钢	8g	d≤M39:3. 6 级;d>M39:按协议				C		不经处理;氧化;镀锌钝化		

注：由于结构的原因，不进行楔承载及头杆结合强度试验。

第6篇

T 形头地脚螺栓（摘自 JB/ZQ 4362—2006）

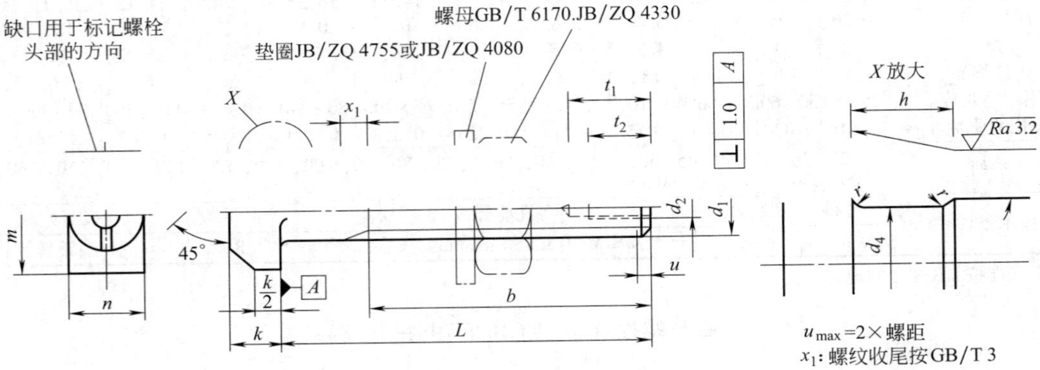

标记示例：

螺纹规格 d=M48、长度 l=2000mm、产品等级 C 级的 T 形头地脚螺栓的标记：螺栓　M48×2000　JB/ZQ 4362—2006

表 6-1-100

mm

d_1	M24	M30	M36	M42	M48	M56	M64	M72×6	M80×6	M90×6	M100×6	M110×6	M125×6	M140×6	M160×6
b	100	120	160	180	210	250	280	300	320	360	400	440	500	560	640
d_2	—		M12			M16			M20						
d_4	20	26	31	37	42	49	57	65	73	83	93	103	118	133	153
h_{max}	12	15	18	21	24	28	32	36	36	45	45	55	55	70	70
k	15	19	23	26	30	35	40	45	50	55	62	67	78	85	100
m	43	54	66	80	88	102	115	128	140	155	170	190	215	240	275
n	24	30	36	42	48	56	64	72	80	90	100	110	125	140	160
r	2		3			4			5						
t_1 max	—		40			48			53						
t_2 max	—		23			30			33						
L	质量/(kg/件)														
1000	3.66	5.77	8.36	11.48	15.09	20.71	27.31	34.87	43.36	55.33	69.07	84.52	111.2	141.2	189.1
每增加 100mm 的质量	0.36	0.55	0.80	1.09	1.42	1.93	2.53	3.20	3.95	4.99	6.17	7.46	9.63	12.08	15.78
基础的锚固力 F_A/kN	37	60	88	123	162	222	284	364	454	587	736	903	1176	1479	1959
强度级为 5.6 级的螺栓预紧力 F_V/kN	66	111	159	226	291	396	536	697	879	1140	1430	1750	2300	2920	3860
强度级为 8.8 级的螺栓预紧力 F_V/kN	74	117	171	235	309	426	562	727	912	1174	1470	1798	2352	2982	3927

T 形头地脚螺栓用单孔锚板（摘自 JB/ZQ 4172—2006）

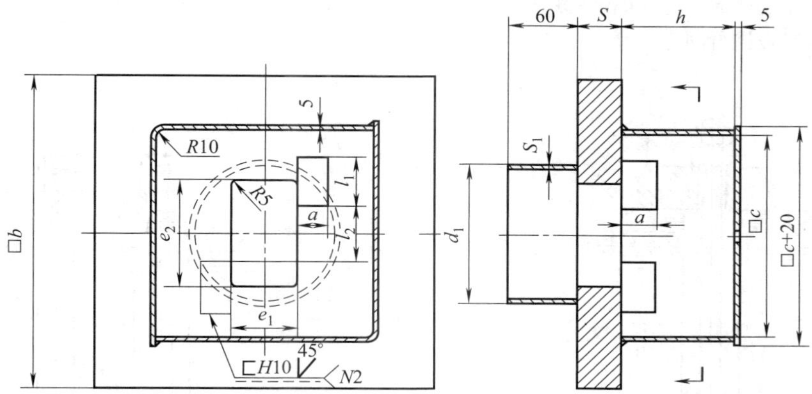

标记示例：

T 形头地脚螺栓 M48 用单孔锚板的标记为：单孔锚板　48　JB/ZQ 4172—2006

表 6-1-101

mm

<table>
<tr><th>型号</th><th>S</th><th>b</th><th>$e_1{}^{+2}_{0}$</th><th>$e_2{}^{+2}_{0}$</th><th>a</th><th>l_1</th><th>l_2</th><th>c</th><th>h</th><th>W</th><th>T 形头地脚螺栓</th><th>锚板围管 $d_1 \times S_1$</th><th>每件质量 /kg ≈</th><th>基础孔护管外径×管厚</th></tr>
<tr><td>24</td><td>20</td><td>180</td><td>27</td><td>54</td><td rowspan="3">20</td><td rowspan="3">40</td><td>28</td><td>130</td><td>50</td><td>500</td><td>M24</td><td>φ83×3.5</td><td>7.0</td><td rowspan="2">φ114×4</td></tr>
<tr><td>30</td><td>25</td><td>210</td><td>34</td><td>68</td><td>34</td><td>140</td><td>60</td><td>600</td><td>M30</td><td>φ95×3.5</td><td>11.0</td></tr>
<tr><td>36</td><td rowspan="2">30</td><td>240</td><td>40</td><td>82</td><td>40</td><td>160</td><td>75</td><td>700</td><td>M36</td><td rowspan="2">φ121×4</td><td>17.0</td><td rowspan="2">φ140×4.5</td></tr>
<tr><td>42</td><td>270</td><td>47</td><td>94</td><td rowspan="4">30</td><td rowspan="4">50</td><td>46</td><td>180</td><td>85</td><td>800</td><td>M42</td><td>22</td></tr>
<tr><td>48</td><td rowspan="2">35</td><td>300</td><td>53</td><td>102</td><td>52</td><td>200</td><td>100</td><td>1000</td><td>M48</td><td rowspan="2">φ140×4.5</td><td>30</td><td rowspan="2">φ180×5</td></tr>
<tr><td>56</td><td>330</td><td>62</td><td>116</td><td>60</td><td>220</td><td>110</td><td>1100</td><td>M56</td><td>36</td></tr>
<tr><td>64</td><td rowspan="3">40</td><td>370</td><td>70</td><td>128</td><td>68</td><td>240</td><td>130</td><td>1300</td><td>M64</td><td>φ168×4</td><td>50</td><td>φ194×5</td></tr>
<tr><td>72</td><td>410</td><td>78</td><td>142</td><td rowspan="4">40</td><td rowspan="4">80</td><td>76</td><td>280</td><td>145</td><td>1400</td><td>M72×6</td><td rowspan="2">φ194×5</td><td>63</td><td rowspan="2">φ219×6</td></tr>
<tr><td>80</td><td>450</td><td>87</td><td>154</td><td>84</td><td>300</td><td>160</td><td>1600</td><td>M80×6</td><td>75</td></tr>
<tr><td>90</td><td rowspan="2">50</td><td>500</td><td>97</td><td>170</td><td>94</td><td>320</td><td>180</td><td>1800</td><td>M90×6</td><td>φ219×6</td><td>109</td><td>φ245×6.5</td></tr>
<tr><td>100</td><td>550</td><td>107</td><td>185</td><td>104</td><td>350</td><td>200</td><td>2000</td><td>M100×6</td><td>φ245×6.5</td><td>129</td><td>φ273×6.5</td></tr>
<tr><td>110</td><td rowspan="2">60</td><td>600</td><td>118</td><td>205</td><td rowspan="2">50</td><td rowspan="2">100</td><td>114</td><td>380</td><td>220</td><td>2200</td><td>M110×6</td><td>φ273×6.5</td><td>182</td><td>φ299×7.5</td></tr>
<tr><td>125</td><td>660</td><td>133</td><td>230</td><td>129</td><td>400</td><td>250</td><td>2500</td><td>M125×6</td><td>φ299×7.5</td><td>220</td><td>φ325×7.5</td></tr>
<tr><td>140</td><td rowspan="2">80</td><td>750</td><td>148</td><td>255</td><td rowspan="2">60</td><td rowspan="2">120</td><td>144</td><td>460</td><td>270</td><td>2800</td><td>M140×6</td><td>φ325×7.5</td><td>366</td><td>φ351×8</td></tr>
<tr><td>160</td><td>850</td><td>168</td><td>290</td><td>164</td><td>500</td><td>280</td><td>3200</td><td>M160×6</td><td>φ377×9</td><td>466</td><td>φ402×9</td></tr>
</table>

注：1. 锚板材质一般采用 Q235A。

2. 除图上已注明的焊缝处，其余焊缝为连续角焊缝，焊角高 K 为 4mm。

3. T 形头地脚螺栓按 JB/ZQ 4362 选用。

4. 锚板围管及基础孔护管按《结构用无缝钢管》（GB/T 8162）选用，材质一般采用 10 或 20 钢，亦可用钢板弯制。

附录　T 形头地脚螺栓用双联锚板（摘自原 JB/ZQ 4172 的附录）

通常在设备底座的四周备有一圈地脚螺栓孔，当设计采用内、外双圈地脚螺栓孔时，在基础孔中的 T 形头地脚螺栓可利用双联锚板进行固定。

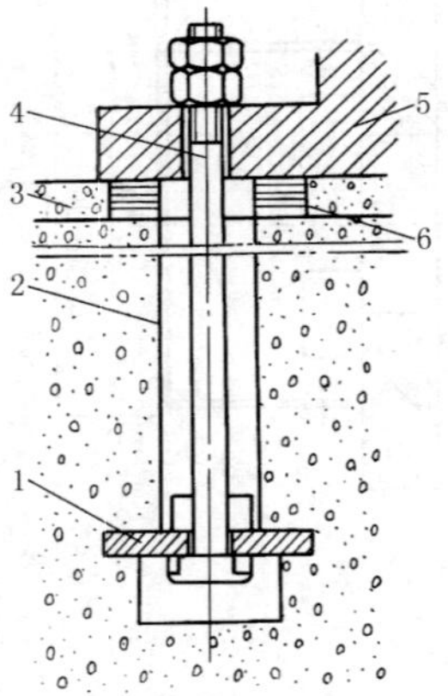

图 6-1-3　T 形头地脚螺栓用锚板在基础内的预埋形式

1—锚板；2—护管；3—二次灌浆层；4—T 形头地脚螺栓；5—底座；6—调整垫板

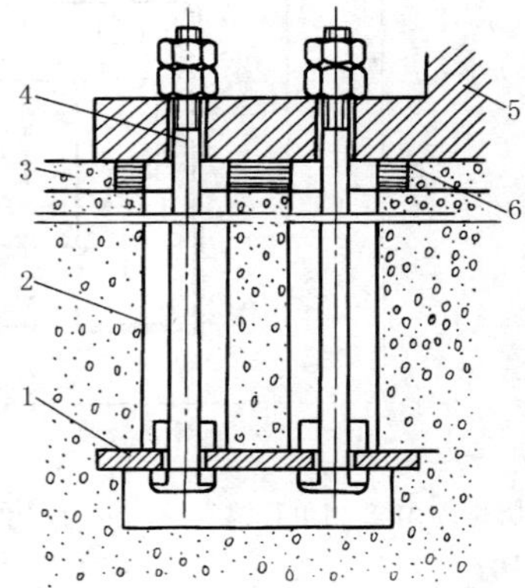

图 6-1-4　T 形头地脚螺栓用双联锚板在基础内的预埋形式

1—双联锚板；2~6 同图 6-1-3

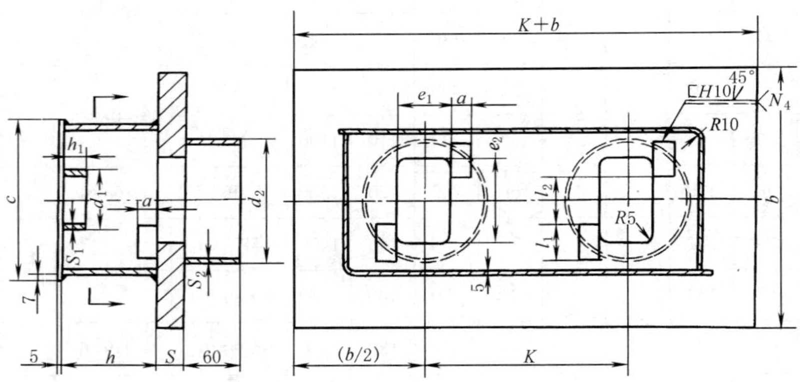

表 6-1-102

mm

T 形头地脚螺栓	K	每件质量 /kg≈	T 形头地脚螺栓	K	每件质量 /kg≈	T 形头地脚螺栓	K	每件质量 /kg≈	T 形头地脚螺栓	K	每件质量 /kg≈
M24	100	11.7	M30	130	18.3	M36	150	27.9	M42	160	34.7
	125	12.5		160	19.6		170	29.4		210	38.2
	160	13.6		200	21.5		220	32.5		240	40.3

续表

T形头地脚螺栓	K	每件质量/kg≈	T形头地脚螺栓	K	每件质量/kg≈	T形头地脚螺栓	K	每件质量/kg≈	T形头地脚螺栓	K	每件质量/kg≈
M48	170	47.0	M72×6	220	96.9	M100×6	320	209.1	M140×6	460	595.7
	210	50.6		270	103.9		390	225.2		560	644.8
	250	54.2		320	110.9		460	241.4		670	698.9
	290	57.8		400	122.1		540	259.9		780	753.0
M56	180	55.8	M80×6	250	116.9	M110×6	360	295.0	M160×6	500	741.6
	220	59.8		300	124.6		430	315.9		600	797.3
	260	63.7		360	133.8		520	342.9		720	864.0
	300	67.7		450	147.6		600	366.8		840	930.7
M64	200	77.2	M90×6	290	172.5	M125×6	400	355.2			
	250	83.5		340	183.0		470	378.2			
	300	89.8		410	197.7		570	411.1			
	350	96.1		480	212.4		660	440.8			

注：仅供参考。

直角地脚螺栓（摘自JB/ZQ 4364—2006）

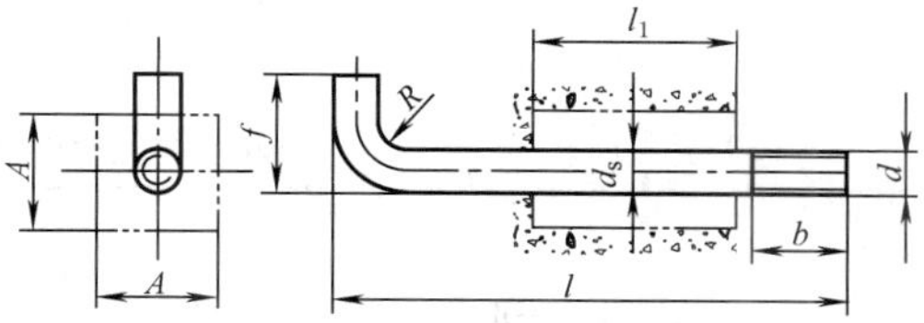

标记示例

螺纹直径 d=42mm、长 l=1400mm 的直角地脚螺栓，标记为：

螺栓 M42×1400 JB/ZQ 4364

表 6-1-103 mm

d	M16	M20	M24	M30	M36	M42	M48	M56
d_s	16	20	24	30	36	42	48	56
b(最小)	45	60	75	90	110	120	140	160
f	65	80	100	120	150	170	190	220
R≈	12	15	20	25	30	35	40	45
A	—	100	100	130	130	160	160	180
l_1	—	200	200	300	300	400	400	500
l	每个质量/kg≈							
300	0.54							
400	0.70	1.1						
600		1.6	2.3					
800		2.1	3.0					
1000		2.6	3.7	5.9	8.6			
1200			4.4	7.0	10.3			
1400			5.2	8.1	11.8	16.1	21.2	
1600				9.2	13.4	18.3	24.0	
1800					15.0	20.5	27.0	
2000					16.7	22.7	29.6	41.3
2300						26.0	34.0	47.2
2600							38.0	53.0
技术条件	材料:Q235	螺纹公差:8g		性能等级:3.6		产品等级:C		

U 形螺栓（摘自 JB/ZQ 4321—2006）

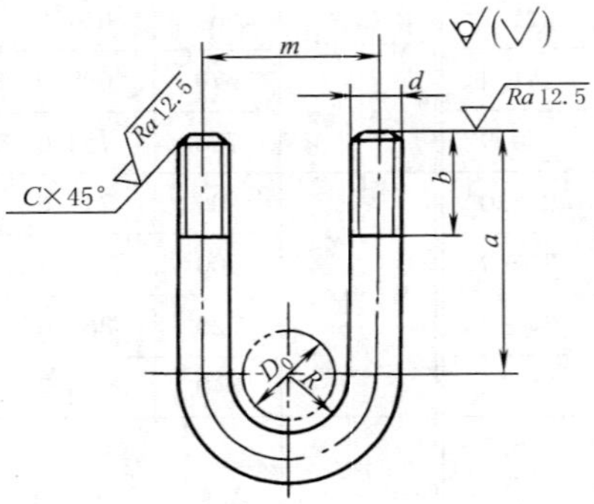

标记示例

外径 D_0=25mm 管子用的 U 形螺栓，标记为：

U 形螺栓　25　JB/ZQ 4321—2006

外径 D_0=25mm 管子用的表面镀锌 U 形螺栓，标记为：

U 形螺栓　25-Zn JB/ZQ 4321—2006

表 6-1-104　　mm

管子外径 D_0	R	d	毛坯长 l	a	b	m	C	1000 件质量/kg
14	8	M6	98	33	22	22	1	22
18	10		108	35		26		24
22	12	M10	135	42	28	34	1.5	83
25	14		143	44		38		88
33	18		160	48		46		99
38	20	M12	192	55	32	52	2	171
42	22		202	57		56		180
45	24		210	59		60		188
48	25		220	60		62		196
51	27		225	62		66		200
57	31		240	66		74		214
60	32		250	67		76		223
76	40		289	75		92		256
83	43		310	78		98		276
89	46		325	81		104		290
102	53	M16	365	93	38	122		575
108	56		390	96		128		616
114	59		405	99		134		640
133	69		450	109		154		712
140	72		470	112		160		752
159	82		520	122		180		822
165	85		538	125		186		850
219	112		680	152		240		1075

注：1. 螺纹公差 6g。

2. 材料为 Q235-A。

3. 表面处理：①不经处理；②镀锌钝化按 GB/T 5267.1 规定。

3.7.3　螺柱

双 头 螺 柱

GB/T 897—1988（b_m=1d）　GB/T 898—1988（b_m=1.25d）　GB/T 899—1988（b_m=1.5d）　GB/T 900—1988（b_m=2d）

A 型

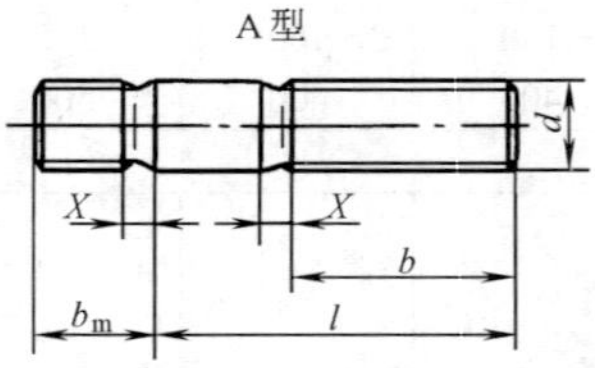

B 型

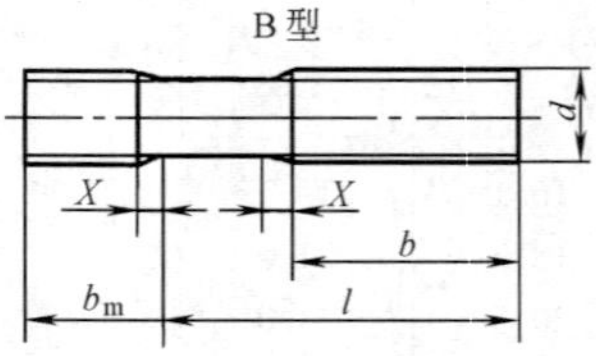

X≈1.5P（粗牙螺距）

标记示例

两端型式	d/mm	l/mm	性能等级	表面处理	型号	b_m/mm	标记
两端均为粗牙普通螺纹	10	50	4.8	不处理	B	1d	螺柱 GB/T 897M10×50
旋入机体一端为粗牙普通螺纹，旋螺母一端为螺距 P=1mm 的细牙普通螺纹	10	50	4.8	不处理	A	1d	螺柱 GB/T 897AM10-M10×1×50
旋入机体一端为过渡配合螺纹的第一种配合，旋螺母一端为粗牙普通螺纹	10	50	8.8	镀锌钝化	B	1d	螺柱 GB/T 897 GM10-M10×50-8.8-Zn · D
旋入机体一端为过盈配合螺纹，旋螺母一端为粗牙普通螺纹	10	50	8.8	镀锌钝化	A	2d	螺柱 GB/T 900 AYM10-M10×50-8.8-Zn · D

表 6-1-105

mm

螺纹规格 d	M2	M2.5	M3	M4	M5	M6	M8	M10	M12	(M14)	M16	(M18)	M20	(M22)	M24	(M27)	M30	(M33)	M36	(M39)	M42	M48	
b_m GB/T 897	—	—	—	—	5	6	8	10	12	14	16	18	20	22	24	27	30	33	36	39	42	48	
b_m GB/T 898	—	—	—	—	6	8	10	12	15	—	20	—	25	—	30	—	38	—	45	—	52	60	
b_m GB/T 899	3	3.5	4.5	6	8	10	12	15	18	21	24	27	30	33	36	40	45	49	54	58	63	72	
b_m GB/T 900	4	5	6	8	10	12	16	20	24	28	32	36	40	44	48	54	60	66	72	78	84	96	
l	b																						l
12																							140
(14)	6																						150
16		8							36	40													160
(18)			6	8	10						44	48	52	56	60	66	72	78	84	90	96	108	170
20	10					10	12																180
(22)																							190
25		11						14															200
(28)						14	16		16														210
30			12																				220
(32)				14				16		18	20						85						230
35					16				20									91	97	103	109	121	240
(38)												22	25										250
40										25				30									260
45											30				30								280
50						18						35	35										300
(55)							22									35							
60														40									
(65)															45		40	45					
70																			45	50	50		
(75)																50							
80								26	30	34							50						
(85)																		60					
90											38	42	46	50					60	65	70	60	
(95)															54								
100																60	66					80	
110																		72	78	84	90	102	
120																							
130								32															
100mm 长的质量/kg≈	0.002	0.003	0.005	0.009	0.015	0.022	0.041	0.065	0.096	0.134	0.183	0.235	0.301	0.377	0.454	0.604	0.766	0.968	1.197	1.463	1.737	2.409	

技术条件	材料	性能等级	过渡及过盈配合螺纹	螺纹公差	表面处理(GB/T 897、GB/T 898)	表面处理(GB/T 899、GB/T 900)	产品等级：B
	钢	4.8, 5.8, 6.8, 8.8, 10.9, 12.9	GM, G3M, YM(GB/T 900)	6g	不经处理;氧化;镀锌钝化	不经处理;氧化;镀锌钝化	
	不锈钢	A2-50, A2-70	GM, G2M(GB/T 897, GB/T 898, GB/T 899)	6g	不经处理;氧化;镀锌钝化	不经处理	

注：1. 左边的 l 系列查左边两粗黑线之间的 b 值，右边的 l 系列查右边的粗黑线上方的 b 值。2. 当 $(b-b_m)\leqslant 5$mm 时，旋螺母一端应制成倒圆端。3. 允许采用细牙螺纹和过渡配合螺纹。4. GB/T 898—1988 d=M5~M20 为商品规格，其余均为通用规格。5. $b_m=d$ 一般用于钢对钢；$b_m=(1.25\sim1.5)d$，一般用于钢对铸铁；$b_m=2d$ 一般用于钢对铝合金。6. 末端按 GB/T 2 规定。

等长双头螺柱 B 级（摘自 GB/T 901—1988）

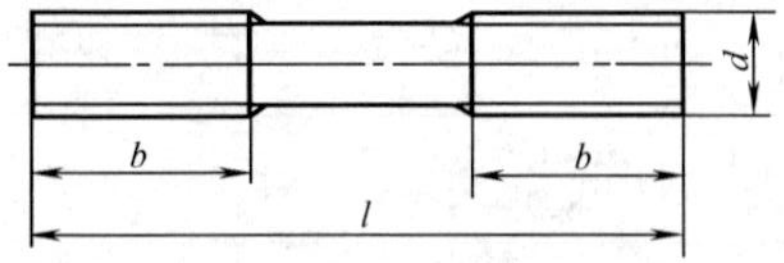

标记示例

螺纹直径 d=12mm、长度 l=100mm、性能等级 4.8 级、不经表面处理的等长双头螺柱，标记为：

螺柱 GB/T 901 M12×100

表 6-1-106

mm

螺纹规格 d	M2	M2.5	M3	M4	M5	M6	M8	M10	M12	(M14)	M16	(M18)	M20	(M22)	M24	(M27)	M30	(M33)	M36	(M39)	M42	M48	M56
b	10	11	12	14	16	18	28	32	36	40	44	48	52	56	60	66	72	78	84	89	96	108	124
l	10~60	10~80	12~250	16~300	20~300	25~300	32~300	40~300	50~300	60~300	60~300	60~300	70~300	80~300	90~300	100~300	120~400	140~400	140~500	140~500	140~500	150~500	190~500
100mm 长的质量/kg≈	0.002	0.003	0.004	0.007	0.012	0.017	0.031	0.049	0.071	0.097	0.131	0.162	0.205	0.252	0.295	0.381	0.467	0.574	0.678	0.806	0.929	1.219	1.674
l 系列	10,12,(14),16,(18),20,(22),25,(28),30,(32),35,(38),40,45,50,(55),60,(65),70,(75),80,(85),90,(95),100,110,120,130,140,150,160,170,180,190,200,(210),220,(230),(240),250,(260),280,300,320,350,380,400,420,450,480,500																						

技术条件		钢	不锈钢		
	材 料	钢	不锈钢	普通螺纹公差：6g	产品等级：B
	性能等级	4.8、5.8、6.8、8.8、10.9、12.9	A2-50、A2-70		
	表面处理	不经处理；镀锌钝化	不经处理		

注：1. 根据使用要求，可采用 30Cr、40Cr、30CrMnSi、35CrMoA、40MnA 及 40B 等材料制造螺柱，其性能按供需双方协议。2. 当 l≤50mm 或 l≤2b 时，允许螺柱上全部制出螺纹；但当l≤2b 时，也允许制出长度不大于 4P（粗牙螺纹螺距）的无螺纹部分。3. M2~M27 为商品规格。M30~M56 为通用规格。4. 末端按 GB/T 2 规定。

等长双头螺柱 C 级（摘自 GB/T 953—1988）

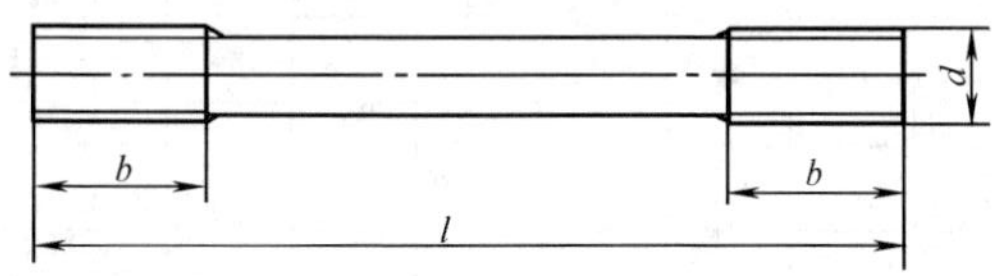

标记示例

螺纹直径 d=10mm、长度 l=100mm、螺纹长度 b=26mm、性能等级 4.8 级、不经表面处理的等长双头螺柱，标记为：

螺柱 GB/T 953 M10×100

需要加长螺纹时，应加标记“Q”：螺柱 GB/T 953 M10×100-Q

表 6-1-107

mm

螺纹规格 d		M8	M10	M12	(M14)	M16	(M18)	M20	(M22)	M24	(M27)	M30	(M33)	M36	(M39)	M42	M48
b	标准	22	26	30	34	38	42	46	50	54	60	66	72	78	84	90	102
	加长	41	45	49	53	57	61	65	69	73	79	85	91	97	103	109	121
通用规格长度 l		100~600	100~800	150~1200		200~1500		260~1500	260~1800	300~1800	300~2000	350~2500				500~2500	
l 系列		100~200(10 进位),220~320(20 进位),350,380,400,420,450,480,500~1000(50 进位),1100~2500(100 进位)															
100mm 长的质量/kg≈		0.031	0.049	0.071	0.097	0.131	0.162	0.205	0.252	0.300	0.383	0.471	0.576	0.683	0.812	0.927	1.217
技术条件		材料：钢		性能等级：4.8、6.8、8.8				螺纹公差：8g		产品等级：C		表面处理：不经处理；镀锌钝化					

注：末端按 GB/T 2 规定。

手工焊用焊接螺柱（摘自 GB/T 902.1—2008）

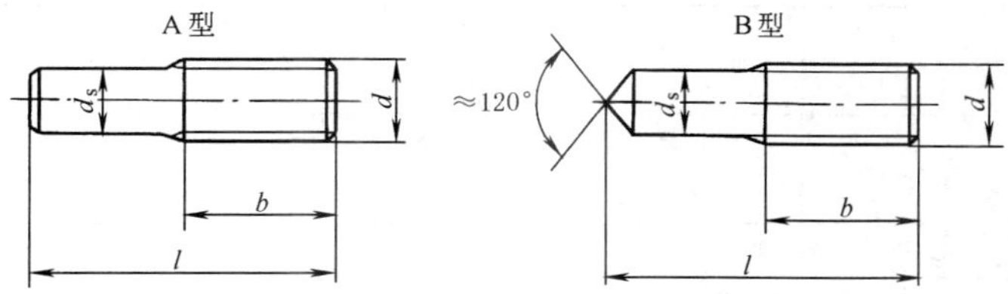

标记示例

螺纹规格 d=M10、公称长度 l=50mm、性能等级 4.8 级、不经表面处理、按 A 型制造的手工焊用焊接螺柱，标记为：螺柱 GB/T 902.1　M10×50

需要加长螺纹时，应加标记“Q”：螺柱 GB/T 902.1　M10×50-Q

按 B 型制造时，应加标记“B”：螺柱 GB/T 902.1　M10×50-B

表 6-1-108　　mm

螺纹规格 d		M3	M4	M5	M6	M8	M10	M12	(M14)	M16	(M18)	M20
b^{+2P}_{0}	标准	12	14	16	18	22	26	30	34	38	42	46
	加长	15	20	22	24	28	45	49	53	57	61	65
商品规格长度 l		10~80	10~80	12~90	16~100	20~200	25~240	30~240	35~280	45~280	50~300	60~300
l 系列		10,12,16,20,25,30,35,40,45,50,(55),60,(65),70,80,90,100,110,120,130,140,150,160,180,200,220,240,260,280,300										
技术条件		材料：普碳钢		公差等级：6g		性能等级：4.8				表面处理：不经处理；镀锌钝化		

注：1. d_s 约等于螺纹中径；末端按 GB/T 2 的规定制成倒角端，如需方同意也可制成辗制末端。

2. P 为螺距。

电弧螺柱焊用焊接螺柱（摘自 GB/T 902.2—2010）

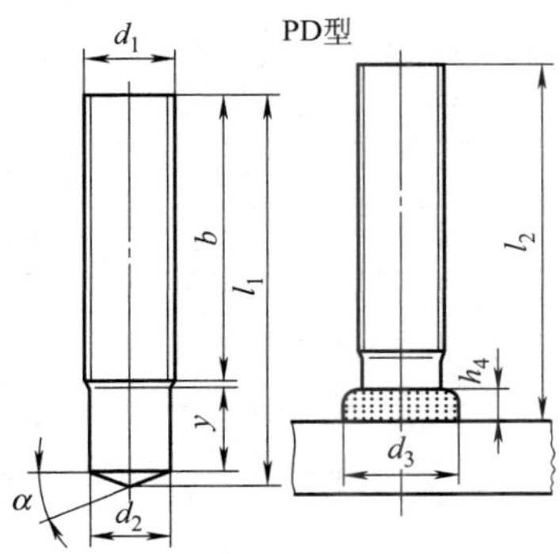

(a) 焊接前　(b) 焊接后

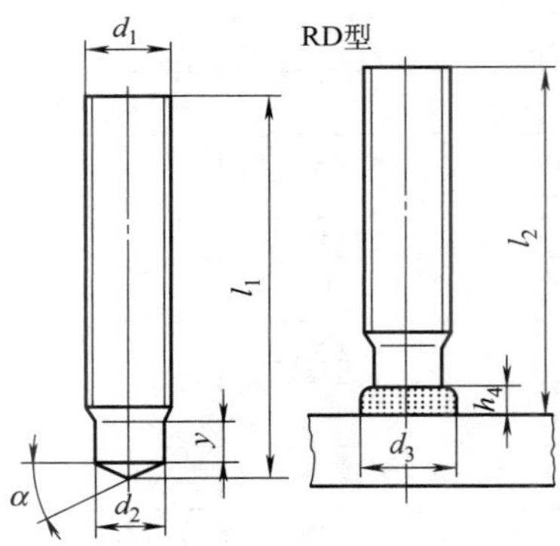

(a) 焊接前　(b) 焊接后

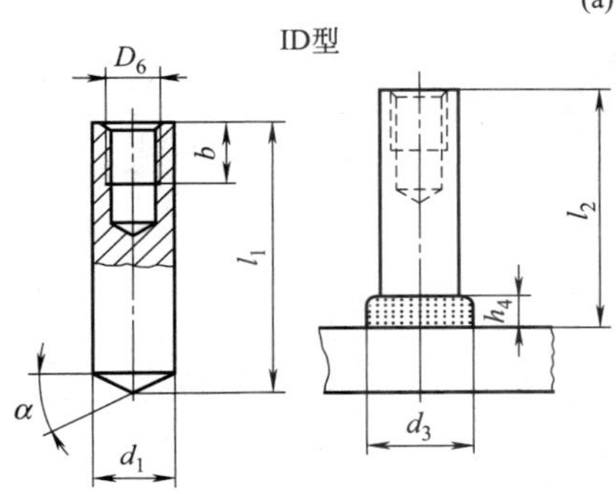

(a) 焊接前　(b) 焊接后

表 6-1-109　　螺纹螺柱尺寸　　mm

PD 型

d_1	M6		M8		M10		M12		M16		M20		M24	
d_2	5.35		7.19		9.03		10.86		14.6		18.38		22.05	
d_3	8.5		10		12.5		15.5		19.5		24.5		30	
h_4	3.5		3.5		4		4.5		6		7		10	
$\alpha\pm2.5°$	22.5°		22.5°		22.5°		22.5°		22.5°		22.5°		22.5°	
$l_1\pm1$	$l_2+2.2$		$l_2+2.4$		$l_2+2.6$		$l_2+3.1$		$l_2+3.9$		$l_2+4.3$		$l_2+5.1$	
l_2	y_{min}	b	y_{min}	b	y_{min}	b	y_{min}	b	y_{min}	b	y_{min}	b	y_{min}	b
15	9	—	—	—	—	—	—	—	—	—	—	—	—	—
20	9	—	9	—	9.5	—	—	—	—	—	—	—	—	—
25	9	—	9	—	9.5	—	11.5	—	—	—	—	—	—	—
30	9	—	9	—	9.5	—	11.5	—	13.5	—	—	—	—	—
35	—	20	9	—	9.5	—	11.5	—	13.5	—	15.5	—	—	—
40	—	20	9	—	9.5	—	11.5	—	13.5	—	15.5	—	—	—
45	—	—	9	—	9.5	—	11.5	—	13.5	—	15.5	—	—	—
50	—	—	—	40	—	40	—	40	13.5	—	—	35	20	—
55	—	—	—	—	—	—	—	—	—	40	—	40	—	—
60	—	—	—	—	—	—	—	—	—	40	—	40	—	—
65	—	—	—	—	—	—	—	—	—	40	—	40	—	—
70	—	—	—	—	—	—	—	—	—	—	—	40	—	50
80	—	—	—	—	—	—	—	—	—	—	—	50	—	50
100	—	—	—	—	—	40	—	40	—	80	—	70	—	70
140	—	—	—	—	—	80	—	80	—	80	—	—	—	—
150	—	—	—	—	—	80	—	80	—	80	—	—	—	—
160	—	—	—	—	—	80	—	80	—	80	—	—	—	—

RD 型（$15mm\leqslant l_2\leqslant100mm$）

d_1	M6	M8	M10	M12	M16	M20	M24
d_2	4.7	6.2	7.9	9.5	13.2	16.5	20
d_3	7	9	11.5	13.5	18	23	28
h_4	2.5	2.5	3	4	5	6	7
y_{min}	4	4	5	6	7.5/11[a]	9/13[a]	12/15[a]
$\alpha\pm2.5°$	22.5°	22.5°	22.5°	22.5°	22.5°	22.5°	22.5°
$l_1\pm1$	$l_2+2.0$	$l_2+2.2$	$l_2+2.4$	$l_2+2.8$	$l_2+3.6$	$l_2+3.9$	$l_2+4.7$

ID 型

d_1	10	10	12	14.6	14.6	16	18
D_6	M5	M6	M8	M8	M10	M10	M12
d_3	13	13	16	18.5	18.5	21	23
b	7	9	9.5	15	15	15	18
h_4	4	4	5	6	6	7	7
l_2	15	15	20	25	25	25	30
$\alpha\pm2.5°$	22.5°	22.5°	22.5°	22.5°	22.5°	22.5°	22.5°
$l_1\pm1$	$l_2+2.8$	$l_2+2.8$	$l_2+3.4$	$l_2+3.9$	$l_2+3.9$	$l_2+3.9$	$l_2+4.2$

3.7.4 螺钉

表 6-1-110 螺钉汇总表

类别	名　称	标准号	规　格/mm		特性和用途
			d	L或l	
机螺钉	十字槽盘头螺钉 十字槽半沉头螺钉 十字槽沉头螺钉 十字槽沉头螺钉 十字槽圆柱头螺钉 开槽圆柱头螺钉 开槽盘头螺钉 开槽沉头螺钉 开槽半沉头螺钉 内六角圆柱头螺钉 内六角平圆头螺钉 内六角沉头螺钉	GB/T 818—2000 GB/T 820—2000 GB/T 819.1—2000 GB/T 819.2—1997 GB/T 822—2000 GB/T 65—2000 GB/T 67—2008 GB/T 68—2000 GB/T 69—2000 GB/T 70.1—2008 GB/T 70.2—2008 GB/T 70.3—2008	M1.6～M10 M1.6～M10 M1.6～M10 M2～M10 M2.5～M8 M1.6～M10 M1.6～M10 M1.6～M10 M1.6～M10 M1.6～M64 M3～M16 M3～M20	3～60 3～60 3～60 3～60 2～80 2～80 2～80 2.5～80 2.5～80 2.5～300 6～50 6～100	**开槽**(一字槽)　多用于较小零件的连接 **十字槽**　螺钉旋拧时对中性好，易实现自动化装配，外形美观，生产效率高，槽的强度高，不易拧秃、打滑，需用专用旋具装卸 **内六角**　可施加较大的拧紧力矩，连接强度高，一般能代替六角螺栓，头部能埋入零件内，用于结构要求紧凑、外形平滑的连接处 **方头**　可施加更大的拧紧力矩，顶紧力大，不易拧秃，但头部较大，不便埋入零件内，不安全，特别是运动部位不宜使用 **紧定螺钉锥端**(有尖)　借锐利的端头直接顶紧零件，一般用于安装后不常拆卸处，或顶紧硬度小的零件 尖端——适用于硬度较小的零件 凹端——适用于硬度较大的零件 **紧定螺钉锥端**(无尖)　在零件的顶紧面上要打坑眼，使锥面压在坑眼边上，锥端压在坑中能大大增加传递载荷的能力 **紧定螺钉平端圆尖端**　端头平滑，顶紧后不伤零件表面，多用于常调节位置的连接处，传递载荷较小 平端——接触面积大，可用于顶硬度大的零件，顶紧面应是平面 圆尖端——圆弧头除顶压平面外，还可压在零件表面的U形沟、V形槽或圆窝中 **紧定螺钉圆柱端**　用于经常调节位置或固定装在管轴(薄壁件)上的零件，圆柱端头进入在管轴上打的孔眼中，端头靠剪切作用可传递较大的载荷，使用这种螺钉应有防止松脱的装置 **紧定螺钉硬度**　应比被紧定零件高，一般紧定螺钉热处理硬度为28～38HRC **不脱出螺钉**　多用于振动较大需不脱出的场合，可在细的螺钉杆处装上防脱零件 **自攻螺钉**　多用于连接较薄的钢板和有色金属板。螺钉较硬，一般热处理硬度为50～58HRC，在被连接件上可不预先制出螺纹，在连接时利用螺钉直接攻出螺纹 **吊环螺钉**　安装和运输时起重用
紧定螺钉	开槽锥端紧定螺钉 开槽平端紧定螺钉 开槽凹端紧定螺钉 开槽长圆柱端紧定螺钉 内六角平端紧定螺钉 内六角锥端紧定螺钉 内六角凹端紧定螺钉 内六角圆柱端紧定螺钉 方头长圆柱球面端紧定螺钉 方头凹端紧定螺钉 方头长圆柱端紧定螺钉 方头平端紧定螺钉 方头短圆柱锥端紧定螺钉	GB/T 71—1985 GB/T 73—1985 GB/T 74—1985 GB/T 75—1985 GB/T 77—2007 GB/T 78—2007 GB/T 80—2007 GB/T 79—2007 GB/T 83—1988 GB/T 84—1988 GB/T 85—1988 GB/T 821—1988 GB/T 86—1988	M1.2～M12 M1.2～M12 M1.6～M12 M1.6～M12 M1.6～M24 M1.6～M24 M1.6～M24 M1.6～M24 M8～M20 M5～M20 M5～M20 M5～M20 M5～M20	2～60 2～60 2～60 2～60 2～60 2～60 2～60 2～60 16～100 10～100 12～100 8～100 12～100	
定位螺钉	开槽锥端定位螺钉	GB/T 72—1988	M3～M12	4～50	
不脱出螺钉	六角头不脱出螺钉 开槽沉头不脱出螺钉	GB/T 838—1988 GB/T 948—1988	M5～M16 M3～M10	14～100 10～60	
自攻螺钉和木螺钉	十字槽盘头自攻螺钉 十字槽沉头自攻螺钉 十字槽半沉头自攻螺钉 六角头自攻螺钉 十字槽盘头自攻锁紧螺钉 十字槽沉头自攻锁紧螺钉 六角头自攻锁紧螺钉 十字槽沉头木螺钉 十字槽半沉头木螺钉 十字槽圆头木螺钉 开槽圆头木螺钉 开槽沉头木螺钉 开槽半沉头木螺钉 六角头木螺钉	GB/T 845—1985 GB/T 846—1985 GB/T 847—1985 GB/T 5285—1985 GB/T 6560—1986 GB/T 6561—1986 GB/T 6563—1986 GB/T 951—1986 GB/T 952—1986 GB/T 950—1986 GB/T 99—1986 GB/T 100—1986 GB/T 101—1986 GB/T 102—1986	ST2.2～M9.5 ST2.2～M9.5 ST2.2～M9.5 ST2.2～M9.5 M2～M6 M2.5～M6 M5～M12 2～10 2～10 2～10 1.6～10 1.6～10 1.6～10 6～20	4.5～50 4.5～50 4.5～50 4.5～50 4～40 6～40 6～80 6～120 6～120 6～120 6～120 6～120 6～120 35～250	
吊环螺钉	吊环螺钉	GB/T 825—1988	M8～M100	16～140	

十字槽盘头螺钉（摘自 GB/T 818—2000）

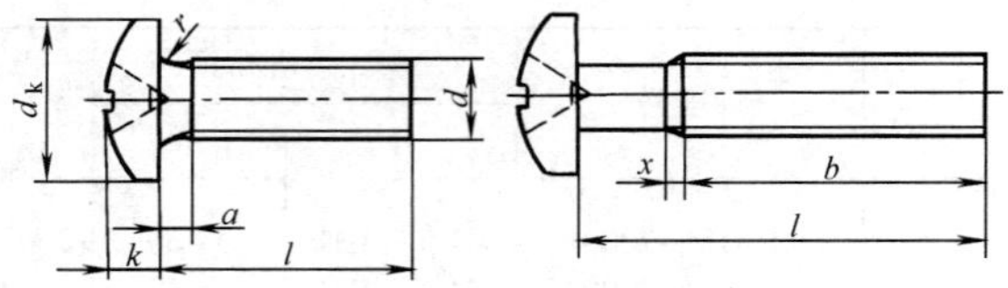

十字槽沉头螺钉（摘自 GB/T 819.1—2000）

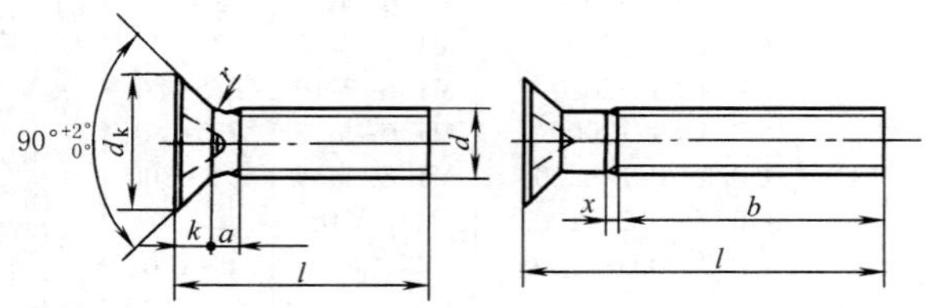

十字槽半沉头螺钉（摘自 GB/T 820—2000）

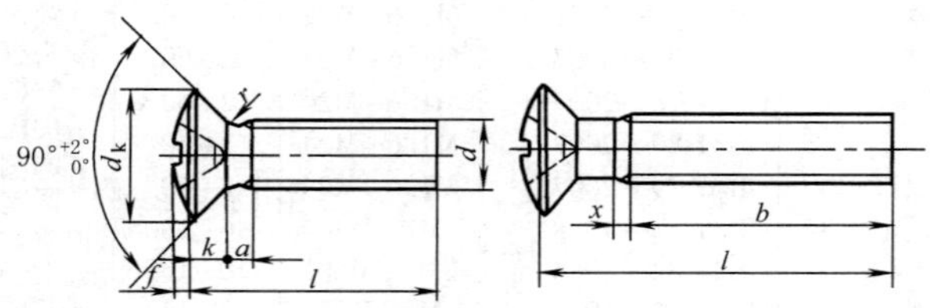

标记示例

螺纹规格 d=M5、公称长度 l=20mm、性能等级为 4.8 级、不经表面处理的 H 型十字槽盘头螺钉，标记为：

螺钉　GB/T 818 M5×20

表 6-1-111

mm

螺纹规格 d		M1.6	M2	M2.5	M3	(M3.5)	M4	M5	M6	M8	M10
a(最大)		0.7	0.8	0.9	1	1.2	1.4	1.6	2	2.5	3
b(最小)		25	25	25	25	38	38	38	38	38	38
x(最大)		0.9	1	1.1	1.25	1.5	1.75	2	2.5	3.2	3.8
商品规格长度 l		3~16	3~20	3~25	4~30	5~30	5~40	6~45	8~60	10~60	12~60
GB/T 818	d_k(最大)	3.2	4	5	5.6	7	8	9.5	12	16	20
	k(最大)	1.3	1.6	2.1	2.4	2.6	3.1	3.7	4.6	6	7.5
	r(最小)	0.1	0.1	0.1	0.1	0.1	0.2	0.2	0.25	0.4	0.4
	全螺纹长度 b	3~25	3~25	3~25	4~25	5~40	5~40	6~40	8~40	10~40	12~40

续表

螺纹规格 d		M1.6	M2	M2.5	M3	(M3.5)	M4	M5	M6	M8	M10
GB/T 819.1 GB/T 820	d_k(最大)	3	3.8	4.7	5.5	7.3	8.4	9.3	11.3	15.8	18.3
	$f\approx$	0.4	0.5	0.6	0.7	0.8	1	1.2	1.4	2	2.3
	k(最大)	1	1.2	1.5	1.65	2.35	2.7	2.7	3.3	4.65	5
	r(最大)	0.4	0.5	0.6	0.8	0.9	1	1.3	1.5	2	2.5
	全螺纹长度 b	3~30	3~30	3~30	4~30	5~45	5~45	6~45	8~45	10~45	12~45
l 系列		3,4,5,6,8,10,12,(14),16,20,25,30,35,40,45,50,(55),60									

技术条件	材　料	钢	不锈钢	有色金属	螺纹公差:6g	产品等级:A
	性能等级	4.8	A2-50、A2-70	CU2、CU3、AL4		
	表面处理	不经处理	简单处理	简单处理		

注：GB/T 819.1—2000 仅有钢制，4.8 级螺钉。

十字槽沉头螺钉（摘自 GB/T 819.2—1997）

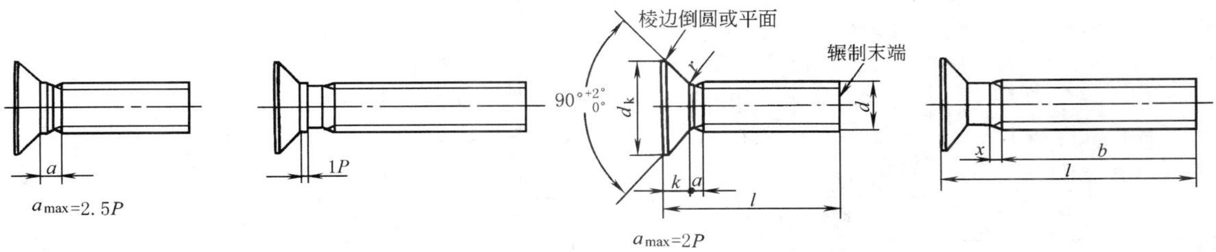

头下带台肩的螺钉（见 GB/T 5279.2），用于插入深度系列 1（深的）

头下不带台肩的螺钉（见 GB/T 5279.2），用于插入深度系列 2（浅的）

标记示例

螺纹规格 d=M5、公称长度 l=20mm、性能等级为 8.8 级、不经表面处理的十字槽沉头螺钉，标记为：

螺钉　GB/T 819.2　M5×20

表 6-1-112　　mm

螺纹规格 d	M2	M2.5	M3	(M3.5)	M4	M5	M6	M8	M10
螺距 P	0.4	0.45	0.5	0.6	0.7	0.8	1	1.25	1.5
b(最小)	25	25	25	38	38	38	38	38	38
d_k(最大)	4.4	5.5	6.3	8.2	9.4	10.4	12.6	17.3	20
k(最大)	1.2	1.5	1.65	2.35	2.7	2.7	3.3	4.65	5
r(最小)	0.5	0.6	0.8	0.9	1	1.3	1.5	2	2.5
商品长度 l	3~20	3~25	4~30	5~35	5~40	6~50	8~60	10~60	12~60
l 系列	3,4,5,6,8,10,12,(14),16,20,25,30,35,40,45,50,(55),60								

技术条件	材　料	钢	不锈钢	有色金属	螺纹公差	6g	产品等级	A
	性能等级	8.8	A2-70	CU2,CU3				
	表面处理	不经处理或简单处理;镀锌钝化;如需不同电镀技术要求或需其他的表面处理,应由供需双方协议						

十字槽圆柱头螺钉（摘自 GB/T 822—2000）

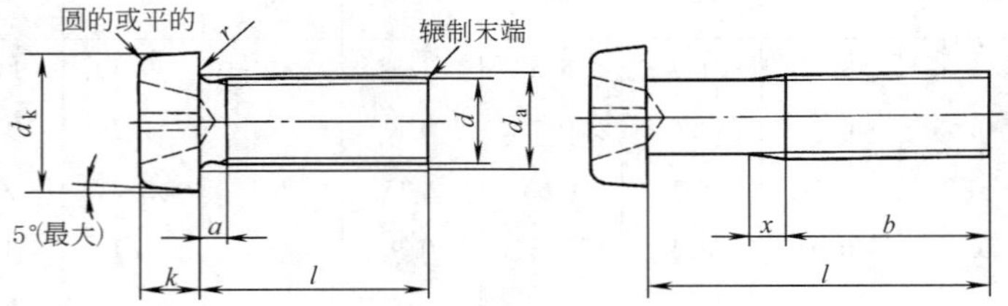

标记示例

螺纹规格d=M5、公称长度l=20mm、性能等级4.8级、不经表面处理的H型十字槽圆柱头螺钉，标记为：

螺钉　GB/T 822　M5×20

表 6-1-113　　mm

螺纹规格 d	M2.5	M3	(M3.5)	M4	M5	M6	M8
a(最大)	0.9	1	1.2	1.4	1.6	2	2.5
b(最小)	25	25	25	38	38	38	38
d_a(最大)	3.1	3.5	4.1	4.7	5.7	6.8	9.2
d_k(最大)	4.5	5.5	6	7	8.5	10	13
k(最大)	1.8	2	2.4	2.6	3.3	3.9	5
x(最大)	1.1	1.25	1.5	1.75	2	2.5	3.2
r	0.1	0.1	0.1	0.2	0.2	0.25	3.2
通用规格长度 l	3~25	4~30	5~35	5~40	6~45	8~60	10~80
全螺纹长度 l	3~30	4~30	5~40	5~40	6~40	8~40	10~40
l 系列	2,3,4,5,6,8,10,12,16,20,25,30,35,40,45,50,60,70,80						
技术条件	材　料	钢	不锈钢	有色金属	螺纹公差：6g		产品等级：A
	性能等级	4.8,5.8	A2-70	CU2,CU3,AL4			
	表面处理	不经处理	简单处理	简单处理			

开槽圆柱头螺钉（摘自 GB/T 65—2000）、开槽盘头螺钉（摘自 GB/T 67—2008）

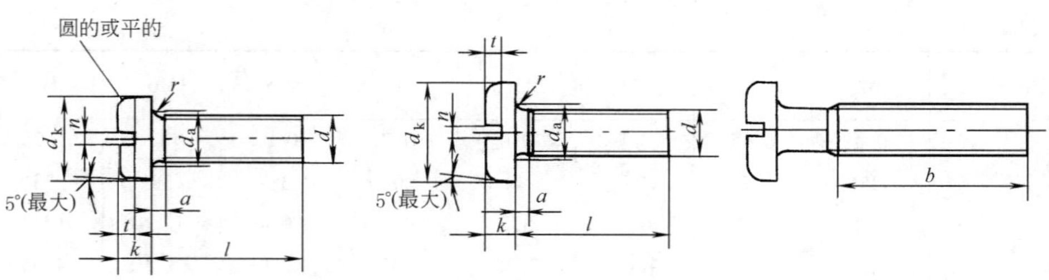

开槽沉头螺钉（摘自 GB/T 68—2000）

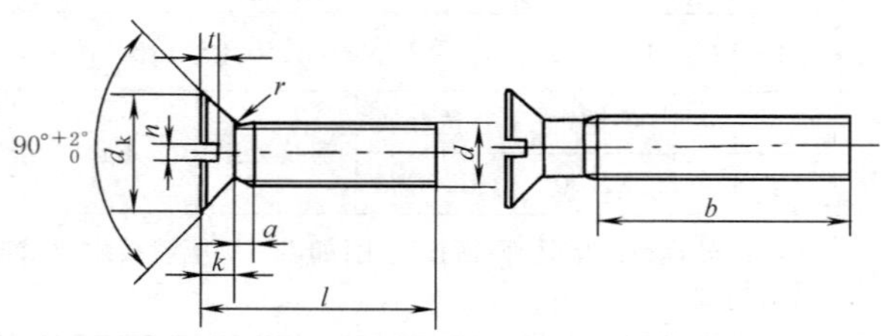

开槽半沉头螺钉（摘自 GB/T 69—2000）

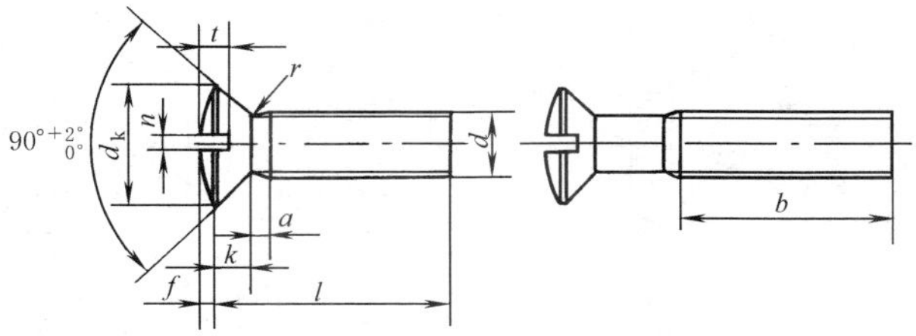

标记示例

螺纹规格d=M5、公称长度 l=20mm、性能等级 4.8 级、不经表面处理的开槽圆柱头螺钉，标记为：

螺钉　GB/T 65　M5×20

表 6-1-114　　mm

螺纹规格 d		M1.6	M2	M2.5	M3	(M3.5)	M4	M5	M6	M8	M10
a(最大)		0.7	0.8	0.9	1	1.2	1.4	1.6	2	2.5	3
b(最小)		25	25	25	25	38	38	38	38	38	38
n(公称)		0.4	0.5	0.6	0.8	1	1.2	1.2	1.6	2	2.5
GB/T 65	d_k(最大)	3	3.8	4.5	5.5	6	7	8.5	10	13	16
	k(最大)	1.1	1.4	1.8	2	2.4	2.6	3.3	3.9	5	6
	t(最小)	0.45	0.6	0.7	0.85	1	1.1	1.3	1.6	2	2.4
	d_a(最大)	2	2.6	3.1	3.6	4.1	4.7	5.7	6.8	9.2	11.2
	r(最小)	0.1	0.1	0.1	0.1	0.1	0.2	0.2	0.25	0.4	0.4
	商品规格长度 l	2~16	3~20	3~25	4~30	5~35	5~40	6~50	8~60	10~80	12~80
	全螺纹长度 l	2~30	3~30	3~30	4~30	5~40	5~40	6~40	8~40	10~40	12~40
GB/T 67	d_k(最大/最小)	3.2/2.9	4/3.7	5/4.7	5.6/5.3	7/6.64	8/7.64	9.5/9.14	12/11.57	16/15.57	20/19.48
	k(最大/最小)	1/0.85	1.3/1.16	1.5/1.36	1.8/1.66	2.1/1.96	2.4/2.26	3/2.86	3.6/3.3	4.8/4.5	6/5.7
	t(最小)	0.35	0.5	0.6	0.7	0.8	1	1.2	1.4	1.9	2.4
	d_a(最大)	2	2.6	3.1	3.6	4.1	4.7	5.7	6.8	9.2	11.2
	r(最小)	0.1	0.1	0.1	0.1	0.1	0.2	0.2	0.25	0.4	0.4
	商品规格长度 l	2~16	2.5~20	3~25	4~30	5~35	5~40	6~50	8~60	10~80	12~80
	全螺纹长度 l	2~30	2.5~30	3~30	4~30	5~40	5~40	6~40	8~40	10~40	12~40
GB/T 68 GB/T 69	d_k(最大)	3	3.8	4.7	5.5	7.3	8.4	9.3	11.3	15.8	18.3
	k(最大)	1	1.2	1.5	1.65	2.35	2.7	2.7	3.3	4.65	5
	r(最大)	0.4	0.5	0.6	0.8	0.9	1	1.3	1.5	2	2.5
	t(最小) GB/T 68	0.32	0.4	0.5	0.6	0.9	1	1.1	1.2	1.8	2
	t(最小) GB/T 69	0.64	0.8	1	1.2	1.45	1.6	2	2.4	3.2	3.8
	f≈	0.4	0.5	0.6	0.7	0.8	1	1.2	1.4	2	2.3
	商品规格长度 l	2.5~16	3~20	4~25	5~30	6~35	6~40	8~50	8~60	10~80	12~80
	全螺纹长度 l	2.5~30	3~30	4~30	5~30	6~45	6~45	8~45	8~45	10~45	12~45

注：技术条件同表 6-1-111，但材料为钢时的性能等级多一个 5.8 级。

内六角圆柱头螺钉（摘自 GB/T 70.1—2008）

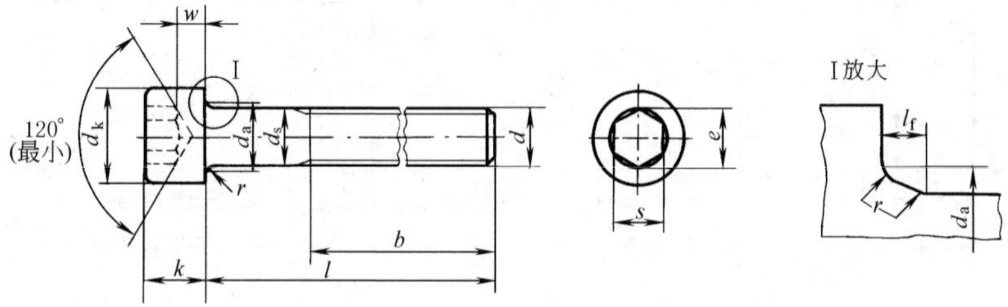

标记示例

螺纹规格 D=M5、公称长度 l=20mm、性能等级 8.8 级、表面氧化的 A 级内六角圆柱螺钉，标记为：GB/T 70.1　M5×20

表 6-1-115

mm

螺纹规格 d	M1.6	M2	M2.5	M3	M4	M5	M6	M8	M10	M12	(M14)	M16	M20	M24	M30	M36	M42	M48	M56	M64
螺距 P	0.35	0.4	0.45	0.5	0.7	0.8	1	1.25	1.5	1.75	2	2	2.5	3	3.5	4	4.5	5	5.5	6
b	15	16	17	18	20	22	24	28	32	36	40	44	52	60	72	84	96	106	124	140
d_k(最大)①	3	3.8	4.5	5.5	7	8.5	10	13	16	18	21	24	30	36	45	54	63	72	84	96
d_k(最大)②	3.14	3.98	4.68	5.68	7.22	8.72	10.22	13.27	16.27	18.27	21.33	24.33	30.33	36.39	45.39	54.46	63.46	72.46	84.54	96.54
d_a(最大)	2	2.6	3.1	3.6	4.7	5.7	6.8	9.2	11.2	13.7	15.7	17.7	22.4	26.4	33.4	39.4	45.6	52.6	63	71
d_s(最大)	1.6	2	2.5	3	4	5	6	8	10	12	14	16	20	24	30	36	42	48	56	64
e(最小)	1.73	1.73	2.3	2.87	3.44	4.58	5.72	7.78	9.15	11.43	13.72	16	19.44	21.73	25.15	30.85	36.57	41.13	46.83	52.53
l_f(最大)	0.34	0.51	0.51	0.51	0.6	0.6	0.68	1.02	1.02	1.45	1.45	1.45	2.04	2.04	2.89	2.89	3.06	3.91	5.95	5.95
k(最大)	1.6	2	2.5	3	4	5	6	8	10	12	14	16	20	24	30	36	42	48	56	64
r(最小)	0.1	0.1	0.1	0.1	0.2	0.2	0.25	0.4	0.4	0.6	0.6	0.6	0.8	0.8	1	1	1.2	1.6	2	2
s(公称)	1.5	1.5	2	2.5	3	4	5	6	8	10	12	14	17	19	22	27	32	36	41	46
w(最小)	0.55	0.55	0.85	1.15	1.4	1.9	2.3	3.3	4	4.8	5.8	6.8	8.8	10.4	13.1	15.3	16.3	17.5	19	22
商品规格长度 l	2.5~16	3~20	4~25	5~30	6~40	8~50	10~60	12~80	16~100	20~120	25~140	25~160	30~200	40~200	45~200	55~200	60~300	70~300	80~300	90~300
全螺纹长度 l	2.5~16	3~16	4~20	5~20	6~20	8~20	10~30	12~35	16~40	20~50	25~55	25~60	30~70	40~80	45~100	55~110	60~130	70~150	80~160	100~180
l 系列	2.5, 3, 4, 5, 6, 8, 10, 12, 16, 20, 25, 30, 35, 40, 45, 50, 55, 60, 65, 70, 80, 90, 100, 110, 120, 130, 140, 150, 160, 180, 200, 220, 240, 260, 280, 300																			

<table>
<tr><td rowspan="4">技术条件</td><td>材　　料</td><td>钢</td><td>不　锈　钢</td><td>有 色 金 属</td><td>螺 纹 公 差</td><td>产 品 等 级</td></tr>
<tr><td>性能等级</td><td>d<M3 或 d>M39:按协议
M3≤d≤M39:8.8、10.9、12.9</td><td>d≤M24:A2-70、A3-70、A4-70、A5-70
M24<d≤M39:A2-50、A3-50、A4-50、A5-50
d>M39:按协议</td><td>CU2,CU3</td><td rowspan="3">12.9 级:5g、6g
其他等级:6g</td><td rowspan="3">A</td></tr>
<tr><td rowspan="2">表面处理</td><td>氧　　化</td><td>简单处理</td><td>简单处理</td></tr>
<tr><td colspan="3">①电镀技术要求按 GB/T 5267.1
②非电解锌粉覆盖层技术要求按 GB/T 5267.2
③如需其他表面镀层或表面处理，应由供需双方协议</td></tr>
</table>

①光滑头部。②滚花头部。

内六角平圆头螺钉（摘自 GB/T 70.2—2008）

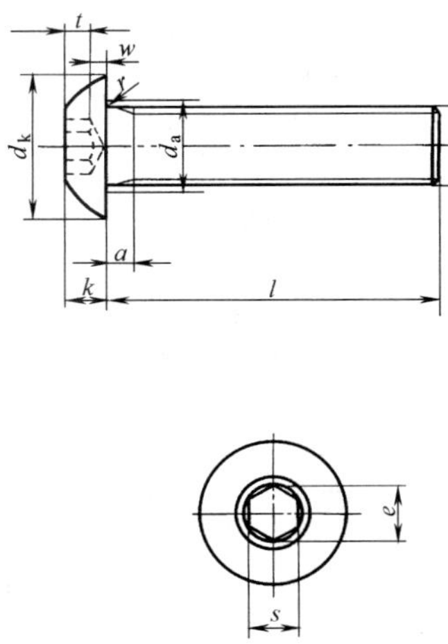

内六角沉头螺钉（摘自 GB/T 70.3—2008）

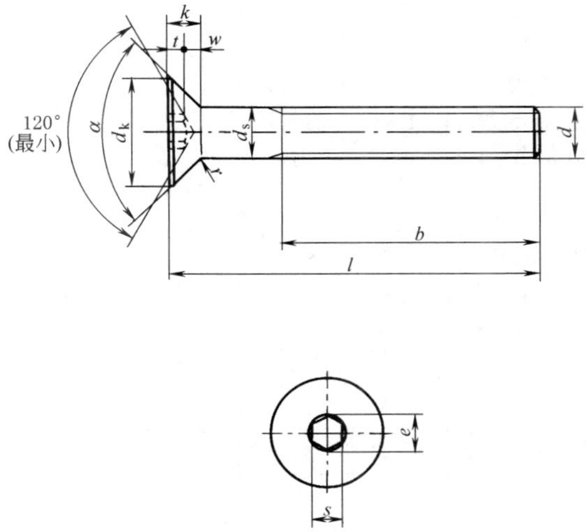

标记示例

螺纹规格 d=M12、公称长度 l=40mm、性能等级 12.9 级、表面氧化的 A 级内六角平圆头螺钉，标记为：

螺钉　GB/T 70.2　M12×40

螺纹规格 d=M12、公称长度 l=40mm、性能等级 8.8 级、表面氧化的 A 级内六角沉头螺钉，标记为：

螺钉　GB/T 70.3　M12×40

表 6-1-116　　mm

螺纹规格 d		M3	M4	M5	M6	M8	M10	M12	M16
螺距 P		0.5	0.7	0.8	1	1.25	1.5	1.75	2
s(公称)		2	2.5	3	4	5	6	8	10
s(最大)①		2.045	2.56	3.071	4.084	5.084	6.095	8.115	10.115
s(最大)②		2.06	2.58	3.08	4.095	5.14	6.14	8.175	10.175
GB/T 70.2	e(最小)	2.3	2.87	3.44	4.58	5.72	6.86	9.15	11.43	—
	r(最小)	0.1	0.2	0.2	0.25	0.4	0.4	0.6	0.6	—
	a(最大)	1	1.4	1.6	2	2.5	3	3.5	4	—
	d_a(最大)	3.6	4.7	5.7	6.8	9.2	11.2	14.2	18.2	—
	d_k(最大)	5.7	7.6	9.5	10.5	14	17.5	21	28	—
	k(最大)	1.65	2.2	2.75	3.3	4.4	5.5	6.6	8.8	—
	t(最小)	1.04	1.3	1.56	2.08	2.6	3.12	4.16	5.2	—
	w(最小)	0.2	0.3	0.38	0.74	1.05	1.45	1.63	2.25	—
	商品规格长度 l	6~12	8~16	10~30	10~30	10~40	16~40	16~50	20~50	—

续表

螺纹规格 d		M3	M4	M5	M6	M8	M10	M12	(M14)	M16	M20
GB/T 70.3	b(参考)	18	20	22	24	28	32	36	40	44	52
	d_s(最大)	3	4	5	6	8	10	12	14	16	20
	d_k(最大)	6.72	8.96	11.2	13.44	17.92	22.4	26.88	30.8	33.6	40.32
	k(最大)	1.86	2.48	3.1	3.72	4.96	6.2	7.44	8.4	8.8	10.16
	t(最小)	1.1	1.5	1.9	2.2	3	3.6	4.3	4.5	4.8	5.6
	e(最小)	2.3	2.87	3.44	4.58	5.72	6.86	9.15	11.43	11.43	13.72
	s	2	2.5	3	4	5	6	8	10	10	12
	商品规格长度 l	8~30	8~40	8~50	8~60	10~80	12~100	20~100	25~100	30~100	35~100
全螺纹长度 l		8~25	8~25	8~30	8~35	10~45	12~50	20~60	25~65	30~80	35~90
l 系列		6,8,10,12,16,20,25,30,35,40,45,50,55,60,65,70,80,90,100									

技术性能	材料	钢	螺纹公差	产品等级	其他
	性能等级	8.8,10.9,12.9	12.9 级;5g、6g 其他级别:6g	A	由于头部结构的原因,该螺钉可能达不到 8.8、10.9、12.9 级的最小拉力载荷(GB/T 3098.1,B 类试验项目),但这些螺钉仍应符合 GB/T 3098.1 规定的材料和其他要求
	表面处理	①氧化 ②电镀技术要求按 GB/T 5267.1 ③非电解锌粉覆盖层技术要求按 GB/T 5267.2 ④如需其他表面处理层或表面处理,应由供需双方协议			

① 用于 12.9 级。

② 用于其他性能等级。

注:1. α=90°~92°。

2. l 系列中 6~50mm 用于 GB/T 70.2,6~100mm 用于 GB/T 70.3。

开槽锥端紧定螺钉(摘自 GB/T 71—1985)

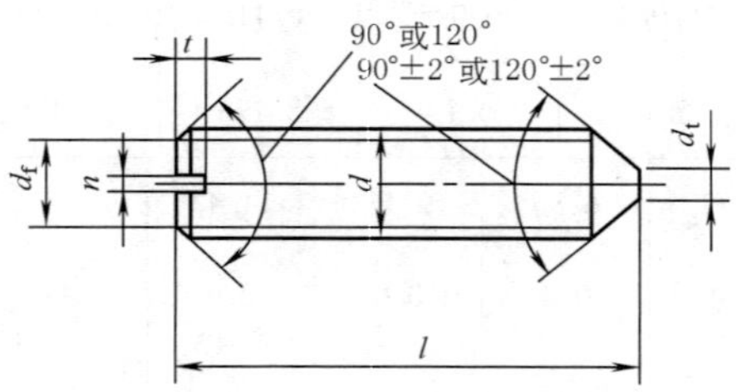

开槽锥端定位螺钉(摘自 GB/T 72—1988)

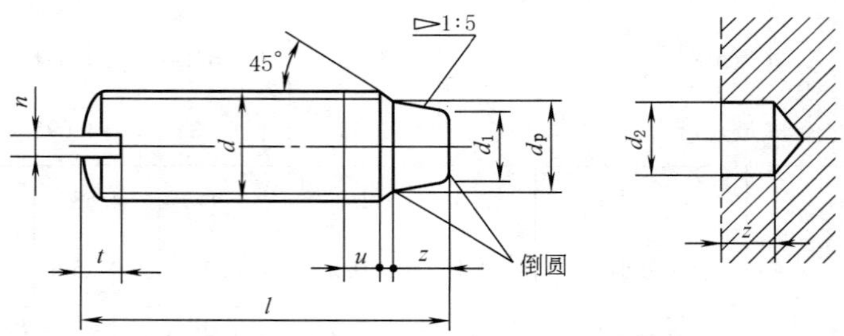

u(不完整螺纹的长度)≤2P(P为螺距)

开槽平端紧定螺钉(摘自 GB/T 73—1985)

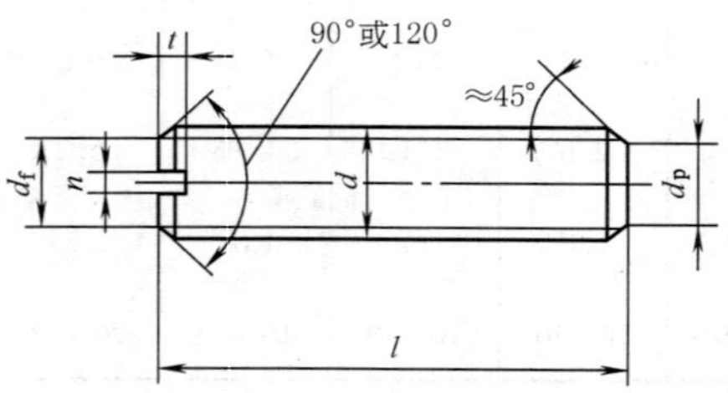

开槽凹端紧定螺钉(摘自 GB/T 74—1985)

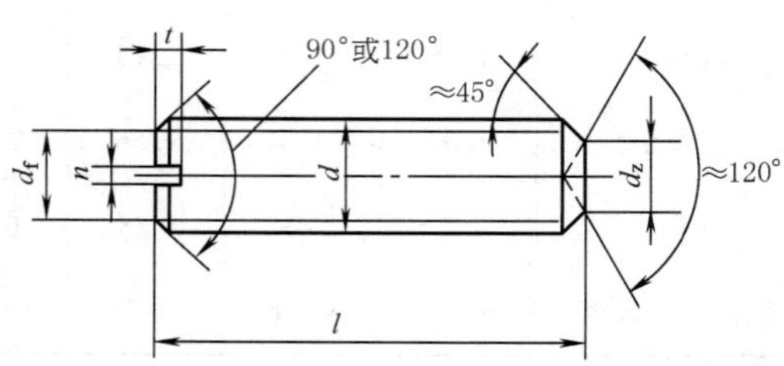

开槽长圆柱端紧定螺钉（摘自 GB/T 75—1985）

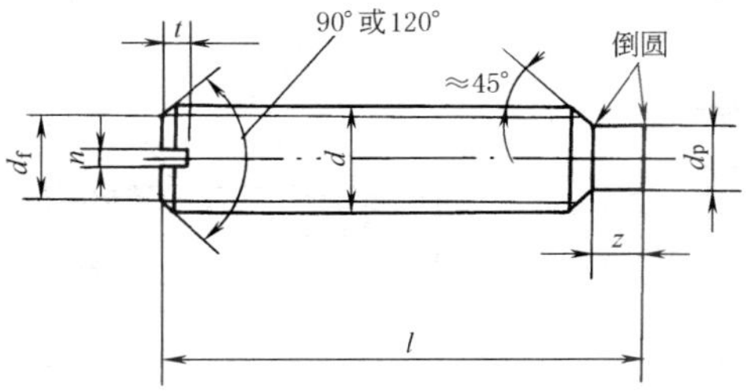

标记示例

螺纹规格 d=M5、公称长度 l=12mm、性能等级 14H 级、表面氧化的开槽锥端紧定螺钉，标记为：螺钉 GB/T 71 M5×12

表 6-1-117 mm

螺纹规格 d		M1.2	M1.6	M2	M2.5	M3	M4	M5	M6	M8	M10	M12
螺距 P		0.25	0.35	0.4	0.45	0.5	0.7	0.8	1	1.25	1.5	1.75
d_f		≈螺纹小径										
n(公称)		0.2	0.25	0.25	0.4	0.4	0.6	0.8	1	1.2	1.6	2
t(最大)		0.52	0.74	0.84	0.95	1.05	1.42	1.63	2	2.5	3	3.6
d_1≈		—	—	—	—	1.7	2.1	2.5	3.4	4.7	6	7.3
d_2(推荐)		—	—	—	—	1.8	2.2	2.6	3.5	5	6.5	8
d_z(最大)		—	0.8	1	1.2	1.4	2	2.5	3	5	6	8
d_t(最大)		0.12	0.16	0.2	0.25	0.3	0.4	0.5	1.5	2	2.5	3
d_p(最大)		0.6	0.8	1	1.5	2	2.5	3.5	4	5.5	7	8.5
z	GB/T 75	—	1.05	1.25	1.5	1.75	2.25	2.75	3.25	4.3	5.3	6.3
	GB/T 72	—	—	—	—	1.5	2	2.5	3	4	5	6
商品规格长度 l	GB/T 71	2~6	2~8	3~10	3~12	4~16	6~20	8~25	8~30	10~40	12~50	14~60
	GB/T 72	—	—	—	—	4~16	4~20	5~20	6~25	8~35	10~45	12~50
	GB/T 73	2~6	2~8	2~10	2.5~12	3~16	4~20	5~25	6~30	8~40	10~50	12~60
	GB/T 74	—	2~8	2.5~10	3~12	3~16	4~20	5~25	6~30	8~40	10~50	12~60
	GB/T 75	—	2.5~8	3~10	4~12	5~16	6~20	8~25	8~30	10~40	12~50	14~60
l 系列		2,2.5,3,4,5,6,8,10,12,(14),16,20,25,30,35,40,45,50,(55),60										

技术条件					
材料		钢	不锈钢	螺纹公差：6g	产品等级：A
性能等级	GB/T 72	14H、33H	A1-50、C4-50		
	其他	14H、22H	A1-50		
表面处理	GB/T 72	不经处理；氧化；镀锌钝化	不经处理		
	其他	氧化；镀锌钝化			

注：GB/T 72 没有 M1.2、M1.6、M2、M2.5 规格；GB/T 74、75 没有 M1.2 规格。

内六角平端紧定螺钉
（摘自 GB/T 77—2007）

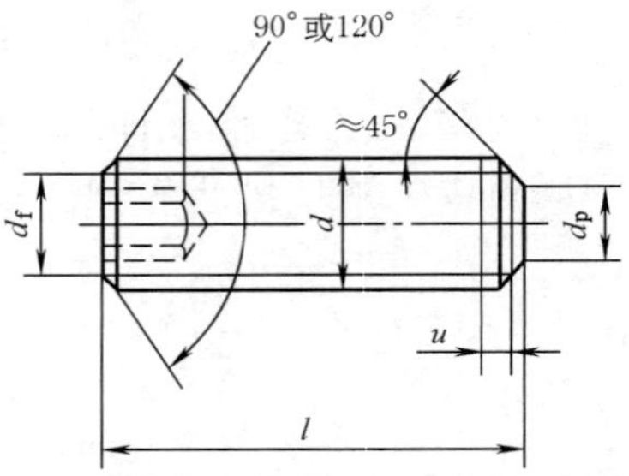

内六角锥端紧定螺钉
（摘自 GB/T 78—2007）

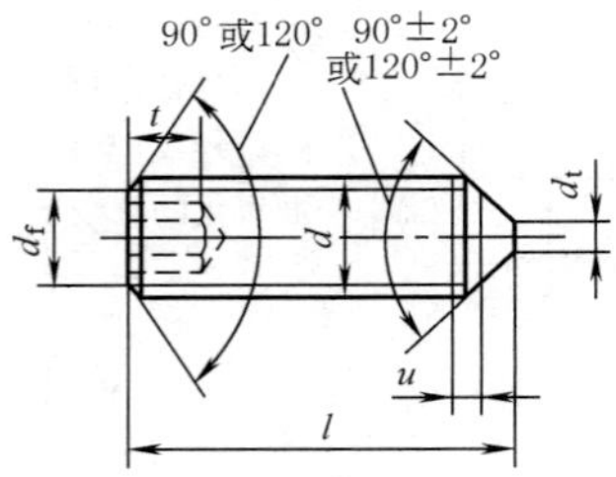

内六角圆柱端紧定螺钉
（摘自 GB/T 79—2007）

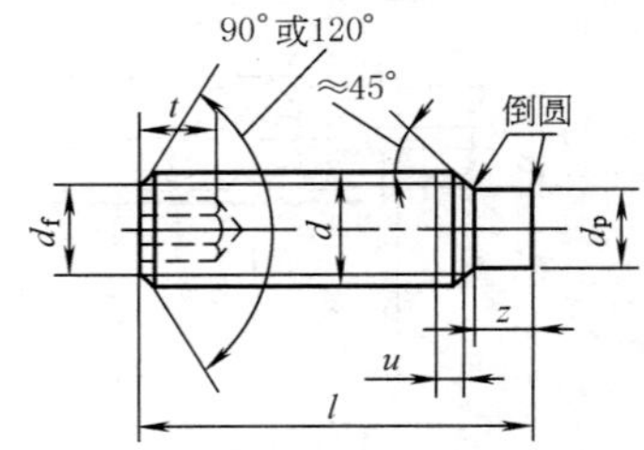

内六角凹端紧定螺钉
（摘自 GB/T 80—2007）

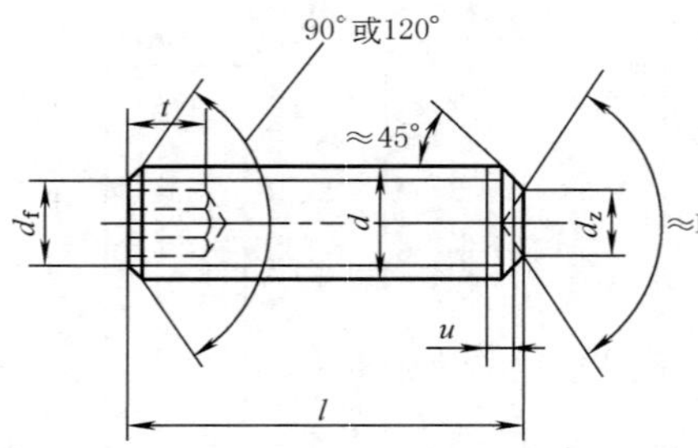

GB/T 77～GB/T 80

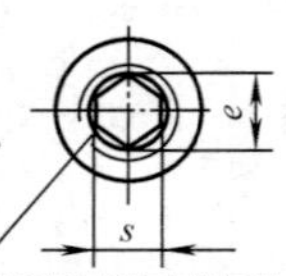

允许稍许倒圆或沉孔

标记示例

螺纹规格 d=M6、公称长度 l=12mm、性能等级 45H、表面氧化的内六角平端紧定螺钉，标记为：

螺钉　GB/T 77　M6×12

表 6-1-118　　mm

螺纹规格 d		M1.6	M2	M2.5	M3	M4	M5	M6	M8	M10	M12	M16	M20	M24
螺距 P		0.35	0.4	0.45	0.5	0.7	0.8	1.0	1.25	1.5	1.75	2.0	2.5	3.0
u（不完整螺纹长度）		≤2P												
d_f		≈螺纹小径												
d_p（最大）		0.8	1	1.5	2	2.5	3.5	4	5.5	7	8.5	12	15	18
d_t（最大）		0.4	0.5	0.65	0.75	1	1.25	1.5	2	2.5	3	4	5	6
d_z（最大）		0.8	1	1.2	1.4	2	2.5	3	5	6	8	10	14	16
e（最小）		0.809	1.011	1.454	1.733	2.303	2.873	3.443	4.583	5.724	6.863	9.149	11.429	13.716
s（公称）		0.7	0.9	1.3	1.5	2	2.5	3	4	5	6	8	10	12
z（最大）	短圆柱端	0.65	0.75	0.88	1	1.25	1.5	1.75	2.25	2.75	3.25	4.3	5.3	6.3
	长圆柱端	1.05	1.25	1.5	1.75	2.25	2.75	3.25	4.3	5.3	6.3	8.36	10.36	12.43
规格长度 l	GB/T 77	2～8	2～10	2～12	2～16	2.5～20	3～25	4～30	5～40	6～50	8～60	10～60	12～60	16～60
	GB/T 78	2～8	2～10	2.5～12	2.5～16	3～20	4～25	5～30	6～40	8～50	10～60	12～60	14～60	20～60
	GB/T 79	2～8	2.5～10	3～12	4～16	5～20	6～25	8～30	8～40	10～50	12～60	14～60	20～60	25～60
	GB/T 80	2～8	2～10	2～12	2.5～16	3～20	4～25	5～30	6～40	8～50	10～60	12～60	14～60	20～60
l 系列		2,2.5,3,4,5,6,8,10,12,16,20,25,30,35,40,45,50,(55),60												
技术条件	材料	钢	不锈钢	有色金属	螺纹公差：45H 级为 5g、6g，其他等级为 6g	产品等级：A								
	性能等级	45H	A1-12H,A2-21H,A3-21H,A4-21H,A5-21H	CU2,CU3,AL4										
	表面处理	氧化	简单处理	简单处理										

注：表面处理电镀技术要求按 GB/T 5267。如需其他表面镀层或表面处理，应由供需双方协议。

方头长圆柱球面端紧定螺钉（摘自 GB/T 83—1988）

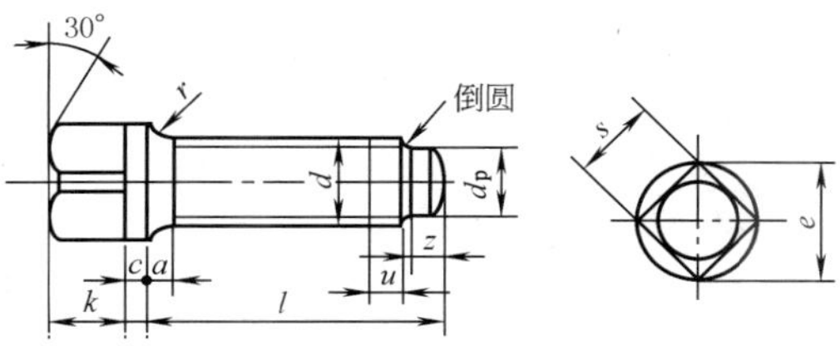

方头凹端紧定螺钉（摘自 GB/T 84—1988）

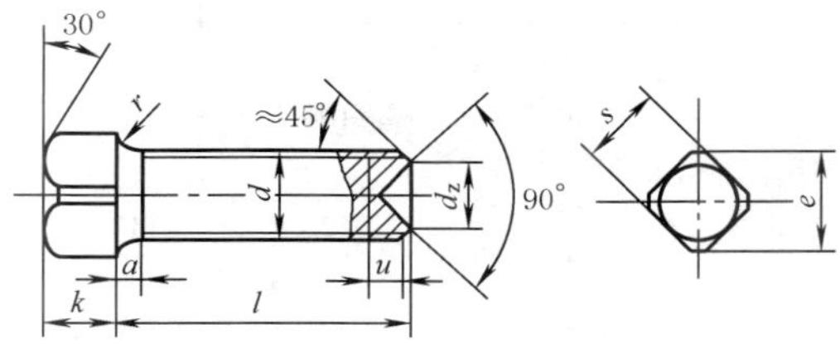

方头长圆柱端紧定螺钉（摘自 GB/T 85—1988）

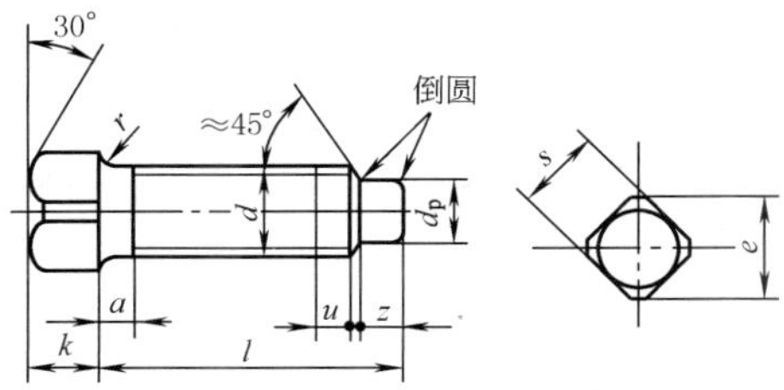

方头短圆柱锥端紧定螺钉（摘自 GB/T 86—1988）

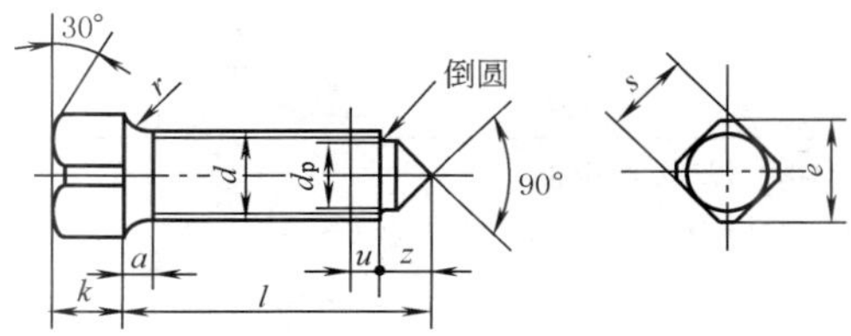

方头平端紧定螺钉（摘自 GB/T 821—1988）

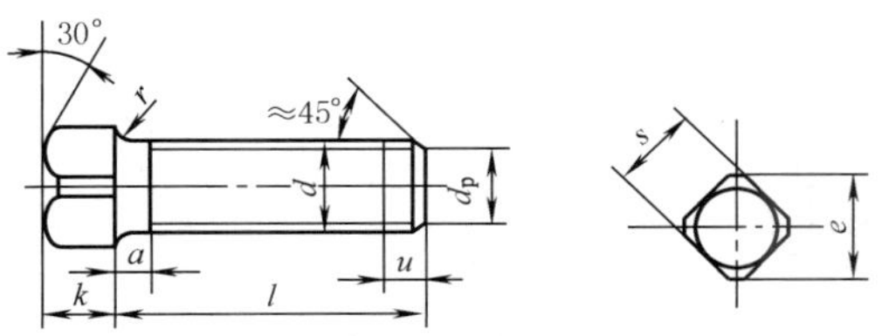

标记示例

螺纹规格 d=M10、公称长度 l=30mm、性能等级 33H、表面氧化的方头长圆柱球面端紧定螺钉，标记为：螺钉 GB/T 83 M10×30

表 6-1-119

mm

螺纹规格 d		M5①	M6①	M8	M10	M12	M16	M20
d_p（最大）		3.5	4	5.5	7.0	8.5	12	15
d_z（最大）		2.5	3	5	6	7	10	13
e（最小）		6	7.3	9.7	12.2	14.7	20.9	27.1
s（公称）		5	6	8	10	12	17	22
k（公称）	GB/T 83	—	—	9	11	13	18	23
	其他	5	6	7	8	10	14	18
z（最小）	GB/T 86	3.5	4	5	6	7	9	11
	其他	2.5	3	4	5	6	8	10
r	GB/T 83 GB/T 84	0.2	0.25	0.4	0.5	0.6	0.6	0.8
	其他	0.2	0.25	0.4	0.4	0.6	0.6	0.8
c≈		—	—	2	3		4	5

续表

螺纹规格 d		M5①	M6①	M8	M10	M12	M16	M20
通用规格长度 l	GB/T 83	—	—	16~40	20~50	25~60	30~80	35~100
	GB/T 84	10~30	12~30	14~40	20~50	25~60	30~80	40~100
	GB/T 85 GB/T 86	12~30	12~30	14~40	20~50	25~60	25~80	40~100
	GB/T 821	8~30	8~30	10~40	12~50	14~60	20~80	40~100
l 系列	8,10,12,(14),16,20,25,30,35,40,45,50,(55),60,70,80,90,100							
技术条件	材料	钢		不锈钢		产品等级:A		
	螺纹公差	45H 级为 5g、6g;33H 级为 6g		6g				
	性能等级	33H、45H		A1-50、C4-50				
	表面处理	氧化;镀锌钝化		不经处理				

① GB/T 83 无此规格。

注:$a \leqslant 4P$;不完整螺纹的长度 $u \leqslant 2P$。

六角头不脱出螺钉(摘自 GB/T 838—1988)

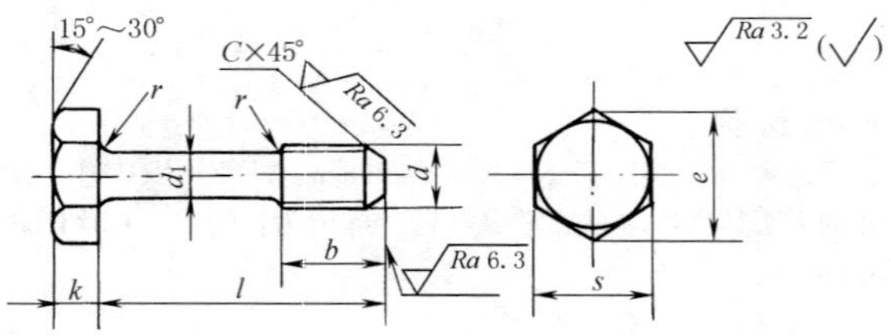

标记示例

螺纹规格 d=M6、公称长度 l=20mm、性能等级 4.8 级不经表面处理的六角头不脱出螺钉,标记为:螺钉 GB/T 838 M6×20

表 6-1-120

mm

螺纹规格 d	M5	M6	M8	M10	M12	(M14)	M16
d_1(最大)	3.5	4.5	5.5	7	9	11	12
s(最大)	8	10	13	16	18	21	24
k(公称)	3.5	4	5.3	6.4	7.5	8.8	10
b	8	10	12	15	18	20	24
r(最小)	0.2	0.25	0.4	0.4	0.6	0.6	0.6
C	1.6	2	2.5	3	4	5	6
e(最小)	8.79	11.05	14.38	17.77	20.03	23.35	26.75
通用规格长度 l	14~40	20~50	25~65	30~80	30~100	35~100	40~100
l 系列	(14),16,20,25,30,35,40,45,50,(55),60,(65),70,75,80,90,100						
技术条件	材料	钢	不锈钢	螺纹公差:6g	产品等级:A		
	性能等级	4.8	A1-50,C4-50				
	表面处理	不经处理;镀锌钝化	不经处理				

开槽沉头不脱出螺钉（摘自 GB/T 948—1988）

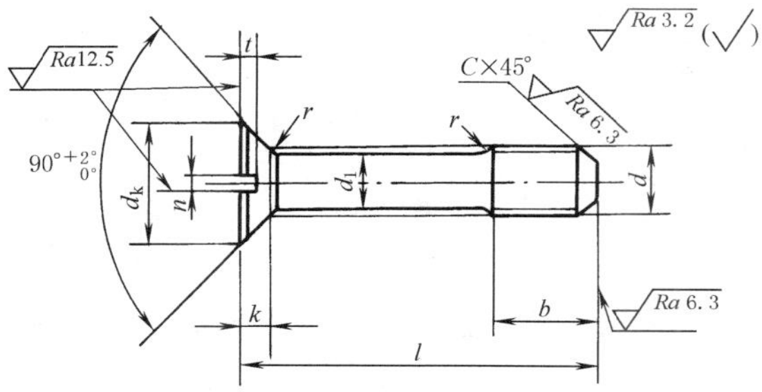

标记示例

螺纹规格 d=M5、公称长度 l=16mm、性能等级为 4.8 级、不经表面处理的开槽沉头不脱出螺钉，标记为：

螺钉 GB/T 948 M5×16

表 6-1-121

mm

螺纹规格 d	M3	M4	M5	M6	M8	M10
d_k(最大)	5.5	8.4	9.3	11.3	15.8	18.3
k(最大)	1.65	2.7	2.7	3.3	4.65	5.0
n(公称)	0.8	1.2	1.2	1.6	2.0	2.5
t(最大)	0.85	1.3	1.4	1.6	2.3	2.6
d_1(最大)	2.0	2.8	3.5	4.5	5.5	7.0
b	4	6	8	10	12	15
r(最大)	0.8	1.0	1.3	1.5	2.0	2.5
C≈	1.0	1.2	1.6	2.0	2.5	3.0
通用规格长度 l	10~25	12~30	14~40	20~50	25~60	30~60
l 系列	10,12,(14),16,20,25,30,35,40,45,50,(55),60					

十字槽盘头自攻螺钉（摘自 GB/T 845—1985） C 型——锥端

十字槽沉头自攻螺钉（摘自 GB/T 846—1985） C 型——锥端

十字槽半沉头自攻螺钉（摘自 GB/T 847—1985） C 型——锥端 F 型——平端

（GB/T 845 ~ GB/T 847）

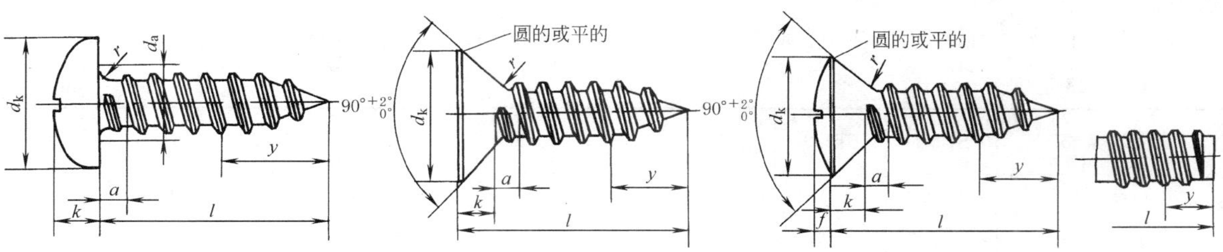

标记示例

螺纹规格 ST3.5、公称长度 l=16mm、H 型槽镀锌钝化的 C 型十字槽盘头自攻螺钉，标记为：

自攻螺钉 GB/T 845 ST3.5×16

表 6-1-122

mm

螺纹规格		ST2.2	ST2.9	ST3.5	ST4.2	ST4.8	ST5.5	ST6.3	ST8	ST9.5
a(最大)		0.8	1.1	1.3	1.4	1.6	1.8	1.8	2.1	2.1
y(参考)	C 型	2	2.6	3.2	3.7	4.3	5	6	7.5	8
	F 型	1.6	2.1	2.5	2.8	3.2	3.6	3.6	4.2	4.2
GB/T 845	d_k(最大)	4	5.6	7	8	9.5	11	12	16	20
	k(最大)	1.6	2.4	2.6	3.1	3.7	4	4.6	6	7.5
	d_a(最大)	2.8	3.5	4.1	4.9	5.6	6.3	7.1	9.2	10.7
	r(最小)	0.1	0.1	0.1	0.2	0.2	0.25	0.25	0.4	0.4
	商品规格长度 l	4.5~16	6.5~19	9.5~25	9.5~32	9.5~38	13~38	13~38	16~50	16~50

续表

螺纹规格		ST2.2	ST2.9	ST3.5	ST4.2	ST4.8	ST5.5	ST6.3	ST8	ST9.5
GB/T 846 GB/T 847	d_k(最大)	3.8	5.5	7.3	8.4	9.3	10.3	11.3	15.8	18.3
	k(最大)	1.1	1.7	2.35	2.6	2.8	3	3.15	4.65	5.25
	f≈	0.5	0.7	0.8	1	1.2	1.3	1.4	2	2.3
	r	0.8	1.2	1.4	1.6	2	2.2	2.4	3.2	4
	商品规格长度 l	4.5~16	6.5~19	9.5~25	9.5~32	9.5~32	13~38	13~38	16~50	16~50
l 系列		4.5,6.5,9.5,13,16,19,22,25,32,38,45,50								

注：1. 螺纹规格中数字表示螺纹公称外径。十字槽有 H 型和 Z 型。
2. 自攻螺钉安装前需预制孔，在实际使用时，应根据具体条件，经过适当的工艺验证，确定最佳预制孔尺寸。
3. 自攻螺钉应由渗碳钢制造。其表面硬度不低于 45HRC。
4. 产品等级为 A 级。
5. 自攻螺钉用板厚 δ=1.2~5.1mm。

六角头自攻螺钉（摘自 GB/T 5285—1985）

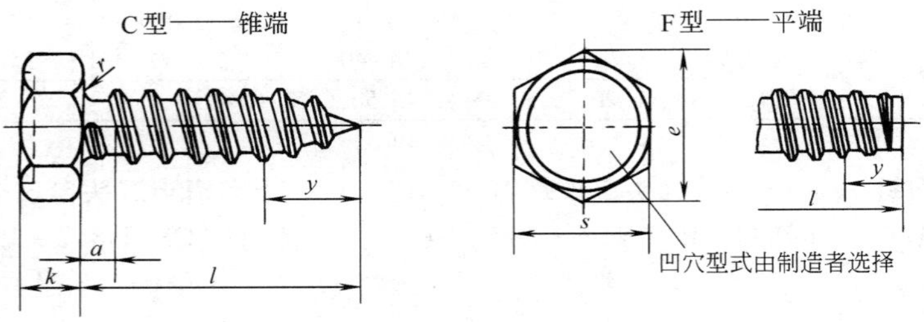

标记示例

螺纹规格 ST 3.5、公称长度 l=16mm、表面镀锌钝化的 C 型六角头自攻螺钉，标记为：自攻螺钉 GB/T 5285 ST3.5×16-C

表 6-1-123 mm

螺纹规格		ST2.2	ST2.9	ST3.5	ST4.2	ST4.8	ST5.5	ST6.3	ST8	ST9.5
a(最大)		0.8	1.1	1.3	1.4	1.6	1.8	1.8	2.1	2.1
s(最大)		3.2	5	5.5	7	8	8	10	13	16
e(最小)		3.38	5.4	5.96	7.59	8.71	8.71	10.95	14.26	17.62
k(最大)		1.6	2.3	2.6	3	3.8	4.1	4.7	6	7.5
r(最小)		0.1	0.1	0.1	0.2	0.2	0.25	0.25	0.4	0.4
y(参考)	C 型	2	2.6	3.2	3.7	4.3	5	6	7.5	8
	F 型	1.6	2.1	2.5	2.8	3.2	3.6	3.6	4.2	4.2
l	通用规格	4.5~16	6.5~19	6.5~22	9.5~25	9.5~32	13~32	13~38	13~50	16~50
	特殊规格	19~50	22~50	25~50	32~50	38~50	38~50	45~50	—	—
l 系列		4.5,6.5,9.5,13,16,19,22,25,32,38,45,50								
技术条件		螺纹:GB/T 5280		产品等级:A		表面处理:镀锌钝化		机械性能:按 GB/T 3098.5		

注：同表 6-1-122 注 2。

十字槽沉头自攻锁紧螺钉（摘自 GB/T 6561—1986）

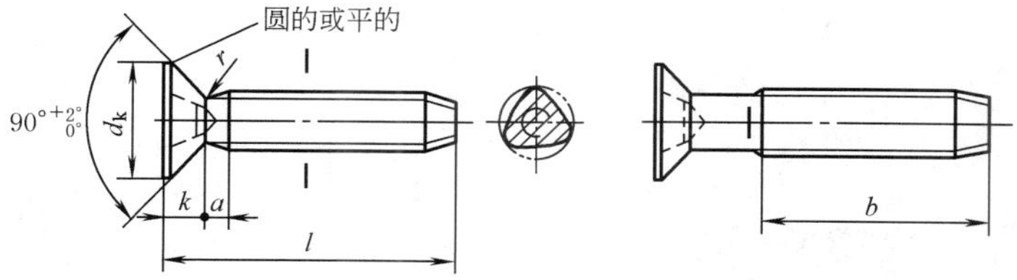

六角头自攻锁紧螺钉（摘自 GB/T 6563—1986）

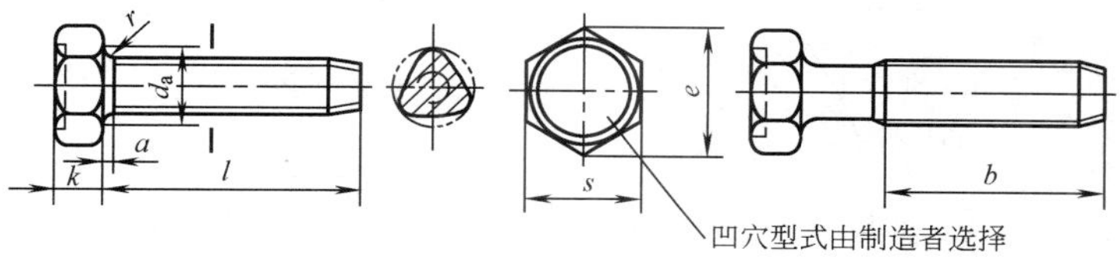

标记示例

螺纹规格 d=M5、公称长度 l=20mm、性能等级 B 级、表面镀锌钝化的十字槽沉头自攻锁紧螺钉，标记为：

自攻螺钉 GB/T 6561 M5×20

表 6-1-124

mm

GB/T 6561—1986						GB/T 6563—1986					
螺纹规格 d	M2.5	M3	M4	M5	M6	螺纹规格 d	M5	M6	M8	M10	M12
a(最大)	0.9	1	1.4	1.6	2	a(最大)	2.4	3	3.75	4.5	5.25
b(最小)	12	18	24	30	35	b(最小)	30	35	35	35	35
d_k(最大)	4.7	5.5	8.4	9.3	11.3	s(最大)	8	10	13	16	18
k(最大)	1.5	1.65	2.7	2.7	3.3	e(最小)	8.79	11.05	14.38	17.77	20.03
r(最小)	0.6	0.8	1	1.3	1.5	k(公称)	3.5	4	5.3	6.4	7.5
						d_a(最大)	5.7	6.8	9.2	11.2	13.7
						r(最小)	0.2	0.25	0.4	0.4	0.6
商品规格长度 l	6~16	8~20	10~30	12~35	14~40	商品规格长度 l	10~50	12~60	16~80	20~80	25~80
全螺纹长度 l	6~12	8~16	10~25	12~30	14~30	全螺纹长度 l	10~30	12~35	16~35	20~35	25~35
l 系列	6,8,10,12,(14),16,20,25,30,35,40,45,50,(55),60,(65),70,80										

技术条件				
技术条件	螺杆尺寸	GB/T 6559	公差标准：GB/T 3103.1	产品等级：A
	性能等级	A、B		
	表面处理	镀锌钝化		

注：1. 同表 6-1-122 注 1、2。

2. GB/T 6561 l 系列范围为 6~40。

开槽圆头木螺钉（摘自 GB/T 99—1986）

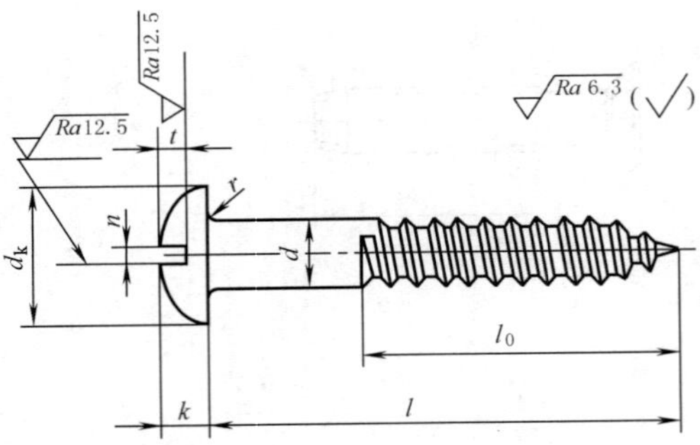

开槽沉头木螺钉（摘自 GB/T 100—1986）

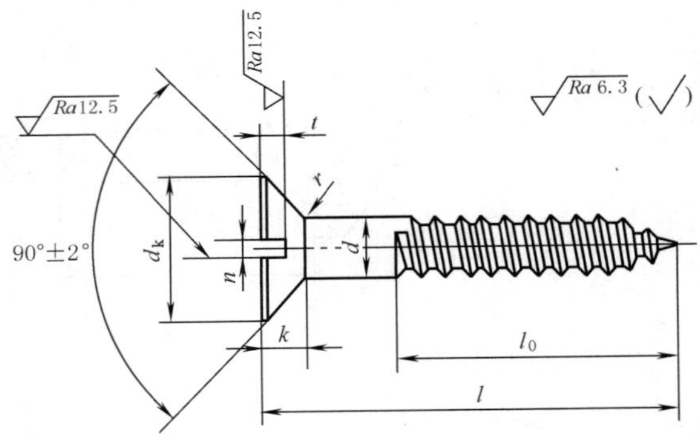

十字槽沉头木螺钉（摘自 GB/T 951—1986）

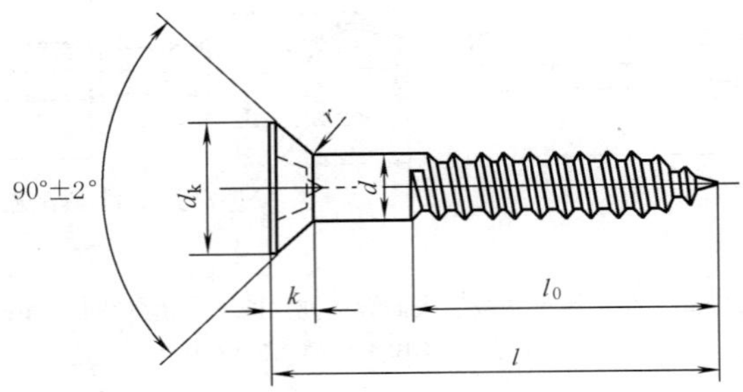

标记示例

公称直径 10mm、长度 100mm、材料 Q235、不经表面处理的开槽圆头木螺钉，标记为：木螺钉　GB/T 99　10×100

表 6-1-125

mm

d		1.6	2	2.5	3	3.5	4	(4.5)	5	(5.5)	6	7	8	10
n(公称)		0.4	0.5	0.6	0.8	0.9	1	1.2		1.4	1.6	1.8	2	2.5
r≈		0.2				0.4						0.5		
GB/T 99	d_k(最大)	3.2	3.9	4.6	5.8	6.8	7.7	8.6	8.5	10.5	11.1	13.4	15.2	18.9
	k(最大)	1.4	1.6	2	2.4	2.7	3	3.3	3.5	4	4.3	4.9	5.5	6.8
	t(最大)	1	1.1	1.3	1.5	1.7	2	2.2	2.5	2.7	2.8	3.1	3.7	4.3
	商品规格长度 l	6~12	6~14	6~22	8~25	8~38	12~65	14~80	16~90	22~90	22~120	38~120	38~120	65~120
GB/T 100 GB/T 951	d_k(最大)	3.2	4	5	6	7	8	9	10	11	12	14	16	20
	k	1	1.2	1.4	1.7	2	2.2	2.7	3	3.2	3.5	4	4.5	5.8
	t(最大)	0.7	0.8	1	1.1	1.4	1.5	1.7	1.9	2.1	2.2	2.6	2.8	3.5
	商品规格长度 l	6~12	6~16	6~25	8~30	8~40	12~70	16~85	18~100	25~100	25~120	40~120	40~120	75~120
l_0	4,5,6,8,9,10,12,13,14,17,20,21,23,25,26,30,33,36,40,43,46,50,52,56,60,66,80													
l 系列	6,8,10,12,14,16,18,20,(22),25,30,(32),35,(38),40,45,50,(55),60,(65),70,(75),80,(85),90,100,120													

注：1. GB/T 951 无直径 1.6 规格。

2. 标记示例中的材料为最常用的主要材料，其他材料详见 GB/T 922。

吊环螺钉（摘自 GB/T 825—1988）

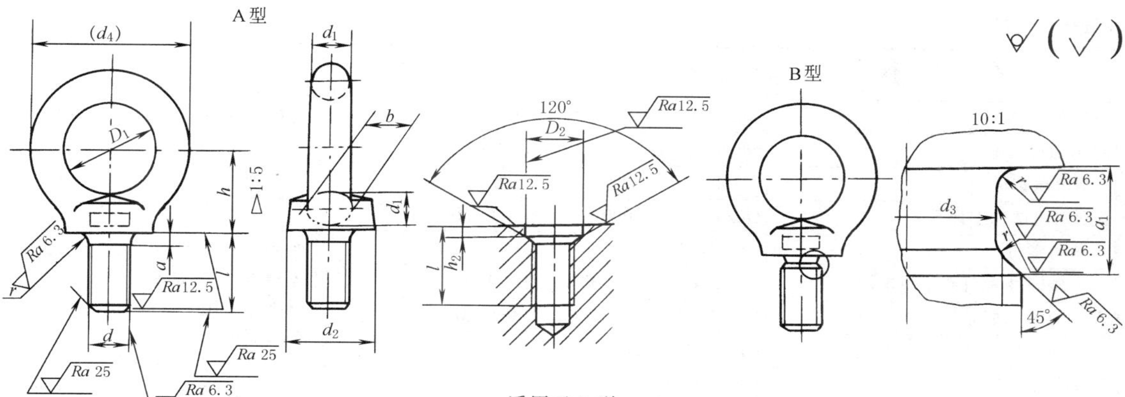

适用于 A 型

标记示例

规格 20mm、材料 20 钢、经正火处理、不经表面处理的 A 型吊环螺钉，标记为：螺钉　GB/T 825　M20

表 6-1-126

mm

规格 d	M8	M10	M12	M16	M20	M24	M30	M36	M42	M48	M56	M64	M72×6	M80×6	M100×6
d_1(最大)	9.1	11.1	13.1	15.2	17.4	21.4	25.7	30	34.4	40.7	44.7	51.4	63.8	71.8	79.2
D_1(公称)	20	24	28	34	40	48	56	67	80	95	112	125	140	160	200
d_2(最大)	21.1	25.1	29.1	35.2	41.4	49.4	57.7	69	82.4	97.7	114.7	128.4	143.8	163.8	204.2
l(公称)	16	20	22	28	35	40	45	55	65	70	80	90	100	115	140
d_4(参考)	36	44	52	62	72	88	104	123	144	171	196	221	260	296	350
h	18	22	26	31	36	44	53	63	74	87	100	115	130	150	175
r(最小)	1	1	1	1	1	2	2	3	3	3	4	4	4	4	5
a_1(最大)	3.75	4.5	5.25	6	7.5	9	10.5	12	13.5	15	16.5	18	18	18	18
d_3(公称)	6	7.7	9.4	13	16.4	19.6	25	30.8	35.6	41	48.3	55.7	63.7	71.7	91.7
a(最大)	2.5	3	3.5	4	5	6	7	8	9	10	11	12	12	12	12
b	10	12	14	16	19	24	28	32	38	46	50	58	72	80	88
D_2(公称)	13	15	17	22	28	32	38	45	52	60	68	75	85	95	115
h_2(公称)	2.5	3	3.5	4.5	5	7	8	9.5	10.5	11.5	12.5	13.5	14	14	14
每 1000 个的质量/kg≈	40.5	77.9	131.7	233.7	385.2	705.3	1205	1998	3070	4947	7155	10382	17758	25892	40273
轴向保证载荷/tf	3.2	5	8	12.5	20	32	50	80	125	160	200	320	400	500	800
最大起重量（平稳起吊）/t　单螺钉起吊（最大） 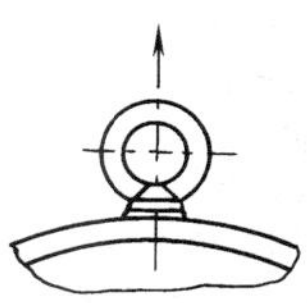	0.16	0.25	0.4	0.63	1	1.6	2.5	4	6.3	8	10	16	20	25	40
最大起重量（平稳起吊）/t　双螺钉起吊（最小） 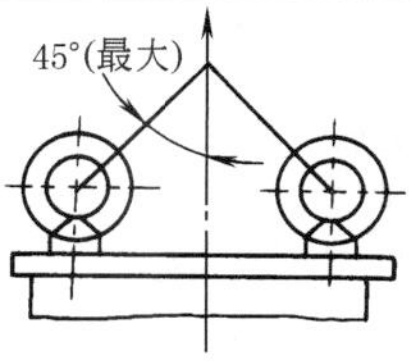	0.08	0.125	0.2	0.32	0.5	0.8	1.25	2	3.2	4	5	8	10	12.5	20
技术条件	材料:20 或 25 钢				螺纹公差:8g		热处理:整体铸造，正火处理				表面处理:不处理;镀锌钝化;镀铬　按 GB/T 5267 规定				

注：1. M8～M36 为商品规格。吊环螺钉应进行硬度试验，其硬度值为 67～95HRB。

2. $1tf=9.80665\times10^3N$。

3.7.5 螺母

表 6-1-127　　　　螺母汇总表

类别	名称	标准	规格 d 或 D	特性和用途
方形及六角形	方螺母 C 级	GB/T 39—1988	M3～M24	**方螺母**　扳手卡住不易打滑，用于粗糙、简单的结构 **六角螺母**　应用普遍 **扁螺母**　一般用于螺栓承受剪力为主，或结构、位置要求紧凑的地方 **薄螺母**　较扁螺母在防松装置中用作副螺母，起锁紧作用 **厚螺母**　用于常拆卸的连接 **槽形螺母**　用于振动、变载荷等松动的地方，配以开口销防松 **六角法兰面螺母**　防松性能好，不需再用弹簧垫圈 **带嵌件的六角锁紧螺母**　嵌件在靠拧紧时攻出螺纹，所以防松性能好，弹性也好 **扣紧螺母**　用作锁母，与六角螺母配合使用，防止螺母回松，防松效果良好 **圆螺母**　多为细牙螺纹，常用于直径较大的连接，这种螺母便于使用钩头扳手装拆，一般配用圆螺母止动垫圈。常与滚动轴承配套使用。小圆螺母由于外径和厚度较小，结构紧凑，适用于两件成组使用，可进行轴向微量调整 **盖形螺母**　用在端部螺纹需要罩盖的地方 **蝶形、环形螺母**　一般不用工具即可装拆，通常用于需经常拆开和受力不大的场合 **滚花螺母、带槽圆螺母**　多用于工装上 **钢结构用高强度大六角螺母**　与相应的钢结构用高强度大六角头螺栓、垫圈配套使用，用于钢结构构件 **六角开槽螺母**　配以开口销机械防松，工作可靠，用于振动变载荷等处 六角螺母产品等级 A、B、C 分别与相对应精度的螺栓、螺钉及垫圈相配。A 级用于 $D \leqslant 16$mm 的螺母，B 级用于 $D>16$mm 的螺母，C 级为 M5～M64 的螺母 2 型六角螺母较 1 型六角螺母约高 10%，性能等级稍高 **栓接结构用六角螺母**　与相应的栓接结构大六角头螺栓、平垫圈配套使用，使连接副具有高水平的防止因超拧而引起的螺纹脱扣
	六角螺母 C 级	GB/T 41—2000	M1.6～M64	
	1 型六角螺母	GB/T 6170—2000	M1.6～M64	
	1 型六角螺母细牙	GB/T 6171—2000	M8×1～M64×4	
	六角薄螺母	GB/T 6172.1—2000	M1.6～M64	
	非金属嵌件六角锁紧薄螺母	GB/T 6172.2—2000	M3～M36	
	六角薄螺母细牙	GB/T 6173—2000	M8×1～M64×4	
	六角薄螺母无倒角	GB/T 6174—2000	M1.6～M10	
	2 型六角螺母	GB/T 6175—2000	M5～M36	
	2 型六角螺母细牙	GB/T 6176—2000	M8×1～M36×3	
	六角厚螺母	GB/T 56—1988	M16～M48	
	小六角特扁细牙螺母	GB/T 808—1988	M4×0.5～M24×1	
	六角法兰面螺母粗牙	GB/T 6177.1—2000	M5～M20	
	六角法兰面螺母细牙	GB/T 6177.2—2000	M8×1～M20×1.5	
	1 型六角开槽螺母 A 和 B 级	GB/T 6178—1986	M4～M36	
	1 型六角开槽螺母 C 级	GB/T 6179—1986	M5～M36	
	2 型六角开槽螺母 A 和 B 级	GB/T 6180—1986	M5～M36	
	六角开槽薄螺母 A 和 B 级	GB/T 6181—1986	M5～M36	
	2 型非金属嵌件六角锁紧螺母 A 和 B 级	GB/T 6182—2010	M5～M36	
	非金属嵌件六角法兰面锁紧螺母粗牙	GB/T 6183.1—2000	M5～M20	
	非金属嵌件六角法兰面锁紧螺母细牙	GB/T 6183.2—2000	M8×1～M20×1.5	
	1 型全金属六角锁紧螺母 A 和 B 级	GB/T 6184—2000	M5～M36	
	2 型全金属六角锁紧螺母粗牙	GB/T 6185.1—2000	M5～M36	
	2 型全金属六角锁紧螺母细牙	GB/T 6185.2—2000	M8×1～M36×3	
	2 型全金属六角锁紧螺母 9 级	GB/T 6186—2000	M5～M36	
	全金属六角法兰面锁紧螺母粗牙	GB/T 6187.1—2000	M5～M20	
	全金属六角法兰面锁紧螺母细牙	GB/T 6187.2—2000	M8×1～M20×1.5	
	扣紧螺母	GB/T 805—1988	M6×1～M48×5	
	钢结构用高强度大六角螺母	GB/T 1229—2006	M12～M30	
	钢结构用扭剪型高强度螺栓连接副螺母	GB/T 3632—2008	M16～M24	
	栓接结构用大六角螺母	GB/T 18230.3(.4)—2000	M12～M36	
	栓接结构用六角螺母	GB/T 18230.6(.7)—2000	M10～M36	
	1 型六角开槽螺母细牙 A 和 B 级	GB/T 9457—1988	M8×1～M36×3	
	2 型六角开槽螺母细牙 A 和 B 级	GB/T 9458—1988	M8×1～M36×3	
	六角开槽薄螺母细牙 A 和 B 级	GB/T 9459—1988	M8×1～M36×3	
异形	滚花高螺母	GB/T 806—1988	M1.4～M10	
	滚花薄螺母	GB/T 807—1988	M1.4～M10	
	小圆螺母	GB/T 810—1988	M10×1～M200×3	
	圆螺母	GB/T 812—1988	M10×1～M200×3	
	带锁紧槽圆螺母		M10×1～M100×2	
	组合式盖形螺母	GB/T 802.1—2008	M5～M24	
	盖形螺母	GB/T 923—2009	M3～M24	
	环形螺母	GB/T 63—1988	M12～M24	
	蝶形螺母	GB/T 62.1—2004	M3×0.5～M16×1.5	

方螺母 C 级（摘自 GB/T 39—1988）

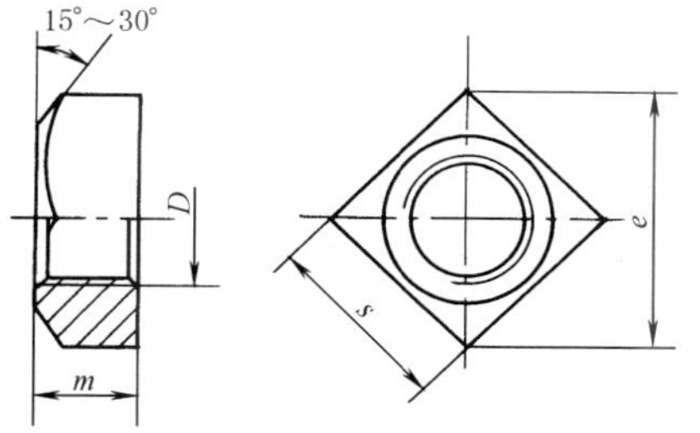

标记示例

螺纹规格 D=M16、性能等级 5 级、不经表面处理、C 级方螺母，标记为：螺母 GB/T 39 M16

表 6-1-128

mm

螺纹规格 D	M3	M4	M5	M6	M8	M10	M12	(M14)	M16	(M18)	M20	(M22)	M24
s(最大)	5.5	7	8	10	13	16	18	21	24	27	30	34	36
m(最小)	2.4	3.2	4	5	6.5	8	10	11	13	15	16	18	19
e(最小)	6.76	8.63	9.93	12.53	16.34	20.24	22.84	26.21	30.11	34.01	37.91	42.9	45.5
每 1000 个的质量/kg≈	0.22	0.49	0.85	1.92	4.2	8.31	12.97	18.12	29.29	44.26	59.38	89.57	101.9
技术条件	材料:钢		螺纹公差:7H		性能等级:4,5				产品等级:C		表面处理:不经处理;镀锌钝化		

六角厚螺母（摘自 GB/T 56—1988）

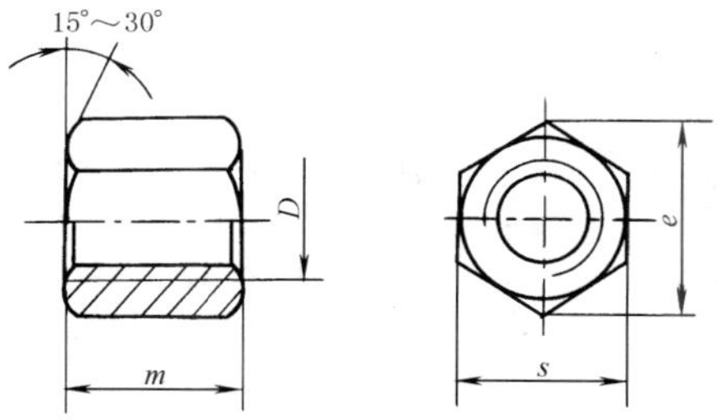

标记示例

螺纹规格 D=M20、性能等级 5 级、不经表面处理的六角厚螺母，标记为：螺母 GB/T 56 M20

表 6-1-129

mm

螺纹规格 D	M16	(M18)	M20	(M22)	M24	(M27)	M30	M36	M42	M48
s(最大)	24	27	30	34	36	41	46	55	65	75
e(最小)	26.17	29.56	32.95	37.29	39.55	45.2	50.85	60.79	72.09	82.6
m(最大)	25	28	32	35	38	42	48	55	65	75
每 1000 个的质量/kg≈	45.94	66.33	92.72	136.3	160	237.7	352	572.6	979.5	1495
技术条件	材料:钢	螺纹公差:6H		性能等级:5,8,10			产品等级:B	表面处理:不经处理;氧化		

小六角特扁细牙螺母（摘自 GB/T 808—1988）

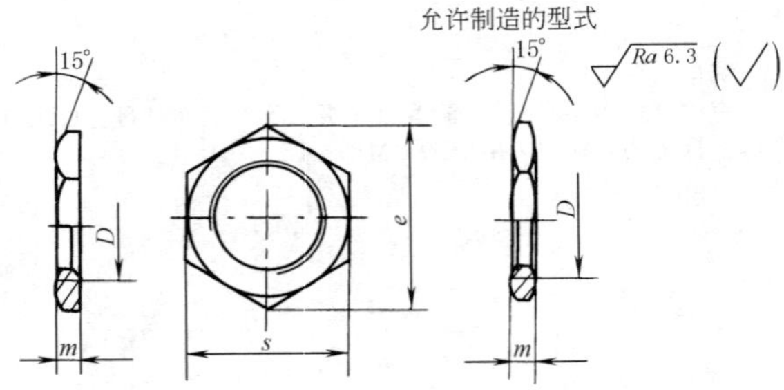

标记示例

螺纹规格 D=M10×1、材料为 Q235、不经表面处理的小六角特扁细牙螺母：螺母　GB/T 808　M10×1

表 6-1-130　　mm

螺纹规格 $D\times P$	M4×0.5	M5×0.5	M6×0.75	M8×1	M8×0.75	M10×1	M10×0.75	M12×1.25	M12×1
s(最大)	7	8	10	12	12	14	14	17	17
e(最小)	7.7	8.8	11.1	13.3	13.3	15.5	15.5	18.9	18.9
m(最大)	1.7	1.7	2.4	3.0	2.4	3.0	2.4	3.7	3.0
每 1000 个的质量/kg≈	0.28	0.33	0.86	1.45	1.09	1.78	1.33	3.4	2.65
螺纹规格 $D\times P$	M14×1	M16×1.5	M16×1	M18×1.5	M18×1	M20×1	M22×1	M24×1.5	M24×1
s(最大)	19	22	22	24	24	27	30	32	32
e(最小)	21.1	24.5	24.5	26.8	26.8	30.1	33.5	35.7	35.7
m(最大)	3.2	4.2	3.2	4.2	3.4	3.7	3.7	4.2	3.7
每 1000 个的质量/kg≈	3.26	6.22	4.47	6.95	5.27	7.53	9.47	12.07	10.18

技术条件	材料		螺纹公差	产品等级	表面处理
	Q215、Q235	HPb59-1	6H	A 用于 D≤M16；B 用于 D>M16	不经处理；镀锌钝化 GB/T 5267

钢结构用高强度大六角螺母（摘自 GB/T 1229—2006）

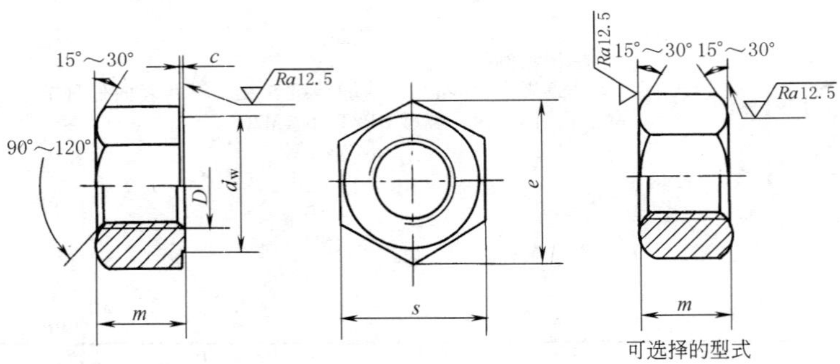

标记示例

螺纹规格 D=M20、性能等级 10H 级的钢结构用高强度大六角头螺母，标记为：

螺母 GB/T 1229　M20

螺纹规格 D=M20、性能等级 8H 级的钢结构用高强度大六角头螺母，标记为：

螺母 GB/T 1229　M20-8H

表 6-1-131　　mm

螺纹规格 D		M12	M16	M20	M(22)	M24	M(27)	M30
d_w(最小)		19.2	24.9	31.4	33.3	38.0	42.8	46.6
e(最小)		22.78	29.56	37.29	39.55	45.20	50.85	55.37
m(最大)		12.3	17.1	20.7	23.6	24.2	27.6	30.7
c(最大)		0.8	0.8	0.8	0.8	0.8	0.8	0.8
s(最大)		21	27	34	36	41	46	50
每 1000 个的质量/kg≈		27.68	61.51	118.77	146.59	202.67	288.51	374.01
保证载荷/N	10H	87700	163000	255000	315000	367000	477000	583000
	8H	70000	130000	203000	251000	293000	381000	466000

技术条件（GB/T 1231—2006）	性能等级	10H	8H	螺纹公差：6H	产品等级：C
	推荐材料	45、35、15MnVB	35		

钢结构用扭剪型高强度螺栓连接副螺母（摘自 GB/T 3632—2008）

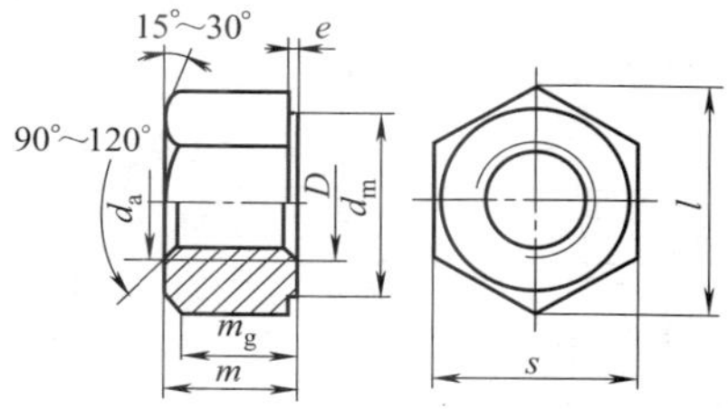

表 6-1-132

mm

螺纹规格 D		M16	M20	（M22）	M24	（M27）	M30
P		2	2.5	2.5	3	3	3.5
d_a	max	17.3	21.6	23.8	25.9	29.1	32.4
	min	16	20	22	24	27	30
d_w	min	24.9	31.4	33.3	38.0	42.8	46.5
l	min	29.56	37.29	39.55	45.20	50.85	55.37
m	max	17.1	20.7	23.6	24.2	27.6	30.7
	min	16.4	19.4	22.3	22.9	25.3	29.1
m_w	min	11.5	13.6	15.6	16.0	18.4	20.4
e	max	0.8	0.8	0.8	0.8	0.8	0.8
	min	0.4	0.4	0.4	0.4	0.4	0.4
s	max	27	34	36	41	46	50
	min	26.16	33	35	40	45	49
支承面对螺纹轴线的全跳动公差		0.38	0.47	0.50	0.57	0.64	0.70
每 1000 件钢螺母的质量/kg		61.51	118.77	146.59	202.67	288.51	374.01
技术条件		性能等级：	10H	推荐材料：	45,35,ML35		

注：括号内的规格为第二选择系列，应优先选用第一系列（不带括号）的规格

栓接结构用大六角螺母 B 级，8 和 10 级（摘自 GB/T 18230.3—2000）

栓接结构用大六角螺母 B 级，10 级（摘自 GB/T 18230.4—2000）

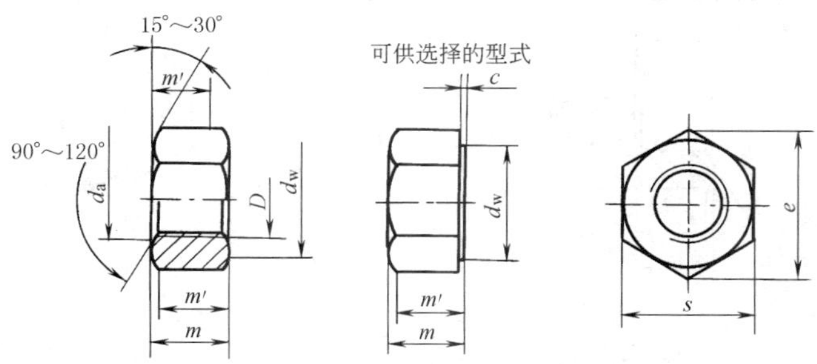

标记示例

螺纹规格 D=M20、性能等级 8 级、表面氧化的栓接结构用大六角螺母，标记为：

螺母　GB/T 18230.3（GB/T 18230.4）M20

表 6-1-133

mm

螺纹规格 D	M12	M16	M20	（M22）	M24	（M27）	M30	M36
螺距 P	1.75	2	2.5	2.5	3	3	3.5	4
d_a（最大）	13	17.3	21.6	23.8	25.9	29.1	32.4	38.9

续表

螺纹规格 D	M12	M16	M20	(M22)	M24	(M27)	M30	M36
c(最大)	0.8(0.6)	0.8	0.8	0.8	0.8	0.8	0.8	0.8
d_w(最大)	d_w(最大)= s(实际)							
e(最小)	22.78	29.56	37.29	39.55	45.2	50.85	55.37	66.44
m①	12.3	17.1	20.7	23.6	24.2	27.6	30.7	36.6
m(最小)②	10.8	14.8	18	19.4	21.5	23.8	25.6	31
m'①	9.5	13.1	15.5	17.8	18.3	21	23.3	28
m(最小)②	8.3	11.28	13.52	14.48	16.16	18	19.44	23.52
s(最大)	21	27	34	36	41	46	50	60
技术条件	标准	材料	螺纹公差	性能等级	产品等级	表面处理	配套螺栓	配套垫圈
	GB/T 18230.3	钢	6H 或 6AX	8、10	B	氧化常规	GB/T 18230.1	GB/T 18230.5
	GB/T 18230.4	钢	6H 或 6AZ	10	B	氧化常规	GB/T 18230.2	GB/T 18230.5

① 用于 GB/T 18230.3—2000。

② 用于 GB/T 18230.4—2000。

注：1. 产品等级除 m、c 和支承面垂直度公差外，其余按 B 级。

2. 表面处理除常规外，可选择的有镀锌钝化（GB/T 5267）、镀镉钝化（GB/T 5267）、热浸镀锌（GB/T 13912）和粉末机械镀锌（JB/T 5067），粉末机械镀锌必须有驱氢措施；其他表面处理由供需双方协议，但不应损伤力学性能。

3. 对热浸镀锌螺母为镀前尺寸。为加大热浸镀锌螺母的攻螺纹尺寸，可采用 6AH（6AZ）螺纹公差带［详见 GB/T 18230.3（.4）—2000 附录 A］，或按供需双方协议提供镀后为 6H 的螺纹。6H 热浸镀锌螺母仅与 8.8 或 10.9SU 的螺栓配套使用。

4. 对于电镀或热浸镀锌的紧固件，制造者应在螺母或相配的螺栓上涂适当的润滑剂，以保证装配时不会咬死，有关润滑剂涂层效果的试验资料，详见 GB/T 18230.3（.4）—2000 附录 B。

5. 保证载荷详见 GB/T 18230.3（.4）—2000 第 6 章。

6. 由于技术原因，M12 不是优选规格；尽可能不采用括号内的尺寸。

7. 配套螺栓和配套垫圈为推荐的。

栓接结构用 1 型六角螺母热浸镀锌（加大攻螺纹尺寸）A 和 B 级，5、6 和 8 级（摘自 GB/T 18230.6—2000）；栓接结构用 2 型六角螺母热浸镀锌（加大攻螺纹尺寸）B 级，10 级（摘自 GB/T 18230.7—2000）

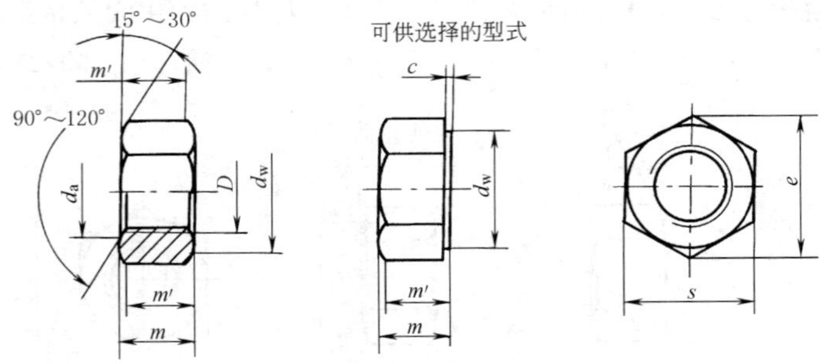

标记示例

螺纹规格 D=M12、性能等级 8 级、6AX 螺纹、表面热浸镀锌的栓接结构用 1（2）型六角螺母，标记为：

螺母　GB/T 18230.6（GB/T 18230.7）M12

表 6-1-134　　mm

螺纹规格 D	M10	M12	(M14)	M16	M20	M24	M30	M36
螺距 P	1.5	1.5	2	2	2.5	3	3.5	4
d_a(最大)	10.8	13	15.1	17.3	21.6	25.9	32.4	38.9

续表

螺纹规格 D	M10	M12	(M14)	M16	M20	M24	M30	M36
c(最大)	0.6	0.6	0.6	0.8	0.8	0.8	0.8	0.8
d_w(最小)	14.6	16.6	19.6	22.5	27.7	33.2	42.7	51.1
e(最小)	17.77	20.03	23.35	26.75	32.95	39.55	50.85	60.79
m①	8.4	10.8	12.8	14.8	18	21.5	25.6	31
m(最大)②	9.3	12	14.1	16.4	—	—	—	—
m′①	6.43	8.3	9.68	11.28	13.52	16.16	19.44	23.52
m(最小)②	7.15	9.26	10.7	12.6	—	—	—	—
s(最大)	16	18	21	24	30	36	46	55
技术条件	标准	材料	螺纹公差	性能等级	产品等级	表面处理：热浸镀锌 GB/T 13912 粉末机械镀锌 JB/T 5067		
	GB/T 18230.6	钢	6AX	5,6,8	B			
	GB/T 18230.7	钢	6AX	9	B			

① 用于 GB/T 18230.6—2000。
② 用于 GB/T 18230.7—2000。
注：1. 产品等级 GB/T 18230.6—2000 中除第 3 章规定外，其余按 A 用于 D≤M16；B 用于 D>M16。GB/T 18230.7—2000 中除第 3 章规定外，其余按 A 级。
2. 为加大热浸镀锌螺母的攻螺纹尺寸，可采用 6AX（6AZ）螺纹公差带［详见 GB/T 18230.6（.7）—2000 附录 A］，或特殊需要，由供需双方协议提供镀后为 6H 的螺纹。
3. 保证载荷详见 GB/T 18230.6（.7）—2000 第 5 章。
4. 尽可能不采用括号内的规格。

六角螺母 C 级（摘自 GB/T 41—2000）

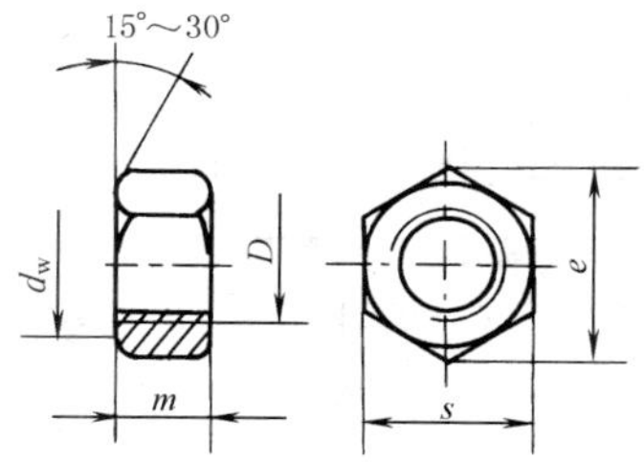

标记示例

螺纹规格 D=M12、性能等级 5 级、不经表面处理、产品等级为 C 级的六角螺母，标记为：螺母 GB/T 41 M12

1 型六角螺母（摘自 GB/T 6170—2000）
六角薄螺母（摘自 GB/T 6172.1—2000）

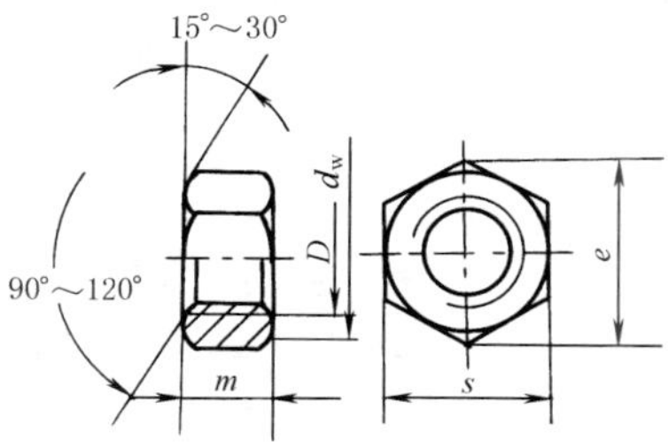

标记示例

螺纹规格 D=M12、性能等级 10 级、不经表面处理、A 级的 1 型六角螺母，标记为：螺母 GB/T 6170 M12

螺纹规格 D=M12、性能等级 04 级、不经表面处理、A 级的六角薄螺母，标记为：螺母 GB/T 6172.1 M12

六角薄螺母无倒角（摘自 GB/T 6174—2000）

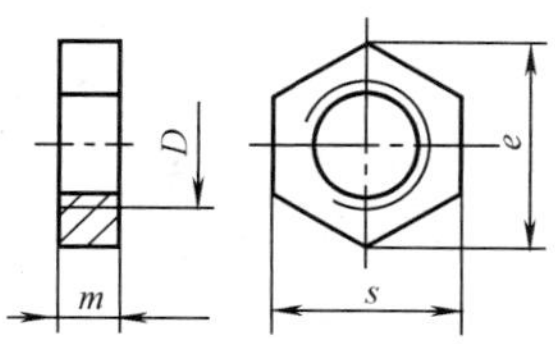

标记示例

螺纹规格 D=M6、硬度 110HV、不经表面处理、B 级的六角薄螺母，标记为：螺母 GB/T 6174 M6

表 6-1-135

mm

螺纹规格 D		M1.6	M2	M2.5	M3	(M3.5)	M4	M5	M6	M8	M10	M12	(M14)	M16	(M18)	M20	(M22)	M24	(M27)	M30	M36	M42	M48	M56	M64
e(最小)	①	3.3	4.2	5.3	5.9	6.4	7.5	8.6	10.9	14.2	17.6	19.9	22.8	26.2	29.6	33	37.3	39.6	45.2	50.9	60.8	71.3	82.6	93.6	104.9
	②	3.4	4.3	5.5	6	6.6	7.7	8.8	11	14.4	17.8	20	23.4	26.8	29.6	33	37.3	39.6	45.2	50.9	60.8	71.3	82.6	93.6	104.9
s(公称)		3.2	4	5	5.5	6	7	8	10	13	16	18	21	24	27	30	34	36	41	46	55	65	75	85	95
d_w(最小)	①	—	—	—	—	—	—	6.7	8.7	11.5	14.5	16.5	19.2	22	24.9	27.7	31.4	33.3	38	42.8	51.1	60	69.5	78.7	88.2
	②	2.4	3.1	4.1	4.6	5.1	5.9	6.9	8.9	11.6	14.6	16.6	19.6	22.5	24.9	27.7	31.4	33.3	38	42.8	51.1	60	69.5	78.7	88.2
m(最大)	GB/T 6170	1.3	1.6	2	2.4	2.8	3.2	4.7	5.2	6.8	8.4	10.8	12.8	14.8	15.8	18	19.4	21.5	23.8	25.6	31	34	38	45	51
	GB/T 6172.1 GB/T 6174	1	1.2	1.6	1.8	2	2.2	2.7	3.2	4	5	6	7	8	9	10	11	12	13.5	15	18	21	24	28	32
	GB/T 41	—	—	—	—	—	—	5.6	6.4	7.9	9.5	12.2	13.9	15.9	16.9	19	20.2	22.3	24.7	26.4	31.9	34.9	38.9	45.9	52.4
每1000个的质量/kg≈	GB/T 6170 GB/T 41	0.05	0.09	0.2	0.27	0.36	0.58	1.05	1.95	4.22	7.94	11.93	18.89	29	36.87	51.55	73.85	88.8	132.4	184.4	317	502.9	744.4	1091	1053
	GB/T 6172.1 GB/T 6174	0.03	0.07	0.15	0.2	0.26	0.39	0.58	1.15	2.43	4.64	6.56	10.03	15.26	20.56	27.76	40.43	47.92	72.97	105.5	182.5	305.8	464.3	671.1	930.7

技术条件 性能等级

GB/T 41

钢	公差等级	产品等级
D≤M16:5; M16<D≤M39:4、5; D>M39:按协议	7H	C
不经处理③		

GB/T 6170

钢	不锈钢	有色金属	公差等级	产品等级
D≤M3:按协议 M3<D≤M39:6、8、10 D>M39:按协议	D≤M24:A2-70、A4-70 M24<D≤M39:A2-50、A4-50 D>M39:按协议	CU2、CU3、AL4	6H	A B
不经处理③	简单处理③	简单处理③		

GB/T 6172.1

钢	不锈钢	有色金属	公差等级	产品等级
D≤M3:按协议 M3<D≤M39:04、05 D>M39:按协议	D≤M24:A2-035、A4-035 M24<D≤M39:A2-035、A4-025 D>M39:按协议	CU2、CU3、AL4	6H	A B
不经处理③	简单处理③	简单处理③		

GB/T 6174

钢	有色金属	公差等级	产品等级
硬度 110HV30(最小)	CU2、CU3、AL4	6H	B
不经处理③	简单处理③		

①为 GB/T 41 及 GB/T 6174 的尺寸。②为 GB/T 6170 及 GB/T 6172.1 的尺寸。③为各种规格的表面处理要求，详细要求（如电镀及锌粉覆盖等）请查阅国家标准。

注：1. A 级用于 D≤M16 的螺母，B 级用于 D>M16 的螺母。

2. 尽量不采用括号中的尺寸，除表中所列外，还有 M33、M39、M45、M52 和 M60。

3. GB/T 41 的螺纹规格为 M5~M60；GB/T 6174 的螺纹规格为 M1.6~M10。

非金属嵌件六角锁紧薄螺母（摘自 GB/T 6172.2—2000）

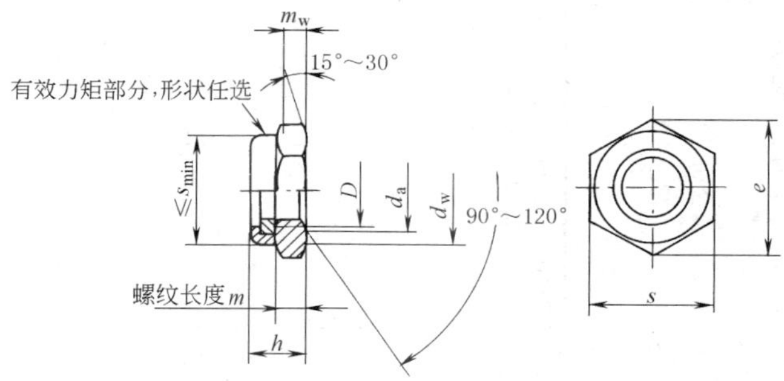

标记示例

螺母规格 D=M12、性能等级 04 级、不经表面处理、产品等级为 A 级的非金属嵌件六角锁紧薄螺母，标记为：

螺母　GB/T 6172.2　M12

表 6-1-136

mm

螺纹规格 D		M3	M4	M5	M6	M8	M10	M12	(M14)	M16	M20	M24	M30	M36
螺距 P(最小)		0.5	0.7	0.8	1	1.25	1.5	1.75	2	2	2.5	3	3.5	4
d_a	最大	3.45	4.6	5.75	6.75	8.75	10.8	13	15.1	17.3	21.6	25.9	32.4	38.9
	最小	3	4	5	6	8	10	12	14	16	20	24	30	36
d_w(最小)		4.6	5.9	6.9	8.9	11.6	14.6	16.6	19.6	22.5	27.7	33.2	42.8	51.1
e(最小)		6.01	7.66	8.79	11.05	14.38	17.77	20.03	23.35	26.75	32.95	39.55	50.85	60.79
h	最大	3.9	5	5	6	6.76	8.56	10.23	11.32	12.42	14.9	17.8	22.2	25.5
	最小	3.42	4.52	4.52	5.52	6.18	7.98	9.53	10.22	11.32	13.1	16	20.1	23.4
m(最小)		1.55	1.95	2.45	2.9	3.7	4.7	5.7	6.42	7.42	9.1	10.9	13.9	16.9
m_w(最小)		1.24	1.56	1.96	2.32	2.96	3.76	4.56	5.14	5.94	7.28	8.72	11.12	13.52
s	最大	5.5	7	8	10	13	16	18	21	24	30	36	48	55
	最小	5.32	6.78	7.78	9.78	12.73	15.73	17.73	20.67	23.67	29.16	35	45	53.8

技术条件	材料		公差等级	性能等级	产品等级	表面处理
	螺母体	嵌件	6H	04、05	$D\leqslant$M16:A $D>$M16:B	不经处理;电镀技术要求按 GB/T 5267;如需其他表面镀层或表面处理,应由供需双方协议
	钢	尼龙 66(推荐)				

注：尽可能不采用括号内的规格。

1 型六角螺母细牙（摘自 GB/T 6171—2000）

六角薄螺母细牙（摘自 GB/T 6173—2000）

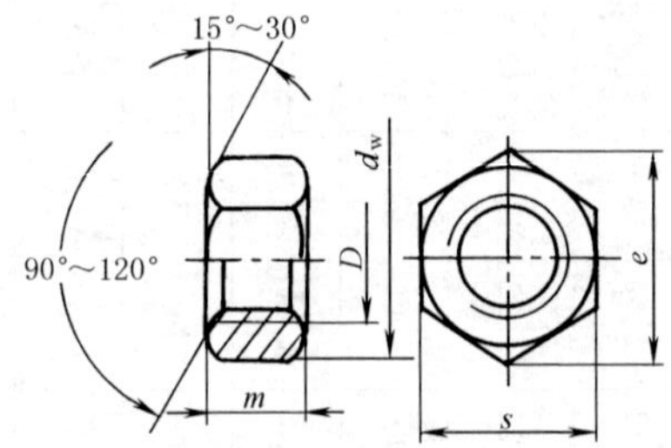

标记示例

螺纹规格D=M12×1.5、性能等级 8 级、不经表面处理、A 级的 1 型六角螺母，标记为：

螺母　GB/T 6171　M12×1.5

螺纹规格 D=M16×1.5、性能等级 04 级、不经表面处理、A 级的六角薄螺母，标记为：

螺母　GB/T 6173　M16×1.5

表 6-1-137

mm

螺纹规格 $D \times P$		M8×1	M10×1 (M10×1.25)	M12×1.5 (M12×1.25)	(M14×1.5)	M16×1.5	(M18×1.5)	M20×1.5 (M20×2)	(M22×1.5)	M24×2	(M27×2)	M30×2	(M33×2)	(M36×3)	M42×3	M48×3	M56×4	M64×4
e(最小)		14.4	17.8	20	23.4	26.8	29.6	33	37.3	39.6	45.2	50.9	55.4	60.8	72.3	82.6	93.6	104.9
s(公称)		13	16	18	21	24	27	30	34	36	41	46	50	55	65	75	85	95
d_w(最小)		11.6	14.6	16.6	19.6	22.5	24.9	27.7	31.4	33.3	38	42.8	46.6	51.1	60	69.5	78.7	88.2
m（最大）	GB/T 6171	6.8	8.4	10.8	12.8	14.8	15.8	18	19.4	21.5	23.8	25.6	28.7	31	34	38	45	51
	GB/T 6173	4	5	6	7	8	9	10	11	12	13.5	15	16.5	18	21	24	28	32
每 1000 个的质量/kg≈	GB/T 6171—1986	4.22	7.94	11.93	18.89	29	36.87	51.55	73.85	88.8	132.4	184.4	232	317	502.9	744.4	1091	1503
	GB/T 6173—1986	2.43	4.64	6.56	10.03	15.26	20.56	27.76	40.39	47.92	72.97	87.76	105.5	182.2	305.8	464.3	671.1	930.7

技术条件		GB/T 6171			GB/T 6173			
	材料	钢	不锈钢铁	有色金属	钢	不锈钢铁	有色金属	螺纹公差:6H
	性能等级	$D \leqslant$ M39:6、8 $D \leqslant$ M16:10 D>M39:按协议	$D \leqslant$ M24:A2-70、A4-70 M24<$D \leqslant$ M39:A2-50、A4-50 D>M39:按协议	CU2、CU3、AL4	$D \leqslant$ M39:04、05 D>M39:按协议	$D \leqslant$ M24:A2-035、A4-035 M24<$D \leqslant$ M39:A2-025、A4-025 D>M39:按协议	CU2、CU3、AL4	
	表面处理	不经处理	简单处理	简单处理	不经处理	简单处理	简单处理	

注：1. ($D \times P$) ≤M36×3 的为商品规格，($D \times P$) >M36×3 的为通用规格。

2. 非优选的螺纹规格除表中括号内标出外，还有 M39×3、M45×3、M52×4 及 M60×4。

2 型六角螺母（摘自 GB/T 6175—2000）

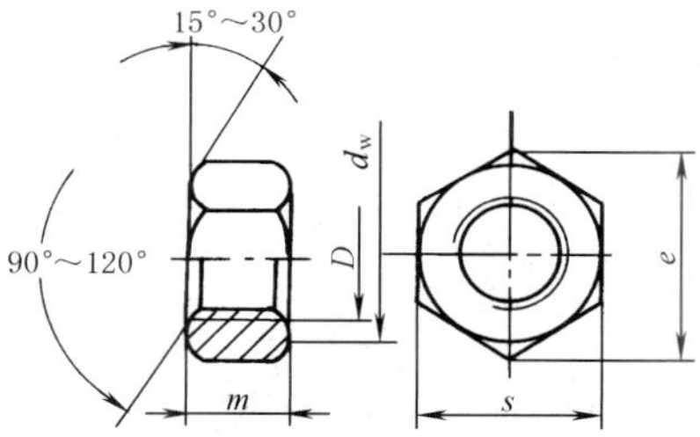

标记示例

螺纹规格 D=M16、性能等级 9 级、不经表面处理、A 级的 2 型六角螺母，标记为：螺母 GB/T 6175 M16

表 6-1-138

mm

螺纹规格 D	M5	M6	M8	M10	M12	(M14)	M16	M20	M24	M30	M36
e(最小)	8.8	11.1	14.4	17.8	20.1	23.4	26.8	33	39.6	50.9	60.8
s(最大)	8	10	13	16	18	21	24	30	36	46	55
m(最大)	5.1	5.7	7.5	9.3	12	14.1	16.4	20.3	23.9	28.6	34.7
d_w(最小)	6.9	8.9	11.6	14.6	16.6	19.6	22.5	27.7	33.2	42.7	51.1
每 1000 个的质量/kg≈	1.14	2.15	4.68	8.83	13.31	20.92	32.29	57.95	99.35	207.1	356.9
技术条件	材料：钢	性能等级：9、12	螺纹公差：6H	表面处理：氧化；电镀技术要求按 GB/T 5267；非电解锌粉覆盖层技术要求按 ISO 10683；如需其他表面镀层或表面处理，应由供需双方协议							

注：A 级用于 D≤M16；B 级用于 D>M16。

2 型六角螺母细牙（摘自 GB/T 6176—2000）

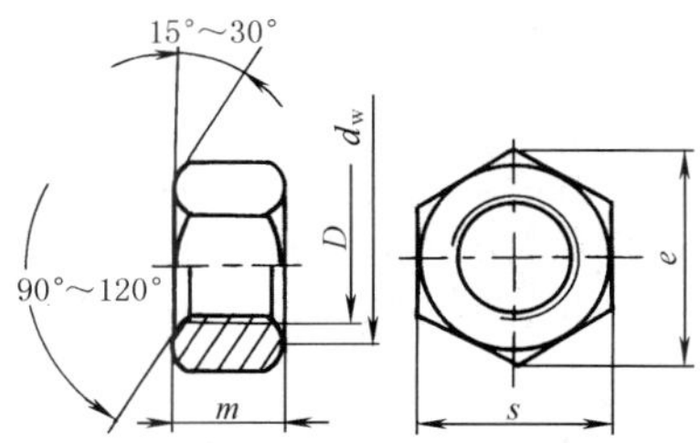

标记示例

螺纹规格 D=M16×1.5、性能等级 10 级、不经表面处理、A 级的 2 型六角螺母，标记为：螺母 GB/T 6176 M16×1.5

表 6-1-139

mm

螺纹规格 $D \times P$	M8×1	M10×1	M12×1.5	(M14×1.5)	M16×1.5	M20×1.5	M24×2	M30×2	M36×3
	—	(M10×1.25)	(M12×1.25)	—	—	(M20×2)	—	—	—
e(最小)	14.4	17.8	20	23.4	26.8	33	39.6	50.9	60.8
s(最大)	13	16	18	21	24	30	36	46	55
m(最大)	7.5	9.3	12	14.1	16.4	20.3	23.9	28.6	34.7
d_w(最小)	11.63	14.63	16.63	19.64	22.49	27.7	33.25	42.75	51.11
每 1000 个的质量/kg≈	4.68	8.83	13.31	20.92	32.29	57.95	99.35	207.1	356.9
技术条件	材料：钢	性能等级：D≤M16：8、12 D≤M39：10	螺纹公差：6H	表面处理：氧化；电镀技术要求按 GB/T 5267；非电解锌粉覆盖层技术要求按 ISO 10683；如需其他表面镀层或表面处理，应由供需双方协议					

注：1. A 级用于 D≤M16；B 级用于 D>M16。2. 非优选的螺纹规格还有 M18×1.5、M22×1.5、M27×2、M33×2。

1 型六角开槽螺母 A 和 B 级（摘自 GB/T 6178—1986）

2 型六角开槽螺母 A 和 B 级（摘自 GB/T 6180—1986）

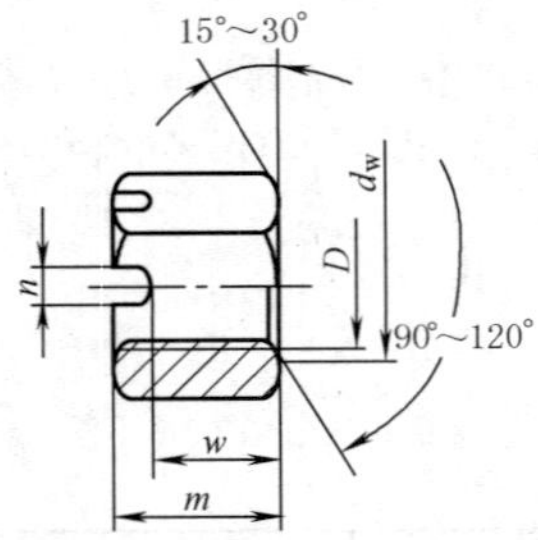

允许制造的型式

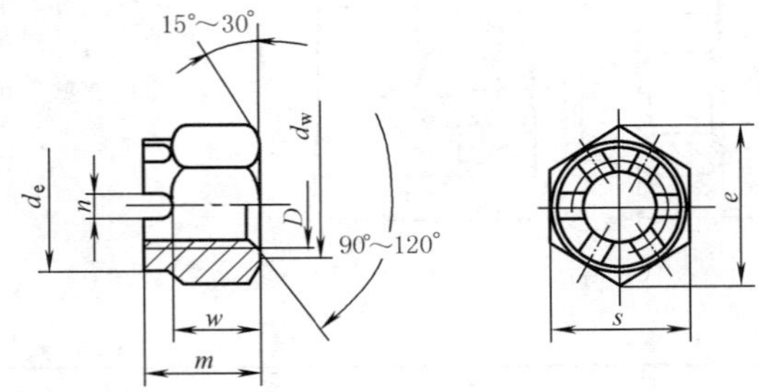

1 型六角开槽螺母 C 级（摘自 GB/T 6179—1986）

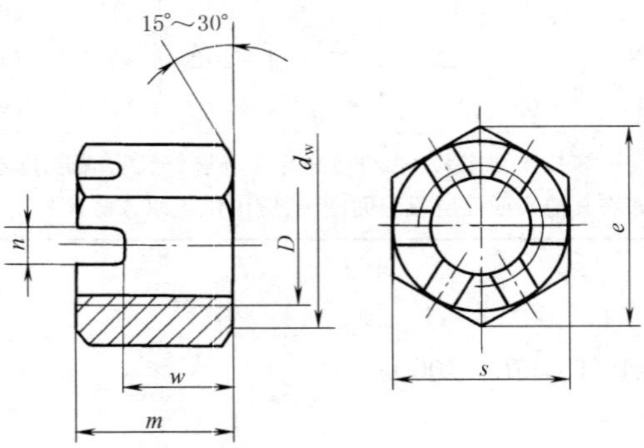

六角开槽薄螺母 A 和 B 级（摘自 GB/T 6181—1986）

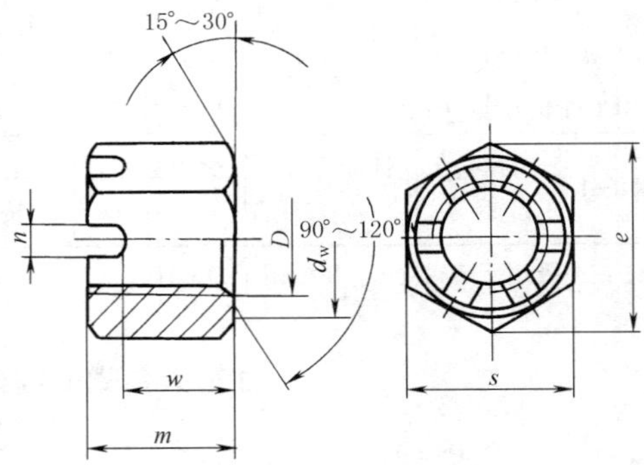

标记示例

螺纹规格 D=M5、性能等级 8 级、不经表面处理、A 级的 1 型六角开槽螺母，标记为：螺母　GB/T 6178　M5

螺纹规格 D=M5、性能等级 5 级、不经表面处理、C 级的 1 型六角开槽螺母，标记为：螺母　GB/T 6179　M5

螺纹规格 D=M12、性能等级 04 级、不经表面处理、A 级的六角开槽薄螺母，标记为：螺母　GB/T 6181　M12

表 6-1-140　　mm

螺纹规格 D		M5	M6	M8	M10	M12	(M14)	M16	M20	M24	M30	M36
n(最大)		2	2.6	3.1	3.4	4.3	4.3	5.7	5.7	6.7	8.5	8.5
d_e(最大)		—	—	—	—	—	—	—	28	34	42	50
s(最大)		8	10	13	16	18	21	24	30	36	46	55
e(最小)	①	8.8	11	14.4	17.8	20	23.4	26.8	33	39.6	50.9	60.8
	②	8.6	10.9	14.2	17.6	19.9	22.8	26.2	33	39.6	50.9	60.8
d_w(最小)	①	6.9	8.9	11.6	14.6	16.6	19.6	22.5	27.7	33.2	42.7	51.1
	②	6.9	8.7	11.5	14.5	16.5	19.2	22	27.7	33.2	42.7	51.1
m（最大）	GB/T 6178	6.7	7.7	9.8	12.4	15.8	17.8	20.8	24	29.5	34.6	40
	GB/T 6179	6.7	7.7	9.8	12.4	15.8	17.8	20.8	24	29.5	34.6	40
	GB/T 6180	6.9	8.3	10	12.3	16	19.1	21.1	26.3	31.9	37.6	43.7
	GB/T 6181	5.1	5.7	7.5	9.3	12	14.1	16.4	20.3	23.9	28.6	34.7
w（最大）	1 型	4.7	5.2	6.8	8.4	10.8	12.8	14.8	18	21.5	25.6	31
	2 型	5.1	5.7	7.5	9.3	12	14.1	16.4	20.3	23.9	28.6	34.7
	薄	3.1	3.2	4.5	5.3	7	9.1	10.4	14.3	15.9	19.6	23.7

续表

螺纹规格 *D*		M5	M6	M8	M10	M12	(M14)	M16	M20	M24	M30	M36
每 1000 个的质量/kg≈	GB/T 6178 GB/T 6179 GB/T 6180	1.43	2.69	5.79	11.23	16.72	26.33	40.23	71.87	124.7	256	434.2
	GB/T 6181	0.96	1.71	3.87	7.35	11	18.38	27.67	52.71	88.88	186.1	332.9
开口销		1.2×12	1.6×14	2×16	2.5×20	3.2×22	3.2×26	4×28	4×36	5×40	6.3×50	6.3×63

技术条件						
GB/T 6179	性能等级	钢	4,5	螺纹公差:7H	表面处理	不经处理;镀锌钝化
GB/T 6178		钢	6,8,10	螺纹公差:6H		氧化;不经处理;镀锌钝化
GB/T 6180		钢	9,12			氧化;镀锌钝化
GB/T 6181		钢: 04,05	不锈钢: A2-50		表面处理	钢: 不经处理;镀锌钝化;氧化; 不锈钢: 不经处理

① 为 GB/T 6178—1986、GB/T 6180—1986、GB/T 6181—1986 的尺寸。

② 为 GB/T 6179—1986 的尺寸。

1 型六角开槽螺母细牙 A 和 B 级（摘自 GB/T 9457—1988）

2 型六角开槽螺母细牙 A 和 B 级（摘自 GB/T 9458—1988）

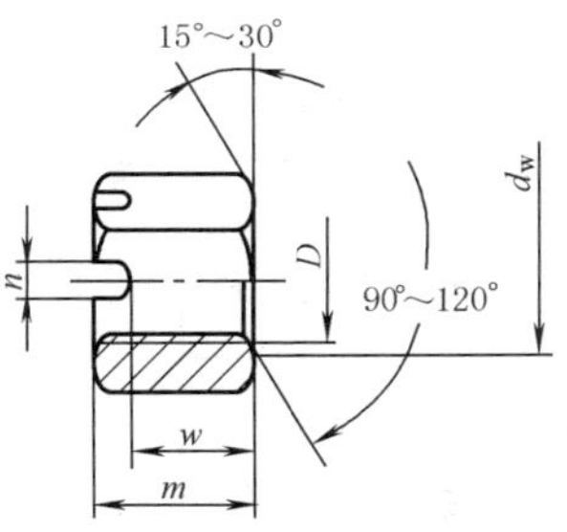

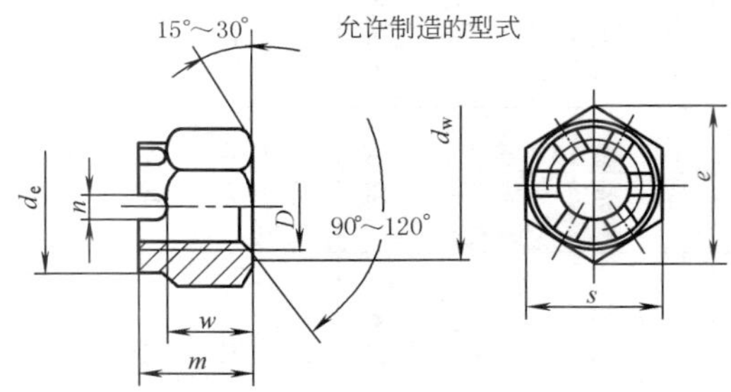

六角开槽薄螺母细牙 A 和 B 级（摘自 GB/T 9459—1988）

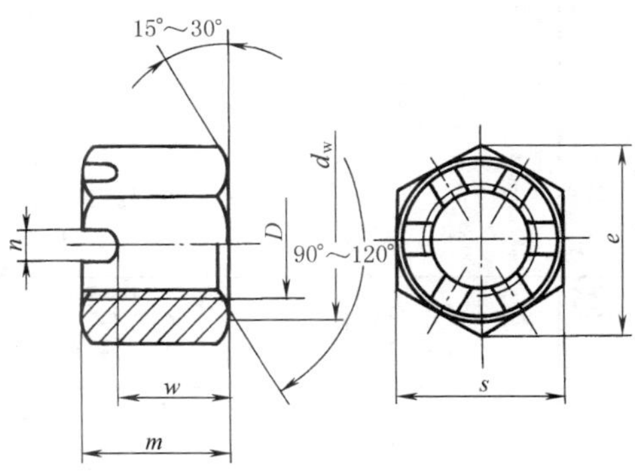

标记示例

螺纹规格 D=M8×1、性能等级 8 级、不经表面处理、A 级的 1 型六角开槽螺母，标记为：螺母 GB/T 9457 M8×1

螺纹规格 D=M10×1、性能等级 04 级、不经表面处理、A 级的六角开槽薄螺母，标记为：螺母 GB/T 9459 M10×1

表 6-1-141

mm

螺纹规格 $D\times P$		M8×1	M10×1 (M10×1.25)	M12×1.5 (M12×1.25)	(M14×1.5)	M16×1.5	(M18×1.5)	M20×2 (M20×1.5)	M22×1.5	M24×2	(M27×2)	M30×2	(M33×2)	M36×3
d_e(最大)		—	—	—	—	—	25	28	30	34	38	42	46	50
e(最小)		14.38	17.77	20.03	23.35	26.75	29.56	32.95	37.29	39.55	45.2	50.85	55.37	60.79
s(最大)		13	16	18	21	24	27	30	34	36	41	46	50	55
n(最大)		3.1	3.4	4.25	4.25	5.7	5.7	5.7	6.7	6.7	6.7	8.5	8.5	8.5
d_w		11.6	14.6	16.6	19.6	22.5	24.8	27.7	31.4	33.2	38	42.7	46.6	51.1
m (最大)	1 型	9.8	12.4	15.8	17.8	20.8	21.8	24	27.4	29.5	31.8	34.6	37.7	40
	2 型	10.5	13.3	17	19.1	22.4	23.6	26.3	29.8	31.9	34.7	37.6	41.5	43.7
	薄型	7.5	9.3	12	14.1	16.4	17.6	20.3	21.8	23.9	26.7	28.6	32.5	34.7
w (最大)	1 型	6.8	8.4	10.8	12.8	14.8	15.8	18	19.4	21.5	23.8	25.6	28.7	31
	2 型	7.5	9.3	12	14.1	16.4	17.6	20.3	21.8	23.9	26.7	28.6	32.5	34.7
	薄型	4.5	5.3	7	9.1	10.4	11.6	14.3	14.8	15.9	18.7	19.6	23.5	25.7
每 1000 个 的质量/kg≈	1 型	5.21	10.34	15.34	24.87	36.94	46.15	64.99	97.04	114.7	168.1	233.2	302	394.3
	2 型	5.79	11.23	16.72	26.38	40.23	50.55	71.81	106.2	124.7	184.4	256	333.7	434.2
	薄型	3.87	7.35	11	18.41	27.67	36.11	52.74	73.16	88.88	136.9	186.1	252.2	332.9
开口销		2×16	2.5×20	3.2×22	3.2×26	4×28	4×32	4×36	5×40	5×40	5×45	6.3×50	6.3×60	6.3×65

技术条件	材 料	螺纹公差	性 能 等 级			产 品 等 级	表面处理(GB/T 9459)
	钢	6H	1 型	2 型	薄型	A 级用于 $D\leqslant$M16;B 级用于 $D>$M16	不经处理(不适用 2 型);镀锌钝化;氧化
			6、8、10	8、10	04、05		

六角法兰面螺母粗牙、细牙(摘自 GB/T 6177.1—2000、GB/T 6177.2—2000)

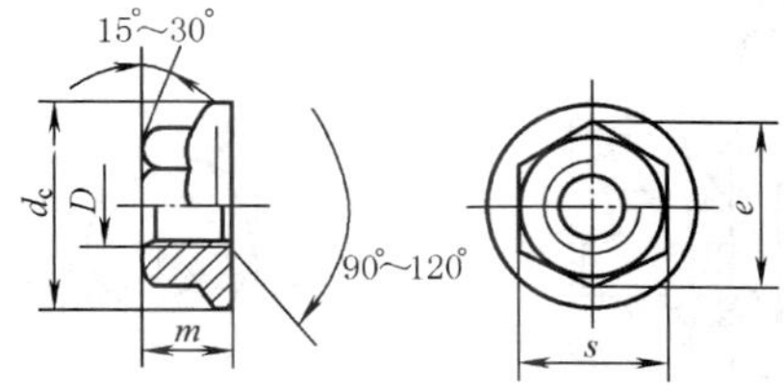

标记示例

螺纹规格 D=M12、性能等级 10 级、表面氧化、A 级六角法兰面螺母,标记为:螺母　GB/T 6177.1　M12

表 6-1-142　mm

螺纹规格(6H)	D	M5	M6	M8	M10	M12	(M14)	M16	M20
	D×P	—	—	M8×1	M10×1.25	M12×1.25	(M14×1.5)	M16×1.5	M20×1.5
		—	—	—	(M10×1)	(M12×1.5)	—	—	—
d_c(最小)		11.8	14.2	17.9	21.8	26	29.9	34.5	42.8
e(最小)		8.79	11.05	14.38	16.64	20.03	23.36	26.75	32.95
s	最大	8	10	13	15	18	21	24	30
	最小	7.78	9.78	12.73	14.73	17.73	20.67	23.67	29.16
m	最大	5	6	8	10	12	14	16	20
	最小	4.7	5.7	7.64	9.64	11.57	13.3	15.3	18.7
性能等级	钢	8~12							
	不锈钢	A2-70							
表面处理	钢	氧化;不经处理;镀锌钝化							

注：尽可能不采用括号内的规格。

2 型非金属嵌件六角锁紧螺母 A 和 B 级（摘自 GB/T 6128—2010）

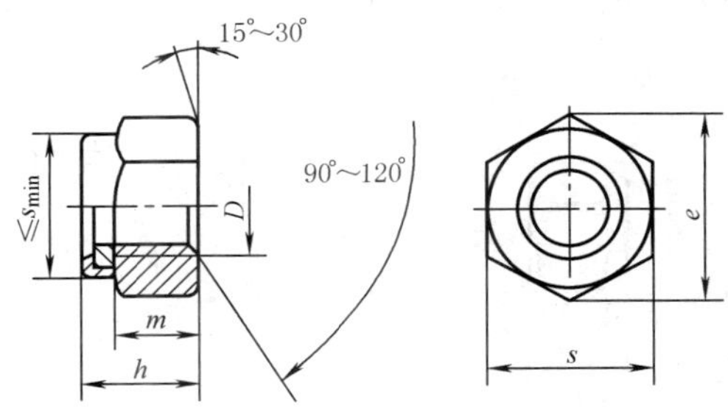

标记示例

螺纹规格 D=M12、性能等级 9 级、表面氧化、A 级 2 型非金属嵌件六角锁紧螺母，标记为：螺母　GB/T 6182　M12

表 6-1-143　mm

螺纹规格 D(6H)		M5	M6	M8	M10	M12	(M14)	M16	M20	M24	M30	M36
e(最小)		8.79	11.05	14.38	17.77	20.03	23.35	26.75	32.95	39.55	50.85	60.79
s	最大	8	10	13	16	18	21	24	30	36	46	55
	最小	7.78	9.78	12.73	15.73	17.73	20.67	23.67	29.16	35	45	53.8
h(最大)		7.2	8.5	10.2	12.8	16.1	18.3	20.7	25.1	29.5	35.6	42.6
m(最小)		4.8	5.4	7.14	8.94	11.57	13.4	15.7	19	22.6	27.3	33.1
材料:螺母体钢;嵌体,推荐用尼龙 66					性能等级:9,12		表面处理:氧化;镀锌钝化					

注：尽可能不采用括号内的规格。

非金属嵌件粗牙（摘自 GB/T 6183.1—2000）、细牙（摘自 GB/T 6183.2—2000）和全金属粗牙（摘自 GB/T 6187.1—2000）、细牙（摘自 GB/T 6187.2—2000）六角法兰面锁紧螺母

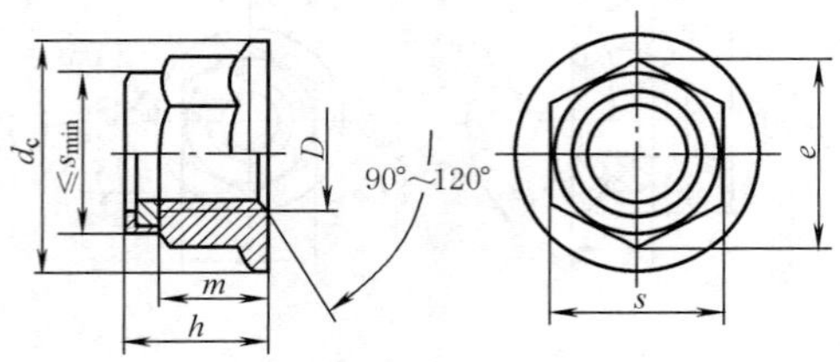

标记示例

螺纹规格　$D \times P$=M12×1.5、性能等级8级、表面氧化、产品等级为A级的全金属六角法兰面锁紧螺母，标记为：

螺母　GB/T 6187.2　M12×1.5

表 6-1-144　　mm

螺纹规格(6H)		M5	M6	M8	M10	M12	(M14)	M16	M20
	D	M5	M6	M8	M10	M12	(M14)	M16	M20
	D×P	—	—	M8×1	M10×1	M12×1.5	(M14×1.5)	M16×1.5	M20×1.5
		—	—	—	M10×1.25	M12×1.25	—	—	—
d_c(最小)		11.8	14.2	17.9	21.8	26	29.9	34.5	42.8
e(最小)		8.79	11.05	14.38	16.64	20.03	23.36	26.75	32.95
h(最大)	GB/T 6183	7.10	9.10	11.1	13.5	16.1	18.2	20.3	24.8
	GB/T 6187	6.2	7.3	9.4	11.4	13.8	15.9	18.3	22.4
m(最小)		4.7	5.7	7.64	9.54	11.57	13.3	15.3	18.7
s	最大	8	10	13	15	18	21	24	30
	最小	7.78	9.78	12.73	14.73	17.73	20.67	23.67	29.16
性能等级	GB/T 6183	GB/T 6183.1:8、9、10;GB/T 6183.2:6、8、10							
	GB/T 6187	GB/T 6187.1:8、9、10、12;GB/T 6187.2:6、8、10							
表面处理		氧化;镀锌钝化							

注：尽可能不采用括号内的规格。

1型全金属六角锁紧螺母A级和B级（摘自 GB/T 6184—2000）

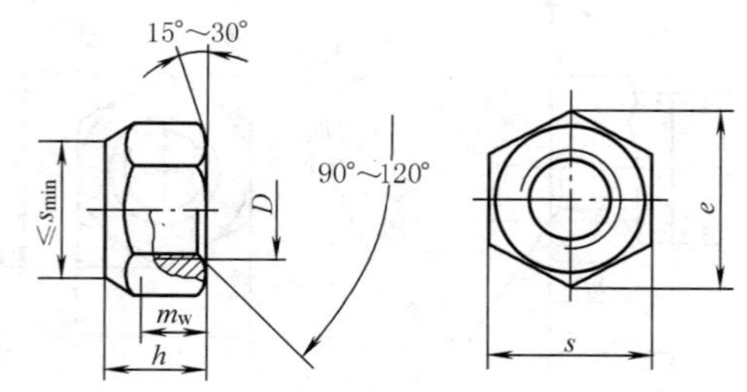

标记示例

螺纹规格　D=M12、性能等级8级、表面氧化、A级1型全金属六角锁紧螺母，标记为：螺母　GB/T 6184　M12

表 6-1-145　　mm

螺纹规格 D(6H)		M5	M6	M8	M10	M12	(M14)	M16	(M18)	M20	(M22)	M24	M30	M36
e(最小)		8.79	11.05	14.38	17.77	20.03	23.36	26.75	29.56	32.95	37.29	39.55	50.85	60.79
s	最大	8	10	13	16	18	21	24	27	30	34	36	46	55
	最小	7.78	9.78	12.73	15.73	17.73	20.67	23.67	26.16	29.16	33	35	45	53.8
h	最大	5.3	5.9	7.1	9	11.6	13.2	15.2	17	19	21	23	26.9	32.5
	最小	4.8	5.4	6.44	8.04	10.37	12.1	14.1	15.01	16.9	18.1	20.2	24.3	29.4
m_w(最小)		3.52	3.92	5.15	6.43	8.3	9.68	11.28	12.08	13.52	14.5	16.16	19.44	23.52
材料:钢		性能等级:5、8、10　表面处理:氧化;镀锌钝化												

注：尽可能不采用括号内的规格。

2 型全金属六角锁紧螺母粗牙（摘自 GB/T 6185.1—2000）和细牙（摘自 GB/T 6185.2—2000）

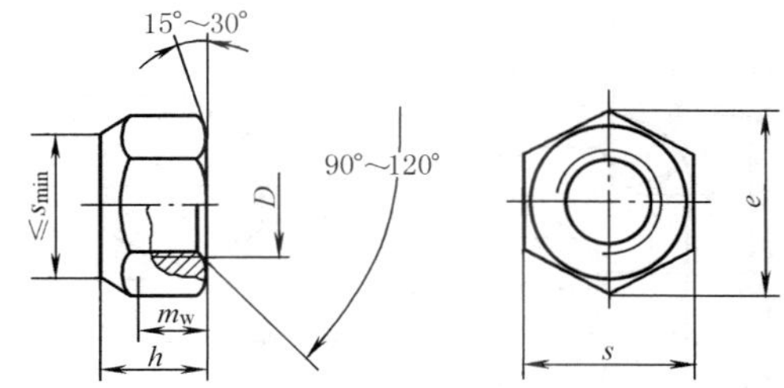

标记示例

螺纹规格 D=M12、性能等级 8 级、表面氧化、A 级 2 型全金属六角锁紧螺母，标记为：螺母　GB/T 6185.1　M12

表 6-1-146　　mm

螺纹规格(6H)												
	D	M5	M6	M8	M10	M12	(M14)	M16	M20	M24	M30	M36
	$D\times P$	—	—	M8×1	M10×1.25	M12×1.25	(M14×1.5)	M16×1.5	M20×1.5	M24×2	M30×2	M36×3
		—	—	—	M10×1	M12×1.5	—	—	—	—	—	—
e(最小)		8.79	11.05	14.38	17.77	20.03	23.35	26.75	32.95	39.55	50.85	60.79
s	最大	8	10	13	16	18	21	24	30	36	46	55
	最小	7.78	9.78	12.73	15.73	17.73	20.67	23.67	29.16	35	45	53.8
h	最大	5.1	6	8	10	12	14.1	16.4	20.3	23.9	30	36
	最小	4.8	5.4	7.14	8.94	11.57	13.4	15.7	19	22.6	27.3	33.1
m_w(最小)		3.52	3.92	5.15	6.43	8.3	9.68	11.28	13.52	16.16	19.44	23.52
性能等级	钢	GB/T 6185.1:5、8、10、12;GB/T 6185.2:8、10、12										
表面处理	钢	氧化;镀锌钝化										

注：尽可能不采用括号内的规格。

2 型全金属六角锁紧螺母 9 级（摘自 GB/T 6186—2000）

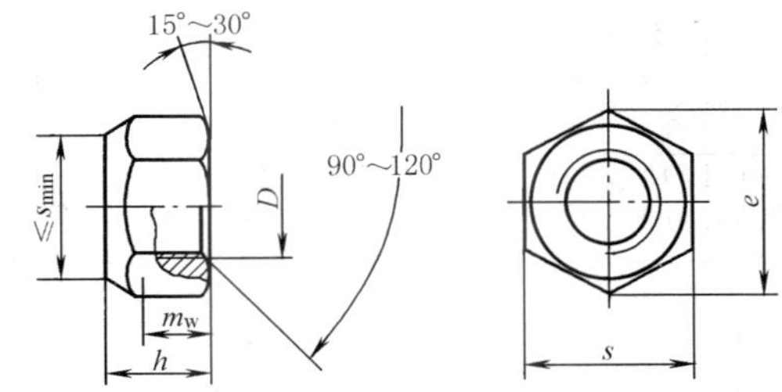

标记示例

螺纹规格 D=M12、性能等级 9 级、表面氧化、A 级 2 型全金属六角锁紧螺母，标记为：螺母　GB/T 6186　M12

表 6-1-147　　mm

螺纹规格 D(6H)		M5	M6	M8	M10	M12	(M14)	M16	M20	M24	M30	M36
e(最小)		8.79	11.05	14.38	17.77	20.03	23.36	26.75	32.95	39.55	50.85	60.79
s	最大	8	10	13	16	18	21	24	30	36	46	55
	最小	7.78	9.78	12.73	15.73	17.73	20.67	23.67	29.16	35	45	53.8
h	最大	5.3	6.7	8	10.5	13.3	15.4	17.9	21.8	26.4	31.8	38.5
	最小	4.8	5.4	7.14	8.94	11.57	13.4	15.7	19	22.6	27.3	33.1
m_w(最小)		3.84	4.32	5.71	7.15	9.26	10.7	12.6	15.2	18.1	21.8	26.5
材料:钢		性能等级:9　表面处理:氧化;镀锌钝化										

注：尽可能不采用括号内的规格。

组合式盖形螺母（摘自 GB/T 802.1—2008）

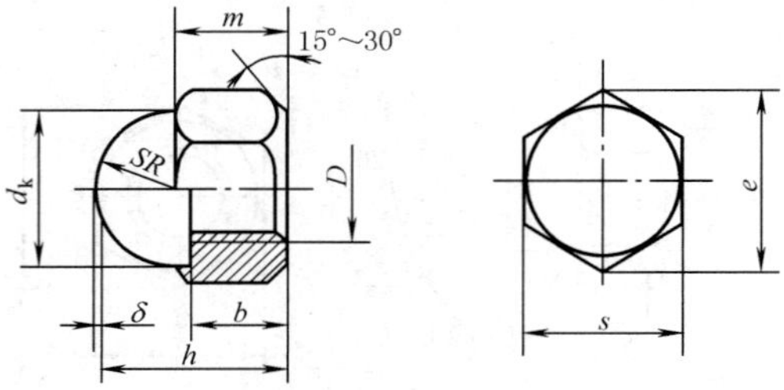

盖形螺母（GB/T 923—2009）

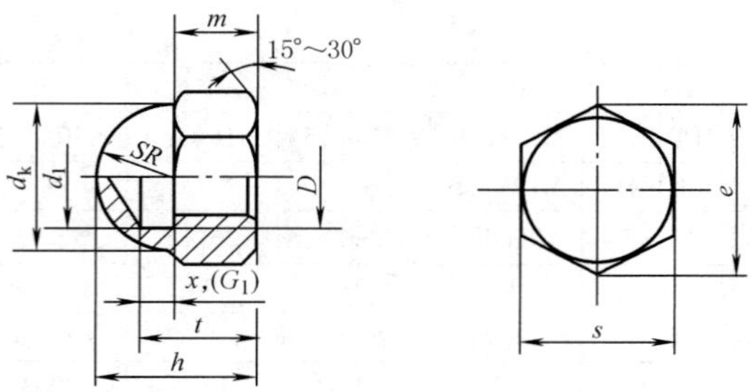

标记示例

螺纹规格 D=M12、性能等级 6 级、表面氧化的组合式盖形螺母，标记为：螺母　GB/T 802　M12

表 6-1-148

mm

螺纹规格 D		M4	M5	M6	M8	M10	M12	(M14)	M16	(M18)	M20	(M22)	M24
e(最小)		7.66	8.79	11.05	14.38	17.77	20.03	23.35	26.75	29.56	32.95	37.29	39.55
m		4.5	5.5	6.5	8	10	12	13	15	17	19	21	22
s		7	8	10	13	16	18	21	24	27	30	34	36
GB/T 802.1	h	7	9	11	15	18	22	24	26	30	35	38	40
	d_k≈	6.2	7.2	9.2	13	16	18	20	22	25	28	30	34
	b	2.5	4	5	6	8	10	11	13	14	16	18	19
	SR≈	3.2	3.6	4.6	6.5	8	9	10	11.5	12.5	14	15	17
	δ	—	0.5	0.8	0.8	0.8	1	1	1	1.2	1.2	1.2	1.2
GB/T 923	h	8	10	12	15	18	22	25	28	32	34	39	42
	d_k≈	6.5	7.5	9.5	12.5	15	17	20	23	26	28	33	34
	G_1(最小)	—	2	2.5	3	4	6.4	7.3	7.3	9.3	9.3	9.3	10.7
	SR≈	3.25	3.75	4.75	6.25	7.5	8.5	10	11.5	13	14	16.5	17
	d_1	—	5.5	6.5	8.5	10.5	13	15	17	19	21	23	25
	x(最大)	1.4	1.6	2	2.5	3	—	—	—	—	—	—	—
	t(最大)	5.74	7.79	8.29	11.35	13.35	16.35	18.35	21.42	25.42	26.42	29.42	31.5
每 1000 个的质量/kg≈	GB/T 802.1	—	1.59	3.28	6.71	12.14	17.35	24.76	36.79	49.85	68.52	97.88	112.5
	GB/T 923	1.04	1.25	2.77	6.73	12.88	17.46	24.66	39.84	48.78	71.96	102	127.8

技术条件

材　　料		钢	不锈钢	有色金属
螺纹公差		—	6H	—
力学性能等级	GB/T 802.1	6.8	A2-50,A2-70 A4-50,A4-70	CU2,CU3,AL4
	GB/T 923	6	A1-50	CU3 或 CU6
产品公差等级		D≤16mm:A;D>16mm:B		
表面处理		氧化;镀锌钝化	简单处理	简单处理

注：G_1—退刀槽尺寸。

x—螺纹收尾尺寸。

环形螺母（摘自 GB/T 63—1988）

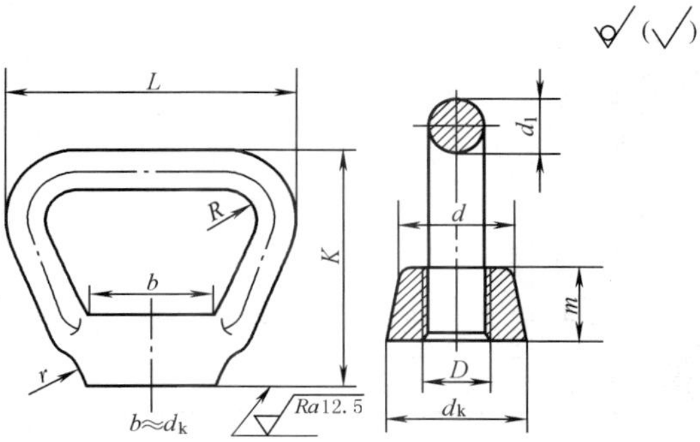

标记示例

螺纹规格 D=M16、材料 ZCuZn40Mn2、不经表面处理的环形螺母，标记为：螺母　GB/T 63　M16

表 6-1-149　　mm

螺纹规格 D	d_k	d	m	K	L	d_1	R	r	每 1000 个的质量/kg≈
M12 （M14）	24	20	15	52	66	10	6	6	153.9 149.3
M16 （M18）	30	26	18	60	76	12	6	8	262.9 256.3
M20 （M22）	36	30	22	72	86	13	8	11	370 358.1
M24	46	38	26	84	98	14	10	14	568.9
技术条件	材料:ZCuZn40Mn2			螺纹公差:6H					

蝶形螺母（摘自 GB/T 62.1—2004）

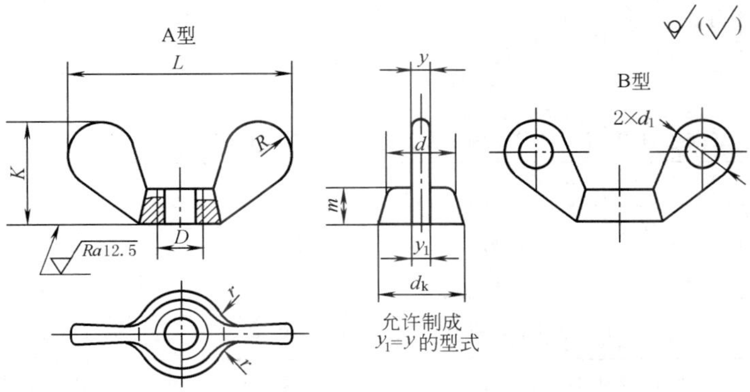

标记示例

螺纹规格 D=M10、材料 Q215、不经表面处理、A 型蝶形螺母，标记为：螺母　GB/T 62　M10

表 6-1-150　　mm

螺纹规格 $D \times P$	M3×0.5	M4×0.7	M5×0.8	M6×1	M8×1	M8×1.25	M10×1.5	M10×1.25	M12×1.75	M12×1.5	(M14×2)	(M14×1.5)	M16×2	M16×1.5
d_k	7	8	10	12	15		18		22		26		30	
d	6	7	8	10	13		15		19		23		26	
L	20	24	28	32	40		48		58		64		72	
K	8	10	12	14	18		22		27		30		32	

续表

螺纹规格 $D \times P$	M3 ×0.5	M4 ×0.7	M5 ×0.8	M6 ×1	M8 ×1	M8 ×1.25	M10 ×1.5	M10 ×1.25	M12 ×1.75	M12 ×1.5	(M14 ×2)	(M14 ×1.5)	M16 ×2	M16 ×1.5
m	3.5	4	5	6	8		10		12		14		14	
d_1	3	4	4	5	6		7		8		9		10	
y	1.25	1.5	2	2.5	3		3.5		4		5		6	
y_1	1.5	2	2.5	3	3.5		4		5		6		7	
R	3	3.5	4.5	5	6		7		8.5		9		10	
r	2	2.5	3	3.5	4		5		6		7		8	
每 1000 个的质量/kg≈	1.72	2.72	5.12	8.42	16.04		26.28		46.55		71.64		98.86	
技术条件	材料:Q215、Q235、KTH300-6						螺纹公差:6H							

扣紧螺母（摘自 GB/T 805—1988）

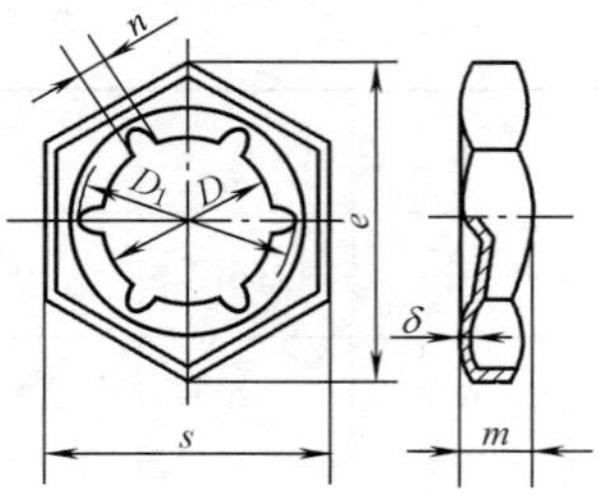

标记示例

螺纹规格 D=M12、材料 65Mn、热处理硬度 30~40HRC、表面氧化的扣紧螺母，标记为：螺母　GB/T 805　M12

表 6-1-151　　mm

螺纹规格 $D \times P$	M6 ×1	M8 ×1.25	M10 ×1.5	M12 ×1.75	(M14 ×2)	M16 ×2	(M18 ×2.5)	M20 ×2.5	(M22 ×2.5)	M24 ×3	(M27 ×3)	M30 ×3.5	M36 ×4	M42 ×4.5	M48 ×5
D(最小)	5	6.8	8.5	10.3	12	14	15.5	17.5	19.5	21	24	26.5	32	37.5	43
s(最大)	10	13	16	18	21	24	27	30	34	36	41	46	55	65	75
D_1	7.5	9.5	12	14	16	18	20.5	22.5	25	27	30	34	40	47	54
n	1			1.5			2			2.5			3		
e	11.5	16.2	19.6	21.9	25.4	27.7	31.2	34.6	36.9	41.6	47.3	53.1	63.5	75	86.5
m	3	4	5		6		7			9			12		14
δ	0.4	0.5	0.6	0.7	0.8		1			1.2		1.4		1.8	
每 100 个的质量/kg≈	0.52	1.26	2.24	2.99	4.68	5.16	8.4	9.66	10.4	17.46	20.94	29.06	43.99	72.37	97.16
技术条件	材料:65Mn	热处理:淬火并回火 30~40HRC								表面处理:氧化,镀锌钝化					

注：使用方法为先用普通六角螺母将被连接件紧固，然后旋上扣紧螺母并用手拧紧，使其与普通螺母的支承面接触，再用扳手旋紧 60°~90°即可；松开扣紧螺母时，必须再拧紧普通六角螺母，使其与扣紧螺母之间产生间隙，才能松开扣紧螺母，以免划伤螺栓的螺纹。

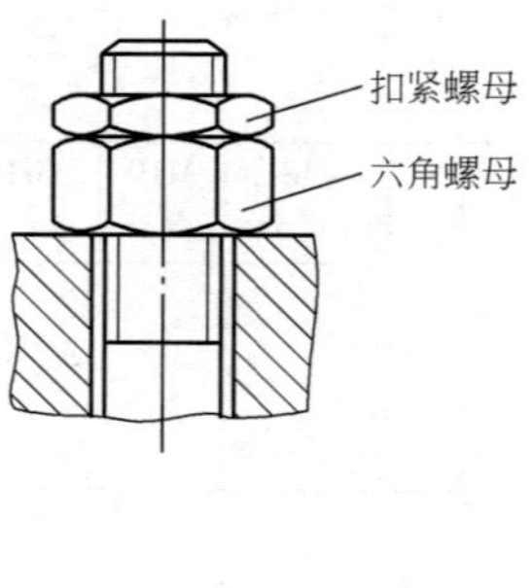

滚花高螺母（摘自 GB/T 806—1988）　滚花薄螺母（摘自 GB/T 807—1988）

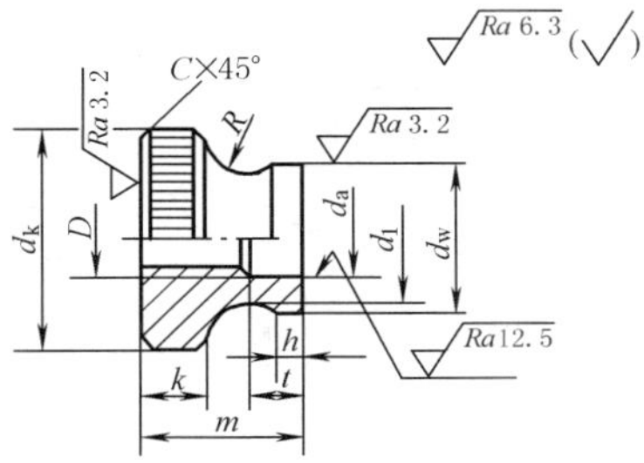

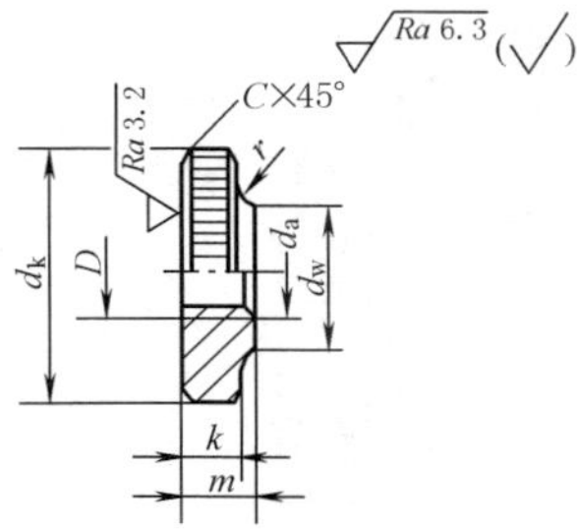

标记示例

螺纹规格 D=M5、性能等级 5 级、不经表面处理的滚花高螺母，标记为：螺母　GB/T 806　M5

螺纹规格 D=M5、性能等级 5 级、不经表面处理的滚花薄螺母，标记为：螺母　GB/T 807　M5

表 6-1-152　　mm

螺纹规格 D		M1.4	M1.6	M2	M2.5	M3	M4	M5	M6	M8	M10
d_k(滚花前)(最大)		6	7	8	9	11	12	16	20	24	30
k		1.5	2		2.2	2.8	3	4	5	6	8
d_w(最大)		3.5	4	4.5	5	6	8	10	12	16	20
C		0.2				0.3		0.5		0.8	
GB/T 806—1988	m(最大)	—	4.7	5	5.5	7	8	10	12	16	20
	d_a(最小)	—	1.8	2.2	2.7	3.2	4.2	5.2	6.2	8.5	10.5
	t(最大)	—	1.5		2		2.5	3	4	5	6.5
	R(最小)	—	1.25		1.5	2		2.5	3	4	5
	h	—	0.8	1		1.2	1.5	2	2.5	3	3.8
	d_1	—	3.6	3.8	4.4	5.2	6.4	9	11	13	17.5
GB/T 807—1988	m(最大)	2	2.5	2.5	2.5	3	3	4	5	6	8
	d_a(最小)	1.4	1.6	2	2.5	3	4	5	6	8	10
	r	0.5							1		2
1000 个钢螺母质量/kg≈	GB/T 806	—	0.77	0.99	1.34	2.51	3.54	8.25	15.68	24.91	54.89
	GB/T 807	0.32	0.59	0.77	0.96	1.76	2.10	5.15	9.63	16.97	32.69

技术条件	材料	钢	螺纹公差：6H	产品等级：A	滚花：直纹	表面处理：不经处理；镀锌钝化
	性能等级	5				

小圆螺母（摘自 GB/T 810—1988）

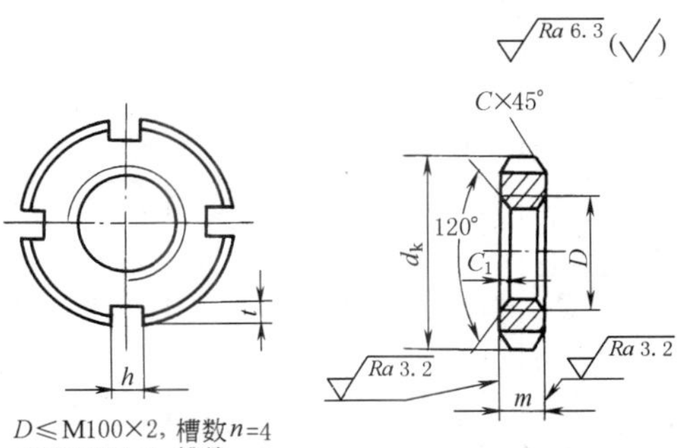

D≤M100×2，槽数 n=4
D≥M105×2，槽数 n=6

标记示例

螺纹规格 D=M16×1.5、材料 45 钢、槽或全部热处理后硬度 35~45HRC、表面氧化的小圆螺母，标记为：螺母　GB/T 810　M16×1.5

表 6-1-153 mm

螺纹规格 $D\times P$	d_k	m	h(最小)	t(最小)	C_1	C	每 1000 个的质量/kg≈
M10×1	20	6	4	2	0.5	0.5	9.53
M12×1.25	22						11
M14×1.5	25						14.27
M16×1.5	28						17.91
M18×1.5	30		5	2.5			18.83
M20×1.5	32						20.6
M22×1.5	35	8					33.2
M24×1.5	38						39.42
M27×1.5	42					1	47.6
M30×1.5	45						52.01
M33×1.5	48						56.43
M36×1.5	52		6	3			64.51
M39×1.5	55						69.22
M42×1.5	58						73.92
M45×1.5	62						84.65
M48×1.5	68	10	8	3.5			136.5
M52×1.5	72						143.2
M56×2	78				1		171.9
M60×2	80						162.8
M64×2	85						183
M68×2	90						204.2
M72×2	95	12	10	4			271.9
M76×2	100						295.5
M80×2	105					1.5	325
M85×2	110						343.4
M90×2	115						361.8
M95×2	120						380.2
M100×2	125		12	5			391.1
M105×2	130	15					497.7
M110×2	135						520.7
M115×2	140						543.7
M120×2	145		14	6			549.8
M125×2	150						572.8
M130×2	160						740.5
M140×2	170	18					954.8
M150×2	180						1021
M160×3	195				1.5	2	1299
M170×3	205		16	7			1353
M180×3	220	22					2041
M190×3	230						2149
M200×3	240						2257
技术条件	材料	螺纹公差		热处理及表面处理			
	45 钢	6H		槽或全部热处理后 35~45HRC;调质 24~30HRC;氧化			

圆螺母（摘自 GB/T 812—1988）

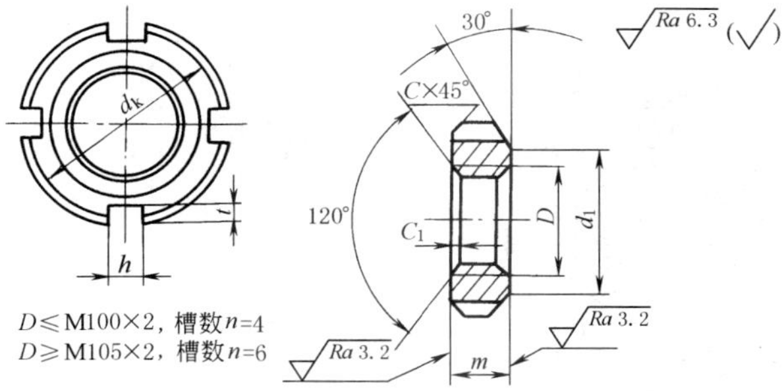

标记示例

螺纹规格 D =M16×1.5、材料 45 钢、槽或全部热处理后硬度 35~45HRC、表面氧化的圆螺母，标记为：

螺母　GB/T 812　M16×1.5

表 6-1-154　　mm

螺纹规格 $D\times P$	d_k	d_1	m	h(最小)	t(最小)	C	C_1	每 1000 个的质量/kg≈
M10×1	22	16	8	4	2	0.5	0.5	16.82
M12×1.25	25	19						21.58
M14×1.5	28	20						26.82
M16×1.5	30	22		5	2.5			28.44
M18×1.5	32	24						31.19
M20×1.5	35	27						37.31
M22×1.5	38	30	10					54.91
M24×1.5	42	34				1		68.88
M25×1.5①								65.88
M27×1.5	45	37						75.49
M30×1.5	48	40						82.11
M33×1.5	52	43		6	3			92.32
M35×1.5①								84.99
M36×1.5	55	46				1.5		100.3
M39×1.5	58	49						107.3
M40×1.5①								102.5
M42×1.5	62	53						121.8
M45×1.5	68	59						153.6
M48×1.5	72	61	12	8	3.5			201.2
M50×1.5①								186.8
M52×1.5	78	67						238
M55×2①								214.4
M56×2	85	74					1	290.1
M60×2	90	79						320.3
M64×2	95	84						351.9
M65×2①								342.4
M68×2	100	88		10	4			380.2
M72×2	105	93	15					518
M75×2①								477.5
M76×2	110	98						562.4
M80×2	115	103						608.4
M85×2	120	108						640.6
M90×2	125	112	18	12	5			796.1
M95×2	130	117						834.7
M100×2	135	122						873.3
M105×2	140	127						895
M110×2	150	135	22	14	6			1076
M115×2	155	140						1369
M120×2	160	145						1423
M125×2	165	150						1477
M130×2	170	155						1531
M140×2	180	165	26					1937
M150×2	200	180		16	7			2651
M160×3	210	190				2	1.5	2810
M170×3	220	200	30					2970
M180×3	230	210						3610
M190×3	240	220						3794
M200×3	250	230						3978
技术条件	材料	螺纹公差		热处理及表面处理				
	45 钢	6H		槽或全部热处理后 35~45HRC；调质 24~30HRC；氧化				

① 多用于滚动轴承锁紧装置，易于买到。

第6篇

带锁紧槽圆螺母

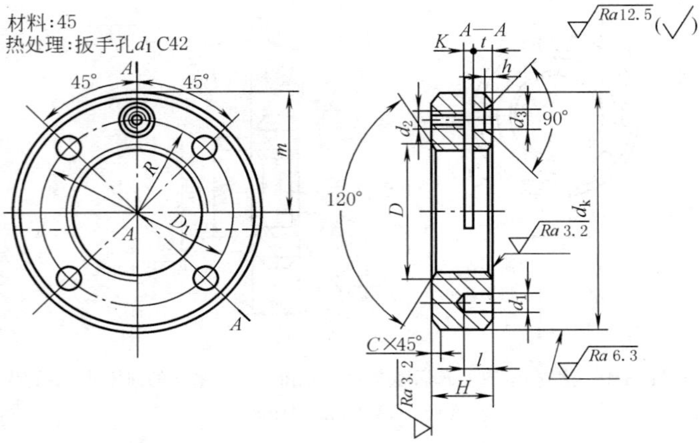

标记示例

细牙普通螺纹、直径 24mm、螺距 1.5mm 的带锁紧槽圆螺母，标记为：圆螺母　JB 24-59　M24×1.5

表 6-1-155　　mm

$D\times P$	d_k	D_1 公称尺寸	D_1 允差	H 公称尺寸	H 允差	d_1 公称尺寸	d_1 允差	d_2	d_3	R	l	h 公称尺寸	h 允差	t	K	m	C	螺钉 GB 68—1985
M10×1	22	16	+0.12	6	−0.3	3	+0.25	M2	2.5	8	3	1.2	−0.3	1.2	1.5	15	0.2	M2×4
M12×1.25	25	18								9								
M16×1.5	30	22	+0.14	8	−0.36	3.5	+0.25	M3	3.6	11.5	4	1.5	−0.3	1.5	1.5	20	0.5	M3×6
M18×1.5	32	24					+0.3			12.5								
M20×1.5	35	27				4				13.5								
(M22×1.5)	38	30		10				M4	4.8	15	5	2	−0.4	2	2	25		M4×8
M24×1.5	42	34	+0.17							16.5							1	
(M27×1.5)	45					4.5				18						30		
M30×1.5	48	38								19.5	6							
(M33×1.5)	52	42						M5	6	20.5		2.5		3		35		M5×8
M36×1.5	55	46								23								
(M39×1.5)	58					5.5				24.5						40		
M42×1.5	62	54	+0.2							26	7							
(M45×1.5)	68									28.5						45		
M48×1.5	72	62		12	−0.43			M6	7	30		3		4	3			M6×10
(M52×1.5)	78					6.5				32.5						50		
M56×2	85	72					+0.36			35.5								
(M60×2)	90					7.5				38						55		
M64×2	95	80								40	8							
(M68×2)	100					9				42				5		60		M6×12
M72×2	105	90	+0.23	15						44	10						1.5	
(M76×2)	110							M8	9	46.5		4	−0.5					M8×12
M80×2	115	100								49								
(M85×2)	120									51						65		
M90×2	125	110		18						54				6				M8×15
(M95×2)	130									56.5								
M100×2	135	120								59						70		

注：1. 括号内规格尽量不用。

2. 表面发蓝处理。

3.7.6 垫圈及挡圈

表 6-1-156 垫圈及挡圈汇总表

类别	名称	标准号及规格	特性和用途
圆形垫圈	平垫圈 C 级	GB/T 95—2002 1.6~64	一般用于金属零件，以增加支承面，遮盖较大的孔眼，以及防止损伤零件表面。大垫圈多用于木制零件
	大垫圈 A 和 C 级	GB/T 96.1(.2)—2002 3~36	
	平垫圈 A 级	GB/T 97.1—2002 1.6~64	
	平垫圈倒角型 A 级	GB/T 97.2—2002 5~64	
	销轴用平垫圈	GB/T 97.3—2002 3~100	
	小垫圈 A 级	GB/T 848—2002 1.6~36	
	特大垫圈 C 级	GB/T 5287—2002 5~36	
	钢结构用高强度扭剪型螺栓连接副垫圈	GB/T 3632—2008 16~24	与本类高强度螺栓、螺母配套使用
	钢结构用高强度垫圈	GB/T 1230—2006 12~30	
	栓接结构用平垫圈淬火并回火	GB/T 18230.5—2000 12~30	与本类栓接结构用螺栓、螺母配套使用
	高强度螺栓专用垫圈	JB/ZQ 4080—2006 36~160	
异形垫圈	工字钢用方斜垫圈	GB/T 852—1988 6~36	用来将槽钢、工字钢翼缘之类倾斜面垫平，使螺母支承面垂直于螺杆，使螺杆免受弯曲
	槽钢用方斜垫圈	GB/T 853—1988 6~36	
	球面垫圈	GB/T 849—1988 6~48	球面垫圈和锥面垫圈配合使用，具有自动调位的作用，使螺母支承面与螺杆垂直，消除螺杆受的弯曲，多用于工装
	锥面垫圈	GB/T 850—1988 6~48	
弹簧垫圈及弹性垫圈	重型弹簧垫圈	GB/T 7244—1987 6~36	广泛用于经常拆开的连接处，靠弹性及斜口摩擦防止紧固件的松动
	轻型弹簧垫圈	GB/T 859—1987 3~30	
	标准弹簧垫圈	GB/T 93—1987 2~48	
	波形弹性垫圈	GB/T 955—1987 3~30	靠本身的弹性变形压紧紧固件不松动 波形——弹力大，变形小，着力均匀 鞍形——变形大，支承面积小
	鞍形弹性垫圈	GB/T 860—1987 2~10	

类别	名称	标准号及规格	特性和用途
锁紧垫圈	锥形(锯齿)锁紧垫圈	GB/T 956.1(.2)—1987 3~12	圆周上具有许多翘齿、刺压在支承面上，能极其可靠地阻止紧固件松动，弹力均匀，防松效果良好，不宜用于材料较软或常拆卸处 内齿用于头部尺寸较小的螺钉头下，外齿应用较多，多用于螺栓头和螺母下，锥形用于沉孔中
	内(锯)齿锁紧垫圈	GB/T 861.1(.2)~—1987 2~20	
	外(锯)齿锁紧垫圈	GB/T 862.1(.2)~—1987 2~20	
止动垫圈	单耳止动垫圈	GB/T 854—1988 2.5~48	允许螺母拧紧在任意位置加以锁定
	双耳止动垫圈	GB/T 855—1988 2.5~48	
	外舌止动垫圈	GB/T 856—1988 2.5~48	
	圆螺母用止动垫圈	GB/T 858—1988 10~200	与圆螺母配合使用，主要用于滚动轴承的固定
挡圈	锥销锁紧挡圈	GB/T 883—1986 8~130	配合销钉、螺钉固定在轴上，防止轴肩零件轴向位移
	螺钉锁紧挡圈	GB/T 884—1986 8~200	
	带锁圈的螺钉锁紧挡圈	GB/T 885—1986 8~200	
	螺钉紧固轴端挡圈	GB/T 891—1986 20~100	用来锁紧固定在轴端的零件
	螺栓紧固轴端挡圈	GB/T 892—1986 20~100	
	钢丝锁圈	GB/T 921—1986 15~236	
	轴肩挡圈	GB/T 886—1986 30~120	套在轴上用以加大原有轴肩的支承面，多用于滚动轴承的安装
	孔用弹性挡圈 A 型	GB/T 893.1—1986 8~200	卡在轴槽或孔槽中供滚动轴承装入后止退用，钢丝挡圈也可定位其他零件，挡圈靠本身弹性便于装卸
	孔用弹性挡圈 B 型	GB/T 893.2—1986 20~200	
	轴用弹性挡圈 A 型	GB/T 894.1—1986 3~200	
	轴用弹性挡圈 B 型	GB/T 894.2—1986 20~200	
	孔用钢丝挡圈	GB/T 895.1—1986 7~125	
	轴用钢丝挡圈	GB/T 895.2—1986 4~125	
	夹紧挡圈	GB/T 960—1986 1.5~10	卡在轴槽中起轴肩作用，装入后收口装死不拆

平垫圈 C 级（摘自 GB/T 95—2002）、**平垫圈 A 级**（摘自 GB/T 97.1—2002）、**平垫圈倒角型 A 级**（摘自 GB/T 97.2—2002）

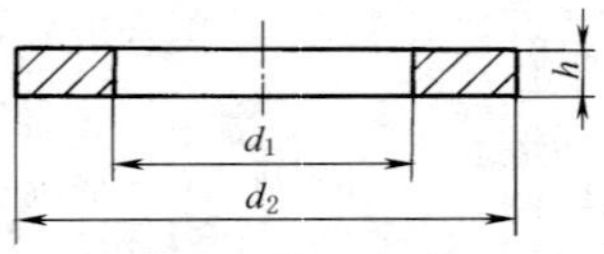

GB/T 95、GB/T 97.1

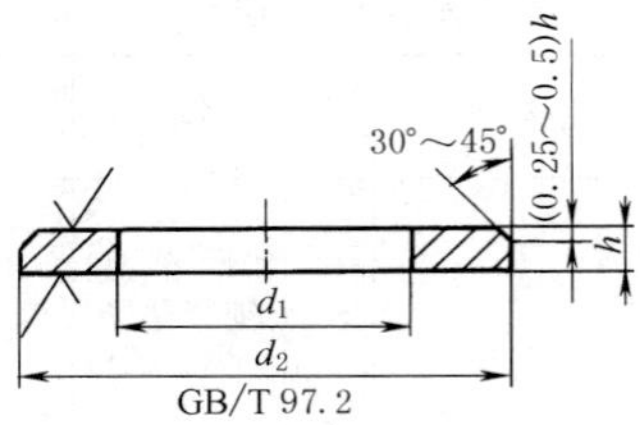

GB/T 97.2

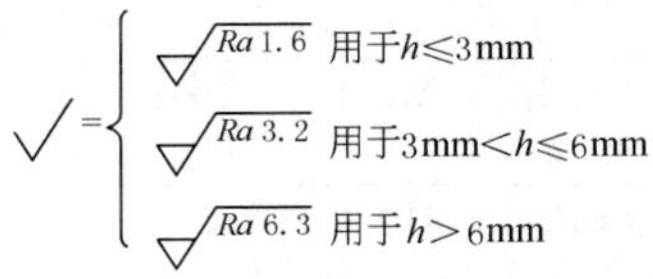

标记示例

标准系列、规格 8mm、由钢制造的硬度等级 200HV、不经表面处理、产品等级 A 级的平垫圈，标记为

垫圈　GB/T 97.1　8

不锈钢组别：A2、F1、C1、A4、C4（按 GB/T 3098.6）

表 6-1-157

规格(螺纹大径)		GB/T 95			GB/T 97.1			GB/T 97.2		
		内径 d_1	外径 d_2	厚度 h	内径 d_1	外径 d_2	厚度 h	内径 d_1	外径 d_2	厚度 h
优选尺寸	1.6	1.8	4	0.3	1.7	4	0.3	—	—	—
	2	2.4	5	0.3	2.2	5	0.3	—	—	—
	2.5	2.9	6	0.5	2.7	6	0.5	—	—	—
	3	3.4	7	0.5	3.2	7	0.5	—	—	—
	4	4.5	9	0.8	4.3	9	0.8	—	—	—
	5	5.5	10	1	5.3	10	1	5.3	10	1
	6	6.6	12	1.6	6.4	12	1.6	6.4	12	1.6
	8	9	16	1.6	8.4	16	1.6	8.4	16	1.6
	10	11	20	2	10.5	20	2	10.5	20	2
	12	13.5	24	2.5	13	24	2.5	13	24	2.5
	16	17.5	30	3	17	30	3	17	30	3
	20	22	37	3	21	37	3	21	37	3
	24	26	44	4	25	44	4	25	44	4
	30	33	56	4	31	56	4	31	56	4
	36	39	66	5	37	66	5	37	66	5
	42	45	78	8	45	78	8	45	78	8
	48	52	92	8	52	92	8	52	92	8
	56	62	105	10	62	105	10	62	105	10
	64	70	115	10	70	115	10	70	115	10
非优选尺寸	3.5	3.9	8	0.5	—	—	—	—	—	—
	14	15.5	28	2.5	15	28	2.5	15	28	2.5
	18	20	34	3	19	34	3	19	34	3
	22	24	39	3	23	39	3	23	39	3
	27	30	50	4	28	50	4	28	50	4
	33	36	60	5	34	60	5	34	60	5
	39	42	72	6	42	72	6	42	72	6
	45	48	85	8	48	85	8	48	85	8
	52	56	98	8	56	98	8	56	98	8
	60	66	110	10	66	110	10	66	110	10

技术条件和引用标准

材　料		钢	材料	硬度等级	硬度范围
力学性能	硬度等级	100HV	钢	200HV 300HV	200～300HV 300～370HV
	硬度范围	100～200HV			
精度等级		C(GB/T 95)、A(GB/T 97.1～2)	不锈钢	200HV	200～300HV

表面处理：不经表面处理，即垫圈应是本色的并涂有防锈油或按协议的涂层；电镀技术要求按 GB/T 5267.1；非电解锌片涂层技术要求按 GB/T 5267.2；对淬火回火的垫圈应采用适当的涂或镀工艺以免氢脆，当电镀或磷化处理垫圈时，应在电镀或涂层后立即进行适当处理，以驱除有害的氢脆，所有公差适用于镀或涂前尺寸

大垫圈 A 级（摘自 GB/T 96.1—2002）、C 级（摘自 GB/T 96.2—2002）和小垫圈 A 级（摘自 GB/T 848—2002）及特大垫圈 C 级（摘自 GB/T 5287—2002）

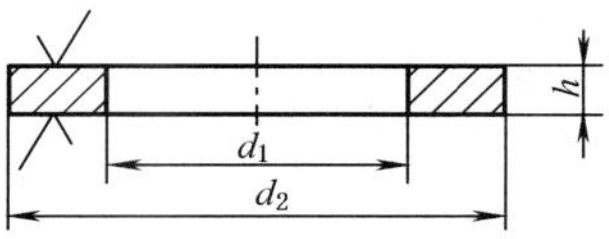

GB/T 96.1　GB/T 848

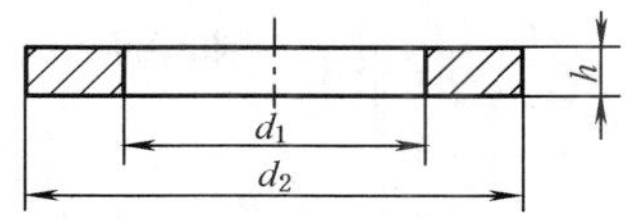

GB/T 96.2　GB/T 5287

标记示例

大系列、公称规格 8mm、由钢制造的硬度等级 200HV 级、不经表面处理、产品等级 A 级的平垫圈，标记为：垫圈　GB/T 96.1　8

大系列、公称规格 8mm、由 A2 组不锈钢制造的硬度等级 200HV 级、不经表面处理、产品等级 A 级的平垫圈，标记为：

垫圈　GB/T 96.1　8　A2

大系列、公称规格 8mm、由钢制造的硬度等级 100HV 级、不经表面处理、产品等级 C 级的平垫圈，标记为：垫圈　GB/T 96.2　8

不锈钢组别：A2、F1、C1、A4、C4（按 GB/T 3098.6）

表 6-1-158

规格(螺纹大径)		GB/T 96.1			GB/T 96.2			GB/T 848			GB/T 5287		
		内径 d_1	外径 d_2	厚度 h	内径 d_1	外径 d_2	厚度 h	内径 d_1	外径 d_2	厚度 h	内径 d_1	外径 d_2	厚度 h
优选尺寸	1.6	—	—	—	—	—	—	1.7	3.5	0.3	—	—	—
	2	—	—	—	—	—	—	2.2	4.5	0.3	—	—	—
	2.5	—	—	—	—	—	—	2.7	5	0.5	—	—	—
	3	3.2	9	0.8	3.4	9	0.8	3.2	6	0.5	—	—	—
	4	4.3	12	1	4.5	12	1	4.3	8	0.5	—	—	—
	5	5.3	15	1	5.5	15	1	5.3	9	1	5.5	18	2
	6	6.4	18	1.6	6.6	18	1.6	6.4	11	1.6	6.6	22	2
	8	8.4	24	2	9	24	2	8.4	15	1.6	9	28	3
	10	10.5	30	2.5	11	30	2.5	10.5	18	1.6	11	34	3
	12	13	37	3	13.5	37	3	13	20	2	13.5	44	4
	16	17	50	3	17.5	50	3	17	28	2.5	17.5	56	5
	20	21	60	4	22	60	4	21	34	3	22	72	6
	24	25	72	5	26	72	5	25	39	4	26	85	6
	30	33	92	6	33	92	6	31	50	4	33	105	6
	36	39	110	8	39	110	8	37	60	5	39	125	8
非优选尺寸	3.5	3.7	11	0.8	3.9	11	0.8	3.7	7	0.5	—	—	—
	14	15	44	3	15.5	44	3	15	24	2.5	15.5	50	4
	18	19	56	4	20	56	4	19	30	3	20	60	5
	22	23	66	5	24	66	5	23	37	3	24	80	6
	27	30	85	6	30	85	6	28	44	4	30	98	6
	33	36	105	6	36	105	6	34	56	5	36	115	8

技术条件和引用标准

材料		钢	材料	硬度等级	硬度范围
力学性能	硬度等级	100HV	钢	200HV 300HV	200~300HV 300~370HV
	硬度范围	100~200HV			
精度等级		C	不锈钢	200HV	200~300HV

表面处理：不经表面处理，即垫圈应是本色的并涂有防锈油或按协议的涂层；电镀技术要求按 GB/T 5267.1；非电解锌片涂层技术要求按 GB/T 5267.2；对淬火回火的垫圈应采用适当的涂或镀工艺以免氢脆，当电镀或磷化处理垫圈时，应在电镀或涂层后立即进行适当处理，以驱除有害的氢脆，所有公差适用于镀或涂前尺寸

高强度螺栓专用垫圈（摘自 JB/ZQ 4080—2006）

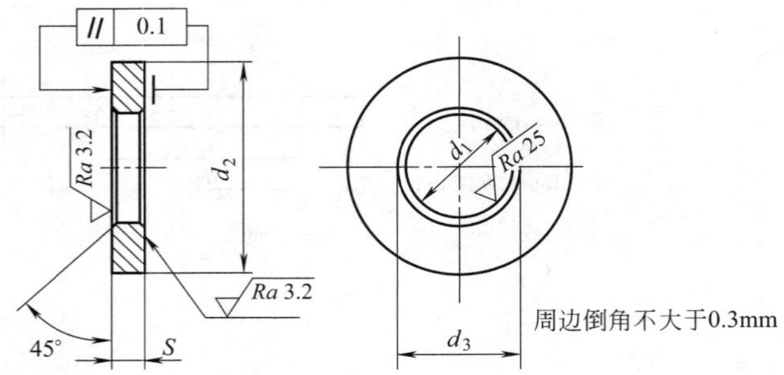

标记示例

用于螺纹直径为 M20 的高强度专用垫圈的标记为：

垫圈　20　JB/ZQ 4080—2006

表 6-1-159　　mm

d_1	d_2		d_3	S	每个质量 /kg	适用于螺纹直径	d_1	d_2		d_3	S	每个质量 /kg	适用于螺纹直径
6.4	11	±1	7	2	0.001	M6	58	100	±2	64	11	0.52	M56
8.4	16		9.5	2.5	0.003	M8	66	110		72		0.60	M64
10.5	20		11.5		0.005	M10	74	120		80	12	0.75	M72
13	24	±1	14	3	0.007	M12	82	140	±5	88	14	1.11	M80
(15)	28		16	3.5	0.01	(M14)	93	160		98	11	1.67	M90
17	30		18	4	0.02	M16	104	175		108		1.95	M100
21	35	±1	23	4.5	0.03	M20	114	185	±5	118		2.09	M110
25	45		27	5	0.04	M24	(124)	210		128		2.83	(M120)
31	55		34	6	0.08	M30	129	220		133	22	4.30	M125
37	65	±2	40	7	0.13	M36	144	240	±5	148		5.00	M140
43	75		46	8	0.21	M42	164	270		168		6.24	M160
50	90		53	10	0.37	M48							

注：材料：钢。

用于螺纹规格小于或等于 M90 的垫圈，其材料的抗拉强度不小于 900N/mm^2。

用于螺纹规格 M100～M160 的垫圈，其材料的抗拉强度不低于 700N/mm^2。

钢结构用高强度垫圈（摘自 GB/T 1230—2006）
钢结构用高强度扭剪型螺栓连接副垫圈（摘自 GB/T 3632—2008）

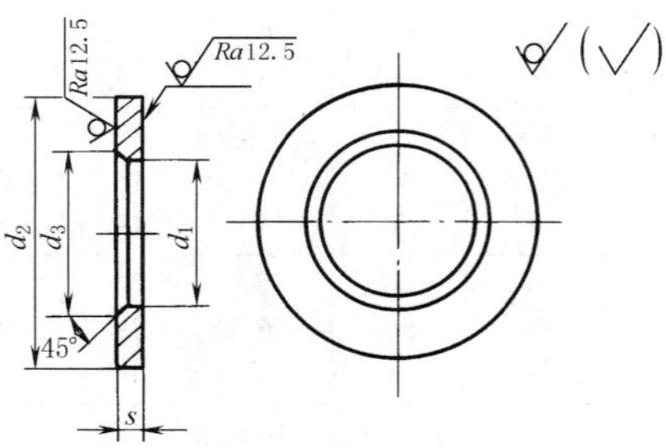

标记示例

规格 20mm、热处理硬度 35～45HRC 的钢结构用高强度垫圈，标记为：垫圈　GB/T 1230　20

表 6-1-160　　mm

规格(螺纹大径)	12	16	20	(22)	24	(27)	30
d_1(最小)	13	17	21	23	25	28	31
d_2(最大)	25	33	40	42	47	52	56
d_3(最小)	16.03	19.23	24.32	26.32	28.32	32.84	35.84

续表

规格(螺纹大径)	12	16	20	(22)	24	(27)	30
s(最大)	3.8	4.8		5.8			
每 1000 个的质量/kg≈	10.47	23.40	33.55	43.34	55.76	66.52	75.42
技术条件（GB/T 1231—1991）	推荐材料:45、35		性能等级:35~45HRC			产品等级:C	

注：1. GB/T 3632 垫圈用于钢结构用扭剪型高强度螺栓连接副，与螺栓和螺母配合使用，本表仅为垫圈尺寸，与之相配的螺栓见表 6-1-91，螺母见表 6-1-132。

2. GB/T 3632 垫圈无规格 12。

栓接结构用平垫圈淬火并回火（摘自 GB/T 18230.5—2000）

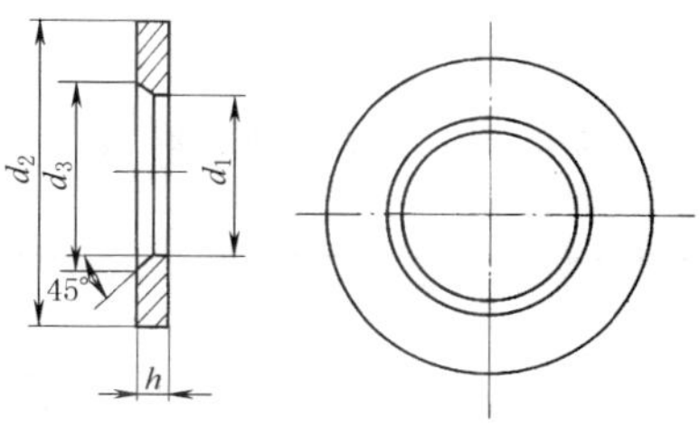

标记示例

规格 16mm 淬火并回火的栓接结构用平垫圈，标记为：垫圈　GB/T 18230.5　16

表 6-1-161

mm

规格(螺纹大径)		12	16	20	(22)	24	(27)	30	36
d_1	最小	13	17	21	23	25	28	31	37
	最大	13.43	17.43	21.52	23.52	25.52	28.52	31.62	37.62
d_2	最小	23.7	31.4	38.4	40.4	45.4	50.1	54.1	64.1
	最大	25	33	40	42	47	52	56	66
h	公称	3	4	4	5	5	5	5	5
	最小	2.5	3.5	3.5	4.5	4.5	4.5	4.5	4.5
	最大	3.8	4.8	4.8	5.8	5.8	5.8	5.8	5.8
d_3	最小	15.2	19.2	24.4	26.4	28.4	32.4	35.4	42.4
	最大	16.04	20.04	25.24	27.44	29.44	33.4	36.4	43.4

技术条件	材料	硬度	产品等级	表面处理				
				常规的	可选择的			
	钢	35~45 HRC	d_1:A d_2、d_3:C h:IT17	氧化	电镀锌 GB/T 5267	电镀镉 GB/T 5267	热浸镀锌 GB/T 13912	粉末渗锌 JB/T 5067

注：1. 热浸镀锌垫圈的最低硬度为 26HRC。

2. 尽可能不采用括号内的规格。

3. 可选择的四种热处理必须有驱氢措施。

球面垫圈（摘自 GB/T 849—1988）

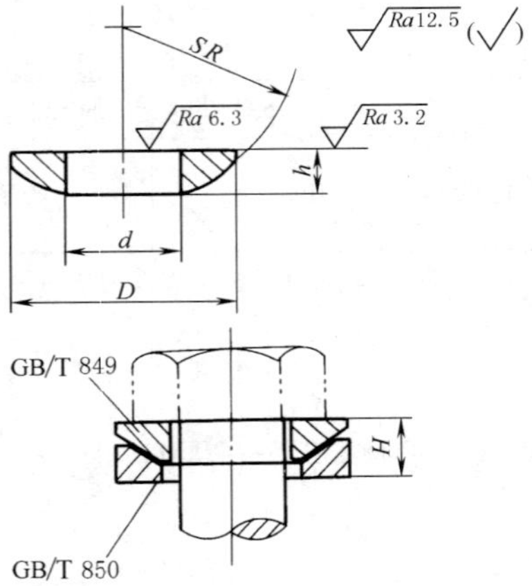

锥面垫圈（摘自 GB/T 850—1988）

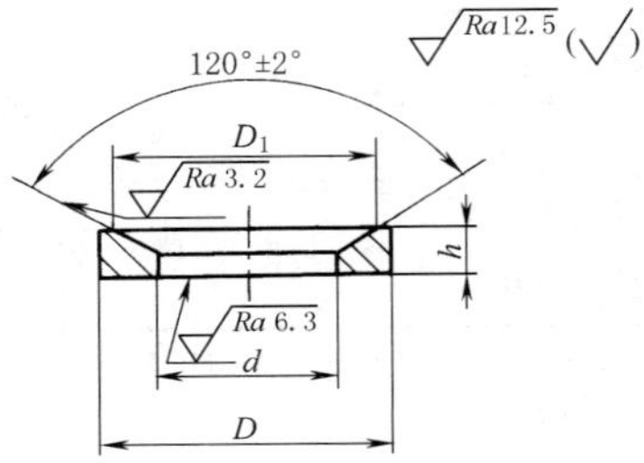

标记示例

规格 16mm、材料 45 钢、热处理硬度 40~48HRC、表面氧化的球面垫圈，标记为：垫圈　GB/T 849　16

表 6-1-162　　mm

规格(螺纹大径)		6	8	10	12	16	20	24	30	36	42	48
H≈		4	5	6	7	8	10	13	16	19	24	30
D(最大)		12.5	17	21	24	30	37	44	56	66	78	92
GB/T 849	d(最小)	6.4	8.4	10.5	13	17	21	25	31	37	43	50
	h(最大)	3	4	4	5	6	6.6	9.6	9.8	12	16	20
	SR	10	12	16	20	25	32	36	40	50	63	70
每 1000 个的质量/kg≈		0.97	2.52	3.71	5.93	10.88	17.86	38.79	63.95	108.7	211.9	376.5
GB/T 850	d(最小)	8	10	12.5	16	20	25	30	36	43	50	60
	h(最大)	2.6	3.2	4	4.7	5.1	6.6	6.8	9.9	14.3	14.4	17.4
	D_1	12	16	18	23.5	29	34	38.5	45.2	64	69	78.6
每 1000 个的质量/kg≈		0.91	2.34	5.2	6.12	10.5	22.69	34.54	96.88	165.8	260.9	448.6
技术条件		材料:45		性能等级:40~48HRC			表面处理:氧化					

注：GB/T 849 球面、GB/T 850 锥面（120°）如需抛光应在订单中注明。

工字钢用方斜垫圈（摘自 GB/T 852—1988）

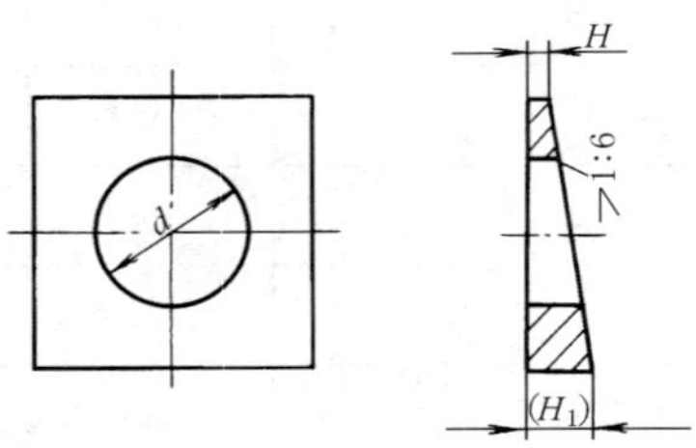

槽钢用方斜垫圈（摘自 GB/T 853—1988）

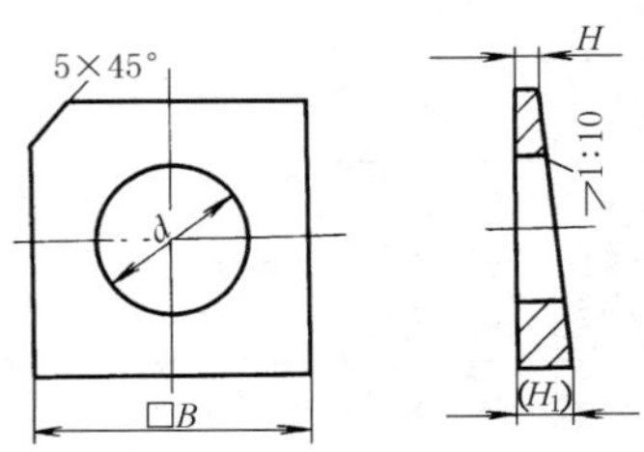

标记示例

规格 16mm、材料 Q235、不经表面处理的工字钢用方斜垫圈，标记为：垫圈　GB/T 852　16

表 6-1-163　　mm

规格(螺纹大径)		6	8	10	12	16	(18)	20	(22)	24	(27)	30	36
d(最小)		6.6	9	11	13.5	17.5	20	22	24	26	30	33	39
B		16	18	22	28	35	40	40	40	50	50	60	70
H		2					3						
H_1	GB/T 852	4.7	5	5.7	6.7	7.8	9.7	9.7	9.7	11.3	11.3	13	14.7
	GB/T 853	3.6	3.8	4.2	4.8	5.4	7	7	7	8	8	9	10
每 1000 个的质量/kg≈	GB/T 852	5.8	7.11	11.69	21.76	37.6	56.9	60.47	63.73	99.91	109.8	171.3	255.9
	GB/T 853	4.75	5.79	9.31	16.9	28.22	44.61	47.43	50	76.78	84.33	128.3	187.7

注：1. 材料：Q235。

2. 全部为商品规格。尽可能不采用括号内的规格。

销轴用平垫圈（摘自 GB/T 97.3—2000）

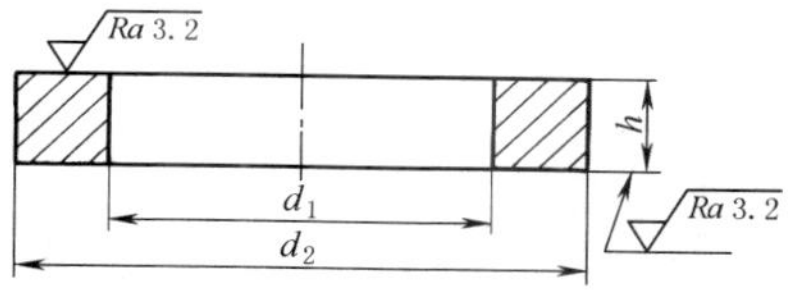

标记示例

规格 8mm、性能等级 160HV、不经表面处理的销轴用平垫圈，标记为：垫圈 GB/T 97.3 8

表 6-1-164

mm

规格（螺纹大径）	内径 d_1		外径 d_2		厚度 h		
	公称（最小）	最大	公称（最大）	最小	公称	最大	最小
3	3	3.14	6	5.70	0.8	0.9	0.7
4	4	4.18	8	7.64	0.8	0.9	0.7
5	5	5.18	10	9.64	1	1.1	0.9
6	6	6.18	12	11.57	1.6	1.8	1.4
8	8	8.22	15	14.57	2	2.2	1.8
10	10	10.22	18	17.57	2.5	2.7	2.3
12	12	12.27	20	19.48	3	3.3	2.7
14	14	14.27	22	21.48	3	3.3	2.7
16	16	16.27	24	23.48	3	3.3	2.7
18	18	18.27	28	27.48	4	4.3	3.7
20	20	20.33	30	29.48	4	4.3	3.7
22	22	22.33	34	33.38	4	4.3	3.7
24	24	24.33	37	36.38	4	4.3	3.7
25	25	25.33	38	37.38	4	4.3	3.7
27	27	27.52	39	38	5	5.6	4.4
28	28	28.52	40	39	5	5.6	4.4
30	30	30.52	44	43	5	5.6	4.4
32	32	32.62	46	45	5	5.6	4.4
33	33	33.62	47	46	5	5.6	4.4
36	36	36.62	50	49	6	6.6	5.4
40	40	40.62	56	54.8	6	6.6	5.4
45	45	45.62	60	58.8	6	6.6	5.4
50	50	50.62	66	64.8	8	9	7
55	55	55.74	72	70.8	8	9	7
60	60	60.74	78	76.8	10	11	9
70	70	70.74	92	90.6	10	11	9
80	80	80.74	98	96.6	12	13.2	10.8
90	90	90.87	110	108.6	12	13.2	10.8
100	100	100.87	120	118.6	12	13.2	10.8

技术条件	项目	要求
技术条件	材　料	钢
	性能等级	160HV
	公差等级	A
	表面处理	不经处理；镀锌钝化按 GB/T 5267；磷化按 GB/T 11367；其他表面镀层或表面处理，应按供需双方协议

标准型弹簧垫圈（摘自 GB/T 93—1987）、轻型弹簧垫圈（摘自 GB/T 859—1987）、重型弹簧垫圈（摘自 GB/T 7244—1987）

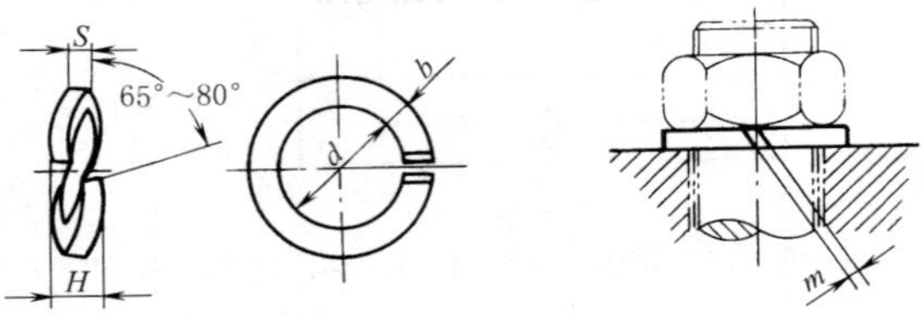

标记示例

规格 16mm、材料 65Mn、表面氧化的标准型弹簧垫圈，标记为：垫圈 GB/T 93 16

表 6-1-165

mm

规格（螺纹大径）	d（最小）	GB/T 93				GB/T 859					GB/T 7244				
		S(b)（公称）	H（最大）	m≤	每 1000 个的质量 /kg≈	S（公称）	b（公称）	H（最大）	m≤	每 1000 个的质量 /kg≈	S（公称）	b（公称）	H（最大）	m≤	每 1000 个的质量 /kg≈
2	2.1	0.5	1.25	0.25	0.01	—	—	—	—	—	—	—	—	—	—
2.5	2.6	0.65	1.63	0.33	0.01	—	—	—	—	—	—	—	—	—	—
3	3.1	0.8	2	0.4	0.02	0.6	1	1.5	0.3	0.03	—	—	—	—	—
4	4.1	1.1	2.75	0.55	0.05	0.8	1.2	2	0.4	0.05	—	—	—	—	—
5	5.1	1.3	3.25	0.65	0.08	1.1	1.5	2.75	0.55	0.11	—	—	—	—	—
6	6.1	1.6	4	0.8	0.15	1.3	2	3.25	0.65	0.21	1.8	2.6	4.5	0.9	0.39
8	8.1	2.1	5.25	1.05	0.35	1.6	2.5	4	0.8	0.43	2.4	3.2	6	1.2	0.84
10	10.2	2.6	6.5	1.3	0.68	2	3	5	1	0.81	3	3.8	7.5	1.5	1.56
12	12.2	3.1	7.75	1.55	1.15	2.5	3.5	6.25	1.25	1.41	3.5	4.3	8.75	1.75	2.44
(14)	14.2	3.6	9	1.8	1.81	3	4	7.5	1.5	2.24	4.1	4.8	10.25	2.05	3.69
16	16.2	4.1	10.25	2.05	2.68	3.2	4.5	8	1.6	3.08	4.8	5.3	12	2.4	5.4
(18)	18.2	4.5	11.25	2.25	3.65	3.6	5	9	1.8	4.31	5.3	5.8	13.25	2.65	7.31
20	20.2	5	12.5	2.5	5	4	5.5	10	2	5.84	6	6.4	15	3	10.11
(22)	22.5	5.5	13.75	2.75	6.76	4.5	6	11.25	2.25	7.96	6.6	7.2	16.5	3.3	13.97
24	24.5	6	15	3	8.76	5	7	12.5	2.5	11.2	7.1	7.5	17.75	3.55	16.96
(27)	27.5	6.8	17	3.4	12.6	5.5	8	13.75	2.75	16.04	8	8.5	20	4	24.33
30	30.5	7.5	18.75	3.75	17.02	6	9	15	3	21.89	9	9.3	22.5	4.5	33.11
(33)	33.5	8.5	21.25	4.25	23.84	—	—	—	—	—	9.9	10.2	24.75	4.95	43.86
36	36.5	9	22.5	4.5	29.32	—	—	—	—	—	10.8	11	27	5.4	56.13
(39)	39.5	10	25	5	38.92	—	—	—	—	—	—	—	—	—	—
42	42.5	10.5	26.25	5.25	46.44	—	—	—	—	—	—	—	—	—	—
(45)	45.5	11	27.5	5.5	54.84	—	—	—	—	—	—	—	—	—	—
48	48.5	12	30	6	69.2	—	—	—	—	—	—	—	—	—	—

注：1. 标记示例中的材料为最常用的主要材料，其他技术条件按 GB/T 94.1 规定。

2. 本表为商品紧固件品种，应优先选用。尽量不采用括号内的规格。

3. m 应大于零。

内齿锁紧垫圈（摘自 GB/T 861.1—1987）
内锯齿锁紧垫圈（摘自 GB/T 861.2—1987）
外齿锁紧垫圈（摘自 GB/T 862.1—1987）
外锯齿锁紧垫圈（摘自 GB/T 862.2—1987）

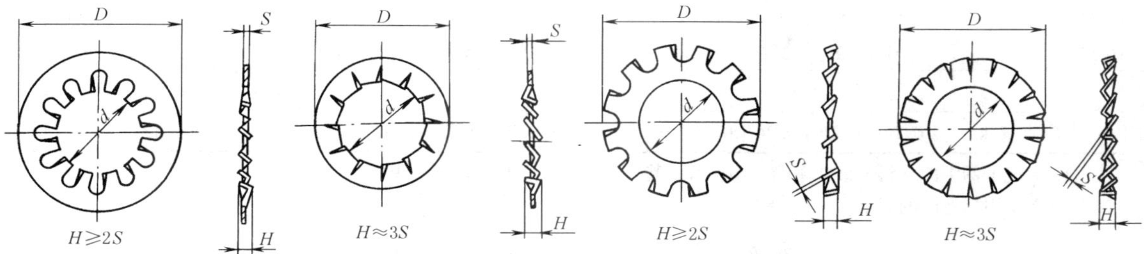

GB/T 861.1　　GB/T 861.2　　GB/T 862.1　　GB/T 862.2

标记示例

规格 6mm、材料 65Mn、表面氧化的内齿锁紧垫圈，标记为：垫圈　GB/T 861.1　6

表 6-1-166　　　　mm

<table>
<tr><td colspan="2">规格(螺纹大径)</td><td>2</td><td>2.5</td><td>3</td><td>4</td><td>5</td><td>6</td><td>8</td><td>10</td><td>12</td><td>(14)</td><td>16</td><td>(18)</td><td>20</td></tr>
<tr><td colspan="2">d(最小)</td><td>2.2</td><td>2.7</td><td>3.2</td><td>4.3</td><td>5.3</td><td>6.4</td><td>8.4</td><td>10.5</td><td>12.5</td><td>14.5</td><td>16.5</td><td>19</td><td>21</td></tr>
<tr><td colspan="2">D(最大)</td><td>4.5</td><td>5.5</td><td>6</td><td>8</td><td>10</td><td>11</td><td>15</td><td>18</td><td>20.5</td><td>24</td><td>26</td><td>30</td><td>33</td></tr>
<tr><td colspan="2">S</td><td colspan="2">0.3</td><td>0.4</td><td>0.5</td><td colspan="2">0.6</td><td>0.8</td><td colspan="2">1.0</td><td colspan="2">1.2</td><td colspan="2">1.5</td></tr>
<tr><td rowspan="2">齿数</td><td>GB/T 861.1
GB/T 862.1</td><td colspan="3">6</td><td colspan="4">8</td><td>9</td><td colspan="2">10</td><td colspan="3">12</td></tr>
<tr><td>GB/T 861.2
GB/T 862.2</td><td colspan="3">7
9</td><td colspan="2">8
11</td><td>9
12</td><td>10
14</td><td colspan="2">12
16</td><td colspan="3">14
18</td><td>16
20</td></tr>
<tr><td rowspan="4">每 1000 个的质量 /kg≈</td><td>GB/T 861.2</td><td>0.02</td><td>0.04</td><td>0.05</td><td>0.12</td><td>0.24</td><td>0.26</td><td>0.69</td><td>1.22</td><td>1.49</td><td>2.51</td><td>2.77</td><td>4.67</td><td>5.58</td></tr>
<tr><td>GB/T 862.2</td><td>0.02</td><td>0.03</td><td>0.05</td><td>0.08</td><td>0.24</td><td>0.24</td><td>0.79</td><td>1.4</td><td>1.44</td><td>2.88</td><td>2.73</td><td>5.44</td><td>6.37</td></tr>
<tr><td>GB/T 861.1</td><td>0.02</td><td>0.02</td><td>0.04</td><td>0.09</td><td>0.18</td><td>0.19</td><td>0.54</td><td>0.92</td><td>1.08</td><td>1.94</td><td>2.07</td><td>3.66</td><td>4.34</td></tr>
<tr><td>GB/T 862.1</td><td>0.02</td><td>0.03</td><td>0.04</td><td>0.1</td><td>0.18</td><td>0.21</td><td>0.47</td><td>0.8</td><td>1.12</td><td>1.69</td><td>2.1</td><td>3.14</td><td>3.8</td></tr>
</table>

注：1. 标记示例中的材料为最常用的主要材料，其他技术条件按 GB/T 94.2 规定。

2. 本表为商品紧固件品种，应优先选用。尽量不采用括号内的规格。

波形弹性垫圈（摘自 GB/T 955—1987）

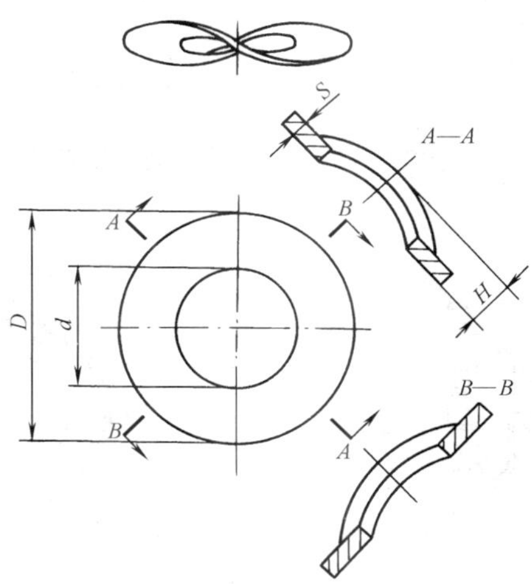

标记示例

规格 6mm、材料 65Mn、表面氧化的波形弹性垫圈，标记为：垫圈　GB/T 955　6

表 6-1-167 mm

规格(螺纹大径)	3	4	5	6	8	10	12	(14)	16	(18)	20	(22)	24	(27)	30
d(最小)	3.2	4.3	5.3	6.4	8.4	10.5	13	15	17	19	21	23	25	28	31
D(最大)	8	9	11	12	15	21	24	28	30	34	36	40	44	50	56
H(最大)	1.6	2	2.2	2.6	3	4.2	5	5.9	6.3	6.5	7.4	7.8	8.2	9.4	10
S	0.5				0.8	1.0	1.2	1.5			1.6	1.8		2	
每1000个的质量/kg≈	0.14	0.16	0.24	0.27	0.66	1.81	2.7	4.71	5.07	6.69	7.68	10.94	13.5	19.81	25.02

注：1. 标记示例中的材料为最常用的主要材料，其他技术条件按 GB/T 94.3 规定。

2. 尽量不采用括号内的规格。

鞍形弹性垫圈（摘自 GB/T 860—1987）

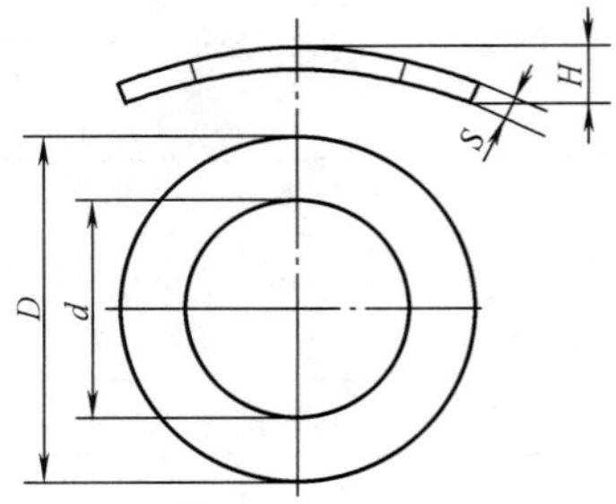

标记示例

规格 6mm、材料 65Mn、表面氧化的鞍形弹性垫圈，标记为：垫圈　GB/T 860

表 6-1-168 mm

规格(螺纹大径)	d		D		H		S
	最小	最大	最小	最大	最小	最大	
2	2.2	2.45	4.2	4.5	0.5	1	0.3
2.5	2.7	2.95	5.2	5.5	0.55	1.1	0.3
3	3.2	3.5	5.7	6	0.65	1.3	0.4
4	4.3	4.6	7.64	8	0.8	1.6	0.5
5	5.3	5.6	9.64	10	0.9	1.8	0.5
6	6.4	6.76	10.57	11	1.1	2.2	0.5
8	8.4	8.76	14.57	15	1.7	3.4	0.5
10	10.5	10.93	17.57	18	2	4	0.8

锥形锁紧垫圈（摘自 GB/T 956.1—1987）　锥形锯齿锁紧垫圈（摘自 GB/T 956.2—1987）

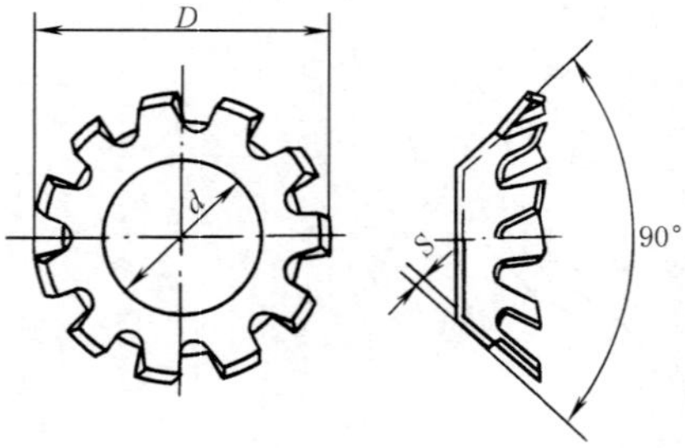

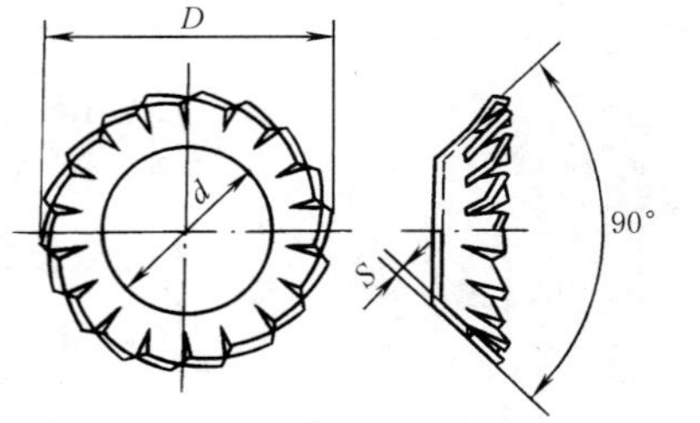

标记示例

规格 6mm、材料 65Mn、表面氧化的锥形锁紧垫圈，标记为：垫圈　GB/T 956.1　6

表 6-1-169

mm

规格(螺纹大径)		3	4	5	6	8	10	12
d(最小)		3.2	4.3	5.3	6.4	8.4	10.5	12.5
$D\approx$		6	8	9.8	11.8	15.3	19	23
S		0.4	0.5	0.6	0.6	0.8	1.0	1.0
齿数	GB/T 956.1	6	8	8	10	10	10	10
	GB/T 956.2	12	14	14	16	18	20	26

注：同表 6-1-165 注 1。

单耳止动垫圈（摘自 GB/T 854—1988）

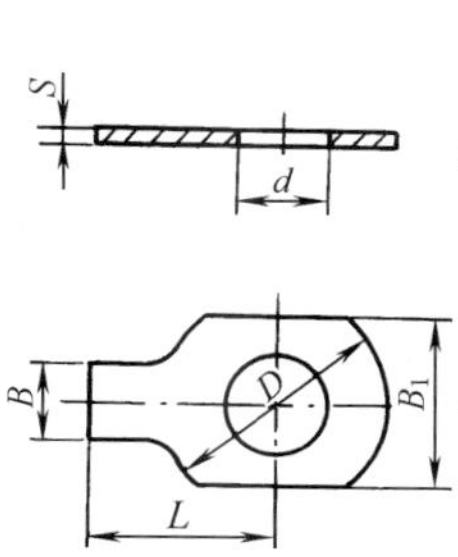

双耳止动垫圈（摘自 GB/T 855—1988）

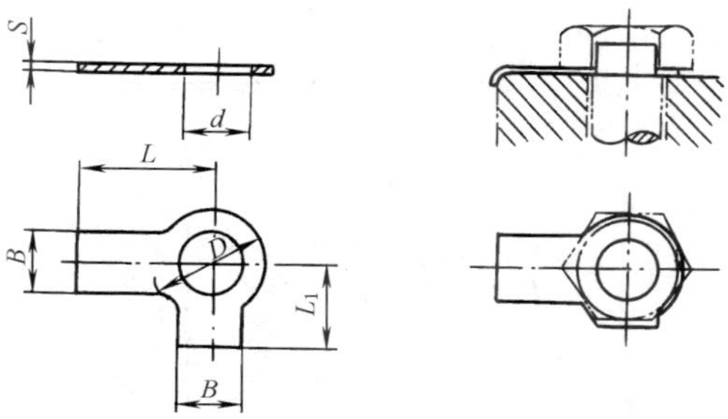

标记示例

规格 10mm、材料 Q215、经退火、不经表面处理的单耳止动垫圈，标记为：垫圈 GB/T 854 10

表 6-1-170

mm

规格(螺纹大径)	d(最小)	L(公称)	L_1	S	B	B_1	D(最大)		每 1000 个的质量/kg≈	
							单耳	双耳	单耳	双耳
2.5	2.7	10	4	0.4	3	6	8	5	0.17	0.12
3	3.2	12	5		4	7	10	5	0.25	0.17
4	4.2	14	7		5	9	14	8	0.42	0.3
5	5.3	16	8	0.5	6	11	17	9	0.74	0.48
6	6.4	18	9		7	12	19	11	0.91	0.64
8	8.4	20	11		8	16	22	14	1.27	0.81
10	10.5	22	13		10	19	26	17	1.7	1.11
12	13	28	16	1	12	21	32	22	4.8	3.43
(14)	15					25			5.12	3.78
16	17	32	20		15	32	40	27	8.21	5.32
(18)	19	36	22		18	38	45	32	10.93	7.27
20	21								11.83	7.78
(22)	23	42	25		20	39	50	36	12.61	8.43
24	25					42			13.68	9.01

续表

规格（螺纹大径）	d（最小）	L（公称）	L_1	S	B	B_1	D（最大）		每1000个的质量/kg≈	
							单耳	双耳	单耳	双耳
（27）	28	48	30	1.5	24	48	58	41	25.81	17.54
30	31	52	32		26	55	63	46	31.17	20.95
36	37	62	38		30	65	75	55	43.81	29.39
42	43	70	44		35	78	88	65	60.28	39.81
48	50	80	50		40	90	100	75	77.9	51.84

注：全部为商品规格。尽量不采用括号内的规格。

外舌止动垫圈（摘自 GB/T 856—1988）

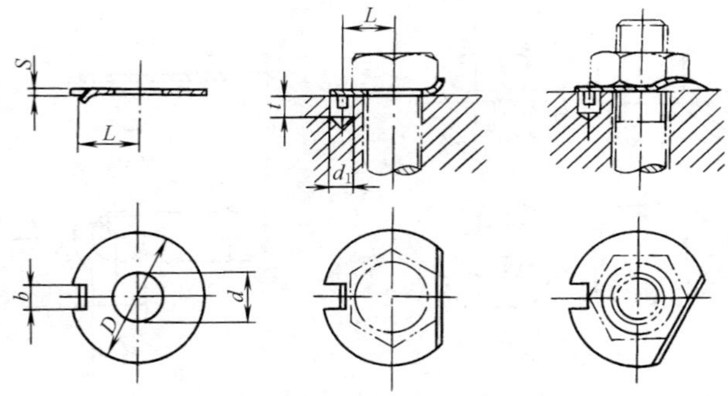

标记示例

规格 10mm、材料 Q235、经退火、不经表面处理的外舌止动垫圈，标记为：垫圈 GB/T 856 10

表 6-1-171 mm

规格（螺纹大径）	d（最小）	D（最大）	b（最大）	L（公称）	S	d_1	t	每1000个的质量/kg≈
2.5	2.7	10	2	3.5	0.4	2.5	3	0.21
3	3.2	12	2.5	4.5		3		0.3
4	4.2	14	2.5	5.5				0.41
5	5.3	17	3.5	7	0.5	4	4	0.75
6	6.4	19	3.5	7.5				0.92
8	8.4	22	3.5	8.5				1.2
10	10.5	26	4.5	10		5	5	1.65
12	13	32	4.5	12	1		6	4.65
（14）	15	32	4.5	12				5
16	17	40	5.5	15		6		7.73
（18）	19	45	6	18		7	7	9.36
20	21	45	6	18				9.85
（22）	23	50	7	20		8		11.11
24	25	50	7	20				11.7
（27）	28	58	8	23	1.5	9	10	22.92
30	31	63	8	25				26.79
36	37	75	11	31		12		38.09
42	43	88	11	36			12	52.77
48	50	100	13	40		14	13	67.33

注：尽量不采用括号内的规格。

圆螺母用止动垫圈（摘自 GB/T 858—1988）

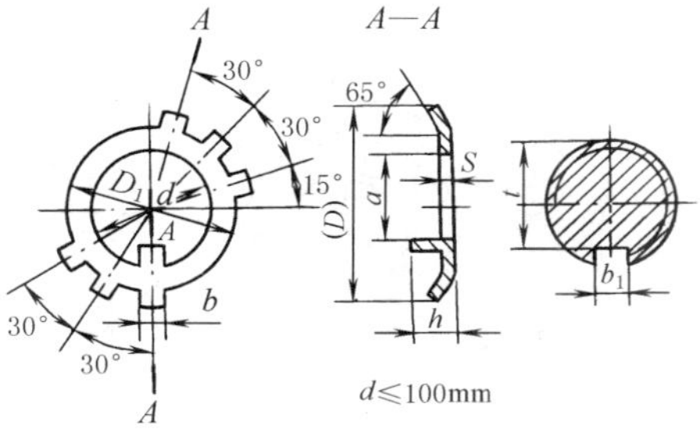

$d \leqslant 100$mm

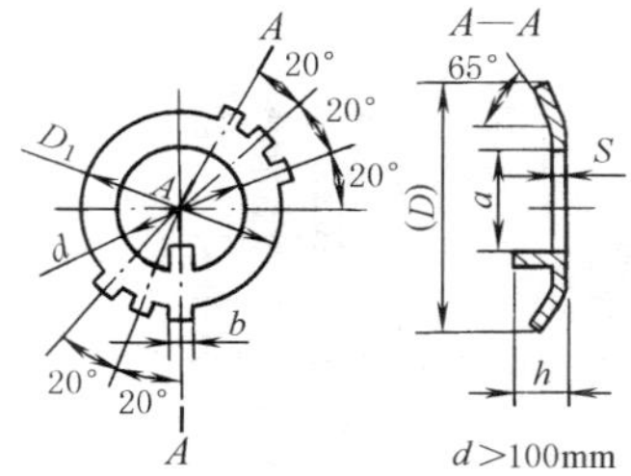

$d > 100$mm

标记示例

规格 16mm、材料 Q215、经退火、表面氧化的圆螺母用止动垫圈，标记为：垫圈 GB/T 858 16

表 6-1-172

mm

规格（螺纹大径）	d	D（参考）	D_1	S	b	a	h	每1000个的质量/kg≈	轴端		规格（螺纹大径）	d	D（参考）	D_1	S	b	a	h	每1000个的质量/kg≈	轴端	
									b_1	t										b_1	t
10	10.5	25	16	1	3.8	8	3	1.91	4	7	64	65	100	84	1.5	7.7	61	6	30.35	8	60
12	12.5	28	19			9		2.3		8	65①	66	100	84			62		31.55		—
14	14.5	32	20			11		2.5		10	68	69	105	88		9.6	65		33.9	10	64
16	16.5	34	22		4.8	13		2.99	5	12	72	73	110	93			69	7	34.69		68
18	18.5	35	24			15	4	3.04		14	75①	76	110	93			71		37.9		—
20	20.5	38	27			17		3.5		16	76	77	115	98			72		41.27		70
22	22.5	42	30			19		4.14		18	80	81	120	103			76		44.7		74
24	24.5	45	34			21		5.01		20	85	86	125	108			81		46.72		79
25①	25.5	45	34			22		5.4		—	90	91	130	112	2	11.6	86		64.82	12	84
27	27.5	48	37			24	5	5.7		23	95	96	135	117			91		67.4		89
30	30.5	52	40			27		5.87		26	100	101	140	122			96		69.97		94
33	33.5	56	43	1.5	5.7	30		8.75	6	29	105	106	145	127			101		72.54		99
35①	35.5	56	43			32		10.01		—	110	111	156	135		13.5	106		89.08	14	104
36	36.5	60	46			33		10.33		32	115	116	160	140			111		91.33		109
39	39.5	62	49			36		10.76		35	120	121	166	145			116		94.96		114
40①	40.5	62	49			37		11.06		—	125	126	170	150			121		97.21		119
42	42.5	66	53			39		12.55		38	130	131	176	155			126		100.8		122
45	45.5	72	59			42		16.3		41	140	141	186	165			136		106.7		132
48	48.5	76	61		7.7	45	6	15.86	8	44	150	151	206	180	2.5	15.5	146		175.9	16	142
50①	50.5	76	61			47		17.67		—	160	161	216	190			156	8	185.1		149
52	52.5	82	67			49		17.68		48	170	171	226	200			166		194		159
55①	56	82	67			52		21.12		—	180	181	236	210			176		202.9		169
56	57	90	74			53		26		52	190	191	246	220			186		211.7		179
60	61	94	79			57		28.4		56	200	201	256	230			196		220.6		189

① 仅用于滚动轴承锁紧装置。

锥销锁紧挡圈（摘自 GB/T 883—1986）

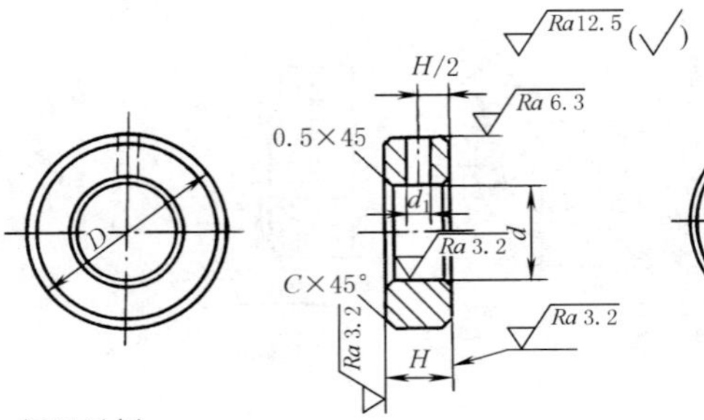

螺钉锁紧挡圈（摘自 GB/T 884—1986）

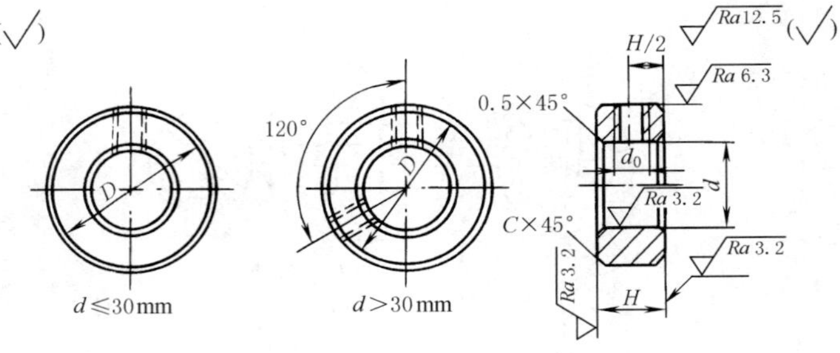

标记示例

公称直径 d=20mm、材料 Q215、不经表面处理的锥销锁紧挡圈，标记为：挡圈　GB/T 883　20

表 6-1-173　　mm

公称直径 d		H		D	GB/T 883				GB/T 884			
基本尺寸	极限偏差	基本尺寸	极限偏差		d_1	C	圆锥销 GB/T 117（推荐）	每 1000 个的质量 /kg≈	d_0	C	螺钉 GB/T 71（推荐）	每 1000 个的质量 /kg≈
8	+0.036 0	10	0 −0.36	20	3	0.5	3×22	20.25	M5	0.5	M5×8	19.85
(9)		10		22				23.19				22.79
10		10						24.33				23.89
12	+0.043 0	10		25			3×25	27.6				27.2
(13)		10						29.11				28.67
14		12	0 −0.43	28	4		4×28	42.54	M6	1	M6×10	42
(15)		12		30			4×32	46.66				46.12
16		12						48.89				48.31
(17)		12		32				50.77				50.23
18		12						53.3				52.72
(19)	+0.052 0	12		35			4×35	59.91				59.33
20		12						62.73				62.11
22		12		38	5	1	5×40	69.35				69.17
25		14		42			5×45	96.39	M8		M8×12	95
28		14		45				105.1				103.7
30		14		48	6		6×50	118.4				117.6
32	+0.062 0	14		52			6×55	141.9				137.8
35		16		56				185	M10		M10×16	176.8
40		16		62			6×60	217.5				209
45		18		70			6×70	314.3				304.6

续表

公称直径 *d*		*H*		*D*	GB/T 883				GB/T 884			
基本尺寸	极限偏差	基本尺寸	极限偏差		d_1	*C*	圆锥销 GB/T 117（推荐）	每 1000 个的质量 /kg≈	d_0	*C*	螺钉 GB/T 71（推荐）	每 1000 个的质量 /kg≈
50	+0.062 0	18	0 −0.43	80	8	1	8×80	424.2	M10	1	M10×20	415.1
55	+0.074 0	18		85			8×90	457.3				448.2
60		20	0 −0.52	90				545.5				536.4
65		20		95	10		10×100	578.9				573.1
70		20		100				615.7				609.9
75		22		110			10×110	861.9	M12		M12×25	847.4
80		22		115			10×120	909.1				894.7
85	+0.087 0	22		120				956.3				941.7
90		22		125				1004				988.9
95		25		130		1.5	10×130	1195		1.5		1181
100		25		135			10×140	1249				1234
105		25		140				1303				1288
110		30		150	12		12×150	1894				1882
115		30		155				1967				1956
120		30		160			12×160	2041				2030
(125)	+0.100 0	30		165				2114				2103
130		30		170			12×180	2188				2177
(135)		30		175								2250
140		30		180								2324
(145)		30		190							M12×30	2738
150		30		200								3180
160		30		210								3364
170		30		220								3548
180		30		230								3731
190	+0.115 0	30		240								3915
200		30		250								4099

注：1. 锥销锁紧挡圈的 d_1 孔在加工时只钻一面，如图示，在装配时钻透并铰孔。

2. 标记示例中的材料为最常用的主要材料，其他技术条件按 GB/T 959.3 规定。

3. 尽量不采用括号内的规格。

带锁圈的螺钉锁紧挡圈（摘自 GB/T 885—1986）　钢丝锁圈（摘自 GB/T 921—1986）

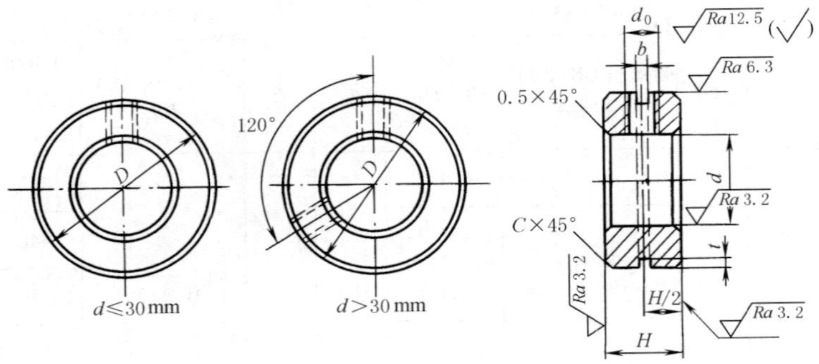

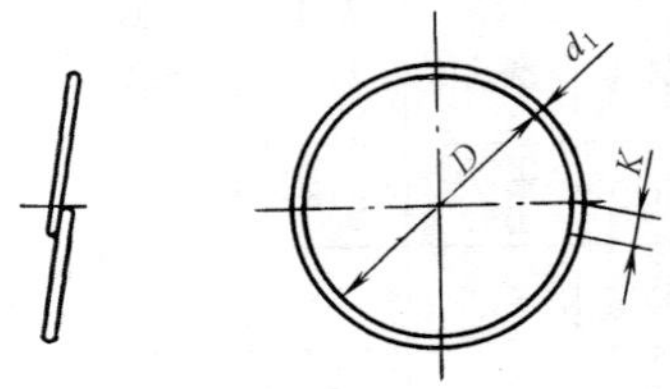

标记示例

公称直径 d=20mm、材料 Q215、不经表面处理的带锁圈的螺钉锁紧挡圈，标记为：挡圈　GB/T 885　20

公称直径 D=30mm、材料碳素弹簧钢丝、经低温回火及表面氧化处理的锁圈，标记为：锁圈　GB/T 921　30

表 6-1-174　　mm

GB/T 885													GB/T 921			
公称直径 d		H		b		t		D	d_0	C	螺钉 GB/T 71（推荐）	每 1000 个的质量 /kg≈	公称直径 D	d_1	K	每 1000 个的质量 /kg≈
基本尺寸	极限偏差	基本尺寸	极限偏差	基本尺寸	极限偏差	基本尺寸	极限偏差									
8	+0.036 0	10	0 −0.36	1	+0.20 +0.06	1.8	±0.18	20	M5	0.5	M5×8	19	15	0.7	2	0.15
(9)		10		1		1.8		22				22	17			0.17
10		10		1		1.8						23				
12	+0.043 0	10		1		1.8		25				26	20			0.2
(13)		10		1		1.8						28				
14		12	0 −0.43	1		2	±0.20	28	M6	1	M6×10	41	23	0.8	3	0.3
15		12		1		2		30				45	25			0.33
16		12		1		2						47				
17		12		1		2		32				51	27			0.35
18		12		1		2						58				
(19)	+0.052 0	12		1		2		35				59	30			0.39
20		12		1		2						61				
22		12		1		2		38				67	32			0.42
25		14		1.2	+0.31 +0.06	2.5	±0.25	42	M8		M8×12	92	35	1	6	0.73
28		14		1.2		2.5		45				101	38			0.79
30		14		1.2		2.5		48				114	41			0.85
32	+0.062 0	14		1.2		2.5		52				134	44			0.9

续表

GB/T 885														GB/T 921			
公称直径 d		H		b		t		D	d_0	C	螺钉 GB/T 71（推荐）	每 1000 个的质量 /kg≈	公称直径 D	d_1	K	每 1000 个的质量 /kg≈
基本尺寸	极限偏差	基本尺寸	极限偏差	基本尺寸	极限偏差	基本尺寸	极限偏差									
35	+0.062 0	16	0 −0.43	1.6	+0.31 +0.06	3	±0.30	56	M10	1	M10×16	171	47	1.4	6	1.9
40		16		1.6		3		62				202	54			2.16
45		18		1.6		3		70				297	62			2.46
50		18		1.6		3		80			M10×20	406	71		9	2.84
55	+0.074 0	18		1.6		3		85				439	76			3.03
60		20	0 −0.52	1.6		3		90				526	81			3.22
65		20		1.6		3		95				562	86			3.4
70		20		1.6		3		100				599	91			3.59
75		22		2		3.6	±0.36	110	M12		M12×25	829	100	1.8		6.53
80		22		2		3.6		115				875	105			6.84
85	+0.087 0	22		2		3.6		120				921	110			7.15
90		22		2		3.6		125				968	115			7.46
95		25		2		3.6		130		1.5		1159	120			7.77
100		25		2		3.6		135				1211	124		12	8.08
105		25		2		3.6		140				1264	129			8.39
110		30		2		4.5	±0.45	150				1850	136			8.83
115		30		2		4.5		155				1923	142			9.2
120		30		2		4.5		160				1995	147			9.52
(125)	+0.100 0	30		2		4.5		165				2068	152			9.83
130		30		2		4.5		170				2140	156			10.08
(135)		30		2		4.5		175				2212	162			10.45
140		30		2		4.5		180				2285	166			10.7
(145)		30		2		4.5		190			M12×30	2697	176			11.33
150		30		2		4.5		200				3137	186			11.95
160		30		2		4.5		210				3319	196			12.57
170		30		2		4.5		220				3500	206			13.2
180		30		2		4.5		230				3682	216			13.82
190	+0.115 0	30		2		4.5		240				3863	226			14.44
200		30		2		4.5		250				4045	236			15.07

注：1. 同表 6-1-173 注 2。

2. 钢丝锁圈（GB/T 921—1986）与带锁圈的螺钉锁紧挡圈（GB/T 885—1986）配套使用。

3. 尽量不采用括号内的规格。

轴肩挡圈（摘自 GB/T 886—1986）

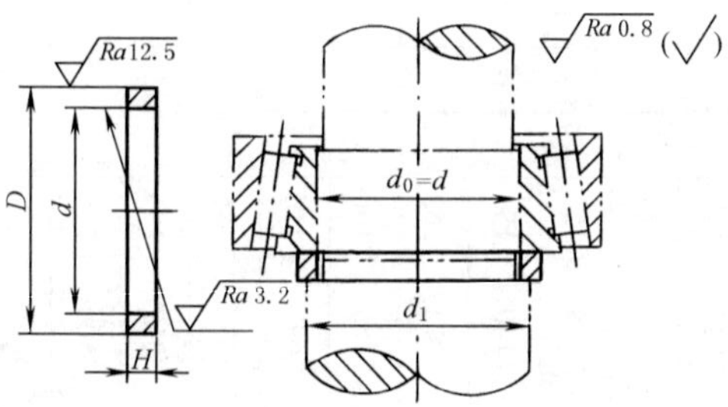

标记示例

公称直径 d=30mm、外径 D=36mm、材料 35 钢、不经热处理及表面处理的轴肩挡圈，标记为：

挡圈　GB/T 886　30×36

表 6-1-175　　　mm

轻系列径向轴承用							中系列径向轴承和轻系列径向推力轴承用							重系列径向轴承和中系列径向推力轴承用						
公称直径 d		D	H		$d_1\geqslant$	每1000个的质量/kg≈	公称直径 d		D	H		$d_1\geqslant$	每1000个的质量/kg≈	公称直径 d		D	H		$d_1\geqslant$	每1000个的质量/kg≈
基本尺寸	极限偏差		基本尺寸	极限偏差			基本尺寸	极限偏差		基本尺寸	极限偏差			基本尺寸	极限偏差		基本尺寸	极限偏差		
30	+0.13 0	36	4	0 −0.30	32	9.7	20	+0.13 0	27	4	0 −0.30	22	8.06	20	+0.13 0	30	5	0 −0.30	22	15.32
35	+0.16 0	42	4		37	13.21	25		32	4		27	9.78	25		35	5		27	18.38
40		47	4		42	14.92	30		38	4		32	13.33	30		40	5		32	21.44
45		52	4		47	16.64	35		45	4		37	19.6	35	+0.17 0	47	5		37	30.14
50		58	4		52	21.17	40	+0.16 0	50	4		42	22.05	40		52	5		42	33.82
55	+0.19 0	65	5		58	36.76	45		55	4		47	24.5	45		58	5		47	41.01
60		70	5		63	39.82	50		60	4		52	26.95	50		65	5		52	52.84
65		75	5		68	42.88	55	+0.19 0	68	5		58	48.52	55	+0.19 0	70	6		58	68.92
70		80	5		73	45.95	60		72	5		63	48.98	60		75	6		63	74.43
75		85	5		78	49.01	65		78	5		68	55.87	65		80	6		68	79.95
80		90	6		83	62.49	70		82	5		73	56.94	70		85	6		73	85.46
85	+0.22 0	95	6		88	66.16	75		88	5		78	64.91	75		90	6		78	90.97
90		100	6		93	69.84	75		95	5		83	96.49	80	+0.22 0	100	8	0 −0.36	83	176.4
95		110	6		98	113	85	+0.22 0	100	6		88	102	85		105	8		88	186.2
100		115	8	0 −0.36	103	158.1	90		105	6		93	107.5	90		110	8		93	196
105		120	8		109	165.4	95		110	6		98	113	95		115	8		98	205.8
110		125	8		114	172.8	100		115	8	0 −0.36	103	158.1	100		120	10		103	269.6
120		135	8		124	187.5	105		120	8		109	165.4	105		130	10		109	399.5
							110		130	8		114	235.2	110		135	10		114	375.2
							120		140	8		124	254.9	120		145	10		124	405.9

注：同表 6-1-175 注 2。

螺钉紧固轴端挡圈（摘自 GB/T 891—1986）

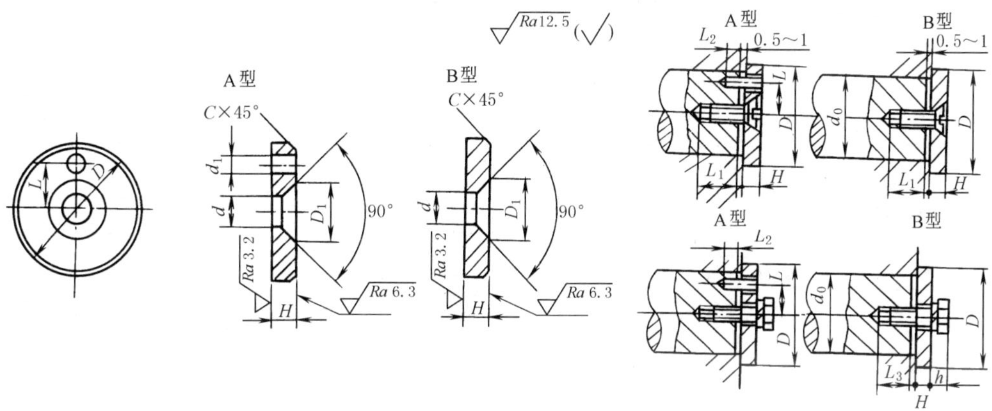

螺栓紧固轴端挡圈（摘自 GB/T 892—1986）

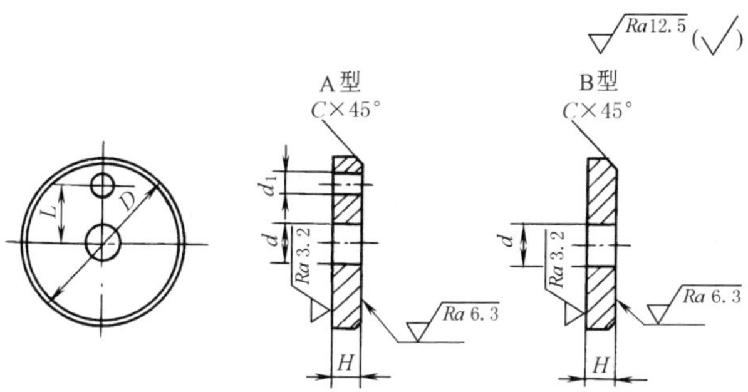

标记示例

公称直径 D=45mm、材料 Q215、不经表面处理的 A 型螺钉紧固轴端挡圈，标记为：挡圈　GB/T 891　45

按 B 型制造时，应加标记“B”：挡圈　GB/T 891　B45

表 6-1-176

mm

轴径 d_0≤	公称直径 D	H 基本尺寸	H 极限偏差	L 基本尺寸	L 极限偏差	d	d_1	C	GB/T 891 D_1	GB/T 891 螺钉 GB/T 819（推荐）	GB/T 891 圆柱销 GB/T 119（推荐）	GB/T 891 每1000个的质量/kg≈ A型	GB/T 891 每1000个的质量/kg≈ B型	GB/T 892 螺栓 GB/T 5783（推荐）	GB/T 892 圆柱销 GB/T 119（推荐）	GB/T 892 垫圈 GB/T 93（推荐）	GB/T 892 每1000个的质量/kg≈ A型	GB/T 892 每1000个的质量/kg≈ B型	安装尺寸 L_1	安装尺寸 L_2	安装尺寸 L_3	安装尺寸 h
14	20	4	0 −0.30	—	±0.110	5.5	—	0.5	11	M5×12	—	8.27	8.38	M5×16	—	5	8.95	8.61	14	6	16	5.1
16	22	4		—								10.33	10.44				11.01	11.12				
18	25	4		—								13.79	13.89				14.47	14.58				
20	28	4		7.5			2.1				A2×10	17.68	17.78		A2×10		18.36	18.47				
22	30	4		7.5								20.53	20.64				21.2	21.31				
25	32	5		10		6.6	3.2	1	13	M6×16	A3×12	28.62	28.94	M6×20	A3×12	6	29.72	30.04	18	7	20	6
28	35	5		10								34.78	35.09				35.87	36.19				
30	38	5		10								41.49	41.81				42.58	42.90				
32	40	5		12	±0.135							46.27	46.59				47.36	47.68				
35	45	5		12								59.28	59.6				60.38	60.7				
40	50	5		12								73.83	74.15				74.93	75.25				
45	55	6		16		9	4.2	1.5	17	M8×20	A4×14	105.3	105.9	M8×25	A4×14	8	107.6	108.25	22	8	24	8
50	60	6		16								126.4	127.05				128.7	129.35				
55	65	6		16								149.4	150.05				151.7	152.35				
60	70	6		20	±0.165							174.2	174.85				176.5	177.15				
65	75	6		20								200.8	201.45				203.1	203.75				
70	80	6		20								229.3	229.95				231.6	232.25				
75	90	8	0 −0.36	25		13	5.2	2	25	M12×25	A5×16	379.9	381.23	M12×30	A5×16	12	387.4	388.73	26	10	28	11.5
85	100	8		25								473.0	474.33				480.5	481.83				

注：1. 当挡圈装在带中心孔的轴端时，紧固用螺钉（螺栓）允许加长。2. 同表 6-1-173 注 2。

双孔轴端挡圈（摘自 JB/ZQ 4349—2006）　　　　**轴端止动垫片**（摘自 JB/ZQ 4347—2006）

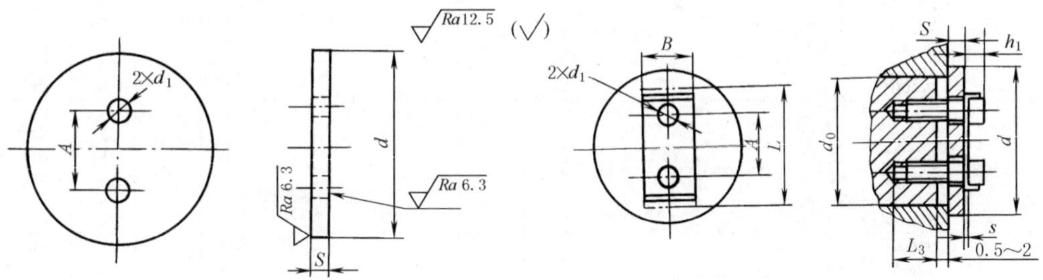

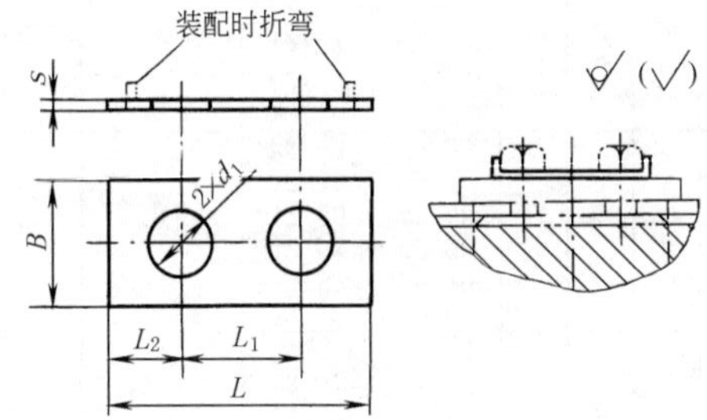

标记示例

d=50mm 的双孔轴端挡圈，标记为：挡圈　50　JB/ZQ 4349

B=20mm、L=45mm 的轴端止动垫片，标记为：止动垫　20×45　JB/ZQ 4347

表 6-1-177

mm

d	A	d_1	JB/ZQ 4349							JB/ZQ 4347						安装尺寸	
			S		每个质量/kg≈	螺钉尺寸	轴径 d_0			B	L	s	L_1	L_2	每个质量/kg≈	L_3	h_1
			基本尺寸	极限偏差			球轴承	柱轴承	联轴器								
40	20	7	5	+0.5 -1.0	0.05	M6×16	—	—	35	15	40	1	20	10	0.004	18	5
45					0.06		—	—	40								
50					0.07		35	35	45								
60	25		6		0.125		40,45,50	40	>45~50	20	45		25		0.006		
70		12			0.17	M10×20	55,60	45,50	>50~60	25	55			15	0.009	24	8
80	30	14			0.22	M12×25	65,70	55,60	>60~70	30	70		30	20	0.014	30	9
90	40				0.28		75,80	65,70	>70~80		80		40		0.016		
100			8		0.47		85,90	75,80	>80~90						0.016	28	
125	50				0.74		100,110	90	>90~110		90		50		0.019		
150	60				1.08		120,130	100,110	>110~130		100		60		0.021		
180	80	18	12		2.33	M16×30	140,150,160	120,140	>130~160	35	130	2	80		0.063	30	12
220	110				3.57		180,200	160	>160~200		160		110	25	0.08		
260	140				4.93		—	180,200	>200~240		190		140		0.09		

注：1. 挡圈适用于不受轴向载荷的部位，当用于受轴向载荷的部位时，应验算螺栓的强度。

2. 挡圈锐角倒钝。

3. 材料为 Q235-A，轴端止动垫片退火处理，表面氧化处理。

轴端挡板（摘自 JB/ZQ 4348—2006）

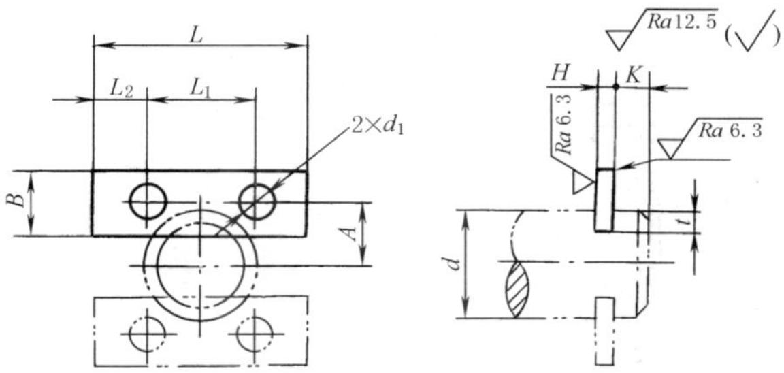

标记示例

轴径 $d=50$mm 的轴端挡板，标记为：挡板 50 JB/ZQ 4348

表 6-1-178　　mm

d	L	B	L_1	L_2	H	d_1	一端板数	螺栓直径	t	K（最小）	A	每个质量/kg≈
40	100	30	60	20	6	14	1	M12	5	10	30	0.13
45									6	10	31.5	
50									7	12	33	
55									8	12	34.5	
60	130	40	90	20	8	18	1	M16	9	14	41	0.3
65									9	14	43.5	
70									10	14	45	
75									11	14	46.5	
80									12	15	48	
90	170	50	120	25	10	22	1	M20	13	15	57	0.52
100									14	15	61	
110									16	20	64	
120	200	60	150	25	12	22	2	M20	17	20	73	1.07
130									19	20	76	
140									20	20	80	

d	L	B	L_1	L_2	H	d_1	一端板数	螺栓直径	t	K（最小）	A	每个质量/kg≈
150	240	70	180	30	12	22	2	M20	22	20	88	1.5
160									23	25	92	
170									25	25	95	
180	280	80	210	35	14	22	2	M20	26	25	104	2.4
190									28		107	
200									30		110	
210									30		115	
220									30		120	
250	280	80	210	35	19	26	2	M24	30	25	135	2.4
280	320	80	240	40	22	26	2	M24	30	25	150	4.24
300											160	
320											170	
350	370	90	280	45	25	33	2	M30	35	25	185	6.2
400											210	

注：1. 挡板适用于不受轴向载荷的部位。

2. 锐角倒钝。

3. 材料为 Q235-A。

孔用弹性挡圈 A 型（摘自 GB/T 893.1—1986）　　**孔用弹性挡圈 B 型**（摘自 GB/T 893.2—1986）

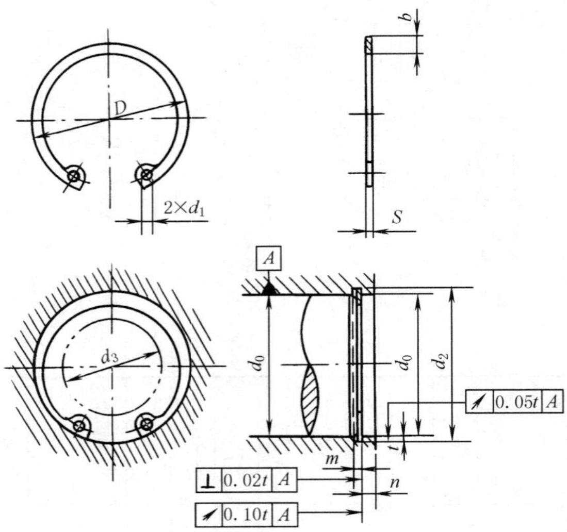

d_0 = 8 ~ 200mm（板材工艺）

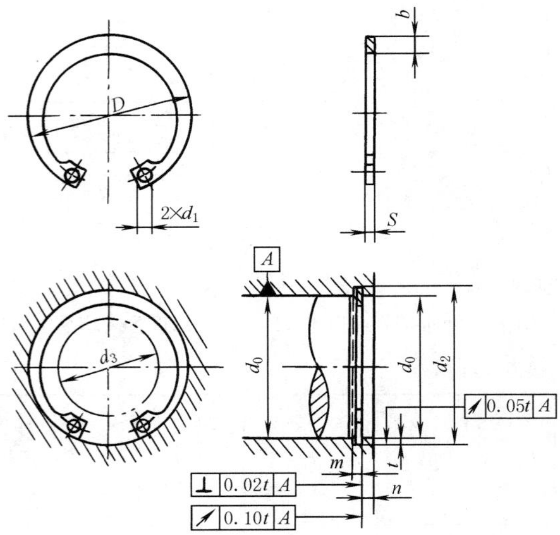

d_0 = 20 ~ 200mm（线材工艺）

标记示例

孔径 d_0 = 50mm、材料 65Mn、热处理硬度 44 ~ 51HRC、经表面氧化处理的 A 型孔用弹性挡圈，标记为：

挡圈　GB/T 893.1　50

孔径 d_0 = 40mm、材料 65Mn、热处理硬度 47 ~ 54HRC、经表面氧化处理的 B 型孔用弹性挡圈，标记为：

挡圈　GB/T 893.2　40

表 6-1-179　　mm

<table>
<tr><th rowspan="3">孔径
d_0</th><th colspan="6">挡　圈</th><th colspan="5">沟槽(推荐)</th><th>轴</th><th rowspan="3">每 1000 个的质量 /kg≈</th></tr>
<tr><th colspan="2">D</th><th colspan="2">S</th><th rowspan="2">b
≈</th><th rowspan="2">d_1</th><th colspan="2">d_2</th><th colspan="2">m</th><th rowspan="2">n≥</th><th rowspan="2">d_3≤</th></tr>
<tr><th>基本尺寸</th><th>极限偏差</th><th>基本尺寸</th><th>极限偏差</th><th>基本尺寸</th><th>极限偏差</th><th>基本尺寸</th><th>极限偏差</th></tr>
<tr><td>8</td><td>8.7</td><td rowspan="9">+0.36
-0.10</td><td rowspan="2">0.6</td><td rowspan="2">+0.04
-0.07</td><td>1</td><td rowspan="2">1</td><td>8.4</td><td rowspan="2">+0.09
0</td><td rowspan="2">0.7</td><td rowspan="15">+0.14
0</td><td rowspan="4">0.6</td><td rowspan="3">2</td><td>0.09</td></tr>
<tr><td>9</td><td>9.8</td><td>1.2</td><td>9.4</td><td>0.1</td></tr>
<tr><td>10</td><td>10.8</td><td rowspan="4">0.8</td><td rowspan="4">+0.04
-0.10</td><td rowspan="4">1.7</td><td rowspan="3">1.5</td><td>10.4</td><td rowspan="8">+0.11
0</td><td rowspan="4">0.9</td><td>0.23</td></tr>
<tr><td>11</td><td>11.8</td><td>11.4</td><td>3</td><td>0.26</td></tr>
<tr><td>12</td><td>13</td><td>12.5</td><td rowspan="3">0.9</td><td rowspan="2">4</td><td>0.28</td></tr>
<tr><td>13</td><td>14.1</td><td rowspan="6">1.7</td><td>13.6</td><td>0.31</td></tr>
<tr><td>14</td><td>15.1</td><td rowspan="9">1</td><td rowspan="9">+0.05
-0.13</td><td rowspan="5">2.1</td><td>14.6</td><td rowspan="9">1.1</td><td>5</td><td>0.5</td></tr>
<tr><td>15</td><td>16.2</td><td>15.7</td><td rowspan="3">1.2</td><td>6</td><td>0.54</td></tr>
<tr><td>16</td><td>17.3</td><td>16.8</td><td>7</td><td>0.57</td></tr>
<tr><td>17</td><td>18.3</td><td rowspan="6">+0.42
-0.13</td><td>17.8</td><td>8</td><td>0.61</td></tr>
<tr><td>18</td><td>19.5</td><td>19</td><td rowspan="5">+0.13
0</td><td rowspan="5">1.5</td><td>9</td><td>0.64</td></tr>
<tr><td>19</td><td>20.5</td><td rowspan="4">2.5</td><td rowspan="4">2</td><td>20</td><td rowspan="2">10</td><td>0.8</td></tr>
<tr><td>20</td><td>21.5</td><td>21</td><td>0.84</td></tr>
<tr><td>21</td><td>22.5</td><td>22</td><td>11</td><td>0.88</td></tr>
<tr><td>22</td><td>23.5</td><td>23</td><td>12</td><td>0.92</td></tr>
</table>

续表

孔径 d_0	挡圈						沟槽(推荐)					轴	每1000个的质量/kg≈
	D		S		b ≈	d_1	d_2		m		n≥	d_3≤	
	基本尺寸	极限偏差	基本尺寸	极限偏差			基本尺寸	极限偏差	基本尺寸	极限偏差			
24	25.9	+0.42 −0.21	1.2	+0.05 −0.13	2.5	2	25.2	+0.21 0	1.3	+0.14 0	1.8	13	1.21
25	26.9				2.8		26.2					14	1.39
26	27.9						27.2					15	1.45
28	30.1	+0.50 −0.25			3.2		29.4				2.1	17	1.63
30	32.1						31.4	+0.25 0				18	1.9
31	33.4					2.5	32.7				2.6	19	1.97
32	34.4						33.7					20	2.02
34	36.5		1.5	+0.06 −0.15	3.6		35.7		1.7			22	3.04
35	37.8						37				3	23	3.13
36	38.8						38					24	3.22
37	39.8						39					25	3.31
38	40.8						40					26	3.39
40	43.5	+0.90 −0.39			4		42.5				3.8	27	4.13
42	45.5					3	44.5					29	4.33
45	48.5				4.7		47.5					31	5.24
47	50.5	+1.00 −0.46					49.5					32	5.47
48	51.5						50.5	+0.30 0				33	5.56
50	54.2		2	+0.06 −0.18			53		2.2		4.5	36	7.4
52	56.2						55					38	7.68
55	59.2						58					40	8.49
56	60.2				5.2		59					41	9.67
58	62.2						61					43	10.28
60	64.2						63					44	10.62
62	66.2						65					45	10.97
63	67.2						66					46	11.48
65	69.2		2.5	+0.07 −0.22	5.7		68		2.7			48	14.63
68	72.5						71					50	16.89
70	74.5						73					53	17.37
72	76.5						75					55	17.84
75	79.5				6.3		78					56	20.2

续表

孔径 d_0	挡圈 D 基本尺寸	挡圈 D 极限偏差	挡圈 S 基本尺寸	挡圈 S 极限偏差	挡圈 b ≈	挡圈 d_1	沟槽(推荐) d_2 基本尺寸	沟槽(推荐) d_2 极限偏差	沟槽(推荐) m 基本尺寸	沟槽(推荐) m 极限偏差	沟槽(推荐) n≥	轴 d_3≤	每1000个的质量/kg≈
78	82.5	+1.30 −0.54	2.5	+0.07 −0.22	6.3	3	81	+0.35 0	2.7	+0.14 0	4.5	60	20.84
80	85.5				6.8		83.5				5.3	63	23.34
82	87.5						85.5					65	24.32
85	90.5						88.5					68	25.18
88	93.5				7.3		91.5					70	27.82
90	95.5						93.5					72	28.7
92	97.5				7.7		95.5					73	30.64
95	100.5						98.5					75	31.89
98	103.5						101.5					78	33.26
100	105.5						103.5					80	34.2
102	108		3		8.1	4	106	+0.54 0	3.2	+0.18 0	6	82	43.49
105	112						109					83	45.82
108	115				8.8		112					86	50.09
110	117						114					88	50.99
112	119				9.3		116					89	54.61
115	122	+1.50 −0.63					119	+0.63 0				90	56.43
120	127						124					95	58.77
125	132				10		129					100	65.48
130	137				10.7		134					105	72.78
135	142						139					110	75.55
140	147						144					115	78.31
145	152				10.9		149					118	83.27
150	158				11.2		155				7.5	121	88.67
155	164				11.6		160					125	95.53
160	169						165					130	98.53
165	174.5				11.8		170					136	104.2
170	179.5				12.3		175					140	111.3
175	184.5	+1.70 −0.72			12.7		180					142	117.5
180	189.5				12.8		185	+0.72 0				145	121.9
185	194.5				12.9		190					150	124.6
190	199.5				13.1		195					155	129.9
195	204.5						200					157	133.9
200	209.5				13.2		205					165	138.7

注：1. A 型是采用板材-冲切工艺制成；B 型是采用线材-冲制工艺制成。A、B 型互相通用。B 型性能优于 A 型。

2. d_3 为允许套入的最大轴径。

3. 标记示例中的材料为最常用的主要材料，其他技术条件按 GB/T 959.1 规定。

轴用弹性挡圈 A 型（摘自 GB/T 894.1—1986）　　**轴用弹性挡圈 B 型**（摘自 GB/T 894.2—1986）

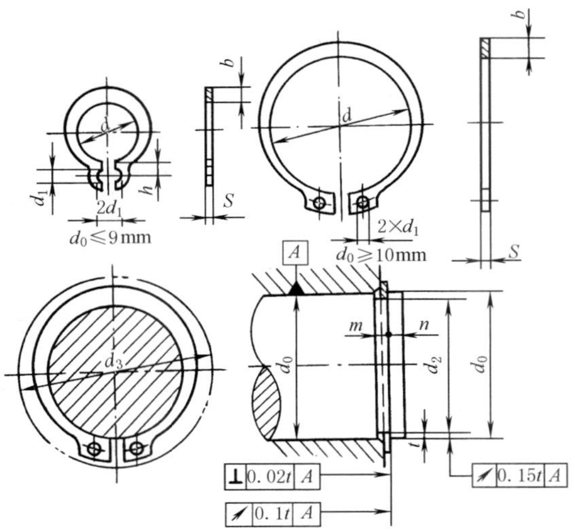

d_0 = 3～200mm（板材工艺）

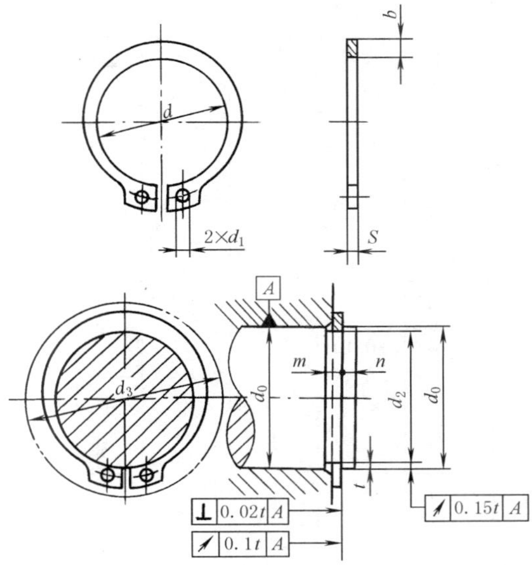

d_0 = 20～200mm（线材工艺）

标记示例

轴径 d_0 = 50mm、材料 65Mn、热处理硬度 44～51HRC、经表面氧化处理的 A 型轴用弹性挡圈，标记为：

挡圈　GB/T 894.1　50

表 6-1-180　　mm

<table>
<tr><th rowspan="3">轴径 d_0</th><th colspan="7">挡　　圈</th><th colspan="5">沟槽(推荐)</th><th>孔</th><th rowspan="3">每 1000 个的质量 /kg≈</th></tr>
<tr><th colspan="2">d</th><th colspan="2">S</th><th rowspan="2">b ≈</th><th rowspan="2">d_1</th><th rowspan="2">h</th><th colspan="2">d_2</th><th colspan="2">m</th><th rowspan="2">n≥</th><th rowspan="2">d_3≥</th></tr>
<tr><th>基本尺寸</th><th>极限偏差</th><th>基本尺寸</th><th>极限偏差</th><th>基本尺寸</th><th>极限偏差</th><th>基本尺寸</th><th>极限偏差</th></tr>
<tr><td>3</td><td>2.7</td><td rowspan="4">+0.04
−0.15</td><td rowspan="2">0.4</td><td rowspan="2">+0.03
−0.06</td><td>0.8</td><td rowspan="3">1</td><td>0.95</td><td>2.8</td><td>0
−0.040</td><td rowspan="2">0.5</td><td rowspan="7">+0.14
0</td><td rowspan="3">0.3</td><td>7.2</td><td rowspan="7">略</td></tr>
<tr><td>4</td><td>3.7</td><td>0.88</td><td>1.1</td><td>3.8</td><td rowspan="3">0
−0.048</td><td>8.8</td></tr>
<tr><td>5</td><td>4.7</td><td rowspan="3">0.6</td><td rowspan="3">+0.04
−0.07</td><td>1.12</td><td>1.25</td><td>4.8</td><td rowspan="3">0.7</td><td>10.7</td></tr>
<tr><td>6</td><td>5.6</td><td rowspan="3">1.32</td><td rowspan="4">1.2</td><td>1.35</td><td>5.7</td><td rowspan="2">0.5</td><td>12.2</td></tr>
<tr><td>7</td><td>6.5</td><td rowspan="3">+0.06
−0.18</td><td>1.55</td><td>6.7</td><td rowspan="3">0
−0.058</td><td>13.8</td></tr>
<tr><td>8</td><td>7.4</td><td rowspan="2">0.8</td><td rowspan="2">+0.04
−0.10</td><td>1.6</td><td>7.6</td><td rowspan="2">0.9</td><td rowspan="2">0.6</td><td>15.2</td></tr>
<tr><td>9</td><td>8.4</td><td>1.44</td><td>1.65</td><td>8.6</td><td>16.4</td></tr>
</table>

续表

轴径 d_0	挡圈						沟槽(推荐)					孔	每1000个的质量/kg≈
	d		S		b ≈	d_1	d_2		m		n≥	d_3≥	
	基本尺寸	极限偏差	基本尺寸	极限偏差			基本尺寸	极限偏差	基本尺寸	极限偏差			
10	9.3	+0.10 −0.36	1	+0.05 −0.13	1.44	1.5	9.6	0 −0.058	1.1	+0.14 0	0.6	17.6	0.24
11	10.2				1.52		10.5	0 −0.11			0.8	18.6	0.28
12	11				1.72		11.5					19.6	0.35
13	11.9				1.88	1.7	12.4				0.9	20.8	0.41
14	12.9						13.4					22	0.44
15	13.8				2		14.3				1.1	23.2	0.51
16	14.7				2.32		15.2				1.2	24.4	0.65
17	15.7				2.48		16.2					25.6	0.74
18	16.5						17				1.5	27	0.78
19	17.5					2	18					28	0.81
20	18.5	+0.13 −0.42			2.68		19	0 −0.13				29	1.12
21	19.5						20					31	1.16
22	20.5						21					32	1.2
24	22.2	+0.21 −0.42	1.2		3.32		22.9	0 −0.21	1.3		1.7	34	1.92
25	23.2						23.9					35	2
26	24.2						24.9					36	2.06
28	25.9				3.6		26.6				2.1	38.4	2.51
29	26.9				3.72		27.6					39.8	2.66
30	27.9						28.6					42	2.73
32	29.6				3.92	2.5	30.3	0 −0.25			2.6	44	2.98
34	31.5	+0.25 −0.50	1.5	+0.06 −0.15	4.32		32.3		1.7			46	4.31
35	32.2				4.52		33				3	48	4.75
36	33.2						34					49	4.88
37	34.2						35					50	5
38	35.2						36					51	5.65
40	36.5	+0.39 −0.90			5		37.5				3.8	53	5.99
42	38.5					3	39.5					56	6.18
45	41.5						42.5					59.4	6.57
48	44.5						45.5					62.8	6.96
50	45.8		2	+0.06 −0.18	5.48		47		2.2		4.5	64.8	10.37

续表

轴径 d_0	挡圈 d 基本尺寸	挡圈 d 极限偏差	挡圈 S 基本尺寸	挡圈 S 极限偏差	挡圈 b ≈	挡圈 d_1	沟槽(推荐) d_2 基本尺寸	沟槽(推荐) d_2 极限偏差	沟槽(推荐) m 基本尺寸	沟槽(推荐) m 极限偏差	沟槽(推荐) n≥	孔 d_3≥	每1000个的质量/kg≈
52	47.8	+0.39 −0.90	2	+0.06 −0.18	5.48	3	49	0 −0.25	2.2	+0.14 0	4.5	67	10.77
55	50.8	+0.46 −1.10					52	0 −0.30				70.4	11.34
56	51.8				6.12		53					71.7	12.99
58	53.8						55					73.6	13.44
60	55.8						57					75.8	14.17
62	57.8						59					79	14.59
63	58.8		2.5	+0.07 −0.22			60		2.7			79.6	18.51
65	60.8						62					81.6	19.04
68	63.5				6.32		65					85	20.41
70	65.5						67					87.2	20.98
72	67.5						69					89.4	21.72
75	70.5						72					92.8	22.56
78	73.5						75					96.2	23.39
80	74.5				7		76.5				5.3	98.2	26.27
82	76.5						78.5					101	27
85	79.5						81.5	0 −0.35				104	28.02
88	82.5	+0.54 −1.30					84.5					107.3	28.93
90	84.5				7.6		86.5					110	32.5
95	89.5				9.2		91.5					115	41.31
100	94.5						96.5					121	44.94
105	98		3		10.7		101	0 −0.54	3.2	+0.18 0	6	132	63.95
110	103				11.3	4	106					136	70.97
115	108				12		111					142	78.58
120	113						116					145	81.77
125	118				12.6		121	0 −0.63				151	89.97
130	123	+0.63 −1.50					126					158	93.87
135	128				13.2		131					162.8	102.7
140	133						136					168	106.3
145	138						141					174.4	110
150	142				14		145				7.5	180	112.7

续表

轴径 d_0	挡圈 d 基本尺寸	挡圈 d 极限偏差	挡圈 S 基本尺寸	挡圈 S 极限偏差	挡圈 b ≈	挡圈 d_1	沟槽(推荐) d_2 基本尺寸	沟槽(推荐) d_2 极限偏差	沟槽(推荐) m 基本尺寸	沟槽(推荐) m 极限偏差	沟槽(推荐) n≥	孔 d_3≥	每1000个的质量/kg≈
155	146	+0.63 -1.50	3	+0.07 -0.22	14	4	150	0 -0.63	3.2	+0.18 0	7.5	186	122.7
160	151						155					190	126.4
165	155.5				14.4		160					195	133.7
170	160.5						165					200	137
175	165.5				15		170					206	144.4
180	170.5						175					212	152
185	175.5				15.2		180					218	158.1
190	180.5	+0.72 -1.70					185	0 -0.72				223	162.5
195	185.5				15.6		190					229	171.8
200	190.5						195					235	176.4

注：1. A 型采用板材-冲切工艺制成；B 型采用线材-冲制工艺制成。

2. d_3 为允许套入的最小孔径。

3. 标记示例中材料说明同表 6-1-179 注 3。

孔用钢丝挡圈（摘自 GB/T 895.1—1986）

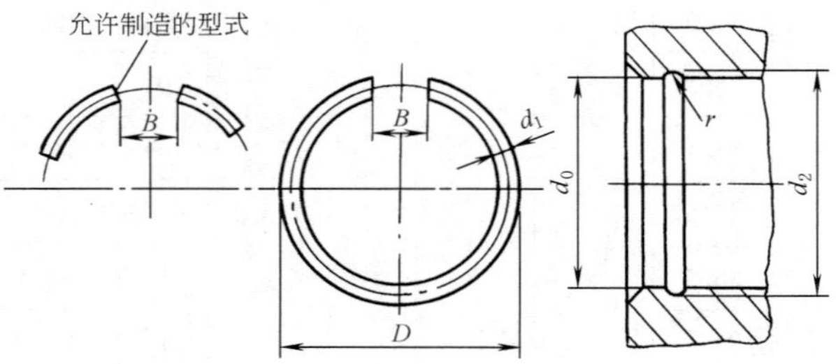

轴用钢丝挡圈（摘自 GB/T 895.2—1986）

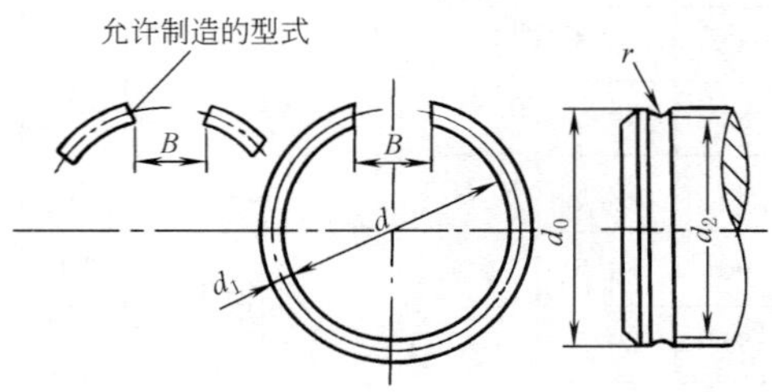

标记示例

孔径 d_0=40mm、材料碳素弹簧钢丝、经低温回火及表面氧化处理的孔用钢丝挡圈，标记为：挡圈　GB/T 895.1　40

表 6-1-181

mm

孔径/轴径 d_0	d_1	r	挡圈 GB/T 895.1 D 基本尺寸	挡圈 GB/T 895.1 D 极限偏差	挡圈 GB/T 895.1 B≈	挡圈 GB/T 895.2 d 基本尺寸	挡圈 GB/T 895.2 d 极限偏差	挡圈 GB/T 895.2 B≈	沟槽(推荐) GB/T 895.1 d_2 基本尺寸	沟槽(推荐) GB/T 895.1 d_2 极限偏差	沟槽(推荐) GB/T 895.2 d_2 基本尺寸	沟槽(推荐) GB/T 895.2 d_2 极限偏差
4	0.6	0.4	—	—	—	3	0 -0.18	1	—	—	3.4	±0.037
5			—			4			—		4.4	
6			—			5			—		5.4	

续表

孔径/轴径 d_0	d_1	r	挡圈						沟槽(推荐)			
			GB/T 895.1			GB/T 895.2			GB/T 895.1		GB/T 895.2	
			D		$B\approx$	d		$B\approx$	d_2		d_2	
			基本尺寸	极限偏差		基本尺寸	极限偏差		基本尺寸	极限偏差	基本尺寸	极限偏差
7	0.8	0.5	8	+0.22 0	4	6	0 −0.22	2	7.8	±0.045	6.2	±0.045
8			9			7			8.8		7.2	
10			11	+0.43 0		9			10.8	±0.055	9.2	
12	1.0	0.6	13.5		6	10.5	0 −0.47	3	13.0		11.0	±0.055
14			15.5			12.5			15.0		13.0	
16	1.6	0.9	18		8	14.0			17.6		14.4	
18			20	+0.52 0		16.0			19.6	±0.065	16.4	
20	2.0	1.1	22.5		10	17.5			22.0	±0.105	18.0	±0.090
22			24.5			19.5	0 −0.52		24.0		20.0	±0.105
24			26.5			21.5			26.0		22.0	
25			27.5			22.5			27.0		23.0	
26			28.5			23.5			28.0		24.0	
28			30.5	+0.62 0		25.5			30.0		26.0	
30			32.5			27.5			32.0	±0.125	28.0	
32	2.5	1.4	35		12	29.0		4	34.5		29.5	
35			38	+1.00 0		32.0	0 −1.00		37.6		32.5	±0.125
38			41			35.0			40.6		35.5	
40			43			37.0			42.6		37.5	
42			45		16	39.0			44.5		39.5	
45			48			42.0			47.5		42.5	
48			51	+1.20 0		45.0			50.5	±0.150	45.5	
50			53			47.0			52.5		47.5	
55	3.2	1.8	59		20	51.0	0 −1.20		58.2		51.8	±0.150
60			64			56.0			63.2		56.8	
65			69			61.0			68.2		61.8	
70			74		25	66.0		5	73.2		66.8	
75			79			71.0			78.2		71.8	
80			84	+1.40 0		76.0			83.2	±0.175	76.8	
85			89			81.0	0 −1.40		88.2		81.8	
90			94			86.0			93.2		86.8	
95			99			91.0			98.2		91.8	
100			104		32	96.0			103.2		96.8	
105			109			101.0			108.2		101.8	
110			114			106.0			113.2		106.8	
115			119			111.0			118.2		111.8	
120			124	+1.60 0		116.0			123.2	±0.200	116.8	
125			129			121.0	0 −1.60		128.2		121.8	±0.200

4　新型螺纹连接型式和防松装置

随着时代的进步和科学技术的不断发展，近年来在生产实际中又出现了一些新的螺纹连接形式和防松装置。现介绍几种，以满足紧固件技术领域的特殊需要，并已有企业标准。

4.1　唐氏螺纹连接副

4.1.1　唐氏螺纹连接副的防松原理及安装要求

唐氏螺纹的螺栓的同一螺纹段具有左右两种旋向的螺纹，它既可与左旋螺纹配合，又可与右旋螺纹配合。图6-1-5所示为唐氏螺纹紧固件。

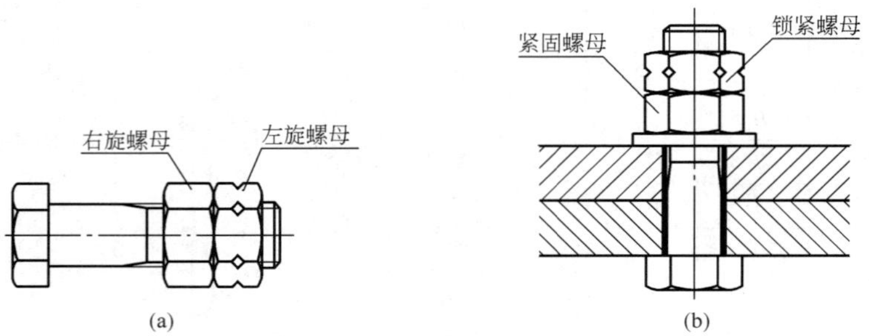

图6-1-5　唐氏螺纹紧固件

在连接时，使用左、右两种不同旋向的螺母。被连接件支承面上的螺母称为紧固螺母，非支承面上的螺母称为锁紧螺母。使用时先将紧固螺母拧紧，然后再将锁紧螺母拧紧。

在有振动、冲击的情况下，紧固螺母和锁紧螺母可能都有松动的趋势，但由于紧固螺母的松退方向是锁紧螺母的拧紧方向，锁紧螺母的拧紧正好阻止了紧固螺母的松退。

唐氏螺纹紧固件的安装要求：在使用唐氏螺纹紧固件时，其紧固螺母和锁紧螺母的预紧力是不一样的，锁紧螺母的预紧力一定要大于紧固螺母的预紧力，否则会影响其防松效果。一般要求紧固螺母的预紧力应是锁紧螺母预紧力的80%左右。

4.1.2　唐氏螺纹连接副的防松性能

唐氏螺纹紧固件经过120s振动仍保持82%的预紧力，而普通螺纹加弹簧垫圈的防松方式经过1~2s的振动其预紧力已下降为80%左右，经过15s的振动，预紧力基本损失殆尽（图6-1-6）。

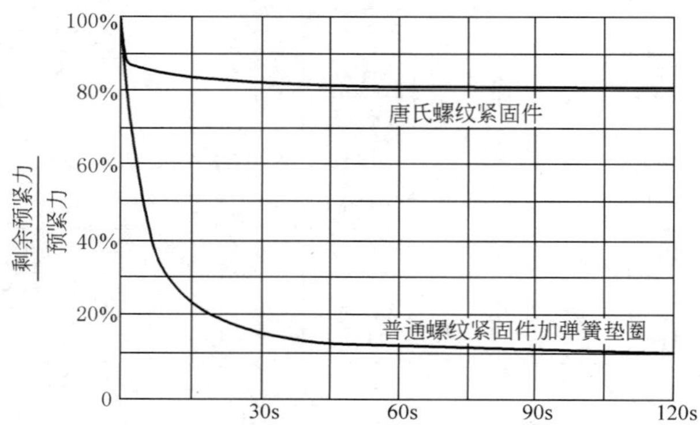

图6-1-6　唐氏螺纹紧固件与普通螺纹紧固件振松性能对比实验

4.1.3 唐氏螺纹连接副的保证载荷及企业标准件

表 6-1-182 唐氏螺纹连接副的保证载荷 N

螺纹规格 *d*	3.6 级	4.8 级	6.8 级	8.8 级	10.9 级	12.9 级
TM16	22600	38900	55300	72800	104000	122000
TM18	27600	47600	67600	92200	127000	149000
TM20	35300	60800	86200	118000	163000	190000
TM22	43600	75100	107000	145000	201000	235000
TM24	50800	87500	124000	169000	234000	274000
TM30	80800	139000	197000	269000	373000	435000
TM36	118000	203000	288000	392000	542000	634000
TM42	161000	278000	394000	538000	744000	869000
TM48	212000	365000	517000	706000	976000	1140000
TM56	292000	503000	715000	974000	1350000	1580000
TM64	385000	664000	942000	1280000	1780000	2080000

表 6-1-183 唐氏螺纹六角头螺栓连接副（摘自 Q/TANGS 5782）

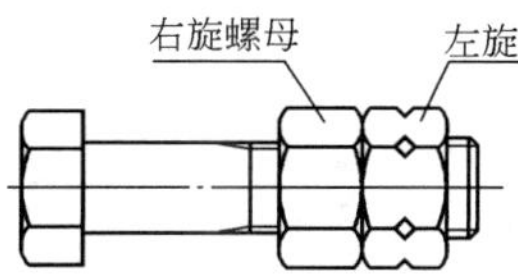

标记示例

螺纹规格 *d*=TM20,公称长度 *l*=100mm,性能等级为 8.8 级的唐氏螺纹六角头螺栓连接副:唐氏螺栓连接副 Q/TANGS 5782-TM20×100

唐氏螺纹六角头螺栓

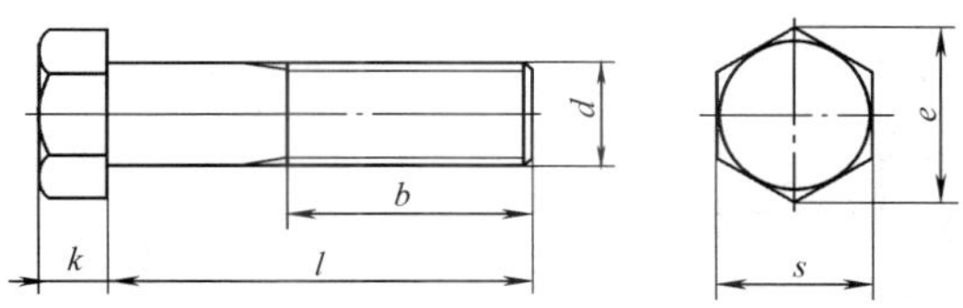

表 6-1-184 mm

螺纹规格 *d*		TM16	TM18	TM20	TM22	TM24	TM30	TM36	TM42	TM48	TM56	TM64
s		24	27	30	34	36	46	55	65	75	85	95
k		10	11.5	12.5	14	15	18.7	22.5	26	30	35	40
e		26.8	30	33.5	37.7	40	50.9	60.8	72	82.6	93.6	104.9
b	*l*≤125	38	42	46	50	54	66	78	—	—	—	—
	125<*l*≤200	44	48	52	56	60	72	84	96	108	124	140
	l>200	57	61	65	69	73	85	97	109	121	137	153
l		65~160	70~180	80~200	90~220	90~240	110~300	140~360	160~440	180~480	220~500	260~500
l 系列		65,70,80,90,100,110,120,130,140,150,160,180,200,220,240,260,280,300,320,340,360,380,400,420,440,460,480,500										
技术条件		材料:钢	螺纹公差:6g	性能等级:8.8,10.9,12.9	产品等级:B	表面处理:调质、发蓝、发黑						

注：1. 除螺纹外，其余尺寸与 GB/T 5782 一致。

2. 唐氏螺纹六角头螺栓连接副一套包括唐氏六角头螺栓一个，左旋及右旋螺母各一个。

3. 表格之外的螺栓连接副按图纸加工。

唐氏螺纹六角头螺母

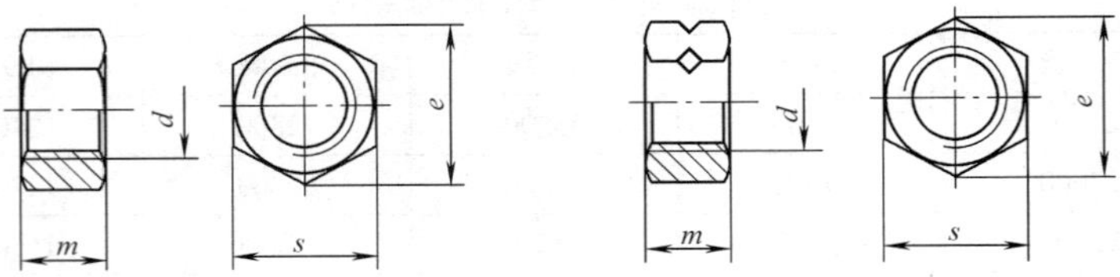

表 6-1-185　　mm

螺纹规格 d	TM16	TM18	TM20	TM22	TM24	TM30	TM36	TM42	TM48	TM56	TM64
e	26.8	29.6	33	37.3	39.6	50.9	60.8	72	82.6	93.6	104.9
m	14.8	15.8	18	19.4	21.5	25.6	31	34	38	45	51
s	24	27	30	34	36	46	55	65	75	85	95
技术条件	材料:钢		螺纹公差:6H		性能等级:8,10,12		产品等级:B		表面处理:发黑		

注：1. 除螺纹外，其余尺寸与 GB/T 5782 一致。
2. 唐氏螺纹六角头螺栓连接副一套包括唐氏六角头螺栓一个，左旋及右旋螺母各一个。
3. 表格之外的螺栓连接副按图纸加工。

表 6-1-186　　唐氏螺纹方头螺栓连接副（摘自 Q/TANGS 8）

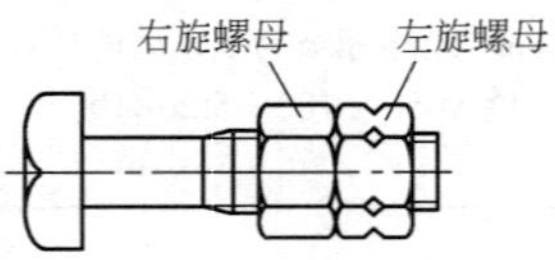

标记示例

螺纹规格 d=TM24,公称长度 l=100mm,性能等级为 8.8 级的唐氏螺纹方头螺栓连接副:唐氏方头螺栓连接副　Q/TANGS　8-TM24×100

六角螺母同 GB/T 6170—2000

唐氏螺纹方头螺栓

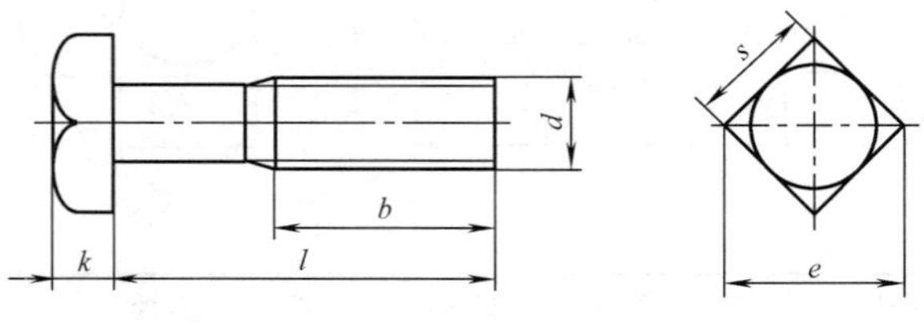

表 6-1-187　　mm

螺纹规格 d		TM16	TM18	TM20	TM22	TM24	TM30	TM36	TM42	TM48
b	l≤125	38	42	46	50	54	66	78	—	—
	125<l≤200	44	48	52	56	60	72	84	96	108
	l>200	57	61	65	69	73	85	97	109	121
e		30.11	34.01	37.91	42.9	45.5	58.5	69.94	82.03	95.03
k		10	12	13	14	15	19	23	26	30
s		24	27	30	34	36	46	55	65	75
l		55~160	60~180	65~200	70~220	80~240	90~300	110~300	130~300	140~300
l 系列		55,60,65,70,80,90,100,110,120,130,140,150,160,180,200,220,240,260,280,300								
技术条件		材料:钢		螺纹公差:6g		性能等级:8.8		产品等级:C		表面处理:调质、发蓝、发黑

注：1. 除螺纹外，其余尺寸与 GB/T 8 一致。
2. 唐氏螺纹方头螺栓连接副一套包括唐氏方头螺栓一个，左旋及右旋螺母各一个。
3. 表格之外的螺栓连接副按图纸加工。

表 6-1-188　　唐氏螺纹等长双头螺柱连接副（摘自 Q/TANGS 901）

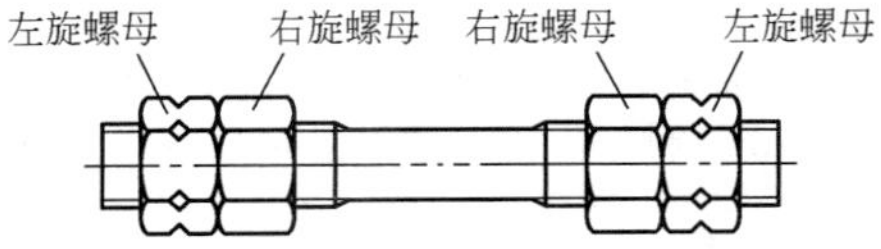

标记示例

螺纹规格 d=TM18,公称长度 l=100mm,性能等级为 8.8 级的唐氏螺纹等长双头螺柱连接副:唐氏螺柱连接副　Q/TANGS 901-TM18×100

六角螺母同 GB/T 6170—2000

唐氏螺纹等长双头螺柱

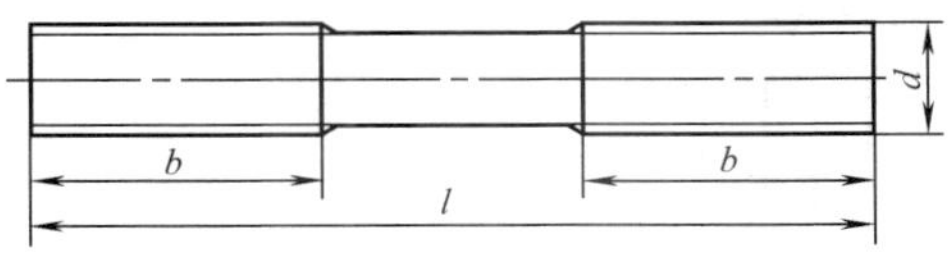

表 6-1-189　　mm

螺纹规格 d	TM16	TM18	TM20	TM22	TM24	TM30	TM36	TM42	TM48	TM56
b	44	48	52	56	60	72	84	96	108	124
l	40～300	40～300	60～300	80～300	90～300	120～300	120～300	120～400	130～500	150～500
l 系列	40,45,50,55,60,65,70,80,90,100,110,120,130,140,150,160,180,200,220,240,260,280,300,320,350,380,400,420,450,480,500									
技术条件	材料:钢		螺纹公差:6g		性能等级:8.8		产品等级:C		表面处理:发黑	

注：1. 除螺纹外，其余尺寸与 GB/T 901 一致。

2. 唐氏螺纹等长双头螺柱连接副一套包括唐氏螺纹等长双头螺柱一个，左旋及右旋螺母各两个。

3. 表格之外的螺栓连接副按图纸加工。

表 6-1-190　　唐氏螺纹 T 形槽用螺栓连接副（摘自 Q/TANGS 37）

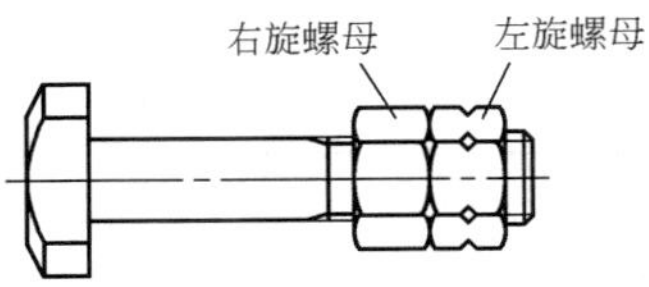

标记示例

螺纹规格 d=TM36,公称长度 l=200mm,性能等级为 8.8 级的唐氏螺纹 T 形槽用螺栓连接副:唐氏 T 形槽用螺栓连接副　Q/TANGS 37-TM36×200

六角螺母同 GB/T 6170—2000

唐氏螺纹 T 形槽用螺栓

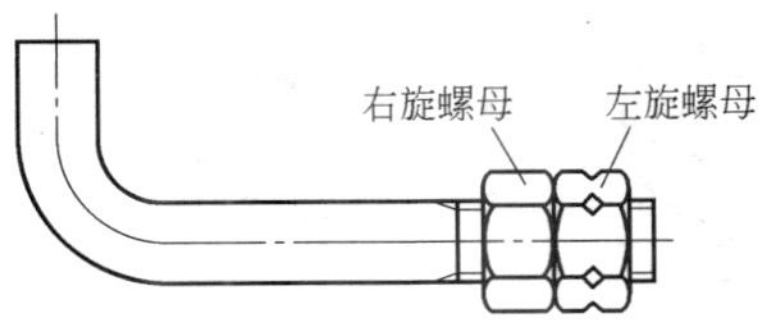

表 6-1-191　　mm

螺纹规格 d		TM16	TM20	TM24	TM30	TM36	TM42	TM48
b	l≤125	38	46	54	66	78	—	—
	125<l≤200	44	52	60	72	84	96	108
	l>200	57	65	73	85	97	109	121
D		38	46	58	75	85	95	105
k		11.6	14	16	20	24	28	32
s		28	34	44	56	67	76	86
l		55～160	65～200	80～240	90～300	110～300	130～300	140～300
l 系列		55,60,65,70,80,90,100,110,120,130,140,150,160,180,200,220,240,260,280,300						
技术条件		材料:钢	螺纹公差:6g	性能等级:8.8		产品等级:B	表面处理:调质、发蓝、发黑	

注：1. 除螺纹外，其余尺寸与 GB/T 37 一致。

2. 唐氏螺纹 T 形槽用螺栓连接副一套包括唐氏螺纹 T 形槽用螺栓一个，左旋及右旋螺母各一个。

3. 表格之外的螺栓连接副按图纸加工。

表 6-1-192　　唐氏螺纹直角地脚螺栓连接副（摘自 Q/TANGS 4364）

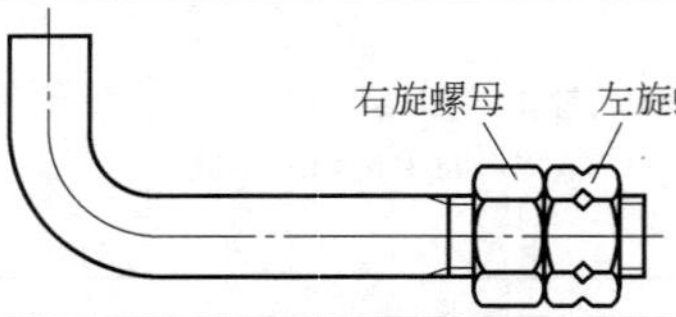

标记示例

螺纹规格 d=TM42，公称长度 l=1400mm，性能等级为4.8级的唐氏螺纹直角地脚螺栓连接副：唐氏直角地脚螺栓连接副　Q/TANGS 4364-TM42×1400-4.8

六角螺母同 GB/T 6170—2000

唐氏螺纹直角地脚螺栓

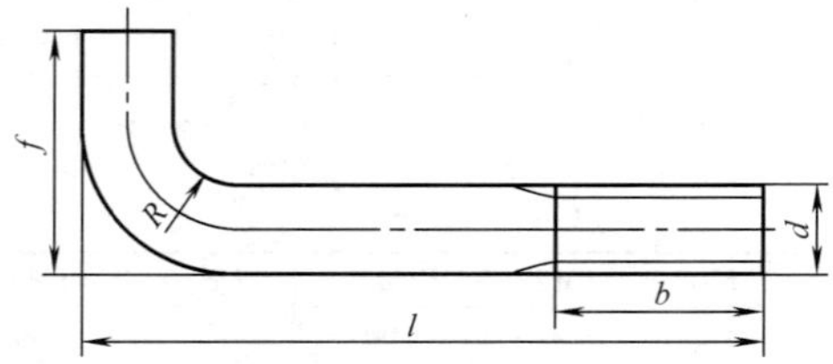

表 6-1-193　　mm

螺纹规格 d	TM16	TM20	TM24	TM30	TM36	TM42	TM48	TM56
b(最小)	45	60	75	90	110	120	140	160
f	65	80	100	120	150	170	190	220
$R\approx$	12	15	20	25	30	35	40	45
l	300~400	400~1000	600~1400	1000~1600	1000~2000	1400~2300	1400~2600	2000~2600
l 系列	300,400,600,800,1000,1200,1400,1600,1800,2000,2300,2600							
技术条件	材料:钢	螺纹公差:8g	性能等级:3.6,4.8,6.8,8.8		产品等级:C			

注：1. 除螺纹外，其余尺寸与 JB/ZQ 4364 一致。

2. 唐氏螺纹直角地脚螺栓连接副一套包括唐氏直角地脚螺栓一个，左旋及右旋螺母各一个。

3. 表格之外的螺栓连接副按图纸加工。

表 6-1-194　　唐氏螺纹地脚螺栓连接副（摘自 Q/TANGS 799）

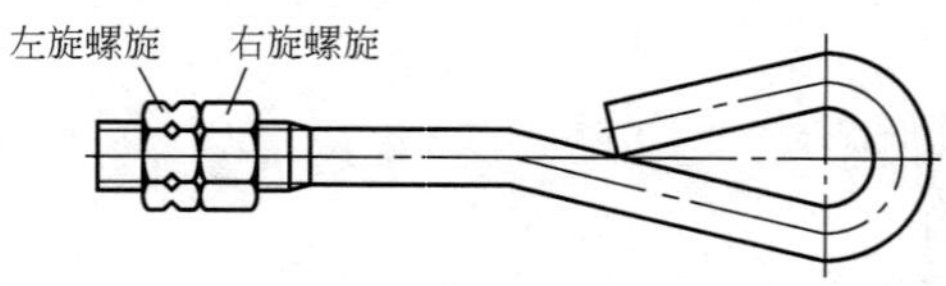

标记示例

螺纹规格 d=TM20，公称长度 l=400mm，性能等级为3.6级的唐氏螺纹地脚螺栓连接副：唐氏地脚螺栓连接副　Q/TANGS 799-TM20×400-3.6

六角螺母同 GB/T 6170—2000

唐氏螺纹地脚螺栓

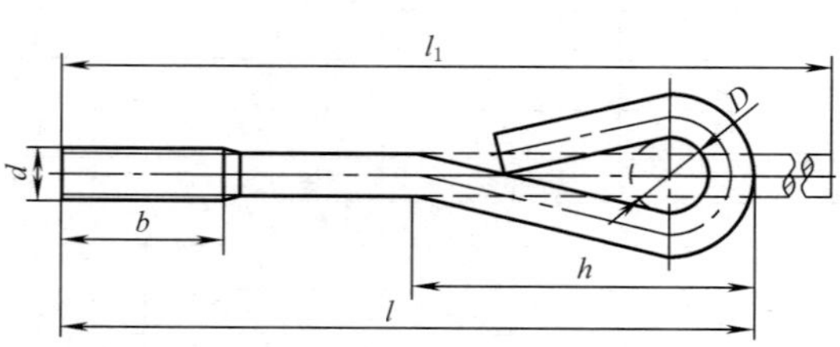

表 6-1-195　　mm

螺纹规格 d	TM16	TM20	TM24	TM30	TM36	TM42	TM48
b	44	52	60	72	84	96	108
D	20	30	30	45	60	60	70

续表

螺纹规格 d	TM16	TM20	TM24	TM30	TM36	TM42	TM48
h	93	127	139	192	244	261	302
l_1	l+72	l+110	l+110	l+165	l+217	l+217	l+255
l	220～500	300～630	300～800	400～1000	500～1000	630～1250	630～1500
l 系列	220,300,400,500,630,800,1000,1250,1500						
技术条件	材料:钢	螺纹公差:8g	性能等级:3.6,4.8,6.8,8.8		产品等级:C	表面处理:发黑	

注：1. 除螺纹外，其余尺寸与 JB/ZQ 799 一致。

2. 唐氏螺纹地脚螺栓连接副一套包括唐氏螺纹地脚螺栓一个，左旋及右旋螺母各一个。

3. 表格之外的螺栓连接副按图纸加工。

4. 表中唐氏紧固件的生产厂为马鞍山市唐氏螺纹紧固件有限公司。

4.1.4 唐氏螺纹连接副在吊车梁压轨器上的应用

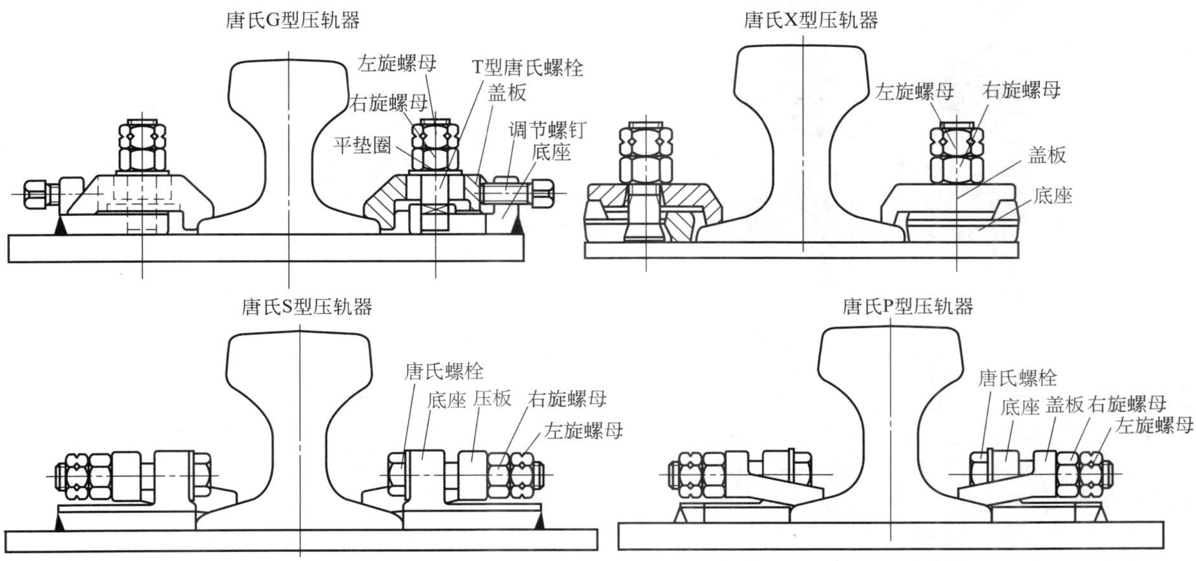

表 6-1-196 唐氏压轨器

型　式	型　号	适用轨道型号	适用吊车梁类型
G	唐氏 G38～G120	TG38～TG60;QU70～QU120	普通钢吊车梁
X	唐氏 X24～X120	TG24～TG60;QU70～QU120	较窄翼缘的钢吊车梁
S	唐氏 S38～S120	TG38～TG60;QU70～QU120	大吨位及水平轮吊车梁
P	唐氏 P38～P120	TG38～TG60;QU70～QU120	水平轮吊车梁

注：详细资料咨询：马鞍山市唐氏螺纹紧固件有限公司。

4.2 高性能防松螺母

本节介绍两种高性能防松螺母：施必牢（DTFLOCK）防松螺母和液压防松螺母。并已有企业标准。

4.2.1 施必牢（DTF）防松螺母

（1）施必牢防松螺母的特点及防松性能

DTF 螺母承载侧螺纹大径处的牙侧角为 60°，其余部分的牙侧角与普通螺纹相同，均为 30°。图 6-1-7a、b 分别为普通标准螺母和 DTF 防松螺母与普通标准螺栓拧紧后的受力图，图 6-1-7c 为两种螺纹连接的牙间载荷分布百分比；图 6-1-7d 为横向负载振动试验时三种螺纹连接预紧力的变化情况。

由图 6-1-7 可知：在相同预紧力 F_0 的情况下，施必牢防松螺母承载侧牙上的法向力 $F_n=F_0/\cos60°=2F_0$，大于普通螺母的法向力 $F_n=F_0/\cos30°=1.154F_0$，因而摩擦力矩大；施必牢螺母的径向载荷 F_r 大于轴向载荷 F_a 且

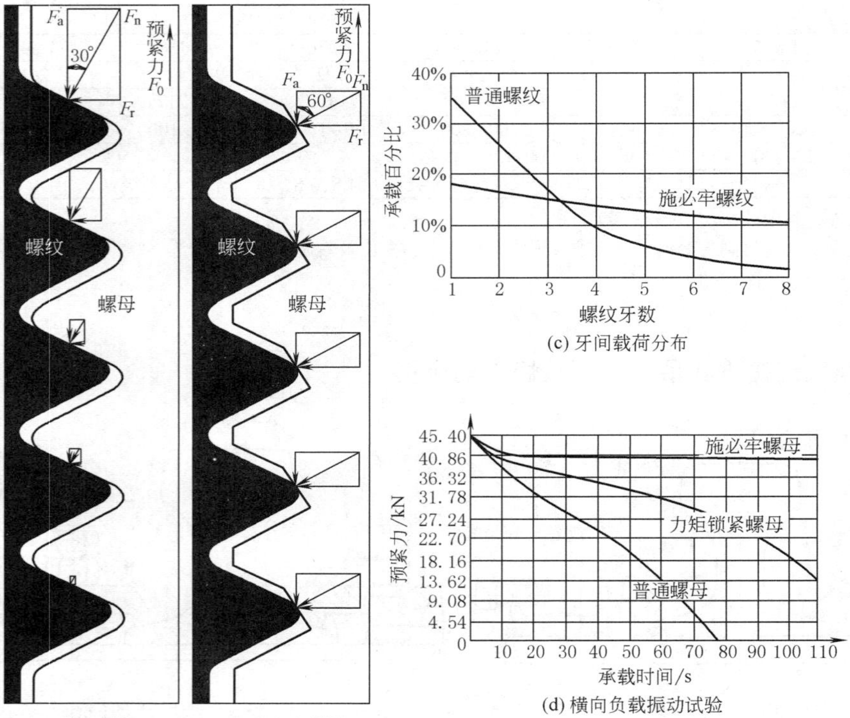

(a) 普通螺纹　(b) 施必牢螺纹　(c) 牙间载荷分布　(d) 横向负载振动试验

图 6-1-7　普通螺纹与施必牢螺纹的受力、载荷分布及振动试验

对称分布，使螺母与螺栓间不易松动，可有效抗击横向振动，因而防松能力大为提高。施必牢防松螺母的法向力 F_n 作用在螺栓牙的顶部，此处螺纹牙柔度大，容易变形，从而使各扣螺纹牙间能够比较均匀地受力，承载牙数大于普通螺母，提高了承载能力和寿命。同时，施必牢螺母与螺栓沿螺纹呈线接触，消除了当受到横向动载荷作用时引起内、外螺纹间产生相对运动的径向间隙，从而阻止螺母自动松脱。

施必牢防松螺母有以下优点：可靠的抗振防松性能、高的承载能力和使用寿命，并可重复使用；只需与标准螺栓匹配使用，无需任何辅助锁紧件；适用于温差大的环境；用施必牢丝锥可以制出具有同样防松性能的螺纹孔，可广泛用于要求具有自锁性能的零部件上；装拆方便。

施必牢防松螺母已用于汽车、火车、舰船、铁道、港口机械、工程机械、发动机、飞机、机械、电力、石油、军工及医疗器械等领域。

（2）施必牢防松螺母企业标准件

施必牢六角法兰面防松螺母（摘自 DTF 6177.1—2010、DTF 6177.2—2010）

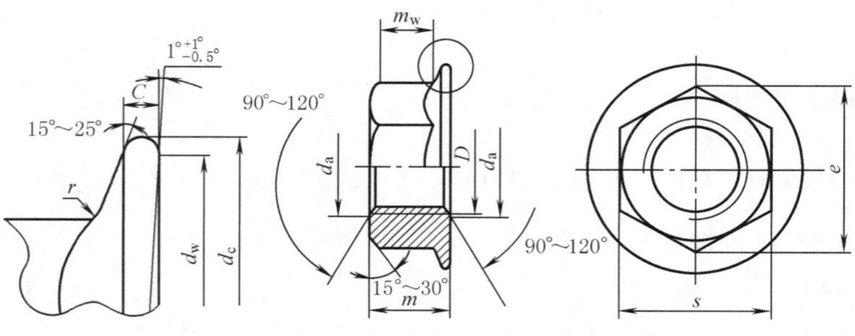

标记示例

螺纹规格 D=M12×1.75、性能等级 8 级、表面镀锌钝化（彩虹色）、等级为 A 级的六角法兰面螺母，标记为：

螺母　DTF 6177.1　M12-8F21

螺纹规格 D=M14×1.5、性能等级 10 级、表面镀锌、等级为 A 级，支承面具有防滑齿的六角法兰面螺母，标记为：

螺母 DTF　6177.2 M14×1.5-10HCF3

表 6-1-197

mm

螺纹规格 D		M5	M6	M8	M10	M12	M14	M16	M20
螺距 P	粗牙	0.8	1	1.25	1.5	1.75	2	2	2.5
	细牙	—	—	1	1.25 (1)	1.25 (1.5)	(1.5)	1.5	1.5
C(最小)		1	1.1	1.2	1.5	1.8	2.1	2.4	3
d_a	最大	5.75	6.75	8.75	10.8	13	15.1	17.3	21.6
	最小	5	6	8	10	12	14	16	20
d_w(最小)		9.8	12.2	15.8	19.6	23.8	27.6	31.9	39.9
d_c(最大)		11.8	14.2	17.9	21.8	26	29.9	34.5	42.8
e(最小)		8.79	11.05	14.38	16.64	20.03	23.36	26.75	32.95
m	最大	5	6	8	10	12	14	16	20
	最小	4.7	5.7	7.64	9.64	11.57	13.3	15.3	18.7
m_w(最小)		2.5	3.1	4.6	5.6	6.8	7.7	8.9	10.7
s	公称=最大	8	10	13	15	18	21	24	30
	最小	7.78	9.78	12.73	14.73	17.73	20.67	23.67	29.16
r(最大)		0.3	0.4	0.5	0.6	0.7	0.9	1	1.2
每 1000 个的质量/kg		0.0018	0.0036	0.0068	0.0112	0.019	0.029	0.046	0.08

<table>
<tr><td rowspan="6">技术条件</td><td rowspan="4">材料及性能等级</td><td colspan="7">钢</td><td rowspan="2">不锈钢</td></tr>
<tr><td colspan="5">8</td><td>10</td><td>12</td></tr>
<tr><td>粗牙</td><td rowspan="2">D≤16</td><td>1 型</td><td rowspan="2">D>16</td><td>2 型</td><td>1 型</td><td>2 型</td><td rowspan="2">A2-70</td></tr>
<tr><td>细牙</td><td>2 型</td><td>1 型</td><td>2 型</td><td>D≤16:2 型</td></tr>
<tr><td colspan="2">螺纹标准</td><td colspan="3">产品等级</td><td colspan="4">表面处理</td></tr>
<tr><td colspan="2">美国施必牢螺纹标准</td><td colspan="3">D≤16:A
D>16:B</td><td colspan="4">钢:氧化、电镀,或由供需双方协议
不锈钢:简单处理</td></tr>
</table>

注：1. 括号内的规格尽量不要采用。如需其他规格与生产厂联系。

2. r 适用于棱角和六角面。

施必牢六角凸缘防松螺母（摘自 DTF-CO—2010）

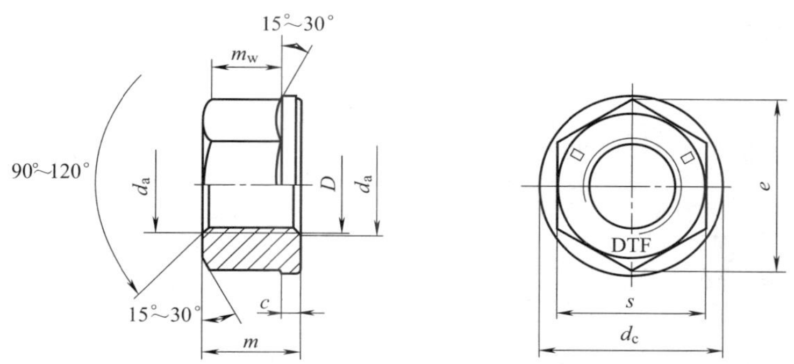

标记示例

螺纹规格 D=M12×1.75、性能等级为 10 级、表面磷化、产品等级为 A 级的施必牢六角凸缘防松螺母：

DTF-CO　M12-8F21

螺纹规格 D=M24×2、性能等级为 10 级、表面镀锌处理、产品等级为 B 级的施必牢六角凸缘防松螺母：

DTF-CO　M24×2-10F3A

表 6-1-198

螺纹规格 D		M12	M14	M16	M18	M20	M22	M24
P	粗牙	1.75	2	2	2.5	2.5	2.5	3
	细牙	1.25、1.5	1.5	1.5	1.5	1.5	1.5	1.5、2
c	max	2.4	3.0	3.4	4.2	4.2	4.2	5.3
	min	1.8	2.4	3.0	3.8	3.8	3.8	4.7
d_a	max	13.3	15.5	17.5	19.5	21.5	23.5	25.9
	min	12	14	16	18	20	22	24
d_c	max	23	25.5	29	33	36	41	43
	min	大于或等于实际对角						
e	min	20.03	23.36	26.75	29.56	32.95	37.29	39.55
m	max	12.0	14.0	16	18	20	22	24
	min	11.57	13.3	15.3	16.9	18.7	20.7	22.7
s	max	18	21	24	27	30	34	36
	min	17.73	20.67	23.67	26.16	29.16	33	35
螺纹规格 D		M27	M30	M33	M36	M39	M42	M48
P	粗牙	3	3.5	3.5	4	4	4.5	5
	细牙	2	2	2	3	3	3	3
c	max	5.3	6.4	7.0	7.5	8.0	8.5	10
	min	4.7	5.6	6	6.5	6.8	7.3	8.5
d_a	max	29	32	35.5	38.5	42	45	51.5
	min	27	30	33	36	39	42	48
d_c	max	49	55.5	59.5	65.5	72	77	88
	min	大于或等于实际对角						
e	min	45.2	50.85	55.37	60.79	66.44	71.3	82.6
m	max	27	30	33	36	39	42	48
	min	25.7	28.7	31.4	34.4	37.4	40.4	46.4
m_w	min	17.5	19.5	21.4	23.4	25.3	26.6	31.2
s	max	41	46	50	55	60	65	75
	min	40	45	49	53.8	58.8	63.1	73.1

技术条件

材料		钢			
通用技术条件		GB/T 16938			
螺纹		施必牢螺纹标准			
力学性能	等级	8		10	12
		D≤M16 粗牙:1 型 细牙:2 型	D>M16 粗牙:2 型 细牙:1 型	粗牙:1 型 细牙:2 型	2 型
		D>M39 按协议			
	标准	GB/T 3098.2、GB/T 3098.4			
公差	产品等级	D≤M16:A 级;D>M16:B 级			
	标准	GB/T 3103.1			
表面缺陷		GB/T 5779.2			
表面处理		磷化 电镀技术要求按 GB/T 5267 如需其他表面镀层或表面处理,由供需双方协议			
验收及包装		GB/T 90.1,GB/T 90.2			

本标准的螺母高度(m_{min})属于 2 型螺母,但 GB/T 3098.2 对所有的性能等级和规格并非只规定了 2 型螺母(如本表所示),在某些情况下,还需按 1 型螺母进行试验

施必牢盖形螺母（摘自 SPL 923—2004）

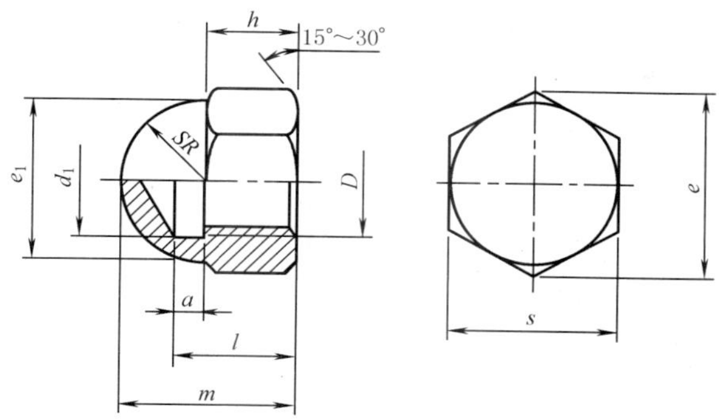

标记示例

螺纹规格 D=M10、性能等级 6 级、表面氧化的盖形螺母，标记为：螺母 SPL 923 M10-6 F9

表 6-1-199

mm

螺纹规格 D		M10	M12	M14	M16	M18	M20	M22	M24
h		8	10	11	13	14	16	18	19
e(最小)		17.77	20.03	23.35	26.75	29.56	32.95	37.29	39.55
e_1(最大)		16	18	20	22	25	28	30	34
a(最小)		4	4.5	5	5	6	6	6	7
m		18	22	24	26	29	32	35	38
d_1		10.5	13	15	17	19	21	23	25
l		13	16	17	19	22	25	26	28
s	最大	16	18	21	24	27	30	34	36
	最小	15.73	17.73	20.67	23.67	26.16	29.16	33	35
$SR\approx$		8	9	10	11.5	12.5	14	15	17
每 1000 个的质量/kg		12.88	17.46	24.66	39.84	48.78	71.96	102	127.8
技术条件		材料	螺纹标准		性能等级	产品等级	表面处理		
		钢	美国施必牢螺纹标准		5、6	$D\leqslant16$：A $D>16$：B	氧化、电镀，或由供需双方协议		

施必牢 2 型六角自锁防脱螺母（摘自 DTF 6175PT—2010）

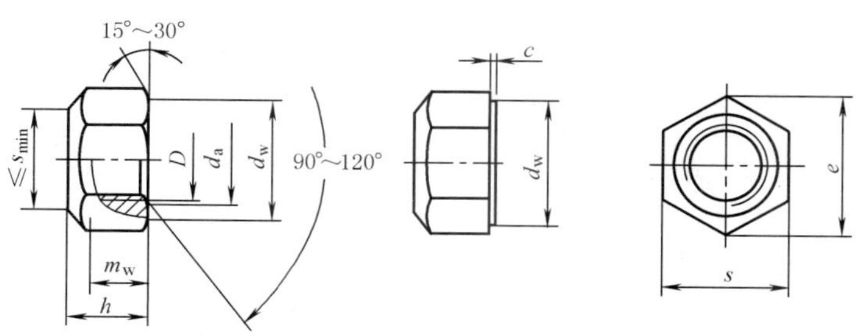

防脱功能部分形状任选；首选非垫圈面型

标记示例

螺纹规格 D=M12×1.75、性能等级 8 级、表面磷化、产品等级为 A 级的施必牢 2 型六角自锁防脱螺母，标记为：

DTF 6175PT M12-8 F2

螺纹规格 D=M24×3、性能等级 10 级、表面镀锌黄色钝化、产品等级为 B 级的施必牢 2 型六角自锁防脱螺母，标记为：

DTF 6175PTM 24-10 F6

表 6-1-200

mm

螺纹规格 D		M10	M12	M14	M16	M18	M20	M22	M24	M27	M30
P (螺距)		1.5	1.75	2	2	2.5	2.5	2.5	3	3	3.5
c	max			0.60	0.8	0.8	0.8	0.8	0.8	0.8	0.8
	min			0.15	0.2	0.2	0.2	0.2	0.2	0.2	0.2
d_a	max	10.8	13	15.1	17.3	19.5	21.6	23.7	25.9	29.1	32.4
	min	10	12	14.0	16.0	18.0	20.0	22.0	24.0	27.0	30.0
d_w	min	14.63	16.63	19.64	22.49	24.9	27.7	31.4	33.25	38	42.8
e	min	17.77	20.03	23.36	26.75	29.56	32.95	37.29	39.55	45.2	50.85
h	max	9.3	12.00	14.1	16.4	17.6	20.3	21.8	23.9	26.7	28.6
	min	8.94	11.57	13.4	15.7	16.9	19.0	20.5	22.6	25.4	27.3
m_w	min	6.43	8.3	9.68	11.28	12.08	13.52	14.5	16.16	18	19.44
s	max	16	18.00	21.00	24.00	27.00	30.00	34	36	41	46
	min	15.73	17.73	20.67	23.67	26.16	29.16	33	35	40	45

技术条件					
材料		钢			
通用技术条件		GB/T 16938			
螺纹		施必牢螺纹标准			
机械性能	等级	8		10	12
		D≤M16 1 型	D>M16 2 型	1 型	2 型
		D>M39 按协议			
	标准	GB/T 3098.2			
		防脱力矩:DTF-JS-17			
公差	产品等级	D≤M16:A 级;D>M16:B 级			
	标准	GB/T 3103.1			
表面缺陷		GB/T 5779.2			
表面处理		磷化、达克罗 电镀技术要求按 GB/T 5267; 如需其他表面镀层或表面处理,由供需双方协议			
验收及包装		GB/T 90.1、GB/T 90.2			
本标准的螺母高度(h_{min})属于 2 型螺母,但 GB/T 3098.2 对所有的性能等级和规格并非只规定了 2 型螺母(如本表所示),在某些情况下,还需按 1 型螺母进行试验。					

注:1. 生产厂:上海底特精密紧固件股份有限公司。

2. 该厂另有:压铆螺母、镶嵌螺母及施必牢螺栓系列产品可供选用,其技术资料咨询生产厂。

4.2.2 液压防松螺母及拉紧器

液压防松螺母及拉紧器借助于高压(p_{max}=250MPa)油泵产生的高压油,使螺杆轴向伸长,利用螺杆的弹性变形将螺纹连接锁紧。可以精确地达到设计要求的预紧力,其预紧力比转矩预紧者提高 30%以上。采用附件后可实现多个螺栓同步预紧,使被紧固件均匀受力。

液压防松螺母与液压螺栓拉紧器分别是用于高预紧力、大规格螺纹连接的紧固件和装拆工具,适用于振动工况下大、重型机械设备和狭窄空间设备的紧固连接。具有优良的防松效果,连接可靠、装拆方便、节时省力等特点,兼有野外防盗功能。已较广泛地用于矿山、电力、石化、铁路、交通、建筑等行业,该产品尚无国家及行业标准。液压防松螺母及拉紧器的加压系统主要由高压手动泵、快换接头、高压软管、油管接头、液压螺母组成,如图 6-1-8 所示。

(1) 液压防松螺母的结构、装拆及产品规格性能

液压防松螺母由缸体,具有内、外螺纹和密封圈的活塞和锁紧螺母组成。其操作程序为:将液压防松螺母整体拧到连接螺栓上,直至消除各连接件之间的间隙(图 6-1-9a);卸去堵头,将排净空气后的高压手动油

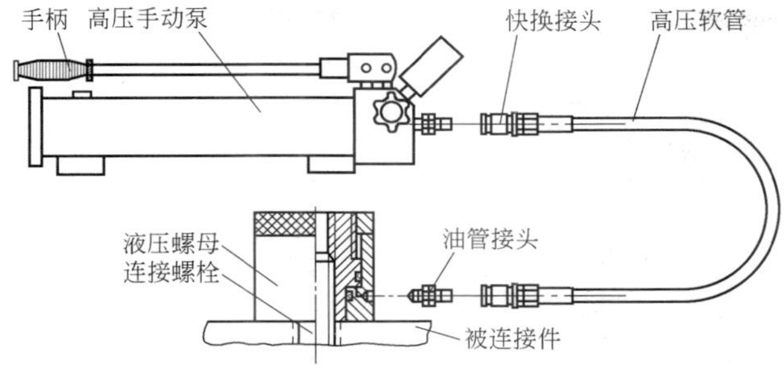

图 6-1-8 液压防松螺母加压系统示意

泵、软管接头接到缸体的油管接头上，往复扳动高压油泵的手柄，对油缸加压，使活塞上升，连接螺栓伸长，锁紧螺母、活塞与缸体之间产生间隙，活塞内螺纹与螺栓间形成了强大的预紧力（图 6-1-9b）；将锁紧螺母拧至与缸体上端面接触并拧紧，卸压，拆除加压系统，拧上堵头，连接被紧锁（图 6-1-9c）。拆卸液压防松螺母的过程与安装过程相仿，接装加压系统，加压，活塞带着锁紧螺母上升，当螺母底面与缸体上端面分离后，将锁紧螺母上端面拧至与活塞上端面平齐（图 6-1-9b），卸压，拆除加压系统，轻微敲击并旋转活塞及螺栓，即可卸下液压防松螺母。

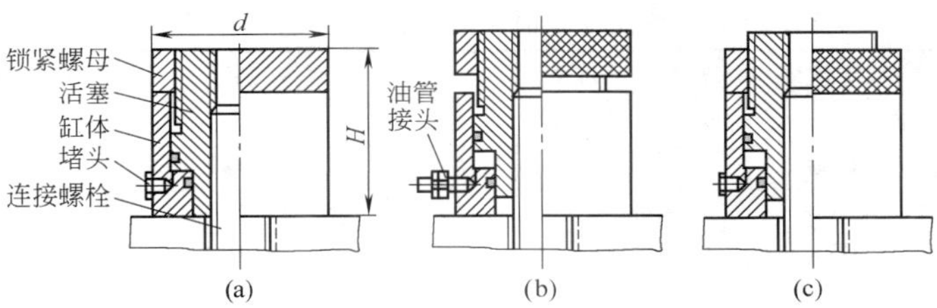

图 6-1-9 FYM 型液压防松螺母结构示意

（2）液压螺栓拉紧器的结构、装拆及产品规格性能

液压螺栓拉紧器是一种先进的螺纹连接预紧和拆卸工具。其原理及拆装方法与液压防松螺母相同，结构相仿。一个型号的拉紧器在更换其螺纹套和内六角套的情况下，可实现数个相近规格螺栓的预紧和拆卸，易于实现多个螺栓的同步紧固。液压螺栓拉紧器的结构如图 6-1-10。

其预紧及拆卸过程如下：先将螺母拧紧在螺栓上，再将内六角套套在螺母外面，放好支撑套，将拉紧器组件置于支撑套上，将螺纹套拧在螺栓上；装好加压系统，加压，推动活塞带着螺纹套上升，螺栓伸长带着螺母上升与连接件脱离接触，当达到所需的预紧力或最大拉伸长度时，停止加压；通过内六角套的径向孔将螺母拧紧，卸压，拆除拉紧器，螺母便将螺纹连接锁紧。拆卸螺母时，步骤同上，当螺母与被紧固件脱离接触后，停压，通过内六角套上的径向孔将螺母拧松若干圈，卸压，拆除拉紧器，即可轻松卸下螺母。

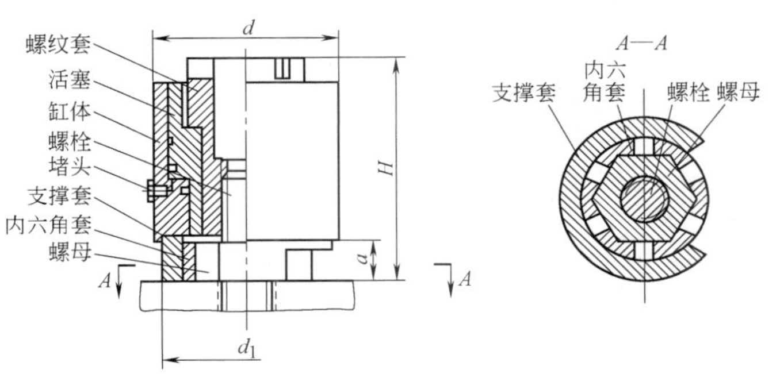

图 6-1-10 FYL 型液压螺栓拉紧器结构示意

表 6-1-201　　**FYM 型液压防松螺母参数**（摘自 Q/XF 001—2006）

型号	螺纹规格	油压作用面积 S/mm^2	预紧力 F/kN（p=150MPa 时）	H/mm	d/mm	最大拉伸长度 h/mm	质量/kg
FYM24	M24×3	1080	162	52	58	5	0.7
FYM30	M30×3.5	1330	200	53	68	5	1
FYM36	M36×4	1760	264	58	80	5	1.6
FYM42	M42×4.5	2490	374	65	92	6	2.4
FYM48	M48×5	2840	426	70	100	6	2.9
FYM56	M56×5.5	3690	554	78	114	8	4.2
FYM64	M64×6	4210	631	84	124	10	5.2
FYM72	M72×6	5990	898	95	145	12	8.3
FYM80	M80×6	7190	1079	105	160	12	11
FYM90	M90×6	9110	1366	114	178	12	15
FYM100	M100×6	13750	2062	130	208	15	24
FYM110	M110×6	14660	2200	140	219	15	27
FYM125	M125×6	16530	2480	150	240	18	35
FYM140	M140×6	20770	3116	170	265	18	47
FYM160	M160×6	22480	3372	180	285	20	55
技术条件	材料:钢	性能等级:10、12	螺纹公差:6H	产品等级:A		表面处理:发黑	

表 6-1-202　　**FYL 型液压螺栓拉紧器参数**（摘自 Q/XF 002—2006）

型号	螺纹规格	油压作用面积 S/mm^2	预紧力 F/kN（p=150MPa 时）	H/mm	d/mm	d_1/mm	a/mm	最大拉伸长度 h/mm	质量/kg
FYL1	M24～M33	4260	639	109	110	90	30	12	5
FYL2	M36～M45	5900	885	124	140	115	37	14	10
FYL3	M48～M60	10500	1575	160	175	160	63	16	19
FYL4	M64～M80	17000	2550	187	220	200	77	18	42
FYL5	M90～M100	24300	3645	216	250	230	93	18	69
FYL6	M110～M125	36600	5490	248	305	290	112	20	102
FYL7	M140～M160	43200	6480	290	325	305	145	22	130
技术条件	材料:钢	性能等级:10、12	螺纹公差:6H	产品等级:A		表面处理:发黑			

注：1. 如需其他规格或有特殊要求，与生产厂联系。

2. 生产厂：西安帆力机电技术有限公司。

第2章 铆钉连接

1 铆钉连接的类型、特点和应用

铆钉连接是利用铆钉将两个或两个以上的元件（一般为板材或型材）连接在一起的一种不可拆卸的静连接，简称铆接。铆钉有空心和实心两大类。最常用的铆接是实心铆钉连接。实心铆钉连接多用于受力大的金属零件的连接，空心铆钉连接用于受力较小的薄板或非金属零件的连接。

铆接又分冷铆和热铆两种。热铆紧密性较好，但铆杆与钉孔间有间隙，不能参与传力。冷铆时钉杆镦粗，胀满钉孔，钉杆与钉孔间无间隙。直径大于10mm的钢铆钉加热到1000~1100℃进行热铆，钉杆上的单位面积锤击力为650~800MPa。直径小于10mm的钢铆钉和塑性较好的有色金属、轻金属及合金制造的铆钉，常用于冷铆。

铆接在建筑、锅炉制造、铁路桥梁和金属结构等方面均有应用。

铆接的主要特点是：工艺简单、连接可靠、抗振、耐冲击。与焊接相比，其缺点是：结构笨重，铆孔削弱被连接件截面强度15%~20%，操作劳动强度大，噪声大，生产效率低。因此，铆接经济性和紧密性不如焊接。

相对于螺栓连接而言，铆接更为经济，重量更轻，适于自动化安装。但铆接不适于太厚的材料，材料越厚，铆接越困难，一般的铆接不适于承受拉力，因为其抗拉强度比抗剪强度低得多。

2 铆 缝

2.1 铆缝的形式

表6-2-1 铆缝的形式

类型	单剪搭接	单剪垫板对接	双剪垫板对接	型材连接
结构简图	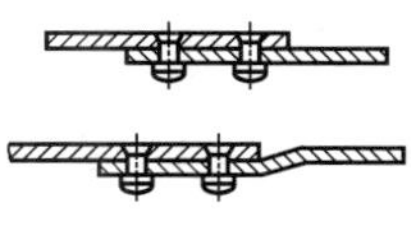	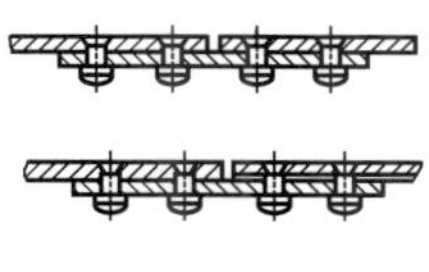	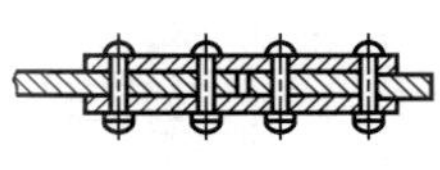	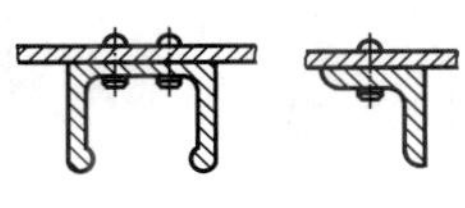
特点和应用	通常用于没有严格要求的一般机械结构连接	通常用于要求表面平整的外部结构连接，被连接板可以等厚或不等厚，垫板厚度通常大于被连接板厚度	用于受力很大的结构连接，两块垫板应等厚，且其总厚度应不小于被连接板中的较厚者，被连接板厚度不等时应先垫平	用于各种桁架结构连接

2.2 铆缝的设计

设计铆缝时，通常是根据工作要求、载荷情况选择铆缝形式，确定结构参数、铆钉直径和数量，然后进行强度计算。

3 铆钉孔间距

表 6-2-2 铆钉孔间距（摘自 GB/T 152.1—1988）

<table>
<tr><td rowspan="7">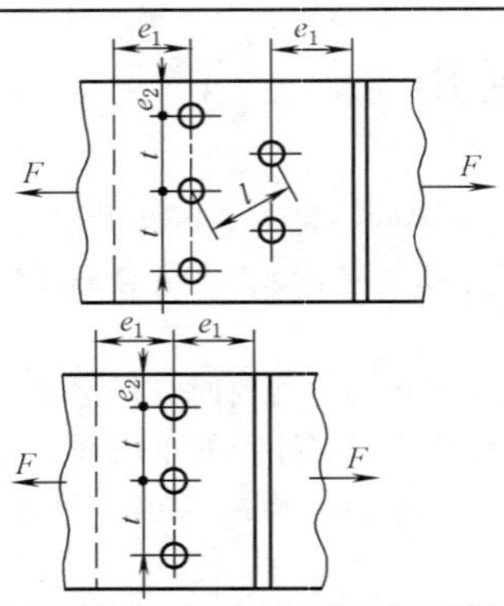</td><td>名　称</td><td colspan="2">位置与方向</td><td>最大允许距离
（取两者的小值）</td><td colspan="2">最小允许距离</td></tr>
<tr><td rowspan="3">间距 t</td><td colspan="2">外　排</td><td>$8d_0$ 或 12δ</td><td>钉并列</td><td>$3d_0$</td></tr>
<tr><td rowspan="2">中间排</td><td>构件受压</td><td>$12d_0$ 或 18δ</td><td rowspan="2">钉错列</td><td rowspan="2">$3.5d_0$</td></tr>
<tr><td>构件受拉</td><td>$16d_0$ 或 24δ</td></tr>
<tr><td rowspan="3">边　距</td><td colspan="2">平行于载荷的方向 e_1</td><td rowspan="3">$4d_0$ 或 8δ</td><td colspan="2">$2d_0$</td></tr>
<tr><td rowspan="2">垂直于载荷的方向 e_2</td><td>切割边</td><td colspan="2">$1.5d_0$</td></tr>
<tr><td>轧制边</td><td colspan="2">$1.2d_0$</td></tr>
</table>

注：1. d_0 为铆钉孔直径；δ 为较薄板的厚度。

2. 钢板边缘与刚性构件（如角钢、槽钢等）相连的铆钉的最大间距，可按中间排确定。

3. 有色金属或异种材料（如石棉制动带与铸铁制动瓦）铆接时，铆缝的结构参数推荐：铆钉直径 $d=1.5\delta+2$mm；间距 $t=(2.5\sim3)d$；边距 $e_1\geqslant d$，$e_2\geqslant(1.8\sim2)d$。

4 铆钉公称杆径和铆钉长度计算

表 6-2-3 铆钉公称杆径 d（摘自 GB/T 18194—2000）和铆钉长度计算 mm

<table>
<tr><td>基本系列</td><td>1</td><td>1.2</td><td>1.6</td><td>2</td><td>2.5</td><td>3</td><td>4</td><td>5</td><td>6</td><td>8</td><td>10</td><td>12</td><td>16</td><td>20</td><td>24</td><td>30</td><td>36</td></tr>
<tr><td>第二系列</td><td></td><td>1.4</td><td></td><td></td><td></td><td>3.5</td><td></td><td></td><td>7</td><td></td><td></td><td>14</td><td>18</td><td>22</td><td>27</td><td>33</td><td></td></tr>
<tr><td>名　称</td><td colspan="7">简　图</td><td colspan="10">计 算 公 式</td></tr>
<tr><td>半圆头铆钉</td><td colspan="7">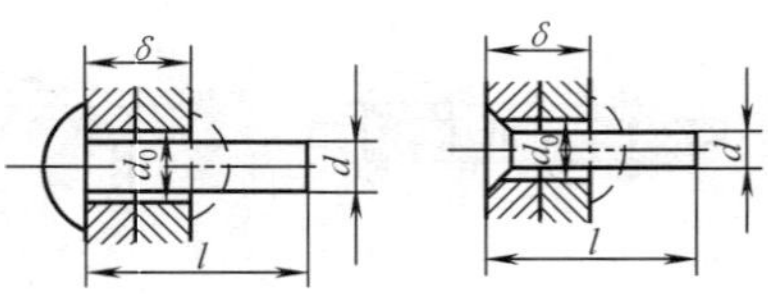</td><td colspan="10">$l=1.12\sum\delta+1.4d$(钢制)
$l=\sum\delta+1.4d$(有色金属)
式中 $\sum\delta$——被连接件的总厚度，一般取 $\sum\delta\leqslant5d$；
d——铆钉直径</td></tr>
<tr><td>沉头铆钉</td><td colspan="7">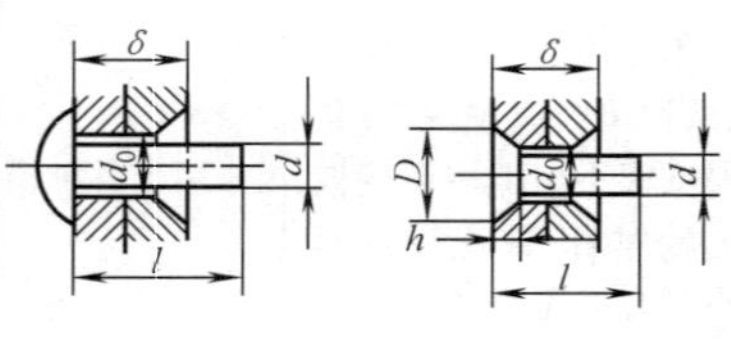</td><td colspan="10">$A=\dfrac{d_0^2}{d^2}$
$l=A\sum\delta+B+C$
$B=\dfrac{h(D^2+Dd_0-2d_0^2)}{3d_0^2}$</td></tr>
</table>

铆钉直径	12~14	16	18~20	22	24	27	30
C	4~7	5~9	5~10	6~11		7~12	

5 铆钉用通孔直径

为使铆合时铆钉容易穿过钉孔，应使钉孔直径 d_0 大于铆钉的公称直径 d。

表 6-2-4 铆钉用通孔直径（摘自 GB/T 152.1—1988） mm

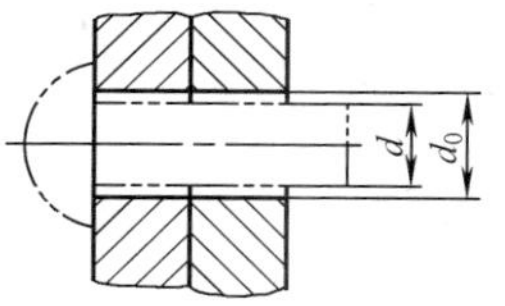

	d	0.6	0.7	0.8	1	1.2	1.4	1.6	2	2.5	3	3.5	4	5
d_0 精装配		0.7	0.8	0.9	1.1	1.3	1.5	1.7	2.1	2.6	3.1	3.6	4.1	5.2
d		6	8	10	12	14	16	18	20	22	24	27	30	36
d_0	精装配	6.2	8.2	10.3	12.4	14.5	16.5							
	粗装配			11	13	15	17	19	21.5	23.5	25.5	28.5	32	38

注：1. 钉孔尽量采用钻孔，尤其是受变载荷的铆缝。也可以先冲（留 3~5mm 余量）后钻，既经济又能保证孔的质量。冲孔的孔壁有冲剪的痕迹及硬化裂纹，故只用于不重要的铆接中。

2. 铆钉直径 d 小于 8mm 时，一般只选用精装配通孔尺寸。

6 铆钉连接的强度计算

进行铆钉连接的强度计算时，假设：连接的横向力通过铆钉组形心，铆钉组中各个铆钉受力均等，受旋转力矩或偏心力作用时，根据变形协调条件求出受力最大的铆钉所受的最大载荷；铆钉不受弯矩作用；被铆件结合面上摩擦力忽略不计；被铆件危险截面上的拉（压）应力、铆钉的切应力、工作结合面上的挤压应力都是均匀分布的。

表 6-2-5 受拉（压）构件的铆接尺寸计算

<table>
<tr><th>计算内容</th><th>公　　式</th><th>设计方法</th><th>说　　明</th></tr>
<tr><td>被铆件的横截面积 A/mm²</td><td>受拉构件 $A=\dfrac{F}{\psi\sigma_{tp}}$
受压构件 $A=\dfrac{F}{\zeta\sigma_{cp}}$</td><td rowspan="2">按 A 确定被铆件的厚度 δ 或构件尺寸，选定后再定 δ 值</td><td rowspan="3">F——作用在构件上的拉（压）外载荷，N；
ψ——铆缝的强度系数，$\psi=(t-d)/t$，初算时可取 $\psi=0.6\sim0.8$；
t——铆钉间距，mm；
ζ——压杆纵弯曲系数，见表 6-2-6；
δ——被铆件中较薄板的厚度，对于双盖板为两盖板厚度之和，mm；
d_0——铆钉孔直径，mm；
m——每个铆钉的抗剪面数；
σ_{tp}，σ_{cp}和σ_{pp}——被铆件的许用拉应力、许用压应力和许用挤压应力；
τ_p——铆钉许用切应力，MPa，见表6-2-9</td></tr>
<tr><td>铆钉直径 d/mm</td><td>当 $\delta\leqslant5$mm 时，$d\approx(1.1\sim1.6)\delta$
当被连接件的厚度较大时，取系数的较小值</td></tr>
<tr><td>铆钉数量 Z</td><td>按铆钉剪切强度 $Z=\dfrac{4F}{m\pi d_0^2\tau_p}$
按被铆件挤压强度 $Z=\dfrac{F}{d_0\delta\sigma_{pp}}$</td><td>取两计算所得的大值，但铆钉数不得少于 2 个</td></tr>
</table>

表 6-2-6 压杆纵弯曲系数 ζ

λ	10	20	30	40	50	60	70	80	90	100	110	120	140	160	180	200
ζ	0.99	0.96	0.94	0.92	0.89	0.86	0.81	0.75	0.69	0.6	0.52	0.45	0.36	0.29	0.23	0.19
说　明	λ——柔度，$\lambda=\dfrac{\mu l}{i_{min}}$；$\mu$——柱端系数；$l$——构件计算长度，m；$i_{min}$——构件截面最小惯性半径，m															

表 6-2-7 受力矩铆缝的铆钉最大载荷计算

受力简图	计算公式	说明
受旋转力矩 M 作用的剪力铆钉 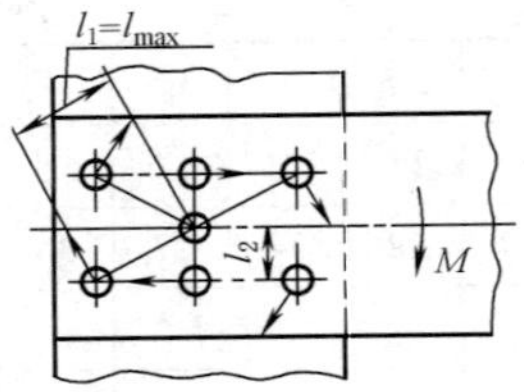	铆钉的最大载荷 $F_{max}=\dfrac{Ml_{max}}{l_1^2+l_2^2+\cdots+l_i^2}$	M——旋转力矩，N · mm； l——铆钉中心到铆钉组形心的距离，mm； 铆钉序列号 $i=1、2、3\cdots$
受偏心力 F 作用的剪力铆钉 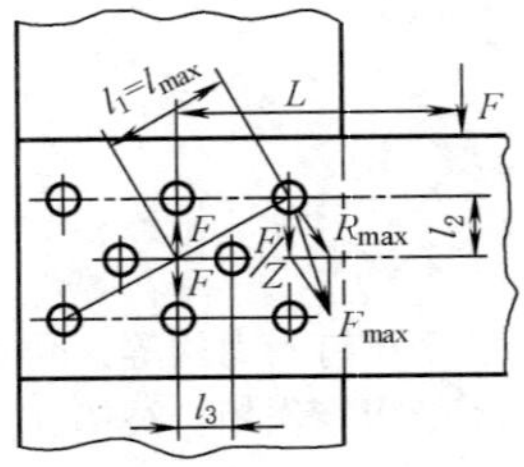	铆钉的最大载荷 $\boldsymbol{F}_{max}=\boldsymbol{R}_{max}+\dfrac{F}{Z}$ $R_{max}=\dfrac{Ml_{max}}{l_1^2+l_2^2+\cdots+l_i^2}$ $M=FL$	F——偏心力，N； M——旋转力矩，N · mm； l——铆钉中心到铆钉组形心的距离，mm； Z——铆钉总数； 铆钉序列号 $i=1、2、3\cdots$

7 铆接的材料和许用应力

被铆接的材料通常是低碳钢或铝合金型材或板材，在机器的部件连接上，被铆件则是各种不同材料的成型零件。

铆钉材料必须具有高的塑性和不可淬性。铆钉常用材料及热处理工艺见表 6-2-8，钢铆钉连接的许用应力见表 6-2-9。

表 6-2-8 铆钉常用材料及热处理（摘自 GB/T 116—1986）

材料	牌号	Q215、Q235 ML3、ML2		10、15 ML10、ML15		0Cr18Ni9 1Cr18Ni9Ti		T2 T3			
	热处理	退火（冷镦产品）		退火（冷镦产品）		不处理	淬火	不处理		退火	
	表面处理	不处理	镀锌钝化	不处理	镀锌钝化	不处理		不处理	钝化	不处理	钝化

材料	牌号	H62 HPb59-1				1050A 1035 （L3，L4）	2A01 （LY1）		2A10 （LY10）		5B05 （LF10）		3A21 （LF21）
	热处理	不处理		退火		不处理	淬火并时效		淬火并时效		退火		不处理
	表面处理	不处理	钝化	不处理	钝化	不处理	不处理	阳极氧化	不处理	阳极氧化	不处理	阳极氧化	不处理

注：括号中的牌号为旧牌号。

表 6-2-9　　钢铆钉连接的许用应力　　MPa

<table>
<tr><td colspan="5">被铆件</td><td colspan="4">铆钉</td></tr>
<tr><td colspan="2">材料</td><td>Q215</td><td>Q235</td><td>16Mn</td><td colspan="2">材料</td><td>10、15、ML10、ML15</td><td>1Cr18Ni9Ti</td></tr>
<tr><td colspan="2">许用拉应力
σ_{tp}</td><td rowspan="2">140~155</td><td rowspan="2">155~170</td><td rowspan="2">215~240</td><td colspan="2" rowspan="2">许用挤压应力
σ_{pp}</td><td rowspan="2">240~320</td><td rowspan="2"></td></tr>
<tr><td colspan="2">许用压应力
σ_{cp}</td></tr>
<tr><td rowspan="2">许用挤压应力
σ_{pp}</td><td>钻孔</td><td>280~310</td><td>310~340</td><td>430~480</td><td rowspan="2">许用切应力
τ_p</td><td>钻孔</td><td>145</td><td>230</td></tr>
<tr><td>冲孔</td><td>240~265</td><td>265~290</td><td>365~410</td><td>冲孔</td><td>115</td><td></td></tr>
<tr><td>说明</td><td colspan="8">①受变载荷时，表中数值应降低 10%~20%，或按下式计算：
$$\tau'_p=\tau_p\nu,\sigma'_{cp}=\sigma_{cp}\nu$$
系数 $$\nu=\frac{1}{a-bF_{min}/F_{max}}\leqslant 1$$
式中　F_{min}，F_{max}——绝对值为最小和最大的力，选取时带本身的符号；连接低碳钢制零件时，$a=1$，$b=0.3$；连接中碳钢制零件时，$a=1.2$，$b=0.8$
②被铆件之一厚度大于 16mm 时，表中数值取小值</td></tr>
</table>

8　铆接结构设计中应注意的问题

① 铆接结构应具有良好的开敞性，以方便操作。进行结构设计时，应尽量为机械化铆接创造条件。

② 强度高的零件不应夹在强度低的零件之间，厚的、刚性大的零件布置在外侧，铆钉镦头尽可能安排在材料强度大或厚度大的零件一侧，为减少铆件变形，铆钉镦头可以交替安排在被铆接件的两面。

③ 铆接厚度一般规定不大于 $5d$（d 为铆钉直径）；被铆接件的零件不应多于 4 层。在同一结构上铆钉种类不宜太多，一般不要超过两种。在传力铆接中，排在力作用方向的铆钉数不宜超过 6 个，且不应少于 2 个。

④ 冲孔铆接的承载能力比钻孔铆接的承载能力约小 20%，因此，冲孔的方法只可用于不受力或受力较小的构件。

⑤ 铆钉材料强度高或被铆件材料较软或镦头可能损伤构件时，在铆钉镦头处应加适当材料的薄垫圈。

⑥ 铆钉材料一般应与被铆件相同，以避免因线胀系数不同而影响铆接强度，或与腐蚀介质接触而产生电化学腐蚀。

9 铆钉类型及标准件

表 6-2-10 铆钉汇总表 mm

铆钉种类

名称	半圆头铆钉（粗制）	小半圆头铆钉（粗制）	半圆头铆钉	沉头铆钉（粗制）	沉头铆钉
图形	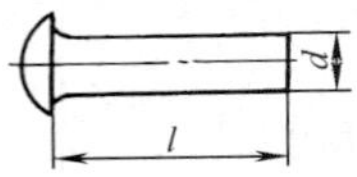			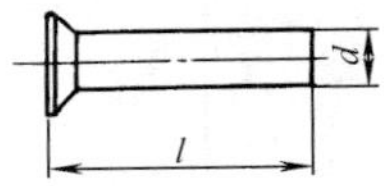	
标准	GB/T 863.1—1986	GB/T 863.2—1986	GB/T 867—1986	GB/T 865—1986	GB/T 869—1986
规格	$d=12\sim36$ $l=20\sim200$	$d=10\sim36$ $l=12\sim200$	$d=0.6\sim16$ $l=1\sim110$	$d=12\sim36$ $l=20\sim200$	$d=1\sim16$ $l=2\sim100$
名称	平锥头铆钉	平锥头铆钉（粗制）	半沉头铆钉（粗制）	半沉头铆钉	扁平头铆钉
图形	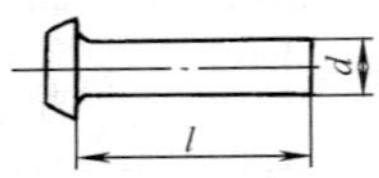		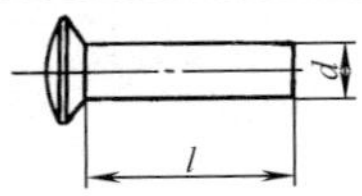		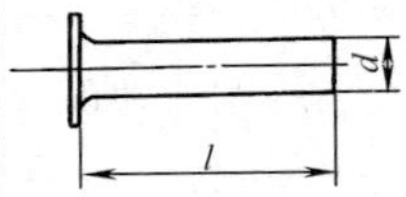
标准	GB/T 868—1986	GB/T 864—1986	GB/T 866—1986	GB/T 870—1986	GB/T 872—1986
规格	$d=2\sim16$ $l=3\sim110$	$d=12\sim36$ $l=20\sim200$	$d=12\sim36$ $l=20\sim200$	$d=1\sim16$ $l=2\sim100$	$d=1.2\sim10$ $l=1.5\sim50$
名称	扁圆头铆钉	120°沉头铆钉	扁平头半空心铆钉	扁圆头半空心铆钉	120°沉头半空心铆钉
图形	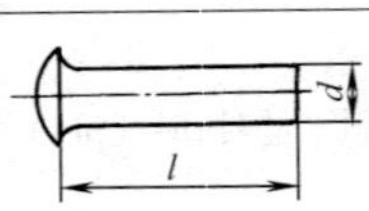	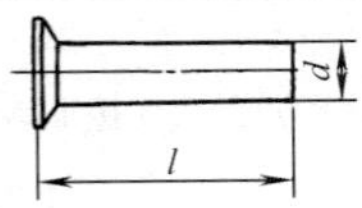	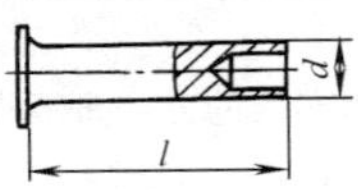	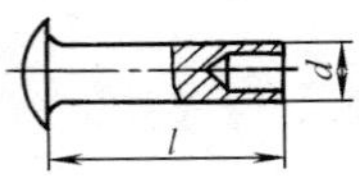	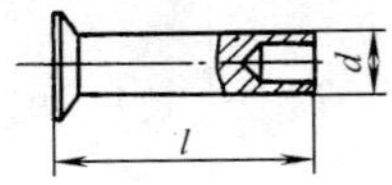
标准	GB/T 871—1986	GB/T 954—1986	GB/T 875—1986	GB/T 873—1986	GB/T 874—1986
规格	$d=1.2\sim10$ $l=1.5\sim50$	$d=1.2\sim8$ $l=1.5\sim50$	$d=1.2\sim10$ $l=1.5\sim50$	$d=1.2\sim10$ $l=1.5\sim50$	$d=1.2\sim8$ $l=1.5\sim50$
名称	空心铆钉	管状铆钉	标牌用钉	大扁圆头铆钉	120°半沉头铆钉
图形	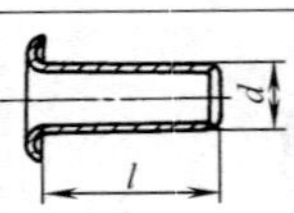	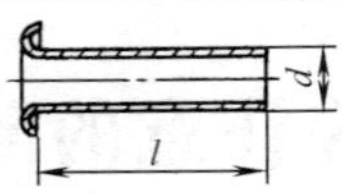	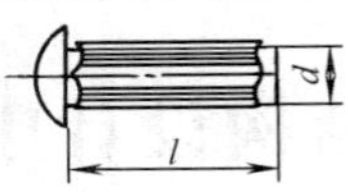	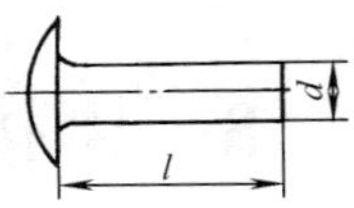	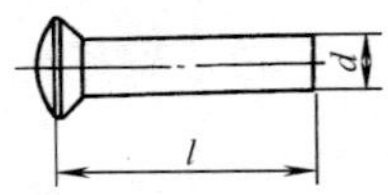
标准	GB/T 876—1986	JB/T 10582—2006	GB/T 827—1986	GB/T 1011—1986	GB/T 1012—1986
规格	$d=1.4\sim6$ $l=1.5\sim15$	$d=0.7\sim20$ $l=1\sim40$	$d=1.6\sim5$ $l=3\sim20$	$d=2\sim8$ $l=3.5\sim50$	$d=3\sim6$ $l=5\sim40$
名称	平锥头半空心铆钉	大扁圆头半空心铆钉	沉头半空心铆钉	无头铆钉	平头铆钉
图形	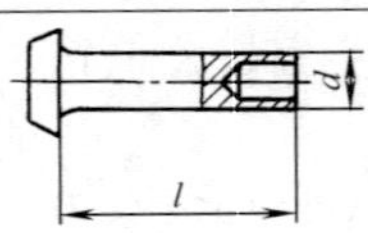	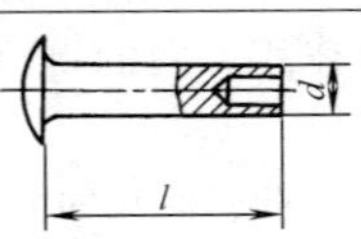	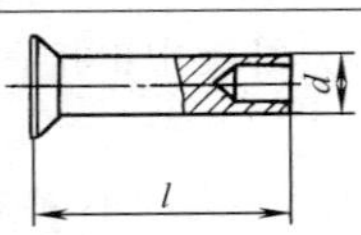	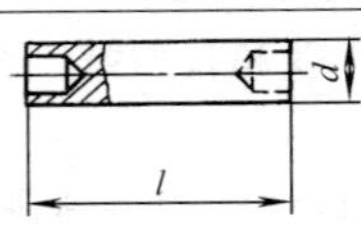	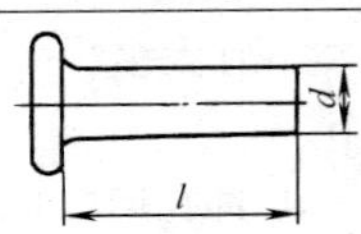
标准	GB/T 1013—1986	GB/T 1014—1986	GB/T 1015—1986	GB/T 1016—1986	GB/T 109—1986
规格	$d=1.4\sim10$ $l=3\sim50$	$d=2\sim8$ $l=4\sim40$	$d=1.4\sim10$ $l=3\sim50$	$d=1.4\sim10$ $l=6\sim60$	$d=2\sim10$ $l=4\sim30$

续表

铆钉种类	名称	封闭型扁圆头抽芯铆钉	封闭型沉头抽芯铆钉	开口型沉头抽芯铆钉	开口型扁圆头抽芯铆钉
	图形	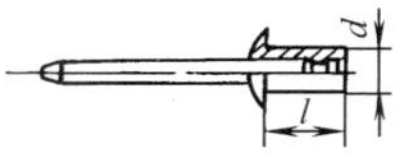	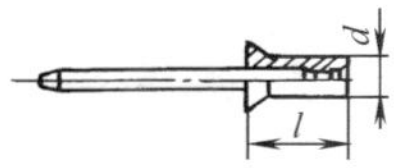	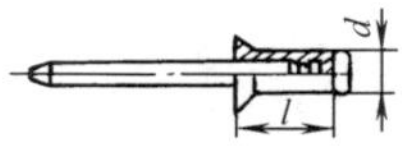	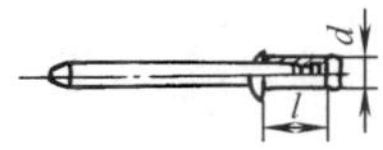
	标准	GB/T 12615—2004	GB/T 12616—2004	GB/T 12617—2006	GB/T 12618—2006
	规格	$d=3\sim6$ $l=6\sim18$	$d=3\sim6$ $l=6\sim18$	$d=3\sim6$ $l=7\sim40$	$d=3\sim6$ $l=7\sim40$

铆钉种类	名称	开口型大帽沿抽芯铆钉	封闭型大帽沿抽芯铆钉	环槽铆钉
	图形	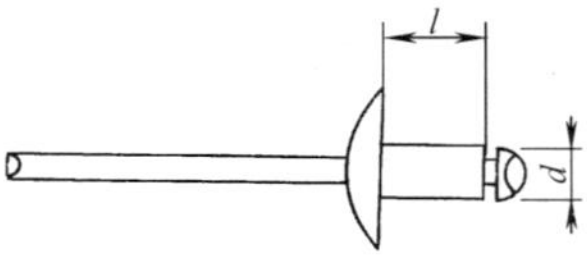	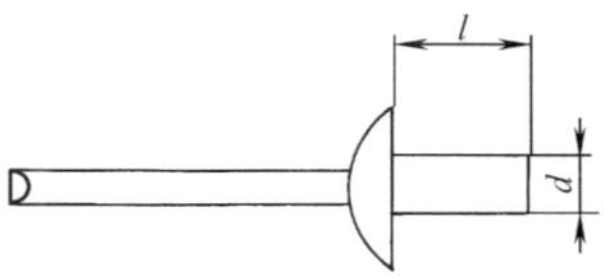	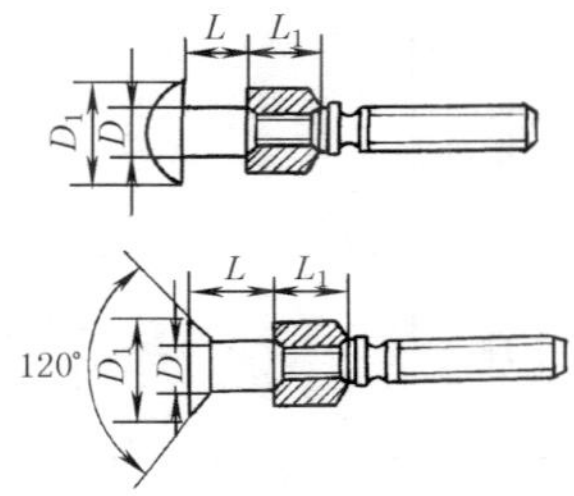
	标准	GB/T 12618—2006	GB/T 12615—2004	上海安字实业有限公司
	规格	$d=3.2\sim5$ $l=8\sim24$	$d=3.2\sim5$ $l=6\sim20$	$d=5\sim10$ $l=4\sim26$

铆钉种类	名称	击芯铆钉	沟槽型抽芯铆钉	双鼓型抽芯铆钉
	图形	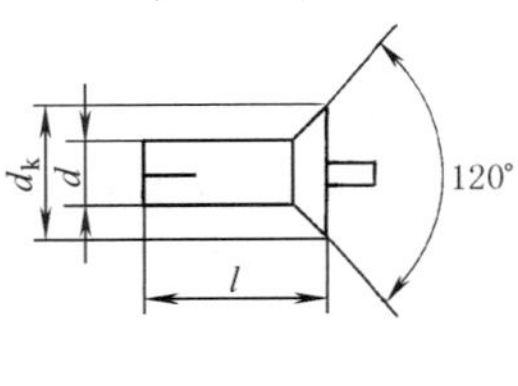	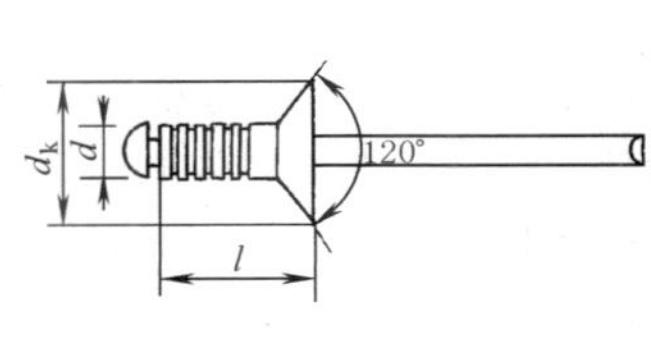	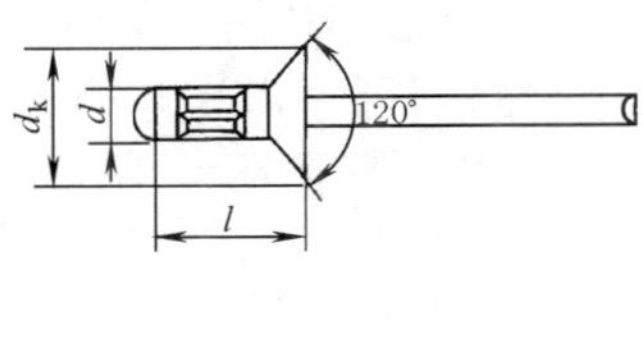
	标准	上海安字实业有限公司		
	规格	$d=4.8\sim6.4$ $l=7\sim45$	$d=3.2\sim4.8$ $l=10\sim26$	$d=3.2\sim4.8$ $l=8\sim26$

续表

铆钉种类	名称	双鼓型大帽沿抽芯铆钉	铆　螺　母	
	图形	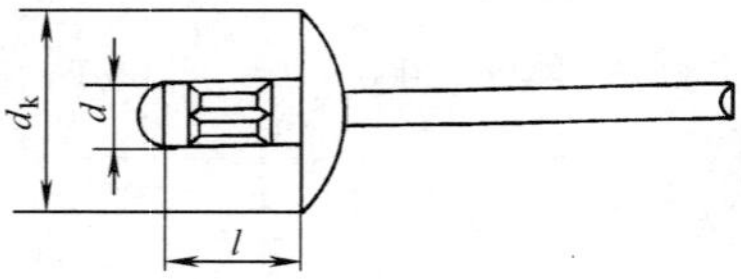	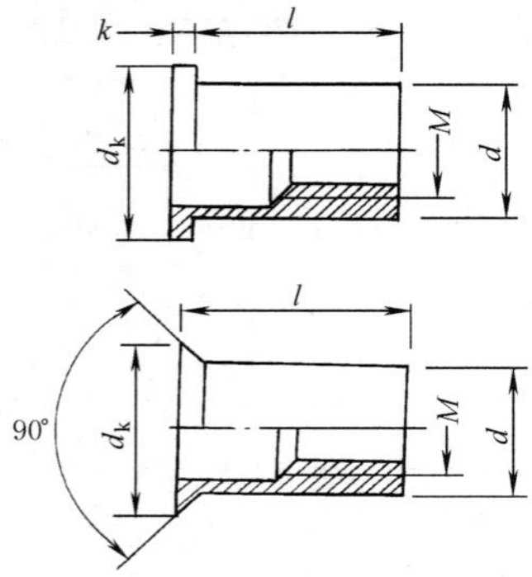	图形(略)
	标准	上海安字实业有限公司		GB/T 17880.1~5—1999
	规格	d=3.2~4.8 l=8~26	d=5~13 l=7.5~24	d=5~15 l=7.5~27

特性与用途

铆钉用于少数受严重冲击或振动载荷的金属结构、某些异性金属的连接以及铝合金等焊接性能不良的金属连接

实心铆钉——多用于受剪力大的金属连接处

空心铆钉——用于受剪力不大处,常用于连接塑料、皮革、木料、帆布等

半空心铆钉——多用于金属薄板与其他非金属材料零件,可承受和实心铆钉一样的剪力

半圆头铆钉——应用最普遍,多作强固接缝和强密接缝用

沉头铆钉——用在零件表面需平滑的地方

半沉头铆钉——用在零件表面需光滑、受载荷不大的地方

平头铆钉——作强固接缝用

扁圆头半空心铆钉,扁平头铆钉——用于金属薄板或皮革、帆布、木料、塑料等

抽芯铆钉应用很广,适用于各种车辆、船舶、锅炉、印染、机械、电信器材及建筑等行业,使用方便、高效、牢固、抗振,能铆接复杂件及管件,并具有水密、气密性

铆螺母——工件被铆接后,能将相应规格的螺钉旋入铆螺母螺纹孔内,起到连接其他构件的作用

沟槽型抽芯铆钉——盲面铆接紧固件。铆钉表面带沟槽,在盲孔内膨胀后,沟槽嵌入被铆构件的孔壁内,起铆接作用,本产品适用于硬质纤维、胶合板、玻璃纤维、塑料、石棉板、木块等非金属构件铆接

双鼓型抽芯铆钉——铆接后呈两个鼓形。具有对各种薄如纸的构件进行铆接不松动、不变形的特点,适用于各种铆接领域(被铆接件厚度增加,只出现一个鼓形)

击芯铆钉——广泛应用于各种客车、航空、船舶、机械制造、电信器材、铁木家具等

环槽铆钉——机械强度高,铆接牢固,最大特点是抗振性好

半圆头铆钉（粗制）（摘自 GB/T 863.1—1986）沉头铆钉（粗制）（摘自 GB/T 865—1986）小半圆头铆钉（粗制）（摘自 GB/T 863.2—1986）

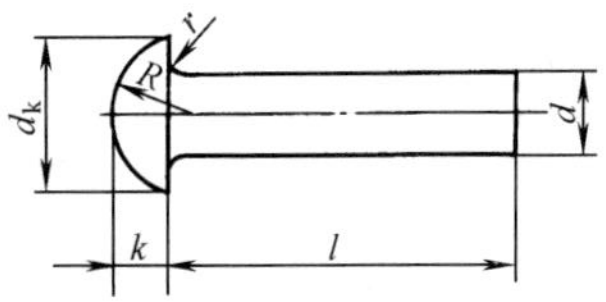

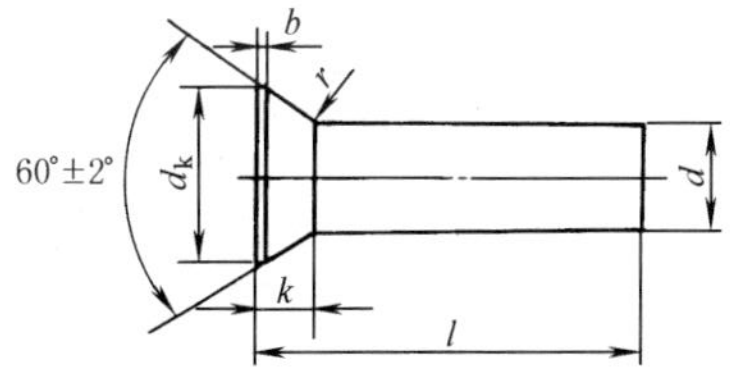

标记示例

公称直径 $d=12$mm、公称长度 $l=50$mm、材料 BL2、不经表面处理的半圆头铆钉，标记为：铆钉　GB/T 863.1　12×50

表 6-2-11

mm

d（公称）	r（最大）	GB 863.1—1986					GB 865—1986					GB 863.2—1986						l 系列
		d_k（最大）	k（最大）	R≈	l	100mm 长的质量/kg≈	d_k（最大）	b（最大）	k≈	l	100mm 长的质量/kg≈	d_k（最大）	k（最大）	R≈	r（最大）	l	100mm 长的质量/kg≈	
10												16	7.4	8	0.5	12~50	0.067	12,14,16,18,20,22,25,28,30,32,35,38,40,42,45,48,50,52,55,58,60,62,65,68,70,75,80,85,90,95,100,110,120,130,140,150,160,170,180,190,200
12	0.5	22	8.5	11	20~90	0.1	19.6	0.6	6	20~75	0.096	19	8.4	9.5	0.6	16~60	0.098	
(14)		25	9.5	12.5	22~100	0.137	22.5		7	20~100	0.132	22	9.9	11	0.6	20~70	0.136	
16		30	10.5	15.5	26~110	0.184	25.7		8	24~100	0.175	25	10.9	13	0.8	25~80	0.181	
(18)		33.4	13.3	16.5	32~150	0.241	29	0.8	9	28~150	0.225	28	12.6	14.5	0.8	28~90	0.233	
20	0.8	36.4	14.8	18	32~150	0.303	33.4		11	30~150	0.286	32	14.1	16.5	1	30~200	0.295	
(22)		40.4	16.3	20	38~180	0.377	37.4		12	38~180	0.354	36	15.1	18.5	1	35~200	0.363	
24		44.4	17.8	22	52~180	0.460	40.4		13	50~180	0.427	40	17.1	20.5	1.2	38~200	0.448	
(27)		49.4	20.2	26	55~180	0.602	44.4		14	55~180	0.545	43	18.1	22	1.2	40~200	0.562	
30		54.8	22.2	27	55~180	0.747	51.4		17	60~200	0.711	48	20.3	24.5	1.6	42~200	0.712	
36		63.8	26.2	32	58~200	1.128	59.8		19	65~200	1.037	58	24.3	30	2	48~200	1.084	

注：1. 全部为商品规格。

2. 标记示例中的材料为最常用的主要材料，其他材料和热处理、表面处理等见标准 GB/T 116。

半圆头铆钉（摘自 GB/T 867—1986）　**沉头铆钉**（摘自 GB/T 869—1986）

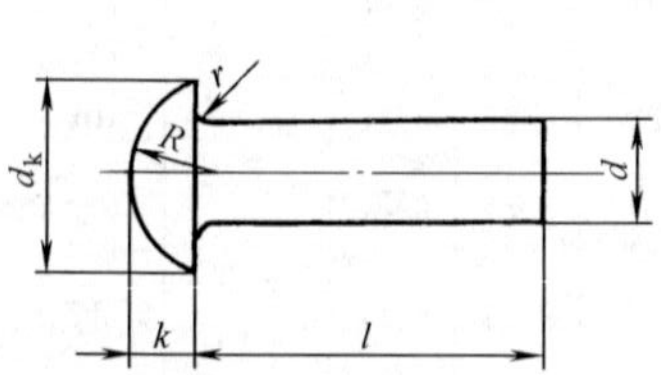

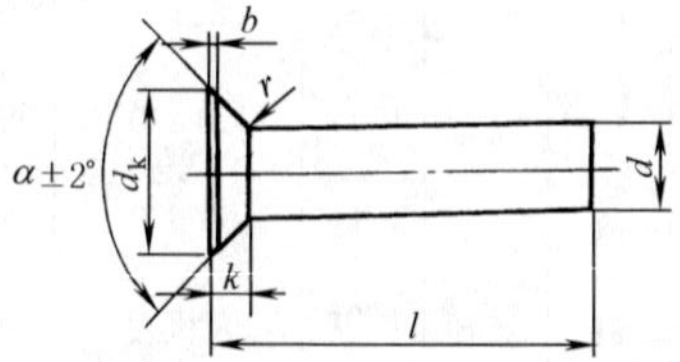

标记示例

公称直径 $d=8$mm、公称长度 $l=50$mm、材料 BL2、不经表面处理的半圆头铆钉，标记为：铆钉　GB/T 867　8×50

表 6-2-12

mm

d(公称)		0.6	0.8	1	(1.2)	1.4	(1.6)	2	2.5	3	(3.5)	4	5	6	8	10	12	(14)	16
GB/T 867	d_k（最大）	1.3	1.6	2	2.3	2.7	3.2	3.74	4.84	5.54	6.59	7.39	9.09	11.35	14.35	17.35	21.42	24.42	29.42
	k（最大）	0.5	0.6	0.7	0.8	0.9	1.2	1.4	1.8	2	2.3	2.6	3.2	3.84	5.04	6.24	8.29	9.29	10.29
	R≈	0.58	0.74	1	1.2	1.4	1.6	1.9	2.5	2.9	3.4	3.8	4.7	6	8	9	11	12.5	15.5
	l	1~6	1.5~8	2~8	2.5~8	3~12	3~12	3~16	5~20	5~26	7~26	7~50	7~55	8~60	16~65	16~85	20~90	22~100	26~110
GB/T 869	d_k（最大）	—	—	2.03	2.23	2.83	3.03	4.05	4.75	5.35	6.28	7.18	8.98	10.62	14.22	17.82	18.86	21.76	24.96
	k≈	—	—	0.5	0.5	0.7	0.7	1	1.1	1.2	1.4	1.6	2	2.4	3.2	4	6	7	8
	α	90°															60°		
	b（最大）	0.2									0.4						0.5		
	l	—	—	2~8	2.5~8	3~12	3~12	3.5~16	5~18	5~22	6~24	6~30	6~50	6~50	12~60	16~75	18~75	20~100	24~100
r		0.05		0.1							0.3						0.4		
l 系列		1,1.5,2,2.5,3,3.5,4,5,6,7,8,9,10,11,12,13,14,15,16,17,18,19,20,22,24,26,28,30,32,34,36,38,40,42,44,46,48,50,52,55,58,60,62,65,68,70,75,80,85,90,95,100,110																	

注：1. $d=2\sim10$mm 为商品规格，其他为通用规格。

2. 同表 6-2-11 注 2。

平头铆钉（摘自 GB/T 109—1986）

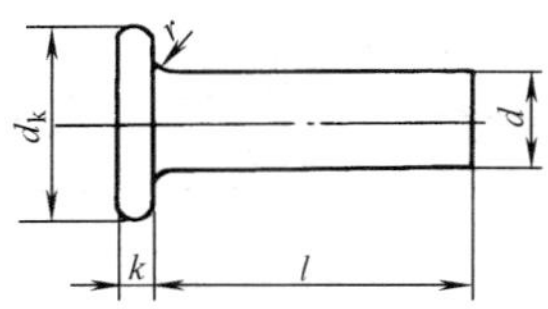

扁平头半空心铆钉（摘自 GB/T 875—1986）

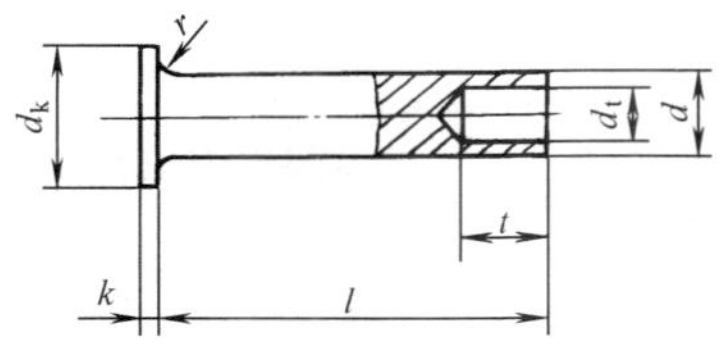

空心铆钉（摘自 GB/T 876—1986）

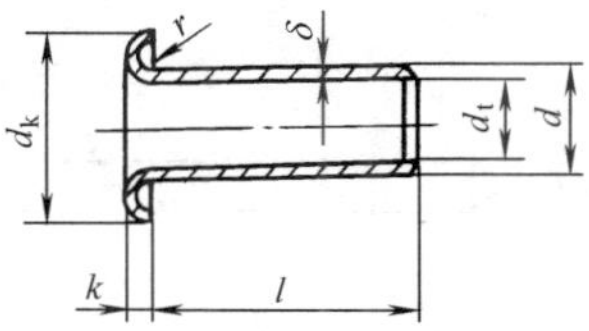

标记示例

公称直径 d=6mm、公称长度 l=15mm、材料 BL2、不经表面处理的平头铆钉，标记为：铆钉 GB/T 109 6×15

公称直径 d=3mm、公称长度 l=10mm、材料 H62、不经表面处理的空心铆钉，标记为：铆钉 GB/T 876 3×10

表 6-2-13 mm

d（公称）	GB/T 109				GB/T 875						GB/T 876					
	d_k（最大）	k（最大）	r（最大）	l	d_k（最大）	k（最大）	d_t（最大）	t（最大）	r（最大）	l	d_k（最大）	k（最大）	d_t（最大）	δ	r（最大）	l
(1.2)	—	—	—	—	2.4	0.58	0.66	1.44	0.1	1.5~6	—	—	—	—	—	
1.4	—	—	—	—	2.7		0.77	1.64		2~7	2.6	0.5	0.8	0.2	0.15	1.5~5
(1.6)	—	—	—	—	3.2		0.87	1.84		2~8	2.8		0.9	0.22	0.2	2~5
2	4.24	1.2	0.1	4~8	3.74	0.68	1.12	2.24		2~13	3.5	0.6	1.2	0.25	0.25	2~5
2.5	5.24	1.4		5~10	4.74		1.62	2.74		3~15	4		1.7			2~8
3	6.24	1.6		6~14	5.74	0.88	2.12	3.24		3.5~30	5	0.7	2	0.3		2~10
(3.5)	7.29	1.8	0.3	6~18	6.79		2.32	3.79	0.3	5~36	5.5		2.5		0.3	2.5~10
4	8.29	2		8~22	7.79	1.13	2.62	4.29		5~40	6	0.82	2.9	0.35		3~12
5	10.29	2.2		10~26	9.79		3.66	5.29		6~50	8	1.12	4		0.5	3~15
6	12.35	2.6		12~30	11.85	1.33	4.66	6.29		7~50	10		5		0.7	4~15
8	16.35	3	0.5	16~30	15.85		6.16	8.35		9~50	—	—	—	—	—	—
10	20.42	3.44		20~30	19.42	1.63	7.7	10.35		10~50	—	—	—	—	—	—
l 系列	1.5,2,2.5,3,3.5,4,5,6,7,8,9,10,11,12,13,14,15,16,17,18,19,20,22,24,26,28,30,32,34,36,38,40,42,44,46,48,50															

注：1. 全部为商品规格。

2. 同表 6-2-11 注 2。

标牌用钉（摘自 GB/T 827—1986）

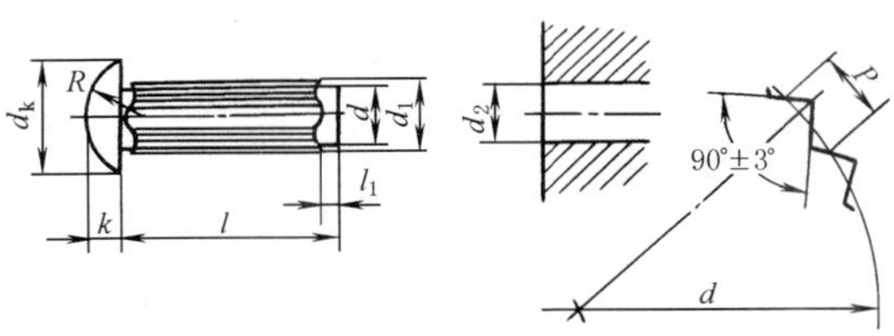

标记示例

公称直径 d=3mm、公称长度 l=10mm、材料 BL2、不经表面处理的标牌铆钉，标记为：铆钉 GB/T 827 3×10

表 6-2-14 mm

d（公称）	(1.6)	2	2.5	3	4	5
d_k（最大）	3.2	3.74	4.84	5.54	7.39	9.09
k（最大）	1.2	1.4	1.8	2	2.6	3.2
d_1（最小）	1.75	2.15	2.65	3.15	4.15	5.15
$P\approx$	0.72				0.84	0.92
l_1	1				1.5	
$R\approx$	1.6	1.9	2.5	2.9	3.8	4.7
d_2(推荐)(最大)	1.56	1.96	2.46	2.96	3.96	4.96
l	3~6	3~8	3~10	4~12	6~18	8~20
l 系列	3,4,5,6,8,10,12,15,18,20					

封闭型平圆头抽芯铆钉（摘自 GB/T 12615.1—2004）

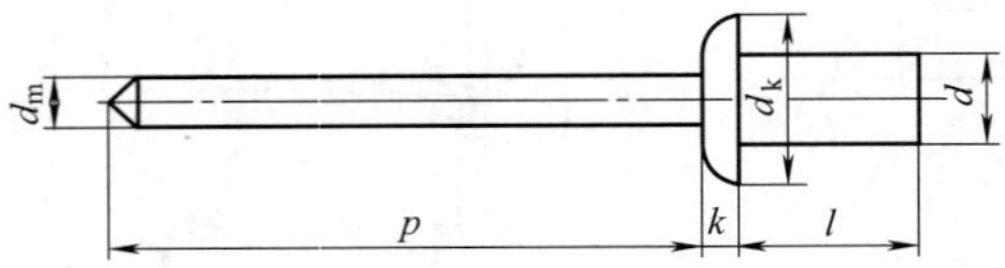

封闭型沉头抽芯铆钉（摘自 GB/T 12616.1—2004）

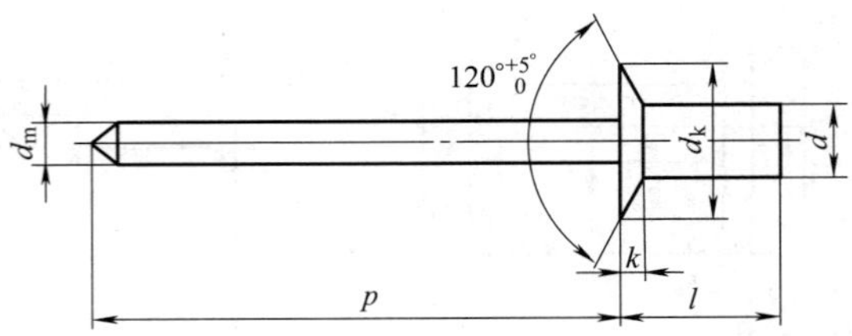

表 6-2-15

mm

钉体	d	公称	3.2	4	4.8	5	6.4
		max	3.28	4.08	4.88	5.08	6.48
		min	3.05	3.85	4.65	4.85	6.25
	d_k	max	6.7	8.4	10.1	10.5	13.4
		min	5.8	6.9	8.3	8.7	11.6
	k	max	1.3	1.7	2	2.1	2.7
钉芯	d_m	max	1.85	2.35	2.77	2.8	3.71
	p	min	25		27		
铆钉孔直径(最大/最小)			3.4/3.3	4.2/4.1	5.0/4.9	5.2/5.1	6.6/6.5
铆钉长度 l			推荐的铆接范围				
公称=min	max						
6.5	7.5		0.5~2.0				
8	9		2.0~3.5	0.5~3.5			
8.5	9.5		—	—	0.5~3.5		
9.5	10.5		3.5~5.0	3.5~5.0	3.5~5.0		
11	12		5.0~6.5	5.0~6.5	5.0~6.5		
12.5	13.5		6.5~8.0	6.5~8.0	—		1.5~6.5
13	14			—	6.5~8.0		—
14.5	15.5			8~10	8.0~9.5		—
15.5	16.5				—		6.5~9.5
16	17				9.5~11.0		—
18	19				11~13		—
21	22				13~16		—

力学性能(11 级)

公称直径 d /mm	剪切载荷 min	拉力载荷 min	钉芯断裂载荷 max
3.2	1100	1450	3500
4	1600	2200	5000
4.8	2200	3100	7000
5	2420	3500	8000
6.4	3600①	4900①	10230
材料	钉体:铝合金 5056;钉芯:铜 10,15,35,45		
钉体尺寸计算	$d_{max}=d+0.08mm$;$d_{min}=d-0.15mm$;$d_{kmax}=2.1d$;$k_{max}=0.415d$		

① 按 GB/T 3098.19 规定，数据待生产验证（含选用材料牌号）

开口型沉头抽芯铆钉（摘自 GB/T 12617.1—2006） 开口型平圆头抽芯铆钉（摘自 GB/T 12618.1—2006）

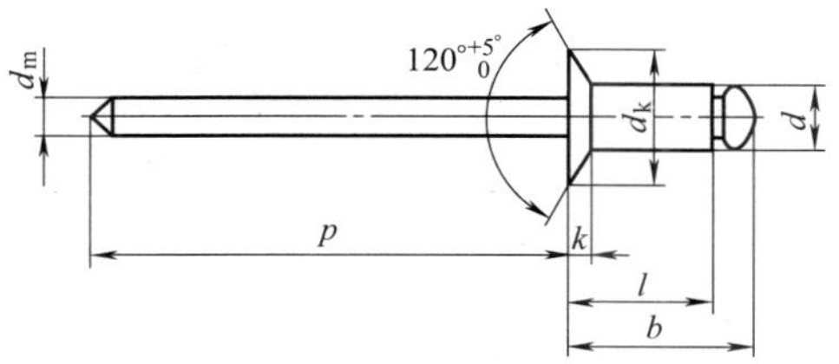

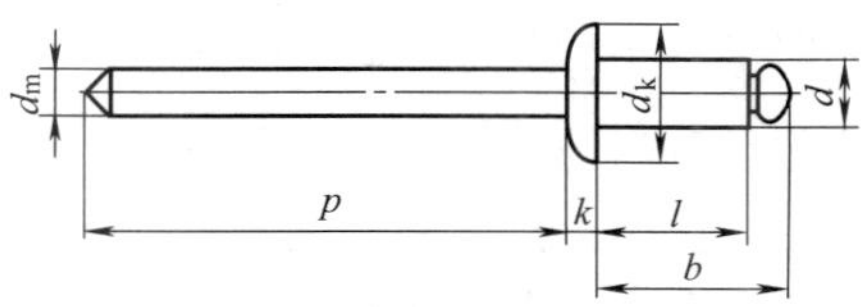

表 6-2-16

mm

钉体	d	公称	2.4	3	3.2	4	4.8	5	6	6.4
		max	2.48	3.08	3.28	4.08	4.88	5.08	6.08	6.48
		min	2.25	2.85	3.05	3.85	4.65	4.85	5.85	6.25
	d_k	max	5.0	6.3	6.7	8.4	10.1	10.5	12.6	13.4
		min	4.2	5.4	5.8	6.9	8.3	8.7	10.8	11.6
	k	max	1	1.3	1.3	1.7	2	2.1	2.5	2.7
钉芯	d_m	max	1.55	2	2	2.45	2.95	2.95	3.4	3.9
	p	min	25			27				
盲区长度	b	max	$l_{max}+3.5$	$l_{max}+3.5$	$l_{max}+4$	$l_{max}+4$	$l_{max}+4.5$	$l_{max}+4.5$	$l_{max}+5$	$l_{max}+5.5$
铆钉孔直径(最大/最小)			2.6/2.5	3.2/3.1	3.4/3.3	4.2/4.1	5.0/4.9	5.2/5.1	6.2/6.1	6.6/6.5
铆钉长度 l			推荐的铆接范围							
公称=min		max								
4		5	0.5~2.0	0.5~1.5		—	—		—	—
6		7	2.0~4.0	1.5~3.5		1.0~3.0	1.5~2.5		—	—
8		9	4.0~6.0	3.5~5.0		3.0~5.0	2.5~4.0		2.0~3.0	—
10		11	6.0~8.0	5.0~7.0		5.0~6.5	4.0~6.0		3.0~5.0	—
12		13	8.0~9.5	7.0~9.0		6.5~8.5	6.0~8.0		5.0~7.0	3.0~6.0
16		17	—	9.0~13.0		8.5~12.5	8.0~12.0		7.0~11.0	6.0~10.0
20		21	—	13.0~17.0		12.5~16.5	12.0~15.0		11.0~15.0	10.0~14.0
25		26	—	17.0~22.0		16.5~21.0	15.0~20.0		15.0~20.0	14.0~18.0
30		31	—	—		—	20.0~25.0		20.0~25.0	18.0~23.0

剪切载荷、拉力载荷与钉芯断裂载荷

公称直径 d /mm	10级 剪切载荷 min	10级 拉力载荷 min	11级 剪切载荷 min	11级 拉力载荷 min	钉芯断裂载荷 max
2.4	250	350	350	550	2000
3	400	550	550	850	3000
3.2	500	700	750	1100	3500
4	850	1200	1250	1800	5000
4.8	1200	1700	1850	2600	6500
5	1400	2000	2150	3100	6500
6	2100	3000	3200	4600	9000
6.4	2200	3150	3400	4850	11000
材料 钉体	铝合金:5052;5A02		铝合金:5056;5A05		
材料 钉芯	钢　10,15,35,45				

注：1. GB/T 12617.1 标准中无 $d=6$ 及 $d=6.4$ 规格。

2. 规格长度大于 30mm 时，应按 5mm 递增。

3. 钉体尺寸计算：$d_{max}=d+0.08$mm，$d_{min}=d-0.15$mm；$d_{kmax}=2.1d$；$k_{max}=0.415d$。

表 6-2-17　　　　铆钉材料、性能及标记　　　　N

分类	铆钉材料、国家标准及标记	载荷	铆钉直径 d/mm							
			2.4	3	3.2	4	4.8	5	6	6.4
封闭型抽芯铆钉	铜/钢 GB 12615　$d×l·20$(CGF)，GB 12616　$d×l·20$(CGF_2)	L G	—	—	1300 850	2000 1350	2800 1950	—	—	—
	铜/不锈钢 GB 12615　$d×l·21$(CBF)，GB 12616　$d×l·21$(CGF_2)	L G	—	—	1300 850	2000 1350	2800 1950	—	—	—
	钢/钢 GB 12615　$d×l·30$(GF)，GB 12616　$d×l·30$(GF_2)	L G	—	—	1200 1100	1860 1700	2840 2400	—	—	—
	不锈钢/不锈钢 GB 12615　$d×l·51$(QBF)，GB 12616　$d×l·51$(QBF_2)	L G	—	—	2500 2000	4000 3000	5000 4500	—	—	—
	铝/铝　GB 12615　$d×l·06$(QLF)，GB 12616　$d×l·06$(QLF_2)	L G	—	—	490 450	712 580	1120 900	—	—	—
	铝合金/钢 GB 12615　$d×l·11$(HF)，GB 12616　$d×l·11$(HF_2)	L G	—	—	1240 1070	2130 1560	3070 2230	3500 2420	—	5000 3950
	铝合金/不锈钢 GB 12615　$d×l·11$(HBF)，GB 12616　$d×l·11$(HBF_2)	L G	—	—	1240 1070	2130 1560	3070 2230	3500 2420	—	5000 3950
开口型大帽沿抽芯铆钉	铝合金/钢 GB 12618　$d×l·08$(K)，GB 12617　$d×l·08$(K_2)	L G	258 172	380 300	450 360	750 540	1050 935	1150 990	—	2050 1460
	铝合金/钢 GB 12618　$d×l·10$(H_2K)，GB 12617　$d×l·10$(H_2K_2)	L G	353 314	595 475	670 530	1020 850	1425 1160	1525 1280	—	2495 2050
	铝合金/钢 GB 12618　$d×l·11$(HK)，GB 12617　$d×l·11$(HK_2)	L G	—	870 680	980 760	1600 1200	2230 1690	2500 2000	—	4090 3120
	铝合金/不锈钢 GB 12618　$d×l·11$(HBK)，GB 12617　$d×l·11$(HBK_2)	L G	—	870 680	980 760	1600 1200	2230 1690	2500 2000	—	4090 3120
	铝/铝 GB 12618　$d×l·12$(HLK)，GB 12617　$d×l·12$(HLK_2)	L G	—	—	670 530	1020 850	1425 1160	1525 1280	—	2495 2050
	铜/钢 GB 12618　$d×l·20$(CGK)，GB 12617　$d×l·20$(CGK_2)	L G	—	700 600	800 700	1500 1000	2000 1500	—	—	—
	铜/不锈钢 GB 12618　$d×l·21$(CBK)，GB 12617　$d×l·21$(CBK_2)	L G	—	700 600	800 700	1500 1000	2000 1500	—	—	—
	钢/钢 GB 12618　$d×l·30$(GK)，GB 12617　$d×l·30$(GK_2)	L G	—	1225 1015	1385 1160	2090 1650	3020 2405	3355 2675	5020 4040	5515 4455
	蒙乃尔/钢 GB 12618　$d×l·40$(NTK)，GB 12617　$d×l·40$(NTK_2)	L G	—	—	2000 1560	3115 2450	4450 3560	—	—	—
	不锈钢/钢 GB 12618　$d×l·50$(BK)，GB 12617　$d×l·50$(BK_2)	L G	—	2000 1600	2360 1875	3650 2895	5335 4230	5550 4250	—	9354 7572
	不锈钢/不锈钢 GB 12618　$d×l·51$(QBK)，GB 12617　$d×l·51$(QBK_2)	L G	—	2000 1600	2360 1875	3650 2895	5335 4230	5550 4250	—	9354 7572
开口型大帽沿抽芯铆钉	铝合金/钢 GB 12618　$d×l×d_k·08$(K)	L G	—	—	450 360	750 540	1050 935	1150 990	—	—
	铝合金/钢 GB 12618　$d×l×d_k·10$(H_2K)	L G	—	—	670 530	1020 850	1425 1160	1525 1280	—	—
	铝合金/钢 GB 12618　$d×l×d_k·11$(H_3K)	L G	—	—	980 760	1600 1200	2230 1690	2500 2000	—	—
	铝/铝 GB 12618　$d×l×d_k·12$(HLK)	L G	—	—	670 530	1020 850	1425 1160	1525 1280	—	—
封闭型大帽沿抽芯铆钉	铝合金/钢 GB 12615　$d×l×d_k·11$(HF)	L G	—	—	1240 1070	2130 1560	3070 2230	3500 2420	—	—
	铝合金/不锈钢 GB 12615　$d×l×d_k·11$(HBF)	L G	—	—	1240 1070	2130 1560	3070 2230	3500 2420	—	—

注：1. L 为最小抗拉载荷，G 为最小抗剪载荷。

2. 铆钉材料斜线前为铆钉钉体材料，斜线后为铆钉钉芯材料，如铜（钉体材料）/钢（钉芯材料）。

3. 本表数据取自上海安字实业有限公司产品。

表 6-2-18 抽芯铆钉铆接厚度 mm

铆钉长度 l	开口型大帽沿抽芯铆钉 K、H_2K、H_3K、HLK				铆钉长度 l	开口型大帽沿抽芯铆钉 K、H_2K、H_3K、HLK			
	铆钉直径 d					铆钉直径 d			
	3.2	4	4.8	5		3.2	4	4.8	5
8	3~5	2.5~4.5	—	—	18	—	12.5~14.5	12~14	12~14
10	5~7	4.5~6.5	4~6	4~6	20	—	14.5~16.5	14~16	14~16
12	7~9	6.5~8.5	6~8	6~8	22	—	—	16~18	16~18
14	9~11	8.5~10.5	8~10	8~10	24	—	—	18~20	18~20
16	11~13	10.5~12.5	10~12	10~12					

铆钉长度 l	封闭型											
	CGF、CGF_2、CBF、CBF_2、GF、GF_2、QBF、QBF_2			QLF、QLF_2、HF、HF_2、HBF、HBF_2					HF、HBF(大帽沿)			
	铆钉直径 d			铆钉直径 d					铆钉直径 d			
	3.2	4	4.8	3.2	4	4.8	5	6.4	3.2	4	4.8	5
6	—	—	—	≈2	≈1.5	≈1	—	—	≈2	≈1.5	≈1	≈1
7	≈2.5	≈2	—	1~3	—	—	—	—	—	—	—	—
8	1.5~2.5	1~3	≈2.5	2~4	1.5~3.5	1~3	1~3	—	2~4	1.5~3.5	1~3	1~3
9	2.5~4.5	2~4	1.5~3.5	3~5	—	—	—	—	—	—	—	—
10	3.5~5.5	3~5	2.5~4.5	4~6	3.5~5.5	3~5	3~5	1~3	4~6	3.5~5.5	3~5	3~5
11	—	—	—	5~7	—	—	—	—	—	—	—	—
12	5.5~7.5	5~7	4.5~6.5	6~8	—	5~7	—	—	—	5.5~7.5	5~7	5~7
13	—	—	—	—	6.5~8.5	—	6~8	4~6	—	—	—	—
14	7.5~9.5	7~9	6.5~8.5	8~10	—	7~9	—	—	—	—	7~9	7~9
15	—	—	—	—	—	—	8~10	6~8	—	—	—	—
16	—	9~11	8.5~10.5	—	9.5~11.5	9~11	—	—	—	—	9~11	9~11
17	—	—	—	11~13	—	—	—	—	—	—	—	—
18	—	—	10.5~12.5	—	11.5~13.5	11~13	10~13	9~11	—	—	11~13	11~13
20	—	—	12.5~14.5	—	—	13~15	—	11~13	—	—	13~15	13~15
22	—	—	—	—	—	15~17	—	—	—	—	—	—
23	—	—	—	—	—	—	16~18	—	—	—	—	—
25	—	—	—	—	—	18~20	—	—	—	—	—	—
28	—	—	—	—	—	—	21~23	—	—	—	—	—
30	—	—	—	—	—	—	23~25	—	—	—	—	—

铆钉长度 l	开口型													
	K,K_2、H_2K、H_2K_2、HK、HK_2、HBK、HBK_2、HLK、HLK_2							CGK,CGK_2,CBK,CBK_2,GK,GK_2,NTK,NTK_2,BK,BK_2,QBK,QBK_2						
	铆钉直径 d							铆钉直径 d						
	2.4	3	3.2	4	4.8	5	6.4	3	3.2	4	4.8	5	6	6.4
5	0.5~2.5	≈2	≈2	—	—	1~3	—	≈1.5	≈1.5	—	—	—	—	—
6	—	—	—	0.5~2.5	—	—	—	—	—	≈2	—	—	—	—
7	2.5~4.5	2~4	2~4	—	1~3	—	—	1.5~3.5	1.5~3.5	—	≈2.5	≈2.5	—	—
8	—	—	—	2.5~4.5	—	—	—	—	—	2~4	—	—	—	—
9	4.5~6.5	4~6	4~6	—	3~5	3~5	—	3.5~5.5	3.5~5.5	—	2.5~4.5	2.5~4.5	—	—
10	—	—	—	4.5~6.5	—	—	0.5~4	—	—	4~6	—	—	1.5~3.5	1.5~3.5
11	—	6~8	6~8	—	5~7	5~7	—	5.5~7.5	5.5~7.5	—	4.5~6.5	4.5~6.5	—	—
12	—	—	—	—	—	—	—	—	—	6~8	—	—	—	—
13	—	8~10	8~10	7.5~9.5	7~9	7~9	3~7	7.5~9.5	7.5~9.5	—	6.5~8.5	6.5~8.5	4.5~6.5	4.5~6.5
14	—	—	—	—	—	—	—	—	—	8~10	—	—	—	—
15	—	10~12	10~12	—	9~12	9~12	5~9	—	9.5~11.5	—	8.5~10.5	8.5~10.5	6.5~8.5	6.5~8.5
16	—	—	—	10.5~12.5	—	—	—	—	—	10~12	—	—	—	—
17	—	—	12~14	—	—	—	—	—	11.5~13.5	—	—	—	—	—
18	—	—	—	12.5~14.5	12~14	12~14	8~12	—	—	12~14	11.5~13.5	11.5~13.5	9.5~11.5	9.5~11.5
20	—	—	—	14.5~16.5	14~16	14~16	10~14	—	—	—	13.5~15.5	13.5~15.5	—	—
22	—	—	—	16.5~18.5	16~18	16~18	12~16	—	—	—	15.5~17.5	15.5~17.5	—	—
24	—	—	—	—	18~20	18~20	14~18	—	—	—	17.5~19.5	17.5~19.5	—	—
26	—	—	—	—	20~22	20~22	16~20	—	—	—	19.5~21.5	19.5~21.5	—	—
28	—	—	—	—	22~24	22~24	18~22	—	—	—	—	—	—	—
30	—	—	—	—	24~26	24~26	20~24	—	—	—	—	—	—	—
35	—	—	—	—	—	—	25~29	—	—	—	—	—	—	—

环槽铆钉（QLH、GH、OBH、QLH$_2$、GH$_2$、QBH$_2$） **击芯铆钉**（HJX、HBJX、HJX$_2$、HBJX$_2$）

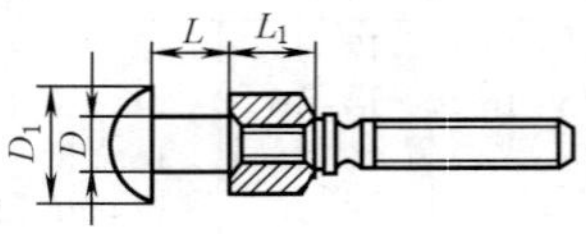

QLH、GH、QBH

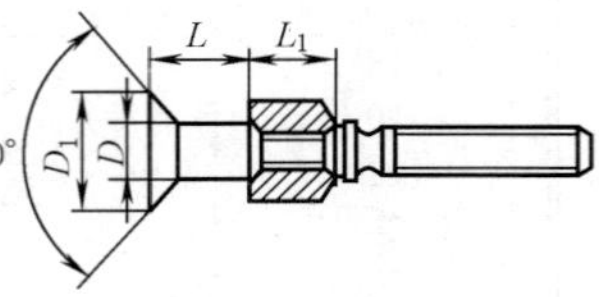

QLH$_2$、GH$_2$、QBH$_2$

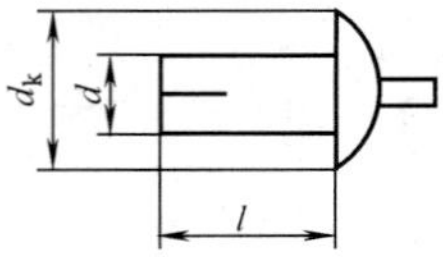

HJX、HBJX

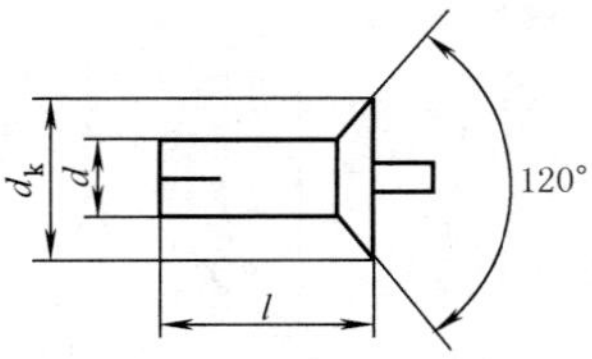

HJX$_2$、HBJX$_2$

表 6-2-19 mm

铆钉	$D(d)$	$L(l)$	$D_1(d_k)$	铆孔直径	铆接厚度	抗拉载荷/N	抗剪载荷/N	L_1	材料和标记方法
环槽铆钉	5	4 6 8 10 12 14 16 18	9	5.1	3.5~4.5 5.5~6.5 7.5~8.5 9.5~10.5 11.5~12.5 13.5~14.5 15.5~16.5 17.5~18.5	3450(A) 7000(B) 9000(C)	2360(A) 5000(B) 7000(C)	6	环槽铆钉 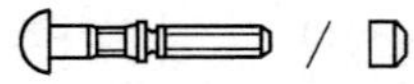 铝/铝 QLH $D\times L$、 QLH$_2$ $D\times L$(A) 钢/钢 GH $D\times L$、 GH$_2$ $D\times L$(B) 不锈钢/不锈钢 QBH $D\times L$、 QBH$_2$ $D\times L$(C)
	6.4	4 6 8 10 12 14 16 18 20 22 24 26	12.5	6.5	3.5~4.5 5.5~6.5 7.5~8.5 9.5~10.5 11.5~12.5 13.5~14.5 15.5~16.5 17.5~18.5 19.5~20.5 21.5~22.5 23.5~24.5 25.5~26.5	6120(A) 10000(B)	4340(A) 8500(B)	8	
	10	8 10 12 14 16 18 20	19	10.1	7.5~8.5 9.5~10.5 11.5~12.5 13.5~14.5 15.5~16.5 17.5~18.5 19.5~20.5	18000(A) 25000(B) 30000(C)	10000(A) 20000(B) 21500(C)	11.4	
击芯铆钉	4.8	7 9 11 13 15 17 19 21	6.5	4.9	4~5 6~7 8~9 10~11 12~13 14~15 16~17 18~19	3500	2000	—	击芯铆钉 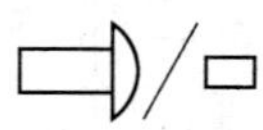 铝合金/钢 HJX $d\times l$、 HJX$_2$ $d\times l$ 铝合金/不锈钢 HBJX $d\times l$ HBJX$_2$ $d\times l$
	5	7 9 11 13 15 17 19 21	9.5	5.1	4~5 6~7 8~9 10~11 12~13 14~15 16~17 18~19	4900	2940	—	
	6.4	23 25 27 29 31 33 35 37 39 41 43 45	13	6.5	20~21 22~23 24~25 26~27 28~29 30~31 32~33 34~35 36~37 38~39 40~41 42~43	7640	4760	—	

注：1. 抗拉载荷和抗剪载荷均为最小值，环槽铆钉分 A、B、C 三种，相对应的载荷值有三种。

2. 选自上海安宇实业有限公司产品样本。

双鼓型抽芯铆钉（H_2S、H_2BS、H_2S_2、H_2BS_2）

双鼓型抽芯铆钉（GS、GS_2）

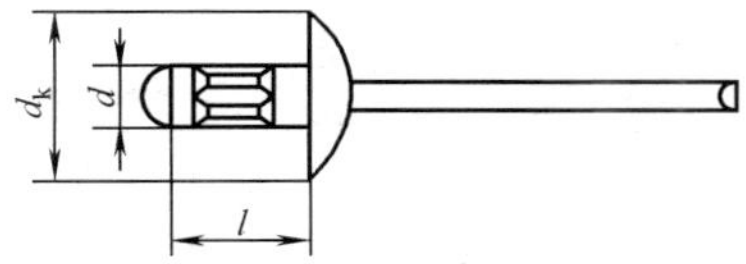

H_2S 、H_2BS

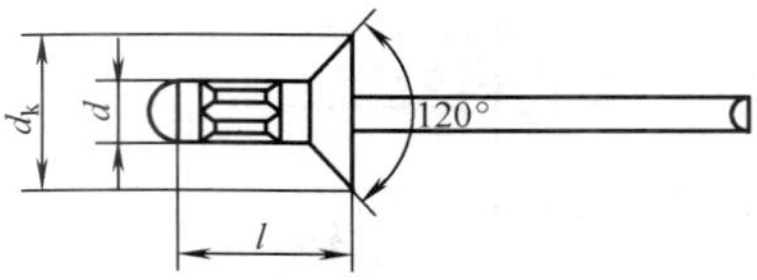

H_2S_2 、H_2BS_2

双鼓型大帽沿抽芯铆钉（Q/YSVF　4）

沟槽型抽芯铆钉（Q/YSVF　6）（H_2G　、　H_2G_2）

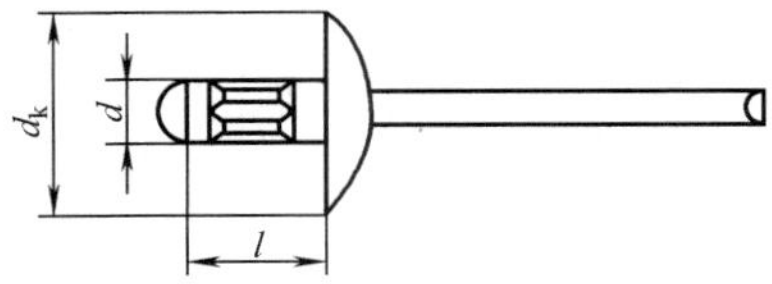

Q/YSVF 4

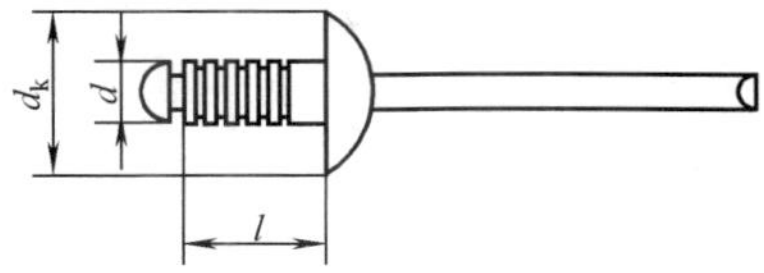

H_2G

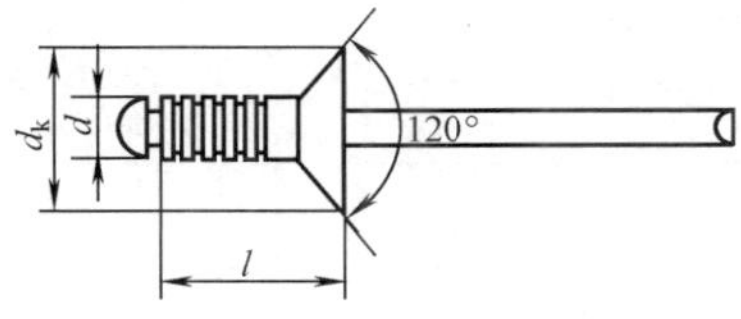

H_2G_2

表 6-2-20　　mm

铆钉	d	l	d_k	铆孔直径	铆接厚度	抗拉载荷/N	抗剪载荷/N	材料和标记方法
双鼓型抽芯铆钉、双鼓型大帽沿抽芯铆钉	3.2	8 10 12 14 16	9(6)	3.4	0.5~5 2.5~7 4.5~9 6.5~11 8.5~13	670	530	双鼓型抽芯铆钉  铝合金/钢 H_2S　$d×l$、H_2S_2　$d×l$ 铝合金/不锈钢 H_2BS　$d×l$、H_2BS_2　$d×l$ 钢/钢　GS　$d×l$、GS_2　$d×l$ 双鼓型大帽沿抽芯铆钉  铝合金/钢 H_2S　$d×l$ 铝合金/不锈钢 H_2BS　$d×l$
	4	10 12 14 16 18	12(8)	4.2	1~6.5 3~8.5 5~10.5 7~12.5 9~14.5	1020 (2225)	845 (1890)	
	4.8	10 12 14 16 18 20 22 24 26	14(9.5)、16	5	0.5~5 2~7 4~9 6~11 8~13 10~15 12~17 14~19 15~21	1425 (3335)	1160 (3115)	
沟槽型抽芯铆钉	3.2	10 12 14 16 18	6	3.6	6(最大) 8(最大) 10(最大) 12(最大) 14(最大)	930	525	沟槽型抽芯铆钉  铝合金/钢铁 H_2G　$d×l$、H_2G_2　$d×l$
	4	10 12 14 16 18	8	4.4	6(最大) 8(最大) 10(最大) 12(最大) 14(最大)	1410	885	
	4.8	10 12 14 16 18 20 22 24 26	9.5	5.2	6(最大) 8(最大) 10(最大) 12(最大) 14(最大) 16(最大) 18(最大) 20(最大) 22(最大)	1575	1185	

注：1. d_k 括号内的数据为双鼓型抽芯铆钉（GS、GS_2 无 $d=3.2$ 规格）。

2. 抗拉载荷和抗剪载荷均为最小值，不带括号的数据用于双鼓型抽芯铆钉（H_2S、H_2BS、H_2S_2、H_2BS_2）和沟槽型抽芯铆钉（Q/YSVF　6）（H_2G、H_2G_2），带括号的数据用于双鼓型抽芯铆钉（GS、GS_2）。

3. 选自上海安字实业有限公司产品样本。

铆螺母（Q/YSVF 7）

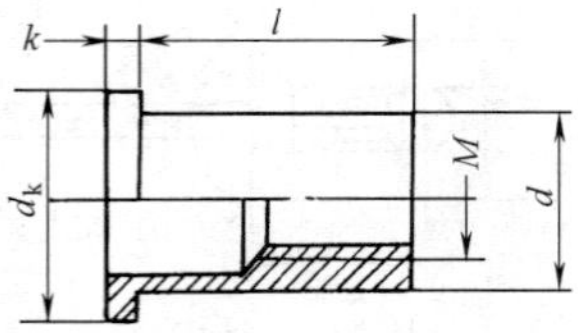

HM、GM

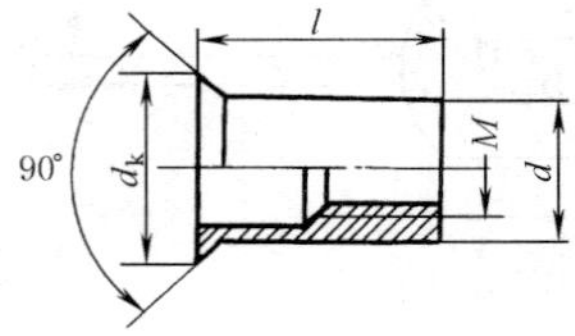

HM_2、GM_2

表 6-2-21 mm

螺纹规格 M	d	l	d_k	k	铆孔直径	铆接厚度	最小抗拉载荷/N		最小抗剪载荷/N		材料和标记方法
							铝合金	钢	铝合金	钢	
M3	5.0	7.5(9.0)	8.0	0.8	5.1	0.25(1.7)~1.0(2.5)	1330	1920	1030	1520	铝合金 HM $d\times l$ HM_2 $d\times l$ 钢 GM $d\times l$ GM_2 $d\times l$
		8.5(10.0)				1.0(2.5)~2.0(3.5)					
		9.5(11.0)				2.0(3.5)~3.0(4.5)					
		10.5				3.0~4.0					
M4	6.0	9.0(10.5)	9.0	0.8	6.1	0.25(1.7)~1.0(2.5)	2100	3200	1300	2000	
		10.0(11.5)				1.0(2.5)~2.0(3.5)					
		11.0(12.5)				2.0(3.5)~3.0(4.5)					
		12.0				3.0~4.0					
M5	7.0	11.0(12.5)	10.0	1.0	7.1	0.25(1.7)~1.0(2.5)	2700	4200	1750	2800	
		12.0(13.5)				1.0(2.5)~2.0(3.5)					
		13.0(14.5)				2.0(3.5)~3.0(4.5)					
		14.0				3.0~4.0					
M6	9.0	13.5(15.0)	12.0	1.5	9.1	0.5(1.7)~1.5(3.0)	4100	6300	2600	4750	
		15.0(16.5)				1.5(3.0)~3.0(4.5)					
		16.5(18.0)				3.0(4.5)~4.5(6.0)					
		18.0				4.5~6.0					
M8	11.0	15.0(16.5)	14.0	1.5	11.1	0.5(1.7)~1.5(3.0)	5600	8500	3600	6500	
		16.5(18.0)				1.5(3.0)~3.0(4.5)					
		18.0(19.5)				3.0(4.5)~4.5(6.0)					
		19.5				4.5~6.0					
M10	13.0	18.0(19.5)	16.0	1.8	13.1	0.5(1.7)~1.5(3.0)	6500	10000	4300	7800	
		19.5(21.0)				1.5(3.0)~3.0(4.5)					
		21.0(22.5)				3.0(4.5)~4.5(6.0)					
		22.5(24.0)				4.5(6.0)~6.0(7.5)					

注：1. 选自上海安字实业有限公司产品样本。
2. 括号内的数字为 HM_2、GM_2 的。

平头铆螺母（摘自 GB/T 17880.1—1999）

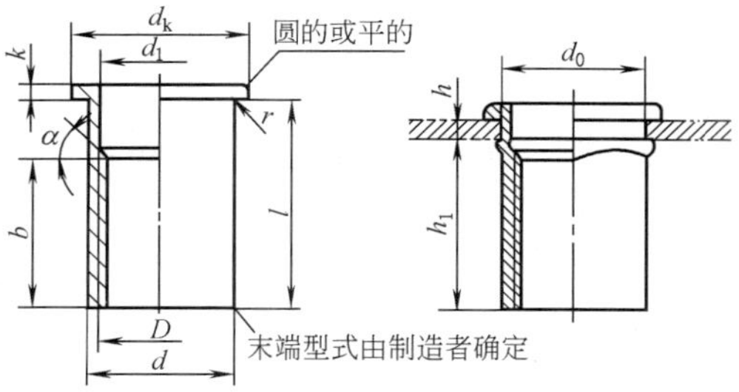

标记示例

螺纹规格 D=M8、长度规格 l=15mm、材料 ML10、表面镀锌钝化的平头铆螺母，标记为：

铆螺母 GB/T 17880.1　M8×15

b=(1.25~1.5)D；α 由制造者确定

允许在支承面和（或）d 圆周表面制出花纹

表 6-2-22

mm

螺纹规格(6H)		M3	M4	M5	M6	M8	M10	M12
	D	M3	M4	M5	M6	M8	M10	M12
	$D \times P$	—	—	—	—	—	M10×1	M12×1.5
$d_{-0.10}^{-0.02}$		5	6	7	9	11	13	15
d_1(H12)		4	4.8	5.6	7.5	9.2	11	13
d_k(最大)		8	9	10	12	14	16	18
k		0.8		1	1.5		1.8	
r		0.2				0.3		
d_0		5	6	7	9	11	13	15
h_1(参考)		5.8	7.5	9.3	11	12.3	15	17.5
铆接厚度 h(推荐)		l(最大)						
0.25~1.0		7.5	9.0	11.0	—	—	—	—
1.0~2.0		8.5	10.0	12.0	—	—	—	—
2.0~3.0		9.5	10.5	13.0	—	—	—	—
3.0~4.0		10.5	11.0	14.0	—	—	—	—
0.5~1.5		—	—	—	13.5	15.0	18.0	21.0
1.5~3.0		—	—	—	15.0	16.5	19.5	22.5
3.0~4.5		—	—	—	16.5	18.0	21.0	24.0
4.5~6.0		—	—	—	18.0	19.5	22.5	25.5
保证载荷(最小)/N	钢	3900	6800	11500	16500	25000	32000	34000
	铝	1900	4000	6500	7800	12300	17500	—
头部结合力(最小)/N	钢	2236	3220	4648	6149	9034	11926	13914
	铝	1242	1789	2435	3416	5019	6626	—
剪切力(最小)/N	钢	1100	2100	2600	3800	5400	6900	7500
	铝	640	1200	1900	2700	3900	4200	—

注：1. 常用材料：钢—08F，ML10；铝合金—5056，6061。

2. 表面处理：钢—镀锌钝化；铝合金—不经处理。

沉头铆螺母（摘自 GB/T 17880.2—1999）

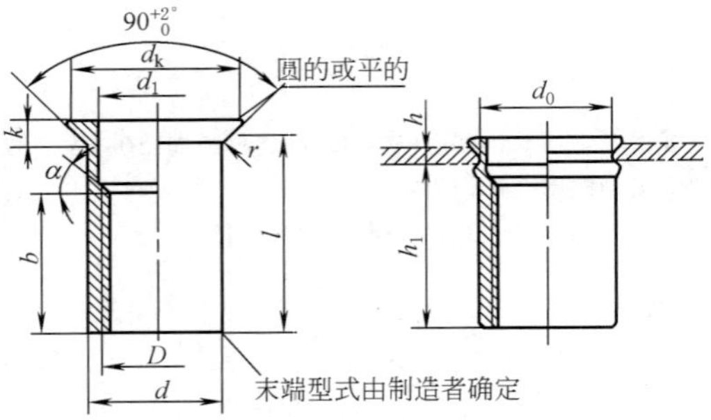

标记示例

螺纹规格 D=M8、长度规格 l=16.5mm、材料 ML10、表面镀锌钝化的沉头铆螺母，标记为：

铆螺母 GB/T 17880.2　M8×16.5

$b=(1.25\sim1.5)D$；α 由制造者确定

允许在支承面和（或）d 圆周表面制出花纹

表 6-2-23　　　　mm

螺纹规格（6H）	D	M3	M4	M5	M6	M8	M10	M12
	$D\times P$	—	—	—	—	—	M10×1	M12×1.5
$d^{-0.02}_{-0.10}$		5	6	7	9	11	13	15
d_1(H12)		4.0	4.8	5.6	7.5	9.2	11	13
d_k(最大)		8	9	10	12	14	16	18
k		1.5						
r		0.2				0.3		
d_0		5	6	7	9	11	13	15
h_1(参考)		5.8	7.5	9.3	11	12.3	15	17.5
铆接厚度 h(推荐)		l(最大)						
1.7~2.5		9.0	10.5	12.5	—	—	—	—
2.5~3.5		10.0	11.5	13.5	—	—	—	—
3.5~4.5		11.0	12.5	14.5	—	—	—	—
1.7~3.0		—	—	—	15.0	16.5	19.5	22.5
3.0~4.5		—	—	—	16.5	18.0	19.0	24.0
4.5~6.0		—	—	—	18.0	19.5	22.5	25.5
6.0~7.5		—	—	—	—	—	24.0	27.0
保证载荷(最小)/N	钢	3900	6800	11500	16500	25000	32000	34000
	铝	1900	4000	6500	7800	12300	17500	—
头部结合力(最小)/N	钢	2236	3220	4648	6149	9034	11926	13914
	铝	1242	1789	2435	3416	5019	6626	—
剪切力(最小)/N	钢	1100	2100	2600	3800	5400	6900	7500
	铝	640	1200	1900	2700	3900	4200	—

注：1. 常用材料：钢—08F，ML10；铝合金—5056，6061。

2. 表面处理：钢—镀锌钝化；铝合金—不经处理。

小沉头铆螺母（摘自 GB/T 17880.3—1999）

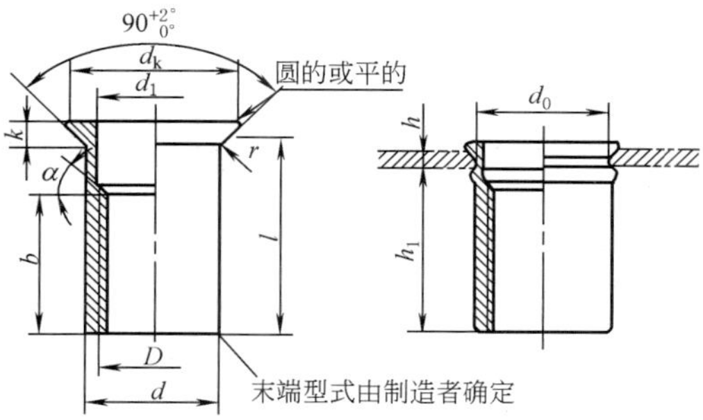

标记示例

螺纹规格 D=M8、长度规格 l=15mm、材料 ML10、表面镀锌钝化的小沉头铆螺母，标记为：

铆螺母 GB/T 17880.3　M8×15

b=(1.25~1.5)D；α 由制造者确定

允许在支承面和（或）d 圆周表面制出花纹

表 6-2-24

mm

螺纹规格(6H)		M3	M4	M5	M6	M8	M10	M12
	D	M3	M4	M5	M6	M8	M10	M12
	$D\times P$	—	—	—	—	—	M10×1	M12×1.5
$d_{-0.10}^{-0.02}$		5	6	7	9	11	13	15
d_1(H12)		4.0	4.8	5.6	7.5	9.2	11	13
d_k(最大)		5.5	6.75	8	10	12	14.5	16.5
k		0.8		1.0	1.5		1.8	
r		0.2				0.3		
d_0		5	6	7	9	11	13	15
h_1(参考)		5.8	7.5	9.3	11	12.3	15	17.5
铆接厚度 h(推荐)		l(最大)						
0.5~1.0		7.5	9.0	11.0	—	—	—	—
1.0~2.0		8.5	10.0	12.0	—	—	—	—
2.0~3.0		9.5	10.5	13.0	—	—	—	—
0.5~1.5		—	—	—	13.5	15.0	18.0	21.0
1.5~3.0		—	—	—	15.0	16.5	19.5	22.5
3.0~4.5		—	—	—	16.5	18.0	21.0	24.0
保证载荷(最小)/N	钢	3900	6800	11500	16500	25000	32000	34000
剪切力(最小)/N	钢	1100	2100	2600	3800	5400	6900	7500

注：1. 常用材料：钢—08F，ML10；铝合金—5056，6061。

2. 表面处理：钢—镀锌钝化。

120°小沉头铆螺母（摘自 GB/T 17880.4—1999）

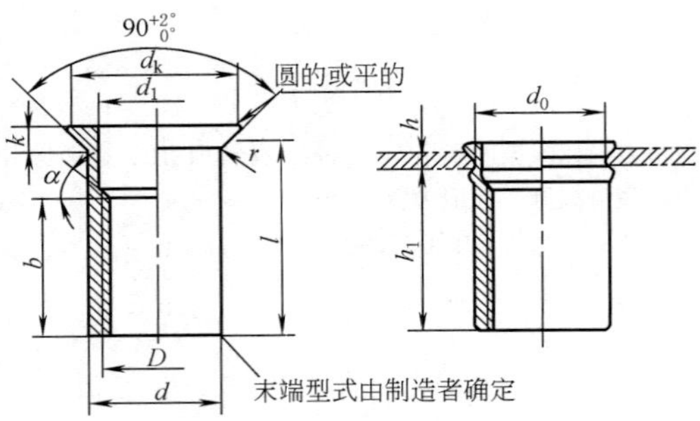

标记示例

螺纹规格 D=M8、长度规格 l=15mm、材料 ML10、表面镀锌钝化的 120°小沉头铆螺母，标记为：

铆螺母 GB/T 17880.4 M8×15

b=(1.25~1.5)D；α 由制造者确定

允许在支承面和（或）d 圆周表面制出花纹

表 6-2-25 mm

螺纹规格(6H)		M3	M4	M5	M6	M8	M10	M12
	D	M3	M4	M5	M6	M8	M10	M12
	$D\times P$	—	—	—	—	—	M10×1	M12×1.5
$d_{-0.10}^{-0.02}$		5	6	7	9	11	13	15
d_1(H12)		4.0	4.8	5.6	7.5	9.2	11	13
d_k(最大)		6.5	8	9	11	13	16	18
k		0.35	0.5	0.6			0.85	
r		0.2				0.3		
d_0		5	6	7	9	11	13	15
h_1(参考)		5.8	7.5	9.3	11	12.3	15	17.5
铆接厚度 h(推荐)		l(最大)						
0.5~1.0		7.5	9.0	11.0	—	—	—	—
1.0~2.0		8.5	10.0	12.0	—	—	—	—
2.0~3.0		9.5	10.5	13.0	—	—	—	—
0.5~1.5		—	—	—	13.5	15.0	18.0	21.0
1.5~3.0		—	—	—	15.0	16.5	19.5	22.5
3.0~4.5		—	—	—	16.5	18.0	21.0	24.0
保证载荷(最小)/N	钢	3900	6800	11500	16500	25000	32000	34000
剪切力(最小)/N	钢	1100	2100	2600	3800	5400	6900	7500

注：1. 常用材料：钢—08F，ML10。

2. 表面处理：钢—镀锌钝化。

平头六角铆螺母（摘自 GB/T 17880. 5—1999）

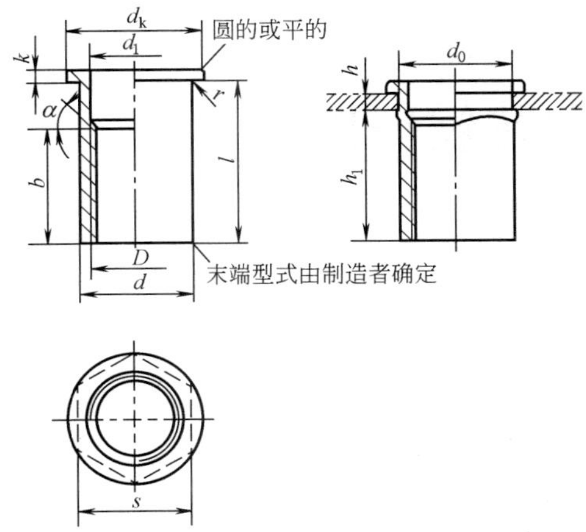

$b=(1.25\sim1.5)D$；α 由制造者确定

标记示例

螺纹规格 D=M8、长度规格 l=15mm、材料 ML10、表面镀锌钝化的平头六角铆螺母，标记为：

铆螺母 GB/T 17880. 5　M8×15

表 6-2-26

mm

螺纹规格（6H）	D	M6	M8	M10	M12
	$D\times P$	—	—	M10×1	M12×1. 5
$d_{-0.10}^{-0.02}$		9	11	13	15
d_1(H12)		8	10	11.5	13.5
d_k(最大)		12	14	16	18
k		1.5	1.5	1.8	1.8
r		0.2	0.3	0.3	0.3
$d_{0\ 0}^{+0.15}$		9	11	13	15
h_1(参考)		11	12.3	15	17.5
铆接厚度 h(推荐)		l(最大)			
0.5~1.5		13.5	15.0	18.0	21.0
1.5~3.0		15.0	16.5	19.5	22.5
3.0~4.5		16.5	18.0	21.0	24.0
4.5~6.0		18.0	19.5	22.5	25.5
保证载荷(最小)/N	钢	16500	25000	32000	34000
	铝	7800	12300	17500	—
头部结合力(最小)/N	钢	6149	9034	11926	13914
	铝	3416	5019	6626	—
剪切力(最小)/N	钢	3800	5400	6900	7500
	铝	2700	3900	4200	—

注：1. 常用材料：钢—08F，ML10；铝合金—5056，6061。

2. 表面处理：钢—镀锌钝化；铝合金—不经处理。

第3章 销、键和花键连接

1 销 连 接

1.1 销的类型、特点和应用

销主要用于装配定位，也可用作连接零件，还可作为安全装置中的过载剪断元件。销的类型、特点和应用见表6-3-1。

表6-3-1 销的类型、特点和应用

类型	简图	标准 规格/mm	特点和应用
圆柱销	圆柱销 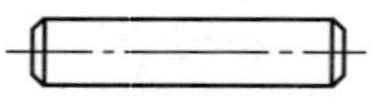	GB/T 119.1—2000 GB/T 119.2—2000 $d=0.6\sim50$ $l=1\sim200$	主要用于定位，也可用于连接。直径偏差有m6、h8、h11、u8四种，以满足不同的使用要求。常用的加工方法是配钻、铰，以保证要求的装配精度
	内螺纹圆柱销 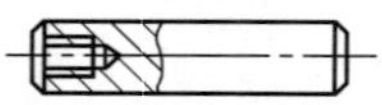	GB/T 120.1—2000 GB/T 120.2—2000 $d=6\sim50$ $l=16\sim200$	主要用于定位，也可用于连接。内螺纹供拆卸用，有A、B两种规格，B型用于盲孔。直径偏差只有n6一种。销钉直径最小为6mm。常用的加工方法是配钻、铰，以保证要求的装配精度
	开槽无头螺钉 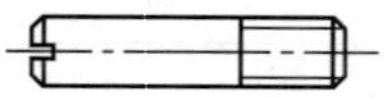	GB/T 878—2007 M1～M10 $l=2.5\sim3.5$	主要用于定位，也可用于连接。常用的加工方法是配钻、铰，以保证要求的装配精度。直径偏差较大，定位精度低。主要用于定位精度要求不高的场合
	无头销轴 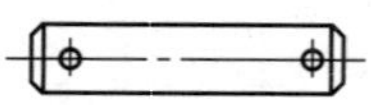	GB/T 880—2008 $d=3\sim100$ $l=6\sim200$	用于铰接处，两端用开口销锁定，拆卸方便
	弹性圆柱销 直槽 重型 弹性圆柱销 直槽 轻型 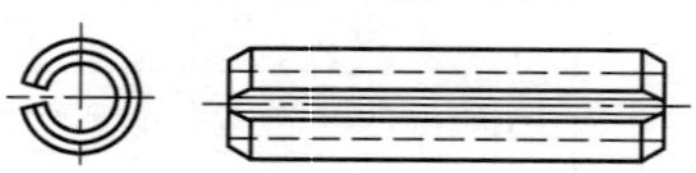	GB/T 879.1—2000 GB/T 879.2—2000 $d=1\sim50$ $l=4\sim200$	具有弹性，装入销孔后与孔壁压紧，不易松脱。销孔精度要求较低，可不铰制，互换性好，可多次装拆。刚性较差，不适于高精度定位，载荷大时几个套在一起使用，相邻内外两销的缺口应错开180°。用于有冲击、振动的场合，可代替部分圆柱销、圆锥销、开口销或销轴
	弹性圆柱销 卷制 重型 弹性圆柱销 卷制 标准型 弹性圆柱销 卷制 轻型 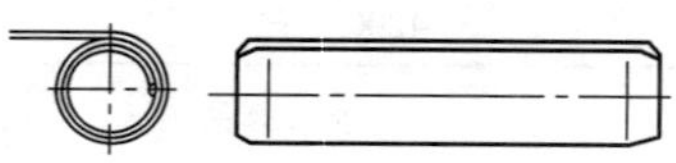	GB/T 879.3—2000 GB/T 879.4—2000 GB/T 879.5—2000 $d=0.8\sim20$ $l=4\sim200$	销钉由钢板卷制，加工方便，有弹性，装配后不易松脱。钻孔精度要求低，可多次装拆。刚性较差，不适用于高精度定位。可用于有冲击、振动的场合

续表

<table>
<tr><th rowspan="2">类型</th><th rowspan="2">简　图</th><th>标准</th><th rowspan="2" colspan="2">特点和应用</th></tr>
<tr><th>规格/mm</th></tr>
<tr><td rowspan="8">圆锥销</td><td rowspan="2">圆锥销
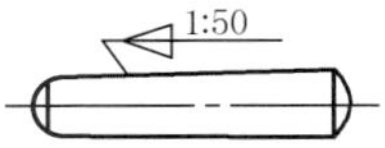</td><td>GB/T 117—2000</td><td rowspan="2" colspan="2">有 1∶50 的锥度，与有锥度的铰制孔相配。便于安装。主要用于定位，也可用于固定零件，传递动力。多用于经常装拆的场合。定位精度比圆柱销高，在受横向力时能自锁</td></tr>
<tr><td>$d=0.6\sim50$
$l=2\sim200$</td></tr>
<tr><td rowspan="2">内螺纹圆锥销
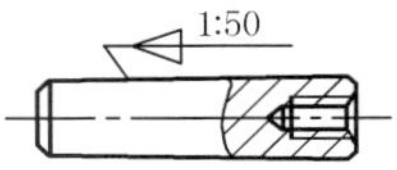</td><td>GB/T 118—2000</td><td rowspan="2" colspan="2">螺纹孔用于拆卸。可用于盲孔。有 1 50 的锥度，与有锥度的铰制孔相配。拆装方便，可多次拆装，定位精度比圆柱销高，能自锁。一般两端伸出被连接件，以便装卸</td></tr>
<tr><td>$d=6\sim50$
$l=16\sim200$</td></tr>
<tr><td rowspan="2">螺尾锥销
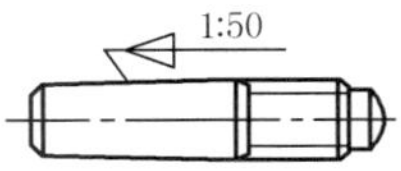</td><td>GB/T 881—2000</td><td rowspan="2" colspan="2">螺纹用于拆卸。有 1∶50 的锥度，与有锥度的铰制孔相配。拆装方便，可多次拆装，定位精度比圆柱销高，能自锁。一般两端伸出被连接件，以便拆装</td></tr>
<tr><td>$d=5\sim50$
$l=40\sim400$</td></tr>
<tr><td rowspan="2">开尾圆锥销
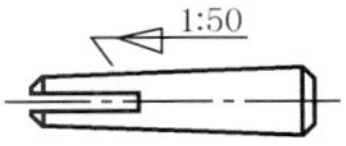</td><td>GB/T 877—1986</td><td rowspan="2" colspan="2">有 1∶50 的锥度，与有锥度的铰制孔相配。打入销孔后，末端可以稍张开，避免松脱，用于有冲击、振动的场合</td></tr>
<tr><td>$d=3\sim16$
$l=30\sim200$</td></tr>
<tr><td rowspan="12">槽销</td><td rowspan="2">槽销　带导杆及全长平行沟槽
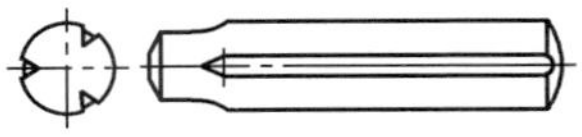</td><td>GB/T 13829.1—2004</td><td rowspan="12">沿销体母线辗压或模锻三条（相隔 120°）不同形状和深度的沟槽，打入销孔与孔壁压紧，不易松脱。能承受振动和变载荷。销孔不需铰光，可多次装拆</td><td rowspan="4">全长有平行槽，端部有导杆或倒角，销与孔壁间压力分布较均匀。适用于有严重振动、冲击的场合</td></tr>
<tr><td>$d=1.5\sim25$
$l=8\sim100$</td></tr>
<tr><td rowspan="2">槽销　带倒角及全长平行沟槽
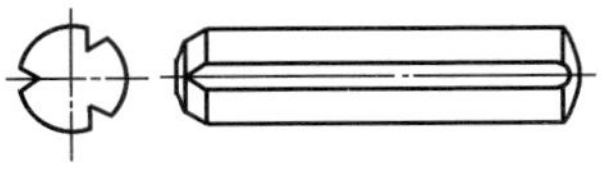</td><td>GB/T 13829.2—2004</td></tr>
<tr><td>$d=1.5\sim25$
$l=8\sim200$</td></tr>
<tr><td rowspan="2">槽销　中部槽长为 1/3 全长
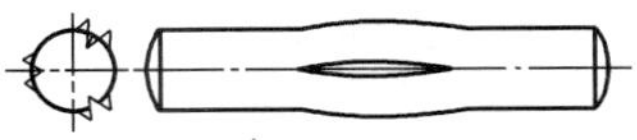</td><td>GB/T 13829.3—2004</td><td rowspan="4">槽中部的短槽等于全长的 1/3 或 1/2，常用作心轴，将带毂的零件固定在有槽处</td></tr>
<tr><td>$d=1.5\sim25$</td></tr>
<tr><td rowspan="2">槽销　中部槽长为 1/2 全长
</td><td>GB/T 13829.4—2004</td></tr>
<tr><td>$d=1.5\sim25$</td></tr>
<tr><td rowspan="2">槽销　全长锥销
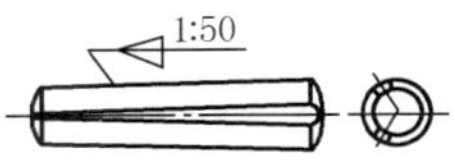</td><td>GB/T 13829.5—2004</td><td rowspan="4">槽为楔形，作用与圆锥销相似，销与孔壁间压力分布不均匀。比圆锥销拆装方便而定位精度较低</td></tr>
<tr><td>$d=1.5\sim25$</td></tr>
<tr><td rowspan="2">槽销　半长锥销
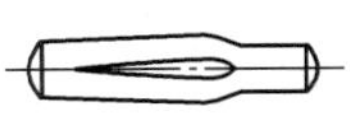</td><td>GB/T 13829.6—2004</td></tr>
<tr><td>$d=1.5\sim25$</td></tr>
</table>

续表

<table>
<tr><th rowspan="2">类型</th><th rowspan="2">简　图</th><th>标准</th><th colspan="2" rowspan="2">特点和应用</th></tr>
<tr><th>规格/mm</th></tr>
<tr><td rowspan="3">槽销</td><td>槽销　半长倒锥销
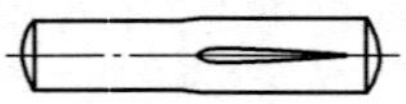</td><td>GB/T 13829.7—2004
$d=1.5\sim25$</td><td rowspan="3">沿销体母线辗压或模锻三条(相隔120°)不同形状和深度的沟槽,打入销孔与孔壁压紧,不易松脱。能承受振动和变载荷。销孔不需铰光,可多次装拆</td><td>常用作轴杆使用</td></tr>
<tr><td>圆头槽销
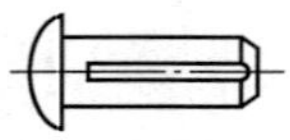</td><td>GB/T 13829.8—2004
$d=1.4\sim20$</td><td rowspan="2">可代替铆钉或螺钉,用于固定标牌、管夹子等</td></tr>
<tr><td>沉头槽销
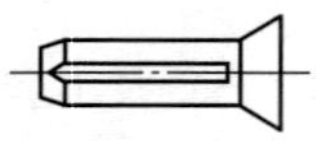</td><td>GB/T 13829.9—2004
$d=1.4\sim20$</td></tr>
<tr><td>销轴</td><td>销轴
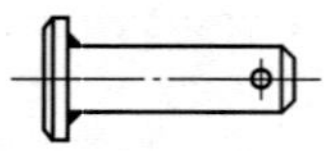</td><td>GB/T 882—2008
$d=3\sim100$
$l=6\sim200$</td><td colspan="2">销轴也称轴销,常用作铰接轴,用开口销锁紧,工作可靠</td></tr>
<tr><td rowspan="2">开口销</td><td>开口销
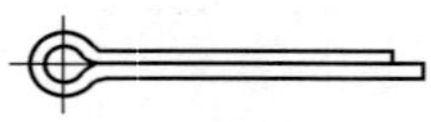</td><td>GB/T 91—2000
$d_0=0.6\sim20$
$l=4\sim280$</td><td colspan="2">用于锁定其他零件,如轴、槽形螺母等。是一种较可靠的方法,应用广泛</td></tr>
<tr><td>开口销
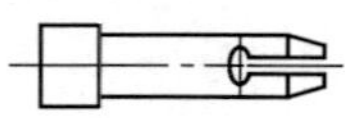</td><td>JB/ZQ 4355—2006
$d_0=15\sim18$
$l=180\sim290$</td><td colspan="2">用于尺寸较大时</td></tr>
<tr><td>安全销</td><td colspan="2">安全销
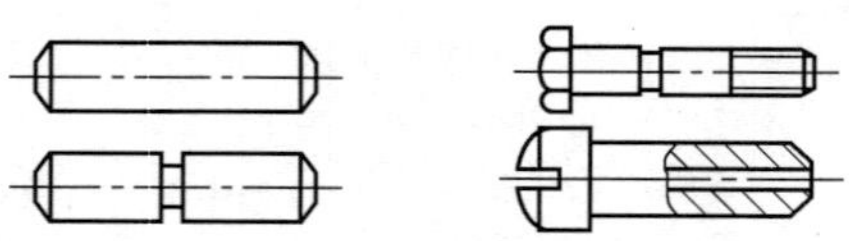</td><td colspan="2">结构简单,形式多样。必要时在销上切出槽口。为防止断销时损坏孔壁,可在孔内加销套。用于传动装置和机器的过载保护,如安全联轴器等的过载剪断元件</td></tr>
</table>

1.2　销的选择和销连接的强度计算

用于连接的销，其直径可根据连接的结构特点按经验确定，必要时再进行强度计算。

用于定位的销通常不受载荷或只受很小的载荷，其直径可按结构确定，数目不得少于2个，且分布在被连接件整体结构的对称方向上，两个定位销相距越远定位效果越好。销在每一被连接件内的长度，约为销直径的1~2倍。

设计安全销时应考虑销剪断后不易飞出和易于更换。

销的常用材料为35及45钢，其他材料有30CrMnSi、H62、HPb59-1、QSi3-1、1Cr13、2Cr13、Cr17Ni2、1Cr18Ni9Ti等，其热处理和表面处理见GB/T 121。

安全销的材料常用35、45及50钢，或者用T8A及T10A等，热处理后的硬度为30~36HRC。

销套的材料常用45、35SiMn及40Cr等，热处理后的硬度为40~50HRC。

销连接的强度计算公式见表6-3-2。

表 6-3-2　　销连接的强度计算公式

类型	受力简图	计算内容	计算公式	符号意义及系数选择
圆柱销	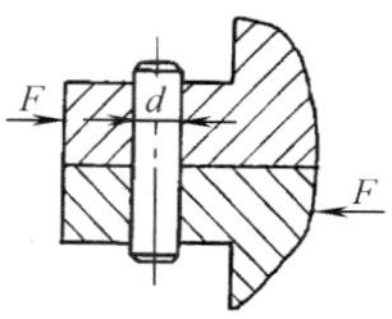	销的剪切应力	$\tau=\dfrac{4F}{\pi d^2 Z}\leqslant\tau_p$	F——横向力，N； d——销的直径，mm； Z——销的数量； τ_p——销的许用剪切应力，对于销的常用材料，取$\tau_p=80$MPa
	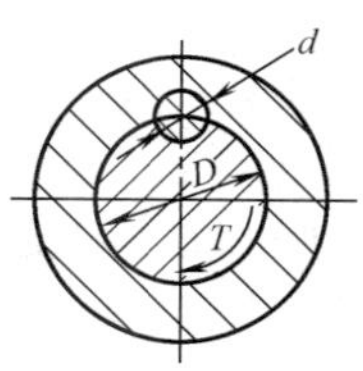 $d=(0.13\sim0.16)D$ $L=(1\sim1.5)D$	销或被连接件的挤压应力	$\sigma_p=\dfrac{4T}{DdL}\leqslant\sigma_{pp}$	T——转矩，N·mm； D——轴的直径，mm； d——销的直径，mm； L——销的长度，mm； σ_{pp}——销、轴、套三个零件中最弱者的许用挤压应力，MPa
		销的剪切应力	$\tau=\dfrac{2T}{DdL}\leqslant\tau_p$	
圆锥销	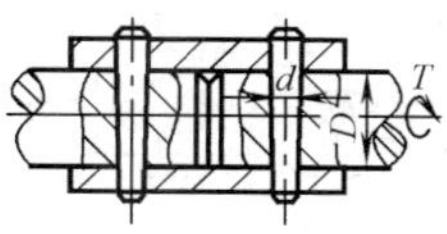 $d=(0.2\sim0.3)D$	销的剪切应力	$\tau=\dfrac{4T}{\pi d^2 D}\leqslant\tau_p$	d——圆锥销的平均直径，mm
轴销	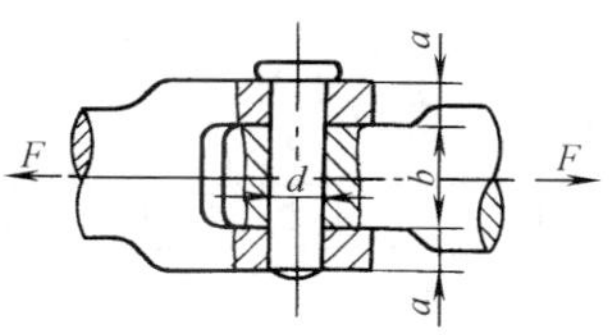 $a=(1.5\sim1.7)d$ $b=(2.0\sim3.5)d$	销或拉杆工作面的挤压应力	$\sigma_p=\dfrac{F}{2ad}\leqslant\sigma_{pp}$或 $\sigma_p=\dfrac{F}{bd}\leqslant\sigma_{pp}$	当轴销和被连接件间是静连接时应按抗挤压强度计算，当轴销和被连接件间是动连接时应按抗磨损强度计算，将σ_{pp}换为许用压强p_{pp}（表6-3-17） σ_{bp}——许用弯曲应力，对于35、45钢$\sigma_{bp}=120\sim150$MPa； d——轴销直径，mm； a,b——连杆头尺寸，mm
		轴销的剪切应力	$\tau=\dfrac{F}{2\times\dfrac{\pi d^2}{4}}\leqslant\tau_p$	
		轴销的弯曲应力	$\sigma_b\approx\dfrac{F(a+0.5b)}{4\times0.1d^3}\leqslant\sigma_{bp}$	
安全销	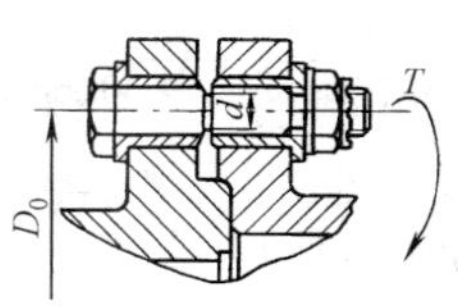	销直径的剪断	$d=1.6\sqrt{\dfrac{T}{D_0 Z\tau_b}}$	D_0——安全销中心圆的直径，mm； τ_b——剪切强度，MPa，$\tau_b=(0.6\sim0.7)\sigma_b$； σ_b——抗拉强度，MPa

注：弹性圆柱销的剪切强度略高于同一尺寸的实心冷镦钢销，当两个弹性圆柱销在一起使用时，其剪切强度为两销之和。

1.3 销的标准件

圆锥销（摘自 GB/T 117—2000）

A 型（磨削）：锥面表面粗糙度 $Ra=0.8\mu m$

B 型（切削或冷镦）：锥面表面粗糙度 $Ra=3.2\mu m$

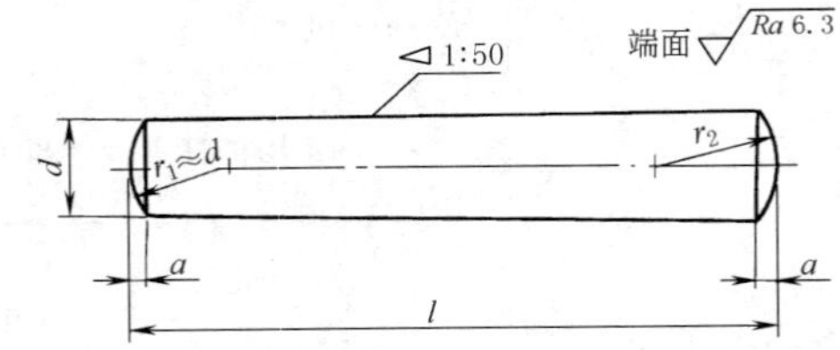

$$r_2=\frac{a}{2}+d+\frac{(0.02l)^2}{8a}$$

标记示例

公称直径 $d=6$mm、公称长度 $l=30$mm、材料为 35 钢、热处理硬度 28~38HRC、表面氧化处理 A 型圆锥销，标记为：

销　GB/T 117　6×30

表 6-3-3　　　　mm

d(h10)		0.6	0.8	1	1.2	1.5	2	2.5	3	4	5	6	8	10	12	16	20	25	30	40	50
a≈		0.08	0.1	0.12	0.16	0.2	0.25	0.3	0.4	0.5	0.63	0.8	1	1.2	1.6	2	2.5	3	4	5	6.3
商品规格 l		4~8	5~12	6~16	6~20	8~24	10~35	10~35	12~45	14~55	18~60	22~90	22~120	26~160	32~180	40~200	45~200	50~200	55~200	60~200	65~200
1m 长的质量/kg≈		0.003	0.005	0.007	—	0.015	0.027	0.04	0.062	0.11	0.16	0.3	0.5	0.74	1.03	1.77	2.66	4.09	5.85	10.1	15.7
l 系列		4,5,6,8,10,12,14,16,18,20,22,24,26,28,30,32,35,40,45,50,55,60,65,70,75,80,85,90,95,100,120,140,160,180,200																			
技术条件	材料	易切钢 Y12、Y15；碳素钢 35、45；合金钢 30CrMnSiA；不锈钢 1Cr13、2Cr13、Cr17Ni2、0Cr18Ni9Ti																			
	表面处理	①钢：不经处理；氧化；磷化；镀锌钝化。②不锈钢：简单处理。③其他表面镀层或表面处理，由供需双方协议。④所有公差仅适用于涂、镀前的公差																			

注：1. d 的其他公差，如 a11、c11、f8 由供需双方协议。

2. 公称长度大于 200mm，按 20mm 递增。

内螺纹圆锥销（摘自 GB/T 118—2000）

A 型（磨削）：锥表面粗糙度 $Ra=0.8\mu m$

B 型（切削或冷镦）：锥表面粗糙度 $Ra=3.2\mu m$

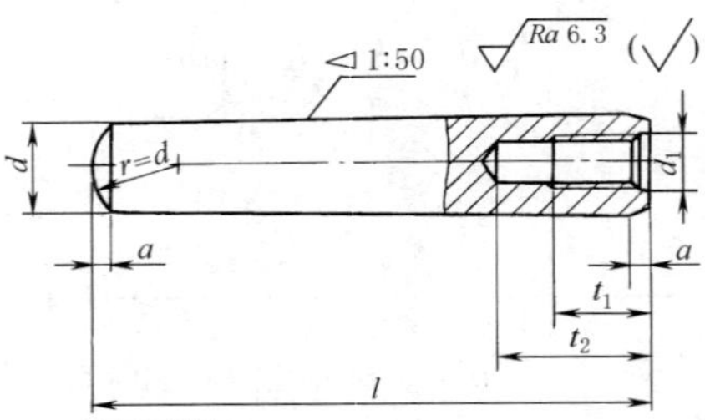

标记示例

公称直径 $d=6$mm、公称长度 $l=30$mm、材料 35 钢、热处理硬度 28~38HRC、表面氧化处理 A 型内螺纹圆锥销，标记为：

销　GB/T 118　6×30

表 6-3-4　　　　mm

d(h10)		6	8	10	12	16	20	25	30	40	50
a ≈		0.8	1	1.2	1.6	2	2.5	3	4	5	6.3
d_1		M4	M5	M6	M8	M10	M12	M16	M20	M20	M24
螺距 P		0.7	0.8	1	1.25	1.5	1.75	2	2.5	2.5	3
t_1		6	8	10	12	16	18	24	30	30	36
t_2(最小)		10	12	16	20	25	28	35	40	40	50
商品规格 l		16~60	18~80	22~100	26~120	32~160	40~200	50~200	60~200	80~200	100~200
1m 长的质量/kg≈		—	—	—	0.98	1.66	2.48	3.67	5.01	9.25	14.12
l 系列		16,18,20,22,24,26,28,30,32,35,40,45,50,55,60,65,70,75,80,85,90,95,100,120,140,160,180,200									
技术条件	材料	易切钢 Y12、Y13；碳素钢 35、45；合金钢 30CrMnSiA；不锈钢 1Cr13、2Cr13、Cr17Ni2、0Cr18Ni9Ti									
	表面处理	①钢：不经处理；氧化；磷化；镀锌钝化。②不锈钢：简单处理。③其他表面镀层或表面处理，由供需双方协议。④所有公差仅适用于涂、镀前的公差									

注：1. d 的其他公差，如 a11、c11、f8 由供需双方协议。

2. 公称长度大于 200mm，按 20mm 递增。

圆柱销　不淬硬钢和奥氏体不锈钢

（摘自 GB/T 119.1—2000）

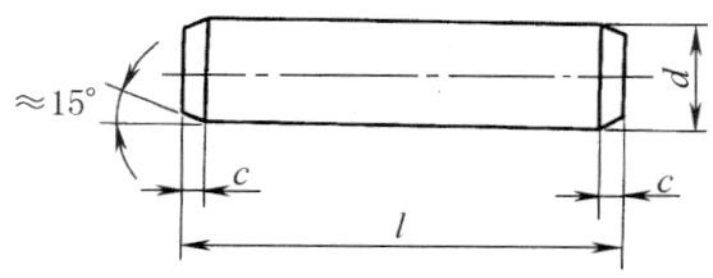

标记示例

公称直径 d=6mm、公差 m6、公称长度 l=30mm、材料为钢、不经淬火、不经表面处理的圆柱销，标记为：

销　GB/T 119.1　6m6×30

公称直径 d=6mm、公差 m6、公称长度 l=30mm、材料为 A1 组奥氏体不锈钢、表面简单处理的圆柱销，标记为：

销　GB/T 119.1　6m6×30-A1

圆柱销　淬硬钢和马氏体不锈钢

（摘自 GB/T 119.2—2000）

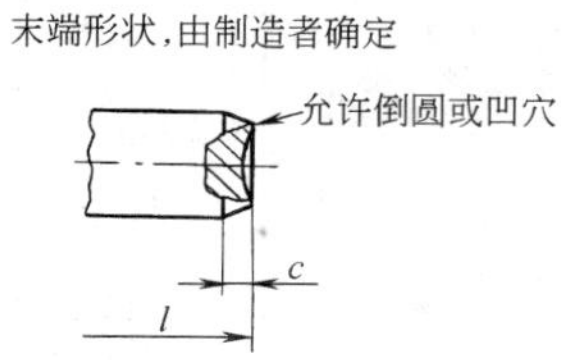

公称直径 d=6mm、公差 m6、公称长度 l=30mm、材料为钢、普通淬火（A 型）、表面氧化处理的圆柱销，标记为：

销　GB/T 119.2　6×30-A

公称直径 d=6mm、其公差为 m6、公称长度 l=30mm、材料为 C1 组马氏体不锈钢、表面简单处理的圆柱销，标记为：

销　GB/T 119.2　6×30-C1

表 6-3-5

mm

d(m6/h8)	0.6	0.8	1	1.2	1.5	2	2.5	3	4	5	6	8	10	12	16	20	25	30	40	50
c ≈	0.12	0.16	0.2	0.25	0.3	0.35	0.4	0.5	0.63	0.8	1.2	1.6	2	2.5	3	3.5	4	5	6.3	8
商品规格 l	2~6	2~8	4~10	4~12	4~16	6~20	6~24	8~30	8~40	10~50	12~60	14~80	18~95	22~140	26~180	35~200	50~200	60~200	80~200	95~200
1m 长的质量/kg≈	0.002	0.004	0.006	—	0.014	0.024	0.037	0.054	0.097	0.147	0.221	0.395	0.611	0.887	1.57	2.42	3.83	5.52	9.64	15.2
l 系列	2,3,4,5,6,8,10,12,14,16,18,20,22,24,26,28,30,32,35,40,45,50,55,60,65,70,75,80,85,90,95,100,120,140,160,180,200																			
技术条件 材料	GB/T 119.1　钢：奥氏体不锈钢 A1。GB/T 119.2　钢：A 型，普通淬火；B 型，表面淬火；马氏体不锈钢 C1																			
技术条件 表面粗糙度	GB/T 119.1　m6：Ra≤0.8μm；h8：Ra≤1.6μm。GB/T 119.2　Ra≤0.8μm																			
技术条件 表面处理	①钢：不经处理；氧化；磷化；镀锌钝化。②不锈钢：简单处理。③其他表面镀层或表面处理，由供需双方协议。④所有公差仅适用于涂、镀前的公差																			

注：1. d 的其他公差由供需双方协议。

2. GB/T 119.2 中 d 的尺寸范围为 1~20mm。

3. 公称长度大于 200mm（GB/T 119.1）和大于 100mm（GB/T 119.2），按 20mm 递增。

内螺纹圆柱销　不淬硬钢和奥氏体不锈钢

（摘自 GB/T 120.1—2000）

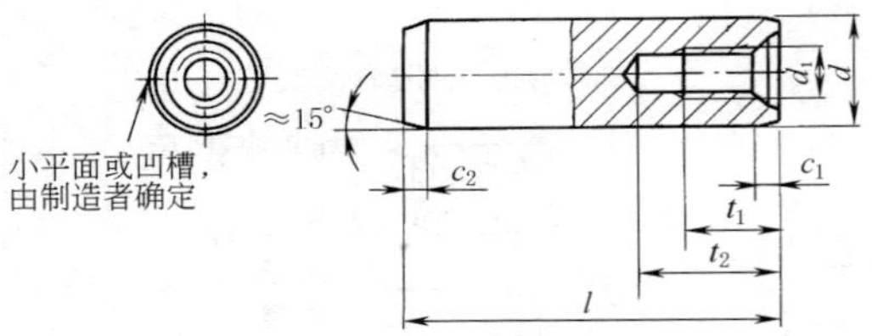

标记示例

公称直径 d=6mm、其公差为 m6、公称长度 l=30mm、材料为钢、不经淬火、不经表面处理的内螺纹圆柱销，标记为：

销　GB/T 120.1　6×30

公称直径 d=6mm、其公差为 m6、公称长度 l=30mm、材料为 A1 组奥氏体不锈钢、表面简单处理的内螺纹圆柱销，标记为：

销　GB/T 120.1　6×30-A1

内螺纹圆柱销　淬硬钢和马氏体不锈钢（摘自 GB/T 120.2—2000）

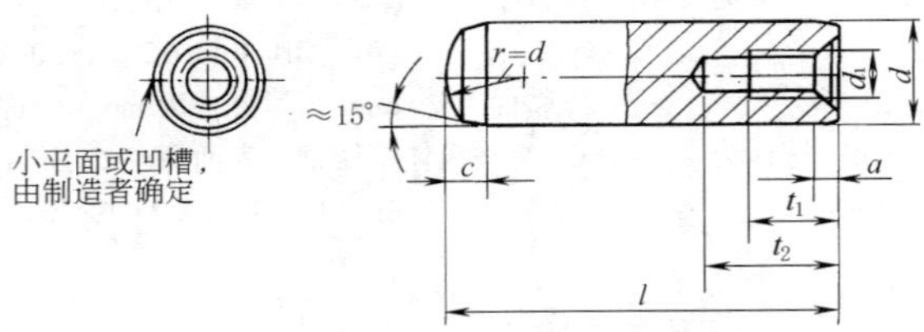

A型　球面圆柱端，适用于普通淬火钢和马氏体不锈钢

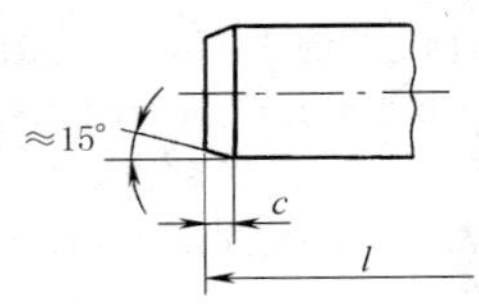

B型　平端，适用于表面淬火钢

标记示例

公称直径 d=6mm、公差 m6、公称长度 l=30mm、材料为钢、普通淬火（A 型）、表面氧化处理的内螺纹圆柱销，标记为：

销　GB/T 120.2　6×30-A

公称直径 d=6mm、公差 m6、公称长度 l=30mm、材料为 C1 组马氏体不锈钢、表面简单处理的内螺纹圆柱销，标记为：

销　GB/T 120.2　6×30-C1

表 6-3-6　　mm

d(m6)	6	8	10	12	16	20	25	30	40	50
$a,c_1\approx$	0.8	1	1.2	1.6	2	2.5	3	4	5	6.3
$c_2\approx$	1.2	1.6	2	2.5	3	3.5	4	5	6.3	8
d_1	M4	M5	M6	M6	M8	M10	M16	M20	M20	M24
t_1	6	8	10	12	16	18	24	30	30	36
t_2(最小)	10	12	16	20	25	28	35	40	40	50
$c\approx$	2.1	2.6	3	3.8	4.6	6	6	7	8	10
商品规格 l	16~60	18~80	22~100	26~120	32~160	40~200	50~200	60~200	80~200	100~200
l 系列	16,18,20,22,24,26,28,30,32,35,40,45,50,55,60,65,70,75,80,85,90,95,100,120,140,160,180,200									
技术条件　材料	GB/T 120.1　钢：奥氏体不锈钢 A1。GB/T 120.2　钢：A 型，普通淬火；B 型，表面淬火；马氏体不锈钢 C1									
技术条件　表面粗糙度	$Ra\leqslant0.8\mu m$									
技术条件　表面处理	①钢：不经处理；氧化；磷化；镀锌钝化。②不锈钢：简单处理。③其他表面镀层或表面处理，由供需双方协议。④所有公差仅适用于涂、镀前的公差									

注：1. d 的其他公差由供需双方协议。

2. 公称长度大于 200mm，按 20mm 递增。

开尾圆锥销（摘自 GB/T 877—1986）

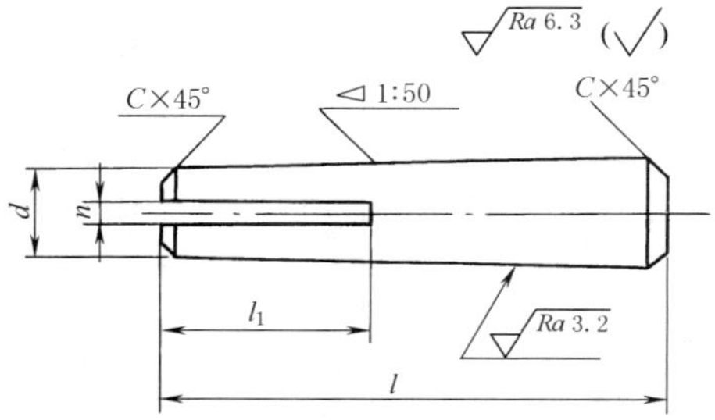

标记示例

公称直径 d=10mm、长度 l=60mm、材料 35 钢、不经热处理及表面处理的开尾圆锥销，标记为：

销 GB/T 877 8×60

表 6-3-7 mm

d(公称)	3	4	5	6	8	10	12	16
n(公称)	0.8		1		1.6		2	
l_1	10		12	15	20	25	30	40
C≈	0.5		1			1.5		
l	30~55	35~60	40~80	50~100	60~120	70~160	80~200	100~200
l 系列	30,32,35,40,45,50,55,60,65,70,75,80,85,90,95,100,120,140,160,180,200							

注：标记示例材料为常用材料，其他材料有 45、30CrMnSiA、H62、HPb59-1、QSi3-1、1Cr3、2Cr3、Cr17Ni2、1Cr18Ni9Ti 等，热处理及表面处理见 GB/T 121。

开槽无头螺钉（摘自 GB/T 878—2007）

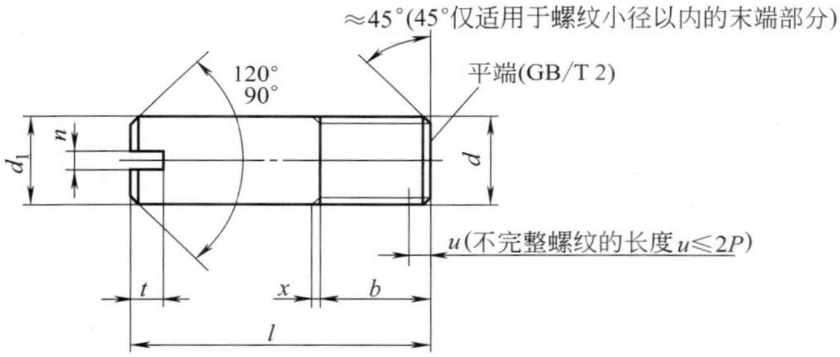

标记示例

螺纹规格为 M4、公称长度 l=10mm、性能等级为 14H、表面氧化处理的 A 级开槽无头螺钉的标记：

螺钉 GB/T 878 M4×10

表 6-3-8 mm

螺纹规格 d		M1	M1.2	M1.6	M2	M2.5	M3	(M3.5)[a]	M4	M5	M6	M8	M10
螺距 P		0.25	0.25	0.35	0.4	0.45	0.5	0.6	0.7	0.8	1	1.25	1.5
$b\ _{0}^{+2P}$		1.2	1.4	1.9	2.4	3	3.6	4.2	4.8	6	7.2	9.6	12
d_3	min	0.86	1.06	1.46	1.86	2.36	2.86	3.32	3.82	4.82	5.82	7.78	9.78
	max	1.0	1.2	1.6	2.0	2.5	3.0	3.5	4.0	5.0	6.0	8.0	10.0
n	公称	0.2	0.25	0.3	0.3	0.4	0.5	0.5	0.6	0.8	1	1.2	1.6
	min	0.26	0.31	0.36	0.36	0.46	0.56	0.56	0.66	0.86	1.06	1.26	1.66
	max	0.40	0.45	0.50	0.50	0.60	0.70	0.70	0.80	1.0	1.2	1.51	1.91
t	min	0.63	0.63	0.88	1.0	1.10	1.25	1.5	1.75	2.0	2.5	3.1	3.75
	max	0.78	0.79	1.06	1.2	1.33	1.5	1.78	2.05	2.35	2.9	3.6	4.25
x max		0.6	0.6	0.9	1	1.1	1.25	1.5	1.75	2	2.5	3.2	3.8
l		2.5~4	3~5	4~6	5~8	5~10	6~12	8~14	8~14	10~20	12~25	14~30	16~35
材料				钢			不锈钢			有色金属			
机械性能	等级			14H、22H、45H			A1-12H			CU2、CU3、AL4			
	标准			GB/T 3098.3			GB/T 3098.16			GB/T 3098.10			
表面处理				不经处理； 氧化； 电镀，技术要求按 GB/T 5267.1； 非电解锌片涂层，技术要求按 GB/T 5267.2			简单处理			简单处理； 电镀，技术要求按 GB/T 5267.1			

弹性圆柱销　直槽　重型（摘自 GB/T 879.1—2000）　　弹性圆柱销　直槽　轻型（摘自 GB/T 879.2—2000）

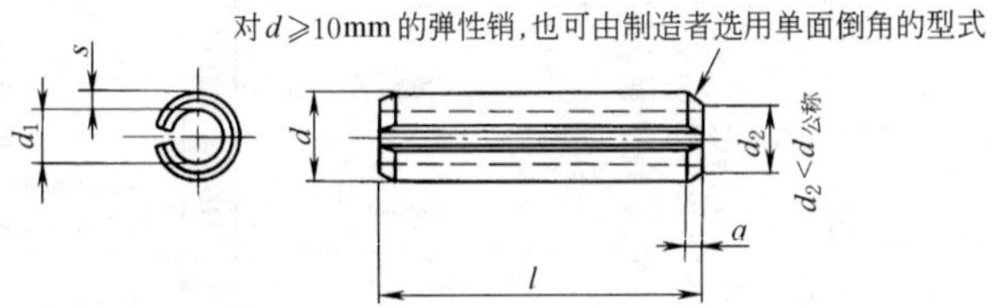

标记示例

公称直径 $d=6$mm、公称长度 $l=30$mm、材料为钢（St）、热处理硬度 500HV30～560HV30、表面氧化处理、直槽、重型弹性圆柱销，标记为：销　GB/T 879.1　6×30

表 6-3-9　　mm

d	公称	1	1.5	2	2.5	3	3.5	4	4.5	5	6	8	10	12	13	14	16	18	20	21	25	28	30	32	35	38	40	45	50
	最大	1.3	1.8	2.4	2.9	3.4	4	4.6	5.1	5.6	6.7	8.5	10.8	12.8	13.8	14.8	16.8	18.9	20.9	21.9	25.9	28.9	30.9	32.9	35.9	38.9	40.9	45.9	50.9
	最小	1.2	1.7	2.3	2.8	3.3	3.8	4.4	4.9	5.4	6.4	8.3	10.5	12.5	13.5	14.5	16.5	18.5	20.5	21.5	25.1	28.5	30.5	32.5	35.5	38.5	40.5	45.5	50.5
GB/T 879.1	d_1	0.8	1.1	1.5	1.8	2.1	2.3	2.8	2.9	3.4	4	5.5	6.5	7.5	8.3	8.5	10.5	11.5	12.5	13.5	15.5	17.5	18.5	20.5	21.5	23.5	25.5	28.5	31.5
	a(最大)	0.35	0.45	0.55	0.6	0.7	0.8	0.85	1	1.1	1.4	2	2.4	2.4	2.4	2.4	2.4	2.4	3.4	3.4	3.4	3.4	3.4	3.6	3.6	4.6	4.6	4.6	4.6
	s	0.2	0.3	0.4	0.5	0.6	0.75	0.8	1	1	1.2	1.5	2	2.5	2.5	3	3	3.5	4	4	5	5.5	6	6	7	7.5	7.5	8.5	9.5
	G_{min}/kN	0.7	1.5	2.82	4.38	6.32	9.06	11.24	15.36	17.54	26.04	42.76	70.16	104.1	115.1	144.7	171	222.5	280.6	298.2	438.5	452.6	631.4	684	859	1003	1068	1360	1685
GB/T 879.2	d_1	—	—	1.9	2.3	2.7	3.1	3.4	3.9	4.4	4.9	7	8.5	10.5	11	11.5	13.5	15	16.5	17.5	21.5	23.5	25.5	—	28.5	—	32.5	37.5	40.5
	a(最大)	—	—	0.4	0.45	0.45	0.5	0.7	0.7	0.7	0.9	1.8	2.4	2.4	2.4	2.4	2.4	2.4	2.4	2.4	3.4	3.4	3.4	—	3.4	—	4.6	4.6	4.6
	s	—	—	0.2	0.25	0.3	0.35	0.5	0.5	0.5	0.75	0.75	1	1	1.2	1.5	1.5	1.7	2	2	2	2.5	2.5	—	3.5	—	4	4	5
	G_{min}/kN	—	—	1.5	2.4	3.5	4.6	8	8.8	10.4	18	24	40	48	66	84	98	126	158	168	202	280	302	—	490	—	634	720	1000
商品规格 l		4～20	4～20	4～30	4～30	4～40	4～40	4～50	5～50	5～80	10～100	10～120	10～160	10～180	10～180	10～200	10～200	10～200	10～200	14～200	14～200	14～200	14～200	20～200	20～200	20～200	20～200	20～200	20～200
l 系列		4,5,6,8,10,12,14,16,18,20,22,24,26,28,30,32,35,40,45,50,55,60,65,70,75,80,85,90,95,100,120,140,160,180,200																											
材料		由制造者任选，优质碳素钢或硅锰钢；奥氏体不锈钢 A；马氏体不锈钢 C。																											
表面处理		①钢：不经处理；氧化；磷化；镀锌钝化。②奥氏体不锈钢：简单处理。③马氏体不锈钢：简单处理。④其他表面镀层或表面处理，由供需双方协议。⑤所有公差仅适用于涂、镀前的公差																											
直槽		标准的、槽的形状和宽度由制造者任选																											
表面		不允许有不规则的和有害的缺陷；销的任何部位不得有毛刺																											

注：1. a 值为参考。2. G_{min} 为最小双面剪切载荷，kN。仅适用钢和马氏体不锈钢；对奥氏体不锈钢弹性柱销，不规定双面剪切载荷值。3. 公称长度大于 200mm，按 20mm 递增。4. d 的最大及最小尺寸为装配前尺寸。5. 销孔的公称直径应等于弹性销的公称直径（$d_{公称}$），其公差带为 H12。6. 由于弹性圆柱销带开口，槽口位置不应装在销受压的一面，在组装图上应表示槽口方向。销装入允许的最小销孔时，槽口也不得完全闭合。7. 详细的材料成分及技术条件，请见有关国家标准。

弹性圆柱销　卷制　重型（摘自 GB/T 879.3—2000）
弹性圆柱销　卷制　标准型（摘自 GB/T 879.4—2000）
弹性圆柱销　卷制　轻型（摘自 GB/T 879.5—2000）

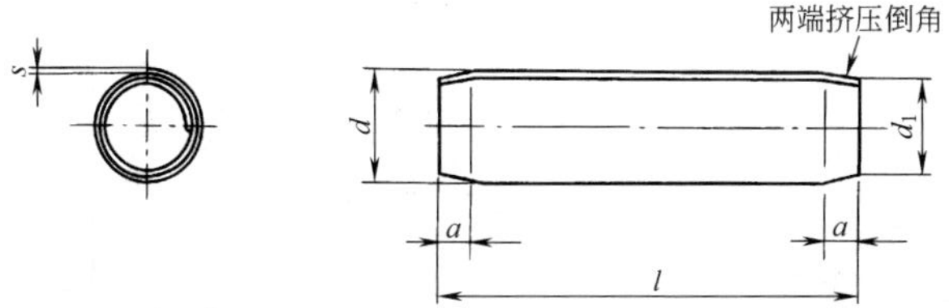

标记示例

公称直径 $d=6$mm、公称长度 $l=30$mm、材料为钢（St）、热处理硬度 420HV30~545HV30、表面氧化处理、卷制、重型弹性圆柱销，标记为：销　GB/T 879.3　6×30

公称直径 $d=6$mm、公称长度 $l=30$mm、材料为奥氏体不锈钢（A）、不经处理、表面简单处理、卷制、重型弹性圆柱销，标记为：销　GB/T 879.3　6×30-A

表 6-3-10　　mm

d(公称)			0.8	1	1.2	1.5	2	2.5	3	3.5	4	5	6	8	10	12	14	16	20
GB/T 879.3	d（装配前）	最大	—	—	—	1.71	2.21	2.73	3.25	3.79	4.3	5.35	6.4	8.55	10.65	12.75	14.85	16.9	21
		最小	—	—	—	1.61	2.11	2.62	3.12	3.64	4.15	5.15	6.18	8.25	10.3	12.7	14.6	16.4	20.4
	s		—	—	—	0.17	0.22	0.28	0.33	0.39	0.45	0.56	0.67	0.9	1.1	1.3	1.6	1.8	2.2
	G_{min}/kN	①	—	—	—	1.9	3.5	5.5	7.6	10	13.5	20	30	53	84	120	165	210	340
		②	—	—	—	1.45	2.5	3.8	5.7	7.6	10	15.5	23	41	64	91	—	—	—
GB/T 879.4	d（装配前）	最大	0.91	1.15	1.35	1.73	2.25	2.78	3.3	3.85	4.4	5.5	6.5	8.83	10.8	12.85	14.95	17	21.1
		最小	0.85	1.05	1.25	1.62	2.13	2.65	3.15	3.67	4.2	5.25	6.25	8.3	10.35	12.4	14.45	16.45	20.4
	s		0.07	0.08	0.1	0.13	0.17	0.21	0.25	0.29	0.33	0.42	0.5	0.67	0.84	1	1.2	1.3	1.7
	G_{min}/kN	①	0.4	0.6	0.9	1.45	2.5	3.9	5.5	7.5	9.6	15	22	39	62	89	120	155	250
		②	0.3	0.45	0.65	1.05	1.9	2.9	4.2	5.7	7.6	11.5	16.8	30	48	67	—	—	—
GB/T 879.5	d（装配前）	最大	—	—	—	1.75	2.28	2.82	3.35	3.87	4.45	5.5	6.55	8.65	—	—	—	—	—
		最小	—	—	—	1.62	2.13	2.65	3.15	3.67	4.2	5.2	6.25	8.3	—	—	—	—	—
	s		—	—	—	0.08	0.11	0.14	0.17	0.19	0.22	0.28	0.33	0.45	—	—	—	—	—
	G_{min}/kN	①	—	—	—	0.8	1.5	2.3	3.3	4.5	5.7	9	13	23	—	—	—	—	—
		②	—	—	—	0.65	1.1	1.8	2.5	3.4	4.4	7	10	18	—	—	—	—	—
d_1（装配前）			0.75	0.95	1.15	1.4	1.9	2.4	2.9	3.4	3.9	4.85	5.85	7.8	9.75	11.7	13.6	15.6	19.6
a			0.3	0.3	0.4	0.5	0.7	0.7	0.9	1	1.1	1.3	1.5	2	2.5	3	3.5	4	4.5
商品规格 l			4~16			4~24	4~40	5~45	6~50		8~60	10~60	12~75	16~120	20~120	24~160	28~200	32~200	45~200
l 系列			4,5,6,8,10,12,14,16,18,20,22,24,26,28,30,32,35,40,45,50,55,60,65,70,75,80,85,90,95,100,140,160,180,200																
技术条件	材　料		钢；奥氏体不锈钢 A；马氏体不锈钢 C																
	表面缺陷		不允许有不规则的和有害的缺陷；销的任何部位不得有毛刺																
	表面处理		①钢：不经处理；氧化；磷化；镀锌钝化。②奥氏体不锈钢 A 和马氏体不锈钢 C：简单处理。③其他表面镀层或表面处理，由供需双方协议。④所有公差仅适用于涂、镀前的公差																

①适用于钢和马氏体不锈钢产品。②适用于奥氏体不锈钢产品。

注：1. G_{min} 为最小双面剪切载荷，kN。2. 公称长度大于 200mm，按 20mm 递增（GB/T 879.3 和 GB/T 879.4）；公称长度大于 120mm，按 20mm 递增（GB/T 879.5）。3. 其他材料由供需双方协议。4. 同表 6-3-9 注 4、注 5、注 7。其中仅 GB/T 879.4 的公差带为：H12 适用于 $d \geqslant 1.5$mm；H10 适用于 $d \leqslant 1.2$mm。

无头销轴（摘自 GB/T 880—2008）

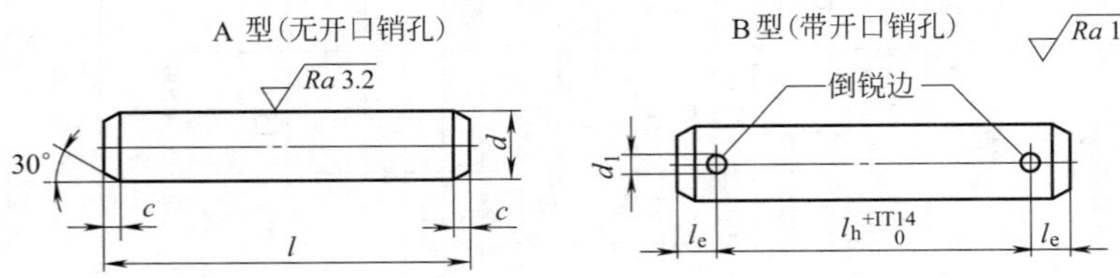

标记示例

公称直径 d=20mm、长度 l=100mm、由易切钢制造的硬度为 125~245HV、表面氧化处理的 B 型无头销轴的标记：

销　GB/T 880　20×100

开口销孔为 6.3mm，其余要求与上述示例相同的无头销轴的标记：

销　GB/T 880　20×100×6.3

孔距 l_h=80mm、开口销孔为 6.3mm，其余要求与上述示例相同的无头销轴的标记：

销　GB/T880　20×100×6.3×80

孔距 l_h=80mm，其余要求与上述示例相同的无头销轴的标记：

销　GB/T 880　20×100×80

表 6-3-11

d	h11[a]	3	4	5	6	8	10	12	14	16	18
d_1	H13[b]	0.8	1	1.2	1.6	2	3.2	3.2	4	4	5
c	max	1	1	2	2	2	2	3	3	3	3
l_e	min	1.6	2.2	2.9	3.2	3.5	4.5	5.5	6	6	7
l		6~30	8~40	10~50	12~60	16~80	20~100	24~120	28~140	32~160	35~180
d	h11[a]	20	22	24	27	30	33	36	40		
d_1	H13[b]	5	5	6.3	6.3	8	8	8	8		
c	max	4	4	4	4	4	4	4	4		
l_e	min	8	8	9	9	10	10	10	10		
l		40~200	45~200	50~200	55~200	60~200	65~200	70~200	80~200		
d	h11[a]	45	50	55	60	70	80	90	100		
d_1	H13[b]	10	10	10	10	13	13	13	13		
c	max	4	4	6	6	6	6	6	6		
l_e	min	12	12	14	14	16	16	16	16		
l		90~200	100~200	120~200	120~200	140~200	160~200	180~200	200		
l 系列		6,8,10,12,14,16,18,20,22,24,26,28,30,32,35,40,45,50,55,60,65,70,75,80,85,90,95,100,120,140,160,180,200									
材料		钢：易切钢；硬度：125~245HV									
表面处理		氧化；磷化（按 GB/T 11376）；镀锌铬酸盐转化膜（按 GB/T 5267.1）									

螺尾锥销（摘自 GB/T 881—2000）

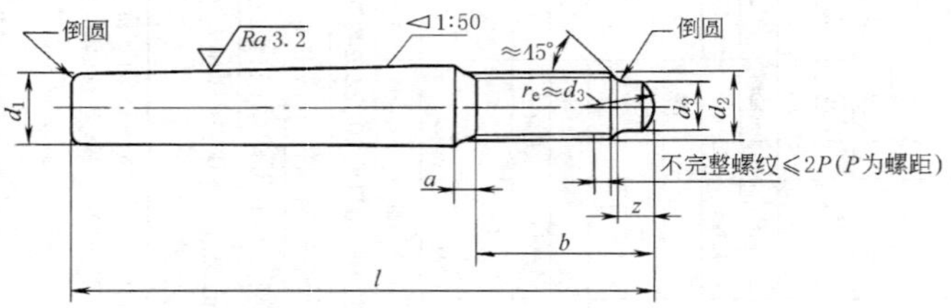

标记示例

公称直径 d=6mm、公称长度 l=60mm、材料 Y12 或 Y15、不经热处理、不经表面处理的螺尾锥销，标记为：销　GB/T 881　6×60

表 6-3-12

mm

d_1(h10)		5	6	8	10	12	16	20	25	30	40	50
a(最大)		2.4	3	4	4.5	5.3	6	6	7.5	9	10.5	12
b(最大)		15.6	20	24.5	27	30.5	39	39	45	52	65	78
d_2		M5	M6	M8	M10	M12	M16	M16	M20	M24	M30	M36
d_3(最大)		3.5	4	5.5	7	8.5	12	12	15	18	23	28
z(最大)		1.5	1.75	2.25	2.75	3.25	4.3	4.3	5.3	6.3	7.5	9.4
商品规格 l		40~50	45~60	55~75	65~100	85~120	100~160	120~190	140~250	160~280	190~360	220~400
100mm 长的质量/kg≈		0.027	0.031	0.057	0.078	0.116	0.203	0.318	0.509	0.753	1.34	2.122
l 系列		40,45,50,55,60,65,75,85,100,120,140,160,180,190,220,250,280,320,360,400										
技术条件	材料	易切钢 Y12、Y13；碳素钢 35（28~38HRC）、45（38~41HRC）；合金钢 30CrMnSiA；不锈钢 1Cr13、2Cr13、Cr17Ni2、0Cr18Ni9Ti										
	表面处理	①钢：不经处理；氧化；磷化；镀锌钝化。②不锈钢：简单处理。③其他表面镀层或表面处理，由供需双方协议。④所有公差仅适用于涂、镀前的公差										

注：1. 其他公差由供需双方协议。

2. 公称长度大于 400mm，按 40mm 递增。

销轴（摘自 GB/T 882—2008）

A 型（无开口销孔）　　B 型（带开口销孔）

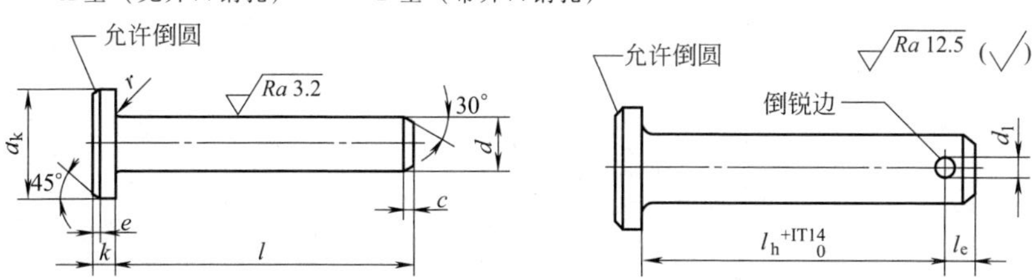

标记示例

公称直径 $d=10$mm、长度 $l=50$mm、材料 35 钢、热处理硬度 28～38HRC、表面氧化处理的 A 型销轴，标记为：销轴　GB/T 882　10×50

表 6-3-13　　　　mm

d(h11)(公称)	3	4	5	6	8	10	12	14	16	18	20	22	24	27	30	33	36	40	45	50	55	60	70	80	90	100
d_k(h14)	5	6	8	10	14	18	20	22	25	28	30	33	36	40	44	47	50	55	60	66	72	78	90	100	110	120
k(js14)	1		1.6	2	3		4		4.5	5	5	5.5	6		8				9		11	12	13			
d_1(h13)	0.8	1	1.2	1.6	2	3.2	3.2	4		5			6.3		8				10				13			
r	0.6									1																
$c$max	1		2				3				4										6					
e	0.5		1				1.6				2								4		6					
商品规格 l	6～30	8～40	10～50	12～60	16～80	14～100	20～120	28～140	32～160	35～180	40～200	45～200	50～200	55～200	60～200	65～200	70～200	80～200	90～200	100～200	120～200	120～200	140～200	160～200	180～200	200
l_e　min	1.6	2.2	2.9	3.2	3.5	4.5	5.5	6		7	8		9		10				12		14		16			
l 系列	6,8,10,12,14,16,18,20,22,24,26,28,30,32,35,40,45,50,55,60,65,70,75,80,85,90,95,100,120,140,160,180,200																									

注：材料同表 6-3-7 注。

开口销（摘自 GB/T 91—2000）

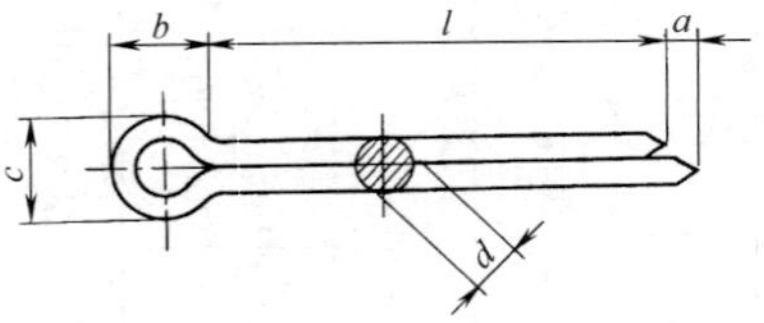

允许制造的型式

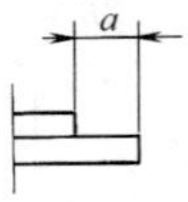

标记示例

公称规格为 5mm、公称长度 l=50mm、材料 Q215 或 Q235、不经表面处理的开口销，标记为：销　GB/T 91　5×50

表 6-3-14　　mm

公称规格	0.6	0.8	1	1.2	1.6	2	2.5	3.2	4	5	6.3	8	10	13	16	20
d 最大	0.5	0.7	0.9	1.0	1.4	1.8	2.3	2.9	3.7	4.6	5.9	7.5	9.5	12.4	15.4	19.3
d 最小	0.4	0.6	0.8	0.9	1.3	1.7	2.1	2.7	3.5	4.4	5.7	7.3	9.3	12.1	15.1	19.0
a(最大)	1.6	1.6	1.6	2.5	2.5	2.5	2.5	3.2	4	4	4	4	6.3	6.3	6.3	6.3
b≈	2	2.4	3	3	3.2	4	5	6.4	8	10	12.6	16	20	26	32	40
c(最大)	1	1.4	1.8	2	2.8	3.6	4.6	5.8	7.4	9.2	11.8	15	19	24.8	30.8	38.5
商品规格 l	4~12	5~16	6~20	8~25	8~32	10~40	12~50	14~63	18~80	22~100	32~125	40~160	45~200	71~250	112~280	160~280
使用的直径 螺栓 >	—	2.5	3.5	4.5	5.5	7	9	11	14	20	27	39	56	80	120	170
使用的直径 螺栓 ≤	2.5	3.5	4.5	5.5	7	9	11	14	20	27	39	56	80	120	170	—
使用的直径 U形销 >	—	2	3	4	5	6	8	9	12	17	23	29	44	69	110	160
使用的直径 U形销 ≤	2	3	4	5	6	8	9	12	17	23	29	44	69	110	160	—
100mm长的质量/kg≈	0.0004	0.0004	0.0007		0.0016	0.0033	0.005	0.0054	0.01	0.017	0.023	0.041				
l系列	4,5,6,8,10,12,14,16,18,20,22,25,28,32,36,40,45,50,56,63,71,80,90,100,112,125,140,160,180,200,224,250,280															
材料	碳素钢 Q215、Q235；铜合金 H63；不锈钢 1Cr17Ni7、0Cr18Ni9Ti；其他材料由供需双方协议															
表面处理	①钢：不经处理；镀锌钝化；磷化。②铜、不锈钢：简单处理。③其他表面镀层或表面处理由供需双方协议															
工作质量	①眼圈应尽可能制成圆形。②开口销两脚的横截面应为圆形，但允许开口销两脚平面与圆周交接处有圆角 $r=(0.05\sim0.1)d_{最大}$。③开口销两脚的间隙和两脚的错移量，应不大于开口销公称规格与 $d_{最大}$ 的差值。④开口销允许制成开口的（两脚内平面的夹角）：公称规格≤1.6 时，$\alpha\leqslant8°$；2~6.3 时，$\alpha\leqslant4°$；≥8 时，$\alpha\leqslant2°$															

注：1. 公称规格等于开口销孔直径。对销孔直径推荐的公差：公称规格≤1.2mm 为 H13；公称规格>1.2mm 为 H14。根据供需双方协议，允许采用公称规格为 3mm、6mm 和 12mm 的开口销。

2. 用于铁道和在 U 形销中开口销承受交变横向力的场合，推荐使用的开口销规格，应较本表规定的规格加大一挡。

2　键　连　接

2.1　键的类型、特点和应用

键连接是通过键来实现轴和轴上零件间的周向固定以传递运动和转矩。其中，有些类型的键还可实现轴向固定和传递轴向力，有些类型的键还能实现轴向动连接。键和键连接的类型、特点及应用见表 6-3-15。

表 6-3-15　　键和键连接的类型、特点及应用

类型和标准		简　　图	特点和应用
平键	普通型　平键 GB/T 1096—2003 薄型　平键 GB/T 1567—2003	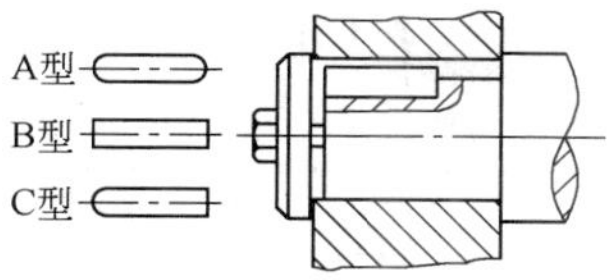	键的侧面为工作面,靠侧面传力,对中性好,装拆方便。无法实现轴上零件的轴向固定。定位精度较高,用于高速或承受冲击、变载荷的轴。薄型平键用于薄壁结构和传递转矩较小的地方。A 型键用端铣刀加工轴上键槽,键在槽中固定好,但应力集中较大;B 型键用盘铣刀加工轴上键槽,应力集中较小;C 型用于轴端
平键	导向型　平键 GB/T 1097—2003	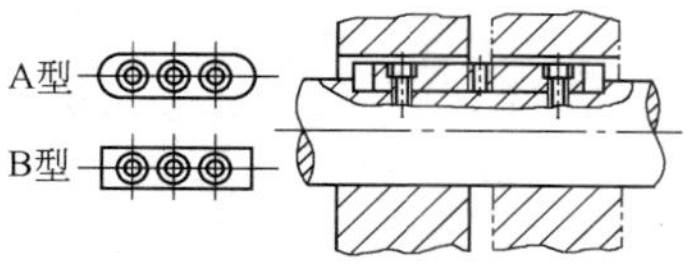	键的侧面为工作面,靠侧面传力,对中性好,拆装方便。无轴向固定作用。用螺钉把键固定在轴上,中间的螺纹孔用于起出键。用于轴上零件沿轴移动量不大的场合,如变速箱中的滑移齿轮
平键	滑键	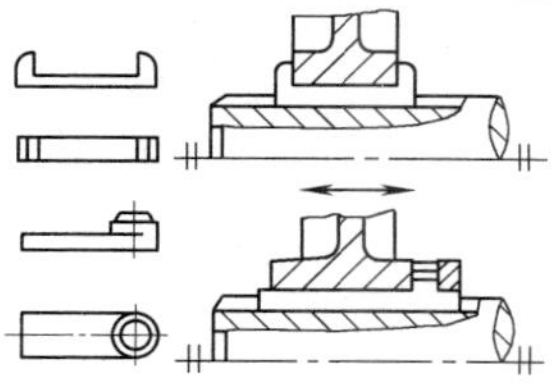	键的侧面为工作面,靠侧面传力,对中性好,拆装方便。键固定在轮毂上,轴上零件能带着键作轴向移动,用于轴上零件移动量较大的地方
半圆键	半圆键 GB/T 1099.1—2003	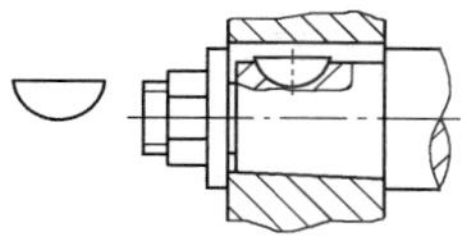	键的侧面为工作面,靠侧面传力,键可在轴槽中沿槽底圆弧滑动,装拆方便,但要加长键时,必定使键槽加深使轴强度削弱。一般用于轻载,常用于轴的锥形轴端处
楔键	普通型　楔键 GB/T 1564—2003 钩头型　楔键 GB/T 1565—2003 薄型　楔键 GB/T 16922—1997	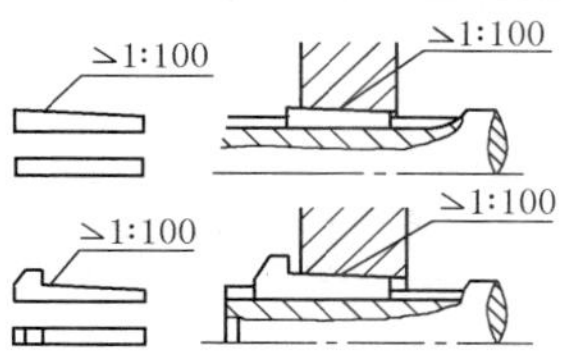	键的上下面为工作面,键的上表面和毂槽都有 1 ∶100 的斜度,装配时需打入、楔紧、造成偏心,键的上、下两面与轴和轮毂相接触。对轴上零件有轴向固定作用。由于楔紧力的作用使轴上零件偏心,导致对中精度不高,转速也受到限制。钩头供装拆用,但应加保护罩
楔键	切向键 GB/T 1974—2003	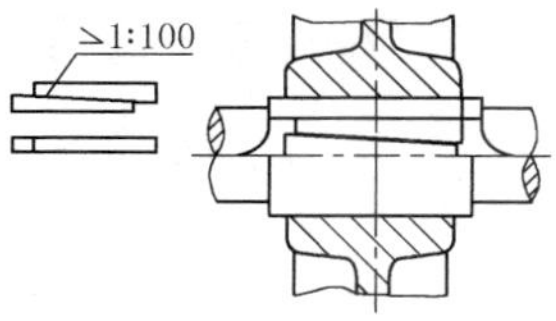	由两个斜度为 1 ∶100 的楔键组成。能传递较大的转矩,一对切向键只能传递一个方向的转矩,传递双向转矩时,要用两对切向键,互成 120°~135°。用于载荷大、对中要求不高的场合。键槽对轴的削弱大,常用于直径大于 100mm 的轴
端面键	端面键	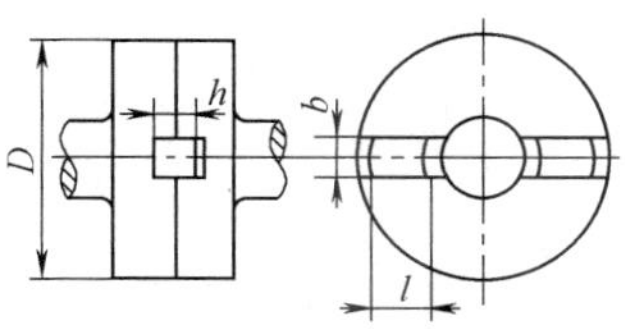	在圆盘端面嵌入平键,可用于凸缘间传力,常用于铣床主轴

2.2　键的选择和连接的强度计算

键的类型可根据使用要求、工作条件和连接的结构特点按表 6-3-15 选定。

键的剖面尺寸通常根据轴的直径和具体工作情况选取。对于薄壁空心轴、阶梯轴、传递转矩较小以及用于定位等情况下，允许选用剖面尺寸较小的键；有时，由于工艺需要也可选用较大的键。键的长度按轮毂长度从标准中选取，并按传递的转矩对键的剖面尺寸和长度进行验算。

键连接的强度计算公式见表 6-3-16。如单键强度不够采用双键时，应考虑键的合理布置。两个平键最好相隔

180°；两个半圆键则应沿轴心线布置在一条直线上；两个楔键夹角一般为 90°~120°；两个切向键间夹角一般为 120°~135°。双键连接的强度按 1.5 个键计算。如果轮毂允许适当加长，也可相应地增加键的长度，以提高单键连接的承载能力。但一般采用的键长不宜超过（1.6~1.8）d。必要时加大轴径或改用其他连接方式。

当键连接的轴与毂为过盈配合时，如过盈量较小，则在校核强度时可不考虑过盈连接。

表 6-3-16　　键连接的强度计算

<table>
<tr><th>类型</th><th>受力简图</th><th colspan="2">计算内容</th><th>计算公式</th><th>说　明</th></tr>
<tr><td rowspan="2">平键</td><td rowspan="2">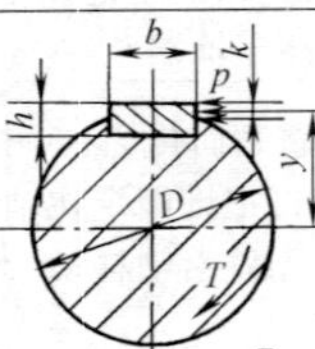
$y\approx\frac{D}{2}$</td><td rowspan="2">键或键槽工作面的挤压或磨损</td><td>静连接</td><td>$\sigma_p=\frac{2T}{Dkl}\leqslant\sigma_{pp}$</td><td rowspan="7">$T$——转矩，N·mm；
D——轴的直径，mm；
l——键的工作长度，mm，A 型 $l=L-b$，B 型 $l=L$，C 型 $l=L-b/2$；
k——键与轮毂的接触高度，mm，平键 $k=0.4h$（毂 t_2），半圆键 k 见表毂 t_2；
b——键的宽度，mm；
t——切向键工作面宽度，mm；
C——切向键倒角的宽度，mm；
μ——摩擦因数，对钢和铸铁 $\mu=0.12\sim0.17$；
σ_{pp}——键、轴、轮毂三者中最弱材料的许用挤压应力，MPa，见表 6-3-17；
p_{pp}——键、轴、轮毂三者中最弱材料的许用压强 MPa，见表 6-3-17</td></tr>
<tr><td>动连接</td><td>$p=\frac{2T}{Dkl}\leqslant p_{pp}$</td></tr>
<tr><td>半圆键</td><td>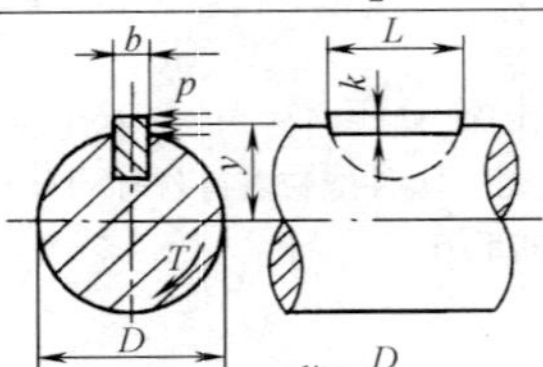
$y\approx\frac{D}{2}$</td><td colspan="2">键或键槽工作面的挤压</td><td>$\sigma_p=\frac{2T}{Dkl}\leqslant\sigma_{pp}$</td></tr>
<tr><td>楔键</td><td>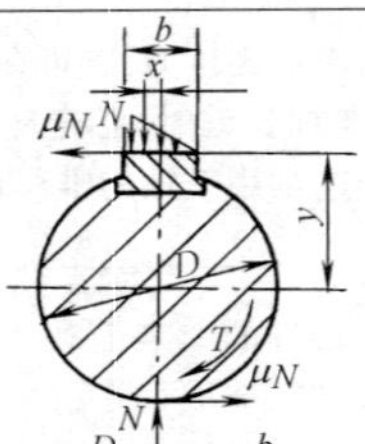
$y\approx\frac{D}{2}$，$x=\frac{b}{6}$</td><td colspan="2">键或键槽工作面的挤压</td><td>$\sigma_p=\frac{12T}{bl(6\mu D+b)}\leqslant\sigma_{pp}$</td></tr>
<tr><td>切向键</td><td>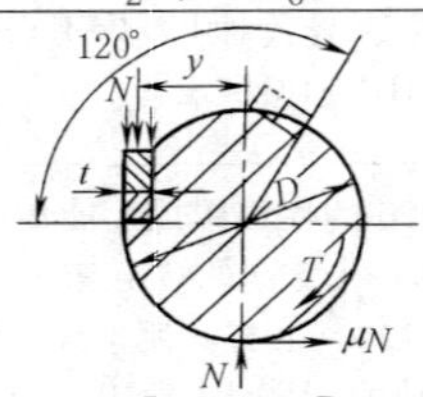
$y\approx\frac{D-t}{2}$，$t=\frac{D}{10}$</td><td colspan="2">键或键槽工作面的挤压</td><td>$\sigma_p=\frac{T}{(0.5\mu+0.45)Dl(t-C)}\leqslant\sigma_{pp}$</td></tr>
<tr><td>端面键</td><td>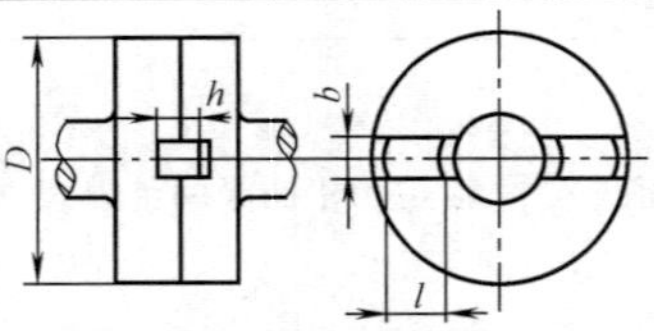</td><td colspan="2">键或键槽工作面挤压</td><td>$\sigma_p=\frac{4T}{Dhl(1-l/D)^2}\leqslant\sigma_{pp}$</td></tr>
</table>

注：平键连接的可能失效形式有较弱件（通常为轮毂）工作面被压溃（静连接）、磨损（动连接）和键的切断等。对于键实际采用的材料和标准尺寸来说，压溃和磨损常是主要失效形式，所以通常只进行键连接的挤压强度和耐磨性验算。

表 6-3-17　　键连接的许用挤压应力、许用压强和许用切应力　　MPa

<table>
<tr><th rowspan="2">许用应力及许用压强</th><th rowspan="2">连接工作方式</th><th rowspan="2">被连接零件材料</th><th colspan="3">不同载荷性质的许用值</th></tr>
<tr><th>静　载</th><th>轻微冲击</th><th>冲　击</th></tr>
<tr><td rowspan="2">σ_{pp}</td><td rowspan="2">静连接</td><td>钢</td><td>125~150</td><td>100~120</td><td>60~90</td></tr>
<tr><td>铸铁</td><td>70~80</td><td>50~60</td><td>30~45</td></tr>
<tr><td>p_{pp}</td><td>动连接</td><td>钢</td><td>50</td><td>40</td><td>30</td></tr>
<tr><td>τ_p</td><td></td><td></td><td>120</td><td>90</td><td>60</td></tr>
</table>

注：1. σ_{pp} 及 p_{pp} 应按连接中键、轴、轮毂三者的材料力学性能较弱的零件选取。

2. 如与键有相对滑动的被连接件表面经过表面硬化，则动连接的 p_{pp} 可提高 2~3 倍。

2.3 键的标准件

平键键槽的尺寸与公差（摘自 GB/T 1095—2003）

本标准规定了宽度 $b=2\sim100$mm 的普通型、导向型平键键槽的剖面尺寸

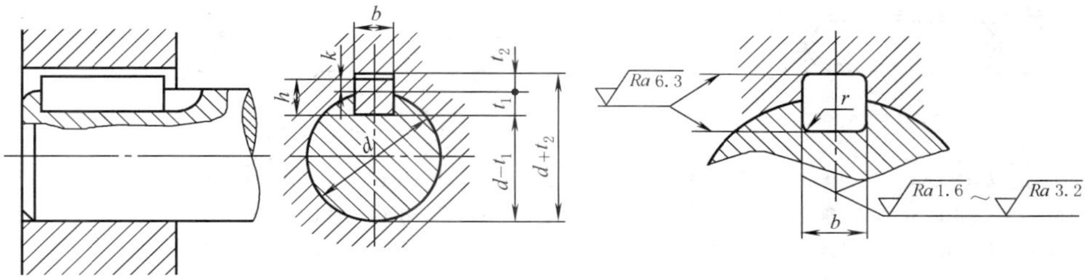

表 6-3-18　　mm

轴的公称直径 d	键尺寸 $b\times h$	键槽											
		宽度 b						深度				半径 r	
		基本尺寸	极限偏差					轴 t_1		毂 t_2			
			正常连接		紧密连接	松连接							
			轴 N9	毂 JS9	轴和毂 P9	轴 H9	毂 D10	基本尺寸	极限偏差	基本尺寸	极限偏差	最小	最大
6~8	2×2	2	−0.004	±0.0125	−0.006	+0.025	+0.060	1.2	+0.1	1.0		0.08	0.16
>8~10	3×3	3	−0.029		−0.031	0	+0.020	1.8	0	1.4	+0.1		
>10~12	4×4	4	0	±0.015	−0.012	+0.030	+0.078	2.5		1.8	0		
>12~17	5×5	5	−0.030		−0.042	0	+0.030	3.0		2.3		0.16	0.25
>17~22	6×6	6						3.5		2.8			
>22~30	8×7	8	0	±0.018	−0.015	+0.036	+0.098	4.0	+0.2	3.3			
>30~38	10×8	10	−0.036		−0.051	0	+0.040	5.0	0	3.3		0.25	0.40
>38~44	12×8	12						5.0		3.3			
>44~50	14×9	14	0	±0.0215	−0.018	+0.043	+0.120	5.5		3.8			
>50~58	16×10	16	−0.043		−0.061	0	+0.050	6.0		4.3			
>58~65	18×11	18						7.0		4.4	+0.2		
>65~75	20×12	20		±0.026				7.5		4.9	0	0.40	0.60
>75~85	22×14	22	0		−0.022	+0.052	+0.149	9.0		5.4			
>85~95	25×14	25	−0.052		−0.074	0	+0.065	9.0		5.4			
>95~110	28×16	28						10.0		6.4			
>110~130	32×18	32	0	±0.031	−0.026			11.0		7.4			
>130~150	36×20	36	−0.062		−0.088	+0.062	+0.180	12.0	+0.3	8.4		0.70	1.00
>150~170	40×22	40				0	+0.080	13.0	0	9.4			
>170~200	45×25	45						15.0		10.4			
>200~230	50×28	50						17.0		11.4			
>230~260	56×32	56		±0.037		+0.074	+0.220	20.0		12.4	+0.3	1.20	1.60
>260~290	63×32	63	0		−0.032	0	+0.100	20.0		12.4	0		
>290~330	70×36	70	−0.074		−0.106			22.0		14.4			
>330~380	80×40	80						25.0		15.4		2.00	2.50
>380~440	90×45	90	0	±0.0435	−0.037	+0.087	+0.260	28.0		17.4			
>440~500	100×50	100	−0.087		−0.124	0	+0.120	31.0		19.4			

注：1. 导向平键的轴槽与轮毂槽用较松键连接的公差。

2. 除轴伸外，在保证传递所需转矩条件下，允许采用较小截面的键，但 t_1 和 t_2 的数值必要时应重新计算，使键侧与轮毂槽接触高度各为 $h/2$。

3. 平键轴槽的长度公差用 H14。

4. 键槽的对称度公差：为便于装配，轴槽及轮毂槽对轴及轮毂轴心的对称度公差根据不同要求，一般可按 GB/T 1184—1996 中附表对称度公差 7~9 级选取。键槽（轴槽及轮毂槽）的对称度公差的公称尺寸是指键宽 b。

5. 表中（$d-t_1$）和（$d+t_2$）两组组合尺寸的极限偏差按相应的 t_1 和 t_2 的极限偏差选取，但（$d-t_1$）的极限偏差值应取负号。

6. 表中“轴的公称直径 d”是沿用旧标准（1979 年）的数据，仅供设计者初选时参考，然后根据工况验算确定键的规格。

普通平键的尺寸与公差（摘自 GB/T 1096—2003）

本标准规定了宽度 $b=2\sim100$mm 的普通 A 型、B 型、C 型的平键尺寸

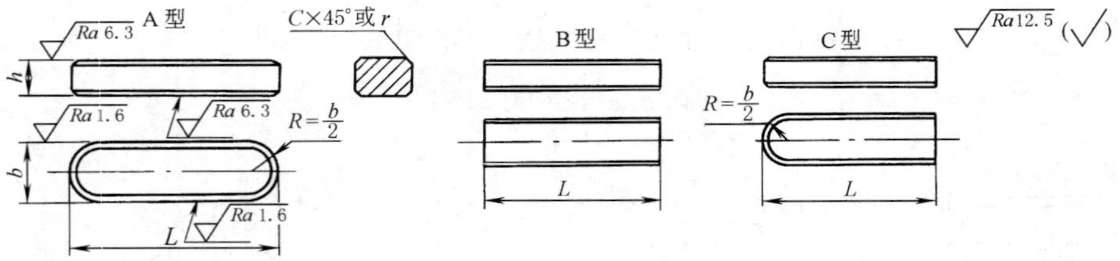

标记示例

宽度 $b=16$mm，$h=10$mm，$L=100$mm、普通 A 型平键，标记为：GB/T 1096　键 16×10×100

宽度 $b=16$mm，$h=10$mm，$L=100$mm、普通 B 型平键，标记为：GB/T 1096　键 B16×10×100

宽度 $b=16$mm，$h=10$mm，$L=100$mm、普通 C 型平键，标记为：GB/T 1096　键 C16×10×100

表 6-3-19　　mm

<table>
<tr><td rowspan="2">宽度 b</td><td colspan="2">基本尺寸</td><td>2</td><td>3</td><td>4</td><td>5</td><td>6</td><td>8</td><td>10</td><td>12</td><td>14</td><td>16</td><td>18</td><td>20</td><td>22</td></tr>
<tr><td colspan="2">极限偏差
(h8)</td><td colspan="2">0
−0.014</td><td colspan="3">0
−0.018</td><td colspan="2">0
−0.022</td><td colspan="4">0
−0.027</td><td colspan="2">0
−0.033</td></tr>
<tr><td rowspan="3">高度 h</td><td colspan="2">基本尺寸</td><td>2</td><td>3</td><td>4</td><td>5</td><td>6</td><td>7</td><td>8</td><td>8</td><td>9</td><td>10</td><td>11</td><td>12</td><td>14</td></tr>
<tr><td rowspan="2">极限偏差</td><td>矩形
(h11)</td><td colspan="2">—</td><td colspan="3">—</td><td colspan="5">0
−0.090</td><td colspan="3">0
−0.110</td></tr>
<tr><td>方形
(h8)</td><td colspan="2">0
−0.014</td><td colspan="3">0
−0.018</td><td colspan="5">—</td><td colspan="3">—</td></tr>
<tr><td colspan="3">C 或 r</td><td colspan="3">0.16～0.25</td><td colspan="3">0.25～0.40</td><td colspan="5">0.40～0.60</td><td colspan="2">0.60～0.80</td></tr>
<tr><td rowspan="2">宽度 b</td><td colspan="2">基本尺寸</td><td>25</td><td>28</td><td>32</td><td>36</td><td>40</td><td>45</td><td>50</td><td>56</td><td>63</td><td>70</td><td>80</td><td>90</td><td>100</td></tr>
<tr><td colspan="2">极限偏差
(h8)</td><td colspan="2">0
−0.033</td><td colspan="5">0
−0.039</td><td colspan="4">0
−0.046</td><td colspan="2">0
−0.054</td></tr>
<tr><td rowspan="3">高度 h</td><td colspan="2">基本尺寸</td><td>14</td><td>16</td><td>18</td><td>20</td><td>22</td><td>25</td><td>28</td><td>32</td><td>32</td><td>36</td><td>40</td><td>45</td><td>50</td></tr>
<tr><td rowspan="2">极限偏差</td><td>矩形
(h11)</td><td colspan="3">0
−0.110</td><td colspan="4">0
−0.130</td><td colspan="6">0
−0.160</td></tr>
<tr><td>方形
(h8)</td><td colspan="3">—</td><td colspan="4">—</td><td colspan="6">—</td></tr>
<tr><td colspan="3">C 或 r</td><td colspan="3">0.60～0.80</td><td colspan="4">1.00～1.20</td><td colspan="3">1.60～2.00</td><td colspan="3">2.50～3.00</td></tr>
<tr><td colspan="3">长度 L
（极限偏差 h14）</td><td colspan="13">10,12,14,16,18,20,22,25,28,32,36,40,45,50,56,63,70,80,90,100,110,125,140,160,180,200,250,280,320,360,400</td></tr>
</table>

注：当键长大于 500mm 时，为减小由于直线度而引起的问题，键长应小于 10 倍的键宽。

薄型平键键槽的尺寸与公差（摘自 GB/T 1566—2003）

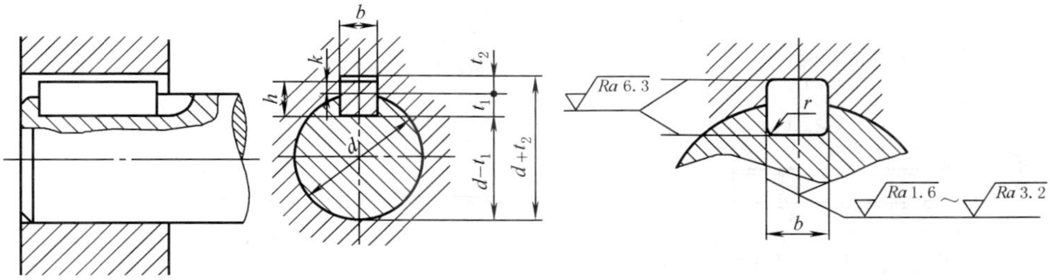

表 6-3-20　　mm

轴的公称直径 d	键尺寸 $b\times h$	键槽											
		宽度 b						深度				半径 r	
		基本尺寸	极限偏差					轴 t_1		毂 t_2			
			正常连接		紧密连接	松连接		基本尺寸	极限偏差	基本尺寸	极限偏差		
			轴 N9	毂 JS9	轴和毂 P9	轴 H9	毂 D10					最小	最大
12~17	5×3	5	0 −0.030	±0.015	−0.012 −0.042	+0.030 0	+0.078 +0.030	1.8	+0.1 0	1.4	+0.1 0	0.16	0.25
>17~22	6×4	6						2.5		1.8			
>22~30	8×5	8	0 −0.036	±0.018	−0.015 −0.051	+0.036 0	+0.098 +0.040	3.0		2.3			
>30~38	10×6	10						3.5		2.8		0.25	0.40
>38~44	12×6	12	0 −0.043	±0.0215	−0.018 −0.061	+0.043 0	+0.120 +0.050	3.5		2.8			
>44~50	14×6	14						3.5		2.8			
>50~58	16×7	16						4.0	+0.2 0	3.3	+0.2 0		
>58~65	18×7	18						4.0		3.3			
>65~75	20×8	20	0 −0.052	±0.026	−0.022 −0.074	+0.052 0	+0.149 +0.065	5.0		3.3		0.40	0.60
>75~85	22×9	22						5.5		3.8			
>85~95	25×9	25						5.5		3.8			
>95~110	28×10	28						6.0		4.3			
>110~130	32×11	32	0 −0.062	±0.031	−0.026 −0.088	+0.062 0	+0.180 +0.080	7.0		4.4			
>130~150	36×12	36						7.5		4.9		0.70	1.00

注：1. 导向平键的轴槽与轮毂槽用较松键连接的公差。

2. 除轴伸外，在保证传递所需转矩条件下，允许采用较小截面的键，但 t_1 和 t_2 的数值必要时应重新计算，使键侧与轮毂槽接触高度各为 $h/2$。

3. 平键轴槽的长度公差用 H14。

4. 键槽的对称度公差：为便于装配，轴槽及轮毂槽对轴及轮毂轴心的对称度公差根据不同要求，一般可按 GB/T 1184—1996 中附表对称度公差 7~9 级选取。键槽（轴槽及轮毂槽）的对称度公差的公称尺寸是指键宽 b。

5. 表中（$d-t_1$）和（$d+t_2$）两组组合尺寸的极限偏差按相应的 t_1 和 t_2 的极限偏差选取，但（$d-t_1$）的极限偏差值应取负号。

6. 表中“轴的公称直径 d”是沿用旧标准（1979 年）的数据，仅供设计者初选时参考，然后根据工况验算确定键的规格。

薄型平键的尺寸与公差（摘自 GB/T 1567—2003）

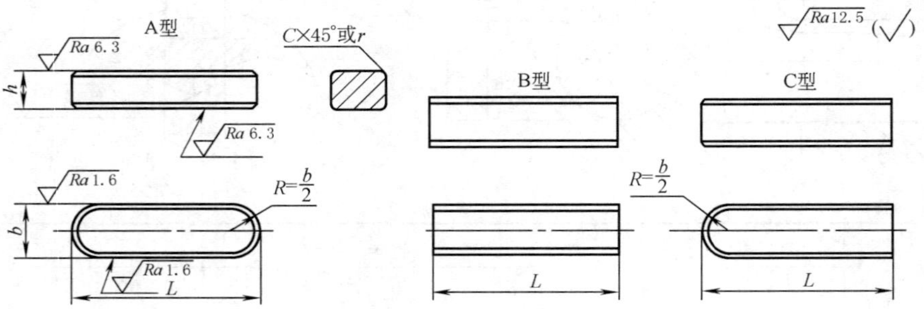

标记示例

宽度 b=16mm、高度 h=7mm、长度 L=100mm、薄 A 型平键，标记为：GB/T 1567　键 16×7×100

宽度 b=16mm、高度 h=7mm、长度 L=100mm、薄 B 型平键，标记为：GB/T 1567　键 B16×7×100

宽度 b=16mm、高度 h=7mm、长度 L=100mm、薄 C 型平键，标记为：GB/T 1567　键 C16×7×100

表 6-3-21　　mm

宽度 b	基本尺寸	5	6	8	10	12	14	16	18	20	22	25	28	32	36
	极限偏差（h8）	0 −0.018		0 −0.022		0 −0.027				0 −0.033				0 −0.039	
高度 h	基本尺寸	3	4	5	6	6	6	7	7	8	9	9	10	11	12
	极限偏差（h11）	0 −0.060	0 −0.075					0 −0.090						0 −0.110	
C 或 r		0.25~0.40			0.40~0.60					0.60~0.80				1.0~1.2	
长度 L（极限偏差 h14）		10,12,14,16,18,20,22,25,28,32,36,40,45,50,56,63,70,80,90,100,110,125,140,160,180,200,250,280,320,360,400													

导向平键的尺寸与公差（摘自 GB/T 1097—2003）

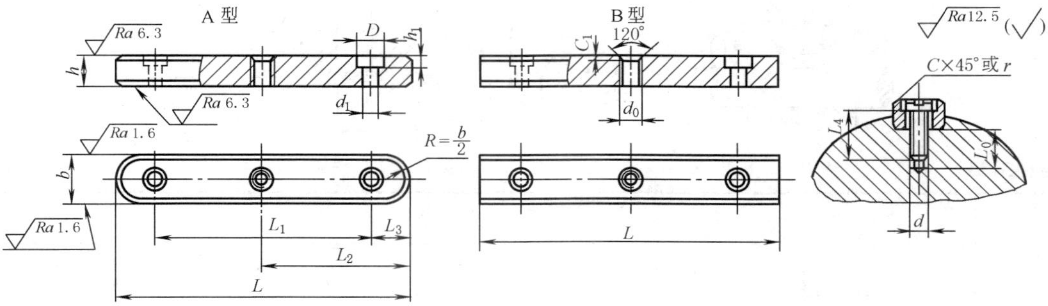

标记示例

宽度 b=16mm、高度 h=10mm、长度 L=100mm、导向 A 型平键，标记为：GB/T 1097　键 16×100

宽度 b=16mm、高度 h=10mm、长度 L=100mm、导向 B 型平键，标记为：GB/T 1097　键 B16×100

表 6-3-22　　mm

b	基本尺寸	8	10	12	14	16	18	20	22	25	28	32	36	40	45
	极限偏差（h8）	0 −0.022		0 −0.027				0 −0.033				0 −0.039			
h	基本尺寸	7	8	8	9	10	11	12	14	14	16	18	20	22	25
	极限偏差（h11）	0 −0.090					0 −0.110						0 −0.130		
C 或 r		0.25～0.40	0.40～0.60						0.60～0.80				1.00～1.20		
h_1		2.4		3.0	3.5		4.5			6		7	8		
d_0		M3		M4	M5		M6			M8		M10	M12		
d_1		3.4		4.5	5.5		6.6			9		11	14		
D		6		8.5	10		12			15		18	22		
C_1		0.3		0.5									1.0		
L_0		7	8	10			12			15		18	22		
螺钉（d×L_4）		M3×8	M3×10	M4×10	M5×10		M6×12		M6×16	M8×16		M10×20	M12×25		

L 与 L_1、L_2、L_3 的对应长度系列

L	25	28	32	36	40	45	50	56	63	70	80	90	100	110	125	140	160	180	200	220	250	280	320	360	400	450
L_1	13	14	16	18	20	23	26	30	35	40	48	54	60	66	75	80	90	100	110	120	140	160	180	200	220	250
L_2	12.5	14	16	18	20	22.5	25	28	31.5	35	40	45	50	55	62.5	70	80	90	100	110	125	140	160	180	200	225
L_3	6	7	8	9	10	11	12	13	14	15	16	18	20	22	25	30	35	40	45	50	55	60	70	80	90	100

注：1. 当键长大于 450mm 时，为减小由于直线度而引起的问题，键长应小于 10 倍的键宽。

2. 固定用螺钉应符合 GB/T 822 或 GB/T 65 的规定。

半圆键键槽的尺寸与公差（摘自 GB/T 1098—2003）

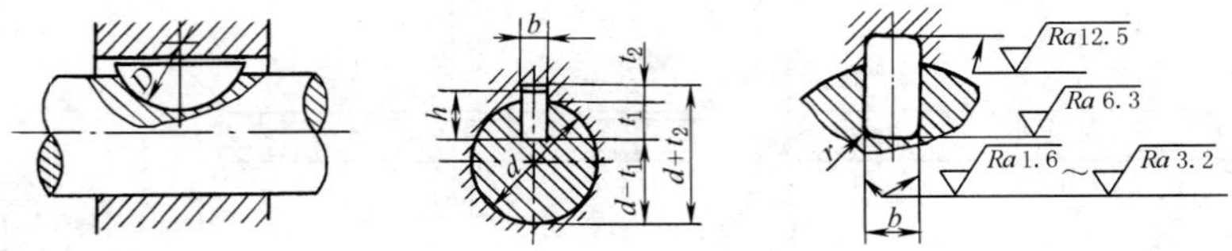

表 6-3-23　　mm

键尺寸 $b\times h\times D$	键槽 宽度 b 基本尺寸	宽度 b 极限偏差 正常连接 轴 N9	正常连接 毂 JS9	紧密连接 轴和毂 P9	松连接 轴 H9	松连接 毂 D10	深度 轴 t_1 基本尺寸	轴 t_1 极限偏差	毂 t_2 基本尺寸	毂 t_2 极限偏差	半径 r 最小	半径 r 最大
1×1.4×4 1×1.1×4	1						1.0		0.6			
1.5×2.6×7 1.5×2.1×7	1.5						2.0		0.8			
2×2.6×7 2×2.1×7	2						1.8	+0.1 0	1.0			
2×3.7×10 2×3×10	2	−0.004 −0.029	±0.0125	−0.006 −0.031	+0.025 0	+0.060 +0.020	2.9		1.0		0.08	0.16
2.5×3.7×10 2.5×3×10	2.5						2.7		1.2			
3×5×13 3×4×13	3						3.8		1.4			
3×6.5×16 3×5.2×16	3						5.3		1.4	+0.1 0		
4×6.5×16 4×5.2×16	4						5.0	+0.2 0	1.8			
4×7.5×19 4×6×19	4						6.0		1.8			
5×6.5×16 5×5.2×19	5						4.5		2.3			
5×7.5×19 5×6×19	5	0 −0.030	±0.015	−0.012 −0.042	+0.030 0	+0.078 +0.030	5.5		2.3		0.16	0.25
5×9×22 5×7.2×22	5						7.0		2.3			
6×9×22 6×7.2×22	6						6.5		2.8			
6×10×25 6×8×25	6						7.5	+0.3 0	2.8			
8×11×28 8×8.8×28	8	0 −0.036	±0.018	−0.015 −0.051	+0.036 0	+0.098 +0.040	8.0		3.3	+0.2 0	0.25	0.40
10×13×32 10×10.4×32	10						10		3.3			

注：1. 键槽的对称度公差：为便于装配，轴槽及轮毂槽对轴及轮毂轴心的对称度公差根据不同要求，一般可按 GB/T 1184—1996 中附表对称度公差 7~9 级选取。键槽（轴槽及轮毂槽）的对称度公差的公称尺寸是指键宽 b。

2. 表中（$d-t_1$）和（$d+t_2$）两组组合尺寸的极限偏差按相应的 t_1 和 t_2 的极限偏差选取，但（$d-t_1$）的极限偏差值应取负号。

普通型半圆键的尺寸与公差（摘自 GB/T 1099.1—2003）

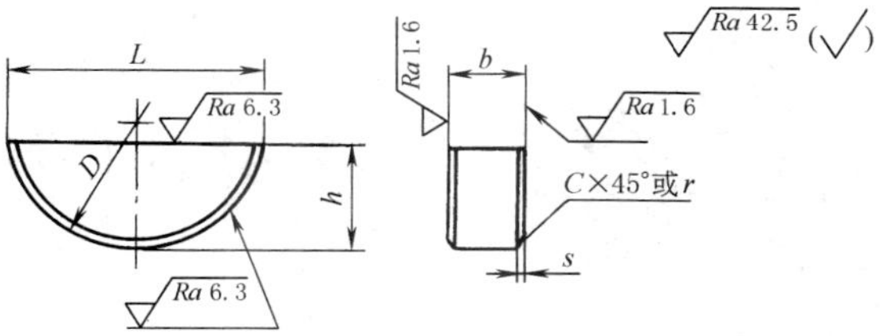

标记示例

宽度 $b=6\mathrm{mm}$、高度 $h=10\mathrm{mm}$、直径 $D=25\mathrm{mm}$、普通型半圆键，标记为：GB/T 1099.1　键 6×10×25

表 6-3-24　　mm

<table>
<tr><th rowspan="2">键尺寸
b×h×D</th><th colspan="2">宽度 b</th><th colspan="2">高度 h</th><th colspan="2">直径 D</th><th colspan="2">C 或 r</th></tr>
<tr><th>基本尺寸</th><th>极限偏差</th><th>基本尺寸
(h12)</th><th>极限偏差</th><th>基本尺寸</th><th>极限偏差
(h12)</th><th>最小</th><th>最大</th></tr>
<tr><td>1×1.4×4</td><td>1</td><td rowspan="16">0
−0.025</td><td>1.4</td><td rowspan="3">0
−0.10</td><td>4</td><td>0
−0.12</td><td rowspan="7">0.16</td><td rowspan="7">0.25</td></tr>
<tr><td>1.5×2.6×7</td><td>1.5</td><td>2.6</td><td>7</td><td rowspan="4">0
−0.15</td></tr>
<tr><td>2×2.6×7</td><td>2</td><td>2.6</td><td>7</td></tr>
<tr><td>2×3.7×10</td><td>2</td><td>3.7</td><td rowspan="3">0
−0.12</td><td>10</td></tr>
<tr><td>2.5×3.7×10</td><td>2.5</td><td>3.7</td><td>10</td></tr>
<tr><td>3×5×13</td><td>3</td><td>5</td><td>13</td><td rowspan="3">0
−0.18</td></tr>
<tr><td>3×6.5×16</td><td>3</td><td>6.5</td><td rowspan="8">0
−0.15</td><td>16</td></tr>
<tr><td>4×6.5×16</td><td>4</td><td>6.5</td><td>16</td><td rowspan="7">0.25</td><td rowspan="7">0.40</td></tr>
<tr><td>4×7.5×19</td><td>4</td><td>7.5</td><td>19</td><td>0
−0.21</td></tr>
<tr><td>5×6.5×16</td><td>5</td><td>6.5</td><td>16</td><td>0
−0.18</td></tr>
<tr><td>5×7.5×19</td><td>5</td><td>7.5</td><td>19</td><td rowspan="5">0
−0.21</td></tr>
<tr><td>5×9×22</td><td>5</td><td>9</td><td>22</td></tr>
<tr><td>6×9×22</td><td>6</td><td>9</td><td>22</td></tr>
<tr><td>6×10×25</td><td>6</td><td>10</td><td>25</td></tr>
<tr><td>8×11×28</td><td>8</td><td>11</td><td rowspan="2">0
−0.18</td><td>28</td><td rowspan="2">0.40</td><td rowspan="2">0.60</td></tr>
<tr><td>10×13×32</td><td>10</td><td>13</td><td>32</td><td>0
−0.25</td></tr>
</table>

楔键键槽的尺寸与公差（摘自 GB/T 1563—2003）

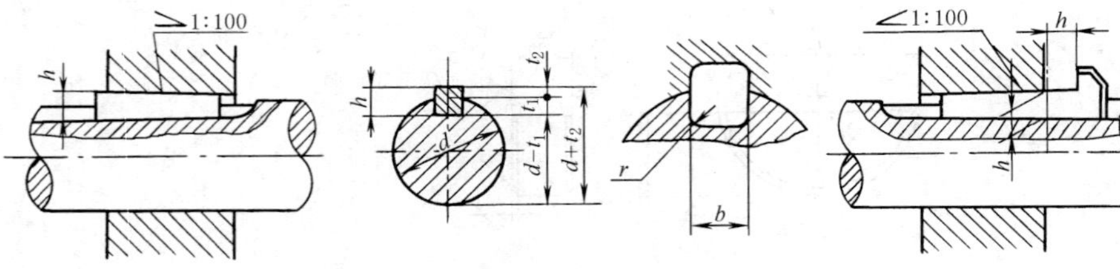

普通型　　　　钩头型

表 6-3-25　　　　mm

轴径 d	键尺寸 $b\times h$	键槽											
		宽度 b						深度				半径 r	
		基本尺寸	极限偏差					轴 t_1		毂 t_2			
			正常连接		紧密连接	松连接		基本尺寸	极限偏差	基本尺寸	极限偏差		
			轴 N9	毂 JS9	轴和毂 P9	轴 H9	毂 D10					最小	最大
6~8	2×2	2	−0.004	±0.0125	−0.006	+0.025	+0.060	1.2		1.0			
>8~10	3×3	3	−0.029		−0.031	0	+0.020	1.8		1.4	+0.1	0.08	0.16
>10~12	4×4	4						2.5	+0.1	1.8	0		
>12~17	5×5	5	0		−0.012	+0.030	+0.078	3.0	0	2.3			
>17~22	6×6	6	−0.030	±0.015	−0.042	0	+0.030	3.5		2.8		0.16	0.25
>22~30	8×7	8	0	±0.018	−0.015	+0.036	+0.098	4.0		3.3			
>30~38	10×8	10	−0.036		−0.051	0	+0.040	5.0		3.3			
>38~44	12×8	12						5.0		3.3			
>44~50	14×9	14	0	±0.0215	−0.018	+0.043	+0.120	5.5		3.8		0.25	0.40
>50~58	16×10	16	−0.043		−0.061	0	+0.050	6.0		4.3			
>58~65	18×11	18						7.0	+0.2	4.4	+0.2		
>65~75	20×12	20						7.5	0	4.9	0		
>75~85	22×14	22	0		−0.022	+0.052	+0.149	9.0		5.4			
>85~95	25×14	25	−0.052	±0.026	−0.074	0	+0.065	9.0		5.4		0.40	0.60
>95~110	28×16	28						10.0		6.4			
>110~130	32×18	32						11.0		7.4			
>130~150	36×20	36	0		−0.026	+0.062	+0.180	12.0		8.4			
>150~170	40×22	40	−0.062	±0.031	−0.088	0	+0.080	13.0		9.4		0.70	1.00
>170~200	45×25	45						15.0		10.4			
>200~230	50×28	50						17.0		11.4			
>230~260	56×32	56						20.0	+0.3	12.4	+0.3		
>260~290	63×32	63	0	±0.037	−0.032	+0.074	+0.220	20.0	0	12.4	0	1.20	1.60
>290~330	70×36	70	−0.074		−0.106	0	+0.100	22.0		14.4			
>330~380	80×40	80						25.0		15.4			
>380~440	90×45	90	0	±0.0435	−0.037	+0.087	+0.260	28.0		17.4		2.00	2.50
>440~500	100×50	100	−0.087		−0.124	0	+0.120	31.0		19.4			

注：1. （$d+t_2$）及 t_2 表示大端轮毂槽深度。

2. 安装时，键的斜面与轮毂的斜面必须紧密贴合。

3. 轴槽、轮毂槽的键槽宽度 b 两侧面粗糙度参数 Ra 值推荐为 1.6~3.2μm。

4. 轴槽底面、轮毂槽底面的表面粗糙度参数 Ra 值为 6.3μm。

5. 表中（$d-t_1$）和（$d+t_2$）两组组合尺寸的极限偏差按相应的 t_1 和 t_2 的极限偏差选取，但（$d-t_1$）的极限偏差值应取负号。

6. 表中"轴的公称直径 d"是沿用旧标准（1979 年）的数据，仅供设计者初选时参考，然后根据工况验算确定键的规格。

普通型楔键的尺寸与公差（摘自 GB/T 1564—2003）

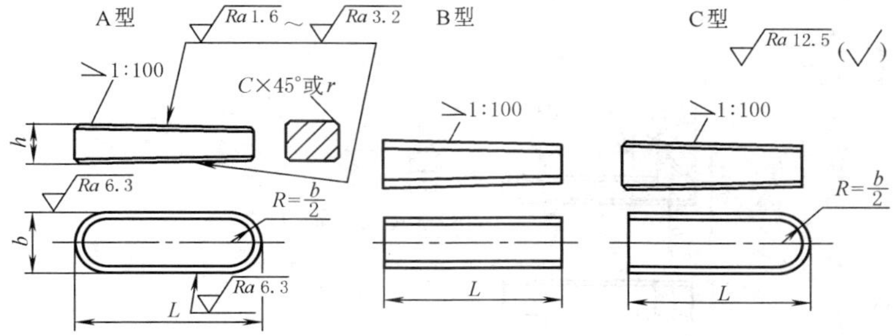

标记示例

宽度 b=16mm、高度 h=10mm、长度 L=100mm、普通 A 型楔键，标记为：GB/T 1564　键 16×100

宽度 b=16mm、高度 h=10mm、长度 L=100mm、普通 B 型楔键，标记为：GB/T 1564　键 B16×100

宽度 b=16mm、高度 h=10mm、长度 L=100mm、普通 C 型楔键，标记为：GB/T 1564　键 C16×100

表 6-3-26　　mm

宽度 b	基本尺寸	2	3	4	5	6	8	10	12	14	16	18	20	22
	极限偏差（h8）	0 −0.014		0 −0.018			0 −0.022		0 −0.027				0 −0.033	
高度 h	基本尺寸	2	3	4	5	6	7	8	8	9	10	11	12	14
	极限偏差（h11）	0 −0.060		0 −0.075			0 −0.090					0 −0.110		
C 或 r		0.16～0.25			0.25～0.40			0.40～0.60					0.60～0.80	
宽度 b	基本尺寸	25	28	32	36	40	45	50	56	63	70	80	90	100
	极限偏差（h8）	0 −0.033		0 −0.039					0 −0.046				0 −0.054	
高度 h	基本尺寸	14	16	18	20	22	25	28	32	32	36	40	45	50
	极限偏差（h11）	0 −0.110			0 −0.130				0 −0.160					
C 或 r		0.60～0.80			1.00～1.20			1.60～2.00					2.50～3.00	
长度 L（极限偏差 h14）		6,8,10,12,14,16,18,20,22,25,28,32,36,40,45,50,56,63,70,80,90,100,125,140,160,180,200,220,250,280,320,360,400,450,500												

注：当键长大于 500mm 时，为减小由于直线度而引起的问题，键长应小于 10 倍的键宽。

钩头型楔键的尺寸与公差（摘自 GB/T 1565—2003）

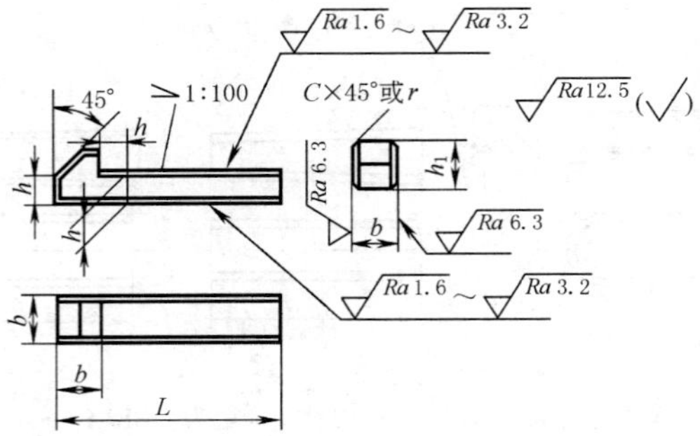

标记示例

宽度 b=16mm、高度 h=10mm、长度 L=100mm、钩头型楔键，标记为：GB/T 1565　键 16×100

表 6-3-27　　mm

宽度 b	基本尺寸	4	5	6	8	10	12	14	16	18	20	22	25
	极限偏差(h8)	0 −0.018			0 −0.022		0 −0.027				0 −0.033		
高度 h	基本尺寸	4	5	6	7	8	8	9	10	11	12	14	14
	极限偏差(h11)	0 −0.075			0 −0.090					0 −0.110			
h_1		7	8	10	11	12	12	14	16	18	20	22	22
C 或 r		0.16～0.25	0.25～0.40			0.40～0.60					0.60～0.80		
宽度 b	基本尺寸	28	32	36	40	45	50	56	63	70	80	90	100
	极限偏差(h8)	0 −0.033	0 −0.039					0 −0.046				0 −0.054	
高度 h	基本尺寸	16	18	20	22	25	28	32	32	36	40	45	50
	极限偏差(h11)	0 −0.110			0 −0.130					0 −0.160			
h_1		25	28	32	36	40	45	50	50	56	63	70	80
C 或 r		0.60～0.80		1.00～1.20				1.60～2.00			2.50～3.00		
长度 L 极限偏差(h14)		14,16,18,20,22,25,28,32,36,40,45,50,56,63,70,80,90,100,125,140,160,180,200,220,250,280,320,360,400,450,500											

薄型楔键的剖面尺寸及公差（摘自 GB/T 16922—1997）

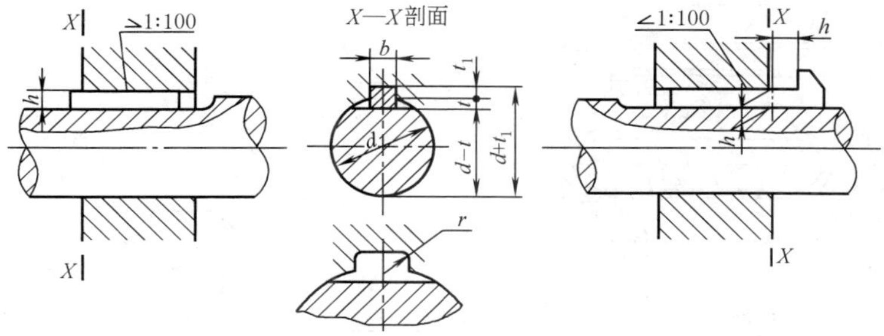

键槽局部放大

表 6-3-28

mm

<table>
<tr><th rowspan="3">轴基本
直径 d</th><th rowspan="3">键基本
尺寸 b×h</th><th colspan="6">键槽(轮毂)</th><th colspan="2" rowspan="2">平台(轴)
深度 t</th></tr>
<tr><th colspan="2">宽度 b</th><th colspan="2">深度 t_1</th><th colspan="2">半径 r</th></tr>
<tr><th>基本尺寸</th><th>极限偏差 D10</th><th>基本尺寸</th><th>极限偏差</th><th>最小</th><th>最大</th><th>基本尺寸</th><th>极限偏差</th></tr>
<tr><td>22~30</td><td>8×5</td><td>8</td><td rowspan="2">+0.098
+0.040</td><td>1.7</td><td rowspan="2">+0.1
0</td><td>0.16</td><td>0.25</td><td>3</td><td rowspan="4">+0.1
0</td></tr>
<tr><td>>30~38</td><td>10×6</td><td>10</td><td>2.2</td><td rowspan="5">0.25</td><td rowspan="5">0.40</td><td>3.5</td></tr>
<tr><td>>38~44</td><td>12×6</td><td>12</td><td rowspan="4">+0.120
+0.050</td><td>2.2</td><td rowspan="13">+0.2
0</td><td>3.5</td></tr>
<tr><td>>44~50</td><td>14×6</td><td>14</td><td>2.2</td><td>3.5</td></tr>
<tr><td>>50~58</td><td>16×7</td><td>16</td><td>2.4</td><td>4</td><td rowspan="10">+0.2
0</td></tr>
<tr><td>>58~65</td><td>18×7</td><td>18</td><td>2.4</td><td>4</td></tr>
<tr><td>>65~75</td><td>20×8</td><td>20</td><td rowspan="4">+0.149
+0.065</td><td>2.4</td><td rowspan="5">0.40</td><td rowspan="5">0.60</td><td>5</td></tr>
<tr><td>>75~85</td><td>22×9</td><td>22</td><td>2.9</td><td>5.5</td></tr>
<tr><td>>85~95</td><td>25×9</td><td>25</td><td>2.9</td><td>5.5</td></tr>
<tr><td>>95~110</td><td>28×10</td><td>28</td><td>3.4</td><td>6</td></tr>
<tr><td>>110~130</td><td>32×11</td><td>32</td><td rowspan="5">+0.180
+0.080</td><td>3.4</td><td>7</td></tr>
<tr><td>>130~150</td><td>36×12</td><td>36</td><td>3.9</td><td rowspan="4">0.70</td><td rowspan="4">1.00</td><td>7.5</td></tr>
<tr><td>>150~170</td><td>40×14</td><td>40</td><td>4.4</td><td>9</td></tr>
<tr><td>>170~200</td><td>45×16</td><td>45</td><td>5.4</td><td>10</td></tr>
<tr><td>>200~230</td><td>50×18</td><td>50</td><td>6.4</td><td>11</td></tr>
</table>

注：1. （$d+t_1$）及 t_1 表示大端轮毂槽深度。

2. 安装时，楔键的上工作面与轮毂槽的底面必须紧密贴合。

3. 楔键的上工作面表面粗糙度参数 Ra 值推荐为 3. 2μm。

4. （$d-t$）和（$d+t_1$）两个组合尺寸的极限偏差按相应的 t 和 t_1 的极限偏差选取，但（$d-t$）的极限偏差值应取负号。

薄型楔键的型式与尺寸（摘自 GB/T 16922—1997）

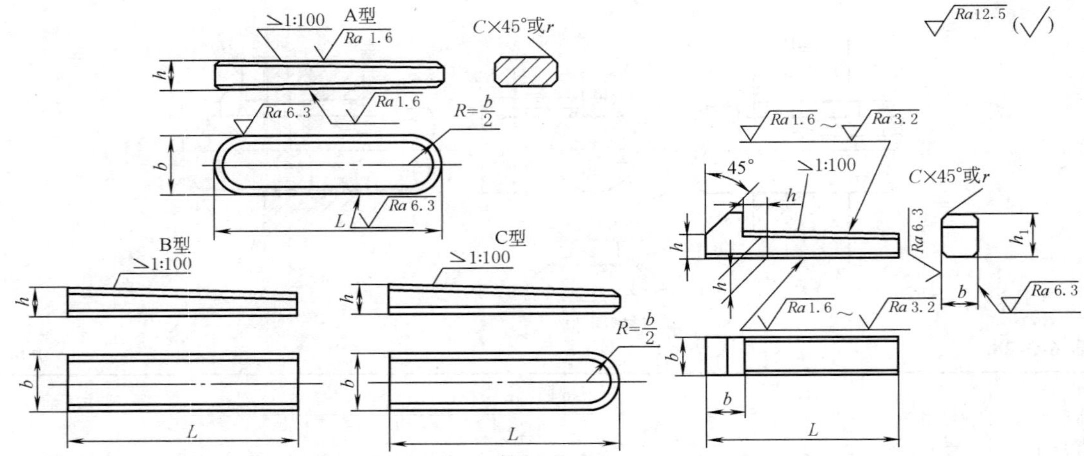

标记示例

宽度 b=16mm、高度 h=7mm、长度 L=100mm、A 型圆头薄型楔键，标记为：GB/T 16922　键 A16×7×100

宽度 b=16mm、高度 h=7mm、长度 L=100mm、B 型平头薄型楔键，标记为：GB/T 16922　键 B16×7×100

宽度 b=16mm、高度 h=7mm、长度 L=100mm、C 型单圆头薄型楔键，标记为：GB/T 16922　键 C16×7×100

宽度 b=16mm、高度 h=7mm、长度 L=100mm、钩头薄型楔键，标记为：GB/T 16922　键 16×7×100

表 6-3-29　　mm

b	基本尺寸	8	10	12	14	16	18	20	22	25	28	32	36	40	45	50
	极限偏差（h9）	0 −0.036		0 −0.043				0 −0.052				0 −0.062				
h	基本尺寸	5	6	6	6	7	7	8	9	9	10	11	12	14	16	18
	极限偏差（h11）	0 −0.075				0 −0.090						0 −0.110				
h_1		8	10			11		12	14		16	18	20	22	25	28
C 或 r①	最小	0.25	0.4				0.6						1.0			
	最大	0.4	0.6				0.8						1.2			
L② 商品规格范围		20~70	25~90	32~125	36~140	45~180	50~200	56~220	63~250	70~280	80~320	90~360	100~400	125~400	140~400	160~400

① 对长边和圆头的边倒角，其他边仅去毛刺。

② 长度系列（单位为 mm）为 20、22、25、28~40（4 进位）、45、50、56、63、70~110（10 进位）、125、140~220（20 进位）、250、280~400（40 进位）。

注：楔键的上、下工作面表面粗糙度参数 Ra 值也可以选用 3.2μm。

切向键及键槽的尺寸与公差（摘自 GB/T 1974—2003）

本标准规定了轴径 d=60~6300mm 的普通型切向键及键槽和轴径 d=100~6300mm 的强力型切向键及键槽尺寸。

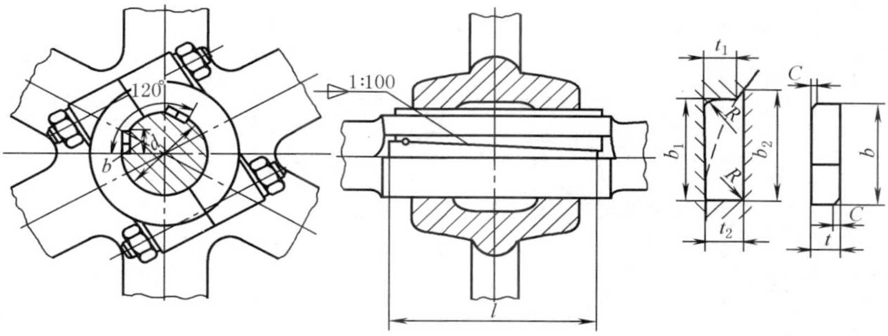

标记示例

计算宽度 b=24mm、厚度 t=8mm、长度 L=100mm、普通型切向键，标记为：GB/T 1974　切向键 24×8×100

计算宽度 b=60mm、厚度 t=20mm、长度 L=250mm、强力型切向键，标记为：GB/T 1974　强力切向键 60×20×250

表 6-3-30　　普通切向键及键槽的尺寸　　mm

轴径 d	键					键槽							
	厚度 t		计算宽度 b	倒角 C		深度				计算宽度		半径 R	
						轮毂 t_1		轴 t_2		轮毂 b_1	轴 b_2		
	尺寸	偏差(h11)		最小	最大	尺寸	偏差	尺寸	偏差			最小	最大
60	7	0 −0.090	19.3	0.6	0.8	7	0 −0.2	7.3	+0.2 0	19.3	19.6	0.4	0.6
63			19.8							19.8	20.2		
65			20.1							20.1	20.5		
70			21.0							21.0	21.4		
71	8		22.5			8		8.3		22.5	22.8		
75			23.2							23.2	23.5		
80			24.0							24.0	24.4		
85			24.8							24.8	25.2		
90			25.6							25.6	26.0		
95	9		27.8			9		9.3		27.8	28.2		
100			28.6							28.6	29.0		
110			30.1							30.1	30.6		
120	10		33.2	1.0	1.2	10		10.3		33.2	33.6	0.7	1.0
125			33.9							33.9	34.4		
130			34.6							34.6	35.1		
140	11	0 −0.110	37.7			11		11.4		37.7	38.3		
150			39.1							39.1	39.7		
160	12		42.1			12	0 −0.3	12.4	+0.3 0	42.1	42.8		
170			43.5							43.5	44.2		
180			44.9							44.9	45.6		

续表

轴径 d	键					键槽							
	厚度 t		计算宽度 b	倒角 C		深度				计算宽度		半径 R	
						轮毂 t_1		轴 t_2		轮毂 b_1	轴 b_2		
	尺寸	偏差 h11		最小	最大	尺寸	偏差	尺寸	偏差			最小	最大
190	14	0 −0.110	49.6	1.0	1.2	14	0 −0.3	14.4	+0.3 0	49.6	50.3	0.7	1.0
200			51.0							51.0	51.7		
220	16		57.1	1.6	2.0	16		16.4		57.1	57.8	1.2	1.6
240			59.9							59.9	60.6		
250	18		64.6			18		18.4		64.6	65.3		
260			66.0							66.0	66.7		
280	20	0 −0.130	72.1	2.5	3.0	20		20.4		72.1	72.8	2.0	2.5
300			74.8							74.8	75.5		
320	22		81.0			22		22.4		81.0	81.6		
340			83.6							83.6	84.3		
360	26		93.2			26		26.4		93.2	93.8		
380			95.9							95.9	96.6		
400			98.6							98.6	99.3		
420	30		108.2	3.0	4.0	30		30.4		108.2	108.8	2.5	3.0
440			110.9							110.9	111.6		
450			112.3							112.3	112.9		
460			113.6							113.6	114.3		
480	34	0 −0.160	123.1			34		34.4		123.1	123.8		
500			125.9							125.9	126.6		
530	38		136.7			38		38.4		136.7	137.4		
560			140.8							140.8	141.5		
600	42		153.1			42		42.4		153.1	153.8		
630			157.1							157.1	157.8		

注：1. 当轴径 d 位于两相邻轴径值之间时，采用大轴径的 t 和 t_1、t_2。b 和 b_1、b_2 按下式计算：$b=b_1=\sqrt{t(d-t)}$；$b_2=\sqrt{t_2(d-t_2)}$。

2. 当轴径 d 超过 630mm 时，推荐：$t=t_1=0.07d$；$b=b_1=0.25d$。

3. 一对切向键在装配之后的相互位置应用销或其他适当的方法固定。

4. 长度 L 按实际结构确定，建议一般比轮毂厚度长 10%～15%。

5. 一对切向键在装配时，1∶100 的两斜面之间，以及键的两工作面与轴槽和轮毂槽的工作面之间都必须紧密结合。

6. 当出现交变冲击负荷时，轴径从 100mm 起，推荐选用强力切向键。

7. 两副切向键如果 120°安装有困难时，也可以 180°安装。

表 6-3-31　　强力切向键及键槽的尺寸　　mm

轴径 d	键					键槽							
	厚度 t		计算宽度 b	倒角 C		深度				计算宽度		半径 R	
						轮毂 t_1		轴 t_2		轮毂 b_1	轴 b_2		
	尺寸	偏差(h11)		最小	最大	尺寸	偏差	尺寸	偏差			最小	最大
100	10	0 −0.090	30	1.0	1.2	10	0 −0.2	10.3	+0.2 0	30	30.4	0.7	1.0
110	11	0 −0.110	33			11		11.4		33	33.5		
120	12		36			12	0 −0.3	12.4	+0.3 0	36	36.5		
125	12.5		37.5			12.5		12.9		37.5	38.0		
130	13		39			13		13.4		39	39.5		
140	14		42			14		14.4		42	42.5		
150	15		45			15		15.4		45	45.5		
160	16		48			16		16.4		48	48.5		
170	17		51	1.6	2.0	17		17.4		51	51.5	1.2	1.6
180	18		54			18		18.4		54	54.5		
190	19	0 −0.130	57			19		19.4		57	57.5		
200	20		60			20		20.4		60	60.5		
220	22		66			22		22.4		66	66.5		
240	24		72	2.5	3.0	24		24.4		72	72.5	2.0	2.5
250	25		75			25		25.4		75	75.5		
260	26		78			26		26.4		78	78.5		
280	28		84			28		28.4		84	84.5		
300	30		90			30		30.4		90	90.5		
320	32	0 −0.160	96			32		32.4		96	96.5		
340	34		102	3.0	4.0	34		34.4		102	102.5	2.5	3.0
360	36		108			36		36.4		108	108.5		
380	38		114			38		38.4		114	114.5		
400	40		120			40		40.4		120	120.5		
420	42		126			42		42.4		126	126.5		
440	44		132			44		44.4		132	132.5		
450	45		135			45		45.4		135	135.5		
460	46		138			46		46.4		138	138.5		
480	48		144			48		48.4		144	144.5		
500	50		150			50		50.5		150	150.7		
530	53	0 −0.190	159			53		53.5		159	159.7		
560	56		168			56		56.5		168	168.7		
600	60		180			60		60.5		180	180.7		
630	63		189			63		63.5		189	189.7		

注：1. 当轴径 d 位于两相邻轴径值之间时，键与键槽的尺寸按下式计算：$t=t_1=0.1d$；$b=b_1=0.3d$；$t_2=t+0.33\text{mm}$（$t\leqslant 10\text{mm}$）；$t_2=t+0.4\text{mm}$（$10\text{mm}<t\leqslant 45\text{mm}$）；$t_2=t+0.5\text{mm}$（$t>45\text{mm}$）；$b_2=\sqrt{t_2(d-t_2)}$。

2. 当轴径 d 超过630mm 时，推荐：$t=t_1=0.1d$；$b=b_1=0.3d$。

3 花键连接

3.1 花键的类型、特点和应用

表 6-3-32 花键的类型、特点和应用

类型	特点	应用
矩形花键(GB/T 1144—2001) 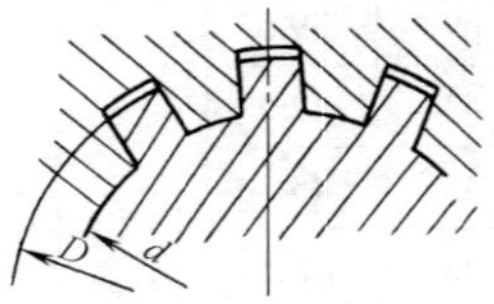	花键连接为多齿工作,承载能力高,对中性、导向性好,齿根较浅,应力集中较小,轴与毂强度削弱小 矩形花键加工方便,能用磨削方法获得较高的精度。标准中规定两个系列:轻系列,用于载荷较轻的静连接;中系列,用于中等载荷	应用广泛,如飞机、汽车、拖拉机、机床制造业、农业机械及一般机械传动装置等
渐开线花键(GB/T 3478.1—1995) 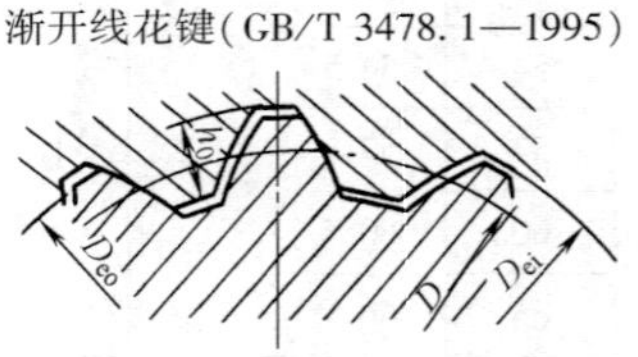	渐开线花键的齿廓为渐开线,受载时齿上有径向力,能起自动定心作用,使各齿受力均匀,强度高、寿命长。加工工艺与齿轮相同,易获得较高精度和互换性 渐开线花键标准压力角 α_D 有 30°和 37.5°及 45°三种	用于载荷较大,定心精度要求较高,以及尺寸较大的连接

3.2 花键连接的强度计算

3.2.1 通用简单计算法

适用于矩形花键和渐开线花键。图 6-3-1 为其计算图。

花键连接的类型和尺寸通常需要根据被连接件的结构和特点、使用要求和工作条件来选择。为避免键齿工作表面压溃（静连接）或过度磨损（动连接），应进行必要的强度校核计算，计算公式如下：

静连接
$$\sigma_p=\frac{2T}{\psi zhld_m}\leqslant\sigma_{pp}$$

动连接
$$p=\frac{2T}{\psi zhld_m}\leqslant p_{pp}$$

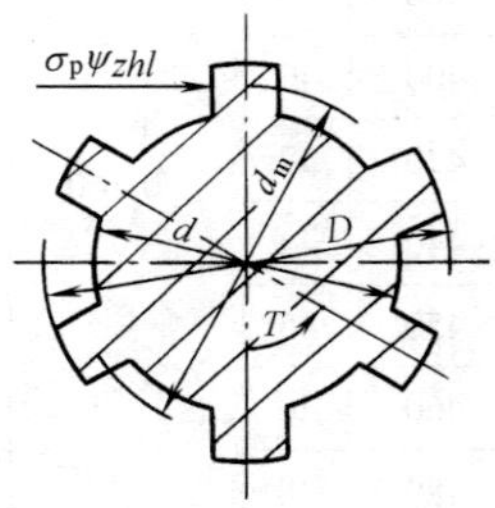

图 6-3-1 计算图

式中 T——传递转矩，N·mm；

z——花键的齿数；

l——齿的工作（配合）长度，mm；

d_m——平均圆直径，mm，矩形花键 $d_m=\frac{D+d}{2}$，渐开线花键 $d_m=D$；

D——矩形花键为大径，渐开线花键为分度圆直径，mm；

h——键齿工作高度，mm，矩形花键 $h=\frac{D-d}{2}-2C$（C 为倒角尺寸），渐开线花键 $h=m$（$\alpha=30°$）、$h=0.9m$（$\alpha=37.5°$）、$h=0.8m$（$\alpha=45°$）（m 为模数）；

ψ——各齿间载荷不均匀系数，一般取 $\psi=0.7\sim0.8$，齿数多时取偏小值；

σ_{pp}——花键连接许用挤压应力，MPa，见表 6-3-33；

p_{pp}——许用压强，MPa，见表 6-3-33。

表 6-3-33　花键连接的许用挤压应力 σ_{pp}、许用压强 p_{pp}　MPa

连接工作方式	许用值	使用和制造情况	齿面未经热处理	齿面经热处理
静连接	许用挤压应力 σ_{pp}	不良 中等 良好	35～50 60～100 80～120	40～70 100～140 120～200
动连接（无载荷作用下移动）	许用压强 p_{pp}	不良 中等 良好	15～20 20～30 25～40	20～35 30～60 40～70
动连接（有载荷作用下移动）	许用压强 p_{pp}	不良 中等 良好	— — —	3～10 5～15 10～20

注：1. 使用和制造情况不良，是指受变载，有双向冲击，振动频率高，振幅大，润滑不好（对动连接），材料硬度不高，精度不高等。

2. 同一情况下，σ_{pp}或p_{pp}的较小值用于工作时间长和较重要的场合。

3. 内、外花键材料的抗拉强度不低于600MPa。

3.2.2　花键承载能力计算法（摘自 GB/T 17855—1999）

GB/T 17855—1999《花键承载能力计算方法》规定了矩形花键和直齿圆柱渐开线花键承载能力计算方法。适用于按 GB/T 1144 和 GB/T 3478.1 制造的花键。其他类型的花键也可参照使用。

（1）术语与代号

表 6-3-34　术语、代号及说明

序号	术　语	代号	单位	说　　明
1	输入转矩	T	N·m	输入给花键副的转矩
2	输入功率	P	kW	输入给花键副的功率
3	转速	n	r/min	花键副的转速
4	名义切向力	F_t	N	花键副所受的名义切向力
5	分度圆直径	D	mm	渐开线花键分度圆直径
6	平均圆直径	d_m	mm	矩形花键大径与小径之和的一半
7	单位载荷	W	N/mm	单一键齿在单位长度上所受的法向载荷
8	齿数	z	—	花键的齿数
9	结合长度	l	mm	内花键与外花键相配合部分的长度(按名义值)
10	压轴力	F	N	花键副所受的与轴线垂直的径向作用力
11	标准压力角	α_D	(°)	渐开线花键齿形分度圆上的压力角
12	弯矩	M_b	N·m	作用在花键副上的弯矩
13	模数	m	mm	渐开线花键的模数
14	使用系数	K_1	—	主要考虑由于传动系统外部因素而产生的动力过载影响的系数
15	齿侧间隙系数	K_2	—	当花键副承受压轴力时，考虑花键副齿侧配合间隙(过盈)对各键齿上所受载荷影响的系数
16	分配系数	K_3	—	考虑由于花键的齿距累积误差(分度误差)影响各键齿载荷分配不均的系数
17	轴向偏载系数	K_4	—	考虑由于花键的齿向误差和安装后花键副的同轴度误差，以及受载后花键扭转变形，影响各键齿沿轴向受载不均匀的系数

续表

序号	术　语	代号	单位	说　　明
18	齿面压应力	σ_H	MPa	键齿表面计算的平均接触压应力
19	工作齿高	h_w	mm	键齿工作高度,$h_w=h_{min}$,$h_w=\dfrac{D_{ee}-D_{ii}}{2}$
20	外花键大径	D_{ee}	mm	外花键大径的基本尺寸
21	内花键小径	D_{ii}	mm	内花键小径的基本尺寸
22	齿面接触强度的计算安全系数	S_H	—	S_H 值一般可取 1.25~1.50,较重要的及淬火的花键取较大值,一般的未经淬火的花键取较小值
23	齿面许用压应力	σ_{Hp}	MPa	
24	材料的屈服强度	$\sigma_{0.2}$	MPa	花键材料的屈服强度(按表层取值)
25	齿根弯曲应力	σ_F	MPa	花键齿根的计算弯曲应力
26	全齿高	h	mm	花键的全齿高,$h=\dfrac{D-d}{2}$,$h=\dfrac{D_{ee}-D_{ie}}{2}$
27	弦齿厚	S_{Fn}	mm	花键齿根危险截面(最大弯曲应力处)的弦齿厚
28	齿根许用弯曲应力	σ_{Fp}	MPa	
29	材料的抗拉强度	σ_b	MPa	花键材料的拉伸强度
30	抗弯强度的计算安全系数	S_F	—	一般情况 S_F,对矩形花键取 1.25~2.00,对渐开线花键取 1.00~1.50
31	齿根最大剪切应力	τ_{Fmax}	MPa	
32	剪切应力	τ_{tn}	MPa	靠近花键收尾处的切应力
33	应力集中系数	α_{tn}	—	
34	外花键小径	D_{ie}	mm	外花键小径的基本尺寸
35	作用直径	d_h	mm	当量应力处的直径,相当于光滑扭棒的直径
36	齿根圆角半径	ρ	mm	一般指外花键齿根圆弧最小曲率半径
37	许用剪切应力	τ_{Fp}	MPa	
38	齿面磨损许用压应力	σ_{Hp1}	MPa	花键副在 10^8 次循环数以下工作时的许用压应力
39	齿面磨损许用压应力	σ_{Hp2}	MPa	花键副长期工作无磨损的许用压应力
40	当量应力	σ_v	MPa	计算花键扭转与抗弯强度时,切应力与弯曲应力的合成应力
41	弯曲应力	σ_{Fn}	MPa	计算花键扭转与抗弯强度时的弯曲应力
42	转换系数	K	—	确定作用直径 d_h 的转换系数
43	许用应力	σ_{vp}	MPa	计算花键扭转与抗弯强度时的许用应力
44	作用侧隙	C_V	mm	花键副的全齿侧隙
45	位移量	e_0	mm	花键副的内外花键两轴线的径向相对位移量

（2）受力分析

① 无载荷。由于花键副是相互连接的同轴偶件，所以对于无误差的花键连接，在其无载荷状态时（不计自重，下同），内花键各齿槽的中心线（或对称面）与外花键各键齿的中心线（或对称面）是重合的。此时，键齿两侧的间隙（或过盈）相等，均为侧隙之半（图 6-3-2）。

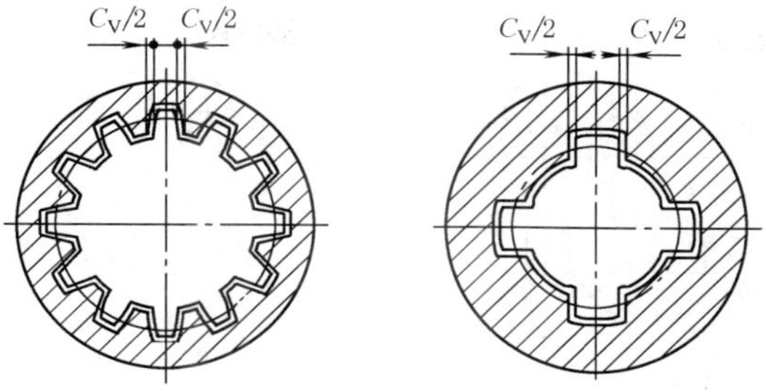

(a) 渐开线花键　　(b) 矩形花键

图 6-3-2　无载荷、有间隙的渐开线花键连接和矩形花键连接的理论位置

② 受纯转矩载荷。对无误差的花键连接，在其只传递转矩 T 而无压轴力 F 时，一侧的各齿面在转矩 T 的作用下，彼此接触、侧隙相等，内花键与外花键的两轴线仍是同轴的（图 6-3-3）。所有键齿传递转矩，承受同样大小的载荷（图 6-3-4）。

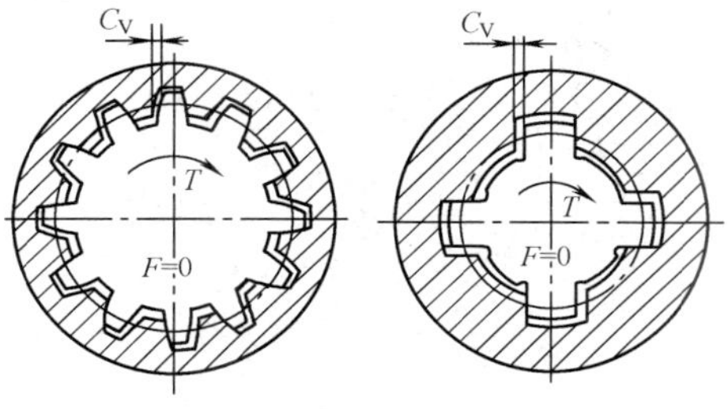

(a) 渐开线花键　　(b) 矩形花键

图 6-3-3　有载荷、有间隙的渐开线花键连接和矩形花键连接的理论位置

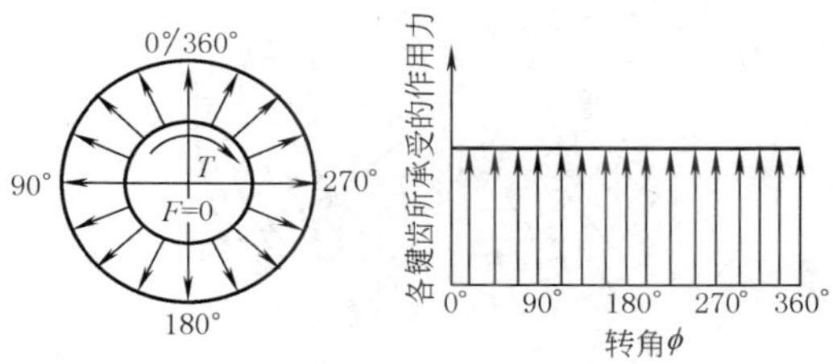

图 6-3-4　只传递转矩 T 而无压轴力 F 时的载荷分配

③ 受纯压轴力载荷。对无误差的花键连接，在只承受压轴力 F、不受转矩 T 时，内花键与外花键的两轴线不同轴，出现一个相对位移量 e_0（图 6-3-5）。这个相对位移量 e_0 是由花键副的部分侧隙消失和部分键齿弹性变形造成的。键齿的弹性变形主要与它们的受力大小和位置、侧隙（间隙或过盈）、弹性模量、花键齿数等因素有关。

当花键副回转时，各键齿两侧面所受载荷的大小按图 6-3-6 周期性变化。此时，花键副容易磨损。

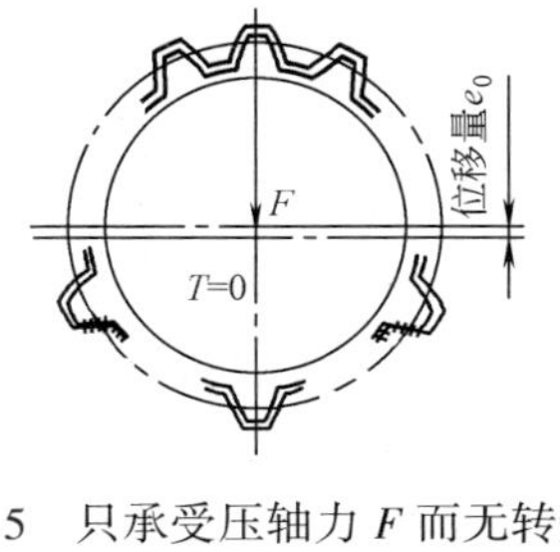

图 6-3-5　只承受压轴力 F 而无转矩 T 时内、外渐开线花键的相对位置

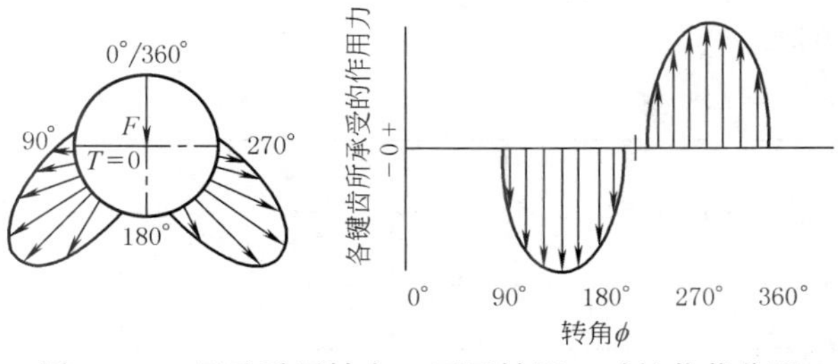

图 6-3-6　只承受压轴力 F 而无转矩 T 时的载荷分配

④ 受转矩和压轴力两种载荷。对无误差的花键连接，在其承受转矩 T 和压轴力 F 两种载荷时，内花键与外花键的相对位置和各键齿所受载荷的大小和方向，决定于所受转矩 T 和压轴力 F 的大小及两者的比例。

当花键副所受的载荷主要是转矩 T，压轴力 F 是次要的或很小时，该花键副回转后，各键齿的位置近似如图 6-3-3 所示，各键齿两侧面的受力状态发生周期性变化，如图 6-3-7 所示。

当花键副所受的载荷主要是压轴力 F，转矩 T 是次要的或很小时，该花键副回转后，各键齿的位置近似如图 6-3-5所示，各键齿两侧面的受力状态发生周期性变化，如图 6-3-8 所示。在这种情况下，花键副也容易磨损。

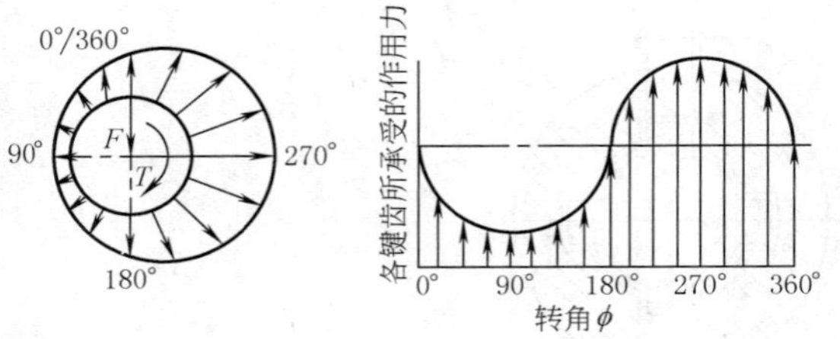

图 6-3-7　同时承受转矩 T 和压轴力 F 而转矩 T 占优势时的载荷分配

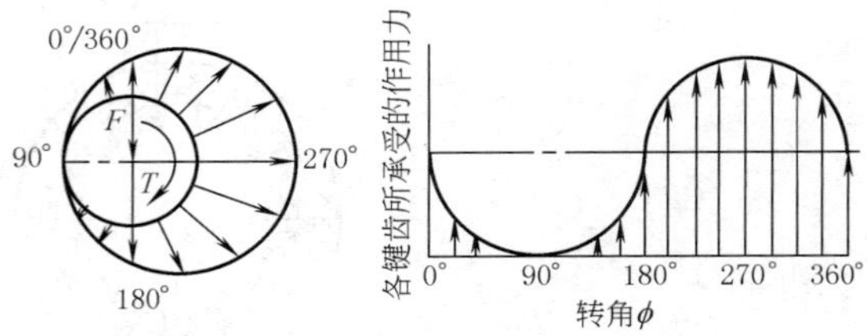

图 6-3-8　同时承受压轴力 F 和转矩 T 而压轴力 F 占优势时的载荷分配

对有误差的花键连接，在转矩 T 和压轴力 F 同时作用下，其载荷分配如图 6-3-9 所示，偏心状态如图 6-3-10 所示。

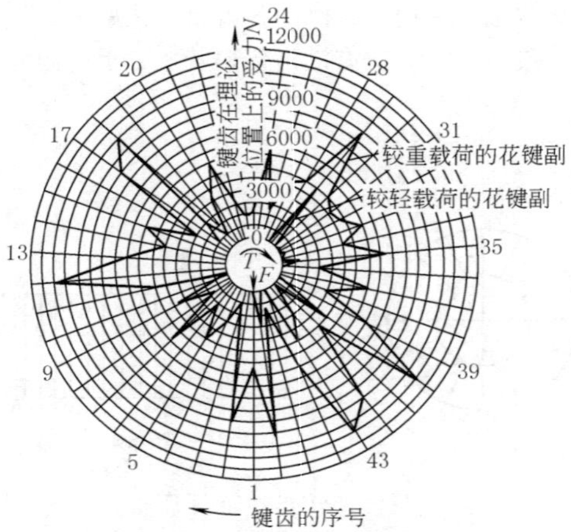

图 6-3-9　同时承受转矩 T 和压轴力 F 作用下齿数为 46 的渐开线花键副的载荷分配

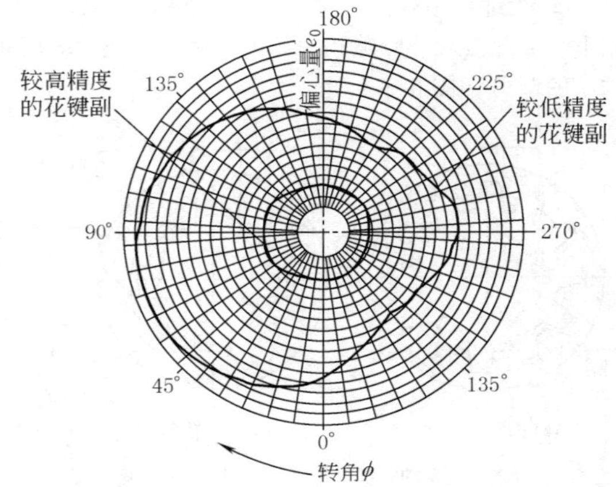

图 6-3-10　间隙配合、齿数为 46 的渐开线花键副在压轴力 F 和转矩 T 作用下的偏心状态

（3）花键承载能力计算中的系数

① 使用系数 K_1。其主要是考虑由于传动系统外部因素引起的动力过载影响的系数。这种过载影响取决于原动机（输入端）和工作机（输出端）的特性、质量比、花键副的配合性质与精度，以及运行状态等因素。

该系数可以通过精密测量获得，也可经过对全系统分析后确定。在上述方法不能实现时，可参考表 6-3-35 取值。

表 6-3-35　使用系数 K_1

原动机（输入端）	工作机（输出端）		
	均匀、平稳	中等冲击	严重冲击
均匀、平稳	1.00	1.25	1.75 或更大
轻微冲击	1.25	1.50	2.00 或更大
中等冲击	1.50	1.75	2.25 或更大

注：1. 均匀、平稳的原动机：电动机、蒸汽机、燃气轮机等。

2. 轻微冲击的原动机：多缸内燃机等。

3. 中等冲击的原动机：单缸内燃机等。

4. 均匀、平稳的工作机：电动机、带式输送机、通风机、透平压缩机、均匀密度材料搅拌机等。

5. 中等冲击的工作机：机床主传动、非均匀密度材料搅拌机、多缸柱塞泵、航空或舰船螺旋桨等。

6. 严重冲击的工作机：冲床、剪床、轧机、钻机等。

② 齿侧间隙系数 K_2。当花键副承受压轴力 F、不受转矩 T 作用时，渐开线花键或矩形花键的各键齿上所受的载荷大小，除取决于键齿弹性变形大小外，还取决于花键副的侧隙大小。在压轴力 F 的作用下，随着侧隙的变化（一半圆周间隙增大，另一半圆周间隙减小），其各键齿的受力状态将失去均匀性。因花键侧隙发生变化，内、外花键的两轴线将出现一个相对位移量 e_0（图 6-3-5 和图 6-3-10）。其位移量 e_0 的大小与花键的作用侧隙（间隙）大小和制造精度高低等因素有关。产生位移后，使载荷分布在较少的键齿上（渐开线花键失去了自动定心的作用），因而影响花键的承载能力。这一影响用齿侧间隙系数 K_2 予以考虑。通常 $K_2=1.1\sim3.0$。

当压轴力较小、花键副精度较高时，可取 $K_2=1.1\sim1.5$；当压轴力较大、花键副精度较低时，可取 $K_2=2.0\sim3.0$；当压轴力为零、只承受转矩时，$K_2=1.0$。

③ 分配系数 K_3。花键副的内花键和外花键的两轴线在同轴状态下，由于其齿距累积误差（分度误差）的影响，使花键副的理论侧隙（单齿侧隙）不同，使各键齿所受载荷也不同。

这种影响用分配系数 K_3 予以考虑。对于磨合前的花键副，当精度较高时（按符合 GB/T 1144 标准规定的精密级的矩形花键或精度等级按 GB/T 3478.1 标准为 5 级或高于 5 级时），$K_3=1.1\sim1.2$；当精度较低时（按 GB/T 1144 标准为一般用的矩形花键或精度等级按 GB/T 3478.1 标准低于 5 级时），$K_3=1.3\sim1.6$。对于磨合后的花键副，各键齿均参与工作，且受载荷基本相同时，取 $K_3=1.0$。

④ 轴向偏载系数 K_4。由于花键副在制造时产生的齿向误差和安装后的同轴度误差，以及受载后的扭转变形，使各键齿沿轴向所受载荷不均匀。用轴向偏载系数 K_4 予以考虑。其值可从表 6-3-36 中选取。

对磨合后的花键副，各键齿沿轴向载荷分布基本相同时，可取 $K_4=1.0$。

当花键精度较高和分度圆直径 D 或平均圆直径 d_m 较小时，表 6-3-36 中的轴向偏载系数 K_4 取较小值，反之取较大值。

表 6-3-36　　轴向偏载系数 K_4

系列或模数 /mm	平均圆直径 d_m /mm	l/d_m		
		≤1.0	>1.0~1.5	>1.5~2.0
轻系列或 $m≤2$	≤30	1.1~1.3	1.2~1.6	1.3~1.7
	>30~50	1.2~1.5	1.4~2.0	1.5~2.3
	>50~80	1.3~1.7	1.6~2.4	1.7~2.9
	>80~120	1.4~1.9	1.8~2.8	1.9~3.5
	>120	1.5~2.1	2.0~3.2	2.1~4.1
中系列或 $2<m≤5$	≤30	1.2~1.6	1.3~2.1	1.4~2.4
	>30~50	1.3~1.8	1.5~2.5	1.6~3.0
	>50~80	1.4~2.0	1.7~2.9	1.8~3.6
	>80~120	1.5~2.2	1.9~3.3	2.0~4.2
	>120	1.6~2.4	2.1~3.6	2.2~4.8
$5<m≤10$	≤30	1.3~2.0	1.4~2.8	1.5~3.4
	>30~50	1.4~2.2	1.6~3.2	1.7~4.0
	>50~80	1.5~2.4	1.8~3.6	1.9~4.6
	>80~120	1.6~2.6	2.0~3.9	2.1~5.2
	>120	1.7~2.8	2.2~4.2	2.3~5.6

（4）花键承载能力计算公式

表 6-3-37　　花键承载能力计算公式

计算内容	计 算 公 式	
	矩 形 花 键	渐 开 线 花 键
载荷计算	输入转矩　$T=9549P/n$ 名义切向力　$F_t=2000T/d_m$ 单位载荷　$W=F_t/(zl)$	输入转矩　$T=9549P/n$ 名义切向力　$F_t=2000T/D$ 单位载荷　$W=F_t/(zl\cos\alpha_D)$

续表

<table>
<tr><th rowspan="2">计算内容</th><th colspan="2">计 算 公 式</th></tr>
<tr><th>矩 形 花 键</th><th>渐 开 线 花 键</th></tr>
<tr><td>齿面接触强度计算</td><td colspan="2">齿面压应力 $\sigma_H=W/h_w$
其中 $h_w=h_{min}$
强度条件 $\sigma_H\leqslant\sigma_{Hp}$
齿面许用压应力 $\sigma_{Hp}=\sigma_{0.2}/(S_H K_1 K_2 K_3 K_4)$</td></tr>
<tr><td>齿根弯曲强度计算</td><td>齿根弯曲应力 $\sigma_F=6hW/S_{Fn}^2$
S_{Fn}取键最小齿厚或齿根过渡曲线上的最小齿厚(两者的小值)
强度条件 $\sigma_F\leqslant\sigma_{Fp}$
齿根许用弯曲应力 $\sigma_{Fp}=\sigma_b/(S_F K_1 K_2 K_3 K_4)$</td><td>齿根弯曲应力 $\sigma_F=6hW\cos\alpha_D/S_{Fn}^2$
S_{Fn}取渐开线起始圆上的弦齿厚,并按下式计算:
$$S_{Fn}=D_{Fe}\sin\left\{\frac{360°\times\left[\frac{S}{D}+\text{inv}\alpha_D-\text{inv}\left(\arccos\frac{D\cos\alpha_D}{D_{Fe}}\right)\right]}{2\pi}\right\}$$
式中 S——分度圆弧齿厚,mm;
D_{Fe}——渐开线起始圆直径,mm
强度条件 $\sigma_F\leqslant\sigma_{Fp}$
齿根许用弯曲应力 $\sigma_{Fp}=\sigma_b/(S_F K_1 K_2 K_3 K_4)$</td></tr>
<tr><td rowspan="2">齿根剪切强度计算</td><td colspan="2">齿根最大扭转剪切应力 $\tau_{Fmax}=\tau_{tn}\alpha_{tn}$
其中 $\tau_{tn}=\frac{16000T}{\pi d_h^3}$
$$\alpha_{tn}=\frac{D_{ie}}{d_h}\left\{1+0.17\frac{h}{\rho}\left(1+\frac{3.94}{0.1+\frac{h}{\rho}}\right)+\frac{6.38\left(1+0.1\frac{h}{\rho}\right)}{\left[2.38+\frac{D_{ie}}{2h}\left(\frac{h}{\rho}+0.04\right)^{1/3}\right]^2}\right\}$$
强度条件 $\tau_{Fmax}\leqslant\tau_{Fp}$
许用应力 $\tau_{Fp}=\sigma_{Fp}/2$</td></tr>
<tr><td>$$d_h=d+\frac{Kd(D-d)}{D}$$
式中 K 值见表 6-3-39</td><td>$$d_h=D_{ie}+\frac{KD_{ie}(D_{ee}-D_{ie})}{D_{ee}}$$
式中 K 值见表 6-3-39</td></tr>
<tr><td>10^8 循环数下工作时耐磨损计算</td><td colspan="2">齿面压应力 $\sigma_H=W/h_w$
其中 $h_w=h_{min}$
强度条件 $\sigma_H\leqslant\sigma_{Hp1}$
齿面许用压应力 σ_{Hp1} 见表 6-3-38</td></tr>
<tr><td>长期工作无磨损时耐磨损计算</td><td colspan="2">齿面压应力 $\sigma_H=W/h_w$
其中 $h_w=h_{min}$
强度条件 $\sigma_H\leqslant\sigma_{Hp2}$
齿面许用压应力 σ_{Hp2} 见表 6-3-38</td></tr>
<tr><td rowspan="2">外花键扭转与抗弯曲强度计算</td><td colspan="2">外花键在扭转和弯曲及压轴力的作用下,将产生弯曲应力 σ_{Fn} 和剪切应力 τ_{tn}(通常靠近花键收尾处最大),这两种应力合成为当量应力
当量应力 $\sigma_v=\sqrt{\sigma_{Fn}^2+3\tau_{tn}^2}$
其中 $\sigma_{Fn}=\frac{32000M_b}{\pi d_h^3}$,$\tau_{tn}=\frac{16000T}{\pi d_h^3}$
强度条件 $\sigma_v\leqslant\sigma_{vp}$
许用应力 $\sigma_{vp}=\sigma_{0.2}/(S_F K_1 K_2 K_3 K_4)$</td></tr>
<tr><td>$$d_h=d+\frac{Kd(D-d)}{D}$$
式中 K 值见表 6-3-39</td><td>$$d_h=D_{ie}+\frac{KD_{ie}(D_{ee}-D_{ie})}{D_{ee}}$$
式中 K 值见表 6-3-39</td></tr>
</table>

表 6-3-38　　σ_{Hp1}值、σ_{Hp2}值

<table>
<tr><td colspan="6">σ_{Hp1}值</td><td colspan="2">σ_{Hp2}值</td></tr>
<tr><td rowspan="3">未经热处理
20HRC</td><td rowspan="3">调质处理
28HRC</td><td colspan="3">淬　火</td><td rowspan="3">渗碳、渗氮淬火
60HRC</td><td>未经热处理</td><td>0.028×布氏硬度值</td></tr>
<tr><td rowspan="2">40HRC</td><td rowspan="2">45HRC</td><td rowspan="2">50HRC</td><td>调质处理</td><td>0.032×布氏硬度值</td></tr>
<tr><td>淬火</td><td>0.3×洛氏硬度值</td></tr>
<tr><td>95</td><td>110</td><td>135</td><td>170</td><td>185</td><td>205</td><td>渗碳、渗氮淬火</td><td>0.4×洛氏硬度值</td></tr>
</table>

表 6-3-39　　K值

轻系列矩形花键	0.5	较少齿渐开线花键	0.3
中系列矩形花键	0.45	较多齿渐开线花键	0.15

（5）示例（矩形花键副省略）

渐开线花键副：INT/EXT $44z\times2m\times30R\times5H/5h$ GB/T 3478.1—1995。

输入功率 $P=1500$kW，转速 $n=1250$r/min，输入端为燃气轮机（平稳），输出端为螺旋桨（中等冲击），花键结合长度 $l=32$mm，工作齿高 $h_w=2$mm，全齿高 $h=2.8$mm，齿根圆角半径 $\rho=0.8$mm，大径 $D_{ee}=90$mm，小径 $D_{ie}=84.4$mm，渐开线起始圆直径 $D_{Fe}=85.7$mm，材料为优质合金钢，硬度为 293～341HB，$\sigma_{0.2}\geqslant$ 835MPa，$\sigma_b\geqslant$980MPa。

① 载荷计算

输入转矩

$$T=9549P/n=9549\times1500/1250=11458.8\text{N}\cdot\text{m}$$

名义切向力

$$F_t=2000T/D=2000\times11458.8/(2\times44)=260427\text{N}$$

单位载荷

$$W=F_t/(zl\cos\alpha_D)=260427/(44\times32\times\cos30^\circ)=213.6\text{N/mm}$$

② 齿面接触强度计算

齿面压应力

$$\sigma_H=W/h_w=213.6/2=106.8\text{MPa}$$

取 $S_H=1.25$，$K_1=1.25$，$K_2=1.1$，$K_3=1.1$，$K_4=1.5$。

齿面许用压应力

$$\sigma_{Hp}=\sigma_{0.2}/(S_HK_1K_2K_3K_4)=835/(1.25\times1.25\times1.1\times1.1\times1.5)=294.4\text{MPa}$$

计算结果：满足 $\sigma_H\leqslant\sigma_{Hp}$的强度条件，安全。

③ 齿根弯曲强度计算

$$S_{Fn}=D_{Fe}\sin\left\{\frac{360^\circ\times\left[\dfrac{S}{D}+\text{inv}\alpha_D-\text{inv}\left(\arccos\dfrac{D\cos\alpha_D}{D_{Fe}}\right)\right]}{2\pi}\right\}$$

$$=85.7\times\sin\left\{\frac{360^\circ\times\left[\dfrac{3.142}{2\times44}+\text{inv}30^\circ-\text{inv}\left(\arccos\dfrac{2\times44\times\cos30^\circ}{85.7}\right)\right]}{2\pi}\right\}$$

$$=4.2977\text{mm}$$

齿根弯曲应力

$$\sigma_F = 6hW\cos\alpha_D / S_{Fn}^2 = 6\times 2.8\times 213.6\times\cos30°/4.2977^2 = 168.3\text{MPa}$$

取 $S_F = 1.0$。

齿根许用弯曲应力

$$\sigma_{Fp} = \sigma_b / (S_F K_1 K_2 K_3 K_4) = 980/(1.0\times 1.25\times 1.1\times 1.1\times 1.5) = 432\text{MPa}$$

计算结果：满足 $\sigma_F \leqslant \sigma_{Fp}$ 的强度条件，安全。

④ 齿根剪切强度计算

$$\alpha_{tn} = \frac{D_{ie}}{d_h}\left\{1+0.17\frac{h}{\rho}\left(1+\frac{3.94}{0.1+\dfrac{h}{\rho}}\right)+\frac{6.38\left(1+0.1\dfrac{h}{\rho}\right)}{\left[2.38+\dfrac{D_{ie}}{2h}\left(\dfrac{h}{\rho}+0.04\right)^{1/3}\right]^2}\right\}$$

$$=\frac{84.4}{85.2}\left\{1+0.17\times\frac{2.8}{0.8}\times\left(1+\frac{3.94}{0.1+\dfrac{2.8}{0.8}}\right)+\frac{6.38\times\left(1+0.1\times\dfrac{2.8}{0.8}\right)}{\left[2.38+\dfrac{84.4}{2\times 2.8}\times\left(\dfrac{2.8}{0.8}+0.04\right)^{1/3}\right]^2}\right\}$$

$$=2.238$$

$$d_h = D_{ie} + \frac{KD_{ie}(D_{ee}-D_{ie})}{D_{ee}} = 84.4+\frac{0.15\times 84.4\times(90-84.4)}{90} = 85.2\text{mm}$$

$$\tau_{tn} = \frac{16000T}{\pi d_h^3} = \frac{16000\times 11458.8}{\pi\times 85.2^3} = 94.4\text{MPa}$$

齿根最大剪切应力

$$\tau_{Fmax} = \tau_{tn}\alpha_{tn} = 94.4\times 2.238 = 211.3\text{MPa}$$

许用剪切应力

$$\tau_{Fp} = \sigma_{Fp}/2 = 432/2 = 216\text{MPa}$$

计算结果：满足 $\tau_{Fmax} \leqslant \tau_{Fp}$ 的强度条件，安全。

⑤ 齿面耐磨损能力计算

a. 花键副在 10^8 循环数以下工作时耐磨损能力计算

齿面压应力 $\sigma_H = 106.8\text{MPa}$，齿面磨损许用压应力 $\sigma_{Hp1} = 110\text{MPa}$（查表 6-3-38 得）。

计算结果：满足 $\sigma_H \leqslant \sigma_{Hp1}$ 的强度条件，安全。

b. 花键副长期工作无磨损时耐磨损能力计算

齿面压应力 $\sigma_H = 106.8\text{MPa}$，齿面磨损许用压应力 $\sigma_{Hp2} = 0.032\times 293 = 9.4\text{MPa}$（查表 6-3-38 得）。

计算结果：未满足 $\sigma_H \leqslant \sigma_{Hp2}$ 的强度条件，不能长期无磨损（或很少磨损）工作。

⑥ 外花键的扭转与弯曲强度计算

当量应力

$$\sigma_v = \sqrt{\sigma_{Fn}^2 + 3\tau_{tn}^2} = \sqrt{3\times 94.4^2} = 163.5\text{MPa}\ (\text{因 } M_b = 0,\ \text{故 } \sigma_{Fn} = 0)$$

许用压应力

$$\sigma_{vp} = \sigma_{0.2}/(S_F K_1 K_2 K_3 K_4) = 835/(1.0\times 1.25\times 1.1\times 1.1\times 1.5) = 368\text{MPa}$$

计算结果：满足 $\sigma_v \leqslant \sigma_{vp}$ 的强度条件，安全。

3.3 矩形花键（摘自 GB/T 1144—2001）

矩形花键的优点是定心精度高，定心的稳定性好，能用磨削的方法消除热处理变形，定心直径尺寸公差和位置公差都能获得较高的精度。按 GB/T 1144—2001 规定，矩形花键的定心方式为小径定心。

矩形花键基本尺寸系列

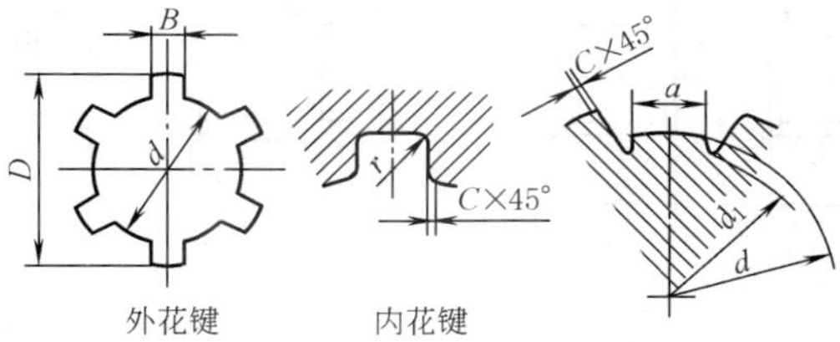

外花键　　内花键

表 6-3-40　　mm

小径 d	轻系列 规格 $N\times d\times D\times B$	轻系列 C	轻系列 r	轻系列 参考 d_1（最小）	轻系列 参考 a（最小）	中系列 规格 $N\times d\times D\times B$	中系列 C	中系列 r	中系列 参考 d_1（最小）	中系列 参考 a（最小）
11						6×11×14×3	0. 2	0. 1		
13						6×13×16×3.5				
16						6×16×20×4			14.4	1.0
18						6×18×22×5	0.3	0.2	16.6	1.0
21						6×21×25×5			19.5	2.0
23	6×23×26×6	0. 2	0. 1	22. 0	3. 5	6×23×28×6			21.2	1.2
26	6×26×30×6			24. 5	3. 8	6×26×32×6			23.6	1.2
28	6×28×32×7			26. 6	4. 0	6×28×34×7			25.8	1.4
32	8×32×36×6	0. 3	0. 2	30. 3	2. 7	8×32×38×6	0.4	0.3	29.4	1.0
36	8×36×40×7			34. 4	3. 5	8×36×42×7			33.4	1.0
42	8×42×46×8			40. 5	5. 0	8×42×48×8			39.4	2.5
46	8×46×50×9			44. 6	5. 7	8×46×54×9			42.6	1.4
52	8×52×58×10			49. 6	4. 8	8×52×60×10	0.5	0.4	48.6	2.5
56	8×56×62×10			53. 5	6. 5	8×56×65×10			52.0	2.5
62	8×62×68×12			59. 7	7. 3	8×62×72×12			57.7	2.4
72	10×72×78×12	0. 4	0. 3	69. 6	5. 4	10×72×82×12			67.4	1.0
82	10×82×88×12			79. 3	8. 5	10×82×92×12	0.6	0.5	77.0	2.9
92	10×92×98×14			89. 6	9. 9	10×92×102×14			87.3	4.5
102	10×102×108×16			99. 6	11. 3	10×102×112×16			97.7	6.2
112	10×112×120×18	0. 5	0. 4	108. 8	10. 5	10×112×125×18			106.2	4.1

矩形内花键　长度系列（摘自 GB/T 10081—2005）

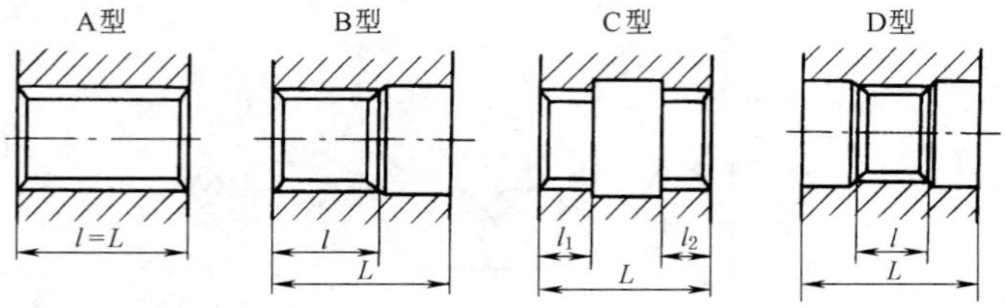

表 6-3-41

mm

花键小径 d	11	13	16	18	21	23	26	28	32	36	42	46	52	56	62	72	82	92	102	112
花键长度 l 或 l_1+l_2	10~50		10~80							22~120						32~120	32~200			
孔的最大长度 L	50	80				120				200				250					300	
l 或 l_1+l_2 系列	10,12,15,18,22,25,28,30,32,36,38,42,45,48,50,56,60,63,71,75,80,85,90,95,100,110,120,130,140,160,180,200																			

矩形花键键槽截面尺寸

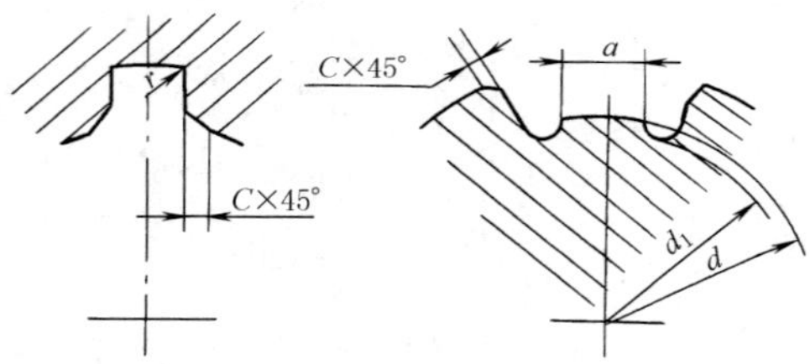

表 6-3-42

mm

轻系列 规格 $N×d×D×B$	C	r	参考 d_1(最小)	参考 a(最小)	中系列 规格 $N×d×D×B$	C	r	参考 d_1(最小)	参考 a(最小)
					6×11×14×3	0.2	0.1		
					6×13×16×3.5				
					6×16×20×4	0.3	0.2	14.4	1.0
					6×18×22×5			16.6	1.0
					6×21×25×5			19.5	2.0
6×23×26×6	0.2	0.1	22.0	3.5	6×23×28×6			21.2	1.2
6×26×30×6	0.3	0.2	24.5	3.8	6×26×32×6	0.4	0.3	23.6	1.2
6×28×32×7			26.6	4.0	6×28×34×7			25.8	1.4
8×32×36×6			30.3	2.7	8×32×38×6			29.4	1.0
8×36×40×7			34.4	3.5	8×36×42×7			33.4	1.0
8×42×46×8			40.5	5.0	8×42×48×8			39.4	2.5
8×46×50×9			44.6	5.7	8×46×54×9	0.5	0.4	42.6	1.4
8×52×58×10	0.4	0.3	49.6	4.8	8×52×60×10			48.6	2.5
8×56×62×10			53.5	6.5	8×56×65×10			52.0	2.5
8×62×68×12			59.7	7.3	8×62×72×12	0.6	0.5	57.7	2.4
10×72×78×12			69.6	5.4	10×72×82×12			67.4	1.0
10×82×88×12			79.3	8.5	10×82×92×12			77.0	2.9
10×92×98×14			89.6	9.9	10×92×102×14			87.3	4.5
10×102×108×16			99.6	11.3	10×102×112×16			97.7	6.2
10×112×120×18	0.5	0.4	108.8	10.5	10×112×125×18			106.2	4.1

注：d_1 和 a 值仅适用于展成法加工。

表 6-3-43　　矩形花键的尺寸公差带和表面粗糙度 *Ra*

内花键							外花键						装配型式
d		D		B			d		D		B		
公差带	Ra /μm	公差带	Ra /μm	公差带 拉削后不热处理	公差带 拉削后热处理	Ra /μm	公差带	Ra /μm	公差带	Ra /μm	公差带	Ra /μm	
一般用													
H7	0.8～1.6	H10	3.2	H9	H11	3.2	f7	0.8～1.6	a11	3.2	d10	1.6	滑动
							g7				f9		紧滑动
							h7				h10		固定
精密传动用													
H5	0.4	H10	3.2	H7,H9		3.2	f5	0.4	a11	3.2	d8	0.8	滑动
							g5				f7		紧滑动
							h5				h8		固定
H6	0.8						f6	0.8			d8		滑动
							g6				f7		紧滑动
							h6				h8		固定

注：1. 精密传动用的内花键，当需要控制键侧配合间隙时，槽宽可选 H7，一般情况下可选 H9。

2. d 为 H6 和 H7 的内花键，允许与提高一级的外花键配合。

矩形花键的位置度公差（摘自 GB/T 1144—2001）

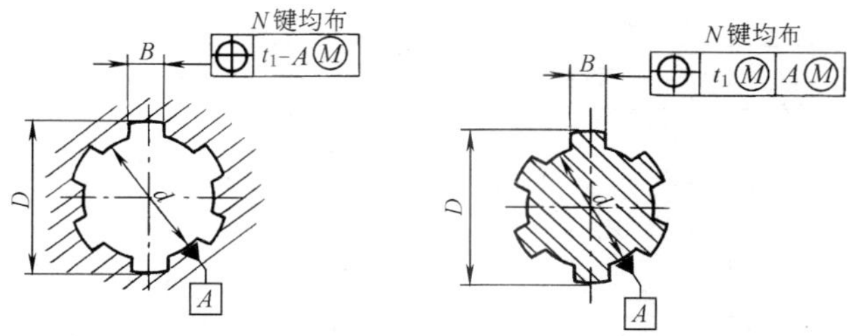

表 6-3-44

mm

键槽宽和键宽 B			3	3.5～6	7～10	12～18
t_1	键　槽　宽		0.010	0.015	0.020	0.025
	键　宽	滑动、固定	0.010	0.015	0.020	0.025
		紧滑动	0.006	0.010	0.013	0.016

矩形花键的对称度公差（摘自 GB/T 1144—2001）

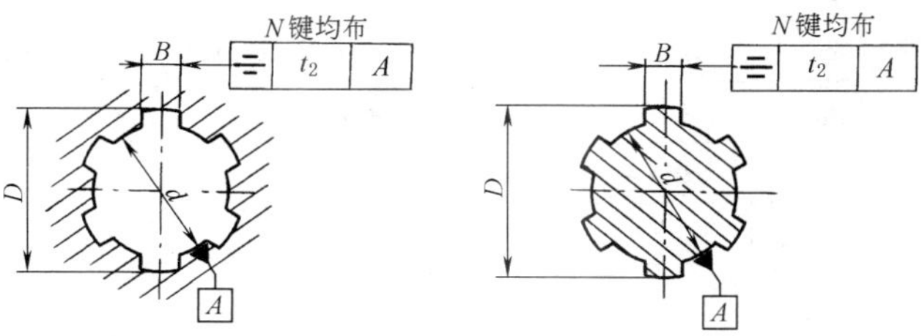

表 6-3-45

mm

键槽宽和键宽 B		3	3.5～6	7～10	12～18
t_2	一般用	0.010	0.012	0.015	0.018
	精密传动用	0.006	0.008	0.009	0.011

表 6-3-46　　矩形花键的标记（摘自 GB/T 1144—2001）

矩形花键的标记代号应按顺序包括下列内容：键数 N，小径 d，大径 D，键宽 B，基本尺寸及配合公差带代号和标准号

花键 $N=6$；$d=23\frac{H7}{f7}$；$D=26\frac{H10}{a11}$；$B=6\frac{H11}{d10}$的标记如下：

花键规格	$N\times d\times D\times B$　　6×23×26×6
花键副	$6\times23\frac{H7}{f7}\times26\frac{H10}{a11}\times6\frac{H11}{d10}$　GB/T 1144—2001
内花键	6×23H7×26H10×6H11　GB/T 1144—2001
外花键	6×23f7×26a11×6d10　GB/T 1144—2001

3.4 圆柱直齿渐开线花键

本标准规定了圆柱直齿渐开线花键的模数系列、基本齿廓、公差和齿侧配合类别等内容。本标准用于压力角为30°和37.5°（模数为0.5~10mm）以及45°（模数为0.25~2.5mm）齿侧配合的圆柱直齿渐开线花键。

3.4.1 术语、代号及定义（摘自GB/T 3478.1—2008）

本标准采用的术语、代号及定义见表6-3-47和图6-3-11（30°压力角平齿根，以下简称30°平齿根；30°压力角圆齿根，以下简称30°圆齿根；37.5°压力角圆齿根，以下简称37.5°圆齿根；45°压力角圆齿根，以下简称45°圆齿根）。

表6-3-47 术语、代号及定义

序号	术 语	代号	定 义
1	花键连接		两零件上借助内、外圆柱表面上等距分布且齿数相同的键齿相互连接、传递转矩或运动的同轴偶件。在内圆柱表面上的花键为内花键，在外圆柱表面上的花键为外花键
2	渐开线花键		具有渐开线齿形的花键
3	齿根圆弧最小曲率半径 内花键 外花键	 R_{imin} R_{emin}	连接渐开线齿形与齿根圆的过渡曲线
4	平齿根花键		在花键同一齿槽上，两侧渐开线齿形各由一段过渡曲线与齿根圆相连接的花键
5	圆齿根花键		在花键同一齿槽上，两侧渐开线齿形各由一段或近似一段过渡曲线与齿根圆相连接的花键
6	模数	m	
7	齿数	z	
8	分度圆		计算花键尺寸用的基准圆，在此圆上的压力角为标准值
9	分度圆直径	D	
10	齿距	p	分度圆上两相邻同侧齿形之间的弧长，其值为圆周率π乘以模数m
11	压力角	α	齿形上任意点的压力角，为过该点花键的径向线与齿形在该点的切线所夹锐角
12	标准压力角	α_D	规定在分度圆上的压力角
13	基圆		展成渐开线齿形的假想圆
14	基圆直径	D_b	
15	大径 内花键 外花键	 D_{ei} D_{ee}	内花键的齿根圆（大圆）或外花键的齿顶圆（大圆）的直径
16	小径 内花键 外花键	 D_{ii} D_{ie}	内花键的齿顶圆（小圆）或外花键的齿根圆（小圆）的直径
17	渐开线终止圆		渐开线花键内花键齿形终止点的圆，此圆与小圆共同形成渐开线齿形的控制界限
18	渐开线终止圆直径	D_{Fi}	
19	渐开线起始圆		渐开线花键外花键齿形起始点的圆，此圆与大圆共同形成渐开线齿形的控制界限
20	渐开线起始圆直径	D_{Fe}	
21	基本齿槽宽	E	内花键分度圆上弧齿槽宽，其值为齿距之半

续表

序号	术 语	代号	定 义
22	实际齿槽宽 最大值 最小值	 E_{max} E_{min}	在内花键分度圆上实际测得的单个齿槽的弧齿槽宽
23	作用齿槽宽 最大值 最小值	E_V E_{Vmax} E_{Vmin}	等于一与之在全齿长上配合(无间隙且无过盈)的理想全齿外花键分度圆上的弧齿厚
24	基本齿厚	S	外花键分度圆上弧齿厚,其值为齿距之半
25	实际齿厚 最大值 最小值	 S_{max} S_{min}	在外花键分度圆上实际测得的单个花键齿的弧齿厚
26	作用齿厚 最大值 最小值	S_V S_{Vmax} S_{Vmin}	等于一与之在全齿长上配合(无间隙且无过盈)的理想全齿内花键分度圆上的弧齿槽宽
27	作用侧隙 (全齿侧隙)	C_V	内花键作用齿槽宽减去与之相配合的外花键作用齿厚。正值为间隙,负值为过盈
28	理论侧隙 (单齿侧隙)	C	内花键实际齿槽宽减去与之相配合的外花键实际齿厚
29	齿形裕度	C_F	在花键连接中,渐开线齿形超过结合部分的径向距离
30	总公差	$T+\lambda$	加工公差与综合公差之和
31	加工公差	T	实际齿槽宽或实际齿厚的允许变动量
32	综合公差	λ	花键齿(或齿槽)的形状和位置误差的允许范围
33	齿距累积公差	F_p	在分度圆上任意两个同侧齿面间的实际弧长与理论弧长之差的最大绝对值的允许范围
34	齿形公差	f_f	在齿形工作部分(包括齿形裕度部分、不包括齿顶倒棱)包容实际齿形的两条理论齿形之间的法向距离的允许范围
35	齿向公差	F_β	在花键长度范围内,包容实际齿线的两条理论齿线之间的分度圆弧长的允许范围,齿线是分度圆柱面与齿面的交线
36	棒间距	M_{Ri}	借助两量棒测量内花键实际齿槽宽时两量棒间的内侧距离,统称为 M 值
37	跨棒距	M_{Re}	借助两量棒测量外花键实际齿厚时两量棒间的外侧距离,统称为 M 值
38	公法线长度 公法线平均长度	 W	相隔 K 个齿的两外侧齿面各与两平行平面中的一个平面相切,此两平行平面之间的垂直距离(必须指明两平行平面所跨的齿数) 同一花键上实际测得的公法线长度的平均值
39	基本尺寸		设计给定的尺寸,该尺寸是规定公差的基础
40	辅助尺寸		仅在必要时供生产和控制用的尺寸

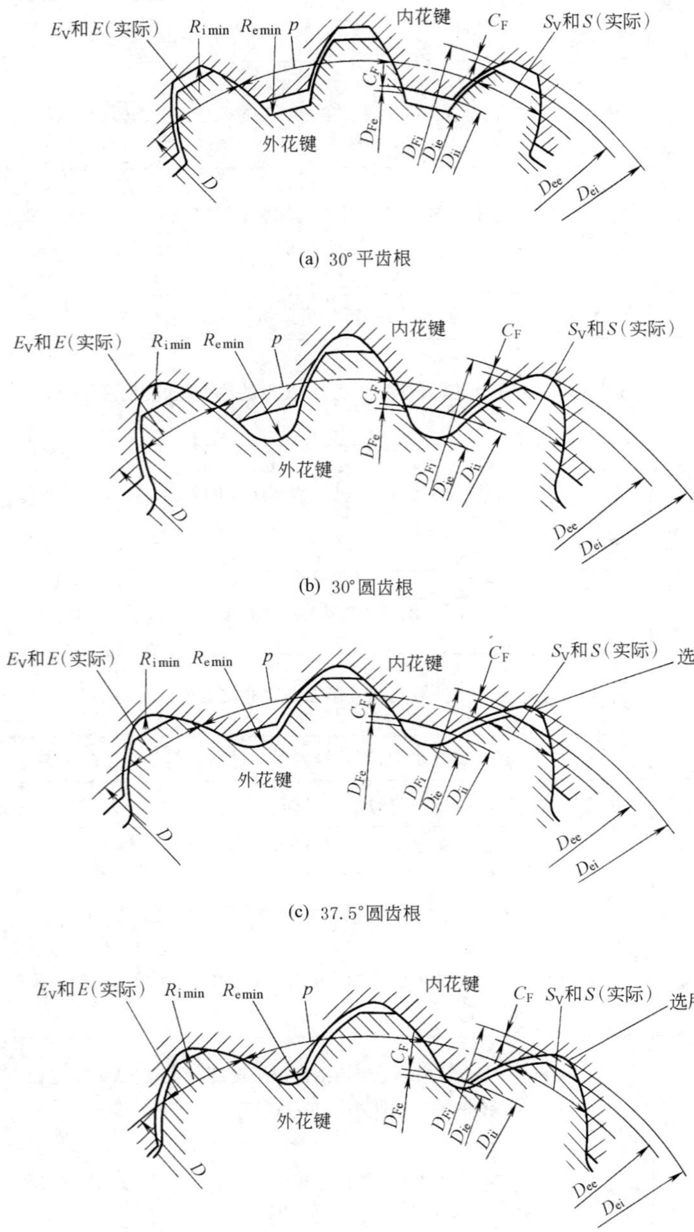

(a) 30°平齿根

(b) 30°圆齿根

(c) 37.5°圆齿根

(d) 45°圆齿根

图 6-3-11　渐开线花键连接

3.4.2　基本参数（摘自 GB/T 3478.1—2008）

① 基本参数见表 6-3-48。

② 标准压力角 α_D 是基本齿廓的齿形角。压力角适用范围见表 6-3-49。

③ 模数 m 分为两个系列，共 15 种。优先采用第 1 系列。

花键的压力角大，则键齿强度大，在传递的圆周力相同时，大压力角花键的正压力也大，故摩擦力大。选择压力角时，主要应从构件的工作特点即有无滑动、浮动以及配合性质和工艺方法等方面考虑。

表 6-3-48　　基本参数　　mm

齿	模数 m		齿距 p	基本齿槽宽 E 和基本齿厚 S	
				α_D	
	第 1 系列	第 2 系列		30°, 37.5°	45°
	0.25	—	0.785	—	0.393
	0.5	—	1.571	0.785	0.785
	—	0.75	2.356	1.178	1.178
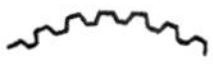	1	—	3.142	1.571	1.571
	—	1.25	3.927	1.963	1.963
	1.5	—	4.712	2.356	2.356
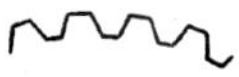	—	1.75	5.498	2.749	2.749
	2	—	6.283	3.142	3.142
	2.5	—	7.854	3.927	3.927
	3	—	9.425	4.712	—
	—	4	12.566	6.283	—
	5	—	15.708	7.854	—
	—	6	18.850	9.425	—
	—	8	25.133	12.566	—
	10	—	31.416	15.708	—

表 6-3-49 压力角适用范围

压 力 角	适 用 范 围
30°	应用广泛，适用于传递运动、动力，常用于滑动、浮动和固定连接
37.5°	传递运动、动力，常用于滑动及过渡配合，适用于冷成型工艺
45°	适用于壁较厚足以防止破裂的零件，常用于过渡和较小间隙配合，适用于冷成型工艺

3.4.3 基本齿廓（摘自 GB/T 3478.1—2008）

① 本标准按三种压力角和两种齿根规定了四种基本齿廓，如图 6-3-12 所示。

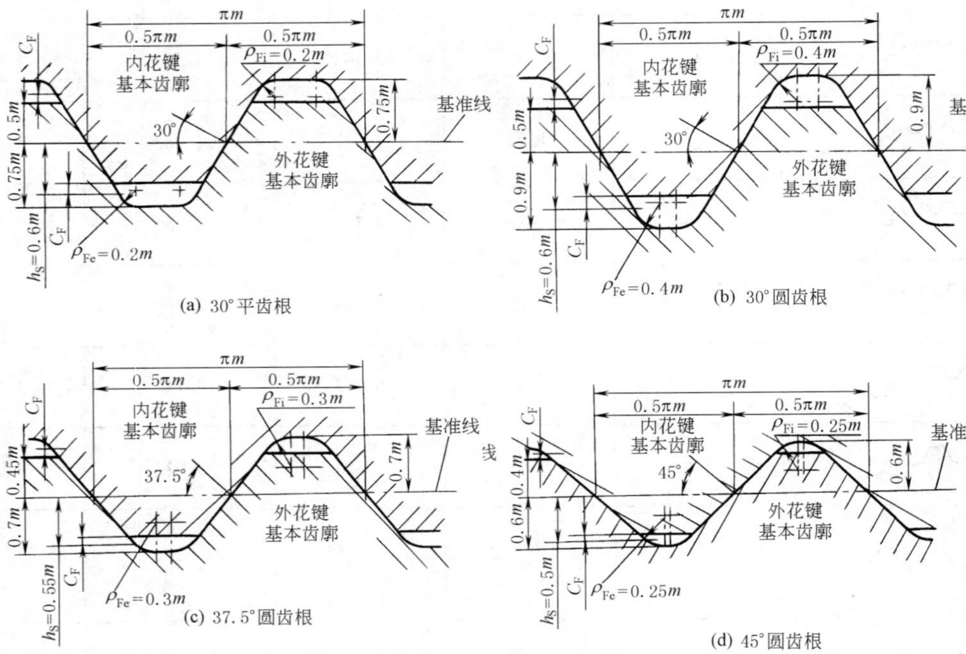

图 6-3-12 基本齿廓

② 渐开线花键的基本齿廓是指基本齿条的法向齿廓，基本齿条是指直径无穷大的无误差的理想花键。

③ 基本齿廓是决定渐开线花键尺寸的依据。

④ 基准线是贯穿基本齿廓的一条直线，以此线为基准，确定基本齿廓的尺寸。

⑤ 允许平齿根和圆齿根的基本齿廓在内、外花键上混合使用。

⑥ 基本齿廓的选择主要取决于花键的用途。

a. 30°平齿根 适用于零件的壁厚较薄，不能采用圆齿根的场合，或强度足够的花键，或花键的工作长度紧靠轴肩。从刀具制造看，加工平齿根花键的刀具由于切削深度较小，因而拉刀全长较短，较经济，易制造。这种齿形应用广泛。

b. 30°圆齿根 比平齿根花键弯曲强度大（齿根应力集中较小），承载能力较强，通常用于大载荷的传动轴上。

c. 37.5°圆齿根 花键的压力角和齿形参数恰好是30°和45°压力角花键的折中，常用于联轴器。它的外花键用冷成型工艺，特别是45°压力角的花键不能满足功能需要，以及轴材料硬度超过30°压力角冷成型刀具所允许的硬度极限时。

d. 45°圆齿根 齿矮、压力角大，故弯曲强度好，适用于壁较厚足以防止破裂的零件。适用于冷成型工艺。

3.4.4 尺寸系列

花键尺寸计算公式见表 6-3-50。

表 6-3-50 **花键尺寸计算公式**

项目	代号	公式或说明
分度圆直径	D	$D=mz$
基圆直径	D_b	$D_b=mz\cos\alpha_D$
齿距	p	$p=\pi m$
内花键大径基本尺寸①		
30°平齿根	D_{ei}	$D_{ei}=m(z+1.5)$
30°圆齿根	D_{ei}	$D_{ei}=m(z+1.8)$
37.5°圆齿根	D_{ei}	$D_{ei}=m(z+1.4)$
45°圆齿根	D_{ei}	$D_{ei}=m(z+1.2)$
内花键大径下偏差		0
内花键大径公差		从 IT12、IT13 或 IT14 中选取
内花键渐开线终止圆直径最小值		
30°平齿根和圆齿根	D_{Fimin}	$D_{Fimin}=m(z+1)+2C_F$
37.5°圆齿根	D_{Fimin}	$D_{Fimin}=m(z+0.9)+2C_F$
45°圆齿根	D_{Fimin}	$D_{Fimin}=m(z+0.8)+2C_F$
内花键小径基本尺寸	D_{ii}	$D_{ii}=D_{Femax}$② $+2C_F$
内花键小径极限偏差		见表 6-3-61
基本齿槽宽	E	$E=0.5\pi m$
作用齿槽宽	E_V	
作用齿槽宽最小值	E_{Vmin}	$E_{Vmin}=0.5\pi m$
实际齿槽宽最大值	E_{max}	$E_{max}=E_{Vmin}+(T+\lambda)$
实际齿槽宽最小值	E_{min}	$E_{min}=E_{Vmin}+\lambda$
作用齿槽宽最大值	E_{Vmax}	$E_{Vmax}=E_{max}-\lambda$
外花键作用齿厚上偏差	es_V	es_V 见表 6-3-62
外花键大径基本尺寸		
30°平齿根和圆齿根	D_{ee}	$D_{ee}=m(z+1)$
37.5°圆齿根	D_{ee}	$D_{ee}=m(z+0.9)$
45°圆齿根	D_{ee}	$D_{ee}=m(z+0.8)$
外花键大径上偏差		$es_V/\tan\alpha_D$
外花键大径公差		见表 6-3-61
外花键渐开线起始圆直径最大值③	D_{Femax}	$D_{Femax}=2\sqrt{(0.5D_b)^2+\left(0.5D\sin\alpha_D-\dfrac{h_S-0.5es_V/\tan\alpha_D}{\sin\alpha_D}\right)^2}$
外花键小径基本尺寸		
30°平齿根	D_{ie}	$D_{ie}=m(z-1.5)$
30°圆齿根	D_{ie}	$D_{ie}=m(z-1.8)$
37.5°圆齿根	D_{ie}	$D_{ie}=m(z-1.4)$
45°圆齿根	D_{ie}	$D_{ie}=m(z-1.2)$
外花键小径上偏差		$es_V/\tan\alpha_D$，见表 6-3-60
外花键小径公差		从 IT12、IT13 和 IT14 中选取
基本齿厚	S	$S=0.5\pi m$
作用齿厚最大值	S_{Vmax}	$S_{Vmax}=S+es_V$
实际齿厚最小值	S_{min}	$S_{min}=S_{Vmax}-(T+\lambda)$
实际齿厚最大值	S_{max}	$S_{max}=S_{Vmax}-\lambda$
作用齿厚最小值	S_{Vmin}	$S_{Vmin}=S_{min}+\lambda$
齿形裕度④	C_F	$C_F=0.1m$

① 37.5°和45°圆齿根内花键允许选用平齿根，此时，内花键大径基本尺寸 D_{ei} 应大于内花键渐开线终止圆直径最小值 D_{Fimin}。

② 对所有花键齿侧配合类别，均按 H/h 配合类别取 D_{Femax} 值。

③ D_{Femax} 公式是按齿条形刀具加工原理推导的，式中 $h_S=0.6m$（30°平齿根、圆齿根）、$h_S=0.55m$（37.5°圆齿根）、$h_S=0.5m$（45°圆齿根）。

④ 除 H/h 配合类别 C_F 均等于 0.1m 外，其他各种配合类别的齿形裕度均有变化。

表 6-3-51　　30°外花键大径基本尺寸系列（摘自 GB/T 3478.1—2008）

$D_{ee}=m(z+1)$　　mm

齿数	模数													
z	0.5	(0.75)	1	(1.25)	1.5	(1.75)	2	2.5	3	(4)	5	(6)	(8)	10
10	5.5	8.25	11	13.75	16.5	19.25	22	27.5	33	44	55	66	88	110
11	6.0	9.00	12	15.00	18.0	21.00	24	30.0	36	48	60	72	96	120
12	6.5	9.75	13	16.25	19.5	22.75	26	32.5	39	52	65	78	104	130
13	7.0	10.50	14	17.50	21.0	24.50	28	35.0	42	56	70	84	112	140
14	7.5	11.25	15	18.75	22.5	26.25	30	37.5	45	60	75	90	120	150
15	8.0	12.00	16	20.00	24.0	28.00	32	40.0	48	64	80	96	128	160
16	8.5	12.75	17	21.25	25.5	29.75	34	42.5	51	68	85	102	136	170
17	9.0	13.50	18	22.50	27.0	31.50	36	45.0	54	72	90	108	144	180
18	9.5	14.25	19	23.75	28.5	33.25	38	47.5	57	76	95	114	152	190
19	10.0	15.00	20	25.00	30.0	35.00	40	50.0	60	80	100	120	160	200
20	10.5	15.75	21	26.25	31.5	36.75	42	52.5	63	84	105	126	168	210
21	11.0	16.50	22	27.50	33.0	38.50	44	55.0	66	88	110	132	176	220
22	11.5	17.25	23	28.75	34.5	40.25	46	57.5	69	92	115	138	184	230
23	12.0	18.00	24	30.00	36.0	42.00	48	60.0	72	96	120	144	192	240
24	12.5	18.75	25	31.25	37.5	43.75	50	62.5	75	100	125	150	200	250
25	13.0	19.50	26	32.50	39.0	45.50	52	65.0	78	104	130	156	208	260
26	13.5	20.25	27	33.75	40.5	47.25	54	67.5	81	108	135	162	216	270
27	14.0	21.00	28	35.00	42.0	49.00	56	70.0	84	112	140	168	224	280
28	14.5	21.75	29	36.25	43.5	50.75	58	72.5	87	116	145	174	232	290
29	15.0	22.50	30	37.50	45.0	52.50	60	75.0	90	120	150	180	240	300
30	15.5	23.25	31	38.75	46.5	54.25	62	77.5	93	124	155	186	248	310
31	16.0	24.00	32	40.00	48.0	56.00	64	80.0	96	128	160	192	256	320
32	16.5	24.75	33	41.25	49.5	57.75	66	82.5	99	132	165	198	264	330
33	17.0	25.50	34	42.50	51.0	59.50	68	85.0	102	136	170	204	272	340
34	17.5	26.25	35	43.75	52.5	61.25	70	87.5	105	140	175	210	280	350
35	18.0	27.00	36	45.00	54.0	63.00	72	90.0	108	144	180	216	288	360
36	18.5	27.75	37	46.25	55.5	64.75	74	92.5	111	148	185	222	296	370
37	19.0	28.50	38	47.50	57.0	66.50	76	95.0	114	152	190	228	304	380
38	19.5	29.25	39	48.75	58.5	68.25	78	97.5	117	156	195	234	312	390
39	20.0	30.00	40	50.00	60.0	70.00	80	100.0	120	160	200	240	320	400
40	20.5	30.75	41	51.25	61.5	71.75	82	102.5	123	164	205	246	328	410
41	21.0	31.50	42	52.50	63.0	73.50	84	105.0	126	168	210	252	336	420
42	21.5	32.25	43	53.75	64.5	75.25	86	107.5	129	172	215	258	344	430
43	22.0	33.00	44	55.00	66.0	77.00	88	110.0	132	176	220	264	352	440
44	22.5	33.75	45	56.25	67.5	78.75	90	112.5	135	180	225	270	360	450
45	23.0	34.50	46	57.50	69.0	80.50	92	115.0	138	184	230	276	368	460
46	23.5	35.25	47	58.75	70.5	82.25	94	117.5	141	188	235	282	376	470
47	24.0	36.00	48	60.00	72.0	84.00	96	120.0	144	192	240	288	384	480
48	24.5	36.75	49	61.25	73.5	85.75	98	122.5	147	196	245	294	392	490
49	25.0	37.50	50	62.50	75.0	87.50	100	125.0	150	200	250	300	400	500
50	25.5	38.25	51	63.75	76.5	89.25	102	127.5	153	204	255	306	408	510
51	26.0	39.00	52	65.00	78.0	91.00	104	130.0	156	208	260	312	416	520
52	26.5	39.75	53	66.25	79.5	92.75	106	132.5	159	212	265	318	424	530
53	27.0	40.50	54	67.50	81.0	94.50	108	135.0	162	216	270	324	432	540
54	27.5	41.25	55	68.75	82.5	96.25	110	137.5	165	220	275	330	440	550
55	28.0	42.00	56	70.00	84.0	98.00	112	140.0	168	224	280	336	448	560

续表

齿数	模数													
z	0.5	(0.75)	1	(1.25)	1.5	(1.75)	2	2.5	3	(4)	5	(6)	(8)	10
56	28.5	42.75	57	71.25	85.5	99.75	114	142.5	171	228	285	342	456	570
57	29.0	43.50	58	72.50	87.0	101.50	116	145.0	174	232	290	348	464	580
58	29.5	44.25	59	73.75	88.5	103.25	118	147.5	177	236	295	354	472	590
59	30.0	45.00	60	75.00	90.0	105.00	120	150.0	180	240	300	360	480	600
60	30.5	45.75	61	76.25	91.5	106.75	122	152.5	183	244	305	366	488	610
61	31.0	46.50	62	77.50	93.0	108.50	124	155.0	186	248	310	372	496	620
62	31.5	47.25	63	78.75	94.5	110.25	126	157.5	189	252	315	378	504	630
63	32.0	48.00	64	80.00	96.0	112.00	128	160.0	192	256	320	384	512	640
64	32.5	48.75	65	81.25	97.5	113.75	130	162.5	195	260	325	390	520	650
65	33.0	49.50	66	82.50	99.0	115.50	132	165.0	198	264	330	396	528	660
66	33.5	50.25	67	83.75	100.5	117.25	134	167.5	201	268	335	402	536	670
67	34.0	51.00	68	85.00	102.0	119.00	136	170.0	204	272	340	408	544	680
68	34.5	51.75	69	86.25	103.5	120.75	138	172.5	207	276	345	414	552	690
69	35.0	52.50	70	87.50	105.0	122.50	140	175.0	210	280	350	420	560	700
70	35.5	53.25	71	88.75	106.5	124.25	142	177.5	213	284	355	426	568	710
71	36.0	54.00	72	90.00	108.0	126.00	144	180.0	216	288	360	432	576	720
72	36.5	54.75	73	91.25	109.5	127.75	146	182.5	219	292	365	438	584	730
73	37.0	55.50	74	92.50	111.0	129.50	148	185.0	222	296	370	444	592	740
74	37.5	56.25	75	93.75	112.5	131.25	150	187.5	225	300	375	450	600	750
75	38.0	57.00	76	95.00	114.0	133.00	152	190.0	228	304	380	456	608	760
76	38.5	57.75	77	96.25	115.5	134.75	154	192.5	231	308	385	462	616	770
77	39.0	58.50	78	97.50	117.0	136.50	156	195.0	234	312	390	468	624	780
78	39.5	59.25	79	98.75	118.5	138.25	158	197.5	237	316	395	474	632	790
79	40.0	60.00	80	100.00	120.0	140.00	160	200.0	240	320	400	480	640	800
80	40.5	60.75	81	101.25	121.5	141.75	162	202.5	243	324	405	486	648	810
81	41.0	61.50	82	102.50	123.0	143.50	164	205.0	246	328	410	492	656	820
82	41.5	62.25	83	103.75	124.5	145.25	166	207.5	249	332	415	498	664	830
83	42.0	63.00	84	105.00	126.0	147.00	168	210.0	252	336	420	504	672	840
84	42.5	63.75	85	106.25	127.5	148.75	170	212.5	255	340	425	510	680	850
85	43.0	64.50	86	107.50	129.0	150.50	172	215.0	258	344	430	516	688	860
86	43.5	65.25	87	108.75	130.5	152.25	174	217.5	261	348	435	522	696	870
87	44.0	66.00	88	110.00	132.0	154.00	176	220.0	264	352	440	528	704	880
88	44.5	66.75	89	111.25	133.5	155.75	178	222.5	267	356	445	534	712	890
89	45.0	67.50	90	112.50	135.0	157.50	180	225.0	270	360	450	540	720	900
90	45.5	68.25	91	113.75	136.5	159.25	182	227.5	273	364	455	546	728	910
91	46.0	69.00	92	115.00	138.0	161.00	184	230.0	276	368	460	552	736	920
92	46.5	69.75	93	116.25	139.5	162.75	186	232.5	279	372	465	558	744	930
93	47.0	70.50	94	117.50	141.0	164.50	188	235.0	282	376	470	564	752	940
94	47.5	71.25	95	118.75	142.5	166.25	190	237.5	285	380	475	570	760	950
95	48.0	72.00	96	120.00	144.0	168.00	192	240.0	288	384	480	576	768	960
96	48.5	72.75	97	121.25	145.5	169.75	194	242.5	291	388	485	582	776	970
97	49.0	73.50	98	122.50	147.0	171.50	196	245.0	294	392	490	588	784	980
98	49.5	74.25	99	123.75	148.5	173.25	198	247.5	297	396	495	594	792	990
99	50.0	75.00	100	125.00	150.0	175.00	200	250.0	300	400	500	600	800	1000
100	50.5	75.75	101	126.25	151.5	176.75	202	252.5	303	404	505	606	808	1010

表 6-3-52　　37.5°外花键大径基本尺寸系列（摘自 GB/T 3478.1—2008）

$D_{ee}=m(z+0.9)$　　mm

齿数	模数													
z	0.5	(0.75)	1	(1.25)	1.5	(1.75)	2	2.5	3	(4)	5	(6)	(8)	10
10	5.45	8.18	10.9	13.62	16.35	19.07	21.8	27.25	32.7	43.6	54.5	65.4	87.2	109
11	5.95	8.93	11.9	14.87	17.85	20.82	23.8	29.75	35.7	47.6	59.5	71.4	95.2	119
12	6.45	9.68	12.9	16.12	19.35	22.57	25.8	32.25	38.7	51.6	64.5	77.4	103.2	129
13	6.95	10.43	13.9	17.37	20.85	24.32	27.8	34.75	41.7	55.6	69.5	83.4	111.2	139
14	7.45	11.18	14.9	18.62	22.35	26.07	29.8	37.25	44.7	59.6	74.5	89.4	119.2	149
15	7.95	11.93	15.9	19.87	23.85	27.82	31.8	39.75	47.7	63.6	79.5	95.4	127.2	159
16	8.45	12.67	16.9	21.12	25.35	29.57	33.8	42.25	50.7	67.6	84.5	101.4	135.2	169
17	8.95	13.42	17.9	22.37	26.85	31.32	35.8	44.75	53.7	71.6	89.5	107.4	143.2	179
18	9.45	14.17	18.9	23.62	28.35	33.07	37.8	47.25	56.7	75.6	94.5	113.4	151.2	189
19	9.95	14.92	19.9	24.87	29.85	34.82	39.8	49.75	59.7	79.6	99.5	119.4	159.2	199
20	10.45	15.67	20.9	26.12	31.35	36.57	41.8	52.25	62.7	83.6	104.5	125.4	167.2	209
21	10.95	16.43	21.9	27.37	32.85	38.32	43.8	54.75	65.7	87.6	109.5	131.4	175.2	219
22	11.45	17.18	22.9	28.62	34.35	40.07	45.8	57.25	68.7	91.6	114.5	137.4	183.2	229
23	11.95	17.93	23.9	29.87	35.85	41.82	47.8	59.75	71.7	95.6	119.5	143.4	191.2	239
24	12.45	18.68	24.9	31.12	37.35	43.57	49.8	62.25	74.7	99.6	124.5	149.4	199.2	249
25	12.95	19.43	25.9	32.37	38.85	45.32	51.8	64.75	77.7	103.6	129.5	155.4	207.2	259
26	13.45	20.18	26.9	33.62	40.35	47.07	53.8	67.25	80.7	107.6	134.5	161.4	215.2	269
27	13.95	20.93	27.9	34.87	41.85	48.82	55.8	69.75	83.7	111.6	139.5	167.4	223.2	279
28	14.45	21.68	28.9	36.12	43.35	50.57	57.8	72.25	86.7	115.6	144.5	173.4	231.2	289
29	14.95	22.43	29.9	37.37	44.85	52.32	59.8	74.75	89.7	119.6	149.5	179.4	239.2	299
30	15.45	23.18	30.9	38.62	46.35	54.07	61.8	77.25	92.7	123.6	154.5	185.4	247.2	309
31	15.95	23.93	31.9	39.87	47.85	55.82	63.8	79.75	95.7	127.6	159.5	191.4	255.2	319
32	16.45	24.68	32.9	41.12	49.35	57.57	65.8	82.25	98.7	131.6	164.5	197.4	263.2	329
33	16.95	25.43	33.9	42.37	50.85	59.32	67.8	84.75	101.7	135.6	169.5	203.4	271.2	339
34	17.45	26.18	34.9	43.62	52.35	61.07	69.8	87.25	104.7	139.6	174.5	209.4	279.2	349
35	17.95	26.93	35.9	44.87	53.85	62.82	71.8	89.75	107.7	143.6	179.5	215.4	287.2	359
36	18.45	27.68	36.9	46.12	55.35	64.58	73.8	92.25	110.7	147.6	184.5	221.4	295.2	369
37	18.95	28.43	37.9	47.37	56.85	66.33	75.8	94.75	113.7	151.6	189.5	227.4	303.2	379
38	19.45	29.18	38.9	48.62	58.35	68.08	77.8	97.25	116.7	155.6	194.5	233.4	311.2	389
39	19.95	29.93	39.9	49.87	59.85	69.83	79.8	99.75	119.7	159.6	199.5	239.4	319.2	399
40	20.45	30.68	40.9	51.12	61.35	71.58	81.8	102.25	122.7	163.6	204.5	245.4	327.2	409
41	20.95	31.43	41.9	52.37	62.85	73.33	83.8	104.75	125.7	167.6	209.5	251.4	335.2	419
42	21.45	32.17	42.9	53.62	64.35	75.08	85.8	107.25	128.7	171.6	214.5	257.4	343.2	429
43	21.95	32.92	43.9	54.87	65.85	76.83	87.8	109.75	131.7	175.6	219.5	263.4	351.2	439
44	22.45	33.67	44.9	56.12	67.35	78.58	89.8	112.25	134.7	179.6	224.5	269.4	359.2	449
45	22.95	34.42	45.9	57.37	68.85	80.33	91.8	114.75	137.7	183.6	229.5	275.4	367.2	459
46	23.45	35.17	46.9	58.62	70.35	82.08	93.8	117.25	140.7	187.6	234.5	281.4	375.2	469
47	23.95	35.92	47.9	59.87	71.85	83.83	95.8	119.75	143.7	191.6	239.5	287.4	383.2	479
48	24.45	36.67	48.9	61.12	73.35	85.58	97.8	122.25	146.7	195.6	244.5	293.4	391.2	489
49	24.95	37.42	49.9	62.37	74.85	87.33	99.8	124.75	149.7	199.6	249.5	299.4	399.2	499
50	25.45	38.17	50.9	63.62	76.35	89.08	101.8	127.25	152.7	203.6	254.5	305.4	407.2	509
51	25.95	38.92	51.9	64.87	77.85	90.83	103.8	129.75	155.7	207.6	259.5	311.4	415.2	519
52	26.45	39.67	52.9	66.12	79.35	92.58	105.8	132.25	158.7	211.6	264.5	317.4	423.2	529
53	26.95	40.42	53.9	67.37	80.85	94.33	107.8	134.75	161.7	215.6	269.5	323.4	431.2	539
54	27.45	41.17	54.9	68.62	82.35	96.08	109.8	137.25	164.7	219.6	274.5	329.4	439.2	549
55	27.95	41.92	55.9	69.87	83.85	97.83	111.8	139.75	167.7	223.6	279.5	335.4	447.2	559

续表

齿数	模数													
z	0.5	(0.75)	1	(1.25)	1.5	(1.75)	2	2.5	3	(4)	5	(6)	(8)	10
56	28.45	42.67	56.9	71.12	85.35	99.58	113.8	142.25	170.7	227.6	284.5	341.4	455.2	569
57	28.95	43.42	57.9	72.37	86.85	101.33	115.8	144.75	173.7	231.6	289.5	347.4	463.2	579
58	29.45	44.17	58.9	73.62	88.35	103.08	117.8	147.25	176.7	235.6	294.5	353.4	471.2	589
59	29.95	44.92	59.9	74.87	89.85	104.83	119.8	149.75	179.7	239.6	299.5	359.4	479.2	599
60	30.45	45.67	60.9	76.12	91.35	106.58	121.8	152.25	182.7	243.6	304.5	365.4	487.2	609
61	30.95	46.42	61.9	77.37	92.85	108.33	123.8	154.75	185.7	247.6	309.5	371.4	495.2	619
62	31.45	47.17	62.9	78.62	94.35	110.08	125.8	157.25	188.7	251.6	314.5	377.4	503.2	629
63	31.95	47.92	63.9	79.87	95.85	111.83	127.8	159.75	191.7	255.6	319.5	383.4	511.2	639
64	32.45	48.68	64.9	81.13	97.35	113.58	129.8	162.25	194.7	259.6	324.5	389.4	519.2	649
65	32.95	49.43	65.9	82.38	98.85	115.33	131.8	164.75	197.7	263.6	329.5	395.4	527.2	659
66	33.45	50.18	66.9	83.63	100.35	117.08	133.8	167.25	200.7	267.6	334.5	401.4	535.2	669
67	33.95	50.93	67.9	84.88	101.85	118.83	135.8	169.75	203.7	271.6	339.5	407.4	543.2	679
68	34.45	51.68	68.9	86.13	103.35	120.58	137.8	172.25	206.7	275.6	344.5	413.4	551.2	689
69	34.95	52.43	69.9	87.38	104.85	122.33	139.8	174.75	209.7	279.6	349.5	419.4	559.2	699
70	35.45	53.18	70.9	88.63	106.35	124.08	141.8	177.25	212.7	283.6	354.5	425.4	567.2	709
71	35.95	53.93	71.9	89.88	107.85	125.83	143.8	179.75	215.7	287.6	359.5	431.4	575.2	719
72	36.45	54.68	72.9	91.13	109.35	127.58	145.8	182.25	218.7	291.6	364.5	437.4	583.2	729
73	36.95	55.43	73.9	92.38	110.85	129.33	147.8	184.75	221.7	295.6	369.5	443.4	591.2	739
74	37.45	56.18	74.9	93.63	112.35	131.08	149.8	187.25	224.7	299.6	374.5	449.4	599.2	749
75	37.95	56.93	75.9	94.88	113.85	132.83	151.8	189.75	227.7	303.6	379.5	455.4	607.2	759
76	38.45	57.68	76.9	96.13	115.35	134.58	153.8	192.25	230.7	307.6	384.5	461.4	615.2	769
77	38.95	58.43	77.9	97.38	116.85	136.33	155.8	194.75	233.7	311.6	389.5	467.4	623.2	779
78	39.45	59.18	78.9	98.63	118.35	138.08	157.8	197.25	236.7	315.6	394.5	473.4	631.2	789
79	39.95	59.93	79.9	99.88	119.85	139.83	159.8	199.75	239.7	319.6	399.5	479.4	639.2	799
80	40.45	60.68	80.9	101.13	121.35	141.58	161.8	202.25	242.7	323.6	404.5	485.4	647.2	809
81	40.95	61.43	81.9	102.38	122.85	143.33	163.8	204.75	245.7	327.6	409.5	491.4	655.2	819
82	41.45	62.18	82.9	103.63	124.35	145.08	165.8	207.25	248.7	331.6	414.5	497.4	663.2	829
83	41.95	62.93	83.9	104.88	125.85	146.83	167.8	209.75	251.7	335.6	419.5	503.4	671.2	839
84	42.45	63.68	84.9	106.13	127.35	148.58	169.8	212.25	254.7	339.6	424.5	509.4	679.2	849
85	42.95	64.43	85.9	107.38	128.85	150.33	171.8	214.75	257.7	343.6	429.5	515.4	687.2	859
86	43.45	65.18	86.9	108.63	130.35	152.08	173.8	217.25	260.7	347.6	434.5	521.4	695.2	869
87	43.95	65.93	87.9	109.88	131.85	153.83	175.8	219.75	263.7	351.6	439.5	527.4	703.2	879
88	44.45	66.68	88.9	111.13	133.35	155.58	177.8	222.25	266.7	355.6	444.5	533.4	711.2	889
89	44.95	67.43	89.9	112.38	134.85	157.33	179.8	224.75	269.7	359.6	449.5	539.4	719.2	899
90	45.45	68.18	90.9	113.63	136.35	159.08	181.8	227.25	272.7	363.6	454.5	545.4	727.2	909
91	45.95	68.93	91.9	114.88	137.85	160.83	183.8	229.75	275.7	367.6	459.5	551.4	735.2	919
92	46.45	69.68	92.9	116.13	139.35	162.58	185.8	232.25	278.7	371.6	464.5	557.4	743.2	929
93	46.95	70.43	93.9	117.38	140.85	164.33	187.8	234.75	281.7	375.6	469.5	563.4	751.2	939
94	47.45	71.18	94.9	118.63	142.35	166.08	189.8	237.25	284.7	379.6	474.5	569.4	759.2	949
95	47.95	71.93	95.9	119.88	143.85	167.83	191.8	239.75	287.7	383.6	479.5	575.4	767.2	959
96	48.45	72.68	96.9	121.13	145.35	169.58	193.8	242.25	290.7	387.6	484.5	581.4	775.2	969
97	48.95	73.43	97.9	122.38	146.85	171.33	195.8	244.75	293.7	391.6	489.5	587.4	783.2	979
98	49.45	74.18	98.9	123.63	148.35	173.08	197.8	247.25	296.7	395.6	494.5	593.4	791.2	989
99	49.95	74.93	99.9	124.88	149.85	174.83	199.8	249.75	299.7	399.6	499.5	599.4	799.2	999
100	50.45	75.68	100.9	126.13	151.35	176.58	201.8	252.25	302.7	403.6	504.5	605.4	807.2	1009

表 6-3-53　45°外花键大径基本尺寸系列（摘自 GB/T 3478.1—2008）

$D_{ee}=m(z+0.8)$　　mm

齿数	模数								
z	0.25	0.5	(0.75)	1	(1.25)	1.5	(1.75)	2	2.5
10	2.70	5.4	8.10	10.8	13.50	16.2	18.90	21.6	27.0
11	2.95	5.9	8.85	11.8	14.75	17.7	20.65	23.6	29.5
12	3.20	6.4	9.60	12.8	16.00	19.2	22.40	25.6	32.0
13	3.45	6.9	10.35	13.8	17.25	20.7	24.15	27.6	34.5
14	3.70	7.4	11.10	14.8	18.50	22.2	25.90	29.6	37.0
15	3.95	7.9	11.85	15.8	19.75	23.7	27.65	31.6	39.5
16	4.20	8.4	12.60	16.8	21.00	25.2	29.40	33.6	42.0
17	4.45	8.9	13.35	17.8	22.25	26.7	31.15	35.6	44.5
18	4.70	9.4	14.10	18.8	23.50	28.2	32.90	37.6	47.0
19	4.95	9.9	14.85	19.8	24.75	29.7	34.65	39.6	49.5
20	5.20	10.4	15.60	20.8	26.00	31.2	36.40	41.6	52.0
21	5.45	10.9	16.35	21.8	27.25	32.7	38.15	43.6	54.5
22	5.70	11.4	17.10	22.8	28.50	34.2	39.90	45.6	57.0
23	5.95	11.9	17.85	23.8	29.75	35.7	41.65	47.6	59.5
24	6.20	12.4	18.60	24.8	31.00	37.2	43.40	49.6	62.0
25	6.45	12.9	19.35	25.8	32.25	38.7	45.15	51.6	64.5
26	6.70	13.4	20.10	26.8	33.50	40.2	46.90	53.6	67.0
27	6.95	13.9	20.85	27.8	34.75	41.7	48.65	55.6	69.5
28	7.20	14.4	21.60	28.8	36.00	43.2	50.40	57.6	72.0
29	7.45	14.9	22.35	29.8	37.25	44.7	52.15	59.6	74.5
30	7.70	15.4	23.10	30.8	38.50	46.2	53.90	61.6	77.0
31	7.95	15.9	23.85	31.8	39.75	47.7	55.65	63.6	79.5
32	8.20	16.4	24.60	32.8	41.00	49.2	57.40	65.6	82.0
33	8.45	16.9	25.35	33.8	42.25	50.7	59.15	67.6	84.5
34	8.70	17.4	26.10	34.8	43.50	52.2	60.90	69.6	87.0
35	8.95	17.9	26.85	35.8	44.75	53.7	62.65	71.6	89.5
36	9.20	18.4	27.60	36.8	46.00	55.2	64.40	73.6	92.0
37	9.45	18.9	28.35	37.8	47.25	56.7	66.15	75.6	94.5
38	9.70	19.4	29.10	38.8	48.50	58.2	67.90	77.6	97.0
39	9.95	19.9	29.85	39.8	49.75	59.7	69.65	79.6	99.5
40	10.20	20.4	30.60	40.8	51.00	61.2	71.40	81.6	102.0
41	10.45	20.9	31.35	41.8	52.25	62.7	73.15	83.6	104.5
42	10.70	21.4	32.10	42.8	53.50	64.2	74.90	85.6	107.0
43	10.95	21.9	32.85	43.8	54.75	65.7	76.65	87.6	109.5
44	11.20	22.4	33.60	44.8	56.00	67.2	78.40	89.6	112.0
45	11.45	22.9	34.35	45.8	57.25	68.7	80.15	91.6	114.5
46	11.70	23.4	35.10	46.8	58.50	70.2	81.90	93.6	117.0
47	11.95	23.9	35.85	47.8	59.75	71.7	83.65	95.6	119.5
48	12.20	24.4	36.60	48.8	61.00	73.2	85.40	97.6	122.0
49	12.45	24.9	37.35	49.8	62.25	74.7	87.15	99.6	124.5
50	12.70	25.4	38.10	50.8	63.50	76.2	88.90	101.6	127.0
51	12.95	25.9	38.85	51.8	64.75	77.7	90.65	103.6	129.5
52	13.20	26.4	39.60	52.8	66.00	79.2	92.40	105.6	132.0
53	13.45	26.9	40.35	53.8	67.25	80.7	94.15	107.6	134.5
54	13.70	27.4	41.10	54.8	68.50	82.2	95.90	109.6	137.0
55	13.95	27.9	41.85	55.8	69.75	83.7	97.65	111.6	139.5

续表

齿数 z	模数								
	0.25	0.5	(0.75)	1	(1.25)	1.5	(1.75)	2	2.5
56	14.20	28.4	42.60	56.8	71.00	85.2	99.40	113.6	142.0
57	14.45	28.9	43.35	57.8	72.25	86.7	101.15	115.6	144.5
58	14.70	29.4	44.10	58.8	73.50	88.2	102.90	117.6	147.0
59	14.95	29.9	44.85	59.8	74.75	89.7	104.65	119.6	149.5
60	15.20	30.4	45.60	60.8	76.00	91.2	106.40	121.6	152.0
61	15.45	30.9	46.35	61.8	77.25	92.7	108.15	123.6	154.5
62	15.70	31.4	47.10	62.8	78.50	94.2	109.90	125.6	157.0
63	15.95	31.9	47.85	63.8	79.75	95.7	111.65	127.6	159.5
64	16.20	32.4	48.60	64.8	81.00	97.2	113.40	129.6	162.0
65	16.45	32.9	49.35	65.8	82.25	98.7	115.15	131.6	164.5
66	16.70	33.4	50.10	66.8	83.50	100.2	116.90	133.6	167.0
67	16.95	33.9	50.85	67.8	84.75	101.7	118.65	135.6	169.5
68	17.20	34.4	51.60	68.8	86.00	103.2	120.40	137.6	172.0
69	17.45	34.9	52.35	69.8	87.25	104.7	122.15	139.6	174.5
70	17.70	35.4	53.10	70.8	88.50	106.2	123.90	141.6	177.0
71	17.95	35.9	53.85	71.8	89.75	107.7	125.65	143.6	179.5
72	18.20	36.4	54.60	72.8	91.00	109.2	127.40	145.6	182.0
73	18.45	36.9	55.35	73.8	92.25	110.7	129.15	147.6	184.5
74	18.70	37.4	56.10	74.8	93.50	112.2	130.90	149.6	187.0
75	18.95	37.9	56.85	75.8	94.75	113.7	132.65	151.6	189.5
76	19.20	38.4	57.60	76.8	96.00	115.2	134.40	153.6	192.0
77	19.45	38.9	58.35	77.8	97.25	116.7	136.15	155.6	194.5
78	19.70	39.4	59.10	78.8	98.50	118.2	137.90	157.6	197.0
79	19.95	39.9	59.85	79.8	99.75	119.7	139.65	159.6	199.5
80	20.20	40.4	60.60	80.8	101.00	121.2	141.40	161.6	202.0
81	20.45	40.9	61.35	81.8	102.25	122.7	143.15	163.6	204.5
82	20.70	41.4	62.10	82.8	103.50	124.2	144.90	165.6	207.0
83	20.95	41.9	62.85	83.8	104.75	125.7	146.65	167.6	209.5
84	21.20	42.4	63.60	84.8	106.00	127.2	148.40	169.6	212.0
85	21.45	42.9	64.35	85.8	107.25	128.7	150.15	171.6	214.5
86	21.70	43.4	65.10	86.8	108.50	130.2	151.90	173.6	217.0
87	21.95	43.9	65.85	87.8	109.75	131.7	153.65	175.6	219.5
88	22.20	44.4	66.60	88.8	111.00	133.2	155.40	177.6	222.0
89	22.45	44.9	67.35	89.8	112.25	134.7	157.15	179.6	224.5
90	22.70	45.4	68.10	90.8	113.50	136.2	158.90	181.6	227.0
91	22.95	45.9	68.85	91.8	114.75	137.7	160.65	183.6	229.5
92	23.20	46.4	69.60	92.8	116.00	139.2	162.40	185.6	232.0
93	23.45	46.9	70.35	93.8	117.25	140.7	164.15	187.6	234.5
94	23.70	47.4	71.10	94.8	118.50	142.2	165.90	189.6	237.0
95	23.95	47.9	71.85	95.8	119.75	143.7	167.65	191.6	239.5
96	24.20	48.4	72.60	96.8	121.00	145.2	169.40	193.6	242.0
97	24.45	48.9	73.35	97.8	122.25	146.7	171.15	195.6	244.5
98	24.70	49.4	74.10	98.8	123.50	148.2	172.90	197.6	247.0
99	24.95	49.9	74.85	99.8	124.75	149.7	174.65	199.6	249.5
100	25.20	50.4	75.60	100.8	126.00	151.2	176.40	201.6	252.0

表 6-3-54　　齿根圆弧最小曲率半径 R_{imin} 和 R_{emin}　　mm

模数 m	标准压力角 α_D				模数 m	标准压力角 α_D			
	30°		37.5°	45°		30°		37.5°	45°
	平齿根 0.2m	圆齿根 0.4m	0.3m	0.25m		平齿根 0.2m	圆齿根 0.4m	0.3m	0.25m
0.25				0.06	2.5	0.50	1.00	0.75	0.62
0.5	0.10	0.20	0.15	0.12	3	0.60	1.20	0.90	
0.75	0.15	0.30	0.22	0.19	4	0.80	1.60	1.20	
1	0.20	0.40	0.30	0.25	5	1.00	2.00	1.50	
1.25	0.25	0.50	0.38	0.31	6	1.20	2.40	1.80	
1.5	0.30	0.60	0.45	0.38	8	1.60	3.20	2.40	
1.75	0.35	0.70	0.52	0.44	10	2.00	4.00	3.00	
2	0.40	0.80	0.60	0.50					

注：在产品设计允许的情况下，对平齿根花键，齿根圆弧曲率半径可小于表中数值。

3.4.5　公差等级及公差

表 6-3-55　　渐开线花键公差等级

压力角 α_D = 30°、37.5°、40°	公差等级：4、5、6、7

表 6-3-56　　渐开线花键公差计算式　　μm

公差等级	齿槽宽和齿厚的总公差 $(T+\lambda)$	综合公差 λ	齿距累积公差 F_p	齿形公差 f_f	齿向公差 F_β
4	$10i$[①]$+40i$[②]	$\lambda=0.6\sqrt{(F_p)^2+(f_f)^2+(F_\beta)^2}$	$2.5\sqrt{L}+6.3$	$1.6\varphi_f+10$	$0.8\sqrt{g}+4$
5	$16i$[①]$+64i$[②]		$3.55\sqrt{L}+9$	$2.5\varphi_f+16$	$1.0\sqrt{g}+5$
6	$25i$[①]$+100i$[②]		$5\sqrt{L}+12.5$	$4\varphi_f+25$	$1.25\sqrt{g}+6.3$
7	$40i$[①]$+160i$[②]		$7.1\sqrt{L}+18$	$6.3\varphi_f+40$	$2.0\sqrt{g}+10$
说明	L——分度圆周长之半，即 $L=\pi mz/2$，mm；φ_f——公差因数，$\varphi_f=m+0.0125D$，mm；g——花键长度，mm				

① 是以分度圆直径 D 为基础的公差，其公差单位 i 为：当 $D\leqslant500$mm 时，$i=0.45\sqrt[3]{D}+0.001D$；当 $D>500$mm 时，$i=0.004D+2.1$。

② 是以基本齿槽宽 E 或基本齿厚 S 为基础的公差，其公差单位 i 为：$i=0.45\sqrt[3]{E}+0.001E$ 或 $i=0.45\sqrt[3]{S}+0.001S$（D、E 和 S 的单位为 mm）。

注：1. 加工公差 T 为总公差 $(T+\lambda)$ 与综合公差 λ 之差，即 $(T+\lambda)-\lambda$。

2. 综合公差是根据齿距累积误差、齿形误差和齿向误差对花键配合的综合影响给定的。考虑到各单项误差不大可能同时以最大值出现在同一花键上，而且三项单项误差不大可能相互无补偿地影响花键配合等情况，所以将三项公差按统计法相加并取其 60% 为综合公差。当花键长度 g 不同时，会影响 λ 值的变化，但总公差 $(T+\lambda)$ 不变。

表 6-3-57　　齿向公差 F_β　　μm

花键长度 g/mm		≤5	>5~10	>10~15	>15~20	>20~25	>25~30	>30~35	>35~40	>40~45	>45~50	>50~55	>55~60	>60~70	>70~80	>80~90	>90~100
公差等级	4	6	7	7	8	8	8	9	9	9	10	10	10	11	11	12	12
	5	7	8	9	9	10	10	11	11	12	12	12	13	13	14	14	15
	6	9	10	11	12	13	13	14	14	15	15	16	16	17	17	18	19
	7	14	16	18	19	20	21	22	23	23	24	25	25	27	28	29	30

注：当花键长度不为表中数值时，可按表 6-3-56 中给出的计算式计算。

表 6-3-58　　齿圈径向跳动公差 F_r　　μm

公差等级	模数 m /mm	分度圆直径 D/mm ≤125				>125~400				>400~800				>800			
		A	B	C	D	A	B	C	D	A	B	C	D	A	B	C	D
4	≤3	10	16	25	36	15	22	36	50	18	28	45	63	20	32	50	71
	4~6	11	18	28	40	16	25	40	56	20	32	50	71	22	36	56	80
	8 和 10	13	20	32	45	18	28	45	63	22	36	56	80	25	40	63	90
5	≤3	16	25	36	45	22	36	50	63	28	45	63	80	32	50	71	90
	4~6	18	28	40	50	25	40	56	71	32	50	71	90	36	56	80	100
	8 和 10	20	32	45	56	28	45	63	86	36	56	80	100	40	63	90	112
6	≤3	25	36	45	71	36	50	63	80	45	63	80	100	50	71	90	112
	4~6	28	40	50	80	40	56	71	100	50	71	90	112	56	80	100	125
	8 和 10	32	45	56	90	45	63	86	112	56	80	100	125	63	90	112	140
7	≤3	36	45	71	100	50	63	80	112	63	80	100	125	71	90	112	140
	4~6	40	50	80	125	71	90	112	140	71	90	112	140	80	100	125	160
	8 和 10	45	56	90	140	80	100	125	160	80	100	125	160	90	112	140	180

表 6-3-59　　总公差（$T+\lambda$）、综合公差 λ、齿距累积公差 F_p 和齿形公差 f_f　　μm

z	公差等级 4				5				6				7			
	$T+\lambda$	λ	F_p	f_f	$T+\lambda$	λ	F_p	f_f	$T+\lambda$	λ	F_p	f_f	$T+\lambda$	λ	F_p	f_f
	$m=1$mm															
11	31	13	17	12	50	19	24	19	78	27	33	30	124	41	48	47
12	31	13	17	12	50	19	24	19	79	28	34	30	126	42	49	47
13	32	13	18	12	51	19	25	19	79	28	35	30	127	42	50	47
14	32	13	18	12	51	20	26	19	80	29	36	30	128	43	51	47
15	32	14	18	12	52	20	26	19	81	29	37	30	129	43	52	47
16	32	14	19	12	52	20	27	19	81	29	38	30	130	44	54	48
17	33	14	19	12	52	20	27	19	82	30	38	30	131	45	55	48
18	33	14	20	12	53	21	28	19	82	30	39	30	132	45	56	48
19	33	14	20	12	53	21	28	19	83	31	40	30	133	46	57	48
20	33	15	20	12	53	21	29	19	84	31	41	30	134	46	58	48
21	34	15	21	12	54	21	29	19	84	31	41	30	134	47	59	48
22	34	15	21	12	54	22	30	19	85	32	42	30	135	47	60	48
23	34	15	21	12	54	22	30	19	85	32	43	30	136	48	61	48
24	34	15	22	12	55	22	31	19	86	32	43	30	137	48	62	48
25	34	16	22	12	55	22	31	19	86	33	44	30	138	48	62	48
26	35	16	22	12	55	23	32	19	86	33	44	30	138	49	63	48
27	35	16	23	12	56	23	32	19	87	33	45	30	139	49	64	48
28	35	16	23	12	56	23	33	19	87	34	46	30	140	50	65	49
29	35	16	23	12	56	23	33	19	88	34	46	30	140	50	66	49
30	35	16	23	12	56	24	33	19	88	34	47	31	141	51	67	49
31	35	17	24	12	57	24	34	19	89	34	47	31	142	51	68	49
32	36	17	24	12	57	24	34	20	89	35	48	31	142	52	68	49
33	36	17	24	12	57	24	35	20	89	35	48	31	143	52	69	49
34	36	17	25	12	57	24	35	20	90	35	49	31	144	52	70	49
35	36	17	25	12	58	25	35	20	90	36	50	31	144	53	71	49

续表

z	公差等级															
	4				5				6				7			
	$T+\lambda$	λ	F_p	f_f	$T+\lambda$	λ	F_p	f_f	$T+\lambda$	λ	F_p	f_f	$T+\lambda$	λ	F_p	f_f
36	36	17	25	12	58	25	36	20	91	36	50	31	145	53	71	49
37	36	18	25	12	58	25	36	20	91	36	51	31	145	54	72	49
38	36	18	26	12	58	25	36	20	91	37	51	31	146	54	73	49
39	37	18	26	12	59	25	37	20	92	37	52	31	147	54	74	49
40	37	18	26	12	59	26	37	20	92	37	52	31	147	55	74	49
$m=2\text{mm}$																
11	39	16	21	14	63	23	30	22	98	33	42	34	157	49	60	54
12	40	16	22	14	64	23	31	22	99	34	43	34	159	50	62	54
13	40	16	22	14	64	23	32	22	100	34	44	34	160	51	63	55
14	40	17	23	14	65	24	33	22	101	35	46	34	162	52	65	55
15	41	17	23	14	65	24	33	22	102	36	47	35	163	53	67	55
16	41	17	24	14	66	25	34	22	103	36	48	35	164	54	68	55
17	41	17	25	14	66	25	35	22	104	37	49	35	166	55	70	55
18	42	18	25	14	67	26	36	22	104	37	50	35	167	55	71	55
19	42	18	26	14	67	26	36	22	105	38	51	35	168	56	73	56
20	42	18	26	14	68	26	37	22	106	38	52	35	169	57	74	56
21	43	19	27	14	68	27	38	22	106	39	53	35	170	58	76	56
22	43	19	27	14	69	27	39	22	107	39	54	35	171	58	77	56
23	43	19	28	14	69	28	39	22	108	40	55	35	172	59	78	56
24	43	19	28	14	69	28	40	23	108	40	56	35	173	60	80	56
25	44	20	28	14	70	28	40	23	109	41	57	36	174	60	81	57
26	44	20	29	14	70	29	41	23	110	41	58	36	175	61	82	57
27	44	20	29	14	70	29	42	23	110	42	59	36	176	62	83	57
28	44	20	30	14	71	29	42	23	111	42	59	36	177	62	85	57
29	44	21	30	14	71	30	43	23	111	43	60	36	178	63	86	57
30	45	21	31	14	72	30	43	23	112	43	61	36	179	64	87	57
31	45	21	31	14	72	30	44	23	112	44	62	36	180	64	88	57
32	45	21	31	14	72	31	45	23	113	44	63	36	181	65	89	58
33	45	22	32	15	73	31	45	23	113	45	63	36	181	66	90	58
34	46	22	32	15	73	31	46	23	114	45	64	36	182	66	91	58
35	46	22	33	15	73	31	46	23	114	45	65	37	183	67	92	58
36	46	22	33	15	73	32	47	23	115	46	66	37	184	67	94	58
37	46	22	33	15	74	32	47	23	115	46	66	37	184	68	95	58
38	46	23	34	15	74	32	48	23	116	47	67	37	185	69	96	59
39	46	23	34	15	74	33	48	23	116	47	69	37	186	69	97	59
40	47	23	34	15	75	33	49	24	117	48	69	37	187	70	98	59
$m=2.5\text{mm}$																
11	42	17	23	15	68	24	32	23	106	35	45	36	170	53	65	58
12	43	17	23	15	69	25	33	23	107	36	47	37	171	54	67	58
13	43	17	24	15	69	25	34	23	108	37	48	37	173	55	69	58
14	44	18	25	15	70	26	35	23	109	38	50	37	174	56	71	59
15	44	18	25	15	70	26	36	23	110	38	51	37	176	57	72	59
16	44	19	26	15	71	27	37	24	111	39	52	37	177	58	74	59
17	45	19	27	15	71	27	38	24	112	40	53	37	179	59	76	59
18	45	19	27	15	72	28	39	24	112	40	55	37	180	60	78	59

续表

z	公差等级															
	4				5				6				7			
	$T+\lambda$	λ	F_p	f_f	$T+\lambda$	λ	F_p	f_f	$T+\lambda$	λ	F_p	f_f	$T+\lambda$	λ	F_p	f_f
19	45	20	28	15	72	28	40	24	113	41	56	37	181	61	79	59
20	46	20	28	15	73	29	40	24	114	42	57	38	182	62	81	60
21	46	20	29	15	73	29	41	24	115	42	58	38	184	62	82	60
22	46	21	30	15	74	29	42	24	115	43	59	38	185	63	84	60
23	46	21	30	15	74	30	43	24	116	43	60	38	186	64	85	60
24	47	21	31	15	75	30	43	24	117	44	61	38	187	65	87	60
25	47	21	31	15	75	31	44	24	118	44	62	38	188	66	88	61
26	47	22	32	15	76	31	45	24	118	45	63	38	189	66	90	61
27	48	22	32	15	76	31	46	24	119	45	64	38	190	67	91	61
28	48	22	33	15	76	32	46	24	119	46	65	39	191	68	92	61
29	48	22	33	15	77	32	47	25	120	47	66	39	192	69	94	61
30	48	23	33	16	77	33	48	25	121	47	67	39	193	69	95	62
31	49	23	34	16	78	33	48	25	121	48	68	39	194	70	96	62
32	49	23	34	16	78	33	49	25	122	48	69	39	195	71	98	62
33	49	24	35	16	78	34	49	25	122	49	69	39	196	71	99	62
34	49	24	35	16	79	34	50	25	123	49	70	39	197	72	100	62
35	49	24	36	16	79	34	51	25	123	50	71	39	198	73	101	63
36	50	24	36	16	79	35	51	25	124	50	72	40	198	73	102	63
37	50	25	36	16	80	35	52	25	125	51	73	40	199	74	104	63
38	50	25	37	16	80	35	52	25	125	51	74	40	200	75	105	63
39	50	25	37	16	80	36	53	25	126	51	74	40	201	75	106	63
40	50	25	38	16	81	36	53	25	126	52	75	40	202	76	107	64
$m=3$mm																
11	45	18	24	15	72	26	35	25	113	38	48	39	181	57	69	61
12	46	18	25	16	73	26	36	25	114	39	50	39	182	58	71	62
13	46	19	26	16	74	27	37	25	115	39	52	39	184	59	74	62
14	46	19	27	16	74	28	38	25	116	40	53	39	186	60	76	62
15	47	19	27	16	75	28	39	25	117	41	55	39	187	61	78	62
16	47	20	28	16	76	29	40	25	118	42	56	39	189	62	80	63
17	48	20	29	16	76	29	41	25	119	42	57	40	190	63	82	63
18	48	21	29	16	77	30	42	25	120	43	59	40	192	64	83	63
19	48	21	30	16	77	30	43	25	121	44	60	40	193	65	85	63
20	49	21	31	16	78	31	44	25	121	44	61	40	194	66	87	64
21	49	22	31	16	78	31	44	25	122	45	62	40	196	67	89	64
22	49	22	32	16	79	32	45	26	123	46	63	40	197	68	90	64
23	50	22	32	16	79	32	46	26	124	46	65	40	198	69	92	64
24	50	23	33	16	80	32	47	26	125	47	66	41	199	69	93	65
25	50	23	33	16	80	33	48	26	125	48	67	41	200	70	95	65
26	50	23	34	16	81	33	48	26	126	48	68	41	201	71	97	65
27	51	24	34	16	81	34	49	26	127	49	69	41	203	72	98	65
28	51	24	35	16	81	34	50	26	127	49	70	41	204	73	100	66
29	51	24	36	17	82	35	50	26	128	50	71	41	205	74	101	66
30	51	24	36	17	82	35	51	26	129	51	72	42	206	74	102	66

续表

z	公差等级															
	4				5				6				7			
	$T+\lambda$	λ	F_p	f_f	$T+\lambda$	λ	F_p	f_f	$T+\lambda$	λ	F_p	f_f	$T+\lambda$	λ	F_p	f_f
31	52	25	37	17	83	35	52	26	129	51	73	42	207	75	104	66
32	52	25	37	17	83	36	53	27	130	52	74	42	208	76	105	66
33	52	25	37	17	83	36	53	27	130	52	75	42	209	77	107	67
34	52	26	38	17	84	37	54	27	131	53	76	42	210	78	108	67
35	53	26	38	17	84	37	55	27	132	53	77	42	210	78	109	67
36	53	26	39	17	85	37	55	27	132	54	78	42	211	79	110	67
37	53	26	39	17	85	38	56	27	133	54	79	43	212	80	112	68
38	53	27	40	17	85	38	57	27	133	55	79	43	213	81	113	68
39	54	27	40	17	86	38	57	27	134	55	80	43	214	81	114	68
40	54	27	41	17	86	39	58	27	134	56	81	43	215	82	115	68
$m=5$mm																
11	54	22	30	19	86	31	42	30	134	46	59	48	215	69	84	76
12	54	22	31	19	87	32	43	30	136	47	61	48	217	70	87	76
13	55	23	32	19	88	33	45	31	137	48	63	48	219	72	90	77
14	55	23	33	19	89	34	46	31	138	49	65	49	221	73	92	77
15	56	24	33	20	89	34	48	31	140	50	67	49	223	75	95	77
16	56	24	34	20	90	35	49	31	141	51	68	49	225	76	98	78
17	57	25	35	20	91	36	50	31	142	52	70	49	227	77	100	78
18	57	25	36	20	91	36	51	31	143	53	72	50	229	79	102	79
19	58	26	37	20	92	37	52	31	144	54	74	50	230	80	105	79
20	58	26	38	20	93	38	53	32	145	55	75	50	232	81	107	79
21	58	27	38	20	93	38	54	32	146	56	77	50	233	82	109	80
22	59	27	39	20	94	39	56	32	147	57	78	51	235	84	111	80
23	59	28	40	20	95	39	57	32	148	57	80	51	237	85	113	81
24	59	28	41	20	95	40	58	32	149	58	81	51	238	86	115	81
25	60	28	41	21	96	41	59	32	150	59	82	51	239	87	117	81
26	60	29	42	21	96	41	60	33	150	60	84	52	241	88	119	82
27	61	29	43	21	97	42	61	33	151	61	85	52	242	89	121	82
28	61	30	43	21	97	42	62	33	152	61	87	52	243	90	123	83
29	61	30	44	21	98	43	63	33	153	62	88	52	245	92	125	83
30	61	30	45	21	98	43	63	33	154	63	89	53	246	93	127	83
31	62	31	45	21	99	44	64	33	155	64	90	53	247	94	129	84
32	62	31	46	21	99	44	65	34	155	64	92	53	248	95	130	84
33	62	31	46	21	100	45	66	34	156	65	93	53	250	96	132	84
34	63	32	47	21	100	45	67	34	157	66	94	54	251	97	134	85
35	63	32	48	22	101	46	68	34	158	67	95	54	252	98	136	85
36	63	33	48	22	101	46	69	34	158	67	96	54	253	99	137	86
37	64	33	49	22	102	47	70	34	159	68	98	54	254	100	139	86
38	64	33	49	22	102	47	70	34	160	69	99	55	255	101	141	86
39	64	34	50	22	103	48	71	35	160	69	100	55	257	102	142	87
40	64	34	51	22	103	48	72	35	161	70	101	55	258	103	144	87

注：当模数 m 及齿数 z 超出表中数值时，上述公差可用表 6-3-56 中的公式计算。

表 6-3-60　外花键小径 D_{ie} 和大径 D_{ee} 的上偏差 $es_V/\tan\alpha_D$

分度圆直径 D/mm	d			e			f			h	js	k
	标准压力角 α_D											
	30°	37.5°	45°	30°	37.5°	45°	30°	37.5°	45°	30°、37.5°、45°		
	$(es_V/\tan\alpha_D)/\mu m$											
≤6	-52	-39	-30	-35	-26	-20	-17	-13	-10			
>6~10	-69	-52	-40	-43	-33	-25	-23	-17	-13			
>10~18	-87	-65	-50	-55	-42	-32	-28	-21	-16			
>18~30	-113	-85	-65	-69	-52	-40	-35	-26	-20			
>30~50	-139	-104	-80	-87	-65	-50	-43	-33	-25			
>50~80	-173	-130	-100	-104	-78	-60	-52	-39	-30			
>80~120	-208	-156	-120	-125	-94	-72	-62	-47	-36			
>120~180	-251	-189	-145	-147	-111	-85	-74	-56	-43	0	$+(T+\lambda)/2\tan\alpha_D$①	$+(T+\lambda)/\tan\alpha_D$①
>180~250	-294	-222	-170	-173	-130	-100	-87	-65	-50			
>250~315	-329	-248	-190	-191	-143	-110	-97	-73	-56			
>315~400	-364	-274	-210	-217	-163	-125	-107	-81	-62			
>400~500	-398	-300	-230	-234	-176	-135	-118	-89	-68			
>500~630	-450	-339	-260	-251	-189	-145	-132	-99	-76			
>630~800	-502	-378	-290	-277	-209	-160	-139	-104	-80			
>800~1000	-554	-417	-320	-294	-222	-170	-149	-112	-86			

① 对于大径，取值为零。

表 6-3-61　内花键小径 D_{ii} 极限偏差和外花键大径 D_{ee} 公差　μm

直　径 D_{ii} 和 D_{ee}/mm	内花键小径 D_{ii} 极限偏差			外花键大径 D_{ee} 公差		
	模数 m/mm					
	0.25~0.75	1~1.75	2~10	0.25~0.75	1~1.75	2~10
	H10	H11	H12	IT10	IT11	IT12
<6	+48 0			48		
>6~10	+58 0	+90 0		58		
>10~18	+70 0	+110 0	+180 0	70	110	
>18~30	+84 0	+130 0	+210 0	84	130	210
>30~50	+100 0	+160 0	+250 0	100	160	250
>50~80	+120 0	+190 0	+300 0	120	190	300
>80~120		+220 0	+350 0		220	350
>120~180		+250 0	+400 0		250	400
>180~250			+460 0			460
>250~315			+520 0			520
>315~400			+570 0			570
>400~500			+630 0			630
>500~630			+700 0			700
>630~800			+800 0			800
>800~1000			+900 0			900

注：若花键尺寸超出表中数值时，按 GB/T 1800.2—1998《公差、偏差和配合的基本规定》取值。

表 6-3-62　　渐开线花键作用齿槽宽 E_V 下偏差和作用齿厚 S_V 上偏差　　μm

分度圆直径 D/mm	作用齿槽宽 E_V 下偏差	作用齿厚 S_V 上偏差 es_V					
	基本偏差						
	H	d	e	f	h	js	k
≤6	0	-30	-20	-10	0	$+\frac{(T+\lambda)}{2}$	$+(T+\lambda)$
>6~10	0	-40	-25	-13	0		
>10~18	0	-50	-32	-16	0		
>18~30	0	-65	-40	-20	0		
>30~50	0	-80	-50	-25	0		
>50~80	0	-100	-60	-30	0		
>80~120	0	-120	-72	-36	0		
>120~180	0	-145	-85	-43	0		
>180~250	0	-170	-100	-50	0		
>250~315	0	-190	-110	-56	0		
>315~400	0	-210	-125	-62	0		
>400~500	0	-230	-135	-68	0		
>500~630	0	-260	-145	-76	0		
>630~800	0	-290	-160	-80	0		
>800~1000	0	-320	-170	-86	0		

注：当表中的作用齿厚上偏差 es_V 值不能满足需要时，对 30°压力角花键允许采用 GB/T 1800.2—2009《公差、偏差和配合的基本规定》中的基本偏差 c 或 b；对 45°压力角花键，允许采用 e 或 d。总公差（$T+\lambda$）的数值按表 6-3-56 计算。

表 6-3-63　　渐开线花键齿侧配合

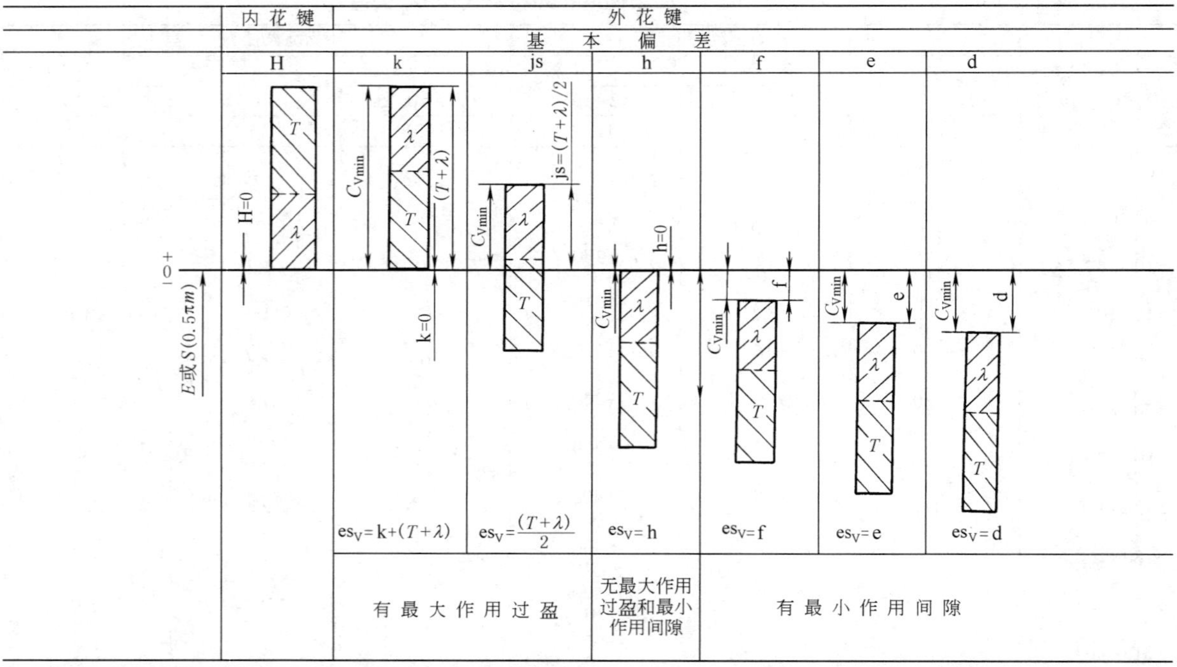

注：1. 花键齿侧配合的性质取决于最小作用侧隙。本标准规定花键连接有 6 种齿侧配合类别，即 H/k、H/js、H/h、H/f、H/e 和 H/d。对 45°标准压力角的花键连接，应优先选用 H/k、H/h 和 H/f。

2. 渐开线花键连接的齿侧配合采用基孔制，即仅用改变外花键作用齿厚上偏差的方法实现不同的配合。

3. 在渐开线花键连接中，键齿侧面既起驱动作用，又有自动定心作用，在结构设计时应考虑到这一特点。

4. 当内、外花键对其安装基准有同轴度误差时，将影响花键齿侧的最小作用间隙，因此应适当调整齿侧配合类别予以补偿。

5. 允许不同公差等级的内、外花键相互配合。

6. 齿距累积误差、齿形误差和齿向误差都会减小作用间隙或增大作用过盈。

3.4.6 渐开线花键的参数标注

① 在零件图样上，应给出制造花键时所需的全部尺寸、公差和参数，列出参数表，表中应给出齿数、模数、压力角、公差等级和配合类别、渐开线终止圆直径最小值或渐开线起始圆直径最大值、齿根圆弧最小曲率半径及其偏差、*M* 值和 *W* 值等项目，必要时画出齿形放大图。

② 花键的检验方法见 GB/T 3478.5，其中对花键的齿槽宽和齿厚规定了三种综合检验法和一种单项检验法（详见 GB/T 3478.5），花键的参数标注与采取检验方法有关。

③ 在有关图样和技术文件中，需要标记时，应符合如下规定。

内花键：INT

外花键：EXT

花键副：INT/EXT

齿数：*z*（前面加齿数值）

模数：*m*（前面加模数值）

30°平齿根：30P

30°圆齿根：30R

37.5°圆齿根：37.5

45°圆齿根：45

45°直线齿形圆齿根：45ST

公差等级：4、5、6、7

配合类别：H（内花键）；k、js、h、f、e、d（外花键）

标准号：GB/T 3478.1—2008

花键副，齿数 24，模数 2.5mm，30°圆齿根，公差等级为 5 级，配合类别为 H/h，标记为

花键副：INT/EXT　24*z*×2.5*m*×30R×5H/5h　GB/T 3478.1—2008

内花键：INT　24*z*×2.5*m*×30R×5H　GB/T 3478.1—2008

外花键：EXT　24*z*×2.5*m*×30R×5h　GB/T 3478.1—2008

花键副，齿数 24，模数 2.5mm，内花键为 30°平齿根，公差等级为 6 级，外花键为 30°圆齿根，公差等级为 5 级，配合类别为 H/h，标记为

花键副：INT/EXT　24*z*×2.5*m*×30P/R×6H/5h　GB/T 3478.1—2008

内花键：INT　24*z*×2.5*m*×30P×6H　GB/T 3478.1—1995

外花键：EXT　24*z*×2.5*m*×30R×5h　GB/T 3478.1—1995

花键副，齿数 24，模数 2.5mm，37.5°圆齿根，公差等级 6 级，配合类别为 H/h，标记为

花键副：INT/EXT　24*z*×2.5*m*×37.5×6H/6h　GB/T 3478.1—2008

内花键：INT　24*z*×2.5*m*×37.5×6H　GB/T 3478.1—2008

外花键：EXT　24*z*×2.5*m*×37.5×6h　GB/T 3478.1—2008

花键副，齿数 24，模数 2.5mm，45°圆齿根，内花键公差等级为 6 级，外花键公差等级为 7 级，配合类别为 H/h，标记为

花键副：INT/EXT　24*z*×2.5*m*×45×6H/7h　GB/T 3478.1—2008

内花键：INT　24*z*×2.5*m*×45×6H　GB/T 3478.1—2008

外花键：EXT　24*z*×2.5*m*×45×7h　GB/T 3478.1—2008

花键副，齿数 24，模数 2.5mm，内花键为 45°直线齿形圆齿根，公差等级为 6 级，外花键为 45°渐开线齿形圆齿根，公差等级为 7 级，配合类别为 H/h，标记为

花键副：INT/EXT　24*z*×2.5*m*×45ST×6H/7h　GB/T 3478.1—2008

内花键：INT　24*z*×2.5*m*×45ST×6H　GB/T 3478.1—2008

外花键：EXT　24*z*×2.5*m*×45×7h　GB/T 3478.1—2008

④ 齿数 24，模数 2.5mm，公差等级 5 级，配合类别 H/h 的内、外花键，选用基本检验方法时的参数见表 6-3-64 和表 6-3-65。

表 6-3-64　**内花键参数**　mm

项　目	代号	数　值	项　目	代号	数　值
齿数	z	24	小径	D_{ii}	$\phi57.74^{+0.30}_{0}$
模数	m	2.5	齿根圆弧最小曲率半径	R_{imin}	$R0.5$
压力角	α_D	30°	作用齿槽宽最小值	E_{Vmin}	3.927
公差等级和配合类别	5H	5H GB/T 3478.1—1995	实际齿槽宽最大值	E_{max}	4.002
大径	D_{ei}	$\phi63.75^{+0.30}_{0}$	量棒直径	D_{Ri}	4.75
渐开线终止圆直径最小值	D_{Fimin}	$\phi63$	棒间距最大值	M_{Rimax}	52.467

注：当用非全齿止端量规检验时，D_{Ri} 和 M_{Rimax} 可不列出。

表 6-3-65　**外花键参数**　mm

项　目	代号	数　值	项　目	代号	数　值
齿数	z	24	小径	D_{ie}	$\phi56.25^{0}_{-0.30}$
模数	m	2.5	齿根圆弧最小曲率半径	R_{emin}	$R0.5$
压力角	α_D	30°	作用齿厚最大值	S_{Vmax}	3.927
公差等级和配合类别	5h	5h GB/T 3478.1—1995	实际齿厚最小值	S_{min}	3.852
大径	D_{ee}	$\phi62.50^{0}_{-0.30}$	跨齿数	K	5
渐开线起始圆直径最大值	D_{Femax}	$\phi57.24$	公法线平均长度最小值	W_{min}	33.336

注：1. 根据产品要求，可增加齿形公差、齿向公差和齿距累积公差的要求。

2. 也可选用跨棒距代替公法线平均长度测量。

3. 当用非全齿止端量规检验时，K 和 W_{min} 可不列出。

第4章 过盈连接

1 过盈连接的方法、特点与应用

表 6-4-1

装配方法		原理	配合面型式	特点与应用
机械压入法		利用工具(如螺旋式、杠杆式、气动式)或压力机(压力范围通常为 10~10000kN)将被包容件装入包容件内	圆柱、圆锥	易擦伤结合表面,降低传递载荷的能力。适用于小或中等过盈量,传递载荷较小的场合,如齿轮、车轮、飞轮、滚动轴承与轴的配合
胀缩法	热胀法	利用火焰(如氧乙炔、液化气可加热至 350℃)、加热介质(如沸水可加热到 100℃、蒸汽可加热至 120℃、油品可加热至 320℃)、电阻(如电阻炉可加热至 400℃)、感应(可加热至 400℃)等加热方式将包容件加热到一定温度,使包容件内孔直径加大,形成装配间隙,然后将被包容件装入包容件内。也可同时加热包容件和冷却被包容件		不易擦伤结合表面,传递载荷能力高 火焰加热操作简便,但有局部过热的危险,适用于局部受热和膨胀尺寸要求严格控制的中型和大型连接件,如汽轮机、鼓风机、离心压缩机的叶轮与轴配合 介质加热包容件热胀均匀,适用于过盈量小的场合,如滚动轴承、连杆衬套、齿轮等 电阻加热热胀均匀,加热温度易于自动控制,适用于中、小型连接件 感应加热的加热时间短,调节温度方便,热效率高,适用于过盈量大的大型连接件,如汽轮机叶轮、大型压榨机等 干冰冷缩适用于过盈量小的小型零件 低温箱冷缩适用于结合面精度较高的连接,如发动机气门座圈等 液氮冷缩适用于过盈量中等的场合,如发动机主、副衬套等
	冷缩法	利用干冰(可冷至-78℃)、低温箱(可冷至-140℃)、液氮(可冷至-195℃)等冷缩方式将被包容件冷却到一定温度,使被包容件外径减小,形成装配间隙,然后装入包容件内		
油压法		在包容件与被包容件之间的结合面上,压入高压油(油压达 200MPa),使包容件和被包容件在结合处发生弹性变形,形成间隙,压力油在结合面间形成油膜,并用液压装置(图 6-4-13)或机械压推装置(图 6-4-14)等给以轴向推力,当配合件达到所要求位置后,卸去高压油,即可形成过盈连接。对于圆锥形结合面,过盈量是靠被连接件彼此相对轴向移动而获得;对于圆柱形结合面,过盈量大小取决于选出的配合	阶梯圆柱及圆锥 圆柱仅用于拆卸和调整位置	不易擦伤结合表面,便于安装和拆卸,方便维修,装拆时轴向力较小,但制造精度要求高,多用于圆锥轴的装拆。适用于过盈量大的大、中型或需要经常拆卸的连接件,如大型联轴器、船舶螺旋桨、化工机械、机车车轮和轧钢设备;特别适用于连接定位要求严格的连接件,如大型凸轮与轴的连接。一般仅用于钢制零件 对于圆柱面连接,因装配困难,故一般用于拆卸或调整结合位置,如车轮与轴的连接,用胀缩法或机械压入法装配,用油压法拆卸,但阶梯圆柱形可用油压法装拆
螺母压紧法		拧紧螺母,使结合面压紧形成过盈配合(见下图)。连接计算参照表 6-4-10 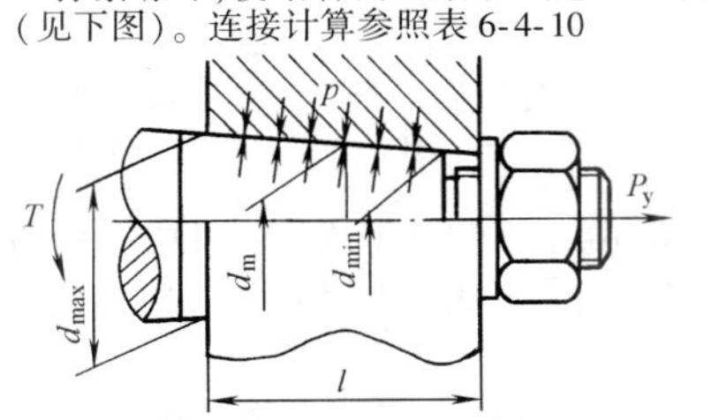	圆锥	结合面锥度一般取(1∶30)~(1∶8),锥度小时,所需轴向力小,但不易拆卸;锥度大时,则反之。多用于轴端连接,有时可作为轴端保护装置

2 过盈连接的设计与计算

以下介绍的过盈连接的计算，只适用于被连接件材料在弹性范围内的过盈连接计算。连接的承载能力主要取决于连接的摩擦力和连接件的强度。

当设计的已知条件为传递载荷、被连接件的材料、摩擦因数、尺寸和表面粗糙度等时，过盈连接设计的内容如下。

① 根据所需的传递载荷确定最小结合压强 p_{fmin} 及相应的最小过盈量 δ_{min}。

② 根据已知被连接件的材料和尺寸，确定不产生塑性变形的最大结合压强 p_{fmax} 及相应的最大有效过盈量 δ_{emax}。

③ 根据最小过盈量 δ_{min} 和最大有效过盈量 δ_{emax} 的计算结果，确定基本过盈量，选出配合的最大过盈量［δ_{max}］和最小过盈量［δ_{min}］。

④ 必要时再进行校核计算及被连接件直径变化量的计算。

⑤ 计算过盈连接的装拆参数。

⑥ 确定被连接件的合理结构和装配方法。

过盈连接计算假设如下。

① 零件的应变在弹性范围内，即被连接件的应力低于其材料的屈服极限。

② 被连接件是两个等长厚壁圆筒，其配合面间的压强均匀分布。

③ 包容件与被包容件处于平面应力状态，即轴向应力 $\sigma_z=0$，圆柱面过盈配合的应力分布见图 6-4-1，图中假设，结合面压强为 p_f，包容件与被包容件切向应力为 σ_t，径向应力为 σ_r。

④ 材料弹性模量为常数。

⑤ 计算的强度理论按变形能理论。

圆锥面过盈连接的计算与圆柱面过盈连接相同，但还应注意下列各点。

① 结合直径 d_f 应以平均直径 d_m 代替。

② 通常装拆油压高于实际结合压强，因此，计算材料是否产生塑性变形时，应以装拆油压进行计算。装拆油压是实际结合压强 p_{fmin} 与油压增量 Up_{fmin} 之和，U 是油压增加系数，见图 6-4-2。油压增加系数 U 根据 d_a/d_m 在图中阴影部分确定，由于 U 与结合面的几何形状误差、表面粗糙度、表面质量、安装的正确性等因素有关，所以图中 U 是一个范围，一般装配时取较小值，拆卸时取较大值。

③ 油压拆装时，因结合面间存在油膜，因此装拆时的摩擦因数与连接工作时的摩擦因数不同，计算压入力和压出力时应按装拆时的摩擦因数进行计算。

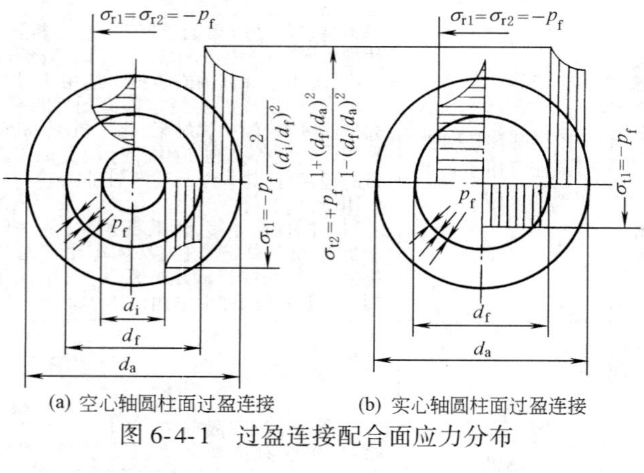

(a) 空心轴圆柱面过盈连接 (b) 实心轴圆柱面过盈连接

图 6-4-1 过盈连接配合面应力分布

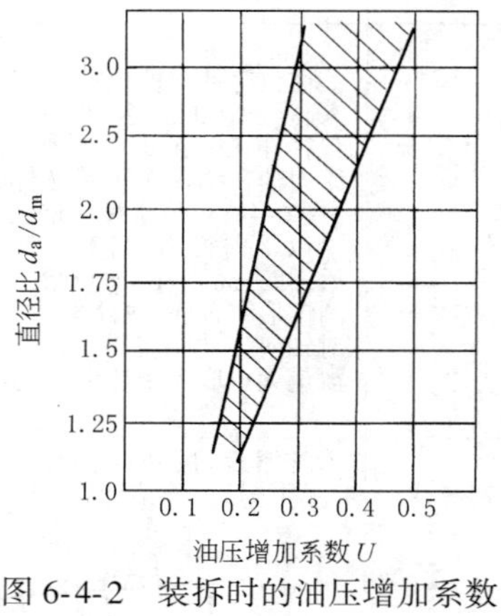

图 6-4-2 装拆时的油压增加系数

圆锥面过盈连接有不带中间套（图 6-4-3）和带中间套（图 6-4-4）两种型式。不带中间套的连接用于中、小尺寸的连接，或不需多次装拆的连接；带中间套的连接多用于大型、重载和需要多次装拆，或配合件之一是铸件（可能有砂眼、气孔等）的连接。

中间套小端内径小于 100mm 者，其小端厚度一般为 2.5mm 左右；小端内径在 100~300mm 者，其小端厚度一般为 2.5~6mm。

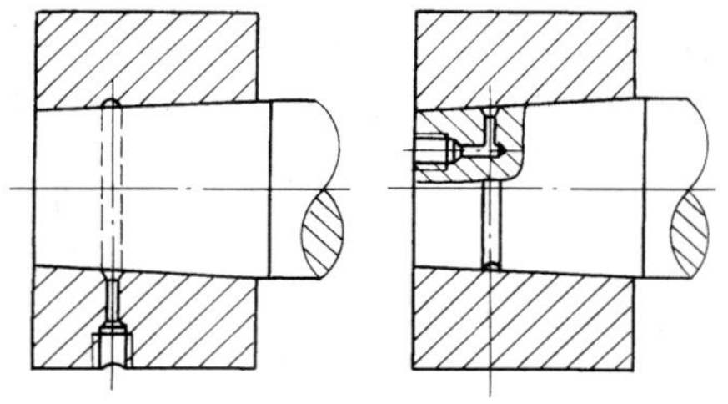

图 6-4-3　不带中间套的过盈连接

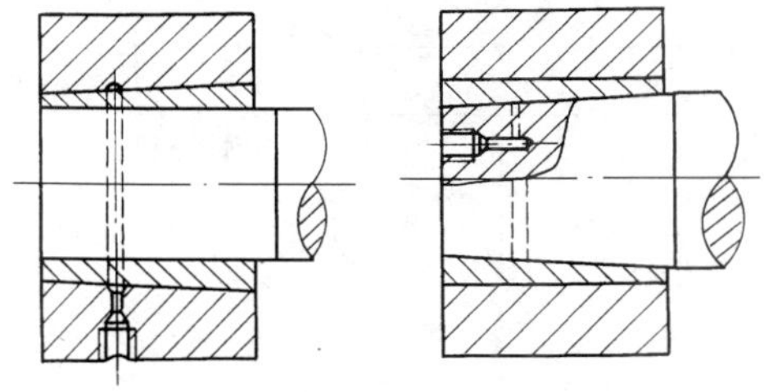

(a) 外锥面中间套　(b) 内锥面中间套

图 6-4-4　带中间套的过盈连接

2.1 圆柱面过盈连接的计算（摘自 GB/T 5371—2004）

表 6-4-2

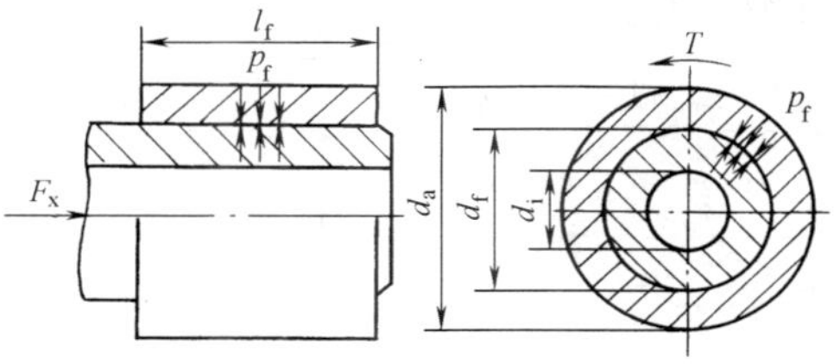

序号	计算项目		计算公式	单位	说明
	一、传递载荷所需的最小过盈量				
1	传递载荷所需的最小结合压强	传递转矩	$p_{fmin}=\dfrac{2T}{\pi d_f^2 l_f \mu}$	MPa	T——传递的转矩，N·mm d_f——接合直径，mm l_f——接合长度，mm，一般取 $l_f=(0.9\sim1.6)d_f$ μ——被连接件摩擦副的摩擦因数，见表 6-4-3、表 6-4-4 F_x——传递的轴向力，N F_t——传递力，N
		承受轴向力	$p_{fmin}=\dfrac{F_x}{\pi d_f l_f \mu}$	MPa	
		传递力	$p_{fmin}=\dfrac{F_t}{\pi d_f l_f \mu}$ $F_t=\sqrt{F_x^2+\left(\dfrac{2T}{d_f}\right)^2}$	MPa N	
2	、直径比	包容件	$q_a=\dfrac{d_f}{d_a}$		d_a——包容件外径，mm d_i——被包容件内径，mm
3		被包容件	$q_i=\dfrac{d_i}{d_f}$，实心轴 $q_i=0$		
4	传递载荷所需的最小直径变化量	包容件	$e_{amin}=p_{fmin}d_f\dfrac{C_a}{E_a}$ $C_a=\dfrac{1+q_a^2}{1-q_a^2}+\nu_a$	mm	E——被连接件材料的弹性模量，MPa，见表 6-4-6 ν——被连接件材料的泊松比，见表 6-4-6 下标 a 表示包容件，下标 i 表示被包容件(下同)，C 值可查表 6-4-5
5		被包容件	$e_{imin}=p_{fmin}d_f\dfrac{C_i}{E_i}$ $C_i=\dfrac{1+q_i^2}{1-q_i^2}-\nu_i$	mm	
6	传递载荷所需的最小有效过盈量		$\delta_{emin}=e_{amin}+e_{imin}$	mm	有效过盈量是指过盈连接中起作用的过盈量
7	考虑压平量的所需最小过盈量		用胀缩法装配 $\delta_{min}=\delta_{emin}$ 用压入法装配 $\delta_{min}=\delta_{emin}+2(S_a+S_i)$ 取 $S_a=1.6R_{aa}$，$S_i=1.6R_{ai}$	mm	S——压平深度(结合面的表面粗糙度被压平部分的深度，见图 6-4-5)，mm R_a——轮廓算术平均偏差，mm

续表

序号	计算项目		计算公式	单位	说明
	二、不产生塑性变形所允许的最大有效过盈量				
8	不产生塑性变形所允许的最大结合压强	包容件	塑性材料 $p_{\mathrm{famax}}=a\sigma_{\mathrm{sa}}$ $a=\dfrac{1-q_{\mathrm{a}}^{2}}{\sqrt{3+q_{\mathrm{a}}^{4}}}$ 脆性材料 $p_{\mathrm{famax}}=b\dfrac{\sigma_{\mathrm{ba}}}{2\sim3}$ $b=\dfrac{1-q_{\mathrm{a}}^{2}}{1+q_{\mathrm{a}}^{2}}$	MPa MPa	σ_{s}——包容件与被包容件材料的屈服点,MPa σ_{b}——包容件与被包容件材料的抗拉强度,MPa a,b,c——系数,可查图6-4-8
9		被包容件	塑性材料 $p_{\mathrm{fimax}}=c\sigma_{\mathrm{si}}$ $c=\dfrac{1-q_{\mathrm{i}}^{2}}{2}$ 实心轴 $q_{\mathrm{i}}=0$,此时 $c=0.5$ 脆性材料 $p_{\mathrm{fimax}}=c\dfrac{\sigma_{\mathrm{bi}}}{2\sim3}$	MPa MPa	
10		被连接件	p_{fmax}取p_{famax}和p_{fimax}中的较小者		
11	被连接件不产生塑性变形的传递力		$F_{\mathrm{t}}=p_{\mathrm{fmax}}\pi d_{\mathrm{f}}l_{\mathrm{f}}\mu$	N	
12	不产生塑性变形所允许的最大直径变化量	包容件	$e_{\mathrm{amax}}=p_{\mathrm{fmax}}d_{\mathrm{f}}\dfrac{C_{\mathrm{a}}}{E_{\mathrm{a}}}$	mm	
13		被包容件	$e_{\mathrm{imax}}=p_{\mathrm{fmax}}d_{\mathrm{f}}\dfrac{C_{\mathrm{i}}}{E_{\mathrm{i}}}$	mm	
14	被连接件不产生塑性变形所允许的最大有效过盈量		$\delta_{\mathrm{emax}}=e_{\mathrm{amax}}+e_{\mathrm{imax}}$	mm	
	三、配合选择				
15	初选基本过盈量		一般情况下,取 $\delta_{\mathrm{b}}\approx\dfrac{\delta_{\min}+\delta_{\mathrm{emax}}}{2}$;要求有较多的连接强度储备时,取 $\delta_{\mathrm{emax}}>\delta_{\mathrm{b}}>\dfrac{\delta_{\min}+\delta_{\mathrm{emax}}}{2}$;要求有较多的被连接件材料强度储备时,取 $\delta_{\min}<\delta_{\mathrm{b}}<\dfrac{\delta_{\min}+\delta_{\mathrm{emax}}}{2}$		δ_{b}——基本过盈量(选择过盈配合的基准值。基孔制时,其值等于轴的基本偏差的绝对值;基轴制时,其值等于孔的基本偏差的绝对值),mm,见图6-4-6
16	确定基本偏差代号		按 δ_{b} 及 d_{f} 由图6-4-7查出		
17	选定配合		按基本偏差代号和 δ_{emax}、$\delta_{\min}$ 查GB/T 1801和GB/T 1800.4确定选用的配合和孔、轴公差带。要求选出配合的最大和最小过盈量能满足: $[\delta_{\max}]\leqslant\delta_{\mathrm{emax}}$(保证连接件不产生塑性变形) $[\delta_{\min}]>\delta_{\min}$(保证过盈连接传递给定载荷)		选择配合种类时,在过盈量的上、下限范围内常有几种配合可供选用,一般应选择其最小过盈$[\delta_{\min}]$等于或稍大于所需过盈$\delta_{\min}$的配合;$[\delta_{\min}]$过大会增加装配困难。选择较高精度的配合,其实际过盈变动范围较小,连接性能较稳定,但加工要求较高。配合精度较低时,虽可降低加工精度要求,但实际配合过盈变动范围较大,如成批生产,则各连接的承载能力和装配性能相差较大,这时,宜分组选择装配,既可保证加工的经济性,又可使各连接的过盈量接近 当包容件和被包容件的工作温度不同时,应计入温差引起的过盈量的变化,见表注1 当工作角速度很高时,应考虑由于离心力使配合过盈减小而引起连接可靠性降低的情况

续表

序号	计算项目		计算公式	单位	说明
	四、校核计算(需要时进行)				
18	过盈连接的最小传递力		$F_{tmin}=[p_{fmin}]\pi d_f l_f \mu \geqslant F_t$ $[p_{fmin}]=\dfrac{[\delta_{min}]-2(S_a+S_i)}{d_f(C_a/E_a+C_i/E_i)}$	N MPa	
19	连接件的最大应力	包容件	塑性材料 $\sigma_{amax}=\dfrac{[p_{fmax}]}{a}\leqslant\sigma_{sa}$ 脆性材料 $\sigma_{amax}=\dfrac{[p_{fmax}]}{b}\leqslant\sigma_{sa}$ $[p_{fmax}]=\dfrac{[\delta_{max}]}{d_f(C_a/E_a+C_i/E_i)}$	MPa MPa MPa	
20		被包容件	$\sigma_{imax}=\dfrac{[p_{fmax}]}{c}\leqslant\sigma_{si}$	MPa	
	五、被连接件的直径变化量(需要时求)				
21	包容件的外径增大量		$\Delta d_a=\dfrac{2p_f d_a q_a^2}{E_a(1-q_a^2)}$	mm	p_f 取$[p_{fmax}]$与$[p_{fmin}]$分别计算,其结果为最大增大(减小)量和最小增大(减小)量
22	被包容件的内径减小量		$\Delta d_i=\dfrac{2p_f d_i}{E_i(1-q_i^2)}$	mm	
	六、过盈连接的装配参数				
23	采用压入法时	需要的压入力	$P_{xi}=[p_{fmax}]\pi d_f l_f \mu$	N	Δ——装配的最小间隙,mm,见表6-4-7 α——材料的线胀系数,见表6-4-6 e_{it}——被包容件外径的冷缩量,为实际过盈量与冷装的最小间隙之和,mm t——装配环境的温度见图6-4-9,℃
24		需要的压出力	$P_{xe}=(1.3\sim1.5)P_{xi}$	N	
25	采用胀缩法时	包容件加热温度	$t_2=\dfrac{[\delta_{max}]+\Delta}{\alpha_a d_f}+t$	℃	
26		被包容件冷却温度	$t_1=\dfrac{e_{it}}{\alpha_i d_f}+t$	℃	

注:1. 包容件和被包容件的工作温度不同时,温差引起的过盈量变化为

$$\delta_t=[\alpha_a(t_a-t_g)-\alpha_i(t_i-t_g)]d_f\ (\mathrm{mm})$$

式中 t_i,t_a——被包容件和包容件的工作温度,℃;

t_g——工作环境温度,℃。

2. 压装设备应有足够的压力吨位,该值约为压出力的2.5倍。

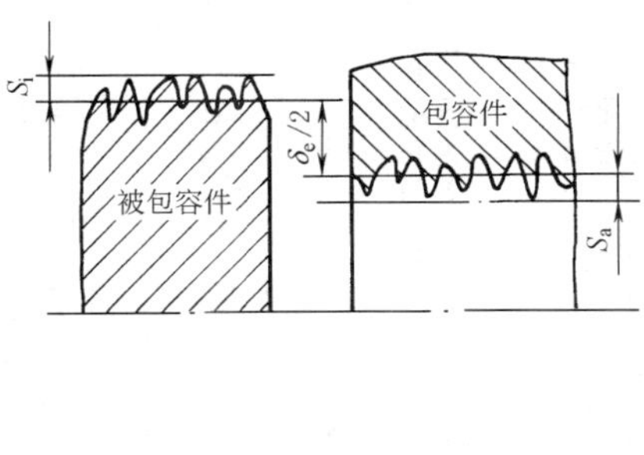

图6-4-5 过盈连接压平深度

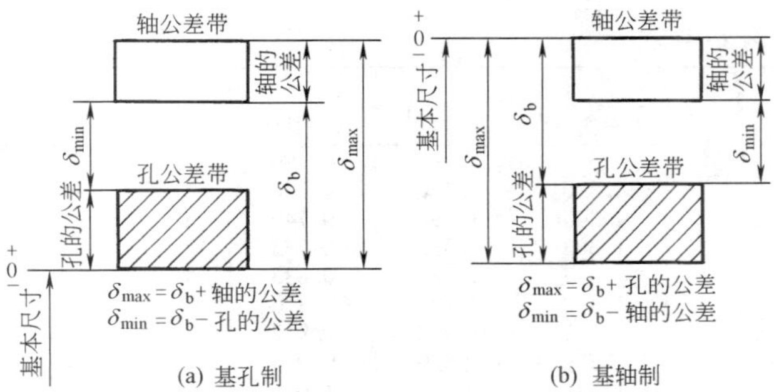

图6-4-6 公差带

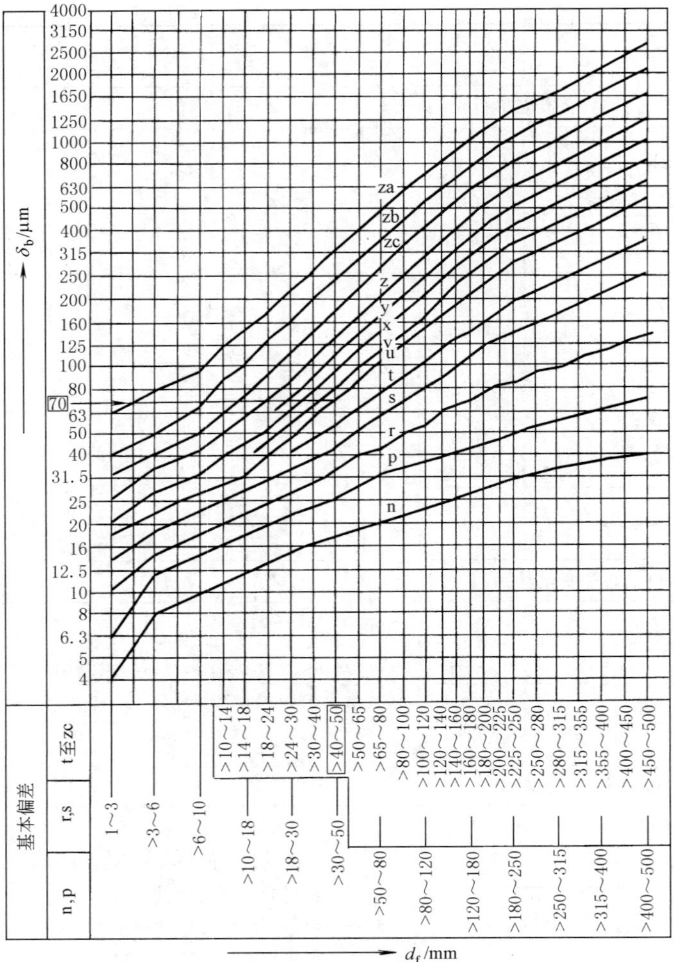

图 6-4-7　配合选择

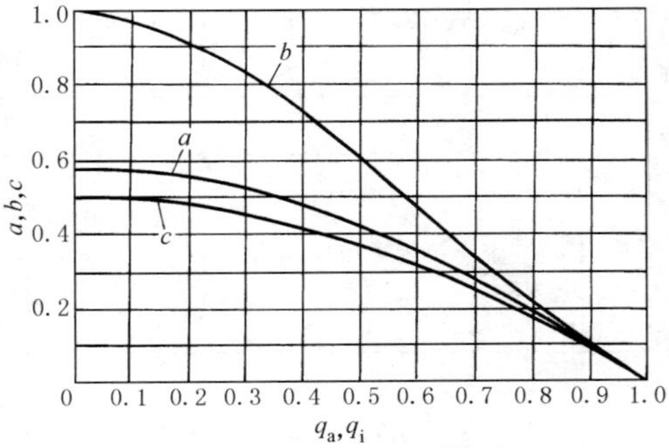

图 6-4-8　a、b、c 线图

a—用于塑性材料包容件；
b—用于脆性材料包容件；
c—用于塑性或脆性材料被包容件

表 6-4-3　纵向过盈连接的摩擦因数 μ

材　　料	摩擦因数 μ	
	无润滑	有润滑
钢-钢	0.07~0.16	0.05~0.13
钢-铸钢	0.11	0.08
钢-结构钢	0.10	0.07
钢-优质结构钢	0.11	0.08
钢-青铜	0.15~0.2	0.03~0.06
钢-铸铁	0.12~0.15	0.05~0.1
铸铁-铸铁	0.15~0.25	0.05~0.1

表 6-4-4　横向过盈连接的摩擦因数 μ

材　　料	结合方式、润滑	摩擦因数 μ
钢-钢	油压扩径，压力油为矿物油	0.125
	油压扩径，压力油为甘油，结合面排油干净	0.18
	在电炉中加热包容件至 300℃	0.14
	在电炉中加热包容件至 300℃以后，结合面脱脂	0.2
钢-铸铁	油压扩径，压力油为矿物油	0.1
钢-铝镁合金	无润滑	0.10~0.15

表 6-4-5　系数 C_a 和 C_i

q_a 或 q_i	C_a		C_i		q_a 或 q_i	C_a		C_i	
	$\nu_a=0.30$	$\nu_a=0.25$	$\nu_i=0.3$	$\nu_i=0.25$		$\nu_a=0.30$	$\nu_a=0.25$	$\nu_i=0.3$	$\nu_i=0.25$
0	—	—	0.700	0.750	0.53	2.081	2.031	1.481	1.531
0.10	1.320	1.270	0.720	0.770	0.56	2.214	2.164	1.614	1.664
0.14	1.340	1.290	0.740	0.790	0.60	2.425	2.375	1.825	1.875
0.20	1.383	1.333	0.783	0.833	0.63	2.616	2.566	2.016	2.066
0.25	1.433	1.383	0.833	0.883	0.67	2.929	2.879	2.329	2.379
0.28	1.470	1.420	0.870	0.920	0.71	3.333	3.283	2.733	2.783
0.31	1.512	1.462	0.912	0.962	0.75	3.871	3.821	3.271	3.321
0.35	1.579	1.529	0.979	1.029	0.80	4.855	4.805	4.255	4.305
0.40	1.681	1.631	1.081	1.131	0.85	6.507	6.457	5.907	5.957
0.45	1.808	1.758	1.208	1.258	0.90	9.826	9.776	9.226	9.276
0.50	1.967	1.917	1.367	1.417					

表 6-4-6　　常用材料的弹性模量、泊松比和线胀系数

材　　料	弹性模量 E /MPa ≈	泊松比 ν ≈	线胀系数 $\alpha/10^{-6}℃^{-1}$ 加　热 ≈	冷　却 ≈
碳钢、低合金钢、合金结构钢	200000~235000	0.3~0.31	11	-8.5
灰口铸铁 HT150、HT200	70000~80000	0.24~0.25	10	-8
灰口铸铁 HT250、HT300	105000~130000	0.24~0.26	10	-8
可锻铸铁	90000~100000	0.25	10	-8
非合金球墨铸铁	160000~180000	0.28~0.29	10	-8
青　铜	85000	0.35	17	-15
黄　铜	80000	0.36~0.37	18	-16
铝合金	69000	0.32~0.36	21	-20
镁合金	40000	0.25~0.3	25.5	-25

表 6-4-7　　装配的最小间隙　　mm

结合直径 d_f	≤3	>3~6	>6~10	>10~18	>18~30	>30~50	>50~80
最小间隙 Δ	0.003	0.006	0.010	0.018	0.030	0.050	0.059
结合直径 d_f	>80~120	>120~180	>180~250	>250~315	>315~400	>400~500	—
最小间隙 Δ	0.069	0.079	0.090	0.101	0.111	0.123	—

注：表中 d_f>30mm 的最小间隙按间隙配合 H7/g6 的最大间隙列出。

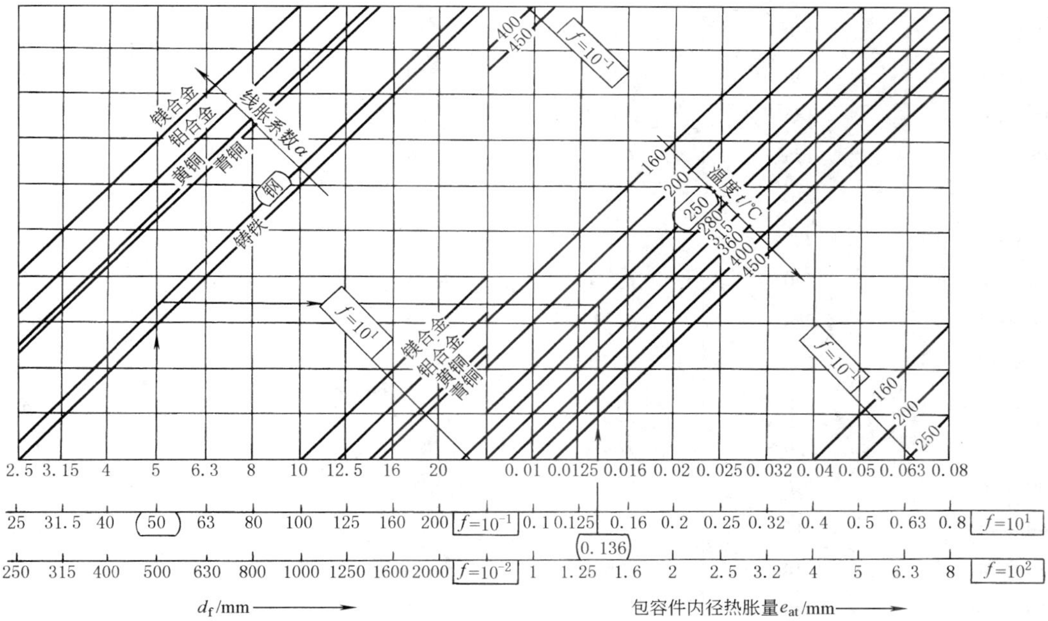

查图计算示例：包容件为钢，$d_f=50$mm，采用加热包容件的方式装配，热装的最小间隙为 0.136mm，则从图中可得出包容件的加热温度 $t=250\times10^{-1}\times10^{1}=250℃$

图 6-4-9　包容件加热温度计算

（计算结果应乘以图表中与所用各参数数列相对应的以 10 为底的幂）

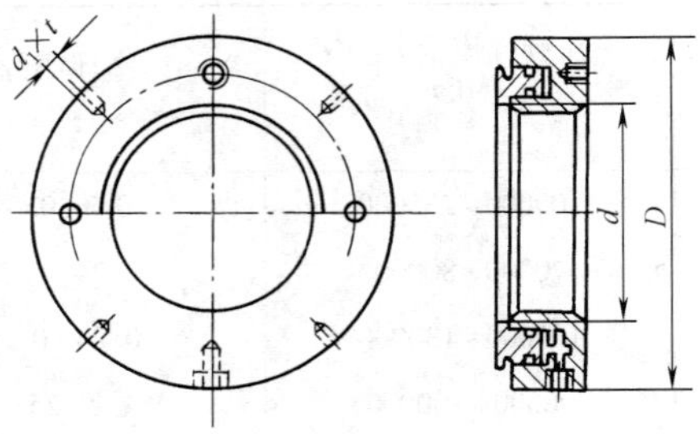

表 6-4-8　　液压螺栓拉伸器的规格与参数

连接螺纹直径 d /mm	外径 D /mm	活塞面积 F /cm^2	最大工作压力 p /MPa	最大拉伸力 /N	扳手孔 $d_1 \times t$/mm
M36×4-6H	105	20.4	32	65340	6×6
M42×4.5-6H	115	23.56	37	87180	6×6
M48×5-6H	125	26.7	45	120170	6×6
M52×5-6H	130	28.27	50	141370	6×6
M56×5.5-6H	140	38.28	42	160800	6×6
M64×6-6H	150	49.48	42	207820	7×7
M68×6-6H	160	54.19	45	243860	7×7
M72×6-6H	170	58.9	45	265070	7×7
M76×6-6H	170	58.9	50	294530	7×7
M80×6-6H	185	63.61	55	349890	8×8
M90×6-6H	195	68.33	65	444150	8×8
M95×6-6H	210	73.04	70	511280	8×8
M100×6-6H	220	77.75	70	544280	8×8
M105×6-6H	240	82.46	75	618500	8×8
M110×6-6H	240	82.46	80	659730	8×8
M115×6-6H	250	87.18	85	741020	8×8
M120×6-6H	260	91.89	85	781080	10×10
M125×6-6H	270	96.6	85	821130	10×10
M130×6-6H	290	138.23	70	967610	10×10
M140×6-6H	310	150.79	75	1130980	12×12
M150×6-6H	315	171.41	75	1285600	12×12
M160×6-6H	330	235.62	65	1531530	12×12
M170×6-6H	380	287.26	60	1723560	15×15
M175×6-6H	400	292.17	60	1753010	15×15
M180×6-6H	400	292.17	65	1899100	15×15
M190×6-6H	400	292.17	70	2045180	15×15

续表

连接螺纹直径 d /mm	外径 D /mm	活塞面积 F /cm^2	最大工作压力 p /MPa	最大拉伸力 /N	扳手孔 $d_1 \times t$/mm
M200×6-6H	430	311	70	2177130	15×15
M220×6-6H	470	362.44	70	2537130	18×18
M250×6-6H	520	431.87	70	3021340	18×18

注：液压螺栓拉伸器的应用示例见图 6-4-10。

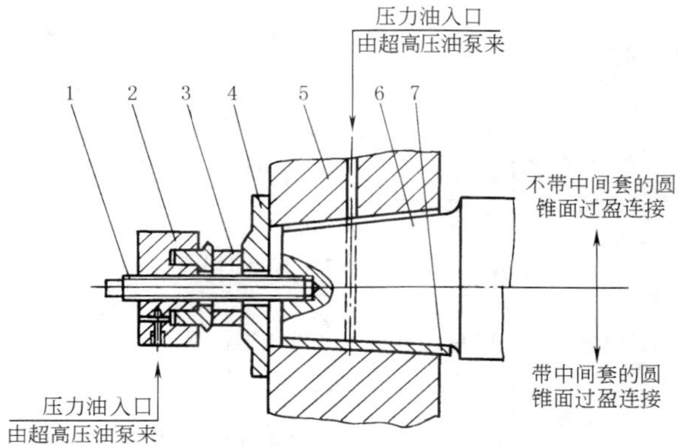

图 6-4-10 液压螺栓拉伸器

1—螺杆；2—液压螺栓拉伸器；3—隔套；4—压板；5—包容件；6—被包容件；7—中间套

2.2 圆柱面过盈连接的计算举例

表 6-4-9

已知条件：
装配方式为压入法或热装法

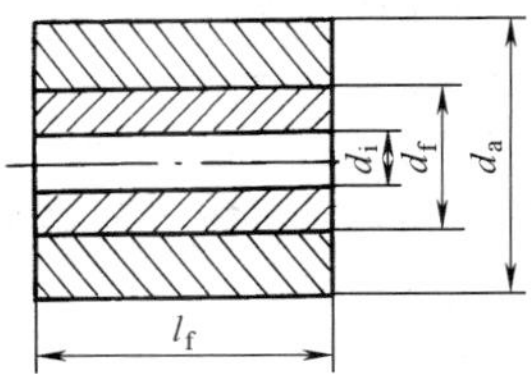

包容件材料为 45 钢
被包容件材料为 35 钢
包容件外径 $d_a=100$mm
结合直径 $d_f=50$mm
被包容件内径 $d_i=10$mm
结合长度 $l_f=80$mm
表面粗糙度微观不平度十点高度
$R_{aa}=R_{ai}=0.0016$mm

被连接件摩擦副的摩擦因数(钢-钢,无润滑)$\mu=0.11$
包容件和被包容件材料的弹性模量
$E_a=E_i=210000$MPa
包容件和被包容件材料的泊松比
$\nu_a=\nu_i=0.3$
包容件材料的屈服点 $\sigma_{sa}=400$MPa
被包容件材料的屈服点 $\sigma_{si}=320$MPa
传递力 $F_t=70000$N

序号	计算内容			计算公式和计算结果
1	传递载荷所需的最小过盈量	传递载荷所需的最小接合压强		$p_{fmin}=\dfrac{F_t}{\pi d_f l_f \mu}=\dfrac{70000}{\pi\times50\times80\times0.11}=50.6$MPa
2		直径比	包容件	$q_a=\dfrac{d_f}{d_a}=\dfrac{50}{100}=0.5$
3			被包容件	$q_i=\dfrac{d_i}{d_f}=\dfrac{10}{50}=0.2$
4		传递载荷所需的最小直径变化量	包容件	查表 6-4-5 得 $C_a=1.967$ $e_{amin}=p_{fmin}\dfrac{d_f}{E_a}C_a=50.6\times\dfrac{50}{210000}\times1.967=0.024$mm

续表

<table>
<tr><th>序号</th><th colspan="3">计算内容</th><th>计算公式和计算结果</th></tr>
<tr><td>5</td><td rowspan="3">传递载荷所需的最小过盈量</td><td>传递载荷所需的最小直径变化量</td><td>被包容件</td><td>查表 6-4-5 得 $C_i=0.783$
$e_{imin}=p_{fmin}\frac{d_f}{E_i}C_i=50.6\times\frac{50}{210000}\times0.783=0.009\text{mm}$</td></tr>
<tr><td>6</td><td colspan="2">传递载荷所需的最小有效过盈量</td><td>$\delta_{emin}=e_{amin}+e_{imin}=0.024+0.009=0.033\text{mm}$</td></tr>
<tr><td>7</td><td colspan="2">考虑压平后的最小过盈量</td><td>$\delta_{min}=\delta_{emin}+2(S_a+S_i)=0.033+2\times(1.6\times0.0016+1.6\times0.0016)$
$=0.043\text{mm}$</td></tr>
<tr><td>8</td><td rowspan="7">不产生塑性变形的最大有效过盈量</td><td rowspan="3">不产生塑性变形所允许的最大接合压强</td><td>包容件</td><td>查图 6-4-8 得 $a=0.428$
$p_{famax}=a\ \sigma_{sa}=0.428\times400=171.2\text{MPa}$</td></tr>
<tr><td>9</td><td>被包容件</td><td>查图 6-4-8 得 $c=0.48$
$p_{fimax}=c\ \sigma_{si}=0.48\times320=153.6\text{MPa}$</td></tr>
<tr><td>10</td><td>被连接件</td><td>取 p_{famax} 和 p_{fimax} 中的较小者，则 $p_{fmax}=153.6\text{MPa}$</td></tr>
<tr><td>11</td><td colspan="2">被连接件不产生塑性变形的最大传递力</td><td>$F_t=p_{fmax}\pi d_f l_f \mu=153.6\times\pi\times50\times80\times0.11=212321\text{N}$</td></tr>
<tr><td>12</td><td rowspan="2">不产生塑性变形所允许的最大直径变化量</td><td>包容件</td><td>$e_{amax}=\frac{p_{fmax}d_f}{E_a}C_a=\frac{153.6\times50}{210000}\times1.967=0.072\text{mm}$</td></tr>
<tr><td>13</td><td>被包容件</td><td>$e_{imax}=\frac{p_{fmax}d_f}{E_i}C_i=\frac{153.6\times50}{210000}\times0.783=0.029\text{mm}$</td></tr>
<tr><td>14</td><td colspan="2">被连接件不产生塑性变形所允许的最大有效过盈量</td><td>$\delta_{emax}=e_{amax}+e_{imax}=0.072+0.029=0.101\text{mm}$</td></tr>
<tr><td>15</td><td rowspan="6">选择配合</td><td colspan="2">选择配合的要求</td><td>$[\delta_{min}]>0.043\text{mm}$，$[\delta_{max}]\leqslant0.101\text{mm}$
胀缩法装配时 $\delta_{min}=\delta_{emin}=0.033\text{mm}$，则 $[\delta_{min}]>0.033\text{mm}$</td></tr>
<tr><td>16</td><td colspan="2">初选基本过盈量</td><td>$\delta_b\approx(\delta_{min}+\delta_{emax})/2=(0.043+0.101)/2=0.072\text{mm}$
若要求较多的连接强度储备时，可取 $(\delta_{min}+\delta_{emax})/2<\delta_b<\delta_{emax}$，此时取 $\delta_b=0.081\text{mm}$
胀缩法装配时 $\delta_b\approx(0.033+0.101)/2=0.067\text{mm}$</td></tr>
<tr><td>17</td><td colspan="2">确定基本偏差代号</td><td>取 $\delta_b=0.07\text{mm}$
根据 δ_b 和 d_f，从图 6-4-7 中查出相应的基本偏差代号“u”</td></tr>
<tr><td>18</td><td colspan="2">确定公差等级</td><td>采用的公差：孔为 IT7，轴为 IT6</td></tr>
<tr><td>19</td><td colspan="2">选定配合</td><td>H7/u6</td></tr>
<tr><td>20</td><td colspan="2">对选定配合进行复核计算</td><td>根据 GB/T 1800.3—1998 查出：代号“u”的基本偏差为 0.07mm
IT7 = 0.025mm，IT6 = 0.016mm
$[\delta_{max}]=0.07+0.016=0.086\text{mm}<0.101\text{mm}$
$[\delta_{min}]=0.07-0.025=0.045\text{mm}>0.043\text{mm}$</td></tr>
</table>

续表

序号	计算内容			计算公式和计算结果
21	装拆力及装配温度	需要的压入力		取$[\delta_{max}]=0.086mm$ $[p_{fmax}]=\dfrac{[\delta_{max}]}{d_f(C_a/E_a+C_i/E_i)}=\dfrac{0.086}{50(1.967/210000+0.783/210000)}\approx 131.3MPa$ $P_{xi}=[p_{fmax}]\pi d_f l_f \mu=131.3\times\pi\times50\times80\times0.11=181.5kN$
22		需要的压出力		$P_{xe}=(1.3\sim1.5)P_{xi}=(1.3\sim1.5)\times181.5=235.95\sim272.25kN$
23		采用热装法时，包容件的加热温度		$e_{at}=[\delta_{max}]+\Delta$，由表6-4-7查热装的最小间隙$\Delta=0.05mm$，由表6-4-6查线胀系数$\alpha_a=11\times10^{-6}$ ℃$^{-1}$ $t_r=\dfrac{e_{at}}{\alpha_a d_f}=\dfrac{0.086+0.05}{11\times10^{-6}\times50}=247.27$℃ 也可根据$d_f=50mm$，$e_{at}=0.136mm$，由图6-4-9查出 $t=250\times10^{-1}\times10=250$℃
24	校核计算（需要时进行）	最小传递力		取$[\delta_{min}]=0.045mm$ $[p_{fmin}]=\dfrac{[\delta_{min}]-2(S_a+S_i)}{d_f(C_a/E_a+C_i/E_i)}=\dfrac{0.045-2\times(0.4\times0.0063+0.4\times0.0063)}{50\times(1.967/210000+0.783/210000)}$ $\approx53.3MPa$ $F_{tmin}=[p_{fmin}]\pi d_f l_f \mu=53.3\times\pi\times50\times80\times0.11=73.7N$ 故$F_{tmin}>F_t$ 满足设计要求
25		实际最大应力	包容件	$\sigma_{amax}=\dfrac{[p_{fmax}]}{a}=\dfrac{131.3}{0.428}=306.8MPa<\sigma_{sa}$
26			被包容件	$\sigma_{imax}=\dfrac{[p_{fmax}]}{c}=\dfrac{131.3}{0.48}=273.5MPa<\sigma_{si}$
27	被连接件的直径变化量	包容件的外径增大量		$\Delta d_{amax}=\dfrac{2[p_{fmax}]d_a q_a^2}{E_a(1-q_a^2)}$ $=\dfrac{2\times131.3\times100\times0.5^2}{210000\times(1-0.5^2)}=0.0417mm$ $\Delta d_{amin}=\dfrac{2[p_{fmin}]d_a q_a^2}{E_a(1-q_a^2)}$ $=\dfrac{2\times53.3\times100\times0.5^2}{210000\times(1-0.5^2)}=0.0169mm$
28		被包容件的内径减小量		$\Delta d_{imax}=\dfrac{2[p_{fmax}]d_i}{E_i(1-q_i^2)}$ $=\dfrac{2\times131.3\times10}{210000\times(1-0.2^2)}=0.013mm$ $\Delta d_{imin}=\dfrac{2[p_{fmin}]d_i}{E_i(1-q_i^2)}$ $=\dfrac{2\times53.3\times10}{210000\times(1-0.2^2)}=0.0053mm$

2.3 圆锥面过盈连接的计算（摘自 GB/T 15755—1995）

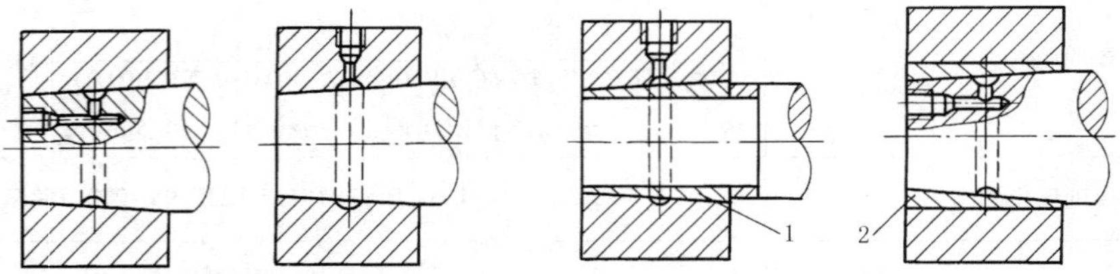

(a) 不带中间套的圆锥过盈连接

（用于中、小尺寸，或不需多次装拆的连接）

(b) 带中间套的圆锥过盈连接

（用于大型、重载和需多次装拆的连接）

1—带外锥面中间套；2—带内锥面中间套

表 6-4-10

序号	计算内容		计算公式	单位	说明
一、传递载荷所需的最小过盈量					T——传递的转矩，N·mm F_x——传递的轴向力，N d_m——圆锥面结合平均直径，mm，$d_m=\frac{1}{2}(d_{f1}+d_{f2})$ d_{f1}，d_{f2}——圆锥结合面小端和大端直径，mm l_f——结合长度，推荐 $l_f\leqslant 1.5d_m$ μ——被连接件摩擦副的摩擦因数，见表 6-4-3、表 6-4-4，推荐 $\mu=0.12$ K——安全系数，根据连接的重要程度决定，推荐 $K=1.2\sim3$ F_t——传递力，N，$F_t=\sqrt{F_x^2+(2T/d_m)^2}$ d_a——包容件外径（最大外径），mm d_i——被包容件内径（最小直径），mm E_a——包容件材料的弹性模量，MPa，查表 6-4-6 E_i——被包容件材料的弹性模量，MPa，查表 6-4-6 $C_a=\frac{1+q_a^2}{1-q_a^2}+\nu_a$，见表 6-4-5 $C_i=\frac{1+q_i}{1-q_i}-\nu_i$，见表 6-4-5 $S_a=1.6R_{aa}$（不带中间套） $S_a=1.6(R_{aa}+R_{aaa})$（带中间套） $S_i=1.6R_{ai}$（不带中间套） $S_i=1.6(R_{ai}+R_{aii})$（带中间套） ν_a、ν_i——被连接件材料的泊松比，查表 6-4-6 $a=\frac{1-q_a^2}{\sqrt{3+q_a^4}}$，$b=\frac{1-q_a^2}{1+q_a^2}$ a、b 值可查图 6-4-8 $c=\frac{1-q_i^2}{2}$，c 值可查图 6-4-8；当实心轴 $q_i=0$ 时，$c=0.5$ σ_{sa}，σ_{si}——包容件和被包容件材料的屈服点，MPa σ_{ba}，σ_{bi}——包容件和被包容件材料的抗拉强度，MPa $[\delta_{max}]$，$[\delta_{min}]$——满足连接要求的最大过盈量和最小过盈量
1	传递载荷所需的最小结合压强	传递转矩 T 时	$p_{fmin}=\frac{2TK}{\pi d_m^2 l_f\mu}$	MPa	
		传递轴向力 F_x 时	$p_{fmin}=\frac{F_xK}{\pi d_m l_f\mu}$		
		同时传递 T 和 F_x 时	$p_{fmin}=\frac{F_tK}{\pi d_m l_f\mu}$		
2	直径比	包容件	$q_a=\frac{d_m}{d_a}$		
3		被包容件	$q_i=\frac{d_i}{d_m}$，实心轴 $q_i=0$		
4	传递载荷所需的最小直径变化量	包容件	$e_{amin}=p_{fmin}\frac{d_m}{E_a}C_a$	mm	
5		被包容件	$e_{imin}=p_{fmin}\frac{d_m}{E_i}C_i$		
6	传递载荷所需的最小有效过盈量		$\delta_{emin}=e_{amin}+e_{imin}$		
7	考虑压平量后的所需最小过盈量		$\delta_{min}=\delta_{emin}+2(S_a+S_i)$		
二、不产生塑性变形所允许的最大过盈量					
8	不产生塑性变形所允许的最大接合压强	包容件	塑性材料 $p_{famax}=a\sigma_{sa}$ 脆性材料 $p_{famax}=b\frac{\sigma_{ba}}{2\sim3}$	MPa	
9		被包容件	塑性材料 $p_{fimax}=c\sigma_{si}$ 脆性材料 $p_{fimax}=c\frac{\sigma_{bi}}{2\sim3}$		
10		被连接件	p_{fmax} 取 p_{famax} 和 p_{fimax} 中较小者		
11	被连接件不产生塑性变形的传递力		$F_t=p_{fmax}\pi d_m l_f\mu$	N	
12	不产生塑性变形所允许的最大直径变化量	包容件	$e_{amax}=\frac{p_{fmax}d_m}{E_a}C_a$	mm	
13		被包容件	$e_{imax}=\frac{p_{fmax}d_m}{E_i}C_i$		
14	被连接件不产生塑性变形所允许的最大有效过盈量		$\delta_{emax}=e_{amax}+e_{imax}$		
三、选择配合					
15	满足连接要求的过盈量	保证过盈连接传递给定的载荷	$[\delta_{min}]>\delta_{min}$	mm	
		保证被连接件不产生塑性变形	$[\delta_{max}]\leqslant\delta_{emax}$		

续表

序号	计算内容			计算公式	单位	说明
16	结构型圆锥过盈配合	确定基本过盈量	一般情况	$\delta_b \approx (\delta_{min}+\delta_{emax})/2$	mm	δ_b——基本过盈量（选择过盈配合的基准值。基孔制时，其值等于轴的基本偏差的绝对值；基轴制时，其值等于孔的基本偏差的绝对值），mm，见图 6-4-6 选择配合种类时，在过盈量的上、下限范围内常有几种配合可供选用，一般应选择其最小过盈$[\delta_{min}]$等于或稍大于所需过盈 δ_{min} 的配合；$[\delta_{min}]$过大会增加装配困难。选择较高精度的配合，其实际过盈变动范围较小，连接性能较稳定，但加工要求较高。配合精度较低时，虽可降低加工精度要求，但实际配合过盈变动范围较大，如成批生产，则各连接的承载能力和装配性能相差较大，这时，宜分组选择装配，既可保证加工的经济性，又可使各连接的过盈量接近 当包容件和被包容件的工作温度不同时，应计入温差引起的过盈量的变化，见表 6-4-2 注 1 当工作角速度很高时，应考虑由于离心力使配合过盈减小而引起连接可靠性降低的情况
			要求有较多的连接强度储备	$\delta_{emax}>\delta_b>(\delta_{min}+\delta_{emax})/2$		
			要求有较多的被连接件材料强度储备	$\delta_{min}<\delta_b<(\delta_{min}+\delta_{emax})/2$		
		确定配合基本偏差代号		根据基本过盈量 δ_b 和以基本圆锥直径（一般取最大圆锥直径 d_{f2}）为基本尺寸由图 6-4-7 查出		
		选取内、外圆锥直径的配合和公差		根据基本偏差代号、基本圆锥直径和 δ_{emax}、δ_{min} 由 GB/T 1801 确定		
	位移型圆锥过盈配合	选取内、外圆锥直径的配合和公差		按 GB/T 1800 和 GB/T 1801 选取，推荐选用 IT7、IT6 公差等级的 H、h、JS、js 配合		
		对基面距有要求的圆锥过盈配合		根据基面距的尺寸公差要求，按 GB/T 12360 计算选取内、外圆锥直径公差带		
		所选配合的最大过盈量$[\delta_{max}]$和最小过盈量$[\delta_{min}]$		按 GB/T 1801 给出的极限偏差计算	mm	
四、油压装拆参数						
17	中间套尺寸（不带中间套不需计算）	外锥面中间套		$d_{fi1}=1.03d+3$ $d_{fi2}=d_{fi1}+Cl_f$	mm	d——中间套圆柱面直径，mm d_{fi1}，d_{fi2}——被包容件结合面的小端、大端直径，mm C——圆锥过盈连接锥度，推荐选用 1∶20、1∶30、1∶50
		内锥面中间套		$d_{fi2}=0.97d-3$ $d_{fi1}=d_{fi2}-Cl_f$		
18	中间套与相关件圆柱面配合			外锥面中间套： 推荐$d\leqslant 100$mm 时按$\frac{G6}{h5}$ $100\text{mm}<d\leqslant 200$mm 时按$\frac{G7}{h6}$ $d>200$mm 时按$\frac{G7}{h7}$ 内锥面中间套： 推荐$d\leqslant 100$mm 时按$\frac{H6}{n5}$ $d>100$mm 时按$\frac{H7}{p6}$		

续表

<table>
<tr><th>序号</th><th colspan="2">计算内容</th><th>计算公式</th><th>单位</th><th>说明</th></tr>
<tr><td>19</td><td colspan="2">中间套与相关件圆柱面配合极限间隙</td><td>按 GB/T 1801 的规定计算 X_{min}、X_{max}</td><td>mm</td><td>计算中间套变形所需压力时，按最大间隙</td></tr>
<tr><td rowspan="2">20</td><td rowspan="2">轴向位移的极限值(压入行程)</td><td>不带中间套</td><td>$E_{amin}=\frac{1}{C}[\delta_{min}]$
$E_{amax}=\frac{1}{C}[\delta_{max}]$</td><td rowspan="2">mm</td><td rowspan="2">轴向位移公差 $T_E=E_{amax}-E_{amin}$</td></tr>
<tr><td>带中间套</td><td>$E_{amin}=\frac{1}{C}([\delta_{min}]+X_{max})$
$E_{amax}=\frac{1}{C}([\delta_{max}]+X_{max})$</td></tr>
<tr><td>21</td><td colspan="2">装配时中间套变形所需压强</td><td>$\Delta p_f=\frac{EX_{max}}{2d}\left[1-\left(\frac{d}{d_m}\right)^2\right]$</td><td>MPa</td><td>$E$——中间套材料的弹性模量，MPa</td></tr>
<tr><td rowspan="2">22</td><td rowspan="2">实际最大结合压强</td><td>不带中间套</td><td>$[p_{fmax}]=\frac{[\delta_{max}]}{d_m(C_a/E_a+C_i/E_i)}$</td><td rowspan="2">MPa</td><td rowspan="2"></td></tr>
<tr><td>带中间套</td><td>$[p_{fmax}]=\frac{[\delta_{max}]}{d_m(C_a/E_a+C_i/E_i)}+\Delta p_f$</td></tr>
<tr><td>23</td><td colspan="2">需要的装拆油压</td><td>$p_x=1.1[p_{fmax}]$</td><td>MPa</td><td>应使 $p_x<p_{fmax}$，否则应重新选择材料</td></tr>
<tr><td>24</td><td colspan="2">需要的压入力</td><td>$P_{xi}=p_x\pi d_m l_f\left(\mu_1+\frac{C}{2}\right)$</td><td>N</td><td>$\mu_1$——油压装配时的摩擦因数，推荐 $\mu_1=0.02$</td></tr>
<tr><td>25</td><td colspan="2">需要的压出力</td><td>$P_{xe}=p_x\pi d_m l_f\left(\mu_1-\frac{C}{2}\right)$</td><td>N</td><td>$\mu_1$——油压拆卸时的摩擦因数，推荐 $\mu_1=0.02$，当($\mu_1-C/2$)出现负数时，其压出力为负值。应注意采用安全措施，防止弹出</td></tr>
<tr><td colspan="6">五、校核计算(需要时进行)</td></tr>
<tr><td>26</td><td colspan="2">实际最小结合压强</td><td>$[p_{fmin}]=\frac{[\delta_{min}]-2(S_a+S_i)}{d_m(C_a/E_a+C_i/E_i)}\geqslant p_{fmin}$</td><td>MPa</td><td></td></tr>
<tr><td rowspan="2">27</td><td rowspan="2">最小传递载荷</td><td>传递转矩</td><td>$T_{min}=\frac{[p_{fmin}]\pi d_m^2 l_f\mu}{2000}\geqslant T$</td><td>N · m</td><td rowspan="2">μ——连接工作时的摩擦因数，查表 6-4-3 和表 6-4-4，推荐 $\mu=0.12$</td></tr>
<tr><td>传递力</td><td>$F_{tmin}=[p_{fmin}]\pi d_m l_f\mu\geqslant F_t$</td><td>N</td></tr>
<tr><td>28</td><td rowspan="2">装拆时实际最大应力</td><td>包容件</td><td>塑性材料 $\sigma_{amax}=\frac{p_x}{a}$
脆性材料 $\sigma_{amax}=\frac{p_x}{b}$</td><td rowspan="2">MPa</td><td rowspan="2">p_x——装拆油压，MPa
a,b,c——见序号 8、9</td></tr>
<tr><td>29</td><td>被包容件</td><td>$\sigma_{imax}=\frac{p_x}{c}$</td></tr>
<tr><td colspan="6">六、被连接件直径变化量</td></tr>
<tr><td>30</td><td colspan="2">包容件的外径增大量</td><td>$\Delta d_a=\frac{2p_f d_a q_a^2}{E_a(1-q_a^2)}$</td><td rowspan="2">mm</td><td rowspan="2">p_f 取$[p_{fmax}]$与$[p_{fmin}]$分别计算，其结果为最大增大(减小)量和最小增大(减小)量</td></tr>
<tr><td>31</td><td colspan="2">被包容件的内径减小量</td><td>$\Delta d_i=\frac{2p_f d_i}{E_i(1-q_i^2)}$</td></tr>
</table>

注：同表 6-4-2 注。

2.4 圆锥过盈连接的计算举例

表 6-4-11

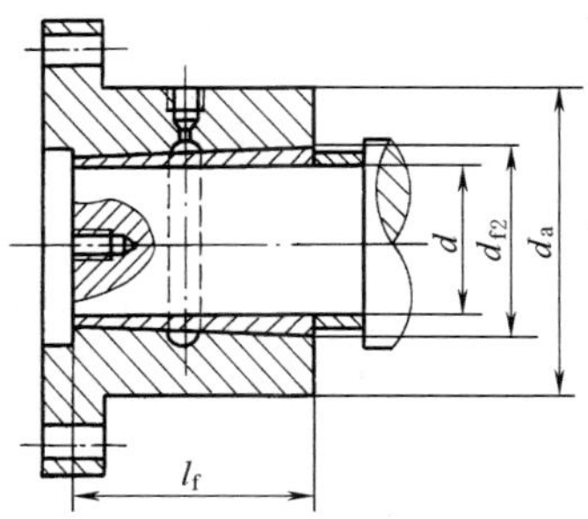

已知条件：
包容件材料为 35CrMo，调质硬度为269~302HB
被包容件材料为 35CrMo，调质硬度为269~302HB
中间套材料为 45 钢，调质硬度为 241~286HB
包容件外径 $d_a=460mm$
被包容件内径 $d_i=0$
结合面最大圆锥直径 $d_{f2}=320mm$
结合面长度 $l_f=400mm$
结合面锥度 $C=1:50$
外锥中间套圆柱面直径 $d=300mm$
包容件与被包容件材料的屈服点 $\sigma_{sa}=\sigma_{si}=540MPa$
包容件与被包容件材料的弹性模量 $E_a=E_i=210000MPa$
中间套材料的弹性模量 $E=210000MPa$
包容件与被包容件材料的波松比 $\nu_a=\nu_i=0.3$
传递转矩 $T=370kN\cdot m$
承受轴向力 $F_x=470kN$
圆锥结合面轮廓算术平均偏差 $R_{aa}=R_{ai}=0.0016mm$
圆柱结合面轮廓算术平均偏差 $R_{aaa}=R_{aai}=0.0016mm$

序号	计算内容			计算公式和结果
1	传递载荷所需的最小过盈量	传递载荷所需的最小结合压强		$F_t=\sqrt{F_x^2+\left(\frac{2T}{d_m}\right)^2}=\sqrt{470000^2+\left(\frac{2\times370000000}{316}\right)^2}=2388472N$ $d_m=d_{f2}-\frac{Cl_f}{2}=320-\frac{\frac{1}{50}\times400}{2}=316mm$ $p_{fmin}=\frac{F_tK}{\pi d_m l_f\mu}=\frac{2388472\times1.5}{\pi\times316\times400\times0.12}=75.2MPa$ 根据连接特性，取 $K=1.5$；查表 6-4-3 得 $\mu=0.12$
2		直径比	包容件	$q_a=\frac{d_m}{d_a}=\frac{316}{460}=0.687$
3			被包容件	$q_i=\frac{d_i}{d_m}=\frac{0}{316}=0$（对实心轴 $q_i=0$）
4		传递载荷所需的最小直径变化量	包容件	查表 6-4-5 得 $C_a=3.0877$（内插法） 或 $C_a=\frac{1+q_a^2}{1-q_a^2}+\nu_a=\frac{1+0.687^2}{1-0.687^2}+0.3=3.0877$ $e_{amin}=p_{fmin}\frac{d_m}{E_a}C_a=75.2\times\frac{316}{210000}\times3.0877=0.3494mm$
5			被包容件	查表 6-4-5 得 $C_i=0.7$ 或 $C_i=\frac{1+q_i^2}{1-q_i^2}-\nu_i=1-0.3=0.7$ $e_{imin}=p_{fmin}\frac{d_m}{E_i}C_i=75.2\times\frac{316}{210000}\times0.7=0.0792mm$
6		传递载荷所需的最小有效过盈量		$\delta_{emin}=e_{amin}+e_{imin}=0.3494+0.0792=0.4286mm$
7		考虑压平量后的所需最小过盈量		$S_a=1.6(R_{aa}+R_{aaa})$ $S_i=1.6(R_{ai}+R_{aii})$ $\delta_{min}=\delta_{emin}+2(S_a+S_i)=0.4286+2\times[1.6\times(0.0016+0.0016)+1.6\times(0.0016+0.0016)]=0.4491mm$
8	不产生塑性变形所允许的最大过盈量	不产生塑性变形所允许的最大结合压强	包容件	$a=\frac{1-q_a^2}{\sqrt{3+q_a^4}}=\frac{1-0.687^2}{\sqrt{3+0.687^4}}=0.2941$ 或查图 6-4-8 $p_{famax}=a\sigma_{sa}=0.2941\times540=158.8MPa$

续表

序号	计算内容			计算公式和结果
9	不产生塑性变形所允许的最大过盈量	不产生塑性变形所允许的最大结合压强	被包容件	$c=\frac{1-q_i^2}{2}=\frac{1-0}{2}=0.5$ $p_{\text{fimax}}=c\,\sigma_{\text{si}}=0.5\times540=270\text{MPa}$
10			被连接件	取 p_{famax} 和 p_{fimax} 中的较小者,则 $p_{\text{fmax}}=158.8\text{MPa}$
11		被连接件不产生塑性变形所允许的传递力		$F_t=p_{\text{fmax}}\pi d_m l_f\mu=158.8\times\pi\times316\times400\times0.12=7567086\text{N}$
12		不产生塑性变形所允许的最大直径变化量	包容件	$e_{\text{amax}}=\frac{p_{\text{fmax}}d_m}{E_a}C_a=\frac{158.8\times316}{210000}\times3.0877=0.7378\text{mm}$
13			被包容件	$e_{\text{imax}}=\frac{p_{\text{fmax}}d_m}{E_i}C_i=\frac{158.8\times316}{210000}\times0.7=0.1673\text{mm}$
14		被连接件不产生塑性变形所允许的最大有效过盈量		$\delta_{\text{emax}}=e_{\text{amax}}+e_{\text{imax}}=0.7378+0.1673=0.9051\text{mm}$
15	选择配合	满足连接要求的最小和最大过盈量		$[\delta_{\min}]>0.4491$ mm $[\delta_{\max}]\leqslant0.9051$ mm
16		选取内、外圆锥直径公差及配合		选取内锥 H7、外锥 x6
17		所选配合的实际最小和最大过盈量		根据配合$\frac{\text{H7}}{\text{x6}}$,在 $d_m=316\text{mm}$ 上的偏差分别为 $\text{H7}\left(\begin{smallmatrix}+0.057\\0\end{smallmatrix}\right)$、$\text{x6}\left(\begin{smallmatrix}+0.626\\+0.590\end{smallmatrix}\right)$ $[\delta_{\min}]=0.590-0.057=0.533\text{mm}$ $[\delta_{\max}]=0.626-0=0.626\text{mm}$ 已考虑了安全系数,故使$[\delta_{\min}]$接近 $\delta_{\min}$
18	油压装拆参数	外锥中间套与相关件圆柱面配合间隙		选定配合 $d=300\frac{\text{G7}}{\text{h7}}$,偏差分别为 $\text{G7}\left(\begin{smallmatrix}+0.069\\+0.017\end{smallmatrix}\right)$、$\text{h7}\left(\begin{smallmatrix}0\\-0.052\end{smallmatrix}\right)$ 最大间隙 $X_{\max}=0.069-(-0.052)=0.121\text{mm}$ 最小间隙 $X_{\min}=0.017-0=0.017\text{mm}$
19		轴向位移的极限值(压入行程)		$E_{\text{amin}}=\frac{[\delta_{\min}]+X_{\max}}{C}=\frac{0.533+0.121}{1/50}=32.7\text{mm}$ $E_{\text{amax}}=\frac{[\delta_{\max}]+X_{\max}}{C}=\frac{0.626+0.121}{1/50}=37.35\text{mm}$
20		装配时中间套变形所需的压强		$\Delta p_f=\frac{EX_{\max}}{2d}\left[1-\left(\frac{d}{d_m}\right)^2\right]=\frac{210000\times0.121}{2\times300}\times\left[1-\left(\frac{300}{316}\right)^2\right]=4.18\text{MPa}$
21		实际最大结合压强		$[p_{\text{fmax}}]=\frac{[\delta_{\max}]}{d_m(C_a/E_a+C_i/E_i)}+\Delta p_f$ $=\frac{0.626}{316\times(3.0877/210000+0.7/210000)}+4.18=114\text{MPa}$
22		需要的装拆油压		$p_x=1.1[p_{\text{fmax}}]=1.1\times114=125.4\text{MPa}$

续表

序号	计算内容			计算公式和结果
23	油压装拆参数	需要的压入力		$P_{xi}=p_x\pi d_m l_f\left(\mu_1+\dfrac{C}{2}\right)=125.4\times\pi\times316\times400\times\left(0.02+\dfrac{1/50}{2}\right)=1493.88\text{kN}$
24		需要的压出力		$P_{xe}=p_x\pi d_m l_f\left(\mu_1-\dfrac{C}{2}\right)=125.4\times\pi\times316\times400\times\left(0.02-\dfrac{1/50}{2}\right)=497.96\text{kN}$
25	校核计算	实际最小结合压强		$S_a=1.6\times(0.0016+0.0016)=0.00512\text{mm}$ $S_i=1.6\times(0.0016+0.0016)=0.00512\text{mm}$ $[p_{fmin}]=\dfrac{[\delta_{min}]-2(S_a+S_i)}{d_m(C_a/E_a+C_i/E_i)}=\dfrac{0.533-2\times(0.00512+0.00512)}{316\times(3.0877/210000+0.7/210000)}=89.92\text{MPa}$
26		传递最小载荷	传递转矩	取$\mu=0.12$ $T_{min}=\dfrac{[p_{fmin}]\pi d_m^2 l_f\mu}{2}=\dfrac{89.92\times\pi\times316^2\times400\times0.12}{2}=677\text{kN}\cdot\text{m}$
			传递力	$F_{tmin}=[p_{fmin}]\pi d_m l_f\mu=89.92\times\pi\times316\times400\times0.12=4284.84\text{kN}$
27		装拆时实际最大应力	包容件	$\sigma_{amax}=\dfrac{p_x}{a}=\dfrac{125.4}{0.2941}=426.4\text{MPa}<\sigma_{sa}$ 故安全
28			被包容件	$\sigma_{imax}=\dfrac{p_x}{c}=\dfrac{125.4}{0.5}=250.8\text{MPa}<\sigma_{si}$ 故安全
29	被连接件直径变化量	包容件外径增大量		$\Delta d_{amax}=\dfrac{2[p_{fmax}]d_a q_a^2}{E_a(1-q_a^2)}=\dfrac{2\times114\times460\times0.687^2}{210000\times(1-0.687^2)}=0.4464\text{mm}$ $\Delta d_{amin}=\dfrac{2[p_{fmin}]d_a q_a^2}{E_a(1-q_a^2)}=\dfrac{2\times89.92\times460\times0.687^2}{210000\times(1-0.687^2)}=0.3521\text{mm}$
30		被包容件内径减小量		因为是实心轴，$d_i=0$，故 $\Delta d_i=0$

3 过盈连接的结构设计

3.1 圆柱面过盈连接的合理结构

过盈连接的结合面沿轴向压力分布不均匀（图6-4-11），为了改善压力不均，以减少应力集中，结构上可采取下列措施。

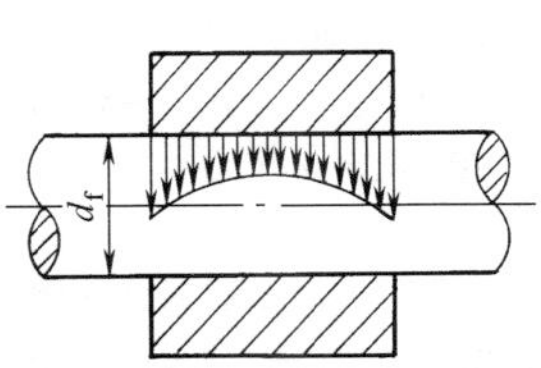

图6-4-11 结合面沿轴向压力分布

① 使非配合部分的直径小于配合直径（图6-4-12a），并以较大圆弧过渡，配合直径 d_f 与非配合直径 d' 之比通常取 $d_f/d'\geqslant1.05$，圆弧半径可取 $r\geqslant(0.1\sim0.2)d_f$。

② 在被包容件上加工出卸载槽（图6-4-12b、c），必要时卸载槽应经滚压处理，以提高疲劳强度。

③ 包容件的端面加工出卸载槽（图6-4-12d）或减小包容件端部的厚度（图6-4-12e），前一种措施结构简单，应用较广。

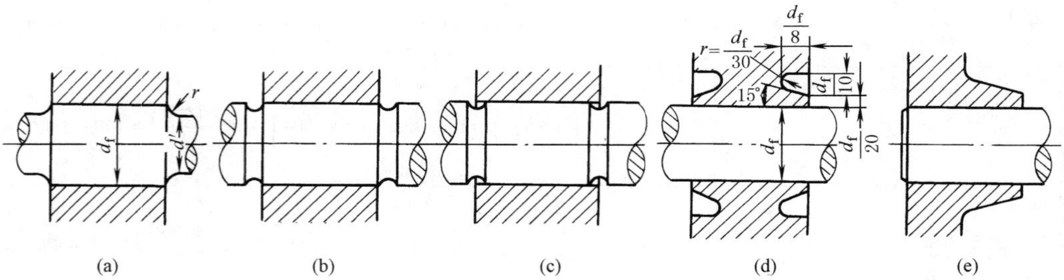

图 6-4-12 改善应力状态的结构

为了便于装配，对结构的要求如下。

① 包容件的孔端和被包容件的进入端应有倒角，通常取倒角 α 为 5°或 10°，倒角尺寸可按表 6-4-12 选定。

② 当轴承受较大的变载荷时，包容件的孔端应倒圆，以提高轴的疲劳强度。

③ 结合长度一般不宜超过结合直径 d_f 的 1.6 倍，如结合长度过长，结合直径宜制成阶梯形，以改善装配工艺。

④ 轴与盲孔的过盈配合，应有排气孔。

⑤ 结合面的粗糙度一般不宜大于 $Ra6.3\mu m$。

⑥ 结合材料相同时，为避免压入时发生粘着现象，包容面与被包容面应有不同的硬度。

表 6-4-12 **过盈连接零件孔端和进入端倒角尺寸** mm

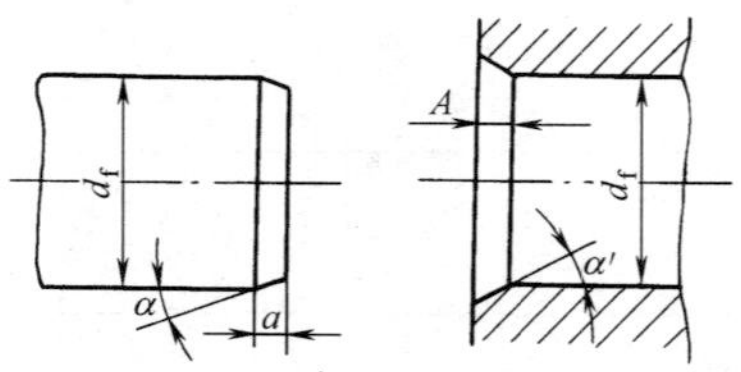

结合直径 d	倒角尺寸	配合种类			
		s7,s6,r6	x7	y7	z7
≤50	a A	0.5 1	1 1.5	1.5 2	2 2.5
50～100	a A	1 1.5	2 2.5	2 2.5	3 3.5
100～250	a A	2 2.5	3 3.5	4 4.5	5 6
250～500	a A	3.5 4	4.5 5.5	7 8	8.5 10

3.2 圆锥面过盈连接的一般要求（摘自 GB/T 15755—1995）

表 6-4-13

结构要求	①为降低圆锥面过盈连接两端的应力集中，在包容件或被包容件端部可采用卸载槽、过渡圆弧等结构形式(图 6-4-12) ②被连接件材料相同时，为避免粘着和装拆时表面擦伤，包容件和被包容件的结合面应具有不同的表面硬度 ③为便于装拆，在包容件结合面的两端加工成 15°的倒角或在被包容件两端加工成过渡圆槽 ④进油孔和进油环槽，可以设在包容件上，也可以设在被包容件上，以结构设计允许和装拆方便为准。进油环槽的位置，应放在大约位于包容件的质心处，但不能离两端太近，以免影响密封性 ⑤进油环槽的边缘必须倒圆，以免影响结合面压力油的挤出 ⑥为使油压分布均匀，并能迅速建立油压和释放油压，应在包容件或被包容件结合面上刻排油槽：在被包容件的结合面上，沿轴向刻有 4～8 条均匀分布的细刻油槽(图 a)；也可在包容件的结合面上，刻一条螺旋形的细刻油槽(图 b)

续表

结构要求	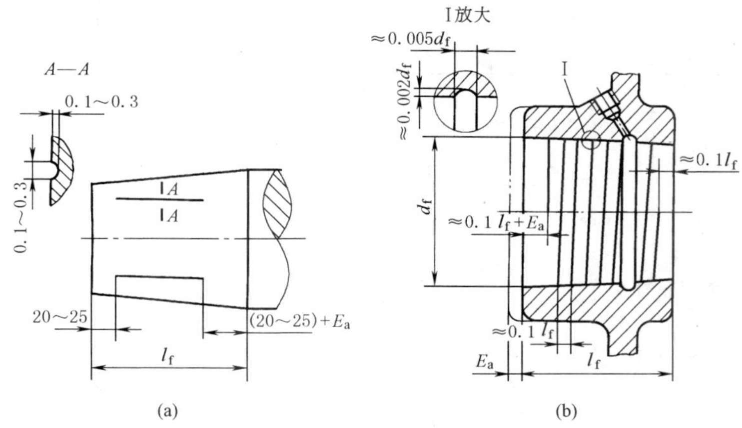 ⑦需多次装拆或大尺寸圆锥过盈连接,应采用中间套。中间套一般采用45碳素结构钢,并经调质处理,其硬度为241~286HB ⑧经多次装拆的圆锥过盈连接,由于表面压平过盈量减小,设计压入行程应比计算值加大0.5~1mm
对结合面的要求	①尺寸精度 包容件最大圆锥直径公差按GB/T 1800规定的IT6或IT7选取;被包容件的最大圆锥直径公差按GB/T 1800规定的IT5或IT6选取 ②表面粗糙度 对圆锥面:当 $d_m \leqslant 180$mm时,$Ra \leqslant 0.8\mu m$;$d_m > 180$mm时,$Ra \leqslant 1.6\mu m$ 对圆柱面:$Ra \leqslant 1.6\mu m$ ③接触精度 圆锥面接触率,应不低于80%
压力油的选择	通常使用矿物油,推荐油在50℃时的运动黏度为30~45mm²/s。油应清洁,不得含有杂质和污物
装配和拆卸	①装配 a. 将被连接件的结合面擦净,并涂以润滑油 b. 将被连接件装在一起,用手推移包容件,直至推不动时为止,以此状态下的位置为压入行程的起点 c. 压装开始时,轴向压力不能过大。以后随着油压的加大而逐步提高,但不能超过最大轴向压力 d. 压装之后,轴向压力应继续保持15~30min,以免包容件脱出 e. 压装后应放置3h才可承受载荷 f. 压装速度一般为2~5mm/s ②拆卸 a. 拆卸时高压油应缓慢注入,需5~10min才可将套脱开 b. 拆卸时油的压力一般不超过规定值。当拆卸困难时,可适当提高油压,但最大不得超过规定值的10% c. 锥度大的圆锥过盈连接件,在油压下脱开时有自卸能力 $\left(\mu-\frac{C}{2}<0\right)$,必须采取防护措施,防止包容件自动弹出

3.3 油压装卸结构设计规范（摘自 JB/T 6136—2007）

表 6-4-14 　　mm

环形槽和油孔

环形槽应布置在一个零件上,并与油孔相通,如图 a、b 所示

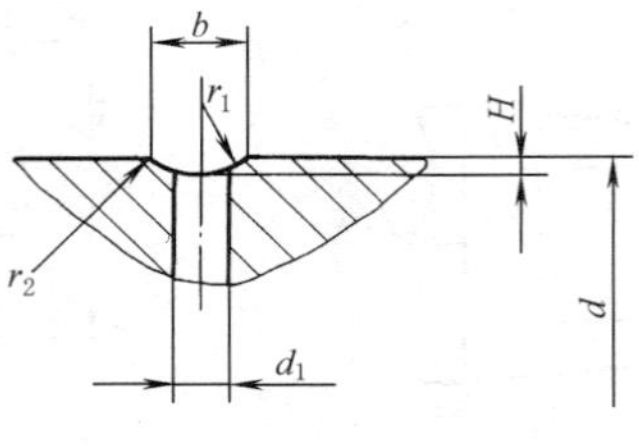

(a)

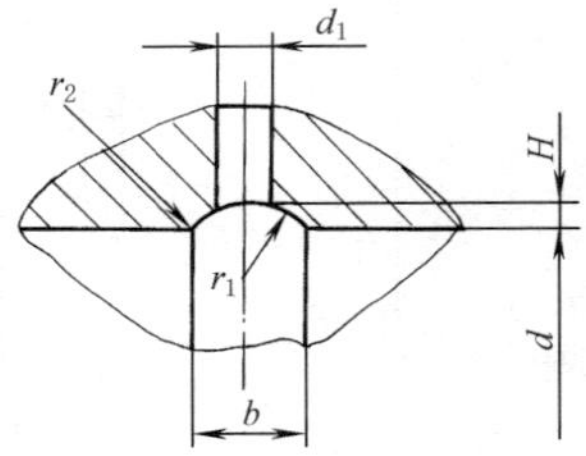

(b)

d	b	d_1	H	r_1	r_2	d	b	d_1	H	r_1	r_2
≤30	2.5	2	0.5	2	0.4	>250~300	8	6	1.5	6	1.6
>30~50	3	2.5	0.5	2.5	0.4	>300~400	10	7	2	7	1.6
>50~100	4	3	0.8	3	0.6	>400~500	12	8	2.5	8	2.5
>100~150	5	4	1	4	1	>500~650	14	10	3	10	2.5
>150~200	6	5	1.25	4.5	1	>650~800	16	12	3	12	2.5
>200~250	7	5	1.5	5	1.6	>800~1000	18	12	4	12	2.5

油孔接口尺寸

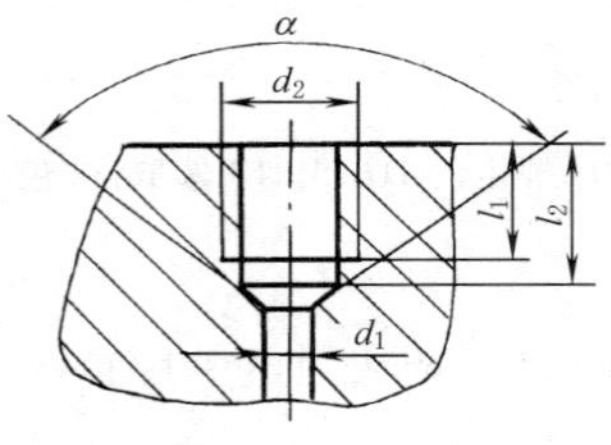

油孔接口螺纹 d_2	α /(°)	d_1 ≤	l_1	l_2	适用轴径范围 d
M10×1-6H	120	5	10	12	≤200
M14×1.5-6H	120	8	12	15	≤500
M18×1.5-6H	120	8	16	19	≤500
M27×2-6H	120	12	18	22	>250~1000

环形槽的数量及分布

一般圆柱形过盈连接

环形槽数量及分布取决于被连接件的结构形状和结合长度，环形槽的分布应保证在安装和拆卸过程中使整个结合面上有分布均匀的压力油膜

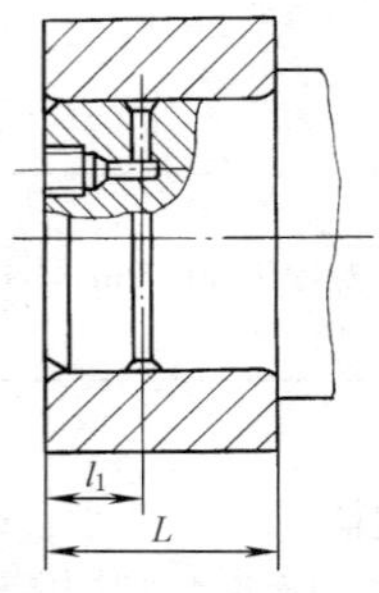

(a) 轴上有环形槽

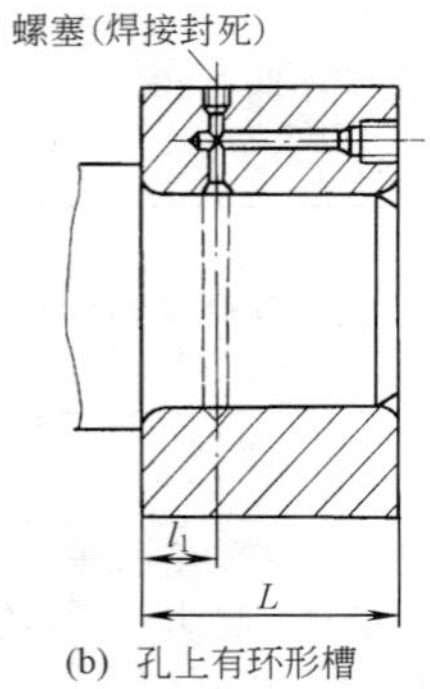

(b) 孔上有环形槽

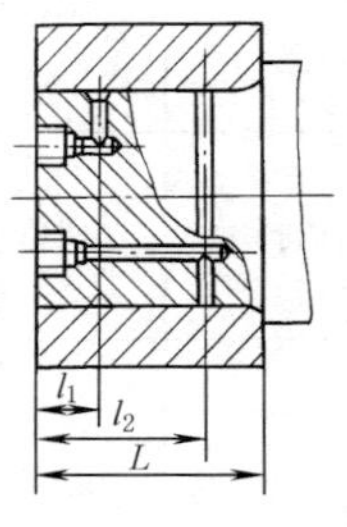

(c) 轴上有两个环形槽

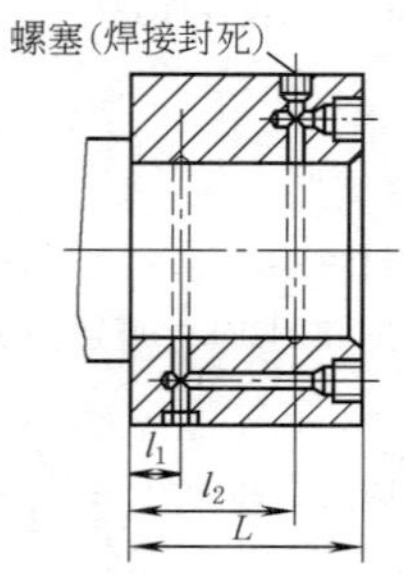

(d) 孔上有两个环形槽

环形槽分布尺寸

图　号	L	l_1	l_2	环形槽数量
图 a、图 b	≤100	(0.3~0.4)L	—	1
图 c、图 d	>100~300	0.25L	(0.5~0.6)L	2
	>300~600	0.20L		3
	>600	0.15L		4

备注：当环形槽的数量为 3 或 4 个时，其第 3 和第 4 个环形槽应均匀布置在 l_1 至 l_2 区间

续表

<table>
<tr>
<td rowspan="3">环形槽的数量及分布</td>
<td>壁厚不均匀的圆柱形过盈连接</td>
<td>环形槽的布置应能改善压力分布，环形槽应布置在辐板和凸缘的下方</td>
<td>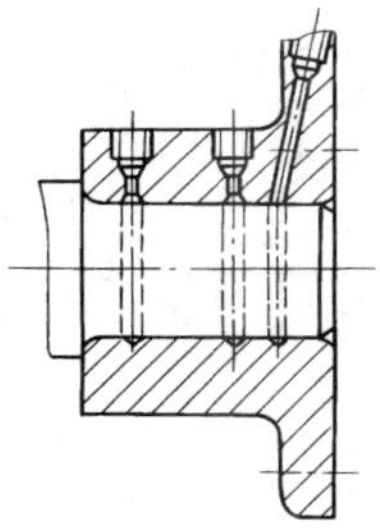
(a) 包容件侧面有凸缘的圆柱形过盈连接
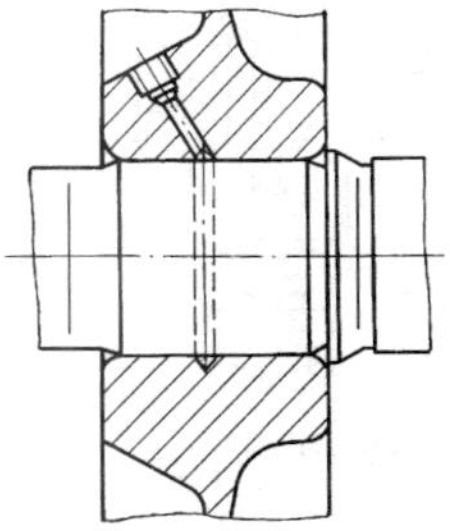
(b) 包容件带单辐板的圆柱形过盈连接
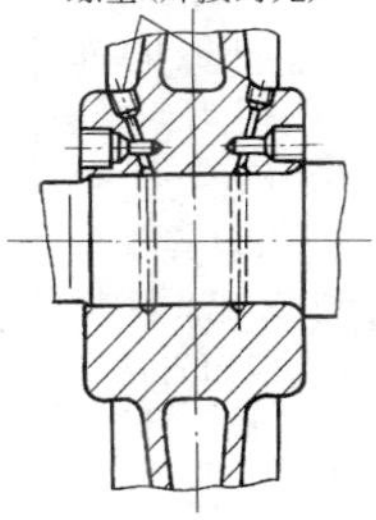

(c) 包容件有双辐板的圆柱形过盈连接</td>
</tr>
<tr>
<td>滚动轴承用圆柱形过盈连接</td>
<td></td>
<td>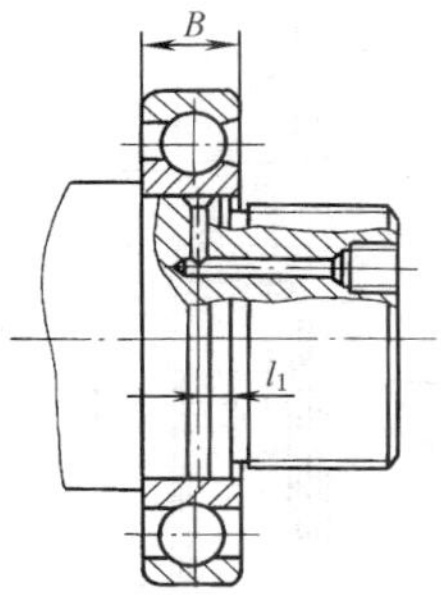

(a) 一个滚动轴承的圆柱形轴(有一个环形槽)
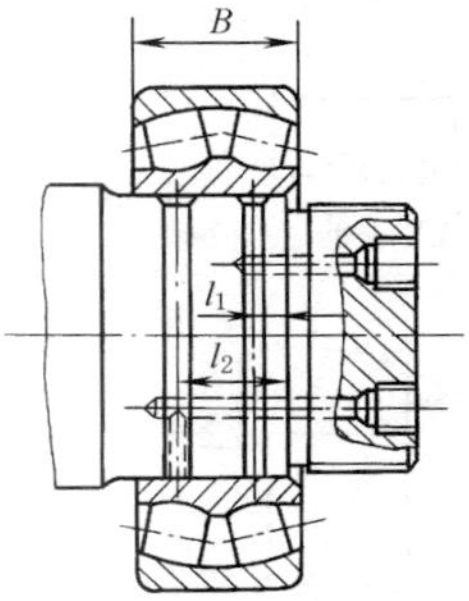

(b) 一个滚动轴承的圆柱形轴(有两个环形槽)
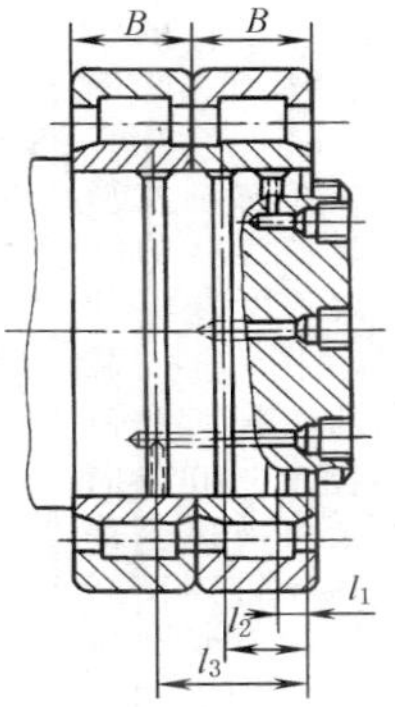

(c) 两个滚动轴承的圆柱形轴(有三个环形槽)
<table>
<tr><td>图号</td><td>B</td><td>l_1</td><td>l_2</td><td>l_3</td></tr>
<tr><td>图 a</td><td>≤100</td><td>(0.3~0.4)B</td><td>—</td><td>—</td></tr>
<tr><td>图 b</td><td>>100</td><td>0.2B</td><td>(0.5~0.6)B</td><td>—</td></tr>
<tr><td>图 c</td><td>任意</td><td>0.2B</td><td>0.6B</td><td>(1.2~1.3)B</td></tr>
</table></td>
</tr>
<tr>
<td>壁厚均匀的圆锥形过盈连接</td>
<td>布置一个环形槽，l_1 = (0.3~0.4)L</td>
<td>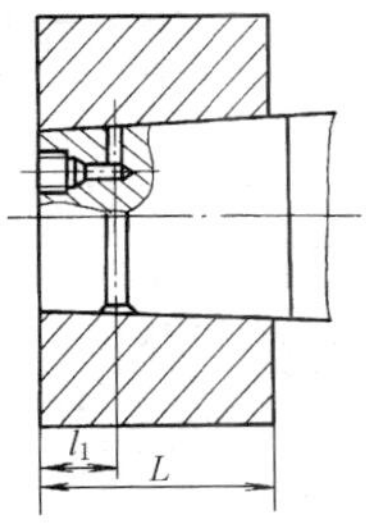

(a) 圆锥形轴上有环形槽的过盈连接
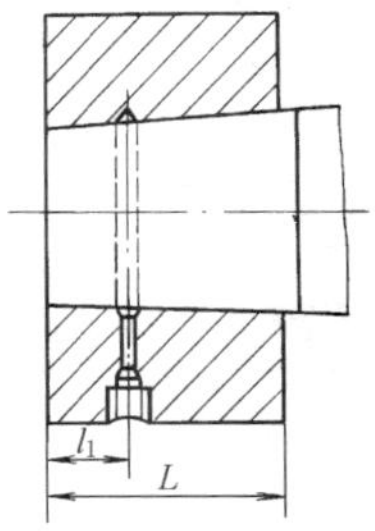

(b) 圆锥形孔上有环形槽的过盈连接
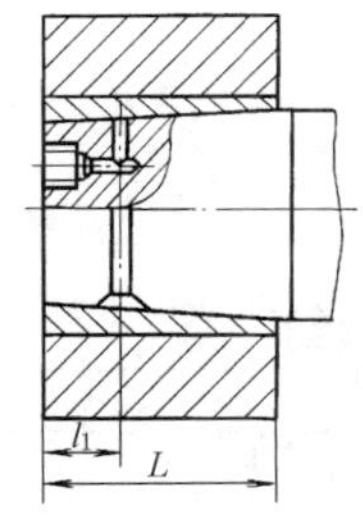

(c) 内圆锥形带中间套轴上有环形槽的过盈连接
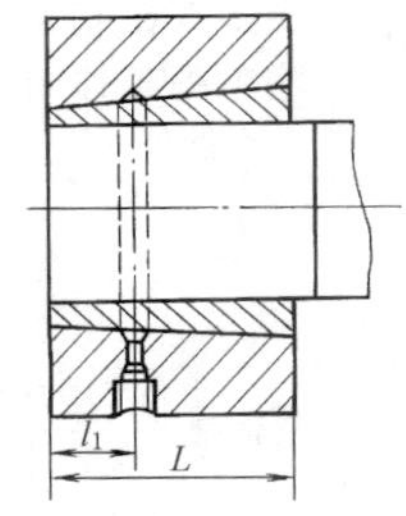

(d) 外圆锥形带中间套孔上有环形槽的过盈连接</td>
</tr>
</table>

续表

环形槽的数量及分布	安装轴承及壁厚变化的圆锥形过盈连接	安装滚动轴承（图 a、b）布置一个环形槽，$l_1=(0.3\sim0.4)B$，当包容件壁厚变化时（图 c），应布置两个环形槽	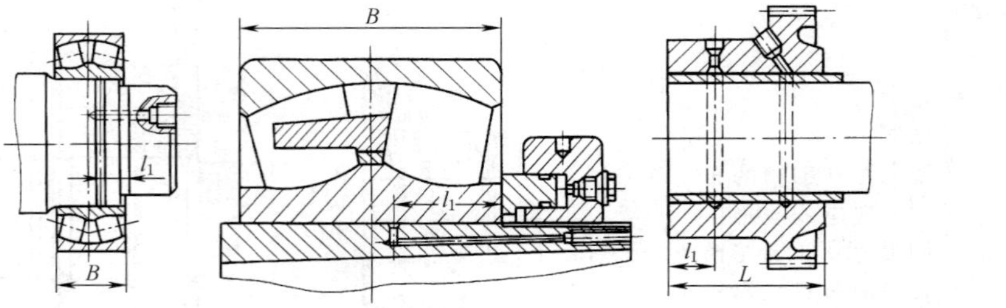 (a) 圆锥形轴上装一个滚动轴承的过盈连接　(b) 在紧定衬套上装一个滚动轴承的圆锥形过盈连接　(c) 带中间套、包容件侧面有凸缘的外圆锥形过盈连接
配合长度要求及阶梯圆柱形过盈连接尺寸		为了便于拆卸，包容件的结合表面应超出被包容件的结合表面，见图 a、b 阶梯圆柱形过盈连接的结合长度为 l_1 和 l_2（图 c），安装油压是通过包容件的 10°导向锥与被包容件的 α 锥体良好接触形成密封而获得的，两个零件的 l_3 尺寸应符合要求	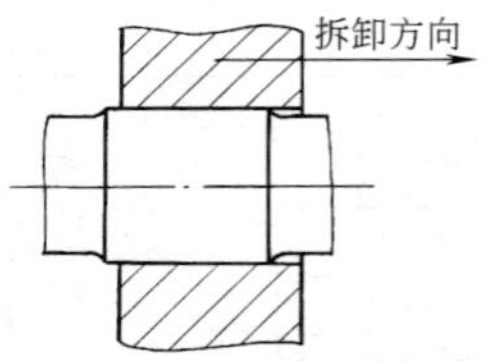 (a) 无轴肩的过盈连接 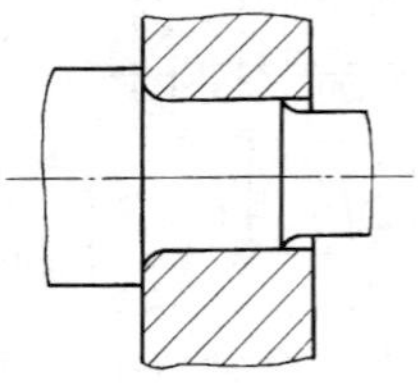 (b) 有轴肩的过盈连接 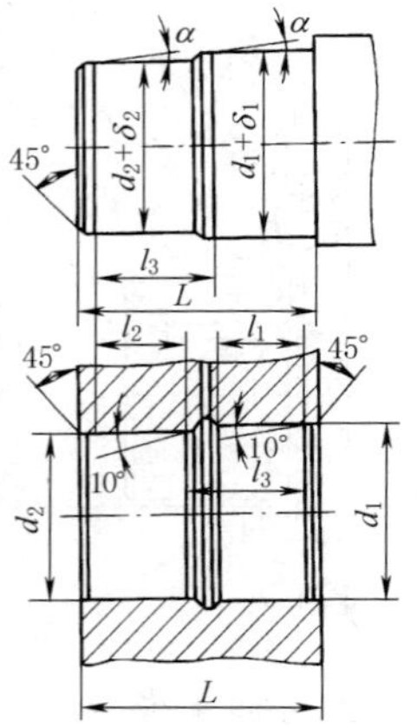 (c) 阶梯圆柱形过盈连接 d_1,d_2—直径； δ_1,δ_2—过盈； l_1,l_2—结合长度； l_3—密封锥间的距离； α—密封锥倾角（可根据过盈量的大小选择，α=0.5°～1.5°）
圆锥过盈连接的螺旋油槽		装配完成后，为了使结合面间高压油排出，圆锥包容件或被包容件的结合面上应有与环形槽相通的螺旋油槽，但油槽不得延伸到结合面外	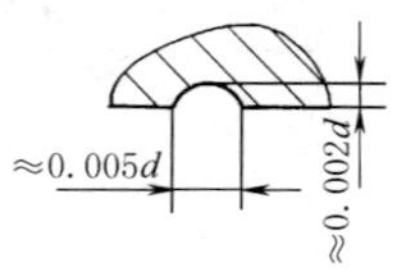 H—压入行程 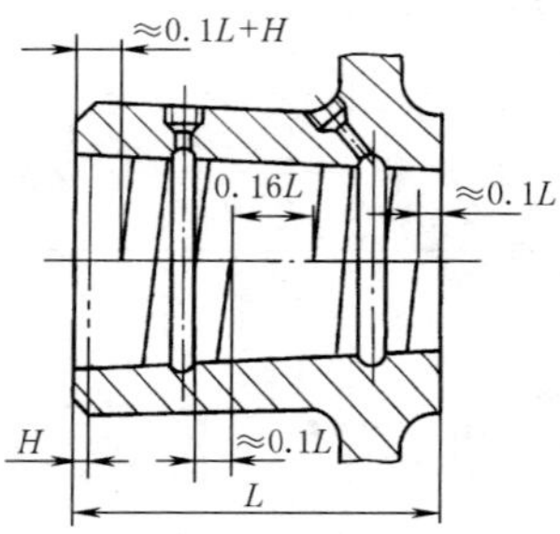

尺寸公差和粗糙度

项目		圆柱面过盈连接		圆锥面过盈连接			
				中间套与相关圆柱面		圆锥结合面（平均直径）	
		$d\leqslant180$mm	$d>180$mm	$L\leqslant180$mm	$L>180$mm	$d_m\leqslant180$mm	$d_m>180$mm
基轴制	被包容件	h6	h7	H7/h7	外锥套：$\frac{F8}{h7}$	h6	h7
	包容件	IT6	IT7			IT6	IT7
基孔制	被包容件	IT6	IT7		内锥套：$\frac{H8}{f7}$		
	包容件	H6	H7				
粗糙度 Ra		孔：0.8μm 轴：0.8μm	孔：1.6μm 轴：0.8μm			孔：0.4μm 轴：0.4μm	

注：1. 圆锥结合面的圆锥角公差为 AT5，接触率不小于 75%。

2. 环形槽圆角处的表面粗糙度 $Ra=3.2\mu m$。

3.4 油压装卸说明（摘自 JB/T 6136—2007）

（1）安装说明

过盈连接安装时，对于圆柱面配合，根据其尺寸，一般情况下加热孔或冷缩轴，或同时加热孔和冷缩轴后进行安装。对于圆锥形和阶梯圆柱形过盈连接，不必加热孔和冷缩轴，而用压力油的方法进行快速安装。在采用油压安装时，应注意以下事项：安装表面不允许有破坏压力油膜形成的杂质、划痕和缺陷；应清除结合面上的油孔和环形油槽的毛刺；如果没有特殊要求，结合孔选用 H7 的公差带；对于未注公差的尺寸，按切削加工件有关技术要求的规定；对于结合面，应按照包容原则设计和制造。

通过加热或冷缩方法安装的过盈连接，在常温状态下，还没有达到预先要求的位置时，可通过油压重新调整到要求位置；安装好后，用螺塞将管路连接工艺用的螺孔堵死。

图 6-4-13、图 6-4-14 表示油压装配时的情况。油压拆卸时和装配时一样，通以高压油，同时用一个适当的工具将被连接件卸出。对于圆锥被连接件，当高压油在配合处产生足够大的轴向分力时，被连接件自动推出，可不另用工具。

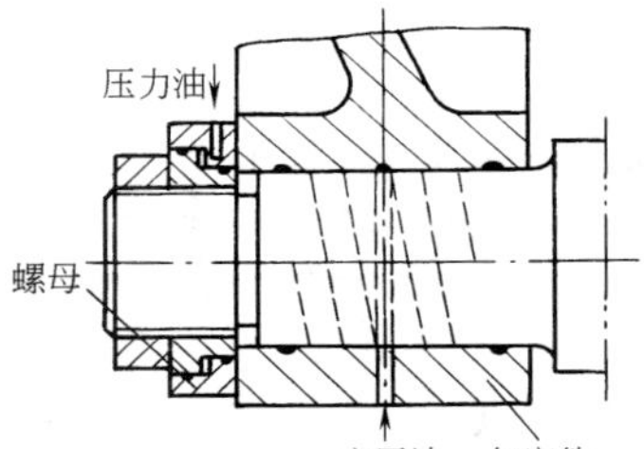

图 6-4-13　油压装配简图（一）

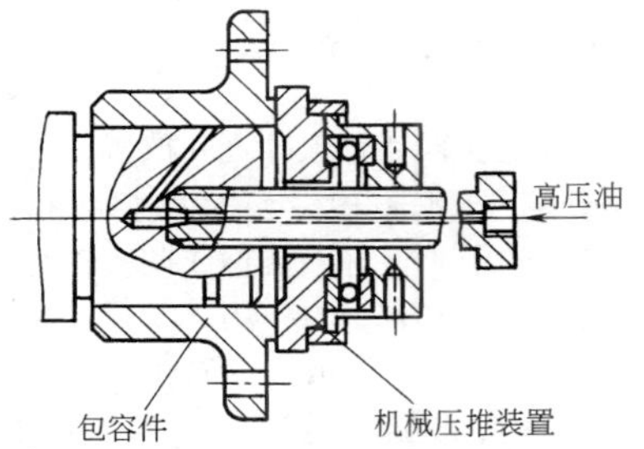

图 6-4-14　油压装配简图（二）

（2）拆卸说明

在拆卸之前，应先检查油路部分是否清洁，如不清洁应清理干净，通入压力油后，应保持压力油从过盈连接面溢出。这时用拆卸工具或压力机，将包容件不间断地拉出。在用拆卸工具或压力机拆卸过程中，应使压力油的压力保持不变。对于简单的圆柱面过盈连接，当拆卸离开最后一个环形槽之后，拆卸过程不能中断，如果中断会使油从结合面压出，并且轮毂（轴套）仍固定在轴上。

拆卸完成后应用螺塞将管路连接工艺用的螺孔堵死。

拆卸用的介质，推荐采用运动黏度为 46~68mm^2/s（40℃时）的矿物油（不是液压油）。

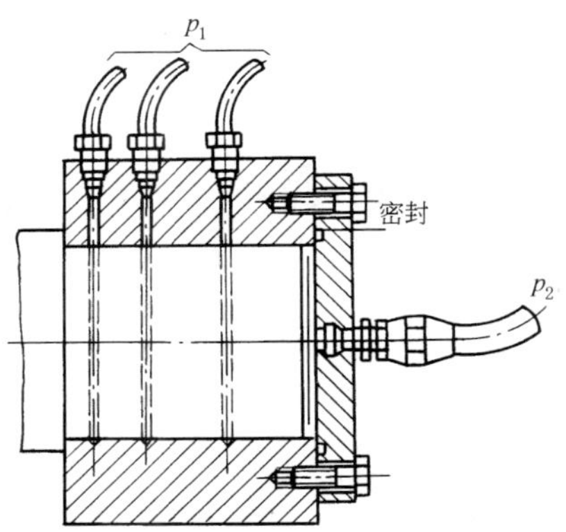

图 6-4-15　圆柱形过盈连接的拆卸

圆柱形过盈连接拆卸时，可同时向圆柱面和轴向加压，但轴向的油压力 p_2 约为圆柱面油压力 p_1 的 1/5（图 6-4-15），当圆柱面的油压力达到计算的拆卸压力时，即可将包容件（或被包容件）不间断地拉出，在拉出过程中应特别注意安全，同时应保持油的压力稳定。

阶梯圆柱形过盈连接拆卸时，当压力油使两个零件产生变形形成油膜后，在轴向力的作用下轴开始移动，这时应特别注意由于阶梯形圆柱直径 d_1、d_2 不同，在轴向产生的力将大于开始施加的轴向力，所以在拆卸时，事先应采取安全措施，防止拆卸结束后，轴（或轴套）被弹出。

（3）安全注意事项

对油压拆卸（或安装）的操作，事先必须制定出安全操作规程，并且由有经验的人员进行操作。

对于圆锥形和阶梯圆柱形过盈连接，当大压力拆卸时应特别注意安全，防止过盈连接在拆卸过程自动脱出。

对于重新使用拆卸过的零件之前，应检查是否有影响使用的缺陷。

第5章 胀紧连接和型面连接

1 胀紧连接

1.1 连接原理与特点

胀紧连接是在轴和轮毂孔之间放置一对或数对与内、外锥面贴合的胀紧连接套（简称胀套），在轴向力作用下，内环缩小，外环胀大，与轴和轮毂紧密贴合，产生足够的摩擦力，以传递转矩、轴向力或两者的复合载荷。

胀紧连接的定心性好，装拆或调整轴与轮毂的相对位置方便，没有应力集中，承载能力高，可避免零件因键槽等原因而削弱，又有密封作用。

图 6-5-1 为胀紧连接示例。弹性胀套的锥面半锥角 α 愈小，结合面的压强愈大，因而所能传递的载荷也愈大。但 α 太小时，拆卸不方便，通常取 $\alpha=10°\sim14°$。胀套的材料多为 65、65Mn、55Cr2 或 60Cr2 等。胀套可用螺母压紧，也可在轴端或毂端用多个螺钉压紧。当采用多对胀套时，如采用同一轴向夹紧力（压紧力），各对胀套传递的转矩应递减。

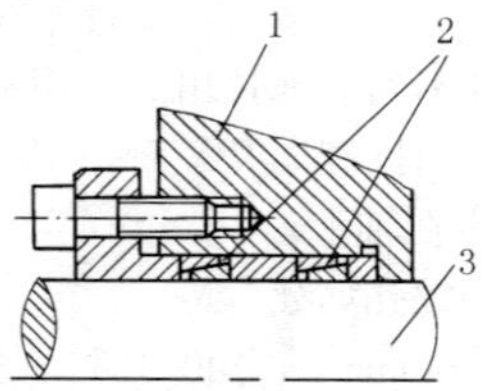

图 6-5-1 胀紧连接
1—齿轮；2—胀套；3—轴

1.2 胀紧连接套的型式与基本尺寸（摘自 GB/T 28701—2012）

1.2.1 ZJ1 型胀紧连接套

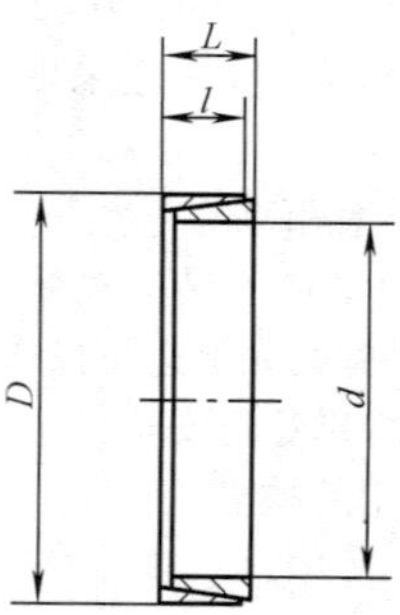

整体锥环，成对使用，拆卸方便，可代替各种键连接和过盈连接。为传递较大载荷，可采用多对环，单侧压紧不超过 4 对环，双侧压紧可达 8 对环。有轴毂配合面对中时对中精度较高

表 6-5-1

基本尺寸/mm				当 $p_f=100$MPa 时的额定负荷		质量/kg
d	D	L	l	轴向力 F_t/kN	转矩 M_t/kN·m	
8	11	4.5	3.7	1.2	0.005	0.001
9	12			1.3	0.006	0.001
10	13			1.6	0.008	0.002
12	15			2.0	0.012	0.002
13	16			2.4	0.016	0.002
14	18	6.3	5.3	2.8	0.020	0.004
15	19			3.0	0.022	0.004
16	20			3.2	0.025	0.005
17	21			3.3	0.028	0.005
18	22			3.6	0.032	0.005
19	24			3.8	0.036	0.007
20	25			4.0	0.040	0.007
22	26			4.5	0.050	0.007
24	28			4.8	0.055	0.007
25	30			5.0	0.060	0.009
28	32			5.6	0.080	0.009
30	35			6.0	0.09	0.01
32	36			6.4	0.10	0.01
35	40	7.0	6.0	8.5	0.15	0.02
36	42			9.0	0.16	0.02
38	44			9.4	0.18	0.02
40	45	8.0	6.6	10.0	0.20	0.02
42	48			10.5	0.22	0.03
45	52	10.0	8.6	14.6	0.33	0.04
48	55			15.4	0.37	0.05
50	57			16.2	0.40	0.05
55	62			17.8	0.49	0.05
56	64	12.0	10.4	21.7	0.61	0.06
60	68			23.5	0.70	0.07
65	73			25.6	0.83	0.08
70	79	14.0	12.2	32.0	1.12	0.11
75	84			34.4	1.29	0.12
80	91	17.0	15	45.0	1.81	0.19
85	96			48.0	2.04	0.20
90	101			51.0	2.29	0.22
95	106			54.0	2.55	0.23
100	114	21.0	18.7	70.0	3.50	0.38
105	119			73.2	3.82	0.40
110	124			77.0	4.25	0.41
120	134			84.0	5.05	0.45
125	139			92.0	5.75	0.62
130	148	28.0	25.3	124.0	8.05	0.85
140	158			134.0	9.35	0.91
150	168			143.0	10.70	0.97
160	178			152.5	12.20	1.02

续表

基本尺寸/mm				当 p_f=100MPa 时的额定负荷		质量/kg
d	D	L	l	轴向力 F_t/kN	转矩 M_t/kN·m	
170	191	33.0	30.0	192.0	16.30	1.50
180	201			204.0	18.30	1.58
190	211			214.0	20.40	1.68
200	224	38.0	34.8	262.0	26.20	2.32
210	234			275.0	28.90	2.45
220	244			288.0	37.70	2.49
240	267	42.0	39.5	358.0	43.00	3.52
250	280	53.0	49.0	415.0	52.00	4.68
260	290			435.0	56.50	4.82
280	313	65.0	59.0	520.0	72.50	6.27
300	333			555.0	83.00	6.47
320	360			710.0	114.00	10.90
340	380			755.0	128.50	11.50
360	400			800.0	144.00	12.20
380	420			845.0	160.50	12.80
400	440			890.0	178.00	13.50
420	460			935.0	196.00	14.10
450	490			998.0	224.50	15.20
480	520			1070.0	256.00	16.00
500	540			1110.0	278.00	16.50

注：p_f 为胀紧连接套与轴结合面上的压力。

1.2.2 ZJ2 型胀紧连接套

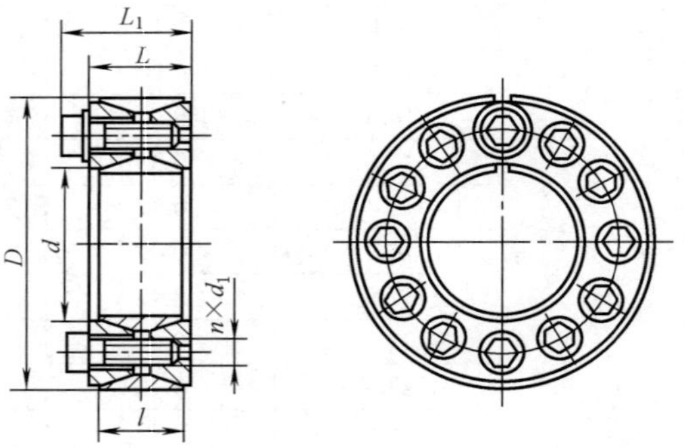

由一个开口的双锥内环、一个开口的双锥外环和两个双锥压紧环组成。用内六角螺钉压紧，压紧时因弹性环没有相对于轴、毂的轴向移动，同样压紧力能产生比 Z_1 型更大的径向力，能传递更大的载荷。在一个压紧环上沿圆周有三处用于拆卸的螺纹。因内、外环均有开口，连接需轴毂配合面对中。应用较广泛

表 6-5-2

基本尺寸/mm					螺钉			额定负荷	胀紧套与轴结合面上的压力 p_f/MPa	胀紧套与轮毂结合面上的压力 p_f'/MPa	螺钉的拧紧力矩 M_a /N·m	质量/kg
d	D	l	L	L_1	d_1 /mm	n	轴向力 F_t/kN	转矩 M_t/kN·m				
19	47	17	20	27.5	M6	8	27	0.25	215	85	14	0.24
20								0.27	210	90		0.23
22								0.30	195			0.20
24	50						30	0.36		95		0.26
25						9		0.38	190			0.25
28	55					10	33	0.47	185			0.30
30								0.50	175			0.29
35	60					12	40	0.70	180	105		0.32
38	63					14	46	0.88	190	115		0.33
38	65							0.88		110		0.34
40								0.92	180			0.34

续表

基本尺寸/mm					螺钉			额定负荷	胀紧套与轴结合面上的压力 p_f/MPa	胀紧套与轮毂结合面上的压力 p_f'/MPa	螺钉的拧紧力矩 M_a /N·m	质量/kg
d	D	l	L	L_1	d_1 /mm	n	轴向力 F_t/kN	转矩 M_t/kN·m				
42	72	20	24	33.5	M8	12	65	1.36	205	120	35	0.48
45	75						72	1.62	210	125		0.57
50	80						71	1.77	190	115		0.60
55	85					14	83	2.27	200	130		0.63
60	90							2.47	180	120		0.69
65	95					16	93	3.04	190	130		0.73
70	110	24	28	39	M10	14	132	4.60	210	130	70	1.26
75	115						131	4.90	195	125		1.33
80	120							5.20	180	120		1.40
85	125					16	148	6.30	195	130		1.49
90	130						147	6.60	180	125		1.53
95	135					18	167	7.90	195	135		1.62
100	145	29	33	47	M12	14	192	9.60			125	2.01
105	150						190	9.98	165	115		2.10
110	155						191	10.50	180	125		2.15
120	165					16	218	13.10	185	135		2.35
125	170					18	220	13.78	160	118		2.95
130	180					20	272	17.60	165	120		3.51
140	190	34	38	52		22	298	20.90		125		3.85
150	200					24	324	24.20	170			4.07
160	210					26	350	28.00		130		4.30
170	225	38	44	60	M14	22	386	32.80	160	120	190	5.78
180	235					24	420	37.80	165	125		6.05
190	250	46	52	68		28	490	46.50	150	115		8.25
200	260					30	525	52.50				8.65
210	275	50	56	74	M16	24	599	62.89			295	10.10
220	285					26	620	68.00				11.22
240	305					30	715	85.50	160	125		12.20
250	315					32	768	96.00	165	130		12.70
260	325					34	800	104.00				13.20
280	355	60	66	86.5	M18	32	915	128.00	145	115	405	19.20
300	375					36	1020	153.00	150	120		20.50
320	405	72	78	100.5	M20		1310	210.00			580	29.60
340	425							224.00	145	115		31.10
360	455	84	90	116	M22		1630	294.00			780	42.20
380	475						1620	308.00	135	110		44.00
400	495						1610	322.00	130	105		46.00
420	515					40	1780	374.00	135	110		50.00
450	555	96	102	130	M24	40	2050	461.25	125	100	1000	65.00
480	585					42	2160	518.40				71.00
500	605					44	2240	560.00				72.60
530	640					45	2330	617.00	120			83.60
560	670					48	2440	680.00				85.00
600	710					50	2580	775.00				91.00
630	740					52	2680	844.00		105		94.00
670	780					56	2820	944.00	115	100		101.00
710	820					60	2970	1054.00				106.00
750	860					62	3130	1173.00				112.00
800	910					66	3260	1300.00				118.00
850	960					70	3500	1487.00				125.00
900	1010					75	3680	1650.00				132.00
950	1060					80	3870	1838.00				139.00
1000	1110					82	4000	2000.00	110			146.00

1.2.3 ZJ3 型胀紧连接套

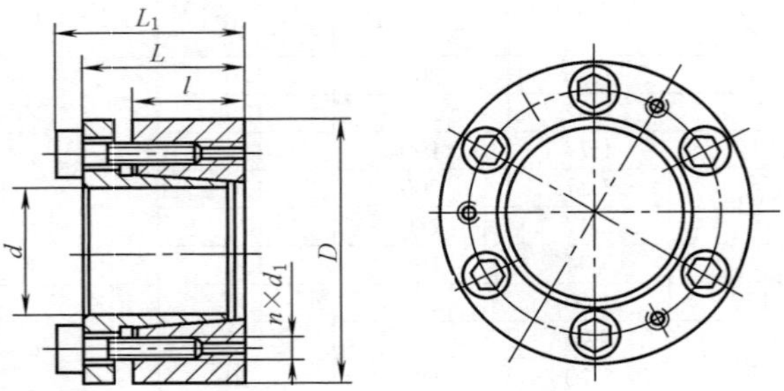

内、外锥环用六角螺钉压紧。接合面较长，能自动对中。用于旋转精度要求高和传递载荷大的场合

表 6-5-3

基本尺寸/mm					螺钉			额定负荷	胀紧套与轴结合面上的压力	胀紧套与轮毂结合面上的压力	螺钉的拧紧力矩 M_a	质量/kg
d	D	l	L	L_1	d_1 /mm	n	轴向力 F_t/kN	转矩 M_t/kN·m	p_f/MPa	p_f'/MPa	/N·m	
20	47	17	28	34	M6	5	37	0.377	286	124	14	0.25
22								0.416	260			0.25
24	50							0.481				0.27
25						6	47	0.585	279	143		0.27
28	55							0.650	260			0.32
30								0.702	247	130		0.35
32	60					8	62	1.001	279	150		0.37
35								1.092	247	143		0.34
38	65							1.183	254	150		0.40
40								1.248	247	137		0.38
45	75	20	33	41	M8	7	100	2.275	299	176	35	0.63
50	80							2.500	273	169		0.68
55	85					8	114	3.185	280	176		0.73
60	90							3.510	247	163		0.78
63	95					9	130	4.134	267	182		0.89
65								4.225	260	180		0.83
70	110	24	40	50	M10	8	183	6.500	286	182	70	1.33
75	115							6.825	260	169		1.40
80	120							7.280	247	163		1.48
85	125					9	207	8.775	260	176		1.55
90	130							9.230	247	169		1.63
95	135					10	229	10.855	260	182		1.70
100	145	26	44	56	M12	8	267	13.380	273	189	125	2.60
110	155							14.625	247	176		2.80
120	165					9	277	18.070	273	189		3.00
130	180	34	54	68		12	400	26.000	247	182		4.60
140	190				M14	9	412	28.925	234	169	190	4.90
150	200					10	458	34.19	247	182		5.20
160	210					11	504	40.30		189		5.50
170	225	44	64	78		12	549	46.67	195	149		7.75
180	235							49.40	189	143		8.15
190	250					15	686	65.13	221	169		9.50
200	260							68.64	208	163		9.90

续表

基本尺寸/mm					螺钉		额定负荷		胀紧套与轴结合面上的压力 p_f/MPa	胀紧套与轮毂结合面上的压力 p'_f/MPa	螺钉的拧紧力矩 M_a /N·m	质量/kg
d	D	l	L	L_1	d_1 /mm	n	轴向力 F_t/kN	转矩 M_t/kN·m				
220	285	50	72	88	M16	12	763	83.85	189	143	295	13.40
240	305					15	945	114.40	215	169		14.30
260	325					18	1144	148.72	234	189		15.50
280	355	60	84	102	M18	16	1232	171.60	195	156	405	22.90
300	375					18	1376	206.70	208	163		24.40
320	405	74	101	121	M20	18	1786	286.00	195	156	580	36.10
340	425					21	2084	354.25	228	176		38.40
360	455	86	116	138	M22	18	2223	400.4	182	143	780	46.20
380	475					21	2594	492.7	202	163		55.00
400	495							518.7	195	156		61.00

1.2.4 ZJ4 型胀紧连接套

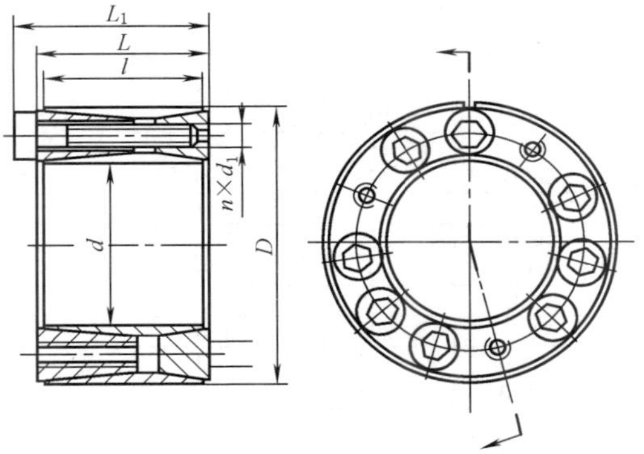

由锥度不同的开口双锥内环与开口双锥外环及两个双锥压紧环组成。用内六角螺钉压紧。其他特点与 Z_2 型同，但接合面长，对中精度高。用于旋转精度要求较高和传递较大载荷的场合

表 6-5-4

基本尺寸/mm					螺钉		额定负荷		胀紧套与轴结合面上的压力 p_f/MPa	胀紧套与轮毂结合面上的压力 p'_f/MPa	螺钉的拧紧力矩 M_a /N·m	质量/kg
d	D	l	L	L_1	d_1 /mm	n	轴向力 F_t/kN	转矩 M_t/kN·m				
70	120	56	62	74	M12	8	197	6.85	201	117	145	3.3
80	130					12	291	11.65	263	162		3.7
90	140						290	13.00	234	150		4.0
100	160	74	80	94	M14	15	389	19.70	213	133	230	7.2
110	170						483	22.60	242	157		7.7
120	180						482	28.90	222	148		8.3
125	185						480	30.00	212	143		8.5
130	190							31.20	205	140		8.8
140	200					18	574	40.20	227	159		9.3
150	210						572	42.90	212	152		10.0
160	230	88	94	110	M16		800	64.00	227	158	355	14.9
170	240						795	67.80	214	152		15.7
180	250					21	923	83.00	235	170		16.4
190	260						921	88.00	223	163		17.2
200	270					24	1050	105.00	242	179		18.8
210	290	110	116	134	M18	20	1118	117.30	197	143	485	23.0
220	300					21	1120	123.00	189	138		27.7
240	320					24	1280	153.00	198	148		29.8
250	330					27	1282	160.20	205	157		31.0
260	340						1430	186.00	205	157		32.0
280	370	130	136	156	M20	24	1650	230.00	192	145	690	46.0
300	390							245.00	179	138		49.0

第 6 篇

1.2.5 ZJ5 型胀紧连接套

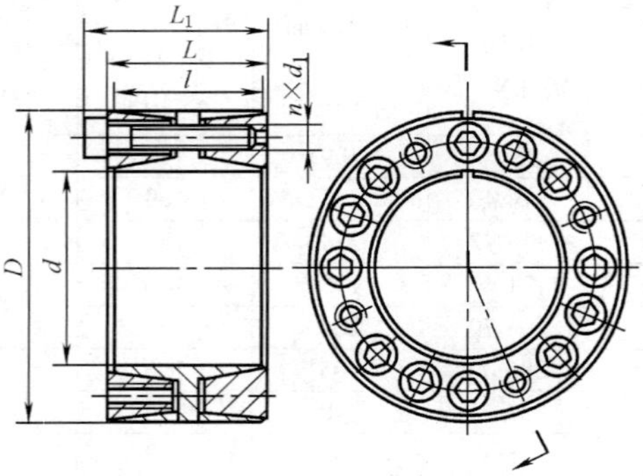

同 Z_4 型，但各锥环锥度相同，且内环中间有凸缘，便于拆卸。锥度较小，可传递很大载荷。接合面较长，对中精度较高。用于传递很大载荷和对中精度要求较高的场合

表 6-5-5

基本尺寸/mm					螺钉			额定负荷	胀紧套与轴结合面上的压力 p_f/MPa	胀紧套与轮毂结合面上的压力 p_f'/MPa	螺钉的拧紧力矩 M_a /N·m	质量/kg
d	D	l	L	L_1	d_1 /mm	n	轴向力 F_t/kN	转矩 M_t/kN·m				
100	145	60	65	77	M12	10	288	14.4	192	132	145	4.1
110	155							15.8	175	123		4.4
120	165					12	346	20.8	192	139		4.8
130	180	68	74	86		15	433	28.1	193	139		6.5
140	190					18	519	36.3	214	157		7.0
150	200							39.0	200	150		7.4
160	210					21	606	48.5	219	167		7.8
170	225	75	81	95	M14	18	712	60.6	215	162	230	10.0
180	235							64.1	203	155		10.6
190	250	88	94	108		20	792	75.2	178	135		14.3
200	260					24	950	95.0	203	156		15.0
210	275	98	104	120	M16	18	970	102.0	187	142	355	17.5
220	285						990	109.0	183	141		19.8
240	305					24	1318	158.0	222	176		21.4
250	315						1340	167.5	215	170		22.0
260	325					25	1370	178.0		172		23.0
280	355	120	126	144	M18	24	1590	222.5	188	149	485	35.2
300	375					25	1650	248.0	183	146		37.4
320	405	135	142	162	M20		2140	344.0	192	152	690	51.3
340	425							365.0	181	144		54.1
360	455	158	165	187	M22	25	2670	480.0	176	139	930	75.4
380	475							508.0	166	133		79.0
400	495							535.0	158	128		82.8
420	515					30	3200	673.0	181	147		86.5
450	555	172	180	204	M24		3700	832.5	175	142	1200	112.0
480	585					32	3950	948.0		143		119.0
500	605							988.0	168	139		123.0
530	640	190	200	227	M27	30	4320	1145.0	157	130	1600	151.0
560	670							1210.0	148	124		160.0
600	710					32	4610	1380.0	147			170.0

注：1. GB/T 28701—2012 还规定了 ZJ6~ZJ19 型的基本参数和主要尺寸，此处未编入。

2. 国内外生产胀紧套的厂商较多，其中北京古德高机电技术有限公司的产品型号与国标（GB/T 128701—2012）对照如下表：

古德高	Z1	Z2	Z3	Z4	Z5	Z6	Z7 A/B/C	Z8	Z9	Z10	Z11 A/B	Z12 A/B/C
国标	ZJ1	ZJ2	ZJ3	ZJ4	ZJ5	ZJ6	—	—	ZJ7	—	ZJ8	ZJ19 A/B/C
古德高	Z13 A/B	Z14 A/B	Z15	Z16	Z17 A/B	Z18	Z19 A/B	Z20	Z21	Z22	ZJ19	
国标	ZJ10	ZJ11、12	ZJ13	ZJ14	ZJ15 A/B	ZJ16	ZJ17 A/B	—	ZJ18	—	ZJ19	

1.3 胀紧连接套的标记示例

内径 $d=100$mm，外径 $D=114$mm，ZJ1 型胀紧连接套标记为：

胀套 ZJ1-100×114　GB/T 28701—2012

1.4 胀紧连接套的选用（摘自 GB/T 28701—2012）

1.4.1 按传递负荷选择胀套的计算

表 6-5-6

<table>
<tr><th>项　目</th><th>计 算 式</th><th colspan="6">说　　明</th></tr>
<tr><td>选择胀套应满足的条件</td><td>传递转矩：$M_t \geqslant M$
承受轴向力：$F_t \geqslant F_x$
传递力：$F_t \geqslant \sqrt{F_x^2+\left(M\dfrac{d}{2}\times10^{-3}\right)^2}$
承受径向力：$p_f \geqslant \dfrac{F_r}{dl}\times10^3$</td><td colspan="6">$M$——需传递的转矩，kN·m；
F_x——需承受的轴向力，kN；
M_t——胀套的额定转矩，kN·m；
F_t——胀套的额定轴向力，kN；
F_r——需承受的径向力，kN；
d，l——胀套内径和内环宽度，mm；
p_f——胀套与轴结合面上的压强，MPa</td></tr>
<tr><td rowspan="4">一个连接采用数个胀套时的额定载荷</td><td rowspan="4">一个胀套的额定载荷小于需传递的载荷时，可用两个以上的胀套串联使用，其总额定载荷为 $M_{tn}=mM_t$</td><td colspan="6">M_{tn}——n 个胀套总额定载荷；
m——载荷系数</td></tr>
<tr><td colspan="2">连接中胀套的数量 n</td><td>1</td><td>2</td><td>3</td><td>4</td></tr>
<tr><td rowspan="2">m</td><td>ZJ1 型胀套</td><td>1.0</td><td>1.56</td><td>1.86</td><td>2.03</td></tr>
<tr><td>ZJ2～ZJ5 型胀套</td><td>1.0</td><td>1.8</td><td>2.7</td><td>—</td></tr>
</table>

1.4.2 结合面公差及表面粗糙度

表 6-5-7

胀套型式	结合面公差			结合面表面粗糙度 Ra/μm	
	胀套内径 d/mm	与胀套结合的轴的公差带	与胀套结合的孔的公差带	与胀套结合的轴	与胀套结合的孔
ZJ1	所有直径	h8	H8	≤1.6	≤1.6
	>38	h8	H8	≤1.6	≤1.6
其他型式	所有直径	h8	H8	≤3.2	≤3.2
ZJ3、ZJ5	所有直径	h8	H8	≤3.2	≤3.2
ZJ4	所有直径	h9 或 k9	N9 或 H9	≤3.2	≤3.2

1.4.3 被连接件的尺寸

表 6-5-8 空心轴内径

图示

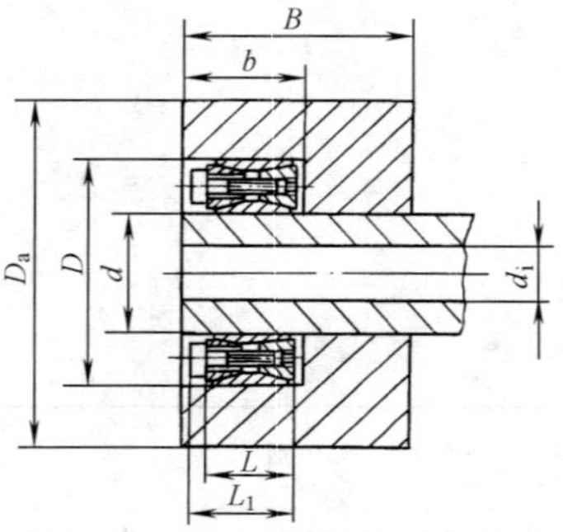

与胀套连接的空心轴内径 d_i

$$d_i \leqslant d\sqrt{\frac{R_{eH}-2p_fC}{R_{eH}}}\ \text{(mm)}$$

R_{eH}——空心轴材料的屈服极限，MPa；

p_f——胀套与轴结合面上的压强，MPa；

d——胀套内径，mm

胀套型式	ZJ1			ZJ2		ZJ3	ZJ4	ZJ5
	一个连接中的胀套数							
	1	2	>2	1	2			
系数 C	0.6	0.8	1	0.6	0.8	0.8	0.85	0.9

表 6-5-9 轮毂外径

毂孔与胀套连接型式

毂孔与胀套连接有 A、B、C 三种型式，如图 a～图 h 所示。最好采用毂型 A、C，因其用料少，省工时。毂型 B 用后会产生锈蚀，拆卸困难

毂型 A：$C_1=1$

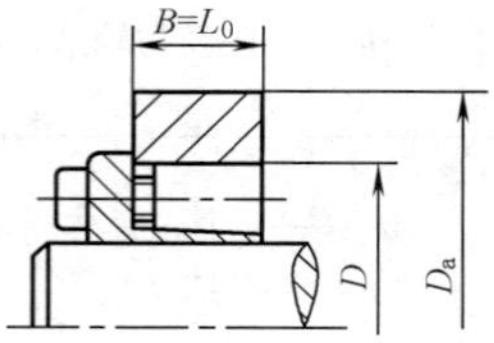

(a)

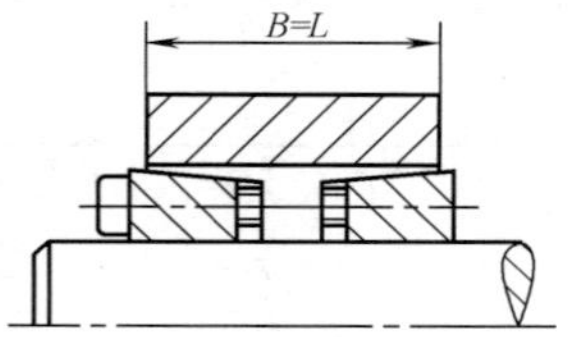

(b)

毂型 B：$C_1=0.8$

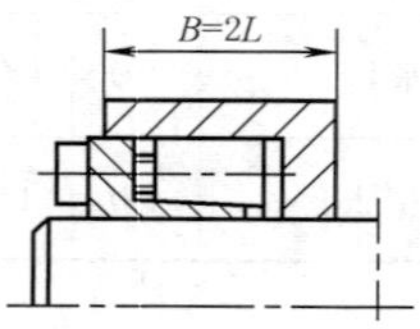

(c)

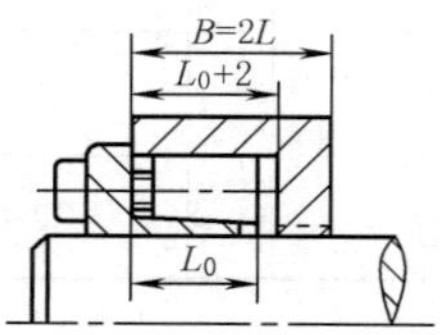

(d)

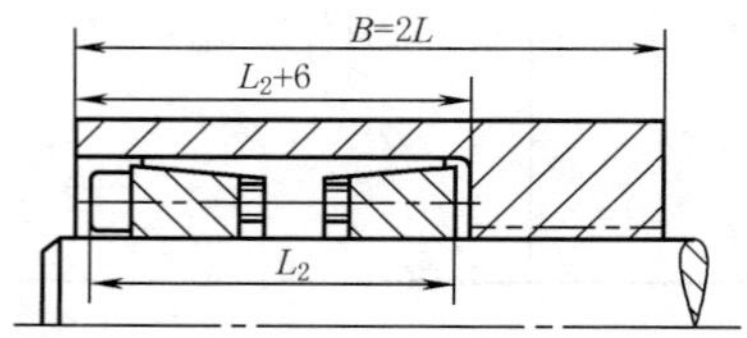

(e)

毂型 C：$C_1=0.6$

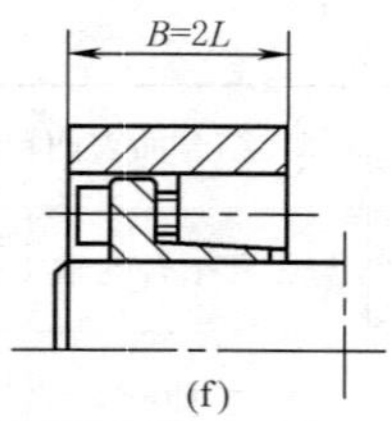

(f)

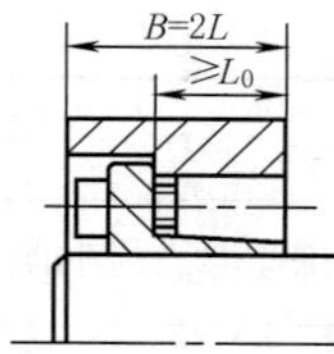

(g)

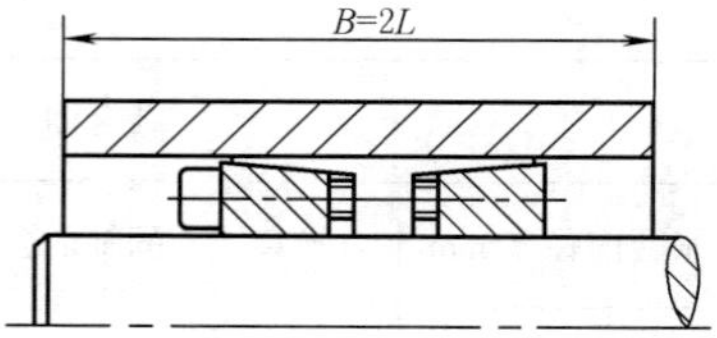

(h)

与胀套连接的轮毂外径 D_a

$$D_a \geqslant D\sqrt{\frac{R_{eH}+p_f'C_1}{R_{eH}-p_f'C_1}}$$

式中 D——胀套外径，mm；

R_{eH}——轮毂材料的屈服极限，MPa；

p_f'——胀套与轮毂结合面上的压强，MPa；

C_1——系数，轮毂与装在毂孔中的胀套宽度相同时 $C_1=1$

1.5 胀紧连接套安装和拆卸的一般要求（摘自 GB/T 28701—2012）

（1）连接前的准备工作

被连接件的尺寸应按 GB/T 3177《光滑工件尺寸的检验》所规定的方法进行检验。

结合表面必须无污物、无腐蚀、无损伤。

在清洗干净的胀套表面和被连接件的结合表面上，均匀涂一层薄润滑油（不应含二硫化钼添加剂）。

（2）胀套的安装

把被连接件推移到轴上，使其到达设计规定的位置。

将拧松螺钉的胀套平滑地装入连接孔处，要防止被连接件的倾斜，然后用手将螺钉拧紧。

（3）拧紧胀套螺钉的方法

胀套螺钉应使用力矩扳手按对角交叉均匀地拧紧。

按表6-5-2～表 6-5-5 中规定的拧紧力矩 M_a 和步骤拧紧：第一次以 $1/3M_a$ 值拧紧；第二次以 $1/2M_a$ 值拧紧；第三次以 M_a 值拧紧，最后以 M_a 值进行检查，确保全部螺钉拧紧。

（4）胀套的拆卸

拆卸时先松开全部螺钉，但不要将螺钉全部拧出。

取下镀锌的螺钉和垫圈，将拉出螺钉旋入前压环的辅助螺孔中，轻轻敲击拉出螺钉的头部，使胀套松动，然后拉动螺钉，即可将胀套拉出。

（5）防护

安装完毕后，在胀套外露端面及螺钉头部涂上一层防锈油脂。

对于露天作业或工作环境较差的机器，应定期在外露的胀套端面上涂防锈油脂。

需在腐蚀介质中工作的胀套，应采取专门的防护措施（如加盖板）以防止胀套锈蚀。

1.6 ZJ1 型胀紧连接套的连接设计要点（摘自 GB/T 28701—2012）

（1）ZJ1 型胀套的连接型式

ZT1 型胀套需以法兰和螺栓夹紧，有在轮毂上或在轴端面上夹紧两种型式（图 6-5-2），按需要选择。

（2）夹紧力

ZJ1 型胀套的总夹紧力 P_A 等于单件螺栓的夹紧力 P_V 乘以螺栓的数量 Z（即 $P_A=ZP_V$）。

单件螺栓的拧紧力矩 M_A 与单件螺栓的夹紧力 P_V 的关系见表 6-5-10。

按表 6-5-7 选定公差带，在夹紧过程中（图 6-5-3）消除配合间隙所需夹紧力 P_0 及 ZJ1 型胀套与轴结合面上的压强 $p_f=100\text{MPa}$ 时所需的有效夹紧力 P_y 见表 6-5-11。

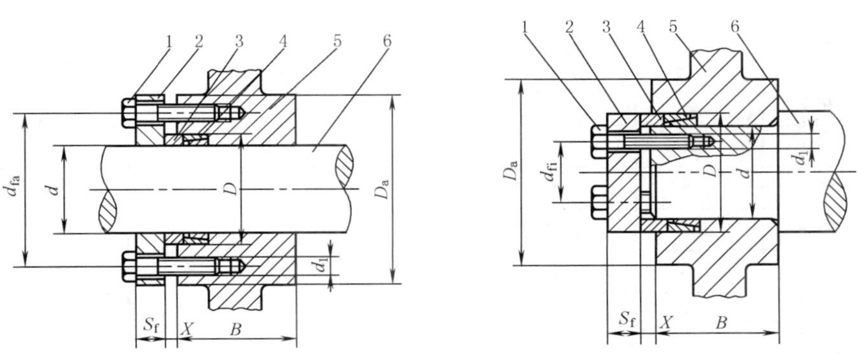

(a) 在轮毂上夹紧ZJ1型胀套　　(b) 在轴端面上夹紧 ZJ1型胀套

图 6-5-2　ZJ1 型胀套的连接型式

1—螺栓；2—法兰；3—隔套；4—ZJ1 型胀套；5—轮毂；6—轴

表 6-5-10　　　　螺栓的夹紧力 P_V

螺栓直径 /mm	力学性能等级 8.8 级		力学性能等级 10.9 级	
	M_A /N·m	P_V /kN	M_A /N·m	P_V /kN
M5	6	6.4	8	8.43
M6	10	9.0	14	12.6
M8	25	16.5	35	23.2
M10	49	26.2	69	36.9
M12	86	38.3	120	54.0
M16	210	73.0	295	102.0
M20	410	114.0	580	160.0
M24	710	164.0	1000	230.0

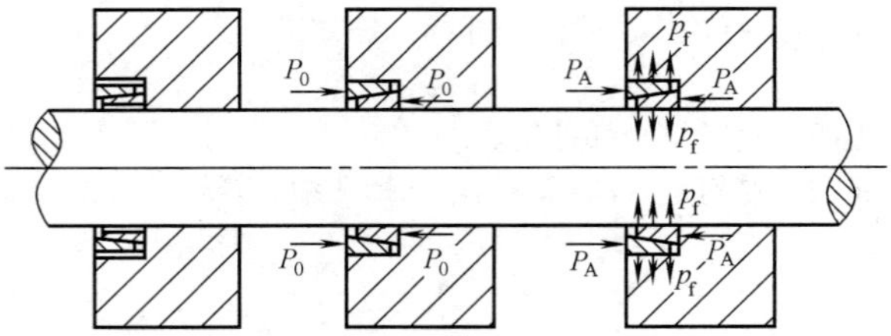

$P_A=0$　$M_n=0$　(a) 夹紧前

$P_A=P_0$　$M_n=0$　(b) 消除间隙

$P_A=P_0+P_y$　$M_n=f(p_f、d)$　(c) 夹紧胀套

图 6-5-3　ZJ1 型胀套的夹紧过程

表 6-5-11　　夹紧过程中消除配合间隙所需夹紧力 P_0 及 ZJ1 型胀套与轴结合面上的压强 $p_f=100$MPa 时所需的有效夹紧力 P_y

d/mm	D/mm	P_0/kN	$p_f=100$MPa	X/mm				隔套尺寸(图 6-5-4)	
			P_y/kN	连接中的胀套数量				d_2/mm	D_2/mm
				1	2	3	4		
20	25	12.1	18	3	3	4	5	20.2	24.8
22	26	9.1	19.8					22.2	25.8
25	30	9.9	22.5					25.2	29.8
28	32	7.4	25.2					28.2	31.8
30	35	8.5	27					30.2	34.8
32	36	7.9	28.8					32.2	35.8
35	40	10.1	35.6					35.2	39.8
40	45	13.8	45		4	5	6	40.2	44.8
45	52	28.2	66					45.2	51.8
50	57	23.5	73					50.2	56.8
55	62	21.8	80				7	55.2	61.8
60	68	27.4	106					60.2	67.8
65	73	25.4	115					65.2	72.8
70	79	31	145					70.3	78.7
75	84	34.6	155		5	6		75.3	83.7

续表

<table>
<tr><th rowspan="3">d/mm</th><th rowspan="3">D/mm</th><th rowspan="3">P_0/kN</th><th>$p_f=100$MPa</th><th colspan="4">X/mm</th><th colspan="2">隔套尺寸(图6-5-4)</th></tr>
<tr><th rowspan="2">P_y/kN</th><th colspan="4">连接中的胀套数量</th><th rowspan="2">d_2/mm</th><th rowspan="2">D_2/mm</th></tr>
<tr><th>1</th><th>2</th><th>3</th><th>4</th></tr>
<tr><td>80</td><td>91</td><td>48</td><td>203</td><td rowspan="8">4</td><td rowspan="4">5</td><td rowspan="4">6</td><td rowspan="4">8</td><td>80.3</td><td>90.7</td></tr>
<tr><td>85</td><td>96</td><td>45.6</td><td>216</td><td>85.3</td><td>95.7</td></tr>
<tr><td>90</td><td>101</td><td>43.4</td><td>229</td><td>90.3</td><td>100.7</td></tr>
<tr><td>95</td><td>106</td><td>41.2</td><td>242</td><td>95.3</td><td>105.7</td></tr>
<tr><td>100</td><td>114</td><td>60.7</td><td>347</td><td rowspan="4">6</td><td rowspan="4">7</td><td rowspan="4">9</td><td>100.3</td><td>113.7</td></tr>
<tr><td>105</td><td>119</td><td>63.2</td><td>332</td><td>105.3</td><td>119.7</td></tr>
<tr><td>110</td><td>124</td><td>66</td><td>349</td><td>110.3</td><td>123.7</td></tr>
<tr><td>120</td><td>134</td><td>60.2</td><td>380</td><td>120.4</td><td>133.6</td></tr>
<tr><td>125</td><td>139</td><td>70.1</td><td>420</td><td rowspan="5">5</td><td rowspan="5">7</td><td rowspan="5">9</td><td rowspan="5">11</td><td>125.4</td><td>138.6</td></tr>
<tr><td>130</td><td>148</td><td>96.2</td><td>558</td><td>130.4</td><td>147.6</td></tr>
<tr><td>140</td><td>158</td><td>89</td><td>600</td><td>140.4</td><td>157.6</td></tr>
<tr><td>150</td><td>168</td><td>84.5</td><td>643</td><td>150.4</td><td>167.6</td></tr>
<tr><td>160</td><td>178</td><td>78.5</td><td>686</td><td>160.4</td><td>177.6</td></tr>
<tr><td>170</td><td>191</td><td>117.5</td><td>865</td><td rowspan="7">6</td><td rowspan="6">8</td><td rowspan="6">11</td><td rowspan="6">13</td><td>170.5</td><td>190.5</td></tr>
<tr><td>180</td><td>201</td><td>111.2</td><td>916</td><td>180.5</td><td>200.5</td></tr>
<tr><td>190</td><td>211</td><td>105</td><td>966</td><td>190.5</td><td>211.5</td></tr>
<tr><td>200</td><td>224</td><td>134</td><td>1180</td><td>200.6</td><td>223.4</td></tr>
<tr><td>210</td><td>234</td><td>127</td><td>1239</td><td>210.6</td><td>233.4</td></tr>
<tr><td>220</td><td>244</td><td>122</td><td>1298</td><td>220.6</td><td>243.4</td></tr>
<tr><td>240</td><td>267</td><td>157.5</td><td>1610</td><td>9</td><td>12</td><td>14</td><td>240.6</td><td>266.4</td></tr>
<tr><td>250</td><td>280</td><td>190</td><td>1870</td><td rowspan="4">7</td><td rowspan="2">10</td><td rowspan="2">13</td><td rowspan="2">16</td><td>250.8</td><td>279.2</td></tr>
<tr><td>260</td><td>290</td><td>182</td><td>1950</td><td>260.8</td><td>289.2</td></tr>
<tr><td>280</td><td>313</td><td>206</td><td>2330</td><td rowspan="2">11</td><td rowspan="2">14</td><td rowspan="2">17</td><td>280.8</td><td>312.2</td></tr>
<tr><td>300</td><td>333</td><td>214</td><td>2490</td><td>300.8</td><td>332.2</td></tr>
<tr><td>320</td><td>360</td><td>292</td><td>3200</td><td rowspan="9">10</td><td rowspan="9">15</td><td rowspan="9">15</td><td rowspan="9">25</td><td>321</td><td>359</td></tr>
<tr><td>340</td><td>380</td><td>272</td><td>3400</td><td>341</td><td>379</td></tr>
<tr><td>360</td><td>400</td><td>258</td><td>3600</td><td>361</td><td>399</td></tr>
<tr><td>380</td><td>420</td><td>269</td><td>3800</td><td>381</td><td>419</td></tr>
<tr><td>400</td><td>440</td><td>256</td><td>4000</td><td>401</td><td>439</td></tr>
<tr><td>420</td><td>460</td><td>244</td><td>4200</td><td>421</td><td>459</td></tr>
<tr><td>450</td><td>490</td><td>238</td><td>4500</td><td>451</td><td>489</td></tr>
<tr><td>480</td><td>520</td><td>239</td><td>4800</td><td>481</td><td>519</td></tr>
<tr><td>500</td><td>540</td><td>229</td><td>5000</td><td>501</td><td>539</td></tr>
</table>

(3) 夹紧附件的基本尺寸

隔套的基本尺寸见图 6-5-4 和表 6-5-11。

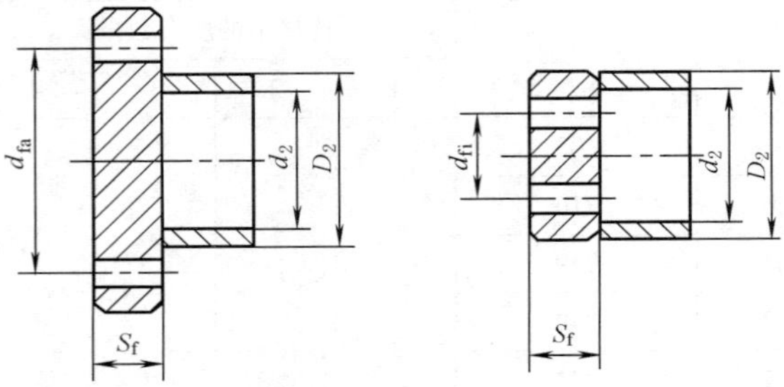

图 6-5-4　隔套的基本尺寸

法兰与轮毂端面的距离 X（图 6-5-2）见表 6-5-11。

法兰的基本尺寸（图 6-5-2）：

$$d_{fa}=D+10+d_1\ \text{(mm)}$$

$$d_{fi}=D-10-d_1\ \text{(mm)}$$

$$S_f \geqslant d_1\left(a_1+\frac{a}{Z}\right)\ \text{(mm)}$$

式中　d_1——螺栓直径，mm；

Z——螺栓数；

a——螺栓布置系数，查表 6-5-12；

a_1——系数。

对于法兰的屈服极限 $R_{eH}\geqslant$295MPa、螺栓的强度级为 8.8 级时，$a_1=1$；对于法兰的屈服极限 $R_{eH}\geqslant$345MPa、螺栓的强度级为 10.9 级时，$a_1=1.5$。

表 6-5-12　　螺栓布置系数 a

a	六角头螺栓直径 d_1							
	M5	M6	M8	M10	M12	M16	M20	M24
	d_{fa}或 d_{fi}/mm							
3	18	19	26	30	33	41	51	60
4	22	23	32	37	41	50	63	74
5	26	28	38	44	49	60	75	88
6	30	32	44	52	58	71	88	104
7	35	37	51	60	66	82	102	119
8	39	42	58	68	75	92	115	135
9	44	47	65	76	84	103	129	152
10	49	52	72	84	93	114	143	168
11	53	57	78	92	102	125	156	184
12	58	62	85	100	111	136	170	200
13	63	67	92	108	119	147	184	216
14	67	72	99	116	128	158	198	222
15	72	77	106	124	138	170	212	249
16	77	82	113	133	147	181	226	266
17	81	87	120	141	156	192	240	281

续表

a	六角头螺栓直径 d_1							
	M5	M6	M8	M10	M12	M16	M20	M24
	d_{fa} 或 d_{fi}/mm							
18	86	93	127	149	165	203	254	298
19	91	98	134	157	174	214	268	314
20	96	103	141	165	183	225	282	330
21	100	108	148	174	192	237	296	347
22	105	113	155	182	201	247	309	363
23	110	118	162	190	211	259	324	380
24	115	123	169	198	219	270	338	396
25	119	128	176	206	228	281	351	412
26	124	133	183	215	238	293	365	429
27	129	138	190	222	246	304	379	445
28	134	143	197	231	256	315	394	463
29	138	148	204	239	265	326	407	479
30	143	153	211	247	274	337	421	495

（4）胀套数量和夹紧螺栓数量的计算

表 6-5-13

序号	计算内容	计算公式	说明
1	轮毂不产生塑性变形所允许的最大压强	在轮毂上夹紧(图 6-5-2a) $p'_{f\max}=\dfrac{R_{eH}}{C}\times\dfrac{(D_a-d_1)^2-D^2}{(D_a-d_1)^2+D^2}$ 在轴端面上夹紧(图 6-5-2b) $p'_{f\max}=\dfrac{R_{eH}}{C}\times\dfrac{(D_a^2-D^2)}{(D_a^2+D^2)}$	R_{eH}——轮毂的屈服极限,MPa; d_1——螺栓直径,mm; C——系数,见表 6-5-8
2	与 $p'_{f\max}$ 相应的压强 $p_{f\max}$	$p_{f\max}=\dfrac{D}{d}p'_{f\max}$	
3	胀套可传递的载荷	当 $p_f=100$MPa 时,胀套可传递的转矩为 M_t 当压强为 $p_{f\max}$ 时,胀套可传递的转矩为 $M_{t\max}=\dfrac{M_t p_{f\max}}{100}$	M_t 值查表 6-5-1
4	求载荷系数并求出传递给定载荷所需的胀套数 n	$m\geqslant\dfrac{M}{M_{t\max}}$ 由 m 值求出 n	m 值查表 6-5-6
5	传递给定载荷所需的有效夹紧力	$p_f=100$MPa 时,胀套有效夹紧力为 P_y 当压强为 $p_{f\max}$ 时,胀套有效夹紧力为 $P'_y=\dfrac{P_y p_{f\max}}{100}$	P_y 值查表 6-5-11
6	总夹紧力	$P_A=P_0+P'_y$	P_0 值查表 6-5-11
7	螺栓数量	$Z=\dfrac{P_A}{P_V}$	P_V 值查表 6-5-10 Z 值应取整数

（5）计算示例

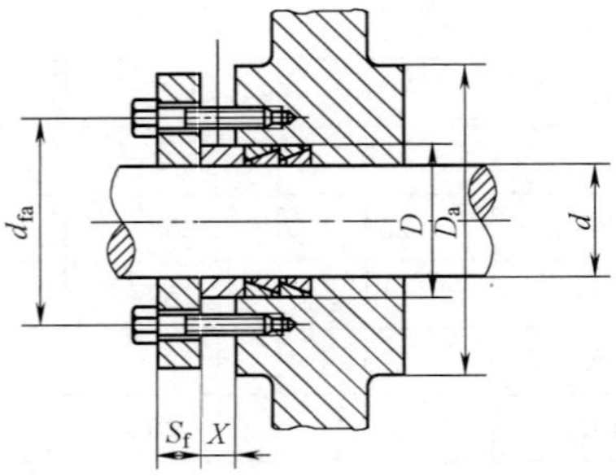

已知条件：$d=100$mm，$D_a=170$mm，轮毂材料 $R_{eH}=315$MPa，法兰材料 $R_{eH}=355$MPa，需传递转矩 $M=7.8$kN·m

确定胀套数量、螺栓数量及法兰尺寸，计算内容见表 6-5-14

表 6-5-14

序号	计算内容	计算公式	说明
1	选择胀套规格	根据 $d=100$mm，选定胀套 ZJ1-100×114 $d=100$mm，$D=114$mm $p_f=100$MPa 时 $M_t=3.5$kN·m	查表 6-5-1
2	查消除间隙所需夹紧力和有效夹紧力	$P_0=60.7$kN 当 $p_f=100$MPa 时 $P_y=347$kN	查表 6-5-11
3	初选螺栓尺寸	根据连接结构选定： 螺栓直径 M12，力学性能等级 8.8 拧紧力矩 $M_A=86$N·m 夹紧力 $P_V=38.3$kN	M_A 和 P_V 值查表 6-5-10
4	轮毂不产生塑性变形所允许的最大压强	$p'_{f\max}=\dfrac{R_{eH}}{C}\times\dfrac{(D_a-d_1)^2-D^2}{(D_a-d_1)^2+D^2}$ $=\dfrac{355}{0.8}\times\dfrac{(170-12)^2-114^2}{(170-12)^2+114^2}$ $=139.9$MPa	试设胀套数为 2，C 值查表 6-5-8
5	与 $p'_{f\max}$ 相应的压强 $p_{f\max}$	$p_{f\max}=p'_{f\max}\dfrac{D}{d}$ $=139.9\times\dfrac{114}{100}$ $=159.5$MPa	
6	胀套可传递的载荷	$p_f=100$MPa 时 $M_t=3.5$kN·m，当压强为 $p_{f\max}=$159.5MPa 时 $M_{t\max}=\dfrac{M_t p_{f\max}}{100}$ $=\dfrac{3.50\times159.5}{100}$ $=5.58$kN·m	
7	传递载荷所需的胀套数量	载荷系数 $m=\dfrac{M}{M_{t\max}}=\dfrac{7.8}{5.58}$ $=1.398$ 胀套数 $n=2$	查表 6-5-6，当 $m<1.56$ 时 $n=2$

续表

序号	计算内容	计算公式	说明
8	传递给定载荷所需的有效夹紧力	$p_f=100\text{MPa}$ 时 $P_y=347\text{kN}$，当压强为 $p_{fmax}=159.5\text{MPa}$ 时 $P'_y=\frac{P_y p_{fmax}}{100}$ $=\frac{347\times159.5}{100}$ $=553.5\text{kN}$	
9	总夹紧力	$P_A=P_0+P'_y$ $=60.7+553.5$ $=614.2\text{kN}$	
10	螺栓数量	$Z=\frac{P_A}{P_V}=\frac{614.2}{38.3}=16$	
11	确定法兰尺寸	$d_{fa}=D+10+d_1$ $=114+10+12$ $=136\text{mm}$ $S_f=d_1\left(a_1+\frac{a}{Z}\right)$ $=12\left(1+\frac{15}{16}\right)$ $=23.3\text{mm}$ 取 $S_f=24\text{mm}$	查表 6-5-12
12	法兰与轮毂端面的距离	$X=6$	查表 6-5-11

2 型面连接

型面连接是由轴与相应的轮毂沿光滑的非圆表面接触而成。表面可做成柱形或锥形。柱形只能传递转矩，锥形除传递转矩外，还能传递轴向力。型面连接的优点是装拆方便，能保持良好的对中；被连接件上没有像键连接那样的应力集中。其缺点是被连接件上挤压应力较高；加工较复杂。

图 6-5-5 所示为三边形连接，图 6-5-6 所示为方形连接。二者均采用 H7/g6～H7/k6 配合，其尺寸可参考表 6-5-15。图 6-5-7 所示为风机叶片三边形连接的实例。

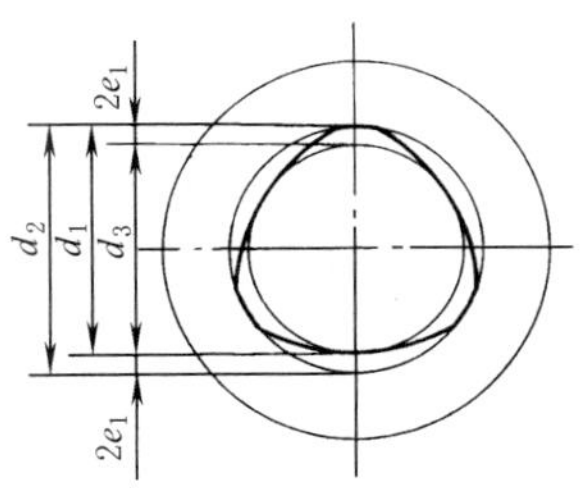

图 6-5-5　三边形连接

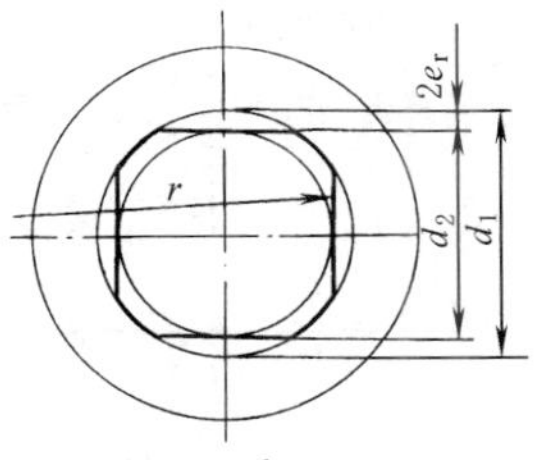

$r=\frac{d_2}{2}+16e$

图 6-5-6　方形连接

表 6-5-15　　多边形连接尺寸　　mm

三边形连接								方形连接							
d_1	d_2	d_3	e_1	d_1	d_2	d_3	e_1	d_1	d_2	e	e_r	d_1	d_2	e	e_r
14	14.88	13.12	0.44	50	53.6	46.4	1.8	14	11	1.6	0.75	50	43	6	1.75
16	17	15	0.5	55	59	51	2	16	13	2	0.75	55	48	6	1.75
18	19.12	16.88	0.56	60	64.5	55.5	2.25	18	15	2	0.75	60	53	6	1.75
20	21.26	18.74	0.63	65	69.9	60.1	2.45	20	17	3	0.75	65	58	6	1.75
22	23.4	20.6	0.7	70	75.6	64.4	2.8	22	18	3	1	70	60	6	2.5
25	26.6	23.4	0.8	75	81.3	68.7	3.15	25	21	5	1	75	65	6	2.5
28	29.8	26.2	0.9	80	86.7	73.3	3.35	28	24	5	1	80	70	8	2.5
30	32	28	1	85	92.1	77.9	3.55	30	25	5	1.25	85	75	8	2.5
32	34.24	29.76	1.12	90	98	82	4	32	27	5	1.25	90	80	8	2.5
35	37.5	32.5	1.25	95	103.5	86.5	4.25	35	30	5	1.25	95	85	8	2.5
40	42.8	37.2	1.4	100	109	91	4.5	40	35	6	1.25	100	90	8	2.5
45	48.2	41.8	1.6					45	40	6	1.25				

注：三边形连接尺寸摘自 DIN 32711，方形连接尺寸摘自 DIN 32712。

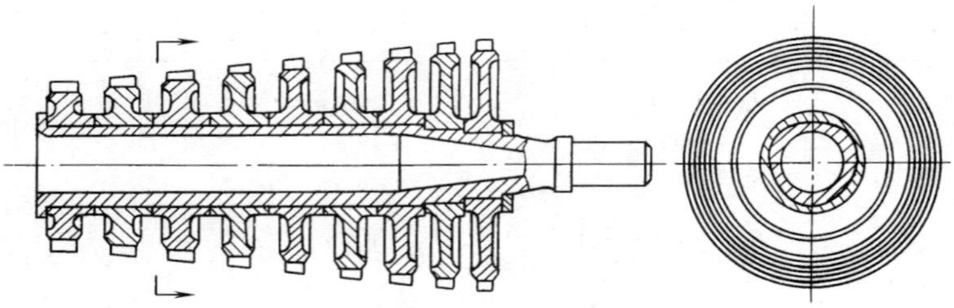

图 6-5-7　风机叶片三边形连接

多边形连接中轴和毂孔在转矩作用下，其结合面产生的最大压强应满足下式：

三边形时

$$p=\frac{T}{l_t(2.36d_1e_1+0.05d_1^2)}\leqslant p_p$$

方形时

$$p=\frac{T}{l_t(\pi d_r e_r+0.05d_r^2)}\leqslant p_p$$

式中　T——传递的转矩，N·mm；

l_t——结合长度，mm；

d_1——等距直径，mm；

d_r——计算直径，mm，$d_r=d_2+2e$；

e_1，e_r——剖面的偏心度，mm；

p_p——许用压强，见表 6-5-16。

表 6-5-16　　多边形轴许用压强 p_p　　MPa

	轴单向旋转			轴双向旋转		说　　明
	静载荷	较轻冲击	较大冲击	较轻冲击	较大冲击	
p_p	$1.1p_0$	$1.0p_0$	$0.75p_0$	$0.6p_0$	$0.45p_0$	p_0 表示基本压强，对于钢和铸钢 $p_0=150$MPa，当钢制件的结合面淬火后则 $p_0=200$MPa

第6章　锚固连接[1]

锚固连接是通过特种锚固件（如锚栓等）将被安装的构架或机器固定连接到基础上的一种安装连接方式，它避免了预埋地脚螺栓安装施工复杂的缺点，具有快捷方便（可以立即承载）的优点，已普遍应用在建筑业和设备安装工程中。

1　锚固连接的作用原理

锚固连接按作用原理可分为凸型结合（机械嵌固结合）、摩擦结合和材料结合，见表6-6-1。

表 6-6-1

类　　型	作　用　原　理	图　　示
凸型结合	凸型结合时，载荷通过锚栓与锚固基础间的机械啮合来传递。此类结合的钻孔需使用专门与锚栓匹配的钻头进行拓孔，锚栓在拓孔部分与锚固基础形成凸型结合，通过啮合将载荷传给锚固基础。此类锚栓在混凝土结构中具有良好的抗振、抗冲击性能。后扩底柱锥式锚栓FZA及后扩底柱锥式浅埋型锚栓FZEA等的作用原理均属于凸型结合	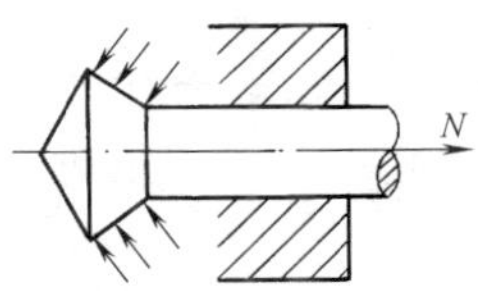
摩擦结合	摩擦结合为外力作用于锚栓上，使锚栓的膨胀片张开，在锚栓与孔壁间形成摩擦力。膨胀力可由扭矩控制（力控）或由位移控制。扭矩控制是用力矩扳手拧到规定的力矩使锥体压入膨胀套管内，把膨胀片挤向孔壁。位移控制是把扩充锥体敲入膨胀套管内，达到规定的打入行程后，膨胀片张开，挤向孔壁。后继膨胀套管锚栓FH、后继膨胀螺杆锚栓FAZ、螺杆锚栓FBN、敲击式螺杆锚栓FNA、重载锚栓SLM-N等的作用原理均属于摩擦结合。后继膨胀锚栓是指当锚固区混凝土出现裂缝时，锚栓的锥体继续滑入膨胀套筒内使膨胀套管继续张开，增大锚栓与基材（混凝土）的膨胀压力，补偿因裂缝而损失的承载力	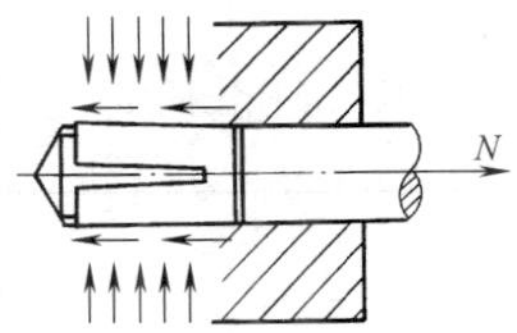
材料结合	通过胶合体将载荷传递给锚固基础。例如慧鱼高强化学锚栓R，其结合材料由合成树脂及内部粗细骨料-石英颗粒及石英砂组成，锚固时，形成具有良好亲和力的胶体将锚杆与基材连为一体	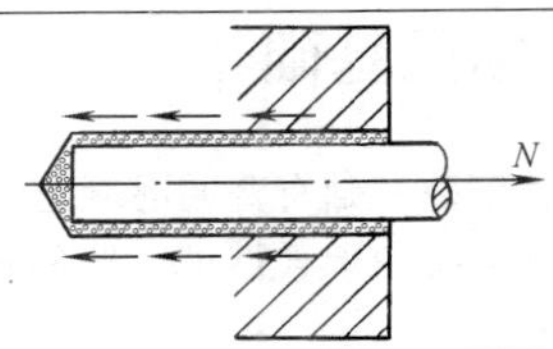

❶ 本章介绍的德国慧鱼（太仓）建筑锚栓有限公司和国内部分厂商提供的产品资料供设计选用参考。锚栓承载力验算方法是由慧鱼公司根据目前国际通用的验算方法经过实验提出的，可供参考。如遇特殊使用条件时可直接向有关厂家技术咨询，以保证合理选用。

2 锚固连接失效的几种主要形式

表 6-6-2

失效类别		说明	图示
受拉失效	钢材失效	锚栓本身钢材拉断,主要发生在锚固深度过深或混凝土强度过高或锚固区钢筋密集或锚栓材质强度较低或截面积偏小的地方。这种失效一般具有明显的塑性变形,失效载荷离散性小	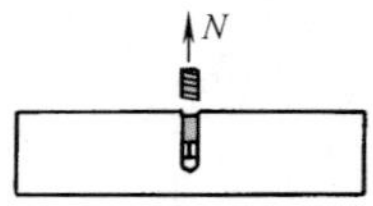
	混凝土锥体失效	通常表现为以锚栓膨胀区或柱锥区为顶点的混凝土锥体受拉失效,此种失效形式为锚固失效的基本形式	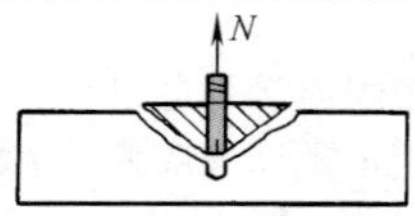
	锚栓拔出或穿出失效	表现为锚栓从锚孔中拔出或从套筒中穿出。锚栓从锚孔拔出主要由于锚栓安装方法不当,如钻孔过大、清孔不净、锚栓预紧力不够或黏结剂强度过低或失效等。一般情况下,此种失效是一种不正常的失效现象,一般不允许发生,一旦发生应按锚固质量不合格处理。锚栓从套筒中穿出是在受控条件下,如对锚固基材施加约束,限制混凝土锥体失效,则可能发生此种失效,但其承载力较高,数值较为稳定	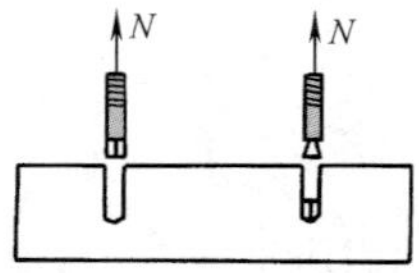
	混凝土劈裂失效	此种失效是不常见的失效形式,多发生于膨胀锚栓群锚区域,主要是由于锚栓布置及施工安装所造成,一般可通过控制边距、间距、构件厚度及裂缝宽度防止	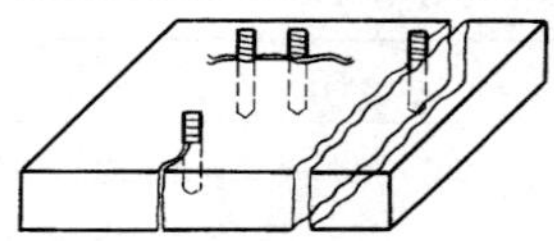
受剪失效	钢材失效	当锚栓距离混凝土构件边缘较远,且锚栓剪切强度不够时通常出现此种失效	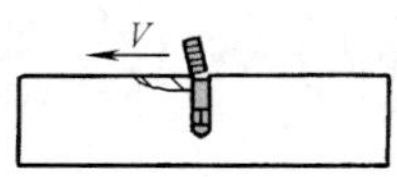
	混凝土楔形体失效	如果锚栓距离混凝土构件边缘较近,可能出现此种失效	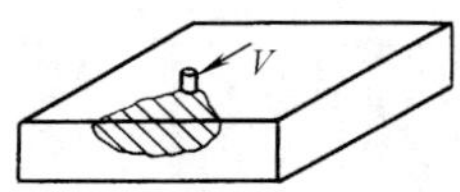
	沿剪力反向混凝土撬坏	当采用短而粗、刚性较大的锚栓或锚栓的间距较小时,可能出现此种失效	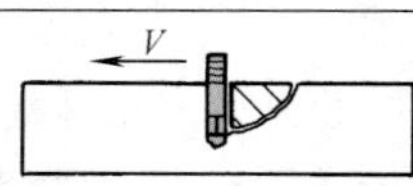

3 锚固连接的基础与安装

3.1 锚固基础

设备安装基础有普通混凝土、钢筋混凝土及其他砌体材料等多种类型,不同类型锚固基础的特性和强度直接影响锚固连接的承载性能。锚固连接的混凝土破坏载荷随着混凝土强度的提高而升高。适用的混凝土标号为C15~C55。

锚固基础混凝土又分为开裂和非开裂两类,当 $\sigma_L+\sigma_R\leqslant 0$ 时,可判定为非开裂混凝土,否则视为开裂混凝土。其中 σ_L 为外载荷及锚固载荷在混凝土中产生的标准应力,拉为正,压为负; σ_R 为由于混凝土收缩、温度变化及支座位移在混凝土中产生的标准应力,可近似取 $\sigma_R=3\text{MPa}$。在混凝土中通常使用钢制锚栓作锚固件,在承载力不大的情况下也可使用尼龙型锚栓。在砌体材料中通常选用尼龙锚栓或高强度化学锚栓。

3.2 锚栓的安装

表 6-6-3

安装型式	齐平式安装	预先钻孔,插入锚栓后再安装被安装件,并拧紧螺母。锚固基础的孔径大于被安装件的孔径	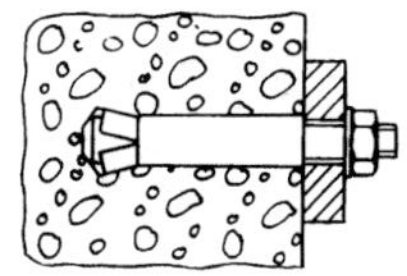
	穿透式安装	锚栓通过被安装设备的地脚孔直接插入钻孔中并拧紧螺母。被安装件的孔径至少等于锚固基础上的钻孔直径	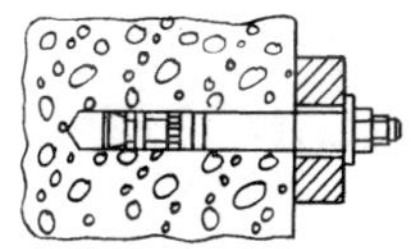
	悬挑式安装	被安装物体与锚固基础表面相隔一段距离。此种安装方式多采用内螺纹锚栓及化学锚栓	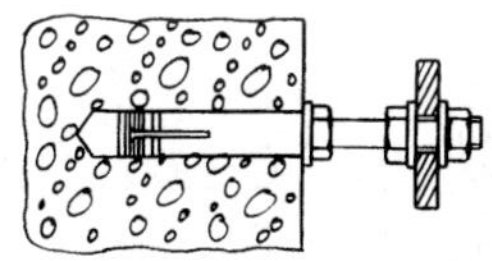
安装尺寸说明	钻孔深度	由锚栓的类型及规格决定需要的钻孔深度 h_0,它一般大于锚固深度 h_{ef}	
	锚固深度	锚固深度 h_{ef}是影响锚栓承载力的重要参数。不同型号的锚栓的锚固深度也不同	
	锚固厚度	锚固厚度等于被安装件的厚度。如果锚固基础有覆盖层(如抹灰层、保温层和防火层等),锚栓的锚固厚度应包括覆盖层厚度及被安装件厚度	
	间距、边距及基础厚度	锚栓的间距 s 是指相邻锚栓之间的距离。边距 c 是指锚栓轴线到构件自由边缘的距离。基础厚度 h 是指锚固基础的厚度。最小基础厚度 h_{min} 是指确保不发生混凝土劈裂失效的允许基础厚度最小值。最小边距 c_{min}(最小间距 s_{min})是指在拉力作用下,确保每根锚栓的最低受拉承载力值时的边距值(间距值)。特征边距 $c_{cr,N}$(特征间距 $s_{cr,N}$)是指拉力作用下,混凝土在理想化锥体失效的情况,确保每根锚栓受拉承载力为标准值 $N^0_{Rd,c}$ 时的边距值(间距值)	

续表

安装程序图示及说明	FZA 型后扩底柱锥式锚栓	钻孔　扩底孔　清孔　装锚栓、套管　装被安装件并紧固 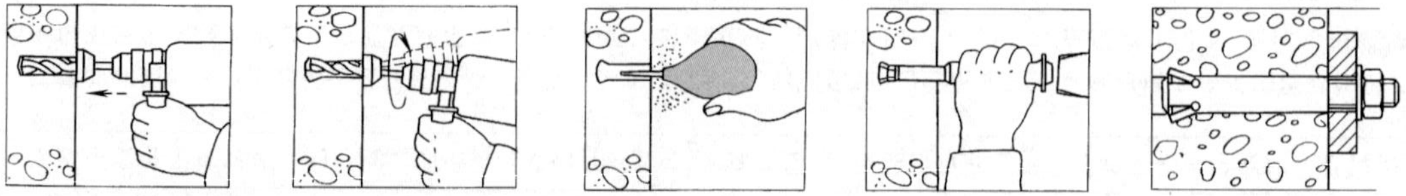 将锚栓插入经过清除灰尘后的孔中，套管敲击至与被固定件表面齐平或进入约 1mm	
	FZEA 型后扩底浅埋锚栓	钻孔　扩底孔　清孔　装入锚栓　扩张套管　用螺钉安装被安装件并紧固 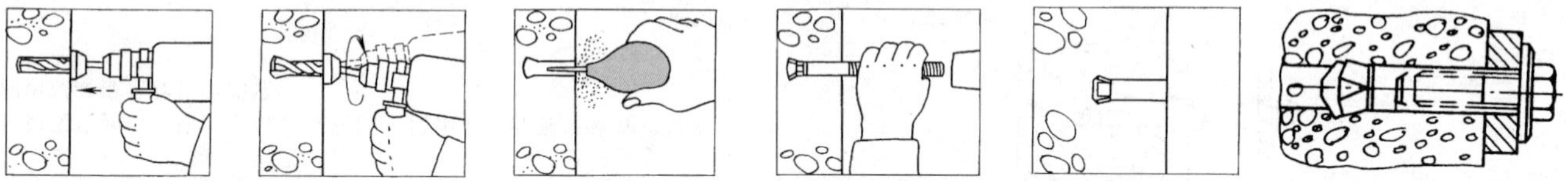 把锚栓插入经过清除灰尘的孔中，然后用敲击安装工具使扩充套管充分张开，锚栓与孔壁实现凸型结合	
	FH 型扭矩控制后继膨胀套管锚栓	钻孔　清孔　插入锚栓　拧紧螺母　安装完毕 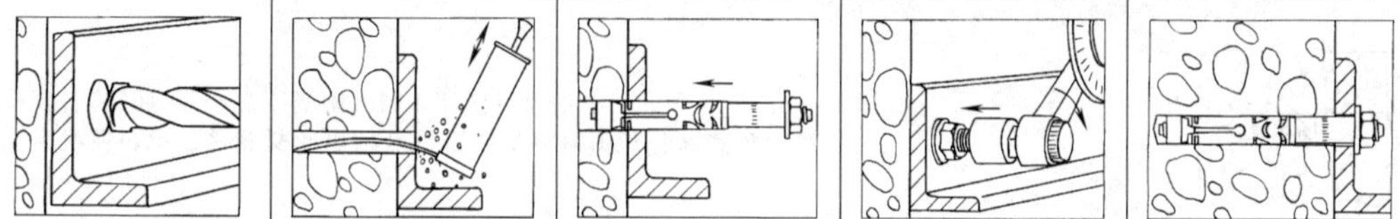	清除钻孔中的灰尘后插入锚栓，并按规定的扭矩 T_{inst} 值拧紧，垫圈应紧贴被固定的构件
	FAZ 型扭矩控制后继膨胀螺杆锚栓	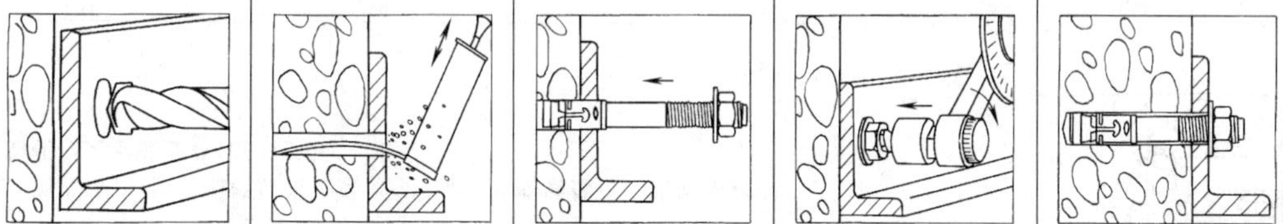	
	FBN 型扭矩控制螺杆锚栓	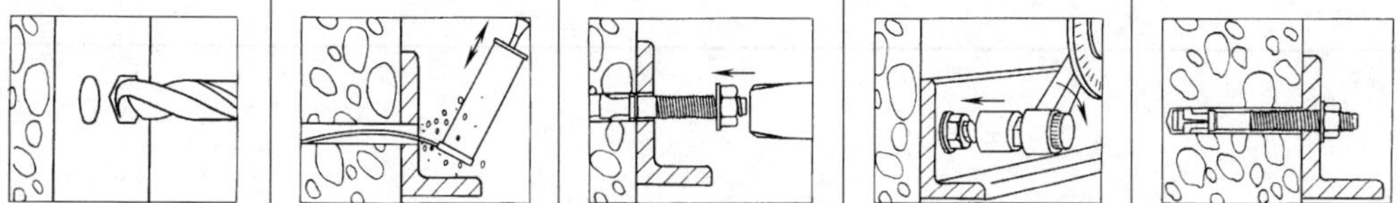	

<table>
<tr>
<td rowspan="3">安装程序图示及说明</td>
<td>SLM-N 型扭矩控制重载锚栓</td>
<td>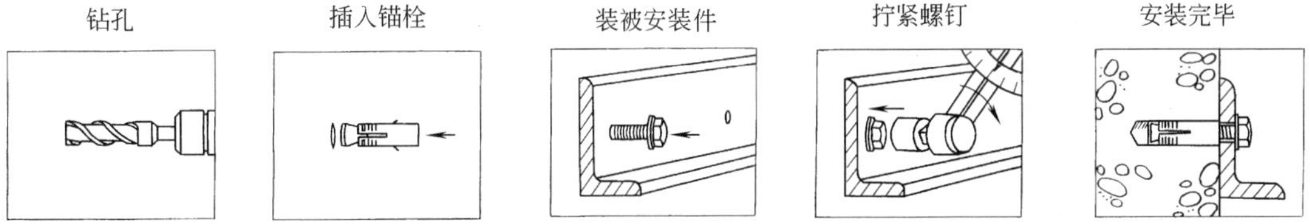

将锚栓插入经过清除灰尘后的孔中，套管要与基材的上缘齐平，并按规定的扭矩值 T_{inst} 拧紧</td>
</tr>
<tr>
<td>R 型高强化学黏结普通螺杆锚栓</td>
<td>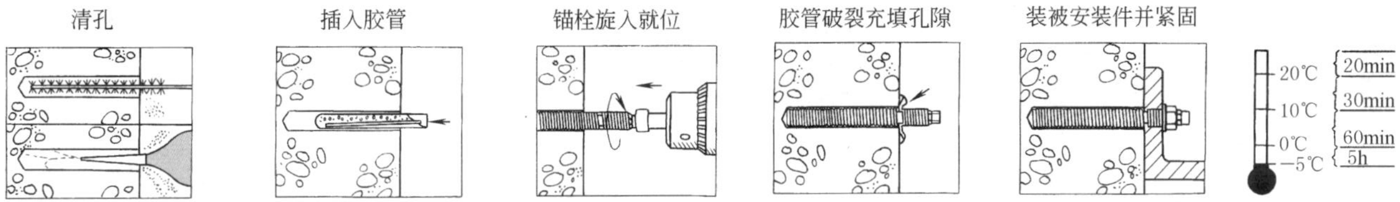

将胶管插入洁净的钻孔，接着用电动工具(冲击钻或手锤，钻速 750r/min)将锚栓旋入就位。这时胶管破裂，树脂、固化剂和石英颗粒混合，并填充锚栓与孔壁间孔隙。锚栓也可插入湿孔，但水要排出钻孔，这时固化时间要加倍
树脂完全硬化前，需注意右图与环境温度有关的固化时间，并在固化过程中严禁扰动和安装被安装件</td>
</tr>
<tr>
<td>FLSV 360S 型高强树脂砂浆</td>
<td>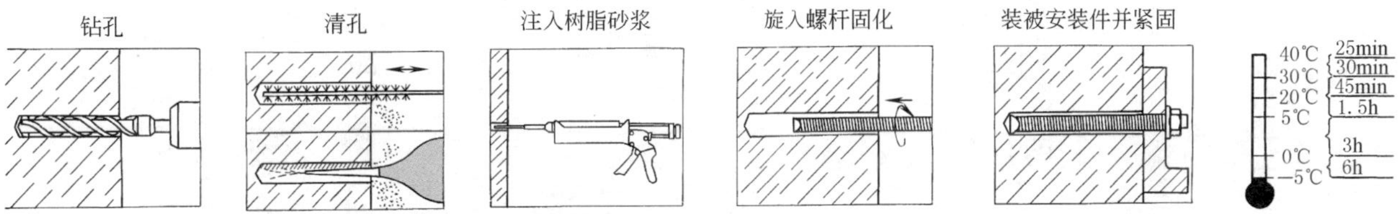

按规定直径及深度钻孔，彻底清除孔内灰尘后将胶体自孔底均匀注入约 2/3 容积，然后慢慢旋转插入螺杆。在潮湿环境中使用时，先排除孔内明水，同时固化时间加倍延长；另外使用新的混合管时，第一下打出的胶不使用
注意右图的安装时间和固化时间，并在固化过程中严禁扰动和安装被安装件</td>
</tr>
</table>

4　锚栓的表面处理

锚栓通常采用刷防锈涂料、电镀锌或热镀锌等较经济的方法，但防锈层厚度有限，而且防锈层不允许破坏才可以保证材料的长期防锈性能。锚栓最低电镀锌层厚度为5μm，并在镀锌层表面再钝化镀铬，可以满足产品在最不利气候条件下运输，在干燥环境下可起到长期保护作用。热镀锌层厚度至少为40μm。

比涂（镀）层防锈更为有效的措施是锚栓采用奥氏体不锈钢或特殊合金钢，不锈钢材料在通常环境条件下和工业环境中均具有最佳防锈性能。不同环境条件下的防锈措施见表6-6-4。

表 6-6-4　不同环境条件下的防锈措施

适用环境条件	产品防锈措施
非特别潮湿的室内；有足够的混凝土覆盖	电镀锌5~10μm，并钝化镀铬
室内潮湿，偶有凝结物；有少许大气污染	热镀锌，镀层厚大于40μm
极度潮湿，甚至水蒸气凝结成水滴；有明显腐蚀性大气污染	采用奥氏体不锈钢

5　锚固连接的承载力验算

影响锚固连接强度的因素很多，除了锚栓的强度外，混凝土强度、锚栓间距、边距、锚固深度及基础状态（开裂或未开裂）都是重要的影响因素。外载荷（拉力、剪力和拉剪力合力）作用方向不同对锚固承载能力的影响也不一样，例如裂缝使远离边缘且受拉力作用的锚栓承载能力比受剪力作用的明显降低，基础自由边缘尺寸对指向边缘的剪力作用下的锚栓承载能力的影响比对受拉力时锚栓承载能力影响大。

此外，以上影响因素是互相牵制的，即多个参数共同对锚栓的承载能力起影响作用。例如在拉力作用下，大间距锚栓在高强度混凝土中通常是钢材失效；若减小间距，承载力并不立即变化，即间距对承载力变化不起作用，只有当间距减小到混凝土破坏块交错干扰时，尽管混凝土强度很高，且其失效载荷小于钢材破坏值，但会导致承载力降低，使间距影响起作用。

下面介绍的锚固连接强度的验算方法，其中考虑到以上多种参数的影响。此方法适用于柱锥式、拉力膨胀式钢锚栓及化学黏结式锚栓。

5.1　锚栓承载力验算要求及计算公式

5.1.1　验算方法与要求

将锚栓组的锚固区域按锚栓个数平均划分，如图6-6-1所示定义锚栓边距c_1、c_2、c_3、c_4，取群锚中受力最大的单个锚栓进行验算，详见表6-6-5。

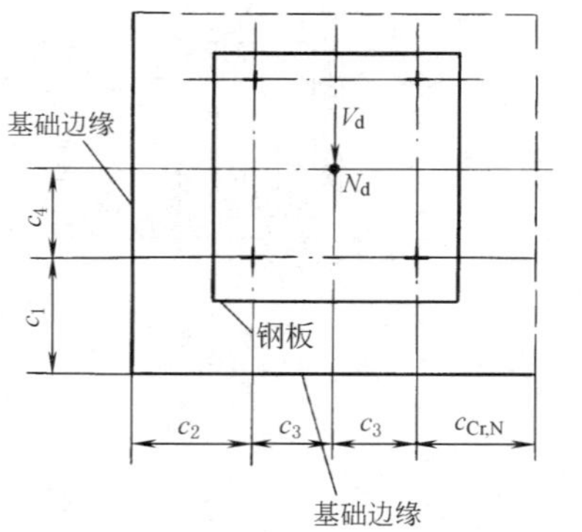

图 6-6-1　锚栓分布

$c_{Cr,N}$—特征边距；c_1—沿剪力方向的锚栓边距；c_4—沿剪力反方向的锚栓边距；c_2, c_3—垂直于剪力方向的锚栓边距；虚线—表示非实际锚固基础边缘；N_d—轴向拉力；V_d—横向剪力

表 6-6-5　　锚栓承载力验算要求

锚栓受力	失效类型	承载力要求	说　　明
拉力	钢材失效	$N_{sd} \leqslant N_{Rd,s}$	N_{sd}——群锚中受拉程度最大的锚栓的拉力设计值,kN; $N_{Rd,s}$——锚栓钢材失效时的受拉承载力设计值(已考虑材料的分项系数,或称安全系数,下同),kN; $N_{Rd,c}$——锚栓在混凝土锥体失效时的受拉承载力设计值(已考虑材料的分项系数),kN; V_{sd}——群锚中受剪程度最大的锚栓的剪力设计值,kN; $V_{Rd,s}$——锚栓钢材失效时的受剪承载力设计值(已考虑材料的分项系数),kN; $V_{Rd,c}$——锚栓在混凝土楔形体失效时的受剪承载力设计值(已考虑材料的分项系数),kN; $V_{Rd,cp}$——锚栓在沿剪力反向混凝土撬坏时的受剪承载力设计值(已考虑材料的分项系数),kN;
	混凝土锥体失效	$N_{sd} \leqslant N_{Rd,c}$	
	锚栓穿出失效	若锚栓从套筒中穿出,其承载力由试验确定	
	混凝土劈裂失效	通过限制裂缝宽度($W_{max} \leqslant 0.3mm$)等条件避免此种失效发生	
剪力	钢材失效	$V_{sd} \leqslant V_{Rd,s}$	
	混凝土楔形体失效	$V_{sd} \leqslant V_{Rd,c}$	
	沿剪力反向混凝土撬坏	$V_{sd} \leqslant V_{Rd,cp}$	
拉剪合力		$\frac{N_{sd}}{N_{Rd}}+\frac{V_{sd}}{V_{Rd}} \leqslant 1.2$	$\frac{N_{sd}}{N_{Rd}}$,$\frac{V_{sd}}{V_{Rd}}$——取各种失效类型计算结果的最小值

5.1.2　受拉承载力计算

① 锚栓受拉承载力设计值 $N_{Rd,s}$ 在产品性能数据表中直接查得。

② 混凝土锥体失效时受拉承载力设计值 $N_{Rd,c}$ 应按式(6-6-1)计算:

$$N_{Rd,c}=N_{Rd,c}^{0}\psi_1\psi_2\psi_3\psi_4\varphi\psi_{ucr,N}\ (kN) \tag{6-6-1}$$

式中　$N_{Rd,c}^{0}$——混凝土锥体失效时受拉承载力特征设计值,kN;

$\psi_1,\psi_2,\psi_3,\psi_4(\psi_i)$——锚栓各边距 c_1、c_2、c_3、$c_4(c_i)$ 对混凝土锥体失效时的受拉承载力的影响系数,分别查表;

φ——构件边缘对中心对称应力的影响系数,取锚栓最小边距 c_{min} 所对应的值,查表;

$\psi_{ucr,N}$——混凝土基材状况影响系数,用于开裂混凝土时 $\psi_{ucr,N}=1.0$;用于未开裂混凝土时 $\psi_{ucr,N} \geqslant 1.4$。

5.1.3　受剪承载力计算

① 锚栓受剪承载力设计值 $V_{Rd,s}$ 在产品性能数据表中直接查得。

② 锚栓在混凝土楔形体失效时的受剪承载力设计值 $V_{Rd,c}$ 应按式(6-6-2)计算:

$$V_{Rd,c}=V_{Rd,c}^{0}\frac{c_2+c_3}{4500c_1^{0.5}}h\psi_{ucr,v}\ (kN) \tag{6-6-2}$$

式中　$V_{Rd,c}^{0}$——锚栓在混凝土楔形体失效时的受剪承载力特征设计值,N;

c_1,c_2,c_3——如图 6-6-1 所定义的锚栓的边距,mm,c_1 为沿剪力方向的锚栓边距,c_2、c_3 为垂直于剪力方向的锚栓边距,如 $c_2(c_3) \geqslant 1.5c_1$,则取 $1.5c_1$ 代入式中;

h——构件厚度,mm,如 $h \geqslant 1.5c_1$,则取 $1.5c_1$ 代入式中;

$\psi_{ucr,v}$——未开裂混凝土及锚固区配筋对受剪承载力的提高影响系数,开裂混凝土,无边缘配筋,$\psi_{ucr,v}=1.0$;开裂混凝土,边缘直钢筋 $\geqslant \phi 12mm$,$\psi_{ucr,v}=1.2$;开裂混凝土,边缘直钢筋 $\geqslant \phi 12mm$,且箍筋间隔 $\leqslant 10mm$ 或焊接筋网 $\geqslant 8mm$,且间距 $\leqslant 100mm$,$\psi_{ucr,v}=1.4$;未开裂混凝土,$\psi_{ucr,v}=1.4$。

③ 沿剪力反向混凝土撬坏时的受剪承载力设计值应按式(6-6-3)计算:

$$V_{Rd,cp}=kN_{Rd,c}\gamma_{Mc}(拉)/\gamma_{Mc}(剪)\quad (kN) \tag{6-6-3}$$

式中 $N_{Rd,c}$——混凝土锥体失效时受拉承载力设计值，kN；

γ_{Mc}(拉)——锚栓在拉力作用下混凝土失效时的材料分项系数，查表；

γ_{Mc}(剪)——锚栓在剪力作用下混凝土失效时的材料分项系数，查表；

k——锚固深度 h_{ef} 对 $V_{Rd,cp}$ 的影响系数，查表。

5.1.4 拉剪共同作用下的承载力计算

在拉剪共同作用下，除应分别满足表 6-6-5 中拉力和剪力作用下的承载力要求外，还应满足表中规定的拉剪合力承载力要求。

5.2 例题

如图 6-6-2 所示，一轴承底架用锚栓紧固连接在正常配筋的 C30 混凝土基础上，基础厚 $h=100$mm。根据受力计算，锚栓 1 和 2 受力最大，其轴向拉力设计值 $N_{sd}=3$kN，横向剪力设计值 $V_{sd}=0.9$kN。初选 4 个 FZA10×40M6/10 后扩底螺杆锚栓，材质为电镀锌钢。取锚栓 1 按表 6-6-5 的要求进行验算。

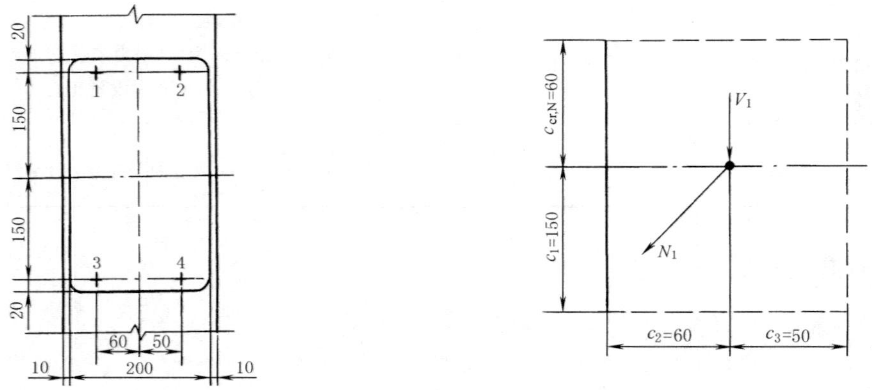

图 6-6-2 轴承底架锚栓布置及锚栓 1 的受力图

(1) 锚栓受拉承载力的验算

① 钢材失效时的承载力由表 6-6-8 直接查得 $N_{Rd,s}=10.8$kN。

② 混凝土锥体失效时的承载力为

$$N_{Rd,c}=N^{0}_{Rd,c}\psi_1\psi_2\psi_3\psi_4\varphi\psi_{ucr,N}$$

由表 6-6-8 先查得 C25 及 C35 的 $N^{0}_{Rd,c}$ 值，再用线性插值法求 C30 的 $N^{0}_{Rd,c}$，即

$$N^{0}_{Rd,c}=\frac{4.9-4.1}{2}+4.1=4.5\text{kN}$$

$c_1=150$mm 时，由表 6-6-8 查得 $\psi_1=1.0$；$c_2=60$mm 时，由表 6-6-8 查得 $\psi_2=1.0$；$c_3=50$mm 时，由表 6-6-8 查得 $\psi_3=0.92$；$c_4=c_{cr,N}=60$mm 时，由表 6-6-8 查得 $\psi_4=1.0$；最小边距 $c_{min}=50$mm，由表 6-6-8 查得 $\varphi=0.95$；由于为开裂混凝土，$\psi_{ucr,N}=1.0$。

故 $$N_{Rd,c}=4.5\times1.0\times1.0\times0.92\times1.0\times0.95\times1.0=3.9\text{kN}$$

③ 验算：$N_{sd}=3\text{kN}<3.9\text{kN}$（$N_{Rd,s}$ 和 $N_{Rd,c}$ 中的较小值），受拉时连接强度满足要求。

(2) 锚栓受剪承载力的验算

① 钢材失效时的承载力由表 6-6-8 直接查得 $V_{Rd,s}=6.4$kN。

② 混凝土楔形体失效时的承载力为

$$V_{Rd,c}=V^{0}_{Rd,c}\frac{c_2+c_3}{4500c_1^{0.5}}h\psi_{ucr,v}$$

由表 6-6-8 先查得 C25 及 C35 的 $V^0_{Rd,c}$ 值，再用线性插值法求得 C30 的 $V^0_{Rd,c}$，即

$$V^0_{Rd,c}=\frac{6.5-5.2}{2}+5.2=5.7\text{kN}$$

立柱为正常配筋，$\psi_{ucr,v}=1.2$，则

$$V_{Rd,c}=5.7\times\frac{60+50}{4500\times150^{0.5}}\times100\times1.2=1.4\text{kN}$$

沿剪力方向混凝土反向撬坏的承载力为

$$V_{Rd,cp}=kN_{Rd,c}\gamma_{Mc}(\text{拉})/\gamma_{Mc}(\text{剪})$$

由表 6-6-8 查得 $k=1.3$，$\gamma_{Mc}(\text{拉})=2.15$，$\gamma_{Mc}(\text{剪})=1.8$。

故
$$V_{Rd,cp}=1.3\times3.9\times2.15/1.8=6.1\text{kN}$$

③ 验算：$V_{sd}=0.9\text{kN}<1.4\text{kN}$（$V_{Rd,s}$和 $V_{Rd,c}$中较小值），受剪时，连接强度满足要求。

(3) 拉剪复合受力验算

相对钢材破坏：

$$\frac{N_{sd}}{N_{Rd,s}}+\frac{V_{sd}}{V_{Rd,s}}=\frac{3}{10.8}+\frac{0.9}{6.4}=0.42<1.2\text{（满足要求）}$$

相对混凝土破坏：

$$\frac{N_{sd}}{N_{Rd,c}}+\frac{V_{sd}}{V_{Rd,c}}=\frac{3}{3.9}+\frac{0.9}{6.1}=0.92<1.2\text{（满足要求）}$$

(4) 结论

所选锚栓满足承载力及构造要求。

6　锚栓型号与规格

表 6-6-6　　**锚栓的类型、主要特点及使用范围**

锚栓类型	锚固基础							螺纹直径	材质		安装方式		主要特点	使用范围
	开裂混凝土	非开裂混凝土	石材	实心砖	加气混凝土	多孔砖	空心砖		电镀锌钢	不锈钢A4	齐平式安装	穿透式安装		
后扩底柱锥式锚栓 FZA 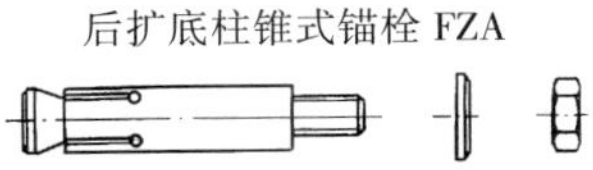	●	●	■	■				M6～M16	▲	▲	●		无膨胀压力，边间距要求小，抗振性能好	适用于各种机器设备、电梯、管路、传送装置、支架等，特别适用于安装动载荷设备
后扩底柱锥式浅埋型锚栓 FZEA 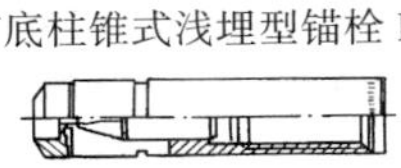	●	●	■	■				M8～M12	▲	▲	●		无膨胀压力，埋深浅，边间距要求小，抗振性能好，可目测安装结果	适用于各种机器设备、电梯、管路、传送装置、支架等，特别适用于安装动载荷设备
扭矩控制后继膨胀套管锚栓 FH 	●	●	■					M6～M16（电镀锌钢）M6～M12（不锈钢 A4）	▲	▲		●	良好的后继膨胀功能，边间距要求小，安装后可拆卸	适用于各种机器设备、轨道、支架、管路等
扭矩控制后继膨胀螺杆锚栓 FAZ 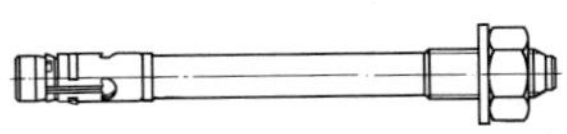	●	●	■					M8～M16	▲			●	良好的后继膨胀功能，边间距要求小	适用于各种机器设备、轨道、支架、管路等
扭矩控制螺杆锚栓 FBN 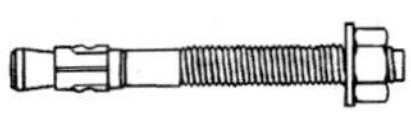		●	■					M6～M20	▲	▲		●	双锚深选择，使用范围广	适用于各种机器设备、轨道、支架、管路等

续表

锚栓类型	锚固基础							螺纹直径	材质		安装方式		主要特点	使用范围
	开裂混凝土	非开裂混凝土	石材	实心砖	加气混凝土	多孔砖	空心砖		电镀锌钢	不锈钢A4	齐平式安装	穿透式安装		
扭矩控制重荷锚栓 SLM-N 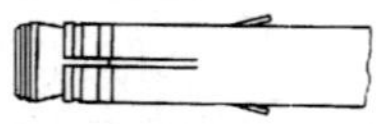		●	■					M6～M24	▲	▲	●		可控制其膨胀力，可自行配置所需螺杆	适用于各种机器设备、轨道、支架、管路等
高强化学黏结普通螺杆锚栓 R 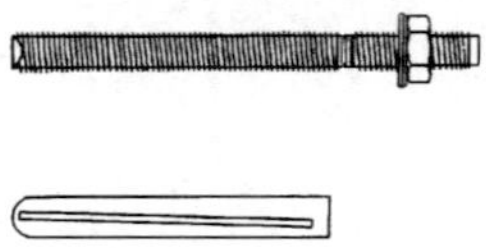		●	■	■				M8～M30	▲	▲	●		无膨胀力安装，可在潮湿状态下施工，边间距要求小，固化时间短	适用于各种机器设备、轨道、支架、管路以及水下安装工程等
注射式黏结锚栓-高强乙烯基砂浆 FISV 360S（FIPS）	●	●	●	●	■	●	●						可用于几乎所有的基材，无膨胀力安装，固化时间短，可在潮湿状态下施工	适用于各种机器设备、轨道、支架、管路以及水下安装工程等，适用于安装动载荷设备

注：●表示最佳匹配。■表示可以匹配。▲表示存在。

FZA 型后扩底柱锥式锚栓

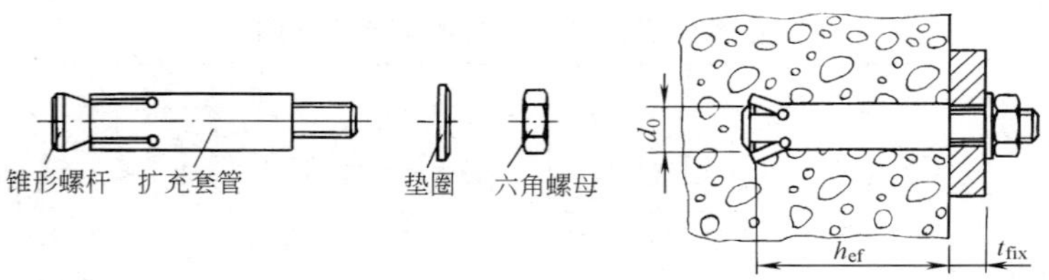

通过专用的具有底部扩孔功能的钻头进行钻孔，使锚栓与基材实现凸型结合，达到无膨胀力安装，可满足小边距和小间距的安装要求。适用于≥C15 的开裂和未开裂混凝土以及致密的天然石材，可用于安装设备机器等，特别适用于在振动区使用

表 6-6-7　　FZA 型锚栓规格、材料及安装尺寸

型号	材质	钻头直径 d_0 /mm	锚固深度 h_{ef} /mm	安装扭矩 T_{inst} /N·m	固定件最大厚度 t_{fix} /mm	固定件中钻孔直径 /mm	基础要求				
							最小间距 s_{min} /mm	最小边距 c_{min} /mm	最小基础厚度 h_{min} /mm	特征间距 $s_{cr,N}$ /mm	特征边距 $c_{cr,N}$ /mm
FZA10×40M6/10	电镀锌钢	10	40	8.5	10	≤7	50	50	100	120	60
FZA12×40M8/15		12	40	20	15	≤9	50	50	100	120	60
FZA12×50M8/15		12	50	20	15	≤9	50	50	100	150	75
FZA14×40M10/25		14	40	40	25	≤12	50	50	100	120	60
FZA14×60M10/20		14	60	40	20	≤12	60	60	110	180	90
FZA18×80M12/25		18	80	60	25	≤14	80	80	150	240	120
FZA22×100M16/60		22	100	130	60	≤18	100	100	200	300	150
FZA22×125M16/60		22	125	130	60	≤18	125	125	250	380	190

续表

型号	材质	钻头直径 d_0 /mm	锚固深度 h_{ef} /mm	安装扭矩 T_{inst} /N·m	固定件最大厚度 t_{fix} /mm	固定件中钻孔直径 /mm	基础要求 最小间距 s_{min} /mm	最小边距 c_{min} /mm	最小基础厚度 h_{min} /mm	特征间距 $s_{cr,N}$ /mm	特征边距 $c_{cr,N}$ /mm
FZA10×40M6/10A4	不锈钢	10	40	8.5	10	≤7	50	50	100	120	60
FZA10×40M6/35A4		10	40	8.5	35	≤7	50	50	100	120	60
FZA12×40M8/15A4		12	40	20	15	≤9	50	50	100	120	60
FZA12×50M8/15A4		12	50	20	15	≤9	50	50	100	150	75
FZA12×50M8/50A4		12	50	20	50	≤9	50	50	100	150	75
FZA14×40M10/25A4		14	40	40	25	≤12	50	50	100	120	60
FZA14×60M10/20A4		14	60	40	20	≤12	60	60	110	180	90
FZA14×60M10/50A4		14	60	40	50	≤12	60	60	110	180	90
FZA18×80M12/25A4		18	80	60	25	≤14	80	80	150	240	120
FZA18×80M12/55A4		18	80	60	55	≤14	80	80	150	240	120
FZA22×100M16/60A4		22	100	130	60	≤18	100	100	200	300	150
FZA22×125M16/60A4		22	125	130	60	≤18	125	125	250	380	190

表 6-6-8　　FZA 型锚栓的设计承载力及边距影响系数

受力状态				锚栓型号 10×40 M6	12×40 M8	14×40 M10	12×50 M8	14×60 M10	18×80 M12	22×100 M16	22×125 M16
钢材失效时承载力设计值	拉力	$N_{Rd,s}$ /kN	电镀锌钢	10.8	19.5	30.9	19.5	30.9	45	83.8	83.8
			不锈钢	7.5	13.8	21.8	13.8	21.8	31.6	58.9	58.9
	剪力	$V_{Rd,s}$ /kN	电镀锌钢	6.4	11.8	18.6	11.8	18.6	27	50.3	50.3
			不锈钢	4.5	8.3	13.1	8.3	13.1	19	35.3	35.3
混凝土失效时承载力特征设计值	拉力	$N^0_{Rd,c}$ /kN	C15	3.2	3.8	3.8	4.5	7	10.8	15.1	21.1
			C25	4.1	4.9	4.9	5.8	9.1	13.9	19.4	27.2
			C35	4.9	5.8	5.8	6.8	10.7	16.4	23	32.2
			C45	5.5	6.6	6.6	7.7	12.1	18.7	26.1	36.4
			C55	6.1	7.3	7.3	8.6	13.4	20.6	28.8	40.3
		γ_{Mc}		2.15	1.8	1.8	2.15	1.8	1.8	1.8	1.8
		$\psi_{ucr,N}$(拉)		1.54	1.54	1.54	1.54	1.54	1.54	1.54	1.54
	剪力	$V^0_{Rd,c}$ /kN	C15	4.1	4.3	4.4	4.4	4.8	5.6	6.2	6.4
			C25	5.2	5.5	5.8	5.8	6.3	7.2	7.9	8.3
			C35	6.2	6.5	6.8	6.8	7.4	8.4	9.4	9.8
			C45	7	7.4	7.7	7.7	8.4	9.6	10.7	11.1
			C55	7.7	8.2	8.6	8.6	9.3	10.6	11.8	12.3
		γ_{Mc}(剪)		1.8	1.8	1.8	1.8	1.8	1.8	1.8	1.8
		k		1.3	1.3	1.3	1.3	2	2	2	2

续表

边距 c /mm		10×40M6		12×40M8		14×40M10		12×50M8		14×60M10		18×80M12		22×100M16		22×125M16	
		ψ	φ	ψ	φ	ψ	φ	ψ	φ	ψ	φ	ψ	φ	ψ	φ	ψ	φ
锚栓受拉时的边距影响系数	25	0.71	0.83	0.71	0.83	0.71	0.83	0.67	0.80								
	30	0.75	0.85	0.75	0.85	0.75	0.85	0.70	0.82	0.67	0.80						
	40	0.83	0.90	0.83	0.90	0.83	0.90	0.77	0.86	0.72	0.83	0.67	0.80				
	50	0.92	0.95	0.92	0.95	0.92	0.95	0.83	0.90	0.78	0.87	0.71	0.83	0.67	0.80		
	60	1.00	1.00	1.00	1.00	1.00	1.00	0.90	0.94	0.83	0.90	0.75	0.85	0.70	0.82		
	62.5	1.00	1.00	1.00	1.00	1.00	1.00	0.92	0.95	0.85	0.91	0.76	0.86	0.71	0.83	0.66	0.80
	70	1.00	1.00	1.00	1.00	1.00	1.00	0.97	0.98	0.89	0.93	0.79	0.88	0.73	0.84	0.68	0.81
	75	1.00	1.00	1.00	1.00	1.00	1.00	1.00	1.00	0.92	0.95	0.81	0.89	0.75	0.85	0.70	0.82
	80	1.00	1.00	1.00	1.00	1.00	1.00	1.00	1.00	0.94	0.97	0.83	0.90	0.77	0.86	0.71	0.83
	90	1.00	1.00	1.00	1.00	1.00	1.00	1.00	1.00	1.00	1.00	0.88	0.93	0.80	0.88	0.74	0.84
	100	1.00	1.00	1.00	1.00	1.00	1.00	1.00	1.00	1.00	1.00	0.92	0.95	0.83	0.90	0.76	0.86
	110	1.00	1.00	1.00	1.00	1.00	1.00	1.00	1.00	1.00	1.00	0.96	0.98	0.87	0.92	0.79	0.87
	120	1.00	1.00	1.00	1.00	1.00	1.00	1.00	1.00	1.00	1.00	1.00	1.00	0.90	0.94	0.82	0.89
	130	1.00	1.00	1.00	1.00	1.00	1.00	1.00	1.00	1.00	1.00	1.00	1.00	0.93	0.96	0.84	0.91
	140	1.00	1.00	1.00	1.00	1.00	1.00	1.00	1.00	1.00	1.00	1.00	1.00	0.97	0.98	0.87	0.92
	150	1.00	1.00	1.00	1.00	1.00	1.00	1.00	1.00	1.00	1.00	1.00	1.00	1.00	1.00	0.90	0.94
	160	1.00	1.00	1.00	1.00	1.00	1.00	1.00	1.00	1.00	1.00	1.00	1.00	1.00	1.00	0.92	0.95
	170	1.00	1.00	1.00	1.00	1.00	1.00	1.00	1.00	1.00	1.00	1.00	1.00	1.00	1.00	0.95	0.97
	180	1.00	1.00	1.00	1.00	1.00	1.00	1.00	1.00	1.00	1.00	1.00	1.00	1.00	1.00	0.97	0.98
	190	1.00	1.00	1.00	1.00	1.00	1.00	1.00	1.00	1.00	1.00	1.00	1.00	1.00	1.00	1.00	1.00

注：$N_{Rd,s}$—锚栓钢材失效时的受拉承载力设计值，已考虑材料分项系数；

$V_{Rd,s}$—锚栓钢材失效时的受剪承载力设计值，已考虑材料分项系数；

$N_{Rd,c}^{0}$—混凝土锥体失效时受拉承载力特征设计值，已考虑材料分项系数；

γ_{Mc}(拉)—锚栓在拉力作用下混凝土失效时的材料分项系数；

$\psi_{ucr,N}$—混凝土基材状况影响系数；

$V_{Rd,c}^{0}$—锚栓在混凝土楔形体失效时的受剪承载力特征设计值，已考虑材料分项系数；

γ_{Mc}(剪)—锚栓在剪力作用下混凝土失效时的材料分项系数；

k—锚固深度 h_{ef} 对 $V_{Rd,cp}$ 的影响系数；

ψ—锚栓边距 c 对混凝土锥体失效时的受拉承载力的影响系数；

φ—构件边缘对中心对称应力的影响系数，取锚栓最小边距 c_{min} 所对应的值。

FZEA 型后扩底浅埋锚栓

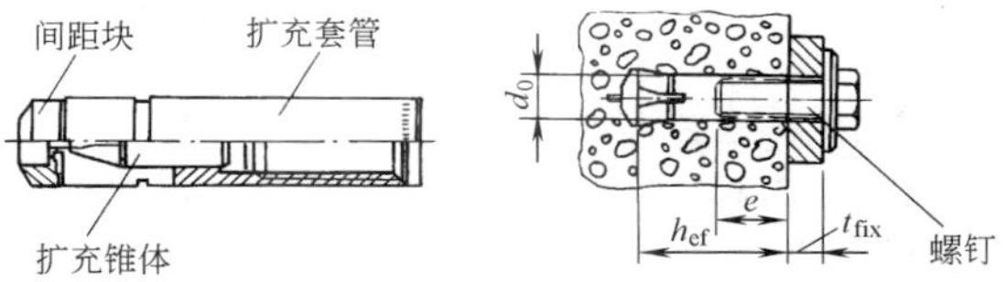

锚栓在没有膨胀应力作用下被安装在圆锥形钻孔中，并经凸型结合实现锚固，可达到最小的边距和间距，h_{ef}值小。适用于≥C15的开裂和未开裂混凝土以及致密的天然石材的薄构件，用于安装机器设备等，可用于振动区

表 6-6-9　　FZEA 型锚栓规格、材料及安装尺寸

型号	材质	钻头直径 d_0 /mm	锚固深度 h_{ef} /mm	安装扭矩 T_{inst} /N·m	旋入深度/mm e_{min}	e_{max}	固定件中钻孔直径 /mm	基础要求 最小间距 s_{min} /mm	最小边距 c_{min} /mm	最小基础厚度 h_{min} /mm	特征间距 $s_{cr,N}$ /mm	特征边距 $c_{cr,N}$ /mm
FZEA10×40M8	电镀锌钢	10	40	8.5	11	17	≤9	50	50	100	120	60
FZEA12×40M10		12	40	15	13	19	≤12					
FZEA14×40M12		14	40	30	15	21	≤14					
FZEA10×40M8A4	不锈钢	10	40	8.5	11	17	≤9					
FZEA12×40M10A4		12	40	15	13	19	≤12					
FZEA14×40M12A4		14	40	30	15	21	≤14					

表 6-6-10　　FZEA 型锚栓的设计承载力及边距影响系数

受力状态				锚栓型号 10×40M8	12×40M10	14×40M12
钢材失效时承载力设计值	拉力	$N_{Rd,s}$ /kN	电镀锌钢	11.8	14.4	17.5
			不锈钢	9.5	12.4	15.2
	剪力	$V_{Rd,s}$ /kN	电镀锌钢	7.1	8.7	10.5
			不锈钢	5.8	7.5	9.1
混凝土失效时承载力特征设计值	拉力	$N^0_{Rd,c}$ /kN	C15	3.2	3.8	3.8
			C25	4.1	4.9	4.9
			C35	4.9	5.8	5.8
			C45	5.5	6.6	6.6
			C55	6.1	7.3	7.3
		γ_{Mc}(拉)		2.15		
		$\psi_{ucr,N}$		1.54		
	剪力	$V^0_{Rd,c}$ /kN	C15	4.1	4.3	4.4
			C25	5.2	5.5	5.8
			C35	6.2	6.5	6.8
			C45	7	7.4	7.7
			C55	7.7	8.2	8.6
		γ_{Mc}(剪)		1.8		
		k		1		

	边距 c /mm	10×40M8 ψ	φ	12×40M10 ψ	φ	14×40M12 ψ	φ
锚栓受拉时的边距影响系数	25	0.71	0.83	0.71	0.83	0.71	0.83
	30	0.75	0.85	0.75	0.85	0.75	0.85
	40	0.83	0.90	0.83	0.90	0.83	0.90
	50	0.92	0.95	0.92	0.95	0.92	0.95
	60	1.00	1.00	1.00	1.00	1.00	1.00

注：同表 6-6-8 注。

FH 型扭矩控制后继膨胀套管锚栓

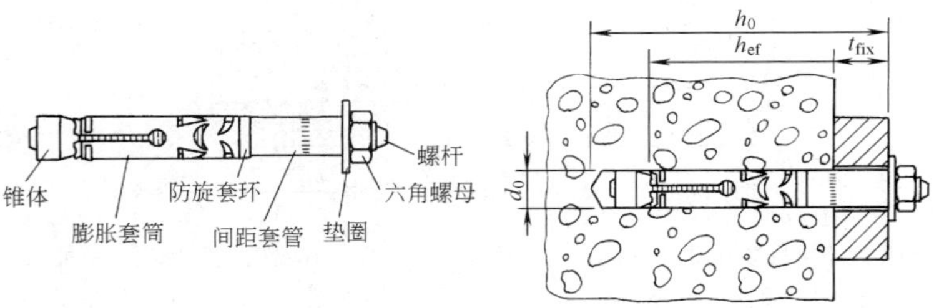

锚栓的双层膨胀片设计使载荷分布更均匀，有利于在小边距、小间距情况下安装。锚栓可拆卸，可实现锚栓的再利用。适用于≥C15 的开裂和未开裂混凝土以及致密的天然石材。可用于振动区，可用于安装设备等

表 6-6-11　FH 型锚栓规格、材料及安装尺寸

型号	钻头直径 d_0 /mm	穿透式安装需要的最小钻孔深度(含固定件厚度) h_0 /mm	锚固深度 h_{ef} /mm	安装扭矩 T_{inst} /N·m	固定件最大厚度 t_{fix} /mm	固定件中钻孔直径 /mm	基础要求				
							最小间距 s_{min} /mm	最小边距 c_{min} /mm	最小基础厚度 h_{min} /mm	特征间距 $s_{cr,N}$ /mm	特征边距 $c_{cr,N}$ /mm
FH10/10B	10	80	50	10	10	≤12	50	50	100	150	75
FH10/25B	10	95	50		25	≤12					
FH10/50B	10	120	50		50	≤12					
FH10/100B	10	170	50		100	≤12					
FH12/10B	12	90	60	25	10	≤14	60	60	130	180	90
FH12/25B	12	105	60		25	≤14					
FH12/50B	12	130	60		50	≤14					
FH12/100B	12	180	60		100	≤14					
FH15/10B	15	100	70	40	10	≤18	70	70	140	210	105
FH15/25B	15	115	70		25	≤18					
FH15/50B	15	140	70		50	≤18					
FH15/100B	15	190	70		100	≤18					
FH18×80/10B	18	115	80	80	10	≤20	80	80	160	240	120
FH18×80/25B	18	130	80		25	≤20					
FH18×80/50B	18	155	80		50	≤20					
FH18×80/100B	18	205	80		100	≤20					
FH18×100/10B	18	135	100		10	≤20	80	80	200	300	150
FH18×100/25B	18	150	100		25	≤20					
FH18×100/50B	18	175	100		50	≤20					
FH18×100/100B	18	225	100		100	≤20					
FH24/10B	24	160	125	120	10	≤26	125	125	250	380	190
FH24/25B	24	175	125		25	≤26					
FH24/50B	24	200	125		50	≤26					
FH24/100B	24	250	125		100	≤26					

注：材质全为电镀锌钢。

表 6-6-12　　FH 型锚栓的设计承载力及边距影响系数

受力状态				锚栓型号 FH10	FH12	FH15	FH18×80	FH18×100	FH24
钢材失效时承载力设计值	拉力	$N_{Rd,s}$ /kN	电镀锌钢	10.7	19.3	30.7	44.7	44.7	83.3
			不锈钢	7.5	13.7	21.7	—	31.6	—
	剪力	$V_{Rd,s}$ /kN	电镀锌钢	9	15.7	25.3	37.3	37.3	78
			不锈钢	7.5	11.2	18.3	—	27.1	—
混凝土失效时承载力特征设计值	拉力	$N^0_{Rd,c}$ /kN	C15	5.3	7	8.8	10.8	15.7	21.1
			C25	6.9	9.1	11.4	13.9	19.4	27.2
			C35	8.1	10.7	13.5	16.4	23	32.2
			C45	9.2	12.1	15.3	18.7	26.1	36.4
			C55	10.2	13.4	16.9	20.7	28.8	40.3
		γ_{Mc}(拉)		1.8	1.8	1.8	1.8	1.8	1.8
		$\psi_{ucr,N}$		1.54	1.54	1.54	1.54	1.54	1.54
	剪力	$V^0_{Rd,c}$ /kN	C15	3.3	3.5	3.9	4.3	4.9	6.1
			C25	4.3	4.6	5.1	5.6	6.3	7.2
			C35	5.1	5.3	6	6.6	7.4	8.5
			C45	5.8	6.1	6.8	7.5	8.4	9.6
			C55	6.3	6.7	7.6	8.3	9.4	10.7
		γ_{Mc}(剪)		1.8	1.8	1.8	1.8	1.8	1.8
		k		1	2	2	2	2	2

	边距 c /mm	FH10 ψ	FH10 φ	FH12 ψ	FH12 φ	FH15 ψ	FH15 φ	FH18×80 ψ	FH18×80 φ	FH18×100 ψ	FH18×100 φ	FH24 ψ	FH24 φ
锚栓受拉时的边距影响系数	25	0.67	0.80										
	30	0.70	0.82	0.67	0.80								
	35	0.74	0.84	0.70	0.82	0.67	0.80						
	40	0.77	0.86	0.72	0.83	0.69	0.81	0.67	0.80	0.63	0.71		
	50	0.83	0.90	0.78	0.87	0.74	0.86	0.71	0.83	0.67	0.80		
	60	0.90	0.94	0.83	0.90	0.79	0.87	0.75	0.85	0.70	0.82		
	62.5	0.92	0.95	0.85	0.91	0.80	0.88	0.76	0.86	0.71	0.83	0.66	0.8
	70	0.97	0.98	0.89	0.93	0.83	0.90	0.79	0.88	0.73	0.84	0.68	0.81
	75	1.00	1.00	0.92	0.95	0.86	0.92	0.81	0.89	0.75	0.85	0.70	0.82
	80	1.00	1.00	0.94	0.97	0.88	0.93	0.83	0.90	0.77	0.86	0.71	0.83
	90	1.00	1.00	1.00	1.00	0.93	0.96	0.88	0.93	0.80	0.88	0.74	0.84
	100	1.00	1.00	1.00	1.00	0.98	0.99	0.92	0.95	0.83	0.90	0.76	0.86
	105	1.00	1.00	1.00	1.00	1.00	1.00	0.94	0.97	0.85	0.91	0.78	0.865
	110	1.00	1.00	1.00	1.00	1.00	1.00	0.96	0.98	0.87	0.92	0.79	0.87
	120	1.00	1.00	1.00	1.00	1.00	1.00	1.00	1.00	0.90	0.94	0.82	0.89
	130	1.00	1.00	1.00	1.00	1.00	1.00	1.00	1.00	0.93	0.96	0.84	0.91
	140	1.00	1.00	1.00	1.00	1.00	1.00	1.00	1.00	0.97	0.98	0.87	0.92
	150	1.00	1.00	1.00	1.00	1.00	1.00	1.00	1.00	1.00	1.00	0.90	0.94
	160	1.00	1.00	1.00	1.00	1.00	1.00	1.00	1.00	1.00	1.00	0.92	0.95
	170	1.00	1.00	1.00	1.00	1.00	1.00	1.00	1.00	1.00	1.00	0.95	0.97
	180	1.00	1.00	1.00	1.00	1.00	1.00	1.00	1.00	1.00	1.00	0.97	0.98
	190	1.00	1.00	1.00	1.00	1.00	1.00	1.00	1.00	1.00	1.00	1.00	1.00

注：同表 6-6-8 注。

FAZ 型扭矩控制后继膨胀螺杆锚栓

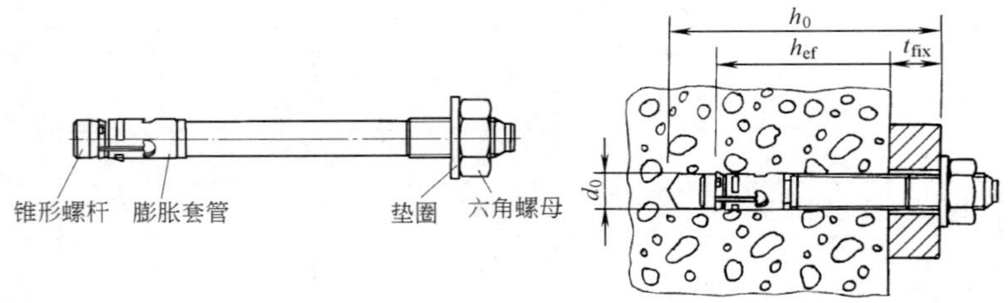

锚栓配置有优质不锈钢 A4 制的膨胀套管，它具有高强弹簧的后继膨胀功能，能保证最佳的可控后膨胀，双层的膨胀片设计使载荷分布更均匀，有利于小边距安装。可用于设备安装及管路支架等的固定，适用于≥C15 的开裂和未开裂混凝土以及致密的天然石材，可用于振动区

表 6-6-13　　FAZ 型锚栓规格、材料及安装尺寸

型号	钻头直径 d_0 /mm	穿透式安装需要的最小钻孔深度（含固定件厚度）h_0 /mm	锚固深度 h_{ef} /mm	安装扭矩 T_{inst} /N·m	固定件最大厚度 t_{fix} /mm	固定件中钻孔直径 /mm	基础要求				
							最小间距 s_{min} /mm	最小边距 c_{min} /mm	最小基础厚度 h_{min} /mm	特征间距 $s_{cr,N}$ /mm	特征边距 $c_{cr,N}$ /mm
FAZ8/10	8	75	45		10	≤9					
FAZ8/30	8	95	45		30	≤9					
FAZ8/50	8	115	45	20	50	≤9	50	50	100	140	70
FAZ8/100	8	165	45		100	≤9					
FAZ8/150	8	215	45		150	≤9					
FAZ10/10	10	90	60		10	≤12					
FAZ10/30	10	110	60		30	≤12					
FAZ10/50	10	130	60	45	50	≤12	55	55	120	180	90
FAZ10/80	10	160	60		80	≤12					
FAZ10/100	10	180	60		100	≤12					
FAZ10/150	10	230	60		150	≤12					
FAZ12/10	12	105	70		10	≤14					
FAZ12/30	12	125	70		30	≤14					
FAZ12/50	12	145	70		50	≤14					
FAZ12/80	12	170	70	60	80	≤14	65	65	140	210	105
FAZ12/100	12	195	70		100	≤14					
FAZ12/150	12	245	70		150	≤14					
FAZ12/200	12	295	70		200	≤14					
FAZ16/25	16	140	85		25	≤18					
FAZ16/50	16	165	85		50	≤18					
FAZ16/100	16	215	85		100	≤18					
FAZ16/150	16	265	85	110	150	≤18	75	75	170	260	130
FAZ16/200	16	315	85		200	≤18					
FAZ16/250	16	365	85		250	≤18					
FAZ16/300	16	415	85		300	≤18					

续表

型号	钻头直径 d_0 /mm	穿透式安装需要的最小钻孔深度（含固定件厚度） h_0 /mm	锚固深度 h_{ef} /mm	安装扭矩 T_{inst} /N·m	固定件最大厚度 t_{fix} /mm	固定件中钻孔直径 /mm	基础要求				
							最小间距 s_{min} /mm	最小边距 c_{min} /mm	最小基础厚度 h_{min} /mm	特征间距 $s_{cr,N}$ /mm	特征边距 $c_{cr,N}$ /mm
FAZ20/30	20	160	100	200	30	≤22	95	100	200	300	150
FAZ20/60	20	190	100		60	≤22					
FAZ20/150	20	280	100		150	≤22					
FAZ24/30	24	185	125	270	30	≤26	120	120	250	380	190
FAZ24/60	24	215	125		60	≤26					

注：材质全为电镀锌钢。

表 6-6-14　　FAZ 型锚栓的设计承载力及边距影响系数

受力状态				锚栓型号					
				FAZ8	FAZ10	FAZ12	FAZ16	FAZ20	FAZ24
钢材失效时承载力设计值	拉力	$N_{Rd,s}$ /kN	电镀锌钢	12.6	21	28.1	52.9	63.3	91.7
	剪力	$V_{Rd,s}$ /kN	电镀锌钢	8.7	13.3	20	26.7	41.6	57.3
混凝土失效时承载力特征设计值	拉力	$N^0_{Rd,c}$ /kN	C15	4.6	7	8.8	11.8	15.1	21.1
			C25	5.9	9.1	11.4	15.2	19.4	27.2
			C35	6.9	10.7	13.5	18.1	22.8	32.2
			C45	7.9	12.1	15.3	20.4	26.1	36.4
			C55	8.7	13.4	16.9	22.6	28.8	40.3
		γ_{Mc}(拉)		1.8	1.8	1.8	1.8	1.8	1.8
		$\psi_{ucr,N}$		1.54	1.54	1.54	1.54	1.54	1.54
	剪力	$V^0_{Rd,c}$ /kN	C15	3.9	4.4	4.8	5.4	6	6.6
			C25	5	5.7	6.2	7	7.7	8.5
			C35	5.9	6.7	7.3	8.3	9.1	10.1
			C45	6.7	7.6	8.3	9.4	10.3	11.4
			C55	7.9	8.4	9.2	10.3	11.4	12.6
		γ_{Mc}(剪)		1.8	1.8	1.8	1.8	1.8	1.8
		k		1	2	2	2	2	2

边距 c /mm		FAZ8		FAZ10		FAZ12		FAZ16		FAZ20		FAZ24	
		ψ	φ	ψ	φ	ψ	φ	ψ	φ	ψ	φ	ψ	φ
锚栓受拉时的边距影响系数	25	0.68	0.81										
	27.5	0.69	0.82	0.65	0.79								
	30	0.71	0.83	0.67	0.80								
	32.5	0.73	0.84	0.68	0.81	0.66	0.79						
	37.5	0.77	0.86	0.70	0.82	0.68	0.80	0.64	0.79				
	40	0.79	0.87	0.72	0.83	0.69	0.81	0.65	0.79				
	47.5	0.84	0.90	0.77	0.86	0.73	0.83	0.68	0.81	0.66	0.79		

续表

边距 c /mm		FAZ8		FAZ10		FAZ12		FAZ16		FAZ20		FAZ24	
		ψ	φ	ψ	φ	ψ	φ	ψ	φ	ψ	φ	ψ	φ
锚栓受拉时的边距影响系数	50	0.86	0.91	0.78	0.87	0.74	0.84	0.69	0.82	0.67	0.80		
	60	0.93	0.96	0.83	0.90	0.79	0.87	0.73	0.84	0.70	0.82	0.66	0.80
	70	1.00	1.00	0.89	0.93	0.83	0.90	0.77	0.86	0.73	0.84	0.68	0.81
	80	1.00	1.00	0.94	0.97	0.88	0.93	0.81	0.89	0.77	0.86	0.71	0.83
	90	1.00	1.00	1.00	1.00	0.93	0.96	0.85	0.91	0.80	0.88	0.74	0.84
	100	1.00	1.00	1.00	1.00	0.98	0.99	0.89	0.93	0.83	0.90	0.76	0.86
	105	1.00	1.00	1.00	1.00	1.00	1.00	0.91	0.92	0.85	0.91	0.78	0.865
	110	1.00	1.00	1.00	1.00	1.00	1.00	0.92	0.95	0.87	0.92	0.79	0.87
	120	1.00	1.00	1.00	1.00	1.00	1.00	0.96	0.98	0.90	0.94	0.82	0.89
	130	1.00	1.00	1.00	1.00	1.00	1.00	1.00	1.00	0.93	0.96	0.84	0.91
	140	1.00	1.00	1.00	1.00	1.00	1.00	1.00	1.00	0.97	0.98	0.87	0.92
	150	1.00	1.00	1.00	1.00	1.00	1.00	1.00	1.00	1.00	1.00	0.90	0.94
	160	1.00	1.00	1.00	1.00	1.00	1.00	1.00	1.00	1.00	1.00	0.92	0.95
	170	1.00	1.00	1.00	1.00	1.00	1.00	1.00	1.00	1.00	1.00	0.95	0.97
	180	1.00	1.00	1.00	1.00	1.00	1.00	1.00	1.00	1.00	1.00	0.97	0.98
	190	1.00	1.00	1.00	1.00	1.00	1.00	1.00	1.00	1.00	1.00	1.00	1.00

注：同表 6-6-8 注。

FBN 型扭矩控制螺杆锚栓

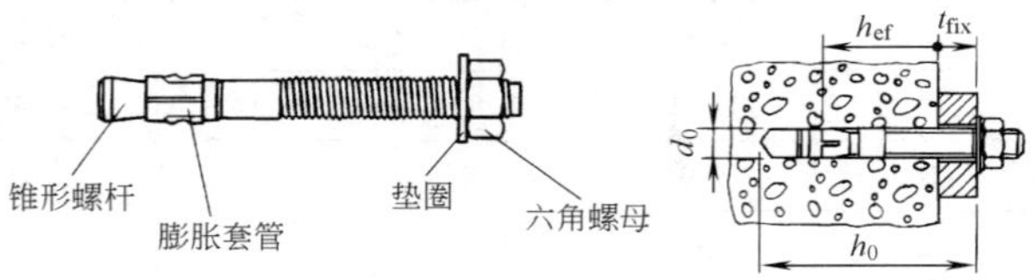

锚栓具有可靠的膨胀功能并有两种锚深选择，螺纹部分加长设计，易于调整结构误差。适用于≥C15 的开裂及未开裂混凝土。可用于安装机电设备等，不宜在振动区使用

表 6-6-15　　FBN 型锚栓规格、材料及安装尺寸

型　号	钻头直径 d_0 /mm	穿透式安装需要的最小钻孔深度（含固定件厚度）h_0 /mm	锚固深度 h_{ef} /mm	安装扭矩 T_{inst} /N·m	固定件最大厚度 t_{fix} /mm	固定件中钻孔直径 /mm	基础要求				
							最小间距 s_{min} /mm	最小边距 c_{min} /mm	最小基础厚度 h_{min} /mm	特征间距 $s_{cr,N}$ /mm	特征边距 $c_{cr,N}$ /mm
FBN8/10+23	8	73	48	15	10	≤9	50	50	100	144	72
FBN8/30+43	8	93	48		30	≤9					
FBN8/50+63	8	113	48		50	≤9					
FBN8/100+113	8	163	48		100	≤9					
FBN10/5	10	65	42	30	5	≤12	45	55	100	126	63
FBN10/15+23	10	83	50/42		15/23	≤12	55/45	65/55	100	150/126	75/63
FBN10/35+43	10	109	50/42		35/43	≤12					

续表

型号	钻头直径 d_0 /mm	穿透式安装需要的最小钻孔深度（含固定件厚度）h_0 /mm	锚固深度 h_{ef} /mm	安装扭矩 T_{inst} /N·m	固定件最大厚度 t_{fix} /mm	固定件中钻孔直径 /mm	基础要求：最小间距 s_{min} /mm	最小边距 c_{min} /mm	最小基础厚度 h_{min} /mm	特征间距 $s_{cr,N}$ /mm	特征边距 $c_{cr,N}$ /mm
FBN10/50+58	10	118	50/42	30	50/58	≤12	55/45	65/55	100	150/126	75/63
FBN10/100+108	10	168	50/42		100/108	≤12					
FBN10/140+148	10	208	50/42		140/148	≤12					
FBN10/160+168	10	228	50/42		160/168	≤12					
FBN12/5	12	75	50	50	5	≤14	100	100	100	150	75
FBN12/15+35	12	105	70/50		15/35	≤14	75/100	90/100	140/100	210/150	105/75
FBN12/30+50	12	120	70/50		30/50	≤14					
FBN12/45+65	12	135	70/50		45/65	≤14					
FBN12/100+120	12	190	70/50		100/120	≤14					
FBN16/10	16	98	64	100	10	≤18	140	100	130	192	96
FBN16/25+45	16	133	84/64		25/45	≤18	90/140	105/100	170/130	252/192	126/96
FBN16/50+70	16	158	84/64		50/70	≤18					
FBN16/100+120	16	208	84/64		100/120	≤18					
FBN20/20	20	151	100	200	20	≤22	170	150	200	300	150
FBN20/60	20	191	100		60	≤22					
FBN20/120	20	251	100		120	≤22					
FBN20/250	20	381	100		250	≤22					

注：材质全为电镀锌钢。

表 6-6-16　　FBN 型锚栓的设计承载力及边距影响系数

受力状态				锚栓型号：FBN8	FBN10		FBN12		FBN16		FBN20
锚固深度 h_{ef}/mm				48	42	50	50	70	64	84	100
钢材失效时承载力设计值	拉力	$N_{Rd,s}$ /kN	电镀锌钢	9.5	15.5	15.5	23.6	23.6	35	35	64.3
	剪力	$V_{Rd,s}$ /kN	电镀锌钢	7.3	11.3	11.3	18	18	23.7	23.7	51.1
混凝土失效时承载力特征设计值	拉力	$N^0_{Rd,c}$ /kN	C15	4.2	3.4	4.4	5.3	8.8	7.7	11.6	15.1
			C25	5.4	4.4	5.7	6.9	11.4	9.9	15	19.4
			C35	6.4	5.2	6.8	8.1	13.5	11.8	17.7	23
			C45	7.2	5.9	7.7	9.2	15.3	13.3	20.1	26.1
			C55	8	6.5	8.5	10.2	16.9	14.8	22.2	28.8
		γ_{Mc}		2.16	2.16	2.16	1.8	1.8	1.8	1.8	1.8
		$\psi_{ucr,N}$		1.4	1.4	1.4	1.4	1.4	1.4	1.4	1.4

续表

受力状态				FBN8	FBN10		FBN12		FBN16		FBN20
				锚固深度 h_{ef}/mm							
				48	42	50	50	70	64	84	100
混凝土失效时承载力特征设计值	剪力	$V^0_{Rd,c}$/kN	C15	3.9	4.1	4.2	4.4	4.8	5.1	5.4	6
			C25	5.1	5.3	5.4	5.8	6.2	6.6	6.9	7.7
			C35	6	6.2	6.4	6.8	7.3	7.8	8.2	9.1
			C45	6.8	7.1	7.3	7.7	8.3	8.8	9.3	10.3
			C55	7.5	7.8	8.1	8.6	9.2	9.8	10.3	11.4
		γ_{Mc}		1.8	1.8	1.8	1.8	1.8	1.8	1.8	1.8
		k		1	1	1	1	2	2	2	2

边距 c /mm		FBN8 (h_{ef}=48mm)		FBN10 (h_{ef}=42mm)		FBN10 (h_{ef}=50mm)		FBN12 (h_{ef}=50mm)		FBN12 (h_{ef}=70mm)		FBN16 (h_{ef}=64mm)		FBN16 (h_{ef}=84mm)		FBN20 (h_{ef}=100mm)	
		ψ	φ	ψ	φ	ψ	φ	ψ	φ	ψ	φ	ψ	φ	ψ	φ	ψ	φ
锚栓受拉时的边距影响系数	22.5			0.68	0.81												
	25	0.67	0.80	0.70	0.82												
	27.5	0.69	0.81	0.72	0.83	0.68	0.81										
	30	0.71	0.83	0.74	0.84	0.70	0.82										
	37.5	0.74	0.85	0.78	0.87	0.74	0.84			0.68	0.80						
	40	0.78	0.87	0.82	0.89	0.77	0.86			0.69	0.81						
	50	0.85	0.91	0.90	0.94	0.83	0.90	0.83	0.90	0.74	0.84			0.70	0.82		
	60	0.92	0.95	0.98	0.99	0.90	0.94	0.90	0.94	0.79	0.87			0.74	0.84		
	63	0.94	0.96	1.00	1.00	0.92	0.95	0.92	0.95	0.80	0.88			0.75	0.85		
	70	0.99	0.99	1.00	1.00	0.97	0.98	0.97	0.98	0.83	0.90	0.87	0.92	0.78	0.87		
	72	1.00	1.00	1.00	1.00	0.98	0.99	0.98	0.99	0.84	0.91	0.89	0.93	0.79	0.87		
	75	1.00	1.00	1.00	1.00	1.00	1.00	1.00	1.00	0.86	0.92	0.90	0.94	0.80	0.88		
	80	1.00	1.00	1.00	1.00	1.00	1.00	1.00	1.00	0.88	0.93	0.92	0.95	0.82	0.89		
	85	1.00	1.00	1.00	1.00	1.00	1.00	1.00	1.00	0.91	0.94	0.95	0.97	0.84	0.90	0.78	0.87
	90	1.00	1.00	1.00	1.00	1.00	1.00	1.00	1.00	0.93	0.96	0.97	0.98	0.86	0.91	0.80	0.88
	96	1.00	1.00	1.00	1.00	1.00	1.00	1.00	1.00	0.96	0.98	1.00	1.00	0.88	0.93	0.82	0.89
	100	1.00	1.00	1.00	1.00	1.00	1.00	1.00	1.00	0.98	0.99	1.00	1.00	0.90	0.94	0.83	0.90
	105	1.00	1.00	1.00	1.00	1.00	1.00	1.00	1.00	1.00	1.00	1.00	1.00	0.92	0.95	0.85	0.91
	110	1.00	1.00	1.00	1.00	1.00	1.00	1.00	1.00	1.00	1.00	1.00	1.00	0.94	0.96	0.87	0.92
	120	1.00	1.00	1.00	1.00	1.00	1.00	1.00	1.00	1.00	1.00	1.00	1.00	0.98	0.99	0.90	0.94
	126	1.00	1.00	1.00	1.00	1.00	1.00	1.00	1.00	1.00	1.00	1.00	1.00	1.00	1.00	0.92	0.95
	130	1.00	1.00	1.00	1.00	1.00	1.00	1.00	1.00	1.00	1.00	1.00	1.00	1.00	1.00	0.93	0.96
	140	1.00	1.00	1.00	1.00	1.00	1.00	1.00	1.00	1.00	1.00	1.00	1.00	1.00	1.00	0.97	0.98
	150	1.00	1.00	1.00	1.00	1.00	1.00	1.00	1.00	1.00	1.00	1.00	1.00	1.00	1.00	1.00	1.00

注：同表6-6-8注。

SLM-N 型扭矩控制重载锚栓

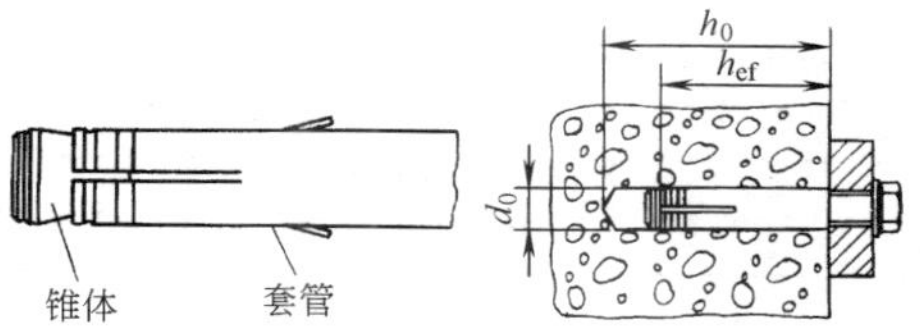

力控强制膨胀锚栓，由一个锚栓套管和一个带内螺纹的锥体组成，可自行配用 M6～M24 的螺钉。适用于≥C15 的未开裂混凝土以及致密的天然石材。可用于安装各种机器设备等

表 6-6-17　　SLM-N 型锚栓规格、材料及安装尺寸

型　号	材质	钻头直径 d_0 /mm	最小钻孔深度 h_0 /mm	锚固深度 h_{ef} /mm	连接螺纹	最大安装扭矩 T_{inst} /N·m	固定件中钻孔直径 /mm	基础要求				
								最小间距 s_{min} /mm	最小边距 c_{min} /mm	最小基材厚度 h_{min} /mm	特征间距 $s_{cr,N}$ /mm	特征边距 $c_{cr,N}$ /mm
SLM 6N	电镀锌钢	10	50	35	M6	10	≤7	50	70	100	105	52
SLM 8N		12	60	45	M8	25	≤9	50	90	100	135	68
SLM 10N		16	70	50	M10	50	≤12	50	100	100	150	75
SLM 12N		18	85	60	M12	80	≤14	60	120	120	180	90
SLM 16N		24	110	62	M16	100	≤18	60	120	130	180	90
SLM 20N		30	130	77	M20	150	≤22	80	160	150	230	115
SLM 24N		35	150	90	M24	200	≤26	90	180	200	270	135
SLM 8N A4	不锈钢	12	60	45	M8	24	≤9	50	90	100	135	68
SLM 10N A4		16	70	50	M10	45	≤12	50	100	100	150	75

表 6-6-18　　SLM-N 型锚栓的设计承载力及边距影响系数

受力状态				锚栓型号						
				SLM 6N	SLM 8N	SLM 10N	SLM 12N	SLM 16N	SLM 20N	SLM 24N
钢材失效时承载力设计值	拉力	$N_{Rd,s}$ /kN	电镀锌钢	10.8	19.5	30.9	45	83.8	130.7	188.3
			不锈钢	—	13.8	21.8	—	—	—	—
	剪力	$V_{Rd,s}$ /kN	电镀锌钢	6.4	11.8	18.6	27	50.3	78.4	113
			不锈钢	—	8.3	13.1	—	—	—	—
混凝土失效时承载力特征设计值	拉力	$N^0_{Rd,c}$ /kN	C15	2.6	3.8	4.5	5.9	6.1	8.5	10.7
			C25	3.4	4.9	5.8	7.6	8	11	13.9
			C35	4	5.8	6.8	8.9	9.4	13	16.4
			C45	4.5	6.6	7.7	10.1	10.7	14.7	18.7
			C55	5	7.3	8.6	11.2	11.8	16.3	20.6
		γ_{Mc}(拉)		2.15						
		$\psi_{ucr,N}$		1.4						

续表

受力状态				锚栓型号						
				SLM 6N	SLM 8N	SLM 10N	SLM 12N	SLM 16N	SLM 20N	SLM 24N
混凝土失效时承载力特征设计值	剪力	$V^{0}_{\mathrm{Rd,c}}$ /kN	C15	3.9	4.4	4.9	5.2	5.7	6.4	6.9
			C25	5.1	5.7	6.3	6.7	7.4	8.3	8.9
			C35	6	6.7	7.3	8	8.8	9.8	10.6
			C45	6.8	7.6	8.4	9.1	9.9	11.1	12
			C55	7.6	8.4	9.3	10	11	12.3	13.2
		γ_{Mc}(剪)		1.8	1.8	1.8	1.8	1.8	1.8	1.8
		k		1	1	1	2	2	2	2

边距 c /mm		SLM 6N		SLM 8N		SLM 10N		SLM 12N		SLM 16N		SLM 20N		SLM 24N	
		ψ	φ	ψ	φ	ψ	φ	ψ	φ	ψ	φ	ψ	φ	ψ	φ
锚栓受拉时的边距影响系数	25	0.74	0.84	0.69	0.81	0.68	0.80								
	30	0.79	0.87	0.72	0.83	0.70	0.82	0.67	0.80	0.67	0.80				
	40	0.88	0.93	0.80	0.88	0.77	0.86	0.72	0.83	0.72	0.83	0.67	0.80	0.65	0.79
	50	0.98	0.99	0.87	0.92	0.83	0.90	0.78	0.87	0.78	0.87	0.72	0.83	0.69	0.81
	52.5	1.00	1.00	0.89	0.93	0.85	0.91	0.79	0.88	0.79	0.88	0.73	0.84	0.70	0.815
	60	1.00	1.00	0.94	0.96	0.90	0.94	0.83	0.90	0.83	0.90	0.76	0.86	0.72	0.83
	67.5	1.00	1.00	1.00	1.00	0.95	0.97	0.88	0.92	0.88	0.92	0.79	0.875	0.75	0.845
	70	1.00	1.00	1.00	1.00	0.97	0.98	0.89	0.93	0.89	0.93	0.80	0.88	0.76	0.85
	75	1.00	1.00	1.00	1.00	1.00	1.00	0.92	0.95	0.92	0.95	0.83	0.90	0.78	0.87
	80	1.00	1.00	1.00	1.00	1.00	1.00	0.94	0.96	0.94	0.96	0.85	0.91	0.80	0.88
	90	1.00	1.00	1.00	1.00	1.00	1.00	1.00	1.00	1.00	1.00	0.89	0.93	0.83	0.90
	100	1.00	1.00	1.00	1.00	1.00	1.00	1.00	1.00	1.00	1.00	0.93	0.96	0.87	0.92
	110	1.00	1.00	1.00	1.00	1.00	1.00	1.00	1.00	1.00	1.00	0.98	0.99	0.91	0.94
	115	1.00	1.00	1.00	1.00	1.00	1.00	1.00	1.00	1.00	1.00	1.00	1.00	0.93	0.95
	120	1.00	1.00	1.00	1.00	1.00	1.00	1.00	1.00	1.00	1.00	1.00	1.00	0.94	0.96
	130	1.00	1.00	1.00	1.00	1.00	1.00	1.00	1.00	1.00	1.00	1.00	1.00	0.98	0.99
	135	1.00	1.00	1.00	1.00	1.00	1.00	1.00	1.00	1.00	1.00	1.00	1.00	1.00	1.00

注：同表 6-6-8 注。

R 型高强化学黏结普通螺杆锚栓

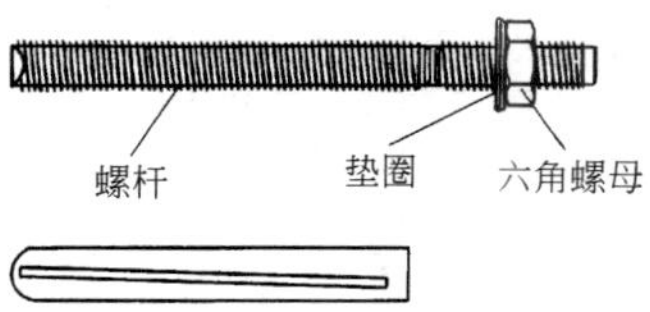

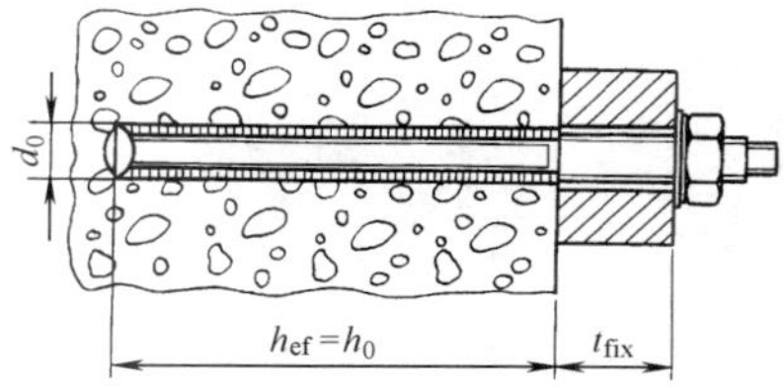

锚栓可实现对基材的无膨胀力安装，对间距和边距要求小。适用于≥C15 的未开裂混凝土，可用于安装机器设备等

表 6-6-19　　R 型锚栓规格、材料及安装尺寸

型号	材质	配用化学胶管型号	钻头直径 d_0 /mm	锚固深度（最小钻孔深度） $h_{ef}(h_0)$ /mm	最大安装扭矩 T_{inst} /N·m	固定件最大厚度 t_{fix} /mm	固定件中钻孔直径 /mm	基础要求：最小间距 s_{min} /mm	最小边距 c_{min} /mm	最小基材厚度 h_{min} /mm	特征间距 $s_{cr,N}$ /mm	特征边距 $c_{cr,N}$ /mm
RGM8×110	电镀锌钢	RM8	10	80	10	20	≤9	80	40	130	160	80
RGM10×130		RM10	12	90	20	30	≤12	90	50	140	180	90
RGM12×160		RM12	14	110	40	35	≤14	110	60	160	220	110
RGM16×190		RM16	18	125	80	45	≤18	125	65	175	250	125
RGM20×260		RM20	25	170	150	65	≤22	170	85	220	340	170
RGM24×300		RM24	28	210	200	65	≤26	210	105	260	420	210
RGM30×380		RM30	35	280	400	65	≤33	280	140	330	560	280
RGM8×110 A4	不锈钢	RM8	10	80	10	20	≤9	80	40	130	160	80
RGM10×130 A4		RM10	12	90	20	30	≤12	90	50	140	180	90
RGM12×160 A4		RM12	14	110	40	35	≤14	110	60	160	220	110
RGM16×190 A4		RM16	18	125	80	45	≤18	125	65	175	250	125
RGM20×260 A4		RM20	25	170	150	65	≤22	170	85	220	340	170
RGM24×300 A4		RM24	28	210	200	65	≤26	210	105	260	420	210

表 6-6-20　　R 型锚栓的设计承载力及边距影响系数

受力状态				锚栓型号：R8	R10	R12	R16	R20	R24	R30
钢材失效时承载力设计值	拉力	$N_{Rd,s}$ /kN	电镀锌钢	12.8	20.3	29.5	54.9	85.8	123.6	196.3
			不锈钢	13.8	23.4	31.6	58.9	91.9	73.6	—
	剪力	$V_{Rd,s}$ /kN	电镀锌钢	7.7	12.2	17.7	33	51.4	74.2	117.8
			不锈钢	8.3	13.1	19	35.3	55.2	44.2	—
混凝土失效时承载力特征设计值	拉力	$N^0_{Rd,c}$ /kN	C15	3.6	5.3	7.9	10.8	20	28.4	37.7
			C25	5.1	7.6	11.3	15.4	28.6	40.5	53.8
			C35	5.5	8.1	12.1	17.6	33.6	46	60.6
			≥C45	5.8	8.5	12.8	19.5	37.9	50.7	66.5
		γ_{Mc}		2.15						
		$\psi_{ucr,N}$		1.4						

续表

受力状态				锚栓型号						
				R8	R10	R12	R16	R20	R24	R30
混凝土失效时承载力特征设计值	剪力	$V^{0}_{Rd,c}$ /kN	C15	4.7	5	5.4	6.1	7.1	7.7	8.7
			C25	6	6.5	7.1	7.8	9.2	9.9	11.2
			C35	7.1	7.7	8.3	9.2	10.8	11.7	13.3
			C45	8.1	8.7	9.5	10.5	12.3	13.3	15.1
			≥C55	8.9	9.6	10.5	11.6	13.6	14.7	16.6
		γ_{Mc}		1.8						
		k		2						

边距 c /mm		R8		R10		R12		R16		R20		R24		R30	
		ψ	φ	ψ	φ	ψ	φ	ψ	φ	ψ	φ	ψ	φ	ψ	φ
锚栓受拉时的边距影响系数	40	0.75	0.85												
	50	0.81	0.89	0.78	0.87										
	60	0.88	0.93	0.83	0.90	0.77	0.86								
	65	0.91	0.95	0.86	0.92	0.80	0.88	0.76	0.86						
	70	0.94	0.96	0.89	0.93	0.82	0.89	0.78	0.87						
	80	1.00	1.00	0.94	0.97	0.86	0.92	0.82	0.89						
	85	1.00	1.00	0.97	0.99	0.89	0.94	0.84	0.91	0.75	0.85				
	90	1.00	1.00	1.00	1.00	0.91	0.95	0.86	0.92	0.76	0.86				
	100	1.00	1.00	1.00	1.00	0.96	0.97	0.90	0.94	0.79	0.88				
	105	1.00	1.00	1.00	1.00	0.98	0.99	0.92	0.95	0.81	0.89	0.75	0.85		
	110	1.00	1.00	1.00	1.00	1.00	1.00	0.94	0.96	0.82	0.89	0.76	0.86		
	120	1.00	1.00	1.00	1.00	1.00	1.00	0.98	0.99	0.85	0.91	0.79	0.87		
	130	1.00	1.00	1.00	1.00	1.00	1.00	1.00	1.00	0.88	0.93	0.81	0.89		
	140	1.00	1.00	1.00	1.00	1.00	1.00	1.00	1.00	0.91	0.95	0.83	0.90	0.75	0.85
	150	1.00	1.00	1.00	1.00	1.00	1.00	1.00	1.00	0.94	0.97	0.86	0.91	0.77	0.86
	160	1.00	1.00	1.00	1.00	1.00	1.00	1.00	1.00	0.97	0.98	0.88	0.93	0.79	0.87
	170	1.00	1.00	1.00	1.00	1.00	1.00	1.00	1.00	1.00	1.00	0.91	0.94	0.80	0.88
	180	1.00	1.00	1.00	1.00	1.00	1.00	1.00	1.00	1.00	1.00	0.93	0.96	0.82	0.89
	190	1.00	1.00	1.00	1.00	1.00	1.00	1.00	1.00	1.00	1.00	0.95	0.97	0.84	0.90
	200	1.00	1.00	1.00	1.00	1.00	1.00	1.00	1.00	1.00	1.00	0.98	0.99	0.86	0.91
	210	1.00	1.00	1.00	1.00	1.00	1.00	1.00	1.00	1.00	1.00	1.00	1.00	0.88	0.93
	220	1.00	1.00	1.00	1.00	1.00	1.00	1.00	1.00	1.00	1.00	1.00	1.00	0.89	0.94
	230	1.00	1.00	1.00	1.00	1.00	1.00	1.00	1.00	1.00	1.00	1.00	1.00	0.91	0.95
	240	1.00	1.00	1.00	1.00	1.00	1.00	1.00	1.00	1.00	1.00	1.00	1.00	0.93	0.96
	250	1.00	1.00	1.00	1.00	1.00	1.00	1.00	1.00	1.00	1.00	1.00	1.00	0.95	0.97
	260	1.00	1.00	1.00	1.00	1.00	1.00	1.00	1.00	1.00	1.00	1.00	1.00	0.96	0.98
	270	1.00	1.00	1.00	1.00	1.00	1.00	1.00	1.00	1.00	1.00	1.00	1.00	0.98	0.99
	280	1.00	1.00	1.00	1.00	1.00	1.00	1.00	1.00	1.00	1.00	1.00	1.00	1.00	1.00

注：同表6-6-8注。

FISV 360S（FIHB 345）型高强树脂砂浆

注射剂

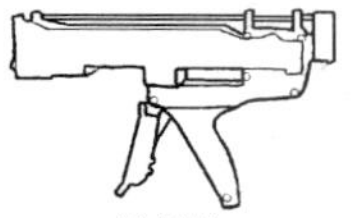

注射枪

混合管

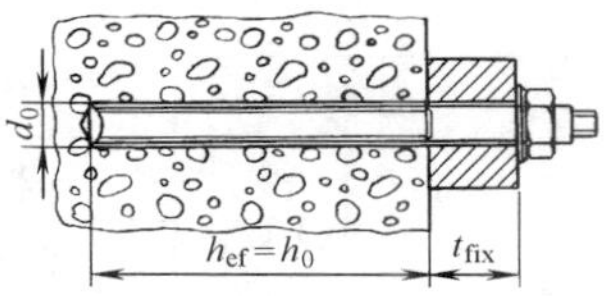

适用于≥C15的混凝土的螺杆和钢筋锚固，无膨胀安装，对间距和边距要求小，配用安装附件。可用于空心基材上的锚固，用于安装各种机器设备等

表 6-6-21　FISV 360S（FIHB 345）型高强树脂砂浆配用的螺杆规格、材料及安装尺寸

配用螺杆型号	材质	钻头直径 d_0 /mm	锚固深度（最小钻孔深度）$h_{ef}(h_0)$ /mm	最大安装扭矩 T_{inst} /N·m	固定件最大厚度 t_{fix} /mm	固定件中钻孔直径 /mm	基础要求				
							最小间距 s_{min} /mm	最小边距 c_{min} /mm	最小基材厚度 h_{min} /mm	特征间距 $s_{cr,N}$ /mm	特征边距 $c_{cr,N}$ /mm
RGM8×110	电镀锌钢	10	80	10	20	≤9	80	40	130	160	80
RGM10×130		12	90	20	30	≤12	90	50	140	180	90
RGM12×160		14	110	40	35	≤14	110	60	160	220	110
RGM16×190		18	125	80	45	≤18	125	65	175	250	125
RGM20×260		25	170	150	65	≤22	170	85	220	340	170
RGM24×300		28	210	200	65	≤26	210	105	260	420	210
RGM30×380		35	280	400	65	≤33	280	140	330	560	280
RGM8×110 A4	不锈钢	10	80	10	20	≤9	80	40	130	160	80
RGM10×130 A4		12	90	20	30	≤12	90	50	140	180	90
RGM12×160 A4		14	110	40	35	≤14	110	60	160	220	110
RGM16×190 A4		18	125	80	45	≤18	125	65	175	250	125
RGM20×260 A4		25	170	150	65	≤22	170	85	220	340	170
RGM24×300 A4		28	210	200	65	≤26	210	105	260	420	210
RGM30×380 A4		35	280	400	65	≤33	280	140	330	560	280

表 6-6-22　FISV 360S（FIHB 345）型锚栓的设计承载力及边距影响系数

受力状态				锚栓型号						
				RGM8	RGM10	RGM12	RGM16	RGM20	RGM24	RGM30
钢材失效时承载力设计值	拉力	$N_{Rd,s}$ /kN	电镀锌钢	12.8	20.3	29.5	54.9	85.8	123.6	196.3
			不锈钢	13.8	23.4	31.6	58.9	91.9	73.6	—
	剪力	$V_{Rd,s}$ /kN	电镀锌钢	7.7	12.2	17.7	33.0	51.4	74.2	117.8
			不锈钢	8.3	13.1	19.0	35.3	55.2	44.2	—
混凝土失效时承载力特征设计值	拉力	$N^0_{Rd,c}$ /kN	C15	3.6	5.3	7.9	10.8	20	28.4	37.7
			C25	5.1	7.6	11.3	15.4	28.6	40.5	53.8
			C35	5.5	8.1	12.1	17.6	33.6	46	60.6
			≥C45	5.8	8.5	12.8	19.5	37.9	50.7	66.5
		γ_{Mc}(拉)		2.15						
		$\psi_{ucr,N}$		1.4						

续表

受力状态				锚栓型号						
				RGM8	RGM10	RGM12	RGM16	RGM20	RGM24	RGM30
混凝土失效时承载力特征设计值	剪力	$V^0_{Rd,c}$/kN	C15	4.7	5	5.4	6.1	7.1	7.7	8.7
			C25	6	6.5	7.1	7.8	9.2	9.9	11.2
			C35	7.1	7.7	8.3	9.2	10.8	11.7	13.3
			C45	8.1	8.7	9.5	10.5	12.3	13.3	15.1
			≥C55	8.9	9.6	10.5	11.6	13.6	14.7	16.6
		γ_{Mc}(剪)		1.8						
		k		2						

	边距 c/mm	RGM8		RGM10		RGM12		RGM16		RGM20		RGM24		RGM30	
		ψ	φ	ψ	φ	ψ	φ	ψ	φ	ψ	φ	ψ	φ	ψ	φ
锚栓受拉时的边距影响系数	40	0.75	0.85												
	50	0.81	0.89	0.78	0.87										
	60	0.88	0.93	0.83	0.90	0.77	0.86								
	65	0.91	0.95	0.86	0.92	0.80	0.88	0.76	0.86						
	70	0.94	0.96	0.89	0.93	0.82	0.89	0.78	0.87						
	80	1.00	1.00	0.94	0.97	0.86	0.92	0.82	0.89						
	85	1.00	1.00	0.97	0.99	0.89	0.94	0.84	0.91	0.75	0.85				
	90	1.00	1.00	1.00	1.00	0.91	0.95	0.86	0.92	0.76	0.86				
	100	1.00	1.00	1.00	1.00	0.96	0.97	0.90	0.94	0.79	0.88				
	105	1.00	1.00	1.00	1.00	0.98	0.99	0.92	0.95	0.81	0.89	0.75	0.85		
	110	1.00	1.00	1.00	1.00	1.00	1.00	0.94	0.96	0.82	0.89	0.76	0.86		
	120	1.00	1.00	1.00	1.00	1.00	1.00	0.98	0.99	0.85	0.91	0.79	0.87		
	130	1.00	1.00	1.00	1.00	1.00	1.00	1.00	1.00	0.88	0.93	0.81	0.89		
	140	1.00	1.00	1.00	1.00	1.00	1.00	1.00	1.00	0.91	0.95	0.83	0.90	0.75	0.85
	150	1.00	1.00	1.00	1.00	1.00	1.00	1.00	1.00	0.94	0.97	0.86	0.91	0.77	0.86
	160	1.00	1.00	1.00	1.00	1.00	1.00	1.00	1.00	0.97	0.98	0.88	0.93	0.79	0.87
	170	1.00	1.00	1.00	1.00	1.00	1.00	1.00	1.00	1.00	1.00	0.91	0.94	0.80	0.88
	180	1.00	1.00	1.00	1.00	1.00	1.00	1.00	1.00	1.00	1.00	0.93	0.96	0.82	0.89
	190	1.00	1.00	1.00	1.00	1.00	1.00	1.00	1.00	1.00	1.00	0.95	0.97	0.84	0.90
	200	1.00	1.00	1.00	1.00	1.00	1.00	1.00	1.00	1.00	1.00	0.98	0.99	0.86	0.91
	210	1.00	1.00	1.00	1.00	1.00	1.00	1.00	1.00	1.00	1.00	1.00	1.00	0.88	0.93
	220	1.00	1.00	1.00	1.00	1.00	1.00	1.00	1.00	1.00	1.00	1.00	1.00	0.89	0.94
	230	1.00	1.00	1.00	1.00	1.00	1.00	1.00	1.00	1.00	1.00	1.00	1.00	0.91	0.95
	240	1.00	1.00	1.00	1.00	1.00	1.00	1.00	1.00	1.00	1.00	1.00	1.00	0.93	0.96
	250	1.00	1.00	1.00	1.00	1.00	1.00	1.00	1.00	1.00	1.00	1.00	1.00	0.95	0.97
	260	1.00	1.00	1.00	1.00	1.00	1.00	1.00	1.00	1.00	1.00	1.00	1.00	0.96	0.98
	270	1.00	1.00	1.00	1.00	1.00	1.00	1.00	1.00	1.00	1.00	1.00	1.00	0.98	0.99
	280	1.00	1.00	1.00	1.00	1.00	1.00	1.00	1.00	1.00	1.00	1.00	1.00	1.00	1.00

注：同表6-6-8注。

7　国产钢膨胀螺栓及膨胀螺母

7.1　钢膨胀螺栓

（1）型式

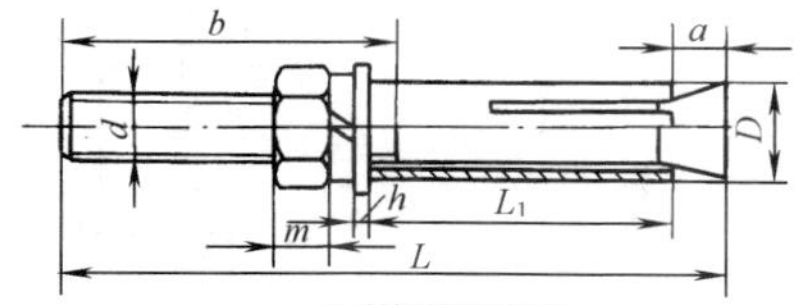

(a) Ⅰ型钢膨胀螺栓

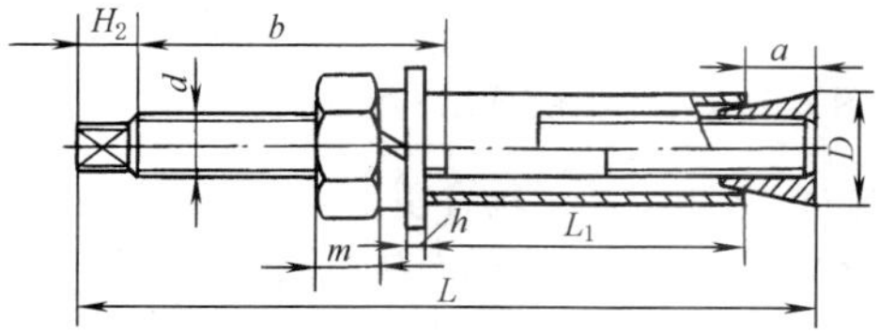

(b) Ⅱ型钢膨胀螺栓

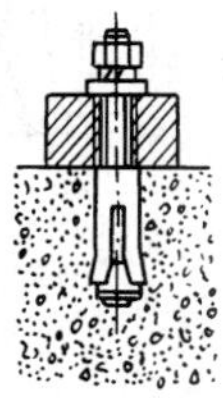

安装示意图

图 6-6-3　钢膨胀螺栓结构型式

Ⅰ型（普通型）由沉头螺栓、胀管、平垫圈、弹簧垫圈和六角螺母组成，如图 6-6-3a 所示；Ⅱ型由螺柱、锥形螺母、胀管、平垫圈、弹簧垫圈和六角螺母组成，如图 6-6-3b 所示。

（2）安装说明

安装时，先用冲击钻（锤）在地基上钻一个孔。Ⅰ型螺栓，先把螺栓、胀管装入孔中，然后依次把机器上的安装孔和平垫圈、弹簧垫圈套在螺栓上，最后把螺母旋在螺栓上，并拧紧，安装结束。Ⅱ型螺栓，先把锥形螺母和胀管放入孔中，然后将机器的安装孔对准地基的孔，再将螺柱插入孔中，与锥形螺母旋紧，并依次将平垫圈和弹簧垫圈套在螺柱上，最后把六角螺母旋在螺柱上，并拧紧，安装结束。

（3）钢膨胀螺栓的主要尺寸及承载能力

表 6-6-23

螺纹规格 d	螺栓长度 L	胀管		被连接件厚度	钻孔		允许承受拉(剪)力			
		外径 D	长度 L_1		直径	深度	静止状态		悬吊状态	
							拉力	剪力	拉力	剪力
/mm							/N			
M6	65,75,85	10	35	$L-55$	10.5	40	2350	1770	1667	1226
M8	80,90,100	12	45	$L-65$	12.5	50	4310	3240	2354	1765
M10	95,110,125,130	14	55	$L-75$	14.5	60	6860	5100	4315	3236
M12	110,130,150,200	18	65	$L-90$	19	75	10100	7260	6865	5100
M16	150,175,200,220,250,300	22	90	$L-120$	23	100	19200	14120	10101	7257

注：1. 产品等级：螺栓，$L \leqslant 10d$ 或 $L \leqslant 150$mm（按最小值）时，A 级，$L>10d$ 或 $L>150$mm（按最小值）时，B 级；螺母和平垫圈，A 级。

2. 螺纹公差：螺栓为 6g，螺母为 6H。

3. 表面处理：镀锌钝化。

第6篇

7.2 膨胀螺母

（1）型式

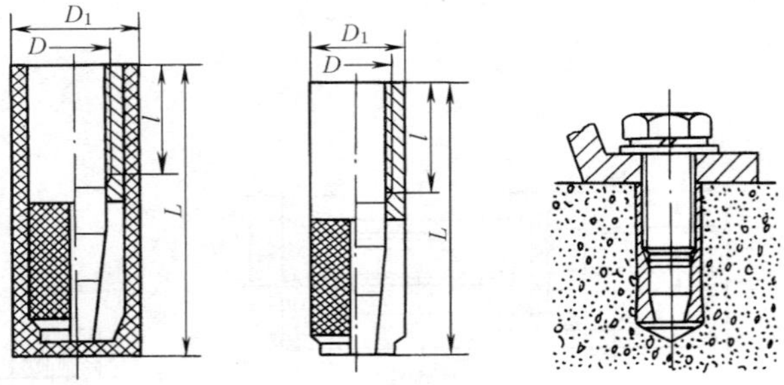

(a) 绝缘膨胀螺母　(b) 膨胀螺母　(c) 安装示意图

图 6-6-4　膨胀螺母结构型式

① 低碳钢膨胀螺母：代号 KT，规格自 M6～M20，一般场合用。

② 不锈钢膨胀螺母：代号 KB，规格自 M12～M20，用于需要防腐蚀的场合。

③ 尼龙膨胀螺母：代号 KS，尼龙制造，规格自 M3～M6，用于对抗拉力要求不高的场合。

④ 绝缘膨胀螺母：代号 KF，在低碳钢膨胀螺母外面包覆一绝缘层，规格自 M6～M12，用于需要电绝缘的场合。

（2）安装说明

膨胀螺母是与膨胀螺栓相似的一种专用螺母，由圆形管状螺母和锥销两个零件组成。配合六角头螺栓、平垫圈和弹簧垫圈，用于机件固定安装在混凝土地基（或墙壁等）上。使用时，先用冲击钻（锤）在地基上钻孔，再把螺母和锥销放入孔中，另用手锤和专用芯棒锤击锥销，使锥销底端与螺母底端平齐，从而使螺母底部四周胀开，牢固地固定在地基中，然后把机件上的安装孔对准螺母孔，依次放上平垫圈和弹簧垫圈，旋入六角头螺栓，使机件牢固地固定在地基上。

（3）膨胀螺母的主要尺寸及承载能力

表 6-6-24

尺寸与性能		钢膨胀螺母									绝缘膨胀螺母			
主要尺寸/mm	螺纹规格 D	M3	M4	M5	M6	M8	M10	M12	M16	M20	M6	M8	M10	M12
	螺母全长 L	28	28	28	28	30	40	50	60	80	30	32	43	53
	螺纹长度 l	8	9	11	11	13	15	18	23	34	11	13	15	18
	螺母径 D_1	5	6	8	8	10	12	16	20	25	10	12	16	20
	钻孔直径	5	6	8	8	10	12	16	20	25	10	12	16	20
允许横向抗拉静载荷/N					4710	7140	11440	14680	24010	31620	2000	3500	6000	8000
绝缘电阻		—									在电压 2000V，1min 条件下 5MΩ			

注：1. 产品等级：A 级。

2. 螺纹公差：6H。

3. 表面处理：镀锌钝化、热镀锌、热渗锌。

4. 配用螺栓长度 L_z 的计算公式：

$$L_z=\text{螺母螺纹长度 } l+\text{平垫圈厚度}+\text{弹簧垫圈厚度}+\text{被紧固件机件厚度}-(3\sim5)\text{mm}$$

5. 安装膨胀螺母的混凝土抗压强度应不小于 27MPa 时，才能保证允许横向抗拉静载荷。

6. 本产品的有关资料由上海沪日特种紧固件厂提供。

第7章 粘 接

粘接技术近年来发展较快，应用广泛，它与铆接、焊接、螺纹连接等方法相比有许多独特优点，主要表现在如下几个方面。

① 可以粘接不同性质的材料。两种性质完全不同的金属是很难焊接的，若采用铆接或螺钉连接容易产生电化学腐蚀。至于陶瓷等脆性材料则既不易打孔，也不能焊接，而采用粘接就会取得良好的效果。

② 可以粘接异型、复杂部件及大的薄板结构件。有些结构复杂部件若采用粘接方法制造和组装，比焊接、铆接省工、省时，还可避免焊接时产生的热变形和铆接时产生的机械变形；有些大面积薄板结构件若不采用粘接方法是难以制造的。

③ 粘接件外形平滑。对航空工业和导弹、火箭等尖端工业是非常重要的。

④ 粘接接头有良好的疲劳强度。粘接是面连接，不易产生应力集中。通常，粘接疲劳强度要比铆接提高几十倍。

⑤ 粘接容易实现密封、绝缘、防腐蚀，可根据要求使接头具有某些特种性能，如导电、透明、隔热等。

⑥ 粘接工艺简便，操作方便，提高工效，节约能源，降低成本，减轻劳动强度等。在直升机制造中应用粘接工艺可省工40%~50%，建筑结构中应用粘接工艺可减少劳动量40%左右。

⑦ 粘接比铆、焊及螺纹连接重量轻，在飞机制造中，粘接代替铆接之后重量可减轻20%~30%，大型天文望远镜用粘接结构的重量可减轻25%左右。

粘接也具有以下缺点。

① 粘接接头剥离强度、不均匀扯离强度和冲击强度较低。一般只有焊接、铆接强度的1/10~1/2。

② 多数胶黏剂的耐热性不高，使用温度有很大局限性，通常在100~150℃下使用。少数胶黏剂如芳杂环类和有机硅类可以在300℃以上使用；无机胶黏剂可达600~1000℃，但太脆，经不起冲击。

③ 耐老化性能差。

④ 粘接工艺的影响因素很多，难以控制，检测手段还不完善，有待改进和发展。

1 胶黏剂的选择

表 6-7-1

选择依据	被粘材料名称或要求	常用胶黏剂及说明
根据被粘材料的化学性质	钢、铝	酚醛-丁腈胶、酚醛-缩醛胶、环氧胶、丙烯酸聚酯、无机胶等
	镍、铬、不锈钢	酚醛-丁腈胶、聚氨酯胶、聚苯并咪唑胶、聚硫醚胶、环氧胶等
	铜	酚醛-缩醛胶、环氧胶、丙烯酸聚酯胶等
	钛	酚醛-丁腈胶、酚醛-缩醛胶、聚酰亚胺胶、丙烯酸聚酯胶等
	镁	酚醛-丁腈胶、聚氨酯胶、丙烯酸聚酯胶等
	陶瓷、水泥、玻璃	环氧胶、不饱和聚酯胶、无机胶等
	木 材	聚醋酸乙烯乳胶、脲醛树脂胶、酚醛树脂胶等
	纸 张	聚醋酸乙烯乳胶、聚乙烯醇胶等
	织 物	聚醋酸乙烯乳胶、氯丁-酚醛胶、聚氨酯胶等
	环氧、酚醛、氨基塑料	环氧胶、聚氨酯胶、丙烯酸聚酯胶等
	聚氨酯塑料	聚氨酯胶、环氧胶等

续表

<table>
<tr><th>选择依据</th><th>被粘材料名称或要求</th><th colspan="2">常用胶黏剂及说明</th></tr>
<tr><td rowspan="12">根据被粘材料的化学性质</td><td>有机玻璃</td><td colspan="2">丙烯酸聚酯胶、聚氨酯胶、α-氰基丙烯酸酯胶、二氯乙烷</td></tr>
<tr><td>聚碳酸酯、聚砜</td><td colspan="2">不饱和聚酯胶、聚氨酯胶、二氯乙烷</td></tr>
<tr><td>氯化聚醚</td><td colspan="2">丙烯酸聚酯胶、聚氨酯胶</td></tr>
<tr><td>聚氯乙烯</td><td colspan="2">过氯乙烯胶、丙烯酸聚酯胶、α-氰基丙烯酸酯胶、环已酮</td></tr>
<tr><td>ABS</td><td colspan="2">不饱和聚酯胶、聚氨酯胶、α-氰基丙烯酸酯胶、甲苯胶</td></tr>
<tr><td>天然橡胶、丁苯橡胶</td><td colspan="2">氯丁胶、聚氨酯胶</td></tr>
<tr><td>聚乙烯、聚丙烯</td><td colspan="2">聚异丁烯胶、F-2 胶、F-3 胶、EVA 热熔胶</td></tr>
<tr><td>聚苯乙烯</td><td colspan="2">甲苯胶、聚氨酯胶、α-氰基丙烯酸酯胶</td></tr>
<tr><td>聚苯醚</td><td colspan="2">丙烯酸聚酯胶、α-氰基丙烯酸酯胶、二氯乙烷</td></tr>
<tr><td>聚四氟乙烯、氟橡胶</td><td colspan="2">F-2 胶、F-3 胶</td></tr>
<tr><td>硅树脂</td><td colspan="2">有机硅胶、α-氰基丙烯酸酯胶、丙烯酸聚酯胶</td></tr>
<tr><td>硅橡胶</td><td colspan="2">硅橡胶</td></tr>
<tr><td rowspan="5">根据被粘材料的物理性质</td><td>陶瓷、玻璃、水泥、石料等脆性材料</td><td colspan="2">选用强度高、硬度大、不易变形的热固性树脂胶，如环氧树脂胶、酚醛树脂胶、不饱和聚酯胶</td></tr>
<tr><td>金属及其合金等刚性材料</td><td colspan="2">选用既有高粘接强度、又有较高冲击强度和剥离强度的热固性树脂和橡胶或线型树脂配制的复合胶，如酚醛-丁腈胶、酚醛-缩醛胶、环氧-丁腈胶、环氧-尼龙胶等。对于不受冲击力和剥离力作用的工件，可选用剪切强度高的热固性树脂胶，如环氧树脂胶，丙烯酸聚酯胶</td></tr>
<tr><td>橡胶制品等弹性变形大的材料</td><td colspan="2">选用弹性好、有一定韧性的胶，如氯丁胶、氯丁-酚醛胶、聚氨酯胶</td></tr>
<tr><td>皮革、人造革、塑料薄膜和纸张等韧性材料</td><td colspan="2">选用韧性好、能经受反复弯折的胶，如聚醋酸乙烯胶、氯丁胶、聚氨酯胶、聚乙烯醇胶及聚乙烯醇缩醛胶</td></tr>
<tr><td>泡沫塑料、海绵、织物等多孔材料</td><td colspan="2">选用黏度较大的胶黏剂，如环氧树脂胶、聚氨酯胶、聚醋酸乙烯胶等</td></tr>
<tr><td rowspan="14">根据被粘材料的用途和要求</td><td>受力构件</td><td colspan="2">选用强度高、韧性好的结构胶，一般工件可采用非结构胶，如粘塑料薄膜用压敏胶</td></tr>
<tr><td rowspan="13">耐高温构件</td><td colspan="2">耐热性由配制胶液的树脂、固化剂、填料和固化方法决定</td></tr>
<tr><td>胶黏剂</td><td>允许使用温度/℃</td></tr>
<tr><td>普通环氧树脂胶、聚氨酯胶、α-氰基丙烯酸酯胶、氯丁胶</td><td>≤100</td></tr>
<tr><td>FSC-1 胶（201#胶）</td><td>150</td></tr>
<tr><td>E-4 胶（酚醛-缩醛-环氧胶）</td><td>200~250</td></tr>
<tr><td>JF-1 胶（酚醛-缩醛-有机硅胶）</td><td>200</td></tr>
<tr><td>J-09 胶（酚醛-改性聚硼硅酮胶）</td><td>400~450</td></tr>
<tr><td>J-01 胶（酚醛-丁腈胶）</td><td>150~200</td></tr>
<tr><td>JX-9 胶（酚醛-丁腈胶）</td><td>200~300</td></tr>
<tr><td>J-16 胶</td><td>250~350</td></tr>
<tr><td>聚酰亚胺胶</td><td>-60~280</td></tr>
<tr><td>聚苯并咪唑胶（PBI 胶）</td><td>-253~538</td></tr>
</table>

续表

<table>
<tr><th>选择依据</th><th>被粘材料名称或要求</th><th>常用胶黏剂及说明</th></tr>
<tr><td rowspan="6">根据被粘材料的用途和要求</td><td>耐低温构件</td><td>多数胶黏剂在−20～40℃下性能较好，被粘工件在−70℃以下使用时需采用耐低温胶
<table><tr><th>胶黏剂</th><th>允许使用温度/℃</th></tr><tr><td>环氧-聚氨酯胶</td><td>−200～60</td></tr><tr><td>聚氨酯1#耐超低温胶</td><td>−273～60</td></tr><tr><td>聚氨酯3#耐超低温胶</td><td>−200～150</td></tr><tr><td>环氧尼龙胶</td><td>−200～150</td></tr></table></td></tr>
<tr><td>冷热交变构件</td><td>冷热交变、线胀系数不同的材料构成的接头，会因产生较大的内应力而破坏。应选用既耐高温又耐低温且韧性较好的胶，如酚醛-丁腈胶、聚酰亚胺胶、环氧-尼龙胶、环氧-聚砜胶等</td></tr>
<tr><td>耐潮构件</td><td>常用胶黏剂在湿度较大的环境中使用会降低接头的粘接强度，需用耐潮能力较强的材料，如酚醛胶、酚醛-环氧胶、硅胶、氯丁胶、丁苯胶、环氧-聚酯胶，一般分子交联密度越高，吸潮性越小</td></tr>
<tr><td>耐酸、碱构件</td><td><table><tr><th>胶黏剂</th><th>耐酸</th><th>耐碱</th><th>胶黏剂</th><th>耐酸</th><th>耐碱</th></tr><tr><td>环氧树脂胶</td><td>尚可</td><td>好</td><td>氰基丙烯酸酯胶</td><td>较差</td><td>较差</td></tr><tr><td>聚氨酯胶</td><td>较差</td><td>较差</td><td>乙烯基树脂胶</td><td>好</td><td>好</td></tr><tr><td>酚醛树脂胶</td><td>好</td><td>较差</td><td>丙烯酸酯树脂胶</td><td>好</td><td>较差</td></tr><tr><td>氨基树脂胶</td><td>较差</td><td>尚可</td><td>丁腈胶</td><td>尚可</td><td>尚可</td></tr><tr><td>有机硅树脂胶</td><td>较差</td><td>较差</td><td>氯丁胶</td><td>好</td><td>好</td></tr><tr><td>不饱和聚酯胶</td><td>尚可</td><td>尚可</td><td>聚硫胶</td><td>好</td><td>好</td></tr></table></td></tr>
<tr><td>密封防漏
接头要求透明
导电、导热、耐辐射的接头</td><td>密封胶或厌氧胶
聚乙烯醇缩醛胶、丙烯酸聚酯胶、不饱和聚酯胶、聚氨酯胶
选用相应的胶黏剂</td></tr>
<tr><td>耐溶剂（石油、醇、酯、芳香烃）构件</td><td>聚乙烯醇胶、酚醛胶、聚酰胺胶、酚醛-聚酰胺胶、氯丁胶</td></tr>
<tr><td rowspan="3">根据被粘件使用的工艺条件</td><td>满足固化条件</td><td>胶黏剂固化条件有常压、加压及常温、高温之分。一般性能优异的胶黏剂都需要加温、加压固化，但由于被粘材料本身性质、接头部位和形状的限制，有的能加温而不能加压，有的既不能加温也不能加压。因此在选择胶黏剂时，就必须考虑被粘接工件所能允许的工艺条件，常用胶黏剂固化条件见第1卷材料篇</td></tr>
<tr><td>要求快速粘接</td><td>在自动化生产线中，往往需要粘接工序在几分钟甚至几秒钟内完成，可选用热溶胶、光敏胶、压敏胶、α-氰基丙烯酸酯胶</td></tr>
<tr><td>防止胶中有机溶剂污染</td><td>热熔胶、水乳胶、水溶胶等不含或少含有机溶剂的胶黏剂</td></tr>
<tr><td>金属与非金属材料粘接</td><td>金属-木材
金属-织物
金属-玻璃
金属-硬聚氯乙烯
金属-聚丙烯
金属-软聚氯乙烯
金属-聚苯乙烯
金属-聚乙烯</td><td>环氧胶、氯丁胶、醋酸乙烯酯胶、不饱和聚酯胶、丁腈胶、无机胶
氯丁胶、聚酰胺胶、环氧胶、不饱和聚酯胶
环氧胶、聚丙烯酸酯胶、酚醛-环氧胶
聚丙烯酸酯胶、丁苯胶、氯丁胶、无机胶、环氧胶
丁腈胶、环氧-聚硫胶、无机胶
丁腈胶
聚丙烯酸酯胶、不饱和聚酯胶
丁腈胶、环氧胶</td></tr>
</table>

注：胶黏剂的牌号及性能见第1卷材料篇。

2 粘接接头的设计

设计原则如下。

① 粘接接头强度和被粘接物强度在同一数量级上。

② 合理增大粘接面积,以提高接头承载能力。通常,在一定搭接范围内,增加搭接宽度优于增加搭接长度。

③ 尽量使粘缝受剪力或拉力,应尽力避免粘缝承受剥离力、弯曲力,否则应采取局部加强。为避免过大应力集中,加盖板对接粘缝应采用三角形盖板。

④ 接头加工方便、夹具简单、粘接质量易于掌握。

⑤ 接头表面粗糙度对有机胶以 $Ra2.5\sim6.3\mu m$ 为宜;无机胶以 $Ra25\sim100\mu m$ 为宜。

表 6-7-2 接头型式及说明

型 式	简 图	说 明
对接	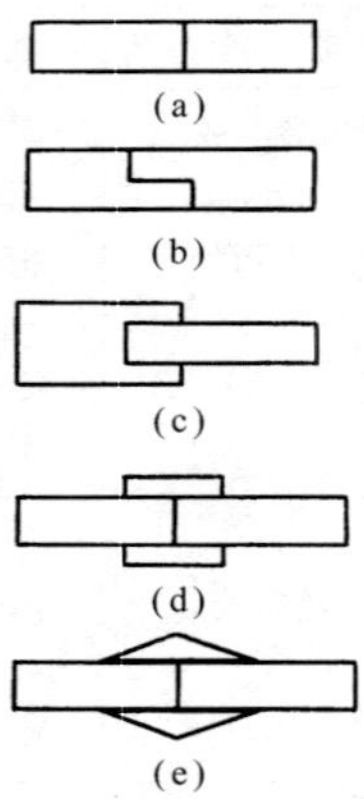	图 a 粘接面积小,除拉力外,任何方向的力都容易形成不均匀扯离力而造成应力集中,粘接强度低,一般不采用 图 b 为双对接,明显增加胶接面积,对受压有利 图 c 为插接形式,对承受弯曲应力有利 图 d 为加盖板对接,受力性能较图 a 大有提高 图 e 为加三角盖板对接,可改善图 d 由于截面突变而产生的应力急剧变化
角接	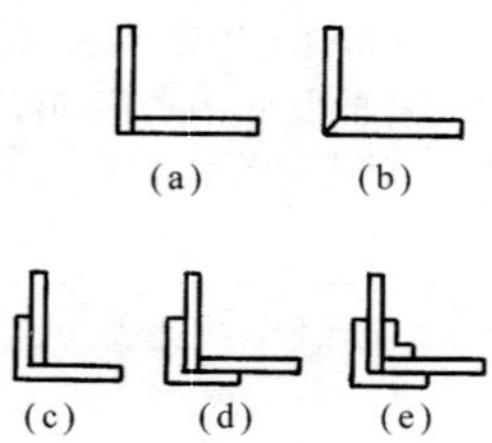	图 a、图 b 粘接面积小,所受的力是不均匀扯离力,强度低,应避免使用 图 c~图 e 是改进设计,合理增加粘接面积,提高承载能力。另外,防止材料厚度突变,使应力分布更加均匀
T 形接	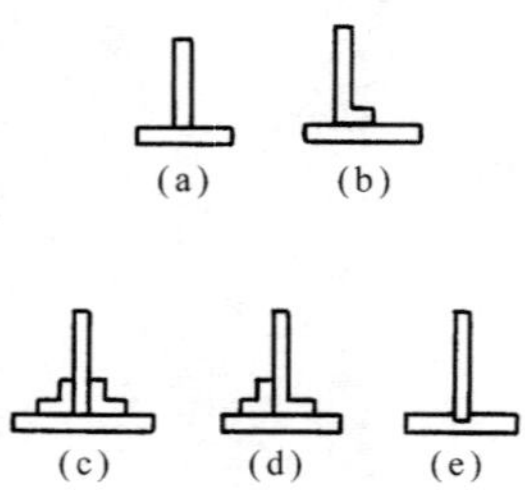	图 a 粘接强度低,一般不允许采用 图 b~图 e 为改进设计,采用支撑接头或插入接头,效果较好

续表

型式	简图	说明
搭接	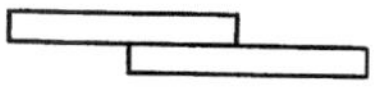 (a) 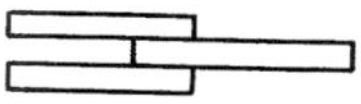 (b)  (c) 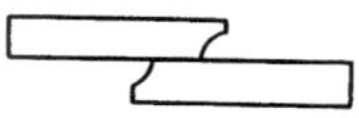 (d) 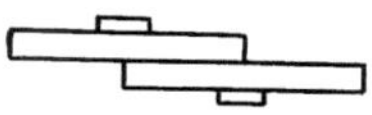 (e)	所受的作用力一般是剪切力，应力分布较均匀，有较高强度，接头加工容易，应用较多。图a为常用形式，工艺较方便，粘接面积可适当增减，但载荷偏心会造成附加弯矩，对接头受力不利。图b为双搭接，避免了载荷的偏心。外侧切角(图c)、内侧切角(图d)以及增加端部刚度(图e)均为减小粘缝端部应力集中、提高承载能力的方法 较佳搭接长度为1～3cm，一般不超过5cm，用增加宽度方法提高承载能力较有效
套接	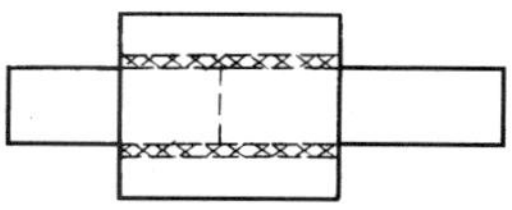	所受的作用力基本上是纯剪切力，粘接面积大，强度高，多用于棒材或管材的粘接
斜搭接	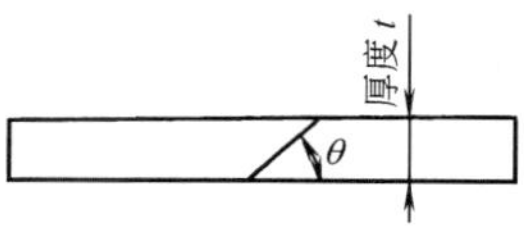	是效能最好的接头之一。粘接面积大，无附加弯矩产生，故有应力集中小、占据空间小、不影响工件外形等优点，但由于接头斜面不易加工，实际应用较少

表 6-7-3　　接头应力计算

项目		简图	计算公式	说明
拉伸、压缩	斜搭接	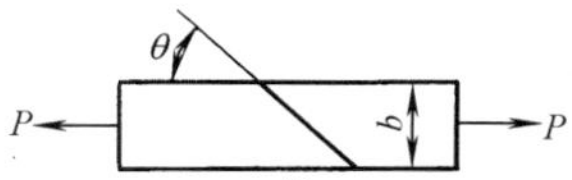 板	$\tau=\frac{P}{bt}\sin\theta\cos\theta$ $\sigma=\frac{P}{bt}\sin^2\theta$	τ——平行于胶面的剪切应力，MPa σ——垂直于胶面的法向应力，MPa P——接头承受的拉力，N θ——斜面夹角，(°) b——被粘物的宽度，mm t——被粘物的厚度，mm M——接头承受的弯矩，N·mm
		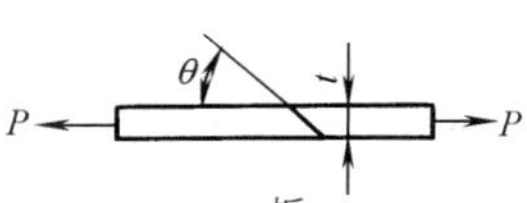 板		
弯曲		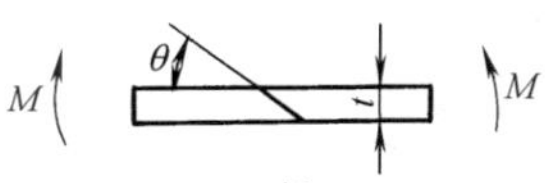 板	$\tau=\frac{6M}{t^2b}\sin\theta\cos\theta$ $\sigma=\frac{6M}{t^2b}\sin^2\theta$	

续表

项目		简图	计算公式	说明
拉伸、压缩	斜搭接	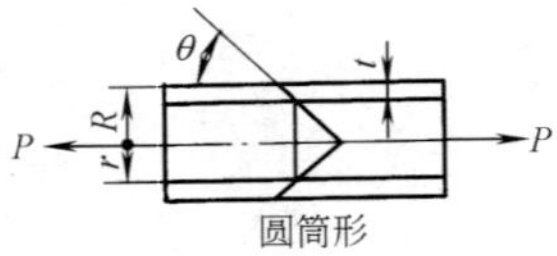 圆筒形	$\tau = \frac{P}{2\pi Rt}\sin\theta\cos\theta$ $\sigma = \frac{P}{2\pi Rt}\sin^2\theta$	τ——平行于胶面的剪切应力，MPa σ——垂直于胶面的法向应力，MPa P——接头承受的拉力，N θ——斜面夹角，(°) t——被粘物的厚度，mm M——接头承受的弯矩，N·mm T——接头承受的扭矩，N·mm R——外径，mm r——内径，mm
弯曲	斜搭接	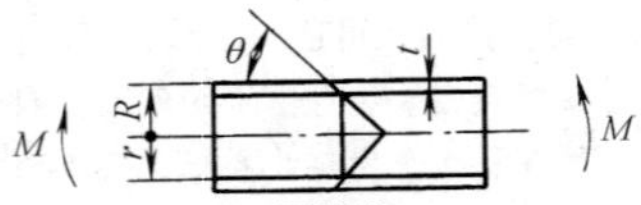 圆筒形	$\tau = \frac{2M(R+r)}{\pi(R^4-r^4)}\sin\theta\cos\theta$ $\sigma = \frac{2M(R+r)}{\pi(R^4-r^4)}\sin^2\theta$	
扭转	斜搭接	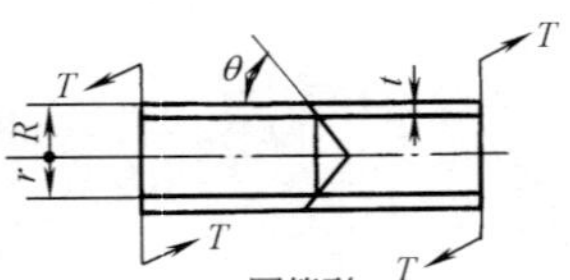 圆筒形	$\tau = \frac{2T\sin\theta}{\pi(R+r)^2(R-r)}$ $\sigma = 0$	
拉伸、压缩	双面搭接	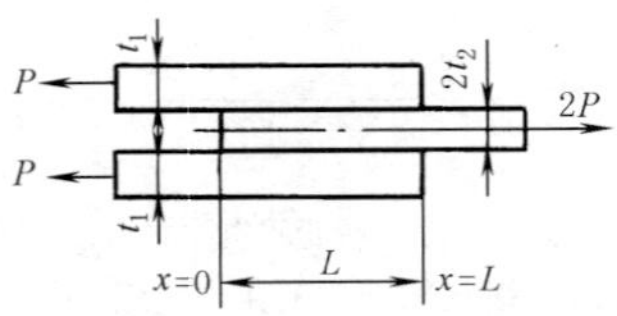	$x=0$ 时： $\tau_0 = \tau_p\left[1+\frac{CL^2}{3E}\left(\frac{1}{t_1}-\frac{1}{2t_2}\right)\right]$ $x=L$ 时： $\tau_L = \tau_p\left[1+\frac{CL^2}{3E}\left(\frac{1}{t_2}-\frac{1}{2t_1}\right)\right]$ $t_1=t_2=t$ 时： $\tau_0=\tau_L=\tau_{max}$ $=\tau_p\left(1+\frac{CL^2}{6Et}\right)$	τ_p——平均剪切应力，MPa， $\tau_p=\frac{载荷}{胶接面积}$ E——被粘物弹性模量，MPa t_1,t_2——被粘物厚度，mm L——粘接长度，mm C——系数，$C=\frac{G}{h}$ G——胶黏剂切变模量，MPa h——胶层厚度，mm

注：1. 粘接胶层厚度一般为 0.08~0.15mm。
2. 承受静载荷粘接接头安全系数 $n \geq 3$；承受动载荷粘接接头安全系数 $n=10$。

3 粘接工艺与步骤

3.1 表面处理

被粘材料经表面处理后，表面洁净、坚实，使胶黏剂能充分润滑，获得良好的接头强度。表面处理方法对接缝的剪切强度有较大影响，表 6-7-4 为环氧胶经不同表面处理方法处理后的剪切强度。表面处理步骤见表 6-7-5。

表 6-7-4　环氧胶经不同表面处理方法处理后的剪切强度　MPa

被粘物	处理方法			
	溶剂除油	蒸汽脱油	喷砂	化学浸蚀
铝	3	5.9	12.3	19.4
钢	20.3	20.4	29.6	31.6
铜	—	12.5	—	16.3

表 6-7-5　　表面处理步骤

金属材料	非金属材料
1.除油 (1)有机溶剂除油 如汽油、丙酮、甲苯、三氟三氯乙烷,溶解力强、沸点低,但去油污能力较差,有时需反复多次,用丙酮需擦洗三次以上 (2)碱洗除油 无毒、不燃,较为经济 (3)电解除油 效率高,除油效果好 (4)超声波除油 常用于小型精密工件 2.除锈 (1)机械除锈 手工除锈——简便易行,劳动强度大,工效低,用于粘接强度不高的工件 电动工具除锈——效率高,除锈效果好 喷砂除锈(干法、湿法)——干法喷砂粉尘大,对操作人员健康不利;湿法喷砂消除粉尘,表面质量好,但效率比干法喷砂低,冬季不易露天操作 (2)化学除锈 化学浸蚀——黑色金属用酸浸蚀,铝及铝合金用氢氧化钠浸蚀 电化学浸蚀(阴极法、阳极法)——浸蚀速度快,酸液消耗少,但需耗电,表面不规整工件浸蚀效果差。阴极法使金属基本不受浸蚀、不改变零件几何尺寸,易引起氢脆。阳极法则相反 3.化学活化处理 金属材料经除油、除锈后能满足一般粘接要求,但要进一步提高粘接强度,还需要进行化学活化处理,使工件表面呈现高表面能状态 4.用水滴法检验表面处理质量 用蒸馏水滴在被处理金属表面,若呈连续水膜,说明表面洁净;若呈不连续珠状,说明表面仍有非极性物质,需继续处理。被粘材料若停放超过8h需重新处理	1.机械处理 除去油污,还要除去高分子材料表面残存的脱模剂、增塑剂和硫化剂。对于极性塑料,用砂纸打磨较好 2.物理处理 效率高,效果好,耗材少,但处理设备造价高,适用于非极性高分子材料 火焰处理——表面发生氧化反应,得到含碳的极性表面,适用于粘接聚乙烯、聚丙烯 电晕放电处理——使表面产生极性膜,适用于粘接聚烯烃薄膜 接触放电处理——耗电少,处理均匀 等离子处理——适用范围广,可以处理几乎所有高分子材料,效果显著,如聚丙烯、尼龙、聚苯乙烯采用环氧树脂粘接,强度可达20MPa、聚四氟乙烯达5MPa,但设备造价高 3.化学处理 用酸、强氧化剂除去工件表面油污,并生成含碳等极性物质以利于粘接 4.辐射接枝 用甲基丙烯酸甲酯、丙烯酸、醋酸乙烯等极性单体处理聚乙烯、聚丙烯、氟塑料等非极性材料,改善表面性质,效果显著,但费用高 5.溶剂处理 用甲苯、丙酮、氯仿等对聚烯烃材料进行溶胀处理,提高粘接强度,方法简便,但效果不太理想

注：高分子材料介电常数一般在3.6以上的为极性材料，在2.8~3.6的为弱极性材料，在2.8以下的为非极性材料。

3.2　胶液配制和涂敷

(1) 配胶

用胶量少时，通常采用双层壁配胶罐配胶；用胶量多时，用带搅拌桨叶的调胶机进行配胶。

配胶时，需对树脂与固化剂等组分称量准确，比例适当，注意加料顺序；要充分搅拌。配胶量要适当，用多少，配多少。

(2) 涂敷

涂敷是将胶黏剂用适当工具涂在被粘材料表面。涂敷工作需注意的是胶黏剂应充分浸润和吸附被粘工件表面，胶液黏度一般为0.5~3Pa·s。每个被粘面应分别涂胶。为排除胶液中的水分和气体，涂胶速度以2~4cm/s为宜。涂胶要均匀，胶层厚度一般为0.08~0.15mm。涂敷方法有以下几种。

刮涂法——是最常用的方法，用玻璃棒、刮刀等工具将胶液刮在被粘材料表面。适用于黏度较大的胶液，效率低，胶层不易均匀。

刷涂法——也是最常用的方法，用漆刷将胶液涂在被粘材料表面。适用于黏度较小的胶液，效率比刮涂法高，且胶层均匀。

喷涂法——适用于大面积涂胶，工效高，胶液浪费大，喷出胶雾对人体有害。

滚涂法——适用于压敏胶带的制造，工效高，胶层均匀，易于自动化。

3.3 晾置与固化

表 6-7-6

项目		方法或参数	特点或说明
晾置		自然晾置	①环氧树脂胶等没有惰性溶剂的胶液，一般不需晾置 ②α-氰基丙烯酸酯胶在微量潮气催化下迅速聚合的胶黏剂，晾置时间越短越好 ③酚醛树脂胶等含惰性溶剂的胶黏剂，应多次涂敷，每一层晾置20~30min，保证溶剂挥发，提高粘接强度 ④环境湿度越低越好，尤其是对聚氨酯胶、氯丁胶
固化	固化参数	固化温度	热固性胶黏剂必须在一定温度下固化。不同的胶种固化温度不同，适当选择固化温度，能有较好的力学和耐老化性能
		固化时间	在一定固化温度下，需保持一定时间。提高固化温度可以缩短时间
		固化压力	加压有助于粘接面紧密接触及胶液微孔渗透；有助于排除胶液中的水分和溶剂，保证胶层厚度均匀致密
	加热方法	电烘箱加热	简便易行，常用，尤其适合小批量，但周期长、耗电量大、不易实现自动化
		红外线烘房或隧道窑加热	缩短固化时间、耗电量低，易自动化
		热风加热	传热快，加热范围变化灵活，适用于压敏胶带加热
		工频和高频电流加热	效率高，加热速度快
	加压方法	触压	靠工件自重压紧，适用于环氧树脂胶
		锤压	用木榔头砸实粘接部位，适用于氯丁胶
		机械夹子加压	方便灵活、压力高、工效低、压力不均匀，适用于形状复杂的零件
		液压机加压	压力大而均匀，用于胶合板、复合材料的制造
		滚压	适用于复合材料的制造

4 粘接技术的应用

表 6-7-7

项目	用途	主要粘接工艺	说明
机械设备制造	液压机导柱、导套粘接	①粘接部位用丙酮或汽油擦洗，再用100#砂纸打磨并除尘 ②胶液配方：618#环氧树脂100份；650#低分子聚酰胺80~100份；铁粉或铝粉100份 ③固化24h	由传统的过盈配合改为粘接，操作简便，易保证精度。粘接间隙为0.02~0.03cm
	喷砂机密封圈的粘接	①粘接部位用丙酮或汽油擦洗，再用木锉和砂纸打磨并除尘 ②胶液：长城牌303胶或接枝氯丁胶 ③晾干10~15min，再用木榔头砸实，固化24h	密封圈用橡胶制成，箱体为钢制，用粘接方法加工效果较好
	风动工具螺栓防松	①用汽油或丙酮清洗 ②用Y-150胶的促进液涂抹一次，待3~5min后涂Y-150胶，拧上螺母固定24h	风动工具冲击次数2500~3000次/min，用机械锁紧，一般一周就会松动，改用厌氧胶锁紧可用两个月以上
	液压机的防漏	①将油路系统有关螺栓、接口用汽油或丙酮洗净 ②涂上铁锚350#厌氧胶后安装即可	原螺栓接头有漏油，与厌氧胶配合使用可解决漏油
	大型油压机上、下台面的粘接(大受力构件的粘接)，见图6-7-1	①将一定形状的钢板刨平，经喷砂、除油后立即涂胶(喷砂后存放时间不得超过8h) ②胶液配方：E-44环氧树脂100份；JLY-121聚硫橡胶10份；203#聚酰胺5份；703#固化剂10份；铁粉(200目)150份 ③分次调胶，每次调胶量不得超过400g，每次调胶量最好在一个结合面用完 ④涂胶要均匀、无气泡，并应在接合面两面分别涂胶 ⑤两块钢板叠合后，应往复推动1~2次，使胶液均匀分布 ⑥固化条件：60~80℃，2~4h；80~100℃，2h	大型油压机上、下台面一般为整体铸件或锻件，质量可达十几吨，就制造而言，无论铸造或锻造都是十分困难的，若采用一定厚度和形状钢板叠合粘接，将大大简化制造工艺

续表

项　目	用　　途	主　要　粘　接　工　艺	说　　明
机床机件修复	零件尺寸修复	①将工件用汽油清洗后，用 1：1 的盐酸腐蚀后立即烘干（或用铬酸处理） ②胶液配方：618#环氧树脂 100 份；聚硫橡胶 20 份；703#固化剂 20 份；石墨粉 10 份；二硫化钼 40 份 ③涂胶后室温放置 24h 后，加温 60℃，固化 4h	各种机床的一些轴套，长期使用会磨损而增大间隙，采用胶黏剂修补可恢复原状
	铸件砂眼修复	618#环氧树脂 100 份；聚酯树脂 20 份；二乙烯三胺 10 份；铁粉或铝粉 200 份	可填补各种铁、铝铸件的砂眼，其强度不小于铸件本身
刀具、量具制造	铰刀、铣刀的粘接（图 6-7-2）	①刀架和硬质合金刀刃用丙酮或汽油清洗后，再用盐酸等溶液处理干净并烘干 ②常用无机胶或环氧胶。无机胶配方：磷酸溶液 1 份；氧化铜粉 3.5～4.5 份。环氧胶配方：618#环氧树脂 100 份；聚硫橡胶 20 份；704#固化剂 10 份；铁粉 100～200 份 ③ 粘接后在 60～70℃加热 2～4h	适用于陶瓷刀、硬质合金刀及金刚石刀的粘接
	量具的粘接	选用磷酸-氧化铜无机胶，因无机胶膨胀系数小，能保证量具的精度	常用于塞规、卡规、高度尺刀刃、硬质合金顶尖的粘接
模具制造	冲头的粘接	①将下模板的冲头安装孔和冲头用丙酮清洗三遍 ②胶液配方：618#环氧树脂 100 份；聚硫橡胶（或丁腈橡胶）20 份；704#固化剂 10 份 ③粘接后在 60℃固化 4h	如多孔复式冲孔模有 250 个冲头，用机械镶嵌方法加工，每个冲头都要对准下模板，技术要求高，生产周期长，用粘接方法可大大简化工艺
	卸料板制造	①按尺寸加工成卸料板的金属框，用丙酮清洗三次 ②用模具冲制几张白纸板 ③将冲头用丙酮或汽油清洗后套上白纸板并涂一层甲苯胶，然后放上卸料板金属框，将白纸板贴上 ④胶液配方：618#环氧树脂 100 份；聚硫橡胶 20 份；苯二甲胺 20 份；氧化铝粉 100 份；白炭黑 2 份 ⑤ 将胶液倒入金属框内，固化 24h，最好再在 60℃下固化 4h	
航天工业	巨型火箭储存推进剂的储箱	用聚氨酯型和环氧-尼龙型超低温胶黏剂	储箱储存液态氧、液态氢，用多层多种保温材料制成，不易用机械方法连接
航空工业	飞机用铝合金蜂窝结构	用酚醛-丁腈胶、环氧-丁腈胶、环氧-尼龙胶	
汽车工业	刹车闸片的粘接	①将酚醛石棉塑料摩擦片和钢带分别进行除油和打磨处理 ②分别涂 J-03 胶或 J-04 胶，2～3 次，每次间隔 20min，然后在胎具上加压 0.3MPa，放在 160～170℃下固化 2h	过去用铆接，工序多、寿命短。改用粘接后，使用寿命可提高 3 倍以上
	油箱、水箱修复	①在裂纹两端分别钻 ϕ3mm 止裂孔，用丙酮洗净裂纹油污 ②在裂纹中挤入 α-氰基丙烯酸酯胶，固化后去掉表面胶层，再涂环氧胶，其配方：618#环氧树脂 100 份；聚硫橡胶 20 份；二乙烯三胺 10 份。如果加几层玻璃布，效果更好	α-氰基丙烯酸酯胶耐油性好，黏度小，渗透力强，同时，因裂缝里的 α-氰基丙烯酸酯胶遇水膨胀而不被溶解，能将裂纹塞满，故适于修复油箱和水箱。如果只用环氧胶，胶液无法渗入裂缝，效果差

续表

项　目	用　　途	主 要 粘 接 工 艺	说　　明
造船工业	螺旋桨与艉轴的粘接	①将艉轴和桨的轴孔用丙酮或汽油清洗干净后，用砂纸打磨并除尘 ②用环氧胶粘接，其配方：6101#环氧树脂100份；聚硫橡胶JLY-121 20～25份；三乙烯四胺8～10份；DMP-30 1～3份 ③粘接后室温固化24h以上	过去用机械方法连接，加工精度高、加工量大，易被海水腐蚀。采用粘接后，降低了加工精度，简化了装配工艺，提高了耐蚀能力
电子元器件制造	波导的粘接	用导电胶粘接	代替锡焊、锡铅焊，简化了工艺，保证了质量
	高频插头的粘接	用导电胶粘接	代替锡焊，简化了工艺，提高了质量
	扬声器的粘接	音圈与纸盒、音圈与减振器的粘接：用硝基胶、氯丁胶或环氧胶 减振器与金属框架的粘接：用氯丁胶或环氧胶 防尘罩的粘接：用氯丁胶和硝基胶 引线与纸盒的粘接：用缩醛胶、酚醛胶	
电子产品装配	铝铭牌的粘接	①用丙酮、酒精洗净 ②用酚醛树脂和氯丁橡胶配制的标牌胶及703#、706#单组分有机硅胶粘接 ③粘接后晾置10～20min，再压实	
	防振垫的粘接	将S01-3聚氨酯清漆按比例配好，涂敷在防振垫上固化20h	防振垫一般由聚氨酯泡沫塑料或海绵制成
电器制造	C形铁芯的粘接	①胶液配方：618#环氧树脂50份；己二酸环氧树脂（或622#）25份；501#活性稀释剂25份；595#固化剂10份 ②铁芯经退火后除去砂子，放入绝压为1.3kPa的浸胶罐中（真空除去后加压0.4MPa，保持15min） ③150℃固化2h	C形铁芯是由硅钢片卷绕而成。除所述配方外，还可用无溶剂绝缘漆
	离合器环形磁芯的粘接	①将硅钢片清洗干净 ②胶液配方：601#环氧树脂100份；邻苯二甲酸酐30份；丙酮300份 ③胶液配制：将601#树脂加热至120℃，再加入邻苯二甲酸酐搅匀，温度为150℃，保温10～15min后倒入丙酮中溶解 ④用喷漆枪将硅钢片正反面各喷一层胶，待溶剂挥发后，组装在一起加热至150℃，固化8h	电火花机床磁粉离合器的环形铁芯是由几千片硅钢片粘接成的
自行车工业	车架连接	①胶液配方：618#环氧树脂100份；固化剂12份；聚硫橡胶10份；南大-42　2份；石英粉（400目）50份 ②粘接方法：将管材酸洗烘干后，接头内外涂胶，经车架组合，缩口校准后，150℃烘0.5h，取出磷化加工	自行车车架连接采用盐浴加热浸渍铜焊，存在工艺复杂、劳动条件差、能源消耗大、浸焊后去盐不易干净、接头处泛锈、应力集中等缺点，改用粘接可以解决以上问题

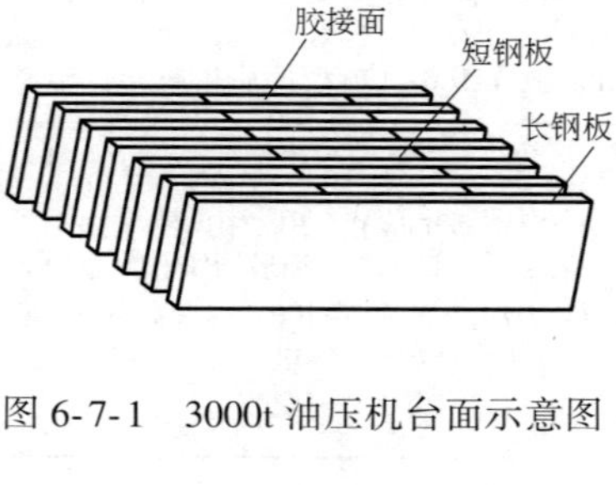

图6-7-1　3000t油压机台面示意图

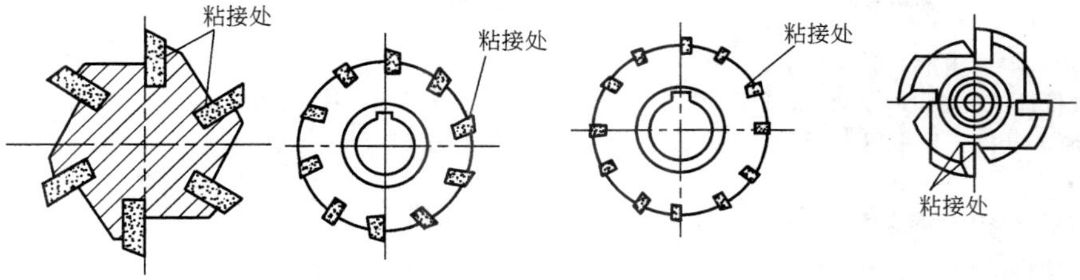

(a) 铰刀的粘接　(b) 错齿三面刃铣刀粘接　(c) 直齿三面刃铣刀粘接　(d) 三面刃铣刀粘接

图 6-7-2　几种铰刀、铣刀的粘接

参 考 文 献

[1] 机械设计手册编委会. 机械设计手册. 第3版. 北京：机械工业出版社，2004.
[2] 辛一行等. 现代机械设备设计手册. 第1卷. 设计基础. 北京：机械工业出版社，1996.
[3] 机械工程手册、电机工程手册编辑委员会. 机械工程手册. 第5卷. 机械零部件设计. 第2版. 北京：机械工业出版社，1996.
[4] 汪恺等. 机械制造基础标准应用手册. 上册. 北京：机械工业出版社，1997.
[5] Decker，Karl-Heinz. Maschinenelemente：GestaHung and Berechnung. 1982.
[6] 祝燮权. 实用紧固件手册. 上海：上海科学技术出版社，1998.
[7] 李士学，蔡永源，周振丰，胡金生. 胶粘剂制备及应用. 天津：天津科学技术出版社，1984.
[8] 贺曼罗. 胶粘剂与其应用. 北京：中国铁道出版社，1987.
[9] 余梦生，吴宗泽. 机械零件手册. 北京. 机械工业出版社，1996.

机械设计手册

第六版

第2卷

HANDBOOK OF MECHANICAL DESIGN

第7篇 轴及其连接

主要撰稿 王德夫 王孝先 姬奎生 王淑兰 林基明 童祖楹

审 稿 蔡学熙 姬奎生

7

第1章 轴、曲轴和软轴

1 轴

轴是重要的机械零件之一。许多零件（如齿轮、带轮等）都需装在轴上并和轴一起在轴承的支承下绕轴心线回转，传递转矩，它们共同组成一个轴系。这些装在轴上的零部件与轴的设计有关。所以，在轴的设计中，不能只考虑轴本身，还必须和装在轴上的零部件一起考虑。

1.1 轴的分类

按轴受载情况分为：

① 转轴　支承传动零件又传递动力，即同时承受转矩和弯矩。

② 心轴　只支承回转零件而不传递动力，即只承受弯矩。心轴又分为固定心轴（工作时轴不转动）和转动心轴（工作时轴转动）。

③ 传动轴　主要起传递动力作用，即主要承受转矩。

按结构形状分为：光轴和阶梯轴；实心轴和空心轴。按几何轴线形状分为：直轴、曲轴和钢丝软轴。

1.2 轴的设计

轴的设计包括轴的结构设计和轴的计算。轴的计算包括轴的强度计算、轴的刚度计算和轴的临界转速计算。

轴设计的原则是，在满足结构要求和强度、刚度要求的条件下，设计出尺寸小、重量轻、安全可靠，工艺上经济合理，又便于维护检修的轴。

轴的设计程序如下。

① 根据机械传动方案的整体布局，确定轴上零、部件的布置和装配方案；

② 选择轴的材料；

③ 在力的作用点及支点间跨距尚不能精确确定的情况下，按纯扭工况初步估算轴的直径；

④ 进行轴的结构设计（确定各轴段的长度与轴径及轴肩、键槽、圆角等）；

⑤ 根据轴的受载情况及使用工况，进行轴的强度验算、刚度验算；

⑥ 必要时进行轴强度的精确校核计算；

⑦ 对于转速较高、跨度较大、外伸端较长的轴要进行临界转速计算；

⑧ 如果计算结果不能满足强度、刚度等要求时，必须采取措施修改轴的设计；

⑨ 绘制轴的工作图。

一般是按照“结构设计→承载能力验算→结构改进→承载能力再验算……”的顺序进行。

1.3 轴的常用材料

（1）轴毛坯的选择

对于光轴或轴段直径变化不大的轴、不太重要的轴，可选用轧材圆棒做轴的毛坯，有条件的可直接用冷拔圆钢；直径大的轴可采用空心轴；对于重要的轴、受载较大的轴、直径变化较大的阶梯轴，一般采用锻坯；对于形状复杂的轴可用铸造毛坯。

（2）根据使用条件选用轴的材质

多数轴既承受转矩又承受弯矩，多处于变应力条件下工作，因此轴的材料应具有较好的强度和韧性，用于滑动轴承时，还要具有较好的耐磨性。

轴的常用材料见表 7-1-1。其中优质碳素结构钢使用广泛，45 钢最为常用，它调质后具有优良的综合力学性能。不太重要的轴也可用 Q235、Q275 等普通碳素结构钢。高速、重载的轴、受力较大而要求尺寸小的轴以及有特殊要求的轴，要用合金结构钢，如铬钢、铬镍钢、硅锰钢及硼钢等。合金钢对应力集中的敏感性高，所以采用合金钢的轴的结构形状应尽量减少应力集中源，并要求表面粗糙度值低。在一般工作温度下，若仅为了提高轴的刚度，不宜选用合金钢，因弹性模量和碳素钢相近。

对于形状复杂的轴，如汽车、拖拉机的轴类零件可用铸造方法，常用的铸材有球墨铸铁、稀土-镁球墨铸铁等，由于其强度较高、冲击韧度较好，具有减摩、吸振和对应力集中敏感性小、价廉等优点，在机械行业应用日趋增多。

在高温和腐蚀条件下工作的轴，应用耐热钢和不锈钢，常用的如 1Cr18Ni9Ti。

（3）用热处理和表面处理工艺提高材料的力学性能

轴类零件的热处理工艺和表面处理工艺详见本手册第 1 卷第 1 篇第 6 章。本章表 7-1-2、表 7-1-3 的内容可供参考。

冷作硬化是一种机械表面处理工艺，也可以用来改善轴的表面质量，提高疲劳强度，其方法有喷丸和滚压等。喷丸表面产生薄层塑性变形和残余压缩应力，能消除微裂纹和其他加工方法造成的残余应力，多用于热处理或锻压后不需要精加工的表面。滚压使表面产生薄层塑性变形，并大大降低表面粗糙度，硬化表层，也能消除微裂纹，使表面产生残余压缩应力。

表 7-1-1　轴的常用材料及其主要力学性能

材料牌号	热处理	毛坯直径/mm	硬度HB	抗拉强度 $R_m(\sigma_b)$	屈服点 σ_s	弯曲疲劳极限 σ_{-1}	扭转疲劳极限 τ_{-1}	备注
				N/mm² 不小于				
Q235,Q235F				440	240	180	105	用于不重要或载荷不大的轴
20	正火	25	≤156	420	250	180	100	用于载荷不大，要求韧性较高的轴
	正火	≤100		400	220	165	95	
		>100~300		380	200	155	90	
		>300~500	103~156	370	190	150	85	
	回火	>500~700		360	180	145	80	
35	正火	25	≤187	540	320	230	130	应用较广泛
		≤100		520	270	210	120	
	正火	>100~300	149~187	500	260	205	115	
		>300~500	143~187	480	240	190	110	
	回火	>500~750	137~187	460	230	185	105	
		>750~1000		440	220	175	100	
	调质	≤100	156~207	560	300	230	130	
		>100~300		540	280	220	125	
45	正火	25	≤241	610	360	260	150	应用最广泛
	正火	≤100	170~217	600	300	240	140	
		>100~300	162~217	580	290	235	135	
	回火	>300~500		560	280	225	130	
		>500~750	156~217	540	270	215	125	
	调质	≤200	217~255	650	360	270	155	
40Cr	调质	25		1000	800	485	280	用于载荷较大，而无很大冲击的重要轴
		≤100	241~286	750	550	350	200	
		>100~300	229~269	700	500	320	185	
		>300~500		650	450	295	170	
		>500~800	217~255	600	350	255	145	

续表

材料牌号	热处理	毛坯直径/mm	硬度HB	抗拉强度 $R_m(\sigma_b)$	屈服点 σ_s	弯曲疲劳极限 σ_{-1}	扭转疲劳极限 τ_{-1}	备注
				N/mm² 不小于				
35SiMn(42SiMn)	调质	25		900	750	445	255	性能接近于40Cr,用于中小型轴
		≤100	229~286	800	520	355	205	
		>100~300	217~269	750	450	320	185	
		>300~400	217~255	700	400	295	170	
		>400~500	196~255	650	380	275	160	
40MnB	调质	25		1000	800	485	280	性能接近于40Cr,用于重要的轴
		≤200	241~286	750	500	335	195	
40CrNi	调质	25		1000	800	485	280	用于很重要的轴
35CrMo	调质	25		1000	850	500	285	性能接近于40CrNi,用于重载荷的轴
		≤100	207~269	750	550	350	200	
		>100~300		700	500	320	185	
		>300~500		650	450	295	170	
		>500~800		600	400	270	155	
38SiMnMo	调质	≤100	229~286	750	600	360	210	性能接近于35CrMo
		>100~300	217~269	700	550	335	195	
		>300~500	196~241	650	500	310	175	
		>500~800	187~241	600	400	270	155	
37SiMn2MoV	调质	25		1000	850	495	285	用于高强度、大尺寸及重载荷的轴
		≤200	269~302	880	700	425	245	
		>200~400	241~286	830	650	395	230	
		>400~600	241~269	780	600	370	215	
38CrMoAlA	调质	30	229	1000	850	495	285	用于要求高耐磨性、高强度且热处理变形很小的(氮化)轴
20Cr	渗碳淬火回火	15	表面56~62HRC	850	550	375	215	用于要求强度和韧性均较高的轴(如某些齿轮轴、蜗杆等)
		30		650	400	280	160	
		≤60		650	400	280	160	
20CrMnTi	渗碳淬火回火	15	表面56~62HRC	1100	850	525	300	
1Cr13	调质	≤60	187~217	600	420	275	155	用于在腐蚀条件下工作的轴
2Cr13	调质	≤100	197~248	660	450	295	170	
1Cr18Ni9Ti	淬火	≤60	≤192	550	220	205	120	用于在高、低温及强腐蚀条件下工作的轴
		>60~180		540	200	195	115	
		>100~200		500	200	185	105	
QT400-15			156~197	400	300	145	125	用于结构形状复杂的轴
QT450-10			170~207	450	330	160	140	
QT500-7			187~255	500	380	180	155	
QT600-3			197~269	600	420	215	185	

注：1. 表中所列疲劳极限数值，均按下式计算 $\sigma_{-1}\approx0.27(\sigma_b+\sigma_s)$，$\tau_{-1}\approx0.156(\sigma_b+\sigma_s)$。

2. 其他性能，一般可取 $\tau_s\approx(0.55\sim0.62)\sigma_s$，$\sigma_0\approx1.4\sigma_{-1}$，$\tau_0\approx1.5\tau_{-1}$。

3. 球墨铸铁 $\sigma_{-1}\approx0.36\sigma_b$，$\tau_{-1}\approx0.31\sigma_b$。

4. 表中抗拉强度符号 σ_b 在 GB/T 228.1—2010 中规定为 R_m。

表 7-1-2　　轴表面淬火处理的淬硬层深度

性能要求	工作条件	淬硬层深度/mm	备　注	性能要求	工作条件	淬硬层深度/mm	备　注
耐　磨	载荷不大	0.5~1.5		抗疲劳	周期性弯曲或扭转	3.0~12	中小型轴淬硬层深度可按轴径的 10%~20%计算(直径 40mm 以上轴取上限)
	载荷较大,或有冲击载荷作用	2.0~6.5					

表 7-1-3　　轴的化学热处理方法

渗入元素	工艺方法	常用钢材	渗层组织	渗层深度/mm	表面硬度	作用与特点
C	渗　碳	低碳钢,低碳合金钢	淬火后为碳化物+马氏体+残余奥氏体	0.3~1.6(一般为 0.8~1.2)	57~63HRC(一般为 58~62)	渗碳淬火能提高表面硬度、耐磨性、疲劳强度、能承受重载荷。但处理温度较高,工件变形较大
N	渗　氮(氮化)	含铝低和中合金钢,中碳含铬合金钢,奥氏体不锈钢等	合金氮化物+含氮固溶体	0.1~0.6(一般为 0.2~0.3)	700~900 HV	提高表面硬度、耐磨性、抗胶合能力、疲劳强度、耐腐蚀性(不锈钢例外),以及抗回火软化能力。硬度和耐磨性比渗碳者高,费用也较高,但渗氮温度低,工件变形小。但渗氮时间长,渗层脆性较大
C,N	氮碳共渗	低、中碳钢,低、中碳合金钢	淬火后为碳氮化合物+含氮马氏体+残余奥氏体	0.25~0.6(一般为 0.3~0.4)	58~63 HRC	提高表面硬度、耐磨性和疲劳强度。共渗温度比渗碳低,工件变形小。要渗层厚时较困难
	低温氮碳共渗(软氮化)	碳钢,合金钢,铸铁,不锈钢	碳氮化合物+含氮固溶体	0.007~0.02	50~68 HRC	提高表面硬度、耐磨性、疲劳强度。温度低,工件变形小。硬度较一般渗氮低

1.4　轴的结构设计

在轴的具体结构未确定之前，轴上力的作用点难以确定，所以轴的设计计算必须先初步完成结构设计。

轴的结构设计主要是定出轴的合理外形和轴各段的直径、长度和局部结构。

轴的结构取决于轴的承载性质、大小、方向以及传动布置方案，轴上零件的布置与固定方式，轴承的类型与尺寸，轴毛坯的型式，制造工艺与装配工艺，安装运输条件及制造经济性等。设计轴的合理结构，要考虑的主要因素如下。

① 使轴受力合理，使扭矩合理分流，弯矩合理分配；

② 应尽量减质量，节约材料，尽量采用等强度外形尺寸；

③ 轴上零、部件定位应可靠（如轮毂应长出相关轴段 2~3mm 等），见本章 1.4.1 节；

④ 尽量减少应力集中，提高疲劳强度，见本章 1.4.3 节；

⑤ 要考虑加工工艺所必需的结构要素（如中心孔、螺尾退刀槽、砂轮越程槽等），尽量减少加工刀具的种类，轴上的倒角、圆角、键槽等应尽可能取相同尺寸，键槽应尽量开在一条线上，直径相差不大的轴段上的键槽截面应一致，以减少加工装卡次数；

⑥ 要便于装拆和维修，要留有装拆或调整所需的空间和零件所需的滑动距离，轴端或轴的台阶处应有方便装拆的倒角，轴上所有零件应无过盈地装配到位，可采用锥套等易装拆的结构；

⑦ 对于要求刚度大的轴，要考虑减小变形的措施；

⑧ 在满足使用要求的条件下，合理确定轴的加工精度和表面粗糙度，合理确定轴与轴上零件的配合性质；

⑨ 要符合标准零、部件及标准尺寸的规定。

1.4.1 零件在轴上的定位与固定

零件在轴上的定位与固定方法，参见表 7-1-4~表 7-1-6。

表 7-1-4　　　　轴向定位与固定方法

方法	简　图	特　点　与　应　用
轴肩、轴环	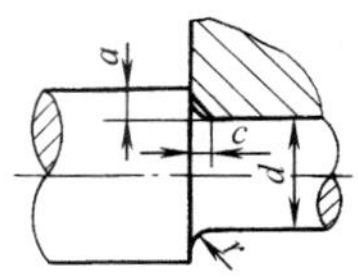 轴肩 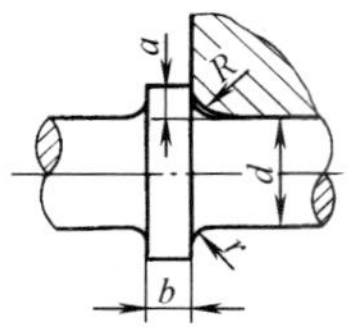 轴环	结构简单、定位可靠，可承受较大轴向力。常用于齿轮、带轮、链轮、联轴器、轴承等的轴向定位 为保证零件紧靠定位面，应使 $r<c$ 或 $r<R$ 轴肩高度 a 应大于 R 或 c，通常可取 $a=(0.07\sim0.1)d$ 轴环宽度 $b\approx1.4a$ 与滚动轴承相配合处的 a 与 r 值应根据滚动轴承的类型与尺寸确定（见本卷滚动轴承章），轴肩及轴环将增大轴的坯料直径，增加切削量
套筒	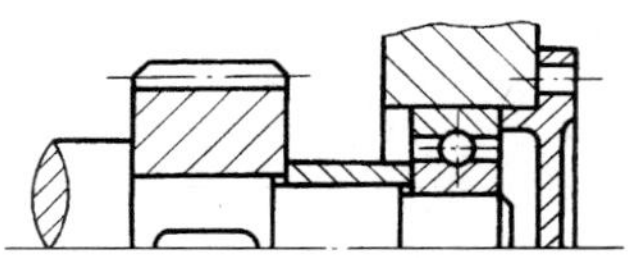	结构简单、定位可靠，轴上不需开槽、钻孔和切制螺纹，因而不影响轴的疲劳强度。一般用于零件间距离较小的场合，以免增加结构重量。轴的转速很高时不宜采用 套筒两端面的表面粗糙度要与配合面匹配
轴端挡板	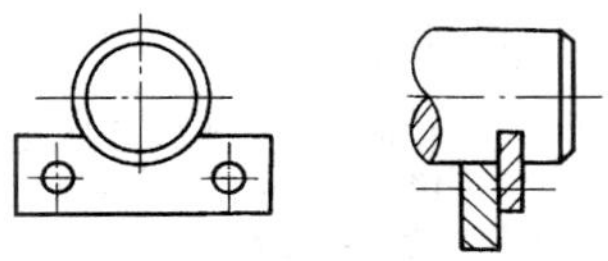	适用于心轴的轴端固定，见 GB/T 892—1986（单孔）及 JB/ZQ 4348—2006（双孔），既可轴向定位又可周向定位，只能承受小的轴向力
弹性挡圈	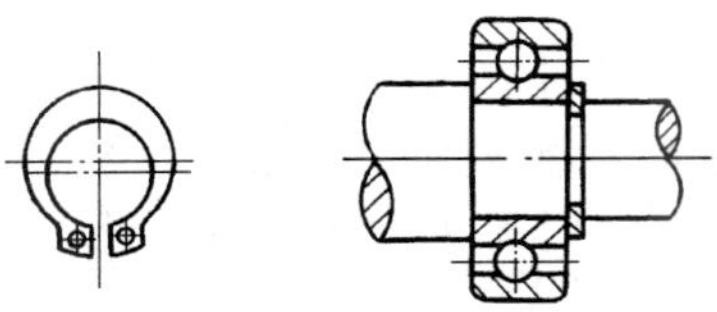	结构简单紧凑，只能承受很小的轴向力，常用于固定滚动轴承 轴用弹性挡圈的结构尺寸见 GB/T 894.1—1986~GB/T 894.2—1986，轴上需开槽，强度被削弱
紧定螺钉	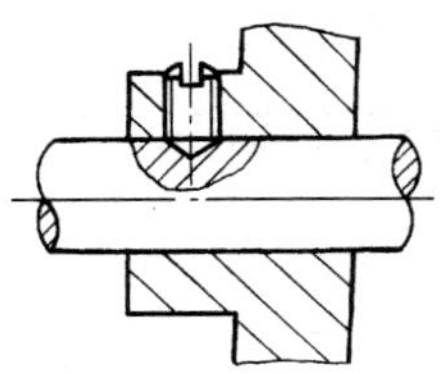	适用于轴向力很小、转速很低或仅为防止零件偶然沿轴向滑动的场合。为防止螺钉松动，可加锁圈 紧定螺钉亦可起周向固定作用 紧定螺钉用孔的结构尺寸见 GB/T 71—1985
锁紧挡圈	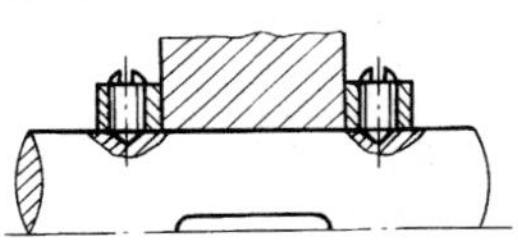	结构简单，但不能承受大的轴向力。常用于光轴上零件的固定，有冲击、振动时应有防松措施。螺钉锁紧挡圈的结构尺寸见 GB/T 884—1986
圆锥面	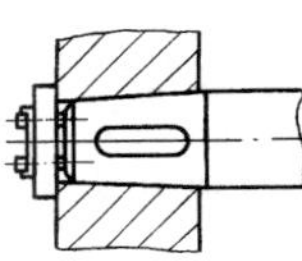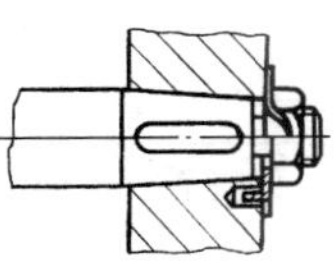	能消除轴与轮毂间的径向间隙，装拆较方便，可兼作周向固定，能承受冲击载荷。大多用于轴端零件固定，常与轴端压板或螺母联合使用，使零件获得双向轴向固定。轮毂要长出锥轴段 2mm 左右，以确保压紧。锥轴及孔加工较难，轴向定位不很准确。高速轻载时可不用键 圆锥形轴伸见 GB/T 1570—2005

续表

方法	简　　图	特　点　与　应　用
圆螺母	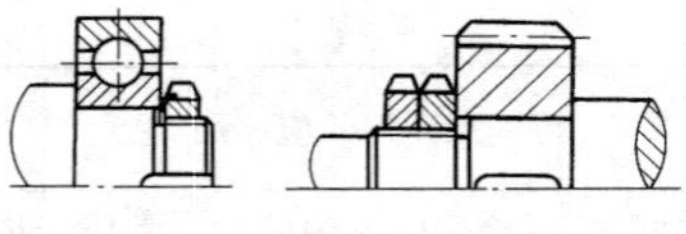	固定可靠,装拆方便,可承受较大的轴向力。由于轴上切制螺纹,使轴的疲劳强度有所降低。常用双圆螺母或圆螺母与止动垫圈固定轴端零件,当零件间距离较大时,亦可采用圆螺母代替套筒,以减小结构重量,与轴肩配合达到双向定位。见 GB/T 810—1988、GB/T 812—1988 及 GB/T 858—1988
轴端挡圈	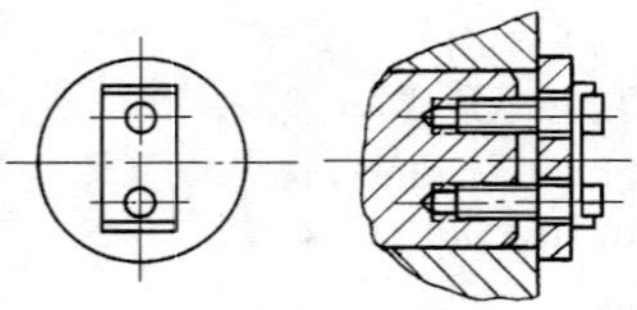	常用于固定轴端零件。可以承受剧烈的振动和冲击载荷 螺栓紧固轴端挡圈的结构尺寸见 GB/T 892—1986(单孔)及 JB/ZQ 4347—2006(双孔)
胀紧连接套	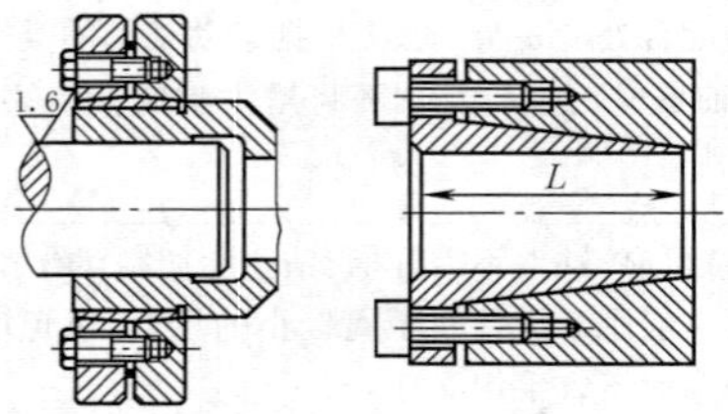	既用于轴向定位也用于周向定位 轴不需加工键槽,提高了轴的强度。对中性好,压紧力可调整,多次拆卸能保持良好的配合性质。轴的加工精度要求不高 可方便地在轴向和周向调整安装位置,拆装方便

表 7-1-5　　周向定位与固定方法

方法	简　　图	特　点　与　应　用
平键	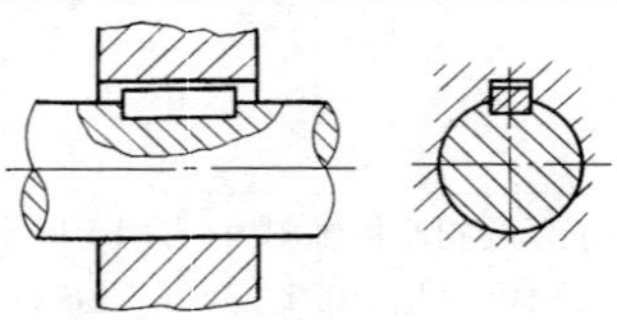	制造简单,装拆方便,对中性好。可用于较高精度、高转速及受冲击或变载荷作用下的固定连接中,还可用于一般要求的导向连接中 齿轮、蜗轮、带轮与轴的连接常用此形式 平键剖面及键槽见 GB/T 1096—2003,导向平键见 GB/T 1097—2003
楔键	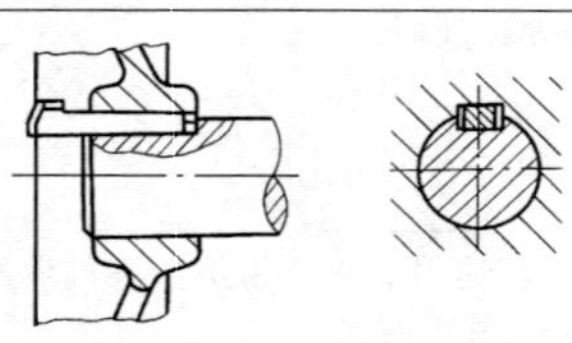	在传递转矩的同时,还能承受单向的轴向力。由于装配后造成轴上零件的偏心或偏斜,故不适用于要求严格对中、有冲击载荷及高速传动的连接。键的钩头长出轴外,供拆卸用,应加保护罩 楔键及键槽见 GB/T 1563—2003~GB/T 1565—2003
切向键	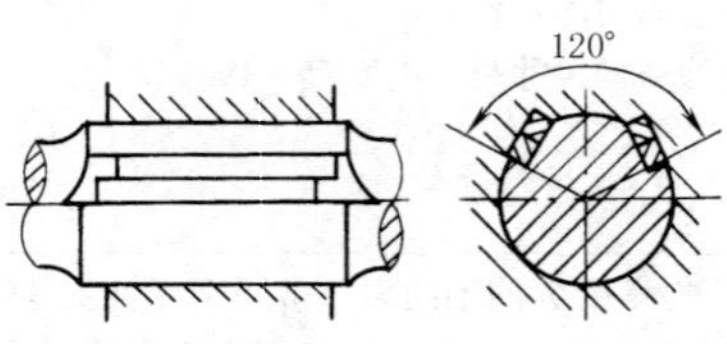	可传递较大的转矩,但对中性较差,对轴的削弱较大,常用于重型机械中 一个切向键只能传递一个方向的转矩,传递双向转矩时,要用两个,互成 120°,见 GB/T 1974—2003
半圆键	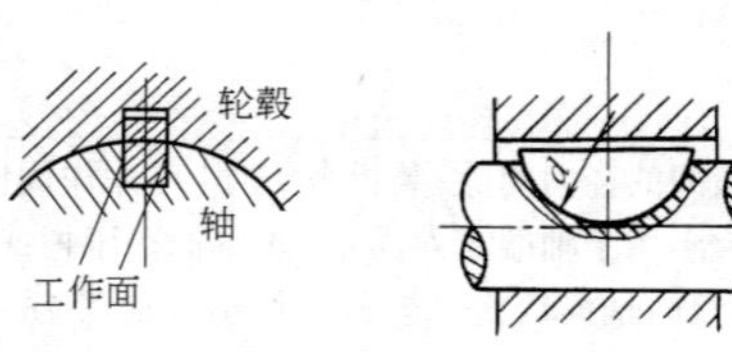	键在轴上键槽中能绕其几何中心摆动,故便于轮毂往轴上装配,但轴上键槽很深,削弱了轴的强度 用于载荷较小的连接或作为辅助性连接,也用于锥形轴及轮毂连接,见 GB/T 1098—2003~GB/T 1099.1—2003
滑键	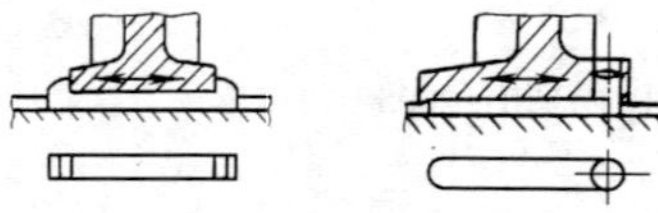	键固定在轮毂上,键随轮毂一同沿轴上键槽作轴向移动 常用于轴向移动距离较大的场合

续表

方法	简图	特点与应用
花键	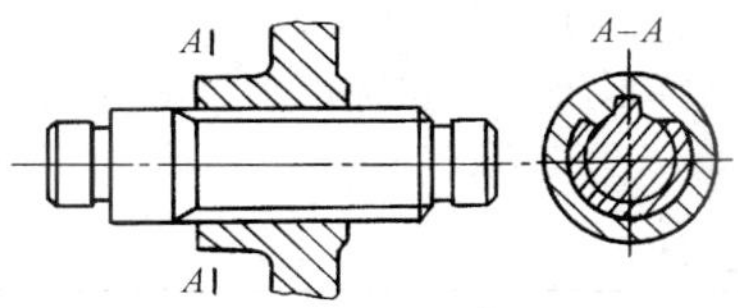	有矩形、渐开线及三角形花键之分 承载能力高,定心性及导向性好,但制造困难,成本较高。适用于载荷较大和对定心精度要求较高的滑动连接或固定连接 三角形齿细小,适用于轴径小、轻载或薄壁套筒的连接,见 GB/T 1144—2001
圆柱销	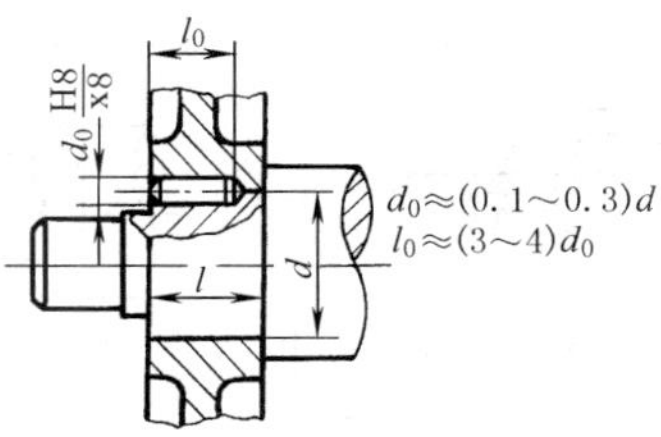	适用于轮毂宽度较小(例如 $l/d<0.6$),用键连接难以保证轮毂和轴可靠固定的场合。这种连接一般采用过盈配合,并可同时采用几个圆柱销。为避免钻孔时钻头偏斜,要求轴和轮毂的硬度差不能太大
圆锥销	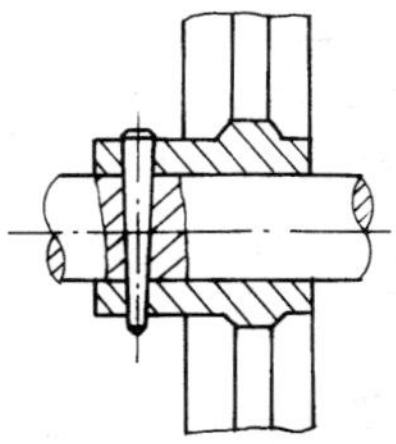	用于固定不太重要、受力不大但同时需要轴向固定的零件,或作安全装置用。由于在轴上钻孔,对强度削弱较大,故对重载的轴不宜采用。有冲击或振动时,可采用开尾圆锥销以防松脱
过盈配合	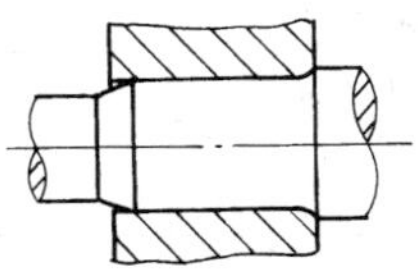	结构简单,对中性好,承载能力高,可同时起周向和轴向固定作用,但不宜用于经常拆卸的场合。对于过盈量在中等以下的配合$\left(例如\frac{H7}{s6}、\frac{H7}{r6}等\right)$,常与平键连接同时采用,以承受较大的交变、振动和冲击载荷 过盈配合轴的倒角尺寸见本手册第 2 卷第 6 篇

表 7-1-6　　轴上固定螺钉用孔(摘自 JB/ZQ 4251—2006)　　mm

简图	d	3	4	6	8	10	12	16	20	24	说明
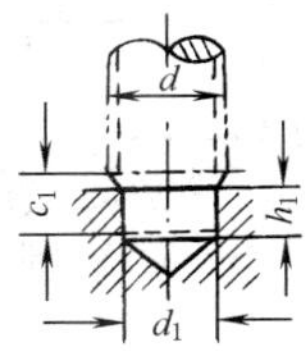	d_1			4.5	6	7	9	12	15	18	用于承受较大轴向力处
	$h_1 \geqslant$			4	5	6	7	8	10	12	
	c_1			4	5	6	7	8	10	12	
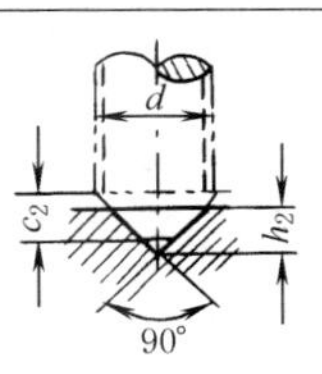	h_2	1.5	2	3	3	3.5	4	5	6		用于轴向力较小、轴径较小处
	c_2	1.5	2	3	3	3.5	4	5	6		
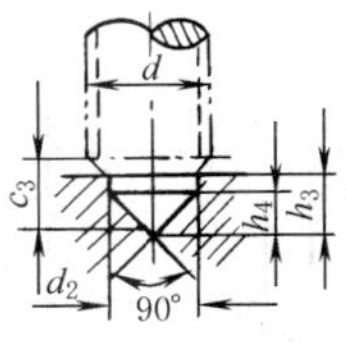	d_2					7	9	12	15		
	$h_3 \leqslant$					6	7	8	10		
	h_4					3.5	4.5	6	7.5		
	c_3					6	7	8	10		

注:工作图上除 C_1、C_2 和 C_3 外,其他尺寸应全部注出。

1.4.2 提高轴疲劳强度的结构措施

在轴截面变化处（如台阶、横孔、键槽等），会产生应力集中、引起轴的疲劳破坏，所以设计轴的结构时，应考虑降低应力集中的措施。表 7-1-7 提供的主要措施可供参考。由于轴的表面工作应力最大，所以提高轴的表面质量也是提高轴的疲劳强度的重要措施。提高轴的表面质量包括降低轴表面粗糙度值、对轴进行表面处理（如表面热处理、化学处理、机械处理等），均能提高轴的疲劳强度。

表 7-1-7　　降低轴应力集中的主要措施举例

结构名称	措　　施			
圆角	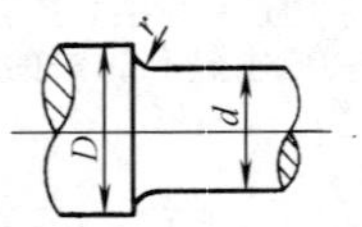 加大圆角半径 $r/d>0.1$，减小直径差 $D/d<1.15\sim1.2$	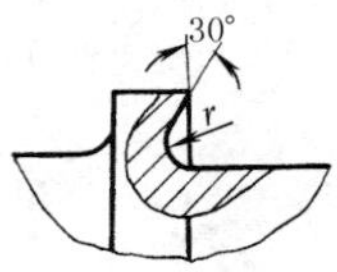 加内凹圆角	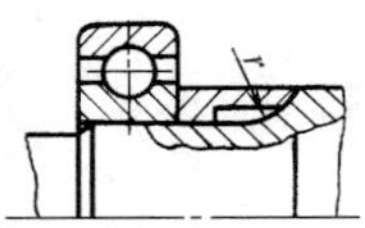 加大圆角半径，设中间环	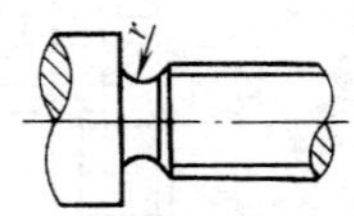 加退刀圆角
横孔	K_σ 减小约 30% 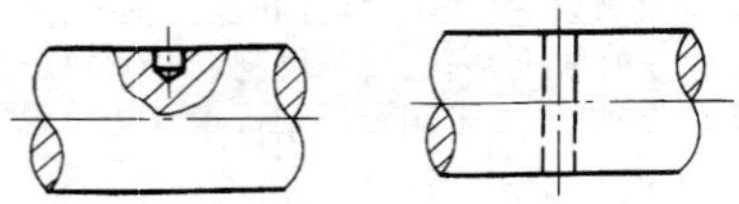 盲孔改成通孔		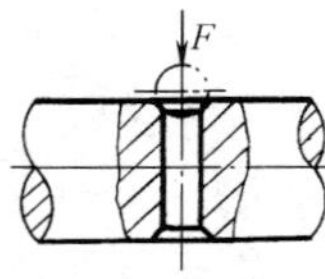 孔上倒角或滚珠辗压	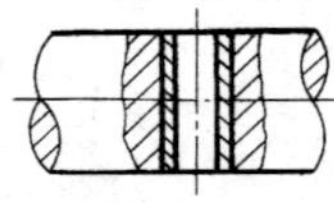 压入弹性小的衬套
键槽 花键	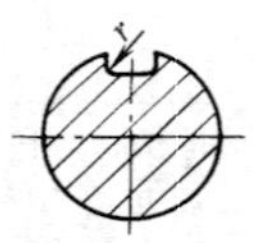 底部加圆角	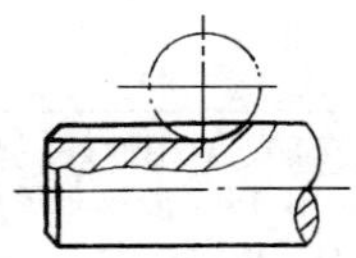 用圆盘铣刀	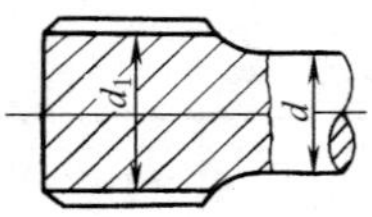 $d_1=(1.1\sim1.3)d$ 增大花键直径	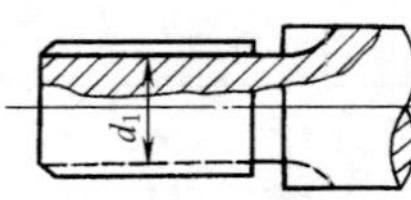 花键加退刀槽
过盈 配合	K_σ 减小约 30%~40% 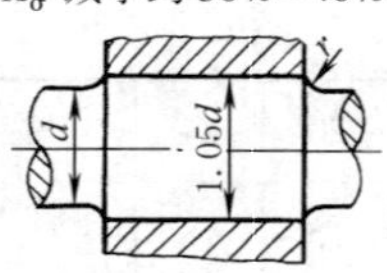 $r\geqslant(0.1\sim0.2)d$ 增大配合处直径	K_σ 减小约 40% 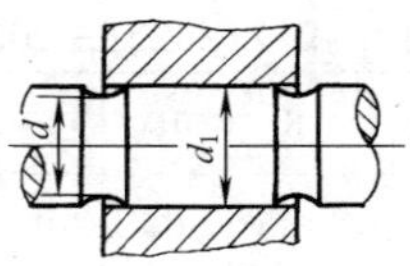 $d=(0.92\sim0.95)d_1$ 轴上开卸载槽并滚压	K_σ 减小约 15%~25% 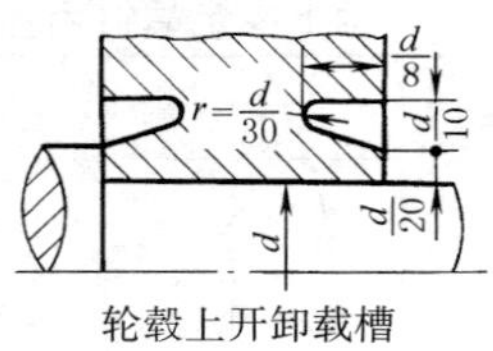 轮毂上开卸载槽	K_σ 减小约 15%~25% 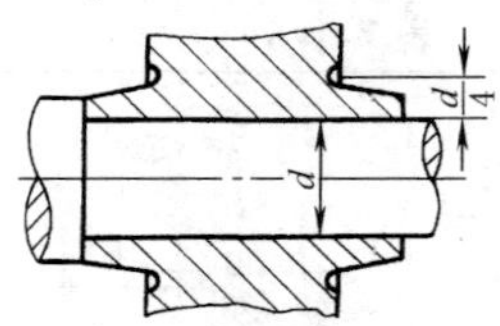 减小轮毂端部厚度

注：K_σ 为有效应力集中系数，其减小值为概略值，仅供参考。

1.4.3 轴颈及轴伸结构

（1）滑动轴承的轴颈结构尺寸及轴端润滑油孔

向　心　轴　颈

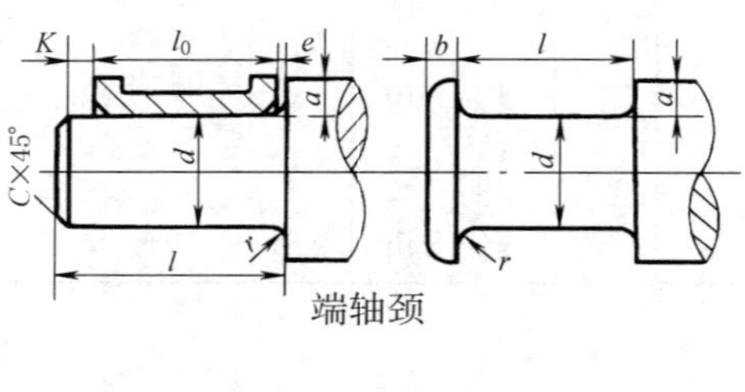

端轴颈

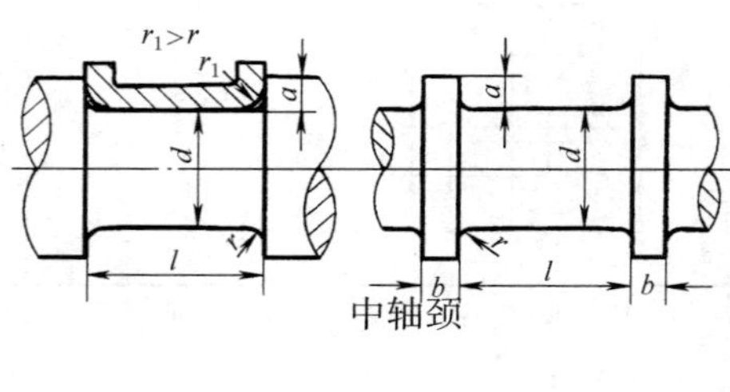

中轴颈

表 7-1-8

代　号	名　称	说　　明
d	轴颈直径	由计算确定,并按标准尺寸 GB/T 2822—2005 圆整为标准直径
a	轴肩(环)高度	$a\approx(0.07\sim0.1)d$，$d+2a$ 最好圆整为整数值
b	轴环宽度	$b\approx1.4a$，圆整为整数
r、r_1	圆角半径	见第 1 卷第 1 篇第 5 章零件的倒圆与倒角（GB/T 6403.4—2008）
l	轴颈长度	$l=l_0+K+e+C$，l_0 由轴承工作能力的需要确定，e 和 K 分别由热膨胀量和安装误差确定，C 按 GB/T 6403.4 选取。对于固定轴的轴颈 $l=l_0$

止　推　轴　颈

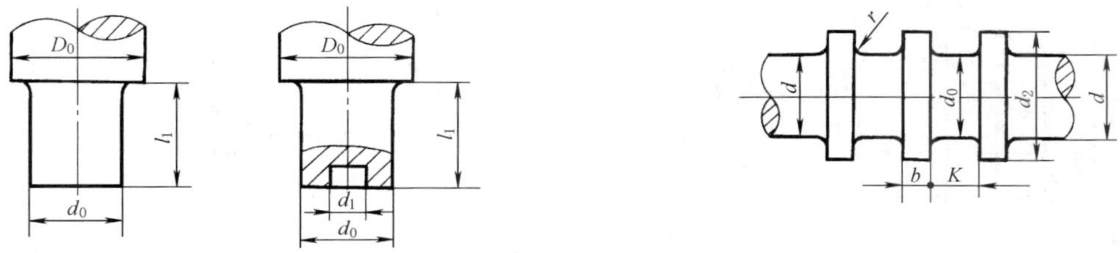

表 7-1-9

代号	名　　称	说　　明	代号	名　　称	说　　明
D_0	轴直径	由计算确定	b	轴环宽度	$b=(0.1\sim0.15)d$
d	轴直径	由计算确定	K	轴环距离	$K=(2\sim3)b$
d_0	止推轴颈直径	由计算确定,并按标准尺寸 GB/T 2822—2005 圆整为标准直径	l_1	止推轴颈长度	由计算和止推轴承结构确定
d_1	空心轴颈内径	$d_1=(0.4\sim0.6)d_0$	n	轴环数	$n\geqslant1$，由计算和止推轴承结构确定
d_2	轴环外径	$d_2=(1.2\sim1.6)d$	r	轴环根部圆角半径	按 GB/T 6403.4—2008 选取

表 7-1-10　　**轴端润滑油孔**　　mm

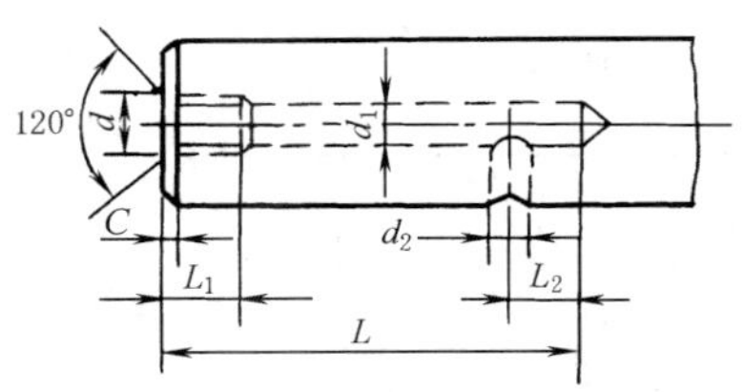

螺纹直径 d	d_1	d_2	L_{max}	L_{1min}	L_{2min}	C
M6-7H	5	5	100	10	15	0.5
M10×1-7H	9		150	12		
M14×1.5-7H	12.5	10	400	20	25	1
M20×1.5-7H	18.5	12	800	25	30	

（2）旋转电机圆柱形轴伸（摘自 GB/T 756—2010）

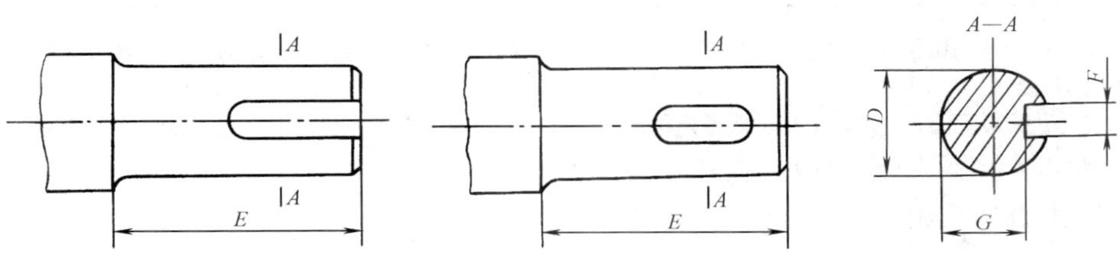

表 7-1-11

mm

D 基本尺寸	D 极限偏差		E 基本尺寸 长系列	E 基本尺寸 短系列	F 基本尺寸	F 极限偏差 一般键连接 N9	F 极限偏差 较紧键连接 P9	G 基本尺寸	G 极限偏差
6	+0.006 −0.002	j6	16		2	−0.004 −0.029	−0.006 −0.031	4.8	0 −0.1
7								5.8	
8	+0.007 −0.002		20					6.8	
9					3			7.2	
(10)			23	20				8.2	
11	+0.008 −0.003				4	0 −0.030	−0.012 −0.042	8.5	
(12)			30	25				9.5	
14					5			11.0	
16	+0.008 −0.003		40	28				13.0	
18					6			14.5	
19	+0.009 −0.004		50	36				15.5	
(20)								16.5	
22					8	0 −0.036	−0.015 −0.051	18.5	0 −0.2
24								20.0	
(25)			60	42				21.0	
28								24.0	
(30)			80	58				26.0	
32	+0.018 +0.002	k6			10			27.0	
(35)								30.0	
38								33.0	
(40)			110	82	12	0 −0.043	−0.018 −0.061	35.0	
42								37.0	
(45)					14			39.5	
48								42.5	
(50)								44.5	
55	+0.030 +0.011	m6	140	105	16			49.0	
60					18			53.0	
65								58.0	

D 基本尺寸	D 极限偏差		E 基本尺寸 长系列	E 基本尺寸 短系列	F 基本尺寸	F 极限偏差 一般键连接 N9	F 极限偏差 较紧键连接 P9	G 基本尺寸	G 极限偏差
70	+0.030 +0.011	m6	140	105	20	0 −0.052	−0.022 −0.074	62.5	0 −0.2
75								67.5	
80			170	130	22			71.0	
85	+0.035 +0.013							76.0	
90					25			81.0	
95								86.0	
100			210	165	28			90.0	
110								100	
120					32	0 −0.062	−0.026 −0.088	109	
130	+0.040 +0.015		250	200				119	0 −0.3
140					36			128	
150								138	
160			300	240	40	0 −0.062	−0.026 −0.088	147	
170								157	
180					45			165	
190	+0.046 +0.017		350	280				175	
200								185	
220					50			203	
240			410	330	56	0 −0.074	−0.032 −0.100	220	
250								230	
260	+0.052 +0.020							240	
280			470	380	63			260	
300					70			278	
320	+0.057 +0.021							298	
340			550	450	80			315	
360								335	
380								355	
400	+0.057 +0.021		650	540	90	0 −0.087	−0.037 −0.124	372	0 −0.3

注：1. 本表未摘录标准中轴伸直径（D）420~630mm 部分，带括号的直径应尽量不用。

2. 轴伸直径大于 500mm 者，键槽尺寸及其公差由用户与制造厂协商确定。

3. 轴伸键槽的对称度公差值应不超过下表规定：

mm

键槽宽 F	公差值	键槽宽 F	公差值	键槽宽 F	公差值	键槽宽 F	公差值
>1~3 >3~6	0.020 0.025	>6~10 >10~18	0.030 0.040	>18~30 >30~50	0.050 0.060	>50~100	0.080

4. 轴伸长度 E 一般应采用长系列尺寸。当电机专与某种指定机械配套或有特殊使用要求时，允许采用短系列尺寸，但应在电机的标准中作出规定。

5. 轴伸键槽宽 F 的极限偏差一般应采用一般键连接。当对传动有特殊要求时，如频繁启动或经常承受冲击负载，允许采用较紧键连接，但应在电机的标准中作出规定。

（3）旋转电机圆锥形轴伸（摘自 GB/T 757—2010）

表 7-1-12　　　　长、短系列圆锥形轴伸尺寸　　　　mm

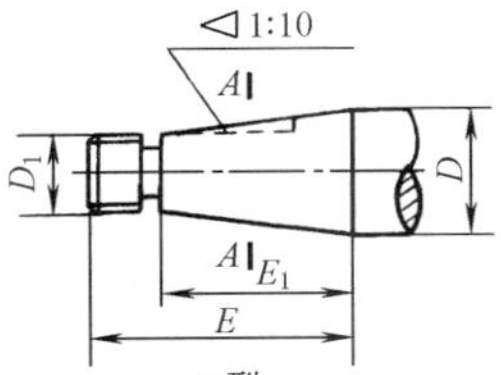

A型

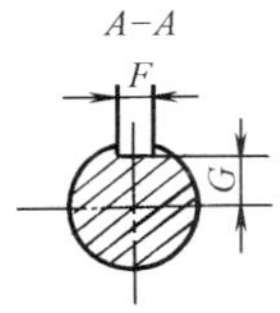

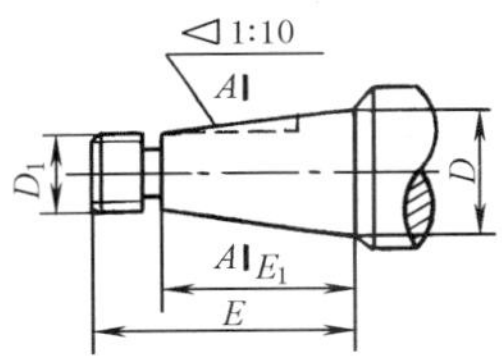

B型

D	E (js14)	E_1	F	G 尺寸	G 偏差	D_1	D	E (js14)	E_1	F	G 尺寸	G 偏差	D_1
16	40/28	28/16	$3^{-0.004}_{-0.029}$	5.5	0 −0.1	M10×1.25	70	140/105	105/70	$18^{0}_{-0.043}$	25.4	0 −0.2	M48×3
18			$4^{0}_{-0.03}$	5.8			75				27.9		
19				6.3			80	170/130	130/90	$20^{0}_{-0.052}$	29.2		M56×4
20	50/36	36/22		6.6		M12×1.25	85				31.7		
22				7.6			90			$22^{0}_{-0.052}$	32.7		M64×4
24				8.1			95				35.2		
25	60/42	42/24	$5^{0}_{0.03}$	8.4		M16×1.5	100	210/165	165/120	$25^{0}_{-0.052}$	36.9		M72×4
28				9.9			110				41.9		M80×4
30	80/58	58/36		10.5		M20×1.5	120			$28^{0}_{-0.052}$	45.9		M90×4
32			$6^{0}_{-0.03}$	11.0			130	250/200	200/150		50		M100×4
35				12.5			140			$32^{0}_{-0.062}$	54		
38				14.0			150				59		M110×4
40	110/82	82/54	$10^{0}_{-0.036}$	12.9	0 −0.2	M24×2	160	300/240	240/180	$36^{0}_{-0.062}$	62	0 −0.3	M125×4
42				13.9			170				67		
45			$12^{0}_{-0.043}$	15.4			180			$40^{0}_{-0.062}$	71		M140×6
48				16.9		M30×2	190	350/280	280/210		75		
50			$14^{0}_{-0.043}$	17.9		M36×3	200				80		
55				19.9			220			$45^{0}_{-0.062}$	88		M160×6
60	140/105	105/70	$16^{0}_{-0.043}$	21.4		M42×3							
65				23.9									

注：1. 当电机专与某种指定机械配套或有特殊使用要求用短系列时，轴伸长度的短系列尺寸见斜线下面的数据。

2. 尺寸 D 的公差选用 GB/T 1800.2—2009 中的 IT8，尺寸 E_1 的极限偏差应符合下表

直径 D	E_1 的轴向极限偏差	直径 D	E_1 的轴向极限偏差
16~18	0 −0.27	85~120	0 −0.54
19~30	0 −0.33	130~180	0 −0.63
32~50	0 −0.39	190~220	0 −0.72
55~80	0 −0.46		

（4）圆柱形轴伸（摘自 GB/T 1569—2005）

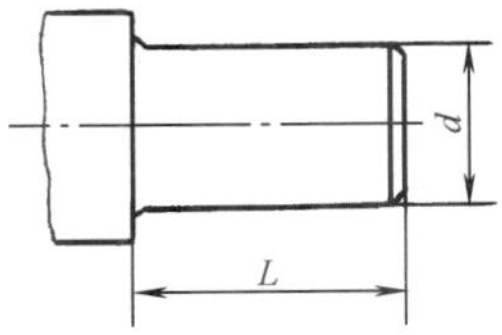

表 7-1-13　　　　mm

d 基本尺寸	d 极限偏差		L 长系列	L 短系列	d 基本尺寸	d 极限偏差		L 长系列	L 短系列	d 基本尺寸	d 极限偏差		L 长系列	L 短系列
6	+0.006 −0.002	j6	16	—	10	+0.007 −0.002	j6	23	20	18	+0.008 −0.003	j6	40	28
7	+0.007 −0.002				11	+0.008 −0.003				19				
8			20		12			30	25	20	+0.009 −0.004		50	36
9					14					22				
					16			40	28	24				

续表

d 基本尺寸	d 极限偏差		L 长系列	L 短系列
25	+0.009 −0.004	j6	60	42
28				
30			80	58
32	+0.018 +0.002	k6		
35				
38				
40			110	82
42				
45				
48				
50				
55	+0.030 +0.001	m6		
56				
60			140	105
63				
65				
70				
71				
75				

d 基本尺寸	d 极限偏差		L 长系列	L 短系列
80	+0.030 +0.011	m6	170	130
85	+0.035 +0.013			
90				
95				
100			210	165
110				
120				
125				
130	+0.040 +0.015		250	200
140				
150				
160			300	240
170				
180				
190	+0.046 +0.017		350	280
200				
220				

d 基本尺寸	d 极限偏差		L 长系列	L 短系列
240	+0.046 +0.017	m6	410	330
250				
260	+0.052 +0.020			
280			470	380
300				
320	+0.057 +0.021			
340			550	450
360				
380				
400			650	540
420	+0.063 +0.023			
440				
450				
460				
480				
500				
530	+0.070 +0.026		800	680
560				
600				
630				

注：1. 直径大于 630~1250mm 的轴伸直径和长度系列可参见原标准附录 A，本表未摘录。
2. 本表适用于一般机器之间的连接并传递转矩的场合。

（5）圆锥形轴伸（摘自 GB/T 1570—2005）

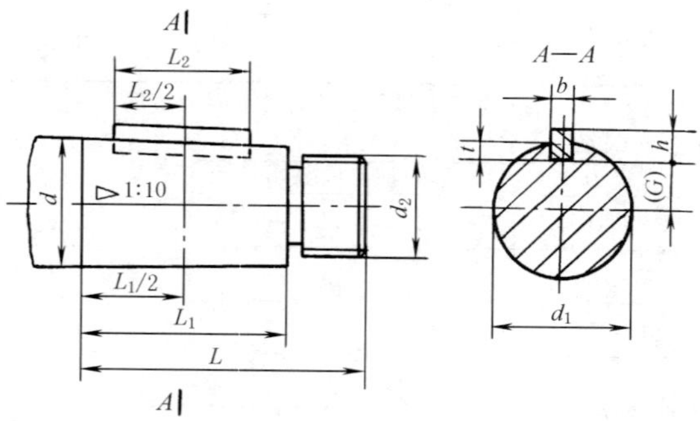

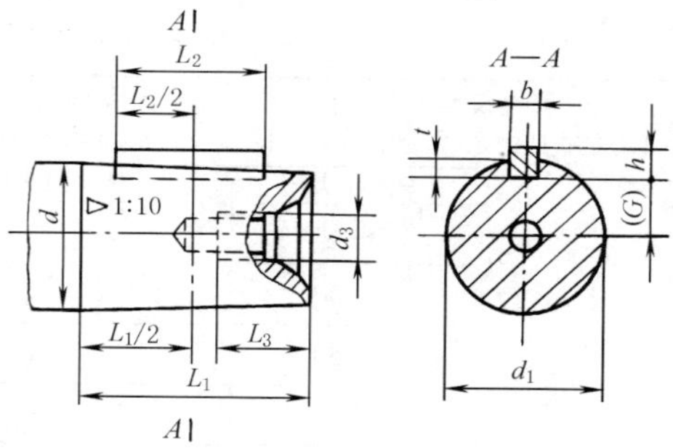

表 7-1-14　　直径 220 以下的轴伸型式与尺寸　　mm

d	L	L_1	L_2	b	h	d_1	t	(G)	d_2	d_3	L_3
长系列											
6	16	10	6	—	—	5.5	—	—	M4	—	—
7						6.5					
8	20	12	8			7.4			M6		
9						8.4					
10	23	15	12			9.25					
11				2	2	10.25	1.2	3.9			

续表

d	L	L_1	L_2	b	h	d_1	t	(G)	d_2	d_3	L_3
长系列											
12	30	18	16	2	2	11.1	1.2	4.3	M8×1	M4	10
14				3	3	13.1	1.8	4.7			
16	40	28	25			14.6		5.5	M10×1.25		
18				4	4	16.6	2.5	5.8		M5	13
19						17.6		6.3			
20	50	36	32			18.2		6.6	M12×1.25	M6	16
22						20.2		7.6			
24				5	5	22.2		8.1			
25	60	42	36			22.9	3	8.4	M16×1.5	M8	19
28						25.9		9.9			
30	80	58	50			27.1		10.5	M20×1.5	M10	22
32				6	6	29.1	3.5	11.0			
35						32.1		12.5			
38						35.1		14.0			
40	110	82	70	10	8	35.9	5	12.9	M24×2	M12	28
42						37.9		13.9			
45				12	8	40.9		15.4			
48						43.9		16.9	M30×2	M16	36
50						45.9		17.9			
55				14	9	50.9	5.5	19.9	M36×3	M20	42
56						51.9		20.4			
60	140	105	100	16	10	54.75	6	21.4	M42×3		
63						57.75		22.9			
65						59.75		23.9			
70				18	11	64.75	7	25.4	M48×3	M24	50
71						65.75		25.9			
75						69.75		27.9			
80	170	130	110	20	12	73.5	7.5	29.2	M56×4	—	—
85						78.5		31.7			
90				22	14	83.5	9	32.7	M64×4		
95						88.5		35.2			
100	210	165	140	25	14	91.75		36.9	M72×4		
110						101.75		41.9	M80×4		
120	210	165	140	28	16	111.75	10	45.9	M90×4	—	—
125						116.75		48.3			
130	250	200	180	32	18	120		50	M100×4		
140						130	11	54			
150						140		59	M110×4		
160	300	240	220	36	20	148	12	62	M125×4		
170						158		67	M140×6		
180				40	22	168	13	71			

续表

d	L	L_1	L_2	b	h	d_1	t	(G)	d_2	d_3	L_3
长　系　列											
190	350	280	250	40	22	176	13	75	M140×6	—	—
200						186		80	N160×6		
220				45	25	206	15	88			
短　系　列											
16	28	16	14	3	3	15. 2	1. 8	5. 8	M10×1. 25	M4	10
18				4	4	17. 2	2. 5	6. 1		M5	13
19						18. 2		6. 6			
20	36	22	20			18. 9		6. 9	M12×1. 25	M6	16
22						20. 9		7. 9			
24				5	5	22. 9	3	8. 4			
25	42	24	22			23. 8		8. 9	M16×1. 5	M8	19
28						26. 8		10. 4			
30	58	36	32			28. 2		11. 1	M20×1. 5	M10	22
32				6	6	30. 2	3. 5	11. 6			
35						33. 2		13. 1			
38						36. 2		14. 6	M24×2	M12	28
40	82	54	50	10	8	37. 3	5	13. 6			
42						39. 3		14. 6			
45				12	8	42. 3		16. 1	M30×2	M16	36
48						45. 3		17. 6			
50						47. 3		18. 6	M36×3		
55				14	9	52. 3	5. 5	20. 6		M20	42
56						53. 3		21. 1			
60	105	70	63	16	10	56. 5	6	22. 2	M42×3		
63						59. 5		23. 7			
65						61. 5		24. 7			
70				18	11	66. 5	7	26. 2	M48×3	M24	50
71						67. 5		26. 7			
75						71. 5		28. 7			
80	130	90	80	20	12	75. 5	7. 5	30. 2	M56×4	—	—
85						80. 5		32. 7			
90				22	14	85. 5	9	33. 7	M64×4		
95						90. 5		36. 2			
100	165	120	110	25	14	94		38	M72×4		
110						104		43	M80×4		
120				28	16	114	10	47	M90×4		
125						119		49. 5			
130	200	150	125			122. 5		51. 2	M100×4		
140				32	18	132. 5	11	55. 2			
150						142. 5		60. 2	M110×4		
160	240	180	160	36	20	151	12	63. 5	M125×4	—	—
170						161		68. 5			
180				40	22	171	13	72. 5	M140×6		

第7篇

续表

d	L	L_1	L_2	b	h	d_1	t	(G)	d_2	d_3	L_3
短　系　列											
190	280	210	180	40	22	179.5	13	76.7	M140×6	—	—
200						189.5		81.7	M160×6		
220				45	25	209.5	15	89.7			

注：1. 键槽深度 t，可用测量 G 来代替，或按表 7-1-16 的规定。

2. L_2 可根据需要选取小于表中的数值。

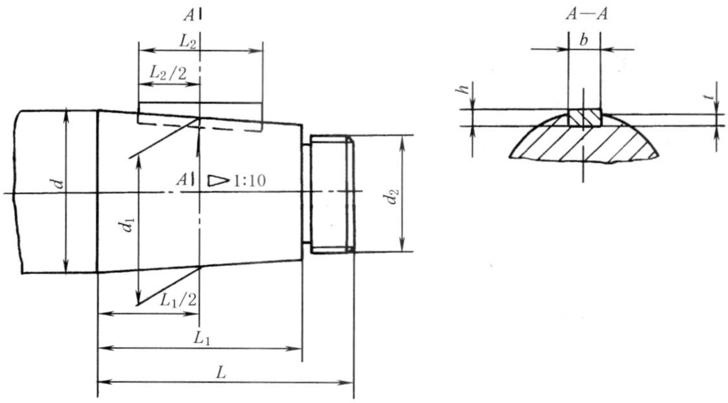

表 7-1-15　　直径 220 以上的轴伸型式与尺寸　　mm

d	L	L_1	L_2	b	h	d_1	t	d_2
240	410	330	280	50	28	223.5	17	M180×6
250						233.5		
260						243.5		M200×6
280	470	380	320	56	32	261	20	M220×6
300				63		281		
320						301		M250×6
340	550	450	400	70	36	317.5	22	M280×6
360						337.5		
380						357.5		M300×6
400	650	540	450	80	40	373	25	M320×6
420						393		
440						413		M350×6
450				90	45	423	28	
460						433		M380×6
480						453		
500						473		M420×6
530	800	680	500	100	50	496	31	
560						526		M450×6
600						566		M500×6
630						596		M550×6

注：1. L_2 可根据需要选取小于表中的数值。

2. 本标准规定了 1 :10 圆锥形轴伸的型式和尺寸，适用于一般机器之间的连接并传递转矩的场合。

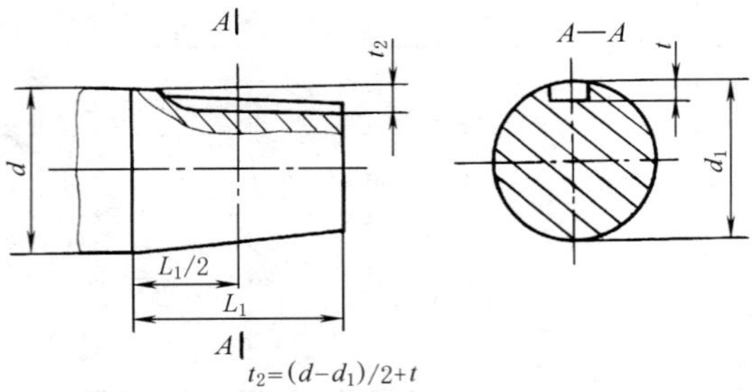

表 7-1-16　圆锥形轴伸大端处键槽深度尺寸（参考）　mm

d	t_2		d	t_2		d	t_2	
	长系列	短系列		长系列	短系列		长系列	短系列
11	1.6	—	40	7.1	6.4	95	12.3	11.3
12	1.7	—	42	7.1	6.4	100	13.1	12.0
14	2.3	—	45	7.1	6.4	110	13.1	12.0
16	2.5	2.2	48	7.1	6.4	120	14.1	13.0
18	3.2	2.9	50	7.1	6.4	125	14.1	13.0
19	3.2	2.9	55	7.6	6.9	130	15.0	13.8
20	3.4	3.1	56	7.6	6.9	140	16.0	14.8
22	3.4	3.1	60	8.6	7.8	150	16.0	14.8
24	3.9	3.6	65	8.6	7.8	160	18.0	16.5
25	4.1	3.6	70	9.6	8.8	170	18.0	16.5
28	4.1	3.6	71	9.6	8.8	180	19.0	17.5
30	4.5	3.9	75	9.6	8.8	190	20.0	18.3
32	5.0	4.4	80	10.8	9.8	200	20.0	18.3
35	5.0	4.4	85	10.8	9.8	220	22.0	20.3
38	5.0	4.4	90	12.3	11.3			

注：t_2 的极限偏差与 t 的极限偏差相同，按大端直径检验键槽深度时，表 7-1-14 中的 t 作为参考尺寸。

表 7-1-17　圆锥形轴伸 L_1 的偏差及圆锥角公差　mm

直径 d	L_1 的轴向极限偏差	直径 d	L_1 的轴向极限偏差	直径 d	L_1 的轴向极限偏差
6~10	0 -0.22	55~80	0 -0.46	260~300	0 -0.81
11~18	0 -0.27	85~120	0 -0.54	320~400	0 -0.89
19~30	0 -0.33	125~180	0 -0.63	420~500	0 -0.97
32~50	0 -0.39	190~250	0 -0.72	530~630	0 -1.10

注：1. 基本直径 d 的公差选用 GB/T 1800.1—2009 及 GB/T 1800.2—2009 中的 IT 8。
2. 1∶10 的圆锥角公差选用 GB/T 11334—2005 中的 AT6。

1.4.4　轴的结构示例

图 7-1-1 为滚动轴承支承的轴的典型结构，各部分结构尺寸及公差等可参阅本手册有关篇章。

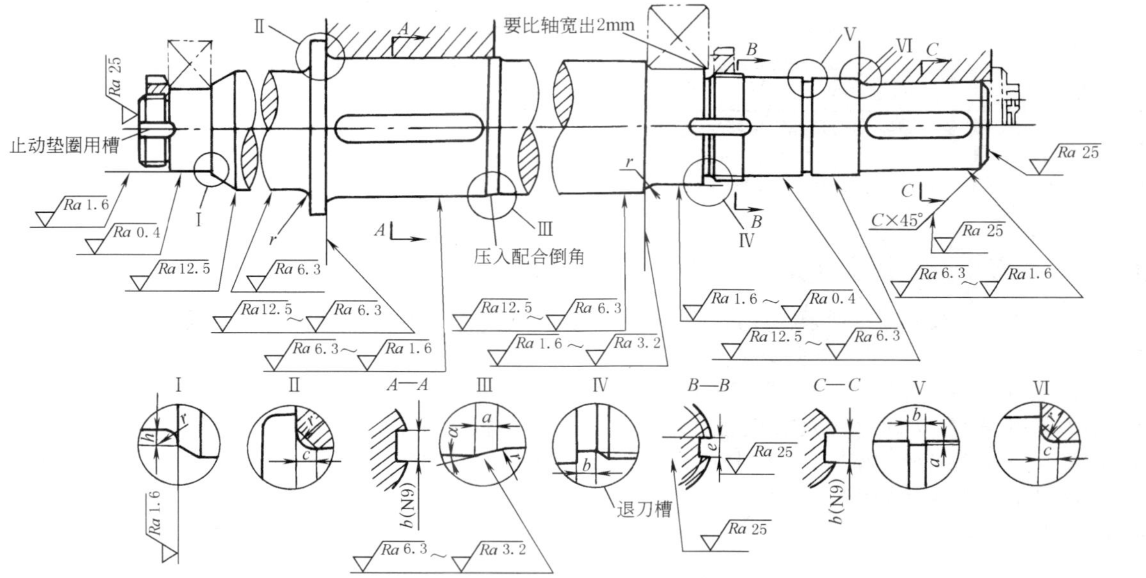

图 7-1-1　滚动轴承支承的轴的典型结构

1.5　轴的强度计算

轴的强度计算分三种情况：①按扭转强度或刚度计算；②按弯扭合成强度计算；③精确强度校核计算。

1.5.1　按扭转强度或刚度计算

用于只传递转矩不承受弯矩轴的计算。另外，当轴上还作用不大的弯矩，且轴的跨度及载荷的位置尚不能准确确定时，也可用降低许用应力的办法按扭转强度估算轴径。估算轴径后，再作轴的结构设计。

表 7-1-18　　按扭转强度及刚度计算轴径的公式

轴的类型	按扭转强度计算	按扭转刚度计算
实心轴	$d\geqslant 17.2\sqrt[3]{\dfrac{T}{\tau_p}}=A\sqrt[3]{\dfrac{P}{n}}$	$d\geqslant 9.3\sqrt[4]{\dfrac{T}{\phi_p}}=B\sqrt[4]{\dfrac{P}{n}}$
空心轴	$d\geqslant 17.2\sqrt[3]{\dfrac{T}{\tau_p}}\times\dfrac{1}{\sqrt[3]{1-\alpha^4}}=A\sqrt[3]{\dfrac{P}{n}}\times\dfrac{1}{\sqrt[3]{1-\alpha^4}}$	$d\geqslant 9.3\sqrt[4]{\dfrac{T}{\phi_p}}\times\dfrac{1}{\sqrt[4]{1-\alpha^4}}=B\sqrt[4]{\dfrac{P}{n}}\times\dfrac{1}{\sqrt[4]{1-\alpha^4}}$
说　明	d——轴端直径，mm T——轴所传递的转矩，N·m $T=9550\dfrac{P}{n}$ P——轴所传递的功率，kW n——轴的工作转速，r/min τ_p——许用扭转切应力，MPa，按表 7-1-19 选取 ϕ_p——许用扭转角，(°)/m，按表 7-1-20 选取	A——系数，$A=17.2\sqrt[3]{\dfrac{9550}{\tau_p}}$按表 7-1-19 选取 B——系数，按表 7-1-20 选取 α——空心轴的内径 d_1 与外径 d 之比 $\alpha=\dfrac{d_1}{d}$，通常取 0.5～0.6

注：当截面上有键槽时，应将求得的轴径增大，其增大值见表 7-1-23。

表 7-1-19　　几种常用轴材料的 τ_p 及 A 值

轴的材料	Q235-A、20	Q275、35（1Cr18Ni9Ti）	45	1Cr18Ni9Ti	40Cr、35SiMn、42SiMn 40MnB、38SiMnMo、3Cr13
τ_p/MPa	15～25	20～35	25～45	15～25	35～55
A	149～126	135～112	126～103	148～125	112～97

注：1. 表中所给出的 τ_p 值是考虑了弯曲影响而降低的许用扭转切应力。

2. 在下列情况下 τ_p 取较大值、A 取较小值：弯矩较小或只受扭矩作用、载荷较平稳、无轴向载荷或只有较小的轴向载荷、减速器的低速轴、轴单向旋转。反之，τ_p 取较小值、A 取较大值。当用 Q235 或 35SiMn 时，τ_p 取较小值，A 取较大值。

3. 在计算减速器中间轴的危险截面处（安装小齿轮处）的直径时，若轴的材料为 45 钢，可取 $A=130$～165。其中二级减速器的中间轴及三级减速器的高速中间轴取 $A=155$～165，三级减速器的低速中间轴取 $A=130$。

表 7-1-20　　剪切弹性模量 $G=79.4GPa$ 时的 B 值

ϕ_p,(°)/m	0.25	0.5	1	1.5	2	2.5
B	129	109	91.5	82.7	77	72.8

注：1. 表中 ϕ_p 值为每米轴长允许的扭转角。

2. 许用扭转角的选用，应按实际情况而定。推荐供参考的范围如下：对于要求精密、稳定的传动，可取 $\phi_p=0.25\sim0.5$(°)/m；对于一般传动，可取 $\phi_p=0.5\sim1$(°)/m；对于要求不高的传动，可取 ϕ_p 大于 1(°)/m；起重机传动轴，$\phi_p=15'\sim20'$/m；重型机床走刀轴，$\phi_p=5'$/m。

1.5.2　按弯扭合成强度计算

当作用在轴上载荷的大小及位置已确定，轴的结构设计也已基本确定时，可按弯扭合成法进行计算，一般转轴用这种计算方法即可，是偏于安全的。计算步骤如下。

① 画出轴的受力简图。当轴的跨度相对较大时，作用在轴上的载荷（如齿轮传动或带传动作用在轴上的力）均按集中载荷考虑，力的作用点取轮缘宽度的中点；轴传递的转矩则从轮毂宽度的中点算起。如果作用在轴上的载荷不在同一平面内时，则将其分解到相互垂直的两个平面内。对于有不平衡重量的高速回转须计入惯性力。

通常把轴视为置于铰链支座上。当采用滚动轴承或滑动轴承支承时，支点位置可参考图 7-1-2 确定，图 b 中 a 值见第 8 篇第 2 章滚动轴承。

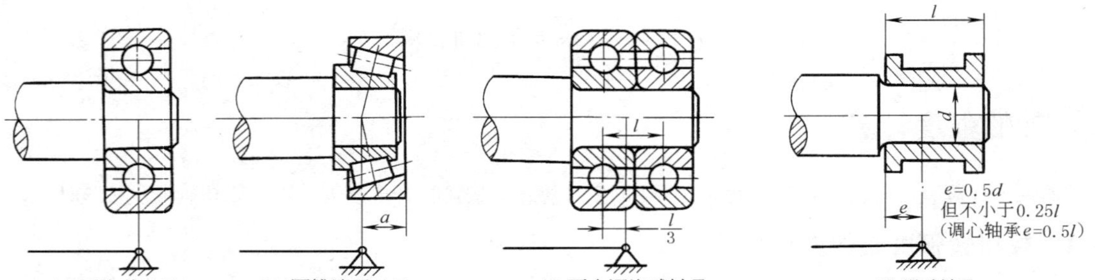

图 7-1-2　轴承支座支点位置的确定

② 作出垂直面和水平面内的受力图及相应的弯矩图 M_z，M_x，再按矢量法求得合成弯矩 $M=\sqrt{M_x^2+M_z^2}$。当轴上的轴向力较大时，还应计算由此引起的正应力。

③ 画出轴的扭矩图 T。

④ 作出轴的当量弯矩图 $M_v=\sqrt{M^2+(\psi T)^2}$

⑤ 确定危险截面。危险截面应取当量弯矩大，截面尺寸较小，应力集中较严重的截面。

⑥ 按本章第 1.3 节选择轴的材料，并根据表 7-1-21 选取许用弯曲应力。

⑦ 按表 7-1-22 所列公式进行弯扭合成强度计算。

⑧ 将计算出的轴径圆整成标准直径。

表 7-1-21　　轴的许用弯曲应力　　MPa

材质	$R_m(\sigma_b)$	σ_{+1p}	σ_{0p}	σ_{-1p}
碳素钢	400	130	70	40
	500	170	75	45
	600	200	95	55
	700	230	110	65
合金钢	800	270	130	75
	1000	330	150	90
铸钢	400	100	50	30
	500	120	70	40
灰铸铁	400	65	35	25

注：σ_{+1p}、σ_{0p}、σ_{-1p} 分别为材料在静应力、脉动循环应力和对称循环应力状态下的许用弯曲应力 。

表 7-1-22　　按弯扭合成强度计算轴径的公式

<table>
<tr><td rowspan="5">计算公式</td><td colspan="3">心　　轴</td><td colspan="3">转　　轴</td></tr>
<tr><td colspan="2">实　心　轴</td><td>$d\geqslant 21.68\sqrt[3]{\frac{M}{\sigma_p}}$</td><td colspan="2">实　心　轴</td><td>$d\geqslant 21.68\sqrt[3]{\frac{\sqrt{M^2+(\psi T)^2}}{\sigma_{-1p}}}$</td></tr>
<tr><td colspan="2">空　心　轴</td><td>$d\geqslant 21.68\sqrt[3]{\frac{M}{\sigma_p}}\times\frac{1}{\sqrt[3]{1-\alpha^4}}$</td><td colspan="2">空　心　轴</td><td>$d\geqslant 21.68\sqrt[3]{\frac{\sqrt{M^2+(\psi T)^2}}{\sigma_{-1p}}}\times\frac{1}{\sqrt[3]{1-\alpha^4}}$</td></tr>
<tr><td rowspan="2">许用应力 σ_p</td><td>转动心轴</td><td>$\sigma_p=\sigma_{-1p}$</td><td rowspan="2">校正系数 ψ</td><td>单向旋转</td><td>$\psi=0.3$ 或 $\psi=0.6$</td></tr>
<tr><td>固定心轴</td><td>载荷平稳：$\sigma_p=\sigma_{+1p}$
载荷变化：$\sigma_p=\sigma_{0p}$</td><td>双向旋转</td><td>$\psi=1$</td></tr>
<tr><td>说明</td><td colspan="6">d——轴的直径，mm
M——轴在计算截面所受弯矩，N·m
σ_{+1p}、σ_{0p}、σ_{-1p}——轴的许用弯曲应力，MPa，按表 7-1-21 选取
α——空心轴内径 d_1 与外径 d 之比，$\alpha=\frac{d_1}{d}$
T——轴在计算截面所受扭矩，N·m</td></tr>
</table>

注：校正系数 ψ 值是由扭转切应力的变化来决定的：扭转切应力不变时，$\psi=\frac{\sigma_{-1p}}{\sigma_{+1p}}\approx0.3$；扭转切应力按脉动循环变化时，$\psi=\frac{\sigma_{-1p}}{\sigma_{0p}}\approx0.6$；扭转切应力按对称循环变化时，$\psi=\frac{\sigma_{-1p}}{\sigma_{-1p}}=1$。$\sigma_{+1p}$、$\sigma_{0p}$、$\sigma_{-1p}$ 见表 7-1-21。

如果同一截面上有键槽，应将求得的轴径增大，其增大值见表 7-1-23。

如果轴端装有补偿式联轴器或弹性联轴器，由于安装误差和弹性元件的不均匀磨损，将会使轴及轴承受到附加载荷，附加载荷的方向不定。附加载荷计算公式见表 7-1-24。

表 7-1-23　　有键槽时轴径的增大值

轴径/mm	<30	30~100	>100
有一个键槽时的增大值/%	7	5	3
有两个相隔 180°键槽时的增大值/%	15	10	7

表 7-1-24　　附加载荷计算公式

<table>
<tr><td>联轴器名称</td><td>计 算 公 式</td><td>说　　明</td></tr>
<tr><td>齿式联轴器</td><td>$M'=K'T$</td><td rowspan="4">M'——附加弯矩，N·m
T——传递转矩，N·m
K'——系数，按下述原则选取：
用稀油或清洁的干油润滑 $K'=0.07$
用脏干油润滑 $K'=0.13$
不能保证及时润滑 $K'=0.3$
F_r'——附加径向力，N
D——联轴器外径，mm
D_0——柱销中心圆直径，mm</td></tr>
<tr><td>十字滑块联轴器</td><td>$F_r'=(0.2\sim0.4)\frac{2000T}{D}$</td></tr>
<tr><td>NZ 挠性爪型联轴器</td><td>$F_r'=(0.1\sim0.3)\frac{2000T}{D}$</td></tr>
<tr><td>弹性圈柱销联轴器</td><td>$F_r'=(0.2\sim0.35)\frac{2000T}{D_0}$</td></tr>
</table>

1.5.3　精确强度校核计算

主要的轴和批量生产的轴通常采用安全系数法进行校核计算，包括疲劳强度安全系数校核和静强度安全系数校核。

(1) 疲劳强度安全系数校核

疲劳强度安全系数校核，是在轴经过初步计算和结构设计后，根据轴的实际尺寸，考虑零件的表面质量、应力集中、尺寸影响以及材料的疲劳极限等因素，验算轴的危险截面处的疲劳安全系数。校核公式见表 7-1-25。

表 7-1-25　　危险截面安全系数 S 的校核公式

公式	$S=\dfrac{S_\sigma S_\tau}{\sqrt{S_\sigma^2+S_\tau^2}}\geqslant S_p$	
	$S_\sigma=\dfrac{\sigma_{-1}}{\dfrac{K_\sigma}{\beta\varepsilon_\sigma}\sigma_a+\psi_\sigma\sigma_m}$	$S_\tau=\dfrac{\tau_{-1}}{\dfrac{K_\tau}{\beta\varepsilon_\tau}\tau_a+\psi_\tau\tau_m}$
说明	S_σ——只考虑弯矩作用时的安全系数 S_p——按疲劳强度计算的许用安全系数，见表 7-1-27 σ_{-1}——对称循环应力下的材料弯曲疲劳极限，MPa，见表 7-1-1 τ_{-1}——对称循环应力下的材料扭转疲劳极限，MPa，见表 7-1-1 K_σ，K_τ——弯曲和扭转时的有效应力集中系数，见表 7-1-31～表 7-1-33 β——表面质量系数，一般用表 7-1-37；轴表面强化处理后用表 7-1-39；有腐蚀情况时用表 7-1-36 或表 7-1-38	S_τ——只考虑扭矩作用时的安全系数 ε_σ，ε_τ——弯曲和扭转时的尺寸影响系数，见表 7-1-35 ψ_σ，ψ_τ——材料拉伸和扭转的平均应力折算系数，见表 7-1-34 σ_a，σ_m——弯曲应力的应力幅和平均应力，MPa，见表 7-1-26 τ_a，τ_m——扭转应力的应力幅和平均应力，MPa，见表 7-1-26

如果计算结果不能满足 $S\geqslant[S]$，应改进轴的结构，降低应力集中，提高轴的表面质量，采用热处理或表面强化处理等措施或改用强度较高的材质以及加大轴径的方法解决。

一般，轴的疲劳强度是根据长期作用在轴上的最大变载荷进行校核计算的，即按无限疲劳进行设计。其材料的疲劳极限 σ_{-1} 和 τ_{-1} 是应力循环数为 10^7（即循环基数 N_0）时的数值，如果轴在全服务期内，其应力循环数 $N<N_0$，则按有限寿命设计轴的结构，详细内容可参考有关抗疲劳专著。

表 7-1-26　　应力幅及平均应力计算公式

循环特性	应力名称	弯曲应力	扭转应力
对称循环	应力幅	$\sigma_a=\sigma_{max}=\dfrac{M}{Z}$	$\tau_a=\tau_{max}=\dfrac{T}{Z_p}$
	平均应力	$\sigma_m=0$	$\tau_m=0$
脉动循环	应力幅	$\sigma_a=\dfrac{\sigma_{max}}{2}=\dfrac{M}{2Z}$	$\tau_a=\dfrac{\tau_{max}}{2}=\dfrac{T}{2Z_p}$
	平均应力	$\sigma_m=\sigma_a$	$\tau_m=\tau_a$
说明	M,T——轴危险截面上的弯矩和扭矩，N·m Z,Z_p——轴危险截面的抗弯和抗扭的截面系数，cm^3，见表 7-1-28～表 7-1-30		

表 7-1-27　　许用安全系数 S_p

条件		S_p
材料的力学性能符合标准规定(或有实验数据)，加工质量能满足设计要求	载荷确定精确，应力计算准确	1.3～1.5
	载荷确定不够精确，应力计算较近似	1.5～1.8
	载荷确定不精确，应力计算较粗略或轴径较大(d>200mm)	1.8～2.5
	脆性材料制造的轴	2.5～3

注：如果轴的损坏会引起严重事故，S_p 值应适当加大。

表 7-1-28　截面系数计算公式　cm³

截面	Z	Z_p	截面	Z	Z_p
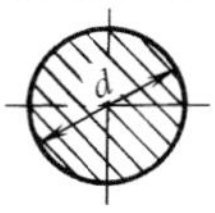	$Z=\frac{\pi d^3}{32}$	$Z_p=\frac{\pi d^3}{16}=2Z$	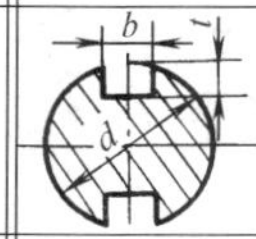	$Z=\frac{\pi d^3}{32}-\frac{bt(d-t)^2}{d}$	$Z_p=\frac{\pi d^3}{16}-\frac{bt(d-t)^2}{d}$
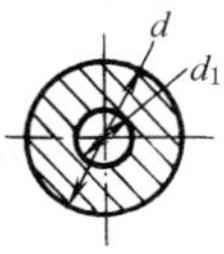	$Z=\frac{\pi d^3}{32}(1-\alpha^4)$ $\alpha=d_1/d$	$Z_p=\frac{\pi d^3}{16}(1-\alpha^4)=2Z$	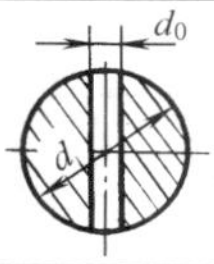	$Z=\frac{\pi d^3}{32}\left(1-1.54\frac{d_0}{d}\right)$	$Z_p=\frac{\pi d^3}{16}\left(1-\frac{d_0}{d}\right)$
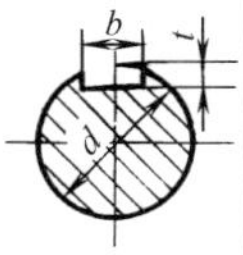	$Z=\frac{\pi d^3}{32}-\frac{bt(d-t)^2}{2d}$	$Z_p=\frac{\pi d^3}{16}-\frac{bt(d-t)^2}{2d}$	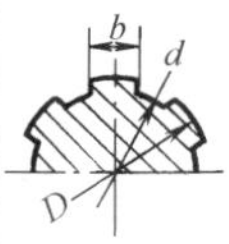	$Z=\frac{\pi d^4+bz(D-d)(D+d)^2}{32D}$ (z——花键齿数)	$Z_p=\frac{\pi d^4+bz(D-d)(D+d)^2}{16D}=2Z$

注：公式中各几何尺寸均以 cm 计。

表 7-1-29　带有平键槽轴的截面系数 Z、Z_p

d /mm	$b\times h$ /mm	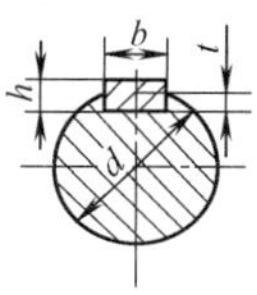		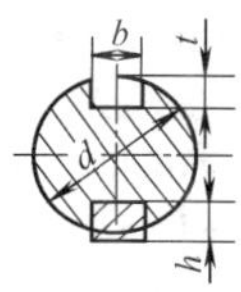		d /mm	$b\times h$ /mm	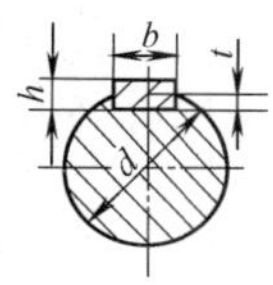		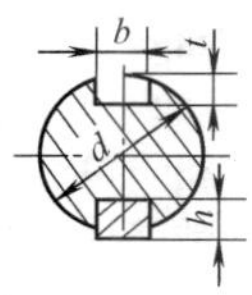	
		Z	Z_p	Z	Z_p			Z	Z_p	Z	Z_p
		cm³						cm³			
20	6×6	0.642	1.43	0.499	1.28	75	20×12	36.9	78.3	32.3	73.7
21		0.756	1.66	0.603	1.51	78	22×14	40.5	87.1	34.5	81.1
22		0.882	1.92	0.718	1.76	80		44.0	94.3	37.8	88.1
23	8×7	0.943	2.14	0.692	1.87	82		47.7	102	41.3	95.4
24		1.09	2.45	0.824	2.18	85		53.6	114	46.8	107
25		1.25	2.78	0.970	2.50	88	25×14	58.9	126	50.9	118
26		1.43	3.15	1.13	2.85	90		63.4	135	55.2	127
28		1.83	3.98	1.50	3.65	92		68.0	144	59.6	136
30		2.29	4.94	1.93	4.58	95		75.4	160	66.7	151
32	10×8	2.65	5.86	2.08	5.29	98	28×16	81.3	174	70.3	163
34		3.24	7.10	2.62	6.48	100		86.8	185	75.5	174
35		3.57	7.78	2.92	7.13	105		102	215	89.6	203
36		3.91	8.49	3.25	7.83	110		118	249	105	236
38		5.39	11.5	4.67	10.8	115	32×18	133	282	116	266
40	12×8	5.36	11.6	4.45	10.7	120		152	322	135	304
42		6.30	13.6	5.32	12.6	125		173	365	155	347
44		8.36	17.8	7.33	16.7	130		197	412	177	393
45	14×9	7.61	16.6	6.28	15.2	135	36×20	217	459	193	435
46		8.18	17.7	6.81	16.4	140		244	514	219	488
47		8.78	19.0	7.37	17.6	145		273	572	247	546
48		9.41	20.3	7.96	18.8	150		304	635	276	608
50		12.3	26.1	10.7	24.5	155	40×22	332	697	298	664
52	16×10	11.9	25.7	9.90	23.7	160		367	769	332	734
55		14.2	30.6	12.1	28.5	165		405	846	368	809
58		19.2	40.5	16.9	38.3	170		445	927	407	889
60	18×11	18.3	39.5	15.3	36.5	175	45×25	477	1003	427	954
62		20.3	43.7	17.3	40.6	180		522	1094	470	1043
65		23.7	50.7	20.4	47.4	185		569	1190	516	1138
68	20×12	26.8	57.7	22.8	53.6	190		619	1292	565	1238
70		29.5	63.2	25.3	59.0	195		672	1340	616	1344
72		32.3	69.0	28.0	64.6	200		728	1513	670	1455

注：表内数据适用于 GB/T 1095—2003 规定的平键、导向平键的键槽剖面尺寸。

表 7-1-30　　矩形花键轴的抗弯及抗扭截面系数 Z、Z_p（$Z_p=2Z$）

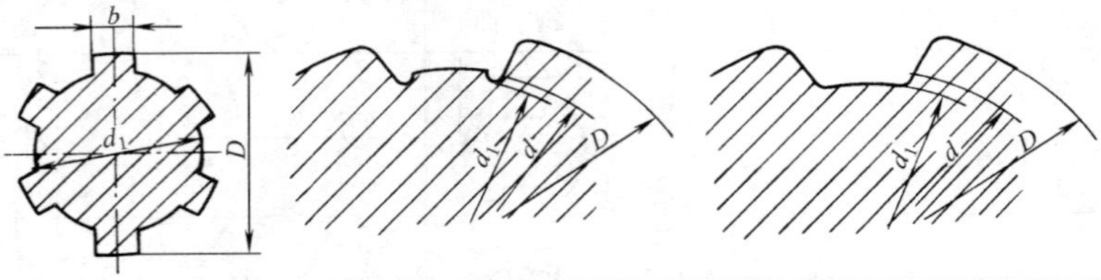

公称尺寸/mm z-$D\times d\times b$	Z/cm^3 按 D 定心	Z/cm^3 按 d 定心
轻　系　列		
4-20×17×6	0.529	0.564
4-22×19×8	0.774	0.811
6-26×23×6	1.28	1.37
6-30×26×6	1.79	1.97
6-32×28×7	2.30	2.48
8-36×32×6	3.34	3.63
8-40×36×7	4.79	5.13
8-46×42×8	7.53	7.99
8-50×46×9	9.94	10.5
8-58×52×10	14.4	15.5
8-62×56×10	17.5	18.9
8-68×62×12	24.3	25.8
10-78×72×12	38.3	40.3
10-88×82×12	54.5	57.8
10-98×92×14	77.8	81.4
10-108×102×16	106	111
10-120×112×18	142	149
10-140×125×20	202	218
10-160×145×22	306	331
10-180×160×24	413	454
10-200×180×30	608	651
10-220×200×30	800	864
10-240×220×35	1084	1151
10-260×240×35	1363	1463
中　系　列		
6-16×13×3.5	0.254	0.279
6-20×16×4	0.462	0.516
6-22×18×5	0.682	0.741
6-25×21×5	0.976	1.08
6-28×23×6	1.37	1.50
6-32×26×6	1.86	2.11
6-34×28×7	2.41	2.67
8-38×32×6	3.47	3.87
8-42×36×7	4.95	5.45
8-48×42×8	7.67	8.39
8-54×46×9	10.4	11.5
8-60×52×10	14.7	16.1
8-65×56×10	17.9	19.9
8-72×62×12	25.1	27.6
10-82×72×12	39.6	43.0
10-92×82×12	55.0	60.6
10-102×92×14	78.5	85.1
10-112×102×16	108	115
10-125×112×18	145	156
重　系　列		
10-26×21×3	0.968	1.13
10-29×23×4	1.48	1.65
10-32×26×4	1.92	2.19
10-35×28×4	2.32	2.72
10-40×32×5	3.68	4.19
10-45×36×5	4.86	5.71
10-52×42×6	7.77	9.06
10-56×46×7	10.5	11.9
16-60×52×5	14.2	16.1
16-65×56×5	17.3	19.9
16-72×62×6	24.2	27.6
16-82×72×7	37.5	42.3
20-92×82×6	53.3	60.6
20-102×92×7	76.8	85.1
补　充　系　列		
6-35×30×10	3.27	3.40
6-38×33×10	4.10	4.30
6-40×35×10	4.77	5.00
6-42×36×10	5.20	5.55
6-45×40×12	7.10	7.39
6-48×42×12	8.28	8.64
6-50×45×12	9.61	10.0
6-55×50×14	13.2	13.7
6-60×54×14	16.4	17.3
6-65×58×16	20.9	21.9
6-70×62×16	25.1	26.7
6-75×65×16	28.7	31.2
6-80×70×20	37.9	40.0
6-90×80×20	53.2	56.7
10-30×26×4	1.81	2.01
10-32×28×5	2.40	2.58
10-35×30×5	2.92	3.21
10-38×33×6	4.00	4.30
10-40×35×6	4.63	5.00
10-42×36×6	5.06	5.55
10-45×40×7	6.85	7.34
16-38×33×3.5	3.80	4.22
16-50×43×5	8.91	9.74

注：表内数据适用于 GB/T 1144—2001 规定的矩形花键。

表 7-1-31　螺纹、键、花键、横孔处及配合的边缘处的有效应力集中系数

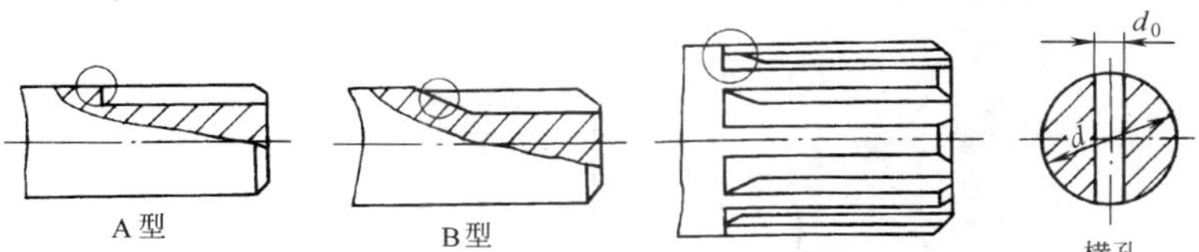

A型　B型　花键　横孔

σ_b /MPa	螺纹 ($K_\tau=1$) K_σ	键槽			花键			横孔			配合					
		K_σ		K_τ	K_σ	K_τ		K_σ		K_τ	H7/r6		H7/k6		H7/h6	
		A 型	B 型	A、B 型		矩形	渐开线形	$\frac{d_0}{d}=0.05\sim0.15$	$\frac{d_0}{d}=0.15\sim0.25$	$\frac{d_0}{d}=0.05\sim0.25$	K_σ	K_τ	K_σ	K_τ	K_σ	K_τ
400	1.45	1.51	1.30	1.20	1.35	2.10	1.40	1.90	1.70	1.70	2.05	1.55	1.55	1.25	1.33	1.14
500	1.78	1.64	1.38	1.37	1.45	2.25	1.43	1.95	1.75	1.75	2.30	1.69	1.72	1.36	1.49	1.23
600	1.96	1.76	1.46	1.54	1.55	2.35	1.46	2.00	1.80	1.80	2.52	1.82	1.89	1.46	1.64	1.31
700	2.20	1.89	1.54	1.71	1.60	2.45	1.49	2.05	1.85	1.80	2.73	1.96	2.05	1.56	1.77	1.40
800	2.32	2.01	1.62	1.88	1.65	2.55	1.52	2.10	1.90	1.85	2.96	2.09	2.22	1.65	1.92	1.49
900	2.47	2.14	1.69	2.05	1.70	2.65	1.55	2.15	1.95	1.90	3.18	2.22	2.39	1.76	2.08	1.57
1000	2.61	2.26	1.77	2.22	1.72	2.70	1.58	2.20	2.00	1.90	3.41	2.36	2.56	1.86	2.22	1.66
1200	2.90	2.50	1.92	2.39	1.75	2.80	1.60	2.30	2.10	2.00	3.87	2.62	2.90	2.05	2.5	1.83

注：1. 滚动轴承与轴的配合按 H7/r6 配合选择系数。

2. 蜗杆螺旋根部有效应力集中系数可取 $K_\sigma=2.3\sim2.5$；$K_\tau=1.7\sim1.9$。

表 7-1-32　圆角处的有效应力集中系数

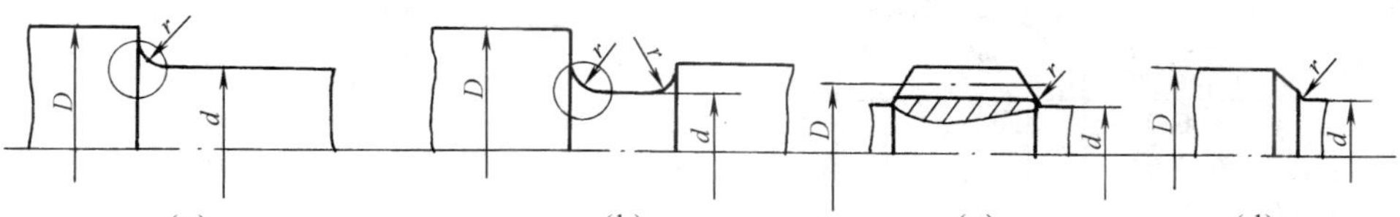

(a)　(b)　(c)　(d)

$\frac{D-d}{r}$	$\frac{r}{d}$	K_σ								K_τ							
		σ_b/MPa															
		400	500	600	700	800	900	1000	1200	400	500	600	700	800	900	1000	1200
2	0.01	1.34	1.36	1.38	1.40	1.41	1.43	1.45	1.49	1.26	1.28	1.29	1.29	1.30	1.30	1.31	1.32
	0.02	1.41	1.44	1.47	1.49	1.52	1.54	1.57	1.62	1.33	1.35	1.36	1.37	1.37	1.38	1.39	1.42
	0.03	1.59	1.63	1.67	1.71	1.76	1.80	1.84	1.92	1.39	1.40	1.42	1.44	1.45	1.47	1.48	1.52
	0.05	1.54	1.59	1.64	1.69	1.73	1.78	1.83	1.93	1.42	1.43	1.44	1.46	1.47	1.50	1.51	1.54
	0.10	1.38	1.44	1.50	1.55	1.61	1.66	1.72	1.83	1.37	1.38	1.39	1.42	1.43	1.45	1.46	1.50
4	0.01	1.51	1.54	1.57	1.59	1.62	1.64	1.67	1.72	1.37	1.39	1.40	1.42	1.43	1.44	1.46	1.47
	0.02	1.76	1.81	1.86	1.91	1.96	2.01	2.06	2.16	1.53	1.55	1.58	1.59	1.61	1.62	1.65	1.68
	0.03	1.76	1.82	1.88	1.94	1.99	2.05	2.11	2.23	1.52	1.54	1.57	1.59	1.61	1.64	1.66	1.71
	0.05	1.70	1.76	1.82	1.88	1.95	2.01	2.07	2.19	1.50	1.53	1.57	1.59	1.62	1.65	1.68	1.74
6	0.01	1.86	1.90	1.94	1.99	2.03	2.08	2.12	2.21	1.54	1.57	1.59	1.61	1.64	1.66	1.68	1.73
	0.02	1.90	1.96	2.02	2.08	2.13	2.19	2.25	2.37	1.59	1.62	1.66	1.69	1.72	1.75	1.79	1.86
	0.03	1.89	1.96	2.03	2.10	2.16	2.23	2.30	2.44	1.61	1.65	1.68	1.72	1.74	1.77	1.81	1.88
10	0.01	2.07	2.12	2.17	2.23	2.28	2.34	2.39	2.50	2.12	2.18	2.24	2.30	2.37	2.42	2.48	2.60
	0.02	2.09	2.16	2.23	2.30	2.38	2.45	2.52	2.66	2.03	2.08	2.12	2.17	2.22	2.26	2.31	2.40

表 7-1-33　环槽处的有效应力集中系数

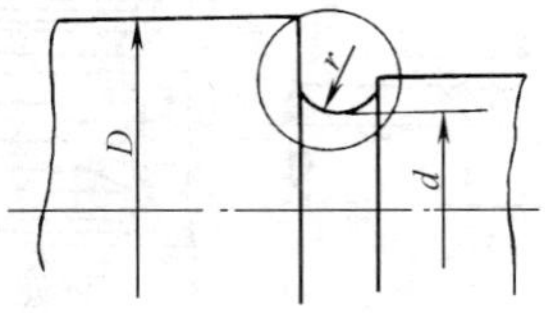

系数	$\frac{D-d}{r}$	$\frac{r}{d}$	σ_b/MPa							
			400	500	600	700	800	900	1000	1200
K_σ	1	0.01	1.88	1.93	1.98	2.04	2.09	2.15	2.20	2.31
		0.02	1.79	1.84	1.89	1.95	2.00	2.06	2.11	2.22
		0.03	1.72	1.77	1.82	1.87	1.92	1.97	2.02	2.12
		0.05	1.61	1.66	1.71	1.77	1.82	1.88	1.93	2.04
		0.10	1.44	1.48	1.52	1.55	1.59	1.62	1.66	1.73
	2	0.01	2.09	2.15	2.21	2.27	2.37	2.39	2.45	2.57
		0.02	1.99	2.05	2.11	2.17	2.23	2.28	2.35	2.49
		0.03	1.91	1.97	2.03	2.08	2.14	2.19	2.25	2.36
		0.05	1.79	1.85	1.91	1.97	2.03	2.09	2.15	2.27
	4	0.01	2.29	2.36	2.43	2.50	2.56	2.63	2.70	2.84
		0.02	2.18	2.25	2.32	2.38	2.45	2.51	2.58	2.71
		0.03	2.10	2.16	2.22	2.28	2.35	2.41	2.47	2.59
	6	0.01	2.38	2.47	2.56	2.64	2.73	2.81	2.90	3.07
		0.02	2.28	2.35	2.42	2.49	2.56	2.63	2.70	2.84
K_τ	任何比值	0.01	1.60	1.70	1.80	1.90	2.00	2.10	2.20	2.40
		0.02	1.51	1.60	1.69	1.77	1.86	1.94	2.03	2.20
		0.03	1.44	1.52	1.60	1.67	1.75	1.82	1.90	2.05
		0.05	1.34	1.40	1.46	1.52	1.57	1.63	1.69	1.81
		0.10	1.17	1.20	1.23	1.26	1.28	1.31	1.34	1.40

表 7-1-34　钢的平均应力折算系数 ψ_σ 及 ψ_τ 值

应力种类	系　数	表　面　状　态				
		抛　光	磨　光	车　削	热　轧	锻　造
弯曲	ψ_σ	0.50	0.43	0.34	0.215	0.14
拉压	ψ_σ	0.41	0.36	0.30	0.18	0.10
扭转	ψ_τ	0.33	0.29	0.21	0.11	

表 7-1-35　绝对尺寸影响系数 ε_σ、ε_τ

直径 d/mm		>20～30	>30～40	>40～50	>50～60	>60～70	>70～80	>80～100	>100～120	>120～150	>150～500
ε_σ	碳钢	0.91	0.88	0.84	0.81	0.78	0.75	0.73	0.70	0.68	0.60
	合金钢	0.83	0.77	0.73	0.70	0.68	0.66	0.64	0.62	0.60	0.54
ε_τ	各种钢	0.89	0.81	0.78	0.76	0.74	0.73	0.72	0.70	0.68	0.60

表 7-1-36　　表面有防腐层轴的表面状态系数 β

材料	表面处理方法	表层厚度/μm	腐蚀介质	试验应力循环数 N 及转速 n/r·min^{-1}	β
碳钢 (0.3%~0.5%C)	电镀铬或镍	5~15 15~30	3%NaCl 溶液	$N=10^7$ $n=1500$	0.25~0.45 0.8~0.95
	喷铝	50		$N=2\times10^7$, $n=2200$	0.8
	滚子滚压	—	淡　水	$N=10^7$, $n=1500$	1
渗氮钢 ($\sigma_b=700\sim1200\text{N/mm}^2$)	渗氮	—		$N=10^7\sim10^8$	1.2~1.4

注：1. 表中数据为小直径（$d=8\sim10$mm）试样的试验数据。

2. 电镀铬和镍的轴，在空气中的疲劳极限将降低，$\beta=0.65\sim0.9$。

表 7-1-37　　不同表面粗糙度的表面质量系数 β

加工方法	轴表面粗糙度/μm	σ_b/MPa		
		400	800	1200
磨削	R_a 0.4~0.2	1	1	1
车削	R_a 3.2~0.8	0.95	0.90	0.80
粗车	R_a 25~6.3	0.85	0.80	0.65
未加工的表面		0.75	0.65	0.45

表 7-1-38　　各种腐蚀情况的表面质量系数 β

工作条件	抗拉强度 σ_b/MPa										
	400	500	600	700	800	900	1000	1100	1200	1300	1400
淡水中,有应力集中	0.7	0.63	0.56	0.52	0.46	0.43	0.40	0.38	0.36	0.35	0.33
淡水中,无应力集中 海水中,有应力集中	0.58	0.50	0.44	0.37	0.33	0.28	0.25	0.23	0.21	0.20	0.19
海水中,无应力集中	0.37	0.30	0.26	0.23	0.21	0.18	0.16	0.14	0.13	0.12	0.12

表 7-1-39　　各种强化方法的表面质量系数 β

强化方法	心部强度 σ_b/MPa	β		
		光轴	低应力集中的轴 $K_\sigma\leqslant1.5$	高应力集中的轴 $K_\sigma\geqslant1.8\sim2$
高频淬火	600~800 800~1000	1.5~1.7 1.3~1.5	1.6~1.7	2.4~2.8
氮化	900~1200	1.1~1.25	1.5~1.7	1.7~2.1
渗碳	400~600 700~800 1000~1200	1.8~2.0 1.4~1.5 1.2~1.3	3 2.3 2	2.5 2.7 2.3
喷丸硬化	600~1500	1.1~1.25	1.5~1.6	1.7~2.1
滚子滚压	600~1500	1.1~1.3	1.3~1.5	1.6~2.0

注：1. 高频淬火是根据直径为 10~20mm，淬硬层厚度为（0.05~0.20）d 的试件实验求得的数据；对大尺寸的试件强化系数的值会有某些降低。

2. 氮化层厚度为 0.01d 时用小值；在（0.03~0.04）d 时用大值。

3. 喷丸硬化是根据 8~40mm 的试件求得的数据。喷丸速度低时用小值；速度高时用大值。

4. 滚子滚压是根据 17~130mm 的试件求得的数据。

（2）静强度安全系数校核

本方法的目的是校验轴对塑性变形的抵抗能力，即校核危险截面的静强度安全系数。轴的静强度是根据轴上作用的最大瞬时载荷（包括动载荷和冲击载荷）来计算的。一般，对于没有特殊安全保护装置的传动，最大瞬时载荷可按电机最大过载能力确定。危险截面应是受力较大、截面较小即静应力较大的若干截面。校核公式见表7-1-40。

表 7-1-40　　危险截面安全系数 S_s 的校核公式

<table>
<tr><td rowspan="2">公式</td><td colspan="2">$$S_s=\frac{S_{s\sigma}S_{s\tau}}{\sqrt{S_{s\sigma}^2+S_{s\tau}^2}}\geqslant S_{sp}$$</td></tr>
<tr><td>弯曲时　$S_{s\sigma}=\dfrac{\sigma_s}{\dfrac{M_{max}}{Z}}$</td><td>扭转时　$S_{s\tau}=\dfrac{\tau_s}{\dfrac{T_{max}}{Z_p}}$</td></tr>
<tr><td>说明</td><td>$S_{s\sigma}$——只考虑弯曲时的安全系数
$S_{s\tau}$——只考虑扭转时的安全系数
Z,Z_p——轴危险截面的抗弯和抗扭截面系数，cm^3，见表 7-1-28～表 7-1-30
S_{sp}——静强度的许用安全系数，见表 7-1-41，如轴的损坏会引起严重事故，该值应适当加大</td><td>σ_s——材料的拉伸屈服点，见表 7-1-1
τ_s——材料的扭转屈服点，一般取 $\tau_s\approx(0.55\sim0.62)\sigma_s$
M_{max},T_{max}——轴危险截面上的最大弯矩和最大扭矩，N·m</td></tr>
</table>

表 7-1-41　　静强度的许用安全系数 S_{sp}

σ_s/σ_b	0.45～0.55	0.55～0.7	0.7～0.9	铸造轴
S_{sp}	1.2～1.5	1.4～1.8	1.7～2.2	1.6～2.5

注：如最大载荷只能近似求得及应力无法准确计算时，上述 S_{sp} 值应增大 20%～50%。如果校核计算结果表明安全系数太低，可通过增大轴径尺寸及改用较好的材料等措施，以提高轴的静强度安全系数。

1.6　轴的刚度校核

轴在载荷的作用下会产生弯曲和扭转变形，当这些变形超过某个允许值时，会使机器的零部件工作状况恶化，甚至使机器无法正常工作，故对精密机器的传动和对刚度要求高的轴，要进行刚度校核，以保证轴的正常工作。轴的刚度分为扭转刚度和弯曲刚度两种，前者是用扭转角 ϕ 来度量，后者以挠度 y 和偏转角 θ 来度量。

1.6.1　轴的扭转刚度

轴的扭转刚度校核是计算轴在工作时的扭转变形量，是用每米轴长的扭转角 ϕ 度量的。轴的扭转变形会影响机器的性能和工作精度，如内燃机凸轮轴的扭转角过大，会影响气门的正确启闭时间；龙门式起重机运行机构传动轴的扭转角会影响驱动轮的同步性；对有发生扭转振动危险的轴以及操纵系统中的轴，都需具有较大的扭转刚度。对传动精度有严格要求的机床（如齿轮机床、螺纹机床、刻线机等），轴的过大的扭转变形会严重影响机床的工作精度。但对于一般机器，轴的扭转刚度不是主要考虑的因素。轴的扭转角 ϕ 的计算公式列于表 7-1-42。

1.6.2　轴的弯曲刚度

轴在受载的情况下会产生弯曲变形，过大的弯曲变形也会影响轴上零件的正常工作，对于工作要求高的精密机械如机床等，安装齿轮的轴会因轴的变形影响齿轮的正确啮合发生偏载及工作平稳性；轴的偏转角 θ 会使滚动轴承的内外圈相互倾斜，如偏转角超过滚动轴承允许的转角，就显著降低滚动轴承的寿命；会使滑动轴承所受的压力集中在轴承的一侧，使轴径和轴承发生边缘接触，加剧磨损和导致胶合；轴的变形还会使高速轴回转时产生振动和噪声，影响机器的正常工作。又如机床的进给机构中的轴，过大的弯曲变形将使运动部件产生爬行，不能均匀进给，影响加工质量。在电机中，轴的过大挠度会改变电机转子和定子间的间隙，使电机性能恶化。

表 7-1-42　　圆轴扭转角 ϕ 的计算公式　　(°)·m^{-1}

轴的类型	实心轴	空心轴	每米轴长许用扭转角 ϕ_p	
等直径轴	每米长 $\phi=7350\dfrac{T}{d^4}$	每米长 $\phi=7350\dfrac{T}{d^4(1-\alpha^4)}$	一般轴	0.5°~1°
			精密传动轴	0.25°~0.5°
			精度要求不高的传动轴	≥1°
阶梯轴	$\phi=\dfrac{7350}{l}\sum\dfrac{T_il_i}{d_i^4}$	$\phi=\dfrac{7350}{l}\sum\dfrac{T_il_i}{d_i^4(1-\alpha^4)}$	起重机传动轴	15′~20′
			重型机床走刀轴	5′
说明	T——轴所传递的转矩，N·m l——轴受转矩作用部分的长度，mm α——空心轴的内径 d_1(或 d_{1i})与外径 d(或 d_i)之比，$\alpha=\dfrac{d_1}{d}\left(或\ \alpha=\dfrac{d_{1i}}{d_i}\right)$		d——轴的直径，mm d_1——空心轴内径，mm l_i,d_i,d_{1i}——第 i 段轴的长度、直径、空心轴内径，mm T_i——第 i 段轴所受转矩，N·m	

注：本表公式适用于剪切弹性模量 $G=79.4$GPa 的钢轴。

因此，对于精密机器的轴要进行弯曲刚度的校核，它用弯曲变形时所产生的挠度和偏转角来度量。轴的弯曲变形的精确计算较复杂，除受载荷的影响外，轴承以及各种轴上零件刚度、轴的局部削弱等因素对轴的变形都有影响。

等直径轴的挠度和偏转角一般按双支点梁计算，计算公式列于表 7-1-45。对于阶梯轴，可近似按当量直径为 d_v 的等直径轴计算。d_v 值按表 7-1-44 所列公式计算。按当量直径法计算阶梯轴的挠度 y 与偏转角 θ 时，误差可能达到+20%。所以对于十分重要的轴应采用更准确的计算法，详见材料力学。

在计算有过盈配合轴段的挠度时，应将该轴段与轮毂当作一个整体来考虑，即取轴上零件轮毂的外径作为轴的直径。

如果轴上作用的载荷不在同一平面内，则应将载荷分解为两互相垂直平面上的分量，分别计算出两个平面内各截面的挠度（y_x、y_y）和偏转角（θ_x、θ_y），然后用几何法相加（即 $y=\sqrt{y_x^2+y_y^2}$，$\theta=\sqrt{\theta_x^2+\theta_y^2}$）。如果在同一平面内作用有几个载荷，其任一截面的挠度和偏转角等于各载荷分别作用时该截面的挠度和偏转角的代数和（即 $y=\sum y_i$，$\theta=\sum\theta_i$）。

一般机械中轴的允许挠度 y_p 及允许偏转角 θ_p 可按表 7-1-43 选取。

表 7-1-43　　轴的允许挠度 y_p 及允许偏转角 θ_p

条件	y_p	条件	θ_p/rad
一般用途的轴	$y_{maxp}=(0.0003\sim0.0005)l$	滑动轴承处	$\theta_p=0.001$
金属切削机床主轴	$y_{maxp}=0.0002l$	向心球轴承处	$\theta_p=0.005$
	(l——支承间跨距)	向心球面轴承处	$\theta_p=0.05$
安装齿轮处	$y_p=(0.01\sim0.03)m_n$	圆柱滚子轴承处	$\theta_p=0.0025$
安装蜗轮处	$y_p=(0.02\sim0.05)m_t$	圆锥滚子轴承处	$\theta_p=0.0016$
	(m_n,m_t——齿轮法面模数及蜗轮端面模数)	安装齿轮处	$\theta_p=0.001\sim0.002$

表 7-1-44　　阶梯轴的当量直径 d_v 计算公式　　mm

载荷位置(参见表 7-1-45 简图)	载荷作用于支点间时	载荷作用于外伸端时
d_v 计算公式	$d_{v1}^4=\dfrac{l}{\sum\limits_{i=1}^{n}\dfrac{l_i}{d_i^4}}$	$d_{v2}^4=\dfrac{c+l}{\sum\limits_{i=1}^{n}\dfrac{l_i}{d_i^4}}$
说明	l——支点间距离，mm c——外伸端长度，mm l_i,d_i——轴上第 i 段的长度和直径，mm	

注：为计算方便，当量直径以 d_v^4 形式保留不必开方（见表 7-1-45 中的公式）。

第 7 篇

表 7-1-45　　　　轴的挠度及偏转角计算公式

梁的类型及载荷简图	偏转角 θ/rad	挠度 y/mm
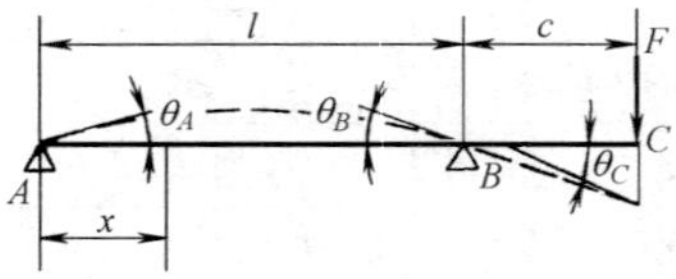	$\theta_A=\frac{Fcl}{6\times10^4 d_{v2}^4}$ $\theta_B=-\frac{Fcl}{3\times10^4 d_{v2}^4}=-2\theta_A$ $\theta_C=\theta_B-\frac{Fc^2}{2\times10^4 d_{v2}^4}$ $\theta_x=\theta_A\left[1-3\left(\frac{x}{l}\right)^2\right]$　（在 A—B 段）	$y_C=\theta_B c-\frac{Fc^3}{3\times10^4 d_{v2}^4}$ $y_x=\theta_A x\left[1-\left(\frac{x}{l}\right)^2\right]$　（在 A—B 段） $y_{max}=\frac{Fcl^2}{9\sqrt{3}\times10^4 d_{v2}^4}\approx0.384l\theta_A$ （在 $x=\frac{l}{\sqrt{3}}\approx0.577l$ 处）
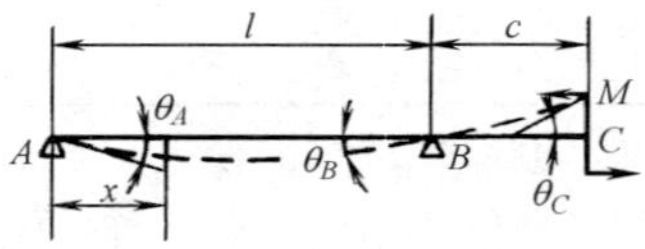	$\theta_A=-\frac{Ml}{6\times10^4 d_{v2}^4}$ $\theta_B=\frac{Ml}{3\times10^4 d_{v2}^4}=-2\theta_A$ $\theta_C=\theta_B+\frac{Mc}{10^4 d_{v2}^4}$ $\theta_x=\theta_A\left[1-3\left(\frac{x}{l}\right)^2\right]$　（在 A—B 段）	$y_C=\theta_B c+\frac{Mc^2}{2\times10^4 d_{v2}^4}$ $y_x=\theta_A x\left[1-\left(\frac{x}{l}\right)^2\right]$　（在 A—B 段） $y_{max}=-\frac{Ml^2}{9\sqrt{3}\times10^4 d_{v2}^4}\approx0.384l\theta_A$ （在 $x=\frac{l}{\sqrt{3}}\approx0.577l$ 处）
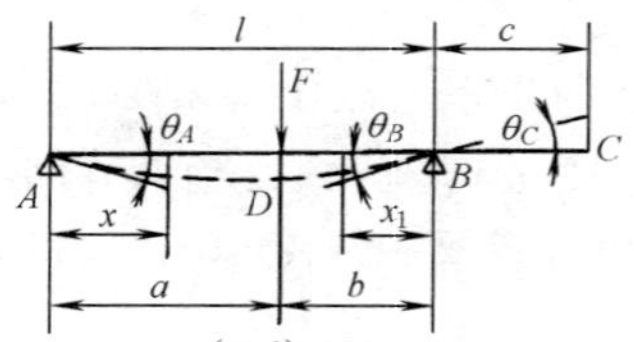 $(a>b)$	$\theta_A=-\frac{Fab}{6\times10^4 d_{v1}^4}\left(1+\frac{b}{l}\right)$ $\theta_B=\frac{Fab}{6\times10^4 d_{v1}^4}\left(1+\frac{a}{l}\right)$ $\theta_C=\theta_B$ $\theta_D=-\frac{Fab}{3\times10^4 d_{v1}^4}\left(1-2\frac{a}{l}\right)$ $\theta_x=-\frac{Fbl}{6\times10^4 d_{v1}^4}\left[1-\left(\frac{b}{l}\right)^2-3\left(\frac{x}{l}\right)^2\right]$ （在 A—D 段） $\theta_{x1}=\frac{Fal}{6\times10^4 d_{v1}^4}\left[1-\left(\frac{a}{l}\right)^2-3\left(\frac{x_1}{l}\right)^2\right]$ （在 B—D 段）	$y_C=\theta_B c$ $y_x=-\frac{Fblx}{6\times10^4 d_{v1}^4}\left[1-\left(\frac{b}{l}\right)^2-\left(\frac{x}{l}\right)^2\right]$ （在 A—D 段） $y_{x1}=-\frac{Falx_1}{6\times10^4 d_{v1}^4}\left[1-\left(\frac{a}{l}\right)^2-\left(\frac{x_1}{l}\right)^2\right]$ （在 B—D 段） $y_D=-\frac{Fa^2b^2}{3\times10^4 ld_{v1}^4}$ $y_{max}^*=-\frac{Fbl^2}{9\sqrt{3}\times10^4 d_{v1}^4}\left[1-\left(\frac{b}{l}\right)^2\right]^{3/2}$ $\approx0.384l\theta_A\sqrt{1-\left(\frac{b}{l}\right)^2}$ $\left(在\ x=\sqrt{\frac{l^2-b^2}{3}}\approx0.577\sqrt{l^2-b^2}\ 处\right)$
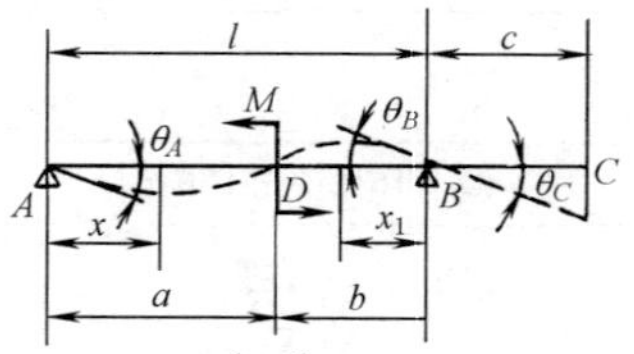 $(a>b)$	$\theta_A=-\frac{Ml}{6\times10^4 d_{v1}^4}\left[1-3\left(\frac{b}{l}\right)^2\right]$ $\theta_B=-\frac{Ml}{6\times10^4 d_{v1}^4}\left[1-3\left(\frac{a}{l}\right)^2\right]$ $\theta_C=\theta_B$ $\theta_D=\frac{Ml}{3\times10^4 d_{v1}^4}\left[1-3\left(\frac{a}{l}\right)+3\left(\frac{a}{l}\right)^2\right]$ $\theta_x=-\frac{Ml}{6\times10^4 d_{v1}^4}\left[1-3\left(\frac{b}{l}\right)^2-3\left(\frac{x}{l}\right)^2\right]$ （在 A—D 段） $\theta_{x1}=-\frac{Ml}{6\times10^4 d_{v1}^4}\left[1-3\left(\frac{a}{l}\right)^2-3\left(\frac{x_1}{l}\right)^2\right]$ （在 B—D 段）	$y_C=\theta_B c$ $y_x=-\frac{Mlx}{6\times10^4 d_{v1}^4}\left[1-3\left(\frac{b}{l}\right)^2-\left(\frac{x}{l}\right)^2\right]$ （在 A—D 段） $y_{x1}=\frac{Mlx_1}{6\times10^4 d_{v1}^4}\left[1-3\left(\frac{a}{l}\right)^2-\left(\frac{x_1}{l}\right)^2\right]$ （在 B—D 段） $y_D=-\frac{Mab}{3\times10^4 d_{v1}^4}\left(1-2\frac{b}{l}\right)$ $y_{max}^*=-\frac{Ml^2}{9\sqrt{3}\times10^4 d_{v1}^4}\left[1-3\left(\frac{b}{l}\right)^2\right]^{3/2}$ $\approx0.384l\theta_A\sqrt{1-3\left(\frac{b}{l}\right)^2}$ $\left(在\ x=\sqrt{\frac{l^2-3b^2}{3}}\approx0.577\sqrt{l^2-3b^2}\ 处\right)$

续表

梁的类型及载荷简图	偏转角 θ/rad	挠度 y/mm
说　明		
F——集中载荷,N M——外力矩,N·mm a,b——载荷至左及右支点的距离,mm x,x_1——截面至左及右支点的距离,mm d_{v2}——载荷作用于外伸端时的当量直径,mm	l——支点间距,mm c——外伸端长度,mm d_{v1}——载荷作用于支点间时的当量直径,mm 下角标:A、B、C、D、x、x_1 等表示各处截面	

注：1. 如果实际作用载荷的方向与图示相反，则公式中的正负号应相应改变。

2. 表中公式适用于弹性模量 $E=206\times10^3$MPa。

3. 标有“*”的 y_{max} 计算公式适用于 $a>b$ 的场合，y_{max} 产生在 A-D 段。当 $a<b$ 时，y_{max} 产生在 B-D 段，计算时应将式中的 b 换成 a，x 换成 x_1，θ_A 换成 θ_B。

4. 表中所列的受载情况为较典型的几种，其他轴受载情况下的偏转角及挠度计算见有关材料力学图书。

1.7 轴的临界转速校核

轴系（轴和轴上零件）是一个弹性体，当其回转时，一方面由于本身的质量（或转动惯量）和弹性产生自然振动，有其自振频率；另一方面由于轴系各零件的材料组织不均匀、制造误差及安装误差等原因造成轴系重心偏移，导致回转时产生离心力，从而产生以离心力为周期性干扰外力所引起的强迫振动，有其强迫振动频率。当强迫振动的频率与轴的自振频率接近或相同时，就会产生共振现象，轴的变形将迅速增大，严重时会造成轴系甚至整台机器破坏。产生共振现象时轴的转速称为轴的临界转速。临界转速的校核就是计算出轴的临界转速，以便使工作转速避开临界转速。

轴的振动的主要类型有横向振动（弯曲振动）、扭转振动和纵向振动。一般轴最常见的是横向振动，故本节仅介绍横向振动临界转速的校核。

临界转速在数值上与轴横向振动的固有频率相同。一个轴在理论上有无穷多个临界转速。按其数值由小到大分别称一阶、二阶、三阶……临界转速。为避免轴在运转中产生共振现象，所设计的轴不得与任何临界转速相接近，也不能与一阶临界转速的简单倍数重合。

转速低于一阶临界转速的轴一般称为刚性轴，高于一阶临界转速的轴称为挠性轴，机械中多采用刚性轴；但转速很高的某些轴（如离心机、汽轮机的轴），如采用刚性轴，则所需直径可能过大，使结构过于笨重，故常用挠性轴。

对转速较高、跨度较大而刚性较小，或外伸端较长的轴，一般应进行临界转速的校核计算，使工作转速避开临界转速，并使其在各阶临界转速一定范围之外。对于刚性轴，应使 $n<0.75n_{cr1}$，对于挠性轴，应使 $1.4n_{cr1}<n<0.7n_{cr2}$（n 为轴的工作转速；n_{cr1} 为轴一阶临界转速；n_{cr2} 为轴二阶临界转速）。

轴临界转速大小与材料的弹性特性、轴的形状和尺寸、轴的支承形式和轴上零件的质量等有关，与轴的空间位置（垂直、水平或倾斜）无关。

阶梯轴临界转速的精确计算比较复杂，作为近似计算，可将阶梯轴视为当量直径为 d_v 的等直径轴进行计算，当量直径 d_v 按下式计算

$$d_v=\xi\frac{\sum d_i\Delta l_i}{\sum\Delta l_i}\ (\text{mm})\qquad(7\text{-}1\text{-}1)$$

式中　d_i——第 i 段轴的直径，mm；

Δl_i——第 i 段轴的长度，mm；

ξ——经验修正系数。若阶梯轴最粗一段或几段的轴段长度超过轴全长的 50%时，可取 $\xi=1$；轴段长度小于全长的 15%时，此段当作轴环，另按次粗轴段来考虑。在一般情况下，最好按照同系列机器的计算对象，选取有准确解的轴试算几例，从中找出 ξ 值。例如一般的压缩机、离心机、鼓风机转子可取 $\xi=1.094$。

1.7.1 不带圆盘的均匀质量轴的临界转速

各种支座情况下，等直径轴在横向振动时的第一、二、三阶临界转速计算公式见表 7-1-46。

表 7-1-46　横向振动时轴的临界转速 n_{cr}　r/min

均匀质量轴的临界转速 $n_{crk}=946\lambda_k\sqrt{\dfrac{EI}{W_0L^3}}$，($k=1,2,3$ 为临界转速阶数)		带圆盘但不计轴自重时轴的一阶临界转速 $n_{cr1}=946\sqrt{\dfrac{K}{W_1}}$	
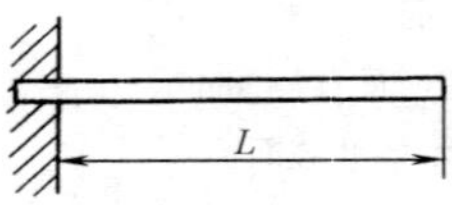	$\lambda_1=3.52$ $\lambda_2=22.43$ $\lambda_3=61.83$	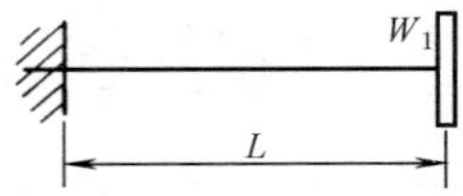	$K=\dfrac{3EI}{L^3}$
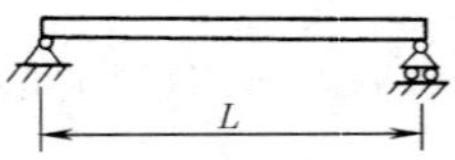	$\lambda_1=9.87$ $\lambda_2=39.48$ $\lambda_3=88.83$	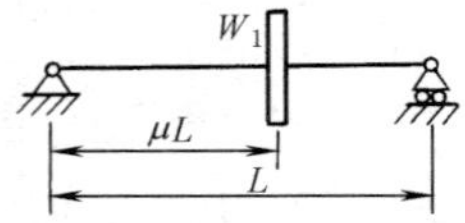	$K=\dfrac{3EI}{\mu^2(1-\mu)^2L^3}$
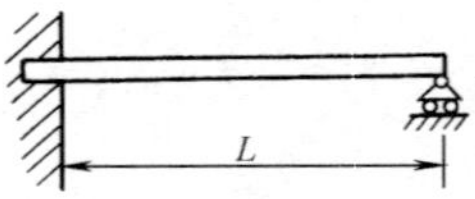	$\lambda_1=15.42$ $\lambda_2=49.97$ $\lambda_3=104.2$	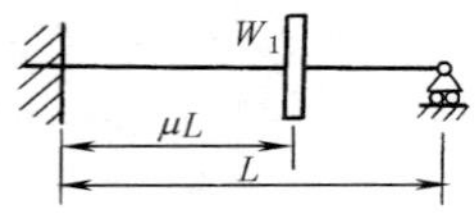	$K=\dfrac{12EI}{\mu^3(1-\mu)^2(4-\mu)L^3}$
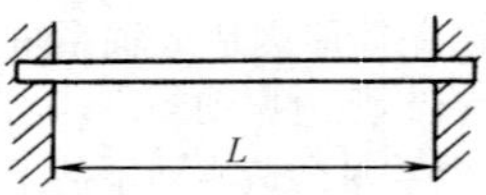	$\lambda_1=22.37$ $\lambda_2=61.67$ $\lambda_3=120.9$	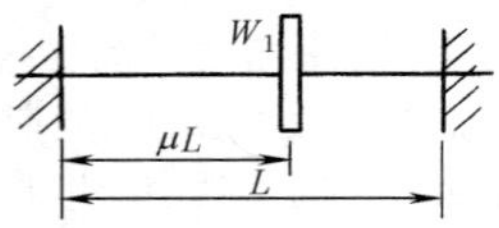	$K=\dfrac{3EI}{\mu^3(1-\mu)^3L^3}$
均匀质量轴的临界转速 $n_{crk}=946\lambda_k\sqrt{\dfrac{EI}{W_0L^3}}$　($k=1,2,3$)		带圆盘但不计轴自重时轴的一阶临界转速 $n_{cr1}=946\sqrt{\dfrac{K}{W_1}}$	
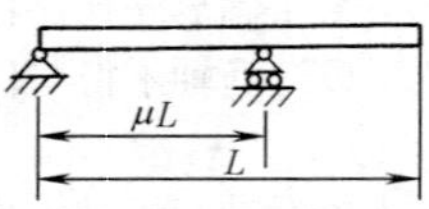		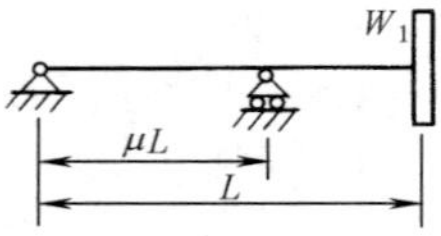	$K=\dfrac{3EI}{(1-\mu)^2L^3}$

μ	0.5	0.55	0.6	0.65	0.7	0.75
λ_1	8.716	9.983	11.50	13.13	14.57	15.06
μ	0.8	0.85	0.9	0.95	1.0	
λ_1	14.44	13.34	12.11	10.92	9.87	

注：W_0—轴自重，N；W_1—圆盘所受的重力，N；L—轴的长度，mm；λ_k—支座形式系数；E—轴材料的弹性模量，对钢，$E=206\times10^3$MPa；I—轴截面的惯性矩，mm^4，$I=\dfrac{\pi d^4}{64}$；μ—支承间距离或圆盘处轴段长度 μL 与轴总长度 L 之比；K—轴的刚度系数，N/mm。

1.7.2　带圆盘的轴的临界转速

带单个圆盘但不计轴自重时轴的一阶临界转速 n_{cr1} 的计算公式见表 7-1-46。

带多个圆盘并需计入轴自重时，可按邓柯莱（Dunkerley）公式计算 n_{cr1}

$$\frac{1}{n_{cr1}^2}\approx\frac{1}{n_0^2}+\frac{1}{n_{01}^2}+\frac{1}{n_{02}^2}+\cdots+\frac{1}{n_{0i}^2}+\cdots \tag{7-1-2}$$

式中，n_0 为只考虑轴自重时轴的一阶临界转速；n_{01}，n_{02}，…，n_{0i} 分别表示轴上只装一个圆盘（盘 1，2，…i）且不计轴自重时的一阶临界转速，均可按表 7-1-46 所列公式分别计算。

对双铰支多圆盘钢轴（图 7-1-3），式（7-1-2）按表 7-1-46 中所列算式简化为下式

$$\frac{1}{n_{cr1}^2}\approx\frac{W_0L^3}{9.04\times10^9\lambda_1^2d_v^4}+\frac{\sum W_ia_i^2b_i^2}{27.14\times10^9ld_v^4}+\frac{\sum G_jc_j^2(l+c_j)}{27.14\times10^9d_v^4} \tag{7-1-3}$$

式中　λ_1——一阶临界转速时的支座形式系数，查表 7-1-46；

W_0——轴所受的重力，N；

W_i——支承间的圆盘所受的重力，N；

G_j——外伸端的圆盘所受的重力，N；

d_v——轴的当量直径，mm；

c_j——外伸端第 j 个圆盘至支承间的距离，mm。

带多个圆盘的轴（包括阶梯轴），如果在各个圆盘重力的作用下，轴的挠度曲线或轴上各圆盘处的挠度值已知时，也可用雷利（Rayleigh）公式近似求其一阶临界转速

$$n_{cr1} = 946\sqrt{\frac{\sum_{i=1}^{n} W_i y_i}{\sum_{i=1}^{n} W_i y_i^2}}$$

式中　W_i——轴上所装各个零件或阶梯轴各个轴段的重力，N；

y_i——在 W_i 作用的截面内，由全部载荷引起的轴的挠度，mm。

1.7.3　轴的临界转速计算举例

图 7-1-4 所示为由两个轴承支承的鼓风机的转子，其各段的直径与长度尺寸，以及四个圆盘所受的 $W_1 \sim W_4$ 重力均列于表 7-1-47。试计算转子的一阶临界转速 n_{cr1}。

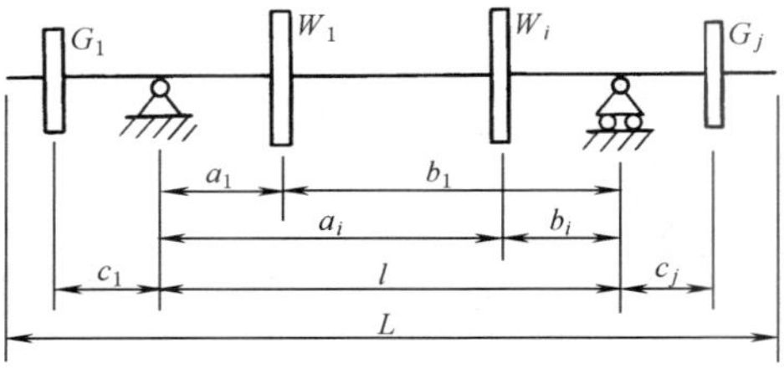

图 7-1-3　双铰支多圆盘钢轴

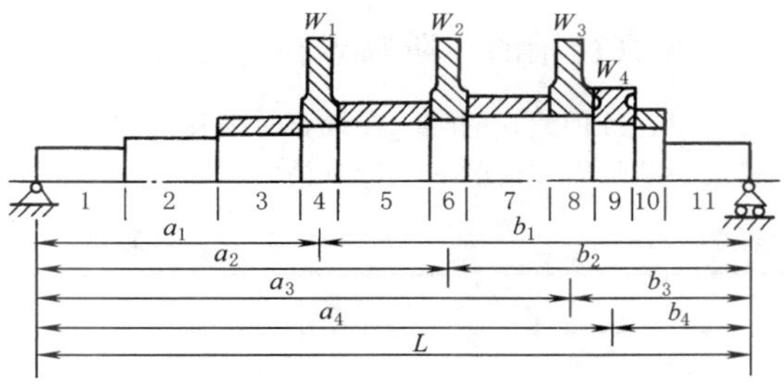

图 7-1-4　鼓风机转子

解　由于 $W_1 \sim W_4$ 四个盘所受的重力远大于轴上其他零件所受的重力，故其他零件都不作为盘来考虑，而只将其重力加在相应的轴段上。

本例可利用表 7-1-46 所列公式分别算出只考虑轴自重及每个圆盘时的临界转速，然后用式（7-1-2）或式（7-1-3）计算转子的临界转速。阶梯轴的当量直径 d_v 用式（7-1-1）计算。计算过程及结果列于表 7-1-47。

表 7-1-47

计算内容	轴段号及结果											Σ
	1	2	3	4	5	6	7	8	9	10	11	
d_i/mm	65	85	90	105	110	115	120	120	110	100	70	
l_i/mm	160	168	155	60	180	60	150	77	80	50	160	$L=1300$
d_il_i/mm^2	10400	14280	13950	6300	19800	6900	18000	9240	8800	5000	11200	123870
W_{0i}/N	41.6	74.8	77.4 +13.7 =91.1	40.7	134.2 +48.9 =183.1	48.9	133.2 +54.3 =187.5	68.4	59.7	30.8 +10.7 =41.5	48.3	$W_0=885.6$
W_i/N				500.4		490.3		499.5	147.3			
a_i/mm				513		753		971.5	1050			
b_i/mm				787		547		328.5	250			
$W_ia_i^2b_i^2$ /N·mm^4				81.56 $\times10^{12}$		83.16 $\times10^{12}$		50.87 $\times10^{12}$	10.15 $\times10^{12}$			225.74 $\times10^{12}$

续表

<table>
<tr><th rowspan="2">计 算 内 容</th><th colspan="11">轴段号及结果</th><th rowspan="2">Σ</th></tr>
<tr><th>1</th><th>2</th><th>3</th><th>4</th><th>5</th><th>6</th><th>7</th><th>8</th><th>9</th><th>10</th><th>11</th></tr>
<tr><td>d_v/mm</td><td colspan="12">最粗轴段长 $l_c=150+77=227$（7、8 两段）
$$\frac{l_c}{L}=\frac{227}{1300}=0.1746<0.5$$
取 $\xi=1.094$
由式（7-1-1）得
$$d_v=\xi\frac{\sum d_i l_i}{\sum l_i}=104.2$$</td></tr>
<tr><td>n_{cr1}/r · mm^{-1}</td><td colspan="12">由表 7-1-46，$\lambda_1=9.87$
由式（7-1-3）得
$$\frac{1}{n_{cr1}^2}\approx\frac{W_0L^3}{9.04\times10^9\lambda_1^2d_v^4}+\frac{\sum W_ia_i^2b_i^2}{27.14\times10^9ld_v^4}=\frac{885.6\times1300^3}{9.04\times10^9\times9.87^2\times104.2^4}+\frac{225.74\times10^{12}}{27.14\times10^9\times1300\times104.2^4}$$
$$\approx1.874\times10^{-8}+5.427\times10^{-8}=7.301\times10^{-8}$$
$$n_{cr1}\approx3701$$
此值和该转子的精确解 $n_{cr1}=3584$ 比较，误差为 3.3%</td></tr>
</table>

1.7.4 等直径轴的一阶临界转速计算

机器中有各种型式的轴，在计算时视其具体型式按上述公式进行。为简化计算，现将几种等直径轴典型的简化型式及一阶临界转速的简化计算公式列在表 7-1-48 中，供设计者参考。

表 7-1-48　　等直径轴的一阶临界转速计算公式

简　　图	临界转速 n_{cr1}/r · min^{-1}
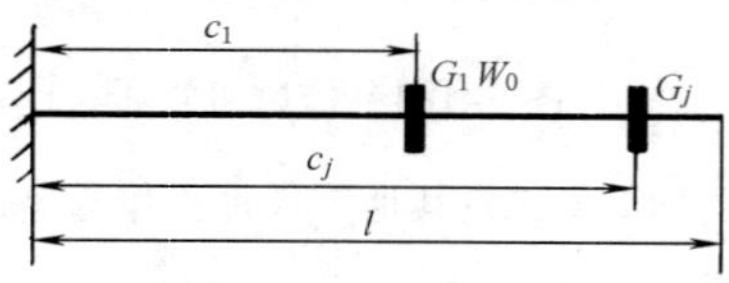	$n_{cr1}\approx\frac{3.35\times10^5d^2}{\sqrt{W_0l^3+4.12\sum c_1^3G_j}}$
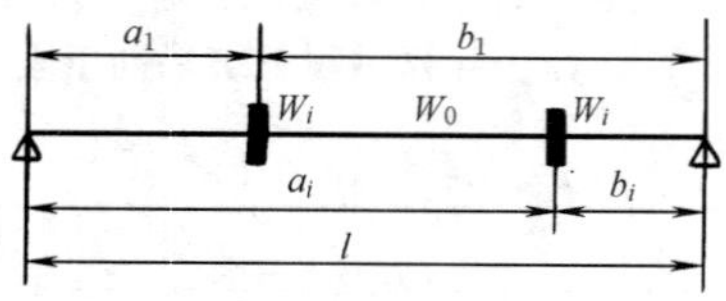	$n_{cr1}\approx\frac{9.36\times10^5d^2}{\sqrt{W_0l^3+\frac{32.47}{l}\sum a_i^2b_i^2W_i}}$
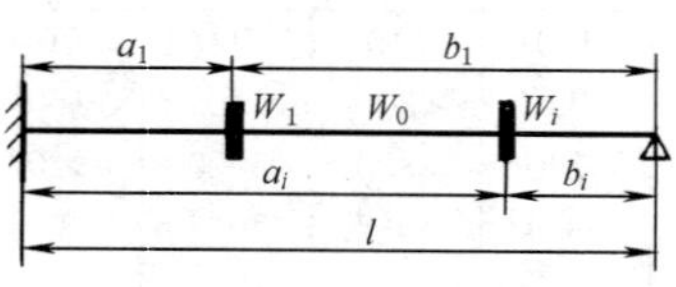	$n_{cr1}\approx\frac{14.65\times10^5d^2}{\sqrt{W_0l^3+\frac{19.82}{l^3}\sum a_1^3b_1^2(3a_i+4b_i)W_i}}$
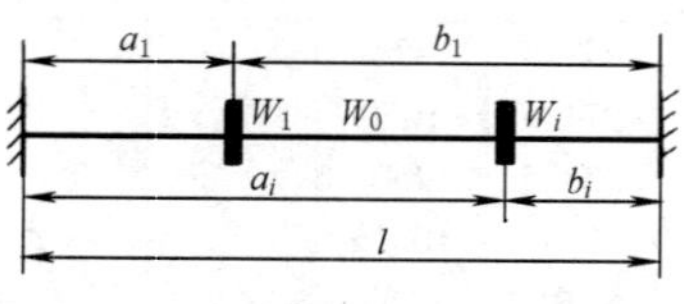	$n_{cr1}\approx\frac{21.26\times10^5d^2}{\sqrt{W_0l^3+\frac{166.3}{l^3}\sum a_i^3b_i^3W_i}}$

续表

简　　图	临界转速 n_{cr1}/r·min^{-1}
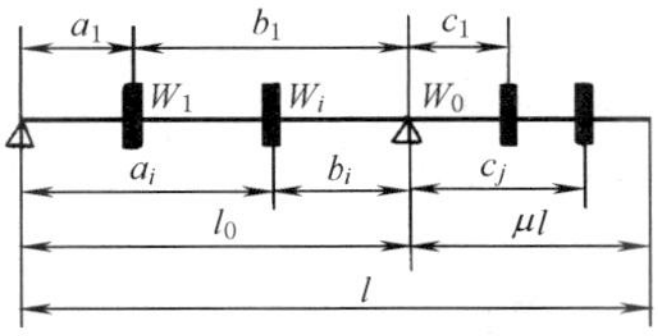	$n_{cr1} \approx \dfrac{9.52\times10^4\lambda_1 d^2}{\sqrt{W_0 l^3+\dfrac{\lambda_1^2}{3}\left[\dfrac{1}{l_0}\sum W_i a_1^2 b_1^2+\sum G_j c_1^2(l_0+c_j)\right]}}$ 一端外伸轴的系数 λ_1 值见表 7-1-49 两端外伸轴的系数 λ_2 值见表 7-1-50
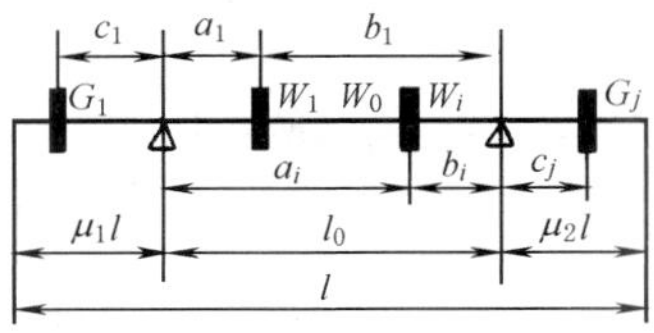	

说　　明

W_i——支承间第 i 个圆盘重力，N

G_j——外伸端第 j 个圆盘重力，N

W_0——轴的重力，N。对实心钢轴 $W_0=60.5\times10^{-6}d^2l$，对端空心钢轴应乘以 $1-\alpha^2$

α——空心轴的内径 d_0 与外径 d 之比

d——轴的直径，mm

l——轴的全长，mm

l_0——支承间距离，mm

μ,μ_1,μ_2——外伸端长度与轴长 l 之比

a_i,b_i——支承间第 i 个圆盘至左及右支承的距离，mm

c_j——外伸端第 j 个圆盘至支承间的距离，mm

注：1. 表列公式适用于弹性模量 $E=206\times10^3$MPa 的钢轴。

2. 当计算空心轴的临界转速时，应将表列公式乘以 $\sqrt{1-\alpha^2}$。

表 7-1-49　　一端外伸轴的系数 λ_1 值

μ	0	0.05	0.10	0.15	0.20	0.25	0.30	0.35	0.40	0.45	0.50	0.55	0.60	0.65	0.70	0.75	0.80	0.85	0.90	0.95	1
λ_1	9.87	10.9	12.1	13.3	14.4	15.1	14.6	13.1	11.5	10	8.7	7.7	6.9	6.2	5.6	5.2	4.8	4.4	4	3.7	3.5

表 7-1-50　　两端外伸轴的系数 λ_2 值

μ_2	μ_1									
	0.05	0.10	0.15	0.20	0.25	0.30	0.35	0.40	0.45	0.50
0.05	12.15	13.58	15.06	16.41	17.06	16.32	14.52	12.52	10.80	9.37
0.10	13.58	15.22	16.94	18.41	18.82	17.55	15.26	13.05	11.17	9.70
0.15	15.06	16.94	18.90	20.41	20.54	18.66	15.96	13.54	11.58	10.02
0.20	16.41	18.41	20.41	21.89	21.76	19.56	16.65	14.07	12.03	10.39
0.25	17.06	18.82	20.54	21.76	21.70	20.05	17.18	14.61	12.48	10.80
0.30	16.32	17.55	18.66	19.56	20.05	19.56	17.55	15.10	12.97	11.29
0.35	14.52	15.26	15.96	16.65	17.18	17.55	17.18	15.51	13.54	11.78
0.40	12.52	13.05	13.54	14.07	14.61	15.10	15.51	15.46	14.11	12.41
0.45	10.80	11.17	11.58	12.03	12.48	12.97	13.54	14.11	14.43	13.15
0.50	9.37	9.70	10.02	10.39	10.80	11.29	11.78	12.41	13.15	14.06

1.8　轴的工作图及设计计算举例

当轴经过必要的强度、刚度或临界转速校核之后，即可修改和细化轴系部件的结构和尺寸，在完成装配图的

基础上绘制轴的工作图。绘制轴工作图的主要要求如下。

① 图面清晰，表达完整，符合机械制图标准规定。

② 轴向尺寸的标注应便于加工工序的安排和测量。

a. 设计基准（标注尺寸的基准）应与测量基准相一致，避免加工时进行不必要的换算。

b. 不允许形成封闭尺寸链，一般选择最次要轴段（对长度公差没有要求的轴段）为尺寸链的缺口。

③ 根据轴的用途，标注必要的形位公差。具体标注要求见国家标准 GB/T 1182—2008、GB/T 1184—1996 中的有关规定。

④ 对于重要的轴，为了保证其加工精度和在检修时获得与制造时相同的基准，必须在轴两端制出中心孔，并予以保留，在图中应画出中心孔的形状和尺寸（或标注标准号）；当成品不允许保留中心孔时，应在“技术要求”中加以说明；对中心孔无特殊要求时，图中可不标注。

⑤ 热处理方式、热处理后的硬度要求及图面未表达清楚的其他要求，可列入“技术要求”中。

⑥ 对于重要的轴，应根据有关要求进行无损探伤，具体方法可参阅有关标准和资料。

轴的工作图示例见图 7-1-7。

轴的设计计算举例如下。

设计链式输送机传动装置中装有大齿轮的低速轴，其简图见图 7-1-5。

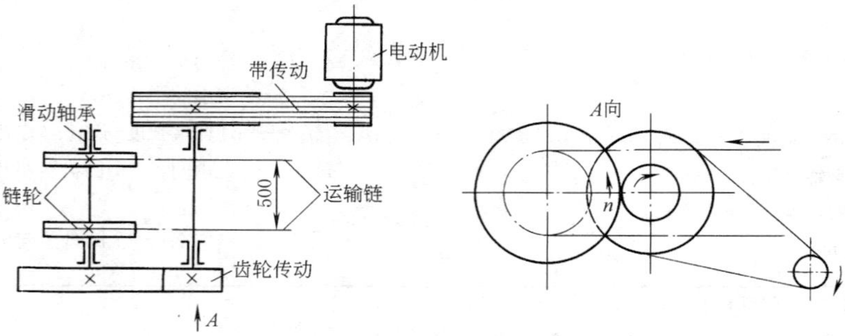

图 7-1-5　链式输送机传动装置简图

已知：①大齿轮的输入功率 $P=4.25\text{kW}$；②链轮轴的转速 $n=33\text{r/min}$；③每根运输链的张力 $S=4650\text{N}$；④齿轮的圆周力 $F_t=4790\text{N}$；⑤齿轮的径向力 $F_r=1740\text{N}$；⑥短时过载为正常工作载荷的两倍。

解：(1) 选择轴的材料

选择轴的材料为 45 钢，调质处理。由表 7-1-1 查得：$\sigma_b=590\text{MPa}$，$\sigma_s=295\text{MPa}$，$\sigma_{-1}=255\text{MPa}$，$\tau_{-1}=140\text{MPa}$

(2) 初步确定轴端直径

取 $A=103$（按表 7-1-19 选取，因转速低且单向旋转故取小值）。

轴的输入端直径

$$d=A\sqrt[3]{\frac{P}{n}}=103\sqrt[3]{\frac{4.25}{33}}=52\text{mm}$$

考虑轴端有键槽，轴径应增大 4%～5%，取 $d=55\text{mm}$。

(3) 轴的结构设计

取轴颈处的直径为 60mm，与标准轴承 H2060（JB/T 2561—2007）的孔径相同；其余各直径均按 5mm 放大。

各轴段配合及表面粗糙度选择如下：轴颈处为$\frac{H9}{f9}$，Ra 为 0.8μm；链轮配合处为 H8/t7，Ra 为 3.2μm；齿轮配合处为 H9/h8，Ra 为 3.2μm。

齿轮的轴向固定采用轴肩和双孔轴端挡圈 JB/ZQ 4349—2006。

轴的结构草图见图 7-1-6a。

(4) 键连接的强度校核

选用 A 型平键（GB/T 1096—2003），与齿轮连接处键的尺寸 $b\times h\times L=16\times10\times90$，与链轮连接处键的尺寸 $b\times h\times L=18\times11\times90$。

因与齿轮连接处键的尺寸及轴径均较小且受载大，故只需校验此键。链轮处键也可与齿轮处相同，以便于统一加工键的刀具。下式中：$\sigma_{pp}=120\text{MPa}$。

键连接传递转矩 T 为

$$T=9550\frac{P}{n}=9550\times\frac{4.25}{33}\approx1230\text{N}\cdot\text{m}$$

键工作面的压强 p 为

$$p=\frac{2000T}{dkl}=\frac{2000\times1230}{55\times5\times74}=120.9\ \text{MPa}\approx\sigma_{\text{pp}}=120\text{N/mm}^2$$

键连接强度满足要求。

(5) 计算支承反力、弯矩及扭矩

轴的受力简图、水平面及垂直面受力简图见图 7-1-6b、c 及 e。

① 支承反力

N

作用点	水 平 面	垂 直 面	合 成
A	$R_{Ax}=\frac{sc+s(d+c)+F_{\text{r}}a}{l}$ $=\frac{4650\times100+4650\times600+1740\times90}{700}$ $=4870$	$R_{Ay}=\frac{F_{\text{t}}a}{l}$ $=\frac{4790\times90}{700}$ $=620$	$R_A=\sqrt{R_{Ax}^2+R_{Ay}^2}$ $=\sqrt{4870^2+620^2}$ $=4900$
B	$R_{Bx}=2s-R_{Ax}-F_{\text{r}}$ $=2\times4650-4870-1740$ $=2690$	$R_{By}=R_{Ay}+F_{\text{t}}$ $=620+4790$ $=5410$	$R_B=\sqrt{R_{Bx}^2+R_{By}^2}$ $=\sqrt{2690^2+5410^2}$ $=6040$

② 弯矩

N · m

作用点	水 平 面	垂 直 面	合 成
B	$M_{Bx}=\frac{F_{\text{r}}a}{1000}=\frac{1740\times90}{1000}=157$	$M_{By}=\frac{F_{\text{t}}a}{1000}=\frac{4790\times90}{1000}=430$	$M_B=\sqrt{M_{Bx}^2+M_{By}^2}=\sqrt{157^2+430^2}$ $=458$
D	$M_{Dx}=\frac{R_{Ax}b}{1000}=\frac{4870\times100}{1000}=487$	$M_{Dy}=\frac{B_{Ay}b}{1000}=\frac{620\times100}{1000}=62$	$M_D=\sqrt{M_{Dx}^2+M_{Dy}^2}=\sqrt{487^2+62^2}$ $=490$
E	$M_{Ex}=\frac{F_{\text{r}}(a+c)+R_{Bx}c}{1000}$ $=\frac{1740\times190+2690\times100}{1000}=600$	$M_{Ey}=\frac{R_{Ay}(b+d)}{1000}$ $=\frac{620\times600}{1000}=372$	$M_E=\sqrt{M_{Ex}^2+M_{Ey}^2}=\sqrt{600^2+372^2}$ $=706$

水平面、垂直面及合成弯矩图见图 7-1-6d、f 及 g。

③ 扭矩　大齿轮传递的转矩 $T=1230\text{N}\cdot\text{m}$，每个链轮按 $\frac{1}{2}T$ 计算，转矩图见图 7-1-6h。

(6) 轴的疲劳强度校核

① 确定危险截面　根据载荷分布及应力集中部位，选取轴上八个截面（Ⅰ~Ⅷ）进行分析（见图 7-1-6a）。

截面Ⅰ、Ⅱ、Ⅲ分别与截面Ⅵ、Ⅴ、Ⅳ相比，二者有相同的截面尺寸和应力集中状态，但前者载荷较小，故截面Ⅰ、Ⅱ、Ⅲ不予考虑。截面Ⅴ与Ⅳ相比，二者截面尺寸相同，弯矩相差不大，虽然截面Ⅴ的扭矩较大，但应力集中不如截面Ⅳ严重，故截面Ⅴ不予考虑。截面Ⅶ与Ⅵ相比，截面尺寸相同而Ⅶ载荷较小，故截面Ⅶ不予考虑。

最后确定截面Ⅳ、Ⅵ、Ⅷ为危险截面。

② 校核危险截面的安全系数（见下页计算表）　由表计算说明取许用安全系数 $S_{\text{p}}=1.8$，计算安全系数均大于许用值，故轴的疲劳强度足够。

(7) 轴的静强度校核

① 确定危险截面　根据载荷较大及截面较小的原则选取截面Ⅴ、Ⅵ、Ⅷ为危险截面。

计算内容及公式	计算值或数据			说明
	截面Ⅳ	截面Ⅵ	截面Ⅷ	
$T/\mathrm{N\cdot m}$	615	1230	1230	
$M/\mathrm{N\cdot m}$	$M_{\mathrm{IV}}\approx M_D+(M_E-M_D)\dfrac{500-50}{500}$ $=490+(706-490)\dfrac{450}{500}$ $=684$	$M_{\mathrm{VI}}\approx M_B+(M_E-M_B)\dfrac{50}{100}$ $=458+(706-458)\dfrac{50}{100}$ $=582$	$M_{\mathrm{VIII}}\approx M_B\dfrac{50}{90}$ $=458\dfrac{50}{90}$ $=254$	
Z/cm^3	23.7	21.2	14.2	由表 7-1-29 查得
Z_p/cm^3	50.7	42.4	30.6	由表 7-1-29 查得
$\sigma_{-1},\tau_{-1}/\mathrm{MPa}$	$\sigma_{-1}=255,\tau_{-1}=140$	$\sigma_{-1}=255,\tau_{-1}=140$	$\sigma_{-1}=255,\tau_{-1}=140$	由表 7-1-1 查得
ψ_σ,ψ_τ	$\psi_\sigma=0.34,\psi_\tau=0.21$	$\psi_\sigma=0.34,\psi_\tau=0.21$	$\psi_\sigma=0.34,\psi_\tau=0.21$	由表 7-1-34 查得
K_σ,K_τ	圆角$\dfrac{r}{d}=\dfrac{1}{65}\approx0.02,\dfrac{D-d}{r}=\dfrac{5}{1}=5$ $K_\sigma=1.94,K_\tau=1.62$	圆角$\dfrac{r}{d}=\dfrac{2}{60}\approx0.03,\dfrac{D-d}{r}=\dfrac{5}{2}\approx3$ $K_\sigma\approx1.8,K_\tau\approx1.5$	圆角$\dfrac{r}{d}=\dfrac{1}{55}\approx0.02,\dfrac{D-d}{1}=\dfrac{5}{1}=5$ $K_\sigma\approx1.94,K_\tau\approx1.62$	由表 7-1-32 查得
	配合 $K_\sigma=2.52,K_\tau=1.82$	配合 $K_\sigma\approx1.64,K_\tau\approx1.31$	配合 $K_\sigma=1.89,K_\tau=1.54$	由表 7-1-31 查得
	键槽 $K_\sigma=1.76,K_\tau=1.54$		键槽 $K_\sigma=1.76,K_\tau=1.54$	由表 7-1-31 查得
β	$\beta=0.93$	$\beta=0.93$	$\beta=0.93$	由表 7-1-37 查得
$\varepsilon_\sigma,\varepsilon_\tau$	$\varepsilon_\sigma=0.78,\varepsilon_\tau=0.74$	$\varepsilon_\sigma=0.81,\varepsilon_\tau=0.76$	$\varepsilon_\sigma=0.81,\varepsilon_\tau=0.76$	由表 7-1-35 查得
$\sigma_a,\sigma_m/\mathrm{MPa}$	$\sigma_a=\dfrac{M}{Z}=\dfrac{684}{23.7}=28.9,\sigma_m=0$(对称)	$\sigma_a=\dfrac{M}{Z}=\dfrac{582}{21.2}=27.5,\sigma_m=0$	$\sigma_a=\dfrac{M}{Z}=\dfrac{254}{14.2}=17.9,\sigma_m=0$	表 7-1-26
$S_\sigma=\dfrac{\sigma_{-1}}{\dfrac{K_\sigma}{\beta\varepsilon_\sigma}\cdot\sigma_a+\psi_\sigma\cdot\sigma_m}$	$S_\sigma=\dfrac{255}{\dfrac{2.52}{0.93\times0.78}\times28.9+0}=2.54$	$S_\sigma=\dfrac{255}{\dfrac{1.8}{0.93\times0.81}\times27.5+0}=3.88$	$S_\sigma=\dfrac{255}{\dfrac{2}{0.93\times0.81}\times17.9+0}=5.37$	表 7-1-25
$\tau_a,\tau_m/\mathrm{MPa}$	$\tau_a=\tau_m=\dfrac{T}{2Z_p}=\dfrac{615}{2\times50.7}=6.1$(脉动)	$\tau_a=\tau_m=\dfrac{T}{2Z_p}=\dfrac{1230}{2\times42.4}=14.5$	$\tau_a=\tau_m=\dfrac{T}{2Z_p}=\dfrac{1230}{2\times30.6}=20.1$	表 7-1-26
$S_\tau=\dfrac{\tau_{-1}}{\dfrac{K_\tau}{\beta\varepsilon_\tau}\cdot\tau_a+\psi_\tau\cdot\tau_m}$	$S_\tau=\dfrac{140}{\dfrac{1.82}{0.93\times0.74}\times6.1+0.21\times6.1}=8.1$	$S_\tau=\dfrac{140}{\dfrac{1.5}{0.93\times0.76}\times14.5+0.21\times14.5}$ $=4.14$	$S_\tau=\dfrac{140}{\dfrac{1.66}{0.93\times0.76}\times20.1+0.21\times20.1}$ $=2.72$	表 7-1-25
$S=\dfrac{S_\sigma S_\tau}{\sqrt{S_\sigma^2+S_\tau^2}}$	$S_{\mathrm{IV}}=\dfrac{2.54\times8.1}{\sqrt{2.54^2+8.1^2}}=2.42$	$S_{\mathrm{VI}}=\dfrac{3.88\times4.14}{\sqrt{3.88^2+4.14^2}}=2.83$	$S_{\mathrm{VIII}}=\dfrac{5.37\times2.72}{\sqrt{5.37^2+2.72^2}}=2.72$	表 7-1-25

注：当系数无法从各表中直接查出时，可采用插入法求出。

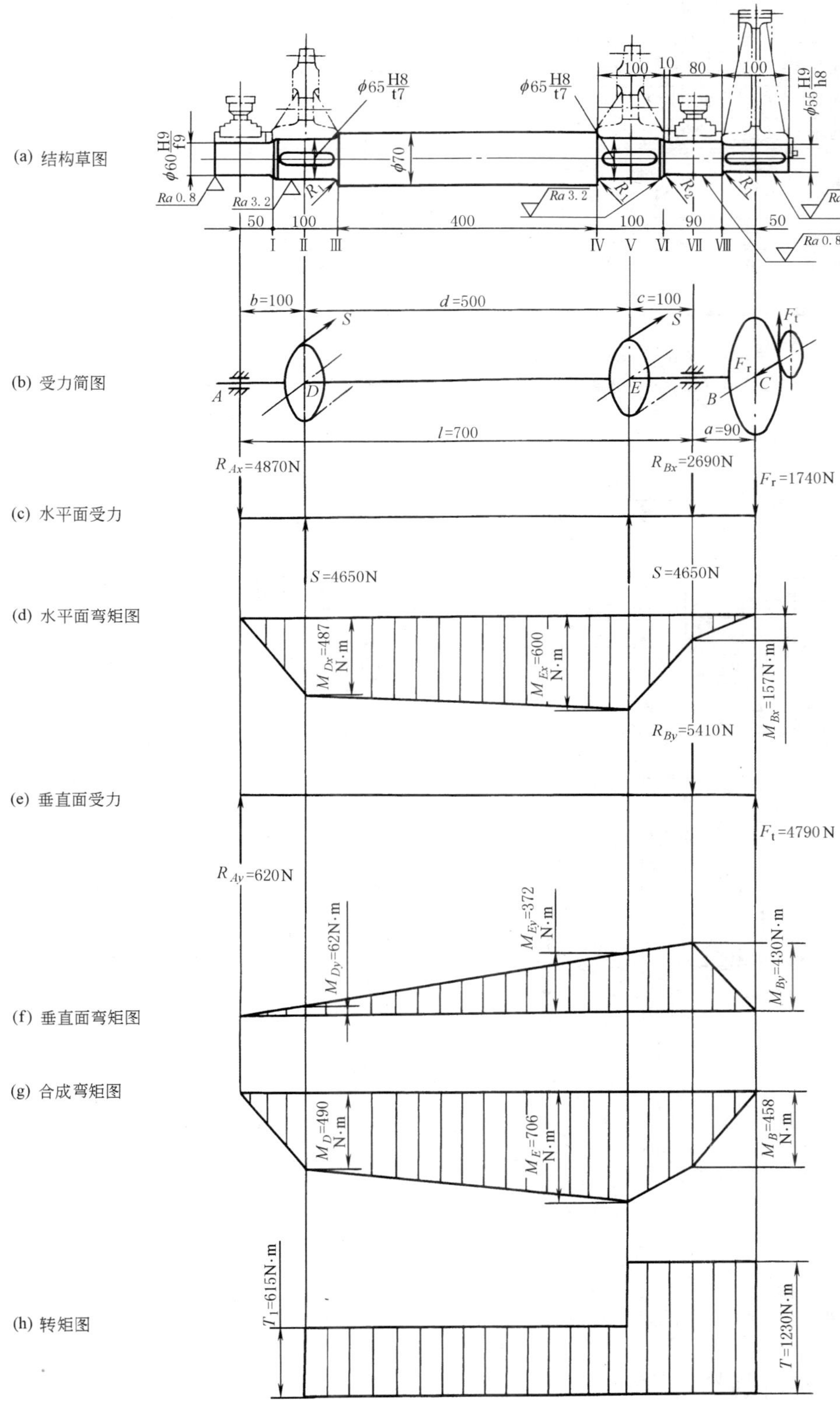

图 7-1-6　轴的结构和载荷图

② 校核危险截面的安全系数

计算内容及公式		$T_{max}=2T$/N·m	$M_{max}=2M$/N·m	Z/cm^3	Z_p/cm^3
计算值或数据	截面Ⅴ	$T_{Ⅴmax}=1230\times2=2460$	$M_{Ⅴmax}=2\times706=1412$	23.7	50.7
	截面Ⅵ	$T_{Ⅵmax}=2460$	$M_{Ⅵmax}=2\times582=1164$	21.2	42.4
	截面Ⅷ	$T_{Ⅷmax}=2460$	$M_{Ⅷmax}=2\times254=508$	14.2	30.6

计算内容及公式		σ_s	τ_s	$S_{s\sigma}=\dfrac{\sigma_s}{M_{max}/Z}$	$S_{s\tau}=\dfrac{\tau_s}{T_{max}/Z_p}$	$S_s=\dfrac{S_{s\sigma}S_{s\tau}}{\sqrt{S_{s\sigma}^2+S_{s\tau}^2}}$
计算值或数据	截面Ⅴ	295	171	4.95	3.52	2.87
	截面Ⅵ	295	171	5.4	2.94	2.58
	截面Ⅷ	295	171	8.24	2.12	2.05

取许用安全系数 $S_{sp}=1.5$，计算安全系数均大于许用值，故轴的静强度足够。上述计算中取 $\tau_s=0.58\sigma_s=0.58\times295=171$MPa。轴的工作图见图 7-1-7。本例中截面 A—A 处的键槽尺寸可以和截面 B—B 处的键槽尺寸一致，以便统一加工刀具。

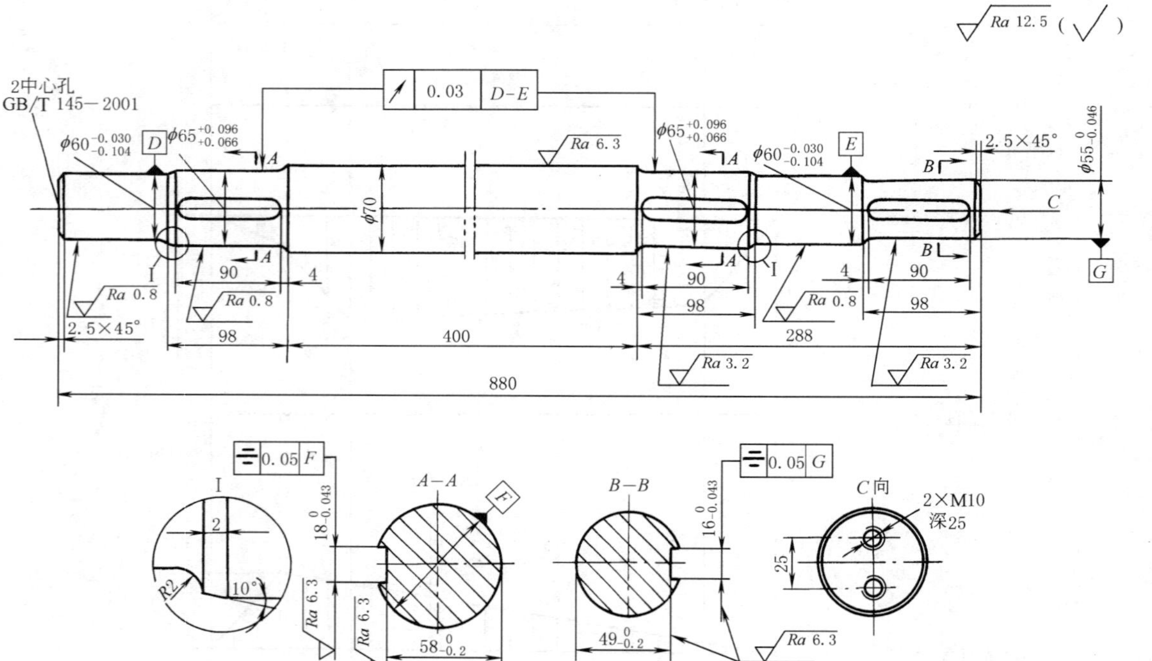

技术要求

1. 热处理：调质硬度 230~250HB。
2. 未注明的圆角半径为 $R=1$mm。

图 7-1-7　轴的工作图

2　曲　　轴

曲轴是内燃机、压缩机、往复泵和冲剪机床上的关键零件，它实现旋转运动与往复运动间的转换。

2.1　曲轴结构设计

曲轴有整体曲轴（整体锻造曲轴和整体铸造曲轴）和组合曲轴。整体锻造应用较多，因为尺寸紧凑、重量轻、强度高。整体铸造可节省材料、减少切削加工量、可得到较合理的形状，应力分布均匀，使用在逐步扩大。组合曲轴用于在制造、安装和维修有特殊要求的情况。

曲轴一般由轴端、轴颈、曲柄臂和平衡块等组成见图 7-1-8。

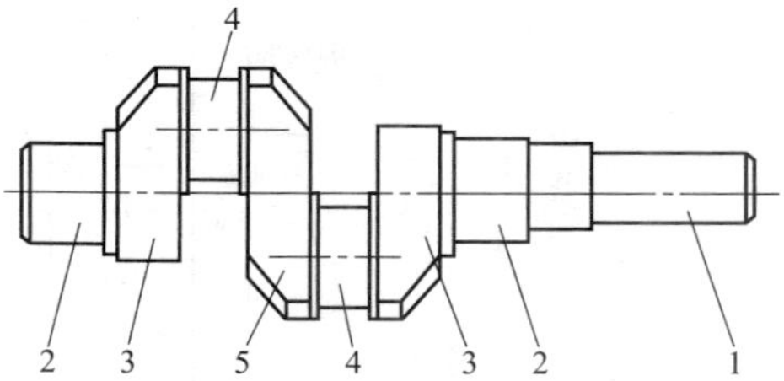

图 7-1-8　曲轴
1—轴端；2—主轴颈；3—短臂曲柄臂；4—连杆轴颈；5—长臂曲柄臂

曲柄臂与连杆轴颈主轴颈的组合体称为曲柄，主轴颈中心线到连杆轴颈中心线间的距离称为曲柄半径。曲柄是曲轴的基本组成部分，它的基本结构和尺寸除保证往复运动机构的运动规律外在很大程度上决定了曲轴的强度和工作的可靠性。单位曲柄的结构设计主要是正确决定其各部分结构，如连杆轴颈、主轴颈、曲柄臂以及过渡圆角和油孔等的尺寸和形状，以保证曲轴有足够的疲劳强度和刚度，保证主轴承和连杆轴承工作可靠。

轴端一般是曲轴的输入端或输出端，与带轮、联轴器等连接。

轴颈有主轴颈、中部支承轴颈和连杆轴颈，轴颈分锻造和铸造结构。锻造曲轴的轴颈一般制成实心结构。铸造曲轴的轴颈采用空心结构较多，其内径与外径之比约为 0.4~0.5，空心结构可提高曲轴的疲劳强度，减轻曲轴的质量，也易保证铸造时的质量。空心连杆轴颈，常将其空腔中心线设计成相对连杆轴颈中心向外侧偏离一个小距离 e，e 约等于连杆轴颈直径的 1/20（见图 7-1-19）。这种结构可减小连杆轴颈的旋转质量，使圆角处的弯曲应力降低，应力分布平坦。采用较大的圆角半径，设计卸载槽（见图 7-1-19）能使应力分布均匀，从而提轴颈的弯曲强度。

曲柄臂是连接主轴颈与连杆轴颈或连接两相邻连杆轴颈的部位称为曲柄臂，前者称短臂曲柄臂后者称长臂曲柄臂。曲柄臂的结构有椭圆形、圆形、矩形等。较合理的结构是椭圆形（图 7-1-9），它材料利用合理，应力分布均匀，疲劳强度高，圆形结构（图 7-1-10）简单，有利于曲轴平衡，材料利用次于椭圆形。方形结构（图 7-1-11）的材料利用最差，质量与旋转质量较大。

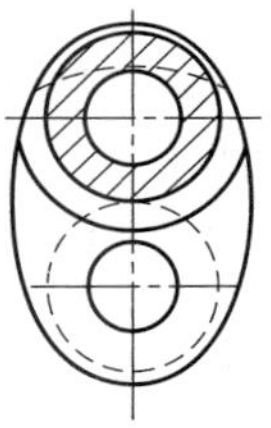
图 7-1-9　椭圆形

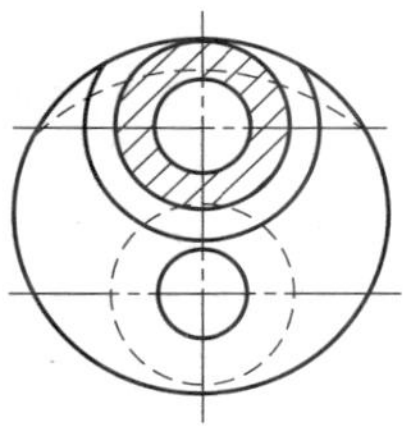
图 7-1-10　圆形

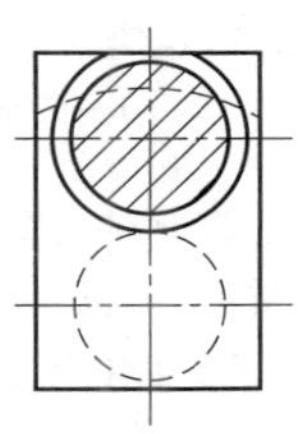
图 7-1-11　方形

平衡块是用来平衡曲轴的不平衡的惯性力和力矩，减轻主轴承载荷，以及减小曲轴和曲柄箱所受的内力矩。在保证各部件正常运转互不相碰的条件下，尽量增大平衡块外缘半径和平衡块的厚度，然后调整平衡块的包角，使平衡块重心的回转半径与平衡块质量的乘积满足动力计算的要求。平衡块与曲柄臂的连接，对于锻造曲轴多采用螺栓紧固连接，如图 7-1-12 所示。这种连接采用燕尾槽结构，能防止螺栓受剪，提高了可靠性，也可设计成其他可靠的结构。铸造曲轴的平衡块一般与曲柄臂铸成一体。

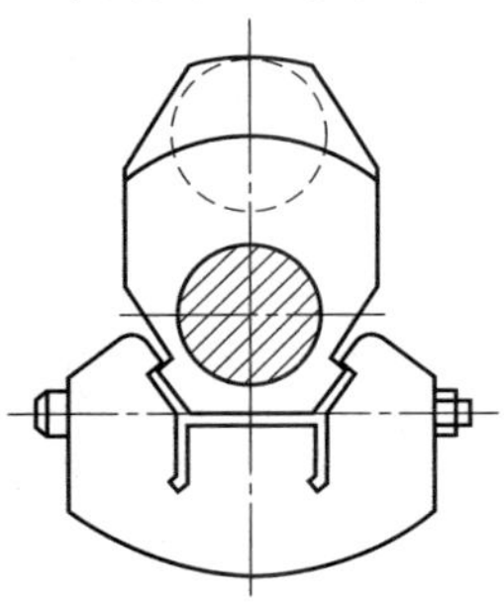
图 7-1-12　螺栓紧固连接平衡块与曲柄臂

油孔和油道的设计，不论是从轴承的润滑还是对曲轴强度的影响都很重要。曲轴的主轴颈和连杆轴颈一般采用压力油供油润滑，压力油经主油管送到各主轴承，再经曲轴内润滑油道进入连杆轴颈轴承。在决定主轴颈和连杆轴颈上油孔的位置时，既要保证供油压力和必要的冷却油量，又要使油孔对轴颈强度影响最小。因此，一般把主轴颈油孔开在最大轴颈压力作用线的垂直方向。连杆轴颈油孔多开在位于垂直曲柄平面的方向，当曲柄平面内弯曲时，这个位置接近连杆轴颈的中性平面，轴颈表面的弯曲正应力和扭转切应力均较小。此外，还应同时考虑曲轴的结构和钻孔的工艺性来确定油孔位置。油孔直径均为轴颈直径的 0.05~0.1 倍，但不小于 3~5mm。油孔孔口必须倒圆并抛光。润滑油道的布置型式如图 7-1-13 所示。

轴颈的过渡圆角 r 处是曲轴应力集中最严重的区域，合理设计过渡圆角的尺寸和形状十分重要。

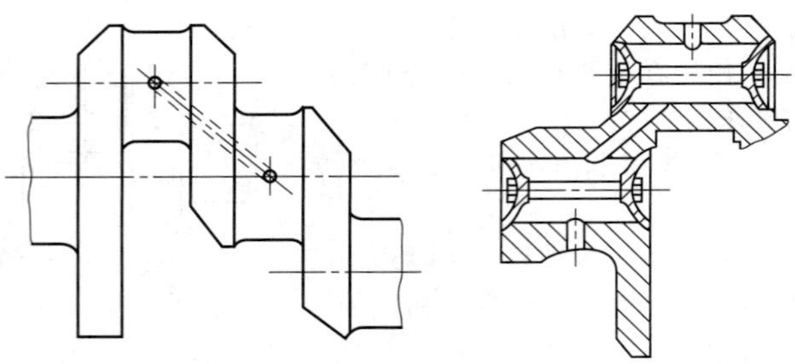

(a) 连杆轴承间的油孔　　(b) 主轴承与连杆轴承间的油孔

图 7-1-13　曲轴润滑油道

过渡圆角设计时应注意以下几点。

① 圆角半径越小，应力集中越大，曲轴疲劳强度越低，当圆角半径与轴颈直径的比值 $r/d \leqslant 0.05$ 时，应力集中就十分严重了，一般圆角半径通常取为轴颈直径的 5%～8%。对于合金钢曲轴最好采用较大的 r 值。但圆角半径越大，轴颈的有效工作长度变短，且圆角的加工质量也难以保证。为了增大过渡圆角半径且不缩短轴颈长度，可采用沉割或多圆弧圆角。见图 7-1-14。

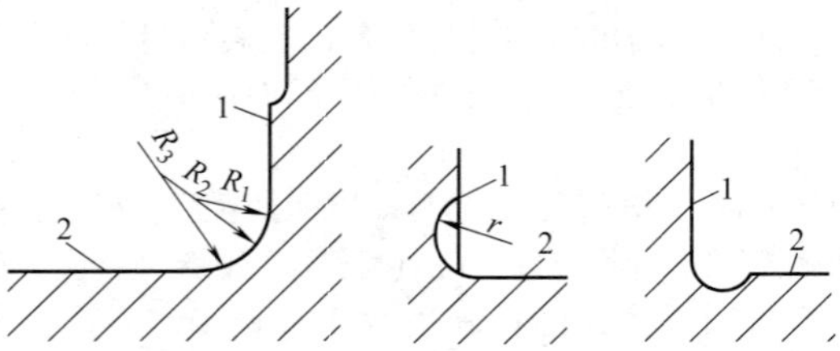

(a) 多圆弧　(b) 曲柄上沉割　(c) 轴颈上沉割

图 7-1-14　常用过渡圆角的形式

1—曲柄；2—轴颈

② 轴颈表面和圆角表面应一次磨成，保证衔接处有较低的表面粗糙度值。对重要曲轴，圆角表面应施以强化措施，以提高疲劳强度。

③ 同一曲轴上的圆角，包括轴颈突然变化处的圆角，应尽量取同一圆角半径，以利加工。

2.2　曲轴的设计要点

① 曲轴尺寸和形状的确定，必须满足强度和刚度的要求，减少应力集中，减少曲轴的挠曲变形，提高曲轴的自振频率，尽量避免在工作转速范围内发生共振，争取较大的轴颈重叠度 A（见图 7-1-19）和减小跨度，应尽量减小平衡块的质量，削除曲柄臂的肩部。

② 应保证主轴承和连杆轴承有足够的承压面积和耐磨性和可靠的润滑，油孔布置合理，力求润滑畅通，对曲轴的强度影响小，加工工艺易于实现。

③ 考虑制造、安装、维修方便。

④ 合理的曲柄排列，曲柄臂间错角均等，平衡块配置合理，力求曲轴几何中心线对称，以利于惯性力与惯性力矩的平衡，尽量满足动、静平衡的要求，改善轴系的扭振，使其运转平稳。

2.3　曲轴的强度计算

2.3.1　曲轴的破坏形式

曲轴的破坏主要是弯曲疲劳破坏和扭转疲劳破坏。弯曲疲劳破坏时，其裂纹首先发生在连杆轴颈和主轴颈圆角处，然后向曲柄臂发展。扭转疲劳破坏时，其裂纹发生在油孔或圆角处，然后与轴线呈 45°角一个方向发展。曲轴所受的弯曲载荷大于扭转载荷，所以破坏形式大多是弯曲疲劳。另外，随着油孔加工的日益完善和扭转减振器的应用，扭转疲劳破坏的可能性进一步降低。

曲轴破坏的主要形式见表 7-1-51。

2.3.2　曲轴的受力分析

作用在曲轴上的力比较复杂，现将作用于单位曲柄上的力进行分析（见图 7-1-15）。

（1）作用连杆轴颈上的力

表 7-1-51　　　　　　　　　　　曲轴主要破坏形式及原因

破坏形式	特　征	主　要　原　因
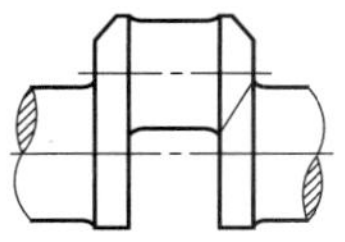	裂纹由圆角处产生,向曲柄臂发展,造成曲柄臂断裂。这是最常见的曲轴破坏形式	①过渡圆角半径过小 ②过渡圆角加工不良 ③曲柄臂太薄 ④曲轴箱及支承刚度太小,主轴颈变形大,引起主轴及主轴承不均匀磨损产生过大的附加弯曲应力 ⑤材质不良
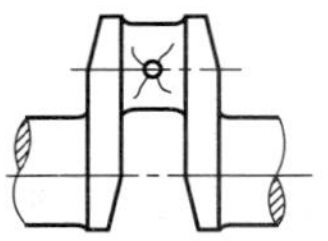	裂纹起源于油孔,沿与轴线呈 45°方向发展	①过大的扭转振动 ②油孔口过渡圆角太小,应力集中较大 ③油孔边缘加工不良
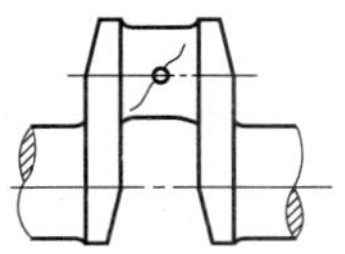	裂纹起源于过渡圆角或油孔,且只沿一个方向发展,裂纹与轴线呈 45°	①由于不对称交变转矩引起最大应力,致使疲劳破坏 ②圆角加工不良及热加工工艺不完善,造成材料组织不均匀 ③油孔边缘加工不良 ④连杆轴颈太细
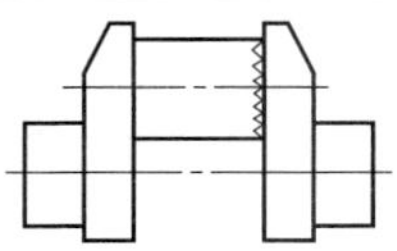	裂纹沿过渡圆角周向周时发生,断口呈径向锯齿形	①圆角太尖锐,引起过大的应力集中 ②材料有缺陷
腐蚀疲劳破坏	裂纹由圆角点蚀处产生	由于使用中保养不善,润滑油恶化造成腐蚀,或停机时润滑油中含有水分,造成圆角处点蚀

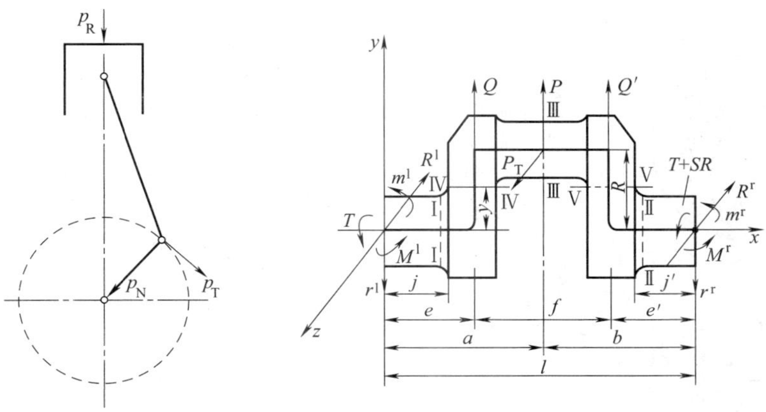

图 7-1-15　作用于单位曲柄上的力

对于压缩机和内燃机上的曲轴，其连杆轴颈上作用有气体压力和活塞连杆组往复运动惯性力所产生的径向力 p_N 和切向力 p_T，统称为连杆力，它是周期性交变的。还有连杆轴颈回转质量的离心惯性力，所有径向力作用于曲柄平面内的连杆中心处用 P 代替。

（2）作用在曲柄臂上的力

① 左曲柄臂自重的回转惯性力和平衡块的回转惯性力，二者之和用 Q 表示。

② 右曲柄臂自重的回转惯性力和平衡块的回转惯性力，二者之和用 Q'表示。

（3）作用主轴颈上的力

① 输入转矩 T 及阻力转矩（$T+RS$）。

② 对于多曲柄曲轴，作用有相邻曲柄传来的弯矩，在曲柄平面内的分量用 m^r、m^l 表示，垂直于曲柄平面内的分量用 M^r、M^l 表示。

③ 作用于轴颈上的支反力，在曲柄平面内的支反力为 r^r、r^l，垂直于曲柄平面内的支反力为 R^r、R^l。

主轴颈上支反力由下各式求得

$r^r=[Pa+Qe+Q'(e+f)+m^l+m^r]/l$，$r^l=[Pb+Q(e'+f)+Q'e'-m^l-m^r]/l$

$R^r=[p_Ta-M^l-M^r]/l$，$R^l=(p_Tb+M^l+M^r)/l$

2.3.3 曲轴的静强度校核

曲轴的破坏多数是由于应力集中区疲劳裂纹发生、发展引起。因此，应对疲劳裂纹处（如连杆轴颈圆角、油孔等处）进行强度校核。但在低速曲轴的设计中，为了简化计算，仍采用静强度校核的方式，将曲轴所受载荷看成是应力幅等于最大应力的对称循环应力，并略去应力集中系数和尺寸系数的影响，而代之以较大的安全系数，避开复杂的疲劳强度校核，这对于低速曲轴计算是可行的。

曲轴的静强度校核主要在主轴颈Ⅰ—Ⅰ和Ⅱ—Ⅱ截面、连杆轴颈Ⅲ—Ⅲ截面和曲柄臂Ⅳ—Ⅳ和Ⅴ—Ⅴ截面处进行（见图 7-1-15）。曲轴各截面的弯矩、转矩及轴向力的计算式见表 7-1-52（使杆件向下弯时的力或弯矩取为正，向上弯时取为负。）

表 7-1-52　曲轴各截面的弯矩、转矩及轴向力的计算式

截面编号	绕 x 轴转矩 T_x	绕 y 轴转矩 T_y	绕 x 轴（yz 平面内）弯矩 M_x	绕 y 轴（zx 平面内）弯矩 M_y	绕 z 轴（xy 平面内）弯矩 M_z	轴向力 F_a /N
Ⅰ	T	0	0	M^l-R^lj	m^l+r^lj	0
Ⅱ	$T+SR$	0	0	$-M^r-R^rj'$	$-m^r+r^rj'$	0
Ⅲ	$T+R^lR$	0	0	M^l-R^la	$ar^l-(a-e)Q+m^l$	0
Ⅳ	0	M^l-R^le	$T+R^ly$		r^le+m^l	r^l
Ⅴ	0	$-M^r-R^re'$	$T+SR-R^ry$		$r^re'-m^r$	r^r

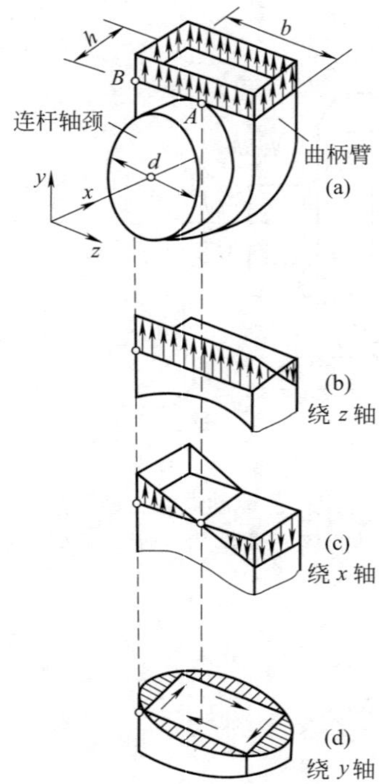

图 7-1-16　曲柄臂应力示意图

从表 7-1-52 可以看出，对于连杆轴颈截面Ⅲ受到弯扭联合作用，主轴颈截面Ⅰ、Ⅱ也受到弯扭联合作用，曲柄臂受力较复杂，截面Ⅳ、Ⅴ除受到弯扭联合作用外，还有轴向力的作用。以曲柄臂截面Ⅳ为例，见图 7-1-15，作用在曲柄臂横断面上的 r^l 所产生的拉（或压）应力，如图 7-1-16a 所示。作用有绕 z 轴的 r^le 和 m^l 的弯曲应力，如图 7-1-16b 所示，作用有绕 x 轴的 T 和 R^ly 的弯曲应力，如图 7-1-16c 所示，作用有绕 y 轴的 M^l 和 R^le 的扭转剪应力，如图 7-1-16d 所示。

所以曲柄臂受有拉压、弯、扭的复合交变载荷，名义上顶点 B 点应力最大，实际上由于应力集中的影响，最大应力在连杆轴颈与曲柄臂的过渡圆角处 A 点，这些点可分别校核，一般主要校核 A 点。

对于活塞式压缩机和往复泵曲轴，应按下面工况进行静强度校核：

① 最大输入转矩的曲柄；

② 活塞力绝对值最大的曲柄。

对于低速柴油机曲轴，应按下面工况进行静强度校核。

① 启动工况，这时惯性力不计，只考虑最大气体压力；

② 标定工况，即活塞处于上死点；曲柄的切向力最大时的位置；各曲柄的总切向力为最大值时的位置。

被校核的曲柄应取转矩为最大的一个。

轴颈和曲柄臂的静强度校核公式见表 7-1-53。

表 7-1-53　　轴颈和曲柄臂的静强度校核

			说　明
安全系数		$S=\dfrac{\sigma_{-1}}{\sqrt{\sigma^2+4\tau^2}}\geqslant S_p$	σ_{-1}——曲轴材料弯曲疲劳极限，MPa σ——危险点的正应力，MPa τ——危险点的切应力，MPa S_p——许用安全系数，推荐 $S_p=3.5\sim5S_p$ 的取值视材料组织的均匀程度、过渡圆角的大小以及表面粗糙度而定
轴颈危险点的应力		$\sigma=\dfrac{\sqrt{M_y^2+M_z^2}}{W_z}$ $\tau=\dfrac{T_x}{W_x}$	W_x——轴颈抗扭截面系数，cm^3 W_z——轴颈抗弯截面系数，cm^3 M_y, M_z——为绕 y 轴和绕 z 轴的弯矩，N·m T_x——绕 x 轴的转矩，N·m
曲柄臂危险点的应力	矩形截面和椭圆形截面的长短轴端点应力	截面短轴端点应力 $\sigma=\dfrac{\lvert M_z\rvert}{W_z}+\dfrac{\lvert F_a\rvert}{A}$ $\tau=\gamma\dfrac{T_y}{W_y}$ 截面长轴端点应力 $\sigma=\dfrac{\lvert M_x\rvert}{W_x}+\dfrac{\lvert F_a\rvert}{A}$ $\tau=\dfrac{T_y}{W_y}$	W_y——曲柄臂抗扭截面系数，cm^3；W_y 按表 1-1-9b 计算 W_z, W_x——曲柄臂抗弯截面系数，cm^3 F_a——轴向力，N A——曲柄臂截面面积，mm^2 γ——取决于截面形状的扭转应力比值系数 椭圆形截面在纯扭转时的 r 值由下式决定： $r=h/b$ 矩形截面在纯扭转时，由下表决定：
	矩形截面角点的应力	$\sigma=\dfrac{\lvert M_z\rvert}{W_z}+\dfrac{\lvert M_x\rvert}{W_x}+\dfrac{\lvert F_a\rvert}{A}$ $\tau=0$	（见下表） b——椭圆或矩形截面的长边长度，mm h——椭圆或矩形截面的短边长度，mm

$m=\dfrac{b}{h}$	1.0	1.5	2.0	3.0	4.0	6.0	8.0	10.0
γ	1.000	0.858	0.796	0.753	0.745	0.743	0.743	0.743

2.3.4　曲轴的疲劳强度校核

连杆轴颈与曲柄臂间的过渡圆角处及油孔处，应力集中大，是曲轴易发生疲劳破坏的部位，因此需考虑应力集中系数和尺寸系数，进行疲劳强度校核。一般采用分段法，截取受载荷最严重的一拐曲柄作为简支梁进行疲劳强度计算。内燃机是对累积扭矩变化幅度最大的曲柄进行疲劳校核。压缩机是对邻近功率输入端的曲柄进行疲劳校核。

表 7-1-54　　曲轴的疲劳强度校核

公式	$S=\dfrac{S_\sigma S_\tau}{\sqrt{S_\sigma^2+S_\tau^2}}\geqslant S_p$	
	只考虑弯矩作用用时的安全系数 $S_\sigma=\dfrac{\sigma_{-1}}{\dfrac{K_\sigma}{\beta\varepsilon_\sigma}\sigma_a+\psi_\sigma\sigma_m}$	只考虑扭矩作用时安全系数 $S_\tau=\dfrac{\tau_{-1}}{\dfrac{K_\tau}{\beta\varepsilon_\tau}\tau_a+\psi_\tau\tau_m}$
说明	S_p——按疲劳强度计算的许用安全系数，推荐 $S_p=1.5\sim3.0$ σ_{-1}——对称循环应力下，材料弯曲疲劳极限，MPa，见表 7-1-1，铸铁见表 7-1-55 τ_{-1}——对称循环应力下，材料扭转疲劳极限，MPa，见表 7-1-1，铸铁见表 7-1-55 K_σ, K_τ——弯曲和扭转时的有效应力集中系数，见下节 2.3.5 β——表面质量系数，一般用表 7-1-37；轴表面强化处理后用表 7-1-39 有腐蚀情况时用表 7-1-36 或表 7-1-38 $\varepsilon_\sigma, \varepsilon_\tau$——分别为弯曲和扭转时尺寸影响系数，见表 7-1-35，球墨铸铁的尺寸影响系数可取表中相应尺寸的 0.9 倍 ψ_σ, ψ_τ——材料应力循环不对称性的敏感系数，见表 7-1-34 $\sigma_a, \sigma_m, \tau_a, \tau_m$——弯曲和扭转时的名义应力幅和名义平均应力，MPa，见 2.3.5 节	

表 7-1-55　　曲轴常用铸铁的静强度与疲劳强度

项目 / 材料	抗拉强度	屈服强度	延伸率	冲击韧度	HB	弯曲疲劳极限	扭转疲劳极限	比率		
	σ_b/MPa	$\sigma_{0.2}$/MPa	δ/%	α_K/N·m·cm^{-2}		σ_{-1}/MPa	τ_{-1}/MPa	σ_{-1}/σ_b	τ_{-1}/σ_b	τ_{-1}/σ_{-1}
未热处理(球光体-铁素体基体)	680~700	—	3.0~10	36~60	269~285	230	—	0.34	—	—
退火后(铁素体基体)	480~520	300~330	14~20	66~150	170~187	150~200	—	0.38	—	—
正火后(珠光体基体)	700~800	500~640	2.0~4.0	15~25	241~300	220~265	175~195	0.35	0.25	0.74~0.8
等温淬火后(托氏体-铁素体基体)	780~810	—	5~7	28~35	241~255	335	246	0.42	0.31	0.73

2.3.5　应力集中系数 K_σ、K_τ 及应力 σ_a、σ_m、τ_a、τ_m

应力集中系数 K_σ、K_τ 分别按图 7-1-17 和图 7-1-18 查取 $(K_\sigma)_D$、$(K_\tau)_D$ 后，按下式计算，

$$K_\sigma=(K_\sigma)_D\varepsilon_\sigma,K_\tau=(K_\tau)_D\varepsilon_\tau$$

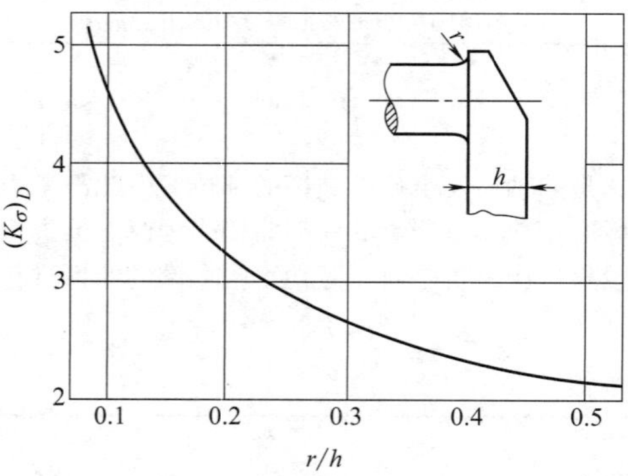

图 7-1-17　曲柄臂弯曲有效应力集中系数

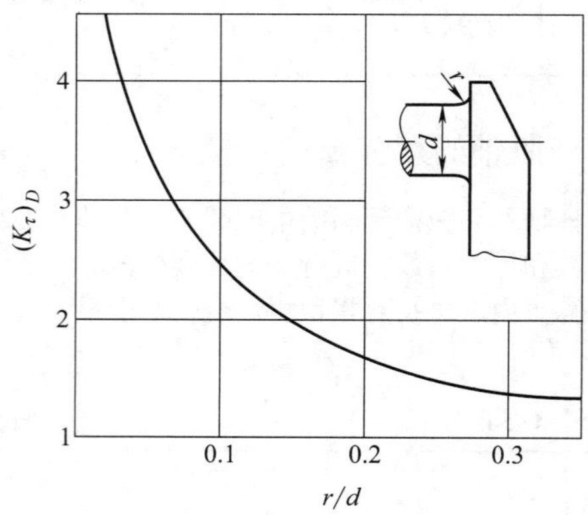

图 7-1-18　轴颈扭转有效应力集中系数

弯曲和扭转名义应力幅的计算，应根据具体截面具体点考虑，如计算曲柄臂横截面Ⅳ—ⅣA 点（图 7-1-15 及图 7-1-16），则按下式计算

$$\sigma_a=\frac{M_{z\max}-M_{z\min}}{2W_z}$$

$$\tau_a=\frac{T_{x\max}-T_{x\min}}{2W_x}$$

式中　$M_{z\max}$，$M_{z\min}$——曲轴旋转一周当中，作用在曲柄臂过渡圆角所在截面处的最大和最小的绕 z 轴的弯矩，N·m，见表 7-1-52 中的截面编号Ⅳ；

$T_{x\max}$，$T_{x\min}$——曲轴旋转一周当中，作用在轴颈过渡圆角所在截面处的最大和最小的绕 x 轴的转矩，N·m，见表 7-1-52 中的截面编号Ⅲ；

W_z——曲柄臂的抗弯截面系数，$W_z=\dfrac{bh^2}{\sigma}$，cm^3；

W_x——连杆轴颈抗扭截面系数，按实心轴或空心轴颈计算，cm^3；

弯曲和扭转的名义平均应力按下式计算

$$\sigma_m=\frac{M_{zmax}+M_{zmin}}{2W_z}$$

$$\tau_m=\frac{T_{xmax}+T_{xmin}}{2W_x}$$

为了简化计算，在被校核的曲柄上的法向力（图 7-1-15 中 P 主要是 P_N）为最大和最小时，近似地计算 M_{zmax} 和 M_{zmin}；在输入转矩 T 为最大和最小时计算 T_{xmax} 和 T_{xmin}。

2.3.6 提高曲轴强度的措施

（1）结构措施

① 加大轴颈重叠度 A　增大轴颈重叠度 A（见图 7-1-19）可显著提高曲轴的疲劳强度，曲柄臂越薄越窄时，效果越明显。采用短行程是增加重叠度的有效办法，它比通过加大主轴颈来增加重叠度的作用大。

② 加大过渡圆角　过渡圆角的尺寸、形状、材料组织和表面加工粗糙度对曲轴应力集中的影响十分明显。加大过渡圆角虽可减小圆角处的应力集中效应，但会使轴颈的有效承压长度缩短，一般可采用图 7-1-14 的过渡圆角形式。

③ 采用空心轴颈　若以提高曲轴弯曲强度（降低连杆轴颈圆角最大弯曲应力）为主要目标，采用主轴颈为空心的半空心结构就行了。若同时要减轻曲轴的质量和减小连杆轴颈的离心力，以降低主轴承载荷，则宜采用全空心结构，并将连杆轴颈内孔向外侧偏离 e，见图 7-1-19，一般空心 $d/D=0.4$ 左右效果最好。此外，轴颈空心孔的缩口厚度 T（即图中 T_1，T_2）对圆角弯曲应力有一定影响，当 $T/h=0.2\sim0.4$ 时，弯曲应力下降较多。

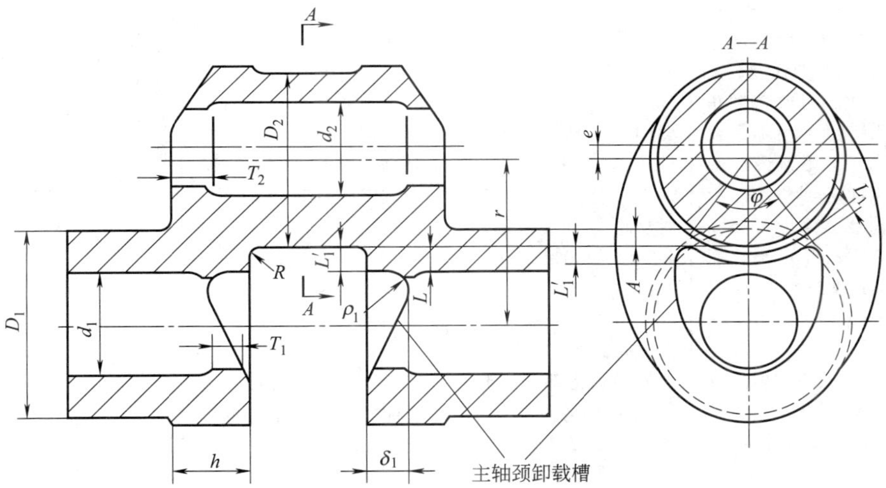

图 7-1-19　空心卸载结合的曲拐结构

r——曲柄半径；S——活塞行程；A——轴颈重叠度，$A=\dfrac{D_1+D_2}{2}-r=0.5(D_1+D_2-S)$

④ 卸载槽　卸载槽有连杆轴颈圆角卸载槽和主轴颈圆角卸载槽，图 7-1-19 为主轴颈卸载槽，其主要参数有槽边距 L_1'、槽深 δ_1、槽根圆角半径 ρ_1 及张角 φ。卸载作用随着卸载槽边距 L_1' 和槽根圆角半径 ρ_1 的减小，以及槽深 δ_1 的增大而增加，但当 $L_1'<R$，$\rho_1<R$，卸载槽根应力可能会超过过渡圆角应力，因此应使 $\rho_1>R$，$L_1'>R$。对于空心卸载其基本影响因素是空心边距 L，L 与 L_1' 的影响基本一致，为了求得最佳 L_1'，可通过查空心最佳边距 L^*

而得到 $L_1'^*$。由图 7-1-20 查得 L^*/R，图中 R 为过渡圆角，A 为重叠度，D 为轴颈直径。

另外，连杆轴颈圆角卸载槽使该圆角应力降低的同时，却使相邻的主轴颈圆角应力增加，主轴颈圆角卸载槽使主轴颈圆角应力减小的同时也使相邻连杆轴颈圆角应力增加。一般取 $L_1'=(1\sim1.5)R$；

$$\delta_1=(0.3\sim0.5)h;\rho_1\geqslant R;\varphi=50°\sim70°。$$

卸载槽一般与空心结构结合使用。

(2) 工艺措施

工艺措施是采用局部强化的方法，使材料充分发挥其强度的潜力，使曲轴趋向等强度。使曲轴在结构不变的条件下，提高疲劳强度。曲轴的典型强化方法见表 7-1-56。

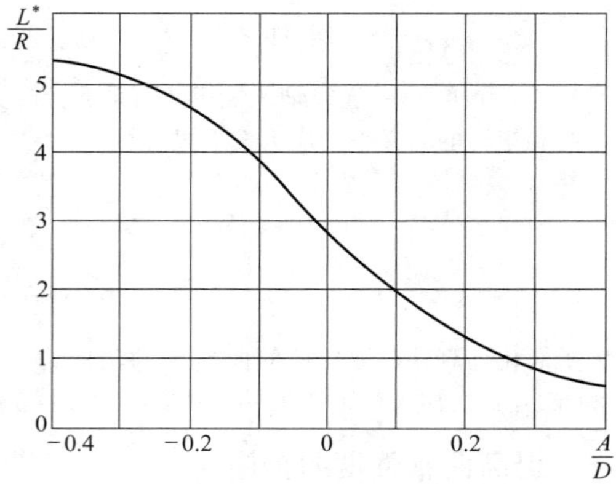

图 7-1-20 最佳边距 L^* 的确定

表 7-1-56　　曲轴的典型强化方法

方法	圆角滚压加工	轴颈和圆角同时淬火	喷丸处理	软氮化处理
强化机理	在滚轮力作用下，应力超过材料屈服极限，材料产生塑性变形，发生冷作硬化，硬度提高，曲轴表层到某一深度出现残余压应力，比压应力抵消了部分工作拉应力，从而提高疲劳强度	用高频淬火使金属组织发生相变，产生马氏体、贝氏体，发生体积膨胀产生残余压应力，使硬度提高	属于冷作变形，使曲轴表面留下压应力且提高表层硬度	现一般用气体软氮化工艺，是使碳、氮原子固溶于铁而产生固溶强化，在曲轴表面形成氮化铁、碳化铁组成的化合层，使金属体积增大而产生残余压应力
效果	珠光体球铁圆角滚压后，其弯曲疲劳强度提高 50%～90%，可改善圆角表面粗糙度，消除微裂纹和针孔、气孔等铸造缺陷。钢曲轴圆角滚压后其弯曲疲劳强度可提高 20%～70%，还可钝化裂纹发展速度	淬火层深度一般为 3～7mm，硬度为 55～63HRC，一般粗磨后感应淬火，淬后精磨消除变形。一般轴颈及圆角同时淬硬，可使疲劳强度提高 30%～100%	采用粒度为 0.5mm 左右的钢丸，以很高的速度从高速旋转的喷枪中喷射到零件表面，从而产生残余压应力	氮化层深 0.2～0.3mm，氮化后表面硬度：钢曲轴达 50～70HRC 球铁达 500HV，可提高疲劳强度：碳钢：60%～80% 低合金钢：50%～90% 球铁：50%～70% 氮化层极薄，氮化后不应再加工但可抛光，改善表面粗糙度
优缺点	①冷加工，不加热节能 ②处理时间短 ③不能提高耐磨性	可局部淬火，轴承滑动部分和圆角部分一起淬硬，既能提高轴颈的耐磨性又能提高圆弧的疲劳强度	喷丸比滚压优越之处是能使整个曲轴表面强化，可大批生产	①轴承滑动部分也可强化 ②可提高耐磨性 ③处理时间长 ④稍有变形

3 软　轴

软轴主要用于两个传动机件的轴线不在同一直线上，或工作时彼此要求有相对运动的空间传动。它可以弯曲地绕过各种障碍件，远距离传递回转运动。适合于受连续振动的场合以缓和冲击，也适用于高转速、小转矩场合。软轴有钢丝绕线式、联轴器式和钢丝弹簧式三种。本节仅涉及钢丝绕线式软轴。

软轴安装简便、结构紧凑、工作适应性强。但当转速低、转矩大时，从动轴的转速往往不均匀，且扭转刚度也不易保证。

软轴传递功率范围一般不超过 5.5kW，转速可达 20000r/min。

软轴的应用范围是：可移式机械工具、主轴可调位的机床、混凝土振动器、砂轮机、医疗器械，以及里程表、遥控仪等。

3.1 软轴的结构组成和规格

软轴通常由钢丝软轴、软管、软轴接头和软管接头四个主要部分组成。

3.1.1 软轴

软轴由几层紧密缠在一起的弹簧钢丝层构成，相邻钢丝层的缠绕方向相反。由软轴传递转矩时，相邻两层钢丝中一层趋于拧紧，另一层趋于拧松，以使各层钢丝间趋于压紧。轴的旋转方向应使表层钢丝趋于拧紧为合理，见图 7-1-21。

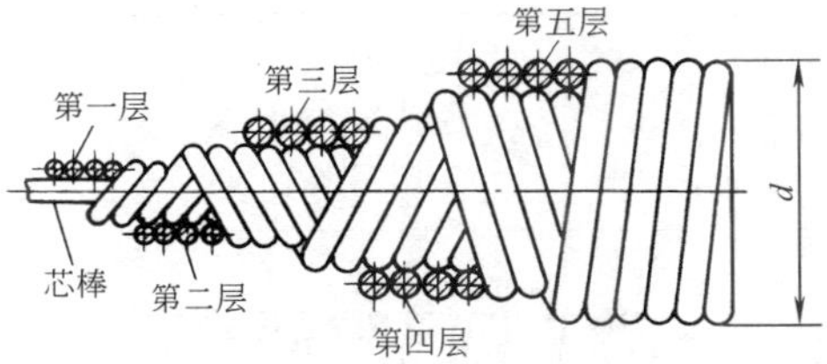

图 7-1-21 钢丝软轴

软轴结构按表层钢丝缠绕方向分为左旋和右旋。按用途分为动力传动用软轴“G 型”和控制传动用软轴“K 型”。“G 型”软轴多数无芯棒，钢丝直径较大，层数较少，耐磨性好。“K 型”软轴有芯棒，每层钢丝根数较多，钢丝直径较小，层数亦多，因而扭转刚度大。

常用软轴尺寸规格见表 7-1-57。

表 7-1-57 常用软轴的尺寸规格 mm

型号	公称直径	允许偏差	端头允许偏差	轴芯直径	每层钢丝头数×钢丝直径							
					1	2	3	4	5	6	7	8
G 型动力传动用	10	±0.10	+0.4	1.2	4×0.8	4×1.0	4×1.2	5×1.4				
	12	±0.15	+0.6	1.2	4×0.8	4×0.8	4×1.0	5×1.3	5×1.5			
	13	±0.15	+0.6	1.2	4×0.8	4×1.0	4×1.2	5×1.3	5×1.6			
	16	±0.15	+0.7	1.6	4×1.0	4×1.2	4×1.4	5×1.6	5×2.0			
	20	±0.20	+1.0	1.6	4×1.0	4×1.2	4×1.4	5×1.6	6×1.8	6×2.2		
	25	±0.5	+1.5	1.6	4×1.0	4×1.2	4×1.4	5×1.6	6×1.8	6×2.2	6×2.6	
	30	±1.0	+2.5	1.8	4×1.0	4×1.4	5×1.8	5×2.0	6×2.4	6×2.6	6×3.0	
	40	±1.5	+3.0	2.0	4×1.2	5×1.0	5×2.0	6×2.4	6×2.6	6×2.8	6×3.0	6×3.5
K 型控制传动用	4	±0.2	+0.4	0.6	4×0.3	6×0.3	8×0.3	8×0.4	10×0.4			
	5	±0.2	+0.4	0.6	4×0.3	6×0.3	6×0.3	8×0.4	10×0.4	10×0.4		
	6	±0.25	+0.5	0.6	4×0.4	6×0.4	6×0.4	8×0.5	8×0.5	10×0.5		
	6.5	±0.25	+0.5	0.7	4×0.4	6×0.4	6×0.4	8×0.5	8×0.5	10×0.6		
	8	±0.3	+0.6	0.8	4×0.4	6×0.4	6×0.4	8×0.5	8×0.6	10×0.6		

注：1. 长度可按需要订购。

2. 外层钢丝系左旋，右旋时应注明。

3. 规格系沈阳振捣器厂软轴产品。

3.1.2 软管

软管用来保护并支承软轴在其中工作，以避免与外界零件直接接触；保存轴表面的润滑油，并防止污物侵入轴内；使操作安全，防止软轴损坏。

软管尺寸的选择取决于软轴直径。一般软管的内径较软轴外径大 20%~30%，其选配尺寸见表 7-1-58。常用软管的结构型式与规格尺寸见表 7-1-59。

表 7-1-58　　软轴和软管选配尺寸　　mm

软轴直径	3.3①	4	5	6	8	10	12、13②	16	20	25	30
软管直径	5.5	6	8	9	11	15	18~20	22	28	32	38

①用于里程表。②用于振动器。

表 7-1-59　　常用软管的结构型式与规格尺寸

类　型	结构简图	软管主要尺寸/mm				特　点
		钢丝软轴直径 d	软管内径 d_0	软管外径 D	最小弯曲半径 R_{min}	
金属软管	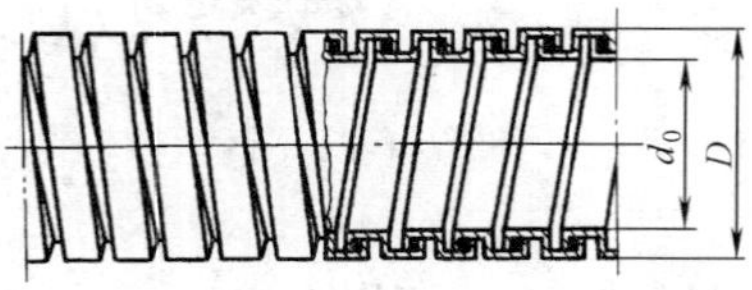	13 16 19	20±0.5 25±0.5 32±0.5	25±0.5 32±0.5 38±0.5	270 300 375	由镀锌的低碳钢带卷成,钢带镶口内填以石棉或棉纱绳。结构较简单、重量轻、外径小,但强度和耐磨性较差
橡胶金属软管	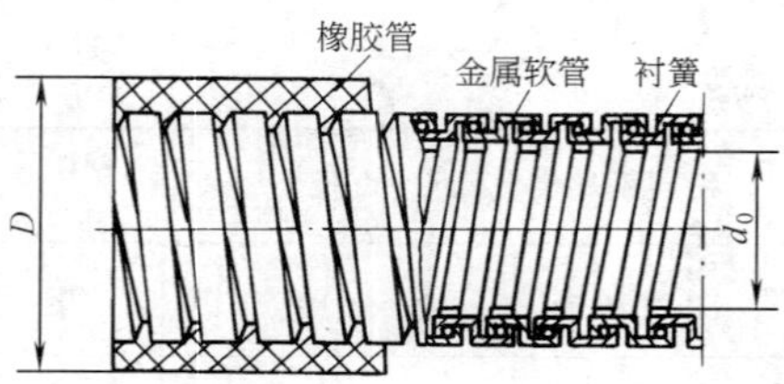	13	19±0.5 21±0.5	36^{+1}_{0} 40^{+1}_{0}	300 325	在金属软管内衬以衬簧,外面包上橡胶保护层。耐磨性及密封性均较金属软管好
衬簧橡胶软管	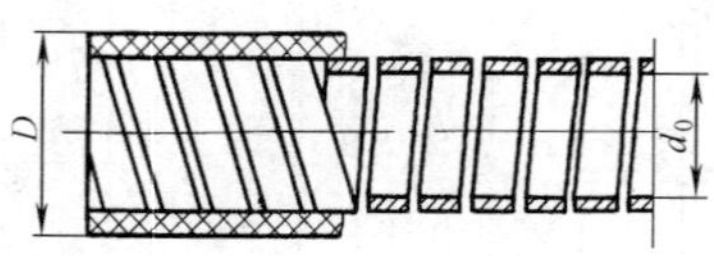	8 10 13 16	$14^{+0.5}_{0}$ $16^{+0.5}_{0}$ $20^{+0.5}_{0}$ $24^{+0.5}_{0}$	22^{+1}_{0} 30^{+1}_{0} 36^{+1}_{0} 40^{+1}_{0}	225 320 360 400	在橡胶管内衬以衬簧,比橡胶金属软管结构简单。混凝土振动器多用此种软管
衬簧编织软管	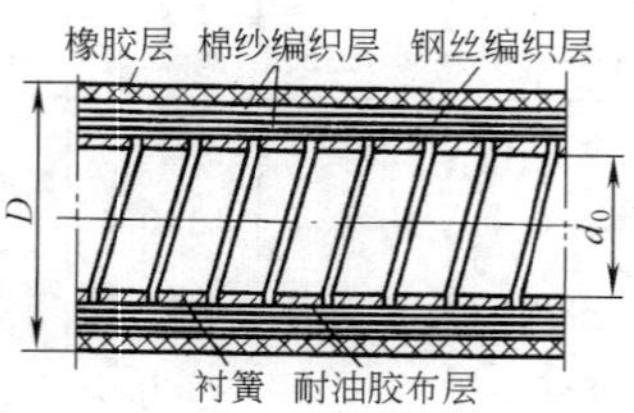	13	$20^{+0.5}_{0}$	36^{+1}_{0}	360	衬簧由弹簧钢带卷成,外面依次包上耐油胶布层、棉纱、钢丝编织层和耐磨橡胶。强度、挠度、耐磨性、密封性均较好
小金属软管	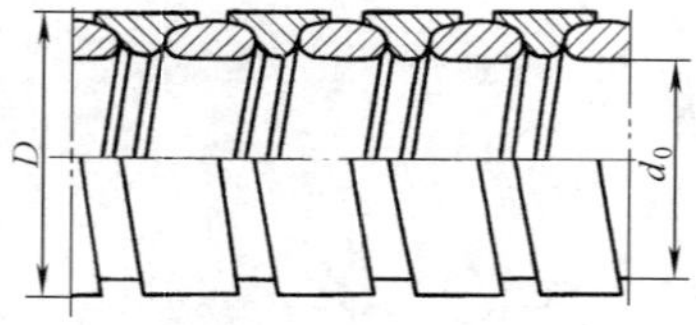	3.3 5	5.5±0.1 8±0.2	8±0.1 10.5±0.2	150 175	由两层成形钢带卷成,挠性较好,密封性较差。用于控制型软轴

注:表中所列软管规格为广东省建软轴钢窗厂、上海公利建筑机械厂、沈阳市金属软轴软管厂、上海金属软管有限公司的部分产品。由于目前尚未制定软管的统一标准,各家生产的规格尺寸不尽相同,设计选用时应以各厂的产品样本为准。

3.1.3 软轴接头

软轴接头用于连接软轴与动力输出轴及被传动部件。连接的方式有固定式和滑动式两种。固定式连接比较可靠，但当软轴工作中弯曲半径较小时容易磨损。滑动式连接允许软轴在软管内有较大的窜动，但当弯曲半径太小时接头有可能滑脱。为便于软轴的拆卸检查和润滑，软轴接头的外径尺寸要保证有一头小于软管和软管接头的内径。

常用钢丝软轴接头的结构型式见表 7-1-60，钢丝软轴接头与轴端连接方式见表 7-1-61。

表 7-1-60　　常用钢丝软轴接头的结构型式

固定式		滑动式	
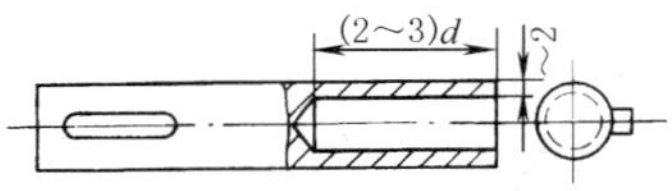	端部用键或螺钉连接，装拆较方便	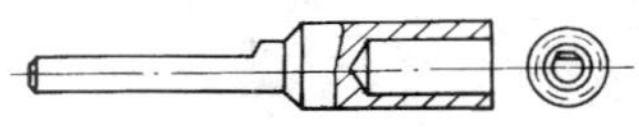	端部一侧制成平面，制造简易、装拆方便
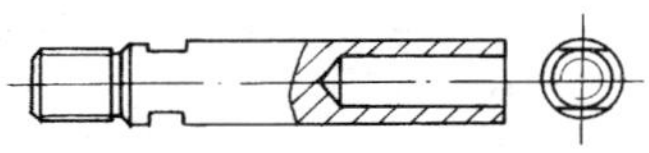	端部用外螺纹连接，装拆较费时	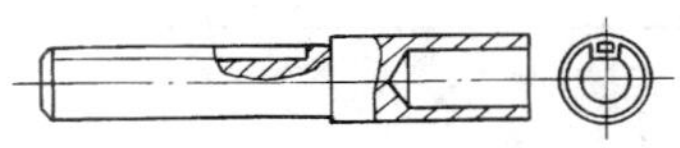	端部用键连接，装拆较方便
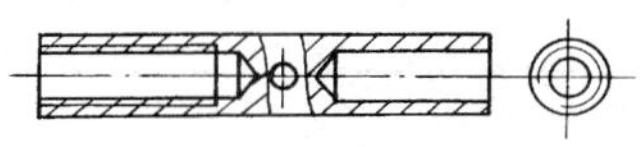	端部用内螺纹连接，装拆较费时	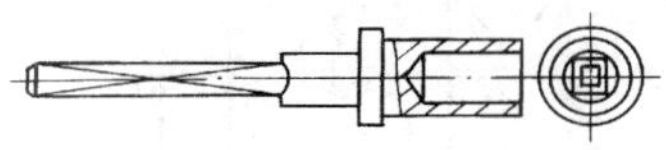	端部呈方形，装拆方便

表 7-1-61　　常用钢丝软轴接头与轴端连接方式

焊接	镦压	滚压
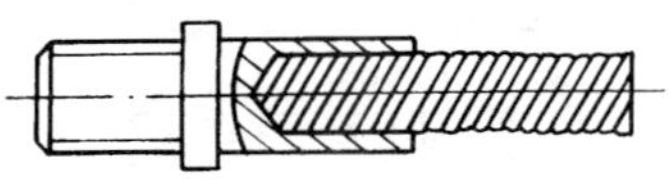 常用锡焊，接头可重复使用，但费工费料，使用渐少	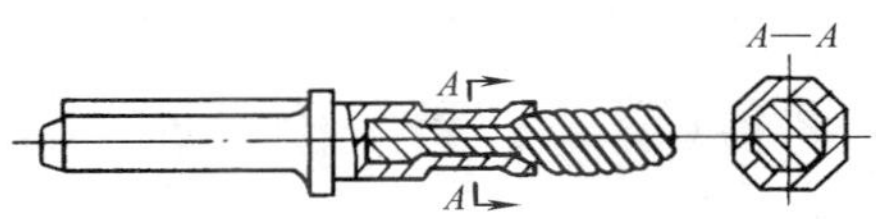 工艺简单，应用广泛	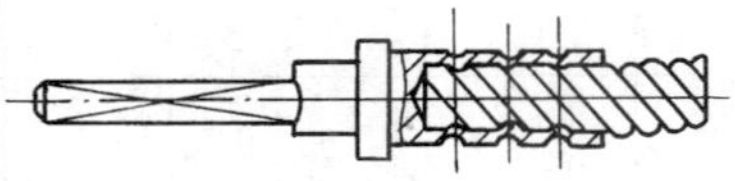 工艺简单，应用广泛

3.1.4 软管接头

软管接头用于连接软管和传动装置及工作部件，它也是软轴接头的轴承座。软管接头有带滑动轴承及带滚动轴承两种。带滑动轴承的管接头外形尺寸较小，但维护调整不如后者方便。软管及软管接头的连接方式有焊接、滚压、镦压连接及锥套连接，以焊接应用最多，见表 7-1-62。带滑动轴承的软管、软轴接头结构尺寸见表 7-1-63。

表 7-1-62　　常用软管接头型式及连接方式

	焊接	锥套连接
固定式	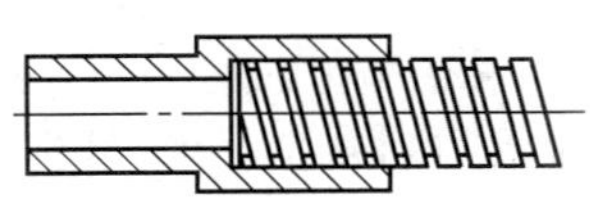 用锡焊，用于金属软管与接头的连接	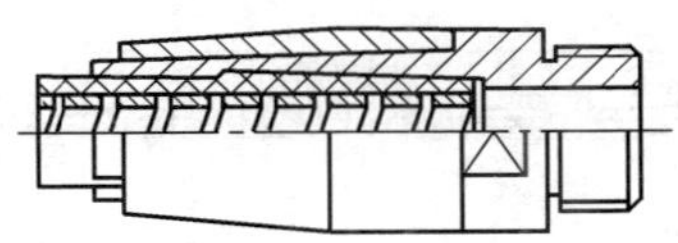 装拆较方便，但结构较复杂。用于有橡胶保护层的软管与接头的连接

续表

	镦　　压	滚　　压
固定式	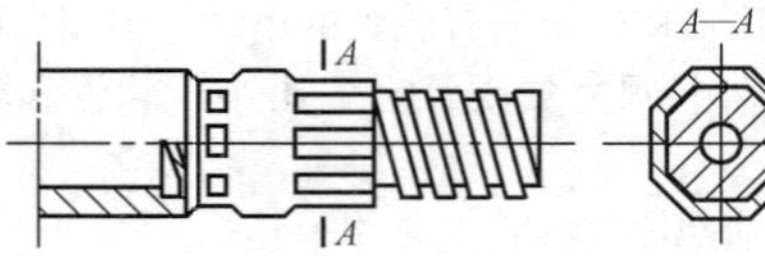 工艺简单，用于金属软管与接头的连接	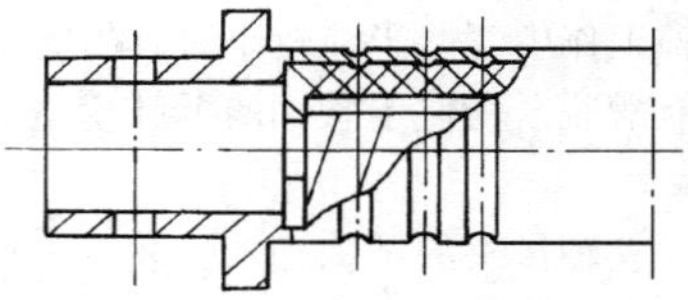 工艺简单，用于有橡胶保护层的软管与接头的连接
滑动式	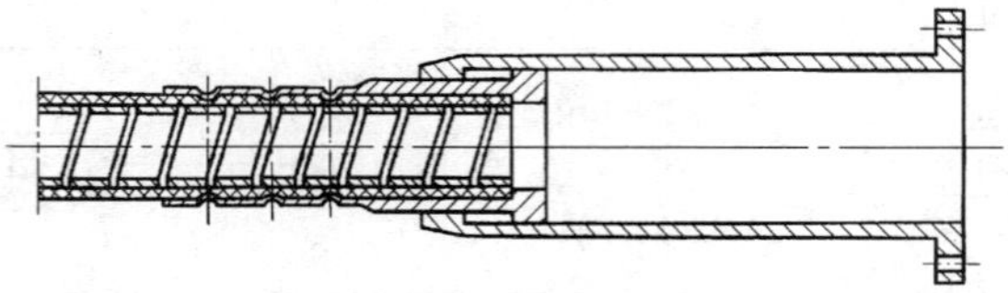 软管接头为伸缩套式，用于钢丝软轴两端均为固定式连接的场合	

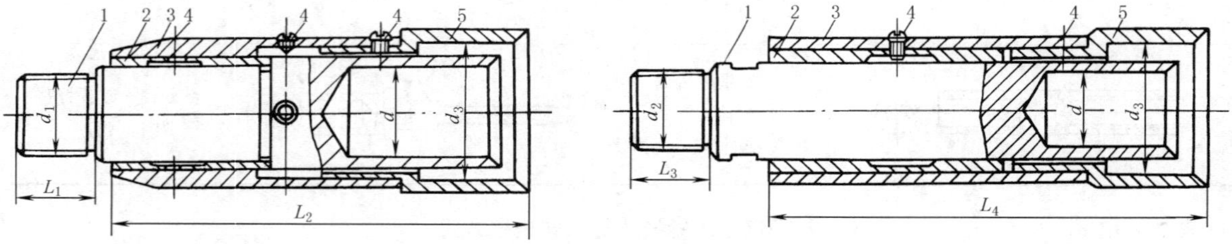

1—轴接头；2—青铜衬套；3—外壳；4—螺钉；5—软管接头

表 7-1-63　　带滑动轴承的软管、软轴接头结构尺寸　　mm

轴直径	d_1	L_1	L_2	d_2	L_3	L_4	d_3	d
8	M8	10	80	M8	10	80	$19.5^{+0.5}$	$8^{+0.4}_{+0.3}$
10	M10	13	83	M10	15	80	$21.5^{+0.5}$	$10^{+0.4}_{+0.3}$
12	M10	15	86	M12	18	84	$26.0^{+0.5}$	$12^{+0.5}_{+0.4}$
16	M12	18	96	M16	18	96	$31.5^{+0.5}$	$16^{+0.5}_{+0.4}$
20	M16	23	108	M20	22	108	$35.5^{+0.5}$	$20^{+0.5}_{+0.4}$
25	M20	23	130	M25	25	132	$42.5^{+0.5}$	$25^{+0.5}_{+0.4}$
30	M25	25	146	M28	25	150	$49.0^{+0.5}$	$30^{+0.3}_{+0.6}$

注：青铜衬套材料牌号 ZCuSn5Pb5Zn5 或 ZCuAl10Fe3Mn2。

3.2　常用软轴的典型结构

表 7-1-64

功率型（动力传动用）软轴	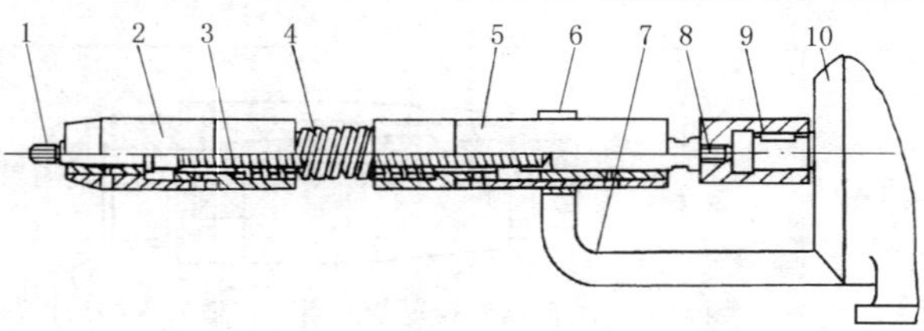 1,8—软轴接头；2,5—软管接头；3—钢丝软轴；4—软管；6—卡箍；7—托架；9—联轴器；10—电动机	钢丝软轴接头端部为固定式（螺纹连接），软管接头内带滑动轴套（一般用青铜轴套）

续表

<table>
<tr><td rowspan="2">功率型(动力传动用)软轴</td><td>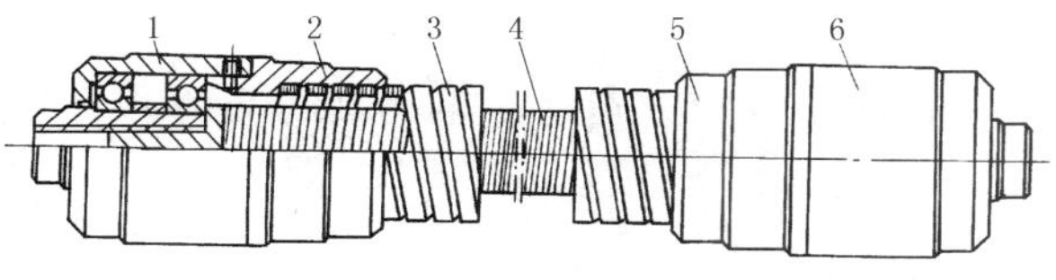
1,6—软轴接头;2,5—软管接头;3—软管;4—钢丝软轴</td><td>钢丝软轴接头端部为固定式(螺纹连接),软管接头内带有滚动轴承</td></tr>
<tr><td>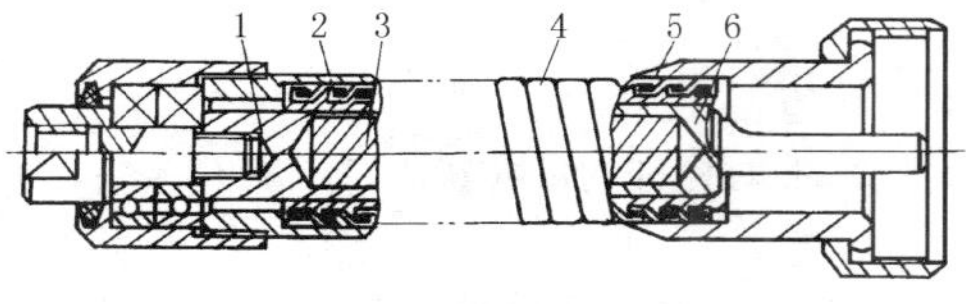
1,6—软轴接头;2,5—软管接头;3—钢丝软轴;4—软管</td><td>钢丝软轴接头端部,一端为固定式,一端为滑动式,软管接头内带有滚动轴承</td></tr>
<tr><td>控制型(控制仪器传动用)软轴</td><td>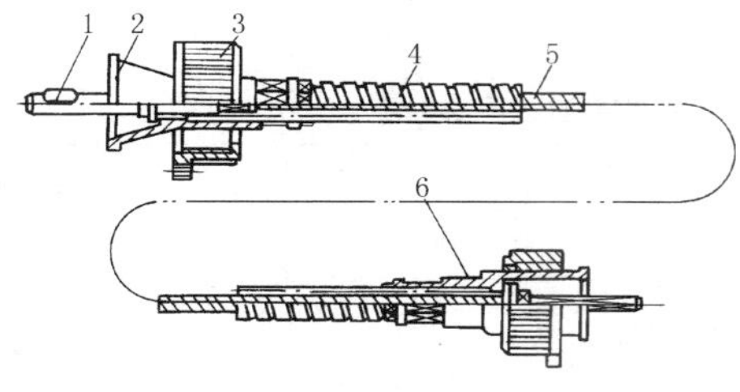
1—软轴接头;2,6—软管接头;3—连接螺母;4—软管;5—钢丝软轴</td><td>钢丝软轴接头端部为滑动式,软管接头为镦压连接(用于解放牌汽车里程表)</td></tr>
</table>

3.3 防逆转装置

对于传递动力的软轴，一般装有防逆转装置，以保证软轴单向转动。防逆转装置可采用各种超越离合器，图7-1-22为S_3SRD-150多速软轴砂轮机所采用的防逆转装置。

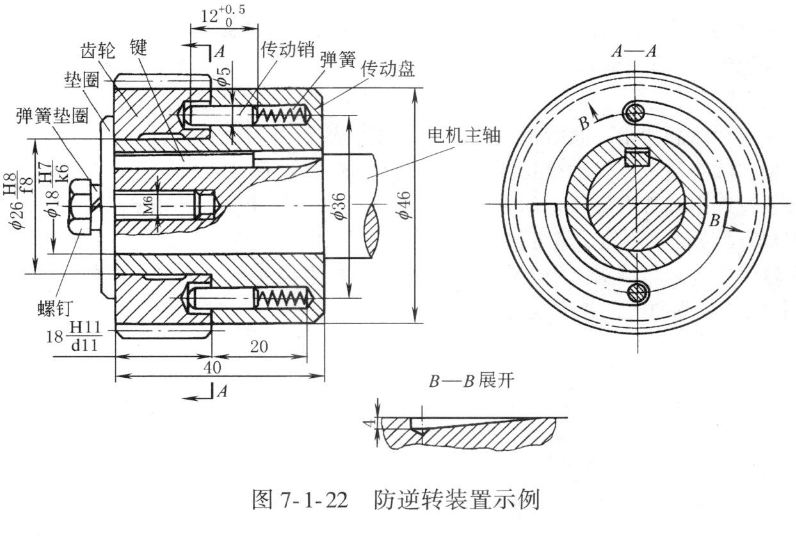

图7-1-22　防逆转装置示例

3.4 软轴的选择

软轴直径可按计算转矩 T_c 及软轴工作时的弯曲半径确定，T_c 应不超过表 7-1-65 所规定的 T_0。计算转矩 T_c 按下式计算

$$T_c=\frac{K_1K_2K_3}{\eta}\times\frac{n}{n_0}T\leqslant T_0$$

式中 T_c——软轴传递的计算转矩，N·cm；

T——软轴从动端所需传递的转矩，N·cm；

n——软轴工作转速，r/min，当 $n<n_0$ 时，用额定转速 n_0 代入；

K_1——过载荷系数，当瞬时最大载荷不超过软轴无弯曲时允许的最大转矩时，取 $K_1=1$；当大于允许的最大转矩时，取 K_1 为二者之比；

K_2——转向系数，软轴旋转时外层钢丝趋于拧紧时，取 $K_2=1$；当软轴必须正反转时，取 $K_2=1.5$；

K_3——跨距系数，当软轴在软管内的支承跨距与软轴直径之比小于 50 时，取 $K_3=1$；大于 150 时，取 $K_3=1.25$；

η——软轴的传动效率，通常 $\eta=1\sim0.7$；当软轴无弯曲工作时，$\eta=1$；弯曲半径愈小、弯曲段愈多，η 值愈低。

表 7-1-65　软轴在额定转速时能传递的最大转矩 T_0

软轴直径 /mm	无弯曲时	工作中弯曲半径为下列值时/mm									额定转速 n_0 /r·min^{-1}	最高转速 n_{max} /r·min^{-1}
		1000	750	600	450	350	250	200	150	120		
	T_0/N·cm											
6	150	140	130	120	100	80	60	50	40	30	3200	13000
8	240	220	200	180	160	140	120	90	60	—	2500	10000
10	400	360	330	300	260	230	190	150	—	—	2100	8000
13	700	600	520	460	400	340	280	—	—	—	1750	6000
16	1300	1200	1000	800	600	450	—	—	—	—	1350	4000
19	2000	1700	1400	1100	800	550	—	—	—	—	1150	3000
25	3300	2600	1900	1300	900	—	—	—	—	—	950	2000
30	5000	3800	2500	1650	1000	—	—	—	—	—	800	1600

软轴通常用在传动系统中转速较高的一级，并使其工作转速尽可能接近额定转速。传动的长度一般是几米到十几米；如更长时，建议只在弯曲处采用软轴。

使用软轴时应注意以下几点。

① 钢丝软轴必须定期涂润滑脂。润滑脂品种按工作温度选择。软管应定期清洗。

② 切勿把控制型软轴与功率型软轴相互替代，因两者特性显著不同。

③ 在运输和安装过程中，不得使软轴的弯曲半径小于允许最小半径（一般为钢丝软轴直径的 15~20 倍）。运转时应尽可能使软管定位，并使其在靠近接头部分伸直。

④ 钢丝软轴和软管要分别与接头牢固连接。当工作中弯曲半径变化较大时，应使钢丝软轴或软管的接头有一端可以滑动，以补偿软轴弯曲时的长度变化。

第2章 联轴器

联轴器是连接两轴或连接轴和回转件的一个部件，在传递运动和动力过程中和轴一同回转不脱开。联轴器除具有连接功能之外，也可使之具有安全防护或减振缓冲等功能。

1 联轴器的分类、特点及应用

表 7-2-1 联轴器的分类、特点及应用

<table>
<tr><th>类别</th><th colspan="5">名称、简图、特点、应用</th></tr>
<tr><td rowspan="6">刚性联轴器</td><td>名称及简图</td><td colspan="4">凸缘联轴器(GB/T 5843—2003)
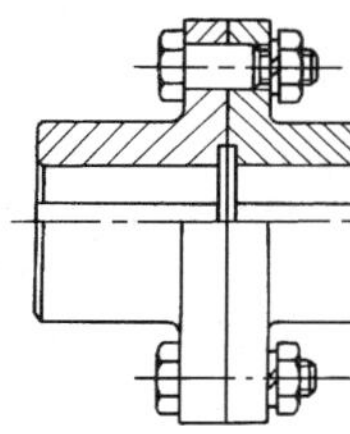
GY 型—基本型
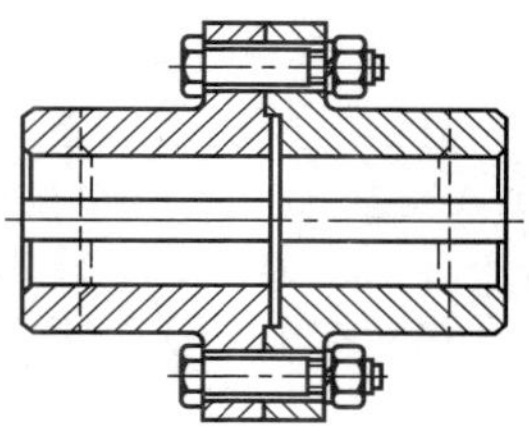
GYS 型—对中榫型
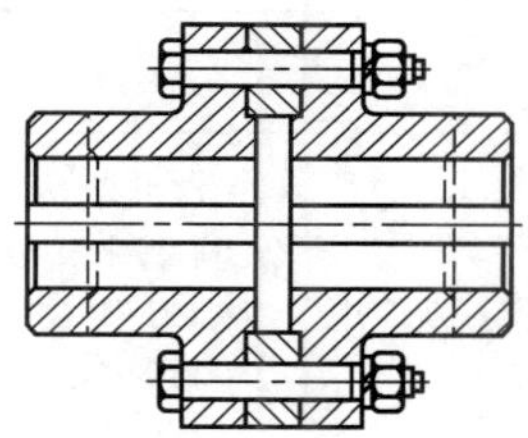
GYH 型—对中环型</td></tr>
<tr><td rowspan="3">技术性能</td><td colspan="2">公称转矩 T_n</td><td>N·m</td><td>25~100000</td></tr>
<tr><td colspan="2">许用转速 n_p</td><td>$r \cdot min^{-1}$</td><td>12000~1600</td></tr>
<tr><td colspan="2">轴径范围</td><td>mm</td><td>12~250</td></tr>
<tr><td>特点及应用</td><td colspan="4">结构简单，成本低，无补偿性能，不能缓冲减振，对两轴安装精度要求较高
用于振动很小的工况条件，连接中、高速和刚性不大的且要求对中性较高的两轴</td></tr>
<tr><td>名称及简图
特点及应用</td><td>胀套式联轴器</td><td colspan="2">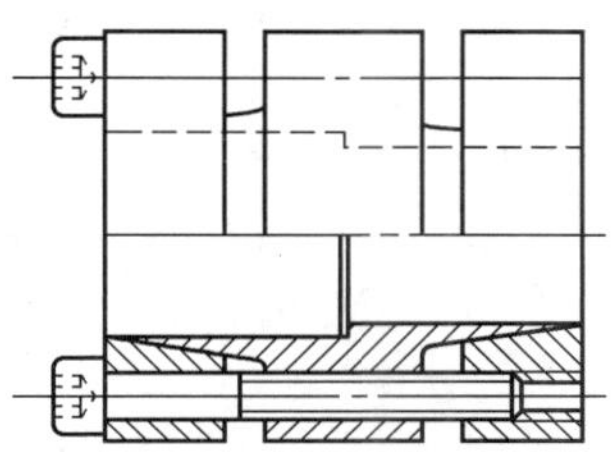</td><td>结构简单，靠摩擦力传递转矩，无键连接，要求两轴对中性好，用于小转矩传递</td></tr>
</table>

续表

类别	名称、简图、特点、应用				
可移式刚性联轴器	名称及简图	鼓形齿式联轴器 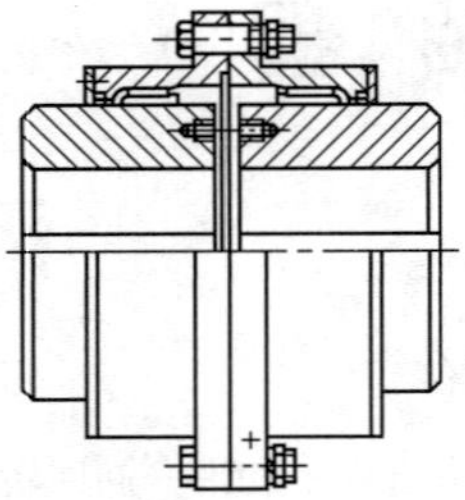 GⅡCL型 （GB/T 26103. 1—2010）	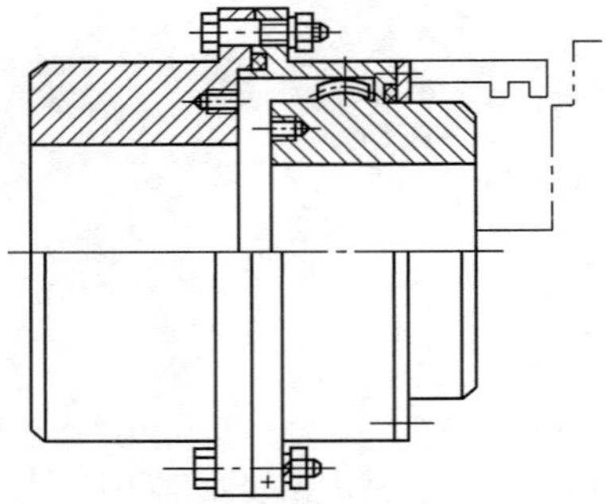 GⅡCLZ 型 （JB/T 8854. 2—2001）	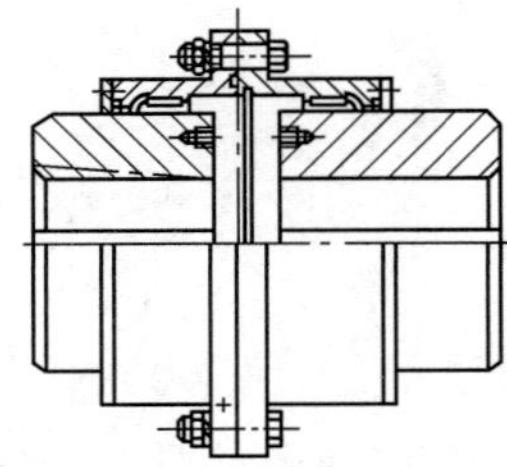 GCLD型 （GB/T 26103. 3—2010）	
	技术性能	型号		GⅡCL	GⅡCLZ	GCLD
		公称转矩 T_n	N·m	630～5600000	400～4500000	1600～56000
		许用转速 n_p	r·min^{-1}	6500～420	4000～460	5600～2100
		轴径范围	mm	16～1000	16～1000	22～220
		许用补偿量				
	特点及应用	工作可靠，承载能力大，具备少量补偿性能。与其他类型联轴器相比，尺寸相同时传递转矩最大。但构造复杂，制造困难，成本高，有噪声，不能缓冲减振。工作环境温度-20～+80℃ NGCL 型（GB/T 26103. 4）和 NGCLZ 型（GB/T 26103. 5）带制动轮鼓形齿式联轴器，传递公称转矩为 630N·m～125000N·m TGL 尼龙内齿圈鼓形齿式联轴器（JB/T 5514）具有缓冲减振的能力，多用于中小转矩的传动				

类别		滚子链联轴器（GB/T 6069—2002）				
可移式刚性联轴器	名称及简图	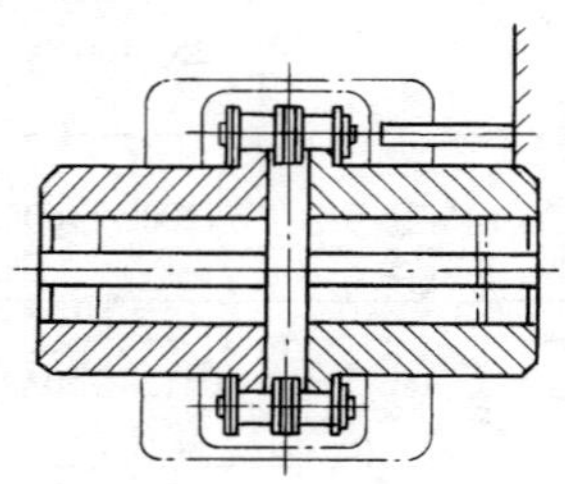 GL 型	技术性能	公称转矩 T_n	N·m	40～25000
				许用转速 n_p	r·min^{-1}	4500～900
				轴径范围	mm	16～190
				许用补偿量 Δx	mm	1. 4～9. 5
				许用补偿量 Δy	mm	0. 19～1. 27
				许用补偿量 $\Delta\alpha$	（°）	1
			特点应用	结构简单，重量轻，工作可靠，寿命长，装拆方便，且有少量补偿两轴相对偏移性能，用于潮湿、多尘、高温场合，不宜用于启动频繁、经常正反转以及较剧烈冲击载荷和扭振的场合		

类别		SWC 整体叉头十字轴式万向联轴器（JB/T 5513—2006）	
可移式刚性联轴器	名称及简图	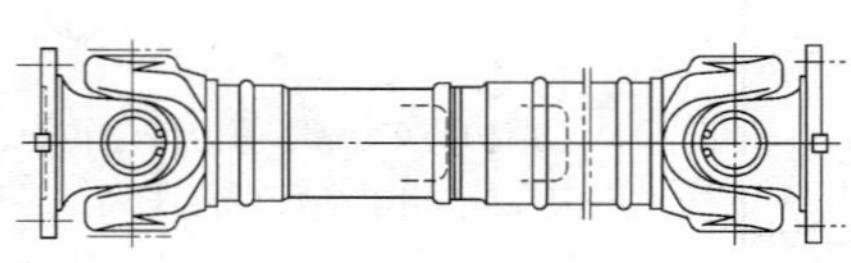 BH—标准伸缩焊接式	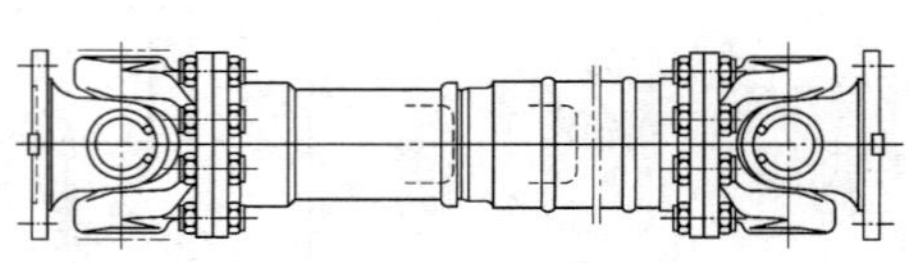 BF—标准伸缩法兰式

续表

<table>
<tr><th>类别</th><th colspan="7">名称、简图、特点、应用</th></tr>
<tr><td rowspan="7">可移式刚性联轴器</td><td>名称及简图</td><td colspan="6">SWC 整体叉头十字轴式万向联轴器(JB/T 5513—2006)
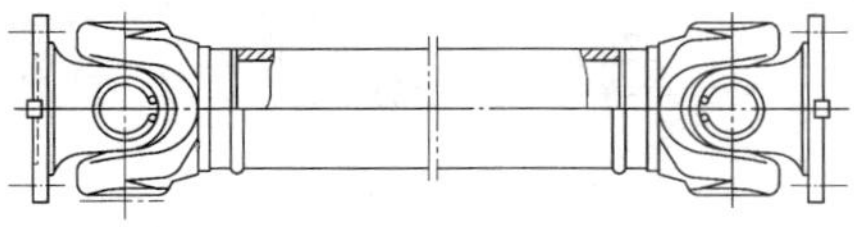
WH—无伸缩焊接式
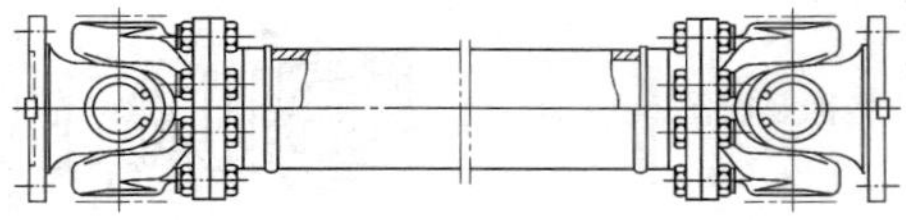
WF—无伸缩法兰式
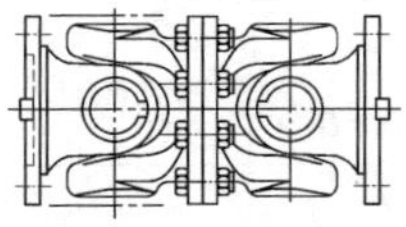
WD—无伸缩短式
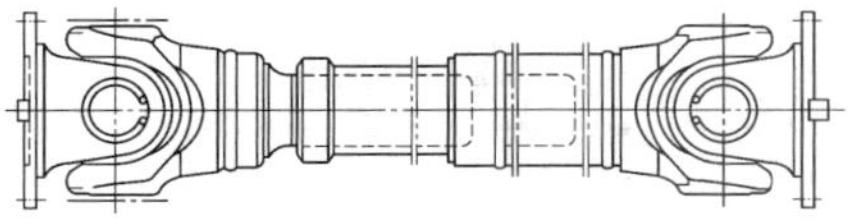
CH—长伸缩焊接式
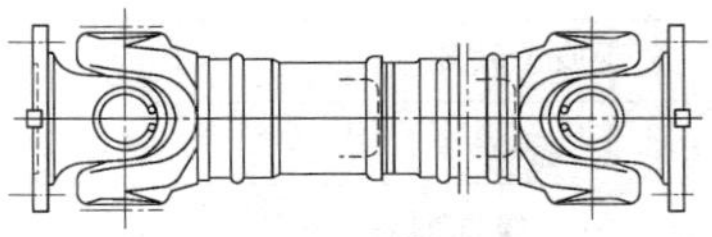
DH—短伸缩焊接式</td></tr>
<tr><td rowspan="5">技术性能</td><td colspan="2">代号</td><td>BH、WH</td><td>BF、WF、WD</td><td>CH</td><td>DH</td></tr>
<tr><td>回转直径 D</td><td>mm</td><td>100~550</td><td>180~550</td><td>180~550</td><td>180~390</td></tr>
<tr><td>公称转矩 T_n</td><td rowspan="2">kN · m</td><td>2. 5~1000</td><td>22. 4~1000</td><td>22. 4~1000</td><td>22. 4~320</td></tr>
<tr><td>疲劳转矩 T_f</td><td>1. 25~500</td><td>11. 2~500</td><td>11. 2~500</td><td>11. 2~160</td></tr>
<tr><td>轴线折角 β</td><td>(°)</td><td>≤25(D=100~150)
≤15(D=180~550)</td><td>≤15</td><td>≤15</td><td>≤15</td></tr>
<tr><td>名称及简图</td><td colspan="6">SWP 型剖分轴承座十字轴式万向联轴器(JB/T 3241—2005)
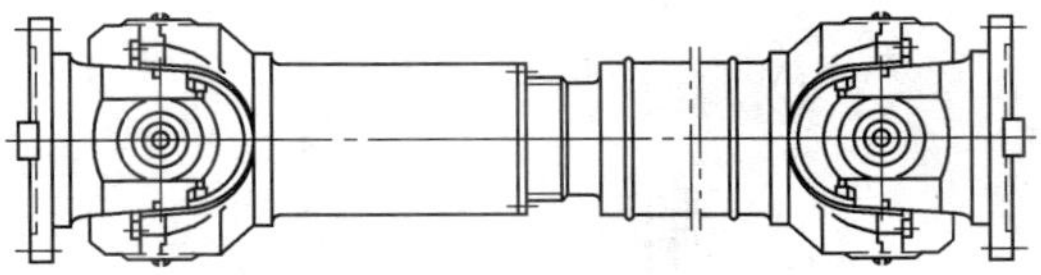
A型—有伸缩长型
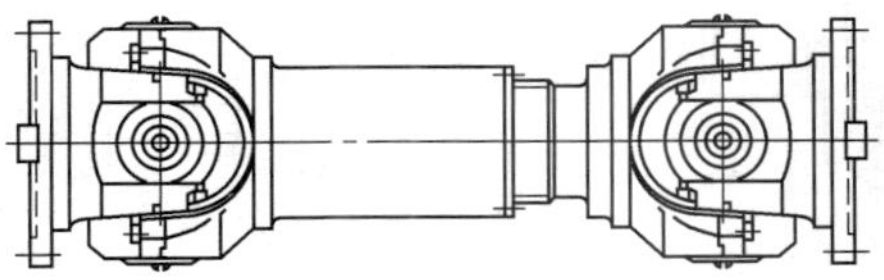
B型—有伸缩短型
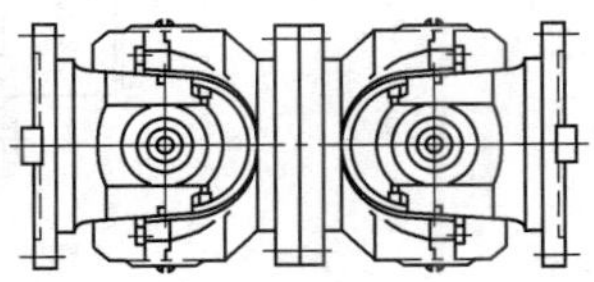
C型—无伸缩短型
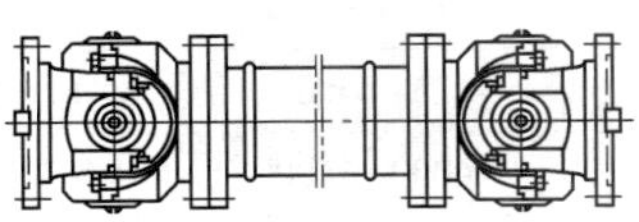
D型—无伸缩长型
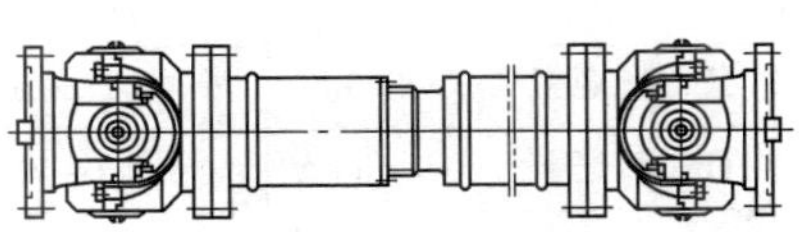
E型—有伸缩双法兰长型
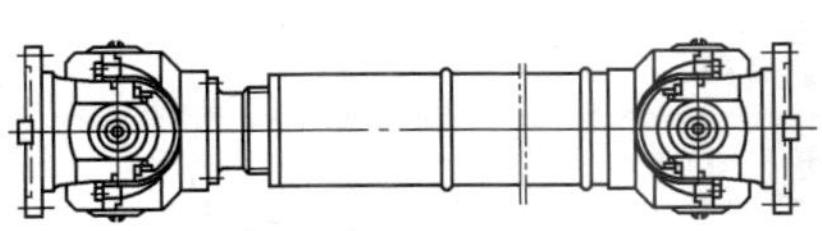
F型—大伸缩长型
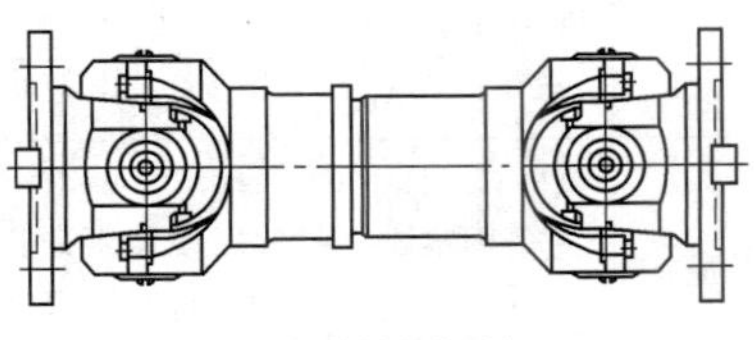
G型—有伸缩超短型</td></tr>
</table>

续表

<table>
<tr><th>类别</th><th colspan="7">名称、简图、特点、应用</th></tr>
<tr><td rowspan="8">可移式刚性联轴器</td><td>名称及简图</td><td colspan="6">SWP 型剖分轴承座十字轴式万向联轴器(JB/T 3241—2005)
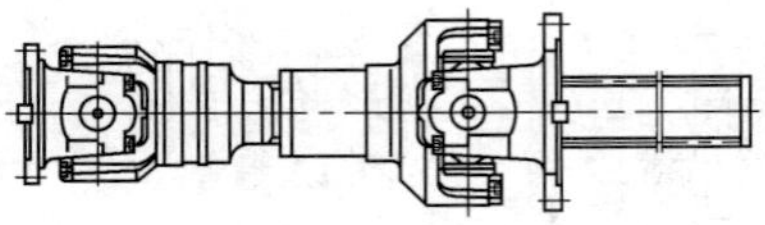
ZG型—正装贯通型
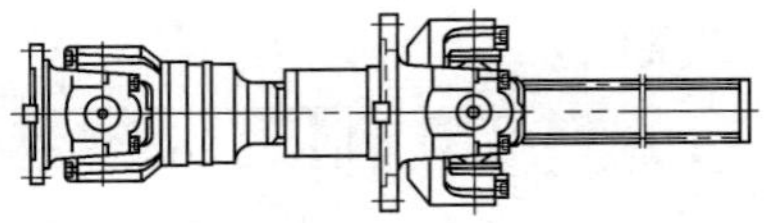
FG型—反装贯通型</td></tr>
<tr><td rowspan="6">技术性能</td><td colspan="2">代号</td><td>A、B、C、D、E、F 型</td><td>G 型</td><td colspan="2">ZG、FG 型</td></tr>
<tr><td>回转直径 D</td><td>mm</td><td>160~650</td><td>225~350</td><td colspan="2">D/D_0 200/285~600/810</td></tr>
<tr><td>公称转矩 T_n</td><td rowspan="2">kN · m</td><td>20~1600</td><td>56~224</td><td colspan="2">40~1120</td></tr>
<tr><td>脉动疲劳转矩 T_p</td><td>14~1120</td><td>40~157</td><td colspan="2">22~730</td></tr>
<tr><td>交变疲劳转矩 T_f</td><td></td><td>10~800</td><td>28~112</td><td colspan="2">16~520</td></tr>
<tr><td>轴线折角 β</td><td>(°)</td><td>≤15(D≤350)、≤10(D≥390)</td><td>≤5</td><td colspan="2">≤10</td></tr>
<tr><td>特点及应用</td><td colspan="6">万向联轴器有较大的角向补偿能力,能可靠地传递转矩和运动。适用于轧钢机械、起重运输机械、工程、矿山、石油以及其他重型机械
SWC 型不用螺栓固定轴承,提高了可靠度,且便于维护
SWP 型做成剖分式,用螺栓连接,便于更换轴承,但可靠度降低,可在 $\beta=5°\sim15°$ 下工作</td></tr>
<tr><td rowspan="9">金属弹性元件联轴器</td><td>名称及简图</td><td colspan="7">膜片联轴器(JB/T 9147—1999)
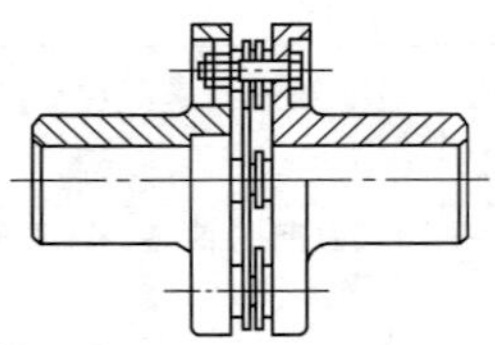
JMI 型—带沉孔基本型
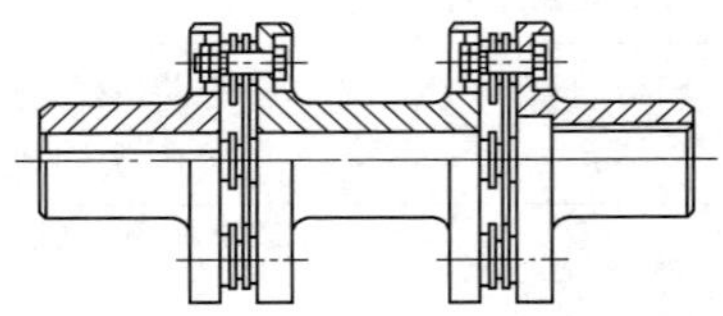
JMIJ 型—带沉孔接中间轴型
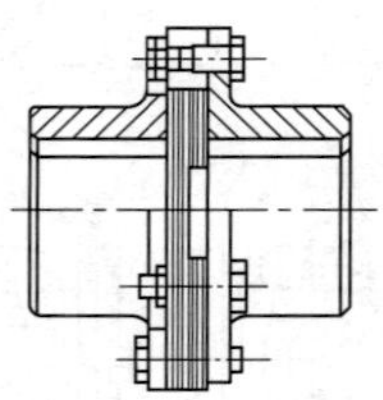
JMⅡ 型—无沉孔基本型
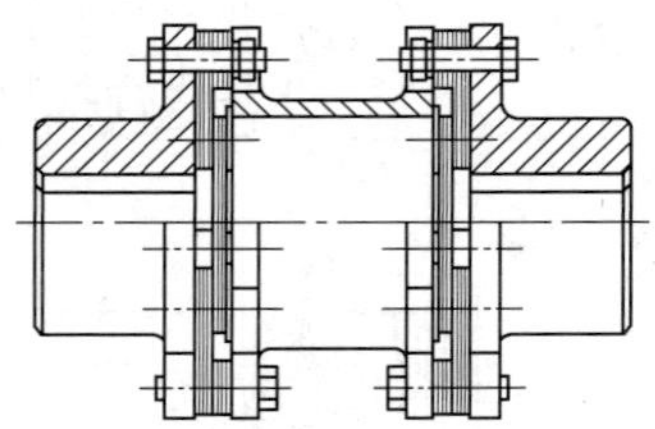
JMⅡJ 型—无沉孔接中间轴型</td></tr>
<tr><td rowspan="6">技术性能</td><td colspan="3">代 号</td><td>JM Ⅰ 型</td><td>JM Ⅰ J 型</td><td>JM Ⅱ 型</td><td>JM Ⅱ J 型</td></tr>
<tr><td colspan="2">公称转矩 T_n</td><td>N · m</td><td>25~160000</td><td>25~6300</td><td>40~180000</td><td>$63\sim1\times10^7$</td></tr>
<tr><td colspan="2">许用转速 n_p</td><td>$r\cdot min^{-1}$</td><td>6000~710</td><td>6000~1600</td><td>10700~1050</td><td>9300~350</td></tr>
<tr><td colspan="2">轴径范围</td><td rowspan="2">mm</td><td>14~320</td><td>14~125</td><td>14~340</td><td>20~950</td></tr>
<tr><td rowspan="2">许用补偿量</td><td>Δx</td><td>1~2</td><td>2~4</td><td>1~6</td><td>2~12</td></tr>
<tr><td>$\Delta\alpha$</td><td>(°)</td><td>1°~30′</td><td>2°~1°</td><td>1°</td><td>2°</td></tr>
<tr><td>特点及应用</td><td colspan="7">结构紧凑,强度高,使用寿命长,具有耐酸、耐碱、防腐蚀的特点,且不需润滑
可用于高温、高速、有腐蚀介质的工况条件,广泛用于各种机械传动中。工作环境温度-20~+250℃</td></tr>
</table>

续表

类别		名称、简图、特点、应用
金属弹性元件联轴器	名称及简图	蛇形弹簧联轴器(JB/T 8869—2000) 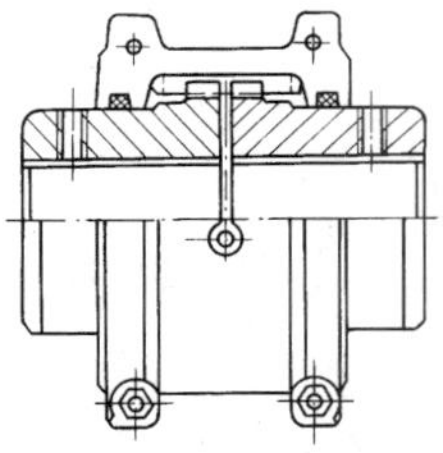 JS 型 — 罩壳径向安装型（基本型） 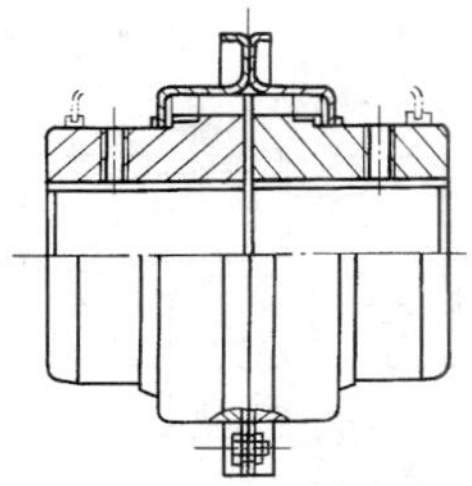 JSB 型 — 罩壳轴向安装型 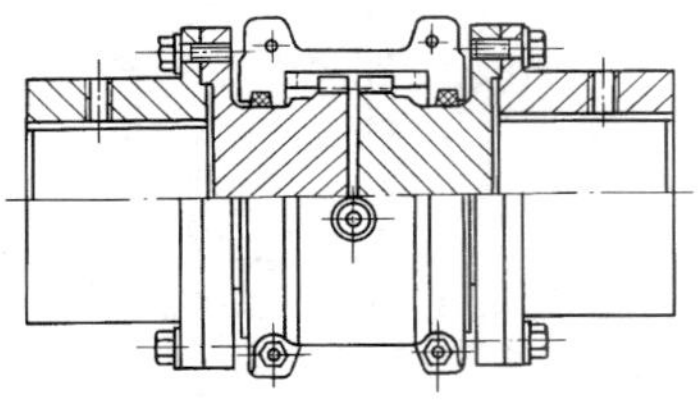 JSS 型 — 双法兰连接型 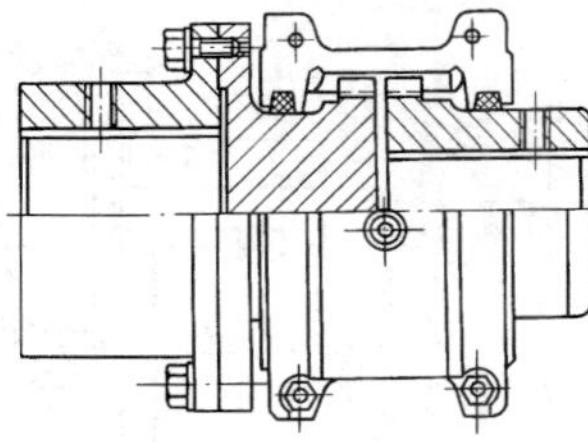 JSD 型 — 单法兰连接型 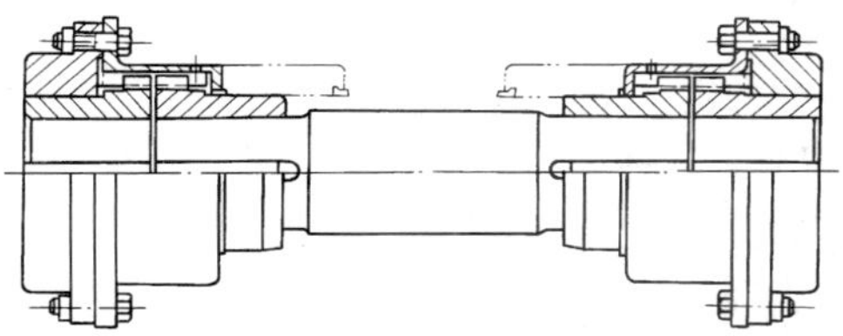 JSJ 型 — 接中间轴型 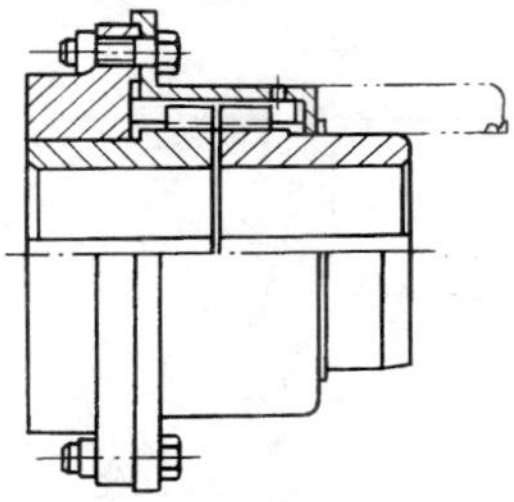 JSG 型 — 高速型 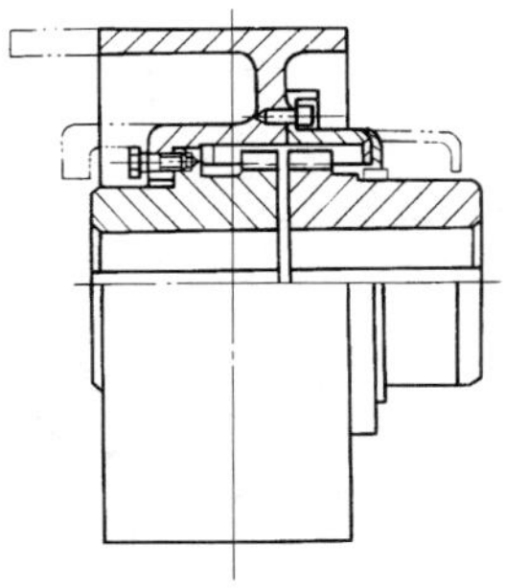 JSZ 型 — 带制动轮型 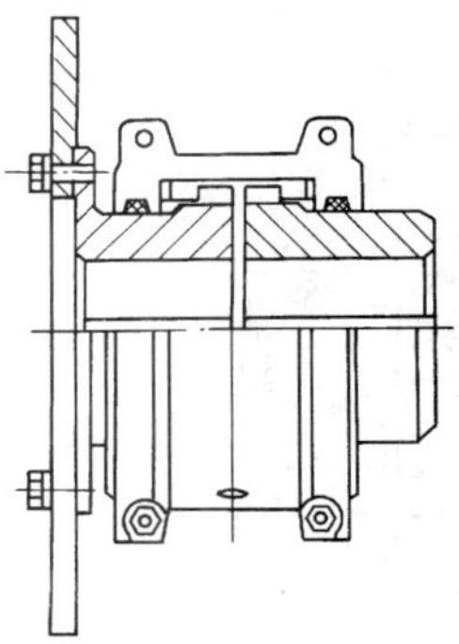 JSP 型 — 带制动盘型 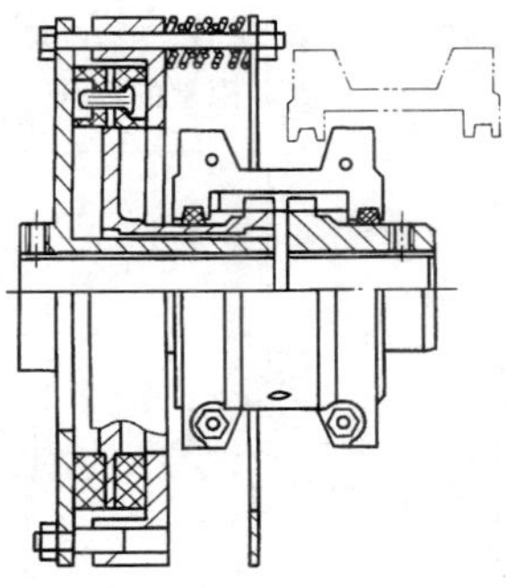 JSA 型 — 安全型

技术性能

代号			JS 型	JSB 型	JSS 型	JSD 型	JSJ 型	JSG 型
公称转矩 T_n		N·m	$45\sim8\times10^5$	45~63000	$45\sim16\times10^4$		$140\sim16\times10^4$	140~25000
许用转速 n_p		$r\cdot min^{-1}$	4500~540	6000~1600	3600~900		—	$1\times10^4\sim3300$
轴径范围		mm	18~500	18~260	18~380		22~360	12~200
许用补偿量	Δx	mm	±0.3~±1.3		±0.5~±1	±0.3~±0.6		
	Δy	mm	0.31~1.02		0.31~0.76		—	0.15~0.3

		JSZ 型	JSP 型	JSA 型
制动转矩 T_m	N·m	125~9000	$200\sim16\times10^3$	公称转矩调节范围$(4\sim35.5)\sim(14000\sim1\times10^5)$
许用转速 n_p	$r\cdot min^{-1}$	3820~820	3800~1300	3600~670
轴径范围	mm	12~200	20~220	20~320

特点及应用：适用于连接传递中、大功率，具有一定补偿两轴相对偏移、减振和缓冲性能。且互换性好，型式齐全，技术先进，适用范围广泛。其工作环境温度为-30~+150℃

续表

<table>
<tr><th>类别</th><th colspan="6">名称、简图、特点、应用</th></tr>
<tr><td rowspan="12">非金属弹性元件联轴器</td><td colspan="6">梅花形弹性联轴器(GB/T 5272—2002)</td></tr>
<tr><td>名称及简图</td><td colspan="4">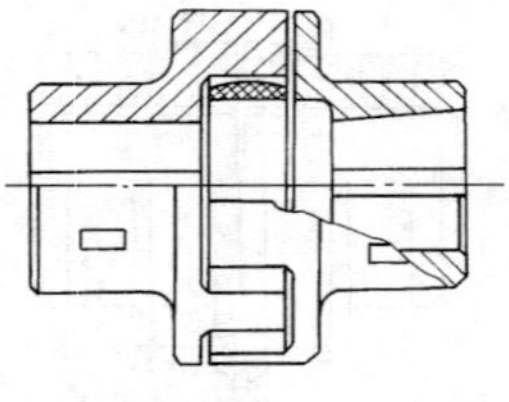
LM型—基本型
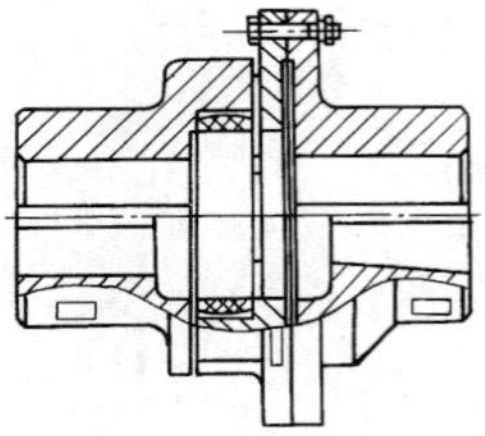
LMD型—单法兰型
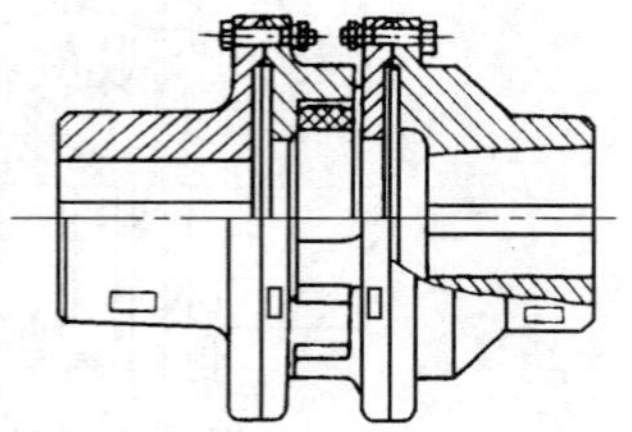
LMS型—双法兰型</td><td>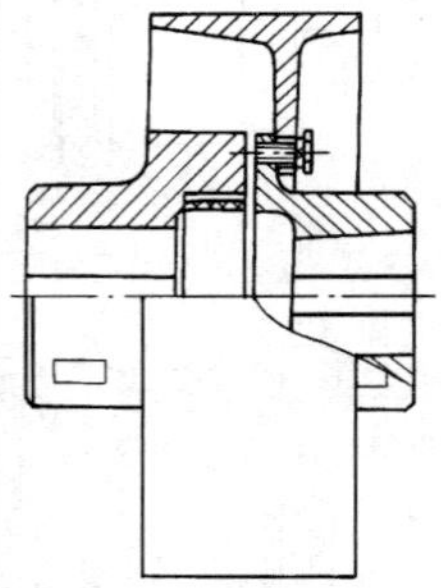
LMZ-Ⅰ型—分体式制动轮型
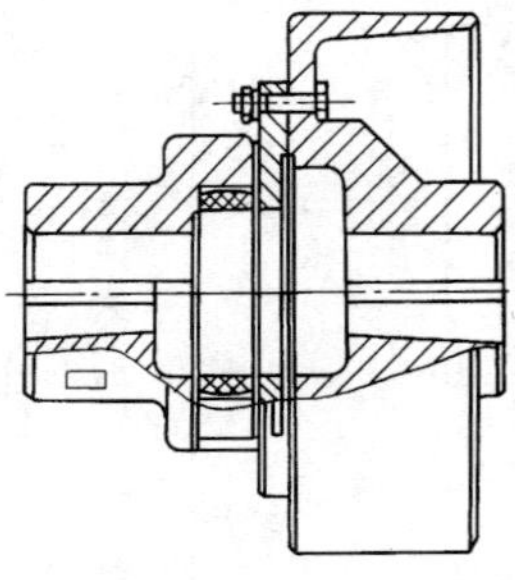
LMZ-Ⅱ型—整体式制动轮型</td></tr>
<tr><td rowspan="6">技术性能</td><td colspan="2">公称转矩 T_n</td><td>N·m</td><td>45~25000</td><td>400~25000</td></tr>
<tr><td colspan="2">许用转速 n_p</td><td>r·min^{-1}</td><td>LM 型 15300~1900
LMD、LMS 型 8500~1500</td><td>4750~950</td></tr>
<tr><td colspan="2">轴径范围</td><td rowspan="4">mm</td><td>12~160</td><td>25~160</td></tr>
<tr><td rowspan="3">许用补偿量</td><td>Δx</td><td>1.2~5.0</td><td></td></tr>
<tr><td>Δy</td><td>0.5~1.8</td><td></td></tr>
<tr><td>$\Delta\alpha$</td><td>2°~1°</td><td></td></tr>
<tr><td>特点及应用</td><td colspan="5">结构简单,径向尺寸小,不需润滑,维护方便,具有减振缓冲性能
用于启动频繁,经常正反转的中低速、中小功率以及工作可靠性要求高的场合,不宜用于重载及轴向尺寸限制的场合。工作温度为-35~80℃</td></tr>
<tr><td colspan="6">弹性套柱销联轴器(GB/T 4323—2002)</td></tr>
<tr><td>名称及简图</td><td colspan="4">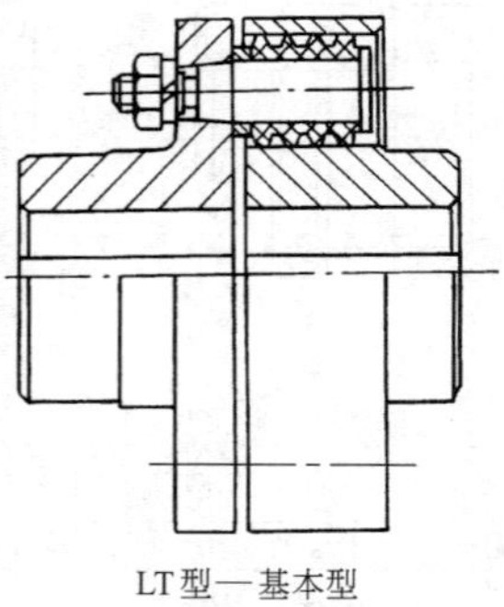
LT型—基本型</td><td>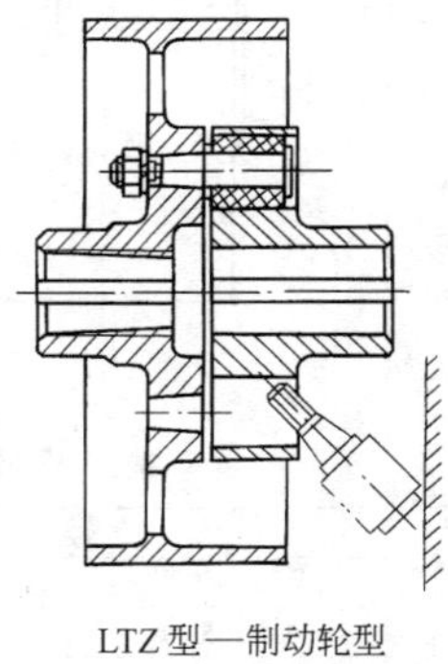
LTZ型—制动轮型</td></tr>
<tr><td rowspan="5">技术性能</td><td colspan="2">公称转矩 T_n</td><td>N·m</td><td>6.3~16000</td><td>125~16000</td></tr>
<tr><td></td><td colspan="2">许用转速 n_p</td><td>r·min^{-1}</td><td>8800~1150</td><td>3800~1000</td></tr>
<tr><td></td><td colspan="2">轴径范围</td><td rowspan="3">mm</td><td>9~170</td><td>25~170</td></tr>
<tr><td></td><td rowspan="2">许用补偿量</td><td>Δy</td><td>0.2~0.6</td><td>0.3~0.6</td></tr>
<tr><td></td><td>$\Delta\alpha$</td><td>1°30′~0°30′</td><td>1°30′~0°30′</td></tr>
<tr><td></td><td>特点及应用</td><td colspan="5">结构简单,制造容易,不需润滑,具有一定的减振缓冲性能
用于对中精度较高,冲击载荷不大,减振要求不高的中小功率场合
工作环境温度为-20~+70℃</td></tr>
</table>

续表

类别	名称、简图、特点、应用
非金属弹性元件联轴器	

弹性柱销齿式联轴器（GB/T 5015—2003）

名称及简图：

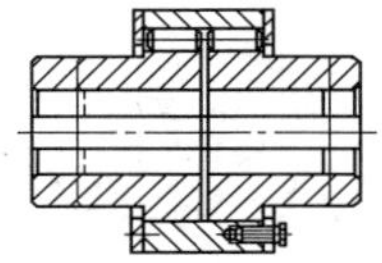

LZ型

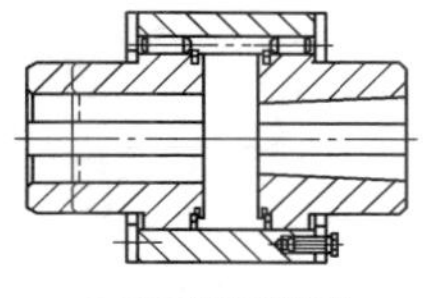

LZD型锥形轴孔

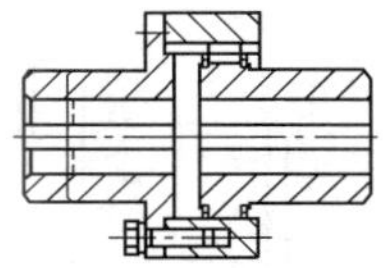

LZJ型接中间轴

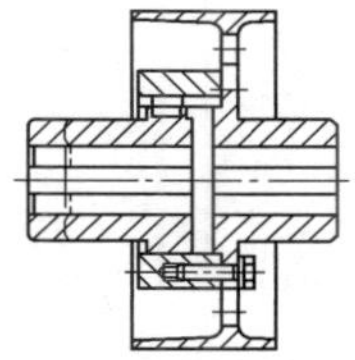

LZZ型带制动轮

技术性能：

代号			LZ 型	LZD 型	LZJ 型	LZZ 型
公称转矩 T_n		N·m	$112\sim28\times10^5$	112~100000	$112\sim28\times10^5$	250~31500
许用转速 n_p		$r\cdot min^{-1}$	5000~460	5000~1500	4500~430	4500~950
轴径范围		mm	12~850	16~220	12~850	16~180
许用补偿量	Δx	mm	±1.5~±5.0	±1.5~±2.5	±1.0~±20	±1~±10
	Δy	mm	0.3~1.5	0.3~0.6	0.15~0.75	0.15~0.3
	Δα		0°30′	0°30′	2°30′~0°30′	0°30′

特点及应用：结构简单，维修方便，寿命长，传动转矩大。具有一定补偿两轴相对偏移和一般减振性能，可部分代替齿式联轴器，但噪声大。工作温度为-20~70℃

对于减振、噪声要求很高的场合不宜使用

轮胎式联轴器（GB/T 5844—2002）

名称及简图：

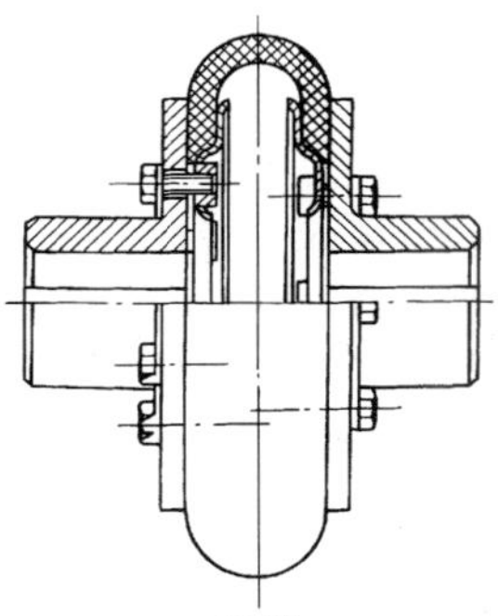

UL型

技术性能：

公称转矩 T_n		N·m	10~25000
许用转速 n_p		$r\cdot min^{-1}$	5000~800
轴径范围		mm	11~180
许用补偿量	Δx	mm	1~8
	Δy	mm	1~5
	Δα	(°)	1°~1°30′

特点及应用：具有补偿两轴相对偏移和较好的减振、缓冲、电绝缘性能，寿命较长，不需润滑，装拆方便，径向尺寸大

用于有冲击、振动、启动频繁、经常正反转以及潮湿、多尘的场合工作温度-20~80℃

弹性块联轴器（JB/T 9148—1999）

名称及简图：

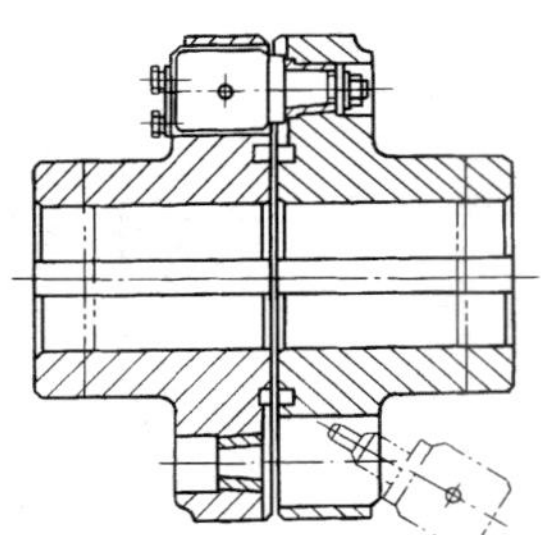

LK型—基本型

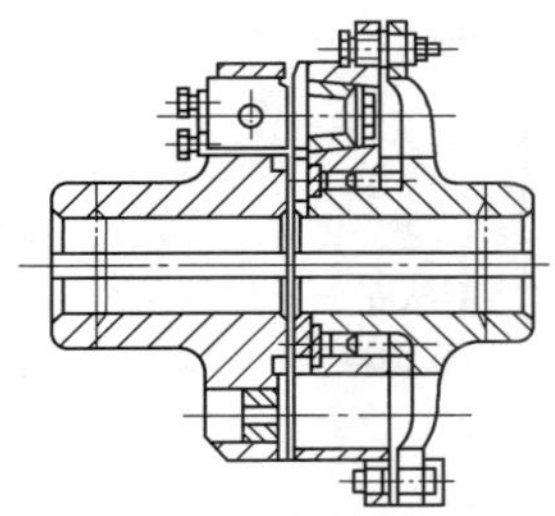

LKA型—安全销型

技术性能：

代号			LK型	LKA型
公称转矩 T_n		N·m	10000~3150000	10000~3150000
许用转速 n_p		$r\cdot min^{-1}$	1950~380	1275~130
轴径范围		mm	85~850	85~850
许用补偿量	Δx	mm	±1.5~±3.0	±1.5~±3.0
	Δy	mm	0.5~1	0.5~1
	Δα		0°30′~0°15′	0°30′~0°15′

特点及应用：节能，无噪声，不需润滑，安装维修简单，寿命长并具有补偿两轴相对偏移、减振、缓冲性能，可用于连接同轴线的大中功率、振动冲击较大的轴承传动。工作环境温度为-30~120℃

续表

类别	名称、简图、特点、应用		
非金属弹性元件联轴器	名称及简图	新型星形联轴器	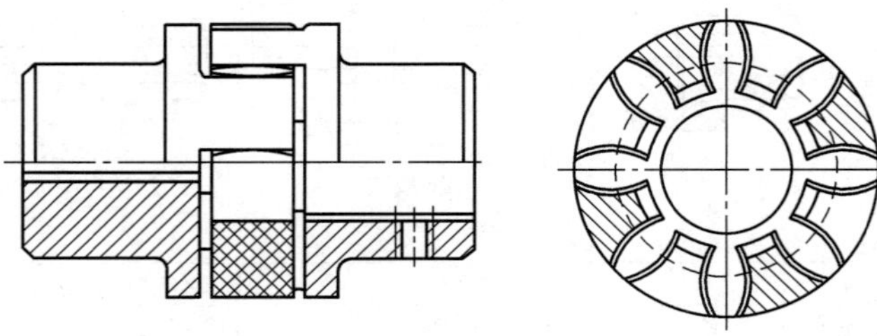
	特点及应用	具有缓冲减振、不需润滑、维护方便的特点，有一定的补偿两轴偏移的能力，适用载荷变化不大、工作平稳、启动频繁、正反转多变的中低速、中小功率的传动	
安全联轴器	名称及简图、特点及应用	链轮摩擦式安全联轴器	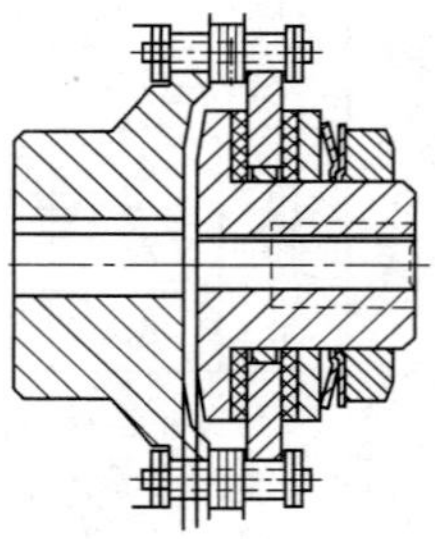 是滚子链联轴器与摩擦离合器的组合。传递的转矩可通过调整碟形弹簧的压缩量进行调整。当转矩超过限定值时，联轴器会打滑、报警，具有过载保护作用
	名称及简图	钢球安全联轴器	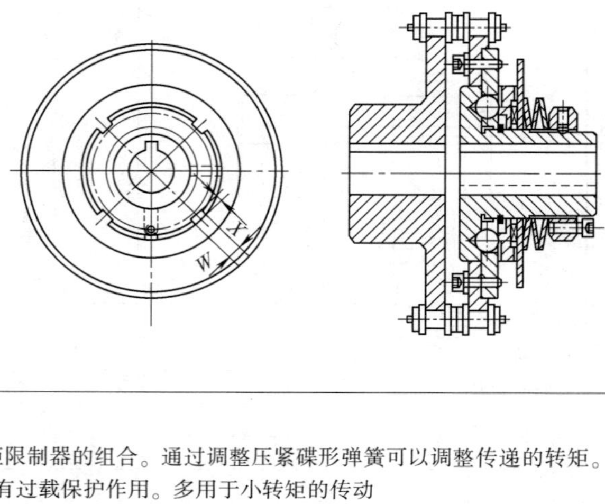
	特点及应用	是滚子链联轴器与钢球转矩限制器的组合。通过调整压紧碟形弹簧可以调整传递的转矩。当转矩超过限定值，联轴器会打滑、报警，具有过载保护作用。多用于小转矩的传动	

续表

<table>
<tr><th>类别</th><th colspan="2">名称、简图、特点、应用</th></tr>
<tr><td rowspan="2">安全联轴器</td><td>名称及简图</td><td>液力联轴器
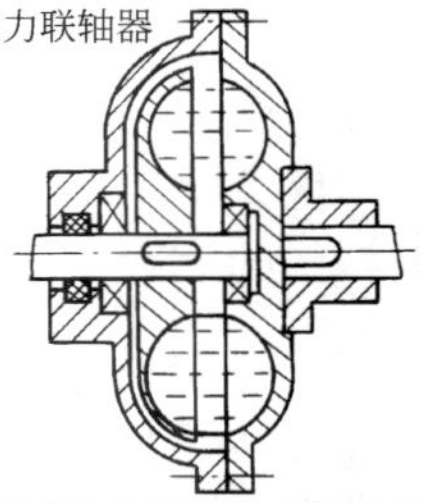</td></tr>
<tr><td>特点及应用</td><td>传动平稳，能隔离扭转振动，防护动力过载，可以方便地实现空载启动、离合和调速，能够均匀多台原动机之间的载荷分配。但传动中有功率损失，尺寸、重量较大，对于大功率的联轴器需要辅助设备
用于连接原动机与负载之间的传动，还可用于离合和调速</td></tr>
</table>

注：许用补偿量符号的意义如下图所示：

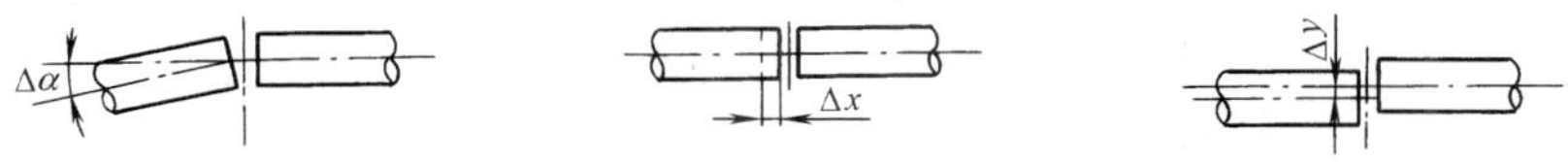

2　机械式联轴器选用计算（摘自 JB/T 7511—1994）

联轴器的计算转矩

$$T_c = T K_w K K_z K_t = 9550 \frac{P_w}{n} K_w K K_z K_t \leqslant T_n \quad (\mathrm{N \cdot m}) \tag{7-2-1}$$

式中　T[1]——理论转矩，N · m；

P_w——驱动功率，kW；

n——工作转速，r/min；

K_w——动力机系数：电动机、透平机，$K_w = 1.0$；四缸及四缸以上内燃机，$K_w = 1.2$；二缸内燃机，$K_w = 1.4$，单缸内燃机，$K_w = 1.6$；

K——工况系数，见表 7-2-2；

K_z——启动系数：K_z 值与启动频率 f 有关：$f = \leqslant 120$ 次/h 时，$K_z = 1.0$；$f = > 120 \sim 240$ 次/h 时，$K_z = 1.3$；>240 次/h 时，K_z 由制造厂确定；

K_t——温度系数，见表 7-2-3；

T_n——公称转矩，N · m，见各联轴器基本参数表。

表 7-2-2　　工况系数 K

<table>
<tr><th colspan="2">工作机名称</th><th>载荷类别</th><th>K</th><th colspan="2">工作机名称</th><th>载荷类别</th><th>K</th><th colspan="2">工作机名称</th><th>载荷类别</th><th>K</th></tr>
<tr><td colspan="2">转向机构</td><td rowspan="8">均匀载荷</td><td rowspan="5">1.00</td><td rowspan="2">泵</td><td>离心泵</td><td rowspan="7">均匀载荷</td><td>1.00</td><td rowspan="2">酿造和蒸馏设备</td><td>装瓶机械</td><td rowspan="8">均匀载荷</td><td>1.00</td></tr>
<tr><td colspan="2">加煤机</td><td>回转泵（齿轮泵、螺杆泵、滑片泵、叶形泵）</td><td>1.50</td><td>转筒过滤机</td><td>1.25</td></tr>
<tr><td colspan="2">风筛</td><td rowspan="2">压缩机</td><td>离心式</td><td>1.25</td><td rowspan="6">均匀加载运输机</td><td>组装运输机</td><td rowspan="2">1.00</td></tr>
<tr><td colspan="2">装罐机械</td><td>轴流式</td><td>1.50</td><td>带式运输机</td></tr>
<tr><td rowspan="2">鼓风机</td><td>离心式</td><td rowspan="3">搅拌设备</td><td>纯液体</td><td>1.00</td><td>斗式运输机</td><td rowspan="4">1.25</td></tr>
<tr><td>轴流式</td><td>1.50</td><td>液体加固体</td><td rowspan="2">1.25</td><td>板式运输机</td></tr>
<tr><td rowspan="2">风扇</td><td>离心式</td><td>1.00</td><td>液体可变密度</td><td>链条式运输机</td></tr>
<tr><td>轴流式</td><td>1.50</td><td></td><td></td><td></td><td></td><td>链板式运输机</td></tr>
</table>

[1] 在配有制动器的传动系统中，当制动器的理论转矩大于动力机的理论转矩时，应按制动器的理论转矩计算选择联轴器。

续表

工作机名称		载荷类别	K
均匀加载运输机	箱式运输机	均匀载荷	1.25
	螺旋式运输机		
不均匀加载运输机	组装运输机		
	带式运输机		
	斗式运输机		1.50
	链条式运输机		
	链板式运输机		
	箱式运输机		
给料机	板式给料机		1.25
	带式给料机		
	圆盘给料机		
	螺旋给料机		
提升机械	自动升降机		
	重力卸料提升机		1.50
废水处理设备	网筛		1.25
	化学处理设备		
	环形集尘器		
	脱水筛		
	砂粒集尘器		
	废渣破碎机		
	快、慢搅拌机		
	污泥收集器		
	浓缩机		
	真空过滤器		
纺织机械	开清棉机		1.00
	定量给料机		1.25
	印花机		
	浆纱机		
	染色机		
	压光机		
	起毛机		
	压榨机		1.50
	轧光机		
	黄化机		
	罐蒸机		
	织布机		
	梳理机		

工作机名称		载荷类别	K
纺织机械	卷取机	均匀载荷	1.50
	棉花精整机（清洗、拉幅、碾压机等）		
造纸设备	漂白机		1.00
	校平机		1.25
	卷取机		1.50
	清洗机		
流动水进料网滤器			1.25
其他机床	辅助传动装置		
	主动传动装置		1.50
食品机械	瓶装罐装机械		1.00
	谷类脱粒机		1.25
石油机械冷却装置			
印刷机械			1.50
通风机	冷却塔式	中等冲击载荷	2.00
	引风机（无风门控制）		
泵	三缸或多缸单动活塞泵		1.75
	双动活塞泵		2.00
	单缸或双缸单动活塞泵		2.25
往复多缸式压缩机			2.00
搅拌机	筒形搅拌机		1.50
	混凝土搅拌机		1.75
不均匀加载运输机	板式运输机		1.50
	螺旋运输机		
	往复式运输机		2.50
提升机械	离心式卸料机		1.50
	料斗式提升机		1.75
	普通货车用提升机		2.00
造纸设备	卷绕机		1.50
	搅拌器和破碎机		1.75
	叠层机		
	卷筒装置		

工作机名称		载荷类别	K
造纸设备	烘干机	中等冲击载荷	1.75
	吸入滚轧机		
	液压式剥皮机		2.00
	机械式剥皮机		
	压光机		
	切断机		
	打捆机		
	圆木拖运机		
	压力机		
	压皮滚筒		2.25
食品机械	甜菜切割机		1.75
	搅面机		
	绞肉机		
	甘蔗切割机		2.00
木材加工机械	分料机		1.50
	板坯运输机		
	刨床进给装置		1.75
	刨面传动装置		
	剪切机进给装置		
	剥皮机（筒形）		2.00
	修边机		
	传动辊装置		
	拖木机（倾斜式）		
	拖木机（竖式）		
	送料辊装置		
工具机	刨床		1.50
	弯曲机		2.00
	冲压机（齿轮驱动装置）		
	攻丝机		2.50
石油机械	石蜡过滤机		1.75
	油井泵		2.00
	旋转窑		
轧制设备	纵剪切机		1.50
	绕线机		1.75
	拉拔机小车架		2.00
	拉拔机主传动		

续表

工作机名称		载荷类别	K
轧制设备	成型机	中等冲击载荷	2.00
	拉线机和压延机		
	不可逆输送辊道		2.25
旋转式粉碎机	水泥窑		2.00
	干燥机和冷却机		
	烘干机		
	砂石粉碎机		
	棒式粉碎机		
	滚筒式粉碎机		
	球磨机		2.25
橡胶机械	橡胶压延机		2.00
	压片机		
	胶料粉碎机		2.25
	密闭式冷冻机		2.50
	轮胎式成型机		
起重机和卷扬机	斜坡式卷扬机		1.50
	抓斗起重机		1.75

工作机名称		载荷类别	K
起重机和卷扬机	吊钩起重机	中等冲击载荷	1.75
	桥式起重机		
	主卷扬机		2.00
	可逆式卷扬机		
绞车（纺织绞车）			1.75
黏土加工机械			
球团机（压坯机械）			2.00
拖拉式卸货机（间断负载）			1.50
挖泥机	运输机		
	通用绞车		
	电缆盘装置		1.75
	机动绞车		
	泵		
	网筛传动装置		
	堆积机		
	切割头传动装置		2.25

工作机名称		载荷类别	K
挖泥机	夹具传动装置	中等冲击载荷	2.25
洗衣机	可逆式洗衣机		2.00
	滚筒式洗衣机		
锤式粉碎机			
旋转式筛石机			1.50
摆动运输机		重冲击载荷	2.50
破碎机	碎矿机		2.75
	碎石机		
往复式给料机			2.50
可逆输送辊道		特重冲击载荷	
重型机械	初轧机		>2.75
	中厚板轧机		
	机架辊		
	剪切机		
	冲压机		

注：表中所列 K 值是传动系统在不同工作状态下的平均值，根据实际情况可适当增加。

表 7-2-3　　温度系数 K_t

环境温度 t /℃	天然橡胶（NR）	聚氨基甲酸乙酯弹性体（PUR）	丙烯酸烷基氢-丁二烯-生橡胶（NBR）（丁腈橡胶 N）	环境温度 t /℃	天然橡胶（NR）	聚氨基甲酸乙酯弹性体（PUR）	丙烯酸烷基氢-丁二烯-生橡胶（NBR）（丁腈橡胶 N）
-20~30	1.0	1.0	1.0	>40~60	1.4	1.5	1.0
>30~40	1.1	1.2	1.0	>60~80	1.8	不允许	1.2

当需要减振、缓冲、改善传动系统对中性能时，应选用弹性联轴器，且机组系统中联轴器为唯一弹性部件，主、从动机可简化为两个质量系统，此时计算请见标准 JB/T 7511 中第 4.4 节，本手册从略。

3 联轴器的性能、参数及尺寸

3.1 联轴器轴孔和连接型式与尺寸（摘自 GB/T 3852—2008）

3.1.1 圆柱形轴孔和键槽型式及尺寸

轴 孔 型 式

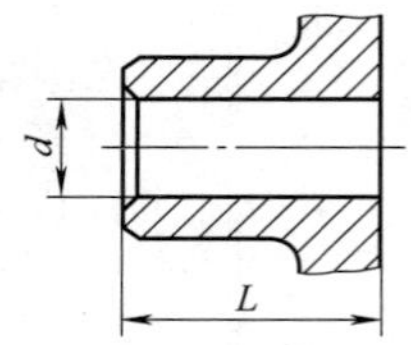

Y型—圆柱形轴孔
适用于长、短系列，推荐选用短系列

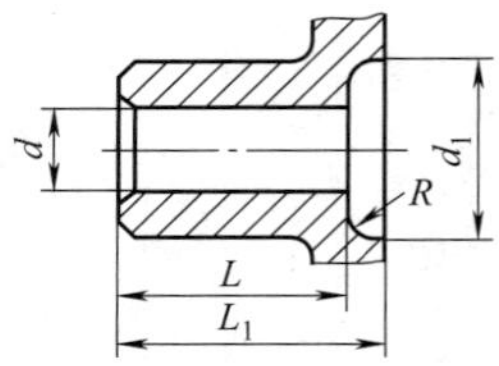

J型—有沉孔的短圆柱形轴孔
推荐选用

键 槽 型 式

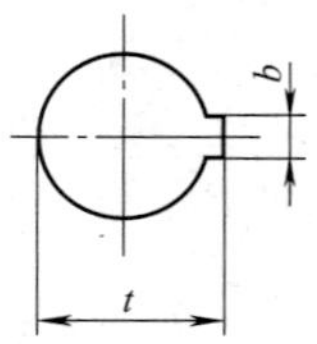

A型—平键单键槽

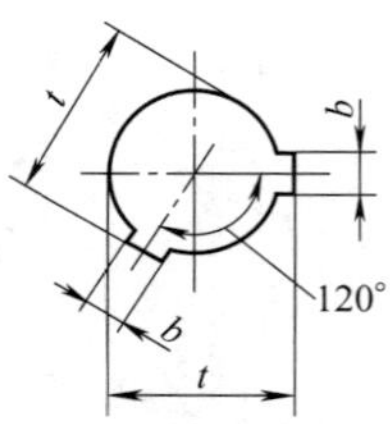

B型—120°布置平键双键槽

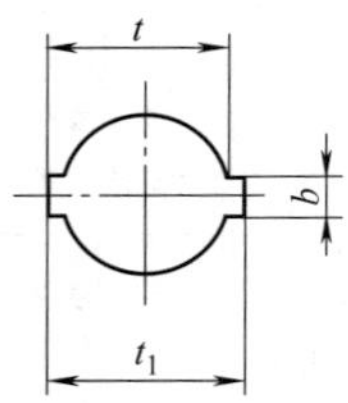

B_1型—180°布置平键双键槽

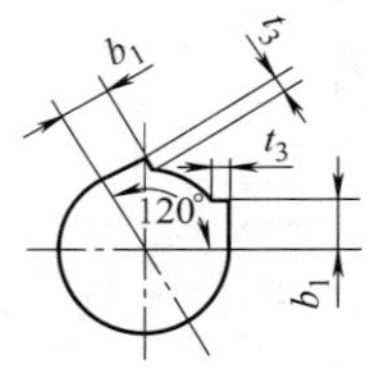

D型—圆柱形轴孔普通切向键键槽

表 7-2-4 **Y 型、J 型圆柱形轴孔的直径与长度及键槽尺寸** mm

直径 d		长度			沉孔尺寸		A 型、B 型、B_1 型键槽						B、B_1 型键槽	D 型键槽		
公称尺寸	极限偏差 H7	L 长系列	L 短系列	L_1	d_1	R	b 公称尺寸	b 极限偏差 P9	t 公称尺寸	t 极限偏差	t_1 公称尺寸	t_1 极限偏差	T 位置度公差	t_3 公称尺寸	t_3 极限偏差	b_1
6	+0.012 0	16	—	—	—	—	2	-0.006 -0.031	7.0	+0.1 0	8.0	+0.2 0	—	—	—	—
7	+0.015 0								8.0		9.0					
8		20							9.0		10.0					
9							3		10.4		11.8					
10		25	22						11.4		12.8					
11	+0.018 0						4	-0.012 -0.042	12.8		14.6		0.03			
12		32	27						13.8		15.6					
14							5		16.3		18.6					
16		42	30	42	38	1.5			18.3		20.6					
18							6		20.8		23.6					
19	+0.021 0								21.8		24.6					
20		52	38	52					22.8		25.6					

续表

直径 d		长　度			沉孔尺寸		A 型、B 型、B_1 型键槽						B、B_1 型键槽	D 型键槽		
公称尺寸	极限偏差 H7	L		L_1	d_1	R	b		t		t_1		T	t_3		b_1
		长系列	短系列				公称尺寸	极限偏差 P9	公称尺寸	极限偏差	公称尺寸	极限偏差	位置度公差	公称尺寸	极限偏差	
22	+0.021 0	52	38	52	38	1.5	6	−0.012 −0.042	24.8	+0.1 0	27.6	+0.2 0	0.03	—	—	—
24							8	−0.015 −0.051	27.3	+0.2 0	30.6	+0.4 0	0.04			
25		62	44	62	48				28.3		31.6					
28									31.3		34.6					
30		82	60	82	55				33.3		36.6					
32	+0.025 0					2	10		35.3		38.6					
35									38.3		41.6					
38					65				41.3		44.6					
40		112	84	112			12	−0.018 −0.061	43.3		46.6		0.05			
42									45.3		48.6					
45					80		14		48.8		52.6					
48									51.8		55.6					
50					95				53.8		57.6					
55	+0.030 0					2.5	16		59.3		63.6					
56									60.3		64.6					
60		142	107	142	105		18		64.4		68.8			7	0 −0.2	19.3
63									67.4		71.8					19.8
65									69.4		73.8					20.1
70					120		20	−0.022 −0.074	74.9		79.8		0.06			21.0
71									75.9		80.8			8		22.5
75									79.9		84.8					23.2
80		172	132	172	140		22		85.4		90.8					24.0
85	+0.035 0					3.0			90.4		95.8					24.8
90					160		25		95.4		100.8					25.6
95									100.4		105.8			9		27.8
100		212	167	212	180		28		106.4		112.8					28.6
110									116.4		122.8					30.1
120					210		32	−0.026 −0.088	127.4		134.8		0.08	10		33.2
125	+0.040 0	252	202	252		4.0			132.4		139.8					33.9
130					235				137.4		144.8					34.6
140							36		148.4	+0.3 0	156.8	+0.6 0		11		37.7
150					265				158.4		166.8					39.1
160		302	242	302			40		169.4		178.8			12	0 −0.3	42.1
170					330				179.4		188.8					43.5

续表

直径 d		长度			沉孔尺寸		A 型、B 型、B_1 型键槽						B、B_1 型键槽	D 型键槽		
公称尺寸	极限偏差 H7	L		L_1	d_1	R	b		t		t_1		T	t_3		b_1
		长系列	短系列				公称尺寸	极限偏差 P9	公称尺寸	极限偏差	公称尺寸	极限偏差	位置度公差	公称尺寸	极限偏差	
180	+0.040 0	302	242	302	330	4.0	45	-0.026 -0.088	190.4	+0.3 0	200.8	+0.6 0	0.08	12	0 -0.3	44.9
190	+0.046 0	352	282	352		5.0			200.4		210.8			14		49.6
200									210.4		220.8					51.0
220							50		231.4		242.8			16		57.1
240		410	330	—	—	—	56	-0.032 -0.106	252.4		264.8		0.10			59.9
250									262.4		274.8			18		64.6
260	+0.052 0								272.4		284.8					66.0
280		470	380				63		292.4		304.8			20		72.1
300							70		314.4		328.8					74.8
320	+0.057 0	550	450						334.4		348.8			22		81.0
340							80		355.4		370.8					83.6
360									375.4		390.8			26		93.2
380									395.4		410.8					95.9
400		650	540				90	-0.037 -0.124	417.4		434.8		0.12			98.6
420	+0.063 0								437.4		454.8			30		108.2
440									457.4		474.8					110.9
450							100		469.5		489.0					112.3
460									479.5		499.0			34		120.1
480									499.5		519.0					123.1
500									519.5		539.0					125.9
530	+0.070 0	800	680				110		552.2		574.4			38		136.7
560									582.2		604.4					140.8
600							120		624.5		649.0			42		153.1
630									654.5		679.0					157.1
670	+0.080 0	900	780				—	—	—	—	—	—	—	67	0 -0.4	201.0
710														71		213.0
750														75		225.0
800		1000	880											80		240.0
850	+0.090 0													85		255.0
900		—	980											90		270.0
950														95		285.0
1000			1100											100		300.0
1060	+0.150 0													—		—

续表

直径 d		长度			沉孔尺寸		A型、B型、B_1型键槽						B、B_1型键槽	D型键槽		
公称尺寸	极限偏差 H7	L		L_1	d_1	R	b		t		t_1		T	t_3		b_1
		长系列	短系列				公称尺寸	极限偏差 P9	公称尺寸	极限偏差	公称尺寸	极限偏差	位置度公差	公称尺寸	极限偏差	
1120	+0.150 0	—	1200	—	—	—	—	—	—	—	—	—	—	—	—	—
1180																
1250			1300													

注：b 的极限偏差，也可采用 GB/T 1095（平键、键槽的剖面尺寸）中规定的轴 N9、毂 JS9。

表 7-2-5　　圆柱形轴孔与轴的配合

直径 d/mm	>6~30	>30~50	>50
配合代号	H7/j6	H7/k6	H7/m6

注：根据使用要求，也可采用 H7/n6、H7/p6 和 H7/r6。

3.1.2　圆锥形轴孔和键槽型式及尺寸

轴　孔　型　式　　　　**键　槽　型　式**

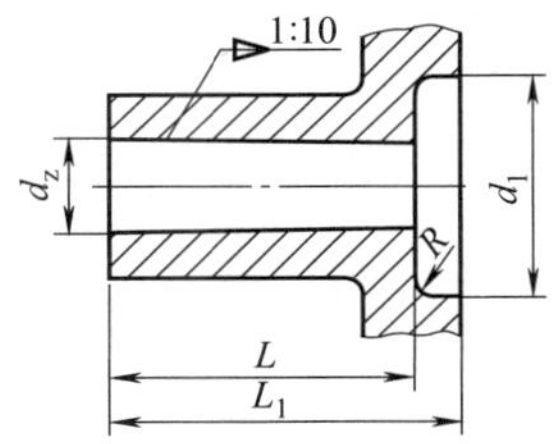

Z型—有沉孔的圆锥形轴孔
适用于长、短系列

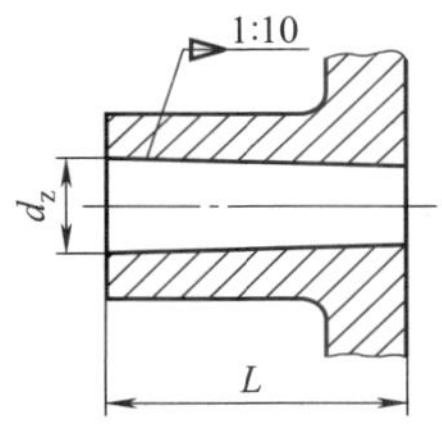

Z_1型— 圆锥形轴孔
适用于长、短系列

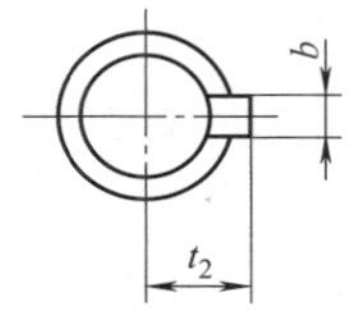

C型—圆锥形轴孔平键单键槽

表 7-2-6　　Z型、Z_1型圆锥形轴孔的直径与长度及键槽尺寸　　mm

直径 d_z		长度				沉孔尺寸		C型键槽				
公称尺寸	极限偏差 H8	长系列		短系列		d_1	R	b		t_2		
		L	L_1	L	L_1			公称尺寸	极限偏差 P9	长系列	短系列	极限偏差
6	+0.022 0	12	18	—	—	16	1.5	—	—	—	—	—
7												
8		14	22			24						
9												
10		17	25									
11	+0.027 0							2	−0.006 −0.031	6.1		+0.1 0
12		20	32			28				6.5		
14								3		7.9		
16		30	42	18	30	38				8.7	9.0	
18								4	−0.012 −0.042	10.1	10.4	
19	+0.033 0									10.6	10.9	
20		38	52	24	38					10.9	11.2	

续表

直径 d_z		长度				沉孔尺寸		C型键槽				
		长系列		短系列				b		t_2		
公称尺寸	极限偏差H8	L	L_1	L	L_1	d_1	R	公称尺寸	极限偏差P9	长系列	短系列	极限偏差
22	+0.033 0	38	52	24	38	38	1.5	4	−0.012 −0.042	11.9	12.2	+0.1 0
24								5		13.4	13.7	
25		44	62	26	44	48				13.7	14.2	
28										15.2	15.7	
30		60	82	38	60	55				15.8	16.4	
32	+0.039 0						2.0	6		17.3	17.9	
35										18.8	19.4	
38						65				20.3	20.9	
40		84	112	56	84			10	−0.015 −0.051	21.2	21.9	+0.2 0
42										22.2	22.9	
45						80		12	−0.018 −0.061	23.7	24.4	
48										25.2	25.9	
50						95				26.2	26.9	
55	+0.046 0						2.5	14		29.2	29.9	
56										29.7	30.4	
60		107	142	72	107	105		16		31.7	32.5	
63										33.2	34.0	
65										34.2	35.0	
70						120		18		36.8	37.6	
71										37.3	38.1	
75										39.3	40.1	
80		132	172	92	132	140		20	−0.022 −0.074	41.6	42.6	
85	+0.054 0						3.0			44.1	45.1	
90						160		22		47.1	48.1	
95										49.6	50.6	
100		167	212	122	167	180		25		51.3	52.4	
110										56.3	57.4	
120						210		28		62.3	63.4	
125	+0.063 0	202	252	152	202		4.0			64.7	65.9	
130						235				66.4	67.6	
140								32	−0.026 −0.088	72.4	73.6	
150						265				77.4	78.6	
160		242	302	182	242			36		82.4	83.9	+0.3 0
170										87.4	88.9	
180						330		40		93.4	94.9	
190	+0.072 0	282	352	212	282		5.0			97.4	99.9	
200										102.4	104.1	
220								45		113.4	115.1	

注：b 的极限偏差，也可采用GB/T 1095（平键、键和键槽的剖面尺寸）中规定的JS 9。

表 7-2-7　　　　圆锥形轴孔直径及轴孔长度的极限偏差　　　　mm

圆锥孔直径 d_z	轴、孔配合代号	L 轴向极限偏差	圆锥孔直径 d_z	轴、孔配合代号	L 轴向极限偏差
>6~10	H8/k8	0 -0.220	>50~80	H8/k8	0 -0.460
>10~18		0 -0.270	>80~120		0 -0.540
>18~30		0 -0.330	>120~180		0 -0.630
>30~50		0 -0.390	>180~250		0 -0.720

注：圆锥角公差应符合 GB/T 11334 圆锥公差中 AT6 级的规定。

3.1.3　其他连接型式

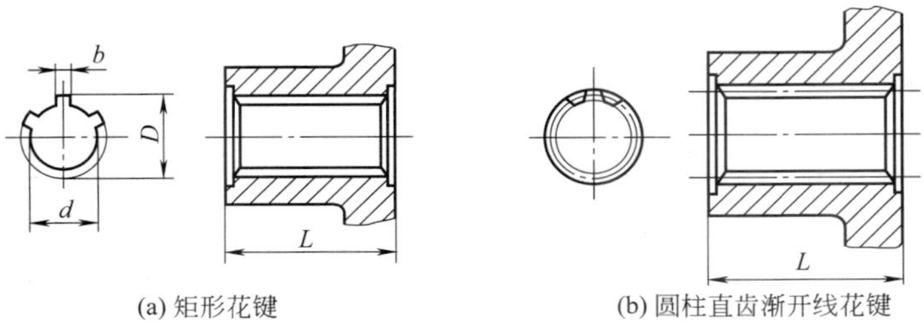

(a) 矩形花键　　(b) 圆柱直齿渐开线花键

图 7-2-1　其他连接型式

① 矩形花键尺寸应符合 GB/T 1144 中的有关规定。

② 圆柱直齿渐开线花键尺寸应符合 GB/T 3478.1 的规定。

③ 花键连接轴孔长度 L 一般应符合表 7-2-4 中轴孔长度短系列的规定。

3.2　刚性联轴器

3.2.1　凸缘联轴器（摘自 GB/T 5843—2003）

结构简单，制造方便，成本低，装拆维护简便，传递转矩较大，常用于载荷平稳、无冲击、传动精度要求高的传动。不具备径向、轴向、角向补偿性能，所以要求两轴对中精度高。不具备减振、缓冲功能。

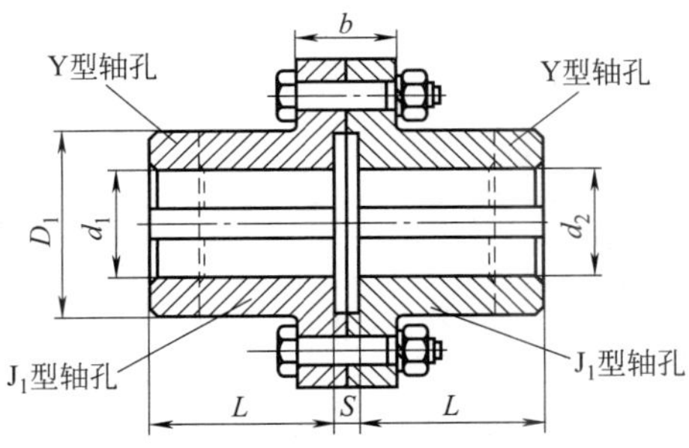

GY型 — 基本型

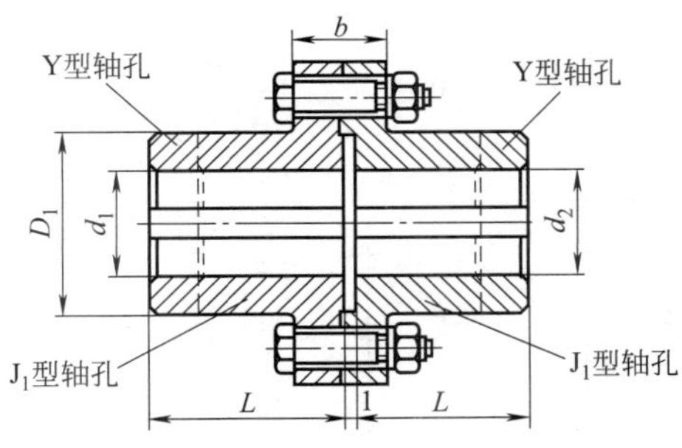

GYS型 — 对中榫型

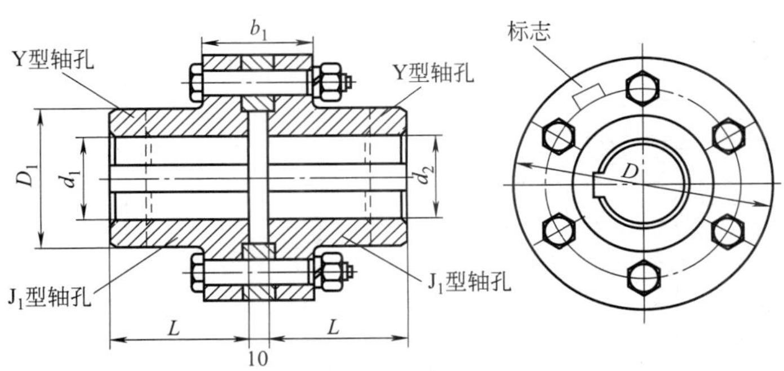

GYH型 — 对中环型

零件名称	材料
半联轴器	35
对中环	
螺栓	性能等级 8.8 级
螺母	性能等级 8 级

标记示例：

例 1　GY5 凸缘联轴器

主动端：Y 型轴孔、A 型键槽，$d=30$，$L=82$

从动端：J_1 型轴孔、A 型键槽，$d=30$，$L=60$。标记为：

$$\text{GY5 联轴器}\frac{30\times82}{J_1 30\times60}\text{GB/T 5843—2003}$$

例 2　GYS6 凸缘联轴器

主动端：J_1 型轴孔、A 型键槽，$d=45$，$L=84$

从动端：J_1 型轴孔、A 型键槽，$d=45$，$L=84$。标记为：

GYS6 联轴器 $J_1 45\times84$GB/T 5843—2003

表 7-2-8　　**基本参数和主要尺寸**

型号	公称转矩 T_n	许用转速 n_p	轴孔直径 d_1、d_2	轴孔长度 L Y 型	轴孔长度 L J_1 型	D	D_1	b	b_1	S	转动惯量	质量
	N·m	$r\cdot min^{-1}$	mm								$kg\cdot m^2$	kg
GY1 GYS1 GYH1	25	12000	12	32	27	80	30	26	42	6	0.0008	1.16
			14									
			16	42	30							
			18									
			19									
GY2 GYS2 GYH2	63	10000	16	42	30	90	40	28	44	6	0.0015	1.72
			18									
			19									
			20	52	38							
			22									
			24									
			25	62	44							
GY3 GYS3 GYH3	112	9500	20	52	38	100	45	30	46	6	0.0025	2.38
			22									
			24									
			25	62	44							
			28									
GY4 GYS4 GYH4	224	9000	25	62	44	105	55	32	48	6	0.003	3.15
			28									
			30	82	60							
			32									
			35									
GY5 GYS5 GYH5	400	8000	30	82	60	120	68	36	52	8	0.007	5.43
			32									
			35									
			38									
			40	112	84							
			42									
GY6 GYS6 GYH6	900	6800	38	82	60	140	80	40	56	8	0.015	7.59
			40	112	84							
			42									
			45									
			48									
			50									

续表

型号	公称转矩 T_n	许用转速 n_p	轴孔直径 d_1、d_2	轴孔长度 L		D	D_1	b	b_1	S	转动惯量	质量
				Y 型	J_1 型							
	N·m	$r \cdot min^{-1}$	mm								$kg \cdot m^2$	kg
GY7 GYS7 GYH7	1600	6000	48	112	84	160	100	40	56	8	0.031	13.1
			50									
			55									
			56									
			60	142	107							
			63									
GY8 GYS8 GYH8	3150	4800	60	142	107	200	130	50	68	10	0.103	27.5
			63									
			65									
			70									
			71									
			75									
			80	172	132							
GY9 GYS9 GYH9	6300	3600	75	142	107	260	160	66	84	10	0.319	47.8
			80	172	132							
			85									
			90									
			95									
			100	212	167							
GY10 GYS10 GYH10	10000	3200	90	172	132	300	200	72	90	10	0.720	82.0
			95									
			100	212	167							
			110									
			120									
			125									
GY11 GYS11 GYH11	25000	2500	120	212	167	380	260	80	98	10	2.278	162.2
			125									
			130	252	202							
			140									
			150									
			160	302	242							
GY12 GYS12 GYH12	50000	2000	150	252	202	460	320	92	112	12	5.923	285.6
			160	302	242							
			170									
			180									
			190	352	282							
			200									
GY13 GYS13 GYH13	100000	1600	190	352	282	590	400	110	130	12	19.978	611.9
			200									
			220									
			240	410	330							
			250									

注：1. 联轴器的轴孔和键槽型式及尺寸见表 7-2-4，轴孔与轴的配合见表 7-2-5。J_1 型轴孔在 GB/T 3852（联轴器轴孔和连接型式与尺寸）中已取消。

2. 联轴器组装时，两半联轴器一端轴孔对另一端轴孔的同轴度按 GB/T 1184 中的 9 级公差的规定。

3. 质量、转动惯量是按 GY 型联轴器 Y/J_1 轴孔组合型式和最小轴孔直径计算的。

4. 凸缘联轴器应具有安全防护装置，由选用者自行设计。

5. 联轴器选用计算见本章第 2 节。

6. 生产厂家为河北省冀州市联轴器厂、沧州天硕联轴器公司。

3.2.2 ZZ1 胀套式刚性联轴器

胀套式联轴器是由胀套发展的产品。结构简单，通用性强，靠摩擦力传递转矩，无键连接，要求两轴对中性好。本产品用于小转矩的传动。

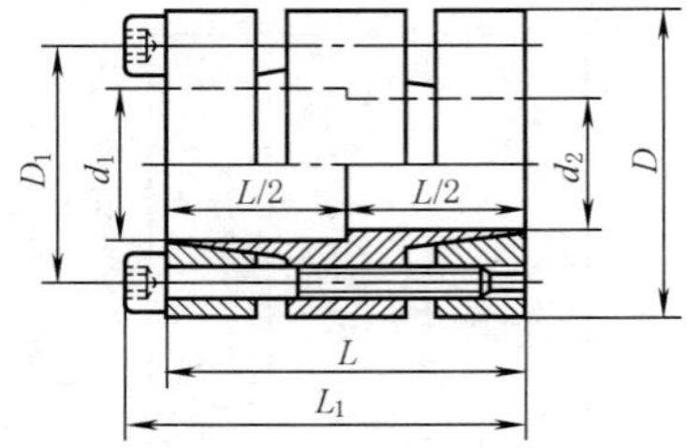

表 7-2-9　　基本参数和主要尺寸

<table>
<tr><th rowspan="2">额定转矩
/N·m</th><th rowspan="2">许用
轴向力/N</th><th rowspan="2">最高转速
/r·min^{-1}</th><th colspan="6">基本尺寸/mm</th><th colspan="2">六角头螺栓</th><th rowspan="2">质量
/kg</th></tr>
<tr><th>d_1</th><th>d_2</th><th>D</th><th>D_1</th><th>L</th><th>L_1</th><th>规格</th><th>拧紧力矩
M_A/N·m</th></tr>
<tr><td>78.5</td><td rowspan="8">981</td><td rowspan="5">14500</td><td>16</td><td>16</td><td rowspan="5">53</td><td rowspan="5">41</td><td rowspan="5">56</td><td rowspan="5">61</td><td rowspan="21">6-M6×50</td><td rowspan="8">17.7</td><td>0.80</td></tr>
<tr><td>78.5</td><td>20</td><td>16</td><td>0.76</td></tr>
<tr><td>98.1</td><td>20</td><td>20</td><td>0.77</td></tr>
<tr><td>98.1</td><td>22</td><td>20</td><td>0.72</td></tr>
<tr><td>118.0</td><td>22</td><td>22</td><td>0.72</td></tr>
<tr><td>98.1</td><td rowspan="5">12500</td><td>25</td><td>20</td><td rowspan="5">58</td><td rowspan="5">45</td><td rowspan="3">58</td><td rowspan="3">63</td><td>0.87</td></tr>
<tr><td>118.0</td><td>25</td><td>22</td><td>0.86</td></tr>
<tr><td>127.1</td><td>25</td><td>25</td><td>0.84</td></tr>
<tr><td>63.7</td><td rowspan="2">588</td><td>20</td><td>16</td><td rowspan="2">64</td><td rowspan="2">68.5</td><td rowspan="2">8.83</td><td>1.10</td></tr>
<tr><td>63.7</td><td>22</td><td>16</td><td>1.10</td></tr>
<tr><td>157.0</td><td rowspan="7">1180</td><td rowspan="2">12000</td><td>30</td><td>25</td><td rowspan="2">63</td><td rowspan="2">50.5</td><td rowspan="7">60</td><td rowspan="7">65</td><td rowspan="11">17.7</td><td>1.05</td></tr>
<tr><td>186.0</td><td>30</td><td>30</td><td>1.01</td></tr>
<tr><td>157.0</td><td rowspan="5">10000</td><td>35</td><td>25</td><td rowspan="5">68</td><td rowspan="5">56</td><td>1.14</td></tr>
<tr><td>177.0</td><td>35</td><td>28</td><td>1.19</td></tr>
<tr><td>186.0</td><td>35</td><td>30</td><td>1.17</td></tr>
<tr><td>206.0</td><td>35</td><td>32</td><td>1.15</td></tr>
<tr><td>226.0</td><td>35</td><td>35</td><td>1.12</td></tr>
<tr><td>226.0</td><td rowspan="3">1270</td><td rowspan="3">9000</td><td>42</td><td>35</td><td rowspan="3">73</td><td rowspan="4">60</td><td rowspan="4">70</td><td rowspan="4">75</td><td>1.51</td></tr>
<tr><td>245.0</td><td>38</td><td>38</td><td>1.53</td></tr>
<tr><td>275.0</td><td>42</td><td>42</td><td>1.41</td></tr>
<tr><td>461.0</td><td>1860</td><td>8000</td><td>48</td><td>48</td><td>78</td><td>1.50</td></tr>
</table>

注：生产厂为北京古德高机电技术有限公司。该公司还生产 ZZ2（200~4280N·m）、ZZ3（30~334200N·m）、ZZ4（270~690000N·m）等型号。

3.3 鼓形齿式联轴器

鼓形齿式联轴器齿侧间隙较一般齿轮传动大，可允许一定的角位移，内外齿面周期性轴向相对滑动，因此，这种联轴器需有良好的润滑和密封。这种联轴器径向尺寸小，承载能力大，适用于低速重载的传动。

3.3.1 GⅡCL 型鼓形齿式联轴器（摘自 GB/T 26103.1—2010）

GⅡCL 型联轴器适用于连接两水平同轴线的传动轴系，并具有一定补偿两轴相对位移性能。齿轮齿宽为窄型，结构紧凑，转动惯量较小，适宜于转速较高，频繁启、制动的场合。

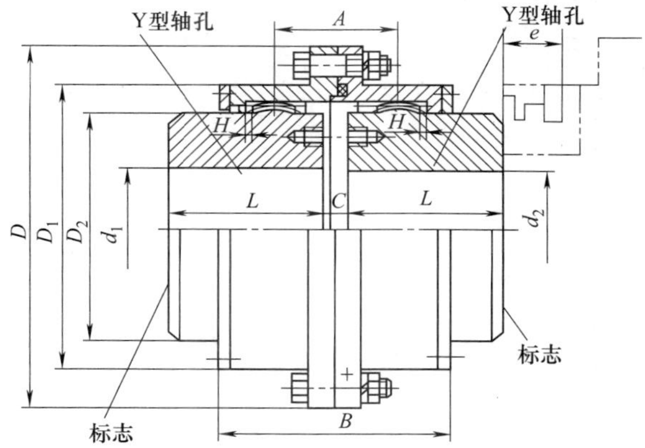

GⅡCL1～GⅡCL13 型鼓形齿式联轴器

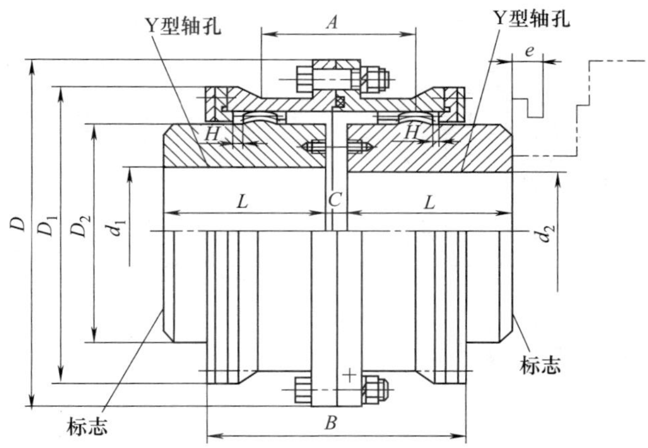

GⅡCL14～GⅡCL25 型鼓形齿式联轴器

标记示例

例 1　GⅡCL4 型联轴器

主动端：Y 型轴孔（短系列），A 型键槽，$d_1=55\text{mm}$，$L=84\text{mm}$

从动端：Y 型轴孔（短系列），A 型键槽，$d_2=60\text{mm}$，$L=107\text{mm}$。标记为：

$$\text{G II CL4 联轴器}\frac{55\times84}{60\times107}\text{GB/T 26103.1—2010}$$

例 2　GⅡCL4 型联轴器

主动端：Y 型轴孔（长系列），A 型键槽，$d_1=50\text{mm}$，$L=112\text{mm}$

从动端：Y 型轴孔（长系列），A 型键槽，$d_2=50\text{mm}$，$L=112\text{mm}$。标记为：

GⅡCL4 联轴器 50×112 GB/T 26103.1—2010

联轴器轴孔和联结型式与尺寸应符合 GB/T 3852 的规定。其键槽型式有 A、B、B_1、D。轴孔组合型式为$\frac{Y}{Y}$。

表 7-2-10 G Ⅱ CL 型的基本参数和主要尺寸

型号	公称转矩 T_n	许用转速 $[n]$	轴孔直径 d_1, d_2	轴孔长度 L Y（长系列）	轴孔长度 L Y（短系列）	D	D_1	D_2	C	H	A	B	e	转动惯量	润滑脂用量	质量
	kN·m	$r \cdot min^{-1}$	mm											$kg \cdot m^2$	mL	kg
G Ⅱ CL1	0.63	6500	16,18,19	42	—	103	71	50	8	2	36	76	38	0.0016	51	3.4
			20,22,24	52	38									0.0030		3.2
			25,28	62	44									0.0031		3.3
			30,32,35	82	60									0.0032		3.5
G Ⅱ CL2	1.00	6000	20,22,24	52	—	115	83	60	8	2	42	88	42	0.0024	70	4.6
			25,28	62	44									0.0023		4.1
			30,32,35,38	82	60									0.0024		4.5
			40,42,45	112	84									0.0025		4.6
G Ⅱ CL3	1.60	5600	22,24	52	—	127	95	75	8	2	44	90	42	0.0044	68	6.1
			25,28	62	44									0.0042		5.5
			30,32,35,38	82	60									0.0045		6.3
			40,42,45,48,50,55,56	112	84									0.0101		6.9
G Ⅱ CL4	2.80	5100	38	82	60	149	116	90	8	2	49	98	42	0.0205	87	9.5
			40,42,45,48,50,55,56	112	84									0.0228		11.3
			60,63,65	142	107									0.0234		10.5
G Ⅱ CL5	4.50	4600	40,42,45,48,50,55,56	112	84	167	134	105	10	2.5	55	108	42	0.0418	125	15.9
			60,63,65,70,71,75	142	107									0.0444		16.0
G Ⅱ CL6	6.30	4300	45,48,50,55,56	112	84	187	153	125	10	2.5	56	110	42	0.0706	148	21.2
			60,63,65,70,71,75	142	107									0.0777		23.0
			80,85,90	172	132									0.0809		22.1
G Ⅱ CL7	8.00	4000	50,55,56	112	84	204	170	140	10	2.5	60	118	42	0.103	175	27.6
			60,63,65,70,71,75	142	107									0.115		33.1
			80,85,90,95	172	132									0.1298		39.2
			100,(105)	212	167									0.151		47.5

续表

型号	公称转矩 T_n	许用转速 $[n]$	轴孔直径 d_1,d_2	轴孔长度 L Y(长系列)	轴孔长度 L Y(短系列)	D	D_1	D_2	C	H	A	B	e	转动惯量	润滑脂用量	质量
	kN·m	r·min^{-1}	mm											kg·m^2	mL	kg
GⅡCL8	11.20	3700	55,56	112	84	230	186	155	12	3	67	142	147	0.167	268	35.5
			60,63,65,70,71,75	142	107									0.188		42.3
			80,85,90,95	172	132									0.210		49.7
			100,110,(115)	212	167									0.241		60.2
GⅡCL9	18.00	3350	60,63,65,70,71,75	142	107	256	212	180	12	3	69	146	47	0.316	310	55.6
			80,85,90,95	172	132									0.356		65.6
			100,110,120,125	212	167									0.413		79.6
			130,(135)	252	202									0.470		95.8
GⅡCL10	25.00	3000	65,70,71,75	142	107	287	239	200	14	3.5	78	164	47	0.511	472	72
			80,85,90,95	172	132									0.573		84.4
			100,110,120,125	212	167									0.659		101
			130,140,150	252	202									0.745		119
GⅡCL11	35.50	2700	70,71,75	142	107	325	276	235	14	3.5	81	170	47	1.454	550	97
			80,85,90,95	172	132									1.096		114
			100,110,120,125	212	167									1.235		138
			130,140,150	252	202									1.340		161
			160,170,(175)	302	242									1.588		189
GⅡCL12	56	2450	75	142	107	362	313	270	16	4	89	190	49	1.623	695	128
			80,85,90,95	172	132									1.828		150
			100,110,120,125	212	167									2.113		205
			130,140,150	252	202									2.40		213
			160,170,180	302	242									2.728		248
			190,200	352	282									3.055		285

续表

型号	公称转矩 T_n	许用转速 $[n]$	轴孔直径 d_1,d_2	轴孔长度 L Y（长系列）	轴孔长度 L Y（短系列）	D	D_1	D_2	C	H	A	B	e	转动惯量	润滑脂用量	质量
	kN·m	r·min⁻¹	mm											kg·m²	mL	kg
GⅡCL13	80	2200	150	252	202	412	350	300	18	4.5	98	208	49	3.951	1019	222
			160,170,180,(185)	302	242									4.363		246
			190,200,220,(225)	352	282									4.541		242
GⅡCL14	125	2000	170,180,(185)	302	242	462	420	335	22	5.5	172	296	63	8.025	2900	421
			190,200,220	352	282									8.8		476
			240,250	410	330									9.725		544
GⅡCL15	180	1800	190,200,220	352	282	512	470	380	22	5.5	182	316	63	14.300	3700	608
			240,250,260	410	330									15.850		696
			280,(285)	470	380									17.450		786
GⅡCL16	250	1600	220	352	282	580	522	430	28	7	209	354	67	23.925	4500	799
			240,250,260	410	330									26.450		913
			280,300,320	470	380									29.100		1027
GⅡCL17	355	1400	250,260	410	330	644	582	490	28	7	198	364	67	43.095	4900	1176
			280,(295),300,320	470	380									47.525		1322
			340,360,(365)	550	450									53.725		1532
GⅡCL18	500	1210	280,(295),300,320	470	380	726	658	540	28	8	222	430	75	78.525	7000	1698
			340,360,380	550	450									87.750		1948
			400	650	540									99.500		2278
GⅡCL19	710	1050	300,320	470	380	818	748	630	32	8	232	440	75	136.750	8900	2249
			340,(350),360,380,(390)	550	450									153.750		2591
			400,420,440,450,460,(470)	650	540									175.500		3026

续表

型号	公称转矩 T_n	许用转速 $[n]$	轴孔直径 d_1,d_2	轴孔长度 L Y（长系列）	Y（短系列）	D	D_1	D_2	C	H	A	B	e	转动惯量	润滑脂用量	质量
	kN·m	r·min^{-1}	mm											kg·m^2	mL	kg
GⅡCL20	1000	910	360,380,(390)	550	450	928	838	720	32	10.5	247	470	75	261.750	11000	3384
			400,420,440,450,460 480,500	650	540									299.000		3984
			530,(540)	800	680									360.750		4430
GⅡCL21	1400	800	400,420,440,450,460 480,500	650	540	1022	928	810	40	11.5	255	490	75	461.600	13000	3912
			530,560,600	800	680									449.400		3754
GⅡCL22	1800	700	450,460,480,500	650	540	1134	1036	915	40	13	262	510	75	734.300	16000	4970
			530,560,600,630	800	680									837.000		5408
			670,(680)	—	780									785.400		4478
GⅡCL23	2500	610	530,560,600,630	800	680	1282	1178	1030	50	14.5	299	580	80	1517	28000	10013
			670,(700),710,750,(770)	—	780									1725		11553
GⅡCL24	3550	500	560,600,630	800	680	1428	1322	1175	50	16.5	317	610	80	2486	33000	12915
			670,(700),710,750	—	780									2838.5		15015
			800,850	—	880									3131.75		16615
GⅡCL25	5600	420	670,(700),710,750	—	780	1644	1538	1390	50	19	325	620	80	5082.00	43000	15760
			800,850	—	880									5344.10		15515
			900,950	—	980									5484.00		15054
			1000,(1040)	—	1100									5615.20		14513

注：1. 转动惯量与质量是按 Y（短系列）型轴孔的最小轴径。

2. 轴孔长度推荐用 Y（短系列）型。

3. 带括号的轴孔直径新设计时，建议不选用。

4. 联轴器的轴孔和键槽型式及尺寸见表 7-2-4，轴孔与轴的配合见表 7-2-5。

5. 联轴器 GⅡCL 的轴孔组合为 Y/Y，键槽型式为 A、B、B_1、D。

6. 生产厂家为浙江乐清市联轴器厂、河北冀州市联轴器厂、北京古德高机电技术有限公司、沈阳三环机械厂、江阴神州联轴器有限公司。

3.3.2 GⅡCLZ 型鼓形齿式联轴器（摘自 JB/T 8854.2—2001）

GⅡCLZ 型是 GⅡCL 型用于接中间轴的派生型，可长距离传动，其主要特点与 GⅡCL 相同。

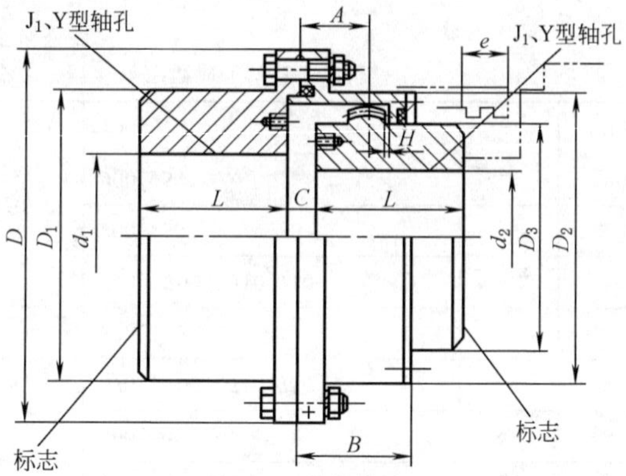

GⅡCLZ1～GⅡCLZ13 型鼓形齿式联轴器

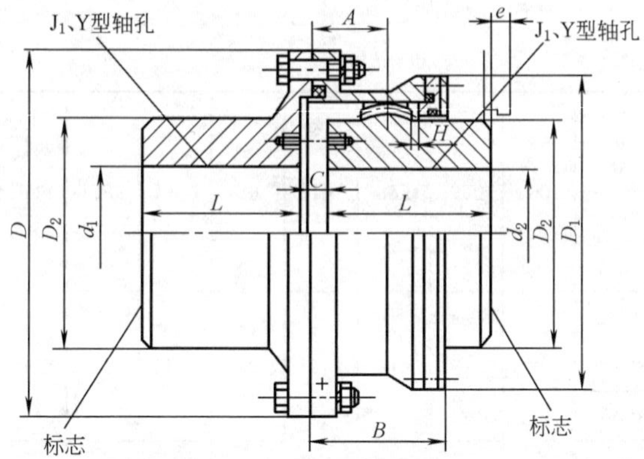

GⅡCLZ14～GⅡCLZ25 型鼓形齿式联轴器

标记示例

例 1　GⅡCLZ15 型联轴器

主动端：Y 型轴孔，A 型键槽，$d_1=200\text{mm}$，$L=352\text{mm}$

从动端：Y 型轴孔，B 型键槽，$d_2=240\text{mm}$，$L=410\text{mm}$。标记为：

GⅡCLZ15 联轴器$\frac{200\times352}{\text{B}240\times410}$　JB/T 8854.2—2001

例 2　GⅡCLZ8 型联轴器

主动端：J_1 型轴孔，A 型键槽，$d_1=55\text{mm}$，$L=84\text{mm}$

从动端：J_1 型轴孔，A 型键槽，$d_2=55\text{mm}$，$L=84\text{mm}$。标记为：

GⅡCLZ8 联轴器 $J_1$55×84　JB/T 8854.2—2001

表 7-2-11　**GⅡCLZ 型的基本参数和主要尺寸**

型号	公称转矩 T_n	许用转速 n_p	轴孔直径 d_1,d_2	轴孔长度 L Y	轴孔长度 L J_1	D	D_1	D_2	D_3	C	H	A	B	e	转动惯量	润滑脂用量	质量
	kN·m	r·min^{-1}	mm												kg·m^2	mL	kg
GⅡCLZ1	0.4	4000	16,18,19	42	—	103	71	71	50	8	2	18	38	38	0.004	31	3.5
			20,22,24	52	38										0.00375		3.3
			25,28	62	44										0.004		3.5
			30,32,35,38*	82	60										0.005		4.1
			40*,42*,45*,48*,50*	112	84										0.007		5.7

续表

型号	公称转矩 T_n	许用转速 n_p	轴孔直径 d_1,d_2	轴孔长度 L		D	D_1	D_2	D_3	C	H	A	B	e	转动惯量	润滑脂用量	质量
				Y	J₁												
	kN·m	r·min⁻¹	mm												kg·m²	mL	kg
GⅡCLZ2	0.71	4000	20,22,24	52	—	115	83	83	60	8	2	21	44	42	0.00675	42	5.3
			25,28	62	44										0.00625		4.8
			30,32,35,38	82	60										0.007		5.7
			40,42,45,48*,50*,55*,56*	112	84										0.008		7.2
			60*	142	107										0.01		9.2
GⅡCLZ3	1.12	4000	22,24	52	—	127	95	95	75	8	2	22	45	42	0.009	42	3.8
			25,28	62	44										0.011		7.8
			30,32,35,38	82	60										0.011		7.6
			40,42,45,48,50,55,56	112	84										0.01325		9.8
			60*,63*,65*,70*	142	107										0.01675		12.5
GⅡCLZ4	1.8	4000	38	82	60	149	116	116	90	8	2	24.5	49	42	0.02125	53	10.5
			40,42,45,48,50,55,56	112	84										0.0255		13.5
			60,63,65,70*,71*,75*	142	107										0.039		16.5
			80*	172	132										0.04875		19.4
GⅡCLZ5	3.15	4000	40,42,45,48,50,55,56	112	84	167	134	134	105	10	2.5	27.5	54	42	0.044	77	18.1
			60,63,65,70,71,75	142	107										0.05175		23.1
			80*,85*,90*	172	132										0.0625		28.5
GⅡCLZ6	5.00	4000	45,48,50,55,56	112	84	187	153	153	125	10	2.5	28	55	42	0.075	91	23.9
			60,63,65,70,71,75	142	107										0.089		29.3
			80,85,90,95*	172	132										0.10425		35.4
			100*,(105)*	212	167										0.1065		36.2
GⅡCLZ7	7.1	3750	50,55,56	112	84	204	170	170	140	10	2.5	30	59	42	0.1145	108	29.6
			60,63,65,70,71,75	142	107										0.1335		36.3
			80,85,90,95	172	132										0.157		43.8
			100,(105),110*,(105)*	212	167										0.1898		54.3

续表

型号	公称转矩 T_n	许用转速 n_p	轴孔直径 d_1,d_2	轴孔长度 L Y	轴孔长度 L J_1	D	D_1	D_2	D_3	C	H	A	B	e	转动惯量	润滑脂用量	质量
	kN·m	r·min^{-1}	mm												kg·m^2	mL	kg
GⅡCLZ8	10.00	3300	55,56	112	84	230	186	186	155	12	3	33.5	71	47	0.184	161	37.8
			60,63,65,70,71,75	142	107										0.215		46.1
			80,85,90,95	172	132										0.249		54.9
			100,110,(115),120*,125*	212	167										0.297		67.4
GⅡCLZ9	16	3000	60,63,65,70,71,75	142	107	256	212	212	180	12	3	34.5	73	47	0.358	184	60
			80,85,90,95	172	132										0.415		71.8
			100,110,120,125	212	167										0.499		88
			130,(135),140*,150*	252	202										0.575		104.4
GⅡCLZ10	22.4	2650	65,70,71,75	142	107	287	239	239	200	14	3.5	39	82	47	0.58	276	76.1
			80,85,90,95	172	132										0.6725		91.1
			100,110,120,125	212	167										0.8025		111.5
			130,140,150	252	202										0.935		133.5
GⅡCLZ11	35.5	2350	110,120,125	212	167	325	250	276	235	14	3.5	40.5	85	47	1.223	322	137
			130,140,150	252	202										1.41		162.4
			160,170,(175)	302	242										1.625		193
GⅡCLZ12	50	2100	130,140,150	252	202	362	286	313	270	16	4	44.5	95	49	2.39	404	212.8
			160,170,180	302	242										2.763		268
			190,200	352	282										3.093		290
GⅡCLZ13	71	1850	150	252	202	412	322	350	300	18	4.5	49	104	49	3.93	585	272.3
			160,170,180,(185)	302	242										4.535		320
			190,200,220,(225)	352	282										6.34		370
GⅡCLZ14	112	1650	170,180,(185)	302	242	462	420	335	—	22	5.5	86	148	63	6.9	1600	389
			190,200,220	352	282										7.675		438
			240,250	410	330										8.6		509
GⅡCLZ15	180	1500	190,200,220	352	282	512	465	380	—	22	5.5	91	158	63	12.425	2100	566
			240,250,260	410	330										13.975		650
			280,(285)	470	380										15.575		740
GⅡCLZ16	250	1300	220	352	282	580	522	430	—	28	7	104.5	177	67	21.2	2500	751
			240,250,260	410	330										23.125		857
			280,300,320	470	380										26.35		974

续表

型号	公称转矩 T_n	许用转速 n_p	轴孔直径 d_1,d_2	轴孔长度 L Y	轴孔长度 L J_1	D	D_1	D_2	D_3	C	H	A	B	e	转动惯量	润滑脂用量	质量
	kN·m	r·min^{-1}	mm												kg·m^2	mL	kg
GⅡCLZ17	355	1200	250,260	410	330	644	582	490	—	28	7	99	182	67	38.825	2700	1110
			280,(290),300,320	470	380										43.25		1255
			340,360,(365)	550	450										49.5		1465
GⅡCLZ18	500	1050	280,(295),300,320	470	380	726	658	540	—	28	8	111	215	75	69.5	3900	1580
			340,360,380	550	450										78.75		1830
			400	650	540										90.5		2160
GⅡCLZ19	710	950	300,320	470	380	818	748	630	—	32	9	116	220	75	122.5	5000	2115
			340,(350),360,380,(390)	550	450										139.5		2457
			400,420,440,450,460,(470)	650	540										161.25		2892
GⅡCLZ20	1000	800	360,380,(390)	550	450	928	838	720	—	32	10.5	123.5	235	75	240	6200	3223
			400,420,440,450,460,480,500	650	540										277.25		3793
			530,(540)	800	680										335		4680
GⅡCLZ21	1400	750	400,420,440,450,460,480,500	650	540	1022	928	810	—	40	11.5	127.5	245	75	435	7000	4780
			530,560,600	800	680										527.75		5905
GⅡCLZ22	1800	650	450,460,480,500	650	540	1134	1036	915	—	40	13	131	255	75	701.25	8700	6069
			530,560,600,630	800	680										852.25		7504
			670,(680)	900	780												
GⅡCLZ23	2500	600	530,560,600,630	800	680	1282	1178	1030	—	50	14.5	149.5	290	80	1415.75	15000	9633
			670,(700),710,750,(770)	900	780										1638.75		11133
GⅡCLZ24	3550	550	560,600,630	800	680	1428	1322	1175	—	50	16.5	158.5	305	80	2330.5	18000	12460
			670,710,750	900	780										2682.75		14465
			800,850	1000	880										2976.25		16110
GⅡCLZ25	4500	460	670,(700),710,750	900	780	1644	1538	1390	—	50	19	162.5	310	80	5174.25	23000	19837
			800,850	1000	880										5836.5		22381
			900,950	—	980										6413		24765
			1000,(1040)	—	1100										7198.25		27797

注：1. 转动惯量与质量按 J_1 型轴伸计算，并包括轴伸在内。J_1 型轴孔在 GB/T 3852（联轴器轴孔和联结型式与尺寸）中已取消。
2. 轴孔直径栏中标注 * 的轴孔尺寸，只允许 d_1 选用。
3. 带括号的轴孔直径新设计时不用。
4. 本型号新国家标准正在起草中。
5. 生产厂同表 7-2-10 注。

3.3.3 GCLD 型鼓形齿式联轴器（摘自 GB/T 26103.3—2010）

GCLD 型为电机轴伸型，适用于连接电机与机械水平轴线的传动轴系，并具有一定补偿两轴相对位移性能。

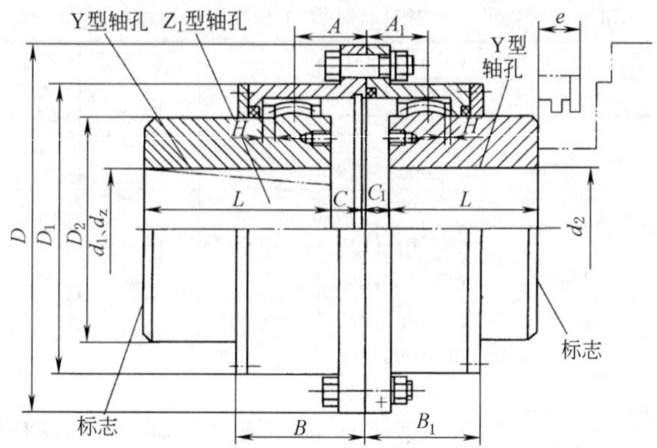

标记示例：

例 1 GCLD5 型鼓形齿式联轴器

主动端：Y 型轴孔（长系列），A 型键槽，$d_1=55$mm，$L=112$mm

从动端：Y 型轴孔（短系列），B_1 型键槽，$d_2=60$mm，$L=107$mm。标记为：

$$\text{GCLD5 联轴器}\frac{55\times112}{B_1 60\times107}\text{GB/T 26103.3—2010}$$

例 2 GCLD9 型鼓形齿式联轴器

主动端：Z_1 型轴孔，C 型键槽，$d_1=100$mm，$L=167$mm

从动端：Y 型轴孔（短系列），A 型键槽，$d_2=120$mm，$L=167$mm。标记为：

$$\text{GCLD9 联轴器}\frac{Z_1 C100\times167}{120\times167}\text{GB/T 26103.3—2010}$$

表 7-2-12 基本参数和主要尺寸

型号	公称转矩 T_n	许用转速 [n]	轴孔直径 d_1,d_2	轴孔长度 L Y	轴孔长度 L Z_1、Y（短系列）	D	D_1	D_2	C	C_1	H	A	A_1	B	B_1	e	转动惯量	润滑脂用量	质量
	kN·m	$r\cdot min^{-1}$	mm														$kg\cdot m^2$	mL	kg
GCLD1	1.60	5600	22,24	52	38	127	95	75	27	4	2	43	22	66	45	42	0.00875	107	6.2
			25,28	62	44												0.01025		7.2
			30,32,35,38	82	60												0.011		7.8
			40,42,45,48,50,55,56	112	84												0.01175		9.6
GCLD2	2.8	5100	38	82	60	149	116	90	26.5	4	2	49.5	24.5	70	49	42	0.02125	137	11.2
			40,42,45,48,50,55,56	112	87												0.02425		14
			60,63,65	142	107				33								0.0215		16.4
GCLD3	4.50	4600	40,42,45,48,50,55,56	112	84	167	134	105	33	5	2.5	53.5	27.5	80	54	42	0.0400	201	17.2
			60,63,65,70,71,75	142	107												0.0475		22.4
GCLD4	6.30	4300	45,48,50,55,56	112	84	187	153	125	33.5	5	2.5	54	28	81	55	42	0.0725	238	25.2
			60,63,65,70,71,75	142	107				38								0.0825		26.4
			80,85,90	172	132												0.095		35.6
GCLD5	8.00	4000	50,55,56	112	84	204	170	140	37.5	5	2.5	60	30	89	59	42	0.1125	298	31.6
			60,63,65,70,71,75	142	107												0.1175		38
			80,85,90,95	172	132												0.145		44.6
			100,(105)	212	167				43.5								0.1675		53.9

续表

型号	公称转矩 T_n	许用转速 $[n]$	轴孔直径 d_1,d_2	轴孔长度 L Y	轴孔长度 L Z_1、Y（短系列）	D	D_1	D_2	C	C_1	H	A	A_1	B	B_1	e	转动惯量	润滑脂用量	质量
	kN·m	r·min^{-1}	mm														kg·m^2	mL	kg
GCLD6	11.20	3700	55,56	112	84	230	186	155	43.5	6	3	68.5	33.5	106	71	47	0.1875	465	40.5
			60,63,65,70,71,75	142	107												0.21		49.8
			80,85,90,95	172	132												0.235		56.3
			100,110,(115)	212	167												0.2675		67.5
GCLD7	18.00	3000	60,63,65,70,71,75	142	107	256	212	180	48	6	3	73.5	34.5	112	73	47	0.13575	561	63.9
			80,85,90,95	172	132												0.40		74.7
			100,110,120,125	212	167												0.4625		88.0
			130,(135)	252	202												0.5275		106.7
GCLD8	25.00	2650	65,70,71,75	142	107	287	239	200	40.5	7	3.5	75	39	118	82	47	0.560	734	81.7
			80,85,90,95	172	132												0.6275		95.5
			100,110,120,125	212	167												0.72		114
			130,140,150	252	202				48								0.8125		123
GCLD9	35.50	2350	70,71,75	142	107	325	276	235	49.5	7	3.5	87.5	40.5	132	85	47	1.0775	956	112
			80,85,90,95	172	132												1.2075		130
			100,110,120,125	212	167												1.3825		156
			130,140,150	252	202												1.56		181
			160,170,(175)	302	242				58								1.77		212
GCLD10	56.00	2100	75	142	107	362	313	270	65	8	4.0	98.5	44.5	149	95	49	1.97	1320	161
			80,85,90,95	172	132												2.0725		172
			100,110,120,125	212	167												2.38		206
			130,140,150	252	202												2.5625		239
			160,170,180	302	242												3.055		280
			190,200,220	352	282				68								3.4225		319

注：1. 转动惯量与质量是按 Y（短系列）型轴孔的最小轴径计算的。
2. e 为更换密封所需要的尺寸。
3. 带括号的轴孔直径新设计时，建议不选用。
4. 联轴器轴孔 7Z 连接型式与尺寸见表 7-2-4、表 7-2-6，轴孔与轴的配合见表 7-2-5 和表 7-2-7。
5. 生产厂同表 7-2-10 注。

3.3.4 NGCL 型带制动轮鼓形齿式联轴器（摘自 GB/T 26103.4—2010）

NGCL 型适用于连接两水平同轴线的传动轴系，并具有一定补偿两轴相对位移性能。

NGCL 型带制动轮鼓形齿式联轴器有两种结构型式：A 型和 B 型，见图。

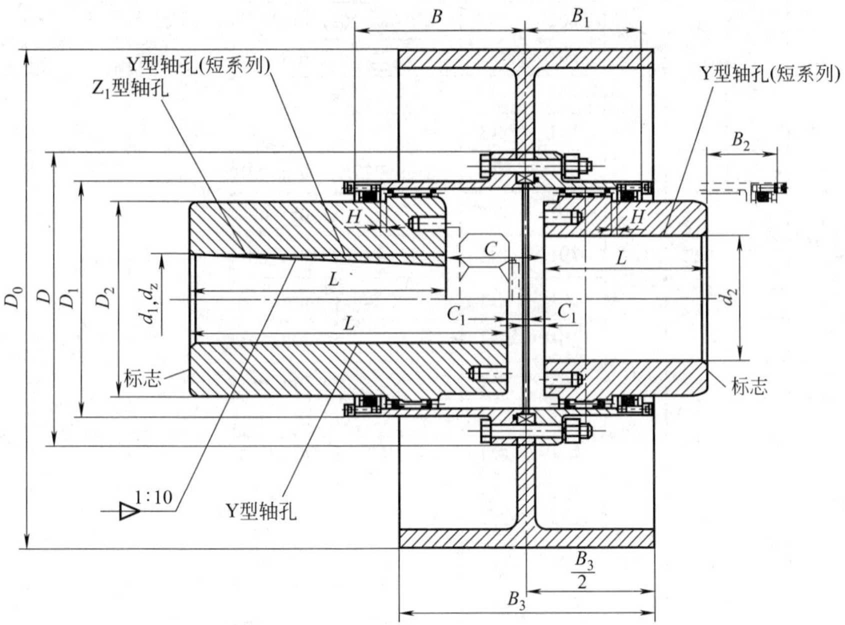

A型(适用于NGCL1～NGCL13型)

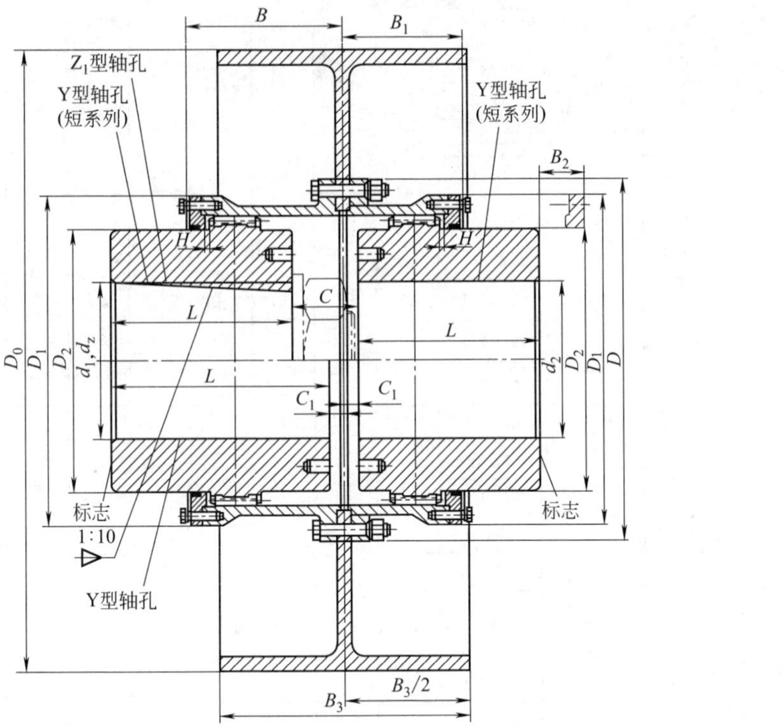

B型(适用于NGCL14型)

联轴器轴孔和连接型式与尺寸应符合 GB/T 3852—2008 的规定。其键槽型式有 A、B、B_1、C、D 型。轴孔组合型式有：$\frac{Y}{Y}$、$\frac{Z_1}{Y}$、$\frac{Y}{Z_1}$。

标记示例

例 1 NGCL6 联轴器

主动端：Z_1 型轴孔，C 型键槽，$d_z=60$mm，$L=107$mm

从动端：Y 型轴孔（短系列），A 型键槽，$d_2=60$mm，$L=107$mm 的 NGCL6 型带制动轮鼓形齿式联轴器，其标记为：

NGCL6 联轴器 $\frac{Z_1C60\times107}{60\times107}$ GB/T 26103.4—2010

例 2　NGCL14 联轴器

主动端：Y 型轴孔，B 型键槽，$d_1=190$mm，$L=352$mm

从动端：Y 型轴孔（短系列），B_1 型键槽，$d_2=190$mm，$L=282$mm 的 NGCL14 型的带制动轮鼓形齿式联轴器，其标记为：

NGCL14 联轴器 $\dfrac{B190\times352}{B_1 190\times282}$　GB/T 26103.4—2010

例 3　NGCL12 联轴器

主动端：Z_1 型轴孔，B 型键槽，$d_1=100$mm，$L=167$mm

从动端：Y 型轴孔（短系列），B_1 型键槽，$d_2=130$mm，$L=202$mm　制动轮 $D_0=\phi700$mm 的 NGCL12 型的带制动轮鼓形齿式联轴器，其标记为：

NGCL12 联轴器 $\dfrac{Z_1 B100\times167}{B_1 130\times202}\times\phi700$　GB/T 26103.4—2010

表 7-2-13　**NGCL 型带制动轮鼓形齿式联轴器基本参数和主要尺寸**

型号	公称转矩 T_n /kN·m	许用转速 [n] /r·min^{-1}	轴孔直径 d_1,d_2,d_z	轴孔长度 L Y	轴孔长度 L Z_1、Y（短系列）	D_0	D	D_1	D_2	C	C_1	H	B	B_1	B_2	B_3	转动惯量 /kg·m^2	润滑脂用量 /mL	质量 /kg
			mm																
NGCL1	0.63	4000	20,22,24	52	38	160	103	71	50	22	8	2.0	56	42	38	68	0.070	51	7.0
			25,28	62	44					26							0.070		7.3
			30,32,35	82	60					30							0.071		8.0
NGCL2	1.00	4000	25,28	62	44	160	115	83	60	26	8	2.0	68	48	42	68	0.079	70	9.0
			30,32,35,38	82	60					30							0.080		9.7
			40,42,45	112	84					36							0.083		11.0
NGCL3	1.60	3800	28	62	44	200	127	95	75	26	8	2.0	70	49	42	85	0.181	107	14.6
			30,32,35,38	82	60					30							0.184		15.2
			40,42,45,48,50,55,56	112	84					36							0.187		17.0
NGCL4	2.80	3800	38	82	60	200	149	116	90	30	8	2.0	74	53	42	85	0.225	137	18.6
			40,42,45,48,50,55,56	112	84					36							0.237		21.4
			60,63,65	142	107					43							0.246		23.8
NGCL5	4.50	3000	40,42,45,48,50,55,56	112	84	250	167	134	105	38	10	2.5	84	59	42	105	0.58	201	31.8
			60,63,65,70,71,75	142	107					45							0.609		34.4
NGCL6	6.30	3000	45,48,50,55,56	112	84	250	187	153	125	38	10	2.5	85	60	42	105	0.714	238	37.2
			60,63,65,70,71,75	142	107					45							0.754		38.5
			80,85,90	172	132					50							0.795		47.6
NGCL7	8.00	2400	50,55,56	112	84	315 (300)	204	170	140	38	10	2.5	93	64	42	132	1.170	298	48.8
			60,63,65,70,71,75	142	107					45							1.234		55.2
			80,85,90,95	172	132					50							1.299		61.8
			100	212	167					55							1.388		71.1

续表

型号	公称转矩 T_n /kN·m	许用转速 $[n]$ /r·min^{-1}	轴孔直径 d_1,d_2,d_z	轴孔长度 L Y	轴孔长度 L Z_1、Y（短系列）	D_0	D	D_1	D_2	C	C_1	H	B	B_1	B_2	B_3	转动惯量 /kg·m^2	润滑脂用量 /mL	质量 /kg
			mm																
NGCL8	11.20	1900	55,56	112	84	400	230	186	155	40	12	3.0	112	77	47	168	3.747	465	80.7
			60,63,65,70,71,75	142	107					47							3.841		90.0
			80,85,90,95	172	132					52							3.939		96.5
			100,110	212	167					57							4.072		108
NGCL9	18.00	1500	60,63,65,70,71,75	142	107	500	256	212	180	48	13	3.0	119	80	47	210	9.427	561	128
			80,85,90,95	172	132					53							9.605		138
			100,110,120,125	212	167					58							9.847		151
			130	252	202					63							10.109		167
NGCL10	25.00	1200	65,70,71,75	142	107	630（600）	287	239	200	50	15	3.5	120	90	47	265	28.238	734	176
			80,85,90,95	172	132					55							28.509		190
			100,110,120,125	212	167					60							28.879		209
			130,140,150	252	202					65							29.248		237
NGCL11	35.50	1050	70,71,75	142	107	710（700）	325	276	235	51	16	3.5	134	94	47	298	44.309	956	257
			80,85,90,95	172	132					56							44.825		275
			100,110,120,125	212	167					61							45.530		300
			130,140,150	252	202					66							46.235		326
			160,170	302	242					76							47.080		357
NGCL12	56.00	1050	75	142	107	710（700）	362	313	270	52	17	4.0	164	104	49	298	47.880	1320	306
			80,85,90,95	172	132					57							48.290		317
			100,110,120,125	212	167					62							49.520		351
			130,140,150	252	202					67							50.250		384
			160,170,180	302	242					77							52.220		425
			190,200	352	282					87							53.690		464
NGCL13	80.00	950	150	252	202	800	412	350	300	68	18	4.5	165	113	49	335	82.700	1600	490
			160,170,180	302	242					78							84.700		544
			190,200,220	352	282					88							86.670		596
NGCL14	125.00	950	170,180	302	242	800	462	420	335	80	20	5.5	209	157	63	335	99.100	3500	670
			190,200,220	352	282					90							102.200		736
			240,250	410	330					100							105.900		850

注：1. 表中转动惯量与质量是按 Y 型轴孔（短系列）的最小直径计算的。
2. 当选用 NGCL7、NGCL10、NGCL11、NGCL12 四种型号的带制动轮鼓形齿式联轴器时，需标记制动轮直径。
3. B_2 为更换密封所需要的尺寸。
4. 圆锥轴孔的最大直径至 220mm。
5. 生产厂同表 7-2-10 注。

3.3.5 NGCLZ 型带制动轮鼓形齿式联轴器（摘自 GB/T 26103.5—2010）

NGCLZ 型适用于连接两水平同轴线的传动轴系，并具有一定补偿两轴相对位移性能。

NGCLZ 型带制动轮鼓形齿式联轴器有两种结构型式：A 型和 B 型，见图

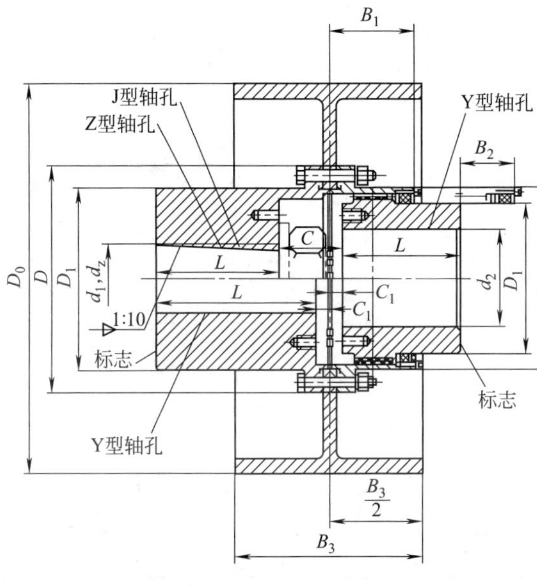

A型(适用于NGCLZ1～NGCLZ13型)

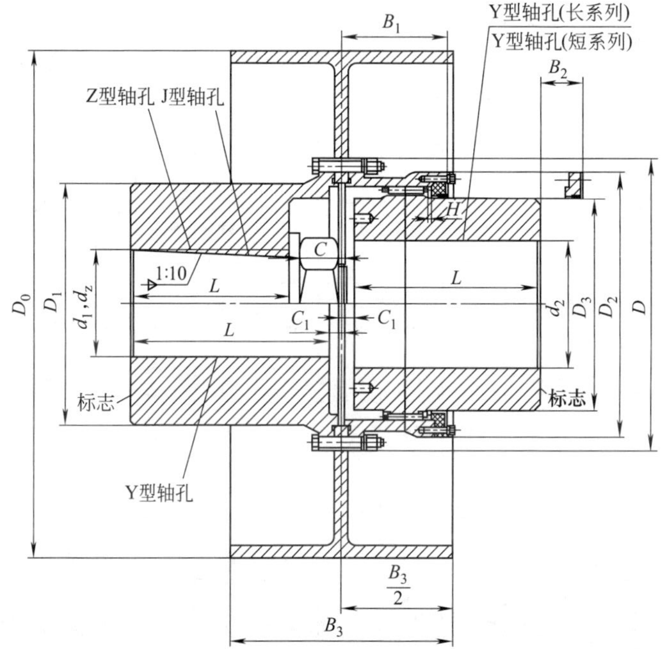

B型(适用于NGCLZ14型)

联轴器轴孔和连接型式与尺寸应符合 GB/T 3852—2008 的规定。其键槽型式有 A、B、B_1、C、D 型。轴孔型式组合为：$\frac{Y}{Y}$、$\frac{Z}{Y}$、$\frac{J}{Y}$。

标记示例：

例 1 NGCLZ5 联轴器

主动端：Z 型轴孔，C 型键槽，$d_z=50$mm，$L=84$mm

从动端：Y 型轴孔（短系列），A 型键槽，$d_2=55$mm，$L=84$mm 的 NGCLZ5 型带制动轮鼓形齿式联轴器，其标记为：NGCLZ5 联轴器 $\frac{ZC50\times84}{55\times84}$ GB/T 26103.5—2010

例 2 NGCLZ10 联轴器

主动端：Y 型轴孔，B 型键槽，$d_1=80$mm，$L=172$mm

从动端：Y 型轴孔（短系列），A 型键槽，$d_2=90$mm，$L=132$mm。制动轮直径 $\phi600$mm 的 NGCLZ10 型带制动轮鼓形齿式联轴器，其标记为：

NGCLZ10 联轴器 $\frac{B80\times172}{90\times132}\times\phi600$ GB/T 26103.5—2010

表 7-2-14　　NGCLZ 型带制动轮鼓形齿式联轴器基本参数和主要尺寸

型号	公称转矩 T_n /kN·m	许用转速 [n] /r·min^{-1}	轴孔直径 d_1,d_2,d_z (mm)	轴孔长度 L Y (mm)	轴孔长度 L J、Z、Y(短系列) (mm)	D_0 (mm)	D (mm)	D_1 (mm)	D_2 (mm)	D_3 (mm)	C (mm)	C_1 (mm)	H (mm)	B_1 (mm)	B_2 (mm)	B_3 (mm)	转动惯量 /kg·m^2	润滑脂用量 /mL	质量 /kg
NGCLZ1	0.63	4000	20,22,24	52	38	160	103	71	71	50	22	8	2.0	42	38	68	0.071	31	7.3
			25,28	62	44						26						0.072		7.4
			30,32,35	82	60						30						0.076		8.4
NGCLZ2	1.00	4000	25,28	62	44	160	115	83	83	60	26	8	2.0	48	42	68	0.081	42	9.2
			30,32,35,38	82	60						30						0.084		10.3
			40,42,45	112	84						36						0.088		10.5
NGCLZ3	1.60	3800	28	62	44	200	127	95	95	75	26	8	2.0	49	42	85	0.181	65	15.1
			30,32,35,38	82	60						30						0.184		16.3
			40,42,45,48,50,55,56	112	84						36						0.193		18.8
NGCLZ4	2.80	3800	38	82	60	200	149	116	116	90	30	8	2.0	53	42	85	0.225	82	19.8
			40,42,45,48,50,55,56	112	84						36						0.242		23.3
			60,63,65	142	107						43						0.296		26.8
NGCLZ5	4.50	3000	40,42,45,48,50,55,56	112	84	250	167	134	134	105	38	10	2.5	59	42	105	0.596	120	33.3
			60,63,70,71,75	142	107						45						0.627		39.0
NGCLZ6	6.30	3000	45,48,50,55,56	112	84	250	187	153	153	125	38	10	2.5	60	42	105	0.72	143	40.0
			60,63,65,70,71,75	142	107						45						0.776		46.4
			80,85,90	172	132						50						0.837		53.2
NGCLZ7	8.00	2400	50,55,56	112	84	315 (300)	204	170	170	140	38	10	2.5	64	42	132	1.178	179	51.8
			60,63,65,70,71,75	142	107						45						1.254		59.8
			80,85,90,95	172	132						50						1.348		68.2
			100	212	167						55						1.479		79.6
NGCLZ8	11.20	1900	55,56	112	84	400	230	186	186	155	40	12	3.0	77	47	168	3.734	274	84.0
			60,63,65,70,71,75	142	107						47						3.86		93.1
			80,85,90,95	172	132						52						3.996		104
			100,110	212	167						57						4.187		117

续表

型号	公称转矩 T_n /kN·m	许用转速 $[n]$ /r·min^{-1}	轴孔直径 d_1,d_2,d_z	轴孔长度 L Y	轴孔长度 L J、Z、Y(短系列)	D_0	D	D_1	D_2	D_3	C	C_1	H	B_1	B_2	B_3	转动惯量 /kg·m^2	润滑脂用量 /mL	质量 /kg
			mm																
NGCLZ9	18.00	1500	60,63,65,70,71,75	142	107	500	256	212	212	180	48	13	3.0	80	47	210	9.427	337	128
			80,85,90,95	172	132						53						9.605		138
			100,110,120,125	212	167						58						9.847		151
			130	252	202						63						10.109		167
NGCLZ10	25.00	1200	65,70,71,75	142	107	630(600)	287	239	239	200	50	15	3.5	90	47	265	29.32	440	184
			80,85,90,95	172	132						55						29.69		200
			100,110,120,125	212	167						60						30.21		222
			130,140,150	252	202						65						30.74		246
NGCLZ11	35.50	1050	70,71,75	142	107	710(700)	325	250	276	235	51	16	3.5	94	47	298	44	574	240
			80,85,90,95	172	132						56						45		262
			100,110,120,125	212	167						61						45.5		299
			130,140,150	252	202						66						46		326
			160,170	302	242						76						47		361
NGCLZ12	56.00	1050	75	142	107	710(700)	362	286	313	270	52	17	4.0	104	49	298	48	792	290
			80,85,90,95	172	132						57						49		317
			100,110,120,125	212	167						62						50		355
			130,140,150	252	202						67						51		382
			160,170,180	302	242						77						52		443
			190,200	352	282						87						53		470
NGCL13	80.0	950	150	252	202	800	412	322	350	300	68	18	4.5	113	49	335	82	960	488
			160,170,180	302	242						78						85		542
			190,200,220	352	282						88						92		598
NGCLZ14	125.00	950	170,180	302	242	800	462	335	420	335	80	20	5.5	157	63	335	95	2100	638
			190,200,220	352	282						90						98		698
			240,250	410	330						100						102		780

注：1. 表中转动惯量与质量是按 Y 型轴孔最小直径计算的。
2. 当选用 NGCLZ7、NGCLZ10、NGCLZ11、NGCLZ12 四种型号的带制动轮鼓形齿式联轴器时，需标记制动轮直径。
3. B_2 为更换密封所需要的尺寸。
4. 圆锥轴孔的最大直径至 220mm。
5. 生产厂同表 7-2-10 注。

3.3.6 鼓形齿式联轴器的选用及许用补偿量

（1）联轴器的选用

① 联轴器应根据使用要求和工作条件选用。

② 联轴器的两外齿轴套的任一端均可作主、从动端。

③ 联轴器允许正、反转。

④ GⅡCLZ 联轴器采用接中间轴结构时，中间轴的重量不得大于根据公称转矩计算而得的齿节圆啮合处的圆周力的 2%。

⑤ 高转速的中间轴要验算临界转速。

（2）联轴器两轴线相对位移

① 当两轴线无径向位移时，外齿轴套其轴线与内齿圈轴线的许用角向补偿量和两轴线的角向补偿量见表7-2-15。

表 7-2-15

	许用角向补偿量 $\Delta\alpha$	最大角向补偿量 $2\Delta\alpha$
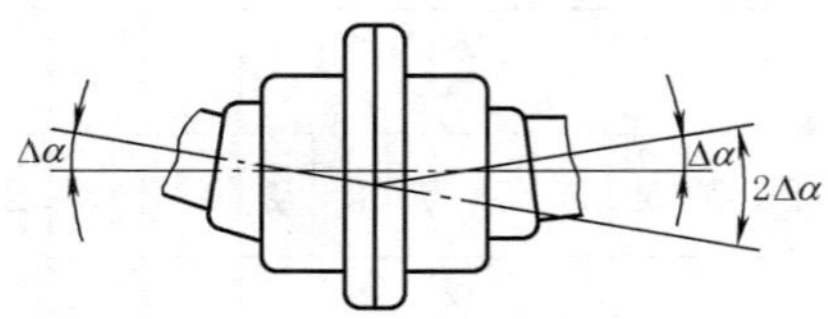	1°	2°

② 当两轴无角向位移时，联轴器的许用径向补偿量见表 7-2-16。

表 7-2-16 mm

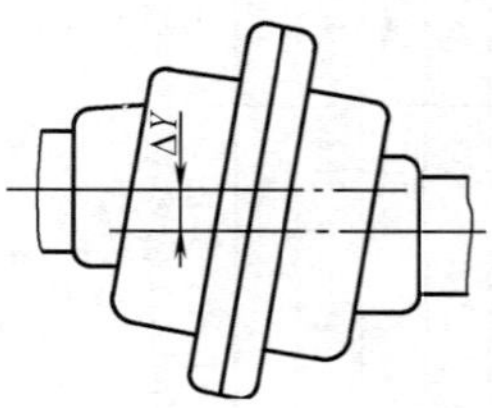

型号	GⅡCL1	GⅡCL2	GⅡCL3 GCLD1	GⅡCL4 GCLD2	GⅡCL5 GCLD3	GⅡCL6 GCLD4	GⅡCL7 GCLD5	GⅡCL8 GCLD6	GⅡCL9 GCLD7
许用径向补偿量 ΔY	0.63	0.72	0.76	0.86	0.96	0.98	1.05	1.16	1.20
型号	GⅡCL10 GCLD8	GⅡCL11 GCLD9	GⅡCL12 GCLD10	GⅡCL13	GⅡCL14	GⅡCL15	GⅡCL16	GⅡCL17	GⅡCL18
许用径向补偿量 ΔY	1.30	1.40	1.60	1.70	3.00	3.20	3.60	3.70	3.90
型号	GⅡCL19	GⅡCL20	GⅡCL21	GⅡCL22	GⅡCL23	GⅡCL24	GⅡCL25	—	—
许用径向补偿量 ΔY	4.00	4.30	4.50	4.70	5.20	5.50	5.70	—	—

③ GⅡCLZ 型联轴器的许用径向补偿量 ΔY 见图 7-2-2，并按下式计算。

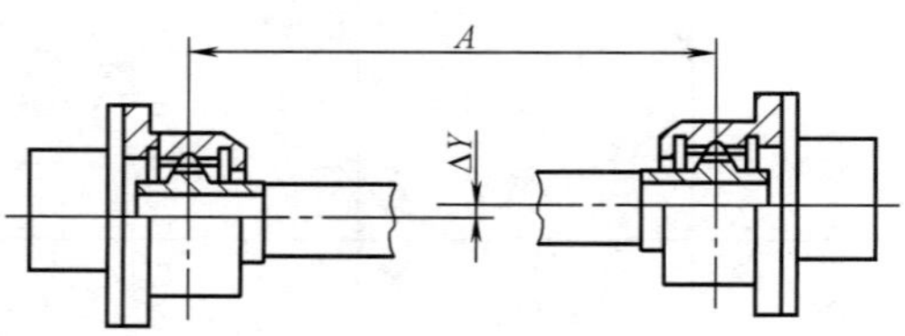

图 7-2-2

$$\Delta Y = A\tan\Delta\alpha = A\tan 1^\circ = 0.017455064\times A \quad (\mathrm{mm}) \tag{7-2-2}$$

3.3.7 联轴器的转矩计算

① 联轴器根据工况条件、驱动功率、工作转速、轴伸直径等因素综合考虑进行选择。

② 计算转矩

$$T_c = KT = K\times 9.55\times\frac{P_w}{n} < T_n \quad (\mathrm{N\cdot m}) \tag{7-2-3}$$

式中 T_c——计算转矩，kN · m；

T——理论转矩，kN · m；

T_n——公称转矩，kN · m，见表 7-2-10～表 7-2-14；

P_w——驱动功率，kW；

n——工作转速，r/min；

K——工况系数，见表 7-2-17。

表 7-2-17 工况系数 K

工作机械	工况系数 K	工作机械	工况系数 K	工作机械	工况系数 K
挖掘设备		斗链式输送机	1.4	剥皮机	1.8
斗轮式挖掘机	2.0	旋转输送机	1.4	刨床	1.4
复带式移动链	1.8	升降机	1.4	锯床	1.4
轨道式移动链	1.6	铲斗式升降机(粉状物)	1.25	炼钢设备	
空吸泵	1.6	提升机	1.8	高炉鼓风机	1.4
铲斗轮	1.8	螺旋输送机	1.4	转炉	2.5
刀盘	2.0	钢带输送机	1.4	倾斜式高炉升降机	2.0
回转齿轮机构	1.4	鼓风、通用设备		炉渣破碎机	2.0
绞盘	1.6	螺旋活塞式鼓风机	1.4	起重设备	
采矿、碎石设备		鼓风机(轴向和径向)	1.5	吊杆起落机构	1.5
破碎机	2.75	冷却塔风扇	1.4	行走机构	1.75
回转窑	2.0	引风机	1.4	提升机构	1.75
矿井通风机	2.0	涡轮鼓风机	1.25	回转机构	1.75
振动器	1.6	发电机及转换器		卷扬机	2.0
化工设备		变频器	2.25	金属加工设备	
搅拌机(稀液体)	1.25	发电机	2.0	动力轴	1.6
搅拌机(黏液体)	1.6	焊接发动机	2.25	板材矫直机	2.0
离心机(轻载)	1.4	橡胶及塑料加工设备		锻锤	2.0
离心机(重载)	1.8	挤压机	1.6	剪切机	2.0
输送设备		压光机	1.6	锻造机	1.8
输送机	1.8	搓合机	1.8	冲压机	2.0
平板输送机	1.6	混合机	1.8	研磨、粉碎设备	
带式输送机(散装材料)	1.4	滚压机	1.8	锤式粉碎机	2.0
小型带式输送机	1.25	木材加工设备		球磨机	2.0

续表

工作机械	工况系数 K	工作机械	工况系数 K	工作机械	工况系数 K
悬挂式滚压机	2.0	压力机械		翻板机	1.6
冲击式粉碎机	2.0	折叠压力机	1.8	板坯机	2.0
棒磨机	2.0	压块机	2.5	坯料输送机	1.8
挤压粉碎机	2.0	曲柄压力机	2.0	板坯推料机	2.0
食品加工机械		锻造压力机	2.25	带材及线材卷取机	1.4
装罐机	1.25	压砖机	2.5	除鳞机	1.6
搅拌机	1.4	泵类		薄板轧机	1.8
包装机	1.25	离心泵(稀油体)	1.25	中厚板轧机	2.5
甘蔗压榨机	1.6	离心泵(黏油体)	1.4	冷轧机	2.0
甘蔗切断机	1.6	往复式活塞泵	1.8	复带式牵引机	1.6
甘蔗粉碎机	1.8	柱塞泵	2.0	钢坯剪断机	2.5
甜菜切割机	1.6	泥浆泵	1.4	冷床	1.4
甜菜清洗机	1.6	真空泵	1.5	输送导辊	1.4
造纸机械		纺织机械		辊道(轻载)	1.5
多层纸板机	2.0	绕线机	1.6	辊道(重载)	2.0
上光滚筒	1.8	印花及烘干机	1.6	辊式矫直机	2.0
卷筒	1.8	精制桶	1.6	切边机	1.5
搅浆机	1.6	碾光机	1.6	切头机	2.0
压光机	1.6	切断机	1.6	活套升降机	1.5
湿纸滚压机	1.8	织布机	1.6	轧辊调整装置	1.5
纸浆切碎机	1.8	压缩机		机架辊	3.0
搅拌机	1.8	往复机压缩机	2.0	初轧机	3.0
吸水滚压机	1.6	涡轮式压缩机	1.6	中厚板轧机(可逆式)	3.0
吸水辊	1.8	轧制设备			
干燥滚筒	2.0	板材剪断机	2.0		

③ 转速与角向补偿量的变化对传递转矩的影响，即

$$T_c \leqslant K_1 T_n \tag{7-2-4}$$

式中　K_1——转矩修正系数，见图 7-2-3。

转速系数 K_n 按下式计算。

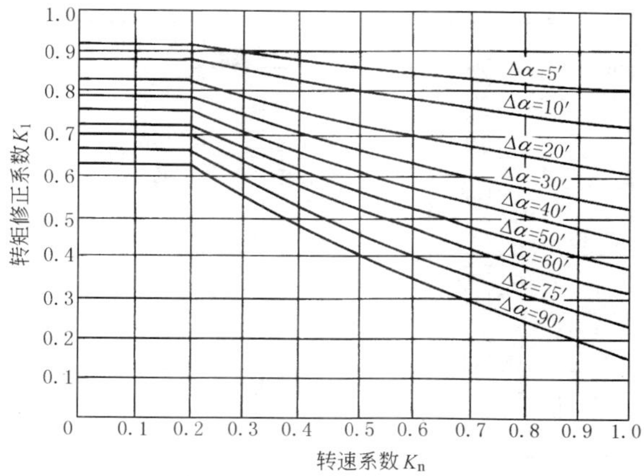

图 7-2-3　转矩修正系数

$$K_n = \frac{n}{[n]} \tag{7-2-5}$$

式中　K_n——转速系数；

n——工作转速，r/min；

$[n]$——许用转速，r/min，见表 7-2-10～表 7-2-14。

④ 计算齿轮联轴器的连接轴时，应当考虑到在啮合中由于摩擦所产生的在轴上引起的附加弯曲力矩。附加弯曲力矩约等于 $0.1T_{max}$，并作用在通过轴线的平面。T_{max} 为长期作用在联轴器上的最大转矩（单位为 N·m）。

3.4　TGL 鼓形齿式联轴器（摘自 JB/T 5514—2007）

内齿圈的材料采用 MC 尼龙，具有一定的缓冲减振能力，多用于中小转矩。工作环境温度为-20～80℃。

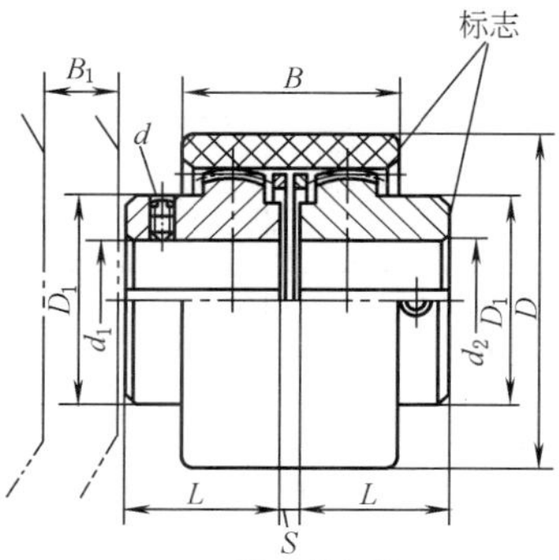

A型 一基本型

标记示例：TGLA4 联轴点

主动端：J_1 型轴孔，A 型键槽，d_1=20mm，L=38mm

从动端：J_1 型轴孔，A 型键槽，d_2=28mm，L=44mm。标记为：

TGLA4 联轴器 $\frac{J_1 20\times28}{J_1 28\times44}$　JB/T 5514—1991

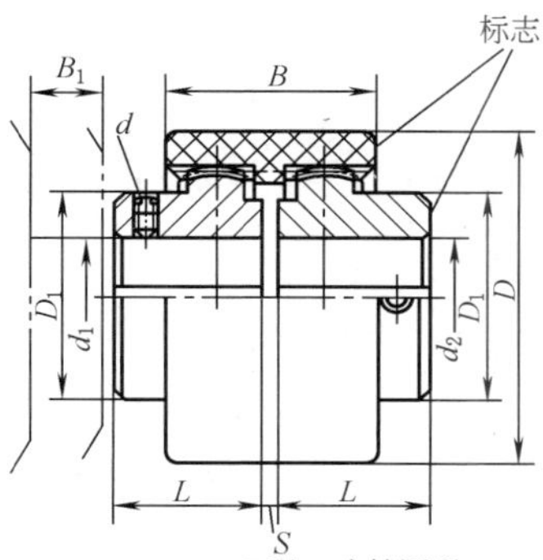

B型 一内挡圈型

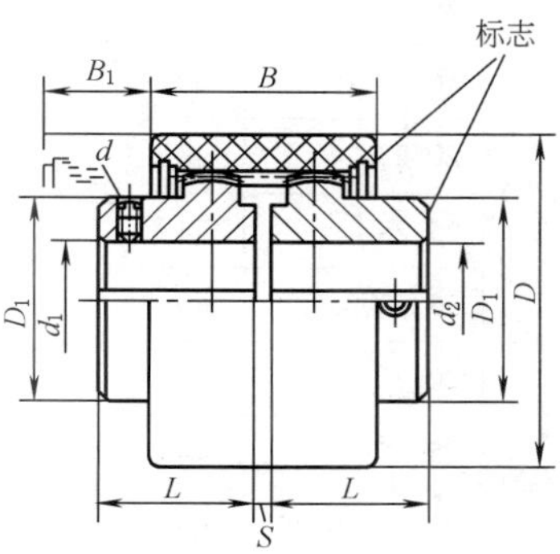

C型 一外挡圈型

表 7-2-18　　基本参数和主要尺寸

型号	公称转矩 T_n /N·m	许用转速 n_p /r·min^{-1}	轴孔直径 d_1、d_2 /mm	轴孔长度 L J_1型 /mm	D/mm A型 B型	D/mm C型	D_1 /mm	B/mm A型 B型	B/mm C型	B_1/mm A型 B型	B_1/mm C型	S /mm	d /mm	质量/kg A型 B型	质量/kg C型	转动惯量 /kg·m^2 A型 B型	转动惯量 /kg·m^2 C型
TGLA1 TGLB1	10	10000	6、7	16	40	—	25	38	—	17	—	4	—	0.2	—	0.00003	—
			8、9	20									M5				
			10、11	22													
			12、14	27													
TGLA2 TGLB2	16	9000	8、9	20	48	—	32	38	—	17	—	4	M5	0.278	—	0.00006	—
			10、11	22													
			12、14	27													
			16、18、19	30													
TGLA3 TGLB3 TGLC3	31.5	8500	10、11	22	56	58	36	42	52	19	—	4	M5	0.482	0.533	0.00012	0.00015
			12、14	27							24						
			16、18、19	30													
			20、22、24	38													
TGLA4 TGLB4 TGLC4	45	8000	12、14	27	66	70	45	46	—	21	26	4	M8	0.815	0.869	0.00033	0.0004
			16、18、19	30					56								
			20、22、24	38													
			25、28	44													
TGLA5 TGLB5 TGLC5	63	7500	14	27	75	85	50	48	—	22	27	4	M8	1.39	1.52	0.00072	0.00088
			16、18、19	30					58								
			20、22、24	38													
			25、28	44													
			30、32	60													
TGLA6 TGLB6 TGLC6	80	6700	16、18、19	30	82	90	58	48	58	22	27	4	M8	2.02	2.15	0.0012	0.0015
			20、22、24	38													
			25、28	44													
			30、32、35、38	60													
TGLA7 TGLB7 TGLC7	100	6000	20、22、24	38	92	100	65	50	60	23	28	4	M8	3.01	3.14	0.0024	0.0027
			25、28	44													
			30、32、35、38	60													
			40、42	84													

续表

型号	公称转矩 T_n /N·m	许用转速 n_p /r·min^{-1}	轴孔直径 d_1、d_2 /mm	轴孔长度 L J_1型 /mm	D/mm		D_1 /mm	B/mm		B_1/mm		S /mm	d /mm	质量/kg		转动惯量 /kg·m^2	
					A型 B型	C型		A型 B型	C型	A型 B型	C型			A型 B型	C型	A型 B型	C型
TGLA8 TGLB8 TGLC8	140	5600	22、24	38	100	100	72	50	60	23	28	4	M8	4.06	4.18	0.0037	0.0039
			25、28	44													
			30、32、35、38	60													
			40、42、45、48	84													
TGLA9 TGLB9 TGLC9	355	4000	25、28	44	140	140	96	72	85	34	41	4	M10	8.25	8.51	0.0155	0.0166
			30、32、35、38	60													
			40、42、45、48、50、55、56	84													
			60、63、65、70	107													
TGLA10 TGLB10 TGLC10	710	3150	30、32、35、38	60	175	175	128	95	95	45	45	6	M10	16.92	17.1	0.052	0.0535
			40、42、45、48、50、55、56	84													
			60、63、65、70、71、75	107													
			80、85	132													
TGLA11 TGLB11 TGLC11	1250	3000	40、42、45、48、50、55、56	84	210	210	165	102	102	48	48	8	M10	34.26	34.56	0.1624	0.165
			60、63、65、70、71、75	107													
			80、85、90、95	132													
			100、110	167													
TGLA12 TGLB12 TGLC12	2500	2120	50、55、56	84	270	270	192	135	135	63	63	10	M16	66.42	66.86	0.4674	0.4731
			60、63、65、70、71、75	107													
			80、85、90、95	132													
			100、110、120、125	167													

注：1. 瞬时过载转矩不得大于公称转矩的2倍。
2. 质量和转动惯量是各型号中最大值的近似计算值。
3. B_1 是保证原动机或工作机安装所必需的最小尺寸。
4. 推荐TGL10~TGL12采用B型。
5. J_1 型轴孔在GB/T 3852（联轴器轴孔和连接型式与尺寸）中取消。
6. 生产厂家为北京古德高机电技术有限公司。

3.5 滚子链联轴器（摘自 GB/T 6069—2002）

GL 型滚子链联轴器结构简单、紧凑，质量轻，装拆方便（不用移动被连接的两轴），因采用双排滚子链可获得一定的偏移补偿量。由于链条与链轮齿间有间隙，不宜用于正、反频繁启动运转和立轴传动的场合。

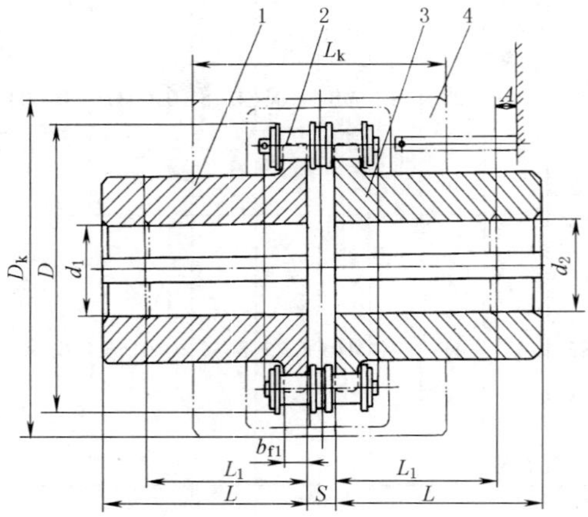

标记示例：

例 1 GL7 型滚子链联轴器

主动端：J_1 型孔，B 型键槽 $d_1=45\text{mm}$，$L_1=84\text{mm}$

从动端：J_1 型孔，B_1 型键槽 $d_2=50\text{mm}$，$L_1=84\text{mm}$。标记为：

$$\text{GL7 联轴器}\frac{J_1B45\times84}{J_1B_150\times84}\quad \text{GB/T 6069—2002}$$

例 2 GL3 型滚子链联轴器

主动端：J_1 型孔，A 型键槽 $d_1=25\text{mm}$，$L_1=44\text{mm}$

从动端：J_1 型孔，A 型键槽 $d_2=25\text{mm}$，$L_1=44\text{mm}$。标记为：

GL3F 联轴器 $J_1 25\times44$ GB/T 6069—2002

件号	名 称	件号	名 称
1	半联轴器	3	半联轴器
2	双排滚子链（GB/T 1243）	4	罩壳

表 7-2-19 **基本参数和主要尺寸**

型号	公称转矩 T_n	许用转速 n_p 不装罩壳	许用转速 n_p 安装罩壳	轴孔直径 d_1、d_2	轴孔长度 Y型 L	轴孔长度 J型 L_1	链号	链条节距 p	齿数 z	D	b_{f1}	S	A	D_k max	L_k max	转动惯量	总质量
	N·m	r·min^{-1}		mm				mm		mm						kg·m^2	kg
GL1	40	1400	4500	16、18、19	42	—	06B	9.525	14	51.06	5.3	4.9	—	70		0.00010	0.40
				20	52	38							4				
GL2	63	1250		19	42	—			16	57.08			—	75		0.00020	0.70
				20、22、24	52	38							4				
GL3	100	1000	4000				08B	12.7	14	68.88	7.2	6.7	12	85	80	0.00038	1.1
				25	62	44							6				
GL4	160			24	52	—			16	76.91			—	95	88	0.00086	1.8
				25、28	62	44							6				
				30、32	82	60							—				

续表

<table>
<tr><th rowspan="3">型号</th><th rowspan="2">公称转矩 T_n</th><th colspan="2">许用转速 n_p</th><th rowspan="2">轴孔直径 d_1、d_2</th><th colspan="2">轴孔长度</th><th rowspan="3">链号</th><th rowspan="2">链条节距 p</th><th rowspan="3">齿数 z</th><th rowspan="2">D</th><th rowspan="2">b_{f1}</th><th rowspan="2">S</th><th rowspan="2">A</th><th rowspan="2">D_k max</th><th rowspan="2">L_k max</th><th rowspan="2">转动惯量</th><th rowspan="2">总质量</th></tr>
<tr><th>不装罩壳</th><th>安装罩壳</th><th>Y 型 L</th><th>J_1型 L_1</th></tr>
<tr><th>N·m</th><th colspan="2">$r \cdot min^{-1}$</th><th colspan="3">mm</th><th>mm</th><th colspan="6">mm</th><th>$kg \cdot m^2$</th><th>kg</th></tr>
<tr><td rowspan="3">GL5</td><td rowspan="3">250</td><td rowspan="3">800</td><td rowspan="3">3150</td><td>28</td><td>62</td><td>—</td><td rowspan="5">10A</td><td rowspan="5">15.875</td><td rowspan="3">16</td><td rowspan="3">94.46</td><td rowspan="5">8.9</td><td rowspan="5">9.2</td><td rowspan="7">—</td><td rowspan="3">112</td><td rowspan="3">100</td><td rowspan="3">0.0025</td><td rowspan="3">3.2</td></tr>
<tr><td>30、32、35、38</td><td>82</td><td>60</td></tr>
<tr><td>40</td><td>112</td><td>84</td></tr>
<tr><td rowspan="2">GL6</td><td rowspan="2">400</td><td rowspan="4">630</td><td rowspan="4">2500</td><td>32、35、38</td><td>82</td><td>60</td><td rowspan="2">20</td><td rowspan="2">116.57</td><td rowspan="2">140</td><td rowspan="2">105</td><td rowspan="2">0.0058</td><td rowspan="2">5.0</td></tr>
<tr><td>40、42、45、48、50</td><td rowspan="2">112</td><td rowspan="2">84</td></tr>
<tr><td rowspan="2">GL7</td><td rowspan="2">630</td><td>40、42、45、48、50、55</td><td rowspan="2">12A</td><td rowspan="2">19.05</td><td rowspan="2">18</td><td rowspan="2">127.78</td><td rowspan="2">11.9</td><td rowspan="2">10.9</td><td rowspan="2">150</td><td rowspan="2">122</td><td rowspan="2">0.012</td><td rowspan="2">7.4</td></tr>
<tr><td>60</td><td>142</td><td>107</td></tr>
<tr><td rowspan="2">GL8</td><td rowspan="2">1000</td><td rowspan="2">500</td><td rowspan="2">2240</td><td>45、48、50、55</td><td>112</td><td>84</td><td rowspan="5">16A</td><td rowspan="5">25.40</td><td rowspan="2">16</td><td rowspan="2">154.33</td><td rowspan="5">15.0</td><td rowspan="5">14.3</td><td>12</td><td rowspan="2">180</td><td rowspan="2">135</td><td rowspan="2">0.025</td><td rowspan="2">11.1</td></tr>
<tr><td>60、65、70</td><td>142</td><td>107</td><td>—</td></tr>
<tr><td rowspan="3">GL9</td><td rowspan="3">1600</td><td rowspan="3">400</td><td rowspan="3">2000</td><td>50、55</td><td>112</td><td>84</td><td rowspan="3">20</td><td rowspan="3">186.50</td><td>12</td><td rowspan="3">215</td><td rowspan="3">145</td><td rowspan="3">0.061</td><td rowspan="3">20.0</td></tr>
<tr><td>60、65、70、75</td><td>142</td><td>107</td><td rowspan="2">—</td></tr>
<tr><td>80</td><td>172</td><td>132</td></tr>
<tr><td rowspan="2">GL10</td><td rowspan="2">2500</td><td rowspan="2">315</td><td rowspan="2">1600</td><td>60、65、70、75</td><td>142</td><td>107</td><td rowspan="2">20A</td><td rowspan="2">31.75</td><td rowspan="2">18</td><td rowspan="2">213.02</td><td rowspan="2">18.0</td><td rowspan="2">17.8</td><td>6</td><td rowspan="2">245</td><td rowspan="2">165</td><td rowspan="2">0.079</td><td rowspan="2">26.1</td></tr>
<tr><td>80、85、90</td><td>172</td><td>132</td><td>—</td></tr>
<tr><td rowspan="3">GL11</td><td rowspan="3">4000</td><td rowspan="3">250</td><td rowspan="3">1500</td><td>75</td><td>142</td><td>107</td><td rowspan="3">24A</td><td rowspan="3">38.1</td><td rowspan="3">16</td><td rowspan="3">231.49</td><td rowspan="3">24.0</td><td rowspan="3">21.5</td><td>35</td><td rowspan="3">270</td><td rowspan="3">195</td><td rowspan="3">0.188</td><td rowspan="3">39.2</td></tr>
<tr><td>80、85、90、95</td><td>172</td><td>132</td><td rowspan="2">10</td></tr>
<tr><td>100</td><td>212</td><td>167</td></tr>
<tr><td rowspan="2">GL12</td><td rowspan="2">6300</td><td rowspan="2">250</td><td rowspan="2">1250</td><td>85、90、95</td><td>172</td><td>132</td><td rowspan="2">28A</td><td rowspan="2">44.45</td><td rowspan="2">16</td><td rowspan="2">270.08</td><td rowspan="2">24.0</td><td rowspan="2">24.9</td><td>20</td><td rowspan="2">310</td><td rowspan="2">205</td><td rowspan="2">0.380</td><td rowspan="2">59.4</td></tr>
<tr><td>100、110、120</td><td rowspan="2">212</td><td rowspan="2">167</td><td>—</td></tr>
<tr><td rowspan="2">GL13</td><td rowspan="2">10000</td><td rowspan="5">200</td><td rowspan="2">1120</td><td>100、110、120、125</td><td rowspan="5">32A</td><td rowspan="5">50.8</td><td rowspan="2">18</td><td rowspan="2">340.80</td><td rowspan="5">30.0</td><td rowspan="5">28.6</td><td>14</td><td rowspan="2">380</td><td rowspan="2">230</td><td rowspan="2">0.869</td><td rowspan="2">86.5</td></tr>
<tr><td>130、140</td><td>252</td><td>202</td><td>—</td></tr>
<tr><td rowspan="3">GL14</td><td rowspan="3">16000</td><td rowspan="3">1000</td><td>120、125</td><td>212</td><td>167</td><td rowspan="3">22</td><td rowspan="3">405.22</td><td>14</td><td rowspan="3">450</td><td rowspan="3">250</td><td rowspan="3">2.06</td><td rowspan="3">150.8</td></tr>
<tr><td>130、140、150</td><td>252</td><td>202</td><td rowspan="2">—</td></tr>
<tr><td>160</td><td>302</td><td>242</td></tr>
</table>

续表

型号	公称转矩 T_n	许用转速 n_p 不装罩壳	许用转速 n_p 安装罩壳	轴孔直径 d_1、d_2	轴孔长度 Y型 L	轴孔长度 J_1型 L_1	链号	链条节距 p	齿数 z	D	b_{f1}	S	A	D_k max	L_k max	转动惯量	总质量
	N·m	r·min^{-1}		mm				mm		mm						kg·m^2	kg
GL15	25000	200	900	140、150	252	202	40A	63.5	20	466.25	36.0	35.6	18	510	285	4.37	234.4
				160、170、180	302	242							—				
				190	352	282											

注：1. 联轴器轴孔和键槽型式及尺寸应符合表 7-2-4 的规定，轴孔与轴配合见表 7-2-5。

2. 润滑对联轴器的性能有重大影响，无论有无罩壳，均应保证必要的润滑脂。

3. 联轴器的质量和转动惯量为近似值。

4. 有罩壳时，在型号后加“F”，如 GL5F。

5. 联轴器选用计算见本章第 2 节。

6. 联轴器的许用补偿量见下表。

项目		GL1、GL2	GL3、GL4	GL5、GL6	GL7	GL8、GL9	GL10	GL11	GL12	GL13、GL14	GL15
轴向 Δx	/mm	1.40	1.90	2.30	2.80	3.80	4.70	5.70	6.60	7.60	9.50
径向 Δy	/mm	0.19	0.25	0.32	0.38	0.50	0.63	0.76	0.88	1.0	1.27
角向 $\Delta\alpha$		1°									
说明		1. 径向补偿量的测量部位在半联轴器轮毂外圆宽度的 1/2 处 2. 联轴器使用时，被连接两轴的相对偏移量，不得大于表中规定的许用补偿量									

7. J_1 型轴孔在 GB/T 3852（联轴器轴孔和连接型式与尺寸）中已取消。

8. 生产厂家为北京古德高机电技术有限公司、河北省冀州市联轴器厂、浙江诸暨链条总厂。

3.6 十字轴式万向联轴器

万向联轴器可以传递两轴不在同一轴线上、两轴线存在较大夹角的情况。它能实现两轴连续回转，传递转矩可靠，结构紧凑，传动效率高。当两轴线不在同一直线时，为消除单万向联轴器转速周期性波动，保证主、从动端的同步性，一般采用双联型式。

3.6.1 **SWC 型整体叉头十字轴式万向联轴器**（摘自 JB/T 5513—2006）

SWC 整体叉头十字轴式联轴器为整体叉头结构，不需螺栓固定十字轴的轴承，不会出现螺栓松动、断裂的现象，便于维护并提高可靠度。其许用轴线折角 $\beta_p \leqslant 15° \sim 25°$。

BH、WH 型联轴器

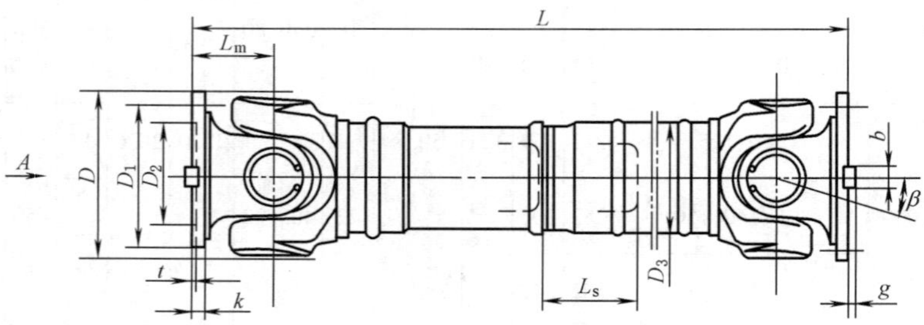

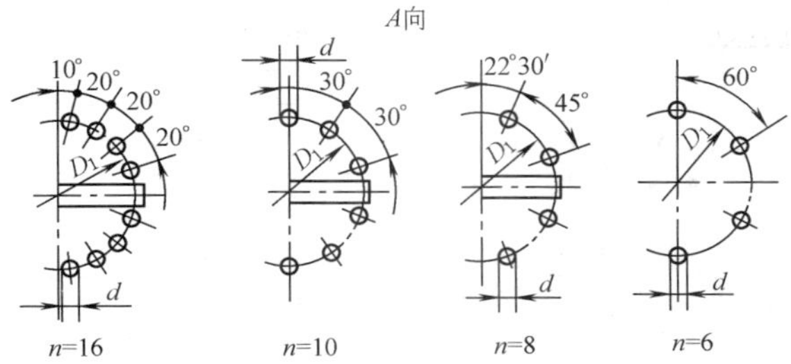

BH 型—标准伸缩焊接式

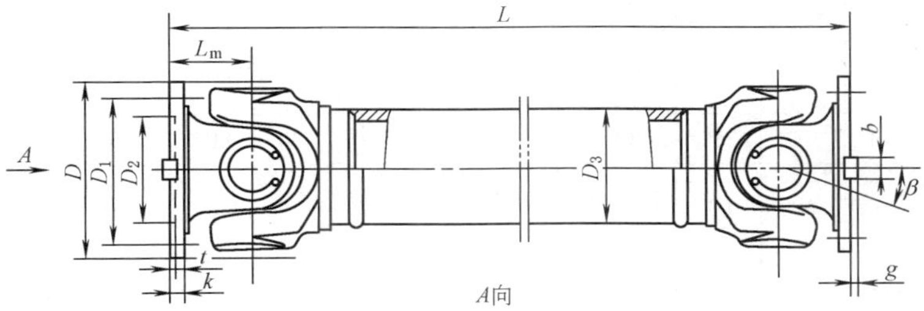

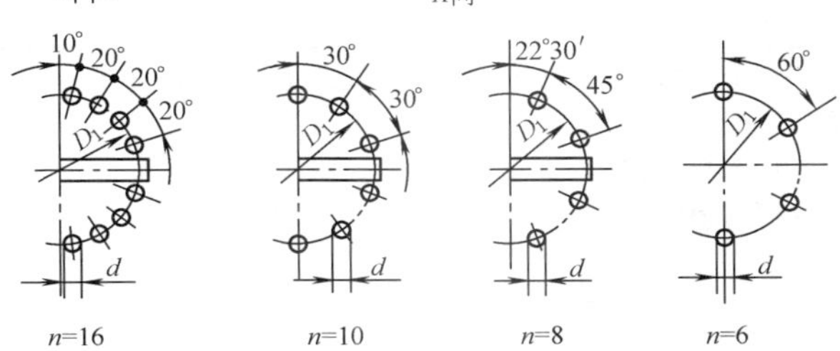

WH 型—无伸缩焊接式

标记示例:

例 SWC 315BH 型标准伸缩焊接式万向联轴器，回转直径 $D=315$mm，长度 $L=2500$mm，标记为：

SWC 315BH×2500 联轴器 JB/T 5513—2006

表 7-2-20 **基本参数和主要尺寸**

类型	项目		型号													
			SWC 100□	SWC 120□	SWC 150□	SWC 180□	SWC 200□	SWC 225□	SWC 250□	SWC 285□	SWC 315□	SWC 350□	SWC 390□	SWC 440□	SWC 490□	SWC 550□
BH WH	回转直径 D	mm	100	120	150	180	200	225	250	285	315	350	390	440	490	550
	公称转矩 T_n	kN·m	2.5	5	10	22.4	36	56	80	120	160	250	320	500	700	1000
	疲劳转矩 T_f	kN·m	1.25	2.5	5	11.2	18	28	40	58	80	110	160	250	350	500
	轴承寿命系数 K_L	kN·m	5.795×10^{-4}	4.641×10^{-3}	0.51×10^{-1}	0.245	1.115	7.812	2.82×10	8.28×10	2.79×10^2	7.44×10^2	1.86×10^3	8.25×10^3	2.154×10^4	6.335×10^4
	轴线折角 β	(°)	≤25	≤25	≤25	≤15	≤15	≤15	≤15	≤15	≤15	≤15	≤15	≤15	≤15	≤15
	D_1(js11)	mm	84	102	130	155	170	196	218	245	280	310	345	390	435	492
	D_2(H7)	mm	57	75	90	105	120	135	150	170	185	210	235	255	275	320
	D_3	mm	60	70	89	114	133	152	168	194	219	267	267	325	325	426
	L_m	mm	55	65	80	110	115	120	140	160	180	194	215	260	270	305
	$n\times d$	mm	6×9	8×11	8×13	8×17	8×17	8×17	8×19	8×21	10×23	10×23	10×25	16×28	16×31	16×31
	k	mm	7	8	10	17	17	20	25	27	32	35	40	42	47	50
	t	mm	2.5	2.5	3.0	5.0	5	5.0	6.0	7.0	8.0	8.0	8.0	10.0	12.0	12.0
	b(h9)	mm	—	—	—	24	28	32	40	40	40	50	70	80	90	100
	g	mm	—	—	—	7	8	9	12.5	15	15	16	18	20	22.5	22.5
	转动惯量，增长 100mm	$kg\cdot m^2$	0.00019	0.00044	0.00157	0.007	0.013	0.0234	0.0277	0.051	0.0795	0.146	0.2219	0.4744	0.690	1.357
	质量，增长 100mm	kg	0.35	0.55	0.85	2.8	3.7	4.9	5.3	6.3	8.0	11.5	15.0	21.7	27.3	34.0

续表

类型	项目		型号													
			SWC 100□	SWC 120□	SWC 150□	SWC 180□	SWC 200□	SWC 225□	SWC 250□	SWC 285□	SWC 315□	SWC 350□	SWC 390□	SWC 440□	SWC 490□	SWC 550□
BH	伸缩量 L_s	mm	55	80	80	100	110	140	140	140	140	150	170	190	190	240
	L_{min}	mm	390	485	590	810	860	920	1035	1190	1315	1410	1590	1875	1985	2300
	L_{min}的转动惯量	kg·m²	0.0044	0.0109	0.0423	0.175	0.314	0.538	0.966	2.011	3.605	5.316	12.164	21.42	32.86	68.92
	L_{min}的质量	kg	6.1	10.8	24.5	70	98	122	172	263	382	532	738	1190	1542	2380
WH	L_{min}	mm	243	307	350	480	500	520	620	720	805	875	955	1155	1205	1355
	L_{min}的转动惯量	kg·m²	0.0039	0.0096	0.0371	0.15	0.246	0.365	0.847	1.756	2.893	4.814	8.406	15.79	27.78	48.32
	L_{min}的质量	kg	4.5	7.7	18	48	72	78	124	185	262	349	506	790	1104	1526

注：1. T_f——在交变载荷下按疲劳强度所允许的转矩；L——安装长度，按需要确定。

2. BH型的L_{min}为缩短后的最小长度。

3. □——表示BH、WH任意一种类型。

4. 生产厂家为四川德阳市立达基础件有限公司、沈阳三环机械厂、无锡市万向联轴器有限公司。

BF、WF、WD型联轴器

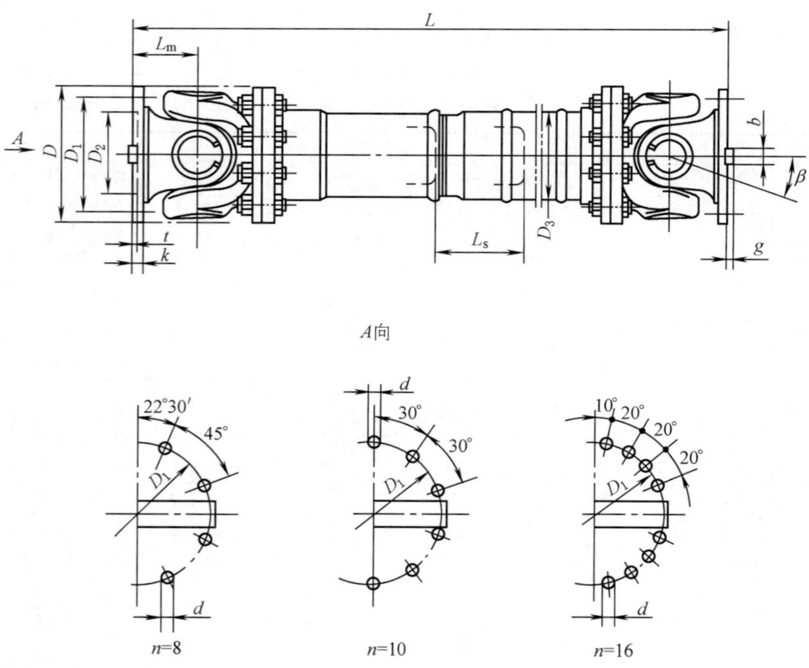

BF型一标准伸缩法兰式

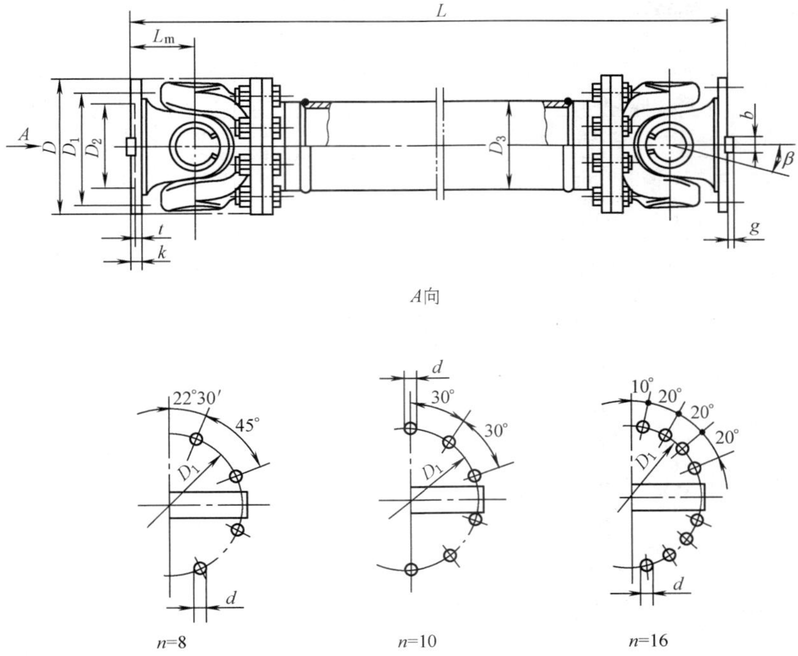

WF型—无伸缩法兰式

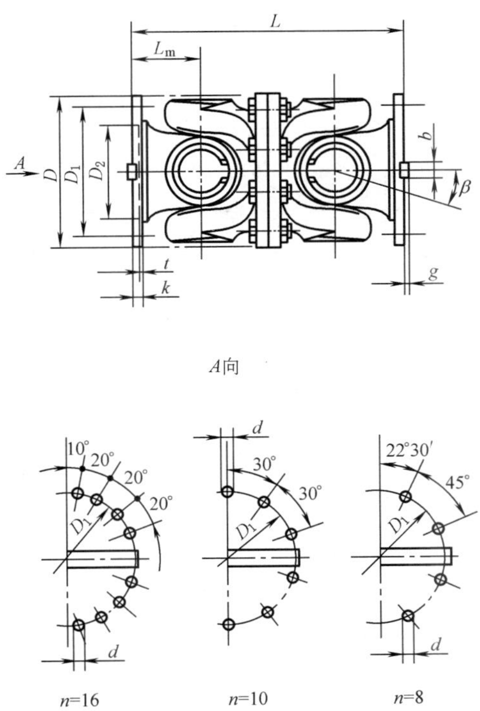

WD 型—无伸缩短式

标记示例：

例 1 SWC 440 WF 型无伸缩法兰式万向联轴器，回转直径 D = 440mm 长度 L = 3200mm，标记为：

SWC 440 WF×3200 联轴器 JB/T 5513—2006

例 2 SWC 350 WD 型无伸缩短式万向联轴器，回转直径 D = 350mm，标记为：

SWC 350 WD 联轴器 JB/T 5513—2006

表 7-2-21　　基本参数和主要尺寸

类型	项目		型号										
			SWC 180□	SWC 200□	SWC 225□	SWC 250□	SWC 285□	SWC 315□	SWC 350□	SWC 390□	SWC 440□	SWC 490□	SWC 550□
BF WF WD	回转直径 D	mm	180	200	225	250	285	315	350	390	440	490	550
	公称转矩 T_n	kN·m	22.4	36	56	80	120	160	225	320	500	700	1000
	疲劳转矩 T_f	kN·m	11.2	18	28	40	58	80	110	160	250	350	500
	轴承寿命系数 K_L		0.245	1.115	7.812	2.82×10	8.28×10	2.79×10^2	7.44×10^2	1.86×10^3	8.25×10^3	2.154×10^4	6.335×10^4
	轴线折角 β	(°)	≤15	≤15	≤15	≤15	≤15	≤15	≤15	≤15	≤15	≤15	≤15
	D_1(js11)	mm	155	170	196	218	245	280	310	345	390	435	492
	D_2(H7)	mm	105	120	135	150	170	185	210	235	255	275	320
	L_m	mm	110	115	120	140	160	180	194	215	260	270	305
	$n\times d$	mm	8×17	8×17	8×17	8×19	8×21	10×23	10×23	10×25	16×28	16×31	16×31
	k	mm	17	17	20	25	27	32	35	40	42	47	50
	t	mm	5	5	5	6	7	8	8	8	10	12	12
	b(h9)	mm	24	28	32	40	40	40	50	70	80	90	100
	g	mm	7	8	9.0	12.5	15.0	15.0	16.0	18.0	20.0	22.5	22.5
BF WF	D_3	mm	114	133	152	168	194	219	245	267	325	351	426
	转动惯量，增长100mm	kg·m²	0.007	0.013	0.0234	0.0277	0.051	0.0795	0.146	0.2219	0.4744	0.690	1.357
	质量，增长100mm	kg	2.8	3.7	4.9	5.3	6.3	8.0	11.5	15.0	21.7	27.3	34.0
BF	伸缩量 L_s	mm	100	110	140	140	140	140	150	170	190	190	240
	L_{min}	mm	840	860	920	1035	1190	1315	1440	1590	1875	1985	2300
	L_{min}的转动惯量	kg·m²	0.267	0.505	0.788	1.445	2.873	5.094	7.476	16.62	28.24	48.43	86.98
	L_{min}的质量	kg	80	109	138	196	295	428	582	817	1290	1721	2567
WF	L_{min}	mm	560	585	610	715	810	915	980	1100	1290	1360	1510
	L_{min}的转动惯量	kg·m²	0.248	0.316	0.636	1.352	2.664	4.469	7.189	13.184	23.25	41.89	68.48
	L_{min}的质量	kg	58	82	93	143	220	300	387	588	880	1263	1663
WD	L	mm	440	460	480	560	640	720	776	860	1040	1080	1220
	转动惯量	kg·m²	0.145	0.261	0.355	0.831	1.715	2.820	4.791	8.229	15.32	25.74	46.78
	质量	kg	52	76	82	127	189	270	370	524	798	1055	1524

注：1. 见表 7-2-20 的注 1 和 4。

2. □表示 BF、WF、WD 任意一种类型。

3. BF 型的 L_{min} 为缩短后的最小长度。

4. BF、WF 型的安装长度 L，按需要确定。

5. 标准附录中尚有大规格的万向联轴器，可见原标准。

DH 型联轴器

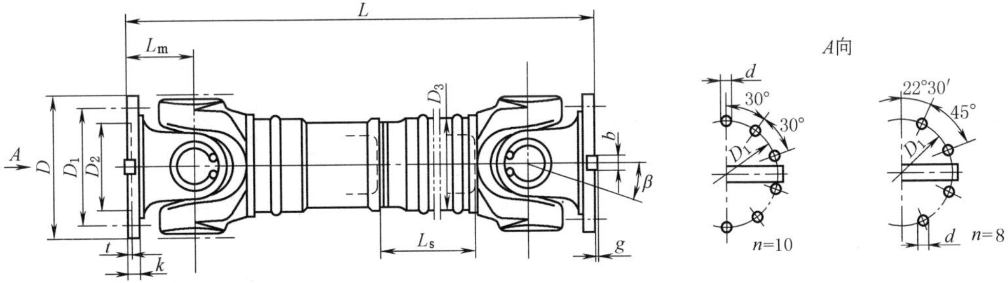

DH 型—短伸缩焊接式

表 7-2-22

基本参数和主要尺寸

型号	回转直径 D	公称转矩 T_n	疲劳转矩 T_f	轴承寿命系数 K_L	轴线折角 β	伸缩量 L_s	L_{min}	D_1 (js11)	D_2 (H7)	D_3	L_m	$n\times d$	k	t	b (h9)	g	转动惯量 L_{min}	转动惯量 增长100mm	质量 L_{min}	质量 增长100mm
	mm	kN·m			(°)	mm											$kg\cdot m^2$		kg	
SWC 180 DH 1	180	22.4	11.2	0.245	≤15	55	600	155	105	114	110	8×17	17	5	24	7	0.162	0.0070	56	2.8
SWC 180 DH 2						105	650										0.165		58	
SWC 200 DH 1	200	36	18	1.115	≤15	60	620	170	120	133	115	8×17	17	5	28	8	0.261	0.013	74	3.7
SWC 200 DH 2						120	680										0.276		76	
SWC 225 DH 1	225	56	28	7.812	≤15	70	640	196	135	152	120	8×17	20	5	32	9	0.397	0.0234	92	4.9
SWC 225 DH 2						140	710										0.415		95	
SWC 250 DH 1	250	80	40	2.82×10	≤15	70	735	218	150	168	140	8×19	25	6	40	12.5	0.885	0.0277	136	5.3
SWC 250 DH 2						130	795										0.9		148	
SWC 285 DH 1	285	120	58	8.28×10	≤15	80	880	245	170	194	160	8×23	27	7	40	15	1.801	0.0510	221	6.3
SWC 285 DH 2						150	950										1.876		229	
SWC 315 DH 1	315	160	80	2.79×10^2	≤15	90	980	280	185	219	180	10×23	32	8	40	15	3.163	0.0795	334	8.0
SWC 315 DH 2						180	1070										3.331		346	
SWC 350 DH 1	350	225	110	7.44×10^2	≤15	90	1070	310	210	245	194	10×23	35	8	50	16	5.330	0.146	452	11.5
SWC 350 DH 2						190	1170										5.721		475	
SWC 390 DH 1	390	320	160	1.86×10^3	≤15	90	1200	345	235	267	215	10×25	40	8	70	18	10.76	0.2219	600	15.0
SWC 390 DH 2						190	1300										11.13		655	

注：1. 见表 7-2-20 的注 1 和 4。

2. L_{min}—缩短后的最小长度。

CH 型联轴器

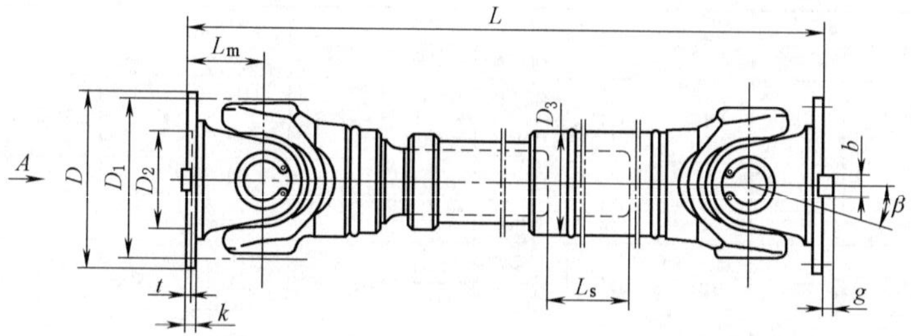

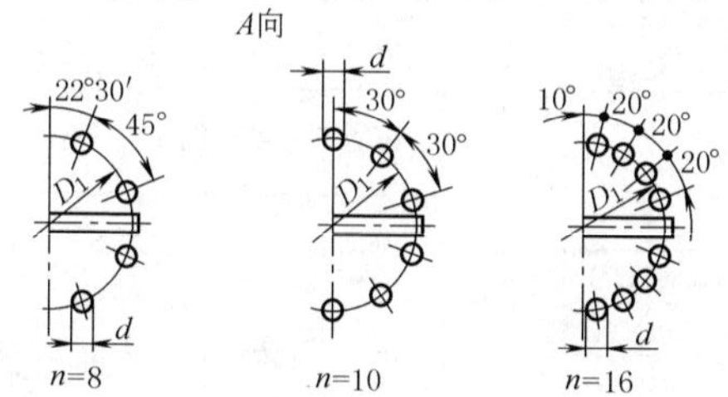

表 7-2-23

CH 型—长伸缩焊接式

基本参数和主要尺寸

型号	回转直径 D	公称转矩 T_n	疲劳转矩 T_f	轴承寿命系数 K_L	轴线折角 β	伸缩量 L_s	L_{min}	D_1 (js11)	D_2 (H7)	D_3	L_m	$n \times d$	k	t	b (h9)	g	转动惯量 L_{min}	转动惯量 增长100mm	质量 L_{min}	质量 增长100mm
	mm	kN·m			(°)	mm											kg·m²		kg	
SWC 180 CH 1	180	22.4	11.2	0.245	≤15	200	925	155	105	114	110	8×17	17	5	24	7	0.181	0.0070	74	2.8
SWC 180 CH 2						700	1425										0.216		104	
SWC 200 CH 1	200	36	18	1.115	≤15	200	975	170	120	133	115	8×17	17	5	38	8	0.328	0.013	99	3.7
SWC 200 CH 2						700	1465										0.402		139	
SWC 225 CH 1	225	56	28	7.812	≤15	220	1020	196	135	152	120	8×17	20	5	32	9	0.561	0.0234	132	4.9
SWC 225 CH 2						700	1500										0.674		182	
SWC 250 CH 1	250	80	40	2.82×10	≤15	300	1215	218	150	168	140	8×19	25	6	40	12.5	1.016	0.0277	190	5.3
SWC 250 CH 2						700	1615										1.127		235	
SWC 285 CH 1	285	120	58	8.28×10	≤15	400	1475	245	170	194	160	8×21	27	7	40	15	2.156	0.0510	300	6.3
SWC 285 CH 2						800	1875										2.360		358	
SWC 315 CH 1	315	160	80	2.79×10^2	≤15	400	1600	280	185	219	180	10×23	32	8	40	15	3.812	0.0795	434	8.0
SWC 315 CH 2						800	2000										4.150		514	
SWC 350 CH 1	350	225	110	7.44×10^2	≤15	400	1715	310	210	245	194	10×23	35	8	50	16	5.926	0.146	622	11.5
SWC 350 CH 2						800	2115										6.814		773	
SWC 390 CH 1	390	320	160	1.86×10^3	≤15	400	1845	345	235	267	215	10×25	40	8	70	18	12.730	0.2219	817	15.0
SWC 390 CH 2						800	2245										13.617		964	
SWC 440 CH 1	440	500	250	8.25×10^3	≤15	400	2110	390	255	325	260	16×28	42	10	80	20	22.540	0.4744	1312	21.7
SWC 440 CH 2						800	2510										24.430		1537	
SWC 490 CH 1	490	700	350	2.154×10^4	≤15	400	2220	435	275	351	270	16×31	47	12	90	22.5	35.21	0.690	1554	
SWC 490 CH 2						800	2620										37.11		1779	
SWC 550 CH 1	550	1000	500	6.335×10^4	≤15	400	2585	492	320	426	305	16×31	50	12	100	22.5	72.790	1.3570	2585	34
SWC 550 CH 2						1000	3085										79.570		3045	

注：1. 见表 7-2-20 的注 1 和 4。

2. L_{min}—缩短后的最小长度。

SWC 型万向联轴器与相配件的连接尺寸及螺栓预紧力矩

万向联轴器通过高强度螺栓及螺母把两端的法兰连接在其他相配件上，其相配件的连接尺寸及螺栓预紧力矩按表 7-2-24 的规定。

连接螺栓从相配件的法兰侧装入，螺母由另一侧预紧，其螺栓的力学性能为 10.9 级；螺母的力学性能为 10 级。

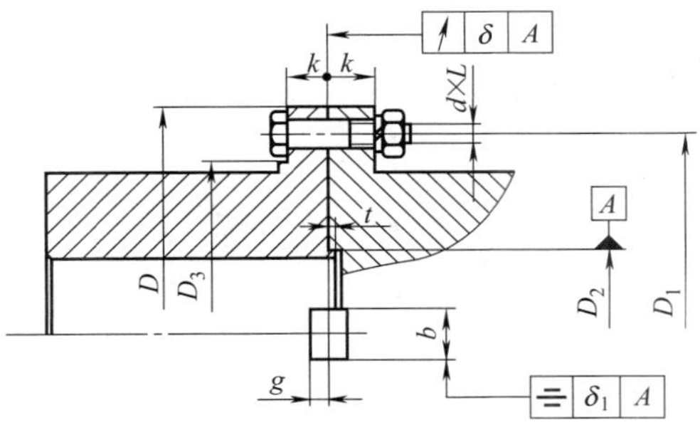

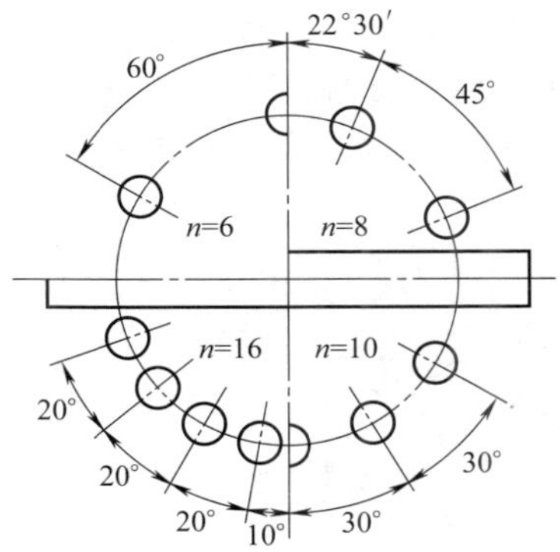

表 7-2-24

型号	回转直径 D	螺栓数 n	螺栓规格 $d\times L$	预紧力矩 T_a	D_1 (js11)	D_2 (f8)	D_3	k	b (js8)	g ($^{+0.5}_{0}$)	t	δ	δ_1
	mm		mm	N·m	mm								
SWC 100	100	6	M8×25	35	84	57	70.5	7	—	—	$2.3_{-0.2}^{0}$	0.04	—
SWC 120	120	8	M10×30	69	102	75	84.0	8	—	—	$2.3_{-0.2}^{0}$	0.04	—
SWC 150	150	8	M12×40	120	130	90	110.3	10	—	—	$2.5_{-0.2}^{0}$	0.05	—
SWC 180	180	8	M16×60	295	155	105	130.5	17	2.4	7.5	$4_{-0.2}^{0}$	0.05	0.025
SWC 200	200	8	M16×65	295	170	120	145	17	28	8.5	$4_{-0.2}^{0}$	0.05	0.025
SWC 225	225	8	M16×65	295	196	135	171	20	32	9.5	$4_{-0.2}^{0}$	0.05	0.03
SWC 250	250	8	M18×75	405	218	150	190	25	40	13.0	$5_{-0.2}^{0}$	0.05	0.03
SWC 285	285	8	M20×80	580	245	170	214	27	40	15.5	$6_{-0.5}^{0}$	0.06	0.03
SWC 315	315	10	M22×95	780	280	185	247	32	40	15.5	$7_{-0.5}^{0}$	0.06	0.03
SWC 350	350	10	M22×100	780	310	210	277	35	50	16.5	$7_{-0.5}^{0}$	0.06	0.03
SWC 390	390	10	M24×120	1000	345	235	308	40	70	18.5	$7_{-0.5}^{0}$	0.06	0.04
SWC 440	440	16	M27×120	1500	390	255	347	42	80	20.5	$9_{-0.5}^{0}$	0.06	0.04
SWC 490	490	16	M30×140	2000	435	275	387	47	90	23.0	$11_{-0.5}^{0}$	0.06	0.04
SWC 550	550	16	M30×140	2000	492	320	444	50	100	23.0	$11_{-0.5}^{0}$	0.08	0.04

SWC 型万向联轴器的布置与选用计算

（1）布置

整体叉头十字轴式万向联轴器由两个万向节和一根中间轴构成，如图 7-2-4 所示。为使主、从动轴的角速度相等，即 $\omega_1=\omega_2$，需满足下列三个条件：

① 中间轴与主、从动轴间的轴线折角相等，即 $\beta_1=\beta_2$；

② 中间轴两端的叉头位于同一相位；

③ 主、从动轴与中间轴三轴的中心线在同一平面内。

万向联轴器的安装型式按其轴线相互位置，一般为 Z 型（图 7-2-4a）和 W 型（图 7-2-4b）。

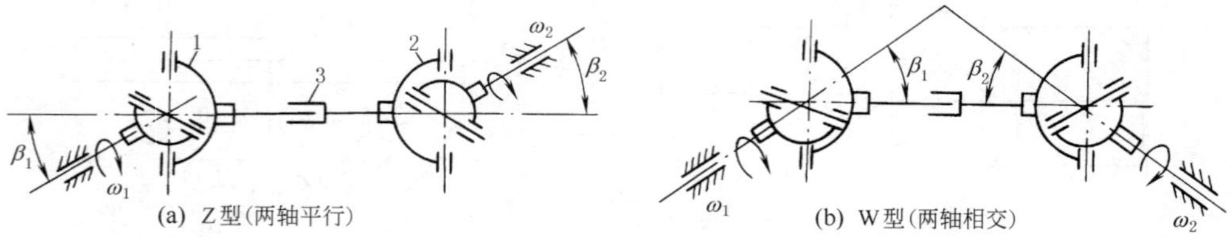

图 7-2-4

1,2—万向节；3—中间轴

（2）万向联轴器应根据载荷特性、计算转矩、轴承寿命及工作转速选用。

计算转矩由式（7-2-6）和式（7-2-7）求出

$$T_c=KT \tag{7-2-6}$$

$$T=9.55\frac{P_w}{n} \tag{7-2-7}$$

式中 T——理论转矩，kN · m；

T_c——计算转矩，kN · m；

P_w——驱动功率，kW；

n——工作转速，r/min；

K——工作情况系数，见表 7-2-25。

表 7-2-25　工作情况系数 K

载荷性质	设 备 名 称	K
轻冲击载荷	发电机、离心机、通风机、木工机械、带式输送机、造纸机	1.1~1.5
中冲击载荷	压缩机（多缸）、活塞泵（多柱塞）、小型型钢轧机、连续线材轧机、运输机械主传动	1.5~2.0
重冲击载荷	船舶驱动、运输辊道、连续管轧机、连续工作辊道、中型型钢轧机、压缩机（单缸）、活塞泵（单柱塞）、搅拌机、压力机、矫直机、起重机主传动、球磨机	2~3
特重冲击载荷	起重机辅助传动、破碎机、可逆工作辊道、卷取机、破鳞机、初轧机	3~5
极重冲击载荷	机架辊道、厚板剪切机	6~10

一般情况下按传递转矩和轴承寿命选择万向联轴器，也可根据机械设备的具体使用要求，只校核强度或轴承寿命。

a. 强度校核　按式（7-2-8）进行强度校核

$$T_c\leqslant T_n \quad 或 \quad T_c\leqslant T_f \quad 或 \quad T_c\leqslant T_p \tag{7-2-8}$$

式中 T_c——计算转矩，kN · m；

T_n——公称转矩见参数表，kN · m；

T_f——在交变载荷下按疲劳强度所允许的转矩见参数表，kN·m；

T_p——在脉动载荷下按疲劳强度所允许的转矩，$T_p=1.45T_f$，kN·m。

b. 轴承寿命校核　按式（7-2-9）进行轴承寿命校核

$$L_N=\frac{K_L}{K_1 n\beta T^{10/3}}\times10^{10} \tag{7-2-9}$$

式中　L_N——使用寿命，h；

n——工作转速，r/min；

β——工作时的轴线折角，(°)；

T——理论转矩，kN·m；

K_1——原动机系数，电动机：$K_1=1$；柴油机：$K_1=1.2$；

K_L——轴承容量系数，见参数表。

当水平、垂直面间同时有轴线折角时，其合成轴线折角按式（7-2-10）计算

$$\tan\beta=\sqrt{\tan^2\beta_1+\tan^2\beta_2} \tag{7-2-10}$$

式中　β——合成轴线折角，(°)；

β_1——水平面的轴线折角，(°)；

β_2——垂直面的轴线折角，(°)。

为使万向联轴器平稳地运转，各限制转速下的轴线折角不得超过图 7-2-5 的规定。

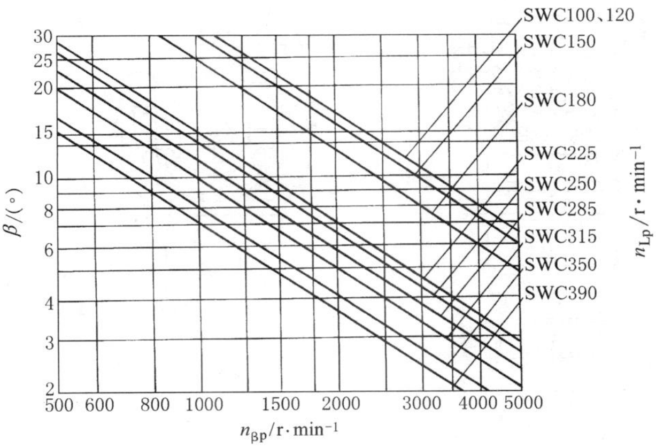

图 7-2-5　各轴线折角下的限制转速

当选用长的万向联轴器时，其工作转速必须低于临界转速，应按式（7-2-11）进行校核：

$$n_c=1.195\times10^8\frac{\sqrt{D_3^2+D_0^2}}{L^2} \tag{7-2-11}$$

式中　n_c——临界转速，r/min；

D_3——中间轴的钢管外径，mm；

D_0——中间轴的钢管内径，mm；

L——两十字万向节的距离，mm。

在低速、小轴线折角的使用条件下，其工作转速：$n\leqslant0.85n_c$；

在高速、大轴线折角的使用条件下，其工作转速：$n\leqslant0.65n_c$。

3.6.2 SWP 型剖分轴承座十字轴式万向联轴器（摘自 JB/T 3241—2005）

SWP 型为剖分式轴承座，便于更换轴承，但连接轴承座的螺栓是薄弱环节，降低了可靠度。A 型～F 型的许用轴线折角 $\beta_P \leqslant 10° \sim 15°$；G 型的许用轴线折角 $\beta_P \leqslant 5°$。

A 型、B 型、C 型、D 型、E 型、F 型联轴器

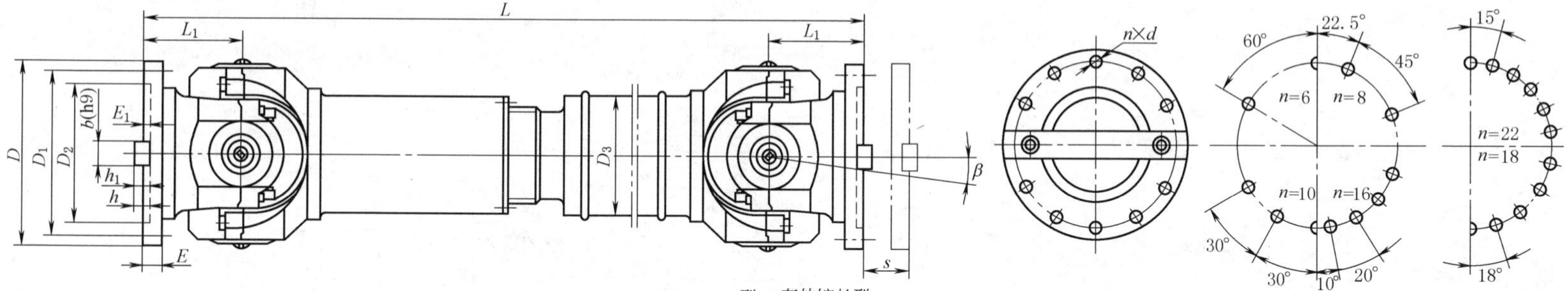

A型—有伸缩长型

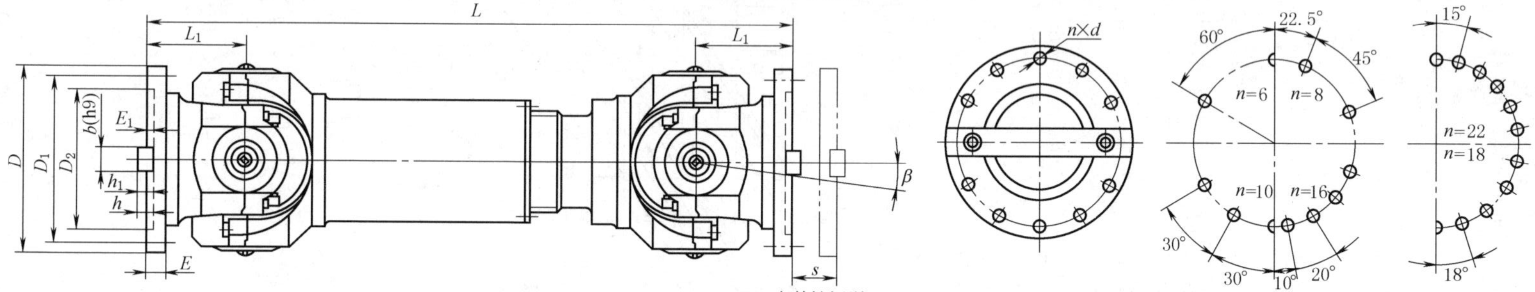

B型—有伸缩短型

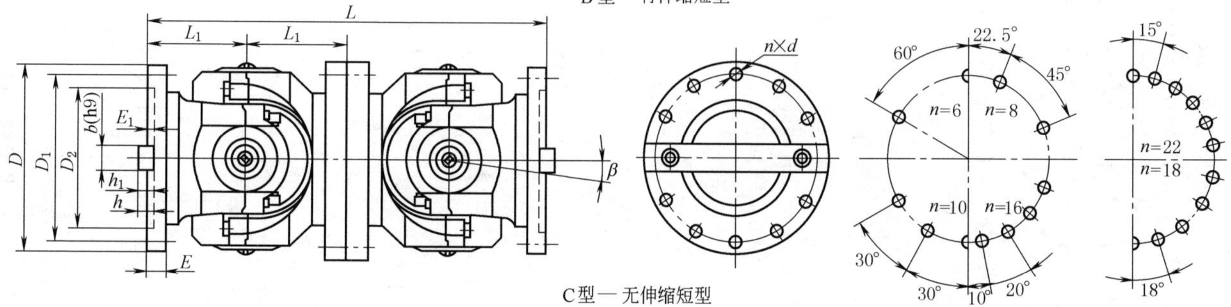

C型—无伸缩短型

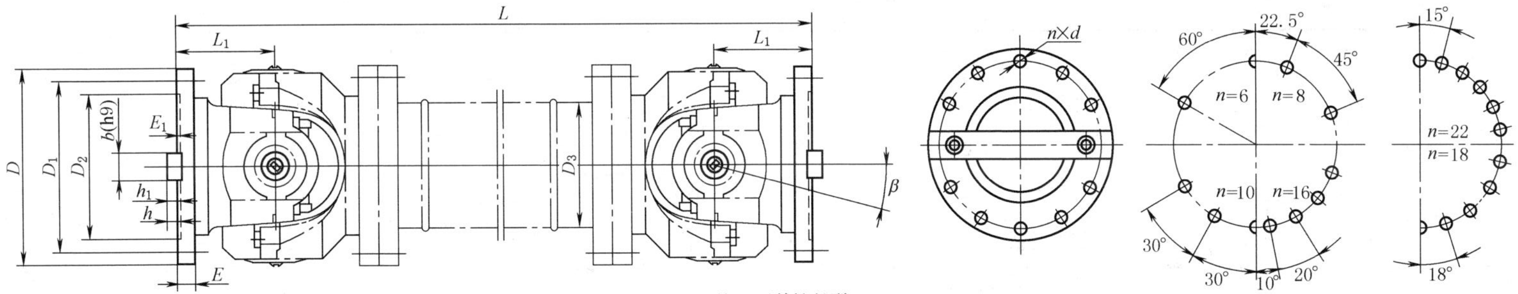

D型—无伸缩长型

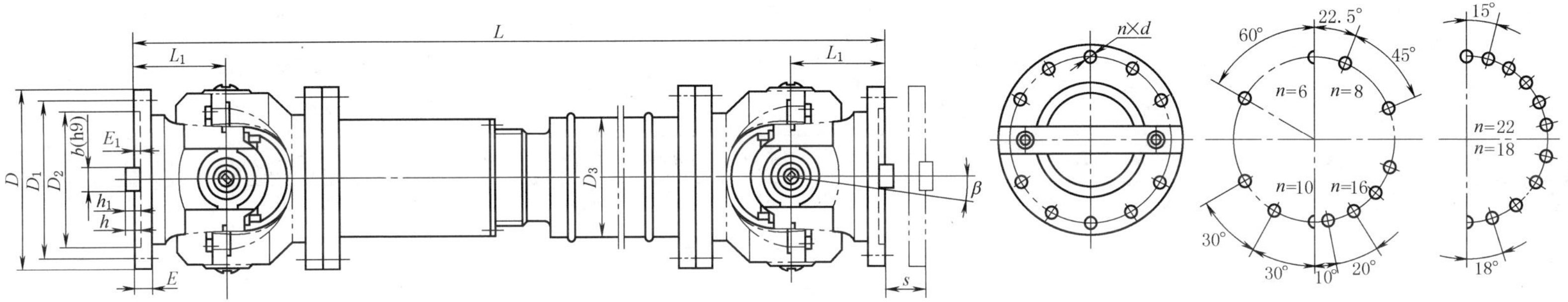

E型—有伸缩双法兰长型

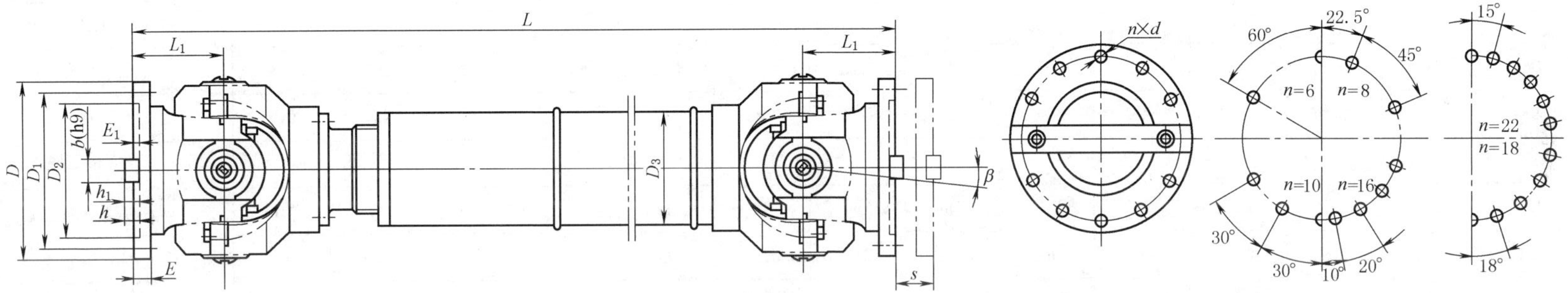

F型—大伸缩长型

标记示例：回转直径 $D=285$mm，长度 $L=720$mm，C 型无伸缩短型万向联轴器，标记为：

SWP285C×720 联轴器　JB/T 3241—2005

表 7-2-26　　基本参数和主要尺寸

型号			SWP160□	SWP180□	SWP200□	SWP225□	SWP250□	SWP285□	SWP315□	SWP350□	SWP390□	SWP435□	SWP480□	SWP550□	SWP600□	SWP650□
A、B、C、D、E、F	回转直径 D	mm	160	180	200	225	250	285	315	350	390	435	480	550	600	650
	公称转矩 T_n	kN·m	20	28	40	56	80	112	160	224	315	450	630	900	1250	1600
	脉动疲劳转矩 T_p	kN·m	14	20	28	40	56	78	112	157	220	315	440	630	875	1120
	交变疲劳转矩 T_f	kN·m	10	14	20	28	40	56	80	112	158	225	315	450	625	800
	轴线折角 β	(°)	≤15								≤10					
	D_1	mm	140	155	175	196	218	245	280	310	345	385	425	492	544	585
	D_2(H7)	mm	95	105	125	135	150	170	185	210	235	255	275	320	380	390
	E	mm	15		17	20	25	27	32	35	40	42	47	50	55	60
	E_1	mm	4		5			7		8		10	12		15	
	$b\times h$	mm	20×12	24×14	28×16	32×18	40×25	40×30		50×32	70×36	80×40	90×45	100×45	90×55	100×60
	h_1	mm	6	7	8	9	12.5	15		16	18	20	22.5		27.5	30
	L_1	mm	90	105	120	145	165	180	205	225	215	245	275	305	370	405
	$n\times d$	mm	6×ϕ13	6×ϕ15	8×ϕ15	8×ϕ17	8×ϕ19	8×ϕ21	10×ϕ23		10×ϕ25	16×ϕ28	16×ϕ31		22×ϕ34	18×ϕ38
D_3(A、D、E、F)		mm	121	127	140	168	219		273			325	351	426	480	500
伸缩量 s	A	mm	50	60	70	80	90	100	110	120		150	170	190	210	230
	B、E	mm	50	60	70	76	80	100	110	120		150	170	190	210	230
	F	mm	150	170	190	210	220	240	270	290	315	335	350	360	370	380
A（*号表示含 D、E、F）	L_{min}	mm	655	760	825	950	1055	1200	1330	1480		1670	1860	2100	2520	2630
	转动惯量 L_{min}	kg·m²	0.167	0.304	0.490	0.916	1.763	3.193	5.270	8.645	12.920	24.240	38.736	76.570	134.100	192.720
	转动惯量 增长100*	kg·m²	0.008	0.012	0.016	0.039	0.079	0.099	0.219	0.226	0.303	0.545	0.755	1.435	2.493	3.210
	质量 L_{min}	kg	52	75	98	143	226	313	425	565	680	1010	1345	2015	2980	3650
	质量 增长100*	kg	2.5	3.4	3.8	6.2	7.2	9.4	12.8	13.9	21.1	25.7	30.7	38.1	53.2	65.1

续表

型号				SWP160□	SWP180□	SWP200□	SWP225□	SWP250□	SWP285□	SWP315□	SWP350□	SWP390□	SWP435□	SWP480□	SWP550□	SWP600□	SWP650□
B	L_{min}		mm	575	650	735	850	920	1070	1200	1330	1290	1520	1690	1850	2480	2580
	转动惯量	L_{min}	$kg \cdot m^2$	0. 148	0. 268	0. 430	0. 826	1. 553	2. 856	4. 774	7. 788	11. 628	22. 032	35. 482	67. 868	137. 115	194. 991
		增长 100		0. 004	0. 006	0. 009	0. 013	0. 026	0. 043	0. 078	0. 097	0. 122	0. 176	0. 238	0. 341	0. 467	0. 623
	质量	L_{min}	kg	46	66	86	129	199	280	385	509	612	918	1232	1786	3047	3693
		增长 100		3. 92	4. 75	6. 46	8. 05	12. 54	15. 18	19. 25	22. 75	25. 62	29. 12	35. 86	40. 33	47. 65	54. 48
C	L		mm	360	420	480	580	660	720	820	900	860	980	1100	1220	1480	1620
	转动惯量		$kg \cdot m^2$	0. 103	0. 195	0. 325	0. 628	1. 163	2. 163	3. 671	6. 197	9. 728	17. 112	27. 072	56. 050	95. 760	144. 408
	质量		kg	32	48	65	98	149	212	296	405	512	713	940	1475	2128	2735
D	L_{min}		mm	450	515	585	700	810	880	1000	1100	1100	1220	1400	1520	1880	2040
	L_{min}时转动惯量		$kg \cdot m^2$	0. 116	0. 211	0. 345	0. 692	1. 373	2. 367	3. 993	6. 426	9. 690	17. 712	29. 088	55. 252	100. 575	152. 064
	L_{min}时质量		kg	36	52	69	108	176	232	322	420	510	738	1010	1454	2235	2880
E	L_{min}		mm	710	810	885	1020	1135	1280	1430	1580	1600	1825	2080	2300	2865	3140
	L_{min}时转动惯量		$kg \cdot m^2$	0. 192	0. 345	0. 540	1. 024	1. 997	3. 560	5. 952	9. 639	14. 687	27. 576	45. 274	87. 172	160. 155	241. 930
	L_{min}时质量		kg	60	85	108	160	256	349	480	630	773	1149	1572	2294	3559	4582
F	L_{min}		mm	715	785	955	1025	1120	1270	1415	1555	1522. 5	1712. 5	1905	2050	2655	2750
	L_{min}时转动惯量		$kg \cdot m^2$	0. 179	0. 312	0. 520	0. 979	1. 872	3. 366	5. 555	9. 027	13. 623	25. 200	40. 320	76. 152	141. 300	205. 498
	L_{min}时质量		kg	56	77	104	153	240	330	448	590	717	1050	1400	2004	3140	3892

注：1. □表示 A、B、C、D、E、F 中任意一个型式。

2. L（$\geq L_{min}$）为缩短后的最小长度，不包括伸缩量 s。

3. 安装长度（L+所需伸缩量 s）按需确定。

4. 标准附录中尚有大规格的万向联轴器，见原标准。

G 型—有伸缩超短型联轴器

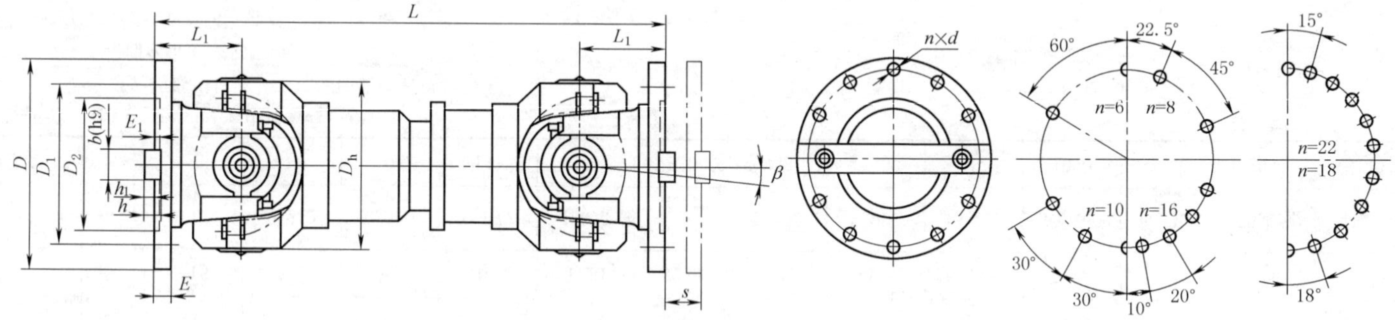

表 7-2-27 基本参数和主要尺寸

型　号	回转直径 D_h	公称转矩 T_n	脉动疲劳转矩 T_p	交变疲劳转矩 T_f	轴线折角 β	伸缩量 s	L	D	D_1	D_2 (H7)	E	E_1	b×h	h_1	L_1	n×d	转动惯量	质量
	mm	kN·m			(°)	mm											kg·m²	kg
SWP225G	225	56	40	28	≤5	40	470	275	248	135	15	5	32×18	9	80	10×ϕ15	0.512	78
SWP250G	250	80	56	40	≤5	40	600	305	275	150	15	5	40×18	9	100	10×ϕ17	1.128	142
SWP285G	285	112	78	56	≤5	40	665	348	314	170	18	7	40×24	12	120	10×ϕ19	1.956	190
SWP315G	315	160	112	80	≤5	40	740	360	328	185	18	7	40×24	12	135	10×ϕ19	3.264	260
SWP350G	350	224	157	112	≤5	55	850	405	370	210	22	8	50×32	16	150	10×ϕ21	5.461	355

注：安装长度（L+所需伸缩量 s）按需确定。

ZG 型—正装贯通型、 FG—反装贯通型联轴器

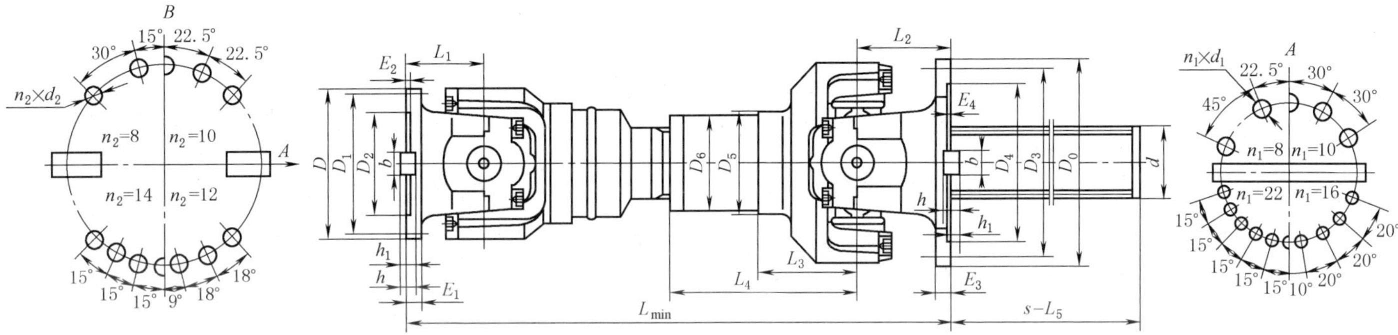

ZG 型—正装贯通型

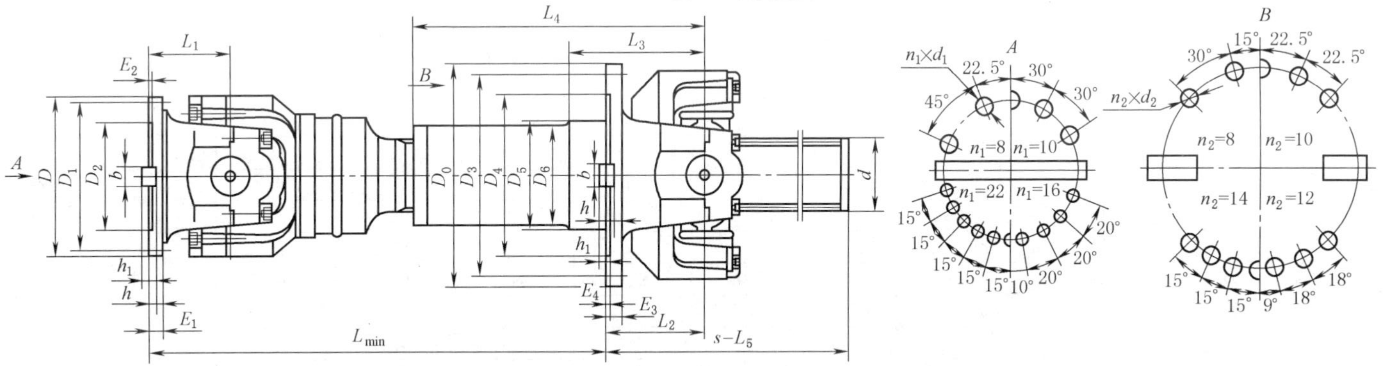

FG型—反装贯通型

表 7-2-28　　基本参数和主要尺寸

型　　号			SWP200□	SWP225□	SWP250□	SWP285□	SWP315□	SWP350□	SWP390□	SWP435□	SWP480□	SWP550□	SWP600□
ZG、FG	回转直径 D/D_0	mm	200/285	225/315	250/350	285/390	315/435	350/480	390/550	435/600	480/640	550/710	600/810
	公称转矩 T_n	kN · m	40	56	80	112	160	224	315	400	560	800	1120
	脉动疲劳转矩 T_p		22	32	50	78	112	150	210	295	365	560	730
	交变疲劳转矩 T_f		16	23	36	55	80	105	150	210	260	400	520
	轴线折角 β	(°)	≤10										

续表

型号				SWP200□	SWP225□	SWP250□	SWP285□	SWP315□	SWP350□	SWP390□	SWP435□	SWP480□	SWP550□	SWP600□
ZG、FG	伸缩量 s		mm	600	650	700	750		800		900		1000	1200
	D			200	225	250	285	315	350	390	435	480	550	600
	D_0			285	315	350	390	435	480	550	600	640	710	810
	D_1(JS11)			175	196	218	245	280	310	345	385	425	492	555
	D_2(H7)			90	105	115	135	150	165	185	200	225	260	350
	D_3(JS11)			260	285	315	355	390	435	500	550	580	650	745
	D_4(H7)			195	220	240	270	300	335	385	420	450	510	550
	D_5			135	155	170	190	215	240	275	300	325	370	460
	D_6			120	130	155	175	205	230	250	280	310	350	430
	d			90	100	115	132	150	165	185	210	230	260	300
	E_1			17	20	25	27	32	35	40	42	47	50	55
	E_2			5			7		8		10	12		15
	E_3			25	30	35	40	42	47	50	55	60	65	75
	E_4			7			8		10		12		15	
	$b \times h$			28×16	32×18	40×25	40×30		50×32	70×36	80×40	90×45	100×45	90×55
	h_1			8	9	12.5	15		16	18	20	22.5		27.5
	$n_1 \times d_1$			8×ϕ15	8×ϕ17	8×ϕ19	8×ϕ21	10×ϕ23		10×ϕ25	16×ϕ28	16×ϕ31		22×ϕ34
	$n_2 \times d_2$			8×ϕ15	8×ϕ17	8×ϕ19	8×ϕ21	10×ϕ23		10×ϕ25	12×ϕ28	12×ϕ31		14×ϕ37
	L_1			110	120	135	150	170	185	205	235	265	290	330
	L_2			130	145	165	185	205	230	260	290	310	345	390
	L_3			125	140	160	180	195	220	250	275	295	330	400
	L_4			360	395	435	480	565	630	695	735	810	880	950
ZG(带*者表示含FG)	L_{min}		mm	820	920	1020	1140	1300	1445	1605	1760	1955	2165	2300
	L_5			170	190	215	240	270	300	335	375	410	455	510
	转动惯量	L_{min}	kg·m^2	0.821	1.260	2.215	3.316	6.115	12.17	20.76	35.93	59.10	104.30	172.8
		增长100*		0.005	0.008	0.013	0.021	0.038	0.056	0.088	0.146	0.209	0.340	0.624
	质量	L_{min}	kg	182	252	335	450	624	894	1213	1710	2335	3246	3840
		增长100*		4.9	6.0	7.9	10.1	13.5	16.4	20.5	26.4	31.6	40.2	55.5
FG	L_{min}		mm	630	740	820	925	1050	1140	1250	1385	1535	1690	1760
	L_5			90	100	115	130	140	160	185	205	210	235	265
	转动惯量	L_{min}	kg·m^2	0.811	1.246	2.189	3.271	6.02	11.95	20.43	35.38	58.22	102.68	169.43
	质量	L_{min}	kg	173	241	319	428	590	844	1140	1611	2202	3055	3540

注：1. 长度 L_{min} 为允许的最小尺寸。其实际尺寸可根据需要确定，但必须大于等于 L_{min}。

2. 伸缩量 s 根据实际需要可增加或减小。

3. 联轴器总长为 $L+(s-L_5)$。

SWP 型万向联轴器的连接及螺栓预紧力矩

万向联轴器是通过高强度螺栓及螺母把两端的法兰连接在其他构件上，通过法兰端面键及法兰间摩擦力传递转矩的。这种万向联轴器的法兰与其相配件的连接尺寸及螺栓预紧力矩见表 7-2-28a。其螺栓的力学性能应符合 GB/T 3098.1 中 10.9 级，螺母的力学性能应符合 GB/T 3098.4 中 10 级的规定。轴承盖螺钉的力学性能应符合 GB/T 3098.1 中 12.9 级，螺钉的预紧力矩见表 7-2-28b。

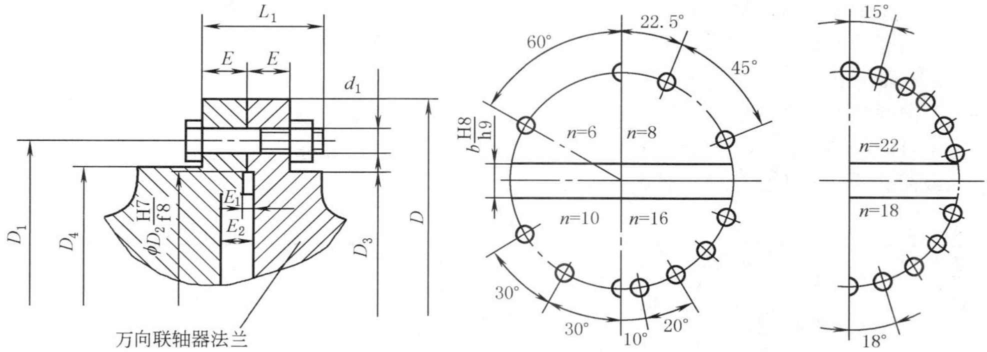

表 7-2-29　　法兰连接螺栓预紧力矩

型　　号	法兰直径 D	螺栓数 n	螺栓规格 $d_1 \times L_1$	预紧力矩 M_a	D_1	D_2(f8)	D_3	D_4	E	E_1	E_2	b(H8)
	mm		mm	N · m	mm							
SWP160□	160	6	M12×1.5×50	120	140	95	118	121	15	3.5	12	20
SWP180□	180	6	M14×1.5×50	190	155	105	128	133	15	3.5	13	24
SWP200□	200	8	M14×1.5×55	190	175	125	146	153	17	4.5	15	28
SWP225□	225	8	M16×1.5×65	295	196	135	162	171	20	4.5	16	32
SWP250□	250	8	M18×1.5×75	405	218	150	180	190	25	4.5	20	40
SWP285□	285	8	M20×1.5×85	580	245	170	205	214	27	6.0	23	40
SWP315□	315	10	M22×1.5×95	780	280	185	235	245	32	6.0	23	40
SWP350□	350	10	M22×1.5×100	780	310	210	260	280	35	7.0	25	50
SWP390□	390	10	M24×2×110	1000	345	235	290	308	40	7.0	28	70
SWP435□	435	16	M27×2×120	1500	385	255	325	342	42	9.0	32	80
SWP480□	480	16	M30×2×130	2000	425	275	370	377	47	11	36	90
SWP550□	550	16	M30×2×140	2000	492	320	435	444	50	11	36	100
SWP600□	600	22	M33×2×150	2650	544	380	480	492	55	13	43	100
SWP650□	650	18	M36×3×165	3170	585	390	515	528	60	13	45	100
SWP700□	700	22	M36×3×165	3170	635	420	565	578	60	13	45	100

注：□表示 A、B、C、D、E、F 中任意一种型式。

表 7-2-30　　轴承盖连接螺钉预紧力矩

螺钉规格/mm	M10	M12	M14	M16	M20	M22	M24	M27
预紧力矩/N · m	72.6	123	196	304	588	736	902	1500

SWP 型万向联轴器的选用计算

（1）按传递转矩计算

$$T_c = TK_a \leqslant T_n \quad (\text{N} \cdot \text{m}) \tag{7-2-12}$$

或

$$T_c \leqslant T_p \quad (\text{N} \cdot \text{m}) \tag{7-2-13}$$

或 $$T_c \leqslant T_f \quad (N \cdot m) \tag{7-2-14}$$

式中 T_c——万向联轴器的计算转矩，N·m；

T——万向联轴器的理论转矩，$T=9550\dfrac{P_w}{n}$，N·m；

P_w——驱动功率，kW；

n——万向联轴器转速，r/min；

T_n——万向联轴器公称转矩，N·m，见表 7-2-26~表 7-2-28；

T_p——万向联轴器的脉动疲劳转矩，N·m，见表 7-2-26~表 7-2-28，当在脉动载荷作用时，按 T_p 选用万向联轴器；

T_f——万向联轴器的交变疲劳转矩，N·m，见表 7-2-26~表 7-2-28，当在正反交变载荷作用时，按 T_f 选用万向联轴器；

K_a——载荷性质（即工作条件）系数，见表 7-2-31。

表 7-2-31　　载荷性质系数

工作机构载荷性质	设备名称	K_a	工作机构载荷性质	设备名称	K_a
轻冲击负荷	发电机、离心泵、通风机、木工机床带式输送机、造纸机	1.1~1.65	重冲击负荷	压缩机(单缸)、活塞泵(单柱塞)、搅拌机压力机、矫直机、起重机主传动、球磨机	2.5~3.5
中等冲击负荷	压缩机(多缸)、活塞泵(多柱塞)、小型型钢轧机、连续线材轧机、运输机械主传动	1.65~2.5	特重冲击负荷	起重机辅助传动、破碎机、可逆工作辊道、卷取机、破鳞机、初轧机	3.5~7
重冲击负荷	船舶驱动、运输辊道连续管轧机中 75 型钢轧机	2.5~3.5	极重冲击负荷	机架辊道厚板剪切机可逆板坯轧机	7~15

（2）按轴承寿命计算

$$L_h=\frac{K_L}{K_D n\beta T_c^{10/3}}\times 10^{10} \tag{7-2-15}$$

式中 L_h——使用寿命，h；

K_L——联轴器轴承容量系数，见表 7-2-32；

n——万向联轴器转速，r/min；

β——万向联轴器的轴线折角，(°)；

T_c——万向联轴器的计算转矩，kN·m；

K_D——原动机系数，电动机 $K_D=1$，汽油机 $K_D=1.15$，柴油机 $K_D=1.2$。

表 7-2-32　　联轴器轴承容量系数

型号	SWP160	SWP180	SWP200	SWP225	SWP250	SWP285	SWP315	SWP350	SWP390	SWP435	SWP480	SWP550	SWP600	SWP650
K_L	0.51	1.54	4.80	7.60	25.20	82.6	261	684	1.67×10^3	4.58×10^3	10.7×10^3	44.1×10^3	131.5×10^3	256.7×10^3

注：本表适用于 A、B、C、D、E、F、G 型式。

（3）对于转速高、折角大或其长度超出 10 倍回转直径的万向联轴器，除按（1）进行计算外，还必须验算其转动灵活性以及临界转速。转动灵活性用 $n\beta$ 表示。

回转直径
$$D\leqslant 225 \text{ 时}，n\beta<16000 \tag{7-2-16}$$
$$250\leqslant D\leqslant 350 \text{ 时}，n\beta<14000 \tag{7-2-17}$$

（4）万向联轴器的布置

① 平面系布置　参考本章 3.6.1 节 SWC 型万向联轴器的布置，见图 7-2-4。主、从动轴与中间轴三轴的轴线在同一平面内的系统称为平面系统（即满足条件③），有 Z 型布置或 W 型布置。平面系统布置同时满足条件①、②，则为等角速度传动，即 $\omega_1=\omega_2$。平面系统不同时满足①、②条件则为不等角速度传动。平面系统不等角速度传动的主动轴与从动轴的角速度位移差计算见下式

$$\varphi=\arctan\left(\frac{\beta_1^2}{4}\sin2\varphi_1-\frac{\beta_2^2}{4}\sin2\varphi_1\right)$$

式中　φ_1——主动轴的角位移量，(°)；

　　　β_1——中间轴线与主动轴线的折角，rad；

　　　β_2——中间轴线与从动轴线的折角，rad。

当 $\varphi_1=45°$时，φ 值为最大。

② 空间系布置　中间轴与主、从动轴的三轴线不在同一平面内的系统称为空间系统。空间系统均为不等角速度传动，详见标准附录 B。

3.7　膜片联轴器（摘自 JB/T 9147—1999）

膜片联轴器结构紧凑，质量轻，强度高，寿命长，无噪声，不用润滑，基本不维修，不怕油污，有耐酸碱、防腐蚀的特点，可用于高温、高速、有腐蚀介质的场合，使用广泛，可部分代替齿式联轴器。但缓冲减振性能较差。

3.7.1　JM Ⅰ型—带沉孔基本型联轴器的基本参数和主要尺寸

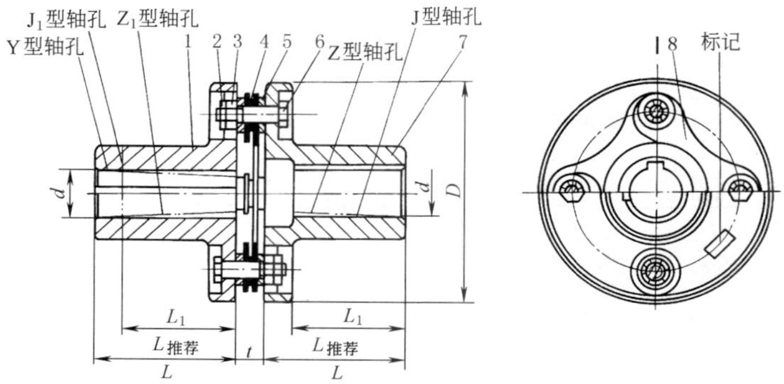

件号	零件名称	材料	件号	零件名称	材料
1,7	半联轴器	45 ZG 310-570	5	支承圈	45
2	扣紧螺母	65Mn,GB/T 805	6	六角头铰制孔用螺栓	8.8 级,GB/T 3098.1
3	六角螺母	8 级,GB/T 3098.2	8	膜　片	1Cr18Ni9 1Cr18Ni9Ti
4	隔　圈	45			

工作温度：-20～250℃。

标记方法：

$$\text{联轴器型号}\quad\text{联轴器}\frac{\text{轴孔型式代号}\quad\text{键槽型式代号}\quad\text{轴孔直径×轴孔长度(主动端)}}{\text{轴孔型式代号}\quad\text{键槽型式代号}\quad\text{轴孔直径×轴孔长度(从动端)}}\text{标准号}$$

Y 型轴孔、A 型键槽的代号，标记中可予省略。

联轴器主、从动端连接型式与尺寸相同时，只标记一端，另一端省略。

表 7-2-33

型号	公称转矩 T_n	瞬时最大转矩 T_{max}	许用转速 n_p	轴孔直径 d	轴孔长度 Y 型 L	轴孔长度 J、J_1、Z、Z_1 型 L	轴孔长度 J、J_1、Z、Z_1 型 L_1	$L_{推荐}$	D	t	扭转刚度 C	质量	转动惯量
	N·m	N·m	r·min⁻¹	mm							N·m/rad	kg	kg·m²
JM Ⅰ1	25	80	6000	14	32	—	J_1 型 27 Z_1 型 20	35	90	8.8	1×10^4	1	0.0007
				16,18,19	42		30						
				20,22	52		38						
JM Ⅰ2	63	180	5000	18,19	42		30	45	100	9.5	1.4×10^4	2.3	0.001
				20,22,24	52		38						
				25	62		44						

续表

型号	公称转矩 T_n	瞬时最大转矩 T_{max}	许用转速 n_p	轴孔直径 d	轴孔长度 Y型 L	轴孔长度 J、J_1、Z、Z_1型 L	轴孔长度 J、J_1、Z、Z_1型 L_1	$L_{推荐}$	D	t	扭转刚度 C	质量	转动惯量
	N·m	N·m	r·min^{-1}	mm							N·m/rad	kg	kg·m^2
JMⅠ3	100	315	5000	20,22,24	52	—	38	50	120	11	1.87×10^4	2.3	0.0024
				25,28	62		44						
				30	82		60						
JMⅠ4	160	500	4500	24	52		38	55	130	12.5	3.12×10^4	3.3	0.0024
				25,28	62		44						
				30,32,35	82		60						
JMⅠ5	250	710	4000	28	62		44	60	150	14	4.32×10^4	5.3	0.0083
				30,32,35,38	82		60						
				40	112		84						
JMⅠ6	400	1120	3600	32,35,38	82	82	60	65	170	15.5	6.88×10^4	8.7	0.0159
				40,42,45,48,50	112	112	84						
JMⅠ7	630	1800	3000	40,42,45,48			107	70	210	19	10.35×10^4	14.3	0.0432
				50,55,56,60	142	—							
JMⅠ8	1000	2500	2800	45,48,50,55,56	112	112	84	80	240	22.5	16.11×10^4	22	0.0879
				60,63,65,70	142		107						
JMⅠ9	1600	4000	2500	55,56	112		84	85	260	24	26.17×10^4	29	0.1415
				60,63,70,71,75	142		107						
				80	172		132						
JMⅠ10	2500	6300	2000	63,65,70,71,75	142	142	107	90	280	17	7.88×10^4	52	0.2974
				80,85,90,95	172	—	132						
JMⅠ11	4000	9000	1800	75	142	142	107	95	300	19.5	10.49×10^4	69	0.4782
				80,85,90,95	172	172	132						
				100,110	212	—	167						
JMⅠ12	6300	12500	1600	90,95	172		132	120	340	23	14.07×10^4	94	0.8067
				100,110,120,125	212		167						
JMⅠ13	10000	18000	1400	100,110,120,125				135	380	28	19.2×10^4	128	1.7053
				130,140	252		202						

续表

型号	公称转矩 T_n	瞬时最大转矩 T_{max}	许用转速 n_p	轴孔直径 d	轴孔长度 Y型 L	轴孔长度 J、J_1、Z、Z_1型 L	轴孔长度 J、J_1、Z、Z_1型 L_1	$L_{推荐}$	D	t	扭转刚度 C	质量	转动惯量
	N·m	N·m	$r \cdot min^{-1}$	mm							N·m/rad	kg	$kg \cdot m^2$
JMⅠ14	16000	28000	1200	120,125	212	—	167	150	420	31	30.0×10^4	184	2.6832
				130,140,150	252		202						
				160	302		242						
JMⅠ15	25000	40000	1120	140,150	252		202	180	480	37.5	47.46×10^4	262	4.8015
				160,170,180	302		242						
JMⅠ16	40000	56000	1000	160,170,180				200	560	41	48.09×10^4	384	9.4118
				190,200	352		282						
JMⅠ17	63000	80000	900	190,200,220				220	630	47	10.13×10^4	561	18.3753
				240	410		330						
JMⅠ18	100000	125000	800	220	352		282	250	710	54.5	16.14×10^4	723	28.2033
				240,250,260	410		330						
JMⅠ19	160000	200000	710	250,260				280	800	48	79.8×10^4	1267	66.5813
				280,300,320	470		380						

注：1. 质量、转动惯量是计算近似值。

2. 联轴器的轴孔和连接型式及尺寸应符合表 7-2-4 和表 7-2-6 的规定，轴孔与轴的配合见表 7-2-5 和表 7-2-7。J_1 型轴孔在 GB/T 3852（联轴器轴孔和连接型式与尺寸）中已取消。

3. 生产厂家为德阳立达基础件公司；北京古德高机电技术有限公司；江阴神州联轴器有限公司；太矿联轴器分厂；沈阳三环机械厂。

3.7.2 JMⅠJ 型—带沉孔接中间轴型联轴器的基本参数和主要尺寸

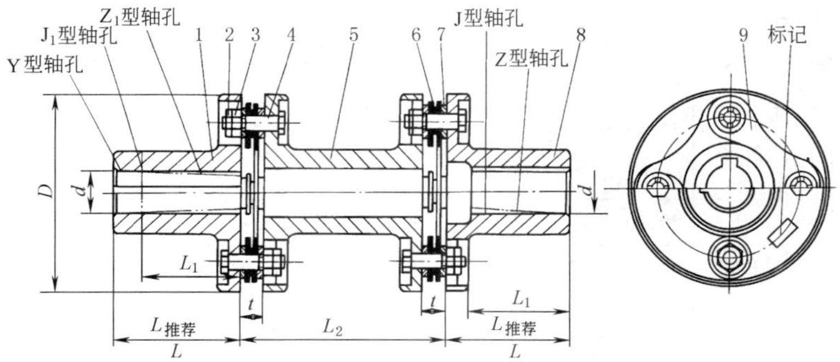

件号	零 件 名 称	材 料	件号	零 件 名 称	材 料
1,8	半联轴器	45 ZG 310-570	5	中间轴	45
2	扣紧螺母	65Mn,GB/T 805	6	隔圈	
3	六角螺母	8 级,GB/T 3098.2	7	支承圈	
4	六角头铰制孔用螺栓	8.8 级,GB/T 3098.1	9	膜片	1Cr18Ni9 1Cr18Ni9Ti

工作温度：-20~250℃。

标记方法：见表 7-2-33。

表 7-2-34

型号	公称转矩 T_n	瞬时最大转矩 T_{max}	许用转速 n_p	轴孔直径 d	轴孔长度 Y型 L	轴孔长度 J、J_1、Z、Z_1型 L	轴孔长度 J、J_1、Z、Z_1型 L_1	$L_{推荐}$	D	t	L_2 min	质量	转动惯量
	N·m	N·m	r·min^{-1}	mm								kg	kg·m^2
JMⅠJ1	25	80	6000	14	32	—	$J_1$27 $Z_1$20	35	90	8.8	100	1.8	0.0013
				16,18,19	42		30						
				20,22	52		38						
JMⅠJ2	63	180	5000	18,19	42		30	45	100	9.5		2.4	0.002
				20,22,24	52		38						
				25	62		44						
JMⅠJ3	100	315		20,22,24	54		38	50	120	11	120	4.1	0.0047
				25,28	62		44						
				30	82		60						
JMⅠJ4	160	500	4500	24	52		38	55	130	12.5		5.4	0.0069
				25,28	62		44						
				30,32,35	82		60						
JMⅠJ5	250	710	4000	28	62		44	60	150	14	140	8.8	0.0281
				30,32,35,38	82		60						
				40	112		84						
JMⅠJ6	400	1120	3600	32,35,38	82	82	60	65	170	15.5		13.4	0.0281
				40,42,45,48,50	112	112	84						
JMⅠJ7	630	1800	3000	40,42,45,48,50,55,56	112	112	84	70	210	19	150	22.3	0.076
				60	142	—	107						
JMⅠJ8	1000	2500	2800	45,48,50,55,56	112	112	84	80	240	22.5	180	36	0.1602
				60,63,65,70	142	—	107						
JMⅠJ9	1600	4000	2500	55,56	112	112	84	85	260	24	220	48	0.2509
				60,63,65,70,71,75	142	—	107						
				80	172		132						
JMⅠJ10	2500	6300	2000	63,65,70,71,75	142	142	107	90	280	17	250	85	0.5195
				80,85,90,95	172	—	132						
JMⅠJ11	4000	9000	1800	75	142	142	107	95	300	19.5	290	112	0.8223
				80,85,90,95	172	172	132						
				100,110	212	—	167						
JMⅠJ12	6300	12500	1600	90,95	172		132	120	340	23	300	152	1.4109
				100,110,120,125	212		167						

注：1. 表中 L_2 也可与制造厂另行商定。

2. 其他见表 7-2-33 注。

3.7.3 JMⅡ型—无沉孔基本型联轴器的基本参数和主要尺寸

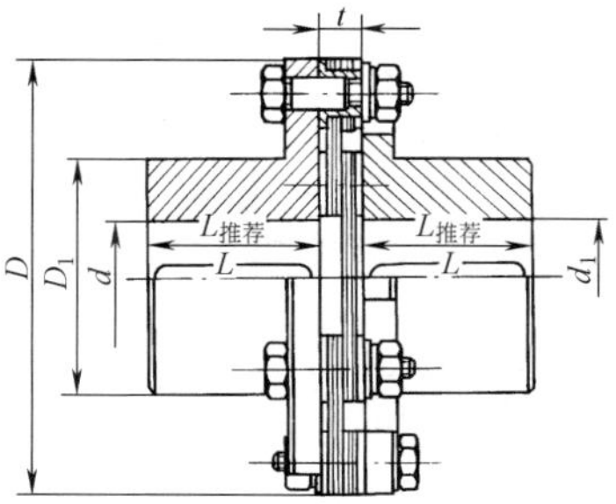

工作温度：-20~250℃。

标记方法：见表 7-2-33。

表 7-2-35

型号	公称转矩 T_n	瞬时最大转矩 T_{max}	最大转速 n_{max}	轴孔直径 d,d_1	轴孔长度 J₁型 L	轴孔长度 Y型 L	$L_{推荐}$	D	D_1	t	扭转刚度 $\times10^6$	质量	转动惯量
	N·m	N·m	$r\cdot min^{-1}$	mm							N·m/rad	kg	$kg\cdot m^2$
JMⅡ1	40	63	10700	14	27	32	35	80	39	8±0.2	0.37	0.9	0.0005
				16,18,19	30	42							
				20,22,24	38	52							
				25,28	44	62							
JMⅡ2	63	100	9300	20,22,24	38	52	40	92	53		0.45	1.4	0.0011
				25,28	44	62							
				30,32,35,38	60	82							
JMⅡ3	100	200	8400	25,28	44	62	45	102	63		0.56	2.1	0.002
				30,32,35,38	60	82							
				40,42,45	84	112							
JMⅡ4	250	400	6700	30,32,35,38	60	82	55	128	77	11±0.3	0.81	4.2	0.006
				40,42,45,48,50,55	84	112							
JMⅡ5	500	800	5900	35,38	60	82	65	145	91		1.2	6.4	0.012
				40，42，45，48，50，55,56	84	112							
				60,63,65	107	142							
JMⅡ6	800	1250	5100	40，42，45，48，50，55,56	84	112	75	168	105	14±0.3	1.42	9.6	0.024
				60,63,65,70,71,75	107	142							
JMⅡ7	1000	2000	4750	45,48,50,55,56	84	112	80	180	112	15±0.4	1.9	12.5	0.0365
				60,63,65,70,71,75	107	142							
				80	132	172							
JMⅡ8	1600	3150	4300	50,55,56	84	112		200	120		2.35	15.5	0.057
				60,63,65,70,71,75	107	142							
				80,85	132	172							
JMⅡ9	2500	4000	4200	55,56	84	112		205		20±0.4	2.7	16.5	0.065
				60,63,65,70,71,75	107	142							
				80,85	132	172							

续表

型号	公称转矩 T_n	瞬时最大转矩 T_{max}	最大转速 n_{max}	轴孔直径 d,d_1	轴孔长度 J₁型	轴孔长度 Y型	$L_{推荐}$	D	D_1	t	扭转刚度 $\times 10^6$	质量	转动惯量
					L								
	N·m	N·m	$r \cdot min^{-1}$	mm							N·m/rad	kg	$kg \cdot m^2$
JMⅡ10	3150	5000	4000	55,56	84	112	90	215	128	20±0.4	3.02	19.5	0.083
				60,63,65,70,71,75	107	142							
				80,85,90	132	172							
JMⅡ11	4000	6300	3650	60,63,65,70,71,75	107	142	100	235	132	23±0.5	3.46	25	0.131
				80,85,90,95	132	172							
JMⅡ12	5000	8000	3400	60,63,65,70,71,75	107	142		250	145		3.67	30	0.174
				80,85,90,95	132	172							
				100	167	212							
JMⅡ13	6300	10000	3200	63,65,70,71,75	107	142	110	270	155		5.2	36	0.239
				80,85,90,95	132	172							
				100,110	167	212							
JMⅡ14	8000	12500	2850	65,70,71,75	107	142	115	300	162	27±0.6	7.8	45	0.38
				80,85,90,95	132	172							
				100,110	167	212							
JMⅡ15	10000	16000	2700	70,71,75	107	142	125	320	176		8.43	55	0.5
				80,85,90,95	132	172							
				100,110,120,125	167	212							
JMⅡ16	12500	20000	2450	75	107	142	140	350	186	32±0.7	10.23	75	0.85
				80,85,90,95	132	172							
				100,110,120,125	167	212							
				130	202	252							
JMⅡ17	16000	25000	2300	80,85,90,95	132	172	145	370	203		10.97	85	1.1
				100,110,120,125	167	212							
				130,140	202	252							
JMⅡ18	20000	31500	2150	90,95	132	172	165	400	230		13.07	115	1.65
				100,110,120,125	167	212							
				130,140,150	202	252							
				160	242	302							
JMⅡ19	25000	40000	1950	100,110,120,125	167	212	175	440	245	38±0.9	14.26	150	2.69
				130,140,150	202	252							
				160,170	242	302							
JMⅡ20	31500	50000	1850	110,120,125	167	212	185	460	260		22.13	170	3.28
				130,140,150	202	252							
				160,170,180	242	302							

续表

型号	公称转矩 T_n	瞬时最大转矩 T_{max}	最大转速 n_{max}	轴孔直径 d,d_1	轴孔长度 J₁型 L	轴孔长度 Y型 L	$L_{推荐}$	D	D_1	t	扭转刚度 $\times 10^6$	质量	转动惯量
	N·m	N·m	$r \cdot min^{-1}$	mm							N·m/rad	kg	$kg \cdot m^2$
JMⅡ21	35500	56000	1800	120,125	167	212	200	480	280	38±0.9	23.7	200	4.28
				130,140,150	202	252							
				160,170,180	242	302							
				190,200	282	352							
JMⅡ22	40000	63000	1700	130,140,150	202	252	210	500	295		24.6	230	5.18
				160,170,180	242	302							
				190,200	282	352							
JMⅡ23	50000	80000	1600	140,150	202	252	220	540	310	44±1	29.71	275	7.7
				160,170,180	242	302							
				190,200,220	282	352							
JMⅡ24	63000	100000	1450	150	202	252	240	600	335	50±1.2	32.64	380	9.3
				160,170,180	242	302							
				190,200,220	282	352							
				240	330	410							
JMⅡ25	80000	125000	1400	160,170,180	242	302	255	620	350		37.69	410	15.3
				190,200,220	282	352							
				240,250	330	410							
JMⅡ26	90000	140000	1300	180	242	302	275	660	385		50.43	510	20.9
				190,200,220	282	352							
				240,250,260	330	410							
JMⅡ27	112000	180000	1200	190,200,220	282	352	295	720	410	60±1.4	71.51	620	32.4
				240,250,260	330	410							
				280	380	470							
JMⅡ28	140000	200000	1150	220	282	352	300	740	420		93.37	680	36
				240,250,260	330	410							
				280,300	380	470							
JMⅡ29	160000	224000	1100	240,250,260	330	410	320	770	450		114.53	780	43.9
				280,300,320	380	470							
JMⅡ30	180000	280000	1050	250,260	330	410	350	820	490		130.76	950	60.5
				280,300,320	380	470							
				340	450	550							

注：1. 质量、转动惯量是按 $L_{推荐}$ 计算近似值。

2. 联轴器轴孔和连接型式与尺寸应符合表 7-2-4 的规定，轴孔与轴的配合见表 7-2-5。

3. 生产厂见表 7-2-33 注 3。

3.7.4 JMⅡJ 型—无沉孔接中间轴型联轴器的基本参数和主要尺寸

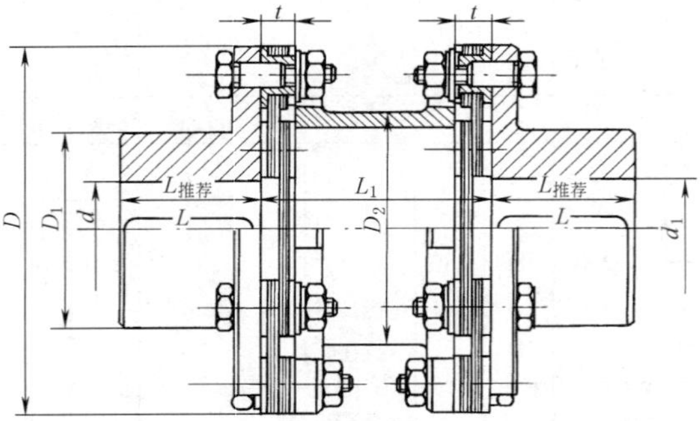

JMⅡJ1～JMⅡJ29

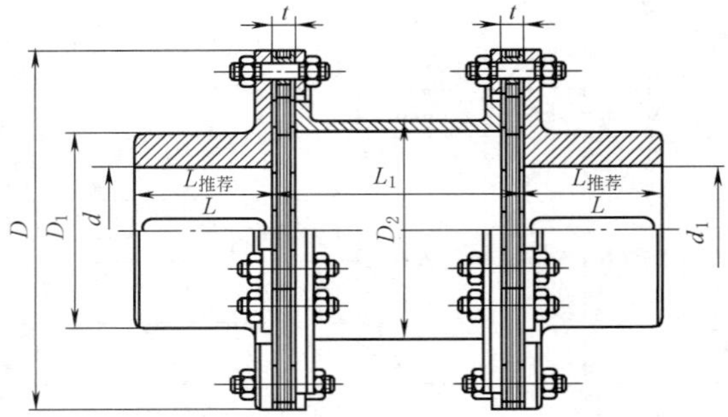

JMⅡJ30～JMⅡJ42

工作温度：-20～250℃。标记方法：见表 7-2-33。

表 7-2-36

<table>
<tr><th rowspan="3">型号</th><th rowspan="2">公称转矩 T_n</th><th rowspan="2">瞬时最大转矩 T_{max}</th><th rowspan="2">最大转速 n_{max}</th><th rowspan="2">轴孔直径 d、d_1</th><th colspan="3">轴孔长度</th><th rowspan="2">D</th><th rowspan="2">D_1</th><th rowspan="2">D_2</th><th rowspan="2">L_{1min}</th><th rowspan="2">t</th><th colspan="2">质量</th><th rowspan="2">转动惯量</th></tr>
<tr><th>J_1 型 L</th><th>Y 型 L</th><th>$L_{推荐}$</th><th>L_{1min} 质量</th><th>每增加 1m 的质量</th></tr>
<tr><th>N·m</th><th>N·m</th><th>$r \cdot min^{-1}$</th><th colspan="9">mm</th><th colspan="2">kg</th><th>$kg \cdot m^2$</th></tr>
<tr><td rowspan="3">JMⅡJ1</td><td rowspan="3">63</td><td rowspan="3">100</td><td rowspan="3">9300</td><td>20,22,24</td><td>38</td><td>52</td><td rowspan="3">40</td><td rowspan="3">92</td><td rowspan="3">53</td><td rowspan="6">45</td><td rowspan="3">70</td><td rowspan="6">8±0.2</td><td rowspan="3">2</td><td rowspan="6">4.1</td><td rowspan="3">0.002</td></tr>
<tr><td>25,28</td><td>44</td><td>62</td></tr>
<tr><td>30,32,35,38</td><td>60</td><td>82</td></tr>
<tr><td rowspan="3">JMⅡJ2</td><td rowspan="3">100</td><td rowspan="3">200</td><td rowspan="3">8400</td><td>25,28</td><td>44</td><td>62</td><td rowspan="3">45</td><td rowspan="3">102</td><td rowspan="3">63</td><td rowspan="3">80</td><td rowspan="3">2.9</td><td rowspan="3">0.003</td></tr>
<tr><td>30,32,35,38</td><td>60</td><td>82</td></tr>
<tr><td>40,42,45</td><td>84</td><td>112</td></tr>
<tr><td rowspan="2">JMⅡJ3</td><td rowspan="2">250</td><td rowspan="2">400</td><td rowspan="2">6700</td><td>30,32,35,38</td><td>60</td><td>82</td><td rowspan="2">55</td><td rowspan="2">128</td><td rowspan="2">77</td><td rowspan="5">76</td><td rowspan="2">96</td><td rowspan="5">11±0.3</td><td rowspan="2">5.7</td><td rowspan="5">8</td><td rowspan="2">0.009</td></tr>
<tr><td>40,42,45,48,50,55</td><td>84</td><td>112</td></tr>
<tr><td rowspan="3">JMⅡJ4</td><td rowspan="3">500</td><td rowspan="3">800</td><td rowspan="3">5900</td><td>35,38</td><td>60</td><td>82</td><td rowspan="3">65</td><td rowspan="3">145</td><td rowspan="3">91</td><td rowspan="3">116</td><td rowspan="3">8.5</td><td rowspan="3">0.017</td></tr>
<tr><td>40, 42, 45, 48, 50, 55,56</td><td>84</td><td>112</td></tr>
<tr><td>60,63,65</td><td>107</td><td>142</td></tr>
<tr><td rowspan="2">JMⅡJ5</td><td rowspan="2">800</td><td rowspan="2">1250</td><td rowspan="2">5100</td><td>40, 42, 45, 48, 50, 55,56</td><td>84</td><td>112</td><td rowspan="2">75</td><td rowspan="2">168</td><td rowspan="2">105</td><td rowspan="5">102</td><td rowspan="2">136</td><td rowspan="2">14±0.3</td><td rowspan="2">12.5</td><td rowspan="5">12</td><td rowspan="2">0.034</td></tr>
<tr><td>60,63,65,70,71,75</td><td>107</td><td>142</td></tr>
<tr><td rowspan="3">JMⅡJ6</td><td rowspan="3">1250</td><td rowspan="3">2000</td><td rowspan="3">4750</td><td>45,48,50,55,56</td><td>84</td><td>112</td><td rowspan="9">80</td><td rowspan="3">180</td><td rowspan="3">112</td><td rowspan="9">140</td><td rowspan="6">15±0.4</td><td rowspan="3">16.5</td><td rowspan="3">0.053</td></tr>
<tr><td>60,63,65,70,71,75</td><td>107</td><td>142</td></tr>
<tr><td>80</td><td>132</td><td>172</td></tr>
<tr><td rowspan="3">JMⅡJ7</td><td rowspan="3">2000</td><td rowspan="3">3150</td><td rowspan="3">4300</td><td>50,55,56</td><td>84</td><td>112</td><td rowspan="3">200</td><td rowspan="3">120</td><td rowspan="6">114</td><td rowspan="3">21</td><td rowspan="6">19</td><td rowspan="3">0.082</td></tr>
<tr><td>60,63,65,70,71,75</td><td>107</td><td>142</td></tr>
<tr><td>80,85</td><td>132</td><td>172</td></tr>
<tr><td rowspan="3">JMⅡJ8</td><td rowspan="3">2500</td><td rowspan="3">4000</td><td rowspan="3">4200</td><td>55,56</td><td>84</td><td>112</td><td rowspan="3">205</td><td rowspan="3">120</td><td rowspan="3">20±0.4</td><td rowspan="3">23</td><td rowspan="3">0.092</td></tr>
<tr><td>60,63,65,70,71,75</td><td>107</td><td>142</td></tr>
<tr><td>80,85</td><td>132</td><td>172</td></tr>
</table>

续表

型号	公称转矩 T_n	瞬时最大转矩 T_{max}	最大转速 n_{max}	轴孔直径 d、d_1	轴孔长度 J₁型 L	轴孔长度 Y型 L	$L_{推荐}$	D	D_1	D_2	L_{1min}	t	质量 L_{1min}质量	质量 每增加1m的质量	转动惯量
	N·m	N·m	$r \cdot min^{-1}$	mm	mm	mm	mm	mm	mm	mm	mm	mm	kg	kg	$kg \cdot m^2$
JMⅡJ9	3150	5000	4000	55,56	84	112	90	215	128	127	160	20±0.4	27	21	0.117
				60,63,65,70,71,75	107	142									
				80,85,90	132	172									
JMⅡJ10	4000	6300	3650	60,63,65,70,71,75	107	142	100	235	132		170	23±0.5	36		0.191
				80,85,90,95	132	172									
JMⅡJ11	5000	8000	3400	60,63,65,70,71,75	107	142		250	145	140			42	26	0.252
				80,85,90,95	132	172									
				100	167	212									
JMⅡJ12	6300	10000	3200	60,63,65,70,71,75	107	142	110	270	155		190		50		0.349
				80,85,90,95	132	172									
				100,110	167	212									
JMⅡJ13	8000	12500	2850	65,70,71,75	107	142	115	300	162	165	200	27±0.6	66	47	0.56
				80,85,90,95	132	172									
				100,110	167	212									
JMⅡJ14	10000	16000	2700	70,71,75	107	142	125	320	176		220		78		0.75
				80,85,90,95	132	172									
				100,110,120,125	167	212									
JMⅡJ15	12500	20000	2450	75	107	142	140	350	186		240	32±0.7	110	51	1.26
				80,85,90,95	132	172									
				100,110,120,125	167	212									
				130	202	252									
JMⅡJ16	16000	25000	2300	80,85,90,95	132	172	145	370	203	219	250		125	72	1.63
				100,110,120,125	167	212									
				130,140	202	252									
JMⅡJ17	20000	31500	2150	90,95	132	172	165	400	230		290		160		2.45
				100,110,120,125	167	212									
				130,140,150	202	252									
				160	242	302									
JMⅡJ18	25000	40000	1950	100,110,120,125	167	212	175	440	245		300	38±0.9	220		3.99
				130,140,150	202	252									
				160,170	242	302									
JMⅡJ19	31500	50000	1850	100,110,120,125	167	212	185	460	260	267	320		245	89	4.98
				130,140,150	202	252									
				160,170,180	242	302									

续表

型号	公称转矩 T_n	瞬时最大转矩 T_{max}	最大转速 n_{max}	轴孔直径 d、d_1	轴孔长度 J₁型 L	轴孔长度 Y型 L	$L_{推荐}$	D	D_1	D_2	L_{1min}	t	质量 L_{1min}质量	质量 每增加1m的质量	转动惯量
	N·m	N·m	$r·min^{-1}$	mm									kg		$kg·m^2$
JMⅡJ20	35500	56000	1800	120,125	167	212	200	480	280	267	350	38±0.9	275	89	6.28
				130,140,150	202	252									
				160,170,180	242	302									
				190,200	282	352									
JMⅡJ21	40000	63000	1700	120,125	167	212	210	500	295		370		320		7.68
				130,140,150	202	252									
				160,170,180	242	302									
				190,200	282	352									
JMⅡJ22	50000	80000	1600	140,150	202	252	220	540	310	299	380	44±1	400	110	11.6
				160,170,180	242	302									
				190,200,220	282	352									
JMⅡJ23	63000	100000	1450	140,150	202	252	240	600	335	356	410	50±1.2	560	145	19.8
				160,170,180	242	302									
				190,200,220	282	352									
				240	330	410									
JMⅡJ24	80000	125000	1400	160,170,180	242	302	255	620	350		440		620		23.6
				190,200,220	282	352									
				240,250	330	410									
JMⅡJ25	90000	140000	1300	180	242	302	275	660	385		480		740		31.9
				190,200,220	282	352									
				240,250,260	330	410									
				280	380	470									
JMⅡJ26	112000	180000	1200	180	242	302	295	720	410	406	510	60±1.4	970	190	50.4
				190,200,220	282	352									
				240,250,260	330	410									
				280,300	380	470									
JMⅡJ27	140000	200000	1150	220	282	352	300	740	420		520		1050		57
				240,250,260	330	410									
				280,300	380	470									
JMⅡJ28	160000	224000	1100	240,250,260	330	410	320	770	450	457	560		1200	215	69.4
				280,300	380	470									
JMⅡJ29	180000	280000	1050	250,260	330	410	350	820	490		600		1400		95.5
				280,300,320	380	470									
				340	450	550									

续表

型号	公称转矩 T_n	瞬时最大转矩 T_{max}	最大转速 n_{max}	轴孔直径 d、d_1	轴孔长度 J_1 型 L	轴孔长度 Y 型 L	轴孔长度 $L_{推荐}$	D	D_1	D_2	L_{1min}	t	质量 L_{1min} 质量	质量 每增加 1m 的质量	转动惯量
	N·m	N·m	$r·min^{-1}$	mm									kg		$kg·m^2$
JMⅡJ30	280000	450000	1000	280,300,320	380	470	350	875	480	559	620	50±1.6	1400	235	96.5
				340,360	450	550			550						109.5
JMⅡJ31	400000	630000	930	300,320	380	470		935	520	610	630	60±1.0	1800	290	142
				340,360,380	450	550			560						152
				400	540	650			600						162
JMⅡJ32	450000	710000	880	320	380	470	380	1030	480	622	690		2250	330	194
				340,360,380	450	550			600						224
				400,420	540	650			640						240
JMⅡJ33	560000	900000	820	360,380	450	550	400	1080	580	660	726	66±2.2	2750	390	271
				400,420,440,450,460	540	650			700						325
JMⅡJ34	1000000	1600000	740	400,420,440,450			460	1160	620	750	836	70±2.3	3500	450	387
				460,480,500					750						465
JMⅡJ35	1400000	2240000	680	440,450,460,480,500			520	1290	790	820	946	82±2.6	5000	570	750
				530,560	680	800			840						810
JMⅡJ36	2000000	3150000	620	480,500	540	650	570	1410	760	900	1040	92±2.8	6600	710	1050
				530,560,600	680	800			920						1290
JMⅡJ37	2800000	4000000	570	450,460,480,500	540	640	610	1530	810	1000	1100	105±3	8400	880	1630
				530,560,600,630	680	800			980						1950
JMⅡJ38	4000000	6000000	520	560,600,630			670	1670	950	1100	1210	115±3.4	11000	1050	2670
				670,710	780	—			1070						3030
JMⅡJ39	5000000	8000000	480	600,630	680	800	730	1830	970	1200	1320	125±3.7	14500	1350	4060
				670,710,750	780	—			1170						4800
JMⅡJ40	6300000	10000000	430	670,710,750	780		800	2000	1140	1300	1450	130±4	19000	1600	6600
				800,850	880				1290						7500
JMⅡJ41	8000000	12500000	400	750	780			2200	1260	1400	1600	140±4.4	25000	1850	10400
				800,850	880				1420						11900
JMⅡJ42	10000000	16000000	350	800,850			960	2400	1370	1500	1760		32000	2100	15200
				900,950	980				1550						17400

注：见表 7-2-35 的注。

3.7.5 膜片联轴器许用补偿量

表 7-2-37

型号	JMⅠ1～JMⅠ6	JMⅠJ1～JMⅠJ6	JMⅠ7～JMⅠ10	JMⅠJ7～JMⅠJ10	JMⅠ11～JMⅠ19	JMⅠJ11～JMⅠJ12	JMⅡ1～JMⅡ8
轴向 Δx/mm	1	2	1.5	3	2	4	1
角向 $\Delta\alpha$	1°	2°	1°	2°	30′	1°	1°
型号	JMⅡJ1～JMⅡJ8	JMⅡ9～JMⅡ17	JMⅡJ9～JMⅡJ17	JMⅡ18～JMⅡ26	JMⅡJ18～JMⅡJ26	JMⅡ27～JMⅡ30	JMⅡJ27～JMⅡJ42
轴向 Δx/mm	2	2.5	5	4	8	6	12
角向 $\Delta\alpha$	2°	1°	2°	1°	2°	1°	2°

注：1. 表中所列许用补偿量是指在工作状态下，允许的由于制造误差、安装误差、工作载荷变化引起的振动、冲击、变形、温度变化等综合因素形成的两轴相对偏移量。

2. 本联轴器最大允许安装角向偏差应不超过±5′。

3.7.6 膜片联轴器的选用计算

① 联轴器的计算转矩

$$T_c = TKK_1 = 9550\frac{P_w}{n}KK_1 \quad (N \cdot m) \tag{7-2-18}$$

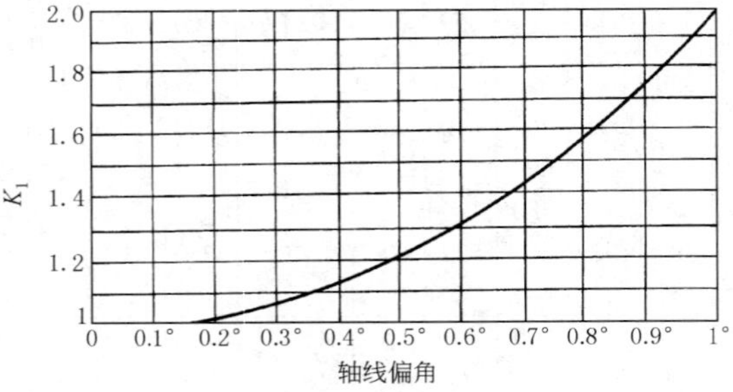

图 7-2-6 偏差系数 K_1

式中 T——万向联轴器的理论转矩，$T=9550\frac{P_w}{n}$，N·m；

K——工况系数，见表 7-2-2；

K_1——因轴线偏转对传递转矩的影响而考虑的偏差系数，见图 7-2-6；

P_w——驱动功率，kW；

n——工作转速，r/min。

② 对于接中间轴的 JMⅠJ 和 JMⅡJ 型，当中间轴选用大于 $L_{2\min}$ 或 $L_{1\min}$（当 L_2 或 $L_1>10d$ 或 $10d_1$）时，工作转速 n 必须低于临界转速 n_c。

临界转速

$$n_c = 1.195\times10^8\times\frac{\sqrt{D_2^2+D_3^2}}{L_1^2} \quad (r/min) \tag{7-2-19}$$

式中 D_2——中间轴外径，mm；

D_3——中间轴内径，mm；

L_1——中间轴长度，mm。

在轴线偏角 $\alpha\leqslant1.5°$ 工况下，$n\leqslant0.85n_c$。

3.8 蛇形弹簧联轴器（摘自 JB/T 8869—2000）

蛇形弹簧联轴器按其齿形分为直线形（恒刚度）和曲线形（变刚度）。恒刚度联轴器适用于传递转矩变化较小的工况。变刚度联轴器传递载荷变大时，弹簧刚度亦增大，而半联轴器的相对转角与所传递的转矩成非线性关系，适用于传递的转矩变化较大和正反转的工况，并有较好的减振缓冲作用。本标准 JS 型均为变刚度弹簧联轴器。蛇形弹簧联轴器工作可靠，外形尺寸较小。

3.8.1 JS 型—罩壳径向安装型（基本型）联轴器

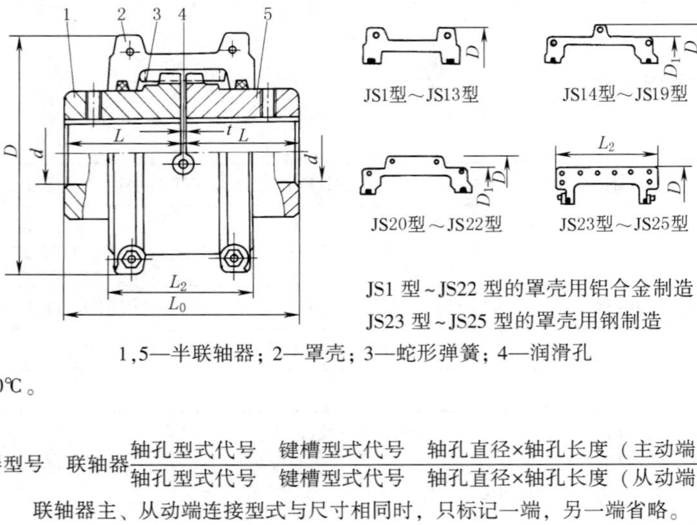

1,5—半联轴器；2—罩壳；3—蛇形弹簧；4—润滑孔

工作温度：-30～150℃。

标记方法：

$$\text{联轴器型号}\quad\text{联轴器}\frac{\text{轴孔型式代号}\quad\text{键槽型式代号}\quad\text{轴孔直径}\times\text{轴孔长度（主动端）}}{\text{轴孔型式代号}\quad\text{键槽型式代号}\quad\text{轴孔直径}\times\text{轴孔长度（从动端）}}\text{标准号}$$

联轴器主、从动端连接型式与尺寸相同时，只标记一端，另一端省略。

表 7-2-38　　基本参数和主要尺寸

型号	公称转矩 T_n	许用转速 n_p	轴孔直径 d	轴孔长度 L	总长 L_0	L_2	D	D_1	间隙 t	质量	转动惯量	润滑油
	N·m	r·min⁻¹	mm							kg	kg·m²	kg
JS1	45	4500	18,19,20,22,24,25,28	47	97	66	95	—	3	1.91	0.00141	0.0272
JS2	140		22,24,25,28,30,32,35			68	105			2.59	0.00223	0.0408
JS3	224		25,28,30,32,35,38,40,42	50	103	70	115			3.36	0.00327	0.0544
JS4	400		32,35,38,40,42,45,48,50	60	123	80	130			5.45	0.00727	0.068
JS5	630	4350	40,42,45,48,50,55,56	63	129	92	150			7.26	0.0119	0.0862
JS6	900	4125	48,50,55,56,60,63,65	76	155	95	160			10.44	0.0185	0.113
JS7	1800	3600	55,56,60,63,65,70,71,75,80	89	181	116	190			17.7	0.0451	0.172
JS8	3150		65,70,71,75,80,85,90,95	98	199	122	210			25.42	0.0787	0.254
JS9	5600	2440	75,80,85,90,95,100,110	120	245	155	250		5	42.22	0.178	0.426
JS10	8000	2250	85,90,95,100,110,120	127	259	162	270			54.45	0.27	0.508
JS11	12500	2025	90,95,100,110,120,125,130,140	149	304	192	310		6	81.27	0.514	0.735
JS12	18000	1800	110,120,125,130,140,150,160,170	162	330	195	346			121	0.989	0.908
JS13	25000	1650	120,125, 130,140,150,160,170,180,190,200	184	374	201	384	391		178	1.85	1.135
JS14	35500	1500	140,150,160,170,180,190,200	183	372	271	450	431		234.26	3.49	1.952
JS15	50000	1350	160,170,180,190,200,220,240	198	402	279	500	487		316.89	5.82	2.815
JS16	63000	1225	180,190,200,220,240,250,260,280	216	438	304	566			448.1	10.4	3.496
JS17	90000	1100	200,220,240,250,260,280,300	239	484	322	630	555		619.71	18.3	3.76
JS18	125000	1050	240,250,260,280,300,320	260	526	325	675	608		776.34	26.1	4.4
JS19	160000	900	280,300,320,340,360	280	566	355	756	660		1058.27	43.5	5.63
JS20	224000	820	300,320,340,360,380	305	623	432	845	751	13	1425.56	75.5	10.53
JS21	315000	730	320,340,360,380,400,420	325	663	490	920	822		1786.49	113	16.07
JS22	400000	680	340,360,380,400,420,440,450	345	703	546	1000	905		2268.64	175	24.06
JS23	500000	630	360,380,400,420,440,450,460,480	368	749	648	1087	—		2950.82	339	33.82
JS24	630000	580	400,420,440,450,460	401	815	698	1180			3836.3	524	50.17
JS25	800000	540	420,440,450,460,480,500	432	877	762	1260			4686.19	711	67.24

注：1. 若选择表 7-2-4 和表 7-2-6 的轴孔型式，应与制造厂协商。

2. 质量、转动惯量按无孔计算。

3. 联轴器安装后应注入润滑油（脂），工作时不泄漏，使用 5000h 后更换密封圈。在正常使用条件下，联轴器的可靠性在 10000h 内不应失效。

4. 联轴器选用计算见本章第 2 节。

5. 生产厂家为沈阳三环机械厂、北京古德高机电技术有限公司、江阴神州联轴器有限公司。

3.8.2 JSB 型—罩壳轴向安装型联轴器

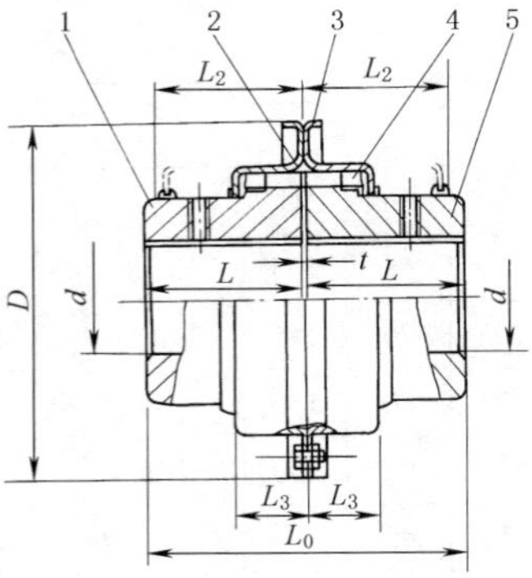

1,5—半联轴器；2—润滑孔；3—罩壳；4—蛇形弹簧

工作温度：-30～150℃。
标记方法：见表 7-2-38。

表 7-2-39　　基本参数和主要尺寸

型号	公称转矩 T_n	许用转速 n_p	轴孔直径 d	轴孔长度 L	总长 L_0	L_2	L_3	D	间隙 t	质量	润滑油
	N·m	$r \cdot min^{-1}$	mm							kg	
JSB1	45	6000	18,19,20,22,24,25,28	47	97	48	24	112	3	1.95	0.027
JSB2	140		22,24,25,28,30,32,35				25	122		2.59	0.041
JSB3	224		25,28,30,32,35,38,40,42	50	103	51	26	130		3.36	0.054
JSB4	400		32,35,38,40,42,45,48,50	60	123	61	31	149		5.45	0.068
JSB5	630		40,42,45,48,50,55,56	63	129	64	32	163		7.26	0.086
JSB6	900	5500	48,50,55,56,60,63,65	76	155	67	34	174		10.44	0.113
JSB7	1800	4750	55,56,60,63,65,70,71,75,80	89	181	89	44	200		17.7	0.172
JSB8	3150	4000	65,70,71,75,80,85,90,95	98	199	96	47	233		25.42	0.254
JSB9	5600	3250	75,80,85,90,95,100,110	120	245	121	60	268	6	42.22	0.427
JSB10	8000	3000	80,85,90,95,100,110,120	127	259	124	63	287		54.48	0.508
JSB11	12500	2700	90,95,100,110,120,125,130,140	149	304	143	74	320		81.72	0.735
JSB12	18000	2400	110,120,125,130,140,150,160,170	162	330	146	75	379		122.58	0.908
JSB13	25000	2200	120,125,130,140,150,160,170,180,190,200	184	374	156	78	411		180.24	1.135
JSB14	35500	2000	140,150,160,170,180,190,200	183	372	204	107	476		230.18	1.952
JSB15	50000	1750	160,170,180,190,200,220,240	216	438	216	115	533		321.43	2.815
JSB16	63000	1600	180,190,200,220,240,250,260			226	120	584		448.55	3.496

注：1. 质量按无孔计算。
2. L_2 为罩壳安装时需要的尺寸。
3. 其他见表 7-2-38 的注 1、3、4 和 5。

3.8.3 JSS 型—双法兰连接型联轴器

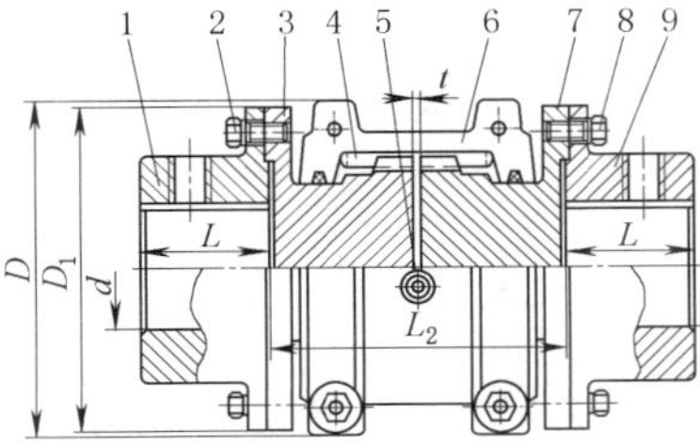

JSS1 型~JSS13 型

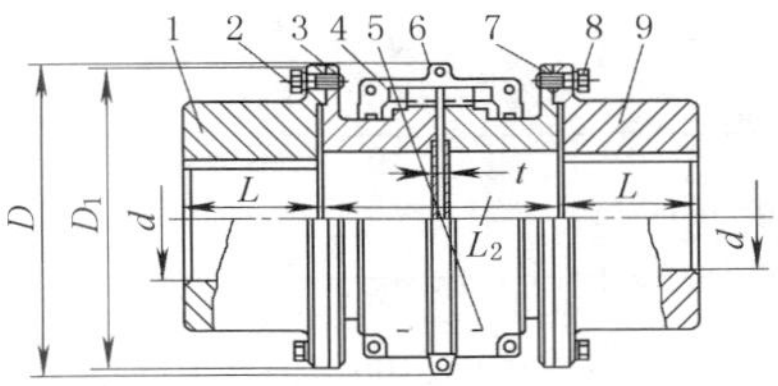

JSS14 型~JSS19 型

1,9—连接凸缘；2,8—螺栓；3,7—半联轴器；4—蛇形弹簧；5—润滑孔；6—罩壳

工作温度：-30~150℃。

标记方法：见表 7-2-38。

表 7-2-40　　基本参数和主要尺寸

型号	公称转矩 T_n	许用转速 n_p	轴孔直径 d	轴孔长度 L	两轴端距离 L_2		D	D_1	t	质量	润滑油
					最小	最大					
	N·m	$r \cdot min^{-1}$	mm							kg	
JSS1	45	3600	18, 19, 20, 22, 24, 25, 28, 30, 32, 35	35	89	203	97	86	5	3.86	0.0272
JSS2	140		22, 24, 25, 28, 30, 32, 35, 38, 40, 42	42		216	106	94		5.266	0.0408
JSS3	224		25, 28, 30, 32, 35, 38, 40, 42, 45, 48, 50, 55, 56	54			114	112		8.44	0.0544
JSS4	400		32, 35, 38, 40, 42, 45, 48, 50, 55, 60, 63, 65	60	111		135	125		12.53	0.068
JSS5	630		40, 42, 45, 48, 50, 55, 56, 60, 63, 65, 70, 71, 75, 80	73	127	330	148	144		19.61	0.0682
JSS6	900		48, 50, 55, 56, 60, 63, 65, 70, 71, 75, 80, 85	80			159	152		24.65	0.1135
JSS7	1800		55, 56, 60, 63, 65, 70, 71, 75, 80, 85, 90, 95	89	184	406	190	178		39.4	0.173
JSS8	3150		65, 70, 71, 75, 80, 85, 90, 95, 100, 110	102			211	209		60.38	0.254
JSS9	5600	2440	75, 80, 85, 90, 95, 100, 110, 120, 125, 130	90	203		251	250	6	98.97	0.427
JSS10	8000	2250	80, 85, 90, 95, 100, 110, 120, 125, 130, 140, 150	104	210		270	276		137.56	0.508

续表

型号	公称转矩 T_n	许用转速 n_p	轴孔直径 d	轴孔长度 L	两轴端距离 L_2		D	D_1	t	质量	润滑油
					最小	最大					
	N·m	r·min^{-1}	mm							kg	
JSS11	12500	2025	90,95,100,110,120,125,130,140,150,160,170	120	246		308	319		196.58	0.735
JSS12	18000	1800	110,120,125,130,140,150,160,170,180,190	135	257	406	346	346		259.69	0.908
JSS13	25000	1650	120,125,130,140,150,160,170,180,190,200	152	267		384	386		340.5	1.135
JSS14	35500	1500	100,110,120,125,130,140,150,160,170,180,190,200,220,240,250	173	345	371	453	426		442.7	1.95
JSS15	50000	1350	110,120,125,130,140,150,160,170,180,190,200,220,240,250,260,280	186	356	406	501	457	10	552.06	2.81
JSS16	63000	1220	125,130,140,150,160,170,180,190,200,220,240,250,260,280,300,320	220	384	444	566	527		836.27	3.49
JSS17	90000	1100	100,110,120,125,130,140,150,160,170,180,190,200,220,240,250,260,280,300,320	249	400	491	630	591		1099.58	3.77
JSS18	125000	1050	110,120,125,130,140,150,160,170,180,190,200,220,240,250,260,280,300,320,340,360	276	411	530	676	660		1479.59	4.4
JSS19	160000	900	110,120,125,130,140,150,160,170,180,190,200,220,240,250,260,280,300,320,340,360,380	305	444	575	757	711		1856.86	5.63

注：1. 质量按无孔计算。

2. 其他见表 7-2-38 的注 1、3、4 和 5。

3.8.4 JSD 型—单法兰连接型联轴器

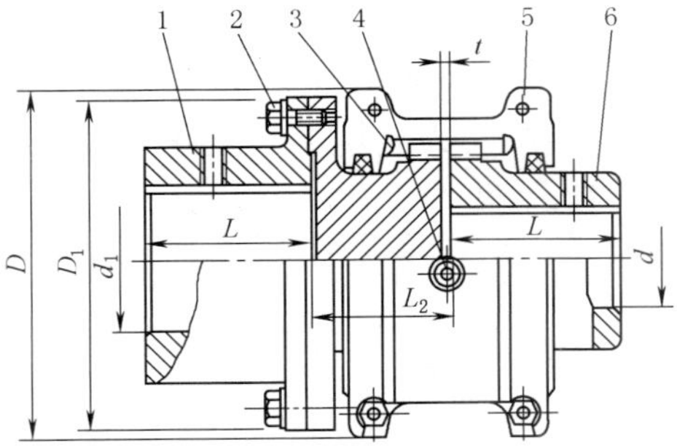

JSD1 型~JSD13 型

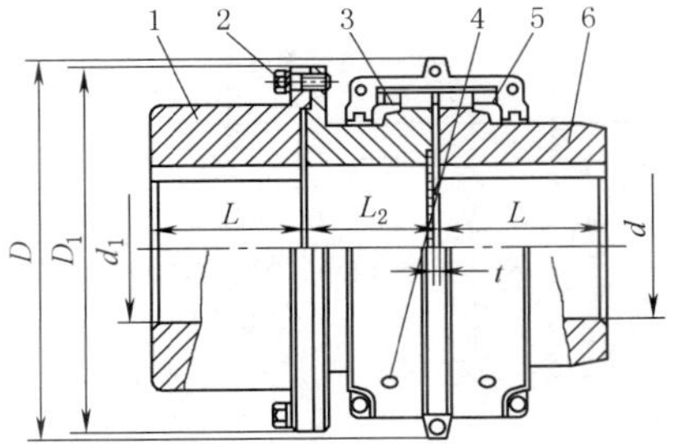

JSD14 型~JSD19 型

1—连接凸缘；2—螺栓；3—蛇形弹簧；4—润滑孔；5—罩壳；6—半联轴器

工作温度：−30~150℃。

标记方法：见表 7-2-38。

表 7-2-41　　基本参数和主要尺寸

<table>
<tr><th rowspan="3">型号</th><th rowspan="2">公称转矩 T_n</th><th rowspan="2">许用转速 n_p</th><th colspan="2">轴孔直径</th><th colspan="2">轴孔长度</th><th colspan="2">两轴端距离 L_2</th><th rowspan="2">D</th><th rowspan="2">D_1</th><th rowspan="2">间隙 t</th><th rowspan="2">质量</th><th rowspan="2">润滑油</th></tr>
<tr><th>连接凸缘 d_1</th><th>半联轴器 d</th><th>法兰 L</th><th>半联轴器 L</th><th>最小</th><th>最大</th></tr>
<tr><th>N·m</th><th>$r \cdot min^{-1}$</th><th colspan="9">mm</th><th colspan="2">kg</th></tr>
<tr><td rowspan="4">JSD1</td><td rowspan="4">45</td><td rowspan="20">3600</td><td colspan="2">18,19</td><td rowspan="4">35</td><td rowspan="8">47</td><td rowspan="11">45</td><td rowspan="4">102</td><td rowspan="4">97</td><td rowspan="4">86</td><td rowspan="20">3</td><td rowspan="4">2.9</td><td rowspan="4">0.0272</td></tr>
<tr><td colspan="2">20,22,24</td></tr>
<tr><td colspan="2">25,28</td></tr>
<tr><td>30,32,35</td><td>—</td></tr>
<tr><td rowspan="4">JSD2</td><td rowspan="4">140</td><td colspan="2">22,24</td><td rowspan="4">41</td><td rowspan="10">109</td><td rowspan="4">106</td><td rowspan="4">94</td><td rowspan="4">3.9</td><td rowspan="4">0.0408</td></tr>
<tr><td colspan="2">25,28</td></tr>
<tr><td>30,32,35,38</td><td>30,32,35</td></tr>
<tr><td>40,42</td><td>—</td></tr>
<tr><td rowspan="3">JSD3</td><td rowspan="3">224</td><td colspan="2">25,28</td><td rowspan="3">54</td><td rowspan="3">50</td><td rowspan="3">114</td><td rowspan="3">113</td><td rowspan="3">5.9</td><td rowspan="3">0.0544</td></tr>
<tr><td colspan="2">30,32,35,38</td></tr>
<tr><td>40,42,45,48,50,55,56</td><td>40,42</td></tr>
<tr><td rowspan="3">JSD4</td><td rowspan="3">400</td><td colspan="2">32,35,38</td><td rowspan="3">60</td><td rowspan="3">60</td><td rowspan="3">56</td><td rowspan="3">135</td><td rowspan="3">125</td><td rowspan="3">8.98</td><td rowspan="3">0.068</td></tr>
<tr><td>40,42,45,48,50,55,56</td><td>40,42,45,48,50</td></tr>
<tr><td>60,63,65</td><td>—</td></tr>
<tr><td rowspan="3">JSD5</td><td rowspan="3">630</td><td colspan="2">40,42,45,48</td><td rowspan="3">73</td><td rowspan="3">63</td><td rowspan="6">64</td><td rowspan="6">166</td><td rowspan="3">148</td><td rowspan="3">114</td><td rowspan="3">13.5</td><td rowspan="3">0.0862</td></tr>
<tr><td colspan="2">50,55,56</td></tr>
<tr><td>60,63,65,70,71,75,80</td><td>—</td></tr>
<tr><td rowspan="3">JSD6</td><td rowspan="3">900</td><td colspan="2">48,50,55,56</td><td rowspan="3">79</td><td rowspan="3">76</td><td rowspan="3">159</td><td rowspan="3">152</td><td rowspan="3">17.5</td><td rowspan="3">0.113</td></tr>
<tr><td>60,63,65,70,71,75</td><td>60,63,65</td></tr>
<tr><td>80,85</td><td>—</td></tr>
</table>

续表

型号	公称转矩 T_n	许用转速 n_p	轴孔直径		轴孔长度		两轴端距离 L_2		D	D_1	间隙 t	质量	润滑油
			连接凸缘 d_1	半联轴器 d	法兰 L	半联轴器 L	最小	最大					
	N·m	$r \cdot min^{-1}$	mm									kg	
JSD7	1800	3600	55,56,60,63,65,70,71,75		89	89	93	204	190	178	3	28.6	0.172
			80,85,90,95	80									
JSD8	3150		65,70,71,75,80,85,90,95		102	99			211	210		42.9	0.254
			100,110	—									
JSD9	5600	2440	80,85,90,95		90	120	103	205	251	251	5	70.8	0.426
			100,110,120,125	100,110									
			130	—									
JSD10	8000	2250	90,95		104	127	106		270	276		95.7	0.508
			100,110,120,125	100,110,120									
			130,140,150	—									
JSD11	12500	2025	95,100,110,120,125		119	149	125		308	319	6	139	0.735
			130,140,150	130,140									
			160,170	—									
JSD12	18000	1800	110,120,125,130,140,150		135	162	130		346	346		190	0.907
			160,170,180	160,170									
			190	—									
JSD13	25000	1650	120,125,130,140,150,160,170,180,190,200		152	184	135		384	359	10	259	1.13
JSD14	35500	1500	100,110,120,125,130,140,150,160,170,180		173	183	175	185	453	426		342.77	1.95
			190,200,220	190,200									
			240,250	—									

续表

型号	公称转矩 T_n	许用转速 n_p	轴孔直径		轴孔长度		两轴端距离 L_2		D	D_1	间隙 t	质量	润滑油
			连接凸缘 d_1	半联轴器 d	法兰 L	半联轴器 L	最小	最大					
	N·m	r·min^{-1}	mm									kg	
JSD15	50000	1350	110,120,125	120,125	186	198	180	205	501	457	10	434.48	2.81
			130,140,150,160,170,180,190,200,220										
			240,250,260,280	—									
JSD16	63000	1220	125	—	220	216	194	224	566	527		641.96	3.49
			130,140,150,160,170,180,190,200,220										
			240,250,260	240,250									
			280,300,320	—									
JSD17	90000	1100	100,110,120,125	—	249	239	202	247	630	590		859.88	3.77
			130,140,150,160,170,180,190,200,220,240,250,260										
			280,300,320	280									
JSD18	125000	1050	110,120,125	—	276	259	207	267	676	660		1127.71	4.4
			130,140,150	150									
			160,170,180,190,200,220,240,250,260										
			280,300,320	280,300									
			340,360	—									
JSD19	160000	900	110,120,125,130,140,150	—	305	279	224	289	757	711		12.4	5.63
			160,170,180	170,180									
			190,200,220,240,250,260,280,300,320										
			340,360,380	—									

注：1. 质量按无孔计算。

2. 其他见表 7-2-38 的注 1、3、4 和 5。

3.8.5 JSJ 型—接中间轴型联轴器

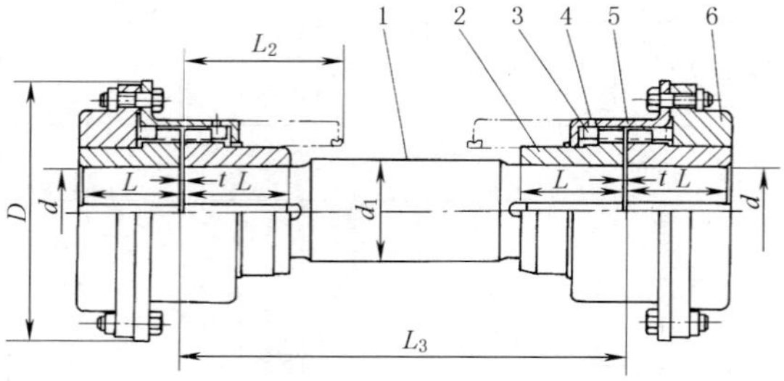

工作温度：-30~150℃。
标记方法：见表 7-2-38。

1—中间轴；2—半联轴器；3—蛇形弹簧；4—润滑孔；5—罩壳；6—连接法兰

表 7-2-42　　基本参数和主要尺寸

型号	公称转矩 T_n	轴孔直径 d	中间轴 d_1	轴孔长度 L	中间轴 L_{3min}	D	L_2	间隙 t	质量（一端）	润滑油（一端）
	N·m	mm							kg	
JSJ1	140	22,24,25,28,30,32,35	28	48	162	116	78	3	3.9	0.0408
JSJ2	400	32,35,38,40,42,45,48,50	35	60	195	158	94		8.85	0.068
JSJ3	900	48,50,55,56,60,63,65	50	76	213	183	103		15.62	0.113
JSJ4	1800	55,56,60,63,65,70,71,75,80	63	89	275	218	134		26.42	0.172
JSJ5	3150	65,70,71,75,80,85	75	98	294	245	144		37.23	0.254
JSJ6	5600	75,80,85,90,95,100,110	90	120	372	286	182	5	63.11	0.427
JSJ7	8000	80,85,90,95,100,110,120	100	127	391	324	191		83.54	0.508
JSJ8	12500	90,95,100,110,120,125,130,140	120	150	453	327	220	6	98	0.735
JSJ9	18000	110,120,125,130,140,150,160,170	130	162	463	365	225		140.29	0.908
JSJ10	25000	120,125,130,140,150,160,170,180,190,200	140	184	482	419	235		209.75	1.135
JSJ11	35500	140,150,160,170,180,190,200	160	183	549	478	268		276.94	1.952
JSJ12	50000	160,170,180,190,200,220,240	200	198	587	548	287		381.36	2.815
JSJ13	63000	180,190,200,220,240,250		216	622	604	305		519.38	3.496
JSJ14	90000	200,220,240,250,260,280	220	239	673	665	330		718.68	3.768
JSJ15	125000	240,250,260,280,300,320	250	259	711	708	350		898.47	4.4
JSJ16	160000	280,300,320,340,360	280	289	744	782	366		1206.28	5.63

注：1. 质量按无孔计算。

2. 中间轴最大长度计算见 3.8.6 节。

3. 其他见表 7-2-38 的注 1、3、4 和 5。

3.8.6 JSJ 型中间轴长度的校核

① 按本章第 2 节计算，在表 7-2-42 中选出联轴器型号并从表中查出中间轴直径 d_1 及中间轴长度的最小值 L_{3min}。

② 按中间轴轴径可从图 7-2-7 中找出中间轴最大长度：当转速小于等于 540r/min 时，对应轴径 d_1 的左侧数值即为中间轴的最大长度；转速大于 540r/min 时，从轴径所对应的斜线（实线或虚线）与工作转速竖直线的交点所对应的右侧坐标轴上的数值即为中间轴的最大长度。

③ 上述交点在图 7-2-7 中粗实线的右方时，要求轴的结构对称；在左方时，不要求轴对称。

④ 若需要更长的中间轴，可降低转速或选用更大型号的联轴器，亦可采用空心中间轴结构。

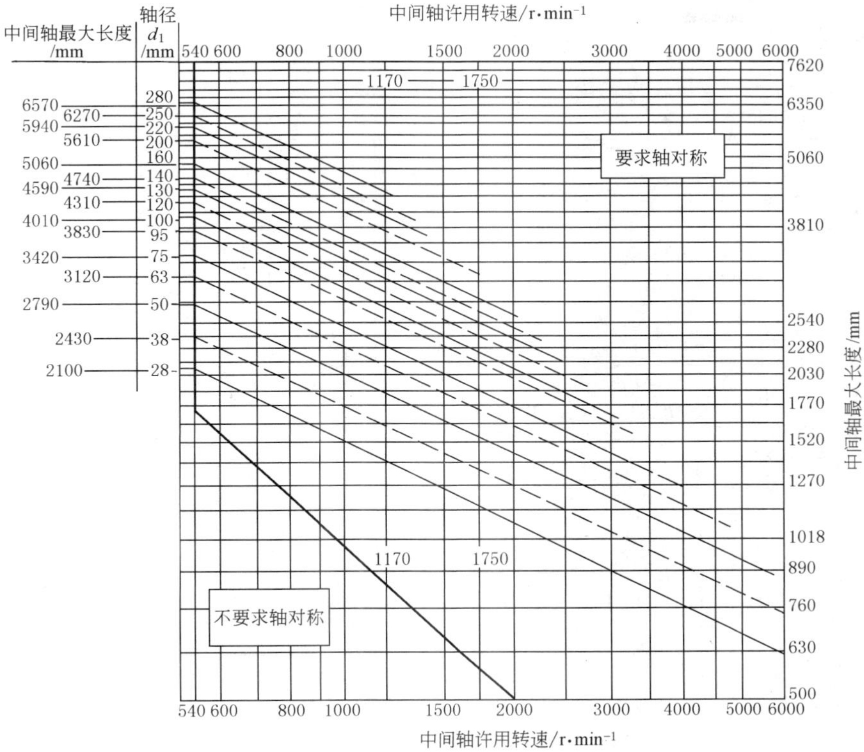

图 7-2-7　中间轴选择

3.8.7　JSG 型—高速型联轴器

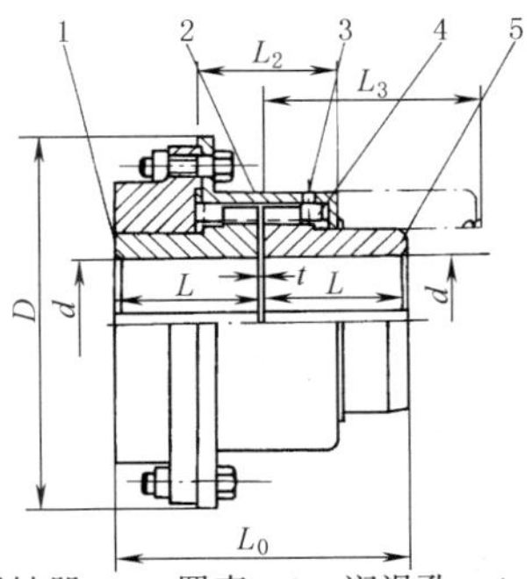

1,5—半联轴器；2—罩壳；3—润滑孔；4—蛇形弹簧

工作温度：-30~150℃。

标记方法：见表 7-2-38。

表 7-2-43　　基本参数和主要尺寸

型号	公称转矩 T_n	许用转速 n_p	轴孔直径 d	轴孔长度 L	总长 L_0	D	L_2	L_3	间隙 t	质量	润滑油
	N·m	r·min⁻¹	mm							kg	
JSG1	140	10000	12,14,16,18,19,20,22,24,25,28,30,32,35	47	97	115	50	78	3	3.9	0.0408
JSG2	400	9000	16,18,19,20,22,24,25,28,30,32,35,38,40,42,45,48,50	60	123	157	59	94		8.85	0.0675
JSG3	900	8200	19,20,22,24,25,28,30,32,35,38,40,42,45,48,50,55,56,60,63,65	76	155	182	86	103		15.62	0.1135

续表

型号	公称转矩 T_n	许用转速 n_p	轴孔直径 d	轴孔长度 L	总长 L_0	D	L_2	L_3	间隙 t	质量	润滑油
	N·m	r·min⁻¹	mm							kg	
JSG4	1800	7100	28,30,32,35,38,40,42,45,48,50,55,56,60,63,65,70,71,75,80	88	179	218	86	134	3	26.42	0.1725
JSG5	3150	6000	28,30,32,35,38,40,42,45,48,50,55,56,60,63,65,70,71,75,80,85,90,95	98	199	244	92	144		37.23	0.254
JSG6	5600	4900	42,45,48,50,55,56,60,63,65,70,71,75,80,85,90,95,100,110	120	245	286	117	181	5	63.11	0.427
JSG7	8000	4500	42,45,48,50,55,56,60,63,65,70,71,75,80,85,90,95,100,110,120	127	259	324	122	190		83.54	0.5085
JSG8	12500	4000	60,63,65,70,71,75,80,85,90,95,100,110,120,125,130,140	149	304	327	146	220	6	98.06	0.735
JSG9	18000	3600	65,70,71,75,80,85,90,95,100,110,120,125,130,140,150,160,170	162	330	365	150	225		140.29	0.908
JSG10	25000	3300	65,70,71,75,80,85,90,95,100,110,120,125,130,140,150,160,170,180,190,200	184	374	419	156	345		209.75	1.135

注：1. 质量按无孔计算。

2. 其他见表 7-2-38 注中的 1、3、4 和 5。

3.8.8 JSZ 型—带制动轮型联轴器

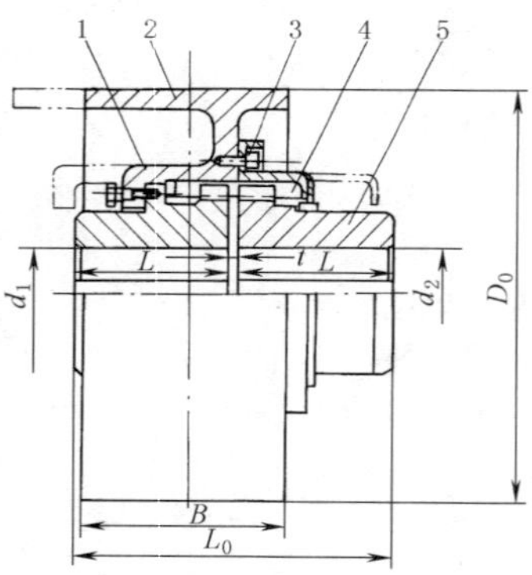

1,5—半联轴器；2—制动轮；3—罩壳；4—蛇形弹簧

工作温度：−30~150℃。

标记方法：见表 7-2-38。

制动轮安装在从动端。

表 7-2-44　　基本参数和主要尺寸

型号	制动转矩 T_m	许用转速 n_p	制动轮 直径 D_0	制动轮 宽度 B	轴孔直径 d_1	轴孔直径 d_2	轴孔长度 L	总长 L_0	间隙 t	质量	润滑油
	N·m	r·min⁻¹	mm							kg	
JSZ1	125	3820	160	65	—	12,14,16,18,19	54	111	3	10.44	0.085
					20,22,24,25,28,30,32,35,38,40,42,45,48,50						
JSZ2	250	2870	200	70	—	16,18,19	76	155		23.61	0.142
					20,22,24,25,28,30,32,35,38,40,42,45,48,50,55,56						
					—	60,63,65					

续表

<table>
<tr><th rowspan="3">型号</th><th rowspan="2">制动转矩
T_m</th><th rowspan="2">许用转速
n_p</th><th colspan="2">制 动 轮</th><th colspan="2">轴 孔 直 径</th><th rowspan="2">轴孔长度
L</th><th rowspan="2">总长
L_0</th><th rowspan="2">间隙
t</th><th rowspan="2">质量</th><th rowspan="2">润滑油</th></tr>
<tr><th>直径 D_0</th><th>宽度 B</th><th>d_1</th><th>d_2</th></tr>
<tr><th>N · m</th><th>$r \cdot min^{-1}$</th><th colspan="7">mm</th><th colspan="2">kg</th></tr>
<tr><td rowspan="3">JSZ3</td><td rowspan="3">355</td><td rowspan="3">2300</td><td rowspan="3">250</td><td rowspan="3">90</td><td>25,28</td><td>—</td><td rowspan="3">82</td><td rowspan="3">167</td><td rowspan="3">3</td><td rowspan="3">28.6</td><td rowspan="3">0.17</td></tr>
<tr><td colspan="2">30,32,35,38,40,42,45,48,50,55,56</td></tr>
<tr><td>60,63</td><td>60,63,65,70,71</td></tr>
<tr><td rowspan="3">JSZ4</td><td rowspan="3">1000</td><td rowspan="3">1730</td><td rowspan="3">315</td><td rowspan="3">110</td><td>25,28</td><td>—</td><td rowspan="3">95</td><td rowspan="3">195</td><td rowspan="9">5</td><td rowspan="3">59.93</td><td rowspan="3">0.284</td></tr>
<tr><td colspan="2">30,32,35,38,40,42,45,48,50,55,56,60,63,65,70,71,75</td></tr>
<tr><td>80,85</td><td>80,85,90,95</td></tr>
<tr><td rowspan="3">JSZ5</td><td rowspan="3">1400</td><td rowspan="3">1350</td><td rowspan="3">400</td><td rowspan="3">140</td><td>25,28,30,32,35,38</td><td>—</td><td rowspan="3">98</td><td rowspan="3">201</td><td rowspan="3">85.806</td><td rowspan="3">0.34</td></tr>
<tr><td>40,42,45,48,50,55,56</td><td>50,55,56</td></tr>
<tr><td colspan="2">60,63,65,70,71,75,80,85,90,95,100</td></tr>
<tr><td rowspan="3">JSZ6</td><td rowspan="3">2800</td><td rowspan="3">1145</td><td rowspan="3">500</td><td rowspan="3">180</td><td>40,42,45,48,50,55,56</td><td>—</td><td rowspan="3">124</td><td rowspan="3">253</td><td rowspan="3">144.372</td><td rowspan="3">0.681</td></tr>
<tr><td colspan="2">60,63,65,70,71,75,80,85,90,95</td></tr>
<tr><td>100,110,120</td><td>100,110,120,125</td></tr>
<tr><td rowspan="3">JSZ7</td><td rowspan="3">5600</td><td rowspan="3">915</td><td rowspan="3">630</td><td rowspan="3">225</td><td>60,63,65,70,71,75</td><td>75</td><td rowspan="3">130</td><td rowspan="3">266</td><td rowspan="6">6</td><td rowspan="3">255.6</td><td rowspan="3">1.248</td></tr>
<tr><td colspan="2">80,85,90,95,100,110,120,125,130,140</td></tr>
<tr><td>150,160</td><td>150</td></tr>
<tr><td rowspan="3">JSZ8</td><td rowspan="3">9000</td><td rowspan="3">820</td><td rowspan="3">710</td><td rowspan="3">255</td><td>75,80,85,90,95</td><td>—</td><td rowspan="3">190</td><td rowspan="3">386</td><td rowspan="3">485.326</td><td rowspan="3">3.632</td></tr>
<tr><td colspan="2">100,110,120,125,130,140,150,160,170,180</td></tr>
<tr><td>190</td><td>190,200</td></tr>
</table>

注：1. 质量按无孔计算。

2. 其他见表 7-2-38 的注 1、3、4 和 5。

3.8.9 JSP 型—带制动盘型联轴器

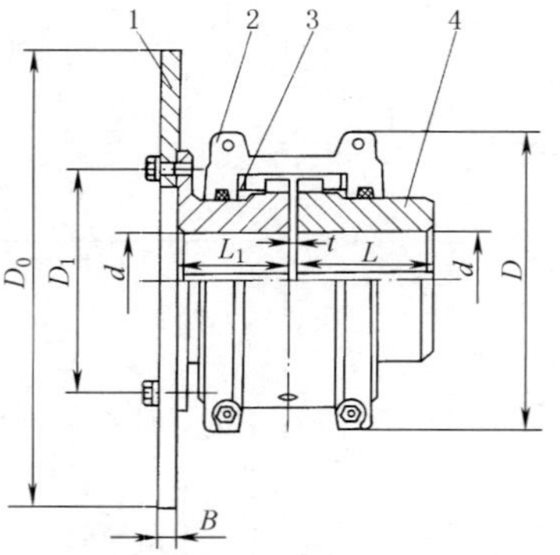

工作温度：−30～150℃。
标记方法：见表 7-2-38。
制动盘安装在从动端。

1—制动盘；2—罩壳；3—蛇形弹簧；4—半联轴器

表 7-2-45　　基本参数和主要尺寸

型号	制动转矩 T_m	许用转速 n_p	制动盘 直径 D_0	制动盘 宽度 B	轴孔直径 d	轴孔长度 L	轴孔长度 L_1	D	D_1	间隙 t	质量	润滑油
	N·m	r·min^{-1}	mm								kg	
JSP1	200	3800	315	30	20,22,24,25,28,30,32,35,38,40,42,45,48,50	63	88	150	125	3	9.579	0.086
JSP2	315	3200			25,28,30,32,35,38,40,42,45,48,50,55,56,60,63	76		162	133		12.349	0.1135
JSP3	630	2800			30,32,35,38,40,42,45,48,50,55,56,60,63,65,70,71,75	88		193	152		19.794	0.1725
JSP4	1000	2700	400		35,38,40,42,45,48,50,55,56,60,63,65,70,71,75,80,85	98		212	179		28.42	0.254
JSP5	1800	2400			40,42,45,48,50,55,56,60,63,65,70,71,75,80,85,90,95,100	120	119	250	216	5	47.76	0.427
JSP6	2800	2200	450		50,55,56,60,63,65,70,71,75,80,85,90,95 100,110	127	146	270	241		64.922	0.5085
JSP7	4500	2000	500		60,63,65,70,71,75,80,85,90,95,100,110,120,125	150	149	308	276	6	91.35	0.729
JSP8	6300	1800	560		70,71,75,80,85,90,95,100,110,120,125,130,140,150	162	152	346	295		131.66	0.908
JSP9	9000	1600	630		80,85,90,95,100,110,120,125,130,140,150,160,170,180	184	158	384	330		184.798	1.135
JSP10	12500	1500	800		90,95,100,110,120,125,130,140,150,160,170,180,190,200	182	183	453	368		253.332	1.9068
JSP11	16000	1300	900		100,110,120,125,130,140,150,160,170,180,190,200,220	198	198	500	400		336.414	2.8148

注：1. 质量按无孔计算。

2. 其他见表 7-2-38 的注 1、3、4 和 5。

3.8.10 JSA 型—安全型联轴器

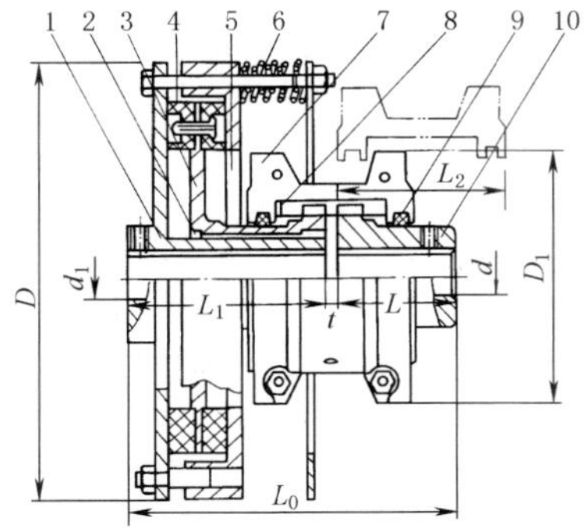

1—摩擦盘轴套；2—内轴套；3—夹盘轴套；4—摩擦片；5—摩擦盘；6—压力调整装置；7—罩壳；8—蛇形弹簧；9—密封圈；10—半联轴器

工作温度：-30~150℃。
标记方法：见表 7-2-38。
摩擦盘安装在从动端。

表 7-2-46　基本参数和主要尺寸

<table>
<tr><th rowspan="3">型号</th><th rowspan="2">公称转矩
T_n</th><th rowspan="2">许用转速
n_p</th><th colspan="2">轴孔直径</th><th colspan="2">轴孔长度</th><th rowspan="2">总长
L_0</th><th rowspan="2">最大外径
D</th><th rowspan="2">D_1</th><th rowspan="2">L_2</th><th rowspan="2">间隙
t</th><th rowspan="2">质量</th><th rowspan="2">润滑油</th></tr>
<tr><th>轴套
d_{1max}</th><th>半联轴器
d</th><th>轴套
L_1</th><th>半联轴器
L</th></tr>
<tr><th>N·m</th><th>$r\cdot min^{-1}$</th><th colspan="9">mm</th><th colspan="2">kg</th></tr>
<tr><td>JSA1</td><td>4~35.5</td><td rowspan="6">3600</td><td>25</td><td>20，22，24，25,28</td><td rowspan="3">79</td><td rowspan="2">48</td><td rowspan="2">130</td><td>178</td><td>102</td><td>48</td><td rowspan="8">3</td><td>6.174</td><td>0.027</td></tr>
<tr><td>JSA2</td><td>12.5~100</td><td>30</td><td>25，28，30，32,35</td><td>202</td><td>111</td><td>50</td><td>8.172</td><td>0.04</td></tr>
<tr><td>JSA3</td><td>20~160</td><td>35</td><td>25,28,30,32,35,38,40</td><td>51</td><td>133</td><td>232</td><td>117</td><td rowspan="2">63</td><td>11.532</td><td>0.054</td></tr>
<tr><td>JSA4</td><td>31.5~250</td><td>42</td><td>30,32,35,38,40,42,45,48</td><td>87</td><td>60</td><td>150</td><td>270</td><td>138</td><td>16.435</td><td>0.068</td></tr>
<tr><td>JSA5</td><td>56~450</td><td>45</td><td>35,38,40,42,45,48,50</td><td>97</td><td>63</td><td>163</td><td>301</td><td>151</td><td>76</td><td>21.974</td><td>0.086</td></tr>
<tr><td>JSA6</td><td>80~630</td><td>56</td><td>40,42,45,48,50,55,56,60,63</td><td>104</td><td>76</td><td>183</td><td>324</td><td>162</td><td>83</td><td>28.239</td><td>0.1135</td></tr>
<tr><td>JSA7</td><td>140~1250</td><td>2800</td><td>65</td><td>45,48,50,55,56,60,63,65,70,71,75</td><td>114</td><td>89</td><td>206</td><td>362</td><td>194</td><td>92</td><td>41.042</td><td>0.172</td></tr>
<tr><td>JSA8</td><td>250~2000</td><td>2500</td><td>75</td><td>50,55,56,60,63,65,70,71,75,80,85</td><td>129</td><td>99</td><td>231</td><td>414</td><td>213</td><td>109</td><td>62.652</td><td>0.254</td></tr>
<tr><td>JSA9</td><td>450~3550</td><td>2100</td><td>90</td><td>70,71,75,80,85,90,95,100</td><td>144</td><td>121</td><td>270</td><td>491</td><td>251</td><td>147</td><td rowspan="2">5</td><td>100.788</td><td>0.426</td></tr>
<tr><td>JSA10</td><td>630~5600</td><td>1850</td><td>100</td><td>80,85,90,95,100,110</td><td>156</td><td>127</td><td>288</td><td>543</td><td>270</td><td>152</td><td>128.028</td><td>0.499</td></tr>
</table>

续表

型号	公称转矩 T_n	许用转速 n_p	轴孔直径		轴孔长度		总长 L_0	最大外径 D	D_1	L_2	间隙 t	质量	润滑油
			轴套 d_{1max}	半联轴器 d	轴套 L_1	半联轴器 L							
	N·m	r·min^{-1}	mm									kg	
JSA11	1000~8000	1750	110	90,95,100,110,120,125	185	149	340	590	308	178	6	182.962	0.726
JSA12	1400~11200	1450	130	100,110,120,125,130,140,150	193	162	361	684	346	185		260.142	0.908
JSA13	2000~16000	1300	160	120,125,130,140,150,160,170,180	199	184	389	767	384	213		375.912	1.135
JSA14	2800~22400	1100	170	130,140,150,160,170,180,190,200	245	183	434	864	453	254		502.124	1.907
JSA15	4000~31500	950	200	160,170,180,190,200,220	250	198	454	989	501			652.398	2.815
JSA16	5600~45000	870	240	180,190,200,220,240,250	268	216	490	1066	566	267		869.864	3.495
JSA17	7100~63000	760	280	200,220,240,250,260,280	292	239	537	1161	630			1162.24	3.768
JSA18	10000~80000	720	300	240,250,260,280,300	297	259	562	1264	673	279		1426.922	4.404
JSA19	14000~100000	670	320	250,260,280,300,320	315	279	600	1377	757			1806.92	5.629

注：1. 质量按无孔计算。

2. 其他见表7-2-38的注1、3、4和5。

3.8.11 联轴器许用补偿量及主要零件材料

表 7-2-47　　mm

<table>
<tr><th rowspan="3">公称转矩
T_n
/N·m</th><th colspan="4">最大允许安装误差</th><th colspan="3">最大运转补偿量</th><th colspan="2">轴向 Δx</th></tr>
<tr><th colspan="3">径向 Δy</th><th rowspan="2">角向 $\Delta\alpha$
$\Delta\alpha=(0.25°)$时
$A-A_1$</th><th colspan="2">径向 Δy</th><th rowspan="2">角向 $\Delta\alpha$
$\Delta\alpha=(0.5°)$时
$A-A_1$</th><th rowspan="2">JS 型、JSB 型
JSD 型、
JSJ 型、
JSG 型</th><th rowspan="2">JSS 型</th></tr>
<tr><th>JS 型、JSB 型
JSS 型、
JSD 型</th><th>JSJ 型</th><th>JSG 型</th><th>JS 型、JSB 型
JSS 型、
JSD 型</th><th>JSG 型</th></tr>
<tr><td>45</td><td rowspan="3">0.15</td><td>—</td><td>—</td><td rowspan="3">0.076</td><td rowspan="3">0.31</td><td>—</td><td>0.25</td><td rowspan="8">±0.3</td><td rowspan="8">±0.5</td></tr>
<tr><td>140</td><td>0.05</td><td>0.076</td><td>0.15</td><td>0.31</td></tr>
<tr><td>224</td><td>—</td><td>—</td><td>—</td><td>0.33</td></tr>
<tr><td>400</td><td rowspan="5">0.2</td><td>0.05</td><td>0.1</td><td>0.1</td><td rowspan="5">0.41</td><td>0.2</td><td>0.4</td></tr>
<tr><td>630</td><td>—</td><td>—</td><td rowspan="2">0.127</td><td>—</td><td>0.45</td></tr>
<tr><td>900</td><td rowspan="2">0.05</td><td rowspan="3">0.1</td><td rowspan="3">0.2</td><td>0.5</td></tr>
<tr><td>1800</td><td>0.15</td><td>0.6</td></tr>
<tr><td>3150</td><td rowspan="4">0.076</td><td>0.18</td><td>0.7</td></tr>
<tr><td>5600</td><td rowspan="2">0.25</td><td rowspan="2">0.127</td><td>0.2</td><td rowspan="2">0.51</td><td rowspan="2">0.28</td><td>0.84</td><td rowspan="2">±0.5</td><td rowspan="2">±0.6</td></tr>
<tr><td>8000</td><td>0.23</td><td>0.9</td></tr>
<tr><td>12500</td><td rowspan="3">0.28</td><td rowspan="6">0.15</td><td>0.25</td><td rowspan="3">0.56</td><td rowspan="3">0.3</td><td>1</td><td rowspan="9">±0.6</td><td rowspan="9">±1</td></tr>
<tr><td>18000</td><td rowspan="3">0.1</td><td>0.3</td><td>1.2</td></tr>
<tr><td>25000</td><td>0.33</td><td>1.35</td></tr>
<tr><td>35500</td><td rowspan="3">0.3</td><td>0.4</td><td rowspan="3">0.61</td><td rowspan="3">0.38</td><td>1.57</td></tr>
<tr><td>50000</td><td rowspan="3">0.127</td><td>0.45</td><td>1.78</td></tr>
<tr><td>63000</td><td>0.5</td><td>2</td></tr>
<tr><td>90000</td><td rowspan="3">0.38</td><td rowspan="3">0.2</td><td>0.56</td><td rowspan="3">0.76</td><td rowspan="9">—</td><td>2.26</td></tr>
<tr><td>125000</td><td rowspan="2">0.15</td><td>0.6</td><td>2.46</td></tr>
<tr><td>160000</td><td>0.68</td><td>2.72</td></tr>
<tr><td>224000</td><td rowspan="2">0.46</td><td rowspan="6">—</td><td rowspan="6">—</td><td>0.74</td><td rowspan="2">0.92</td><td>2.99</td><td rowspan="6">±1.3</td><td rowspan="6">—</td></tr>
<tr><td>315000</td><td>0.8</td><td>3.28</td></tr>
<tr><td>400000</td><td rowspan="2">0.48</td><td>0.89</td><td rowspan="2">0.97</td><td>3.6</td></tr>
<tr><td>500000</td><td>0.96</td><td>3.9</td></tr>
<tr><td>630000</td><td rowspan="2">0.5</td><td>1.07</td><td rowspan="2">1.02</td><td>4.29</td></tr>
<tr><td>800000</td><td>1.77</td><td>4.65</td></tr>
</table>

注：1. 最大运转补偿量是指工作状态下，允许的由于安装误差、振动、冲击、温度变化等综合因素所形成的两轴相对偏移量。

2. 角向补偿量 $A-A_1$。

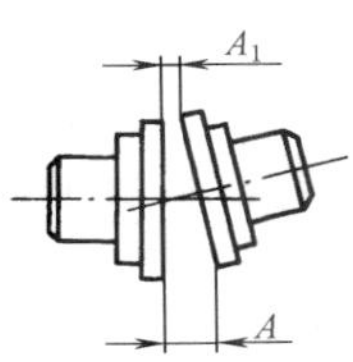

表 7-2-48　　　　联轴器主要零件材料

序号	零件名称	材　　料	序号	零件名称	材　　料
1	半联轴器	45、ZG 310—570	6	蛇形弹簧	60Si2Mn、50CrVA（热处理硬度 43~47HRC）
2	连接法兰	45、ZG 310—570	7	螺栓	8.8 级，GB/T 3098.1
3	中间轴	40Cr	8	螺母	8 级，GB/T 3098.2
4	制动轮	ZG 310—570	9	内轴套	Z CuSn 5Pb 5 Zn5
5	罩壳	铸铝、15Mn			

3.9 梅花形弹性联轴器（摘自 GB/T 5272—2002）

梅花形弹性联轴器具有减振、缓冲、径向尺寸小，不用润滑、维护方便的特点，适用于启动频繁、正反转、中低速 、中小功率的传动。不适合用于重载和更换弹性元件频繁的场合。

LM 型结构简单，但更换弹性元件时，需轴向移动半联轴器。LMD、LMS 带法兰型更换弹性元件方便，不必移动半联轴器。

3.9.1 LM 型—基本型、LMD 型—单法兰型、LMS 型—双法兰型联轴器

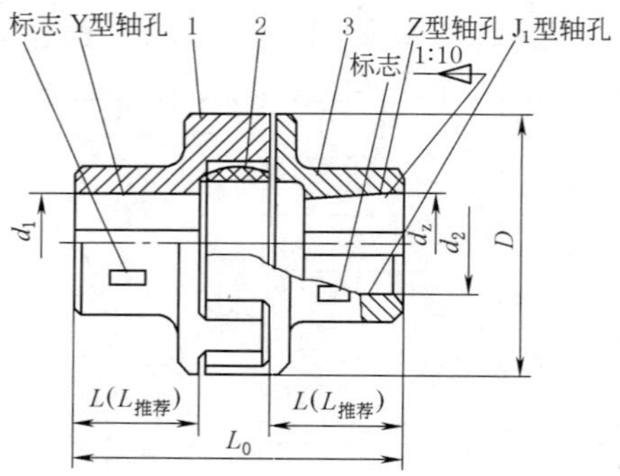

LM 型—基本型

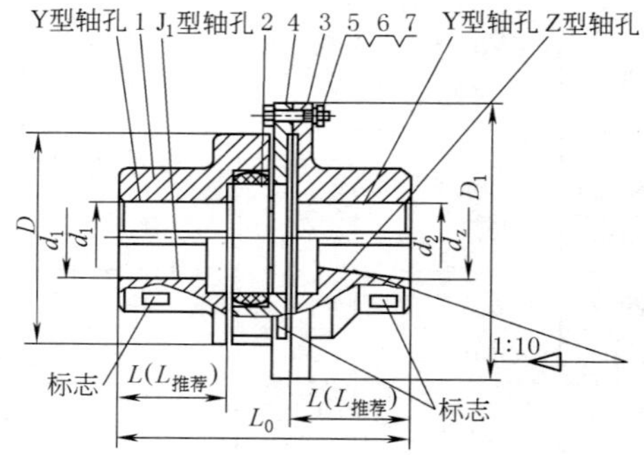

LMD 型—单法兰型

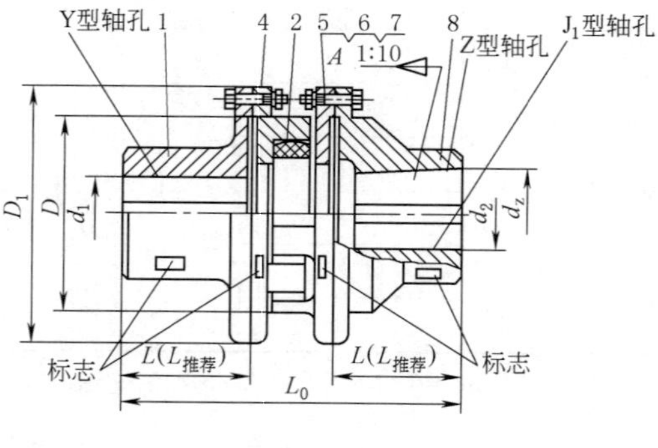

1,3—半联轴器；
2—梅花形弹性件；
4—法兰连接件；
5—螺栓；6—螺母；
7—垫圈；8—制动轮

LMS 型—双法兰型

工作温度：-35~80℃。

标记方法：

联轴器型号　联轴器 $\dfrac{\text{轴孔型式代号　键槽型式代号　轴孔直径×轴孔长度（主动端）}}{\text{轴孔型式代号　键槽型式代号　轴孔直径×轴孔长度（从动端）}}$ 弹性件型号　标准号

Y 型轴孔、A 型键槽的代号标记中可省略。

联轴器主、从动端连接型式与尺寸相同时，只标记一端，另一端省略。

表 7-2-49　　基本参数和主要尺寸

型号	公称转矩 T_n/N·m 弹性件硬度 a/HA	b/HD	许用转速 n_p LM	LMD、LMS	轴孔直径 d_1,d_2,d_z	轴孔长度 L Y型	J$_1$、Z型	$L_{推荐}$	L_0 LM	LMD	LMS	D	D_1 LMD、LMS	弹性件型号	质量 LM	LMD	LMS	转动惯量 LM	LMD	LMS
	80±5	90±5	r·min^{-1}		mm										kg			kg·m^2		
LM1 LMD1 LMS1	25	45	15300	8500	12,14	32	27	35	86	92	98	50	90	MT1$^{-a}_{-b}$	0.66	1.21	1.33	0.0002	0.0008	0.0013
					16,18,19	42	30													
					20,22,24	52	38													
					25	62	44													
LM2 LMD2 LMS2	50	100	1200	7600	16,18,19	42	30	38	95	101.5	108	60	100	MT2$^{-a}_{-b}$	0.93	1.65	1.74	0.0004	0.0014	0.0021
					20,22,24	52	38													
					25,28	62	44													
					30	82	60													
LM3 LMD3 LMS3	100	200	10900	6900	20,22,24	52	38	40	103	110	117	70	110	MT3$^{-a}_{-b}$	1.41	2.36	2.33	0.0009	0.0024	0.0034
					25,28	62	44													
					30,32	82	60													
LM4 LMD4 LMS4	140	280	9000	6200	22,24	52	38	45	114	122	130	85	125	MT4$^{-a}_{-b}$	2.18	3.56	3.38	0.002	0.005	0.0064
					25,28	62	44													
					30,32,35,38	82	60													
					40	112	84													
LM5 LMD5 LMS5	350	400	7300	5000	25,28	62	44	50	127	138.5	150	105	150	MT5$^{-a}_{-b}$	3.60	6.36	6.07	0.005	0.0135	0.0175
					30,32,35,38	82	60													
					40,42,45	112	84													
LM6 LMD6 LMS6	400	710	6100	4100	30,32,35,38	82	60	55	143	155	167	125	185	MT6$^{-a}_{-b}$	6.07	10.77	10.47	0.0114	0.0329	0.0444
					40,42,45,48	112	84													
LM7 LMD7 LMS7	630	1120	5300	3700	35*,38*	82	60	60	159	172	185	145	205	MT7$^{-a}_{-b}$	9.09	15.30	14.22	0.0232	0.0581	0.0739
					40*,42*,45,48,50,55	112	84													

续表

型号	公称转矩 T_n/N·m		许用转速 n_p		轴孔直径	轴孔长度			L_0			D	D_1	弹性件型号	质量			转动惯量		
	弹性件硬度		LM	LMD、LMS	d_1,d_2,d_z	Y型	J_1、Z型	$L_{推荐}$	LM	LMD	LMS		LMD、LMS		LM	LMD	LMS	LM	LMD	LMS
	a/HA	b/HD				L														
	80±5	90±5	r·min^{-1}		mm										kg			kg·m^2		
LM8 LMD8 LMS8	1120	2240	4500	3100	45*,48*,50,55,56	112	84	70	181	195	209	170	240	MT8$^{-a}_{-b}$	13.56	22.72	21.16	0.0468	0.1175	0.1493
					60,63,65*	142	107													
LM9 LMD9 LMS9	1800	3550	3800	2800	50*,55*,56*	112	84	80	208	224	240	200	270	MT9$^{-a}_{-b}$	21.40	34.44	30.70	0.1041	0.2333	0.2767
					60,63,65,70,71,75	142	107													
					80	172	132													
LM10 LMD10 LMS10	2800	5600	3300	2500	60*,63*,65*,70,71,75	142	107	90	230	248	268	230	305	MT10$^{-a}_{-b}$	32.03	51.36	44.55	0.2105	0.4594	0.5262
					80,85,90,95	172	132													
					100	212	167													
LM11 LMD11 LMS11	4500	9000	2900	2200	70*,71*,75*	142	107	100	260	284	308	260	350	MT11$^{-a}_{-b}$	49.52	81.30	70.72	0.4338	0.9777	1.1362
					80*,85*,90,95	172	132													
					100,110,120	212	167													
LM12 LMD12 LMS12	6300	12500	2500	1900	80*,85*,90*,95*	172	132	115	297	321	345	300	400	MT12$^{-a}_{-b}$	73.45	115.53	99.54	0.8205	1.751	1.9998
					100,110,120,125	212	167													
					130	252	202													
LM13 LMD13 LMS13	11200	20000	2100	1600	90*,95*	172	132	125	323	348	373	360	460	MT13$^{-a}_{-b}$	103.86	161.79	137.53	1.6718	3.3667	3.6719
					100*,110*,120*,125*	212	167													
					130,140,150	252	202													
LM14 LMD14 LMS14	12500	25000	1900	1500	100*,110*,120*,125*	212	167	135	333	358	383	400	500	MT14$^{-a}_{-b}$	127.59	196.32	165.25	2.499	4.8669	5.1581
					130*,140*,150	252	202													
					160	302	242													

注：1. 质量、转动惯量按 $L_{推荐}$ 最小轴孔计算的近似值。

2. 带 * 号轴孔直径可用于 Z 型轴孔。

3. a、b 为弹性件两种不同材质、硬度的代号。

4. 联轴器选用计算见本章第 2 节，轴孔与轴的配合见表 7-2-5 和表 7-2-7。轴孔和键槽型式见表 7-2-4 和表 7-2-6。J1 型轴孔在 GB/T 3852（联轴器轴孔和连接型式与尺寸）中已取消。

5. 生产厂家为河北省冀州市联轴器厂。

3.9.2 LMZ-Ⅰ型分体式制动轮、LMZ-Ⅱ型整体式制动轮联轴器

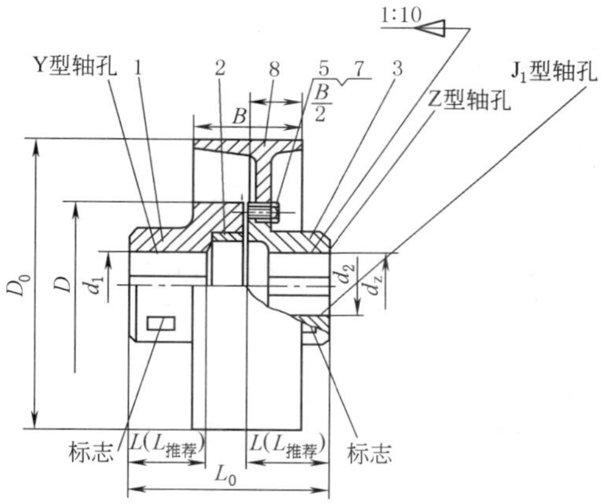

LMZ-Ⅰ型分体式制动轮型

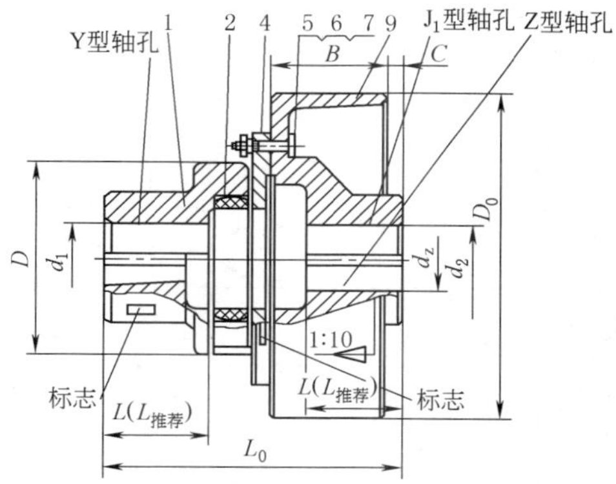

LMZ-Ⅱ型整体式制动轮型

件 号	零件名称		材 料	备 注
1,3	半联轴器		45 ZG 270-500	GB/T 700 GB/T 11352
4	法兰连接件			
2	梅花形弹性件	a	聚酯形聚氨酯(UR)	橙色
		b	铸型尼龙(PA)	红色
5	螺栓		8.8 级	GB/T 3098.1
6	螺母		8 级	GB/T 3098.2
7	垫圈		65Mn	GB/T 93
8	制动轮		45	GB/T 700
9	制动轮半联轴器			

工作温度：-35~85℃。
标记方法见表 7-2-49。

表 7-2-50　　基本参数和主要尺寸

型号	公称转矩 T_n/N·m 弹性件硬度 HA a/HA	公称转矩 T_n/N·m 弹性件硬度 HA b/HD	许用转速 n_p	轴孔直径 d_1、d_2、d_z	轴孔长度 Y 型 L	轴孔长度 J_1、Z 型 L	轴孔长度 $L_{推荐}$	L_0 LMZ-Ⅰ	L_0 LMZ-Ⅱ	D_0	B	D	C LMZ-Ⅱ	弹性件型号	质量 LMZ-Ⅰ	质量 LMZ-Ⅱ	转动惯量 LMZ-Ⅰ	转动惯量 LMZ-Ⅱ
	80±5	90±5	r·min^{-1}	mm											kg		kg·m^2	
LMZ5-Ⅰ-160 LMZ5-Ⅱ-160	250	400	4750	25、28	62	44	50	127	188.5	160	70	105	30	$MT5^{-a}_{-b}$	6.602	5.181	0.0198	0.0159
				30、32、35、38	82	60												
				40、42、45	112	84												
LMZ5-Ⅰ-200 LMZ5-Ⅱ-200			3800	25、28	62	44			203.5	200	85				9.204	6.543	0.044	0.0391
				30、32、35、38	82	60												
				40、42、45	112	84												
LMZ6-Ⅰ-200 LMZ6-Ⅱ-200	400	710		30、32、35、38	82	60	55	143	215			125		$MT6^{-a}_{-b}$	11.45	9.12	0.052	0.0448
				40、42、45、48	112	84												
LMZ7-Ⅰ-200 LMZ7-Ⅱ-200	630	1120		35*、38*	82	60	60	159	227			145	40	$MT7^{-a}_{-b}$	13.96	12.31	0.064	0.0527
				40*、42*、45、48、50、55、56	112	84												
LMZ7-Ⅰ-250 LMZ7-Ⅱ-250			3050	35*、38*	82	60			257	250	105				20.09	14.28	0.144	0.1189
				40*、42*、45、48、50、55、56	112	84												
LMZ8-Ⅰ-250 LMZ8-Ⅱ-250	1120	2240		45*、48*、50、55、56			70	181	270			170		$MT8^{-a}_{-b}$	24.65	19.38	0.175	0.1402
				60、63、65	142	107												
LMZ8-Ⅰ-315 LMZ8-Ⅱ-315			2400	45*、48*、50、55、56	112	84			300	315	135				34.13	24.02	0.374	0.3666
				60、63、65	142	107												
LMZ9-Ⅰ-315 LMZ9-Ⅱ-315	1800	3550		50*、55*、56	112	84	80	208	319			200		$MT9^{-a}_{-b}$	41.67	32.16	0.45	0.4039
				60、63、65、70、71、75	142	107												
				80	172	132												
LMZ9-Ⅰ-400 LMZ9-Ⅱ-400			1900	50*、55*、56*	112	84			354	400	170				65.61	40.18	1.259	1.0863
				60、63、65、70、71、75	142	107												
				80	172	132												
LMZ10-Ⅰ-400 LMZ10-Ⅱ-400	2800	5600		60*、63*、65*、70、71、75	142	107	90	230	369			230	39	$MT10^{-a}_{-b}$	74.53	50.72	1.4	1.17
				80、85、90、95	172	132												
				100	212	167												

续表

型号	公称转矩 T_n/N·m 弹性件硬度 HA a/HA	b/HD	许用转速 n_p	轴孔直径 d_1、d_2、d_z	轴孔长度 Y型 L	J_1、Z型 L	$L_{推荐}$	L_0 LMZ-Ⅰ	L_0 LMZ-Ⅱ	D_0	B	D	C LMZ-Ⅱ	弹性件型号	质量 LMZ-Ⅰ	质量 LMZ-Ⅱ	转动惯量 LMZ-Ⅰ	转动惯量 LMZ-Ⅱ
	80±5	90±5	r·min^{-1}	mm											kg		kg·m^2	
LMZ10-Ⅰ-500 LMZ10-Ⅱ-500	2800	5600	1500	60*、63*、65*、70、71、75	142	107	90	230	423	500	210	230	54	MT10$^{-a}_{-b}$	110.6	64.14	3.472	3.0039
				80、85、90、95	172	132												
				100	212	167												
LMZ11-Ⅰ-500 LMZ11-Ⅱ-500	4500	9000		70、71、75	142	107	100	260	448			260		MT11$^{-a}_{-b}$	121.7	81.75	3.715	3.1957
				80*、85*、90、95	172	132												
				100、110、120	212	167												
LMZ12-Ⅰ-630 LMZ12-Ⅱ-630	6300	12500	1200	80、85*、90、95	172	132	115	297	523	630	265	300	52	MT12$^{-a}_{-b}$	213.7	133.8	10.24	9.0441
				100、110、120、125	212	167												
				130	252	202												
LMZ13-Ⅰ-710 LMZ13-Ⅱ-710	11200	20000	1050	90*、95	172	132	125	323	583	710	300	360	60	MT13$^{-a}_{-b}$	341.6	195.93	19.99	16.4898
				100、110*、120、125*	212	167												
				130、140、150	252	202												
LMZ14-Ⅰ-800 LMZ14-Ⅱ-800	12500	25000	950	100*、110、120、125	212	167	135	333	633	800	340	400		MT14$^{-a}_{-b}$	510.1	294.51	39.36	37.985
				130、140、150	252	202												
				160	302	242												

注：1. 质量、转动惯量按 $L_{推荐}$ 最小轴孔计算近似值。

2. 带 * 号轴孔直径可用于 Z 型轴孔。

3. a、b 为两种材料的硬度代号。

4. 在标准中未给出制动轮轴向定位尺寸。为方便读者使用，本表给出冀州市联轴器厂的相关尺寸。LMZ-Ⅰ半联轴器（件号 3）长度 L 的左端面与制动轮（件号 9）的宽度 B 的中心线即 $\frac{1}{2}B$ 相重合；LMZ-Ⅱ见表中尺寸 C。

5. LMZ-Ⅰ型制动轮与半联轴器连接螺栓的预紧力矩不应小于下表规定：

螺栓规格/mm	M8	M10	M12	M16	M20
预紧力矩/N·m	26	45	80	200	400

3.9.3　梅花联轴器的许用补偿量

表 7-2-51

<table>
<tr><th colspan="4" rowspan="3">型　　号</th><th colspan="2">允许最大安装误差</th><th colspan="2">允许最大运转补偿量</th><th rowspan="2">轴向间隙
ΔX
±10%</th></tr>
<tr><th>径向
ΔY</th><th>角向
$\Delta\alpha$</th><th>径向
ΔY</th><th>角向
$\Delta\alpha$</th></tr>
<tr><th>mm</th><th>(°)</th><th>mm</th><th>(°)</th><th>mm</th></tr>
<tr><td>LM1</td><td>LMD1</td><td>LMS1</td><td>—</td><td>0.2</td><td rowspan="5">1.0</td><td>0.5</td><td rowspan="5">2.0</td><td>1.2</td></tr>
<tr><td>LM2</td><td>LMD2</td><td>LMS2</td><td>—</td><td>0.3</td><td>0.6</td><td>1.3</td></tr>
<tr><td>LM3</td><td>LMD3</td><td>LMS3</td><td>—</td><td rowspan="3">0.4</td><td rowspan="3">0.8</td><td>1.5</td></tr>
<tr><td>LM4</td><td>LMD4</td><td>LMS4</td><td>—</td><td>2.0</td></tr>
<tr><td>LM5</td><td>LMD5</td><td>LMS5</td><td>LMZ5</td><td>2.5</td></tr>
<tr><td>LM6</td><td>LMD6</td><td>LMS6</td><td>LMZ6</td><td rowspan="3">0.5</td><td rowspan="4">0.7</td><td rowspan="3">1</td><td rowspan="4">1.5</td><td rowspan="2">3.0</td></tr>
<tr><td>LM7</td><td>LMD7</td><td>LMS7</td><td>LMZ7</td></tr>
<tr><td>LM8</td><td>LMD8</td><td>LMS8</td><td>LMZ8</td><td>3.5</td></tr>
<tr><td>LM9</td><td>LMD9</td><td>LMS9</td><td>LMZ9</td><td rowspan="3">0.7</td><td rowspan="3">1.5</td><td>4.0</td></tr>
<tr><td>LM10</td><td>LMD10</td><td>LMS10</td><td>LMZ10</td><td rowspan="5">0.5</td><td rowspan="5">1.0</td><td>4.5</td></tr>
<tr><td>LM11</td><td>LMD11</td><td>LMS11</td><td>LMZ11</td><td rowspan="4">5.0</td></tr>
<tr><td>LM12</td><td>LMD12</td><td>LMS12</td><td>LMZ12</td><td rowspan="3">0.8</td><td rowspan="3">1.8</td></tr>
<tr><td>LM13</td><td>LMD13</td><td>LMS13</td><td>LMZ13</td></tr>
<tr><td>LM14</td><td>LMD14</td><td>LMS14</td><td>LMZ14</td></tr>
</table>

注：最大运转补偿量是指在工作状态允许的由于制造误差、安装误差、工作载荷变化引起的振动、冲击、变形、温度变化等综合因素形成的两轴相对偏移量。

3.10　弹性套柱销联轴器（摘自 GB/T 4323—2002）

弹性套柱销联轴器结构简单、尺寸小，质量轻，不用润滑，容易安装，更换弹性元件不需轴向移动两半联轴器，弹性元件厚度较薄，弹性变形有限，所以补偿两轴相对位移量较小，缓冲、减振性能不高，一般用于冲击载荷不大、中小功率的传动。

3.10.1　LT 型—基本型联轴器

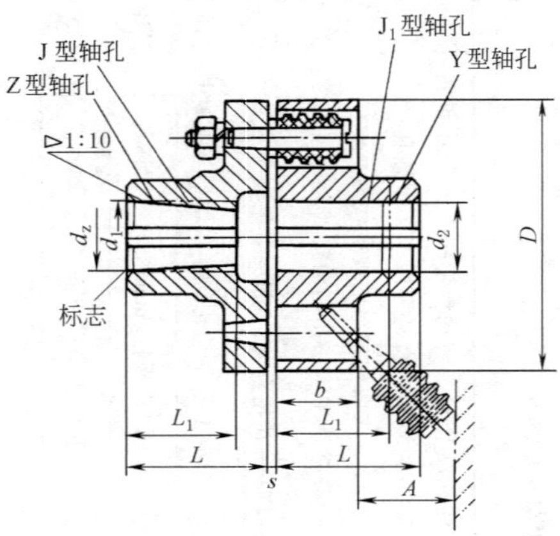

工作温度：-20～70℃。

标记示例：

LT5 弹性套柱销联轴器

主动端：J_1 型轴孔，A 型键槽，$d=30$mm，$L=50$mm

从动端：J_1 型轴孔，B 型键槽，$d=35$mm，$L=50$mm。标记为：

$$\text{LT5 联轴器}\frac{J_1 30\times50}{J_1 35\times50}\text{ GB/T 4323—2002}$$

表 7-2-52　　　　基本参数和主要尺寸

<table>
<tr><th rowspan="3">型号</th><th rowspan="3">公称转矩 T_n</th><th rowspan="3">许用转速 n_p</th><th rowspan="3">轴孔直径 d_1、d_2、d_z</th><th colspan="3">轴孔长度</th><th rowspan="3">$L_{推荐}$</th><th rowspan="3">D</th><th rowspan="3">b</th><th rowspan="3">s</th><th rowspan="3">A</th><th rowspan="3">质量</th><th rowspan="3">转动惯量</th></tr>
<tr><th>Y 型</th><th colspan="2">J、J_1、Z 型</th></tr>
<tr><th>L</th><th>L_1</th><th>L</th></tr>
<tr><td></td><td>N·m</td><td>$r\cdot min^{-1}$</td><td colspan="9">mm</td><td>kg</td><td>$kg\cdot m^2$</td></tr>
<tr><td rowspan="3">LT1</td><td rowspan="3">6.3</td><td rowspan="3">8800</td><td>9</td><td>20</td><td>14</td><td rowspan="4">—</td><td rowspan="3">25</td><td rowspan="3">71</td><td rowspan="5">16</td><td rowspan="5">3</td><td rowspan="5">18</td><td rowspan="3">0.82</td><td rowspan="3">0.0005</td></tr>
<tr><td>10、11</td><td>25</td><td>17</td></tr>
<tr><td>12、14</td><td rowspan="2">32</td><td rowspan="2">20</td></tr>
<tr><td rowspan="2">LT2</td><td rowspan="2">16</td><td rowspan="2">7600</td><td>12、14</td><td rowspan="2">35</td><td rowspan="2">80</td><td rowspan="2">1.20</td><td rowspan="2">0.0008</td></tr>
<tr><td>16、18、19</td><td rowspan="2">42</td><td rowspan="2">30</td><td rowspan="2">42</td></tr>
<tr><td rowspan="2">LT3</td><td rowspan="2">31.5</td><td rowspan="2">6300</td><td>16、18、19</td><td rowspan="2">38</td><td rowspan="2">95</td><td rowspan="4">23</td><td rowspan="4">4</td><td rowspan="4">35</td><td rowspan="2">2.20</td><td rowspan="2">0.0023</td></tr>
<tr><td>20、22</td><td rowspan="2">52</td><td rowspan="2">38</td><td rowspan="2">52</td></tr>
<tr><td rowspan="2">LT4</td><td rowspan="2">63</td><td rowspan="2">5700</td><td>20、22、24</td><td rowspan="2">40</td><td rowspan="2">106</td><td rowspan="2">2.84</td><td rowspan="2">0.0037</td></tr>
<tr><td>25、28</td><td rowspan="2">62</td><td rowspan="2">44</td><td rowspan="2">62</td></tr>
<tr><td rowspan="2">LT5</td><td rowspan="2">125</td><td rowspan="2">4600</td><td>25、28</td><td rowspan="2">50</td><td rowspan="2">130</td><td rowspan="5">38</td><td rowspan="5">5</td><td rowspan="5">45</td><td rowspan="2">6.05</td><td rowspan="2">0.0120</td></tr>
<tr><td>30、32、35</td><td rowspan="2">82</td><td rowspan="2">60</td><td rowspan="2">82</td></tr>
<tr><td rowspan="2">LT6</td><td rowspan="2">250</td><td rowspan="2">3800</td><td>32、35、38</td><td rowspan="2">55</td><td rowspan="2">160</td><td rowspan="2">9.57</td><td rowspan="2">0.0280</td></tr>
<tr><td>40、42</td><td rowspan="3">112</td><td rowspan="3">84</td><td rowspan="3">112</td></tr>
<tr><td>LT7</td><td>500</td><td>3600</td><td>40、42、45、48</td><td>65</td><td>190</td><td>14.01</td><td>0.0550</td></tr>
<tr><td rowspan="2">LT8</td><td rowspan="2">710</td><td rowspan="2">3000</td><td>45、48、50、55、56</td><td rowspan="2">70</td><td rowspan="2">224</td><td rowspan="4">48</td><td rowspan="4">6</td><td rowspan="4">65</td><td rowspan="2">23.12</td><td rowspan="2">0.1340</td></tr>
<tr><td>60、63</td><td>142</td><td>107</td><td>142</td></tr>
<tr><td rowspan="2">LT9</td><td rowspan="2">1000</td><td rowspan="2">2850</td><td>50、55、56</td><td>112</td><td>84</td><td>112</td><td rowspan="2">80</td><td rowspan="2">250</td><td rowspan="2">30.69</td><td rowspan="2">0.2130</td></tr>
<tr><td>60、63、65、70、71</td><td rowspan="2">142</td><td rowspan="2">107</td><td rowspan="2">142</td></tr>
<tr><td rowspan="2">LT10</td><td rowspan="2">2000</td><td rowspan="2">2300</td><td>63、65、70、71、75</td><td rowspan="2">100</td><td rowspan="2">315</td><td rowspan="2">58</td><td rowspan="2">8</td><td rowspan="2">80</td><td rowspan="2">61.40</td><td rowspan="2">0.6600</td></tr>
<tr><td>80、85、90、95</td><td rowspan="2">172</td><td rowspan="2">132</td><td rowspan="2">172</td></tr>
<tr><td rowspan="2">LT11</td><td rowspan="2">4000</td><td rowspan="2">1800</td><td>80、85、90、95</td><td rowspan="2">115</td><td rowspan="2">400</td><td rowspan="2">73</td><td rowspan="2">10</td><td rowspan="2">100</td><td rowspan="2">120.70</td><td rowspan="2">2.1220</td></tr>
<tr><td>100、110</td><td rowspan="2">212</td><td rowspan="2">167</td><td rowspan="2">212</td></tr>
<tr><td rowspan="2">LT12</td><td rowspan="2">8000</td><td rowspan="2">1450</td><td>100、110、120、125</td><td rowspan="2">135</td><td rowspan="2">475</td><td rowspan="2">90</td><td rowspan="2">12</td><td rowspan="2">130</td><td rowspan="2">210.34</td><td rowspan="2">5.3900</td></tr>
<tr><td>130</td><td>252</td><td>202</td><td>252</td></tr>
<tr><td rowspan="3">LT13</td><td rowspan="3">16000</td><td rowspan="3">1150</td><td>120、125</td><td>212</td><td>167</td><td>212</td><td rowspan="3">160</td><td rowspan="3">600</td><td rowspan="3">110</td><td rowspan="3">14</td><td rowspan="3">180</td><td rowspan="3">419.36</td><td rowspan="3">17.5800</td></tr>
<tr><td>130、140、150</td><td>252</td><td>202</td><td>252</td></tr>
<tr><td>160、170</td><td>302</td><td>242</td><td>302</td></tr>
</table>

注：1. 质量、转动惯量是按无孔、$L_{推荐}$计算的近似值。

2. 联轴器选用计算见本章第 2 节。

3. 联轴器轴孔和连接型式与尺寸应符合表 7-2-4 和表 7-2-6 的规定，轴孔与轴的配合见表 7-2-5 和表 7-2-7。J_1 型轴孔在 GB/T 3852（联轴器轴孔和连接型式与尺寸）中已取消。

4. 尺寸 b、s 摘自重型机械标准。

5. 生产厂家为河北冀州市联轴器厂。

第 7 篇

3.10.2 LTZ 型—带制动轮联轴器

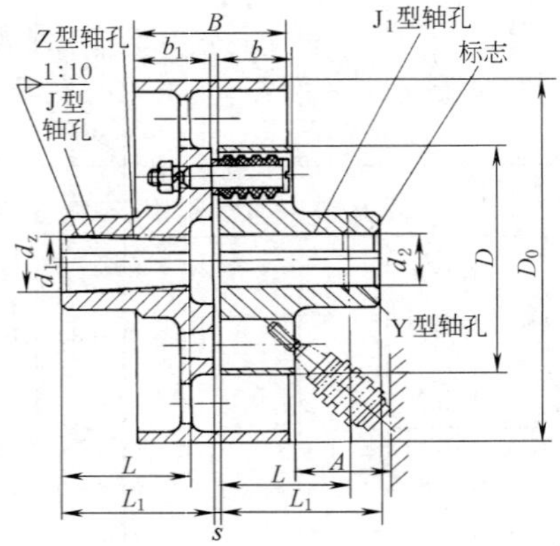

工作温度：−20~70℃。

标记示例：

LTZ10 制动轮弹性套柱销联轴器

主动端：J_1 型轴孔，A 型键槽，d=85mm，L=100mm

从动端：J_1 型轴孔，A 型键槽，d=85mm，L=100mm。标记为：

LTZ10 联轴器 $J_1$85×100 GB/T 4323—2002

表 7-2-53 基本参数和主要尺寸

<table>
<tr><th rowspan="3">型号</th><th rowspan="3">公称转矩 T_n</th><th rowspan="3">许用转速 n_p</th><th rowspan="3">轴孔直径 d_1、d_2、d_z</th><th colspan="4">轴孔长度</th><th rowspan="3">D_0</th><th rowspan="3">D</th><th rowspan="3">B</th><th rowspan="3">b</th><th rowspan="3">b_1</th><th rowspan="3">s</th><th rowspan="3">A</th><th rowspan="3">质量</th><th rowspan="3">转动惯量</th></tr>
<tr><th>Y 型</th><th colspan="2">J、J_1、Z 型</th><th rowspan="2">$L_{推荐}$</th></tr>
<tr><th>L</th><th>L</th><th>L_1</th></tr>
<tr><th></th><th>N·m</th><th>r·min^{-1}</th><th colspan="12">mm</th><th>kg</th><th>kg·m^2</th></tr>
<tr><td rowspan="2">LTZ5</td><td rowspan="2">125</td><td rowspan="2">3800</td><td>25、28</td><td>62</td><td>44</td><td>62</td><td rowspan="2">50</td><td rowspan="2">200</td><td rowspan="2">130</td><td rowspan="2">85</td><td rowspan="5">38</td><td rowspan="2">42</td><td rowspan="5">5</td><td rowspan="5">45</td><td rowspan="2">13.38</td><td rowspan="2">0.0416</td></tr>
<tr><td>30、32、35</td><td rowspan="2">82</td><td rowspan="2">60</td><td rowspan="2">82</td></tr>
<tr><td rowspan="2">LTZ6</td><td rowspan="2">250</td><td rowspan="2">3000</td><td>32、35、38</td><td rowspan="2">55</td><td rowspan="2">250</td><td rowspan="2">160</td><td rowspan="2">105</td><td rowspan="2">62</td><td rowspan="2">21.25</td><td rowspan="2">0.1053</td></tr>
<tr><td>40、42</td><td rowspan="3">112</td><td rowspan="3">84</td><td rowspan="3">112</td></tr>
<tr><td>LTZ7</td><td>500</td><td rowspan="5">2400</td><td>40、42、45、48</td><td>65</td><td rowspan="5">315</td><td>190</td><td rowspan="3">132</td><td>89</td><td>35.00</td><td>0.2522</td></tr>
<tr><td rowspan="2">LTZ8</td><td rowspan="2">710</td><td>45、48、50、55、56</td><td rowspan="2">70</td><td rowspan="2">224</td><td rowspan="4">48</td><td rowspan="4">78</td><td rowspan="4">6</td><td rowspan="4">65</td><td rowspan="2">45.14</td><td rowspan="2">0.3470</td></tr>
<tr><td>60、63</td><td>142</td><td>107</td><td>142</td></tr>
<tr><td rowspan="2">LTZ9</td><td rowspan="2">1000</td><td>50、55、56</td><td>112</td><td>84</td><td>112</td><td rowspan="2">80</td><td rowspan="2">250</td><td rowspan="4">168</td><td rowspan="2">58.67</td><td rowspan="2">0.4070</td></tr>
<tr><td>60、63、65、70</td><td rowspan="2">142</td><td rowspan="2">107</td><td rowspan="2">142</td></tr>
<tr><td rowspan="2">LTZ10</td><td rowspan="2">2000</td><td rowspan="2">1900</td><td>63、65、70、71、75</td><td rowspan="2">100</td><td rowspan="2">400</td><td rowspan="2">315</td><td rowspan="2">58</td><td rowspan="2">102</td><td rowspan="2">8</td><td rowspan="2">80</td><td rowspan="2">100.30</td><td rowspan="2">1.3050</td></tr>
<tr><td>80、85、90、95</td><td rowspan="2">172</td><td rowspan="2">132</td><td rowspan="2">172</td></tr>
<tr><td rowspan="2">LTZ11</td><td rowspan="2">4000</td><td rowspan="2">1500</td><td>80、85、90、95</td><td rowspan="2">115</td><td rowspan="2">500</td><td rowspan="2">400</td><td rowspan="2">210</td><td rowspan="2">73</td><td rowspan="2">127</td><td rowspan="2">10</td><td rowspan="2">100</td><td rowspan="2">198.73</td><td rowspan="2">4.3300</td></tr>
<tr><td>100、110</td><td rowspan="2">212</td><td rowspan="2">167</td><td rowspan="2">212</td></tr>
<tr><td rowspan="2">LTZ12</td><td rowspan="2">8000</td><td rowspan="2">1200</td><td>100、110、120、125</td><td rowspan="2">135</td><td rowspan="2">630</td><td rowspan="2">475</td><td rowspan="2">265</td><td rowspan="2">90</td><td rowspan="2">163</td><td rowspan="2">12</td><td rowspan="2">130</td><td rowspan="2">370.60</td><td rowspan="2">12.4900</td></tr>
<tr><td>130</td><td>252</td><td>202</td><td>252</td></tr>
<tr><td rowspan="3">LTZ13</td><td rowspan="3">16000</td><td rowspan="3">1000</td><td>120、125</td><td>212</td><td>167</td><td>212</td><td rowspan="3">160</td><td rowspan="3">710</td><td rowspan="3">600</td><td rowspan="3">298</td><td rowspan="3">110</td><td rowspan="3">174</td><td rowspan="3">14</td><td rowspan="3">180</td><td rowspan="3">641.13</td><td rowspan="3">30.4800</td></tr>
<tr><td>130、140、150</td><td>252</td><td>202</td><td>252</td></tr>
<tr><td>160、170</td><td>302</td><td>242</td><td>302</td></tr>
</table>

注：1. 尺寸 b、b_1 及 s 摘自重型机械标准。

2. 其他见表 7-2-52 注 1、2、3。

3.10.3 弹性套柱销联轴器的许用补偿量

表 7-2-54

<table>
<tr><th colspan="2" rowspan="3">型　　号</th><th colspan="2">允许最大安装误差</th><th colspan="2">允许最大运转补偿量</th></tr>
<tr><th>径向
ΔY</th><th>角向
Δα</th><th>径向
ΔY</th><th>角向
Δα</th></tr>
<tr><th>mm</th><th>(°)</th><th>mm</th><th>(°)</th></tr>
<tr><td>LT1</td><td></td><td rowspan="4">0.1</td><td rowspan="5">45′</td><td rowspan="4">0.2</td><td rowspan="5">1°30′</td></tr>
<tr><td>LT2</td><td></td></tr>
<tr><td>LT3</td><td></td></tr>
<tr><td>LT4</td><td></td></tr>
<tr><td>LT5</td><td>LTZ5</td><td rowspan="3">0.15</td><td rowspan="3">0.3</td></tr>
<tr><td>LT6</td><td>LTZ6</td><td rowspan="5">30′</td><td rowspan="5">1°</td></tr>
<tr><td>LT7</td><td>LTZ7</td></tr>
<tr><td>LT8</td><td>LTZ8</td><td rowspan="3">0.2</td><td rowspan="3">0.4</td></tr>
<tr><td>LT9</td><td>LTZ9</td></tr>
<tr><td>LT10</td><td>LTZ10</td></tr>
<tr><td>LT11</td><td>LTZ11</td><td rowspan="2">0.25</td><td rowspan="3">15′</td><td rowspan="2">0.5</td><td rowspan="3">30′</td></tr>
<tr><td>LT12</td><td>LTZ12</td></tr>
<tr><td>LT13</td><td>LTZ13</td><td>0.3</td><td>0.6</td></tr>
</table>

注：最大运转补偿量是指在工作状态允许的由于制造误差、安装误差、工作载荷变化引起的振动、冲击、变形、温度变化等综合因素形成的两轴相对偏移量。

3.11 弹性柱销齿式联轴器（摘自 GB/T 5015—2003）

弹性柱销齿式联轴器传递转矩较大，结构简单，质量较轻，不需润滑，更换柱销方便，不需移动两半联轴器，缓冲减振能力不高，启动有噪声，适用于载荷变化不大，无频繁启动或正反转的传动。可部分代替齿式联轴器。

3.11.1 LZ 型联轴器

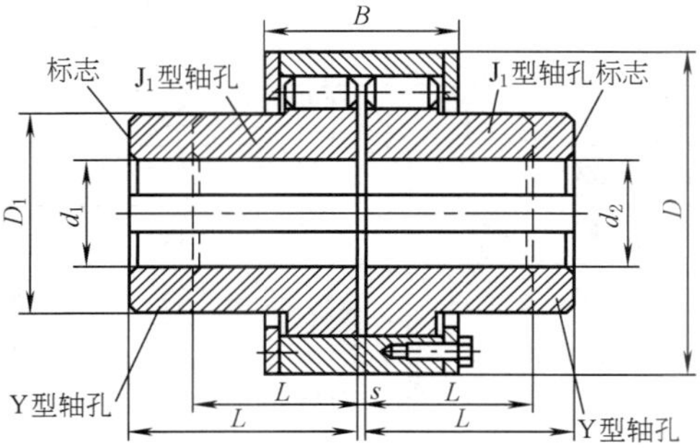

零件名称	材　　料
外齿轴套	45
内齿套	
半联轴器	
制动轮	ZG 270~500
柱销	MC 尼龙
螺栓	性能等级 8.8 级

工作温度：-20~70℃（本标准其他型式的工作温度相同）。

标记示例：

LZ3 弹性柱销齿式联轴器

主动轴：Y 型轴孔，B 型键槽，$d_1=32\text{mm}$，$L=82\text{mm}$

从动轴：J_1 型轴孔，D 型键槽，$d_2=35\text{mm}$，$L=60\text{mm}$。标记为：

$$\text{LZ3 联轴器}\frac{\text{YB}32\times82}{\text{J}_1\text{D}35\times60}\quad \text{GB/T 5015—2003}$$

表 7-2-55　　基本参数和主要尺寸

型号	公称转矩 T_n	许用转速 n_p	轴孔直径 d_1、d_2	轴孔长度 Y型	轴孔长度 J_1型	D	D_1	B	s	转动惯量	质量
				L							
	N·m	r·min^{-1}	mm							kg·m^2	kg
LZ1	112	5000	12、14	32	27	76	40	42	2.5	0.001	1.53
			16、18、19	42	30						1.60
			20、22、24	52	38						1.67
LZ2	250		16、18、19	42	30	90	50	50	2.5	0.002	2.70
			20、22、24	52	38						2.76
			25、28	62	44					0.003	2.79
			30、32	82	60						3.00
LZ3	630	4500	25、28	62	44	118	65	70	3	0.011	6.49
			30、32、35、38	82	60						7.05
			40、42	112	84					0.012	7.31
LZ4	1800	4200	40、42、45、48、50、55、56	112	84	158	90	90	4	0.044	16.20
			60	142	107					0.045	15.25
LZ5	4500	4000	50、55、56	112	84	192	120	90	4	0.100	24.82
			60、63、65、70、71、75	142	107					0.107	27.02
			80	172	132					0.108	25.44
LZ6	8000	3300	60、63、65、70、71、75	142	107	230	130	112	5	0.238	40.89
			80、85、90、95	172	132					0.242	40.15
LZ7	11200	2900	70、71、75	142	107	260	160	112	5	0.406	54.93
			80、85、90、95	172	132					0.428	59.14
			100、110	212	167					0.443	59.60
LZ8	18000	2500	80、85、90、95	172	132	300	190	128	6	0.860	89.35
			100、110、120、125	212	167					0.911	94.67
			130	252	202					0.908	87.43
LZ9	25000	2300	90、95	172	132	335	220	150	7	1.559	113.9
			100、110、120、125	212	167					1.678	138.1
			130、140、150	252	202					1.733	136.6
LZ10	31500	2100	100、110、120、125	212	167	355	245	152	8	2.236	165.5
			130、140、150	252	202					2.362	169.3
			160、170	302	242					2.422	164.0
LZ11	40000	2000	110、120、125	212	167	380	260	172	8	3.054	190.9
			130、140、150	252	202					3.249	203.1
			160、170、180	302	242					3.369	202.1
LZ12	63000	1700	130、140、150	252	202	445	290	182	8	6.146	288.5
			160、170、180	302	242					6.432	296.6
			190、200	352	282					6.524	288.0

续表

型号	公称转矩 T_n	许用转速 n_p	轴孔直径 d_1、d_2	轴孔长度 L Y 型	轴孔长度 L J_1 型	D	D_1	B	s	转动惯量	质量
	N·m	$r \cdot min^{-1}$	mm							$kg \cdot m^2$	kg
LZ13	100000	1500	150	252	202	515	345	218	8	12.76	413.6
			160、170、180	302	242					13.62	469.2
			190、200、220	352	282					14.19	480.0
			240	410	330					13.98	436.1
LZ14	125000	1400	170、180	302	242	560	390	218	8	19.90	581.5
			190、200、220	352	282					21.17	621.7
			240、250、260	410	330					21.67	599.4
LZ15	160000	1300	190、200、220	352	282	590	420	240	10	28.08	736.9
			240、250、260	410	330					29.18	730.5
			280、300	470	380					29.52	702.1
LZ16	250000	1000	220	352	282	695	490	265	10	56.21	1045
			240、250、260	410	330					60.05	1129
			280、300、320	470	380					60.56	1144
			340	550 型	450					62.47	1064
LZ17	355000	950	240、250、260	410	330	770	550	285	10	105.5	1500
			280、300、320	470	380					102.3	1557
			340、360、380	550	450					106.0	1535
LZ18	450000	850	250、260	410	330	860	605	300	13	152.3	1902
			280、300、320	470	380					161.5	2025
			340、360、380	550	450					169.9	2062
			400、420	650	540					175.4	2029
LZ19	630000	750	280、300、320	470	380	970	695	322	14	283.7	2818
			340、360、380	550	450					303.4	2963
			400、420、440、450	650	540					323.2	3068
LZ20	1120000	650	320	470	380	1160	800	355	15	581.2	4010
			340、360、380	550	450					624.5	4426
			400、420、440、450、460、480、500	650	540					669.4	4715
LZ21	1800000	530	380	550	450	1440	1020	360	18	1565	7293
			400、420、440、450、460、480、500	650	540					1715	8228
			530、560、600、630	800	680					1880	8699
LZ22	2240000	500	420、440、450、460、480、500	650	540	1520	1100	405	19	2338	9736
			530、560、600、630	800	680					2596	10631
			670、710、750	—	780					2522	9473
LZ23	2800000	460	480、500	650	540	1640	1240	440	20	3490	11946
			530、560、600、630	800	680					3972	13822
			670、710、750	—	780					3949	12826
			800、850	—	880					3982	12095

注：1. 质量、转动惯量是按 Y/J_1 轴孔组合型式和最小轴孔直径计算的。J_1 型轴孔在 GB/T 3852（联轴器轴孔和连接型式与尺寸）中已取消。

2. 短时过载不得超过公称转矩 T_n 值的 2 倍。

3. 生产厂家为冀州市联轴器厂。

3.11.2 LZD 型锥形轴孔联轴器

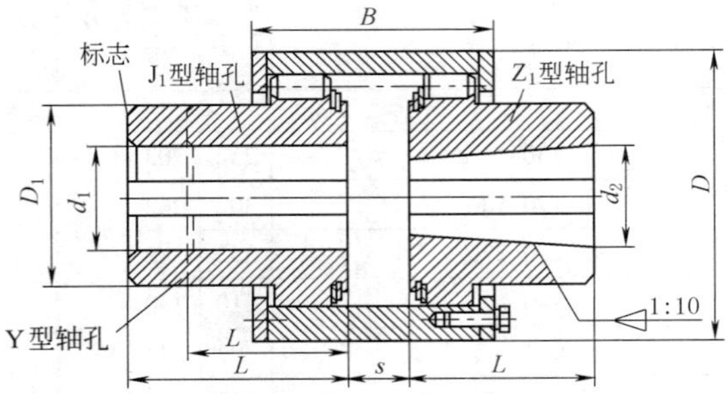

表 7-2-56　　基本参数和主要尺寸

型号	公称转矩 T_n	许用转速 n_p	轴孔直径 d_1、d_2	轴孔长度 L Y	轴孔长度 L J_1、Z_1	D	D_1	B	s	转动惯量	质量
	N·m	$r \cdot min^{-1}$	mm							$kg \cdot m^2$	kg
LZD1	112	5000	16、18、19	42	30	78	40	65	14.5	0.002	2.08
			20、22、24	52	38			70	16.5		2.25
			25、28	62	44			75	20.5		2.30
LZD2	250	5000	25、28	62	44	90	50	88	20.5	0.004	3.74
			30、32	82	60			92	24.5		3.98
LZD3	630	4500	30、32、35、38	82	60	118	65	115	25	0.015	9.43
			40、42	112	84			125	31	0.016	10.30
LZD4	1800	4200	40、42、45、48、50、55、56	112	84	158	90	145	32	0.052	22.46
			60	142	107			152	39	0.061	22.36
LZD5	4500	4000	50、55、56	112	84	192	120	145	32	0.131	29.24
			60、63、65、70、71、75	142	107			152	39	0.141	31.71
			80	172	132			158	44	0.143	30.45
LZD6	8000	3300	60、63、65、70、71、75	142	107	230	130	175	40	0.309	48.16
			80、85、90、95	172	132			178	45	0.312	47.25
LZD7	11200	2900	70、71、75	142	107	260	160	178	40	0.535	64.13
			80、85、90、95	172	132			182	45	0.546	68.38
			100、110	212	167			188	50	0.570	69.43
LZD8	18000	2500	80、85、90、95	172	132	300	190	202	46	1.091	102.7
			100、110、120、125	212	167			208	51	1.157	108.8
			130	252	202			212	56	1.105	101.7
LZD9	25000	2300	90、95	172	132	335	220	232	47	1.957	142.4
			100、110、120、125	212	167			238	52	2.097	157.5
			130、140、150	252	202			242	57	2.157	156.0
LZD10	31500	2100	100、110、120、125	212	167	355	245	240	53	2.728	184.2
			130、140、150	252	202			245	58	2.840	188.5
			160、170	302	242			255	68	2.926	184.1
LZD11	40000	2000	110、120、125	212	167	380	260	260	53	3.659	212.3
			130、140、150	252	202			265	58	3.870	225.0
			160、170、180	302	242			275	68	4.021	224.8
LZD12	63000	1700	130、140、150	252	202	445	290	282	58	7.548	325.7
			160、170、180	302	242			292	68	7.940	335.2
			190、200	352	282			302	78	8.051	327.9
LZD13	100000	1500	150	252	202	515	345	313	58	14.925	468.4
			160、170、180	302	242			323	68	15.892	513.1
			190、200、220	352	282			332	78	16.514	524.5

注：见表 7-2-55 注。

3.11.3 LZJ 型接中间轴联轴器

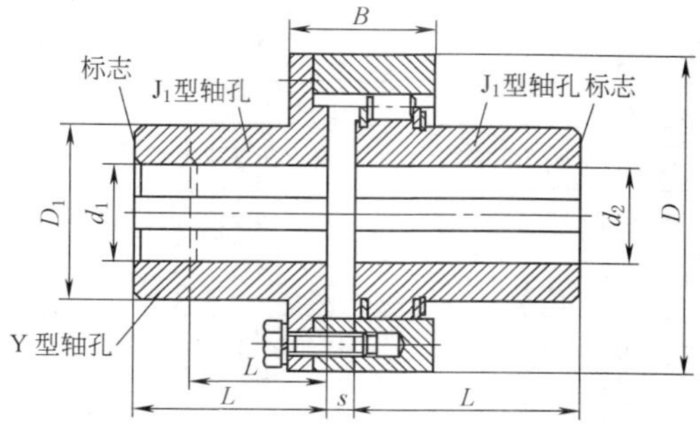

表 7-2-57　　基本参数和主要尺寸

型号	公称转矩 T_n	许用转速 n_p	轴孔直径 d_1、d_2	轴孔长度 Y	轴孔长度 J_1	D	D_1	B	s	转动惯量	质量
				L							
	N·m	r·min^{-1}	mm							kg·m^2	kg
LZJ1	112	4500	12、14	32	27	84	40	38	2.5	0.001	1.77
			16、18、19	42	30						1.83
			20、22、24	52	38					0.002	1.90
			25、28	62	44						1.87
LZJ2	250	4500	16、18、19	42	30	98	50	42	2.5	0.002	2.77
			20、22、24	52	38					0.003	2.94
			25、28	62	44						3.00
			30、32、35、38	82	60						3.18
LZJ3	630	4000	25、28	62	44	124	65	54	3	0.010	5.86
			30、32、35、38	82	60						6.42
			40、42、45、48	112	84					0.011	6.68
LZJ4	1800	4000	40、42、45、48、50、55、56	112	84	166	90	72	4	0.046	15.98
			60、63、65、70	142	107					0.047	15.04
LZJ5	4500	3600	50、55、56	112	84	214	120	72	4	0.134	27.30
			60、63、65、70、71、75	142	107					0.136	29.50
			80、85、90	172	132					0.137	27.92
LZJ6	8000	3200	60、63、65、70、71、75	142	107	240	130	86	5	0.236	39.80
			80、85、90、95	172	132					0.241	39.06
LZJ7	11200	2700	70、71、75	142	107	280	160	90	5	0.472	58.15
			80、85、90、95	172	132					0.494	62.36
			100、110、120	212	167					0.511	62.82
LZJ8	18000	2300	80、85、90、95	172	132	330	190	100	6	1.045	96.12
			100、110、120、125	212	167					1.099	101.44
			130	252	202					1.100	94.20

续表

型号	公称转矩 T_n N·m	许用转速 n_p $r \cdot min^{-1}$	轴孔直径 d_1、d_2 mm	轴孔长度 L Y mm	轴孔长度 L J_1 mm	D mm	D_1 mm	B mm	s mm	转动惯量 $kg \cdot m^2$	质量 kg
LZJ9	25000	2000	90、95	172	132	380	220	115	7	2.072	138.3
			100、110、120、125	212	167					2.193	152.5
			130、140、150	252	202					2.253	150.9
LZJ10	31500	1900	100、110、120、125	212	167	400	245	115	8	2.832	181.1
			130、140、150	252	202					2.963	185.0
			160、170	302	242					3.031	179.7
LZJ11	40000	1750	110、120、125	212	167	435	260	130	8	4.167	217.0
			130、140、150	252	202					4.368	229.3
			160、170、180	302	242					4.499	228.2
LZJ12	63000	1600	130、140、150	252	202	480	290	145	8	7.092	305.2
			160、170、180	302	242					7.393	313.3
			190、200	352	282					7.504	304.7
LZJ13	100000	1400	150	252	202	545	345	165	8	13.38	430.9
			160、170、180	302	242					14.26	474.1
			190、200、220	352	282					14.86	484.9
			240、250	410	330					14.70	441.0
LZJ14	125000	1270	170、180	302	242	600	390	170	8	22.11	606.7
			190、200、220	352	282					23.41	646.9
			240、250、260	410	330					23.98	624.7
LZJ15	160000	1200	190、200、220	352	282	630	420	190	10	31.30	773.9
			240、250、260	410	330					32.50	767.5
			280、300	470	380					32.92	739.1
LZJ16	250000	1020	220	352	282	745	490	205	10	62.78	1097
			240、250、260	410	330					66.69	1180
			280、300、320	470	380					69.31	1210
			340	550	450					69.47	1115
LZJ17	355000	920	240、250、260	410	330	825	550	225	10	108.9	1578
			280、300、320	470	380					114.3	1635
			340、360、380	550	450					118.3	1613
LZJ18	450000	830	250、260	410	330	920	605	240	13	172.0	2009
			280、300、320	470	380					181.4	2131

续表

型号	公称转矩 T_n	许用转速 n_p	轴孔直径 d_1、d_2	轴孔长度 Y	轴孔长度 J_1	D	D_1	B	s	转动惯量	质量
				L							
	N·m	r·min^{-1}	mm							kg·m^2	kg
LZJ18	450000	830	340、360、380	550	450	920	605	240	13	190.2	2168
			400、420	650	540					196.2	2136
LZJ19	630000	730	280、300、320	470	380	1040	695	255	14	317.5	2956
			340、360、380	550	450					337.7	3101
			400、420、440、450	650	540					358.1	3205
LZJ20	1120000	610	320	470	380	1240	800	285	15	654.8	4219
			340、360、380	550	450					698.4	4635
			400、420、440、450、460、480、500	650	540					744.2	4923
			530、560、600	800	680					766.6	4678
LZJ21	1800000	490	380	550	450	1540	1020	310	18	1821	7806
			400、420、440、450、460、480、500	650	540					1971	8741
			530、560、600、630	800	680					2143	9212
			670、710	—	780					2052	7971
LZJ22	2240000	460	420、440、450、460、480、500	650	540	1640	1100	330	19	2675	10296
			530、560、600、630	800	680					2937	11191
			670、710、750	—	780					2869	10033
LZJ23	2800000	430	450、480、500	650	540	1760	1240	360	20	3978	12873
			530、560、600、630	800	680					4450	14544
			670、710、750	—	780					4435	13548
			800、850	—	880					4477	12817

注：见表 7-2-55 注。

3.11.4 LZZ 型带制动轮联轴器

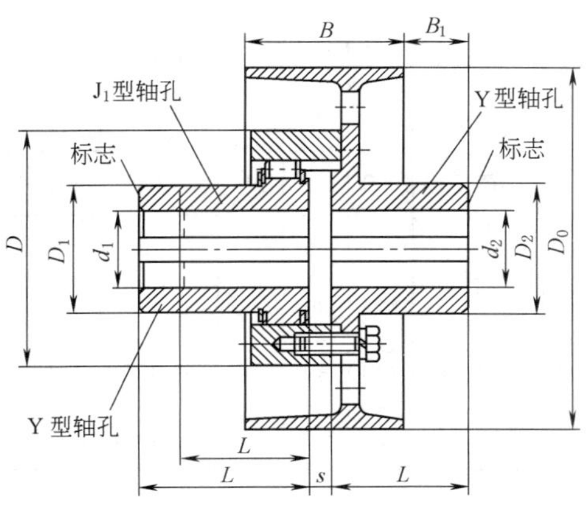

标记示例：

LZZ4 带制动轮弹性柱销齿式联轴器

主动端：J_1 型轴孔，B 型键槽，$d_1=50$mm，$L=84$mm

从动端：Y 型轴孔，A 型键槽，$d_2=60$mm，$L=142$mm。标记为：

$$\text{LZZ4 联轴器}\frac{J_1\text{B}50\times84}{60\times142}\quad \text{GB/T 5015—2003}$$

表 7-2-58　基本参数和主要尺寸

型号	公称转矩 T_n	许用转速 n_p	轴孔直径 d_1	轴孔直径 d_2	轴孔长度 Y	轴孔长度 J_1	D_0	D	D_1	D_2	B	B_1	s	转动惯量	质量
	N·m	r·min^{-1}	mm											kg·m^2	kg
LZZ1	250	4500	16、18、19		42	—	160	98	50	56	70	9	2	0.018	5.82
			20、22、24		52	38						19			6.05
			25、28		62	44						29			6.17
			30、32	30、32、35、38	82	60						49			6.64
LZZ2	630	3800	25、28		62	—	200	124	65	70	85	30	2	0.053	11.15
			30、32、35、38		82	60						50			11.77
			40、42	40、42、45、48	112	84						80			12.04
LZZ3	1800	3000	40、42、45、48、50、55、56		112	84	250	166	90	105	105	48.5	3	0.181	28.09
			60	60、63、65、70	142	107						78.5		0.183	27.54
LZZ4	4500	2450	50、55、56		112	84	315	214	120	130	135	40	3	0.534	48.75
			60、63、65、70、71、75		142	107						70		0.543	51.69
			80	80、85、90	172	132						100		0.547	50.21
LZZ5	8000	1900	60、63、65、70、71、75		142	107	400	240	130	145	170	44	3	1.404	76.51
			80、85、90	80、85、90、95	172	132						74		1.413	76.25
LZZ6	11200	1500	70、71、75		142	107	500	280	160	170	210	40	4	3.812	124.65
			80、85、90、95		172	132						70		3.841	129.73
			100、110	100、110、120	212	167						110		3.865	130.61
LZZ7	18000	1200	80、85、90、95		172	132	630	330	190	200	265	42	4	10.674	216.43
			100、110、120、125		212	167						82		10.742	222.63
			130		252	202						112		10.753	215.03
LZZ8	25000	1050	90、95		172	132	710	380	220	220	300	5	4	18.960	293.01
			100、110、120、125		212	167						45		19.089	307.92
			130、140、150		252	202						85		19.156	305.42
LZZ9	31500	950	100、110、120、125		212	167	800	400	245	245	340	40	5	33.258	403.84
			130、140、150		252	202						80		33.385	405.88
			160、170、180		302	242						130		33.446	398.57

注：见表 7-2-55 注。

3.11.5 弹性柱销齿式联轴器的许用补偿量

表 7-2-59

型　　号		LZ1～LZ3 LZD1～LZD3	LZ4～LZ7 LZD4～LZD7	LZ8～LZ13 LZD8～LZD13	LZ14～LZ17	LZ18～LZ21	LZ22～LZ23
径向 ΔY	mm	0.3	0.4	0.6	1.0		1.5
轴向 ΔX		±1.5		±2.5		±5.0	
角向 $\Delta\alpha$		0°30′					

型　　号		LZJ1～LZJ3 LZZ1、LZZ2	LZJ4～LZJ6 LZZ3～LZZ5	LZJ7、LZJ8 LZZ6、LZZ7	LZJ9、LZJ10 LZZ8、LZZ9	LZJ11～LZJ15	LZJ16～LZJ19	LZJ20～LZJ23
径向 ΔY	mm	0.15	0.2		0.3		0.50	0.75
轴向 ΔX		+1	+3	+5	+10	+15		+20
角向 $\Delta\alpha$		0°30′	$\frac{1°}{0°30′}$	$\frac{1°30′}{0°30′}$	$\frac{2°}{0°30′}$	2°	2°30′	

注：1. 径向补偿量的测量部位在半联轴器最大外圆宽度的 1/2 处。

2. 表中所列补偿量是指由于安装误差、冲击、振动、变形、温度变化等因素形成的两轴相对偏移量，其安装误差必须小于表中数值。

3.12 轮胎式联轴器（摘自 GB/T 5844—2002）

轮胎式联轴器结构简单，装拆方便，噪声小，不用润滑，径向尺寸较大，使用寿命较长，扭转刚度小，减振能力强，补偿两轴相对位移的能力较大。运转时，特别是过载时产生较大的轴向附加载荷，安装时应使联轴器有适当的轴向预压缩变形，以减轻轴向附加载荷。适用于启动频繁，正反转多变，冲击较大的传动。

3.12.1 UL 型联轴器

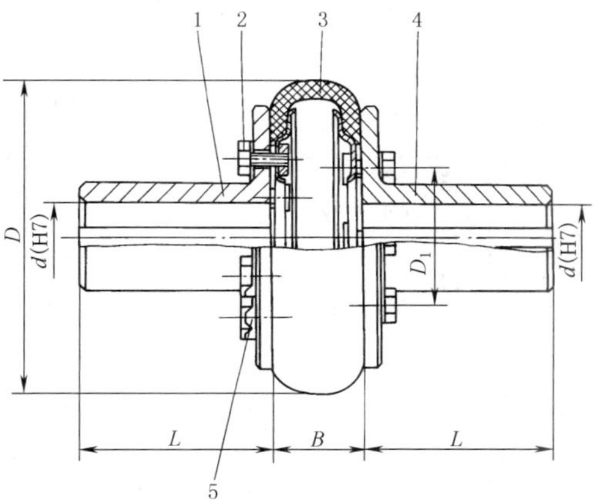

工作温度：−20～80℃。

标记示例：

例 1　UL5 轮胎式联轴器

主动端：Y 型轴孔、A 型键槽，$d=28$mm，$L=62$mm

从动端：J_1 型轴孔、B 型键槽，$d=32$mm，$L=60$mm。标记为：

$$\text{UL5 联轴器}\frac{28\times62}{J_1B32\times60}\text{GB/T 5844—2002}$$

例 2　UL8 轮胎式联轴器

主动端：Y 型轴孔、A 型键槽，$d=40$mm，$L=112$mm

从动端：Y 型轴孔、A 型键槽，$d=40$mm，$L=112$mm。标记为：

UL8 联轴器 40×112GB/T 5844—2002

件　　号	名　　称	材　　料
1,4	半联轴器	铸钢 ZG35
		锻钢 35
2	螺栓	力学性能 4.8、8.8 级
3	轮胎环	由橡胶、帘线橡胶复合材料、箍圈和骨架组成组合件
5	止退垫板	Q235

表 7-2-60　　基本参数和主要尺寸

型号	公称转矩 T_n	瞬时最大转矩 T_{max}	许用转速 n_p	轴孔直径 d(H7)	轴孔长度 L J、J_1 型	轴孔长度 L Y 型	D	B	D_1	总质量	转动惯量
	N·m	N·m	$r \cdot min^{-1}$	mm	mm	mm	mm	mm	mm	kg	$kg \cdot m^2$
UL1	10	31.5	5000	11	22	25	80	20	42	0.7	0.0003
				12、14	27	32					
				16、18	30	42					
UL2	25	80	5000	14	27	32	100	26	51	1.2	0.0008
				16、18、19	30	42					
				20、22	38	52					
UL3	63	180	4500	18、19	30	42	120	32	62	1.8	0.0022
				20、22、24	38	52					
				25	44	62					
UL4	100	315	4300	20、22、24	38	52	140	38	69	3.0	0.0044
				25、28	44	62					
				30	60	82					
UL5	160	500	4000	24	38	52	160	45	80	4.6	0.0084
				25、28	44	62					
				30、32、35	60	82					
UL6	250	710	3600	28	44	62	180	50	90	7.1	0.0164
				30、32、35、38	60	82					
				40	84	112					
UL7	315	900	3200	32、35、38	60	82	200	56	104	10.9	0.0290
				40、42、45、48	84	112					
UL8	400	1250	3000	38	60	82	220	63	110	13.0	0.0448
				40、42、45、48、50	84	112					
UL9	630	1800	2800	42、45、48、50、55、56	84	112	250	71	130	20.0	0.0898
				60	107	142					
UL10	800	2240	2400	45*、48*、50、55、56	84	112	280	80	148	30.6	0.1596
				60、63、65、70	107	142					
UL11	1000	2500	2100	50*、55*、56*	84	112	320	90	165	39.0	0.2792
				60、63、65、70、71、75	107	142					
UL12	1600	4000	2000	55*、56*	84	112	360	100	188	59.0	0.5356
				60*、63*、65*、70、71、75	107	142					
				80、85	132	172					
UL13	2500	6300	1800	63*、65*、70*、71*、75*	107	142	400	110	210	81.0	0.8960
				80、85、90、95	132	172					
UL14	4000	10000	1600	75*	107	142	480	130	254	145	2.2616
				80*、85*、90*、95*	132	172					
				100、110	167	212					

续表

型号	公称转矩 T_n	瞬时最大转矩 T_{max}	许用转速 n_p	轴孔直径 d(H7)	轴孔长度 L J、J_1 型	轴孔长度 L Y 型	D	B	D_1	总质量	转动惯量
	N·m		r·min^{-1}	mm						kg	kg·m^2
UL15	6300	14000	1200	85*、90*、95*	132	172	560	150	300	222	4.6456
				100*、110*、120*、125*	167	212					
UL16	10000	20000	1000	100*、110*、120*、125*、130、140	167 202	212 252	630	180	335	302	8.0924
UL17	16000	31500	900	120*、125*	167	212	750	210	405	561	20.0176
				130*、140*、150*	202	252					
				160*	242	302					
UL18	25000	59000	800	140*、150*	202	252	900	250	490	818	43.0530
				160*、170*、180*	242	302					

注：1. 轴孔直径带＊者，结构允许制成J型轴孔。

2. 联轴器轴孔和连接型式及尺寸见表7-2-4，轴孔与轴的配合见表7-2-5。J_1型轴孔在GB/T 3852（联轴器轴孔和连接型式与尺寸）中已取消。

3. 联轴器选用计算见本章第2节。

4. 冶金设备用轮胎式联轴器另有标准JB/T 10541—2005。

5. 生产厂家为冀州市联轴器厂、北京古德高机电技术有限公司、沈阳市三环机械厂。

3.12.2 轮胎式联轴器许用补偿量

表7-2-61

许用补偿量		联轴器型号 UL1	UL2	UL3	UL4	UL5	UL6	UL7	UL8	UL9
径向 Δy	mm	1.0		1.6				2.0	2.5	
轴向 Δx	mm	1.0		2.0				2.5	3.0	
角向 Δα		1°00′							1°30′	

许用补偿量		联轴器型号 UL10	UL11	UL12	UL13	UL14	UL15	UL16	UL17	UL18
径向 Δy	mm	3.0		3.6	4.0		5.0			
轴向 Δx	mm	3.6		4.0	4.5	5.0	5.6	6.0	6.7	8.0
角向 Δα		1°30′								

注：表中所列许用补偿量，是指因制造、安装误差、冲击、振动、变形、温度变化等因素形成的两轴相对偏移量。

3.13 弹性块联轴器（摘自JB/T 9148—1999）

弹性块联轴器的特点是无扭转间隙，弹性块的扭转刚度可根据传动特性要求，通过改变橡胶的配方（主要改变硬度）加以调整，具有良好的减振、缓冲性能，又能补偿两轴相对位移，且无噪声，不需润滑，装拆维修方便，但结构复杂，径向尺寸较大，转动惯量较大，主要用于大中功率、冲击振动较大的传动。

3.13.1 LK 型—基本型、LKA 型—安全销型联轴器

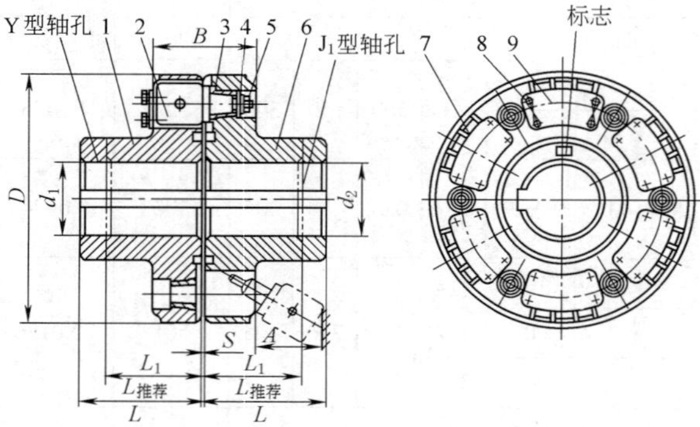

工作温度：-30～120℃。

标记示例：LK7 弹性块联轴器

主动端：Y 型轴孔、A 型键槽，d_1=220mm，L=352mm

从动端：J_1 型轴孔、B 型键槽，d_2=240mm，L_1=330mm。标记为：

$$\text{LK7 联轴器}\frac{220\times352}{J_1B240\times330}\text{JB/T 9148—1999}$$

1,6—半联轴器；2—传力臂；3—锥套；4—垫圈；5—螺母；7—弹性块；8—螺栓；9—压板

LK 型（基本型）

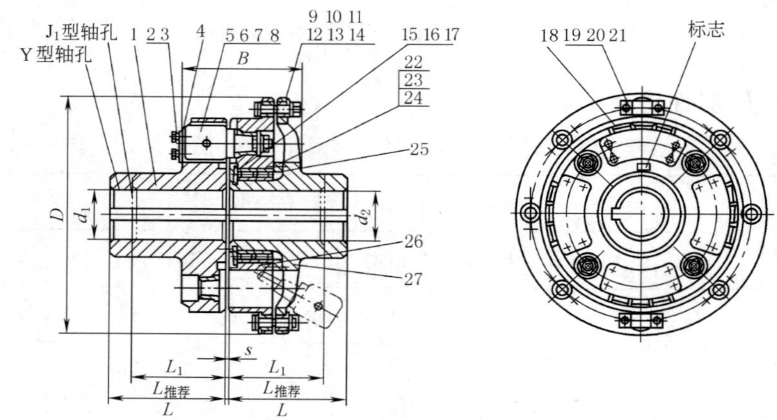

1,27—半联轴器；2,16,21,23—螺栓；3,14,17,24—垫圈；4,20—压板；5—传力臂；6—锥套；7—垫；8,13—螺母；9—安全销；10—销套；11—碟簧；12—压环；15—摩擦环；18—弹性块；19—销罩；22—止推环；25—轴承；26—中间盘

LKA 型（安全销型）

零件名称	材料
半联轴器	ZG 270-500 GB/T 11352
传力臂	45、42CrMo JB/T 6397
弹性块	橡胶
螺栓	力学性能 8.8 级 GB/T 3098.1
螺母	力学性能 8 级 GB/T 3098.2
垫圈	65Mn GB/T 93
安全销	35、45 GB/T 119

表 7-2-62　　基本参数和主要尺寸

型号	公称转矩 T_n	许用转速 n_p	轴孔直径 d_1、d_2	轴孔长度 Y 型 L	轴孔长度 J_1 型 L_1	$L_{推荐}$	D	B	s	质量	转动惯量
	N·m	r·min^{-1}	mm	mm	mm	mm	mm	mm	mm	kg	kg·m^2
LK1/LKA1	10000	1950/1275	85,90,95	172	132	150	370/500	190/245	5	125/258	4/4.32
			100,110,120	212	167						
LK2/LKA2	16000	1750/1195	95	172	132	170	415/550	208/250		200/364	5.2/6.10
			100,110,120,125	212	167						
			130	252	202						
LK3/LKA3	25000	1600/1100	110,120,125	212	167	185	450/600	225/260		265/462	6.3/7.32
			130,140,150	252	202						
LK4/LKA4	40000	1400/1020	130,140,150	252	202	210	520/700	260/280		338/700	21.5/22.35
			160,170,180	302	242						
LK5/LKA5	63000	1200/955	160,170,180	302	242	230	600/750	275/300	6/5	580/790	26.6/35.1
			190,200,220	352	282						
LK6/LKA6	100000	1170/890	190,200,220	352	282	260	620/800	285/325	6	625/850	29.3/65.3
			240,250,260	410	330						
LK7/LKA7	125000	1080/750	220	352	282	280	670/900	295/345		780/930	55/83.2
			240,250,260	410	330						
			280	470	380						
LK8/LKA8	160000	990/630	240,250,260	410	330	300	730/1000	305/370	6/7	880/1200	80/100
			280,300,320	470	380						
LK9/LKA9	200000	950/595	260	410	330	320	760/1100	315/395		1075/1500	100/140
			280,300,320	470	380						
			340	550	450						
LK10/LKA10	250000	920/560	280,300,320	470	380	345	790/1150	345/425	7/8	1270/1810	120/185
			340,360	550	450						
LK11/LKA11	315000	820/500	300,320	470	380	360	850/1200	380/450		1545/2300	192/249
			340,360,380	550	450						
LK12/LKA12	400000	790/450	320	470	380	380	910/1300	420/485		1820/2800	255/382
			340,360,380	550	450						
			400	650	540						

续表

型号	公称转矩 T_n	许用转速 n_p	轴孔直径 d_1、d_2	轴孔长度 Y型 L	轴孔长度 J_1型 L_1	$L_{推荐}$	D	B	s	质量	转动惯量
	N·m	$r \cdot min^{-1}$	mm							kg	$kg \cdot m^2$
LK13/LKA13	500000	750/410	360,380	550	450	400	960/1400	460/520	8/10	2245/3400	332/515
			400,420,440	650	540						
LK14/LKA14	630000	690/320	400,420,440,450,460,480	650	540	450	1050/1550	505/570		2670/4520	520/902
LK15/LKA15	900000	600/250	440,450,460,480,500	650	540	500	1200/1750	550/650	10	4401/6610	708/1630
			530	800	680						
LK16/LKA16	1250000	535/225	460,480,500	650	540	520	1350/1900	570/720	10/12	4870/9300	1248/2790
			530,560	800	680						
LK17/LKA17	1600000	480/220	530,560,600,630	800	680	600	1500/2080	650/765	12/15	5900/11700	1930/3950
LK18/LKA18	2000000	450/190	560,600,630	800	680	650	1600/2200	730/800		7000/13400	2650/5300
			670	900	780						
LK19/LKA19	2500000	420/155	630	800	680	680	1700/2300	780/915		8850/15670	4080/7296
			670,710,750	900/—	780						
LK20/LKA20	3150000	380/130	710,750			750	1900/2500	820/1040		12060/19890	5500/10650
			800,850	1000/—	880						

注：1. 质量、转动惯量是近似值。

2. 瞬时最大转矩不得超过公称转矩 T_n 的 1.5 倍。

3. 轴孔和键槽型式见表 7-2-4，轴孔与轴的配合见表 7-2-5。J_1 型轴孔在 GB/T 3852（联轴器轴孔和连接型式与尺寸）中已取消。

4. 联轴器选用计算见本章第 2 节。

5. 生产厂家为成都市新星机械有限公司、沈阳三环机械厂。

3.13.2 弹性块联轴器许用补偿量

表 7-2-63

许用补偿量	型号 LK1~LK4 LKA1	型号 LK5~LK15 LKA2~LKA11	型号 LK16~LK18 LKA12~LKA14	型号 LK19~LK20 LKA15~LKA20
轴向 ΔX /mm	±1.5	±2	±2.5	±3
径向 ΔY /mm	0.5	0.8		1
角向 $\Delta\alpha$	0°30′		0°15′	

注：1. 表中所列许用补偿量是指工作状态允许的由于制造误差、安装误差和工作载荷变化，引起的冲击、振动、机座变形、温度变化等综合因素所形成的两轴相对偏移的补偿能力。

2. 安装误差应小于许用补偿量的 1/2。

3.14 新型星形联轴器

新型星形联轴器的弹性元件为星形式（或称凸爪式），具有缓冲减振、不需润滑、维护方便的特点，具有补偿两轴相对偏移的能力。适用温度为-40~100℃，适用于载荷变化不大、工作平稳、频繁启动、正反转、中低速、中小功率的传动。

3.14.1 LMX 型星形联轴器

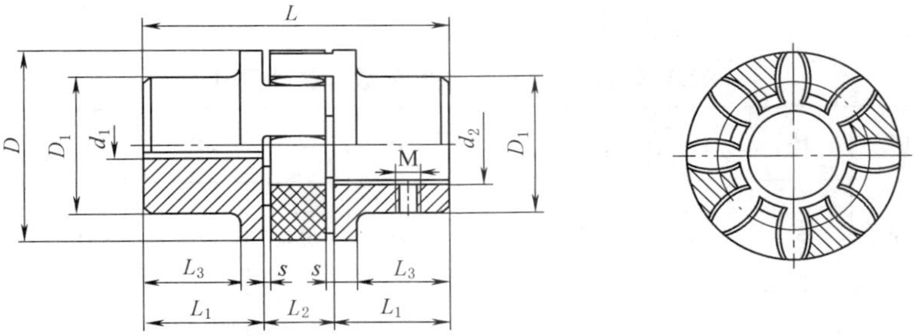

表 7-2-64　　LMX 型联轴器基本参数和主要尺寸

规格	额定转矩 /N·m	最高转速 /r·min^{-1}	转动惯量 /kg·m^2	主要尺寸/mm									质量 /kg
				d_1、d_2	D	D_1	L	L_1	L_2	L_3	M	s	
16	15	19000	0.00005	6~16	30	30	50	18	13	—	M4	1.5	0.10
19	20	14000	0.00008	6~19	40	32	66	25	16	20	M5	2	0.30
24	70	10600	0.0002	8~24	55	40	78	30	18	24		2	0.61
28	190	9500	0.0007	8~28	65	48	90	35	20	28	M8	2.5	1.00
38	380	8500	0.002	10~38	80	66	114	45	24	27		3	2.08
42	530	8000	0.004	10~42	95	80	126	50	26	40		3	3.21
48	620	7100	0.006	10~48	105	95	140	56	28	45		3.5	4.41
55	820	6300	0.012	15~55	120	105	160	65	30	52	M10	4	6.64
65	1250	5600	0.025	15~65	135	120	185	75	35	57		4.5	10.13
75	1950	4750	0.054	20~75	160	135	210	85	40	63		5	16.03
90	4800	3750	0.139	30~90	200	160	245	100	45	72	M12	5.5	27.50
100	6800	3350	0.245	30~115	225	180	270	110	50	89		6	38.50
110	8000	3000	0.435	40~125	255	200	295	120	55	96	M16	6.5	54.0
125	10000	2650	0.85	40~145	290	230	340	140	60	112		7	81.8
140	14500	2360	1.4	40~160	320	255	375	155	65	124	M20	7.5	109.7
160	20000	2000	2.72	60~180	370	290	425	175	75	140		9	162.7
180	23500	1800	4.95	85~200	420	325	475	195	85	156		10.5	230.8

注：1. 键槽根据孔径的尺寸按照国标制作。
2. 星形弹性体与标准 GB/T 5272 中的弹性体不同，它具有较好的缓冲、减振性能。
3. 生产厂家为北京古德高机电技术有限公司。该公司还生产 LMX-K 型星形联轴器、LMX-S 型双节式星形联轴器。

3.14.2 LMX-Z 胀套式星形联轴器

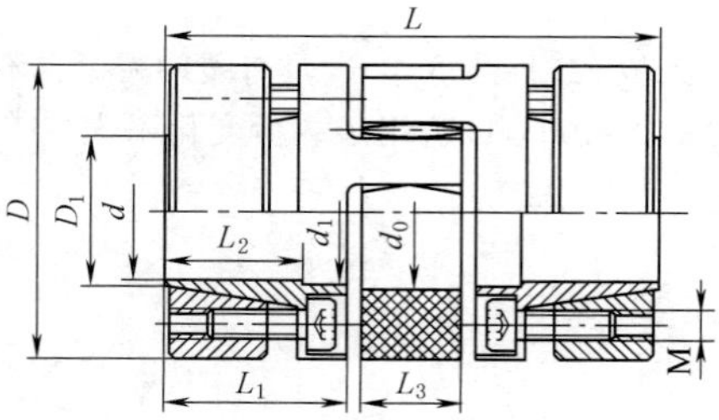

表 7-2-65　LMX-Zn 型联轴器基本参数和主要尺寸

规　格		14	16	19	24	25	35	40	42	45	50	68	80
额定转矩 /N·m		7.5	5	10	17	35	95	190	265	310	375	660	1200
最高转速 /r·min^{-1}		19000	14000	14000	10600	10600	8500	7100	6000	5600	5000	4400	3800
转动惯量 $\times10^{-6}$/kg·m^2		11	37	46	136	201	438	1325	3003	5043	10020	16040	34750
主要尺寸 /mm	d	14	16	19	24	25	35	40	42	45	50	68	80
	D	32	37.5	50	50	55	65	80	95	105	120	135	160
	D_1	17	20	23	28	30	40	46	52	52	55	74	87
	d_0	10.5	18	18	27	30	38	46	51	60	68	70	82
	d_1	17	19	22	29	30	40	46	55	60	68	72	80
	L	50	66	66	78	78	90	114	126	140	160	185	210
	L_1	18.5	25	25	30	30	35	45	50	56	65	75	85
	L_2	15.5	21	21	25	25	30	40	45	50	58	62	70
	L_3	10	12	12	14	14	15	18	20	21	22	26	30
螺钉	型号	4×M3	6×M4		4×M5		8×M5	8×M6	4×M8		4×M10	4×M12	
	拧紧力矩 M_A/N·m	1.89	3.05		8.5			14	35		69	125	
质量/kg		0.08	0.16	0.19	0.33	0.44	0.64	1.32	2.23	3.09	4.74	6.8	10.0

注：1. 其中 d 为最大尺寸值。

2. 星形弹性体的形状与 LMX 型相同。

3. 生产厂家为北京古德高机电技术有限公司。该公司还生产 LMX-Zw 型胀套式星形联轴器。

3.14.3 LMX-F 法兰式星形联轴器

A型

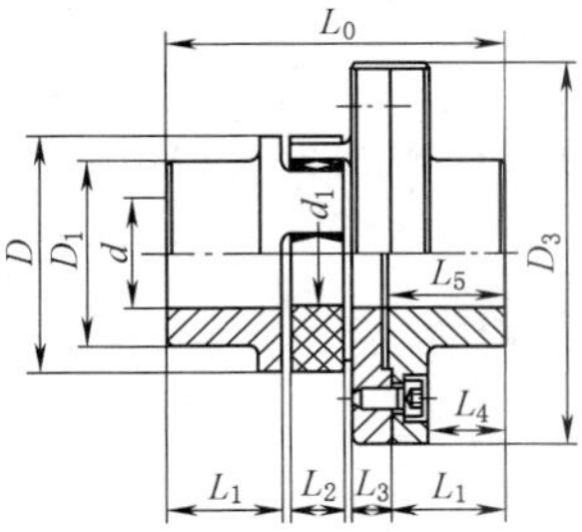

B型

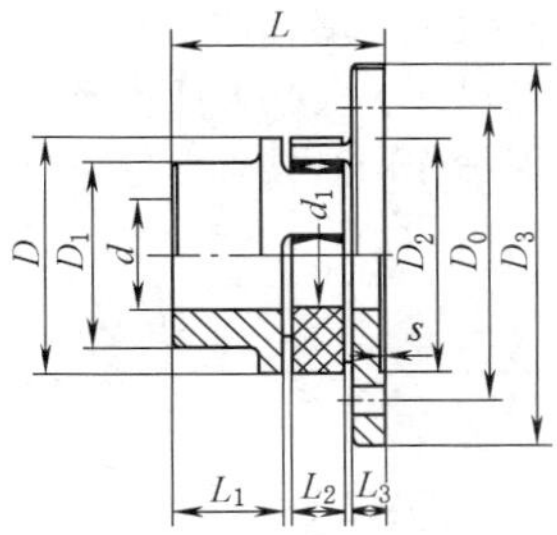

表 7-2-66　　LMX-F 型联轴器的基本参数和主要尺寸

规　格		19	24	28	38	42	48	55	65	75	90
额定转矩 /N·m		3	10.4	30	59	81	94	112	137	325	793
最高转速 /r·min^{-1}		14000	10600	8500	7100	6000	5600	4750	4250	3550	2800
转动惯量 /kg·m^2	A	0.0002	0.0006	0.002	0.004	0.01	0.014	0.032	0.054	0.104	0.244
	B	0.0001	0.0004	0.001	0.002	0.005	0.008	0.018	0.029	0.06	0.144
主要尺寸 /mm	d	6~19	8~24	10~28	12~38	14~42	15~48	20~55	22~65	30~75	40~90
	D	40	55	65	80	95	105	120	135	160	200
	D_0	50	65	80	95	115	125	145	160	185	225
	D_1	32	40	48	66	75	85	98	115	135	160
	D_2	40	55	65	80	95	105	120	135	160	200
	D_3	65	80	100	115	140	150	175	190	215	260
	d_1	18	27	30	38	46	51	60	68	80	100
	L_0	74	86	100	124	138	152	176	201	229	265
	L	49	56	65	79	88	96	111	126	144	165
	L_1	25	30	35	45	50	56	65	75	85	100
	L_2	12	14	15	18	20	21	22	26	30	34
	L_3	8	8	10	10	12	12	16	16	19	20
	L_4	17	22	25	35	38	44	49	59	66	80
	L_5	26	31	36	46	51	57	66	76	87	102
	s	1.5				2				2.5	3
螺钉		5×M4		6×M6		6×M8	8×M8	8×M10	10×M10	10×M12	12×M12
质量/kg		0.4	0.65	1.1	1.9	3	3.9	6.3	8.7	13.5	22

注：1. 键槽根据孔径的尺寸按照国标制作。

2. 生产厂家为北京古德高机电技术有限公司。

3.15 链轮摩擦式安全联轴器

这种联轴器是滚子链联轴器与摩擦转矩限制器（即摩擦安全离合器）的组合，转矩根据碟形弹簧压缩量而确定。减小了轴向尺寸，安装方便。当传动转矩未超过限定值时，起联轴器作用；当过载时，会自动打滑并断电报警，具有过载保护作用。具有少量减振、缓冲和两轴相对偏移的补偿功能。一般用于启动频繁且需要安全保护的传动。

MC-C 型轻型安全联轴器

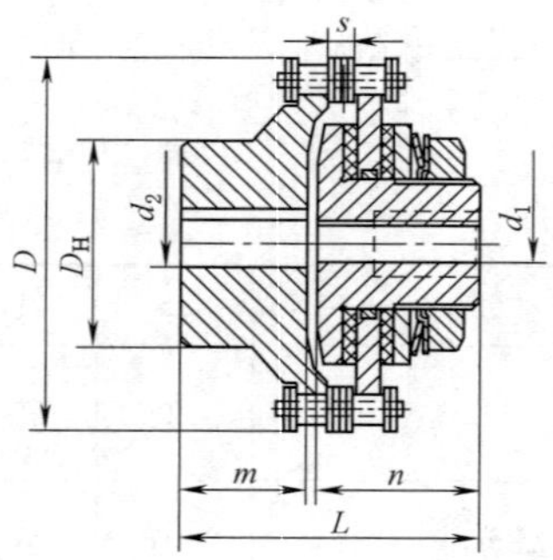

MC200-C

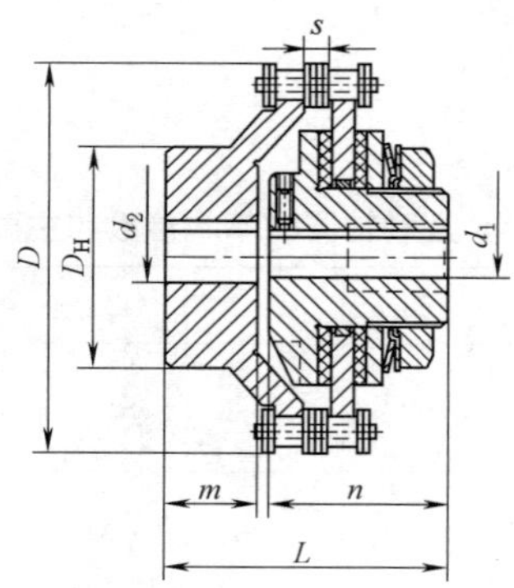

MC250-C，MC350-C

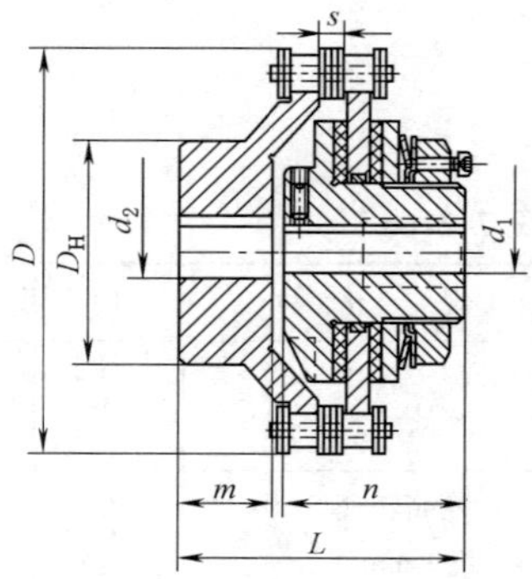

MC500-C，MC700-C

表 7-2-67　　MC-C 型轻型系列基本参数与主要尺寸

型号	转矩范围 /N·m	孔径 d_1 (d_2) /mm	最高转速 /r·min^{-1}	链轮齿数 z	节圆直径 P_0/mm	链轮节距 P/mm	外形与安装尺寸/mm						质量 /kg
							D	D_H	L	m	n	s	
MC200-1LC	1.0~2.0	7~14 (8~31)	1200	16	65.10	12.7	76	50	55	24	29	7.5	1.0
MC200-1C	2.9~9.8												
MC200-2C	6.9~20												
MC250-1LC	2.9~6.9	10~22 (13~38)	1000	22	89.24	12.7	102	56	76	25	48	7.4	1.9
MC250-1C	6.9~27												
MC250-2C	14~54												
MC350-1LC	9.8~20	17~25 (13~45)	800	24	121.62	15.875	137	72	103	37	62	9.7	4.2
MC350-1C	20~74												
MC350-2C	34~149												
MC500-1LC	20~49	20~42 (18~65)	500	28	170.13	19.05	188	105	120	40	76	11.6	10
MC500-1C	47~210												
MC500-2C	88~420												
MC700-1LC	49~118	30~64 (23~90)	400	28	226.85	25.40	251	150	168	66	98	15.3	26
MC700-1C	116~569												
MC700-2C	223~1080												

注：1. 本产品带报警器。

2. 订货时除型号外还应提供孔径（d_1、d_2）。

3. 生产厂家为北京古德高机电技术有限公司。

4. 本表型号联轴器与同厂生产的 TL200-C、TL250-C、TL350-C、TL500-C、TL700-C 转矩限制器参数、尺寸完全相同。

MC-C 型重型安全联轴器

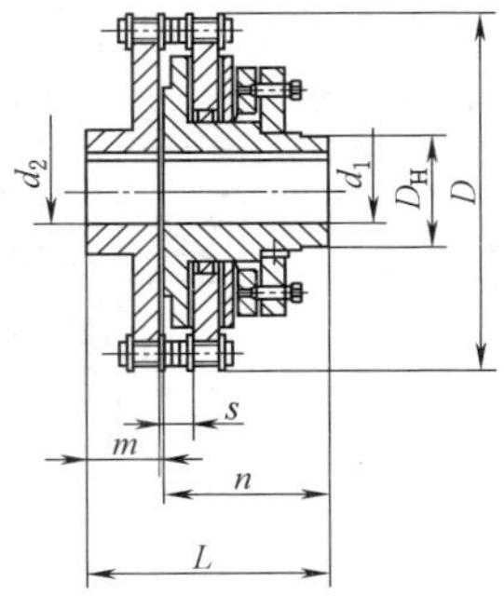

MC10–C

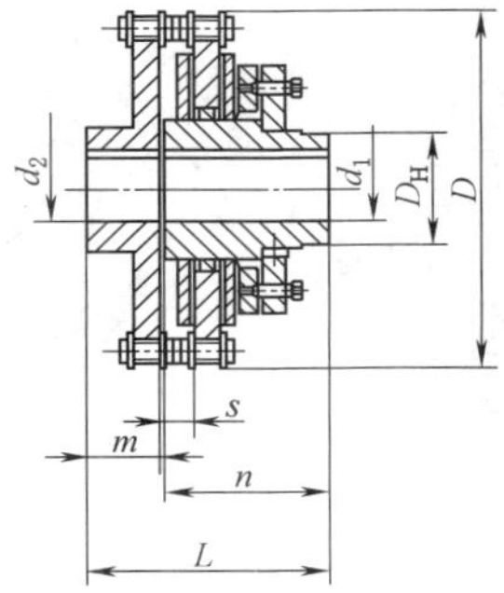

MC14–C

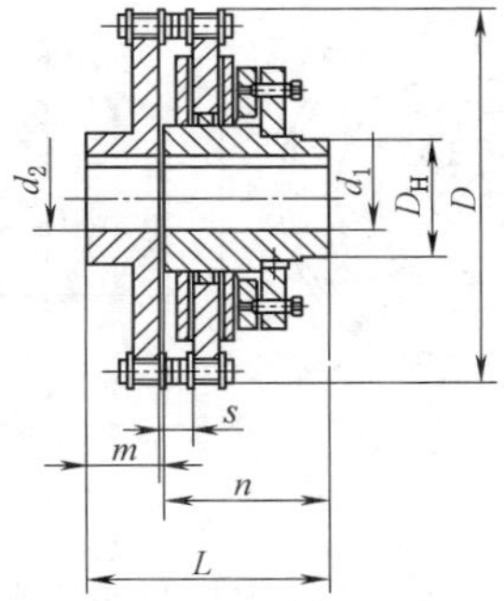

MC20–C

表 7-2-68　　MC-C 型重型系列基本参数与主要尺寸

型　号	转矩 /N·m	孔径 $d_1(d_2)$ /mm	最高转速 /r·min^{-1}	质量 /kg
MC10-16C	392~1274	30~72 (33~95)	300	66
MC10-24C	588~1860			
MC14-10C	882~2666	40~100 (38~118)	200	140
MC14-15C	1960~3920			
MC20-6C	2450~4900	50~130 (43~150)	100	285
MC20-12C	4606~9310			

型　号	外形与安装尺寸/mm					
	D	D_H	L	m	n	s
MC10-16C	355	137	189	71	115	26.2
MC10-24C						
MC14-10C	470	167	235	80	150	30.1
MC14-15C						
MC20-6C	631	237	300	120	175	30.1
MC20-12C						

注：同表 7-2-67 注。

3.16　GZ1-C 型钢球安全联轴器

这种联轴器是 GZ1 型钢球转矩限制器（离合器）与滚子链联轴器的组合，调整压紧弹簧可以限定传递的转矩，加上位移传感器可以实现自动报警，起安全作用。

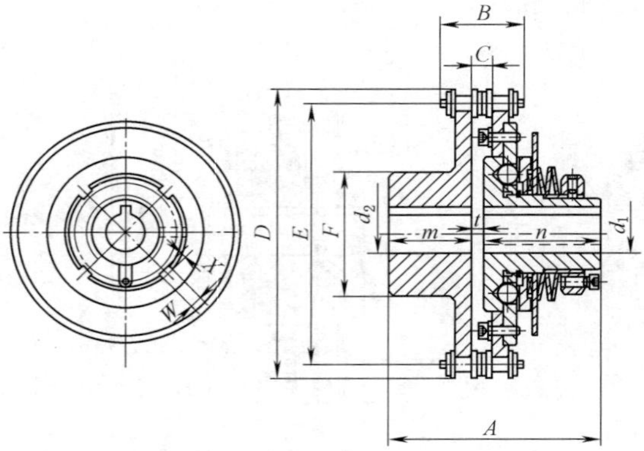

GZ1 20-C,GZ1 30-C,GZ1 50-C

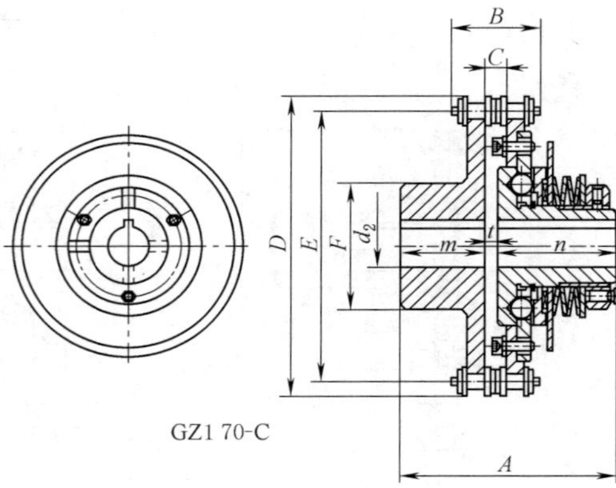

GZ1 70-C

表 7-2-69　　　GZ1-C 型系列基本参数与主要尺寸

型　　号	转矩 /N·m	最高转速 /r·min^{-1}	孔径 d_1 (d_2)/mm	飞轮矩 GD^2 /N·m^2	外形及安装尺寸/mm											质量 /kg
					A	B	C	D	E	F	m	n	t	W	X	
GZ1 20-HC	9.8~44	700	8~20 (12.5~42)	12.5	76	32.6	7.4	117.4	105.3	63	25	47	4	5	2	2.5
GZ1 30-LC	20~54	500	120~30 (18~48)	37.9	93	40.5	9.7	146.7	131.7	73	28	60	5	6	2.5	4.8
GZ1 30-HC	54~167															
GZ1 50-LC	69~147	300	22~50 (18~55)	177	126	51.0	11.6	200.3	182.2	83	40	81	5	8	3.5	12.2
GZ1 50-MC	137~421															
GZ1 50-HC	196~539															
GZ1 70-HC	294~1080	160	32~70 (28~75)	897	165	64.8	15.3	283.2	259.1	107	45	110	10	—	—	32.0

注：1. 同表 7-2-67 注。

2. 本表型号联轴器与同厂生产的 TGB 20-C~TGB 50-C、TGB 70-C 转矩限制器参数、尺寸完全相同。

4　液力偶合器

液力偶合器是利用液体动能和势能来传递动力的一种液力传动设备。具有如下的优点。①无级调速。在电机转速恒定下可以无级调节工作机的转速，与传统的节流调节相比可以大量节省电能。②轻载或空载启动电动机和逐步启动大惯量负载，提高异步电机的启动能力。③防护动力过载，偶合器泵轮和涡轮之间没有机械联系，转矩是通过油来传递的，是一种柔性和有滑差的传动。当负载的阻力矩突然增大时，其滑差可以增大，甚至制动，电机可继续运转而不致停车。④均匀多台电机之间的负载分配。在多台电机驱动同一负载时，允许各台电机的转速稍有差别，使各台电机的负载分配均匀。⑤可隔离振动，缓和冲击。⑥可方便实现离合。偶合器流道充油即接合，将油排空即脱离。⑦除轴承外无磨损件，工作可靠，寿命长。因此，在冶金、发电、矿山、市政工程、化工、运输、纺织和轻工等部门中，得到了广泛的应用。

4.1 分类及其结构特点

表 7-2-70

名称		特性	结构特点
普通型		过载系数大，一般为 6~7，有的甚至高达 20 左右。具有平稳启动、隔离振动、缓和冲击的作用	结构简单，无限矩和调速的结构，工作腔容积大
限矩型	静压倾泄式（牵引型）	提高原动机的启动能力，平稳地启动大惯量工作机，隔离振动，缓和冲击，协调多台原动机的载荷分配；在运转中不能调速和脱离，防护动力过载性能较差	涡轮出口处有挡板，外侧有辅油室、泵轮无支承结构，流道内定量部分充油，壳体风冷散热，多带挠性联轴器，有过热保护易熔塞
	动压倾泄式	提高原动机启动能力，平稳地启动大惯量工作机，隔离振动，缓和冲击，防护传动系统动力过载，协调多台原动机间载荷分配；不能调速和脱离	泵轮中心部分有内辅室，泵轮无支承结构，定量部分充油，壳体风冷散热，多带挠性联轴器或输出端装带轮，有过热保护易熔塞
	延充式	用于启动困难的和大惯量的工作机时，在启动过程中电动机可具有较低的载荷，防护动力过载，隔离振动，缓和冲击，协调多台原动机间载荷分配；不能调速和脱离	有内辅室和外辅室，泵轮无支承结构，定量部分充油，壳体风冷散热，有过热防护易熔塞，多带挠性联轴器
调速型	进口调节式	无载启动原动机，逐步可控地启动大惯量工作机，无级调速，隔离振动，缓和冲击，协调多台原动机间载荷分配，便于实现远操纵和电脑自动控制，可以实现接合和脱离	勺管进口调节，自带储油用旋转油壳，泵轮无支承结构，偶合器重量有部分悬挂在原动机（和工作机）轴上，小功率（<50kW）时用壳体风冷散热，功率较大时则有油外循环管路和冷却器，带有挠性联轴器，偶合器轴向尺寸较短，安装时同心度要求较高
	出口调节式	无载启动原动机，逐步可控或快速启动大惯量工作机，无级调速，隔离振动，缓和冲击，协调多台原动机的载荷分配，便于实现远操纵和电脑自动控制，可以实现接合和脱离，适用于各种不同的特殊环境	勺管出口调节，双支梁结构，有支持轴承的箱体和底部油箱，具有冷却供油系统和较为齐全的辅助设备（供油泵、冷却器、滤油器等），因有坚实的箱体支承，运转中尤其在高速下较为稳定，不易振动；偶合器重量和轴向尺寸较大，造价也较进口调节式略高
	进出口调节式	无载启动大功率异步电动机，逐步可控地启动锅炉给水泵或高速鼓风机，无级调速，可在高转速大功率下进行可靠的运转，实现远操纵和自动控制	勺管动作与进油控制阀联动，勺管出口调节的同时，也对进入偶合器流道的流量进行有规律控制，以达调速的高度灵敏；常带有增（减）速齿轮，与偶合器一起组装于同一箱体内，偶合器布置于传动齿轮的高速轴上，悬臂梁结构，滑动轴承

4.2 传动原理

液力偶合器（图 7-2-8）由主动轴，泵轮 B，涡轮 T，从动轴和转动外壳等主要部件组成。泵轮和涡轮一般轴向相对布置，几何尺寸相同，在轮内有许多径向辐射叶片。在偶合器内充以工作油。运转时，主动轴带动泵轮旋转，叶轮流道中的油在叶片带动下因离心力的作用，由泵轮内侧（进口）流向外缘（出口），形成高压高速油流冲击涡轮叶片，使涡轮跟随泵轮作同方向旋转。油在涡轮中由外缘（进口）流向内侧（出口）的流动过程中减压减速，然后再流入泵轮进口（如图中箭头所示），如此循环不已。在这种循环流动中，泵轮将输入的机械功转换为油的动能和势能，而涡轮则将油的动能和势能转换为输出的机械

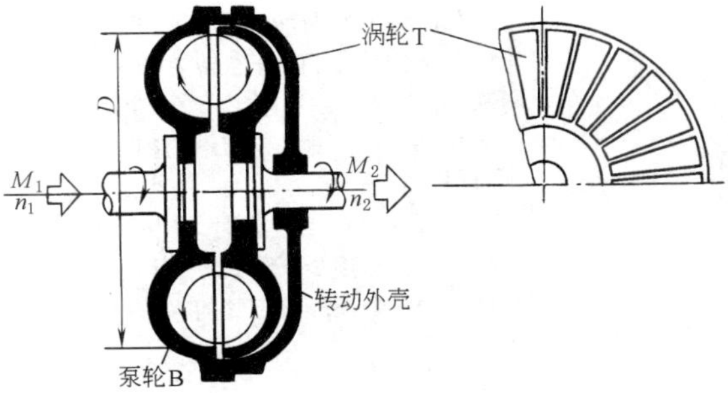

图 7-2-8　液力偶合器的结构原理图

功，从而实现由主动轴到从动轴的动力传递。若用机构放去偶合器中的油，则叶轮就无法传递动力，因此，利用充油或放油，即可实现主、从动轴的接合和脱离。

泵轮和涡轮的内壁与叶片之间的空间为油循环流动的通道，称为流道。流道的最大直径 D 称为偶合器有效直径。

4.3 基本关系和特性

表 7-2-71 偶合器的基本关系

名　　称	公　　式	说　　明
稳定运转下各转矩之间的关系	$M_B=M_T=M$ $M_1\approx M\approx M_2$	M_1——输入(主动)轴转矩 M_2——输出(从动)轴转矩 M_B——泵轮液力转矩 M_T——涡轮液力转矩 M——偶合器所传转矩 关系式中忽略了不大的外壳鼓风、轴承和油封的阻力转矩,工程上允许这种忽略
液力效率 η_y	$\eta_y=\dfrac{M_T n_2}{M_B n_1}=\dfrac{n_2}{n_1}=i$	$i=\dfrac{n_2}{n_1}=\dfrac{n_T}{n_B}$ ——转速比
滑差(转差率)S	$S=\dfrac{n_1-n_2}{n_1}=1-i=1-\eta_y$	在传递额定转矩时,偶合器的输出转速要比输入转速约低 2%~5%,即额定滑差 $S^*=0.02\sim0.05$
偶合器效率 η	$\eta=i\left(1-\dfrac{\sum\Delta N}{N_1}\right)=\eta_y\eta_m$	$\sum\Delta N$——偶合器空转时功率损失 N_1——偶合器输入轴功率 η_m——机械效率
过载系数 T_g	$T_g=\dfrac{M_{max}}{M_e}$	M_{max}——偶合器最大转矩,一般出现在 $i=0$ 工况 M_e——偶合器所传的额定转矩

表 7-2-72 特性

名　　称	图 形 及 说 明
外特性 $M=f(i)$	在流道全充油,n_B 和油的密度 ρ 为定值下,偶合器转矩 M 随 i 的变化关系见图 M——转矩对额定点 e 的相对值 当 i 由零到 1 变化时,M 由某一最大值逐步下降到零。具体曲线图形还随流道几何参数不同而异 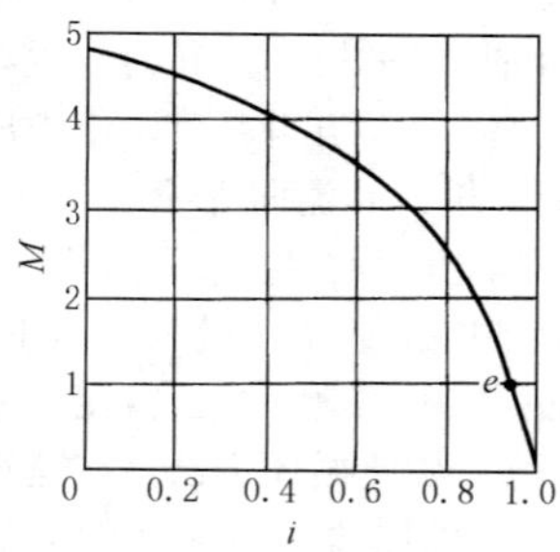

续表

名　　称	图 形 及 说 明
部分充油特性 $M=f(i,q)$	在 n_B 和 ρ 不变下，M 随流道中油充满程度 q 和 i 的变化关系见图。流道未充满（$q<1.0$）时，M 均低于外特性曲线，曲线具体形状随不同流道几何参数有所区别。有局部不稳定区（阴影部分） 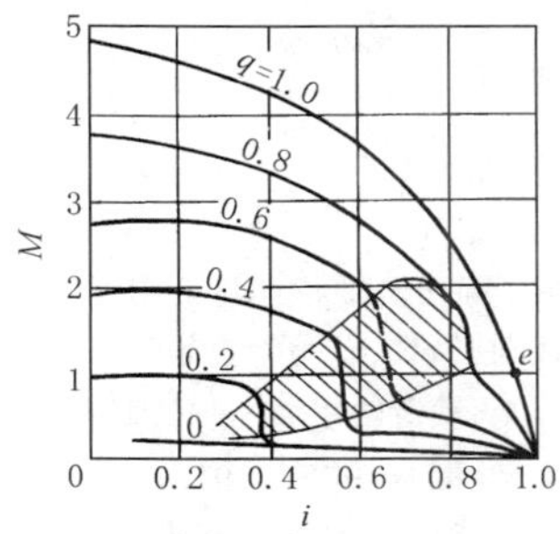
无因次（原始）特性 $\lambda=f(i)$	转矩无因次系数 $\lambda=\dfrac{M}{\rho n_B^2 D^5}$ 转矩系数有因次 $\lambda=\dfrac{M}{\rho g n_B^2 D^5}=f(i)$ 称原始特性，后者工程上通用。表示一系列流道几何相似偶合器的共性，并忽略 Re 数对 λ 的不大影响。可以推算出某偶合器在不同 n_B 和 ρ 时的 M 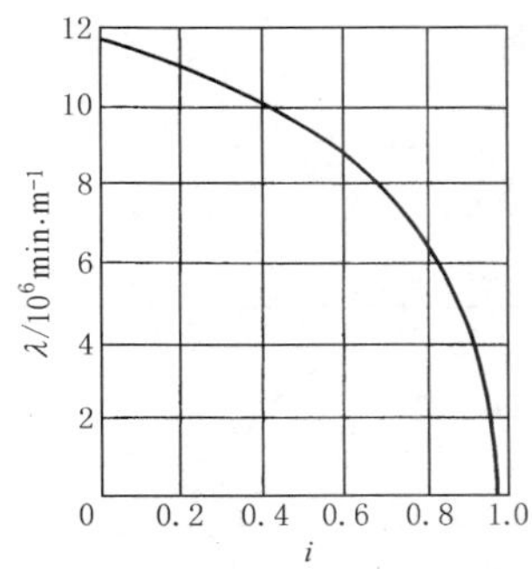
与原动机的匹配特性	$M_D=M_1=M=\rho g\lambda_i n_B^2 D^5$； $n_D=n_B$； λ_i 可取自原始特性 $\lambda=f(i)$，任选一 i 必可得对应该 i 的 λ_i 所选原动机特性由该原动机制造厂提供 i^* 时抛物线应通过额定工况点 e 原动机转矩 M_D，转速 n_D，电机电流 I 和偶合器转矩 M 随涡轮转速 n_T（或输出转速 n_2）的变化关系 可以看出 $n_T=0$ 时，$n_D\neq0$，且常可大于柴油机最低稳定转速 n_{Dmin}，柴油机可不致熄火 当 kg 小于电动机的 $\dfrac{M_{Dmax}}{M_{De}}$ 时，如果工作机突然发生卡住或动力过载（$n_T=0$），电动机可在最大转矩右侧附近运转，不致失速（或闷车） 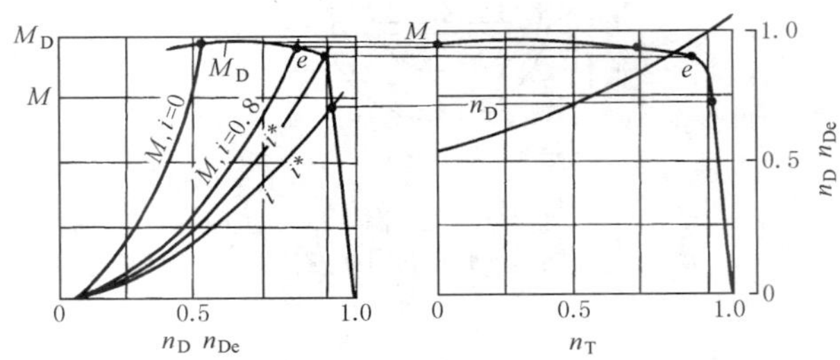 偶合器与柴油机匹配 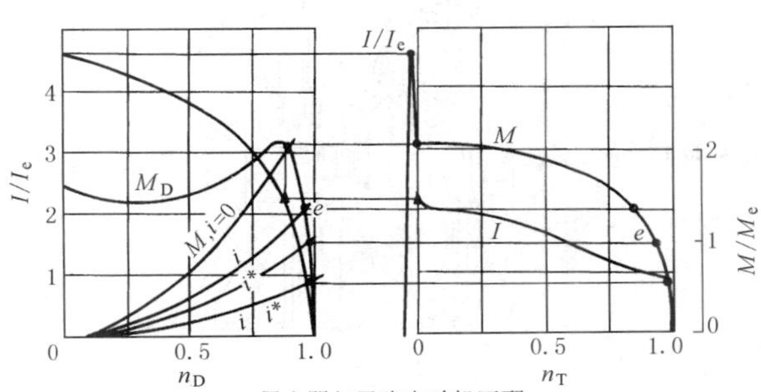 偶合器与异步电动机匹配

续表

名　　称	图 形 及 说 明
调速特性	部分充油特性与工作机(载荷)特性 $M_2=f(n_2)$ 相配合 1—载荷转矩 $M_2 \propto n_2^2$，调速范围 $i=0.25 \sim 0.97$； 2—恒转矩载荷 $i=0.4 \sim 0.97$； 3—减转矩载荷 $i \approx 0.68 \sim 0.97$ 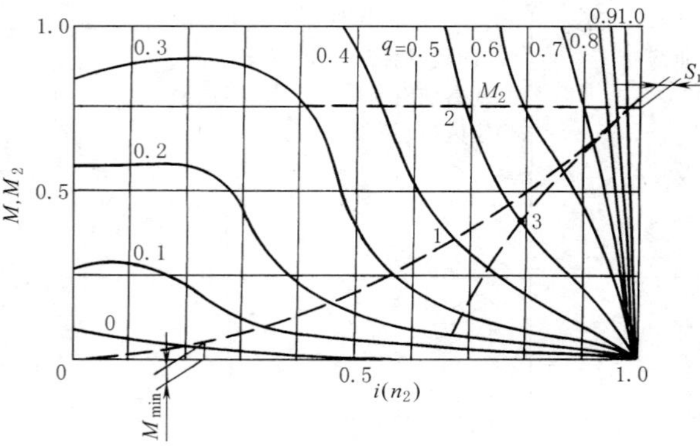

表 7-2-73　　　　调速原理

调 速 形 式	调 速 原 理 及 说 明
勺管，出口调节	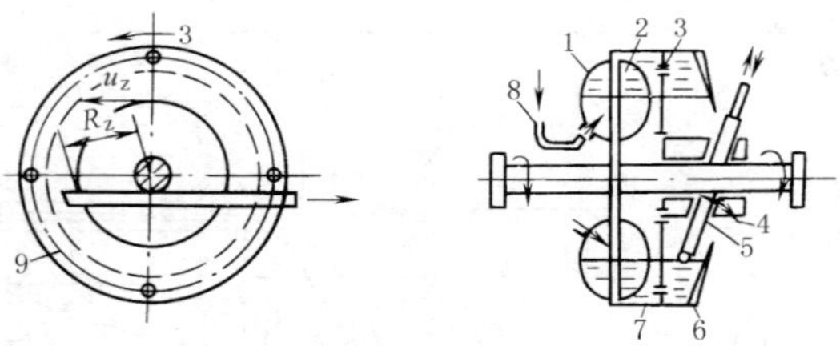 导管口调节原理 1—泵轮；2—涡轮；3—流通孔；4—排油；5—导管；6—副叶片；7—转动外壳；8—进油管；9—旋转油环 由外部油泵供应的进入偶合器流道的流量不变，勺管排油能力大于供油，流道内存油面(即充油度 q)与勺管孔口齐平，移动勺管于最内和最外缘两极限位置(即全充油和排空)之间任一位置，可得对应充油度 q 和输出转速 n_2，实现无级调速
勺管和喷嘴，进口调节	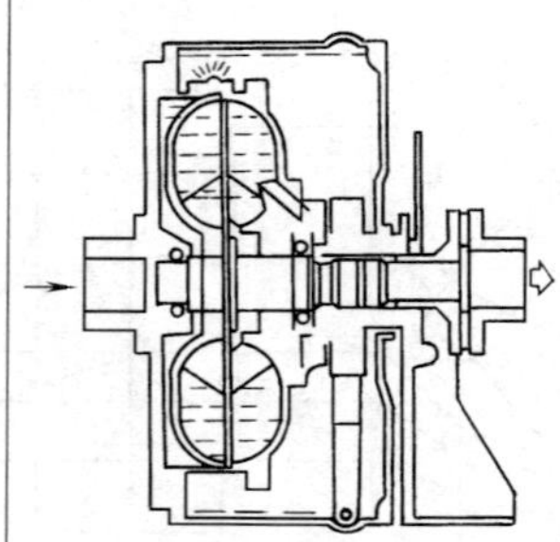 (a) 输出全速 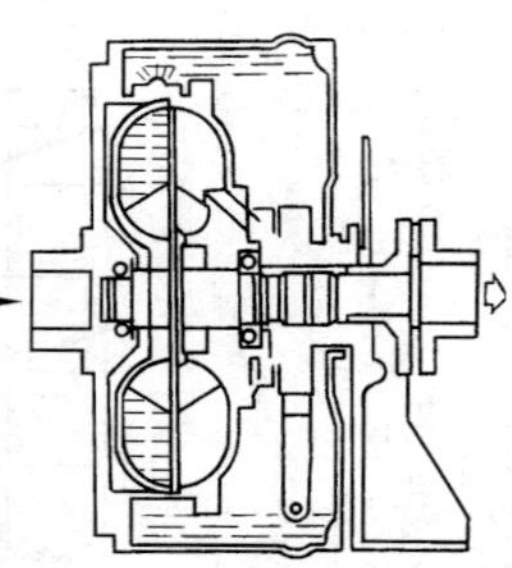 (b) 输出最低速 流道外侧有数个喷油嘴常开连续喷油，流道的充满程度视勺管提供的油量而定。勺管伸入最下侧(外缘)，旋转油壳内存油几乎全由勺管勺取供应流道，流道全充满，输出轴全速；勺管拉起至上限位置，流道内油由喷嘴排入旋转油壳，流道排空，输出最低速，勺管置于两极限位置之间，即得对应流道充油度 q 和输出转速 n_2 实现无级调速

表 7-2-74 限矩原理

名　　称	工作原理图及说明	
牵引型(静压倾泄式)	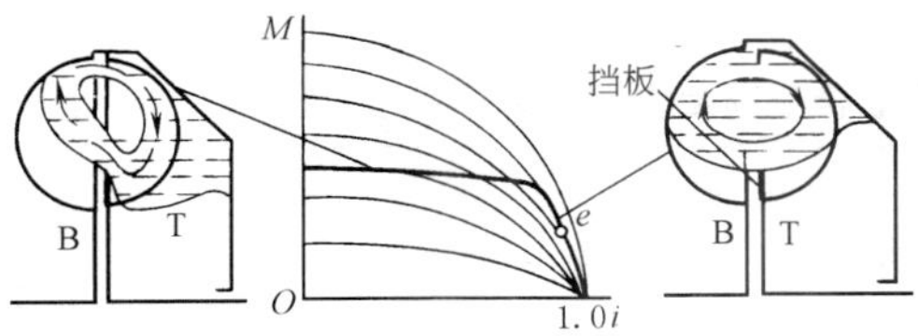	外壳与涡轮外侧有较大容积辅油室,并在外缘与流道相通。涡轮停转或低速时,辅油室油层厚度大,贮油量大,流道内部分充油,加上挡板阻流作用,限制了低速工况的过大转矩。涡轮高速时,因离心力加大,辅油室油流向流道,油层厚度与流道接近,流道充满程度增加,挡板阻流作用减弱,传递额定转矩 注入偶合器的油是定量的,并使流道部分充油
限矩型(动压倾泄式)	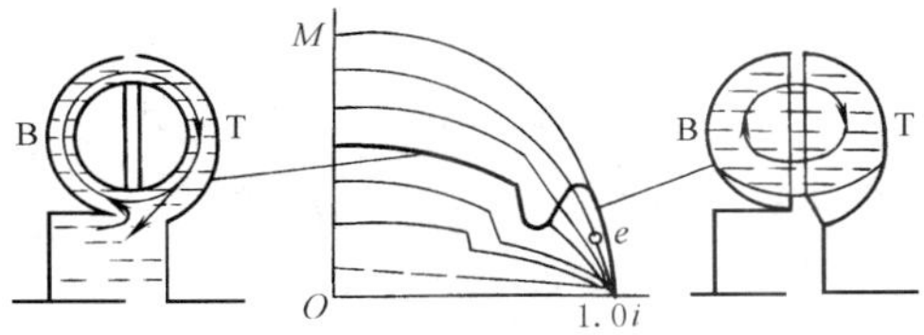	泵轮内缘设有内辅室,流道内定量部分充油。涡轮高速时,流道内油量变化不大,接近全充油,传递额定转矩。当涡轮转速降低到 $i \approx 0.8$ 以下时,反抗压头明显低于泵轮,液流结构由小循环变为大循环,冲向内辅室,满后流道变为部分充油,所传转矩降低,达到限制过大转矩的目的
限矩型(延充式)	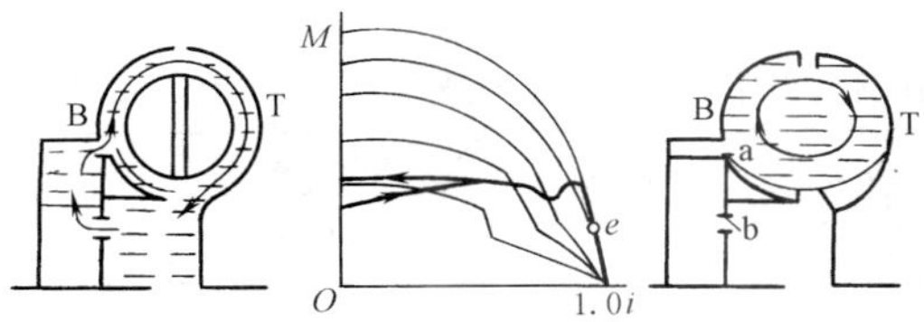	泵轮内缘有内辅室,外侧有外辅室。由静止启动时,外辅室存油由孔 a 缓缓流入流道,使所传转矩逐渐增加。反之,当涡轮突然减速时,内辅室的油一部分可经孔 b 流入外辅室,降低涡轮低转速时转矩。如采取结构措施,可减少特性中转矩跌落现象,限矩性能好
限矩型(阀控延充式)	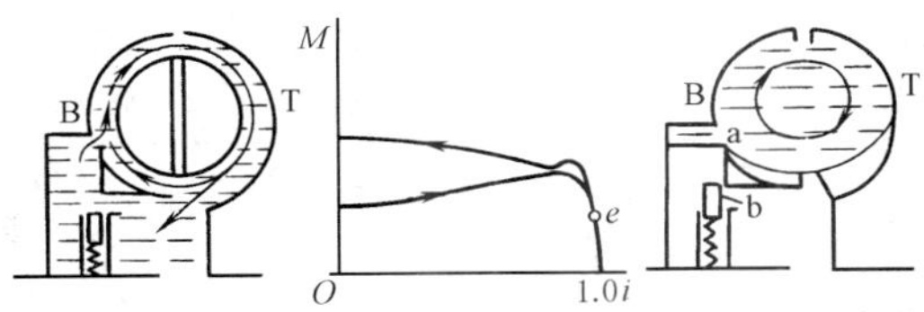	泵轮内辅室上装有延充阀。泵轮(即电动机)开始启动时,延充阀开,涡轮环流冲向内辅室后,经 b 孔大量流入外辅室,流道内充油度减小,转矩大大减小,使电机轻载快速启动。当泵轮(电动机)超过临界转速后,因离心力作用关闭,侧辅室油经 a 孔逐步进入流道,使转矩缓慢增加。涡轮失速或制动时,转矩特性与动压倾泄式类似,限矩性能好

4.4 设计原始参数及其分析

(1) 功率与转速

液力偶合器所传功率和输入转速，一般等于原动机的额定功率和额定转速。对于原动机为异步电动机的工作机，使用偶合器后可解决电机的轻载启动问题，故以工作机的额定功率作为偶合器所传功率。功率与转速通常有如下几种组合，见表 7-2-75。

表 7-2-75　偶合器功率与转速常用组合

功率与转速组合	型　式	使用目的	应用实例	设 计 要 点
小功率(<100kW)与中速(1000~1500r/min)或高速(3000r/min)	牵引型限矩型调速型	解决电动机轻载启动、工作机平稳启动、过载防护、无级调速、隔振防冲等问题	带式输送机、塔式起重机、刨煤机、破碎机、离心机、空调风机、供水泵等	除妥善解决启动、限矩和调速性能之外,应着重在结构简单、不用或简化冷却供油系统、减小尺寸重量和降低制造成本上多加研究,并应易于批量生产
中功率(300~3500kW)与低速(365~600r/min)或中速(750~1500r/min)	调速型(部分限矩型)	无级调速,无载或轻载启动,隔振防冲	水泵、泥浆泵、尾矿泵、转炉除尘风机、锅炉引风机、送风机、球磨机、挤压机等	应力求缩短轴向尺寸,简化冷却供油润滑系统
大功率(1600~20000kW)与高速(3000r/min)或超高速(4500~6000r/min)	调速型	无级调速、无载启动	电站锅炉给水泵、煤气鼓风机、舰船燃气轮机动力装置、高炉鼓风机	应着重解决高转速叶轮与转动外壳的过大应力问题,以及调速控制和冷却供油润滑系统等。这类偶合器常带有增速齿轮,因此,高速齿轮传动和轴承、振动等问题也应加以重视

(2) 滑差与效率的确定

液力偶合器在额定工况长期运转时的滑差（也叫转差率）S^* 与对应的效率 η^*，可按不同情况参照表 7-2-76 加以确定。

表 7-2-76　额定工况下的滑差 S^* 与效率 η^*

型　式	功　率 /kW	额定工况滑差 S^*	机械效率 η_m	偶合器效率 $\eta^*=(1-S^*)\eta_m$	说　明
牵引型和限矩型	≤10 >10	0.05~0.07 (常取 0.05) 0.04	约为 0.99	≥0.94 ≥0.95	S^*取小值,虽可提高传动效率,但有效直径增大,重量尺寸增加,造价也增加,还将使过载系数 T_g 增大,偶合器启动和过载防护性能不易得到保证
调速型	<1600 >1600 (带增、减速齿轮)	0.03~0.02 常取 0.03	0.985~0.992 0.98~0.99	0.955~0.972 0.95~0.97	S^*取小值,可提高传动效率,但有效直径增加,对叶轮和转动外壳的强度不利,重量尺寸增大,调速范围也将缩小
间歇工作偶合器		0.07~0.30			必须限制偶合器的重量尺寸或过载系数,又只供短期或间歇工作、经济性不重要的场合(例如塔吊走行轮驱动偶合器),S^*可选取较大的值,可大大减小有效直径、重量和造价

(3) 启动和过载防护的要求

为了有效地防护动力传动系统免于过载而破坏，和在工作机启动时充分利用异步电动机的最大转矩，偶合器的过载系数应满足表 7-2-77 的要求。

表 7-2-77　　牵引型和限矩型偶合器的过载系数 T_g

功率范围	大中功率（>500kW）	小功率（<100kW）	不　限
原动机类型	异步电动机	异步电动机	柴油机
过载系数 T_g	<3.5	<2.5~2.7	<4

(4) 调速范围

调速型偶合器的调速范围，一般已能满足使用要求（见表 7-2-78）。如要超出这一范围，可采取某些结构措施达到，但在设计之前必须加以明确。

表 7-2-78　　调速范围

工作机转矩特性	调　速　范　围	应　用　实　例
恒转矩	i=0.40~0.97	起重机，运输机，往复泵
二次抛物线转矩（$M_2 \propto n_2^2$）	i=0.20~0.97	离心风机，压气机，无背压水泵
减转矩	i=0.6~0.97（视管道静压头而异）	定背压锅炉给水泵，输油泵，离心水泵等

(5) 全程调速或离合时间（见表 7-2-79）

表 7-2-79　　全程调速或离合时间

偶合器型式	全程调速时间或离合时间/s	说　　明
出口调节式（箱体式）	10~30	视泵轮转速、供油泵排量、有效直径和勺管管径大小等不同而有所差别
进口调节式（旋转油壳式）	升速　10~30 降速　60~180	

(6) 重量尺寸

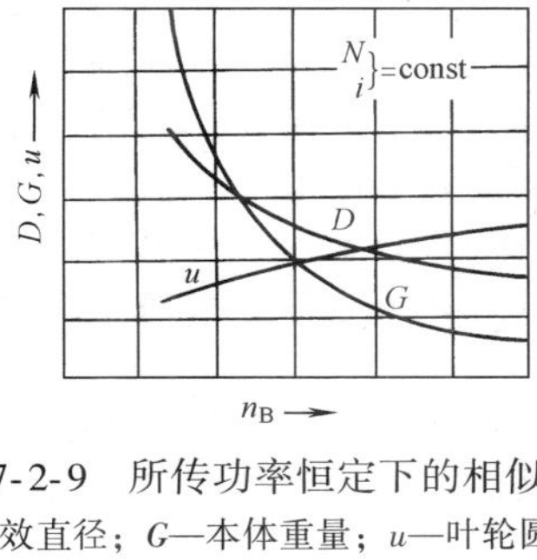

图 7-2-9　所传功率恒定下的相似规律

D—有效直径；G—本体重量；u—叶轮圆周速度

指偶合器的本体以及与本体相连的辅助结构（如箱体）的重量和尺寸。在传递同一功率的情况下，有效直径 D 与泵轮转速 $n_B{}^{3/5}$ 成反比，而偶合器本体重量 G 又与 $D^{2.7}$ 成正比。因此，为减小偶合器重量尺寸，设计时常将偶合器输入轴直接与原动机相连，或布置在转速更高的高速轴上。自然，随着输入转速增加，叶轮圆周速度 u 增大，应力也相应增加，见图 7-2-8。此外，偶合器重量尺寸在很大程度上与结构布置形式有关，在总体设计时应特别注意。

（7）振动值

偶合器在流道全充油和额定转速下运转时，在整机轴承部位所测得的振幅值（包括垂直、水平和轴向方向），一般不应大于 60~120μm（全幅），高转速偶合器和出口调节式偶合器取小值，低转速偶合器和进口调节式偶合器取大值。

（8）工作油

偶合器的工作油也作为润滑油，对油的要求是：黏度较低，润滑性适当，密度较大，无腐蚀性，闪点较高，不易产生泡沫。对于一般采用滚动轴承支承的各种偶合器，常用 20 号机械油；对带有增速（或减速）齿轮并采用滑动轴承的偶合器，为改善润滑，普遍应用 22 号透平油。近年来国内还生产液力传动专用油，可选用 6 号液力传动油。

（9）易熔塞与易熔合金

对于要求防护动力过载的偶合器，必须在流道外缘的转动外壳上安装 2~3 只易熔塞（内孔注有易熔合金的螺堵）。其目的是一旦工作机在运转中因阻力过大被卡住而停转时，仍在运转的原动机的全部功率将被偶合器吸收（此时 $S=1$，偶合器效率为零），使油温短期内剧烈上升，达某一值后易熔合金熔化，流道中油将通过易熔塞中的孔排出壳体外，流道排空，所传功率也随之切断，从而使传动系统得到了真正的保护。

易熔合金的熔点必须低于油的闪点，常取 110~140℃。对于使用环境有防爆要求的场合，应视具体情况进行慎重的选择。

4.5　流道选型设计

偶合器流道的几何参数包括：流道在轴面上的几何形状、叶片数目、厚度和角度，有无内环和挡板及它们的尺寸及辅油室的位置和容积等。不同偶合器流道、其原始特性各不相同。目前，国内外常用的几种流道和其由试验所得的原始特性列于表 7-2-80 中。

（1）流道选型原则

① 在额定工况滑差 S^*（或 i^*）时，偶合器原始特性应具有尽可能大的扭矩系数 λ^* 值。

由 $M=\rho g\lambda^* n_B^2 D^5$ 公式可见，λ^*（对应滑差 S^*）愈大，在其他相同条件下，D 可愈小，或 M 可愈大，或 S^* 可愈小。因此，λ^* 大小是偶合器各种流道进行比较时的重要指标之一。对大多数流道，$S^*=0.03$ 时 λ^* 值为 $(1.2\sim2.7)\times10^{-6}\text{min}^2/\text{m}$。国标 GB 5837—86 中规定，对调速型偶合器，$S^*\leqslant0.03$ 时要求 $\lambda^*\geqslant1.7\times10^{-6}$；限矩或牵引型偶合器，$S^*\leqslant0.04$ 时要求 $\lambda^*\geqslant1.6\times10^{-6}$。

② 对于限矩型偶合器，涡轮零速（$S=1$）工况时的转矩系数 λ_0 应尽可能小，或在规定的过载系数 T_g 之内，使偶合器有较好的过载防护性能。某些要求脱离的调速型偶合器也希望有较小的 λ_0，以减小在脱离状态下流道内部的空转损失，避免长期空转时，偶合器流道内温升过高而产生故障。

③ 对于限矩型偶合器，还希望特性曲线波动较小。这种波动常用凹陷系数 $e=\lambda_{Lmax}/\lambda_{Lmin}$ 来表示，式中 λ_{Lmax} 和 λ_{Lmin} 分别为 $d\lambda/di>0$ 区段上扭矩系数的局部最大值和最小值。e 值愈大，性能愈差，$e=1.0$ 最佳，一般 $e\leqslant1.4$。当 $e>T_g$ 时，在启动过程中偶合器就有可能不能加速到额定工况点，因而无法维持正常工作。

④ 对于绝大多数要求无级调速的工作机，一般调速偶合器无限矩要求，相反希望在 S 增加时 M 急剧增加，也即具有较“坚挺”的特性，以扩大偶合器的调速范围。

⑤ 为便于叶轮与轴、勺管装置以及辅油室等的结构布置，希望流道有较大的 d_0/D 值。对于用机械加工方法形成流道的还要求流道轴面形状简单。尽可能用径向直叶片使偶合器正反方向运转时性能相同。还应注意所选用的流道在运转中有较小的轴向推力。

上述几条原则仅供流道选型时分析比较之用，最佳的选择自然还视所设计偶合器的具体情况而定。例如将偶合器作为液力制动器（或减速器、水力测功器）时，就希望在设计工况 $S^*=1$ 时具有很大的 λ_0 以减小尺寸。这种特殊情况这里不予讨论。

表 7-2-80 国内外常用的液力偶合器流道及其原始特性

序列	流道名称	流道几何形状	原始特性	有效直径 D/m	几何参数	特性参数	叶片数目	充油度	特　点	模型情况
1	桃形	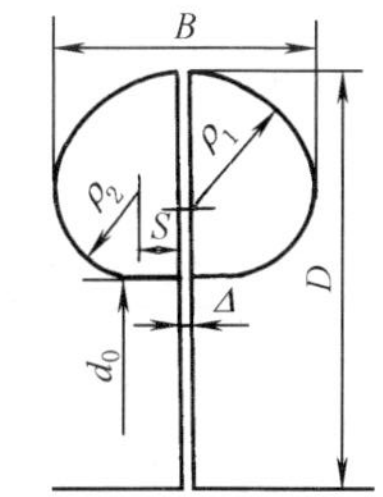	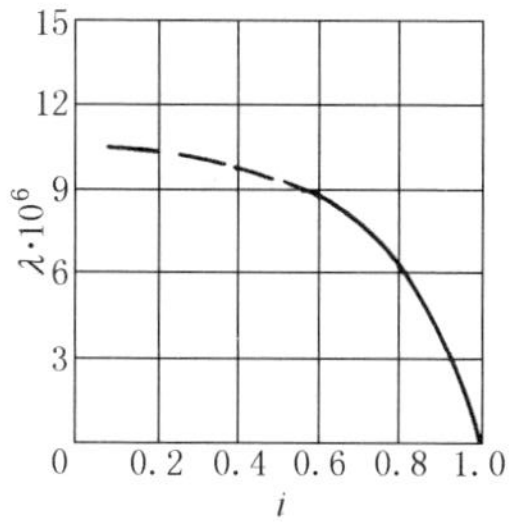	$D=\sqrt[5]{\dfrac{M_e}{\rho g\lambda^* n_{De}^2}}=\sqrt[5]{\dfrac{9555N_e}{\rho g\lambda^* n_{De}^3}}$ M_e——偶合器所传额定转矩，N·m N_e——偶合器所传的额定功率，kW ρ——工作油密度，kg/m³ g——重力加速度，g=9.81m/s² λ^*——额定工况转速比 i^*（或 S^*）时的转矩系数，min²/m 本表中 $\lambda_{0.97}$，$\lambda_{0.98}$ 和 $\lambda_{0.96}$ 所对应的 i^* 各为0.97，0.98和0.96 n_{De}——原动机或泵轮额定转速，r/min	$d_0=0.525D$ $\rho_1=0.16D$ $\rho_2=0.104D$ $S=0.05D$ $\Delta=0.01D$	$\lambda_{0.97}=(1.6\sim2.1)\times10^{-6}$ $\lambda_{0.98}=(1.2\sim1.3)\times10^{-6}$	$z_B=8.65D^{0.279}$ （D 用 mm） $z_T=z_B\pm2$	全充油	普遍用于调速型，d_0/D 较大	D=0.4m n_B=1400r/min
2	扁圆形	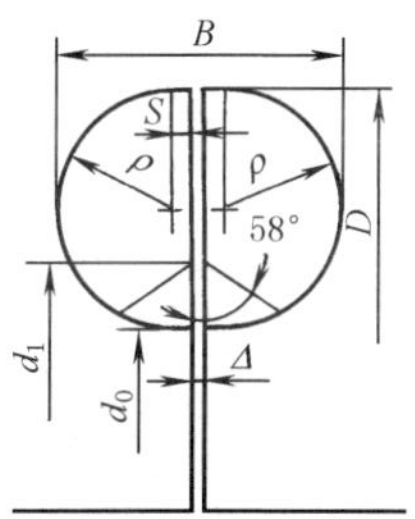	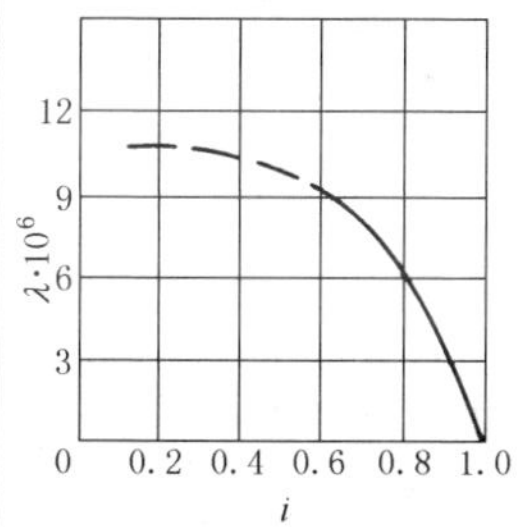		$d_0=0.415D$ $\rho=0.1465D$ $S=0.0244D$ $d_1=0.585D$ $\Delta=0.01D$	$\lambda_{0.97}=(2.0\sim2.4)\times10^{-6}$ $\lambda_{0.98}=(1.4\sim1.6)\times10^{-6}$			普遍用于调速型，d_0/D 较小，但 $\lambda_{0.97}$ 较大	D=0.36m n_B=1470 r/min
3	牵引型（静压倾泄式）	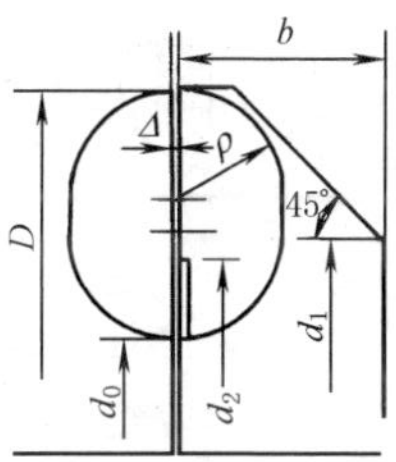	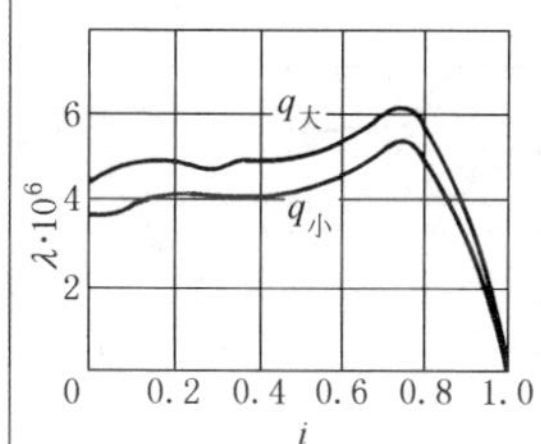		$d_0=0.32D$ $d_2=0.53D$ $d_1=0.60D$ $\rho=0.15D$ $b=0.30D$ $\Delta=0.01D$	$\lambda_{0.96}\approx1.6\times10^{-6}$ $\lambda_0=4.6\times10^{-6}$ $T_g=2.87$ $T_{gmax}=3.88$		定量部分充油	用于启动大惯量工作机	D=0.368m n_B=1450 r/min

续表

序列	流道名称	流道几何形状	原始特性	有效直径 D/m	几何参数	特性参数	叶片数目	充油度	特 点	模型情况
4	限矩型（动压倾泄式）	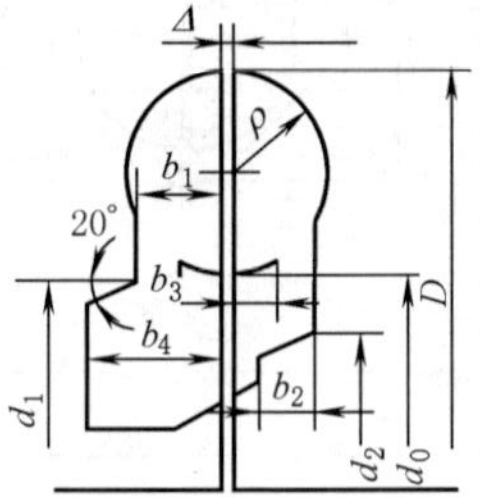	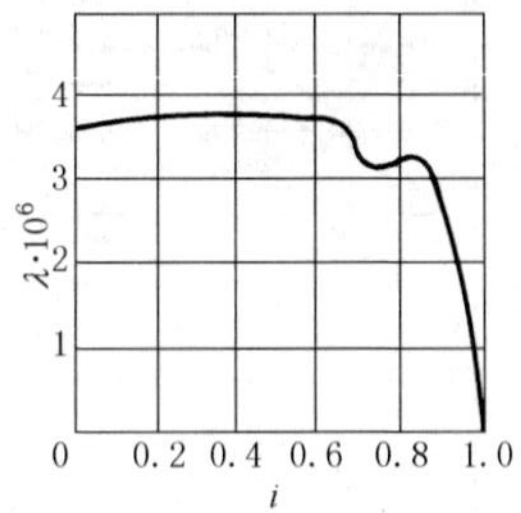	$D=\sqrt[5]{\dfrac{M_e}{\rho g\lambda^* n_{De}^2}}=\sqrt[5]{\dfrac{9555N_e}{\rho g\lambda^* n_{De}^3}}$ M_e——偶合器所传额定转矩，N·m N_e——偶合器所传的额定功率，kW ρ——工作油密度，kg/m^3 g——重力加速度，g=9.81m/s^2 λ^*——额定工况转速比 i^*（或 S^*）时的转矩系数，min^2/m 本表中 $\lambda_{0.97}$，$\lambda_{0.98}$ 和 $\lambda_{0.96}$ 所对应的 i^* 各为 0.97，0.98 和 0.96 n_{De}——原动机或泵轮额定转速，r/min	$d_0=0.52D$ $\rho=0.12D$ $b_1=0.10D$ $b_2=0.07D$ $b_3=0.055D$ $b_4=0.158D$ $d_1=0.516D$ $d_2=0.376D$ $\Delta=0.01D$	$\lambda_{0.96}=(1.35\sim1.6)\times10^{-6}$ $T_g=2.5\sim3.4$	$z_B=8.65D^{0.279}$（D 用 mm） $z_T=z_B\pm2$	定量部分充油	流道宽度较小	$D=0.368$m $n_B=1450$ r/min
5	限矩型（延充式）	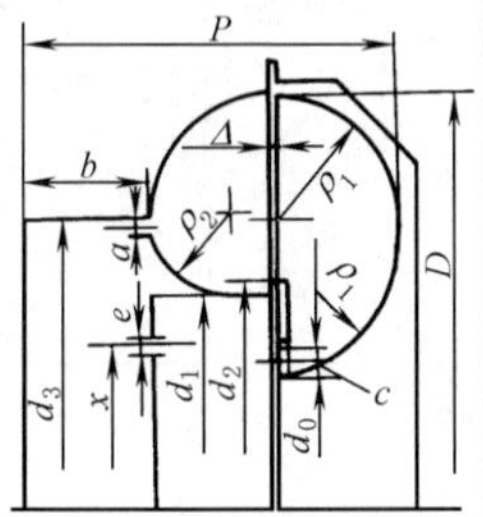	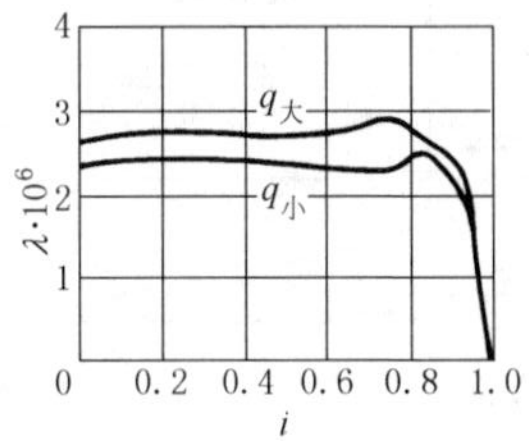		$d_0=0.32D$ $d_1=0.52D$ $d_2=0.55D$ $d_3=0.7D$ $\rho_1=0.15D$ $\rho_2=0.1D$ $b_1=0.15D$ $B=0.45D$ $\Delta=0.01D$ $a=4\times\phi0.008D$ $e=4\times\phi0.0125D$ $c=8\times\phi0.03D$ r 尽量小，视结构而定	$\lambda_{0.96}=1.4\times10^{-6}$ $\lambda_0=2.6\times10^{-6}$ $T_g=1.84\sim2.04$				$D=0.65$m $n_B=980$ r/min $z_B=82$ $z_T=80$

注：1. 表中所列流道，其叶片均为径向直叶片，故正反转的特性相同。

2. 对序列 3、4、5 定量部分充油流道 $\lambda_{0.96}$，$T_g=\dfrac{\lambda_0}{\lambda_{0.96}}$和 $T_{g\max}=\dfrac{\lambda_{\max}}{\lambda_{0.96}}$均是指最大充油度而言的。减小充油度，则 $\lambda_{0.96}$和 T_g 也有所降低。

3. 序列 5 的延充式流道可加装延充阀。

4. 用表中公式计算有效直径 D 时，未考虑偶合器模型和实物之间因 Re 不同而引起的不大影响，实际上这一影响还是存在的。具体表现为 λ^*（如 $\lambda_{0.97}$）有一变化范围，当设计的偶合器泵轮转速 n_B 愈高，D 愈大、流道加工有较高的精密度和较低的粗糙度、油温较高和油的黏度愈小时，则同一 i 下的 λ^* 值偏大（以上任一因素均影响 λ^* 偏大），反之则偏小。这一点在计算 D 时应按具体情况加以考虑。

5. 为了通用和便于选购定型产品，由上表计算出来有效直径 D，必须向上圆整到国标 GB/T 5837—2008 所规定的系列尺寸，例如 180mm，200mm，220mm，250mm，280mm，320mm，360mm，400mm，450mm，(487)mm，500mm，560mm，(600)mm，650mm，750mm，(800)mm，875mm，1000mm，1150mm，(1250)mm，1320mm，1550mm 等。由于向上圆整，故在传递额定功率时偶合器实际滑差 S 要比计算时所选的标准值 S^*（如 $S^*=0.03$）略小。

⑥ 偶合器叶轮的叶片厚度 δ 见表 7-2-81。

表 7-2-81　　偶合器叶轮的叶片厚度 δ

有效直径 D /mm	叶轮制造工艺	叶片厚度 δ /mm	说明
250~500	钢板冲压轮壁,铆接或焊接薄钢板叶片	1~1.5	适于大量生产
250~450 450~1000	铝合金铸造叶轮	2~3.5 4~8	金属模取低值 砂模取高值
450~700	铸造合金钢 铸钢轮壁,焊接钢板叶片	5~6 3~5	
800~2000	铸钢轮壁,焊接钢板叶片	4~6	

（2）实例

例 1　试确定一台调速型偶合器流道的主要尺寸。原动机为 1600kW，2985r/min 异步电动机，工作机为 1200kW 离心鼓风机，额定滑差 $S^* \leqslant 0.03$，采用 20 号机械油，油温 70℃时的密度 $\rho = 870\text{kg/m}^3$。

选用表 7-2-80 中的扁圆形流道，并取 $S^* = 0.03$，此时其 $\lambda^* = 2.1 \times 10^{-6}$。因偶合器能协助电动机实现无载启动，故以 1200kW 作为偶合器所传的额定功率 N_e，按表中公式计算流道几何参数，有效直径为

$$D = \sqrt[5]{\frac{9555N_e}{\rho g \lambda^* n_{De}^3}} = \sqrt[5]{\frac{9555\times1200}{870\times9.81\times2.1\times10^{-6}\times2985^3}} = 0.474\text{m}$$

按系列尺寸，向上圆整到 $D = 0.5\text{m}$。由于这一圆整，则在额定工况实际运转时，S^* 必将小于 0.03。

流道其余几何尺寸为

$$d_0 = 0.415\times0.5 = 0.2075\text{m}$$

$$\rho = 0.1465\times0.5 = 0.07325\text{m}$$

$$S = 0.0224\times0.5 = 0.0112\text{m}$$

$$d_1 = 0.585\times0.5 = 0.2925\text{m}$$

$$\Delta = 0.01\times0.5 = 0.005\text{m}$$

叶片数目

$$z_B = 8.65\times D^{0.279} = 8.65\times500^{0.279} = 8.65\times5.66 = 48.98$$

取泵轮叶片数 $z_B = 50$，涡轮叶片数 $z_T = 50-2 = 48$。叶片沿叶轮圆周均匀分布。

例 2　按如下条件确定限矩型偶合器有效直径，并校验其过载防护性能。7.5kW、1470r/min 异步电动机经偶合器带动灰渣碾碎机，运转中要求动力过载保护，$S^* \approx 0.04$，采用 20 号机械油，70℃时之 $\rho = 870\text{kg/m}^3$。

选表 7-2-80 中的限矩型（动压倾泄式）流道，取 $S^* = 0.04$ 时之 $\lambda^* = \lambda_{0.96} = 1.45\times10^{-6}$，原始特性中最大转矩系数 $\lambda_0 = 3.8\times10^{-6}$（在 $i = 0$ 时）。有效直径为

$$D = \sqrt[5]{\frac{9555N_e}{\rho g \lambda^* n_{De}^3}} = \sqrt[5]{\frac{9555\times7.5}{870\times9.81\times1.45\times10^{-6}\times1470^3}} = 0.277\text{m}$$

按系列尺寸，取 $D = 0.28\text{m}$。

该异步电动机之最大转矩和额定转矩的比值 $M_{Dmax}/M_{De} = 2.2$，最大转矩所对应的转速约为 1375r/min。当工作机突然因阻力增大而减速时，偶合器所能出现的最大转矩（$i \approx 0$）为

$$M_{max} = \rho g \lambda_0 n_B^2 D^5 = 870\times9.81\times3.8\times10^{-6}\times1375^2\times0.28^5 = 105.5\text{N}\cdot\text{m}$$

异步电动机额定转矩为

$$M_{De} = 9555\cdot\frac{N}{n} = 9555\cdot\frac{7.5}{1470} = 48.75\text{N}\cdot\text{m}$$

异步电机所能产生的最大转矩　　$M_{Dmax} = 2.2\cdot M_{De} = 2.2\times48.75 = 107.25\text{N}\cdot\text{m}$

由于 $M_{Dmax} > M_{max}$，故工作机被突然卡住不转时，电动机仍可在稍高于最大转矩对应的转速运转，不致停车。几分钟后因油过热易熔塞熔化，将流道内油排空，偶合器不再传递功率，从而起过载防护作用。

4.6　轴向推力计算

偶合器运转时叶轮上的轴向推力由推力轴承承受。设计时必须算出轴向推力的大小及其方向，以确定轴承的

承载能力。

作用在叶轮（以涡轮为例）上的轴向推力由三部分组成（图 7-2-10）：涡轮内外壁因油压力不等而产生的轴向力 F_1，方向使涡轮和泵轮靠近；因液流轴面流速 v_m 方向变化而引起的推力 F_2，其方向使涡轮与泵轮分开；以及因供油压力和不平衡面积而产生的推力 F_3，方向使两叶轮分开。轴向推力的计算可按表 7-2-82 进行。

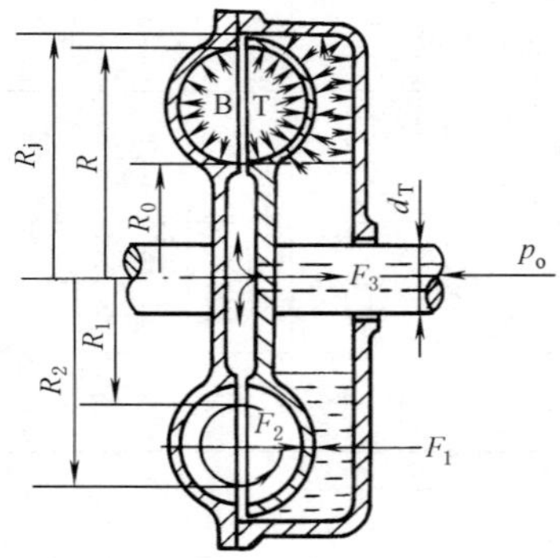

(a) 偶合器中油压力

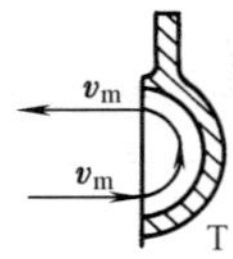

(b) 因液流方向变化而引起的轴向推力

图 7-2-10 偶合器的轴向推力

表 7-2-82 轴向推力的计算

名 称	计算公式或参数选择
转速比 i	按运转工况选择。一般选 i=0.97,0.95 和 0 三点
泵轮角速度 ω_B/s^{-1}	$\omega_B=\frac{2\pi n_B}{60}$ n_B ——泵轮转速,r/min
工作油密度 $\rho/kg\cdot m^{-3}$	按油种及油温确定。20 号机械油 70℃时 $\rho=870kg/m^3$
流道有效半径 R/m	$R=D/2$
最小油平面半径 R_0/m	全充油时常取 $R_0=d_0/2$
泵轮最大浸油半径 R_j/m	视结构而定
涡轮内外壁因油压力不等而产生的轴向力 F_1/N	$F_1=\frac{\rho\omega_B^2}{2}\frac{\pi}{2}(R_j^2-R_0^2)^2\left[\left(\frac{1+i}{2}\right)^2-i^2\right]$ 方向使两叶轮相互靠近,设为“-”
流道内液流流动中心半径 R_m/m	$R_m=\sqrt{\frac{R^2+R_0^2}{2}}$ 按匀速流流动模型计算
中央轴面流线内半径 R_1/m	$R_1=\sqrt{\frac{R_m^2+R_0^2}{2}}$（说明同上）
中央轴面流线外半径 R_2/m	$R_2=\sqrt{\frac{R^2+R_m^2}{2}}$（说明同上）
偶合器所传转矩 $M/N\cdot m$	$M=\rho g\lambda n_B^2D^5$ $\lambda=f(i)$ 由原始特性求得
流道内循环流量 $Q/m^3\cdot s^{-1}$	$\frac{M}{\rho\,\omega_B(R_2^2-R_1^2\cdot i)}$ Q 将随 i 不同而异
因液流方向变化而产生的推力 F_2/N	$F_2=\rho Q^2\frac{4}{\pi(R^2-R_0^2)}$ 方向使两叶轮分开,设为“+”
偶合器外供油压力* p_0/Pa	视供油系统而定,通常 $p_0=(0.5\sim2)\times10^5Pa$

续表

名　　称	计算公式或参数选择
因不平衡面积而产生的推力 F_3/N	$F_3=p_0\dfrac{\pi d_T^2}{4}$按图示结构,该力方向为"+"
轴向力的合力 F/N	$F=-F_1+F_2+F_3$

注：1. 通常选用 $i=0.97\sim0.95$ 工况计算轴向推力 F，以计算长期运转下推力轴承的使用寿命；以 $i=0$ 工况计算最大推力，以校核短期超载荷运转下轴承承载能力，防止轴承破坏。

2. ＊项对于定量部分充油的牵引型和限矩型偶合器并不存在，故 $F_3=0$。

对于小功率采用滚动轴承来承受推力的偶合器，常采用估算法来确定推力。从上表中F_1和F_2公式可以推出

$$F=K\rho g n_B^2 D^4 \quad (\mathrm{N}) \tag{7-2-20}$$

式中 K——轴向推力系数，$\mathrm{min^2/m}$；

ρ——油的密度，$\mathrm{kg/m^3}$；

g——重力加速度，$\mathrm{m/s^2}$；

n_B——泵轮转速，r/min；

D——偶合器有效直径，m。

对于流道几何相似偶合器，在相同充油度下将具有相同的 $K=f(i)$ 特性，此特性由模型试验求得。在缺乏试验特性时，可借用流道几何形状类似和结构相近偶合器的推力特性进行估算。对于大多数偶合器，$i=0.8\sim1.0$ 范围内，$K\rho\times10^3\leqslant2\sim4$；按此可确定滚动轴承的使用寿命；$i=0$ 时，$K\rho\times10^3=-(10\sim38)$，可以此来校验轴承的最大承载能力。

应当指出，偶合器泵轮和涡轮轴向推力大小相等，方向相反，运转中推力大小和方向都可能变化，所选用轴承必须能承受左右两个方向的推力。

4.7 叶轮断面设计与强度计算

(1) 受力分析

由图 7-2-11 可见，涡轮（指不带法兰的叶轮，有时不一定作涡轮）内侧有叶片，起到加强筋的作用，轮壁内外工作油压力 p_ω 可相互抵消，因此它的强度条件最好，所以在叶轮，通常着重考虑转动外壳和泵轮的计算。

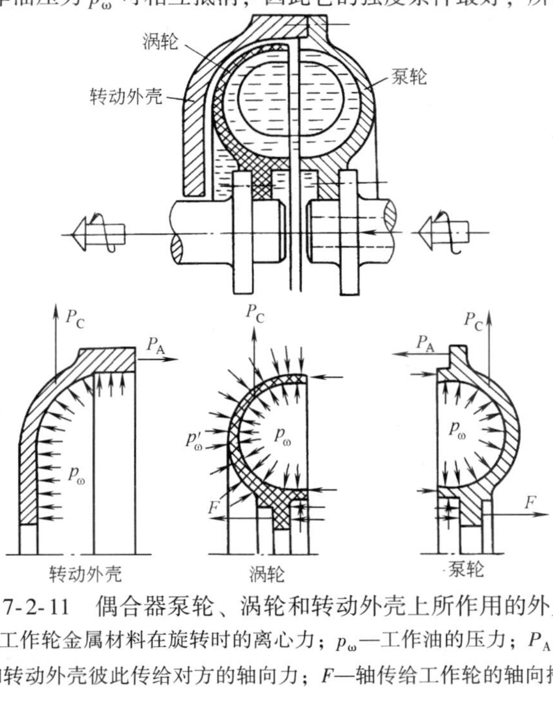

图 7-2-11　偶合器泵轮、涡轮和转动外壳上所作用的外力

P_C—工作轮金属材料在旋转时的离心力；p_ω—工作油的压力；P_A—泵轮和转动外壳彼此传给对方的轴向力；F—轴传给工作轮的轴向推力

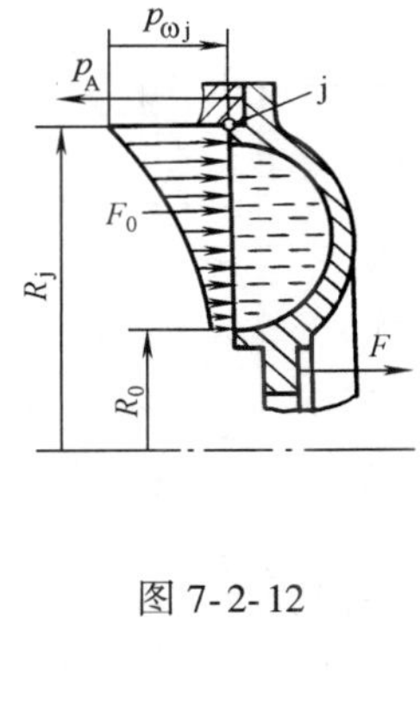

图 7-2-12

在转速比 i 接近于 1 时，流道中的油压力最高，叶轮的应力最大。因此，强度计算以 $i\approx 1$ 的工况为准。

（2）偶合器外缘轴向力 P_A 的确定

力 P_A 是流道内部油压力 P_ω 所产生的，使泵轮和转动外壳分离的力，可按表 7-2-83 求得（见图 7-2-12），并由此确定外缘螺栓数目与直径。

表 7-2-83

名　　称	公式或参数选择
泵轮最大浸油半径　R_j/m	视所设计结构而定(见图 7-2-12 中 j 点)
泵轮最小浸油半径　R_0/m	全充油时常取 $d_0/2$　　d_0——流道内径,m
油在 j 点的圆周速度　u_j/m·s^{-1}	$u_j=\frac{2\pi R_j}{60}\cdot n_B$　　n_B——泵轮额定转速,r/min
油在 R_0 处圆周速度　u_0/m·s^{-1}	$u_0=\frac{2\pi R_0}{60}\cdot n_B$
泵轮最大浸油半径处的油压力　$p_{\omega j}$/Pa	$p_{\omega j}=p_0+\frac{\rho}{2}(u_j^2-u_0^2)$　　p_0——偶合器供油压力,Pa ρ——油的密度,kg/m^3
因油压力而引起的泵轮侧向推力　F_0/N	$F_0=p_0\pi(R_j^2-R_0^2)+\frac{\rho\pi}{4}\times(R_j^2u_j^2-2R_0^2u_j^2+R_0^2u_0^2)$
偶合器的轴向推力 F/N	由表 7-2-69 计算确定(按图示方向为“-”)
泵轮外缘的轴向力　P_A/N	$P_A=F_0+F$
偶合器外缘每个螺栓的拉力　P_1/N	$P_1=\frac{(2.4\sim2.7)P_A}{z}$　　z 为外缘螺栓数目,为保证在油压作用下不漏油,螺栓应用紧连接

（3）叶轮轮壁断面的合理设计和材料的选择

轮壁断面的形状，是以偶合器设计中所确定的流道尺寸（对转动外壳，则以涡轮外壁的形状和必要的间隙）为基础，在外面加上必要的最小厚度，即基本厚度，由此向应力较大的根部（轮毂部分）逐步加厚，和向结构需要的加厚部分（如法兰等）圆滑过渡而成。叶轮在运转时轮壁断面应力的大小、与偶合器所传功率和转速、叶轮圆周速度、所用材料和制造工艺、轮壁基本厚度和断面形状等有密切关系。

表 7-2-84　　偶合器叶轮轮壁基本厚度

偶合器型式	有效直径/m	许用圆周速度/m·s^{-1}	材料和制造工艺	基本厚度/mm	
				泵　轮	转动外壳
小功率中速牵引型和限矩型	0.25~0.65	≤60	铝合金铸造叶轮	4~10	5~12
中功率中低速调速型	0.8~1.8	≤60	铸钢轮壁,钢板焊接叶片,铸钢转动外壳	10~14	12~16
中大功率高速调速型	0.4~0.7	≤100	铸钢精密铸造叶轮,锻钢转动外壳,或高强度铝合金铸造	10~15	12~16

保证偶合器叶轮强度的最简单方法，是限制其圆周速度不超过表 7-2-84 所规定的许用值。一旦超过许用值，则应进行叶轮强度计算，同时在叶轮断面设计时，注意如下几点。

① 轮壁基本厚度应随叶轮圆周速度的增大而加厚。

② 转动外壳的基本厚度大于泵轮；泵轮基本厚度又大于涡轮。或在同样基本厚度下转动外壳采用强度更高的材料和制造工艺。

③ 叶轮最大应力一般出现在毂部，因此，轮壁厚度应由外缘逐步向毂部加厚；转动外壳最大应力常发生在外缘或毂部，这两处壁厚应适当增加。

④ 断面厚薄过渡处应尽量缓和，防止应力集中。

⑤ 外缘螺栓处法兰承受着很大的螺栓拉力和弯矩，必须适当加厚。外缘螺栓直径不宜过大，但数量宜多。

⑥ 尽可能增大叶轮毂部的孔径，以减小最大应力。对于超高速叶轮，为减小毂部应力，可采用实心叶轮。

(4) 叶轮强度计算提要

对圆周速度显著超过许用值的偶合器叶轮（包括转动外壳），必须进行强度计算以确定最大应力值。常规计算法是将环状的偶合器叶轮作为一种曲率很大的梁来研究，由此推导出一系列计算公式。用这种方法所得的叶轮应力最大值，和实测的最大应力基本一致（计算比实测大 27.8%），可供实用。叶轮强度精确计算可应用有限元方法计算。

4.8 结构设计

偶合器的支承结构设计随偶合器的型式，所传功率和转速，勺管调速机构的型式，辅油室数及布置，散热方式（风冷散热或外接冷却供油系统），有效直径大小和叶轮的制造加工工艺等因素而有所不同。设计时应根据具体情况，参考表 7-2-85 妥善处理，并比较同类的、成熟的偶合器支承结构型式决定。

表 7-2-85　　偶合器的支承型式

支承型式	结构示意	说　明	优　点	缺　点
双支梁结构（箱体式）	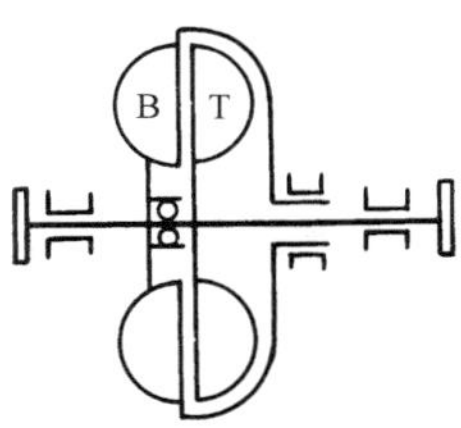	泵轮轴在箱体两侧各有一个支承点，涡轮轴一个支承点在泵轮中心（轴）上，另一个支承点在箱体上，适用于中大功率中高速偶合器	由坚实的箱体支持轴的支承点，稳定可靠，运转时不易振动，旋转轴临界转速高	零件制造和装配的同心度要求高，偶合器无油空转时，中心轴承润滑困难，必须具有箱体，轴向尺寸较长，重量大，需有齐全的辅助设备
悬臂梁结构	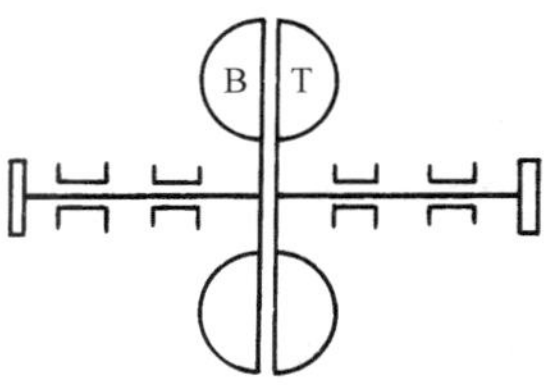	泵轮轴两个支承点布置在偶合器一侧箱体轴承座上，涡轮轴两个支点布置在另一侧。适用于大功率高速偶合器。尤其是对有齿轮传动的	泵轮轴和涡轮轴之间无机械联系，允许彼此之间有较大位移和安装误差，零件制造和安装同心度要求不高，可采用强度较高的实心叶轮	偶合器的轴向尺寸大，旋转轴临界转速较双支梁低，高速偶合器如两支承点距离不足，运转时易产生振动
泵轮无支承结构（悬挂式）	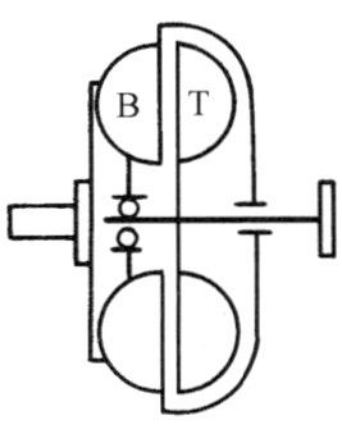	泵轮支承在原动机的轴伸上，涡轮轴支承在泵轮中心部位和转动外壳上，牵引型、限矩型和进口调节式的调速型多用这种结构，高速偶合器不宜采用	可免用箱体和油箱，结构简单、紧凑，轴向尺寸最小，重量轻，可利用壳体叶片风冷散热，简化或不用辅助设备，造价最低	偶合器重量实际上由原动机和工作机共同分担，悬挂在原动机和工作机之间，零件制造和安装时同心度要求最高，为此偶合器上必须附带弹性联轴器，运转中易产生振动

4.9 偶合器的典型产品及其选择

（1）牵引型（静压倾泄式）

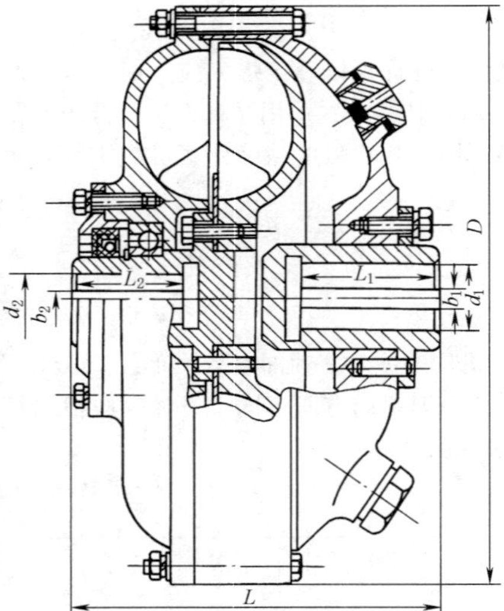

YOXJA 型

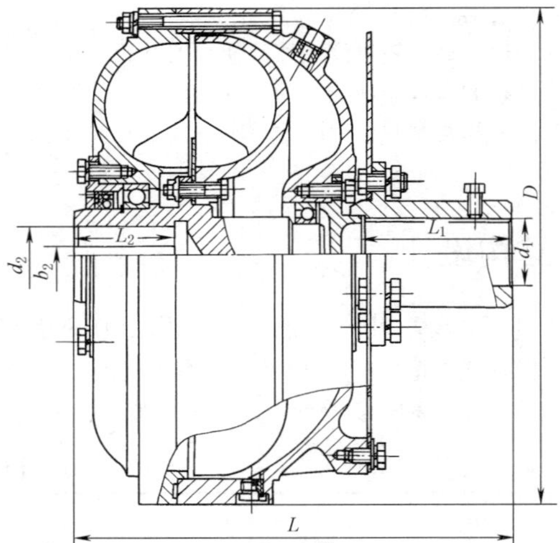

YOXJB 型

型号说明

YO X J-

J- ——静压倾泄式

X ——结构型式：限矩型

YO ——液力偶合器

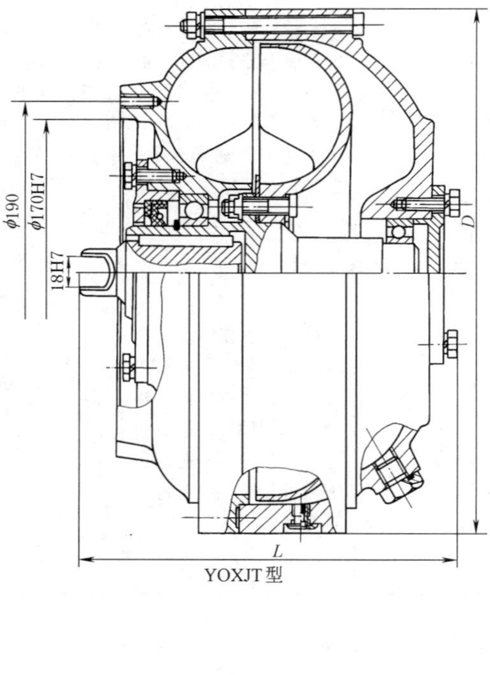

YOXJT 型

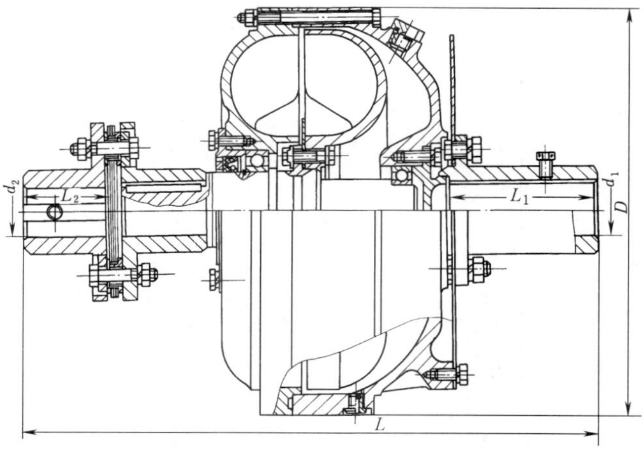

YOXJC 型

表 7-2-86　　　　技术性能与外形尺寸

型　号	结构连接形式	输入转速 /r·min⁻¹	传递功率 /kW	过载系数 T_{g0}	效率 η		外形尺寸 $D\times L$ /mm	输入端/mm			输出端/mm			充油量 /kg
					间隙工作	连续工作		d_1 (G7)	键宽 b_1 (F9)	键长 L_1	d_2 (G7)	键宽 b_2 (F9)	键长 L_2	
YOXJ-200	A		1.6~3.2				φ230×149	28	8	60	22	6	45	1.35
	B						φ230×149							
YOXJ-224	A		3.2~4.8				φ260×170	32	10	80	28	8	60	2.4
YOXJ-250	A		4.8~9.0				φ290×190	38	12	80	35	10	70	3
	T						φ290×212	190			35	10	66	
YOXJ-280	A		9.0~17.5				φ320×205	42	12	110	38	12	65	4.75
	B	1500		2~2.5	0.9~0.93	0.96	φ320×300							
	C						φ320×440							
YOXJ-320	A		17.5~32.0				φ360×220	48	14	110	42	12	75	6
	B						φ360×315						90	
	C						φ360×455						65	
YOXJ-360	A		32.0~50.0				φ400×250	60	18	140	55	16	90	9
	B						φ400×368						92	
	C						φ400×558							

注：1. 生产厂家为湖南省长沙第三机床厂。

2. 在 YOXJ 系列偶合器技术鉴定会上，对 200A、224A、250A、280A 和 320A 的台架测试结果表明，当油温为 63~72℃、输入转速 $n_B=1430$r/min 和滑差 $S=4\%$时，$\lambda_{0.96}=(2.03\sim2.67)\times10^{-6}$，$T_{g0}=2.18\sim2.5$，凹陷系数 $e=1.0\sim1.3$，性能较好。

(2) 限矩型（动压倾泄式）

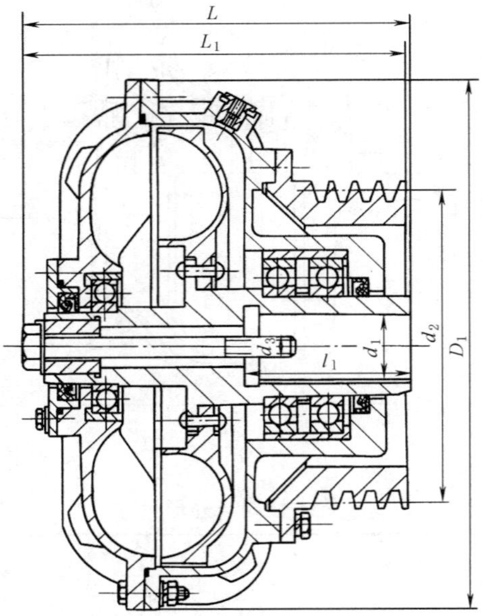

YL-280, YL-320P, YL-360P

表 7-2-87 技术性能

型　号	有效直径 /mm	输入转速 /r·min^{-1}	传递功率 /kW	过载系数 T_{g0}	额定滑差 S^*/%	外形尺寸 $D_1 \times L$ /mm	连接尺寸/mm				输出方式及规格	质量 /kg
							输入		输出			
							d_1	l_1	d_2	d_3		
YL-280P	280	1000	1.5~3.0	1.8~2	4	340×236	38	91	180	M16	V带 B型4根	23
		1500	3.0~7.5									
YL-320P	320	1000	4.0~5.5	1.6~2.1	4	400×280	48	115	235	M16	V带 B型4根	28
		1500	7.5~18.5									
YL-360P	360	1000	7.5~11	1.8~2.2	3.5	430×335	55	118	350	M20	V带 C型5根	87
		1500	15~30									

注：生产厂家为张家口煤矿机械厂。

（3）限矩型（延充式）

① YL 系列

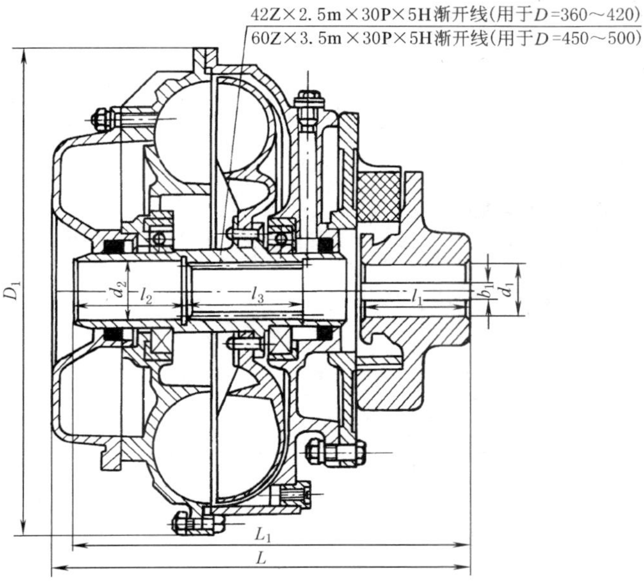

YL-360～YL-500限矩偶合器

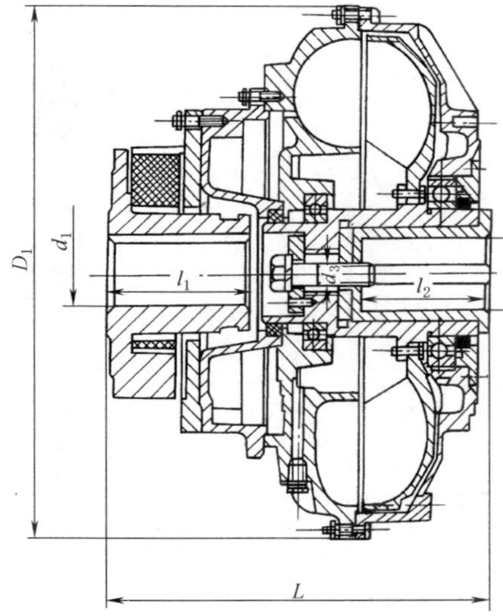

YL-487
YL-560限矩偶合器

表 7-2-88　　技术性能

型号	有效直径/mm	输入转速/r·min^{-1}	传递功率/kW	过载系数 T_{g0}	额定滑差 S^*/%	外形尺寸 $D_1 \times L$/mm	连接尺寸/mm				输出方式及规格	质量/kg
							输入		输出			
							d_1	l_1	d_2	d_3		
YL-360	360	1000	7.5～11	1.8～2.2	4	431×359	42～55	110	45		渐开线花键 INT 42Z×2.5m×30P×5H	59
		1500	15～30									
YL-400A$_4$①	400	1000	11～22	1.6～2.5	2.9～3.5	465×394/424	42～65	110～140	45		渐开线花键 INT 42Z×2.5m×30P×5H	64
		1500	30～55									
YL-420	420	1000	11～22	1.8～2.4	4～5	490×380	42～65	70	50		渐开线花键 INT 42Z×2.5m×30P×5H	69
		1500	17～55									
YL-450A②	450	1000	15～30	2～2.5	3～3.5	520×423/453	55～75	110～140	65		渐开线花键 INT 60Z×3.5m×30P×5H	89
		1500	55～110									
YL-487	487	1000	15～37	1.8～2.4	3.5	556×378/438	55～80	110～170	65～80	M20～M24	平键，宽 18～22 l_2=135～158	96
		1500	55～110									
YL-500③	500	1000	22～45	1.8～2.2	3.5～4	570×438/478	65～80	140～170	65		渐开线花键 INT 60Z×3.5m×30P×5H	99
		1500	90～132									
YL-560	560	1000	45～90	1.5～2.2	2～3	634×455	75～90	140～170	60～90	M20～M30	平键，宽 18～25 l_2=140～155	148
		1500	132～250									

① 鉴定表明，在油温为 70～80℃，输入转速 1000～1500r/min 和滑差 $S^*=4\%$时，$\lambda_{0.96}=1.85\times10^{-6}$，$T_{g0}=2.53$，$e=1.083$。性能较好。

② 用于 2200r/min 柴油机上，传递功率 160 马力。

③ 用于 2200r/min 柴油机上，传递功率 240 马力。

注：1. 工作油为 20 号透平油。

2. 生产厂家为张家口煤矿机械厂。

② YOX、TVA 型系列

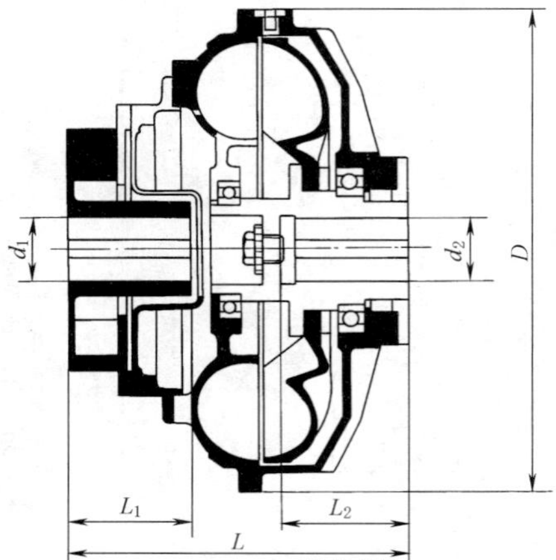

YOX、TVA型偶合器

表 7-2-89　　　　技术性能

型　号	输入转速 /r·min^{-1}	传递功率 /kW	过载系数 T_g	外形尺寸 D×L/mm	连接尺寸/mm 输入 d_1	输入 L_1	输出 d_2	输出 L_2	充油量 /L	质量(不包括油) /kg
YOX206	1000 1500	0.3~0.6 1.0~2.0	2~2.5	ϕ254×210	28	60	30	55	0.8~0.4	10
YOX220	1000 1500	0.4~1.1 1.5~3	2~2.5	ϕ272×190	28	60	30	55	1.28~0.64	12
YOX250	1000 1500	0.75~1.5 2.5~5.5	2~2.5	ϕ300×215	38	80	35	60	1.8~0.9	15
YOX280	1000 1500	1.5~3 4.5~8.7	2~2.5	ϕ345×246	38	80	40	100	2.8~1.4	18
YOX320	1000 1500	2.5~5.5 9~18.5	2~2.5	ϕ388×304	48	110	45	110	5.2~2.6	28
YOX340	1000 1500	3~9 12~24	2~2.5	ϕ390×278	48	110	45	95	5.8~2.9	25
YOX360	1000 1500	4.8~10 15~30	2~2.5	ϕ420×310	55	110	55	110	7.5~3.55	49
YOX380	1000 1500	6~12 20~40	2~2.5	ϕ450×320	60	140	60	140	8.4~4.2	58
YOX400	1000 1500	8~18.5 20~50	2~2.5	ϕ480×356	60	140	60	150	9.3~4.65	65
YOX420	1000 1500	5~20 20~60	2~2.5	ϕ495×368	60	140	60	160	12~6	70
YOX450	1000 1500	15~31 45~90	2~2.5	ϕ530×397	75	140	70	140	13~6.5	70
YOX500	1000 1500	25~52 68~150	2~2.5	ϕ590×411	85	170	85	145	19.0~9.5	105
YOX510	1000 1500	25~53 75~150	2~2.5	ϕ590×426	85	170	85	160	19.2~9.6	119
YOX560	1000 1500	45~83 150~270	2~2.5	ϕ650×459	90	170	100	180	27~13.5	140
YOX600	1000 1500	60~115 200~360	2~2.5	ϕ695×474	90	170	100	180	36~18	160
YOX1000	750 1000	260~595 620~1100	2~2.5	ϕ1120×722	160	210	160	280	144~72	600
TVA562	1000 1500	45~90 150~275	2~2.5	ϕ634×449	100	170	110	170	30~15	131
TVA650	1000 1500	90~180 260~480	2~2.5	ϕ740×536	125	225	130	200	46~23	219
TVA750	1000 1500	170~330 480~760	2~2.5	ϕ842×603	140	245	150	240	68~34	332
TVA866	1000 1500	330~620 766~1100	2~2.5	ϕ978×682	160	280	160	265	111~55.5	470

注：1. 生产厂家为大连液力机械有限公司。

2. TVA 型系引进德国 Voith 公司专有技术制造。

③ YOX（YOX_n、YOX_s、YOX_{sn}）型

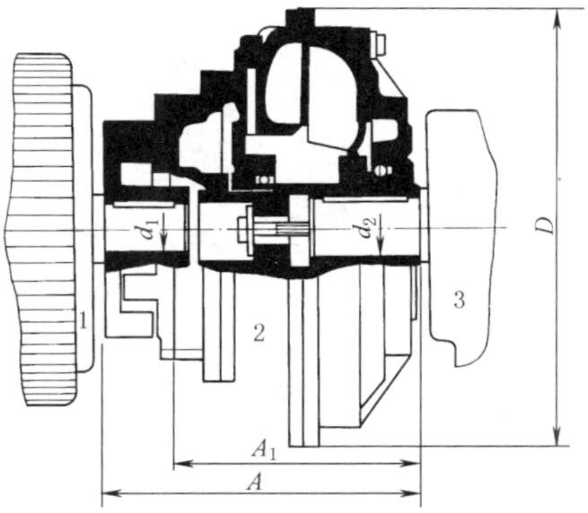

YOX 型单腔外轮驱动

1—电动机；2—液力偶合器；3—减速器

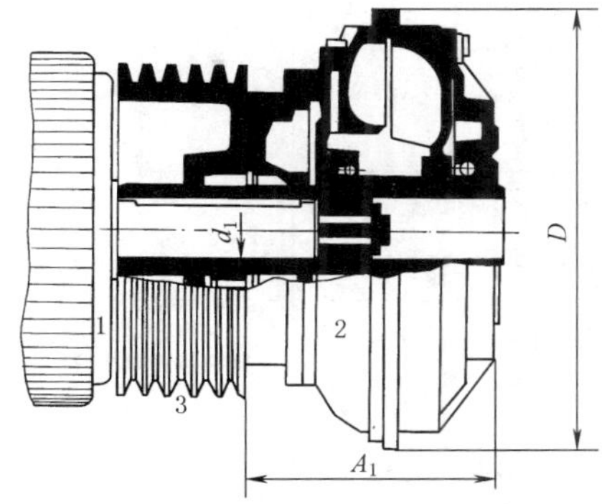

YOX_n 型单腔内轮驱动

1—电动机；2—液力偶合器；3—带轮

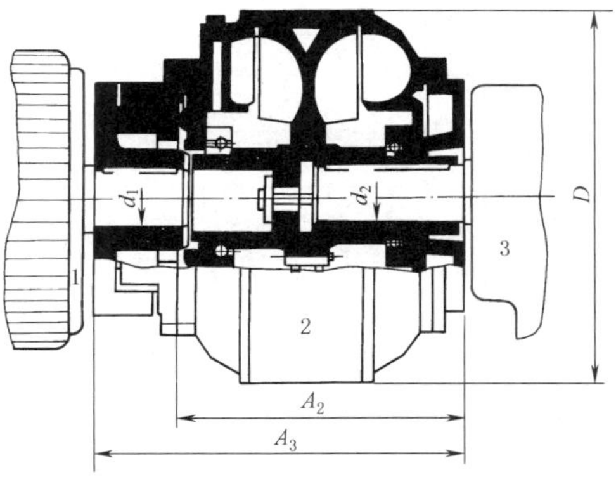

YOX_s 型双腔外轮驱动

1—电动机；2—液力偶合器；3—减速器

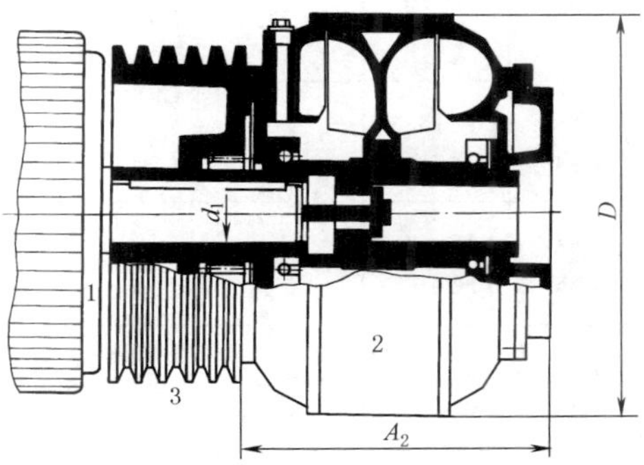

YOX_{sn} 型双腔内轮驱动

1—电动机；2—液力偶合器；3—带轮

表 7-2-90　　技术性能

型　号	输入转速 /r·min^{-1}	传递功率 /kW	过载系数 T_g	效率 η	外形尺寸/mm					连接尺寸/mm		充油量 /L	质量(不包括油) /kg
					D	A	A_1	A_2	A_3	输入 $\frac{d_1}{L_1}$	输出 $\frac{d_2}{L_2}$		
YOX150	1000 1500	0. 05~0. 2 0. 2~0. 55	2~2. 7	0. 97	ϕ195	175	115	140	222	$\frac{\phi25}{40}$	$\frac{\phi20}{40}$	0. 42~0. 2	6
YOX180	1000 1500	0. 1~0. 3 0. 5~1. 1	2~2. 7	0. 97	ϕ232	207	125	154	234	$\frac{\phi30}{50}$	$\frac{\phi25}{50}$	0. 48~0. 24	7
YOX200	1000 1500	0. 2~0. 55 0. 8~2. 2	2~2. 7	0. 97	ϕ254	1934	128	164	240	$\frac{\phi35}{60}$	$\frac{\phi30}{60}$	1. 2~0. 6	8. 8
YOX220	1000 1500	0. 4~1. 1 1. 5~3	2~2. 7	0. 97	ϕ278	225	136	177	257	$\frac{\phi40}{80}$	$\frac{\phi35}{80}$	15. 2~0. 76	13

第7篇

续表

型号	输入转速 /r·min^{-1}	传递功率 /kW	过载系数 T_g	效率 η	外形尺寸/mm					连接尺寸/mm		充油量 /L	质量（不包括油） /kg
					D	A	A_1	A_2	A_3	输入 d_1/L_1	输出 d_2/L_2		
YOX250	1000 1500	0.8～1.5 2.5～5.5	2～2.7	0.97	ϕ305	240	156	210	290	ϕ45/80	ϕ40/80	2.1～1.1	16
YOX280	1000 1500	1.5～3 4.5～8	2～2.7	0.97	ϕ345	252	164	225	335	ϕ50/80	ϕ45/110	2.8～1.4	21
YOX320	1000 1500	2.5～5.5 9～18.5	2～2.7	0.97	ϕ380	278	179	250	390	ϕ55/110	ϕ45/110	4.4～2.2	28
YOX340	1000 1500	3～9 12～22	2～2.7	0.97	ϕ390	298	187	265	405	ϕ55/110	ϕ50/110	5.3～2.7	36.5
YOX360	1000 1500	5～10 16～30	2～2.5	0.96	ϕ428	310	229	311	416	ϕ60/110	ϕ55/110	6.7～3.4	42
YOX400	1000 1500	8～18.5 28～48	2～2.5	0.96	ϕ472	338 355	256	347	433	ϕ70/110/140	ϕ65/140	10.4～5.2	65
YOX450	1000 1500	15～30 50～90	2～2.5	0.96	ϕ530	384	292	380	500	ϕ75/140	ϕ70/140	15～7.5	79.5
YOX500	1000 1500	25～50 68～144	2～2.5	0.96	ϕ582	435	316	419	530	ϕ90/170	ϕ90/170	20.5～10.3	105.5
YOX560	1000 1500	40～80 120～270	2～2.5	0.96	ϕ634	447 490	350	469	610	ϕ100/170/210	ϕ100/210	26.4～13.2	152
YOX600	1000 1500	60～115 200～360	2～2.5	0.96	ϕ695	490 510	380	511	642	ϕ100/170/210	ϕ115/210	33.6～16.8	185
YOX650	1000 1500	90～176 260～480	2～2.5	0.96	ϕ760	556	425	562	692	ϕ130/210	ϕ130/210	48～24	230
YOX750	1000 1500	170～330 480～760	2～2.5	0.96	ϕ860	578	450	640	795	ϕ140/250	ϕ150/250	68～34	350
YOX875	750 1000	145～280 330～620	2～2.5	0.96	ϕ992	705	514	730	890	ϕ150/250	ϕ150/250	112～56	495
YOX1000	600 750	160～300 260～590	2～2.5	0.96	ϕ1138	733	577	849	1006	ϕ150/250	ϕ150/250	148～74	650
YOX1150	600 750	265～615 525～1195	2～2.5	0.96	ϕ1312	850	669	971	1166	ϕ170/300	ϕ170/300	170～85	810

注：1. L_1、L_2 分别为输入、输出轴的连接长度。

2. 生产厂家为广东福伊特中兴液力传动有限公司。

④ YOX_Y、YOX_V 型

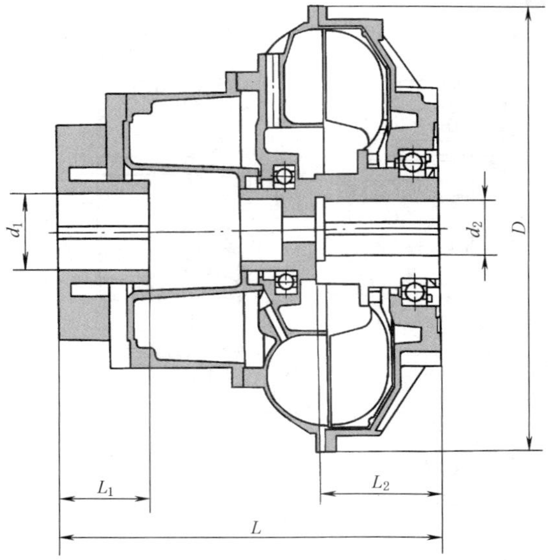

YOX_Y型偶合器

表 7-2-91　　技术性能

型　号	输入转速 /r·min^{-1}	传递功率 /kW	过载系数 T_g	外形尺寸 $D\times L$ /mm	连接尺寸/mm				充油量 /L	质量（不包括油）/kg
					输　入		输　出			
					d_1	L_1	d_2	L_2		
YOX_Y360	1000 1500	4.8~10 15~30	1.2~2.35	ϕ420×360	55	110	55	110	7.1~3.55	49
YOX_Y400	1000 1500	8~18.5 20~50	1.2~2.35	ϕ480×390	60	140	60	150	9.3~4.65	65
YOX_Y450	1000 1500	15~31 45~90	1.2~2.35	ϕ530×445	75	140	70	140	13~6.5	70
YOX_Y500	1000 1500	25~52 68~150	1.2~2.35	ϕ590×510	85	170	85	145	19.2~9.6	105
YOX_Y562	1000 1500	45~90 150~275	1.2~2.35	ϕ634×530	90	170	100	180	27~13.5	140
YOX_Y600	1000 1500	60~115 200~360	1.2~2.35	ϕ695×575	90	170	100	180	36~18	160
YOX_Y650	1000 1500	90~180 260~480	1.2~2.35	ϕ740×650	125	225	130	200	46~23	219
YOX_Y750	1000	170~330 480~760	1.2~2.35	ϕ842×680	140	245	150	240	68~34	332
YOX_Y866	1000 1500	330~620 766~1100	1.2~2.35	ϕ978×820	160	280	160	265	111~55.5	470
YOX_Y1000	750 1000	260~595 620~1100	1.2~2.35	ϕ1120×845	160	210	160	280	144~72	600
YOX_Y1150	600 750	265~620 525~1200	1.2~2.35	ϕ1295×960	180	220	180	300	220~110	910
YOX_Y1320	600 750	570~1200 1100~2390	1.2~2.35	ϕ1485×1075	200	240	200	350	328~164	1380

注：1. 生产厂家为大连液力机械有限公司。

2. 此类偶合器加长后辅室，启动时间比 YOX 型更长，使启动力矩降得更低，更适合胶带机寿命的提高。

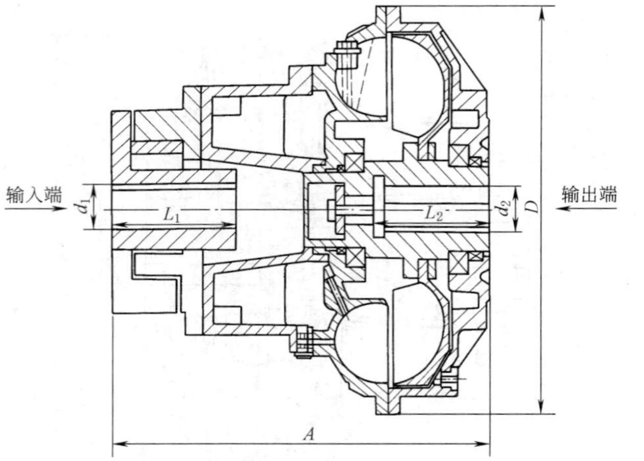

YOX$_V$型偶合器

表 7-2-92　　技术性能

型号	输入转速 /r·min^{-1}	传递功率 /kW	过载系数 T_g 启动	过载系数 T_g 制动	效率 η	外形尺寸 $D\times A$ /mm	连接尺寸/mm 输入 d_1/L_1	连接尺寸/mm 输出 d_2/L_2	充油量 /L	质量(不包括油) /kg
YOX$_V$360	1000 1500	5～10 16～30	1.2～1.37	2～2.38	0.96	ϕ428×360	60/110	55/110	6.8～3.4	47
YOX$_V$400	1000 1500	8～18.5 28～48	1.2～1.37	2～2.35	0.96	ϕ472×390	70/140	65/140	10.4～5.2	71
YOX$_V$450	1000 1500	15～30 50～90	1.2～1.37	2～2.35	0.96	ϕ530×445	75/140	70/140	15～7.5	88
YOX$_V$500	1000 1500	25～50 168～144	1.2～1.37	2～2.35	0.96	ϕ582×510	90/170	90/170	20.6～10.3	115
YOX$_V$560	1000 1500	40～80 120～270	1.2～1.37	2～2.35	0.96	ϕ634×530	1000/210	100/210	26.4～13.2	164
YOX$_V$600	1000 1500	60～115 200～360	1.2～1.37	2～2.35	0.96	ϕ695×575	100/210	100/210	33.6～16.8	200
YOX$_V$650	1000 1500	90～176 260～480	1.2～1.37	2～2.35	0.96	ϕ760×650	130/210	130/210	48～24	240
YOX$_V$750	1000 1500	170～330 480～760	1.2～1.37	2～2.35	0.96	ϕ860×680	140/250	150/250	68～34	375
YOX$_V$875	1000 1500	140～280 330～620	1.2～1.37	2～2.35	0.96	ϕ992×820	150/250	150/250	112～56	530
YOX$_V$1000	600 750	160～300 260～590	1.2～1.37	2～2.35	0.96	ϕ1138×845	150/250	150/250	148～74	710
YOX$_V$1150	600 750	265～615 252～1195	1.2～1.37	2～2.35	0.96	ϕ1312×960	170/300	170/300	170～85	880

注：1. 生产厂家为广东福伊特中兴液力传动有限公司。

2. 此类偶合器加长后辅室，启动时间比 YOX 型更长，一般为 22～30s，使启动力矩降得更低，更适合胶带机寿命的提高。

(4) 限矩型（水介质）

① YOXD 型系列

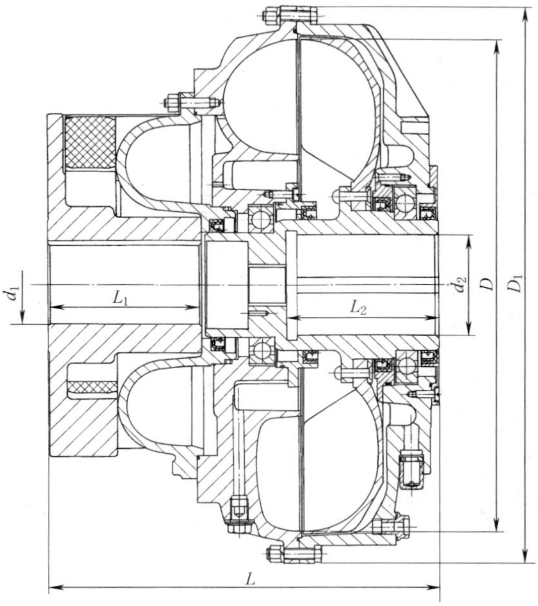

YOXD型偶合器

表 7-2-93　　技术性能

型　号	输入转速 /r·min^{-1}	传递功率 /kW	过载系数 T_g	额定滑差 /%	外形尺寸 $D \times L$ /mm	连接尺寸/mm 输入 d_1	输入 L_1	输出 d_2	输出 L_2	输出方式及规格	质量 /kg
YOXD360S	1500	17~40	2~2.5	4~5	ϕ415×380	60	110	50	55	渐开线花键 INT42Z×2.5m×30P×5H	54
YOXD400S	1500	30~55	2.5~3	3~3.5	ϕ465×394	55	110	45	96	渐开线花键 INT42Z×2.5m×30P×5H	70
YOXD450S	1500	55~110	2.5~3	3	ϕ520×508	75	140	80		平键 22×160	106
YOXD500	1500	90~132	2~2.5	3	ϕ570×478	80	170	65	120	渐开线花键 INT60Z×3.5m×30P×5H	104
YOXD500A	1500	90~160	2~2.5	3	ϕ558×432	65~80	140~170	65~115		平键键宽 18~22 键长 150~170	129
YOXD560	1500	132~250	2.5~3	2~3	ϕ634×432	80~100	170~210	75~115		平键键宽 18~28 键长 153~240	162
YOXD650	1500	315~525	—	—	ϕ720×669	110	115	115	120	渐开线花键 INT60Z×3.5m×30P×7H	287

注：1. 生产厂家为张家口煤矿机械厂。

2. 此类偶合器用水做工作介质，具有防火防爆的特性。

② YOX_S、TVA_S 型系列

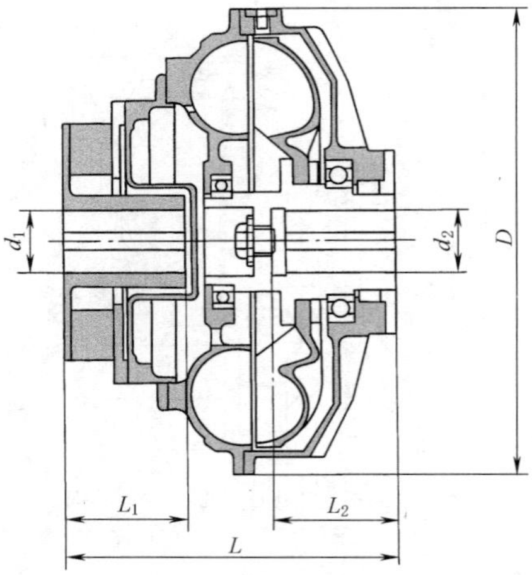

YOX_S、TVA_S型偶合器

表 7-2-94　　技术性能

型号	最高转速 /r·min^{-1}	过载系数 T_g	外形尺寸 $D\times L$ /mm	连接尺寸/mm 输入 d_1	L_1	输出 d_2	L_2	充水量 /L	质量（不包括水） /kg
YOX_S 400	1500	2~2.5	ϕ480×356	60	140	60	150	9.6~4.8	65
YOX_S 450	1500	2~2.5	ϕ530×397	75	140	70	140	13.6~6.8	70
YOX_S 500	1500	2~2.5	ϕ590×411	85	170	85	145	19.0~9.5	105
YOX_S 510	1500	2~2.5	ϕ590×426	85	170	85	160	19.2~9.6	119
YOX_S 560	1500	2~2.5	ϕ650×459	90	170	100	180	27~13.5	140
YOX_S 562	1500	2~2.5	ϕ634×471	100	170	110	170	30~15	131
TVA_S 562	1500	2~2.5	ϕ634×467	100	170	110	170	30~15	131
YOX_S 600	1500	2~2.5	ϕ695×474	90	170	100	180	36~18	160
TVA_S 650	1500	2~2.5	ϕ740×536	125	225	130	200	46~23	219
TVA_S 750	1500	2~2.5	ϕ842×630	140	245	150	240	68~34	332

注：1. 生产厂家为大连液力机械有限公司。

2. 此类偶合器用水做工作介质，除具有 YOX、TVA 型的特点外，还具有防燃防爆、防污染环境的特性。

③ YOX_{SJ}型系列

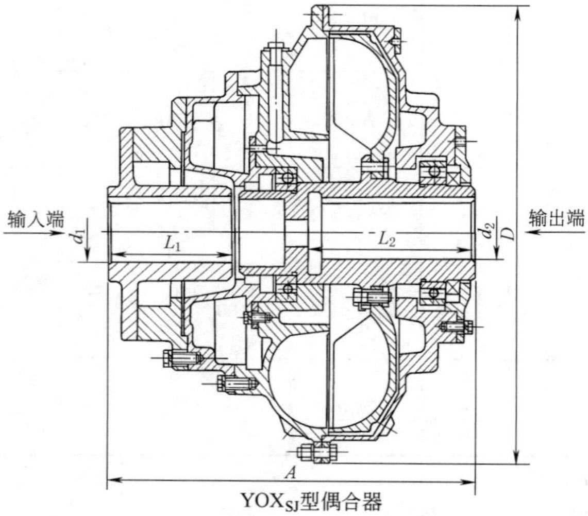

YOX_{SJ}型偶合器

表 7-2-95　技术性能

型号	输入转速 /r·min^{-1}	传递功率 /kW	过载系数 T_g	效率 η	外形尺寸/mm $D\times A$	连接尺寸/mm 输入 d_1/L_1	连接尺寸/mm 输出 d_2/L_2	充水量 /L	质量 /kg
$YOX_{SJ}250$	1000 1500	1～1.75 3～6.5	2～2.7	0.97	ϕ305×270	ϕ45/80	ϕ40/80	2.1～1.0	18
$YOX_{SJ}280$	1000 1500	1.5～3.5 5～9.0	2～2.7	0.97	ϕ345×280	ϕ50/80	ϕ45/80	2.8～1.4	23
$YOX_{SJ}320$	1000 1500	3～6.5 10～22	2～2.7	0.97	ϕ380×300	ϕ55/110	ϕ50/110	4.4～2.2	30
$YOX_{SJ}340$	1000 1500	3.5～10 14～26	2～2.7	0.97	ϕ390×330	ϕ55/110	ϕ50/110	5.4～2.7	38
$YOX_{SJ}360$	1000 1500	6～12 17～37	2～2.5	0.96	ϕ428×360	ϕ60/140	ϕ55/110	6.8～3.4	44
$YOX_{SJ}400$	1000 1500	10～22 30～56	2～2.5	0.96	ϕ472×394	ϕ70/140	ϕ65/140	10.4～5.2	60
$YOX_{SJ}450$	1000 1500	17～35 55～110	2～2.5	0.96	ϕ530×438	ϕ75/140	ϕ70/140	14～7	85
$YOX_{SJ}487$	1000 1500	23～50 60～150	2～2.5	0.96	ϕ556×450	ϕ75/140	ϕ70/140	18.4～9.2	98
$YOX_{SJ}500$	1000 1500	27～58 70～170	2～2.5	0.96	ϕ582×480	ϕ90/170	ϕ90/170	20.4～10.2	115
$YOX_{SJ}560$	1000 1500	45～100 140～315	2～2.5	0.96	ϕ634×520	ϕ100/210	ϕ100/210	28～14	160
$YOX_{SJ}600$	1000 1500	70～135 230～418	2～2.5	0.96	ϕ695×540	ϕ115/210	ϕ115/210	34～17	190
$YOX_{SJ}650$	1000 1500	100～205 300～560	2～2.5	0.96	ϕ760×600	ϕ130/210	ϕ130/210	48～24	240
$YOX_{SJ}750$	1000 1500	195～385 550～885	2～2.5	0.96	ϕ860×640/675	ϕ140/210/250	ϕ150/250	68～34	360
$YOX_{SJ}875$	750 1000	168～325 380～720	2～2.5	0.96	ϕ992×740	ϕ150/250	ϕ150/250	112～56	505
$YOX_{SJ}1000$	600 750	185～350 260～690	2～2.5	0.96	ϕ1138×780	ϕ150/250	ϕ150/250	148～74	665
$YOX_{SJ}1150$	600 750	300～715 610～1390	2～2.5	0.96	ϕ1312×900	ϕ170/300	ϕ170/300	170～85	825

注：1. 生产厂家为广东福伊特中兴液力传动有限公司。
2. 此类偶合器以水做工作介质，具有防燃、防爆、防污染工作环境的作用。

（5）复合泄液式限矩型

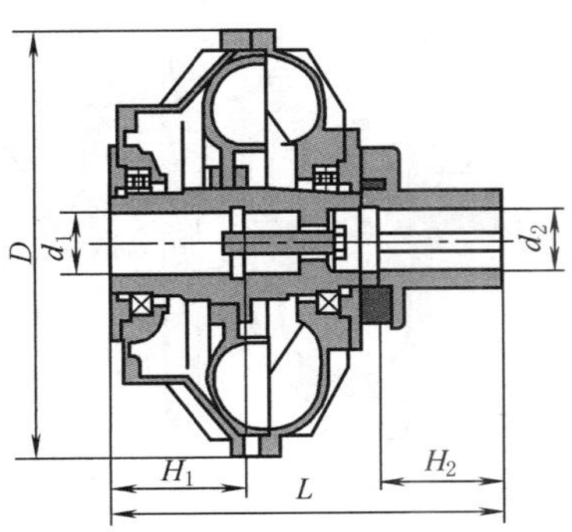

YOX_F型

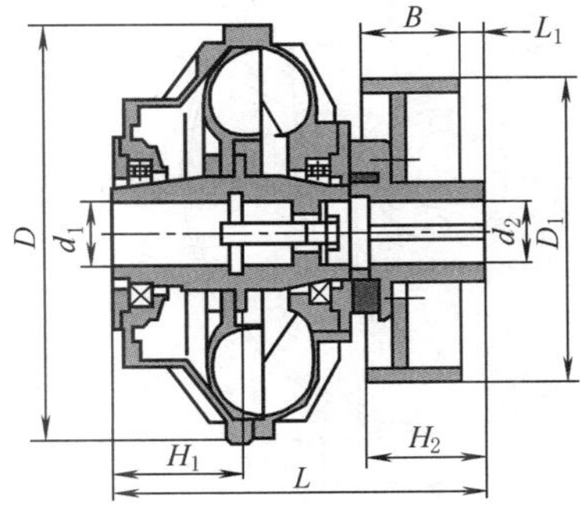

YOX_{FZ}（带制动轮）型

表 7-2-96

型号	输入转速 /r·min^{-1}	传递功率 /kW	过载系数 T_g		外形尺寸/mm			最大输入孔径及长度 $d_{1max}\times H_{1max}$ /mm	最大输出孔径及长度 $d_{2max}\times H_{2max}$ /mm	充油量/L 40%~80%	质量 /kg
			启动	制动	D	L	$D_1\times B$				
YOX_F220	1500	0.5~3.0	1.8~2.2	2~2.7	ϕ272	①	①	ϕ40×80	☆	0.8~1.5	14
YOX_F250	1500	2.5~5.5	1.8~2.2	2~2.7	ϕ312	①	①	ϕ45×80	☆	1.0~2.1	19
YOX_F280	1500	4.5~8.7	1.8~2.2	2~2.7	ϕ330	①	①	ϕ50×80	☆	1.3~2.7	26
YOX_F320	1500	9~18.5	2~2.2	2~2.7	ϕ376	①	①	ϕ50×110	☆	2.2~4.5	34
YOX_F360	1500	15~30	2~2.7	2~2.7	ϕ422	366	315×150	ϕ55×110	ϕ55×110	3.4~6.4	50
YOX_F400	1500	22~50	1.5~1.8	2~2.5	ϕ475	421	315×150	ϕ70×140	ϕ70×140	7~12.8	72
YOX_F450	1500	45~90	1.5~1.8	2~2.5	ϕ518	466	315×150	ϕ75×140	ϕ70×140	8.5~15.2	95
YOX_F500	1500	70~150	1.5~1.8	2~2.5	ϕ590	500	400×190	ϕ90×170	ϕ90×170	10~19.5	112
YOX_F560	1500	130~270	1.5~1.8	2~2.5	ϕ624	553	400×190	ϕ100×210	ϕ110×210	14~27.2	155
YOX_F650	1500	240~480	1.5~1.8	2~2.5	ϕ758	619	400×190	ϕ125×210	ϕ130×210	22~47	215
YOX_F750	1500	480~760	1.5~1.8	2~2.5	ϕ840	830	500×210	ϕ140×250	ϕ150×250	35~68.5	380
YOX_F875	1000	310~620	1.5~1.8	2~2.5	ϕ985	890	630×265	ϕ140×250	ϕ140×250	58~115	540
YOX_F1000	1000	620~1100	1.5~1.8	2~2.5	ϕ1136	952	700×300	ϕ150×250	ϕ150×250	75~148	690
YOX_F1150	750	590~1200	1.5~1.8	2~2.5	ϕ1310	1080	800×340	ϕ170×350	ϕ170×300	85~170	860

注：1. 此类偶合器为内轮驱动，既有动压泄液又有静压泄液的特点。特别适合三支点浮动支承液力驱动元件的需要。
2. YOX_{FZ}卸掉制动轮即成 YOX_F 偶合器，两者外形尺寸相同。
3. 生产厂家为北京起重运输机械设计研究院。

（6）调速型（进口调节式）

① YOTJ 系列（一）

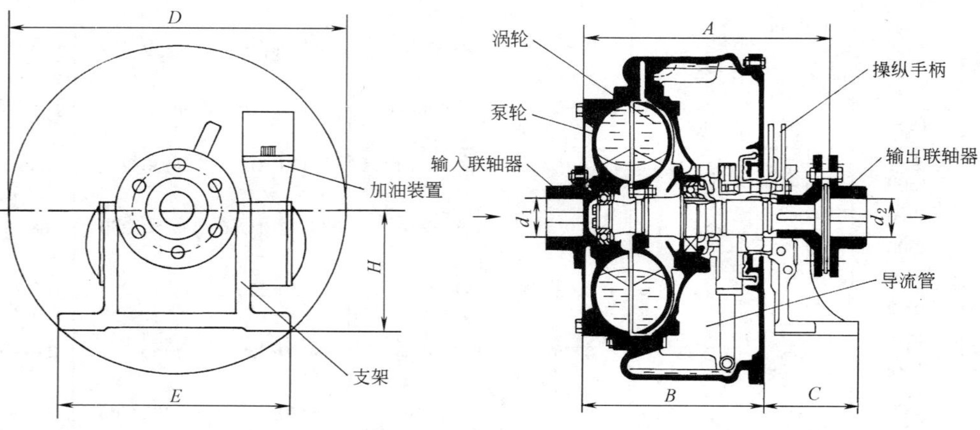

YOTJ320，360，400型调速偶合器

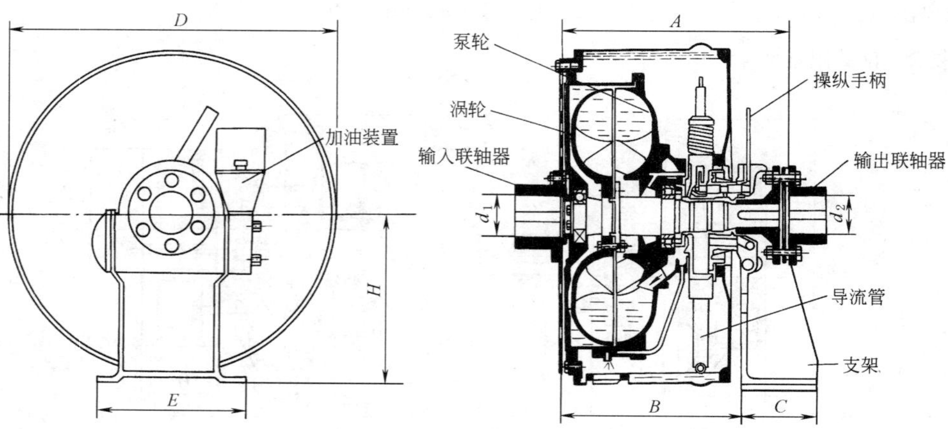

YOTJ450，500，560型调速偶合器

表 7-2-97　　技术性能

型　号	输入转速 /r·min^{-1}	传递功率范围 /kW	额定滑差 S/%	外形与连接尺寸/mm							
				A	B	C	D	E	H	d_1	d_2
YOTJ320	1500	11～20	1.5～3	375	265	129	460	294	160	42	42
YOTJ360	1500	21～35	1.5～3	424	312	146	530	400	165	48	48
YOTJ400	1500	40～55	1.5～3	429	316	146	585	400	210	60	60
YOTJ450	1000 1500	18.5～35 60～120	1.5～3	618	305	182	650	310	360	75	50
YOTJ500	1000 1500	40～55 130～200	1.5～3	674	327	196	700	336	360	85	50
YOTJ560	1000 1500	60～120 220～350	1.5～3	742	390	216	790	410	410	85	55

注：生产厂家为上海交通大学附属工厂。

② YOTJ 系列（二）

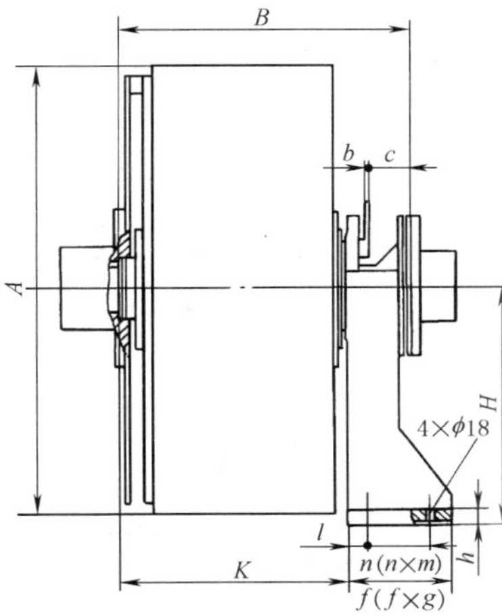

YOTJ360，400，450，500，560，650
调速偶合器的外形尺寸

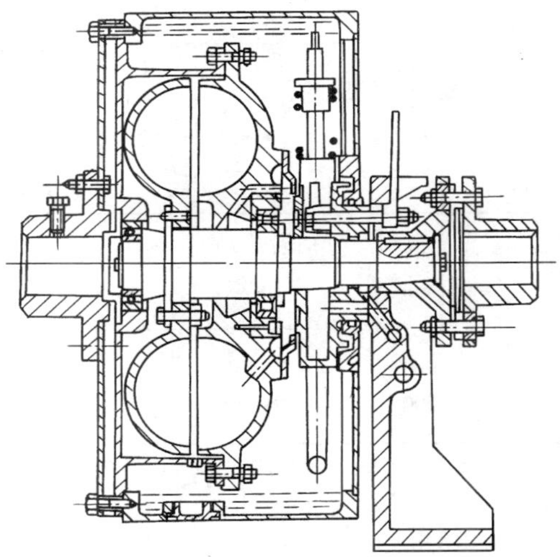

YOTJ360，400，450，500，560，650
调速偶合器的结构

表 7-2-98　　技术性能

型　号	输入转速 /r·min^{-1}	最大传递功率 /kW	额定滑差 S*/%	注油量 /L	质量 /kg	外形及连接尺寸/mm											
						A	B	H	K	l	n	m	f	g	h	c	b
YOTJ-360	1500 1000	35 10	3	10	130	540	398	285	299	25	70	260	120	300	22	8	71.5
YOTJ-400	1500 1000	55 15	3	15	169	570	408	285	309	25	70	260	120	300	22	8	71.5
YOTJ-450	1500 1000	100 30	3	25	200	630	444	360	334	25	100	300	150	340	25	8	76
YOTJ-500	1500 1000	160 50	3	30	238	690	460	360	350	25	100	300	150	340	25	8	76
YOTJ-560	1500 1000	300 90	3	33	374	770	549	440	412	20	130	320	170	360	25	10	104
YOTJ-650 （YOTJ-630）	1500 1000	500 1000	3	46	469	880	583	440	446	20	130	320	170	360	25	10	104

注：生产厂家为广东省韶关冶金机械厂。

③ YOT 系列

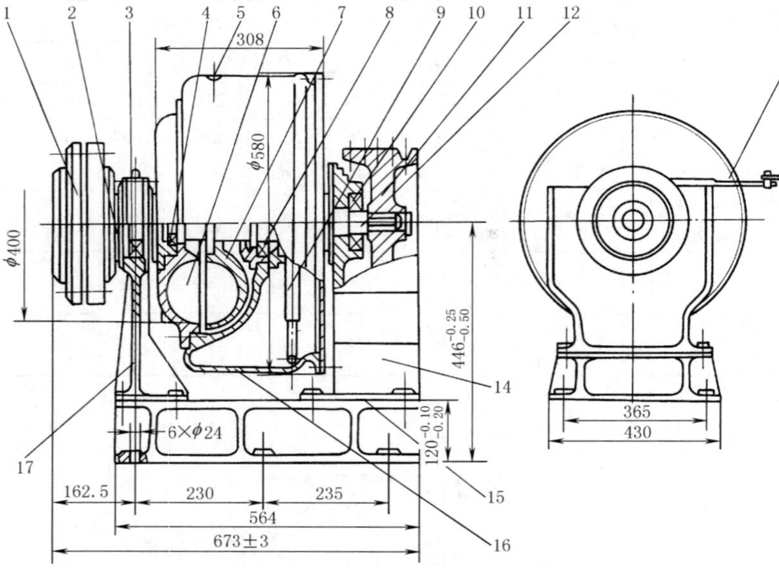

1—弹性联轴器；2—连接轴；
3—轴承 215；4—轴承 92210；
5—易熔塞；6—泵轮；
7—涡轮；8—轴承 213；
9—勺管机构；10—轴承 410；
11—带轮；12—主轴；
13—手摇机构；14—勺管支架；
15—底座；16—转动外壳；
17—轴承座

YOT400调速型偶合器

表 7-2-99　　技术性能

型　　号	输入转速 /r · min^{-1}	传递功率范围 /kW	额定滑差 S^*/%	冷却方法	注油量 /L	调速范围 i	外形尺寸/mm 长×宽×高
YOT400	1000 1500	12~21 40~70	1.5~3	壳体风冷 带冷却器	14	0.1~0.97	673×710×736

注：1. 该产品属进口调节式，但自带支承架，偶合器重量不再悬挂在原动机上，安装对中较为方便。输出为带轮，也可改为联轴器。

2. 生产厂家为江苏南通机械厂。

④ YDTW 系列

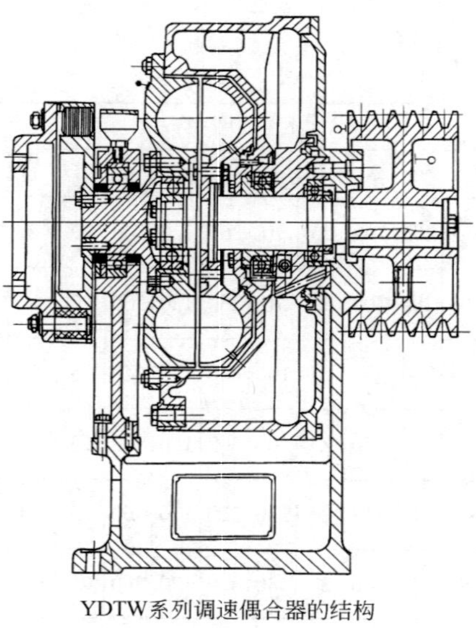

YDTW系列调速偶合器的结构

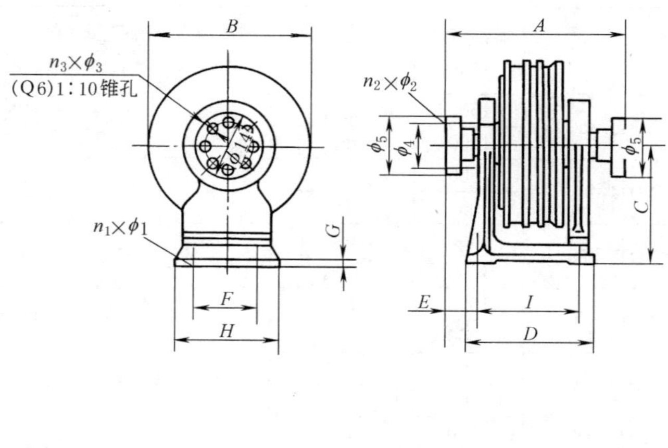

YDTW系列调速偶合器的外形尺寸

表 7-2-100　　技术性能

型　号	输入转速 /r·min⁻¹	所传功率/kW	额定滑差/%	A	B	C	D	E	F	G	H	I	$n_1\times\phi_1$	$n_2\times\phi_2$	$n_3\times\phi_3$	ϕ_4	ϕ_5
YDTW25/15	1470	3～6	3	500	360	320	226		400	10	430	190	4×ϕ16	6×ϕ36	6×ϕ18	120	170
YDTW28/15	1470	4～10	3	600	416	350	470	133	340	20	380	430	4×ϕ20	6×ϕ36	6×ϕ18	120	170
YDTW36/15	1470	15～35	3	560	550	448	345	100	390	30	450	280	4×ϕ18	6×ϕ36	6×ϕ18	170	220
YDTW40/15	1470	35～60	3	630	610	450	440	124	350	30	400	390	4×ϕ20	10×ϕ36	10×ϕ18	170	220
YDTW45/15	1470	50～100	3	742	660	450	525	120	410	25	450	475	4×ϕ20	10×ϕ36	10×ϕ18	190	240

注：1. 该系列产品也自带支承架，安装对中较为方便。

2. 生产厂家为上海 711 研究所。

（7）调速型（出口调节式）

① YOT_{GC}、GST、GWT 型

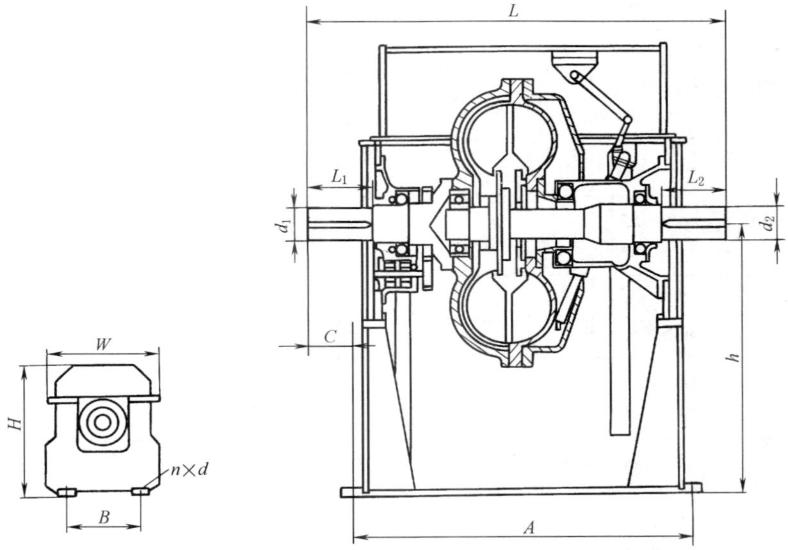

YOT_{GC}、GST、GWT 型偶合器结构与外形尺寸

表 7-2-101　　技术性能

型　号	输入转速 /r·min⁻¹	传递功率 /kW	外形及连接尺寸/mm										质量 /kg
			L	W	H	h	A	B	C	$n\times d$	d_1、d_2	L_1、L_2	
YOT_{GC}280	1500 3000	4～11 30～85	798	919	1144	500	636	484	81	4×ϕ27	ϕ40	110	480
YOT_{GC}320	1500 3000	7.5～21 60～165	798	919	1159	500	636	484	81	4×ϕ27	ϕ40	110	520
YOT_{GC}360	1500 3000	13～35 110～305	830	1207	940	560	652	680	91	4×ϕ27	ϕ60	120	580
YOT_{GC}400	1500 3000	30～65 240～500	830	1207	940	560	652	680	91	4×ϕ27	ϕ60	120	600
YOT_{GC}450	1500 3000	50～110 430～900	1020	1120	1375	635	940	865	38	4×ϕ27	ϕ75	145	790

续表

型　号	输入转速 /r·min^{-1}	传递功率 /kW	外形及连接尺寸/mm										质量 /kg
			L	W	H	h	A	B	C	$n\times d$	d_1、d_2	L_1、L_2	
$YOT_{GC}560$	1000 1500	35～100 115～340	1166	1310	1594	810	1080	920	30	4×ϕ27	ϕ85	170	1370
$YOT_{GC}650$	1000 1500	75～215 250～730	1300	1200	1500	840	1180	900	60	4×ϕ35	ϕ100	150	1920
$YOT_{GC}750$	1000 1500	150～440 510～1480	1300	1200	1500	840	1180	900	60	4×ϕ35	ϕ100	150	2040
$YOT_{GC}875$	750 1000	150～400 365～960	1720	1500	1570	880	1580	1200	70	4×ϕ45	ϕ130	250	3100
$YOT_{GC}1000$	750 1000	285～750 640～1860	1930	1840	1810	1060	1810	1250	60	4×ϕ35	ϕ150	250	5100
$YOT_{GC}1050$	750 1000	360～955 815～2300	1930	1840	1810	1060	1810	1250	60	4×ϕ35	ϕ150	250	6150
$YOT_{GC}1150$	600 750	360～955 715～1865	1930	1840	1810	1060	1810	1250	60	4×ϕ35	ϕ150	250	6200
GST50	1500 3000	70～200 560～1625	1020	1120	1375	635	940	865	38	4×ϕ27	ϕ75	145	1100
GWT58	1500 3000	140～400 1125～3250	1230	1310	1594	810	1080	920	30	4×ϕ27	ϕ95	165	2100

注：1. 此型为固定箱体式，额定转差率为1.5%～3%。用于$M\propto n^2$的离心机械时，其调速范围为1～1/5；用于$M=C$的恒转矩机械时，其调速范围为1～1/3。

2. GST 50、GWT 58为引进英国Fluidrive公司专有技术制造。

3. 生产厂家为大连液力机械有限公司。

② YOTC型

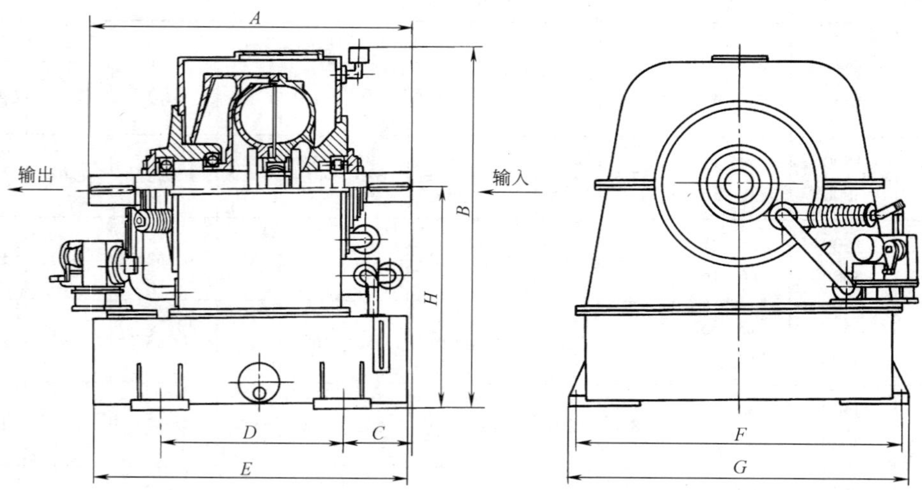

YOTC360B～YOTC1450B型偶合器外形尺寸图

表 7-2-102　　技术性能

型　　号	输入转速/r·min^{-1}	传递功率/kW	额定转差率/%	外 形 尺 寸/mm							
				A	*B*	*C*	*D*	*E*	*F*	*G*	*H*
YOTC360B	1500 3000	15～37 90～300	≤3	820	910	235	430	694	740	800	550
YOTC400B	1500 3000	37～55 250～450	≤3	1020	1100	280	420	940	900	1000	660
YOTC450B	1500 3000	55～110 425～900									
YOTC500B	1500 3000	110～200 850～1600	≤3	1040	1120	235	520	980	980	1050	700
YOTC560B	1000 1500	55～110 200～355									
YOTC650B	1000 1500	110～220 355～750	≤3	1120	1290	250	560	1080	1040	1140	750
YOTC710B	750 1000 1500	75～140 220～360 750～1250	≤3	1455	1490	348	680	1370	1300	1380	915
YOTC800B	750 1000 1500	160～250 400～720 1250～1600									
YOTC875B	750 1000	250～460 670～1000	≤3	1700	1770	398	840	1600	1550	1640	1110
YOTC1000B	600 750 1000	280～400 400～800 1000～1800									
YOTC1050B	600 750 1000	355～500 750～1000 1400～2240									
YOTC1150B	600 750	450～800 950～1600	≤3	1800	2100	400	900	1760	1800	1880	1240
YOTC1250B	600 750	750～1250 1600～2240									
YOTC1320B	500 600 750	600～850 1000～1600 2000～3150	≤3	2400	2350	550	1200	2350	2100	2200	1450
YOTC1450B	400 500 600	375～540 710～1250 1400～2240									

注：生产厂家为上海交通大学附属工厂。

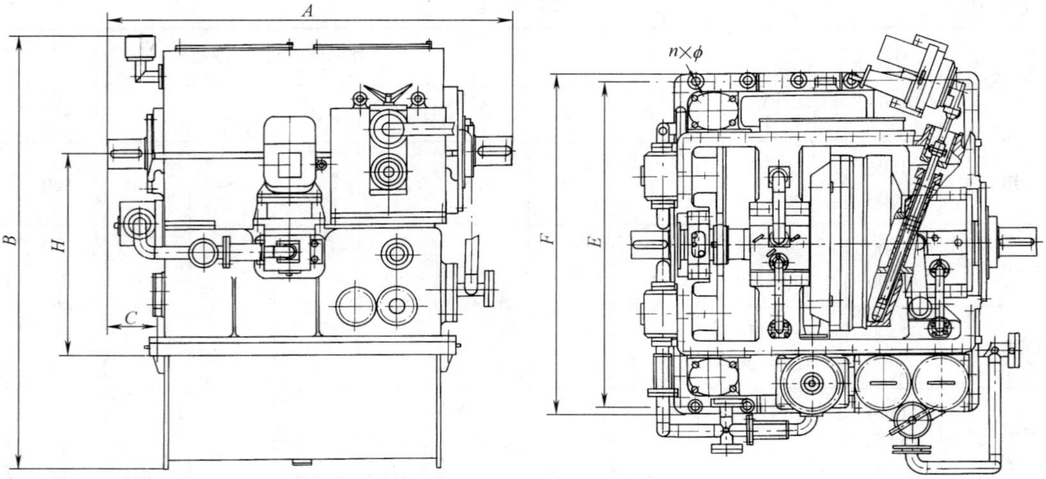

YOTC560H～YOTC650H 型偶合器外形尺寸图

表 7-2-103　　　　技术性能

型　　号	输入转速 /r·min^{-1}	传递功率 /kW	额定转差率/%	外　形　尺　寸/mm						
				A	B	C	E	F	H	$n\times\phi$
YOTC560H	3000	1500～2800	≤3	1610	1710	267	1280	1340	800	12×ϕ35
YOTC600H	3000	2200～3200								
YOTC650H	3000	3200～4800								

注：生产厂家为上海交通大学附属工厂。

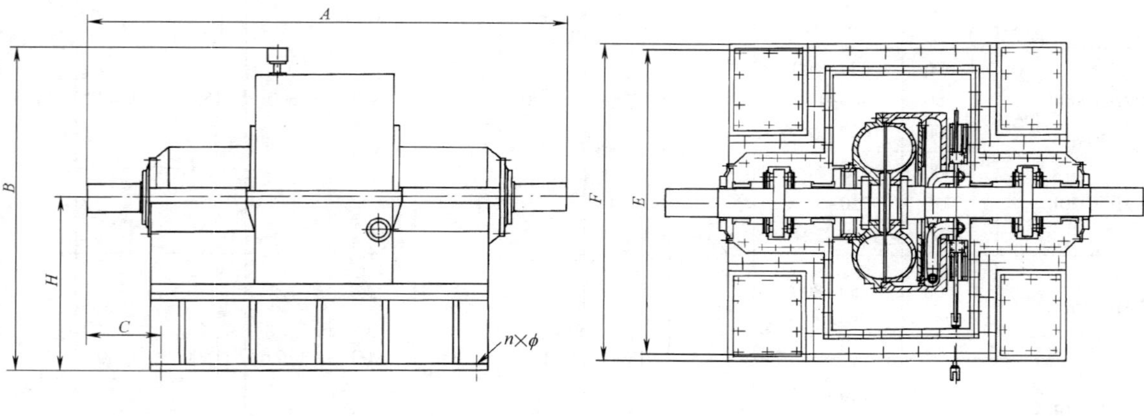

YOTC875H、YOTC1000H 型偶合器外形尺寸图

表 7-2-104

型　　号	输入转速 /r·min^{-1}	传递功率 /kW	额定转差率/%	外　形　尺　寸/mm						
				A	B	C	E	F	H	$n\times\phi$
YOTC875H	1500	1600～2800	≤3	2728	2250	450	1720	1800	1280	12×ϕ35
YOTC1000H	1500	2800～3600								

注：生产厂家为上海交通大学附属工厂。

③ YOT_{CS}型

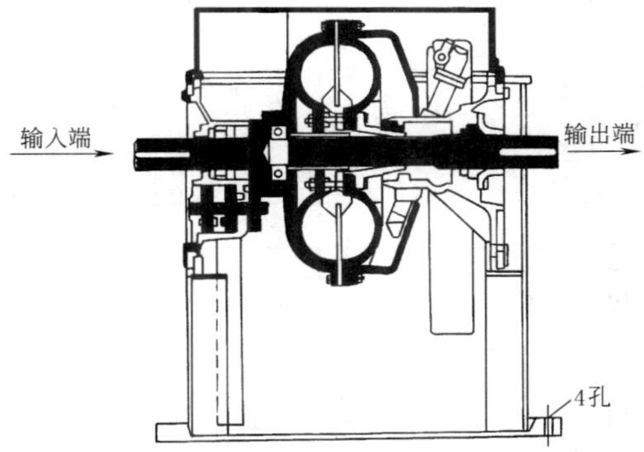

YOT_{CS}型偶合器结构

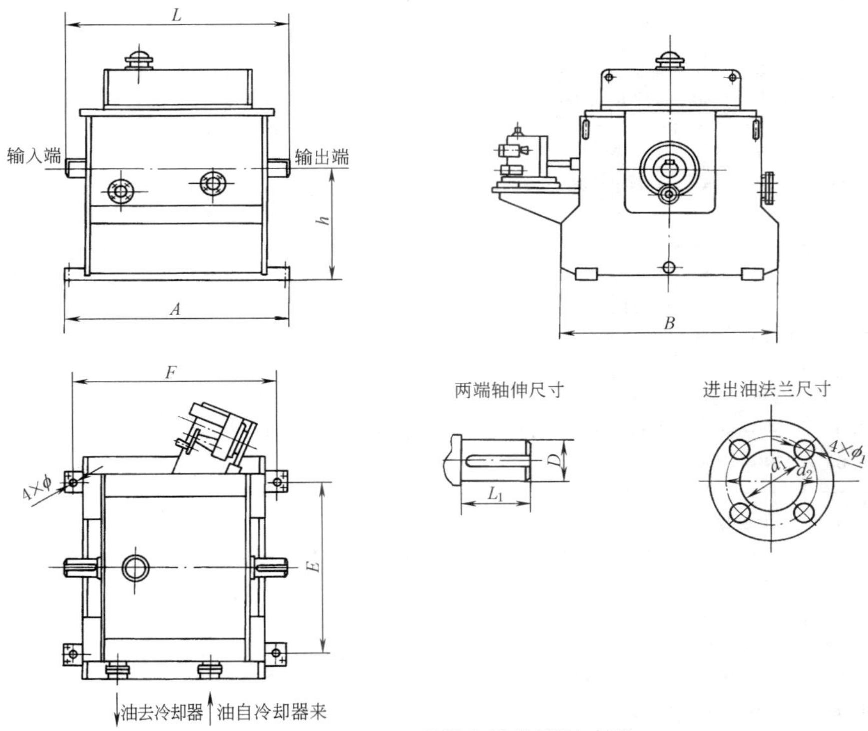

YOT_{CS}320～1250 型偶合器外形尺寸图

表 7-2-105 技术性能

型　号	输入转速 /r·min^{-1}	传递功率 /kW	外形及连接尺寸/mm											质量 /kg
			A	B	E	F	L	h	$4\times\phi$	D/L_1	d_1	d_2	$4\times\phi_1$	
YOT_{CS}320	1000 1500 3000	3～6.5 7.5～22 60～175	600	524	494	400	620	420	24	50/(入 100,出 80)				450
YOT_{CS}360	1500 3000	15～40 110～320	712	912	680	652	830	560	27	60/120	ϕ30	ϕ90	14	850

续表

型号	输入转速 /r·min^{-1}	传递功率 /kW	外形及连接尺寸/mm											质量 /kg
			A	B	E	F	L	h	$4\times\phi$	D/L_1	d_1	d_2	$4\times\phi_1$	
$YOT_{CS}400$	1500 3000	30~70 220~540	712	912	680	652	830	560	27	60/120	$\phi30$	$\phi90$	14	950
$YOT_{CS}450$	1500 3000	55~120 390~970	1020	1120	865	940	1020	635	27	75/145	$\phi54$	$\phi120$	18	1350
$YOT_{CS}500$	1000 1500 3000	22~60 90~205 670~1640	1020	1120	865	940	1020	635	27	75/145	$\phi54$	$\phi120$	18	1500
$YOT_{CS}560$	1000 1500 3000	55~110 155~360 1180~2885	1020	1120	865	940	1020	635	27	75/145	$\phi54$	$\phi120$	18	2300
$YOT_{CS}580$	3000	1200~3440	1160	1310	920	1080	1230	810	27	95/170	$\phi76$	$\phi140$	M16	2350
$YOT_{CS}620$	3000	1675~4780	1170	2160	2060	1070	1485	900	35	120/200				2860
$YOT_{CS}650$	750 1000 1500	40~95 95~225 290~760	1300	1250	900	1180	1300	840	35	100/150	$\phi48$	$\phi140$	18	2400
$YOT_{CS}750$	750 1000 1500	80~195 185~460 510~1555	1300	1250	900	1180	1300	840	35	100/150	$\phi48$	$\phi140$	18	2650
$YOT_{CS}875$	750 1000 1500	155~420 390~995 1240~3360	1700	1500	1200	1580	1720	950	45	130/250	$\phi50$	$\phi100$	14	4200
$YOT_{CS}1000$	600 750 1000	170~420 330~820 750~1950	1930	1840	1250	1810	1930	1060	35	150/250	$\phi76$	$\phi140$	18	7600
$YOT_{CS}1050$	600 750 1000	175~535 360~1045 815~2480	1930	1840	1250	1810	1930	1060	35	150/250	$\phi76$	$\phi140$	18	7800
$YOT_{CS}1150$	600 750 1000	355~845 670~1650 1590~3905	1930	1840	1250	1810	1930	1060	35	150/250	$\phi76$	$\phi140$	18	8000
$YOT_{CS}1250$	500 600 750	400~740 500~1280 1150~2500	2250	2180	1600	1980	2250	1170	45	160/300	$\phi65$	$\phi230$	18	12500

注：1. 此型为固定箱式，额定转差率为1.5%~3%。用于$M\propto n^2$的离心机械时，其调速范围为1~1/5；用于$M=C$的恒转矩机械时，其调速范围为1~1/3。

2. 生产厂家为广东福伊特中兴液力传动有限公司。

第7篇

④ YDT 型系列

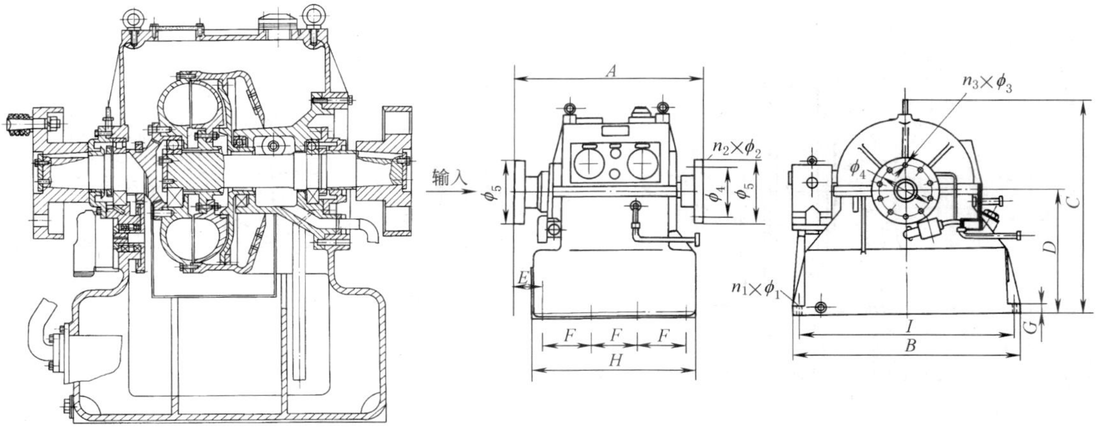

YDT 系列调速偶合器的外形尺寸

表 7-2-106 **技术性能**

型 号	输入转速 /r·min^{-1}	所传功率 /kW	额定滑差 /%	外形及连接尺寸/mm													
				A	B	C	D	E	$n\times F$	G	H	I	$n_1\times\phi_1$	$n_2\times\phi_2$	$n_3\times\phi_3$	ϕ_4	ϕ_5
YDT28/30	2970	30～72	3	600	650	668	380	80	1×440	30	490	600	4×24	6×18	6×36	120	170
YDT32/30	2970	60～140	3	600	650	668	380	80	1×440	30	490	600	4×24	6×18	6×36	120	170
YDT36/30	2970	100～300	3	750	820	900	550	115	1×520	40	580	760	4×27	10×18	10×36	170	220
YDT40/30	2970	250～520	3	800	820	900	550	140	1×520	40	580	960	4×27	10×58			
YDT45/30	2970	350～800	3	960	1120	1088	635	131	3×240	50	800	1060	8×22	10×58	10×30	245	330
YDT50/30	2970	600～1600	3	1000	1120	1088	635	146	3×240	50	800	1060	8×22	10×58			
YDT56/30	2970	1300～2800	3	1310	1560	1329	810	103	3×350	60	1160	1480	8×32	12×46	12×24	285	350
YDT63/30	2970	2500～5000	3	1400	1560	1329	810	148	3×350	60	1160	1480	8×32	12×46			
YDT56/15	1470 970	200～400 50～100	3	930	1200	1184	700	93.5	3×225	50	750	1140	8×22	10×58	10×30	245	330
YDT63/15	1470 970 730	380～620 90～220 50～80	3	970	1200	1184	700	113.5	3×225	50	750	1140	8×22	10×58			
YDT71/15	1470 970 730	500～1100 200～380 70～140	3	1200	1510	1394	750	152.4	4×200	50	900	1450	10×22	10×72	10×38	310	410
YDT80/15	1470 970 730	700～1600 260～580 130～250	3	1300	1510	1394	750	202.5	4×200	50	900	1450	10×22				
YDT100/10	970 730	800～1800 350～760	3	1500	1710	1595	900	220	4×240	50	1065	1650	10×28	10×88	10×46	380	500
YDT112/10	970 730	2000～3500 850～1600	3	1750	1850	1850	1150	235	4×320	50	1065	1750	10×35				

注：生产厂家为上海 711 研究所。

第 7 篇

⑤ YOT_{HC}型

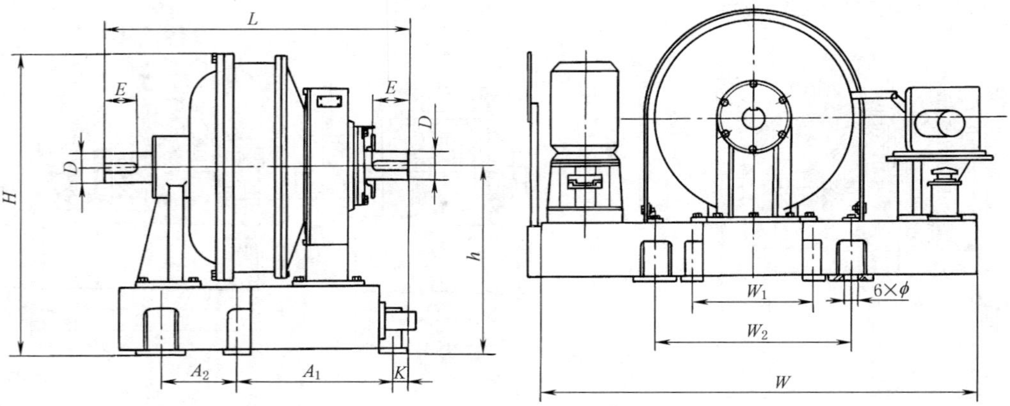

YOT_{HC}型偶合器外形图

表 7-2-107 **技术性能**

型号	输入转速 /r·min⁻¹	传递功率 /kW	外形及连接尺寸/mm												质量 /kg
			L	A_1	A_2	W	W_1	W_2	h	H	K	$6\times\phi$	D	E	
YOT_{HC}280	1500 3000	4~11 30~85	690	470		800		350	405	590	60	20	ϕ40	90	270
YOT_{HC}320	1500 3000	7.5~21 60~165	690	470		800		350	405	615	60	20	ϕ40	90	290
YOT_{HC}360	1500 3000	13~35 110~305	925	420	200	1170	450	600	500	730	90	22	ϕ60	115	330
YOT_{HC}400	1500 3000	30~65 240~500	925	420	200	1170	450	600	500	750	90	22	ϕ60	115	500
YOT_{HC}450	1000 1500	12~34 50~110	925	420	200	1170	450	600	500	780	90	22	ϕ60	115	570
YOT_{HC}500	1000 1500	20~57 70~200	1050	520	260	1200	500	700	550	855	37	22	ϕ75	140	800
YOT_{HC}560	1000 1500	35~100 115~340	1050	560	260	1370	500	700	650	995	37	22	ϕ85	160	830
YOT_{HC}650	1000 1500	75~215 290~620	1050	560	260	1440	500	700	650	1050	37	22	ϕ100	160	1070

续表

型　号	输入转速 /r·min^{-1}	传递功率 /kW	外形及连接尺寸/mm												质量 /kg
			L	A_1	A_2	W	W_1	W_2	h	H	K	6×ϕ	D	E	
$YOT_{HC}750$	1000 1500	150~440 480~950	1450	800	300	1620	700	1000	800	1250	80	35	ϕ100	210	1300
$YOT_{HC}875$	750 1000	150~400 385~960	1450	800	300	1620	700	1000	800	1320	80	35	ϕ130	210	1600

注：1. 生产厂家为大连液力机械有限公司。

2. 此型为回转壳体箱座式，额定转差率为1.5%~3%。调速范围为，对离心式机械为1~⅕，对恒转矩机械为1~⅓。

⑥ YOT_{CK}型

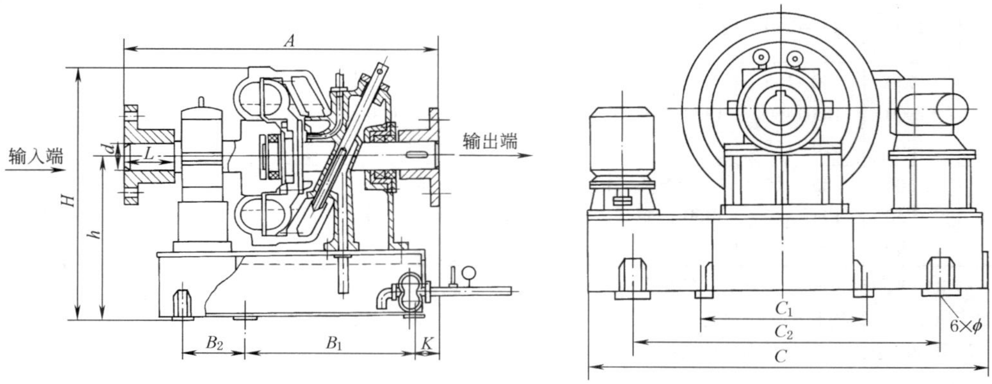

YOT_{CK}220~875 型偶合器结构及外形尺寸

表 7-2-108　　技术性能

型　号	输入转速 /r·min^{-1}	传递功率 /kW	外形及连接尺寸/mm											质量 /kg
			A	B_1	B_2	C	C_1	C_2	h	H	K	6×ϕ	d/L	
$YOT_{CK}220$	1000 1500	0.4~1 1.5~3.5	690	470		800		350	405	540	60	20	ϕ50/90	500
$YOT_{CK}250$	1000 1500	0.75~2 3~6.5	690	470		800		350	405	558	60	20	ϕ50/90	550
$YOT_{CK}280$	1000 1500	1.5~3.5 5.5~12	690	470		800		350	405	575	60	20	ϕ50/90	600
$YOT_{CK}320$	1000 1500	3~6.5 7.5~22	690	470		800		350	405	600	60	20	ϕ50/90	650
$YOT_{CK}360$	1000 1500	5.5~12 15~40	925	420	200	1170	450	600	500	722	90	22	ϕ70/115	750
$YOT_{CK}400$	1000 1500	7.5~20 30~70	925	420	200	1170	450	600	500	738	90	22	ϕ70/115	800

续表

型号	输入转速 /r·min⁻¹	传递功率 /kW	外形及连接尺寸/mm											质量 /kg
			A	B_1	B_2	C	C_1	C_2	h	H	K	$6\times\phi$	d/L	
$YOT_{CK}450$	1000 1500	15~36 55~120	925	420	200	1170	450	600	500	763	90	22	ϕ70/115	867
$YOT_{CK}500$	1000 1500	22~60 90~206	1050	520	260	1200	500	700	550	835	37	22	ϕ90/160	1230
$YOT_{CK}560$	1000 1500	55~110 155~360	1050	560	260	1370	500	700	650	965	37	22	ϕ90/160	1450
$YOT_{CK}650$	1000 1500	95~225 290~760	1050	560	260	1370	500	700	650	1015	37	22	ϕ90/160	1500
$YOT_{CK}750$	750 1000 1500	80~185 185~460 510~1555	1450	800	300	1620	700	1000	800	1223	80	35	ϕ130/210	2941
$YOT_{CK}875$	600 750 1000	85~215 155~420 390~995	1450	800	300	1620	700	1000	800	1293	80	35	ϕ130/210	3200

注：1. 额定转差率为1.5%~3%。调速范围为，对于离心式机械为1~⅕，对于恒转矩机械为1~⅓。

2. 此型为箱座式，结构紧凑，价格便宜，适合中小功率工况（P<500kW 或 n≤1500r/min）。

3. 生产厂家为广东福伊特中兴液力传动有限公司。

（8）调速型（进出口调节式）

① OH46 和 OY55 型

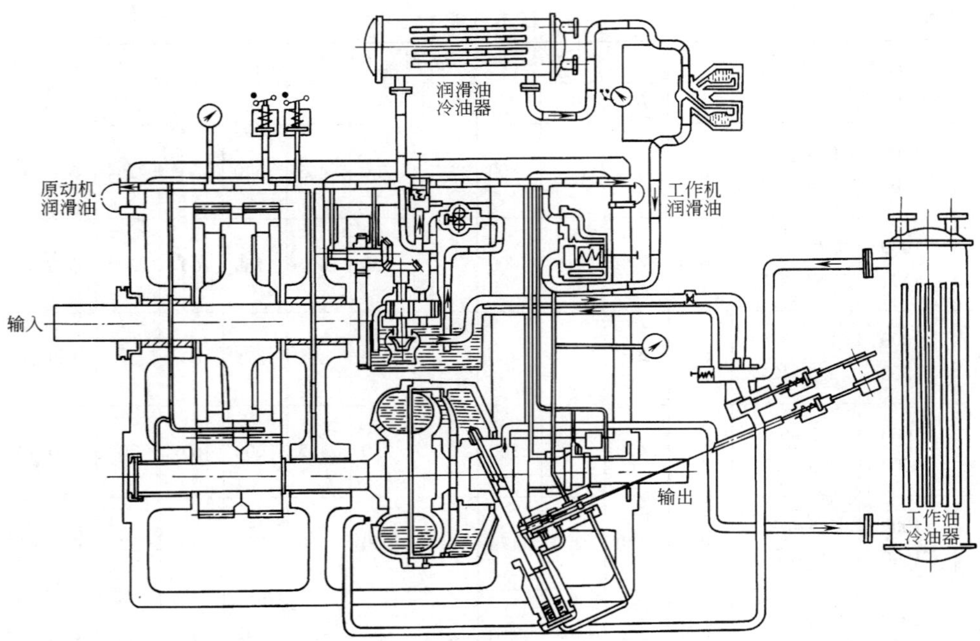

OY55型结构和油路

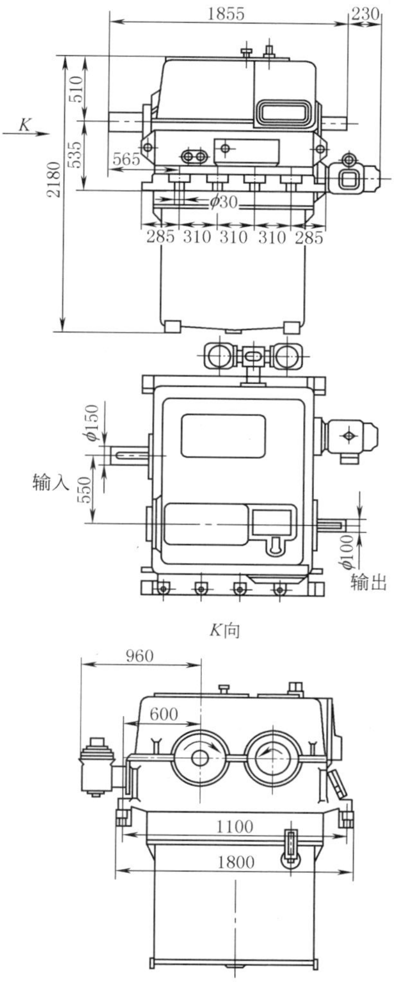

OY55型外形尺寸

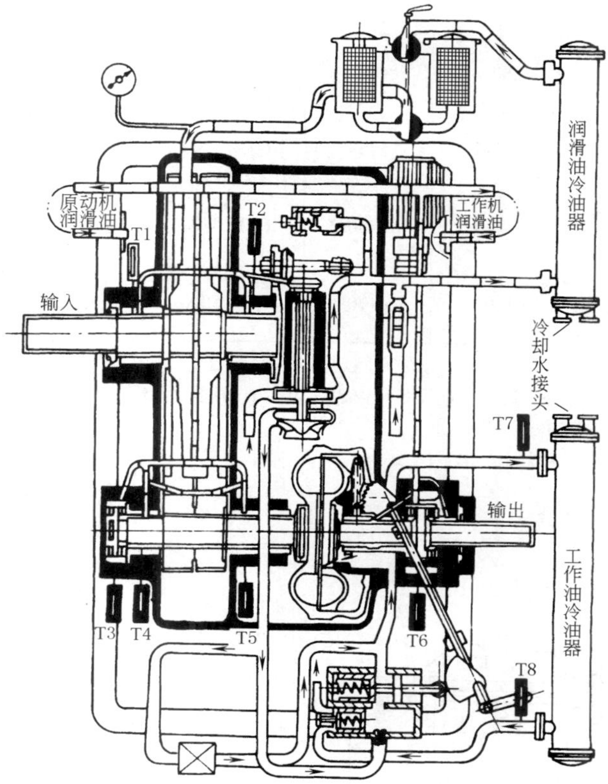

OH46型结构及油路

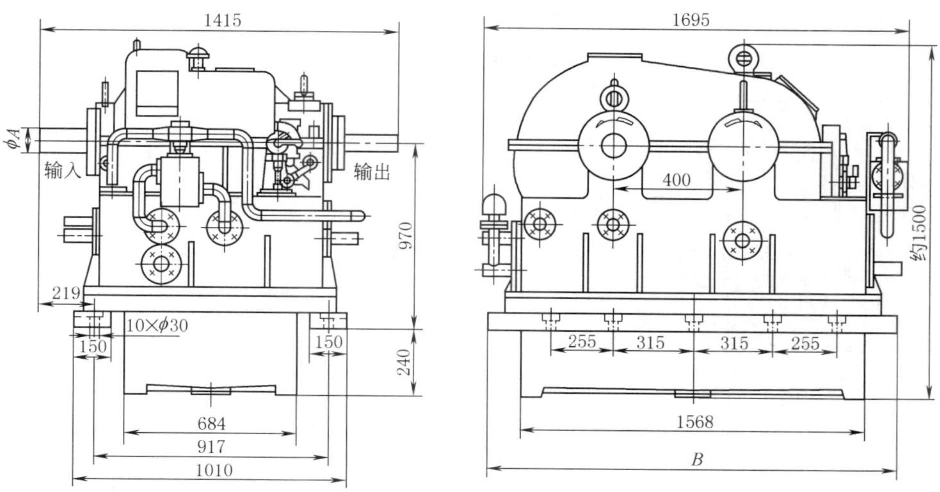

OH46型外形与安装尺寸图

表 7-2-109　　技术性能

型　号	输入转速 /r·min⁻¹	泵轮转速 /r·min⁻¹	传递功率范围 /kW	额定滑差 S^*/%	调速范围 i	质量 /kg	有关尺寸/mm	
							ϕA	B
OH46	2985	4800	1600~3200	1.5~3	0.2~0.97	2900	ϕ100n6	1630
OH46/Ⅰ	2985	5450	1600~3200	1.5~3	0.2~0.97	2900	ϕ100n6	1630
OH46/Ⅱ	1470	5450	1600~3200	1.5~3	0.2~0.97	2900	ϕ120n6	1650
OY55	1492	6170	3100~5500	1.5~3	0.2~0.91	4600		

注：1. 因有增速齿轮，故泵轮转速高于输入转速。

2. 除本体外，还有辅助设备与仪表，包括辅助润滑油泵、润滑油冷却器、工作油冷却器、滤器、执行器、截止阀、压力表、压力开关和温度计等。

3. 生产厂家为沈阳水泵厂。

② CO46 型

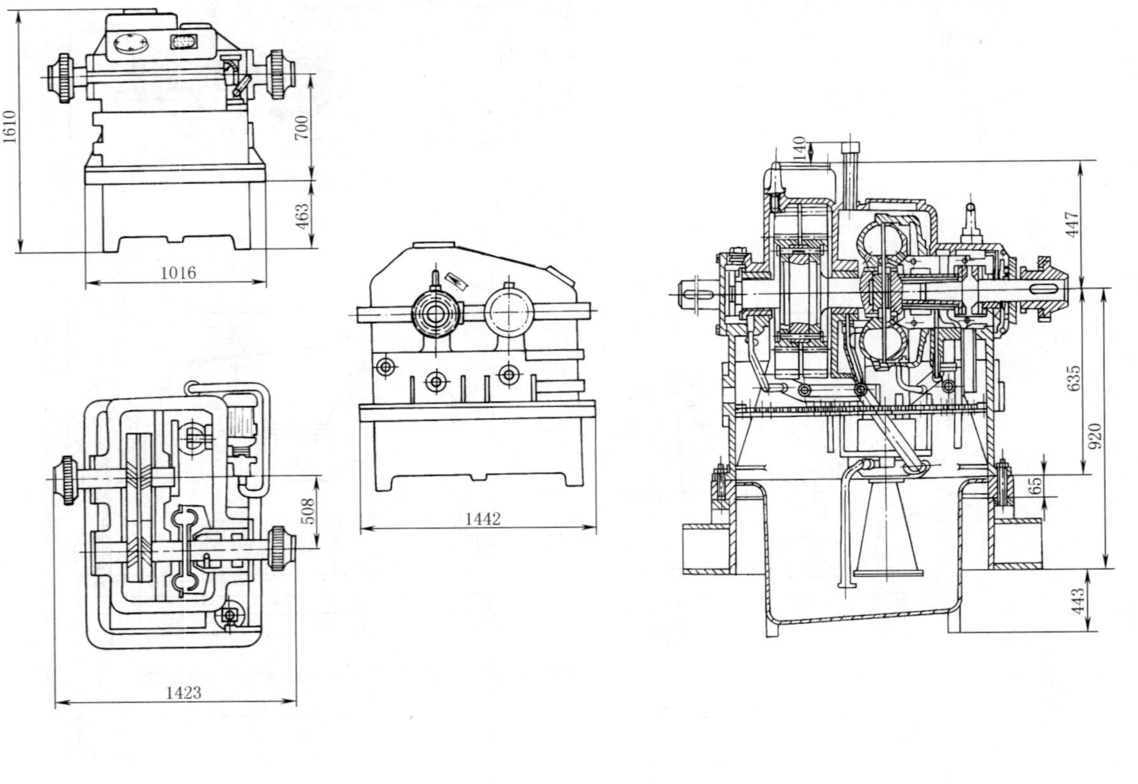

表 7-2-110　　技术性能

型　号	输入转速 /r·min^{-1}	传动齿轮增速比	泵轮转速 /r·min^{-1}	有效直径 /mm	传递功率 /kW	额定滑差 S^*/%	调速范围 i	总效率/%
CO46	2985	141/88=1.602	4782	463	~3200	≤3	0.25~0.97	95

注：1. 增速比可按原动机及工作机不同转速而变更。
2. 除本体外，还有辅助设备与仪表，与表 7-2-109 注 2 中所述类似。
3. 生产厂家为上海电力修造总厂。

③ YDTZ 系列

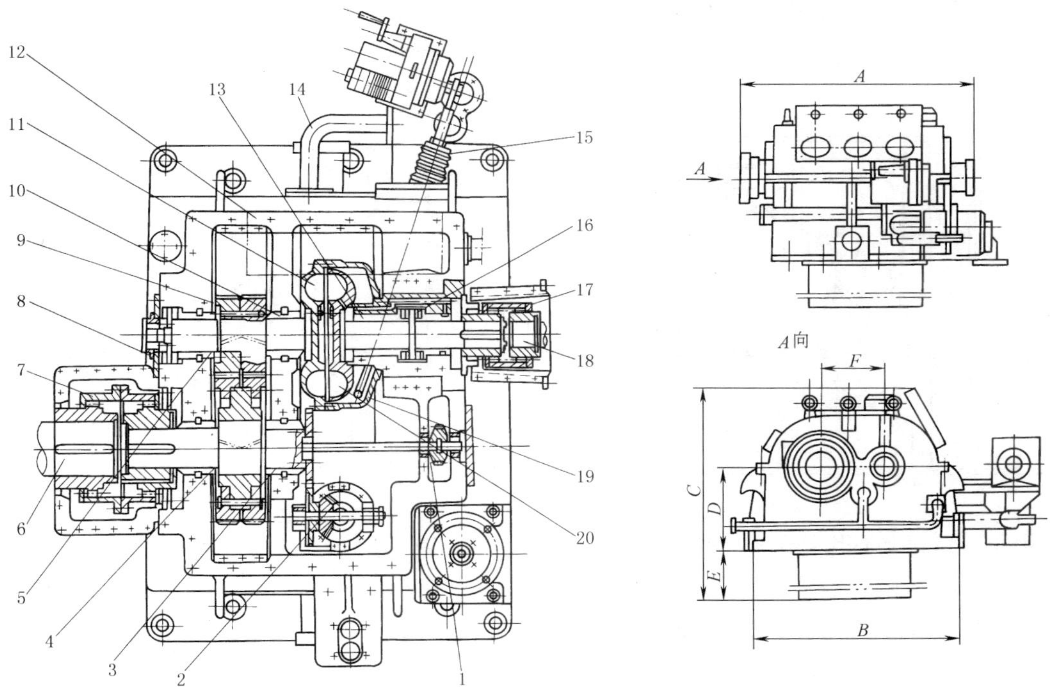

1,3~5,10,13—滑动轴承；2—工作泵和润滑泵传动齿轮组；6—输入轴；
7,17—齿轮联轴器；8,16—滑动推力轴承；9—增速齿轮组；11—泵轮；
12—箱体；14—管系组件；15—调速机构组件；18—输出轴；19—壳体；20—涡轮

表 7-2-111　　技术性能

型　号	输入转速 /r·min^{-1}	泵轮转速 /r·min^{-1}	传递功率 /kW	额定滑差 S^*/%	外形尺寸 /mm					
					A	B	C	D	E	F
YDTZ32/48	2970	4800	350~710	3	1030	810	1250	350	650	250
YDTZ36/55	2970	5500	800~1650	3	1200	980	1500	400	720	300
YDTZ40/55	2970	5500	1600~2800	3	1180	1520	1880	620	780	350
YDTZ43/52	2970	5200	2500~4000	3	1424	1226	940	500		350
YDTZ50/52	2970	5200	4200~6300	3	1395	1390	1105	550		450

注：生产厂家为上海 711 研究所。

④ YOCH 型

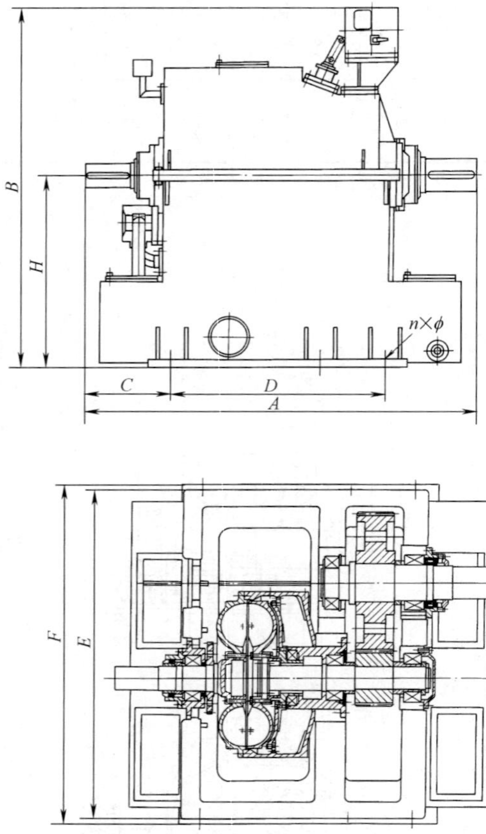

YOCH560B~YOCH800B 型结构及外形

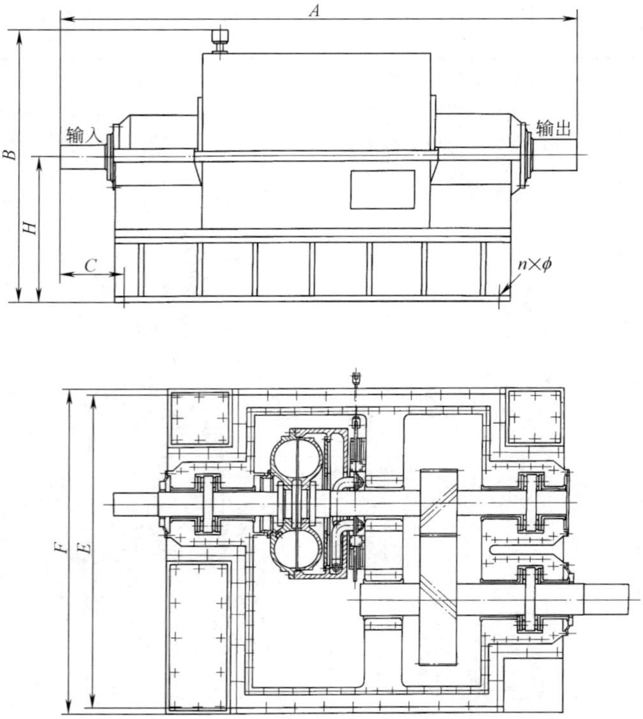

YOCH875H、YOCH1000H 型结构及外形

表 7-2-112

型　号	输入转速 /r·min^{-1}	传递功率 /kW	额定转差率 /%	外形尺寸/mm							
				A	B	C	D	E	F	H	$n \times \phi$
YOCH 560 B	1500	200~355	≤3	1500	1230	290	860	1110	1190	700	6-40
YOCH 650 B YOCH 710 B	1500 1500	355~750 750~1250	≤3	1830	1680	410	1000	1565	1635	900	6-40
YOCH 750 B YOCH 800 B	1500 1500	1150~1450 1250~1600	≤3	1850	1500	360	1040	1720	1800	950	6-45
YOCH 875 H	1000 1500	670~1000 1600~2800	≤3	3500	2170	440		2160	2260	1280	18-42
YOCH 1000 H	1000 1500	1000~1800 2800~3600	≤3								

注：生产厂家为上海交通大学附属工厂。

⑤ $YOCH_J$ 型

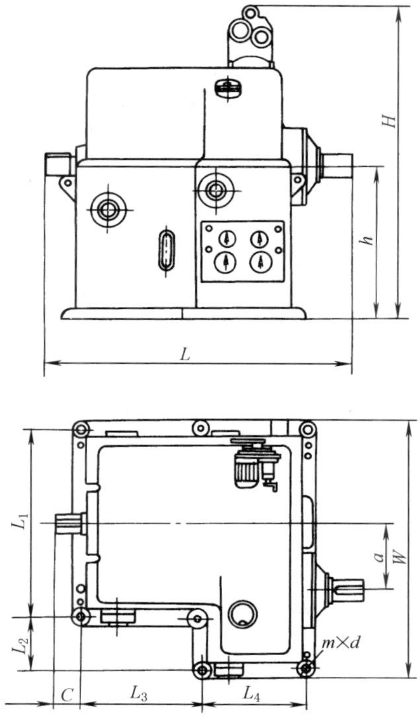

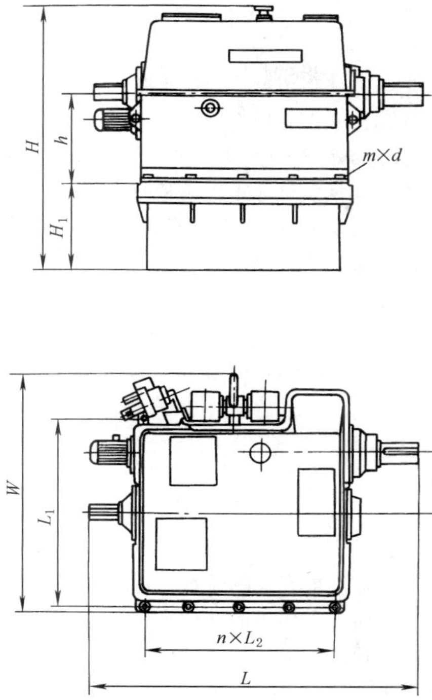

$YOCH_J$580/3000/ * ，750/1500/ * ，875/1500/ * ，1000/1500/ *

表 7-2-113

型　号	输入转速 /r·min^{-1}	传递功率 /kW	外形尺寸/mm											
			L	H	W	h	a	H_1	L_1	L_2	L_3	C	L_4	$m\times d$
$YOCH_J$500/ * / *	1000 1500	20~60 70~200	1520	1452	1400	635	400		1010	315	570	40	590	9×ϕ35
$YOCH_J$500/3000/ *	3000	560~1625	1520	1452	1400	700	400		1125		710	300		4×ϕ35
$YOCH_J$560/ * / *	1000 1500	35~100 115~340	1600	1630	1400	810	400		1000	320	600	80	600	9×ϕ35
$YOCH_J$580/3000/ *	3000	1125~3250	2625	2850	1875	750	450	1500	1400	4×400		354		10×ϕ39
$YOCH_J$650/ * / *	1000 1500	75~215 250~730	1850	1532	1680	840	450		1200	400	730	100	700	9×ϕ35
$YOCH_J$750/1000/ *	1000	150~440	1850	1532	1680	840	450		1200	400	730	100	700	9×ϕ35
$YOCH_J$750/1500/ *	1500	510~1480	2390	2180	1815	650	450	830	1573	1512		297.5		10×ϕ39
$YOCH_J$875/1000/ *	1000	300~850	2200	1650	1750	880	450		1360	210	900	200	800	9×ϕ39
$YOCH_J$875/1500/ *	1500	1160~3260	2888	2520	2250	800	550	790	1750	4×435		449		10×ϕ39
$YOCH_J$1000/1500/ *	1500	1250~3700	2988	2520	2250	800	550	1090	1750	4×460		449		10×ϕ39

注：1. 标注示例：输入转速为 1500r/min，输出最高转速为 900r/min 的 $YOCH_J$650 型液力偶合器传动装置标注为 $YOCH_J$650/1500/900。

2. 额定转差率为 1.5%~3%。其输出的最高转速（即型号中后一个 * 处标注的转速）根据用户需要确定，一般最小为输入转速的 1/3。其最高总机效率≥95%。

3. 调速范围为，对离心式机械为 1~1/5，对恒转矩机械为 1~1/3。

4. 生产厂家为大连液力机械有限公司。

(9) 偶合器的选择

偶合器的选择包括结构型式和规格型号的选择，选择的原则和方法如下。

① 对于大惯量工作机，只要求平稳启动的可选择牵引型；在运转中有可能被卡住不转，要求防护动力过载的可选用动压倾泄式限矩型；对于既要防护动力过载，又希望大惯量工作机在较长的启动过程中，电机不会出现过大载荷的可选用延充式限矩型；当要求防爆、防燃、防油污染工作环境时，可选用水介质偶合器型式。油介质偶合器绝对不允许用作水介质偶合器。

② 如要求偶合器进行无级调速，当输入转速为1000~1500r/min，传递功率小于200~300kW时，可选用结构紧凑、辅助设备简单、轴向尺寸小、重量轻、造价低的进口调节式；当偶合器输入转速大于或等于3000r/min时，或转速虽为600~1500r/min，但所传的功率大于200~300kW，有效直径较大时，可选用带有坚实箱体支持、运转平衡可靠的出口调节式；当输入转速高于3000r/min高速或4800r/min超高速，传递功率为中大功率时，可选用带增速齿轮传动的进出口调节式。

③ 已知或能计算出工作机的实际负载容量和转速时，首先计算实际负载容量和转速，再根据计算出的轴功率和转速在规格尺寸选择图（或称功率选择图）上直接选取。如无尺寸选择图可按下式确定偶合器的有效直径D。

$$D = K\sqrt[5]{\frac{N_e}{n_B^3}} \quad (\mathrm{m}) \tag{7-2-21}$$

式中 D——偶合器的有效直径，m；

K——与偶合器性能有关的系数，对调速型$K=14.7\sim13.8$，对限矩型$K=15.4\sim14.4$；

N_e——偶合器所配工作机的轴功率，kW；

n_B——泵轮转速，r/min。

把计算的D值用毫米表示，从产品样本中选择一个比D值大者，就是偶合器的规格。

④ 如不知道工作机的实际负载，就可以用原动机的额定功率和转速，按上面的方法来选择，这样一般偶合器选择偏大。

⑤ 充分了解产品结构特点和加工制造质量，尤其是产品实际生产使用的情况。

⑥ 水介质偶合器规格型号选择是将工作机的功率除以1.15倍，再按上述方法进行。

4.10 多动力机驱动的限矩型液力偶合器选型匹配

多动力机驱动的限矩型液力偶合器选型方法按表7-2-114进行。

表 7-2-114

选型内容	说明
型式选择	推荐选用动压泄液式或复合泄液式限矩型液力偶合器,因多机驱动用限矩型液力偶合器需要顺序启动,先启动的偶合器过载保护能力要强,否则在顺序启动过程中易喷液
规格选择	当所选偶合器的功率在两个规格交界时,推荐选用较大规格,因液力偶合器协调多动力机均衡驱动是以加大某个偶合器的转差率为条件的。因而从总体上看,偶合器转差率范围比较大,充液率调整范围也比较大,个别偶合器的发热量也比较大,选择较大规格偶合器有利于调整充液率和散热
过载系数选择	过载系数T_g应小于2.2,过载系数大了,在顺序启动堵转时偶合器易发热
易熔塞保护温度选择	为避免在顺序启动中易熔塞喷液,推荐选用140℃保护温度的易熔塞。如顺序启动的电动机数量不多,则可选正常易熔塞
充液率选择与调整	在现场根据实际运转情况调节充液率,使多动力机通过液力偶合器均衡同步驱动
顺序启动的间隔时间选择	根据理论分析和实际经验,多动力机驱动,电动机顺序启动的间隔时间一般为单台电动机的启动时间加安全裕度,因中小型电动机的启动时间为1~2s,所以选择间隔启动时间为3s即可

4.11 双速及调速电动机驱动的限矩型液力偶合器选型匹配

液力偶合器与双速或调速电动机匹配所采用的方法是：低速级加大偶合器的转差率，使之传递功率有较大提高，而且不至于因效率过低而造成偶合器喷液；高速级减小偶合器的转差率，降低传递功率能力，过载系数加大，过载保护功能降低。选型匹配方法按表 7-2-115 进行。

表 7-2-115

选型内容	说明
型式选择	动压泄液、静压泄液和复合泄液型均可，根据需要选择。但要选择泵轮力矩系数较大、特性较硬的偶合器
液力偶合器与离心式工作机匹配时双速电动机极对数选择	当液力偶合器与离心式工作机匹配时，由于工作机的特性曲线与液力偶合器的特性曲线基本相同（即都是传递功率与转速的 3 次方成正比），故对电动机的极对数没有特殊要求，即选用 2/4 极、4/6 极、4/8 极、6/8 极电动机均可，原因是电动机转速降低之后，偶合器功率降低，离心式机械的功率也同步降低，不论在高速级还是低速级偶合器始终能够驱动工作机
液力偶合器与恒扭矩工作机匹配时双速电动机极对数选择	当液力偶合器与恒扭矩工作机匹配时，由于工作机的扭矩不随转速下降而下降，而偶合器的力矩却随转速下降而下降，故推荐选用 4/6 极或 6/8 极双速电动机，而不要选用 2/4 极或 4/8 极双速电动机。原因是液力偶合器传递功率的能力与其转速的 3 次方成正比，若电动机转速降低 1/2，则偶合器传递功率降低至原来的 1/8，无法使偶合器在高速和低速工况均发挥作用 液力偶合器与 4/6 极或 6/8 极电动机匹配时，高速与低速时的传递功率比为 3.375 或 2.37，尚可以通过调整偶合器低速与高速的转速比，使之与双速电动机相匹配
调速电动机的调速范围选择	与限矩型液力偶合器匹配的常用调速电动机有绕线式电动机、变频电动机等，由于以上介绍的原因，调速电动机的调速范围不可太大，推荐调速比 1：2 以下
偶合器规格选择与计算	计算偶合器规格时，应以低转速工况为主，在低速工况时，取大转差率、低效率，常取 $i=0.90\sim0.93$，这样偶合器传递功率可比额定值提高约 50%，可降低与高转速时的功率差
充液率调整	充液率的调整以能满足低速工况正常运行为准
易熔塞保护温度选择	因偶合器在低速时转差率加大，效率降低、发热量增大，有可能经常喷液，故推荐易熔塞保护温度选择 140℃
过载保护选择	偶合器低速运行时，过载系数比正常值低 偶合器高速运行时，过载系数提高，基本上无过载保护功能

以下举例说明双速电动机或变频电动机驱动限矩型液力偶合器选型匹配的方法和步骤。

例 1 某制革转鼓采用变频调速电动机驱动，转鼓所需要的最高转速与最低转速见表 7-2-116，电动机在额定工况时传递功率 22kW，在低速级要求至少能传递 11kW，试选配合适的限矩型液力偶合器。

表 7-2-116　　某制革转鼓的技术参数

转鼓最高转速 /r·min⁻¹	转鼓最低转速 /r·min⁻¹	调速范围	电动机最高转速 /r·min⁻¹	电动机最低转速 /r·min⁻¹
14	8	1：0.57	1480	844

解： 根据已知条件，按表 7-2-117 所示的步骤进行选型匹配计算。

表 7-2-117　　与变频调速电动机驱动的限矩型液力偶合器选型匹配

步骤	选型匹配内容	计算	说明
1	计算偶合器高速级和低速级的传动功率比，确定可否用液力偶合器传动	因液力偶合器传递功率与转速的 3 次方成正比，故有 $\frac{P_1}{P_2}=\left(\frac{n_1}{n_2}\right)^3$。由于 $n_1=1480\text{r/min}$，$n_2=844\text{r/min}$，所以 $\frac{P_1}{P_2}=\left(\frac{1480}{844}\right)^3=5.39$	这一计算的目的是判断偶合器高速级与低速级的传递功率比，确定能否用液力偶合器传动，以及为下一步选择偶合器高速级和低速级的转速比提供依据
2	确定可否用液力偶合器传动	由步骤 1 知偶合器低速级与高速级传递功率比为 1：5.39	传递功率比过大，勉强可以选型匹配，但偶合器高速级的功率比电动机的功率超出很多，无过载保护，应当予以注意

续表

步骤	选型匹配内容	计　算	说　明
3	确定偶合器低速级和高速级的转速比 i(或转差率 S)	取 $i_{低}=0.93, i_{高}=0.98$	由于偶合器高速级与低速级传递功率比过高，故低速级的转速比应降低，取 $i=0.93$。如果经以下几步计算仍无法匹配，则可再加大滑差，最多可达 $i=0.90$
4	查 $i=0.93$、$i=0.98$ 时传递功率与额定功率之比	由特性曲线知：$i=0.93$ 时，与额定工况传递功率之比为 1.53；$i=0.98$ 时，与额定工况传递功率之比为 0.54	这一步骤是为下一步计算低速级时偶合器额定工况传递功率作准备
5	计算低速级时 $i=0.96$ 额定工况偶合器传递功率(偶合器低速级转速 844r/min)	$P_{低e}=\frac{P_{低}}{1.53}$，$P_{低}=11\text{kW}$，则低速级时偶合器 $i=0.96$ 额定功率 $P_{低e}=\frac{11}{1.53}=7.2\text{kW}$	由上一步知低速级 $i=0.93$ 时传递功率与低速级额定功率之比为 1.53，由已知条件可知低速级传递功率要求不小于 11kW，故可依此计算出输入转速 844r/min，$i=0.96$ 时的额定功率应不小于 7.2kW
6	计算偶合器在输入转速为 1480r/min 时的额定功率	$P_e=P_{低e}\times5.39=7.2\times5.39=38.8\text{kW}$	由于一般的偶合器功率图谱和功率对照表并无 844r/min 的数据，所以应转换一下再查表，也可以直接查功率图谱
7	查功率图谱或功率对照表初选偶合器规格	查功率对照表 YOX400 偶合器，在输入转速为 1500r/min 时最大传递功率为 48kW	初步确定可以选 YOX400 偶合器
8	验算	(1)核算所选偶合器在输入转速 844r/min，$i=0.93$ 时能否传递功率 11kW 1)计算 YOX400 在输入转速为 844r/min，$i=0.96$ 额定工况传递功率：$P_{ei}=P_e/5.39=48/5.39=8.9\text{kW}$ 2)计算 YOX400 在输入转速 844kW，$i=0.93$ 时传递功率： $P_{0.93}=P_{ei}\times1.53=8.9\times1.53=13.6\text{kW}$。 (2)核算偶合器在输入转速为 1480r/min，$i=0.98$ 工况传递功率：YOX400 偶合器在 $i=0.96$ 额定工况传递功率 48kW，由表 5-21 可知，当 $i=0.98$ 时的传递功率是 $i=0.96$ 时的 0.54 倍，因此 $i=0.98$ 时 YOX400 传递功率 $P_{0.98}=48\times0.54=25.9\text{kW}$	(1)选择 YOX400 型偶合器当输入转速为 844r/min，$i=0.93$ 时传递功率大于 11kW。因而在低速级能保证功率传递，估计 $i=0.93$ 时偶合器不至于发热喷液 (2)在输入转速 1480r/min，$i=0.98$ 时 YOX400 偶合器传递功率等于 25.9kW，按偶合器匹配要求，偶合器与电动机的功率比应为 1∶0.95，偶合器匹配功率应为 22×0.95=20.9kW，与 25.9kW 接近 原过载系数 $T_g=2.2$ 最大传递功率 $P_{max}=2.2\times48=105.6\text{kW}$ $T_{g0.98}=105.6/25.9=4.07$，说明偶合器在高速级时过载系数提高，过载保护功能降低

例 2　某制革转鼓采用 YD250-6/4 级双速电动机拖动，采用 V 带轮式偶合器传动，试进行选型匹配。

解：根据以上已知条件，按表 7-2-118 所示的步骤进行选型匹配计算。

表 7-2-118　双速电动机驱动的限矩型液力偶合器选型匹配

步骤	选型匹配内容	计　算	说　明
1	计算偶合器高速级和低速级的传动功率比，确定可否用液力偶合器传动	已知电动机 4 级时同步转速为 1500r/min，电动机 6 级时同步转速为 1000r/min。查电动机功率表知，YD250M-6/4 电动机 4 级时额定功率为 48kW，6 级时额定功率为 32kW，偶合器功率比为 $\frac{P_1}{P_2}=\left(\frac{n_1}{n_2}\right)^3=\left(\frac{1500}{1000}\right)^3=3.375$	高速级与低速级偶合器传递功率之比为 3.375，可以用液力偶合器传动
2	确定偶合器低速级和高速级转速比 i	取 $i_{低}=0.93, i_{高}=0.97$	同例 1

续表

步骤	选型匹配内容	计　　算	说　　明
3	查 $i=0.93$ 和 $i=0.97$ 时传递功率与额定功率之比	由特性曲线知：$i=0.93$ 时与额定功率之比 1.53，$i=0.97$ 时与额定功率之比为 0.89	同例 1
4	计算低速级 $i=0.96$ 时偶合器传递功率的额定值	因为$\frac{P_{低}}{P_e}=1.53$，$P_e=\frac{P_{低}}{1.53}$，而 $P_{低}=32\text{kW}$，故 $P_e=\frac{32}{1.53}=20.9\text{kW}$	由此可求出在电动机为 6 级（转速为 1000r/min）时偶合器 $i=0.96$ 时的额定功率是多少，为下一步查表选择偶合器提供依据
5	查功率图谱或功率对照表初选偶合器规格	查 YOX450 偶合器在输入转速为 1000r/min 时最大传递功率为 26kW，大于 20.9kW	初选 YOX450 偶合器
6	验算	（1）核算所选偶合器在输入转速为 1000r/min，$i=0.93$ 时能否传递功率 32kW 1）查表 YOX450 偶合器在输入转速 1000r/min，$i=0.96$ 时的传递功率为 26kW 2）计算偶合器在输入转速为 1000r/min，$i=0.93$ 时的传递功率： $P_{0.93}=P_e\times1.53=26\times1.53=39.78\text{kW}>32\text{kW}$ （2）核算偶合器在 $i=0.97$ 工况传递功率： $P_{0.97}=P_e\times0.89=85\times0.89=75.65\text{kW}>42\text{kW}$	（1）选择 YOX450 比较合适 （2）高速级时过载系数高，失去过载保护功能

4.12　带偶合器传动系统启动特性计算

对于某些要求频繁启动的大转动惯量工作机，例如离心分离机，启动、停车等过渡过程时间占装置总使用时间达很大的比例，有时需要计算启动过程中各参数随启动时间的变化关系。图 7-2-13 为带偶合器传动系统原理图。

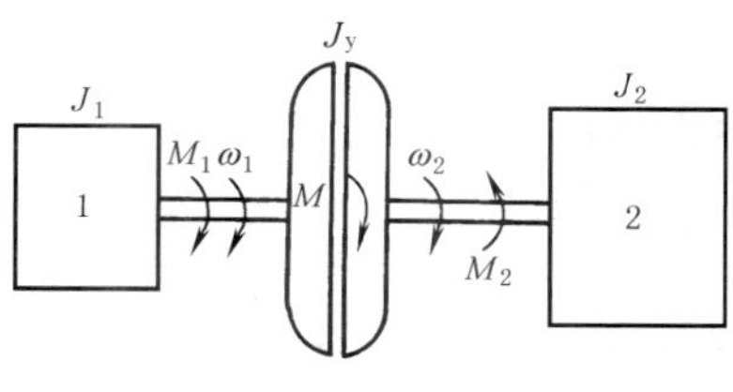

图 7-2-13　带偶合器传动系统原理图

1—异步电动机；2—工作机；J_1—系统主动部分，包括电动机、偶合器泵轮，转动外壳等转算到偶合器输入轴上的转动惯量；J_2—系统从动部分转动惯量，包括涡轮，转算到偶合器输出轴上；ω_1 和 M_1—电动机角速度和转矩；ω_2 和 M_2—工作机的角速度和转矩；M—偶合器所传转矩；J_y—偶合器中液体相对于旋转轴的转动惯量

在计算启动特性之前，必须具有该传动系统的异步电动机的负荷特性 $M_1=M_1(\omega_1)$；工作机的负荷特性$M_2=M_2(\omega_2)$ 和偶合器的无因次特性 $\lambda=f(i)$，见图 7-2-14。并假定在启动特性计算中可利用上述三者的静态转矩特性。

表 7-2-119 带偶合器传动系统启动特性计算

序 列	参 数	计算公式或来源
1	主动部分转动惯量(转算到偶合器输入轴上) $J_1/\text{kg}\cdot\text{m}^2$	根据系统的具体情况,按动力学基本公式计算
2	从动部分转动惯量(转算到偶合器的输出轴上) $J_2/\text{kg}\cdot\text{m}^2$	根据工作机和偶合器具体情况,按动力学基本公式计算
3	偶合器叶轮内液体对旋转轴的转动惯量 $J_y/\text{kg}\cdot\text{m}^2$	$J_y=\rho A_m r_0\pi\left(R_m^2-\frac{r_0^2}{z}\right)$ 式中: $r_0=\frac{R_2-R_1}{2}$, m $A_m=\frac{(R^2-R_0^2)\pi}{2}$, m^2; R, R_0, R_2, R_1 和 R_m 的含义与计算公式,见表 7-2-82; ρ ——工作油密度, kg/m^3
4	某一步长的计算初始值 t_1'/s; ω_1'/s^{-1}; ω_2'/s^{-1}	对传动系统由静止开始启动的,取 $t_1'=0$, $\omega_1'=0$, $\omega_2'=0$。如非静止开始启动,则取另外值。t_1', ω_1' 和 ω_2'——某步长起始瞬间的时间,主动部分角速度和从动部分角速度
5	经过很小时间间隔 Δt 之后电动机的角速度增量 $\Delta\omega_1/s^{-1}$	根据具体情况取定。取得小,计算精度高,计算量大;取得大,精度低,计算量少
6	电动机的平均角速度 $\overline{\omega}_1/s^{-1}$	$\overline{\omega}_1=\omega_1'+\frac{\Delta\omega_1}{2}$
7	与 $\overline{\omega}_1$ 对应的电动机平均转矩 $\overline{M}_1/N\cdot m$	由电动机负荷特性 $M_1=M_1(\omega_1)$ 查得,见图 7-2-14
8	经过很小时间间隔 Δt 之后工作机的角速度增量 $\Delta\omega_2/s^{-1}$	根据具体情况先取定,经校核后再修正,逐次接近
9	工作机的平均角速度 $\overline{\omega}_2/s^{-1}$	$\overline{\omega}_2=\omega_2'+\frac{\Delta\omega_2}{z}$
10	与 $\overline{\omega}_2$ 对应的工作机平均转矩 $\overline{M}_2/N\cdot m$	由工作机负荷特性 $M_2=M_2(\omega_2)$ 查得。与图 7-2-14 所示方法类似
11	偶合器平均转速比 $\bar{i}$	$\bar{i}=\overline{\omega}_2\ \sqrt{\omega_1}$
12	与 $\bar{i}$ 对应的偶合器转矩系数 $\overline{\lambda}$	由所用偶合器无因次特性 $\lambda=f(i)$ 查得
13	与 $\bar{i}$ 对应的偶合器所传的平均转矩 $\overline{M}/N\cdot m$	$\overline{M}=\rho\ \overline{\omega}_1^2\lambda_0 D^5$, $\lambda=\frac{M}{\rho\omega_1^2 D^5}$ 为无因次值,其数值等于 $0.895\times10^3\lambda_{常用}\left(\lambda_{常用}=\frac{M}{\rho g n_B^2 D^5}\right)$
14	校核传动系统的运动微分方程式	$\frac{\overline{M}_1-\overline{M}}{\overline{M}-\overline{M}_2}=\left(\frac{J_1+J_y}{J_2+J_y}\right)'\frac{\Delta\omega_1}{\Delta\omega_2}$ 等式两边必须相等,如不等,重新取 $\Delta\omega_2$,重复序列 8~13 计算,到满意的相等为止。再往下计算
15	对应该步长的时间间隔 $\Delta t/s$	$\Delta t=\frac{J_1+J_y}{\overline{M}_1-\overline{M}}\Delta\omega_1$
16	平均时间 $\bar{t}/s$	$\bar{t}_1=t'_1+\frac{\Delta t}{2}$

续表

序　列	参　　数	计算公式或来源
17	该步长的终点参数 $t_1''/\mathrm{s};\omega_1''/\mathrm{s}^{-1};\omega_2''/\mathrm{s}^{-1}$	$t_1''=t_1'+\Delta t$ $\omega_1''=\omega_1'+\Delta\omega_1$ $\omega_2''=\omega_2'+\Delta\omega_2$ 作为下一个步长计算的初始值
18	该时间间隔内偶合器的功率损失 $\overline{N}_S/\mathrm{kW}$	$\overline{N}_S=\overline{M}(\overline{\omega}_1-\overline{\omega}_2)$

注：1. 序列 4～18 为第一个时间间隔的计算结果，之后，以 t_1''，ω_1''和 ω_2''作为初始值，重复 4～18，算出第二时间间隔各参数。再重复上述算法，直到启动过程结束，传动系统稳定运转为止。最后作出 $\overline{\omega}_1$、$\overline{\omega}_2$、$\overline{M}_1$、$\overline{M}_2$、$\overline{M}$ 和 $\overline{N}_S$ 随 $\bar{t}$ 的变化关系曲线图（图 7-2-16）。

2. 如果工作机的起始转矩（$\omega_2=0$ 时的 M_{20}）不等于零（图 7-2-15b 中的曲线 1 和 2），则在工作机转动之前，ω_2'，$\overline{\omega}_2$ 和 $\bar{i}$ 均等于零，$\overline{M}=\rho\lambda_0\overline{\omega}_1^2D^5$（$\lambda_0$ 为 $i=0$ 时偶合器转矩系数），可按上表算出工作机转动之前的 $\overline{\omega}_1$、$\overline{M}_1$、$\overline{M}$、$\overline{N}_S$ 和 $\bar{t}$。与此阶段终了时相应的电动机角速度 $\omega_{10}=\sqrt{\dfrac{M_{20}}{\rho\lambda_0D^5}}$。

3. 据 $\overline{N}_S=f(\bar{t})$ 的关系曲线，可以标出整个启动过程中转换成热量的功 $A_S=\sum\overline{N}_S\cdot\Delta t$（W·s）。

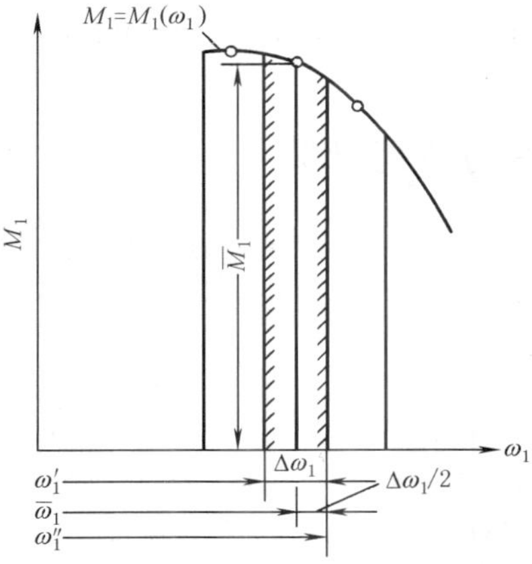

图 7-2-14　电动机负荷特性

图中计算的参数为：$J_1=20\mathrm{kg\cdot m^2}$，$J_2=200\mathrm{kg\cdot m^2}$；$D=0.2\mathrm{m}$，$\rho=900\mathrm{kg/m^3}$；异步电动机负荷特性为图 7-2-15a，工作机负荷特性为图 7-2-15b 中的曲线 1，偶合器无因次特性为图 7-2-15c，图 7-2-16 中还与异步电动机直接带动工作机（无偶合器）的启动特性作了比较。可以看出，在本例情况下，带偶合器的传动系统，在 5s 后电动机即可越过最大转矩，65s 已达到稳定运转工况；对于不带偶合器的，越过电动机最大转矩的时间为 52s，达到稳定运转工况则需更长的时间。

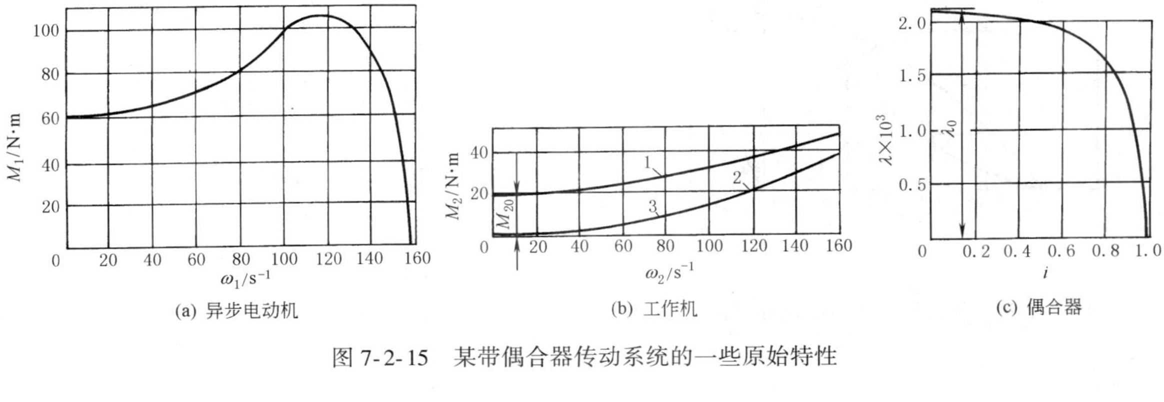

图 7-2-15　某带偶合器传动系统的一些原始特性

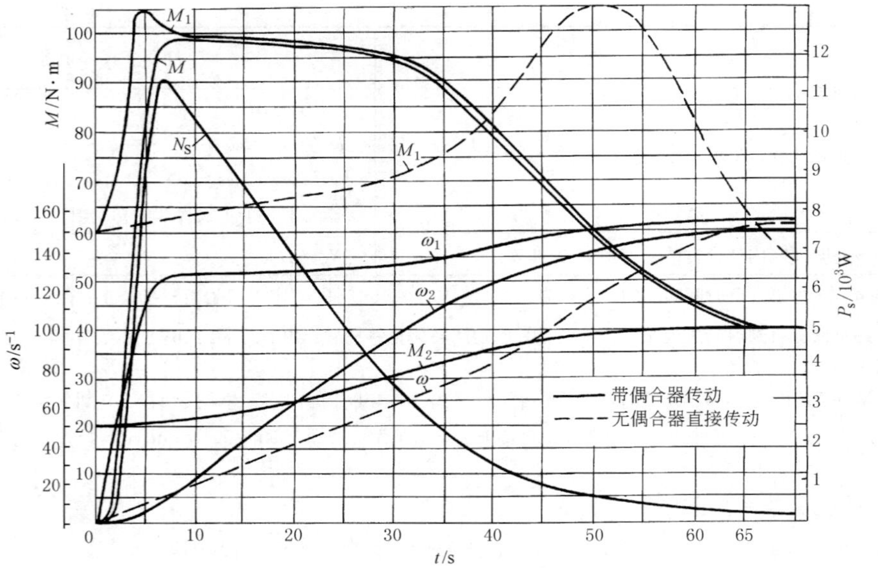

图 7-2-16　某偶合器传动系统启动特性的计算结果

4.13　传动系统采用偶合器的节能计算

异步电动机带动的离心泵和风机，如在两者之间安装液力偶合器进行无级调速，与目前普遍采用的节流调节或风机进口导叶调节相比，可以大量节能。另外，牵引型和限矩型偶合器在启动过程中也可节能。其计算方法如下。

（1）无静压管路系统

对于泵或风机停止运转时，输送流量的管路系统的压力即行消失的即为无静压管路系统。离心通风机和大部分鼓风机属于这种类型，其管路阻力特性可用 $R=KQ^2$ 表示，为一条通过原点 0 的二次抛物线。设它与 n_1 为定值的风机压头流量特性交于点 e（图 7-2-17），对应的流量为额定流量 Q_e，效率为最高效率 η^*，风机（或泵）的轴功率为额定功率 P_e。如采用偶合器调速，试求任一流量 Q_A 时各特性参数（表 7-2-120）。

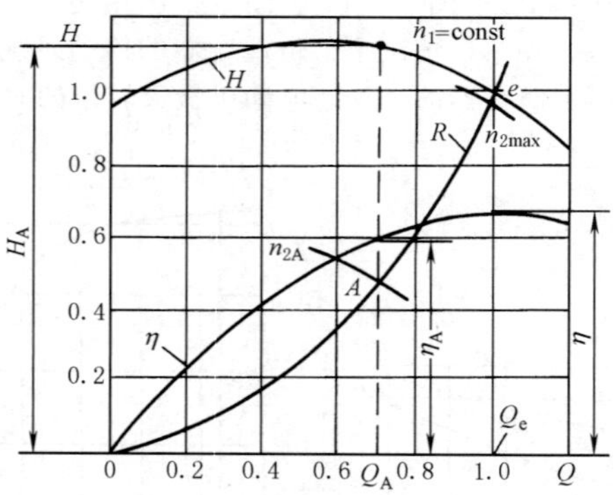

图 7-2-17　无静压时风机的调速特性

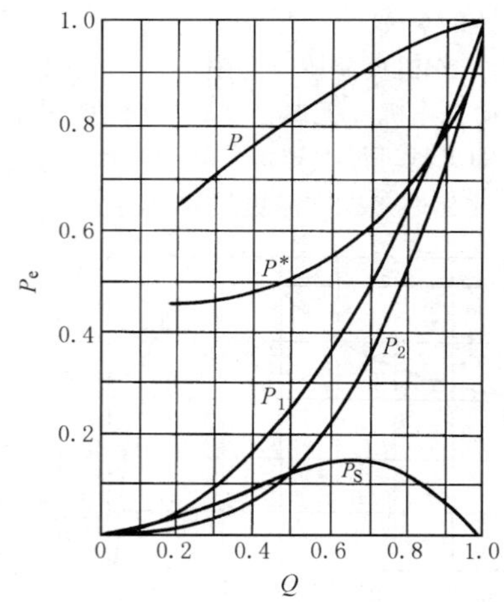

图 7-2-18　无静压时风机各功率随流量 Q 的变化关系

P_2，P_1，P_S，P 和 P^*——见表 7-2-120

表 7-2-120

序 列	名 称	计算公式或来源
1	n_1 为定值时风机的压头流量特性	由风机制造厂提供 $H=f(Q)$ 曲线图
2	通风管路的阻力特性	由供风管路的沿程和局部阻力计算求得，$R=KQ^2$ 选用风机时一般使阻力特性曲线通过对应于风机最高效率点的额定工况点 e
3	任意流量 Q_A 时的风机转速 $n_{2A}/r \cdot min^{-1}$	$n_{2A}=\frac{Q_A}{Q_e}n_1$ 式中 n_1——电动机的额定转速，r/min Q_e——风机的额定流量，m^3/s
4	偶合器在 A 点的转速比 i_A	$i_A=\frac{n_{2A}}{n_1}$
5	偶合器在 A 点的液力效率 η_{yA}	$\eta_{yA}=i_A$
6	偶合器在 A 点的滑差 S_A	$S_A=1-i_A$
7	在 A 点运转的风机轴功率 P_{2A}/kW	$P_{2A}=\left(\frac{n_{2A}}{n_1}\right)^3P_e=i_A^3P_e$ 式中 P_e——风机在转速为 n_1 时额定轴功率，kW
8	偶合器输入功率或电动机轴功率 P_{1A}/kW	$P_{1A}=\frac{P_{2A}}{\eta_{yA}}=\frac{i_A^3P_e}{i_A}=i_A^2P_e$
9	偶合器的功率损失 P_{SA}/kW	$P_{SA}=P_{1A}-P_{2A}=(i_A^2-i_A^3)P_e$
10	风机由电动机直接带动，并以 n_1 恒速运转，用节流调节得到流量 Q_A 时风机（或电动机）轴功率 P_A/kW	$P_A=\frac{\rho Q_A H'_A}{1000\eta_A}$ 式中 H'_A——对应于 Q_A 的压头，kPa ρ'——流体密度，kg/m^3 η_A——对应于 Q_A 的风机效率
11	与节流调节对比，风机用偶合器调速后所节约的功率 $\Delta P/kW$	$\Delta P=P_A-P_{1A}$
12	在 Q_A 工况运转 h 小时后所节约的电能 $A/kW \cdot h$	$A=\Delta Ph$

注：1. 取若干个不同流量的点进行与上表同样顺序的计算，即可得上述各参数随流量 Q 的变化关系曲线，如图 7-2-18。图中还表示了风机采用进口导叶调节时电动机功率 P^*，以资比较。

2. 偶合器功率损失最大值 P_{Smax} 发生在 $i=\frac{2}{3}$ 处，其值 $P_{Smax}=\left[\left(\frac{2}{3}\right)^2-\left(\frac{2}{3}\right)^3\right]P_e\approx 0.148P_e$。

3. 偶合器在传递额定功率时有约 0.03 的转差率，故风机最大转速 $n_{2max}\approx 0.97n_1$，最大流量也将比电动机直接带动时略为减小（约 3%）。

（2）有静压管路系统

在泵和风机停止运转时，输送流量的管路系统仍具有恒定的静压头 H_0（例如锅炉给水泵，自来水供水系统，煤气鼓风机供气系统）。绝大部分水泵属于这种类型，其管路阻力特性可用 $R=H_0+KQ^2$ 表示。设它与 n_1 为定值的水泵压头流量特性交于点 P（图 7-2-19），对应的 Q_{max} 和 η^* 为泵的最大流量和最高效率。现求阻力特性上任一点 A（对应流量和压头为 Q_A 和 H_A）的各特性参数（见表 7-2-121 及图 7-2-20）。

从图 7-2-18 和图 7-2-20 可以看出：异步电动机带动的离心泵和风机采用偶合器调速，可以大量节能，例如，当流量调节到 $0.4P_e$ 时，所能节约的功率约为电动机额定功率的 60% 和 20%。自然，这一数值与泵或风机特性曲线形状以及管路系统静压头 H_0 大小有关，但是，总的趋势不变；流量调节的幅度愈大，泵和风机在小流量时使用时间愈长，节能效果也愈明显；偶合器在调速过程中虽然也有功率损失 P_s，但与所能节约的功率 ΔP 相比相对不大，易为人们所接受。

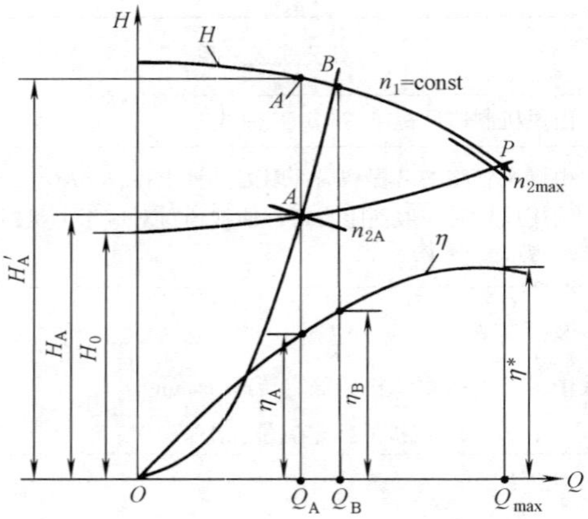

图 7-2-19 给水泵的调速特性

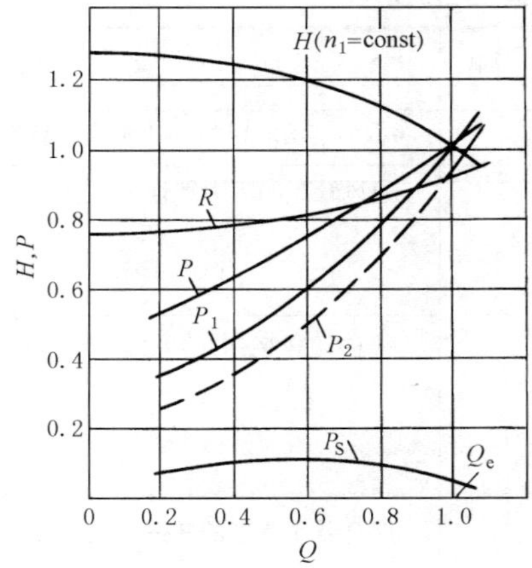

图 7-2-20 管路有静压时，给水泵用偶合器调速，各参数随流量 Q 的变化关系

P_2，P_1，P，P_S——见表 7-2-121；

Q——流量，m^3/s

表 7-2-121

序 列	名 称	计算公式或来源	说 明
1	n_1 为定值时泵的压头(扬程)流量特性	由所选泵的制造厂提供 $H=f(Q)$ 曲线图	两者交点流量 Q_{max} 一般大于额定流量 Q_e，以备长期运行后管路阻力增加时，也能保证系统流量不低于 Q_e，不影响系统正常使用。过 A 点作通过原点 O 的相似工况抛物线，与 n_1 = const 的 H-Q 曲线交于点 B，得对应于 B 点的 Q_B 和 η_B
2	供水管路的阻力特性	由供水管路静压头，管路沿程和局部阻力计算求得，$R=H_0+KQ^2$	
3	任意流量 Q_A 时的水泵转速 n_{2A}/r/min	$n_{2A}=\dfrac{Q_A}{Q_B}n_1$	
4	偶合器在 A 点的转速比 i_A	$i_A=\dfrac{n_{2A}}{n_1}$	
5	偶合器在 A 点的液力效率 η_{yA}	$\eta_{yA}=i_A$	
6	偶合器在 A 点的滑差 S_A	$S_A=1-i_A$	
7	在 A 点运转的水泵轴功率 P_{2A}/kW	$P_{2A}=\dfrac{\rho H_A Q_A}{1000\eta_B}$ ρ——水的密度，kg/m^3； H_A——A 点压头，kPa； Q_A——A 点流量，m^3/s； η_B——对应 B 点水泵效率	
8	偶合器输入功率或电动机轴功率 P_{1A}/kW	$P_{1A}=\dfrac{P_{2A}}{\eta_{yA}}=\dfrac{P_{2A}}{i_{yA}}$	
9	偶合器的功率损失 P_{SA}/kW	$P_{SA}=P_{1A}-P_{2A}$	
10	水泵由电动机直接带动，并以 n_1 恒速运转，用节流阀调节得到流量 Q_A 时泵(或电动机)的轴功率 P_A/kW	$P_A=\dfrac{\rho H_A' Q_A}{1000\eta_A}$ H_A'——对应 A 点的在 n_1 = const 的 H-Q 曲线上的压头，kPa； η_A——对应 A 点的水泵效率	
11	与节流调节相比，水泵用偶合器调速后所节约功率 ΔP/kW	$\Delta P=P_A-P_{1A}$	

续表

序 列	名 称	计算公式或来源	说 明
12	在 Q_A 工况运转 h 小时后所节约的电能 A/kW·h	$A=\Delta Ph$	

注：1. 取若干个不同流量点进行与上表同样顺序的计算，即可得上述各参数随流量 Q 的变化关系曲线，见图 7-2-20。

2. 偶合器在传递额定功率时有约 0.03 的滑差，故泵最大转速 $n_{2max}\approx 0.97n_1$，最大流量也将比电动机直接带动时小约 3%。

3. 当管路输送额定流量 Q_e 时，泵的压头一般选用比管路阻力高约 10% 作为储备，以备管路长期使用后阻力增加时，也能保证系统的额定流量。平时这种压力储备为节流阀所消耗，使用偶合器调速后可取消这一消耗，使泵在额定流量运转时也能达到节能目的。

当多台泵或风机并联运行时，可以对其中一台或几台进行调速，而其他几台仍定速运行。这种调速和定速的组合，可以达到流量的连续调节和明显的节能效果。有关并联运行中某些问题，读者可参考有关文献，这里不再讨论。

(3) 牵引型和限矩型偶合器启动时节能计算

与电动机直接带动工作机的直接启动相比，牵引型和限矩型偶合器在启动过程中可以节能（图 7-2-21）。由于偶合器输入部分（泵轮）的惯量比工作机要小得多，加速过程中偶合器转矩 M_1 又小于电动机转矩 M_D，因此，

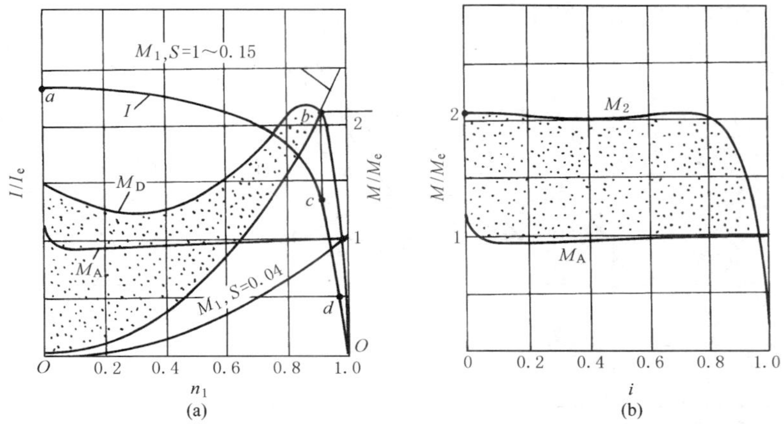

图 7-2-21 异步电动机用偶合器或直接带动工作机的启动特性

采用偶合器后，甚至在工作机保持不转（$S=0$）的情况下，也可使电动机迅速启动并越过其最大转矩值，在 b 点稳定运转。而涡轮就以电动机的最大转矩 M_2 去推动工作机，克服其阻力转矩 M_A 并进行加速，到滑差 $S=0.15$（$i\approx 0.85$）时 M_2 才逐步下降，最后与工作机阻力特性在 $S=0.04$ 额定转矩值处相交，涡轮与工作机的启动加速过程才算完成，如图 7-2-21b。由于 $M_2—M_A$ 要比 $M_D—M_A$ 大，因此，与电动机直接带动工作机相比，能更迅速地启动工作机。图 7-2-21a 中还表示启动电流 I 随电动机转速 n_1 的变化关系。在电动机通电而转子尚未转动一刹那出现峰值电流之后，I 自 a 点的最大值经 c 点向等于额定值 I_e 的 d 点逐步下降。两种启动方式因电动机升速时间不同，启动电流随启动时间 t 的变化关系也各不相同，见图 7-2-22。图中两曲线之间的面积，就是采用偶合器在一次启动过程中所能节约的电能。

如果所选用的异步电动机负荷特性内还具有启动电流 I 随转速 n_1 的变化关系曲线，如图 7-2-21a，则根据表 7-2-120 所列的启动特性的计算方法，也可求出两种传动方式在启动过程中 I 随启动时间 t 的变化关系曲线，由此算出一次启动过程中所节约的电能值。

工作机的惯量愈大，启动过程的时间愈长，启动的次数愈频繁，使用偶合器后的节电效果也愈明显。

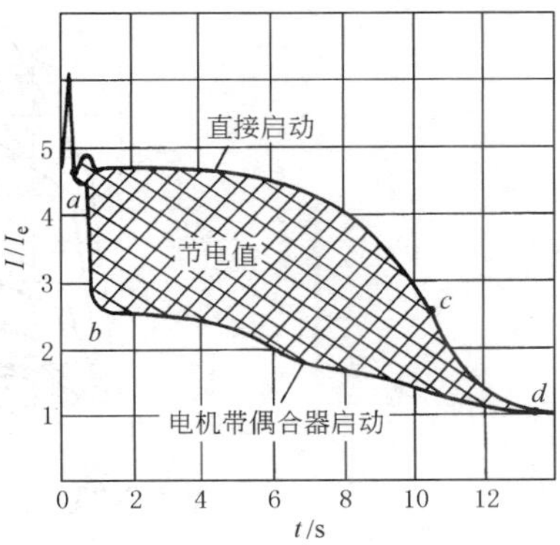

图 7-2-22 异步电动机用偶合器在一次启动过程中的节电值

4.14 发热与散热计算

（1）偶合器运转时产生的热量

偶合器在运转中存在滑差和机械效率，因而有功率损失并转化为油的热量，其值为

$$Q=3600000[P_S+P_e(1-\eta_m)] \quad (J/h) \tag{7-2-22}$$

式中 P_S——偶合器的功率损失，kW，可按表 7-2-122 选定；

η_m——偶合器机械效率，按表 7-2-76 确定；

P_e——偶合器所传的额定功率，kW。

表 7-2-122　　功率损失 P_S 的确定

偶合器型式	牵引型,限矩型	调速型	
负荷型式	长期运转于额定工况	负荷功率 P_2 随转速 n_2 的变化关系	
		$P_2\propto n_2^3$（或 $P_2\propto i^3$）	$P_2\propto n_2$（或 $P_2\propto i$）
负荷实例	运输机,破碎机	离心泵、离心鼓风机	往复机、提升机
滑差损失值和计算公式	$P_S=S^*P_e$	$P_S=(i^2-i^3)P_e$	$P_S=(1-i)P_e$
P_S 随 i 的变化规律		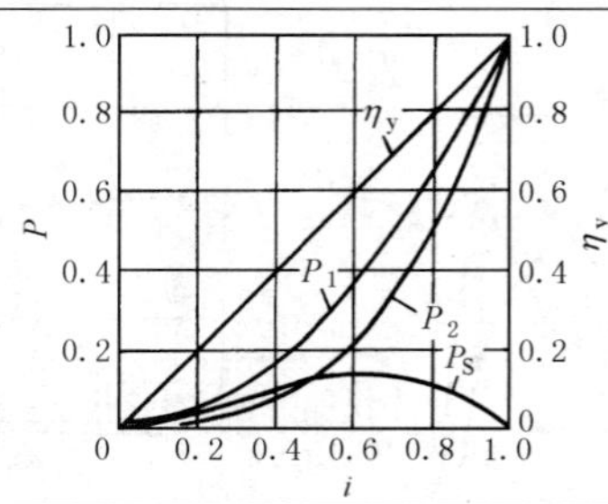	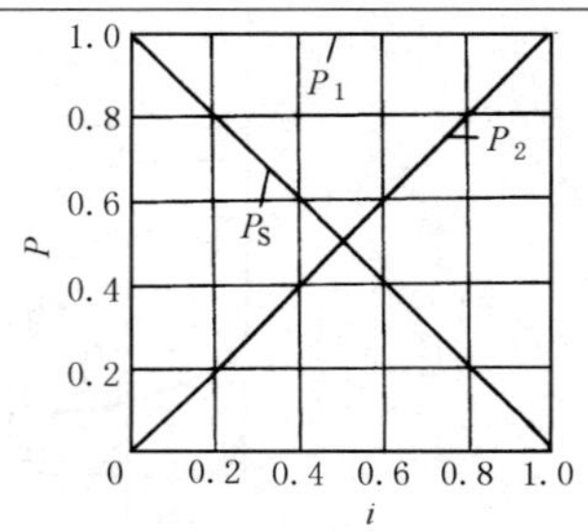
最大滑差损失 P_{Smax}		$P_{Smax}=0.148P_e$	$P_{Smax}=P_e$
与 P_{Smax} 对应的偶合器转速比		$i=0.666$	$i=0$

注：P_e——原动机的额定功率，kW。

（2）风冷散热及限制

对于功率损失不大的偶合器，可以通过旋转壳体向大气散热，但发散的功率不应超出图 7-2-23 的限制，否则油的温升将超过 65℃。

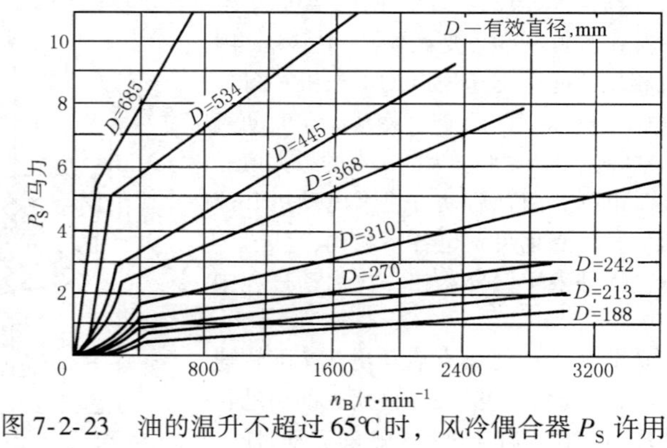

图 7-2-23　油的温升不超过 65℃时，风冷偶合器 P_S 许用值

风冷散热片面积，可由下式确定

$$F=\frac{Q}{\xi(t-t_1)} \quad (m^2) \tag{7-2-23}$$

式中　ξ——油到空气的传热系数，J/(m^2·h·℃)，在壳体旋转和通风良好时，ξ 可达 2.93×10^5J/(m^2·h·℃)，此时油温为90℃；

Q——偶合器的散热量，J/h，由式（7-2-22）确定；

t，t_1——工作油温度和环境温度，℃。

（3）冷却供油系统与设备计算

中大功率偶合器必须有冷却供油系统，其作用是：带走偶合器因滑差和其他机械损失而产生的热量；实现偶合器的无载或空载启动，接合和脱离，无级调速以及供油量的自动控制；润滑偶合器各轴承和传动齿轮；有时还供应电动机和工作机的润滑系统，等等。

① 供油泵的排量 q_c 与压头

$$q_c = \frac{Q}{c_p\Delta t\rho} \quad (\mathrm{m^3/h}) \tag{7-2-24}$$

式中　Q——偶合器的散热量，J/h，由式（7-2-22）确定；

c_p——工作油比热容，J/(kg·℃)，对20号机械油和22号透平油常数 $c_p=1884\sim2303$[J/(kg·℃)]；

Δt——进出偶合器工作油温差，℃，常取 $\Delta t=15\sim35$℃；

ρ——工作油密度，对20号机械油和22号透平油，在油温70℃时，可取 $\rho=860\sim870$kg/m^3。

供油泵的压力，应在偶合器进口处保证不低于$(0.4\sim1)\times10^5$Pa，过低进口压力会使偶合器供油不足，滑差大大增加，影响正常运转。

② 冷却器传热面积 F

$$F=\frac{Q}{K\left(\frac{t_1+t_2}{2}-\frac{\tau_1+\tau_2}{2}\right)} \quad (\mathrm{m^2}) \tag{7-2-25}$$

式中　Q——偶合器运转中最大散热量，J/h，由式（7-2-22）确定；

K——油到水之间的传热系数，J/(m^2·h·℃)，视冷却器的结构而定，对管式结构 $K=(628\sim1047)\times10^3$J/(m^2·h·℃)，对板式结构 $K=(837\sim2930)\times10^3$J/(m^2·h·℃)；

t_1，t_2——工作油进、出冷却器温度，℃；

τ_1，τ_2——冷却水进、出冷却器温度，℃。

偶合器的出口油温，一般不超过70~75℃。对于大功率偶合器，如果工作油和润滑油分别带有冷却器，则对润滑油温限制在70℃以下的同时，工作油温可提高到85~100℃，以提高冷却效果和减小冷却器的传热面积。

③ 冷却器所需的水量 q_L

$$q_L=\frac{Q}{c\Delta\tau\rho} \quad (\mathrm{m^3/h}) \tag{7-2-26}$$

式中　Q——偶合器运转中最大散热量，J/h，由式（7-2-22）确定；

c——水的比热容，J/(kg·℃)，$c=4186.8$[J/(kg·℃)]；

$\Delta\tau$——冷却器进出口水的温差，℃，管式一般3~5℃，板式一般5~10℃；

ρ——水的密度，$\rho=1000$kg/m^3。

（4）勺管排油系统

偶合器设置勺管的目的是为了实现无级调速，也是偶合器排（或进）油的一种可靠的办法，目前普遍采用。

当偶合器辅油室中旋转油环自由液面与勺管进口截面中心一致时，油的动能转变为位能，在迎流孔口处所产生的压头为

$$H_x = \frac{u_x^2}{2g}\times9.8 = \frac{u_x^2}{2} \quad (\mathrm{kPa}) \tag{7-2-27}$$

当勺管孔口伸下油环自由液面之下时的压头为

$$H'_x = 9.8\left(\frac{u_x^2}{g}-\frac{u_0^2}{2g}\right) = u_x^2-\frac{u_0^2}{2} \quad (\mathrm{kPa}) \tag{7-2-28}$$

式中　u_x——油环在勺管孔口处圆周速度，m/s；

u_0——油环自由液面处的圆周速度，m/s；

H_x，H'_x——距偶合器轴中心线距离为 R_x 时勺管孔口压头；当 $u_x=u_0$ 时，$H'_x=H_x$。

在这一压头作用下，工作油经勺管、排油腔体内通道和管路流回油箱（或进入偶合器流道），并克服在流动过程中所遇到的各种阻力损失。在设计中，应使勺管的排油能力不低于供油泵所能供应的能力（可按表7-2-123计算）。

表 7-2-123　　勺管所耗功率和移动勺管之力的计算

名　　称	公式和参数选择
管头浸在油环中的雷诺数 Re	$Re=\dfrac{u_x d_t}{\upsilon}$ u_x ——半径为 R_x 油环的圆周速度，m/s；d_t ——勺管头外径，m；υ ——油的运动黏性系数，m^2/s
管头在油环中的摩擦阻力系数 ξ	$\xi=f(Re)$　按 Re 查图 7-2-24 中的曲线
管头在油环中的摩擦损失 h_t/kPa	$h_t=\xi\dfrac{u_x^2}{2}$
管头在油环中的摩擦阻力 F_1/N	$F_1=\rho h_t f$　ρ ——油的密度，kg/m^3；f ——垂直于 u_x 的管头横截面积
因勺出液体而在管头上产生的力 F_2/N	$F_2=\rho q_c u_x$　q_c ——供油泵排量，m^3/h，见式（7-2-24）
作用在勺管头上的力 F/N	$F=F_1+F_2$
原动机消耗在勺管上的功率 N_t/kW	$N_t=\dfrac{Fu_x}{1000}$
执行机构移动勺管时所需的最大力 P_{max}/N	$P_{max}=\left(\dfrac{2L+l}{L}\right)\mu F_{max}$ F_{max} ——作用在管头上的最大力，发生在 R_{xmax} 时，N；L ——勺管伸出支座的最大长度，m；l ——支座长度，m；μ ——摩擦系数，常取$\mu=0.06$

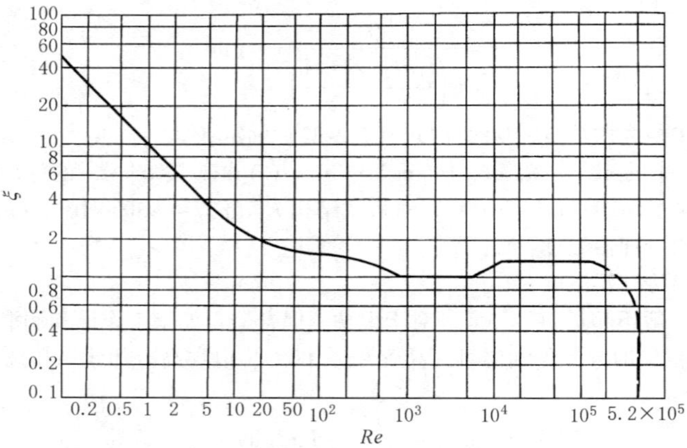

图 7-2-24　勺管头摩擦阻力系数 ξ 随 Re 的变化关系

4.15　试验

液力偶合器的试验有：台架试验、工业试验和出厂试验三种类型。

台架试验是对新设计的偶合器样机进行的，目的是：考验整机的结构设计运转是否正常，排除研制过程中某些不可避免的故障，为整机承受全功率扫清障碍；运转跑合，外特性试验，调速特性试验（调速型），零速工况试验（牵引型和限矩型），以确定偶合器的承载能力（转矩系数）、额定滑差、机械效率、调速范围、过载系数等性能指标是否达到设计的预期要求。台架试验中也可测定在全速运转时的振动和噪声值（带有齿轮传动的）。一般，在台架试验合格之后，才可投入全负荷工业试验。

工业试验是将偶合器安装于现场进行全负荷和在各种工况下长期运行，以进一步考核偶合器的性能，制造和装配质量以及使用寿命等。一般，对于调速型偶合器，无故障运行累计时间应大于5000h，牵引型和限矩型则为2000~4000h。

出厂试验是保证批量生产偶合器制造质量的重要环节，无论调速型或限矩型，必须逐台进行。其试验过程是：动车运转，排除制造或安装中因疏忽和某种偶然因素而引起的故障；然后在全速运转下检查渗漏情况，测定偶合器的振动、噪声，额定滑差值时的转矩系数等主要技术参数是否达到规定值，再进行运转跑合。出厂试验总的运转时间，一般不应少于 2~3h。

各项试验完成之后，必须作出相应的试验报告或记录。

另外有 JB/T 4238.1~4238.4—2005 分别为液力偶合器的出厂试验方法；出厂试验技术指标；型式试验方法；型式试验技术指标。读者可查阅参考。

第3章 离合器

离合器是主、从动部分在同轴线上传递动力或运动时，具有接合或分离功能的装置，其离合作用可以靠嵌合、摩擦等方式来实现。按离合动作的过程可分为操纵式（如机械式、电磁式、液压式、气压式）和自控式（如超越式、离心式、安全式）。离合器可以实现机械的启动、停车、齿轮箱的速度变换、传动轴间在运动中的同步和相互超越、机器的过载安全保护、防止从动轴的逆转、控制传递转矩的大小以及满足接合时间等要求。

1 常用离合器的型式、特点及应用

表 7-3-1 各类离合器的型式、特点及应用

分类		名称和简图	接合速度	转矩范围/N·m	特点和应用
操纵式	机械操纵	牙嵌离合器 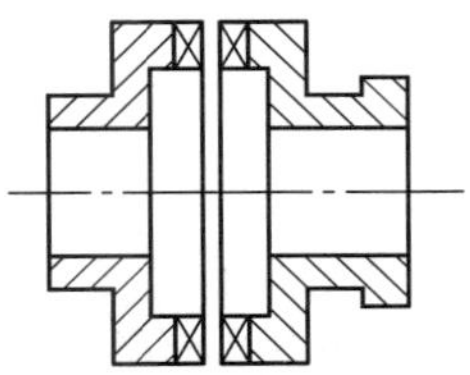	100~150 r/min	63~4100	外形尺寸小、传递转矩大，接合后主从动轴同步转动，无相对滑动，不产生摩擦热。但接合时有冲击，适合于静止接合，或转速差较小时接合（对矩形牙转速差小于等于 10r/min，对其余牙形转速差小于等于 300r/min），主要用于不需经常离合、低速机械的传动轴系。为了减少操纵零件的磨损，应把滑动的半离合器放在从动轴上
		转键离合器 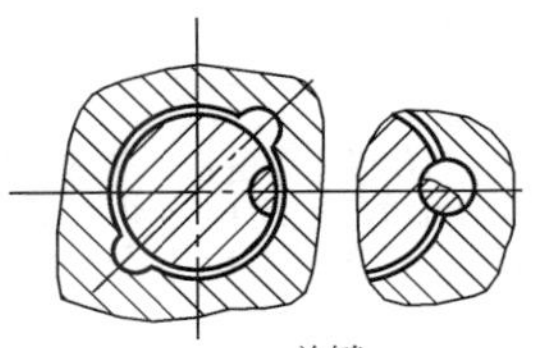 单键 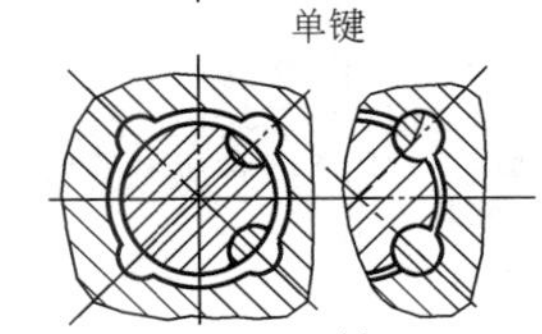 双键	<200r/min	100~3700	利用置于轴上的键，转过一角度后卡在轴套键槽中，实现传递转矩，其结构简单，动作灵活、可靠，有单键（单向转动）和双键（双向转动）两种结构，适用于轴与传动件连接，可在转速差小于等于 200r/min 下接合，常用于各种曲柄压力机中
		齿式离合器 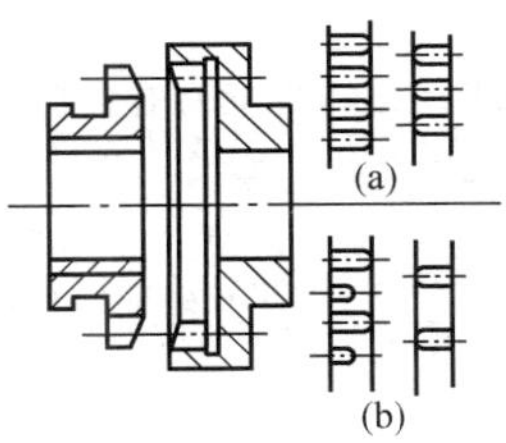 (a) (b)	低速接合		利用一对可沿轴向离合、具有相同齿数的内外齿轮。其特点是传递转矩大，外形尺寸小，并可传递双向转矩 适宜用于转速差不大，带载荷进行接合，且传递转矩较大的机械主传动或变速机械的传动轴系

续表

分类		名称和简图	接合速度	转矩范围/N·m	特点和应用
操纵式	机械操纵	片式摩擦离合器 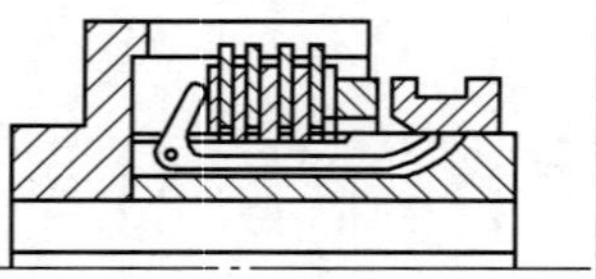	可在高速下接合	20~16000	利用摩擦片或摩擦盘作为接合元件，结构形式多[单盘(片)、多盘(片)、干式、湿式、常开式、常闭式等]，其结构紧凑，传递转矩范围大，安装调整方便，摩擦材料种类多，能保证在不同工况下，具有良好的工作性能，并能在高速下进行离、合。能过载保护。接合过程产生摩擦热，应有散热措施。结构复杂，要常调整摩擦面间隙。广泛应用于交通运输、机床、建筑、轻工和纺织等机械中
		圆锥摩擦离合器 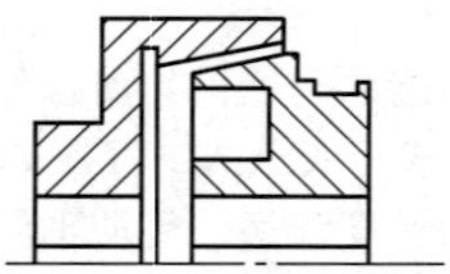	可在高速下接合	5000~286000	可通过空心轴同轴安装，在相同直径及传递相同转矩条件下，比单盘摩擦离合器的接合力小 2/3，且脱开时分离彻底，过载时能起保护作用。其缺点是外形尺寸大，启动时惯性大，锥盘轴向移动困难，实用上常制成双锥盘的结构型式
	电磁操纵	牙嵌式电磁离合器 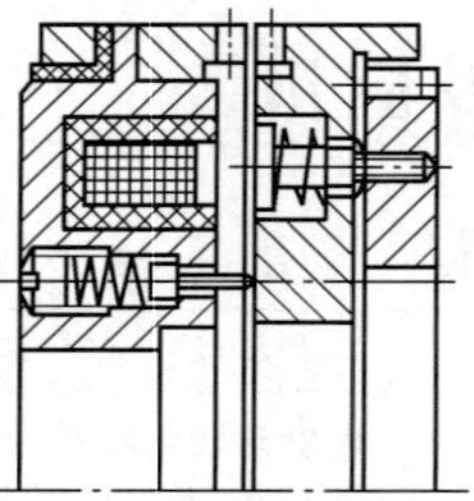	一般需在静态接合	12~5500	外形尺寸小，传递转矩大，传动比恒定，无空转转矩，不产生摩擦热，使用寿命长，可远距离操纵，但有转速差时，接合会发生冲击，不能在半接合状态下传递转矩。适用于低速下接合的各种机床、高速数控机械、包装机械等
		无滑环单盘摩擦电磁离合器 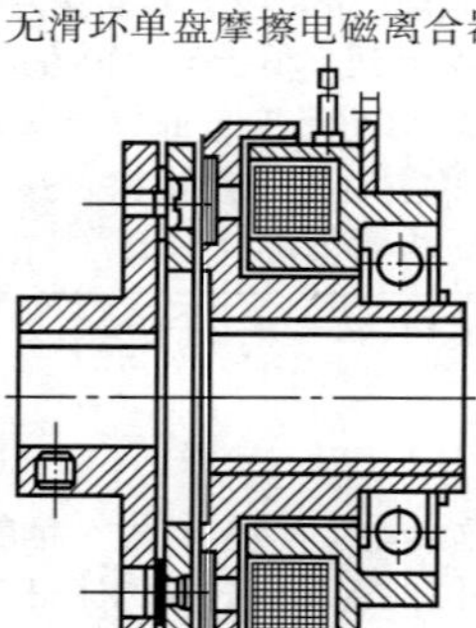 带滑环多片摩擦电磁离合器 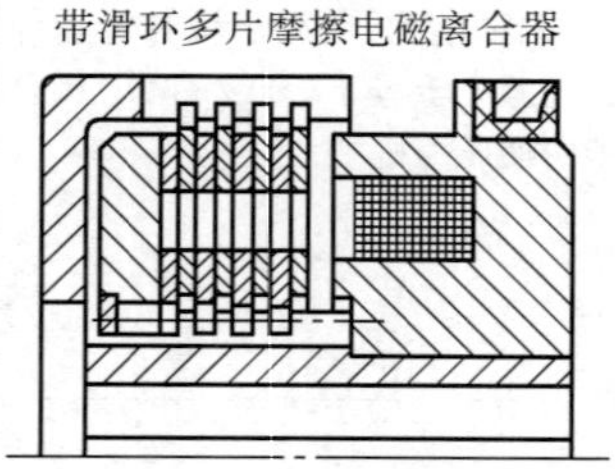	可在高转速差下接合	盘式 1~140000 多片干式 12~16000 多片湿式 1~16000	其中单盘和双盘式的结构简单，传递转矩大，反应快，无空转转矩，散热条件好，接合频率较高。多片式的径向尺寸小，结构紧凑，便于调整 单盘和双盘式主要为干式，多片式有干式和湿式两种 干式的动作快、价格低、控制容易、转矩较大，工作性能好，但摩擦面易磨损，需定期调整和更换。适宜用于快速接合、高频操作的机械，如机床、计算机外围设备、包装机械、纺织机械及起重运输机械等 湿式的尺寸小，传递转矩范围大，磨损轻微，寿命长，但有空转转矩，操作频率受限制，且需供油。常用于各种机械的启动、停止、变速和定位装置中
		磁粉离合器 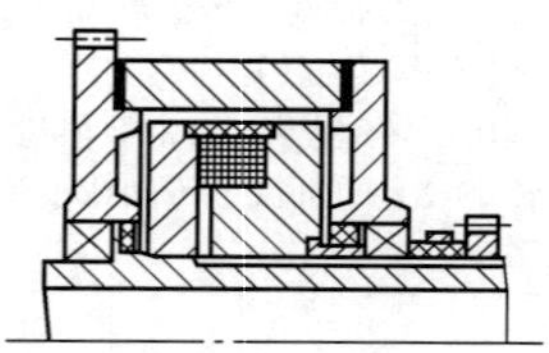		0.5~2000	具有定力矩特性，可在有滑差条件下工作，转矩和电流的比值呈线性关系，有利于自动控制。转矩调节范围大，接合迅速，可用于高频操作，但磁粉寿命短，价格昂贵，主要适用于定力矩传动、缓冲启动和高频操作的机械装置，如测力计、造纸机等的张力控制装置和船舶舵机控制装置等

续表

分类		名称和简图	接合速度	转矩范围/N·m	特点和应用
操纵式	电磁操纵	转差式电磁离合器 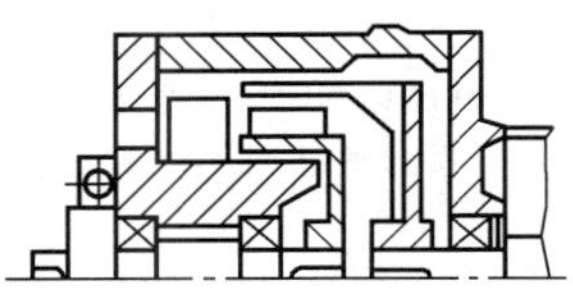		4~110	利用电磁感应产生转矩，带动从动部分转动，离合器为间隙型，改变激磁电流可方便地进行无级调速（但在低速时，效率较低），可用来减轻启动时的冲击，也可用作制动装置和安全保护装置，适用于普通机床、压力机、纺织机械、印刷设备、造纸设备和化纤工业机械等的传动系统
	气压操纵	活塞缸摩擦离合器 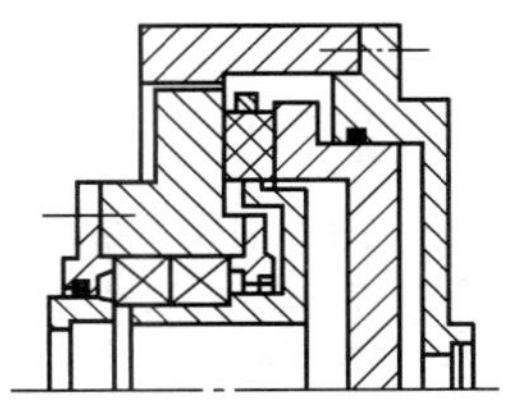	可高频离合	700~180000	接合元件为摩擦片、块或锥盘，其摩擦材料为石棉粉末冶金材料，在干式下工作。特点是结构简单，接合平稳，传递转矩大，使用寿命长，无需调整磨损间隙，常制成大型离合器，用于曲柄压力机、剪切机、平锻机、钻机、挖掘机、印刷机和造纸机等机械中
		隔膜式摩擦离合器 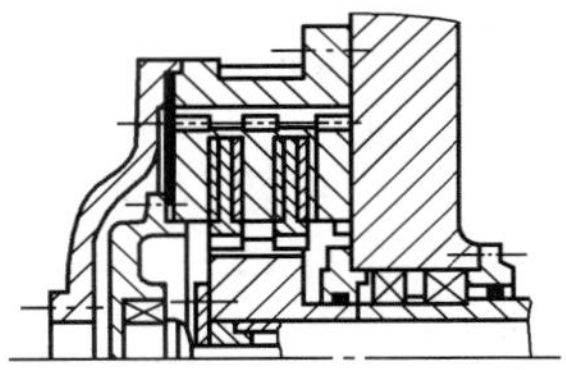	可高频离合	400~7100	以隔膜片代替活塞，可减小离合器的轴向尺寸、重量及惯性，而且动作灵活，密封性好，能补偿装配误差和工作时的不规则磨损，有缓冲作用，离合时间短，耗气量少，制造和维修方便，但轴向工作行程小
		气胎式摩擦离合器 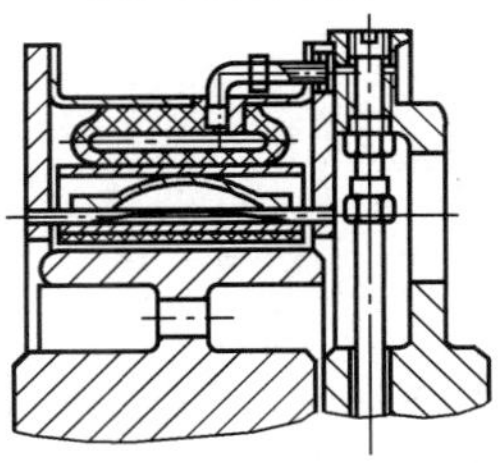	可高频离合	312~90000	利用气压扩张气胎达到摩擦接合，其特点是能传递大的转矩，并有弹性能吸振，接合柔和起缓冲作用，且易安装，有补偿两轴相对位移的能力和自动补偿间隙的能力。此外，还具有密封性好、惯性小、使用寿命长等优点。但其变形阻力大，摩擦面易受润滑介质影响，对温度也较敏感，主要用于钻机、工程机械、锻压机械等大中型设备上
	液压操纵	活塞缸旋转式摩擦离合器 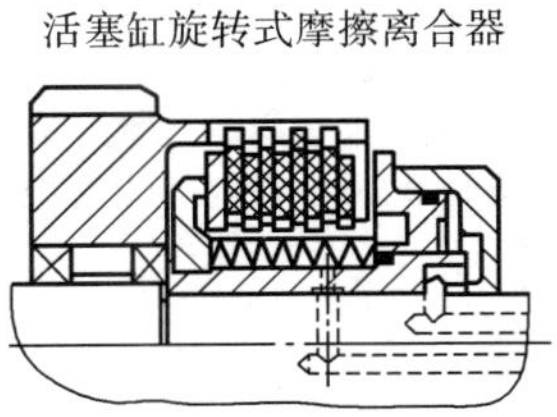 活塞缸固定式摩擦离合器 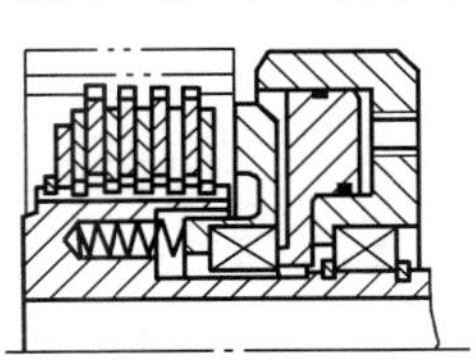	可高频离合	160~1600	承载能力高，传递转矩大，体积小，当外形尺寸相同时，其传递转矩比电磁摩擦离合器大3倍，而且无冲击，启动换向平稳。但接合速度不及气压离合器。能自动补偿摩擦元件的磨损量，易于实现系列化生产，广泛用于各种结构紧凑、高速，远距离操纵、频繁接合的机床、工程机械和船用机械上 缸体旋转式结构紧凑，外形尺寸小，但转动惯量大，进油接头复杂，油压易受离心力影响 缸体固定式进油简单可靠，油压力不受离心力影响，操纵和排油较快，可减小复位弹簧力，但需加装较大的推力轴承

续表

分类		名称和简图	转矩范围/N·m	特点和应用
自控式	超越式	滚柱超越离合器 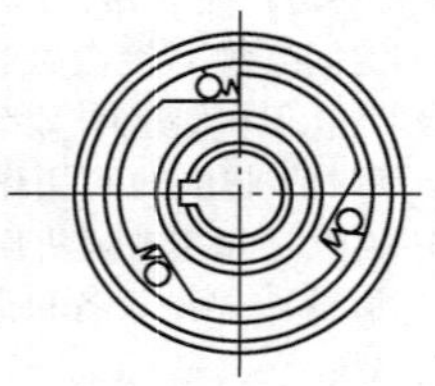 楔块超越离合器 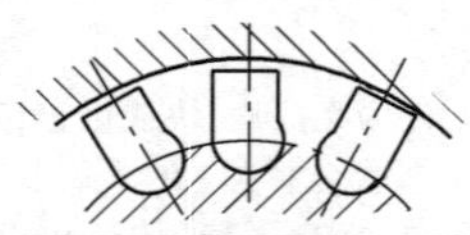	滚柱式 2.5~770 楔块式 31.5~3150	分嵌合式和摩擦式两类，均以传递单向转矩为主，并可用于变换转速防止逆转、间歇运动的传动系统，其中摩擦式具有体积小、传递转矩大、接合平稳、工作无噪声，可在高速下接合等优点 滚柱式的结构简单、制造容易，溜滑角小，主要用于机床和无级变速器等的传动装置中 楔块式尺寸小，传递转矩能力大，适用于传递转矩大，要求结构紧凑的场合。如石油钻机、提升机和锻压机械等
	离心式	闸块式离心离合器 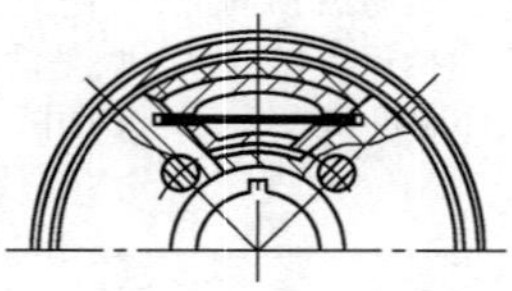 钢球式离心离合器 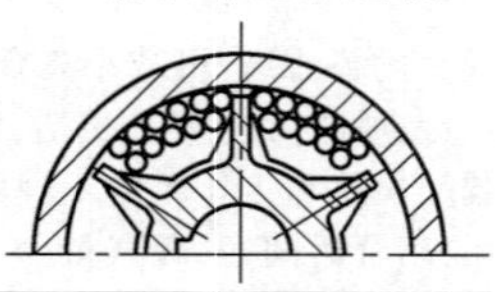	自由闸块式 1.3~5100 弹簧闸块式 0.7~4500 钢球式 0.5~2916	利用自身的转速来控制两轴的自动接合或脱开，其特点是可直接与电动机连接，使电动机在空载下平稳启动，改善电机的发热，但由于未达到额定转速前，因打滑产生摩擦热，故不宜用于频繁启动的场合，且输出功率与转速有关，故也不宜用于变速传动的轴系 自由闸块式结构简单，重量轻，但平稳性差，接合时间长 弹簧闸块式接合平稳，适用于接合时间短，惯量小的轴系 钢球式可传递双向转矩，重复作用精度高，打滑率低，启动转矩大，对两轴同心度要求不高，可用于要求启动平稳的场合
	安全式	牙嵌式安全离合器 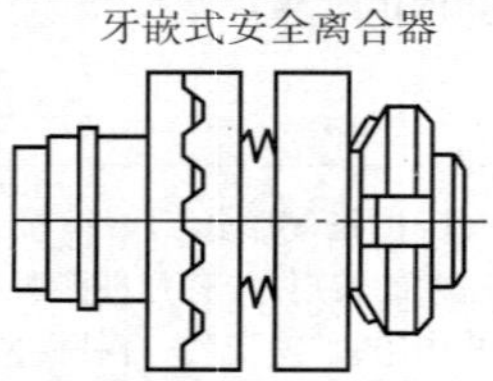 钢球式安全离合器 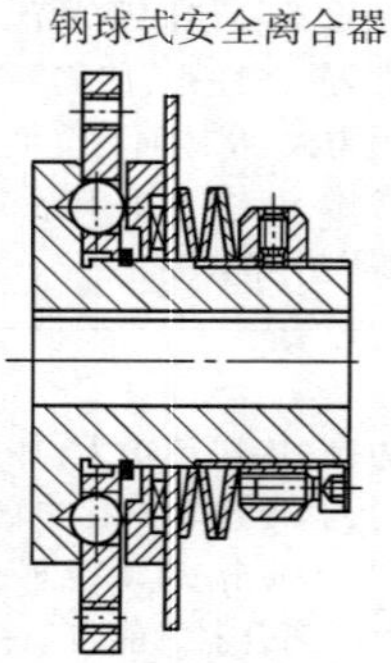 摩擦安全离合器 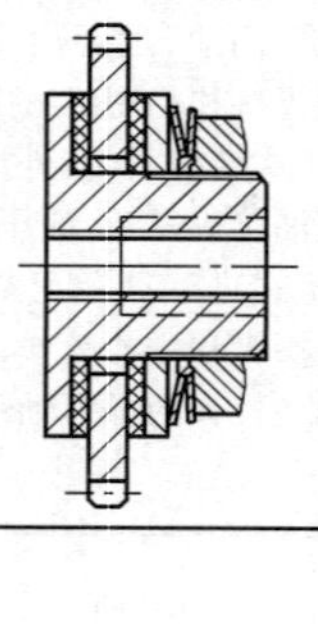	牙嵌式 4~400 钢球式 13~4880 摩擦式 0.1~200000	嵌合式中的牙嵌式在断开瞬时会产生冲击力，可能折断牙，故宜用于转速不高，从动部分转动惯量不大的轴系 钢球式制造简单，工作可靠，过载时滑动摩擦力小，动作灵敏度高，可适用于转速较高的传动 摩擦式过载时因摩擦消耗能量能缓和冲击，故工作平稳，调整和使用方便，维修简单，灵敏高度，可用于转速高、转动惯量大的传动装置

2　离合器的选用与计算

2.1　离合器的型式与结构选择

（1）离合器接合元件的选择

应根据离合器使用的工况条件，选择接合元件，可按下面几种情况考虑。

① 刚性嵌合式接合元件：适用低速、停止转动下离合，不频繁离合。刚性嵌合式元件具有传递转矩大、转速完全同步、不产生摩擦热、外形尺寸小等特点。但因刚性大，在有转速差下接合瞬时，主、从动轴上将有较大冲击，引起振动和噪声。因此，这种接合元件限于静止或相对转速差较小、空载或轻载下接合的传动系统。

② 摩擦式接合元件：用于系统要求缓冲，通过离合器吸收峰值力矩，允许主、从动接合元件间存在一定滑差的情况，接合时较为柔性，冲击小。但滑动会产生摩擦热，引起能量损耗。

③ 长期打滑的工况，应选用电磁和液体传递能量的离合器，如磁粉离合器。

（2）离合器操纵方式的选择

① 人力操纵：依靠人力的各种机械操纵离合器，手操纵力不大（<400N）动作行程一般≤250mm，脚踏板操纵时操纵力一般为100~200N，行程一般为100~150mm。反应慢，接合频率较低，主要用于中小功率的机械设备上。

② 气压操纵：气压操纵具有比较大的操纵力（0.4~0.8MPa），离、合迅速，操纵频率较高，而且排气无污染，适宜用于各种容量和远距离操纵的离合器，特别是各种大型离合器的操纵。

③ 液压操纵：液压操纵能产生很大的操纵力（0.7~3.5MPa），而且有良好的润滑和散热条件，适宜用于有润滑装置和不泄漏的机械设备，操纵体积小而传递转矩大的离合器。但接合速度较气压慢。

④ 电磁操纵：电磁操纵比较方便，接合迅速，时间短，可以并入控制电路系统实行自动控制，且易实现远距离控制，特别适合于各种操纵频率高的中小型以及微型离合器。

（3）环境条件

开式结构可用于宽敞无污染的环境，而封闭式的结构则能适应有粉尘和存在污染的场合。对于有防爆要求的环境，不宜采用普通的电磁离合器。此外，不希望有噪声的环境，最好选用有消声装置的一般气压离合器。具有橡胶元件的离合器，则应考虑环境温度和有害介质的影响。

（4）关于离合器的转矩容量

离合器的转矩容量应按本章2.2节的内容进行计算。当考虑原动机的启动特性时，对于用三相笼式异步电动机系统，可以允许有较大的超载范围，可选用较大容量的离合器，以便加载接合时能迅速驱动，不致出现长时打滑，造成发热。对于内燃机驱动，为了避免启动时原动机转速过分下降，应采用离合器工作容量储备较小的离合器。

2.2　离合器的选用计算

表 7-3-2　　**计算转矩**

类　型	计 算 公 式
嵌合式离合器	$T_c=KT$
摩擦式离合器	$T_c=\dfrac{KT}{K_m K_v}$

注：T_c——离合器计算转矩，选用离合器时，T_c小于等于离合器的额定转矩；

T——离合器的理论转矩，对于嵌合式离合器，T为稳定运转中的最大工作转矩或原动机的公称转矩；对于摩擦式离合器，可取运转中的最大工作转矩或接合过程中工作转矩与惯性转矩之和作为理论转矩，即 $T=T_t+\dfrac{J_2(\omega_1-\omega_2)}{t}$，式中符号见表7-3-22；

K——工况系数，见表7-3-3，对于干式摩擦离合器可取较大值，对于湿式摩擦离合器可取较小值；

K_m——离合器接合频率系数，见表7-3-4；

K_v——离合器滑动速度系数，见表7-3-5。

表 7-3-3　　离合器工况系数（概略值）K（或称储备系数）

机　械　类　别	K	机　械　类　别	K
金属切屑机床	1.3～1.5	曲柄式压力机械	1.1～1.3
汽车、车辆	1.2～3	拖拉机	1.5～3
船舶	1.3～2.5	轻纺机械	1.2～2
起重运输机械		农业机械	2～3.5
在最大载荷下接合	1.35～1.5	挖掘机械	1.2～2.5
在空载下结合	1.25～1.35	钻探机械	2～4
活塞泵（多缸）、通风机（中等）、压力机	1.3	活塞泵（单缸）、大型通风机、压缩机、木材加工机床	1.7
冶金矿山机械	1.8～3.2		

表 7-3-4　　离合器接合频率系数 K_m

离合器每小时接合次数	≤100	120	180	240	300	≥350
K_m	1.00	0.96	0.84	0.72	0.60	0.50

表 7-3-5　　离合器滑动速度系数 K_v

摩擦面平均圆周速度 $v_m/m\cdot s^{-1}$	1.0	1.5	2.0	2.5	3	4	5	6	8	10	13	15
K_v	1.35	1.19	1.08	1.00	0.94	0.86	0.80	0.75	0.68	0.63	0.59	0.55

注：$v_m=\dfrac{\pi D_m n}{60000}$（m/s）；$D_m=\dfrac{D_1+D_2}{2}$（mm）；$D_1$、$D_2$——摩擦面的内、外径；$n$——离合器的转速，r/min。

3　嵌合式离合器

嵌合式离合器的简图及特点列于表 7-3-6。

表 7-3-6　　嵌合式离合器的简图及特点

名称和简图	转矩范围/N·m	特点和应用
牙嵌离合器 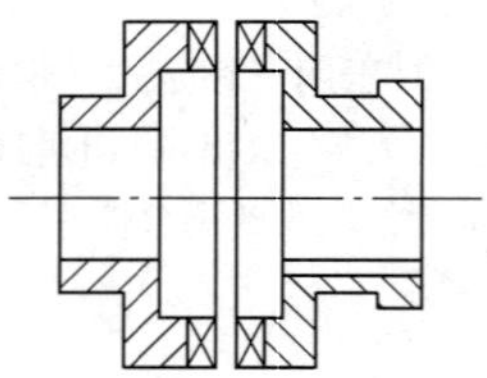	63～4100	外形尺寸小，传递转矩大，接合后主从动轴无相对滑动，传动比不变。但接合时有冲击，适合于静止接合，或转速差较小时接合（对矩形牙转速差≤10r/min，对其余牙形转速差≤300r/min），要求主从动轴严格同心，为此常设对中环。主要用于低速机械的传动轴系
转键离合器 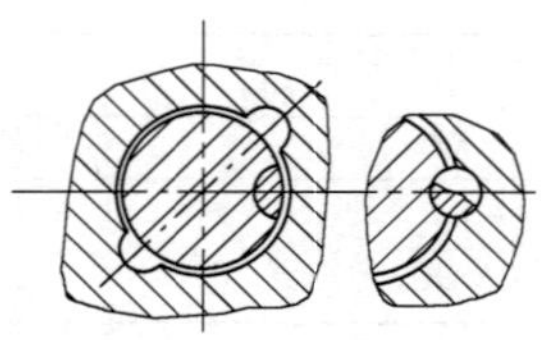 单键 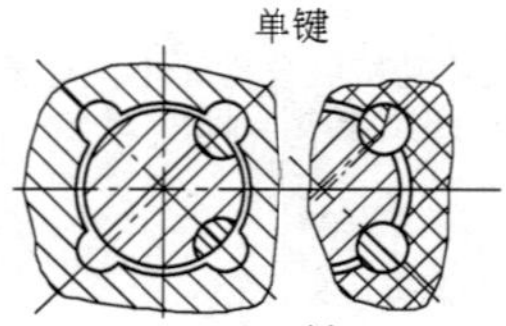 双键	100～3700	结构简单，动作灵活、可靠，有单键（单向转动）和双键（双向转动）两种结构，单键单向传递转矩，双键双向传递转矩。适用于轴与传动件连接，主从动部分在离合过程不需沿轴向移动。可在转速差≤200r/min 下接合，常用于各种曲柄压力机中

续表

名称和简图	转矩范围/N·m	特点和应用
齿式离合器 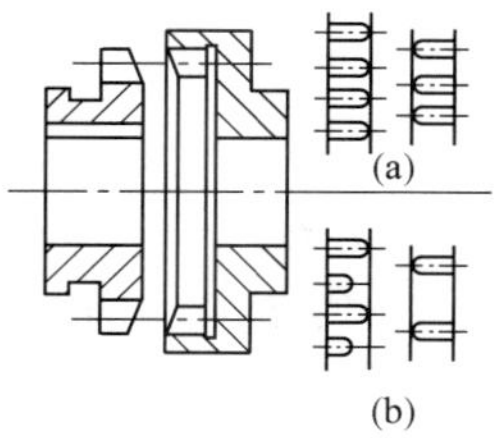	100～3700	利用一对可沿轴向离合、具有相同齿数的内外齿轮组成嵌合副。其特点是传递转矩大，外形尺寸小，轮齿加工比端面牙容易，并可传递双向转矩 适宜用于转速差不大，带载荷进行接合，且传递转矩较大的机械主传动或变速机械的传动轴系

3.1 牙嵌离合器

3.1.1 牙嵌离合器的牙型、特点与使用条件

表 7-3-7

牙形		角度	牙数	特点	使用条件
圆柱截面的展开牙型	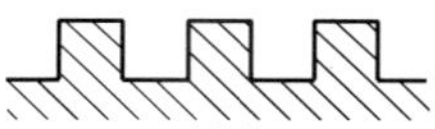 矩形	$\alpha=0°$	3～15	传递转矩大，制造容易，接合、脱开较困难，为便于接合常采用较大的牙间间隙	适用于重载，可以传递双向转矩，一般用于不经常离合的传动中。需在静止或极低的转速下才能接合。常用于手动接合
	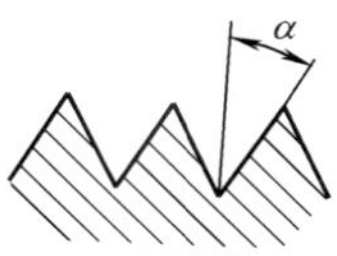 正三角形	$\alpha=30°\sim45°$	15～60	牙数多，可用在接合较快的场合，但牙的强度较弱	适用于轻载低速，双向传递转矩。应在运转速度低时接合
	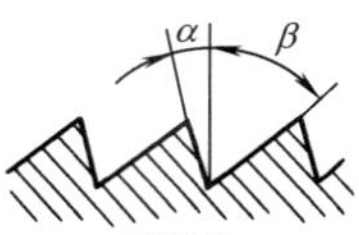 斜三角	$\alpha=2°\sim8°$ $\beta=50°\sim70°$	15～60	接合时间短牙数应选得多，但牙数多，各牙分担载荷不均匀	只能传递单向转矩，适用于转载低速。应在运转速度低时接合
	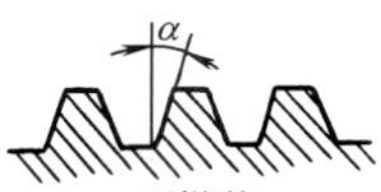 正梯形	$\alpha=2°\sim8°$	3～15	脱开和接合比矩形齿容易，接合后牙间间隙较小，牙的强度较大	适用于较大速度和载荷，能传递双向载荷。要在静止状态下接合，能补偿牙的磨损和间隙，能避免速度变化时因间隙而产生的冲击。常用于自动接合
	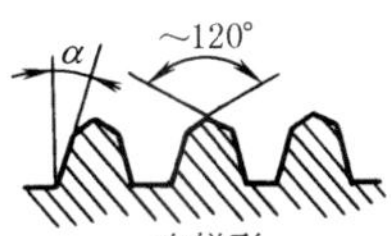 尖梯形	$\alpha=2°\sim8°$ $\beta=120°$	3～15	接合较正梯形容易，强度较高	适用于较大速度和载荷，能传递双向载荷。要在静止状态下接合，能补偿牙的磨损和间隙，能避免速度变化时因间隙而产生的冲击，但接合比正梯形更容易。常用于自动接合
	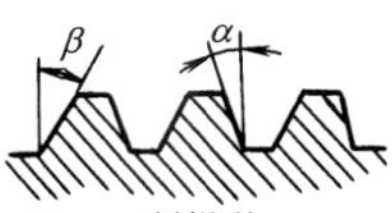 斜梯形	$\alpha=2°\sim8°$ $\beta=50°\sim70°$	3～15	接合比正梯形更容易，强度较高	只能传递单向转矩，适用于较大速度和载荷，要在静止状态下接合，能补偿牙的磨损和间隙，能避免速度变化时因间隙而产生的冲击。常用于自动接合

续表

牙形		角度	牙数	特点	使用条件
圆柱截面的展开牙型	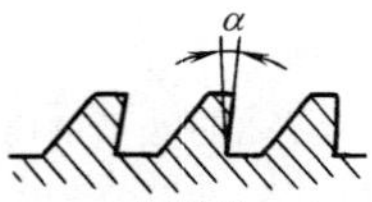 锯齿形	$\alpha=1°\sim1.5°$	3~15	强度高,接合容易,可传递较大转矩	只能单向传动
	 螺旋形		2~3	接合迅速而且不用精确对中,强度高,接合平稳,可以传递较大转矩	可以在较低速转动过程中接合。螺旋齿的数量决定于接合前的转差。转差大,齿的数量要增加。螺旋齿的数量最少的有两个,最多的有30个。只能单向传递转矩
径向截面牙型	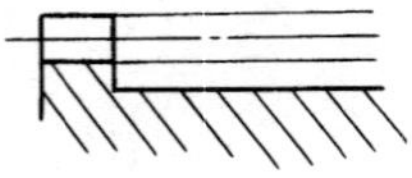			等高牙型,啮合面与接合条件均较好,但每一侧面都需分别加工	用于矩形和梯形牙啮合
	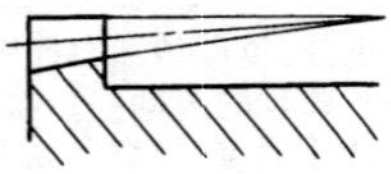			不等高牙型端面为平面。接合时的工作条件较好,但牙的啮合面较小	用于三角形牙和梯形牙,其凹槽两侧可一次加工制出
	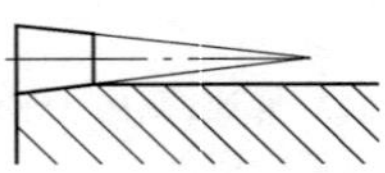			不等高牙型,端面为凹锥形,接合时啮合面大	用于三角形牙和梯形牙,其凹槽两侧可一次加工制出

3.1.2 牙嵌离合器的材料与许用应力

表 7-3-8　　接合元件的材料及应用范围

材料	热处理规范	应用范围
HT200 HT300	170~240 HB	低速、轻载牙嵌的牙及齿轮离合器的齿轮
45	淬火 38~46 HRC 高频淬火 48~55 HRC	载荷不大、转数不高的离合器
20Cr，20MnV 20Mn2B	渗碳 0.5~1.0mm 淬火、回火 56~62 HRC	中等尺寸的高速元件和中等压强的元件
40Cr，45MnB	高频淬火回火 48~58 HRC	重载、压强高、冲击不大的牙嵌的牙及齿轮、滑销
18CrMnTi，12CrNi4A 12CrNi3	渗碳 0.8~1.2mm 淬火回火 58~62 HRC	高速冲击、大压强的牙嵌的牙及齿轮
50CrNi，T7	淬火回火 40~50 HRC 淬火 52~57 HRC	转键、滑销

表 7-3-9　　牙嵌离合器材料的许用应力　　$N \cdot mm^{-2}$

接合情况	静止时接合	运转中接合	
		低速	高速
许用挤压应力 σ_{pp}	88～117	49～68	34～44
许用弯曲应力 σ_{bp}	$\sigma_s/1.5$	$\sigma_s/5.9$～4.5	

注：1. 齿数多，许用应力值取小值；齿数少，取大值。

2. 表中许用挤压应力适用于渗碳淬火钢，硬度 56～62 HRC。

3. 表中高、低速是指许用接合圆周速度差（Δv）。低速 $\Delta v \leqslant 0.7$～0.8m/s，高速 $\Delta v = 0.8$～1.5m/s。

3.1.3　牙嵌离合器的计算

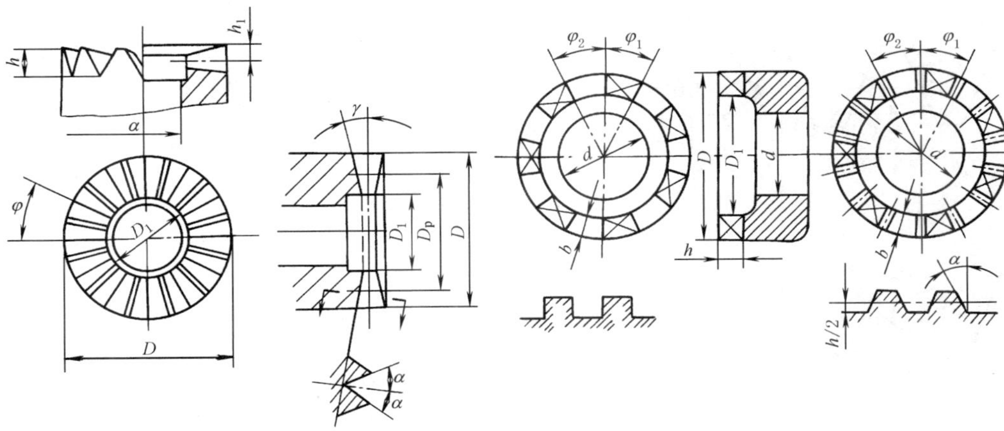

表 7-3-10

计算项目		公式及数据	单位	说明
基本参数	牙齿外径	$D=(1.5\sim3)d$	mm	d——离合器轴径，mm
	牙齿内径	D_1——根据结构确定，通常 $D_1=(0.7\sim0.75)D$		φ——牙的中心角，(°)，三角形、梯形牙啮合 $\varphi=\varphi_1=\varphi_2=\dfrac{360°}{z}$
	牙齿平均直径	$D_p=\dfrac{D+D_1}{2}$		矩形牙啮合
	牙齿宽度	$b=\dfrac{D-D_1}{2}$		$\varphi_1=\dfrac{360°}{2z}-(1°\sim2°)$
	牙齿高度	$h=(0.6\sim1)b$		$\varphi_2=\dfrac{360°}{2z}+(1°\sim2°)$
	齿顶高	h_1		z——牙数，常取 z 为奇数，以便于加工
	齿根高	h_2 应大于 h_1 0.5mm 左右		n_0——接合前，两个半离合器的转数差，r/min
	牙齿齿数	$z=\dfrac{60}{n_0 t}$或根据结构、强度确定		t——最大结合时间，s，一般$t=0.05\sim0.1$s
	牙齿工作面的倾斜角	$\alpha=2°\sim8°$（梯形牙） $\alpha=30°,45°$（三角形牙）	(°)	
	分度线上的齿宽	$l_m=D_p\sin\dfrac{\varphi_1}{2}$	mm	齿数多，制造精度低时，z'取小值 齿数多，制造精度高时，z'取大值
	齿顶宽	$l_d=l_m-2h_1\tan\alpha$	mm	
	齿根宽	$l_g=l_m+2h_2\tan\alpha$	mm	
	计算牙数	$z'=\left(\dfrac{1}{3}\sim\dfrac{1}{2}\right)z$		

续表

计算项目		公式及数据	单位	说明
强度校核	牙齿工作面的挤压应力	$\sigma_p=\dfrac{2T_c}{D_p z' A}\leqslant\sigma_{pp}$ 对三角形牙 $A=D_p b\tan\gamma$ 对矩形牙 $A=hb$	N/mm^2	T_c——计算转矩，N·mm，$T_c=KT$，见表 7-3-2 A——牙的承压工作面积，mm^2 σ_{pp}、σ_{bp}——牙齿许用挤压应力和许用弯曲应力，N/mm^2，见表 7-3-9 淬硬钢的离合器 $z>7$，未经热处理的离合器 $z>5$ 才进行弯曲强度校核
	牙齿根部的弯曲应力	$\sigma_b=\dfrac{6T_c h}{D_p z' b l_g^2}\leqslant\sigma_{bp}$	N/mm^2	
移动离合器所需的力	接合力 主动 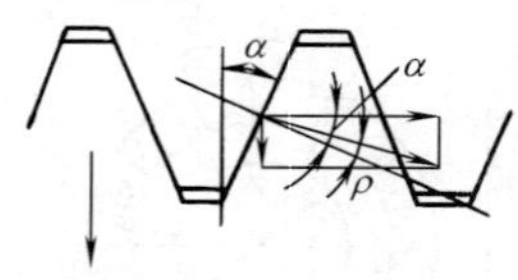 被动 脱开力 主动 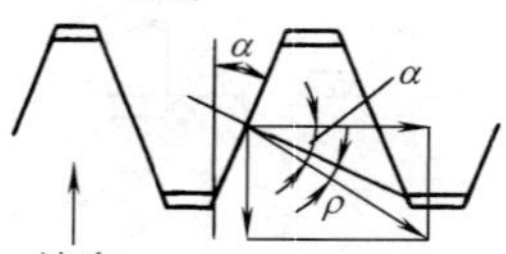 被动	离合器的结合力 $S_h=\dfrac{2T_c}{D_p}\left[\mu'\dfrac{D_p}{d}+\tan(\alpha+\rho)\right]$ 离合器的脱开力 $S_k=\dfrac{2T_c}{D_p}\left[\mu\dfrac{D_p}{d}-\tan(\alpha-\rho)\right]$	N N	μ'——离合器与花键的摩擦因数，一般取 $\mu'=0.15\sim0.20$ μ——离合器牙面间的摩擦因数，一般取 $\mu=0.15\sim0.20$ ρ——牙上的摩擦角 $\rho=\arctan\mu$
使用条件	牙的自锁条件	$\tan\alpha\leqslant\mu+\mu'\dfrac{D_p}{d}$		Δv——许用接合圆周速度差，m/s，一般 $\Delta v<0.8$m/s
	接合时的许用转差	$\Delta n=\dfrac{60000}{\pi D_p}\Delta v$	r/min	
	接合时间	$t=\dfrac{60}{\Delta nz}$	s	

注：离合器有弹簧压紧装置时，接合力与脱开力还应考虑弹簧作用力。本表仅考虑离合器在花键轴上的滑动、离合器的牙面之间的相对滑动所需克服的摩擦力。

3.1.4 牙嵌离合器尺寸的标注示例

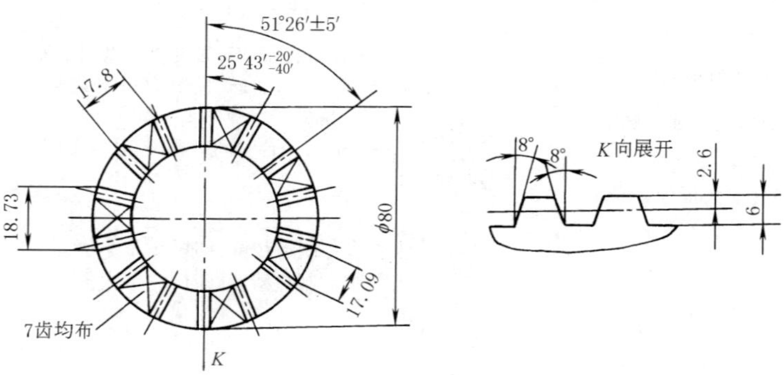

图中角度 25°43′$^{-20'}_{-40'}$ 控制齿厚，51°26′±5′控制牙齿分布的均匀性，弦长 17.09、17.8、18.73 提供加工者参考，齿顶高小于齿根高，保证齿顶与槽底有足够的轴向间隙，以便消除侧隙。

图 7-3-1　牙嵌离合器标注方法

3.1.5 牙嵌离合器的结构尺寸

正三角形牙型结构尺寸

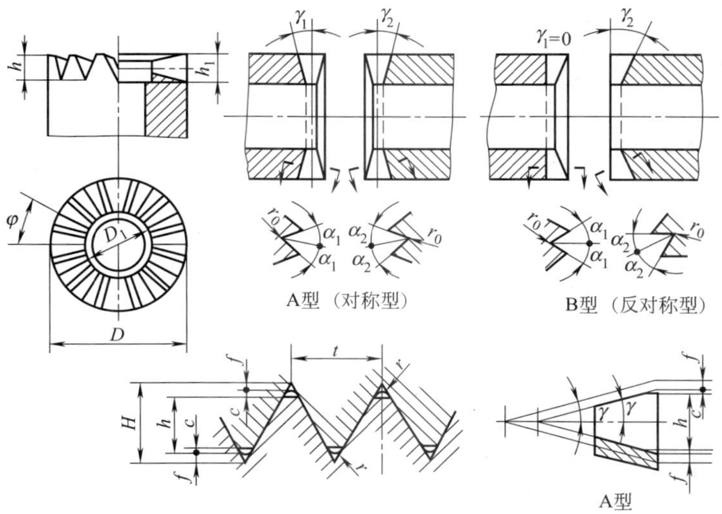

$r_0=0.2$mm；0.5mm；0.8mm　$r=r_0/\cos r\approx r_0$　$a_9=30°$　$c=0.5r$；$f=r$

$a_1=45°$　$c=0.3r$；$f=0.4r$　$h=H-(2+f+c)$

表 7-3-11　　mm

D	D_1	h_1	α=30°（r=0.2）											
			普通牙						细牙					
			z	γ	t	H	h	许用转矩/N·m	z	γ	t	H	h	许用转矩/N·m
32	22				4.19	3.62	3.12	45			2.10	1.81	1.31	36
40	28		24	6°31′	5.24	4.53	4.03	90	48	3°15′	2.62	2.27	1.77	76
45	32	5			5.89	5.10	4.60	120			2.95	2.55	2.05	108
55	40				4.80	4.15	3.65	210			2.40	2.07	1.57	150
60	45		36	4°20′	5.24	4.53	4.03	250	72	2°10′	2.62	2.27	1.77	190
65	50				5.67	4.91	4.51	305			2.84	2.45	1.95	227
75	55				4.91	4.25	3.75	520			2.45	2.12	1.62	377
85	60				5.56	4.81	4.31	830			2.78	2.40	1.90	620
90	65		48	3°15′	5.89	5.10	4.60	950	96	1°37′	2.95	2.55	2.05	720
100	70				6.54	5.66	5.16	1400			3.27	2.83	2.33	1070
110	80				7.20	6.23	5.73	1440			3.60	3.12	2.62	1350
120	90				5.24	4.53	4.03	1350			2.62	2.27	1.77	1000
125	90				5.45	4.72	4.52	2170			2.73	2.36	1.86	1570
140	100	8			6.11	5.28	4.78	3140			3.05	2.64	2.14	2320
145	100		72	2°10′	6.33	5.47	4.97	3750	144	1°05′	3.16	2.74	2.24	2790
160	120				6.98	6.05	5.55	4260			3.49	3.03	2.53	3200
180	140				7.85	6.80	6.30	5540			3.93	3.39	2.89	4200
200	150				6.54	5.66	5.16	8250			3.27	2.83	2.33	6140
220	170		96	1°37′	7.20	6.23	5.73	10220	192	0°50′	3.60	3.12	2.92	7710
250	190				8.18	7.08	6.58	15900			4.09	3.54	3.14	12140
280	220				9.16	7.93	7.43	20440			4.58	3.97	3.47	15780
32	22				4.19	2.10	1.88	26			2.10	1.05	0.83	20
40	28		24	3°45′	5.24	2.62	2.40	50	48	1°52′	2.62	1.31	1.09	45
45	32	5			5.89	2.92	2.73	72			2.95	1.48	1.26	60
55	40				4.80	2.40	2.18	120			2.40	1.20	0.98	90
60	45		36	2°30′	5.24	2.62	2.40	150	72	1°15′	2.62	1.31	1.09	110
65	50				5.67	2.84	2.62	180			2.84	1.42	1.20	135

续表

D	D_1	h_1	$\alpha=45°$ $(r=0.2)$											
			z	γ	t	H	h	许用转矩/N·m	z	γ	t	H	h	许用转矩/N·m
75	55	8	48	1°52′	4.91	2.46	2.24	305	96	0°57′	2.16	1.23	1.01	225
85	60				5.56	2.78	2.56	480			2.78	1.39	1.17	370
90	65				5.89	2.95	2.73	560			2.95	1.48	1.26	430
100	70				6.54	3.27	3.05	820			3.27	1.64	1.42	640
110	80				7.20	3.60	3.38	1020			3.60	1.80	1.58	800
120	90				5.24	2.62	2.40	790			2.62	1.31	1.09	600
125	90		72	1°15′	5.45	2.73	2.51	1270	144	0°37′	2.73	1.37	1.15	940
140	100				6.11	3.06	2.84	1840			3.06	1.53	1.31	1380
145	100				6.33	3.17	2.95	2200			3.17	1.58	1.35	1640
160	120				6.98	3.49	3.27	2480			3.49	1.75	1.53	1890
180	140				7.85	3.93	3.71	3230			3.93	1.97	1.75	2480
200	150		96	0°57′	6.54	3.27	3.05	4820	192	0°28′	3.27	1.64	1.42	3640
220	170				7.20	3.60	3.38	5960			3.60	1.80	1.58	4530
250	190				8.18	4.09	3.87	9260			4.09	2.15	1.93	7150
280	220				9.16	4.58	4.36	11880			4.58	2.29	2.07	9230

注：1. 表中许用转矩是按低速时接合，由牙工作面压强条件确定的，对于静止状态接合，表值应乘以 1.75。

2. 表中 z —齿数；D_1、h_1 —根据结构确定，表值仅供参考。

梯形、矩形牙型齿爪结构尺寸

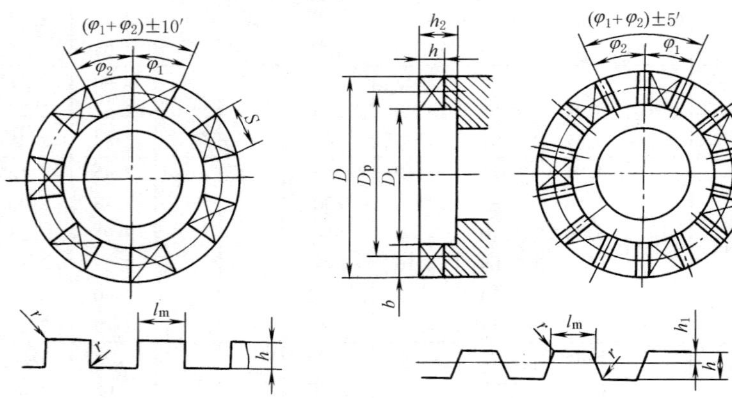

表 7-3-12

mm

D	D_1	齿数 z	矩形牙			梯形牙			h	h_2	h_1	r	接触时要求同时接触牙数 z′
			φ_2	φ_1	S	$\varphi_{2\,-20'}^{\,-40'}$	φ_1	S					
40	28	5	37°	35°	12.03	36°	36°	12.36	5	6	2.1	0.5	3
50	35				15.04			15.45					
60	45	7	26°43′	24°43′	12.84	25°43′	25°43′	13.35	6	8	2.6	0.8	4
70	50				14.98			13.57					
80	60				17.12			17.80					
90	65				19.26			20.03					
100	75				21.40			22.25					

续表

D	D_1	齿数 z	矩形牙			梯形牙			h	h_2	h_1	r	接触时要求同时接触牙数 z'
			φ_2	φ_1	S	$\varphi_{2\,-20'}^{\,-40'}$	φ_1	S					
120	90	9	21°30′	18°30′	19.29	20°	20°	20.84					5
140	100				22.50			24.31					
160	120				20.01			22.77	8	10	3.6	1.0	
180	130	11	18°22′	14°22′	22.51	16°22′	16°22′	25.62					6
200	150				25.01			28.47					

注：牙齿平均直径 $D_p=\dfrac{D+D_1}{2}$。

矩形牙、梯形牙离合器的尺寸系列

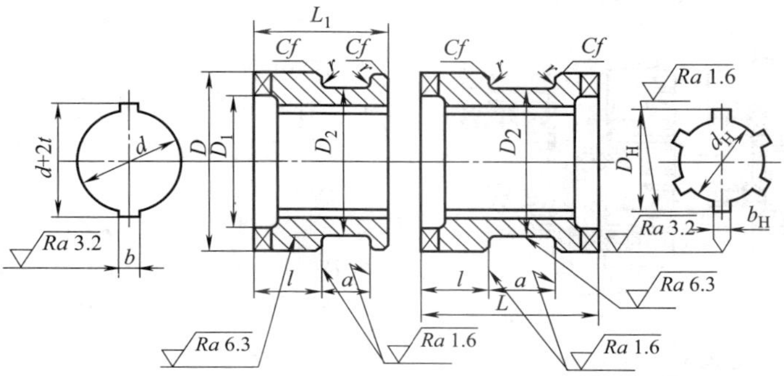

表 7-3-13

mm

D	D_1	牙数 z/个	D_2	l	a	双向 L	单向 L_1	r	f	双键孔			花键孔			许用转矩 /N·m
										d H7	b H9	t H12	D_H H7	d_H b12	b_H D9	
40	28	5	30	15	10	40	30	0.5	0.5	20	6	2.3	20	17	6	77.1
50	35		38	20	12	50	38	0.8		25	8	3.2	25	21	5	120
60	45		48	22	16	60	45	1.0		32	100		32	28	7	246
70	50		54	28		70	50			35		3.3	35	30	10	375
80	60	7	60	30		80	60		1.0	40	12		40	35		437
90	65		70	35	20	90	70	1.2		45	14	3.8	45	40	12	605
100	75		80	40		100	80			50	16	3.8	50	45		644
120	90	9	100	50		120	100			60	18	4.4	60	54	14	1700
140	100		115	55		140	110			70	20	4.9	70	62	16	2580
160	120		135	65	25	160	120	1.5	1.5	80	22	5.4	80	70		3630
180	130	11	150	75		180	130			90	25		90	80	20	5020
200	150		160	85		200	140			100	28	6.4				5670

注：1. 牙型结构尺寸见表 7-3-12。
2. 表中许用转矩是按低速运转时接合，接牙工作面压强条件计算得出的值，对于静止接合，许用转矩值可乘以 1.75。
3. 半离合器材料为 45 或 20Cr 钢，硬度为 48～52HRC 或 58～62HRC。

3.2 齿式离合器

（1）齿式离合器的计算

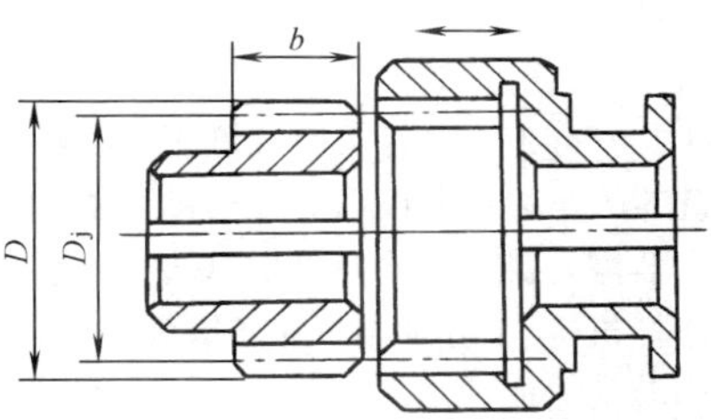

表 7-3-14

计算项目	计算公式	说明
齿轮的分度圆直径 内齿轮宽度 齿面压强	$D_j=mz$ $b=(0.1\sim0.2)D_j$ $p=\dfrac{2T_c}{1.5D_jzbm\varepsilon}\leqslant p_p$	z——齿数 m——模数，mm ε——载荷不均匀系数，$\varepsilon=0.7\sim0.8$ p_p——齿面许用压强，N/mm^2 未经热处理 $p_p=25\sim40$ 调质、淬火 $p_p=47\sim70$ 齿式离合器的材料与齿轮相同

（2）齿式离合器的防脱与接合的结构设计

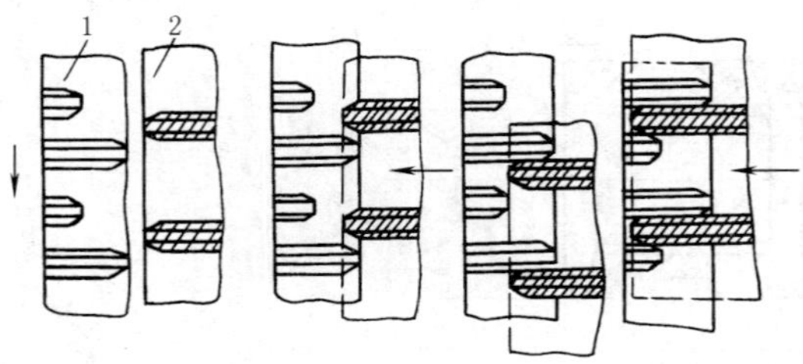

(a) (b) (c) (d)

图 7-3-2 齿式离合器接合过程简图

为了使离合器接合容易，进入接合侧的齿的顶端要加工出很大的倒角（10°~15°）。此外，有的离合器，将被连接的那个半离合器的齿设计成每隔一齿（或几个齿）齿长缩短一半。还有的离合器另一半的内齿每隔一齿取消一个齿。接合过程如图 7-3-2 所示。第一步，离合器 2 的齿（带阴影的齿）进入 1 的长齿之间的宽间隔中，离合器 1 和 2 的齿侧面互相冲击，使它们的速度相等。第二步，移动离合器，使齿完全衔接。

齿式离合器在载荷运转过程中往往会因附加的轴向分力推动离合器向相反的方向滑移，最后完全脱开。为了避免这种脱离，在结构设计时要采取一定的措施。

① 在外齿轮的前端加工出一个槽，如图 7-3-3a 所示，齿长被分为两部分，将后面部分齿的厚度减薄，减薄量一侧为 0.2~0.5mm。内齿的齿长小于外齿的齿长，离合器受转矩之后，因外齿两种齿厚形成一个小台阶，被内齿端面卡住，不会因轴向力而滑脱。

② 将外齿轮的齿加工出一个锥度，成为外大内小的形状，如图 7-3-3b 所示。使离合器接合之后，外齿受一个阻止滑脱的轴向力。半锥角约为 3°左右。

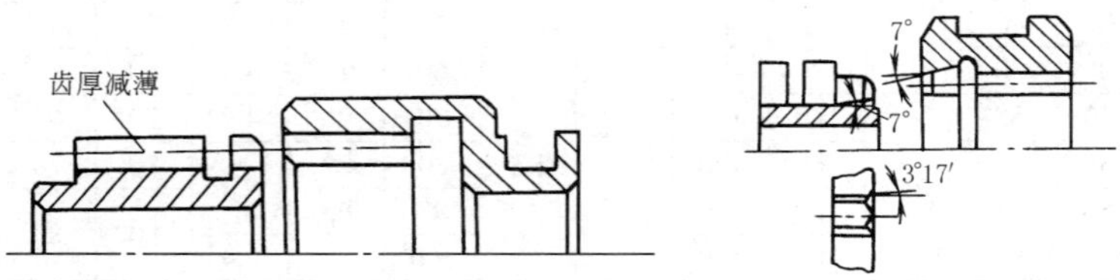

(a) 轮齿减薄 (b) 外齿加工成锥度

图 7-3-3 齿式离合器的防脱结构

3.3 转键离合器

（1）工作原理

图 7-3-4 为双转键离合器，主动件大齿轮 3 与中套 4 通过键 13 连成一体转动，并以滑动轴承工作支承在端套 6.7 上，按图示方向转动。工作转键 5 的尾端带有拨爪 8 并借助弹簧 10 拉紧，使工作转键常处于嵌入中套的状态，即离合器处于接合状态。当离合器需要脱开时，操纵操纵块 12，使拨爪 8 带动工作转键顺时针转 45°，完全转入轴槽之内，则离合器脱开。四连杆机构 11 分别与工作转键和止逆转键 14 相连，使工作转键与止逆转键反向同步转动，止逆键的作用是防止反向转动造成冲击。

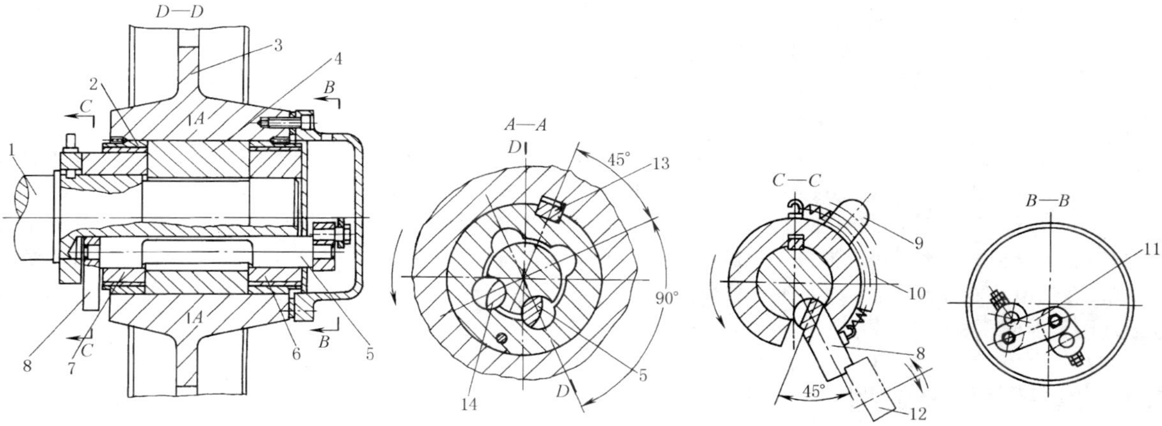

图 7-3-4　双转键离合器

1—曲轴；2—滑动轴承；3—输入齿轮；4—中套；5—工作转键；6—右端套；7—左端套；8—拨爪；9—撞块；10—弹簧；11—四连杆机构；12—操纵块；13—键；14—止逆转键

（2）转键离合器的计算

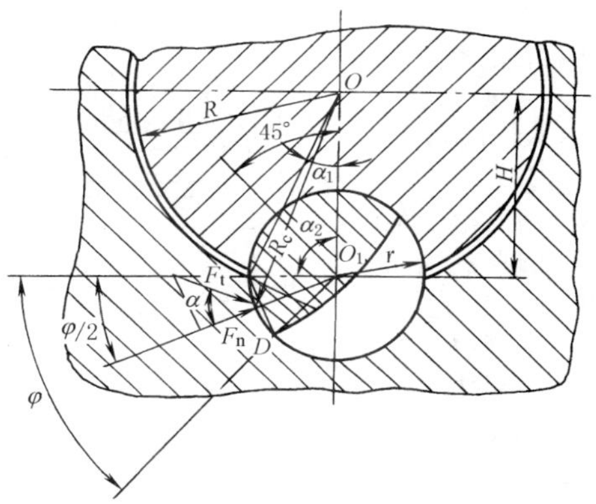

表 7-3-15

计　算　项　目	计　算　公　式	单位	说　　明
计算转矩	$T_c=KT$（见表 7-3-2）	N·mm	
作用在转键上的圆周力	$F_t=\dfrac{T_c}{R_c}$	N	
作用在转键上的正压力	$F_n=F_t\cos\alpha$	N	
转键挤压应力	$\sigma_p=\dfrac{F_n}{A_1}\leqslant\sigma_{pp}$	N/mm²	r——转键工作半径，mm
单位长度压力	$q=\dfrac{F_n}{l}$	N/mm	φ——转键工作面的中心角，一般小于 60°，通常 $\varphi=45°$
挤压面积	$A_1=2rl\sin\dfrac{\varphi}{2}$	mm²	σ_{pp}——许用挤压应力，N/mm²，一般取
转键计算半径	$R_c=\sqrt{H^2-2Hr\cos\left(\alpha_2+\dfrac{\varphi}{2}\right)+r^2}$	mm	$\sigma_{pp}=\dfrac{\sigma_s}{1.3\sim2.6}$
压力角	$\alpha\approx90°-\arccos\left(\dfrac{R_c^2+r^2-H^2}{2R_c\gamma}\right)$	(°)	
曲轴直径	$d_1=(1.12\sim1.2)d_0=2R$	mm	
转键有效长度	$l=(1.4\sim1.65)d_1$	mm	
转键直径	$d=2r=(0.44\sim0.5)d_1$	mm	

4　摩擦离合器

摩擦离合器是靠主、从动部分的接合元件采用摩擦副以传递转矩的，可在运转中接合，接合平稳，过载时离合器可打滑起安全保护作用。片式摩擦离合器结构比较紧凑，调节简单可靠。

摩擦离合器有干式、湿式两种。干式比湿式具有结构简单、价格便宜、维修量小、空转力矩小（为额定力矩的 0.05%）、换向时颤振小、惯量小、启动时间短的特点。通常用于要求瞬时脱开、过载保护的场合。湿式（一般浸在油中）能降低磨损，缓冲冲击载荷。需要注意接合件在油中摩擦因数减小，以及散热不足，需加强冷却。常用于小直径多盘离合器。

4.1　摩擦离合器的型式、特点及应用

表 7-3-16

型式		特点、应用
锥盘	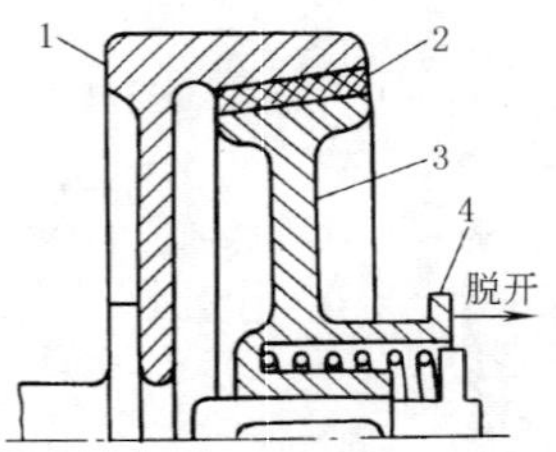 1—主动件；2—摩擦衬面；3—被动盘；4—操纵套筒	结构简单，可平稳地接合，在相同直径及传递相同转矩条件下比盘式离合器要求的轴向接合力小。易散热，但启动惯性大，锥盘轴向移动困难 用于进给装置。在牵引设备中几乎完全被盘式离合器代替
单片	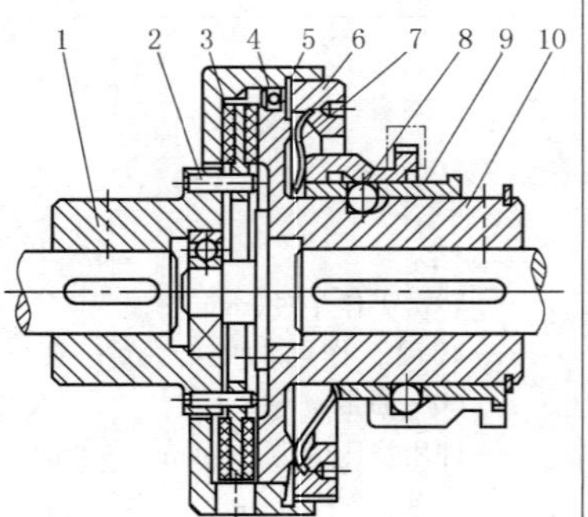 干式单片摩擦离合器 1—轴套；2，4—导销；3—摩擦片；5，10—压紧盘；6—调节盖；7—碟形膜片弹簧；8—钢球；9—压紧环	主动部分与从动部分通过由碟形弹簧压紧摩擦片进行接合，离合器的接合与脱开由操纵杠杆拨动压紧环实现。这种干式单片离合器可用于传递转矩范围为 15 ~ 3000 N · m
多盘	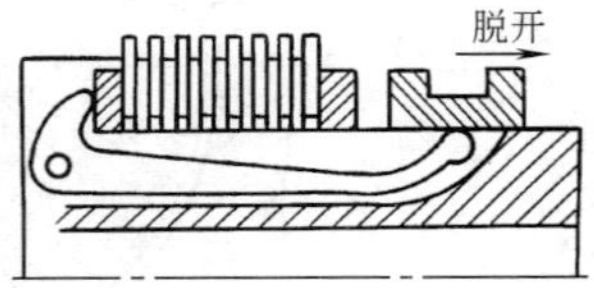	可增加摩擦盘来增加容量，不用加大直径。湿式多盘离合器摩擦片浸在封闭箱体内的油液内，干式通常由循环的空气带走产生的热量，各种多盘离合器的差别主要在于主动和被动片的夹紧方式不同。广泛用于机床、中心距受空间限制的一些齿轮箱传动装置，以及在推土机等工程机械的变速箱中
涨圈	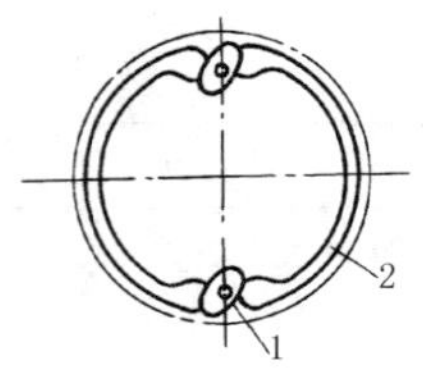 1—销轴；2—涨圈	涨圈为筒形摩擦片。销轴转动、迫使涨圈外径扩大，压紧环形槽内表面，离合器接合。涨圈转动时的离心力能增加接合功率。销轴复位，涨圈自身弹性收缩，离合器脱开。用于低速和转矩不大的场合，如挖掘机等
涨开式扭簧	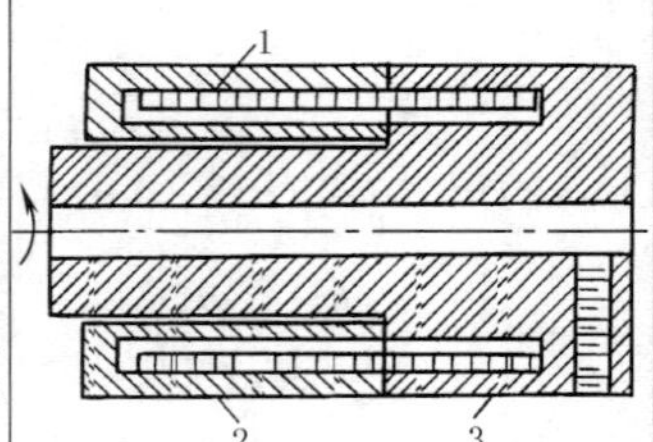 1—左旋扭簧；2—主动件；3—被动件	用扭转弹簧与主、被动件的内表面相连接，工作时主动件使弹簧径向尺寸增大，压紧在被动件的表面上，借助摩擦力带动被动件。可看作是超越型，即主动件只能一个方向驱动被动件。如果被动件的转速超过主动件的转速，则扭簧将放松，两轴脱开。扭簧主要受剪切力。用于洗衣机中

4.2 摩擦元件的材料、性能及适用范围

表 7-3-17

摩擦副		摩擦因数$\frac{\mu_j}{\mu_d}$		许用压强 p_p/N·cm^{-2}		许用温度/℃		特点和适用范围
摩擦材料	对偶材料	干式	湿式	干式	湿式	干式	湿式	
淬火钢 10 或 15 渗碳 0.5mm 淬火 56~62HRC 65Mn 淬火 35~45HRC	淬火钢	0.15~0.20 0.12~0.16	0.05~0.10 0.04~0.08	20~40	60~100	<260	<120	贴合紧密，耐磨性好，导热性好，热变形小 常用于湿式多片摩擦离合器
青铜 QSn6-6-3 QSn10-1 QAl9-4	钢 青铜 铸铁 HT200	0.15~0.20 0.12~0.16	0.06~0.12 0.05~0.10	20~40	60~100	<150	<120	动、静摩擦因数差较小，成本较高 多用于湿式离合器
铜基粉末冶金	铸铁 HT200 钢45、40Cr	0.25~0.45 0.20~0.30	0.10~0.12 0.05~0.10	100~300	120~400	<560	<120	易烧结，耐高温，耐磨性好，许用压强高，摩擦因数高而稳定，导热性好，抗胶合能力强，但成本高，密度大。适用于重载湿式，如工程机械、重型汽车、压力机等离合器
铸铁	钢 45 高频淬火 42~48HRC 20Mn2B 渗碳淬火53~58HRC 铸铁 HT200	0.15~0.20 0.12~0.16 0.15~0.25	0.05~0.10 0.04~0.08 0.06~0.12	20~40	60~100	<250	<120	具有较好的耐磨性和抗胶合能力，但不能承受冲击 常用于圆锥式摩擦离合器
铁基粉末冶金	铸铁、钢	0.30~0.40	0.10~0.12	120~300	200~300	<680	<120	比铜基制造较难，磨损量比铜基大，在油中耐磨性差，磨损后污染油，耐高温，接合时刚性大，有较大的允许压强和静摩擦因数。特别适用于重载干式离合器，如拖拉机、坦克
石棉有机摩擦材料	铸铁、钢	0.25~0.40	0.08~0.12	15~30	40~60	<260	<100	摩擦因数较高，密度小，有足够的机械强度，价格便宜，制造容易，耐热性较好，但导热性较差，不耐高温，摩擦因数随温度变化。常用于干式离合器如拖拉机、汽车等
纸基摩擦材料	铸铁、钢		0.08~0.12 0.04~0.06	—	100			生产工艺简单，不耗铜，价格低廉，摩擦因数高，动、静摩擦因数接近，换向冲击小，密度小，转动惯量小；耐磨性、耐热性较铜基和碳基差，磨损量大，使用时需保证良好冷却与润滑。常用于中小载荷汽车、拖拉机

续表

摩擦副		摩擦因数$\frac{\mu_j}{\mu_d}$		许用压强 $p_p/N\cdot cm^{-2}$		许用温度/℃		特点和适用范围
摩擦材料	对偶材料	干式	湿式	干式	湿式	干式	湿式	
石墨基摩擦材料	合金钢		0.10~0.15 0.08~0.12	—	300~600			摩擦因数大，可在高速度低载荷条件下工作，也可用于重载机械，传递大转矩，不受润滑剂中杂质的影响，油的种类对摩擦性能影响小，成本介于纸基与粉末冶金材料之间，磨损稍低于纸基，但高于粉末冶金材料，工艺性好，用于重型载重汽车
半金属摩擦材料	合金钢	0.26~0.37		168	—	<350		随压强、速度、温度升高摩擦因数比较稳定，对偶件的磨损较小，转矩平稳性、对偶件磨损、制造成本均优于粉末冶金，适于中高速高载荷干式条件使用
夹布胶木	铸铁、钢	—	0.1~0.12	—	40~60	<150	<120	
皮革	铸铁、钢	0.30~0.40	0.12~0.15	7~15	15~28	<110		
软木	铸铁、钢	0.30~0.50	0.15~0.25	5~10	10~15	<110		

注：1. 表中μ_j是静摩擦因数，是指摩擦副将开始打滑前的摩擦因数的最大值；μ_d是动摩擦因数。后面所有μ符号，未注脚标时系指静摩擦因数。

2. 摩擦片数少p_p值取上限，摩擦片数多p_p取下限。

3. 摩擦片平均圆周速度大于2.5m/s时或每小时接合次数大于100次时，p_p值要适当降低。

4.3 摩擦盘的型式与特点

常见摩擦元件的结构型式以圆形摩擦盘应用最广，典型圆形摩擦盘结构及主要特点示于表7-3-18。摩擦盘分光盘和带衬面摩擦盘。光盘由金属制成。摩擦盘衬面材料种类很多，可以粘、铆或烧结到金属盘上。按摩擦盘结构及散热要求，可做成整体式或拼装式。

表 7-3-18

型式	内盘			
	矩形齿内盘	花键孔内盘	渐开线齿内盘	卷边开槽内盘
简图	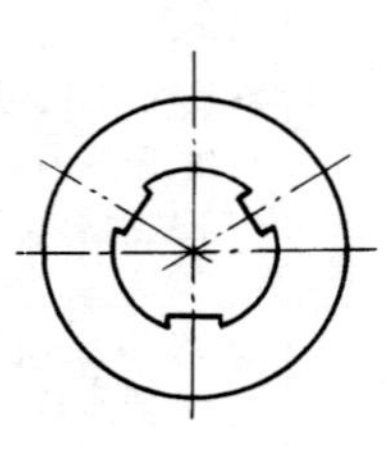	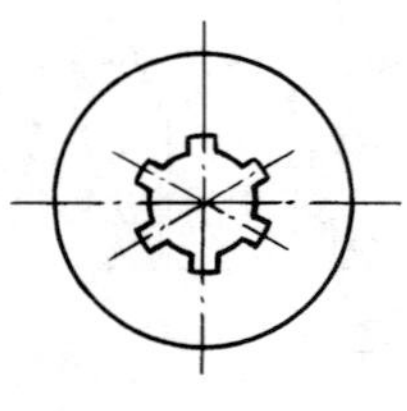	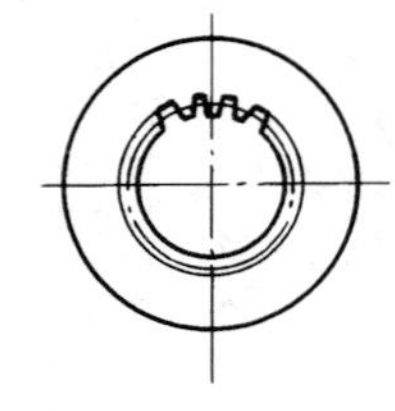	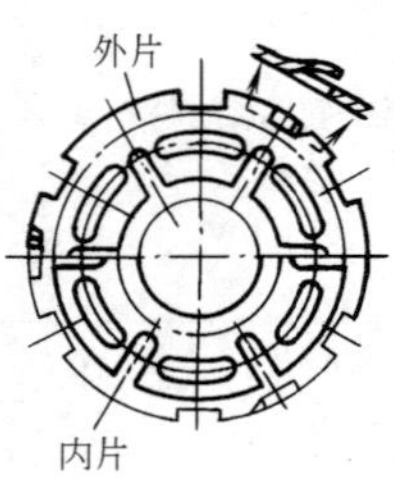
特点	齿数3~6，用于低转矩或用于中型套装或轴装离合器	加工方便，多用于中小型套装或轴装离合器	能传递较大转矩，用于中型离合器	多用于电磁离合器

续表

型式	内盘	外盘		
	带扭转减振器的弹性片	矩形齿外盘	键槽式外盘	渐开线齿外盘
简图	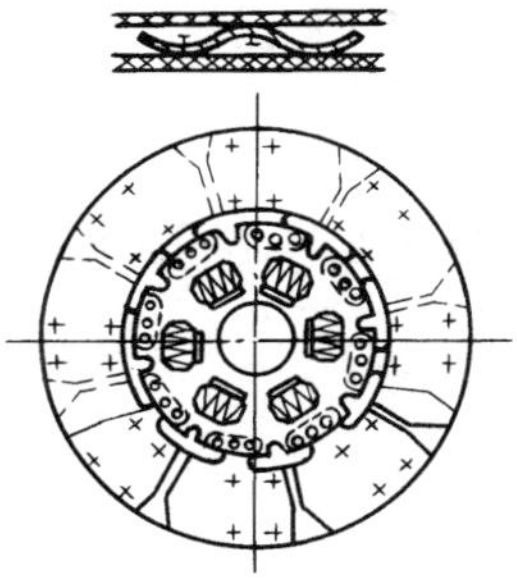	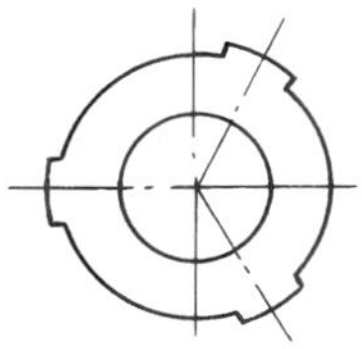	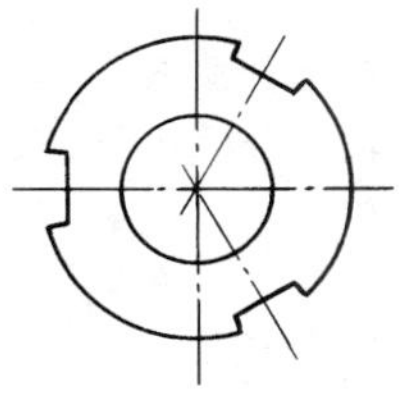	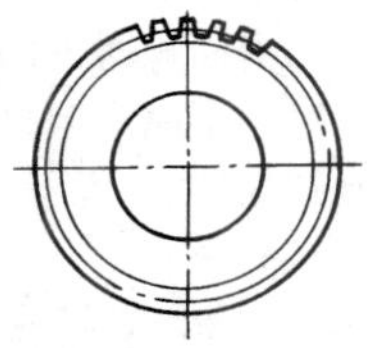
特点	用于汽车主离合器	齿数3~6。可与矩形齿内片或花键孔内盘配合	槽数3~6。可与矩形齿片或花键孔内盘配对	能传递较大转矩，与渐开线齿内盘配对

对于工作时需要散发很大热量的干式离合器盘，常采用带散热翅的端部摩擦盘或带辐射筋的中空摩擦盘，以加强通风或水冷。

摩擦盘上往往加工出沟槽，如表7-3-19所示。沟槽可起到刮油、冷却和有效排出磨粒的作用。沟槽的刮油作用能降低摩擦副之间的油膜的厚度和压力，从而提高动摩擦因数。同时沟槽还有把磨损脱落的小颗粒收集起来随油流排出到油池的作用，防止这部分颗粒对摩擦表面产生磨粒磨损。充满润滑油的沟槽快速扫过摩擦表面时，带走摩擦表面的摩擦热，还能通过设计特殊形式的沟槽来实现磨粒排出。例如在外径一边开不通透的径向槽，在脱开离合器时，利用不通透的径向槽中油的压力把摩擦副顶开，但这种沟槽可能造成油膜增厚，摩擦因数下降。

表7-3-19　　常用沟槽型式和特点

型式	同心圆或螺旋槽	辐射状	同心辐射状
简图	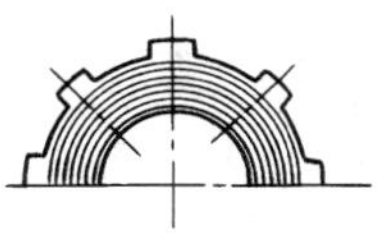	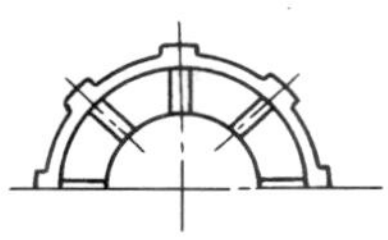	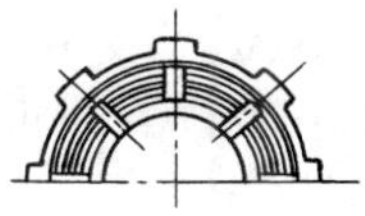
特点	有利于排油，有利于破坏油膜层，使摩擦因数值提高，但冷却性能差	向摩擦表面供油好，冷却效果好，磨损减小，能促使摩擦盘分离，但多形成液体润滑，使摩擦因数值降低	摩擦因数较高，冷却效果好，制造较复杂
型式	棱状	放射棱状	方格状
简图	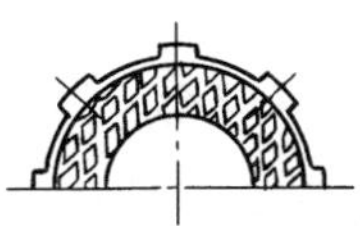		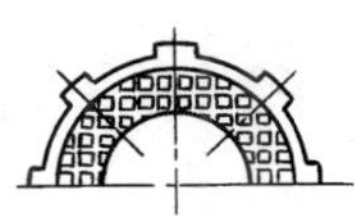
特点	加工方便，能通过足够的冷却油	有较高的摩擦因数，能通过足够的油流，冷却效果好，制造也较简单	加工方便，能保证足够的冷却油通过

沟槽的刮油能力与两个因素有关：沟槽与油流方向的夹角越小，刮油能力越大；沟槽边缘尖锐的比圆滑的刮油能力高。

沟槽的冷却能力与三个因素有关：沟槽与油流方向夹角越小冷却能力越小；浅而宽的沟槽比相同截面积的窄而深的沟槽冷却能力好，因为在宽而浅的沟槽中油流容易产生湍流，同时油流也更靠近摩擦表面，所以能更有效地发挥冷却作用；沟槽间距越小，冷却效果越好。沟槽加多，则实际承受摩擦的面积减少，有可能导致磨损提高。对烧结铜基摩擦材料来讲，沟槽面积高达摩擦总面积的 50%时磨损率可以毫无影响，而纸基摩擦材料的磨损对沟槽面积所占的比例则十分敏感。

对非金属摩擦材料表面，开槽并不能使摩擦因数增加，相反增加了磨损值，所以在纸质和石墨树脂衬面上仅开冷却油槽。

4.4 摩擦离合器的计算

表 7-3-20

<table>
<tr><th>型 式</th><th>计算项目</th><th>计算公式</th><th>单 位</th></tr>
<tr><td rowspan="12">圆形摩擦盘式
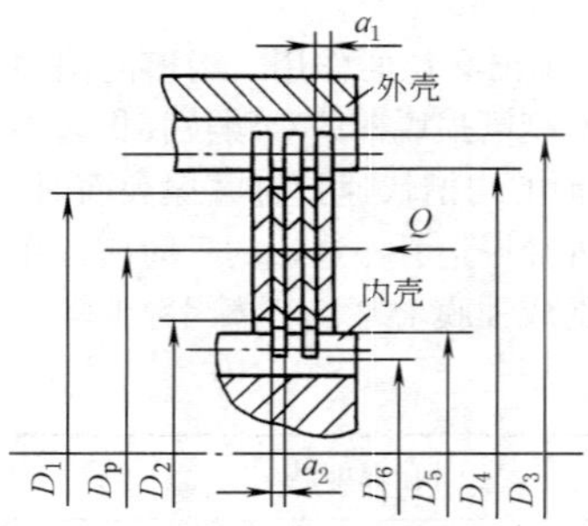
i_1—外摩擦盘数；
i_2—内摩擦盘数；
m—摩擦面对数，通常，湿式 $m=5\sim15$，干式 $m=1\sim6$；
z—摩擦盘总数，$z=i_1+i_2=m+1$；
μ—摩擦因数，查表 7-3-17；
p_p—许用压强，N/cm^2，查表 7-3-17；
z_1—外摩擦盘齿数；
z_2—内摩擦盘齿数；
a_1，a_2—外、内摩擦盘厚度，cm；
K_1—摩擦片数修正系数，见表 7-3-21；
K_v—速度修正系数，见表 7-3-5；
K_m—接合次数修正系数（接合频率系数），见表 7-3-4；
σ_{pp}—许用挤压应力；
d—传动轴直径</td><td>计算转矩</td><td>$T_c=\dfrac{KT}{K_m K_v}$（见表 7-3-2）</td><td>N·cm</td></tr>
<tr><td>摩擦盘工作面的平均直径</td><td>$D_p=\dfrac{1}{2}(D_1+D_2)=(2.5\sim4)d$</td><td>cm</td></tr>
<tr><td>摩擦盘工作面的外直径</td><td>$D_1=1.25D_p$</td><td>cm</td></tr>
<tr><td>摩擦盘工作面的内直径</td><td>$D_2=0.75D_p$</td><td>cm</td></tr>
<tr><td>摩擦盘宽度</td><td>$b=\dfrac{D_1-D_2}{2}$</td><td>cm</td></tr>
<tr><td>摩擦面对数</td><td>$m=z-1\geqslant\dfrac{8T_c}{\pi(D_1^2-D_2^2)D_p\mu p_p}$
（z 取奇数，m 取偶数）</td><td></td></tr>
<tr><td>摩擦片脱开时所需的间隙</td><td>湿式 $\delta=0.2\sim0.5$
干式 无衬层 $\delta=0.4\sim1.0$
有衬层 $\delta=1.0\sim1.5$</td><td>mm</td></tr>
<tr><td>许用传递转矩</td><td>$T_{cp}=\dfrac{1}{8}\pi(D_1^2-D_2^2)D_p m\mu p_p K_1\geqslant T_c$</td><td>N·cm</td></tr>
<tr><td>压紧力</td><td>$Q=\dfrac{2T_c}{D_p\mu m}$</td><td>N</td></tr>
<tr><td>摩擦面压强</td><td>$p=\dfrac{4Q}{\pi(D_1^2-D_2^2)}\leqslant p_p$</td><td>$N/cm^2$</td></tr>
<tr><td>摩擦片与外壳接合处挤压应力</td><td>$\sigma_{p1}=\dfrac{8T_{cp}}{z_1 i_1 a_1(D_3^2-D_4^2)}\leqslant\sigma_{pp}$</td><td>$N/cm^2$</td></tr>
<tr><td>摩擦片与内壳接合处挤压应力</td><td>$\sigma_{p2}=\dfrac{8T_{cp}}{z_2 i_2 a_2(D_5^2-D_6^2)}\leqslant\sigma_{pp}$</td><td>$N/cm^2$</td></tr>
</table>

续表

型　　式	计算项目	计算公式	单位
单圆锥摩擦式 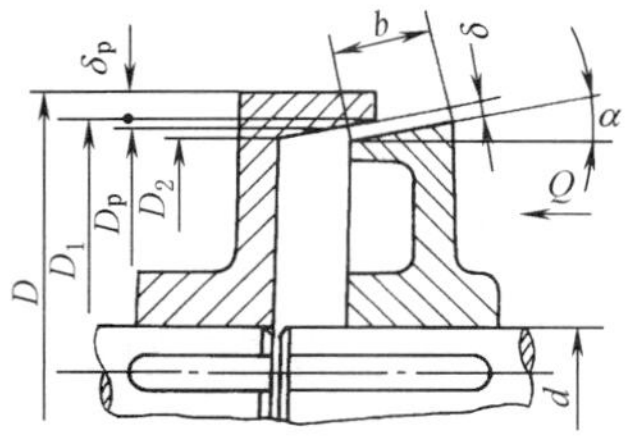 μ—摩擦因数，见表7-3-17； p_p—许用压强，N/cm^2，见表7-3-17； α—半锥角，一般大于摩擦角； b—圆锥母线宽度，cm； σ_p—许用应力，N/cm^2； 铸铁 $\sigma_p=1960\sim2940N/cm^2$， 铸钢 $\sigma_p=3920\sim7850N/cm^2$， 碳素钢 $\sigma_p=7850\sim11770N/cm^2$； φ—摩擦角，$\varphi=\arctan\mu$	计算转矩	$T_c=\dfrac{KT}{K_mK_v}$（见表9-3-2）	N·cm
	摩擦面平均直径	单锥面：$D_p=(D_1+D_2)/2=(4\sim6)d$，或 $D_p=\sqrt[3]{\dfrac{T_c}{0.5\pi p_p\psi\mu}}$ 双锥面：$D_s=\sqrt[3]{\dfrac{T_c}{0.5\pi p_p\psi\mu}}$，前二式中的 ψ 分别见下面各式	cm
	摩擦面宽度	一般机械：$b=\psi D_p=(0.4\sim0.7)D_p$ 机床：单锥面 $b=\psi D_p=(0.15\sim0.25)D_p$ 双锥面 $b=\psi D_s=(0.32\sim0.45)D_s$	cm
	摩擦锥的半锥角	$\alpha>\arctan\mu$ 金属-金属　$\alpha=8°\sim15°$ 石棉、木材-金属　$\alpha=20°\sim25°$ 皮革-金属　$\alpha=12°\sim15°$	
	离合器脱开间隙	无衬层　$\delta=0.5\sim1.0$ 有衬层　$\delta=1.5\sim2.0$	mm
	摩擦锥的行程	单锥　$x=\delta/\sin\alpha$，双锥 $x=2\delta/\sin\alpha$	mm
	摩擦面上的平均圆周速度	$v=\dfrac{\pi D_p n}{6000}$	m/s
	许用传递转矩	单锥面 $T_{cp}=\dfrac{1}{2}\pi D_p^2 b\mu p_p\geqslant T_c$ 双锥面 $T_{cp}=\dfrac{1}{2}\pi D_s^2 b\mu p_p\geqslant T_c$	N·cm
双圆锥摩擦式 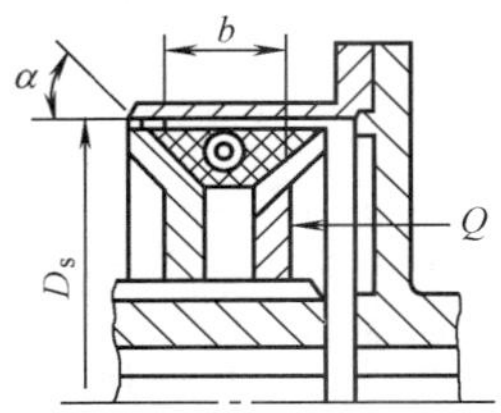 D_s—锥面摩擦块的外径或外壳的内径，cm 其他符号说明同上	所需的轴向压力与脱开力	单锥面 $Q=\dfrac{2T_c(\mu\cos\alpha\pm\sin\alpha)}{D_p\mu}$ 接合时用“+”，脱开时用“-” 双锥面 $Q=\dfrac{T_c(\sin\alpha+\mu\cos\alpha)}{\mu D'(\cos\alpha-\mu\sin\alpha)}$	N
	摩擦面压强	单锥面 $p=\dfrac{2T_c}{\pi D_p^2\mu b}\leqslant p_p$ 双锥面 $p=\dfrac{2T_c}{\pi D_s^2\mu b}\leqslant p_p$	N/cm^2
	外锥平均壁厚	$\delta_p\geqslant\dfrac{Q}{2b\pi\sigma_p\tan(\alpha+\varphi)}$	cm
圆盘摩擦块式 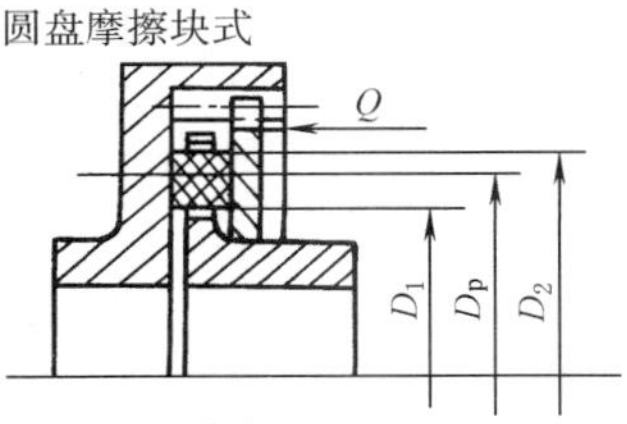 D_p—平均直径，cm； F—单个摩擦块单侧摩擦面积，cm^2； z—摩擦块数量； μ—摩擦因数，见表7-3-17； p_p—许用压强，N/cm^2，见表7-3-17	压紧力	$Q=\dfrac{T_c}{D_p\mu}$	N
	摩擦面压强	$p=\dfrac{T_c}{D_p\mu Fz}\leqslant p_p$	N/cm^2

续表

型　式	计算项目	计算公式	单　位
涨圈式 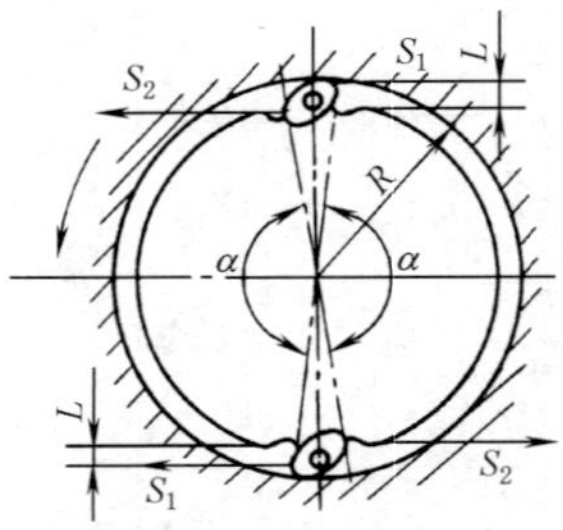 α—单根涨圈包角,rad,结构设计定; b—涨圈宽度,cm,结构设计定; z—涨圈数量; μ—摩擦因数,见表 7-3-17; p_p—许用压强,N/cm²,见表 7-3-17; R—环形槽半径,cm; L—转销上力臂,cm	始端张力	$S_1=\dfrac{T_c}{R(e^{\mu\alpha}-1)\ z}$	N
	终端张力	$S_2=\dfrac{T_c e^{\mu\alpha}}{R(e^{\mu\alpha}-1)\ z}$	N
	摩擦面压强	$p=\dfrac{T_c}{R^2 b\alpha\mu z}\leqslant p_p$	N/cm²
	接合力矩	$M_0=S_1L+S_2L$	N·cm
扭簧式 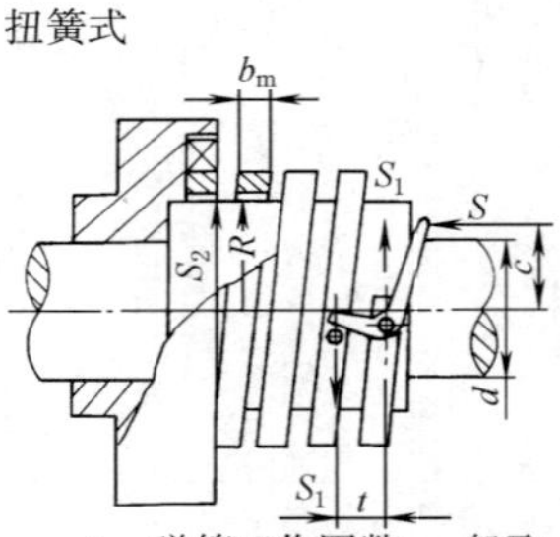 i—弹簧工作圈数,一般取 $i=4.5\sim6$; t,c—杠杆臂长度,cm; μ—摩擦因数,见表 7-3-17; b_m—弹簧终端第一圈平均宽,cm; R—鼓轮半径,cm　$R\approx\dfrac{3}{2}d$; σ_{pp}—许用挤压应力,N/cm²; Δ—弹簧与鼓轮径向间隙 $\Delta=0.017\sqrt{R}$ 扭簧结构 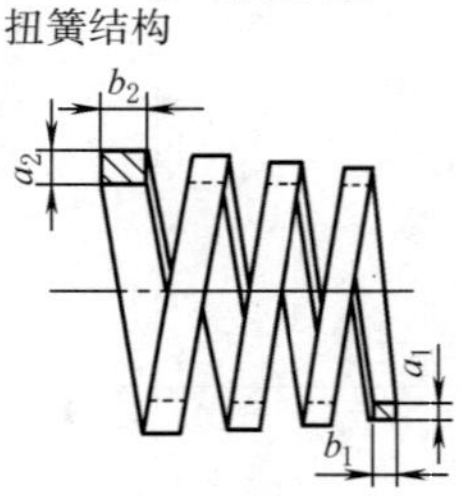 $b_1=0.5b_2$ $a_1=0.4b_2$ $a_2=0.9b_2$ 扭簧总螺旋圈数 $n=i+1$	圆周力	$F=T_c/R$	N
	终端张力	$S_2=F/e^{2\pi i\mu}$	N
	操纵端张力	$S_1=\dfrac{F}{e^{2\pi i\mu}\ (e^{2\pi\mu}-1)}$	N
	接合力	$S=S_1t/c$	N
	鼓轮表层挤压应力	$\sigma_p=\dfrac{F}{Rb_m}\leqslant\sigma_{pp}$	N/cm²

表 7-3-21 **K_1 值**

离合器主动摩擦片数 i_1	≤3	4	5	6	7	8	9	10	11
K_1	1	0.97	0.94	0.91	0.88	0.85	0.82	0.79	0.76

4.5 摩擦离合器的摩擦功和发热量计算

表 7-3-22

简　　图	计算项目	计 算 公 式
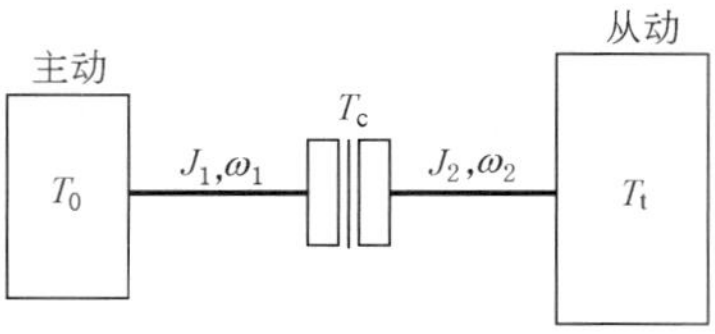	摩擦元件的摩擦功	$A_m=\dfrac{J_1J_2(\omega_1-\omega_2)^2}{2\left[J_1\left(1-\dfrac{T_t}{T_c}\right)+J_2\left(1-\dfrac{T_0}{T_c}\right)\right]}$
	接合摩擦时间	$t=t_2-t_1=\dfrac{J_1J_2(\omega_1-\omega_2)}{J_2(T_c-T_0)+J_1(T_c-T_t)}$ 三相异步电机作为原动机时,可取 $t=\dfrac{J_2(\omega_1-\omega_2)}{T_c-T_t}$ 通常:$t<7$s
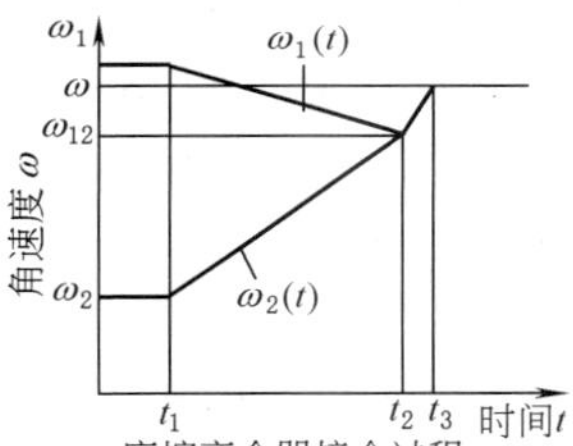摩擦离合器接合过程 在 t_1 时,主、从动件开始接触,此后主动端角速度下降,从动端角速度上升。 在 t_2 时,主、从动端达到同步运转,此后,主、从动端角速度同步上升到工作角速度,此时时间为 t_3。 接合过程关系如下 $T_0-T_c=J_1\dfrac{d\omega_1(t)}{dt}$ $T_c-T_t=J_2\dfrac{d\omega_2(t)}{dt}$ 上二式积分后,使二式相等,求得离合器的接合摩擦时间 t。	摩擦表面一次接合的单位摩擦功平均值	$A=\dfrac{A_m}{Fz}\leqslant A_p$
	一次接合终了时的平均温度	$t_p=t_0+\Delta t=t_0+\dfrac{\alpha_1A_m}{mc}$
	一次接合的温升	$\Delta t=\dfrac{\alpha_1A_m}{mc}\leqslant\Delta t_p$ 用油冷却的湿式离合器循环油的温升为 $\Delta t=\dfrac{\sum A_m}{60\rho cq}\leqslant\Delta t_p$
	pv	在高转速接合时,为防止摩擦副产生胶合,应验算 pv 值 $pv\leqslant(pv)_p$ $(pv)_p$——许用值,对于干式石棉材料,为 2~2.5MPa·m/s;对湿式粉末冶金材料,为 30~60MPa·m/s

符号意义

J_1、J_2——主、从动轴的转动惯量,kg·m^2
ω_1、ω_2——接合时主、从动轴的起始角速度,rad/s
ω_{12}——主、从动轴达到同步运转时的角速度
ω——主、从动轴达到同步运转后上升到工作角速度
T_c——摩擦元件所传递的计算转矩,N·m
T_t——需传递的负载转矩,N·m
T_0——原动机的驱动转矩,N·m
F——一个摩擦副的工作面积,m^2
z——摩擦副对数
A_p——允许摩擦功平均值,J/m^2,见表 7-3-23
A_m——一次接合摩擦功,J
t——接合摩擦时间,s
t_0——接合开始时摩擦片的平均温度,℃
Δt——当主、被动片热量和导热系数相同时,所有摩擦功转化为热的一次接合温升,℃
m——离合器吸收热量部分的零件质量,kg
c——主、被动片材料的比热容,
冷却油取 $c=1680\sim2100$J/(kg·K),
铸铁取 $c=540$J/(kg·K),
钢　取 $c=490$J/(kg·K)
Δt_p——一次接合终了时允许温升,℃,见表 7-3-23
α_1——热量分配系数,即被计算零件所吸收的热量对总热量的比值,石棉材料制成的衬面:
单盘离合器的压盘,$\alpha_1=0.5$,
双盘离合器的中间盘,$\alpha_1=0.5$,
压盘,$\alpha_1=0.25$
铁基烧结材料制成的衬面:
单盘从动盘,$\alpha_1=0.5$,
双盘中间盘,$\alpha_1=0.25$
$\sum A_m$——1h 内累积的摩擦功,J
ρ——冷却油的密度,一般取 850~900kg/m^3
q——冷却油的流量,m^3/min
p——摩擦副元件表面压强,MPa
v——摩擦副元件表面平均圆周速度,m/s

注:1. 表中计算公式是假定 T_0、T_t 为定值,主、从动轴角速度的瞬时变化值随时间 t 呈直线比例关系。
2. 本表不适用于汽车和工程机械带变矩器和不带变矩器的变速箱中的离合器。

表 7-3-23　　　　允许摩擦功 A_p 和允许温升 Δt_p

A_p/J·m^{-2}		Δt_p/℃	
干式离合器(衬面材料为铜丝石棉)	5×10^5	拖拉机(干式离合器)	3~5
		推土机、叉车(干式离合器)	约 3
轻型坦克	$(0.981\sim1.472)\times10^5$	履带车辆(坦克)	15~20
中型坦克	$(1.472\sim2.452)\times10^5$	离心离合器	70~75
重型坦克	$(2.452\sim3.924)\times10^5$	机床	150

4.6　摩擦离合器的磨损和寿命

表 7-3-24

项　　目	计　算　公　式	符　号　含　义
磨损系数 ε	为了防止摩擦离合器磨损速率过大,对于载荷大、接合频繁的离合器,应计算磨损系数 ε $\varepsilon=\dfrac{A_m}{a}z\leqslant\varepsilon_p$	A_m——离合器一次接合摩擦功,J z——每分钟接合次数,min^{-1} a——总摩擦面积,mm^2 ε_p——许用磨损系数,可取 $\varepsilon_p=0.5\sim0.8$——普通石棉基摩擦材料(圆盘式) $\varepsilon_p=0.7\sim0.9$——普通石棉基摩擦材料(圆锥式、闸块式、闸带式) $\varepsilon_p=2.5$——Z64 石棉基摩擦材料(圆盘式)
寿命期内接合次数 N	$N=\dfrac{V}{A_mK_\omega}$	V——磨损限度内(即寿命期内)摩擦片磨损的总体积,mm^3 A_m——接合一次的摩擦功,J K_ω——摩擦材料的磨损率,mm^3/J 对铜基粉末冶金材料,$K_\omega=(3\sim6)\times10^{-5}$mm^3/J 对半金属型摩擦材料,$K_\omega=(5\sim10)\times10^{-5}$mm^3/J 对铁基粉末冶金材料,$K_\omega=(5\sim9)\times10^{-5}$mm^3/J 对树脂型材料,$K_\omega=(6\sim12)\times10^{-5}$mm^3/J

4.7　摩擦离合器的润滑和冷却

干式和湿式摩擦离合器都有发热和冷却问题，干式摩擦离合器的热量是通过壳体散热到周围环境中，温升过高时，可采用风扇强制冷却，干式摩擦离合器外壳温度不超过 70~80℃。湿式摩擦离合器的热量通过润滑油冷却。

4.7.1　湿式摩擦离合器润滑油的选择

对润滑油的要求：①与摩擦表面黏附力大，油膜强度高，既能防止两摩擦面直接接触，又要求有高的摩擦因数；②适当的黏度和黏温指数，低速时，不致因黏度过大，油膜厚度增加而延长接合时间；高速时，不因黏度大而增加空转转矩和发热，也不因黏度低不易形成油膜而发生干摩擦。可参见表 7-3-25 选用；③耐热性好，抗氧化性高，无泡沫，不易老化变质，寿命长；④化学性能稳定，对摩擦元件无腐蚀作用。

摩擦离合器的润滑油，当工作温度在 40~70℃之间时，可用变压器油；当工作温度在 70~100℃之间时，可用汽轮机油；当更高工作温度时，宜用合成润滑油。

表 7-3-25　　　　湿式摩擦离合器润滑油的黏度

离合器类型	润滑油黏度 /mm^2·s^{-1}	离合器类型	润滑油黏度 /mm^2·s^{-1}
机械和液压离合器		电磁离合器	
中等线速度(5~12m/s)	30~33.5	中等线速度(5~12m/s)	16.5~21
低或高线速度(<5m/s 或>12m/s)	16.5~21	低或高线速度(<5m/s 或>12m/s)	8.5~12

4.7.2 湿式摩擦离合器的润滑方式

① 飞溅润滑　装置简单，用于与齿轮箱组合在一起的场合，依靠浸入油池中的齿轮转动将油飞溅到离合器的摩擦元件上，但当齿轮线速度太低（<1.5m/s）或离合器接合频繁时，则不易得到充分的润滑。

② 轴心润滑　润滑油通过离合器轴的中心孔，依靠油压或离心力流到摩擦元件的摩擦面上，这种润滑方式比较合理，摩擦元件的使用寿命长，但结构比较复杂。

③ 滴油或喷油润滑　将润滑油直接滴入或加压喷入离合器，但当离合器线速度大于 5m/s 时，润滑油就难以进入离合器，故一般用于线速度小于 5m/s 的场合。

④ 浸油润滑　将离合器浸在油中，浸入深度一般为外径的 10%，由于搅动油产生阻力使离合器的空转转矩增加，接合时间延长，一般用于线速度小于等于 2m/s 的离合器。

4.8 摩擦离合器结构尺寸

带辊子接合机构的双盘摩擦离合器结构尺寸

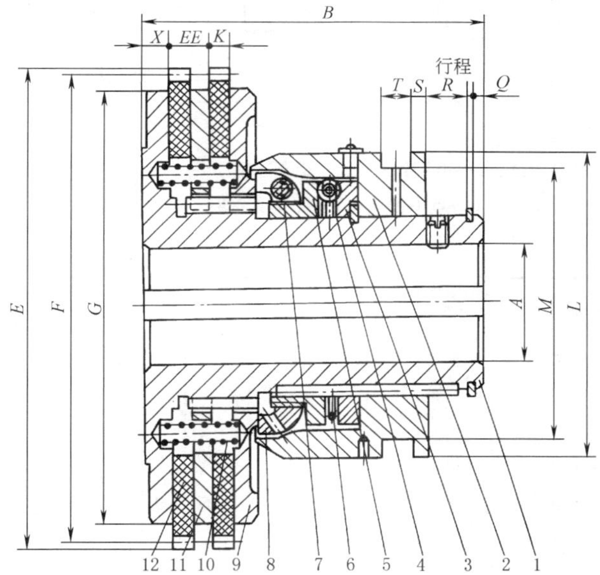

1—输入轴；2—接合子；3—固定支承盘；4—接合辊子；5—活动支承盘；6—保持弹簧；7—锁紧螺钉；8—可调接合环；9—加压盘；10—分离弹簧；11—中间盘；12—摩擦盘

表 7-3-26　　mm

功率/kW		孔 A	B		E	F	G	齿数	模数	R	X	K	EE		L	M	Q	S	T
单盘	双盘		单盘	双盘				z	m				单盘	双盘					
0.7	1.4	19~32	97	110	125	120	112	48	2.5	19	8	6	0	6	88.9	76	2	5	13
1.1	2.2	22~35	130	143	150	144	120	48	3	27	10	6	0	6	118	98	2	7	16
1.8	3.6	25~41	135	135	176	168	154	42	4	27	11	8	0	8	130	111	2	7	16
2.6	5.2	35~51	154	173	220	210	190	42	5	27	13	10	0	10	152	133	2	8	18
6.0	12	43~64	170	189	270	258	240	43	6	33	16	10	0	10	178	152	2	8	19
11	22	57~83	202	227	318	306	290	51	6	37	18	13	0	13	210	184	2	10	22
16.8	33.6	64~94	221	247	372	360	340	60	6	43	22	13	0	13	235	206	2	13	22
21.3	42.6	64~94	221	247	414	402	380	67	6	43	22	13	0	13	235	206	2	13	22
25.7	51.4	64~114	262	293	462	450	430	75	6	48	22	16	0	16	235	206	2	13	22
34.2	68.4	70~127	262	293	534	522	500	87	6	48	24	16	0	16	254	219	2	13	25
48	96.0	89~152	326	364	606	594	570	99	6	57	32	19	0	19	305	267	2	16	32
71	142	89~152	329	367	678	666	645	111	6	57	35	19	0	19	305	267	2	16	32
81	162	114~178	383	427	750	738	720	123	6	70	35	22	0	22	350	305	2	16	38
118	236	127~178	395	440	894	882	860	147	6	70	40	22	0	22	350	305	2	16	38

注：表中功率值是指 100r/min 时的功率。

带辊子接合机构的多盘摩擦离合器结构尺寸

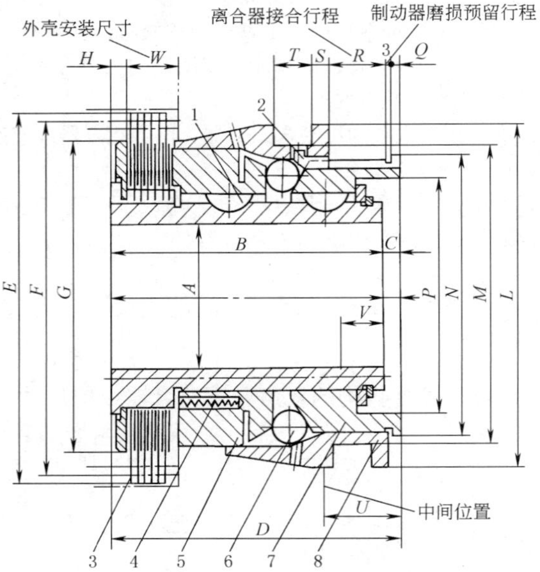

1—半月导向键；2—滑键；3—离合器摩擦副；4—分离弹簧；5—加压盘；6—球形滚子；7—固定套；8—接合子

表 7-3-27 mm

功率/kW	每分钟最高转数		孔 *A*		*B*	*C*	*D*	*E*	*F*	*G*	*H*	齿数 *z*	模数 *m*	*L*	*M*	*N*	*P*	*Q*	*R*	*S*	*T*	*U*	*V*	*W*
	金属盘	非金属盘	最大	最小																				
0.44	3000	900	29	19	92	3	95	85	80	72	5	32	2.5	89	76	68	54	2.5	18	5	13	24	14	22
0.74	3000	850	32	19	92	3	95	95	90	82	5	36	2.5	99	83	75	60	2.5	18	5	13	24	14	22
1.47	3000	775	38	22	121	3	124	125	120	110	5	48	2.5	118	89	89	93	2.5	25	7	16	32	19	25
2.2	3000	700	45	25	121	3	124	136.5	130	120	5	40	3.25	131	111	100	83	2.5	25	7	16	32	19	25
3.7	2500	600	58	35	134	6	140	162.5	156	140	6	48	3.25	152	134	121	102	2.5	29	9	18	35	19	29
5.5	2000	500	75	38	146	10	156	176	168	155	6	42	4	180	152	141	114	3	32	9	19	38	21	29
8.1	1500	400	98	48	162	13	175	220	210	195	7	42	5	210	184	172	140	5	38	10	22	46	24	32

注：表中功率值是指 100r/min 时的功率。

5 电磁离合器

电磁离合器是靠线圈的电磁力操纵的离合器。

电磁离合器的特点是，启动力矩大，动作反应快，离合迅速；便于实现自动控制和远控；通过改变励磁电流可调节转矩的大小。但它有剩磁问题，影响分离彻底性，还有线圈发热问题。

电磁离合器一般用于相对湿度不大于 85%，无爆炸危险的环境，电压波动不得超过±5%。湿式时必须保持油液纯洁，不得有导电杂质，黏度≤23mm²/s（50℃时）。

5.1　电磁离合器的型式、特点与应用

表 7-3-28

型式	简　图	特　点	应　用
牙嵌式	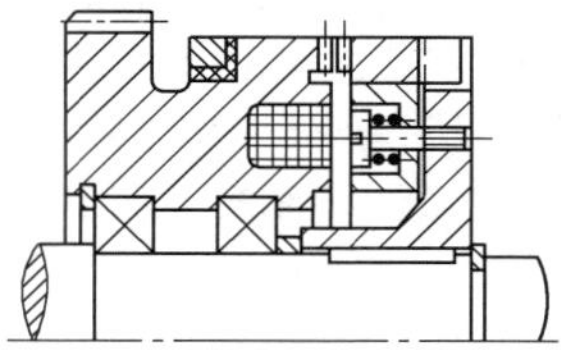	与嵌合式离合器特点基本相同 一般需在静态接合，有转速差时会发生冲击。属于刚性接合，无缓冲作用	允许停车接合或负载转矩小，从动侧转动惯量小，相对转速在 100r/min 以下时接合，要求无滑差、接合不频繁的场合应用，可干、湿两用
干式单片	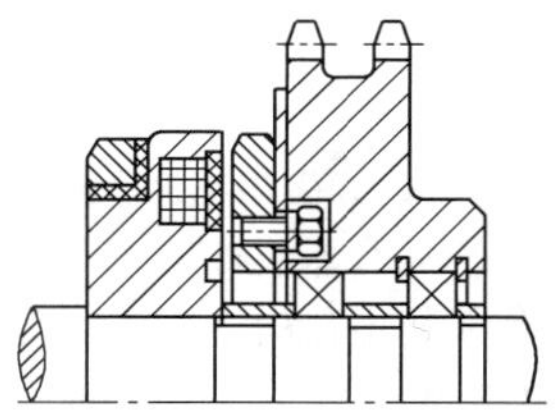	反应灵敏、接合迅速。结构紧凑、尺寸小。空载转矩极小。接合过程中有摩擦发热，温升太高时有摩擦性能衰退现象，摩擦片有磨损需调整间隙	适用于要求接合快速，频率高，外形尺寸没有限制的场合
湿式多盘式	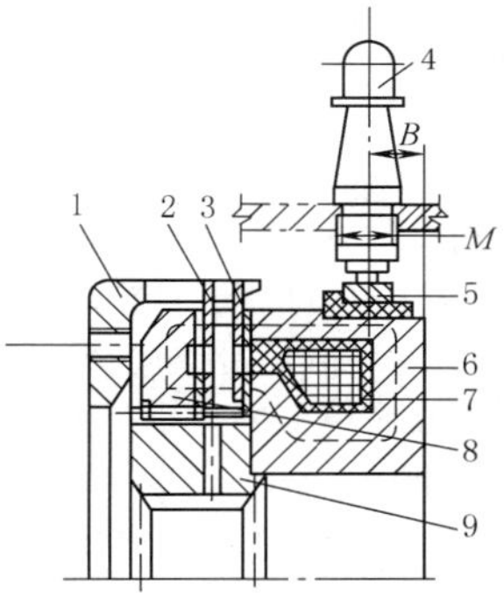 1—连接爪；2—外摩擦片；3—内摩擦片；4—电刷；5—滑环；6—磁轭；7—线圈；8—衔铁；9—齿轮	摩擦片几乎无磨损。接合与脱开动作迟缓，有空载转矩，接合频率不宜太高。要求有供油系统	适于要求在较高转速下接合的场合 操作频度低于干式 有滑环式较无滑环式转动惯量大
转差式	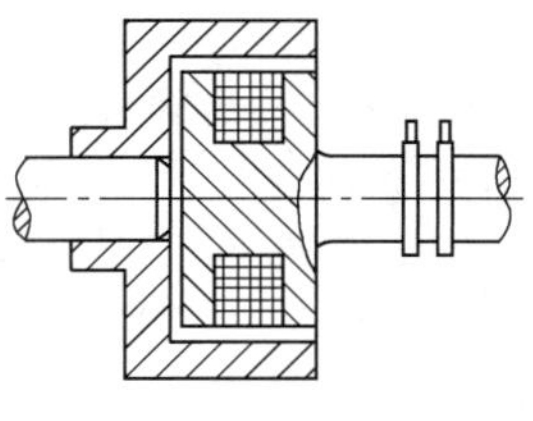	启动平稳，主动轴恒速下，从动轴可无级调速，无摩擦，有缓冲吸振和安全保护作用。承载能力低，体积大，传递转矩小，动作缓慢，低速和转速差大时效率低	用于短时需要较大滑差、需要有恒力矩的场合，可在动力机恒速下调节工作机的转速
磁粉式	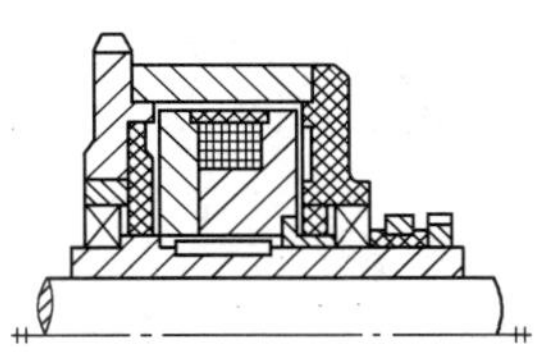	可在同步和滑差下工作，精度较高，响应快，接合与制动时无冲击，从动部分惯性小，接合面有气隙无磨损。磁粉寿命短，价格贵	需要有连续滑动的工作场合，以及传递转矩不大的系统

5.2 电磁离合器的动作过程

（1）摩擦电磁离合器的动作过程

图 7-3-5 为湿式摩擦电磁离合器的接合动作过程图。以操作者发出指令（揿下按钮）为起点，指令到达离合器，经过指令传入时间 t_1（经消除间隙、空行程等动作），此时电压升至稳定值。此后在电流上升过程中，曲线出现凹口，电流瞬时下降（因衔铁被吸动气隙减小，引起磁阻减小、电感增加所致），此时衔铁完全吸合，即完成时间 t_2。此后，打滑着的内、外摩擦片间转矩开始增加，当动摩擦转矩值大于从动部分静负载转矩（过 A 点），从动部分开始转动，此后，主动部分转速稍降低，从动部分被加速，主、从动部分达到同步转动。当主、从动部分同步转动后，内、外摩擦片间的摩擦由动摩擦变为静摩擦，摩擦转矩瞬时达到最大峰值。此后主、从动部分转速同步升至接合前主动部分的转速，完成启动过程。离合器脱开，电流仍以指数曲线下降至电流小于衔铁动作维持电流时，衔铁退至原位，从动部分转速下降，转矩和转速要延迟一段时间才下降至接合前状态。

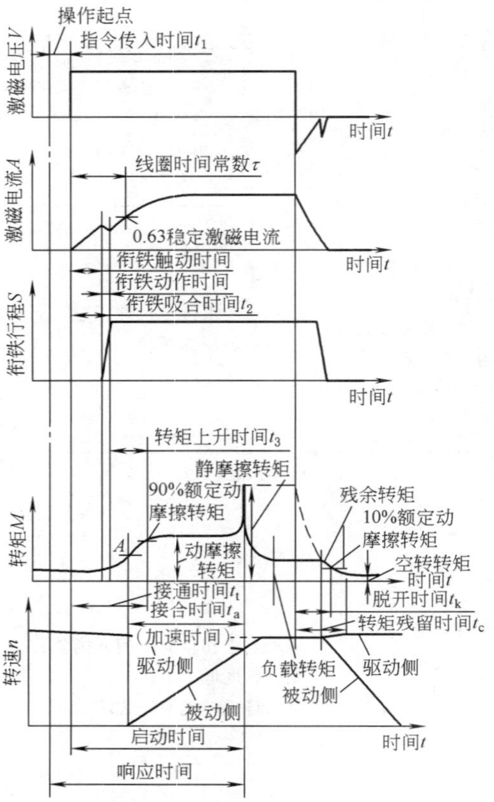

图 7-3-5 摩擦电磁离合器的动作过程图

t_1—指令传入时间；t_2—加压盘压合时间；t_3—转矩上升时间；t_t—离合器接通时间（$=t_2+t_3$）；t_a—离合器接合时间（加速时间）；t_k—离合器脱开时间；t_c—转矩残留时间

离合器的接通和脱开都存在一个延时过程，设计制造离合器或选用离合器必须注意这一特性。离合器的接通时间 t_t（即 t_2+t_3）和脱开时间 t_k 短，则离合器的精度高，动作灵敏，但转动惯量大时，t_t、t_k 短，则冲击、振动大。

根据生产工艺和设备的特点与要求，可以改变激磁方式、参数和电路设计，从而改变接通、脱开时间的长短。

图中动、静转矩在数值上的差别是由于摩擦材料的动、静摩擦因数的差别引起的。在干式离合器中，通常，钢对压制石棉时，动转矩为静转矩的 80%～90%；钢对铜基粉冶材料时，动转矩为静转矩的 70%～80%。在湿式离合器中，除与摩擦材料有关外，还受油的黏度、油量、片的结构（影响油被挤出的快慢）、内外片间的相对速度、摩擦功的大小（摩擦功大时，难形成液体摩擦）等因数影响。通常，钢对钢时，动转矩为静转矩的 30%～60%。离合器脱开后，主动侧仍向被动侧传递的转矩称为空转转矩，主要由油的粘连产生，与油的黏度、油量、油温有关，还与转速有关，转速高时空转转矩大，但转速高到一定值时，片间油被甩出，此时空转转矩趋向一定值。摩擦片间间隙愈小，空转转矩愈大。湿式时，剩磁对空转转矩的影响只占很小比例。

（2）牙嵌电磁离合器的动作过程

矩形牙及牙形角很小（2°～8°）的梯形牙离合器在传递转矩时，无轴向脱开力（或轴向脱开力小于轴向摩擦阻力），因此，工作时无需加轴向压紧力，称为第一类牙嵌离合器。第二类牙嵌离合器为传递转矩时必须加轴向压紧力，或必须用定位机构等措施来阻止其自动脱开，如三角形牙及牙形角较大的梯形牙离合器，在载荷下很容易脱开，这类离合器多用电磁或液压操纵（机械操纵的必须有定位机构）。上述两类离合器的选用和设计计算均有所不同。

图 7-3-6 为第二类牙嵌电磁离合器的典型动作过程图。图中励磁电流在按指数曲线上升过程中，第一次减小是由于衔铁被吸引，使线圈电感增大的缘故，以后出现电流减小则表示衔铁吸引后尚不能将载荷带动，产生牙的啮合—脱落—再啮合的滑跳现象，从而使转矩及电流（因线圈的电感变化）出现波动。电流切断后，当按指数曲线衰减的励磁电流小于衔铁的维持电流时，衔铁释放，离合器脱开。

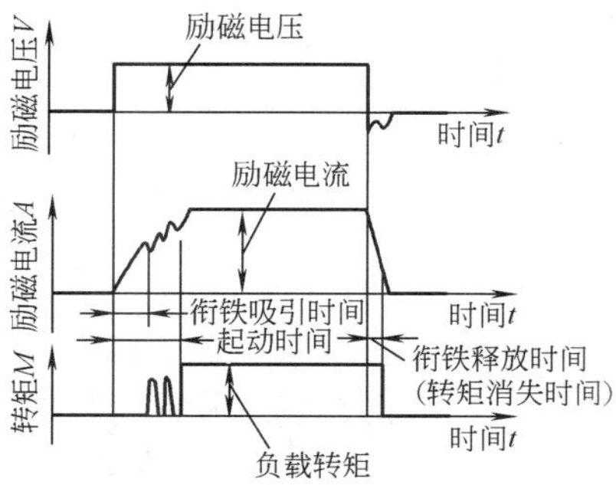

图 7-3-6　牙嵌电磁离合器的典型动作过程图

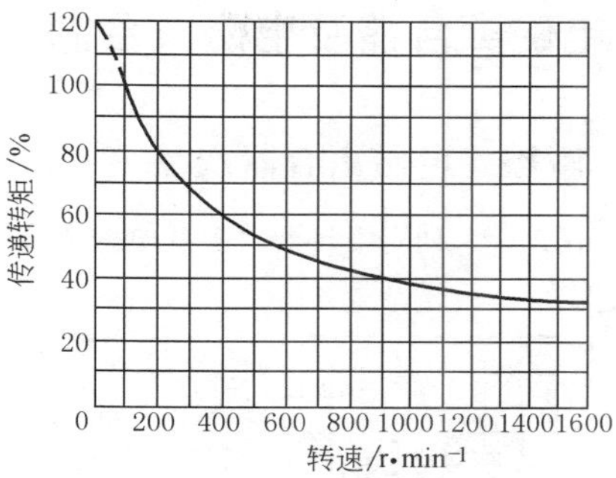

图 7-3-7　某种牙嵌电磁离合器可传递的转矩和转速关系

第二类牙嵌离合器在不同转速下传递的转矩值，理论上应该是不变的。但由于实际安装时总会有同轴度、平行度和轴向及径向跳动误差，以及振动的影响，随着速度的增大，传递转矩值将下降，速度越高，下降越多，这是在高速应用时必须注意的。图 7-3-7 为某种牙嵌电磁离合器可传递的转矩和转速关系。

5.3　电磁离合器的选用计算

（1）牙嵌式电磁离合器的选用

牙嵌离合器传递转矩时须加轴向压紧力，超载时将产生牙的滑跳，导致牙的损坏。因此，选用时必须确保离合器工作时，特别是启动时，不出现超载现象。

在一般的传动系统中，选用的牙嵌离合器的额定转矩 T 应大于电动机的启动转矩（最大转矩）。一般按表 7-3-2中下式计算

$$T \geqslant T_c = KT$$

式中，K 可参考表 7-3-2 中的数据；T 可按电动机的最大转矩取值（见电动机样本）。

（2）摩擦式电磁离合器的选用

摩擦式电磁离合器的选用按表 7-3-29 计算。

表 7-3-29　　盘式摩擦式电磁离合器选择计算

计算项目	计算公式	说明
按动摩擦转矩选择	$T_d \geqslant K(T_1+T_2)$	T_d——离合器额定动转矩，N·m T_j——离合器额定静转矩，N·m K——安全系数(或工作状况系数)，见表 7-3-3 T_1——接合时的载荷转矩，N·m T_2——加速转矩(惯性转矩)，N·m T_{max}——运转时的最大载荷转矩，N·m A_p——离合器的允许摩擦功，N·m J——离合器轴上的转动惯量，kg·m^2 n_x——摩擦片相对转速，r/min T_f——离合器轴上的载荷转矩，N·m m——接合次数
按静摩擦转矩选择	$T_j \geqslant KT_{max}$	
按摩擦功选择	$A_p \geqslant \dfrac{Jn_x^2}{182} \times \dfrac{T_d}{T_d \mp T_f} m$ 减速时取正号	

注：选择离合器时需同时满足表中三项要求，但目前我国电磁离合器尚无允许摩擦功的数据，因此，暂只能按动摩擦转矩和静摩擦转矩选择。需计算摩擦功时，可参考国外同类型离合器的数据。

5.4 电磁离合器及电磁离合制动器产品

5.4.1 摩擦式电磁离合器产品

（1）DLMO 系列有滑环湿式多片电磁离合器

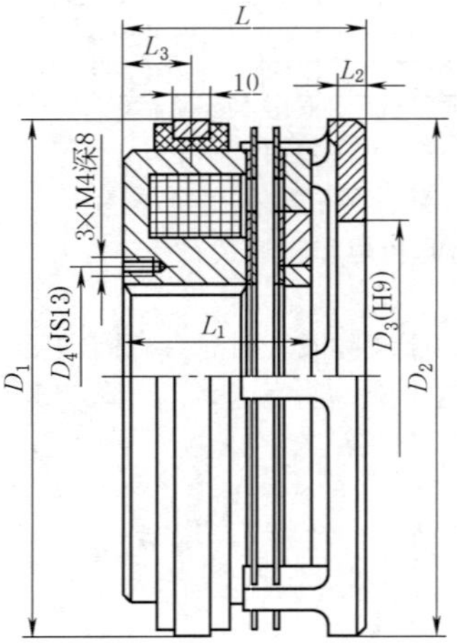

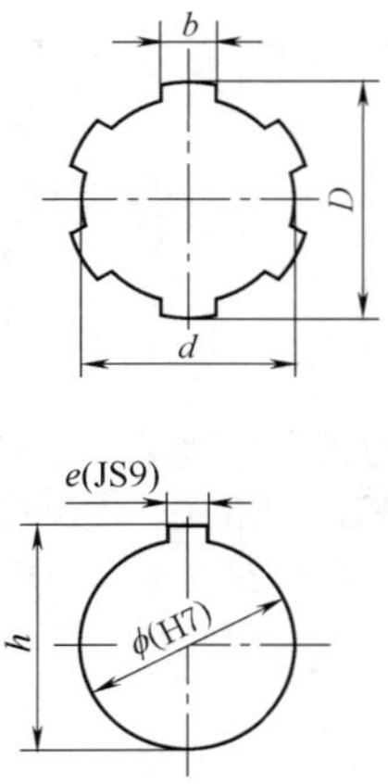

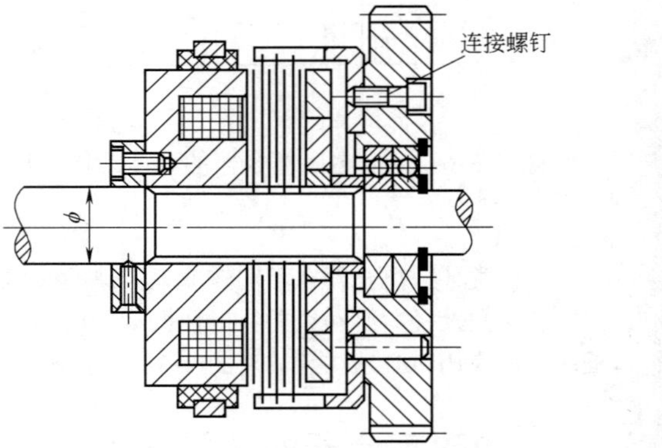

安装示例

表 7-3-30

规格	额定动转矩 /N·m	额定静转矩 /N·m	空载转矩 /N·m ≤	接通时间 /s ≤	断开时间 /s ≤	额定电压 (DC)/V	线圈消耗功率 (20℃) /W	允许最高转速 /r·min^{-1}	质量 /kg	供油量 /L·min^{-1}	电刷型号
2.5	12	25	0.4	0.28	0.10	24	13	3500	1.78	0.25	DS-001
6.3	50	100	1	0.32	0.10	24	19	3000	2.8	0.40	
16	100	200	2	0.35	0.15	24	23	3000	4.66	0.65	
40	250	500	5	0.40	0.20	24	51	2000	9.0	1.00	

规格	D_1	D_2	D_3	D_4	D	d	ϕ	b	L	L_1	L_2	L_3	衔铁行程	e	h
	mm														
2.5	94	92	50	42	$30^{+0.023}_{0}$	$26^{+0.28}_{0}$	30	$8^{+0.085}_{+0.035}$	56	46.6	5	18.5	2.2	8	$32.3^{+0.1}_{0}$
6.3	116	113	65	52	$40^{+0.027}_{0}$	$35^{+0.34}_{0}$	40	$10^{+0.085}_{+0.035}$	60	48.2	5	18.5	2.8	12	$42.3^{+0.1}_{0}$
16	142	142	85	60	$50^{+0.027}_{0}$	$45^{+0.34}_{0}$	50	$12^{+0.105}_{+0.045}$	65	49.2	7.5	18.5	3.5	14	$52.4^{+0.2}_{0}$
40	176	178	105	86	$65^{+0.03}_{0}$	$58^{+0.4}_{0}$	65	$16^{+0.105}_{+0.045}$	80	62	10	22	4	18	$69.4^{+0.2}_{0}$

注：1. 离合器工作时必须在摩擦片间加润滑油，供油方式为外浇油或油浴式，但其浸入油深为离合器外径的⅙～¼。高速或频繁动作时应采用轴心供油，其量见本表。

2. 安装示例为同轴安装齿轮输出，也可分轴安装，但主、从动轴都应轴向固定，不得窜动，且同轴度不低于 9 级。输出及安装方式、连接焊钉孔规格及数量与加工，由用户决定。

3. 生产厂家为天津机床电器有限公司、北京古德高机电技术有限公司。

(2) DLM3 系列无滑环湿式多片电磁离合器

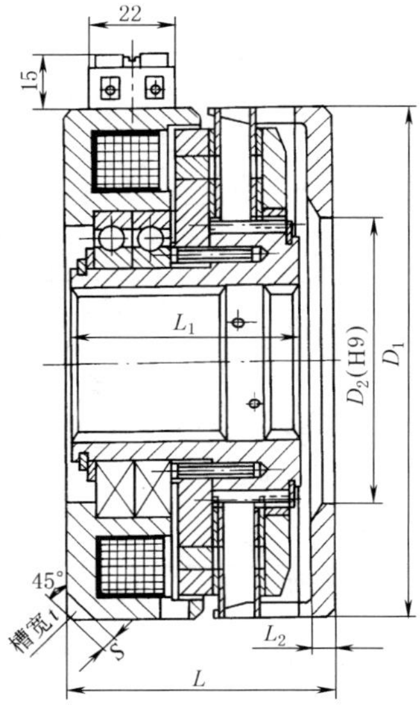

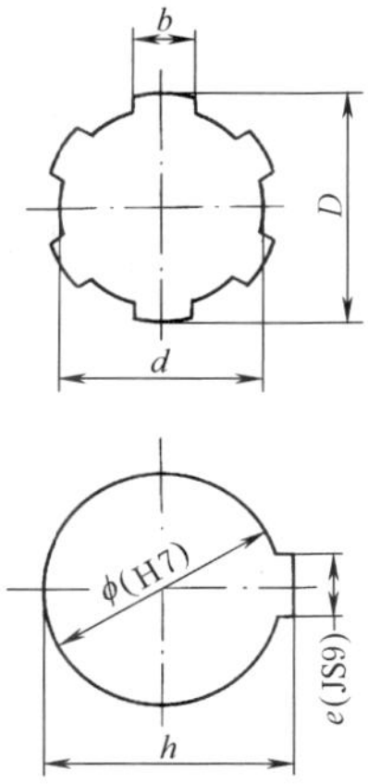

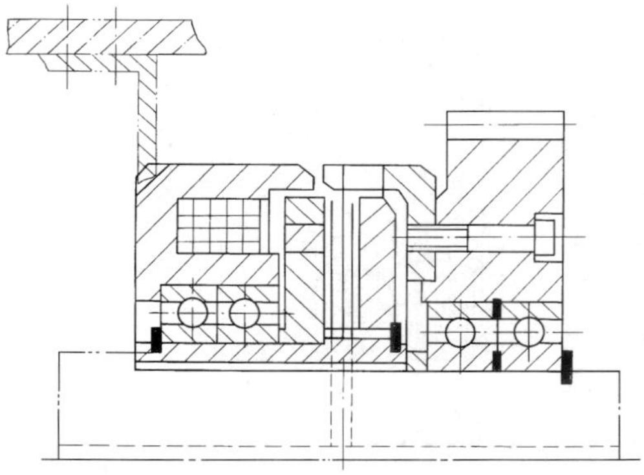

安装示例

表 7-3-31

规格	额定动转矩 /N·m	额定静转矩 /N·m	空载转矩 /N·m ≤	接通时间 /s ≤	断开时间 /s ≤	额定电压 (DC)/V	线圈消耗功率 (20℃) /W	允许最高转速 /r·min^{-1}	质量 /kg	供油量 /L·min^{-1}
1.2	12	20	0.39	0.28	0.09	24	18	3500	1.6	0.2
2.5	25	40	0.40	0.30	0.09	24	21	3500	2.3	0.25
5	50	80	0.9	0.32	0.10	24	32	3000	3.4	0.40
10	100	160	1.80	0.35	0.14	24	38	3000	5	0.65
16	160	250	2.40	0.37	0.14	24	50	2500	6.2	0.65
25	250	400	3.50	0.40	0.18	24	61	2200	8.2	1.0
40	400	630	5.60	0.42	0.20	24	72	2000	14.3	1.0
63	630	1000	9.00	0.45	0.25	24	83	1800	21	1.2

规格	D_1	D_2	D	d	b	φ	e	h	L	L_1	L_2	S	t
	mm												
1.2	86	50	$20^{+0.023}_{0}$	$17^{+0.12}_{0}$	$4\text{-}6^{+0.065}_{+0.025}$	20	6	$21.8^{+0.1}_{0}$	51	44.5	5.5	3.5	6
2.5	96	56	$25^{+0.023}_{0}$	$22^{+0.14}_{0}$	$6^{+0.065}_{+0.025}$	25	8	$27.3^{+0.1}_{0}$	57	51.5	5.5	3.5	6
5	113	65	$30^{+0.023}_{0}$	$26^{+0.14}_{0}$	$8^{+0.085}_{+0.035}$	30	8	$32.3^{+0.1}_{0}$	63	56	5	3.5	8
10	133	75	$40^{+0.027}_{0}$	$35^{+0.17}_{0}$	$10^{+0.085}_{+0.035}$	40	12	$42.3^{+0.1}_{0}$	68	59	6.5	5.5	8
16	145	85	$45^{+0.027}_{0}$	$40^{+0.17}_{0}$	$12^{+0.105}_{+0.045}$	45	14	$47.4^{+0.2}_{0}$	70	61.5	6.5	5.5	10
25	166	110	$50^{+0.027}_{0}$	$45^{+0.17}_{0}$	$12^{+0.105}_{+0.045}$	50	14	$52.4^{+0.2}_{0}$	78.5	68	7.5	5.5	10
40	192	110	$60^{+0.03}_{0}$	$54^{+0.2}_{0}$	$14^{+0.105}_{+0.045}$	60	16	$62.2^{+0.2}_{0}$	91	79.5	8	6	10
63	212	125	$70^{+0.03}_{0}$	$62^{+0.2}_{0}$	$16^{+0.105}_{+0.045}$	70	20	$74.3^{+0.2}_{0}$	109	96.5	9.5	7	10

注：同表 7-3-30 注。

（3）DLM5 系列有滑环湿式多片电磁离合器

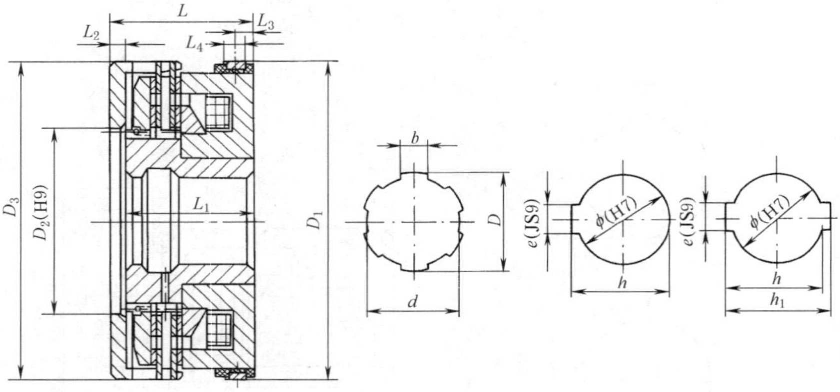

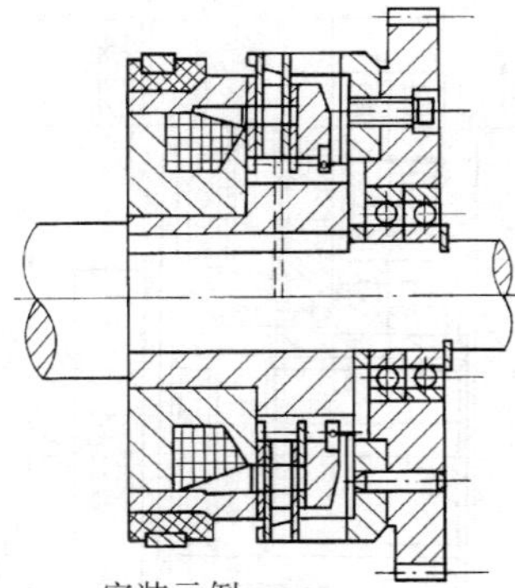

安装示例

表 7-3-32

规　格	额定动转矩 /N·m	额定静转矩 /N·m	空载转矩 /N·m ≤	接通时间 /s≤	断开时间 /s≤	额定电压 (DC)/V	线圈消耗功率(20℃) /W	允许最高转速 $/r \cdot min^{-1}$	质量 /kg	供油量 $/L \cdot min^{-1}$
1.2/1.2C	12	20	0.39	0.28	0.09	24	10	3500	1.3	0.20
2.5	25	40	0.40	0.30	0.09	24	17	3500	1.73	0.25
5/5C	50	80	0.90	0.32	0.10	24	17	3000	2.9	0.40
10/10C	100	160	1.80	0.35	0.14	24	19	3000	4.3	0.65
16	160	250	2.40	0.37	0.14	24	26	2500	5.8	0.65
25/25C	250	400	3.50	0.40	0.18	24	39	2200	7.7	1.00
40	400	630	5.60	0.42	0.20	24	45	2000	12.2	1.00
63	630	1000	9.00	0.45	0.25	24	66	1800	16.2	1.2
100	1000	1600	15.0	0.65	0.35	24	81	1600	23.2	1.2
160	1600	2500	24.0	0.90	0.45	24	87	1600	31.7	1.5
250	2500	4000	37.5	1.20	0.60	24	100	1200	47.1	2.0
400	4000	6300	60.0	1.50	0.80	24	134	1000	100.9	3.0

规　格	D_1	D_2	D_3	D	d	b	ϕ	e	h	h_1	L	L_1	L_2	L_3	L_4	电刷型号
	mm															
1.2	86	50	86	$20^{+0.023}_{0}$	$17^{+0.12}_{0}$	$4\sim6^{+0.065}_{+0.025}$	20	6	$22.8^{+0.1}_{0}$		43.5	38	5.5	5	7	DS-002
2.5	96	56	96	$25^{+0.023}_{0}$	$21^{+0.14}_{0}$	$6^{+0.065}_{+0.025}$	25	8	$28.3^{+0.2}_{0}$		48.5	43	5.5	7	7	
5	113	65	113	$30^{+0.023}_{0}$	$26^{+0.14}_{0}$	$6^{+0.065}_{+0.025}$	30	8	$33.3^{+0.2}_{0}$		55.5	50	5.5	7	8	
10	133	75	133	$40^{+0.027}_{0}$	$35^{+0.17}_{0}$	$10^{+0.085}_{+0.035}$	40	12	$43.3^{+0.2}_{0}$		61	54.5	6.5	8	10	DS-001
16	145	85	145	$45^{+0.027}_{0}$	$40^{+0.17}_{0}$	$12^{+0.105}_{+0.045}$	45	14	$48.8^{+0.2}_{0}$		63.5	57	6.5	8	10	
25	166	95	166	$50^{+0.027}_{0}$	$45^{+0.17}_{0}$	$12^{+0.105}_{+0.045}$	50	14	$53.8^{+0.2}_{0}$		72	64.5	7.5	10	10	
40	192	120	192	$60^{+0.03}_{0}$	$54^{+0.2}_{0}$	$14^{+0.105}_{+0.045}$	60	18	$64.4^{+0.2}_{0}$		82.5	74.5	8	10	10	
63	212	125	212	$70^{+0.03}_{0}$	$62^{+0.2}_{0}$	$16^{+0.105}_{+0.045}$	70	20	$74.9^{+0.2}_{0}$		91.5	82	9.5	12	10	
100	235	150	235				70	20	$74.9^{+0.2}_{0}$		105	96	10	15	10	
160	270	180	270				100	28	$106.4^{+0.2}_{0}$		118	104	14	15	10	
250	310	220	310				110	28	$116.4^{+0.2}_{0}$	$122.8^{+0.4}_{0}$	130	116	14	10	12	
400	415	235	415				120	32	$127.4^{+0.2}_{0}$	$134.8^{+0.4}_{0}$	150	132	18	10	12	
1.2C	94	50	86	$30^{+0.023}_{0}$	$26^{+0.14}_{0}$	$8^{+0.085}_{+0.035}$					56	50.5	5.5	19	10	
5C	116	65	113	$40^{+0.027}_{0}$	$35^{+0.17}_{0}$	$10^{+0.085}_{+0.035}$					59.5	54	5.5	19	10	
10C	142	85	133	$50^{+0.027}_{0}$	$45^{+0.17}_{0}$	$12^{+0.105}_{+0.045}$					64.5	58	6.5	19	10	
25C	176	105	160	$65^{+0.03}_{0}$	$58^{+0.2}_{0}$	$16^{+0.105}_{+0.045}$					81	73.5	7.5	21	10	

注：同表 7-3-30 注。

(4) DLM9 (ERD) 系列无滑环湿式多片电磁离合器

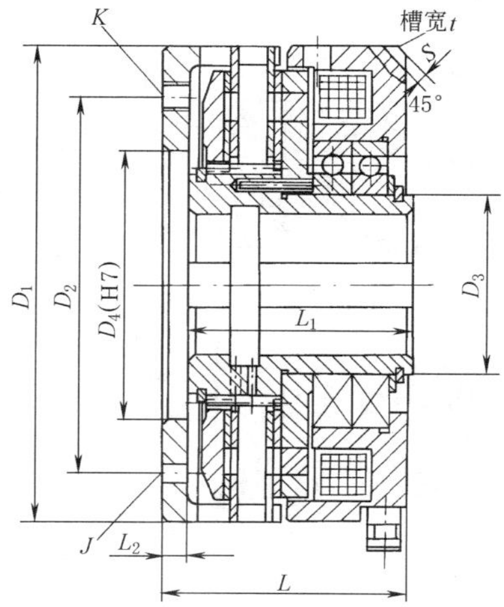

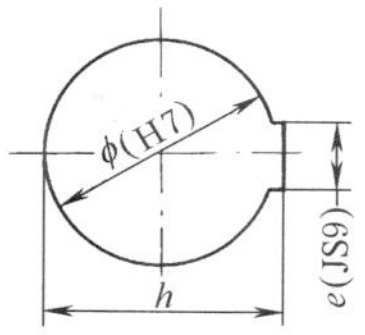

根据用户需要，轴孔也可制成花键孔

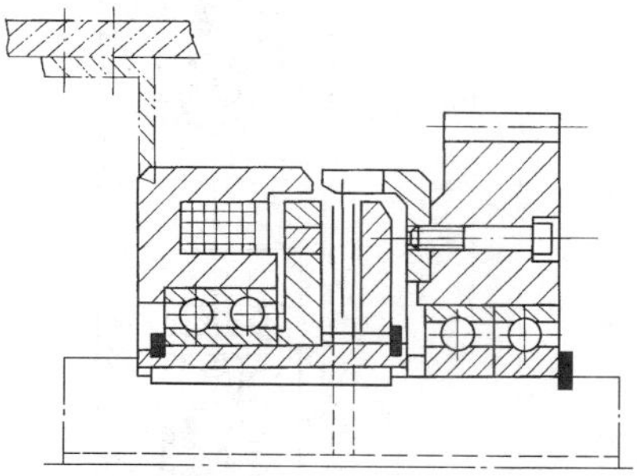

安装示例

表 7-3-33

规格	额定动转矩 /N·m	额定静转矩 /N·m	空载转矩 /N·m ≤	接通时间/s ≤	断开时间/s ≤	额定电压 (DC)/V	线圈消耗功率(20℃) /W	允许最高转速 /r·min^{-1}	质量 /kg	供油量 /L·min^{-1}
DLM 9-2	16	25	0.48	0.28	0.09	24	24	3000	2.9	0.25
DLM 9-5	50	80	0.85	0.30	0.10	24	37	3000	3.9	0.40
DLM 9-10	100	160	1.80	0.32	0.14	24	50	3000	5.9	0.65
DLM 9-16	160	250	2.40	0.36	0.16	24	56	2500	7.8	0.65
DLM 9-25	250	400	3.80	0.40	0.18	24	76	2200	10.7	1.00
DLM 9-40	400	630	6.00	0.60	0.22	24	86	2000	15	1.00
DLM 9-63	630	1000	9.50	0.70	0.26	24	88	1800	22	1.20
DLM 9-100	1000	1600	15.00	0.85	0.31	24	104	1600	33	1.20
DLM 9-160	1600	2500	24.00	1.20	0.43	24	122	1500	51	1.50
DLM 9-250	2500	4000	38.00	1.40	0.50	24	175.5	1200	67	2.00

规格	D_1	D_2	D_3	D_4	ϕ	e	h	J	K	L	L_1	L_2	S	t
	mm													
DLM 9-2	95	80	35	50	20	6	$22.8^{+0.1}_{0}$	2×ϕ6	4×M6	55	50	5	4	8
DLM 9×5	110	90	45	65	30	8	$33.3^{+0.2}_{0}$	3×ϕ6	4×M6	60	55	5	4	8
DLM 9×10	132	105	50	75	40	12	$42.3^{+0.2}_{0}$	3×ϕ6	6×M8	67	60	7	5	10
DLM 9×16	147	120	55	85	45	14	$47.4^{+0.2}_{0}$	3×ϕ8	6×M8	72	65	7	5	10
DLM 9×25	162	135	65	95	50	16	$53.6^{+0.2}_{0}$	3×ϕ8	6×M8	82	75	7	6	12
DLM 9×40	182	155	75	120	60	18	$64.4^{+0.2}_{0}$	3×ϕ10	6×M10	93	85	8	6	12
DLM 9×63	202	170	85	125	70	20	$74.3^{+0.2}_{0}$	3×ϕ10	6×M10	109	100	9	8	14
DLM 9×100	235	200	100	150	70	20	$74.9^{+0.2}_{0}$	3×ϕ14	6×M12	120	110	10	8	14
DLM 9×160	270	235	110	200	90	25	$95.4^{+0.2}_{0}$	3×ϕ14	6×M12	142	130	12	10	16
DLM 9×250	310	260	140	220	110	28	$116.4^{+0.2}_{0}$	3×ϕ16	6×M16	157	145	14	10	16

注：1. D_2、J、K 为用户连接用尺寸，由用户自行加工，本表数据仅供参考。

2. 同表 7-3-30 注。

(5) DLM10 (EKE) 系列有滑环多片电磁离合器

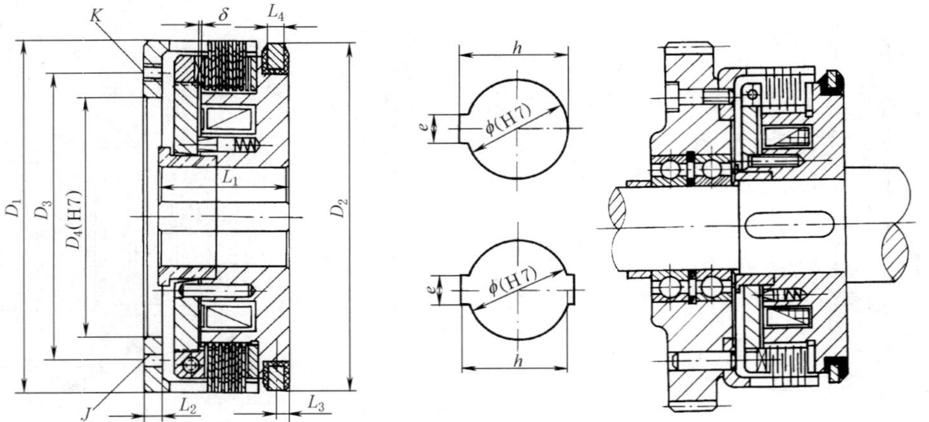

安装示例

表 7-3-34

规　格	额定动转　矩 /N·m	额定静转　矩 /N·m	空载转矩 /N·m	接通时间 /s ≤	断开时间 /s ≤	额定电压 (DC) /V	线圈消耗功率(20℃) /W	允许最高转速 /r·min^{-1}	质量 /kg	电刷型号
1A/1AG	12.5	20/14	0.088/0.05	0.14/0.11	0.03/0.025	24	26	3000	2	湿式采用DS-005、干式采用DS-006
2A/2AG	25	40/27.5	0.175/0.10	0.18/0.16	0.032/0.028		27	3000	2.6	
4A/4AG	40	63/44	0.280/0.16	0.20/0.18	0.04/0.03		33	3000	3.2	
6A/6AG	63	100/70	0.350/0.26	0.25/0.20	0.45/0.04		43	3000	4	
10A/10AG	100	160/110	0.500/0.35	0.28/0.25	0.06/0.045		43	3000	5.5	
16A/16AG	160	250/175	1.00/0.56	0.30/0.28	0.08/0.06		47	2500	7.8	
25A/25AG	250	400/280	1.50/0.88	0.35/0.30	0.11/0.08		55	2200	11	
40A/40AG	400	630/440	2.50/1.40	0.40/0.35	0.12/0.11		62	2000	15	
63A/63AG	630	1000/700	4.00/2.20	0.50/0.40	0.15/0.12		70	1750	21	
100A/100AG	1000	1600/1100	6.00/3.00	0.60/0.50	0.18/0.15		79	1600	32	
160A/160AG	1600	2500/1750	10/5.5	0.90/0.70	0.22/0.18		93	1350	50	
250A/250AG	2500	4000/2750	15/8.6	1.15/0.90	0.28/0.25		110	1200	77	
400A/400AG	4000	6300/4400	24/14	1.30/1.20	0.35/0.30		123	1000	122	

规　格	D_1	D_2	D_3	D_4	ϕ	e	h	J	K	L	L_1	L_2	L_3	L_4	δ
	mm														
1A/1AG	100	100	85	50	18	$5^{+0.025}_{0}$	$19.9^{+0.14}_{0}$	2×ϕ6	4×M6	45	42	5	5.5	8	0.30
2A/2AG	110	110	90	55	20	$6^{+0.025}_{0}$	$22.3^{+0.14}_{0}$	2×ϕ6	4×M6	48	45	5	5.5	8	0.30
4A/4AG	120	120	100	60	25	$8^{+0.03}_{0}$	$27.6^{+0.14}_{0}$	3×ϕ6	6×M6	52	48	6	5.5	8	0.30
6A/6AG	132	132	105	65	30	$8^{+0.03}_{0}$	$32.6^{+0.17}_{0}$	3×ϕ6	6×M8	55	50	7	5.5	8	0.30
10A/10AG	147	145	120	75	40	$12^{+0.035}_{0}$	$42.9^{+0.17}_{0}$	3×ϕ8	6×M8	58	53	7	5.5	8	0.35

续表

规　格	D_1	D_2	D_3	D_4	ϕ	e	h	J	K	L	L_1	L_2	L_3	L_4	δ
	mm														
16A/16AG	162	160	135	85	45	$14^{+0.035}_{0}$	$48.3^{+0.17}_{0}$	3×ϕ8	6×M8	62	57	7	5.5	8	0.40
25A/25AG	182	180	155	95	50	$16^{+0.035}_{0}$	$53.6^{+0.2}_{0}$	3×ϕ10	6×M16	68	63	8	6	8	0.45
40A/40AG	202	200	170	120	60	$18^{+0.035}_{0}$	$64^{+0.2}_{0}$	3×ϕ10	6×M10	76	70	9	6.25	8	0.50
63A/63AG	235	230	200	125	70	$20^{+0.045}_{0}$	$74.3^{+0.2}_{0}$	3×ϕ14	6×M12	86	80	10	6.25	8	0.60
100A/100AG	270	255	235	150	70	$20^{+0.045}_{0}$	$74.3^{+0.2}_{0}$	3×ϕ14	6×M16	100	92	12	8.5	10	0.70
160A/160AG	310	295	260	180	75	20±0.026	$81.1^{+0.2}_{0}$	3×ϕ16	6×M16	115	107	14	8	10	0.80
250A/250AG	360	340	305	200	100	28±0.026	$106.4^{+0.2}_{0}$	4×ϕ16	8×M16	132	122	15	8.5	10	0.90
400A/400AG	420	395	350	235	120	$32^{+0.05}_{0}$	$126.7^{+0.2}_{0}$	4×ϕ20	8×M16	150	138	17	8.5	10	1

注：1. D_3、J、K 为用户连接用尺寸，由用户自行加工，本表数据仅供参考。

2. 250A/250AG、400A/400AG 为双键孔，位置 180°，h_1 为 $112.8^{+0.2}_{0}$，$133.4^{+0.52}_{0}$。

3. 同表 7-3-30 的注。

4. G 为干式多片电磁离合器。

（6）DLM2 系列大型有滑环干式多片电磁离合器（摘自 JB/T 8808—2010）

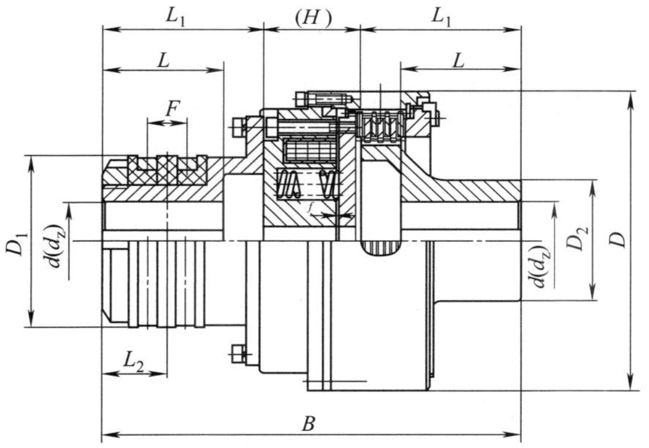

DLM2B 型离合器结构型式

（常闭式断电结合，通电脱开）

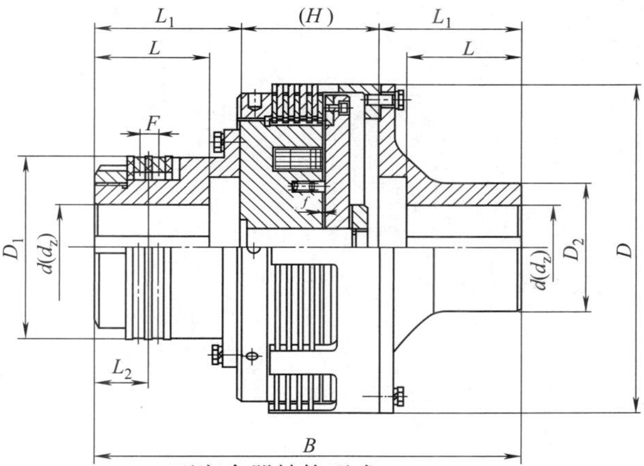

DLM2K 型离合器结构型式

（常开式，断电脱开，通电结合）

表 7-3-35

型　号	公称转矩 T_n /N·m	许用转速 n_p /r·min^{-1}	轴孔直径 d(H7)，d_z(H8)	轴孔长度 J、Z L	轴孔长度 J、Z L_1	B	D	H	集电环位置尺寸/直径 L_2/D_1 (h9)	F	D_2	气隙 f	通电动作时间	断电动作时间	转动惯量 /kg·m^2 主动端	转动惯量 /kg·m^2 从动端	质量 /kg
			mm										s				
DLM2B/K-630	630	2 000	40,42,45,48,50,55	84	112	290/330	210/230	66^{+2}_{0}/106	45/120		85	0.8～1.1/0.2～0.4	0.15	0.30/2	0.14/0.12	0.01/0.04	32/36
DLM2B/K-1000	1000	2000	45,48,50,55	84	112	300/340	235/260	76^{+2}_{0}/116	45/130	27	95	0.8～1.1/0.2～0.4	0.15	0.30/2	0.26/0.24	0.03/0.11	45/55
			60	107	142	360/400											
DLM2B/K-1600	1600	2000/1900	50,55	84	112	310/355	260/290	86^{+2}_{0}/131	45/145		110	1.0～1.3/0.2～0.4	0.20	0.35/3	0.43/0.48	0.05/0.24	63/78
			60,63,65,70	107	142	370/415											

续表

型号	公称转矩 T_n /N·m	许用转速 n_p /r·min^{-1}	轴孔直径 d(H7), d_z(H8)	轴孔长度J、Z L	轴孔长度J、Z L_1	B	D	H	集电环位置尺寸/直径 L_2/D_1 (h9)	F	D_2	气隙 f	通电动作时间	断电动作时间	转动惯量/kg·m^2 主动端	转动惯量/kg·m^2 从动端	质量 /kg
			mm										s				
DLM2B/K-2500	2500	1800/1700	65,70,75	107	142	380/430	300/330	96^{+3}_{0}/146	60/170	30	130	1.0~1.3/0.2~0.4	0.22	0.38/3	0.84/0.82	0.10/0.46	90/103
			80,85	132	172	440/490											
DLM2B/K-4000	4000	1600/1500	70,75	107	142	390/440	340/370	106^{+3}_{0}/156	60/195		145	1.0~1.3/0.2~0.4	0.22	0.38/4	1.59/1.29	0.18/0.77	132/146
			80,85,90,95	132	172	450/500											
DLM2B/K-6300	6300	1400/1300	80,85,90,95	132	172	460/520	390/420	116^{+3}_{0}/176	80/220		165	1.0~1.3/0.2~0.4	0.25	0.40/4	3.02/2.73	0.41/1.49	194/230
			100,110	167	212	540/600											
DLM2B/K-10000	10000	1200/1100	90,95	132	172	480/540	440/480	136^{+4}_{0}/196	80/250		190	1.2~1.5/0.3~0.5	0.30	0.42/6	5.53/5.12	0.73/2.96	278/335
			100,110,120,125	167	212	560/620											
DLM2B/K-16000	16000	1100/1000	100,110,120,125	167	212	580/660	500/540	156^{+4}_{0}/236	110/270		210	1.5~1.8/0.3~0.5	0.35	0.45/6	10.70/9.67	1.69/5.55	428/515
			130,140	202	252	660/740											
DLM2B/K-25000	25000	1000/900	130,140,150	202	252	670/760	560/610	166^{+4}_{0}/256	140/310		250	1.5~1.8/0.3~0.5	0.40	0.50/8	19.22/19.28	3.14/11.10	618/710
			160,170	242	302	770/860											

注：1. 公称转矩为标定的公称静摩擦转矩，选用时应考虑机器的工况系数及电机过载系数。
2. 离合器质量按表中最大轴孔直径计算。
3. 主、从动端的轴孔可按表中规定的轴孔直径和型式任意组合。
4. 表中斜线“/”前为B型数据，其后为K型数据。
5. 所需电刷配套供应。
6. 生产厂家为第一重型机械集团公司。

① 标记方法

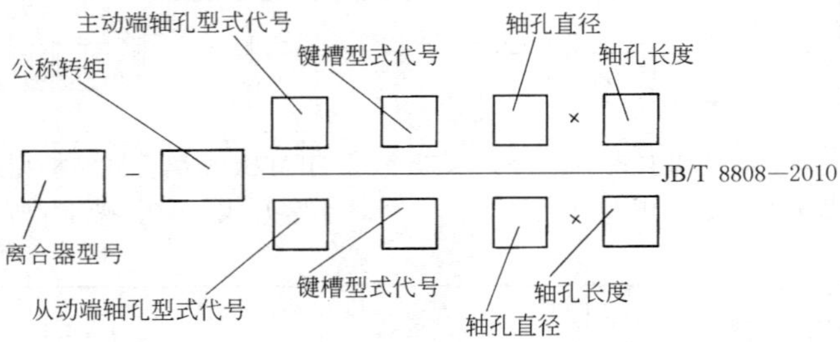

标记示例：

例1 DLM2B型常闭式电磁离合器的公称转矩为1000N·m；

主动端：J型轴孔、A型键槽、轴孔直径 $d=55$mm、轴孔长度 $L=84$mm；

从动端：Z型轴孔、C型键槽、轴孔直径 $d_z=48$mm、轴孔长度 $L=84$mm。标记为：

$$\text{DLM2B-1000 离合器}\frac{\text{J55×84}}{\text{ZC48×84}}\quad \text{JB/T 8808—2010}$$

例2 DLM2K型常开式电磁离合器的公称转矩为1000N·m；

主动端：J型轴孔、A型键槽、轴孔直径 $d=55$mm、轴孔长度 $L=84$mm；

从动端：Z型轴孔、C型键槽、轴孔直径 $d_z=60$mm、轴孔长度 $L=107$mm。标记为：

$$\text{DLM2K-1000 离合器}\frac{\text{J55×84}}{\text{ZC60×107}}\quad \text{JB/T 8808—2010}$$

② 离合器的控制电路

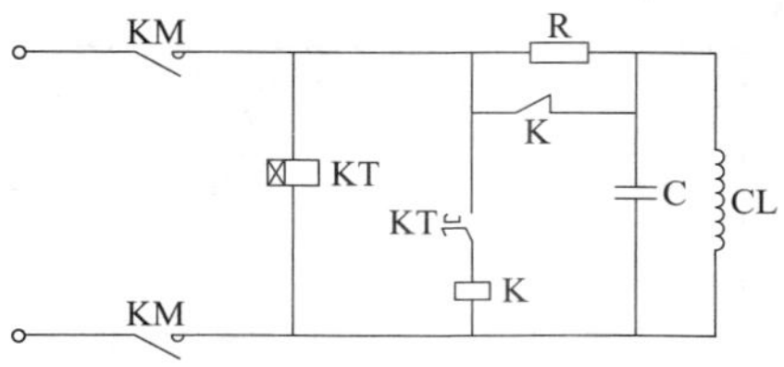

KT——时间继电器（控制强励时间）；C——放电电容器；
K——继电器（强励磁与额定励磁转换）；KM——接触器（操作离合器）；
R——分压电阻；CL—离合器线圈。
时间继电器控制的强励磁时间为 1～2s

表 7-3-36　控制电路电气元件参数

型　号	线圈 CL(75℃)				放电电容 C		分压电阻 R	
	保持功率 /W	电阻 /Ω	保持电流 /A	保持电压 /V	容量 /μF	额定电压 /V	功率 /W	阻值 /Ω
DLM2B/K-630	34.7/25.3	37.3/51.1	0.96	36	6	630	178/129	190/263
DLM2B/K-1000	35.4/32.9	36.6/39.3	0.98		6		181/167	187/202
DLM2B/K-1600	45.1/45.9	28.7/28.2	1.25		12		232/234	146/145
DLM2B/K-2500	51.6/55.1	25.2/23.5	1.43		16		263/280	129/120
DLM2B/K-4000	59.1/60.5	21.9/21.4	1.64		16		302/310	112/110
DLM2B/K-6300	68.7/67.8	18.9/19.1	1.91		16		352/346	96/98
DLM2B/K-10000	73.3/68.5	17.7/18.9	2.03		36		376/350	90/97
DLM2B/K-16000	73.3/73.2	17.7/17.7	2.04		50		376/375	90/91
DLM2B/K-25000	80.1/93.9	16.2/13.8	2.22		50		412/480	82/71

注：1. 直流 220V 强励磁时，强磁励电流约为保持电流的 6.1 倍，功率约为 37.3 倍。
2. 表中斜线前后数据分别为 B 型和 K 型数据。
3. 放电电容用直流电容器。
4. 分压电阻消耗功率取决于阻值，选用时分压电阻阻值应充分留有余量。
5. 放电电容器的容量值仅供设计离合器控制电路时参考。

③ 离合器电刷架的型式及安装尺寸

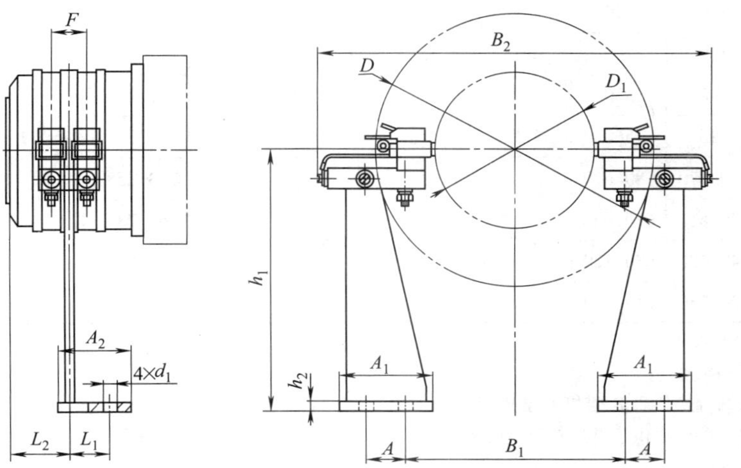

表 7-3-37 mm

离合器型号	A	A_1	A_2	d_1	B_1	B_2	L_1	h_1	h_2	F
DLM2B/DLM2K-630	30	70	55	10	160	296	30	200	8	27
DLM2B/DLM2K-1000					170	306				
DLM2B/DLM2K-1600					185	321				
DLM2B/DLM2K-2500					210	346				30
DLM2B/DLM2K-4000					235	371				
DLM2B/DLM2K-6300					260	396				
DLM2B/DLM2K-10000					290	426				
DLM2B/DLM2K-16000					310	446				
DLM2B/DLM2K-25000					350	486				

注：电刷架为离合器的附属装置，随离合器一同交货，L_2、D、D_1 尺寸见表 7-3-35。

④ 离合器保护罩的结构型式及安装尺寸

在多尘、有蒸汽及有油、水滴入的环境中，建议使用离合器保护罩。

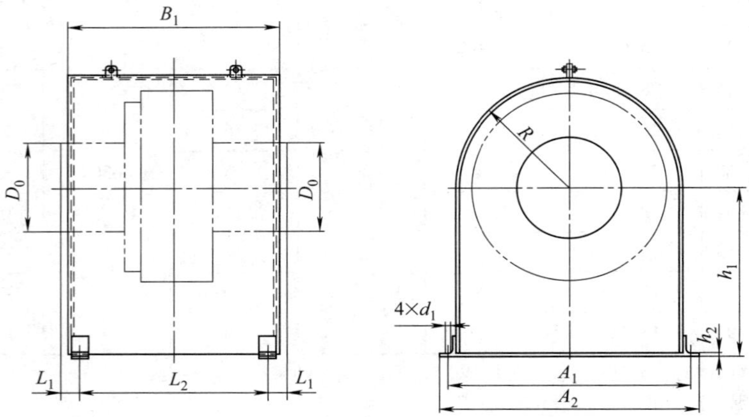

表 7-3-38 mm

离合器型号	A_1	A_2	B_1	L_1	L_2	d_1	R	h_1	h_2	D_0
DLM2B/K-630	440	480	B-15	35	B-70	10	193	≥200	5	125
DLM2B/K-1000	450	490					198			135
DLM2B/K-1600	460	500					203			150
DLM2B/K-2500	490	530					218			175
DLM2B/K-4000	520	560					233			200
DLM2B/K-6300	540/570	580/610	B-20	40	B-80		243/258			225
DLM2B/K-10000	580/620	620/660					263/283			255
DLM2B/K-16000	640/680	680/720					293/313			275
DLM2B/K-25000	700/750	740/790					323/348			315

注 1. 表中 B 相应见表 7-3-35。

2. h_1 尺寸按实际需要确定。

3. 表中斜线前后数据分别代表 B 型和 K 型数据。

4. 保护罩只在用户需要时提供，并应在订货时说明。

（7）DLK1 系列干式快速电磁离合器

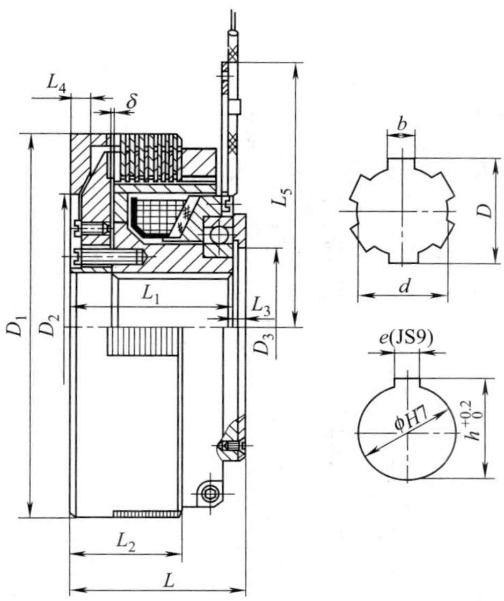

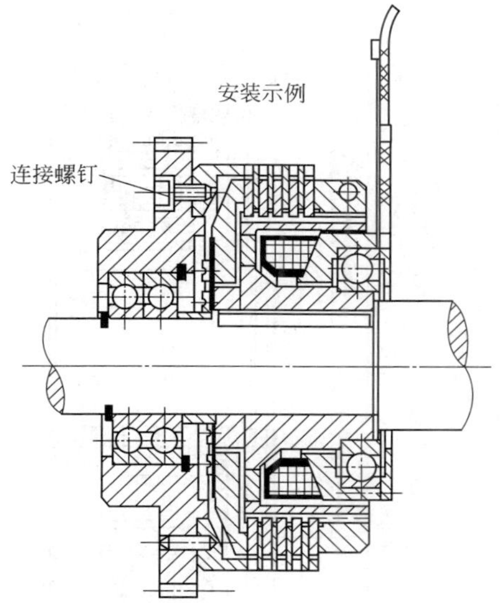

表 7-3-39

规格	额定动转矩 /N·m	空载转矩 /N·m ≤	接通时间 /s≤	断开时间 /s≤	额定电压 (DC)/V	线圈消耗功率 (20℃)/W	允许最高转速 /r·min^{-1}	质量 /kg
2.5	25	0.10	0.10	0.03	24	16.5	3500	2
5	50	0.20	0.14	0.04	24	20.5	3000	3
10	100	0.30	0.16	0.06	24	28.8	3000	4.5
16	160	0.80	0.20	0.10	24	48	2500	5.9
25	250	1.20	0.27	0.15	24	53	2200	8.95
40	400	2.00	0.35	0.20	24	62	2000	13.45
80	800	4.00	—	—	24	79	—	—

规格	D_1	D_2	D_3	D	d	b	ϕ	e	h	L	L_1	L_2	L_3	L_4	L_5	δ
	mm															
2.5	100	75H9	40	$25^{+0.023}_{0}$	$21^{+0.14}_{0}$	$5^{+0.065}_{+0.025}$	25	8	28.3	50	44.50	30	4	4	79	0.20±0.05
5	115	85H9	48	$30^{+0.023}_{0}$	$26^{+0.14}_{0}$	$6^{+0.065}_{+0.025}$	30	8	33.3	56	50.50	35	4	5	83	0.25±0.05
10	135	95H9	55	$40^{+0.027}_{0}$	$35^{+0.17}_{0}$	$10^{+0.085}_{+0.035}$	40	12	43.3	62	56	40	4	6	89	0.30±0.05
16	150	105H8	60	$45^{+0.027}_{0}$	$40^{+0.17}_{0}$	$12^{+0.105}_{+0.045}$	45	14	48.8	66	60	44	3	7	97	0.30±0.05
25	172	120H9	65	$50^{+0.027}_{0}$	$45^{+0.17}_{0}$	$12^{+0.105}_{+0.045}$	50	14	53.8	72	64	48	3.5	8	105	0.35±0.05
40	202	130H9	80	$60^{+0.03}_{0}$	$54^{+0.2}_{0}$	$14^{+0.105}_{+0.045}$	60	18	64.4	81.5	73	52	4.5	8	117.5	0.35±0.05
80	240	180H7	—	—	—	—	68	20	72.9	99	91	74	—	11	150	0.4

注：见表 7-3-30 注。

（8）DZM2 系列干式多片电磁离合器

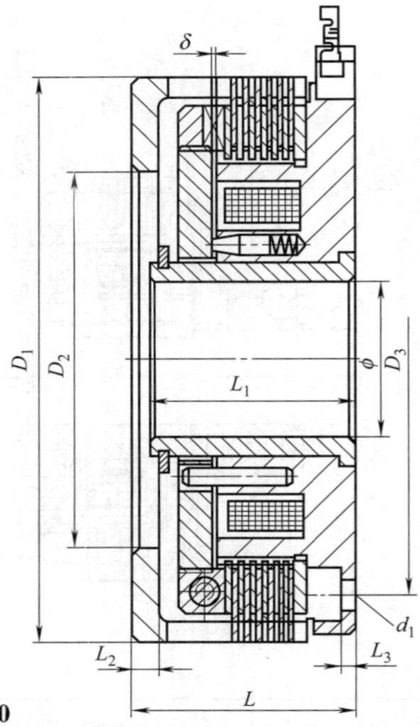

安装示例

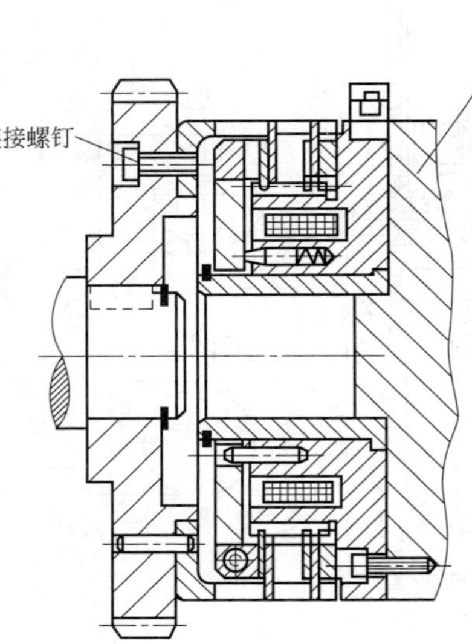

表 7-3-40

规格	额定动转矩 /N·m	额定静转矩 /N·m	额定电压 (DC)/V	线圈消耗功率 (20℃)/W	允许最高转速 /r·min^{-1}	质量/kg
1T	10	11	24	26	3000	2.0
4	40	44	24	33	3000	3.2
10/10T	100	110	24	43	3000	4.0
16T	160	175	24	47	2500	7.8
41T	400	440	24	62	2000	15
64T	640	700	24	69	1750	21

规格	D_1	D_2	D_3	ϕ	d_1	L	L_1	L_2	L_3	δ
	/mm									
1T	100	50H7	85	$23^{+0.1}_{0}$	4×ϕ6.5	45	42	5	4.5	0.3
4	120	80H9	102	32H9	6×ϕ6.5	52	48	6	5	0.3
9/10T	147	100H9/70H7	125	42H9/$43^{+0.1}_{0}$	6×ϕ8.5	58	53	7	4	0.35
16T	162	80H7	142	$49^{+0.1}_{0}$	6×ϕ8.5	62	57	7	4	0.4
41T	202	120H7	180	$63^{+0.146}_{+0.100}$	6×ϕ10.5	76	70	9	4	0.5
64T	235	125H7	210	73±0.1	6×ϕ12.5	86	80	10	4	0.6

注：见表 7-3-30 注。

（9）DLD5 型单片电磁离合器

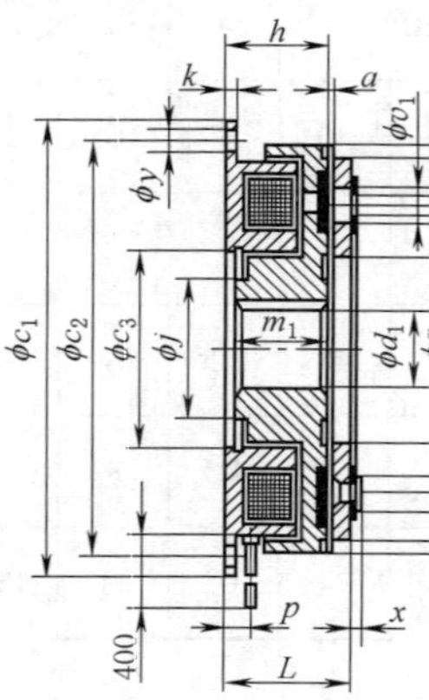

(a) 基型

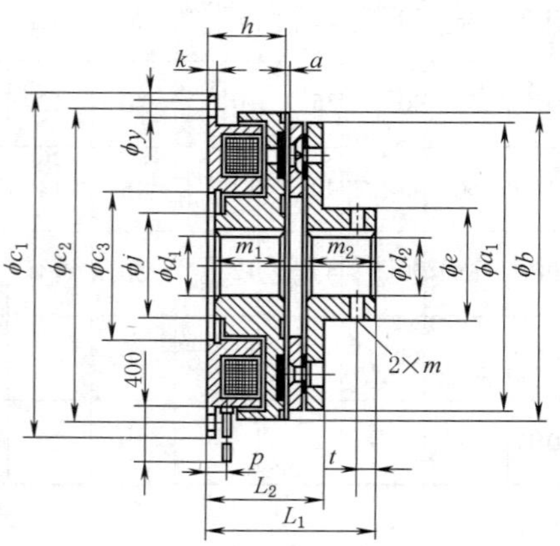

(b) A型

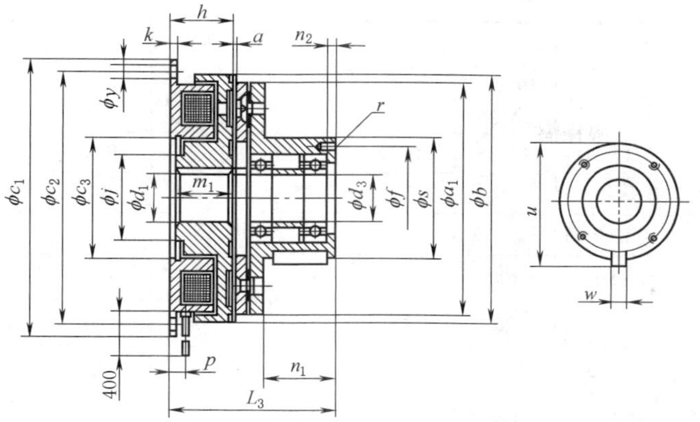

(c) B型

表 7-3-41　　DLD5 基型、A 型、B 型单片电磁离合器性能参数

型　号	摩擦转矩/N·m		功率/W	最高转速	转动惯量/kg·m²		质量/kg
	动转矩	静转矩	(20℃)	/r·min⁻¹	转子	衔铁	
DLD5-5 -5/A -5/B	5	5.5	11	8000	7.35×10^{-5}	4.23×10^{-5} 6.03×10^{-5} 1.05×10^{-4}	0.46 0.50 0.66
DLD5-10 -10/A -10/B	10	11	15	6000	2.24×10^{-4}	1.18×10^{-4} 1.71×10^{-4} 3.00×10^{-4}	0.83 0.91 1.19
DLD5-20 -20/A -20/B	20	22	20	5000	6.78×10^{-4}	4.78×10^{-4} 6.63×10^{-4} 9.45×10^{-4}	1.5 1.66 2.11
DLD5-30 -30/A -30/B	30	33	23	4000	1.22×10^{-3}	7.40×10^{-4} 1.01×10^{-3} 1.58×10^{-3}	2.24 2.38 3.05
DLD5-40 -40/A -40/B	40	45	25	4000	2.14×10^{-3}	1.31×10^{-3} 1.81×10^{-3} 2.75×10^{-3}	2.76 3.05 3.80
DLD5-60 -60/A -60/B	60	66	30	3500	3.75×10^{-3}	3.15×10^{-3} 4.22×10^{-3} 5.70×10^{-3}	4.05 4.30 5.40
DLD5-80 -80/A -80/B	80	90	35	3000	6.30×10^{-3}	4.80×10^{-3} 6.35×10^{-3} 9.05×10^{-3}	5.10 5.40 6.90
DLD5-120 -120/A -120/B	120	135	40	3000	1.08×10^{-2}	7.20×10^{-3} 9.75×10^{-3} 1.35×10^{-2}	5.18 5.48 6.98
DLD5-160 -160/A -160/B	160	175	45	2500	1.93×10^{-2}	1.37×10^{-2} 1.90×10^{-2} 2.65×10^{-2}	9.30 10.5 13.0
DLD5-250 -250/A -250/B	250	275	52	2000	3.15×10^{-2}	2.47×10^{-2} 3.32×10^{-2} 4.81×10^{-2}	13.2 14.6 18.5
DLD5-320 -320/A -320/B	320	350	60	2000	4.48×10^{-2}	3.58×10^{-2} 4.83×10^{-2} 7.45×10^{-2}	17.0 18.7 23.6
DLD-500 -500A -500B	500	550	80	2000	6.90×10^{-2}	5.60×10^{-2}	—
DLD-1000 -1000A -1000B	1000	1100	100	1500	13.84×10^{-2}	12.0×10^{-2}	—

注：1. 励磁电压：DC24V（+5%～-10%）。

2. 生产厂家：北京古德高机电技术有限公司，该公司还生产 DLD6 型带轴承的电磁离合器，见该厂样本。

表 7-3-42　　**DLD5 基型、A 型、B 型单片电磁离合器规格尺寸**　　mm

规格	5	10	20	30	40	60	80	120	160	250	320
d_1	11、12、15	14、15、20	19、20、24、25	20、24、25	24、25、30	20、25、30	28、30、40	28、30、40	40、45、50	40、45、50	50、60、70
d_2	12、15、17	15、20	20、25	20、25	25、30	25、30	30、40	30、40	40、45、50	40、45、50	50、60、70
d_3	12	15	20	20	25	25	30	30	40	40	50
a	0.2±0.05			$0.3^{+0.05}_{-0.10}$					$0.5^{0}_{-0.2}$		
a_1	63	80	100	105	125	137	160	160	200	241	250
a_2	46	60	76	76	95	95	120	120	158	185.5	210
a_3	34.5	41.5	51.5	51.5	61.5	65	79.5	79.5	99.5	120	124.5
b	67.5	85	106	112	133	145	169	169	212.5	253	264
c_1	80	100	125	130	150	160	190	190	230	280	292
c_2	72	90	112	118	137	148	175	175	215	260	276
c_3	35	42	52	52	62	62	80	80	100	100	125
h	23.6	26.6	29.8	31.8	33.3	35	37.5	37.5	44.5	50	50.7
j	23	28.5	40	42	45	45	62	62	78	90	106
k	2	2.5	3.3	3.2	3.2	4.4	4.4	4.4	5.5	5.5	6.1
m	M4	M5	M6				M8				M10
p	6	7	8	9			11		13		16
x	1.4	1.6			2.6						3.0
e	28	34	43	43	49	49	65	65	83	100	105
L	27.8	31.4	35.8	38.9	40.8	46.7	47.1	47.1	56.3	62.8	63.6
L_1	42.8	51.4	60.8	63.9	70.8	76.7	85.1	85.1	101.3	112.8	117.6
L_2	33.8	38.4	43.8	46.9	48.8	54.7	55.1	55.1	66.3	68.3	77.6
L_3	51.3	60.4	70.8	73.9	86.8	92.7	105.1	105.1	139.5	128.3	144.6
m_1	21.3	23.7	26.7	28.5	29.7	35	33.7	33.7	39.7	45	46.2
m_2	15	20	25	25	30	30	38	38	45	50	54
t	6	8	10	10	12	12	15	15	18	18	22
f	33	37	47	47	52	52	65	65	74.5	74.5	101.5
n_1	17.5	22	27	27	38	38	50	50	60	65	67
n_2	4	4	5				6		8		10
r	4×M4						4×M5		4×M6		4×M8
s	38	45	55	55	64	64	75	75	90	90	115
v_1	3-4.1		3-5.2		3-6.2		3-8.2		3-10.3		4-12.4
v_2	3-7	3-8.5	3-11		3-12		3-16		3-20		4-24
v_3	3-6	3-7.4	3-10		3-11		3-14.9		3-18		3-20
u	39.4	47	57.5		67		78		93		118
w	4	5	6		8				10		12
y	4-5	4-6	4-7				4-9.5			4-11	4-11.5

注：键槽尺寸及公差按 GB/T 1095—2003 标准。

（10）DLT1 系列电磁失电离合器

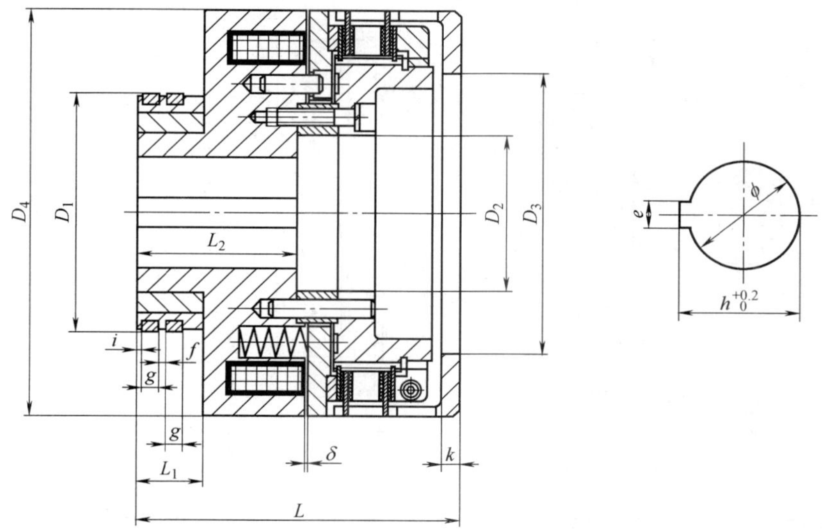

表 7-3-43

规格	额定动转矩 /N·m	静转矩 /N·m	吸合电压 (D.C)/V	保持电压 (D.C)/V	线圈消耗功率 (20℃)/W	允许最高转速 /r·min^{-1}
10	100	110	96	24	33	3000
16	160	176	96	24	59	2500
25	250	275	96	24	61	2200
41	400	440	96	24	88	2000
63	630	693	96	24	94	1800
100	1000	1100	96	24	130	1600

尺寸

规格	mm															电刷型号
	D_1	D_2	D_3	D_4	L	L_1	L_2	f	g	i	k	δ	ϕ	h	e	
10	90	52	75H7	147	124.5	28	61	3	6	2	7	1.3	40H7	43.3	12JS9	DS-006
16	100	60	85H7	162	135	32	67	3	8	3	7	1.3	45H7	48.8	14JS9	DS-006
25	120	73	95H7	182	145	32	75	4	8	2	8	1.3	50H7	53.8	14JS9	DS-003
41	120	78	140H7	202	155	32	77	4	8	2	9	1.5	55H7	59.3	16JS9	DS-003
63	160	82	125H7	235	185	35	85	6	8	3	10	1.8	65H7	69.4	18JS9	DS-006
100	170	80	200H9	270	205	45	95	10	10	5	12	2	65H8	69	18H9	DS-010

注：1. 当离合器断电时，从动端在弹簧力作用下与主动端结合，当离合器通电时，电磁力克服弹簧力，使从动端脱离主动端。

2. 表 7-3-30 注。

（11）DLT2 系列电磁失电离合器

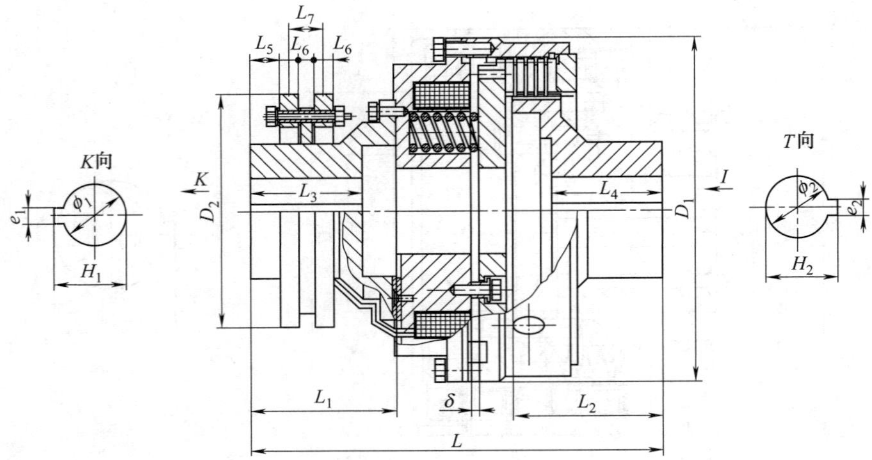

表 7-3-44

规格	额定动转矩 /N·m	静转矩 /N·m	吸合电压 (D.C)/V	保持电压 (D.C)/V	线圈消耗功率 (20℃)/W	允许最高转速 /r·min^{-1}
63	630	693	220	36	33	1000
125	1250	1375	220	36	48	1000
160	1600	1760	220	36	54	1000
250	2500	2750	220	36	60	1800
400	4000	4400	220	36	66	1600
630	6300	6930	220	36	76	1400
1000	10000	11000	220	36	77	1200
1600	16000	17600	220	36	89	1100
2500	25000	27500	220	36	84	1000

尺寸

<table>
<tr><th rowspan="2">规格</th><th colspan="17">mm</th><th rowspan="2">电刷型号</th></tr>
<tr><th>D_1</th><th>D_2</th><th>L</th><th>L_1</th><th>L_2</th><th>L_3</th><th>L_4</th><th>L_5</th><th>L_6</th><th>L_7</th><th>δ</th><th>ϕ_1</th><th>ϕ_2</th><th>H_1</th><th>H_2</th><th>e_1</th><th>e_2</th></tr>
<tr><td>63</td><td>215</td><td>140</td><td>330</td><td>112</td><td>142</td><td>84</td><td>114</td><td>15</td><td>12</td><td>26</td><td>1.5</td><td colspan="2">55H7</td><td colspan="2">60</td><td colspan="2">15Js9</td><td rowspan="9">DS-010</td></tr>
<tr><td>125</td><td>240</td><td>135</td><td>360</td><td>128</td><td>130</td><td>96</td><td>100</td><td>45</td><td>13</td><td>27</td><td rowspan="3">1.3</td><td colspan="2">60H7</td><td colspan="2">64.4</td><td colspan="2">18Js9</td></tr>
<tr><td>160</td><td>260</td><td>145</td><td>370</td><td>112</td><td>172</td><td>82</td><td>140</td><td>25</td><td rowspan="7">12</td><td>26</td><td>50H7</td><td>70H7</td><td>53.8</td><td>74.9</td><td>14Js9</td><td>20Js9</td></tr>
<tr><td>250</td><td>305</td><td>200</td><td>440</td><td colspan="2">170</td><td colspan="2" rowspan="2">132</td><td>56</td><td rowspan="3">36</td><td colspan="2">80H7</td><td colspan="2">85.4</td><td colspan="2">22Js9</td></tr>
<tr><td>400</td><td>350</td><td>220</td><td>462</td><td colspan="2">172</td><td>50</td><td rowspan="3">1. 5</td><td>95H7</td><td>85H7</td><td>106</td><td>90.4</td><td>25</td><td>22</td></tr>
<tr><td>630</td><td>410</td><td>280</td><td>467</td><td>170</td><td>173</td><td>130</td><td>127.5</td><td>35</td><td colspan="2">80H7</td><td colspan="2">—</td><td colspan="2">—</td></tr>
<tr><td>1000</td><td>478</td><td>250</td><td>576</td><td colspan="2">212</td><td>132</td><td>167</td><td>49</td><td>30</td><td>110Js10</td><td>100H7</td><td>111.3</td><td>106.4</td><td>25P9</td><td>28P9</td></tr>
<tr><td>1600</td><td>500</td><td>300</td><td>660</td><td colspan="2">252</td><td colspan="2">202</td><td>25</td><td rowspan="2">36</td><td rowspan="2">2</td><td>150H7</td><td>140H7</td><td>158.4</td><td>148.4</td><td colspan="2">36Js9</td></tr>
<tr><td>2500</td><td>620</td><td>300</td><td>770</td><td colspan="2">292</td><td colspan="2">242</td><td>100</td><td colspan="2">170H7</td><td colspan="2">179.4</td><td colspan="2">40Js9</td></tr>
</table>

注：见表 7-3-30 注。

5.4.2 牙嵌式电磁离合器产品

(1) DLY0 系列牙嵌式有滑环电磁离合器

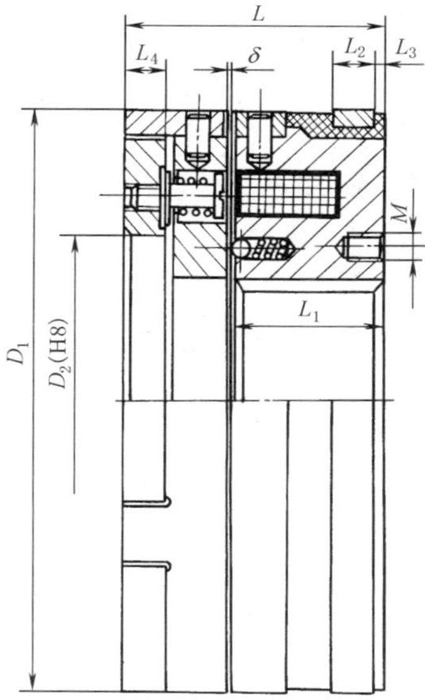

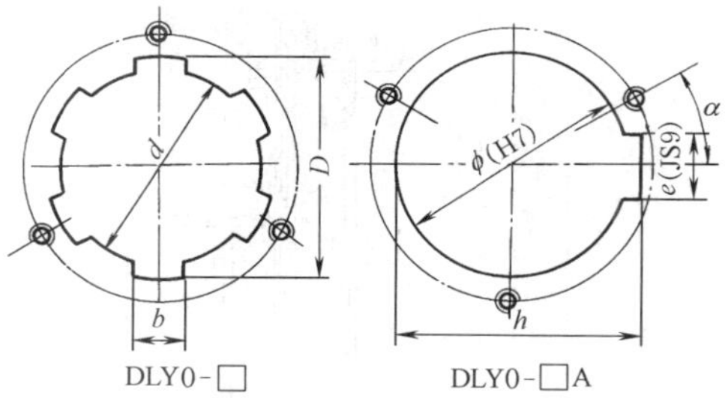

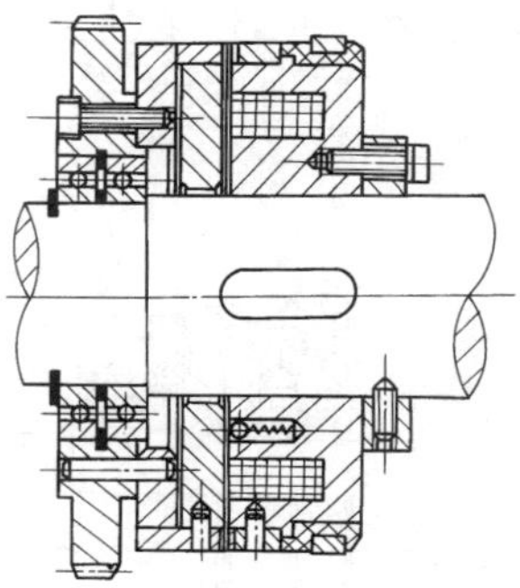

安装示例

表 7-3-45

规格	额定转矩 /N·m	额定电压(DC) /V	线圈消耗功率(20℃) /W	允许最高结合转速 /r·min^{-1}	允许最高转速 /r·min^{-1}	质量 /kg
1.2	12	24	8	80	5500	0.57
2.5	25	24	8	65	5000	0.83
5	50	24	16	50	4500	1.42
10	100	24	21	35	4000	1.6
16	160	24	24	25	3500	2.1
25	250	24	32	20	3300	3.2
40	400	24	35	15	3000	5.3

规格	D_1	D_2	D_3	D	d	b	ϕ	h	e	M	L	L_1	L_2	L_3	L_4	α	δ	电刷型号
	mm																	
1.2	61	30	27.5	$20^{+0.023}_{0}$	$17^{+0.12}_{0}$	$6^{+0.065}_{+0.025}$	18	$19.9^{+0.14}_{0}$	5	3×M4 深 8	36	19.2	7	3	6	30°	0.2	DS-002
2.5	73	35	34	$25^{+0.023}_{0}$	$22^{+0.14}_{0}$	$6^{+0.065}_{+0.025}$	25	$27.6^{+0.17}_{0}$	8	3-M4 深 8	36	19.2	8	3	6	30°	0.3	
5	87	45	41	$28^{+0.023}_{0}$	$24^{+0.14}_{0}$	$6^{+0.065}_{+0.025}$	28	$30.6^{+0.17}_{0}$	8	3×M4 深 8	44	24.2	8	5	8	30°	0.3	
10	94	45	50	$40^{+0.027}_{0}$	$35^{+0.17}_{0}$	$10^{+0.085}_{+0.035}$	40	$42.9^{+0.17}_{0}$	12	3×M4 深 10	45	25.2	8	5	8	30°	0.5	
16	104	60	55	$45^{+0.027}_{0}$	$40^{+0.17}_{0}$	$12^{+0.105}_{+0.045}$	45	$47.9^{+0.17}_{0}$	12	3×M5 深 10	50	29.2	8	5	8	30°	0.5	
25	125	75	70	$50^{+0.027}_{0}$	$45^{+0.17}_{0}$	$12^{+0.105}_{+0.045}$	50	$53.8^{+0.2}_{0}$	14	3×M5 深 10	52.5	31	9	4	9	30°	0.5	DS-001
40	140	80	75	$60^{+0.03}_{0}$	$54^{+0.17}_{0}$	$14^{+0.105}_{+0.045}$	60	$64^{+0.2}_{0}$	18	3×M6 深 10	62	35	10	3	10	60°	0.8	

注：1. 牙嵌式电磁离合器可在有润滑或无润滑情况下工作。

2. DLY0、DLY3 和 DLY5 的主要性能参数与尺寸符合 JB/T 10611—2006。

3. “A”代表单键孔，不标“A”代表花键孔。

4. 同表 7-3-30 注。

（2）DLY3 系列牙嵌式无滑环电磁离合器

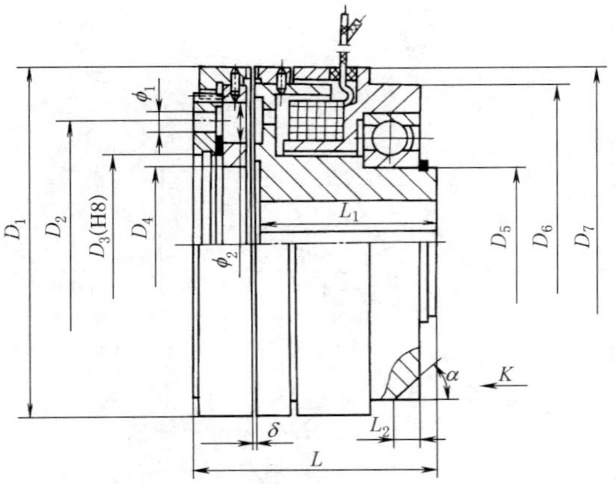

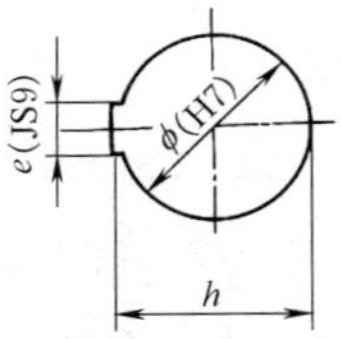

K向

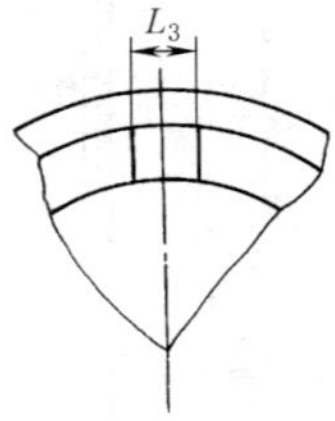

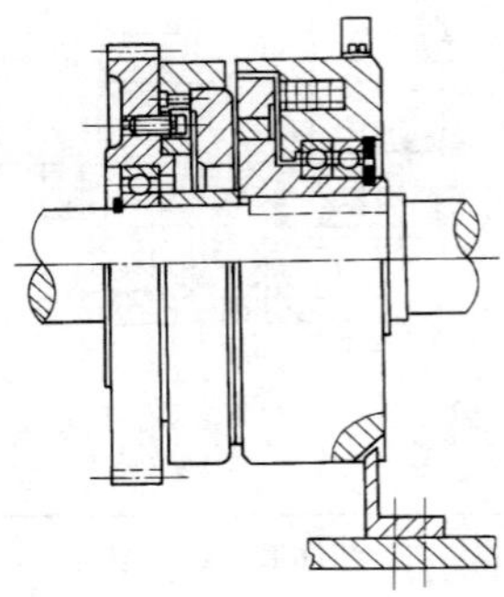

安装示例

表 7-3-46

规格	额定转矩 /N·m	额定电压(DC) /V	线圈消耗功率 (20℃)/W	允许最高结合转速 /r·min^{-1}	允许最高转速 /r·min^{-1}
5A	50	24	24	50	4500
25A	250	24	38	20	3300
41A	410	24	64	15	3000
63A	630	24	60	相对静止	2500
100A	1000	24	80	相对静止	2200
200A	2200	24	110	相对静止	1800

规格	D_1	D_2	D_3	D_4	D_5	D_6	D_7	ϕ_1	ϕ_2	ϕ	h	e	L	L_1	L_2	L_3	α	δ
	mm																	
5A	82	58	42	36	35	75	82	3×ϕ4.5	3×ϕ10	20	$22.8^{+0.1}_{0}$	6	55	42	6	8	45°	0.3±0.05
25A	115	80	62	55	55	105	115	3×ϕ6.5	3×ϕ12	40	$43.3^{+0.2}_{0}$	12	70	50.8	5	10	45°	0.4±0.1
41A	134	95	72	68	70	127	134	6×ϕ8.5	6×ϕ15	45	$48.8^{+0.2}_{0}$	14	83	61	7	10	45°	0.4±0.1
63A	145	95	72	65	65	127	145	3×ϕ8.5	3×ϕ15	40	$43.3^{+0.2}_{0}$	12	85.6	64.5	5	10	45°	0.7±0.1
100A	166	120	90	80	85	152	166	6×ϕ8.5	6×ϕ14.5	60	$64.4^{+0.2}_{0}$	18	95	68	10	12	45°	0.7±0.1
200A	210	160	130	95	105	190	210	6×ϕ10.5	6×ϕ18	85	$90.4^{+0.2}_{0}$	22	110	80	10	12	45°	0.4±0.05

注：1. 同表 7-3-45 的注 1、2、3。
2. 北京古德高机电技术有限公司生产的 YDL2 型与 DLY3 型类似。

（3）DLY5 系列牙嵌式有滑环电磁离合器

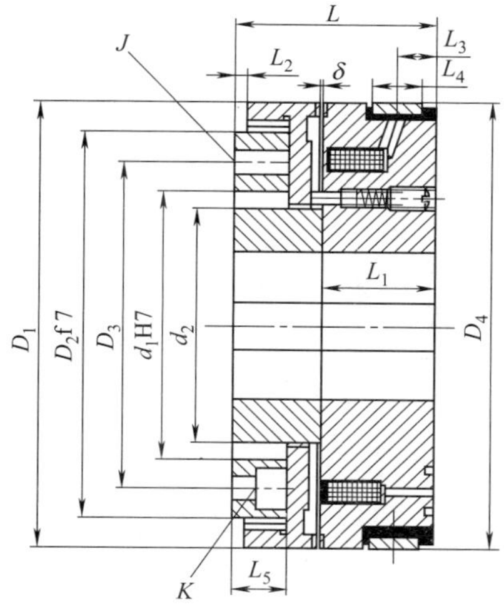

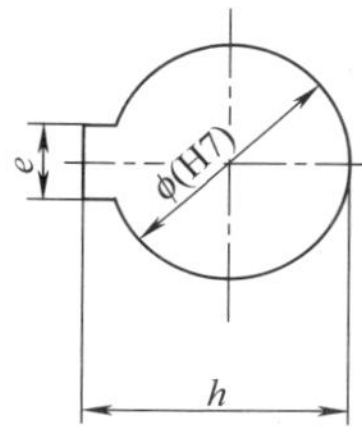

安装示例

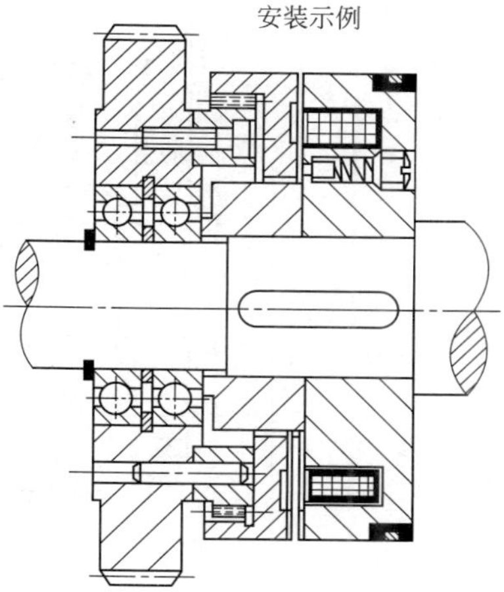

表 7-3-47

规格	额定传递转矩/N·m	额定电压(DC)/V	线圈消耗功率(20℃)/W	允许最高结合转速/r·min^{-1}	允许最高转速/r·min^{-1}	质量/kg
2A	20	24	17	60	5500	0.9
5A	50	24	22	50	4500	1.5
10A	100	24	28	30	4000	2.3
16A	160	24	32	30	3500	3.0
25A	250	24	44	20	3300	4.3
40A	400	24	58	10	3000	6.2
63A	630	24	60	相对静止	2500	8.9
100A	1000	24	73	相对静止	2200	14.0
160A	1600	24	87	相对静止	2000	20.0
250A	2500	24	85	相对静止	1700	34.0

规格	D_1	D_2	D_3	D_4	d_1	d_2	ϕ	h	e	j	K	L	L_1	L_2	L_3	L_4	L_5	δ	电刷型号	
	mm																			
2A	75	65	55	75	45	39.5	25	$28.3^{+0.2}_{0}$	$8^{+0.03}_{0}$	2×4	4×M4	33	18.6	1.5	6.5	8	8	0.4	湿式使用DS-005 干式使用DS-006	见电刷说明书
5A	90	75	64	90	53	49	30	$33.3^{+0.2}_{0}$	$8^{+0.03}_{0}$	2×5	4×M5	40	24.1	2	6.5	8	9	0.5		
10A	105	85	75	105	65	57	40	$42.9^{+0.2}_{0}$	$12^{+0.035}_{0}$	2×5	4×M5	45	26.6	2	6.5	8	10.5	0.5		
16A	115	100	85	115	70	62	45	$48.3^{+0.17}_{0}$	$14^{+0.035}_{0}$	2×6	4×M6	50	29.6	2	6.5	8	12.5	0.5		
25A	125	105	90	125	75	68	50	$53.8^{+0.2}_{0}$	$16^{+0.035}_{0}$	2×8	4×M6	58	33.9	2.5	6.5	8	15.5	0.6		
40A	140	115	100	140	85	74	60	$64.4^{+0.2}_{0}$	$18^{+0.035}_{0}$	2×10	6×M6	67	40	2.5	7.5	10	17	0.6		
63A	160	130	115	160	95	85	70	$74.9^{+0.2}_{0}$	$20^{+0.045}_{0}$	2×10	6×M8	75	42	3	7.5	10	19.5	0.7		
100A	185	155	135	185	115	97	70	$74.9^{+0.2}_{0}$	$20^{+0.045}_{0}$	2×12	6×M8	85	49	3	7.5	10	21	0.7		
160A	215	180	158	215	130	114	85	$95.8^{+0.4}_{0}$	22JS9	2×12	6×M10	100	58	3.5	8.5	10	25.5	0.9	DS-010	
250A	250	210	190	250	150	130	85	$95.8^{+0.4}_{0}$	22JS9	2×12	6×M12	115	66	3.5	8.5	10	26	0.9		

注：1. DLY5-16A 以下规格者为单键；DLY5-25A 以上的规格者为双键，两键位置呈 120°或 180°分布。

2. D3、J、K 为离合器与其连接的连接尺寸，j 为销孔，K 为螺孔，D3 为其位置直径，J、K 为用户自行加工，本表数据仅供参考。

3. 生产厂家同表 7-3-30。

（4）DLY9 系列牙嵌式有滑环电磁离合器

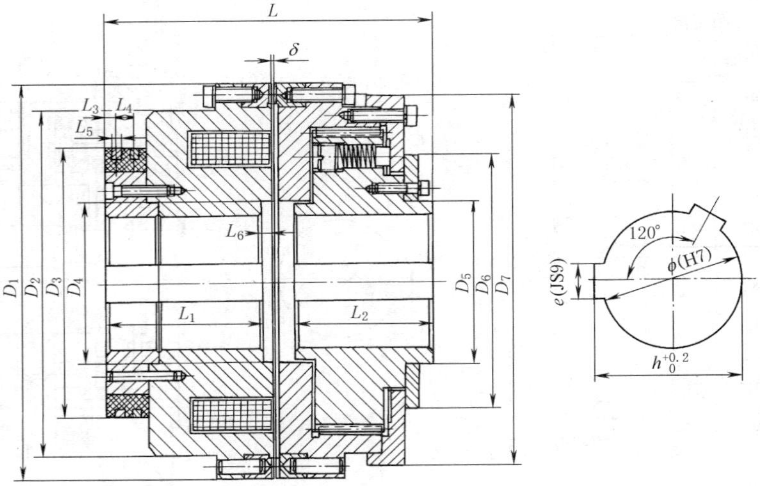

表 7-3-48

规格	额定转矩/N·m	额定电压(DC)/V	线圈消耗功率(20℃)/W	允许最高结合转速/r·min^{-1}	允许最高转速/r·min^{-1}
500A	5000	110	117	相对静止	1300
800A	8000	110	133	相对静止	1000
1000A	10000	110	143	相对静止	1000
1500A	15000	110	220	相对静止	1000

规格	D_1	D_2	D_3	D_4	D_5	D_6	D_7	ϕ	h	e	L	L_1	L_2	L_3	L_4	L_5	L_6	δ	电刷型号
	mm																		
500A	320	270	215	130	130	200	285	110H7	116.4	28	245	105	105	10	14.5	8	19	1	DS-010
800A	380	315	235	150	153	225	334	118G7	124.4	28	300	105	130	12	20	10	30	1.3	
1000A	420	350	255	140	160	230	370	110H7	116.4	28	310	135	135	12	20	10	23	1.5	
1500A	460	380	265	148	180	250	400	118G7	124.4	28	350	140	160	12	20	10	40	1.8	

注：同表 7-3-30 注。

5.4.3 电磁离合制动器产品

（1）DLZ1 系列电磁离合制动器

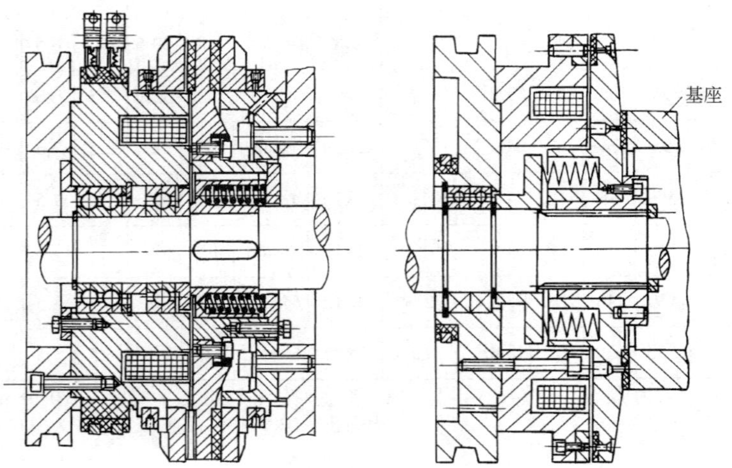

安装示例

表 7-3-49

规格	额定静转矩/N·m		额定电压(DC)/V	线圈消耗功率(20℃)/W	允许最高转速/r·min^{-1}
	离合器	制动器			
25	250	80	24	81	2500
40	400	120		115	2500
50	500	90		137	1500
80	800	120		131	1500

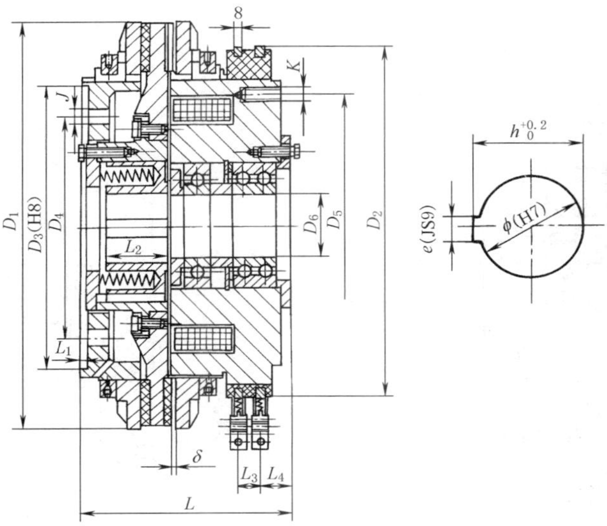

表 7-3-50

规格	D_1	D_2	D_3	D_4	D_5	D_6	J	K	L	L_1	L_2	L_3	L_4	δ	ϕ	e	h	电刷型号
	mm																	
25	285	247	200	155	180	45	8×ϕ11	8×M10 深 25	147	5	45	16	20.7	0.5	50	14	53.8	DS-009
40	315	265	210	170	195	50	8×ϕ13	8×M12 深 25	166	6	51	16	20	0.7	55	16	59.4	DS-010

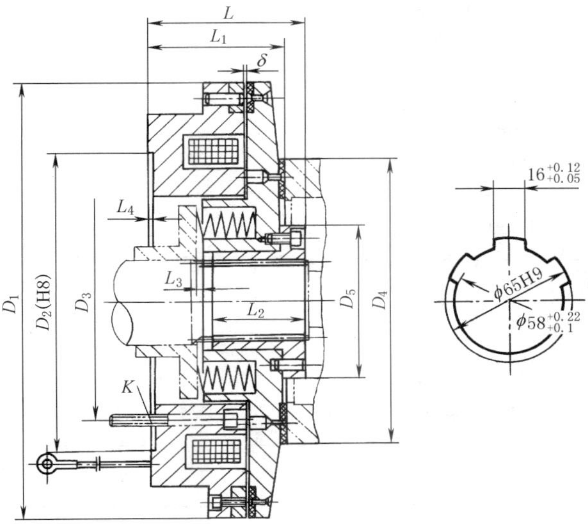

表 7-3-51

规格	D_1	D_2	D_3	D_4	D_5	K	L	L_1	L_2	L_3	L_4	δ	电刷型号
	mm												
50	350	237	188	224	120	6×ϕ12	122	105	73	4	3	0.5	DS-10
80	402	242	194	280	165	6×ϕ13.5	138.5	115.5	94.5	4	6	0.6	

注：生产厂家为天津机床电器有限公司。

（2）DLZ2 系列电磁离合制动器

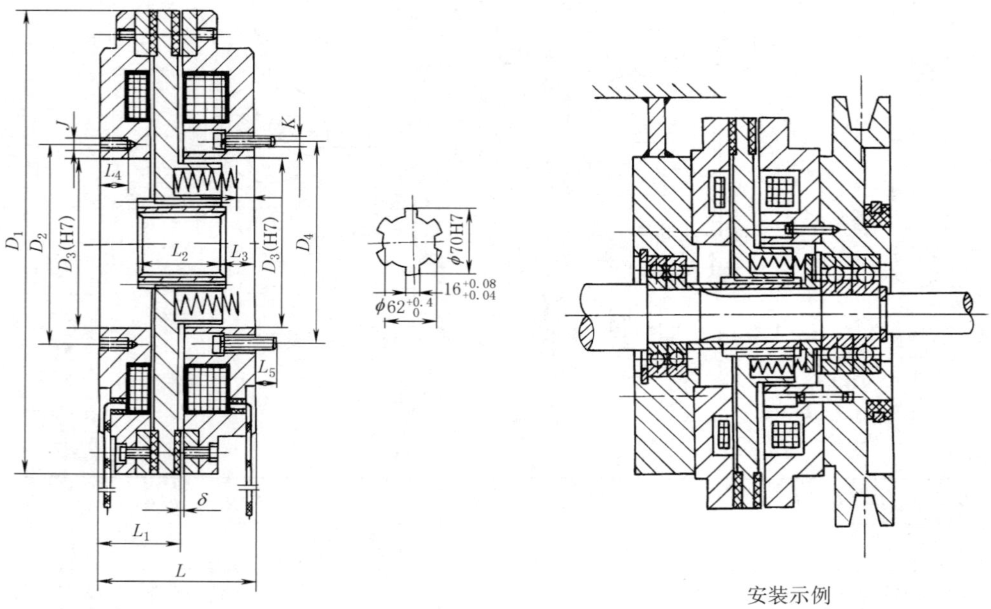

安装示例

表 7-3-52

规格	额定动转矩/N·m		静转矩/N·m		额定电压(DC)/V	线圈消耗功率(20℃)/W		允许最高转速/r·min^{-1}
	离合器	制动器	离合器	制动器		离合器	制动器	
120	1200	400	1320	440	24	125	195	1500
180	1800	800	1980	880		200	120	1200

规格	D_1	D_2	D_3	D_4	J	K	L	L_1	L_2	L_3	L_4	L_5	δ
	/mm												
120	420	205	176	205	4×M12	6×M10	152.5	77	70	38	25	20	0.8
180	500	205	180	220	8×M12	8×M20	183.8	88	70	61	25	35	0.8

注：生产厂家为天津机床电器有限公司。

（3）DLZ4 系列电磁离合制动器

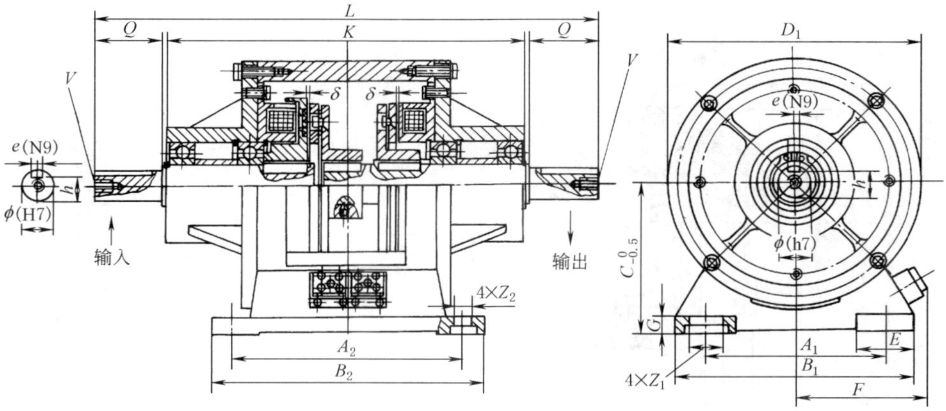

表 7-3-53

规格	额定动转矩/N·m		静转矩/N·m		额定电压(DC)/V	线圈消耗功率(20℃)/W		允许最高转速/r·min^{-1}
	离合器	制动器	离合器	制动器		离合器	制动器	
0.5	5	5	5.5	5.5	24	12	12	4000
1	10	10	11	11		16	16	4000
2	20	20	22	22		20	20	4000
4	40	40	45	45		25	25	4000
8	80	80	90	90		36	38	3000
16	160	160	175	175		46	45	3000
25	250	250	275	275		50	49	2000
55	500	500	550	550	90	65	61	1500
100	1000	1000	1100	1100	24	66	31	1500

规格	A_1	A_2	B_1	B_2	C	D_1	E	F	G	K	L	V	Z_1	Z_2	φ	Q	h	e	δ
	mm																		
0.5	65	90	90	105	65	100	27.5	58	10	132	187	M3 深 8	13.5	6.5	11	25	$8.5_{-0.1}^{0}$	4	0.3
1	80	110	110	130	80	125	30	66	12	171	236	M4 深 6	15	9	14	30	$11_{-0.1}^{0}$	5	
2	105	135	140	160	90	150	35	81	15	210	295	M6 深 11	20	11	19	40	$15.5_{-0.1}^{0}$	6	
4	135	160	175	185	112	190	42	98	15	270	376		24	11	24	50	$20_{-0.2}^{0}$	8	
8	155	200	200	230	132	230	45	110	18	362	490		28	14	28	60	$24_{-0.2}^{0}$	8	0.5
16	195	240	240	270	160	290	47	129	20	448	616	M10 深 17			38	80	$33_{-0.2}^{0}$	10	
25	240	290	290	320	185	340	60	155	22	490	684	M10 深 17	30	14	50	90	$44.5_{-0.2}^{0}$	14	
100	336	344	440	404	227	464	84	225	22	472	700	—	22		50	120	$44.5_{-0.2}^{0}$	14	

注：生产厂家为天津机床电器有限公司。北京古德高机电技术有限公司生产的 DLZ1 型组合离合器参数及尺寸与本表型号类似，具体数据以该公司样本为准。

（4）DLZ5 系列电磁离合制动器

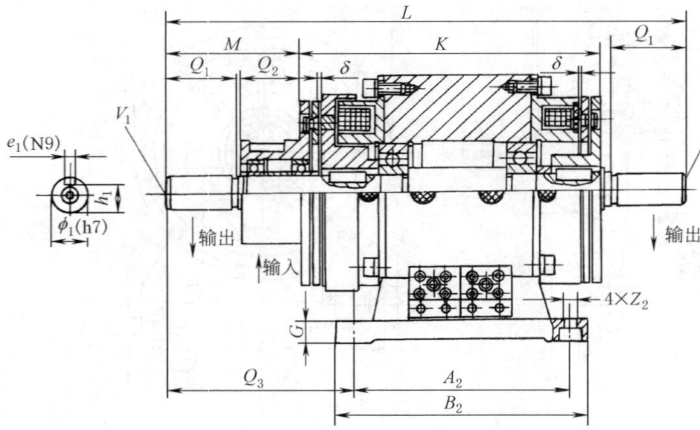

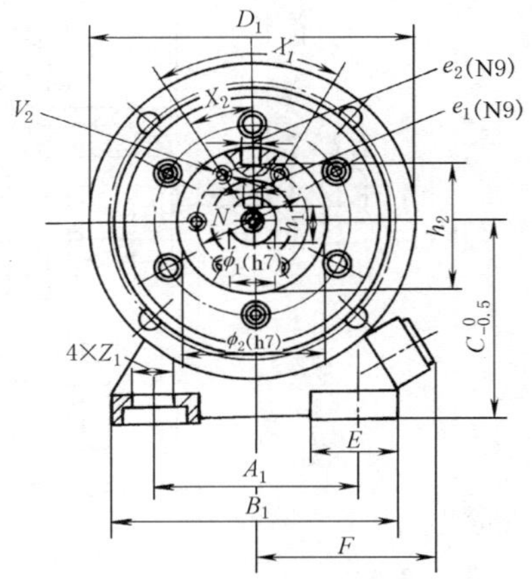

表 7-3-54

规格	额定动转矩/N·m 离合器	额定动转矩/N·m 制动器	静转矩/N·m 离合器	静转矩/N·m 制动器	额定电压(DC)/V	线圈消耗功率(20℃)/W 离合器	线圈消耗功率(20℃)/W 制动器	允许最高转速/r·min^{-1}
DLZ5-5	5.5		7.5		24			8000
DLZ5-1	10	10	11	11		16	16	4000
DLZ5-10	11		15					6000
DLZ5-20	22		30					5000
DLZ5-8	80	80	90	90		36	38	3000
DLZ5-40	45		60					4000
DLZ5-80	90		120					3000
DLZ5-25	250	250	275	275		50	49	2000

规格	A_1	A_2	B_1	B_2	C	D_1	E	F	G	K	L	M	N	V_1	V_2
	mm														
DLZ5-1	65	90	90	105	65	100	27.5	58	10	126	217	57	37	M4 深 8	3×M4 深 6
DLZ5-8	135	160	175	185	112	190	42	97	15	221	399	113	62	M6 深 11	6×M5 深 8
DLZ5-25	180	225	225	255	160	280	45	126	20	315	611	179	100	M10 深 17	6×M6 深 12

规格	X_1	X_2	Z_1	Z_2	ϕ_1	ϕ_2	Q_1	Q_2	Q_3	h_1	h_2	e_1	e_2	δ
	mm													
DLZ5-1	3×120°	60°	13.5	6.5	14	45	30	25	78.5	$11_{-0.1}^{0}$	$42_{-0.1}^{0}$	5	5	0.2
DLZ5-8	6×60°	30°	24	11	28	75	60	50	149	$24_{-0.2}^{0}$	$71_{-0.1}^{0}$	8	8	0.3
DLZ5-25	6×60°	30°	28	14	42	110	110	65	231	$37_{-0.2}^{0}$	$104_{-0.2}^{0}$	12	16	0.5

注：生产厂家为天津机床电器有限公司，北京古德高机电技术有限公司。表中 DLZ5-5、10、20、40、80 为北京古德高公司生产，其尺寸见该公司产品样本。

（5）DLZ6 系列电磁离合制动器

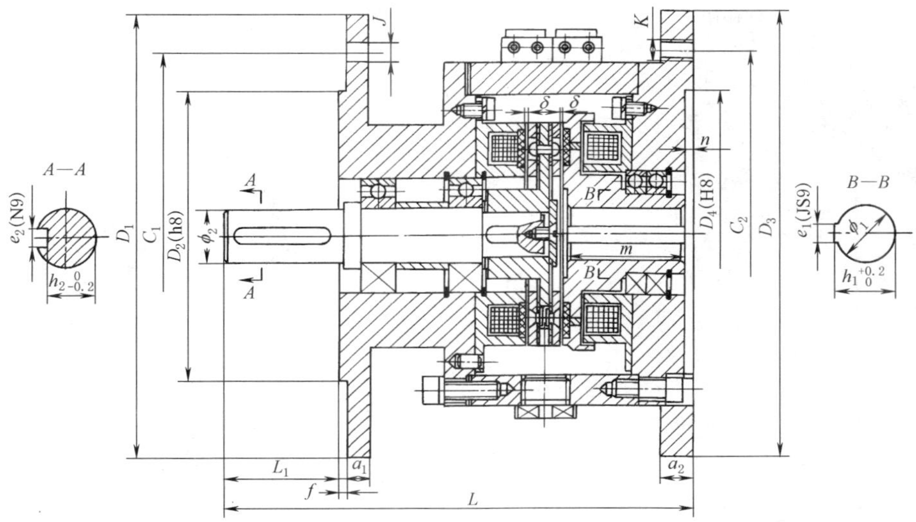

表 7-3-55

规格	额定动转矩/N·m		静转矩/N·m		额定电压(DC)/V	线圈消耗功率(20℃)/W		允许最高转速/r·min^{-1}
	离合器	制动器	离合器	制动器		离合器	制动器	
2	20	20	22	22	24	20	20	4000
4	40	40	45	45		25	25	4000
8	80	80	90	90		36	38	3000

规格	D_1	D_2	D_3	D_4	C_1	C_2	J	K	L	L_1	f	a_1	a_2	m	n	ϕ_1	h_1	e_1	ϕ_2	h_2	e_2	δ
	mm																					
2	200	130	200	130	165	165	4×ϕ11	4×M10	217.5	50	3.5	10	14	52	4	24H7	27.3	8	24h6	20	8	0.2
4	250	180	250	180	215	215	4×ϕ15	4×M12	257	60	4	15	20	65	5	28H8	31.3	8	28h7	24	8	0.3
8	250	180	250	180	215	215	4×ϕ15	4×M12	292	60	4	20	25	59.5	5	28H8	31.3	8	28h7	24	8	0.4

注：生产厂家为天津机床电器有限公司。

（6）DLM、DLY、DLZ 系列电磁离合器用电刷

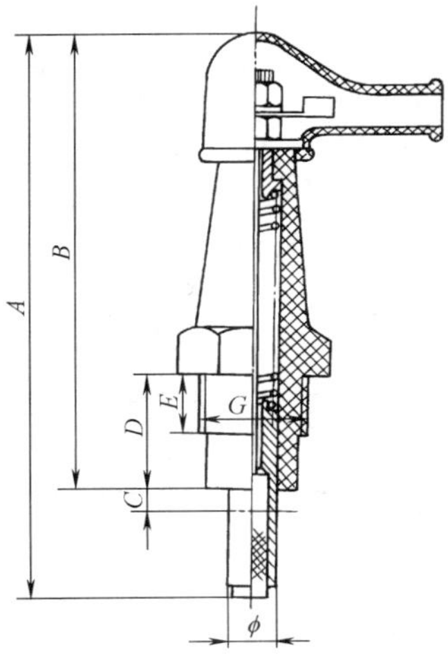

DS-001, DS-002, DS-003

(a)

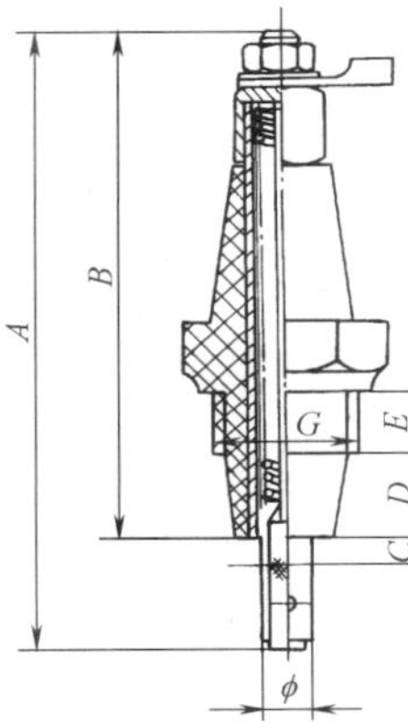

DS-005, DS-006

(b)

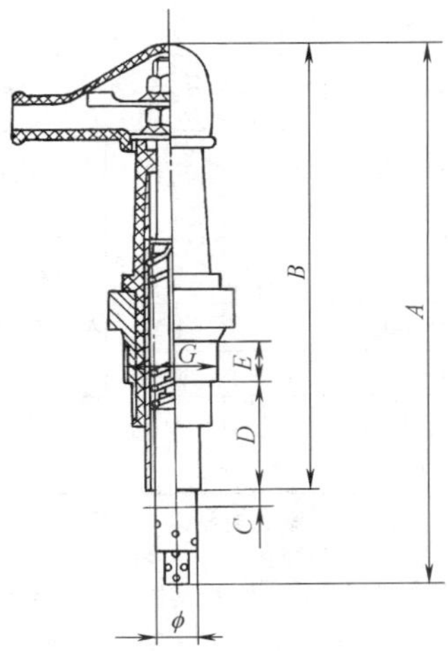

DS-004, DS-007

(c)

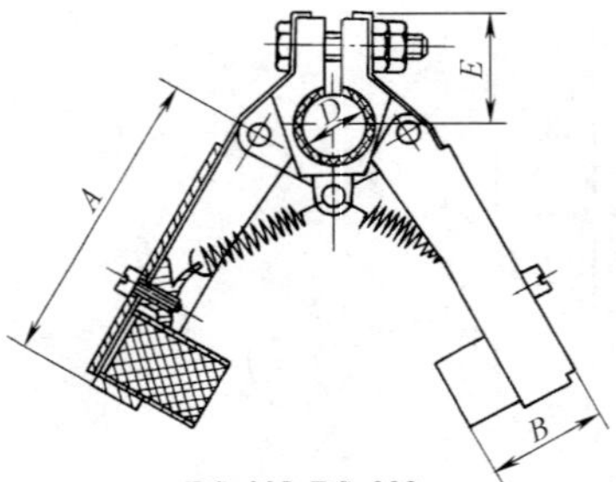

DS-008, DS-009
(d)

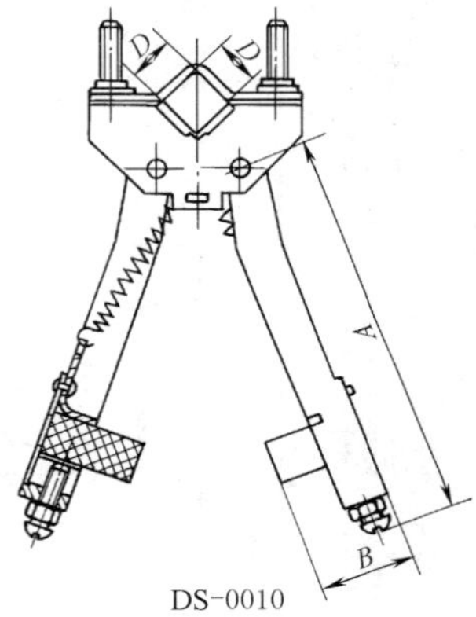

DS-0010
(e)

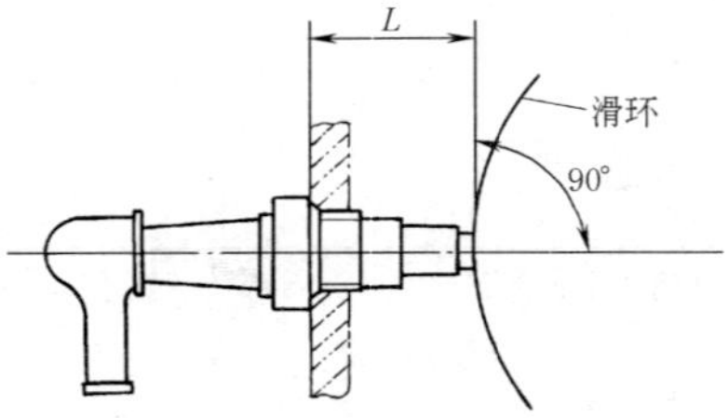

(f)

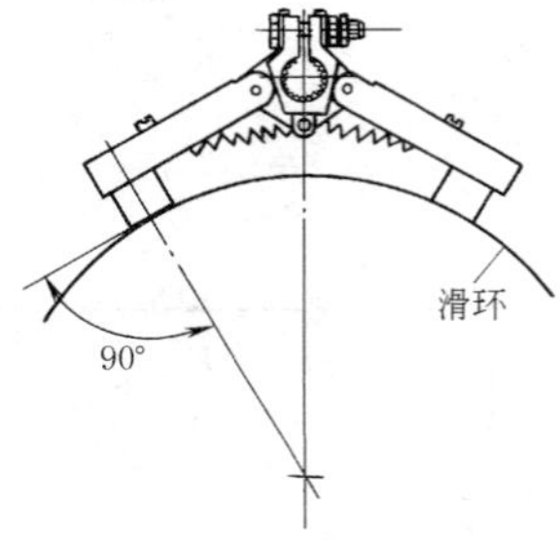

(g)

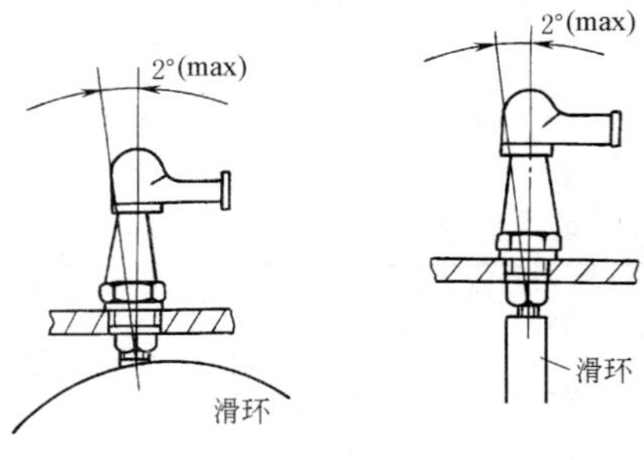

(h)

表 7-3-56

电刷型号	电流/A	工作条件	电刷头尺寸/mm	外形尺寸/mm						示图	适用产品举例
				A	B	C	D	E	G		
DS-001	4	湿式	$\phi8$	<100	78	3.5	19.5	10.5	M18×1.5	图 a	DLM0 DLM5(C)DLY0~25 以上,DLM5~10 以上
DS-002	3	湿式	$\phi6$	<70	56	4	10	8	M16×1	图 a	DLY0~25 以下, DLM5~10 以下
DS-003	4	干式	$\phi8$	<100	78	3.5	19.5	10.5	M18×1.5	图 a	DLM2
DS-004	4	湿式	$\phi8$	<143	118	3	43	8	M18×1.5	图 c	特殊订货
DS-005	3	湿式	$\phi6$	<80	65	3	11	8	M18×1.5	图 b	DLM10A(EKE S) DLY5(EZE)
DS-006	3	干式	$\phi6$	<80	65	3	11	8	M18×1.5	图 b	DLM10A · G(EKE T) DLY5(EZE)
DS-007	4	湿式	$\phi8$	<110	90	3	22	8	M18×1.5	图 c	特殊订货
DS-008	10	湿式	6×10	42	16		10	15		图 d	特殊订货
DS-009	10	干式	8×10	80	20		10	15		图 d	特殊订货
DS-010	10	干式	8×12.5	112	26		17			图 e	DLD1 DLT1 DLZ1

电刷型号	DS-001	DS-002	DS-003	DS-004	DS-005	DS-006	DS-007
L/mm	23	14	23	57	22	22	33

注：1. 电刷为有滑环（线圈旋转）型电磁离合器用以接通电源，将电流引入线圈使离合器可靠运行。

2. 电刷分湿式和干式两种，其中又分单头和双头（图 e、图 f）。湿式电刷头由磷铜丝网卷制而成，使用压力较大，干式电刷头由石墨和铜混合材料制成，使用压力较小。

3. 安装单头电刷时，其中心线应垂直于接触点处离合器滑环外圆的切线，并通过离合器的中心，且相对于滑环的径向和轴向的倾斜度不大于 2°（图 h）。

4. 安装双头电刷时，电刷头长度方向的中心线应与离合器滑环外圆的切线垂直（图 g）。

5. 单滑环离合器，应将电源的正极接于电刷上。

6. 使用双头电刷时，应将电刷安置于绝缘棒或带有绝缘层的金属棒上，且两电刷之间也须绝缘以免电源短路。

6 磁粉离合器

6.1 磁粉离合器的原理及特性

（1）磁粉离合器的结构和工作原理

磁粉离合器是以磁粉为介质，借助磁粉间的结合力和磁粉与工作面间的摩擦力传递转矩的离合器。图 7-3-8 为无滑环磁粉离合器。从动转子 7 与从动轴 1 相连，以滚珠轴承支承回转。主动轴 12 与主动转子 11 相连一起回转。主动转子上嵌有励磁线圈 8，在主动转子与从动转子间充填磁粉。当线圈 8 通电时，产生垂直于间隙的磁通，使松散的粉粒磁化结成磁粉链，产生磁连接力，并借助主、从动件与磁粉向摩擦力将动力传给从动件。断电后，磁粉恢复松散状态，并在离心力作用下，使磁粉贴靠主动转子内壁而与从动转子脱离，离合器脱开。

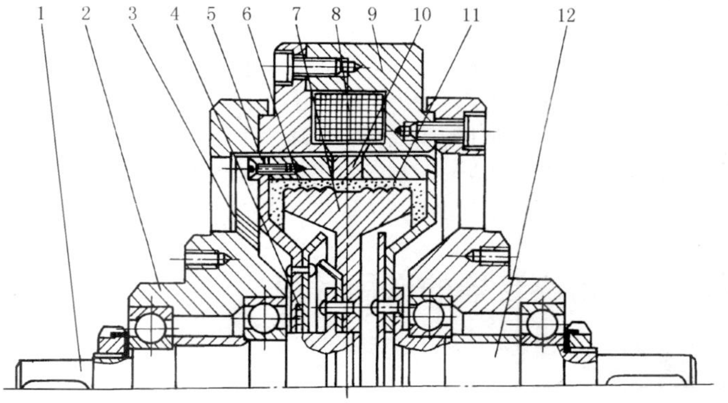

图 7-3-8 无滑环磁粉离合器

1—从动轴；2—从动轴支承盖；3—风扇；4—密封圈；5—转子端盖；6—磁粉；7—从动转子；8—线圈；9—定子；10—隔磁环；11—主动转子；12—主动轴

磁粉离合器主要用于接合频率高，要求接合平稳，需调节启动时间，自动调节转矩、转速或保持恒转矩运转，需过载保护的传动系统。离合器的工作条件：环境温度 -5～40℃，空气最大相对湿度 90%（平均温度为 25℃ 时），海拔高度不超过 2500m，周围介质无爆炸危险、无腐蚀、无油雾的场合。

（2）磁粉离合器的工作特性及特点

表 7-3-57　磁粉离合器的工作特性

特性内容	特性曲线		说明
静特性——主动侧转速为常数，从动侧被制动时，励磁电流与转矩的关系	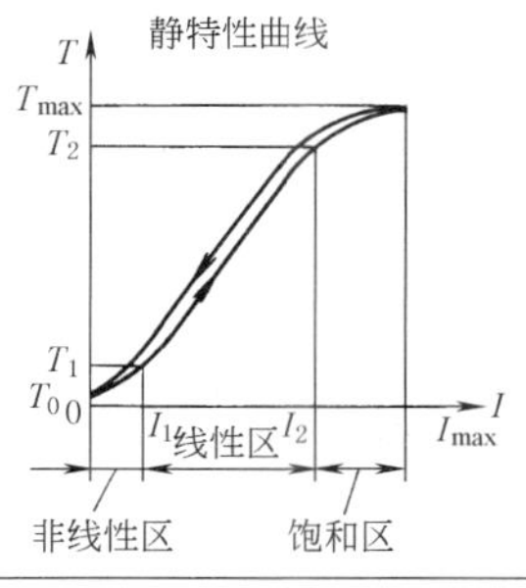 	主动件转速 n_1 = 常数 从动件转速 n_2 = 0 I —— 励磁电流 T —— 负载转矩	除弱励磁的非线性区和强励磁的饱和区外，其余区基本上为线性区，但由于磁性材料有剩磁，断电后，有微小的空转转矩，从图可知磁滞回路线的宽度对公称转矩影响较小，即离合器有较宽的转矩线性调节范围 从图中可以看出，改变励磁电流可以控制转矩，且调节范围宽
力学特性——主动侧转速和励磁电流为常数时，从动侧转速和所能传递转矩的关系	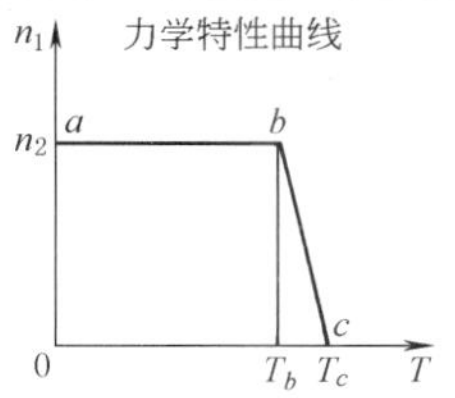 	主动件转速 n_1 = 常数 励磁电流 I = 常数	当负载转矩小于某一 T_b 值，主、从动侧同步转动；当负载转矩在 T_b 与 T_c 之间，离合器在有滑差下工作；当负载转矩大于 T_c 时，从动侧转速为零，离合器处于制动状态。此图表明在一定的范围内，从动侧转速不随转矩而变
调节特性——主动侧转速和传递转矩为常数时，从动侧转速与励磁电流之间的关系	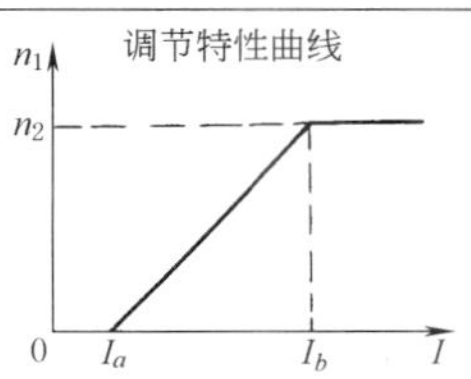 	主动件转速 n_1 = 常数 负载转矩 T = 常数	当励磁电流小于 I_a 时，从动侧不动，转速为零；当励磁电流大于 I_a 时，离合器从动侧开始转动，但有滑差；当励磁电流大于 I_b 时，离合器的主、从动侧同步转动。即表明从动侧的转速可调，但调节范围不大

续表

<table>
<tr><th>特 性 内 容</th><th>特 性 曲 线</th><th>说 明</th></tr>
<tr><td>动特性——主动侧转速和传递转矩为常数时，从动侧励磁电流、转速和转矩与时间的关系</td><td>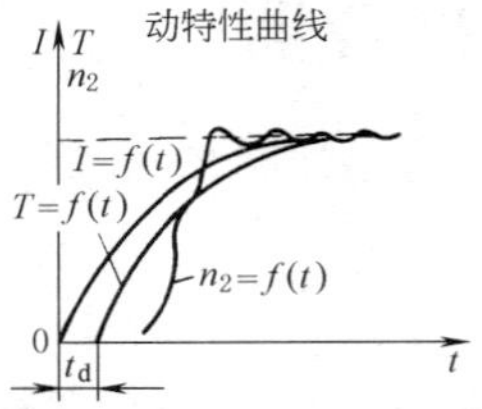t——时间</td><td>在励磁线圈中加上电压后，电流逐渐增加至一额定值，但力矩要经过响应时间 t_d 后才开始上升，而从动侧的转速 n_2 则还要再经过一段时间才开始转动</td></tr>
</table>

磁粉离合器的特点如下。

① 转矩与励磁电流呈线性关系，转矩调节范围广，精度高；传递转矩仅与励磁电流有关，转速改变时传递转矩基本不变；

② 可在主、从动件同步或稍有转速差下工作，过载打滑，有保护作用；

③ 接合平稳，响应快，易于实现自控和远控，控制功率小，且传递转矩大；

④ 从动部分转动惯量小，结构简单，噪声低。

6.2 磁粉离合器的选用计算

表 7-3-58

<table>
<tr><th>计 算 简 图</th><th>计算内容</th><th>计 算 公 式</th></tr>
<tr><td rowspan="2">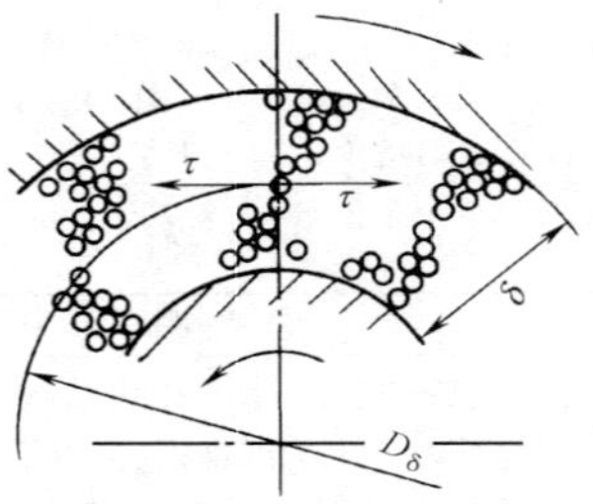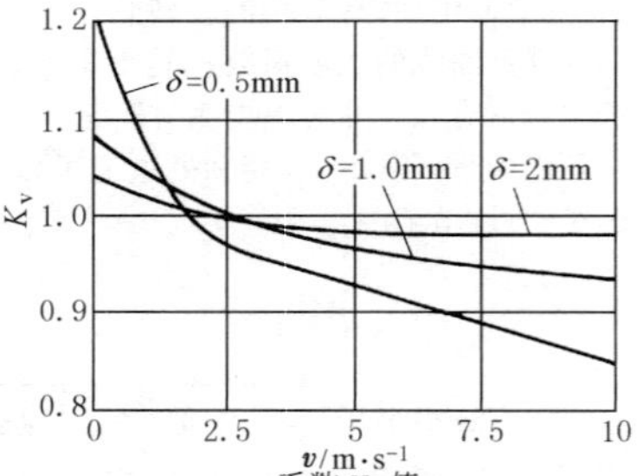系数 K_v 值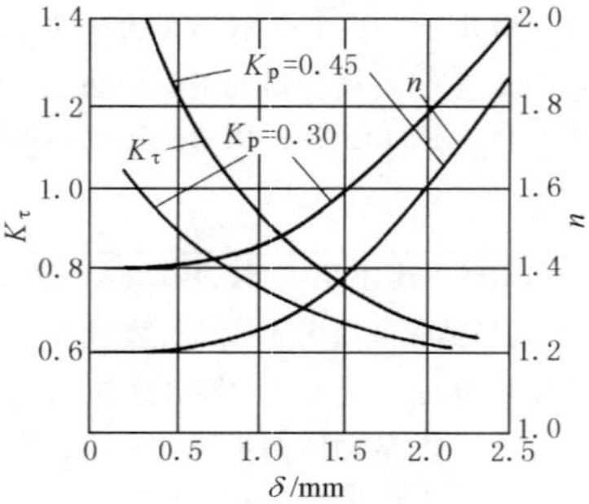系数 K_τ 和 n 值</td><td>计算转矩 T_c
离合器许用转矩 T_p
单位面积剪力 τ_δ</td><td>$T_c=K_gK_lT_t$(N·mm)$\leqslant T_p$(或公称转矩 T_n)
$T_p=\frac{\pi}{2}K_zK_\omega K_b m\tau_\delta D_\delta^3$(N·mm)
$\tau_\delta=0.1\times10^{4n}K_mK_vK_\tau B_\delta^n$(MPa)
τ_δ 一般取 0.5~1.0MPa</td></tr>
<tr><td colspan="2">K_g——过载系数，一般载荷时取 $K_g=1.1\sim1.3$，重载时取 $K_g=1.5\sim2$
K_l——磁粉老化系数，$K_i=1.3\sim1.5$
T_t——需传递的转矩，N·mm
m——工作间隙数
K_z——工作间隙系数，当 $m=1\sim4$ 时，$K_z=1\sim0.9$
K_ω——工作状况系数，当同步时取 $K_\omega=1$，有滑差时取 $K_\omega=0.6\sim0.9$
K_b——从动件工作面宽度与从动件工作间隙的平均直径之比，当传递转矩为 $10^4\sim10^7$N·mm 时取 $K_b=0.12\sim0.08$
D_δ——从动件沿工作间隙的平均直径，mm
K_m——与磁粉松装密度有关的系数，对于不锈钢粉 $K_m=1$；对于铁铝铬、铁硅铝粉 $K_m=1.36$；对于铁钴镍粉 $K_m=1.55$
K_v——与从动件相对运动速度 v 及离合器工作间隙 δ 有关的系数，见左图
K_τ、n——与磁粉的填充系数 K_p 及工作间隙 δ 有关的系数，见左图；K_p 为磁粉体积中铁（或其他导磁合金）所占体积的百分比
B_δ——工作间隙平均磁通密度，T，一般取 $B_\delta=0.5\sim1$T</td></tr>
</table>

6.3 磁粉离合器的基本性能参数（摘自 JB/T 5988—1992）

表 7-3-59 离合器基本性能参数

型　号	公称转矩 T_n /N·m	75℃时线圈 最大电压 U_m /V	75℃时线圈 最大电流 I_m /A	75℃时线圈 时间常数 T_{ir} /s	许用同步转速 n_p /r·min^{-1}	飞轮矩 GD^2 /N·m^2	自冷式 许用滑差功率 P_p /W	风冷式 许用滑差功率 P_p /W	风冷式 风量 /m^3·min^{-1}	液冷式 许用滑差功率 P_p /W	液冷式 液量 /L·min^{-1}
FL0.5□	0.5	24	≤0.40	≤0.035	1500	4×10^{-4}	≥8	—	—	—	—
FL1□	1		≤0.54	≤0.040		1.7×10^{-3}	≥15	—	—	—	—
FL2.5□	2.5		≤0.64	≤0.052		4.4×10^{-3}	≥40	—	—	—	—
FL5□	5		≤1.2	≤0.066		10.8×10^{-3}	≥70	—	—	—	—
FL10□	10		≤1.4	≤0.11		2×10^{-2}	≥110	≥200	0.2	—	—
FL25□.□/□	25		≤1.9	≤0.11		7.8×10^{-2}	≥150	≥340	0.4	—	—
FL50□.□/□	50		≤2.8	≤0.12		2.3×10^{-1}	≥260	≥400	0.7	1200	3.0
FL100□.□/□	100		≤3.6	≤0.23		8.2×10^{-1}	≥420	≥800	1.2	2500	6.0
FL200□.□/□	200		≤3.8	≤0.33	1000	2.53	≥720	≥1400	1.6	3800	9.0
FL400□.□/□	400		≤5.0	≤0.44		6.6	≥900	≥2100	2.0	5200	15
FL630□.□/□	630	80	≤1.6	≤0.47		15.4	≥1000	≥2300	2.4	—	—
FL1000□.□/□	1000		≤1.8	≤0.57	750	31.9	≥1200	≥3900	3.2	—	—
FL2000□.□/□	2000		≤2.2	≤0.80		94.6	≥2000	≥8300	5.0	—	—

注：1. 离合器工作条件：环境温度-5~40℃，空气最大相对湿度为 90%（平均温度为 25℃）；周围介质无爆炸危险，无腐蚀金属，无破坏绝缘的尘埃、无油雾；海拔不超过 2500m。

2. 型号表示方法及示例

FL □ □ . □/□

- □/□（后）——冷却型式代号（自然冷却代号省略；强迫通风代号 F，水、油冷却代号 Y）
- □/□（前）——连接型式代号（轴输入、输出，单、双面止口支撑代号省；轴输入、输出机座支撑代号 J；轴输入、输出单面直角板支撑代号 M；法兰输入、空心轴输出或空心轴支撑式代号 K；法兰输入：轴输出单面止口支撑代号 D；齿轮或带轮、链轮输入、轴输出单面止口支撑代号 C）
- 第二个□——结构型式代号（柱形转子代号省略；杯形转子代号 B；筒形转子代号 T，盘形转子代号 P）
- 第一个□——公称转矩，N·m
- FL——磁粉离合器代号

型号示例：

例 1 公称转矩 50N·m、柱形转子、轴输入、轴输出、双止口支撑自冷式离合器型号为：FL50

例 2 公称转矩 100N·m、柱形转子、轴输入、轴输出、双止口支撑风冷式离合器型号为：FL100/F

例 3 公称转矩 25N·m、杯形转子、法兰盘输入、空心轴输出、空心轴（或单止口）支撑自冷式离合器型号为：FL25B.K

例 4 公称转矩 200N·m、筒形转子、轴输入、轴输出、机座支撑液冷式离合器型号为：FL200T.J/Y

3. 标记方法及示例

FL □ □ □/□—□ JB/T 5988—1992

- JB/T 5988—1992——标准号
- —□——应用类别代号
- FL □ □ □/□——型号

标记示例：

例 1 公称转矩 12N·m、杯形转子、法兰盘输入、空心轴输出、空心轴（或单止口）支撑自冷式离合器，用于一般连接，标记为：FL12B.K　JB/T 5988—1992

例 2 公称转矩 200N·m、柱形转子、轴输入、轴输出、双止口支撑自冷式离合器，用于快速离合，标记为：

FL200—G　JB/T 5988—1992

6.4 磁粉离合器产品

（1）轴输入、轴输出磁粉离合器（止口支撑式，机座支撑式及直角板支撑式）

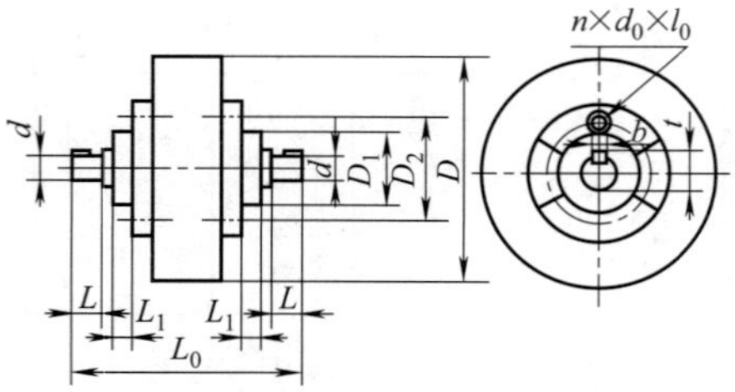

轴输入、轴输出双侧止口支撑

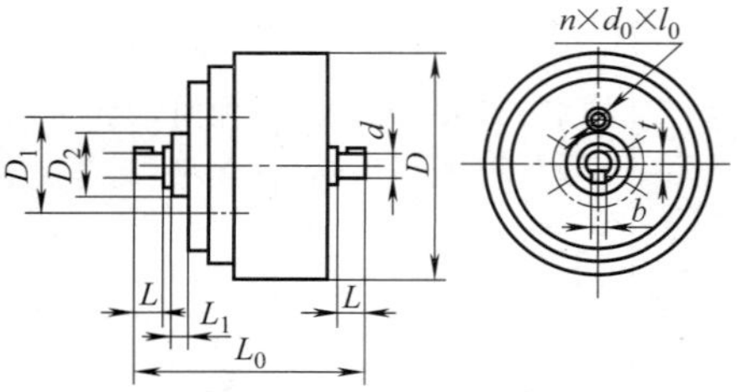

轴输入、轴输出单侧止口支撑

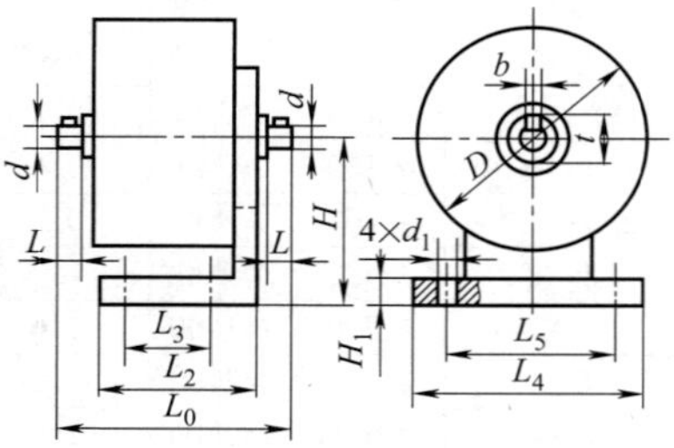

轴输入、轴输出直角板支撑

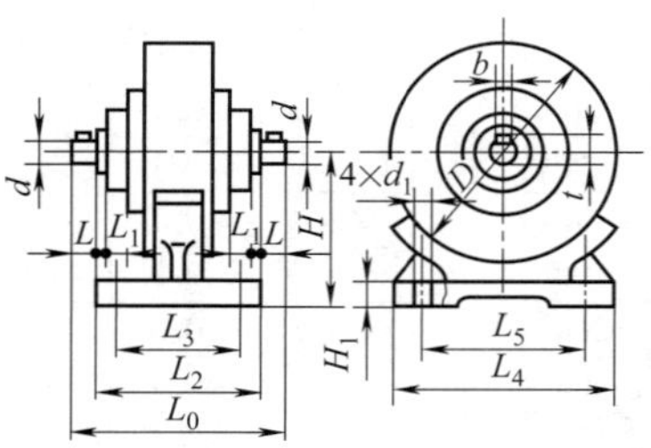

轴输入、轴输出机座支撑

表 7-3-60

mm

型号		外形尺寸			连接尺寸				止口支撑式安装尺寸						机座支撑式、直角板支撑式安装尺寸						
		L_0	L_6	D	d h7	L	b p7	t	D_1	L_1	D_2 g7	n	d_0	l_0	L_2	L_3	L_4	L_5	H	H_1	d_1
FL2.5□	FL2.5□.J	150	—	120	10	20	3	11.2	64	8	42	6	M5	10	70	50	120	100	80	8	7
FL5□	FL5□.J	162	—	134	12	25	4	13.5	64	10	42	6	M5	10	70	50	140	120	90	10	7
FL10□./□	FL10□.J/F	184	—	152	14	25	5	16	64	13	42	6×2	M6	10	90	60	150	120	100	13	10
FL25□./□	FL25□.J/F	216	—	182	20	36	6	22.5	78	15	55	6×2	M6	10	100	70	180	150	120	15	12
FL50□./□	FL50□.J/F	268	120	219	25	42	8	28	100	23	74	6×2	M6	10	110	80	210	180	145	15	12
FL100□./□	FL100□.J/F	346	120	290	30	58	8	33	140	25	100	6×2	M10	15	140	100	290	250	185	20	12
FL200□./□	FL200□.J/F	386	130	335	35	58	10	38	150	25	110	6×2	M10	15	160	120	330	280	210	22	15
FL400□./□	FL400□.J/F	480	130	398	45	82	14	48.5	200	33	130	8×2	M12	20	180	130	390	330	250	27	19
FL630□./□	FL630□.J/F	620	140	480	60	105	18	64	410	35	460	8×2	M12	25	210	150	480	410	290	33	24
FL1000□./□	FL1000□.J/F	680	150	540	70	105	20	74.5	460	40	510	8×2	M12	25	220	160	540	470	330	38	24
FL2000□./□	FL2000□.J/F	820	150	660	80	130	22	85	560	40	630	8×2	M16	30	230	180	660	580	390	45	24

注：1. 对于液冷式（水冷或油冷式）产品在总长 L_0 中可以增加小于 L_6 的冷却液进出装置的长度。

2. D、H_1 为推荐尺寸。

3. 生产厂：北京古德高机电技术有限公司、武汉汉阳船厂磁粉离合器分厂、南通市航天机电自动控制有限公司。

（2）法兰盘输入、空心轴输出磁粉离合器（空心轴或单止口支撑式）

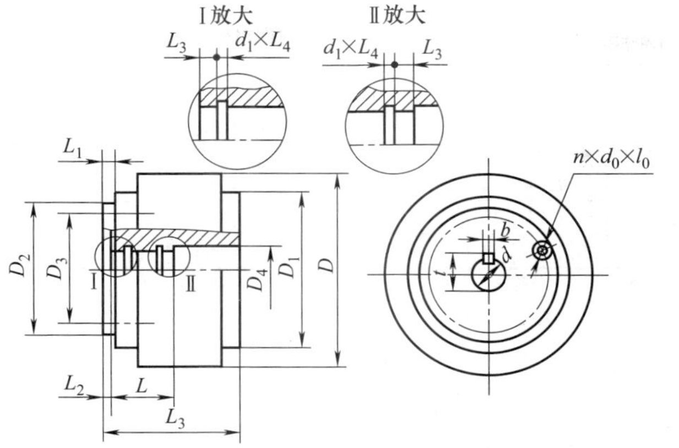

表 7-3-61　　mm

型号	外形尺寸		输入端连接尺寸							输出端连接尺寸								
	L_0	D	D_1	D_2	D_3	L_1	n	d_0	l_0	D_4	L	L_2	L_3	L_4	d	d_1	b	t
FL10□. K	103	160	96	80	68	20	6	M6	15	24	30	2	4	1.1	18	19	6	20.8
FL25□. K	119	180	114	90	80	20	6	M6	15	27	38	2	4	1.1	20	21	6	22.8
FL50□. K	141	220	140	110	95	20	6	M8	20	—	60	3	5	1.3	30	31.4	8	33.3
FL100□. K	166	275	176	125	110	20	6	M10	25	—	60	4	5	1.7	35	37	10	38.3

注：1. D 为推荐尺寸。
2. 生产厂见表 7-3-60 注 3。

（3）法兰盘输入、单侧或双侧轴输出磁粉离合器（单面止口支撑式）

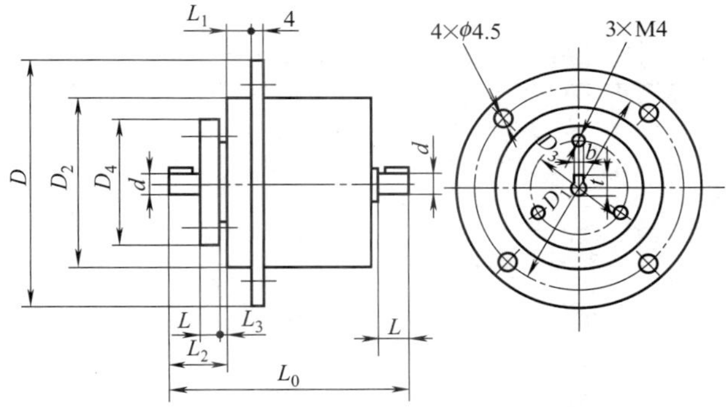

表 7-3-62　　mm

型号	外形尺寸		安装尺寸			连接尺寸							
	L_0	D	L_1	D_1	D_2	L	L_2	L_3	D_3	D_4	d	t	b
FL0. 5□. D	77	70	8.5	60	48	10.5	16.5	5	30	40	5	4.5	9
FL1□. D	83	76	8.5	66	54	12	18.5	5	34	42	7	6.5	10
FL2. 5□. D	95	85	9.5	75	63	15	22.5	6	40	48	9	8.5	13
FL5□. D	111	100	12	90	78	18	25	6	50	60	12	11.5	16

注：生产厂见表 7-3-60 注 3。

（4）齿轮（链轮、带轮）输入、轴输出磁粉离合器（单面止口支撑式）

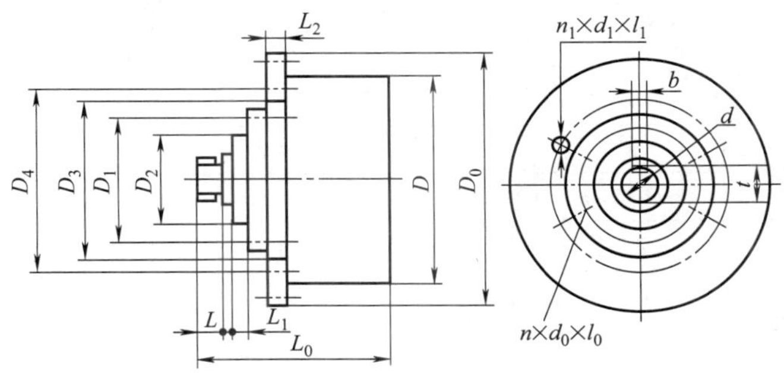

表 7-3-63 mm

型号	外形尺寸		连接尺寸				安装尺寸						齿轮安装尺寸						齿轮参数		
	L_0	D	d	L	b	t	D_1	D_2	L_1	n	d_0	l_0	D_3	D_4	L_2	n_1	d_1	l_1	外径 D_0	齿数 Z	模数 m
FL1□. C	60	56	4	7.5	—	—	19	13	4	3	3	4	—	—	—	—	—	—	61	120	0.5
FL2. 5□. C	120	100	10	20	3	11.2	64	42	8	6	5	10	84	94	—	—	—	—	106	104	1
FL5□. C	136	134	12	25	4	13.5	64	42	10	6	5	10	105	118	18	6	M5	10	140	68	2
FL10□. C	160	152	14	28	5	16	64	42	13	6×2	6	10	132	142	18	6	M6	15	162	79	2
FL25□. C	175	182	20	36	6	22.5	78	55	15	6×2	6	10	156	166	20	6	M6	17	188	92	2

注：1. 齿轮安装尺寸为推荐值。

2. 生产厂见表 7-3-60 注 3。

（5）FL 型磁粉离合器

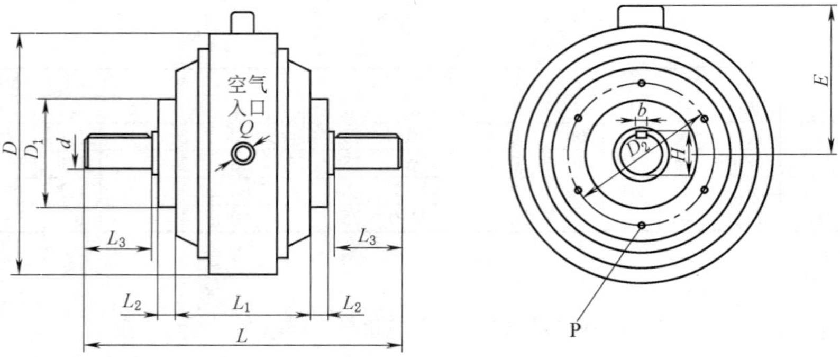

表 7-3-64 **FL 型磁粉离合器外形尺寸及性能**

	型号 \ 代号	L	L_1	L_2	L_3	D	D_1	D_2	P 直径	P 数量	P 深度	键 H $\left(\begin{smallmatrix}0\\-0.20\end{smallmatrix}\right)$	键 b (p7)	键 d (h7)	E	Q
尺寸/mm	FL6	164	80	10	22	136	50	60	M4	6	10	13.5	4	12	93	M12
	FL12	194	94	12	28	150	60	76	M5	6	12	17	5	15	100	M14×1. 5
	FL25	223	103	12	36	170	72	86	M5	6	12	22.5	6	20	115	ZG1/4″
	FL50	286	118	14	58	195	75	100	M6	6	15	28	8	25	128	M14×1. 5
	FL100	304	134	15	58	240	100	130	M10	6	16	33	8	30	150	ZG1/4″
	FL200	380	176	20	70	300	114	136	M10	6	20	38	10	35	180	ZG1/4″
	FL400	472	230	19	90	350	128	148	M12	6	20	43	12	40	207	M16

	型号	额定转矩/N·m	线圈(20℃) 电压/V	线圈(20℃) 电流/A	线圈(20℃) 阻抗/Ω	允许滑差功率 自冷/W	空压气冷 压力/kPa	空压气冷 流量/$m^3 \cdot min^{-1}$	空压气冷 散热率/W	最高允许转速/$r \cdot min^{-1}$	磁粉质量/g
性能	FL6	6	24	0.89	27	70	20	0.15	120	1500	15
	FL12	12	24	1	24	120	30	0.2	180	1500	28
	FL25	25	24	1.25	19.2	130~230	50	0.4	300	1500	30
	FL50	50	24	2	12	150~250	100	0.6	380	1500	42
	FL100	100	24	2.25	10.7	230~350	140	1.1	600	1500	77
	FL200	200	24	2.5	9.6	400~600	150	1.6	1000	1500	133
	FL400	400	24	3.83	6.3	600~1000	160	2	1600	1500	230

注：北京古德高机电技术有限公司，电话 010-85372140。江苏海安中工机电制造有限公司。

（6）FL-K 型空心轴磁粉离合器

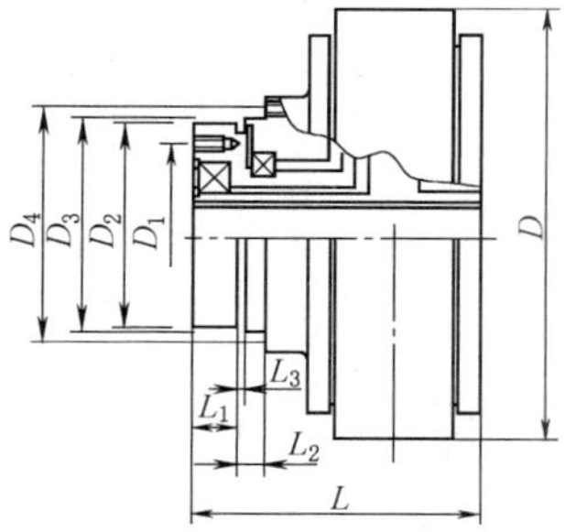

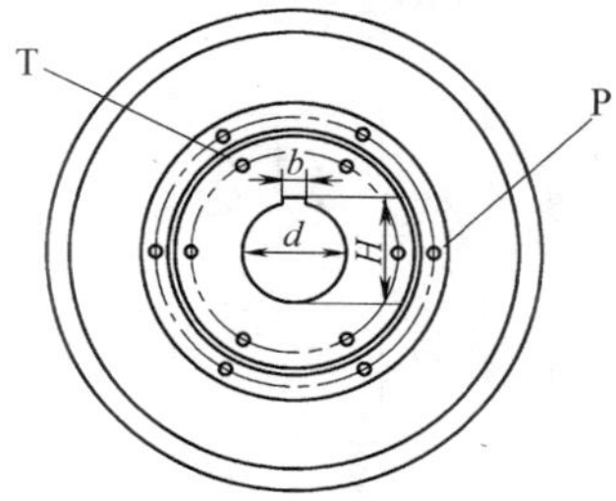

表 7-3-65　FL-K 型空心轴磁粉离合器外形的尺寸及性能

	型号＼代号	L	L_1	L_2	L_3	D	D_1	D_2	D_3	D_4	P			T			孔		
											直径	数量	深度	直径	数量	深度	H $\left(^{+0.2}_{0}\right)$	b	d (H7)
尺寸/mm	FL25K	120	20	14	4	182	71	80	82	91	M6	6	8	M5	6	10	28.3	8	25
	FL50K	142	22	14	2	218	85	95	97	110	M6	6	12	M6	6	15	33. 3	8	30
	FL100K	176	25	18	3	290	105	125	128	145	M8	6	12	M8	6	20	38. 3	10	35
	FL200K	200	28	22	5	335	125	140	145	165	M10	6	20	M8	6	20	48. 8	14	45

	型号	额定转矩 /N·m	线圈(75℃)			允许滑差功率 /W 100～1000r/min	允许转速 /r·min^{-1}	磁粉质量 /g
			电流 /A	功率 /W	阻抗 /Ω			
性能	FL-25K	25	1.9	45.6	12.63	150～230	1500	27
	FL-50K	50	1.6	38.4	15	180～250	1500	46
	FL-100K	100	2.3	55.2	10.43	230～350	1500	95
	FL-200K	200	2.6	62.4	9.23	400～600	1500	170

注：生产厂家同表 7-3-64 注。

（7）FL-cm2 型水冷磁粉离合器

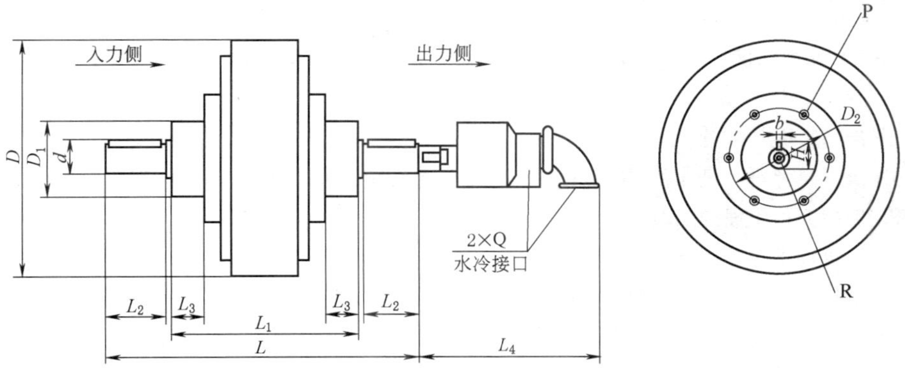

表 7-3-66　　FL-cm2 型水冷磁粉离合器外形的尺寸及性能

	代号 型号	L	L_1	L_2	L_3	L_4	D	D_1	D_2	P			Q	R		轴		
										直径	数量	深度		直径	深度	H 入侧/出侧 $\left(^{0}_{-0.2}\right)$	b 入侧/出侧 (p7)	d 入侧/出侧 (h7)
尺寸/mm	FL50cm2	294	172	55	30	150	219	74	100	M6	6	10	1/2	M6	12	28/31	8/8	25/28
	FL100cm2	360	216	65	28	150	278	100	140	M10	6	15	1/2	M10	20	33	8	30
	FL200cm2	408	250	69	30	150	327	110	150	M10	6	15	1/2	M10	20	38	10	35
	FL400cm2	500	291	92	35	190	398	130	200	M12	8	20	1/2	M10	20	48.5	14	45

	型号	额定转矩/N·m	线圈(75℃)			允许滑差功率/W		允许转速/r·min^{-1}	磁粉质量/g
			电流/A	功率/W	阻抗/Ω	水量/L·min^{-1}	散热率/W		
性能(额定电压DC/24V)	FL50cm2	50	2.15	51.5	11.16	3	1200	1500	65
	FL100cm2	100	2.4	57.6	10	6	2500	1500	150
	FL200cm2	200	2.7	64.8	8.89	9	3500	1500	225
	FL400cm2	400	3.8	91	6.3	15	5000	1500	330

注：生产厂家同表 7-3-64 注。

7　液压离合器

7.1　液压离合器的特点、型式与应用

液压离合器是利用液压油操纵接合的离合器，接合元件有嵌合式与摩擦式之分。结构上有柱塞式与活塞式之分。

(1) 液压离合器的特点

① 传递转矩大，尺寸小，尺寸相同时比电磁离合器传递转矩约大 3 倍；

② 自行补偿摩擦元件磨损的间隙；

③ 接合平稳，无冲击；

④ 调节系统油压可在一定范围内调节传递转矩；

⑤ 结构复杂，加工精度高，需配液压站。

(2) 液压离合器型式与应用

表 7-3-67

型式	活塞式多盘液压离合器	柱塞式多盘液压离合器
简图	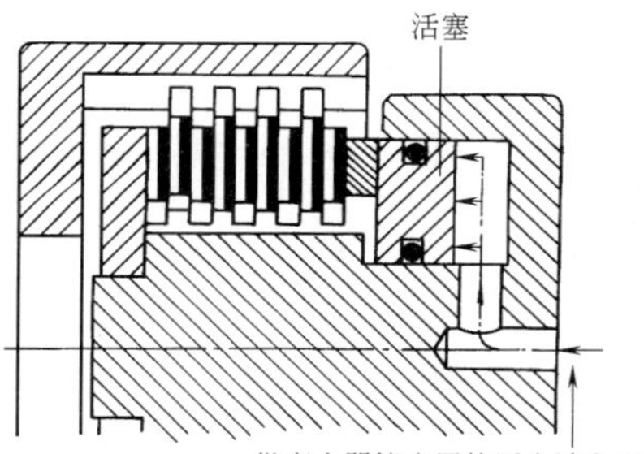 供离合器接合用的压力油入口	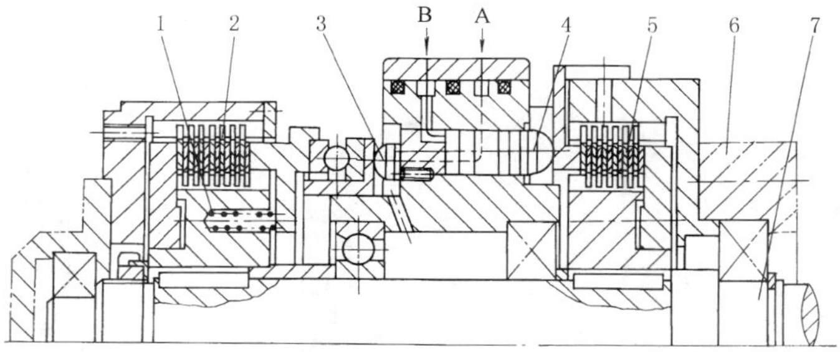 1—弹簧；2—离合器片；3,4—柱塞；5—制动器片；6—箱体；7—轴
特点与应用	活塞推力大，动作灵敏，但加工精度要求高。常用于机床、工程机械、军事车辆、船舶等	利用柱塞代替活塞，一般用于中小型离合器，如机床用离合器。图中左侧为离合器，右侧为制动器。接合时由 A 处进油，推动 12 个柱塞 3 压紧离合器片 2，分离时柱塞 3 卸压，由弹簧 1 复位，多个柱塞工作，加压均匀，但结构复杂。由 B 处进油推动另外 6 个柱塞 4，压紧制动器片 5，使轴 7 受到制动

7.2 液压离合器的计算

传递转矩可按表 7-3-2 及表 7-3-20 中的公式计算，其余按表 7-3-68 中公式计算。

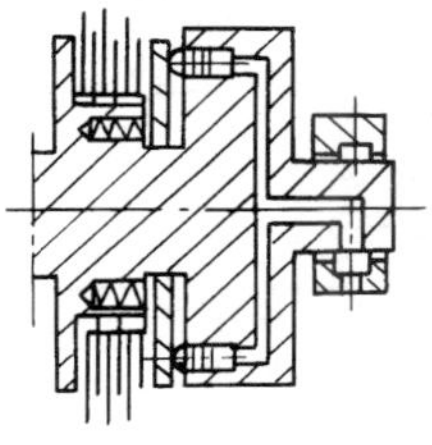

柱塞式

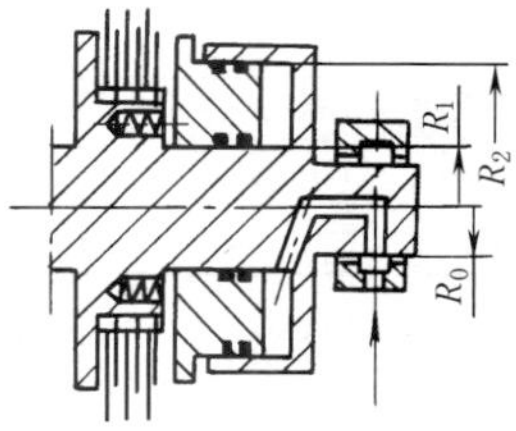

活塞式

表 7-3-68

计算项目		计算公式	说明
柱塞式	柱塞缸压紧力	$Q_g=\frac{\pi}{4}d^2z(p_g-\Delta p)\times100>Q$	p_g——油缸工作压力，一般取 $p_g=0.5\sim2$MPa Δp——压力损失，MPa，一般取 $\Delta p=0.05\sim0.1$MPa Q——接合需要的压紧力，N d——柱塞直径，cm z——柱塞数目
	压力损失对柱塞的阻力	$Q_0=\frac{\pi}{4}d^2z\Delta p\times100$	
	复位弹簧力	$Q_t\geqslant Q_0$	
活塞式	活塞缸压紧力	$Q_g=\pi(R_2^2-R_1^2)(p_g-\Delta p)\times100-Q_f>Q$	p_g——油液工作压力，MPa，一般取 $p_g=0.5\sim2.0$MPa Δp——排油需要的压力，MPa，一般取 $\Delta p=0.05\sim0.10$MPa，但需满足 $\Delta p\geqslant7.85\times10^{-8}n^2R_0^2$ μ——摩擦因数 h——密封圈高度，cm n——油缸转速，r/min Q——接合需要的压紧力，N R_1,R_2,R_0——半径，见上图，cm
	密封圈摩擦阻力 对 O 形圈 对 Y 形圈	$Q_f=0.03Q$ $Q_f=\pi\mu p_g(R_2+R_1)h\times100$	
	压力损失对活塞的阻力	$Q_0=\pi(R_2^2-R_1^2)\Delta p\times100$	
	离心力对活塞的阻力	$Q_1=7.85\times10^{-8}n^2(R_2^2-R_1^2)(R_2^2+R_1^2-2R_0^2)$	
	转动缸复位弹簧力	$Q_t=Q_1+Q_0+Q_f$	
	静止缸复位弹簧力	$Q_t=Q_0+Q_f$	

7.3 活塞式多盘液压离合器的性能及主要尺寸

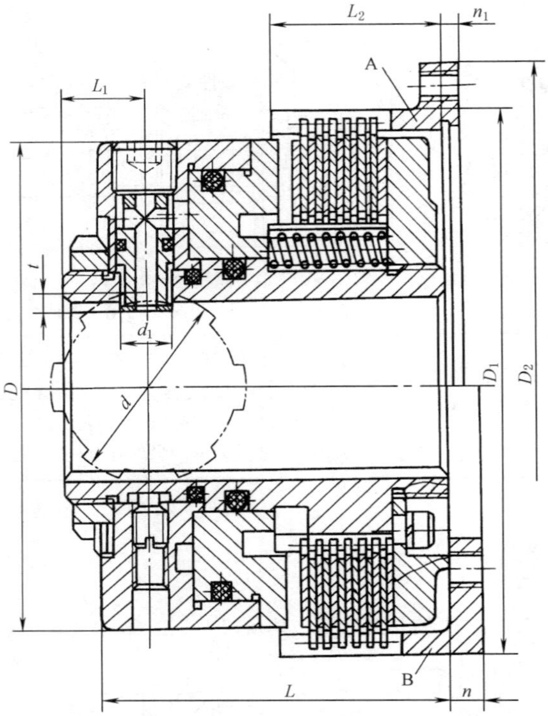

表 7-3-69 mm

<table>
<tr><th rowspan="2">d</th><th rowspan="2">许用动转矩/N·m</th><th rowspan="2">许用静转矩/N·m</th><th rowspan="2">工作压力/MPa</th><th colspan="2">转动惯量/kg·m²</th><th colspan="2">缸容积/cm³</th><th rowspan="2">允许相对转速/r·min⁻¹</th><th rowspan="2">t</th><th rowspan="2">D</th><th rowspan="2">D_1</th><th rowspan="2">D_2</th><th rowspan="2">d_1</th><th rowspan="2">L</th><th rowspan="2">L_1</th><th rowspan="2">L_2</th><th rowspan="2">n</th><th rowspan="2">n_1</th></tr>
<tr><th>内侧</th><th>外侧</th><th>最小</th><th>最大</th></tr>
<tr><td>35×30×10</td><td rowspan="2">160</td><td rowspan="2">250</td><td rowspan="14">2</td><td rowspan="2">0.008</td><td rowspan="2">0.003</td><td rowspan="2">20</td><td rowspan="2">33.5</td><td rowspan="2">3000</td><td rowspan="5">6</td><td rowspan="2">110</td><td rowspan="2">120</td><td rowspan="2">145</td><td rowspan="5">13.5</td><td rowspan="2">90</td><td rowspan="2">19</td><td rowspan="2">40</td><td rowspan="8">8</td><td rowspan="2">5</td></tr>
<tr><td>40×35×10</td></tr>
<tr><td>40×35×10</td><td rowspan="3">250</td><td rowspan="3">400</td><td rowspan="3">0.013</td><td rowspan="3">0.005</td><td rowspan="3">25</td><td rowspan="3">45</td><td rowspan="3">2500</td><td rowspan="3">125</td><td rowspan="3">140</td><td rowspan="3">165</td><td rowspan="3">95</td><td rowspan="3">20</td><td rowspan="6">42</td><td rowspan="12">6</td></tr>
<tr><td>45×40×12</td></tr>
<tr><td>50×45×12</td></tr>
<tr><td>50×45×12</td><td rowspan="3">400</td><td rowspan="3">630</td><td rowspan="3">0.021</td><td rowspan="3">0.010</td><td rowspan="3">30</td><td rowspan="3">53</td><td rowspan="3">2120</td><td rowspan="4">7.5</td><td rowspan="3">140</td><td rowspan="3">160</td><td rowspan="3">185</td><td rowspan="9">15.5</td><td rowspan="3">100</td><td rowspan="3">21</td></tr>
<tr><td>55×50×14</td></tr>
<tr><td>60×54×14</td></tr>
<tr><td>60×54×14</td><td rowspan="3">630</td><td rowspan="3">1000</td><td rowspan="3">0.044</td><td rowspan="3">0.020</td><td rowspan="3">63</td><td rowspan="3">106</td><td rowspan="3">1800</td><td rowspan="3">160</td><td rowspan="3">180</td><td rowspan="3">210</td><td rowspan="3">115</td><td rowspan="6">24</td><td rowspan="6">52</td><td rowspan="6">10</td></tr>
<tr><td>65×58×16</td><td rowspan="2">10</td></tr>
<tr><td>70×62×16</td></tr>
<tr><td>65×58×16</td><td rowspan="3">1000</td><td rowspan="3">1600</td><td rowspan="3">0.075</td><td rowspan="3">0.038</td><td rowspan="3">87</td><td rowspan="3">145</td><td rowspan="3">1600</td><td rowspan="2">7.5</td><td rowspan="3">180</td><td rowspan="3">210</td><td rowspan="3">240</td><td rowspan="3">120</td></tr>
<tr><td>72×62×16</td></tr>
<tr><td>75×65×16</td><td>10</td></tr>
</table>

注：1. 许用动转矩是指在载荷下接合的许用转矩；许用静转矩是指在空载下接合的许用转矩。

2. 工作压力是指油泵输出油路中的表压值，油泵至离合器油缸间的管路压力损失小于等于 0.25MPa。

3. 外片连接件可根据需要制成 A、B 两种形式之一。

8 气压离合器

8.1 气压离合器的特点、型式与应用

这是一种利用气压操纵的离合器。常用空气压力为 0.4～1MPa，有活塞式、隔膜式和气胎式。活塞式加压行程大，补偿磨损容易，隔膜式结构紧凑，质量轻，密封性好，动作灵敏，但行程短，寿命短；气胎式传递转矩大，吸振性好，但气胎变形阻力大，气压损失大。

气压离合器比液压离合器接合速度快，接合平稳，可高频离合，自动补偿磨损间隙，维护方便。缺点是排气时有噪声，需有压缩空气源。

表 7-3-70

型式	气胎式
结构图	结合元件有摩擦盘、摩擦块、摩擦锥盘，常用材料为石棉或粉末冶金，一般为干式。传递转矩大，接合平稳，便于安装，能补偿主从动轴之间的少量角位移和径向位移。允许径向位移 3mm，轴向位移 15mm，角位移在 1m 长度上为 2mm。结构紧凑，密封性好，从动部分惯性小，使用寿命长，气胎变形阻力大，材料成本高，使用温度高于 60℃，会降低气胎寿命，低于-20℃，气胎易变脆破裂。禁止用于油污场合 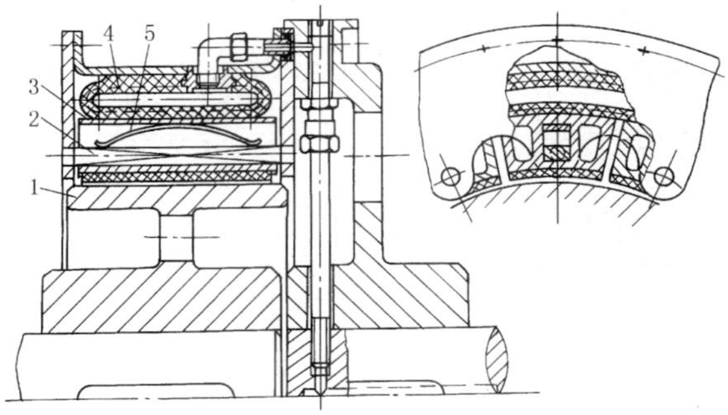 (a) 内收式径向气胎离合器 1—鼓轮；2—矩形销；3—闸瓦；4—气胎；5—弹簧 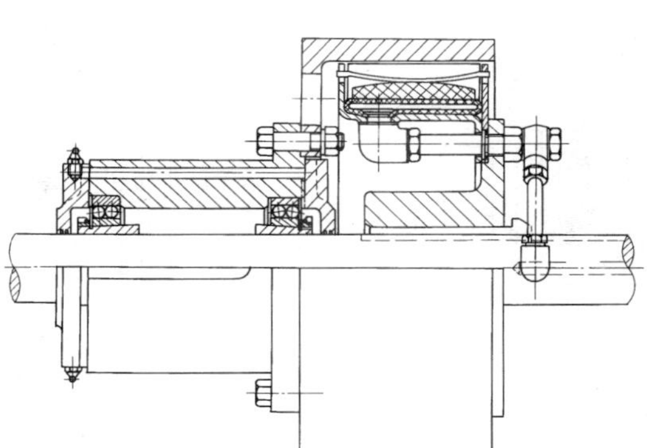 (b) 外胀式径向离合器

续表

型式	气胎式
结构图	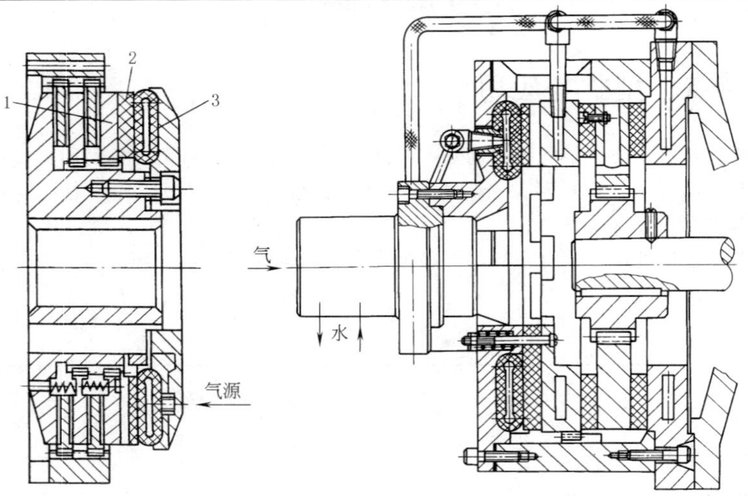（c）轴向式气胎离合器 左图为双盘轴向气动离合器；右图为水冷式轴向气动离合器 1—内圆盘； 2—隔热层； 3—气胎
特点、应用	图 a 内外鼓轮分别与主从动轴固定连接，气胎 4 固定在外轮上，内面有耐磨材料制成的闸瓦 3，空转时瓦块与内鼓轮有 2~3mm 间隙，通入压缩空气时，瓦块向内鼓轮 1 压紧，传递转矩，泄压时，两轴分开 图 b 气胎固定在内轮上，改善了散热条件，但因气胎向外扩张与转动时产生的离心力方向一致，因此在分离时会阻挠离合器脱开，所以没有前一种结构应用广泛 图 c 气胎呈轴向分布，离心力对离合器的离、合都没有影响，且摩擦盘的尺寸较小，重量较轻，但补偿两轴的轴向位移性能不好，故应用不及径向式广泛
型式	活塞式
结构图	活塞式气动离合器传动转矩大，使用寿命长，接合平稳，多制成大型离合器，但制造比较复杂，成本较高，重量较大，为防止接合元件的烧蚀和变形，设有良好的散热孔。功率大的要采用通风结构，工作负载大的还可以采用强制水冷却。活塞缸分整圆和环形两种，一般采用 0.4~0.6MPa 的气压；对于大型离合器为了减小尺寸和重量，可以采用 0.75~0.85MPa 气压，活塞式气动离合器在锻压机上应用较多，其他如钻机、造纸机等 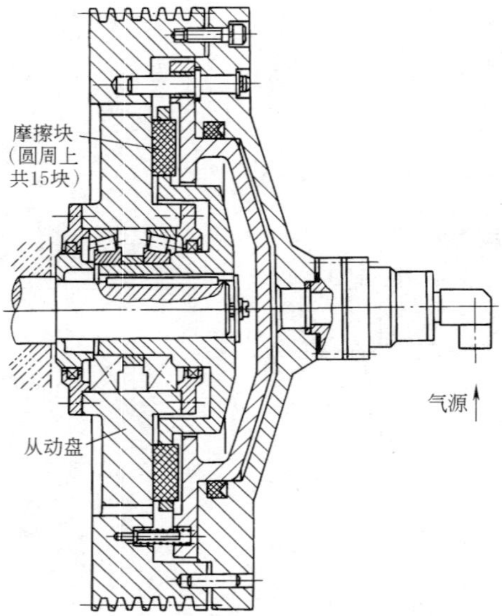（a）圆盘摩擦块活塞式 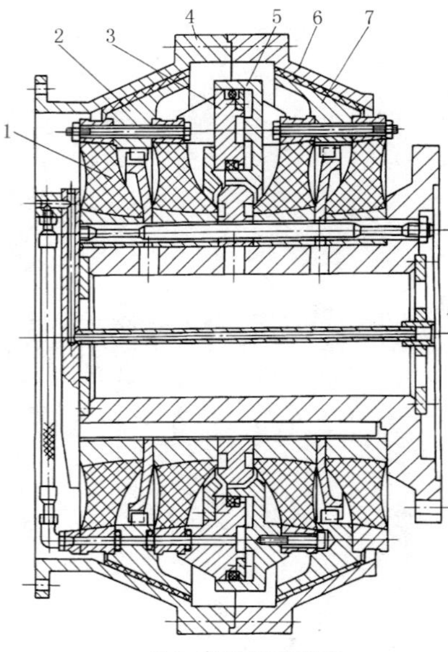（b）高弹性双锥式 1—弹性元件；2,7—锥盘；3—活塞；4,6—外壳；5—环形缸

续表

型式	活塞式	隔膜式
结构图	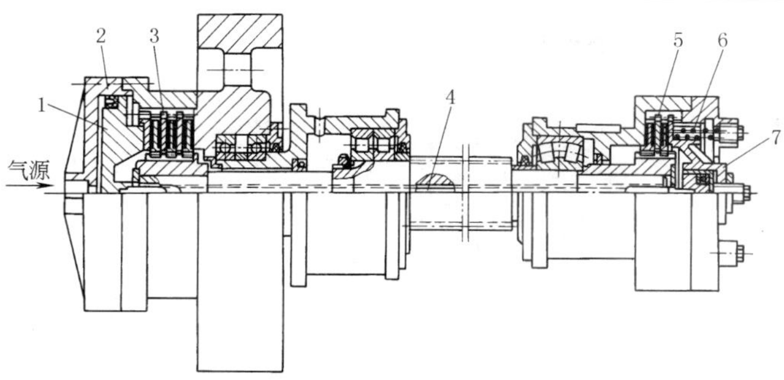(c) 圆盘多片活塞式 1—活塞；2—活塞缸；3—离合器片；4—刚性杆；5—制动器片；6—弹簧；7—压盘	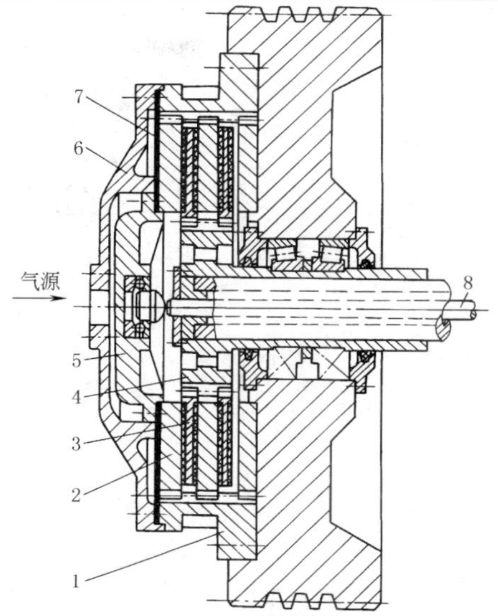(d) 圆盘双片隔膜式 1—壳体；2—外摩擦盘；3—内摩擦盘；4—接盘；5—压盘；6—汽缸盖；7—隔膜；8—刚性杆
特点、应用	图 a 结构进气时，活塞左移，压紧摩擦块，离合器接合，排气后，在复位弹簧推力作用下，活塞右移与摩擦块分离，保持一定间隙，离合器脱开，调节弹簧的弹力，可以改变离合时间 图 b 结构紧凑，能缓和动力装置轴系的扭振影响，允许有较大的轴线安装误差，额定转矩范围 5600～108000N·m，最高转速 900～2800r/min。当中心进气后，活塞 3 和环形缸 5 分别左右移动，使锥盘 2、7 涨开，压向离合器外壳 4、6 时，离合器接合，反之则分离 图 c 为圆盘多片气动离合器和制动器，两端悬臂结构，左端为离合器，右端为制动器，采用粉末冶金衬面的摩擦片，结构紧凑。在离合器与制动器之间装有穿过轴心而使二者连锁的刚性杆 4。当活塞缸 2 左侧进气时，活塞压紧离合器片 3，并经刚性杆推动制动器压盘 7 使制动器片 5 松开，开始接合，放气时，活塞靠制动器弹簧 6 复位，离合器脱开	隔膜比活塞重量轻，惯量小，动作灵敏，接合与脱开时间短，密封性好，空气消耗量小，离合器轴向尺寸缩短，膜片用化纤夹层橡胶制成，有弹性，能自动补偿不规则磨损和轴向跳动。可防振动冲击。膜片制造简单，更换方便，调节容易，缺点是压紧行程受一定的限制，膜片寿命短

8.2 气压离合器的计算

传递转矩及接合元件计算见表 7-3-2 及表 7-3-20，其余按表 7-3-71 中公式计算。

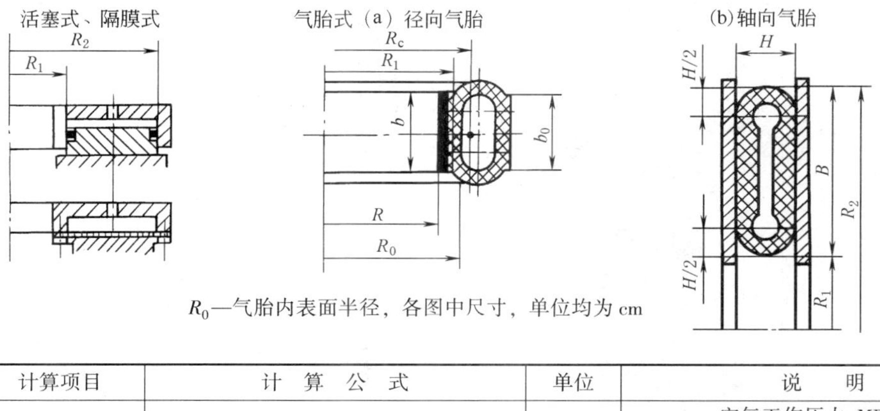

R_0—气胎内表面半径，各图中尺寸，单位均为 cm

表 7-3-71

型 式	计算项目	计 算 公 式	单位	说 明
活塞式、隔膜式	汽缸压紧力	$Q_g=\pi(p_g-\Delta p)(R_2^2-R_1^2)\times100\geqslant Q$ 当 $R_1=0$ 时为整圆缸	N	p_g——空气工作压力，MPa，一般取 $p_g=0.4\sim0.6$MPa Δp——压力损失，MPa，一般取 $\Delta p=0.03\sim0.07$MPa Q——传递计算转矩 T_c 时，接合元件需要的压紧力，N R_1——汽缸内半径，cm R_2——汽缸外半径，cm

续表

型式		计算项目	计算公式	单位	说明
气胎式	径向气胎式	许用传递转矩	$T_p=(Q-F_c)\mu R\geqslant T_c$ $Q=2\pi R_0 b_0(p_g-\Delta p)\times 100$ $F_e=1.1\times10^{-4}G_e R_e n^2$	N·cm N N	Q——气胎内腔充气压力作用在瓦块上的力,N F_e——作用于瓦块上的离心力,N μ——摩擦因数,见表 7-3-17 b_0——气胎内宽度,cm,$b_0\approx b$ b——闸瓦宽度,cm,一般取 $b=(0.4\sim0.7)R$ p_g——空气工作压力,MPa,一般取$p_g=0.6\sim0.8$MPa G_e——气胎闸瓦等部分的质量,kg R_e——气胎闸瓦等部分质心处半径,cm p_p——许用压强,N/cm²,见表 7-3-17 n——气胎转速,r/min τ_p——气胎材料许用切应力,$\tau_p=30\sim50$N/cm²
		摩擦面压强	$p=\dfrac{T_c\times100}{2\pi R^2 b\mu}\leqslant p_p$	N/cm²	
		由气胎强度条件确定许用传递转矩	$T_p=2\pi b_0 R_1^2\tau_p\geqslant T_c$	N·cm	
	轴向气胎式	气胎压紧力	$Q_g=25\pi(p_g-\Delta p)[(2R_2-H)^2-(2R_1+H)^2]-cz(h+\delta)\geqslant Q$	N	c——复位弹簧刚度,N/cm z——复位弹簧数量 h——复位弹簧顶压高度,cm δ——摩擦片总间隙,cm Q——接合所需压紧力,N 其余同径向气胎

注:1. 气动离合器的接合元件计算与摩擦离合器相同,见表 7-3-20。

2. 气胎材料一般由耐油橡胶和尼龙或人造丝组合而成。气胎内腔表面覆有一层弹性橡胶,以保证有良好的密封性能;中间橡胶用尼龙等帘子线加强,外壳为橡胶层,用于保护中间层。

8.3 气压离合器的结构尺寸

内收式径向气胎离合器系列的参数和尺寸(一)

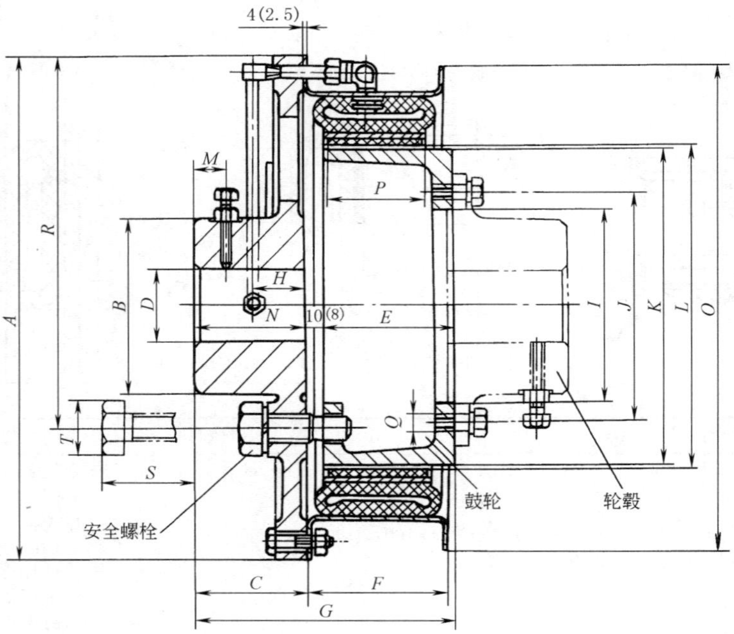

表 7-3-72

mm

离合器编号	可传递转矩/N·m	气胎容量/cm³	GD^2/N·m²			A	B	C	D	E	F	G	H	I
			气胎架	支持架	鼓轮									
1	120	0.6~1.2	0.3	0.7	0.2	194	70	47.5	20~40	65	67	140.5	29.5	
2	250	1.3~2.0	2	3.5	0.6	286	100	65	30~60	80	80	155	40	89
3	510	1.9~3.0	4.2	7.5	2.4	340	100	75	30~60	95	92	180	42	108
4	980	2.9~5.0	11	14	6	405	140	90	40~90	104	110	204	42	158
5	1590	4.3~7.1	21	25	14	460	160	100	55~95	123	125	233	44	185
6	2300	5.4~9.0	32	38	28	510	180	100	65~100	134	137	261	44	210

离合器编号	J	K	L	M	N	O	P	Q	R	S	T	质量/kg		
												气胎	支持架	鼓轮
1	—	101	104	18	47.5	151	50	—	—	—	—	1.6	3.85	3.06
2	108	152	157	25	65	273.1	50	8×M10	—	—	—	4.1	9.51	3.7
3	134	203	208	33	75	327	67	8×M12	156	28	40.4	5.8	14.0	7.6
4	186	254	258	25	90	390.5	80	6×M12	200	30	47.3	10.1	21.6	12.7
5	220	304	308	25	100	447.7	93	6×M12	244	25	47.3	13.9	29.7	18.5
6	240	355	359	25	110	498.5	105	6×M12	286	15	47.3	17.4	38.3	28.0

注：1. 可传递转矩是以工作气压 0.55MPa 为基准的。
2. 编号 1、2 离合器无安全螺栓；编号 1 鼓轮和轮毂是整体的，轮毂外径 90mm，长度 50mm，尺寸 G 算至轮毂端部。

内收式径向气胎离合器系列的参数和尺寸（二）

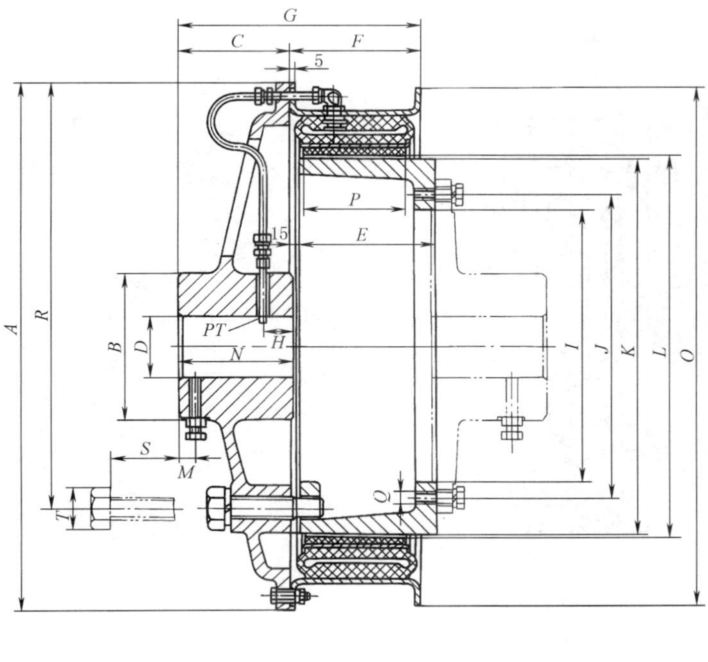

表 7-3-73 mm

离合器编号	额定转矩/N·m	气胎容量/cm^3	GD^2/N·m^2			A	B	C	D	E	F	G	H	I
			气胎架	支持架	鼓轮									
7	3110	9.3~15.2	54	65	30	570	180	135	75~100	180	170	330	48	240
8	4210	13.0~18.9	72	85	51	610	178	140	75~100	180	170	335	43	270
9	5260	14.4~20.9	97	112	79	660	200	140	85~115	180	170	335	43	305
10	6410	15.8~23.0	125	144	115	711	200	140	85~115	180	170	335	43	370
11	7450	17.1~25.0	156	233	151	762	220	160	95~130	180	170	335	48	425
12	8960	18.5~27.0	200	289	200	812	220	165	95~130	180	170	360	48	460
13	11050	20.7~30.7	269	436	269	880	230	165	100~140	185	180	365	53	495
14	12670	17.0~29.9	455	643	359	930	260	190	105~150	185	180	390	60	545
15	14470	18.1~31.9	544	759	511	981	280	190	110~160	185	180	390	60	585
16	16370	19.2~33.9	647	882	634	1032	280	190	110~160	205	180	410	60	635
17	20570	21.4~37.8	929	1530	1080	1151	300	250	110~170	205	180	470	75	730

离合器编号	J	K	L	M	N	O	P	Q	R	S	T	PT	质量/kg		
													气胎	支持架	鼓轮
7	280	375	380	15	140	560	128	6×M20	310	107	57.7	1/4″	24.8	54.2	27.0
8	310	406.4	411.2	20	145	597	128	6×M20	345	107	57.7	1/4″	28.7	60.8	35.1
9	345	457.2	462	20	145	647.7	128	8×M20	400	107	57.7	1/4″	32.0	71.4	44.8
10	410	508	512.8	20	145	698.5	128	8×M20	440	107	57.7	1/4″	34.6	76.3	50.9
11	470	558.8	563.6	20	165	749.3	128	10×M20	484	87	57.7	1/4″	37.7	103	55.0
12	510	609.6	614.4	20	170	800.2	128	12×M20	534	87	57.7	1/4″	40.6	112	61.2
13	545	660.4	665.2	30	170	863.6	138	16×M20	580	112	77.4	1/4″	47.2	136	71.5
14	595	711	716	30	195	914.4	138	16×M20	625	92	77.4	1/2″	68.7	188	80.3
15	630	762	767	30	195	965.2	138	18×M20	675	92	77.4	1/2″	72.9	206	100
16	685	813	818	30	195	1016	138	18×M20	720	92	77.4	1/2″	77.3	215	100
17	780	914.5	919.5	30	255	1133.5	138	20×M20	805	110	98.1	3/4″	89.1	320	145

注：额定转矩一栏是以工作气压 0.55MPa 为基准。

隔膜式圆盘摩擦块离合器的参数和尺寸

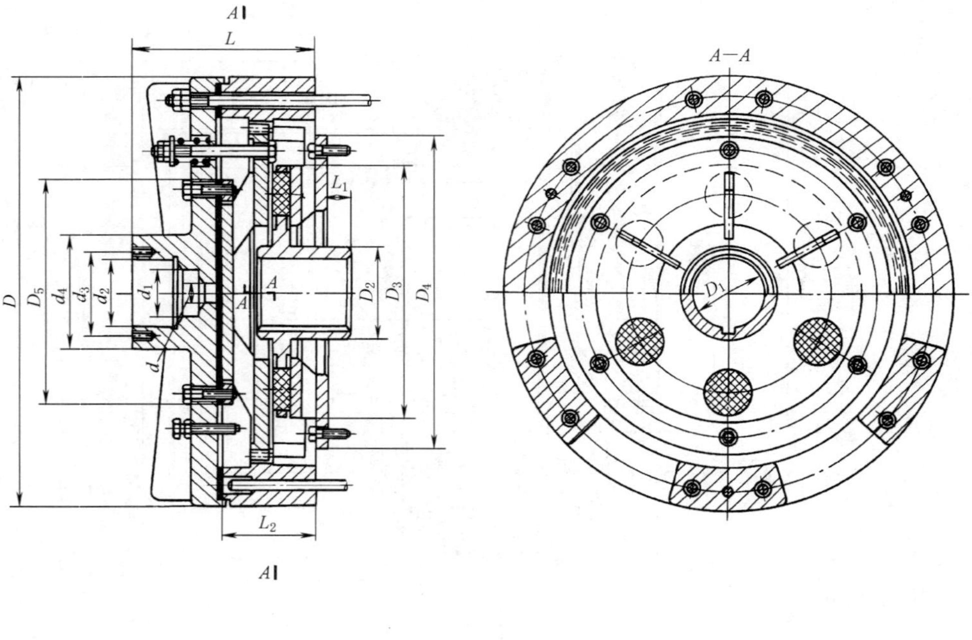

表 7-3-74

mm

可传递转矩/N·m	空气压力/MPa	D	D_1	D_2	D_3	D_4	D_5	L	L_1	L_2	d	d_1	d_2	d_3	d_4	质量/kg
392	0.31	440	60	90	260	330	230	220	39	85	20	50	72	85	120	75
785	0.29	490	70	100	280	350	300	230	49	85	20	50	72	85	120	84
1570	0.30	600	80	120	360	430	330	245	60	90	20	50	72	85	120	135
3090	0.33	650	90	130	450	520	440	285	60	110	25	52	80	95	140	195
6180	0.33	780	100	160	530	610	560	295	71	120	25	52	80	95	140	268
12263	0.34	930	125	180	650	700	680	335	76	140	25	52	80	95	140	435
17658	0.34	1020	140	210	730	810	750	355	96	140	25	52	80	95	140	525
24525	0.39	1120	160	240	830	920	810	425	118	165	42	75	110	130	160	737
34826	0.36	1250	180	260	900	1000	950	455	148	165	42	75	110	130	160	906
49050	0.35	1400	200	300	1020	1120	1060	525	178	190	42	75	110	130	160	1273
69651	0.39	1500	220	320	1160	1260	1110	545	198	190	42	75	110	130	160	1469

8.4 QPL 型气动盘式离合器

QPL 型气动盘式离合器（摘自 JB/T 7005—2007）

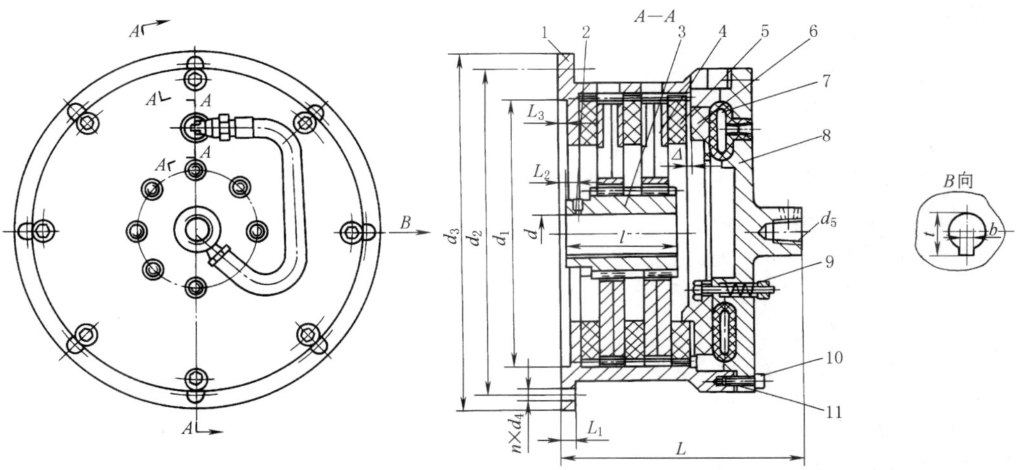

1—壳体；2—紧定螺钉；3—轴套；4—内盘；5—摩擦盘；6—压板；7—气囊；8—端盖；9—复位弹簧；10—螺钉；11—半圆垫片

标记示例：

额定转矩为 4160N·m 的离合器，标记为：

QPL5 离合器　JB/T 7005—2007

表 7-3-75 mm

型号	转矩 T /N·m		许用转速 n_p /r·min^{-1}	d (H7)	l	d_1 (H8)	d_2	d_3	d_4	d_5	L	L_1	L_2	L_3	轴套内孔键槽尺寸		n	转动惯量 /kg·m^2		质量 /kg
	额定	动态													b	t		离合器	轴套和内盘	
QPL1	312	520	1800	45	82	190	203	220	9	Rc ½	178	6	1.5	2	14	48.8	4	0.138	0.0141	20
QPL2	660	1100	1750	55	82	220	280	310	13.5	Rc ¾	192	13	6	8	16	59.3	6	0.357	0.0409	32
QPL3	1540	2560	1400	63	110	295	375	400	17.5	Rc ¾	235	16	10	6	18	67.4	6	1.42	0.175	75
QPL4	2680	4420	1200	80	114	370	445	470	17.5	Rc ¾	248	16	10	10	22	85.4	8	2.85	0.446	105
QPL5	4160	6900	1100	100	120	410	510	540	17.5	Rc1	260	16	10	10	28	106.4	12	5.25	0.761	148
QPL6	6320	10400	1000	120	120	470	560	590	17.5	Rc1	280	16	10	11	32	127.4	12	7.60	1.216	171
QPL7	8600	14300	900	130	130	540	648	685	17.5	Rc1	305	19	8	19	32	137.4	12	14.60	2.385	264
QPL8	15100	25000	700	150	130	620	730	760	17.5	Rc1 ¼	315	19	6	19	36	158.4	12	26.80	3.961	365
QPL9	16800	28000	650	160	175	700	800	830	17.5	Rc1 ¼	350	19	6	19	40	169.4	16	35.00	6.950	426
QPL10	32000	53000	600	180	180	775	900	940	22	Rc1 ½	366	19	6	19	45	190.4	18	62.50	10.261	640
QPL11	49600	82000	500	220	230	925	1065	1105	22	Rc1 ½	404	22	5	16	50	231.4	18	133	26.471	905

注：1. 动态转矩为离合器的全部传动能力，选用时按照额定转矩直接选用。
2. 平键只能传递部分转矩，对于平键不能传递的转矩应由过盈配合传递。
3. 表中转矩 T 指气囊进口处压力为 0.5MPa 时的转矩。

整机装配前应清除各处异物，并用 GB 1922 中的 NY-190 溶剂油清洗快速排气阀。各摩擦盘与内盘的接触面积不得小于 85%，摩擦盘的磨损性能应符合表 7-3-76 的规定并满足强度、硬度、冲击韧性的要求。

表 7-3-76 **磨损性能**

项　目		指　标
静摩擦因数 μ_j		$0.35^{0}_{-0.06}$
磨损率 $10^{-7}cm^3/J$	100℃ 150℃	≤0.17
	200℃	≤0.25

将转动惯量和内盘转速调到一定值，以每分钟 25 次离合频率，在气压为 0.5MPa 时连续离合，直到平衡温度为止，测量下列项目。

① 平衡温度；

② 从常温开始，每隔 20℃时的静摩擦因数。

静摩擦因数 μ_j 的计算如下

$$\mu_j=\frac{T}{nF_aR_f}$$

式中 T——实测离合器传递转矩，N·m；

F_a——轴向压紧力，N；

n——摩擦副数量；

R_f——有效摩擦半径，m。

$$R_f=\frac{2}{3}\times\frac{R^3-r^3}{R^2-r^2}$$

式中 R——摩擦副外半径，m；

r——摩擦副内半径，m。

气囊由橡胶制成，其性能应符合以下要求。

扯断强度：内胶层不小于 19N/m^2，外胶层不小于 15N/m^2。

扯断伸长率：内、外胶层为 400%~430%。

热空气老化试验：在 100℃温度时，24h，性能降低不得大于 30%。

扯断永久变形：内、外胶层均不大于 25%。

邵尔 A 硬度：外胶层为 60±5，内胶层为 45±5。

8.5 气压离合器的接合元件产品

(1) EB 型离合器尺寸及性能

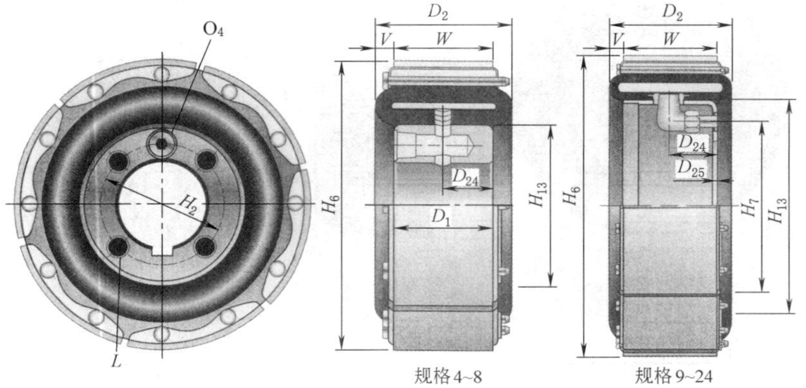

规格4~8　　规格9~24

表 7-3-77

规　格	部件代码	额定转矩 /N·m	最大转速 /r·min^{-1}	转动惯量 /kg·m^2	质量 /kg	摩擦面面积 /cm^2	衬垫厚度/mm		最大转鼓直径 /mm
							新　垫	磨损后	
4EB125	143019	44.1	1800	0.004	1.0	84			104
6EB200	143022	103	1800	0.11	3.2	232	4	2	155
8EB250	143117	251	1800	0.45	8.6	387	3	2	205
9EB325	143274	424	1800	0.042	4.1	568	5	2	231
10EB300	143119	483	1800	0.042	4.5	587	5	2	256
12EB350	143122	848	1800	0.126	7.2	813	5	2	307
14EB400	143126	1360	1500	0.210	10	1077	5	2	358
16EB475	143129	2120	1300	0.462	18	1496	7	2	410
19EB475	143131	3050	1100	0.840	22	1742	7	2	486
21.5EB475	143134	4070	1000	1.43	28	1974	7	2	549
24EB475	143137	5090	900	1.64	31	2219	7	2	626

规　格	部件代码	D_1	D_2	D_{24}	D_{25}	H_2	H_6	H_7	H_{13}	L		O_4	V	摩擦件 W	
		mm								个数	直径 mm	mm		数量个数	宽度/mm
4EB125	143019	38	44	19	—	54	100	—	70	4	5/16-18	1/4-18	6	10	32
6EB200	143022	51	70	25	—	64	150	—	86	4	3/8-16	1/4-18	10	6	51
8EB250	143117	64	83	32	—	111	199	—	137	4	3/8-16	1/8-27	10	8	64
9EB325	143274	—	105	47	5	117	225	117	152	8	13	8	11	9	83
10EB300	143119	—	99	40	4	133	250	141	178	8	13	8	11	10	76
12EB350	143122	—	111	48	5	184	301	192	229	12	13	8	11	12	89
14EB400	143126	—	124	48	5	235	352	243	279	12	13	8	11	14	102
16EB475	143129	—	162	64	6	245	402	244	289	8	13	10	21	12	121
19EB475	143131	—	162	64	6	279	478	279	365	6	19	10	21	14	121
21.5EB475	143134	—	162	64	8	343	541	343	429	8	19	10	21	16	121
24EB475	143137	—	162	64	8	406	605	406	492	8	19	10	21	18	121

注：1. 规格中 EB 前的数字表示转鼓膨胀后摩擦片的名义直径（in），EB 后的数字表示摩擦片宽度的 100 倍（即 125 表示宽度为 1.25in）。

2. O_4 是美国管螺纹。

3. 额定转矩表示空气压力为 0.52MPa 时的动转矩数值，静转矩可相应增加 25%。

4. 经销公司为伊顿工业离合制动器（上海）有限公司，电话 021-50484811；生产厂家为美国伊顿集团（EATON）Airflex 公司。

(2) ER 型离合器尺寸及性能

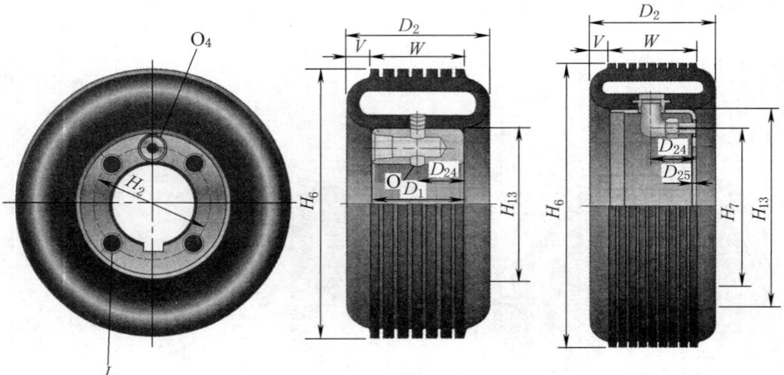

规格3～8　　规格10～24

表 7-3-78

规　格	部件代码	额定转矩 /N·m	最大转速 /r·min^{-1}	转动惯量 /kg·m^2	质量 /kg	最大转鼓直径 /mm
3ER125	512175	45.2	1800	0.001	0.5	78
6ER200	145158	174	1800	0.004	3.2	155
8ER250	145159	401	1800	0.02	8.2	205
10ER300	145161	746	1800	0.03	3.6	256
12ER350	145164	1390	1800	0.08	5.9	307
14ER400	145168	2550	1500	0.17	7.7	358
16ER475	145171	3680	1300	0.29	14	410
19ER475	145174	5380	1100	0.63	18	486
21.5ER475	145177	7120	1000	1.13	24	549
24ER475	145180	9440	900	1.72	28	613

规　格	部件代码	D_1	D_2	D_{24}	D_{25}	H_2	H_6	H_7	H_{13}	L			O	O_4	V	摩擦件宽度 W
		mm								个数	直径/mm	深度/mm	mm			
3ER125	512175	38	44	19	—	N/A	75	—	44	N/A	N/A	N/A	10	N/A	6	32
6ER200	145158	51	78	25	—	64	150	—	86	4	3/8-16	16	8	1/4-18	13	51
8ER250	145159	64	90	32	—	111	201	—	137	4	3/8-16	22	8	1/4-18	13	64
10ER300	145161	—	108	40	4	133	251	141	178	8	13	—	—	8	16	76
12ER350	145164	—	121	48	5	184	302	192	229	12	13	—	—	8	16	89
14ER400	145168	—	133	48	5	235	353	243	279	12	13	—	—	8	16	102
16ER475	145171	—	168	64	6	245	402	244	289	8	13	—	—	10	24	121
19ER475	145174	—	168	64	6	279	478	279	365	8	19	—	—	10	24	121
21.5ER475	145177	—	168	64	8	343	541	343	429	8	19	—	—	10	24	121
24ER475	145180	—	168	64	8	406	605	406	492	8	19	—	—	10	24	121

注：1. 表列额定转矩为静转矩（空气压力为 0.52MPa 时）。

2. 列中 L 为美国螺纹标准，O_4 为美国管螺纹。

3. 生产厂家见表 7-3-77 注 4。

(3) CB 型单鼓离合器尺寸及性能（一）

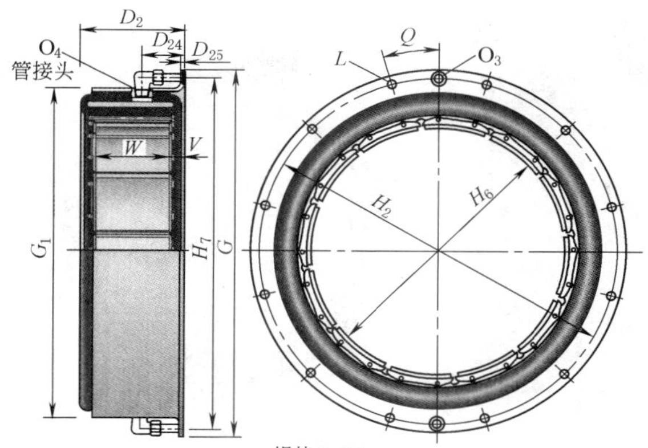

规格 3~14

表 7-3-79

规格	部件代码	额定转矩 /N·m	D_2	D_{24}	D_{25}	G	G_1	H_2	H_6	H_7	L(螺栓孔)		O_3	O_4	Q /(°)	V /mm	W	
			mm								数量	尺寸/mm	mm				数量	宽度/mm
3CB150	142252	40.7	55	30	2	160.0	123	146.0	80	146	8	6	7	1/8-27	22.500	9	6	38
4CB200	142840	113	67	35	2	184.1	148	169.9	105	170	8	6	5	1/8-27	22.500	10	6	51
5CB200	142253	165	72	38	2	224.0	183	205.0	131	205	8	8	7	1/8-27	22.500	12	6	51
6CB200	142095	231	75	40	2	273.1	230	254.0	156	254	8	10	8	3/8-18	22.500	14	6	51
8CB250	142096	485	87	48	2	327.0	284	308.0	207	308	8	10	8	3/8-18	22.500	14	8	64
10CB300	142197	921	105	51	5	390.5	346	371.5	257	371	12	10	8	3/8-18	15.000	17	10	76
12CB350	142098	1500	120	51	5	447.7	403	428.6	308	429	14	10	8	3/8-18	12.857	17	12	89
14CB400	142087	2230	133	51	5	498.5	454	479.4	359	479	16	10	8	3/8-18	11. 250	17	14	102

规格	部件代码	最大转速 /r·min^{-1}	转动惯量 /kg·m^2	质量 /kg	摩擦面积 /cm^2	摩擦衬垫厚度		最小转鼓直径
						新垫	磨损后	
						mm		
3CB150	142252	2000	0.00	0.8	90.3	5	1	74
4CB200	142840	2000	0.01	1.1	148.4	3	1	99
5CB200	142253	2000	0.02	1.6	193.5	5	1	124
6CB200	142095	1800	0.04	3.2	232.2	4	2	150
8CB250	142096	1800	0.08	4.1	393.5	3	2	201
10CB300	142197	1800	0.25	8.6	587.0	5	2	251
12CB350	142098	1800	0.46	12	825.6	5	2	302
14CB400	142087	1800	0.71	14	1096.5	5	2	353

注：1. 规格中 CB 前的数字表示连接的摩擦轮毂的名义外径（in），CB 后的数字表示摩擦垫的宽度的 100 倍（即 150 表示宽度为 1. 5in）。

2. 表中额定转矩表示空气压力为 0. 52MPa 时的动转矩。静转矩可相应增加 25%。

3. O_4 为美国管螺纹。

4. 生产厂家见表 7-3-77 注 4。

（4）CB 型单鼓离合器尺寸及性能（二）

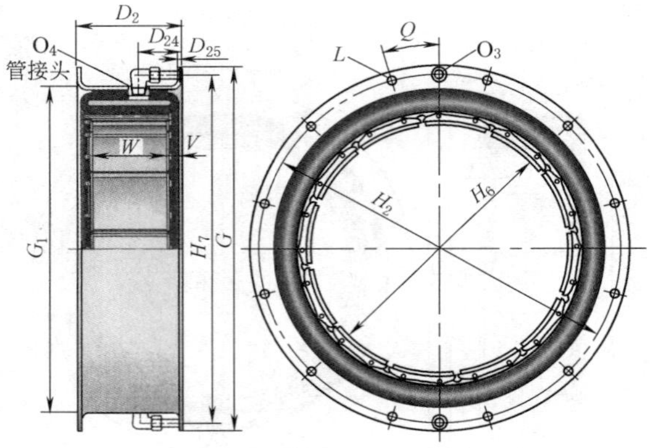

规格12~45

表 7-3-80

规格	部件代码	额定转矩/N·m	D_2	D_{24}	D_{25}	G	G_1	H_2	H_6	H_7	L(螺栓孔) 数量	L(螺栓孔) 尺寸/mm	O_3	O_4	Q /(°)	V /mm	W 数量	W 宽度
			mm										mm					
12CB350	142098	1500	124	51	5	447.7	403	428.6	308	429	14	10	8	3/8-18	12.857	17	12	89
14CB400	142087	2230	137	51	5	498.5	454	479.4	359	479	16	10	8	3/8-18	11.250	17	14	102
16CB500	142211	3980	168	64	5	596.9	527	571.5	411	565	8	13	10	3/8-18	22.500	21	10	127
18CB500	142264	4970	168	64	5	647.7	578	619.1	462	619	12	13	10	3/8-18	15.000	21	11	127
20CB500	142265	6060	168	64	5	698.5	629	669.9	513	670	12	13	10	3/8-18	15.000	21	12	127
22CB500	142266	7040	168	64	5	749.3	679	720.7	564	721	12	13	10	3/8-18	15.000	21	13	127
24CB500	142267	8480	168	64	5	800.1	730	771.5	614	772	16	13	10	3/8-18	11.250	21	14	127
26CB525	142268	10400	176	64	6	863.6	787	831.9	665	826	16	16	13	1/2-14	11.250	21	16	133
28CB525	142269	12000	176	64	6	914.4	838	882.7	716	876	16	16	13	1/2-14	11.250	21	17	133
30CB525	142270	13700	176	64	6	965.2	889	933.5	767	927	16	16	13	1/2-14	11.250	21	18	133
32CB525	142271	15500	176	64	6	1016.0	940	984.3	818	978	18	16	13	1/2-14	-	21	19	133
36CB525	142272	19400	176	70	7	1133.5	1056	1095.4	919	1099	18	19	16	3/4-14	-	21	22	133
40CB5251	142273	23800	176	70	7	1235.1	1157	1197.0	1021	1200	20	19	16	3/4-14	9. 000	21	24	133
45CB525	142081	29400	176	70	7	1362.1	1287	1324.0	1148	1327	24	19	16	3/4-14	7. 500	21	27	133

规格	部件代码	最大转速 /r·min^{-1}	转动惯量 /kg·m^2	质量 /kg	摩擦面积 /cm^2	摩擦衬垫厚度 新垫	摩擦衬垫厚度 磨损后	最小转鼓直径
						mm		
12CB350	142098	1800	0.50	14	826	5	2	302
14CB400	142087	1800	0.88	16	1097	5	2	353
16CB500	142211	1550	2.18	34	1554	7	2	403
18CB500	142264	1400	2.94	37	1690	7	2	454
20CB500	142265	1300	3.78	40	1858	7	2	505
22CB500	142266	1250	4.79	43	2012	7	2	555
24CB500	142267	1200	5.96	46	2180	7	2	606
26CB525	142268	1100	8.82	60	2606	8	2	656
28CB525	142269	1000	10.58	63	2774	8	2	706
30CB525	142270	950	12.73	67	2954	8	2	757
32CB525	142271	900	15.08	71	3115	8	2	808
36CB525	142272	800	21.42	81	3548	8	2	910
40CB525	142273	750	30.66	91	3935	8	2	1011
45CB525	142081	670	46.83	119	4354	8	2	1137

注：1. 规格中 CB 前的数字表示连接的摩擦轮毂的名义外径（in），CB 后的数字表示摩擦垫的宽度的 100 倍（即 150 表示宽度为 1.5in）。

2. 表中额定转矩表示空气压力为 0.52MPa 时的动转矩。静转矩可相应增加 25%。

3. O_4 为美国管螺纹。

4. 生产厂家见表 7-3-77 注 4。

(5) 气压离合元件的安装示例

表 7-3-81

图　　例	说　　明	图　　例	说　　明
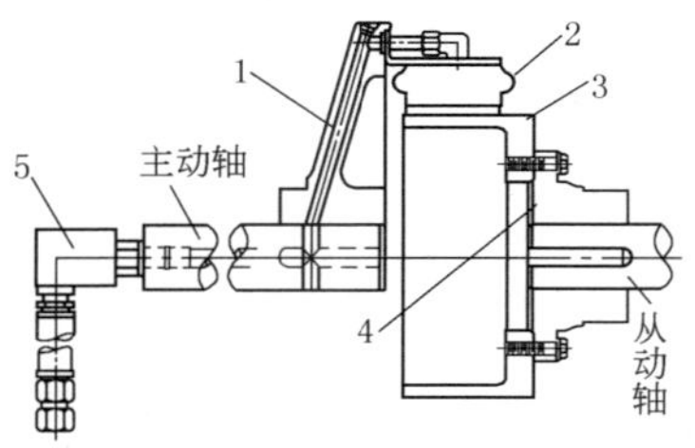 1—法兰;2—离合器;3—摩擦轮毂;4—轮毂轴套;5—进气旋转接头	本图表示主、从动轴端间有一定距离的安装方式,离合器 2 安装在法兰 1 上,法兰安装在主动轴上,摩擦轮毂 3 通过轮毂轴套 4 安装在从动轴上。这种方式,在拆卸离合器与轮毂时不必移动主、从动轴	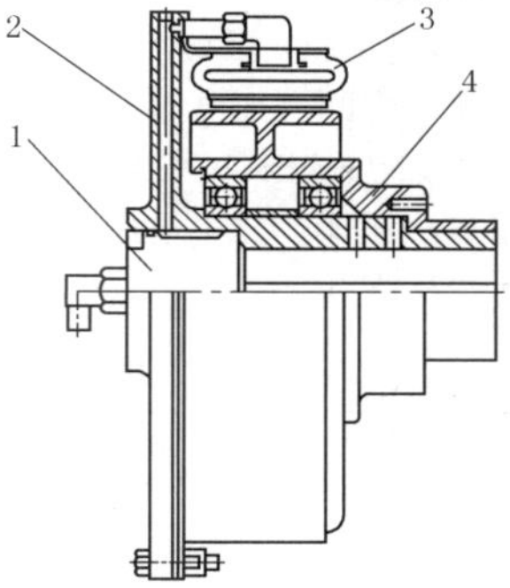 1—进气旋转接头;2—法兰;3—离合器;4—轮毂	本图表示滑轮与离合器的安装方式,该离合器包括一个内置进气旋转接头 1 和密封滚珠轴承。可用于多种型号滑轮
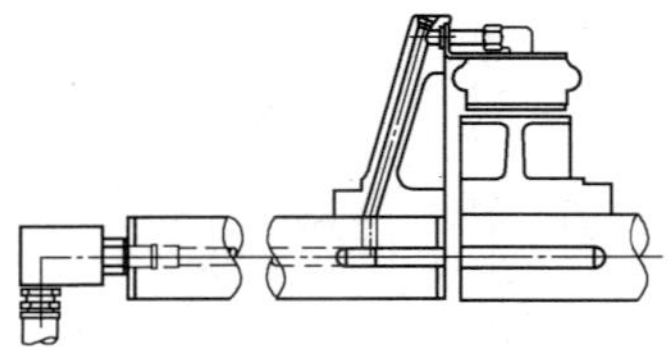	这是当主、从动轴端间的间隙有限时的安装方式,拆卸时要移动主、从动轴	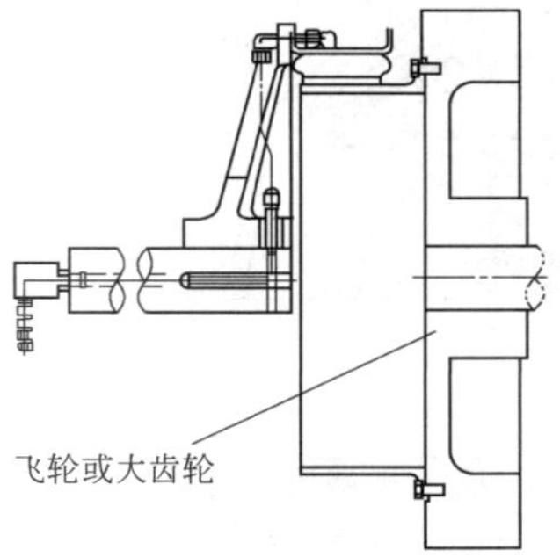	离合器装在法兰上,与驱动机主轴相连,轮毂装在飞轮或大齿轮上
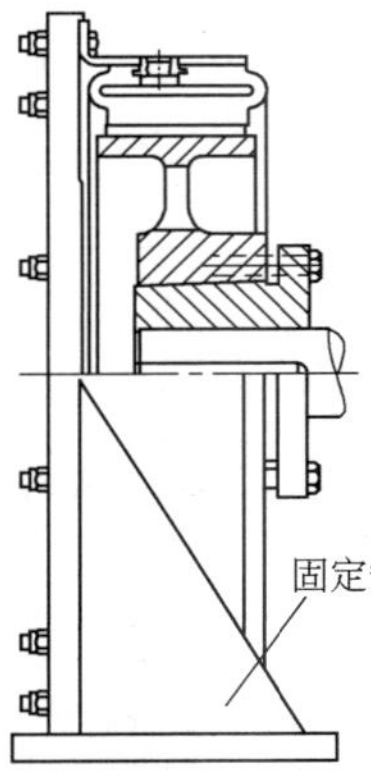	本图表示 CB 离合元件用于制动的安装方式,离合元件的外法兰与固定支架连接时,离合器就是制动器	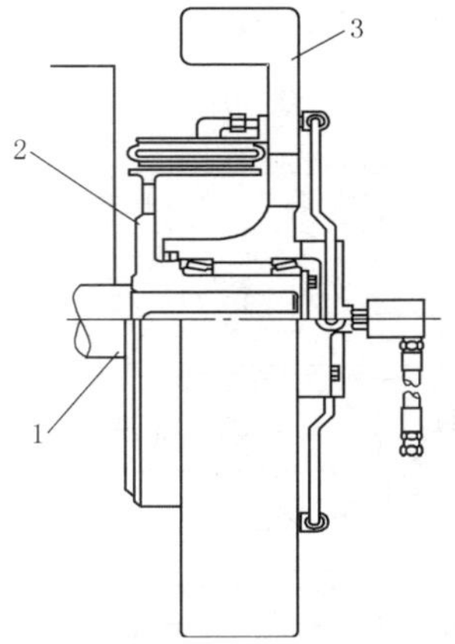 1—冲压设备的曲轴;2—离合器轮毂与轴套;3—飞轮或大齿轮	本图表示冲压设备的离合器的安装方式。轮毂和轴套安装在冲压设备的曲轴上,离合器安装在飞轮或大齿轮上

9　离心离合器

离心离合器为不需操纵，自行接合的离合器。当主动件转速达到一定数值后，其上闸块（或钢球）产生的离心力，使摩擦块压紧从动件，借助摩擦力传递转矩。离心离合器可分为常开式与常闭式，从结构上可分为闸块式与钢球式。

第7篇

9.1 离心离合器的特点、型式与应用

（1）离心离合器的一般特点

① 接合过程中对原动机逐渐加载，启动平稳。适用于启动不频繁，从动部分惯量大，易造成原动机过载的工况。

② 接合过程中，主、从动件间有速度差，是摩擦打滑过程，在主、从动件未达到同步之前，伴有摩擦发热和磨损。一般打滑时间不宜过长，应限制在 1~1.5min。

③ 传递转矩与转速平方成正比，故不适用于低速和变速工况应用。

（2）离心离合器的型式及特点

表 7-3-82　　离心离合器的型式及特点

型式	带弹簧闸块式	带弹簧楔块式
结构简图	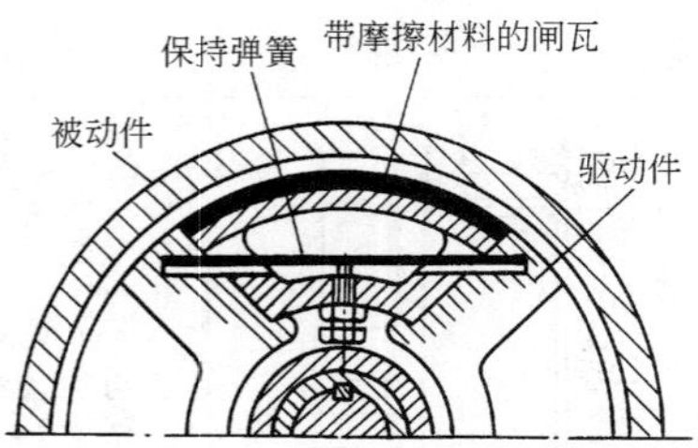	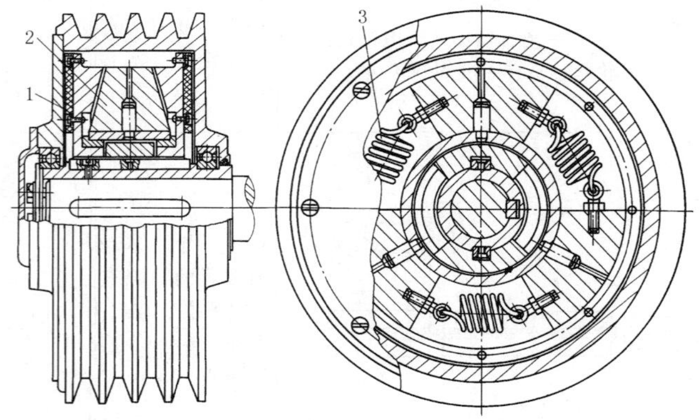
特点	离心体是闸块，启动开始靠弹簧作用，闸块不与壳体接触。当主动轴达到预定转速时，离心力超过弹簧力，闸块开始与壳体逐步接合传递转矩。一般两者开始接合时的转速为正常转速的 70%~80% 离合器在接合过程中工作平稳，但闸块的重量较大	离心体 2 为楔块，楔块之间装有拉紧弹簧 3，启动时主轴达到一定初速度，楔块撑开摩擦盘 1 使之与壳体压紧，传递转矩
型式	液压调节带弹簧闸块式	钢珠离心式
结构简图	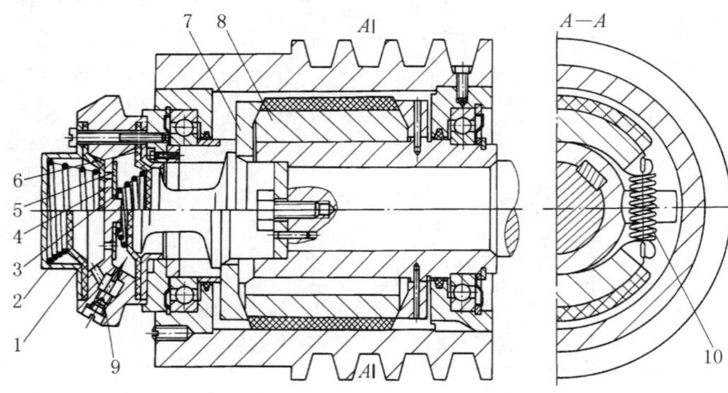 1—左隔膜；2—复位弹簧；3—弹簧；4—隔板；5—钢片；6—右隔膜；7—压盘；8—离心闸块；9—节流阀；10—弹簧	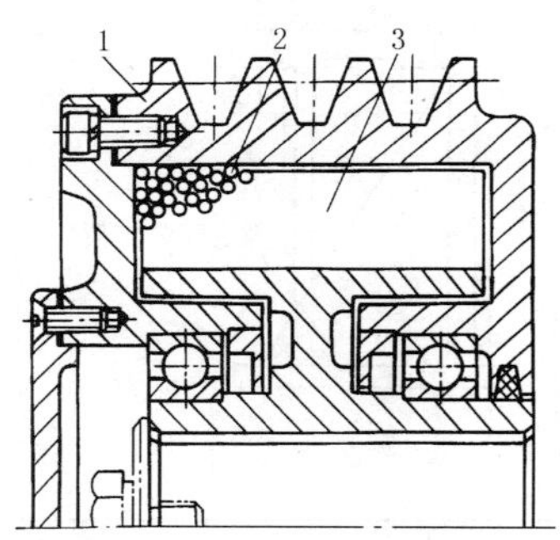 1—壳体；2—钢珠；3—叶片
特点	可以通过液压系统来控制离合器的接合速度	离心体为钢珠或钢柱。接合性能好，所传递的转矩大小，可以通过钢珠的数量调节 结构简单，制造比较容易。钢珠直径 4~6mm，体积占总容量的 85%~90%，叶片数量 1~6片，叶片外径与壳体内径间隙 0.5~1mm

续表

型式	自　由　闸　块　式	
结构简图及特点	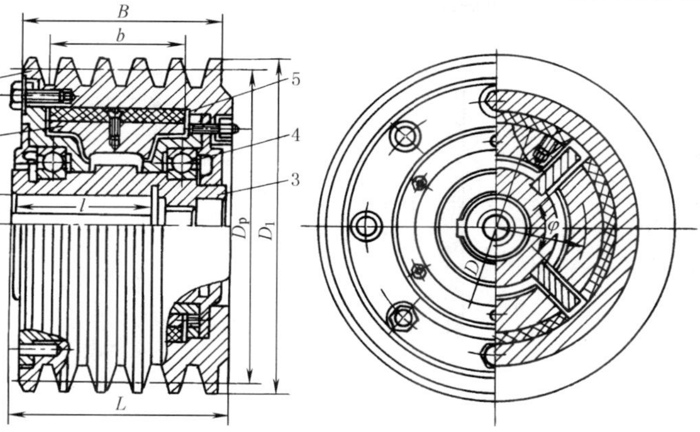 1—V 带轮；2—离心块；3—十字轴；4—轴承；5—摩擦带	离合器无弹簧，从启动开始闸块就边滑磨边接合，压向离合器壳体，直到完全接合。其接合性能稍差 结构简单，闸块轻，应用较广泛

9.2　离心离合器的计算

带弹簧闸块式拉簧

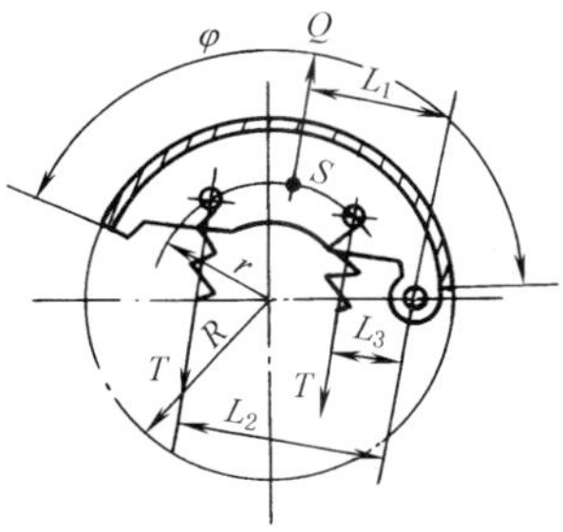

无弹簧闸块式

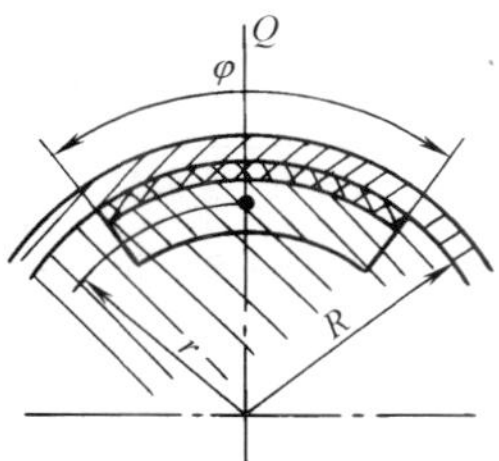

$R=(2\sim3.5)d$

$b=(1\sim2)d$

$r=(0.7\sim0.9)R$

带拉簧楔块式

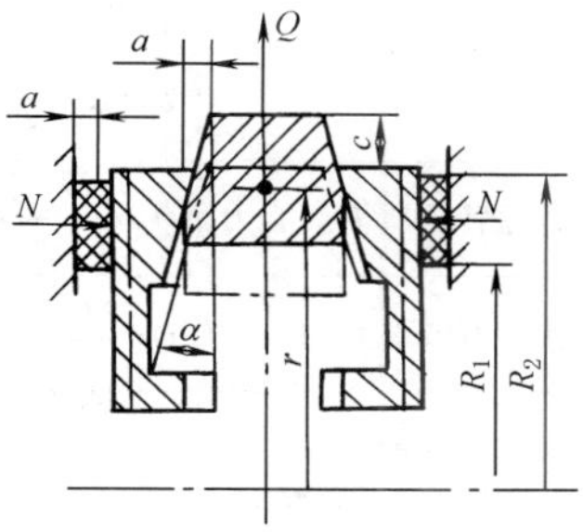

钢珠式

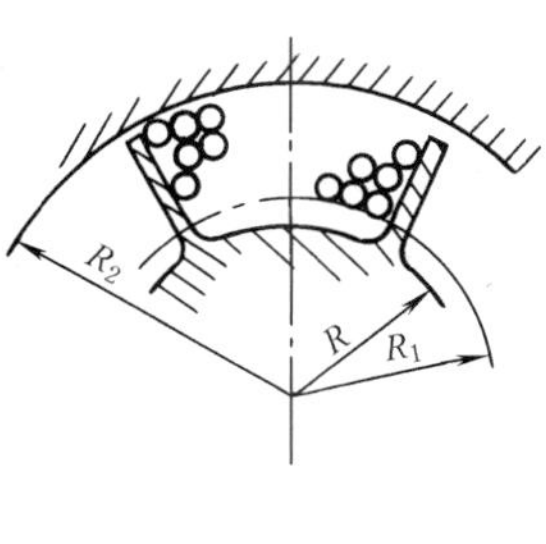

$R_2=(2\sim3.5)d$

$b=(1\sim2)d$

板　簧

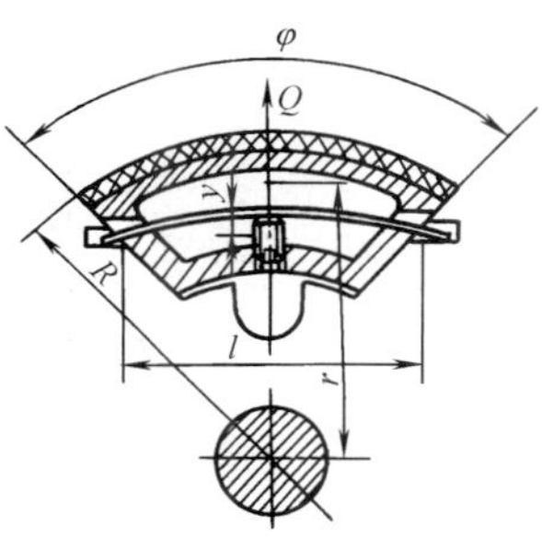

$R=(2\sim3.5)d$

$b=(1\sim2)d$

$r=(0.6\sim0.9)R$

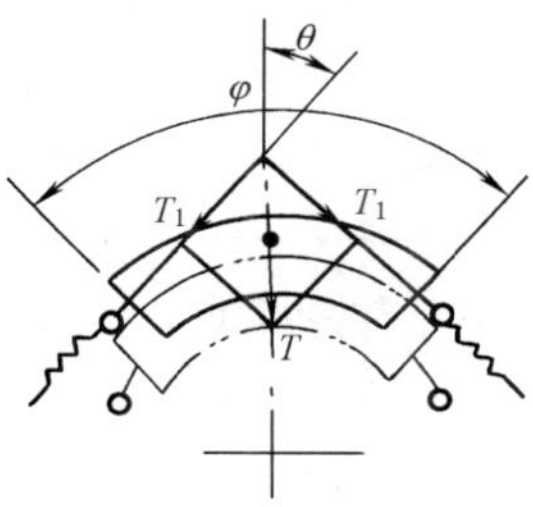

$R=(2\sim3.5)d$

$r=(0.6\sim0.8)R$

表 7-3-83

型式	计算项目	计算公式	单位	说明
带弹簧(拉簧、板簧)闸块式	计算转矩	$T_c=\beta T_t$	N·cm	β——工作储备系数，一般取 $\beta=1.5\sim2$ T_t——需传递的转矩，N·cm R——闸块外半径，cm r——闸块质心所处半径，cm z——闸块数量 b——闸块宽度，cm d——主动轴直径，cm n——正常工作转速，r/min L_1,L_2,L_3——长度，cm n_0——开始接合转速，r/min，一般取 $n_0=(0.7\sim0.8)n$ m——单个闸块质量，kg R——壳体内半径，即闸块摩擦半径，cm μ——摩擦面材料摩擦因数；见表 7-3-17 p_p——摩擦面许用压强，N/cm²，见表 7-3-17 φ——闸块所对角度，rad
	传递转矩所需离心力	$Q_j=\dfrac{T_c}{R\mu z}$	N	
	闸块有效离心力	$Q=\dfrac{mr\pi^2(n^2-n_0^2)}{90000}\geqslant Q_j$	N	
	摩擦面压强	$p=\dfrac{T_c}{R^2b\varphi\mu z}\leqslant p_p$	N/cm²	
	预定弹簧力 拉簧 片簧	$T=\dfrac{L_1mr\pi^2n_0^2}{(L_2+L_3)90000}$ $T=\dfrac{mr\pi^2n_0^2}{90000}$	N	
无弹簧闸块式	计算转矩	$T_c=\beta T_t$	N·cm	
	传递转矩所需离心力	$Q_j=\dfrac{T_c}{R\mu z}$	N	
	闸块有效离心力	$Q=\dfrac{mr\pi^2n^2}{90000}\geqslant Q_j$	N	
	摩擦面压强	$p=\dfrac{T_c}{R^2b\varphi\mu z}\leqslant p_p$	N/cm²	
带拉簧楔块式	计算转矩	$T_c=\beta T_t$	N·cm	r——楔块质心所处半径，cm z——楔块数量 b——摩擦面宽度，cm α——楔块倾斜角，(°) d——主动轴直径，cm m——单个楔块质量，kg ρ——摩擦角，$\tan\rho=\mu$ φ——闸块所对角度，rad 其他符号说明同前
	传递转矩所需离心力	$Q_j=\dfrac{2T_c}{R_m\mu z}\tan(\alpha+\rho)$	N	
	楔块有效离心力	$Q=\dfrac{mr\pi^2(n^2-n_0^2)}{90000}\geqslant Q_j$	N	
	楔块脱开力	$F_j=\dfrac{2T_c}{R_m\mu z}\tan(\alpha-\rho)$	N	
	预定弹簧力	$F=\dfrac{mr\pi^2n_0^2}{90000}\geqslant T_j$	N	
	每根弹簧力	$F_1=\dfrac{F}{2\cos\theta}$	N	
	摩擦面压强	$p=\dfrac{T_c}{4\pi R_m^2b\mu}\leqslant p_p$	N/cm²	
	摩擦面平均半径	$R_m=\dfrac{R_1+R_2}{2}$	cm	
钢珠式	计算转矩	$T_c=\beta T_t$	N·cm	β——工作储备系数取 $\beta=2$ R_2——壳体内半径，cm b——叶片宽度，cm μ——摩擦因数，钢珠对钢或铸铁 $\mu=0.2\sim0.3$ n——转速，r/min C——比值，一般取 $C=\dfrac{R_1}{R_2}=0.7\sim0.8$ 其他符号说明同带弹簧闸块离心离合器
	圆周产生的摩擦转矩	$T_1=1.1\times10^{-6}R_2^4bn^2\mu(1-C^3)$	N·cm	
	端面产生的摩擦转矩	$T_2=1.67\times10^{-7}R_2^5n^2\mu(1-C^4)$	N·cm	
	许用转矩	$T_p=T_1+T_2\geqslant T_c$	N·cm	

注：其他未注明的长度尺寸单位均为 cm。

9.3 离心离合器的结构尺寸

9.3.1 AS系列钢砂式离心离合器（安全联轴器）（摘自 JB/T 5986—1992）

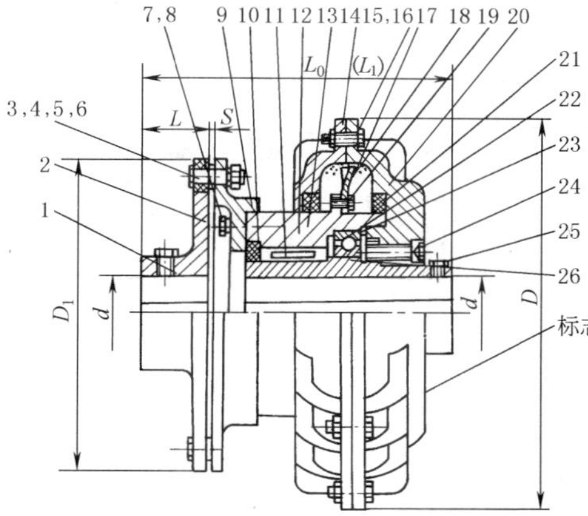

AS 型钢砂式离心离合器

1,25—紧定螺钉；2—半联轴器；3—鼓形弹性套；4—柱销；5,8—弹簧垫圈；6,16—螺母；7,15,19—螺栓；9—法兰；10,13,21—密封圈；11—滚针轴承；12—从动转子；14,20—壳体；17—钢砂；18—叶轮；22—滚动轴承；23—挡圈；24—内六角螺栓；26—主动轴套

表 7-3-84

<table>
<tr><th rowspan="4">型号</th><th colspan="4" rowspan="2">各种转速下的传递功率/kW</th><th rowspan="3">轴孔直径
d
（H7）</th><th colspan="3">轴孔长度</th><th rowspan="3">L_0</th><th rowspan="3">D_1</th><th rowspan="3">D</th><th colspan="2" rowspan="3">许用转速
$/r\cdot min^{-1}$</th></tr>
<tr><th>Y 型</th><th colspan="2">J、J_1、Z、Z_1 型</th></tr>
<tr><th>750</th><th>1000</th><th>1500</th><th>3000</th><th>L</th><th>L</th><th>L_1</th></tr>
<tr><th colspan="4">$r\cdot min^{-1}$</th><th colspan="7">mm</th><th>铸铁</th><th>铸钢</th></tr>
<tr><td rowspan="2">AS1</td><td rowspan="2">—</td><td rowspan="2">0.075</td><td rowspan="2">0.185</td><td rowspan="2">1.5</td><td>14</td><td>32</td><td>20</td><td>32</td><td>100</td><td rowspan="2">80</td><td rowspan="2">105</td><td rowspan="2">5700</td><td rowspan="2">7600</td></tr>
<tr><td>16</td><td rowspan="2">42</td><td rowspan="2">30</td><td rowspan="2">42</td><td>110</td></tr>
<tr><td rowspan="4">AS2</td><td rowspan="4">0.2</td><td rowspan="4">0.48</td><td rowspan="4">1.1</td><td rowspan="4">4</td><td>19</td><td>126</td><td rowspan="4">95</td><td rowspan="4">160</td><td rowspan="4">3500</td><td rowspan="4">5000</td></tr>
<tr><td>20</td><td rowspan="4">52</td><td rowspan="4">38</td><td rowspan="4">52</td><td rowspan="3">136</td></tr>
<tr><td>22</td></tr>
<tr><td rowspan="2">24</td></tr>
<tr><td rowspan="3">AS3</td><td rowspan="3">0.5</td><td rowspan="3">1.3</td><td rowspan="3">3.5</td><td rowspan="3">8*</td><td>180</td><td rowspan="3">106</td><td rowspan="3">194</td><td rowspan="3">2860</td><td rowspan="3">3800</td></tr>
<tr><td>25</td><td rowspan="2">62</td><td rowspan="2">44</td><td rowspan="2">62</td><td rowspan="2">190</td></tr>
<tr><td>28</td></tr>
</table>

续表

<table>
<tr><th rowspan="4">型号</th><th colspan="4">各种转速下的传递功率/kW</th><th rowspan="3">轴孔直径
d
(H7)</th><th colspan="3">轴孔长度</th><th rowspan="3">L_0</th><th rowspan="3">D_1</th><th rowspan="3">D</th><th colspan="2" rowspan="3">许用转速
/r·min^{-1}</th></tr>
<tr><th rowspan="2">750</th><th rowspan="2">1000</th><th rowspan="2">1500</th><th rowspan="2">3000</th><th>Y 型</th><th colspan="2">J、J_1、Z、Z_1 型</th></tr>
<tr><th>L</th><th>L</th><th>L_1</th></tr>
<tr><th colspan="4">r·min^{-1}</th><th colspan="7">mm</th><th>铸铁</th><th>铸钢</th></tr>
<tr><td rowspan="2">AS4</td><td rowspan="2">0.8</td><td rowspan="2">1.5</td><td rowspan="2">5.5</td><td rowspan="2">20*</td><td>30</td><td rowspan="5">82</td><td rowspan="5">60</td><td rowspan="5">82</td><td rowspan="5">218</td><td rowspan="4">130</td><td rowspan="2">214</td><td rowspan="2">2600</td><td rowspan="2">3470</td></tr>
<tr><td rowspan="2">32</td></tr>
<tr><td rowspan="5">AS5</td><td rowspan="5">2</td><td rowspan="5">3.7</td><td rowspan="5">10</td><td rowspan="5">28*</td><td rowspan="5">240</td><td rowspan="5">2290</td><td rowspan="5">3060</td></tr>
<tr><td>35</td></tr>
<tr><td>38</td><td rowspan="3">160</td></tr>
<tr><td>40</td><td rowspan="9">112</td><td rowspan="9">84</td><td rowspan="9">112</td><td rowspan="2">248</td></tr>
<tr><td rowspan="2">42</td></tr>
<tr><td rowspan="5">AS6</td><td rowspan="5">4</td><td rowspan="5">7.5</td><td rowspan="5">22</td><td rowspan="5">—</td><td rowspan="5">262</td><td rowspan="2">190</td><td rowspan="5">293</td><td rowspan="5">1830</td><td rowspan="5">2240</td></tr>
<tr><td>45</td></tr>
<tr><td>48</td><td rowspan="5">224</td></tr>
<tr><td>50</td></tr>
<tr><td rowspan="2">55</td></tr>
<tr><td rowspan="5">AS7</td><td rowspan="5">10</td><td rowspan="5">15</td><td rowspan="5">55</td><td rowspan="5">—</td><td rowspan="2">295</td><td rowspan="5">340</td><td rowspan="5">1600</td><td rowspan="5">2240</td></tr>
<tr><td>56</td></tr>
<tr><td>60</td><td rowspan="7">142</td><td rowspan="7">107</td><td rowspan="7">142</td><td rowspan="3">325</td><td rowspan="3">250</td></tr>
<tr><td>63</td></tr>
<tr><td rowspan="2">65</td></tr>
<tr><td rowspan="6">AS8</td><td rowspan="6">30</td><td rowspan="6">45</td><td rowspan="6">100</td><td rowspan="6">—</td><td rowspan="3">317</td><td rowspan="6">315</td><td rowspan="6">432</td><td rowspan="6">1270</td><td rowspan="6">1600</td></tr>
<tr><td>70</td></tr>
<tr><td>71</td></tr>
<tr><td>75</td><td rowspan="3">347</td></tr>
<tr><td>80</td><td rowspan="5">172</td><td rowspan="5">132</td><td rowspan="5">172</td></tr>
<tr><td rowspan="2">85</td></tr>
<tr><td rowspan="4">AS9</td><td rowspan="4">100</td><td rowspan="4">170</td><td rowspan="4">260</td><td rowspan="4">—</td><td rowspan="4">393</td><td rowspan="4">400</td><td rowspan="4">560</td><td rowspan="4">1000</td><td rowspan="4">1360</td></tr>
<tr><td>90</td></tr>
<tr><td>95</td></tr>
<tr><td>100</td><td>212</td><td>167</td><td>212</td></tr>
</table>

注：1. 带＊号的离合器材料为锻钢。

2. 生产厂家为无锡第五机械制造公司、上海红星机械厂。

表 7-3-85　AS 型钢砂式离心离合器许用补偿量

<table>
<tr><th>型　号
许用补偿量</th><th>AS1、AS2、AS3、AS4</th><th>AS5</th><th>AS6、AS7、AS8</th><th>AS9</th></tr>
<tr><td>径向 Δy/mm</td><td>0.2</td><td>0.3</td><td>0.4</td><td>0.5</td></tr>
<tr><td>角向 Δα/(°)</td><td>1.5</td><td colspan="2">1</td><td>0.5</td></tr>
</table>

9.3.2 ASD 系列 V 带轮钢砂式离心离合器（安全联轴器）（摘自 JB/T 5986—1992）

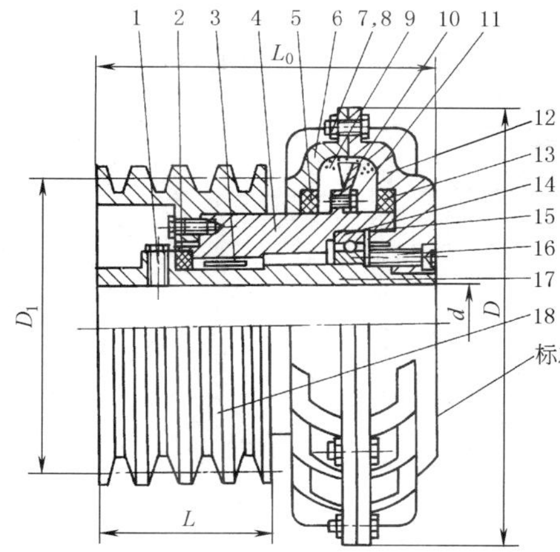

ASD 型 V 带轮钢砂式离心离合器

1—紧定螺钉；2,5,13—密封圈；3—滚针轴承；4—从动转子；6,12—壳体；7,11—螺栓；8—螺母；9—钢砂；10—叶轮；14—滚动轴承；15—挡圈；16—内六角螺栓；17—主动轴套；18—V 带轮

表 7-3-86

型号	各种转速下的传递功率/kW				轴孔直径 d（H7）	D	D_1	L_0	L	许用转速 /r·min^{-1}	
	750	1000	1500	3000							
	r·min^{-1}				mm					铸铁	铸钢
ASD2	0.2	0.48	1.1	4*	19, 20, 22, 24	160	118	99	50	2860	3820
ASD3	0.5	1.3	3.5	8*	24, 25, 28	194	140	141	63	2860	3820
ASD4	0.8	1.5	5.5	20*	28, 30, 32	214	180	170	90	2600	3470
ASD5	2	3.7	10	28*	32, 35, 38, 40, 42	242	180	190	105	2290	3060
ASD6	4	7.5	22	—	42, 45, 48, 50, 55	290	200	215	117	1830	2240
ASD7	10	15	55	—	55, 56, 60, 63, 65	340	236	250	135	1600	2140
ASD8	30	45	100	—	65, 70, 71, 75, 80, 85	432	250	245	145	1250	1600

注：1. 带 * 号的离合器材料为锻钢。

2. 生产厂家同表 7-3-84 注。

第 7 篇

9.3.3 AQ 系列钢球式离心离合器（节能安全联轴器）（摘自 JB/T 5987—1992）

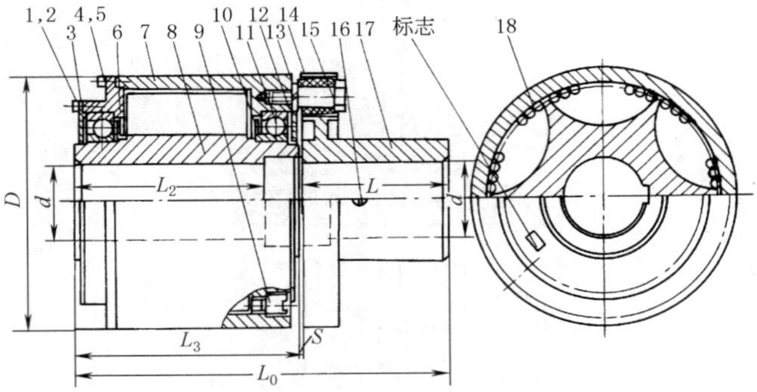

AQ 型钢球式离心离合器

1，2—螺栓；3，12—轴承盖；4，5，13—弹簧垫圈；6—端盖；7—壳体；8—转子；9—沉头螺塞；10—密封圈；11—滚动轴承；14—弹性套；15—弹性柱销；16—定位螺钉；17—半联轴器；18—钢球

表 7-3-87

型号	各种转速下所能传递的功率/kW					轴孔直径 d (H7)	主动端轴孔长度		从动端轴孔长度 J_1、Z_1 型	D	L_0 ≤	S	许用转速 /r·min^{-1}	
	600	750	1000	1500	3000		L_2	L_3	L					
	r·min^{-1}					mm							铸铁	铸钢
AQ1	—	—	—	0.5	4	19	42	100	30	80	166	3~4	7160	9550
						24	52		38					
						28	62		44					
AQ2	—	—	—	1	7.5	19	42	110	30	100	176		5730	7640
						24	52		38					
						28	62		44					
						38	82		60					
AQ3	—	—	0.87	3	24	24	52	150	38	130	238		4410	5880
						28	62		44					
						38	82		60					
						42	112		84					
						45								
AQ4	—	—	1.3	4.5	36	28	62		44	150	238		3820	5090
						38	82		60					
						42	112		84					
						48								
						55								

续表

型号	各种转速下所能传递的功率/kW					轴孔直径 d (H7)	主动端轴孔长度		从动端轴孔长度 J_1、Z_1 型	D	L_0 ≤	S	许用转速 /r·min^{-1}	
	600	750	1000	1500	3000		L_2	L_3	L					
	r·min^{-1}					mm							铸铁	铸钢
AQ5	—	—	3.6	12	96	38	82	150	60	180	262	4~5	3180	4240
						42	112		84					
						48								
						55								
						60	142		107					
						65								
AQ6	—	2.53	6	20	162	38	82		60	200			2860	3820
						42	112		84					
						48								
						55	142		107					
						60								
						65								
						70								
AQ7	—	65	14.6	49	393	42	112	210	84	220	322		2600	3470
						48								
						55								
						60	142		107					
						65								
						70								
						75								
AQ8	—	10	24	80	644	48	112		84	250	347		2290	3060
						55								
						60	142		107					
						65								
						70								
						75								
						80	172		132					
						85								
AQ9	—	21	77	173	1380	60	142	250	107	280	387		2140	2850
						65								
						70								
						75								
						90	172		132					
						95								

续表

<table>
<tr><th rowspan="3">型　号</th><th colspan="5">各种转速下所能传递的功率/kW</th><th rowspan="2">轴孔直径 d (H7)</th><th colspan="2">主动端轴孔长度</th><th>从动端轴孔长度 J_1、Z_1 型</th><th rowspan="2">D</th><th rowspan="2">L_0 ≤</th><th rowspan="2">S</th><th colspan="2" rowspan="2">许用转速 /r·min^{-1}</th></tr>
<tr><th>600</th><th>750</th><th>1000</th><th>1500</th><th>3000</th><th>L_2</th><th>L_3</th><th>L</th></tr>
<tr><th colspan="5">r·min^{-1}</th><th colspan="8">mm</th><th>铸铁</th><th>铸钢</th></tr>
<tr><td rowspan="8">AQ10</td><td rowspan="8">—</td><td rowspan="8">25</td><td rowspan="8">60</td><td rowspan="8">200</td><td rowspan="8">1600*</td><td>60</td><td rowspan="4">142</td><td rowspan="14">250</td><td rowspan="4">107</td><td rowspan="8">300</td><td rowspan="14">423</td><td rowspan="33">5~6</td><td rowspan="8">1830</td><td rowspan="8">2240</td></tr>
<tr><td>65</td></tr>
<tr><td>70</td></tr>
<tr><td>75</td></tr>
<tr><td>80</td><td rowspan="3">172</td><td rowspan="3">132</td></tr>
<tr><td>85</td></tr>
<tr><td>90</td></tr>
<tr><td>100</td><td>212</td><td>167</td></tr>
<tr><td rowspan="6">AQ11</td><td rowspan="6">23</td><td rowspan="6">46</td><td rowspan="6">110</td><td rowspan="6">360</td><td rowspan="6">—</td><td>75</td><td>142</td><td>107</td><td rowspan="6">350</td><td rowspan="6">1600</td><td rowspan="6">2140</td></tr>
<tr><td>80</td><td rowspan="3">172</td><td rowspan="3">132</td></tr>
<tr><td>85</td></tr>
<tr><td>90</td></tr>
<tr><td>100</td><td rowspan="2">212</td><td rowspan="2">167</td></tr>
<tr><td>110</td></tr>
<tr><td rowspan="8">AQ12</td><td rowspan="8">45</td><td rowspan="8">95</td><td rowspan="8">240</td><td rowspan="8">830</td><td rowspan="8">—</td><td>80</td><td rowspan="3">172</td><td rowspan="19">300</td><td rowspan="3">132</td><td rowspan="8">400</td><td rowspan="19">508</td><td rowspan="8">1400</td><td rowspan="8">1870</td></tr>
<tr><td>85</td></tr>
<tr><td>90</td></tr>
<tr><td>100</td><td rowspan="4">212</td><td rowspan="4">167</td></tr>
<tr><td>110</td></tr>
<tr><td>120</td></tr>
<tr><td>125</td></tr>
<tr><td>130</td><td>252</td><td>202</td></tr>
<tr><td rowspan="11">AQ13</td><td rowspan="11">58</td><td rowspan="11">113</td><td rowspan="11">267</td><td rowspan="11">902</td><td rowspan="11">—</td><td>80</td><td rowspan="4">172</td><td rowspan="4">132</td><td rowspan="11">450</td><td rowspan="11">1250</td><td rowspan="11">1660</td></tr>
<tr><td>85</td></tr>
<tr><td>90</td></tr>
<tr><td>95</td></tr>
<tr><td>100</td><td rowspan="4">212</td><td rowspan="4">167</td></tr>
<tr><td>110</td></tr>
<tr><td>120</td></tr>
<tr><td>125</td></tr>
<tr><td>130</td><td rowspan="3">252</td><td rowspan="3">202</td></tr>
<tr><td>140</td></tr>
<tr><td>150</td></tr>
</table>

续表

<table>
<tr><th rowspan="3">型　号</th><th colspan="5">各种转速下所能传递的功率/kW</th><th rowspan="2">轴孔直径
d
(H7)</th><th colspan="2">主动端轴孔长度</th><th>从动端轴孔长度 J₁、Z₁ 型</th><th rowspan="2">D</th><th rowspan="2">L₀
≤</th><th rowspan="2">S</th><th colspan="2" rowspan="2">许用转速
/r · min⁻¹</th></tr>
<tr><th>600</th><th>750</th><th>1000</th><th>1500</th><th>3000</th><th>L₂</th><th>L₃</th><th>L</th></tr>
<tr><th colspan="5">r · min⁻¹</th><th colspan="8">mm</th><th>铸铁</th><th>铸钢</th></tr>
<tr><td rowspan="11">AQ14</td><td rowspan="11">126</td><td rowspan="11">247</td><td rowspan="11">585</td><td rowspan="11">1975</td><td rowspan="11">—</td><td>90</td><td rowspan="2">172</td><td rowspan="11">350</td><td rowspan="2">132</td><td rowspan="11">500</td><td rowspan="11">600</td><td rowspan="29">6～8</td><td rowspan="20">1020</td><td rowspan="20">1360</td></tr>
<tr><td>95</td></tr>
<tr><td>100</td><td rowspan="4">212</td><td rowspan="4">167</td></tr>
<tr><td>110</td></tr>
<tr><td>120</td></tr>
<tr><td>125</td></tr>
<tr><td>130</td><td rowspan="3">252</td><td rowspan="3">202</td></tr>
<tr><td>140</td></tr>
<tr><td>150</td></tr>
<tr><td>160</td><td rowspan="2">302</td><td rowspan="2">242</td></tr>
<tr><td>170</td></tr>
<tr><td rowspan="9">AQ15</td><td rowspan="9">296</td><td rowspan="9">585</td><td rowspan="9">1372</td><td rowspan="9">4632 *</td><td rowspan="9">—</td><td>110</td><td rowspan="3">212</td><td rowspan="18">450</td><td rowspan="3">167</td><td rowspan="9">550</td><td rowspan="9">700</td></tr>
<tr><td>120</td></tr>
<tr><td>125</td></tr>
<tr><td>130</td><td rowspan="3">252</td><td rowspan="3">202</td></tr>
<tr><td>140</td></tr>
<tr><td>150</td></tr>
<tr><td>160</td><td rowspan="3">302</td><td rowspan="3">242</td></tr>
<tr><td>170</td></tr>
<tr><td>180</td></tr>
<tr><td rowspan="9">AQ16</td><td rowspan="9">355</td><td rowspan="9">694</td><td rowspan="9">1645</td><td rowspan="9">5550 *</td><td rowspan="9">—</td><td>125</td><td>212</td><td>167</td><td rowspan="9">600</td><td rowspan="9">740</td><td rowspan="9">940</td><td rowspan="9">1250</td></tr>
<tr><td>130</td><td rowspan="3">252</td><td rowspan="3">202</td></tr>
<tr><td>140</td></tr>
<tr><td>150</td></tr>
<tr><td>160</td><td rowspan="3">302</td><td rowspan="3">242</td></tr>
<tr><td>170</td></tr>
<tr><td>180</td></tr>
<tr><td>190</td><td rowspan="2">352</td><td rowspan="2">282</td></tr>
<tr><td>200</td></tr>
<tr><td rowspan="8">AQ17</td><td rowspan="8">630</td><td rowspan="8">1230 *</td><td rowspan="8">2916 *</td><td rowspan="8">—</td><td rowspan="8">—</td><td>140</td><td rowspan="2">252</td><td rowspan="8">500</td><td rowspan="2">202</td><td rowspan="8">650</td><td rowspan="8">792</td><td rowspan="8">8～10</td><td rowspan="8">860</td><td rowspan="8">1150</td></tr>
<tr><td>150</td></tr>
<tr><td>160</td><td rowspan="3">302</td><td rowspan="3">242</td></tr>
<tr><td>170</td></tr>
<tr><td>180</td></tr>
<tr><td>190</td><td rowspan="3">352</td><td rowspan="3">282</td></tr>
<tr><td>200</td></tr>
<tr><td>220</td></tr>
</table>

注：1. 表中带 * 号的离合器材料为锻钢。
2. 生产厂家同表 7-3-84 注。

9.3.4 AQZ 系列带制动轮钢球式离心离合器（节能安全联轴器）（摘自 JB/T 5987—1992）

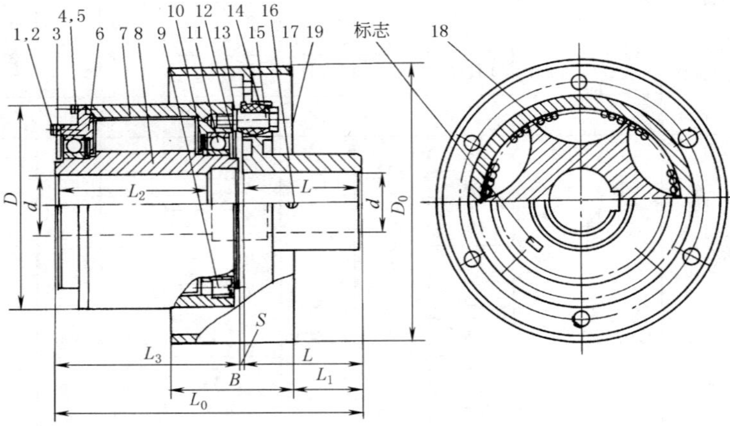

AQZ 型带制动轮钢球式离心离合器

1,2—螺栓；3,12—轴承盖；4,5,13—弹簧垫圈；6—端盖；7—壳体；8—转子；9—沉头螺塞；10—密封圈；11—滚动轴承；14—弹性套；15—弹性柱销；16—定位螺钉；17—半联轴器；18—钢球；19—制动轮

表 7-3-88

型号	各种转速下所能传递的功率/kW					轴孔直径 d	主动端轴孔长度		从动端轴孔长度 J_1、Z_1 型	D	L_0	S	D_0	B	L_1	许用转速 /r·min^{-1}	
	600	750	1000	1500	3000	(H7)	L_2	L_3	L								
	r·min^{-1}					mm										铸铁	铸钢
AQZ1	—	—	—	0.5	4	19	42	100	30	80	166	3~4	160	70	30	3580	4770
						24	52		38								
						28	62		44								
AQZ2	—	—	—	1	7.5	19	42	110	30	100	176						
						24	52		38								
						28	62		44								
						38	82		60								
AQZ3	—	—	0.87	3	24	24	52	150	38	130	238				47		
						28	62		44								
						38	82		60								
						42	112		84								
						45											
AQZ4	—	—	1.3	4.5	36	28	62	150	44	150			200	85		2060	3020
						38	82		60								
						42	112		84								
						48											
						55											

续表

<table>
<tr><th rowspan="3">型　号</th><th colspan="5">各种转速下所能传递的功率/kW</th><th rowspan="2">轴孔直径 d (H7)</th><th colspan="2">主动端轴孔长度</th><th>从动端轴孔长度 J_1、Z_1 型</th><th rowspan="2">D</th><th rowspan="2">L_0</th><th rowspan="2">S</th><th rowspan="2">D_0</th><th rowspan="2">B</th><th rowspan="2">L_1</th><th colspan="2" rowspan="2">许用转速 /r·min^{-1}</th></tr>
<tr><th>600</th><th>750</th><th>1000</th><th>1500</th><th>3000</th><th>L_2</th><th>L_3</th><th>L</th></tr>
<tr><th colspan="5">r·min^{-1}</th><th colspan="10">mm</th><th>铸铁</th><th>铸钢</th></tr>
<tr><td rowspan="6">AQZ5</td><td rowspan="6">—</td><td rowspan="6">—</td><td rowspan="6">3.6</td><td rowspan="6">12</td><td rowspan="6">96</td><td>38</td><td>82</td><td rowspan="13">150</td><td>60</td><td rowspan="6">180</td><td rowspan="13">262</td><td rowspan="36">4~5</td><td rowspan="13">250</td><td rowspan="13">105</td><td rowspan="6">42</td><td rowspan="13">2290</td><td rowspan="13">3060</td></tr>
<tr><td>42</td><td rowspan="3">112</td><td rowspan="3">84</td></tr>
<tr><td>48</td></tr>
<tr><td>55</td></tr>
<tr><td>60</td><td rowspan="2">142</td><td rowspan="2">107</td></tr>
<tr><td>65</td></tr>
<tr><td rowspan="7">AQZ6</td><td rowspan="7">—</td><td rowspan="7">2.53</td><td rowspan="7">6</td><td rowspan="7">20</td><td rowspan="7">162</td><td>38</td><td>82</td><td>60</td><td rowspan="7">200</td><td rowspan="7">47</td></tr>
<tr><td>42</td><td rowspan="2">112</td><td rowspan="2">84</td></tr>
<tr><td>48</td></tr>
<tr><td>55</td><td rowspan="4">142</td><td rowspan="4">107</td></tr>
<tr><td>60</td></tr>
<tr><td>65</td></tr>
<tr><td>70</td></tr>
<tr><td rowspan="7">AQZ7</td><td rowspan="7">—</td><td rowspan="7">6</td><td rowspan="7">14.6</td><td rowspan="7">49</td><td rowspan="7">393</td><td>42</td><td rowspan="3">112</td><td rowspan="7">210</td><td rowspan="3">84</td><td rowspan="7">220</td><td rowspan="7">327</td><td rowspan="7">250</td><td rowspan="7">105</td><td rowspan="7">57</td><td rowspan="7">2290</td><td rowspan="7">3060</td></tr>
<tr><td>48</td></tr>
<tr><td>55</td></tr>
<tr><td>60</td><td rowspan="4">142</td><td rowspan="4">107</td></tr>
<tr><td>65</td></tr>
<tr><td>70</td></tr>
<tr><td>75</td></tr>
<tr><td rowspan="8">AQZ8</td><td rowspan="8">—</td><td rowspan="8">10</td><td rowspan="8">24</td><td rowspan="8">80</td><td rowspan="8">644</td><td>48</td><td rowspan="2">112</td><td rowspan="16">210</td><td rowspan="2">84</td><td rowspan="8">250</td><td rowspan="8">357</td><td rowspan="8">315</td><td rowspan="8">135</td><td rowspan="16">72</td><td rowspan="8">1820</td><td rowspan="8">2430</td></tr>
<tr><td>55</td></tr>
<tr><td>60</td><td rowspan="4">142</td><td rowspan="4">107</td></tr>
<tr><td>65</td></tr>
<tr><td>70</td></tr>
<tr><td>75</td></tr>
<tr><td>80</td><td rowspan="2">172</td><td rowspan="2">132</td></tr>
<tr><td>85</td></tr>
<tr><td rowspan="8">AQZ9</td><td rowspan="8">—</td><td rowspan="8">21</td><td rowspan="8">77</td><td rowspan="8">173</td><td rowspan="8">1380</td><td>60</td><td rowspan="4">142</td><td rowspan="4">107</td><td rowspan="8">280</td><td rowspan="8">378</td><td rowspan="8"></td><td rowspan="8"></td><td rowspan="8">1430</td><td rowspan="8">1910</td></tr>
<tr><td>65</td></tr>
<tr><td>70</td></tr>
<tr><td>75</td></tr>
<tr><td>80</td><td rowspan="4">172</td><td rowspan="4">132</td></tr>
<tr><td>85</td></tr>
<tr><td>90</td></tr>
<tr><td>95</td></tr>
</table>

第7篇

续表

型号	各种转速下所能传递的功率/kW					轴孔直径 d (H7)	主动端轴孔长度		从动端轴孔长度 J_1、Z_1 型	D	L_0	S	D_0	B	L_1	许用转速 /r·min^{-1}	
	600	750	1000	1500	3000		L_2	L_3	L								
	r·min^{-1}					mm										铸铁	铸钢
AQZ10	—	25	60	200	1600 *	60	142	250	107	300	423	5~6	400	170	97	1430	1910
						65											
						70											
						75											
						80	172		132								
						85											
						90											
						95											
						100	212		167								
AQZ11	23	46	110	360	—	75	142		107	350							
						80	172		132								
						85											
						90											
						95											
						100	212		167								
						110											
AQZ12	45	95	240	830	—	80	172	300	132	400	508		558	210	102	1150	1530
						85											
						90											
						95											
						100	212		167								
						110											
						120											
						125											
						130	252		202								
AQZ13	58	113	267	902	—	80	172		132	450			500				
						85											
						90											
						95											
						100	212		167								
						110											
						120											
						125											
						130	252		202								
						140											

续表

型 号	各种转速下所能传递的功率/kW 600 r·min⁻¹	750	1000	1500	3000	轴孔直径 d（H7）	主动端轴孔长度 L_2	L_3	从动端轴孔长度 J_1、Z_1 型 L	D	L_0	S	D_0	B	L_1	许用转速 /r·min⁻¹ 铸铁	铸钢
						mm											
						90	172		132								
						95											
						100	212		167								
						110											
						120											
AQZ14	126	247	585	1975*	—	125		350		500	600	6~8	630	265	122	910	1210
						130	252		202								
						140											
						150											
						160	302		242								
						170											
						110	212		167								
						120											
						125											
						130	252		202								
AQZ15	296	585	1372	4632*	—	140				550	700		630	265	122	910	1210
						150											
						160	302		242								
						170											
						180		450				6~8					
						125	212		167								
						130	252		202								
						140											
AQZ16	355	694	1645*	5550*	—	150				600	740		810		720	950	1250
						160	302		242								
						170											
						180											
						190	352		282					340			
						140	252		202								
						150											
						160	302		242								
AQZ17	630	1230*	2916*	—	—	170		500		650	792	8~10	800		180	720	1150
						180											
						190	352		282								
						200											
						220											

注：1. 表中带＊号的离合器材料为锻钢。
2. 从动端轴孔型式按 GB 3852 的规定。
3. 生产厂家同表 7-3-84 注。

9.3.5 AQD 系列 V 带轮钢球式离心离合器（节能安全联轴器）（摘自 JB/T 5987—1992）

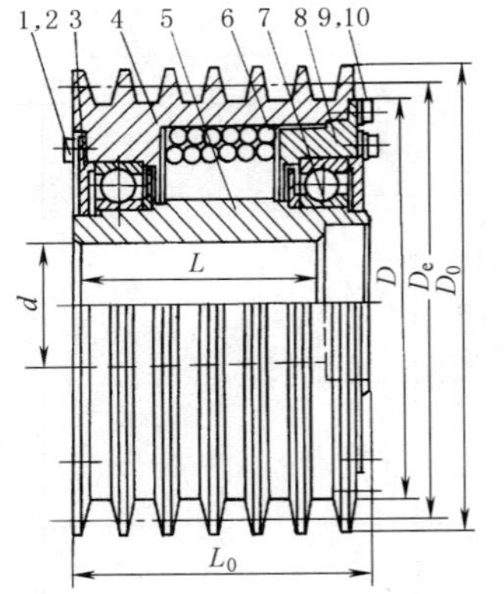

AQD 型 V 带轮钢球式离心离合器

1,9—螺栓；2,10—弹簧垫圈；3—轴承盖；4—带轮式壳体；5—转子；6—密封盖；7—滚动轴承；8—端盖

表 7-3-89

型号	各种转速下所能传递的功率 /kW					轴孔直径 d (H7)	轴孔长度 L	D	L_0	D_0	D_e	许用转速 /r·min^{-1}	
	600	750	1000	1500	3000							铸铁	铸钢
	r·min^{-1}					mm							
AQD1	—	—	—	0.5	4	19	42	80	100	125	118	4580	6110
						24	52						
						28	62						
AQD2	—	—	—	1	7.5	19	42	100	110	130	125	4410	5880
						24	52						
						28	62						
						38	82						
AQD3	—	—	0.87	3	24	24	52	130	150	150	140	3825	5090
						28	62						
						38	82						
						42	112						
						45							
AQD4	—	—	1.3	4.5	36	28	62	150		190	180	3020	4020
						38	82						
						42	112						
						48							
						55							

续表

型号	各种转速下所能传递的功率/kW					轴孔直径 d (H7)	轴孔长度 L	D	L_0	D_0	D_e	许用转速/r·min⁻¹	
	600	750	1000	1500	3000								
	r·min⁻¹					mm						铸铁	铸钢
AQD5	—	—	3.6	12	96	38	82	180	150	212	200	2700	3600
						42	112						
						48							
						55							
						60	142						
						65							
AQD6	—	2.53	6	20	162	38	82	200		248	236	2310	3080
						42	112						
						48							
						55	142						
						60							
						65							
						70							
AQD7	—	6	14.6	49	393	42	112	220	210	262	250	2190	2920
						48							
						55							
						60	142						
						65							
						70							
						75							
AQD8	—	10	24	80	644	48	112	250		292	280	1960	2620
						55							
						60	142						
						65							
						70							
						75							
						80	172						
						85							
AQD9	—	21	51	173	1380	60	142	280	250	332	315	1730	2300
						65							
						75							
						80	172						
						90							

第7篇

续表

型号	各种转速下所能传递的功率/kW 600	750	1000	1500	3000	轴孔直径 d (H7)	轴孔长度 L	D	L_0	D_0	D_e	许用转速/r·min^{-1} 铸铁	铸钢
	r·min^{-1}					mm							
AQD10	—	25	60	200	1600	60	142	300	250	372	355	1540	2050
						65							
						75							
						80	172						
						85							
						90							
						100	212						
AQD11	23	46	110	360	—	75	142	350		417	400	1370	1830
						80	172						
						85							
						90							
						100	212						
						110							
						120							
AQD12	45	95	240	830	—	80	172	400	300	467	450	1230	1640
						85							
						90							
						100	212						
						110							
						120							
						125							
						130	252						
						140							
AQD13	58	113	267	902	—	80	172	450		520	500	1100	1470
						85							
						90							
						95							
						100	212						
						110							
						120							
						125							
						130	252						
						140							

续表

型　号	各种转速下所能传递的功率 /kW					轴孔直径 d (H7)	轴孔长度 L	D	L_0	D_0	D_e	许用转速 /r·min⁻¹	
	600	750	1000	1500	3000								
	r·min⁻¹					mm						铸铁	铸钢
AQD14	126	247	585	1975	—	90	172	500	350	580	560	990	1320
						95							
						100	212						
						110							
						120							
						125							
						130	252						
						140							
						150							
						160	302						
						170							
AQD15	296	585	1372	4632	—	110	212	550	450	620	600	920	1230
						120							
						125							
						130	252						
						140							
						150							
						160	302						
						170							
						180							
AQD16	355	694	1645	5550*	—	125	212	600	450	690	670	830	1110
						130	252						
						140							
						150							
						160	302						
						170							
						180							
						190							
AQD17	630	1230*	2910*	—	—	140	252	650	500	730	710	780	1050
						150							
						160	302						
						170							
						180							
						190	352						
						200							
						220							

注：1. 带＊号的离合器材料为锻钢。

2. 生产厂家同表 7-3-84 注。

9.3.6 带片弹簧闸块离心离合器

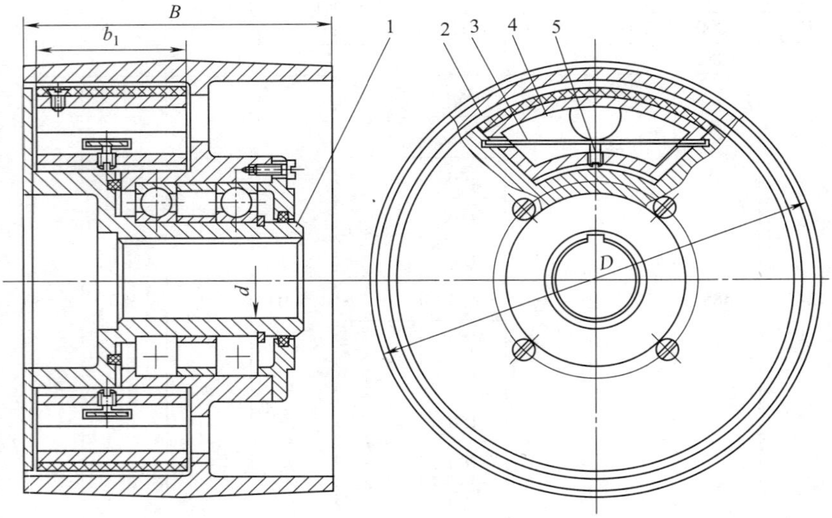

1—主动轮毂 2—从动轮 3—片弹簧 4—闸块 5—调节螺钉

表 7-3-90

可传递功率 P/kW (n=1500r/min)	闸块数 z	d	D	B	b_1
		mm			
0.74	4	20	100	75	45
1.8	4	30	125	75	60
5.2	4	40	150	100	65
12.5	4	50	180	125	70
31.0	4	65	230	165	80
77.0	4	80	280	180	90

注：1. 在其他转速 n'时，离合器可传递的功率：P=表值×$(n'/1000)^3$。

2. 去掉弹簧，离合器可传递的功率约增加 1 倍。

3. 两个闸块时，离合器可传递的功率减小一半。

10 超越离合器

超越离合器是靠主、从动部分的相对速度变化或回转方向变换能自动接合或脱开的离合器。超越离合器有嵌合式与摩擦式之分；摩擦式又分为滚柱式与楔块式。

单向超越离合器只能在一个方向传递转矩，双向超越离合器可双向传递转矩。超越离合器的从动件可以在不受摩擦力矩的影响下超越主动件的速度运行。带拨爪的超越离合器，拨爪为从动件。

10.1 超越离合器的特点、型式及应用

(1) 超越离合器的一般特点

① 改变速度：在传动链不脱开的情况下，可以使从动件获得快、慢两种速度；

② 防止逆转：单向超越离合器只在一个方向传递转矩，而在相反方向转矩作用下则空转；

③ 间歇运动：双向超越离合器与单向超越离合器适当组合，可实现从动件做某种规律的间歇运动。

(2) 超越离合器的型式、特点及适用范围

表 7-3-91　　超越离合器型式、特点及应用

型式	棘　　轮　　式	
	内齿棘轮超越式	外齿棘轮超越式
结构简图	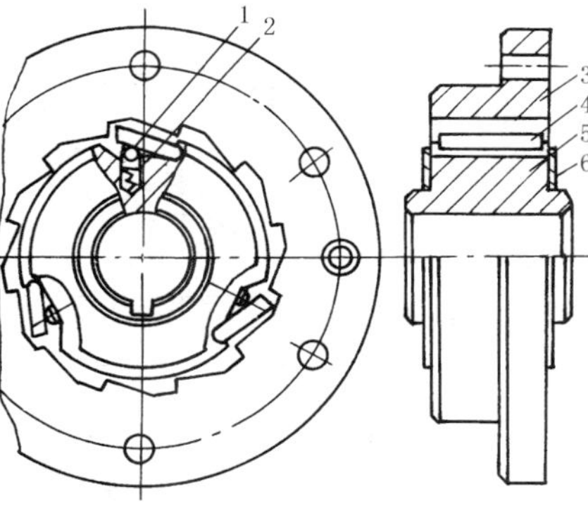 1—钢球；2—弹簧；3—外圈；4—棘爪；5—内圈；6—挡圈	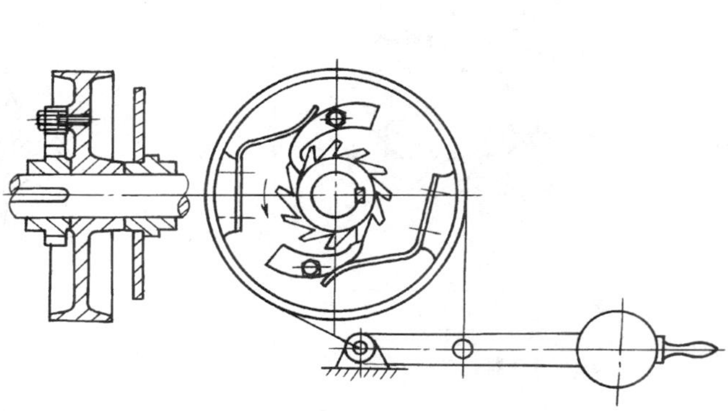
特点、应用	当内圈逆时针旋转时，通过棘爪带动外圈输出转矩，同时，外圈可超越内圈的速度转动。内圈顺时针旋转时，棘爪与外圈的内齿呈分离状态，内圈空载旋转 常用于农业机械、自行车传动	棘轮向一个方向(图中为逆时针)转动时，棘轮和棘爪处于分离状态，但棘爪将时刻预防棘轮的逆转 用于绞车提升和下放重物

型式	滚　　柱　　式	
	单向滚柱超越式	带拨爪单向滚柱式
结构简图	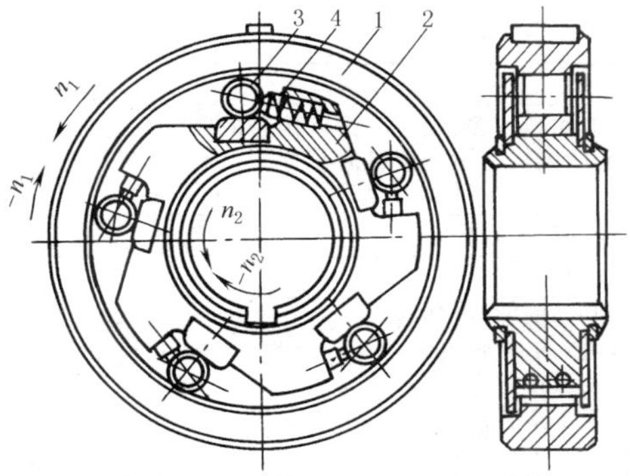 1—外环；2—星轮；3—滚柱；4—弹簧	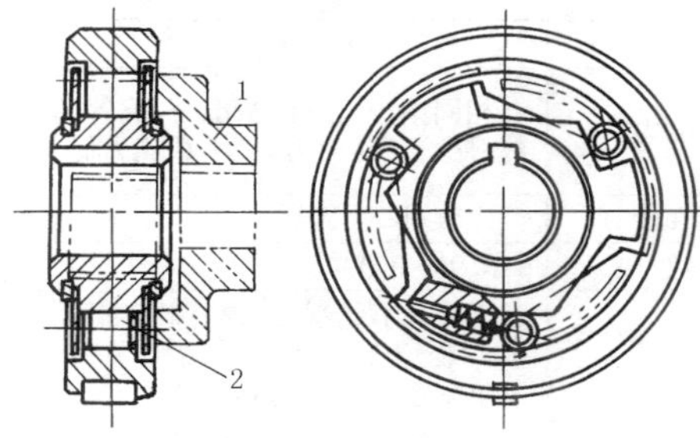 1—拨爪；2—滚柱
特点、应用	滚柱 3 受弹簧 4 的弹力，始终与外环 1 和星轮 2 接触。滚柱在滚道内自由转动，磨损均匀，磨损后仍能保持圆柱形，短时过载滚柱打滑不会损坏离合器。星轮加工困难，装配精度要求较高。星轮与外环运动关系比较多样化 外环 1 主动(逆时针转)时：当 $n_1=n_2$，离合器接合 当 $n_1<n_2$，离合器超越 星轮 2 主动(顺时针转)时：当 $-n_2=-n_1$，离合器接合 当 $\|-n_2\|<\|-n_1\|$，离合器超越	外环和星轮不论哪一个做主动，都只能单向传递运动。如果用拨爪 1 拨动滚柱 2，可以使运动中断。拨爪与起操纵作用的另一条运动相连接，在传动链未中断前和离合器一起转动

	带　拨　爪　双　向　滚　柱　式	
结构简图及特点	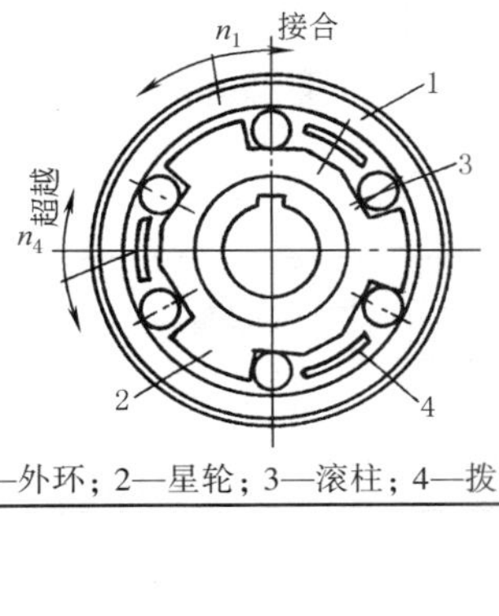 1—外环；2—星轮；3—滚柱；4—拨爪	与单向型滚柱超越离合器相比，工作面和滚柱由单向布置改为相邻对称布置。外环为主动时，能两个方向传递运动和转矩，拨爪主动时，不论转向如何，只要 $n_4>n_1$，均使离合器脱开，件 4 做超越运动，而且可通过拨爪使运动中断，是一种可逆离合器

续表

<table>
<tr><td>型式</td><td colspan="3">楔　块　式</td></tr>
<tr><td>结构简图</td><td>单向超越离合器
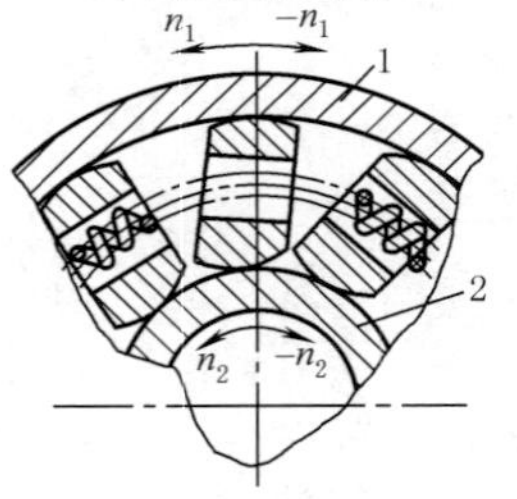
</td><td>双向超越离合器
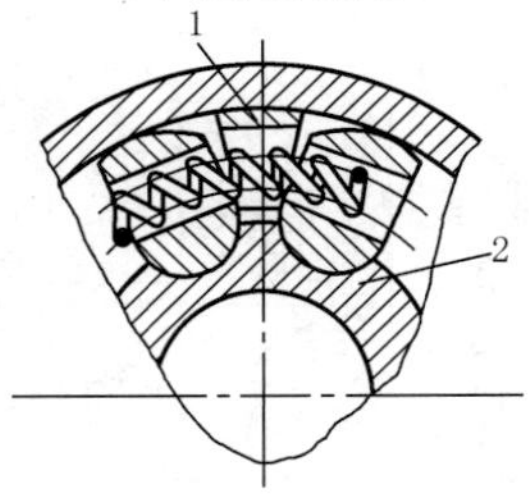
</td><td>非接触式单向超越离合器
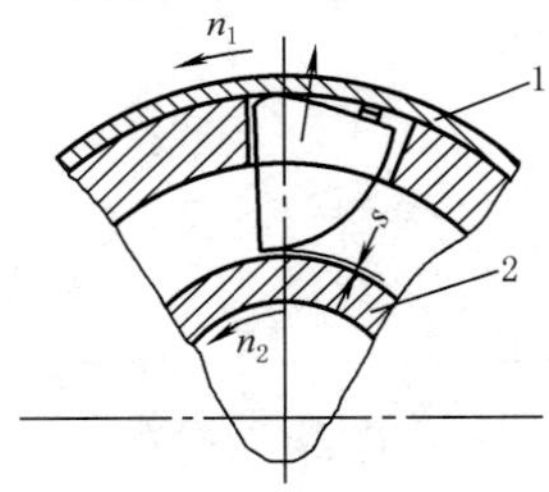
</td></tr>
<tr><td>特性</td><td>件 1 主动(逆时针转)时:
当 $n_1=n_2$,离合器接合
当 $n_1<n_2$,离合器超越
件 2 主动(顺时针转)时:
当 $-n_1=-n_2$,离合器接合
当 $\lvert -n_2\rvert<\lvert -n_1\rvert$,离合器超越</td><td>当拨叉 1 作正反向转动时,均可带动内套 2 同步转动
当拨叉不动,内套被楔住不能转动</td><td>当 $n_1>n_2$ 时,偏心楔块放松,离合器超越
当 $n_1<n_2$ 时,偏心楔块楔紧,离合器接合,内外环一起低速转动</td></tr>
<tr><td>应用</td><td colspan="2">接触点曲率半径大,楔块多,承载能力高,结构紧凑,外形尺寸小,自锁可靠,反向脱开容易,制造容易。但接触点固定磨损后,会产生一个小平面,严重时,楔块可能翻转,不能自动恢复工作
常用于止逆机构,将主动轴的动力和运动传给从动轴,而从动轴受外力时不能逆转,仍保持原位</td><td>当外圈逆时针转动时,受离心力作用,偏心楔块绕反向转动,与内环表面脱开,保持一定间隙,实现无接触超载,可避免高速超载时,楔块与内环面发生磨损,其缺点是制造精度高,需保持内外环有较高的同心度</td></tr>
</table>

表 7-3-92　　楔块、滚柱超越离合器的比较

项　目	滚柱式离合器	楔块式离合器
承载能力	相同滚道尺寸的情况下,放置的滚柱数目少,接触应力大,承载能力低	放置的楔块数量多,楔块与滚道接触的圆弧面之曲率半径大于滚柱的半径,即楔块与滚道接触面积大,与内滚道接触应力虽然大,但因楔块数量多,总承载能力比滚柱式高(一般为 5~10 倍)
自锁性能	比较可靠	可靠,反向解脱轻便
传动效率	0.95~0.99	0.94~0.98
超载时工作情况	极端超载情况下,滚柱趋于滑动而自锁失效,当转矩减小时,滚柱复位,滚柱可重新楔紧正常运转	极端超载情况下,可能有一个或几个楔块转动超过最大的撑线范围,而使楔块翻转,离合器两个方向都自锁不得转动,当转矩减小后楔块也不能复位
零件磨损情况	滚柱能在滚道内自由转动,磨损后仍能保持圆形,滚柱与内、外圈的接触点在楔紧状态与分离状态时并不相同,磨损较均匀	楔块由于不能自由转动,楔块与内外滚道的接触部位仅局限在一小段工作圆弧上,容易磨损成小平面。但因传递转矩时楔块式比滚柱式离合器直径小,圆周速度低而且楔块数量多,因而使楔块磨损量减小,使用寿命长
主动元件的选择	通常选择内圈。外圈空转时可以避免滚柱因离心力对外圈产生压力	通常选择外圈。内圈空转时工作表面的圆周速度低,减小空转时的磨损
动作准确度	溜滑角不超过 2°,工作灵敏,准确度高	溜滑角一般在 2°~7°,要提高工作灵敏度,需减小溜滑角
制造工艺	星轮加工较复杂,工艺性差,装配时要求高	楔块采用冷拉异型钢。内外圈滚道均为圆柱面,加工容易。因此工艺性好,适于批量生产,容易装配

10.2　超越离合器主要零件的材料和热处理

超越离合器的材料要求具有较高的硬度和耐磨性。对于滚柱，还要求心部具有韧性，能承受冲击载荷而避免碎裂。

表 7-3-93

<table>
<tr><th>零　件</th><th>材　　料</th><th>热　处　理</th><th>应　用　范　围</th></tr>
<tr><td rowspan="4">外毂星轮</td><td>20Cr 或 20MnVB、20Mn2B</td><td>渗碳、淬火、回火 58~62HRC</td><td rowspan="2">中等载荷、冲击较大的、比较重要的场合</td></tr>
<tr><td>GCr15 或 GCr6</td><td>淬火、回火 58~64HRC</td></tr>
<tr><td>40Cr 或 40MnVB、40MnB</td><td rowspan="2">高频淬火 48~55HRC</td><td>载荷较大、尺寸中等的场合</td></tr>
<tr><td>45</td><td>尺寸较大、载荷不大而重要的场合</td></tr>
</table>

续表

零件	材料	热处理	应用范围
滚柱或楔块	GCr15 或 GCr12、GCr6	淬火回火 58~64HRC	载荷与冲击较大的重要场合
	T8	淬火回火 56~62HRC	
	40Cr	淬火回火 48~52HRC	载荷不大、一般不太重要的场合

注：渗碳厚度要求	外环内径 $2R$/mm	30~40	50~65	80~125	160~200
	内外环渗碳厚度/mm	0.8~1.0	1.0~1.2	1.2~1.5	1.5~1.8
	星轮渗碳厚度/mm	1.0~1.2	1.2~1.5	1.5~1.8	1.8~2.0

10.3 超越离合器材料的许用接触应力

表 7-3-94

离合器需要的楔合次数	许用接触应力，σ_{Hp}/N · mm^{-2}
10^7	1422~1766
10^6	3041~3237
$(0.5\sim1)\times10^5$	4120

注：1. 一般可取额定楔合次数为 10^6。
2. 离合器的楔合次数在 10^7 时，通常许用接触应力 $\sigma_{Hp}=(25\sim30)$HRC　N/mm^2。

10.4 超越离合器的计算

滚柱超越离合器

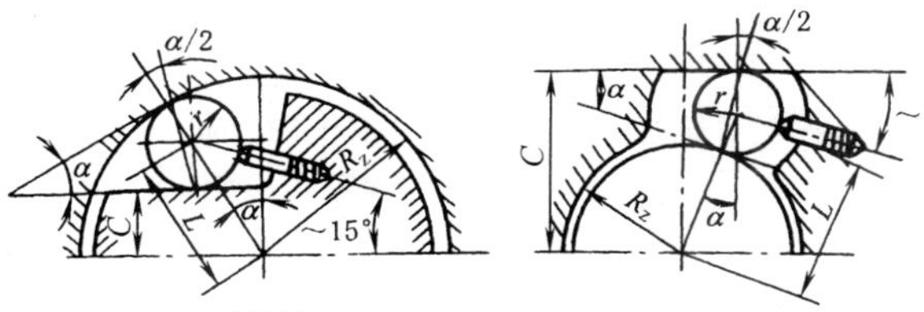

(a) 内星轮　　(b) 外星轮

楔块超越离合器

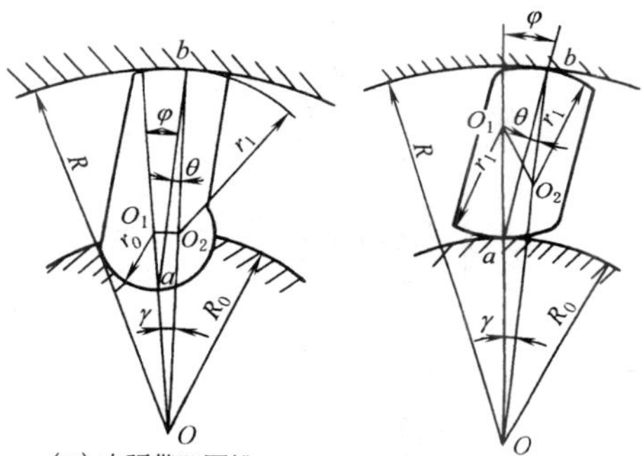

(a) 内环带凹圆槽　　(b) 内环为整圆

表 7-3-95

型式	计算项目	计算公式	说明
滚柱超越式	楔紧平面至轴心线距离	$C=(R_z\pm r)\cos\alpha\pm r$ 内星轮用"−"，外星轮用"+"	β ——工作储备系数 $\beta=1.4\sim5$ T_t ——需要传递的转矩，N · mm R_z ——滚柱离合器外环内半径，mm，$R_z=(4.5\sim15)r$，一般取 $R_z=8r$ b ——滚柱长度，mm，$b=(2.5\sim8)r$，一般取 $b=(3\sim4)r$ E_v ——当量弹性模数　钢对钢 $E_v=2.06\times10^5$N/mm^2 σ_{Hp}——许用接触应力，N/mm^2，见表 7-3-94 μ ——摩擦因数，一般取 $\mu=0.1$ m ——滚柱质量，kg n ——星轮转速，r/min z ——滚柱数目，见表 7-3-96 R_0——内环外半径，mm，$R_0=(4\sim4.5)r_1$ L ——楔块长度，mm，内环整圆 $l=(2.6\sim4)r_1$，内环凹槽 $l=(1.6\sim2)r_1$ D ——外环内径，mm d ——滚柱直径，mm
	计算转矩	$T_c=\beta T_t$	
	正压力	$N=\dfrac{T_c}{(L\pm r)\mu z}$ 内星轮用"+"，外星轮用"−"	
	接触应力	$\sigma_H=0.42\sqrt{\dfrac{NE_v}{b\rho_v}}\leqslant\sigma_{Hp}$	
	当量半径 内星轮 外星轮	$\rho_v=r$ $\rho_v=\dfrac{R_z r}{R_z+r}$	
	弹簧压力	$P_E\geqslant\dfrac{(D-d)\mu mn^2}{18\times10^4}$	

续表

型式	计算项目	计算公式	说明
内环带凹圆槽楔块超越式	楔块偏心距	$e=O_1O_2=R_0\sin\gamma\approx R_0\gamma,\ \sin\gamma\approx\frac{r_1+r_0}{R}\sin\varphi$	R——楔块离合器外环内半径，mm，内环整圆时 $R=(1.2\sim1.44)R_0$，内环凹槽时 $R=(3.2\sim3.5)r_1$ α——楔角，(°)，α 小，楔合容易，脱开力大；α 大，不易楔合或易打滑。为保证滚柱不打滑，应使压力角 $\alpha/2$ 小于滚柱对星轮或内外环接触面的最小摩擦角 ρ_{min}，即 $\alpha/2<\rho_{min}$。当星轮工作面为平面时，取 $\alpha=6°\sim8°$；当工作面为对数螺旋面或偏心圆弧面时，取 $\alpha=8°\sim10°$；最大极限值 $\alpha_{max}=14°\sim17°$ $\varphi(\theta)$——内环(外环)压力角，(°)，内环为整圆时 $\varphi\approx\arccos\frac{R^2-R_0^2-\overline{ab}^2}{2R_0\ \overline{ab}}$ 为了保证工作时不打滑，压力角 φ 不得超过与内外环之间的最小摩擦角，一般取 $\varphi=2°15'\sim4°30'$，φ 一般均取 3°， $\theta=\arcsin\left(\frac{R_0}{R}\sin\varphi\right)$ r——滚柱半径，mm r_1——楔块工作曲面半径，mm
	外环处压力角	$\theta=\arcsin\frac{(R_0-r_0)\sin\varphi}{R}$	
	中心角	$\gamma=\varphi-\theta$	
	计算转矩	$T_c=\beta T_t$	
	b 点正压力	$N_b=\frac{T_c}{RZ\tan\theta}$	
	b 点接触应力	$\sigma_{bH}=0.42\sqrt{\frac{N_bE_v}{l\rho_v}}\leqslant\sigma_{Hp}$	
	当量曲率半径	$\rho_v=\frac{Rr_1}{R-r_1}$	
内环为整圆楔块超越式	楔块偏心距	$e=O_1O_2\approx\sqrt{(R-r_1)^2+(R_0+r_1)^2-2(R-r_1)(R_0+r_1)\cos\gamma}$ (一般 $\gamma<1°30'$，$\cos\gamma\approx1$，$e\approx R_0+2r_1-R$)	
	外环处楔角	$\theta=\arcsin\left(\frac{R_0}{R}\sin\varphi\right)$ $\theta=\angle abO_2$	
	中心角	$\gamma=\varphi-\theta,\ \sin\gamma\approx\frac{R-R_0}{R}\sin\varphi$	
	计算转矩	$T_c=\beta T_t$	
	a 点正压力	$N_a=\frac{T_c}{R_0Z\tan\varphi}$	
	a 点接触应力	$\sigma_{aH}=0.42\sqrt{\frac{N_aE_v}{l\rho_v}}\leqslant\sigma_{Hp}$	
	当量曲率半径	$\rho_v=\frac{R_0r_1}{R_0+r_1}$	

表 7-3-96　　滚柱数及尺寸参数参考值

使用离合器的设备	滚柱数目 z	$\frac{D}{d}\left(\frac{R_z}{r}\right)$	b/d
起升机构	4	8	1.25～1.50
汽车传动系	8～20	9～15	1.5～3.0
汽车启动器	4～5	4.5～6.0	1.25～1.50
自行车	5	4.5～6.0	2

注：D—外毂内表面直径；d—滚柱直径；b—滚柱长度。

10.5 超越离合器的结构尺寸和性能参数

不带拨爪的单向超越离合器的结构尺寸

I 型

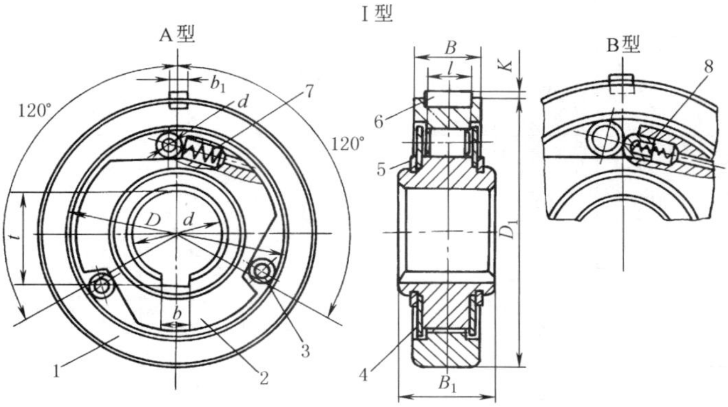

II 型

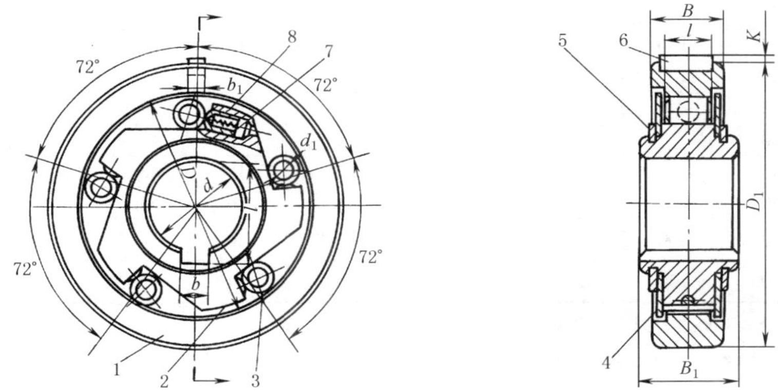

III 型

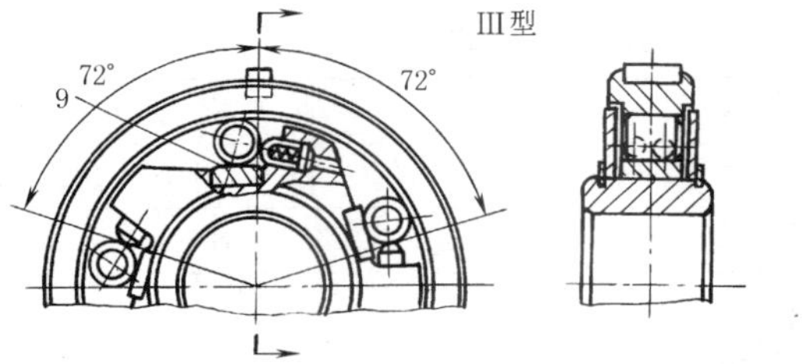

1—外环；2—星轮；3—滚柱；4—盖板；5—挡圈；6—平键；7—弹簧；8—顶销；9—镶块

表 7-3-97 mm

<table>
<tr><th colspan="2">型式</th><th>D
(H7)</th><th>d
(H7)</th><th>D_1
(k6)</th><th>d_1
(h7)</th><th>B</th><th>B_1</th><th>b
(H9)</th><th>t
(H11)</th><th>b_1
(h9)</th><th>l
(d10)</th><th>K</th></tr>
<tr><td rowspan="6">I 型</td><td rowspan="6">A 型</td><td rowspan="3">32</td><td>10</td><td rowspan="3">45</td><td rowspan="3">4</td><td rowspan="3">$12_{-0.12}^{0}$</td><td rowspan="3">$18_{0}^{+0.24}$</td><td>3</td><td>11.1</td><td rowspan="3">3</td><td rowspan="3">8</td><td rowspan="3">1.2</td></tr>
<tr><td>12</td><td rowspan="3">4</td><td>13.6</td></tr>
<tr><td rowspan="2">14</td><td rowspan="2">15.6</td></tr>
<tr><td rowspan="3">40</td><td rowspan="3">55</td><td rowspan="3">5</td><td rowspan="3">$15_{-0.12}^{0}$</td><td rowspan="3">$22_{0}^{+0.28}$</td><td rowspan="3">4</td><td rowspan="3">10</td><td rowspan="3">1.8</td></tr>
<tr><td>16</td><td rowspan="2">5</td><td>17.9</td></tr>
<tr><td>18</td><td>19.9</td></tr>
</table>

续表

型式		D (H7)	d (H7)	D_1 (k6)	d_1 (h7)	B	B_1	b (H9)	t (H11)	b_1 (h9)	l (d10)	K
Ⅰ型	A型	50	16	70	6	$18_{-0.15}^{0}$	$25_{0}^{+0.28}$	5	17.9	5	12	2.3
			18						19.9			
			20					6	22.3			
		65	16	85	8	$20_{-0.15}^{0}$	$28_{0}^{+0.28}$	5	17.9		14	
			20					6	22.3			
			25					8	27.6			
	B型	80	20	105	10	$25_{-0.15}^{0}$	$35_{0}^{+0.34}$	6	22.3	6	18	2.6
			25					8	27.6			
			30						32.6			
			35					10	37.9			
		100	25	130	13	$30_{-0.2}^{0}$	$45_{0}^{+0.34}$	8	27.6	8	24	3.2
			30						32.6			
			35					10	37.9			
			40					12	42.9			
Ⅱ型		80	25	105	10	$25_{-0.15}^{0}$	$35_{0}^{+0.34}$	8	27.6	6	18	2.6
			30						32.6			
			35					10	37.9			
		100	30	130	13	$30_{-0.2}^{0}$	$45_{0}^{+0.34}$	8	32.6	8	24	3.2
			35					10	37.9			
			40					12	42.9			
		125	35	160	16	$35_{-0.25}^{0}$	$55_{0}^{+0.4}$	10	37.9		28	
			40					12	42.9			
			45					14	48.3			
			50					16	53.6			
Ⅲ型		160	70	200	20	$40_{-0.25}^{0}$	$60_{0}^{+0.4}$	20	74.3	12	32	3.8
		200	90	250	25	$50_{-0.3}^{0}$	$70_{0}^{+0.4}$	24	95.2		40	

注：1. 键按 GB/T 1096—2003，挡圈（零件 5）按 GB/T 894—1986 之规定。

2. 外毂和星轮根据结构要求，可以和其他传动件做成一体。

表 7-3-98　　超越离合器的性能参数

技术特性	直径 D/mm										
	32	40	50	65	80		100		125	160	200
	滚柱数 z										
	3					5	3	5			
传递的许用转矩 T_p/N·cm	250	450	850	1650	3300	5500	7000	12000	21000	39000	77000
允许的载荷循环次数(结合次数)	5×10^6										
推荐的载荷循环次数极限/r·min^{-1}	250	200	160	125	100		80		65	50	40
超越时,推荐的转速极限/r·min^{-1}	3000	2500	2000	1500	1250		1000		800	630	500
超越时,允许的最大摩擦转矩/N·cm	12	22	42	50	100	170	210	240	420	780	1600
结合时,离合器的最大空转角度	3°		2°30′	2°	1°30′		1°		45′		30′

注：1. 表中所列许用转矩 T_p 为载荷循环次数极限和转数极限情况下的数值，当载荷循环次数和转速低于此极限时，许用转矩可以提高 20%。

2. 当主动件带动从动件一起转动时，称为结合状态。当外套与星轮脱开、主动件和从动件以各自速度回转时，称为超越状态。

10.6 超越离合器产品

(1) GC-A 型滚柱式单向离合器（无轴承支承）

内、外环与机件用键连接。安装时应将离合器排放在轴承旁，见示例。

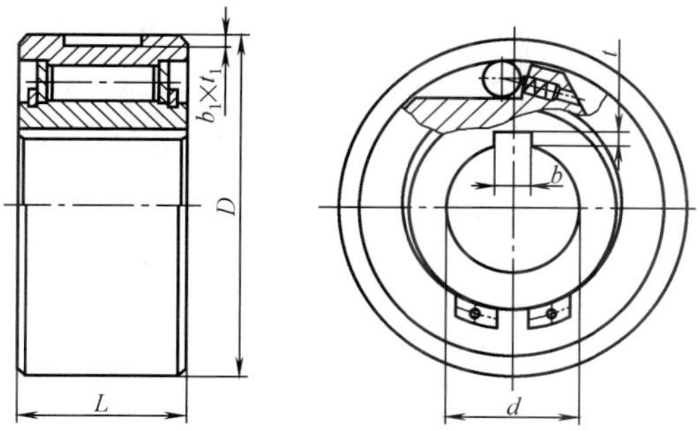

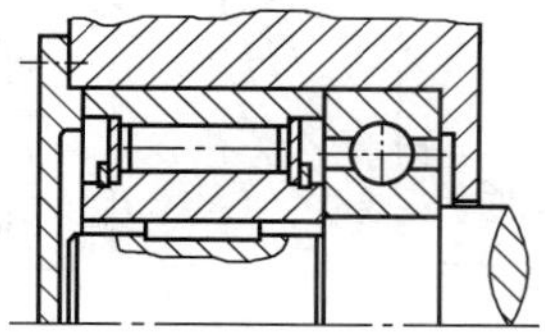

安装示例

表 7-3-99

型号	额定扭矩 /N·m	超运转速度/r·min⁻¹		外形尺寸/mm					质量 /kg
		内环	外环	D(h7)	L	$b \times t$	d(H7)	$b_1 \times t_1$	
GC-A1237	13	1500	3100	37	20	4×2.5	12	4×1.8	0.11
GC-A1547	44	1100	2800	47	30	4×2.5	15	4×1.8	0.30
GC-A2062	117	1000	2400	62	34	5×3.0	20	5×2.3	0.55
GC-A2580	228	850	2000	80	37	5×3.0	25	5×2.3	0.98
GC-A3090	400	750	1700	90	44	6×3.5	30	6×2.8	1.50
GC-A35100	570	650	1400	100	48	6×3.5	35	6×2.8	2.00
GC-A40110	820	600	1200	110	56	8×4.0	40	8×3.3	2.80
GC-A45120	900	500	1000	120	56	10×5.0	45	10×3.3	3.30
GC-A50130	1700	450	850	130	63	10×5.0	50	10×3.3	4.20
GC-A55140	2100	420	700	140	67	12×5.0	55	12×3.3	5.20
GC-A60150	2800	400	580	150	78	12×5.0	60	12×3.3	6.80
GC-A70170	4850	300	450	170	95	14×5.5	70	14×3.8	10.5

注：1. 生产厂家为咸阳超越离合器有限公司。

2. 该厂还生产 GC-B 型（d=8~150mm），外环采用端面键连接，GC-C 型（d=10~80mm）外环采用 H7/n6 过盈配合，均为无轴承支承的产品。

（2）GCZ-A 型滚柱式单向离合器（有轴承支承）

内含轴承及油封，使用 2 只 160 系列滚珠轴承支承，见示例。主要用于超运转速度送料及定位离合器。

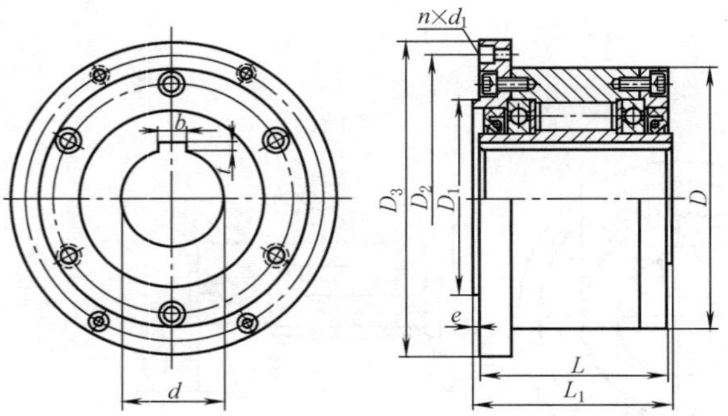

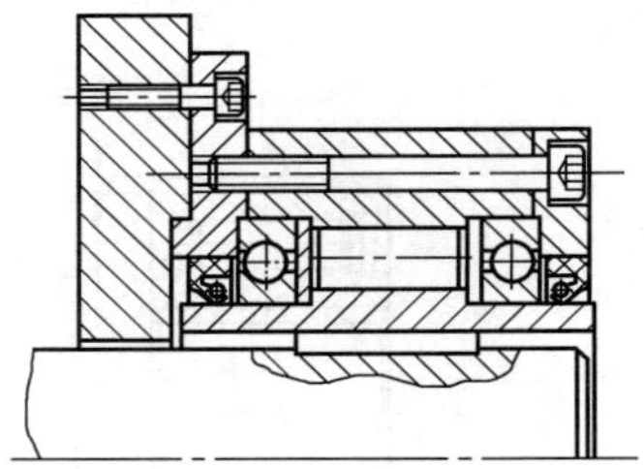

安装示例

表 7-3-100

型号	额定扭矩 /N·m	超运转速度 /r·min⁻¹		外形尺寸 /mm										质量 /kg
		内环	外环	d(H7)	D(h7)	D_1	D_2	D_3	L_1	L	e	$b×t$	$n×d_1$	
GCZ-A1262	44	2000	2800	12	62	42	72	85	44	42	3	4×1.8	3×5.5	0.90
GCZ-A1568	100	1800	2600	15	68	47	78	92	54	52	3	5×2.3	3×5.5	1.30
GCZ-A2075	145	1350	2300	20	75	55	85	98	59	57	3	6×3.8	4×5.5	1.70
GCZ-A2590	230	1050	1800	25	90	68	104	118	62	60	3	8×3.3	4×5.5	2.60
GCZ-A30100	400	850	1600	30	100	75	114	128	70	68	3	8×4.1	6×6.6	3.50
GCZ-A35110	580	775	1500	35	110	80	124	140	76	74	3.5	10×3.3	6×6.6	4.50
GCZ-A40125	820	575	1300	40	125	90	142	160	88	86	3.5	12×3.3	6×9.0	6.90
GCZ-A45130	900	500	1200	45	130	95	146	165	88	86	3.5	14×3.3	8×9.0	9.10
GCZ-A50150	1700	400	1075	50	150	110	165	185	96	94	4	14×3.8	8×9.0	10.1
GCZ-A55160	2100	375	1000	55	160	115	182	204	106	104	4	16×4.3	8×11	13.1
GCZ-A60170	2800	325	950	60	170	125	192	214	116	114	4	18×4.4	10×11	15.6
GCZ-A70190	4600	275	875	70	190	140	212	234	136	134	4	20×4.9	10×11	20.4
GCZ-A80210	6800	250	800	80	210	160	232	254	146	144	4	22×5.4	10×11	16.7
GCZ-A90230	11600	225	725	90	230	180	254	278	160	158	4.5	25×5.4	10×14	39.0
GCZ-A100270	18000	175	625	100	270	210	305	335	184	182	5	28×6.4	10×18	66.0
GCZ-A20310	25000	125	500	130	310	240	345	380	214	213	5	32×7.4	12×18	91.0

注：1. 生产厂家同表 7-3-99 注 1。

2. 该厂还生产 GCZ-B、GCZ-C 型（d=12~130mm），有轴承的产品。

（3）CKA 型（基本型）单向楔块超越离合器（摘自 JB/T 9130—2002）

使用时可根据需要安装轴承以承受轴向与径向载荷。常用于各种轻工机械提升机、运输机、机床和减速器等机械传动。

安装使用要求：

1）离合器安装方向应与主机旋转方向一致。

2）离合器的内外环分别与轴、机壳的配合为动配合，采用键连接。

3）装组离合器时，应保证楔块的正确方向并注入适量润滑油。

4）离合器长期在高速下运行时，应有冷却措施。

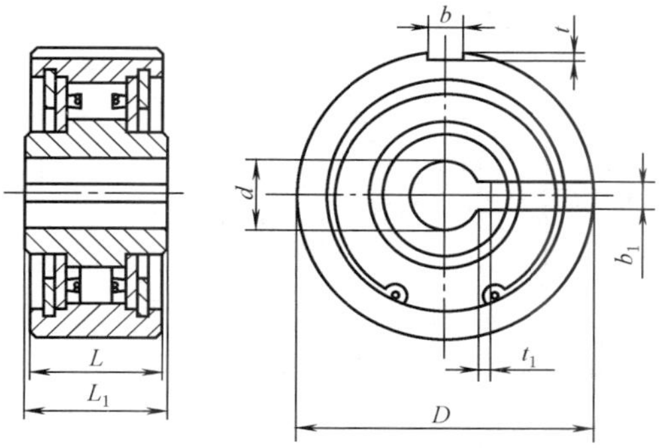

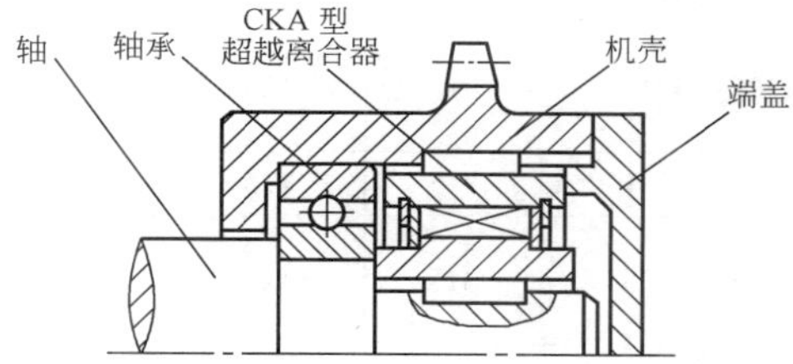

安装示例

第 7 篇

表 7-3-101

mm

型　　号	公称转矩 T_n/N·m	超越时的极限转速 n/r·min^{-1}	外　　环			内　　环			质量 m /kg
			D (h7)	键槽 ($b\times t$)	L	d (H7)	键槽 ($b_1\times t_1$)	L_1	
CKA50×24-10	31.5	2500	50	3×1.8	22	10	3×1.4	24	0.24
CKA50×24-12	31.5	2500	50	3×1.8	22	12	3×1.4	24	0.24
CKA52×24-16	31.5	2250	52	5×1.9	22	16	5×1.9	24	0.27
CKA55×24-18	50	2250	55	4×2.5	22	18	4×1.8	24	0.28
CKA60×22-19	63	2000	60	6×3.5	22	19	6×2.8	22	0.30
CKA60×24-20	63	2000	60	6×3.5	22	20	6×2.8	24	0.33
CKA63×26-24	100	1800	63	6×3.5	24	24	6×2.8	26	0.37
CKA63×26-25	100	1800	63	6×3.5	24	25	6×2.8	26	0.37
CKA63×32-25	140	1800	63	6×3.5	30	25	6×2.8	32	0.48
CKA65×26-24	100	1800	65	6×3.5	24	24	6×2.8	26	0.38
CKA70×32-12	150	1500	70	8×4.0	30	12	3×1.4	32	0.67
CKA70×24-20	150	1500	70	6×3.5	22	20	6×2.8	24	0.62
CKA70×32-25	150	1500	70	8×4.0	30	25	8×3.3	32	0.63
CKA70×32-28	180	1500	70	8×4.0	30	28	8×3.3	32	0.60
CKA72×27-25	180	1500	72	6×3.5 $L=14$	20	25	8×3.3	27	0.54
CKA75×40-25	180	1500	75	8×4.0	30	25	8×3.3	40	0.79
CKA80×32-22	200	1500	80	8×4.0	30	22	6×2.8	32	1.29
CKA80×32-25	200	1500	80	8×4.0	32	25	8×3.3	32	0.90
CKA80×26-30	200	1500	80	8×4.0	26	30	8×3.3	26	0.73
CKA80×32-30	200	1500	80	8×4.0	30	30	8×3.3	32	0.87
CKA85×28-30	200	1500	85	5×3.0 $L=14$	20	30	8×3.3	28	0.83

续表

型号	公称转矩 T_n/N·m	超越时的极限转速 n/r·min^{-1}	外环			内环			质量 m /kg
			D (h7)	键槽 ($b\times t$)	L	d (H7)	键槽 ($b_1\times t_1$)	L_1	
CKA90×37-25	200	1500	90	8×4.0	37	25	8×3.3	37	1.00
CKA100×34-28	315	1250	100	10×5	32	28	8×4.3	34	1.15
CKA100×34-35	315	1250	100	10×5	32	35	10×3.3	34	1.34
CKA100×34-38	315	1250	100	10×5	32	38	10×3.3	34	1.28
CKA100×34-40	315	1250	100	10×5 $L=28$	32	40	10×3.3	34	1.20
CKA100×31.5-45	315	1250	100	2-8×4	31.5	45	8×3.3	31.5	1.54
CKA105×34-35	315	1250	105	100×5 $L=26$	32	35	10×3.3	34	1.55
CKA105×35-30	315	1250	105	10×5 $L=16$	20	30	8×3.3	35	1.55
CKA105×35-35	315	1250	105	6×3.5	25	35	8×3.3	35	1.56
CKA110×34-30	400	1000	110	10×5	32	30	8×3.3	34	1.82
CKA110×34-35	400	1000	110	10×5	32	35	10×3.3	34	1.82
CKA110×34-38	400	1000	110	10×5	32	38	10×3.3	34	1.67
CKA125×38-50	500	800	125	14×5.5	36	50	14×3.8	38	2.21
CKA130×55-40	500	800	130	8×4.0	35	40	12×3.3	55	2.62
CKA130×38-45	500	800	130	14×5.5	36	45	14×3.8	38	4.31
CKA130×38-50	500	800	130	14×5.5	36	50	14×3.8	38	3.02
CKA135×38-60	600	800	135	14×5.5	36	60	18×4.4	38	2.65
CKA136×52-35	800	800	136	8-ϕ9	50	35	10×3.3	52	4.50
CKA136×52-45	800	800	136	6-M8	52	45	14×3.8	52	4.32
CKA140×55-50	1250	800	140	16×6.0	53	50	16×4.3	55	5.10
CKA140×38-60	1000	800	140	14×5.5	36	60	14×3.0	38	2.74
CKA145×34-45	1000	800	145	6-M10	34	45	12×3.8	34	3.35
CKA160×75-50	1500	800	160	6-M8	72	50	14×3.8	75	7.08
CKA160×55-55	2000	800	160	18×7.0	53	55	16×4.3	55	6.96
CKA160×35-70	1500	800	160	10×5.0	35	70	8×3.3	35	3.46
CKA170×55-60	2240	800	170	18×7.0	52	60	18×4.4	55	7.80
CKA170×55-65	2240	800	170	18×7.0	52	65	18×4.4	55	7.61
CKA180×52-65	2000	800	180	6-M8	52	65	18×4.4	52	7.35
CKA180×55-65	2500	800	180	18×7.0	52	65	18×4.4	55	8.69
CKA190×38-85	2500	800	190	14×5.0	36	85	14×3.8	38	5.50
CKA200×55-65	2800	800	200	20×7.5	53	65	20×3.9	55	11.02
CKA210×88-50	4000	800	210	6-M10	85	50	14×3.8	88	18.52
CKA210×85-75	4000	800	210	6-Φ13	70	75	20×4.9	70	14.25
CKA215×70-75	4500	600	215	6-M12	70	75	20×4.4	70	15.00

注：生产厂家为北京新兴超越离合器有限公司、北京古德高机电技术有限公司。

（4）CKB 型无内环型单向楔块超越离合器（摘自 JB/T 9130—2002）

CKB 型为无内环无轴承支承的楔块式超越离合器。使用时，将轴直接安装在离合器内，用于离合器的轴在磨削后需要热处理，硬度达到 58~62HRC，轴的锥度每 50mm 不应超过 0.01mm。为保证轴和离合器外环的同轴度，承受外环和轴的径向或轴向载荷，要在离合器的两端或一端装上轴承。常用于轻工机械、减速器、提升机、电动滚筒等机械传动。安装使用要求见 CKA 型的说明。

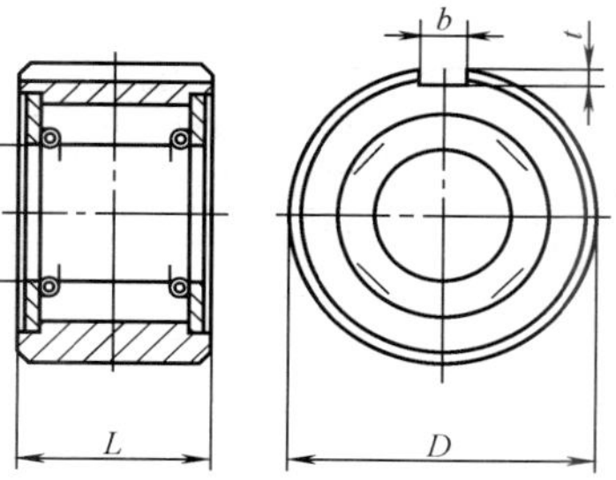

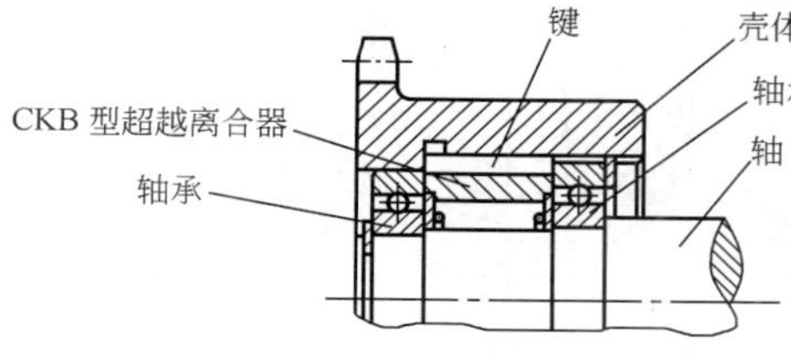

安装示例

表 7-3-102

代号	型号	公称转矩 T_n /N·m	空转转矩 /N·m	最高超越转速 n /r·min 内环	最高超越转速 n /r·min 外环	最高频率 /(次/min)	宽度 $L_{-0.06}^{0}$ /mm	外环直径 D(h) /mm	轴径 $d_{-0.0025}^{0}$ /mm	外环键槽宽×深 (b×t) /mm	质量 m /kg
B203	CKB40×25-16.51	60	0.1	2400	500	150	25.0	40	16.510	4×2.5	0.23
B204	CKB47×25-18.796	100	0.1	2400	500	150	25.0	47	18.796	5×3	0.34
B205	CKB52×25-23.622	150	0.2	1800	400	150	25.0	52	23.622	5×3	0.45
	CKB52×25-24	150	0.2	1800	400	150	25.0	52	24.0	5×3	0.33
	CKB62×28-30	200	0.2	1800	350	150	28.0	62	30.0	7×4	0.51
B206	CKB62×28-32.766	300	0.2	1800	350	150	28.0	62	32.766	7×4	0.68
	CKB62×28-35	200	0.2	1800	350	150	28.0	62	35	6×3.5	0.45
	CKB72×28-40	315	0.2	1800	300	150	28.0	72	40	7×4	0.61
B207	CKB72×28-42.088	450	0.2	1800	300	150	28.0	72	42.088	7×4	0.80
	CKB72×28-42	315	0.2	1800	300	150	28.0	72	42	7×4	0.59
	CKB80×32-45	500	0.2	1600	300	150	32.0	80	45	10×4.5	0.75
B208	CKB80×32-46.761	480	0.2	1800	200	150	32.0	80	46.761	10×4.5	0.91
	CKB80×32-48	500	0.2	1600	200	150	32.0	80	48	8×4.0	0.80
B209	CKB85×32-46.761	500	0.2	1800	200	150	32.0	85	46.761	10×4.5	0.95
	CKB85×32-50	500	0.2	1600	200	150	32.0	85	50	8×4.0	0.94
	CKB90×32-55	560	0.2	1200	200	150	32.0	90	55	10×5.0	1.00
B210	CKB90×32-56.109	550	0.3	1200	200	150	32.0	90	56.109	10×4.5	1.00
B211	CKB100×42-56.109	784	0.3	1200	200	150	42.0	100	56.109	10×4.5	1.40
	CKB100×42-60	710	0.3	1200	200	150	42.0	100	60	10×5.0	1.26
	CKB110×42-65	1000	0.3	1200	200	150	42.0	110	65	10×5.0	2.04
B212	CKB110×42-70.029	1230	0.3	1200	180	150	42.0	110	70.029	10×4.5	1.80
B213	CKB120×42-70.029	1230	0.3	1200	180	150	42.0	120	70.029	10×4.5	2.30
	CKB120×42-70	1230	0.3	1200	180	150	42.0	120	70	10×4.5	2.46
B214	CKB125×42-79.356	1390	0.4	1000	180	150	42.0	125	79.356	12×4.5	2.40
	CKB125×42-80	1250	0.4	1000	180	150	42.0	125	80	12×5.0	2.40

注：生产厂家同表 7-3-101 注。

（5）CKZ 型（带轴承型）单向楔块超越离合器（摘自 JB/T 9130—2002）

CKZ 型为有轴承支承的楔块式超越离合器。常用于包装机、起重运输机械、冶金机械、矿山机械、石油机械、化工机械、水泥机械、电站等，亦称逆止器。此型号主要用于防止逆转及双动力源的慢速启动装置。安装使用要求同 CKA 型。

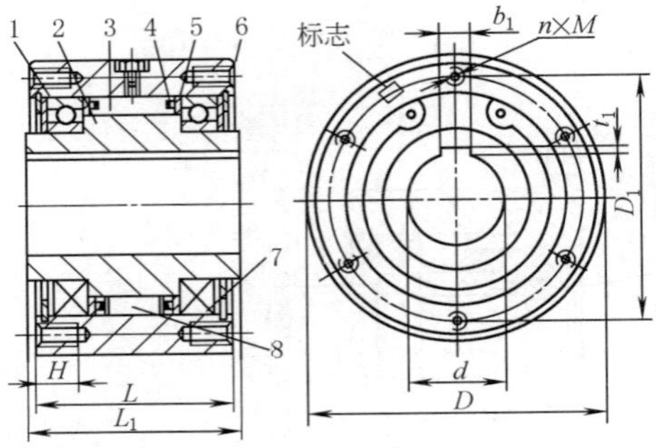

1—外环；
2—内环；
3—楔块；
4—弹簧；
5—垫圈；
6—端盖；
7—轴承；
8—滚柱

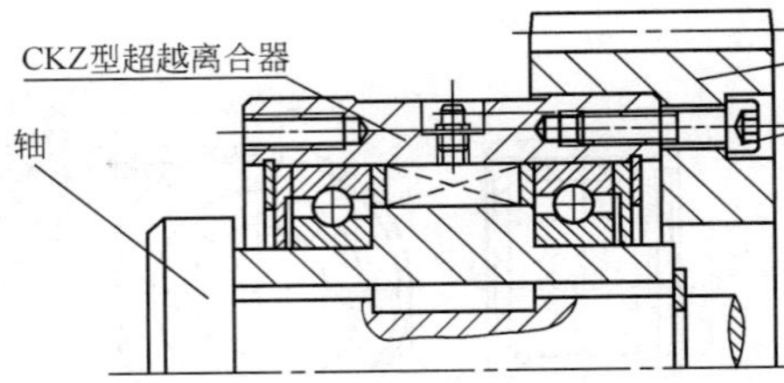

安装示例

表 7-3-103

型　号	公称转矩 T_n /N·m	内环超越极限转速 n /r·min^{-1}	外环/mm D（h7）	L	两端各螺纹孔数 $n\times M\times H$	螺纹孔中心圆直径 D_1	内环/mm d（H7）	L_1	键槽 $b_1\times t_1$	质量 m /kg
CKZ75×47-14	180	1500	75	47	4×M6×12	61	14	47	5×2.3	1.35
CKZ77×63-19	180	1500	77	60	4×M6×12	66	19	63	5×2.0	1.5
CKZ80×64-20	200	1500	80	62	4×M6×12	68	20	64	5×2.4	1.95
CKZ80×62-30	200	1500	80	62	键槽 8×4.0	—	30	62	8×3.3	1.6
CKZ89×70-18	200	1300	89	68	6×M8×12	73	18	70	6×2.8	2
CKZ100×64-20	260	1200	100	64	6×M8×12	88	20	64	8×3.3	2.5
CKZ100×70-25	260	1200	100	68	6×M8×12	88	25	70	7×2.7	3
CKZ100×64-30	315	1200	100	64	6×M8×12	88	30	64	8×3.3	2.85
CKZ100×70-30	315	1200	100	26	6×M8×12	88	25	34	8×3.3	3.04
CKZ100×82-30	315	1200	100	80	6×M8×15	88	30	82	10×3.3	3.3
CKZ105×51-28	315	1200	105	51	6×M8×15	88	28	51	8×3.3	2.8
CKZ108×89-31.5	500	1200	108	86	4×M8×15	92	31.5	89	10×3.3	4.97
CKZ110×78-35	500	1200	110	76	6×M8×16	95	35	78	10×3.3	5.23
CKZ120×92-38	630	1200	120	90	8×M8×20	105	38	92	10×3.3	7.35
CKZ120×92-40	630	1200	120	90	8×M8×20	105	40	92	10×3.3	5.55
CKZ120×92-42	630	1200	120	90	8×M8×20	105	42	92	12×3.3	5.96
CKZ125×80-30	630	1200	125	90	6×M8×18	110	45	92	10×3.3	5.1
CKZ125×80-40	1000	1200	125	78	6×M8×18	110	40	80	12×3.7	6.38
CKZ125×92-42	1000	1100	125	90	8×M8×20	110	42	92	12×3.3	6.38
CKZ125×92-45	1000	1100	125	90	8×M8×20	110	45	92	14×3.8	6.13
CKZ130×92-38	1000	1100	130	90	4×ϕ11 通孔	110	38	92	10×3.3	8.77
CKZ130×92-45	1200	1100	130	90	8×M8×20	115	45	92	14×3.8	6.7
CKZ130×92-48	1200	1100	130	63	6×M6×20	115	48	63	14×3.8	6.55
CKZ130×68-52	1200	1100	130	68	键槽 10×3.3		52	68	14×3.8	5.95
CKZ136×95-35	1800	1100	136	92	6×M8×20	120	35	95	10×3.3	8.42
CKZ136×95-38	1800	1100	136	92	6×M8×20	120	38	95	10×3.3	8.38
CKZ136×95-45	1800	1000	136	92	6×M8×20	120	45	95	12×3.3	8.09

续表

型号	公称转矩 T_n /N·m	内环超越极限转速 n /r·min^{-1}	外环/mm				内环/mm			质量 m /kg
			D (h7)	L	两端各螺纹孔数 $n×M×H$	螺纹孔中心圆直径 D_1	d (H7)	L_1	键槽 $b_1×t_1$	
CKZ136×95-50	1800	1000	136	92	6×M8×20	120	50	95	14×3.8	7.75
CKZ136.5×95-45	1800	1000	136.5	92	6×M8×20	121	45	95	14×3.8	8.15
CKZ136.5×95.5-50.8	1800	1000	136.5	92.8	6×M8×20	120.6	50.8	95.5	12.6×4.5	9.45
CKZ150×102-50	2000	1000	150	100	8×M8×20	130	50	102	14×3.8	12.57
CKZ150×102-55	2000	1000	150	100	8×M8×20	130	55	102	16×4.3	12.25
CKZ150×102-60	2000	1000	150	100	8×M8×20	130	60	102	18×4.4	11.88
CKZ155×102-55	2100	1000	155	100	8×M8×20	140	55	102	16×4.3	10.06
CKZ155×102-60	2100	1000	155	100	8×M8×20	140	60	102	18×4.4	10.02
CKZ160×112-60	2600	1000	160	110	8×M8×20	145	60	112	18×4.4	13.07
CKZ160×112-65	2600	1000	160	110	8×M8×20	145	65	112	18×4.4	12.65
CKZ170×112-65	2700	1000	170	110	6×M10×20	150	65	112	18×4.4	14.88
CKZ170×92-70	2200	1000	170	90	6×M10×20	150	70	92	18×4.4	13.61
CKZ180×95-50	2500	1000	180	95	6×M10×20	158	50	95	14×3.8	17.51
CKZ180×128-55	2500	900	180	124	6×M10×20	158	55	128	16×4.3	18.85
CKZ180×128-60	2800	900	180	124	6×M10×20	160	60	128	18×4.4	18.46
CKZ180×124-65	2800	900	180	124	8×ϕ11 通孔	158	65	124	18×4.4	22.23
CKZ180×128-70	2800	900	180	124	6×M10×20	158	70	128	20×4.9	18.15
CKZ181×127-74.6	2500	900	181	124	6×M10×25	158.8	74.6	127	15.9×3.2	21.3
CKZ190×124-60	2550	900	190	124	6×M10×25	170	60	124	20×4.9	24.5
CKZ190×124-65	2550	900	190	124	6×M10×30	170	65	124	18×4.4	24.37
CKZ190×128-65	2550	800	190	124	6×M10×25	170	65	128	18×4.4	21.85
CKZ190×128-70	2850	800	190	124	6×M10×20	170	70	128	20×4.9	20.01
CKZ200×128-70	2900	800	200	124	6×ϕ11 通孔	175	70	128	20×4.9	22.93
CKZ200×135-65	2900	800	200	135	6×M10×25	175	65	135	18×4.4	29
CKZ210×115-70	2900	800	210	115	6×M12×25	185	70	110	18×6	26
CKZ210×132-70	3000	800	210	128	6×M12×25	185	70	132	20×4.9	25.14
CKZ220×120-85	3000	800	220	115	12×M10×20	195	85	120	20×4.9	25.1
CKZ230×120-60	3150	800	230	120	8×M12×25	205	60	120	18×4.4	31.5
CKZ230×120-70	3150	800	230	120	8×M12×25	205	70	120	20×4.9	35.51
CKZ230×120-75	3150	800	230	120	8×M12×25	205	75	120	20×4.9	29.7
CKZ230×132-70	3150	800	230	128	8×M12×25	205	70	132	20×4.9	30.78
CKZ230×120-80	3150	800	230	120	8×M12×25	205	80	120	22×5.4	29.25
CKZ230×132-80	3150	800	230	128	8×M12×25	205	80	132	22×5.4	29.82
CKZ230×120-85	3150	800	230	120	8×M12×25	205	85	120	24×5.4	33.79
CKZ230×120-90	3150	800	230	120	8×M12×25	205	90	120	25×5.4	33.15
CKZ245×120-100	4000	800	245	120	8×M12×25	218	100	120	28×6.4	36
CKZ248×140-80	4000	800	248	138	6×ϕ17.5 通孔	210	80	140	22×5.4	40.1
CKZ250×140-90	5600	700	250	136	12×M12×20	225	90	140	22×5.4	38.91
CKZ270×115-80	7000	700	270	115	12×M16×35	230	80	110	22×5.4	39.2
CKZ270×115-90	7000	700	270	115	12×M16×35	236	90	110	25×5.4	38
CKZ300×160-100	8000	600	300	156	12×M16×40	260	100	160	28×6.4	67.08
CKZ300×160-110	8000	600	300	156	12×M16×40	260	110	160	28×6.4	65.32

(6) CKF 型（非接触式）单向楔块超越离合器（摘自 JB/T 9130—2002）

CKF 型为带轴承非接触式单向楔块超越离合器。它是利用楔块的离心力及其与外环之间的特殊几何关系以实现“超越”传动。当内环转速达到最小非接触转速时，楔块在离心力作用下偏转一角度，自动与内、外环滚道非接触，无磨损运转，反向逆止可靠。常与减速器配套用于运输机械、提升机、冶金机械、矿山机械、水泥机械、高温风机、电站设备等，一般用于中、高速传动。安装与使用要求同 CKA 型。

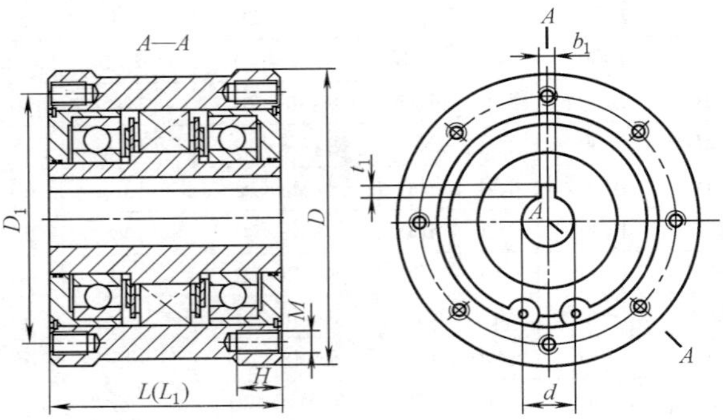

表 7-3-104　CKF 型（非接触式）单向楔块超越离合器基本参数和主要尺寸　mm

型号	公称转矩 T_n /N·m	螺钉拧紧力矩 /N·m	最小非接触转速 n /r·min^{-1}	最高转速 n_{max} /r·min^{-1}	外环 D (h8)	外环 两端各螺纹孔数×直径×深 (n×M×H)	外环 螺栓分布直径 D_1	外环 宽 L (js9)	内环 内径 d (H7)	内环 键槽 b_1×t_1	内环 宽 L_1 (js9)	质量 m/kg
CKF185×130-35	800	18	430	1500	185	8×M10×25	162	130	35	10×3.3	130	26.46
CKF185×130-40	800	18	430	1500	185	8×M10×25	162	130	40	12×3.3	130	24.16
CKF190×135-32	1000	22	420	1500	190	8×M10×25	168	135	32	10×3.3	135	28.13
CKF190×135-38	1000	22	420	1500	190	8×M10×25	168	135	38	10×3.3	135	27.79
CKF190×135-40	1000	22	420	1500	190	8×M10×25	168	135	40	12×3.3	135	27.67
CKF190×135-42	1000	22	420	1500	190	8×M10×25	168	135	42	12×3.3	135	27.54
CKF190×135-45	1000	22	420	1500	190	8×M10×25	168	135	45	14×3.8	135	27.33
CKF190×135-50	1000	22	420	1500	190	8×M10×25	168	135	50	14×3.8	135	26.95
CKF208×150-45	1600	27	400	1500	208	10×M10×25	185	150	45	14×3.8	150	38.16
CKF208×150-48	1600	27	400	1500	208	10×M10×25	185	150	48	14×3.8	150	37.9
CKF208×150-50	1600	27	400	1500	208	10×M10×25	185	150	50	14×3.8	150	37.72
CKF208×150-55	1600	27	400	1500	208	10×M10×25	185	150	55	16×4.3	150	37.24
CKF208×150-60	1600	27	400	1500	208	10×M10×25	185	150	60	18×4.4	150	36.71
CKF220×150-50	2000	30	400	1500	220	10×M10×25	195	150	50	14×3.8	150	42.48
CKF220×150-55	2000	30	400	1500	220	10×M10×25	195	150	55	16×4.3	150	41.99
CKF220×150-60	2000	30	400	1500	220	10×M10×25	195	150	60	18×4.4	150	41.46
CKF220×150-65	2000	30	400	1500	220	10×M10×25	195	150	65	18×4.4	150	40.88
CKF230×150-50	2500	32	390	1500	230	12×M10×25	205	150	50	14×3.8	150	46.65
CKF230×150-55	2500	32	390	1500	230	12×M10×25	205	150	55	16×4.3	150	46.16
CKF230×150-60	2500	32	390	1500	230	12×M10×25	205	150	60	18×4.4	150	45.63
CKF230×150-65	2500	32	390	1500	230	12×M10×25	205	150	65	18×4.4	150	45.05
CKF230×150-70	2500	32	390	1500	230	12×M10×25	205	150	70	20×4.9	150	44.42

续表

型号	公称转矩 T_n /N·m	螺钉拧紧力矩 /N·m	最小非接触转速 n /r·min^{-1}	最高转速 n_{max} /r·min^{-1}	外环				内环			质量 m/kg
					D (h8)	两端各螺纹孔数×直径×深 (n×M×H)	螺栓分布直径 D_1	宽 L (js9)	内径 d (H7)	键槽 b_1×t_1	宽 L_1 (js9)	
CKF245×160-60	4000	52	380	1500	245	12×M12×25	218	160	60	18×4.4	160	55.7
CKF245×160-65	4000	52	380	1500	245	12×M12×25	218	160	65	18×4.4	160	55.09
CKF245×160-70	4000	52	380	1500	245	12×M12×25	218	160	70	20×4.9	160	54.42
CKF245×160-75	4000	52	380	1500	245	12×M12×25	218	160	75	20×4.9	160	53.70
CKF245×160-80	4000	52	380	1500	245	12×M12×25	218	160	80	22×5.4	160	52.93
CKF260×160-70	6300	95	370	1500	260	12×M14×25	230	160	70	20×4.9	160	61.90
CKF260×160-75	6300	95	370	1500	260	12×M14×25	230	160	75	20×4.9	160	61.18
CKF260×160-80	6300	95	370	1500	260	12×M14×25	230	160	80	22×5.4	160	60.42
CKF260×160-85	6300	95	370	1500	260	12×M14×25	230	160	85	22×5.4	160	59.60
CKF260×160-90	6300	95	370	1500	260	12×M14×25	230	160	90	22×5.4	160	58.74
CKF275×170-85	8000	110	370	1500	275	12×M14×25	245	170	85	22×5.4	170	72.61
CKF275×170-85	8000	110	370	1500	275	12×M14×25	245	170	85	22×5.4	170	71.75
CKF275×170-90	8000	110	370	1500	275	12×M14×25	245	170	90	25×5.4	170	70.83
CKF275×170-95	8000	110	370	1500	275	12×M14×25	245	170	95	25×5.4	170	69.86
CKF275×170-100	8000	110	370	1500	275	12×M14×25	245	170	100	28×6.4	170	68.63
CKF295×185-90	10000	140	370	1500	295	12×M16×30	260	185	90	25×5.4	185	90.09
CKF295×185-95	10000	140	370	1500	295	12×M16×30	260	185	95	25×5.4	185	89.03
CKF295×185-100	10000	140	370	1500	295	12×M16×30	260	185	100	28×6.4	185	87.92
CKF295×185-110	10000	140	370	1500	295	12×M16×30	260	185	110	28×6.4	185	85.46
CKF330×200-100	12500	170	350	1500	330	12×M16×30	295	200	100	28×6.4	200	121.95
CKF330×200-110	12500	170	350	1500	330	12×M16×30	295	200	110	28×6.4	200	119.36
CKF330×200-120	12500	170	350	1500	330	12×M16×30	295	200	120	32×6.4	200	116.53
CKF330×200-130	12500	170	350	1500	330	12×M16×30	295	200	130	32×6.4	200	113.44
CKF360×215-110	16000	215	350	1500	360	12×M18×30	320	215	110	28×6.4	215	155.75
CKF360×215-120	16000	215	350	1500	360	12×M18×30	320	215	120	32×7.4	215	152.7
CKF360×215-130	16000	215	350	1500	360	12×M18×30	320	215	130	32×7.4	215	149.39
CKF360×215-140	16000	215	350	1500	360	12×M18×30	320	215	140	36×8.4	215	145.81
CKF410×225-120	20000	230	350	1500	410	16×M20×30	360	225	120	32×7.4	225	213.21
CKF410×225-130	20000	230	350	1500	410	16×M20×30	360	225	130	32×7.4	225	209.75
CKF410×225-140	20000	230	350	1500	410	16×M20×30	360	225	140	36×8.4	225	206
CKF410×225-150	20000	230	350	1500	410	16×M20×30	360	225	150	36×8.4	225	201.98
CKF440×235-130	25000	240	310	1000	440	16×M20×30	390	235	130	32×7.4	235	256.01
CKF440×235-140	25000	240	310	1000	440	16×M20×30	390	235	140	36×8.4	235	252.1
CKF440×235-150	25000	240	310	1000	440	16×M20×30	390	235	150	36×8.4	235	247.9
CKF440×235-160	25000	240	310	1000	440	16×M20×30	390	235	160	40×9.4	235	243.41

注：生产厂家同表 7-3-101 注。

（7）CKFA 型非接触式单向楔块式超越离合器（无轴承支承）

CKFA 为非接触式楔块单向离合器，内环旋转，使用时应安装轴承，保证内外环同轴度，见示例。主要用于防逆转，也可用于高速超越、低速楔合的双速驱动切换装置，当用于防逆转时，只有在设备转速低于最小非接触转速 n_F 时，才可实现防逆转。安装使用要求同 CKA 型。

第7篇

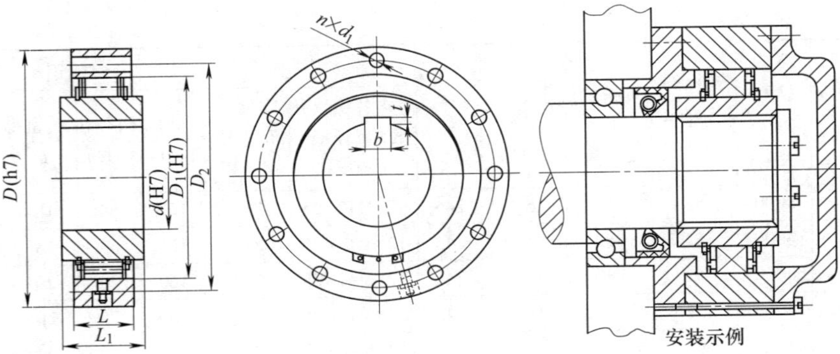

表 7-3-105

型号	公称转矩 T_n /N·m	最小非接触转速 n_F /r·min^{-1}	最高转速 n_{max} /r·min^{-1}	外环/mm					内环/mm		
				D (h7)	D_1 (H7)	通孔孔数×直径 $n×d_1$	通孔分布圆直径 D_2	宽 L	d (H7)	键槽 $b×t$	宽 L_1
CKFA90×40-20	140	880	3600	90	66	6×6.6	78	40	20	6×2.8	40
CKFA95×40-25	190	880	3600	95	70	6×6.6	82	40	25	8×3.3	40
CKFA102×40-30	340	780	3600	102	75	6×6.6	87	40	30	8×3.3	40
CKFA110×40-35	430	740	3600	110	82	6×6.6	96	40	35	10×3.3	40
CKFA125×40-40	620	720	3600	125	92	8×6.6	108	40	40	12×3.3	40
CKFA130×40-45	710	670	3600	130	94	8×9.0	112	40	45	14×3.8	40
CKFA150×40-50	1100	610	3600	150	114	8×9.0	132	40	50	14×3.8	40
CKFA160×40-55	1250	600	3200	160	116	8×9.0	138	45	55	16×4.3	45
CKFA175×60-60	1500	490	3200	175	135	8×11.0	155	50	60	18×4.4	60
CKFA190×75-70	2200	480	3200	190	145	10×11.0	165	65	70	20×4.9	70
CKFA210×80-80	3000	450	2400	210	160	12×11.0	185	70	80	22×5.4	80
CKFA230×90-90	4500	420	2400	230	180	12×13.5	206	80	90	25×5.4	90
CKFA280×105-100	7500	420	2000	280	200	12×17.5	240	100	100	28×6.4	105
CKFA320×105-130	13500	410	2000	320	235	12×17.5	278	100	130	32×7.4	105

(8) CKFL 型带弹性柱销联轴器的非接触式超越离合器

CKFL 型是超越离合器和弹性柱销联轴器为一体的产品，是在机械传动中为实现高低速度自动切换而设计的。多用于重工和轻工等行业中。

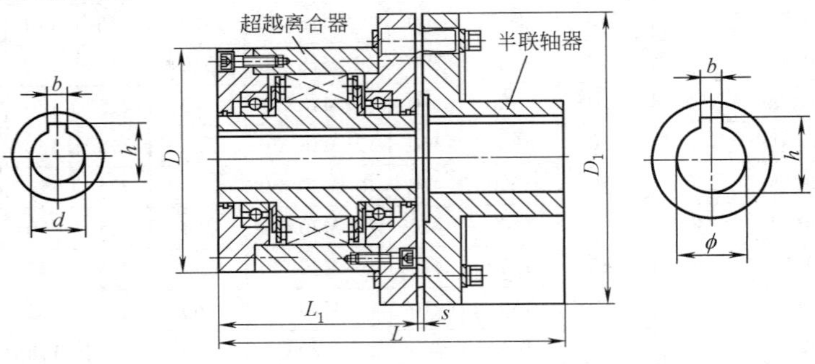

表 7-3-106

mm

型号	公称转矩 T_n/N·m	最高转速 n_{max}/ r·min^{-1}	非接触转速 n_F/ r·min^{-1}	离合器				弹性半联轴器		外形尺寸				离合器与半体间隙 s	质量 m/kg
				内环孔径 d(E7)	键槽宽 b (js9)	键槽深 h	安装轴伸长度	安装孔径 ϕ(H7)	安装轴伸长度 A	D	D_1	L	L_1		
CKFL5	500	1500	470	25～30	8	28.3～33.3	120～150	25～30	80～90	170	205	245	151	4	31
CKFL10	1000	1500	420	35～50	10～14	38.3～53.8	125～150	35～50	100～120	190	230	280	165	4	50
CKFL20	2000	1500	400	50～65	14～18	53.8～69.4	135～150	50～65	120～150	220	264	310	156	4	65

续表

型号	公称转矩 T_n/N·m	最高转速 n_{max}/r·min^{-1}	非接触转速 n_F/r·min^{-1}	离合器				弹性半联轴器		外形尺寸				离合器与半体间隙 s	质量 m/kg
				内环孔径 d(E7)	键槽宽 b (js9)	键槽深 h	安装轴伸长度	安装孔径 φ(H7)	安装轴伸长度 A	D	D_1	L	L_1		
CKFL40	4000	1500	380	60～80	18～22	64.4～85.4	150～170	60～80	150～170	245	306	345	170	5	91
CKFL80	8000	1500	330	80～100	22～28	85.4～106.4	165～200	80～100	150～210	285	360	426	211	5	161
CKFL100	10000	1500	330	90～110	25～28	95.4～116.4	175～220	90～110	170～210	295	370	441	226	5	183
CKFL200	20000	1000	280	120～150	32～36	127.4～158.4	200～250	120～150	220～250	410	500	508	252	6	376
CKFL250	25000	1000	270	130～160	32～40	137.4～169.4	230～270	130～160	220～300	440	535	581	275	6	468
CKFL315	31500	750	270	130～180	32～45	137.4～190.4	230～270	130～180	250～300	470	565	581	275	6	554
CKFL400	40000	750	260	140～200	36～45	148.4～210.4	250～290	140～200	250～350	510	600	656	299	7	715
CKFL500	50000	650	260	150～220	36～50	158.4～231.4	270～310	150～220	270～350	540	650	681	324	7	816

注：1. 安装轴伸的配合代号为：直径 25～30mm 是 js6，直径 35～50mm 是 k6，直径大于 50mm 是 m6。
2. 半联轴器安装孔的键槽宽及高与离合器安装内孔径的键槽宽及高相同。
3. 订货时应注明内环的旋转方向，孔径及安装轴伸。
4. 生产厂家同表 7-3-101 注。

（9）CKS 型双向楔块超越离合器（A 型）

CKS 型双向楔块超越离合器的一端轴孔接主动轴，另一端轴孔接从动轴。当外环不动，主动轴顺时针或逆时针转动时，从动轴也同步转动，而当从动轴受外转矩的作用时，顺时针和逆时针都不能转动。常与滚珠丝杠副或其他部件配套，作为防止逆转机构，也可以单独使用作为精确定位，传递转矩或切断转矩的传递。用于轻工和起重运输机械等。安装使用要求见 CKA 型。

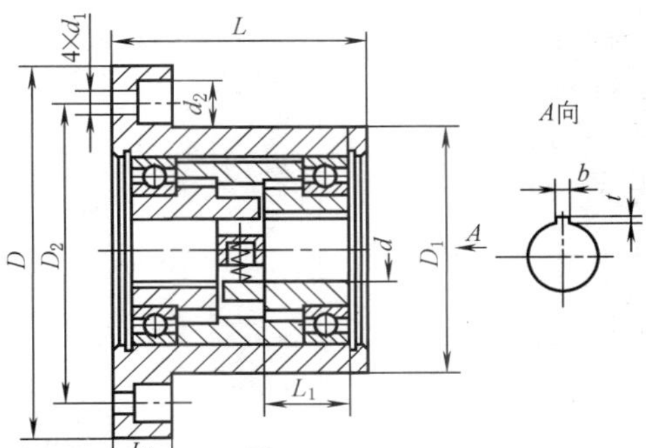

A型

表 7-3-107　　mm

型号	主要尺寸											公称转矩 T_n/N·m
	d	L_1	b	t	D	D_2	D_1	L	L_2	d_1	d_2	
CKS70(42)×58-10	10	20	3	1.4	70	55	42	58	11	6.6	11	20
CKS75(45)×58-10	10	20	3	1.4	75	60	45	58	11	6.6	11	20
CKS85(55)×68-12	12	26	4	1.8	85	60	55	68	11	6.6	11	30
CKS95(57)×78-15	15	27	5	2.3	95	60	57	78	13	9	15	50
CKS95(57)×78-17	17	27	5	2.3	95	75	57	78	13	9	15	50
CKS105(62)×78-20	20	27	6	2.8	105	84	62	78	16	11	18	100
CKS115(74)×78-20	20	30	6	2.8	115	95	74	78	16	11	18	100
CKS115(74)×88-25	25	34	8	3.3	115	95	74	88	16	11	18	120
CKS132(88)×100-30	30	35	8	3.3	132	110	88	100	16	11	18	150

续表

型号	主要尺寸											公称转矩
	d	L_1	b	t	D	D_2	D_1	L	L_2	d_1	d_2	T_n/N·m
CKS145(94)×110-35	35	40	10	3.3	145	120	94	110	20	13	20	200
CKS155(108)×110-40	40	40	12	3.3	155	128	108	110	20	13	20	250
CKS160(110)×120-45	45	45	14	3.8	160	134	110	120	20	13	20	300
CKS195(135)×140-50	50	54	14	3.8	195		135	135	25	13	20	500

注：1. 壳体也可根据用户要求确定其形状和尺寸。

2. 生产厂家同表 7-3-101 注。

11 安全离合器

安全离合器是一种限矩装置。当传递转矩超过限定值时，离合器的主、从动部分脱开或相互打滑，从而起到过载保护作用。主要用于设备在工作中有可能发生大的过载或存在大冲击载荷而又难以计算的传动系统。其限定转矩可通过螺母调节，当传递转矩低于限定值时，其作用相当于联轴器。

安全离合器对防止机械因过载而损坏、造成事故关系重大，因此要工作可靠，动作准确、灵敏，保证过载时迅速脱开，另外，还应有调节限定转矩的可能且调节方便。

11.1 安全离合器的型式与特点

表 7-3-108

嵌合式安全离合器		摩擦式安全离合器	
型式	简图	型式	简图
端面牙嵌安全式	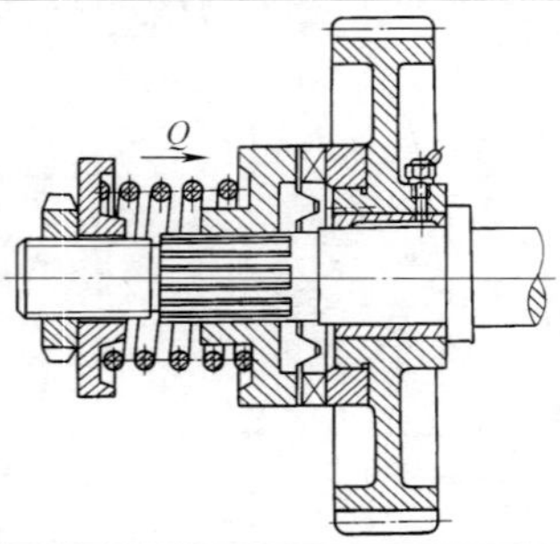	干式单盘安全式	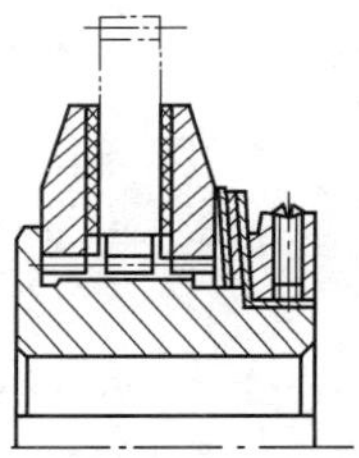
销钉安全式	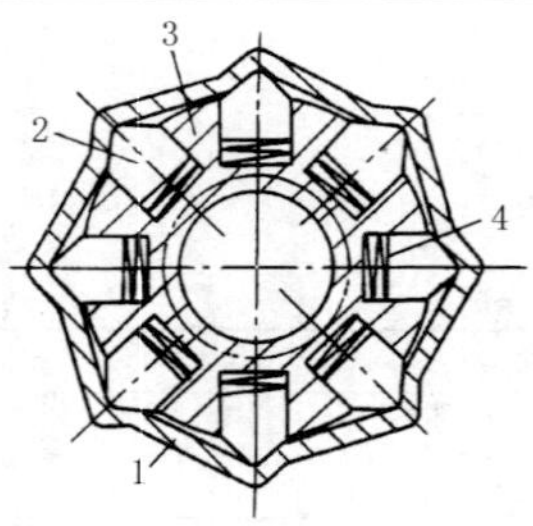 1—外壳； 2—销钉； 3—星轮； 4—弹簧	多盘安全式	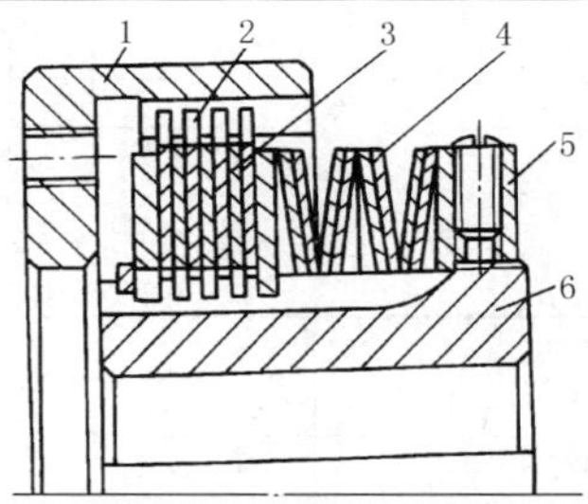 1—半离合器； 2—外片； 3—内片； 4—蝶簧； 5—螺母； 6—轴套
钢珠安全式（珠对槽）	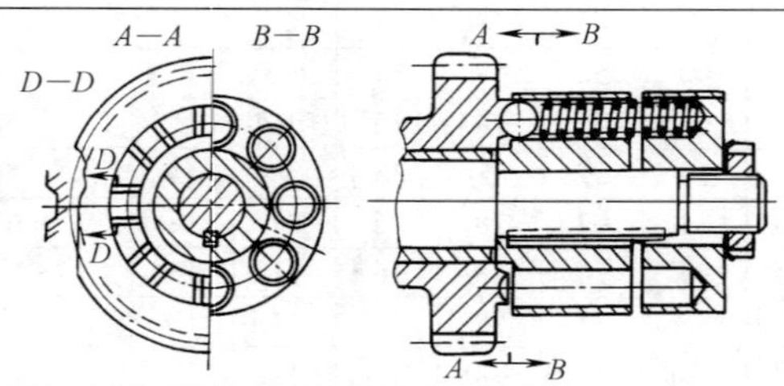	单圆锥安全式	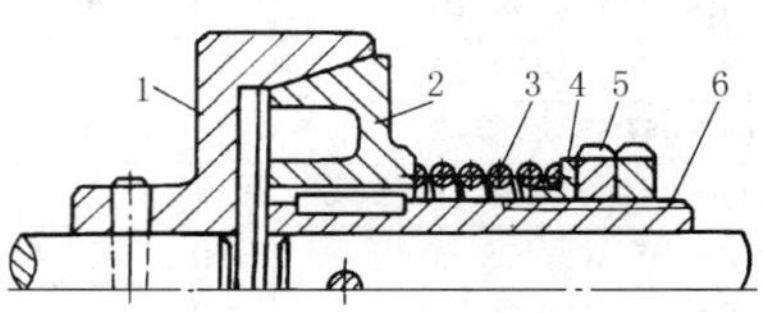 1，2—半离合器；3—压缩弹簧；4—垫； 5—螺母；6—轴套

续表

嵌合式安全离合器		摩擦式安全离合器	
型式	简图	型式	简图
钢珠安全式(珠对珠)	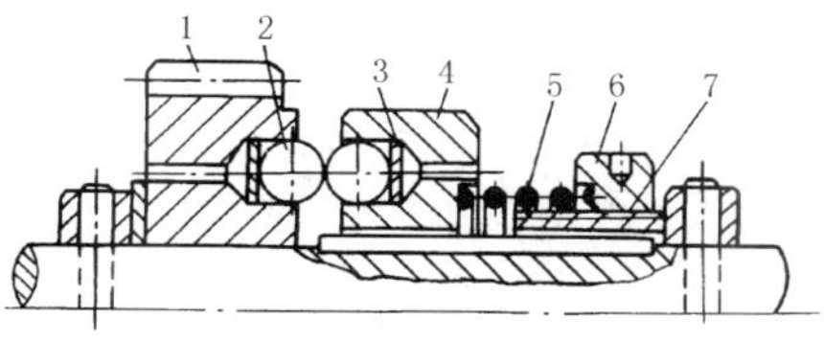 1,4—半离合器；2—钢珠；3—垫； 5—压缩弹簧；6—螺母；7—轴套	双圆锥安全式	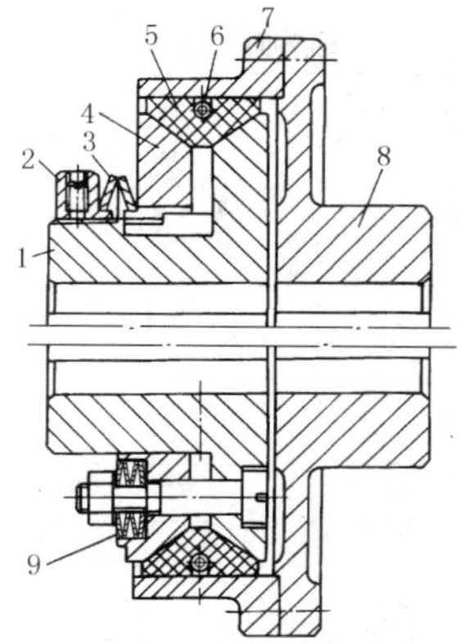 1—轴套； 2—螺钉； 3,9—蝶簧； 4,7—半离合器； 5—锥面摩擦块； 6—收缩弹簧； 8—轴套
特点	接合时元件间的压紧力靠弹簧调节。当载荷超过弹簧的压紧力时,元件相对滑动,退出嵌合,中断传动 元件滑动,实际上是一种频繁的离合过程(由于压紧弹簧在离合器分离时吸收能量,重新接合时又将能量放回系统),这种反复作用就可能使被保护机件因附加动力过载受到损害,所以这种离合器不宜安装于过载时转差大的场合,宜用于转速不太高,载荷不太大,从动件惯性较小的系统 钢球对槽式传递转矩一般在 12.7~4780N·m 钢珠式可适用转速高,载荷较大,过载频率较高的系统		接合元件的压紧力靠弹簧调节,当载荷超过弹簧限定的极限转矩时,离合器主从动部分摩擦元件间即出现相对滑动,并因摩擦而耗掉一部分能量。该离合器工作平稳,只要散热好,可以用于离合器过载时转差大且不常作用的场合,适用有冲击载荷的系统 单盘单锥离合器在传递小转矩时使用,其结构比较简单,多盘安全离合器因盘数较多,径向尺寸较小,可传递较大的转矩,从 0.098 至 24500N·m;双锥安全离合器有两种推力弹簧,Ⅰ式用于传递中、小转矩,Ⅱ式用于传递较大转矩 锥式传递转矩 58.8~23520N·m

11.2 安全离合器的计算

牙嵌安全离合器

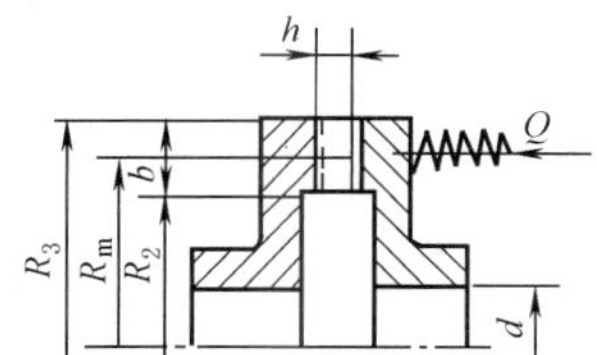

(a) 端面牙(牙盘;中心弹簧)

钢珠安全离合器

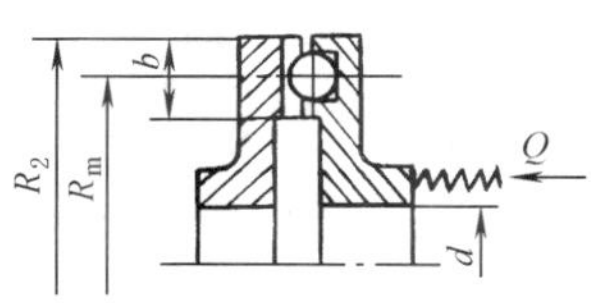

(a) 端面钢珠(钢珠对钢珠、钢珠对牙;中心弹簧、分散弹簧)

多盘安全离合器

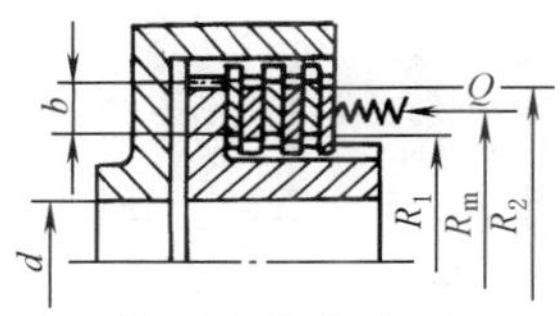

$R_2=(1.5\sim2)d$

$R_1=(0.5\sim0.6)R_2$

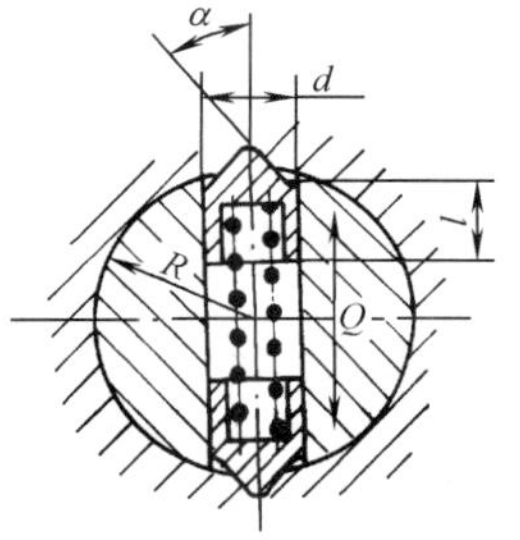

(b) 径向牙(销钉,分散弹簧)

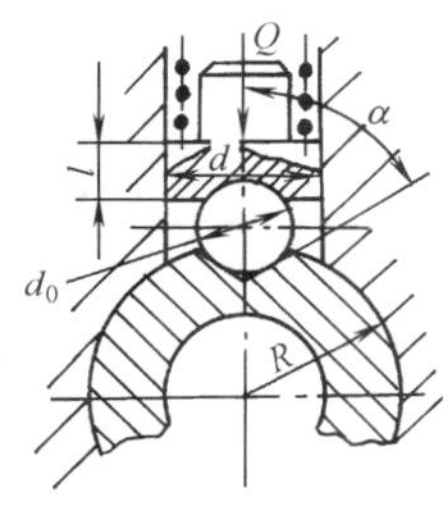

(b) 径向钢珠(钢珠对牙;分散弹簧)

圆锥安全离合器

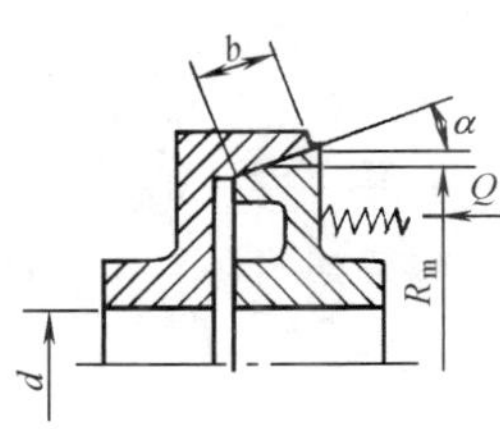

$b=(0.15\sim0.25)R_m$

表 7-3-109

型式	计算项目	计算公式	说明
牙嵌安全式	计算转矩	$T_c=\beta T_t$	T_t——需传递转矩，N·cm μ_1——滑键或滑销的摩擦因数，$\mu_1=0.15\sim0.17$ A_p——牙面挤压面积，cm^2 β——安全系数，一般取$\beta=1.35\sim1.40$ z——牙数 ρ——工作面摩擦角，(°)，一般取$\rho=5°\sim6°$ R_m——牙面平均半径，cm z_j——计算牙数，$z_j=(1/2\sim1/3)z$ μ——工作面摩擦因数，$\mu=\tan\rho\approx0.1$ α——牙面工作倾角，$\alpha=30°\sim50°$，一般取$\alpha=45°$ σ_{pp}——许用挤压应力，N/mm^2，见表 7-3-9 d,l——见本表图中标注
	弹簧终压紧力 端面牙	$Q_2=\frac{T_c}{R_m}\left[\tan(\alpha-\rho)-\frac{2R_m}{d}\mu_1\right]$	
	径向牙	$Q_2=\frac{T_c}{R_m z}\left[\left(1+\frac{3\mu_1 d}{\pi l}\right)\tan(\alpha-\rho)-\frac{3\mu_1}{\pi}\left(2+\frac{d}{l\tan\alpha}\right)\right]$	
	弹簧初压紧力	$Q_1=(0.85\sim0.90)Q_2$	
	牙面挤压应力	$\sigma_p=\frac{T_c}{100A_pR_mz_j}\leqslant\sigma_{pp}$	
钢珠安全式	计算转矩	$T_c=\beta T_t$	T_c——计算转矩，N·cm z——钢珠数，一般$z=6\sim8$ μ——工作面摩擦因数，$\mu=\tan\rho\approx0.1$ P_{np}——钢珠许用正压力，N，见表 7-3-110 β——安全系数，一般取$\beta=1.2\sim1.25$ R_m——工作面平均半径，cm ρ——工作面摩擦角，一般取$\rho=5°\sim6°$ μ_1——滑键或钢珠的摩擦因数，$\mu_1=0.15\sim0.17$ α——工作面倾斜角，直径相同的钢珠对钢珠，$\alpha=30°\sim50°$；通常取 45°；钢珠对牙，$\alpha=30°\sim45°$ T_t——需传递转矩，N·cm d,l——见本表图中标注
	弹簧终压紧力 端面钢珠(中心弹簧)	$Q_2=\frac{T_c}{R_m}\left[\tan(\alpha-\rho)-\frac{2R_m}{d}\mu_1\right]$	
	端面钢珠(分散弹簧)	$Q_2=\frac{T_c}{R_m z}[\tan(\alpha-\rho)-\mu_1]$	
	径向钢珠	$Q_2=\frac{T_c}{R_m z}\left[\left(1+\frac{3\mu_1 d}{\pi l}\tan(\alpha-\rho)\right)-\frac{3\mu_1}{\pi}\left(2+\frac{d}{l\tan\alpha}\right)\right]$	
	弹簧初压紧力	$Q_1=(0.85\sim0.90)Q_2$	
	钢珠数量	$Z=\frac{T_c\cos\rho}{P_{np}R_m\cos(\alpha-\rho)}$	
多盘摩擦式	计算转矩	$T_c=\beta T_t$	T_c——计算转矩，N·cm m——摩擦面对数，$m=i-1$ i——摩擦片数 p_p——许用压强，N/cm^2，见表 7-3-17 β——安全系数，一般取$\beta=1.2\sim1.25$ μ——摩擦因数，见表 7-3-17 R_m——平均摩擦半径，cm $R_m\approx\frac{R_1+R_2}{2}$ α——锥角，一般取$\alpha=20°\sim30°$ b——摩擦面宽，cm T_t——需要传递的转矩，N·cm
	弹簧终压紧力	$Q=\frac{T_c}{R_m\mu m}$	
	摩擦面压强	$p=\frac{T_c}{2\pi R_m^2\mu mb}\leqslant p_p$	
圆锥摩擦式	计算转矩	$T_c=\beta T_t$	
	弹簧终压力	$Q=\frac{T_c}{R_m\mu}(\sin\alpha-\mu\cos\alpha)$	
	摩擦面压强	$p=\frac{T_c}{2\pi R_m^2 b\mu}\leqslant p_p$	

表 7-3-110　钢珠的许用正压力 P_{np}

钢珠直径 d_0 /mm	11	12	14	16	20	24	28	32
P_{np}/N	160	180	200	220	280	340	400	500

11.3　安全离合器结构尺寸（参考）

（1）多盘安全离合器结构尺寸

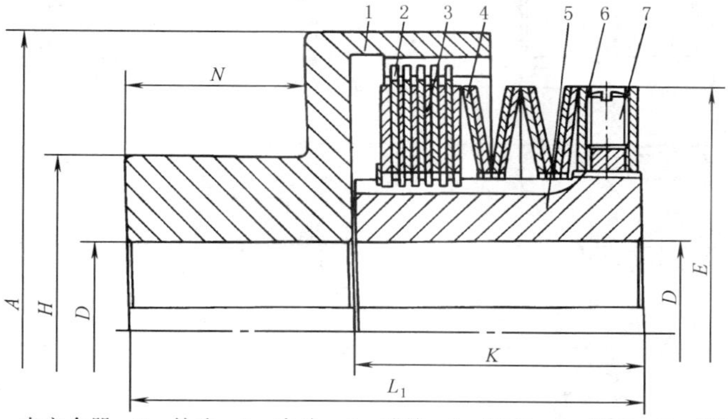

1—半离合器；2—外片；3—内片；4—碟簧；5—轴套；6—螺母；7—螺钉

表 7-3-111　mm

公称转矩 /N·m	A	D	E	H	K	L_1	N
24.5 39.2 61.8	70	10~20	58	60	40	90	45
39.2 61.8 98.1	90	12~25	75	80	55	125	60
61.8 98.1 157.0	100	14~35	90	90	55	125	60
98.2 157.0 245.3	125	17~45	110	110	60	140	70
157.0 245.3 392.0	135	17~45	110	110	65	150	75
245.3 392.0 618.0	150	22~55	120	125	75	180	95
392.0 618.0 981.0	170	28~65	155	140	85	200	100
618.0 981.0	195	33~70	165	150	95	220	110
981.0 1570 2453	210	38~60	180	170	110	260	135

(2) 牙嵌安全离合器结构尺寸

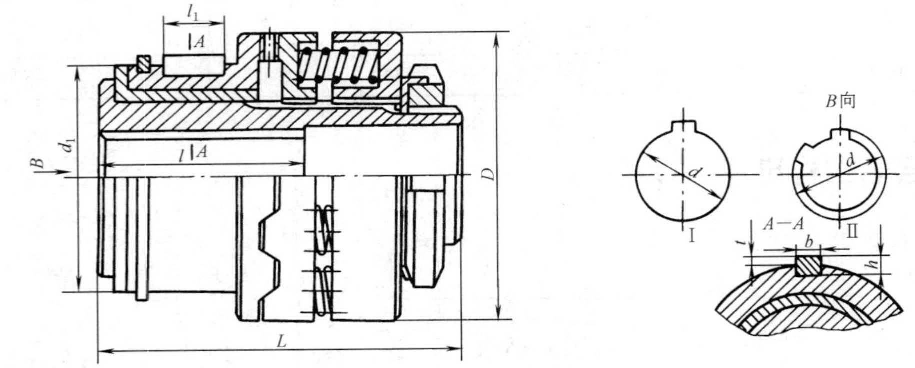

表 7-3-112

mm

公称转矩 /N·m	d I型 第1系列	d I型 第2系列	d II型	d III型	d_1	D	L	l I型	l II型和III型	l_1	b	h	t	最大转速 /r·min^{-1}	质量 /kg
3.9	8	—	—	—	32	36	63	20	—	12	3	3	1.8	1600	0.32
	9	—	—	—											
	10	—	—	—				23	—						
6.2	9	—	—	—	38	48		20	—	14	4	4	2.5	1250	0.50
	10	—	—	—				23	—						
	11	—	—	—											
9.8	12	—	—	12	48	56	75	30	25	16	5	5	3.0		0.86
	14	—	14	13											
15.7	12	—	—	12			80			18				1000	0.90
	14	—	14	13											
	16	—	16	15				40	28						
24.5	14	—	14	13	56	71	85	30	25	21	6	6	3.5	800	1.60
	16	—	16	15				40	28						
	18	—	—	17											
	—	19	—	—											
39.2	18	—	—	17			105			24					1.80
	—	19	—	—											
	20	—	20	20				50	36						
	22	—	22	22											
61.8	20	—	20	20	65	85	110			28	8	7	4.0	630	2.50
	22	—	22	22											
	—	24	—	—											
	25	—	25	25				60	42						
981	—	24	—	—	80	100	140	50	36	32	10	8	5.0	500	5.00
	25	—	25	25				60	42						
	28	—	28	28											
	—	30	—	30				80	58						
157	28	—	28	28		125	160	60	42	36					7.50
	—	30	—	30				80	58						
	32	—	32	32											
245	32	32	32	—	90	140	180			42	12			400	10.00
	36	—	—	35											
	—	38	38	38											
	40	—	—	40				110	82						
392	—	38	38	38	105	180	190	80	58	48	14	9	5.5	315	16.00
	40	—	—	40				110	82						
	—	42	42	42											
	45	—	—	45											
	—	48	48	—											

（3）钢珠安全离合器结构尺寸（一）

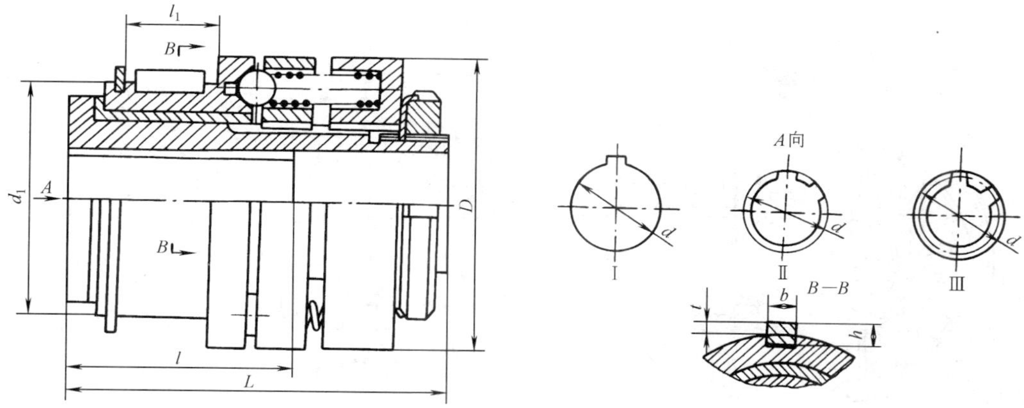

表 7-3-113

mm

公称转矩 /N·m	d Ⅰ型 第1系列	d Ⅰ型 第2系列	d Ⅱ型	d Ⅲ型	d_1	D	L	l Ⅰ型	l Ⅱ型和Ⅲ型	l_1	b	h	t	最大转速 /r·min^{-1}	质量 /kg
3.9	8	—	—	—	36	45	67	20	—	12	3	3	1.8	1600	0.50
	9	—	—	—											
	10	—	—	—				23	—						
6.2	9	—	—	—	42	48	75	20	—	14	4	4	2.5	1250	0.67
	10	—	—	—				23	—						
9.8	11	—	—	—	50	36	80			16	5	5	3	1000	0.96
	12	—	—	12											
	14	—	14	13				30	25						
15.7	12	—	—	12			90			18					1.10
	14	—	14	13											
	16	—	16	15				40	28						
24.5	14	—	14	13	65	71	100	30	25	21	6	6	3.5	800	2.00
	16	—	16	15				40	28						
	18	—	—	17											
	—	19	—	—											
39.2	18	—	—	17	65	71	120	40	28	24	6	6	3.5	800	2.26
	—	19	—	—											
	20	—	20	20				50	36						
	22	—	22	22											
61.8	20	—	20	20	70	80				28	8	7	4.0	630	2.60
	22	—	22	22											
	—	24	—	—											
	25	—	25	25				60	42						
981	—	24	—	—	85	95	150	50	36	32	10	8	5	500	5.16
	25	—	25	25				60	42						
	28	—	28	28											
	—	30	—	30				80	58						
157	28	—	28	28	85	100	190	60	42	36	10	8	5	500	7.00
	—	30	—	30				80	58						
	32	—	32	32	100	125	220			42	12				
245	36	—	—	35										400	12.30
	—	38	38	38											
	40	—	—	40				110	82						
392	—	38	38	38		155	260	80	58	48	14	9	5.5	315	20.50
	40	—	—	40				110	82						
	—	42	42	42											
	45	—	—	45											
	—	48	48	—											

(4) 钢球安全离合器结构尺寸（二）

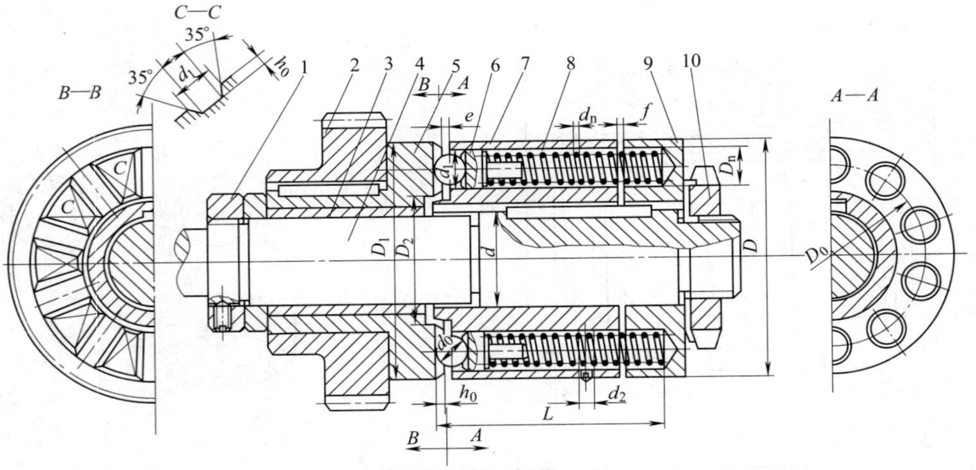

1,10—螺母；2—齿轮；3—轴套；4—轴；5—套筒（半离合器）；6—支承座；
7—壳体（半离合器）；8—弹簧；9—弹簧座圈

表 7-3-114

极限转矩 /N·m	D	D_0	D_1	D_2	d	L	d_1	h_0	e	f	钢球 直径 d_0	钢球 个数 z/个	螺钉 d_2	弹簧 一个弹簧压缩力/N	弹簧 弹簧外径 D_n	弹簧 钢丝直径 d_n	弹簧 圈数 n	弹簧 自由状态长度 H	弹簧 压缩状态长度 H_1
	mm														mm			mm	
13~14						70								70		1.5	33	80	55
23~32	65	50	60	40	32	70	11.5	3.0	1.0	3.0	11	8	M6	170	10	2.0	26	68	54
46~64						110								360		2.5	36	108	94
24~30						75								137		2.0	27	80	57
33~57	75	58	70	46	36	75	13.5	3.5	1.0	4.0	13	8		280	12	2.5	22	70	57
65~104						120							M6	526		3.0	32	115	101
25~29						95								106		2.0	34	119	73
56~86	85	65	78	52	40	95	16.5	4.5	1.5	4.5	16	8		394	15	3.0	23	90	72
89~141						120								650		3.5	27	113	97
50~63						95								214		2.5	28	100	72
67~103	100	78	92	65	48	95	16.5	4.5	1.5	4.5	16	8		394	15	3.0	23	90	72
107~170						120								650		3.5	27	113	97
59~68						100								167		2.5	28	121	72
108~186	115	88	105	72	55	100	20.5	5.5	1.5	5.5	20	9		400	19	3.5	20	93	72
157~248						120								754		4.0	23	112	92
114~144						100								300		3.0	23	104	72
140~215	130	102	120	85	68	110	20.5	5.5	1.5	5.5	20	10	M8	490	19	3.5	20	93	72
202~320						125								754		4.0	24	118	96
192~236						130								410		3.5	27	139	91
253~340	150	118	140	100	80	130	24.5	6.5	2.0	6.5	24	10		630	22	4.0	24	127	96
512~695						200								1300		5.0	32	196	166
266~326						130								410		3.5	27	139	97
350~472	170	136	155	115	95	130	24.5	6.5	2.0	6.5	24	12		630	22	4.0	24	127	96
710~965						200								1300		5.0	32	169	166
311~384						130								410		3.5	27	139	97
411~554	195	160	180	140	115	130	24.5	6.5	2.0	6.5	24	12	M10	630	22	4.0	24	127	96
834~1138						200								1300		5.0	32	196	166

续表

极限转矩 /N·m	D	D_0	D_1	D_2	d	L	d_1	h_0	e	f	钢球 直径 d_0	钢球 个数 z/个	螺钉 d_2	弹簧 一个弹簧压缩力/N	弹簧 弹簧外径 D_n	弹簧 钢丝直径 d_n	弹簧 圈数 n	弹簧 自由状态长度 H	弹簧 压缩状态长度 H_1
	mm														mm			mm	
560~665	225	185	210	150	135	160	28.5	8.0	2.0	7.5	28	14	M10	750	26	4.0	26	164	121
836~1175						160								1430		5.0	38	257	210
1641~2200						250								1900		6.0	35	247	210
840~1060	260	216	240	195	160	160	28.5	8.0	2.0	7.5	28	14	M12	750	26	4.5	26	164	121
1650~1940						250								1430		5.5	38	257	210
2055~2600						250								1900		6.0	35	247	210
1600~1800	300	250	275	225	190	250	33.0	9.0	3.0	8.0	32	15		880	30	5.0	41	289	206
2480~3000						250								1590		6.0	34	258	205
3900~4880						320								2630		7.0	39	322	275

11.4 安全离合器产品

（1）TL 型摩擦转矩限制器

① TL 轻型转矩限制器

TL200

TL250，TL350

TL500，TL700

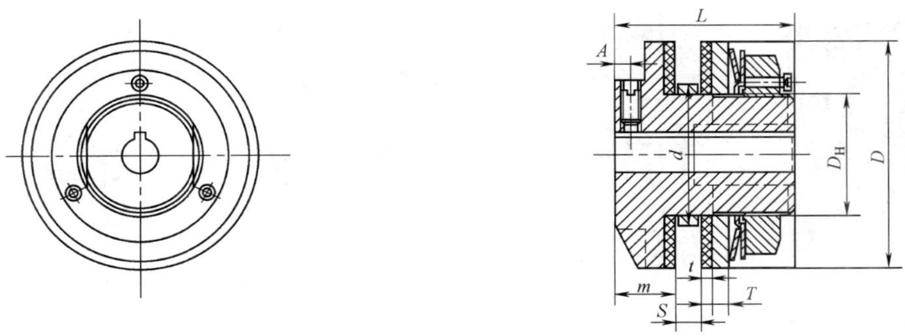

表 7-3-115

型号	转矩范围 /N·m	孔径 /mm	最高转速 /r·min^{-1}	传动件最大宽度 S/mm	质量 /kg
TL200-1L	1.0~2.0	7~14	1800	7	0.2
TL200-1	2.9~9.8				
TL200-2	6.9~20				
TL250-1L	2.9~6.9	10~22	1800	9	0.6
TL250-1	6.9~27				
TL250-2	14~54				
TL350-1L	9.8~20	17~25	1800	16	1.2
TL350-1	20~74				
TL350-2	34~149				
TL500-1L	20~49	20~42	1800	16	3.5
TL500-1	47~210				
TL500-2	88~420				
TL700-1L	49~118	30~64	1800	29	8.4
TL700-1	116~569				
TL700-2	223~1080				

型号	D	D_H	L	m	T	t	A	C	S	d
	mm									
TL200-1L TL200-1 TL200-2	50	24	29	6.5	2.6	2.5	—	38	7	$30^{-0.024}_{-0.049}$
TL250-1L TL250-1 TL250-2	65	35	48	16	4.5	3.2	4	50	9	$41^{-0.010}_{-0.045}$
TL350-1L TL350-1 TL350-2	89	42	62	19	4.5	3.2	6	63	16	$49^{-0.025}_{-0.065}$
TL500-1L TL500-1 TL500-2	127	65	76	22	6	3.2	7	—	16	$74^{-0.05}_{-0.10}$
TL700-1L TL700-1 TL700-2	178	95	98	24	8	3.2	8	—	29	$105^{-0.075}_{-0.125}$

注：1. 本产品由北京古德高机电技术有限公司生产。
2. 内孔中的键槽按用户要求加工。

② TL 重型转矩限制器

TL10

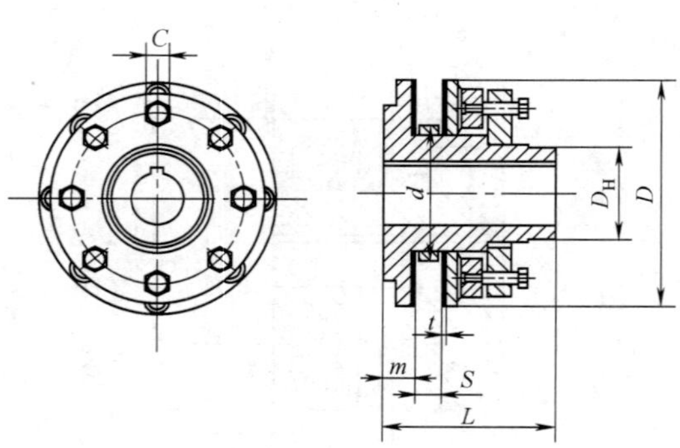

TL14，TL20

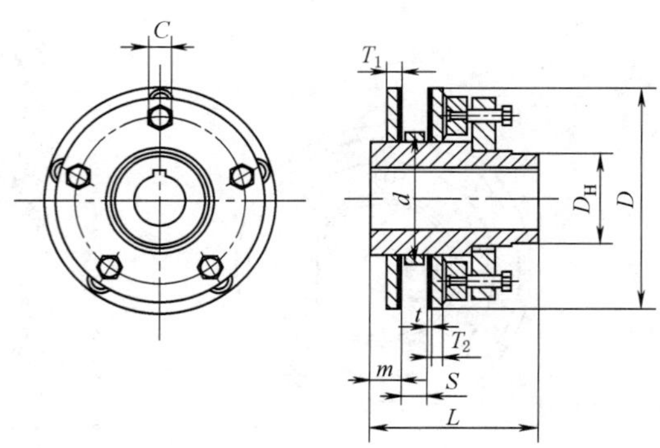

表 7-3-116

型　号	转矩范围 /N·m	孔径 /mm	最高转速 /r·min^{-1}	传动件最大宽度 S /mm	质量 /kg
TL10-16	392～1247	30～72	1000	24	21
TL10-24	588～1860				
TL14-10	882～2666	40～100	500	29	52
TL14-15	1960～3920				
TL20-6	2450～4900	50～130	500	31	117
TL20-12	4606～9310				

型　号	D	D_H	L	m	T_1	T_2	t	C	S	d
	mm									
TL10-16	254	100	115	23	8.5	—	4.0	19	19	$135^{-0.085}_{-0.125}$
TL10-24										
TL14-10	356	145	150	31	13	13	4.0	27	27	$183^{-0.07}_{-0.12}$
TL14-15										
TL20-6	508	185	175	36	15	18	4.0	36	36	$226^{-0.07}_{-0.12}$
TL20-12										

注：同表 7-3-115 注。

③ TL-B、TL-C 型转矩限制器（带链轮齿轮或带轮）

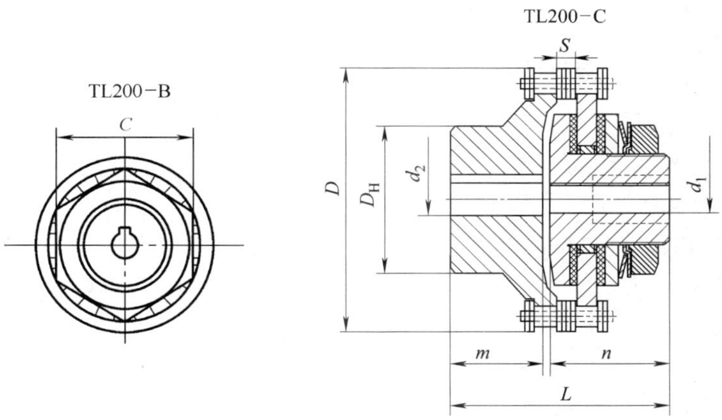

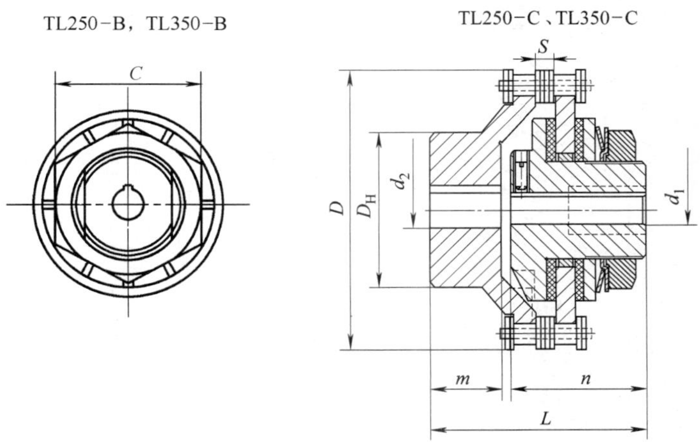

TL500–B，TL700–B

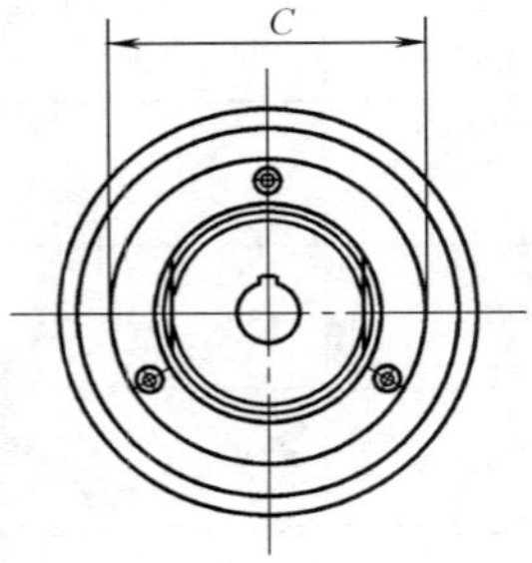

TL500–C、TL700–C

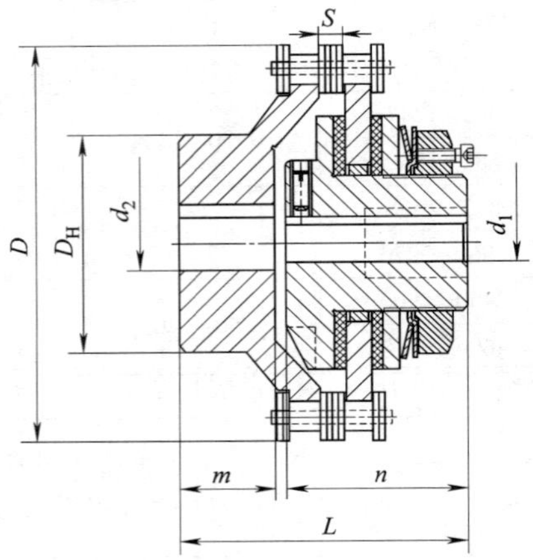

表 7-3-117

型　号	转矩范围 /N·m	孔径 $d_1(d_2)$ /mm	最高转速 /r·min^{-1}	链轮齿数 z	节圆直径 p_0	链轮节距 P	质量 /kg
TL200-1LB/1LC	1.0～2.0	7～14 (8～31)	1800 (1200)	20	60.89	9.525	0.3
TL200-1B/1C	2.9～9.8			(16)	(65.1)	(12.7)	(1.0)
TL200-2B/2C	6.9～20			16 (16)	65.10 (65.1)	12.7 (12.7)	0.33 (1.0)
TL250-1LB/1LC	2.9～6.9	10～22 (13～38)	1800 (1000)	22	89.24	12.7	0.85
TL250-1B/1C	6.9～27			(22)	(89.24)	(12.7)	(1.9)
TL250-2B/2C	14～54			18 (22)	91.42 (89.24)	15.875 (12.7)	0.92 (1.9)
TL350-1LB/1LC	9.8～20	17～25 (13～45)	1800 (800)	26	105.36	12.7	1.55
TL350-1B/1C	20～74			(24)	(121.62)	(15.875)	(4.2)
TL350-2B/2C	34～149			22	111.55 (121.62)	15.875 (15.875)	1.68 (4.2)
TL500-1LB/1LC	20～49	20～42 (18～65)	1800 (500)	30	151.87	15.875	4.3
TL500-1B/1C	47～210			(28)	(170.13)	(19.05)	(10)
TL500-2B/2C	88～420			25 (28)	151.99 (170.13)	19.05 (19.05)	4.7 (10)
TL700-1LB/1LC	49～118	30～64 (23～90)	1800 (400)	35	212.52	19.05	10.7
TL700-1B/1C	116～569			(28)	(226.85)	(25.4)	(26)
TL700-2B/2C	223～1080			26 (28)	210.72 (226.85)	25.40 (25.4)	11.2 (26)

型　号	D	D_H	L	m	n	S	C
	mm						
TL200-1LB/1LC TL200-1B/1C TL200-2B/2C	50 (76)	24 (50)	29 (55)	6.5 (24)	(29)	(7.5)	38
TL250-1LB/1LC TL250-1B/1C TL250-2B/2C	65 (102)	35 (56)	48 (76)	16 (25)	(48)	(7.4)	50
TL350-1LB/1LC TL350-1B/1C TL350-2B/2C	89 (137)	42 (72)	62 (103)	19 (37)	(62)	(9.7)	63

续表

型　号	D	D_H	L	m	n	S	C
	mm						
TL500-1LB/1LC TL500-1B/1C TL500-2B/2C	127 (188)	65 (105)	76 (120)	22 (40)	(76)	(11.6)	—
TL700-1LB/1LC TL700-1B/1C TL700-2B/2C	178 (251)	95 (150)	98 (168)	24 (66)	(98)	(15.3)	—

注：同表 7-3-115 注。括号内数据为 TL×××-C 型的数据。

④ TL-C 重型转矩限制点

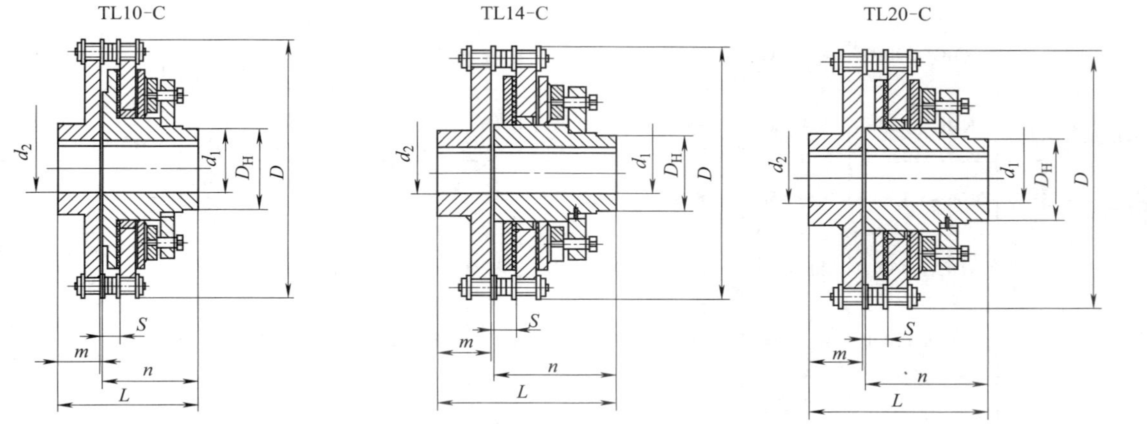

表 7-3-118

型号		扭矩范围 /N·m	孔径 $d_1(d_2)$ /mm	最高转速 /$r \cdot min^{-1}$	质量 /kg	D	D_H	L	m	n	S
						mm					
TL10	16C	392~1274	30~72	300	66	355	137	189	71	115	26.2
	24C	588~1860	(33~95)								
TL14	10C	882~2666	40~100	200	140	470	167	235	80	150	30.1
	15C	1960~3920	(38~118)								
TL20	6C	2450~4900	50~130	140	285	631	237	300	120	175	30.1
	12C	4606~9310	(43~150)								

注：同表 7-3-115 注。

⑤ KMC 型转矩限制器

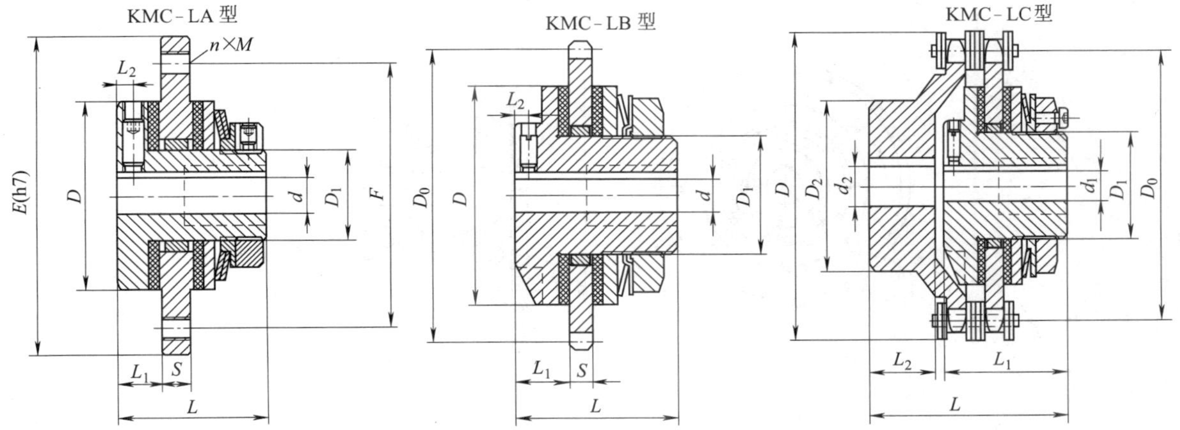

表 7-3-119

类型	型号	扭矩范围 /N·m	d	D	D_1	E	F	L	L_1	L_2	S	n×M	质量 /kg
			mm										
KMC-LA 型	KMC-L 12A	0.6~12	7~14	50	24	84	70	37	13.3	5	7	4×M6	0.56
	KMC-L 35A	1.2~35	10~22	65	35	96	84	48	16.8	6	8	4×M6	0.76
	KMC-L 90A	5.9~90	17~25	89	42	120	108	62	19.8	7	8	4×M6	1.5
	KMC-L 250A	11.8~250	20~42	127	65	166	150	76	22.8	9	12	4×M8	4.0
	KMC-L 650A	29.4~650	30~64	178	95	216	200	98	24.8	10	12	6×M8	9.4

类型	型号	扭矩范围 N·m	最高转速 /r·min^{-1}	d	D	D_1	L	L_1	L_2	$S_{-0.25}^{0}$	链轮齿数	链轮节距	节圆直径	质量 /kg
				mm								mm		
KMC-LB 型	KMC-L 20B	1.0~20	1200	7~14	50	24	29	6.5	—	4.3	20	9.525	60.89	0.3
										7	16	12.7	65.10	0.33
	KMC-L 60B	2.9~60	1000	10~22	65	35	48	16	4	7	22	12.7	89.24	0.85
										7	18	15.875	91.42	0.92
	KMC-L 150B	9.8~150	800	17~25	89	42	62	19	6	7	26	12.7	105.36	1.55
										7	22	15.875	111.55	1.68
	KMC-L 450B	20~450	500	20~42	127	65	76	22	7	7	30	15.875	151.87	4.3
										10	25	19.05	151.99	4.7
	KMC-L 1000B	49~1000	400	30~64	178	95	98	24	8	10	35	19.05	212.52	10.7
										13	26	25.40	210.72	11.2

类型	型号	扭矩范围 /N·m	最高转速 /r·min^{-1}	链轮齿数 Z	链轮节距 P	节圆直径 P_0	d_1	d_2	D	D_1	D_2	L	L_1	L_2	质量 /kg
					mm										
KMC-LC 型	KMC-L 20C	1.0~20	1200	16	12.7	65.10	7~14	8~31	76	24	50	55	29	24	1.0
	KMC-L 60C	2.9~60	1000	22	12.7	89.24	10~22	13~38	102	35	56	76	48	25	1.9
	KMC-L 150C	9.8~150	800	24	15.875	121.62	17~25	13~45	137	42	72	103	62	37	4.2
	KMC-L 450C	20~450	500	28	19.05	70.13	20~42	18~65	188	65	105	120	76	40	10
	KMC-L 1000C	49~1000	400	28	25.40	226.85	30~64	23~90	251	95	150	168	98	66	26

注：生产厂家：北京古德高机电技术有限公司，北京新兴超越离合器有限公司。

（2）TGB 型钢珠转矩限制器

① TGB 型转矩限制器

TGB20,TGB30,TGB50

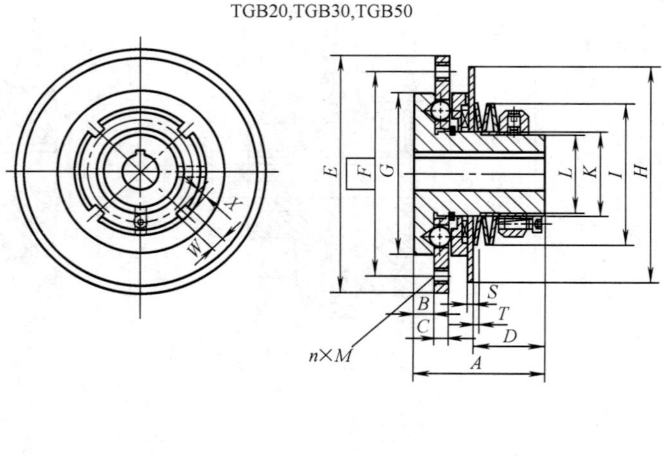

TGB70

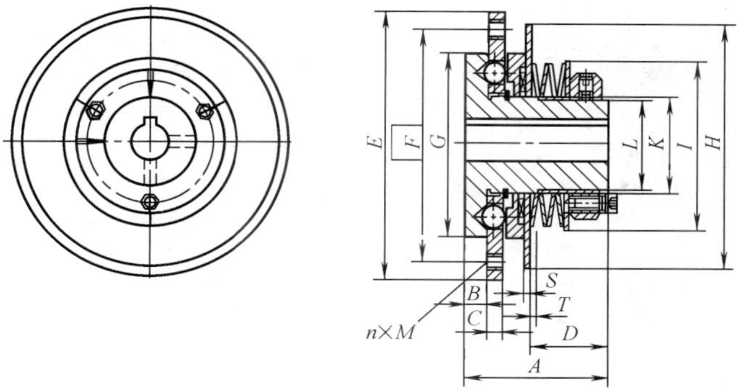

表 7-3-120

型　号	转矩范围 /N·m	孔径 /mm	最高转速 /r·min^{-1}	飞轮矩 GD^2 /N·m^2	质量 /kg
TGB 20-H	9.8～44	8～20	700	2.3	0.9
TGB 30-L	20～54	12～30	500	7.9	2.0
TGB 30-H	54～167				
TGB 50-L	69～147	22～50	300	48.4	5.9
TGB 50-M	137～412				
TGB 50-H	196～539				
TGB 70-H	294～1080	32～70	160	252	17.0

型　号	A	B	C	D	E (h7)	F	G	H	I	K	L	S	T	W	X	n×M
	mm															
TGB 20-H	47	7.5	5.7	25	90	78	62	82	54	32	30	2	1.8	5	2	4×M5
TGB 30-L	60	9.5	7	33	113	100	82	106	75	45	42.5	2	2	6	2.5	6×M6
TGB 30-H																
TGB 50-L	81	14.5	8.5	44.8	160	142	122	150	116	75	70	2.7	2.7	8	3.5	6×M8
TGB 50-M																
TGB 50-H																
TGB 70-H	110	14.5	12	68.5	220	200	170	205	166	110	106	3.3	3.3	—	—	6×M10

注：同表 7-3-115 注。

② TGB-B 型转矩限制器

TGB20-B～TGB50-B

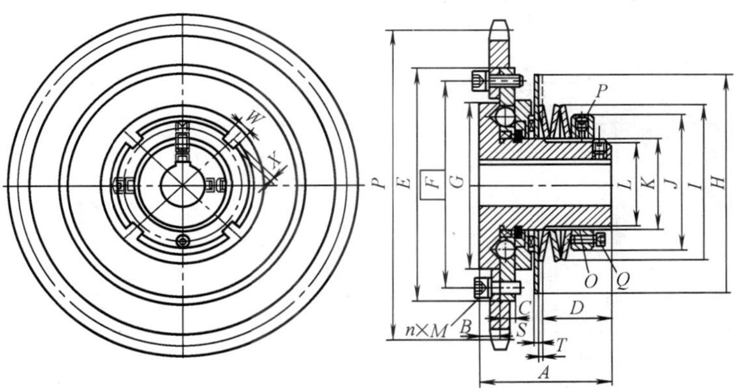

TGB70-B

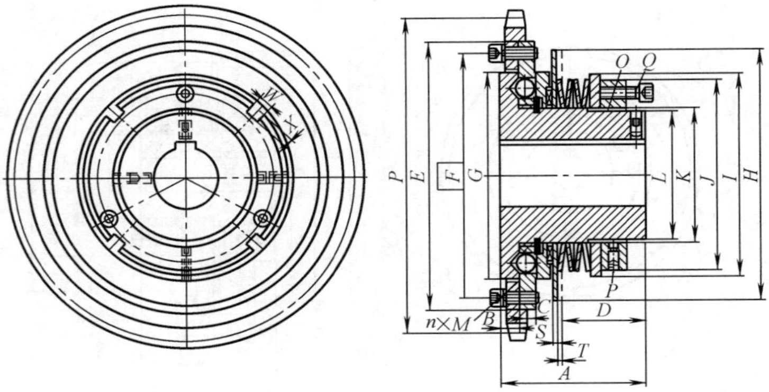

表 7-3-121

型　号	转矩范围 /N·m	孔径 /mm	最高转速 /r·min^{-1}	质量/kg
TGB 20-HB	9.8～44	8～20	700	1.6
TGB 30-LB	20～54	12～30	500	3.2
TGB 30-HB	54～167			
TGB 50-LB	69～147	22～50	300	7.9
TGB 50-MB	137～412			
TGB 50-HB	196～539			
TGB 70-HB	294～1080	32～70	160	25.0

型　号	链轮节矩 P/mm	链轮齿数 Z	A	B	C	D	E (h7)	F P. C. D	G	H	I	J	K
			mm										
TGB 20-HB	12.7	26	47	7.5	5.7	25	90	78	62	82	54	48	32
TGB 30-LB	15.875	26	60	9.5	7	33	113	100	82	106	75	65	45
TGB 30-HB													
TGB 50-LB	19.05	30	81	14.5	8.5	44.8	160	142	122	150	166.7	98	75
TGB 50-MB													
TGB 50-HB													
TGB 70-HB	25.40	32	110	14.5	12	68.5	220	200	170	205	166	157	110

型　号	L	M	n	O	P	Q	S	T	W	X
	mm									
TGB 20-HB	30	M5	4	M32×1.5	M5×6	M4×8	2	1.8	5	2
TGB 30-LB	42.5	M6	6	M45×1.5	M5×6	M4×10	2	2	6	2.5
TGB 30-HB										
TGB 50-LB	70	M8	6	M75×2	M5×10	M4×14	3	2.7	8	3.5
TGB 50-MB										
TGB 50-HB										
TGB 70-HB	106	M10	6	M110×2	M5×10	M10×28	3	3.3	—	—

注：同表 7-3-115 注。

③ KGZ 型转矩限制器

KGZ型

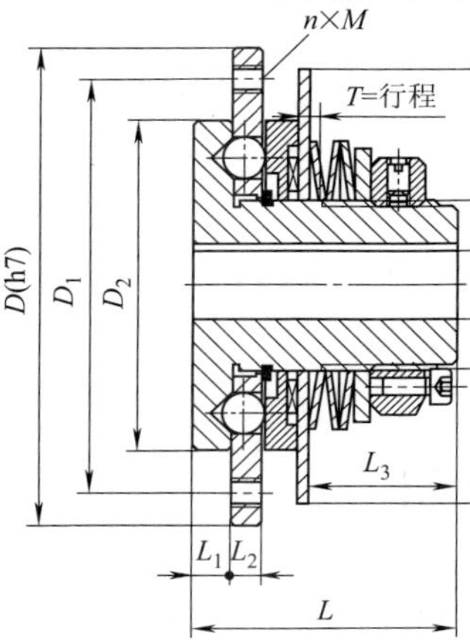

KGZ-B型

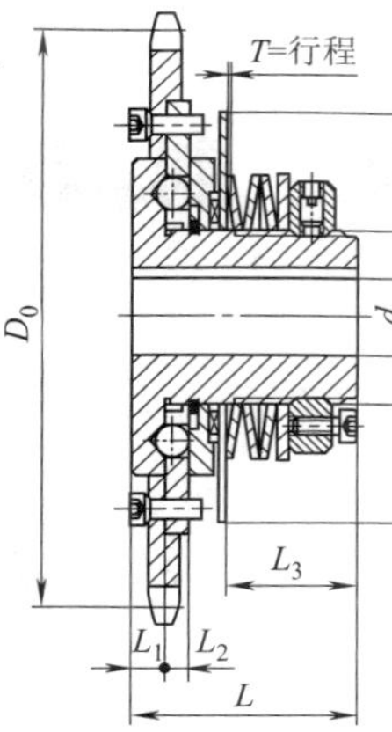

KGZ-C型

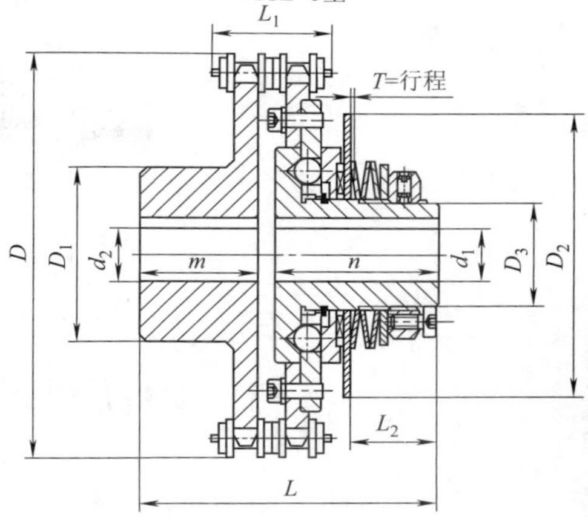

表 7-3-122

	型号	扭矩范围 /N·m	最高转速 /r·min^{-1}	d	D	D_1	D_2	D_3	D_4	L	L_1	L_2	L_3	T	$n\times M$	质量 /kg
				mm												
KGZ 基本型	KGZ 50	10~50	700	8~20	90	78	62	32	82	47	7.5	5.2	25	2.3	4×M5	0.9
	KGZ 170	20~170	500	12~30	113	100	82	45	106	60	9.5	6.4	33	2.6	6×M6	2.0
	KGZ 550	69~550	300	22~50	160	142	122	75	150	81	14.5	8.2	44.8	3.3	6×M8	5.9
	KGZ 1000	294~1000	160	32~70	220	200	170	110	205	110	14.5	11	68.5	4	6×M10	17.0

	型号	扭矩范围 /N·m	最高转速 /r·min^{-1}	链轮齿数 Z	链轮节距 P	分度圆直径 P_0	d	D	D_1	L	L_1	L_2	L_3	T	质量 /kg
					mm										
KGZ-B 型	KGZ 50B	10~50	700	26	12.7	105.36	8~20	82	32	47	7.5	5.2	25	2.3	1.6
	KGZ 170B	20~170	500	26	15.875	131.70	12~30	106	45	60	9.5	6.4	33	2.6	3.2
	KGZ 550B	69~550	300	30	19.05	182.25	22~50	150	75	81	14.5	8.2	44.8	3.3	7.9
	KGZ 1000B	294~1000	160	32	25.40	259.14	32~70	205	110	110	14.5	11	68.5	4	25.0

	型号	扭矩范围 /N·m	最高转速 /r·min^{-1}	d_1	d_2	D	D_1	D_2	D_3	L	L_1	L_2	m	n	T	质量 /kg
				mm												
KGZ-C 型	KGZ 50C	10~50	700	8~20	12.5~42	117.4	63	82	32	76	32.6	25	25	47	2.3	2.5
	KGZ 170C	20~170	500	12~30	18~48	146.7	73	106	45	93	40.5	33	28	60	2.6	4.8
	KGZ 550C	69~550	300	22~50	18~55	200.3	83	150	75	126	51.0	44.8	40	81	3.3	12.2
	KGZ 1000C	294~1000	160	32~70	28~75	283.2	107	205	110	165	64.8	68.5	45	110	4	32.0

注：1. 根据使用需要，可配合无触点开关或者位移传感器使用，过载脱开的同时，通过自动化控制进行报警或切断电机电源。主要应用于对闭环控制有要求，且过载后转差不大的场合。

2. 生产厂：北京新兴超越离合器有限公司。

第 4 章 制 动 器

1 制动机的功能、分类、特点及应用

使运动中的机械系统减速以及停止有两种办法：一种是电力制动，这种制动只能消耗机器一部分功能，减小或限制运动速度，不能使运动中的系统完全停止；另一种是机械制动，机械制动的装置叫制动器。本章仅介绍机械制动及制动器。

(1) 制动器的功能

① 制动：使运转中的机械系统或设备完全停止下来；

② 减速：使运转中的机械系统或设备的速度减下来，以满足工况的需要；

③ 支持：这一般是指虽然已切断设备的动力源并已制动，但在重力（或其他有势力）的作用下依然有运动趋势的机构或设备，此时，制动器使其在制动力的作用下得以保持原位，不继续运动，以免发生事故或危险，例如提升机构。

(2) 制动器的分类、特点与应用

① 按工作状态分类，可分为常闭式与常开式

a. 常闭式：通常靠弹簧或重力作用常处于制动状态，而机械设备需运行时松开（如卷扬机、起重机的起升机构等）；

b. 常开式：常处于松闸状态，需制动时操纵制动器施加外力进入制动状态（如运输车辆、起重机的运行机构等）。

② 按操纵方式分，有人力操纵、电磁铁操纵、电力液压操纵以及液力操纵和气动操纵。人力操纵和电磁铁操纵用于制动转矩不太大的场合，电磁铁操纵又分直流电磁铁操纵和交流电磁铁操纵。电力液压操纵的推动器自备电机和液压系统。

③ 按结构型式可分为摩擦式［如块（鼓）式、蹄式、盘式、带式等］和非摩擦式（如磁粉式、磁涡流式等）详见表 7-4-1。

表 7-4-1

分类			特点及应用
摩擦式制动器	外抱块(鼓)式	长行程块式 短行程块式	简单可靠，散热好。瓦块有充分和较均匀的退距，调整间隙方便，对于直形制动臂，制动转矩大小与转向无关，制动轮轴不受弯曲作用力。但包角和制动转矩小，制造比带式制动器复杂，杠杆系统复杂，外形尺寸大。应用较广，适于工作频繁及空间较大的场合 弯形制动臂在制动时，使制动轮轴附加弯曲作用力 ΔF_0（见表 7-4-7）
	内张蹄式	双蹄式 多蹄式	两个内置的制动蹄在径向向外挤压制动鼓，产生制动转矩。结构紧凑，散热性好，密封容易。可用于安装空间受限制的场合，广泛用于轮式起重机，各种车辆如汽车、拖拉机等的车轮中

续表

<table>
<tr><th colspan="3">分　　类</th><th>特　点　及　应　用</th></tr>
<tr><td rowspan="2">摩擦式制动器</td><td>带式</td><td>简单带式
差动带式
综合带式</td><td>构造简单紧凑。包角大(可超过 2π),制动转矩大。制动轮轴受较大的弯曲作用力,制动带的压强和磨损不均匀(按 $e^{\mu\alpha}$ 规律进行),且受摩擦因数变化的影响较大,散热差。简单和差动带式制动器的制动转矩大小均与旋转方向有关,限制了应用范围。适于要求结构紧凑的场合,如用于移动式起重机中</td></tr>
<tr><td>盘式</td><td>点盘式(固定卡钳、浮动卡钳)
全盘式(单盘、多盘、载荷自制)
锥盘式(单盘、载荷自制)</td><td>利用轴向压力使圆盘或圆锥形摩擦表面压紧,实现制动。制动轮轴不受弯曲。构造紧凑。与带式制动器比较其磨损均匀。制动转矩大小与旋转方向无关,制成封闭形式防尘防潮。摩擦面散热条件次于块式和带式,温度较高。可采用多组布置,又可控制液压,使制动转矩可调性好。适于应用在紧凑性要求高的场合,如车辆的车轮和电动葫芦中。大载荷自制盘式制动器靠重物自重在机构中产生的内力制动,它能保证重物在升降过程中平稳下降和安全悬吊。主要用于提升设备及起重机械的起升机构中</td></tr>
<tr><td rowspan="2">非摩擦式制动器</td><td colspan="2">磁粉式</td><td>利用磁粉磁化时所产生的剪力来制动。体积小,重量轻,励磁功率小且制动转矩与转动件的转速无关。磁粉会引起零件磨损。适用于自动控制及各种机器的驱动系统中</td></tr>
<tr><td colspan="2">磁涡流式</td><td>坚固耐用,维修方便,调速范围大。但低速时效率低,温升高,必须采取散热措施。常用于有垂直载荷的机械中(如起重机械的起升机构),吸收停车前的动能,以减轻停止式制动器的载荷</td></tr>
</table>

2　制动器的选择与设计

2.1　制动器的选择与设计步骤

制动器的选择，应根据使用要求与工作条件确定。选择时一般应考虑以下几点。

① 要考虑工作机械的工作性质和条件。对于起重机械的提升机构，必须采用常闭式制动器，对于水平行走的车辆等设备，为了便于控制制动力矩的大小和准确停车，多采用常开式制动器。对于安全性有高度要求的机械，需设置双重制动器。如运送熔化金属或易燃、爆炸物品的起升机构，规定必须装两个制动器，每个制动器都能单独安全地支持铁水包等运送物品不致坠落。再如矿井提升机，除在高速轴上设置制动器外，还在卷筒或绳轮上设置安全制动器。对于重物下降制动（即滑摩式制动）则应考虑散热，它必须具有足够的散热面积，使其将重物位能所产生的热量散出去。

② 要考虑合理的制动转矩。用于起重机起升机构支持的制动器，或矿井提升机的安全制动器，制动转矩必须有足够的储备，即应有一定的安全系数；用于水平行走的机械车辆等，制动转矩以满足工作要求为宜（满足一定的制动距离或时间，或车辆不发生打滑），不可过大，以防止机械设备的振动或零件的损坏。

③ 要考虑安装地点的空间大小。当安装地点有足够的空间，可选用外抱式制动器，空间受限制处，可采用内蹄式、带式或盘式制动器。

④ 选用电磁式制动器时，应根据通电持续率（JC%）选用相应的制动转矩。

选用标准制动器，应以计算制动转矩 T 为依据，参照标准制动器的制动转矩 T_e，使 $T \leqslant T_e$。选出标准型号后，必要时进行验算。

现在许多离合器可用作制动器，扩大了制动器的选用范围。有的离合器与制动器成一体实现两种功能。

在设计工作中，有时需要自行设计制动器，其主要设计步骤如下：

① 根据机械的运转情况，计算出制动轴上的载荷转矩，再考虑安全系数的大小，以及对制动距离（时间）的要求等具体情况，算出制动轴上需要的计算制动转矩；

② 根据需要的计算制动转矩和工作条件，选定合适的制动器的类型和结构，并画出传动图；

③ 按摩擦元件的退距求出松闸推力和行程，用以选择或设计松闸器；

④ 对主要零件进行强度计算，其中制动臂和传力杠杆等还应进行刚度验算；

⑤ 对摩擦元件进行发热验算。

2.2 制动转矩的确定

根据被制动对象的运动状态，可分为水平移动制动与垂直移动制动。制动转矩 T 的计算见表 7-4-2。常用旋转体转动惯量的计算公式见表 1-1-83。

表 7-4-2 制动转矩的计算

计算内容		计算公式	单位	说明
计算制动转矩	水平制动	被制动的只是惯性质量，如车辆的制动 $T=T_t-T_f$	N·m	T_t——载荷转矩，此处为换算到制动轴上的传动系统惯性转矩，N·m T_f——换算到制动轴上的总摩擦阻力转矩，N·m
	垂直制动	被制动的有惯性质量和垂直载荷，而垂直载荷是主要的，惯性转矩可略去（因有较大的安全系数），如提升设备其制动应保证重物能可靠悬吊 $T=T_tS$ $T_t=\frac{T_1}{i}\eta$	N·m	T_t——换算到制动轴上的载荷转矩，N·m T_1——垂直载荷对载荷轴的转矩，N·m i——制动轴到载荷轴的传动比 η——从制动轴到载荷轴的机械效率 S——保证重物可靠悬吊的制动安全系数（见表 7-4-3）
载荷转矩	水平制动	$T_t=\frac{E_p+E_g}{\varphi}$ $E_p=\frac{J_{eqp}(\omega_1^2-\omega_0^2)}{2}$ $E_g=\frac{m(v_1^2-v_0^2)}{2}$	N·m	φ——制动轴在制动时的转角，rad E_p——换算到制动轴上的所有旋转质量的动能与制动轴系旋转动能之和，N·m E_g——换算到制动轴上的所有直动质量的动能，N·m J_{eqp}——换算到制动轴上的及制动轴系本身的旋转质量的等效转动惯量，kg·m^2 ω——制动轴角速度，rad/s m——直动部分质量，kg v——直动部分速度，m/s 下角 1 和 0 分别表示制动开始和终了
	垂直制动	$T_t=\frac{mgD_0}{2ia}\eta$	N·m	m——重物质量与吊具质量之和，kg D_0——卷筒计算直径，m a——滑轮组倍率 i——制动轴到卷筒轴的传动比 η——制动轴到卷筒轴的机械效率 g——重力加速度，m/s^2

续表

计算内容	计　算　公　式	单　位	说　　　明
传动系统的等效转动惯量	制动轴上的总等效转动惯量 $J_{eq}=J_{eqp}+J_{eqg}$ $J_{eqp}=\Sigma[J/i^2_{(1-j)}]$ $J_{eqg}=\dfrac{mv^2}{4\pi^2n^2}$ 等效转动惯量计算图 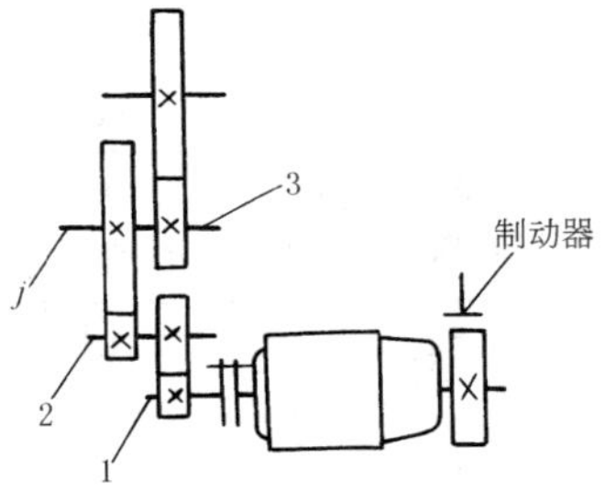 制动器装在高速轴上,常用的近似公式 $J_{eqp}=(1.1\sim1.2)J_1$ 旋转轴轴线不通过旋转体的重心时 $J=J_0+ml^2$	kg · m²	J_{eqp}——旋转部分的等效转动惯量,kg · m² J——传动系统中任意轴 j 的转动惯量,kg · m² $i_{(1-j)}$——传动系统中制动轴 1 到轴 j 的传动比,$i_{(1-j)}=n_1/n_j$ J_{eqg}——直动部分的等效转动惯量,kg · m² m——直动部分的质量,kg v——直动部分速度,m/min n——制动轴转速,r/min J_1——高速轴即制动轴上的总转动惯量,kg · m² J_0——旋转体绕重心轴的转动惯量,kg · m² m——旋转体质量,kg l——旋转体重心到旋转轴轴线的距离,m
给定条件下的载荷转矩	给定制动时间 $T_t=\dfrac{4gJ_{eq}(n_1-n_0)}{375t}$ 对于水平移动车辆,为保证制动时车轮不打滑,应使 $ma<\mu m_1g$, 即 $a<\dfrac{m_1}{m}\mu g$ 则制动时间　$t=\dfrac{v_1-v_0}{a}$	N · m s	在时间 t 秒内将制动轴的转速从 n_1 减至 n_0 要求完全制动时,$n_0=0$ n_1,n_0——制动轴制动开始与终了的转速,r/min m——车辆总质量,kg m_1——车辆分配到制动轴上的质量,kg μ——车轮与路面(或轨道)间的摩擦因数 v_1,v_0——车辆制动开始和终了的平移速度,m/s a——制动时的减速度,m/s² g——重力加速度,$g=9.81\text{m/s}^2$
	给定制动轴转角 $T_t=\dfrac{4gJ_{eq}(n_1^2-n_0^2)}{7160\varphi}$	N · m	在制动轴转角 φ 内将制动轴的转速从 n_1 减至 n_0 要求完全制动时 $n_0=0$ φ——制动轴转角,rad
	给定制动距离 $T_t=\dfrac{4gJ_{eq}(n_1^2-n_0^2)R}{7160Li}$ 如制动开始和终了时的车速为 v_1 和 v_0 (m/min),则 $T_t=\dfrac{4gJ_{eq}i(v_1^2-v_0^2)}{283000LR}$ 当 v_1、v_0 的单位为 m/s 时,则 $T_t=\dfrac{4gJ_{eq}i(v_1-v_0)}{78.6LR}$ 要求完全制动时,n_0 和 v_0 为零,亦可用下式 $T_t=\dfrac{4gJ_{eq}v_1n_1}{45000L}$	N · m	在车辆等行走 L 距离内将制动轴的转速从 n_1 减至 n_0 R——车轮半径,m i——制动轴到车轮轴的传动比 L——给定制动距离,m

第 7 篇

表 7-4-3　　制动安全系数 S 推荐值

设备类型			S	备注
矿井提升机			3	
起重机械的起升机构	驱动型式	机构工作级别		
	人力驱动	M_1（轻级）	1.5	JC≈15%
	动力驱动	M_1、M_2、M_3、M_4（轻级）	1.5	JC≈15%
		M_5（中级）	1.75	JC≈25%
		M_6、M_7（重级）	2.0	JC≈40%
		M_8（特重级）	2.5	JC≈60%
		双制动*中的每一台制动器	1.25	对运送易燃、爆炸、铁水包等物品的起升机构的制动器必须用两台制动器

注：1. * 表示一套起升机构同时配备两台制动器的情况。如果一套起升机构同时配置两套彼此有刚性联系的驱动装置，每套装置有两台制动器时，每台制动安全系数不低于 1.1。

2. JC 值为 10min 内，机构的工作时间与整个工作周期之比，即通电持续率。

2.3　制动器的发热验算

对于停止式制动器和其他发热不大的制动器，可按表 7-4-5 的推荐值校核其压强 p 和 pv 值就可以；对于下降制动（即滑摩式）或在较高环境温度下频繁工作的制动器需要进行发热验算，主要是计算摩擦面在制动过程中的温度是否超过许用值。摩擦面温度过高时，摩擦因数会降低，不能保持稳定的制动转矩，并加速摩擦元件的磨损。起重机工作级别为 $M_1 \sim M_6$ 的机构，按所需制动转矩选择的标准制动器，当每小时制动次数不大于 150 次时，不需进行发热计算。

2.3.1　热平衡通式

对于滑摩式制动器和高温频繁工作的制动器的热平衡计算如下

$$Q \leqslant Q_1 + Q_2 + Q_3$$

式中　Q ——制动器工作 1 小时所产生的热量，kJ/h；

Q_1 ——每小时辐射散热量，

$$Q_1 = (\beta_1 A_1 + \beta_2 A_2)\left[\left(\frac{T_1}{100}\right)^4 - \left(\frac{T_2}{100}\right)^4\right] \quad (\text{kJ/h});$$

Q_2 ——每小时自然对流散热量，

$$Q_2 = \alpha_1 A_3 (t_1 - t_2)(1 - \text{JC}) \quad (\text{kJ/h});$$

Q_3 ——每小时强迫对流散热量，

$$Q_3 = \alpha_2 A_4 (t_1 - t_2)\text{JC} \quad (\text{kJ/h});$$

β_1 ——制动轮光亮表面的辐射系数，通常可取

$$\beta_1 = 5.4\text{kJ/(m}^2 \cdot \text{h} \cdot ℃);$$

β_2 ——制动轮暗黑表面的辐射系数，通常取

$$\beta_2 = 18\text{kJ/(m}^2 \cdot \text{h} \cdot ℃);$$

A_1 ——制动轮光亮表面的面积，m^2；

A_2 ——制动轮暗黑表面的面积，m^2；

T_1，T_2 ——热力学温度，K，

$$T_1 = 273 + t_1$$

$$T_2 = 273 + t_2;$$

t_1 ——摩擦材料的许用温度（表 7-4-5），℃；

t_2 ——周围环境温度的最高值，一般可取 30～35℃；

α_1 ——自然对流系数，$\alpha_1=20.9$kJ/(m² · h · ℃)；

α_2 ——强迫对流系数，$\alpha_2=25.7v^{0.73}$kJ/(m² · h · ℃)；

v ——散热圆环面的圆周速度，m/s；

A_3 ——扣除制动带（块）遮盖后的制动轮外露面积，m²；

A_4 ——散热圆环面的面积，m²；

JC ——工作率，见表 7-4-3 注 2。

2.3.2 提升设备和平移机构制动器的发热量

① 提升设备制动器的发热量

$$Q=\left[m_1gs\eta+\frac{1.2Jn^2}{182.5}\right]Z_0A \quad (\text{kJ/h})$$

② 平移机构制动器的发热量

$$Q=\left[\frac{m_2v^2}{2}\eta+\frac{1.2Jn^2}{182.5}-\frac{F_rv}{2}t\eta\right]Z_0A \quad (\text{kJ/h})$$

式中 m_1 ——平均提升质量，kg；

m_2 ——直线运动部分的质量，kg；

s ——平均制动行程，m；

η ——机械效率；

J ——换算到制动轴上的所有旋转质量的转动惯量，kg · m²；

n ——电动机转速，r/min；

A ——热功当量 $A=\frac{1}{1000}$ kJ/(N · m)；

Z_0 ——制动器每小时的工作次数；

F_r ——运行阻力，N；

t ——制动时间，s；

g ——重力加速度，$g=9.8\text{m/s}^2$；

v ——运行速度，m/s。

③ 对于某些设备，还应按下式校核制动轮一次制动的温升是否超过许用值。

即

$$t=\frac{T_t\varphi}{1000mc}\leqslant 15\sim 50℃$$

式中 φ ——制动过程转角，rad；

m ——制动轮质量，kg；

T_t ——载荷转矩，N · m；

c ——制动轮材料的比热容，对钢和铸铁取 $c=0.523$kJ/(kg · ℃)，对硅铝合金取 $c=0.879$kJ/(kg · ℃)。

2.4 摩擦材料

用于制动器的摩擦材料，通常在很高的剪力和温度条件下工作。要求这类材料能吸收动能，并将动能转化为热散发到空气中。其工作温度和温升速度是影响性能的主要因素，制动器工作时，吸收的能量越大，完成的制动时间越短，则温升越高。摩擦材料的工作温度如超过其许用工作温度，性能会显著恶化。对摩擦材料的基本要求如下：

① 摩擦因数高而稳定，具有良好的恢复性能；

② 耐磨性好，允许压强大，又不损伤对偶材料；

③ 有一定的耐油、耐湿、抗腐蚀及抗胶合性能；

④ 有一定的机械强度和良好的制造工艺性。

在摩擦面上开槽可以储集侵入的灰尘等脏物而减轻磨损。

摩擦材料的种类

表 7-4-4

<table>
<tr><th colspan="2" rowspan="2">类别</th><th rowspan="2">基材</th><th rowspan="2">黏合剂</th><th colspan="2">硬度(HBS)</th><th colspan="2" rowspan="2">抗剪强度/MPa</th><th colspan="2" rowspan="2">抗压强度/MPa</th><th colspan="2" rowspan="2">摩擦因数(干式)</th><th colspan="3" rowspan="2">线胀系数 20~500℃</th><th rowspan="2">主要特性及用途</th></tr>
<tr><th>20℃时</th><th>60℃时</th></tr>
<tr><td colspan="2" rowspan="2">金属粉末冶金材料</td><td>铜基粉末</td><td>烧结</td><td>18~20</td><td>25~28</td><td colspan="2">93~117</td><td colspan="2">245~274</td><td colspan="2">0.25~0.35</td><td colspan="3">17.6×10^{-6}~22×10^{-6}</td><td rowspan="2">高速、高温时摩擦因数稳定且较高，耐高温、耐磨，许用压强可达 2.74~3.92MPa。多用于重载荷的盘式制动器和重型汽车制动器</td></tr>
<tr><td>铁基粉末</td><td>烧结</td><td></td><td>50~150</td><td colspan="2"></td><td colspan="2">294~686</td><td colspan="2">0.2~0.6</td><td colspan="3"></td></tr>
<tr><td rowspan="6">石棉制品及其牌号</td><td rowspan="2">100</td><td rowspan="6">石棉绒、石棉布、带</td><td rowspan="6">橡胶或树脂</td><td rowspan="6">布氏硬度/$N\cdot cm^{-2}$</td><td rowspan="2">80±20</td><td rowspan="6">冲击强度/$N\cdot m\cdot cm^{-2}$</td><td rowspan="2">≥196</td><td rowspan="6">吸水(油)率/%</td><td rowspan="2">≤0.3 (0.5)</td><td rowspan="6">工作温度 120℃/250℃/300℃</td><td rowspan="2">0.42/0.35/—</td><td rowspan="6">磨损率/$mm\cdot(30min)^{-1}$</td><td>布</td><td>绒</td><td rowspan="6">石棉纤维掺以一定的棉花，按需要在纺织时加入锌丝或铜丝织成布或带，再经黏合剂和充填物混合浸渍，干燥、热压制成。石棉绒的制法与石棉布类似，但不必织成布，是将绒经黏合，加添加剂经热压而成。这类制品各牌号分别制成轻、中、重型机械制动器</td></tr>
<tr><td>0.05</td><td>0.16</td></tr>
<tr><td>274</td><td>350±50</td><td>≥39.2</td><td>≤0.5</td><td>0.45/0.40/—</td><td>0.04</td><td>0.07</td></tr>
<tr><td>307</td><td>250±50</td><td>≥39.2</td><td>≤0.5</td><td>0.45/0.45/—</td><td>0.04</td><td>0.07</td></tr>
<tr><td>507</td><td>380±50</td><td>≥49</td><td>≤0.4</td><td>0.5/—/0.45</td><td>0.04</td><td>0.09</td></tr>
<tr><td>513</td><td>100±20</td><td>≥78.4</td><td>≤0.4</td><td>0.48/—/0.47</td><td>0.03</td><td>0.09</td></tr>
<tr><td colspan="2">碳-碳摩擦材料</td><td>碳纤维</td><td>树脂烧结</td><td colspan="11">是新型摩擦材料，以碳纤维做增强剂，用有机高分子化合物黏结后焙烧而成。耐热性能好(可达 800~1000℃)，耐磨损，密度小，单位面积吸收功率高，在摩擦材料中性能最好</td><td>用于飞机制动器的摩擦材料</td></tr>
<tr><td colspan="2">烧结陶瓷</td><td>无机物</td><td>烧结</td><td colspan="11">—</td><td>用于超音速飞机、超重载荷制动器的摩擦材料</td></tr>
</table>

摩擦副计算用数据（推荐值）

表 7-4-5

摩擦材料	对摩材料	块式制动器				带式制动器				盘式制动器				摩擦因数 μ		许用温度 t/℃
		停止式		滑摩式①		停止式		滑摩式		干式		湿式				
		p_p	$(pv)_p$	p_p	$(pv)_p$	p_p	$(pv)_p$	p_p	$(pv)_p$	p_p	$(pv)_p$	p_p	$(pv)_p$	干式	湿式	
铸铁	钢	2	5	1.5	2.5	1.5	2.5	1	1.5	0.2~0.3	—	0.6~0.8	—	0.17~0.2	0.06~0.08	260
钢	钢或铸铁	2	—	1.5	—	1.5	—	1	—	0.2~0.3	—	0.6~0.8	—	0.15~0.18	0.06~0.08	260
青铜	钢	—	—	—	—	—	—	—	—	0.2~0.3	—	0.6~0.8	—	0.15~0.2	0.06~0.11	150
石棉树脂②	钢	0.6	5	0.3	2.5	0.6	2.5	0.3	2.5	0.2~0.3	1.4	0.6~0.8	—	0.35~0.4	0.10~0.12	250
石棉橡胶	钢	—	5	—	2.5	0.6	2.5	0.3	2.5	—	1.4	—	—	0.4~0.43	0.12~0.16	250
石棉铜丝	钢	—	5	—	2.5	0.6	2.5	0.3	2.5	—	1.4	—	—	0.33~0.35	—	—
石棉浸油	钢	0.6	5	0.3	2.5	0.6	2.5	0.3	2.5	0.2~0.3	1.4	0.6~0.8	—	0.3~0.35	0.08~0.12	250
石棉塑料	钢	0.6	5	0.4	2.5	0.6	2.5	0.4	2.5	0.4~0.6	1.4	1.0~1.2	—	0.35~0.45	0.15~0.20	—

①此处为通称，垂直制动时称下降式。②即石棉树脂刹车带。

注：p_p 为许用压强，单位为 MPa；$(pv)_p$ 为许用值，单位为 MPa·m/s。

3 瓦块（鼓）式制动器

3.1 瓦块（鼓）式制动器的分类、特点和应用

表 7-4-6

分　　类	特　　点	应　用　范　围
短行程交流电磁铁制动器(如 TJ_2)	结构简单、体积小、质量轻、动作快，冲击大，噪声大，易烧线圈，寿命短，有剩磁现象，电磁铁可靠性低，无防爆型	用于短时不频繁操作、工作载荷较低的场合，频繁制动、潮湿有灰尘的场合，怕噪声的场合不宜选用。现应用较少，逐步被电力液压块式与盘式制动器代替
短行程直流电磁制动器(如 MW 原 GB 6334 的 ZWZ,A,C 型)	结构简单、质量轻、动作快，有冲击，稳定可靠，耐用性较好	用于频繁操作，连续点动和工作环境较恶劣的场合。要求工作可靠性高，如轧钢机械等
长行程交流电磁铁制动器(如原 JB/ZQ 4387 的 JCZ)	制动较快，剩磁小，动作可靠，结构复杂，质量较大，效率低，冲击大，噪声大，可靠性低，耐用性差	用于中等工作载荷、操作不频繁的场合。怕振动、噪声、制动频繁的场合不宜选用，将逐步被淘汰，用电力液压块式制动器与盘式制动器代替
长行程直流电磁铁制动器(如原 GB 6334 的 ZWZ,B 型)	冲击小，寿命长，可靠性高，制动平稳，动作慢，质量和尺寸均大，耗电量大	用于平稳、操作不频繁、容量大的场合
液压推杆制动器(如 YW、YWZ 等)	动作稍慢、平稳，噪声小，寿命长，尺寸小，质量轻，不易漏油，省电，无直流型，防爆困难	用于不需快速制动的场合，是应用广泛的块式制动器，可用于操作 720~1200 次/h 的场合，在运输机械、轧钢机械、矿山机械、石油机械都有广泛的应用
液压电磁制动器(如YDWZ 型)	动作平稳迅速。寿命长，噪声小，能自动补偿闸瓦的磨损，不需经常调整及维护，需配用硅整流器及控制器，要求维修工人技术水平较高，精度较高的场合，成本较高	用于频繁制动及工作要求较高的场合(接电次数每小时可达 900 次)，部分已被电力液压块式制动器代替

3.2 块（鼓）式制动器的设计计算

3.2.1 弹簧紧闸长行程块式制动器

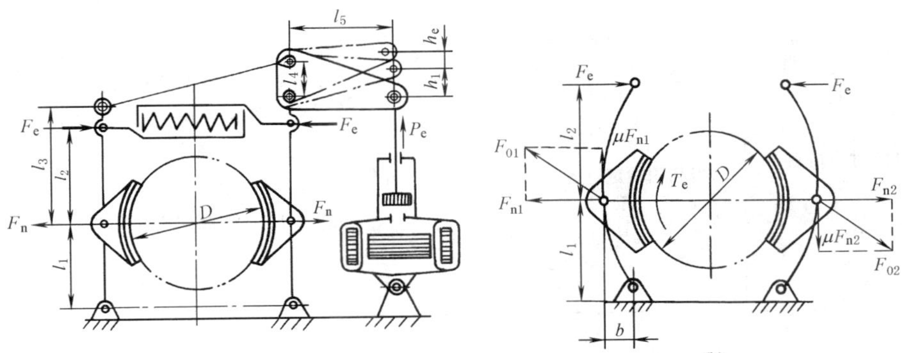

表 7-4-7　　长行程块式制动器的设计计算

计 算 内 容	公式或说明	计 算 内 容	公式或说明
额定制动转矩 T_e/N·m (应等于计算制动转矩 T)	给定值	摩擦副间的摩擦因数 μ	见表 7-4-5
制动轮直径 D/m	参照现有产品选取	驱动装置到制动瓦的效率 η	0.9~0.95

续表

计算内容	公式或说明	计算内容	公式或说明
驱动装置额定推力 P_e/N	选定	制动瓦退距 ε/mm	见表 7-4-8
驱动装置额定行程 h_e/mm	按选定的驱动装置定	制动瓦允许磨损量 Δ/mm	根据要求
驱动装置补偿行程 h_1/mm	按选定的驱动装置定	制动瓦额定正压力 F_n/N 直形臂(图 a)	$F_n=\dfrac{T_e}{\mu D}$
总杠杆比 i	$i=i_1i_2=\dfrac{l_1+l_3}{l_1}\times\dfrac{l_5}{l_4}$	制动瓦额定正压力 F_n/N 弯形臂(图 b)	$F_{n1}=\dfrac{T_e}{\mu D}\times\dfrac{l_1+\mu b}{l_1}$
驱动装置到主弹簧的杠杆比 i_1	$i_1=\dfrac{l_1+l_3}{l_1+l_2}\times\dfrac{l_5}{l_4}$	弯形臂使制动轮轴产生弯矩的作用力 ΔF_0/N	$\Delta F_0=\dfrac{2T_eb}{Dl_1}\sqrt{1+\mu^2}$
弹簧到闸瓦的杠杆比 i_2	$i_2=\dfrac{l_1+l_2}{l_1}$		

表 7-4-8　　块式制动器的制动瓦退距和摩擦片厚度　　mm

制动轮直径 D	100	200	300	400	500	600	700	800
制动瓦退距 ε	0.5~1.1	0.6~1.2	0.7~1.4	0.8~1.6	0.9~1.8	1.0~2.0	1.2~2.1	1.4~2.2
摩擦片厚度 δ	8	8	8	10	10	10	12	12

注：ε 值中前一值是开始值，后一值是最终值，设计时应尽量靠近小值。

表 7-4-9　　长行程块式制动器紧闸主弹簧的计算

计算内容	公式	说明
额定工作力 F_e/N	$F_e=\dfrac{F_n}{i_2\eta'}$	K_h——行程利用系数， 对电磁液压推动器，$K_h=1$ 对其他推动器，$K_h=0.5\sim0.6$ L_0——主弹簧自由长度，mm C——主弹簧刚度，N/mm η'——弹簧到闸瓦间的机械效率 0.9~0.95 i_1,i_2——见表 7-4-7 F_n——制动瓦额定正压力(见表 7-4-8)
与闸瓦磨损量对应的弹簧伸长量 L'/mm	当驱动装置有补偿行程时 $L'=0.95\dfrac{h_1}{i_1}$ 当利用额定行程 h_e 的一部分作为补偿行程时 $L'=0.95(1-K_h)\dfrac{h_e}{i_1}$	
安装长度 L_1/mm	$L_1=L_0-\left(\dfrac{F_e}{C}+L'\right)$	
安装力 F_1/N	$F_1=F_e+CL'$	
最大工作力 F_{emax}/N	$F_{emax}=F_e+C\left(L'+\dfrac{K_hh_e}{i_1}\right)$	

表 7-4-10　　长行程块式制动臂的计算

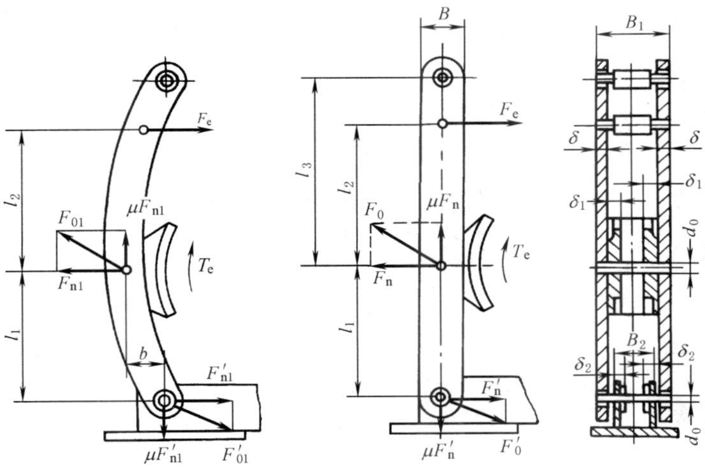

(a)　　(b)

计　算　内　容	计　算　公　式
制动臂弯曲应力 σ, MPa(危险截面在制动瓦销轴孔处)	$\sigma=\dfrac{KM_1}{2W_1}=\dfrac{3KF_1l_2B}{\delta(B^3-d_0^3)}\leqslant\sigma_p$
制动臂销轴孔压强 p_1/MPa	$p_1=\dfrac{KF_1\sqrt{1+\mu^2}}{2\delta d_0}\cdot\dfrac{(l_1+l_2)}{l_1}\leqslant p_{sp}$
底座销轴孔压强 p_2/MPa	$p_2=\dfrac{Kp_1\sqrt{\left(\dfrac{l_2}{l_1+l_2}\right)^2+\mu^2}}{2\delta d_0}\cdot\dfrac{(l_1+l_2)}{l_1}\leqslant p_{dp}$

M_1——弯矩, N·mm
W_1——截面系数, mm^3
K——动载系数(见表 7-4-12)
F_1——安装力(见表 7-4-9)
δ——制动臂厚度, mm
B——制动臂宽度, mm
d_0——制动臂销轴孔径, mm
l_1, l_2——长度, mm
σ_p——许用弯曲应力,
$\sigma_p=0.4\sigma_s$,
对于 Q235,
$\sigma_p=88$MPa
p_{sp}——许用静压强,
对于 Q235,
$p_{sp}=12\sim16$MPa
p_{dp}——许用动压强,
对于 Q235,
$p_{dp}=8\sim9$MPa

表 7-4-11　　长行程块式制动器制动瓦的计算（见表 7-4-10 图）

计算内容	计　算　公　式	说　　明
制动块摩擦面压强 p_3/MPa	$p_3=\dfrac{2F_1}{DB_2\beta}\times\dfrac{l_1+l_2}{l_1}\leqslant p_p$	D——制动轮直径, mm δ_1——制动瓦销轴孔长, mm B_2——制动瓦宽, mm β——制动块包角, rad 一般取 $\beta=70°$或 88° p_p——许用压强(见表 7-4-5) p_{sp}——许用静压强, 见表 7-4-10 d_0——制动臂销轴孔径, mm l_1, l_2——长度, mm
制动瓦销轴孔压强 p_4/MPa	$p_4=\dfrac{KF_1\sqrt{1+\mu^2}}{2\delta_1d_0}\times\dfrac{l_1+l_2}{l_1}\leqslant p_{sp}$	

表 7-4-12　　采用不同驱动装置时制动器的动载系数

驱动装置	短行程电磁铁	长行程电磁铁	直流电磁铁	电磁液压推杆	电力液压推杆
动载系数 K	2.5	2.0	1.5	1.25	1.0

表 7-4-13　　弹簧紧闸长行程块式制动器驱动装置松闸力的计算（见表 7-4-7、表 7-4-9、表 7-4-10）

计算内容	计算公式	说明
启动力 F_g/N	$F_g=\dfrac{K_1F_1}{i_1\eta''}\leqslant P_e$	P_e ——驱动装置额定推力 K_1 ——吸合安全系数，$K_1=1.1\sim1.2$（松闸振动大者取大值） K_2 ——吸持安全系数，$K_2=1.3\sim2.5$（振动大者取大值） η''——驱动装置到主弹簧的效率，$\eta''=0.94\sim0.97$ ε ——见表 7-4-8 F_1 ——安装力（见表 7-4-9）
保持力 F_b/N	$F_b=\dfrac{K_2F_{emax}}{i_1\eta''}$	
行程 h/mm	$h=2.2\varepsilon i\leqslant K_h h_e$	

3.2.2　弹簧紧闸短行程块式制动器

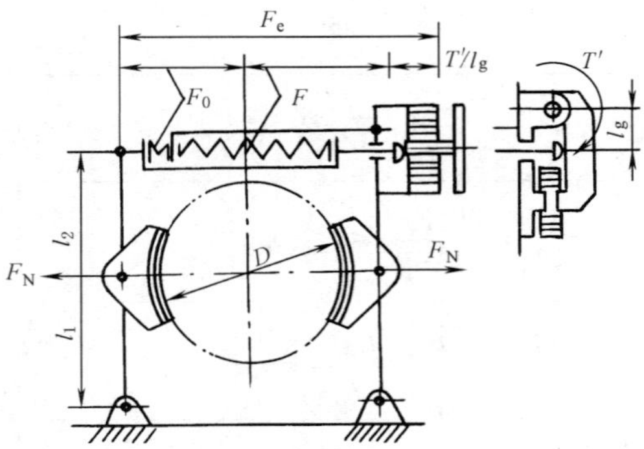

表 7-4-14

	计算内容	计算公式	说明
主弹簧	杠杆比 i	$i=\dfrac{l_1+l_2}{l_1}$	F_0 ——辅助弹簧工作力，取 $F_0=20\sim80$N T'——驱动装置转动部分质量产生的力矩，见有关产品目录，N·m D——制动轮直径，m l_g ——长度，m 应使 $T_g\leqslant T_g'$，N·m T_g'——驱动装置额定力矩，N·m C——主弹簧刚度，N/mm h_e ——额定推杆行程，mm φ_e ——驱动装置额定转角，rad K_h ——行程利用系数，0.5~0.6 应使 $F_g\leqslant F_d$ F_d ——直动式电磁铁额定输出力，N K_1，K_2 ——见表 7-4-13 ε ——见表 7-4-8 T_e ——额定制动转矩是给定值，见表 7-4-7
	机械效率 η	$\eta=0.9\sim0.95$	
	紧闸力 F/N	$F=\dfrac{T_e}{\mu D\eta i}$	
	额定工作力 F_e/N	$F_e=F+F_0+\dfrac{T'}{l_g}$	
转动式电磁铁	启动力矩 T_g/N·m	$T_g=\dfrac{F_e+0.95C(1-K_h)h_e}{\eta}l_g$	
	转角 φ/rad	$\varphi=\dfrac{2.2\varepsilon i}{1000l_g}\leqslant K_h\varphi_e$	
直动电磁铁	启动力 F_g/N	$F_g=\dfrac{K_1[F_e+0.95C(1-K_h)h_e]}{\eta}$	
	保持力 F_b/N	$F_b=K_2[F_e+C(0.95h_e+0.05K_h h_e)]$	
	行程 h/mm	$h=2.2\varepsilon i\leqslant K_h h_e$	

3.3 常用块（鼓）式制动器的主要性能与尺寸

3.3.1 电力液压鼓式制动器

YWZ_4 系列电力液压鼓式制动器

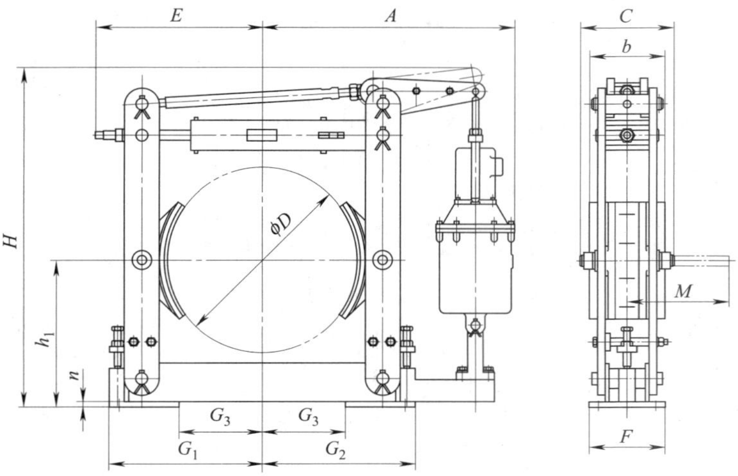

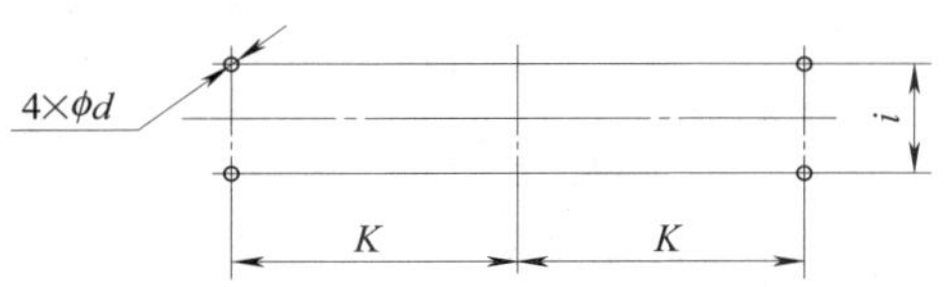

匹配YT_1系列推动器
（双杆推动器）

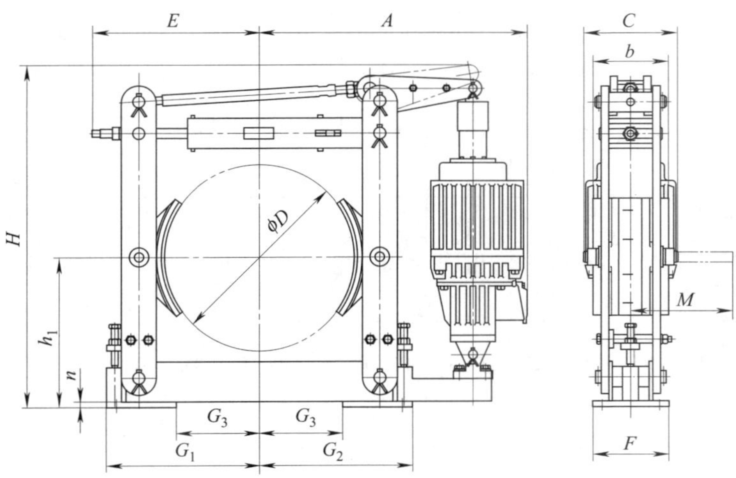

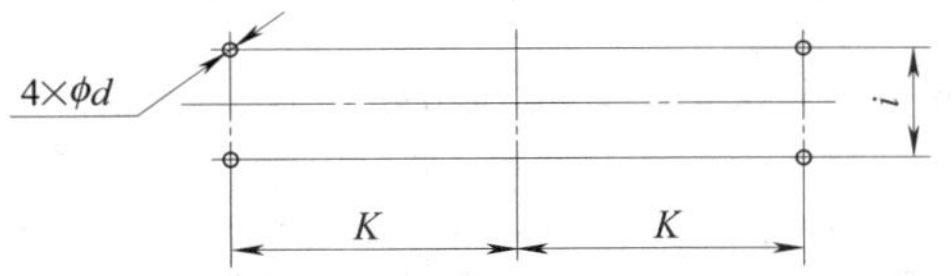

匹配Ed系列推动器

应用与特点

1. 用于起重、运输、冶金、矿山、港口码头、建筑机械等驱动装置的减速或停车制动。

2. 主要摆动铰接点装有自润滑轴承，使用中无需润滑。

3. 无石棉制动衬垫。制动衬垫安装型式有铆接式和插入式，订货时应说明。

使用条件

1. 环境温度：−20～50℃。

2. 空气相对湿度不大于90%。

3. 使用地点海拔高度不超过1000m。

4. 使用环境不得有易燃易爆及腐蚀气体。

5. 电动机：三相交流50Hz、380V连续（S_1）和断续（S_3）工作制符合GB 755—2008。

符合标准

制动力矩参数及安装尺寸符合JB/ZQ 4388—2006；技术要求符合JB/T 6406—2006。

型号意义及示例

YWZ_4 − □ / □ □

- □ 推动器推力代号
- □ 推动器代号（E代表Ed推动器，YT_1推动器不标注）
- □ 制动轮直径（mm）
- YWZ_4 系列代号（替代原YWZ_B、YWZ_{4B}）

示例：1. 轮径ϕ400mm，推动器为YT_1-90Z/8，标记为YWZ_4-400/90

2. 轮径ϕ400mm，推动器为Ed50/6，标记为YWZ_4-400/E50

表 7-4-15 **YWZ_4 技术参数及外形尺寸** /mm

	制动器型号	匹配推动器	制动力矩/N·m	退距 ε	A	b	C	D	d	E	F	G_1	G_2	H	h_1	i	K	M	n	G_3	质量/kg
配 YT_1 推动器的 YWZ_4 制动器(替代原 YWZ_B)	YWZ_4-100/18	YT_1-18ZB/2	40	0.6	269	70	137	100	13	130	75	125	125	384	100	40	110	144	6	50	20
	YWZ_4-150/25	YT_1-25ZB/4	100	0.6	307	90	154	150	17	175	100	170	170	437	140	60	150	144	8	70	26
	YWZ_4-200/25	YT_1-25ZB/4	200	0.7	347	90	154	200	17	210	100	195	195	437	170	60	175	156	8	95	30
	YWZ_4-300/25	YT_1-25ZC/4	320	0.7	447	140	160	300	22	290	130	275	275	590	240	80	250	210	10	125	63
	YWZ_4-300/45	YT_1-45Z/6	630		459		178														70
	YWZ_4-400/45	YT_1-45Z/6	1000	0.8	564	180	220	400	22	370	180	350	350	750	320	130	325	275	12	190	120
	YWZ_4-400/90	YT_1-90Z/8	1600		580																130
	YWZ_4-400/125	YT_1-125Z/10	2200		632		254							847				279			167
	YWZ_4-500/90	YT_1-90Z/8	2500	0.8	670	200	250	500	22	440	200	405	405	919	400	150	380	310	16	225	210
	YWZ_4-500/125	YT_1-125Z/10	2650		692		254							940							220
	YWZ_4-500/180	YT_1-180Z/10	3000											946							235
	YWZ_4-600/90	YT_1-90Z/8	3200	0.8	805	240	315	600	26	555	220	500	500	1087	475	170	475	400	18	250	400
	YWZ_4-600/180	YT_1-180Z/12	5000		827									1095							430
	YWZ_4-700/180	YT_1-180Z/12	8000	0.8	957	280	390	700	34	600	270	575	575	1248	550	200	540	495	25	315	500
	YWZ_4-800/180	YT_1-180Z/12	10000	0.9	1094	320	436	800	34	680	320	677	677	1389	600	240	620	556	25	367	720
	YWZ_4-800/320	YT_1-320Z/12	12500		1155																885
配 Ed 推动器的 YWZ_4 制动器(替代原 YWZ_{4B})	YWZ_4-100/E23	Ed23/5	40	0.6	320	70	160	100	13	130	75	125	125	377	100	40	110	144	6	50	21
	YWZ_4-100/E30	Ed30/5	100		340	70								442							24
	YWZ_4-150/E23	Ed23/5	100	0.6	347	90	160	150	17	175	100	170	170	437	140	60	150	144	8	70	25
	YWZ_4-150/E30	Ed30/5	120											461							29
	YWZ_4-200/E23	Ed23/5	200	0.7	430	90	160	200	17	210	100	195	195	436	170	60	175	156	8	95	31
	YWZ_4-200/E30	Ed30/5	230		427									468							34
	YWZ_4-300/E30	Ed30/5	320	0.7	487	140	160	300	22	290	130	275	275	595	240	80	250	213	10	125	65
	YWZ_4-300/E50	Ed50/6	630		529		190														78
	YWZ_4-300/E80	Ed80/6	750																		79
	YWZ_4-400/E50	Ed50/6	1000	0.8	664	180	220	400	22	370	180	350	350	750	320	130	325	275	12	190	128
	YWZ_4-400/E80	Ed80/6	1600																		140
	YWZ_4-400/E121	Ed121/6	2000		653		240							764							155
	YWZ_4-500/E121	Ed121/6	2500	0.8	713	200	250	500	22	440	200	405	405	919	400	150	380	310	16	225	210
	YWZ_4-500/E201	Ed201/6	3600																		
	YWZ_4-600/E121	Ed121/6	3200	0.8	848	240	315	600	26	555	220	500	500	1095	475	170	475	400	18	250	390
	YWZ_4-600/E201	Ed201/6	5000																		
	YWZ_4-700/E201	Ed201/6	8000	0.8	978	280	390	700	34	600	270	575	575	1248	550	200	540	495	25	315	465
	YWZ_4-700/E301	Ed301/12	8650											1251							466
	YWZ_4-800/E301	Ed301/12	12500	0.9	1115	320	436	800	34	680	320	677	677	1417	600	240	620	556	25	367	885

注：1. 具体型号，结构外形尺寸以订货时产品为准，应询问生产厂家。

2. 生产厂家：焦作金箍制动器股份有限公司。

YWZ_9 系列电力液压鼓式制动器

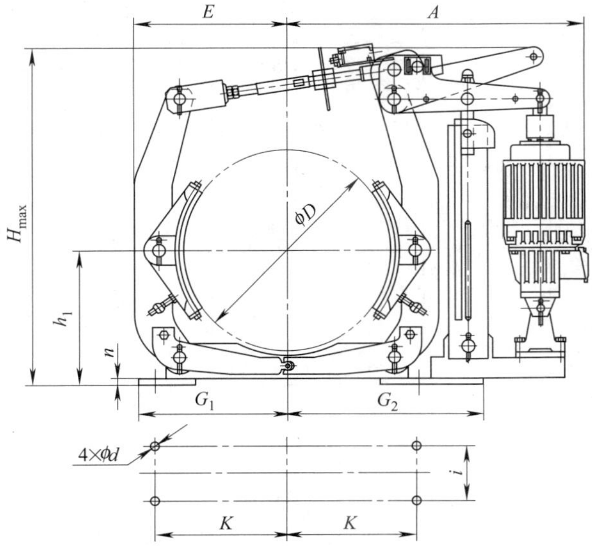

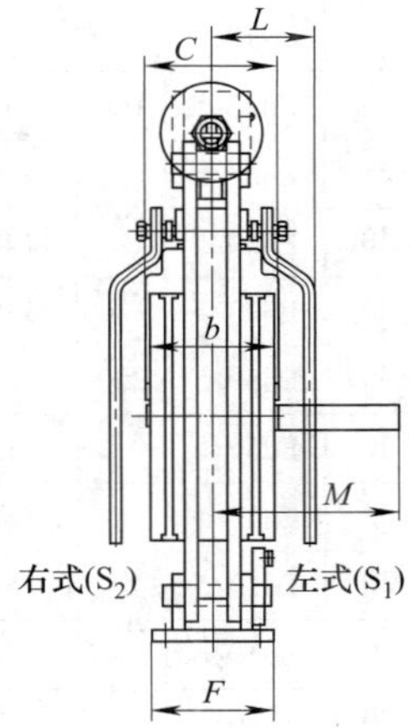

匹配Ed系列推动器

(可替代YWZ_5和WYZ_{4B})

应用与特点

1. 具有联销式退距装置，在使用中始终保持两侧瓦块退距均等，可避免单侧衬垫浮贴制动轮现象。
2. 制动弹簧设在管内并设有制动力矩标尺，调整方便直观。
3. 制动瓦块均采用卡装插入式。
4. 根据用户要求可增设附加装置。
5. 余同 YWZ_4。

型号意义及附加功能

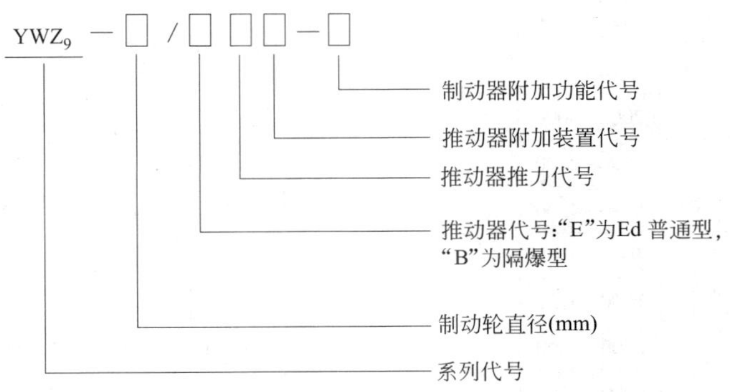

使用条件与标准同 YWZ_4

附加功能代号	附 加 功 能
M	衬垫磨损自动补偿装置
K_1	开闸(上升)显示行程开关
K_2	闭闸(下降)显示行程开关
K_3	衬垫磨损极限显示行程开关
S_1	左式手动装置
S_2	右式手动装置

表 7-4-16　　　YWZ_9 技术参数及外形尺寸　　　/mm

型号		制动轮直径 D	制动力矩 /N·m	退距	A	b	C	d	E	F	G_1	G_2	H_{max}	h_1	i	K	M	n	L	质量 /kg
制动器	匹配推动器																			
YWZ_9-160/E23	Ed23/5	160	80～160	1.0	430	65	160	14	145	85	145	195	435	132	55	130	120	8	145	32.5
YWZ_9-200/E23	Ed23/5	200	112～200	1.0	470	80	160	14	175	90	165	265	500	160	55	145	140	10	150	35
YWZ_9-200/E30	Ed30/5		140～315																	38
YWZ_9-250/E23	Ed23/5	250	140～250	1.0	535	100	160	18	205	110	200	290	570	190	65	180	160	12	180	42
YWZ_9-250/E30	Ed30/5		180～315																	45
YWZ_9-250/E50	Ed50/6		315～500		575		190													50
YWZ_9-300/E23	Ed23/5	300	180～280	1.25	590	125	160	18	255	115	245	330	585	225	80	220	180	12	170	70
YWZ_9-300/E30	Ed30/5		250～400																	70
YWZ_9-300/E50	Ed50/6		400～630		630		190													75
YWZ_9-300/E80	Ed80/6		630～1000																	80
YWZ_9-315/E23	Ed23/5	315	180～280	1.25	590	125	160	18	255	115	245	330	585	225	80	220	180	12	170	70
YWZ_9-315/E30	Ed30/5		250～400																	70
YWZ_9-315/E50	Ed50/6		400～630		630		190													75
YWZ_9-315/E80	Ed80/6		630～1000																	80
YWZ_9-400/E30	Ed30/5	400	200～470	1.25	670	160	160	22	310	160	310	420	715	280	100	270	220	14	170	88
YWZ_9-400/E50	Ed50/6		400～800		710		190													95
YWZ_9-400/E80	Ed80/6		630～1250																	110
YWZ_9-400/E121	Ed121/6		1000～2000		700		240						775							125
YWZ_9-500/E50	Ed50/6	500	450～1000	1.25	810	200	190	22	385	180	365	535	810	335	130	325	280	16	180	175
YWZ_9-500/E80	Ed80/6		800～1600																	
YWZ_9-500/E121	Ed121/6		1120～2500		800		240						845							190
YWZ_9-500/E201	Ed201/6		2000～4000																	
YWZ_9-600/E121	Ed121/6	600	1800～2800	1.6	925	240	240	26	470	220	450	600	1035	425	170	400	340	25	185	300
YWZ_9-600/E201	Ed201/6		2500～4500																	
YWZ_9-600/E301	Ed301/6		4000～6500																	305
YWZ_6-630/E121	Ed121/6	630	1800～3150	1.6	925	250	240	26	470	220	450	600	1035	425	170	400	340	25	185	310
YWZ_6-630/E201	Ed201/6		2500～5000																	
YWZ_9-630/E301	Ed301/6		4000～7100																	315
YWZ_9-700/E201	Ed201/6	700	2500～5600	1.6	980	280	240	27	525	240	500	650	1140	475	190	450	360	30	220	420
YWZ_9-700/E301	Ed301/6		4000～8000																	425
YWZ_9-710/E201	Ed201/6	710	2500～5600	1.6	980	280	240	27	525	240	500	650	1140	475	190	450	360	30	220	420
YWZ_9-710/E301	Ed301/6		4000～8000																	425
YWZ_9-800/E301/12	Ed301/12	800	10500～12500	2.0	1230	320	240	27	595	280	570	830	1355	530	210	520	440	30	240	545

注：1. 具体型号，结构外形尺寸以订货时产品为准，应询问生产厂家。
2. 根据用户需要可生产各种常开制动器，防爆产品及非标产品。
3. 根据用户需要可生产匹配 YT_1 推动器。(但外形尺寸有变化)
4. 本型号可设防护罩，防止雨水、粉尘，具体尺寸询问厂家。
5. 生产厂家同表 7-4-15。

YW、YWB、YWZ$_5$、YWZE 系列电力液压鼓式制动器

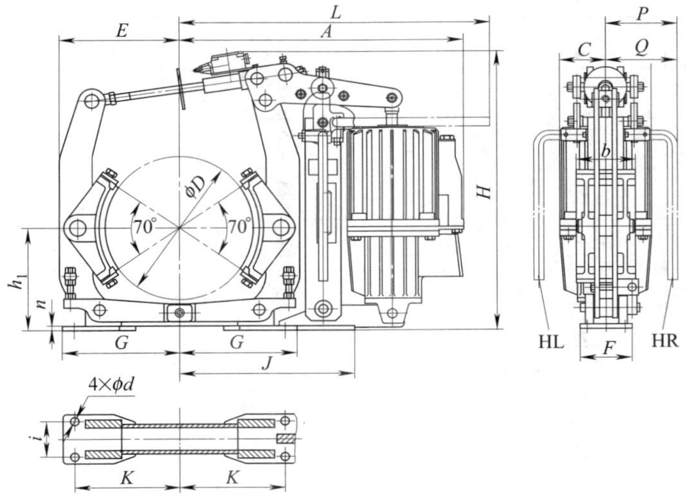

ⅠA型安装　　ⅡA型安装　　ⅠB型安装　　ⅡB型安装

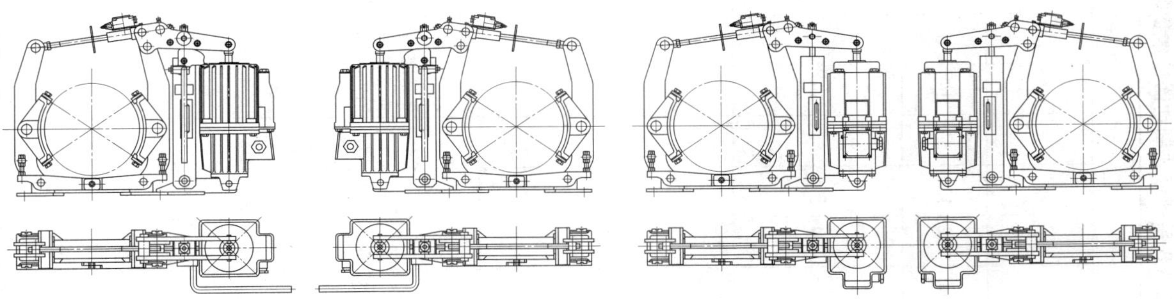

使用条件：

1. 环境温度：-25～50℃。
2. 相对湿度：≤90%。
3. 海拔高度：<2000m。
4. 电压等级：三相 380V50Hz。
5. 适应工作制：连续（S1）和断续（S3-60%，操作频率<1200 次/h）工作制。
6. 使用环境不得有易燃易爆及腐蚀气体。

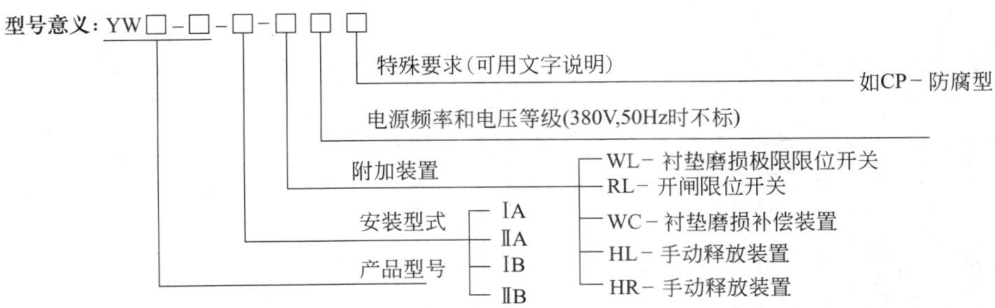

订货示例：YWB315-500-ⅠA-WC. WL. RL-440V. 60Hz. CP

表 7-4-17　**YW、YWB 系列鼓式制动器技术参数及安装尺寸**

制动器型号		推动器型号	制动转矩 /N·m	安装及外形尺寸/mm																			质量 /kg
符合 JB/T 6406—2006	符合 GB/T 6333—1986 (旧标)			D	h_1	K	i	d	n	b	F	G	J	E	H	C	P	A		Q		L	
																		A 型	B 型	A 型	B 型		
YW160-220 YWB160-220	YWZ_5-160/22 YWZE-160/22	YTD220-50 Ed220-50	80~160	160	132	130	55	14	6	65	90	150	210	145	430	80	135	440	405	80	115	455	25
YW200-220 YWB200-220	YWZ_5-200/22 YWZE-220/22	YTD220-50 Ed220-50	100~200	200	160	145	55	14	8	70 (80)	90	165	245	170	510	80	135	450	415	80	115	470	39
YW200-300 YWB200-300	YWZ_5-200/30 YWZE-200/30	YTD300-50 Ed300-50	140~280																				42
YW250-220 YWB250-220	YWZ_5-250/22 YWZE-250/22	YTD220-50 Ed220-50	125~250	250	190	180	65	18	10	90 (100)	100	200	275	205	525	80	135	545	510	80	115	535	47
YW250-300 YWB250-300	YWZ_5-250/30 YWZE-250/30	YTD300-50 Ed300-50	160~315																				49
YW250-500 YWB250-500	YWZ_5-250/50 YWZE-250/50	YTD500-60 Ed500-60	250~500												590	97	152	545	485	97	157	600	61
YW315-300 YWB315-300	YWZ_5-315/30 YWZE-315/30	YTD300-50 Ed300-50	200~400	315	230 (225)	220	80	18	10	110 (125)	125	245	358	260	620	80	135	570	530	80	120	560	80
YW315-500 YWB315-500	YWZ_5-315/50 YWZE-315/50	YTD500-60 Ed500-60	315~630													97	152	605	540	97	157	650	86
YW315-800 YWB315-800	YWZ_5-315/80 YWZE-315/80	YTD800-60 Ed800-60	500~1000																				88
YW400-500 YWB400-500	YWZ_5-400/50 YWZE-400/50	YTD500-60 Ed500-60	400~800	400	280	270	100	22	12	140 (160)	140	300	420	305	745	97	152	650	590	97	157	705	108
YW400-800 YWB400-800	YWZ_5-400/80 YWZE-400/80	YTD800-60 Ed800-60	630~1250																				110
YW400-1250 YWB400-1250	YWZ_5-400/125 YWZE-400/125	YTD1250-60 Ed1250-60	1000~2000												815	120	175	700	670	120	150	885	133

续表

制动器型号		推动器型号	制动转矩/N·m	安装及外形尺寸/mm																			质量/kg
符合 JB/T 6406—2006	符合 GB/T 6333—1986（旧标）			D	h_1	K	i	d	n	b	F	G	J	E	H	C	P	A A型	A B型	Q A型	Q B型	L	
YW500-800 YWB500-800	YTZ_5-500/80 YWZE-500/80	YTD800-60 Ed800-60	800～1600													97	152	780	720	97	157	785	202
YW500-1250 YWB500-1250	YWZ_5-500/125 YWZE-500/125	YTD1250-60 Ed1250-60	1250～2500	500	340 (335)	325	130	22	16	180 (200)	180	365	484	370	860	120	175	770	740	120	150	955	206
YW500-2000 YWB500-2000	YWZ_5-500/200 YWZE-500/200	YTD2000-60 Ed2000-60	2000～4000																				208
YW630-1250 YWB630-1250	YWZ_5-630/125 YWZE-630/125	YTD1250-60(120) Ed1250-60(120)	1600～3150																				309
YW630-2000 YWB630-2000	YWZ_5-630/200 YWZE-630/200	YTD2000-60(120) Ed2000-60(120)	2500～5000	630	420 (425)	400	170	27	20	225 (250)	220	450	590	455	1015	120	220	870	840	120	150	1055	310
YW630-3000 YWB630-3000	YWZ_5-630/300 YWZE-630/300	YTD3000-60(120) Ed3000-60(120)	3550～7100																				315
YW710-2000 YWB710-2000	YWZ_5-710/200 YWZE-710/200	YTD2000-60(120) Ed2000-60(120)	2500～5000	710	470 (475)	450	190	27	22	255 (280)	240	500	705	520	1195	120	220	985	955	120	150	1145	468
YW710-3000 YWB710-3000	YWZ_5-710/300 YWZE-710/300	YTD3000-60(120) Ed3000-60(120)	4000～8000																				470
YW800-3000 YWB800-3000	YWZ_5-800/300 YWZE-800/300	YTD3000-60(120) Ed3000-60(120)	5000～10000	800	530	520	210	27	28	280 (320)	280	570	860	620	1330	120	220	1150	1120	120	150	1290	655

注：1. 生产厂家：江西华伍制动器股份有限公司。

2. YW、YWB 型制动器的基本参数和安装尺寸符合 JB/T 6406—2006 标准；YWZ_5、YWZE 型制动器的基本参数和安装尺寸符合 GB/T 6333（系旧标准）标准。所有本表各型号制动器的技术条件均符合 JB/T 6406 标准。该公司生产的 YWZ_7 系列带电磁铁维持的电力液压鼓式制动器适用于需长时间维持开闸状态的场合（如带式输送机）。其技术参数和安装尺寸基本和本表 YWZ_5 相同。仅控制器型号有：DKXDC03-1（壁挂式）；DKXDC03-2（安装支架式）

3. YW、YWZ_5 型制动器采用的推动器为 YTD 型，符合 JB/T 10603—2006 标准；YWB、YWZE 型制动器采用的推动器为 ED 型，符合德国 DIN 15430 标准。

4. 表中括号内尺寸为 YWZ_5、YWZE 型制动器。该公司还生产 YWZ_5-M 系列断电可控释放电力液压鼓式制动器，型号为 YWZ_5-315/30-M～YWZ_5-630/300-M，制动力矩为 200～7100N·m。

5. 630 及以上规格制动器带 WC 功能时，使用短行程推动器。

YWZ_8 系列电力液压鼓式制动器

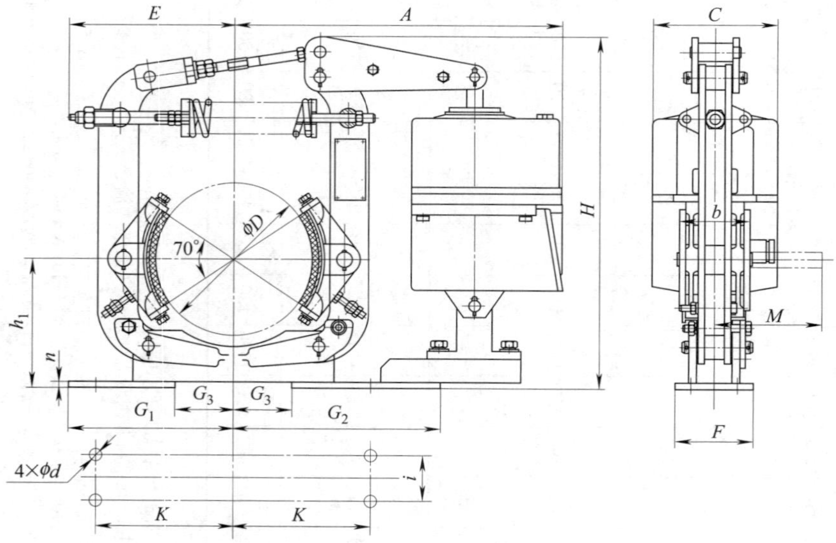

1. 应用、特点、使用条件及型号意义，标准等均同 YWZ_9，但轮径与制动力矩分挡不同；相应的外形尺寸有变化。

2. 另有 YWZ_{13} 系列，其结构外形与 YWZ_9 相似，其轮径 D，中心高 h_1 和安装尺寸 i、K 与本系列一致，外形尺寸有区别，可参照 YWZ_8、YWZ_9 选用。

表 7-4-18　YWZ_8 技术参数及外形尺寸　　mm

型号		制动力矩 /N·m	退距	A	b	C	d	D	E	F	G_1	G_2	H	h_1	i	K	M	n	G_3	质量 /kg
制动器	匹配推动器																			
YWZ_8-200/E23	Ed23/5	135～200	0.7	430	90	160	17	200	210	100	215	265	470	170	60	175（190）	140	8	75	35
YWZ_8-200/E30	Ed30/5	135～310																		43
YWZ_8-300/E30	Ed30/5	200～320	1	500	140	160	22	300	310	130	300	300	610	240	80	250（270）	180	12	120	65
YWZ_8-300/E50	Ed50/6	200～550		540		190														80
YWZ_8-300/E80	Ed80/6	350～850																		92
YWZ_8-400/E50	Ed50/6	600～750	1	660	180	190	22	400	355	180	350	400	760	320	130	325	220	14	150	120
YWZ_8-400/E80	Ed80/6	600～1300																		130
YWZ_8-400/E121	Ed121/6	850～2000		650		240														150
YWZ_8-500/E121	Ed121/6	1000～2600	1.2	735	200	240	22	500	455	200	405	455	930	400	150	380	280	16	205	220
YWZ_8-500/E201	Ed201/6	1500～3700																		
YWZ_8-600/E121	Ed121/6	1700～2800	1.3	845	240	240	26	600	543	220	500	550	1110	475	170	475	340	20	240	360
YWZ_8-600/E201	Ed201/6	1700～4300																		
YWZ_8-600/E301	Ed301/6	3000～6500																		
YWZ_8-700/E201	Ed201/6	3000～5000	1.3	948	280	240	34	700	615	280	580	650	1278	550	200	540	380	25	300	450
YWZ_8-700/E301	Ed301/6	3700～8000																		
YWZ_8-800/E301/12	Ed301/12	6000～10000	1.6	1027	320	240	34	800	640	310	670	830	1430	600	240	620	440	38	310	560

注：1. 若安装尺寸为括号内尺寸时，订货时需特别指出。

2. 具体型号，结构外形尺寸以订货时产品为准，应询问生产厂家。

3. 生产厂家同表 7-4-15。

YWZ2、YWZB、YWZ4、YWZD 系列电力液压鼓式制动器

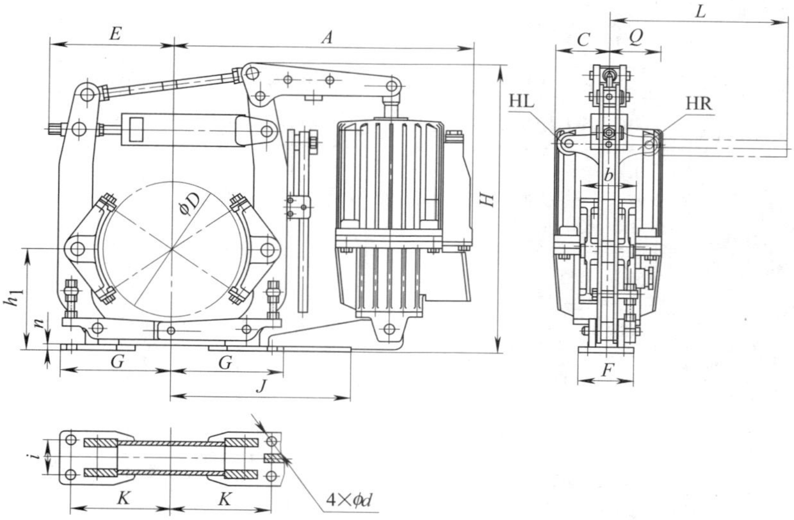

ⅠA型安装

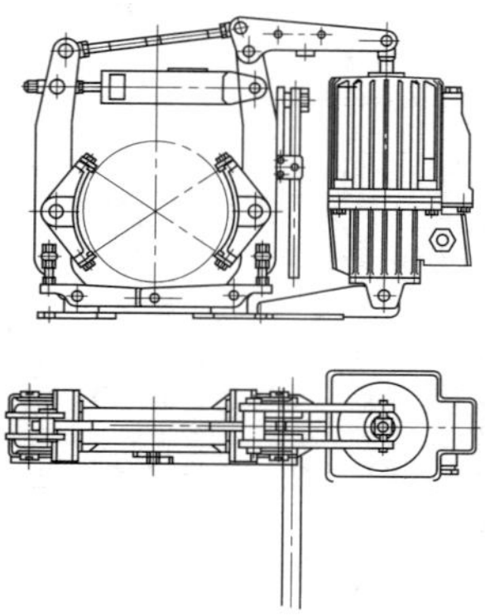

ⅡA型安装

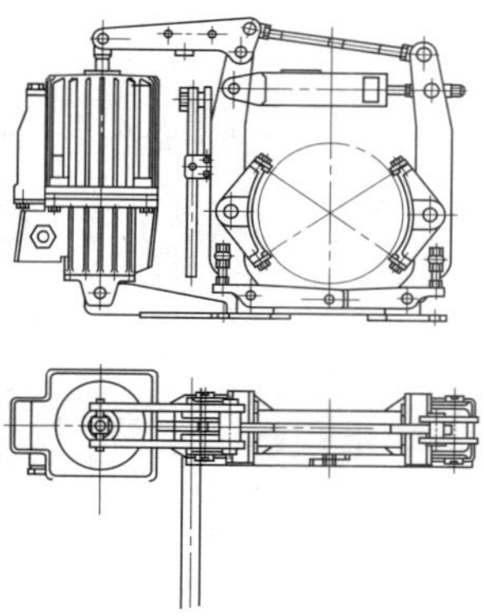

ⅠB型安装

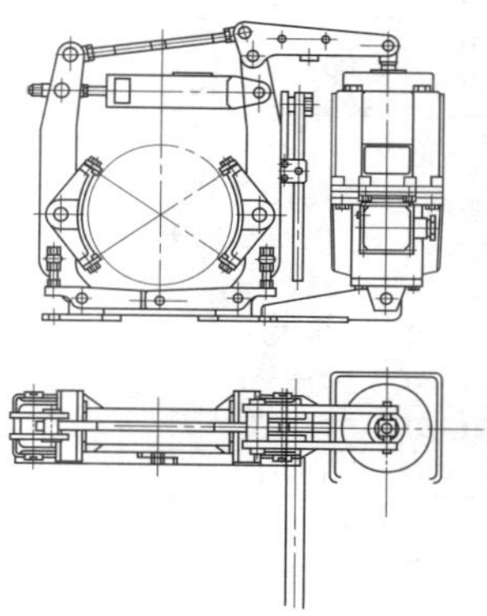

ⅡB型安装

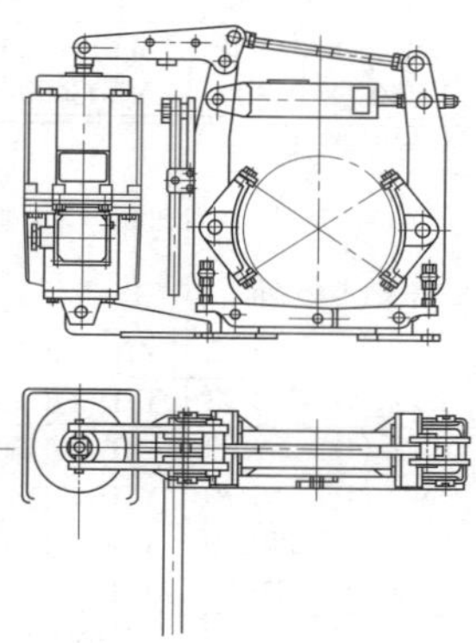

使用条件：同表 7-4-17

型号意义：

YWZ□-□/□-□-□ □ □

- 特殊要求(可用文字说明)——如CP-防腐型
- 电压等级(380V,50Hz时不标)
- 附加装置——RL-开闸限位开关；HL-手动释放装置(左侧布置)；HR-手动释放装置(右侧布置)
- 安装型式——ⅠA；ⅡA；ⅠB；ⅡB
- 产品型号

订货示例：YWZ4-315/50-ⅠA-RL. HL-440V. 60Hz. CP

表 7-4-19　　技术参数与尺寸

制动器型号 符合 JB/ZQ 4388—2006 标准	推动器型号	制动转矩 /N·m	安装及外形尺寸/mm D	h_1	K	i	d	n	b	F	G	J	E	H	A A型	A B型	Q A型	Q B型	L	C	质量 /kg
YWZ$_2$-100/10	MYT$_2$-10/2.5	20~40	100	100	110	40	13	8	70	70	130	175	130	335	330	300	80	110	90	80	22
YWZ$_2$-200/25 YWZB-200/30	MYT$_2$-25/4 YTD300-50	100~200	200	170	175	60	17	8	90	100	210	245	170	470	420	385	80	115	260	80	33
YWZ$_2$-300/25 YWZB-300/30	MYT$_2$-25/4 YTD300-50	160~320	300	240	250	80	22	10	140	130	295	358	275	590	530	490	80	120	260	80	65
YWZ$_2$-300/50 YWZB-300/50	MYT$_2$-50/6 YTD500-60	315~630												580	580	525	97	152	340	97	86
YWZ$_2$-400/50 YWZB-400/50	MYT$_2$-50/6 YTD500-60	500~1000	400	320	325	130	22	12	180	180	350	420	350	745	665	600	97	162	450	97	111
YWZ$_2$-400/100 YWZB-400/80	MYT$_2$-100/6 YTD800-60	800~1600												810	625	565	97	157			115
YWZ$_2$-400/125 YWZB-400/125	MYT$_2$-125/6 YTD1250-60	1000~2000												810	650	620	120	150	450	120	133
YWZ$_2$-500/125 YWZB-500/125	MYT$_2$-125/10 YTD1250-60	1250~2500	500	400	380	150	22	16	200	200	405	484	410	915	730	705	120	150	450	120	212
YWZ$_2$-600/200 YWZB-600/200	MYT$_2$-200/12 YTD2000-120	2500~5000	600	475	475	170	27	20	240	220	500	590	455	1070	840	810	120	150	450	120	309
YWZ$_2$-700/200 YWZB-700/200	MYT$_2$-200/12 YTD2000-120	4000~8000	700	550	540	200	34	25	280	270	575	760	550	1255	1050	1020	120	150	450	120	390
YWZ$_2$-800/200 YWZB-800/200	MYT$_2$-200/12 YTD2000-120	5000~10000	800	600	620	240	34	28	320	310	660	860	700	1480	1190	1160	120	150	450	120	692
YWZ$_2$-800/300 YWZB-800/300	MYT$_2$-300/12 YTD3000-120	6300~12500												1780	1085	1060	120	150			680

制动器型号 符合 GB/T 6333—1986 标准(旧标准)	推动器型号	制动转矩 /N·m	安装及外形尺寸/mm D	h_1	k	i	d	n	b	F	G	J	E	H	A A型	A B型	Q A型	Q B型	L	C	质量 /kg
YWZ$_4$(D)-160/22	YTD(Ed)220-50	80~160	160	132	130	55	14	6	65	90	150	210	165	390	415	380	80	115	200	80	25
YWZ$_4$(D)-200/22	YTD(Ed)220-50	100~200	200	160	145	55	14	8	80	90	165	265	190	470	440	405	80	115	260	80	38
YWZ$_4$(D)-200/30	YTD(Ed)300-50	140~280																			39
YWZ$_4$(D)-250/30	YTD(Ed)300-50	160~315	250	190	180	65	18	10	100	100	200	275	225	500	490	455	80	115	260	80	47
YWZ$_4$(D)-250/50	YTD(Ed)500-60	250~500												550	540	480	97	157	320	97	61
YWZ$_4$(D)-300/30	YTD(Ed)300-50	160~315	300	225	220	80	18	10	125	110	245	358	275	585	570	530	80	120	260	80	74
YWZ$_4$(D)-300/50	YTD(Ed)500-60	250~500													590		97	157	340	97	86
YWZ$_4$(D)-300/80	YTD(Ed)800-60	500~1000																			88
YWZ$_4$(D)-315/30	YTD(Ed)300-50	160~315	315	225	220	80	18	10	125	110	245	358	275	585	570	530	80	120	260	80	74
YWZ$_4$(D)-315/50	YTD(Ed)500-60	250~500													590		97	157	340	97	86
YWZ$_4$(D)-315/80	YTD(Ed)800-60	500~1000																			88
YWZ$_4$(D)-400/50	YTD(Ed)500-60	315~630	400	280	270	100	22	12	160	140	300	420	350	705	625	565	97	157	450	97	108
YWZ$_4$(D)-400/80	YTD(Ed)800-60	630~1250																			110
YWZ$_4$(D)-400/125	YTD(Ed)1250-60	900~1800											350	770	610	580	120	150		120	133
YWZ$_4$(D)-500/80	YTD(Ed)800-60	800~1600	500	335	325	130	22	16	200	180	365	484	395	835	740	680	97	157	450	97	202
YWZ$_4$(D)-500/125	YTD(Ed)1250-60	1125~2250											410	850	730	700	120	150	450	120	212
YWZ$_4$(D)-500/200	YTD(Ed)2000-60	1600~3150																			212
YWZ$_4$(D)-630/125	YTD(Ed)1250-120	1400~2800	630	425	400	170	27	20	250	220	450	590	455	1020	840	810	120	150	450	120	309
YWZ$_4$(D)-630/200	YTD(Ed)2000-120	2250~4500																			310
YWZ$_4$(D)-630/300	YTD(Ed)3000-120	3550~7100																			315
YWZ$_4$(D)-710/200	YTD(Ed)2000-120	2500~5000	710	475	450	190	27	22	280	240	500	705	565	1170	1050	1020	120	150	450	120	455
YWZ$_4$(D)-710/300	YTD(Ed)3000-120	4000~8000																			460
YWZ$_4$(D)-800/300	YTD(Ed)3000-120	6300~12500	800	530	520	210	27	28	320	280	570	860	710	1410	1085	1060	120	150	450	120	652

注：1. 生产厂家：江西华伍制动器股份有限公司。

2. YWZ$_2$、YWZB 型制动器的基本参数和安装尺寸符合 JB/ZQ 4388—2006，YWZ$_2$ 系列制动器配套 MYT$_2$ 系列推动器，YWZB 系列制动器配套符合 JB/T 10603—2006 标准的 YTD 系列推动器。

3. YWZ$_4$、YWZD 型制动器的基本参数和安装尺寸符合 GB/T 6333 标准（旧标准），YWZ$_4$ 系列制动器配套符合 JB/T 10603—2006 标准的 YTD 系列推动器，YWZD 系列制动器配套符合德国 DIN 15430 标准的 ED 系列推动器。

YWG 系列电力液压鼓式制动器（可配防护罩）

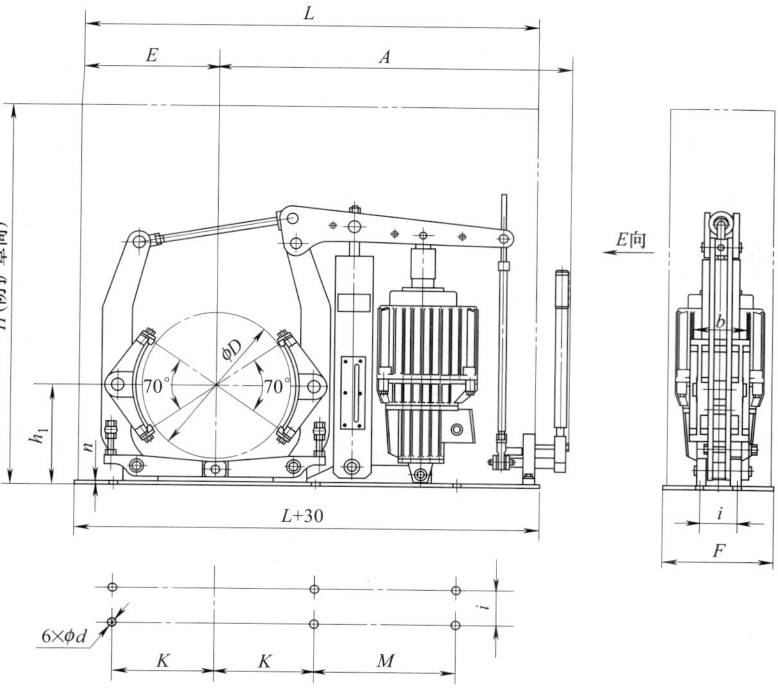

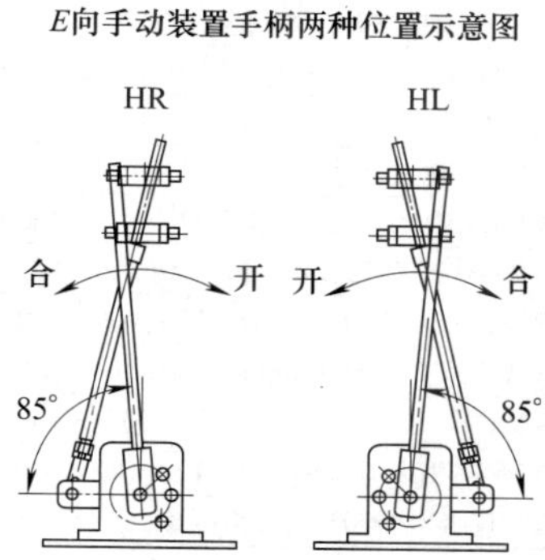

使用条件：见表 7-4-17。

型号意义：

YWG-□-□-□-□-□ □ □

- YWG —— 产品型号
- 第一个□ —— 制动转矩
- 第二个□ —— 安装型式：Ⅰ型；Ⅱ型
- 第三个□ —— 手动方式：HL-手动释放装置(左侧布置)；HR-手动释放装置(右侧布置)
- 第四个□ —— 附加装置：WL-衬垫磨损极限限位开关；WC-衬垫磨损补偿装置；RL-开闸限位开关
- 第五个□ —— 电源频率和电压等级(380V.50Hz时不标)
- 第六个□ —— 特殊要求(可用文字说明)

订货示例：YWG-315-500-630-I-HR 440V/60Hz. CP

表 7-4-20　　技术参数与尺寸

<table>
<tr><th>制动器型号</th><th>推动器型号</th><th>制动转矩/N·m</th><th>A</th><th>B</th><th>B_1</th><th>b</th><th>D</th><th>d</th><th>E</th><th>F</th><th>G</th><th>H</th><th>h_1</th><th>h_2</th><th>i</th><th>K</th><th>L</th><th>M</th><th>n</th><th>质量/kg</th></tr>
<tr><td>YWG-160/22</td><td>Ed220-50</td><td>80~160</td><td>700</td><td>170</td><td>170</td><td>65</td><td>160</td><td rowspan="3">14</td><td>200</td><td>180</td><td>230</td><td>580</td><td>132</td><td>126</td><td rowspan="3">55</td><td>130</td><td>790</td><td>320</td><td>6</td><td>40</td></tr>
<tr><td>YWG-200/22</td><td>Ed220-50</td><td>100~200</td><td rowspan="2">720</td><td rowspan="2">230</td><td rowspan="2">160</td><td rowspan="2">70</td><td rowspan="2">200</td><td rowspan="2">230</td><td rowspan="2">250</td><td rowspan="2">245</td><td rowspan="2">680</td><td rowspan="2">160</td><td rowspan="2">152</td><td rowspan="2">145</td><td rowspan="2">835</td><td rowspan="2">270</td><td rowspan="2">8</td><td>55</td></tr>
<tr><td>YWG-200/30</td><td>Ed300-50</td><td>140~280</td><td>58</td></tr>
<tr><td>YWG-250/22</td><td>Ed220-50</td><td>125~250</td><td rowspan="3">810</td><td rowspan="3">260</td><td rowspan="3">180</td><td rowspan="3">90</td><td rowspan="3">250</td><td rowspan="3">18</td><td>260</td><td rowspan="3">265</td><td>285</td><td rowspan="2">700</td><td rowspan="3">190</td><td rowspan="3">180</td><td rowspan="3">65</td><td rowspan="3">180</td><td rowspan="2">915</td><td>300</td><td rowspan="3">10</td><td rowspan="2">65</td></tr>
<tr><td>YWG-250/30</td><td>Ed300-50</td><td>160~315</td><td>280</td><td>300</td><td>240</td></tr>
<tr><td>YWG-250/50</td><td>Ed500-60</td><td>250~500</td><td>300</td><td>310</td><td>775</td><td>970</td><td>240</td><td>78</td></tr>
</table>

续表

制动器型号	推动器型号	制动转矩/N·m	A	B	B_1	b	D	d	E	F	G	H	h_1	h_2	i	K	L	M	n	质量/kg
YWG-315/30	Ed300-50	200~400	825	260	180	110	315	18	315	280	350	775	230	220	80	220	1040	280	10	90
YWG-315/50	Ed500-60	315~630	865														1080	320		105
YWG-315/80	Ed800-60	500~1000																		108
YWG-400/50	Ed500-60	400~800	940	280	220	140	400	22	365	300	405	890	280	268	100	270	1190	320	12	125
YWG-400/80	Ed800-60	630~1250																		130
YWG-400/125	Ed1250-60	1000~2000	980								425	980					1230	360		150
YWG-500/80	Ed800-60	800~1600	1050	300	250	180	500	22	430	330	510	1050	340	324	130	325	1365	380	16	228
YWG-500/125	Ed1250-60	1250~2500																		230
YWG-500/200	Ed2000-60	2000~4000																		232
YWG-630/125	Ed1250-120(60)	1560~3150	1150	360	300	225	630	27	515	400	595	1280	420	400	170	400	1545	380	20	328
YWG-630/200	Ed2000-120(60)	2500~5000																		332
YWG-630/300	Ed3000-120(60)	3550~7100																		338
YWG-710/200	Ed2000-120(60)	2500~5000	1265	400	320	240	710	27	580	440	720	1360	470	448	190	450	1720	450	20	495
YWG-710/300	Ed3000-120(60)	4000~8000																		496
YWG-800/300	Ed3000-120(60)	5000~10000	1425	440	360	280	800	27	680	480	860	1450	530	508	210	520	1985	520	22	496

注：1. 生产厂家：见表 7-4-19，符合 JB/T 6406—2006 标准和 DIN 15435 标准。

2. 本产品可配防护罩，主要适用于雨水、粉尘比较多需要防护的场所。本表未编入防护罩图形，H 为防护罩高，B 为防护罩宽，B_1、G 和 h_2 均为有关防护罩的尺寸。

3. 630 及以上规格制动器带 WC 功能时，使用短行程推动器。

YW-E 二级电力液压鼓式制动器

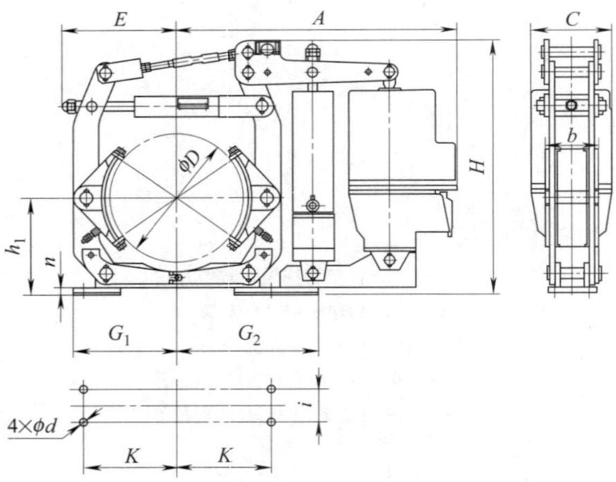

应用与特点

1. YW-E 型二级制动器主要用于起重机大车行走机构的制动和皮带运输机的工作制动。一级制动时力矩较小（可调整）实现平稳减速制动，使机器停止。第二级制动使机器牢固停稳或防风。

2. 其他特点与使用条件同 YWZ_4。

符合标准

安装尺寸符合 JB/T 7021—2006。

型号意义

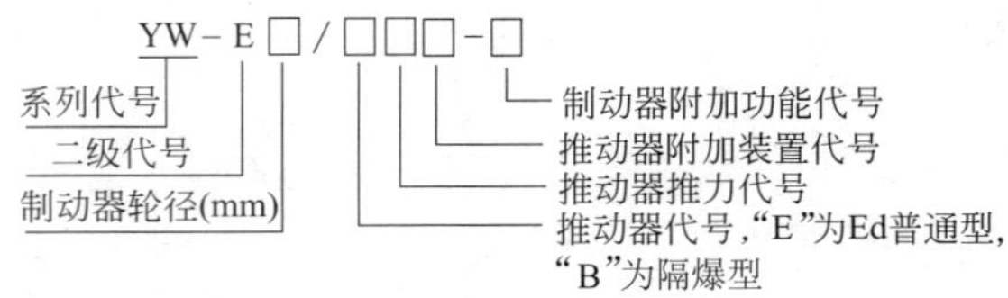

表 7-4-21　　YW-E 技术参数与外形尺寸　　/mm

型号		制动力矩/N·m			D	A	E	H	h_1	G_1	G_2	i	K	n	d	b	C	质量/kg
制动器型号	匹配推动器	第一步制动	第二步制动	总制动力矩														
YW-E200/E23	Ed23/5	35-80	80-150	230	200	490	190	520	160	165	265	55	145	10	14	70	160	42
YW-E200/E30	Ed30/5	80-160	80-155	315	200	500	190	520	160	165	265	55	145	10	14	70	160	46
YW-E200/E50	Ed50/6	120-250	120-250	500	200	535	190	560	160	165	265	55	145	10	14	70	190	56
YW-E250/E50	Ed50/6	160-315	160-315	630	250	580	225	590	190	200	300	65	180	12	18	90	190	90
YW-E315/E50	Ed50/6	200-400	200-400	800	315	655	270	620	230	245	330	80	220	12	18	110	190	123
YW-E315/E80	Ed80/6	315-630	315-630	1260	315	655	270	620	230	245	330	80	220	12	18	110	190	126
YW-E400/E80	Ed80/6	315-630	315-630	1260	400	740	318	720	280	310	420	100	270	14	22	140	190	150

注：生产厂家：焦作金箍制动器股份有限公司。

YWL 系列二步式、YWLA 延时型电力液压鼓式制动器

YWL 系列两步式电力液压鼓式制动器

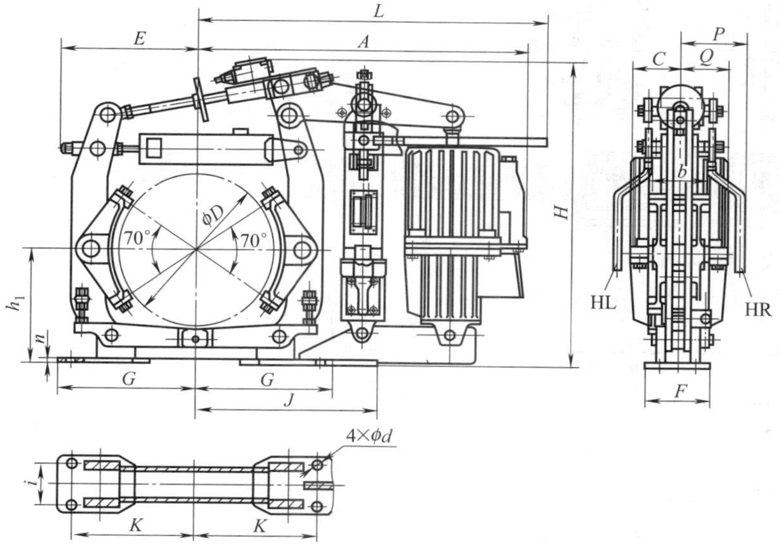

ⅠA型安装

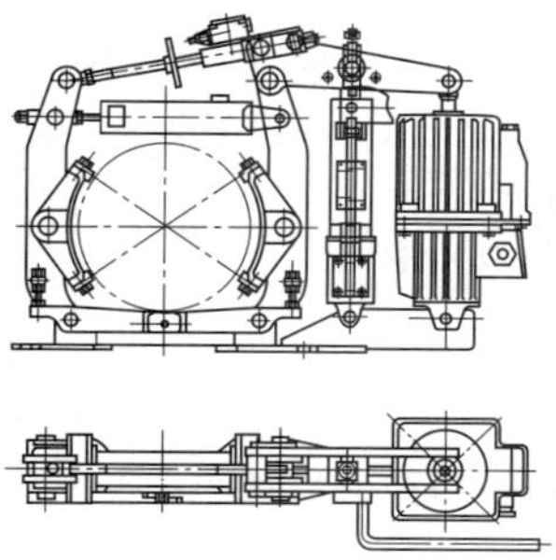

ⅡA型安装

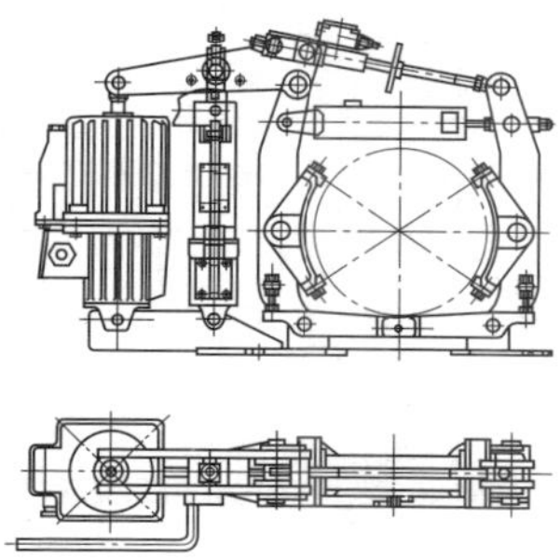

ⅠB型安装

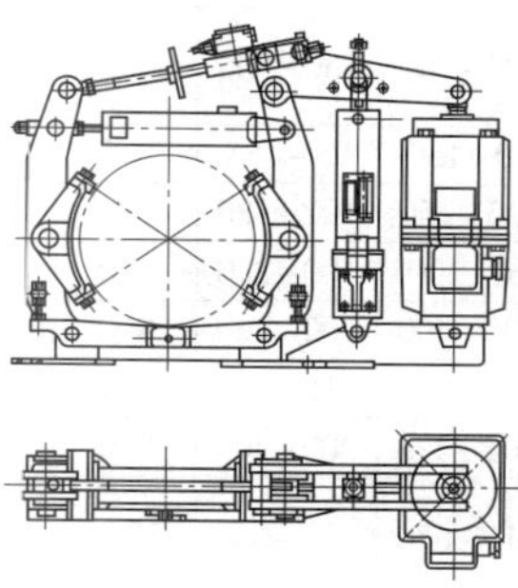

ⅡB型安装

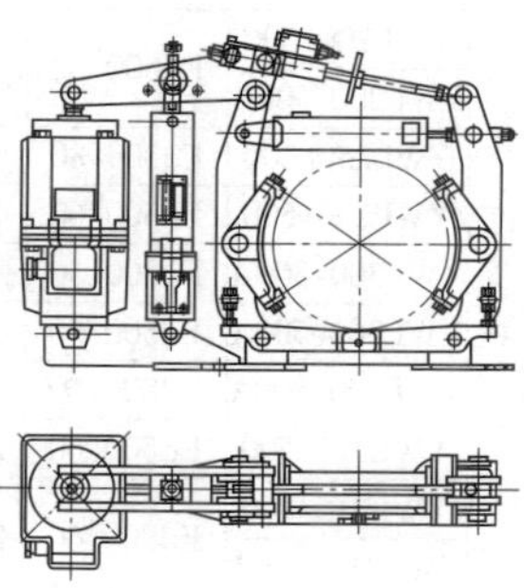

YWLA 系列延时式电力液压鼓式制动器

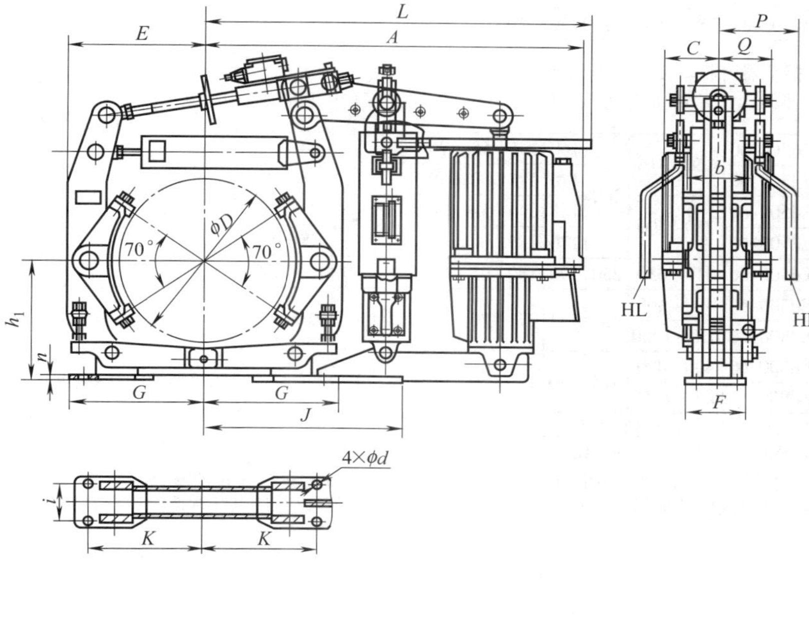

ⅠA型安装　　ⅡA型安装　　ⅠB型安装　　ⅡB型安装

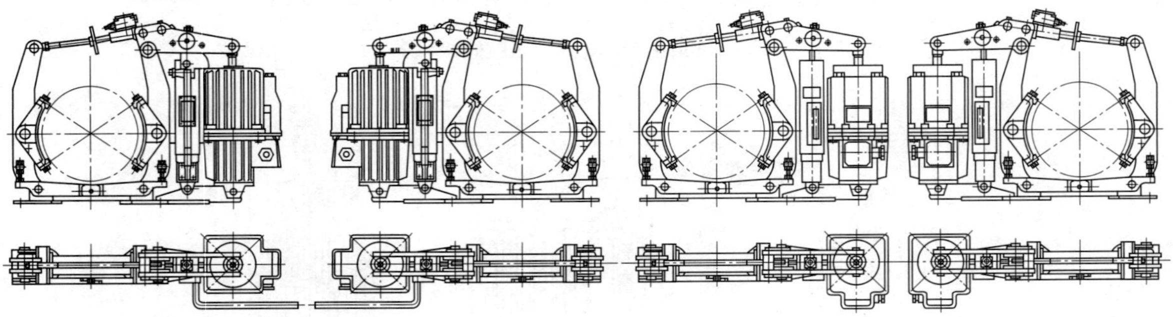

使用条件及型号意义：见表 7-4-17。

订货示例：YWL315-500-ⅠA-WC. WL. RL-440V. 60Hz. CP

表 7-4-22　　　　**技术参数与尺寸**

	制动器型号	推动器型号	制动转矩/N·m			安装及外形尺寸/mm																			质量/kg
			第一步	第二步	总力矩（最大）	D	h_1	K	i	b	d	n	F	G	J	E	A A型	A B型	Q A型	Q B型	L	H	C	P	
两步式	YWL200-220	Ed220-50	35～70	70～130	200	200	160	145	55	70	14	8	90	165	245	200	515	480	80	115	500	510	80	135	40
	YWL200-220A	Ed220-50					170	175	60	90	17		100	210											
	YWL200-300	Ed300-50	80～160	95～155	315		160	145	55	70	14		90	165								540			49
	YWL200-300A	Ed300-50					170	175	60	90	17		100	210								550			
	YWL200-500	Ed500-60	100～200	150～300	500		160	145	55	70	14		90	165			580	520	97	157	625	595	97	152	61
	YWL200-500A						170	175	60	90	17		100	195											63
	YWL250-300	Ed300-80	80～160	95～155	315	250	190	180	65	90	18	10	100	200	275	230	565	530	80	115	540	550	80	135	65
	YWL250-500	Ed500-60	125～250	190～380	630											225	615	555	97	157	650	590	97	152	68
	YWL300-300A	Ed300-50	60～120	100～200	320	300	240	250	80	140	22	10	130	275	358	275	635	600	80	115	710	640	80	135	88
	YWL300-500A	Ed500-60	200～400	200～400	800												670	610	97	157			97	152	96
	YWL300-800A	Ed800-60	315～630	315～630	1260																				102
	YWL315-500	Ed500-60	200～400	200～400	800	315	230	220	80	110	18	10	110	245	358	275	670	610	97	157	710	640	97	152	95
	YWL315-800	Ed800-60	315～630	315～630	1260																				101
	YWL315-800A						225			125															
	YWL400-500	Ed500-60	160～315	160～315	630	400	280	270	100	160	22	12	140	300	420	340	720	660	97	157	750	750	97	152	133
	YWL400-800	Ed800-60	315～630	315～630	1260																	840			
	YWL400-1250	Ed1250-60	630～1250	630～1250	2500					140							770	740	120	150	890	815	120	175	135

	制动器型号	推动器型号	制动转矩/N·m	安装及外形尺寸/mm																		质量/kg
				D	h_1	K	i	b	d	n	F	G	J	E	A A型	A B型	Q A型	Q B型	L	C	P	
延时式	YWLA200-300	Ed300-50	160～315	200	160	145	55	70	14	8	90	165	245	170	515	480	80	115	500	80	135	48
	YWLA200-300A	Ed300-50			170	175	60	90	17		100	210										
	YWLA200-500	Ed500-60	250～500		160	145	55	70	14		90	165		180	585	525	97	157	625	97	152	51
	YWLA200-500A	Ed500-60			170	175	60	90	17		100	195										52
	YWLA250-500	Ed500-60	315～630	250	190	180	65	90	18	10	100	200	275	205	615	555	97	157	650	97	152	75
	YWLA300-500	Ed500-60	400～800	300	225	220	80	125	18	10	110	245	358	255	700	640	97	157	710	97	152	87
	YWLA300-800	Ed800-60	630～1250																			93
	YWLA315-500	Ed500-60	400～800	315	230	220	80	110	18	10	110	245	358	255	700	640	97	157	710	97	152	86
	YWLA315-800	Ed800-60	630～1250																			92

注：1. 生产厂家：江西华伍制动器股份有限公司。

2. YWL 系列两步式电力液压鼓式制动器第一步制动时施加一个较小的制动力矩，实现平稳减速制动，机器停止运动后，第二步制动开始，增加一个制动力矩，使机器牢固停稳或防风。多用于室外起重机或胶带输送机。

3. YWLA 系列延时电力液压鼓式制动器制动力矩大，用于有变频调速或其他电气调速的运行机构的牢固停稳或防风，也可用于胶带输送机。

3.3.2 防爆电力液压鼓式制动器

DYWP 系列防爆电力液压鼓式制动器

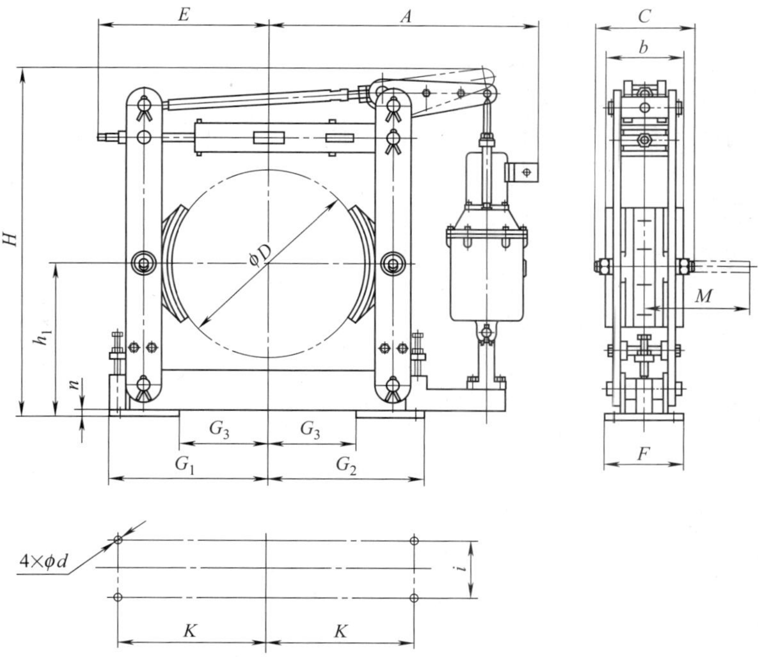

匹配BYT_1，系列推动器

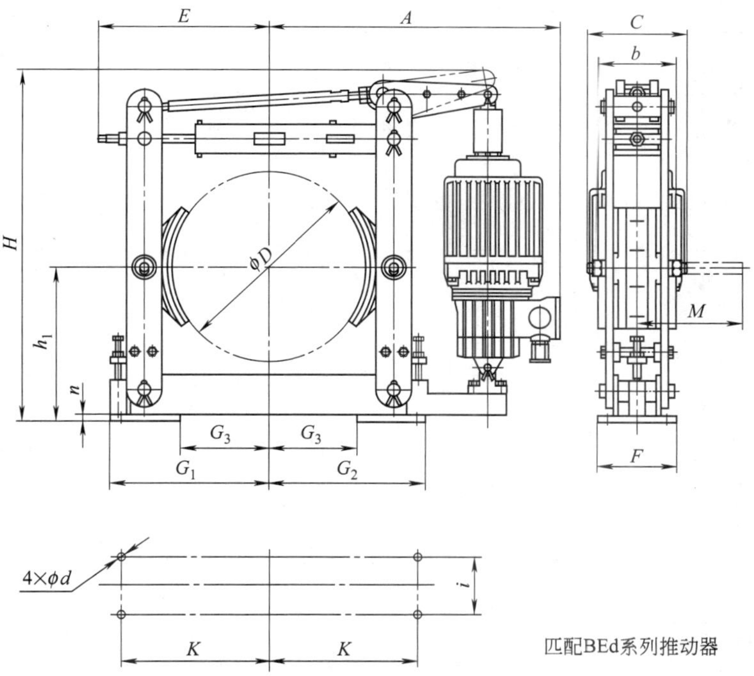

匹配BEd系列推动器

应用与特点

1. 主要用于井下煤矿带式输送机和地表有防爆要求的机械的减速、制动。

2. 其他特点同 YWZ_4 系列。

使用条件

1. 环境温度-20~40℃。

2. 环境空气的年平均相对湿度不超过75%，最湿月的平均相对湿度不超过90%，同时该月的平均最低温度不高于25℃。

3. 使用地点海拔高度不超过1000m。

4. 周围环境的污染等级允许3级。

5. 三相交流电源380V/660V、660V/1140V，50Hz或60Hz。

符合标准

1. 安装尺寸和技术要求分别符合JB/ZQ 4388—2006和JB/T 6406—2006。

2. 推动器 BYT_1 和 BEd 均符合爆炸性环境标准 GB 3836.1—2010 和 GB 3836.2—2010。

型号意义

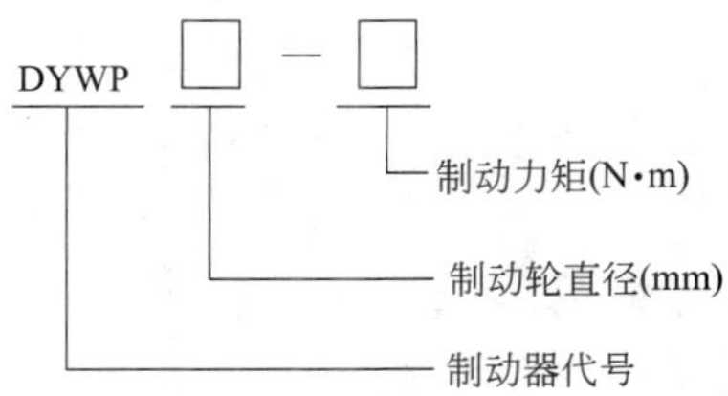

YW-L 系列立式电力液压鼓式制动器

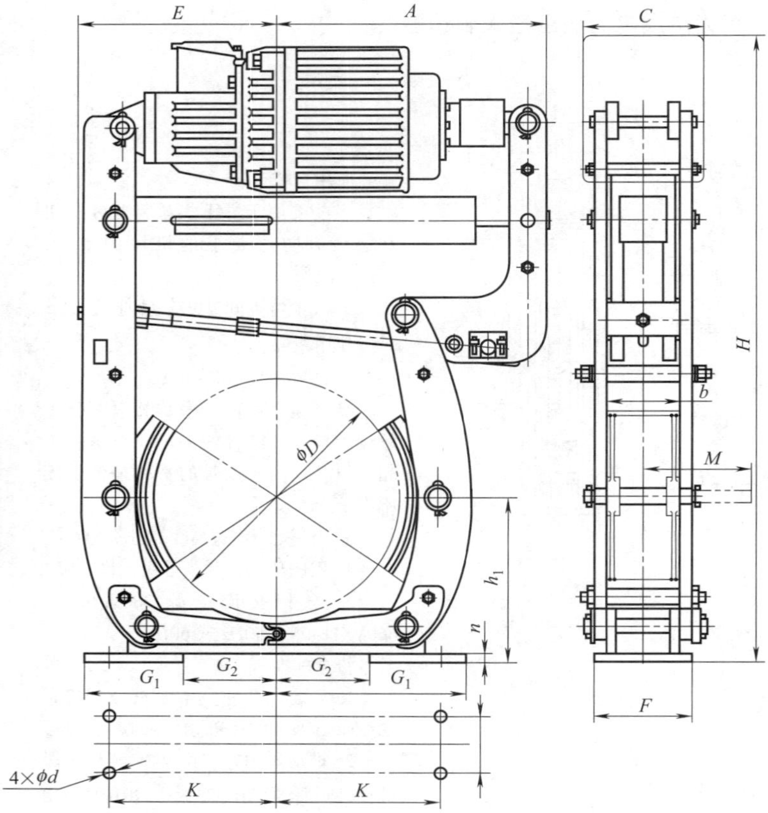

应用、使用条件及标准等与 YW 系列相同。可安装在空间较小的场所。

型号意义

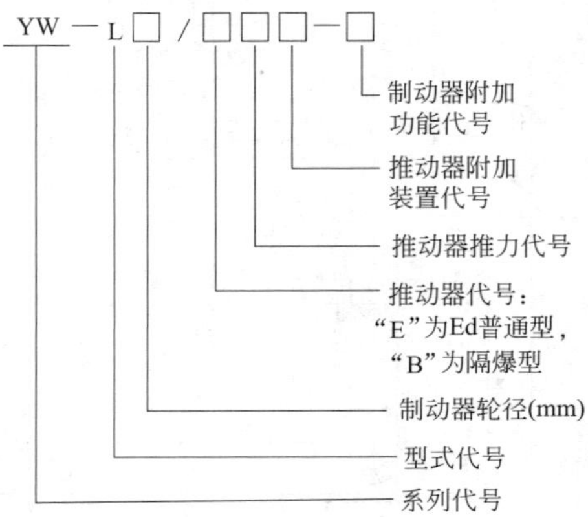

表 7-4-23　　YW-L 技术参数与外形尺寸　　mm

型号 制动器型号	型号 匹配推动器	制动转矩 /N·m	退距 ε	M	A	b	C	D	d	E	F	G_1	G_2	H	h_1	i	K	n	质量 /kg
YW-L200/E23	Ed23/5	200	0.6	165	215	70	160	200	14	180	100	165	75	710	160	55	145	10	46
YW-L200/E30	Ed30/5	300			255					210				705					52
YW-L250/E23	Ed23/5	260	0.8	225	310	90	160	250	18	230	110	200	100	795	190	65	180	12	53
YW-L250/E30	Ed30/5	380												790					61
YW-L250/E50	Ed50/6	700					190				140			865					69
YW-L315/E23	Ed23/5	290	1.0	255	350	110	160	315	18	275	120	245	135	895	230	80	220	14	72
YW-L315/E30	Ed30/5	410												890					78
YW-L315/E50	Ed50/6	720					190				145			970					81
YW-L315/E80	Ed80/6	1200																	92
YW-L400/E30	Ed30/5	390	1.25	280	370	140	160	400	22	340	160	310	150	955	280	100	270	14	98
YW-L400/E50	Ed50/6	750			440		190							1075					102
YW-L400/E80	Ed80/6	1250																	114
YW-L400/E121	Ed121/6	1900					240							1065					132
YW-L500/E50	Ed50/6	900	1.25	350	435	180	190	500	22	400	200	365	185	1245	340	130	325	21	154
YW-L500/E80	Ed80/6	1650																	159
YW-L500/E121	Ed121/7	2500					240							1235					176
YW-L500/E201	Ed201/7	4100																	181

注：1. 安装尺寸符合标准 JB/T 7021—2006 和 JB/T 6406—2006。

2. 本表立式制动器型号为焦作金箍制动器股份有限公司生产；江西华伍制动器股份有限公司生产类似立式制动器，其型号为 YWH160-220～YWH500-2000，制动力矩为 80～4000N·m。

表 7-4-24　　DYWP 防爆制动器的技术参数与外形尺寸　　mm

	制动器型号	匹配推动器	制动转矩/N·m	退距 ε	A	b	C	D	d	E	F	G_1	G_2	H	h_1	i	K	M	n	G_3	质量/kg
配 BYT_1 推动器的 DYWP	DYWP100-40	BYT_1-18ZB/2	40	0.6	361	70	137	100	13	130	75	125	125	384	100	40	110	144	6	50	21
	DYWP150-100	BYT_1-25ZB/4	100	0.6	390	90	154	150	17	175	100	170	170	437	140	60	150	144	8	70	27
	DYWP200-200	BYT_1-25ZB/4	200	0.7	470	90	154	200	17	210	100	195	195	437	170	60	175	156	8	95	31
	DYWP300-310	BYT_1-25ZB/4	310	0.7	530	140	160	300	22	290	130	275	275	590	240	80	250	210	10	125	64
	DYWP300-630	BYT_1-45Z/6	630		525		178														72
	DYWP400-1000	BYT_1-45Z/6	1000	0.8	630	180	220	400	22	370	180	350	350	750	320	130	325	275	12	190	122
	DYWP400-1600	BYT_1-90Z/8	1600		640																132
	DYWP400-1800	BYT_1-125Z/10	1800		673		254							847				279			170
	DYWP500-1200	BYT_1-90Z/8	1200	0.8	730	200	250	500	22	440	200	405	405	919	400	150	380	310	16	225	212
	DYWP500-1400	BYT_1-125Z/10	1400		733		254							940							223
	DYWP500-1600	BYT_1-180Z/12	1600											946							238
	DYWP600-1700	BYT_1-90Z/8	1700	0.8	865	240	315	600	26	555	220	500	500	1087	475	170	475	400	18	250	402
	DYWP600-1900	BYT_1-180Z/12	1900		868									1095							433
	DYWP700-1800	BYT_1-180Z/12	1800	0.8	998	280	390	700	34	600	270	575	575	1248	550	200	540	495	25	315	503
配 BEd 推动器的 DYWP	DYWP100-100	BEd30/5	100	0.6	425	70	160	100	13	130	75	125	125	498	100	40	110	144	6	50	42
	DYWP150-120	BEd30/5	120	0.6	435	90	160	150	17	175	100	170	170	501	140	60	150	144	8	70	47
	DYWP200-210	BEd30/5	210	0.7	515	90	160	200	17	210	100	195	195	503	170	60	175	156	8	95	52
	DYWP300-320	BEd30/5	320	0.7	575	140	160	300	22	290	130	275	275	592	240	80	250	213	10	125	83
	DYWP300-650	BEd50/6	650		585		190							600							104
	DYWP300-700	BEd80/6	700																		105
	DYWP400-750	BEd50/6	750	0.8	720	180	220	400	22	370	180	350	350	735	320	130	325	275	12	190	154
	DYWP400-1300	BEd80/6	1300																		164
	DYWP400-1900	BEd121/6	1900		718		240							806							184
	DYWP500-1300	BEd121/6	1300	0.8	778	200	250	500	22	440	200	405	405	890	400	150	380	310	16	225	239
	DYWP500-2000	BEd201/6	2000																		239
	DYWP600-1800	BEd121/6	1800	0.8	913	240	315	600	26	555	220	500	500	1100	475	170	475	400	18	250	419
	DYWP600-2000	BEd201/6	2000																		419
	DYWP700-1900	BEd201/6	1900	0.8	1043	280	390	700	34	600	270	575	575	1245	550	200	545	495	25	315	494
	DYWP700-2000	BEd301/6	2000																		496

注：生产厂家：焦作金箍制动器股份有限公司。

DYW 系列防爆电力液压鼓式制动器

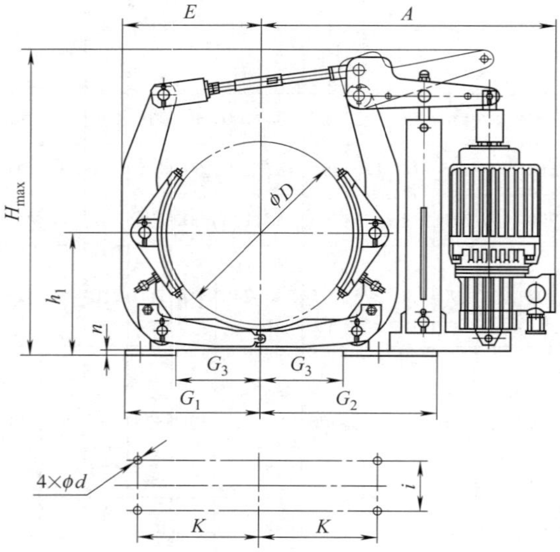

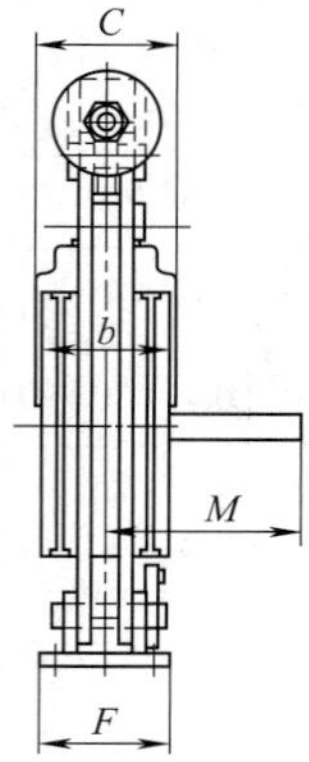

配BEd系列推动器

应用与特点

1. 具有退距均等装置，使用中始终保持两侧瓦块退距均等，避免单侧瓦块贴轮。

2. 设有制动力矩标尺，调整方便。

3. 铰节点为自润滑轴承，衬垫为插装式。

4. 设有衬垫磨损自动补偿装置，使瓦块退距与制动力矩能保持恒定。

使用条件、符合标准及型号意义同 DYWP 系列。

表 7-4-25　　mm

型号		制动轮直径 D	制动力矩 /N·m	退距 ε	A	b	C	d	E	F	G_1	G_2	G_3	H_{max}	h_1	i	K	M	n	质量 /kg
制动器	匹配推动器																			
DYW160-160	BEd30/5	160	160	1.0	520	65	160	14	145	85	145	195	65	435	132	55	130	120	8	58.5
DYW200-315	BEd30/5	200	200	1.0	553	80	160	14	175	90	165	265	75	500	160	55	145	140	10	64
DYW250-250	BEd30/5	250	250	1.0	620	100	160	18	205	110	200	290	100	570	190	65	180	160	12	71
DYW250-500	BEd50/6		500		630		190													81
DYW300-550	BEd30/5	300	550	1.25	675	125	160	18	255	115	245	330	135	585	225	80	220	180	12	96
DYW300-600	BEd50/6		600		685		190													106
DYW300-700	BEd80/6		700																	109
DYW315-230	BEd30/5	315	230	1.25	675	125	160	18	255	115	245	330	135	585	225	80	220	180	12	96
DYW315-350	BEd50/6		350		685		190													106
DYW315-900	BEd80/6		900																	109
DYW400-250	BEd50/6	400	250	1.25	785	160	190	22	310	160	310	420	150	715	280	100	270	220	14	126
DYW400-400	BEd80/6		400																	139
DYW400-650	BEd121/6		650		782		240							775						162
DYW500-1200	BEd80/6	500	1200	1.25	865	200	190	22	385	180	365	535	185	810	335	130	325	280	16	204
DYW500-1400	BEd121/6		1400		862		240							845						227
DYW500-1700	BEd201/6		1600																	229
DYW600-1800	BEd121/6	600	1800	1.6	985	240	240	26	470	220	450	600	280	1035	425	170	400	340	25	337
DYW600-1900	BEd201/6		1900																	339
DYW600-2000	BEd301/6		2000																	344
DYW630-1800	BEd121/6	630	1800	1.6	985	250	240	26	470	220	450	600	280	1035	425	170	400	340	25	347
DYW630-1900	BEd201/6		1900																	349
DYW630-2000	BEd301/6		2000																	354
DYW700-1800	BEd201/6	700	1800	1.6	1045	280	240	27	525	240	500	650	300	1140	475	190	450	360	30	459
DYW700-2000	BEd301/6		2000																	464
DYW710-1800	BEd201/6	710	1800	1.6	1045	280	240	27	525	240	500	650	300	1140	475	190	450	360	30	459
DYW710-2000	BEd301/6		2000																	464

注：生产厂家：焦作金箍制动器股份有限公司。

BYW、BYWZ5、DYW 系列隔爆型电力液压鼓式制动器

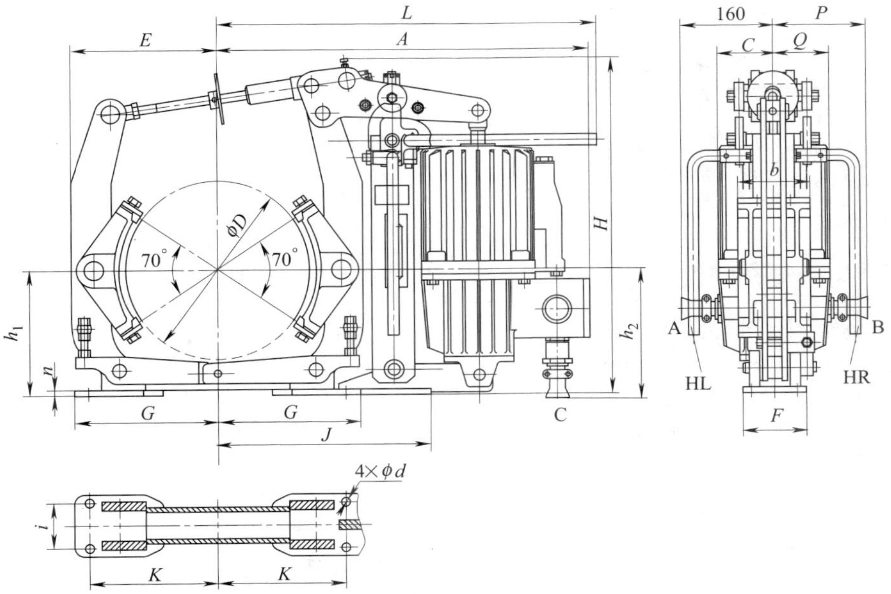

ⅠA型安装

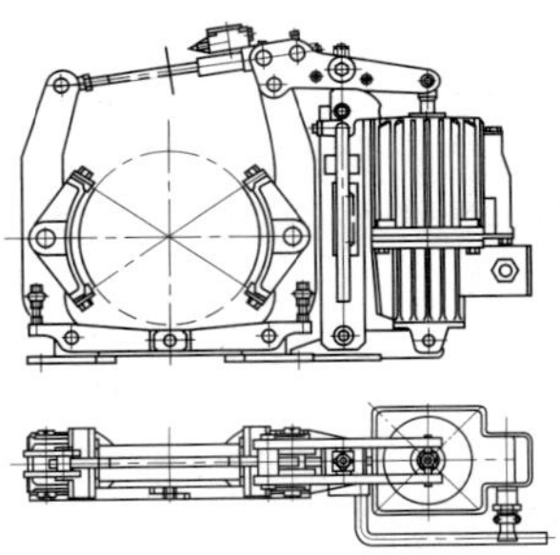

ⅡA型安装

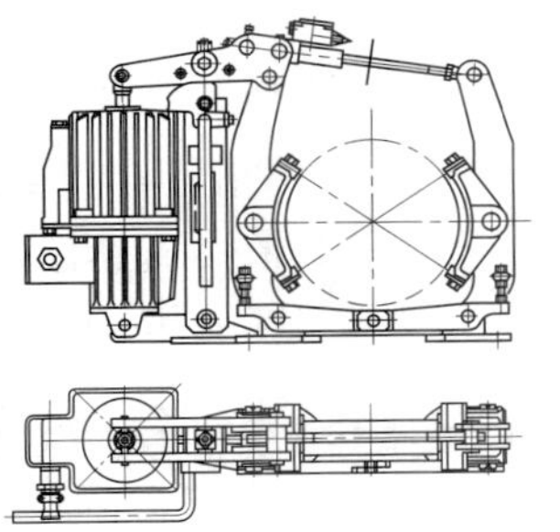

ⅠB型安装

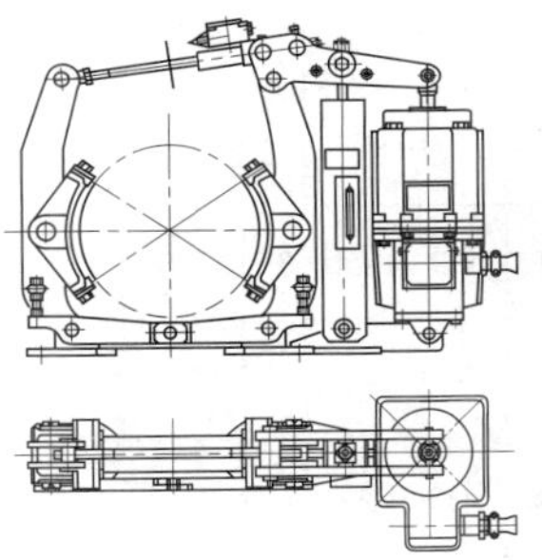

ⅡB型安装

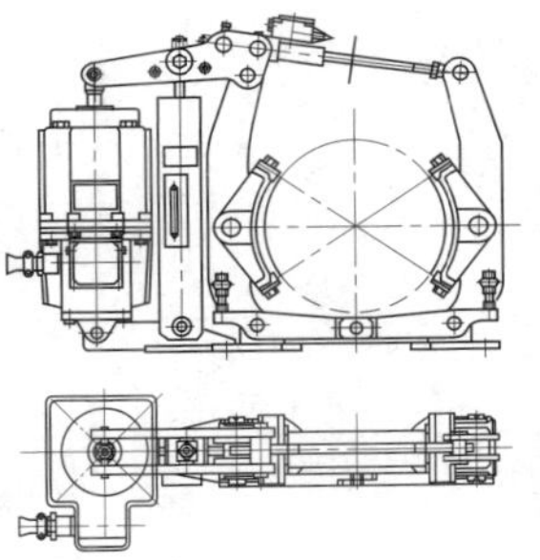

使用条件：

1. 海拔高度：<2000m。
2. 环境温度：-20~40℃。
3. 相对湿度：≤90%。
4. 电压等级：380~400V 50Hz，440~460V 60Hz。
5. 适应的工作制：连续（S1）和断续（S3-60%，操作频率<1200/h）工作制。
6. BYW、BYWZ5 系列制动器适用于 GB 3836.2《爆炸性气体环境用电气设备　第 2 部分　隔爆　型“d”》的规定的防爆等级为Ⅰ、ⅡB 温度组别为 T1-T4 组可燃气体与空气形成的爆炸性混合物场所。
7. DYW 系列制动器适用于 GB 3836.2《爆炸性气体环境用电气设备　第 2 部分　隔爆　型“d”》的规定的防爆等级为煤矿井下环境。
8. DYW、DYWZ5 系列隔爆合证号：CNExb08.2029 CNEx 082030。
9. DYW 系列煤安证编号：MCA130397 MCA 130398。

型号意义：

BYW□-□
DYW(P)□-□-□ □-□-□ □ □

- 特殊要求(可用文字说明)——CP－防腐型
- 标明工作环境ExdⅠ/ExdⅡBT4
- 电压等级(380V.50Hz时不标)
- 附加装置——RL－开闸限位开关(接近式开关)；HL－手动释放装置(左侧布置，仅用于ⅠA)；HR－手动释放装置(右侧布置，仅用于ⅡA)
- 接线口方向——A；B；C
- 安装形式——ⅠA；ⅡA；ⅠB；ⅡB
- 制动器型号

订货示例：

BYWZ5-315/50-ⅠA-A-RL. HL-440V. 60Hz. CP

DYW315-1000-ⅠA-B-WC. WL. RL. 1140V. 50Hz. CP

表 7-4-26　　技术参数与尺寸

制动器型号	隔爆型推动器型号	制动转矩/N·m	安装及外形尺寸/mm													A		Q					质量/kg
			D	h_1	K	i	d	n	h_2	b	F	G	J	E	H	A型	B型	A型	B型	L	C	P	
BYW160-300 BYWZ5-160/30	Ed300-50 Ex	80~160	160	132	130	55	14	6	150	65	90	150	210	140	551	515	485	80	200	455	80	135	38
BYW200-300 BYWZ5-200/30	Ed300-50 Ex	140~280	200	160	145	55	14	8	180	70 (80)	90	165	245	170	545	525	495	80	200	470	80	135	41
BYW250-300 BYWZ5-250/30	Ed300-50 Ex	160~315	250	190	180	65	18	10	205	90 (100)	100	200	275	205	565	620	585	80	200	530	80	135	52
BYW250-500 BYWZ5-250/50	Ed500-60 Ex	250~500							175						645	595	560	97	217	600	97	155	63
BYW315-300 BYWZ5-315/30	Ed300-50 Ex	200~400	315	230 (225)	220	80	18	10	190	110 (125)	110	245	358	260	625	645	615	80	200	560	80	135	76
BYW315-500 BYWZ5-315/50	Ed500-60 Ex	315~630							205						655			97	217	650	97	155	88
BYW315-800 BYWZ5-315/80	Ed800-60 Ex	500~1000																					90
BYW400-500 BYWZ5-400/50	Ed500-60 Ex	400~800	400	280	270	100	22	12	190	140 (160)	140	300	420	315	745	680	650	97	217	715	97	155	110
BYW400-800 BYWZ5-400/80	Ed800-60 Ex	630~1250																					112
BYW400-1250 BYWZ5-400/1250	Ed1250-60 Ex	1000~2000							240						825	765	735	120	240	895	120	175	135
BYW500-800 BYWZ5-500/80	Ed800-60 Ex	800~1600	500	340 (335)	325	130	22	16	115	180 (200)	180	365	484	370	860	800	770	97	217	785	97	175	204
BYW500-1250 BYWZ5-500/1250	Ed1250-60 Ex	1250~2500							300							835	803	120	240	955	120		208
BYW500-2000 BYWZ5-500/200	Ed2000-60 Ex	2000~4000																					210
DYW160-160	BEd30/5	80~160	160	132	130	55	14	6	150	65	90	150	210	140	515	560	490	80	200	455	80	135	50
DYW200-280	BEd30/5	140~280	200	160	145	55	14	6	180	70	90	165	245	170	510	570	500	80	200	470	80	135	53
DYW250-315	BEd30/5	160~315	250	190	180	65	18	10	205	90	100	200	275	205	565	665	590	80	200	505	80	135	65
DYW250-400	BEd50/6	250~500							175						645	725	650	97	217	600	97	155	79
DYW315-400	BEd30/5	200~400	315	230	220	80	18	10	190	110	110	245	358	260	625	690	615	80	200	560	80	135	88
DYW315-630	BEd50/6	315~630							205									97	217	650	97	155	104
DYW315-1000	BEd80/6	500~1000																					106
DYW400-800	BEd50/6	400~800	400	280	270	100	22	12	190	140	140	300	420	315	730	725	650	97	217	705	97	155	126
DYW400-1250	BEd80/6	630~1250																					128
DYW400-1600	BEd121/6	800~1600							205						825	810	735	120	240	885	120	175	155
DYW500-1600	BEd80/6	800~1600	500	340	325	130	22	16	115	180	180	365	484	370	860	845	770	97	217	785	97	175	220
DYW500-2000	BEd201/6	1000~2000							300							890	815	120	240	955	120		232

注：1. 括号内尺寸用于 BYWZ5 系列；隔爆型推动器电缆引入有三个电缆引入装置有三个位置方向（如图所示 A、B、C，电缆引入装置标准设在 A 侧或制动器带手动释放装置时，与手柄相对的一侧），可任选一位置安装，当电缆引入装置选择 C 侧时，需注意与制动器连接的底板不能与表中 h_2 尺寸干涉，具体可与制造厂家联系。

2. 生产厂家：江西华伍制动器股份有限公司。

BYWZB、DYWP 系列隔爆型电力液压鼓式制动器

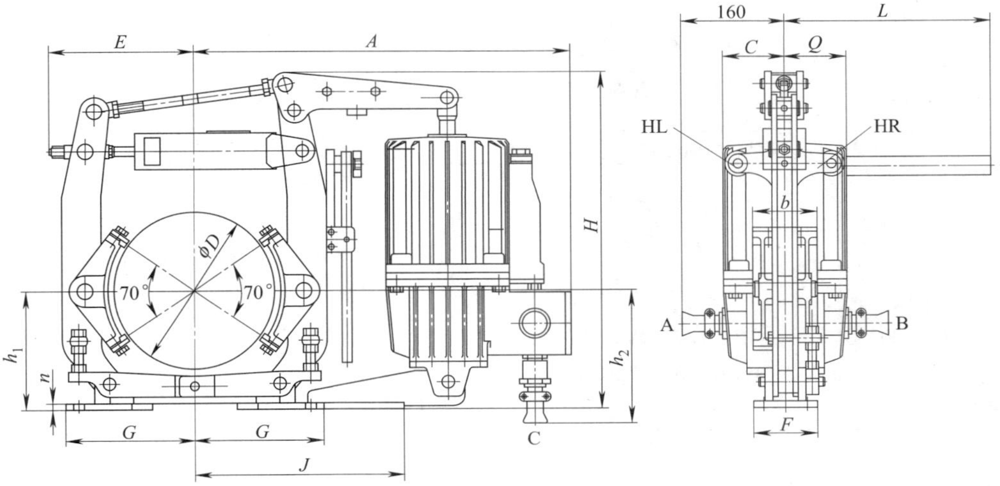

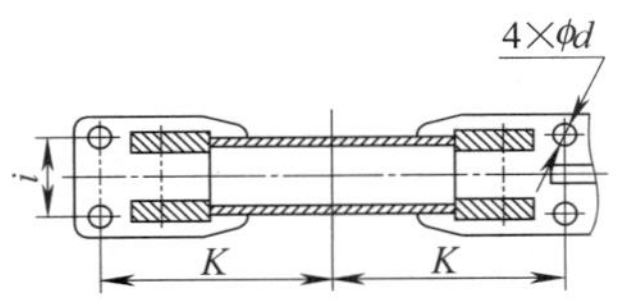

ⅠA型安装　　ⅡA型安装　　ⅠB型安装　　ⅡB型安装

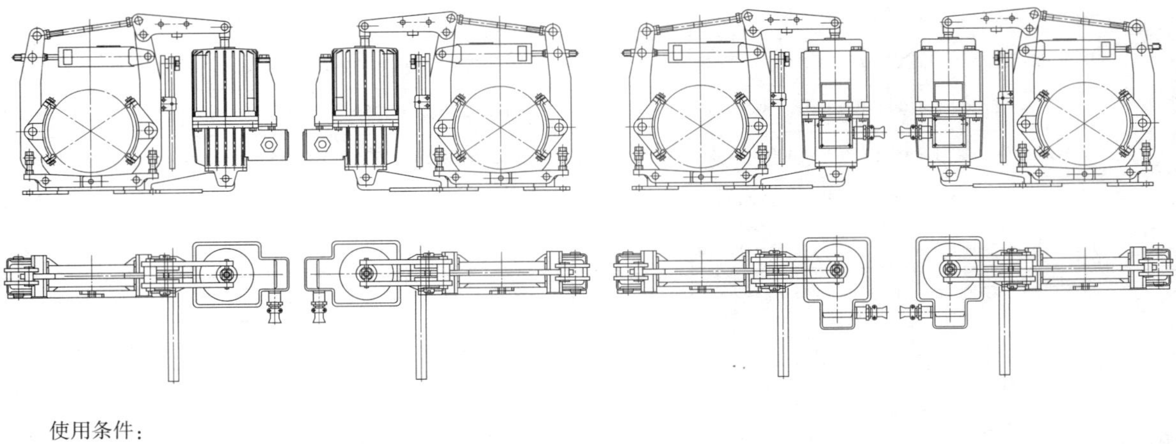

使用条件：

1. 海拔高度、环境温度、相对湿度、电压等级、适用工作制以及生产厂家同表 7-4-26。

2. BYWZB 系列制动器适用于 GB 3836.2《爆炸性气体环境用电气设备　第 2 部分　隔爆　型“d”》的规定的防爆等级为Ⅰ、ⅡB 温度组别为 T1-T4 组可燃气体与空气形成的爆炸性混合物场所。

3. DYWP 系列制动器适用于 GB 3836.2《爆炸性气体环境用电气设备　第 2 部分　隔爆　型“d”》的规定的防爆等级为煤矿井下环境。

4. BYWZB 系列隔爆合格证号：CNExb08.2008。

5. DYWP 煤安证编号：MCA 130399。

型号意义：

BYW□-□
DYW(P)□-□-□ □-□-□ □ □

特殊要求(可用文字说明) —— CP-防腐型
标明工作环境Exd Ⅰ/ExdⅡBT4
电压等级(380V.50Hz时不标)
附加装置 —— WL-衬垫磨损限位开关(仅BYW)；RL- 开闸限位开关(接近式开关)；WC-衬垫磨损补偿装置(仅BYW)；HL- 手动释放装置(左侧布置，仅用于ⅠA)；HR- 手动释放装置(右侧布置，仅用于ⅡA)
接线口方向 —— A；B；C
安装型式 —— ⅠA；ⅡA；ⅠB；ⅡB
制动器型号

订货示例：

BYWZB-300/50-ⅠA-A-RL. HL-440V. 60Hz. CP

DYWP300-500-ⅠA-A-RL. HL-660V. 50Hz. CP

表 7-4-27　　技术参数与尺寸

制动器型号		隔爆型推动器型号	制动转矩/N·m	安装及外形尺寸/mm																			质量/kg
				D	h_1	K	i	d	n	h_2	b	F	G	J	E	H	A A型	A B型	Q A型	Q B型	L	C	
BYWZB型	BYWZB-200/30	Ed300-50 Ex	100~200	200	170	175	60	17	8	175	90	100	210	245	200	510	495	465	80	200	260	80	33
	BYWZB-300/30	Ed300-50 Ex	160~320	300	240	250	80	22	10	145	140	130	295	358	275	630	620	590	80	200	260	80	65
	BYWZB-300/50	Ed500-60 Ex	315~630							205									97	217	340	97	86
	BYWZB-400/50	Ed500-60 Ex	500~1000	400	320	325	130	22	12	190	180	180	350	420	350	820	710	670	97	217	450	97	111
	BYWZB-400/80	Ed800-60 Ex	800~1600							125													115
	BYWZB-400/125	Ed1250-60 Ex	1000~2000							265						855	670	645	120	240	450	120	133
	BYWZB-500/125	Ed1250-60 Ex	1250~2500	500	400	380	150	22	16	300	200	200	405	484	410	915	780	750	120	240	450	120	212
	BYWZB-600/200	Ed2000-120 Ex	2500~5000	600	475	475	170	27	20	330	240	220	500	590	455	1070	890	860	120	240	450	120	309
	BYWZB-700/200	Ed2000-120 Ex	4000~8000	700	550	540	200	34	25	255	280	270	575	760	550	1255	1100	1080	120	240	450	120	430
	BYWZB-800/200	Ed2000-120 Ex	5000~10000	800	600	620	240	34	28	125	320	310	660	860	655	1480	1240	1210	120	240	450	120	590
	BYWZB-800/300	Ed3000-120 Ex	6300~12500														1140	1110					595
DYWP型	DYWP200-200	BEd30/5	100~200	200	170	175	60	17	8	175	90	100	210	245	170	510	465	390	80	200	260	80	45
	DYWP300-320	BEd30/5	160~320	300	240	250	80	22	10	145	140	130	295	358	275	630	665	590	80	200	260	80	77
	DYWP300-500	BEd50/6	250~500							205									97	217	340	97	102
	DYWP400-800	BEd50/6	400~800	400	320	325	130	22	12	190	180	180	350	420	350	820	755	680	97	217	450	97	127
	DYWP400-1250	BEd80/6	630~1250							125													131
	DYWP400-1600	BEd121/6	800~1600							265							715	640	120	240	450	120	153
	DYWP500-2000	BEd121/6	1000~2000	500	400	380	150	22	16	300	200	200	405	405	484	915	825	750	120	240	450	120	232
	DYWP600-2250	BEd201/12	1125~2250	600	475	475	170	27	20	330	240	220	500	500	590	1070	935	860	120	240	450	120	331

注：隔爆型推动器电缆引入有三个电缆引入装置有三个位置方向（如图所示 A、B、C，电缆引入装置标准设在 A 侧），可任选一个位置安装，当电缆引入装置选择 C 侧时，需注意与制动器连接的底板不能与表中 h_2 尺寸干涉，具体可与制造厂家联系。

3.3.3 电力液压推动器

Ed型（YTD型）推动器

剖视图

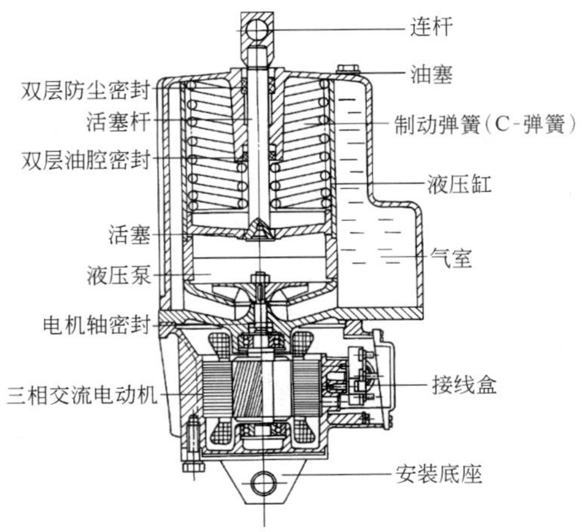

安装方式

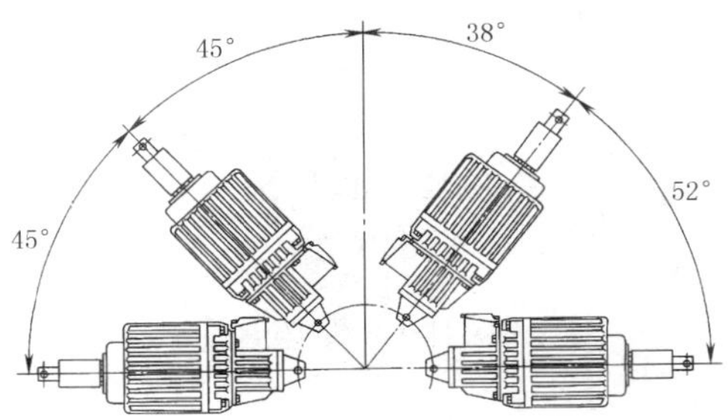

使用条件：

1. 环境温度：-20～50℃使用DB-25液压油，低于-20℃时用YH-10航空液压油，可不装加热器；用DB-25液压油，必须装加热器。

2. 工作制：连续工作S1，断续工作S3（FC60%）。

3. 电压和频率：三相交流380V/50（60）Hz。

4. 三相交流异步式电动机：技术数据符合GB 755—2008绝缘等级：F级，电器防护等级IP65。

5. 电缆：导线截面最大可达（4×2.5）mm^2。

6. 用户需用高效防腐产品时，可与公司联系。

安装方式及说明：

1. 垂直安装：活塞杆连接块朝上。

2. 水平安装和中间任意位置：主参数标牌朝上，如上图（但Ed630/12仅用于垂直安装）。

3. 说明：所有推动器的推杆连结块都可以旋转；Ed50-Ed301固定座可作90°旋转，Ed23和Ed30的固定座可提供90°旋转（订货时说明）；无论何种安装位置，活塞杆都不能承受径向力。

表7-4-28　Ed型推动器技术参数

型号		额定推力/N	额定行程/mm	制动弹簧力/N	复位弹簧力/N	额定频率/Hz	输入功率/W	额定电压/V	额定电流/A	最大工作频率/次·h^{-1}	质量/kg
短行程推动器	Ed23/5	220	50	180	100	50	165	380	0.52	2000	10
	Ed30/5	300	50	270	95	50	200	380	0.46	2000	14
	Ed40/4	400	40	270	95	50	200	380	0.46	2000	14
	Ed50/6	500	60	460	267	50	210	380	0.48	2000	21
	Ed70/5	700	50	460	267	50	210	380	0.50	2000	21
	Ed80/6	800	60	750	267	50	330	380	1.42	2000	24
	Ed121/6	1250	60	1200	700	50	330	380	1.44	2000	39
	Ed201/6	2000	60	1900	700	50	450	380	1.45	2000	39
	Ed301/6	3000	60	2700	700	50	550	380	1.46	1500	40
长行程推动器	Ed50/12	500	120			50	210	380	0.48	1200	26
	Ed80/12	800	120			50	330	380	1.42	1200	27
	Ed121/12	1250	120			50	330	380	1.44	1200	39

续表

型号		额定推力/N	额定行程/mm	制动弹簧力/N	复位弹簧力/N	额定频率/Hz	输入功率/W	额定电压/V	额定电流/A	最大工作频率/次·h^{-1}	质量/kg
长行程推动器	Ed201/12	2000	120			50	450	380	1.45	1200	39
	Ed301/12	3000	120			50	550	380	1.46	900	40
	Ed630/12	6300	120			50	1100	380	2.4	630	

注：1. 型号意义

Ed □/□□ 附加装置代号 —— 行程代号 —— 推力代号 —— 推动器系列代号

附加装置代号			
C	制动弹簧(C- 弹簧)	EB	感应式行程开关
d	缓冲弹簧(d- 弹簧)	dⅠ	煤矿防爆
H	上升延时阀	dⅡBT_4	工厂防爆
S	下降延时阀	R	加热器
E1	上升机械式行程开关	W	复位簧
E2	下降机械式行程开关	FT	推杆防尘套

2. 附加装置说明 ①可同时设置上、下限位开关，上限位开关可指示制动器是否正常打开，下限位开关可指示制动器是否正常闭合。②上升、下降或上升下降延时阀，可使动作延时，可在额定动作时间至额定动作时间的10~20倍内调整所需的延时值，装有延时阀的推动器，当阀全开时，其上升下降时间将有所延长，短行程延长0.1~0.2s，长行程延长0.2~0.4s。③短行程推动器可设置制动弹簧C或复位弹簧W和缓冲弹簧d。表中所列制动弹簧C的弹簧力为上升行程1/3时的弹簧力。复位弹簧W工作原理同弹簧C但弹簧力较小。缓冲弹簧d可使制动平稳，调节制动过程，适用于短行程推动器，它安装在活塞杆上（代替推杆连接块），安装弹簧d的推动器不能安行程开关。④环境温度低于-20℃的地区可装加热器，加热器分AC110V或AC220V两种电压，订货时应注明，温度的控制方法用户选择，接线盒进线口为M22×1.5。⑤行程开关分机械式与感应式，用户自己选择。⑥可采用快速下降电路，通过电机加电容，可使下降时间缩短15%，用户自己设置。

3. 本表摘自焦作金箍制动器股份有限公司的样本。各厂生产的Ed型和YTD型同规格时，参数和尺寸基本相同，Ed型符合德国标准DIN 15430，YTD型符合JB/T 10603—2006标准，但不具备Ed型的附加功能。该公司还生产BEd隔爆型，适用于煤矿井下及ⅡA、ⅡB温度组别为T_1~T_4组可燃气体与空气形成的爆炸性场所。

4. 江西华伍制动器股份有限公司生产的电力液压推动器的型号为Ed（YTD）和MYT2，性能参数与尺寸和焦作金箍制动器股份有限公司生产的基本相同。

Ed23~Ed80外形尺寸

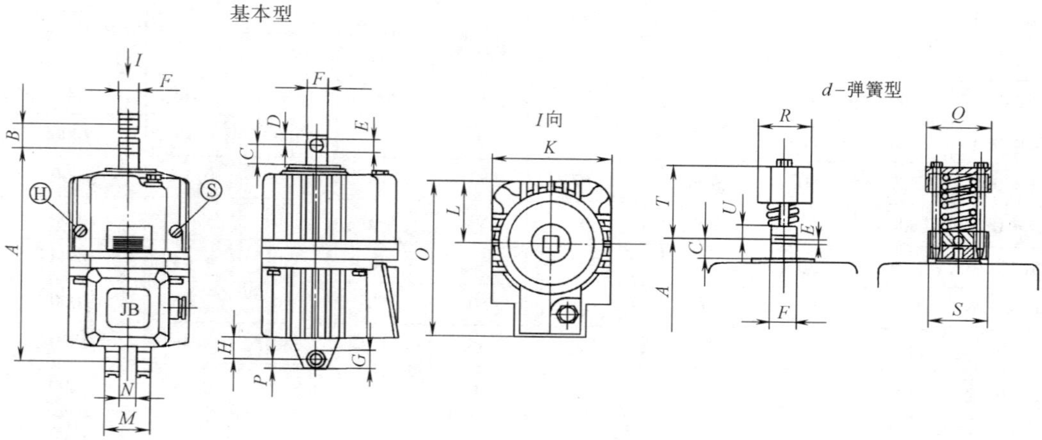

H—上升延时阀；S—下降延时阀

表 7-4-29　　**Ed23～80 系列尺寸**　　mm

型号	A	B	C	D	$E^{+0.1}_{0}$	F	$G^{+0.25}_{+0.15}$	H	K	L	M	N	O	P	Q	R	S	T	U	V
Ed23/5	286①	50	26	12	12	20	16	20	160	80	80	40	200	16	85	55	75	98	20	15
Ed30/5	370②	50	34	15	16	25	16	18	160	80	80	40	197	16	85	55	75	98	20	15
Ed40/4	377	40	41	15	16	30	16	18	160	80	80	40	197	16						
Ed50/6	435	60	36	18	20	30	20	23	190	95	120	60	254	22	85	55	75	100	22	15
Ed70/5	430	50	31	17	20	30	20	24	190	95	100	41	254	22						
Ed80/6	450	60	36	18	20	30	20	23	190	95	120	60	254	22	85	55	75	100	22	15
Ed50/12	515	120	36	18	20	30	20	23	190	95	120	60	254	22						
Ed80/12	530	120	36	18	20	30	20	23	190	95	120	60	254	22						

注：1. 尺寸 V 示图与下表图相同。

2. ①旋转 90°时 $A=294$，②旋转 90°时，$A=378$。

Ed121～Ed630 外形尺寸

基本型

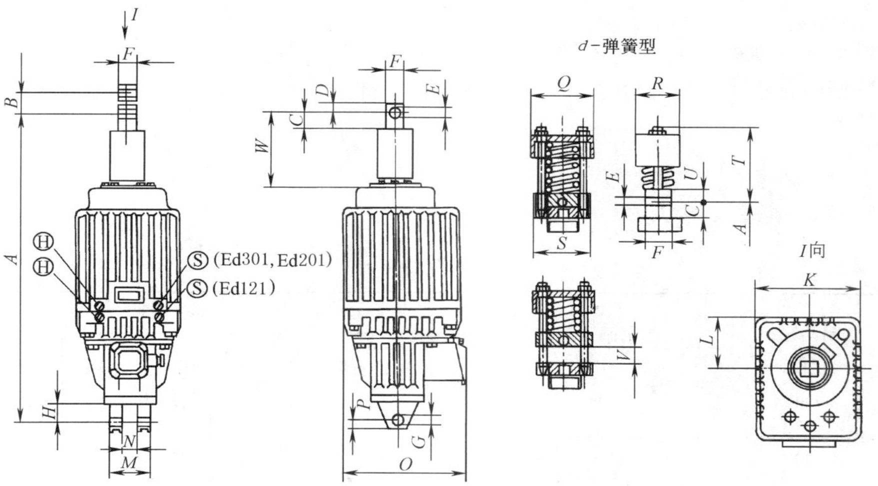

H—上升延时阀；S—下降延时阀

表 7-4-30　　**Ed121～630 系列尺寸**　　mm

型号	A	B	C	D	$E^{+0.1}_{0}$	F	$G^{+0.25}_{+0.15}$	H	K	L	M	N	O	P	Q	R	S	T	U	V	W
Ed121/6	645	60	38	25	25	40	25	35	240	112	90	40	260	25	130	80	120	147	35	20	130
Ed201/6	645	60	38	25	25	40	25	35	240	112	90	40	260	25	130	80	120	147	35	20	130
Ed301/6	645	60	38	25	25	40	25	35	240	112	90	40	260	25	130	80	120	147	35	20	130
Ed121/12	705	120	38	25	25	40	25	35	240	112	90	40	260	25							190
Ed201/12	705	120	38	25	25	40	25	35	240	112	90	40	260	25							190
Ed301/12	705	120	38	25	25	40	25	35	240	112	90	40	260	25							190
Ed630/12	865	120	38	25	25	40	25	40	270	127	110	60	327	25							

3.3.4 电磁鼓式制动器

TJ2A 型交流电磁铁鼓式制动器（摘自 JB/ZQ 4715—2006）

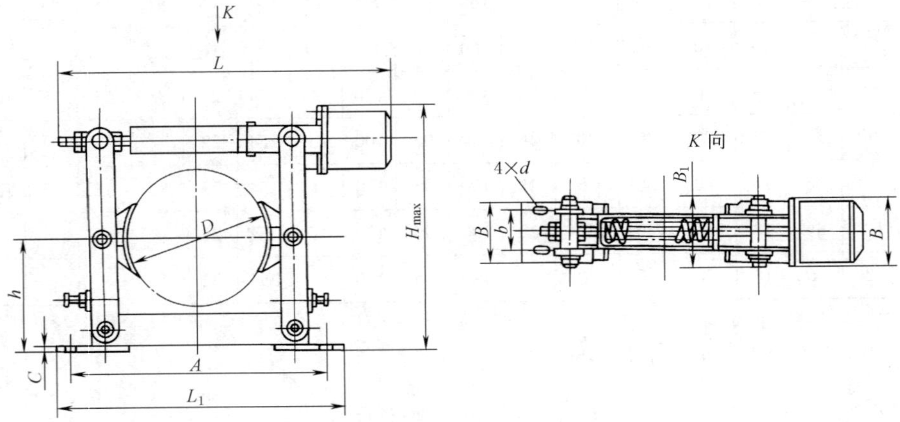

使用条件：

1. 周围介质温度-25~100℃。
2. 海拔高度≤2000m。
3. 空气相对湿度不大于90%。
4. 适用于50~60Hz，380V或220V交流电路。
5. 全方位安装。
6. 周围介质无足以腐蚀金属、破坏绝缘的气体和无爆炸危险的场合。

型号意义：

制动器型号：

T J 2A-□/□

- 制动器（T）
- 配交流电磁铁（J）
- 设计序号（2A）
- 制动轮直径（□）
- 电磁铁型号（与制动轮直径相同时省略）（/□）

电磁铁型号：

M Z D A-□

- 电磁铁（M）
- 制动（Z）
- 单相（D）
- 设计序号（A）
- 制动轮直径（□）

表 7-4-31　技术参数与尺寸

制动器型号	制动轮直径 /mm	瓦块退距 /mm	额定制动转矩 /N·m	配用电磁铁 型号	额定行程 /mm	吸持力/N / 启动力/N	启动电流/A / 持续电流/mA	操作频率 /次·h^{-1}	通电持续率/%
TJ2A-100	100	0.6	200	MZDA/100	3~5	320/250	3/20	1200	0~100
TJ2A-200/100	200	0.6	400	MZDA/100	3.2~7	320/250	3/20	1200	0~100
TJ2A-200	200	0.6	1600	MZDA/200	3.2~7	1600/1250	3/20	1200	0~100
TJ2A-300/200	300	0.8	2400	MZDA/200	3.2~7	1600/1250	3/20	1200	0~100
TJ2A-300	300	0.8	5000	MZDA/300	3.2~7	3150/2500	3/20	1200	0~100

制动器型号	基本尺寸/mm D	h	A	b	d	L	L_1	B	B_1	H_{max}	C	质量 /kg
TJ2A-100	100	100	230	40	13	320	260	70	110	245	6	9.0
TJ2A-200/100	200	170	380	60	17	500	420	90	126	390	6	21
TJ2A-200	200	170	380	60	17	520	420	90	126	400	6	32
TJ2A-300/200	300	240	540	80	21	650	580	120	160	535	10	59
TJ2A-300	300	240	540	80	21	670	580	120	160	545	10	82

注：1. 只用于旧设备维修，新设计中不宜选用。

2. 生产厂家为焦作金箍制动器股份有限公司。

JZ 型交流节能电磁铁鼓式制动器

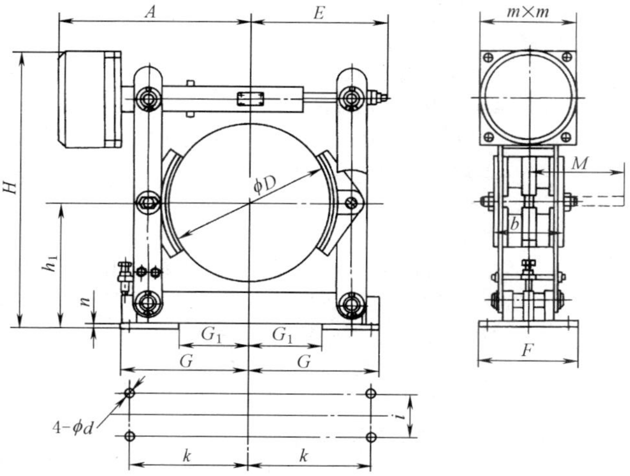

使用条件：

1. 环境温度：-25～40℃。
2. 交流 380V/50Hz 电源，电压允许波动上限不超过 10%，下限不低于额定电压 15%。
3. 作用地点的海拔高度不超过 2000m。
4. 使用地点空气相对湿度不大于 90%。
5. 制动器周围不得有易燃易爆及足以腐蚀金属和破坏绝缘的气体和导电尘埃。

型号意义：

JZ-□□
- □（第二个）——特殊要求(可用文字说明)
- □（第一个）——制动轮径，mm
- JZ——电磁鼓式制动器

表 7-4-32　技术参数与尺寸

型号	制动轮直径/mm	制动转矩/N·m	退距/mm	质量/kg	配用电磁铁								总质量/kg
					型号	额定吸力/N	行程/mm		操作频率/次·h^{-1}	电流/A		质量/kg	
							初始	最大		启动	工作		
JZ-100	100	40	0.5	12.5	DT-100	1000	3	6	1200	2	0.020	3.5	16
JZ-200	200	160	0.6	19	DT-200	1000	3	6	1200	2	0.020	7	26
JZ-300	300	500	0.8	52	DT-315	2800	3.5	7	1200	3	0.025	12	64
JZ-400	400	1250	0.8	100	DT-400	5000	4	8	900	3.5	0.03	17	117
JZ-500	500	2500	0.8	167	DT-500	5000	4	8	900	4.5	0.035	33	200
JZ-600	600	5000	1.0	345	DT-600	10000	5	9	600	8	0.06	72	417

型号	基本尺寸/mm														
	A	b	D	d	E	F	G	H	h_1	i	k	M	m	n	G_1
JZ-100	230	70	100	13	165	75	125	300	100	40	110	145	132	6	45
JZ-200	290	80	200	17	215	100	208	435	170	60	175～190	126	132	8	108
JZ-300	385	140	300	22	295	130	290	600	240	80	250～270	160	167	10	140
JZ-400	505	180	400	22	350	180	350	782	320	130	325	210	243	12	190
JZ-500	577	200	500	22	490	200	405	950	400	150	380	250	243	16	225
JZ-600	675	240	600	26	560	220	500	1160	475	170	475	305	271	18	250

注：1. 资料来自焦作金箍制动器股份有限公司的样本。
2. 安装尺寸符合 JB/ZQ 4388—2006 标准，技术要求符合 JB/T 7685—2006 标准。

MW（Z）电磁铁鼓式制动器

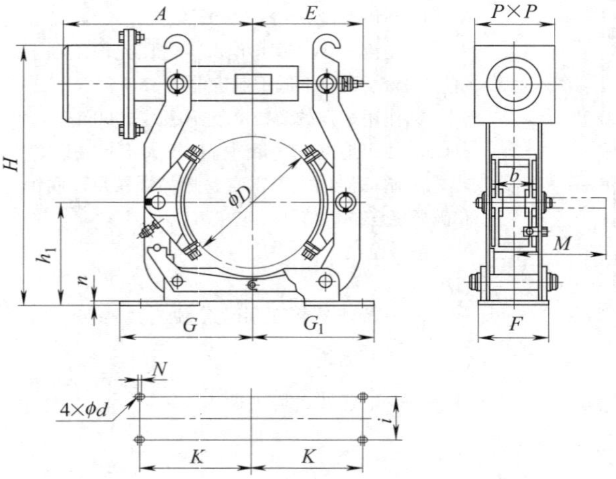

主要特点

使用安全可靠。

动作频率高，节能。

绿色环保，无石棉衬垫。

等退距装置，避免制动衬垫浮贴制动轮。

具备起吊钩，维修方便。

使用条件

环境温度：-25~40℃

MW 产品为交流电压 380V/50Hz 电源；MWZ 产品为直流电源，额定电压为 220V。

使用地点的海拔高度不超过 2000m。

使用地点空气相对湿度不大于 90%。

制动器周围不得有易燃易炸及足以腐蚀金属和破坏绝缘的气体和导电尘埃。

户外雨雪侵蚀或有腐蚀性气体和介质应采用防腐型产品。

符合标准

安装尺寸、制动转矩参数及技术条件符合 JB/T 7685—2006。

型号意义

MW(Z) □—□ □ □

系列代号——MW

直流电源——(Z)

制动轮径(mm)——第一个□

制动力矩(N·m)——第二个□

环境条件代号Y为冶金型普通型省略——第三个□

特殊要求(可用文字说明)——第四个□

表 7-4-33

	型号	制动轮直径/mm	制动转矩/N·m	退距/mm	配用电磁铁 型号	通电持续率/%	额定吸力/N	最大行程/初始行程/mm	工作频率/次·h^{-1}	电流/A 起动	电流/A 工作	总质量/kg
技术参数	MWZ160-80	160	80	0.5	DT-160	0~100	1000	6/3	1200	2.0	0.02	17
	MWZ200-160	200	160	0.6	DT-200	0~100	1000	6/3	1200	2.0	0.02	30
	MW250-315	250	315	0.6	DT-250	0~100	2800	7/3.5	1200	2.5	0.02	42
	MW315-630	315	630	0.8	DT-315	0~100	2800	7/3.5	900	3	0.025	90
	MW400-1250	400	1250	0.8	DT-400	0~100	5000	8/4	900	3	0.030	158
	MW500-2500	500	2500	1.0	DT-500	0~100	5000	8/4	600	4.5	0.035	204
	MW630-5000	630	5000	1.0	DT-630	0~100	10000	9/5	600	8	0.060	355
	MW710-8000	710	8000	1.25	DT-710	0~100	15000	10/6	600	11	0.080	403
	MW800-10000	800	10000	1.25	DT-800	0~100	18000	11/6	600	14	0.150	702

	型号	A	b	D	d	E	F	G	H	h_1	i	K	M	P	n	G_1
外形尺寸/mm	MW160-80	240	65	160	14	165	85	145	341	132	55	130	149	132	8	65
	MW200-160	278	70	200	14	210	90	165	390	160	55	145	165	132	10	75
	MW250-315	330	90	250	18	246	100	200	518	190	65	180	207	167	12	100
	MW315-630	389	110	315	18	306	115	245	626	230	80	220	228	167	14	135
	MW400-1250	470	140	400	22	380	160	310	764	280	100	270	284	243	14	150
	MW500-2500	560	180	500	22	440	180	365	895	340	130	325	343	243	21	185
	MW630-5000	650	225	630	27	460	220	450	1020	420	170	400	422	271	20	280
	MW710-8000	670	255	710	27	535	240	500	1135	470	190	450	447	350	25	300
	MW800-10000	810	265	800	27	650	280	570	1320	530	210	520	410	400	28	300

注：1. 配用电磁铁变更不另行通知，大规格电磁铁配用电控盒较大，需另外放置。

2. 生产厂家见表 7-4-26。

ZWZA 型直流电磁铁块式制动器

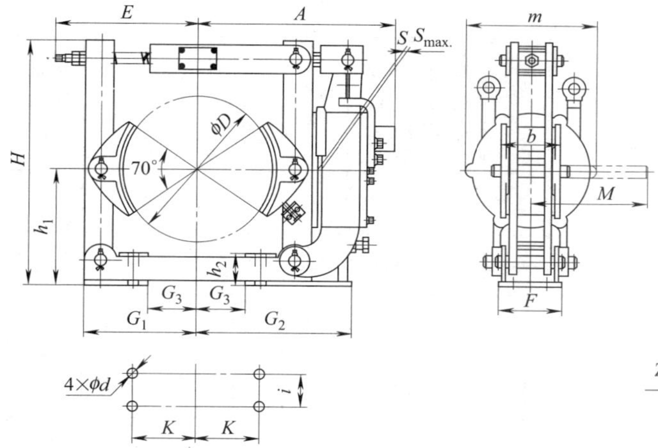

使用条件：

1. 环境温度应为：−25～40℃。
2. 操作频率小于 720 次/h。
3. 使用地点的海拔高度不超过 2000m。
4. 周围工作环境中无爆炸危险的介质及足以腐蚀金属和破坏绝缘的气体和导电尘埃。
5. 在空气相对湿度不大于 90% 的室内或有防雨、雪的装置下使用。
6. 电源电压为 DC 110V 或 DC 220V，若用户有特殊要求，请订货时协商确定。

型号意义：

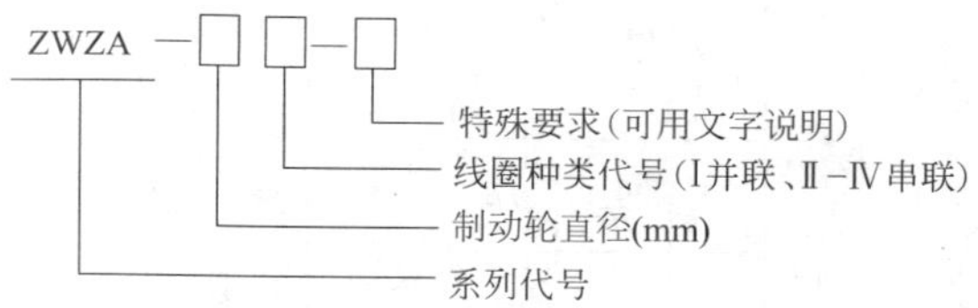

表 7-4-34 技术参数与尺寸 mm

制动器型号	制动转矩/N·m 并联线圈 通电持续率 25%	40%	100%	串联线圈 60%额定电流 通电持续率 25%	40%	串联线圈 40%额定电流 通电持续率 25%	40%	D	h_1	K	i	d	h_2	b	F	G_1 / G_2	G_3	A	E	H	M	m	退距(max.)	S / $S_{max.}$	质量/kg
								安装及外形尺寸/mm																	
ZWZA-400	1500	1200	550	1500	1200	900	550	400	320	170	90	28	90	180	170	305 / 415	130	540	390	670	320	355	1.5	2 / 3	168
ZWZA-500	2500	1900	850	2500	1900	1500	1000	500	400	205	100	28	115	200	190	370 / 475	155	605	465	825	340	438	1. 75	2. 3 / 3. 5	339
ZWZA-600	5000	3550	1550	5000	3550	3000	2050	600	475	250	126	42	140	240	230	450 / 565	180	690	570	965	420	500	2	2. 7 / 4	500
ZWZA-700	8000	5750	2800	8000	5750	4800	3250	700	550	305	150	42	172	280	270	515 / 625	235	780	645	1115	480	577	2. 25	3 / 4. 5	689
ZWZA-800	12500	9100	4400	12500	9100	7500	5550	800	600	350	180	42	176	320	300	580 / 700	290	855	710	1250	540	650	2. 5	3. 3 / 5	881

主 弹 簧 安 装 要 求

ZWZA400			ZWZA500			ZWZA600			ZWZA700			ZWZA800		
制动转矩/N·m	安装力/N	安装长度/mm	制动转矩/N·m	安装力/N	安装长度/mm	制动转矩/N·m	安装力/N	安装长度/mm	制动转矩/N·m	安装力/N	安装长度/mm	制动转矩/N·m	安装力/N	安装长度/mm
1500	4350	218	2500	6030	252	5000	11000	334	8000	14000	340	12500	18600	480
1200	3600	234	1900	4550	277	3550	7760	390	5750	10000	392	9100	13600	544
900	2700	253	1500	3600	293	3000	6560	410	4800	8400	413	7500	11200	574
550	1650	274	1000	2400	313	2050	4500	444	3250	5700	450	5550	8200	612
—	—	—	850	2040	319	1550	3400	462	2800	4900	460	4400	6550	634

续表

型号				ZWZA400			ZWZA500			ZWZA600			ZWZA700			ZWZA800		
线圈与电压			JC /%	电阻 20℃ /Ω	功率 /W	附加电阻 /Ω	电阻 20℃ /Ω	功率 /W	附加电阻 /Ω	电阻 20℃ /Ω	功率 /W	附加电阻 /Ω	电阻 20℃ /Ω	功率 /W	附加电阻 /Ω	电阻 20℃ /Ω	功率 /W	附加电阻 /Ω
并联线圈技术数据	线圈种类Ⅰ	110V无附加电阻	25	14.15	900	—	12.6	1010	—	9.6	1330	—	6.85	1860	—	5.2	2400	—
			40	20.8	580		15.6	780		12.3	985		9.95	1220		—	—	
		110V	40	14.15	630	6	12.6	725	5	9.6	940	4	6.85	1370	2.5	5.2	1740	2
			100		870	20		415	18		540	14		800	9.4		1010	7.3
		220V无附加电阻	25	49.8	970	—	45.4	1070	—	32.3	1500	—	25.1	1930	—			—
			40	75	645		71.5	680		49.2	985		37.7	1285				
		220V	25	14.15	1500	20	12.6	1700	18	9.6	2100	14	6.85	3200	9.4	5.2	3920	7.7
			40		1100	32		1230	29		1610	22		2400	15		2930	12
			100		660	63		765	54		990	42		1420	29		1710	24
		440V	25	14.15	2680	58	12.6	3010	55	9.6	3950	42	6.85	5700	29	5.2	7170	23
			40		2070	84		2300	79		3010	58		4400	39		5460	32
			100		1270	146		1420	130		1840	100		2890	68		3320	49

	线圈种类	ZWZ400			ZWZ500			ZWZ600			ZWZ700			ZWZ800		
		额定电流/A														
		通电持续率 JC														
		15%	25%	40%	15%	25%	40%	15%	25%	40%	15%	25%	40%	15%	25%	40%
串联线圈技术数据	Ⅱ	96.5	75	59	201	156	123	209	162	128	302	234	185	595	460	363
	Ⅲ	139	108	85.5	316	245	193	300	233	184	715	555	438	1355	1050	830
	Ⅳ	192	149	118	495	383	302	510	395	312	1175	910	720	—	—	—
	Ⅴ	231	179	141	—	—	—	630	490	387	—	—	—	—	—	—
	Ⅵ	268	208	164	—	—	—	—	—	—	—	—	—	—	—	—
	Ⅶ	346	268	212	—	—	—	—	—	—	—	—	—	—	—	—

注：1. 表中功率为20℃时额定电压下线圈和附加电阻消耗的功率。

2. 安装尺寸和制动力矩 JB/ZQ 4386—2006，技术要求符合 JB/T 7685—2006。

3. 生产厂家为焦作金箍制动器有限公司。

4. 天水长城控制电器厂生产同类型产品，型号为 MW_Z^J 系列详细数据与厂家联系。

MWZA、MWZB 系列电磁鼓式制动器

电磁铁上部布置（用于 MWZA200~300 和 MWZB160~315）

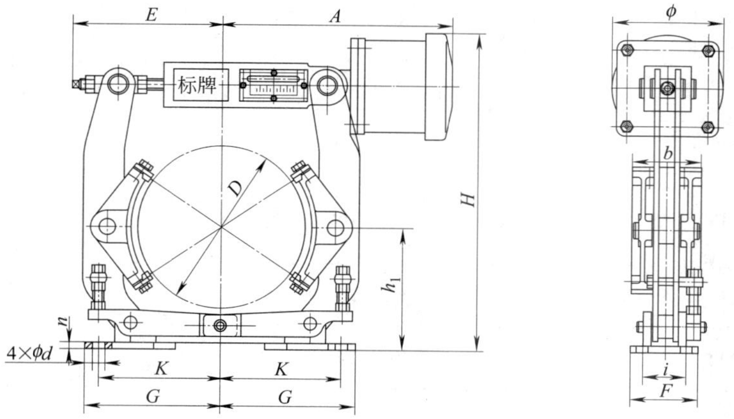

使用条件：

1. 环境温度：−25~50℃。
2. 相对湿度：≤90%。
3. 适应工作制：连续（S1-100%）和断续（S3-25%，40%，60%，操作频率≤720次/h）工作制。
4. 电源：直流 110V，220V。

型号意义：

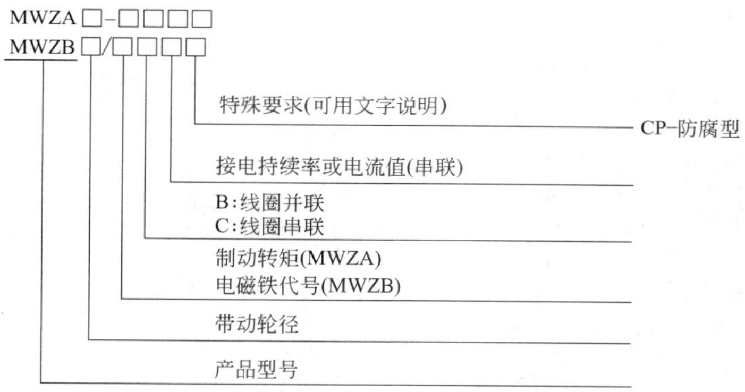

订货示例：MWZA500-2500B 25% CP　MWZB500/500B 40% CP

表 7-4-35　　　　技术参数与尺寸

	制动器型号	电磁铁型号	制动转矩/N·m		制动瓦退距/mm
			JC 25%	JC 40%	
			线圈并联	线圈并联	
技术参数	MWZA200-40	MZZ1-100	40	32	1
	MWZA200-160	MZZ1-200	160	128	
	MWZA300-250	MZZ1-200	250	200	1.25
	MWZA300-500	MZZ1-300	500	430	
	MWZB-160/100	MZZ1-100	35.5	28	1
	MWZB-160/200	MZZ1-200	140	112	
	MWZB-200/100	MZZ1-100	40	31.5	
	MWZB-200/200	MZZ1-200	160	125	
	MWZB-200/300	MZZ1-300	315	280	
	MWZB-250/200	MZZ1-200	200	160	1.25
	MWZB-250/300	MZZ1-300	450	355	
	MWZB-315/200	MZZ1-200	250	200	
	MWZB-315/300	MZZ1-300	500	450	

续表

	制动器型号	安装及外形尺寸/mm													质量/kg
		D	h_1	K	i	d	n	b	F	G	E	H	A	ϕ	
安装尺寸	MWZA200-40	200	170	190	60	17	8	90	100	210	205	404	310	118	32
	MWZA200-160											429	340	168	65
	MWZA300-250	300	240	270	80	21	10	120	130	290	260	564	415	168	68
	MWZA300-500											590	465	220	105
	MWZB-160/100	160	132	130	55	14	6	65	90	150	140	403	259	115	32
	MWZB-160/200											421	306	168	38
	MWZB-200/100	200	160	145	55	14	8	80	90	165	170	442	299	115	60
	MWZB-200/200											461	346	168	65
	MWZB-200/300											490	390	220	70
	MWZB-250/200	250	190	180	65	18	10	100	100	200	205	526	350	168	72
	MWZB-250/300											555	380	220	78
	MWZB-315/200	315	225	220	80	18	10	125	110	245	260	601	376	168	86
	MWZB-315/300											630	406	220	105

注：生产厂家：江西华伍制动器股份有限公司。

MWZA400-MWZA800 和 MWZB500～MWZB800

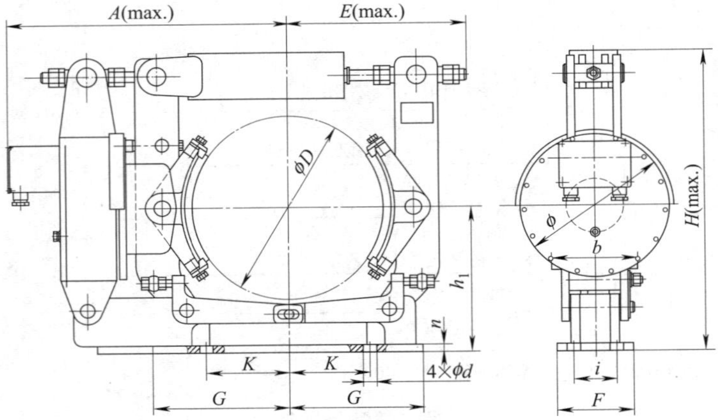

表 7-4-36　技术参数与尺寸

	制动器型号	安装及外形尺寸/mm													质量/kg
		D	h_1	K	i	d	n	b	F	G	E	H	A	ϕ	
安装尺寸	MWZA400-□	400	320	170	90	28	16	180	160	280	375	700	580	330	175
	MWZA500-□	500	400	205	100	28	20	200	190	320	385	850	650	410	300
	MWZA600-□	600	475	250	126	40	28	240	220	385	465	960	750	480	430
	MWZA700-□	700	550	305	150	40	34	280	270	440	517	1220	710	560	677
	MWZA800-□	800	600	350	180	40	34	320	300	490	595	1340	810	640	1040
	MWZB-400/400	400	280	270	100	22	16	160	140	300	375	700	580	330	175
	MWZB-400/500												580	410	203
	MWZB-500/400	500	335	325	130	22	20	200	180	365	385	800	640	330	292
	MWZB-500/500												650	410	300
	MWZB-500/600												655	480	334
	MWZB-630/500	630	425	400	170	27	28	250	220	450	465	1030	720	410	377
	MWZB-630/600												740	480	423
	MWZB-630/700												750	560	509
	MWZB-710/600	710	475	450	190	27	34	280	240	500	517	1220	780	480	605
	MWZB-710/700												815	560	625
	MWZB-710/800												830	640	633
	MWZB-800/700	800	530	520	210	27	34	320	280	570	595	1340	890	560	1020
	MWZB-800/800												905	640	1040

续表

制动器型号		线圈型号	制动转矩/N·m							瓦块退距/mm
			线圈并联			线圈串联				
			通电持续			60%额定电流		40%额定电流		
						通电持续率				
			25%	40%	100%	25%	40%	25%	40%	
技术参数	MWZA400-□	ZWZ-400	1500	1200	550	1500	1200	900	550	1.5
	MWZA500-□	ZWZ-500	2500	1900	850	2500	1900	1500	1000	1.75
	MWZA600-□	ZWZ-600	5000	3550	1550	5000	3550	3000	2050	2.0
	MWZA700-□	ZWZ-700	8000	5750	2800	8000	5750	4800	3250	2.25
	MWZA800-□	ZWZ-800	12500	9100	4400	12500	9100	7500	5550	2.5
	MWZB-400/400	ZWZ-400	1250	1000	500	1250	1000	800	500	1.5
	MWZB-400/500	ZWZ-500	2000	1400	630	2000	1400	1250	710	1.75
	MWZB-500/400	ZWZ-400	1250	1000	450	1250	1000	800	450	1.5
	MWZB-500/500	ZWZ-500	2000	1600	710	2000	1600	1250	800	1.75
	MWZB-500/600	ZWZ-600	3550	3150	1400	3550	3150	2500	1800	2.0
	MWZB-630/500	ZWZ-500	2240	1800	800	2240	1800	1400	900	1.75
	MWZB-630/600	ZWZ-600	5000	3550	1600	5000	3550	2800	2000	2.0
	MWZB-630/700	ZWZ-700	6300	4500	2240	6300	4500	4000	2500	2.25
	MWZB-710/600	ZWZ-600	5000	3550	1600	5000	3550	2800	2000	2.0
	MWZB-710/700	ZWZ-700	7100	5000	2240	7100	5000	4000	2800	2.25
	MWZB-710/800	ZWZ-800	10000	7100	3550	10000	7100	5600	4000	2.5
	MWZB-800/700	ZWZ-700	7100	5000	2500	7100	5000	4500	2800	2.25
	MWZB-800/800	ZWZ-800	10000	8000	3550	10000	8000	6300	4000	2.5

注：生产厂家同表 7-4-35。

3.3.5 制动轮（摘自 JB/ZQ 4389—2006）

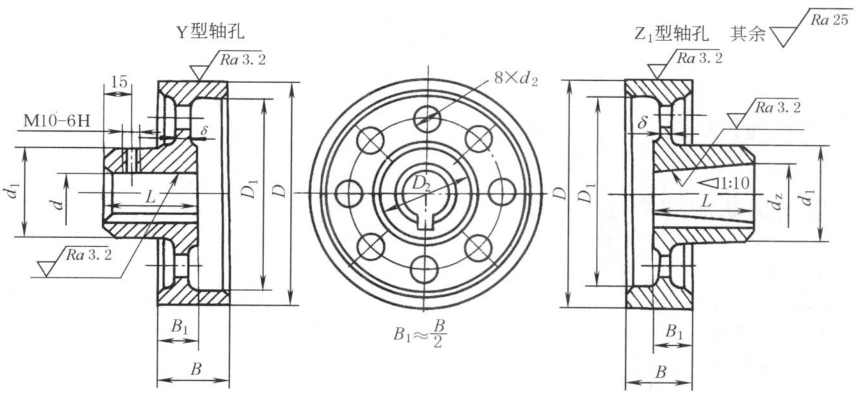

表 7-4-37

mm

D	Y 型 轴 孔		Z_1 型 轴 孔		B	D_1	D_2	d_1	d_2	δ	转动惯量/kg·m^2	质量/kg
	d	L	d_z	L								
100	25,28	62	25,28	44	70	84	—	65	—	8	0.0075	3.0
	30,32,35	82	30,32,35	60								
160	25,28	62	25,28	44	70	145	105	65	30	8	0.03	5
	30,32,35	82	30,32,35	60								
200	25,28	62	30,32,35,38	60	85	180	140	100	30	8	0.20	10.0
	30,32,35,38	82										
	40,42,45,48,50,55	112	40,42,45,48,50,55	84								
250	30,32,35,38	82	30,32,35,38	60	105	220	168	115	40	8	0.28	18.0
	40,42,45,48,50,55	112	40,42,45,48,50,55	84								
	60	142	60	107								
315 (300)	40,42,45,48,50,55	112	60,65,70,75	107	135	290 (275)	200	120	55	8	0.60	24.5
	60,65	142										

续表

D	Y 型 轴 孔		Z₁型 轴 孔		B	D_1	D_2	d_1	d_2	δ	转动惯量 /kg · m²	质量 /kg
	d	L	d_z	L								
400	60,65,70,75	142	60,65,70,75	107	170	370	275	175	70	12	0.75	60.7
	80,85	172	80,85,90,95	132								
			100,110	167								
500	80,85,90,95	172	75	107	210	465	340	210	90	14	2.0	100.6
	100,110	212	80,85,90,95	132								
			100,110,120	167								
			130	202								
630 (600)	90,95	172	90,95	132	265	595 (565)	390	210	120	16	5.0	132.1
	100,110	212	100,110,120	167								
			130	202								
710 (700)	100,110,120	212	110,120	167	300	670 (660)	435	210	130	18	10	183.4
	130	252	130	202								
800	130,140,150	252	130,140,150	202	340	760	495	230	140	18	16.75	230.9

注：1. 括号内的制动轮直径，不推荐使用。

2. 技术要求：① 轮缘表面淬火硬度 35~45HRC，深度为 2~3mm。

② 材料：$D \leqslant 200$mm 者为 45 碳钢；$D \geqslant 250$mm 者为 ZG 340-570。

③ 键槽型式与尺寸应符合 GB/T 3852—2008 的规定。

3. 标记示例：制动轮 200-Y60　JB/ZQ 4389—2006

200—制动轮直径，mm；Y—圆柱形轴孔；60—轴孔直径，mm。

4　带式制动器

4.1　普通型带式制动器

4.1.1　普通型带式制动器结构

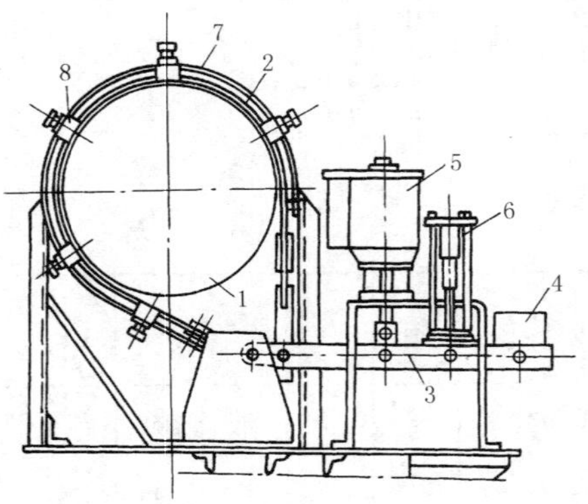

图 7-4-1　带式制动器结构图

1—制动轮；2—制动钢带；3—制动杠杆；4—重锤；5—电磁铁；6—缓冲器；7—挡板；8—调节螺钉

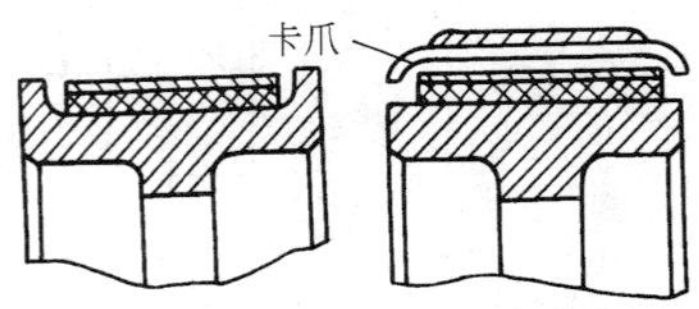

(a) 轮缘式　　(b) 卡爪式

图 7-4-2　带式制动器的制动轮与制动带

这种制动器常用于中、小载荷的起重、运输机械中，结构型式有简单式、差动式和综合式，图 7-4-1 为简单式带式制动器的结构。紧闸用重锤 4（也可用弹簧），松闸用电磁铁 5（或液力、气力、人力等），缓冲器 6 用于减轻紧闸时的冲击，调节螺钉 8 用来保证松闸时带与制动轮间间隙均匀，也可调节间隙的大小。制动轮制成带轮缘或在挡板上装调节螺钉处焊接一些卡爪，可防止带从轮上滑脱，如图 7-4-2。制动带的连接如图 7-4-3。带式制动器目前无定型产品，只能根据需要自行设计。设计制动器时，制动带与制动杠杆的交角应接近于直角，以达到消除作用到杠杆心轴上的附加分力和减少带在杠杆上固定点所需的闭合行程。

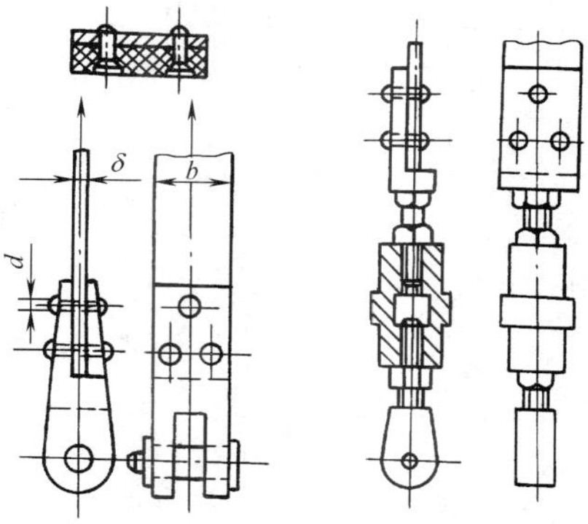

(a) 刚性固接　　(b) 螺旋连接

图 7-4-3　制动带的连接

4.1.2　普通型带式制动器的计算

表 7-4-38　　普通型带式制动器操纵部分计算

项　目	计 算 公 式 与 说 明		
圆周力 F 及带两端张力 F_1（绕入端），F_2（绕出端）	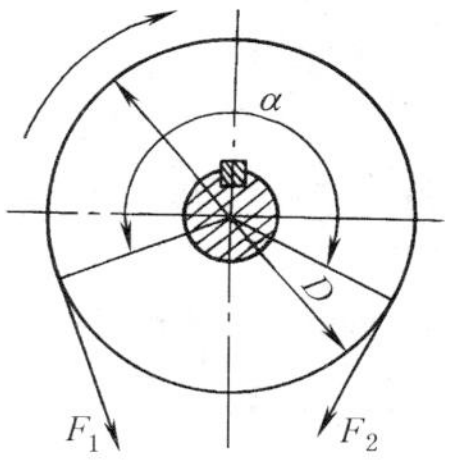 $F=\frac{2T}{D}=F_1-F_2$ $F_1=\frac{Fe^{\mu\alpha}}{e^{\mu\alpha}-1}$ $F_2=\frac{F}{e^{\mu\alpha}-1}$ $F_1=F_2e^{\mu\alpha}$	T——制动转矩，N·m μ——摩擦因数，见表 7-4-5 α——制动轮包角，通常取为 250°~270°，复合带式的包角可达 630° D——制动轮直径，m，可按表 7-4-39 选取	
结构形式	简单带式制动器	差动带式制动器	综合带式制动器
	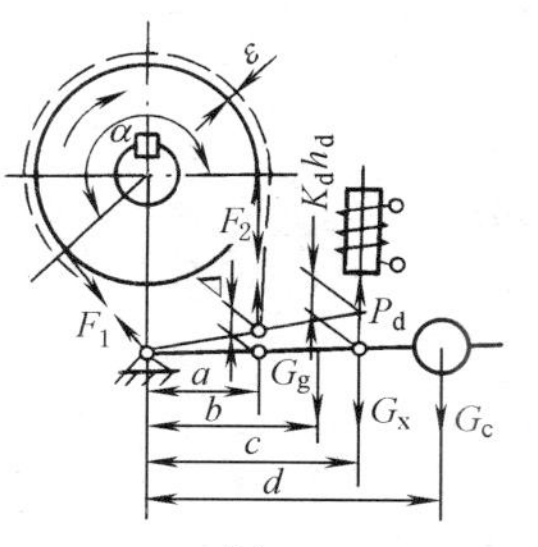 (a)	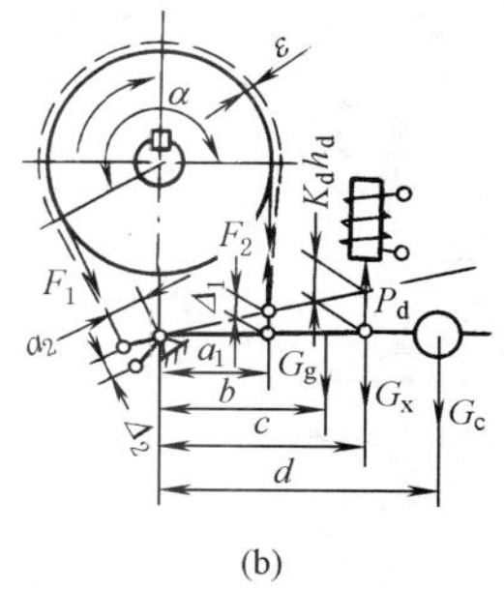 (b)	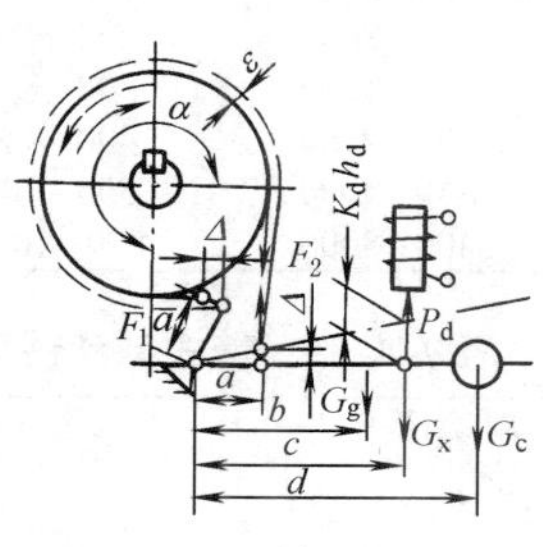 (c)
产生制动转矩 T 时，所需重锤的重力 G_c/N	$G_c=\frac{F_2a}{d\eta}-\frac{G_gb+G_xc}{d}$	$G_c=\frac{F_2a_1}{d\eta}-\frac{F_1a_2+G_gb+G_xc}{d}$	$G_c=\frac{(F_1+F_2)a}{d\eta}-\frac{G_gb+G_xc}{d}$
当带退距为 ε(m) 时，连于杠杆上的带端位移 Δ/m	$\Delta=\varepsilon\alpha$	$\Delta_1=\varepsilon\alpha\frac{a_1}{a_1-a_2}$ $\Delta_2=\varepsilon\alpha\frac{a_2}{a_1-a_2}$	$\Delta=\frac{1}{2}\varepsilon\alpha$
电磁铁所做的功 P_dh_d/J	$P_dh_d=\frac{F_2\Delta}{\eta K_d}$ $=\frac{2T\varepsilon\alpha}{D(e^{\mu\alpha}-1)\eta K_d}$	$P_dh_d=\frac{F_2\Delta_1-F_1\Delta_2}{\eta K_d}$ $=\frac{2T(a_1-a_2e^{\mu\alpha})}{D\eta K_d(e^{\mu\alpha}-1)}\times\frac{\varepsilon\alpha}{a_1-a_2}$	$P_dh_d=\frac{(F_1+F_2)\Delta}{\eta K_d}$ $=\frac{T\varepsilon\alpha(e^{\mu\alpha}+1)}{D\eta K_d(e^{\mu\alpha}-1)}$

续表

项目		计算公式与说明		
安装电磁铁的最大距离 c_{max}/m		$c_{max}=K_d h_d \dfrac{a}{\varepsilon\alpha}$	$c_{max}=K_d h_d \dfrac{a_1-a_2}{\varepsilon\alpha}$	$c_{max}=K_d h_d \dfrac{2a}{\varepsilon\alpha}$
产生的制动力矩 T/N·m	顺时针	$T=(e^{\mu\alpha}-1)(G_c d+G_g b+G_x c)\dfrac{D}{2a}\eta$	$T=\dfrac{e^{\mu\alpha}-1}{a_1-\eta a_2 e^{\mu\alpha}}(G_c d+G_g b+G_x c)\dfrac{D}{2}\eta$	$T=\dfrac{e^{\mu\alpha}-1}{e^{\mu\alpha}+1}(G_c d+G_g b+G_x c)\times\dfrac{D}{2a}\eta$
	逆时针	T减小到$\dfrac{1}{e^{\mu\alpha}}$倍	T减小到$\dfrac{a_1-\eta a_2 e^{\mu\alpha}}{a_1 e^{\mu\alpha}-\eta a_2}$倍	T大小不变
说明		a,b,c,d——长度尺寸,见图a、b、c,m 通常取$\dfrac{d}{a}=10\sim15$ η——制动杠杆效率,一般取$\eta=0.9\sim0.95$ G_g——制动杠杆重量,N G_x——电磁铁衔铁重量,N	a_1,a_2——长度尺寸,见图b,m 为避免自锁现象,应使$a_1>a_2e^{\mu\alpha}$ 通常取$a_1=(2.5\sim3)a_2$ $a_2=30\sim50$mm	P_d——电磁铁吸力,N h_d——电磁铁行程,m K_d——电磁铁行程利用系数,$K_d=0.8\sim0.85$ ε——制动带退距,见表7-4-41
适用条件及特点		正反转制动力矩不同,顺时针旋转时制动力矩大,常用于起重机起升机构,用于单向制动	正反转制动力矩不同,顺时针旋转时制动力矩大,紧闸所需重锤的重量G_c小,用于起升机构及变幅机构。一般很少采用,有时用于单向手操纵制动	制动转矩大,正反转制动力矩相同,用于运行及旋转机构,可用于双向制动

表 7-4-39　带式制动器的荐用制动轮尺寸

计算制动转矩 T /N·m	制动轮尺寸/mm	
	直径 D	宽度 B
~100	100	30
100~300	100~150	40
400~600	150~200	60
700~860	200~250	70
1400~1600	300~350	90
1800~2100	400~450	90
2850~4000	500~700	110
6400~8000	800~1000	150

表 7-4-41　带式制动器荐用退距值

制动轮直径 D/mm	100	200	300	400	500	600	700	800
退距 ε/mm	0.8		1.0	1.25~1.5		1.5		

这种制动器的特点:

1. 构造简单紧凑;

2. 包角大(可超过 2π),制动转矩大,相同制动轮直径时,带式为块式的2~2.5倍。

其缺点为:

1. 在制动时,制动轴附加相当大的弯曲作用力,其值等于带张力 F_1、F_2 的向量和;

2. 由于带的绕出端和绕入端的张力不等,故带沿制动轮周围的压强也不等,随着磨损也不均匀,其差别为 $e^{\mu\alpha}$ 倍(如 $\mu=0.2\sim0.4$,$\alpha=250°\sim270°$ 时,$e^{\mu\alpha}=2.4\sim6.6$ 倍);

3. 简单和差动带式制动器的制动转矩随转向而异。因而限制了它的应用范围。

这种制动器适于应用在转矩较大而又要求紧凑的场合,如用于移动式起重机中。

表 7-4-40　制动钢带荐用尺寸及计算

带宽 b/mm	25	30	40	50	60	80	100	140	200	为了保证带紧密地贴合到制动轮上,当轮径小于1m时,带宽不大于100mm;当轮径大于1m时,带宽不应大于150mm
带厚 t/mm	3		3~4		4~6		4~7	6~10		
带和轮间的压强及带宽 b	带和轮间的实际压强式 $$p=\frac{2S}{Db}(\text{MPa})$$ D——轮径 S——带的变动张力,其值由带的最小张力 F_2 变到最大张力 F_1,其相应的最小压强 p_{min} 和最大压强 p_{max} 为 $p_{min}=\dfrac{2F_2}{Db}$,$p_{max}=\dfrac{2F_1}{Db}$,则带宽 $b\geqslant\dfrac{2F_1}{Dp_p}$,mm,按式算出的 b 应比轮宽 B 小5~10mm p_p——摩擦材料的许用压强,MPa 见表7-4-5									
覆面单位面积上摩擦功率 pv 验算	$pv\leqslant(pv)_p$ p——压强,取上栏中 p_{min} 与 p_{max} 的平均值,MPa v——制动轮圆周速度,$v=\dfrac{\pi Dn_1}{60}$,(m/s) n_1——制动轮转速,r/min $(pv)_p$——覆面单位面积上许用摩擦功率值,MPa·m/s,见表7-4-5									
制动钢带厚度 t	$t=\dfrac{F_1}{(b-md)\sigma_p}$(mm) m——沿带宽每排最多的铆钉数 d——连接钢带与连接件(摩擦材料)用的铆钉直径,mm,一般取 $d=4\sim10$mm,铆钉应按剪切强度验算,对于材料为Q215-A,Q235-A,其许用剪应力可取 $\tau_p=30\sim60\text{N/mm}^2$ σ_p——钢带的许用拉应力,MPa。钢带材料常用Q235-A、Q275和45钢。当具有覆面材料时,取 $\sigma_p=80\sim100$MPa,无覆面材料时,取 $\sigma_p=60$MPa									

4.2 短行程带式制动器

4.2.1 短行程带式制动器结构

短行程带式制动器如图 7-4-4 所示，制动带系由两条相同的镶有摩擦材料的钢带组合而成。右端用铰链连接到方柱 1 上，在弹簧 2 的作用下它在基架中可水平移动。带的左端用铰链连接到具有共同摆动轴心 5 的曲杆 3 和 4 的杠杆系中。由于弹簧 7 和拉杆 6 的作用使 3、4 两曲杆被拉紧，从而使制动带两端产生张力，使制动器紧闸。电磁铁 9 的衔铁 8 装在曲杆 3 上。松闸时电磁铁通电，衔铁吸近铁芯，曲杆 3、4 分别绕轴心 10 和 11 转动，从而两杆的端部分开，制动带离开制动轮，方柱 1 也同样退开，于是松闸。随着制动带的磨损，曲杆 3、4 两端的行程及相应电磁铁的行程都将增大，而电磁铁的曳引力则随之减小。为确定衔铁的工作位置，可调整衔铁和曲杆 3 的螺钉 13。短行程直流电磁铁的行程为 2~6mm。衔铁对铁心的正常转角为 6°~8°。

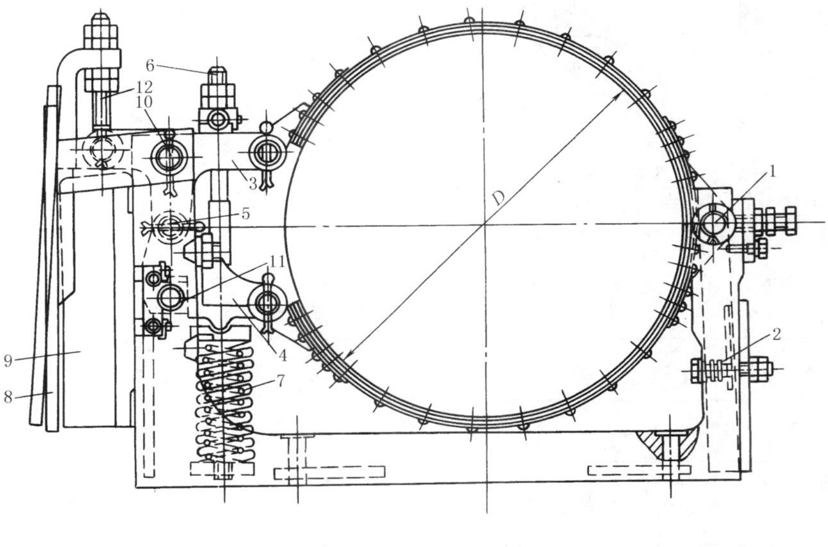

图 7-4-4　短行程带式制动器

这种类型的带式制动器实际上是两个普通带式制动器的综合。这种制动器多用于重型起重机。

这类制动器的优点：

① 电磁铁行程较小，制动动作快；

② 制动转矩与制动方向无关；

③ 围包角较大（约 320°），从而降低带轮之间的压强，相应地延长覆面的使用寿命；

④ 由于包角大和连接带的铰链中具有支点作用，从而使弯曲制动轴力变小，但制动轴未能完全卸载。

带式制动器所有的其他缺点仍然存在，如带绕入端的磨损比绕出端的快 2~3 倍；很难使制动带均匀地离开制动轮，从而助长增加不均匀的磨损。

另外，这种带式制动器带的张力彼此无关，杠杆系统的结构难于调整制动器使带按计算张力工作。因此，制动带之一可能大大超过计算张力工作。实际使用中由于带的过载以致有被拉断的情况发生。这种制动器的另一缺点是由于力的作用不在中心，使压强局部增加，并增加制动带两端制动覆面的磨损，以致造成它的破坏，这样使其可靠性降低。此外在这种制动器的结构中弹簧作用力的利用不完全，因弹簧作用力 P_n 与带的张力 F_1、F_2（见表 7-4-42 中图）成一角度，F_1、F_2 只是 nP_n 的一部分，所以电磁铁曳引力的利用也不够合理（故电磁铁是根据弹簧力选择），致使机构重量增加。

4.2.2 短行程带式制动器计算

表 7-4-42

项　目	计算公式	说　明
力图	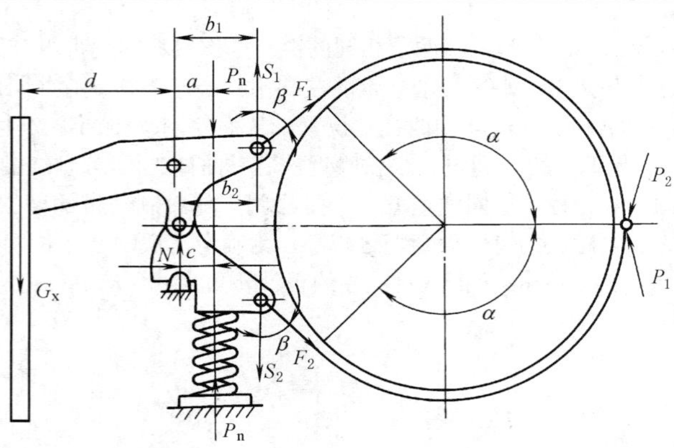	
垂直力 S_1，S_2（不计自重）/N	$S_1=P_n\frac{ac+cb_2-c^2}{b_1b_2}-\frac{G_xd}{b_1}$ $S_2=P_n\frac{c}{b_2}$	以上下曲杆的平衡条件求出 S_1、S_2 P_n——弹簧力，N a,b_1,b_2,c,d——长度尺寸，m，见图 G_x——电磁铁衔铁的重力，N
铰链中的垂直力/N	$N=P_n\frac{b_2-c}{b_2}$	在一般结构中，带的两半的包角 α 互相相等，角 β 亦相等 η——制动器杠杆传动效率，取 $\eta=0.9\sim0.95$
带两端张力 F_1、F_2/N	$F_1=\frac{S_1}{\cos\beta}$　$F_2=\frac{S_2}{\cos\beta}$	
上、下带的制动圆周力 F_s、F_x/N	$F_s=F_1\frac{e^{\mu\alpha}-1}{e^{\mu\alpha}}$　$F_x=F_2(e^{\mu\alpha}-1)$	
总制动力矩 T/N·m	$T=(F_s+F_x)\frac{D}{2}=\frac{D(e^{\mu\alpha}-1)}{2\eta e^{\mu\alpha}\cos\beta}\left[\frac{P_n}{b_1b_2}(ac+cb_2-c^2+cb_1e^{\mu\alpha})-G_x\frac{d}{b_1}\right]$	
产生制动力矩所必需的弹簧力 P_n/N	$P_n=\frac{b_1b_2}{(ac+cb_2-c^2+cb_1e^{\mu\alpha})\eta}\left[\frac{2Te^{\mu\alpha}\cos\beta}{D(e^{\mu\alpha}-1)}+G_x\frac{d}{b_1}\right]$	
电磁铁的转矩 T/N·m	$T=P_na$	

表 7-4-43　短行程带式制动器的性能（参考）

制动轮直径/mm	制动轮宽度/mm	制动转矩/N·m						制动器的质量/kg
		磁铁串励使用			磁铁分励使用			
		JC15%	JC25%	JC40%	JC25%	JC40%	JC100%	
200	85	130	100	70	190	140	80	52
255	85	390	290	180	380	320	180	62
355	120	1230	850	540	1400	900	550	141
455	170	1620	1170	830	2250	1400	1050	235
535	190	2250	1470	1120	2950	2300	1450	325
610	190	3030	1980	1500	4150	3050	1950	365
760	210	5200	3780	3000	8850	5350	390	580

注：摘自前苏联乌拉尔重型机械制造厂设计资料。

4.2.3 带式制动器产品

DZ2600-1350 带式制动器

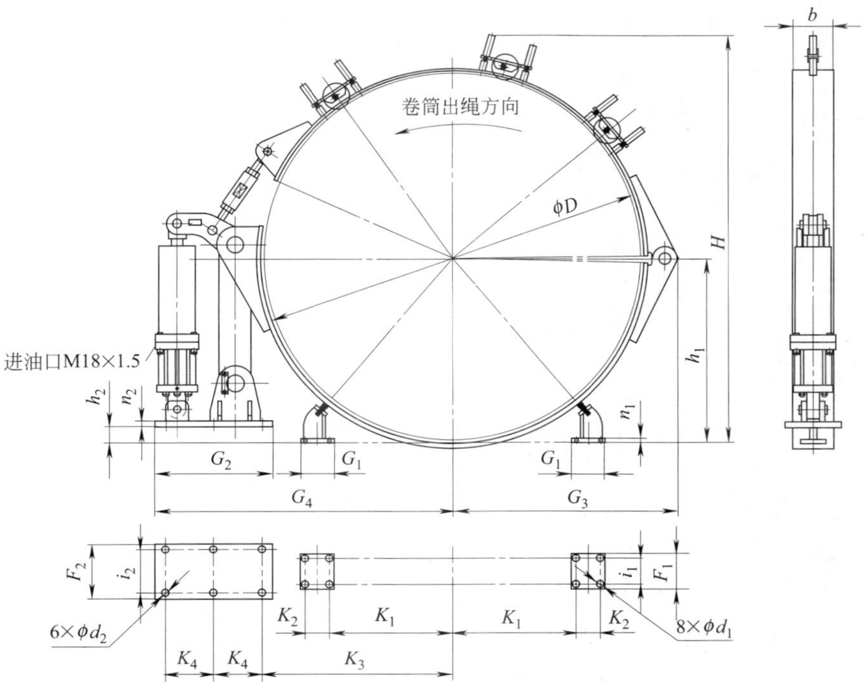

1. 应用及特点：

主要用于大、中型起重机的起升机构、变幅机构低速轴的维持和安全制动及锚铰机低速轴制动。弹簧制动，液压释放。主要摆动铰点为自润滑轴承。无石棉制动垫。

2. 使用条件：

环境温度：-20~50℃。工作环境不得有易燃、易爆及腐蚀性气体，对于户外有雨雪浸蚀或有腐蚀性介质的场合应采用防腐型产品。空气相对湿度不大于90%。使用地点海拔高度不超过1000m。

3. 型号意义：

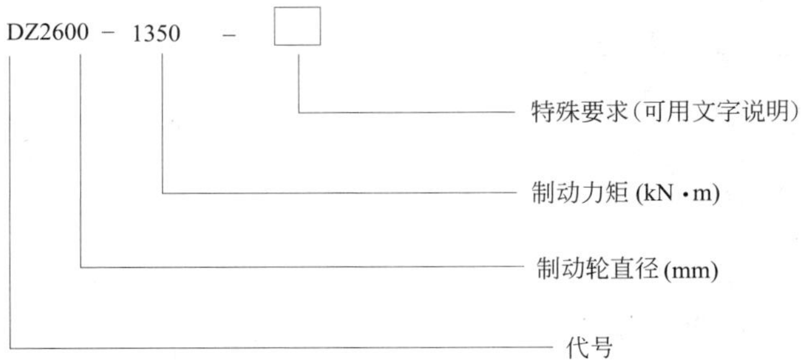

表 7-4-44 技术参数与尺寸

型号	直径 D	制动力矩 /kN·m	退距	制动带宽度 b	制动轮最小宽度	油缸		质量 /kg
						油压/MPa	最大工作油量/mL	
DZ2600-1350	2600	1350	2	260	300	9/10	2020	1800

尺寸 /mm

型号	G_1	G_2	G_3	G_4	H	F_1	F_2	h_1	h_2	K_1	K_2	K_3	K_4	i_1	i_2	n_1	n_2	d_1	d_2
DZ2600-1350	220	830	1545	2120	3145	240	380	1600	300	685	160	1375	330	180	300	30	38	20	34

注：生产厂家：焦作金箍制动器股份有限公司。

第 7 篇

BB 系列带式制动器

使用条件：

1. 环境温度：-25～50℃。
2. 相对湿度：≤90%。
3. 海拔高度：<2000m。

订货标记：

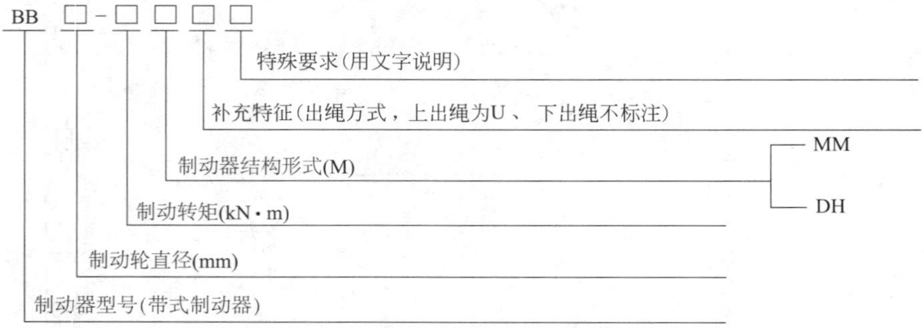

BB□-□MM 和 BB□-□MMU 系列

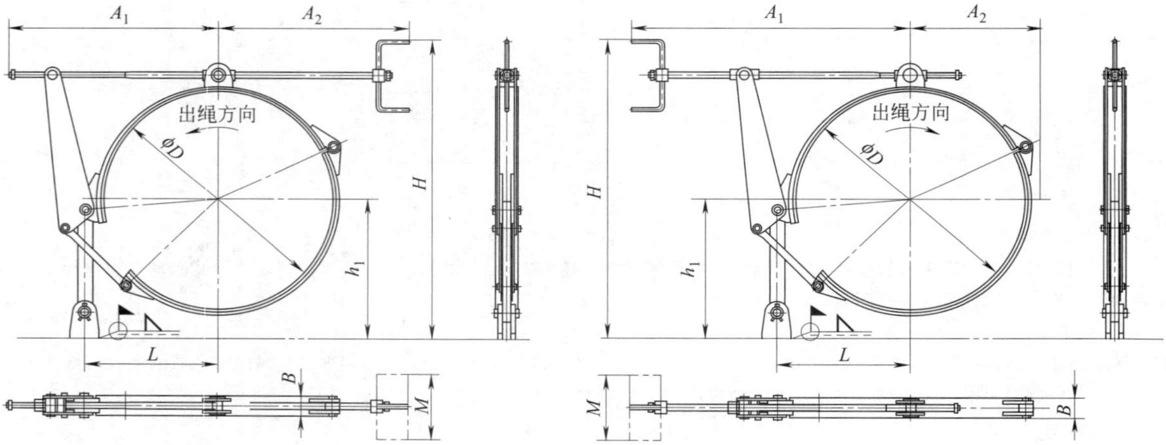

表 7-4-45

型号	轮径 D /mm	转矩 /kN・m	开闸间隙 /mm	钢带宽度 B /mm	h_1 /mm	H mm	A_1 /mm	A_2 /mm	L /mm	M /mm	质量 /kg
BB600-25MM(U)	600	25	0.5～2	110	450	990	670	580	385	300	50
BB700-85MM(U)	700	85		110	500	1160	820	700	445	420	55
BB800-100MM(U)	800	100		140	500	1160	820	780	485	420	70
BB900-110MM(U)	900	110		140	500	1260	920	840	545	420	75
BB1000-150MM(U)	1000	150		140	600	1480	970	950	605	420	100
BB1200-200MM(U)	1200	200		140	800	1780	1080	1150	705	500	150
BB1300-300MM(U)	1300	300		180	800	1840	1140	1200	755	500	230
BB1400-400MM(U)	1400	400		200	900	2000	1300	1190	845	500	385
BB1500-500MM(U)	1500	500		220	950	2110	1540	1190	900	500	445
BB1600-600MM(U)	1600	600		220	1000	2210	1570	1120	960	500	465
BB1700-700MM(U)	1700	700		240	1000	2270	1620	1170	1010	500	520
BB1800-800MM(U)	1800	800		240	1000	2320	1680	1220	1065	550	550

注：1. 生产厂家：江西华伍制动器股份有限公司。

2. 本系列制动器详细数据可与厂家联系，可根据用户要求设计并提供各种船级社认证。

3. BB□-□MM 和 BB□-□MMU 系列带式制动器主要应用于矿用卷扬机，煤矿矿井提升机、船舶锚铰机、各种船用铰车的工作制动。

4. BB□-□DH 和 BB□-□DHU 系列带式制动器主要应用于各类大型卷扬机构的低速轴安全制动、及各类船舶锚铰机的低速安全制动。

BB□-□DH 和 BB□-□DHU 系列

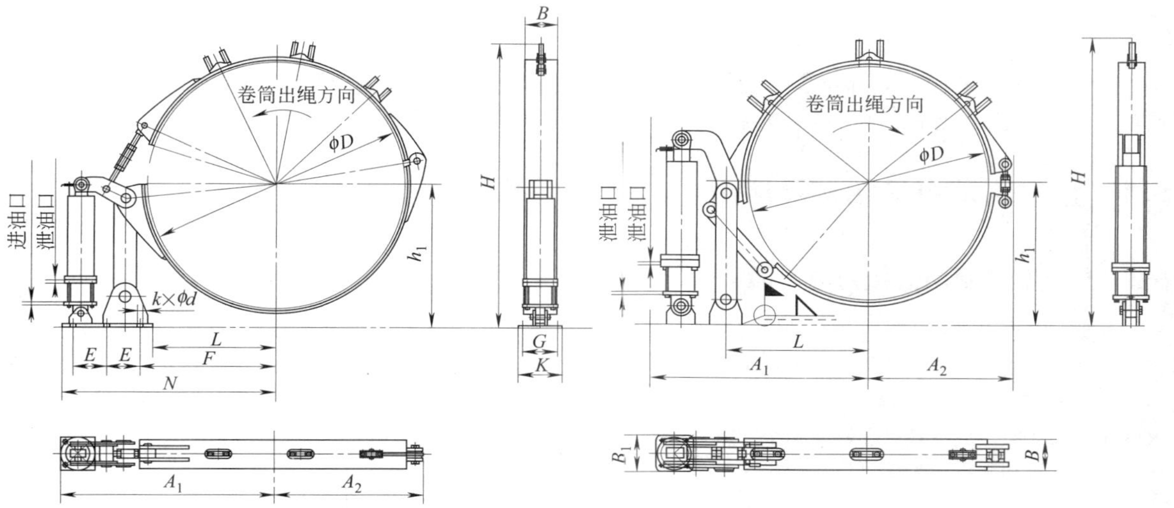

表 7-4-46

型　　号	轮径 D /mm	转矩 /kN·m	开闸间隙 /mm	开闸油压 /MPa	开闸油量 /ml	钢带宽度 B /mm	h_1 /mm	H /mm	A_1 /mm	A_2 /mm	K /mm	质量 /kg
BB1600-315DH(U)	1600	315	0.5~2	10~12	785	200	900	1900	1600	1000	300	880
BB1600-400DH(U)		400			785	240	900	1900	1600	1000	300	930
BB1800-500DH(U)	1800	500			1225	240	1000	2100	1700	1100	320	1290
BB1800-630DH(U)		630			1225	280	1000	2100	1700	1100	320	1380
BB2000-800DH(U)	2000	800			1540	280	1200	2400	1800	1200	360	1460
BB2000-1000DH(U)		1000			1540	320	1200	2400	1800	1200	360	1595
BB2500-1000DH(U)	2500	1000			1540	240	1200	2800	2200	1500	360	1465
BB2500-1250DH(U)		1250			1540	280	1200	2800	2200	1500	360	1620
BB3000-1500DH(U)	3000	1500			1540	280	1200	3100	2400	1800	400	2150
BB3000-2000DH(U)		2000			1540	320	1200	3100	2400	1800	400	2400
BB3600-2000DH(U)	3600	2000			2545	280	1350	3500	2800	2100	400	2650
BB3600-2500DH(U)		2500			2545	320	1350	3500	2800	2100	400	2950
BB4000-3150DH(U)	4000	3150			3800	280	1500	3800	3000	2300	400	3550
BB4000-3550DH(U)		3550			3800	320	1500	3800	3000	2300	400	3850

注：见表 7-4-45。

5　盘式制动器

盘式制动器是沿制动盘轴向施制动力，制动轴不受弯矩，径向尺寸小，制动性能稳定。常用的盘式制动器有点盘式、全盘式及锥盘式三种。按驱动动力源分有电力液压驱动、液压驱动和气压驱动。

5.1　盘式制动器的结构及应用

5.1.1　点盘式制动器结构及产品

点盘式又称钳盘式，其单个制动块与制动盘接触面很小，在盘中所占的中心角一般仅为30°~50°，因而称点盘式。为了不使制动轴受到径向力和弯矩，点盘式制动缸应成对布置，制动力矩较大时，可采用多对制动缸，如图7-4-5，必要时可在制动盘中间开通风沟，如图7-4-6，以降低摩擦副温升，还应采取隔热散热措施，以防止液压油高温变质。点盘式制动器体积小，重量轻，动作灵敏，通过调节油压可控制制动力矩的大小。这种制动器在矿井提升机和起重机械中已广泛应用。

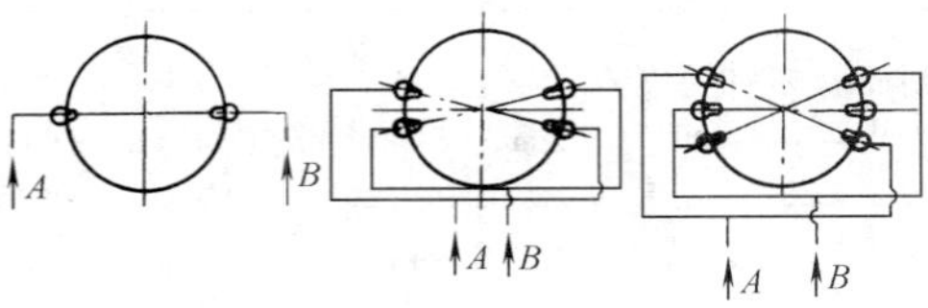

图7-4-5　多对制动缸组合安装示意图

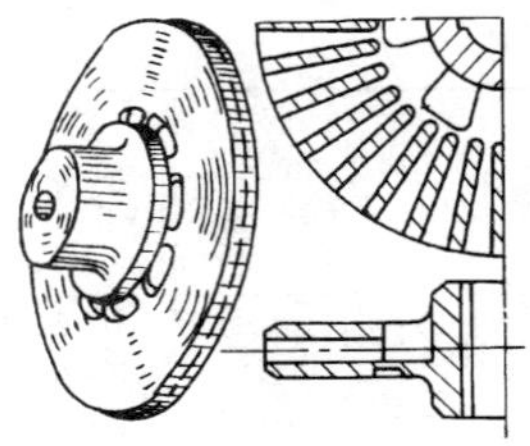

图7-4-6　带有通风沟的制动盘

点盘式制动器按制动钳的结构型式分固定卡钳式和浮动卡钳式。固定卡钳式即制动钳固定不动，制动盘两侧均有油缸。制动时仅两侧油缸中的活塞驱使两侧制动块作相向移动。常闭固定卡钳式制动器见图7-4-7、图7-4-8。常开固定卡钳式制动器见图7-4-9，摩擦块底板4通过销轴6、1和平行杠杆组5固定在基架2上。弹簧8使制动器常开。制动时，将液压油通入油缸7，同时压缩弹簧而紧闸。平行杠杆组5能使摩擦元件与制动盘3保持平行。

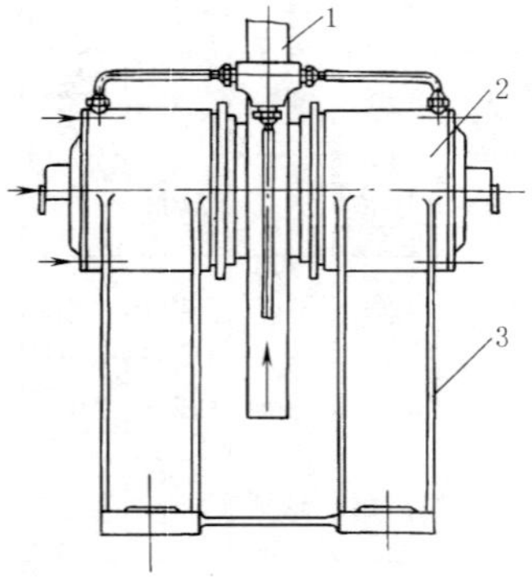

图7-4-7　常闭固定卡钳式制动器

1—制动盘；2—制动缸；3—基架

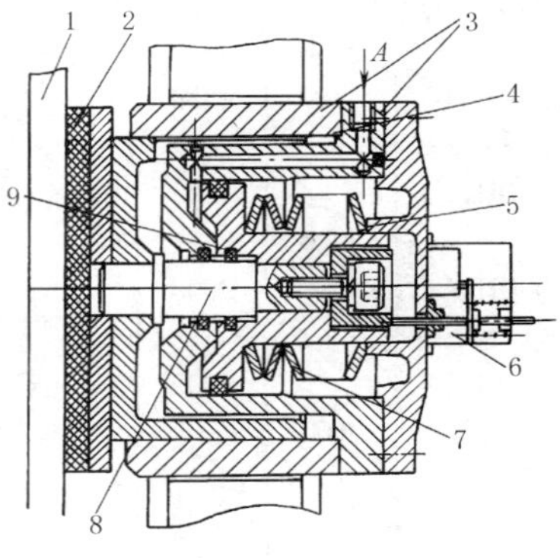

图7-4-8　常闭固定卡钳式制动器制动缸结构

1—制动盘；2—摩擦块；3—缸体；4—导引部分；5—调整垫片；6—磨损量指示器；7—碟形弹簧；8—顶杆；9—活塞

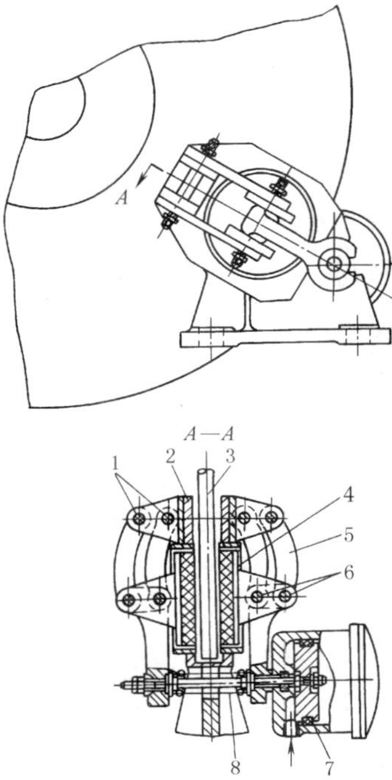

图 7-4-9　常开固定卡钳式制动器
1,6—销轴；2—基架；3—制动盘；4—摩擦块底板；
5—平行杠杆组；7—油缸；8—弹簧

浮动卡钳式的制动缸是浮动的，有滑钳式与摆动钳式。图 7-4-10 为常开滑动钳式制动器，油缸进油后活塞 5 推动活动制动块 3 左移靠紧制动盘 2 后，制动钳体 4（制动缸）在支承板 9 中向右滑动，并带动固定制动块 1 右移压紧制动盘 2。

图 7-4-11 为常开摆动钳式制动器。制动缸 6 通过销轴 12 与固定基架 11 铰接，并借助螺栓 9 及弹簧 10 定位。制动时，液压油由进油孔 7 进入制动缸推动活塞 5 使摩擦块 4 压制动盘 3，由于制动缸是浮动的，故活塞 5 同时也使摩擦块 2 压向制动盘。制动缸卸压后，弹簧 10 使制动器松闸。

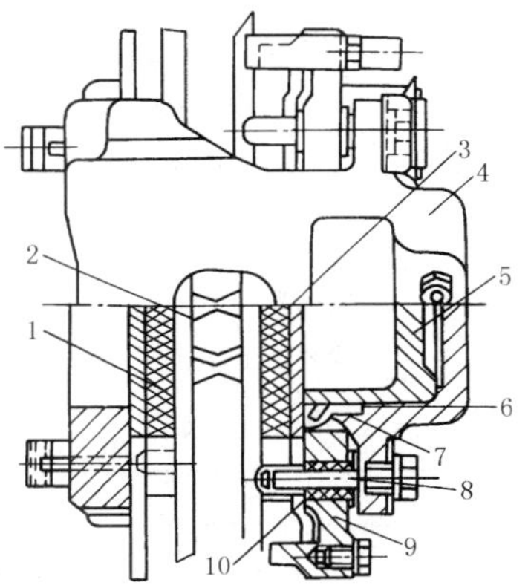

图 7-4-10　常开滑动钳式制动器
1—固定制动块；2—制动盘（通风型）；3—活动制动块；
4—制动钳体；5—活塞；6—密封圈；7—防护罩；
8—制动钳定位导向销；9—支承板；10—橡胶衬套

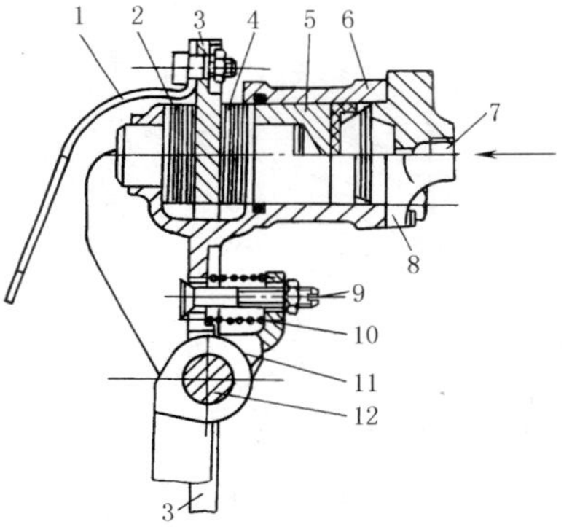

图 7-4-11　常开摆动钳式制动器
1—轮辐；2,4—摩擦块；3—制动盘；
5—活塞；6—制动缸；7—进油孔；8—缸盖；
9—螺栓；10—弹簧；11—基架；12—销轴

第7篇

YPZ_2 电力液压推杆盘式制动器（中心高 h_1 代号 Ⅰ、Ⅱ、Ⅲ）

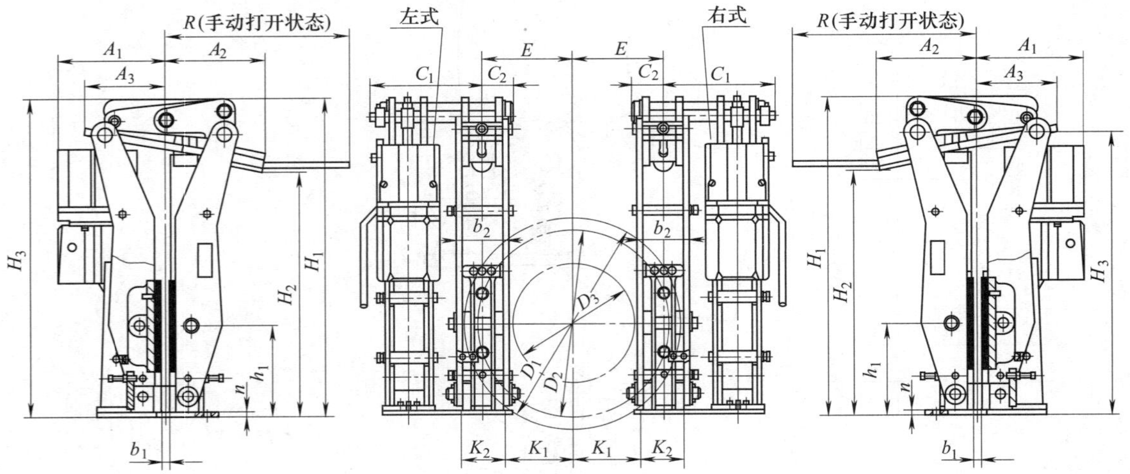

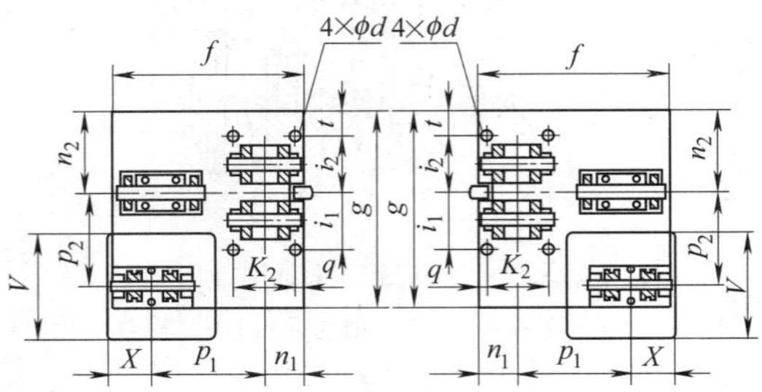

使用条件：

1. 环境温度：-20～50℃。
2. 空气相对湿度不大于 90%。
3. 一般用于三相交流电源 50Hz，380V（根据需要也可生产 60Hz 或不同电压的，请订货时事先说明）。
4. 安装海拔高度符合 GB 755—2008 及德国 VDE 0530 标准。低于-20℃时，推动器工作液改用 YH-10 航空液压油或要求带加热器，详情参考 Ed 推动器说明书。
5. 工作环境不得有易燃、易爆及腐蚀性气体。

型号意义：

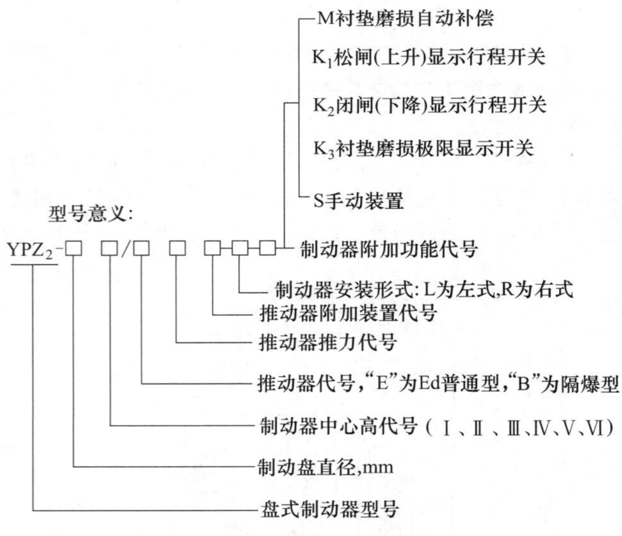

表 7-4-47 技术参数与尺寸

Ⅰ型																										
推动器型号	h_1	H_1	H_2	H_3	b_2	d	f	g	t	i_1	i_2	K_2	A_2	A_3	n_1	n_2	p_1	p_2	q	n	C_2	R	A_1	C_1	X	V
	/mm																									
Ed23/5	230	710	515	630	70	18	310	300	20	180	80	120	230	235	80	100	175	160	20	15	75	460	280	297	80	200
Ed30/5																							277	297	80	197
Ed50/6																							317	297	97	254
Ed80/6																							317	297	97	254

续表

与制动器有关的尺寸/mm								技术参数									
制动盘直径 D_1	b_1		D_2	D_3	E	K_1	S	配套推动器			最大制动力/N	制动盘直径 D_1					整机质量/kg
								型号	输入功率/W	额定电流/A		315	355	400	450	500	
												最大制动转矩/N·m					
315	30	20	235	120	118	58	0.9±0.2										
355	30	20	275	160	138	78		Ed23/5	165	0.52	2300	270	320				89
400	30	20	320	205	160	100		Ed30/5	200	0.46	3200	380	440	520			95
450	30	20	370	255	185	125		Ed50/6	210	0.48	4800	645	670	790	910	1000	102
500	30	20	420	305	210	150		Ed80/6	330	1.42	8400	1030	1150	1350	1560	1750	104

Ⅱ型

推动器型号	h_1	H_1	H_2	H_3	b_2	d	f	g	t	i_1	i_2	K_2	A_2	A_3	n_1	n_2	p_1	p_2	q	n	C_2	R	A_1	C_1	X	V
	/mm																									
Ed50/6	280	985	740	870	120	22	375	375	35	130	130	140	275	270	94	165	220	154	24	15	110	730	311	360	97	254
Ed80/6																							311	360	97	254
Ed121/6																							302	360	120	260
Ed201/6																							302	367	120	260

与制动器有关的尺寸/mm							技术参数									
制动盘直径 D_1	b_1	D_2	D_3	E	K_1	S	配套推动器			最大制动力/N	制动盘直径 D_1					整机质量/kg
							型号	输入功率/W	额定电流/A		450	500	560	630	710	
											最大制动转矩/N·m					
450	30	350	180	175	105	0.9±0.2										
500	30	400	230	200	130		Ed50/6	210	0.48	5800	1025	1175	1350			178
560	30	460	290	230	160		Ed80/6	330	1.42	9800	1720	1965	2260	2605		179
630	30	530	360	265	195		Ed121/6	330	1.44	15400	2700	3085	3550	4090	4665	194
710	30	610	440	305	230		Ed201/6	450	1.45	23900	4195	4790	5510	6350	7310	194

Ⅲ型

推动器型号	h_1	H_1	H_2	H_3	b_2	d	f	g	t	i_1	i_2	K_2	A_2	A_3	n_1	n_2	p_1	p_2	q	n	C_2	R	A_1	C_1	X	V
	/mm																									
Ed121/6	370	1170	910	1045	120	27	415	460	35	180	180	160	305	310	110	215	228	206	30	20	120	735	354	394	120	260
Ed201/6																							354	394	120	260
Ed301/6																							354	394	120	260

与制动器有关的尺寸/mm							技术参数										
制动盘直径 D_1	b_1	D_2	D_3	E	K_1	S	配套推动器			最大制动力/N	制动盘直径 D_1						整机质量/kg
							型号	输入功率/W	额定电流/A		630	710	800	900	1000	1250	
											最大制动转矩/N·m						
630	30	500	310	250	170	1.0±0.3											
710	30	580	390	290	210		Ed121/6	330	1.44	14500	3750	4500	5000	5600			294
800	30	670	480	335	255		Ed201/6	450	1.45	25200	6305	7315	8450	9710	10970		294
900	30	770	580	385	305		Ed301/6	550	1.46	36600	9170	10640	12290	14120	15960	20540	295
1000	30	870	680	435	355												
1250	30	1120	930	560	480												

注：1. YPZ_2 Ⅰ～Ⅵ的图形及资料来自焦作金箍制动器有限公司。

2. 根据需要推动器可加附加装置，应与厂家联系确定。

3. YPZ_2 Ⅰ、Ⅱ、Ⅲ符合德国 DIN 15435 标准。使用过程中，可始终保持两侧瓦块退距均等。

4. D_2 为理论摩擦直径，摩擦因数 $\mu=0.4$。D_3 为允许联轴器最大外径，S 为每侧瓦块退距。最大制动转矩 = 最大制动力 × $(D_2/2)/1000$。

5. 江西华伍制动电器股份有限公司生产类似产品，其型号为 YP1、YP2、YP3，与表中Ⅰ、Ⅱ、Ⅲ型对应，对应型号安装尺寸相同。江西华伍公司还生产 YP11、YP21、YP31、YP32、YP41 等电力液压盘式制动器，具体型号，参数与尺寸与厂家联系。

6. 上述两生产厂家产品结构、主要参数与 JB/T 7020 相同，但个别参数及尺寸与标准有差别。

YPZ_2 电力液压推杆盘式制动器（中心高 h_1 代号Ⅳ、Ⅴ、Ⅵ）

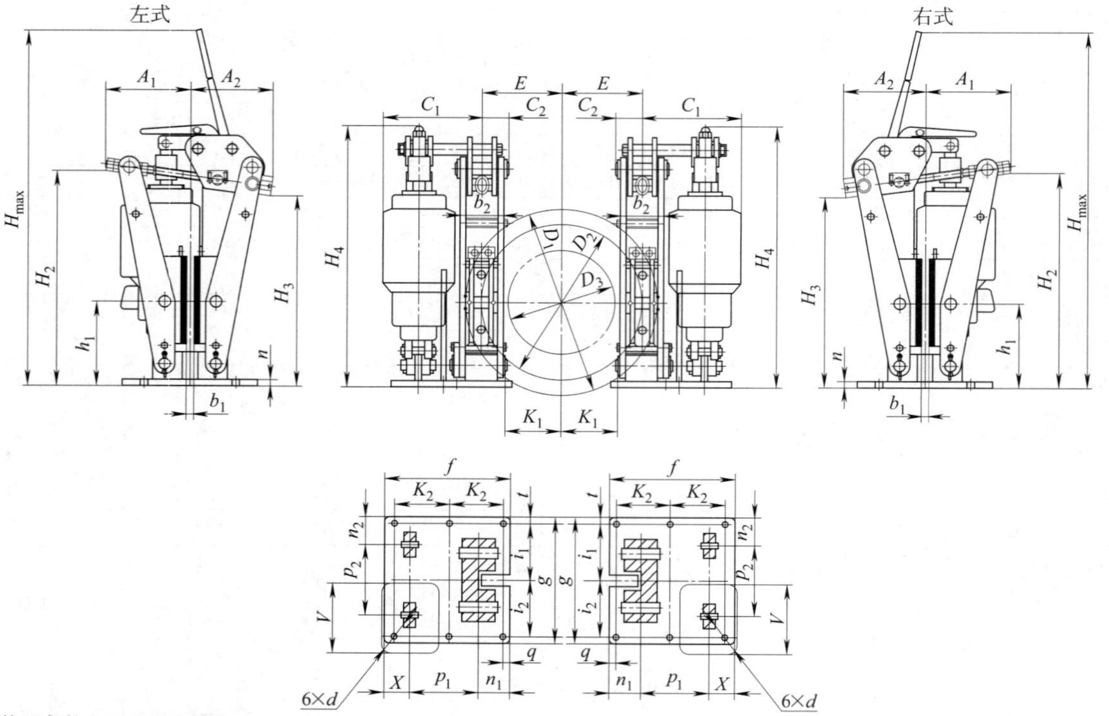

使用条件和型号意义见表 7-4-37。

表 7-4-48　　技术参数与尺寸

Ⅳ型　/mm

推动器型号	h_1	H_2	H_3	H_4	b_2	d	f	g	H_{max}	i_1	i_2	K_2	A_1	A_2	n_1	n_2	p_1	p_2	V	q	n	C_2	C_1	X	t
Ed23/5	160	400	340	500	56	14	230	270	612	80	150	100	208	198	52	40	133	130	200	14	15	60	215	80	20
Ed30/5																			197						

与制动器有关的尺寸

制动器直径 D_1	b_1	D_2	D_3	E	K_1	S
250	20	200	110	98	61	0.9±0.2
280	20	230	140	113	76	
315	20	260	170	130	93	
355	20	300	210	150	113	
400	20	345	255	173	135	
450	20	395	305	197	160	
500	20	445	355	222	185	

技术参数

配套推动器 型号	输入功率/W	额定电流/A	最大制动力/N	制动盘直径 D_1 250	280	315	355	400	450	500	整机质量/kg
				最大制动转矩/N·m							
Ed23/5	165	0.52	2000	200	230	260	300	345	395	445	71
Ed30/5	200	0.46	2700	280	310	355	410	470	540	610	75

Ⅴ型　/mm

推动器型号	h_1	H_2	H_3	H_4	b_2	d	f	g	H_{max}	i_1	i_2	K_2	A_1	A_2	n_1	n_2	p_1	p_2	V	q	n	C_2	C_1	X	t
Ed50/6	230	537	474	645	75	18	330	360	1100	145	145	130	275	228	90	110	165	177	254	25	18	80	260	95	35
Ed80/6																									

与制动器有关的尺寸

制动器直径 D_1	b_1	D_2	D_3	E	K_1	S
355	30	275	155	137.5	72.5	0.9±0.2
400	30	320	200	160	95	
450	30	370	250	185	120	
500	30	420	300	210	145	
560	30	480	360	240	175	
630	30	550	430	275	210	

技术参数

配套推动器 型号	输入功率/W	额定电流/A	最大制动力/N	制动盘直径 D_1 355	400	450	500	560	630	整机质量/kg
				最大制动转矩/N·m						
Ed50/6	210	0.48	6800	935	1085	1255	1425	1630	1870	97
Ed80/6	330	1.42	10000		1600	1850	2100	2400	2750	104

续表

Ⅵ型　　/mm

推动器型号	h_1	H_2	H_3	H_4	b_2	d	f	g	H_{max}	i_1	i_2	K_2	A_1	A_2	n_1	n_2	p_1	p_2	V	q	n	C_2	C_1	X	t
Ed121/6 Ed201/6 Ed301/6	280	699	636	835	108	27	390	430	1500	180	180	160	285	265	102	140	210	195	260	22	20	108	330	120	35

与制动器有关的尺寸

制动器直径 D_1	b_1	D_2	D_3	E	K_1	S
450	30	350	170	175	95	0.9±0.2
500	30	400	240	200	120	
560	30	460	300	230	150	
630	30	530	370	265	185	
710	30	610	450	305	225	
800	30	700	540	350	270	
900	30	800	640	400	320	
1000	30	900	740	450	370	
1100	30	1000	840	500	420	

技术参数

配套推动器 型号	输入功率/W	额定电流/A	最大制动力/N	制动盘直径 D_1 450	500	560	630	710	800	900	1000	1100	整机质量/kg
				最大制动转矩/N·m									
Ed121/6	330	1.44	15400	2700	3100	3550	4100	4700	5400				220
Ed201/6	450	1.45	24900	4300	5000	5750	6600	7600	8800				220
Ed301/6	550	1.46	36600				9700	11200	12800	14700	16500	18150	220

注：S 表示每侧瓦块的退距。

注：见表 7-4-47。

YPL11 系列二步式电力液压盘式制动器

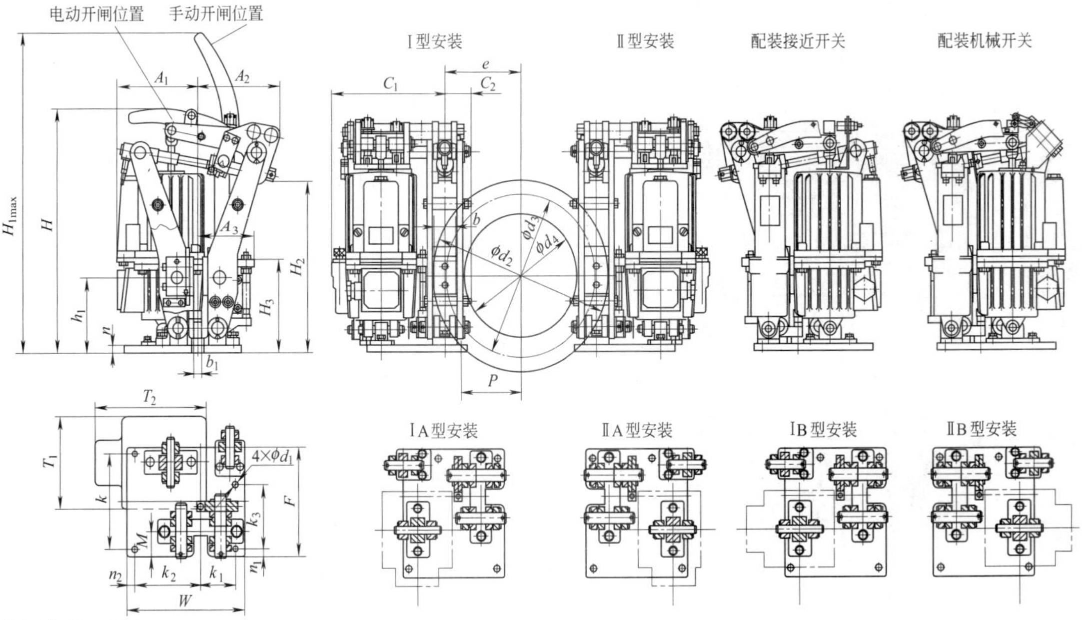

使用条件：见表 7-4-17

型号意义：

YPL11 - □ - □ × □ - ⅡA CL.H 380V/50Hz

- 380V/50Hz —— 电源电压等级和电源频率
- CL.H ——
  - H- 手动释放装置
  - HL- 手动释放限位开关
  - WL- 衬垫磨损极限限位开关
  - RL- 开闸限位开关
  - CL- 闭闸限位开关
- ⅡA —— 制动器安装形式(参见尺寸图)
- □ × □ —— 制动盘直径和厚度
- □ —— 推动器规格(推力)
- YPL11 —— 产品型号

订货示例：YPL11-220-315 * 20IB. RL. WL. H

表 7-4-49 参数与尺寸 mm

推动器型号	h_1	H	H_1	H_2	H_3	b	k	k_1	k_2	k_3	d_1	n	n_1	n_2	F	W	M	A_1 A型	A_1 B型	A_2	A_3	C_1 A型	C_1 B型	C_2	T_1 A型	T_1 B型	T_2 A型	T_2 B型
Ed220-50 Ed300-50	160	515	685	360	195	52	200	80	150	135	14	15	15	20	230	270	52	195	185	190	135	265	280	65	197	160	160	197

与制动盘有关的尺寸							技术参数											
							配套推动器				制动盘直径							整机质量/kg
制动盘径 d_2	b_1	s	d_3	d_4	e	p	推动器型号	功率/W	额定电流/A	质量/kg	250	280	315	355	400	450	500	
											最大制动转矩(第一步/第二步)/N·m							
250	20	0.7~0.9	195	100	97.5	60	Ed220-50	120	0.38	10	90/110	105/125	120/140	135/165	155/190	180/215	200/245	92
280	20		225	130	112.5	75	Ed300-50	250	0.78	14	120/150	140/170	160/195	180/230	210/260	240/300	270/340	95
315	20		260	160	130	92.5												
355	20		300	205	150	112.5												
400	20		345	250	172.5	135												
450	20		395	300	197.5	160												
500	20		445	350	222.5	185												

s—每侧瓦块退距；d_4—允许最大的联轴器外径

注：1. 生产厂家：江西华伍制动器股份有限公司。

2. 此类制动器适用于大车行走机构，第一步制动转矩用于停车制动，延时增加第二步制动转矩用于防风制动。

制动盘（摘自 JB/T 7019—1993）

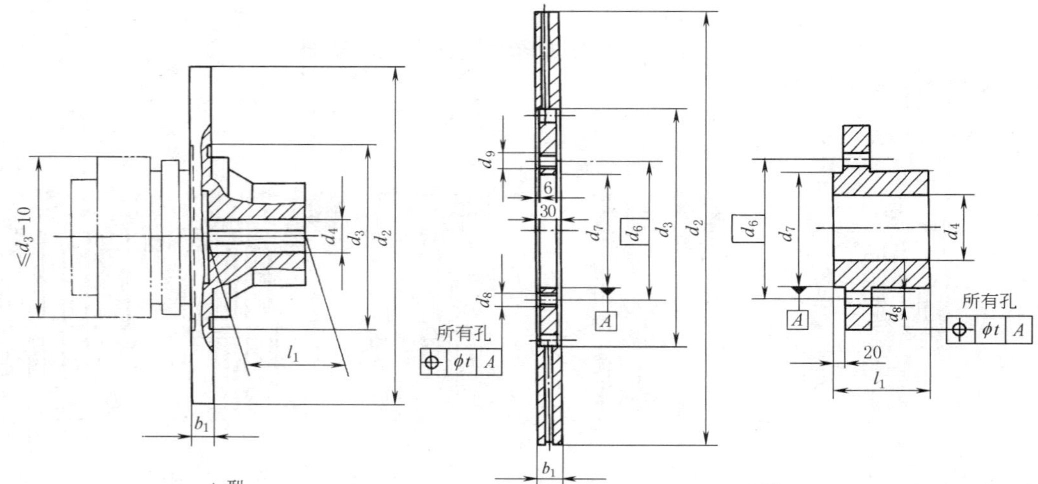

A 型　　B 型

型号意义：

□ □×□×□×□—轮毂长度 l_1，mm

—轴孔直径 d_4，mm

—厚度 b_1，mm

—外径 d_2，mm

—制动盘代号(如 ASP、BQP 等)

表 7-4-50 mm

	d_2 基本尺寸	d_2 极限偏差	b_1				d_3 max	d_4(H7) min		max
A型	▲250	±0.2	15	—	—	—	140	30	▲50	70
	280		15	—	—	—	155	30	▲50	70
	▲315		15	30	—	—	175	40	▲60	80
	355		15	30	—	—	200	50	▲60	80
	▲400	±0.5	15	30	—	80	220	55	▲80	90
	450		15	30	—	—	250	60	▲80	100
	▲500		15	30	—	80	280	70	▲80	100
	560		15	30	—	—	310	80	▲100	125
	▲630		15	30	—	112	350	80	▲100	125
	710		15	30	—	—	390	100	▲120	140
	▲800		15	30	(42)	112	440	100	▲120	140
	900		—	30	(42)	—	500	125	▲140	160
	▲1000		—	30	(42)	—	560	125	▲140	160

说　明

①图中轮毂长度 l_1 按 GB/T 1569 中的伸长系列确定，键槽型式及尺寸按 GB/T 3852 中长圆柱形轴孔确定

②表中 d_2、d_4 数值前带▲者应优先采用

③表中 b_1 = 15mm 只有实体制动盘；b_1 = 30mm 有实体制动盘和通风道制动盘；b_1 = 42mm、b_1 = 80mm、b_1 = 112mm 无实体制动盘，括号内的 b_1 值推荐用于外径 d_2 的线速度大于 40m/s 的制动盘

④表中当 d_2 大于 1000mm 时推荐采用 R10 系列优先数，b_1 等于 30mm(线速度小于 40m/s)

续表

	d_2 基本尺寸	d_2 极限偏差	b_1		d_6	d_7 $\left(\frac{H7}{f_7}\right)$	d_8 孔径	d_8 螺孔个数	d_8 螺孔直径	d_9	t	每个螺栓的拧紧力矩/N·m	说明
B型	▲315	±0.2	30	—	105	85	10.5	9	M10	M10	0.3	51	①B 型图中 L_1 及表中 d_2、b_1 的说明同 A 型以及尺寸 d_3 和 d_4 见 A 型 ②图中 d_9 为方便更换制动盘，在制动盘 d_6 圆周上设置了 3 个螺孔 d_9，与 d_8 错开，均匀分布 ③表中 d_8 孔用螺栓的强度等级不低于 GB/T 3098.1《紧固件机械性能 螺栓、螺钉和螺柱》中的 8.8 级，按表中给定的拧紧力矩拧紧 ④d_2 大于 1000mm 时，推荐采用 R10 系列优先数，b_1 等于 30mm（线速度小于 40m/s）
	355				125	105	13	9	M12	M12		89	
	▲400	±0.5	30	—	140	115	17	9	M16	M16	0.4	215	
	450				146	120	17	12	M16	M16		215	
	▲500				190	160	21	12	M20	M20		420	
	560	±0.5	30	—	190	160	21	12	M20	M20	0.5	420	
	▲630				205	170	21	12	M20	M20		420	
	710				230	190	25	12	M24	M24		725	
	▲800	±0.5	30	(42)	260	220	25	12	M24	M24	0.5	725	
	900				260	220	25	12	M24	M24		725	
	▲1000				260	220	25	12	M24	M24		725	

注：1. 本表只适用于单盘式盘式制动器的制动盘。

2. 制动盘按结构分为 A 型与 B 型。A 型是盘与轮毂为一整体，分为实体制动盘（代号为 S）、直通风道制动盘（代号为 Z）和曲线通风道制动盘（代号为 Q），其代号分别为：ASP、AZP、AQP；B 型为盘与轮毂可拆卸连接，盘也分实体、直道通风道制动盘，曲线通风制动盘，其代号分别为：BSP、BZP、BQP。

3. 制动盘不要求与图示结构完全相符，但必须符合所给定的尺寸。

4. 制动盘的材料分铸造与锻造（或钢板割制）。铸造时其牌号有：ZG310-570、ZG42Cr1Mo、QT450-10、QT600-3；锻造时其牌号有：45、60、35CrMoV。

5. d_4、d_7 的圆度公差为其直径公差的 1/2，盘摩擦面对轴孔中心线的全跳动为轴孔的公差。

6. 盘摩擦表面粗糙度 Ra 为 3.2μm，d_4 和 d_7 表面粗糙度 Ra 为 1.6μm，d_8 及其他部位表面粗糙度 Ra 为 6.3μm。

7. 铸造和锻造的钢质材料制动盘进行调质处理时，硬度为 273~302HB。摩擦表面如需淬火，淬硬层深度为 2~3mm，硬度为 35~45HRC。

8. 制动盘需要作静平衡，静平衡应使制动盘在其外径上的偏心残留量小于下列两值中的较大值：

a. 0.005kg；b. 制动盘和相匹配轮毂等附件重量的 0.2%。

SB 系列液压钳盘式（安全）制动器

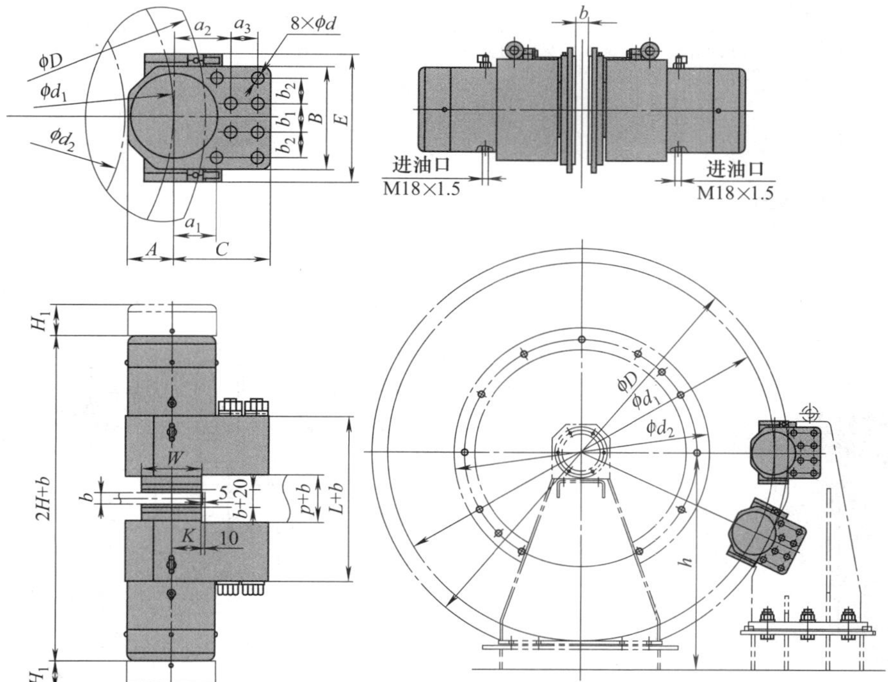

安装方式
h由用户确定

型号意义：

SB □ — □×□ □□
- 特殊要求(文字说明)：RL开闸限位开关；WL衬垫磨损极限限位开关；CL闭闸限位开关
- 制动盘直径和厚度
- 产品型号含夹紧力

应用范围：

1. 大中型起重机、港口装卸机械起升机构以及臂架俯仰机构低速轴的紧急安全制动。

2. 矿用卷扬机、提升机工作制动和紧急安全制动。

3. 大中型倾斜式皮带运输机驱动机构的工作制动和紧急安全制动。

4. 缆车和索缆起重机驱动机构的安全制动。

主要设计特点：

1. 常闭式设计，安全可靠；特制碟簧施力制动，液压驱动释放。

2. 动作灵敏，闭合（上闸）时间短。

3. 出厂时均设置有开闸限位开关和衬垫磨损极限限位开关，可进行联锁保护和故障显示（采用 PLC 控制时）。

4. 高性能无石棉硬质摩擦衬垫，摩擦因数稳定，不损伤制动盘且对水介质和盐雾（海水）不敏感。

5. 合理的密封结构设计和进口名牌密封件。效果好、寿命长。

6. 安装位置灵活，使用、调整、维护简单。

表 7-4-51　　**SB 系列安全制动器技术参数与尺寸**

产品型号	夹紧力 F /kN	释放压力 /MPa	松闸油量 /mL	退距/mm	摩擦因数 μ 静态	摩擦因数 μ 动态	安装螺栓/性能等级/安装扭矩/N·m	不含支架质量 /kg
SB50	50	11	30	1-2	0.4	0.36	8×M20、10.9、680	90
SB100	100	12	50	1-2			8×M24、10.9、1200	150
SB160	160	12	70	1-2			8×M30、10.9、2200	310
SB250	250	13	95	1-2			8×M36、10.9、3540	452
SB315	315	14	115	1-2			8×M36、10.9、3540	672
SB400	400	12	170	1-2			8×M48、10.9、7400	1100
SB500	500	14	170	1-2			8×M48、10.9、7400	1200

尺寸/mm

产品型号	A	a_1	a_2	a_3	b_1	b_2	B	C	d	K	P	L	E	W	H	H_1
SB50	77	77	90	38	38	38	154	150	20.5	56	102	300	240	110	310	80
SB100	95	95	105	45	55	45	190	180	25	71	102	348	286	140	360	85
SB160	110	120	135	65	70	65	260	235	31	87	106	412	370	170	410	95
SB250	130	120	160	75	80	75	300	275	37	87	106	456	370	170	470	110
SB315	140	175	205	85	90	82.5	335	330	37	137	106	476	410	270	500	110
SB400	170	180	220	120	110	110	440	420	50	137	142	602	546	270	560	115
SB500	170	180	220	120	110	110	440	420	50	137	142	682	542	270	600	115

与制动盘有关尺寸/mm

产品型号	b			D	d_1	d_{2max}
SB50	30	36	40	≥500	D-120	D-300
SB100	30	36	40	≥500	D-150	D-380
SB160	30	36	40	≥600	D-180	D-440
SB250	30	36	40	≥600	D-180	D-480
SB315	30	36	40	≥1200	D-280	D-600
SB400、SB500	30	36	40	≥1800	D-280	D-660

注：1. d_1 为理论摩擦直径，d_2 为允许最大的卷筒或联接毂外径，b 为制动盘厚度。

2. 一副制动钳的制动转矩 $M=F$、μ、d_1（μ 为摩擦因数）。

3. 此类制动器需另配液控系统。

4. 生产厂家为江西华伍制动器股份有限公司。

SH 系列液压失效保护制动器（弹簧制-液压释放）

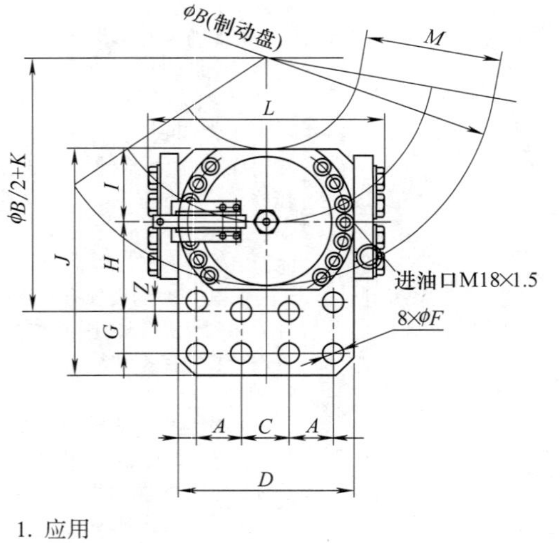

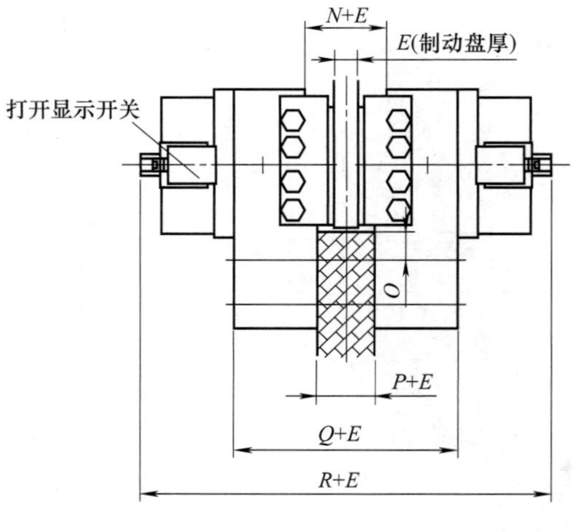

1. 应用

SH 系列失效保护盘式制动器与鼓式制动器相比具有结构紧凑，制动力大、安装方便等优点，它主要用于起重、运输、冶金、矿山、港口、建筑机械、电缆、吊索设备、风力发电机、纺织机械等各行业的多种机械驱动配套的机械制动或减速。

2. 主要特点

·制动力大，维修费用低，带衬垫磨损自动补偿装置（制动力矩稳定），响应时间短。

·安装公差大：制动盘端面跳动，最大值±0.2mm。底座相对于盘的垂直度偏差，最大值±4‰。制动盘相对于底座的中心距偏差，最大值±2.5mm。

3. 使用条件

① 环境温度：-20～50℃。②周围工作环境中不得有易燃、易爆气体。③空气相对湿度不大于90%。④使用地点的海拔高度符合GB755—2008。⑤户外雨雪侵蚀或有腐蚀性气体和介质应采用防腐型产品。

4. 根据用户不同的需求，可加装下列装置

·衬垫磨损显示（通过显示开关或衬垫里的磨损线实现）。·制动显示（通过显示开关实现）。·手动释放显示（通过显示开关实现）。·特殊应用。·用于盘温非常高时的烧结衬垫，特种衬垫（无火星等）。·特殊盘（厚度、直径、材料等），有特殊需要时与厂家联系。

表 7-4-52　　技术参数与尺寸

制动器型号		ST10SH	ST16SH	ST25SH	ST40SH
基本参数	制动力矩公式/N·m	制动转矩=制动力×(ϕB/2-M+1) B单位为m			
	额定制动力/kN(一副钳的夹紧力×摩擦系数×2)	81	150	200	288
	夹紧动力/kN	120	220	280	400
	进油口尺寸	进油口均为M18×1.5			
	间隙/mm	2	1		2
	工作压力/MPa	13	15		19
	ST10SH匹配液压站型号	YZ1-20-10			
	ST16、25、40SH匹配液压站型号	一拖一、一拖二：YZ1-20-10，一拖四：YZ1-20-20			
	油缸容积/mL	275	360	560	810
	响应时间/s	0.2			
	完全释放移位容量/mL	32	21	88	31
	质量/kg	203	264	338	428
ST10SH	连接件：8个螺栓M24等级12.9上紧力矩1000N·m				
ST16SH	连接件：8个螺栓M30等级12.9上紧力矩1350N·m				
ST25SH	连接件：8个螺栓M30等级12.9上紧力矩1500N·m				
ST40SH	连接件：8个螺栓M39等级12.9上紧力矩5000N·m				

	符号	ST10SH	ST16SH	ST25SH	ST40SH
外形尺寸/mm	A	45	65	72	100
	C	45	70	90	100
	D	190	260	302	367
	F	25	32	32	41
	G	55	65	65	100
	H	130	135	150	219
	I	95	110	130	168
	J	300	345	380	522
	K	45	45	60	119
	L	315	370	400	462
	M	190	205	220	268
	N	88	88	88	90
	O	35	35	50	100
	P	48	48	48	50
	Q	304	308	308	326
	R	536	560	606	635
	Z	10	—	—	—

注：生产厂：1. 焦作金箍制动器股份有限公司。产品更新时数据有可能变化，选用时及时与厂家联系。

2. 该公司还生产ST25SH-A型，制动力分别为230kN、200kN、180kN、150kN。

HKPZ 系列液压盘式制动装置

（Ⅰ）轴承座连接

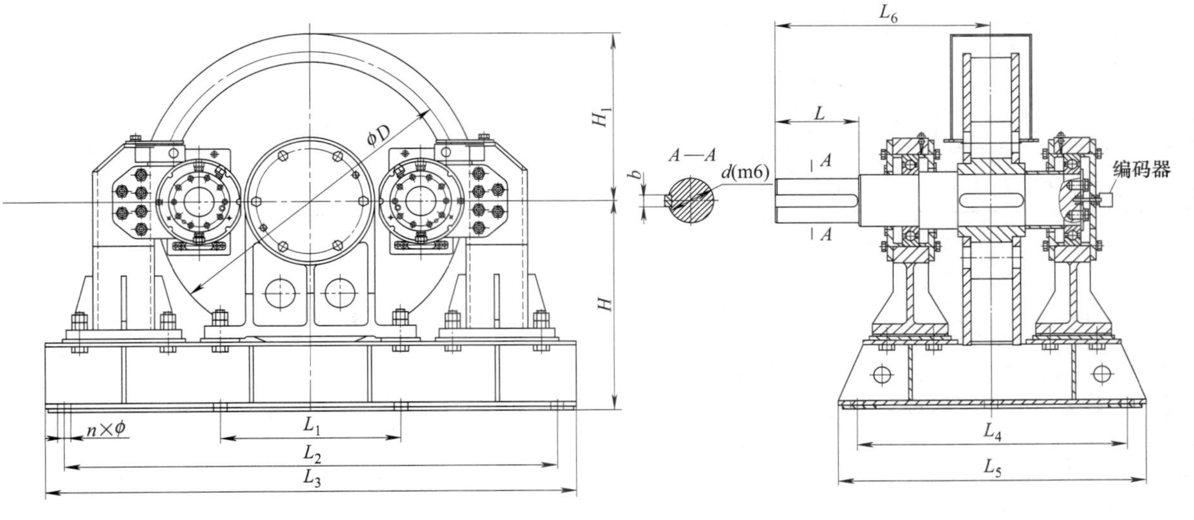

表 7-4-53

型 号	参数/mm												
	D	H	H_1	d	b	L	L_1	L_2	L_3	L_4	L_5	L_6	$n\times\phi$
HKPZ800	800	575	455	120	32	220	470	1280	1380	710	810	570	10×ϕ35
HKPZ1000	1000	575	530	120	32	220	470	1410	1510	710	810	570	10×ϕ35
HKPZ1200	1200	680	650	160	40	300	580	1704	1824	710	810	650	10×ϕ35
HKPZ1400	1400	820	800	240	56	350	695	1895	2000	730	850	687	10×ϕ42

注：1. 本制动器由矿山盘式制动器液压控制单元组成。用于大型机电设备的可控制制动。

2. 用户根据实际使用情况，确定所需要的制动转矩，然后参照表 7-4-56，选择相应的制动头规格，制动头数量及所匹配的制动盘盘径。

3. 连接方式：Ⅰ为轴承座连接，Ⅱ为胀套连接，Ⅲ为键连接，具体安装尺寸见表 7-4-57。

4. 液压控制单元：NH 为普通（非防爆）高配、NC 为普通（非防爆）普配、BH 为防爆高配，BC 为防爆普配。其中高配规格重要液压与电控元器件均采用进口，普配元器件均采用国内知名厂家产品，液压站安装尺寸见图。

5. 可选项内选填液压站电压数值，不填表示默认液压站电压为 380V。

6. 当选用胀套连接或键连接时，用户应根据表 2 提供相应的订货尺寸。

7. 制动器数量与最大制动力矩匹配关系，2/4/6。

8. 制动力矩没有考虑备用系数，选用时，上运带式输送机考虑 1.5 倍，下运带式输送机考虑 2 倍以上的备用系数。

9. 当采用非防爆环境时，转速可相应提高。

10. 订货标记：

HKPZ□F□×□-□-□-□

可选项（液压站电压）

液压控制单元

连接方式

制动器规格代号×数量

制动盘径（mm）

产品型号

订货示例：

HKPZ1200F40×2-Ⅱ-NC 表示 HKPZ 系列盘径 1200mm，制动头型号为 HZT-40，2 台，胀套连接方式，非防爆普通配置制动装置，液压控制单元电压为 380V。

11. 生产厂家：江西华伍制动器股份有限公司。

表 7-4-54

mm

型号	参数											
	D	H	H_1	d	L	L_0	L_1	L_2	L_3	L_4	L_5	$n\times\phi$
HKPZ800	800	○	450	○	□	180	770	1170	1310	320	420	8×ϕ35
HKPZ1000	1000	○	550	○	□	180	970	1370	1510	320	420	8×ϕ35
HKPZ1200	1200	○	650	○	□	180	990	1550	1670	420	520	8×ϕ35
HKPZ1400	1400	○	750	○	□	200	1190	1750	1890	420	520	8×ϕ42
HKPZ1600	1600	○	850	○	□	200	1390	1950	2090	420	520	8×ϕ42
HKPZ1800	1800	○	950	○	□	200	1400	2120	2320	420	520	8×ϕ42
HKPZ2000	2000	○	1050	○	□	200	1620	2420	2560	420	520	8×ϕ48

表 7-4-55

mm

型号	参数												
	D	H	H_1	d	L	L_0	L_1	L_2	L_3	L_4	L_5	b	$n\times\phi$
HKPZ800	800	○	450	○	□	○	770	1170	1310	320	420	30	8×ϕ35
HKPZ1000	1000	○	550	○	□	○	970	1370	1510	320	420	30	8×ϕ35
HKPZ1200	1200	○	650	○	□	○	990	1550	1670	420	520	30	8×ϕ35
HKPZ1400	1400	○	750	○	□	○	1190	1750	1890	420	520	30	8×ϕ42
HKPZ1600	1600	○	850	○	□	○	1390	1950	2090	420	520	30	8×ϕ42
HKPZ1800	1800	○	950	○	□	○	1400	2120	2320	420	520	30	8×ϕ42
HKPZ2000	2000	○	1050	○	□	○	1620	2420	2560	420	520	30	8×ϕ48

注：○—订货尺寸；□—跟液压制动头型号有关，详见下表。

（Ⅱ）胀套连接

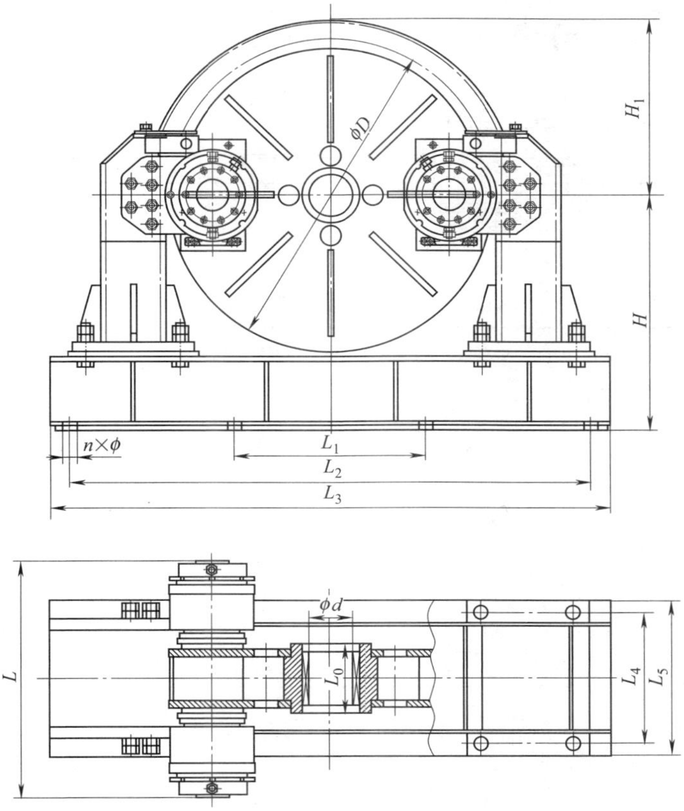

（Ⅲ）键连接

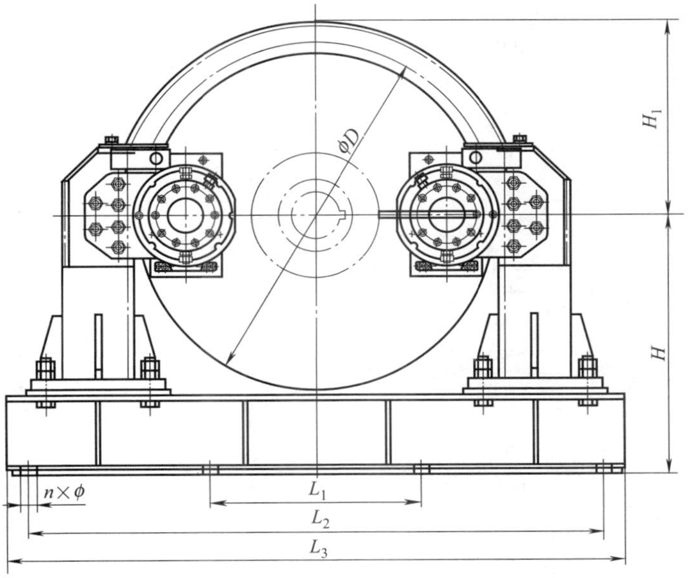

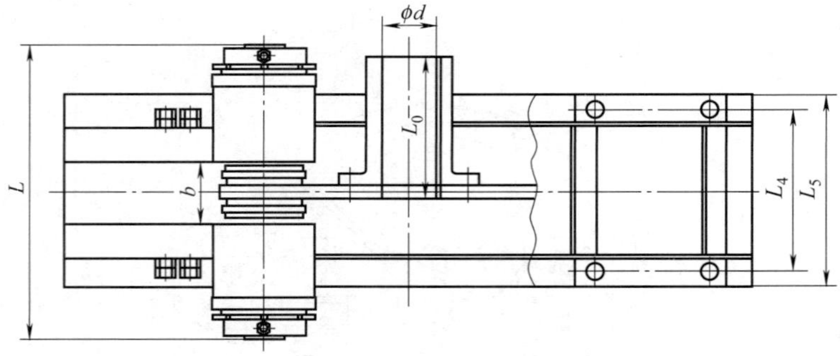

表 7-4-56　　**HKPZ 系列液压盘式制动装置选型表**

制动器规格代号	制动器规格	盘径 D/mm	最大制动转矩/kN·m	制动半径/mm	最高转速/r·min^{-1}
25	HZT-25	800	10	290	200
		1000	13.5	390	170
		1200	17	490	140
40	HZT-40	1000	19.6	350	170
		1200	25	450	140
63	HZT-63	1000	31	350	170
		1200	40	450	140
		1400	48/96	550	120
		1600	57/114	660	105
		1800	67/134/201	760	95
		2000	75/151/225	860	85
80	HZT-80	1000	36	330	170
		1200	47	430	140
		1400	59/118	540	120
		1600	71/142	650	105
		1800	84/168/252	750	95
		2000	95/190/285	850	85
100	HZT-100	1000	45	330	170
		1200	59	430	140
		1400	76/152	540	120
		1600	91/182	650	105
		1800	105/201/315	750	95
		2000	119/238/357	850	85
160	HZT-160	1200	94	430	140
		1400	118/236	540	120
		1600	142/284	650	105
		1800	168/336/504	750	95
		2000	190/380/570	850	85
200	HZT-200	1200	118	430	140
		1400	152/304	540	120
		1600	182/364	650	105
		1800	201/420/630	750	95
		2000	238/476/714	850	85

续表

制动器规格代号	制动器规格	盘径 D/mm	最大制动转矩/kN·m	制动半径/mm	最高转速/r·min^{-1}
250	HZT-250	1200	147	430	140
		1400	190/380	540	120
		1600	227/455	650	105
		1800	262/525/787	750	95
		2000	297/595/892	850	85
315	HZT-315	1200	187	430	140
		1400	235/469	540	120
		1600	282/545	650	105
		1800	326/652/978	750	95
		2000	369/739/1108	850	85

表 7-4-57　不同制动器规格及连接方式所对应的制动器宽度(*L*)

连接方式	制动器型号								
	HZT-25	HZT-40	HZT-63	HZT-80	HZT-100	HZT-160	HZT-200	HZT-250	HZT-315
胀套连接	648	648	798	798	798	920	920	1070	1070
键连接	600	600	678	678	678	830	830	990	990

液压控制单元外形及安装尺寸

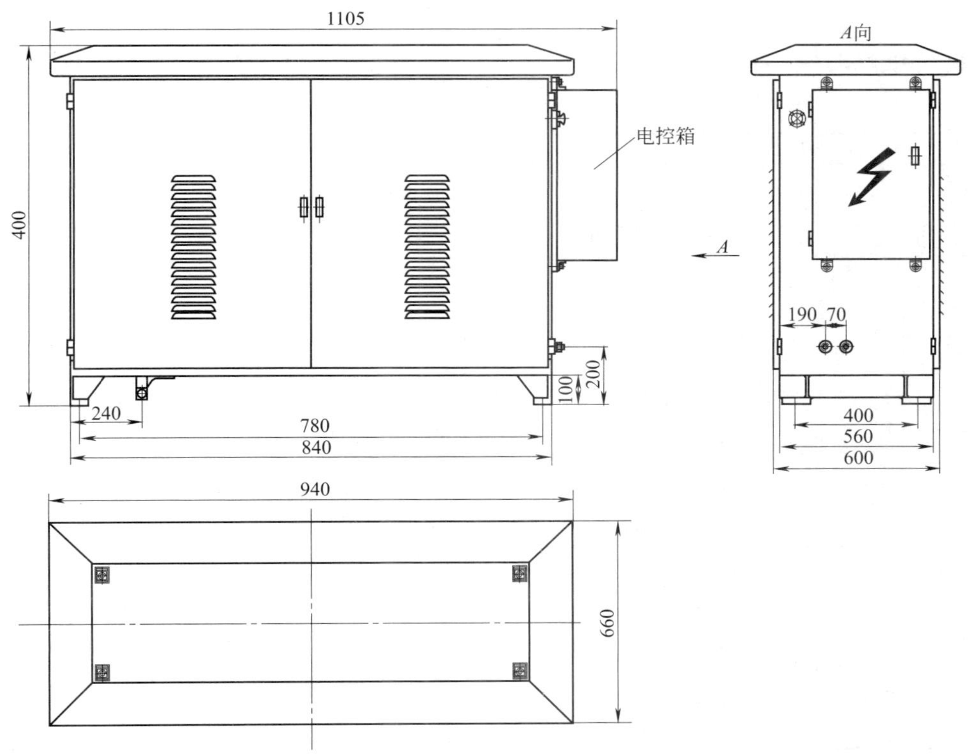

PDA 系列气动盘式制动器（有常闭式和常开式）

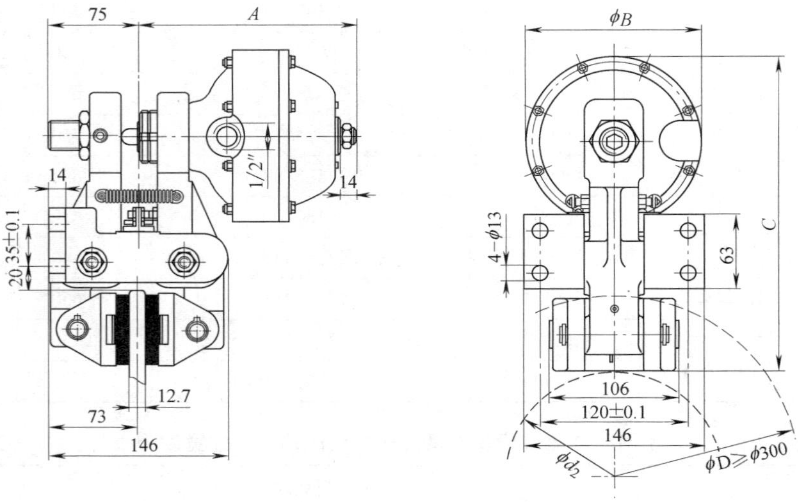

使用条件：

1. 环境温度-20~60℃。
2. 最大工作压力：7bar。
3. 气源要求：入气包的压缩空气应干燥、洁净无腐蚀性气体。
4. 可水平轴或垂直轴安装方式，最好是水平安装，制动器应对称布置。
5. 根据需要可设置松闸限位开关和衬垫磨损限位开关。

应用：

广泛用于中小型驱动机构的停车制动与减速制动机构的张紧制动，如造纸厂卷纸张紧，印刷时纸的张紧控制，钢板钢丝卷张机构的张紧控制。

特点：

有常闭式（弹簧制动，气压松闸），有常开式（气压制动，弹簧松闸）。衬垫（无石棉）插装式更换方便。

表 7-4-58　技术参数与尺寸

型　号	A	ϕB	C	ϕd	制动衬垫允许磨损厚度	制动衬垫总厚度	质量/kg
	mm						
PDA5	176	144	266	D−130	11	14	12
PDA10	204	190	290	D−130	11	14	15.5

技术参数

制动盘径	PDA5			PDA10		
	弹簧数量	制动力 F/N	制动转矩 M/N·m	弹簧数量	制动力 F/N	制动转矩 M/N·m
300	8	5250	615	8	10400	1215
	6	3937	460	6	7800	910
	4	2625	305	4	5200	605
	2	1312	153	2	2600	305
356	8	5250	760	8	10400	1500
	6	3937	570	6	7800	1125
	4	2625	380	4	5200	750
	2	1312	190	2	2600	375
406	8	5250	890	8	10400	1760
	6	3937	665	6	7800	1325
	4	2625	445	4	5200	880
	2	1312	225	2	2600	440

续表

技术参数						
制动盘径	PDA5			PDA10		
	弹簧数量	制动力 F/N	制动转矩 M/N·m	弹簧数量	制动力 F/N	制动转矩 M/N·m
457	8	5250	1025	8	10400	2030
	6	3937	770	6	7800	1525
	4	2625	510	4	5200	1015
	2	1312	255	2	2600	505
514	8	5250	1175	8	10400	2330
	6	3937	880	6	7800	1745
	4	2625	585	4	5200	1165
	2	1312	295	2	2600	585
610	8	5250	1430	8	10400	2830
	6	3937	1070	6	7800	2120
	4	2625	715	4	5200	1415
	2	1312	360	2	2600	710
711	8	5250	1690	8	10400	3350
	6	3937	1265	6	7800	2510
	4	2625	845	4	5200	1675
	2	1312	425	2	2600	840

特别提示：表中所列制动力和制动转矩，对于新制动衬垫，只有在衬垫与制动盘良好磨合（贴合面积达 30%以上）后方可达到。

操作气压及气量				
制动弹簧数	8	6	4	2
最小释放（闸）气压/bar	5	3.8	2.5	1.3
气量/dm^3	PDA5:0.3，　PDA10:0.7			

注：生产厂家为江西华伍制动器股份有限公司。该公司还生产弹簧制动-气压松闸的型号有 PDB、PDC、PDD 及 PDE 系列，气压制动-弹簧松闸的型号有 PDCA 系列。

QP12.7、CQP12.7 系列气动盘式制动器

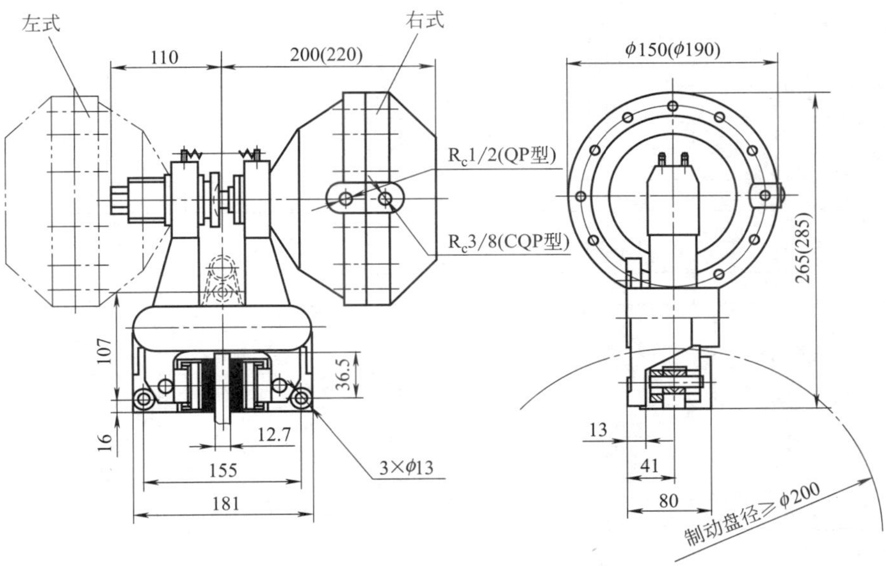

表 7-4-59　　技术参数与尺寸

型号		额定制动力/N（八根弹簧）	制动盘有效半径/m	额定制动转矩/N·m	工作气体容量/cm^3	总气体容量/cm^3	质量/kg
QP12.7	QP12.7-A	6400	制动盘半径-0.03	额定制动力×有效半径	273	553	24
	QP12.7-B	4800			140	293	20

型号		额定制动力/N	制动盘有效半径/m	额定制动转矩/N·m	工作气体容量/cm^3	总气体容量/cm^3	质量/kg
CQP12.7	CQP12.7-A	1788×工作气压	制动盘半径-0.03	额定制动力×有效半径	273	553	23
	CQP12.7-B	1055×工作气压			140	293	19

	QP12.7-A			QP12.7-B		
制动盘径/mm	弹簧数量/根	额定制动力/N	制动转矩/N·m	弹簧数量/根	额定制动力/N	制动转矩/N·m
ϕ250	8	6400	605	8	4800	455
	6	4800	455	6	3600	340
	4	3200	300	4	2400	225
	2	1600	150	2	1200	110
ϕ300	8	6400	765	8	4800	575
	6	4800	575	6	3600	430
	4	3200	380	4	2400	285
	2	1600	190	2	1200	140
ϕ356	8	6400	945	8	4800	710
	6	4800	710	6	3600	530
	4	3200	470	4	2400	355
	2	1600	235	2	1200	175
ϕ406	8	6400	1105	8	4800	830
	6	4800	830	6	3600	620
	4	3200	550	4	2400	415
	2	1600	275	2	1200	205
ϕ457	8	6400	1270	8	4800	950
	6	4800	950	6	3600	710
	4	3200	635	4	2400	475
	2	1600	315	2	1200	235
ϕ514	8	6400	1450	8	4800	1085
	6	4800	1085	6	3600	815
	4	3200	725	4	2400	540
	2	1600	360	2	1200	270
ϕ610	8	6400	1760	8	4800	1320
	6	4800	1320	6	3600	990
	4	3200	880	4	2400	660
	2	1600	440	2	1200	330
ϕ711	8	6400	2080	8	4800	1560
	6	4800	1560	6	3600	1170
	4	3200	1040	4	2400	780
	2	1600	520	2	1200	390

型号	气压/bar	额定制动力/N	额定制动转矩/N·m							
			制动盘径/mm							
			ϕ250	ϕ300	ϕ356	ϕ406	ϕ457	ϕ514	ϕ610	ϕ711
CQP12.7-A	3	5364	505	640	790	925	1060	1215	1475	1745
	4	7152	675	855	1055	1235	1415	1620	1965	2325
	5	8940	845	1070	1320	1545	1770	2025	2455	2905
	6	10728	1015	1285	1585	1855	2125	2435	2950	3490

续表

型号	气压/bar	额定制动力/N	额定制动转矩/N·m 制动盘径/mm							
			$\phi250$	$\phi300$	$\phi356$	$\phi406$	$\phi457$	$\phi514$	$\phi610$	$\phi711$
CQP12.7-B	3	3165	300	375	465	545	625	715	870	1030
	4	4220	400	505	620	730	835	955	1160	1370
	5	5275	500	630	780	910	1045	1195	1450	1715
	6	6330	600	755	935	1095	1255	1435	1740	2060

注：1. 生产厂为焦作金箍制动器股份有限公司。

2. QP12.7 为弹簧制动气压释放，CQP12.7 为气压制动弹簧释放。

3. 该公司还生产 QPL 和 CQPL 立式型号。

5.1.2 全盘式制动器结构及产品

全盘式制动器结构紧凑，摩擦面积大、制动转矩大，但散热条件差，装拆不如点盘式方便，采用扇形摩擦片（图 7-4-13）较全环摩擦片更换方便。改变垫片厚度可调节弹簧的压缩量，可调节制动转矩。径向尺寸有限时，可采用多盘式来增大制动转矩。多用于电动机上。

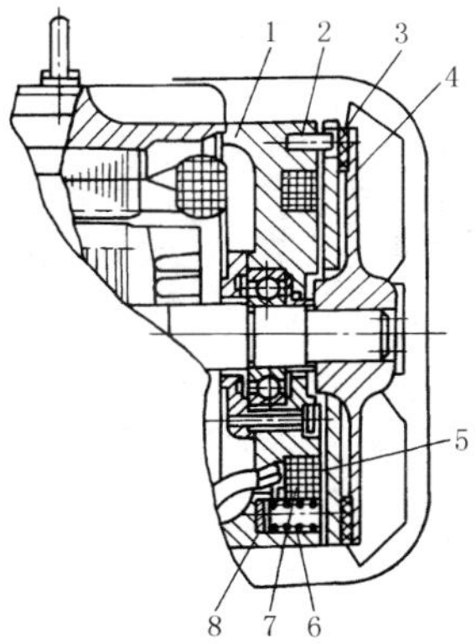

图 7-4-12 常闭单盘式制动器

1—尾盖；2—柱销；3—摩擦环；4—风扇；5—动铁芯；6—弹簧；7—线圈；8—垫片

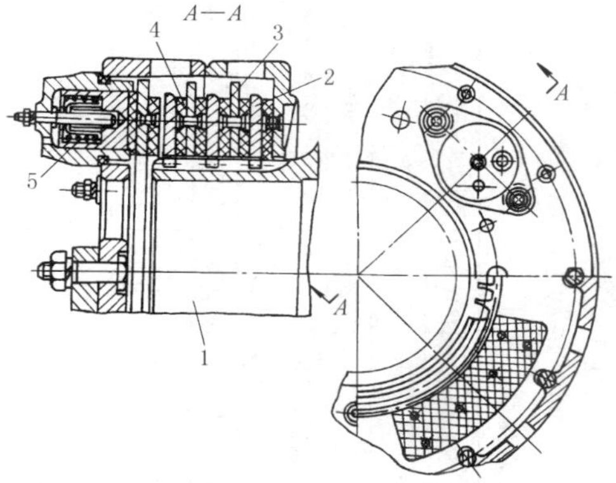

图 7-4-13 多盘式制动器

1—转动轴；2—动盘；3—定盘；4—摩擦片；5—弹簧

图 7-4-12 为常闭单盘式制动器，动铁芯 5 兼作制动盘，可沿柱销做轴向移动，风扇 4 上装有摩擦环 3，电机尾盖 1 上装有线圈 7 和弹簧 6，线圈 7 通电后，动铁芯 5 被吸合而松闸，转子运转。图 7-4-13 为采用扇形摩擦片的多盘式制动器，当线圈（图中未示出）通电后，弹簧 5 被压缩，动片与定片间出现间隙，松闸。

QPZ 常开型气动盘式制动器（摘自 JB/T 10469.1—2004）

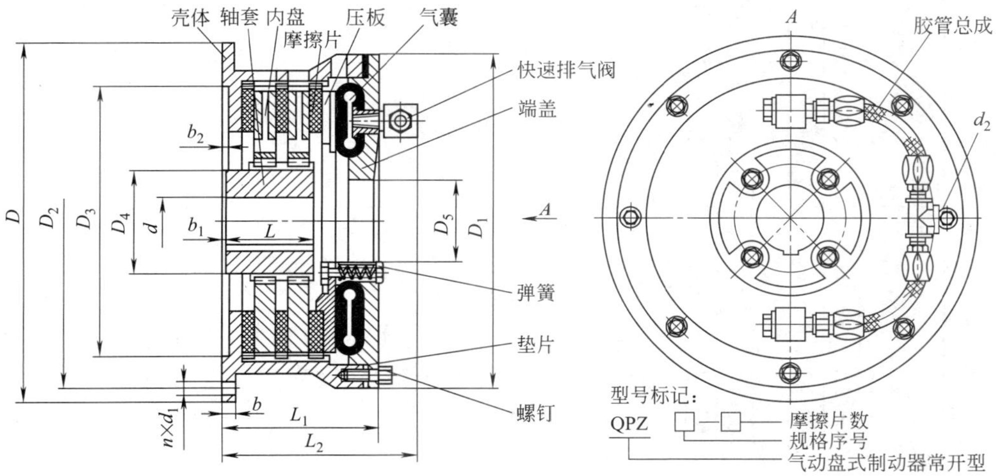

标记示例：

额定制动转矩为 5600N・m，型号为 QPZ5-3 轴孔直径 $d=80$mm 常开型的气动盘式制动器的标记为：

QPZ5-3 制动器 80JB/T 10469.1—2004

表 7-4-60　技术参数与尺寸

型号	额定制动转矩 /N・m	许用转速 n_p/ r・min^{-1}	d(H7)	L	L_1	L_2	D	D_1	D_2	D3(H8)	D_4	D_5	$n\times d_1$	d_2	b	b_1	b_2	转动惯量 /kg・m^2	质量 /kg
			/mm																
QPZ1-2	315	2500	1445	82	132	195	220	225	203	190	70	50	4×ϕ9	R_c1/2	6	1.5	2	0.017	20
QPZ2-2	710	2000	2556	82	160	220	310	285	280	220	90	58	6×ϕ14		13	6	8	0.044	32
QPZ3-2	1600	1500	2565	110	165	225	400	375	375	295	105	95	6×ϕ18		16	10	6	0.200	75
QPZ4-2	2800	1200	2590	114	216	276	470	445	445	370	140	125	8×ϕ14		16	10	10	0.450	105
QPZ5-2	4000	1100	35100	120	210	270	540	510	510	410	150	155	12×ϕ18		16	10	10	0.825	148
QPZ5-3	5600			165	256	318												1.230	162
QPZ6-2	6300	1000	50120	120	235	295	590	560	560	470	180	195	12×ϕ18	R_c3/4	16	10	11	1.345	171
QPZ6-3	9500			120	263	325												1.997	210
QPZ7-2	8500	900	50150	130	260	320	685	632	648	540	230	235	12×ϕ18		19	8	19	2.5	264
QPZ7-3	12500			178	294	355												4.0	330
QOZ8-2	15000	750	50150	130	257	320	760	735	730	620	230	335	12×ϕ18	R_c1¼	19	6	19	4.5	365
QPZ8-3	22400			190	314	375												6.75	465
QPZ9-2	17000	720	65165	175	259	325	830	790	800	700	230	335	16×ϕ18		19	6	19	8.5	426
QPZ9-3	25000			202	318	380												12.6	540
QPZ10-2	31500	640	65185	137	280	340	935	885	900	775	255	380	18×ϕ22		19	6	19	15.1	640
QPZ10-3	47500			190	320	380												19.5	795
QPZ11-2	50000	550	150230	229	330	390	1105	1045	1065	925	305	570	18×ϕ22		22	5	16	29.5	905
QPZ11-3	75000			314	410	480												44.7	1180
QPZ12-2	71000	450	200260	190	259	320	1320	1250	1250	1070	405	605	24×ϕ26		30	0	16	65	1040
QOZ12-3	106000			267	336	400												92	1680
QPZ13-2	132000	400	250360	223	248	310	1440	1445	1372	1320	610	610	24×ϕ26		30	0	16	140	2050
QPZ13-3	200000			260	448	510	1535		1472									211	2530
QPZ14-2	280000	380	280480	238	448	510	1790	1790	1689	1590	685	775	24×ϕ32		32	0	16	400	4100
QPZ14-3	450000			260	575	645												600	5300
QPZ14-4	560000			473	690	760												800	6500

注：1. 额定制动转矩，系气囊压力为 0.5MPa 时的转矩。2. 工作环境温度为−2080℃。3. 动摩擦因数 μd0.39（100℃时）、0.41（150℃时）、0.42（200℃时）。4. 键槽型式尺寸按 GB/T 3852 的规定。5. QPZ1QPZ3 为一个进气口，无胶管总成，其 dz 为快速排气阀的接口尺寸。6. 轴套孔与轴的配合为 H7/t6（$d\leqslant$45130）、H7/u6（d>130480）7. 生产厂：中国重型机械研究院机械装备厂、冀州市联轴器厂、焦作金箍制动器股份有限公司。

QPBZ 常闭型气动盘式制动器（摘自 JB/T 10469.2—2004）

标记示例：

额定制动转矩为 80000N·m，型号为 QPBZ12-3，轴孔直径 $d=200$mm 的常闭型气动盘式制动器的标记为：

QPBZ12-3 制动器 2000 JB/T 10469.2—2004

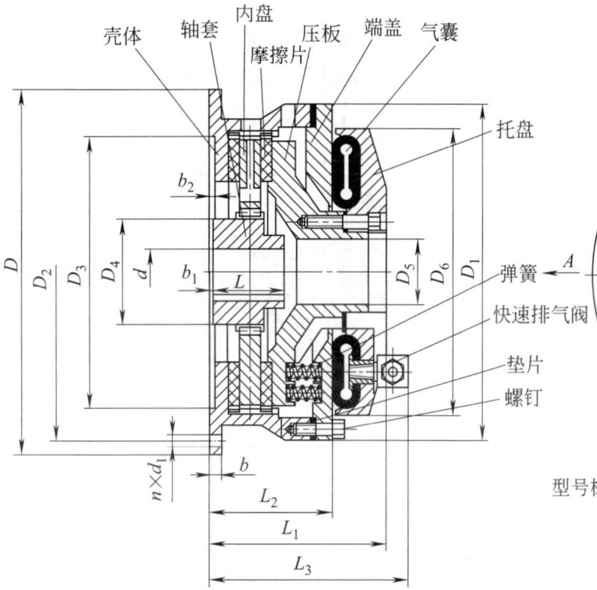

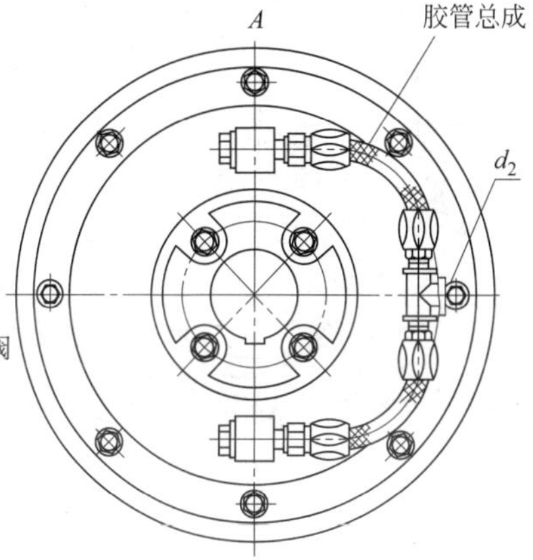

型号标记：QPBZ □ — □

- 摩擦片数
- 规格序号
- 气动盘式制动器　常闭式

表 7-4-61　技术参数与尺寸

型号	额定制动转矩 /N·m	许用转速 n_p/r·min^{-1}	d(H7)	L	L_1	L_2	L_3	D	D_1	D_2	$D3$(H8)	D_4	D_5	D_6	$n\times d_1$	d_2	b	b_1	b_2	转动惯量 /kg·m^2	质量 /kg
			/mm																		
QPBZ1-2	500	2500	1545	82	165	165	225	220	225	203	190	70	50	225	4×ϕ9	R_c1/2	6	1.6	2	0.017	25
QPBZ2-2	900	2000	2556	82	190	160	250	310	285	280	220	90	50	240	6×ϕ14		13	6	6	0.0447	37
QPBZ3-2	1400	1500	2565	110	218	200	280	400	375	375	295	100	75	305	6×ϕ18		16	6	9.5	0.200	95
QPBZ4-2	3550	1200	3590	114	255	215	315	470	445	445	370	140	100	375	8×ϕ18		16	10	9.5	0.450	135
QPBZ5-2	5000	1100	35100	120	270	225	330	540	510	510	410	150	110	415	12×ϕ18		16	10	9.5	0.825	204
QPBZ6-2	7500	1000	50120	120	275	235	335	590	560	560	470	180	125	495	12×ϕ18	R_c3/4	16	11	95	1.345	216
QPBZ7-2	9500	900	50150	130	305	360	365	685	635	648	540	230	155	550	12×ϕ18		19	19	8	2.5	341
QPBZ7-3	14000			178	355	395	415													4.0	367

续表

型号	额定制动转矩 /N·m	许用射速 n_p/ r·min^{-1}	d(H7)	L	L_1	L_2	L_3	D	D_1	D_2	D3(H8)	D_4	D_5	D_6	$n\times d_1$	d_2	b	b_1	b_2	转动质量 /kg·m^2	质量 /kg
			/mm																		
QPBZ8-2	14000	750	50150	130	310	260	370	760	740	730	620	230	210	685	12×ϕ18	Rc1¼	19	19	6	4.5	435
QPBZ8-3	20000			190	370	305	430													6.75	550
QPBZ9-2	19000	720	65165	175	320	280	380	830	790	800	700	230	210	685	12×ϕ18		19	19	6	8.5	552
QPBZ9-3	28000			202	370	325	430													12.6	630
QPBZ10-2	35500	640	65230	136	330	265	390	940	885	900	775	255	210	815	18×ϕ22		19	19	6	15.1	728
QPBZ10-3	37000			257	395	340	455													19.5	1000
QPBZ11-2	47500	550	150230	230	385	330	445	1105	1045	1065	925	305	325	975	18×ϕ22		22	16	6	29.5	1230
QPBZ11-3	67000			314	520	410	580													44.7	1480
QPBZ12-2	53000	450	200255	190	420	260	480	1320	1250	1250	1070	410	520	1120	24×ϕ26		25	15	6	65	1820
QPBZ12-3	80000			267	485	335	545													92	2248
QPBZ13-2	170000	400	250370	223	520	360	580	1490	1445	1440	1220	610	500	1320	24×ϕ26		25	15	6	140	3025
QPBZ13-3	250000			259	575	410	635													211	3375
QPBZ14-2	224000	380	280480	238	575	410	635	1790	1790	1689	1590	685	665	1530	24×ϕ32		30	12	6	400	5000
QPBZ14-3	315000			359	695	530	755													600	7500
QPBZ14-4	400000			473	825	660	885													800	9980

注：有关技术要求和制造厂家见表 7-4-60 的注。

QPWZ　水冷型气动盘式制动器（摘自 JB/T 10469.3—2004）

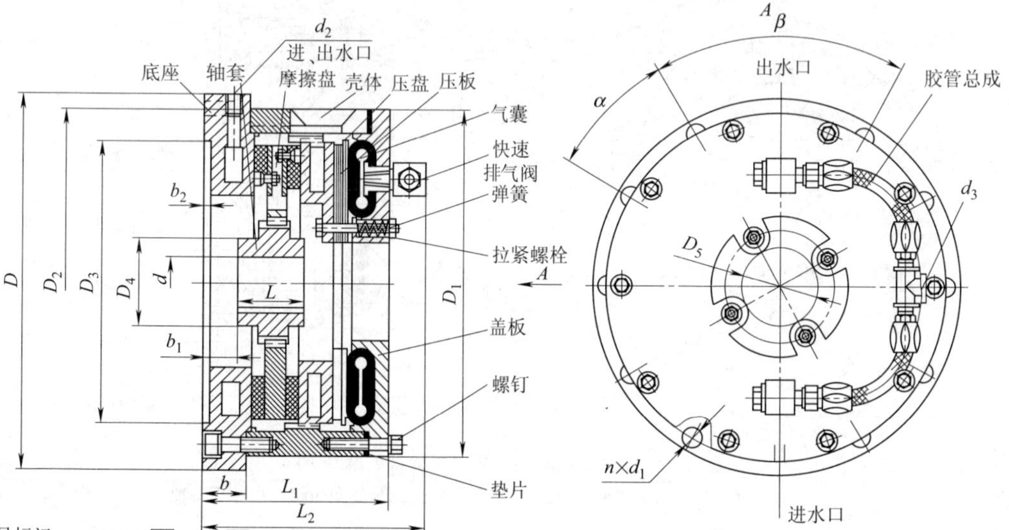

型号标记：QPWZ □ — □

- 摩擦片数
- 规格序号
- 气动盘式制动器水冷型

标记示例：

额定转矩为 14200N·m，型号为 QPWZ8-2，轴孔直径 d=90mm 的水冷却气动盘式制动器的标记为：

QPWZ8-2　制动器 90　JB/T 10469.3—2004

表 7-4-62　　**技术参数与尺寸**

型号	额定制动转矩/N·m	许用转速 n_P /r·min^{-1}	d(H7)	L	L_1	L_2	D	D_1	D_2	D3(H8)	D_4	D_5	α	β	$n\times d_1$	d_2	d_3	b	b_1	b_2	转动惯量 /kg·m^2	质量 /kg	水流量 /Lmin^{-1}
			/mm																				
QPWZ1-1	100	2800	1525	22	108	170	180	200	165	140	45	50	90°	90°	4×ϕ9	R_c1/8	R_c1/2	32	32	4	0.00125	10.6	4
QPWZ2-1	315	2500	1545	50	145	205	220	225	203	190	70	50	90°	90°	4×ϕ9	R_c1/4		30	20	4	0.02	21	6
QPWZ2-2	630			112	198	260													32		0.03	31	8
QPWZ3-1	560	2000	2556	50	172	235	310	285	280	220	90	55	60°	120°	4×ϕ14	R_c1/2		38	30	6	0.0225	36	8
QPWZ3-2	1120			102	225	285															0.0375	50	12
QPWZ4-1	1250	1500	2565	70	188	250	400	375	375	295	105	82	60°	120°	4×ϕ18	R_c1/2		38	20	6	0.113	78	12
QPWZ4-2	2500			122	240	300															0.25	90	17
QPWZ5-1	2240	1200	2590	95	215	275	470	445	445	370	140	125	45°	90°	6×ϕ18	R_c1/2		45	28	6	0.45	125	13
QPWZ5-2	4480		2571	143	268	330					110								45		0.625	145	21
QPWZ6-1	3150	1100	35100	102	220	280	540	510	510	410	150	150	30°	60°	10×ϕ18	R_c1/2		45	24	6	0.495	168	18
QPWZ6-2	6300		35120	143	285	345					180										0.72	250	25
QPWZ7-1	5000	1000	35120	102	288	290	590	560	560	470	180	200	30°	60°	10×ϕ18	R_c1/2	R_c3/4	45	28	6	0.75	95	21
QPWZ7-2	11000		35100	165	285	345					150					R_c3/4			42		0.90	2650	32
QPWZ8-1	7100	900	50150	102	245	305	685	635	648	540	230	235	30°	60°	10×ϕ18	R_c1/2		45	32	6	1.6	265	30
QPWZ8-2	14200		50140	165	302	365										R_c3/4					1.75	315	48
QPWZ9-1	7500	750	50150	102	225	320	760	740	730	620	230	235	30°	60°	10×ϕ18	R_c3/4	R_c1¼	45	35	6	2.85	360	45
QPWZ9-2	15000		50140	205	315	375					205										3.00	465	67
QPWZ10-1	13200	720	65160	115	255	320	830	790	800	700	230	335	22.5°	45°	14×ϕ18	R_c3/4		50	30	6	5.0	395	57
QPWZ10-2	26400			240	310	370															9.2	560	90
QPWZ11-1	26500	640	65260	128	285	345	40	885	900	775	405	380	20°	40°	16×ϕ22	R_c3/4		50	35	6	7.65	615	65
QPWZ11-2	53000			205	425	485													50		18.0	9.30	105
QPWZ12-1	40000	550	150220	145	305	365	1105	1045	1065	925	305	475	20°	40°	16×ϕ22	R_c3/4		60	30	6	16.8	810	90
QPWZ12-2	80000			280	445	505										R_c1¼					33	1200	145
QPWZ13-1	56000	450	200250	145	305	365	1320	1250	1250	1070	405	615	15°	30°	22×ϕ26	R_c1¼		60	30	6	31.5	960	110
QPWZ13-2	112000			285	445	505															70	1310	180
QPWZ14-2	212000	400	250360	320	485	545	1490	1445	1440	1220	550	640	15°	30°	22×ϕ26	R_c1¼		60	15	6	148	2250	250

注：1. QPWZ1QPWZ4 为一个进气口，无胶管总成，共 d_3 为快速排气阀的接口尺寸。

2. 其余技术要与生产厂家见表 7-4-60。

ZPQ 气动盘式制动器

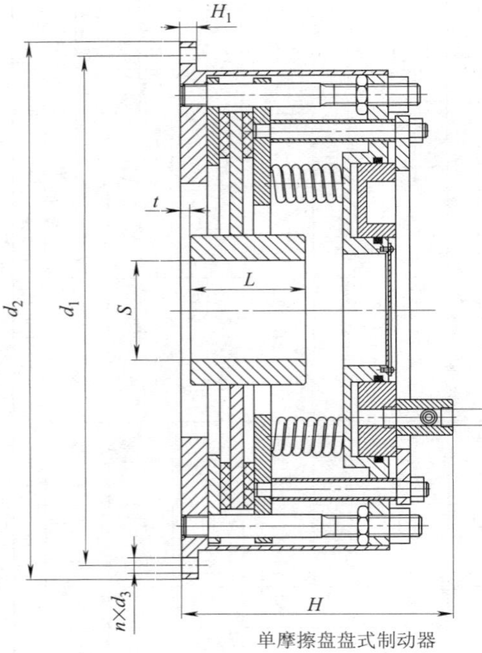

单摩擦盘盘式制动器

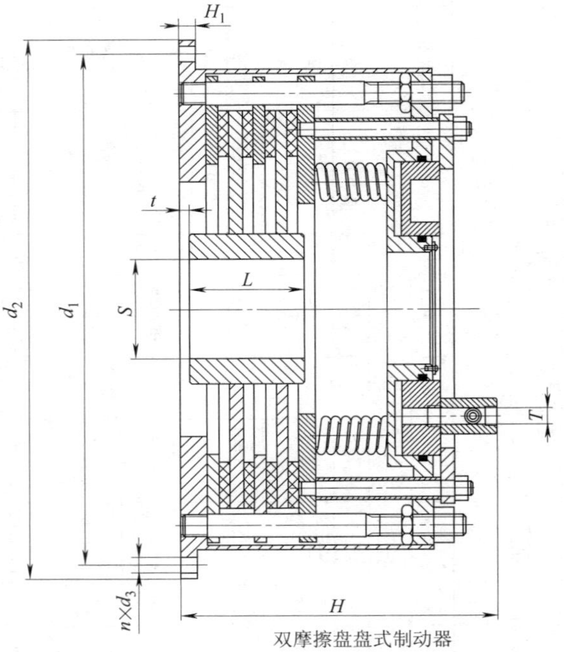

双摩擦盘盘式制动器

使用条件

1. 环境温度：−40~100℃。
2. 相对湿度：≤90%
3. 开闸气压：0.5MPa。

订货示例：

摩擦盘数量为 1，摩擦盘直径为 200mm 的气动盘式制动器的标记为：ZPQ1200 制动器

型号意义

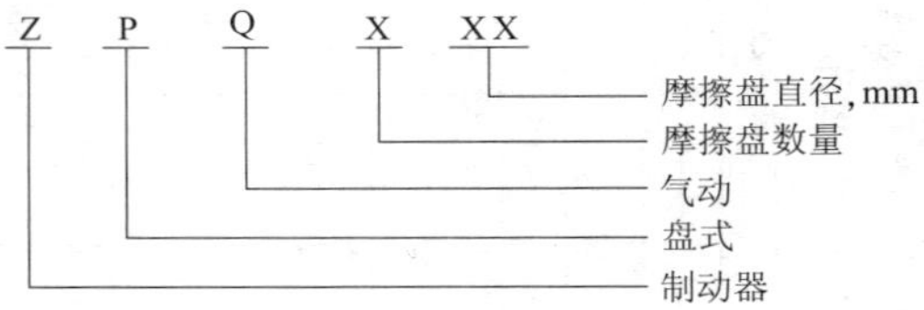

摩擦盘数量为 2，摩擦盘直径为 200mm 的气动盘式制动器的标记为：ZPQ2200 制动器

表 7-4-63　　ZPQ 系列气动盘式制动器技术参数和尺寸

型号	摩擦盘直径/mm	制动力矩/N·m		摩擦盘转动惯量/kg·m²	许用转速/r·min⁻¹	气源极限压力/MPa		适用轴径 S/mm	轮毂长度 L/mm		d_1/mm	d_2/mm	$n\times d_3$/mm	H/mm	H_1/mm	t/mm	T	质量/kg
		最大值	额定值			最小值	最大值		短轴伸	长轴伸								
ZPQ1200	200	355	315	0.0132	2315	0.5	0.75	25~48	24~54	42~82	292	315	8×11	124	12	3	Rc3/8	30
ZPQ2200	200	710	560	0.0264	2315	0.5	0.75	25~48	24~54	42~82	292	315	8×11	156	12	3	Rc3/8	36
ZPQ1250	250	800	710	0.0325	1775	0.5	0.75	48~65	54~70	82~105	362	390	12×13.5	147	16	4	Rc3/8	50
ZPQ2250	250	1600	1250	0.0650	1775	0.5	0.75	48~65	54~70	82~105	362	390	12×13.5	186	16	4	Rc3/8	60
ZPQ1315	315	1800	1400	0.0869	1470	0.5	0.75	56~80	54~90	82~130	445	480	8×17.5	166	19	5	Rc1/2	85
ZPQ2315	315	2500	1800	0.1738	1470	0.5	0.75	56~80	54~90	82~130	445	480	8×17.5	205	19	5	Rc1/2	100
ZPQ1400	400	3150	2800	0.2426	1100	0.5	0.75	60~110	70~120	105~165	532	565	12×17.5	199	19	5	Rc1/2	140
ZPQ2400	400	6300	5000	0.4852	1100	0.5	0.75	60~110	70~120	105~165	532	565	12×17.5	245	19	5	Rc1/2	170
ZPQ1500	500	7100	6300	0.6411	875	0.5	0.75	65~130	70~150	105~200	660	700	12×22	228	22	6	Rc3/4	250
ZPQ2500	500	14000	11200	1.2822	875	0.5	0.75	65~130	70~150	105~200	660	700	12×22	282	22	6	Rc3/4	295
ZPQ1630	630	11200	10000	1.7512	675	0.5	0.75	85~140	90~150	130~200	815	860	16×22	263	22	6	Rc3/4	435
ZPQ2630	630	22400	18000	3.5024	675	0.5	0.75	85~140	90~150	130~200	815	860	16×22	331	22	6	Rc3/4	540

注：1. 生产厂家：江西华伍制动器股份有限公司。

2. 此系列产品符合《JB/T 8435-2006 气动盘式制动器》标准。

3. 适用于矿山、冶金、工程和船舶等机械。

5.1.3 锥盘式制动器结构

锥盘式是全盘式的变型. 图 7-4-14 为应用于电动机的锥盘式制动器结构。当电动机启动时，产生一轴向磁拉力。推动锥形转子向右，并压缩弹簧 2，使得带风扇叶片的内锥盘 5 与电机壳后端盖的外锥盘 3 脱开接触，于是松闸，电机运转。反之，紧闸，电机停止。

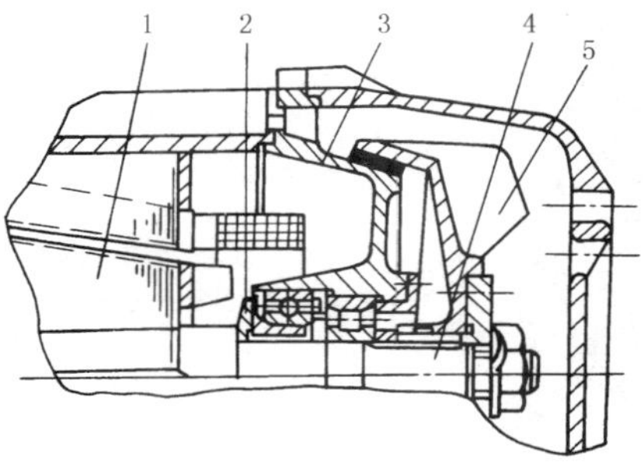

图 7-4-14 锥盘式制动器

1—电动机；2—弹簧；3—电动机尾盖外锥盘；4—电动机轴；5—电机风扇及内锥盘

5.2 盘式制动器的设计计算

表 7-4-64

计算简图	计算内容	计算公式	说明
圆盘式 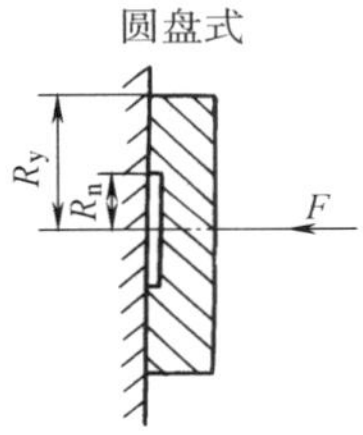	轴向推力 F 摩擦盘有效半径 R_e	$F=\frac{T}{n\mu R_e}$(N) $R_e=\frac{2}{3}\frac{R_y^3-R_n^3}{R_y^2-R_n^2}$(mm) 当 $R_y\le 1.8R_n$ 时,可取 $R_e=\frac{R_y+R_n}{2}$(mm) $m=\frac{4F}{p'\pi d^2}$	T——计算制动转矩,N·mm R_y,R_n——有效摩擦面的外、内半径，mm，R_y 取 1.2～2.5R_n，R_n 取结构允许的最小值 n——摩擦副数目 μ——摩擦因数，见表 7-4-5 p'——工作油压,MPa d——活塞直径,mm R——点盘中心到制动盘旋转中心的距离,mm P——每副点盘装置的推力,N A'——单缸的摩擦块面积,mm² A——摩擦面积总和,mm² p_p——许用压强，MPa，见表7-4-5 m——分泵或液压缸个数 S——制动安全系数，见表7-4-3 C——弹簧刚度,N/mm ε——退距,mm n_1——蝶形弹簧数目 W——缸内各运动部分的摩擦阻力,N d_1——活塞轴径,mm W_1——弹簧外力,N D——液压缸内径,mm R_y',R_n'——摩擦面的外、内半径,mm 取 $R_y'=(1.2\sim1.6)R_n'$，R_n'由结构限制决定
点盘常开式 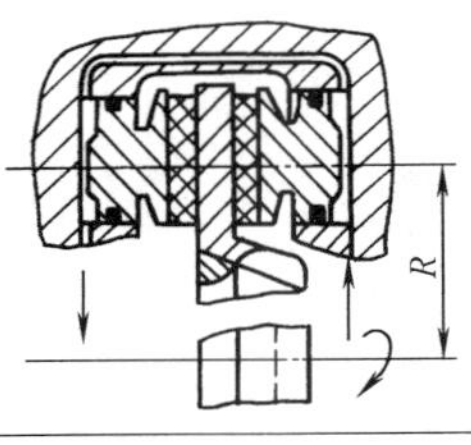	总轴向推力 F 点盘装置的副数 X 摩擦块的压强 p	$F=\frac{T}{\mu R}$(N) $X=\frac{F}{P}$ $P=pA'$(N) $p=\frac{F}{A}\le p_p$(MPa)	
点盘常闭式 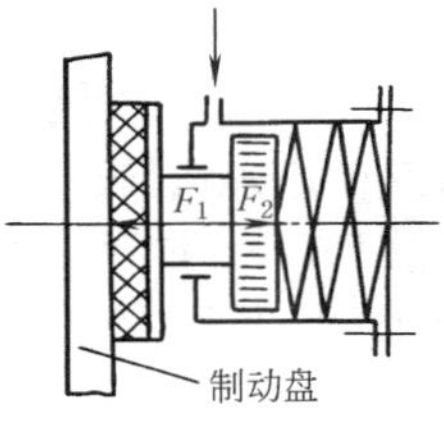	总轴向推力 F 单缸正压力 F_1 松闸时作用在弹簧上的力 F_2	$F=S\frac{T}{\mu R}$(N) $F_1=\frac{F}{m}$(N) $F_2=F_1+W_1$(N) $W_1=\frac{C\varepsilon}{n_1}+W$ $D=\sqrt{\frac{4F_1}{\pi p'}+d_1^2}$(mm) $p=\frac{F_1}{A'}\le p_p$(MPa)	

续表

计算简图	计算内容	计算公式	说明
锥盘式 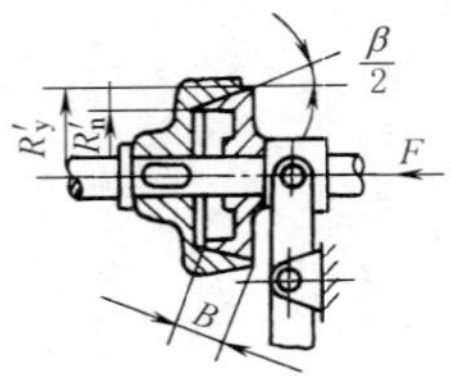	轴向推力 F 摩擦锥面有效宽度 B	$F=\frac{T\sin\frac{\beta}{2}}{\mu R_e}$ (N) $R_e=\frac{R_y'+R_n'}{2}$ (mm) $B\geqslant\frac{F}{2\pi R_e\sin\frac{\beta}{2}p_p}$ (mm)	ρ——摩擦角 $\frac{\beta}{2}>\rho+(2°\sim3°)$ T_t——载荷转矩，N·mm R_0——蜗轮节圆半径，mm r——$\frac{1}{2}$螺纹中径，mm α——螺纹升角，(°)，$\alpha=12°\sim25°$ ρ'——螺纹副摩擦角，润滑条件好时 $\rho'=2°\sim3°$ R_1——摩擦盘 1 的平均半径，mm R_2——摩擦盘 2 的平均半径，mm η_1，i_1——由电动机到制动轴的效率和传动比 T_1——螺旋式载荷自制制动器摩擦面间的摩擦转矩 $T_1=(0.15\sim0.5)T_t$ T'——螺旋副的摩擦阻转矩 通常 $T'=(0.1\sim0.3)T_t$ 通常 $T_0\approx(0.3\sim0.6)T_t$
蜗杆式载荷自制 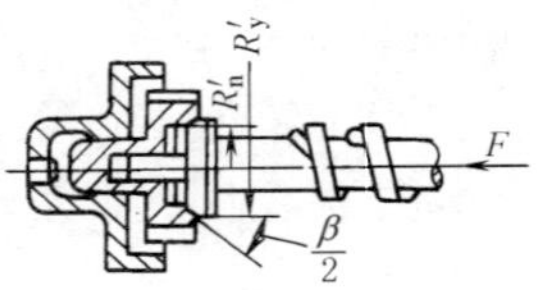	轴向推力 F	$F=\frac{T_t}{R_0}$ (N) （其他计算同锥盘式）	
螺旋式载荷自制 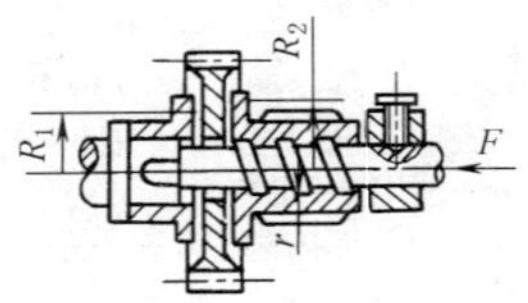	轴向推力 F 保证重物悬吊条件 重物下降所需转矩 T_0	$F=\frac{T_t}{r\tan(\alpha+\rho')+\mu R_2}$ (N) $\mu(R_1+R_2)\geqslant[r\tan(\alpha+\rho')+\mu R_1]\eta_1^2$ $T_0=(T_1-T')\frac{1}{i_1\eta_1}$ (N·mm)	

6　其他制动器

6.1　磁粉制动器

6.1.1　磁粉制动器的结构及工作原理

磁粉制动器主要利用磁粉磁化时所产生的剪力来制动，其特点是磁粉链抗剪力与磁粉磁化程度成正比，即制动转矩的大小与绕组中的励磁电流的大小成正比。但电流大到使磁粉达到磁饱和时，转矩增长速度就会减慢，见图 7-4-15，此外，磁粉的装满程度也影响转矩的特性。不宜超转矩、超转速使用。适合空载启动和过载保护。

图 7-4-16 为一磁粉制动器。为了便于安装激磁绕组 3，固定部分做成装配式，由 2 及 5 组成。固定与转动部分薄壁圆筒 7 之间的间隙中填充磁粉。由转动部分薄壁圆筒 7 与非磁性铸铁套筒 1 铆接成被制动件。为了防止磁通短路，特装一非磁性圆盘 4。固定部分 2 上铸有散热片，由风扇 8 强迫通风冷却。

这种制动器体积小，质量轻，具有恒转矩性，制动平稳，励磁功率小且制动转矩与转动件的转速无关。但磁粉会引起零件磨损。用于机械设备的制动，张力控制和调节转矩等自动控制及各种机器的驱动系统中。

有关安装使用说明见相关产品说明书。

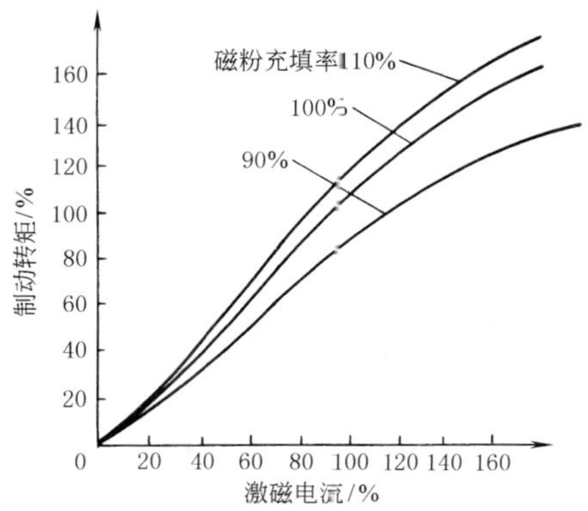

图 7-4-15　制动转矩与激磁电流特性

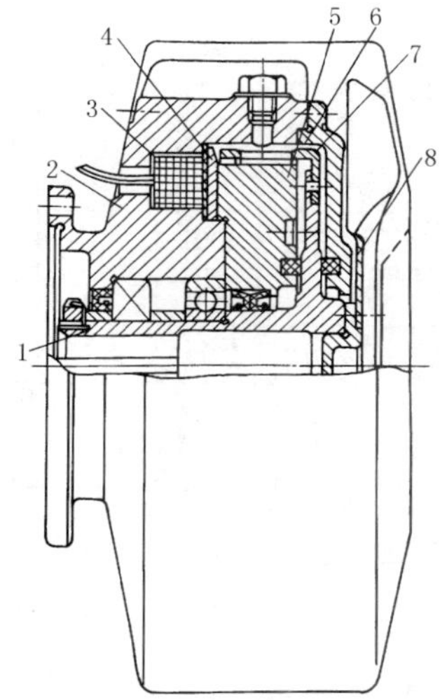

图 7-4-16　磁粉制动器

1—非磁性铸铁套筒；2,5—固定部分；3—激磁绕组；4—非磁性圆盘；6—磁粉；7—薄壁圆筒；8—风扇

6.1.2　磁粉制动器的性能参数及产品尺寸

FZ 型磁粉制动器（摘自 GB/T 26662—2011）

表 7-4-65　磁粉制动器的基本性能参数（摘自 GB/T 26662—2011）

型号	公称转矩 T_n /N·m	75℃时线圈 最大励磁电压 U_m /V	最大励磁电流 I_m /A	时间常数 T_{ir} /s	许用同步转速 n_p /r·min^{-1}	转动惯量 J/kg·m^2	自冷式 许用滑差功率 P_p/W ≥	风冷式 许用滑差功率 P_p/W ≥	风冷式 风量 /m^3·min^{-1}	液冷式 许用滑差功率 P_p/W	液冷式 液量 /L·min^{-1}
FZ0.5□	0.5	24	≤0.40	≤0.035	1500	2.69×10^{-4}	8	—	—	—	—
PZ1□	1		≤0.54	≤0.04		7.1×10^{-4}	15	—	—	—	—
FZ2.5□	2.5		≤0.64	≤0.052		1.34×10^{-3}	40	—	—	—	—
FZ5□	5		≤1.2	≤0.066		3.0×10^{-3}	70	—	—	—	—
FZ10□	10		≤1.4	≤0.11		5.7×10^{-3}	110	200	0.2	—	—
FZ25□·□/□	25		≤1.9	≤0.11		1.79×10^{-2}	150	340	0.4	—	—
FZ50□·□/□	50		≤2.8	≤0.12		4.71×10^{-2}	260	400	0.7	1200	3.0
FZ100□·□/□	100		≤3.6	≤0.23		1.57×10^{-1}	420	800	1.2	2500	6.0
FZ200□·□/□	200		≤3.8	≤0.33	1000	4.15×10^{-1}	720	1400	1.6	3800	9.0
FZ400□·□/□	400		≤5.0	≤0.44		1.09	900	2100	2.0	5200	15

续表

型号	公称转矩 T_n /N·m	75℃时线圈 最大励磁电压 U_m /V	最大励磁电流 I_m /A	时间常数 T_{ir} /s	许用同步转速 n_p /r·min^{-1}	转动惯量 J/kg·m^2	自冷式 许用滑差功率 P_p/W ≥	风冷式 许用滑差功率 P_p/W ≥	风量 /m^3·min^{-1}	液冷式 许用滑差功率 P_p/W	液量 /L·min^{-1}
FZ630□·□/□	630	80	≤1.6	≤0.47	1000	2.13	1000	2800	2.4	—	—
FZ1000□·□/□	1000		≤1.8	≤0.57	750	3.70	1200	3900	3.2	—	—
FZ2000□·□/□	2000		≤2.2	≤0.80		9.75	2000	6300	5.0	—	—

注：1. 工作条件：环境温度-5~40℃，空气最大相对湿度为90%（平均温度为25℃时），周围介质无爆炸危险，无腐蚀金属，无破坏绝缘的尘埃，无油雾；

2. 制动器用于海拔高度不超过2500m。用于制动或快速制动的产品采用直流稳压电源；用于调节转矩的产品推荐用直流可调恒流电源或专用的电子微控制品。

3. 产品的安全系数 K_s：一般制动用制动器 K_s>1.3；调节制动器 K_s>1.5；快速制动器 K_s>2.0（安全系数 K_s 是最大转矩与公称转矩之比）。

4. 磁粉制动器的轴伸按 GB/T 1569 的规定，键按 GB/T 1095 的规定，轴孔和键槽按 GB/T 3852 的规定。

5. 型号意义：

FZ □ □ ·□/□ GB/T 26662—2011

- 标准号
- 冷却型式代号（自冷代号省略；强迫通风冷却代号 F；液冷却代号 Y；电风扇冷却代号 S）
- 连接型式代号（轴连接止口支撑式代号省略；轴连接机座支撑式代号 J；空心轴连接止口支撑式代号 K；空心轴连接机座支撑式，代号 Z）
- 转子结构型式代号（柱形转子代号省略；杯形转子代号 B；筒形转子代号 T，盘形转子代号 P）
- 公称转矩代号
- 磁粉制动器代号

6. 生产厂家为北京古德高机电技术有限公司、浙江亚太机电股份有限公司、江苏海安中工机电制造有限公司，南通市航天机电自动控制有限公司。

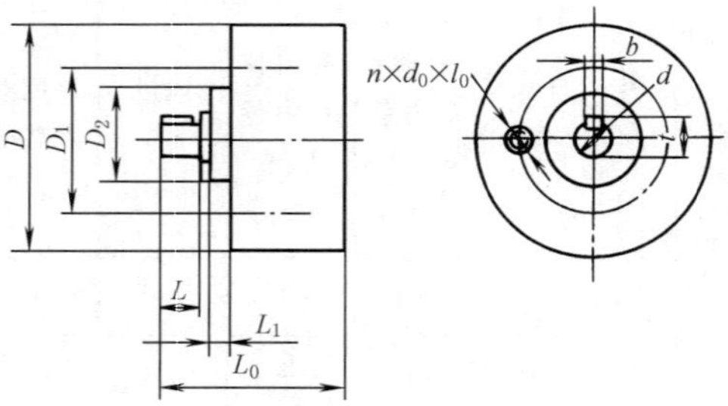

轴连接止口支撑式(代号省略)

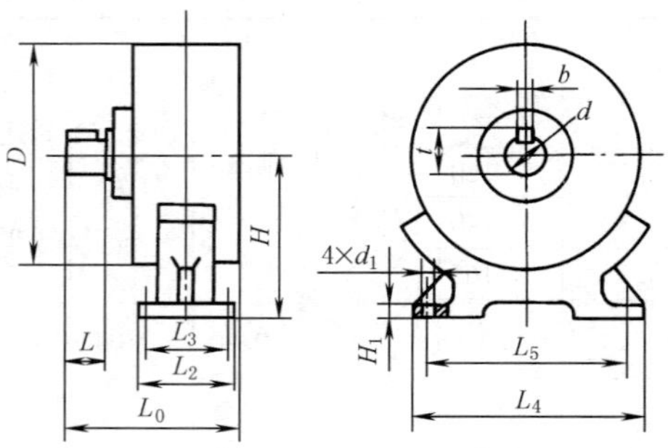

轴连接机座支撑式(代号J)

表 7-4-66 轴连接、止口支撑式和机座支撑式制动器主要尺寸（GB/T 26662—2011） mm

型号		外形尺寸 L_0	D	连接尺寸 d (h7)	L	b (p7)	t	止口式安装尺寸 D_1	D_2 (g7)	L_1	n	d_0	l_0	机座支撑式安装尺寸 L_2	L_3	L_4	L_5	H	H_1	d_1
FZ2.5□	FZ2.5□.J	104	120	10	20	3	11.2	64	42	8	6	M5	10	70	50	120	100	80	8	7
FZ5□	FZ5□.J	114	134	12	25	4	13.5	64	42	10	6	M5	10	70	50	140	120	90	10	7
FZ10□	FZ10□.J	129	152	14	25	5	16	64	42	13	6	M6	10	90	60	150	120	100	13	10
FZ25□	FZ25□.J	148	182	20	36	6	22.5	78	55	15	6	M6	10	100	70	180	150	120	15	12
FZ50□	FZ50□.J	182	219	25	42	8	28	100	74	23	6	M6	10	110	80	210	180	145	15	12

续表

型　　号		外形尺寸		连接尺寸				止口式安装尺寸						机座支撑式安装尺寸						
		L_0	D	d (h7)	L	b (p7)	t	D_1	D_2 (g7)	L_1	n	d_0	l_0	L_2	L_3	L_4	L_5	H	H_1	d_1
FZ100□	FZ100□. J	232	290	30	58	8	33	140	100	25	6	M10	15	140	100	290	250	185	20	12
FZ200□	FZ200□. J	267	335	35	58	10	38	150	110	25	6	M10	15	160	120	330	280	210	22	15
FZ400□	FZ400□. J	329	398	45	82	14	48. 5	200	130	33	6	M10	20	180	130	390	330	250	27	19
FZ630□	FZ630□. J	395	480	60	105	18	64	410	460	35	6×2	M12	25	210	150	480	410	290	33	24
FZ1000□	FZ1000□. J	435	540	70	105	20	74. 5	460	510	40	6×2	M12	25	220	160	540	470	330	38	24
FZ2000□	FZ2000□. J	525	660	80	130	22	85	560	630	40	6×2	M12	30	230	170	660	580	390	45	24

注：表中 D、L_0、H_1 为推荐尺寸。

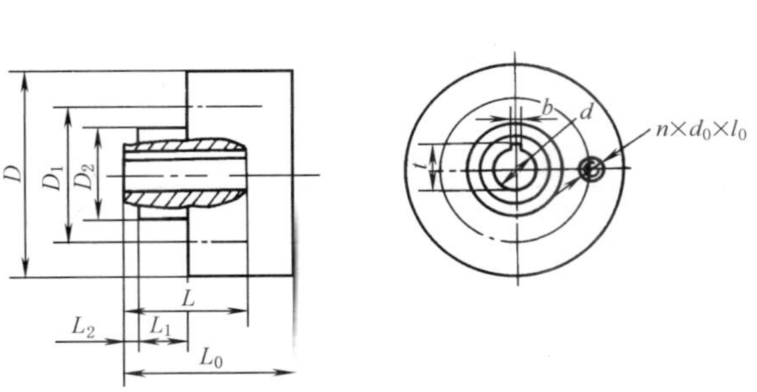

空心轴连接止口支撑式(外壳不旋转，代号K)

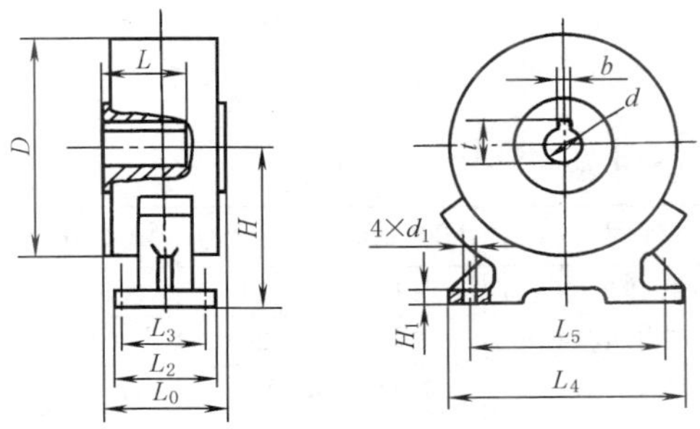

空心轴连接机座支撑式(代号Z)

表 7-4-67　空心轴连接、止口支撑式和机座支撑式制动器主要尺寸（GB/T 26662—2011）　mm

型　号		外形尺寸		安　装　尺　寸							连接尺寸			
		L_0	D	D_1	D_2	L_1	L_2	n	d_0	l_0	d (H7)	L	b (F7)	t
止口支撑式	FZ5□. K	80	130	90	70	10	2	6	M5	10	12	27	4	13. 8
	FZ10□. K	90	160	94	74	13	2	6	M6	10	13	30	6	20. 8
	FZ25□. K	100	180	120	100	15	2	6	M6	10	20	38	6	22. 8
	FZ50□. K	120	220	130	110	23	4	6	M6	10	30	60	8	33. 3
	FZ100□. K	140	290	150	110	25	4	6	M10	15	35	60	10	38. 3
	FZ200□. K	165	340	200	160	25	6	6	M10	15	45	84	14	48. 8
	FZ400□. K	210	398	200	160	33	6	6	M12	20	50	84	14	53. 8

型　号		外形尺寸		连接尺寸				安 装 尺 寸						
		L_0	D	d (H7)	L	b (F7)	t	L_2	L_3	L_4	L_5	H	H_1	d_1
机座支撑式	FZ5□. Z	72	130	12	27	4	13. 8	70	50	140	120	90	10	7
	FZ10□. Z	79	160	18	30	6	20. 8	90	60	150	120	100	13	10
	FZ25□. Z	87	180	20	38	6	22. 8	100	70	180	150	120	15	12
	FZ50□. Z	101	220	30	60	8	33. 3	110	80	210	180	145	15	12
	FZ100□. Z	119	290	35	60	10	38. 3	140	100	290	250	185	20	12
	FZ200□. Z	146	340	45	84	14	48. 8	160	120	330	280	210	22	15
	FZ400□. Z	183	398	50	84	14	53. 8	180	130	390	330	250	27	19

注：1. L_0、D 为推荐尺寸。

2. 止口支撑式中空心轴配合长度不小于 L。

3. 止口支撑式中空心轴可为通孔，也可为不通孔。

4. 机座支撑式 L_0、D 为推荐尺寸。

MFZ 型单出轴双风扇冷却式磁粉制动器

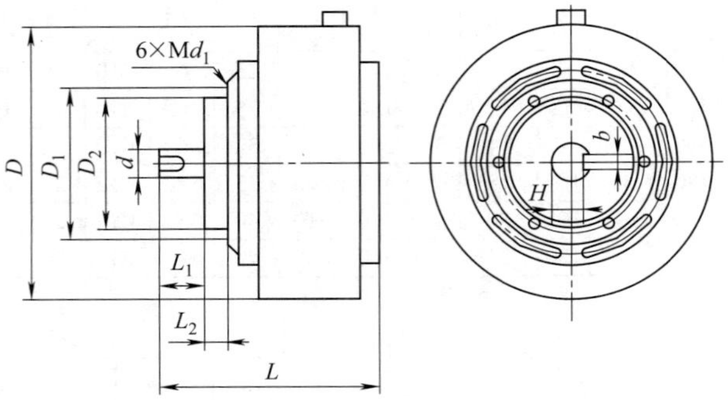

表 7-4-68

	型号		MFZ-12Q	MFZ-25Q	MFZ-50Q	MFZ-100Q	MFZ-100QW	MFZ-200Q	MFZ-200QW	MFZ-400Q	MFZ-600Q
技术参数	公称转矩/N·m		12	25	50	100	100	200	200	400	600
	额定电压/V(DC)		24	24	24	24	24	24	24	24	24
	额定电流/A		0.99	1.21	1.70	2.21	2.21	2.85	2.85	3.31	3.65
	滑差功率/W		130	300	500	800	1500	1000	1700	1600	3000
	许用最高转速/$r \cdot min^{-1}$		1600	1600	1600	1400	1400	1400	1400	1200	1200
外形及安装尺寸	L	mm	136	161	204	230	230	275	275	420	300
	L_1		30	40	55	65	65	70	70	82	100
	L_2		15	20	25	25	25	30	30	20	20
	D		152	182	220	280	280	330	330	402	410
	D_1		62	85	105	120	120	145	145	180	200
	D_2(h6)		50	70	85	90	90	120	120	140	175
	d(H7)		16	20	25	30	30	35	35	45	50
	d_1		5	5	6	8	8	10	10	10	12
	b(N9)		5	6	8	8	8	10	10	12	14
	H		13	16.5	21	26	26	30	30	39.5	44.5

注：生产厂为北京古德高机电技术有限公司，该公司还生产空心轴自冷式、空心轴散热片冷却式，单伸轴散热片冷却式及空心轴外壳旋转式等磁粉制动器。

FZ-DJ/Y2 型水冷磁粉制动器

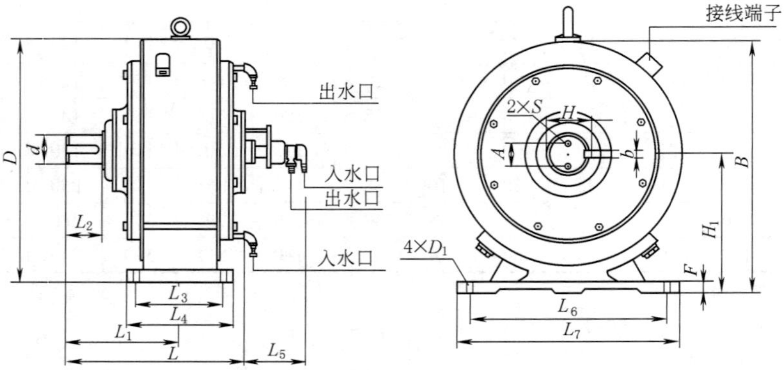

表 7-4-69　　mm

	型号	L	L_1	L_2	L_3	L_4	L_5	L_6	L_7	D	D_1	S	A	F	H_1	B	轴		
																	H $\left(\begin{smallmatrix}0\\-0.3\end{smallmatrix}\right)$	b	d (h7)
主要尺寸	FZ400DJ/Y1I	270	170	60	140	180	—	290	330	400	13	—	—	20	235	435	43	12	40
	FZ630DJ/Y2	350	223	100	180	220	135	340	400	460	18	—	—	26	272	502	53.5	14	50
	FZ1500DJ/Y2	420	260	100	220	260	135	408	470	490	18	—	—	28	300	545	85	22	80
	FZ2000DJ/Y2	540	330	130	250	300	135	460	520	570	22	—	—	30	408	693	95	25	90
	FZ3000DJ/Y2	632	410	140	340	400	198	590	650	760	26	M10	50	42	465	845	106	28	100
	FZ4000DJ/Y2	655	420	140	300	400	198	700	800	820	33	M10	50	45	480	890	106	28	100

	型号	额定转矩 /N·m	线圈(20℃)			允许滑差功率/W		允许转速 /r·min^{-1}	磁粉量 /g
			电压/V	电流/A	功率/W	水量 /L·min^{-1}	散热率/W		
性能参数	FZ400DJ/Y1I	400	24	2.69	64.5	15	5000	1000	300
	FZ630DJ/Y2	630	24	3.13	75	2×15	7500	1000	490
	FZ1500DJ/Y2	1500	36	3	108	2×20	10000	1000	650
	FZ2000DJ/Y2	2000	36	6	216	2×25	12000	1000	950
	FZ3000DJ/Y2	3000	48	4/75℃	192/75℃	2×30	20000	800	3000
	FZ4000DJ/Y2	4000	48	6/75℃	288/75℃	2×30	30000	750	4000

生产厂：山东莱州磁粉离合器厂，南通市航天机电自动控制有限公司。

空心轴外壳旋转式磁粉制动器

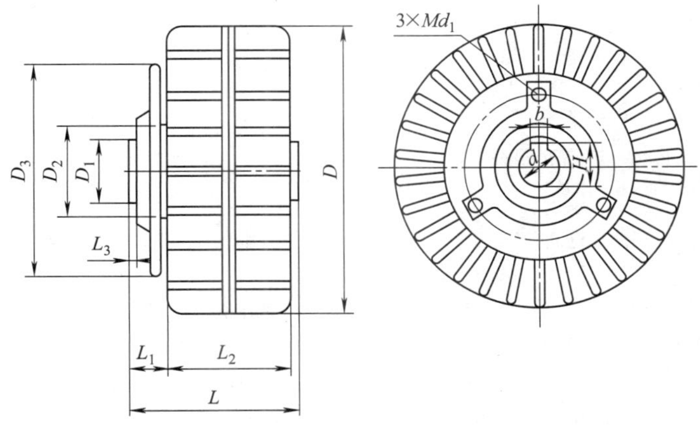

表 7-4-70

型号			MFZ-25KX	MFZ-50KX	MFZ-100KX
技术参数	公称转矩/N·m		25	50	100
	额定电压/V(DC)		24	24	24
	额定电流/A		0.92	1.19	1.65
	滑差功率/W		510	780	960
	许用最高转速/$r \cdot min^{-1}$		1600	1600	1600
外形及安装尺寸	L	mm	99	116	145
	L_1		28	28.5	33
	L_2		66	84	108
	L_3		5	5	5
	D		188	236	280
	D_1(h6)		100	110	125
	D_2		140	150	150
	D_3		170	195	250
	d(H7)		20	30	35
	d_1		3×M10	3×M10	6×M8
	b(JS9)		6	8	8
	H		22.8	33.3	38.3

生产厂：北京古德高机电技术有限公司，南通市航天机电自动控制有限公司。

6.2 电磁制动器和电磁离合制动器

6.2.1 简介

电磁制动器或电磁离合制动器的转矩是通过干摩擦面的摩擦产生，其电磁铁线圈由 24V 直流电控制。图 7-4-17是制动器安装在轴上的一种典型结构，定子 4 安装在机架（图中未示出）上并固定之，轴与法兰轮毂 2 连接，相对于定子 4 只能转动，无轴向移动。当轴需要制动时，给定子线圈 5 通电，定子产生的磁力牵引衔铁盘 1 压向摩擦垫 3（预应力弹簧张紧），完成轴的制动过程。当需要松闸时，定子断电，磁力消失，衔铁盘 1 在预应力弹簧的牵引下复位，完成松闸。这种制动器应常检查摩擦副的间隙 S。制动器常用于包装机械、纺织机械、自动门等机械中。

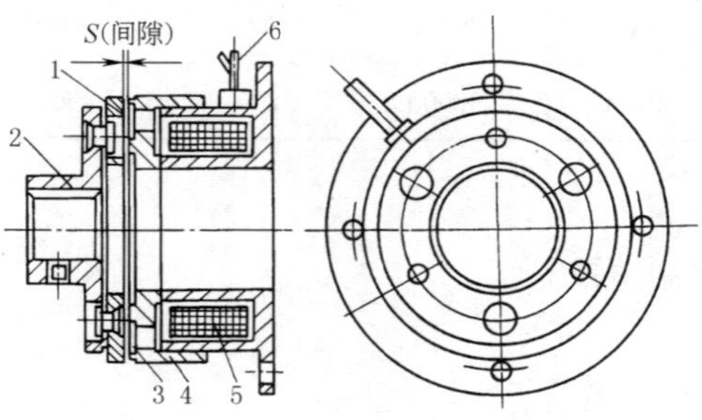

图 7-4-17　电磁制动器

1—衔铁盘；2—法兰轮毂；3—摩擦垫；4—定子；5—线圈；6—电线

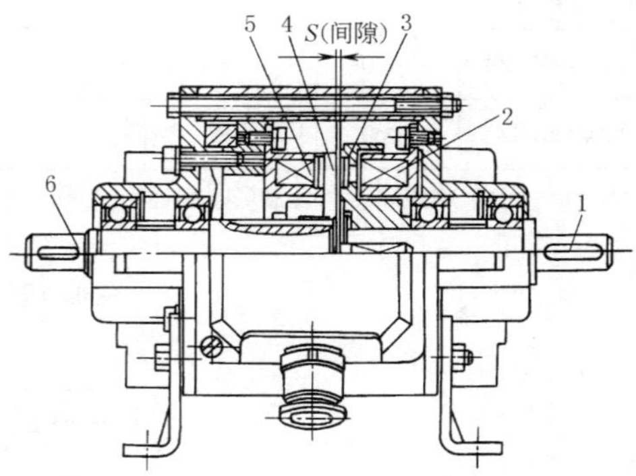

图 7-4-18　电磁离合制动器

1—输入轴；2—离合器定子；3—转子；4—衔铁盘；5—制动器定子；6—输出轴

图 7-4-18 为电磁离合制动器，它是由电磁离合器（右侧）和电磁制动器（左侧）组成。其输入轴 1 同电动机相连，使离合器转子 3 旋转；当离合器处于合的工作状态时，就可以通过被吸引的衔铁盘 4 带动输出轴 6 转动，此时，左侧制动器处于松闸状态。当制动器工作时，制动器定子 5 吸引衔铁盘 4，使输出轴 6 制动，此时离合器处于离的工作状态。摩擦垫采用抗磨损无石棉的材料，衔铁盘的惯量很小，使装置有高的操作频率，能实现

快速反应。可将三相异步电动机装在输入轴，或将减速器装在输出轴，实现模块式设计的多种传动型式。天津机床电器有限公司已有电磁制动器与电磁离合制动器的系列产品。本篇第 3 章第 5.4.3 节中有其部分产品。

6.2.2 电磁制动器产品

DHD2 快速型失电制动器

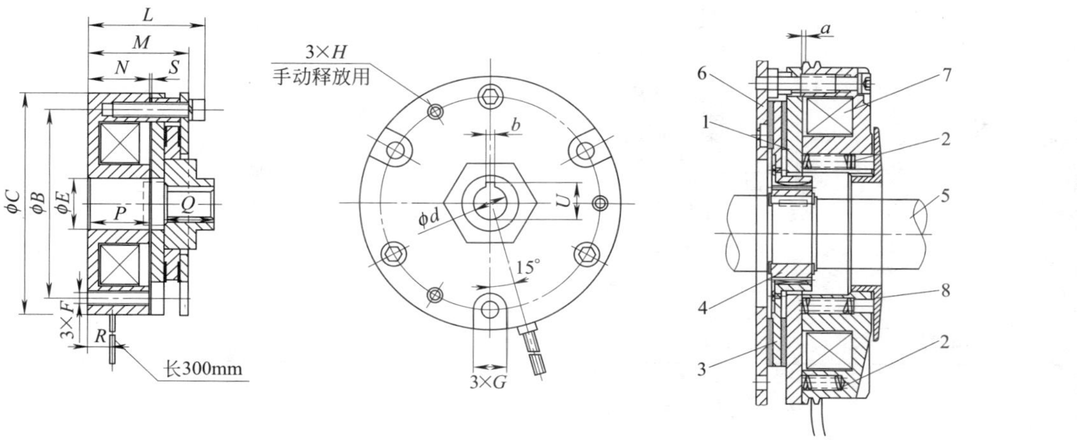

结构和安装示意图

1—衔铁；2—制动压紧弹簧；3—制动盘；4—带键轴套；5—被制动的轴；6—法兰盘；7—激磁线圈；8—制动转矩调整螺母；*a*—间隙

表 7-4-71

参数＼型号		DHD2-2	DHD2-4	DHD2-8	DHD2-16	DHD2-30	DHD2-50	DHD2-100	DHD2-200
静摩擦转矩/N·m		2	4	8	16	30	50	100	200
励磁电压/V(DC)		24 / 90	24 / 90	24 / 90	24 / 90	24 / 90	24 / 90	24 / 90	24 / 90
功率(20℃)/W		10	13	15	18	23	27	33	45
接通(释放)时间/ms		35	45	55	70	100	120	180	250
断开(制动)时间/ms		12		15	25	35	50	65	90
质量/kg		0.5	0.85	1.2	1.9	3.6	5.2	7.9	12.3
B	mm	68	74	85	108	112	130	150	170
C	mm	77	85	97	117	125	145	165	187
E	mm	20		25	40	49		62	
F	mm	4.5	5.5			6.6		9	
G	mm	8	11			14		18	
H	mm	—				M5		M6	
L	mm	30	32	35	41	53.5	56.5	71	81
P	mm	18	16	14	15	16	18	22	21
M	mm	25.5	27.5	29.5	34.5	46	49	61	71
N	mm	15	16	17	19.5	26	27	32	37
Q	mm	8	12	16	20	25		30	40
R	mm	7	7.5	8.5		11	14	17	21
S	mm	0.15~0.25							0.2~0.3
d	mm	12		14	19		24	28	32
b	mm	4		5	6		8		10
U	mm	13.8		16.3	21.8		27.3	31.3	35.8

注：1. 弹簧（弹簧表示在安装示意图中）制动，通电松闸。特别适用于有制动功能的电机配套和断电后有保持制动要求的机械设备，如升降机等。带六方孔的制动板套在六方套上，可左右滑动。

2. 生产厂家为北京古德高机电技术有限公司。

第 7 篇

DHD3 间隙可调型失电制动器

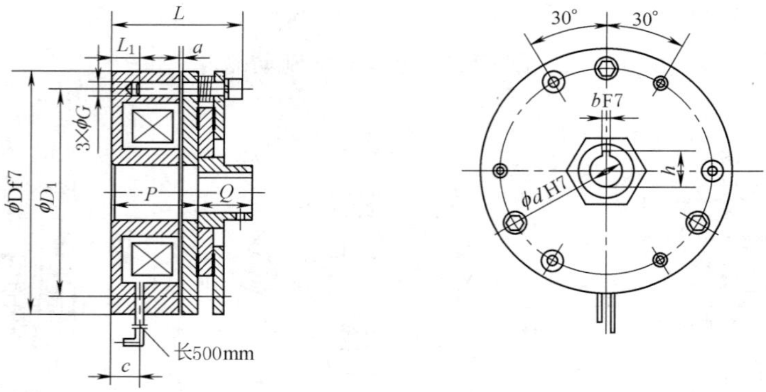

表 7-4-72

参数 \ 型号		DHD3-1.2	DHD3-3.0	DHD3-6.0	DHD3-15	DHD3-30	DHD3-60	DHD3-120	DHD3-240
静摩擦转矩/N·m		1.2	3.0	6.0	15	30	60	120	240
励磁电压/V(DC)		80							
功率(20℃)/W		8	12	15	20	28	32		36
接通(释放)时间/ms		40		50	70	100	120		250
断开(制动)时间/ms		30			40	50	70		50
质量/kg		1.3	1.7	2.8	3.2	5.3	7.3	8.4	14
Df7	mm	80	90	100	120	140	165		200
D_1	mm	70	80	88	106	124	146		178
G	mm	8		9.5		12.5	15.5		19
L	mm	44	48	53	63	72	77	94	112
P	mm	27	30	34	39	46	48		58
Q	mm	17	18	19	24	26	29	40	45
L_1	mm	7	10		15				27
c	mm	8		7	9	12			10
a	mm	0.25~0.75						0.5~1.0	
ϕdH7	mm	8	10	14	18	22	28	32	42
bF7	mm	3	4	5	6	8		10	12
h	mm	9.4	11.8	16.3	20.8	25.3	31.3	35.3	45.3

注：同表 7-4-71 注。

DHD4、DHD5 手动释放型失电制动器（DHD4 为转矩可调、DHD5 为转矩不可调）

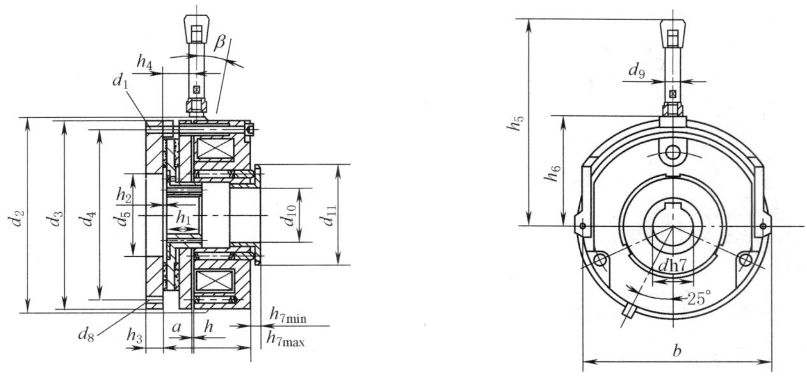

表 7-4-73

型号 参数		DHD$^{4}_{5}$-4	DHD$^{4}_{5}$-8	DHD$^{4}_{5}$-16	DHD$^{4}_{5}$-32	DHD$^{4}_{5}$-60	DHD$^{4}_{5}$-80	DHD$^{4}_{5}$-150	DHD$^{4}_{5}$-260	DHD$^{4}_{5}$-400
静摩擦转矩/N·m		≥4	≥8	≥16	≥40	≥60	≥80	≥150	≥260	≥400
励磁电压/V(DC)		24、96、103、170、180、190、205								
功率(20℃)/W		20	25	30	40	50	55	85	100	110
最高转速/$r\cdot min^{-1}$		3000						1500		
接通(释放)时间/ms		45	60	73	111	213	221	272	—	375
断开(制动)时间/ms		29	32	47	57	38	53	85	—	219
h	mm	36.3	42.8	48.4	54.9	65.5	72.5	83.1	97.6	105.7
h_1		18	20	20	25	30	30	35	40	50
h_2		1.0	1.5	2	2	2	2.25	2.75	3.5	4.5
h_3		6	7	9	11	11	11	11	11	12.5
h_4		16	16.5	28	30	33	38	41	48	58
h_5		98	111	121	140	165	196	242	276	280
h_6		54.5	63	74	85	98	113	124	140	172
β		9°~12°	9°~12°	9°~12°	9°~12°	9°~12°	9°~12°	9°~12°	9°~12°	9°~12°
h_{7min}		3	4	5	5	5	6	6	8	8
h_{7max}		5.5	6	9.5	10	11	11.5	15	18	18
$a_{标准}$		0.2	0.2	0.2	0.3	0.3	0.3	0.4	0.4	0.5
$a_{极限}$		0.4	0.4	0.4	0.5	0.5	0.5	0.8	0.8	0.8
b		88	106.5	132	152	169	194.5	222	258	308
dh7		11、12	11、12、14、15	11、12、14、15、20	20、25	20、25、30	25、30、35、38	30、35、40、45	35、40、45、50	40、45、50、55、60、65、70
d_1		3×M4	3×M5	3×M6	3×M6	3×M8	3×M8	6×M8	6×M10	6×M10
d_2		91	109	134	155	169	195	222	259	308
d_3		87	105	130	150	165	190	217	254	302
d_4		72	90	112	132	145	170	196	230	278
d_5		31	41	45	52	55	70	77	90	120
d_8		3~4.5	3~5.5	3~7	3~7	3~9	3~9	6~9	6~11	6~11
d_9		8	8	10	10	12	12	14	14	16
d_{10}		24	26	35	40	52	52	62	72	85
d_{11}		52	60	73	82	92	112	116	135	173

注：1. 手动释放机构、防尘罩、法兰为选购件。

2. 功率（20°）（W）表中数字是指 $V_{DC}=2.4$ 伏下的电功率。

3. 同表 7-4-71 注。

6.3 人力操纵制动器

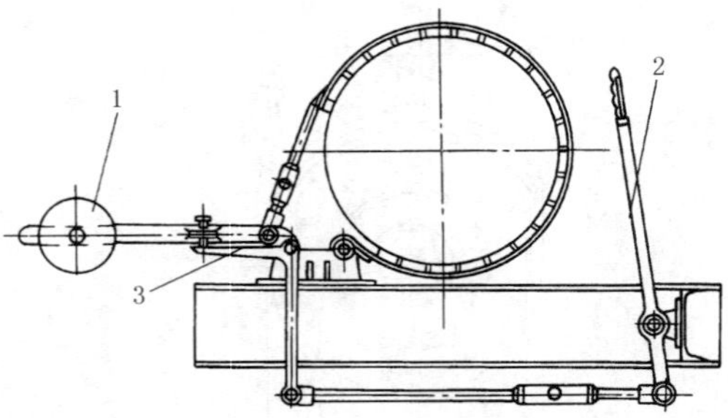

图 7-4-19 手动常闭带式制动器
1—重锤；2—手柄；3—弯杆

人力操纵制动器主要通过杠杆操纵，其优点是结构简单，质量轻，工作可靠。缺点是增力范围小，一般用于小型机械和汽车手动制动器。图 7-4-19 为手动常闭带式制动器，重锤 1 使制动器紧闸，操纵手柄 2 使制动器松闸。

设计杠杆时，应尽量使杠杆受拉，按最大操纵力来设计杠杆传动比。一般手动杠杆操纵力取 160～200N，用脚踏板操纵取 250～300N。表 7-4-74 为 RWK 系列脚踏式常开块式制动器。

TWZ（B）系列脚踏式制动器为人力操纵的常开式制动器，主要用于各种中、小型起重机大车运行机构的减速制动，也可用于其他机械用来减速用。TWZ 产品安装尺寸符合 JB/ZQ 4388—2006，TWZ（B）产品安装尺寸符合 JB/T 7021—2006

型号意义：

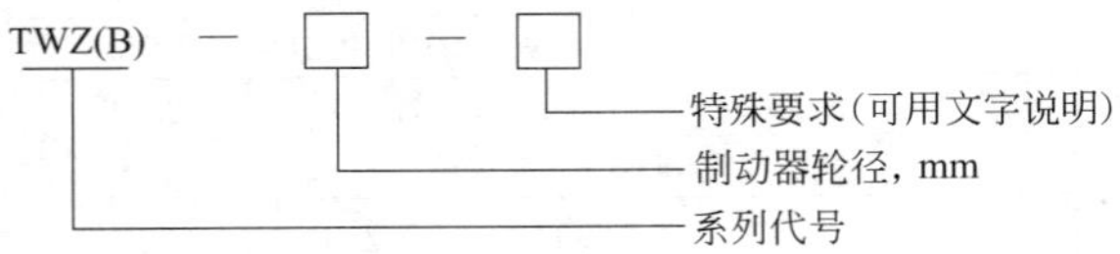

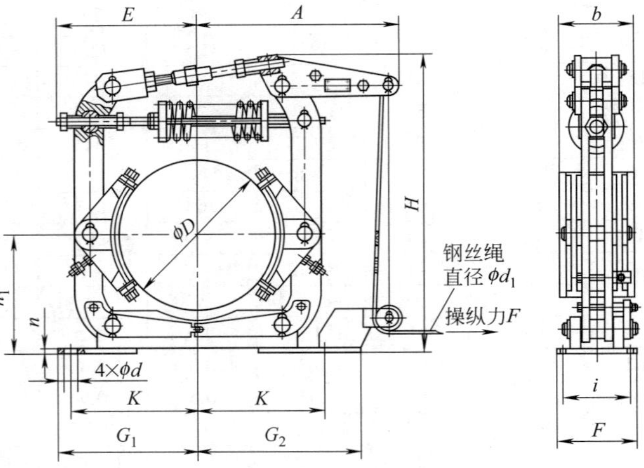

表 7-4-74 mm

型号	最大操纵力 F/N	最大制动转矩/N·m	D	h_1	K	i	d	n	b	G_1	G_2	F	E	A	d_1	H	质量/kg
TWZ-200	320	230	200	170	175 190	60	18	8	90	210	265	100	205	325	4	460	23
TWZB-200	320	200		160	145	55	14	10	70	165	225	90	205	325	4	450	25
TWZ-300	370	500	300	240	250 270	80	22	12	140	300	300	130	290	405	4	600	60
TWZB-315	370	500	315	230	220	80	18	12	110	245	300	115	290	405	4	590	63

注：生产厂家为焦作金箍制动器有限公司。

图 7-4-20 为脚踏操纵液体传力的常开内张蹄式制动器。这种制动器是脚踏操纵，通过液体传力控制制动蹄 5 压紧制动鼓 7 产生制动转矩。由于结构紧凑，人力控制方便，广泛用于各种运输车辆。内张蹄式制动器的结构与计算可参阅有关书籍。

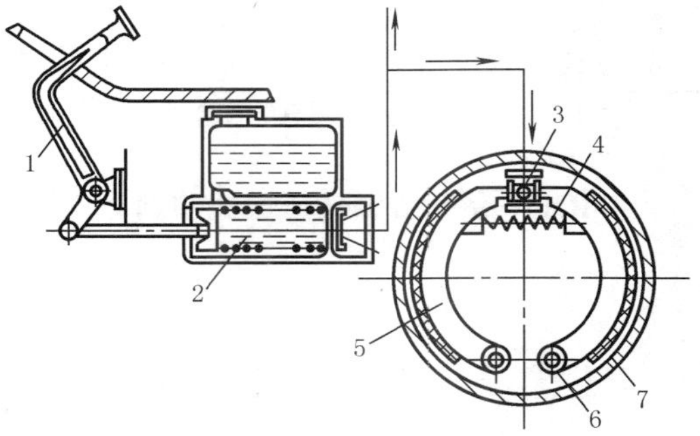

图 7-4-20 脚踏式常开内张蹄式制动器
1—脚踏杠杆；2—液压制动泵；3—制动分泵；
4—拉簧；5—制动蹄；6—支承销；7—制动鼓

$TYWZ_2$ 系列脚踏液压鼓式制动器

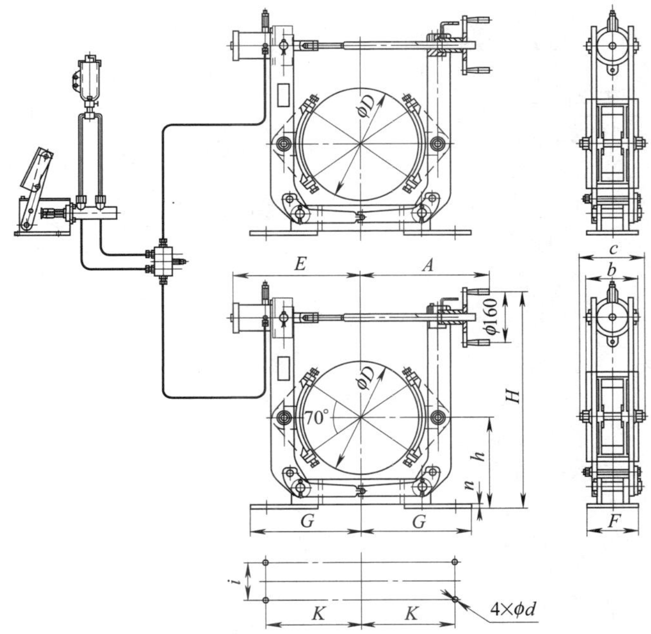

应用与特点：

$TYWZ_2$ 系列脚踏液压鼓式制动器，主要用于中、小型起重机大车运行平稳减速制动、定位准确，也可用于人工控制的其他机械。是常开式制动器，无需电源。

使用条件：

环境温度：-20~50℃。

周围工作环境中不得有易燃、易爆及腐蚀性气体，否则应采用防腐型产品，空气相对湿度不大于 90%。

型号意义：

$TYWZ_2$ - □ - □

- 特殊要求(可用文字说明)
- 制动器轮径(mm)
- 系列代号

表 7-4-75 mm

型号	制动转矩/N·m	D	h	K	i	d	n	b	c	G	F	E	A	H	质量/kg
$TYWZ_2$-200	0~200	200	170	175	60	17	10	90	135	195	100	300	320	440	42
$TYWZ_2$-300	0~400	300	240	250	80	22	12	140	160	275	130	360	380	610	56
$TYWZ_2$-315	0~400	315	240	250	80	22	12	125	186	275	130	375	390	610	60
$TYWZ_2$-400	0~800	400	320	325	130	22	14	180	210	380	180	445	445	780	84

注：生产厂家为焦作金箍制动器有限责任公司。有关技术问题与厂家联系。

RKW 系列脚踏液压鼓式制动器

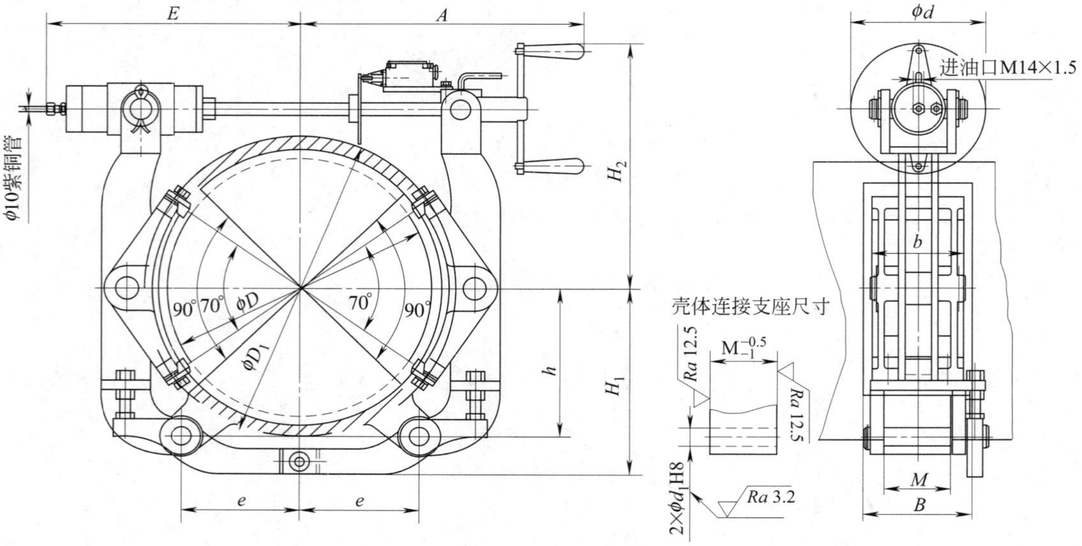

型号意义

RKW □-□-□

- 产品型号
- 附加装置：CL－手动闭闸限位开关
- 特殊要求(可用文字说明)：CP－防腐型

订货示例：RKW200-CL. CP

使用条件：

1. 环境温度：−25~50℃。
2. 相对湿度：≤90%
3. 安装方式：水平（卧式）安装。

表 7-4-76

制动器型号	油量	油压	制动转矩/N·m	安装及外形尺寸/mm													质量/kg
				D	h	e	b	E	A	H_1	H_2	d	D_1	B	M	d_1	
RKW200	20	0.6~1.2	140~280	200	135	108	70	330	329	163	290	205	240	90	60	20	33
RKW300	20	0.6~1.2	200~400	300	190	135	110	340	385	240	350	205	380	125	100	30	42
RKW315	20	0.6~1.2	200~400	315	190	135	110	340	385	240	350	205	380	125	100	30	40
RKW400	20	0.8~1.6	400~800	400	235	177	140	395	425	295	385	205	470	165	100	30	50
RKW500	20	1.1~2.2	700~1400	500	280	195	180	410	455	345	475	205	570	200	100	30	52

注：生产厂家为江西华伍制动器股份有限公司。

JTB02A 脚踏泵

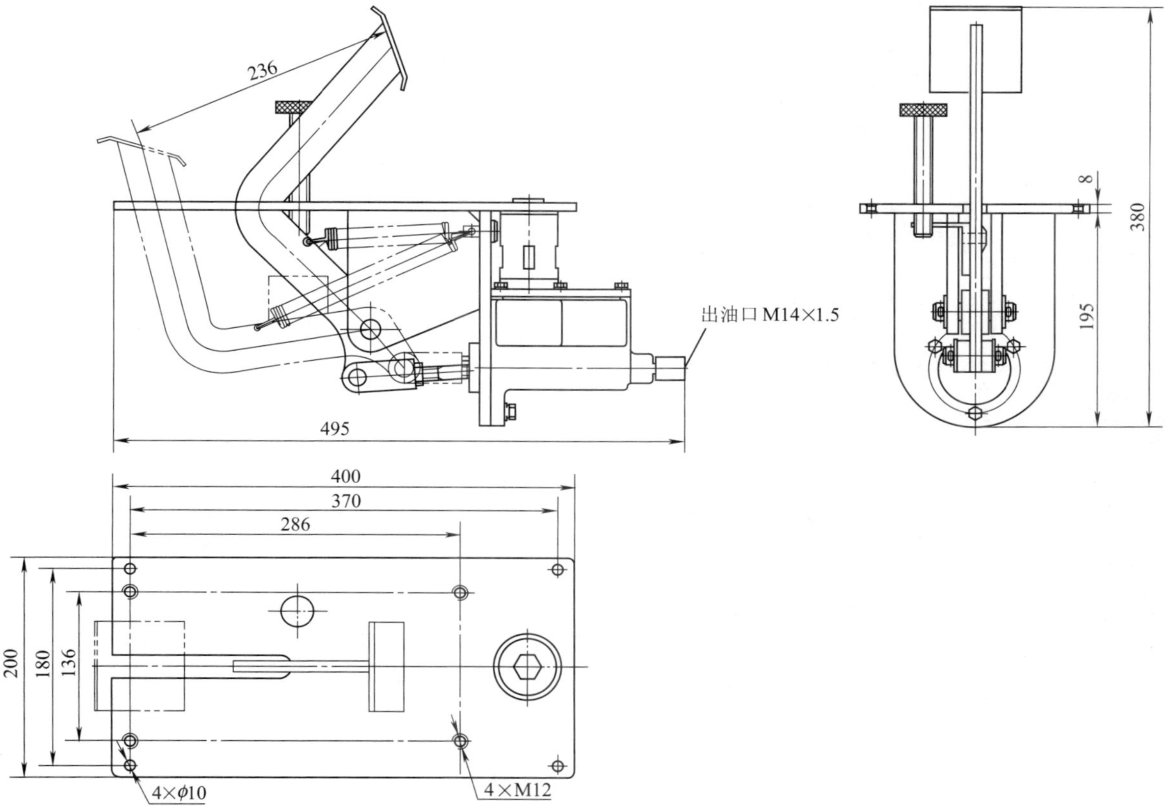

注：1. 图形和数据选自江西华伍制动器股份有限公司产品样本。

2. 一台脚踏泵最多可驱动两台脚踏液压鼓式制动器。

3. 此系列制动器需另配动力装置。

YWKD 系列脚踏变频电力液压鼓式制动器

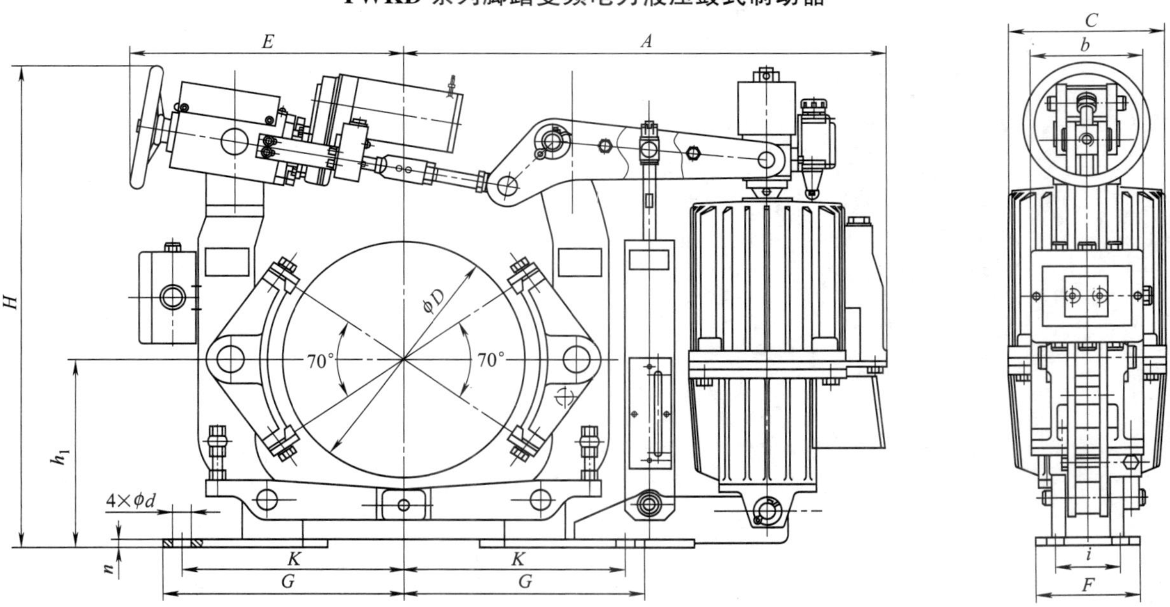

使用条件：

1. 环境温度：−25～50℃。
2. 相对湿度：≤90%。
3. 电压等级：三相 380V50Hz。

型号意义：

YWKD □-□-□ □

- □ 变频控制柜
- □ 电源频率和电压等级(380V.50Hz时可不标)
- □ 变频推动器推力(N)
- □ 制动轮直径
- YWKD 制动器系列代号

订货示例：YKWD400-800-EV1.5

表 7-4-77

制动器型号	推动器型号	制动转矩/N·m	安装及外形尺寸/mm													质量/kg
			D	h_1	K	i	d	n	b	F	G	E	H	A	C	
YWKD160-220	Ed220-50	100	160	132	130	55	14	6	65	90	150	310	500	440	160	82
YWKD200-220	Ed220-50	140	200	160	145	55	14	8	70	90	165	310	565	450	160	88
YWKD200-300	Ed300-50	224	200	160	145	55	14	8	70	90	165	310	565	450	160	88
YWKD250-300	Ed300-50	250	250	190	180	65	18	10	90	100	200	310	615	600	160	96
YWKD250-500	Ed300-50	450	250	190	180	65	18	10	90	100	200	310	615	600	195	100
YWKD300-300	Ed300-50	315	300	225	220	80	18	10	125	110	245	335	615	600	160	116
YWKD300-500	Ed500-60	630	300	240	250	80	22	10	140	130	295	335	615	600	195	128
YWKD315-300	Ed300-50	315	315	230	220	80	18	10	110	110	245	335	615	600	160	116
YWKD315-500	Ed500-60	560	315	230	220	80	18	10	110	110	245	335	615	600	195	128
YWKD315-800	Ed800-60	900	315	230	220	80	18	10	110	110	245	335	615	600	195	130
YWKD400-500	Ed500-60	710	400	280	270	100	22	12	140	140	300	370	730	675	195	151
YWKD400-800	Ed800-60	1120	400	280	270	100	22	12	140	140	300	370	730	675	195	153
YWKD500-800	Ed800-60	1400	500	340	325	130	22	16	180	180	365	435	870	805	195	215
YWKD500-1250	Ed1250-60	2240	500	340	325	130	22	16	180	180	365	435	870	795	240	223

注：1. 生产厂家为江西华伍制动器股份有限公司。

2. 此系列产品需另配电气控制箱。

参考文献

第1章

[1] 机械工程手册、电机工程手册编委会. 机械工程手册·机械零部件设计. 第二版，北京：机械工业出版社，1996.

[2] 余梦生，吴宗泽主编. 机械零部件手册·造型设计指南. 北京：机械工业出版社，1996.

[3] 辛一行主编. 现代机械设备设计手册. 第1卷. 北京：机械工业出版社，1996.

[4] 机械设计手册编委会. 机械设计手册. 第3版. 第3卷. 北京：机械工业出版社，2004.

[5] 皮萨连科等著（苏）. 材料力学手册. 北京：中国建筑工业出版社，1985.

第2章

[1] 《重型机械标准》编写委员会编. 重型机械标准. 第3卷. 北京：中国标准出版社，1998.

[2] 周明衡主编. 联轴器选用手册. 北京：化学工业出版社，2001.

[3] 童祖楹等. 液力偶合器. 上海：上海交通大学出版社，1988.

第3章

[1] 机械工程手册，电气工程手册编委会. 机械工程手册·机械零部件设计. 第2版. 北京：机械工业出版社，1996.

[2] 机械设计手册编委会. 机械设计手册. 第3版. 第3卷. 北京：机械工业出版社，2004.

[3] 现代实用机床设计手册编委会. 现代实用机床设计手册. 第1版. 北京：机械工业出版社，2006.

[4] 机械传动装置选用手册编委会. 机械传动装置选用手册. 北京：机械工业出版社，1999.

[5] 阮忠唐主编. 联轴器、离合器设计与选用指南. 北京：化学工业出版社，2006.

第4章

[1] 机械工程手册，电气工程手册编委会. 机械工程手册·机械零部件设计. 第2版. 北京：机械工业出版社，1996.

[2] 机械设计手册编委会. 机械设计手册. 第3版. 第3卷. 北京：机械工业出版社，2004.

[3] 机械传动装置选用手册编委会. 机械传动装置选用手册. 北京：机械工业出版社，1999.

机械设计手册

第六版

第2卷

HANDBOOK OF MECHANICAL DESIGN

第8篇 轴承

主要撰稿 丘大谋 诸文俊 徐 华 谢振宇 成大先
邹舜卿 王德夫 陶兆荣 邓述慈
审 稿 王德夫 汪德涛

8

第1章 滑动轴承

1 滑动轴承分类、特点与应用

按承载方向分：径向轴承；止推轴承；径向止推抽承。

按轴承结构分：整体式轴承；剖分式轴承；自位式轴承。

按轴承材料分：金属轴承；粉末冶金轴承；非金属轴承。

按润滑剂分：液体润滑轴承；气体润滑轴承；脂润滑轴承；固体润滑轴承。

按润滑（摩擦）状态分：流体润滑（流体摩擦）轴承；不完全流体润滑（不完全流体摩擦）轴承；无润滑（干摩擦）轴承。

按承载（或润滑）机理分：流体膜（厚膜）承载轴承，如流体动压轴承、流体静压轴承、流体动静压轴承；不完全流体膜（薄膜）承载轴承，如不完全油膜轴承；电力、磁力承载轴承，如静电轴承、磁力轴承；固体膜润滑轴承。

按载荷性质分：静载轴承；动载轴承。

按载荷大小分：轻载轴承（平均压强 $p<1\text{MPa}$）；中载轴承（平均压强 $p=1\sim10\text{MPa}$）；重载轴承（平均压强 $p>10\text{MPa}$）。

按速度高低分：低速轴承（轴颈圆周速度 $v<5\text{m/s}$）；中速轴承（轴颈圆周速度 $v=5\sim60\text{m/s}$）；高速轴承（轴颈圆周速度 $v>60\text{m/s}$）。

各类滑动轴承的特点与应用见表 8-1-1。

表 8-1-1

<table>
<tr><th colspan="3">分　类</th><th colspan="2">特　　点</th><th>应　　用</th></tr>
<tr><td rowspan="8">不完全流体润滑轴承</td><td rowspan="3">径向滑动轴承</td><td>整体式</td><td rowspan="8">一般采用润滑脂、油绳与滴油型式润滑，轴颈与轴承表面得不到足够润滑剂，液体油膜不连续。结构简单，摩擦因数较大，磨损较大</td><td>轴与轴瓦之间的间隙不能调整，结构简单，轴颈只能从轴端装拆</td><td>一般用于转速低、轻载而且装拆允许的机器上</td></tr>
<tr><td>剖分式</td><td>轴与轴瓦之间的间隙可以调整，安装简单</td><td>当机器装拆有困难时，常采用这种结构型式</td></tr>
<tr><td>自位式</td><td>轴瓦可在轴承座中适当地摆动，以适应轴在弯曲时所产生的偏斜</td><td>用于传动轴有偏斜的场合，其中关节轴承适用于相互有摆动的杆件铰接处承受径向载荷</td></tr>
<tr><td colspan="2">止推滑动轴承</td><td>常用平面止推滑动轴承，由于缺乏液体摩擦的条件，而处于不完全流体润滑状态，需与径向轴承同时使用</td><td>用于承受轴向力的场合</td></tr>
<tr><td colspan="2">粉末冶金轴承（含油轴承）</td><td>具有多孔性，油存于孔隙中，在较长的时间里不添加润滑油而能自动润滑，保证正常工作，但由于其材质比较松软，故承受载荷能力较低</td><td>用于轻载、低速和不易加油的场合</td></tr>
<tr><td colspan="2">塑料轴承</td><td>与金属轴承相比，塑料轴承重量轻，维护简便。化学稳定性好，耐磨性和耐疲劳强度高，且具有减振、吸声、自润滑性、绝缘和自熄性的特点。但热胀系数大，导热系数低，吸湿性较大，强度和尺寸稳定性不如金属</td><td>用于速度不高或散热性好的场合，工作温度不宜超过 65℃，瞬时工作温度不超过 80℃</td></tr>
<tr><td colspan="2">橡胶轴承</td><td>能吸收振动和冲击力，在有杂质的环境中耐磨、耐腐蚀性好，但其单位强度较金属低，耐热性差，不适合在高温及与油类或有机溶剂相接触的环境中使用</td><td>用于船舶轴管中的轴承必须减振的场合及在腐蚀环境下工作</td></tr>
<tr><td colspan="2">木轴承</td><td>木轴承质轻价廉，能吸收冲击，对轴的偏斜敏感性小，但强度低，导热性及耐湿性、耐磨性差</td><td>用于轻载必须减振的场合，如农业机械圆盘耙轴承、大粒矿石输送泵轴承等</td></tr>
</table>

续表

分类		特点	应用
流体润滑轴承	液体动压轴承	轴颈与轴承工作表面间被油膜完全隔开。动压轴承必须具备：①轴承有足够的转速；②有足够的供油量，润滑油具有一定的黏度；③轴颈与轴承工作表面之间具有适当的间隙。多油楔动压轴承可满足轴的高精度回转要求，寿命长	用于高转速及高精度机械，如离心压缩机的轴承等
	液体静压轴承	轴颈与轴承被外界供给的一定压力的承载油膜完全隔开，油膜的形成不受相对滑动速度的限制，在各种速度（包括速度为零）下均有较大承载能力。轴的稳定性好，可满足轴的高精度回转要求，摩擦因数小，机械效率高，寿命长	主要用于：①低速难于形成油膜重载的地方，如立式车床、龙门卧铣、重型电机等；②要求回转精度高
	气体动压、静压轴承	气体动压、静压轴承，用空气或其他气体作润滑剂，摩擦因数小，机械效率高，可满足高速运转的要求	气体轴承用作陀螺转子、电视录像机轴承
无润滑轴承	塑料、碳石墨轴承	在无润滑油或油脂的状态下运转	应用较少
其他	固体润滑轴承	用石墨、二硫化钼、酞菁染料、聚四氟乙烯等固体润滑剂润滑	用于极低温、高温、高压、强辐射、太空、真空等特殊工况条件下
	磁流轴承 静电轴承 磁力轴承	用磁流体作润滑剂 用电力场使轴悬浮 用磁力场使轴悬浮	多用于高速机械及仪表中

注：1. 无润滑：滑动副的两表面之间无润滑剂或保护膜而直接接触，此时的摩擦状态称为干摩擦，工程实际中并不存在真正干摩擦，一般所称干摩擦轴承，仅指无润滑剂介入但可能存在自然污染膜的轴承。

2. 流体润滑：滑动副的两表面之间被一层较厚的连续的流体膜隔开，表面凸峰不直接接触，摩擦只发生于流体内部，称为流体摩擦，此时的润滑状态称为流体润滑，也称为完全润滑。

3. 边界润滑：滑动副的两表面之间有一层极薄的边界膜（吸附膜和化学反应膜统称为边界膜），强度低，不能避免两表面凸峰的直接接触，但摩擦和磨损情况比干摩擦大为改善，称为边界摩擦，此时的润滑状态称为边界润滑。

4. 混合润滑：润滑副的两表面之间处于边界摩擦与流体摩擦的混合状态时，称为混合摩擦，此时的润滑状态称为混合润滑。

5. 不完全流体润滑：边界润滑或混合润滑统称为不完全流体润滑，或不完全流体摩擦。

2　滑动轴承类型的选择

2.1　滑动轴承性能比较

表 8-1-2

比较项目	一般滑动轴承	含油轴承	液体动压轴承	液体静压轴承	气体动压轴承	气体静压轴承	无润滑轴承	滚动轴承
润　滑	脂、油绳、滴油润滑，油膜不连续，得不到足够润滑	本身含油	用油较多，小型轴承润滑简单	用油量多，需专用压力供油系统	用气量少，需洁净气体	用气量多，需专用气源	未加润滑剂	脂润滑简单，用量有限

续表

<table>
<tr><th>比较项目</th><th>一般滑动轴承</th><th>含油轴承</th><th>液体动压轴承</th><th>液体静压轴承</th><th>气体动压轴承</th><th>气体静压轴承</th><th>无润滑轴承</th><th>滚动轴承</th></tr>
<tr><td>承载能力</td><td colspan="8">①右图除滚动轴承较短外，所有轴承的轴直径均为50mm，长度50mm，对液体动压轴承，假设采用中等黏度的矿物油。由图可见，无润滑轴承和含油轴承在300~1500r/min之内的p比空气静压轴承的高；滚动轴承在其所允许的最高转速9000r/min之内的p都比空气静压轴承高；液体动压轴承在大约高于20r/min的所有转速下的p显著高于空气静压轴承的p。②空气动压轴承的p_{max}一般小于0.035MPa，空气静压轴承比空气动压轴承有较高的p。③含油轴承的p和刚度比空气静压轴承的高得多。④液体动压轴承能在有限时间内承受相当大的过载，其他类型轴承不具备这种特性，因此，液体动压轴承常常被用在载荷不平稳的场合
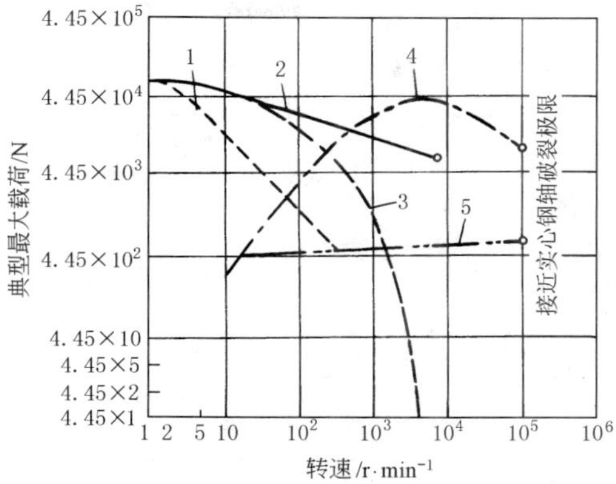

1—无润滑轴承；2—滚动轴承；3—含油轴承；
4—液体动压轴承；5—空气静压轴承；
○—最大允许转速</td></tr>
<tr><td>适用速度</td><td>低、中速</td><td>低、中速</td><td>中、高速</td><td>极低~高速</td><td>中、高速</td><td>极低~高速</td><td>低速</td><td>低、中速，高速需特殊要求</td></tr>
<tr><td>径向定位精度</td><td>较高</td><td>较高</td><td>高</td><td>极高</td><td>高</td><td>极高</td><td>差</td><td>高</td></tr>
<tr><td>运转平稳性</td><td>好</td><td>好</td><td>很好</td><td>极好</td><td>极好</td><td>极好</td><td>可以</td><td>好</td></tr>
<tr><td>噪声</td><td>小</td><td>很小</td><td>极小</td><td>极小</td><td>极小</td><td>极小</td><td>小</td><td>满意</td></tr>
<tr><td>低启动转矩</td><td>可以</td><td>可以</td><td>满意</td><td>极好</td><td>满意</td><td>极好</td><td>较差</td><td>很好</td></tr>
<tr><td>外界振动</td><td>在允许载荷下可用</td><td>在允许载荷下可用</td><td>满意吸收</td><td>很好吸收</td><td>满意吸收</td><td>很好吸收</td><td>在允许载荷下可用</td><td>需特殊结构，多数有限制</td></tr>
<tr><td>高温</td><td colspan="4">受油氧化限制</td><td colspan="2">极好</td><td>受轴瓦材料限制</td><td>>150℃，需特殊要求</td></tr>
<tr><td rowspan="2">低温</td><td rowspan="2">受油低温性能限制</td><td>好</td><td colspan="2">受油低温性能限制</td><td colspan="2" rowspan="2">极好</td><td rowspan="2">好，温度限制决定于轴瓦材料</td><td rowspan="2">好</td></tr>
<tr><td colspan="2">启动转矩增大</td><td>好</td></tr>
<tr><td>寿命</td><td>有限寿命</td><td>有限寿命，较无润滑轴承长</td><td>不频繁启动时较长，受不稳定载荷时受轴瓦疲劳的限制</td><td>理论上轴承为无限寿命，供油系统为有限寿命</td><td>不频繁启动时的寿命长</td><td>同液体静压轴承</td><td>有限寿命，受轴瓦磨损限制</td><td>有限寿命，受接触疲劳寿命限制</td></tr>
<tr><td>经常启停换向</td><td>适用</td><td>适用</td><td>不很适宜</td><td>极好</td><td>不很适宜</td><td>极好</td><td>适用</td><td>极好</td></tr>
</table>

续表

比较项目		一般滑动轴承	含油轴承	液体动压轴承	液体静压轴承	气体动压轴承	气体静压轴承	无润滑轴承	滚动轴承
功耗		较小或中等	较小或中等,与载荷有较大关系	较小	中速以下较小,另有泵功耗	极小	极小,另有供气功耗	较大,与轴瓦材料有较大关系	较小
使用场所	真空	可用,需特殊润滑剂			油影响真空度,不行	气体影响真空度,不行	难于保持一定真空度	极好	用特殊润滑剂时良好
	辐射	受润滑剂限制				满意			同含油轴承
	污染灰尘	可用,密封更好	需要密封	可用,要密封,需要过滤油		需要密封	可用	可用,密封更好	需要密封
标准化		较好	较好	有	没有			部分有	最好
运转费用		低	很低	取决于润滑方法	取决于压力供油费用	很低	取决于压力供气费用	最低	很低

2.2 选择轴承类型的特性曲线

表 8-1-3 **选择轴承类型的特性曲线**

选择径向轴承用的特性曲线	选择止推轴承用的特性曲线
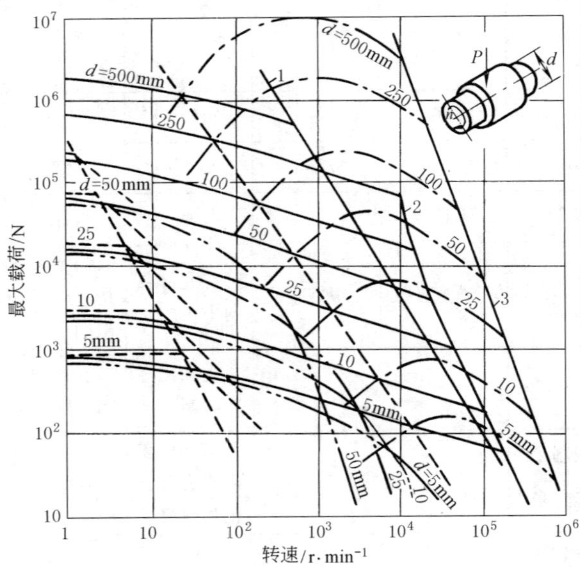	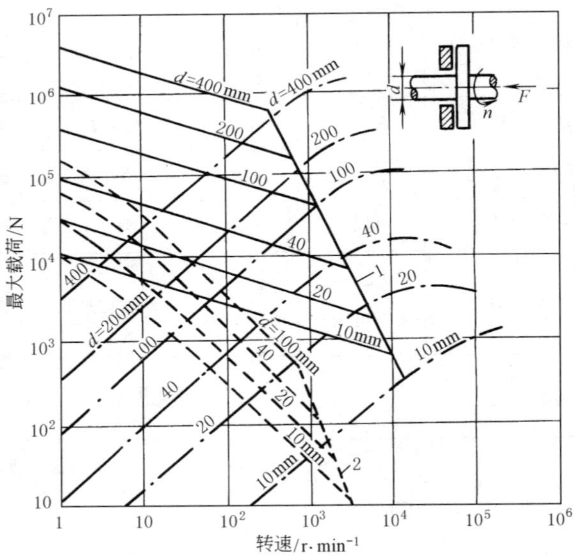
——滚动轴承;---无润滑轴承;-·-·-含油金属烧结轴承(多孔质金属轴承);—·—流体动压轴承 1—滚动轴承的最大极限转速;2—高速球轴承的最大极限转速;3—轴断裂极限 备注:对于液体动压轴承,设 $b/d=1$、中等黏度矿物油;其他轴承,设寿命为10000h,降低速度和载荷能延长寿命;对于液体静压轴承在载荷、速度全范围内均适用	——滚动轴承;---无润滑轴承及含油金属烧结轴承(多孔质金属轴承);—·—液体动压轴承 1—滚动轴承的最大极限转速;2—无润滑轴承及含油金属烧结轴承(多孔质金属轴承)的最大极限转速 备注:除滚动轴承外,其余轴承的内外径之比为1∶2。液体动压轴承的润滑油为中等黏度矿物油。除动压轴承外,其余轴承的寿命为10000h。液体静压轴承在载荷、速度全范围内均可用

续表

<table>
<tr><td>不同润滑状态的滑动轴承适用范围</td><td>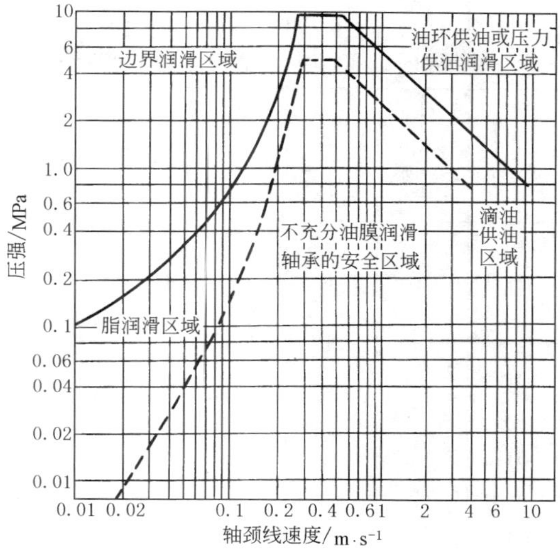
</td></tr>
</table>

3　不完全流体润滑轴承

3.1　径向滑动轴承的选用与验算

表 8-1-4

<table>
<tr><th rowspan="2">选 用 原 则</th><th colspan="3">验　　算</th></tr>
<tr><th>项目</th><th>计 算 简 图</th><th>计 算 范 围</th></tr>
<tr><td rowspan="3">(1)轴承座的载荷方向应该在轴承中心线左、右 35°的范围内，如下图所示。图中阴影部分是允许承受的径向载荷的范围
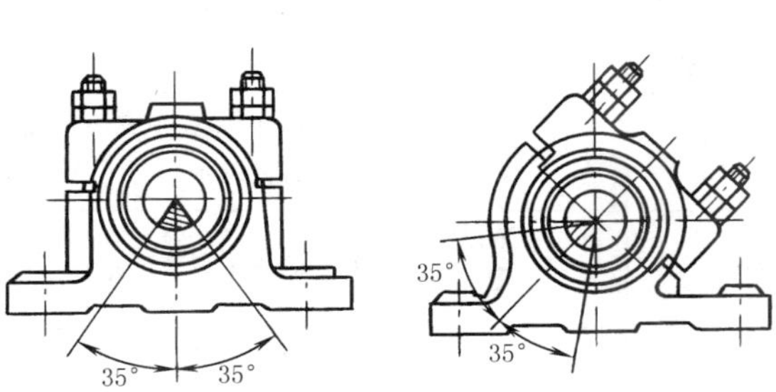
</td><td>压强 p</td><td rowspan="3">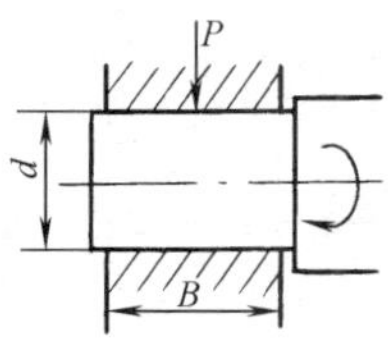
</td><td>$p=\frac{P}{dB}\leqslant p_{p}$</td></tr>
<tr><td>pv 值</td><td>$pv=\frac{Pn}{19100B}\leqslant(pv)_{p}$</td></tr>
<tr><td>圆周速度</td><td>$v=\frac{\pi dn}{60\times1000}\leqslant v_{p}$</td></tr>
<tr><td>(2)轴承允许通过轴肩承受不大的轴向载荷，当轴肩直径不小于轴瓦肩部外径时，允许承受的轴向载荷不大于最大径向载荷的 30%</td><td>符号意义</td><td colspan="2">P——轴承径向载荷，N
d、B——轴颈的直径和工作宽度，mm
p_{p}——许用压强，MPa，见表 8-1-5
n——轴颈转速，r/min
$(pv)_{p}$——许用 pv 值，MPa·m/s，见表 8-1-5
v_{p}——许用 v 值，m/s，见表 8-1-5</td></tr>
</table>

注：由于滑动速度过高，会加速磨损，同时由于实际运行中因轴发生弯曲、不同轴、振动时，会影响轴承边缘产生相当大的压强，故应保证 v 不超过许用值。

第 8 篇

表 8-1-5　　滑动轴承材料性能

轴瓦材料		许用值			最高工作温度 t/℃	硬度②/HBW		特性及用途
名称	牌号③	p_p /MPa	v_p /m·s^{-1}	$(pv)_p$① /MPa·m·s^{-1}		金属模	砂模	
灰铸铁	HT150 HT200 HT250	4 2 1	0.5 1 2		150	143~255		用于不受冲击的低速、轻载轴承
耐磨铸铁	耐磨铸铁-1　HT-1	0.05~9	2~0.2	0.1~1.8		180~229		铸造铬镍合金灰铸铁，用于与经热处理（淬火或正火）的轴相配合的轴承
	耐磨铸铁-2　HT-2	0.1~6	3~0.75	0.3~4.5		190~229		铸造铬钨钛铜合金，用于与经热处理轴相配合的轴承
	耐磨铸铁-3　HT-3					160~190		铸造钛铜合金，用于与不淬火的轴相配合的轴承
	耐磨铸铁-1　QT-1	0.5~12	5~1.0	2.5~12		210~260		球墨铸铁，用于与经热处理的轴相配合的轴承
	耐磨铸铁-2　QT-2					167~197		球墨铸铁，用于与不经淬火的轴相配合的轴承
	耐磨铸铁-1　KT-1					197~217		可锻铸铁，用于与经热处理的轴相配合的轴承
	耐磨铸铁-2　KT-2					167~197		可锻铸铁，用于与不经热处理的轴相配合的轴承
	HTMCu1CrMo（Cu-Cr-Mo 合金铸铁）	0.05~9	2~0.2	0.1~1.8		200~255		铬钼合金灰铸铁，用于与经热处理（淬火或正火）的轴相配合的轴承
	MT-4	0.1~6	3~0.75	0.3~4.5		195~260		钼铜合金灰铸铁，用途同上
球墨铸铁	QT500-7	0.5~12	5~1.0	2.5~12		170~230		用于与经热处理的轴相配合的轴承
	QT450-10					160~210		用于与不经淬火的轴相配合的轴承
铜基合金	CuSn8Pb2	7(25)			280	60		制作不重要的轴承
	CuSn7Pb7Zn3					65		
	CuSn12Pb2					80		有冲击载荷的轴承
	CuSn8P					160		用于重载、高速、有冲击载荷的轴承
	CuZn31Si1					160		
	CuZn37Mn2Al2Si	10	1	10	200	150		用于润滑条件不良的轴承
	CuAl9Fe4Ni4	15	4	12	280	160		宜制作在海洋环境中工作的轴承

续表

轴瓦材料			许用值			最高工作温度 t/℃	硬度②/HBW		特性及用途
名称		牌号③	p_p /MPa	v_p /m·s^{-1}	$(pv)_p$① /MPa·m·s^{-1}		金属模	砂模	
铜基合金	锡青铜	ZCuSn10P1 (10-1锡青铜)	15	10	15(25)	280	90~120	80~100	用于中速、重载及变载荷的轴承
		(ZQSn7-0.2)							
		(ZQSn6.5-0.1)							
		ZCuSn5Pb5Zn5 (5-5-5锡青铜)	8	3	15		65~75	50	用于中速、中等载荷的轴承，如涡轮机、电动机、发动机离心泵、压缩机等机器的轴承
		ZCuSn6Zn6Pb3 (ZQSn6-6-3)	8	6	6		65~75	60	
		(ZQSn4-4-17)	10	4	10		100	60	
	铝青铜	ZCuAl10Fe3 (10-3铝青铜)	30	8	12(60)	280	120~140	110	最宜用于润滑充分的低速重载轴承
		ZCuAl10Fe3Mn2	20	5	15				
		ZCuAl10Fe5Ni5	15(30)	4(10)	12(60)	280	100~120(200)		
		ZQAl7-1.5-1.5	25	8	20	280	120		
	铅青铜	ZCuPb30 (30铅青铜) ZCuPb10Sn10	冲击载荷			280	40~280(300)		用于变载荷和冲击载荷工作条件下的内燃机、空气压缩机及泵等机器的轴承
			15	8	60				
			平稳载荷						
			25	12	30(90)				
		ZCuPb5Sn5Zn5	8	3	15	280	50~100(200)		用于中速、中载轴承
		ZCuPb15Sn8	7(20)			280	65		中载、中到高速的冷轧机轴承
		ZCuPb9Sn5					60		一般用作汽轮机、发动机、机床、汽车转向器和差速器轴承
		ZCuPb20Sn5					55		汽车变速箱、内燃机摇臂轴轴套
	铸造黄铜	ZCuZn38Mn2Pb2	10	1	10	200	100	90	用于滑动速度小的稳定载荷或冲击载荷的轴承，如辊道、起重机、振动机、运输机、挖掘机的轴承
		ZCuZn40Mn2							
		ZCuZn25Al6Fe3Mn3					160		
		ZCuZn16Si4	12	2	10		100	90	
		(ZHSi80-3-3)							
		(ZHMn52-4-1)	4	2	6	200		100	用于滑动速度不大和变载荷不大的工作条件下，如起重机、减速器等机器的轴承

续表

轴瓦材料		许用值			最高工作温度 t/℃	硬度[②]/HBW		特性及用途
名称	牌号[③]	p_p /MPa	v_p /m·s^{-1}	$(pv)_p^{①}$ /MPa·m·s^{-1}		金属模	砂模	
锡基轴承合金	ZSnSb4Cu4 (ZChSnSb7.5-3) ZSnSb8Cu4 ZSnSb11Cu6 ZSnSb12Pb10Cu4 ZnSb12Cu6Cd1	平稳载荷 25(40) 冲击载荷 20	 80 60	 20(100) 15	150	20~30(150)		变载荷下易于疲劳磨损，价高。用于高速、重载下工作的重要轴承。用于高速重载的蒸汽轮机、涡轮发动机、功率大于 750kW 电动机、内燃机的轴承
铅基轴承合金	ZPbSb16Sn16Cu2 (ZChPbSb16-16-1.8) ZPbSb15Sn5Cu3Cd2	12 5	12 8	10(50) 5	150	15~30(150)		用于无剧烈变载荷工作条件下的电动机、拖拉机、离心泵、空气压缩机、轧机等机器的轴承
	ZPbSb15Sn5				150	20		用于载荷较小的内燃机主轴和连杆轴承、凸轮轴套
	ZPbSb15Sn10	20	15	15		15~30(150)		
	ZPbSb10Sn6	12				18		
	ZPbSb15SnAs					20		
	PbSb15Sn10	20	15	15		24		
	PbSn10Cu2							用作薄壁轴瓦的镀覆层
	PbSn10							
	PbIn7							
铝基轴承合金	20%高锡铝合金 铝硅合金	28~35	14		140	45~50(300)		用于高速、中载轴承，是较新的轴承材料，强度高、耐腐蚀、表面性能好。可用于增压强化柴油机轴承
	AlSn20Cu	34	14		170	40		用于高速、中到重载轴承，如柴油机、压气机、制冷机轴承
	AlSn6Cu	41~51				45		
	AlSn6CuNi4				200	40		
	AlSn12Si2.5Pb1.7					40		主要用于内燃机主轴和连杆轴承、止推垫圈、卷制轴套
	AlSi4Cd	47				40		
	ZAlCd3CuNi	—				55		
	AlSi11Cu					60		
铸造锌合金	ZZnAl11Cu5Mg	20	3	100	80	100	80	可作为青铜和黄铜的代用新材料。适用于中、低速(≤7~11m/s)、重载(25~30MPa 以下)条件下工作的轴承等；轴颈硬度可在 180HBW 以下

第 8 篇

续表

轴瓦材料		许用值			最高工作温度 t/℃	硬度②/HBW		特性及用途
名称	牌号③	p_p /MPa	v_p /m·s^{-1}	$(pv)_p$① /MPa·m·s^{-1}		金属模	砂模	
三元电镀合金	铝-硅-镉镀层	14~35			170	(200~300)		以低碳钢为瓦背,铜、青铜、铅和银为中间层,再镀10~30μm三元减摩层,疲劳强度高,嵌藏性好,耐磨性显著提高
银	镀层	28~35			180	(300~400)		钢背上镀银,上覆薄层铅,再镀烟,常用于飞机发动机、柴油机轴承
粉末冶金	铁基	69④/21	2	1.0	80			具有成本低、含油量较多、耐磨性好的特点,适用于低速机械
	铜基	55④/14	6	1.8				孔隙度大的多用于高速轻载,孔隙度小的多用于摆动或往复运动情况,如长期不补充润滑剂需降低$(pv)_p$值,高温或连续工作情况,应不断补充润滑剂
	铝基	28④/14	6	1.8				是近期发展的粉末冶金轴瓦材料。具有重量轻、耐磨性好、温升小、寿命长的优点

轴瓦材料	许用值			最高工作温度 t/℃	特性及用途
名称	p_p /MPa	v_p /m·s^{-1}	$(pv)_p$ /MPa·m·s^{-1}		
酚醛树脂	39~41	12~13	0.18~0.5	110~120	由织物、石棉等为填料与酚醛树脂压制而成。抗咬性好,强度、抗振性好。能耐水、酸、碱、导热性差,重载时需用水或油充分润滑。易膨胀,轴承间隙宜取大些
尼龙	7~14	3~8	0.11(0.05m/s)	105~110	最常用的非金属轴承。摩擦因数低、耐磨性好、无噪声。金属瓦上覆以尼龙薄层,能受中等载荷,加入石墨、二硫化钼等填料可提高刚性和耐磨性。加入耐热成分,可提高工作温度
			0.09(0.5m/s)		
			<0.09(5m/s)		
聚碳酸酯	7	5	0.03(0.05m/s)	105	聚碳酸酯、醛缩醇、聚酰亚胺等都是较新的塑料。物理性能好,易于喷射成型,比较经济。填充石墨的聚酰亚胺最高工作温度可达280℃
			0.01(0.5m/s)		
			<0.01(5m/s)		
醛缩醇	14	3	0.1	100	
聚酰亚胺			4(0.05m/s)	260	

续表

轴瓦材料	许用值			最高工作温度 t/℃	特性及用途
名称	p_p /MPa	v_p /m·s^{-1}	$(pv)_p$ /MPa·m·s^{-1}		
聚四氟乙烯（PTFE）	3~3.4	0.25~1.3	0.04(0.05m/s) 0.06(0.5m/s) <0.09(5m/s)	250	摩擦因数很低、自润滑性能好，能耐任何化学药品的侵蚀，适用温度范围宽（>250℃时放出少量有害气体），但成本高，承载能力低。用玻璃纤维、石墨及其他惰性材料为填料，$(pv)_p$ 值可大为提高。用玻璃纤维填充时，要避免端头外露，否则易于磨损
加强聚四氟乙烯 聚四氟乙烯织物 填充聚四氟乙烯	16.7 400 17	5 0.5 5	0.3 0.9 0.5	250	
碳石墨抗磨材料	4	13	0.5(干) 5.25(润滑)	440~170	有自润滑性，高温稳定性好，耐化学药品侵蚀，常用于要求清洁工作的机器中。长期工作[pv]值应适当降低
橡胶	0.34	5	0.53	65	常用于有水、泥浆的设备中。能隔振，降低噪声，减少动载荷，补偿误差。但导热性差，需加强冷却。用丁二烯-丙烯腈共聚物等合成橡胶能耐油、耐水，一般常用水作润滑与冷却剂
木材	14	10	0.5	70	有自润滑性，能耐酸、油和其他强化学药品腐蚀。用于要求清洁工作的轴承

① 括号内的数值为极限值，其余为一般值（润滑良好）。对于液体动压轴承，限制 $(pv)_p$ 值没有任何意义（因其与散热等条件关系很大）。

② 括号外的数值为合金硬度，括号内的数值为最小轴颈硬度。

③（　　）中材料牌号为新标准中未列入的旧标准牌号。部分材料的新旧国家标准牌号及 ISO 1338—77 合金牌号对照见下表

④ 粉末冶金 p_p 中分子为静载，分母为动载。

GB/T 1176—1987	GB 1176—1974	ISO 1338—1977	GB/T 1174—1992	GB/T 1174—1974	GB/T 1175—1992	GB/T 1175—1974
ZCuSn10P1	ZQSn10-1	CuSn10P	ZSnSb4Cu4	ZChSnSb4-4	ZZnAl11Cu	ZZnAl1
ZCuSn5Pb5Zn5	ZQSn5-5-5	CuPb5Sn5Zn5	ZSnSb8Cu4	ZChSnSb8-4		
ZcuAl9Mn2	ZQAl9-2		ZSnSb11Cu6	ZChSnSb11-		
ZCuAl10Fe3	ZQAl9-4	CuAl10Fe3	ZSnSb12Pb10C	ZChSnSb12-		
ZCuAl10Fe3Mn	ZQAl10-3-		ZPbSb16Sn16C	ZChPbSb16-		
ZCuPb30	ZQPb30		ZPbSb15Sn5Cu	ZChPbSb15-		
ZCuPb10Sn10	ZQPb10-1	CuPb10Sn10	ZPbsb15Sn10	ZChPb15-10		
ZCuZn38Mn2Pb	ZHMn58-2					
ZCuZn40Mn2	ZHMn58-2					
ZCuZn25Al6Fe	ZHAl66-6-	CuZn25Al6Fe3				
ZCuZn16Si4	ZHSi80-3					

3.2 止推滑动轴承的选用与验算

表 8-1-6　　止推滑动轴承的型式、特点及验算

型式	简图	结构尺寸	特点及应用	验算	
				项目	计算公式
空心止推轴承	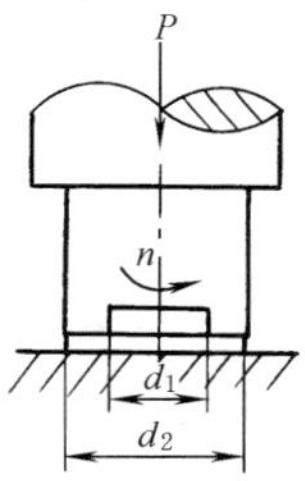	d_2 由轴的结构设计初步选定 若结构上无限制，应取 $d_1=0.5d_2$；一般可取 $d_1=(0.4\sim0.6)d_2$	接触面上压力分布比较均匀，因此润滑条件较实心有所改善 当 $d_1=0.5d_2$ 时，接触面上最大单位面积压力有最小值	压强 p	$p=\dfrac{P}{\dfrac{\pi}{4}(d_2^2-d_1^2)Z}\leqslant p_p$ 式中　P——轴承承受的轴向力，N d_2——轴承环形工作面外径，mm d_1——轴承环形工作面内径，mm Z——环的数目 p_p——许用压强，MPa，见表 8-1-7
环形止推轴承	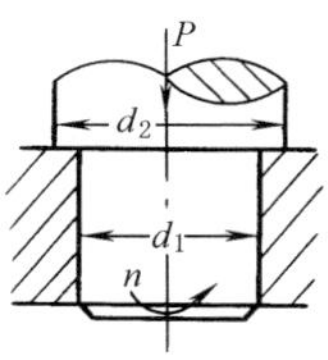	d_1、d_2 由轴的结构设计初步选定	可利用轴套的端面止推，而且可以利用开通的纵向油沟引入润滑油。结构简单，润滑方便。广泛用于低速、轻载的部位	pv 值	环形 $pv=\dfrac{Pn}{60000bZ}\leqslant(pv)_p$ 式中　P，Z——同上 b——轴承环形工作宽度，mm n——轴颈的转速，r/min v——轴颈的圆周速度，m/s $(pv)_p$——许用 pv 值，MPa·m/s，见表 8-1-7
	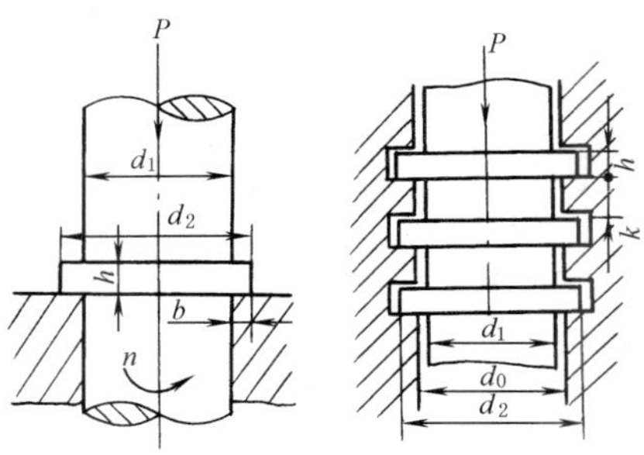 多环	d_1 由轴的结构设计初步选定 $b=(0.1\sim0.3)d_1$ $h=(0.12\sim0.15)d_1$ $d_2=(1.2\sim1.6)d_1$ $k=2\sim3$			

注：实心止推轴承在接触面上压力分布极不均匀，在中心处压强理论上达到无限大，对润滑极为不利，因此不推荐。

表 8-1-7　　止推滑动轴承的 p_p、$(pv)_p$ 值

轴（轴环端面、凸缘）	轴承	许用值		轴（轴环端面、凸缘）	轴承	许用值	
		p_p /MPa	$(pv)_p$ /MPa·m·s^{-1}			p_p /MPa	$(pv)_p$ /MPa·m·s^{-1}
未淬火钢	铸铁	2～2.5	1～2.5	淬火钢	青铜	7.5～8	1～2.5
	青铜	4～5			轴承合金	8～9	
	轴承合金	5～6			淬火钢	12～15	

注：多环止推滑动轴承由于载荷在各环间分布不均匀，故取表中 p_p 值的 50%。

3.3 滑动轴承的设计资料

表 8-1-8

机器名称	轴承名称	许用压强 p_p/MPa	许用速度 v_p/m·s^{-1}	许用 pv 值 $(pv)_p$ /MPa·m·s^{-1}	适宜黏度 η /Pa·s	许用最小 $\frac{\eta n}{p}\times10^9$ $/\frac{(\mathrm{Pa\cdot s})\cdot(\mathrm{r/s})}{\mathrm{Pa}}$	相对间隙 ψ	宽径比 B/D
金属切削机床	主轴承	0.5~5	—	1~5	0.04	2.5	<0.001	1~3
传动装置	轻载轴承 重载轴承	0.15~0.3 0.5~1.5	—	1~2	0.025~0.06	230 66	0.001	1~2
减速器	轴承	0.5~4	1.5~6	3~20	0.03~0.05	83	0.001	1~3
轧钢机	主轴承	5~30	0.5~30	50~80	0.05	23	0.0015	0.8~1.5
冲压机、钢床	主轴承 曲柄轴承	28 55	—	—	0.1	—	0.001	1~2
铁路车辆	货车轴承 客车轴承	3~5 3~4	1~3	10~15	0.1	116	0.001	1.4~2
发电机、电动机、离心压缩机	转子轴承	1~3	—	2~3	0.025	416	0.0013	0.8~1.5
汽轮机	主轴承	1~3	5~60	85	0.002~0.016	250	0.001	0.8~1.25
活塞式泵、压缩机	主轴承 连杆轴承 活塞销轴承	2~10 4~10 7~13	—	2~3 3~4 5	0.03~0.08	66 46 23	0.001 <0.001 <0.001	0.8~2 0.9~2 1.5~2
蒸汽机车	传动轴 连杆轴承 活塞销轴承	10~16 8~14 20~35	— — —	30~50 20~25 —	0.1 0.04 0.03	66 12 12	0.001 <0.001 <0.001	1~1.8 0.7~1.1 0.8~1.3
精纺机	锭子	0.01~0.02	—	—	0.002	25000	0.005	—
汽车发动机	主轴承 连杆轴承 活塞销轴承	6~15 6~20 18~40	6~8 6~8 —	>50 >80 —	0.007~0.008	33 23 16	0.001 0.001 <0.001	0.35~0.7 0.5~0.8 0.8~1
航空发动机	主轴承 连杆轴承(排形) 连杆轴承(星形) 活塞销轴承	12~22 13~20 20~26 50~85	8~10 8~10 8~10 —	>80 >100 >100 >100	0.007~0.008	36 23 23 18	0.001 0.001 0.001 <0.001	0.4~0.6 0.7~1 0.7~1 0.8~0.9
柴油发动机(2 冲程)	主轴承 连杆轴承 活塞销轴承	5~9 7~10 9~13	1~5 1~5 —	10~15 15~20 —	0.02~0.065	58 28 23	0.001 <0.001 <0.001	0.6~0.75 0.5~1 1.5~2
柴油发动机(4 冲程)	主轴承 连杆轴承 活塞销轴承	6~13 12~15 15~20	1~5	15~20 20~30 —	0.02~0.065	47 23 12	0.001 <0.001 <0.001	0.45~0.9 0.5~0.8 1~2

注：1. 本表仅作参考。

2. p_p 与轴瓦材料和润滑方法有关：小值用于滴油、油环或飞溅润滑，轴瓦材料强度较低者；大值用于压力供油润滑，轴承材料强度较高者。

3.4　滑动轴承的常见结构型式

3.4.1　整体滑动轴承

整体有衬正滑动轴承（摘自 JB/T 2560—2007）

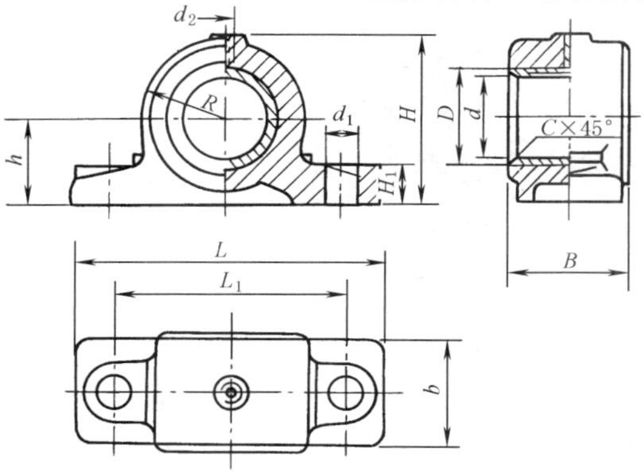

适于环境温度为-20~80℃的工作条件。

轴承的载荷方向应在轴承垂直中心线左、右35°范围内。

标记示例：

d=30mm 的整体有衬正滑动轴承座：

HZ030 轴承座　JB/T 2560

H　Z　030

030——轴承内径/mm

Z——整体正座

H——滑动轴承座

表 8-1-9　　mm

型号	d (H8)	D	R	B	b	L	L_1	$H\approx$	h (h12)	H_1	d_1	d_2	C	质量 /kg ≈
HZ020	20	28	26	30	25	105	80	50	30	14	12	M10×1	1.5	0.6
HZ025	25	32	30	40	35	125	95	60	35	16	14.5			0.9
HZ030	30	38		50	40	150	110	70		20	18.5			1.7
HZ035	35	45	38	55	45	160	120	84	42	20	18.5		2	1.9
HZ040	40	50	40	60	50	165	125	88	45	20	18.5			2.4
HZ045	45	55	45	70	60	185	140	90	50	25	24			3.6
HZ050	50	60	45	75	65	185	140	100	50	25	24			3.8
HZ060	60	70	55	80	70	225	170	120	60	30	28	M14×1.5	2.5	6.5
HZ070	70	85	65	100	80	245	190	140	70	30	28			9.0
HZ080	80	95	70	100	80	255	200	155	80	30	28			10.0
HZ090	90	105	75	120	90	285	220	165	85	40	35		3	13.2
HZ100	100	115	85	120	90	305	240	180	90	40	35			15.5
HZ110	110	125	90	140	100	315	250	190	95	40	35			21.0
HZ120	120	135	100	150	110	370	290	210	105	45	42			27.0
HZ140	140	160	115	170	130	400	320	240	120	45	42			38.0

注：1. 轴承座壳体和轴套可单独订货，但在订货时必须说明。二者间用开槽紧定螺钉定位。

2. 技术条件应符合 JB/T 2564—2007 的规定。

表 8-1-10　　**整体无衬正滑动轴承**　　mm

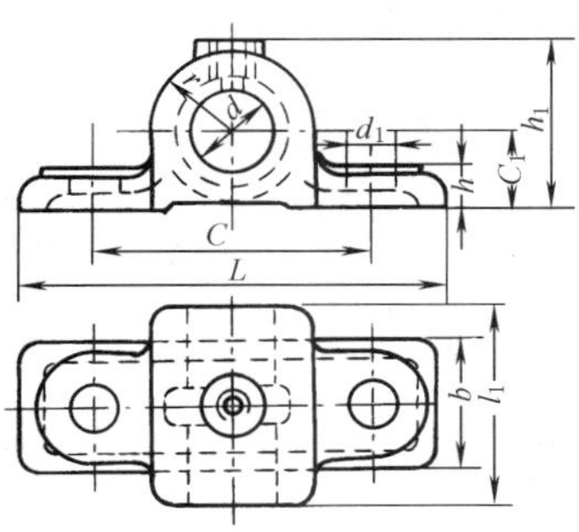

1型

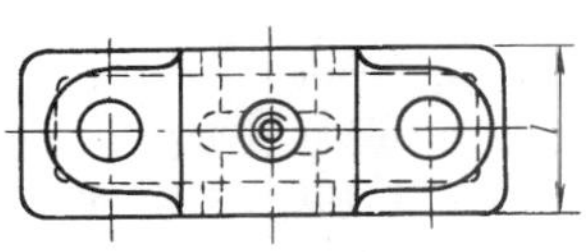

2型

型式		d (H11)	d_1	l, b	l_1	C	C_1 ±0.5	r	h	h_1	L
1型	2型	16 18	12	30		70	20	18	9	40	自行考虑
		20 22	12	35	50	70	20	20	10	42	
		25 28	14	40	60	80	24	24	10	50	
		30 32	14	50	75	90	26	26	10	54	
		36 38	14	60	90	100	28	28	12	58	

3.4.2 对开式滑动轴承

对开式二螺柱正滑动轴承（摘自 JB/T 2561—2007）

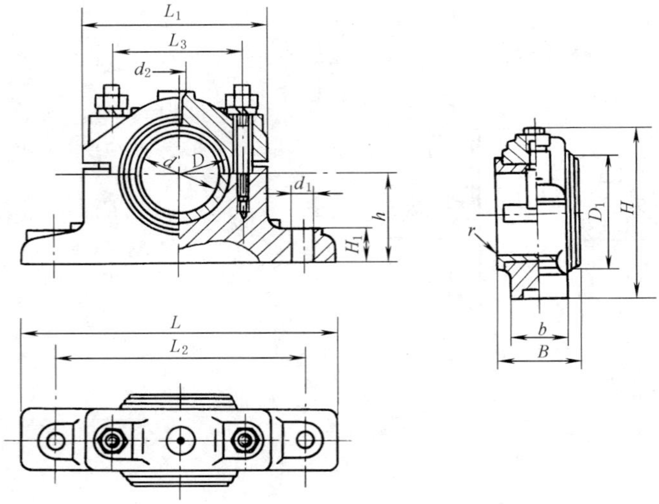

适用于环境温度-20～80℃的工作条件。轴承载荷方向应在轴承垂直中心线左、右35°范围内。

标记示例：

d=50mm 的对开式二螺柱正滑动轴承座，标记为：H2050 轴承座　JB/T 2561

H　2　050

050——轴承内径 /mm

2——轴承座螺柱数

H——滑动轴承座

表 8-1-11　　mm

型号	d (H8)	D	D_1	B	b	$H\approx$	h (h12)	H_1	L	L_1	L_2	L_3	d_1	d_2	r	质量 /kg ≈
H2030	30	38	48	34	22	70	35	15	140	85	115	60	10	M10×1	1.5	0.8
H2035	35	45	55	45	28	87	42	18	165	100	135	75	12		2	1.2
H2040	40	50	60	50	35	90	45	20	170	110	140	80	14.5			1.8
H2045	45	55	65	55	40	100	50	20	175	110	145	85	14.5			2.3
H2050	50	60	70	60	40	105	50	25	200	120	160	90	18.5			2.9
H2060	60	70	80	70	50	125	60	25	240	140	190	100	24	M14×1.5	2.5	4.6
H2070	70	85	95	80	60	140	70	30	260	160	210	120	24			7.0
H2080	80	95	110	95	70	160	80	35	290	180	240	140	28			10.5
H2090	90	105	120	105	80	170	85	35	300	190	250	150	28		3	12.5
H2100	100	115	130	115	90	185	90	40	340	210	280	160	35			17.5
H2110	110	125	140	125	100	190	95	40	350	220	290	170	35			19.5
H2120	120	135	150	140	110	205	105	45	370	240	310	190	35			25.0
H2140	140	160	175	160	120	230	120	50	390	260	330	210	35		4	33.5
H2160	160	180	200	180	140	250	130	50	410	280	350	230	35			45.5

注：1. 与轴承座配合的轴颈应进行表面硬化。

2. 轴颈圆角尺寸按 GB/T 6403.4—2008 选取。

3. 技术条件应符合 JB/T 2564—2007 的规定。

对开式四螺柱正滑动轴承（摘自 JB/T 2562—2007）

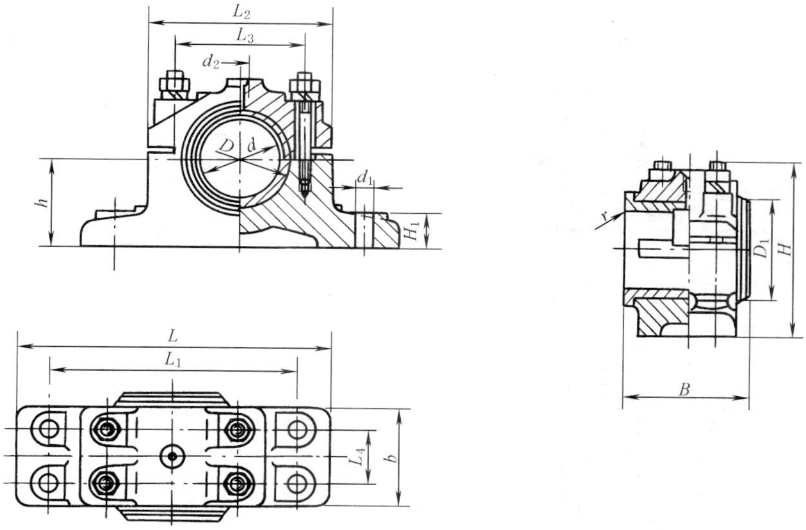

适用于环境温度-20～80℃的工作条件。轴承载荷方向应在轴承垂直中心线左、右35°范围内。

标记示例：

d=100mm 的对开式四螺柱正滑动轴承座，标记为：　H4100 轴承座　JB/T 2562

H　4　100

100——轴承内径/mm

4——轴承座螺柱数

H——滑动轴承座

表 8-1-12

mm

型号	d (H8)	D	D_1	B	b	$H\approx$	h (h12)	H_1	L	L_1	L_2	L_3	L_4	d_1	d_2	r	质量/kg ≈
H4050	50	60	70	75	60	105	50	25	200	160	120	90	30	14.5	M10×1	2.5	4.2
H4060	60	70	80	90	75	125	60	25	240	190	140	100	40	18.5			6.5
H4070	70	85	95	105	90	135	70	30	260	210	160	120	45	18.5			9.5
H4080	80	95	110	120	100	160	80	35	290	240	180	140	55	24	M14×1.5		14.5
H4090	90	105	120	135	115	165	85	35	300	250	190	150	70	24		3	18.0
H4100	100	115	130	150	130	175	90	40	340	280	210	160	80	24			23.0
H4110	110	125	140	165	140	185	95	40	350	290	220	170	85	24			30.0
H4120	120	135	150	180	155	200	105	40	370	310	240	190	90	28			41.5
H4140	140	160	175	210	170	230	120	45	390	330	260	210	100	28		4	51.0
H4160	160	180	200	240	200	250	130	50	410	350	280	230	120	28			59.5
H4180	180	200	220	270	220	260	140	50	460	400	320	260	140	35			73.0
H4200	200	230	250	300	245	295	160	55	520	440	360	300	160	42		5	98.0
H4220	220	250	270	320	265	360	170	60	550	470	390	330	180	42			125.0

注：1. 与轴承座配合的轴颈应进行表面硬化。
2. 轴颈圆角尺寸按 GB/T 6403.4—2008 选取。
3. 技术条件应符合 JB/T 2564—2007 的规定。

对开式四螺柱斜滑动轴承（摘自 JB/T 2563—2007）

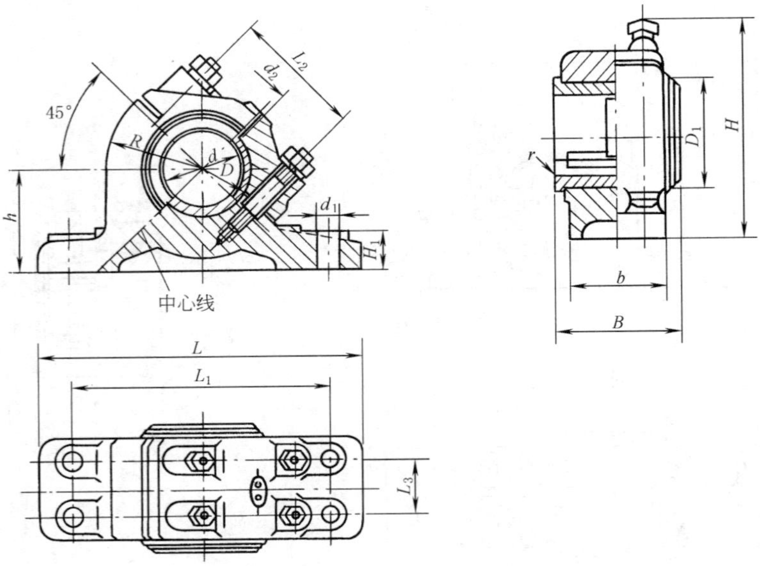

适用于环境温度-20～80℃的工作条件。轴承载荷方向应在轴承中心线左、右 35°的范围内。

标记示例：

d=80mm 的对开式四螺柱斜滑动轴承座，标记为：　HX080 轴承座　JB/T 2563

H　X　080

080——轴承内径/mm

X——斜座

H——滑动轴承座

表 8-1-13　　mm

型号	d (H8)	D	D_1	B	b	$H\approx$	h (h12)	H_1	L	L_1	L_2	L_3	R	d_1	d_2	r	质量/kg ≈
HX050	50	60	70	75	60	140	65	25	200	160	90	30	60	14.5	M10×1	2.5	5.1
HX060	60	70	80	90	75	160	75	25	240	190	100	40	70	18.5			8.1
HX070	70	85	95	105	90	185	90	30	260	210	120	45	80	18.5	M14×1.5		12.5
HX080	80	95	110	120	100	215	100	35	290	240	140	55	90	24			17.5
HX090	90	105	120	135	115	225	105	35	300	250	150	70	95	24		3	21.0
HX100	100	115	130	150	130	250	115	40	340	280	160	80	105	24			29.5
HX110	110	125	140	165	140	260	120	40	350	290	170	85	110	24			32.5
HX120	120	135	150	180	155	275	130	40	370	310	190	90	120	28			40.5
HX140	140	160	175	210	170	300	140	45	390	330	210	100	130	28		4	53.5
HX160	160	180	200	240	200	335	150	50	410	350	230	120	140	35			76.5
HX180	180	200	220	270	220	375	170	50	460	400	260	140	160	35			94.0
HX200	200	230	250	300	245	425	190	55	520	440	300	160	180	42		5	120.0
HX220	220	250	270	320	265	440	205	60	550	470	330	180	195	42			140.0

注：1. 与轴承座配合的轴颈应进行表面硬化。

2. 轴颈圆角尺寸按 GB/T 6403.4—2008 选取。

3. 技术条件应符合 JB/T 2564—2007 的规定。

3.4.3 法兰滑动轴承

表 8-1-14 三螺栓法兰盘滑动轴承 mm

类型	d(H8)	d_1	D	l	h	K	C	b	b_1
二螺栓法兰盘无轴套(图a)	12 14	10	30	25	8	5	60	18	22
	16 18	12	34	30	9	5	70	20	24
	20 22	12	38	35	10	10	70	22	26

类型	d(H8)	d_1	D	l	R	K	h	h_1
三螺栓法兰盘无轴套(图b)	16 18	12	34	30	35	5	8	23
	20 22	12	38	35	35	10	9	25
	25 28	14	44	40	40	10	10	28

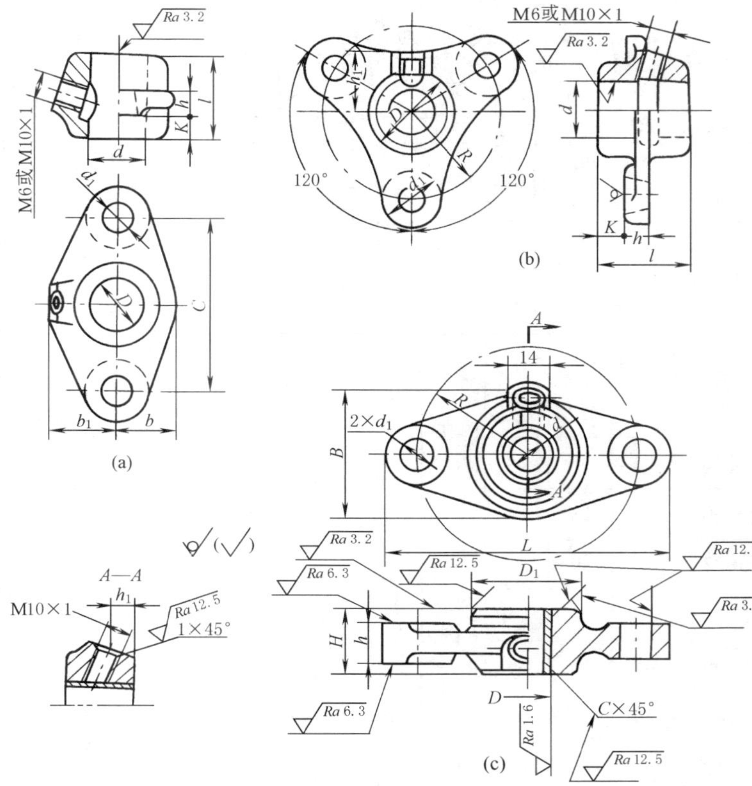

(a) (b) (c)

类型	d(H8)	D(H8/r6~s6) 最小	D(H8/r6~s6) 最大	D_1 (f9)	d_1	B	L	H	h	h_1	R 公称	R 允差	C
二螺栓法兰盘镶轴套(图c)	10	13	16	36	9	40	84	20	12	7	32	±0.5	0.5
	11	14	18										
	12	15											
	14	17	20	42		48	90	24	14		35		
	16	19	22										
	18	21	25	50	11	55	109	30	18	11	42		
	20	24	28										
	22	25	30	55		60	115	34	20	13	45		
	25	28	32	60	13	65	121	38		14	48		
	28	32	36	65		70	129	42		15	52		
	(30)	34	38	70	17	75	155	48	22	18	60		0.7
	32	36	40										
	36	40	45	75		80	165	55	25	22	65		
	40	45	50	80		85		60		24			
	45	50	55	85	22	95	180	70		28	70	±1	1
	50	55	60	90		100	190	75		32	75		
	55	60	65	100		110	200	80	30	35	80		
	60	65	70	110	26	120	225	90			90		
	70	75	85	130		140	245	100	32	45	100		
	80	90	95	140		150	255				105		

注：1. 轴套尺寸见表 8-1-16，尺寸仅供参考。

2. 轴承材料：HT150。

四螺栓法兰盘镶轴套滑动轴承

材料：HT150

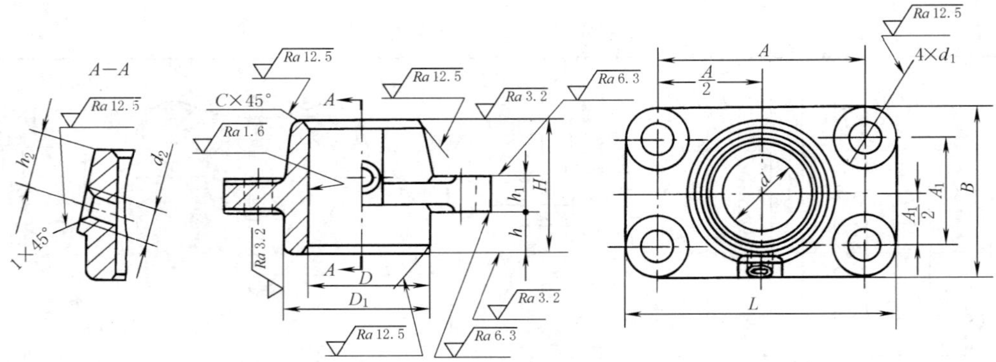

表 8-1-15 mm

<table>
<tr><th rowspan="2">d(H8)</th><th colspan="2">D(H8)</th><th rowspan="2">D_1
(f9)</th><th rowspan="2">d_1</th><th rowspan="2">d_2</th><th rowspan="2">B</th><th rowspan="2">L</th><th rowspan="2">H</th><th rowspan="2">h</th><th rowspan="2">h_1</th><th rowspan="2">h_2</th><th colspan="2">A</th><th colspan="2">A_1</th><th rowspan="2">C</th></tr>
<tr><th>最小</th><th>最大</th><th>公称</th><th>允差</th><th>公称</th><th>允差</th></tr>
<tr><td>28</td><td>32</td><td>36</td><td>65</td><td>11</td><td rowspan="11">M10×1</td><td>70</td><td>120</td><td>42</td><td>10</td><td>20</td><td>14</td><td>95</td><td rowspan="8">±0. 35</td><td>45</td><td rowspan="8">±0. 35</td><td rowspan="20">1. 5</td></tr>
<tr><td>(30)</td><td>34</td><td>38</td><td>65</td><td rowspan="2">12</td><td rowspan="2">75</td><td rowspan="2">125</td><td rowspan="2">48</td><td rowspan="2">12</td><td rowspan="2">22</td><td rowspan="2">18</td><td rowspan="2">100</td><td rowspan="2">50</td></tr>
<tr><td>32</td><td>36</td><td>40</td><td>70</td></tr>
<tr><td>36</td><td>40</td><td>45</td><td>75</td><td rowspan="2">13</td><td>80</td><td>135</td><td>55</td><td>14</td><td rowspan="4">25</td><td>22</td><td>110</td><td>55</td></tr>
<tr><td>40</td><td>45</td><td>50</td><td>80</td><td>85</td><td>145</td><td>60</td><td>18</td><td>24</td><td>120</td><td rowspan="2">60</td></tr>
<tr><td>45</td><td>50</td><td>55</td><td>85</td><td rowspan="3">17</td><td>95</td><td>165</td><td>70</td><td>22</td><td>28</td><td>130</td></tr>
<tr><td>50</td><td>55</td><td>60</td><td>90</td><td>100</td><td>175</td><td>75</td><td rowspan="2">25</td><td>32</td><td>140</td><td>65</td></tr>
<tr><td>55</td><td>60</td><td>65</td><td>100</td><td>110</td><td>185</td><td>80</td><td rowspan="2">30</td><td rowspan="2">35</td><td rowspan="2">150</td><td>75</td></tr>
<tr><td>60</td><td>65</td><td>70</td><td>110</td><td rowspan="3">22</td><td>120</td><td>190</td><td>90</td><td>30</td><td rowspan="12">±0. 71</td><td>80</td><td rowspan="12">±0. 71</td></tr>
<tr><td>70</td><td>75</td><td>85</td><td>130</td><td>140</td><td>220</td><td rowspan="2">100</td><td rowspan="5">34</td><td rowspan="4">32</td><td rowspan="2">45</td><td>180</td><td>100</td></tr>
<tr><td>80</td><td>90</td><td>95</td><td>140</td><td>150</td><td>230</td><td>190</td><td>110</td></tr>
<tr><td>90</td><td>100</td><td>105</td><td>160</td><td rowspan="3">26</td><td rowspan="9">M14×1. 5</td><td>170</td><td>260</td><td rowspan="2">120</td><td rowspan="2">55</td><td>210</td><td>120</td></tr>
<tr><td>100</td><td>110</td><td>115</td><td>180</td><td>190</td><td>280</td><td>230</td><td>140</td></tr>
<tr><td>110</td><td>120</td><td>125</td><td>190</td><td>200</td><td>290</td><td>140</td><td rowspan="3">35</td><td>65</td><td>240</td><td>150</td></tr>
<tr><td>125</td><td>135</td><td>140</td><td rowspan="2">210</td><td rowspan="6">32</td><td rowspan="2">230</td><td rowspan="2">330</td><td rowspan="2">150</td><td rowspan="6">40</td><td rowspan="2">70</td><td rowspan="2">270</td><td rowspan="2">170</td></tr>
<tr><td>130</td><td>140</td><td>150</td></tr>
<tr><td>140</td><td>150</td><td>160</td><td rowspan="2">230</td><td rowspan="2">240</td><td rowspan="2">340</td><td rowspan="2">170</td><td rowspan="4">40</td><td rowspan="2">80</td><td rowspan="2">280</td><td rowspan="2">180</td></tr>
<tr><td>150</td><td>160</td><td>170</td></tr>
<tr><td>160</td><td>170</td><td>180</td><td>240</td><td>250</td><td>360</td><td>190</td><td>90</td><td>300</td><td>190</td></tr>
<tr><td>180</td><td>190</td><td>200</td><td>260</td><td>270</td><td>380</td><td>220</td><td>105</td><td>320</td><td>210</td></tr>
</table>

注：轴套尺寸见表 8-1-16，尺寸仅供参考。

3.5 轴套与轴瓦

3.5.1 轴套

铜合金轴套（摘自 GB/T 18324—2001）

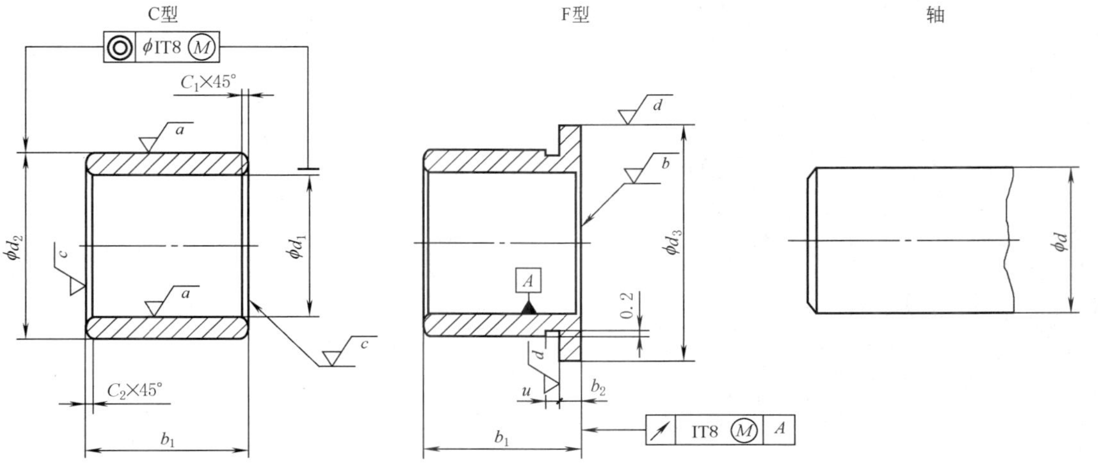

F型其他尺寸和说明见C型。

材料

铸造铜合金应符合 JB/T 7921—1995（轴承用铸造铜合金）的要求。

锻造铜合金应符合 JB/T 7922—1995（轴承用锻造铜合金）的要求。

（以上两标准分别为原标准 GB 10448—1989 和 GB 100449—1989）

标记示例：

C 型轴套内径 $d_1=20$mm，外径 $d_2=24$mm，宽度 $b_1=20$mm，协商而定的外圆倒角 C_2 为 15°（Y），材料为符合 GB/T 18324 的 CuSn8P，标记为：轴套 GB/T 18324—C20×24×20Y—CuSn8P

表 8-1-16　　C 型铜合金轴套

内径 d_1	外径 d_2			宽度 b_1			倒角 45° C_1,C_2 max	倒角 15° C_2 max	内径 d_1	外径 d_2			宽度 b_1			倒角 45° C_1,C_2 max	倒角 15° C_2 max
6	8	10	12	6	10	—	0.3	1	25	28	30	32	20	30	40	0.5	2
8	10	12	14	6	10	—	0.3	1	(27)	30	32	34	20	30	40	0.5	2
10	12	14	16	6	10	—	0.3	1	28	32	34	36	20	30	40	0.5	2
12	14	16	18	10	15	20	0.5	2	30	34	36	38	20	30	40	0.5	2
14	16	18	20	10	15	20	0.5	2	32	36	38	40	20	30	40	0.8	3
15	17	19	21	10	15	20	0.5	2	(33)	37	40	42	20	30	40	0.8	3
16	18	20	22	12	15	20	0.5	2	35	39	41	45	30	40	50	0.8	3
18	20	22	24	12	20	30	0.5	2	(36)	40	42	46	30	40	50	0.8	3
20	23	24	26	15	20	30	0.5	2	38	42	45	48	30	40	50	0.8	3
22	25	26	28	15	20	30	0.5	2	40	44	48	50	30	40	60	0.8	3
(24)	27	28	30	15	20	30	0.5	2	42	46	50	52	30	40	60	0.8	3

续表

内径 d_1	外径 d_2			宽度 b_1			倒角 45° C_1,C_2 max	倒角 15° C_2 max	内径 d_1	外径 d_2			宽度 b_1			倒角 45° C_1,C_2 max	倒角 15° C_2 max
45	50	53	55	30	40	60	0.8	3	100	110	115	120	80	100	120	1	4
48	53	56	58	40	50	60	0.8	3	105	115	120	125	80	100	120	1	4
50	55	58	60	40	50	60	0.8	3	110	120	125	130	80	100	120	1	4
55	60	63	65	40	50	70	0.8	3	120	130	135	140	100	120	150	1	4
60	65	70	75	40	60	80	0.8	3	130	140	145	150	100	120	150	2	5
65	70	75	80	50	60	80	1	4	140	150	155	160	100	150	180	2	5
70	75	80	85	50	70	90	1	4	150	160	165	170	120	150	180	2	5
75	80	85	90	50	70	90	1	4	160	170	180	185	120	150	180	2	5
80	85	90	95	60	80	100	1	4	170	180	190	195	120	180	200	2	5
85	90	95	100	60	80	100	1	4	180	190	200	210	150	180	250	2	5
90	100	105	110	60	80	120	1	4	190	200	210	220	150	180	250	2	5
95	105	110	115	60	100	120	1	4	200	210	220	230	180	200	250	2	5

注：1. 括号内的值仅作特殊用途，应尽可能避免使用。

2. 外圆倒角 C_2 为 45°的，不要求进行专门详细的标记。外圆倒角 C_2 为 15°的，规定在标记中另加 Y。

表 8-1-17　　F 型铜合金轴套

内径 d_1	外径 d_2（第一系列）	翻边外径 d_3（第一系列）	翻边宽度 b_2（第一系列）	外径 d_2（第二系列）	翻边外径 d_3（第二系列）	翻边宽度 b_2（第二系列）	宽度 b_1			倒角 45° C_1,C_2 max	倒角 15° C_2 max	退刀槽宽度 u
6	8	10	1	12	14	3	—	10	—	0.3	1	1
8	10	12	1	14	18	3	—	10	—	0.3	1	1
10	12	14	1	16	20	3	—	10	—	0.3	1	1
12	14	16	1	18	22	3	10	15	20	0.5	2	1
14	16	18	1	20	25	3	10	15	20	0.5	2	1
15	17	19	1	21	27	3	10	15	20	0.5	2	1
16	18	20	1	22	28	3	12	15	20	0.5	2	1.5
18	20	22	1	24	30	3	12	20	30	0.5	2	1.5
20	23	26	1.5	26	32	3	15	20	30	0.5	2	1.5
22	25	28	1.5	28	34	3	15	20	30	0.5	2	1.5
(24)	27	30	1.5	30	36	3	15	20	30	0.5	2	1.5
25	28	31	1.5	32	38	4	20	30	40	0.5	2	1.5
(27)	30	33	1.5	34	40	4	20	30	40	0.5	2	1.5
28	32	36	2	36	42	4	20	30	40	0.5	2	1.5
30	34	38	2	38	44	4	20	30	40	0.5	2	2
32	36	40	2	40	46	4	20	30	40	0.8	3	2
(33)	37	41	2	42	48	5	20	30	40	0.8	3	2
35	39	43	2	45	50	5	30	40	50	0.8	3	2
(36)	40	44	2	46	52	5	30	40	50	0.8	3	2
38	42	46	2	48	54	5	30	40	50	0.8	3	2
40	44	48	2	50	58	5	30	40	60	0.8	3	2
42	46	50	2	52	60	5	30	40	60	0.8	3	2
45	50	55	2.5	55	63	5	30	40	60	0.8	3	2
48	53	58	2.5	58	66	5	40	50	60	0.8	3	2

续表

内径 d_1	外径 d_2	翻边外径 d_3	翻边宽度 b_2	外径 d_2	翻边外径 d_3	翻边宽度 b_2	宽度 b_1			倒角 45° C_1,C_2 max	倒角 15° C_2 max	退刀槽宽度 u
第一系列				第二系列								
50	55	60	2.5	60	68	5	40	50	60	0.8	3	2
55	60	65	2.5	65	73	5	40	50	70	0.8	3	2
60	65	70	2.5	75	83	7.5	40	60	80	0.8	3	2
65	70	75	2.5	80	88	7.5	50	60	80	1	4	2
70	75	80	2.5	85	95	7.5	50	70	90	1	4	2
75	80	85	2.5	90	100	7.5	50	70	90	1	4	3
80	85	90	2.5	95	105	7.5	60	80	100	1	4	3
85	90	95	2.5	100	110	7.5	60	80	100	1	4	3
90	100	110	5	110	120	10	60	80	120	1	4	3
95	105	115	5	115	125	10	60	100	120	1	4	3
100	110	120	5	120	130	10	80	100	120	1	4	3
105	115	125	5	125	135	10	80	100	120	1	4	3
110	120	130	5	130	140	10	80	100	120	1	4	3
120	130	140	5	140	150	10	100	120	150	1	4	3
130	140	150	5	150	160	10	100	120	150	2	5	4
140	150	160	5	160	170	10	100	150	180	2	5	4
150	160	170	5	170	180	10	120	150	180	2	5	4
160	170	180	5	185	200	12.5	120	150	180	2	5	4
170	180	190	5	195	210	12.5	120	180	200	2	5	4
180	190	200	5	210	220	15	150	180	250	2	5	4
190	200	210	5	220	230	15	150	180	250	2	5	4
200	210	220	5	230	240	15	180	200	250	2	5	4

注：1. 括号内的值仅作特殊用途，应尽可能避免使用。

2. F 型图见表 8-1-16 的表头图。

3. F 型翻边轴套是否带退刀槽（尺寸 u）应根据供需双方协议而定。

表 8-1-18　　公差与表面粗糙度

	内径 d_1	外径 d_2		翻边外径 d_3	宽度 b_1	轴承座孔	轴径 d
公差	E6①	≤120	s6	d11	h13	H7	e7 或 g7②
		>120	r6				
表面粗糙度	表面粗糙度应根据 GB/T 131 标注(见表 8-1-16 表头图)，如： √a :$Ra=1.6\mu m$　√c :$Ra=6.3\mu m$ √b :$Ra=3.2\mu m$　√d :$Ra=2.5\mu m$						

① 冲压后，d_1 通常可达到公差位置 H，公差等级大约为 IT8。

② 根据使用情况来推荐所用的公差。如果轴套与公差位置 h 的精密磨削轴制成品相配合，内径 d_1 的公差应为 D6，它装配后的概率公差为 F8；如果轴套内孔是装配后加工，内径 d_1 的尺寸公差应由供需双方协议而定。

注：用尺寸 d_2 来确定关于同轴度公差的 IT 值。用尺寸 d_3 来确定关于轴肩端面跳动的 IT 值。

铸 铁 轴 套

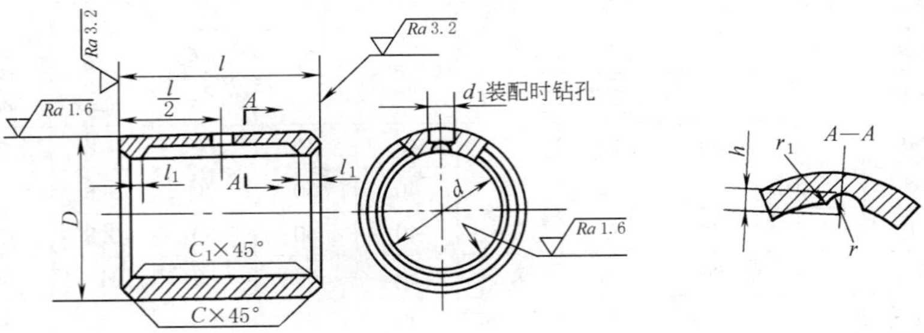

表 8-1-19

mm

<table>
<tr><th>d(H8)</th><th>D(S7)</th><th>d_1</th><th>l</th><th>l_1</th><th>h</th><th>r</th><th>r_1</th><th>C</th><th>C_1</th></tr>
<tr><td>10</td><td>15</td><td rowspan="16">5</td><td rowspan="3">20</td><td rowspan="8">3</td><td rowspan="2">0.5</td><td rowspan="2">1</td><td rowspan="16">7</td><td rowspan="10">0.5</td><td rowspan="10">1</td></tr>
<tr><td>11</td><td>16</td></tr>
<tr><td>12</td><td>18</td><td rowspan="4">1.0</td><td rowspan="4">2</td></tr>
<tr><td>14</td><td>20</td><td rowspan="2">24</td></tr>
<tr><td>16</td><td>22</td></tr>
<tr><td>18</td><td>25</td><td rowspan="2">30</td></tr>
<tr><td>20</td><td>28</td><td rowspan="10">1.5</td><td rowspan="10">3</td></tr>
<tr><td>22</td><td>30</td><td>34</td></tr>
<tr><td>25</td><td>32</td><td>38</td><td rowspan="4">4</td></tr>
<tr><td>28</td><td>36</td><td>42</td></tr>
<tr><td>30</td><td>38</td><td rowspan="2">48</td><td rowspan="10">1</td><td rowspan="10">1.5</td></tr>
<tr><td>32</td><td>40</td></tr>
<tr><td>36</td><td>45</td><td>55</td><td rowspan="4">5</td></tr>
<tr><td>40</td><td>50</td><td>60</td></tr>
<tr><td>45</td><td>55</td><td>70</td></tr>
<tr><td>50</td><td>60</td><td>75</td></tr>
<tr><td>55</td><td>65</td><td rowspan="13">8</td><td>80</td><td rowspan="5">6</td><td rowspan="13">2.5</td><td rowspan="13">5</td><td rowspan="13">9</td></tr>
<tr><td>60</td><td>70</td><td>90</td></tr>
<tr><td>70</td><td>85</td><td rowspan="2">100</td></tr>
<tr><td>80</td><td>95</td></tr>
<tr><td>90</td><td>105</td><td rowspan="2">120</td><td rowspan="9">1.5</td><td rowspan="9">2</td></tr>
<tr><td>100</td><td>115</td><td rowspan="8">8</td></tr>
<tr><td>110</td><td>125</td><td>140</td></tr>
<tr><td>125</td><td>140</td><td rowspan="2">150</td></tr>
<tr><td>130</td><td>150</td></tr>
<tr><td>140</td><td>160</td><td rowspan="2">170</td></tr>
<tr><td>150</td><td>170</td></tr>
<tr><td>160</td><td>180</td><td>190</td></tr>
<tr><td>180</td><td>200</td><td>200</td></tr>
</table>

注：1. 直径 D 允许采用 n7、m7、k7、j7 配合。直径 d 允许采用 H7 配合。

2. 轴套和轴承座孔用螺钉固定，尺寸见表 8-1-23。

3. 压合后轴套的直径 d 可能缩小，因此装配后必须检查，必要时应进行精加工。

整体轴套尺寸（摘自 JB/ZQ 4613—2006）

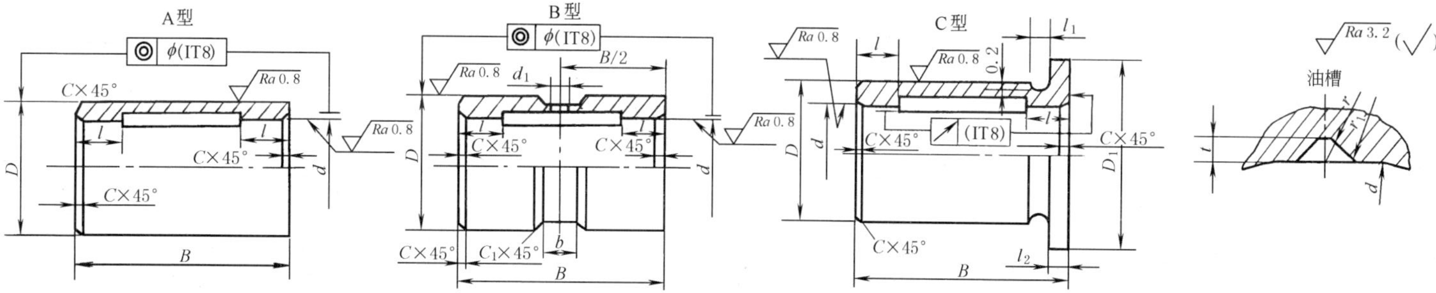

标记示例：轴套 A30×38×30-1L10 JB/ZQ4613—2006 表示 A 型轴套、内径 d=30mm、外径 D=38mm、长度 B=30mm、1 个 L 型油孔距离 X=10mm。

表 8-1-20

mm

d	D	D_1	B 1	B 2	B 3	B 4	d_1	l_1	l_2 (h12)	t ($^{+0.2}_{0}$)	b	r	r_1	C	C_1	质量(每1000件)/kg A型 1	A型 2	A型 3	B型 4	C型 1	C型 2	C型 3
20	26	32	15	20	30	30	6	1.5	3	1.2	12	2.5	6	0.5	1	28.6	38.2	57.2	57.2	35.8	45.4	64.4
22	28	34														31.1	41.5	62.2	62.2	38.8	49.2	69.9
25	32	38	20	30	40	40			4	1.6		3	9			55.2	82.7	110.3	110.3	66.8	94.3	121.9
28	36	42				50		2								70.8	106.2	141.5	176.8	83.7	119.1	154.4
30	38	44														75.2	112.8	150.4	188.0	88.8	126.4	164.0
32	40	46				55								0.8		79.6	119.4	159.2	218.9	93.8	133.6	173.4
35	45	50	30	40	50		8		5	2	16	4	12		1.5	165.9	221.2	276.5	304.1	182.3	237.6	292.9
(36)	46	52				60										170.0	226.7	283.4	311.7	190.3	247.0	303.7
40	50	58			60											186.6	248.8	373.2	373.2	216.4	278.6	403.0
45	55	63				70										207.3	276.5	414.7	483.8	239.9	309.1	447.3
50	60	68	40	50		75										304	380	456	570	339	415	491
55	65	73			70	80										332	415	581	664	370	453	619
60	75	83		60	80				7.5	2.5		5	15			560	840	1120	1120	625	905	1185
65	80	88	50			100								1		752	902	1203	1504	821	971	1272
70	85	95		70	90		10				20					803	1125	1446	1606	896	1218	1539
75	90	100														855	1197	1540	1711	953	1295	1638
80	95	105	60	80	100			3								1089	1451	1814	1814	1192	1554	1917
90	110	120			120	120			10	3.2		7	21			1659	2212	3318	3318	1817	2370	3476
100	120	130	80	100												2433	3041	3649	3649	2605	3213	3820
110	130	140				140										2654	3317	3981	4644	2840	3503	4167
120	140	150	100	120	150	150	12				25				2	3594	4313	5391	5359	3794	4513	5591
130	150	160				170								2		3871	4645	5806	6580	4085	4859	6020
140	160	170		150	180			4								4147	6220	7464	7049	4375	6448	7692
150	170	180	120			—	—				—				—	5308	6635	7962	—	5549	6876	8203
160	185	200							12.5	1		9	27			7153	8942	10730	—	7651	9440	11228
170	195	210		180	200											7568	11352	12614	—	8092	11876	13138
180	210	220	150	180	250	—	—	4	15	4	—			2	—	12130	14556	20216	—	12575	15001	20661
190	220	230														12751	15302	21253	—	13217	15768	21719
200	230	240	180	200												16049	17832	22290	—	16536	18319	22777

注：1. 当 B=15~30mm 时，l=3mm；当 B>30~60mm 时，l=4mm；当 B>60~100mm 时，l=6mm；当 B>100mm 时，l=10mm。2. 轴套的材料：ZCuAl10Fe3。3. B 型轴套适用于 JB/T 2560—2007《整体有衬正滑动轴承座型式与尺寸》规定的轴承座。4. 油槽应符合 JB/ZQ 4615—2006。5. 括号内尺寸尽量不选用。

表 8-1-21　　整体轴套的公差配合（摘自 JB/ZQ 4613—2006）

尺寸		装配形式					
		压入			粘合		
d	装入前	G7	E9	D10	H7	H8	E9
	装入后	H7	H8	E9			
	相配轴的公差	g6,f7,e9		h9,h11	g6,f7,e9		h9,h11
D	≤120mm	s6			g6		
	>120mm	r6					
轴承座孔的公差		H7					

3.5.2　轴套的固定（摘自 JB/ZQ 4616—2006）

表 8-1-22　　重载轴套固定方式　　mm

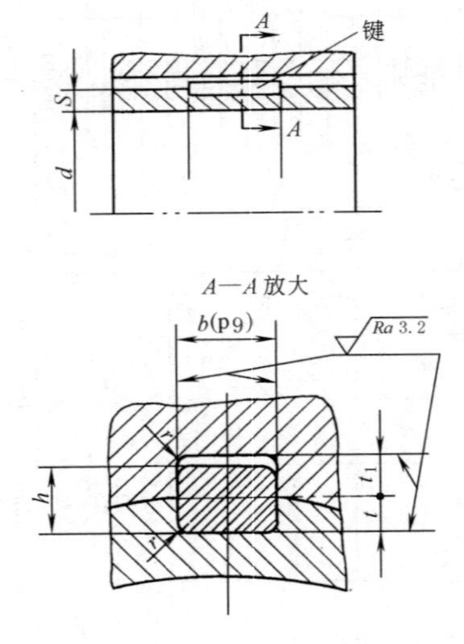

轴套直径 $d(D)$	壁厚 S	键的尺寸 $b\times h$	轮毂槽深 t_1 及公差	轴套槽深 t 及公差	r
>80~200	7.5~10	6×4~12×6	按 GB/T 1566《薄型平键和键槽的剖面尺寸》规定		0.25
>200~300	12.5~15	12×6~20×8			0.40
>300~450	17.5~20	20×8~28×10			1.00
>450~600	>20~25	28×10 ~ 32×11			1.20
>600~900 >900~1250	>25	32×11			

注：外径小于等于 100mm，其极限偏差按 k6；外径大于 100mm 时见原标准。

表 8-1-23　　轻载轴套固定方式　　mm

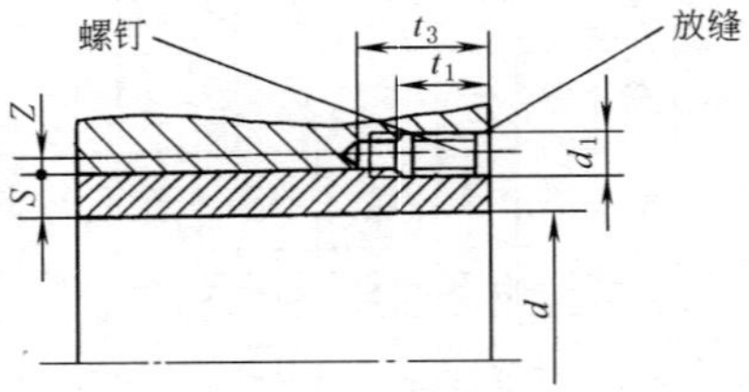

轴套直径 $d\ (D)$	壁厚 S	螺钉（GB/T 73）		t_3	Z
		$d_1\times t_1$	数量		
>30~50	4	M6×15	1	20	1.5
>50~80	5	M8×20	1	25	2
>80~200	7.5~10	M8×20	2	25	2
>200~300	12.5~15	M10×20	2	26	2
>300~450	17.5~20	M12×25	2	31	3
>450~600	>20~25	M16×30	3	37	4

3.5.3 轴瓦

表 8-1-24 轴瓦尺寸 mm

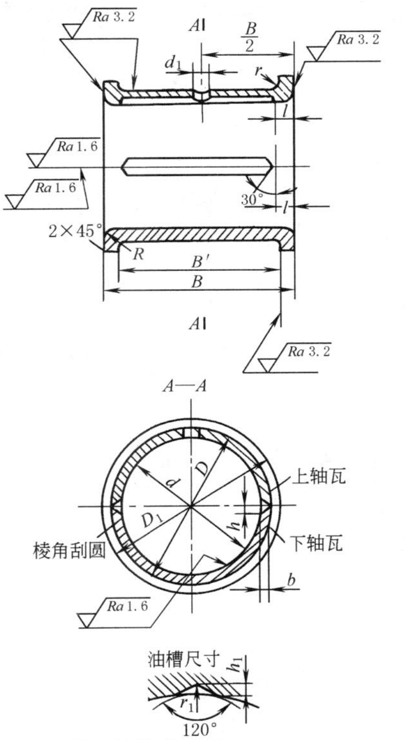

轴瓦材料：铝青铜 ZCuAl10Fe3
锡青铜 ZCuSn6Zn6Pb3
(ZQSn6-6-3)及耐磨铸铁

d (H8)	D (k6)	D_1	d_1	B' (H8)	B	l	b	h	h_1	R	r	r_1	轴颈圆角半径
30	40	50	10.5	50	60	8	1	7	1.5	2	2	1	1.5
35	45	55	10.5	50	60	8	1	7	1.5	2.5	2	1	2
40	50	60	10.5	60	70	8	1	7	1.5	2.5	2	1	
45	55	65	10.5	60	70	8	1	7	1.5	2.5	2.5	1	
50	60	70	10.5	65	80	10	1	7	2	2.5	2.5	1.5	
55	65	75	10.5	65	80	10	1	7	2	2.5	2.5	1.5	
60	70	80	10.5	65	80	10	1	8	2	2.5	2.5	1.5	
65	80	95	10.5	65	80	10	1	8	2	2.5	2.5	1.5	
70	85	100	10.5	75	90	10	1	8	2.5	2.5	3	2	
75	90	105	10.5	75	90	10	1	8	2.5	4	3	2	
80	95	110	10.5	75 120	90 140	10	1	8	2.5	4	3	2	3
85	100	115	10.5	85 140	100 160	12	1.5	10	3	4	3	2	
90	105	120	10.5	85 140	100 160	12	1.5	10	3	4	3	2	
95	115	130	10.5	90 140	110 160	12	1.5	10	3	4	3	2	
100	120	140	10.5	90 160	110 180	12	1.5	10	3	4	3	2	
110	130	150	10.5	100 160	120 180	12	2	13	3.5	5	4	2	4
120	140	160	10.5	110 180	130 200	12	2	13	3.5	5	4	2	
130	150	175	10.5	120 200	140 220	14	2	16	4	5	4	3	
140	165	190	10.5	130 200	150 220	14	2	16	4	5	4	3	
150	175	200	10.5	140 220	160 240	14	3	20	4.5	5	4	3	
160	185	210	10.5	155 220	170 240	14	3	20	4.5	5	5	3	
180	210	240	12.5	240	270	16	3	20	4.5	6	5	3	5
200	230	260	12.5	270	300	16	4	25	5	6	5	4	
220	250	280	12.5	270	300	16	4	25	5	8	5	4	6

注：1. 加工时，上下轴瓦必须一起加工。
2. 与轴瓦配合的轴颈最好进行表面淬火。

3.6 滑动轴承的结构要素

3.6.1 润滑槽

表 8-1-25　　润滑槽（摘自 GB/T 6403.2—2008）　　mm

滑动轴承上用的润滑槽型式

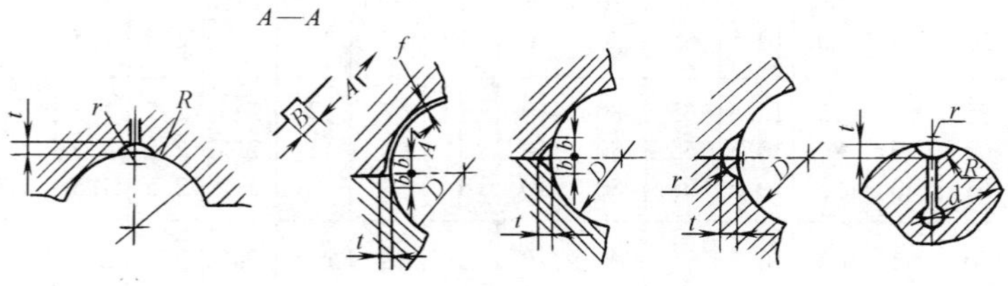

(a)　(b)　(c)　(d)　(e)

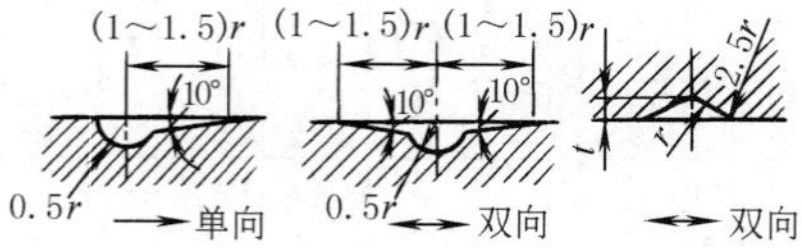

(f)　(g)　(h)

图 a、b、c、d 用于径向轴承的轴瓦上；图 e 用于径向轴承的轴上；图 f、g 用于推力轴承上；图 h 用于推力轴端面上

平面上用的润滑槽型式

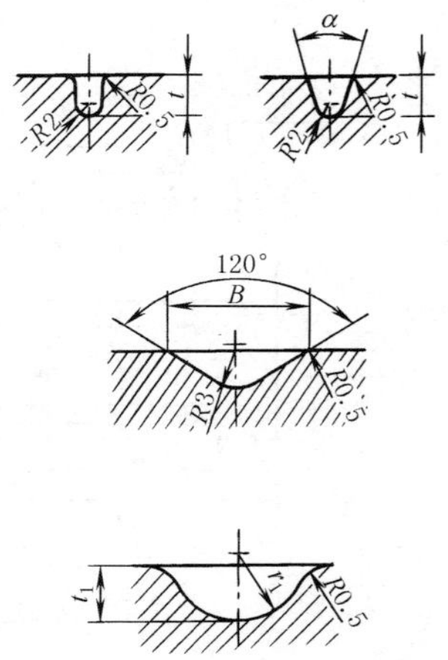

直径 D	直径 d	t	r	R	B	f	b
≤50		0.8	1.0	1.0	—	—	—
		1.0	1.6	1.6	—	—	—
		1.6	3.0	6.0	5.0	1.6	4.0
>50～120		2.0	4.0	10	8.0	2.0	6.0
		2.5	5.0	16	10	2.0	8.0
		3.0	6.0	20	12	2.5	10
>120		4.0	8.0	25	16	3.0	12
		5.0	10	32	20	3.0	16
		6.0	12	40	25	4.0	20

上图尺寸

B：4，6，10，12，16

α：15°，30°，45°

t：3，4，5

t_1：1，1.6，2

r_1：1.6，2.5，4

注：标准中未注明尺寸的棱边，按小于 0.5mm 倒圆。

3.6.2 轴承合金浇铸槽

厚壁轴瓦（壁厚与外径的比值大于 0.05）的内表面可附有轴承衬，轴承合金浇铸用槽的结构和尺寸见表8-1-26。

表 8-1-26　　轴承合金浇铸用槽（摘自 JB/ZQ 4259—2006）　　mm

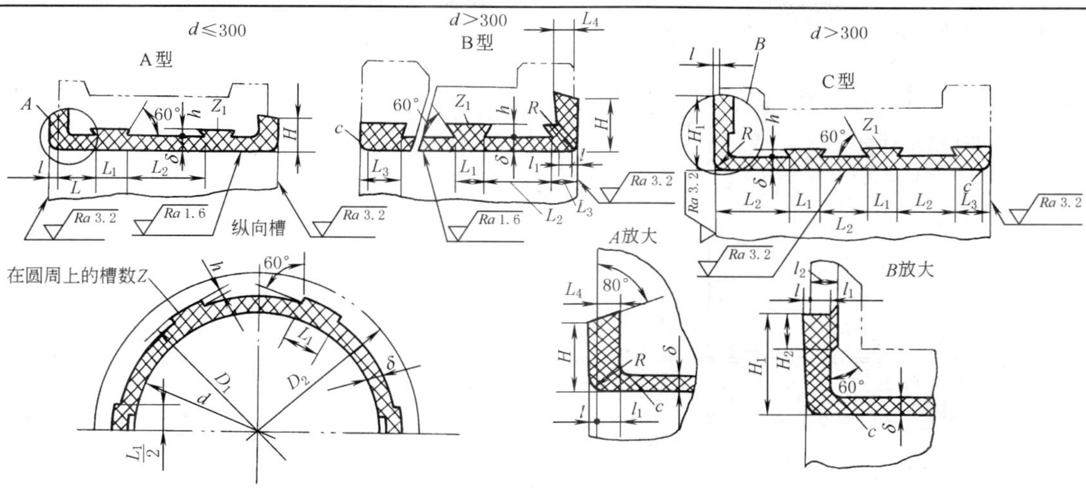

比例关系：$D_2:D_1\geqslant1.2$（铸铁）

$D_2:D_1\approx1.1\sim1.14$（钢）

轴径 d	浇铸尺寸 δ		h	H	H_1	H_2	L	L_1	L_2	L_3	L_4	l	l_1	l_2	R	c	纵、径向槽数 Z、Z_1
	铸铁	铜															
30~50	2.5	2	—	6	—	—	—	—	—	—	3	1	2	—	3	1	—
>50~80	3	2.5	2	8	—	—	20	9	50	10	4	1	3	—	4	1	2
>80~100	3.5	3	2	10	—	—	25	10	60	12	5	1.5	4	—	4	2	2
>100~150	3.5	3	2.5	12	—	—	30	10	80	14	6	1.5	5	—	6	2	3
>150~200	4	3.5	2.5	16	—	—	35	15	90	16	7	1.5	5	—	8	3	3
>200~300	5	4	3	20	—	—	40	18	100	18	8	2	6	—	12	5	3
>300~400	6	4	3	25	35	15	—	20	110	20	8	2	6	11	15	5	3
>400~500	7	5	3	30	40	15	—	25	150	22	10	2	8	12	20	6	3
>500~650	7	5	3	35	45	15	—	30	150	22	10	2.5	8	13	25	7	3
>650~800	7	5	3	40	50	20	—	30	160	22	12	2.5	9	13	30	10	3
>800~1000	8	6	4	45	55	20	—	35	160	24	12	3	9	15	30	10	4
>1000~1300	8	6	4	50	60	20	—	40	170	24	15	3	12	17	40	15	4

注：1. 纵向槽数 Z 平均分布于圆周上。

2. 本标准所规定的纵向槽数 Z 是必要的最少数量，但径向槽数 Z_1 在轴衬全长上不允许大于 4 个。

3. 轴承衬材料为铸铁时，径向槽和纵向槽的数量应按表内的规定增加 1.5~2 倍。

4. 对重要的轴承，受有相当的轴向力和冲击等的情况下，为取得较大的支承面，轴端结构型式应按Ⅱ、Ⅲ型选择，如无轴向力，可不带支承面。

5. 燕尾槽全部按表面粗糙度 Ra 的最大允许值为 25μm 加工。

6. 轴承合金层不应有气泡、气孔、杂质等缺陷。

3.7　滑动轴承间隙与配合的选择

（1）选用示例

表 8-1-27　　几种机床及通用设备滑动轴承的配合

设备类别	配合
磨床与车床分度头主轴承	H7/g6
铣床、钻床及车床的轴承，汽车发动机曲轴的主轴承及连杆轴承，齿轮减速器及蜗杆减速器轴承	H7/f7
电机、离心泵、风扇及惰齿轮轴的轴承，蒸汽机与内燃机曲轴的主轴承和连杆轴承	H9/f9
农业机械用的轴承	H11/d11
汽轮发电机轴、内燃机凸轮轴、高速转轴、刀架丝杠、机车多支点轴等的轴承	H7/e8
农业机械用的轴承	H11/b11

表 8-1-28　　活塞式发动机和油膜轴承的配合（摘自 JB/ZQ 4614—2006）　　mm

本标准适用于活塞式发动机和油膜轴承。轴颈最大圆周速度为 10m/s；润滑油的黏度不大于 118mm²/s。选择配合间隙时，应考虑到轴承的平均间隙为 $e=\frac{d}{1000}$

轴承直径 d	孔		轴	
	公差代号	极限偏差	公差代号	极限偏差
>30~50	H7	+0.025 0	f7	−0.025 −0.050
>50~80	H7	+0.030 0	f7	−0.030 −0.060
>80~120	H7	+0.035 0	e8	−0.072 −0.126
>120~180	H7	+0.040 0	e8	−0.085 −0.148
>180~250	H7	+0.046 0	e8	−0.100 −0.172

轴承直径 d	孔		轴	
	公差代号	极限偏差	给定尺寸 d_1	极限偏差
260	H7	+0.052 0	259.74	±0.03
280			279.72	
300			299.70	
320	H7	+0.057 0	319.68	
340			339.66	
360			359.64	
380			379.62	
400			399.60	
420	H7	+0.063 0	419.58	
450			449.55	

轴承直径 d	孔		轴	
	公差代号	极限偏差	给定尺寸 d_1	极限偏差
480	H7	+0.063 0	479.52	±0.03
500			499.50	
530	H7	+0.070 0	529.47	
560			559.44	
600			599.40	
630			629.37	
670	H7	+0.080 0	669.33	
710			709.49	
750			749.45	
800			799.40	

注：轴的给定尺寸 d_1 按下式计算：

$$d_1=d-\frac{d}{1000}$$

表 8-1-29　　活塞式发动机和油膜轴承的轴承间隙（摘自 JB/ZQ 4614—2006）　　mm

轴承直径 d	最小间隙	平均间隙	最大间隙	轴承直径 d	最小间隙	平均间隙	最大间隙
>30~50	0.025	0.050	0.075	340	0.30	0.34	0.38
>50~80	0.030	0.060	0.090	360	0.32	0.36	0.40
>80~120	0.072	0.117	0.161	380	0.34	0.38	0.42
130	0.085	0.137	0.188	400	0.36	0.40	0.44
140	0.085	0.137	0.188	420	0.38	0.42	0.46
150	0.12	0.15	0.19	450	0.41	0.45	0.49
160	0.13	0.16	0.20	480	0.44	0.48	0.52
180	0.15	0.18	0.21	500	0.46	0.50	0.54
200	0.17	0.20	0.28	530	0.49	0.53	0.57
220	0.19	0.22	0.25	560	0.52	0.56	0.60
240	0.21	0.24	0.27	600	0.56	0.60	0.64
250	0.22	0.25	0.28	630	0.59	0.63	0.67
260	0.23	0.26	0.29	670	0.62	0.67	0.72
280	0.25	0.28	0.31	710	0.66	0.71	0.76
300	0.27	0.30	0.33	750	0.70	0.75	0.80
320	0.28	0.32	0.36	800	0.75	0.80	0.85

注：选用条件同表 8-1-30。

表 8-1-30　机械压力机整体式滑动轴承的配合及间隙选择（摘自 JB/ZQ 4616—2006） mm

轴套外径公差

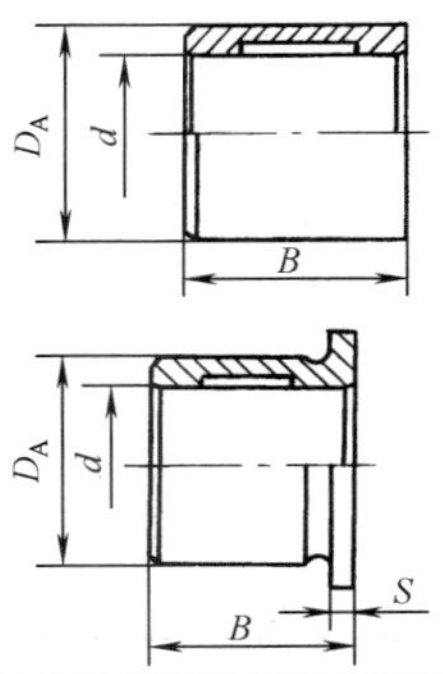

轴套外径 D_A	轴套外径 D_A 及极限偏差	轴套外径 D_A	轴套外径 D_A 及极限偏差
>100~180	$D_A=D_{S+0.015}^{+0.025}$	>630~800	$D_A=D_{S+0.030}^{+0.050}$
>180~315	$D_A=D_{S+0.025}^{+0.035}$	>800~1000	$D_A=D_{S+0.035}^{+0.055}$
>315~400	$D_A=D_{S+0.030}^{+0.040}$	>1000~1250	$D_A=D_{S+0.045}^{+0.065}$
>400~630	$D_A=D_{S+0.030}^{+0.045}$	>1250~1600	$D_A=D_{S+0.055}^{+0.075}$

$D_A\leqslant 100$ 的极限偏差按 k6。D_S 为与滑动轴套外径相配的孔的实测尺寸

润滑脂润滑的轴承间隙

轴承温升/℃	轴承直径 d	轴、孔偏差：孔	轴、孔偏差：轴径减小/‰	应用实例
<10	(≤80 时) >80~1000	H7 (H7)	−0.8 (轴偏差为 e8)	平锻机曲柄轴承，偏心轴承，辊锻机轧辊轴承
≥10~30		H7	−1.0	曲柄压力机压杆偏心轴承，冷压机、切边压力机的偏心轴承
≥30~50		H7	−1.2	热模锻压力机支架和压杆中的偏心轴承
>50		H7	−1.4	

轴颈加工的极限偏差 Δ

轴颈直径	Δ	轴颈直径	Δ	轴颈直径	Δ	轴颈直径	Δ	轴颈直径	Δ
>80~120	0 −0.02	>180~250	0 −0.03	>315~400	0 −0.05	>500~630	0 −0.07	>800~1000	0 −0.09
>120~180	0 −0.03	>250~315	0 −0.04	>400~500	0 −0.06	>630~800	0 −0.08		

一般宽度轴承间隙

轴承直径 d	极限偏差：孔	极限偏差：轴	轴承间隙	轴承直径 d	极限偏差：孔	极限偏差：轴	轴承间隙
>30~50	H7	−0.034 −0.050	0.034~0.075	>315~400	H7	−0.178 −0.214	0.178~0.271
>50~80		−0.061 −0.080	0.061~0.110	>400~500		−0.192 −0.232	0.192~0.295
>80~120		−0.088 −0.110	0.088~0.145	>500~630		−0.211 −0.255	0.211~0.325
>120~180		−0.115 −0.140	0.115~0.180	>630~800		−0.235 −0.285	0.235~0.365
>180~250		−0.143 −0.172	0.143~0.218	>800~1000		−0.254 −0.310	0.254~0.400
>250~315		−0.159 −0.191	0.159~0.243				

第 8 篇

续表

	窄型轴承间隙	轴承直径	孔的极限偏差	轴的减小量（按轴直径的减小量与 B/d 的关系确定）
润滑脂润滑的轴承间隙	$\left(\frac{B}{d}<0.7, d\right.$ 为轴径, B 为轴承宽度$\left.\right)$ 窄型轴承尺寸偏差计算见后面（2）计算示例	>80～1000	H7	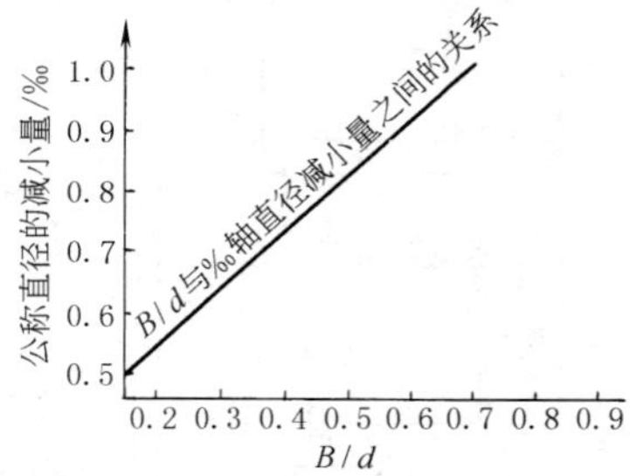

注：对工作条件类似的轴承也适用。

（2）滑动轴承配合计算示例（摘自 JB/ZQ 4616—2006）

1）一般宽度轴承（图 8-1-1）

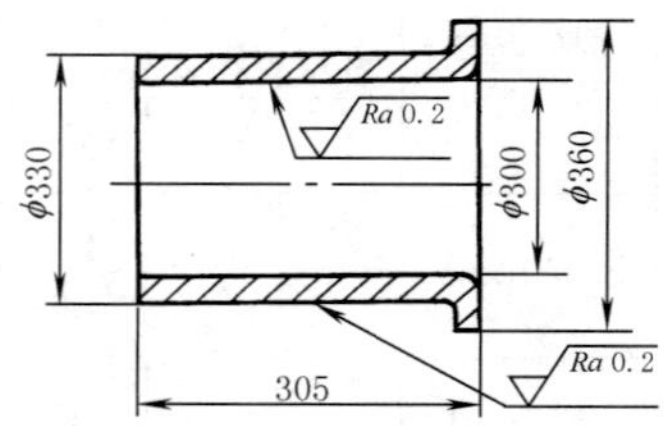

图 8-1-1

例 平锻机偏心轴套

① 轴套外径配合过盈 设轴承座孔的实测尺寸 $D_S=330\text{mm}$，由表 8-1-30 查得轴套外径为 $D_A=330\text{mm}$ 配合过盈为 0.03～0.04mm。

② 轴与轴套的配合间隙 轴套孔径公差为 H7，即 $\phi300\text{H7}^{+0.052}_{0}$。轴径偏差：按轴承温升不超过 10℃，由表 8-1-30 查得轴径的减小量为公称直径的-0.8‰，即 $-\frac{0.8}{1000}\times300=-0.24(\text{mm})$，再考虑到轴的制造极限偏差 $_{-0.04}^{0}$mm（由表 8-1-30 查得）、轴径尺寸及极限偏差为 $\phi299.76_{-0.04}^{0}$，轴径的图样标注尺寸为 $\phi300_{-0.28}^{-0.24}$。

③ 轴承间隙

最大间隙=孔的上偏差-轴的下偏差=0.052-(-0.280)=0.332(mm)

最小间隙=孔的下偏差-轴的上偏差=0-(-0.240)=0.240(mm)

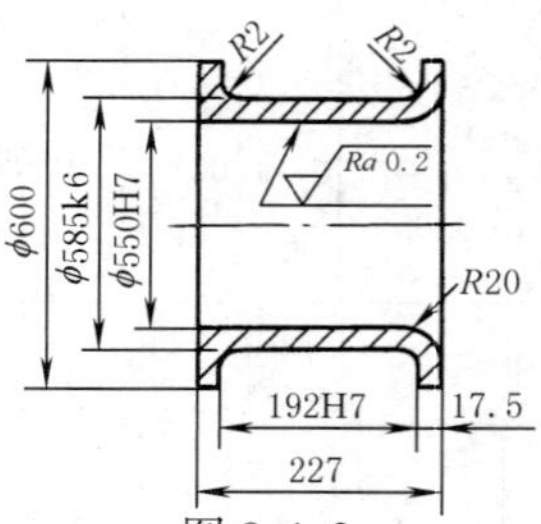

图 8-1-2

2）窄轴承$\left(\frac{B}{d}<0.7\text{，图 8-1-2}\right)$

轴承接触宽度 $B=227-20=207(\text{mm})$（其中 20 为圆角半径），$\frac{B}{d}=\frac{207}{550}=0.38$，由表 8-1-30 查得轴的减小量应为轴公称直径的-0.7‰，即 $-0.7\times550‰=-0.385(\text{mm})$，轴的尺寸为 550-0.335=549.615(mm)。

由表 8-1-30 查得附加极限偏差为 $_{-0.07}^{0}$mm，即轴的尺寸及极限偏差为 $\phi549.615_{-0.07}^{0}$，轴径的图样标注尺寸为 $\phi550_{-0.455}^{-0.385}$。

由于孔的极限偏差为 $\phi550\text{H7}=\phi550^{+0.07}_{0}$，所以

最大间隙=0.07-(-0.455)=0.525(mm)

最小间隙=0-(-0.385)=0.385(mm)

窄轴承的过盈计算与一般宽度轴承相同。

3.8 滑动轴承润滑

表 8-1-31 **滑动轴承润滑方法的选择**

K	润滑方法	K 值计算方式	说明
≤2	用润滑脂润滑(可用黄油杯)	$K=\sqrt{pv^3}$	p——轴颈上的平均压强,MPa
>2～15	用润滑油润滑(可用针阀油杯等)	$p=\frac{P}{d\times B}$	v——轴颈的圆周速度,m/s
>15～30	用油环,飞溅润滑,需用水或循环油冷却		P——轴承所受的最大径向载荷,N
>30	必须用循环压力润滑		d——轴颈直径,mm
			B——轴承工作宽度,mm

表 8-1-32　　滑动轴承对润滑脂的要求

要求项目	对润滑脂要求
针入度	主要是根据加脂的方法来选定针入度的大小，以便于加入轴承，形成润滑膜，同时又不致往外流失。对干油集中润滑系统，为保证系统的泵送性能，润滑脂应适当软些，即针入度大些，一般应在 270 以上。手动油枪及脂杯用脂的针入度为 240~260。轴承载荷大、转速低时，应选针入度小的润滑脂，反之要选针入度大的。高速轴承选针入度小的、机械安定性好的润滑脂
滴点	一般应高于工作温度 20~30℃，以避免工作时由于温度影响使润滑脂变稀，造成过多流失浪费。同时引起轴承缺脂而过早磨损。高温连续运转情况，不要超过润滑脂允许的使用温度范围
轴承的工作环境	如有水淋和潮湿的地方，应选用具有抗水性的钙基、铝基或锂基润滑脂，不宜用钠基脂。如在高温、干燥环境下工作，应选用钠基脂、钙-钠基脂或高温合成脂。如在高温又有蒸汽的环境中工作，应选用复合锂（或铝）基脂；环境或温差范围变化很大时，则应采用温度范围适应较广的硅酸脂
承受特大载荷的轴承	采用有极压添加剂的润滑脂。如要求使用寿命较长的，采用加抗氧化添加剂的润滑脂。如要求对轴承周围环境气氛控制很严的，可采用挥发性较小的润滑脂
黏附性能	具有较好的黏附性能

表 8-1-33　　滑动轴承润滑脂的选择

平均压强/MPa	圆周速度/$m \cdot s^{-1}$	最高工作温度/℃	选用润滑脂
<1	≤1	75	3 号钙基脂
1~6.5	0.5~5	55	2 号钙基脂
>6.5	≤0.5	75	3 号钙基脂
>6.5	0.5~5	120	2 号钠基脂
>6.5	≤0.5	110	1 号钙-钠基脂
1~6.5	≤1	50~100	锂基脂
>6.5	0.5	60	2 号压延机脂

注：1. 在潮湿环境，温度在 75~120℃的条件下，应考虑用钙-钠基润滑脂。

2. 在潮湿环境，工作温度在 75℃以下，没有 3 号钙基脂也可以用铝基脂。

3. 工作温度在 110~120℃可用锂基脂或钡基脂。

4. 集中润滑时，稠度要小些。

表 8-1-34　　滑动轴承的加脂周期

工作条件	轴的转速/$r \cdot min^{-1}$	加脂周期	工作条件	轴的转速/$r \cdot min^{-1}$	加脂周期
偶然工作，不重要的零件	<200 >200	5 天 1 次 3 天 1 次	连续工作，其工作温度<40℃	<200 >200	1 天 1 次 每班 1 次
间断工作	<200 >200	2 天 1 次 1 天 1 次	连续工作，其工作温度40~100℃	<200 >200	每班 1 次 每班 2 次

第 8 篇

表 8-1-35　　滑动轴承润滑油的选用

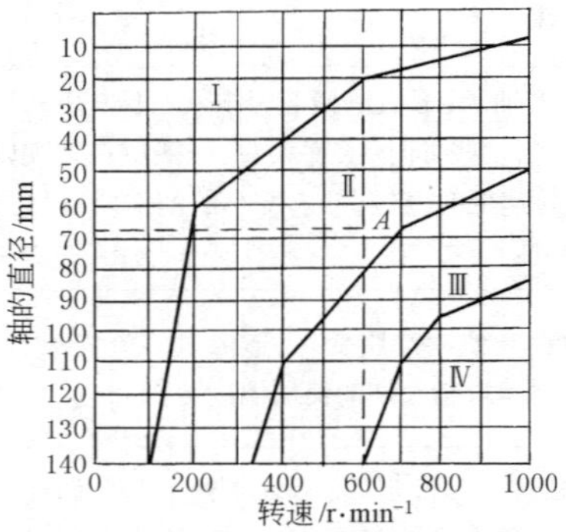

平均压力 /MPa	机械油牌号			
	Ⅰ	Ⅱ	Ⅲ	Ⅳ
<0.5	20 号	20 号	10 号	10 号
0.5~6.5	50 号	40 号	30 号	20 号
6.5~15	70 号	50 号	40 号	30 号

(1)在下列情况下应比本表内用油的黏度大 10~20mm^2/s：①温度超过60℃的工作条件；②在工作过程中有严重振动、冲击和作往复运动；③经常启动及在运动中速度经常变化

(2)在 10℃以下的工作条件及用于循环系统时，则要比本表内用油的黏度小些

3.9　滑动轴承座技术条件（摘自 JB/T 2564—2007）

1）轴承座的材料采用 HT200 灰铸铁或 ZG200~ZG400 铸钢制造，其力学性能应符合 GB/T 9439 或 GB/T 11352 的规定。

2）轴瓦和轴套采用 10-3 铝青铜 ZCuAl10Fe3（ZQAl9-4）制造，轴套也可采用锡青铜 ZCuSn6Zn6Pb3（ZQSn6-6-3）制造，其力学性能和化学成分应符合 GB/T 1176 的规定。

3）铸件上的型砂应清除干净，浇口、冒口、结疤及夹砂等应铲除或打磨掉，清理后毛坯表面应平整、光洁。

4）铸件不允许有裂纹，无损于强度和外观的其他缺陷，在下列范围内允许存在：

① 非加工表面的缩孔、气孔及渣孔等缺陷，深度不超过铸件壁厚的 1/8，长×宽不大于 5mm×5mm，缺陷总数不超过 3 个，但轴承座的主要受力断面（图 8-1-3 中 *a*、*b* 断面阴影部分）不允许有铸造缺陷；

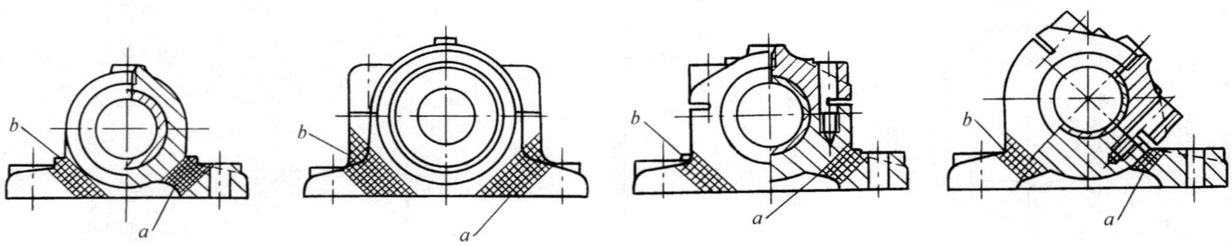

图 8-1-3

② 加工后的表面不允许有砂眼等铸造缺陷。

5）轴承座毛坯应在机械加工前进行时效处理。

6）加工后的轴承座上盖与底座在自由状态下分合面应贴合良好，分合面对轴承座内径 *D* 的轴线位置度公差为 0.05mm。

7）对开式斜滑动轴承座的 45°分合面的角度公差应符合 GB/T 11335 中Ⅴ级精度的规定。

8）轴承座中心高 *h* 的极限偏差应符合 GB/T 1800.4—1999 中，h12。

9）轴承座底平面的平面度公差应不大于 GB/T 1184 中规定的 8 级。

10）轴承座内径 *D* 的极限偏差应符合 GB/T 1800.4 中 H7 的规定。

11）轴承座内径 *D* 的表面粗糙度 *Ra* 最大允许值为 1.6μm。

12）轴承座轴线对底平面的平行度公差应不大于 GB/T 1184 中规定的 8 级。

13）轴承座内径 *D* 的圆柱度公差应不大于 GB/T 1184 中规定的 8 级。

14）轴承座两端面对内径 *D* 轴线的垂直度公差应不大于 GB/T 1184 中规定的 8 级。

15）轴瓦外径 *D* 的极限偏差应符合 GB/T 1800.4 中 m6 的规定。轴套外径 *D* 的极限偏差应符合 GB/T 1800.4 中 S7 的规定。

16）轴瓦和轴套内径 d 的极限偏差应符合 GB/T 1800.4 中 H8 的规定。

17）轴瓦和轴套内径 d、外径 D 的表面粗糙度 Ra 最大允许值为 1.6μm。

18）轴瓦和轴套外径 D 的圆柱度公差应不大于 GB/T 1184 中规定的 8 级。

19）轴瓦油槽棱边应倒钝、圆滑，内径 d 两端的圆角部位应圆滑，其圆角半径 R 应符合图样要求。

3.10 关节轴承

3.10.1 关节轴承的结构型式及其代号（摘自 GB/T 304.1—2002、GB/T 304.2—2002）

表 8-1-36　　关节轴承常用结构型式

类别	结构图	特点
润滑型向心关节轴承	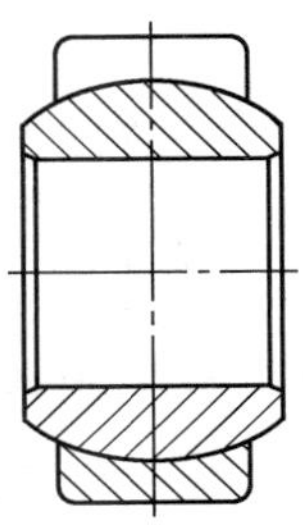 GE…E 型	单缝外圈 无润滑槽和润滑孔 能承受径向载荷和任一方向较小的轴向载荷
润滑型向心关节轴承	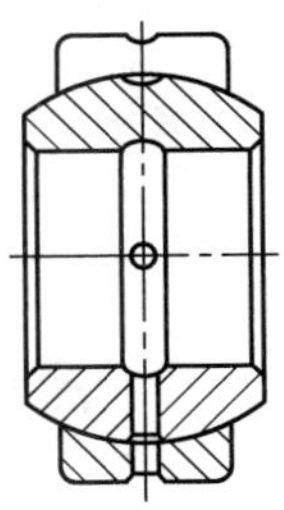 GE…ES 型	单缝外圈 有润滑槽和润滑孔 能承受径向载荷和任一方向较小的轴向载荷
润滑型向心关节轴承	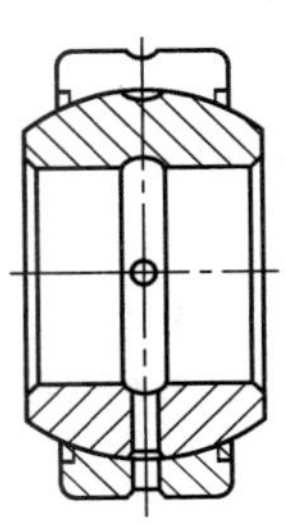 GE…ES-2RS 型	单缝外圈 有润滑槽和润滑孔 两面带密封圈 能承受径向载荷和任一方向较小的轴向载荷
润滑型向心关节轴承	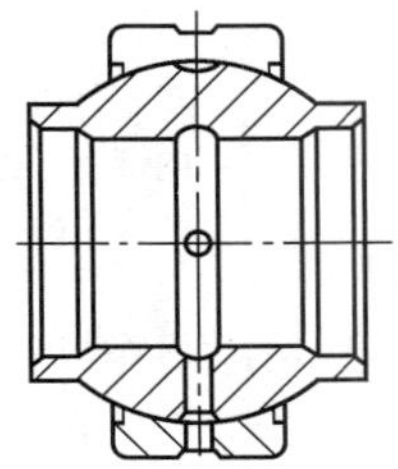 GEEW…ES-2RS 型 GEEM…ES-2RS 型	单缝外圈 有润滑槽和润滑孔 两面带密封圈 能承受径向载荷和任一方向较小的轴向载荷
润滑型向心关节轴承	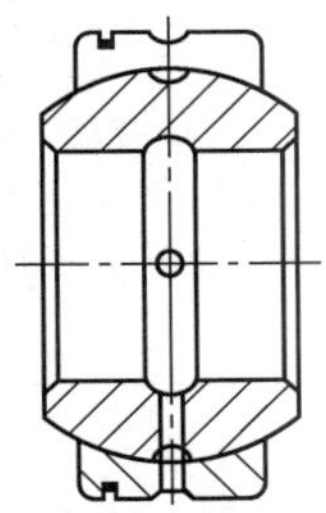 GE…ESN 型	单缝外圈 有润滑槽和润滑孔 外圈有止动槽 能承受径向载荷和任一方向较小的轴向载荷。但轴向载荷由止动环承受时，其承受轴向载荷的能力降低
润滑型向心关节轴承	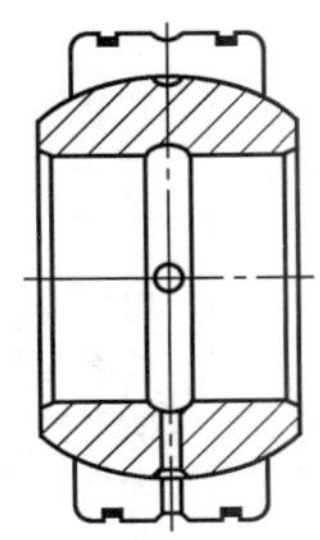 GE…XSN 型	双缝外圈（部分外圈） 有润滑槽和润滑孔 外圈有一条或两条锁圈槽 能承受径向载荷和任一方向较小的轴向载荷，但轴向载荷由止动环承受时，承受轴向载荷的能力降低

续表

类别	结构图	特点
润滑型向心关节轴承	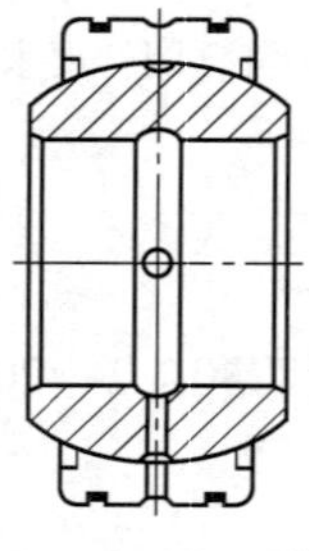 GE…XSN-2RS 型	双缝外圈(部分外圈) 有润滑槽和润滑孔 外圈有一条或两条锁圈槽 两面带密封圈 能承受径向载荷和任一方向较小的轴向载荷,但轴向载荷由止动环承受时,承受轴向载荷的能力降低
	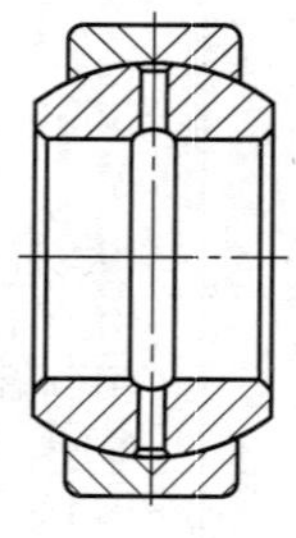 GE…HS 型	双半外圈 内圈有润滑槽和润滑孔 磨损后游隙可调整 能承受径向载荷和任一方向较小的轴向载荷
	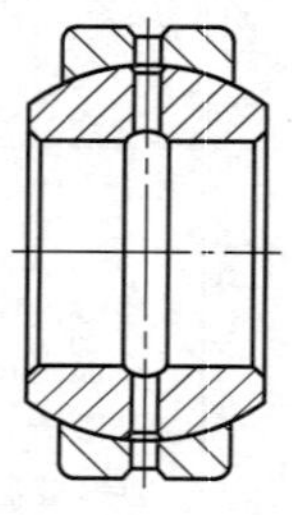 GE…DE1 型	内圈为淬硬轴承钢;外圈为轴承钢,在内圈装配时挤压成形;有润滑槽和润滑孔。内径小于 15mm 的轴承,无润滑槽和润滑孔 能承受径向载荷和任一方向较小的轴向载荷
	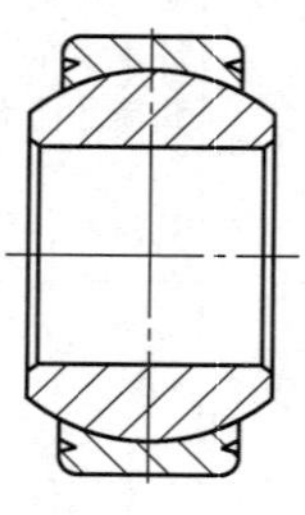 GE…DEM1 型	内圈为淬硬轴承钢;外圈为轴承钢,在内圈装配时挤压成形,轴承装入轴承座后,在外圈上压出端沟使轴承轴向固定 能承受径向载荷和任一方向较小的轴向载荷
	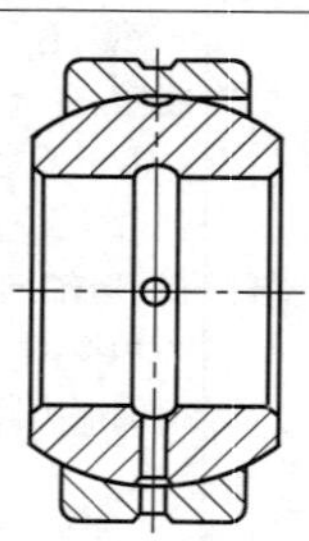 GE…DS 型	整体外圈 外圈有装配槽、内外圈均有润滑槽和润滑孔。只限于大尺寸的轴承 能承受径向载荷和任一方向较小的轴向载荷(装配槽一边不能承受轴向载荷)
润滑型向心关节轴承	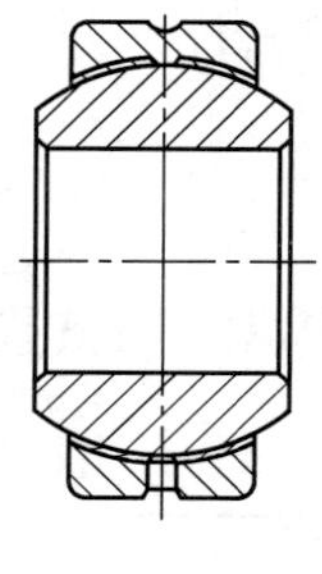 GE…S 型	外圈为轴承钢,滑动表面为青铜;内圈为淬硬轴承钢,滑动表面镀硬铬 能承受方向不变的载荷;在承受径向载荷的同时能承受任一方向较小的轴向载荷
润滑型角接触关节轴承	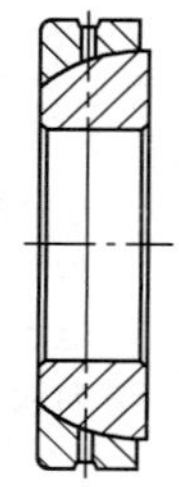 GAC…S 型	内、外圈均为淬硬轴承钢;外圈有润滑槽和润滑孔 能承受径向载荷和一方向的轴向(联合)载荷
润滑型推力关节轴承	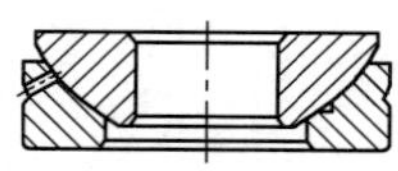 GX…S 型	轴圈和座圈均为淬硬轴承钢;座圈有润滑槽和润滑孔 能承受一方向的轴向载荷或联合载荷(此时其径向载荷值不得大于轴向载荷的 0.5 倍)
润滑型杆端关节轴承	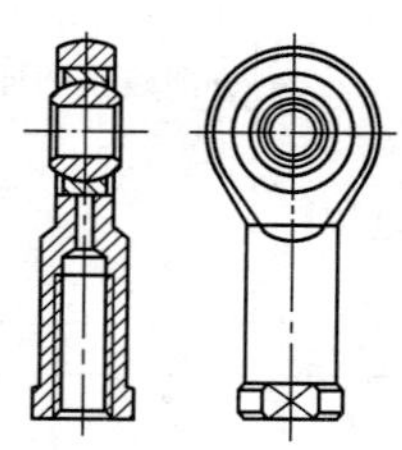 SI…E 型	系 GE…E 型轴承和杆端体的组装体,杆端体带内螺纹,材料为优质碳素结构钢,无润滑槽和润滑孔 能承受径向载荷和任一方向小于或等于 0.2 倍径向载荷的轴向载荷
	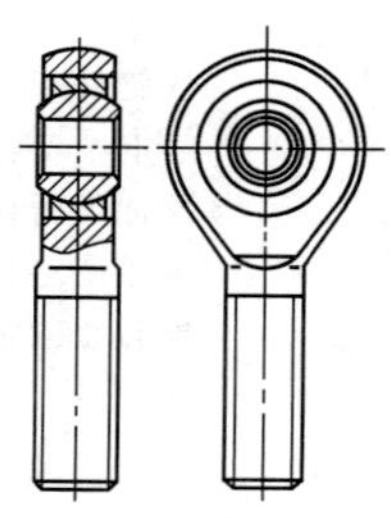 SA…E 型	系 GE…E 型轴承和杆端体的组装体,杆端体带外螺纹,材料为优质碳素结构钢,无润滑槽和润滑孔 能承受径向载荷和任一方向小于或等于 0.2 倍径向载荷的轴向载荷

续表

类别	结构图	特点
润滑型杆端关节轴承	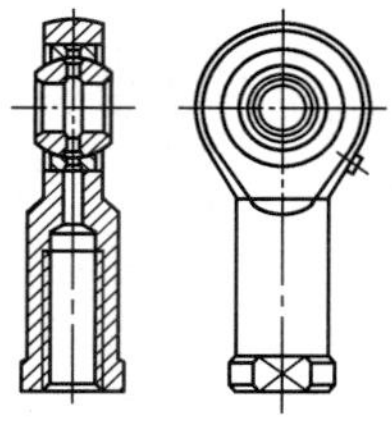 SI…ES 型	系 GE…ES 型轴承和杆端体的组装体，杆端体带内螺纹，材料为优质碳素结构钢，有润滑槽和润滑孔 能承受径向载荷和任一方向小于或等于 0.2 倍径向载荷的轴向载荷
	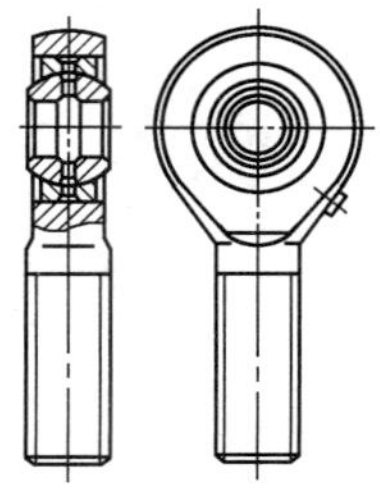 SA…ES 型	系 GE…ES 型轴承和杆端体的组装体，杆端体带外螺纹，材料为优质碳素结构钢，有润滑槽和润滑孔 能承受径向载荷和任一方向小于或等于 0.2 倍径向载荷的轴向载荷
	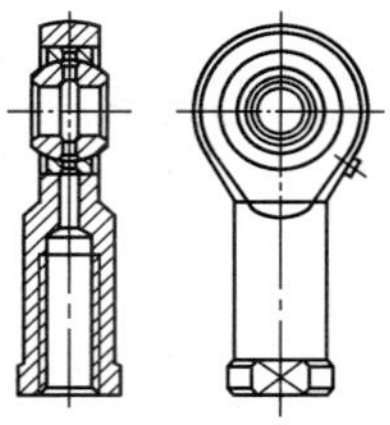 SI…ES-2RS 型	系 GE…ES-2RS 型轴承和杆端体的组装体，杆端体带内螺纹，材料为优质碳素结构钢，有润滑槽和润滑孔 能承受径向载荷和任一方向小于或等于 0.2 倍径向载荷的轴向载荷
	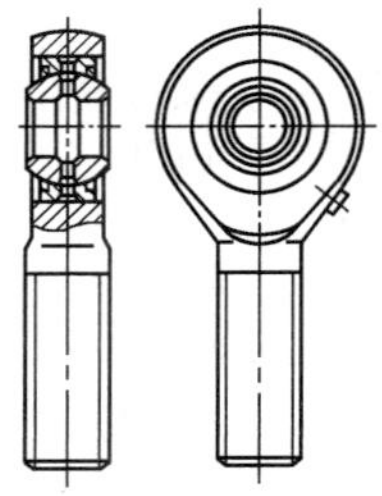 SA…ES-2RS 型	系 GE…ES-2RS 型轴承和杆端体的组装体，杆端体带外螺纹，材料为优质碳素结构钢，有润滑槽和润滑孔 能承受径向载荷和任一方向小于或等于 0.2 倍径向载荷的轴向载荷
	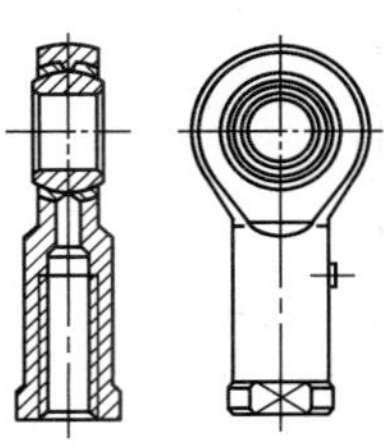 SIB…S 型	杆端体带内螺纹，材料为优质碳素结构钢；内圈为淬硬轴承钢；有润滑槽和润滑孔 能承受径向载荷和任一方向小于或等于 0.2 倍径向载荷的轴向载荷

类别	结构图	特点
润滑型杆端关节轴承	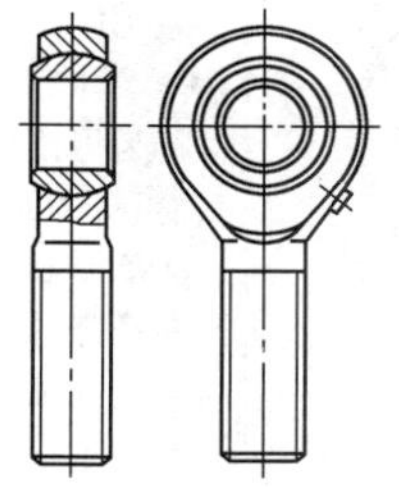 SAB…S 型	杆端体带外螺纹，材料为优质碳素结构钢；内圈为淬硬轴承钢；有润滑槽和润滑孔 能承受径向载荷和任一方向小于或等于 0.2 倍径向载荷的轴向载荷
润滑型球头杆端关节轴承	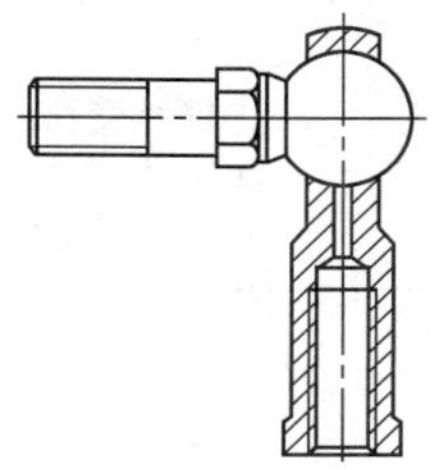 SQ…型	球头座为锌基合金；球头为渗碳钢 能承受径向载荷和任一方向较小的轴向载荷
	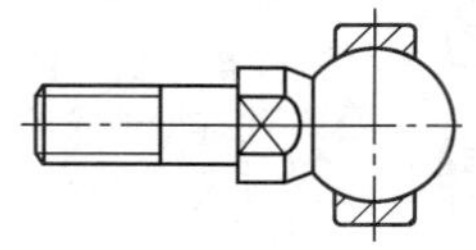 SQD…型	球头座为一向心关节轴承外圈，材料为锌基合金；球头为渗碳钢 能承受径向载荷和任一方向较小的轴向载荷
润滑型杆端关节轴承	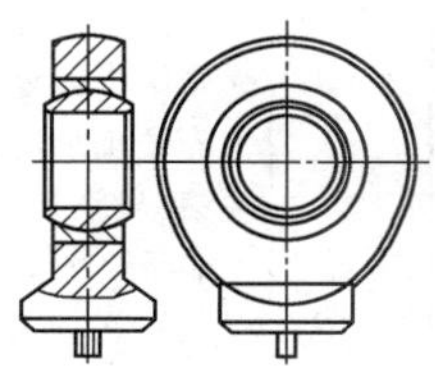 SK…E 型	系 GE…E 型轴承和杆端体的组装体，杆端体材料为焊接钢，无润滑槽和润滑孔 能承受径向载荷和任一方向小于或等于 0.2 倍径向载荷的轴向载荷
	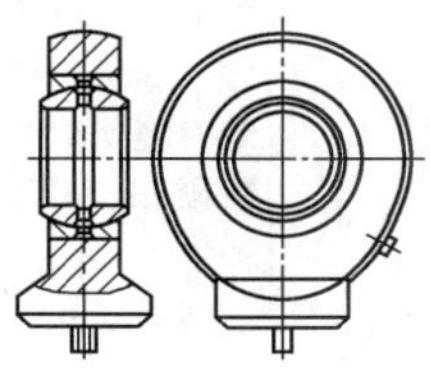 SK…ES 型	系 GE…ES 型轴承和杆端体的组装体，杆端体材料为焊接钢，有润滑槽和润滑孔 能承受径向载荷和任一方向小于或等于 0.2 倍径向载荷的轴向载荷

续表

类别	结构图	特点
润滑型杆端关节轴承	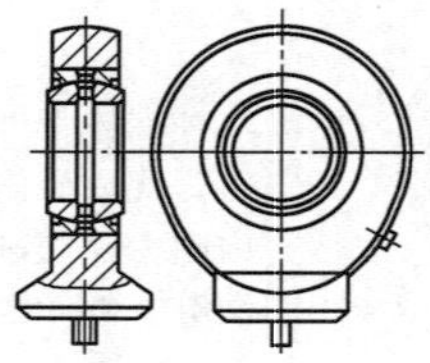 SK…ES-2RS 型	系 GE…ES-2RS 型轴承和杆端体的组装体，杆端体材料为焊接钢，有润滑槽和润滑孔；两面带密封圈 能承受径向载荷和任一方向小于或等于 0.2 倍径向载荷的轴向载荷
	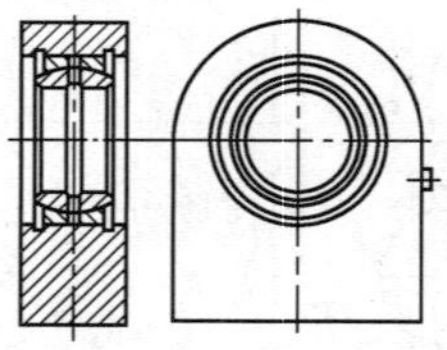 SF…ES 型	系 GE…ES 型轴承和杆端体的组装体，杆端体材料为焊接钢，有润滑槽和润滑孔 能承受径向载荷和任一方向小于或等于 0.2 倍径向载荷的轴向载荷
	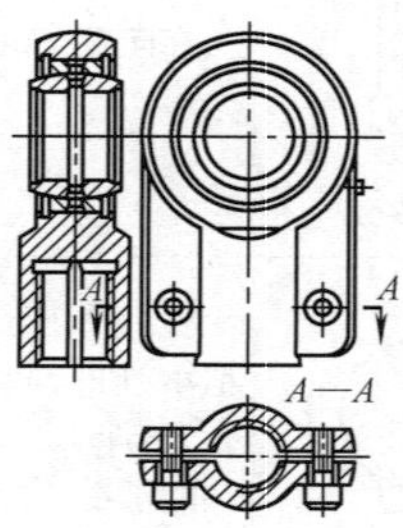 SIR…ES 型	系 GE…ES 型轴承和杆端体的组装体，杆端体材料为优质碳素结构钢或球墨铸铁，有润滑槽和润滑孔 能承受径向载荷和任一方向小于或等于 0.2 倍径向载荷的轴向载荷
自润滑型向心关节轴承	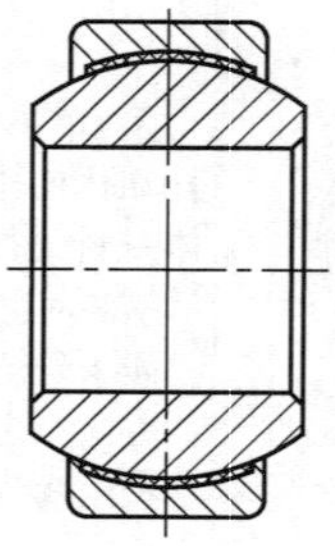 GE…C 型	整体挤压外圈，滑动表面为烧结青铜复合材料；内圈为淬硬轴承钢，滑动表面镀硬铬，只限于小尺寸的轴承 能承受方向不变的载荷，在承受径向载荷的同时能承受任一方向较小的轴向载荷
	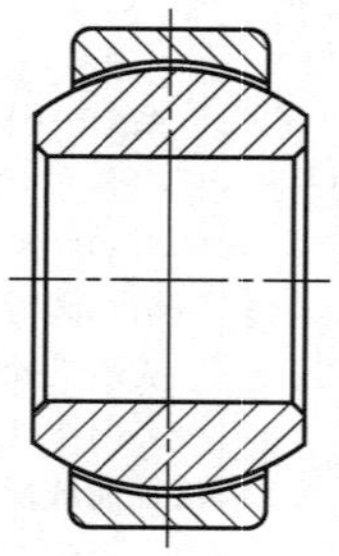 GE…T 型	整体挤压外圈，滑动表面为一层聚四氟乙烯织物；内圈为淬硬轴承钢，滑动表面镀硬铬，只限于小尺寸的轴承 能承受方向不变的载荷，在承受径向载荷的同时能承受任一方向较小的轴向载荷
自润滑型向心关节轴承	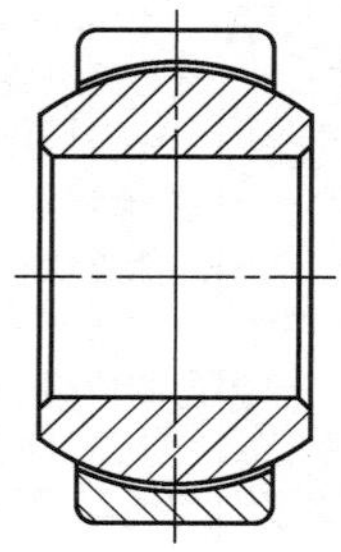 GE…ET 型	单缝外圈，外圈为轴承钢，滑动表面为一层聚四氟乙烯织物；内圈为淬硬轴承钢，滑动表面镀硬铬 能承受方向不变的载荷，在承受径向载荷的同时能承受任一方向较小的轴向载荷
	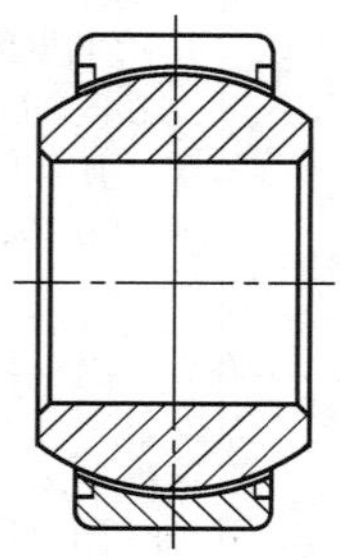 GE…ET-2RS 型	单缝外圈，外圈为轴承钢，滑动表面为一层聚四氟乙烯织物；内圈为淬硬轴承钢，滑动表面镀硬铬；两面带密封圈 能承受方向不变的载荷，在承受径向载荷的同时能承受任一方向较小的轴向载荷
	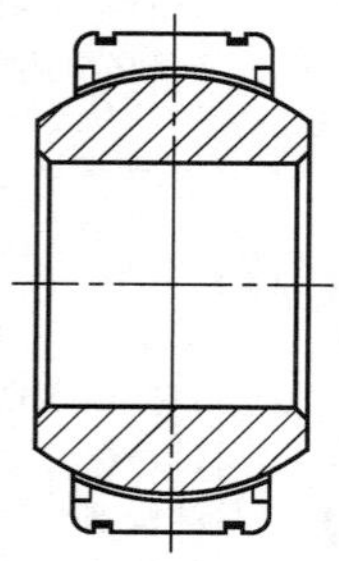 GE…XT-2RS 型	双缝外圈，外圈为轴承钢，滑动表面为一层聚四氟乙烯织物；内圈为淬硬轴承钢，滑动表面镀硬铬；两面带密封圈；外圈有一条或两条锁圈槽 能承受方向不变的载荷，在承受径向载荷的同时能承受任一方向较小的轴向载荷
	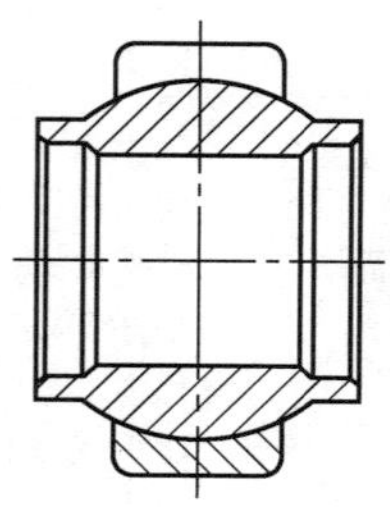 GEEW…ET 型	单缝外圈，外圈为轴承钢，滑动表面为一层聚四氟乙烯织物；内圈为淬硬轴承钢，滑动表面镀硬铬 能承受方向不变的载荷，在承受径向载荷的同时能承受任一方向较小的轴向载荷

续表

类别	结构图	特点
自润滑型向心关节轴承	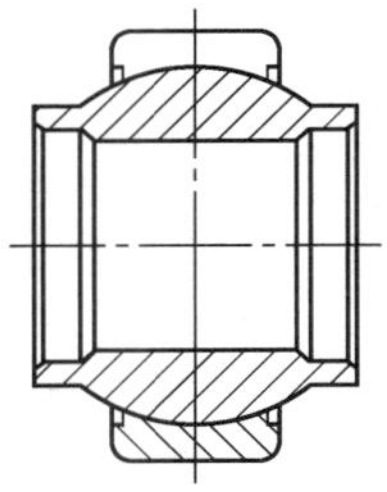 GEEW…ET-2RS 型	单缝外圈,外圈为轴承钢,滑动表面为一层聚四氟乙烯织物;内圈为淬硬轴承钢,滑动表面镀硬铬;两面带密封圈 能承受方向不变的载荷,在承受径向载荷的同时能承受任一方向较小的轴向载荷
	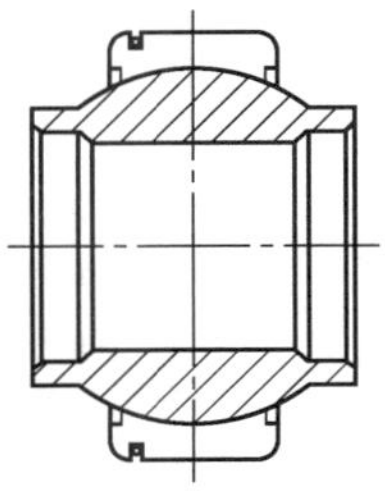 GEEW…XT-2RS 型	双缝外圈,外圈为轴承钢,滑动表面为一层聚四氟乙烯织物;内圈为淬硬轴承钢,滑动表面镀硬铬;两面带密封圈;外圈有一条或两条锁圈槽 能承受方向不变的载荷,在承受径向载荷的同时能承受任一方向较小的轴向载荷
	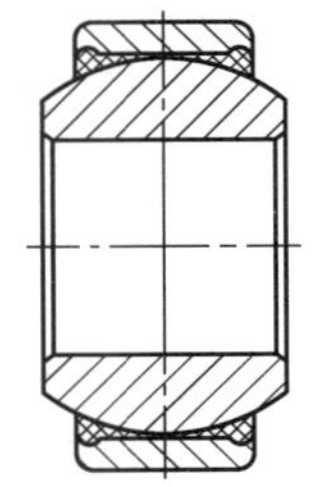 GE…F 型	外圈为轴承钢,滑动表面为以聚四氟乙烯为添加剂的玻璃纤维增强塑料;内圈为淬硬轴承钢,滑动表面镀硬铬 能承受方向不变的中等径向载荷
	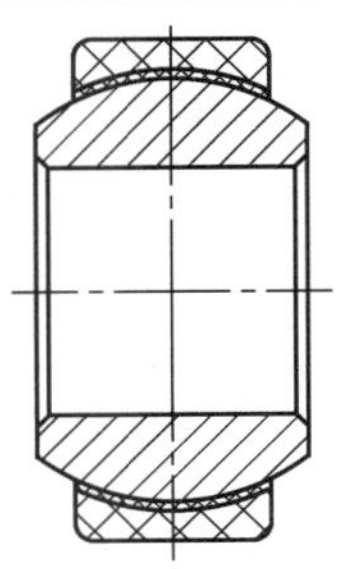 GE…F2 型	外圈为玻璃纤维增强塑料,滑动表面为以聚四氟乙烯为添加剂的玻璃纤维增强塑料;内圈为淬硬轴承钢,滑动表面镀硬铬 能承受方向不变的中等径向载荷
	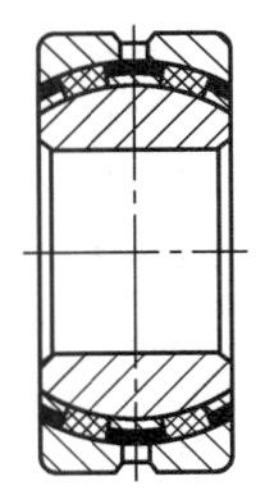 GE…FSA 型	外圈为中碳钢,滑动表面由以聚四氟乙烯为添加剂的玻璃纤维增强塑料圆片组成,并用固定器固定于外圈上;内圈为淬硬轴承钢。用于大型和特大型轴承 能承受重径向载荷
自润滑型向心关节轴承	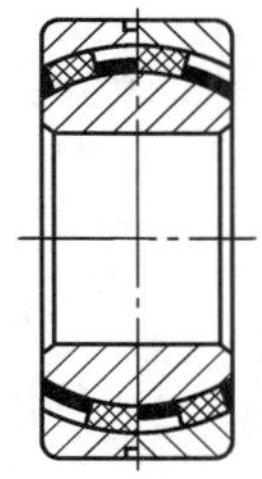 GE…F1H 型	双半外圈,外圈材料为淬硬轴承钢;内圈为中碳钢,滑动表面由以聚四氟乙烯为添加剂的玻璃纤维增强塑料圆片组成,并用固定器固定于外圈上;用于大型和特大型轴承 能承受重径向载荷
自润滑型角接触关节轴承	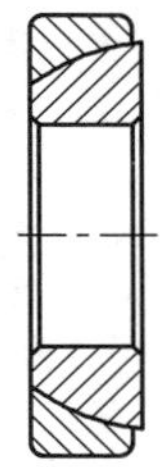 GAC…T 型	外圈为轴承钢,滑动表面为一层聚四氟乙烯织物;内圈为淬硬轴承钢,滑动表面镀硬铬 能承受径向载荷和一方向的轴向(联合)载荷
	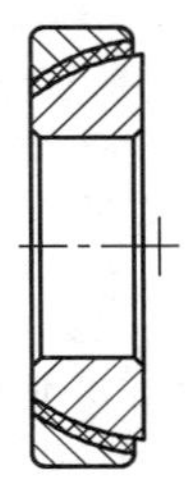 GAC…F 型	外圈为轴承钢,滑动表面为以聚四氟乙烯为添加剂的玻璃纤维增强塑料;内圈为淬硬轴承钢,滑动表面镀硬铬 能承受径向载荷和一方向的轴向(联合)载荷
自润滑型推力关节轴承	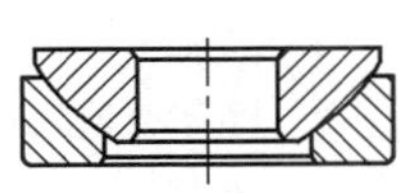 GX…T 型	座圈为轴承钢,滑动表面为一层聚四氟乙烯织物;轴圈为淬硬轴承钢,滑动表面镀硬铬 能承受一方向的轴向载荷或联合载荷(此时其径向载荷值不得大于轴向载荷值的 0.5 倍)
	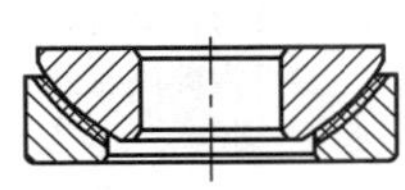 GX…F 型	座圈为轴承钢,滑动表面为以聚四氟乙烯为添加剂的玻璃纤维增强塑料;轴圈为淬硬轴承钢,滑动表面镀硬铬 能承受一方向的轴向载荷或联合载荷(此时其径向载荷值不得大于轴向载荷值的 0.5 倍)

续表

类别	结构图	特点
自润滑型杆端关节轴承	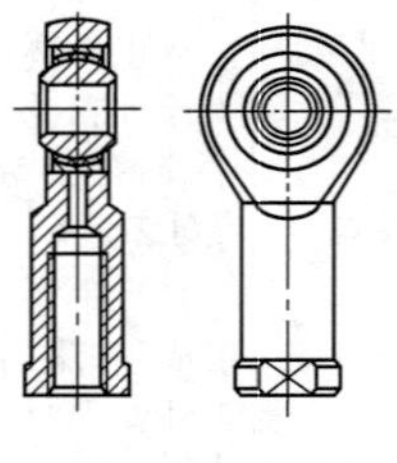 SI…C 型	系 GE…C 型轴承和杆端体的组装体,杆端体带内螺纹,材料为优质碳素结构钢 能承受方向不变的载荷,在承受径向载荷的同时,能承受任一方向小于或等于 0.2 倍径向载荷的轴向载荷
	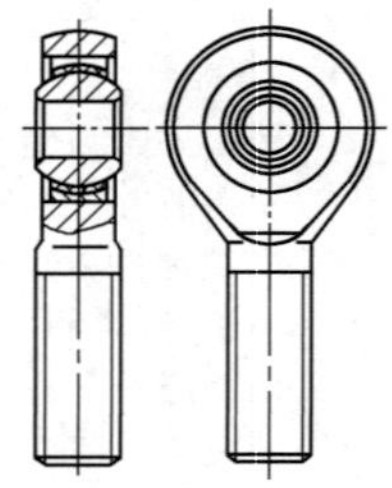 SA…C 型	系 GE…C 型轴承和杆端体的组装体,杆端体带外螺纹,材料为优质碳素结构钢 能承受方向不变的载荷,在承受径向载荷的同时,能承受任一方向小于或等于 0.2 倍径向载荷的轴向载荷
	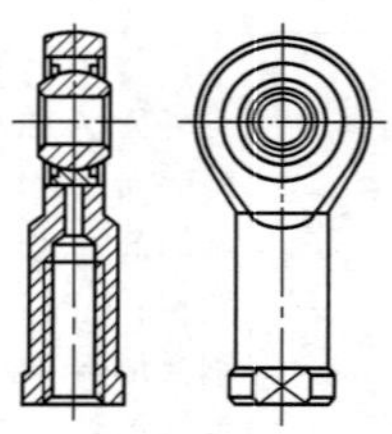 SI…ET-2RS 型	系 GE…ET-2RS 型轴承和杆端体的组装体,杆端体带内螺纹,材料为优质碳素结构钢 能承受方向不变的载荷,在承受径向载荷的同时,能承受任一方向小于或等于 0.2 倍径向载荷的轴向载荷
	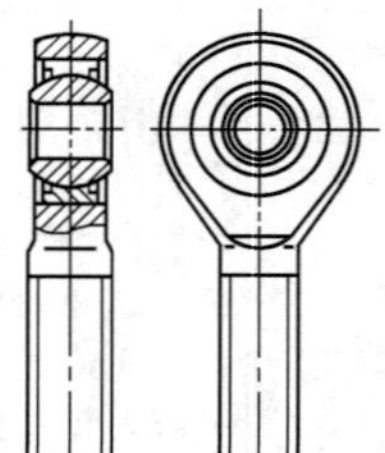 SA…ET-2RS 型	系 GE…ET-2RS 型轴承和杆端体的组装体,杆端体带外螺纹,材料为优质碳素结构钢 能承受方向不变的载荷,在承受径向载荷的同时,能承受任一方向小于或等于 0.2 倍径向载荷的轴向载荷
	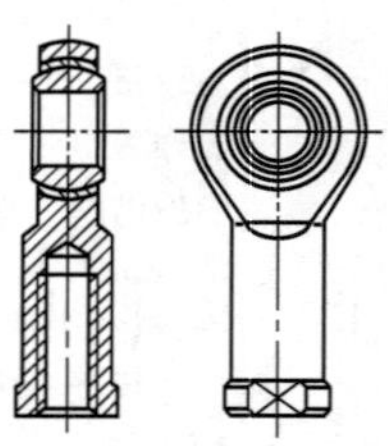 SIB…C 型	杆端体带内螺纹,材料为优质碳素结构钢,滑动表面为烧结青铜复合材料;内圈为淬硬轴承钢,滑动表面镀硬铬 能承受方向不变的径向载荷
自润滑型杆端关节轴承	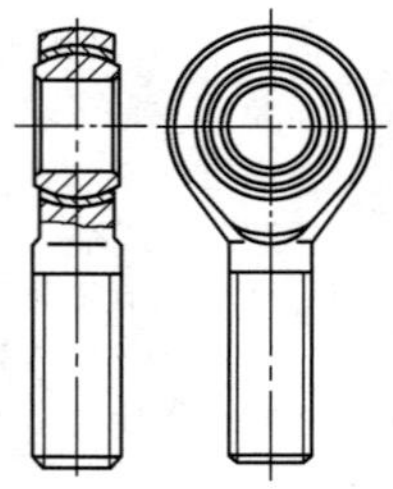 SAB…C 型	杆端体带外螺纹,材料为优质碳素结构钢,滑动表面为烧结青铜复合材料;内圈为淬硬轴承钢,滑动表面镀硬铬 能承受方向不变的径向载荷
	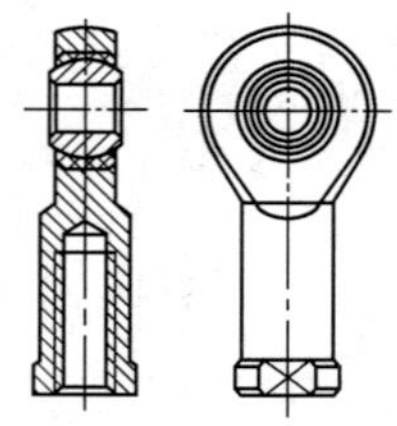 SIB…F 型	杆端体带内螺纹,材料为优质碳素结构钢,滑动表面为以聚四氟乙烯为添加剂的玻璃纤维增强塑料;内圈为淬硬轴承钢,滑动表面镀硬铬 能承受方向不变的径向载荷
	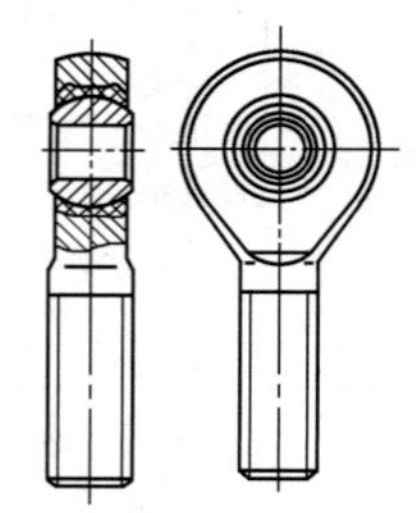 SAB…F 型	杆端体带外螺纹,材料为优质碳素结构钢,滑动表面为以聚四氟乙烯为添加剂的玻璃纤维增强塑料;内圈为淬硬轴承钢,滑动表面镀硬铬 能承受方向不变的径向载荷
自润滑型球头杆端关节轴承	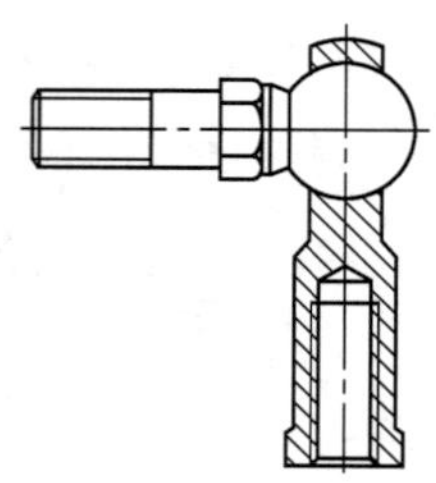 SQ…L 型	由特殊自润滑合金材料制成 能承受径向载荷和任一方向较小的轴向载荷

关节轴承的代号由基本代号、补充代号和游隙组别代号构成，其排列顺序及各代号含义见表 8-1-37。

表 8-1-37 **关节轴承代号构成及排列**

基本代号

类型代号

代号	含义
GE	向心关节轴承
GAC	角接触关节轴承
GX	推力关节轴承
SI	内螺纹组装型杆端关节轴承
SA	外螺纹组装型杆端关节轴承
SIB	内螺纹整体型杆端关节轴承
SAB	外螺纹整体型杆端关节轴承
SIL	左旋内螺纹组装型杆端关节轴承
SAL	左旋外螺纹组装型杆端关节轴承
SILB	左旋内螺纹整体型杆端关节轴承
SALB	左旋外螺纹整体型杆端关节轴承
SQ	弯杆型球头杆端关节轴承
SQZ	直杆型球头杆端关节轴承

尺寸系列代号

代号	含义
C	大型和特大型向心关节轴承特轻系列
E	正常系列（代号中省略）
G	G 系列
EW	W 系列（宽内圈）
JK	杆端关节轴承 JK 系列
H	向心关节轴承 H 系列
F	F 系列
K	K 系列
EM	M 系列（宽内圈）
EH	杆端关节轴承 EH 系列（加强型）
EG	杆端关节轴承 EG 系列（加强型）
Z	英制尺寸关节轴承正常系列
P	P 系列

内径代号：公制尺寸关节轴承用内径的毫米数表示，英制尺寸则取内径毫米数的整数部分表示；但不标单位

结构型式、材料代号

代号	含义
A	外圈为中碳钢，有固定滑动表面材料的固定器
C	一套圈或一套圈滑动表面为烧结青铜复合材料
DE1	挤压外圈（外圈为轴承钢，在内圈装配后挤压成形）
DEM1	同 DE1，但外圈有端沟
DS	外圈有装配槽
E	单缝外圈
F	一套圈滑动表面为以聚四氟乙烯为添加剂的玻璃纤维增强塑料或塑料圆片
F1	一套圈滑动表面为聚醚亚胺工程塑料
F2	外圈为玻璃纤维增强塑料，其滑动表面同“F”
H	双半外圈
I	内圈为中碳钢，有固定滑动表面材料的固定器
L	套圈或杆端为特殊自润滑合金
N	外圈有止动槽

补充代号

改变特征	代号	含义
材料改变	X	套圈由不锈钢制造
	S	套圈由渗碳钢制造
	V	套圈或滑动表面由不常采用的材料制造
	Q	套圈或滑动表面由青铜或青铜圆片制造
	P	套圈由铍青铜制造
	L	套圈由铝合金制造
特殊技术要求	T	零件的回火温度有特殊要求
	R	轴承内填充特殊润滑脂
	M	轴承的摩擦力矩及旋转灵活性有特殊要求
	G	套圈滑动表面涂敷固体润滑剂干膜
	B	杆端关节轴承螺纹有特殊要求
	D	滑动表面以外的表面需电镀（镀铬——D、镀锌——D_1、镀镉——D_2 等）
结构改变	K	零件的形状或尺寸改变
其他	/Y	轴承有上述各种改变特征以外的其他特征，或具有多项改变特征而无法用上述补充代号完全表示时

游隙组别代号

代号	含义
CN	N 组（关节轴承代号中省略不表示）
C2	游隙符合标准规定的 2 组
C3	游隙符合标准规定的 3 组
C9	关节轴承游隙不同于现行标准

续表

基本代号								补充代号			游隙组别代号	
类型代号		尺寸系列代号		内径代号	结构型式、材料代号		改变特征	代号	含义	代号	含义
代号	含义	代号	含义		代号	含义					
SQD	单杆型球头杆端关节轴承				S	套圈或杆端有润滑槽和润滑孔					
SQL	左旋弯杆型球头杆端关节轴承				T	外圈滑动表面为聚四氟乙烯织物					
SQLD	左旋单杆型球头杆端关节轴承				X	双缝外圈（部分外圈）					
SK	带圆柱焊接型杆端关节轴承（圆柱型）				-2RS	两面带密封圈					
					-2Z	两面带防尘盖					
SF	带平底座焊接型杆端关节轴承（方型）				-RS	一面带密封圈					
					-Z	一面带防尘盖					
SIR	带锁口型杆端关节轴承										

注：1. 补充代号用字母和数字表示，并用斜线“/”相隔。最多允许采用三个字母，依次表示轴承零件材料改变、特殊技术要求及结构改变。

2. 游隙组别代号标注在关节轴承代号的最右边，并以短线“-”相隔，按“N组”径向游隙制造时，在关节轴承代号中不标注游隙组别代号。

代号标志示例

GE G 30 E S-2RS/X R-C2

- C2——游隙符合标准规定的2组
- R——填充特殊润滑脂
- X——套圈由不锈钢制造
- 2RS——两面带密封圈
- S——套圈有润滑槽和润滑孔
- E——单缝外圈
- 30——内径尺寸为30mm
- G——G系列
- GE——向心关节轴承

3.10.2 关节轴承额定动、静载荷与寿命计算

表 8-1-38　　关节轴承额定动、静载荷与寿命计算中的术语及符号含义

（摘自 JB/T 8565—2010、JB/T 8567—2010）

	名　称	定　　义	名　称	定　　义
术语	径向额定动载荷	轴承中的工作表面动应力达到最大许用应力时的径向载荷	摆角 β	摆动套圈上某一直径摆动的两个极限位置间的夹角
	轴向额定动载荷	轴承中的工作表面动应力达到最大许用应力时的轴向载荷	摆次	轴承摆动套圈上某一点摆动了 2β 角时为一摆次
	寿命	轴承的摩擦因数达到规定的极限值或轴承磨损量超过规定的极限值时，轴承工作摆动的总次数	静载荷	轴承套圈间相对速度为零时，作用在轴承上的载荷
	径向当量动载荷	一恒定的径向载荷，在该载荷作用下，关节轴承中的工作表面接触应力水平与实际载荷作用相当	径向额定静载荷	轴承中滑动表面的静接触应力达到材料的应力极限值时的径向静止载荷
	轴向当量动载荷	一恒定的中心轴向载荷，在该载荷作用下，关节轴承中的工作表面接触应力水平与实际载荷作用相当	轴向额定静载荷	轴承中滑动表面的静接触应力达到材料的应力极限值时的轴向静止载荷
	自润滑轴承	关节轴承工作时无需再润滑的轴承。此种轴承通常是含油的或工作表面上有自润滑材料，如聚四氟乙烯（PTFE）织物及其复合材料等	径向当量静载荷	引起与实际载荷条件下相当的工作表面接触应力的径向静载荷
			轴向当量静载荷	引起与实际载荷条件下相当的工作表面接触应力的轴向静载荷
			应力极限值	在本标准中对金属材料指其屈服极限应力，对非金属材料指其破坏极限应力
符号	B	关节轴承内（轴）圈公称宽度，mm	v	关节轴承滑动速度，mm/s
	C	关节轴承外（座）圈公称宽度，mm	K_M	与摩擦副材料有关的系数
	H	推力关节轴承公称高度，mm	X_r	径向轴承当量载荷系数
	d_m	关节轴承滑动球面公称直径，mm	X_{ra}	角接触轴承当量载荷系数
	$\overline{d}_m$	滑动球面等效直径，mm	Y_a	推力轴承当量载荷系数
	T	角接触关节轴承公称宽度，mm	α_k	载荷特性寿命系数
	C_d	关节轴承额定动载荷，N	α_t	温度寿命系数
	C_{dr}	关节轴承径向额定动载荷，N	α_v	滑动速度寿命系数
	C_{da}	关节轴承轴向额定动载荷，N	α_p	载荷寿命系数
	f_r	径向轴承额定动载荷系数，N/mm^2	α_z	轴承质量与润滑寿命系数
	f_{ra}	角接触轴承额定动载荷系数，N/mm^2	α_h	重润滑间隔寿命系数
	f_a	推力轴承额定动载荷系数，N/mm^2	α_β	重润滑摆角寿命系数
	f	关节轴承摆动频率，min^{-1}	β	摆角，(°)
	P	关节轴承当量动载荷，N	ζ	折算系数
	p	名义接触压力，N/mm^2	C_s	关节轴承额定静载荷，N
	F_{min}	最小载荷，N	C_{sr}	径向额定静载荷，N
	F_{max}	最大载荷，N	C_{sa}	轴向额定静载荷，N
	F_a	轴向载荷，N	f_s	额定静载荷系数
	F_r	径向载荷，N	d_m	关节轴承滑动球面公称直径，mm
	f_p	载荷变化频率，Hz	F_a	轴向载荷，N
	k	耐压系数，N/mm^2	F_r	径向载荷，N
	a	系数	P_r	径向当量静载荷，N
	G	系数	P_a	轴向当量静载荷，N
	L	关节轴承初润滑寿命，摆次	X_r	径向轴承当量载荷系数
	L_R	关节轴承重润滑寿命，摆次	X_{ra}	角接触轴承当量载荷系数
	L_W	关节轴承重润滑间隔，摆次	Y_a	推力轴承当量载荷系数
	t	温度，℃	p_p	材料许用应力极限，N/mm^2

表 8-1-39 关节轴承额定动、静载荷和当量动、静载荷的计算（摘自 JB/T 8565—2010、JB/T 8567—2010）

名　称	向心关节轴承	角接触关节轴承	推力关节轴承
额定动载荷/N	径向：$C_{dr}=f_r Cd_m$	径向：$C_{dr}=f_{ra}(B+C-T)d_m$	轴向：$C_{da}=f_a(B+C-H)d_m$
当量动载荷/N	$P=X_r F_r$	$P=X_{ra}F_r$	$P=Y_a F_a$
额定静载荷/N	$C_{sr}=f_s Cd_m$	$C_{sr}=f_s(B+C-T)d_m$	$C_{sa}=f_s(B+C-H)d_m$
当量静载荷/N	$P_r=X_r F_r$	$P_r=X_{ra}F_r$	$P_a=Y_a F_a$

名　称	f_r					f_{ra}			f_a		
	d_m/mm	摩擦副材料				d_m/mm	摩擦副材料		d_m/mm	摩擦副材料	
		钢/钢	钢/铜	钢/PTFE织物	钢/PTFE复合物		钢/钢	钢/PTFE织物		钢/钢	钢/PTFE织物
额定动载荷系数 f_r、f_{ra}、f_a	>5~400	85	50	120	90	>5~55	85.5	128	>5~60	170	255
	>400~500	87	—	125	—	>55~500	88	132	>60~110	185	280
	>500~700	90	—	136	—				>110~150	190	288
	>700~1200	93	—	138	—				>150~220	180	275
									>220~300	155	230
									>300~500	143	222
									>500~700	—	256
额定静载荷系数 f_s	>5~400	425	125	242	225	>5~55	426	254.0	>5~60	855	512
	>400~500	435	—	261	—	>55~500	440	263.5	>60~100	924	560
	>500~700	454	—	268	—				>100~150	966	575
	>700~1000	468	—	278	—				>150~200	920	550
	>1000~1200	475	—	284	—				>200~300	768	462
	$f_s=f_s(p_p,\varepsilon,d_m)$与轴承材料、结构型式、径向游隙等因素有关								>300~500	710	425
									>500~700	—	529

名　称								
当量载荷系数	F_a/F_r	0	0.1	0.2	0.3	0.4		
	X_r	1	1.3	1.7	2.45	3.5		
	F_a/F_r	0	0.5	1.0	1.5	2	2.5	3
	X_{ra}	1	1.22	1.51	1.86	2.265	2.63	3.0
	F_r/F_a	0	0.1	0.2	0.3	0.4	0.5	
	Y_a	1	1.1	1.22	1.33	1.48	1.61	

注：1. PTFE 表示聚四氟乙烯。

2. 杆端关节轴承的额定动（静）载荷计算方法，应根据杆端关节轴承的结构型式来选定。当杆端关节轴承为向心型时，采用向心关节轴承的方法计算。当杆端关节轴承为球头型时，采用推力关节轴承的方法计算。对额定静载荷还应考虑杆体材料的屈服强度极限。当轴承的额定静载荷超过杆体材料屈服强度的许用值时，应取杆体材料屈服强度的许用值作为计算杆端关节轴承额定静载荷的依据。

关节轴承寿命计算方法（摘自 JB/T 8565—2010）

（1）与寿命有关的 pv 极限值的计算

1）轴承球面滑动速度的计算

$$v=2.9089\times10^{-4}\beta f\bar{d}_m \quad (\text{mm/s})$$

式中，$\bar{d}_m=\zeta d_m$，向心轴承 $\zeta=1$，角接触轴承 $\zeta=0.9$，推力轴承 $\zeta=0.7$。

2）名义接触压力的计算

$$p=k\frac{P}{C_d} \quad (\text{N/mm}^2)$$

式中　k——耐压系数，见表 8-1-40。

C_d——向心关节轴承 $C_d=C_{dr}$，推力关节轴度 $C_d=C_{da}$。

表 8-1-40

摩擦副材料	钢/钢	钢/铜	钢/PTFE 织物	钢/PTFE 复合物
耐压系数 k	100	50	150	100

3）轴承的 pv 值极限

$$pv=2.9089\times10^{-4}k\beta f\bar{d}_{m}\frac{P}{C_{d}}\quad(\mathrm{N\cdot mm^{-1}\cdot s^{-1}})$$

不同材料接触副的 pv 值限制范围见表 8-1-41。

表 8-1-41

摩擦副材料	钢/钢	钢/铜	钢/PTFE 织物	钢/PTFE 复合物
$v/\mathrm{mm\cdot s^{-1}}$	≤100	≤100	≤300	≤300
$p/\mathrm{N\cdot mm^{-2}}$	≤100	≤50	≤150	≤100
$pv/(\mathrm{N\cdot mm^{-1}\cdot s^{-1}})$	≤400	≤400	≤300	≤300

（2）关节轴承的计算磨损寿命 L

$$L=\alpha_{k}\alpha_{t}\alpha_{p}\alpha_{v}\alpha_{z}\frac{K_{M}C_{d}}{vP}\quad(\text{摆次})$$

表 8-1-42

系数	摩擦副材料				备　注
	钢/钢	钢/铜	钢/PTFE 织物	钢/PTFE 复合材料	
K_{M}	830	207600	2.592×10^{5}	2.946×10^{5}	
α_{k}	1	1	1	1	恒定载荷
	1	1	$0.6062-6.0207\times10^{-3}f_{p}p^{1.11}$	$0.6062-3.1309\times10^{-3}f_{p}p^{1.25}$	脉动载荷
	2	2	$0.433-4.3005\times10^{-3}f_{p}p^{1.11}$	$0.433-2.2364\times10^{-3}f_{p}p^{1.25}$	交变载荷
α_{t}	1	1	1	1	$t\leqslant60$℃
	0.9	$1.15-2.5\times10^{-3}t$	$1.225-3.75\times10^{-3}t$	$2.2-0.02t$	60℃ $<t\leqslant100$℃
	0.8	$2.1-0.012t$	$1.35-0.005t$	—	100℃ $<t\leqslant150$℃
	0.6	—	—	—	150℃ $<t\leqslant200$℃
α_{v}	$v^{0.86}\beta^{0.84}f^{0.64}$	$v^{0.4}f^{0.8}$	$\frac{f}{1.00475av\times1.0093\beta}$	$\frac{f}{1.00344av}$	

系数	p	G,b 值							
		钢/钢		钢/铜		钢/PTFE 织物		钢/PTFE 复合物	
		G	b	G	b	G	b	G	b
$\alpha_{p}=G/P^{b}$	>0~10	2	0	0.25	0	15.3460	0.0488	4.5102	0.2230
	>10~25	80.533	1.465	1.0	0.6	15.3460	0.0488	4.5102	0.2230
	>25~45	80.533	1.465	1.0	0.6	22.9060	0.1732	13.7170	0.5686
	>45~65	80.533	1.465	—	—	47.7259	0.3660	13.7170	0.5686
	>65~100	80.533	1.465	—	—	157.9193	0.6527	13.7170	0.5686
	>100~150	—	—	—	—	402.0115	0.8556	—	—
a						$a=1.0193^{p}$		$a=1.0399^{p}$	

系数	油　脂　润　滑		自　润　滑
α_{z}	无油槽 0.1~0.5	有油槽 0.3~1	0.5~1

3.10.3 关节轴承的配合与公差（摘自 GB/T 304.3—2002、GB/T 9161~9164—2001）

《关节轴承　配合》（GB/T 304.3—2002）规定了一般工作条件下的关节轴承与轴和外壳孔的配合，以及配合表面与端面的表面粗糙度和形位公差，它适用于下列情况：

1）外形尺寸符合 GB/T 9161—2001（K 系列除外）、GB/T 9162—2001、GB/T 9163—2001（K、W 系列除外）、GB/T 9164—2001 且轴承公称内径≤800mm、公称外径≤1000mm 的关节轴承；

2）游隙符合 N 组的关节轴承；

3）实心轴或厚壁空心轴；

4）工作温度不超过 100℃的关节轴承。

关节轴承的配合（GB/T 304.3—2002）

根据轴承内圈（或轴圈）与轴配合的特性，轴颈直径的极限偏差在基孔制配合中选择，如图 8-1-4 所示。过盈配合：p6、n6、m6、k6；过渡配合：h6、h7、g6。

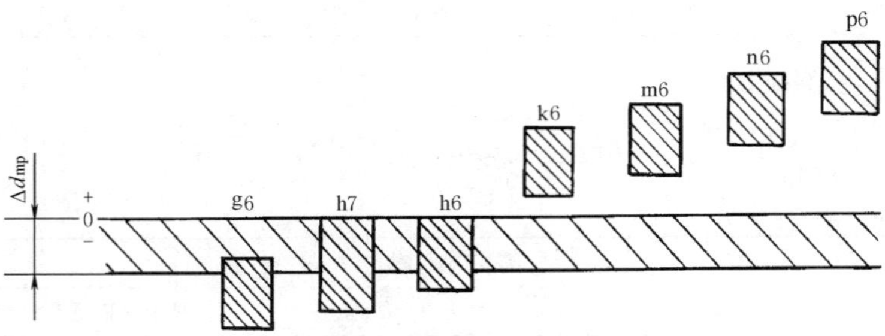

图 8-1-4　轴承与轴的配合

根据轴承外圈（或座圈）与外壳孔配合的特性，外壳孔直径的极限偏差在基轴制配合中选择，如图 8-1-5 所示。过渡配合：N7、M7、K7、J7；间隙配合：H6、H7、H11。

轴承与轴和外壳孔的配合按表 8-1-47 选取。

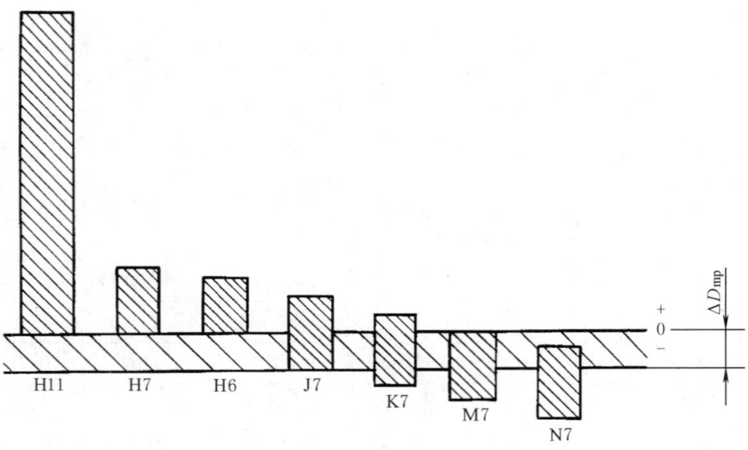

图 8-1-5　轴承与外壳孔的配合

选择关节轴承配合的基本原则

1）轴承与轴和外壳孔的配合，根据轴承的类型，尺寸大小、公差、游隙，轴承的工作条件，作用在轴承上载荷的大小、方向和性质，轴和外壳孔的材料以及装拆方便等因素进行选择。

2）轴承的摆动套圈宜采用过盈配合，使轴承在承载条件下工作时，套圈在轴和外壳孔的配合表面不产生磨损和相对转动现象。

表 8-1-43　　轴和外壳孔的公差带

<table>
<tr><th rowspan="4">轴承类型</th><th colspan="3">外壳孔公差带</th><th colspan="3">轴的公差带</th></tr>
<tr><th rowspan="3">工作条件</th><th colspan="2">公差带</th><th rowspan="3">工作条件</th><th colspan="2">公差带</th></tr>
<tr><th colspan="2">套圈滑动接触表面类型</th><th colspan="2">套圈滑动接触表面类型</th></tr>
<tr><th>润滑型</th><th>自润滑型</th><th>润滑型</th><th>自润滑型</th></tr>
<tr><td rowspan="3">向心关节轴承</td><td>轻载荷,浮动支承</td><td>H6,H7</td><td>H7</td><td rowspan="2">各种载荷,浮动支承</td><td rowspan="2">h6,h7</td><td rowspan="2">h6,g6</td></tr>
<tr><td>重载荷,固定支承</td><td>M7</td><td>K7</td></tr>
<tr><td>轻合金外壳孔</td><td>N7</td><td>M7</td><td>各种载荷,固定支承</td><td>m6</td><td>k6</td></tr>
<tr><td rowspan="2">角接触关节轴承</td><td>各种载荷,浮动支承</td><td>J7</td><td>J7</td><td rowspan="2">各种载荷</td><td rowspan="4">m6,n6</td><td rowspan="4">m6</td></tr>
<tr><td>各种载荷,固定支承</td><td>M7</td><td>M7</td></tr>
<tr><td rowspan="2">推力关节轴承</td><td>纯轴向载荷</td><td>H11</td><td>H11</td><td rowspan="2">各种载荷</td></tr>
<tr><td>联合载荷</td><td>J7</td><td>J7</td></tr>
<tr><td rowspan="2">杆端关节轴承</td><td rowspan="2">—</td><td rowspan="2">—</td><td rowspan="2">—</td><td>不定向载荷</td><td>n6,p6</td><td>m6,n6</td></tr>
<tr><td>一般条件</td><td>h6,h7</td><td>h6,g6</td></tr>
</table>

3）为防止内圈与轴之间的滑动或“爬行”，内圈与轴应优先采用过盈配合，如果为装拆方便或由于采用浮动支承，而必须使用间隙配合时，轴颈表面必须淬硬。

4）选用过盈配合时，应考虑过盈量对径向游隙的影响。对于必须使用较大过盈量的场合，应选用原始游隙大于基本组游隙值的轴承。

配合表面的粗糙度和形位公差

轴颈和外壳孔与轴承的配合表面及端面的表面粗糙度应符合表 8-1-44 的规定。轴颈和外壳孔表面的圆柱度公差、轴肩和外壳孔肩的端面圆跳动（图 8-1-6a、b）以及垫圈两端面平行度公差（图 8-1-6c）应符合表 8-1-45、表 8-1-46 的规定。

表 8-1-44　　配合表面的粗糙度 *Ra*　　μm

<table>
<tr><th rowspan="2">配合表面</th><th colspan="3">轴承公称直径/mm</th><th>说明</th></tr>
<tr><th>≤80</th><th>>80~500</th><th>>500~1000</th><td rowspan="4">轴承公称直径系指轴承的内径和外径
轴颈表面、轴肩和内垫圈端面的粗糙度以内径查表确定；外壳孔表面、外壳孔肩和外垫圈端面的表面粗糙度以外径查表确定</td></tr>
<tr><td>轴颈表面</td><td>1.60</td><td>3.20</td><td>6.3</td></tr>
<tr><td>外壳孔表面</td><td>1.60</td><td>3.20</td><td>6.3</td></tr>
<tr><td>轴肩、垫圈端面及外壳孔肩</td><td>3.20</td><td>3.20</td><td>12.5</td></tr>
</table>

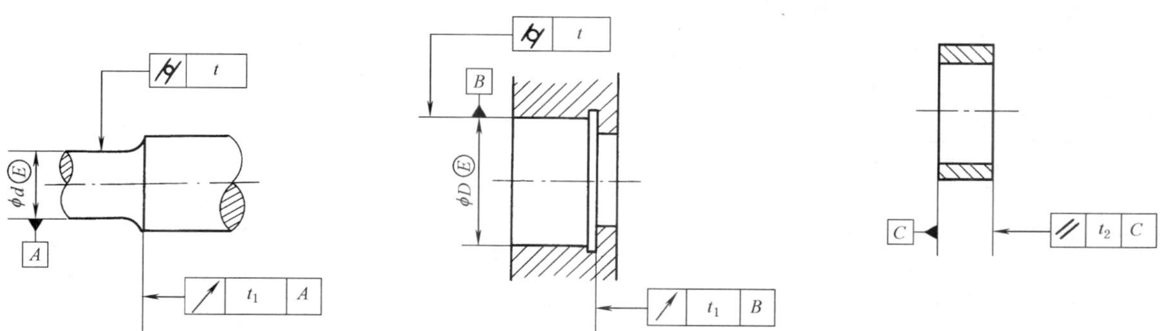

(a)　(b)　(c)

图 8-1-6　配合表面的形位公差

表 8-1-45　　配合表面的形状公差　　μm

轴承公称直径/mm	轴颈	外壳孔	轴承公称直径/mm	轴颈	外壳孔
	圆柱度 t(max)			圆柱度 t(max)	
>3~6	4	—	>150~180	12	12
>6~10	4	4	>180~250	14	14
>10~18	5	5	>250~315	16	16
>18~30	6	6	>315~400	18	18
>30~50	7	7	>400~500	20	20
>50~80	8	8	>500~630	22	22
>80~120	10	10	>630~800	25	25
>120~150	12	12	>800~1000	28	28

注：1. 轴承公称直径系指轴承的内径和外径。
2. 轴颈表面圆柱度以内径查表确定；外壳孔表面圆柱度以外径查表确定。

表 8-1-46　　配合表面的位置公差　　μm

轴承公称直径/mm	轴肩	外壳孔肩	垫圈两端面平行度 t_2 (max)	轴承公称直径/mm	轴肩	外壳孔肩	垫圈两端面平行度 t_2 (max)
	端面圆跳动 t_1 (max)				端面圆跳动 t_1 (max)		
>3~6	8	—	12	>150~180	25	25	40
>6~10	9	9	15	>180~250	29	29	46
>10~18	11	11	18	>250~315	32	32	52
>18~30	13	13	21	>315~400	36	36	57
>30~50	16	16	25	>400~500	40	40	63
>50~80	19	19	30	>500~630	44	44	70
>80~120	22	22	35	>630~800	50	50	80
>120~150	25	25	40	>800~1000	56	56	90

注：1. 轴承公称直径系指轴承的内径和外径。
2. 轴肩端面圆跳动和内垫圈两端面平行度以内径查表确定；外壳孔肩端面圆跳动和外垫圈两端面平行度以外径查表确定。

关节轴承公差

以下所列关节轴承公差适用于精加工后，在涂敷、电镀、剖分和开裂工序前的关节轴承。经表面处理的关节轴承，其公差值与此略有差异。所列公差不适用于飞机机架用关节轴承。

向心关节轴承公差（GB/T 9163—2001）见表 8-1-47~表 8-1-50。

表 8-1-47　　E、G、C、H 系列内圈公差　　μm

轴承公称内径		单一平面平均内径偏差		单一径向平面内径变动量	平均内径变动量	内圈单一宽度偏差	
d/mm		Δd_{mp}		V_{dp}	V_{dmp}	ΔB_s	
超过	到	上偏差	下偏差	max	max	上偏差	下偏差
2.5	18	0	-8	8	6	0	-120
18	30	0	-10	10	8	0	-120
30	50	0	-12	12	9	0	-120
50	80	0	-15	15	11	0	-150
80	120	0	-20	20	15	0	-200
120	180	0	-25	25	19	0	-250

续表

轴承公称内径		单一平面平均内径偏差		单一径向平面内径变动量	平均内径变动量	内圈单一宽度偏差	
d/mm		Δd_{mp}		V_{dp}	V_{dmp}	ΔB_s	
超过	到	上偏差	下偏差	max	max	上偏差	下偏差
180	250	0	-30	30	23	0	-300
250	315	0	-35	35	26	0	-350
315	400	0	-40	40	30	0	-400
400	500	0	-45	45	34	0	-450
500	630	0	-50	50	38	0	-500
630	800	0	-75	75	56	0	-750
800	1000	0	-100	135	75	0	-1000
1000	1250	0	-125	190	125	0	-1250
1250	1600	0	-160	240	160	0	-1600
1600	2000	0	-200	300	200	0	-2000

表 8-1-48　K、W 系列内圈公差　μm

轴承公称内径		单一平面平均内径偏差		单一径向平面内径变动量	平均内径变动量	内圈单一宽度偏差			
d/mm		Δd_{mp}		V_{dp}	V_{dmp}	ΔB_s			
		K、W		K、W	K、W	K		W	
超过	到	上偏差	下偏差	max	max	上偏差	下偏差	上偏差	下偏差
2.5	3	+10	0	10	6	0	-120	0	-100
3	6	+12	0	12	9	0	-120	0	-120
6	10	+15	0	15	11	0	-120	0	-150
10	18	+18	0	18	14	0	-120	0	-180
18	30	+21	0	21	16	0	-120	0	-210
30	50	+25	0	25	19	0	-120	0	-250
50	80	+30	0	30	22	—	—	0	-300
80	120	+35	0	35	26	—	—	0	-350
120	180	+40	0	40	30	—	—	0	-400
180	250	+46	0	46	35	—	—	0	-460
250	315	+52	0	52	39	—	—	0	-520
315	400	+57	0	57	43	—	—	0	-570

表 8-1-49　　E、G、C、W、H 系列外圈公差　　μm

轴承公称外径		单一平面平均外径偏差		单一径向平面外径变动量	平均外径变动量	外圈单一宽度偏差	
D/mm		ΔD_{mp}		V_{Dp}	V_{Dmp}	ΔC_s	
超过	到	上偏差	下偏差	max	max	上偏差	下偏差
6	18	0	-8	10	6	0	-240
18	30	0	-9	12	7	0	-240
30	50	0	-11	15	8	0	-240
50	80	0	-13	17	10	0	-300
80	120	0	-15	20	11	0	-400
120	150	0	-18	24	14	0	-500
150	180	0	-25	33	19	0	-500
180	250	0	-30	40	23	0	-600
250	315	0	-35	47	26	0	-700
315	400	0	-40	53	30	0	-800
400	500	0	-45	60	34	0	-900
500	630	0	-50	67	38	0	-1000
630	800	0	-75	100	56	0	-1100
800	1000	0	-100	135	75	0	-1200
1000	1250	0	-125	190	125	0	-1300
1250	1600	0	-160	240	160	0	-1600
1600	2000	0	-200	300	200	0	-2000
2000	2500	0	-250	380	250	0	-2500
2500	3150	0	-300	480	320	0	-3200

表 8-1-50　　K 系列外圈公差　　μm

轴承公称外径		单一平面平均外径偏差		单一径向平面外径变动量	平均外径变动量	外圈单一宽度偏差	
D/mm		ΔD_{mp}		V_{Dp}	V_{Dmp}	ΔC_s	
超过	到	上偏差	下偏差	max	max	上偏差	下偏差
5	18	0	-11	18	18	0	-240
18	30	0	-13	21	21	0	-240
30	50	0	-16	25	25	0	-240
50	80	0	-19	30	30	0	-300
80	120	0	-22	35	35	0	-400

角接触关节轴承公差（摘自 GB/T 9164—2001）见表 8-1-51 和表 8-1-52。

表 8-1-51 内圈和轴承宽度公差 μm

轴承公称内径		单一平面平均内径偏差		单一径向平面内径变动量	平均内径变动量	内圈单一宽度偏差		轴承实际宽度偏差	
d/mm		Δd_{mp}		V_{dp}	V_{dmp}	ΔB_s		ΔT_s	
超过	到	上偏差	下偏差	max	max	上偏差	下偏差	上偏差	下偏差
—	50	0	-12	12	9	0	-240	+250	-400
50	80	0	-15	15	11	0	-300	+250	-500
80	120	0	-20	20	15	0	-400	+250	-600
120	180	0	-25	25	19	0	-500	+350	-700
180	200	0	-30	30	23	0	-600	+350	-800

表 8-1-52 外圈公差 μm

轴承公称外径		单一平面平均外径偏差		单一径向平面外径变动量	平均外径变动量	外圈单一宽度偏差	
D/mm		ΔD_{mp}		V_{Dp}	V_{Dmp}	ΔC_s	
超过	到	上偏差	下偏差	max	max	上偏差	下偏差
—	50	0	-14	14	11	0	-240
50	80	0	-16	16	12	0	-300
80	120	0	-18	18	14	0	-400
120	150	0	-20	20	15	0	-500
150	180	0	-25	25	19	0	-500
180	250	0	-30	30	23	0	-600
250	315	0	-35	35	26	0	-700

推力关节轴承公差（摘自 GB/T 9162—2001），见表 8-1-53 和表 8-1-54。

表 8-1-53 轴圈和轴承高度公差 μm

轴承公称内径		单一平面平均内径偏差		单一径向平面内径变动量	平均内径变动量	内圈单一宽度偏差		轴承实际宽度偏差	
d/mm		Δd_{mp}		V_{dp}	V_{dmp}	ΔB_s		ΔT_s	
超过	到	上偏差	下偏差	max	max	上偏差	下偏差	上偏差	下偏差
2.5	18	0	-8	8	6	0	-240	+250	-400
18	30	0	-10	10	8	0	-240	+250	-400
30	50	0	-12	12	9	0	-240	+250	-400
50	80	0	-15	15	11	0	-300	+250	-500
80	120	0	-20	20	15	0	-400	+250	-600
120	180	0	-25	25	19	0	-500	+350	-700
180	200	0	-30	30	23	0	-600	+350	-800

表 8-1-54　　座圈公差　　μm

轴承公称外径		单一平面平均外径偏差		单一径向平面外径变动量	平均外径变动量	外圈单一宽度偏差	
D/mm		ΔD_{mp}		V_{Dp}	V_{Dmp}	ΔC_s	
超过	到	上偏差	下偏差	max	max	上偏差	下偏差
18	30	0	-9	12	7	0	-240
30	50	0	-11	15	8	0	-240
50	80	0	-13	17	10	0	-300
80	120	0	-15	20	11	0	-400
120	150	0	-18	24	14	0	-500
150	180	0	-25	33	19	0	-500
180	250	0	-30	40	23	0	-600
250	315	0	-35	47	26	0	-700
315	400	0	-40	53	30	0	-800

杆端关节轴承公差（摘自 GB/T 9161—2001）见表 8-1-55。

表 8-1-55　　E、EH、G、GH、K 系列公差　　μm

轴承公称内径		单一径向平面平均内径偏差				单一径向平面内径变动量		平均内径变动量		螺纹直径		杆端中心高	内圈单一宽度偏差	
d/mm		Δd_{mp}				V_{dp}		V_{dmp}		G		h,h_1,h_2	ΔB_s	
		E、EH、G、GH		K		E、EH、G、GH	K	E、EH、G、GH	K	符合 GB/T 197		E、EH、G、GH、K	E、EH、G、GH、K	
超过	到	上偏差	下偏差	上偏差	下偏差	max		max		M 型	F 型		上偏差	下偏差
2.5	3	0	-8	+10	0	8	10	6	6	6g	6H	±1200	0	-120
3	6	0	-8	+12	0	8	12	6	9	6g	6H	±1200	0	-120
6	10	0	-8	+15	0	8	15	6	11	6g	6H	±1200	0	-120
10	18	0	-8	+18	0	8	18	6	14	6g	6H	±1200	0	-120
18	30	0	-10	+21	0	10	21	8	16	6g	6H	±1700	0	-120
30	50	0	-12	+25	0	12	25	9	19	6g	6H	±2100	0	-120
50	80	0	-15	+30	0	15	30	11	22	6g	6H	±2700	0	-150

注：螺纹可为右旋或左旋。

3.10.4　关节轴承的安装尺寸（摘自 GB/T 12765—1991）

确定关节轴承安装尺寸的基本要求是：为了防止轴肩和外壳孔挡肩的圆角与轴承倒角发生干涉，保证轴承端面与轴肩和挡肩的良好接触及轴承的可靠定位，轴肩和外壳孔挡肩的最大圆角半径应分别小于轴承内圈和外圈的最小倒角；为充分利用向心关节轴承允许的倾斜角，安装该类轴承的轴肩直径的最大值应等于或小于轴承内圈端面直径（EW 型除外）。

向心关节轴承安装尺寸

E 系列向心关节轴承安装尺寸见表 8-1-56，G 系列向心关节轴承安装尺寸见表 8-1-57，W 系列向心关节轴承安装尺寸见表 8-1-58。

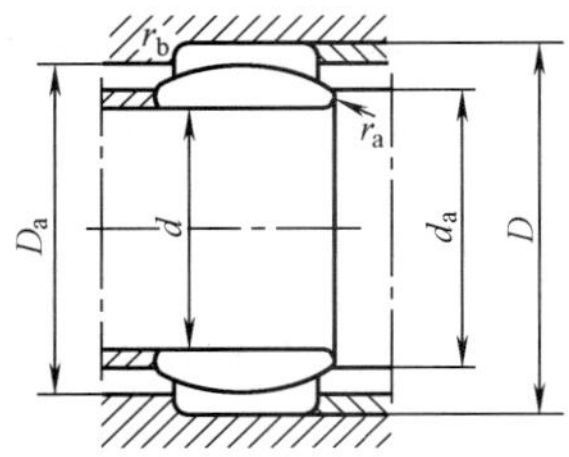

GE…ES 型

GEG…ES 型

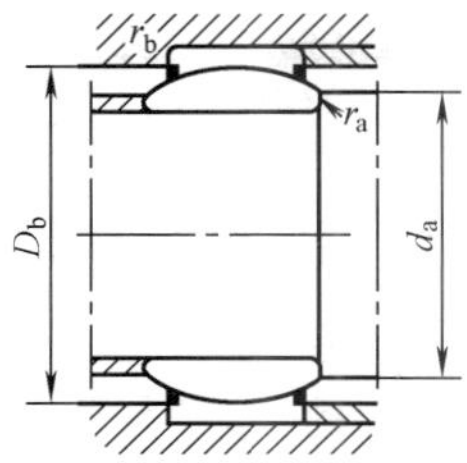

GE…ES-2RS 型

GEG…ES-2RS 型

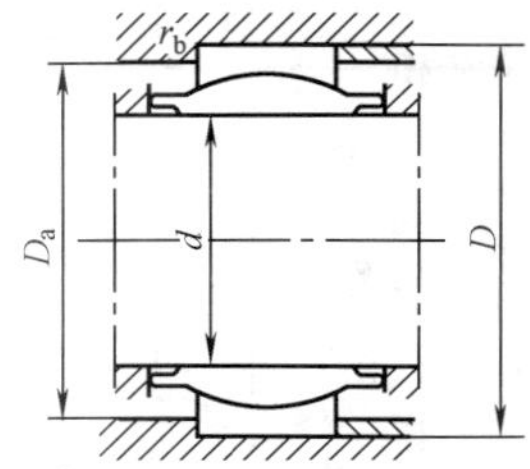

GEEW…ES 型

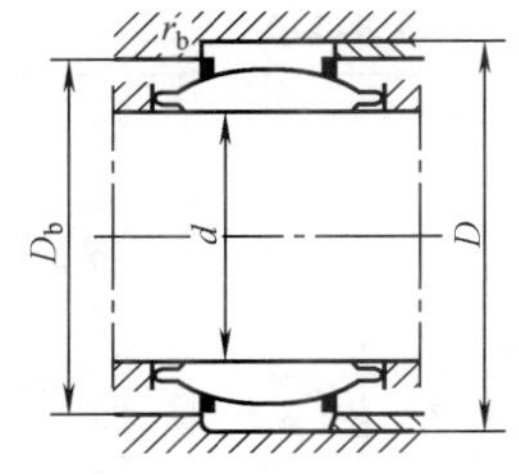

GEEW…ES-2RS 型

表 8-1-56　E 系列向心关节轴承安装尺寸 mm

轴承公称直径		d_a		D_a		D_b		r_a	r_b
d	D	max	min	max	min	max	min	max	max
4	12	6	6	10	8	—	—	0.3	0.3
5	14	7	7	12	10	—	—	0.3	0.3
6	14	8	8	12	10	—	—	0.3	0.3
8	16	10	10	14	13	—	—	0.3	0.3
10	19	13	13	17	17	—	—	0.3	0.3
12	22	15	15	19	18	—	—	0.3	0.3
15	26	18	18	23	21	23	22	0.3	0.3
17	30	20	20	27	24	27	25	0.3	0.3
20	35	24	23	31	28	31	30	0.3	0.3
25	42	29	28	38	33	38	36	0.6	0.6
30	47	34	33	43	38	43	40	0.6	0.6
35	55	39	38	50	44	50	47	0.6	1.0
40	62	45	44	57	50	57	53	0.6	1.0
45	68	50	49	63	56	63	59	0.6	1.0
50	75	55	54	70	61	70	64	0.6	1.0
60	90	66	65	84	73	84	77	1.0	1.0
70	105	77	75	99	84	99	89	1.0	1.0
80	120	88	85	114	97	114	102	1.0	1.0
90	130	98	96	124	106	124	110	1.0	1.0
100	150	109	106	144	120	144	127	1.0	1.0
110	160	120	116	154	131	154	138	1.0	1.0
120	180	130	126	174	146	174	154	1.0	1.0
140	210	160	146	204	168	204	177	1.0	1.0
160	230	170	166	224	186	224	196	1.0	1.0
180	260	192	187	253	214	253	224	1.0	1.0
200	290	212	207	283	233	283	245	1.0	1.0
220	320	238	227	313	260	313	272	1.0	1.0
240	340	265	247	333	286	333	299	1.0	1.0
260	370	280	267	363	310	363	323	1.0	1.0
280	400	310	287	393	333	393	346	1.0	1.0
300	430	330	307	423	360	423	373	1.0	1.0

表 8-1-57　G 系列向心关节轴承安装尺寸 mm

轴承公称直径		d_a		D_a		D_b		r_a	r_b
d	D	max	min	max	min	max	min	max	max
4	14	7	6	12	10	—	—	0.3	0.3
5	16	8	7	14	12	—	—	0.3	0.3
6	16	9	8	14	12	—	—	0.3	0.3
8	19	11	10	17	15	—	—	0.3	0.3
10	22	13	13	20	18	—	—	0.3	0.3
12	26	16	15	23	21	—	—	0.3	0.3
15	30	19	18	27	24	27	25	0.3	0.3
17	35	21	20	32	28	32	30	0.3	0.3
20	42	24	23	38	33	38	36	0.3	0.3
25	47	29	28	43	38	43	40	0.6	0.6
30	55	34	33	50	44	50	47	0.6	1.0
35	62	39	38	57	50	57	53	0.6	1.0
40	68	44	44	63	56	63	59	0.6	1.0
45	75	50	49	70	61	70	64	0.6	1.0
50	90	57	54	84	73	84	77	0.6	1.0
60	105	67	65	99	84	99	89	1.0	1.0
70	120	77	75	114	87	114	102	1.0	1.0
80	130	87	85	124	106	124	110	1.0	1.0
90	150	98	96	144	120	144	127	1.0	1.0
100	160	110	106	154	131	154	138	1.0	1.0
110	180	122	116	174	146	174	154	1.0	1.0
120	210	132	126	204	168	204	177	1.0	1.0
140	230	151	146	224	186	224	196	1.0	1.0
160	260	176	166	254	214	254	224	1.0	1.0
180	300	196	187	283	233	283	245	1.0	1.0
200	320	220	207	313	260	313	272	1.0	1.0
220	340	243	227	333	286	333	299	1.0	1.0
240	370	263	247	363	310	363	323	1.0	1.0
260	400	285	267	393	333	393	346	1.0	1.0
280	430	310	287	423	360	423	373	1.0	1.0

表 8-1-58　W 系列向心关节轴承安装尺寸　mm

轴承公称直径		D_a		D_b		r_b	轴承公称直径		D_a		D_b		r_b
d	D	max	min	max	min	max	d	D	max	min	max	min	max
12	22	19	18	19	17	0.3	40	62	57	50	57	53	1.0
15	26	23	21	23	22	0.3	45	68	63	56	63	59	1.0
16	28	25	23	25	24	0.3	50	75	70	61	70	64	1.0
17	30	27	24	27	25	0.3							
20	35	31	28	31	30	0.3	60	90	84	73	84	77	1.0
25	42	38	33	38	36	0.3	63	95	89	76	89	81	1.0
							70	105	99	84	99	89	1.0
30	47	43	38	43	40	0.6							
32	52	47	41	47	44	1.0	80	120	114	97	114	102	1.0
35	55	50	44	50	47	1.0	100	150	144	120	144	127	1.0

角接触关节轴承安装尺寸

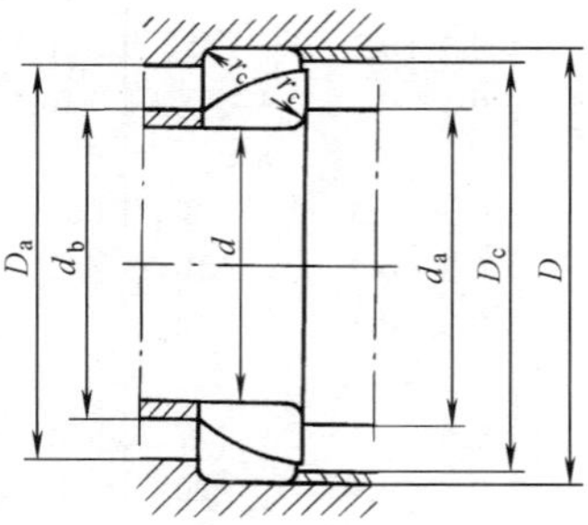

表 8-1-59　mm

轴承公称直径		d_a	d_b	D_a	D_c	r_c	轴承公称直径		d_a	d_b	D_a	D_c	r_c
d	D	min	max	max	min	max	d	D	min	max	max	min	max
25	47	31	29	41	43	1.0	70	110	79	79	103	104	1.0
30	55	36	34	49	51	1.0	75	115	84	84	108	109	1.0
35	62	41	39	56	57	1.0	80	125	89	87	118	117	1.0
40	68	46	44	62	63	1.0	85	130	94	94	123	124	1.0
45	75	51	50	69	70	1.0	90	140	99	97	131	130	1.5
50	80	56	56	74	75	1.0	95	145	104	104	136	137	1.5
55	90	62	60	83	83	1.0	100	150	110	110	141	143	1.5
60	95	67	67	88	89	1.0	105	160	115	113	151	150	2
65	100	72	72	93	95	1.0	110	170	120	116	161	157	2
							120	180	131	131	171	170	2

推力关节轴承安装尺寸

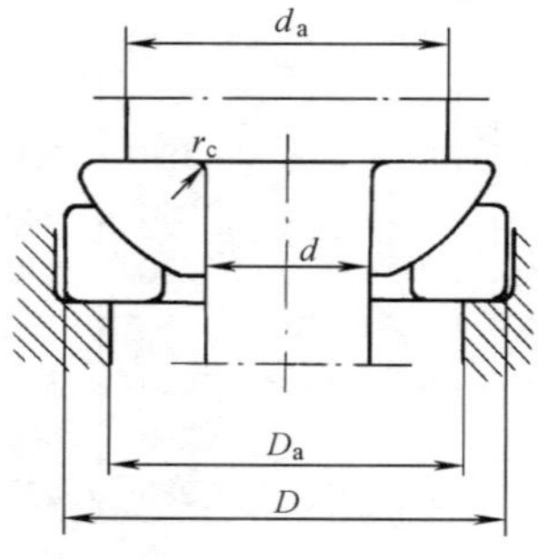

表 8-1-60

mm

轴承公称直径		d_a	D_a	r_c	轴承公称直径		d_a	D_a	r_c
d	D	min	max	max	d	D	min	max	max
10	30	22	23	0.6	45	120	84	97	1.0
12	36	25	27	0.6	50	130	93	104	1.0
15	42	31	32	0.6	60	150	109	119	1.0
17	47	34	37	0.6	70	160	123	124	1.0
20	55	38	44	1.0	80	180	137	141	1.0
25	62	47	47	1.0	100	210	157	171	1.0
30	75	55	59	1.0					
35	90	65	71	1.0	120	230	176	187	1.0
40	105	75	84	1.0					

3.10.5 关节轴承产品

GB/T 9161～9164—2001 依次规定了杆端关节轴承、推力关节轴承、向心关节轴承、角接触关节轴承的外形尺寸、公差和技术要求，杆端关节轴承和向心关节轴承还规定了径向游隙。

关节轴承有润滑型和自润滑型之分。自润滑关节轴承工作中不需添加润滑剂，且无润滑污物，适合安装于工作中不便于添加润滑剂或要避免润滑污物污染环境的场合。

润滑型向心关节轴承

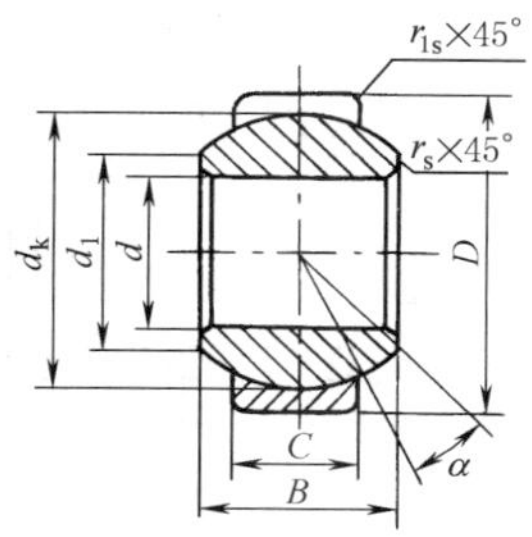

GE…E
GEG…E

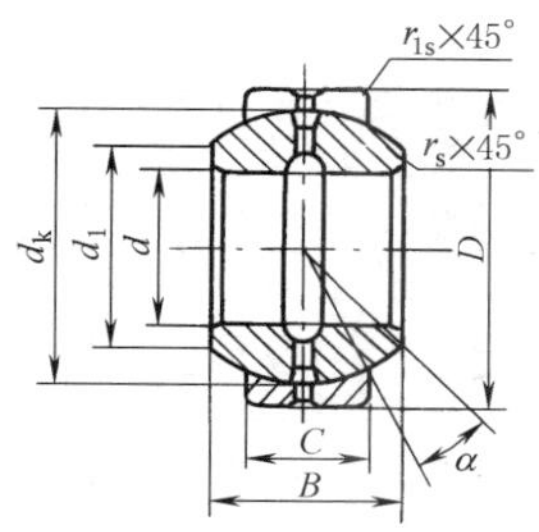

GE…ES
GEG…ES
GEF…ES

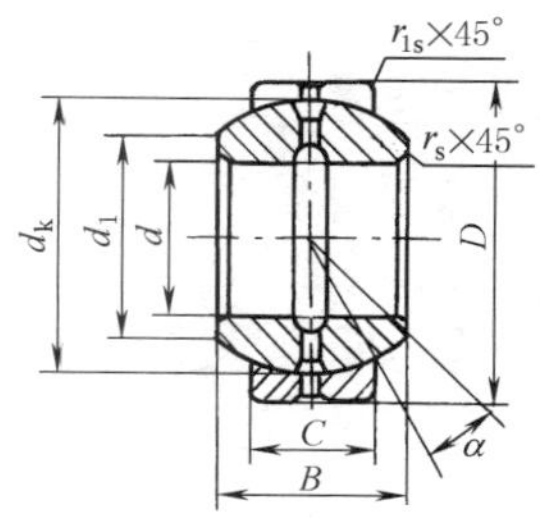

GE…ES-2RS
GEG…ES-2RS

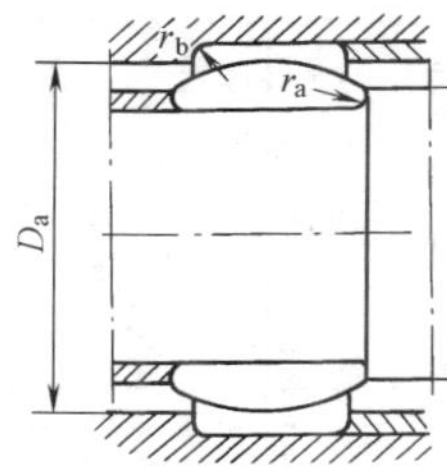

GE…ES型
GEG…ES型

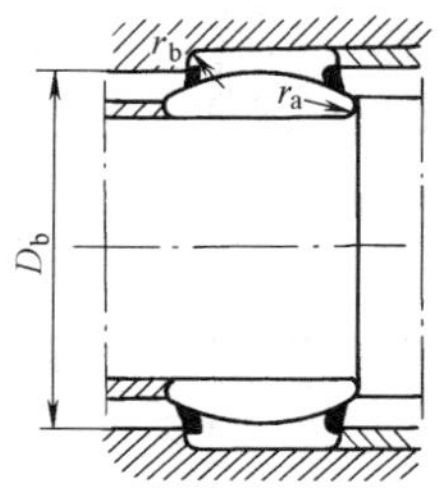

GE…ES-2RS型
GEG…ES-2RS型

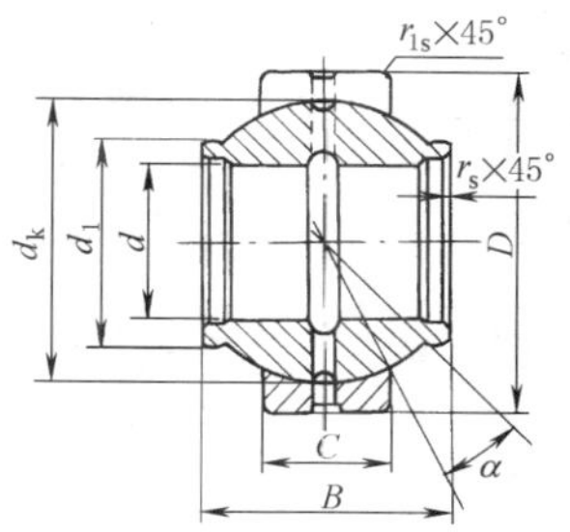

GEEW…ES

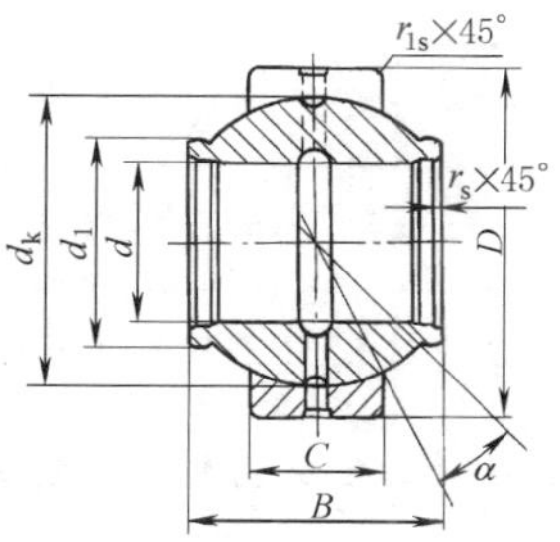

GEEM…ES-2RS

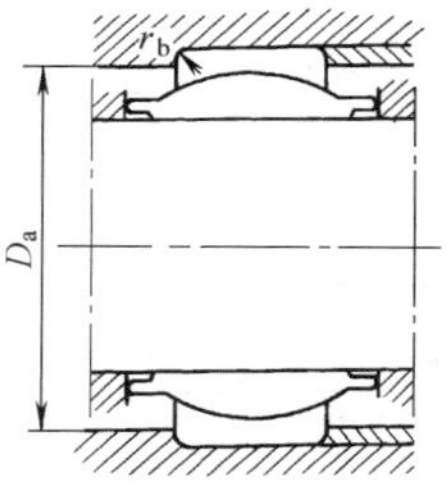

GEEW…ES型

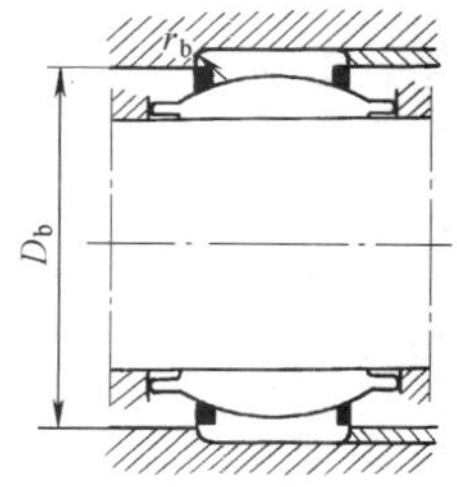

GEEW…ES-2RS型

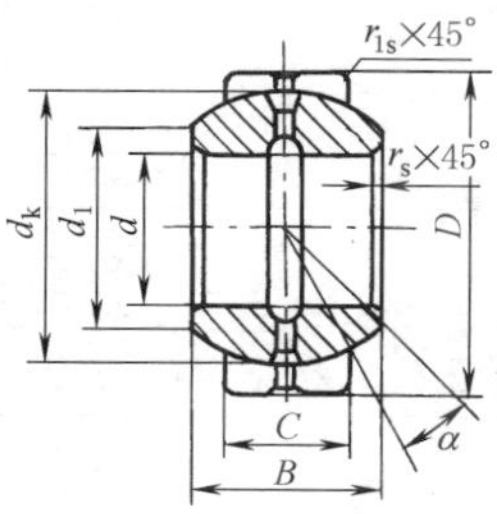

GEC…XS

表 8-1-61 润滑型向心关节轴承（一）

	轴承型号		尺寸/mm								额定载荷/kN		α /(°) ≈	质量 /kg ≈	安装尺寸/mm							
			d	D	B	C	d_k	d_1 ≈	r_s min	r_{1s} min	动	静			d_a max	d_a min	D_a max	D_a min	D_b max	D_b min	r_a max	r_b max
E系列	GE4E		4	12	5	3	8	6	0.3	0.3	2	10	16	0.003	6	6	10	8	—	—	0.3	0.3
	GE5E		5	14	6	4	10	8	0.3	0.3	3.4	17	13	0.004	7	7	12	10	—	—	0.3	0.3
	GE6E		6	14	6	4	10	8	0.3	0.3	3.4	17	13	0.004	8	8	12	10	—	—	0.3	0.3
	GE8E		8	16	8	5	13	10	0.3	0.3	5.5	27	15	0.008	10	10	14	13	—	—	0.3	0.3
	GE10E		10	19	9	6	16	13	0.3	0.3	8.1	40	12	0.011	13	13	17	17	—	—	0.3	0.3
	GE12E		12	22	10	7	18	15	0.3	0.3	10	53	10	0.015	15	15	19	18	—	—	0.3	0.3
	GE15ES	GE15ES-2RS	15	26	12	9	22	18	0.3	0.3	16	84	8	0.027	18	18	23	21	23	22	0.3	0.3
	GE17ES	GE17ES-2RS	17	30	14	10	25	20	0.3	0.3	21	106	10	0.041	20	20	27	24	27	25	0.3	0.3
	GE20ES	GE20ES-2RS	20	35	16	12	29	24	0.3	0.3	30	146	9	0.066	24	23	31	28	31	30	0.3	0.3
	GE25ES	GE25ES-2RS	25	42	20	16	35	29	0.6	0.6	48	240	7	0.119	29	28	38	33	38	36	0.6	0.6
	GE30ES	GE30ES-2RS	30	47	22	18	40	34	0.6	0.6	62	310	6	0.153	34	33	43	38	43	40	0.6	0.6
	GE35ES	GE35ES-2RS	35	55	25	20	47	39	0.6	1.0	79	399	6	0.233	39	38	50	44	50	47	0.6	1.0
	GE40ES	GE40ES-2RS	40	62	28	22	53	45	0.6	1.0	99	495	7	0.306	45	44	57	50	57	53	0.6	1.0
	GE45ES	GE45ES-2RS	45	68	32	25	60	50	0.6	1.0	127	637	7	0.427	50	49	63	56	63	59	0.6	1.0
	GE50ES	GE50ES-2RS	50	75	35	28	66	55	0.6	1.0	156	780	6	0.546	55	54	70	61	70	64	0.6	1.0
	GE55ES	GE55ES-2RS	55	85	40	32	74	62	0.6	1.0	200	1000	7	0.939								
	GE60ES	GE60ES-2RS	60	90	44	36	80	66	1.0	1.0	245	1220	6	1.04	66	65	84	73	84	77	1.0	1.0
	GE70ES	GE70ES-2RS	70	105	49	40	92	77	1.0	1.0	313	1560	6	1.55	77	75	99	84	99	89	1.0	1.0
	GE80ES	GE80ES-2RS	80	120	55	45	105	88	1.0	1.0	400	2000	6	2.31	88	85	114	97	114	102	1.0	1.0
	GE90ES	GE90ES-2RS	90	130	60	50	115	98	1.0	1.0	488	2440	5	2.75	98	96	124	106	124	110	1.0	1.0
	GE100ES	GE100ES-2RS	100	150	70	55	130	109	1.0	1.0	607	3030	7	4.45	109	106	144	120	144	127	1.0	1.0
	GE110ES	GE110ES-2RS	110	160	70	55	140	120	1.0	1.0	654	3270	6	4.82	120	116	154	131	154	138	1.0	1.0
	GE120ES	GE120ES-2RS	120	180	85	70	160	130	1.0	1.0	950	4750	6	8.05	130	126	174	146	174	154	1.0	1.0
	GE140ES	GE140ES-2RS	140	210	90	70	180	150	1.0	1.0	1070	5355	7	11.02	160	146	204	168	204	177	1.0	1.0
	GE160ES	GE160ES-2RS	160	230	105	80	200	170	1.0	1.0	1360	6800	8	14.01	170	166	224	186	224	196	1.0	1.0
	GE180ES	GE180ES-2RS	180	260	105	80	225	192	1.1	1.1	1530	7650	6	18.65	192	187	253	214	253	224	1.0	1.0
	GE200ES	GE200ES-2RS	200	290	130	100	250	212	1.1	1.1	2120	10600	7	28.03	212	207	283	233	283	245	1.0	1.0
	GE220ES	GE220ES-2RS	220	320	135	100	275	238	1.1	1.1	2320	11600	8	35.51	238	227	313	260	313	272	1.0	1.0
	GE240ES	GE240ES-2RS	240	340	140	100	300	265	1.1	1.1	2550	12700	8	39.91	265	247	333	286	333	299	1.0	1.0
	GE260ES	GE260ES-2RS	260	370	150	110	325	285	1.1	1.1	3038	15190	7	51.54	280	267	363	310	363	323	1.0	1.0
	GE280ES	GE280ES-2RS	280	400	155	120	350	310	1.1	1.1	3570	17850	6	65.06	310	287	393	333	393	346	1.0	1.0
	GE300ES	GE300ES-2RS	300	430	165	120	375	330	1.1	1.1	3800	19100	7	78.07	330	307	423	360	423	373	1.0	1.0

续表

系列	轴承型号		尺寸/mm d	D	B	C	d_k	d_1 ≈	r_s min	r_{1s} min	额定载荷/kN 动	静	α /(°) ≈	质量 /kg ≈	安装尺寸/mm d_a max	d_a min	D_a max	D_a min	D_b max	D_b min	r_a max	r_b max
G系列	GEG4E		4	14	7	4	10	7	0.3	0.3	3.4	17	20	0.005	7	6	12	10	—	—	0.3	0.3
	GEG5E		5	16	9	5	13	9	0.3	0.3	5.5	27	21	0.006	8	7	14	12	—	—	0.3	0.3
	GEG6E		6	16	9	5	13	9	0.3	0.3	5.5	27	21	0.008	9	8	14	12	—	—	0.3	0.3
	GEG8E		8	19	11	6	16	11	0.3	0.3	8.1	40	21	0.014	11	10	17	15	—	—	0.3	0.3
	GEG10E		10	22	12	7	18	13	0.3	0.3	10	53	18	0.021	13	13	20	18	—	—	0.3	0.3
	GEG12E		12	26	15	9	22	16	0.3	0.3	16	84	18	0.033	16	15	23	21	—	—	0.3	0.3
	GEG15ES	GEG15ES-2RS	15	30	16	10	25	19	0.3	0.3	21	106	16	0.049	19	18	27	24	27	25	0.3	0.3
	GEG17ES	GEG17ES-2RS	17	35	20	12	29	21	0.3	0.3	30	146	19	0.083	21	20	32	28	32	30	0.3	0.3
	GEG20ES	GEG20ES-2RS	20	42	25	16	35	24	0.3	0.6	48	240	17	0.153	24	23	38	33	38	36	0.3	0.3
	GEG25ES	GEG25ES-2RS	25	47	28	18	40	29	0.6	0.6	62	310	17	0.203	29	28	43	38	43	40	0.6	0.6
	GEG30ES	GEG30ES-2RS	30	55	32	20	47	34	0.6	1.0	79	399	17	0.304	34	33	50	44	50	47	0.6	1.0
	GEG35ES	GEG35ES-2RS	35	62	35	22	53	39	0.6	1.0	99	495	16	0.408	39	38	57	50	57	53	0.6	1.0
	GEG40ES	GEG40ES-2RS	40	68	40	25	60	44	0.6	1.0	127	637	17	0.542	44	44	63	56	63	59	0.6	1.0
	GEG45ES	GEG45ES-2RS	45	75	43	28	66	50	0.6	1.0	156	780	15	0.713	50	49	70	61	70	64	0.6	1.0
	GEG50ES	GEG50ES-2RS	50	90	56	36	80	57	0.6	1.0	245	1220	17	1.14	57	54	84	73	84	77	0.6	1.0
	GEG60ES	GEG60ES-2RS	60	105	63	40	92	67	1.0	1.0	313	1560	17	2.05	67	65	99	84	99	89	1.0	1.0
	GEG70ES	GEG70ES-2RS	70	120	70	45	105	77	1.0	1.0	400	2000	16	3.01	77	75	114	87	114	102	1.0	1.0
	GEG80ES	GEG80ES-2RS	80	130	75	50	115	87	1.0	1.0	488	2440	14	3.64	87	85	124	106	124	110	1.0	1.0
	GEG90ES	GEG90ES-2RS	90	150	85	55	130	98	1.0	1.0	607	3030	15	5.22	98	96	144	120	144	127	1.0	1.0
	GEG100ES	GEG100ES-2RS	100	160	85	55	140	110	1.0	1.0	654	3270	14	6.05	110	106	154	131	154	138	1.0	1.0
	GEG110ES	GEG110ES-2RS	110	180	100	70	160	122	1.0	1.0	950	4750	12	9.68	122	116	174	146	174	154	1.0	1.0
	GEG120ES	GEG120ES-2RS	120	210	115	70	180	132	1.0	1.0	1070	5355	16	14.01	132	126	204	168	204	177	1.0	1.0
	GEG140ES	GEG140ES-2RS	140	230	130	80	200	151	1.0	1.0	1360	6800	16	19.01	151	146	224	186	224	196	1.0	1.0
	GEG160ES	GEG160ES-2RS	160	260	135	80	225	176	1.1	1.1	1530	7650	16	20.02	176	166	254	214	254	224	1.0	1.0
	GEG180ES	GEG180ES-2RS	180	290	155	100	250	196	1.1	1.1	2120	10600	14	32.21	196	187	283	233	283	245	1.0	1.0
	GEG200ES	GEG200ES-2RS	200	320	165	100	275	220	1.1	1.1	2320	11600	15	45.28	220	207	313	260	313	272	1.0	1.0
	GEG220ES	GEG220ES-2RS	220	340	175	100	300	243	1.1	1.1	2550	12700	16	51.12	243	227	333	286	333	299	1.0	1.0
	GEG240ES	GEG240ES-2RS	240	370	190	110	325	263	1.1	1.1	3038	15190	15	65.12	263	247	363	310	363	323	1.0	1.0
	GEG260ES	GEG260ES-2RS	260	400	205	120	350	285	1.1	1.1	3570	17850	15	82.44	285	267	393	333	393	346	1.0	1.0
	GEG280ES	GEG280ES-2RS	280	430	210	120	375	310	1.1	1.1	3800	19100	15	97.21	310	287	423	360	423	373	1.0	1.0

续表

系列	轴承型号	尺寸/mm d	D	B	C	d_k	d_1 ≈	r_s min	r_{1s} min	额定载荷/kN 动	静	α /(°) ≈	质量 /kg ≈	安装尺寸/mm D_a max	D_a min	D_b max	D_b min	r_b max
W系列	GEEW12ES①	12	22	12	7	18	15.5	0.3	0.3	10	53	4	0.022	19	18	19	17	0.3
	GEEW15ES	15	26	15	9	22	18.5	0.3	0.3	16	84	5	0.031	23	21	23	22	0.3
	GEEW16ES	16	28	16	9	23	20	0.3	0.3	17	85	4	0.035	25	23	25	24	0.3
	GEEW17ES	17	30	17	10	25	21	0.3	0.3	21	106	7	0.044	27	24	27	25	0.3
	GEEW20ES	20	35	20	12	29	25	0.3	0.3	30	146	4	0.071	31	28	31	30	0.3
	GEEW25ES	25	42	25	16	35.5	30.5	0.6	0.6	48	240	4	0.131	38	33	38	36	0.6
	GEEW30ES	30	47	30	18	40.7	34	0.6	0.6	62	310	4	0.168	43	38	43	40	0.6
	GEEW32ES	32	52	32	18	43	37	0.6	1.0	65	328	4	0.182	47	41	47	44	1.0
	GEEW35ES	35	55	35	20	47	40	0.6	1.0	79	399	4	0.253	50	44	50	47	1.0
	GEEW40ES	40	62	40	22	53	46	0.6	1.0	99	495	4	0.338	57	50	57	53	1.0
	GEEW45ES	45	68	45	25	60	52	0.6	1.0	127	637	4	0.481	63	56	63	59	1.0
	GEEW50ES	50	75	50	28	66	57	0.6	1.0	156	780	4	0.558	70	61	70	64	1.0
	GEEW60ES	60	90	60	36	80	68	1.0	1.0	245	1220	4	1.15	84	73	84	77	1.0
	GEEW63ES	63	95	63	36	83	71.5	1.0	1.0	253	1269	4	1.23	89	76	89	81	1.0
	GEEW70ES	70	105	70	40	92	78	1.0	1.0	313	1560	4	1.71	99	84	99	89	1.0
	GEEW80ES	80	120	80	45	105	91	1.0	1.0	400	2000	4	2.39	114	97	114	102	1.0
	GEEW90ES	90	130	90	50	115	99	1.0	1.0	488	2440	4	3.21					
	GEEW100ES	100	150	100	55	130	113	1.0	1.0	607	3030	4	4.79	144	120	144	127	1.0
	GEEW110ES	110	160	110	55	140	124	1.0	1.0	654	3270	4	5.78					
	GEEW125ES	125	180	125	70	160	138	1.0	1.0	950	4750	4	8.49					
	GEEW160ES	160	230	160	80	200	177	1.0	1.0	1360	6800	4	16.5					
	GEEW200ES	200	290	200	100	250	221	1.1	1.1	2120	10600	4	32.1					
	GEEW250ES	250	400	250	120	350	317	1.1①	1.1	3750	17800	4	99.1					
	GEEW320ES	320	520	320	160	450	405	1.1①	1.1①	6200	30500	4	225					
M系列	GEEM20ES-2RS	20	35	24	12	29	24	0.3	0.3	30	146	6	0.073	31	28	31	30	0.3
	GEEM25ES-2RS	25	42	29	16	35.5	29	0.3	0.6	48	240	4	0.13	38	33	38	36	0.6
	GEEM30ES-2RS	30	47	30	18	40.7	34	0.3	0.6	62	310	4	0.17	43	38	43	40	0.6
	GEEM35ES-2RS	35	55	35	20	47	40	0.6	1.0	79	399	4	0.25	50	44	50	47	1.0
	GEEM40ES-2RS	40	62	38	22	53	45	0.6	1.0	99	495	4	0.35	57	50	57	53	1.0
	GEEM45ES-2RS	45	68	40	25	60	52	0.6	1.0	127	637	4	0.49	63	56	63	59	1.0
	GEEM50ES-2RS	50	75	43	28	66	57	0.6	1.0	156	780	4	0.60	70	61	70	64	1.0
	GEEM60ES-2RS	60	90	54	36	80	68	0.6	1.0	245	1220	3	1.15	84	73	84	77	1.0
	GEEM70ES-2RS	70	105	65	40	92	78	0.6	1.0	313	1560	4	1.65	99	84	99	89	1.0
	GEEM80ES-2RS	80	120	74	45	105	90	0.6	1.0	400	2000	4	2.50	114	97	114	102	1.0

① 不能润滑。

表 8-1-62　　润滑型向心关节轴承（二）

	轴承型号	尺寸/mm								额定载荷/kN		质量/kg ≈
		d	D	B	C	d_k	r_s min	r_{1s} min	α/(°) ≈	动	静	
F系列	GEF12ES	12	22	11	9	18	0.5	0.5	7	13	68	0.019
	GEF20ES	20	32	16	14	28	0.5	0.5	4	33	166	0.053
	GEF22ES	22	37	19	16	32	0.5	0.5	6	43	217	0.085
	GEF25ES	25	42	21	18	36	0.5	0.5	5	55	275	0.116
	GEF30ES	30	50	27	23	45	1	1	6	87	439	0.225
	GEF35ES	35	55	30	26	50	1	1	5	110	552	0.302
	GEF40ES	40	62	33	28	55	1	1	6	130	654	0.375
	GEF45ES	45	72	36	31	62	1	1	5	163	816	0.598
	GEF50ES	50	80	42	36	72	1	1	5	220	1100	0.869
	GEF55ES	55	90	47	40	80	1	1	6	272	1360	1.26
	GEF60ES	60	100	53	45	90	1	1	6	344	1720	1.72
	GEF65ES	65	105	55	47	94	1	1	5	375	1870	2.05
	GEF70ES	70	110	58	50	100	1	1	5	425	2125	2.23
	GEF75ES	75	120	64	55	110	1	1	5	510	2570	3.01
	GEF80ES	80	130	70	60	120	1	1	5	610	3060	3.98
	GEF85ES	85	135	74	63	125	1	1	6	669	3340	4.31
	GEF90ES	90	140	76	65	130	1	1	5	718	3590	4.72
	GEF95ES	95	150	82	70	140	1	1	5	833	4165	6.05
	GEF100ES	100	160	88	75	150	1.5	1.5	5	956	4780	7.43
	GEF110ES	110	170	93	80	160	1.5	1.5	5	1080	5440	8.54
	GEF115ES	115	180	98	85	165	1.5	1.5	5	1190	5960	10.3
	GEF120ES	120	190	105	90	175	1.5	1.5	6	1330	6690	12.4
	GEF130ES	130	200	110	95	185	1.5	1.5	5	1490	7460	13.8
	GEF150ES	150	220	120	105	205	1.5	1.5	5	1820	9140	17.1
C系列	GEC320XS	320	440	160	135	380	1.1	3	4	4400	22000	77
	GEC340XS	340	460	160	135	400	1.1	3	3	4650	23200	82
	GEC360XS	360	480	160	135	420	1.1	3	3	4800	24000	88
	GEC380XS	380	520	190	160	450	1.5	4	4	6300	31500	127
	GEC400XS	400	540	190	160	470	1.5	4	3	6550	32500	132
	GEC420XS	420	560	190	160	490	1.5	4	3	6800	34500	145
	GEC440XS	440	600	218	185	520	1.5	4	3	8650	42300	190

自润滑型向心关节轴承

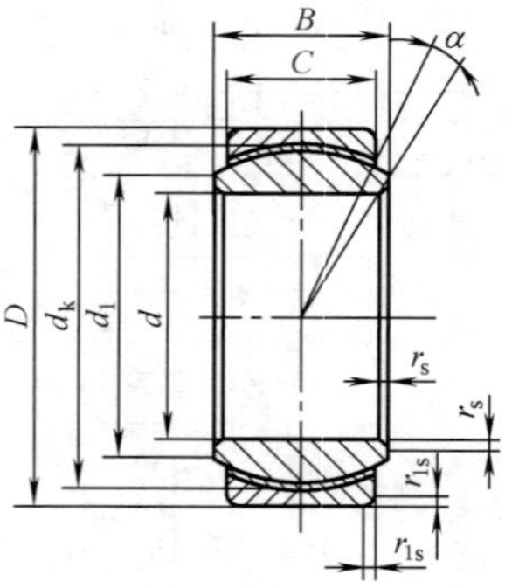

GEH…HC
GEH…HT

1. GEH…HC 为双半外圈，球面镶贴 PTFE 复合材料。内圈球面镀铬。
2. GEH…HT 外圈内球面粘贴 PTFE 织物，其余特征同 GEH…HC。

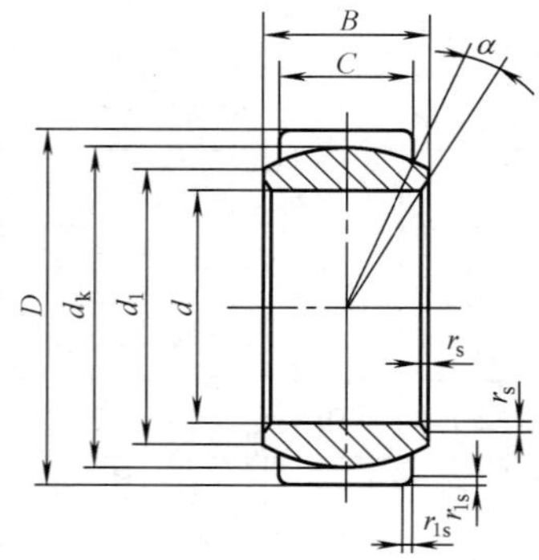

GEH…XT
GEC…XT

1. 外圈沿轴向剖分，外圈球面粘贴 PTFE 织物。
2. 内圈球面镀铬。

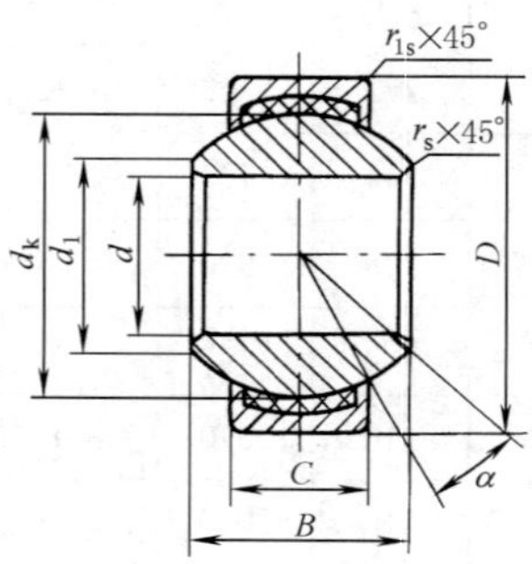

GE…C
GEG…C

1. 外圈挤压成型，球面衬有 PTFE 复合材料。
2. 内圈球面镀铬。

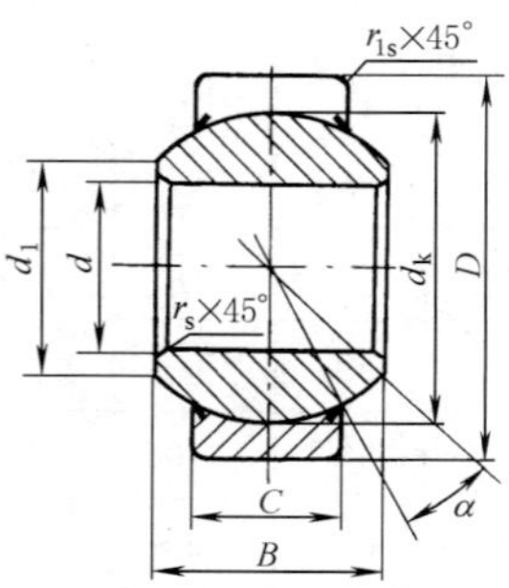

GE…ET-2RS
GEG…ET-2RS

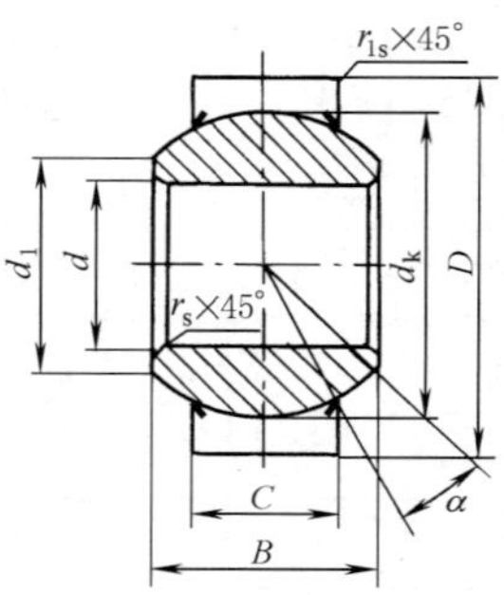

GE…XT-2RS
GEG…XT-2RS
GEH…XT-2RS

1. GE … ET-2RS 型外圈有一道轴向缝。
2. GE … XT-2RS 型外圈剖分。
3. 两面带密封圈，外圈球面粘贴 PTFE 织物。
4. 内圈球面镀铬。

表 8-1-63　自润滑型向心关节轴承（一）

	轴承型号	尺寸/mm								额定载荷/kN		α /(°) ≈	质量 /kg ≈
		d	D	B	C	d_k	d_1 ≈	r_s min	r_{1s} min	动	静		
E系列	GE4C	4	12	5	3	8	6	0.3	0.3	2.1	5.4	16	0.003
	GE5C	5	14	6	4	10	8	0.3	0.3	3.6	9.1	13	0.005
	GE6C	6	14	6	4	10	8	0.3	0.3	3.6	9.1	13	0.004
	GE8C	8	16	8	5	13	10	0.3	0.3	5.8	14	15	0.008
	GE10C	10	19	9	6	16	13	0.3	0.3	8.6	21	12	0.011
	GE12C	12	22	10	7	18	15	0.3	0.3	11	28	10	0.015
	GE15C	15	26	12	9	22	18	0.3	0.3	18	45	8	0.027
	GE17C	17	30	14	10	25	20	0.3	0.3	22	56	10	0.041
	GE20C	20	35	16	12	29	24	0.3	0.3	31	78	9	0.066
	GE25C	25	42	20	16	35.5	29	0.6	0.6	51	127	7	0.119
	GE30C	30	47	22	18	40.7	34	0.6	0.6	65	166	6	0.163

续表

	轴承型号	尺寸/mm								额定载荷/kN		α /(°) ≈	质量 /kg ≈
		d	D	B	C	d_k	d_1 ≈	r_s min	r_{1s} min	动	静		
E系列	GE15ET-2RS	15	26	12	9	22	18	0.3	0.3	23	47	8	0.027
	GE17ET-2RS	17	30	14	10	25	20	0.3	0.3	30	60	10	0.041
	GE20ET-2RS	20	35	16	12	29	24	0.3	0.3	42	83	9	0.066
	GE25ET-2RS	25	42	20	16	35.5	29	0.6	0.6	68	137	7	0.119
	GE30ET-2RS	30	47	22	18	40.7	34	0.6	0.6	88	176	6	0.153
	GE35ET-2RS	35	55	25	20	47	39	0.6	1.0	112	224	6	0.233
	GE40ET-2RS	40	62	28	22	53	45	0.6	1.0	140	280	7	0.306
	GE45ET-2RS	45	68	32	25	60	50	0.6	1.0	180	360	7	0.427
	GE50ET-2RS	50	75	35	28	66	55	0.6	1.0	220	440	6	0.546
	GE55ET-2RS	55	85	40	32	74	62	0.6	1.0	284	573	7	0.939
	GE60ET-2RS	60	90	44	36	80	66	1.0	1.0	345	695	6	1.04
	GE70ET-2RS	70	105	49	40	92	77	1.0	1.0	440	880	6	1.55
	GE80ET-2RS	80	120	55	45	105	88	1.0	1.0	567	1140	6	2.31
	GE90ET-2RS	90	130	60	50	115	98	1.0	1.0	690	1370	5	2.75
	GE100ET-2RS	100	150	70	55	130	109	1.0	1.0	858	1730	7	4.45
	GE110ET-2RS	110	160	70	55	140	120	1.0	1.0	924	1860	6	4.82
	GE120ET-2RS	120	180	85	70	160	130	1.0	1.0	1340	2700	6	8.05
	GE140XT-2RS	140	210	90	70	180	150	1.0	1.0	1500	3000	7	11.2
	GE160XT-2RS	160	230	105	80	200	170	1.0	1.0	1920	3800	8	13.2
	GE180XT-2RS	180	260	105	80	225	192	1.1	1.1	2160	4300	6	18.6
	GE200XT-2RS	200	290	130	100	250	212	1.1	1.1	3000	6000	7	28.0
	GE220XT-2RS	220	320	135	100	275	238	1.1	1.1	3300	6550	8	35.5
	GE240XT-2RS	240	340	140	100	300	265	1.1	1.1	3600	7200	8	39.9
	GE260XT-2RS	260	370	150	110	325	285	1.1	1.1	4290	8650	7	51.5
	GE280XT-2RS	280	400	155	120	350	310	1.1	1.1	5000	10000	6	65.1
	GE300XT-2RS	300	430	165	120	375	330	1.1	1.1	5400	10800	7	78.1
G系列	GEG4C	4	14	7	4	10	8	0.3	0.3	3.6	9.1	20	0.005
	GEG5C	5	16	9	5	10	8	0.3	0.3	5.8	14	21	0.006
	GEG6C	6	16	9	5	13	9	0.3	0.3	5.8	14	21	0.008
	GEG8C	8	19	11	6	16	11	0.3	0.3	8.6	21	21	0.014
	GEG10C	10	22	12	7	18	13	0.3	0.3	11	28	18	0.021
	GEG12C	12	26	15	9	22	16	0.3	0.3	18	45	18	0.033
	GEG15C	15	30	16	10	25	19	0.3	0.3	22	56	16	0.049
	GEG17C	17	35	20	12	29	21	0.3	0.3	31	78	19	0.083
	GEG20C	20	42	25	16	35.5	24	0.3	0.3	51	127	17	0.153
	GEG25C	25	47	28	18	40.7	29	0.6	0.6	65	166	17	0.203
	GEG30C	30	55	32	20	47	34	0.6	0.6	83	212	17	0.304

续表

	轴承型号	尺寸/mm								额定载荷/kN		α /(°) ≈	质量 /kg ≈
		d	D	B	C	d_k	d_1 ≈	r_s min	r_{1s} min	动	静		
G系列	GEG15ET-2RS	15	30	16	10	25	19	0.3	0.3	30	60	16	0.049
	GEG17ET-2RS	17	35	20	12	29	21	0.3	0.3	42	83	19	0.083
	GEG20ET-2RS	20	42	25	16	35.5	24	0.3	0.6	68	137	17	0.153
	GEG25ET-2RS	25	47	28	18	40.7	29	0.6	0.6	88	176	17	0.203
	GEG30ET-2RS	30	55	32	20	47	34	0.6	1.0	112	224	17	0.304
	GEG35ET-2RS	35	62	35	22	53	39	0.6	1.0	140	280	16	0.408
	GEG40ET-2RS	40	68	40	25	60	44	0.6	1.0	180	360	17	0.542
	GEG45ET-2RS	45	75	43	28	66	50	0.6	1.0	220	440	15	0.713
	GEG50ET-2RS	50	90	56	36	80	57	0.6	1.0	345	695	17	1.14
	GEG60ET-2RS	60	105	63	40	92	67	1.0	1.0	440	880	17	2.05
	GEG70ET-2RS	70	120	70	45	105	77	1.0	1.0	567	1140	16	3.01
	GEG80ET-2RS	80	130	75	50	115	87	1.0	1.0	690	1370	14	3.64
	GEG90ET-2RS	90	150	85	55	130	98	1.0	1.0	858	1730	15	5.22
	GEG100ET-2RS	100	160	85	55	140	110	1.0	1.0	924	1860	14	6.05
	GEG110ET-2RS	110	180	100	70	160	122	1.0	1.0	1340	2700	12	9.68
	GEG120XT-2RS	120	210	115	70	180	132	1.0	1.0	1500	3000	16	14.0
	GEG140XT-2RS	140	230	130	80	200	151	1.0	1.0	1920	3800	16	19.0
	GEG160XT-2RS	160	260	135	80	225	176	1.0	1.1	2160	4300	16	22.0
	GEG180XT-2RS	180	290	155	100	250	196	1.1	1.1	3000	6000	14	32.2
	GEG200XT-2RS	200	320	165	100	275	220	1.1	1.1	3300	6550	15	45.3
	GEG220XT-2RS	220	340	175	100	300	243	1.1	1.1	3600	7200	16	51.1
	GEG240XT-2RS	240	370	190	110	325	263	1.1	1.1	4290	8650	15	65.1
	GEG260XT-2RS	260	400	205	120	350	285	1.1	1.1	5000	10000	15	82.4
	GEG280XT-2RS	280	430	210	120	375	310	1.1	1.1	5400	10800	15	97.2
C系列	GEC320XT	320	440	160	135	380	—	1.1	3	6150	12400	3	76
	GEC340XT	340	460	160	135	400	—	1.1	3	6480	13000	3	80
	GEC360XT	360	480	160	135	420	—	1.1	4	7080	14700	3	86
	GEC380XT	380	520	190	160	450	—	1.5	4	9000	18700	4	125
	GEC400XT	400	540	190	160	470	—	1.5	4	9400	19600	4	130
	GEC420XT	420	560	190	160	490	—	1.5	4	9800	20400	4	145
	GEC440XT	440	600	218	185	520	—	1. 5	4	12000	25000	3	190

表 8-1-64 自润滑型向心关节轴承（二）

系列	轴承型号				尺寸/mm								额定载荷/kN						质量/kg ≈
					d	D	B	C	d_k	r_s min	r_{1s} min	α /(°) ≈	GEH…XT GEH…XT-2RS		GEH…HC		GEH…HT		
													动	静	动	静	动	静	
H系列	GEH100HC	GEH100HT	GEH100XT	GEH100XT-2RS	100	150	71	67	135	1	1	2	1080	2170	810	1350	860	1750	4.51
	GEH110HC	GEH110HT	GEH110XT	GEH110XT-2RS	110	160	78	74	145	1	1	2	1280	2570	960	1650	1030	2070	5.35
	GEH120HC	GEH120HT	GEH120XT	GEH120XT-2RS	120	180	85	80	160	1	1	2	1530	3070	1150	1950	1220	2470	7.96
	GEH140HC	GEH140HT	GEH140XT	GEH140XT-2RS	140	210	100	95	185	1	1	2	2100	4220	1580	2700	1680	3400	13
	GEH160HC	GEH160HT	GEH160XT	GEH160XT-2RS	160	230	115	109	210	1	1	2	2740	5500	2060	3600	2190	4430	16.6
	GEH180HC	GEH180HT	GEH180XT	GEH180XT-2RS	180	260	128	122	240	1.1	1.1	2	3510	7030	2630	4600	2810	5660	24.4
	GEH200HC	GEH200HT	GEH200XT	GEH200XT-2RS	200	290	140	134	260	1.1	1.1	2	4180	8370	3130	5500	3340	6740	33.5
	GEH220HC	GEH220HT	GEH220XT	GEH220XT-2RS	220	320	155	148	290	1.1	1.1	2	5150	10300	3860	6800	4120	8300	45.8
	GEH240HC	GEH240HT	GEH240XT	GEH240XT-2RS	240	340	170	162	310	1.1	1.1	2	6020	12060	4510	8000	4820	9720	53.7
	GEH260HC	GEH260HT	GEH260XT	GEH260XT-2RS	260	370	185	175	340	1.1	1.1	2	7140	14300	5350	9500	5710	11500	69.5
	GEH280HC	GEH280HT	GEH280XT	GEH280XT-2RS	280	400	200	190	370	1.1	1.1	2	8400	17000	6320	11200	6740	13600	89.5
	GEH300HC	GEH300HT	GEH300XT	GEH300XT-2RS	300	430	212	200	390	1.1	1.1	2	9360	18800	7020	12500	7480	15100	110
	GEH320HC	GEH320HT	GEH320XT	GEH320XT-2RS	320	460	230	218	414	1.1	3	2	10800	21840	8120	14500	9020	18800	135
	GEH340HC	GEH340HT	GEH340XT	—	340	480	243	230	434	1.1	3	2	11900	24100	8980	16000	9980	20800	150
	GEH360HC	GEH360HT	GEH360XT	GEH360XT-2RS	360	520	258	243	474	1.1	4	2	13600	27000	10300	18400	11500	24000	200
	GEH380HC	GEH380HT	GEH380XT	GEH380XT-2RS	380	540	272	258	494	1.5	4	2	14500	30800	11400	20400	12700	26600	220
	GEH400HC	GEH400HT	GEH400XT	GEH400XT-2RS	400	580	280	265	514	1.5	4	2	18500	36500	12200	21800	14800	29200	275
	GEH420HC	GEH420HT	GEH420XT	GEH420XT-2RS	420	600	300	280	534	1.5	4	2	20300	40000	13400	24000	16200	32000	300
	GEH440HC	GEH440HT	—	—	440	630	315	300	574	1.5	4	2	—	—	15400	27600	18700	36900	360
	GEH460HC	GEH460HT	—	—	460	650	325	308	593	1.5	4	2	—	—	16400	29300	19900	39000	380
	GEH480HC	GEH480HT	—	—	480	680	340	320	623	2	5	2	—	—	17900	32000	21600	42700	435
	GEH500HC	GEH500HT	—	—	500	710	355	335	643	2	5	2	—	—	19300	34600	23400	46100	500
	GEH530HC	GEH530HT	—	—	530	750	375	355	673	2	5	2	—	—	21500	38500	25900	51200	585
	GEH560HC	GEH560HT	—	—	560	800	400	380	723	2	5	2	—	—	24700	44300	30300	61100	730
	GEH600HC	GEH600HT	—	—	600	850	425	400	773	2	6	2	—	—	27800	49800	34100	68700	860
	GEH630HC	GEH630HT	—	—	630	900	450	425	813	3	6	2	—	—	31000	55700	38100	76800	1040

润滑型角接触关节轴承

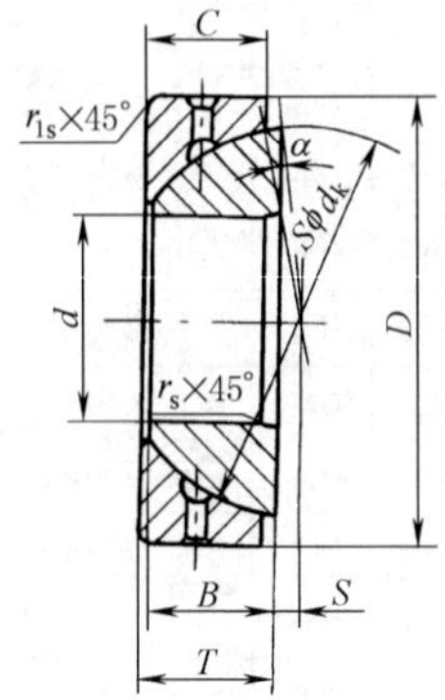

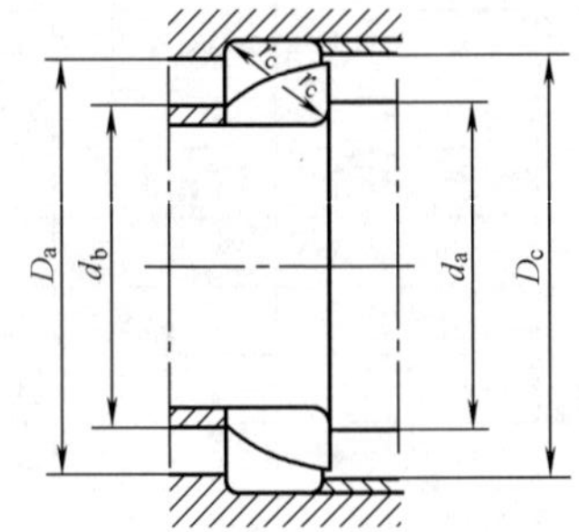

表 8-1-65

轴承型号	尺寸/mm								额定载荷/kN		α /(°) ≈	质量 /kg ≈	安装尺寸/mm				
正常系列	d	D	B	C	T	d_k	S	r_s, r_{1s} min	动	静			d_a min	d_b max	D_a max	D_c min	r_c max
GAC25S	25	47	15	14	15	42	0.6	1.0	50	250	3.5	0.148	31	29	41	43	1.0
GAC28S	28	52	16	15	16	47	1.0	1.0	60	300	3	0.186					
GAC30S	30	55	17	15	17	49.5	1.3	1.0	63	315	3	0.208	36	34	49	51	1.0
GAC32S	32	58	17	16	17	52	2.0	1.0	71	354	3	0.241					
GAC35S	35	62	18	16	18	55.5	2.1	1.0	78	390	3	0.268	41	39	56	57	1.0
GAC40S	40	68	19	17	19	62	2.8	1.0	92	463	3	0.327	46	44	62	63	1.0
GAC45S	45	75	20	18	20	68.5	3.5	1.0	108	540	3	0.416	51	50	69	70	1.0
GAC50S	50	80	20	19	20	74	4.3	1.0	123	618	3	0.455	56	56	74	75	1.0
GAC55S	55	90	23	20	23	82	5.0	1.1	144	721	3	0.645	62	60	83	83	1.0
GAC60S	60	95	23	21	23	88.5	5.7	1.1	163	817	3	0.714	67	67	88	89	1.0
GAC65S	65	100	23	22	23	93.5	6.5	1.1	180	905	2.5	0.759	72	72	93	95	1.0

续表

轴承型号	尺寸/mm								额定载荷/kN		α	质量	安装尺寸/mm				
正常系列	d	D	B	C	T	d_k	S	r_s,r_{1s} min	动	静	/(°) ≈	/kg ≈	d_a min	d_b max	D_a max	D_c min	r_c max
GAC70S	70	110	25	23	25	102	7.2	1.1	206	1030	2.5	1.04	79	79	103	104	1.0
GAC75S	75	115	25	24	25	107	7.9	1.1	220	1129	2.5	1.12	84	84	108	109	1.0
GAC80S	80	125	29	25.5	29	115	8.6	1.1	258	1290	2.5	1.54	89	87	118	117	1.0
GAC85S	85	130	29	26.5	29	122	9.4	1.1	284	1422	2.5	1.61	94	94	123	124	1.0
GAC90S	90	140	32	28	32	128.5	10.1	1.5	316	1580	2.5	2.09	99	97	131	130	1.5
GAC95S	95	145	32	29.5	32	135	10.8	1.5	350	1750	2.5	2.22	104	104	136	137	1.5
GAC100S	100	150	32	31	32	141	11.6	1.5	384	1923	2	2.34	110	110	141	143	1.5
GAC105S	105	160	35	32.5	35	148	12.3	2.0	423	2116	2	2.93	115	113	151	150	2
GAC110S	110	170	38	34	38	155	13	2.0	463	2318	2	3.68	120	116	161	157	2
GAC120S	120	180	38	37	38	168	14.5	2.0	547	2735	2	3.97	131	131	171	170	2
GAC130S	130	200	45	43	45	188	18	2.5	710	3550	1	5.92					
GAC140S	140	210	45	43	45	198	19	2.5	740	3740	1	6.33					
GAC150S	150	225	48	46	48	211	20	3.0	850	4270	1	8.01					
GAC160S	160	240	51	49	51	225	20	3.0	970	4850	1	9.42					
GAC170S	170	260	57	55	57	246	21	3.0	1190	5950	1	12.3					
GAC180S	180	280	64	61	64	260	21	3.0	1395	6970	1	17.4					
GAC190S	190	290	64	62	64	275	26	3.0	1500	7500	1.5	18.2					
GAC200S	200	310	70	66	70	290	26	3.0	1680	8420	1	22.5					

注：表中有些型号尺寸 C、d_k、S、r_s、r_{1s}与 GB/T 9164—2001 规定的尺寸稍有差别，选用时与厂家联系。

润滑型推力关节轴承

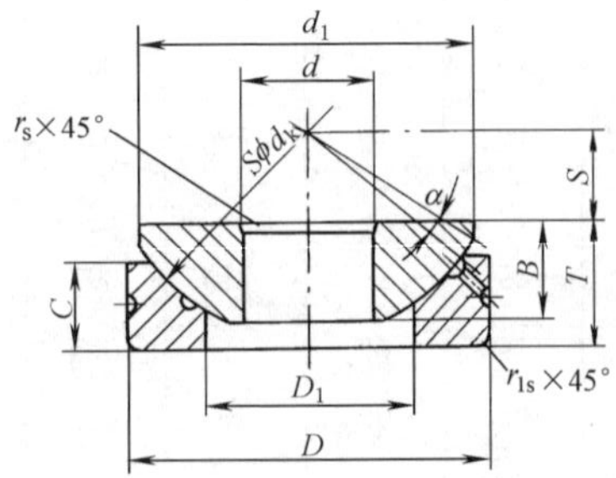

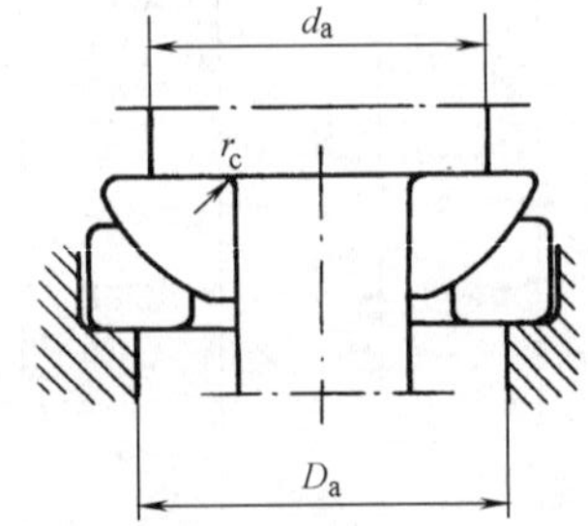

表 8-1-66

轴承型号	尺寸/mm									额定载荷/kN		α	质量	安装尺寸/mm		
正常系列	d	D	T	B	C	d_k	D_1 max	d_1 min	S ≈	r_s, r_{1s} min	动	静	/(°) ≈	/kg ≈	d_a min	D_a max	r_c max
GX10S	10	30	9.5	7.5	7	32	15.5	27.5	7	0.6	27	136	9	0.036	22	23	0.6
GX12S	12	35	13	9.5	9.3	38	18	32	8	0.6	37	188	8	0.072	25	27	0.6
GX15S	15	42	15	11	10.8	46	22.5	39	10	0.6	53	267	8	0.108	31	32	0.6
GX17S	17	47	16	11.8	11.2	52	27	43.5	11	0.6	61	311	10	0.137	34	37	0.6
GX20S	20	55	20	14.5	13.8	60	31	50	12.5	1.0	84	425	9	0.246	38	44	1.0
GX25S	25	62	22.5	16.5	16.7	68	34.5	58.5	14	1.0	134	672	7	0.415	47	47	1.0
GX30S	30	75	26	19	19	82	42	70	17.5	1.0	182	909	7	0.614	55	59	1.0
GX35S	35	90	28	22	20.7	98	50.5	84	22	1.0	266	1330	8	0.973	65	71	1.0
GX40S	40	105	32	27	21.5	114	59	97	24.5	1.0	357	1810	9	1.59	75	84	1.0
GX45S	45	120	36.5	31	25.5	128	67	110	27.5	1.0	486	2470	9	2.24	84	97	1.0
GX50S	50	130	42.5	33	30.5	139	70	120	30	1.0	554	2810	7	3.14	93	104	1.0
GX60S	60	150	45	37	34	160	84	140	35	1.0	748	3820	8	4.63	109	119	1.0
GX70S	70	160	50	42	36.5	176	94.5	153	35	1.0	902	4610	8	5.37	123	124	1.0
GX80S	80	180	50	43.5	38	197	107.5	172	42.5	1.0	1110	5700	8	6.91	137	141	1.0
GX100S	100	210	59	51	46	222	127	198	45	1.1	1300	6470	8	10.9	157	171	1.0
GX120S	120	230	64	53.5	50	250	145	220	52.5	1.1	1530	7580	6	13.9	176	187	1.0
GX140S	140	260	72	61	54	274	177	243	52.5	1.5	1820	9040	6	18.1			
GX160S	160	290	77	66	58	313	200	271	65	1.5	2100	10440	7	23.2			
GX180S	180	320	86	74	62	340	225	299	67.5	1.5	2430	12070	8	30.9			
GX200S	200	340	87	80	66	365	247	320	70	1.5	3070	15280	8	34.2			

注：表中有些型号尺寸 B、C、d_k、D_1、d_1 与 GB/T 9162—2001 规定的尺寸稍有差别，选用时与厂家联系。

自润滑型角接触关节轴承和推力关节轴承

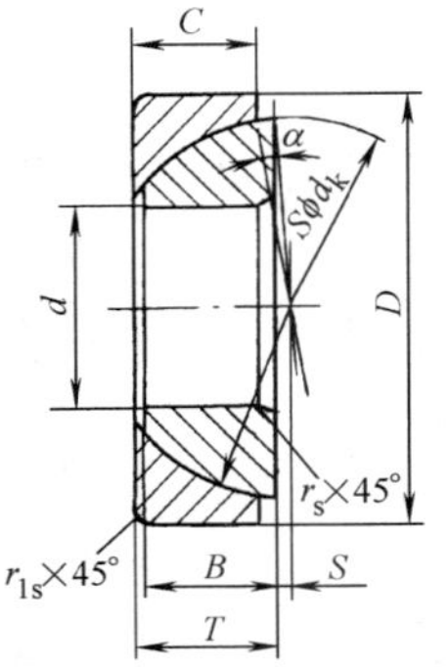

GAC…T

1. 内外圈可分离。
2. 外圈球面粘贴 PTFE 织物。
3. 内圈球面镀铬。

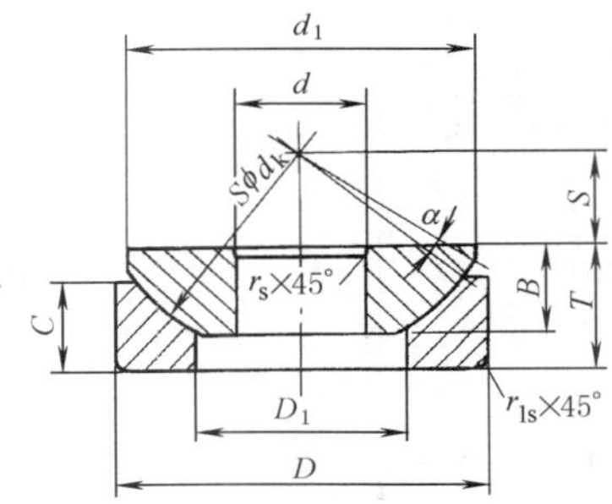

GX…T

1. 轴座圈可分离。
2. 座圈球面粘贴 PTFE 织物。
3. 轴圈球面镀铬。

表 8-1-67

	轴承型号	尺寸/mm								额定载荷/kN		α /(°) ≈	质量 /kg ≈
	正常系列	d	D	B	C	T	d_k	S	r_s,r_{1s} min	动	静		
自润滑型角接触关节轴承	GAC25T	25	47	15	14	15	42	0.6	1.0	75	149	3.5	0.148
	GAC28T	28	52	16	15	16	47	1.0	1.0	90	179	3	0.186
	GAC30T	30	55	17	15	17	49.5	1.3	1.0	95	188	3	0.208
	GAC32T	32	58	17	16	17	52	2.0	1.0	106	211	3	0.241
	GAC35T	35	62	18	16	18	55.5	2.1	1.0	117	234	3	0.268
	GAC40T	40	68	19	17	19	62	2.8	1.0	139	277	3	0.327
	GAC45T	45	75	20	18	20	68.5	3.5	1.0	162	324	3	0.416
	GAC50T	50	80	20	19	20	74	4.3	1.0	185	370	3	0.455
	GAC55T	55	90	23	20	23	82	5.0	1.1	216	432	3	0.645
	GAC60T	60	95	23	21	23	88.5	5.7	1.1	245	489	3	0.714
	GAC65T	65	100	23	22	23	93.5	6.5	1.1	271	542	2.5	0.759
	GAC70T	70	110	25	23	25	102	7.2	1.1	309	618	2.5	1.04
	GAC75T	75	115	25	24	25	107	7.9	1.1	339	676	2.5	1.12
	GAC80T	80	125	29	25.5	29	115	8.6	1.1	387	772	2.5	1.54
	GAC85T	85	130	29	26.5	29	122	9.4	1.1	426	851	2.5	1.61
	GAC90T	90	140	32	28	32	128.5	10.1	1.5	474	948	2.5	2.09
	GAC95T	95	145	32	29.5	32	135	10.8	1.5	525	1049	2.5	2.22
	GAC100T	100	150	32	31	32	141	11.6	1.5	577	1151	2	2.34
	GAC105T	105	160	35	32.5	35	148	12.3	2.0	634	1267	2	2.93
	GAC110T	110	170	38	34	38	155	13	2.0	695	1380	2	3.68
	GAC120T	120	180	38	37	38	168	14.5	2.0	820	1630	2	3.97
	GAC130T	130	200	45	43	45	188	18	2.5	1060	2130	1	5.92
	GAC140T	140	210	45	43	45	198	19	2.5	1120	2240	1	6.33

续表

	轴承型号	尺寸/mm								额定载荷/kN		α/(°)≈	质量/kg≈
	正常系列	d	D	B	C	T	d_k	S	r_s,r_{1s} min	动	静		
自润滑型角接触关节轴承	GAC150T	150	225	48	46	48	211	20	3.0	1280	2550	1	8.01
	GAC160T	160	240	51	49	51	225	20	3.0	1445	2900	1	9.42
	GAC170T	170	260	57	55	57	246	21	3.0	1780	3560	1	12.3
	GAC180T	180	280	64	61	64	260	21	3.0	2090	4170	1	17.4
	GAC190T	190	290	64	62	64	275	26	3.0	2250	4490	1.5	18.2
	GAC200T	200	310	70	66	70	290	26	3.0	2520	5040	1	22.5

	轴承型号	尺寸/mm										额定载荷/kN		α/(°)≈	质量/kg≈
	正常系列	d	D	T	B	C	d_k	D_1	d_1	S	r_s,r_{1s} min	动	静		
自润滑型推力关节轴承	GX10T	10	30	9.5	7.5	7	32	15.5	27.5	7	0.6	40	81	9	0.036
	GX12T	12	35	13	9.5	9.3	38	18	32	8	0.6	56	112	8	0.072
	GX15T	15	42	15	11	10.8	46	22.5	39	10	0.6	79	160	8	0.108
	GX17T	17	47	16	11.8	11.2	52	27	43.5	11	0.6	92	186	10	0.137
	GX20T	20	55	20	14.5	13.8	60	31	50	12.5	1.0	127	255	9	0.246
	GX25T	25	62	22.5	16.5	16.7	68	34.5	58.5	14	1.0	203	407	7	0.415
	GX30T	30	75	26	19	19	82	42	70	17.5	1.0	275	551	7	0.614
	GX35T	35	90	28	22	20.7	98	50.5	84	22	1.0	403	806	8	0.973
	GX40T	40	105	32	27	21.5	114	59	97	24.5	1.0	540	1080	9	1.59
	GX45T	45	120	36.5	31	25.5	128	67	110	27.5	1.0	730	1470	9	2.24
	GX50T	50	130	42.5	33	30.5	139	70	120	30	1.0	840	1670	7	3.14
	GX60T	60	150	45	37	34	160	84	140	35	1.0	1140	2280	8	4.63
	GX70T	70	160	50	42	36.5	176	94.5	153	35	1.0	1370	2750	8	5.37
	GX80T	80	180	50	43.5	38	197	107.5	172	42.5	1.0	1700	3410	8	6.91
	GX100T	100	210	59	51	46	222	127	198	45	1.1	1940	3890	8	10.9
	GX120T	120	230	64	53.5	50	250	145	220	52.5	1.1	2170	4560	6	13.9
	GX140T	140	260	72	61	54	274	177	243	52.5	1.5	2700	5440	6	18.1
	GX160T	160	290	77	66	58	313	200	271	65	1.5	3265	6250	7	23.2
	GX180T	180	320	86	74	62	340	225	299	67.5	1.5	3700	7220	8	30.9
	GX200T	200	340	87	80	66	365	247	320	70	1.5	4780	9150	8	34.2

注：自润滑型角接触关节轴承同表 8-1-65 注，自润滑型推力关节轴承同表 8-1-66 注。

杆端关节轴承

内螺纹组装（及镶垫）杆端关节轴承

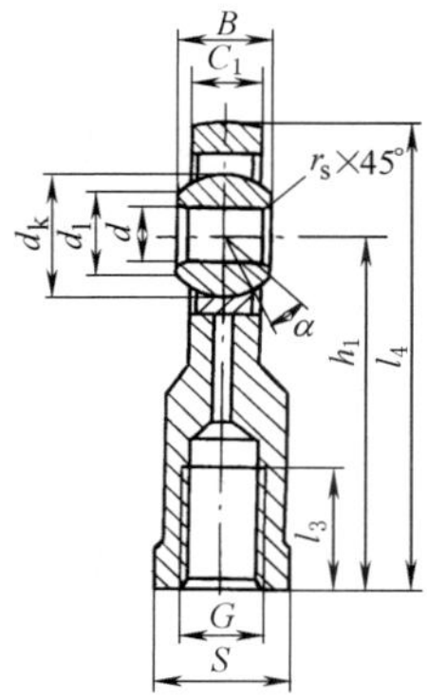

SI…E

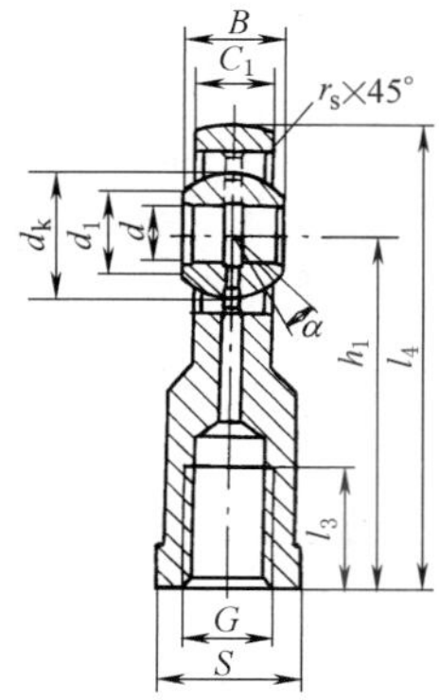

SI…ES

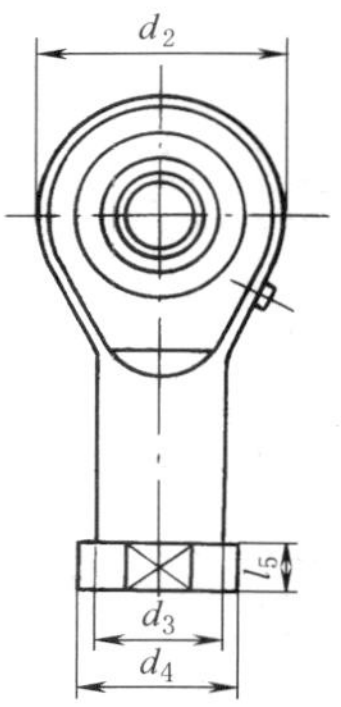

1. 轴承附有带螺纹的伸出杆，螺纹有左、右旋之分。
2. 由向心关节轴承 GE…E 或 GE…ES 和杆端体组装而成。
3. 杆端体表面镀锌，SI…ES 型有润滑油孔油杯。

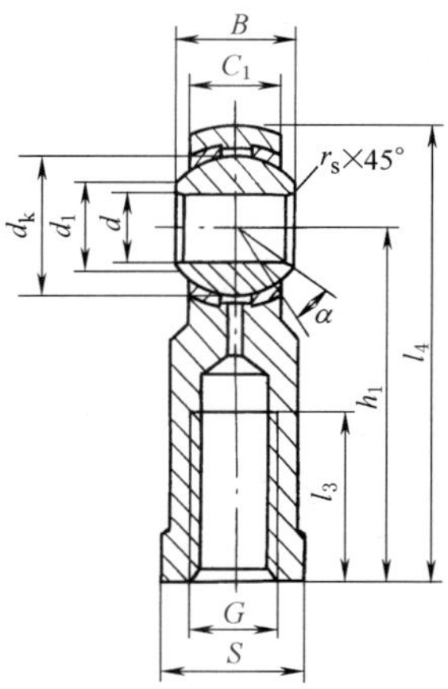

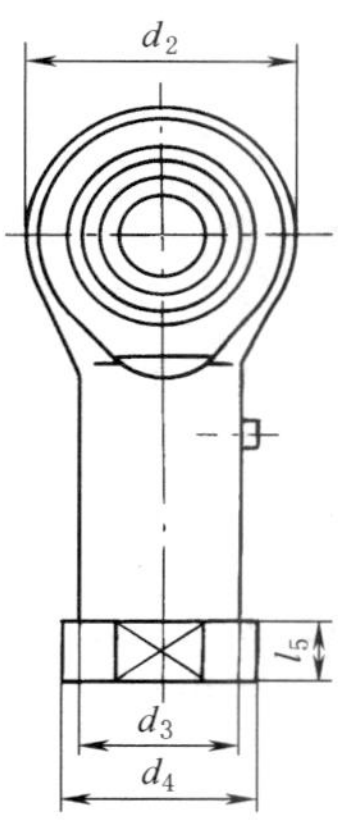

SIBP…S

1. 轴承附有带螺纹的伸出杆，螺纹有左、右旋之分。
2. 外滑动面镶有青铜衬垫，内圈球面镀铬。
3. 杆端体表面镀锌，有润滑油孔或油杯。

表 8-1-68

轴承型号	尺寸/mm															额定载荷/kN		α /(°) ≈	质量 /kg ≈
	d	B	r_s min	C_1 max	d_1 ≈	d_2 max	G	d_k	h_1	l_3 min	l_4 max	l_5 ≈	d_3 ≈	d_4 max	S	动	静		
								E 系 列											
SI5E	5	6	0.3	4.5	7	21	M5	10	30	11	40.5	5	10	13	10	3.4	8.1	13	0.016
SI6E	6	6	0.3	4.5	8	21	M6	10	30	11	40.5	5	11	13	11	3.4	8.1	13	0.017
SI8E	8	8	0.3	6.5	10	24	M8	13	36	15	48	5	13	16	13	5.5	12.9	15	0.035
SI10E	10	9	0.3	7.5	13	29	M10	16	43	15	57.5	6.5	16	19	16	8.1	17.6	12	0.061
SI12E	12	10	0.3	8.5	15	34	M12	18	50	18	67	7	19	22	18	10	24.5	10	0.096
SI15ES	15	12	0.3	10.5	18	40	M14	22	61	21	81	8	21	26	21	16	36	8	0.162
SI17ES	17	14	0.3	11.5	20	46	M16	25	67	24	90	10	25	29	27	21	45	10	0.233
SI20ES	20	16	0.3	13.5	24	53	M20×1.5	29	77	30	103.5	10	28	34	30	29	60	9	0.324
SI25ES	25	20	0.6	18	29	64	M24×2	35	94	36	126	12	35	42	36	48	83	7	0.625
SI30ES	30	22	0.6	20	34	73	M30×2	40	110	45	146.5	15	42	50	46	62	110	6	0.976
SI35ES	35	25	0.6	22	39	82	M36×3	47	125	60	166	15	48	58	55	79	146	6	1.52
SI40ES	40	28	0.6	24	45	92	M39×3	53	142	65	188	18	52	65	60	99	180	7	2.06

续表

轴承型号	尺寸/mm															额定载荷/kN		α /(°)	质量 /kg
	d	B	r_s min	C_1 max	d_1 ≈	d_2 max	G	d_k	h_1	l_3 min	l_4 max	l_5 ≈	d_3 ≈	d_4 max	S	动	静	≈	≈
E 系 列																			
SI45ES	45	32	0.6	28	50	102	M42×3	60	145	65	196	20	58	70	65	127	240	7	2.72
SI50ES	50	35	0.6	31	55	112	M45×3	66	160	68	216	20	62	75	70	156	290	6	3.57
SI60ES	60	44	1.0	39	66	135	M52×3	80	175	70	242.5	20	70	88	80	245	450	6	5.63
SI70ES	70	49	1.0	43	77	160	M56×4	92	200	80	280	20	80	98	85	313	610	6	8.33
SI80ES	80	55	1.0	48	88	180	M64×4	105	230	85	320	25	95	110	95	400	750	6	13.04
P 系 列																			
SIBP5S	5	8	0.3	6	7.7	16	M5		27	14	35	4	9	11	9	3.3	4.1	13	0.016
SIBP6S	6	9	0.3	6.75	9	18	M6		30	14	39	5	10	13	11	4.3	5.3	13	0.026
SIBP8S	8	12	0.3	9	10.4	22	M8		36	17	47	5	12.5	16	14	6.8	8.5	14	0.044
SIBP10S	10	14	0.6	10.5	12.9	26	M10		43	21	56	6.5	15	19	17	10	11	14	0.072
SIBP12S	12	16	0.6	12	15.4	30	M12		50	24	65	6.5	17.5	22	19	13	14	13	0.108
SIBP14S	14	19	0.6	13.5	16.9	34	M14		57	27	74	8	20	25	22	17	20	16	0.161
SIBP16S	16	21	0.6	15	19.4	38	M16		64	33	83	8	22	27	22	21	25	15	0.225
SIBP18S	18	23	0.6	16.5	21.9	42	M18×1.5		71	36	92	10	25	31	27	26	30	15	0.295
SIBP20S	20	25	0.6	18	24.4	46	M20×1.5		77	40	100	10	27.5	34	30	31	35	15	0.382
SIBP22S	22	28	0.6	20	25.8	50	M22×1.5		84	43	109	12	30	37	32	38	43	15	0.488
SIBP25S	25	31	0.6	22	29.6	60	M24×2		94	48	124	12	33.5	42	36	47	65	15	0.749
SIBP28S	28	35	0.6	25	32.3	66	M27×2		103	53	136	12	37	46	41	59	77	15	0.949
SIBP30S	30	37	0.6	25	34.8	70	M30×2		110	56	145	15	40	50	41	63	86	17	1.13

注：1. 若是左旋螺纹，轴承型号和螺纹标记需加“L”和“左”，例如：SIL30ES　M30×2 左-6H。$d \geqslant 15$mm 也可制造-2RS 结构，例如：SI25ES-2RS，SILBP8S M8 左-6H。

2. 表中 E 系列的 d_2、l_4、d_4 尺寸与 GB/T 9161—2001 规定的尺寸稍有差别，选用时与生产厂家联系。

内螺纹带锁口杆端关节轴承

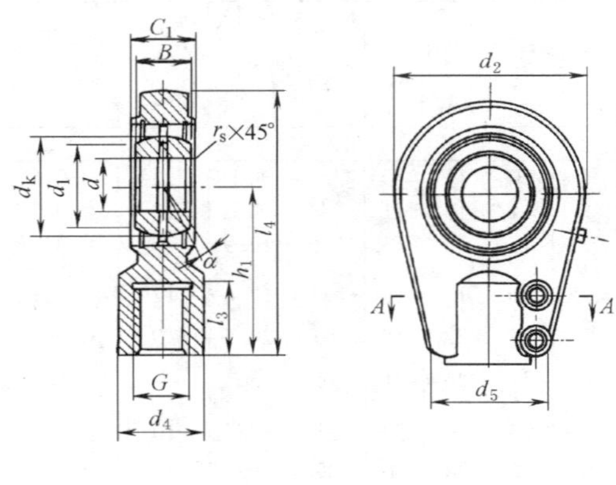

SIR…ES

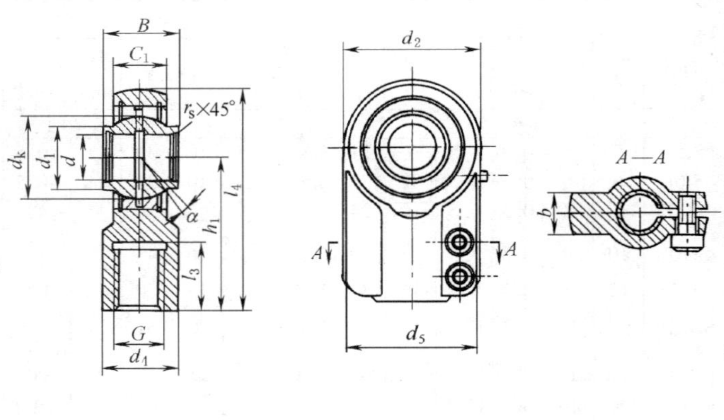

SIGEW…ES

1. 轴承附有内螺纹带锁口的伸出杆，螺纹有左、右旋之分。
2. SIR…ES 或 SIGEW…ES 型是由向心关节轴承 GE…ES 或 GEEW…ES 和杆端体组装而成的。
3. 带有润滑油孔或油杯。

表 8-1-69

轴承型号	尺寸/mm														额定载荷/kN		α /(°) ≈	质量 /kg ≈
	d	B	d_k	r_s min	C_1 max	d_1 ≈	d_2 max	G	h_1	l_3 min	l_4 max	d_4 max	d_5 max	b	动	静		
E 系列																		
SIR20ES	20	16	29	0.3	19	24	56	M16×1.5	50	17	78	25	36	17	30	42	9	0.37
SIR25ES	25	20	35.5	0.6	23	29	56	M16×1.5	50	17	78	25	36	21	48	52	7	0.43
SIR30ES	30	22	40.7	0.6	28	34	64	M22×1.5	60	23	92	32	40	26	62	72	6	0.70
SIR35ES	35	25	47	0.6	30	39	78	M28×1.5	70	29	109	40	50	28	79	104	6	1.1
SIR40ES	40	28	53	0.6	35	45	94	M35×1.5	85	36	132	49	60	33	99	173	7	2.1
SIR50ES	50	35	66	0.6	40	55	116	M45×1.5	105	46	163	61	72	37	156	265	6	3.3
SIR60ES	60	44	80	1.0	50	66	130	M58×1.5	130	59	195	75	90	46	245	320	6	5.5
SIR70ES	70	49	92	1.0	55	77	154	M65×1.5	150	66	227	86	100	51	313	440	6	8.6
SIR80ES	80	55	105	1.0	60	88	176	M80×2	170	81	258	102	125	55	400	570	6	12.0
SIR100ES	100	70	130	1.0	70	109	230	M110×2	235	111	350	138	166	65	607	965	7	28.0
W(EW)系列																		
SIGEW12ES①	12	12	18	0.3	10.5	15.5	32	M12×1.25	38	17	54	16	32	12	10	15	4	0.11
SIGEW16ES	16	16	23	0.3	13	20	40	M14×1.5	44	19	64	21	40	12	17	24	4	0.21
SIGEW20ES	20	20	29	0.3	17	25	47	M16×1.5	52	23	75.5	25	47	14	30	36	4	0.40
SIGEW25ES	25	25	35.5	0.6	21	30.5	58	M20×1.5	65	29	94	30	54	17	48	57	4	0.66
SIGEW32ES	32	32	43	0.6	27	37	70	M27×2	80	37	115	38	66	22	65	81	4	1.2
SIGEW40ES	40	40	53	0.6	32	46	89	M33×2	97	46	141.5	47	80	26	99	156	4	2.1
SIGEW50ES	50	50	66	0.6	40	57	108	M42×2	120	57	174	58	96	32	156	250	4	4.5
SIGEW63ES	63	63	83	1.0	52	71.5	132	M48×2	140	64	206	70	114	38	253	343	4	7.6
SIGEW80ES	80	80	105	1.0	66	91	168	M64×3	180	86	264	90	148	48	400	560	4	14.0
SIGEW100ES	100	100	130	1.0	84	113	210	M80×3	210	96	315	110	178	62	607	960	4	28.0

① 不能润滑。

注：1. 若是左旋螺纹，轴承型号和螺纹标记需加“L”和“左”，例如：SILR30ES M22×1.5 左-6H，SILGEW32ES M27×2 左-6H。

2. 表中 E 系列的 d_2、G、h_1、l_3、l_4、d_4、d_5 尺寸与 GB/T 9161—2001 规定的尺寸不同，选用时与生产厂家联系。

内螺纹自润滑杆端关节轴承

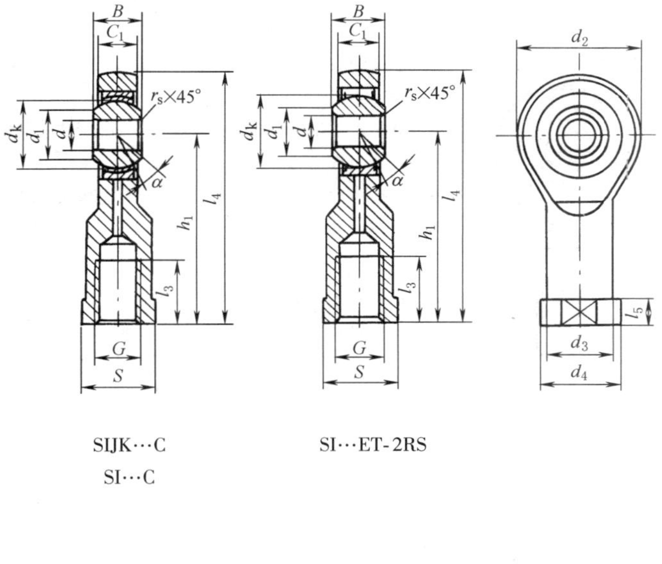

SIJK…C

SI…C

SI…ET-2RS

1. 轴承附有带螺纹的伸出杆。螺纹有左、右旋之分。
2. 由自润滑向心关节轴承和杆端体组装而成。
3. 杆端体表面镀锌，内圈球面镀铬。

表 8-1-70

轴承型号	尺寸/mm															额定载荷/kN		α	质量
	d	B	r_s min	C_1 max	d_1 ≈	d_2 max	G	d_k	h_1	l_3 min	l_4 max	l_5 ≈	d_3 ≈	d_4 max	S	动	静	/(°) ≈	/kg ≈
K(JK)系列																			
SIJK5C	5	8	0.3	7.5	7.7	18	M5	11.1	27	8	36	4	9	12	10	3.6	4.6	4	0.016
SIJK6C	6	9	0.3	7.5	8.9	20	M6	12.7	30	9	40	5	10	13	10	4.7	5.2	9	0.019
SIJK8C	8	12	0.3	9.5	10.3	24	M8	15.8	36	12	48	5	12.5	16	13	7.6	8.2	12	0.036
SIJK10C	10	14	0.6	11.5	12.9	30	M10	19	43	15	58	6.5	15	19	16	12	15	10	0.088
SIJK12C	12	16	0.6	12.5	15.4	34	M12	22.2	50	18	67	6.5	17.5	22	18	14	19	12	0.12
SIJK14C	14	19	0.6	14.5	16.8	38	M14	25.4	57	21	76	8	20	25	21	19	24	14	0.14
SIJK16C	16	21	0.6	15.5	19.3	42	M16	28.5	64	24	85	8	22	27	24	23	29	14	0.24
SIJK18C	18	23	0.6	17.5	21.8	46	M18×1.5	31.7	71	27	94	10	25	31	27	29	34	13	0.32
SIJK20C	20	25	0.6	18.5	24.3	50	M20×1.5	34.9	77	30	102	10	27.5	34	30	34	40	14	0.43
SIJK22C	22	28	0.6	21	25.8	56	M22×1.5	38.1	84	33	112	12	30	37	34	42	50	14	0.61
SIJK25C	25	31	0.6	23	29.5	60	M24×2	42.8	94	36	124	12	33.5	42	36	52	57	14	0.81
SIJK30C	30	37	0.6	27	34.8	70	M30×2	50.8	110	45	145	15	40	50	46	73	77	15	1.4
E系列																			
SI5C	5	6	0.3	4.5	7	21	M5	10	30	11	41.5	5	10	13	10	3.6	8.1	13	0.016
SI6C	6	6	0.3	4.5	8	21	M6	10	30	11	41.5	5	11	13	11	3.6	8.1	13	0.017
SI8C	8	8	0.3	6.5	10	24	M8	13	36	15	48	5	13	16	13	5.8	12.9	15	0.035
SI10C	10	9	0.3	7.5	13	29	M10	16	43	15	57.5	6.5	16	19	16	8.6	17.6	12	0.061
SI12C	12	10	0.3	8.5	15	34	M12	18	50	18	67	7	19	22	18	11	24.5	10	0.096
SI15C	15	12	0.3	10.5	18	40	M14	22	61	21	81	8	21	26	21	18	36	8	0.16
SI17C	17	14	0.3	11.5	20	46	M16	25	67	24	90	10	25	29	27	22	45	10	0.23
SI20C	20	16	0.3	13.5	24	53	M20×1.5	29	77	30	103.5	10	28	34	30	31	60	9	0.32
SI25C	25	20	0.6	18	29	64	M24×2	35	94	36	126	12	35	42	36	51	83	7	0.62
SI30C	30	22	0.6	20	34	73	M30×2	40	110	45	146.5	15	42	50	46	65	110	6	0.97
SI35ET-2RS	35	25	0.6	22	39	82	M36×3	47	125	60	166	15	48	58	55	112	146	6	1.5
SI40ET-2RS	40	28	0.6	24	45	92	M39×3	53	142	65	188	18	52	65	60	140	180	7	2.1
SI45ET-2RS	45	32	0.6	28	50	102	M42×3	60	145	65	196	20	58	70	65	180	240	7	2.7
SI50ET-2RS	50	35	0.6	31	55	112	M45×3	66	160	68	216	20	62	75	70	220	290	6	3.5
SI60ET-2RS	60	44	1.0	39	66	135	M52×3	80	175	70	242.5	20	70	88	80	345	450	6	5.6
SI70ET-2RS	70	49	1.0	43	77	160	M56×4	92	200	80	280	20	80	98	85	440	610	6	8.3
SI80ET-2RS	80	55	1.0	48	88	180	M64×4	105	230	85	320	25	95	110	95	567	750	6	13

注：1. 若是左旋螺纹，轴承型号和螺纹标记需加“L”和“左”，例如：SIL JK8C M8 左-6H，SIL 40ET-2RS M39×3 左-6H。

2. 表中 K、E 系列的 d_2、l_4、d_4 以及 K 系列的 r_s、α 尺寸与 GB/T 9161—2001 规定的尺寸稍有差别，选用时与生产厂家联系。

外螺纹组装和镶垫杆端关节轴承

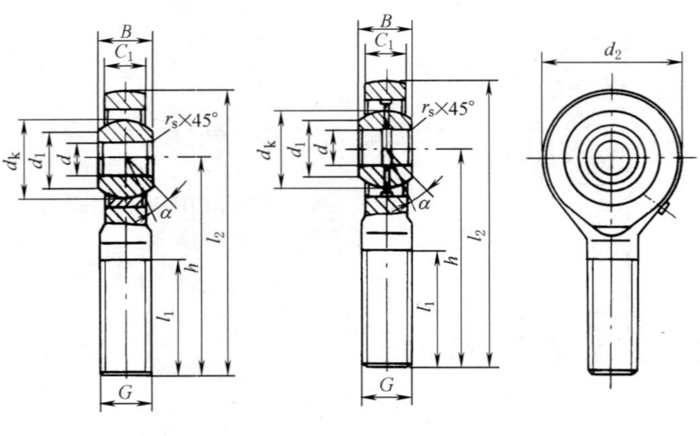

SA…E　　SA…ES

1. 轴承附有带螺纹的伸出杆，螺纹有左、右旋之分。
2. 由向心关节轴承 GE…E 或 GE…ES 和杆端体组装而成。
3. 杆端体表面镀锌，SA…ES 型有润滑油孔或油杯。

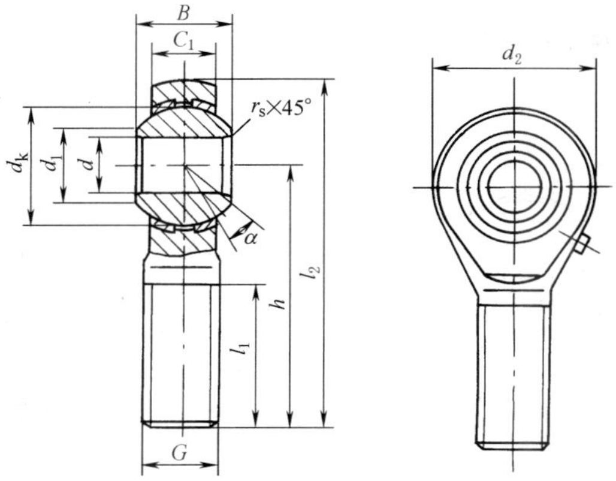

SABP…S

1. 轴承附有带螺纹的伸出杆，螺纹有左、右旋之分。
2. 外滑动面镶有青铜衬垫，内圈球面镀铬。
3. 杆端体表面镀锌，有润滑油孔或油杯。

表 8-1-71

轴承型号	尺寸/mm											额定载荷/kN		α /(°) ≈	质量 /kg ≈
	d	B	r_s min	C_1 max	d_1 ≈	d_2 max	G	d_k	h	l_1 min	l_2 max	动	静		
E 系列															
SA5E	5	6	0.3	4.5	7	21	M5	10	36	16	46.5	3.4	3.9	13	0.011
SA6E	6	6	0.3	4.5	8	21	M6	10	36	16	46.5	3.4	5.5	13	0.013
SA8E	8	8	0.3	6.5	10	24	M8	13	42	21	54	5.5	10	15	0.026
SA10E	10	9	0.3	7.5	13	29	M10	16	48	26	62.5	8.1	16	12	0.044
SA12E	12	10	0.3	8.5	15	34	M12	18	54	28	71	10	23	10	0.066
SA15ES	15	12	0.3	10.5	18	40	M14	22	63	34	83	16	32	8	0.121
SA17ES	17	14	0.3	11.5	20	46	M16	25	69	36	92	21	44	10	0.172
SA20ES	20	16	0.3	13.5	24	53	M20×1.5	29	78	43	104.5	29	60	9	0.283
SA25ES	25	20	0.6	18	29	64	M24×2	35	94	53	126	48	83	7	0.504
SA30ES	30	22	0.6	20	34	73	M30×2	40	110	65	146.5	62	110	6	0.835
SA35ES	35	25	0.6	22	39	82	M36×3	47	140	82	181	79	146	6	1.41
SA40ES	40	28	0.6	24	45	92	M39×3	53	150	86	196	99	180	7	1.86
SA45ES	45	32	0.6	28	50	102	M42×3	60	163	92	214	127	240	7	2.57
SA50ES	50	35	0.6	31	55	112	M45×3	66	185	104	241	156	290	6	3.58
SA60ES	60	44	1.0	39	66	135	M52×3	80	210	115	277.5	245	450	6	5.73
SA70ES	70	49	1.0	43	77	160	M56×4	92	235	125	315	313	610	6	7.94
SA80ES	80	55	1.0	48	88	180	M64×4	105	270	140	360	400	750	6	12.06
P 系列															
SABP5S	5	8	0.3	6	7.7	16	M5		33	20	41	3.3	3.9	13	0.016
SABP6S	6	9	0.3	6.75	9	18	M6		36	22	45	4.3	5.3	13	0.026
SABP8S	8	12	0.3	9	10.4	22	M8		42	25	53	6.8	8.5	14	0.044
SABP10S	10	14	0.6	10.5	12.9	26	M10		48	29	61	10	11	14	0.072
SABP12S	12	16	0.6	12	15.4	30	M12		54	33	69	13	14	13	0.108
SABP14S	14	19	0.6	13.5	16.9	34	M14		60	36	77	17	20	16	0.161
SABP16S	16	21	0.6	15	19.4	38	M16		66	40	85	21	25	15	0.225
SABP18S	18	23	0.6	16.5	21.9	42	M18×1.5		72	44	93	26	30	15	0.295
SABP20S	20	25	0.6	18	24.4	46	M20×1.5		78	47	101	31	35	15	0.382
SABP22S	22	28	0.6	20	25.8	50	M22×1.5		84	51	109	38	43	15	0.488
SABP25S	25	31	0.6	22	29.6	60	M24×2		94	57	124	47	65	15	0.749
SABP28S	28	35	0.6	25	32.3	66	M27×2		103	62	136	59	77	15	0.949
SABP30S	30	37	0.6	25	34.8	70	M30×2		110	66	145	63	86	17	1.13

注：1. 若是左旋螺纹，轴承型号和螺纹标记需加“L”和“左”，例如：SAL30ES M30×2 左-6g。$d \geqslant 15$mm 也可制造成-2RS 结构，例如：SA25ES-2RS，SALBP8S M8 左-6g。

2. 表中 E 系列的 d_2、l_2 尺寸与 GB/T 9161—2001 规定的尺寸稍有差别，选用时与生产厂家联系。

外螺纹自润滑杆端关节轴承

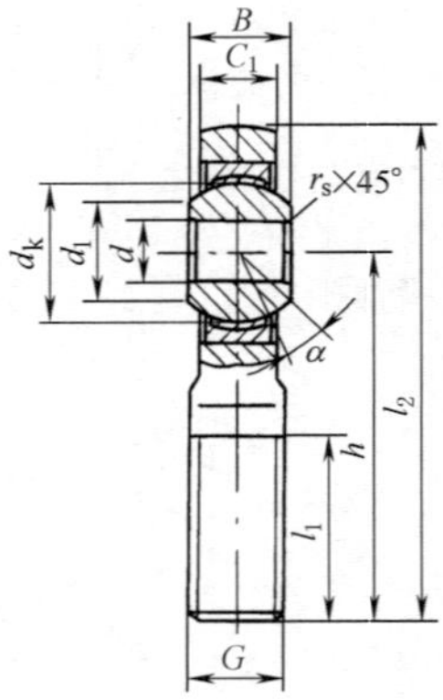

SAJK…C
SA…C

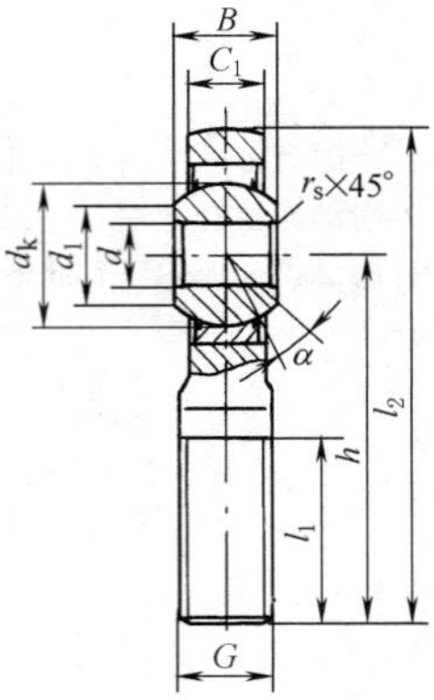

SA…ET-2RS

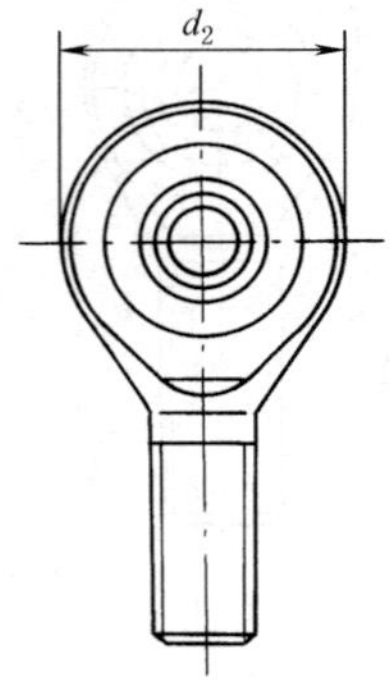

1. 轴承附有带外螺纹的伸出杆，螺纹有左、右旋之分。
2. 由自润滑向心关节轴承和杆端体组装而成。
3. 杆端体表面镀锌，内圈球面镀铬。

表 8-1-72

轴承型号	尺寸/mm											额定载荷/kN		α /(°) ≈	质量 /kg ≈
	d	B	r_s min	C_1 max	d_1 ≈	d_2 max	G	d_k	h	l_1 min	l_2 max	动	静		
K(JK)系列															
SAJK5C	5	8	0.3	7.5	7.7	18	M5	11.1	33	19	42	3.6	3.9	4	0.013
SAJK6C	6	9	0.3	7.5	8.9	20	M6	12.7	36	21	46	4.7	5.2	9	0.015
SAJK8C	8	12	0.3	9.5	10.3	24	M8	15.8	42	25	54	7.6	8.2	12	0.034
SAJK10C	10	14	0.6	11.5	12.9	30	M10	19	48	28	63	12	15	10	0.071
SAJK12C	12	16	0.6	12.5	15.4	34	M12	22.2	54	32	71	14	19	12	0.11
SAJK14C	14	19	0.6	14.5	16.8	38	M14	25.4	60	36	79	19	24	14	0.13
SAJK16C	16	21	0.6	15.5	19.3	42	M16	28.5	66	37	87	23	29	14	0.22
SAJK18C	18	23	0.6	17.5	21.8	46	M18×1.5	31.7	72	41	95	29	34	13	0.29
SAJK20C	20	25	0.6	18.5	24.3	50	M20×1.5	34.9	78	45	103	34	40	14	0.36
SAJK22C	22	28	0.6	21	25.8	56	M22×1.5	38.1	84	48	112	42	50	14	0.49
SAJK25C	25	31	0.6	23	29.5	60	M24×2	42.8	94	55	124	52	57	14	0.65
SAJK30C	30	37	0.6	27	34.8	70	M30×2	50.8	110	66	145	73	77	15	1.1
E 系 列															
SA5C	5	6	0.3	4.5	7	21	M5	10	36	16	46.5	3.6	3.9	13	0.011
SA6C	6	6	0.3	4.5	8	21	M6	10	36	16	46.5	3.6	5.5	13	0.013
SA8C	8	8	0.3	6.5	10	24	M8	13	42	21	54	5.8	10	15	0.026
SA10C	10	9	0.3	7.5	13	29	M10	16	48	26	62.5	8.6	16	12	0.044
SA12C	12	10	0.3	8.5	15	34	M12	18	54	28	71	11	23	10	0.066
SA15C	15	12	0.3	10.5	18	40	M14	22	63	34	83	18	32	8	0.12
SA17C	17	14	0.3	11.5	20	46	M16	25	69	36	92	22	44	10	0.17
SA20C	20	16	0.3	13.5	24	53	M20×1.5	29	78	43	104.5	31	60	9	0.28
SA25C	25	20	0.6	18	29	64	M24×2	35	94	53	126	51	83	7	0.51
SA30C	30	22	0.6	20	34	73	M30×2	40	110	65	146.5	65	110	6	0.84
SA35ET-2RS	35	25	0.6	22	39	82	M36×3	47	140	82	181	112	146	6	1.4
SA40ET-2RS	40	28	0.6	24	45	92	M39×3	53	150	86	196	140	180	7	1.8
SA45ET-2RS	45	32	0.6	28	50	102	M42×3	60	163	92	214	180	240	7	2.5
SA50ET-2RS	50	35	0.6	31	55	112	M45×3	66	185	104	241	220	290	6	3.6
SA60ET-2RS	60	44	1.0	39	66	135	M52×3	80	210	115	277.5	345	450	6	5.7
SA70ET-2RS	70	49	1.0	43	77	160	M56×4	92	235	125	315	440	610	6	7.9
SA80ET-2RS	80	55	1.0	48	88	180	M64×4	105	270	140	360	567	750	6	12

注：1. 若是左旋螺纹，轴承型号和螺纹标记需加“L”和“左”，例如：SAL JK10C M10 左-6g，SAL35ET-2RS M36×3 左-6g。

2. 表中 K、E 系列的 d_2、l_2 以及 K 系列的 r_s、α 尺寸与 GB/T 9161—2001 规定的尺寸稍有差别，选用时与生产厂家联系。

弯杆形和直杆形球头杆端关节轴承

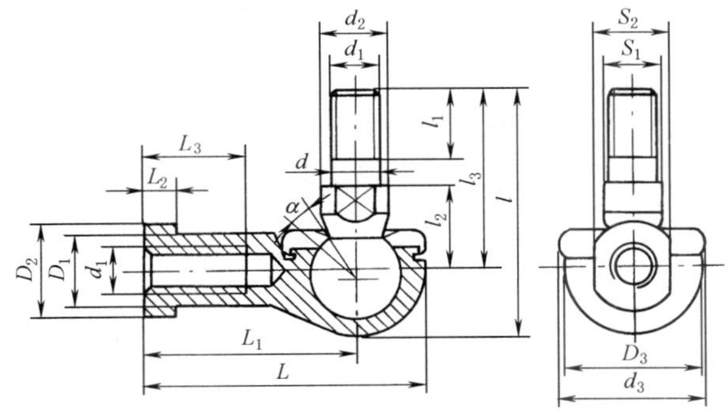

SQ…-RS

球头座附有带内螺纹的“L”向伸出杆，用锌基合金制造，螺纹有左、右旋之分。

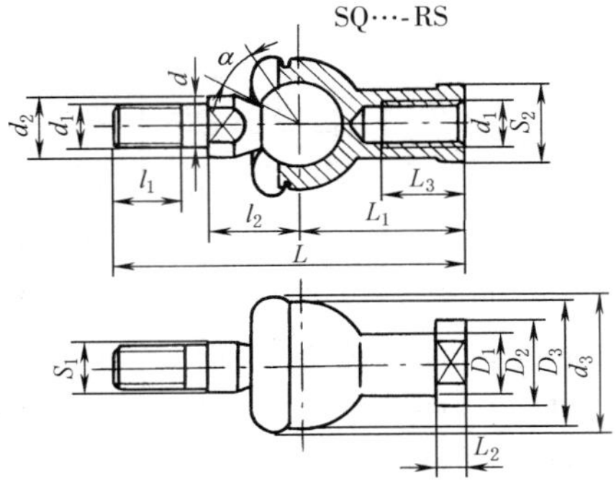

SQZ…-RS

球头座附有带内螺纹的轴向伸出杆，螺纹有左、右旋之分，用锌基合金制造。

表 8-1-73

	轴承型号	尺寸/mm																	额定静载荷/kN	α/(°) ≈	质量/kg ≈
		d	d_1	d_2 min	d_3 max	l max	l_1 min	l_2	l_3 max	S_1	L max	L_1	L_2 max	L_3 min	D_1 max	D_2 max	D_3 max	S_2			
弯杆形球头杆端关节轴承	SQ5-RS	5	M5	9	19	29	8	10	21	7	35	27	4	14	9	11	16	9	2.2	25	0.026
	SQ6-RS	6	M6	10	20	35.5	11	11	26	8	40	30	5	14	10	13	19	11	3.5	25	0.039
	SQ8-RS	8	M8	12	24	42.5	12	14	31	10	48	36	5	17	12.5	16	23	14	6.6	25	0.068
	SQ10-RS	10	M10×1.25	14	30	50.5	15	17	37	11	57	43	6.5	21	15	19	27	17	10	25	0.112
	SQ12-RS	12	M12×1.25	17	32	57.5	17	19	42	15	66	50	6.5	25	17.5	22	31	19	16	25	0.164
	SQ14-RS	14	M14×1.5	19	38	73.5	22	21.5	56	17	75	57	8	26	20	25	35	22	19	25	0.254
	SQ16-RS	16	M16×1.5	22	44	79.5	23	23.5	60	19	84	64	8	32	22	27	39	22	6	20	0.336
	SQ18-RS	18	M18×1.5	23	45	90	25	26.5	68	20	93	71	10	34	25	31	44	27	3	20	0.464
	SQ20-RS	20	M20×1.5	27	50	90	25	27	68	24	99	77	10	35	27.5	34	44	30	45	20	0.538
	SQ22-RS	22	M22×1.5	27	52	95	26	28	70	24	109	84	12	41	30	37	50	32	48	16	0.713
	SQZ5-RS	5	M5	9	20		8	11		7	46	24	4	12	9	11	17	9	2.8	15	0.025
	SQZ6-RS	6	M6	10	20		11	12.2		8	55.2	28	5	15	10	13	20	11	3.7	15	0.041
	SQZ8-RS	8	M8	12	24		12	16		10	65	32	5	16	12.5	16	24	14	5.8	15	0.075
	SQZ10-RS	10	M10×1.25	14	30		15	19.5		11	74.5	35	6.5	18	15	19	28	17	8.4	15	0.12
	SQZ12-RS	12	M12×1.25	17	32		17	21		15	84	40	6.5	20	17.5	22	32	19	11	15	0.18
	SQZ14-RS	14	M14×1.5	19	38		22	23.5		17	103	45	8	25	20	25	36	22	15	11	0.27
	SQZ16-RS	16	M16×1.5	22	44		23	25.5		19	112	50	8	27	22	27	40	22	15	11	0.36
	SQZ18-RS	18	M18×1.5	23	45		25	31		20	130.5	58	10	32	25	31	45	27	19	11	0.54
	SQZ20-RS	20	M20×1.5	27	50		25	29		24	133	63	10	38	27.5	34	45	30	19	7.5	0.57
	SQZ22-RS	22	M22×1.5	27	52		26	33		24	145	70	12	43	30	37	50	32	23	7.5	0.76

注：球头座杆螺纹也可为左旋，若是左旋，轴承型号需加“L”，螺纹标记应加“左”。例如：SQL6-RS M6 左-6H，不带密封罩产品型号为 SQ…；SQZL5-RS M5 左-6H，不带密封罩产品型号为 SQZ…。

单杆形球头杆端关节轴承

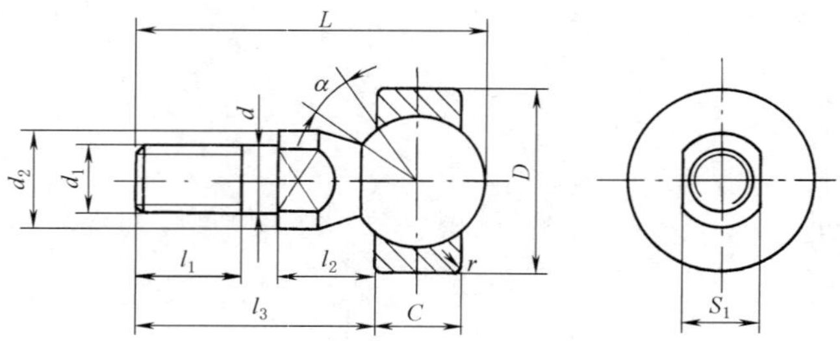

球头座为一向心关节轴承外圈，用锌基合金制造。

表 8-1-74

轴承型号	尺寸/mm											额定静载荷/kN	α/(°) ≈	质量/kg ≈
	d	d_1	d_2 min	l_1 min	l_2	l_3 max	L max	S_1	C	D	r min			
SQD5	5	M5	9	8	8	19	27.5	7	6	16	0.3	2.0	25	0.014
SQD6	6	M6	10	11	8.8	23.8	33.5	8	6.75	18	0.3	3.2	25	0.021
SQD8	8	M8	12	12	11.6	28.6	41	10	9	22	0.3	5.7	25	0.042
SQD10	10	M10×1.25	14	15	14.2	34.2	49	11	10.5	26	0.3	9.2	25	0.067
SQD12	12	M12×1.25	17	17	15.1	38.1	55.1	15	12	30	0.5	14	25	0.108
SQD14	14	M14×1.5	19	22	16.8	51.3	70.7	17	13.5	34	0.5	19	20	0.167
SQD16	16	M16×1.5	22	23	18	54.5	76.3	19	15	38	0.5	26	20	0.238

3.11 自润滑轴承

3.11.1 自润滑镶嵌轴承

自润滑轴承是在金属基体上均匀地镶入固体润滑剂，可实现不需加油的自润滑，但初次使用需抹上润滑脂。自润滑轴承特别适用于：为避免污染而不能加油或处于封闭性结构内而不易加油的场合；往复、摇摆运动，频繁启动、制动，重载低速运转，微量滑动以及处于水中或腐蚀性液体中难以形成润滑油膜的场合；作业环境恶劣，注油润滑效果难以发挥的场合。具有耐高温、承重载、抗冲击、防腐蚀的特点。

表 8-1-75 **ZRH 镶嵌轴承主要性能参数**

种类	ZRHQ（基体 ZCuSn5Pb5Zn5）		ZRHH（基体 ZCuZn25Al6Fe3Mn3）		ZRHT（基体 HT200）	
	不加油	定期供脂	不加油	定期供脂	不加油	定期供脂
允许极限载荷/MPa	15	15	25	25	5	8
允许速度/m · min^{-1}	25	150	15	50	15	96
允许 pv 值/MPa · m · min^{-1}	60	100	100	150	40	80
工作温度/℃	400		250		300	
摩擦因数 μ	0.08~0.25	0.08~0.20	0.08~0.25	0.08~0.20	0.08~0.25	0.06~0.20
适用范围	中载低速		通用		低载、价廉	

注：1. 订货时说明基体种类。结构型式分 WQZ、WQZD、WQPA 型和 WQPB 型。
2. 生产厂为武汉油缸厂自润滑分厂。

表 8-1-76　　WQZ 整体式镶嵌轴承尺寸　　mm

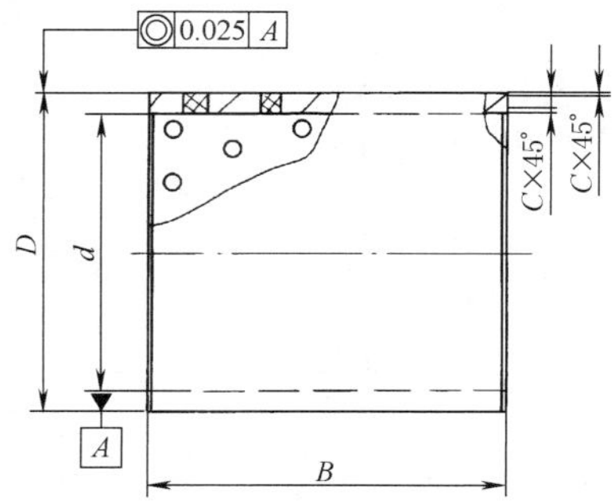

标记示例:整体式镶嵌轴承 WQZ030

代　号	d（H7 或 H8）	D		B（h12）	C	质量/kg
WQZ 030	30	38	s6	50	1	0. 190
WQZ 035	35	45		55	1	0. 308
WQZ 040	40	50		60	1	0. 378
WQZ 045	45	55		70	1	0. 490
WQZ 050	50	60		75	1	0. 578
WQZ 060	60	70		80	2	0. 728
WQZ 070	70	85		100	2	1. 628
WQZ 080	80	95		100	2	1. 838
WQZ 090	90	105		120	2	2. 457
WQZ 100	100	115		120	2	2. 709
WQZ 110	110	125	r6	140	2	3. 455
WQZ 120	120	135		150	2	4. 016
WQZ 140	140	160		170	2	7. 140

注：1. 轴承座采用整体有衬正滑动轴承座（摘自 JB/T 2560—2007）。

2. 与外径 D 相配的座孔偏差为 H7。

3. 轴承孔与轴颈间的间隙参考值（包括 WQZD、WQP）如下。

mm

轴　　径		50	100	150	200	250	300
间 隙	常温	0. 15～0. 20	0. 16～0. 25	0. 20～0. 30	0. 25～0. 45	0. 27～0. 50	0. 30～0. 55
	高温 250～400℃	0. 17～0. 23	0. 35～0. 45	0. 42～0. 56	0. 50～0. 60	0. 52～0. 65	0. 60～0. 75

表 8-1-77　　WQZD 带挡边整体式镶嵌轴承尺寸　　mm

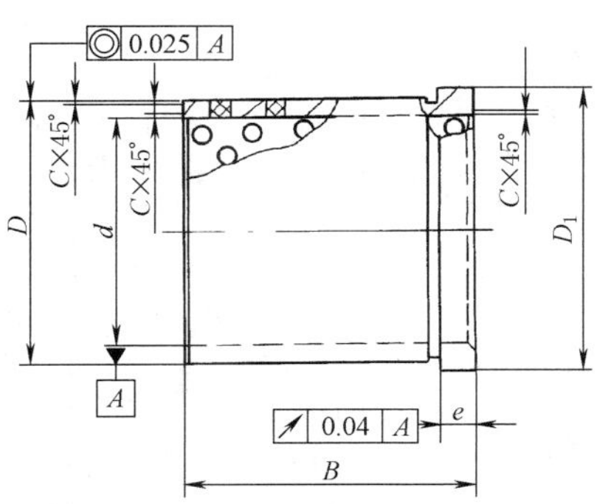

标记示例:带挡边整体式镶嵌轴承 WQZD030

代 号	d（H7 或 H8）	D		D_1（d11）	B（h12）	e	C	质量/kg
WQZD 030	30	38	s6	48	34	6	1	0. 1656
WQZD 035	35	45		55	45	6. 5	1	0. 2975
WQZD 040	40	50		60	50	7. 5	1	0. 3728
WQZD 045	45	55		65	55	7. 5	1	0. 4480
WQZD 050	50	60		70	60	7. 5	1	0. 5302
WQZD 060	60	70		80	70	10	2	0. 7420
WQZD 070	70	85		95	80	10	2	1. 428
WQZD 080	80	95		110	95	12. 5	2	2. 015
WQZD 090	90	105		120	105	12. 5	2	2. 445
WQZD 100	100	115		130	115	12. 5	2	2. 918
WQZD 110	110	125	r6	140	125	12. 5	2	3. 432
WQZD 120	120	135		150	140	15	2	4. 197
WQZD 140	140	160		175	160	20	2	7. 424
WQZD 160	160	180		200	180	20	2	9. 632

注：1. 轴承采用整体有衬正滑动轴承座（摘自 JB/T 2560—2007）。

2. 与外径相配座孔的偏差为 H7。

表 8-1-78 **WQP 剖分式镶嵌轴承 A 型尺寸** mm

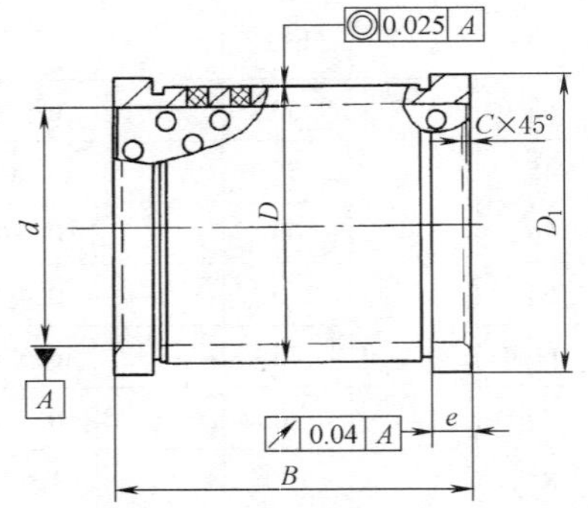

标记示例：剖分式镶嵌轴承 WQP030 A 型

代号	d (H7 或 H8)	D		D_1 (d11)	B (h12)	e	C	质量 /kg
WQP 030	30	38	s6	48	34	6	1	0.201
WQP 035	35	45		55	45	6.5	1	0.343
WQP 040	40	50		60	50	7.5	1	0.406
WQP 045	45	55		65	55	7.5	1	0.511
WQP 050	50	60		70	60	7.5	1	0.598
WQP 060	60	70		80	70	10	2	0.847
WQP 070	70	85		95	80	10	2	1.554
WQP 080	80	95		110	95	12.5	2	2.284
WQP 090	90	105		120	105	12.5	2	2.741
WQP 100	100	115		130	115	12.5	2	3.239
WQP 110	110	125	r6	140	125	12.5	2	3.780
WQP 120	120	135		150	140	15	2	4.646
WQP 140	140	160		175	160	20	2	8.127
WQP 160	160	180		200	180	20	2	10.696

注：1. A 型轴承采用对开式二螺柱正滑动轴承座（摘自 JB/T 2561—2007）。

2. B 型采用对开式四螺柱正滑动轴承座（摘自 JB/T 2562—2007）或对开式四螺柱斜滑动轴承座（摘自 JB/T 2563—2007）。B 型尺寸见生产厂样本。

3. 与外径相配座孔偏差为 H7。

表 8-1-79 **JHG 镶嵌轴承性能参数**

型号	基体材料	极限动载荷 /MPa	最高滑动速度 /m·s^{-1} 自润滑	极限 pv 值 /MPa·m·s^{-1} 自润滑	适用温度范围/℃	硬度 HB	摩擦因数 μ	适用范围
JHG1	铝黄铜	95	0.4	1.4	<300	>200	0.06~0.2	适用于高载荷、低速、耐腐蚀、耐磨损的部位，如桥梁支承板、橡胶模具、塑料模具中的耐磨滑板、滑块、导向套管、轴承等
JHG2	铝青铜	50	0.2	1.0	<300	>160		适用于较高载荷、低速，在大气、淡水、海水中均有优良的耐腐蚀性。如船舶、码头机械、海洋机械等需耐腐蚀的滑板、轴承等
JHG3	锡青铜 ZCuSn5Zn5Pb5	40	0.4	0.6	<280	>60		适用于较高载荷、中等滑动速度下工作的耐磨、耐腐蚀零件，如轴承、滑板、滑块等
JHG4	铸铁 HT250	60	0.5	0.8	<400	>180		具有较好的耐热性和良好的减振性，适用于高的载荷，如支承板、耐磨滑板、滑块、轴承等
JHG5	不锈钢 SUS304	70	0.2	0.6	<400	>150		具有良好的耐腐蚀性能，主要用于耐腐蚀要求较高的部位，如食品加工、化学和印染工业以及一般机械制造中滑板、滑块、轴承等
JHG6	结构钢 S45C	95	0.2	1.0	<350	>40HRC		适用于高的载荷，有较高强度、塑性和韧性。常用于耐磨滑板、滑块、轴承等
JHG7	轴承钢 GCr15	240	0.1	1.0	<350	>60HRC		适用于高载荷、高强度的重型机械中支承轴承、耐磨滑板、滑块等

注：1. 订货时说明基体材料。

2. 初次使用应抹润滑脂，由产品厂方提供自制润滑脂。

3. 生产厂为北京市朝阳建华无油润滑轴承厂。

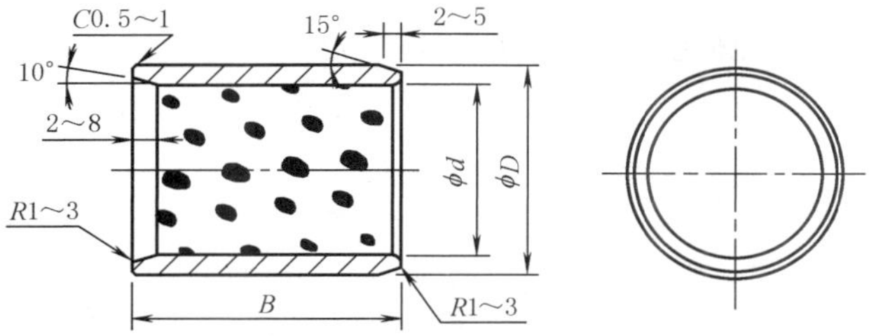

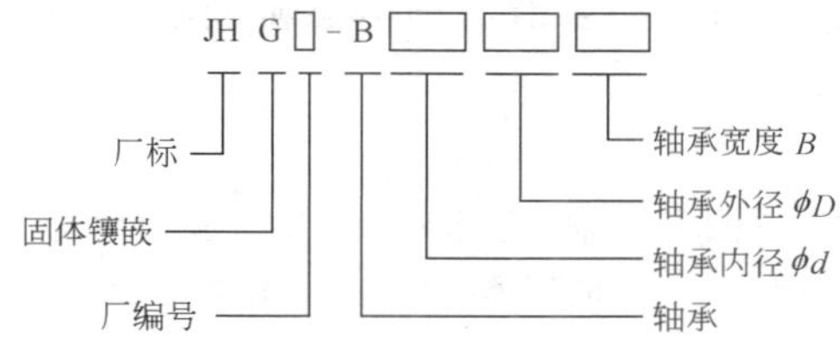

表 8-1-80 **JHG 镶嵌轴承尺寸** mm

轴承			推荐轴颈及轴承座孔			轴承宽度 $B_{-0.3}^{-0.1}$																	
内径 d(F7)		外径 D	轴颈直径	座孔直径(H7)		10 JHG	12 JHG	15 JHG	16 JHG	20 JHG	25 JHG	30 JHG	35 JHG	40 JHG	50 JHG	60 JHG	70 JHG	80 JHG	100 JHG	120 JHG	130 JHG	140 JHG	150 JHG
12	+0.034 +0.016	18	12	18	+0.018 0	•	•	•	•	•													
13		19	13	19	+0.021 0	•	•	•	•	•													
14		20	14	20		•	•	•	•	•													
15		21	15	21		•	•	•	•	•													
16		22	16	22		•	•	•	•	•	•	•											
18		24	18	24				•	•	•	•	•											
20	+0.041 +0.020	28	20	28				•	•	•	•	•	•	•									
20		30	20	30					•	•	•	•	•	•									
25		33	25	33	+0.025 0				•	•	•	•	•	•	•								
25		35	25	35					•	•	•	•	•	•	•								
30		38	30	38						•	•	•	•	•	•	•							
30		40	30	40						•	•	•	•	•	•	•							
35	+0.050 +0.025	44	35	44								•	•	•	•	•							
35		45	35	45							•	•	•	•	•	•							
40		50	40	50						•	•	•	•	•	•	•	•	•					
40		55	40	55	+0.030 0							•	•	•	•	•							
45		56	45	56								•	•	•	•	•							
45		60	45	60								•	•	•	•	•	•	•					
50		60	50	60								•	•	•	•	•	•	•					
50		62	50	62								•	•	•	•	•	•						
50		65	50	65								•	•	•	•	•	•	•	•				
55	+0.060 +0.030	70	55	70								•	•	•	•	•	•						
60		74	60	74								•	•	•	•	•	•	•					
60		75	60	75								•	•	•	•	•	•	•	•				
63		75	63	75											•	•	•	•					
65		80	65	80											•	•	•						
65		85	65	85	+0.035 0										•	•	•	•					
70		85	70	85									•	•	•	•	•	•	•				
70		90	70	90											•	•	•	•					
75		90	75	95												•	•	•					
75		95	75	95												•	•	•					
80		96	80	96										•	•	•	•	•	•	•			
80		100	80	100										•	•	•	•	•	•	•			
90	+0.071 +0.036	110	90	110	+0.040 0											•		•	•	•			
100		120	100	120												•	•	•	•	•		•	
110		130	110	130														•	•	•			
120		140	120	140														•	•	•		•	
125	+0.083 +0.043	145	125	145															•	•			
130		150	130	150															•		•		
140		160	140	160															•				
150		170	150	170															•			•	
160		180	160	180															•			•	•

注：1. 轴颈、轴承外径的推荐公差为，对于重载荷，轴颈 d8，外径 p7；对于轻载荷，轴颈 e7，外径 m6；对于精密配合，轴颈 f7，外径 m6。

2. 未列出的规格尺寸，可按用户要求定制。

3. JHG 固体镶嵌除轴套制品外，还可制成减磨止推垫圈、翻边轴套、内外球型轴承、滑板、导轨板等。

3.11.2 粉末冶金轴承（含油轴承）（摘自 GB/T 2688—2012、GB/T 18323—2001）

粉末冶金轴承（含油轴承）

粉末冶金轴承是金属粉末和其他减摩材料粉末压制、烧结、整形和浸油而成的，具有多孔性结构，在热油中浸润后，孔隙间充满润滑油，工作时由于轴颈转动的抽吸作用和摩擦发热，使金属与油受热膨胀，把油挤出孔隙，进入摩擦表面起润滑作用，轴承冷却后，油又被吸回孔隙中。粉末冶金轴承可在较长时间内不需添加润滑油。粉末冶金轴承孔隙率愈高，储油愈多，但孔隙愈多，其强度愈低。这类轴承常处于混合润滑状态，有时也能形成薄膜润滑，常用于补充润滑油困难和轻载荷与低速的情况。如润滑条件具备也可代替铜轴承在重载荷和高速下工作。根据不同的工作条件，选用不同含油率的粉末冶金轴承。含油率大时，可在无补充润滑油和低载荷下应用；含油率小时，可在重载荷和高速度下应用。含石墨的粉末冶金轴承，因石墨本身有润滑性，可提高轴承的安全性，其缺点是强度较低。在无锈蚀情况下，可考虑选用价廉、强度较高的铁基粉末冶金轴承，但相配合的轴颈硬度应适当提高（铁基轴承可加防锈剂）。标准 GB/T 2688 主要是粉末冶金铁基和铜基轴承。

表 8-1-81　粉末冶金轴承的化学成分和物理-力学性能（摘自 GB/T 2688—2012）

牌号标记	化学成分/%								物理-力学性能		含油密度 $/(g/cm^3)$
	Fe	C 化合	C 总	Cu	Sn	Zn	Pb	其他	含油率/%	径向压溃强度/MPa	
FZ11060	余量	0~0.25	0~0.5	—	—	—	—	<2	≥18	≥200	>5.7~6.2
FZ11065									≥12	≥250	>6.2~6.6
FZ12058	余量	0~0.5	2.0~3.5	—	—	—	—	<2	≥18	≥170	>5.6~6.0
FZ12062									≥12	≥240	>6.0~6.4
FZ12158	余量	0.5~1.0	2.0~3.5	—	—	—	—	<2	≥18	≥310	>5.6~6.0
FZ12162									≥12	≥380	>6.0~6.4
FZ13058	余量	0~0.3	0~0.3	0~1.5	—	—	—	<2	≥21	≥100	>5.6~6.0
FZ13062									≥17	≥160	>6.0~6.4
FZ13158	余量	0.3~0.6	0.3~0.6	0~1.5	—	—	—	<2	≥21	≥140	>5.6~6.0
FZ13162									≥17	≥190	>6.0~6.4
FZ13258	余量	0.6~0.9	0.6~0.9	0~1.5	—	—	—	<2	≥21	≥140	>5.6~6.0
FZ13262									≥17	≥220	>6.0~6.4
FZ13358	余量	0.3~0.6	0.3~0.6	1.5~3.9	—	—	—	<2	≥22	≥140	>5.6~6.0
FZ13362									≥17	≥240	>6.0~6.4
FZ13458	余量	0.6~0.9	0.6~0.9	1.5~3.9	—	—	—	<2	≥22	≥170	>5.6~6.0
FZ13462									≥17	≥280	>6.0~6.4
FZ13558	余量	0.6~0.9	0.6~0.9	4~6	—	—	—	<2	≥22	≥300	>5.6~6.0
FZ13562									≥17	≥320	>6.0~6.4
FZ13658	余量	0.6~0.9	0.6~0.9	18~22	—	—	—	<2	≥22	≥300	>5.6~6.0
FZ13562									≥17	≥320	>6.0~6.4
FZ14058	余量	0~0.3	0~0.3	1.5~3.9	—	—	—	<2	≥22	≥140	>5.6~6.0
FZ14062									≥17	≥230	>6.0~6.4
FZ14158	余量	0~0.3	0~0.3	9~11	—	—	—	<2	≥22	≥140	>5.6~6.0
FZ14160									≥19	≥210	>5.8~6.2
FZ14162									≥17	≥280	>6.0~6.4

续表

牌号标记	化学成分/%								物理-力学性能		含油密度/(g/cm³)
	Fe	C 化合	C 总	Cu	Sn	Zn	Pb	其他	含油率/%	径向压溃强度/MPa	
FZ14258	余量	0~0.3	0~0.3	18~22	—	—	—	<2	≥22	≥170	>5.6~6.0
FZ14260									≥19	≥210	>5.8~6.2
FZ14262									≥17	≥280	>6.0~6.4
FZ21070	<0.5	—	0.5~2.0	余量	5~7	5~7	2~4	<1.5	≥18	≥150	>6.6~7.2
FZ21075									≥12	≥200	>7.2~7.8
FZ22062	—	—	0~0.3	余量	9.5~10.5	—	—	<2	≥24	>130	>6.0~6.4
FZ22066									≥19	>180	>6.4~6.8
FZ22070									≥12	>260	>6.8~7.2
FZ22074									≥9	>280	>7.2~7.6
FZ22162	—	—	0.5~1.8	余量	9.5~10.5	—	—	<2	≥22	>120	>6.0~6.4
FZ22166									≥17	>160	>6.4~6.8
FZ22170									≥9	>210	>6.8~7.2
FZ22174									≥7	>230	>7.2~7.6
FZ22260	—	—	2.5~5	余量	9.2~10.2	—	—	<2	≥11	>70	>5.8~6.2
FZ22264									—	>100	>7.2~7.6
FZ23065	<0.5	—	0.5~2.0	余量	6~10	<1	3~5	<1	≥18	>150	>6.3~6.9
FZ24058	54.2~62		0.5~1.3	34~38	3.5~4.5				≥22	110~250	>5.6~6.0
FZ24062									≥17	150~340	>6.0~6.4
FZ24158	50.2~58		0.5~1.3	36~40	5.5~6.5				≥22	100~240	>5.6~6.0
FZ24162									≥17	150~340	>6.0~6.4
FZ24258	余量		0~0.1	17~19	1.5~2.5			<1	≥24	150	>5.6~6.0
FZ24262									≥19	215	>6.0~6.4
FZ24266									≥13	270	>6.4~6.8

注：1. 铁基各类轴承的化学成分中允许有<1%的硫。

2. 化合碳含量允许用金相法评定。

3. 铜基各类轴承的化学成分中的总碳指游离石墨。

4. FZ24258、FZ24262、FZ24266 系采用铁-青铜扩散合金化粉末的原料制作。

5. 材料牌号标记示例：

铁基 1 类铁铜碳含油轴承为 5.6~6.0g/cm³ 的粉末冶金轴承材料标记：

FZ 1 3 0 58

58——含油密度

0——子类号

3——合金分类号（铁基时 1 为铁，2 为铁 - 石墨、3 为铁 - 碳 - 铜；铜基时，1 为铜 - 锡 - 锌 - 铅，2 为铜 - 锡，3 为铜 - 锡 - 铅，4 为铜 - 锡 - 铁 - 碳）

1——基类号（1 为铁基，2 为铜基）

FZ——粉末冶金轴承

6. 轴承的结构型式、尺寸与公差应符合 GB/T 18323—2001 的规定。

7. 轴承外观应有均匀的金属光泽，不允许有裂纹，夹杂和锈蚀等缺陷。

8. 轴承成品应浸渍润滑油。一般浸渍 GB/T 443—1989 规定的 HJ-20 牌号机械油（铁基轴承允许加入防锈剂）。如对于浸渍的润滑油另有要求，应在订货时提出。

9. 轴承应有良好的表面多孔性。

10. 轴承的加工、安装、使用和维护保养规定见表 8-1-82。

11. 本标准未规定的特殊技术要求应在订货时提出。

表 8-1-82　　轴承的加工、安装、使用和维护保养（摘自 GB/T 2688—2012 附录 A）

项目	内容
加工、安装、使用与维护	轴承表面和体内有孔隙,具有能够浸渍一定数量的润滑油、经整形加工后表面粗糙度数值较小且形成硬化层、表观硬度较低(基体组织组成物的显微硬度与相应材料的基本相同)以及压入座孔后有一定变形和收缩等特点。在进行加工、安装、使用和维护保养时,应充分注意这些特点,以保证轴承的良好使用性能 (1)轴承成品工作表面一般应尽可能不切削加工 (2)轴承压入座孔后,若内径形变和收缩过大,可采用光轴、钢球、无齿铰刀、无齿推刀等以无切削加工方法进行扩孔。若内径必须切削加工,宜采用车、镗等方法,而不宜采用磨削等方法,以免细屑堵塞孔隙降低供油能力 (3)轴承非工作表面在有必要时可进行切削加工 (4)在切削加工后,轴承应进行清洗和浸油 (5)轴承在装配前,可放在规定的油类中浸泡和清洗。但不应使用煤油、汽油以及能溶解所浸渍润滑油的其他溶剂等清洗 (6)装配时,轴承表面需保持清洁,应防止灰尘与杂质等落在轴承表面,堵塞孔隙或划伤工作表面,影响使用性能 (7)轴承的安装批量较大或安装精度要求较高时,应采用压机和安装芯棒等专用机具进行装配 (8)轴承对偶轴的表面粗糙度 $Ra \leq 1.6\mu m$,硬度值推荐不低于 260HB (9)应根据运转间隙、负荷、转速、工作环境以及补充供油条件而适当选择润滑油。 (10)补充加油可延长轴承的使用寿命,应根据使用条件确定合适的补充加油方式和补充加油的周期。采用循环或压力供油的方式进行补充加油最好。也可利用轴承体内有连通孔隙的特点,采用在轴承非工作表面设置"储油库"或者装油毡与油杯等方式,通过非工作表面渗透补油 (11)在需要润滑油量较多的情况下,轴承体内浸渍的润滑油不够使用时,也可在轴承上钻油孔或者开油槽,使润滑油直接流入运转表面 (12)轴承的使用温度与润滑油有很大关系,一般推荐以轴承的温升不超过 50℃ 为宜 (13)轴承储存时间超过防锈期,应检查是否生锈,并应按照规定以真空浸油、加温浸油或常温浸油的方法重新进行浸油处理

公差要求	轴承等级	内径公差	外径公差	推荐采用的轴承座孔公差	推荐采用的轴的公差：当轴承压入座孔后内径收缩量为过盈量的 0~50%	推荐采用的轴的公差：当轴承压入座孔后内径收缩量为过盈量的 0~100%	备注
	7 级	G7	r7	H7	e6	d6	尺寸公差按 GB/T 1800.1—2009 和 GB/T 1800.2—2009 的规定
	8 级	E8	s8	H8	d7	c7	
	9 级	C9	t9	H8	d8	c8	
	安装 7 级和 8 级的球形轴承,座孔尺寸公差推荐采用 G10						

轴承与轴间推荐的最小间隙值	轴直径/mm	推荐的最小间隙/μm	轴直径/mm	推荐的最小间隙/μm	备注
	≤6	8	>18~30	25	轴承与轴配合的合适的运转间隙应由使用条件决定
	>6~10	10	>30~50	40	
	>10~18	12	>50~60	50	

不同速度的轴承允许负荷推荐值(设计选用时应根据不同使用条件做必要修正)	轴速 V /(m/min)	假定钢轴经过磨削加工的条件下,轴承允许负荷(P)/(N/mm^2)：铁基	假定钢轴经过磨削加工的条件下,轴承允许负荷(P)/(N/mm^2)：铜基	备注
	慢而间断	230	225	允许负荷受起动与加载方向,润滑条件、装配水平、结构状况及轴材料与表面状态的影响
	~7.5	130	140	
	V	32	39	
	V	21	26	
	V	16	20	
	$P=1050/V$			

烧结轴套（摘自 GB/T 18323—2001）

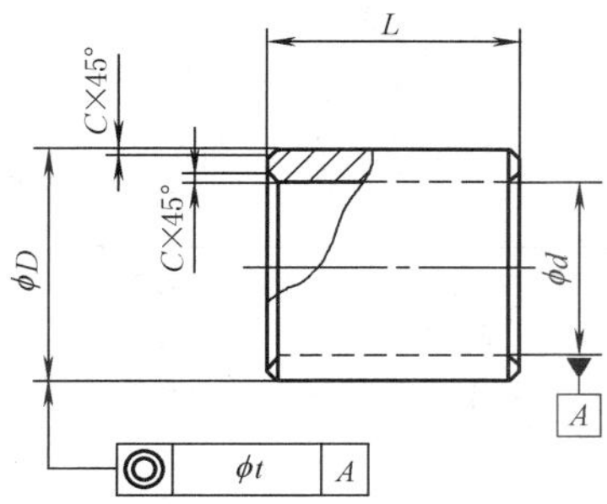

(a) 圆柱轴套

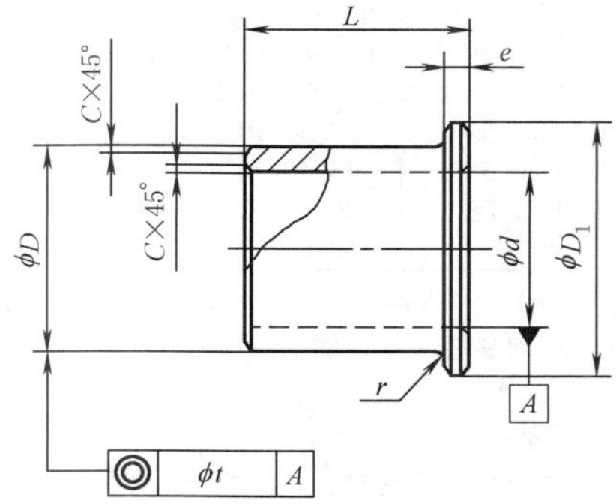

(b) 翻边轴套

表 8-1-83　　烧结圆柱轴套和翻边轴套尺寸（摘自 GB/T 18323—2001）　　mm

内径 d	外径 D	图 a		图 b						
		外径 D	长度 L (js13)	外径 D	翻边直径 D_1(js13)		翻边厚度 e(js13)		长度 L(js13)	
	常用系列	薄壁系列		薄壁	常用	薄壁	常用	薄壁	常用	薄壁
1	3	—	1.2		5		1		2	
1.5	4	—	1.2		6		1		2	
2	5	—	2.3		8		1.5		3	
2.5	6	—	3.3		9		1.5		3	
3	6	5	3.4		9		1.5		4	
4	8	7	3-4-6		12		2		3-4-6	
5	9	8	4-5-8		13		2		4-5-8	
6	10	9	4-6-10		14		2		4-6-10	
7	11	10	5-8-10		15		2		5-8-10	
8	12	11	6-8-12		16		2		6-8-12	
9	14	12	6-10-14		19		2.5		6-10-14	
10	16	14	8-10-16	14	22	18	3	2	8-10-16	8-10-16
12	18	16	8-12-20	16	24	20	3	2	8-12-20	8-12-20
14	20	18	10-14-20	18	26	22	3	2	10-14-20	10-14-20
15	21	19	10-15-25	19	27	23	3	2	10-15-25	10-15-25
16	22	20	12-16-25	20	28	24	3	2	12-16-25	12-16-25
18	24	22	12-18-30	22	30	26	3	2	12-18-30	12-18-30
20	26	25	15-20-25-30	25	32	30	3	2.5	15-20-25-30	15-20-25
22	28	27	15-20-25-30	27	34	32	3	2.5	15-20-25-30	15-20-25
25	32	30	20-25-30-35	30	39	35	3.5	2.5	20-25-30	20-25-30
28	36	33(34)	20-25-30-40		44		4		20-25-30	
30	38	35(36)	20-25-30-40		46		4		20-25-30	
32	40	38	20-25-30-40		48		4		20-25-30	
35	45	41	25-35-40-50		55		5		25-35-40	

续表

内径 d	外径 D	图 a		图 b						
		外径 D	长度 L	外径 D	翻边直径 D_1(js13)		翻边厚度 e(js13)		长度 L(js13)	
	常用系列	薄壁系列	(js13)	薄壁	常用	薄壁	常用	薄壁	常用	薄壁
38	48	44	25-35-45-55		58		5		25-35-45	
40	50	46	30-40-50-60		60		5		30-40-50	
42	52	48	30-40-50-60		62		5		30-40-50	
45	55	51	35-45-55-65		65		5		35-45-55	
48	58	55	35-50-70		68		5		35-50	
50	60	58	35-50-70		70		5		35-50	
55	65	63	40-55-70		75		5		40-55	
60	72	68	50-60-70		84		6		50-60	

注：1. 内径从20mm（含20mm）开始，长度L的最后一个值不能用于薄壁系列；括号内尺寸为第二系列。

2. 圆柱轴套和翻边轴套的尺寸C如下：当壁厚（$D-d$）/2分别为≤1、1~2、2~3、3~4、4~5、>5时，对应的尺寸C（最大值）分别为0.2、0.3、0.4、0.6、0.7、0.8。翻边轴套的尺寸r如下：当壁厚（$D-d$）/2分别为≤12、12~30、>30时，则对应的r（最大值）分别为0.3、0.6、0.8。

3. 装配前内、外径的公差范围如下：D≤50mm时，d为F7至G7，D为r6至s7；D>50mm时，d为F8至G8，D为r7至s8。

4. 制造烧结轴套的材料应符合GB/T 2688的规定。

5. 生产厂为北京天桥粉末冶金有限责任公司。

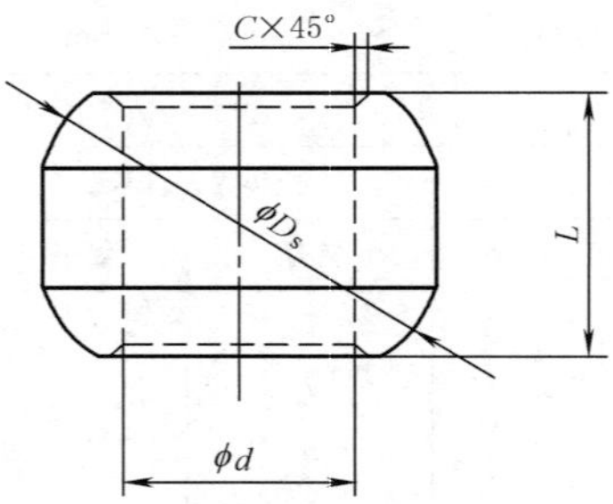

球面轴套

内径d的公差：H7。

球面直径D_s的公差：h11。

轴承长度L的公差：js13。

轴承座直径的公差一般应为H10，但这还要取决于装配的方法，如果要进行比较轻微的自调整，要优先使用比较松动的配合，建议使用G10。

表 8-1-84　　烧结球面轴套尺寸（摘自 GB/T 18323—2001）　　mm

内径 d	球面直径 D_s	长度 L	倒角 C 最大值
1	3	2	0.3
1.5	4.5	3	
2	5	3	
2.5	6	4	
3	8	6	
4	10	8	
5	12	9	0.5
6	14	10	
7	16	11	
8	16	11	
9	18	12	
10	20	13	
10	22	14	
12	22	15	
14	24	17	
15	27	20	
16	28	20	
18	30	20	
20	36	25	

注：1. 在轴承长度中间的球面上允许有一段圆柱表面，其直径应由供需双方协议而定。

2. 制造烧结轴套的材料应符合GB/T 2688的规定。

3. 生产厂为北京天桥粉末冶金有限责任公司。

表 8-1-85 粉末冶金轴承设计

<table>
<tr><th>项目</th><th colspan="2">设 计 参 数 及 注 意 事 项</th></tr>
<tr><td>宽径比</td><td>因轴承两端的孔隙一般比中间小，故轴承不宜过窄，但也不宜过宽，B/D 最好接近 1</td><td rowspan="2">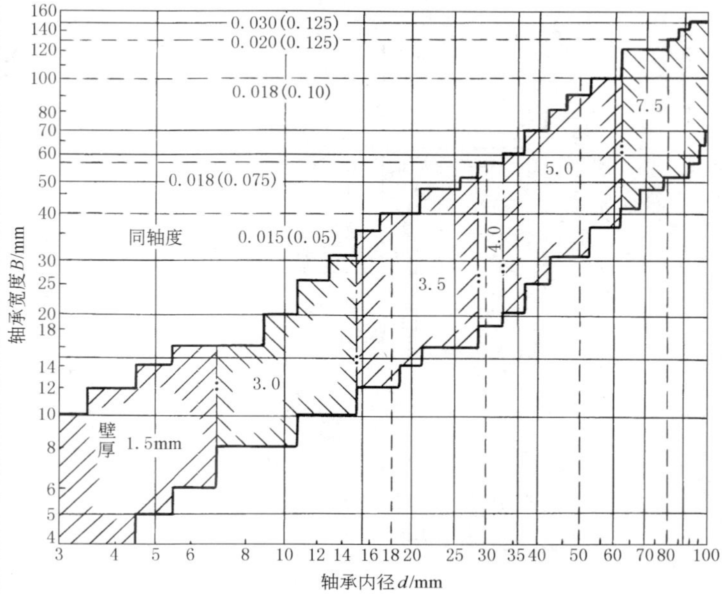

含油轴承规格
-·-·-·-为不同厚度分隔区；— — —为分隔开内孔与外圆不同轴度的区域，该区括号内的数值是低精度等级的，可在烧结时直接达到，括号外的数值是高精度等级的，要在烧结时留出余量，由切削加工达到</td></tr>
<tr><td>压入过盈量</td><td>轴承压入轴承座内的平均过盈量为
$\delta=0.025+0.0075\sqrt{D}$ (mm)
式中 D——外径
选择轴承座孔径和外径公差时应注意：最大过盈不大于平均过盈的 2 倍，最小过盈不小于平均过盈的 1/2</td></tr>
<tr><td>孔径收缩量</td><td>轴承压入轴承孔后，轴承孔径会收缩。孔径收缩量与外径过盈量之比 K 与参数 $(D-d)^3/[4(D+d)]$ 有关。轴承材料弹性大或轴承座刚性较大者，其 K 值也大，轴承座刚性小，表面粗糙者，其 K 值较小</td><td>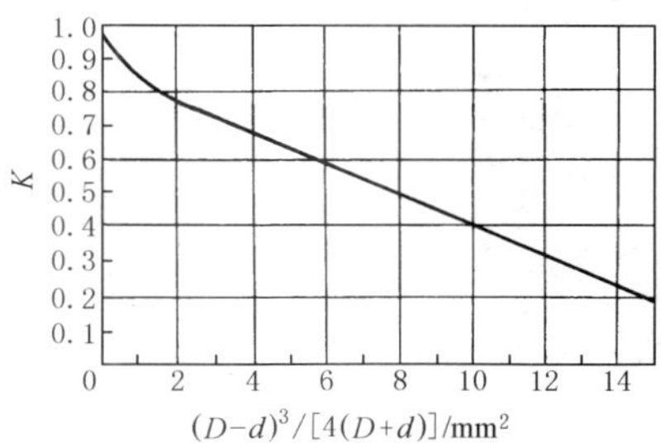

孔径收缩量与过盈量之比 K
（铜基多孔质金属轴承）

禁止用锤把轴承打入轴承座，因冲击力一般都超过轴承的极限承载能力。可用压力机平稳地把轴承压入轴承座</td></tr>
<tr><td>轴承间隙</td><td>根据轴径和速度可从右图中选取相对间隙 ψ。间隙过大，在不平衡载荷的作用下，运转时会产生过大噪声；间隙过小，摩擦力矩增大，温度升高
$$\psi=\frac{D-d}{d}$$
式中，D 为孔径，d 为轴径</td><td>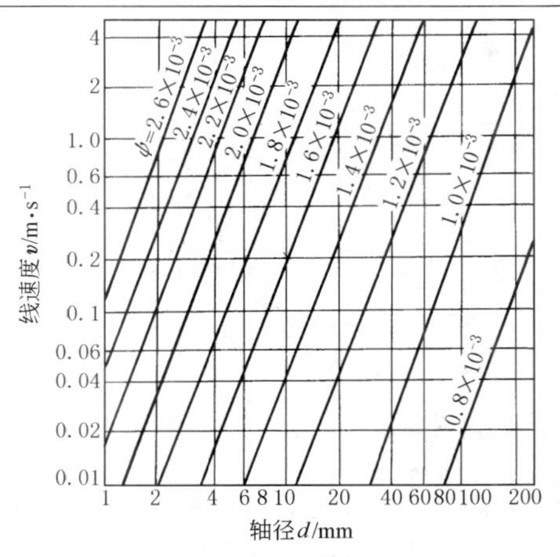

相对间隙的选择线图</td></tr>
</table>

续表

项目	设计参数及注意事项
润滑方式选择	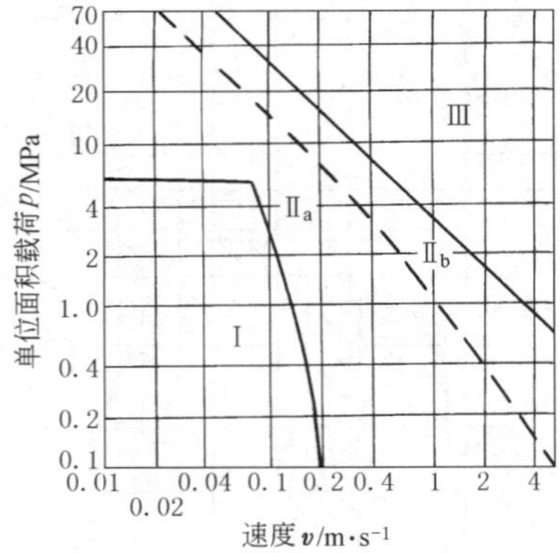 Ⅰ—无需供油；$Ⅱ_a$—需补充供油；$Ⅱ_b$—需补充供油并采用高孔隙率材料；Ⅲ—需连续供油 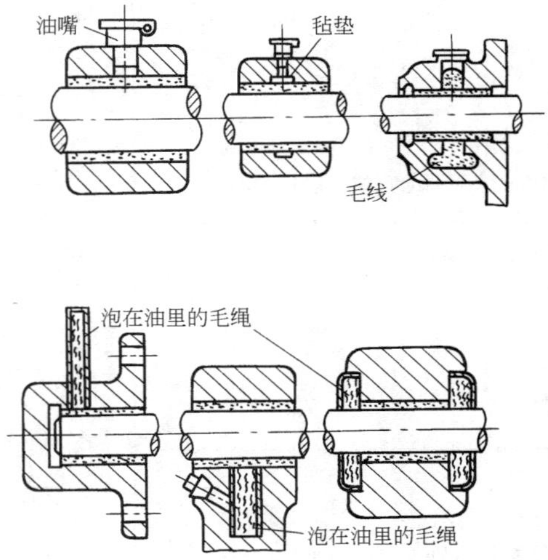 补充供油方法
润滑油的选择及重新浸油时间	含油轴承采用的润滑油必须有高的氧化安定性，千万不能采用润滑脂或悬浮有固体颗粒的润滑剂 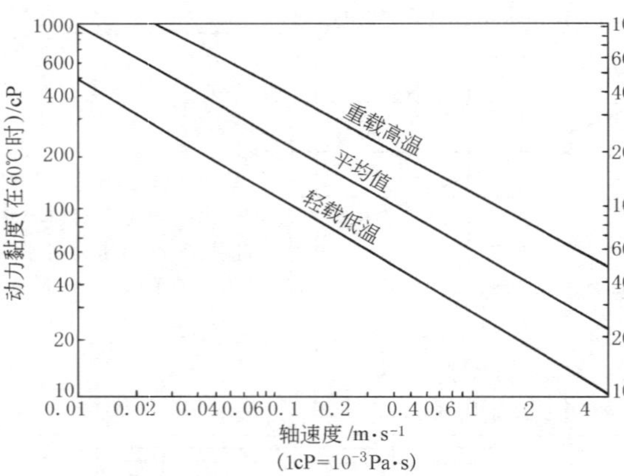 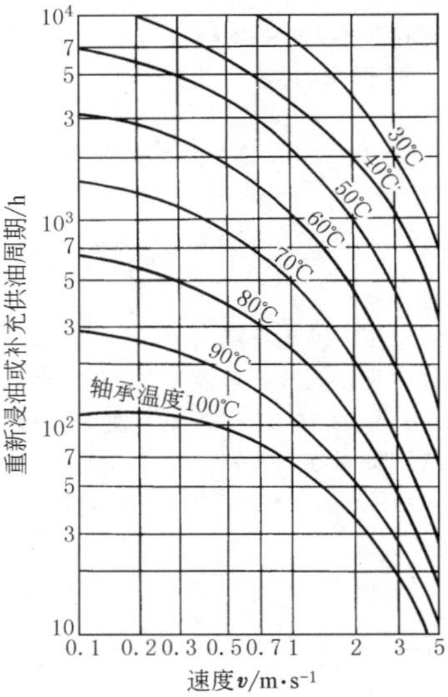 重新浸油时间

项目	载荷		轻载荷	中载荷	重载荷
润滑油的选择及重新浸油时间	圆周速度	高速	22号汽轮机油	32号润滑油 10号汽油机油	46号润滑油 6号汽油机油
		中速	46号汽轮机油 10号汽油机油	46号润滑油 15号汽油机油	46号润滑油 22号齿轮油
		低速	46号润滑油 15号汽油机油	68号润滑油	22号齿轮油
	说明	1. 新旧轴承均可按此表选用润滑油进行真空浸渍或热油浸渍。热油浸渍一般是将油加热到70～150℃，将轴承放入，并随油冷却到室温 2. 重新浸油时间：因油损耗和变质情况，建议每工作1000h后或每年重新浸一次油。较准确的重新浸油时间，可参考上图按速度与温度关系查出			

3.11.3 自润滑复合材料卷制轴套

自润滑复合材料轴套是由塑料、青铜、钢背通过烧结、塑化、辊轧（塑料能压入多孔青铜球粉层内）等工艺卷制而成的。分JH1型和JH2型，二者其中间青铜层均是多孔青铜球粉层，外层均是带镀层的钢背。二者的主要区别是内层，JH1内层是聚四氟乙烯（PTFE）+铅（Pb）及其他充填物，适用温度范围大，使用较广；JH2内层是改性聚甲醛（POM），表面轧出一定规律的储油坑，适用温度范围小一些，是较好的边界润滑材料，多用于停止、启动频繁的场合，安装时需在储油坑中填满润滑脂。二者主要性能及应用见表8-1-86。卷制轴套的标准有GB/T 12613.1—2011（尺寸）、GB/T 12613.2—2011（外径和内径的检测数据）、GB/T 12613.3—2011（润滑油孔、润滑油槽和润滑油穴）和GB/T 12613.4—2011（材料）。

表 8-1-86　　自润滑复合材料卷制轴套的性能及应用

<table>
<tr><td></td><td></td><td>轴承承载能力
/MPa</td><td>适用温度范围
/℃</td><td>线胀系数
/℃$^{-1}$</td><td>热导率
/W·(m·K)$^{-1}$</td><td>摩擦因数μ</td><td>极限pv值
/MPa·m·s^{-1}</td></tr>
<tr><td rowspan="2">主要性能</td><td>JH1</td><td>连续运转　12
一般运转　60
低速运转　140</td><td>-200～280</td><td>≤30×10^{-6}</td><td>≥2.35</td><td>有油<0.06
无油<0.20</td><td>有油<50
无油<3.6</td></tr>
<tr><td>JH2</td><td>连续运转　50
低速运转　140</td><td>连续-40～90
断续-40～130</td><td>≤70×10^{-6}</td><td>≥1.7</td><td>有油<0.06</td><td>有油<22.0
干<2.8</td></tr>
<tr><td rowspan="2">应用特点</td><td>JH1型及其派生型</td><td colspan="6">(1)静、动摩擦因数接近，防爬、减爬(即防粘滑运动)性能优良。适用于机构中微量进给、低速运动和重复定位要求较高的地方
(2)摩擦因数小，并能在无油、少油的工况条件下正常工作，能简化润滑系统，减少维护。安装时抹上润滑脂，使用效果更好
(3)能吸收振动，减少运动中的噪声。不产生聚积静电
(4)化学性能稳定，在对钢背材料进行特殊处理或采用不锈钢后，能在酸、碱、盐水溶液中或SF6气体、电弧分解物的气氛中工作。如印刷，造纸机械、化工设备、海洋机械、高压开关等，在JH1基础上开发的其他型号有：
JH1G改进型——有更低的摩擦因数，能承受更大瞬时速度的变化和载荷的变化。适用边界润滑、无油、少油的轴承部位，如汽车减振器等
JH1Z增强型——有更高的承载能力和良好的抗磨损性能，是为高pv值而设计的，如齿轮泵、叶片泵、柱塞泵等
JH1W无铅型——采用不含铅的改性PTFE减摩层，适用于食品、医疗机械和家用电器等
JH1T铜背、JH1B不锈钢背等，具有良好的导热性和耐腐蚀性，可用于冶金、化工、海洋等环境，此外，还可制成翻边轴套、止推垫圈、球型轴承、机床导轨板等</td></tr>
<tr><td>JH2型</td><td colspan="6">安装时在油坑中充满润滑脂，使用中定期加入润滑脂或稀油，效果更好。具有优良的耐磨性，适用于边界润滑条件，特别适合重载、低速停止、启动频繁不能形成润滑膜的旋转运动、摆动等机械的轴承。轴套可根据使用精度要求，在安装后对减摩层进行精加工。除轴套外，还可制成止推垫圈、机床导轨板等，其派生型为JH2W无铅型、JH2G改进型。JH2含铅型较JH2W有较好的耐磨性</td></tr>
<tr><td>轴套安装</td><td colspan="7">JH1、JH2型自润滑复合材料轴套的安装注意事项：
(1)轴套座孔及轴颈尺寸偏差的选择，可按表8-1-87中的推荐值选取。特殊环境可由试验来决定其合理间隙
(2)与轴套内径相配合的轴颈表面粗糙度Ra≤0.8μm，表面硬度≥46HRC
(3)轴套座孔的表面粗糙度要小于Ra1.6μm。轴套座孔的压入端面应按T×20°倒角，并去除毛刺，涂少量的润滑脂以利于压入。轴套压入时，应先自制一个导向杆，用专用工具或压力机垂直地压入轴套座孔，应避免直接敲打轴套的端面。对导向杆、座孔的要求见下图
(4)JH1轴套内径工作表面(塑料面)不允许进行车、镗、磨、铰、刮等加工
(5)在安装轴套时，应避免轴套的接缝处在承受最大载荷的方向
(6)同一个座孔安装两个以上轴套时，轴套其接缝应在同一方向上，并对齐，且轴套之间应留有1～2mm的间隙
(7)当需要限制工作轴的轴向移动时，可加装止推垫圈或采用翻边轴套
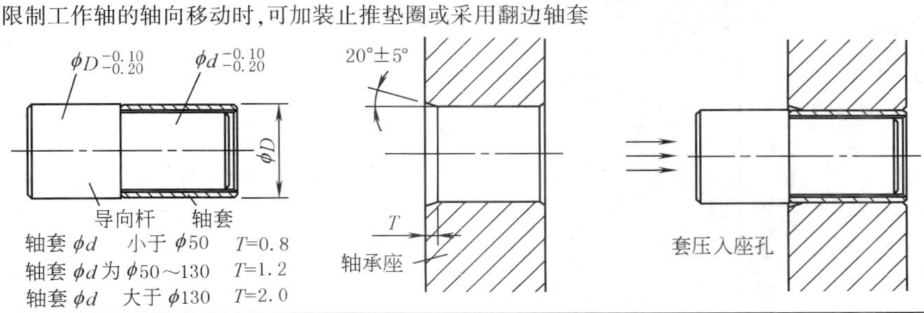
</td></tr>
</table>

注：生产厂为北京市朝阳建华无油润滑轴承厂。

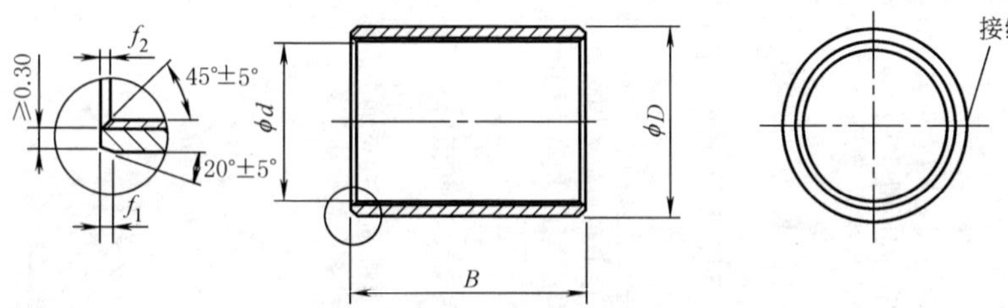

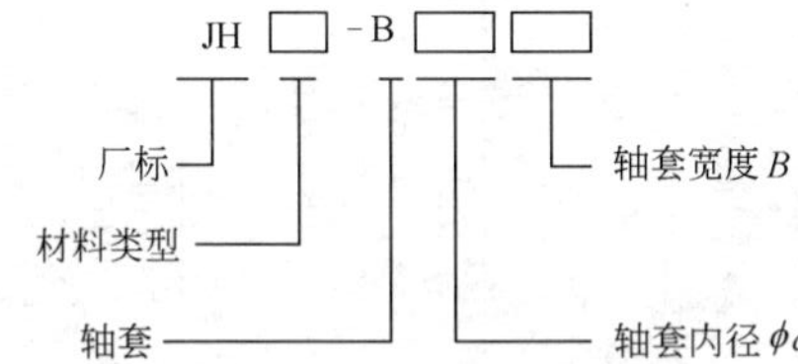

表 8-1-87　　**JH1 型轴套尺寸**　　mm

轴套				推荐轴颈及轴套座孔				轴套宽度 B±0.25																	f_1	f_2
内径 ϕd		外径 ϕD		轴颈		座孔		6	8	10	12	15	20	25	30	35	40	45	50	60	70	80	90	100		
尺寸	(H9)	尺寸	偏差	尺寸	(f7)	尺寸	(H7)	JH	JH	JH	JH	JH	JH	JH	JH	JH	JH	JH	JH	JH	JH	JH	JH	JH		
6	+0.036 0	8	+0.055 +0.025	6	−0.010 −0.022	8	+0.015 0	0606	0608	0610															0.6 ±0.4	<0.4
8		10		8	−0.013 −0.028	10		0806	0808	0810	0812															
10		12	+0.065 +0.030	10		12	+0.018 0	1006	1008	1010	1012	1015	1020													
12	+0.043 0	14		12	−0.016 −0.034	14		1206	1208	1210	1212	1215	1220													
14		16		14		16				1410	1412	1415	1420													
15		17		15		17				1510	1512	1515	1520	1525												
16		18		16		18				1610	1612	1615	1620	1625												
18		20	+0.075 +0.035	18		20	+0.021 0			1810	1812	1815	1820	1825												
20	+0.052 0	23		20	−0.020 −0.041	23				2010	2012	2015	2020	2025	2030										0.6 ±0.4	0.4 ±0.3
22		25		22		25				2210	2212	2215	2220	2225	2230											
24		27		24		27						2415	2420	2425	2430											
25		28		25		28				2510	2512	2515	2520	2525	2530	2535										
28		32	+0.085 +0.050	28		32	+0.025 0				2812	2815	2820	2825	2830										1.2 ±0.4	0.4 ±0.3
30		34		30		34					3012	3015	3020	3025	3030		3040									
32	+0.062 0	36		32	−0.025 −0.050	36							3220	3225	3230		3240									
35		39		35		39					3512	3515	3520	3525	3530		3540	3545	3550							
38		42		38		42							3820	3825	3830		3840		3850							
40		44		40		44					4012	4015	4020	4025	4030		4040		4050							
45		50		45		50							4520	4525	4530		4540		4550	4560					1.8 ±0.6	0.6 ±0.4
50		55	+0.100 +0.055	50		55	+0.030 0						5020	5025	5030		5040			5060						

续表

轴套				推荐轴颈及轴套座孔				轴套宽度 $B\pm0.25$																	f_1	f_2
内径 ϕd		外径 ϕD		轴颈		座孔		6	8	10	12	15	20	25	30	35	40	45	50	60	70	80	90	100		
尺寸	（H9）	尺寸	偏差	尺寸	（f7）	尺寸	（H7）	JH	JH	JH	JH	JH	JH	JH	JH	JH	JH	JH	JH	JH	JH	JH	JH	JH		
55	+0.074 0	60	+0.100 +0.055	55	−0.030 −0.060	60	+0.030 0								5530		5540			5560	5570				1.8 ±0.6	0.6 ±0.4
60		65		60		65									6030		6040		6050	6060	6070	6080				
65		70		65		70									6530		6540			6560						
70		75		70		75											7040			7060		7080				
75		80		75		80									7530		7540			7560		7580				
80		85	+0.120 +0.070	80	0 −0.046	85	+0.035 0										8040			8060		8080				
85	+0.087 0	90		85	0 −0.054	90											8540			8560		8580				
90		95		90		95											9040			9060			9090			
95		100		95		100											9540		9550	9560		9580		95100		
100		105		100		105														10060				100100		
105		110		105		110														10560				105100		
110		115		110		115														11060				110100		
115		120		115		120													11550	11560	11570					
120		125	+0.170 +0.100	120		125	+0.040 0												12050	12060				120100		
125	+0.100 0	130		125	0 −0.063	130														12560				125100		
130		135		130		135														13060				130100		
135		140		135		140														13560		13580				
140		145	+0.225 +0.125	140		145														14060		14080		140100		
150		155		150		155														15060		15080		150100		
160		165		160		165														16060		16080		160100		
170		175		170		175														17060		17080		170100		
180		185		180		185	+0.046 0													18060		18080		180100		
190	+0.115 0	195		190	0 −0.072	195														19060		19080		190100		
200		205		200		205														20060		20080				
250	+0.130 0	255		250	0 −0.081	255	+0.052 0													25060		25080				
255		260		255		260														25560		25580				

注：1. 表中尺寸系列符合 GB/T 12613.1—2011。

2. 生产厂也可提供翻边轴套和止推垫圈的系列产品。本表中没有的规格，可按用户要求定制。

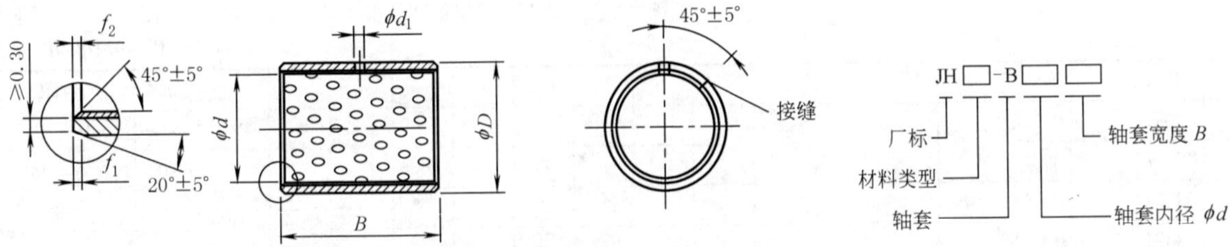

表 8-1-88　**JH2、JH2W、JH2G 型轴套尺寸**

mm

轴套				推荐轴颈及轴套座孔				油孔	轴套宽度 B±0.25																			f_1	f_2
内径 ϕd		外径 ϕD		轴颈		座孔			8	10	12	15	20	25	30	35	40	45	50	60	65	70	80	90	95	100	110		
尺寸	偏差	尺寸	偏差	尺寸	(h8)	尺寸	(H7)	ϕd_1	JH	JH	JH	JH	JH	JH	JH	JH	JH	JH	JH	JH	JH	JH	JH	JH	JH	JH	JH		
8	+0.083 +0.025	10	+0.055 +0.026	8	0	10	+0.015 0	4	0808	0810	0812																	0.6 ±0.4	<0.4
10	+0.102 +0.032	12	+0.065 +0.030	10	−0.022	12	+0.018 0			1010	1012	1015	1020																
12		14		12	0 −0.027	14				1210	1212	1215	1220																
14		16		14		16						1415	1420																
15		17		15		17				1510	1512	1515	1520	1525															
16		18		16		18						1615	1620	1625															
18		20		18		20						1815	1820	1825															
20	+0.124 +0.040	23	+0.075 +0.035	20	0 −0.033	23	+0.021 0			2010	2012	2015	2020	2025	2030													0.6 ±0.4	0.4 ±0.3
22		25		22		25		6				2215	2220	2225	2230														
24		27		24		27						2415	2420	2425	2430														
25		28		25		28						2515	2520	2525	2530														
28		32	+0.085 +0.045	28		32	+0.025 0						2820	2825	2830													1.2 ±0.4	0.4 ±0.3
30		34		30		34							3020		3030		3040												
32	+0.150 +0.050	36		32	0 −0.039	36							3220		3230	3235	3240												
35		39		35		39							3520		3530	3535	3540		3550										
40		44		40		44		8					4020		4030		4040		4050										
45		50		45		50							4520		4530		4540	4545	4550	4560									
50		55	+0.100 +0.055	50		55	+0.030 0										5040		5050	5060								1.8 ±0.6	0.6 ±0.4
55	+0.180 +0.060	60		55	0 −0.046	60							5520	5525	5530		5540		5550	5560									
60		65		60		65									6030		6040			6060		6070							

续表

轴套				推荐轴颈及轴套座孔				油孔	轴套宽度 $B\pm0.25$																			f_1	f_2
内径 ϕd		外径 ϕD		轴颈		座孔			8	10	12	15	20	25	30	35	40	45	50	60	65	70	80	90	95	100	110		
尺寸	偏差	尺寸	偏差	尺寸	(h8)	尺寸	(H7)	ϕd_1	JH	JH	JH	JH	JH	JH	JH	JH	JH	JH	JH	JH	JH	JH	JH	JH	JH	JH	JH		
65	+0.180 +0.060	70	+0.100 +0.055	65	0 -0.046	70	+0.030 0	8									6540		6550	6560		6570						1.8 ±0.6	0.6 ±0.4
70		75		70		75											7040		7050	7060	7065	7070	7080						
75		80		75		80											7540			7560			7580						
80		85		80		85											8040			8060			8080			80100			
85	+0.212 +0.072	90	+0.120 +0.070	85	0 -0.054	90	+0.035 0	9.5							8530		8540			8560			8580			85100			
90		95		90		95											9040			9060			9080	9090		90100			
95		100		95		100														9560			9580			95100			
100		105		100		105													10050	10060			10080		10095				
105		110		105		110														10560			10580				105110		
110		115		110		115														11060			11080				110110		
115		120		115		120													11550			11570				115100			
120		125		120		125														12060			12080			120100	120110		
125	+0.245 +0.085	130	+0.170 +0.100	125	0 -0.063	130	+0.040 0	11												12560			12580			125100	125110		
130		135		130		135													13050	13060			13080			130100			
135		140		135		140														13560			13580			135100			
140		145	+0.225 +0.125	140		145													14050	14060			14080			140100			
150		155		150		155													15050	15060			15080			150100			
160		165		160		165													16050	16060			16080			160100			
170		175		170		175													17050	17060			17080			170100			
180		185		180		185	+0.046 0												18050	18060			18080			180100			
190	+0.285 +0.100	195		190	0 -0.072	195													19050	19060			19080			190100			
200		205		200		205													20050	20060			20080			200100			
250		255		250	0 -0.081	255	+0.052 0	12											25050	25060			25080			250100			
255	+0.320 +0.110	260		255		260													25550	25560			25580			255100			

注：1. 如组装后轴套内径有精加工要求时，应在订货时说明，厂家将留出加工余量。推荐精加工后轴套内径尺寸公差为：H7，轴颈尺寸公差为：d8。表为推荐精加工后尺寸。

2. 表中未标出的规格及油孔 ϕd_1，可按用户要求定制，需在订货时说明。

3. 表中尺寸系列符合 GB/T 12613.1—2011。

第8篇

3.12 双金属减摩卷制轴套

双金属减摩材料轴套是以优质碳素钢为基体，铜合金为耐磨层，经烧结、轧制等工艺使两种金属复合成一体的新型材料卷制成的轴套。具有合金成分不偏析且强度高、承载能力大、耐疲劳、热变形小、耐磨损等特点。在安装和使用期必需加润滑油或脂。在润滑条件下可长期稳定工作，已广泛用于各种机械。

表 8-1-89　　JHS 双金属减摩轴套

合金代号	耐磨层铜合金牌号	耐磨层硬度 HB	要求相配轴颈硬度 HRC	最高工作温度/℃	轴承承载能力/MPa		应用
					连续运转	低速运转	
JHS1	CuPb10Sn10	60~90	>55	<250	40	120	有很高的抗疲劳强度和耐冲击能力，耐蚀性好，适用于与淬硬轴颈相配
JHS2	CuPb24Sn	40~60	>50	<200	30	80	有较高的抗疲劳强度和承载能力
JHS3	CuPb24Sn4	45~70	>50	<200	30	80	有高的抗疲劳强度和承载能力
JHS4	CuPb30	30~45	>270HB	<200	25	70	中等抗疲劳强度和承载能力

注：1. 生产厂为北京朝阳建华无油润滑轴承厂。

2. 表中合金牌号符合 GB/T 12613.4—2011。

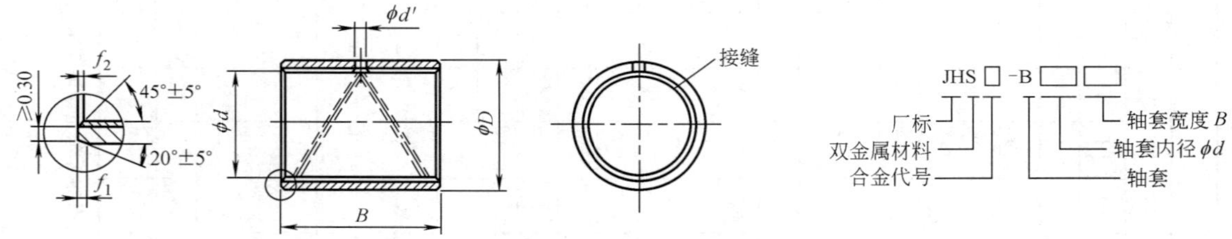

表 8-1-90　　JHS 轴套尺寸　　mm

轴套尺寸与公差				推荐轴颈及轴套座孔				轴套宽度 B±0.25													f_1	f_2	ϕd'
内径 ϕd	偏差 (H9)	外径 ϕD	偏差	轴颈		座孔		10	12	15	20	25	30	35	40	50	60	70	80	100			
				尺寸	(f7)	尺寸	(H7)	JHS	JHS	JHS	JHS	JHS	JHS	JHS	JHS	JHS	JHS	JHS	JHS	JHS			
10	+0.043 0	12	+0.065 +0.030	10	−0.013 −0.028	12	+0.018 0	1010	1012	1015	1020										0.6±0.4	<0.4	3
12		14		12	−0.016 −0.034	14		1210	1212	1215	1220												
14		16		14		16		1410	1412	1415	1420	1425											
15		17		15		17		1510	1512	1515	1520	1525											
16		18		16		18		1610	1612	1615	1620	1625											
18		20		18		20	+0.021 0			1815	1820	1825											
20	+0.052 0	23	+0.075 +0.035	20	−0.020 −0.041	23		2010		2015	2020	2025	2030								0.6±0.4	0.4±0.3	
22		25		22		25				2215	2220	2225	2230										4
24		27		24		27				2415	2420	2425	2430										
25		28		25		28				2515	2520	2525	2530										
28		32	+0.085 +0.045	28		32	+0.025 0				2820	2825	2830								1.2±0.4	0.4±0.3	
30		34		30		34				3015	3020	3025	3030		3040								

续表

轴套尺寸与公差				推荐轴颈及轴套座孔				轴套宽度 $B\pm0.25$													f_1	f_2	$\phi d'$
内径 ϕd	偏差（H9）	外径 ϕD	偏差	轴颈		座孔		10	12	15	20	25	30	35	40	50	60	70	80	100			
				尺寸	（f7）	尺寸	（H7）	JHS	JHS	JHS	JHS	JHS	JHS	JHS	JHS	JHS	JHS	JHS	JHS	JHS			
32	+0.062 0	36	+0.085 +0.045	32	−0.025 −0.050	36	+0.025 0				3220		3230		3240						1.2 ± 0.4	0.4 ± 0.3	4
35		39		35		39					3520		3530	3535	3540	3550							
40		44		40		44					4020		4030		4040	4050							
45		50		45		50					4520		4530		4540	4550					1.8 ± 0.6	0.6 ± 0.4	5
50		55	+0.100 +0.055	50		55	+0.030 0				5020		5030		5040	5050	5060						
55	+0.074 0	60		55	−0.030 −0.060	60					5520		5530		5540	5550	5560						6
60		65		60		65							6030		6040	6050	6060	6070					
65		70		65		70							6530			6550	6560	6570					
70		75		70		75									7040	7050	7060	7070					
75		80		75		80									7540	7550	7560	7570	7580				
80		85	+0.120 +0.070	80		85	+0.035 0								8040		8060		8080				
85	+0.087 0	90		85	−0.036 −0.071	90											8560			85100			
90		95		90		95											9060		9080	90100			
95		100		95		100											9560		9580	95100			
100		105		100		105											10060			100100			
105		110		105		110											10560			105100			7
110		115		110		115											11060			110100			
115		120		115		120										11550	11560			115100			
120		125	+0.170 +0.100	120		125	+0.040 0										12060			120100			
125	+0.100 0	130		125	−0.043 −0.083	130											12560			125100			
130		135		130		135										13050	13060			130100			
135		140		135		140											13560			135100			
140		145	+0.225 +0.125	140		145										14050	14060			140100			
150		155		150		155										15050	15060			150100			
160		165		160		165										16050	16060			160100			
170		175		170		175										17050	17060			170100			

注：1. 如组装后轴套内径有精加工要求时（内径倒角 f_2 也相应加大），请在订货时说明，厂家将留出加工余量。

2. 油槽按用户要求由生产厂家加工。

3. 表中未标出的规格，可按用户要求定制。

4. 表中尺寸系列符合 GB/T 12613.1—2011。

3.13 塑料轴承

与金属轴承相比较，塑料轴承具有重量轻、摩擦因数小而耐磨性及耐疲劳强度较高、化学稳定性好等优点，并具有自润滑和吸声、减振等性能。但塑料的耐热性较差，有些塑料的吸湿性较大，热膨胀系数较大，其强度和尺寸配合精度不如金属材料，因而不宜在高温下工作或在高速下连续运行。

各种塑料轴承均有其最高的使用速度 v 和载荷 p，即 pv^{α}=常数，式中 $\alpha \geqslant 1$，不同塑料其 α 值也不相同，如尼龙 $\alpha=1.47$，聚甲醛 $\alpha=1.2$。从公式表明，v 的影响比 p 要大，因此较适用于低速度高载荷的条件。在设计使用时，必须根据所采用的材料来决定其载荷和速度范围。同时还必须注意，各种塑料均有其压力和速度极限，即使其 pv 乘积不超过极限值，也不能使用。

由于塑料受热易于膨胀变形，在设计轴承时必须考虑有足够的配合间隙。一般约为 $0.005d$（d 为轴承内径），但不同的塑料其配合间隙也不尽相同。常用几种塑料轴承的配合间隙见表 8-1-93。

尼龙轴承常用材料有尼龙 6、尼龙 66、尼龙 1010。

尼龙轴承的 pv 值与润滑条件有关，在速度较低的情况下可按表 8-1-91 选用。

表 8-1-91　　尼龙轴承材料的 pv 值

润滑条件	无润滑	装配时一次润滑	间断润滑	连续润滑
pv 值/MPa·m·s^{-1}	0.1	0.15~0.25	0.3~0.5	0.6~0.75

注：尼龙轴承的 pv 值受速度影响较大，速度太高容易发热，许用压强 p_p 值大大减小。在间断润滑情况下，当速度为0.13~1.3m/s 时，可用 p_p 为 0.36~1.5MPa，即 $(pv)_p$ 值约为 0.05~2MPa·m/s。

表 8-1-92　　轴承用塑料的性能

塑料名称	弯曲弹性模量/MPa	冲击强度（带缺口）/N·m·cm^{-2}	热变形温度/℃		线胀系数/10^{-5}℃	摩擦因数	pv 极限值/MPa·m·s^{-1}	24h 吸水率/%
			0.45MPa	1.82MPa				
尼龙 6 及尼龙 66	1765（潮） 2618（干）	0.54~0.78	180~185	55~86	8~11	0.15~0.40	0.088	1.5~1.6
MC 尼龙	3432	0.95	150~190	马丁 55~60	8.3	0.15~0.30	—	0.9
聚甲醛	2756	0.75	158	110	8.1	0.15~0.35	0.124	0.25
聚四氟乙烯	402①	1.61	121	49	10	0.04	0.063	0.00
聚全氟乙丙烯	343①	不断	—	—	8.3~10.5	0.08	0.059~0.088	0.00
氯化聚醚	1108①	0.22~0.69	141	100	8.0	—	0.071	0.01
低压聚乙烯	412~1079	0.78~0.98	43~49	—	11~13	0.21	—	<0.01
聚苯醚	2618①	0.78~0.98	马丁 160	190	5.7~5.9	0.18~0.23	—	0.06~0.13
聚酰亚胺	3089	0.78~0.98	—	360	5.5~6.3	0.17	—	0.1~0.2

① 为拉伸弹性模量。

表 8-1-93　　几种塑料轴承的配合间隙　　mm

轴径	尼龙 6 和尼龙 66	聚四氟乙烯	酚醛布层压塑料	聚甲醛			
				轴径	室温~60℃	室温~120℃	-45~120℃
6	0.050~0.075	0.050~0.100	0.030~0.075	6	0.076	0.100	0.150
12	0.075~0.100	0.100~0.200	0.040~0.085	13	0.100	0.200	0.250
20	0.100~0.125	0.150~0.300	0.060~0.120	19	0.150	0.310	0.380
25	0.125~0.150	0.200~0.375	0.080~0.150	25	0.200	0.380	0.510
38	0.150~0.200	0.250~0.450	0.100~0.180	31	0.250	0.460	0.640
50	0.200~0.250	0.300~0.525	0.130~0.240	38	0.310	0.530	0.710

表 8-1-94 尼龙轴套的尺寸及偏差 mm

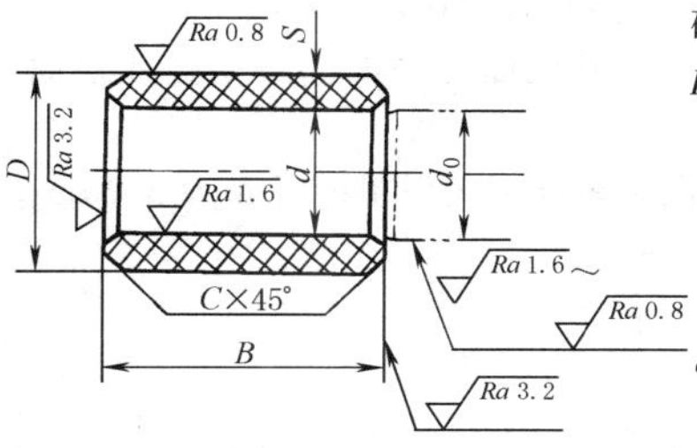

硬度：15~18HBS

D_0——轴承座内径，mm

h'——由于外径的过盈而使内径缩小的量

d_0——轴径，mm，公差取 d11

项目		尺寸及偏差		
轴套	d	<30	30~50	>50
	S	1.5~2	2.5~3	3.5~4
	C	0.3	0.4	0.5

项目		尺寸及偏差				
轴承座	d	≤6	>6~12	>12~22	>22~40	>40
	C	0.3	0.4	0.5	0.8	1

项目		尺寸及偏差			
轴套宽度 $B<1.5d$	B	≤6	>6~10	>10~18	>18
	偏差	$^{0}_{-0.15}$	$^{0}_{-0.25}$	$^{0}_{-0.40}$	$^{0}_{-0.50}$
D 对轴承座孔的过盈量	$h\approx0.008D_0+(0.05\sim0.08)$ 尼龙 6 采用下限值 0.05mm，尼龙 1010 采用上限值 0.08mm				
轴套在压配合前的内径 d'	$d'\approx d+h'=d+h+\dfrac{hS}{d}$				
保证轴颈在轴套内孔中正常运转时的间隙（平均值）	$\delta\approx(0.005\sim0.01)d$				

项目							
轴套直径	d、D	≤6	>6~12	>12~18	>18~30	>30~50	>50~80
	偏差	$^{+0.045}_{0}$	$^{+0.050}_{0}$	$^{+0.055}_{0}$	$^{+0.065}_{0}$	$^{+0.070}_{0}$	$^{+0.080}_{0}$

尼龙轴套设计举例

轴套内径 $d=28$mm，壁厚 $S=3$mm，轴颈公差 d11，材料为尼龙 1010。

表 8-1-95 mm

项目	计算结果
轴承座名义内径	$D_0=d+2S=28+2\times3=34$
轴承座内径制造尺寸	D 采用 H8 配合，$D=34^{+0.039}_{0}$
轴套外径过盈量	$h=0.008\times34+0.08\approx0.35$
轴套外径	$D'=D_0+h=34+0.35=34.35$（制造偏差：$^{+0.07}_{0}$）
实际过盈量 h	$h_{max}=0.35+0.07=0.42$，$h_{min}=0.35-0.039=0.311$
实际缩小量 h'	$h'_{max}=h_{max}+h_{max}\dfrac{S}{d}=0.42+\dfrac{0.42\times3}{28}\approx0.47$ $h'_{min}=h_{min}+h_{min}\dfrac{S}{d}=0.311+\dfrac{0.311\times3}{28}\approx0.344$
轴套的内径	$d'=28+0.47=28.47$（制造偏差：$^{+0.065}_{0}$）
轴套压配合后内径	$d_{max}=d'_{max}-h'_{min}=28.47+0.065-0.344=28.191$ $d_{min}=d'_{min}-h'_{max}=28.47-0-0.47=28$
轴套与轴颈实际配合间隙	轴颈公差采用 d11 时，轴颈直径为 $28^{-0.065}_{-0.195}$ $\delta_{max}=0.191+0.195=0.386$ $\delta_{min}=0+0.065=0.065$ $\delta_p=\dfrac{0.386+0.065}{2}=0.226$
核算配合间隙	$\delta=(0.005\sim0.010)d=(0.005\sim0.010)\times28=0.14\sim0.28$ $\delta_p=0.226$ 在此范围内

3.14 水润滑热固性塑料轴承（摘自 JB/T 5985—1992）

轴承由热固性塑料制造，应用于水泵、潜水电机、水轮泵、水轮机、食品机械等在水介质中工作的止推轴承和径向轴承。轴承的工作介质为含沙量（质量比）不超过 0.01%的清水，其酸碱度（pH 值）为 6.5~8.5，氯离子含量不超过 400mg/L，水温不高于 65℃。

水润滑轴承材料通常为酚醛塑料 P23-1、P117 和聚邻苯二甲酸二丙烯酯（DAP-2）等塑料。P23-1 材料应符合 JB 3199 的规定；P117、DAP-2 材料的力学性能、耐磨性能、耐热性能指标应参照 JB 3199 的规定。

基本型式有止推轴承和径向轴承。止推轴承的滑动面为扇形和筋条块形，其底面为平面（a、b）或槽面（c、d）；径向轴承的滑动面为螺旋槽或直槽。

止推轴承和径向轴承的滑动表面粗糙度 $Ra \leqslant 1.6\mu m$；止推轴承底面和径向轴承外圆表面粗糙度 $Ra \leqslant 3.2\mu m$；其他表面 $Ra \leqslant 6.3\mu m$。

止推轴承

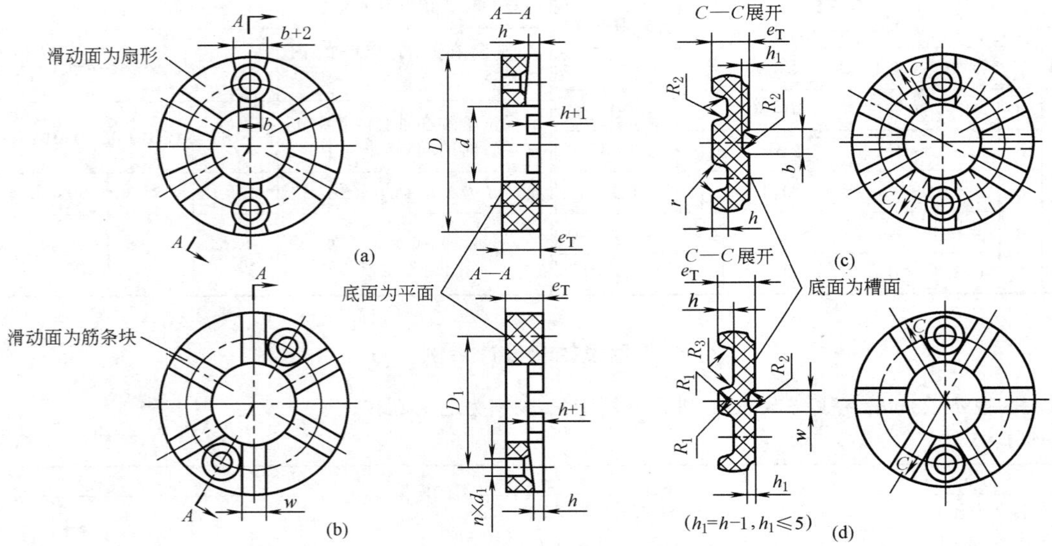

表 8-1-96　　止推轴承尺寸　　mm

外径 D		内径 d	壁厚 e_T		定位孔中心圆直径 D_1	定位孔直径 d_1	定位孔数 n/个	滑动表面为扇形			滑动表面为筋条块		润滑水槽深度或筋条块高度 h	托盘进水孔截面积总和约不小于/mm^2
基本尺寸	极限偏差	基本尺寸	基本尺寸	极限偏差				润滑水槽数/个	水槽宽 b	圆角 r	筋条块数/个	块宽 w		
35	-0.10 -0.25	15	10	0 -0.15	25	5.5	2~4	6	6	1	6	6	3	35
40		20			30									
45					32				8	2				55
50					35									
55		30	12		43			10			8		4	110
60	-0.20 -0.40				45									
65		35			50				10	2		8		200
70					53									
75					55						10			
80		40	15		60								5	300
85		45			65									400
90		50			70									470
95					73			12			12			
100		55			78									620
110	-0.20 -0.45				83	6.6			12	2				670
120		65	20		92							8	6	
130		70			100			16			16			900
140					105									
150		80	25		115	9							8	
160		90			125			20			20			1100
170					130									

径向轴承

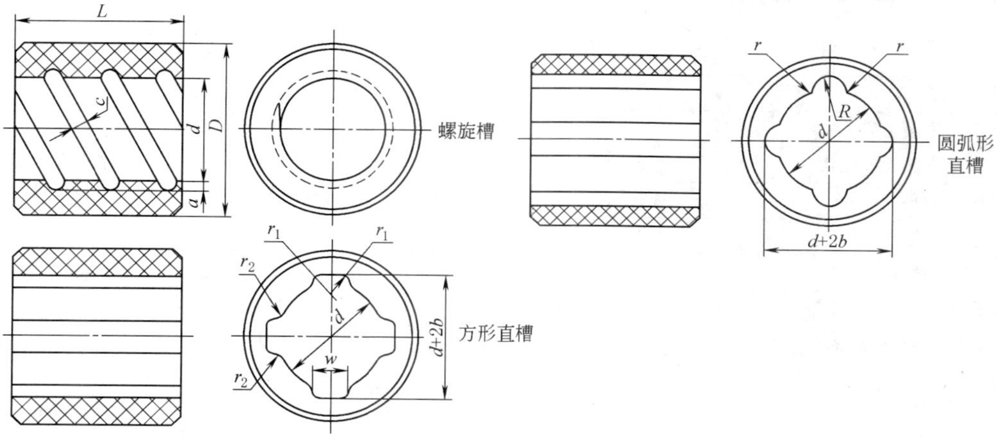

表 8-1-97　　径向轴承尺寸

mm

内径 d		外径 D		长度 L		带直槽的滑动表面					带螺旋槽的滑动表面		轴承内径与轴颈之间的最小间隙(双面)	
基本尺寸	极限偏差	基本尺寸	极限偏差	基本尺寸	极限偏差	槽数/个	方形槽 ($w\times b$),r_1,r_2		圆弧槽 R,b,r		槽宽 c	槽深 a	轴承外圆设定位要素	轴承外圆不设定位要素
25	H8	40	p7外圆无定位要素 d9外圆有定位要素	32,40,48	0 −0.50	4	$w\times b=$ 10×3	$r_1=1$ $r_2=2$	$R=5$ $b=3$	$r=4$	6	3	0.07	0.12
28		44		35,44,52										
30		50		40,50,60										
35		55		44,55,66			$w\times b=$ 12×3	$r_1=2$ $r_2=4$	$R=6$ $b=4$				0.10	0.16
38		58		46,58,70		6				$r=6$				
42		62		50,62,75										
45		65		52,65,78										
50		74		60,74,90			$w\times b=$ 14×4	$r_1=3$ $r_2=6$	$R=7$ $b=5$		8	4		
55		80		64,80,96									0.12	0.20
60		85		68,85,102										
70		95		76,95,114						$r=8$				
80		110		86,110,132							10	5		
90		120		96,120,144		8	$w\times b=$ 16×5	$r_1=6$ $r_2=8$	$R=8$ $b=6$				0.14	0.25
100		130		104,130,156										
120		150		120,150,180										

注：与径向轴承外圆相配的座孔直径公差带为 H8。

表 8-1-98　　对相配零件（止推盘或轴颈）的技术要求与止推轴承的寿命

表面硬度 HRC	表面粗糙度 /μm	推荐材料	止推轴承外径 D /mm	最大允许载荷 /kN	止推轴承外径 D /mm	最大允许载荷 /kN
表面淬硬或镀铬 45~50HRC	$Ra\leqslant0.8$	3Cr13 或 45	35~45	1.5	85~95	8
			50~55	2	100~120	10
			60~65	4	130~150	15
			70~80	6	160~170	22

注：按表中规定最大允许载荷下运转 5000h，轴承厚度的减小不大于 1mm。

表 8-1-99　　　　　　　　　　　　标记代号及标记方法

名　　称	代号	轴承的标记方法	
止推轴承	T	止推轴承	T □ · □ · □ · □ JB/T 5985 底面型式代号 滑动表面型式代号 材料代号 外径,mm
径向轴承	J		
止推轴承滑动表面为扇形	S		
止推轴承滑动表面为筋条块	不表示		
止推轴承底面为平面	B		
止推轴承底面为槽面	不表示		
径向轴承内圆为直槽	Z	径向轴承	J □ × □ · □ · □ JB/T 5985 直槽或螺旋槽代号 材料代号 长度,mm 内径,mm
径向轴承内圆为螺旋槽(左旋)	L(左)		
径向轴承内圆为螺旋槽(右旋)	L		
P23-1 塑料	M		
P117 塑料	P		
DAP-2 塑料	D		

3.15　橡胶轴承

橡胶轴承由于橡胶材料柔软具有弹性，内阻尼较大，能有效地防止或减缓振动、噪声和冲击。轴承内的杂质可通过轴承润滑水沟被润滑水冲走，可延长轴承的耐久性，橡胶的变形可缓和轴的应力，并有自动调位作用。它镶在金属衬套内，用水润滑，不适于与油类或有机溶剂接触。

橡胶轴承的缺点是导热性差，需经常保持有水循环，否则易损坏。

橡胶轴承一般适宜在65℃以下温度工作，温度过高易老化，抗腐蚀性、耐磨性变差。应用于水泵、水轮机、农业机械及其他一些摆动不大的机构杆件铰接处，以减少振动和冲击。由于橡胶轴承用水作润滑剂，碳钢轴颈易被锈蚀，特别是在经常停车的情况，因此在轴颈上应有铜衬套或表面镀铬。

表 8-1-100　　　　　　　　轴承对橡胶材料的要求、轴承尺寸及配合

扯断力 /MPa	扯断伸长率/%	永久变形 /%	邵氏硬度	轴承许用单位压力 /MPa		尺寸/mm			轴承座孔和橡胶轴承外径的配合	轴承内孔与轴颈的配合
				软橡胶	硬橡胶	内径 d	壁厚	宽度		
11.77	400	40	70~80	2	<5	25~75	7~10	(0.75~1.5)d	H7/j8	采用过盈配合还是间隙配合,视具体情况而定
						100~250	10~15			
						>250	15~20			

注：决定橡胶轴承内孔时，必须注意橡胶轴承压入轴承座孔后内孔直径的收缩。

表 8-1-101　　　　　　　　　　　　橡胶轴承的型式

型　　式		结构说明及应用示例
多边形导水沟	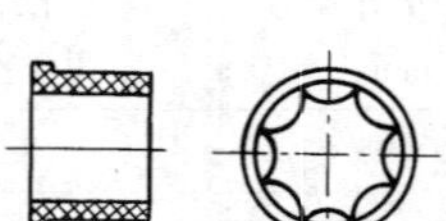	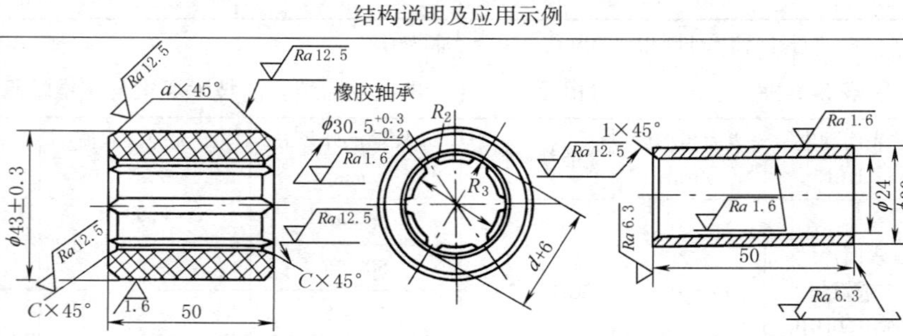 泵橡胶轴承和轴套 橡胶轴承压入轴承座后，内孔 $\phi30.5$ 应磨成 $\phi30.5^{+0.15}_{+0.10}$

续表

<table>
<tr><th colspan="2">型　　式</th><th>结构说明及应用示例</th></tr>
<tr><td>半圆形导水沟</td><td>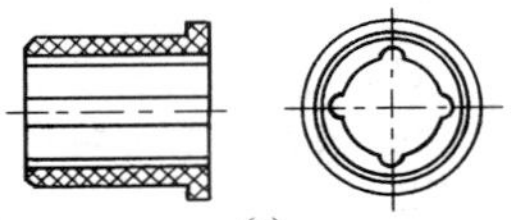
(a)
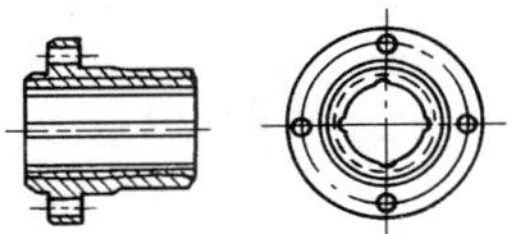
(b)
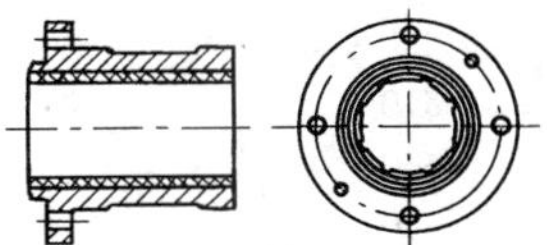
(c)</td><td>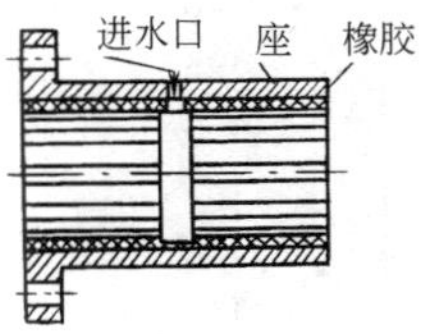
结构说明
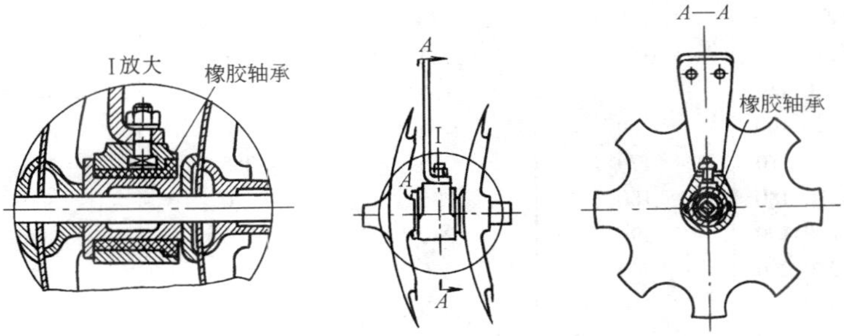</td></tr>
<tr><td colspan="2">导水沟槽数目一般为4～8条(成双数)，其型式除水轮泵暂仍用半圆式外，其余建议用多边式</td><td>水田圆盘橡胶轴承</td></tr>
</table>

CHB 水润滑橡胶轴承系列

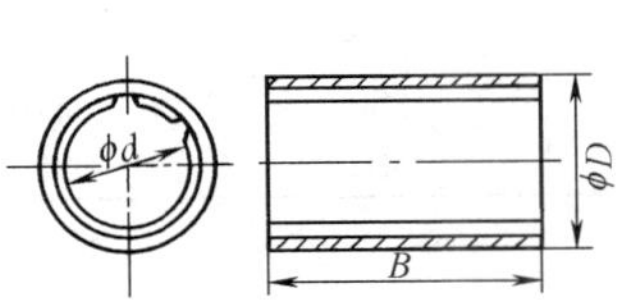

a 型

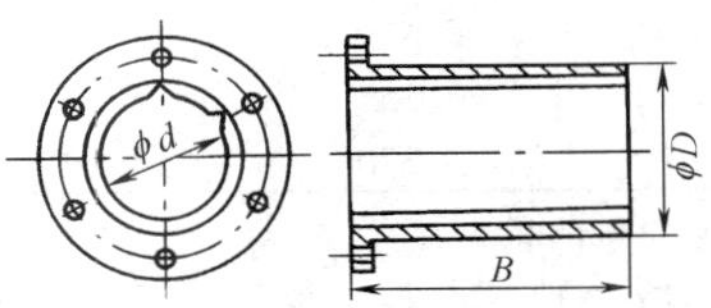

b 型

型号说明：

CHB1210- d- n

- n —— 宽度系数(n = 1.5 时为标准长，可省略)
- d —— 内径

表 8-1-102

mm

型　号	内径 d	外径 D	宽度 $B=d\times n$			
			$d\times1.5$	$d\times2$	$d\times3$	$d\times4$
CHB1210-50	50	70	75	100	150	200
CHB1210-55	55	80	82	110	165	220
CHB1210-60	60	85	90	120	180	240
CHB1210-65	65	90	98	130	195	260
CHB1210-70	70	95	105	140	210	280
CHB1210-75	75	100	112	150	225	300
CHB1210-80	80	110	120	160	240	320
CHB1210-85	85	115	128	170	255	340
CHB1210-90	90	120	135	180	270	360
CHB1210-95	95	125	142	190	285	380
CHB1210-100	100	135	150	200	300	400

续表

型　号	内径 d	外径 D	宽度 $B=d\times n$			
			$d\times1.5$	$d\times2$	$d\times3$	$d\times4$
CHB1210-105	105	140	158	210	315	420
CHB1210-110	110	145	165	220	330	440
CHB1210-115	115	150	172	230	345	460
CHB1210-120	120	155	180	240	360	480
CHB1210-125	125	160	188	250	375	500
CHB1210-130	130	165	195	260	390	520
CHB1210-135	135	175	202	270	405	540
CHB1210-140	140	180	210	280	420	560
CHB1210-145	145	185	218	290	435	580
CHB1210-150	150	195	225	300	450	600
CHB1210-160	160	205	240	320	480	640
CHB1210-170	170	215	255	340	510	680
CHB1210-180	180	230	270	360	540	720
CHB1210-190	190	240	285	380	570	760
CHB1210-200	200	250	300	400	600	800
CHB1210-210	210	270	315	420	630	840
CHB1210-220	220	280	330	440	660	880
CHB1210-230	230	290	345	460	690	920
CHB1210-240	240	300	360	480	720	960
CHB1210-250	250	310	375	500	750	1000
CHB1210-260	260	325	390	520	780	1040
CHB1210-270	270	335	405	540	810	1080
CHB1210-280	280	345	420	560	840	1120
CHB1210-290	290	355	435	580	870	1160
CHB1210-300	300	370	450	600	900	1200

注：1. b 型仅有 $d=150\sim300$mm 的型号。

2. 本系列轴承以过渡配合装入轴承座内，一般用螺钉加以固定。

表 8-1-103　CHB 水润滑橡胶轴承计算

项　目	计 算 公 式	说　明
承载力	$P=Fp_p$	P——载荷，N p_p——许用压强，一般取 0.1~0.15MPa，最大可取 0.25MPa F——轴承投影面积，mm^2
给水量 （强制给水）	$Q=(8\sim10)d$	Q——给水量，L/min d——轴承内径，cm

表 8-1-104　CHB 水润滑橡胶轴承与轴径的间隙

轴径 /mm	轴承内径公差/μm		装配后的间隙/μm		轴径 /mm	轴承内径公差/μm		装配后的间隙/μm	
	最小(+)	最大(+)	最小(+)	最大(+)		最小(+)	最大(+)	最小(+)	最大(+)
50~65	140	300	140	330	160~180	560	780	560	820
65~80	180	340	180	370	180~200	630	910	630	956
80~100	230	410	230	445	200~225	700	930	700	1026
100~120	280	460	280	495	225~250	760	1040	760	1086
120~140	370	590	370	630	250~280	820	1160	820	1212
140~160	480	700	480	740	280~300	900	1240	900	1292

4　液体动压润滑轴承

4.1　液体动压润滑轴承分类

表 8-1-105

类型	名称及简图	特　　点
径　向　轴　承		
单油楔固定瓦	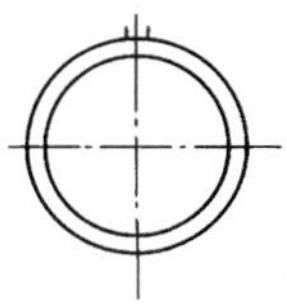 圆筒轴承 （轴承包角 $\alpha=360°$）	结构简单，制造方便，有较大承载能力，但高速稳定性差，易产生油膜振荡，主要用于载荷方向基本不变的场合
	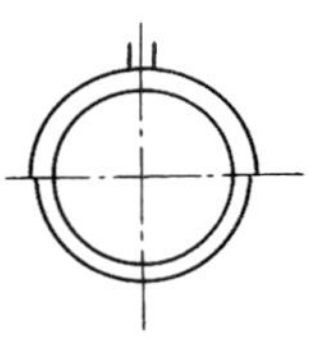 部分瓦轴承 （轴承包角 $\alpha\leqslant180°$）	结构简单，制造方便，有较大承载能力。功耗、温升都低于圆筒轴承。高速稳定性差，用于载荷方向基本不变的重载轴承
	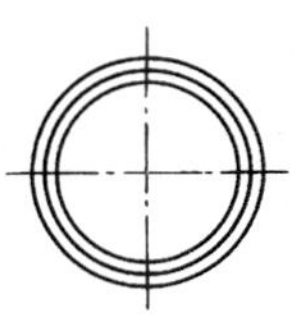 浮动环轴承	环随轴颈旋转，其转速约为轴颈转速的 1/2，润滑油流量大，温升低，因环内外均能形成油膜，故高速稳定性好，用于小尺寸高速轻载轴承
多油楔固定瓦	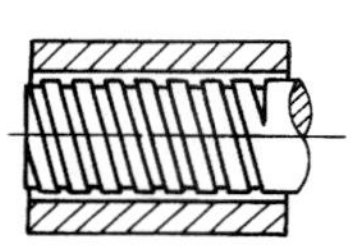 螺旋槽轴承	利用螺旋的泵入作用和槽面阶梯产生动压承载油膜，温升低，高速稳定性好
	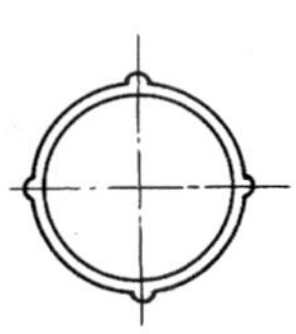 多沟轴承	结构简单，制造方便，承载能力低，仅用于轻载轴承，高速稳定性略优于圆筒轴承
多油楔固定瓦	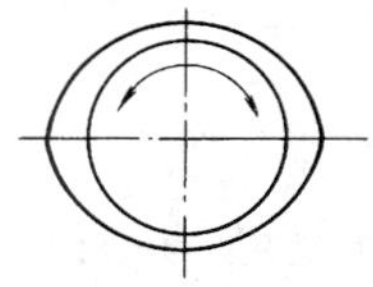 椭圆轴承	供油量较大，温升较低。旋转精度和高速稳定性优于单油楔圆轴承，但承载能力略有降低。工艺性比多油楔轴承好
	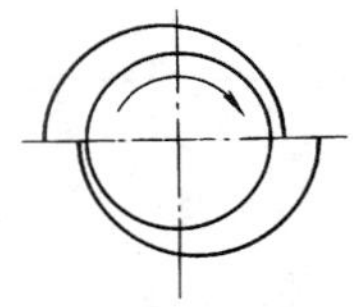 双油楔借位轴承	同椭圆轴承，用于单向旋转的轴承
	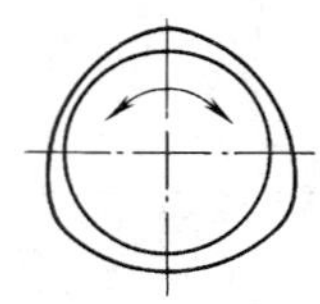 双向三油楔轴承	高速稳定性好，工艺性不如圆筒轴承及椭圆轴承
	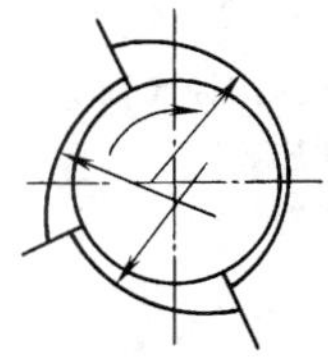 单向三油楔轴承	与圆轴承相比，承载能力较低，功耗增大，但旋转精度和定心性较好，油膜刚度大，抗油膜振荡能力强。用于单向旋转的轴承
	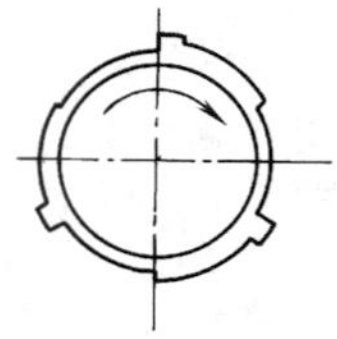 阶梯面轴承	同单向油楔轴承，承载能力较低，用于小型轴承

续表

类型	名称及简图	特点
多油楔可倾瓦	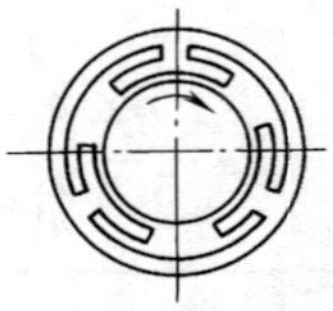 可倾瓦弹性支承轴承	高速稳定性较好，特别适用于高速轻载轴承，但工艺性较差
多油楔可倾瓦	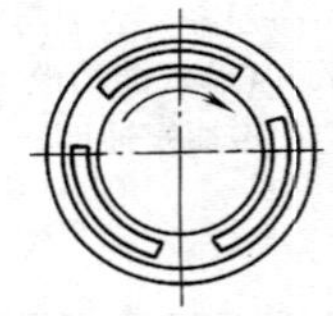 可倾瓦摆动支承轴承	同可倾瓦弹性支承轴承，但工艺性较好，大、中、小型轴承均适用
多油楔联合轴承	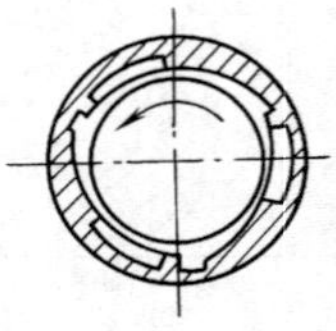 动静压联合轴承	承载能力大，温升低，功耗小，定心性和稳定性好，特别适于频繁启动的场合，工艺性差，制造较困难，但瓦面结构复杂
推力轴承		
固定瓦	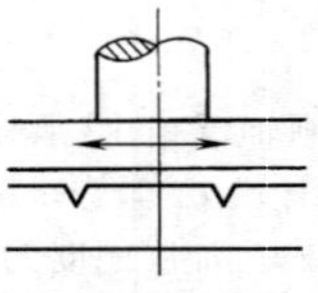 多油沟推力轴承	同多油沟径向轴承。只能在轻载下使用
固定瓦	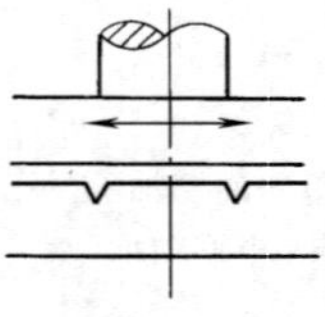 斜面推力轴承	用于单向旋转，无启动载荷情况
固定瓦	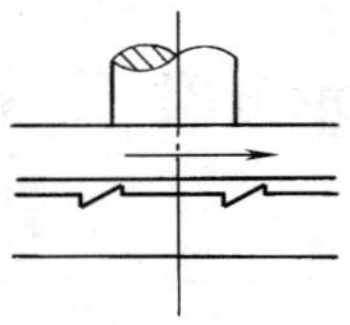 斜-平面推力轴承	允许轴承有启动载荷
固定瓦	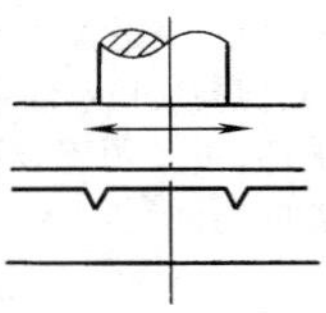 阶梯面推力轴承	结构简单，用于小尺寸轴承
固定瓦	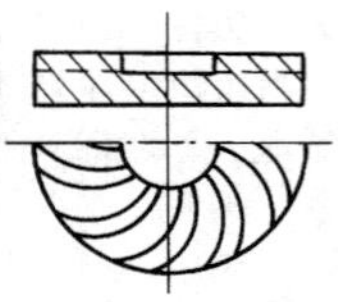 螺旋槽推力轴承	同螺旋槽径向轴承
可倾瓦	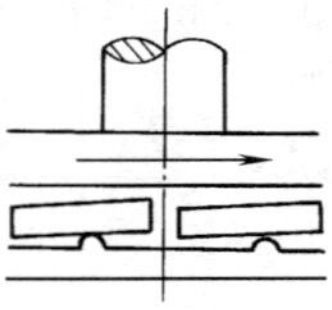 可倾瓦弹性支承推力轴承	同可倾瓦弹性支承径向轴承
联合轴承	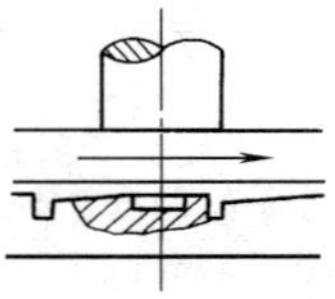 动静压联合推力轴承	同动静压联合径向轴承

4.2 基本原理

4.2.1 基本方程

轴承的流体动压润滑微分方程（图 8-1-7）为

$$\frac{\partial}{\partial x}\left(\frac{\rho h^3}{12\eta}\frac{\partial p}{\partial x}\right)+\frac{\partial}{\partial z}\left(\frac{\rho h^3}{12\eta}\frac{\partial p}{\partial z}\right)=\frac{\partial}{\partial x}\left[\rho h\left(\frac{u_1+u_2}{2}\right)\right]+\frac{\partial}{\partial z}\left[\rho h\left(\frac{w_1+w_2}{2}\right)\right]+\rho\left(v_2-v_1-u_2\frac{\partial h}{\partial z}\right)+h\frac{\partial \rho}{\partial t} \tag{8-1-1}$$

式中，η 为润滑流体动力黏度，ρ 为流体的密度，h 为任意点油膜厚度。

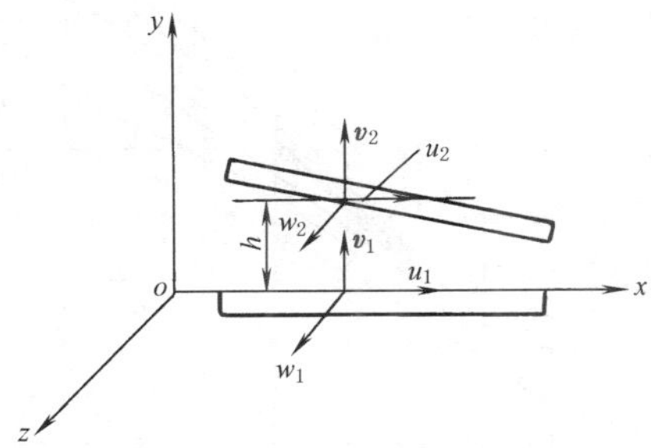

图 8-1-7

通常在液体润滑情况下可假定流体密度不变，为了定性分析，求出解析解，从而将上式进行简化。在稳定工况下，当轴瓦固定而轴运动的速度为 v 时，方程（8-1-1）可简化为

按无限宽假设得

$$\frac{\mathrm{d}}{\mathrm{d}x}\left(\frac{h^3}{\eta}\frac{\mathrm{d}p}{\mathrm{d}x}\right)=6v\frac{\mathrm{d}h}{\mathrm{d}x} \tag{8-1-2}$$

径向轴承按无限窄假设得

$$\frac{\partial}{\partial z}\left(\frac{h^3}{\eta}\frac{\partial p}{\partial z}\right)=6v\frac{\mathrm{d}h}{\mathrm{d}x} \tag{8-1-3}$$

式（8-1-2）和式（8-1-3）的解分别见表 8-1-108 和表 8-1-109。运用现代数值计算技术可求得式（8-1-1）的较为准确的数值解。

求解式（8-1-1）、式（8-1-2）或式（8-1-3），可得轴承内的流体压力分布 p。

4.2.2 静特性计算

（1）承载能力

径向轴承（图 8-1-8）承载力有两个分量，其中

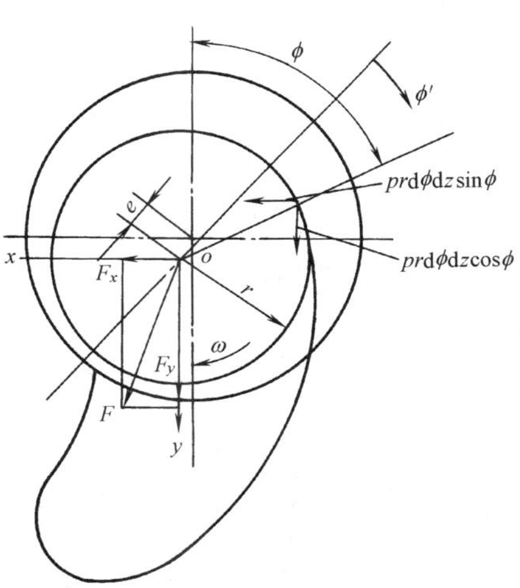

图 8-1-8　结构简图

$$F_x=\int_{-\frac{B}{2}}^{\frac{B}{2}}\int_{\phi_a}^{\phi_b}-p\sin\phi r\mathrm{d}\phi\mathrm{d}z \tag{8-1-4}$$

$$F_y=\int_{-\frac{B}{2}}^{\frac{B}{2}}\int_{\phi_a}^{\phi_b}-p\cos\phi r\mathrm{d}\phi\mathrm{d}z \tag{8-1-5}$$

式中，r 为轴颈半径；z 为轴向坐标；ϕ_a、ϕ_b 分别为轴瓦的起始及终止处的角度；B 为轴承的宽度

总承载力

$$F=\sqrt{F_x^2+F_y^2} \tag{8-1-6}$$

推力轴承

$$F=N\int_{r_{in}}^{r_{out}}\int_{\phi_a}^{\phi_b}pr\mathrm{d}\phi\mathrm{d}r \tag{8-1-7}$$

式中，N 为推力轴承的瓦块数；r_{in}、r_{out} 分别是推力瓦块的内半径和外半径；ϕ_a、ϕ_b 分别是推力瓦块的起始、终止处的角度。轴承的承载能力常采用无量纲轴承特性数 C_p 来表示，即径向轴承

$$C_p=\frac{F\psi^2}{2\eta r\omega B}=\frac{p_m\psi^2}{\eta\omega} \tag{8-1-8}$$

式中，ψ 为轴承的间隙比，即 $\psi=c/r$；c 为轴承的半径间隙；r 为轴颈半径；ω 为轴颈的转速；p_m 为轴承上的平均压强，$p_m=F/BD$；D 为轴承直径。

推力轴承

$$C_p=\frac{Fh_z^2}{\eta\omega B^4} \tag{8-1-9}$$

式中，h_z 为支点处的润滑膜厚度；B 为轴瓦宽度，即 $B=r_{out}-r_{in}$。

（2）摩擦阻力和功耗

1）摩擦阻力　径向轴承轴颈上的摩擦阻力

$$F_\mu = \int_{-\frac{B}{2}}^{\frac{B}{2}}\int_{\phi_a}^{\phi_b}\left(\eta\frac{r\omega}{h}+\frac{h}{2r}\frac{\partial p}{\partial\phi}\right)r\mathrm{d}\phi\mathrm{d}z \tag{8-1-10}$$

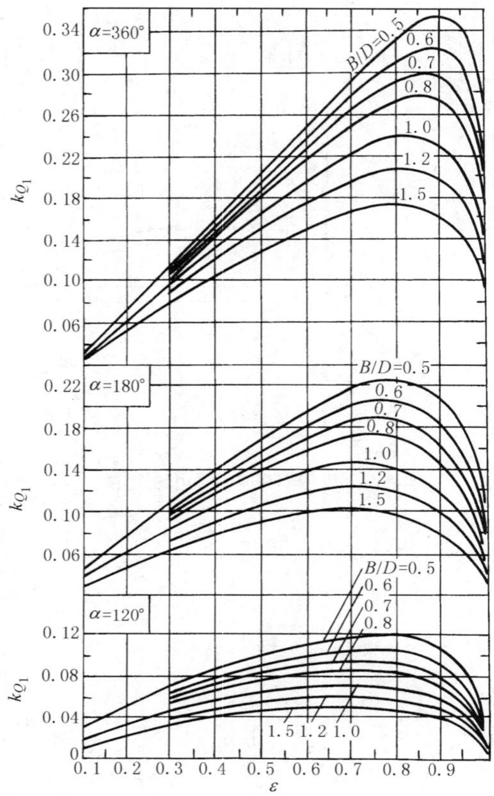

图 8-1-9　端泄流量系数 k_{Q_1} 值

取摩擦阻力的相对单位为$\dfrac{2\eta r^2\omega B}{c}$，及摩擦因数 $\mu=\dfrac{F_\mu}{F}$，则摩擦特性系数为

$$C_\mu=\mu/\psi \text{ 或 } F_\mu=C_\mu F\psi \tag{8-1-11}$$

C_μ 可分为承载区摩擦特性数 C_f 和非承载区摩擦特性数 C_t 两部分，即

$$C_\mu=C_f+C_t \tag{8-1-12}$$

推力轴承推力盘上的摩擦力矩

$$M_t=N\int_{r_{in}}^{r_{out}}\int_{\phi_a}^{\phi_b}\left(\frac{\eta r\omega}{h}+\frac{h}{2r}\frac{\partial p}{\partial\phi}\right)r^2\mathrm{d}\phi\mathrm{d}r \tag{8-1-13}$$

2）功耗

径向轴承

$$N=F_\mu r\omega/1000 \tag{8-1-14}$$

推力轴承

$$N=M_t\omega/1000 \tag{8-1-15}$$

（3）流量

进入轴承的总流量

$$Q=Q_1+Q_2+Q_3=2(k_{Q_1}+k_{Q_2}+k_{Q_3})\psi r^2\omega B \tag{8-1-16}$$

式中　Q_1——承载区端泄流量；

Q_2——非承载区端泄流量；

Q_3——轴瓦供油槽两端由供油压力产生的附加流量；

k_{Q_1}、k_{Q_2}、k_{Q_3}——相应的流量系数。

对于径向轴承，k_{Q_1}的值参见图 8-1-9。

$$k_{Q_2}=\zeta C_p\left(\frac{D}{B-b}\right)^2\frac{D}{B}\times\frac{p_s}{p_m} \tag{8-1-17}$$

式中，p_s 为供油压强；D 为轴承直径；b 为周向油膜槽宽，见图 8-1-10；系数 ζ 可由图 8-1-11 查出。

在轴瓦上水平对称布置两个供油槽（图 8-1-10）时

$$k_{Q_3}=\vartheta C_p\left(\frac{D}{B}\right)^2\frac{m}{D}\left(\frac{B}{a}-2\right)\frac{p_s}{p_m} \tag{8-1-18}$$

系数 ϑ 值由图 8-1-11 查出。

在轴瓦只有一个供油槽时

$$k_{Q_3}=\frac{p_s m}{3\eta\psi\omega D^2B^2}\left(\frac{B}{a}-2\right)h^3 \tag{8-1-19}$$

$$h=c(1+\varepsilon\cos\theta_x)$$

式中，θ_x 是供油槽中线的角坐标，从轴颈与轴承的连心线沿转动方向量起，见图 8-1-10；c 为轴承半径间隙 $c=r\psi$。

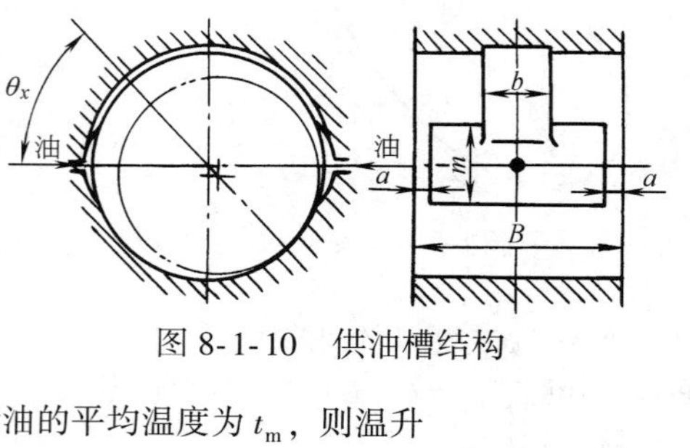

图 8-1-10　供油槽结构

（4）温升

设摩擦产生的热量全部由润滑油带走，且进油温度为 t_{in}，端泄油的平均温度为 t_m，则温升

$$\Delta t=t_m-t_{in} \tag{8-1-20}$$

1）压力供油（矿物油）轴承，温升

$$\Delta t = 590\ \frac{N}{Q} \tag{8-1-21}$$

2）无压力供油轴承，温升

$$\Delta t = 0.058\ \frac{C_p p_m}{k_{Q_1} + Eh\psi r\omega} \tag{8-1-22}$$

式中，E 是与金属传热及润滑油比热有关的系数。轻型结构、传热困难的轴承 $E=0.0091$；中型及一般散热条件下的轴承 $E=0.0145$；强制冷却的重型轴承 $E=0.0254$。

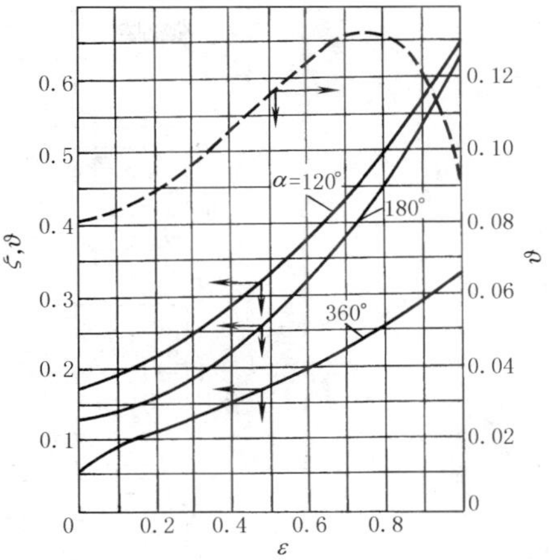

图 8-1-11　系数 ζ（实线）和 ϑ（虚线）值

4.2.3　动特性计算

油膜刚度

$$\left.\begin{aligned}
K_{xx} &= \frac{\partial F_x}{\partial x} = \frac{\partial}{\partial x}\int_{-B/2}^{B/2}\int_{\phi_a}^{\phi_b} - p\sin\phi r\mathrm{d}\phi\mathrm{d}z \\
K_{xy} &= \frac{\partial F_x}{\partial y} = \frac{\partial}{\partial y}\int_{-B/2}^{B/2}\int_{\phi_a}^{\phi_b} - p\sin\phi r\mathrm{d}\phi\mathrm{d}z \\
K_{yx} &= \frac{\partial F_y}{\partial x} = \frac{\partial}{\partial x}\int_{-B/2}^{B/2}\int_{\phi_a}^{\phi_b} - p\cos\phi r\mathrm{d}\phi\mathrm{d}z \\
K_{yy} &= \frac{\partial F_y}{\partial y} = \frac{\partial}{\partial y}\int_{-B/2}^{B/2}\int_{\phi_a}^{\phi_b} - p\cos\phi r\mathrm{d}\phi\mathrm{d}z
\end{aligned}\right\} \tag{8-1-23}$$

油膜阻尼

$$\left.\begin{aligned}
C_{xx} &= \frac{\partial F_x}{\partial v_x} = \frac{\partial}{\partial v_x}\int_{-B/2}^{B/2}\int_{\phi_a}^{\phi_b} - p\sin\phi r\mathrm{d}\phi\mathrm{d}z \\
C_{xy} &= \frac{\partial F_x}{\partial v_y} = \frac{\partial}{\partial v_y}\int_{-B/2}^{B/2}\int_{\phi_a}^{\phi_b} - p\sin\phi r\mathrm{d}\phi\mathrm{d}z \\
C_{yx} &= \frac{\partial F_y}{\partial v_x} = \frac{\partial}{\partial v_x}\int_{-B/2}^{B/2}\int_{\phi_a}^{\phi_b} - p\cos\phi r\mathrm{d}\phi\mathrm{d}z \\
C_{yy} &= \frac{\partial F_y}{\partial v_y} = \frac{\partial}{\partial v_y}\int_{-B/2}^{B/2}\int_{\phi_a}^{\phi_b} - p\cos\phi r\mathrm{d}\phi\mathrm{d}z
\end{aligned}\right\} \tag{8-1-24}$$

如取$\frac{\eta\omega B}{\psi^3}$为油膜刚度的相对单位，$\frac{\eta B}{\psi^3}$为油膜阻尼的相对单位，$c$ 为轴承的半径间隙，$c\omega$ 为 v_x、v_y 的相对单位，则可得到相应的无量纲油膜刚度及阻尼，即 K_{xx}、K_{xy}、K_{yx}、K_{yy}、C_{xx}、C_{xy}、C_{yx}、C_{yy}。

以上性能计算公式均是指单瓦，如轴承为多瓦则相应轴承的性能为诸瓦之和。

图 8-1-12 和图 8-1-13 给出了长径比 $B/D=0.8$ 时圆轴承的无量纲刚度及阻尼 K_{xx}、K_{xy}、K_{yx}、K_{yy}和 C_{xx}、C_{xy}、C_{yx}、C_{yy}。

4.2.4　稳定性计算

支承在动压滑动轴承上的转子，其工作角速度 ω 应低于失稳角速度，否则就会发生轴承油膜失稳或油膜振荡。

失稳角速度有两种计算方法，一是在各种角速度下，算出动特性，判断是否稳定，再计算由稳定到不稳定转变处的角速度，即失稳角速度。这种计算方法，可计入角速度改变时温度、黏度和 ε 的改变，在定量的意义上比较合理，但计算工作量大。通常用的是另一种较为简化的计算方法，此法的理论基础是：界限状态下运动方程的特征值的实部必为零（即特征值必为纯虚数）。这种方法的优点是简单易行，可用以判断稳与不稳以及大致地看到稳与不稳的程度。

轴承的无量纲油膜的综合刚度 K_{eq} 为：

$$K_{\mathrm{eq}} = \frac{K_{xx}C_{yy} + K_{yy}C_{xx} - K_{xy}C_{yx} - K_{yx}C_{xy}}{C_{xx} + C_{yy}} \tag{8-1-25}$$

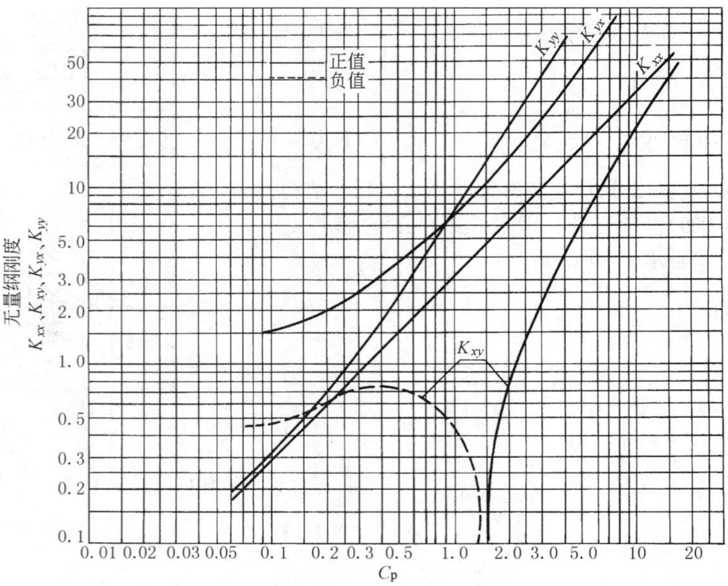

图 8-1-12　圆轴承（$B/D=0.8$）的 C_p-K 曲线

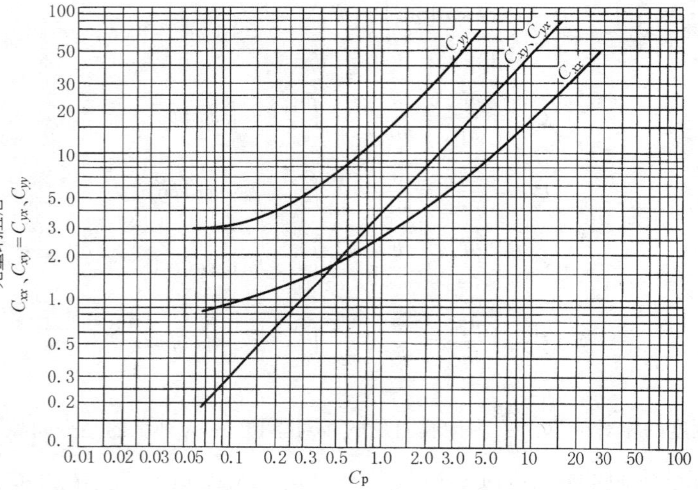

图 8-1-13　圆轴承（$B/D=0.8$）的 C_p-C 曲线

轴颈的涡动比平方

$$r_{st}^2=\frac{(K_{eq}-K_{xx})(K_{eq}-K_{yy})-K_{xy}K_{yx}}{C_{xx}C_{yy}-C_{xy}C_{yx}} \tag{8-1-26}$$

$K_{eq}<0$，则系统不稳定，需重新设计；$K_{eq}>0$，$r_{st}^2<0$，则系统稳定；$K_{eq}>0$，$r_{st}^2>0$，则按以下方法计算失稳转速。

单跨转子系统的对称单质量刚性转子，失稳角速度 ω_s

$$\omega_s=\frac{\eta B}{M\psi^3}\times\frac{K_{eq}}{r_{st}^2} \tag{8-1-27}$$

单跨转子系统的对称单质量弹性转子，失稳角速度 ω_s

$$\omega_s=\frac{-M\omega_k^2}{2K_{eq}\dfrac{\eta B}{\psi^3}}+\omega_k\sqrt{\left(\frac{M\omega_k}{2K_{eq}\dfrac{\eta B}{\psi^3}}\right)^2+\frac{1}{r_{st}^2}} \tag{8-1-28}$$

式中，M 为转子总质量 $M_{总}$ 分配至该轴承上的质量，对于对称转子，$M=\frac{M_{总}}{2}$；K_{eq} 为无量纲油膜综合刚度；$\omega_k=\sqrt{\frac{K}{M}}$（$K$ 为转子总刚度分配至该轴承上的刚度）。

4.3 轴承主要参数的选择

（1）平均压强 p_m

在可能情况下（如保证一定的油膜厚度，合适的温升等），平均压强 p_m 宜取较高值，以保证运转的平稳性，减小轴承尺寸。但压强过高，油膜厚度过薄，对油质的要求将提高，且液体润滑易遭破坏，使轴承损伤。

轴承平均压强 p_m 的一般设计值（对轴承合金，同下；括号内数值为最高值）如下：

轧钢机	1000～2000(2500)N/cm^2
风机	20～200(400)N/cm^2
汽轮机、发电机、机床	60～200(250)N/cm^2
齿轮变速装置、拖拉机	50～350(400)N/cm^2
铁路车辆	500～1500 N/cm^2

（2）宽径比 B/D

通常取 $B/D=0.3$～1.5。宽径比较小时，有利于增大压强，提高运转平稳性；增多流量，降低温升；减轻边缘接触现象。随着轴承宽度 B 的减小，功耗将降低，占用空间将减小，但轴承承载能力也将降低；压力分布曲线陡峭，易于出现轴承合金局部过热现象。

高速重载轴承温度升高，有边缘接触危险，B/D 宜取小值。低速重载轴承为提高轴承整体刚性，B/D 宜取大值。高速轻载轴承，如对轴承刚性无过高要求，可取小值；转子挠性较大的轴承宜取小值；需要转子有较大刚性的机床轴承，宜取较大值；在航空、汽车发动机上，受空间地位限制的轴承，B/D 可取小值。一般机器常用的 B/D 值为：

汽轮机、风机；电机、发电机、离心泵	0.4～1.0
齿轮变速装置	0.6～1.5
机床、拖拉机	0.8～1.2
轧钢机	0.6～0.9

（3）间隙比 ψ

一般取 $\psi=0.002$～0.003。ψ 值主要应根据载荷和速度选取：速度愈高，ψ 值应愈大；载荷越大，ψ 值则越小。此外，直径大、宽径比小、调心性能好、加工精度高时，ψ 可取小值；反之取大值。

间隙比 ψ 大时，流量大，温升低，承载能力低。

间隙大小对转子轴承系统稳定性有较大影响。一般压强小的轴承，减小间隙比可提高系统稳定性；而压强大的增大间隙比可提高工作稳定性。

一般机器常用的轴承间隙比 ψ 为：

汽轮机、电动机、发电机	0.001～0.002
轧钢机、铁路车辆	0.0002～0.0015
内燃机	0.0005～0.001
风机、离心泵、齿轮变速装置	0.001～0.003
机床	0.0001～0.0005

（4）最小油膜厚度 h_{min}

为确保轴承在液体润滑条件下安全运转，应使最小油膜厚度大于轴颈、轴瓦工作表面不平度与轴颈挠度之和：

$$h_{min}\geqslant[h_{min}]=S(R_1+R_2+y_1+y_2) \tag{8-1-29}$$

式中　S——裕度，对一般机械的轴承取 $S=1.1$～1.5，对轧钢机轴承取 $S=2$～3；

R_1、R_2——对轴颈和轴瓦表面不平度平均高度；

y_1——轴颈在轴承中的挠度，见图 8-1-14a；

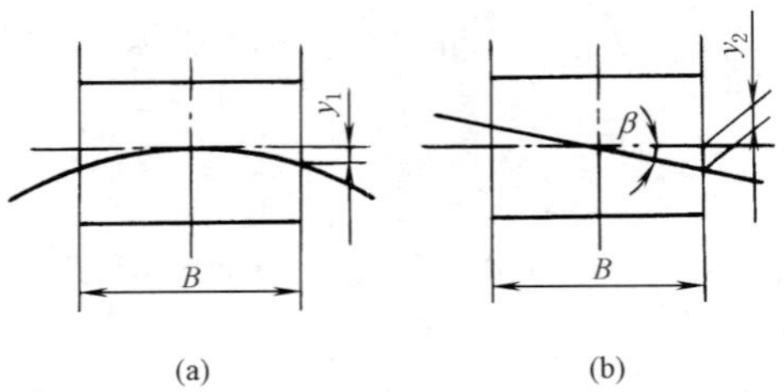

图 8-1-14 轴颈在轴承中的挠曲和偏移示意图

y_2——轴颈偏移量，见图 8-1-14b。

端轴颈的轴颈挠度可按式（8-1-30）计算：

$$y_1=1.6\times10^{-10}p_mD\left[\left(\frac{B}{D}\right)^4+1.81\left(\frac{B}{D}\right)^2\right] \qquad (8\text{-}1\text{-}30)$$

当 $p_m\leqslant30\text{N/cm}^2$ 时，y_1 可忽略不计。

y_2 为轴颈在轴承中因轴的弯曲变形和安装误差引起的偏移量：

$$y_2=\frac{B}{2}\tan\beta \qquad (8\text{-}1\text{-}31)$$

对自动调心轴承 $y_2=0$。

缺乏资料时，也可参考图 8-1-15 选取［h_{min}］。

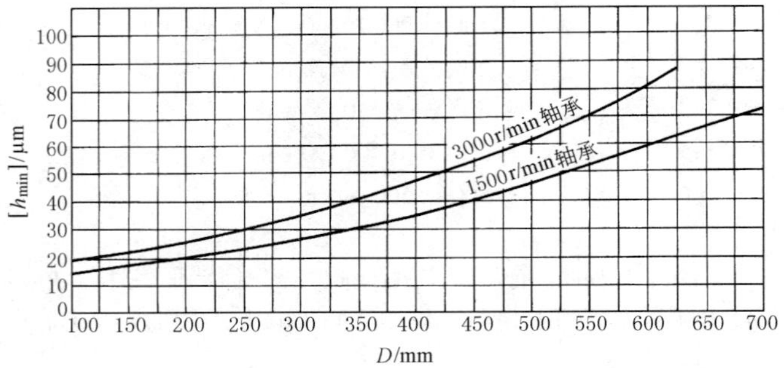

图 8-1-15 允许最小油膜厚度［h_{min}］与轴承直径的关系曲线

（5）油温和瓦温

轴承性能计算根据热平衡状态下轴承平均工作温度 t_m（即端泄油平均温度）进行，初步计算时可取 $t_m=50\sim60℃$。

一般取进油温度 $t_1=30\sim45℃$，平均油温 $t_m\leqslant75℃$，温升 $\Delta t\leqslant30℃$。

作为设计依据之一的瓦温，一般以强度急剧下降时金属的软化点作为控制值，对轴承合金常取 $t_{max}=90\sim100℃$。

常用润滑油的温度与黏度的关系见图 8-1-16。

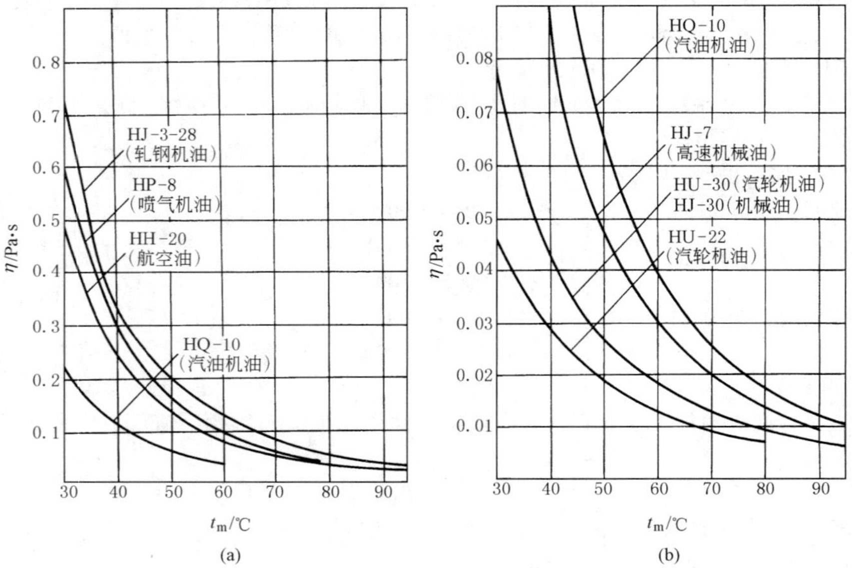

图 8-1-16 润滑油的黏度-温度曲线

(6) 油楔数 Z

如图 8-1-17 所示，椭圆轴承的稳定区比单油楔圆筒轴承的大；三油楔轴承的又比椭圆轴承的大，且在各个方向上的油膜刚度也较均匀。但并非油楔数愈多，稳定区一定愈大。油楔数的增多，一般减小了承载能力。

选取油楔数时，要兼顾稳定区和承载能力两方面的要求。为了提高多油楔轴承的承载能力，可以采用不等长的多油楔。

油楔数还影响结构，偶数油楔便于采用剖分结构。

(7) 最小半径间隙 c_{min}（椭圆轴承即为顶隙）

高精度机床主轴承常采用 2～10μm 以下的最小半径间隙，间隙比为 0.0001～0.0002。速度较高的主轴承，如汽轮机、发电机、离心式压缩机和水轮机等，为了减小功耗、降低温升，常采用较大的间隙，间隙比为 0.001～0.0025。

(8) 楔形度（椭圆度）ψ/ψ^*

楔形度主要取决于油楔偏心距 S。S 愈大，楔形愈大，即油楔的楔愈大。

楔形度过大，即油楔起始端开口过大，有可能在楔形空间的起始段形不成承载油膜，使承载油膜减短，同时还增大了轴承的摩擦因数。

楔形度过小，轴承的承载能力很低，在工艺上也难以实现，当轴颈位移之后，有的油楔形成的承载油膜也太短。

根据理论分析，最佳楔形度为 2～3。对于要求很小间隙的多油楔（$Z \geqslant 3$）轴承，实现这样的楔形度在工艺上有困难。同时，对于轴颈偏心距较大的轴承，为了在轴颈位移后形成的承载油膜不致太短，宜采用较大的楔形度。推荐取楔形度 $\psi/\psi^* \geqslant 5$，即油楔偏心距 $S \geqslant 4c_{min}$。

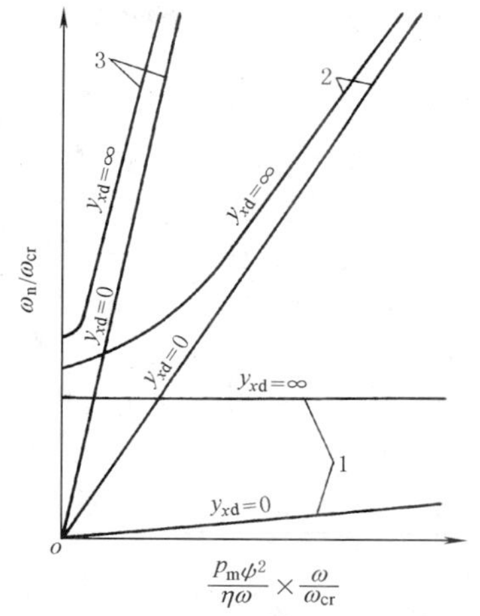

图 8-1-17 三种轴承稳定区的比较

($y_{xd}=y/c$)

1—圆轴承；2—椭圆轴承；3—三油楔轴承；

y—轴的静挠度；c—半径间隙；

ω—工作角速度；ω_{cr}—临界角速度；

ω_n—轴系失稳角速度

曲线右下方为稳定区，左上方为非稳定区

(9) 安装间隙

可倾瓦轴承的瓦块弧面半径与轴颈半径 r 之差称为加工间隙，它由轴颈和瓦块的尺寸所决定。瓦块装入轴承后，实际形成的间隙 c_a 称为安装间隙，通常 c_a 可以调整，$\frac{c}{c_a}$ 通常在 1～2 之间，不得小于 1。

(10) 支点位置

可倾瓦轴承支点位置影响瓦块的承载能力，承载能力最大时的支点位置与瓦块的几何尺寸 L/B 有关，可从图 8-1-23 中查出，L_c 为进油边到支点的瓦弧长，L 为瓦的整个弧长，轴颈需要反向转动时，应取 $\frac{L_c}{L}=0.5$。

(11) 填充系数

可倾瓦轴承各块瓦的弧长总和 ZL 与轴颈圆周长 πd 之比，称为填充系数 k，即

$$k=\frac{ZL}{\pi d}$$

通常取 $k=0.7$～0.8。由于 k 与功耗成正比，当载荷较小时可取更低的填充系数（如 $k=0.5$）以降低温升。

(12) 供油压强 p_s

一般轴承的供油压强可取 0～0.1MPa。当轴承润滑油温升过高时可适当增大 p_s 以降低温升。

4.4 典型轴承的性能曲线及计算示例

(1) 径向轴承的示意图与几何关系（表 8-1-106）

(2) 无限宽径向轴承性能计算（表 8-1-107）

表 8-1-106　　径向轴承的示意图与几何关系

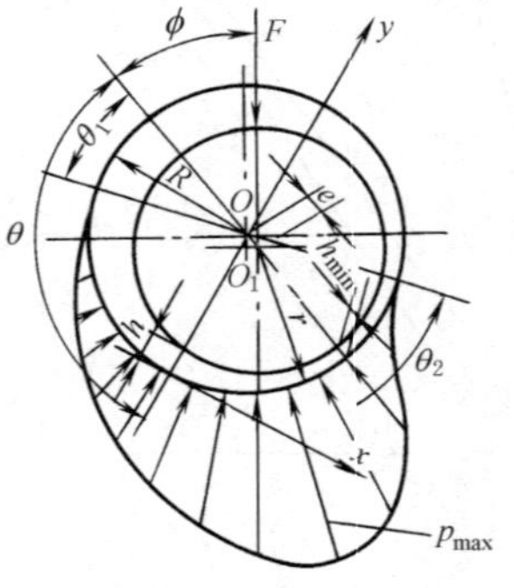

名　称	符号及公式
半径间隙	$c=R-r$
间隙比	$\psi=c/r$
偏心距	e
偏心率	$\varepsilon=e/c$
油膜厚度	$h=c(1+\varepsilon\cos\theta)$
轴瓦包角	α
偏位角	ϕ
最小油膜厚度	$h_{\min}=c(1-\varepsilon)$（仅适用于圆轴承）

表 8-1-107　　无限宽径向轴承性能计算（通常可将宽径比 $B/D>2$ 的轴承近似看作无限宽轴承）

项　目		计 算 公 式	
任意点压强		$p=6\dfrac{\eta\omega}{\psi^2}\dfrac{1}{(1-e^2)^{3/2}}\left\{\beta-e\sin\beta-\dfrac{(2+e^2)\beta-4e\sin\beta+e^2\sin\beta\cos\beta}{2[1+e\cos(\beta_2-\pi)]}\right\}$	(1)
平均压强		$p_{\mathrm{m}}=\dfrac{\eta\omega}{\psi^2}\dfrac{3}{2(1-e^2)^{1/2}[1+\varepsilon\cos(\beta_2-\pi)]}\left\{\dfrac{\varepsilon^2[1+\cos(\beta_2-\pi)]^4}{(1-\varepsilon^2)}+4[\beta_2\cos(\beta_2-\pi)-\sin(\beta_2-\pi)]\right\}^{1/2}$	(2)
轴承特性数		$C_{\mathrm{p}}=\left(\dfrac{p_{\mathrm{m}}\psi^2}{\eta\omega}\right)=\dfrac{3}{2(1-\varepsilon^2)^{1/2}[1+\varepsilon\cos(\beta_2-\pi)]}\left\{\dfrac{\varepsilon^2[1+\cos(\beta_2-\pi)]^4}{(1-\varepsilon^2)}+4[\beta_2\cos(\beta_2-\pi)-\sin(\beta_2-\pi)]^2\right\}^{1/2}$	(3)
载　荷		$F=p_{\mathrm{m}}BD=\dfrac{\eta\omega BD}{\psi^2}C_{\mathrm{p}}$	(4)
摩擦力	承载区	$F_{\mu}=\dfrac{\eta\omega}{\psi}\dfrac{BD}{2(1-\varepsilon^2)^{1/2}[1+\varepsilon\cos(\beta_2-\pi)]}[\beta_2-4\varepsilon\beta_2\cos(\beta_2-\pi)-3\varepsilon\sin(\beta_2-\pi)]$	(5)
	非承载区	$F'=\xi\pi\eta r\omega B/\psi$	(6)
摩擦数	承载区	$\dfrac{\mu}{\psi}=\dfrac{\beta_2}{2(1-\varepsilon^2)^{1/2}C_{\mathrm{p}}}+\dfrac{\varepsilon\sin\phi}{2}$	(7)
	非承载区	$\dfrac{\mu'}{\psi}=\dfrac{\pi\xi}{2}C_{\mathrm{p}}$	(8)
	偏位角	$\tan\phi=\dfrac{-2(1-e^2)^{1/2}[\sin(\beta_2-\pi)-\beta_2\cos(\beta_2-\pi)]}{\varepsilon[1+\cos(\beta_2-\pi)]^2}$	(9)

续表

项　目	计 算 公 式
β 和 β_2	β 是积分代换角坐标，与 θ 的关系为 $\cos\beta=\frac{\varepsilon+\cos\theta}{1+\varepsilon\cos\theta}$；$\beta_2$ 是与 θ_2 对应的 β 值，此值由图 b 确定。 系数 ξ 值的选取为：$\alpha=120°$ 时，$\xi=4/3$；$\alpha=180°$ 时，$\xi=1$；$\alpha=360°$ 时，ξ 见图 a。α 为轴承包角

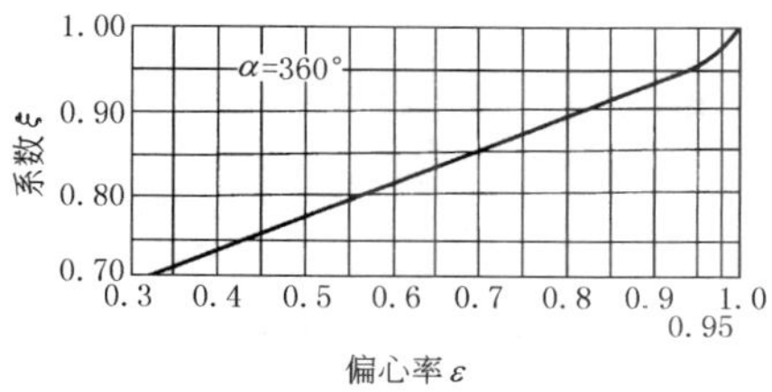

(a)

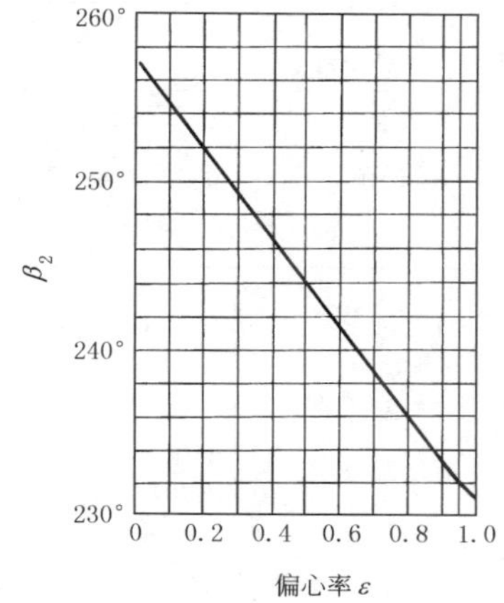

(b)

(3) 无限窄径向轴承性能计算

表 8-1-108　无限窄径向轴承性能计算（通常可将宽径比 $B/D<0.4$ 的轴承近似地看作无限窄轴承）

项　目		计 算 公 式	
任意点的压强		$p=\frac{3\eta\omega}{c^2}\left(\frac{B^2}{4}-z^2\right)\frac{\varepsilon\sin\theta}{(1+\varepsilon\cos\theta)^3}$	(1)
平均压强		$p_m=\frac{\eta\omega}{\psi^2}\left(\frac{B}{D}\right)^2\frac{\varepsilon}{2(1-\varepsilon^2)^2}[\pi^2(1-\varepsilon^2)+16\varepsilon^2]^{1/2}$	(2)
轴承特性数(无量纲)		$\left(\frac{p_m\psi^2}{\eta\,\omega}\right)=\left(\frac{B}{D}\right)^2\frac{\varepsilon}{2(1-\varepsilon^2)^2}[\pi^2(1-\varepsilon^2)+16\varepsilon^2]^{1/2}$	(3)
载荷		$F=BDp_m=BD\frac{\eta\omega}{\psi^2}\left(\frac{p_m\psi^2}{\eta\,\omega}\right)$	(4)
摩擦力	承载区	$F_\mu=\frac{\eta\omega}{\psi}\frac{\pi BD}{2(1-\varepsilon^2)^{1/2}}$	(5)
	非承载区	$F'=\frac{\eta\omega}{\psi}\frac{\pi BD}{2(1+\varepsilon)(1-\varepsilon^2)^{1/2}}=\frac{1}{1+\varepsilon}F_\mu$	(6)

续表

项目		计算公式	
摩擦数	承载区	$\dfrac{\mu}{\psi}=\dfrac{\pi(1-\varepsilon^2)^{3/2}}{\varepsilon[\pi^2(1-\varepsilon^2)+16\varepsilon^2]^{1/2}}\left(\dfrac{D}{B}\right)^2$	(7)
	非承载区	$\dfrac{\mu'}{\psi}=\dfrac{\pi(1-\varepsilon^2)^{3/2}}{\varepsilon(1+\varepsilon)[\pi^2(1-\varepsilon^2)+16\varepsilon^2]^{1/2}}\left(\dfrac{D}{B}\right)^2=\dfrac{\mu}{(1+\varepsilon)\psi}$	(8)
偏位角		$\tan\phi=\dfrac{\pi}{4}\dfrac{(1-\varepsilon^2)^{1/2}}{\varepsilon}$	(9)
承载区	流　量	$Q_1=vBc\varepsilon$	(10)
	流量系数	$\dfrac{Q_1}{\psi vBD}=\dfrac{\varepsilon}{2}$	(11)

注：z 为轴承宽度方向的坐标，原点取在轴承宽度的中点。

（4）单油楔径向轴承的性能计算

例1　设计汽轮机转子的液体动压润滑轴承。已知：轴承直径 $D=30\text{cm}$，载荷 $F=65000\text{N}$，转速 $n=3000\text{r/min}$，轴承为自动调心式，在水平中分面两侧供油，进油温度控制在40℃左右。

例题计算过程可按图8-1-18框图进行。计算结果见表8-1-109，方案1温升过高，应采用方案2。

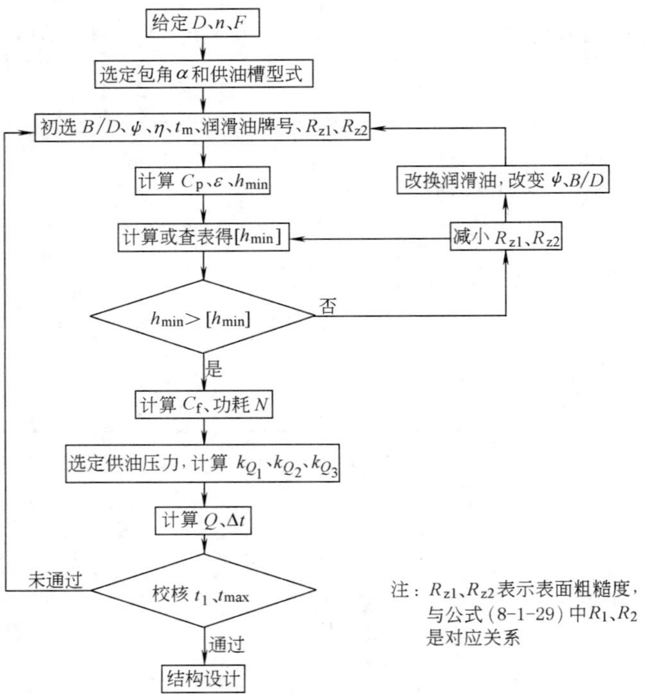

图8-1-18　计算框图

表 8-1-109　　单油楔径向轴承性能计算

计　算　项　目	单 位	计算公式及说明	结　果	
			方案 1	方案 2
轴承载荷 F	N	已知	65000	
轴承直径 D	cm	已知	30	
宽径比 B/D		选定	0.8	
轴承宽度 B	cm	$B=\left(\frac{B}{D}\right)D$	24	
转速 n	r/min	已知	3000	
角速度 ω	1/s	$\omega=2\pi n/60$	314	
间隙比 ψ		选定	0.0015	0.002
半径间隙 c	cm	$c=\frac{\psi D}{2}$	0.0225	0.03
平均压强 p_m	N/cm²	$p_m=\frac{F}{BD}$	≈90	
润滑油牌号		选定	HU-22	
平均油温 t_m	℃	预选	56	
在 t_m 下油的黏度	N·s/cm²	查图 8-1-16	15×10^{-7}	
轴承特性数 $C_p=\left(\frac{p_m\psi^2}{\eta\omega}\right)$		式(8-1-8)	0.43	0.76
偏心率 ε		根据轴承特性数查图 8-1-19	0.40	0.55
最小油膜厚度 h_{min}	cm	$h_{min}=c(1-\varepsilon)$	0.0135	0.0135
轴颈表面粗糙度		按使用要求定	$\sqrt{Ra0.8}$	
轴颈表面不平度平均高度 R_1	cm		0.00032	
轴瓦表面粗糙度		按使用要求定	$\sqrt{Ra1.6}$	
轴瓦表面不平度平均高度 R_2	cm		0.00063	
轴颈挠度 y_1	cm	式(8-1-30)	0	
轴颈偏移量 y_2	cm	式(8-1-31)	0	
许用最小油膜厚度$[h_{min}]$	cm	式(8-1-29)	0.00143 (取 $S=1.5$)	
校核条件 $h_{min}\geqslant[h_{min}]$			通过	通过
承载区摩擦数 μ/ψ		查图 8-1-19	6.1	4.1
系数 ξ		根据轴承包角确定	1	1

续表

计算项目	单位	计算公式及说明	结果	
			方案1	方案2
非承载区摩擦因数$\frac{\mu'}{\psi}$		表8-1-107中式(8)	0.68	1.19
功耗N	kW	式(8-1-14)其中$F_\mu=\left(\frac{\mu}{\psi}+\frac{\mu'}{\psi}\right)\times\psi\times F$	32.4	32.4
承载区流量系数k_{Q_1}		查图8-1-9	0.114	0.148
供油压强p_s	N/cm^2	按使用要求定	10	10
系数ζ		查图8-1-11	0.23	0.29
非承载区流量数k_{Q_2}		式(8-1-17)	0.0164	0.038
系数ϑ		查图8-1-11	0.105	0.12
供油槽宽度m	cm	$m=(0.2\sim0.25)D$	6	
阻油槽宽度α	cm	$\alpha=0.05D$	1.5	
槽泄流量系数k_{Q_3}		式(8-1-18)和式(8-1-19)	0.219	0.0443
总流量Q	cm^3/s	式(8-1-16)	775	1560
润滑油温升Δt	℃	式(8-1-20)和式(8-1-21)	24.1	12.3
校核进油温度t_1	℃	$t_1=t_m-\Delta t$	31.9	43.7

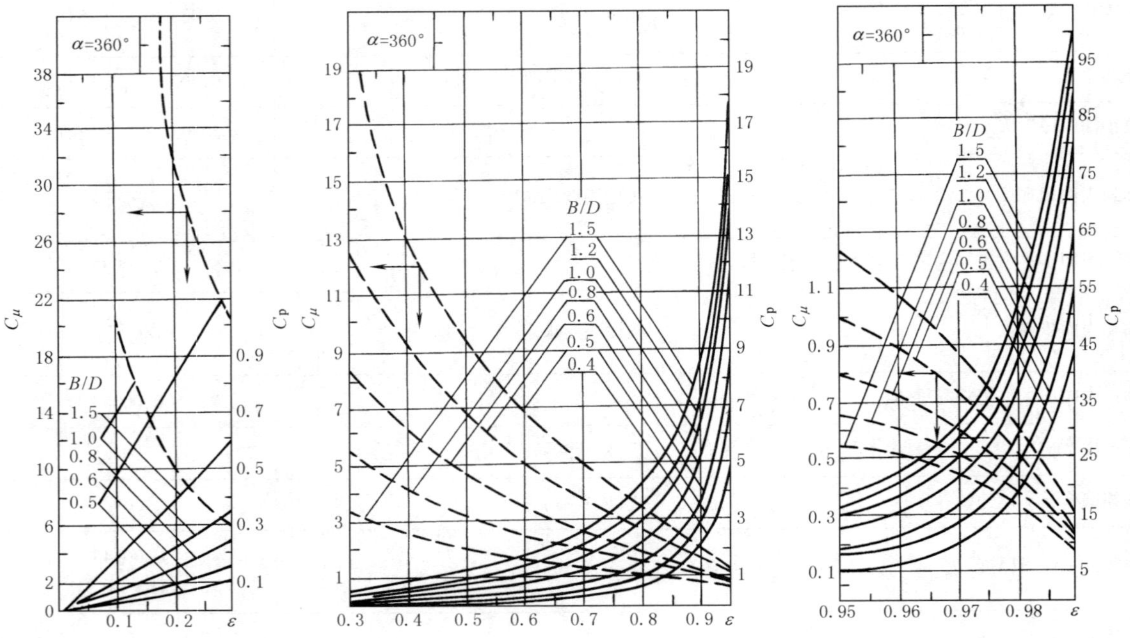

(a)

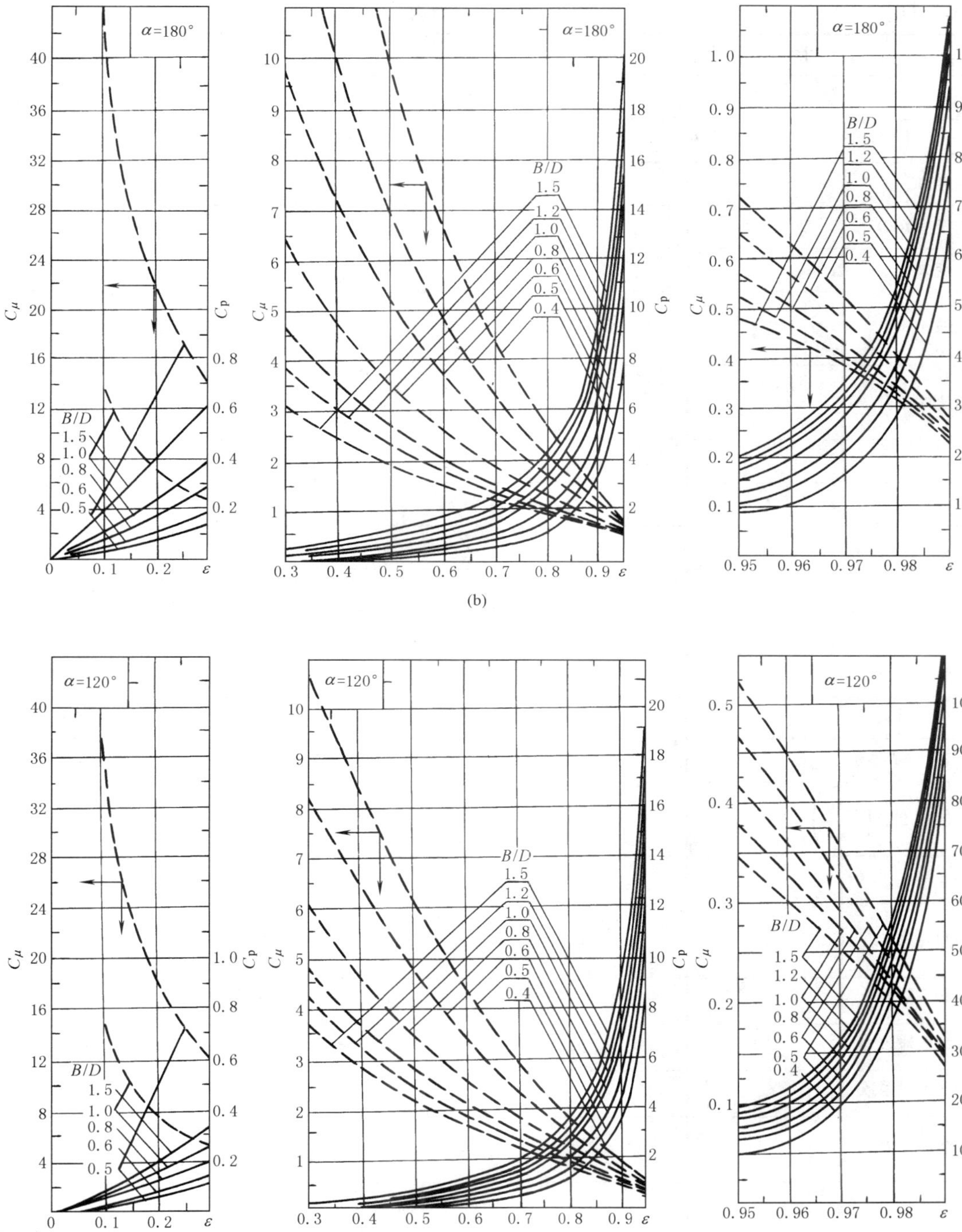

图 8-1-19　C_p-ε（实线）、C_μ-ε（虚线）关系曲线

（5）多油楔液体动压径向轴承

1）椭圆轴承的性能计算

例 2　设计汽轮机转子的椭圆轴承。已知：轴承直径 $D=30\text{cm}$，载荷 $F=65000\text{N}$，转速 $n=3000\text{r/min}$；在水平中分面两侧供油，供油压力 $p_s=10\text{N/cm}^2$，进油温度为 40℃。

设计过程框图参见图 8-1-18。计算结果见表 8-1-110。

表 8-1-110 椭圆轴承的性能计算

计算项目	单位	计算公式及说明	结果
载荷 F	N	已知	65000
转速 n	r/min	已知	3000
轴承直径 D	cm	已知	30
轴承宽径比 B/D		选定	1
轴承宽度 B	cm	$B=(B/D)D$	30
平均压强 p_m	N/cm^2	$p_m=\frac{F}{BD}$	72.2
轴颈角速度 ω	1/s	$\omega=\frac{n\pi}{30}$	314
椭圆度 ψ/ψ^*		选定	2
顶隙比 ψ^*		选定	0.0015
侧隙比 ψ		$\psi=(\psi/\psi^*)\psi^*$	0.0030
顶隙 c^*	cm	$c^*=\psi^* D/2$	0.0225
侧隙 c	cm	$c=\psi D/2$	0.0450
润滑油牌号		选定	HU-22
轴承平均油温 t_m	℃	选定	50
油在 t_m 时的黏度 η	$N\cdot s/cm^2$	查有关资料或图 8-1-16	20×10^{-7}
轴承特性数 $C_p=\left(\frac{p_m\psi^2}{\eta\omega}\right)$			1.035
相对偏心率 ε_i		查图 8-1-20	0.6
最小油膜厚度 h_{min}	cm	$h_{min}=(1-\varepsilon_i)c$	0.018 （大于许用值）
端泄流量系数 k_{Q_1}		查图 8-1-20	0.44
承载区端泄流量 Q_1	cm^3/s	$Q_1=0.125\omega BD^2\psi k_{Q_1}$	1400
油槽侧泄流量系数 k_{Q_3}		查图 8-1-21	0.915
油槽侧泄流量 Q_3	cm^3/s	$Q_3=0.3\frac{p_s c^3}{\eta}k_{Q_3}$	125
总流量 Q	cm^3/s	$Q=Q_1+Q_3$	1525
功耗系数 k_N		查图 8-1-21	6.5
功耗 N	kW	$N=\frac{k_N\eta D^2\omega^2 B}{4\times10^3\psi}$	≈29
润滑油温升 Δt	℃	$\Delta t=590\frac{N}{Q}$	10.8
校核进油温度 t_1	℃	$t_1=t_m-\Delta t$	39.2

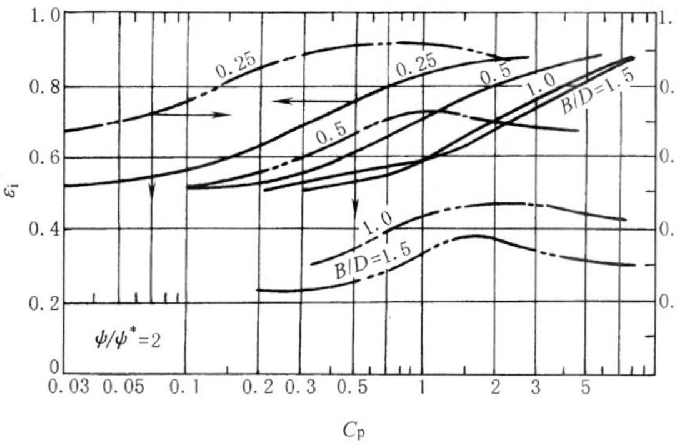

（a）椭圆轴承 C_p-ε_i、C_p-k_{Q_1} 关系曲线（$\psi/\psi^*=2$）

（C_p-ε_i 查实线、C_p-k_{Q_1} 查双点画线）

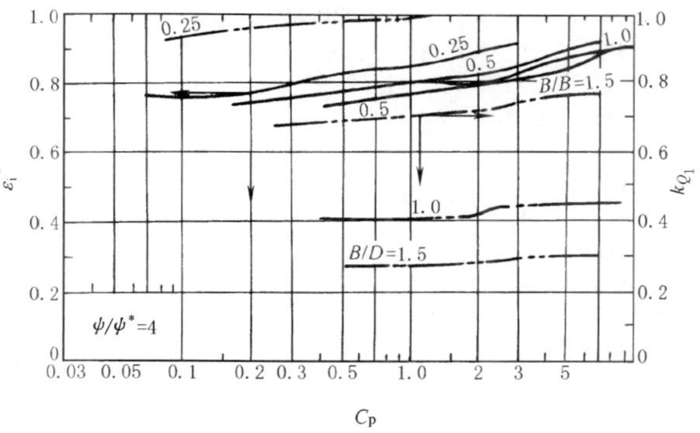

（b）椭圆轴承 C_p-ε_i、C_p-k_{Q_1} 关系曲线（$\psi/\psi^*=4$）

（C_p-ε_i 查实线、C_p-k_{Q_1} 查双点画线）

图 8-1-20

ε_i—两偏心率中的大者；k_{Q_1}—流量系数

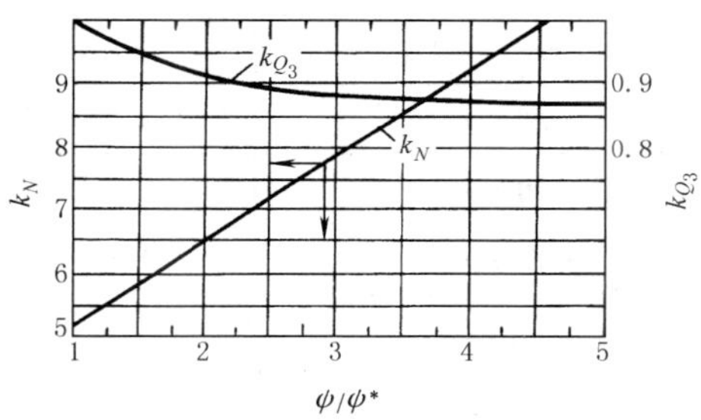

图 8-1-21　椭圆轴承的流量系数 k_{Q_3} 和功耗系数 k_N

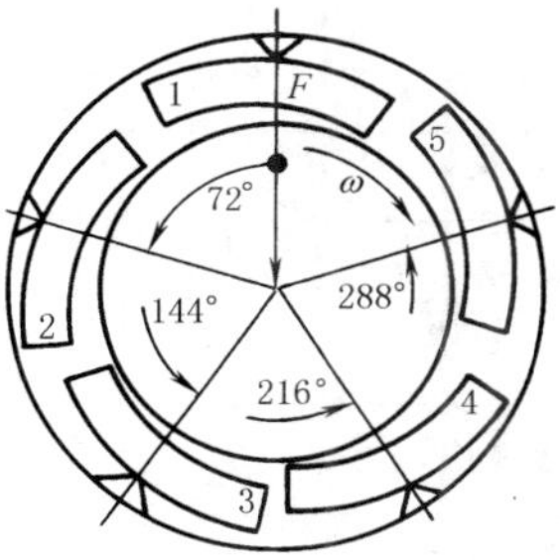

图 8-1-22　例 3 可倾瓦径向轴承的布置

2）可倾瓦径向轴承的性能计算

例 3　计算一鼓风机的五瓦可倾瓦径向轴承。已知：轴颈直径 $D=80$mm，转速 $n=11500$ r/mim，宽径比 $B/D=0.4$，间隙比 $\psi=0.002$；转子重量 $F=1250$N。进油温度希望在 40℃左右，瓦的布置如图 8-1-22 所示。

设计计算过程框图参见图 8-1-18。计算结果见表 8-1-111。

表 8-1-111　　**可倾瓦径向轴承的性能计算**

计算项目	单位	计算公式及说明	结果
载荷 F	N	已知	1250
转速 n	r/min	已知	11500
轴承直径 D	cm	已知	8
轴承宽径比 B/D		给定或选取	0.4
轴瓦宽 B	cm	$B=(B/D)D$	3.2
轴瓦数 z		选取	5
填充系数 k		选取	0.7
每块瓦的瓦长 L	cm	$L=\dfrac{k\pi D}{Z}$	3.5

续表

计 算 项 目	单 位	计算公式及说明	结 果
每块瓦占据角度 θ		$\theta=\frac{2L}{D}\times\frac{180}{\pi}$	50°08′
长宽比$\frac{L}{B}$		希望$\frac{L}{B}\approx 1$	1.094
角速度 ω	1/s	$\omega=\frac{\pi n}{30}$	1200
间隙比 ψ		选取	0.002
加工间隙 c	cm	$c=\psi\frac{D}{2}$	0.008
润滑油牌号		选取	HU-22
轴承平均工作温度 t_m	℃	选取	50
在 t_m 下的油黏度 η	N·s/cm^2	查图 8-1-16	20×10^{-7}
支点位置$\frac{L_c}{L}$		查图 8-1-23	0.606
载荷系数 k_F		查图 8-1-23	152.5
最小油膜厚度系数 k_h		查图 8-1-23	1.525
功耗系数 k_N		查图 8-1-23	1.45×10^3
温升系数 k_t		查图 8-1-23	0.78
流量系数 k_Q		查图 8-1-23	0.24
进油端到支点弧长 L_c	cm	$L_c=\left(\frac{L_c}{L}\right)L$	2.12
进油端到支点夹角 θ_c		$\theta_c=\frac{2L_c}{D}\times\frac{180}{\pi}$	30°22′
平均压强 p_m	N/cm^2	$p_m=\frac{F}{BD}$	48.8
轴承特性数$\left(\frac{p_m\psi^2}{\eta\omega}\times\frac{1}{k^2k_F}\right)=C_p$		用该数在图 8-1-24 和图 8-1-25 上查各个系数	0.1088×10^{-2}
系数$\left(k_h\frac{h_{2\min}}{c}\right)$		查图 8-1-24	0.8
最小油膜厚度的最小值 $h_{2\min}$	cm	$h_{2\min}=\left(k_h\frac{h_{2\min}}{c}\right)\frac{c}{k_h}$	4.2×10^{-3}
偏心率 ε		查图 8-1-24	0.25
系数$\left(k_Nk\frac{R}{c}\mu\right)$		查图 8-1-25	1.2×10^3
摩擦因数 μ		$\mu=\left(k_Nk\frac{R}{c}\mu\right)\frac{c}{k_h}$	0.63
功耗 N	kW	$N=\frac{\mu F\omega D}{2}\times10^{-3}$	3.7
系数 $\Delta t\frac{kk_t}{p_m}$	℃·cm^2/N	查图 8-1-24	0.105
温升 Δt	℃	$\Delta t=\left[\Delta t\frac{kk_t}{p_m}\right]\frac{p_m}{kk_t}$	9.4
校核进油温度 t_1	℃	$t_1=t_m-\Delta t$	40.6
流量 Q	cm^3/s	$Q=\frac{\omega DcBz}{2}k_Q$	147

续表

计 算 项 目	单 位	计算公式及说明	结 果
系数$\left(\frac{F_{max}}{F}\right)$		查图 8-1-25	1.2
受载最大的瓦上的载荷 F_{max}	N	$F_{max}=\left[\frac{F_{max}}{F}\right]F$	1500
受载最大的瓦上的压强 p_{mmax}	N/cm²	$p_{mmax}=\frac{F_{max}}{BL}$	134

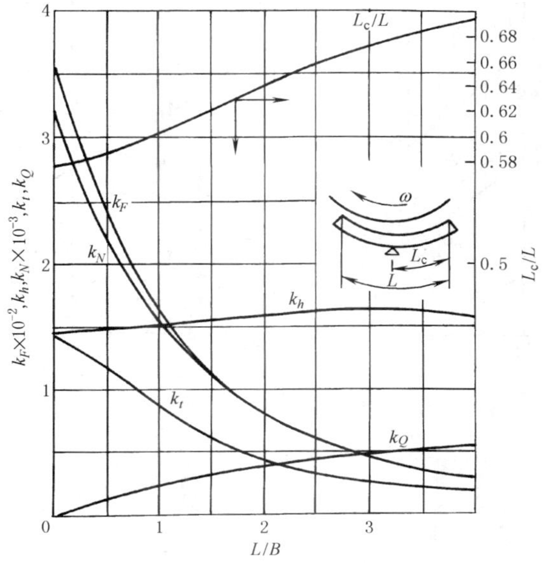

图 8-1-23 可倾瓦径向轴承的特征系数和支点位置

k_F—载荷系数；k_N—功耗系数；k_t—温升系数；k_Q—流量系数；k_h—最小油膜厚度系数；B—瓦的宽度

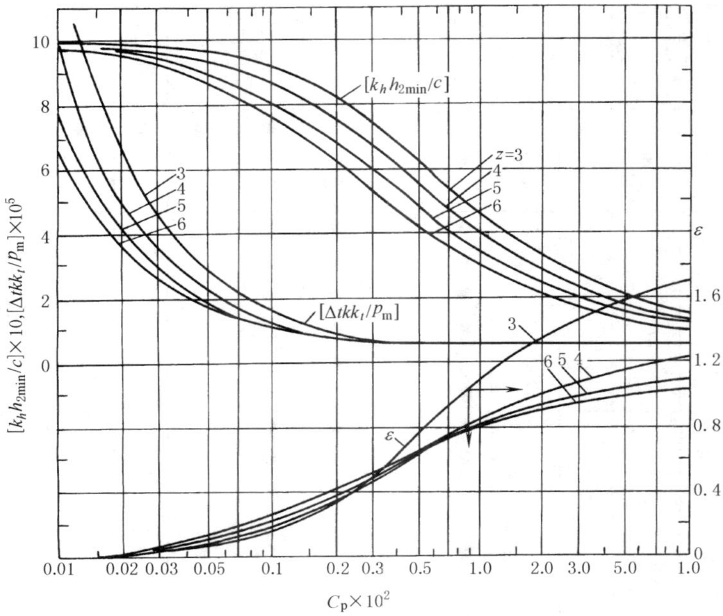

图 8-1-24 可倾瓦径向轴承的偏心率 ε、系数 $[k_h h_{2min}/c]$、$[\Delta tkk_t/p_m]$ 与承载特性系数 C_p 的关系曲线

第8篇

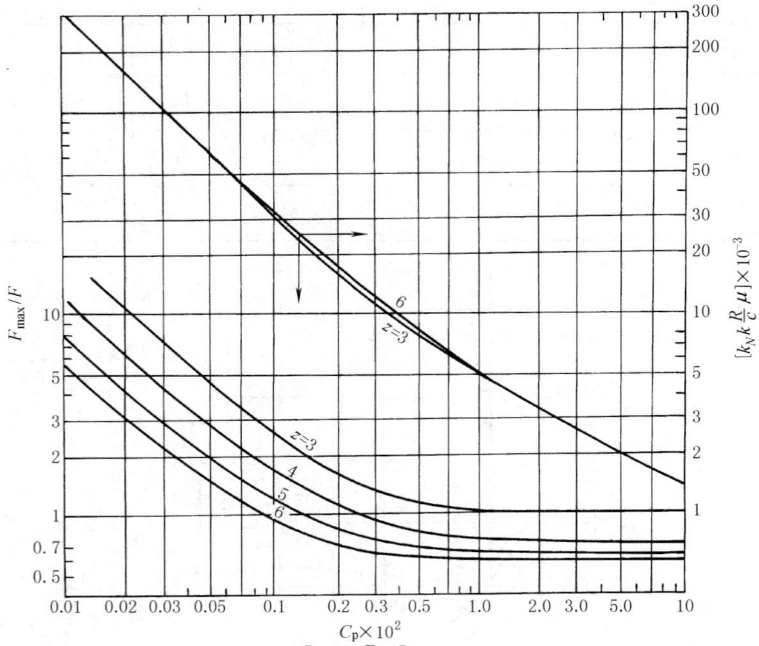

图 8-1-25　可倾瓦径向轴承的系数 $\left[k_N k \dfrac{R}{c}\mu\right]$、$[F_{max}/F]$ 与承载系数 C_p 的关系曲线

4.5　轴承材料

轴承的有效工作或失效，与载荷、速度、润滑油和轴承几何参数的选择等有密切关系，但轴承材料的合理选用，对轴承能力的发挥将起着决定性作用。表 8-1-112 给出了滑动轴承材料的推荐应用范围。

表 8-1-112　　　　滑动轴承材料的应用范围

应用范围	人造碳	塑料	多孔质烧结轴承	巴氏合金	轧制铝复合材料	铅青铜	铅锡青铜和锡青铜	铝合金	特种黄铜	铝青铜	工作状态
杠杆、铰链、拉杆		●					●	●	●	●	静载荷小，滑动速度低且为间歇性。不保养，一次润滑，有污物危害
精密加工技术器件(电气仪器、飞机附件等)	●		●	●		●					
端面轴承				●		●					静载荷很小，滑动速度中等到高，但是不变向。油润滑，且为压力润滑
凸轮轴轴承				●		●	●				
止动片				●		●	●				
涡轮机和涡轮驱动装置				●		●					
燃气轮机						●					
大型电机				●							
轧钢机，锻压机				●		●	●				静载荷中等，且有冲击。滑动速度低，油润滑
机车轴承，活塞式压缩机				●		●	●				
齿轮箱，压力扇形块轴承						●					静载荷中等，且有冲击。滑动速度低，油润滑
轧辊颈轴承				●			●	●	●	●	载荷重，且有冲击，滑动速度低，且为交变的，有污物危害，缺少润滑
弹簧销轴承							●			●	
建筑机械和农业机械						●	●		●		
传送装置						●	●		●	●	

续表

应用范围	人造碳	塑料	多孔质烧结轴承	巴氏合金	轧制铝复合材料	铅青铜	铅锡青铜和锡青铜	铝合金	特种黄铜	铝青铜	工作状态
汽油机的主轴承和连杆轴承				●	●①	●①					动载荷中等，滑动速度中等到高，油润滑，有温升现象
柴油机					●①	●①					
大型柴油机				●		●					
制冷压缩机						●					
水泵							●				
轻金属壳体中的轴承								●			
活塞销轴套						●	●	●			动载荷重且有冲击，滑动速度低且为交变，二次油润滑，高温
翻转杠杆轴套						●	●				
操纵装置							●				
液压泵						●		●			

① 有三元减摩层。

轴承的失效，首先表现在轴承减摩材料的损坏，以及由此引起的相关零件的损坏。所以，减摩材料的合理选用、质量的保证以及减摩层与基本的结合性能等，都是非常重要的。轴承材料要有很好的抗磨损、抗黏合、抗腐蚀、抗疲劳及污染等性能。要视轴承工作的具体情况来选取轴承材料，对于承载启动、高速重载的轴承，应予高度重视，表 8-1-113 给出常用轴承材料的性能以供参考。

表 8-1-113　　轴承材料的工艺性能

项目		铅基巴氏合金		锡基巴氏合金 1		锡基巴氏合金 2		锡基巴氏合金 3		锡基巴氏合金 4		镉合金		青铜 1		青铜 2		青铜 3	
化学成分(质量分数)/%	Pb	75.8		2		max0.06		max0.06		max0.06				11		13		15	
	Sn	6		80		80.5		89		87.5				8		5		2.5	
	Cd	1				1.2				1		93.4							
	Cu	1.2		6		5.6		3.5		3.5				77.5		79.0		79.5	
	Sb	15		12		12		7.5		7.5									
	Ni	0.5				0.3				0.2		1.6		3.5		3		3	
	As	0.5				0.5				0.3									
硬度 HB/N·mm^{-2}	20℃	25.6		27.4		35.0		22.6		28.0		34.0		51.3		67.5		86.3	
	50℃	21.0		23.2		27.9		17.0		23.2		28.9		49.1		65.8		80.3	
	100℃	14.2		13.3		17.3		10.4		15.6		19.7		46.6		64.9		78.6	
	150℃	8.1		7.3		9.7		—		9.1		11.5		44.5		62.6		76.9	
应力与弹性模量	屈服强度 $\sigma_{0.2}$	28.4		61.8		84.4		46.1		65.7		78.5		84.4		120		163	
	抗拉强度 σ_b	56.9		89.3		102		76.5		100.0		129		136		192		209	
	伸长率 δ_3/%	1.2		3.0		1.5		11.2		8.4		17.0		6.4		6.4		2.1	
	弹性模量 E/N·mm^{-2}	29900		55700		52500		56500		49500		54200		81500		84000		85100	
	温度/℃	20	100	20	100	20	100	20	100	20	100	20	100	20	100	20	100	20	100
	挤压极限 $\sigma_{0.2}$/N·mm^{-2}	46.1	26.5	61.8	37.3	80.4	48.1	47.1	26.5	62.8	30.4	69.7	50.0	76.5	64.8	109	95.2	138	116
	抗压强度 σ_{bc}/N·mm^{-2}	58.9	35.3	87.3	68.7	122	80.4	75.5	45.1	103	59.8	119	86.3	133	113	175	165	232	215

4.6　液体动压推力轴承

液体动压推力轴承的结构简图如图 8-1-26 所示，一般有 3 个以上的扇形瓦块，瓦块与推力环之间可形成一定厚度的承载油膜。

第 8 篇

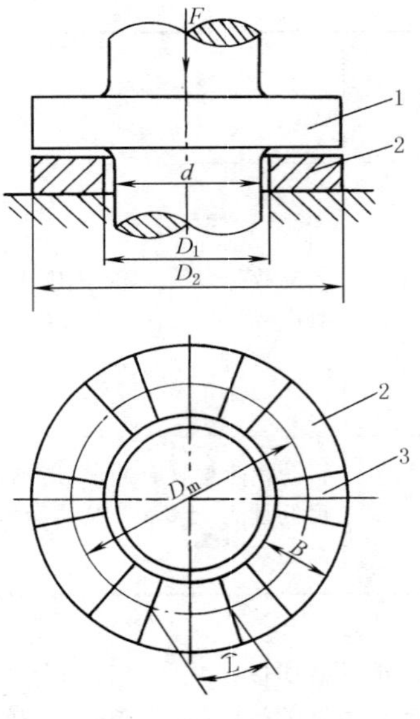

图 8-1-26　止推轴承组成

1—推力环；2—扇形瓦；3—油沟

4.6.1　参数选择

（1）瓦数 z

最少 $z=3$，一般 $z=6\sim12$。z 与比值 D_2/D_1 和 B/L 有关。D_2/D_1 愈小，B/L 愈大，则 z 愈大。瓦数少，易使轴承温升高；瓦数多，则不利于安装调整，且使承载能力下降。

（2）宽长比 B/L

L 为瓦面平均圆周长，可取 $B/L=0.7\sim2$，取 $B/L=1$ 时可获得最大的承载能力。

（3）外内径比 D_2/D_1

通常 $D_2/D_1=1.5\sim3$，内径 D_1 略大于轴颈。可取 $D_1=(1.1\sim1.2)d$。

（4）填充系数 k

一般取 $k=0.7\sim0.85$。k 不宜过大，以免造成相邻瓦之间的热影响，使瓦温和油温升高。

（5）平均压强 p_m

通常取 $p_m=1.5\sim3.5\text{MPa}$，若有良好的瓦均载措施并能有效控制进油温度，允许 $p_m=6.0\sim7.0\text{MPa}$。

（6）最小油膜厚度 h_2

从制造工艺和安全运转考虑，应取 $h_2\geqslant25\sim50\mu\text{m}$，中等尺寸的轴承取最小值，大型轴承取大值。

（7）油温

一般取平均温度 $t_m=40\sim55℃$，进油温度控制在 $t_1=30\sim40℃$ 左右，出油温度 $t_2\leqslant75℃$。计算轴承性能时按平均温度进行。推力轴承润滑方式有浸油润滑和压力供油两种，高速轴承为避免过大的搅油损失，不宜采用浸油润滑。

（8）瓦块坡高 β

$\beta=h_1-h_2$，通常选择坡高比 $\beta/h_2=3$，此时轴承有较好的工作性能。

（9）推力环厚度 H

通常取 $H=(0.3\sim0.5)L$。

（10）推力环直径 D_t

应略大于外径 D_2，通常可取 $D_t=(1.05\sim1.1)D_2$。

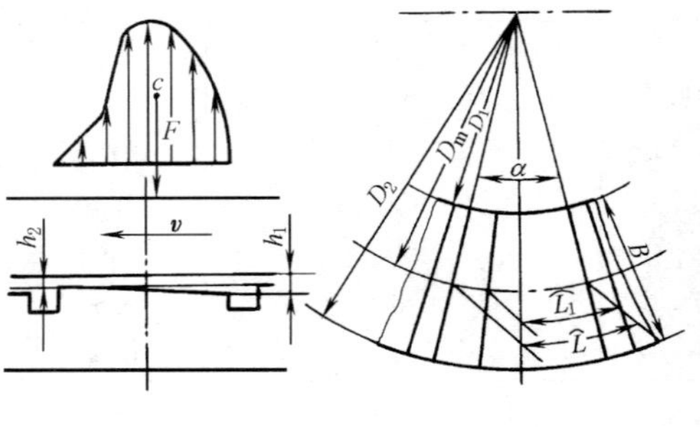

图 8-1-27　斜-平面推力轴承

L_1—斜面长度；$L-L_1$—平面长度

4.6.2　斜-平面推力轴承

斜-平面推力轴承常用于工况稳定的小型轴承。瓦的形状如图 8-1-27 所示，当斜面长度 $L_1=0.8L$ 时，轴承承载能力最大。

表 8-1-114　斜-平面推力轴承性能计算公式

名　　称	计 算 公 式
平均压强 p_m/Pa	$p_m=F/(zBL)$
平均圆周速度 v/m·s^{-1}	$v=\pi D_m n$
最小油膜厚度 h_2/m	按推荐值取 $\beta/h_2=3, B/L=1$ 时 $h_2=0.5(\eta\ n\ D_m B/p_m)^{\frac{1}{2}}$
润滑膜功耗 N/kW	$9.1\beta\ nD_m F/B$
流量 Q/m^3·s^{-1}	$1.38nD_m B\beta z$
温升 Δt/℃	$\Delta t=5.9\times10^{-4}N/Q$

例1 设计一斜-平面推力轴承。已知：最大轴向 $F=25480\text{N}$，轴颈直径 $d=0.135\text{m}$，转速 $n=50\text{r/s}$。要求进油温度 $t_1=45℃$，出油温度 $t_2\leqslant70℃$。计算结果见表 8-1-115。

表 8-1-115 **解题步骤及结果**

计算项目	计算公式及说明	结果
载荷 F/N	已知	25480
转速 n/r·s^{-1}	已知	50
轴承内径 D_1/m	$D_1=(1.1\sim1.2)d$	0.15
外内径比 $\bar{R}=D_2/D_1$	通常选取 $1.2\leqslant\bar{R}\leqslant2.2$	1.5
轴承外径 D_2/m	$D_2=\bar{R}D_1=1.5\times0.15$	0.225
平均直径 D_m/m	$D_m=(D_1+D_2)/2=(0.15+0.225)/2$	0.1875
轴承宽度 B/m	$B=(D_2-D_1)/2=(0.225-0.15)/2$	0.0375
宽长比 B/L	选取	1
瓦平均周长 L/m	$L=B/(B/L)=0.0375/1$	0.0375
瓦块数 z	根据 D_2/D_1 值由图 8-1-28 查得	12
填充系数 k	5/6	0.83
轴瓦包角 α/rad	$k\times2\pi/z$	0.436
平均压强 p_m/Pa	$25480/(12\times0.0375^2)$	1.51×10^6
平均圆周速度/m·s^{-1}	$v=\pi D_m n=3.14\times0.1875\times50$	29.43
润滑油牌号	选取	HU-22
平均油温 t_m/℃	选取	65
t_m 下油的黏度 η/Pa·s	查图 8-1-16	0.0155
最小油膜厚度 h_2/m	$0.5(\eta nD_mB/p_m)^{\frac{1}{2}}$	0.03×10^{-3}
斜面坡高 β/m	$\beta=3h_2$	9×10^{-5}
搅动功耗系数 k_N	根据雷诺数查图 8-1-29	0.03
浸油润滑时的搅动功耗 N_j/kW	$N_j=k_N\rho n^3D_t^5\left(1+\frac{4H}{D_t}\right)$ D_t——推力环直径	4.23
功耗 N/kW	$9.1\beta nD_mF/B+N_j$	9.97
流量 Q/m^3·s^{-1}	$1.38nD_mB\beta z$	5.77×10^{-4}
温升 Δt/℃	$5.9\times10^{-4}\times9.97/5.77\times10^{-4}$	10.2

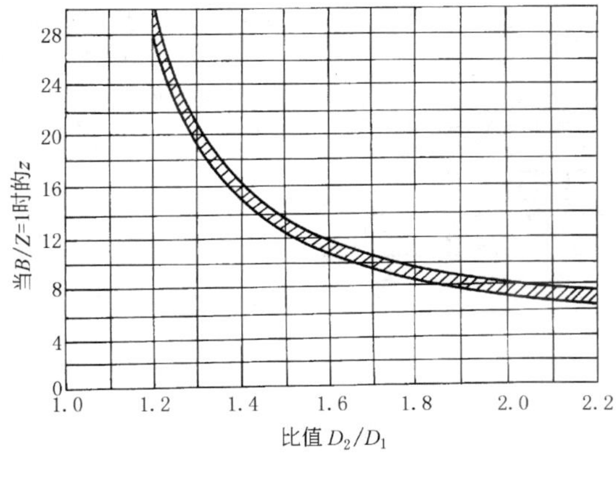

图 8-1-28 固定瓦推力轴承的瓦块数

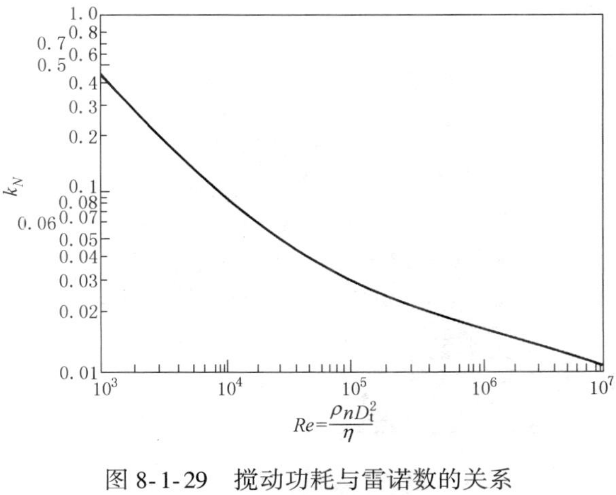

图 8-1-29 搅动功耗与雷诺数的关系
（Re 为雷诺数，ρ 为流体密度）

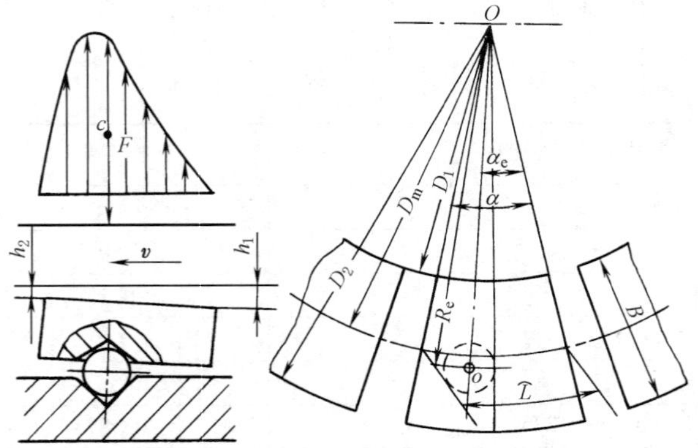

图 8-1-30　可倾瓦推力轴承

可倾瓦推力轴承计算公式见表 8-1-117。

4.6.3　可倾瓦推力轴承

用于工况经常变化的大中小型轴承。各瓦能随工况变化自动调节倾斜度，最小油膜厚度 h_2 随之改变，见图 8-1-30。

可倾瓦的支承方式有多种，如表 8-1-116 所示，瓦块支承应使各瓦受载尽可能均匀。为降低温升，可适当增大瓦面距，改进瓦的形状（如沿油的流向切去瓦角，采用圆形瓦等），使冷热油进出流畅，还可设置喷油管或循环冷却水管等。

可倾瓦推力轴承的支点：径向偏置参数 $\bar{R}_z-\bar{R}_1$ 可在 0.515~0.56 范围内选取，周向偏置参数θ_z/θ_0 可在 0.55~0.625 范围内选取。

表 8-1-116　　可倾瓦推力轴承支承方式

支承方式	特点	支承方式	特点
弹性垫支承 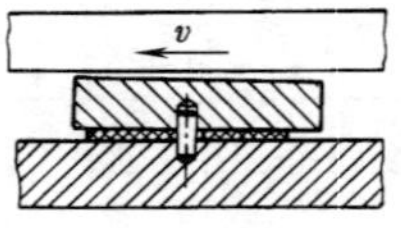	结构简单、安装方便、成本低。弹性垫用耐油橡胶制造。适用于小型推力轴承	弹性油箱支承 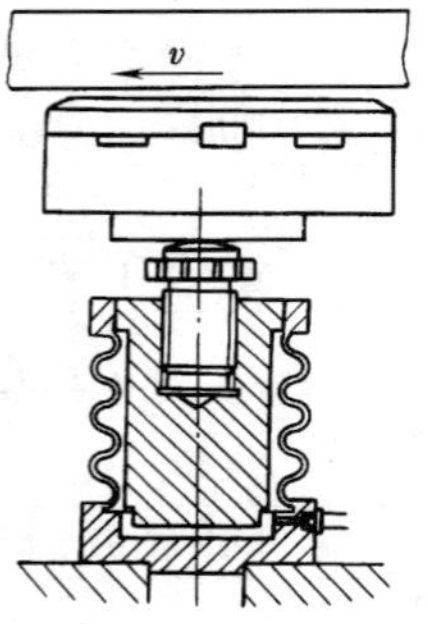	多弹性油箱间构成一连通器,能自动调整瓦载荷,不均匀度可达 3%以下,长期运行稳定、可靠。油箱制造复杂,费用较低。适用于大型推力轴承
球支承 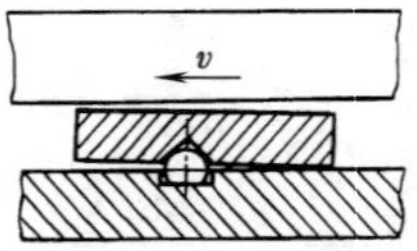	结构简单,制造、安装方便,成本低。适用于小型推力轴承	弹簧支承 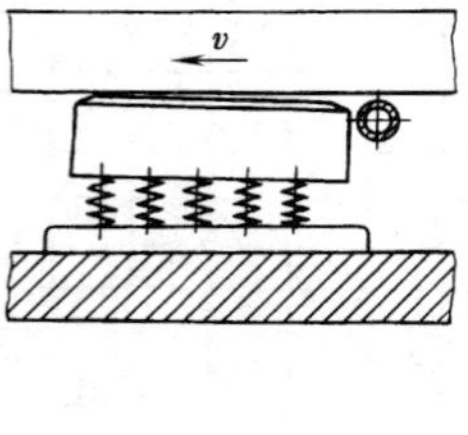	由一簇弹簧支承。对弹簧单件特性要求高。弹簧便于大量生产,故总成本不高。适用于中型推力轴承
平衡块支承 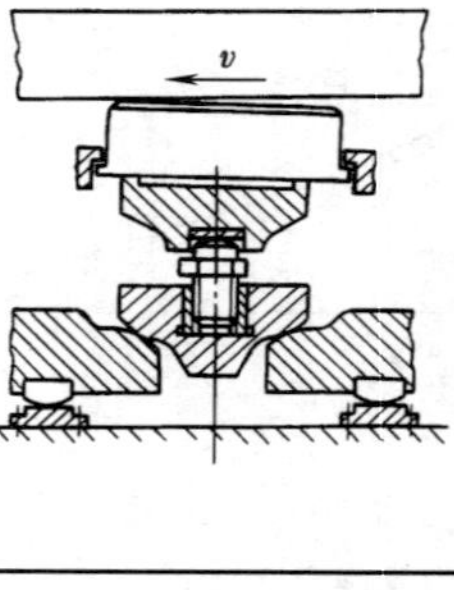	应用铰支梁杠杆原理自动平衡瓦间载荷,安装较方便,加工费用较弹性油箱支承低。因受平衡决策性的限制,宜用于转速不很高的大型轴承		

续表

刚性支柱轴承	结构较简单,制造较方便,轴瓦转动灵活性也较好。半刚性托盘可均衡瓦的力变形和热变形。调整则较困难。适用于大、中型推力轴承	鼓形油箱支承	又称单波纹式。均衡载荷的能力较弹性油箱差,不均匀度约为 3%~5%左右,但加工较弹性油箱方便得多。适用于大型推力轴承
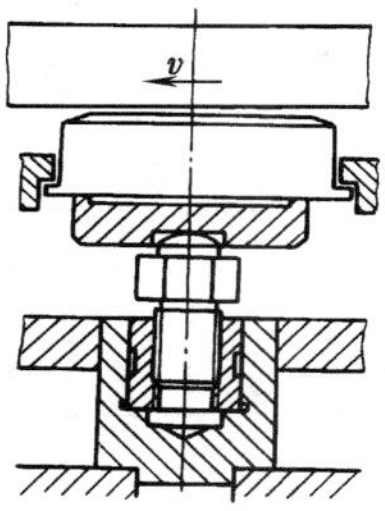		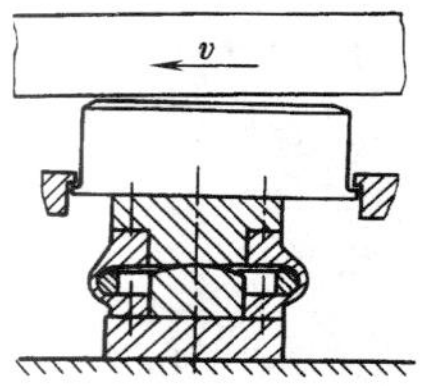	

表 8-1-117　　可倾瓦推力轴承性能计算公式

名　称	计算公式	名　称	计算公式
最小油膜厚度 h_2/m	$\left(\overline{W}_m \dfrac{\eta\omega B^4}{F_m}\right)^{\frac{1}{2}}$　F_m 为每块瓦上的载荷	温升 Δt/℃	$\Delta t=5.9\times10^{-4}N/Q$
功耗 N/kW	$zk_N\overline{W}_m\dfrac{\eta\omega^2B^4}{h_2}$	径向偏置距离 e	$e=(0.015\sim0.06)B$ 偏向瓦外侧

例 2　设计一可倾瓦推力轴承。已知载荷 $F=1.69\times10^5$N，轴颈转速 $n=50$r/s，直径 $d=0.27$m，进油温度 $t_1=45$℃，润滑油牌号为 HU-22，直接润滑。计算步骤及结果见表 8-1-118。

表 8-1-118　　解题步骤及结果

计算项目	计算公式及说明	结　果
载荷 F/N	已知	1.69×10^5
转速 n/r·s^{-1}	已知	50
平均压强 p_m/Pa	选取	2×10^6
瓦块总面积 A/m^2	$A=\dfrac{F}{p_m}$	0.084
轴瓦内径 D_1/m	$D_1=(1.1\sim1.2)d$	0.3
轴瓦外径 D_2/m	$D_2=\left(A\times\dfrac{4}{3}\times\dfrac{4}{\pi}+D_1^2\right)^{\frac{1}{2}}$	0.5
外内径比 $\overline{R}$	$\overline{R}=D_2/D_1=0.5/0.3$(通常取 $\overline{R}=1.5\sim3$)	1.67
平均直径 D_m/m	$D_m=(D_1+D_2)/2=(0.5+0.3)/2$	0.4
轴承宽度 B/m	$B=(D_2-D_1)/2=(0.5-0.3)/2$	0.1
填充系数 k	选取	0.75
轴瓦包角 α/(°)	$\alpha=k\times360°/z$	30
宽长比 B/L	选取 $B/L=1$	1
每瓦平均周长 L/m		0.1
瓦块数	根据 $\overline{R}$ 由图 8-1-31 查得	10

续表

计 算 项 目	计算公式及说明	结 果
实际平均压强 p_m/Pa	$p_m = F/(zBL) = 1.69\times10^5/(10\times0.1\times0.1)$	1.695×10^6
润滑油牌号	给定	HU-22
平均油温 t_m/℃	给定	55
t_m 下润滑油黏度 η/Pa·s	查图 8-1-16	0.0145
无量纲内径 $\overline{R}_1$	$\overline{R}_1 = R_1/B = 0.15/0.1 = 1.5$	1.5
周向偏置参数 θ_z/θ_0	选取	0.6
径向偏置参数 $\overline{R}_z-\overline{R}_1$	选取	0.53
θ_p/θ_0	根据 $\overline{R}_z-\overline{R}_1$、$\theta_z/\theta_0$ 值查图 8-1-32	1.0
倾斜系数 G_{sa}	根据 $\overline{R}_z-\overline{R}_1$、$\theta_z/\theta_0$ 值查图 8-1-34	1.3
$\overline{W}_m$	根据 θ_p/θ_0、G_{sa} 值查图 8-1-33	0.145
最小油膜厚度 h_2/m	$h_2 = \left(\dfrac{\overline{W}_m \eta\omega B^4}{F_m}\right)^{\frac{1}{2}}$	0.000062
功耗系数 k_N	查图 8-1-34	21
功耗 N/kW	$N = zk_N\overline{W_m\eta\omega^2B^4}/h_2/1000$ $=10\times12\times0.145\times0.0145\times(314.16)^2$ $\times0.1^4/0.000062/1000$	70.3
流量系数 k_Q	查图 8-1-35	1.89
总流量/$m^3\cdot s^{-1}$	$Q = zk_Q\omega B^2h_2$	37.07×10^{-4}
温升 Δt/℃	$\Delta t = (k_N/k_QF)/(1.7\times10^6B^2z)$	11.06

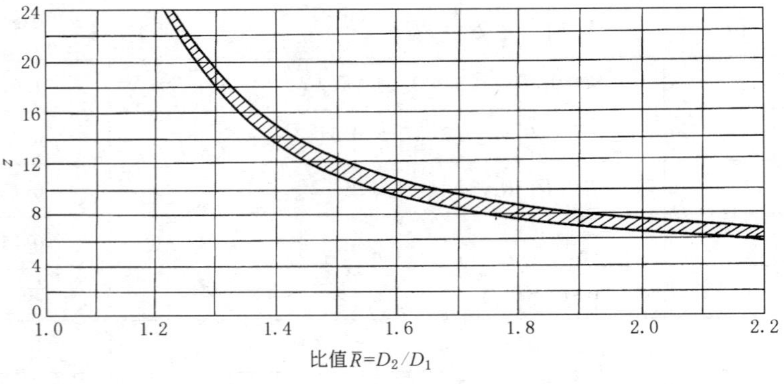

图 8-1-31 可倾瓦推力轴承的瓦块数

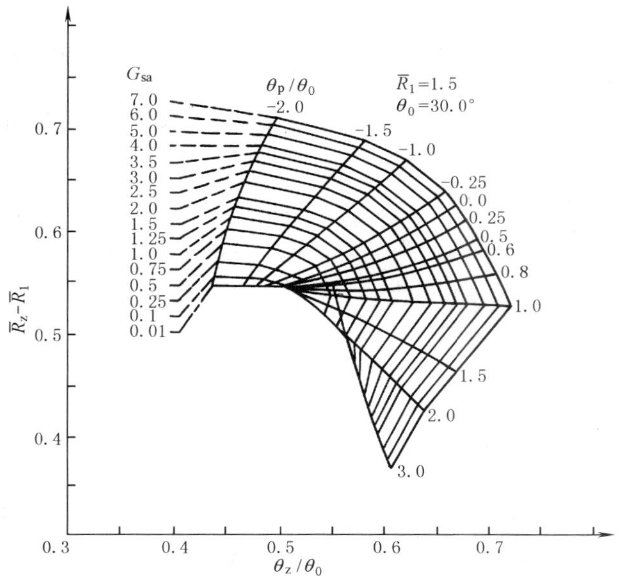

图 8-1-32

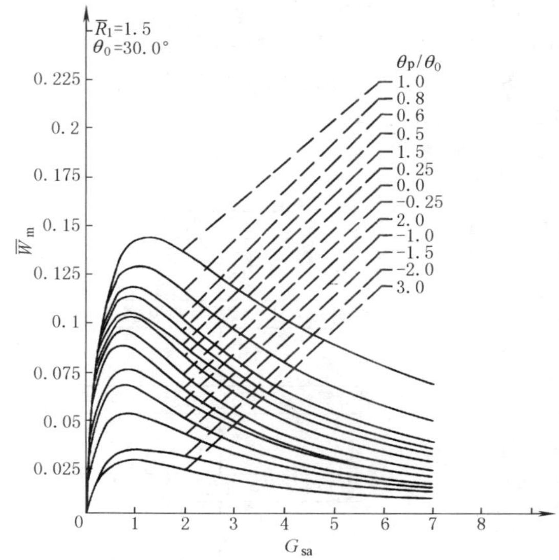

图 8-1-33　承载能力曲线

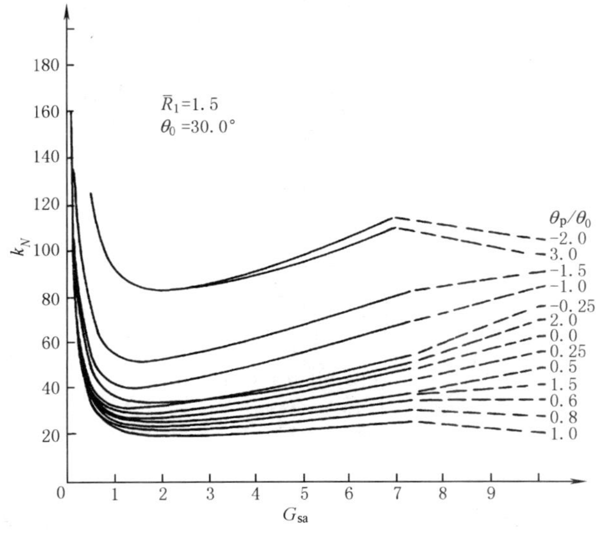

图 8-1-34　摩擦因数曲线

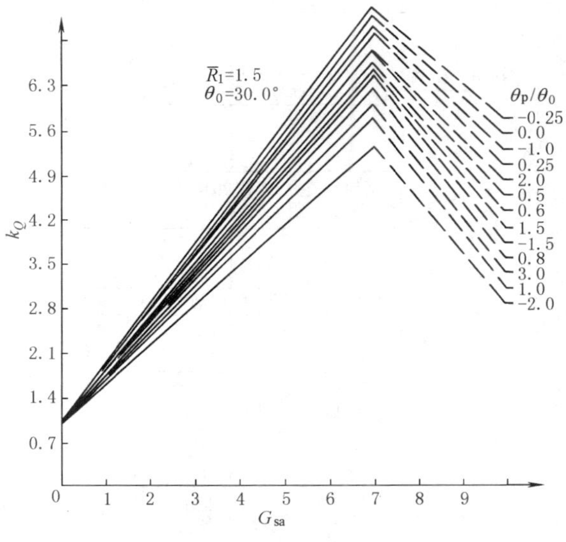

图 8-1-35　无量纲进油量曲线

4.7 计算程序简介

流体润滑轴承性能计算通常用数值法求解，经过离散化处理雷诺方程所得的线性代数方程组，得到各节点上的压力分布、温度分布等，然后进行数值积分和运算可得出轴承的各项性能参数。

图 8-1-36 给出了用有限元法求解雷诺方程的主程序框图，有关程序软件可与西安交通大学轴承研究所联系。

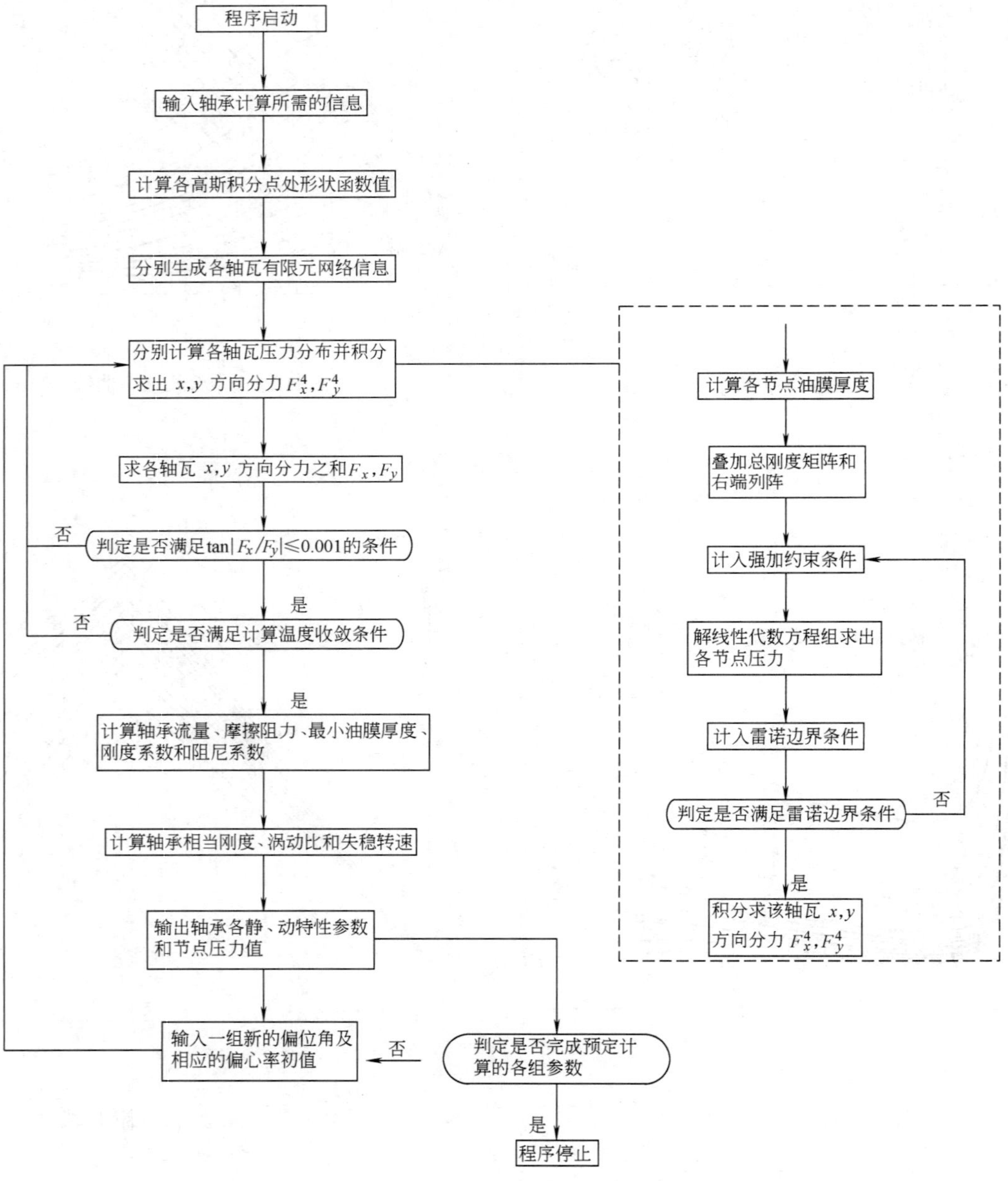

图 8-1-36　主程序框图

5　液体静压轴承

5.1　概述

液体静压轴承是在液体静力润滑状态下工作的滑动轴承。通常是依靠外部供油系统向轴承供给压力油，通过补偿元件输送到轴承的油腔中，形成具有足够压力的润滑油膜将轴颈浮起，由液体的静压力支承外载荷，保证了轴颈在任何转速（包括转速为零）和预定载荷下都与轴承处于完全液体摩擦的状态。

常用的恒压供油静压轴承系统组成，包括径向和推力轴承、补偿元件（小孔节流式、毛细管式、内部节流式、滑阀反馈式和薄膜反馈式节流器等）、供油装置三部分，见图 8-1-37。液体静压轴承的特点见表 8-1-119。

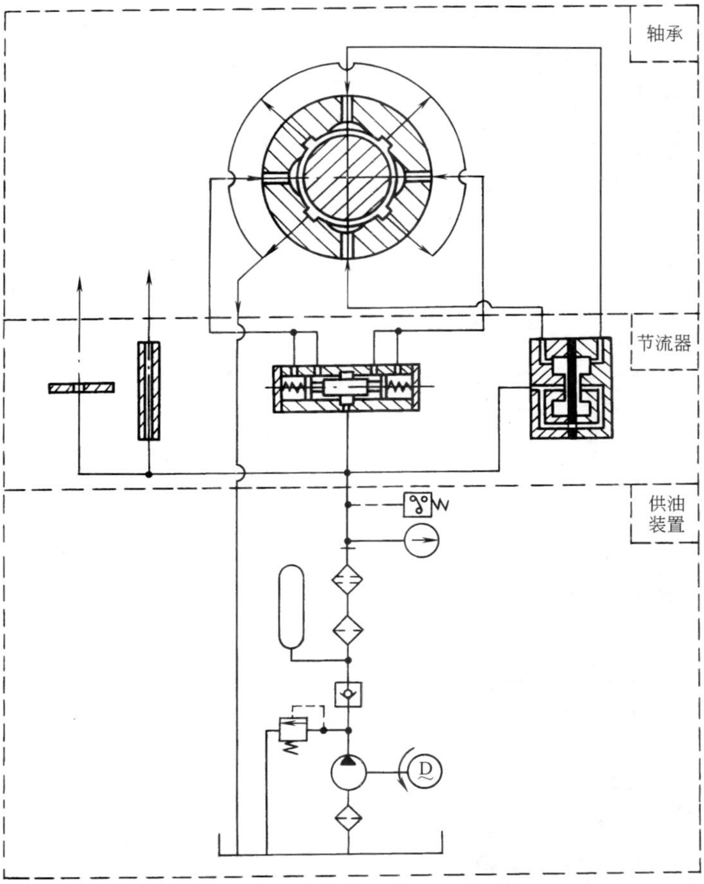

图 8-1-37　液体静压轴承系统组成

表 8-1-119　液体静压轴承的特点

特　点	(1)静压轴承始终处于纯液体润滑状态下，摩擦阻力小，主轴启动功率小，传动效率高 (2)正常运转和频繁启动时，都不会发生金属之间的直接接触造成的磨损，精度保持性好，使用寿命长 (3)由于轴颈的浮起是依靠外部供油的压力来实现的，因此，在各种相对运动速度下，都具有较高的承载能力，速度变化对油膜刚度影响小 (4)润滑油膜具有良好的抗振性能，轴运转平稳 (5)油膜具有均化误差的作用，能减少轴与轴承本身制造误差的影响，轴的回转精度高 (6)设计静压轴承时，只要选择合理的设计参数，如主轴与轴承之间的间隙、封油面尺寸、节流器形式、供油压力、节流比等，就能使轴承的承载能力、油膜刚度、温升等满足从轻载到重载、低速到高速、小型到大型的各种机械设备的要求 (7)需要一套过滤效果非常好而且可靠的供油装置。在高速场合，还需安装油冷却装置，保证控制润滑油温度在一定范围内

5.2 液体静压轴承的分类

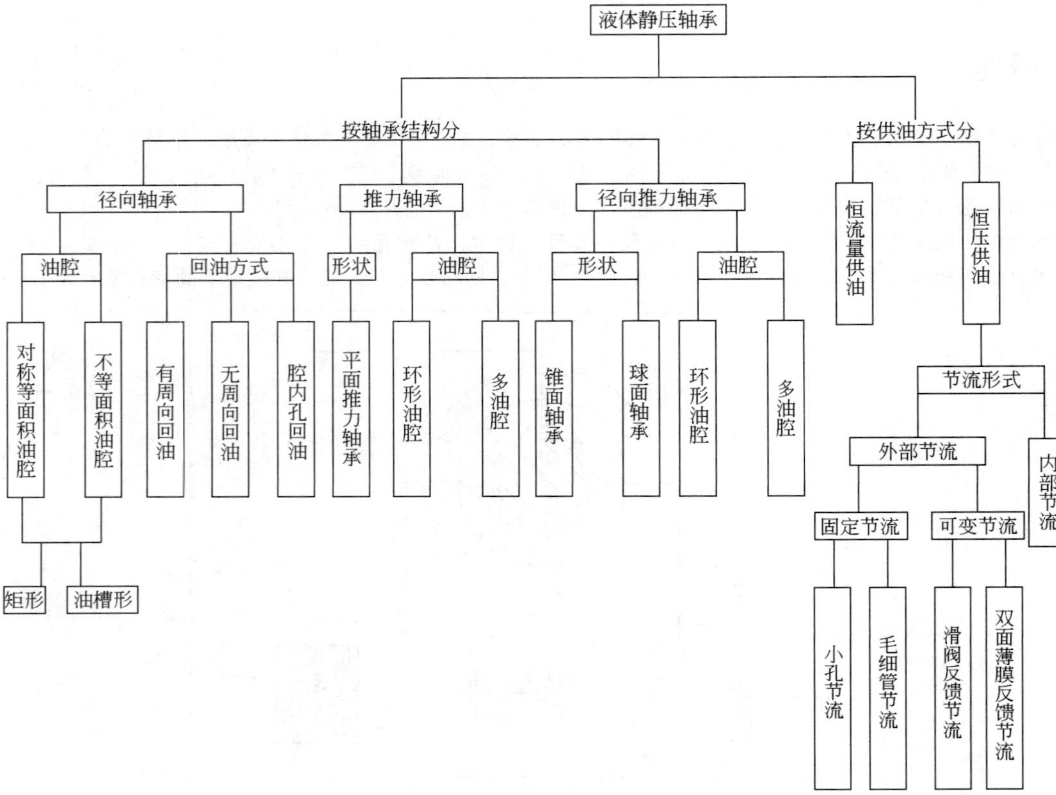

5.3 液体静压轴承的原理

表 8-1-120

分类		原理
有周向回油	固定节流	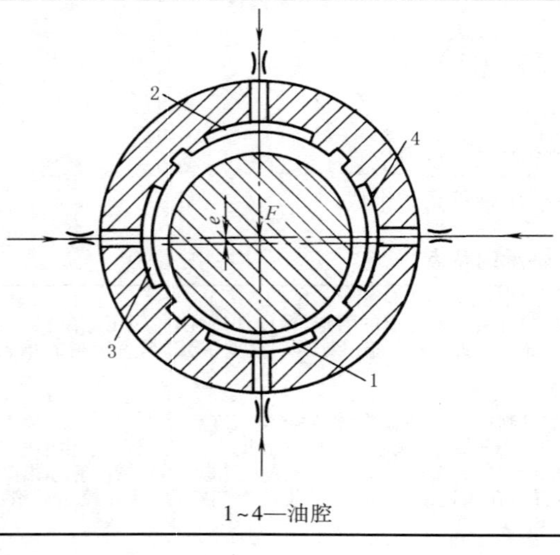 1～4—油腔 从供油系统供给具有一定压力的润滑油，通过各个小孔节流器（或毛细管节流器），进入相应的轴承油腔内。空载时由于各油腔对称等面积分布，各个节流器的节流阻力相同，使轴浮起在轴承的中心位置（忽略轴自重）。此时，轴承封油面各处的间隙（h_0）相同，轴承各油腔内的压力（p_0）相等。当轴受载荷 F 后，轴向下产生微小的位移 e，使油腔 1 处的间隙减小到（h_0-e），油流阻力增大，油腔 2 处的间隙增大到（h_0+e），油流阻力减小，因而油腔 1 的压力 p_1 升高，油腔 2 的压力 p_2 降低。所以油腔 1、油腔 2 便形成压力差 Δp（$\Delta p=p_1-p_2$）。当 $A_e\Delta p$（A_e 为轴承一个油腔的有效承载面积）同载荷 F 平衡，即 $F=A_e\Delta p$ 时，轴便不再往下移动，处于平衡状态。选择合理的轴承和节流器参数，能使轴产生的位移，满足设计要求。如果载荷不是正对油腔，可将载荷分解为垂直方向和水平方向的载荷，分别由上下油腔和左右油腔的 $A_e\Delta p$ 与之平衡，故四个油腔的轴承已能承受来自任意方向的径向载荷

续表

分类		原理
有周向回油	可变节流	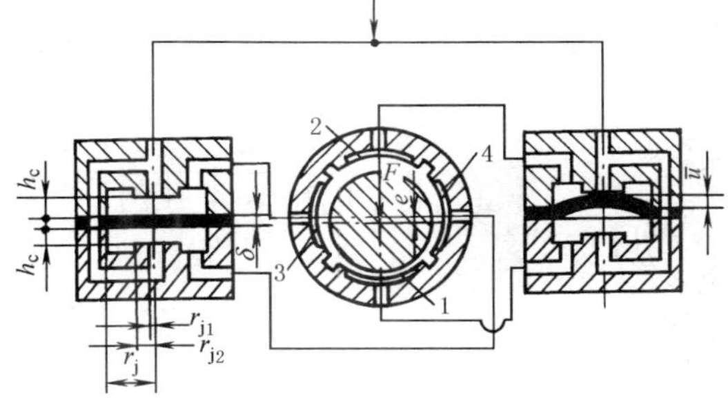 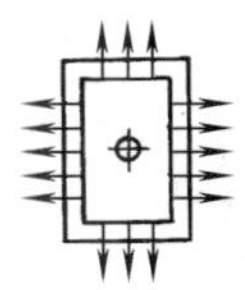 薄膜反馈节流 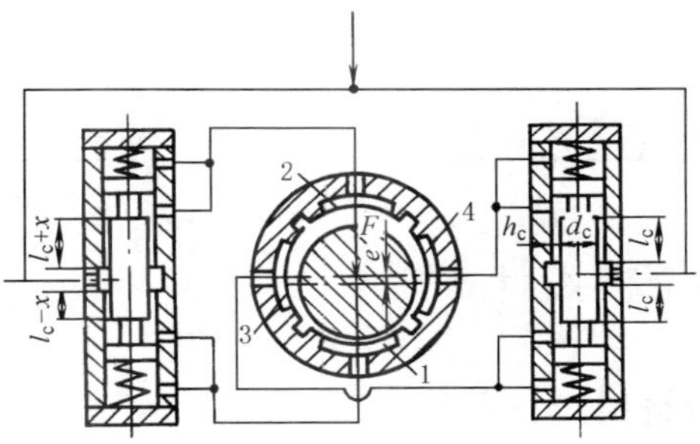 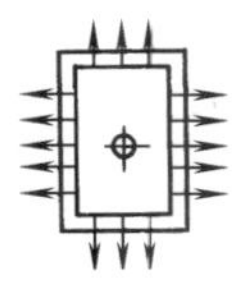 滑阀反馈节流 从供油系统供给具有一定压力的润滑油，通过滑阀反馈节流器（或双面薄膜反馈节流器），进入相应的轴承油腔内。空载时，由于各个油腔对称等面积分布，滑阀在两端弹簧作用下处于中间位置（或薄膜处于平直状态），各个节流器的节流阻力相同，使轴浮起在轴承的中心位置（忽略轴自重），此时轴承封油面各处的间隙 h_0 相同，轴承各油腔内的压力 p_0 相等。当轴受载荷 F 后，轴向下产生微小的位移 e，使油腔 1 处的间隙减小，油流阻力增大，因而油腔 1 的压力 p_1 升高；油腔 2 处的间隙增大，油流阻力减小，因而油腔 2 处的压力 p_2 降低，由于油腔 1、油腔 2 分别与滑阀两端连接（或与薄膜两面的上下油腔连接），滑阀两端面（或薄膜上下两面）受 p_1、p_2 作用后，使滑阀向上移动 x（或薄膜向上凸起变形量 $\bar{u}$），于是滑阀上边的节流长度增大为 l_c+x（或薄膜上面节流间隙减小为 $h_c-\bar{u}$），润滑油流入轴承油腔 2 的阻力增大，滑阀下边的节流长度减少为 l_c-x（或薄膜下面节流间隙增大为 $h_c+\bar{u}$），油流入轴承油腔 1 的阻力减小，造成油腔 1、油腔 2 的压力差 Δp（$\Delta p=p_1-p_2$）进一步增大，$A_e\Delta p$ 同载荷 F 平衡，促使轴重新向上浮起，使轴保持在新的位置。轴浮起量的大小，取决于轴承和节流器参数的选择 如果轴承和节流器的参数选择合理，在某个载荷 F 作用下（例如额定载荷），完全有可能使轴回到原来（$F=0$）的中心位置，处于平衡状态。当 F 不断增加、滑阀便相应地向上移动（或薄膜相应地向上变形），直至下边节流口完全打开，上边节流口完全封闭（或薄膜同圆面接触），此时，滑阀移到最上的极限位置（或薄膜变形到最大限度）。此后，如果 F 再继续增加，滑阀（或薄膜）不再起控制作用 轴在载荷 F 作用下产生的位移 e 有三种不同状态： （1）轴位移 e 的方向与载荷 F 的方向相同，e 为正值，称为轴承的正位移 （2）轴在某个载荷 F 作用下（例如额定载荷）产生的位移 e，由于滑阀（或薄膜）的反馈作用，使轴回到原来（$F=0$）的中心位置（$e=0$），处于平衡状态，e 为零，称为轴承的零位移 （3）轴在载荷 F 作用下产生的位移 e，由于滑阀（或薄膜）的反馈作用，使轴回到原来（$F=0$）中心位置的上方，处于平衡状态，轴位移 e 的方向与载荷 F 的方向相反，e 为负值，称为轴承的负位移

续表

分类		原理
无周向回油	固定节流及可变节流	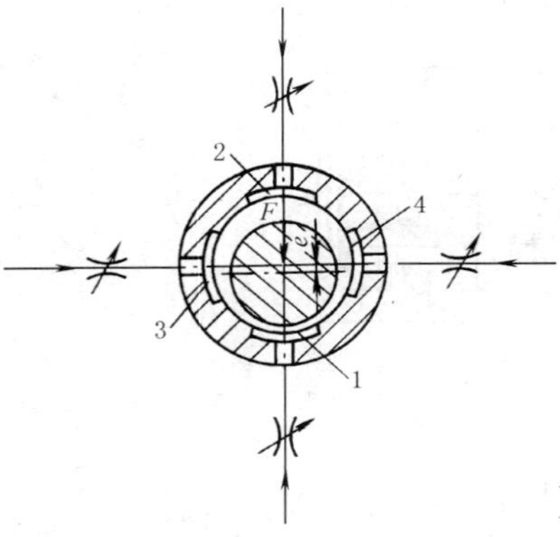(a) 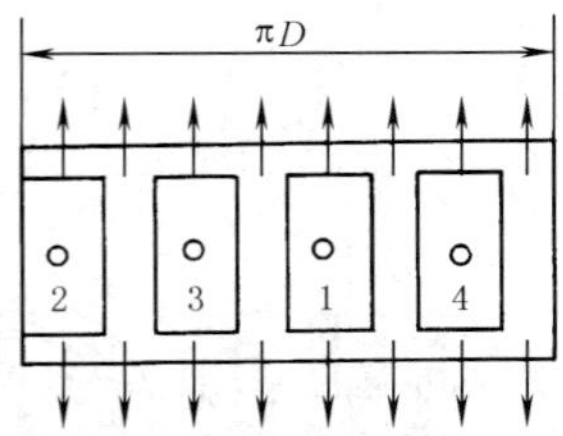(b) 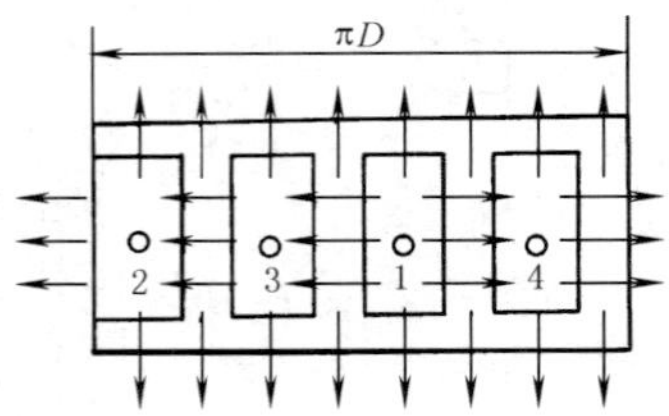(c) 这种轴承的特点是没有周向回油槽，如图a所示。空载时，压力油经过节流器分别进入四个油腔，轴在四个互相对称的油腔的 $A_e\Delta p$ 作用下处于中心位置（忽略轴自重）。这时，油经轴承间隙从轴承端面流出，如图b所示，其工作原理大体与有周向回油的液体静压轴承相同。但是，受载后，由于各油腔压力发生了变化，使得各油腔中的油除了通过间隙从轴承端面流出外，压力较高的油腔中的油向着压力较低的油腔流动，如图c所示，这种流动称为内流 这种轴承的优点是流量较小，缺点是当采用固定节流器时，由于有内流，使其油膜刚度低于有周向回油的轴承（当采用可变节流器时，若参数选择合理，其油膜刚度并不比有周向回油的轴承低）

5.4 液体静压轴承的结构设计

5.4.1 径向液体静压轴承结构、特点与应用

表 8-1-121

分类		结构	特点	应用
按回油方式分	有周向回油	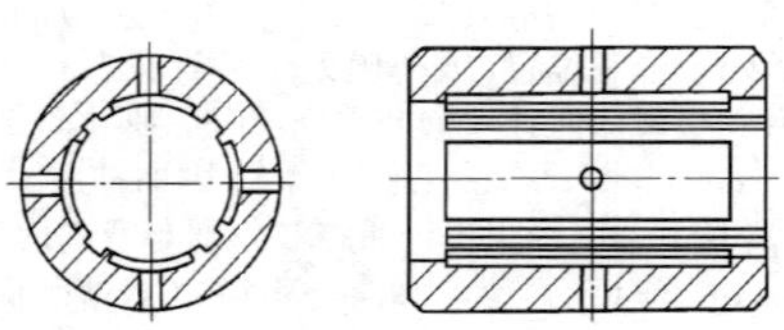	（1）润滑油通过轴与轴承间隙，从轴向、周向封油面流出 （2）流量较大 （3）相对于同一种固定节流器无周向回油槽的静压轴承，具有较大的静刚度 （4）高速转动时，若回油槽宽度和深度太大，容易将空气从回油槽卷入轴承油腔内	广泛应用于各种机床和设备
	无周向回油	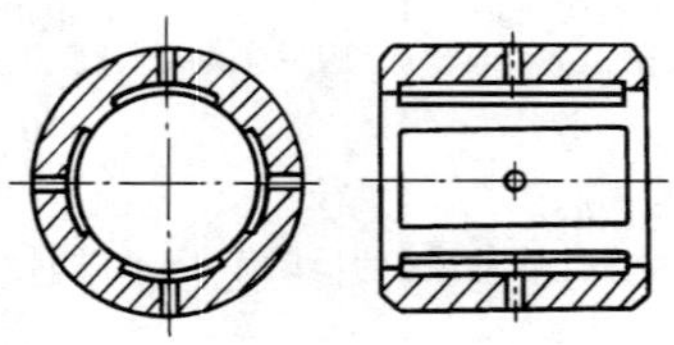	（1）空载时，润滑油通过轴与轴承间隙，只从轴向封油面流出 （2）流量较小 （3）轴在载荷作用下，油腔内的压力油互相流动产生内流现象	固定节流用于对静刚度要求不高，而流量要求小的设备；可变节流用于流量要求小的重型设备

续表

分类		结构	特点	应用
按回油方式分	腔内孔式回油	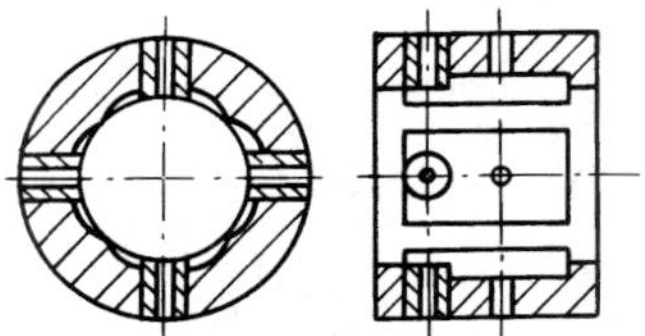	(1)每个油腔设有单排或双排回油孔 (2)各油腔间可有周向回油槽或无周向回油槽 (3)油膜刚度可提高40%以上 (4)高速下,动压效应明显 (5)结构比较复杂	正在广泛推广
按油腔形状分	矩形油腔	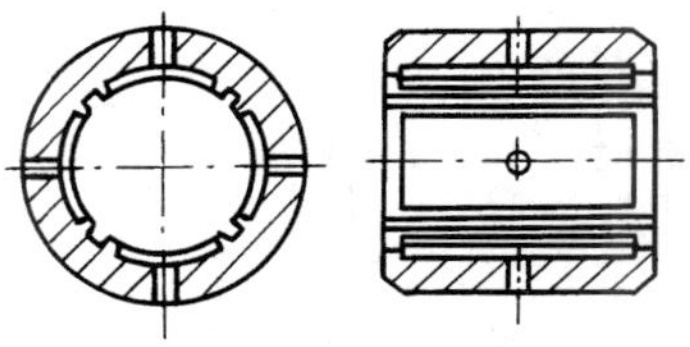 等深度油腔 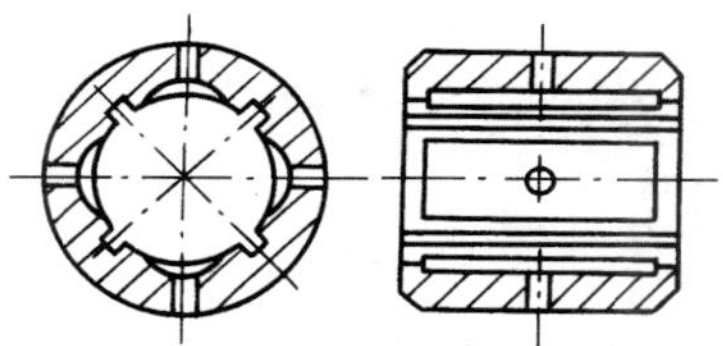 圆弧形油腔	(1)摩擦面积小,功率消耗小,温升低 (2)静止时轴与轴承的接触面积小 (3)同一直径、同一宽度的轴承,只要轴向、周向封油面尺寸相等,虽然油腔形状不同,仍具有相等的有效承载面积	广泛应用于各种高速轻载的中小型机床和设备
	油槽形油腔	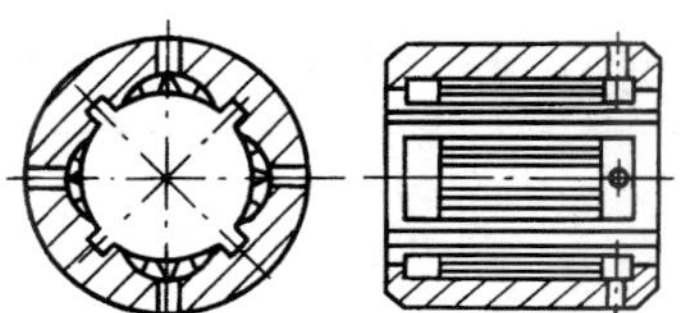 直油槽 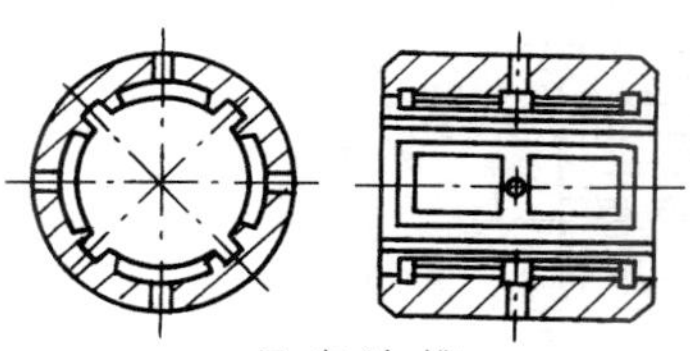 日字油槽	(1)摩擦面积大,驱动主轴的功率消耗大 (2)静止时,轴与轴承的接触面积大(比压较小),起保护油腔封油面的作用。在没有建立油腔压力,即轴颈支承在轴承表面时,不易影响轴承精度;若供油装置发生故障,能减少磨损 (3)抗振性好,油膜挤压力大	应用于速度较低及轴系统自重较大的机床和设备
按油腔面积	对称等面积	见矩形油腔结构图	(1)各油腔有效承载面积相等,并对称分布 (2)承载能力和刚度方向性小 (3)若略去主轴自重、空载时主轴浮在轴承中心	广泛应用

续表

分类		结构	特点	应用
按油腔面积	不等面积	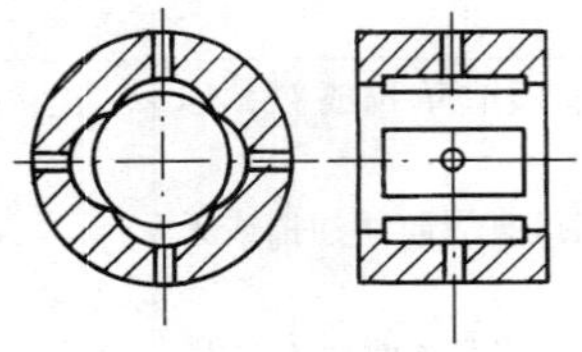	(1)各油腔有效承载面积不相等 (2)允许载荷方向的变化较小，油腔面积大的承载能力大，而油腔面积小的承载能力小 (3)可以提高某一方向的承载能力，并且可节省油泵功耗 (4)只有在设计载荷下轴才浮在中心	适用于自重较大或载荷方向恒定的机床设备
按油腔数量	三油腔	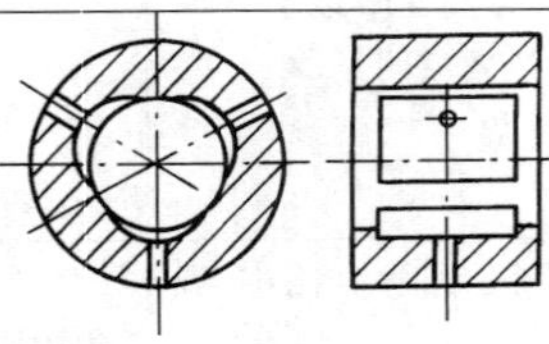	(1)沿圆周方向均匀分布三个油腔 (2)能承受任意方向的径向力，但承载能力及刚度的方向性较大(即不同的载荷方向、刚度和承载能力的差别较大)。正对油腔的承载能力及刚度最大	适用于轴承直径小于40mm的机床设备
	四油腔	见有周向回油、无周向回油及矩形油腔图	(1)沿圆周方向均匀分布四个油腔 (2)若是对称等面积四油腔结构，承载能力及刚度的方向性较小，可承受任意方向的载荷；若是不等面积四油腔结构，大油腔承载能力大，小油腔承载能力小	广泛应用
	六油腔	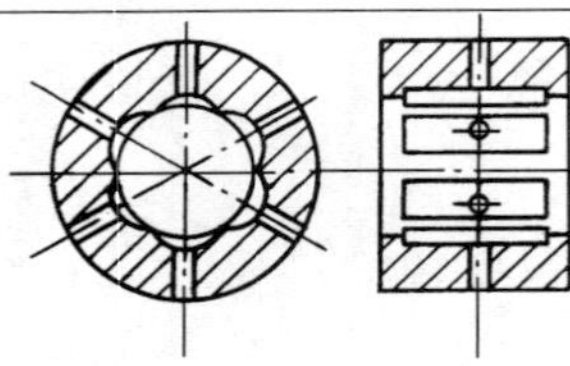	(1)沿圆周方向均匀分布六个油腔 (2)承载能力和刚度的方向性很小，主轴回转精度高 (3)结构复杂，节流器数目较多	适用于高精度机床和设备
按轴承的开闭分	开式	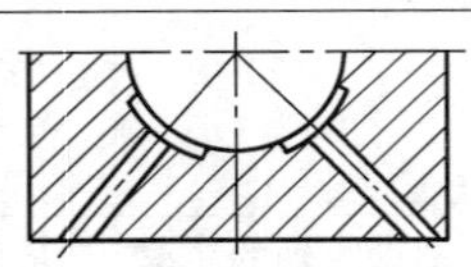	轴瓦为半瓦，载荷方向作用在垂直位置内且变动范围较小	重型机床的附加支承或大型机床工件的托架
	闭式	除开式结构外均为闭式	整体轴承，在大多数情况下，允许载荷变化的方向较大	广泛应用于各种机床

5.4.2 径向液体静压轴承的结构尺寸及主要技术数据

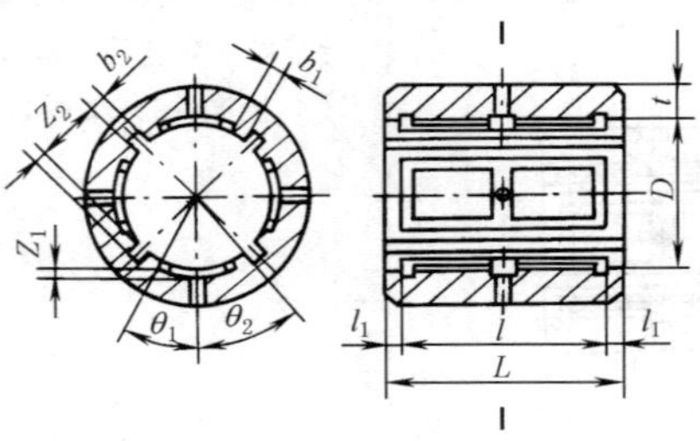

表 8-1-122

项目	推荐数据	说明
轴承直径 D	参考同类产品的动压轴承轴颈或按经验公式估算 $D \geqslant \sqrt{1.8F}$ F—外载荷，N D—轴直径，mm	承载的能力 F 与 D^2 成正比；摩擦功耗与 D^4 成正比；D 增大，系统刚度增大，因此，要综合考虑来确定 D 值
轴承宽度 L/mm	$L=(0.8\sim1.5)D$	L 增大时，轴承油膜刚度及承载能力相应增加，油腔封油面积及流量增加，轴承摩擦功率及泵功率都成比例增加，同时工艺因素(如同轴度、椭圆度、圆柱度等)的不良影响加大；L 过大，轴的挠度增大，引起轴系统刚度下降

续表

<table>
<tr><th>项　　目</th><th colspan="3">推 荐 数 据</th><th>说　　　明</th></tr>
<tr><td>轴向封油面宽度 l_1/mm
周向封油面宽度 b_1/mm</td><td colspan="3">对有周向回油：$l_1=b_1=0.1D$
对无周向回油：$l_1=0.1D$，$b_1=D\sin(\theta_3/2)$，$\theta_3=24°$</td><td>l_1 值及 b_1 值较小时，油腔的有效承载面积大，承载能力及油膜刚度，但泵功率及流量增大。若 l_1 及 b_1 小于 0.1D，则承载能力增大不显著，但流量有所增加。从最小功率消耗出发，满足摩擦功率/泵功率=1~3，则高速时宜用窄的封油面以减少摩擦功耗，低速时宜用宽封油面以降低泵功耗</td></tr>
<tr><td>轴与轴承配合的直径间隙 $2h_0$/mm</td><td colspan="3">$D\approx\phi50$ 以下
$2h_0\approx(0.0004\sim0.0007)D$
$D\approx\phi50\sim100$
$2h_0\approx(0.0005\sim0.0008)D$
$D\approx\phi100\sim200$
$2h_0\approx(0.0006\sim0.0010)D$</td><td>$h_0$ 小，油膜刚度高，流量和油泵功率小，摩擦功率大，只要选择合适的润滑油黏度，总功率损耗也较小。h_0 过小，工艺性差，摩擦功率增加，且节流器容易堵塞，温升高。另外 h_0 的选择还要考虑主轴挠曲变形
对于中小型机床和设备，一般应满足：
$$h_0>3f_M$$
式中　f_M——轴承宽度范围内的最大挠度，mm
对于重型机床和设备，由于箱体床身等变形很复杂，不易计算准确，当采用随动附加支承或在轴承一端的下面刮去一部分等措施后，轴挠度值可大于轴承半径间隙的 1/3，但在空载和额定载荷作用下，应保证轴与轴承无金属接触</td></tr>
<tr><td>油腔深度 Z_1/mm</td><td colspan="3">$Z_1\approx(30\sim60)h_0$</td><td>Z_1 太小，摩擦功率损耗大；Z_1 太大，油腔内流体的体积大，影响动态特性</td></tr>
<tr><td rowspan="5">回油槽深度 Z_2 及宽度 b_2/mm</td><td>D</td><td>b_2</td><td>Z_2</td><td rowspan="5">回油槽尺寸既要保证回油畅通，又要保持充满润滑油，并具有微小压力，以防止主轴回转时由回油槽引入空气而降低轴承动态刚度，严重时会使轴承失去稳定性</td></tr>
<tr><td>$\phi40\sim60$</td><td>3</td><td>0.6</td></tr>
<tr><td>$\phi70\sim100$</td><td>4</td><td>0.8</td></tr>
<tr><td>$\phi110\sim150$</td><td>5</td><td>1.0</td></tr>
<tr><td>$\phi160\sim200$</td><td>6</td><td>1.2</td></tr>
<tr><td rowspan="5">轴承壁厚 t/mm</td><td>D</td><td colspan="2">t</td><td rowspan="5">根据机床和设备的箱体结构，t 可适当增减；D 小，选取较大的 t；D 大，选取较小的 t</td></tr>
<tr><td><$\phi40$</td><td colspan="2">$(0.4\sim0.35)D$</td></tr>
<tr><td>$\phi40\sim100$</td><td colspan="2">$(0.35\sim0.2)D$</td></tr>
<tr><td>$\phi100\sim200$</td><td colspan="2">$(0.2\sim0.125)D$</td></tr>
<tr><td>>$\phi200$</td><td colspan="2">$(0.125\sim0.1)D$</td></tr>
<tr><td>轴与轴承的配合间隙 $2h_0$ 的公差 Δh_0</td><td colspan="3">$\Delta h_0=(1/5\sim1/10)h_0$</td><td>公差过大，节流比 β 的误差大，影响油膜刚度。Δh_0 为正值时，流量增加，油膜刚度下降；Δh_0 为负值时，流量减小</td></tr>
<tr><td>轴与轴承的几何精度 Δ/mm</td><td colspan="3">$$\Delta\leqslant\left(\frac{1}{3}\sim\frac{1}{10}\right)h_0$$</td><td>高精度轴系，取高的几何精度（包括圆度、圆柱度、同轴度等）；一般轴系，可取较低的几何精度</td></tr>
<tr><td>轴承外圆与箱体孔的配合/mm</td><td colspan="3">一般多采用静配合。对于 $D=\phi40\sim200$ 的轴承，其过盈量为$\dfrac{D}{10000}$
对于重型机床和设备，不会造成油腔压力互通的结构，允许用间隙配合</td><td>配合太松时，可能引起各油腔压力油互通，影响油膜刚度和系统刚度，发生过大变形</td></tr>
<tr><td>轴与轴承工作表面的表面粗糙度 Ra/μm</td><td colspan="3">通常为 0.8~0.1</td><td>高精度轴系，取较低的表面粗糙度；一般精度的轴系取较高的表面粗糙度。对于同一配合表面的轴颈，可取较低的粗糙度，而轴承可取较高的粗糙度</td></tr>
<tr><td>轴承外圆和箱体孔的表面粗糙度 Ra/μm</td><td colspan="3">轴承外圆为 0.4
箱体孔为 1.6~0.8</td><td></td></tr>
</table>

5.4.3 径向液体静压轴承的系列结构尺寸

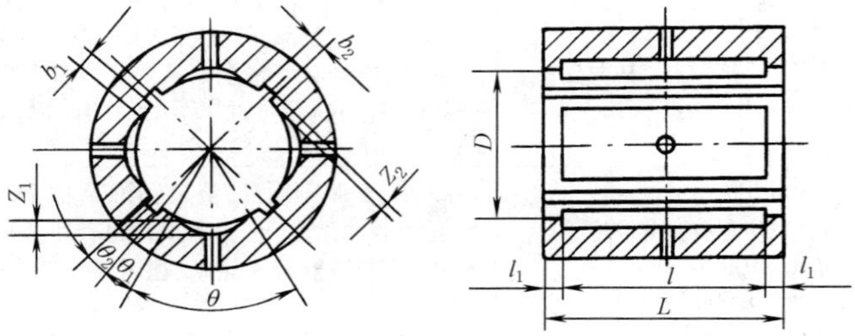

表 8-1-123　　径向轴承的 D、L/D、L、l_1、l 尺寸　　cm

D	L/D	L	l_1/D			
			0.1		0.2	
			l_1	l	l_1	l
3	0.6	1.8	0.3	1.2	0.6	0.6
	1.0	3.0	0.3	2.4	0.6	1.8
	1.5	4.5	0.3	3.9	0.6	3.3
4	0.6	2.4	0.4	1.6	0.8	0.8
	1.0	4.0	0.4	3.2	0.8	2.4
	1.5	6.0	0.4	5.2	0.8	4.4
5	0.6	3.0	0.5	2.0	1.0	1.0
	1.0	5.0	0.5	4.0	1.0	3.0
	1.5	7.5	0.5	6.5	1.0	5.5
6	0.6	3.6	0.6	2.4	1.2	1.2
	1.0	6.0	0.6	4.8	1.2	3.6
	1.5	9.0	0.6	7.8	1.2	6.6
7	0.6	4.2	0.7	2.8	1.4	1.4
	1.0	7.0	0.7	5.6	1.4	4.2
	1.5	10.5	0.7	9.1	1.4	7.7
8	0.6	4.8	0.8	3.2	1.6	1.6
	1.0	8.0	0.8	6.4	1.6	4.8
	1.5	12.0	0.8	10.4	1.6	8.8
9	0.6	5.4	0.9	3.6	1.8	1.8
	1.0	9.0	0.9	7.2	1.8	5.4
	1.5	13.5	0.9	11.7	1.8	9.9
10	0.6	6.0	1.0	4.0	2.0	2.0
	1.0	10.0	1.0	8.0	2.0	6.0
	1.5	15.0	1.0	13.0	2.0	11.0
12	0.6	7.2	1.2	4.8	2.4	2.4
	1.0	12.0	1.2	9.6	2.4	7.2
	1.5	18.0	1.2	15.6	2.4	13.2
14	0.6	8.4	1.4	5.6	2.8	2.8
	1.0	14.0	1.4	11.2	2.8	8.4
	1.5	21.0	1.4	18.2	2.8	15.4

续表

D	L/D	L	l_1/D			
			0.1		0.2	
			l_1	l	l_1	l
15	0.6	9.0	1.5	6.0	3.0	3.0
	1.0	15.0	1.5	12.0	3.0	9.0
	1.5	22.5	1.5	19.5	3.0	16.5
16	0.6	9.6	1.6	6.4	3.2	3.2
	1.0	16.0	1.6	12.8	3.2	9.6
	1.5	24.0	1.6	20.8	3.2	1.67
18	0.6	10.8	1.8	7.2	3.6	3.6
	1.0	18.0	1.8	14.4	3.6	10.8
	1.5	27.0	1.8	23.4	3.6	19.8
20	0.6	12.0	2.0	8.0	4.0	4.0
	1.0	20.0	2.0	16.0	4.0	12.0
	1.5	30.0	2.0	26.0	4.0	22.0

表 8-1-124　　径向轴承的 n、D、θ、θ_1、θ_2、Z_1、Z_2 尺寸

回油形式	D /cm	n	l_1/D				θ_2 /(°)	Z_1 /cm	Z_2 /cm	θ_3 /(°)	r_1 /cm	r_2 /cm	N_0
			0.1		0.2								
			θ/(°)	θ_1/(°)	θ/(°)	θ_1/(°)							
有周向回油	3~5	3	87	12	69	21	9	$(30\sim60)h_0$	0.06				
		4	57	12	39	21	9						
	6~12	4	60	12	42	21	6						
		6	30	12	12	21	6						
	14~20	4	63	12	45	21	3		0.12				
		6	33	12	15	21	3						
无周向回油	3~20	3	96	24	78	42							
		4	66	24	48	42							
		6	36	24	18	42							
无周向回油有腔内孔式	3~20	3	96	24	78	42					0.2	0.4	2
		4	66	24	48	42					0.2	0.4	2
		6	36	24	18	42					0.2	0.4	2

注：1. 本表 θ_1、θ_2 各为径向轴承周向封油边及回油槽的夹角。

2. 若要得周向封油边宽 b_1，则 $b_1=D\sin\dfrac{\theta_1}{2}$。

3. 若要得回油槽宽度 b_2，则 $b_2=D\sin\dfrac{\theta_2}{2}$。

4. 无周向有腔内孔式回油型式中，若 $N_0=2$ 为两排回油孔，则当 $n=3$，$l_1/D=0.2$ 时，D 应为 4~5cm；$n=4$，$l_1/D=0.1$ 时，D 应为 4~20cm；$l_1/D=0.2$ 时，D 应为 6~20cm；$n=6$，$l_1/D=0.1$ 时，D 应为 8~20cm；$l_1/D=0.2$ 时，D 应为15~20cm。

5. θ_3 为径向轴承腔内孔式回油孔中心至油腔中心线间的夹角。

6. r_1 为径向轴承腔内孔式回油孔内半径；r_2 为径向轴承腔内孔式回油孔外半径。

7. n 为油腔数；N_0 为一个油腔内孔个数。

表 8-1-125　　径向轴承三油腔的 D、L/D、l_1/D、A_e 尺寸

D /cm	L/D	有周向回油		无周向回油		无周向回油腔内孔式回油	
		l_1/D					
		0.1	0.2	0.1	0.2	0.1	0.2
		A_e/cm^2					
3	0.6	3.40	2.44	3.93	3.04	3.92	
	1.0	6.13	4.97	7.14	6.31	7.13	
	1.5	9.55	8.14	11.15	10.42	11.15	
4	0.6	6.03	4.33	6.99	5.40	6.96	5.34
	1.0	10.89	8.83	12.69	11.22	12.67	11.20
	1.5	16.97	14.46	19.82	18.53	19.81	18.52
5	0.6	9.43	6.77	10.92	8.44	10.87	8.35
	1.0	17.02	13.80	19.84	17.53	19.81	17.50
	1.5	26.51	22.59	30.98	28.95	30.96	28.93

注：A_e 为轴承一个油腔的有效承载面积。本表的 A_e 值为偏心率 $\varepsilon=0$ 时的量纲值。

表 8-1-126　　径向轴承四油腔的 D、L/D、l_1/D、A_e 尺寸

D /cm	L/D	l_1/D	有周向回油	无周向回油	无周向腔内孔式回油	D /cm	L/D	l_1/D	有周向回油	无周向回油	无周向腔内孔式回油
			A_e/cm^2						A_e/cm^2		
4	0.6	0.1	4.65	5.75	5.72	7	0.6	0.1	14.24	17.63	17.54
		0.2	3.13	4.20				0.2	9.59	12.86	12.68
	1.0	0.1	8.40	10.51	10.49		1.0	0.1	25.74	32.20	32.15
		0.2	6.45	8.86				0.2	19.77	27.13	27.08
	1.5	0.1	13.10	16.46	16.45		1.5	0.1	40.12	50.42	50.38
		0.2	10.61	14.73				0.2	32.50	45.12	45.08
5	0.6	0.1	7.26	8.99	8.95	8	0.6	0.1	18.60	23.03	22.91
		0.2	4.89	6.56				0.2	12.52	16.80	16.56
	1.0	0.1	13.13	16.43	16.40		1.0	0.1	33.63	42.06	41.99
		0.2	10.09	13.84				0.2	25.83	35.44	35.37
	1.5	0.1	20.47	25.72	25.70		1.5	0.1	52.40	65.85	65.80
		0.2	16.58	23.02				0.2	42.46	58.93	58.88
6	0.6	0.1	10.46	12.95	12.89	9	0.6	0.1	23.55	29.15	29.00
		0.2	7.04	9.45	9.31			0.2	15.85	21.26	20.96
	1.0	0.1	18.91	23.66	23.62		1.0	0.1	42.56	53.24	53.15
		0.2	14.52	19.93	19.89			0.2	32.69	44.85	44.76
	1.5	0.1	29.47	37.04	37.01		1.5	0.1	66.32	83.35	83.29
		0.2	23.88	33.15	33.12			0.2	53.73	74.59	74.53

续表

D/cm	L/D	l_1/D	有周向回油	无周向回油	无周向腔内孔式回油
			A_e/cm^2		
10	0.6	0.1	29.07	35.99	35.80
		0.2	19.57	26.25	25.87
	1.0	0.1	52.55	65.73	65.61
		0.2	40.36	55.38	55.26
	1.5	0.1	81.88	102.90	102.82
		0.2	66.34	92.08	92.01
12	0.6	0.1	41.86	51.82	51.56
		0.2	28.18	37.81	37.26
	1.0	0.1	75.67	94.65	94.49
		0.2	58.11	79.74	79.58
	1.5	0.1	117.91	148.18	148.07
		0.2	95.53	132.60	132.49
14	0.6	0.1	56.98	70.54	70.18
		0.2	38.36	51.46	50.72
	1.0	0.1	102.99	128.83	128.61
		0.2	79.10	108.54	108.32
	1.5	0.1	160.49	201.68	201.54
		0.2	130.03	180.49	180.34
15	0.6	0.1	65.42	80.98	80.56
		0.2	44.03	59.08	58.22
	1.0	0.1	118.23	147.89	147.64
		0.2	90.81	124.60	124.35
15	1.5	0.1	184.24	231.53	231.36
		0.2	149.27	207.19	207.02
16	0.6	0.1	74.43	92.14	91.66
		0.2	50.10	67.22	66.25
	1.0	0.1	134.52	168.26	167.98
		0.2	103.32	141.77	141.48
	1.5	0.1	209.62	263.43	263.23
		0.2	169.84	235.74	235.55
18	0.6	0.1	94.20	116.61	116.01
		0.2	63.41	85.07	83.84
	1.0	0.1	170.26	212.96	212.60
		0.2	130.76	179.43	179.06
	1.5	0.1	265.30	333.40	333.16
		0.2	214.95	298.36	298.12
20	0.6	0.1	116.30	143.96	143.22
		0.2	78.28	105.03	103.51
	1.0	0.1	210.20	262.92	262.47
		0.2	161.44	221.52	221.07
	1.5	0.1	327.54	411.61	411.31
		0.2	265.38	368.35	368.05

表 8-1-127　　径向轴承六油腔的 D、L/D、l_1/D、A_e 尺寸

D/cm	L/D	有周向回油		无周向回油		无周向腔内孔式回油	
		l_1/D					
		0.1	0.2	0.1	0.2	0.1	0.2
		A_e/cm^2					
6	0.6	6.33	3.58	9.29	6.16		
	1.0	11.48	7.65	17.14	13.43		
	1.5	17.92	12.74	26.95	22.63		
7	0.6	8.62	4.88	12.65	8.38		
	1.0	15.63	10.42	23.33	18.28		
	1.5	24.39	17.34	36.68	30.81		

续表

D /cm	L/D	有周向回油		无周向回油		无周向腔内孔式回油	
		l_1/D					
		0.1	0.2	0.1	0.2	0.1	0.2
		A_e/cm^2					
8	0.6	11.25	6.37	16.52	10.95	16.40	
	1.0	20.41	13.61	30.47	23.87	30.40	
	1.5	31.86	22.65	47.91	40.24	47.86	
9	0.6	14.25	8.07	20.91	13.86	20.76	
	1.0	25.84	17.23	38.57	30.21	38.48	
	1.5	40.33	28.67	60.63	50.93	60.57	
10	0.6	17.59	9.96	25.82	17.11	25.63	
	1.0	31.90	21.27	47.62	37.30	47.50	
	1.5	49.79	35.39	74.86	62.88	74.78	
12	0.6	25.33	14.35	37.18	24.64	36.91	
	1.0	45.94	30.63	68.57	53.72	68.41	
	1.5	71.70	50.97	107.80	90.54	107.69	
14	0.6	34.48	19.53	50.61	33.54	50.24	
	1.0	62.53	41.69	93.33	73.12	93.11	
	1.5	97.59	69.37	146.72	123.24	146.58	
15	0.6	39.58	22.42	58.10	38.50	57.67	37.60
	1.0	71.78	47.86	107.14	83.94	106.89	83.68
	1.5	112.03	79.64	168.43	141.48	168.27	141.30
16	0.6	45.03	25.51	66.10	43.80	65.62	42.78
	1.0	81.67	54.45	121.90	95.50	121.61	95.21
	1.5	127.47	90.61	191.64	160.97	191.45	160.77
18	0.6	57.00	32.29	83.66	55.44	83.05	54.15
	1.0	103.37	68.92	154.29	120.87	153.92	120.50
	1.5	161.33	114.68	242.55	203.73	242.30	203.48
20	0.6	70.37	39.87	103.29	68.45	102.53	66.85
	1.0	127.62	85.08	190.48	149.23	190.02	148.77
	1.5	199.18	141.58	299.44	251.52	299.14	251.21

5.4.4 推力液体静压轴承结构、特点与应用

表 8-1-128

分类			结构	特点	应用
按油腔形状分	环形油腔		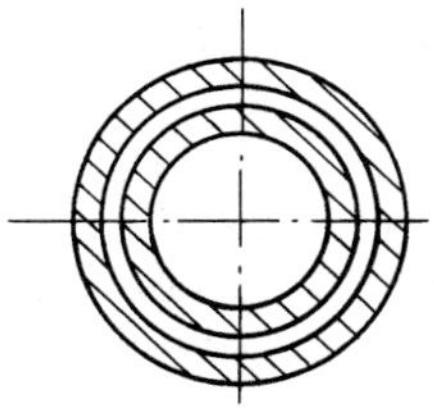	(1)结构简单,加工方便 (2)可用固定节流和可变节流 (3)这种油腔只能承受轴向载荷,不能承受轴向载荷偏离轴线所产生的倾覆力矩和径向载荷所产生的倾覆力矩,由于推力轴承和径向轴承往往是联合使用,上述倾覆力矩可由径向轴承承受	广泛应用于各种机床和设备
	扇形油腔	无回油槽	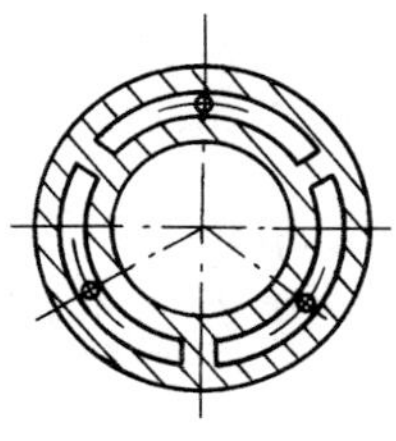	(1)有较好的抵抗倾覆力矩的作用 (2)油腔加工不方便,每个油腔需用一个节流器,结构复杂	适用于承受大偏心载荷和倾覆力矩的大型机床和设备
		有回油槽	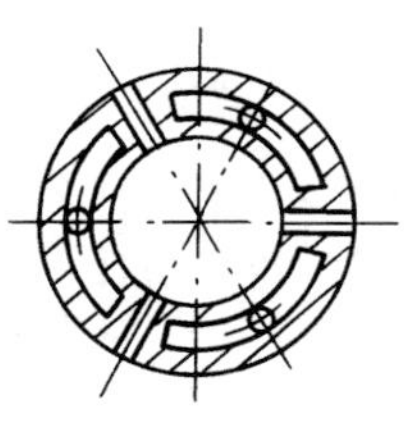	(1)各油腔之间有回油槽分开 (2)有较好的抵抗倾覆力矩的作用 (3)结构复杂,加工不便,且每个油腔需用一个节流器	适用于承受大偏心载荷和倾覆力矩的大型机床与设备或高精度机床上
按止推方式分	位于径向前轴承前端		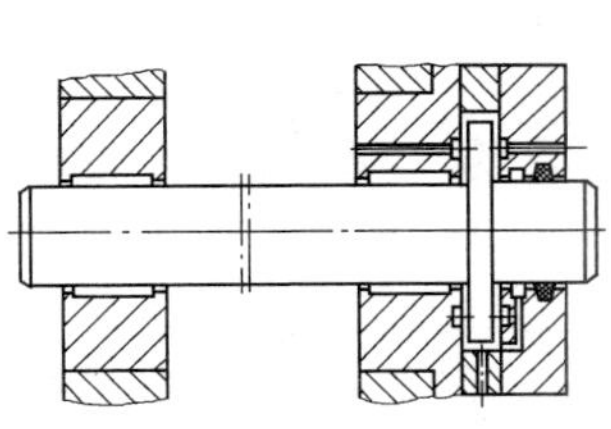	(1)采用单独节流器 (2)油腔开在轴承和端盖上,也可开在轴肩上 (3)改变调整垫片尺寸,调整轴向间隙,精度较高 (4)径向轴承的周向回油槽两端开通,使径向轴承和推力轴承一侧内端封油面流出的润滑油,经回油槽从非推力端排出。为了防止推力轴承从另一侧内端封油面流出的润滑油沿轴和端盖之间的缝隙渗漏,除了在端盖上有回油孔外,往往还需要有密封装置 (5)对于水平放置的轴,在回油畅通的条件下,下列三种密封装置都能达到较好的密封效果: ①轴上的挡环密封 ②螺纹间隙密封,适用于转速较高而且是单方向转动的轴。螺纹的旋向,应使轴转动时不让润滑油沿轴和端盖之间的缝隙渗漏。对于有大量冷却液的工作环境,需相应采取其他措施,防止吸进冷却液而改变润滑油的性能 ③密封圈密封,适用于转速较低的轴 对于垂直和倾斜放置的轴,一般采用密封圈密封,并利用专用的油泵将润滑油抽回油箱。采用抽油方法,应避免抽油油泵吸入空气,使润滑油产生气泡。有的立式轴,回油并无严格要求,允许自由流回油箱,无需抽油装置	用于轴向载荷较大的机床和设备

续表

分类		结构	特点	应用
按止推方式分	位于径向前轴承两端	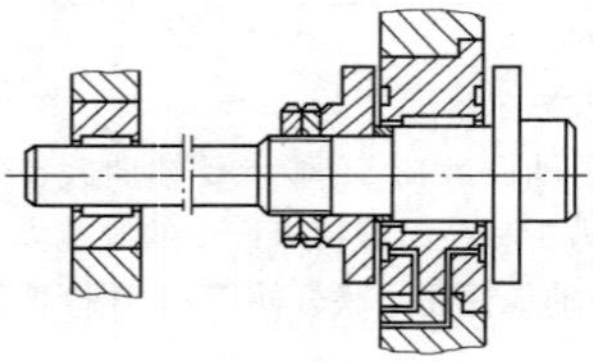	(1)可用单独节流器节流 (2)油腔开在前轴承两端，或轴肩和止推环上 (3)改变调整垫尺寸，调整轴向间隙。由于靠螺母紧固止推环，精度较差，紧固止推环的螺母应有锁紧装置，防止螺母松动改变轴向间隙 (4)从径向轴承油腔和推力轴承油腔内端封油面流出的润滑油，通过回油槽上的径向孔回油。对于采用单独节流器的推力轴承，应将回油槽两端开通，使径向轴承油腔和推力轴承油腔内端封油面流出的润滑油，通过回油槽上的径向孔流出	适用于按径向前轴承前端布置有困难，而按位于径向前轴承前端和后轴承后端布置又有不良影响的机床和设备
	位于径向前轴承前端和后轴承后端	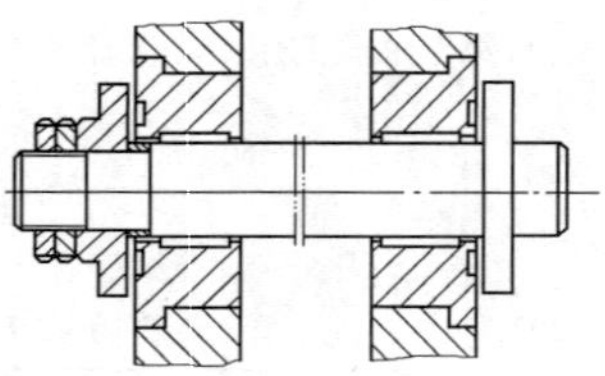	(1)用单独节流器节流 (2)油腔开在前轴承前端和后轴承后端，也可开在轴肩和止推环上 (3)改变调整垫尺寸，可调整轴向间隙。由于要锁紧止推环，精度较差。紧固止推环的螺母应有锁紧装置。防止螺母松动改变轴向间隙 (4)如果轴很长，又在较高的工作温度下工作时，应考虑热变形对轴向间隙的影响 (5)有节流器的推力静压轴承，回油槽两端开通，使较多的润滑油从非止推端流出 (6)轴承转动后，推力油腔压力常较计算值为低，转速越高，降低也越严重，从而减少了轴承的承载能力和油膜刚度。造成油腔压力降低的原因：一是由于转动时的离心力使油外甩；二是由于热变形使轴承间隙增大。试验结果表明，推力轴承外圆的圆周速度 $v = 14$ m/s时，油腔压力将开始严重下降。为克服油腔压力降低，可采取如下措施： ①增大外端封油面尺寸 ②外端封油面处引入具有适当压力的润滑油 ③改变润滑油的流出方向 ④在外端封油面开反向螺旋槽 为了减轻轴向间隙增大的影响，推力轴承间距不宜过大，轴承温度不宜过高	用于轴承跨距较短，热变形对轴向间隙影响不大，或者按位于径向前轴承前端布置有困难的机床和设备
等面积推力轴承		参见按止推方式分类的三个图		常用
不等面积推力轴承		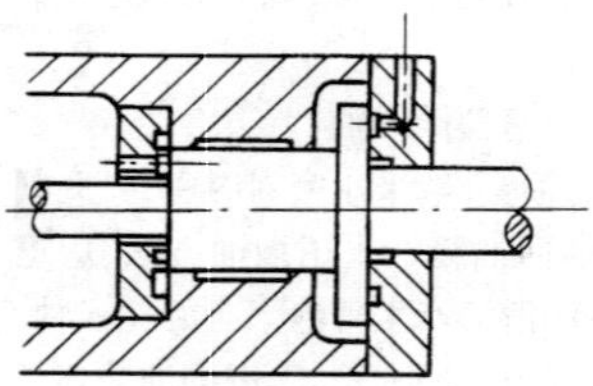	推力轴承的内、外封油边一般都大于径向轴承直径，使推力轴承的切线速度相应加大，采用不等面积推力轴承可以相应降低推力轴承的切线速度，减少摩擦功耗及温升	适用于对温升、功耗有要求的地方

5.4.5 推力液体静压轴承的结构尺寸及主要技术数据

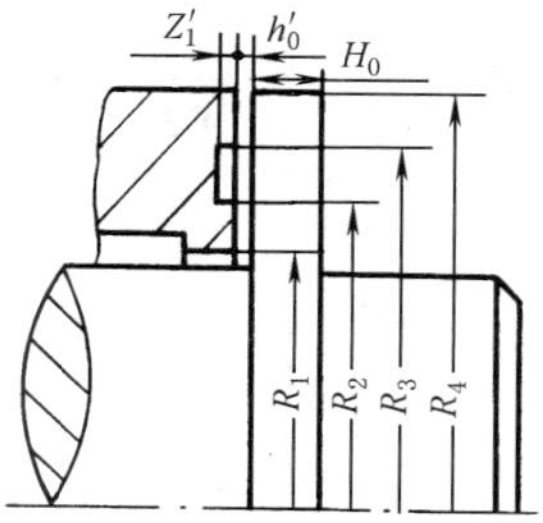

轴无砂轮越程槽

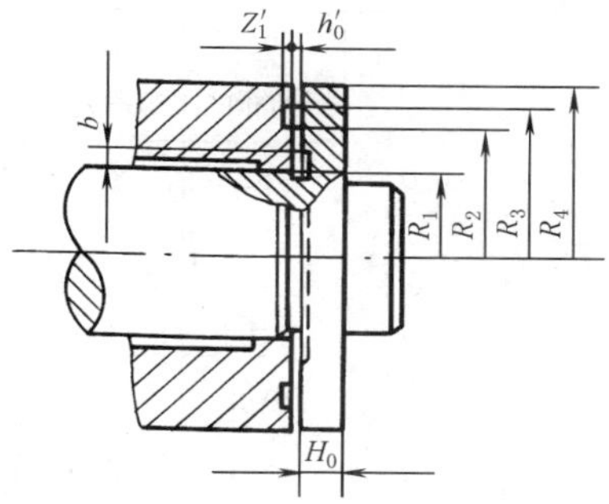

轴有砂轮越程槽

表 8-1-129

项　　目	推荐数据	项　　目	推荐数据
油腔结构尺寸 R_2、R_3、R_4/mm	$R_2=1.2R_1$ $R_3=1.4R_1$ $R_4=1.6R_1$	轴肩厚度 H_0/mm	一般取 $H_0>10$；当轴颈直径 $D\leqslant 50$ 时，$H_0\approx 10$；$D=50\sim200$ 时，$H_0\approx 0.2D$
油腔深度 Z'_1/mm	$Z'_1\approx(30\sim60)h'_0$	轴肩的不垂直度 ΔH_0/mm	在轴肩范围内：$\Delta H_0\leqslant\frac{1}{5}h'_0$ （ΔH_0 值太大，影响节流比 β 及油膜刚度）
间隙 $2h'_0$ 的公差/mm	$\Delta h'_0\leqslant-\left(\frac{1}{7}\sim\frac{1}{10}\right)h'_0$	轴承配合表面的粗糙度 Ra/μm	0.8~0.1 （精密的机床及设备取较低的粗糙度；一般的机床和设备取较高的粗糙度）

5.4.6 推力液体静压轴承的系列结构尺寸

表 8-1-130　推力轴承的 D、D_1（$=2R_1$）、D_2（$=2R_2$）、D_3（$=2R_3$）、D_4（$=2R_4$）、A_e 尺寸

油腔形状	轴颈直径 D /cm	主轴无砂轮越程槽					主轴有砂轮越程槽				
		D_1 /cm	D_2 /cm	D_3 /cm	D_4 /cm	A_e /cm^2	D_1 /cm	D_2 /cm	D_3 /cm	D_4 /cm	A_e /cm^2
环形油腔	3	3.0	3.6	4.2	4.8	7.35	3.6	4.3	5.0	5.8	10.58
	4	4.0	4.8	5.6	6.4	13.07	4.6	5.5	6.4	7.4	17.28
	5	5.0	6.0	7.0	8.0	20.42	5.6	6.7	7.8	9.0	25.62
	6	6.0	7.2	8.4	9.6	29.40	6.8	8.2	9.5	10.9	37.77
	7	7.0	8.4	9.8	11.2	40.02	7.8	9.4	10.9	12.5	49.70
	8	8.0	9.6	11.2	12.8	52.28	8.8	10.6	12.3	14.1	63.25
	9	9.0	10.8	12.6	14.4	66.16	9.8	11.8	13.7	15.7	78.45
	10	10.0	12.0	14.0	16.0	81.68	10.8	13.0	15.1	17.3	95.27
	12	12.0	14.4	16.8	19.2	117.62	12.8	15.4	17.9	20.5	133.83
	14	14.0	16.8	19.6	22.4	160.10	14.8	17.8	20.7	23.7	178.92
	15	15.0	18.0	21.0	24.0	183.78	15.8	19.0	22.1	25.3	203.91
	16	16.0	19.2	22.4	25.6	209.10	16.8	20.2	23.5	26.9	230.54
	18	18.0	21.6	25.2	28.8	264.65	18.8	22.6	26.3	30.1	288.70
	20	20.0	24.0	28.0	32.0	326.73	20.8	25.0	29.1	33.3	353.39

续表

油腔形状	轴颈直径 D /cm	主轴无砂轮越程槽					主轴有砂轮越程槽				
		D_1 /cm	D_2 /cm	D_3 /cm	D_4 /cm	A_e /cm^2	D_1 /cm	D_2 /cm	D_3 /cm	D_4 /cm	A_e /cm^2
扇形三油腔	6	6. 0	7. 2	8. 4	9. 6	9. 80	6. 8	8. 2	9. 5	10. 9	12. 59
	7	7. 0	8. 4	9. 8	11. 2	13. 34	7. 8	9. 4	10. 9	12. 5	16. 56
	8	8. 0	9. 6	11. 2	12. 8	17. 42	8. 8	10. 6	12. 3	14. 1	21. 08
	9	9. 0	10. 8	12. 6	14. 4	22. 05	9. 8	11. 8	13. 7	15. 7	26. 15
	10	10. 0	12. 0	14. 0	16. 0	27. 23	10. 8	13. 0	15. 1	18. 3	35. 95
	12	12. 0	14. 4	16. 8	19. 2	39. 21	12. 8	15. 4	17. 9	20. 5	44. 61
	14	14. 0	16. 8	19. 6	22. 4	53. 36	14. 8	17. 8	20. 7	23. 7	59. 64
	15	15. 0	18. 0	21. 0	24. 0	61. 26	15. 8	19. 0	22. 1	25. 3	67. 97
	16	16. 0	19. 2	22. 4	25. 6	69. 70	16. 8	20. 2	23. 5	26. 9	76. 85
	18	18. 0	21. 6	25. 2	28. 8	88. 22	18. 8	22. 6	26. 3	30. 1	96. 23
	20	20. 0	24. 0	28. 0	32. 0	108. 91	20. 8	25. 0	29. 1	33. 3	117. 80
扇形四油腔	10	10. 0	12. 0	14. 0	16. 0	20. 42	10. 8	13. 0	15. 1	17. 3	23. 82
	12	12. 0	14. 4	16. 8	19. 2	29. 40	12. 8	15. 4	17. 9	20. 5	33. 46
	14	14. 0	16. 8	19. 6	22. 4	40. 02	14. 8	17. 8	20. 7	23. 7	44. 73
	15	15. 0	18. 0	21. 0	24. 0	45. 94	15. 8	19. 0	22. 1	25. 3	50. 98
	16	16. 0	19. 2	22. 4	25. 6	52. 28	16. 8	20. 2	23. 5	26. 8	57. 63
	18	18. 0	21. 6	25. 2	28. 8	66. 16	18. 8	22. 6	26. 3	30. 1	72. 17
	20	20. 0	24. 0	28. 0	32. 0	81. 68	20. 8	25. 0	29. 1	33. 3	88. 35

5.4.7 液体静压轴承材料

表 8-1-131

轴承材料	（1）在正常工作情况下，轴承材料一般可采用组织均匀、无砂孔、缩孔、裂纹等的 HT200 或 HT250 铸铁，载荷较大的轴承可使用锑铜铸铁 （2）考虑到轴承工作过程中有可能瞬时超载、热变形和润滑油供给突然中断（例如突然停电，供油系统发生故障等因素），在短期内出现金属直接接触而损伤；或是在不工作时在主轴系统的自重作用下，封油面受损伤，轴承材料可用 ZCuZn38Mn2Pb2（ZHMn58-2-2）黄铜或 ZCuSn6Zn6Pb3（ZQSn6-6-3）、ZCuSn8Pb4（ZQSn8-4）、ZCuPb30（ZQPb30）青铜（整体铜或钢套镶铜） （3）推力轴承的止推环材料，一般可用 40 钢，40HRC
许用压强 p_p /N·cm^{-2}	需验算大型机床和机械设备、主轴系统（包括轴、卡盘、齿轮等）自重和工件重量引起的支承表面单位压力（轴承油腔没有压力油时），使其小于下列材料的许用值 p_p 材　料　　　p_p 未淬火钢（轴）-青铜（轴承）　196～343 淬火钢（轴）-青铜（轴承）　539～980 淬火钢（轴）-钢（轴承）　1470 淬火钢（轴）-铸铁（轴承）　≈490

5.4.8 节流器的结构、特点与应用

表 8-1-132

项目	固定节流		可变节流	
	小孔节流器	毛细管节流器	滑阀反馈节流器	薄膜反馈节流器
结构	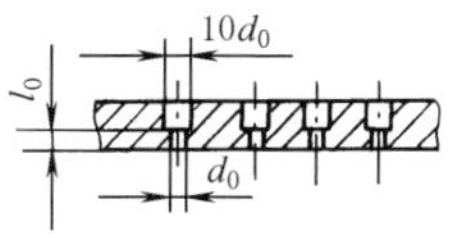 板式结构 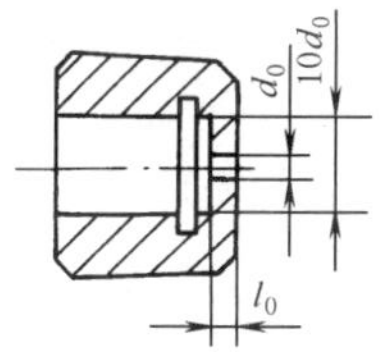 外锥式结构	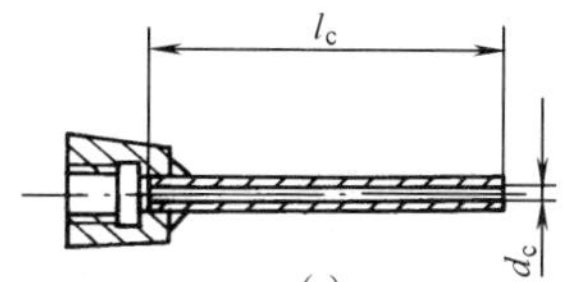 (a) 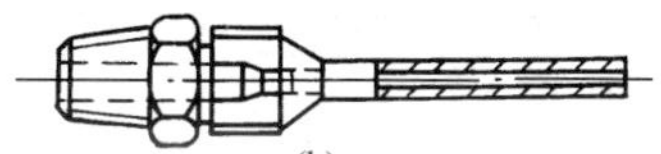 (b) 直通式 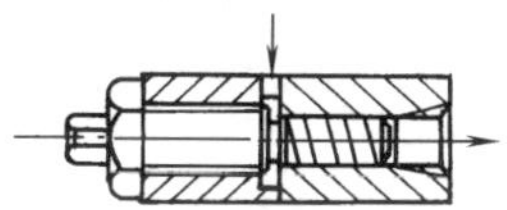 节流长度可调节式 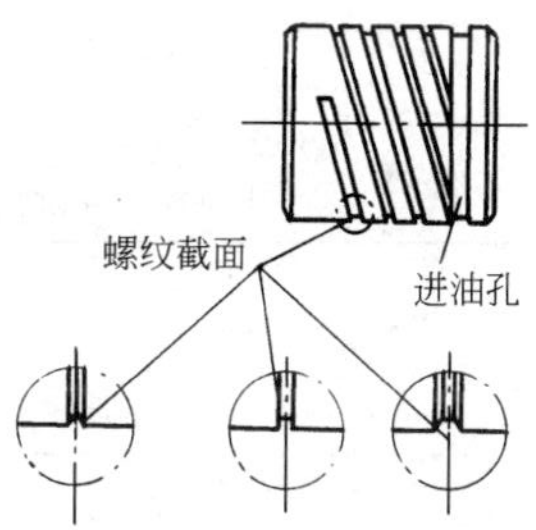 螺旋槽式	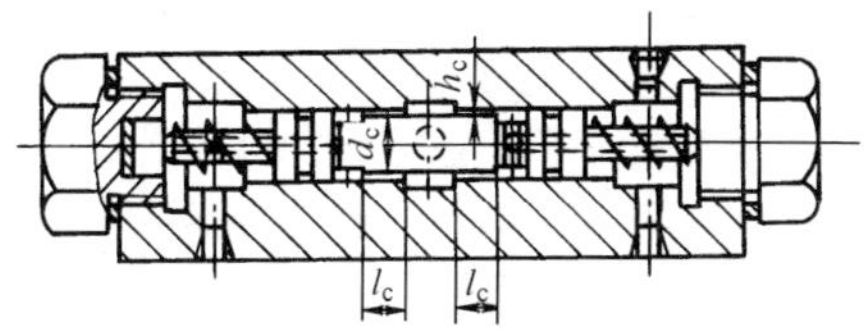 利用垫片调整式 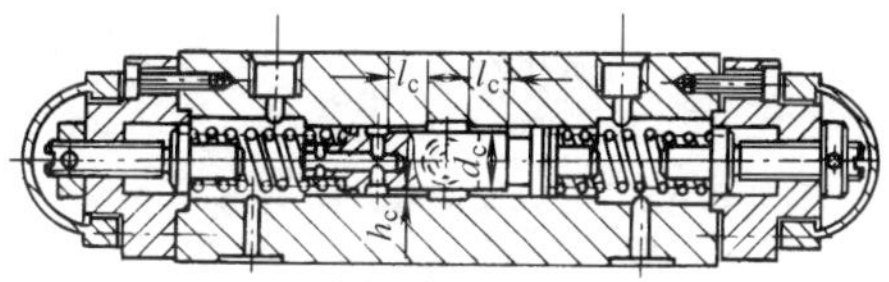 利用螺钉调整式	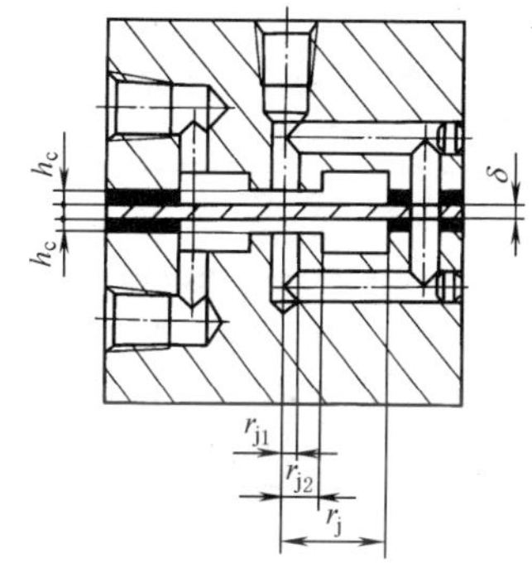 机械加工式 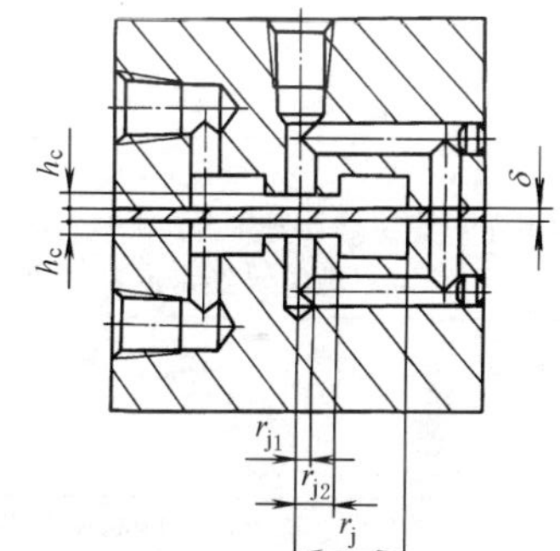 垫铜片式
油液的流态	紊流	层流	层流	层流

续表

项目		固定节流		可变节流	
		小孔节流器	毛细管节流器	滑阀反馈节流器	薄膜反馈节流器
特点	起节流作用的尺寸	小孔直径 d_0	毛细管直径 d_c 及长度 l_c	滑阀与阀体之间的间隙 h_c 和节流长度 l_c，利用滑阀移动改变两端 l_c 起反馈控制作用	薄膜与圆台之间的间隙 h_c 和 $(r_{j2}-r_{j1})$ 的圆盘形面，利用薄膜弹性变形，改变两面的 h_c 起反馈控制作用
	节流阻力与外载荷关系	节流阻力不随载荷变化而变化		节流阻力随载荷变化而变化	
	油腔承载压差的形成条件	必须在载荷作用下轴产生一定的位移		在载荷作用下，既可依靠滑阀移动或薄膜弹性变形，又可能是因为轴产生一定的位移。在载荷作用下，轴回到原来的中心位置。处于新的平衡状态，此时油腔承载压力差的形成，是依靠滑阀移动或薄膜弹性变形	
	轴心位置与载荷的关系	与载荷的方向相同		可能出现与载荷方向相同、相反或保持原位不变的三种状态	
	油膜刚度	小	较小	很大，只要参数选择合适，理论上在额定载荷下能趋于无限大	
	机械阻塞的可能性	最易	易	较不易	较不易
	使用调整	易	易	较易	较易
	节流器结构	简单	简单	复杂	复杂
	突加（阶跃）载荷作用下的过渡特点	无超位移现象	无超位移现象	过渡过程的超位移量较大，过渡时间较长	过渡过程的超位移量较小，过渡时间较短，在最佳参数的条件下，能接近无超位移现象
	润滑油黏度变化对油膜刚度的影响	有	有	润滑油在层流状态下工作时无影响	润滑油在层流状态下工作时无影响
应用		精密、高转速的轻载荷机床和设备	精密、转速较低、轻载荷或载荷变化不大的机床和设备	重载荷或载荷变化范围大的重型机床和设备	重载荷或载荷变化范围大的精密、重型设备和机床

5.4.9 节流器的结构尺寸及主要技术数据

表 8-1-133

mm

项目	固定节流		可变节流	
	小孔节流器	毛细管节流器	滑阀反馈节流器	薄膜反馈节流器
主要结构尺寸	小孔长度 l_0,一般取 $l_0=1\sim3$	毛细管节流常用的注射针管直径: 内径　外径 0.46　0.8 0.56　0.9 0.71　1.1 0.84　1.2 1.07　1.4	滑阀节流长度 l_c,一般取 $l_c=10$ 滑阀直径 d_c,一般取 $d_c=12$ 或 16	节流器体壳尺寸,一般取 $r_j=16$,$r_{j1}=2$,$r_{j2}=6$
	小孔直径 d_0,一般取 $d_0 \geqslant 0.45$	毛细管长度 l_c,一般取 $l_c<500$	滑阀节流半径间隙 h_c,一般取 $h_c \geqslant 0.03$	薄膜与圆台的间隙 h_c,一般取 $h_c \geqslant 0.04$
主要技术数据	外锥与内锥孔配合,接触面积不少于70%	螺旋毛细管同箱体孔配合的直径间隙,一般取0.006~0.012	滑阀导向部分与阀体配合间隙(不是节流间隙),一般取0.01~0.02	薄膜直线度公差为0.01
			滑阀锥度不大于0.003,圆度、同轴度公差为0.003	体壳同轴度公差为0.05
			阀体圆度公差为0.005	体壳两端面平行度公差为0.005
表面粗糙度 R_a /μm	板式结构:两端面0.4,其余6.3 外锥式结构:外锥面0.8,两端面1.6,其余为6.3	螺旋槽截面1.6~0.8	滑阀工作表面0.1;滑阀其余部分为6.3;阀体与滑阀接触表面0.2;阀体的其余部分为6.3	薄膜工作表面1.6,其余部分为6.3;体壳与薄膜接触面0.4;体壳两端面1.6;圆台为0.8
节流器材料	板式结构用35钢 外锥式结构用H62黄铜或45钢	直通式常用医疗上的注射针管 螺旋槽式用45钢 体壳用HT200铸铁	滑阀用40Cr或45钢,45~50HRC 阀体用HT200	薄膜用65Mn弹簧钢,42~45HRC 体壳用45钢或HT200

注：结构见表8-1-132中各图。

5.5 液体静压轴承计算的基本公式

表 8-1-134

项目		公式	说明
平面及径向油垫	油垫流量	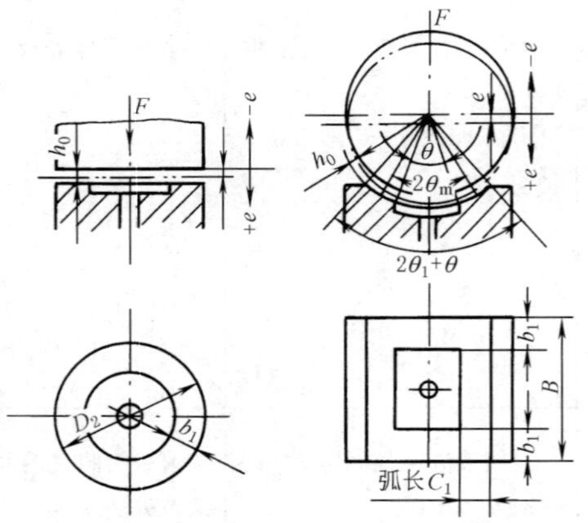 $\theta_m=\frac{1}{2}(\theta_1+\theta)$ (a)平面油垫　　(b)径向油垫单向油垫 当油垫的油膜厚度等于设计间隙 h_0 时称为设计状态，如左图实线所示。径向轴承在设计状态下轴径与油垫同心。在设计状态下通油垫的油量为： $Q_0=\overline{Q}_0\frac{p_s h_0^3}{\eta}(\mathrm{cm^3/s})$ 式中　$\overline{Q}_0=C_d\beta$	p_s——供油压力，$\mathrm{N/cm^2}$ h_0——径向轴承半径间隙，cm η——润滑油的动力黏度，$\mathrm{N\cdot s/cm^2}$ C_d——油垫流量系数，见表 8-1-135 β——节流比，在毛细管 $\beta=0.5$，小孔 $\beta=0.6$，薄膜 $\beta=0.6$ 时，可获得轴承最大的静刚度
	油膜刚度	油膜刚度为载荷相对于位移的变化率。在设计状态下的油膜刚度 $G_0=\overline{G}_0\frac{p_s A_e}{h_0}$ (N/cm) 径向轴承时　$A_e=\overline{A}_e DL$ 推力轴承时　$A_e=\overline{A}_e D_1^2$	$\overline{G}_0$——在设计状态下的刚度系数，见表8-1-136 A_e——油腔的有效承载面积，$\mathrm{cm^2}$ $\overline{A}_e$——有效承载面积系数
	承载能力	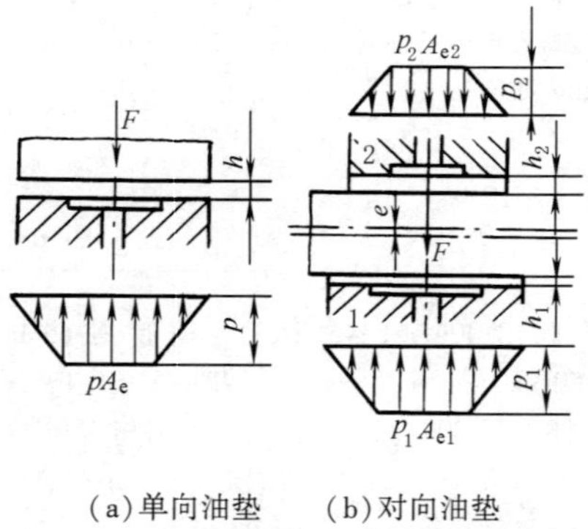 (a)单向油垫　　(b)对向油垫 1—受载油垫；2—背载油垫 单向油垫和对向油垫如左图所示。其承载能力为 $F_n=\overline{F}_n\overline{A}_e DBp_s$ 单向油垫 $F_n=pA_e$ 对向油垫 $F_n=p_1A_{e1}-p_2A_{e2}$ 对向油垫的承载能力为受载油垫与背载油垫承载能力之差，故不如单向油垫大，但位移受到上下油垫的约束，故其油膜刚度要比单向油垫高得多	$\overline{F}_n$——轴承承载系数，见表8-1-137 p,p_1,p_2——分别为油腔压力，$\mathrm{N/cm^2}$ A_{e1},A_{e2}——分别为有效承载面积，$\mathrm{cm^2}$

续表

项目		公式	说明
节流器	节流器流量 Q_{j0}	$$Q_{j0}=\overline{Q}_{j0}\frac{p_s h_0^3}{\eta}\quad(\text{cm}^3/\text{s})$$ 对于毛细管及薄膜反馈节流 $$\overline{Q}_{j0}=C_d\beta=\frac{C_j}{h_0^3}(1-\beta)$$ 毛细管节流 $C_j=(\pi d_c^4)/(128l_c)$ 薄膜反馈节流 $C_j=(\pi h_{j0}^3)\Big/\left(6\ln\frac{d_{j2}}{d_{j1}}\right)$ 对于小孔节流 $\overline{Q}_{j0}=C_d\beta=\frac{C_j\eta}{h_0^3}\sqrt{\frac{1-\beta}{\rho p_s}}$ $$C_j=\frac{\pi d_0^2}{4}\sqrt{2}\,a$$	d_c——毛细管直径,cm l_c——毛细管长度,cm d_{j1},d_{j2}——薄膜工作范围直径,cm d_0——小孔直径,cm ρ——润滑油密度,$N\cdot s^2/cm^4$ a——小孔节流器流量系数,$a=0.6\sim0.7$ β——节流比
	节流器尺寸	尺寸代号参见表 8-1-132 各图 (1)毛细管节流器尺寸 $\frac{l_c}{d_c}=\frac{\pi(1-\beta)}{128C_d\beta}\left(\frac{d_c}{h_0}\right)^3$ 核算层流条件 $Re=\frac{Q_{j0}d_c\rho}{A_e\eta}\leqslant2000$ 毛细管起始长度 $l_{jc}=0.065d_cRe<l_c$ (2)小孔节流器尺寸 $$d_0=\sqrt{\frac{2\sqrt{2}h_0^3C_d}{\pi a\eta}\sqrt{\frac{\rho p_s\beta^2}{1-\beta}}}\quad(\text{cm})$$ (3)薄膜节流器尺寸 $$h_{j0}=h_0\sqrt[3]{\frac{6\ln\frac{d_{j2}}{d_{j1}}C_d\beta}{\pi(1-\beta)}}\quad(\text{cm})$$	当毛细管为圆形截面时: $d_c\geqslant0.05$cm, 注射管内径有 0.056cm, 0.071cm, 0.084cm, 0.107cm $l_c/d_c>20$ 当毛细管为非圆截面时, $$d_c=\frac{4A_e}{S}$$ A_e——截面积,cm^2 S——湿周长度,cm d_c——当量直径,cm Re——雷诺数 $d_0\geqslant0.045$cm p_s——油腔压力,N/cm^2 h_{j0}——节流间隙,cm,$h_{j0}\geqslant0.003$cm d_j——薄膜直径,$d_j=2.5\sim3.5$cm $\frac{d_{j2}-d_{j1}}{2}\geqslant0.3\sim0.4$cm

5.5.1 油垫流量系数 C_d、有效承载面积系数 $\overline{A}_e$、周向流量系数 γ 和腔内孔流量系数 ω

表 8-1-135

油垫名称		油垫形状及压力分布	C_d、$\overline{A}_e$、γ、ω
平面油垫	圆环形	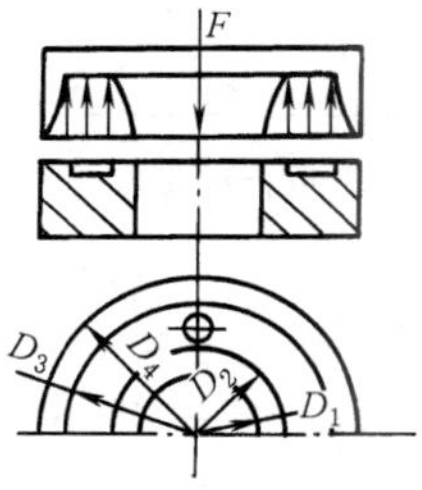	$C_d=\frac{\pi}{6}\times\frac{\ln\frac{D_2D_4}{D_1D_3}}{\ln\frac{D_2}{D_1}\ln\frac{D_4}{D_3}}$ $\overline{A}_e=\frac{\pi}{8D_1^2}\left(\frac{D_4^2-D_3^2}{\ln\frac{D_4}{D_3}}-\frac{D_2^2-D_1^2}{\ln\frac{D_2}{D_1}}\right)$

续表

<table>
<tr><th colspan="3">油垫名称</th><th>油垫形状及压力分布</th><th>C_d、$\bar{A}_e$、γ、ω</th></tr>
<tr><td>平面油垫</td><td colspan="2">扇形块</td><td>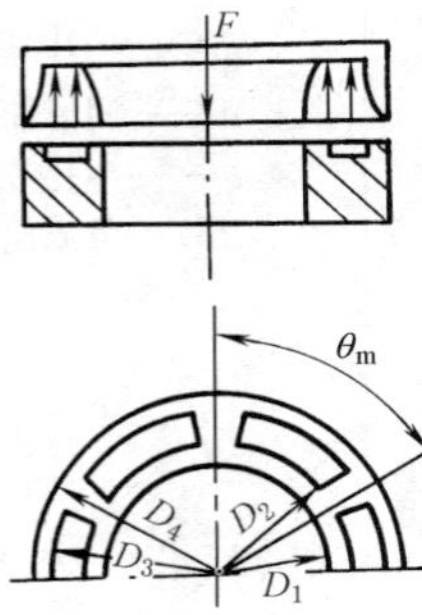
</td><td>$C_d=\frac{\theta_m}{6}\times\frac{\ln\frac{D_2D_4}{D_1D_3}}{\ln\frac{D_2}{D_1}\ln\frac{D_4}{D_3}}$
$\bar{A}_e=\frac{\theta_m}{8D_1^2}\left(\frac{D_4^2-D_3^2}{\ln\frac{D_4}{D_3}}-\frac{D_2^2-D_1^2}{\ln\frac{D_2}{D_1}}\right)$</td></tr>
<tr><td rowspan="2">径向油垫</td><td rowspan="2">有周向回油</td><td>无腔内孔回油</td><td>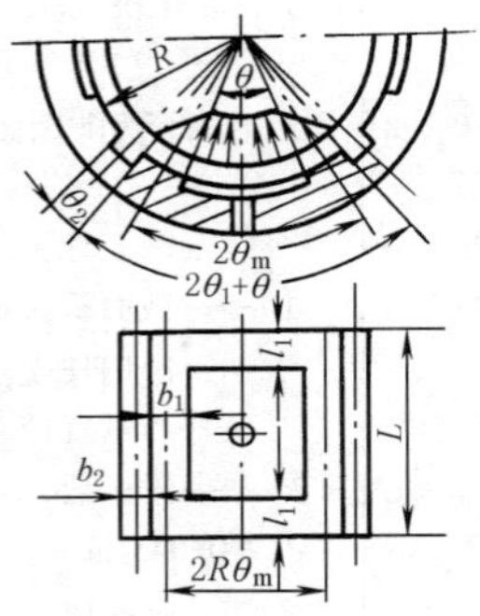
</td><td>$C_d=\frac{1}{6}\left(\frac{L-l_1}{b_1}+\frac{D\theta_m}{l_1}\right)$
$\bar{A}_e=\frac{L-l_1}{L}\sin\theta_m$
$\gamma=\frac{nl_1(L-l_1)}{b_1(\pi D-nb_1-nb_2)}$</td></tr>
<tr><td>有腔内孔回油</td><td>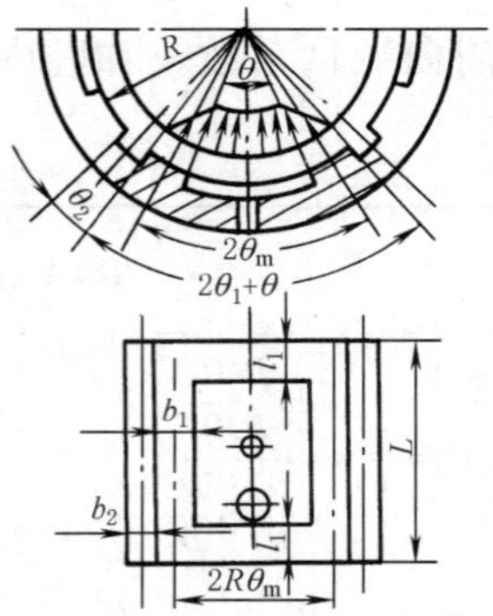
</td><td>$C_d=\frac{1}{6}\left(\frac{L-l_1}{b_1}+\frac{D\theta_m}{l_1}+\frac{N_0\pi}{\ln\frac{r_2}{r_1}}\right)$
$\bar{A}_e=\frac{L-l_1}{L}\sin\theta_m-\frac{N_0\pi}{DL}\left\{r_2^2-\frac{1}{2\ln\frac{r_2}{r_1}}\left[r_1^2-r_2^2\left(1-2\ln\frac{r_2}{r_1}\right)\right]\right\}\cos\theta_m$
$\gamma=\frac{nl_1(L-l_1)}{b_1(\pi D-nb_1-nb_2)}$
$\omega=\frac{nl_1N_0\pi}{(\pi D-nb_1-nb_2)\ln\frac{r_2}{r_1}}$
式中 N_0——一个油腔内孔个数
n——油腔数
r_1——径向轴承腔内孔或回油管的内孔半径
r_2——径向轴承腔内孔或回油管的外孔半径</td></tr>
</table>

续表

油垫名称			油垫形状及压力分布	C_d、$\overline{A}_e$、γ、ω
径向油垫	无周向回油	无腔内孔回油	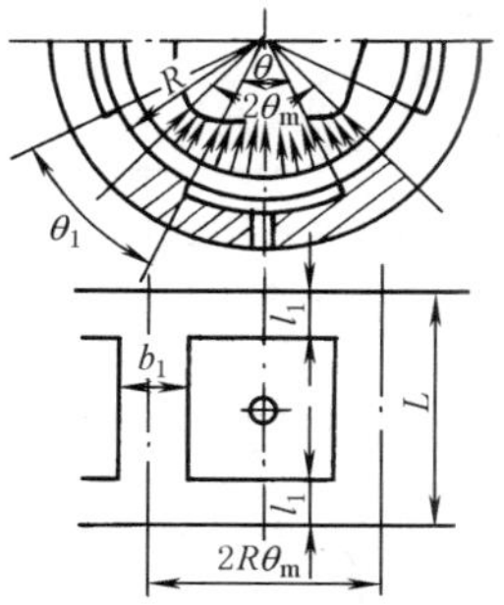	$C_d=\dfrac{D\theta_m}{6l_1}$ $\overline{A}_e=\dfrac{L-l_1}{L}\sin\theta_m$ $\gamma=\dfrac{nl_1(L-l_1)}{\pi Db_1}$
		有腔内孔回油	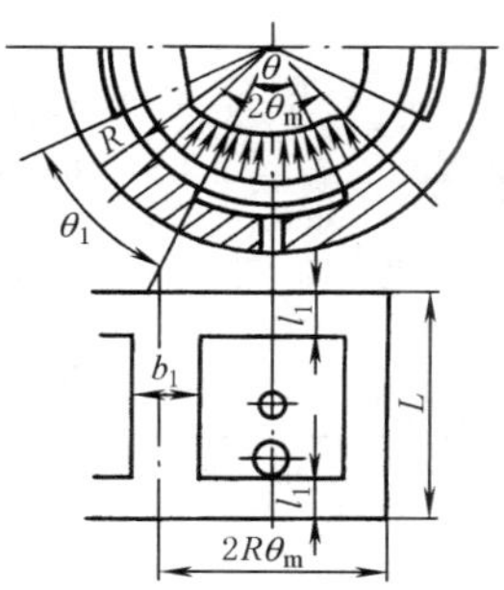	$C_d=\dfrac{1}{6}\left(\dfrac{D\theta_m}{l_1}+\dfrac{N_0\pi}{\ln\dfrac{r_2}{r_1}}\right)$ $\overline{A}_e=\dfrac{L-l_1}{L}\sin\theta_m-\dfrac{N_0\pi}{DL}\left\{r_2^2-\dfrac{1}{2\ln\dfrac{r_2}{r_1}}\left[r_1^2-r_2^2\left(1-2\ln\dfrac{r_2}{r_1}\right)\right]\right\}\cos\theta_m$ $\gamma=\dfrac{nl_1(L-l_1)}{\pi Db_1}$ $\omega=\dfrac{nl_1N_0}{D\ln\dfrac{r_2}{r_1}}$

5.5.2 刚度系数 $\overline{G}_0$

表 8-1-136

类型型式				油腔数 3	油腔数 4	油腔数 6	油腔数 n	备注
				$\overline{G}_0$				
毛细管节流静压轴承	径向轴承	有周向回油	有腔内孔	$4.5BK'$	$6BK'$	$9BK'$	$1.5nBK'$	$A=\beta(1-\beta)$ $B=\dfrac{A}{1+\omega+\gamma}$ $C=\dfrac{A}{1+\gamma}$ $D=(1-\beta)\gamma$ $E=\dfrac{D}{1+\omega}$ $K=\dfrac{\sin\theta_m}{\theta_m}+\gamma\cos\theta_m$ $K'=\dfrac{\sin\theta_m}{\theta_m}(1+\omega)+\gamma\cos\theta_m$ γ 及 ω 见表 8-1-135
			无腔内孔	$4.5CK$	$6CK$	$9CK$	$1.5nCK$	
		无周向回油	有腔内孔	$\dfrac{3.72A}{1+1.5E}$	$\dfrac{5.40A}{1+E}$	$\dfrac{8.59A}{1+0.5E}$	$\dfrac{1.5nA\dfrac{\sin\theta_m}{\theta_m}}{1+E\left(1-\cos\dfrac{2\pi}{n}\right)}$	
			无腔内孔	$\dfrac{3.72A}{1+1.5D}$	$\dfrac{5.40A}{1+D}$	$\dfrac{8.59A}{1+0.5D}$	$\dfrac{1.5nA\dfrac{\sin\theta_m}{\theta_m}}{1+D\left(1-\cos\dfrac{2\pi}{n}\right)}$	

续表

类型型式				3	4	6	n	备　注
				$\overline{G}_0$				
毛细管节流静压轴承	平面轴承	扇形块	单向	$9A$	$12A$	$18A$	$3nA$	同前页
			对向	$18A$	$24A$	$36A$	$6nA$	
		环形	单向		$3A$			
			对向		$6A$			
小孔节流静压轴承	径向轴承	有周向回油	有腔内孔	$9CK'$	$12CK'$	$18CK'$	$3nCK'$	$A=\beta(1-\beta)$ $B=2-\beta$ $C=\dfrac{A}{B(1+\omega+\gamma)}$ $D=\dfrac{A}{B(1+\gamma)}$ $E=(1-\beta)\gamma$ $F=\dfrac{E}{1+\omega}$ $K=\dfrac{\sin\theta_m}{\theta_m}+\gamma\cos\theta_m$ $K'=\dfrac{\sin\theta_m}{\theta_m}(1+\omega)+\gamma\cos\theta_m$
			无腔内孔	$9DK$	$12DK$	$18DK$	$3nDK$	
		无周向回油	有腔内孔	$\dfrac{7.44A}{B+3F}$	$\dfrac{10.8A}{B+2F}$	$\dfrac{17.19A}{B+F}$	$\dfrac{3nA\dfrac{\sin\theta_m}{\theta_m}}{B+2F\left(1-\cos\dfrac{2\pi}{n}\right)}$	
			无腔内孔	$\dfrac{7.44A}{B+3E}$	$\dfrac{10.8A}{B+2E}$	$\dfrac{17.19A}{B+E}$	$\dfrac{3nA\dfrac{\sin\theta_m}{\theta_m}}{B+2E\left(1-\cos\dfrac{2\pi}{n}\right)}$	
	平面轴承	扇形块	单向	$\dfrac{18A}{B}$	$\dfrac{24A}{B}$	$\dfrac{36A}{B}$	$\dfrac{6nA}{B}$	
			对向	$\dfrac{36A}{B}$	$\dfrac{48A}{B}$	$\dfrac{72A}{B}$	$\dfrac{12nA}{B}$	
		环形	单向	$\dfrac{6A}{B}$				
			对向	$\dfrac{12A}{B}$				
薄膜节流静压轴承	径向轴承	有周向回油	有腔内孔	$4.5CK'$	$6CK'$	$9CK'$	$1.5CK'n$	$A=\beta(1-\beta)$ $B=1-\dfrac{3A}{K_j}$ $C=\dfrac{A(1+\omega)}{B(1+\omega+\gamma)}$ $D=\dfrac{A}{B(1+\gamma)}$ $E=(1-\beta)\gamma$ $F=\dfrac{E}{1+\omega}$ $K=\dfrac{\sin\theta_m}{\theta_m}+\gamma\cos\theta_m$ $K'=\dfrac{\sin\theta_m}{\theta_m}(1+\omega)+\gamma\cos\theta_m$
			无腔内孔	$4.5DK$	$6DK$	$9DK$	$1.5DKn$	
		无周向回油	有腔内孔	$\dfrac{3.72A}{B+1.5F}$	$\dfrac{5.40A}{B+F}$	$\dfrac{8.59A}{B+0.5F}$	$\dfrac{1.5nA\dfrac{\sin\theta_m}{\theta_m}}{B+F\left(1-\cos\dfrac{2\pi}{n}\right)}$	

续表

<table>
<tr><td colspan="4" rowspan="3">类型型式</td><td colspan="4">油　腔　数</td><td rowspan="3">备　注</td></tr>
<tr><td>3</td><td>4</td><td>6</td><td>n</td></tr>
<tr><td colspan="4">$\overline{G}_0$</td></tr>
<tr><td>薄膜节流静压轴承</td><td>径向轴承</td><td>无周向回油</td><td>无腔内孔</td><td>$\frac{3.72A}{B+1.5E}$</td><td>$\frac{5.40A}{B+E}$</td><td>$\frac{8.59A}{B+0.5E}$</td><td>$\frac{1.5nA\frac{\sin\theta_m}{\theta_m}}{B+E\left(1-\cos\frac{2\pi}{n}\right)}$</td><td rowspan="6">单头薄膜：
$\overline{K}_j=\frac{h_{j0}}{p_s m}$
双头薄膜：
$\overline{K}_j=\frac{h_{j0}}{2p_s m}$
$m=\frac{3(1-\mu^2)\left(\frac{d_{j2}^2}{4}-\frac{d_{j1}^2}{4}\right)^2}{16Et^3}$
式中　μ——材料的泊松比
E——材料的弹性模量，N/cm²
t——薄膜厚度，cm
薄膜反馈节流器的薄膜刚度系数$\overline{K}_j$的取法是按轴承油膜刚度达到无穷大的条件进行选择的，所以在径向轴承与止推轴承中有周向回油时的薄膜刚度系数
$\overline{K}_j=3\beta(1-\beta)$
无周向回油而有腔内孔时
$\overline{K}_j=\frac{3\beta(1-\beta)}{1+\omega+\gamma(1-\beta)\left(1-\cos\frac{2\pi}{n}\right)}$
无周向回油无腔内孔时
$\overline{K}_j=\frac{3\beta(1-\beta)}{1+\gamma(1-\beta)\left(1-\cos\frac{2\pi}{n}\right)}$</td></tr>
<tr><td rowspan="5">薄膜反馈节流静压轴承</td><td rowspan="4">平面轴承</td><td rowspan="2">扇形块</td><td>单向</td><td>$\frac{9A}{B}$</td><td>$\frac{12A}{B}$</td><td>$\frac{18A}{B}$</td><td>$\frac{3nA}{B}$</td></tr>
<tr><td>对向</td><td>$\frac{18A}{B}$</td><td>$\frac{24A}{B}$</td><td>$\frac{36A}{B}$</td><td>$\frac{6nA}{B}$</td></tr>
<tr><td rowspan="2">环形</td><td>单向</td><td colspan="4">$\frac{3A}{B}$</td></tr>
<tr><td>对向</td><td colspan="4">$\frac{6A}{B}$</td></tr>
<tr><td colspan="3">薄膜最大平均变形量</td><td colspan="4">$\delta_{max}=m\frac{F_{max}}{A_e}$</td></tr>
</table>

注：由于滑阀反馈节流型式应用较少，特别在中小型机床中，故未编入滑阀节流静压轴承的参数及公式。

5.5.3　承载系数 $\overline{F}_n$ 或偏心率 ε

表 8-1-137

<table>
<tr><td colspan="2">节流型式</td><td colspan="2">回油型式</td><td>公　式　或　数　据</td></tr>
<tr><td rowspan="2">固定节流静压轴承</td><td rowspan="2">毛细管节流</td><td rowspan="2">有周向回油</td><td>有腔内孔</td><td>$\overline{F}_n = AB\beta\sum_{i=1}^{n}\frac{\cos\theta_i}{AB-EK'}$</td></tr>
<tr><td>无腔内孔</td><td>$\overline{F}_n = AC\beta\sum_{i=1}^{n}\frac{\cos\theta_i}{AC-EK}$</td></tr>
</table>

第8篇

续表

节流型式		回油型式		公式或数据
固定节流静压轴承	毛细管节流	无周向回油	有腔内孔	$\overline{F}_{\mathrm{n}}=AD\beta\sum_{i=1}^{n}\dfrac{\cos\theta_{\mathrm{i}}}{AD+F-EK'}$
			无腔内孔	$\overline{F}_{\mathrm{n}}=A\beta\sum_{i=1}^{n}\dfrac{\cos\theta_{\mathrm{i}}}{A+F-EK_1}$
	小孔节流	有周向回油	有腔内孔	$\overline{F}_{\mathrm{n}}=\dfrac{B\beta}{2}\sum_{i=1}^{n}\cos\theta_{\mathrm{i}}\dfrac{-AB\beta+\sqrt{A[B^2\beta^2A+4(B-EK')^2]}}{B-EK'}$
			无腔内孔	$\overline{F}_{\mathrm{n}}=\dfrac{C\beta}{2}\sum_{i=1}^{n}\cos\theta_{\mathrm{i}}\dfrac{-AC\beta+\sqrt{A[C^2\beta^2A+4(C-EK)^2]}}{C-EK}$
		无周向回油	有腔内孔	$\overline{F}_{\mathrm{n}}=\dfrac{D\beta}{2}\sum_{i=1}^{n}\cos\theta_{\mathrm{i}}\dfrac{-AD\beta+\sqrt{A[D^2\beta^2A+4(D+F-EK'_1)^2]}}{D+F-EK'_1}$
			无腔内孔	$\overline{F}_{\mathrm{n}}=\dfrac{\beta}{2}\sum_{i=1}^{n}\cos\theta_{\mathrm{i}}\dfrac{-A\beta+\sqrt{A[\beta^2A+4(1+F-EK_1)^2]}}{1+F-EK_1}$
薄膜反馈节流静压轴承	单面薄膜反馈节流	有周向回油	有腔内孔	$\overline{F}_{\mathrm{n}}=\dfrac{H}{B}\sum_{i=1}^{n}[-(B-EK'+ABG)+\sqrt{(B-EK'+ABG)^2+B^2I}]$
			无腔内孔	$\overline{F}_{\mathrm{n}}=\dfrac{H}{C}\sum_{i=1}^{n}[-(C-EK+ACG)+\sqrt{(C-EK+ACG)^2+C^2I}]$
		无周向回油	有腔内孔	$\overline{F}_{\mathrm{n}}=\dfrac{H}{D}\sum_{i=1}^{n}[-(D+F-EK'_1+ADG)+\sqrt{(D+F-EK'_1+ADG)^2+D^2I}]$
			无腔内孔	$\overline{F}_{\mathrm{n}}=H\sum_{i=1}^{n}[-(1+F-EK_1+AG)+\sqrt{(1+F-EK_1+AG)+1}]$
双薄膜反馈节流静压轴承	双面薄膜反馈节流	有周向回油	有腔内孔	$\varepsilon=\dfrac{2(2J-L+AM+1)B}{3n(J-RL)}\times\dfrac{\overline{F}_{\mathrm{n}}}{K'}$
			无腔内孔	$\varepsilon=\dfrac{2(2AJ-AL+A^2M+1)C}{3n(J-RL)A}\times\dfrac{\overline{F}_{\mathrm{n}}}{K}$
		无周向回油	有腔内孔	$\varepsilon=\dfrac{2[2AD(D+FJ-ADL)+(D+F)^2+A^2D^2M]}{3nAD(J-RL)}\times\dfrac{\overline{F}_{\mathrm{n}}}{K'_1}$
			无腔内孔	$\varepsilon=\dfrac{2[2A(1+FJ-AL)+(1+F)^2+A^2M]}{3nA(J-AL)}\times\dfrac{\overline{F}_{\mathrm{n}}}{K_1}$
备注	对固定节流 $A=1/(1-\beta)$ 对薄膜反馈节流 $A=\dfrac{\beta}{1-\beta}$ $B=1+\omega+\gamma$ $C=1+\gamma$ $D=1+\omega$ $E=3\varepsilon\cos\theta_i$ $\varepsilon=e/h_0$ $F=\gamma\left(1-\cos\dfrac{2\pi}{n}\right)$ $K=\dfrac{\sin\theta_{\mathrm{m}}}{\theta_{\mathrm{m}}}+\gamma\cos\theta_{\mathrm{m}}$ $K'=(\sin\theta_{\mathrm{m}}/\theta_{\mathrm{m}})(1+\omega)+\gamma\cos\theta_{\mathrm{m}}$ $K_1=(\sin\theta_{\mathrm{m}}/\theta_{\mathrm{m}})+\gamma\cos\theta_{\mathrm{m}}\left(1-\cos\dfrac{2\pi}{n}\right)$ $K'_1=\dfrac{\sin\theta_{\mathrm{m}}}{\theta_{\mathrm{m}}}(1+\omega)+\gamma\cos\theta_{\mathrm{m}}\left(1-\cos\dfrac{2\pi}{n}\right)$ $G=1-3/\overline{K}_{\mathrm{j}}$ $H=\overline{K}_{\mathrm{j}}/6A$ $I=12A^2/\overline{K}_{\mathrm{j}}$ $J=1+3[(2\overline{F}_{\mathrm{n}})/(n\overline{K}_{\mathrm{j}})]^2$ $L=\dfrac{1}{\overline{K}_{\mathrm{j}}}\left[3+\left(\dfrac{2\overline{F}_{\mathrm{n}}}{n\overline{K}_{\mathrm{j}}}\right)^2\right]$ $M=\left[1-\left(\dfrac{2\overline{F}_{\mathrm{n}}}{n\overline{K}_{\mathrm{j}}}\right)^2\right]^2$ $R=(8\overline{F}_{\mathrm{n}})/n^2$ γ、ω 见表 8-1-135，β 见表 8-1-134			

5.5.4 功率消耗计算

表 8-1-138

项 目	公 式	符 号
油泵输入功率	$N_p=\dfrac{p_sQ}{6120\eta}$	N_p——油泵输入功率,kW p_s——油泵输出压力,N/cm^2 Q——油泵输出流量,L/min η——油泵总效率
轴回转摩擦功率	径向轴承: $N_f=9.8\times10^{-2}\eta v^2\left(\dfrac{A}{h_0}+\dfrac{A_1}{h_0+Z_1}\right)$ 推力轴承: $N_f=9.8\times10^{-2}\eta v'^2\left(\dfrac{A'}{h_0'}+\dfrac{A_1'}{h_0'+Z_1'}\right)$ 由于 $Z_1=(30\sim60)h_0$ 和 $Z_1'=(30\sim60)h_0'$,在一般情况下$\dfrac{A_1}{h_0+Z_1}$和$\dfrac{A_1'}{h_0'+Z_1'}$两项很小,可忽略不计	N_f——一个径向和一侧推力轴承的摩擦功率,kW v——径向轴承轴颈线速度,cm/s A——轴与径向轴承可接触表面的摩擦面积,cm^2 A_1——径向轴承油腔挖空部位面积,cm^2 A'——轴肩(或止推环)与推力平面可接触表面的摩擦面积。对于环形油腔即是外端和内端封油面的面积,cm^2 A_1'——推力轴承油腔挖空部位的面积,cm^2 v'——近似取推力轴承推力平面上平均线速度,cm/s Z_1——径向轴承油腔深度,对于圆弧形油腔,油腔深度取$\dfrac{1}{2}Z_1$,cm Z_1'——推力轴承油腔深度,cm
功耗比	$K_n=N_f/N_p$	K_n——功耗比,按功耗最小原则设计时,经分析表明,最佳值在 1~3 范围内根据 $N_f=K_nN_p$ 的关系,可计算出润滑油的黏度。当 $K_n=1$ 时,具有最佳的润滑油黏度。在实际应用中,当受润滑油黏度过稀的限制时,不得不选用较大的 K_n 值
径向轴承总功耗	$N=N_f+N_p=(1+K_n)N_p$	N——一个径向轴承的总功耗,kW
润滑油流经轴承时的温升	$\Delta t=P/(c_p\rho q)=\dfrac{(1+K_n)p_s}{(c_p\rho)}$	Δt——不计热传导、辐射等热损失时润滑油流经轴承时的温升,℃ c_p——油的比定压热容,通常取 $c_p=2120J/(kg\cdot℃)$ ρ——油的密度,kg/m^3;密度平均值取 $\rho=855kg/cm^3$ p_s——供油压力,Pa

5.6 供油系统设计及元件与润滑油的选择

5.6.1 供油方式、特点与应用

表 8-1-139

方式	结 构	特 点	应 用
恒压供油	见图 8-1-37	轴承的各个油腔,采用一个泵,油泵输出的恒定压力的润滑油先通往节流器,然后进入轴承各油腔,利用节流器调节油腔压力。前面所述的液体静压轴承均属恒压供油方式,结构简单,调整方便 供油压力的选择原则是:保证满足轴承最大承载能力和足够油膜刚度的条件下,使供油系统中的油泵功率消耗最小,既有利于降低轴承系统温度,又能改善轴承的动态性能。当严格要求控制润滑油温度时,应装设换热器或恒温装置 一般取供油压力 $p_s\geqslant1MPa$	国内外广泛应用

续表

方式	结　构	特　点	应　用
恒流量供油	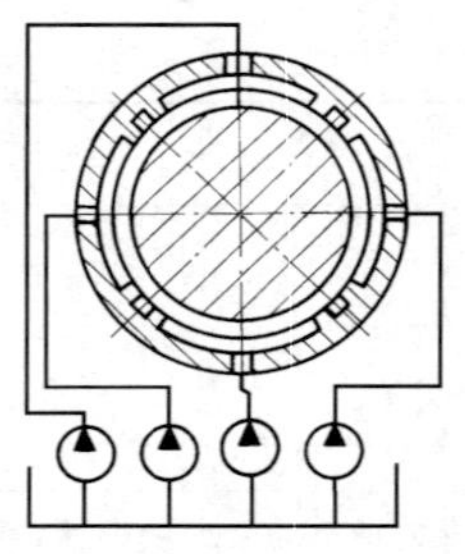	轴承的每个油腔各有一个流量相同的油泵(或阀),油泵将恒流量的润滑油直接输送到轴承油腔,它的优点是: (1) 工作可靠,不存在节流器堵塞的问题 (2) 轴承的油膜刚度大于固定节流静压轴承的油膜刚度 (3) 油泵功率损耗较小,温升较低 它的缺点是: (1) 若用多个流量相同的油泵,则所需油泵的数量多;若用多供油点的油泵,则油泵制造精度要求高 (2) 油膜刚度、油膜厚度受温度的影响大	因结构复杂,国内外用于特殊场合,如大型及重型机床等

5.6.2 供油系统、特点与应用

表 8-1-140

系　统	结　构　及　特　点			应　用
具有蓄能器的供油系统	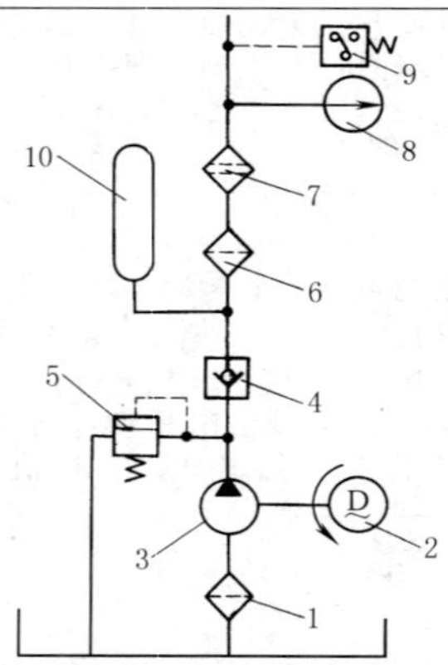	1—粗过滤器,用铜丝布制成;2—电机;3—油泵;4—单向阀;5—溢流阀;6—粗过滤器,可用线隙式滤油器;7—精滤油器,用纸质过滤器等;8—压力表;9—压力继电器,用以保证轴承中的油液在建立一定压力后,才能启动轴;10—蓄能器	能保证突然停电或油泵等发生故障时,仍然把具有一定压力的润滑油供给轴承,以保证在轴转动惯性大的情况下,不至于发生轴和轴承磨损或烧坏	适用于轴转速高、轴系统惯性较大的机床和设备的轴承
没有蓄能器的供油系统	此种系统基本与具有蓄能器的供油系统相同,所不同的只是没有蓄能器及单向阀(对于重型机床和设备,最好保留单向阀,以防止油泵停止供油后润滑油倒流),因为当突然停电或油泵等发生故障以及刹车时,在轴惯性小的情况下,不至于使轴磨损及烧坏,而且轴承中多少还有些油能起润滑作用			适用于轴转速低,轴系统惯性小的机床和设备

5.6.3 元件的选择

液体静压轴承供油系统的元件（如油泵、单向阀、溢流阀、滤油器、蓄能器、压力继电器以及油箱等）的选择，参见本手册第 5 卷第 21 篇液压传动的有关章节。

5.6.4 润滑油的选择

表 8-1-141　　静压轴承推荐使用的润滑油

轴承型式	润　滑　油	备　注
小孔节流式静压轴承	(1)轴颈线速度 $v \nless 15$m/s 时,使用 L-FC5 或 50%L-FC2+50%L-FC5 轴承油(SH/T 0017—2007,下同) (2)轴颈线速度 $v \ngtr 15$m/s 时,使用 L-FC2 或 L-FC 3 轴承油	静压轴承使用的润滑油,除了满足润滑油的一般要求外,应特别注意清洁,润滑油必须经过严格过滤 确定润滑油品种时,应根据静压轴承的节流型式和不同的工作条件选择。尽可能使轴回转摩擦功率同供油装置中的油泵功率消耗之和为最小

续表

轴承型式	润　滑　油	备　注
毛细管节流式静压轴承	(1)高速轻载时,使用 L-FC 7 或 L-FC 10 轴承油 (2)低速重载时,使用 L-FC 15、L-FC 22 或 L-FC 32 轴承油	静压轴承使用的润滑油,除了满足润滑油的一般要求外,应特别注意清洁,润滑油必须经过严格过滤 确定润滑油品种时,应根据静压轴承的节流型式和不同的工作条件选择。尽可能使轴回转摩擦功率同供油装置中的油泵功率消耗之和为最小
滑阀反馈节流式及薄膜反馈节流式静压轴承	(1)高速轻载时,使用 L-FC 15 或 L-FC 22 轴承油 (2)中速中载时,使用 L-FC 32 或 L-FC 46 轴承油 (3)低速重载时,使用 L-FC 46 或 L-FC 68 轴承油	

注：1. 允许采用黏度与性能相近的其他牌号的润滑油。

2. 常用轴承油的运动黏度值请参见 SH/T 0017—2007，不同的黏度指数的润滑油在各种温度下所具有的相应运动黏度值请参见 GB/T 3141—1994 的有关表。

5.7　液体静压轴承设计计算的一般步骤及举例

5.7.1　液体静压轴承系统设计计算的一般步骤

液体静压轴承系统的设计包括合理选择轴承、节流器、液压系统的结构型式和确定各有关参数。

设计的原始条件为：轴承的最大载荷 F_{max}，主轴转速 n，要求的油膜刚度（或允许主轴在最大载荷作用下的最大位移 e）。此外，对于精密机床往往还限制轴承的最高温度。

静压轴承的设计可有不同的方法，一般步骤如下。

1）选择轴承的结构型式：根据机床类型、外载荷的性质及设计的具体要求，按表 8-1-121 选择。

2）确定主轴支承数目：进行受力分析并计算支承反力。

3）选择节流器的结构型式：根据机床类型、所需的油膜刚度，按表 8-1-132 选择。

4）设计计算。

① 确定轴承的结构尺寸。按具体条件查表 8-1-122 选择轴承的直径 D、宽度 L、轴向封油面长度 l_1、周向封油面宽度 b_1、回油槽宽度 b_2 和轴承半径间隙 h_0 等各项。

② 计算油腔的有效承载面积 A_e。根据不同的轴承结构，由表 8-1-126、表 8-1-127、表 8-1-130、表 8-1-133～表 8-1-138 中查得有关的计算公式，代入相应的参数。

③ 选择节流比 β。各种不同节流型式的节流比见表 8-1-134。

④ 选择供油压力 p_s。在满足承载能力的前提下，不宜选用过高的供油压力。一般推荐供油压力 $p_s \geqslant 1MPa$。在设计时预选一个 p_s 值作为原始条件，计算油膜刚度和承载能力等。如果不能满足设计要求时，则可修改此压力值，重新计算油膜刚度及承载能力。必要时可以根据油膜刚度和承载能力来计算所需的供油压力 p_s 值并取较大的 p_s 值。

⑤ 选择润滑油。选择时应根据不同的节流型式和机床的工作条件等来确定润滑油品种。对于常用的四油腔径向静压轴承，可按表 8-1-141 中推荐的润滑油品种选用。但对于功耗和温升要求较高的场合，润滑油的黏度 η 应按最小功率消耗和最低温升的条件来计算，可根据表 8-1-138 中 $N_f = K_n N_p$ 的关系，计算润滑油的最佳黏度 η。

⑥ 计算轴承流量。按表 8-1-134 及表 8-1-135 中的流量公式计算单个油腔的流量 q_0，再乘以油腔数得到总流量。

⑦ 设计计算节流器，并验算层流条件。

⑧ 承载能力或油膜刚度等的验算。

⑨ 计算油泵功率 N_p。

⑩ 计算摩擦功率 N_f。

⑪ 计算温升 Δt。

⑫ 选择油泵规格，设计供油系统。

5.7.2　毛细管节流径向液体静压轴承设计举例

已知：径向轴承直径 $D=6cm$，要求径向轴承的油膜刚度 $G_0=148N/\mu m$，设计毛细管节流有周向回油四油腔对称等面积径向轴承。

第 8 篇

表 8-1-142

	项　　目	单　位	公 式 及 结 果
确定轴承结构尺寸			根据轴承直径 $D=6\text{cm}$，选择 $L/D=1, l_1/D=0.1$，按表 8-1-123 及表 8-1-124 得：
	轴承宽度 L	cm	6
	油腔宽度 l	cm	4.8
	轴向封油面宽度 l_1	cm	0.6
	油腔夹角 θ	(°)	60
	周向封油面夹角 θ_1	(°)	12
	回油槽夹角 θ_2	(°)	6
	回油槽深度 Z_2	cm	0.06
	周向封油面宽度 b_1	cm	$b_1=D\sin(\theta_1/2)=6\times\sin(12°/2)=0.63$
	回油槽宽度 b_2	cm	$b_2=D\sin(\theta_2/2)=6\times\sin(6°/2)=0.31$
	油腔有效夹角 θ_m	(°)	$\theta_m=\theta/2+\theta_1/2=60°/2+12°/2=36°$
确定轴承其他参数	轴承有效承载面积 A_e	cm^2	根据表 8-1-135 公式 $\overline{A_e}=\frac{L-l_1}{L}\sin\theta_m=\frac{6-0.6}{6}\times\sin36°=0.529$ $\therefore\ A_e=\overline{A_e}DL=0.529\times6\times6=19.04$
	润滑油		根据表 8-1-141 的推荐，毛细管节流静压轴承选择 AN32 号全损耗系统用油。AN32 号全损耗系统用油在 50℃时的动力黏度 η_{50} 和运动黏度 γ_{50} 分别为 $\eta_{50}=193\times10^{-8}\text{N}\cdot\text{s/cm}^2, \gamma_{50}=0.22\text{cm}^2/\text{s}$
	节流比 β		$\beta=0.5$ 时，轴承具有最佳刚度，故选择 $\beta=0.5$
	供油压力 p_s	N/cm^2	供油压力的选择原则是：满足轴承最大承载能力和足够刚度条件下，使供油装置功率消耗最小 一般选择 $p_s\geqslant98$，现取 $p_s=147$
	轴承半径间隙 h_0	cm	根据表 8-1-146　$\overline{G_0}=6CK=\frac{6\beta(1-\beta)K}{1+\gamma}$ 式中　$\gamma=\frac{nl_1(L-l_1)}{b_1(\pi D-nb_2-nb_1)}=\frac{4\times0.6\times(6-0.6)}{0.63\times(\pi\times6-4\times0.31-4\times0.63)}$ $=1.363$ $K=\frac{\sin\theta_m}{\theta_m}+\gamma\cos\theta_m=\frac{\sin36°}{0.628}+1.363\times\cos36°=2.039$ $\therefore\ \overline{G_0}=1.294$ 由表 8-1-134 公式　$G_0=\overline{G_0}\frac{p_sA_e}{h_0}$ 故　$h_0=\frac{\overline{G_0}}{G_0}p_sA_e$ 取　$G_0=176.5\text{N/cm}$ 将以上各项代入得：$h_0=\frac{1.294}{176.5\times10^4}\times147\times19.04=2.05\times10^{-3}$ 取　$h_0=2\times10^{-3}$

续表

项目		单位	公式及结果
确定轴承其他参数	毛细管直径 d_c 毛细管长度 l_c	cm	根据表 8-1-134 公式 $C_j=\dfrac{\beta}{1-\beta}C_d h_0^3$ 及 $C_j=(\pi d_c^4)/(128l_c)$ 又根据表 8-1-135 公式 $C_d=\dfrac{1}{6}\left(\dfrac{L-l_1}{b_1}+\dfrac{D\theta_m}{l_1}\right)$ 整理后得 $\dfrac{d_c^4}{l_c}=\dfrac{128\beta h_0^3}{6\pi(1-\beta)}\left(\dfrac{L-l_1}{b_1}+\dfrac{D\theta_m}{l_1}\right)$ $=\dfrac{128\times0.5\times(2\times10^{-3})^3}{6\pi(1-0.5)}\times\left(\dfrac{6-0.6}{0.63}+\dfrac{6\times0.628}{0.6}\right)$ $=8.07\times10^{-7}$ 若 $d_c=0.056$,则 $l_c=12.18$ $d_c=0.071$,则 $l_c=31.48$ 最后取 $d_c=0.056, l_c=12.18$
	油腔深度 Z_1	cm	根据表 8-1-122 $Z_1=(30\sim60)h_0$ $=(30\sim60)\times2\times10^{-3}=0.06\sim0.12$ 取 $Z_1=0.1$
	轴承流量 $4Q_0$	cm^3/s	根据表 8-1-134 中公式 $\overline{Q}_0=C_d\beta$ 查表 8-1-135 $C_d=\dfrac{1}{6}\left(\dfrac{L-l_1}{b_1}+\dfrac{D\theta_m}{l_1}\right)$ $\therefore\ \overline{Q}_0=\dfrac{1}{6}\left(\dfrac{6-0.6}{0.63}+\dfrac{6\times0.628}{0.6}\right)\times0.5=1.238$ 又 $Q_0=\overline{Q}_0\dfrac{p_s h_0^3}{\eta}=1.238\times\dfrac{147\times(2\times10^{-3})^3}{193\times10^{-8}}=0.754$ 故 $4Q_0=4\times0.754=3.016$ 若有两个结构、参数相同的径向轴承,则 $Q_{径总}=2\times4Q_0=2\times3.016=6.032$
	油泵额定流量 $Q_泵$	cm^3/s	根据推荐,油泵额定流量应为计算流量的 1.5~2 倍,则 $Q_泵=(1.5\sim2)Q_{计总}=(1.5\sim2)(Q_{径总}+Q_{推总})$
	验算毛细管层流条件		根据表 8-1-134 公式 $Re=\dfrac{Q_{j0}d_c\rho}{A_c\eta}=\dfrac{0.754\times0.056\times84\times10^{-7}}{\dfrac{\pi\times0.056^2}{4}\times193\times10^{-8}}$ $=74.67<2000$ 毛细管长径比 $l_c/d_c=12.18/0.056=217.5>20$ 毛细管层流起始段长度 $l_{jc}=0.065d_c Re=0.065\times0.056\times74.67=0.27<12.18$,满足层流条件

续表

项　　目	公 式 及 结 果
工作图	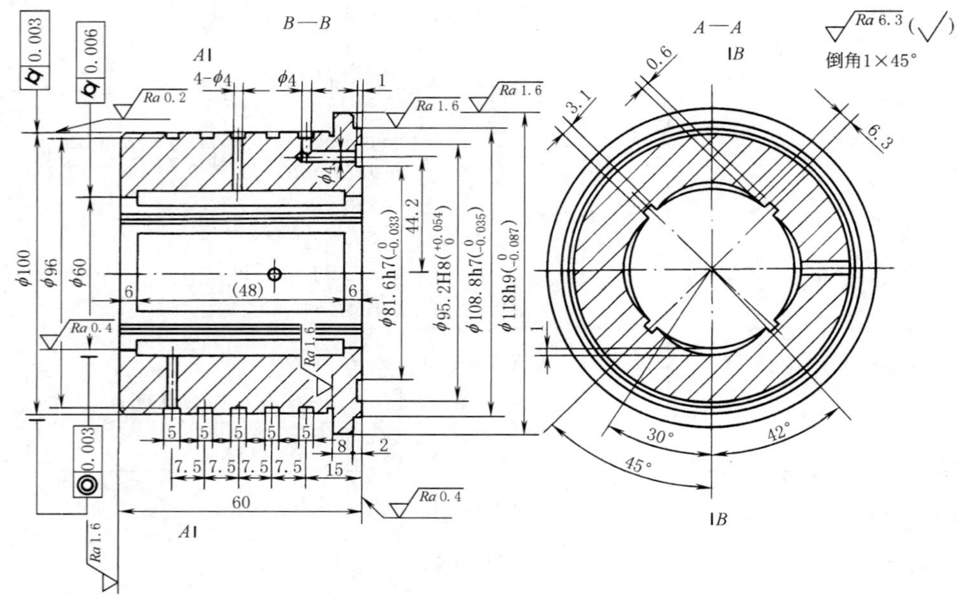 技术要求 1. 材料为锡青铜 ZCuSn6Zn6Pb3 (ZQSn6-6-3) 或铸铁 HT200，铸件不得有砂眼、缩孔和疏松缺陷，应时效处理 2. ϕ60 内孔和主轴配合半径间隙 0.022±0.002 3. ϕ100 外圆和箱体孔配合过盈 0.006±0.002 4. 四个油腔及四个回油槽对称分布 5. 锐边倒钝（包括油腔和回油槽） 轴 承 工 作 图 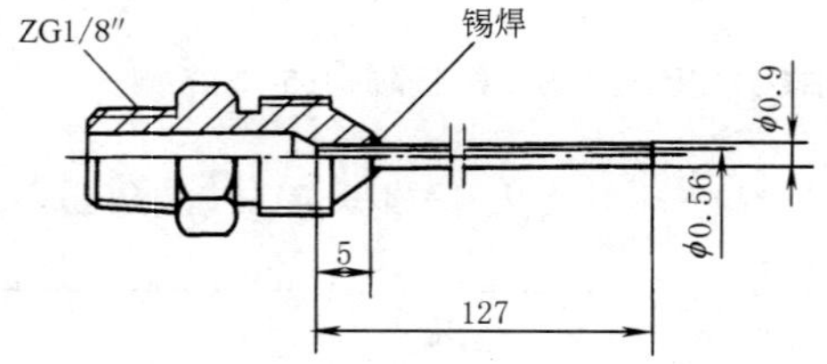 毛细管节流器工作图 技术要求 1. 注射针管和管接头焊接牢固，不得漏油 2. 同一轴承各节流器在相同温度下的流量允差 10%

5.7.3　毛细管节流推力液体静压轴承设计举例

已知：推力轴承直径 $D=6\text{cm}$，要求推力轴承的油膜刚度 $G_0=588\text{N}/\mu\text{m}$，设计毛细管节流环形油腔推力轴承。

表 8-1-143

	项　　目	单　位	公 式 及 结 果
确定推力轴承结构尺寸	油腔结构尺寸 D_1 D_2 D_3 D_4	cm	采用推力轴承位于前轴承前端的布置型式,并采用主轴有砂轮越程槽的环形油腔结构。根据表 8-1-130 得 6.8 8.2 9.5 10.9
确定轴承其他参数	推力轴承油腔有效承载面积 A_e	cm^2	根据表 8-1-135 $\overline{A}_e=\frac{\pi}{8D_1^2}\left(\frac{D_4^2-D_3^2}{\ln\frac{D_4}{D_3}}-\frac{D_2^2-D_1^2}{\ln\frac{D_2}{D_1}}\right)=\frac{\pi}{8\times6.8^2}\times\left(\frac{10.9^2-9.5^2}{\ln\frac{10.9}{9.5}}-\frac{8.2^2-6.8^2}{\ln\frac{8.2}{6.8}}\right)$ $=0.812$ 根据表 8-1-134 公式 $A_e=\overline{A}_eD_1^2=0.812\times6.8^2=37.5$
	润滑油		选 AN32 号全损耗系统用油 $\eta_{50}=193\times10^{-8}\mathrm{N\cdot s/cm^2}$ $\gamma_{50}=0.22\mathrm{cm^2/s}$
	节流比 β		选 $\beta=0.5$
	供油压力 p_s	N/cm^2	选 $p_s=147$
	推力轴承单边间隙 h_0	cm	根据表 8-1-136 及表 8-1-134 公式 $\overline{G_0}=6A=6\beta(1-\beta)=6\times0.5\times(1-0.5)=1.5$ $G_0=\overline{G_0}\times\frac{p_sA_e}{h_0}$ 则　$h_0=\frac{\overline{G_0}p_sA_e}{G_0}=\frac{1.5\times147\times37.5}{588\times10^4}=1.4\times10^{-3}$
	毛细管节流器尺寸: 直径 d_c 长度 l_c	cm	与前径向轴承选择相同的毛细管节流器,则 $d_c=0.056$ $l_c=12.7$
	油腔深度 Z_1'	cm	$Z_1'=(30\sim60)h_0=(30\sim60)\times1.4\times10^{-3}$,取 $Z_1'=0.08$
	轴承流量 $2Q_0$	cm^3/s	根据公式$\overline{Q_0}=C_d\beta$,由表 8-1-140 公式 $C_d=\frac{\pi}{6}\times\frac{\ln\frac{D_2D_4}{D_1D_3}}{\ln\frac{D_2}{D_1}\ln\frac{D_4}{D_3}}=6.79$ $\overline{Q_0}=6.79\times0.5=3.395$ $\therefore\ Q_0=\overline{Q_0}\frac{p_sh_0^3}{\eta}=3.395\times\frac{147\times(1.4\times10^{-3})^3}{193\times10^{-8}}=0.71$ 则　$2Q_0=2\times0.71=1.42$

续表

项目		单位	公式及结果
确定轴承其他参数	油泵额定流量 $Q_泵$	cm^3/s	与前径向轴承同
	验算层流条件		

5.7.4 小孔节流径向液体静压轴承设计举例

已知：径向轴承直径 $D=6cm$，要求径向轴承的油膜刚度 $G_0=314N/\mu m$，设计小孔节流无周向回油腔内孔式回油、四油腔对称等面积径向轴承。

表 8-1-144

项目		单位	公式及结果
确定轴承结构尺寸	轴承宽度 L 油腔宽度 l 轴向封油面宽度 l_1	cm	根据轴承直径 $D=6cm$，选择 $L/D=1.5$，$l_1/D=0.1$，根据表 8-1-123 及表 8-1-124 得 9 7.8 0.6
	油腔夹角 θ 周向封油面夹角 θ_i 油腔有效夹角 θ_m 回油孔中心至油腔中心夹角 θ_3	(°)	66 24 45 16.5
	周向封油面宽度 b_1 回油孔半径 r_1 回油圆台外圆半径 r_2	cm	$b_1=D\sin\frac{\theta_1}{2}=6\times\sin\frac{24°}{2}=12.5$ 0.2 0.4
	回油孔数 N_0	个	2
确定轴承其他参数	轴承油腔有效承载面积 A_e	cm^2	根据表 8-1-135 公式及表 8-1-134 公式 $\overline{A_e}=\frac{L-l_1}{L}\sin\theta_m-\frac{N_0\pi}{DL}\left\{r_2^2-\frac{1}{2\ln\frac{r_2}{r_1}}\left[r_1^2-r_2^2\left(1-2\ln\frac{r_2}{r_1}\right)\right]\right\}\cos\theta_m$ $=\frac{9-0.6}{9}\times\sin45°-\frac{2\pi}{6\times9}\times\left\{0.4-\frac{1}{2\times\ln\frac{0.4}{0.2}}\times\left[0.2^2-0.4^2\times\left(1-2\times\ln\frac{0.4}{0.2}\right)\right]\right\}\times\cos45°$ $=0.65$ $A_e=\overline{A_e}DL=0.65\times6\times9=35.1$
	润滑油		根据表 8-1-141 推荐，选用 50%2 号主轴油+50%5 号主轴轴承油的混合油，润滑油在 50℃、20℃时的密度 ρ 和动力黏度 η 如下： 20℃时：$\eta_{20}=57\times10^{-8}N\cdot s/cm^2$，$\rho_{20}=84\times10^{-7}N\cdot s^2/cm^4$ 50℃时：$\eta_{50}=25\times10^{-8}N\cdot s/cm^2$，$\rho_{50}=82\times10^{-7}N\cdot s^2/cm^4$

续表

项目		单位	公式及结果
确定轴承其他参数	节流比 β		$\beta=0.585$ 时，轴承具有最佳刚度。对于供油系统有恒温控制装置，并要求轴承温度控制在20℃左右工作时，取 $\beta=0.585$，如果供油系统无恒温控制装置，由于 β 随着 η 的改变而变化，因此应满足油温在20~60℃范围内变化时，保持 $\beta=0.333\sim0.667$ 之间。本例取润滑油在50℃时，$\beta_{50}=0.4$
	供油压力 p_s	N/cm^2	根据推荐 $p_s\geqslant98$，现取 $p_s=147$
	轴承间隙 h_0 及节流小孔直径 d_0	cm	根据表8-1-136公式 $\overline{G}_0=\dfrac{10.8A}{B+2F}=\dfrac{10.8\beta(1-\beta)(1+\omega)}{(2-\beta)(1+\omega)+2\gamma(1-\beta)}$ 式中 $\gamma=\dfrac{\pi l_1(L-l_1)}{\pi Db_1}=\dfrac{4\times0.6\times(9-0.6)}{\pi\times6\times1.25}=0.86$ $\omega=\dfrac{nl_1N_0}{D\ln\dfrac{r_2}{r_1}}=\dfrac{4\times0.6\times2}{6\times\ln\dfrac{0.4}{0.2}}=1.154$ 将各值代入 $\overline{G}_0$ 式，则 $\overline{G}_0=\dfrac{10.8\times0.4\times(1-0.4)\times(1+1.154)}{(2-0.4)\times(1+1.154)+2\times0.86(1-0.4)}=1.25$ 根据表8-1-135公式 $C_d=\dfrac{1}{6}\left(\dfrac{D\theta_m}{l_1}+\dfrac{N_0\pi}{\ln\dfrac{r_2}{r_1}}\right)=\dfrac{1}{6}\left(\dfrac{6\times0.785}{l_1}+\dfrac{2\pi}{\ln\dfrac{0.4}{0.2}}\right)=2.819$ 若取 $d_0=0.05$，根据表8-1-134公式 $G_0=\overline{G}_0\dfrac{p_sA_e}{h_0}$ 则 $h_0=\overline{G}_0\dfrac{p_sA_e}{G_0}=1.25\times\dfrac{147\times35.1}{314\times10^4}=2.054\times10^{-3}$ 满足设计要求，取 $d_0=0.05$，$h_0=0.002$
	油腔深度 Z_1	cm	根据表8-1-122，$Z_1=(30\sim60)h_0=(30\sim60)\times0.002=0.06\sim0.12$ 取 $Z_1=0.1$
	轴承流量 $4Q_0$	cm^3/s	根据表8-1-134公式 $\overline{Q_0}=C_d\beta=2.819\times0.4=1.128$ $Q_0=\dfrac{p_sh_0^3}{\eta}\overline{Q_0}=\dfrac{147\times(2\times10^{-3})^3}{24.6\times10^{-8}}\times1.128=5.39$ 故 $4Q_0=4\times5.39=21.56$ 若有两个结构参数相同的径向轴承，则径向轴承的总流量为 $Q_{径总}$ $Q_{径总}=2\times4Q_0=2\times21.56=43.12$
	油泵额定流量 $Q_泵$	cm^3/s	根据推荐 $Q_泵=(1.5\sim2)Q_{径总}$ $=(1.5\sim2)\times43.12=64.68\sim86.24$

续表

项　　目	公 式 及 结 果
工作图	见下

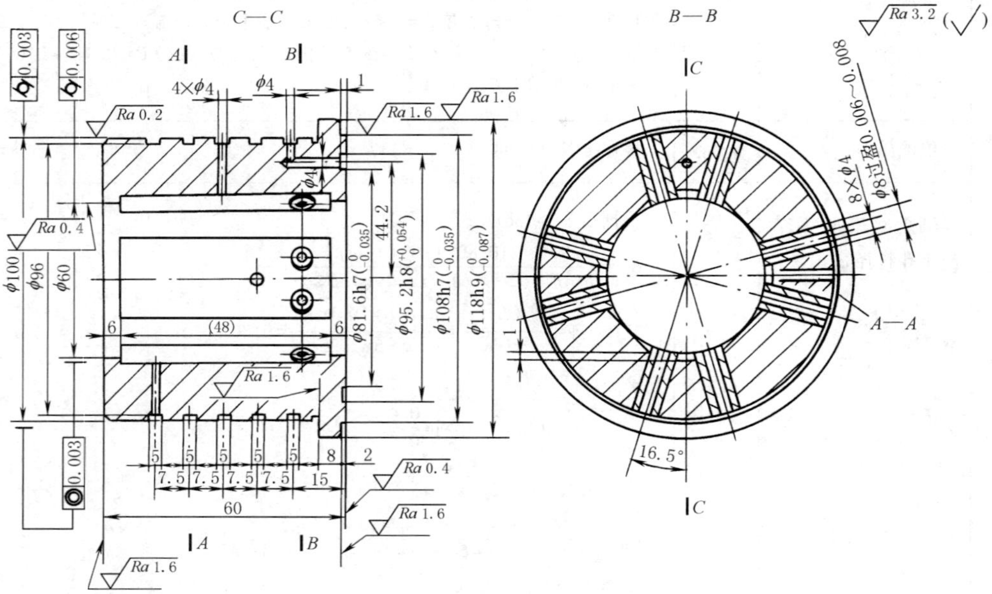

技术要求

1. 材料为锡青铜 ZCuSn6Zn6Pb3(ZQSn-6-6-3)或灰铸铁 HT200;铸件不得有砂眼、缩孔和疏松缺陷,应时效处理
2. φ60 内孔和主轴配合半径间隙 0.022±0.002
3. φ100 外圆和箱体孔配合过盈 0.006±0.002
4. 四个油腔对称分布
5. 锐边倒钝

轴承工作图(按带推力轴承结构)

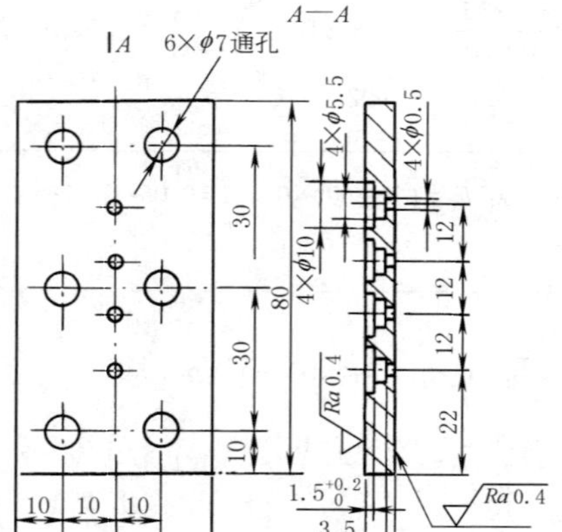

技术要求

1. 材料为 35 钢板
2. φ0.5 四个小孔的流量允差 10%
3. 锐边倒钝

(a) 板式结构

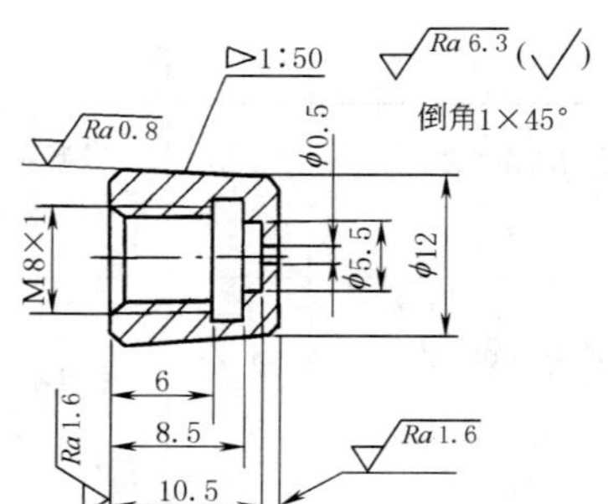

技术要求

1. 材料为黄铜 ZCuZn38(ZH62)或 45 钢
2. 同一轴承各节流器的流量允差 10%
3. 同内锥孔配合,接触表面不少于 70%

(b) 外锥式结构

小孔节流器工作图

5.7.5 薄膜反馈节流径向液体静压轴承设计举例

已知：径向轴承直径 $D=14\text{cm}$，径向轴承的最大载荷 $F_{max}=5880\text{N}$。

设计双面薄膜反馈节流有周向回油、四油腔对称等面积径向轴承。

表 8-1-145

	项目	单位	公式及结果
确定轴承结构尺寸	轴承宽度 L	cm	根据轴承直径 $D=14\text{cm}$，选择 $L/D=1$，$l_1/D=0.1$，根据表 8-1-123 及表 8-1-124 得 14
	油腔长度 l	cm	11.2
	轴向封油面宽度 l_1	cm	1.4
	油腔夹角 θ	(°)	63
	周向封油面夹角 θ_1	(°)	12
	油腔有效夹角 θ_m	(°)	$\theta_m=\frac{1}{2}(\theta_1+\theta)=\frac{1}{2}(12+63)=37.5$
	回油槽夹角 θ_2	(°)	取 3
	周向封油面宽度 b_1	cm	$b_1=D\sin\frac{\theta_1}{2}=14\times\sin\frac{12^\circ}{2}=1.46$
	回油槽宽度 b_2	cm	$b_2=D\sin\frac{\theta_2}{2}=14\times\sin\frac{3^\circ}{2}=0.366$
	回油槽深度 Z_1	cm	取 0.06
确定轴承其他参数	轴承油腔有效承载面积 A_e	cm^2	根据表 8-1-135 公式 $\overline{A_e}=\frac{L-l_1}{L}\sin\theta_m=\frac{14-1.4}{14}\times\sin 37.5^\circ=0.548$ 故 $A_e=\overline{A_e}DL=0.548\times14\times11.2=107.48$
	润滑油		根据表 8-1-141 推荐，选用 AN46 号全损耗系统用油。润滑油温度在 50℃ 时的动力黏度 $\eta_{50}=265\times10^{-8}\text{N}\cdot\text{s/cm}^2$
	节流比 β		取 $\beta=0.5$
	薄膜刚度系数 K_j		根据表 8-1-136 公式 $K_j=3\beta(1-\beta)=3\times0.5(1-0.5)=0.75$
	供油压力 p_s	N/cm^2	取 $p_s=196$
	轴承半径间隙 h_0	cm	根据表 8-1-122 推荐 $2h_0=(0.0004\sim0.0007)D=(0.0004\sim0.0007)\times14=0.0056\sim0.0098$ 取 $h_0=0.0035$
	油腔深度 Z_1	cm	根据表 8-1-122 推荐 $Z_1=(30\sim60)h_0=(30\sim60)\times0.0035=0.105\sim0.21$ 取 $Z_1=0.15$
	双面薄膜反馈节流尺寸：d_j、d_{j1}、d_{j2}	cm	选取 $d_j=3.2$ $d_{j1}=0.4$ $d_{j2}=1.6$
	节流间隙 h_{j0}	cm	根据表 8-1-134 公式及表 8-1-135 公式 $h_{j0}=h_0\sqrt[3]{\frac{6\ln\frac{d_{j2}}{d_{j1}}C_d\beta}{\pi(1-\beta)}}$

续表

项　目		单 位	公 式 及 结 果
确定轴承其他参数	节流间隙 h_{j0}	cm	式中　$C_d=\frac{1}{6}\left(\frac{L-l_1}{b_1}+\frac{D\theta_m}{l_1}\right)=\frac{1}{6}\times\left(\frac{14-1.4}{1.46}+\frac{14\times0.654}{1.4}\right)=2.528$ $\therefore\ h_{j0}=0.0035\times\sqrt[3]{\frac{6\times\ln\frac{1.2}{0.4}\times2.258\times0.5}{\pi(1-0.5)}}=0.0061$
	薄膜厚度 t	cm	根据表 8-1-136 公式　$t=\sqrt[3]{\frac{3(1-\mu^2)\left(\frac{d_{j2}^2}{4}-\frac{d_{j1}^2}{4}\right)^2}{16Em}}$ 又　$m=h_{j0}/(2p_s\overline{K_j})=0.0061/(2\times196\times0.75)=2.07\times10^{-5}$ $\mu=0.28,E=20.6\times10^6$ $\therefore\ t=\sqrt[3]{\frac{3\times(1-0.28^2)\times\left(\frac{1.6^2}{4}-\frac{0.4^2}{4}\right)^2}{16\times20.6\times2.07\times10^{-5}\times10^6}}=0.137$
	验算薄膜最大变形量 δ_{max}	cm	根据表 8-1-136 $\delta_{max}=m\frac{F_{max}}{A_e}=2.07\times10^{-5}\times\frac{600}{107.48}=1.1556\times10^{-4}<h_{j0}=0.0061$
	验算刚度或承载能力		根据表 8-1-137 公式、表 8-1-135、表 8-1-134 $\varepsilon=\frac{2(2AJ-LA+A^2M+1)C}{3nA(J-RL)}\times\frac{\overline{F_n}}{K}$ $=\frac{2(1+\gamma)}{n}\times\overline{F_n}\left\{\frac{2\beta}{1-\beta}\left[1+3\left(\frac{2\overline{F_n}}{n\overline{K_j}}\right)^2\right]-\frac{\beta}{(1-\beta)\overline{K_j}}\times\left[3+\left(\frac{2\overline{F_n}}{n\overline{K_j}}\right)^2\right]+1+\left(\frac{\beta}{1-\beta}\right)^2\times\right.$ $\left.\left[1-\left(\frac{2\overline{F_n}}{n\overline{K_j}}\right)^2\right]^3\right\}\times\frac{1}{3\frac{\beta}{1-\beta}K}\times1\Big/\left\{1+3\left(\frac{2\overline{F_n}}{n\overline{K_j}}\right)^2-8\frac{\overline{F_n}}{n^2\overline{K_j}}\left[3+\left(\frac{2\overline{F_n}}{n\overline{K_j}}\right)^2\right]\right\}$ $\gamma=\frac{nl_1(L-l_1)}{b_1(\pi D-nb_1-nb_2)}=\frac{4\times1.4(14-1.4)}{1.46\times(14\times\pi-4\times1.46-4\times0.366)}=1.318$ $K=\frac{\sin\theta_m}{\theta_m}+\gamma\cos\theta_m=\frac{\sin37.5°}{0.654}+1.318\times\cos37.5°=1.976$ 将已知各参数代入，则$\overline{F_n}=0.3,\varepsilon=0.00818$ 又　$F=\overline{F_n}A_ep_s=0.3\times107.48\times196=6319\text{N}>5884\text{N}$，满足要求
	轴承流量 $4Q_0$	cm³/s	由表 8-1-134 公式，$\overline{Q_0}=C_d\beta=2.528\times0.5=1.264$ 故 $Q_0=\overline{Q_0}\frac{p_sh_0^3}{\eta}=1.264\times\frac{196\times(3.5\times10^{-3})^3}{265\times10^{-3}}=4.01$ $\therefore\ 4Q_0=4\times4.01=16.04$ 若有两个结构参数相同的径向轴承，则径向轴承总流量为 $Q_{径总}$ $Q_{径总}=2\times4Q_0=2\times16.04=32.08$
	油泵额定流量 $Q_泵$	cm³/s	据推荐 $Q_泵=(1.5\sim2)Q_{计总}$ $=(1.5\sim2)(Q_{径总}+Q_{推总})$

续表

项　　目	公 式 及 结 果
双面薄膜反馈节流器主要零件工作图	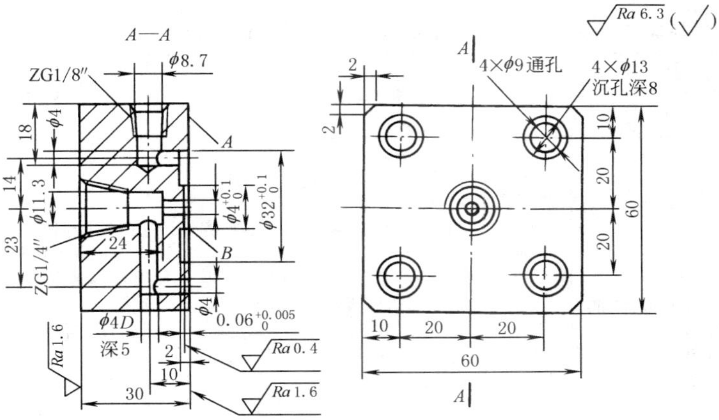 (a) 上盖板 技术要求 1. 材料为45钢,35~40HRC 2. $\phi 4^{+0.1}_{0}$、$\phi 12^{+0.1}_{0}$、$\phi 32^{+0.1}_{0}$,同轴度公差为0.05 3. 平面 A 对 B 的平行度公差为0.005 4. $\phi 4D$ 孔装配时用销堵死 5. 锐边倒钝 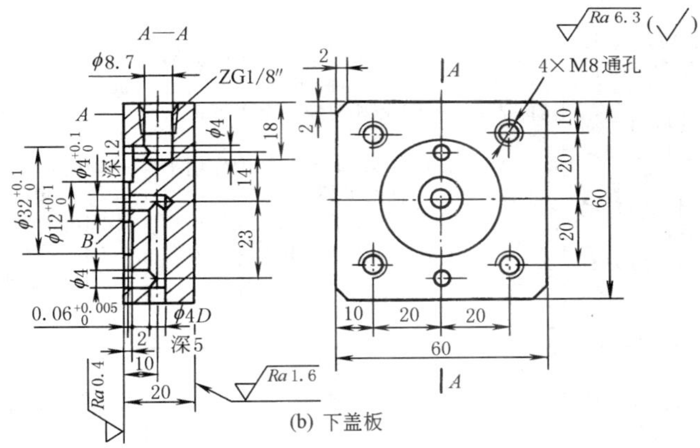 (b) 下盖板 技术要求 1. 材料为45钢,35~40HRC 2. $\phi 4^{+0.1}_{0}$、$\phi 12^{+0.1}_{0}$、$\phi 32^{+0.1}_{0}$ 同轴度公差为0.05 3. 平面 A 对 B 的平行度公差为0.005 4. $\phi 4D$ 孔装配时用销堵死 5. 锐边倒钝 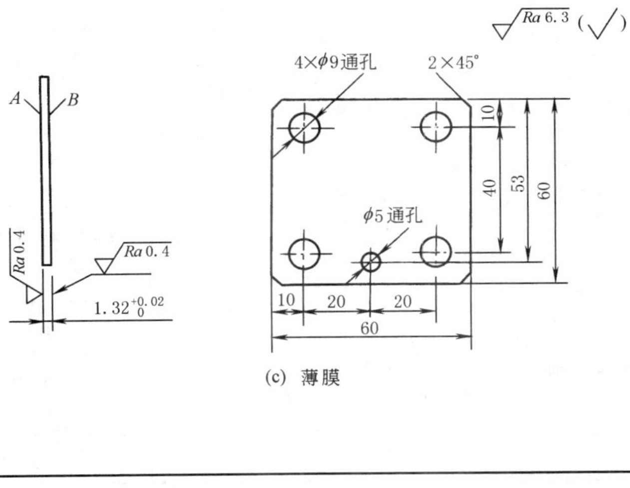 (c) 薄膜 技术要求 1. 材料为65Mn弹簧钢,42~45HRC 2. 平面 A 和 B 的直线度公差为0.01;平面 A 对平面 B 的平行度公差不大于0.01 3. 锐边倒钝

5.8 静压轴承的故障及消除的方法

静压轴承在装配及使用中可能出现的故障及消除方法见表 8-1-146。

表 8-1-146　静压轴承装配及使用中可能出现的故障及消除方法

故障类型	故障现象	故障原因	消除的方法
纯液体润滑建立不起来	启动油泵后，若已建立了纯液体润滑，一般应能用手轻松地转动 若转不动或比不供油时更难转动，即表明纯液体润滑未建立	轴承某油腔的压力未能建立，或轴承装配质量太差，如： (1)某油腔有漏油现象，致使轴被挤在轴承的一边 (2)轴承某油腔无润滑油，加工和装配时各进油孔有错位现象，或节流器被堵塞 (3)各节流器的液阻相差过大，造成某个油腔无承载能力 (4)反馈节流器的弹性元件刚度太低，造成一端出油孔被堵住 (5)向心轴承的同轴度太大，或推力轴承的垂直度太小，使主轴的抬起间隙太小	(1)检查各油腔的压力是否已建立。对漏油或无压力的油腔，找出具体原因，采取相应措施加以克服 (2)调整各油腔的节流比，使之在合理的范围内 (3)合理设计节流器 (4)保持润滑油清洁 (5)保证零件的制造精度和装配质量
压力不稳定	(1)当主轴不转时，开动油泵后，各油腔的压力都逐渐下降或某几个油腔的压力下降 (2)主轴转动后，各油腔的压力有周期性的变化(若变化量大于 0.05~0.1MPa 时，必须检查原因) (3)主轴不转时，各油腔因压力抖动(超过 0.05~0.1MPa 时应检查) (4)当主轴转速较高时，油腔压力有不规则的波动	(1)各油腔压力都下降，表明滤油器逐渐被堵塞，若某油腔的压力单独下降，表明与该油腔相对应的节流器被杂质逐渐堵塞 (2)由于主轴转动时有附加力作用于主轴上或因主轴圆度超差 (3)由于油泵系统的脉动太大 (4)由于空气被吸入油腔或动压力的干扰	(1)更换油液，清洗滤油器及节流器 (2)检查轴及轴上零件是否存在较大的离心力，若是，则进行动平衡消除之 检查卸荷带是否有干扰力，减小卸荷带轮与主轴的同轴度误差 (3)检查油泵及压力阀 (4)改进油腔的型式
油膜刚度不足	主轴轴承的油膜刚度未达到设计要求	(1)节流比 β 值超差 (2)供油压力 p_s 太低 (3)轴承间隙太大 (4)节流器设计不合理	按油膜刚度的调整进行
主轴拉毛或抱轴	当轴转动一段时间后，主轴可能发现有拉毛现象或在运转时发生抱轴现象	(1)油液不干净，过滤净度不够 (2)轴承及油管内储存的杂质未清除 (3)节流器堵塞 (4)轴颈刚度不足，产生了金属接触 (5)安全保护装置失灵	(1)检修滤油器 (2)清洗零件 (3)核算轴颈刚度 (4)维修安全保护装置
油腔压力升高不足	节流器油液虽通畅，但油腔压力升高不足	(1)轴承配合间隙太大 (2)油路有漏油现象 (3)油泵不合格 (4)润滑油黏度 η_t 太低	(1)测量配合间隙，若太大，则需重配主轴 (2)消除漏油现象 (3)更换油泵 (4)选用合适的润滑油
轴承温升过高	当主轴运转 2h 左右后，油池或主轴箱体外壁温度超差	(1)轴承间隙过小 (2)轴泵压力太高 (3)润滑油黏度 η_t 太高 (4)油腔摩擦面积太大	(1)加大轴承间隙 (2)在承载能力与刚度允许的条件下，降低油泵压力 (3)降低润滑油黏度 (4)减小封油面宽度，但需使封油面宽度 a、b 均大于间隙的 40 倍($40h_0$)并保证 $Re>2000$

第 8 篇

6 气体润滑轴承

气体轴承用气体作润滑剂，由气膜将轴与轴瓦分开。使轴在轴承中无接触地旋转或呈悬浮状态。润滑气体常用空气，也用氢、氦、一氧化碳及水蒸气等。常用润滑气体及其物理性能见表 8-1-147。

表 8-1-147　　常用润滑气体及其物理性能

气体名称	符号	密度 ρ /(kg·m^{-3})	气体常数 R /N·m·(kg·K)$^{-1}$	黏度 η /Pa·s	比热容 $\gamma=c_p/c_v$	热导率 μ/MW·(m·K)$^{-1}$ -100℃	0℃	100℃
空　气		1.293	287.24	17.5×10^{-6}	1.401	1.58	2.41	3.17
氩	Ar	1.784	207.95	22.5×10^{-6}	1.667	1.09	1.62	2.11
氦	He	0.178	2079.50	19.5×10^{-6}	1.630	10.59	14.15	17.06
氮	N_2	1.251	296.95	17.2×10^{-6}	1.401	1.58	2.43	2.12
氢	H_2	0.090	4126.40	9.5×10^{-6}	1.407	11.23	16.84	21.60
氧	O_2	1.429	259.97	19.0×10^{-6}	1.400	1.59	2.44	3.25
二氧化碳	CO_2	2.922	129.86	14.0×10^{-6}	1.300	—	0.77	—
甲烷	CH_4	0.714	520.52	11.3×10^{-6}	1.313	1.88	3.02	—
氖	Ne	0.899	415.90	30.0×10^{-6}	1.642	—	4.65	5.70

注：1. 密度是在温度 0℃、压力 1.01MPa 下的值。2. 黏度是温度为 0℃时的值。3. 比热容是在温度 20℃、压力 1.01MPa 下的值。

6.1 特点、分类与应用

气体黏度低，黏度随温度变化小，化学稳定性好。因此，气体轴承具有摩擦小、精度高、速度高、温升低、寿命长、耐高低温及原子辐射，对主机和环境无污染等优点。但这种轴承承载能力小、刚度低、稳定性差、对工作条件要求严格，气体静压轴承还要有稳压过滤气源，采用一般材料易卡滞或锈蚀，采用特殊材料价格贵，因而应用受限制。分类及主要用途见表 8-1-148、表 8-1-149。

表 8-1-148　　气体动压润滑轴承

		径向轴承	推力轴承	球型及锥型轴承
结构类型	圆筒型	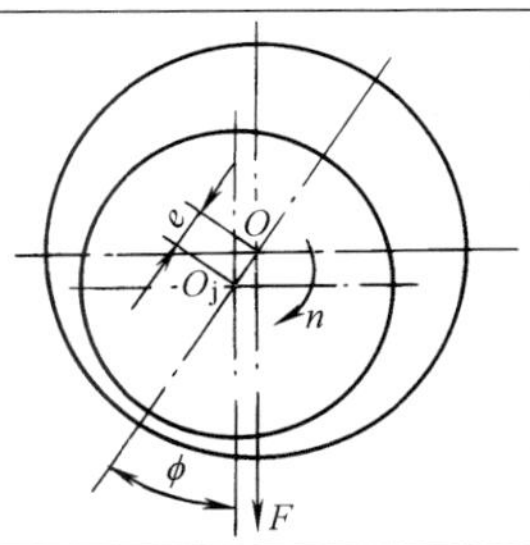		
	阶梯型	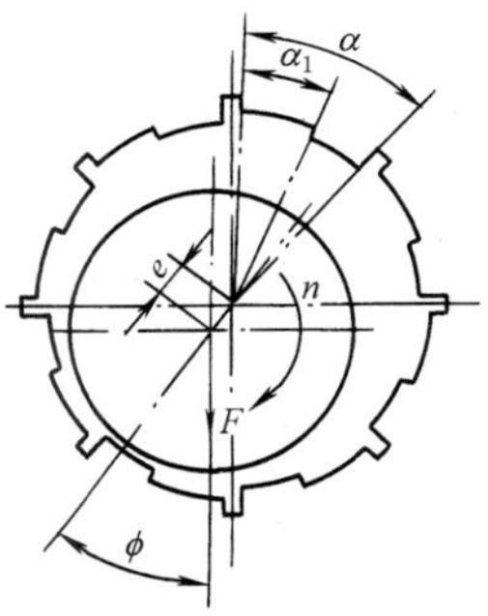	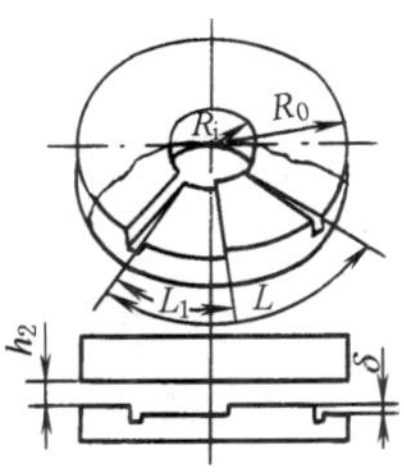	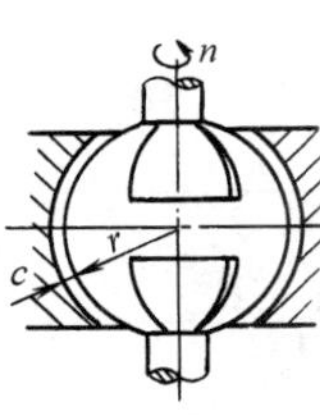 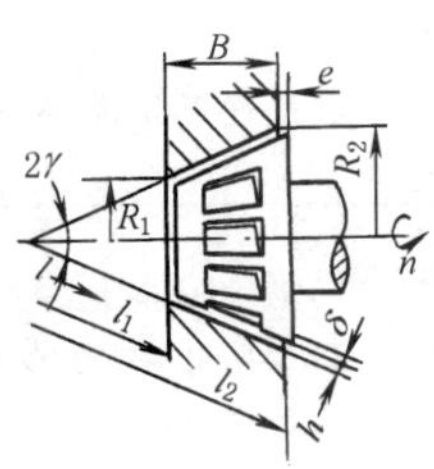

续表

		径向轴承	推力轴承	球型及锥型轴承
结构类型	螺旋槽型	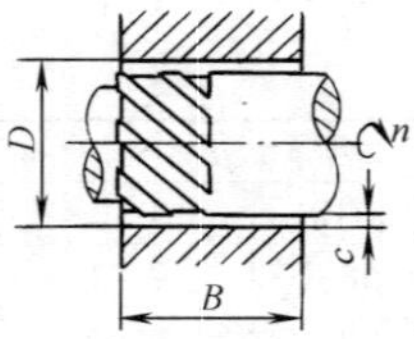	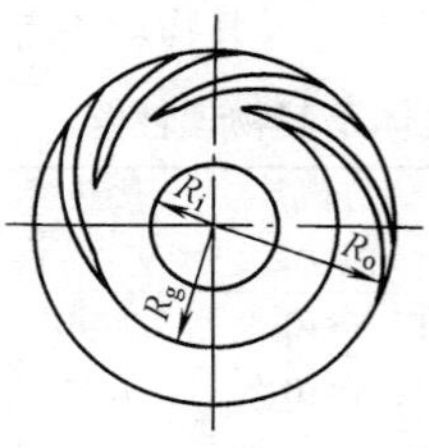	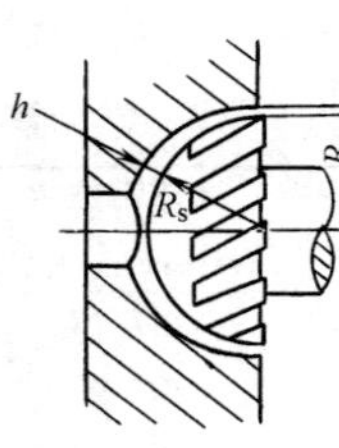 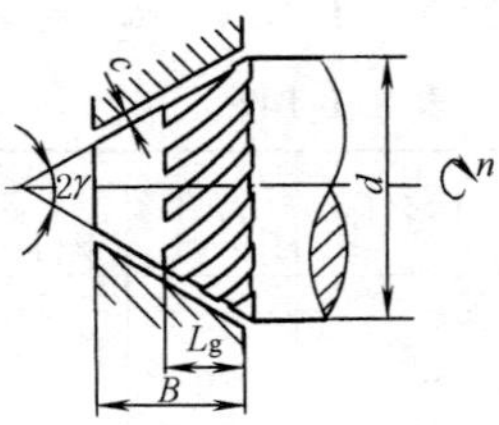
	人字槽型	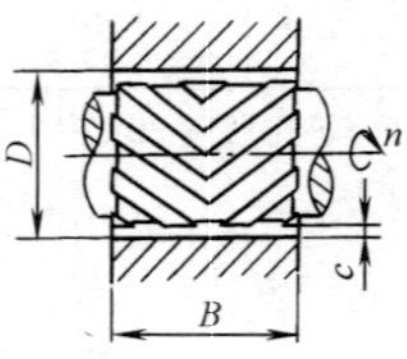		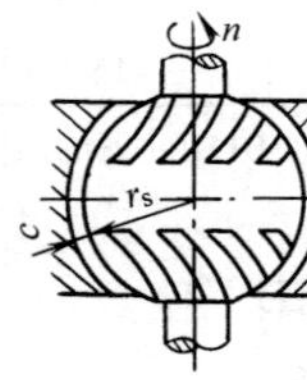 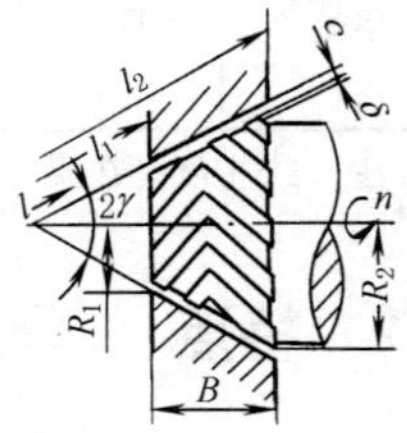
	摆动瓦型	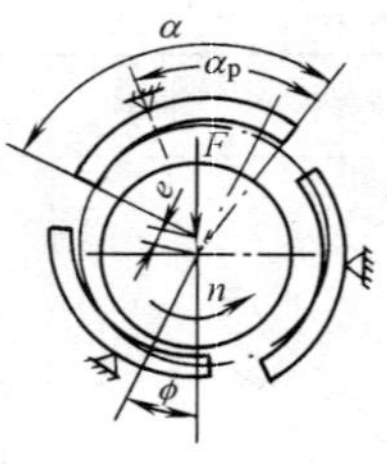	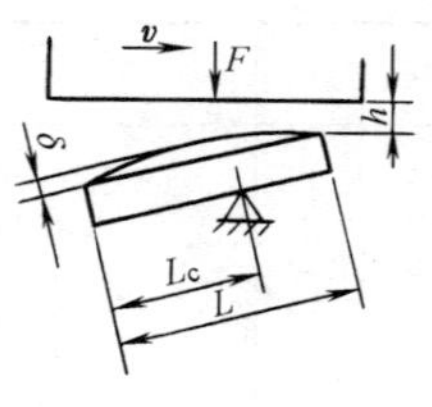	
轴承材料		(1)硬质合金 (2)粉末冶金材料 (3)烧结碳化硼、碳硅硼 (4)高速工具钢，淬火	(5)钢：表面渗氮、镀硬铬 (6)铝：表面磁质阳极化 (7)钢：表面喷涂氧化铝、碳化钛、碳化钨等硬质材料	
应用举例		(1)惯导陀螺马达轴承 (2)小型低温涡轮膨胀机轴承 (3)计算机磁头支承轴承 (4)电视录像机电机轴承		

表 8-1-149

气体静压润滑轴承

	径向轴承	推力轴承	球型及锥型轴承	气体挤压膜轴承	气体弹性轴承
小孔节流型	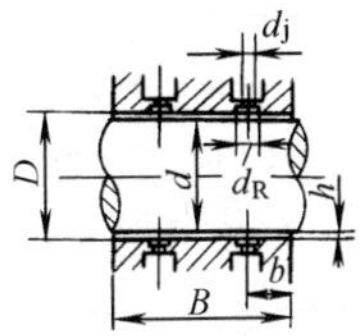	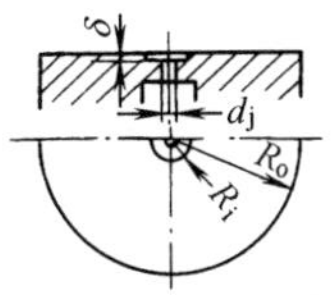	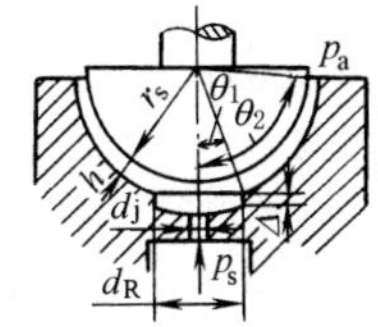 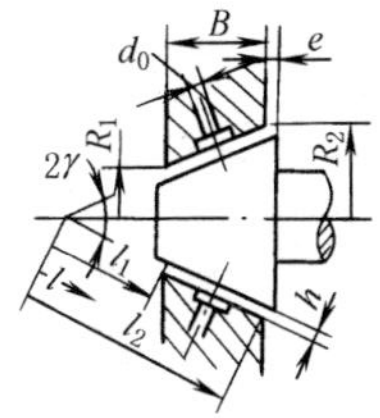	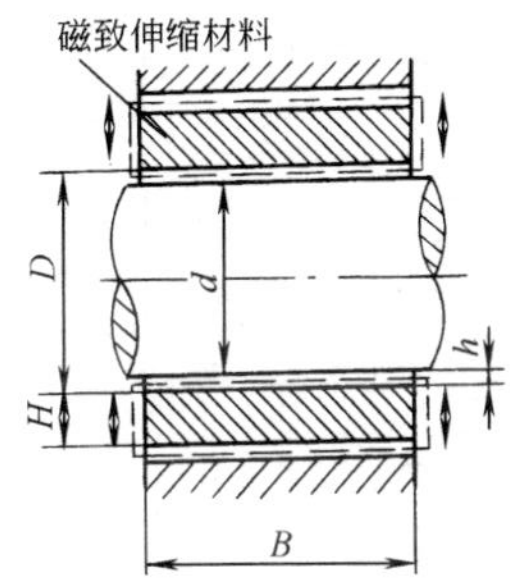	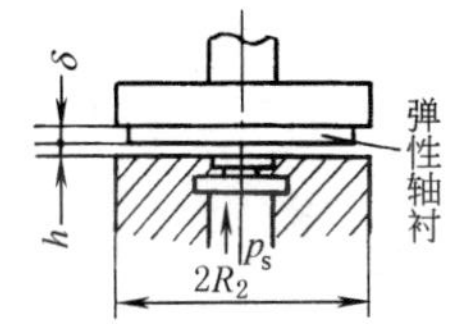
环面节流型	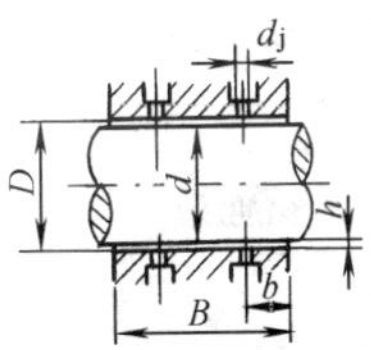	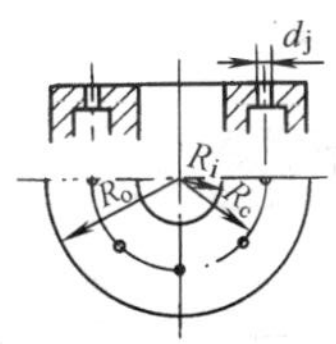	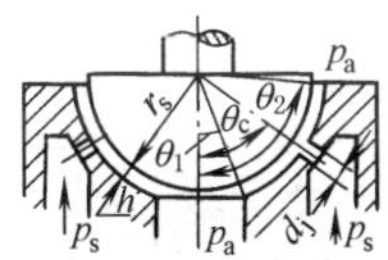 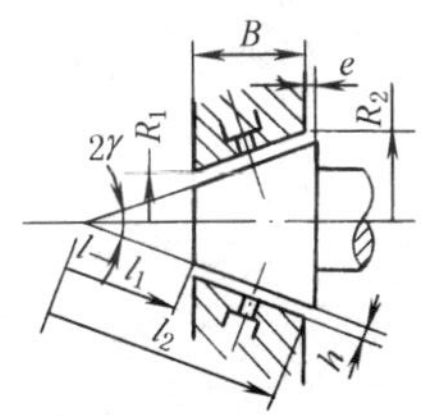		
狭缝节流型	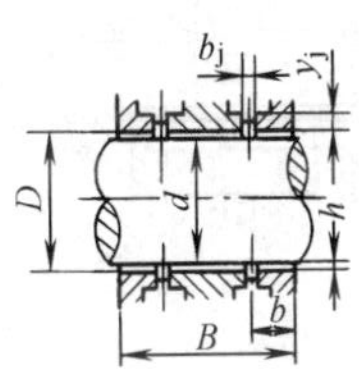	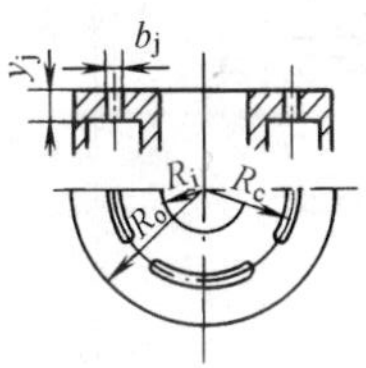	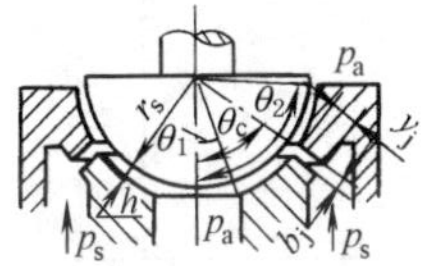 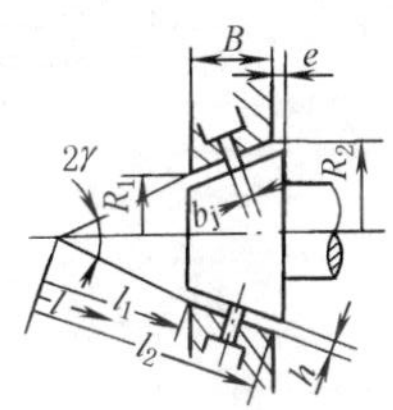	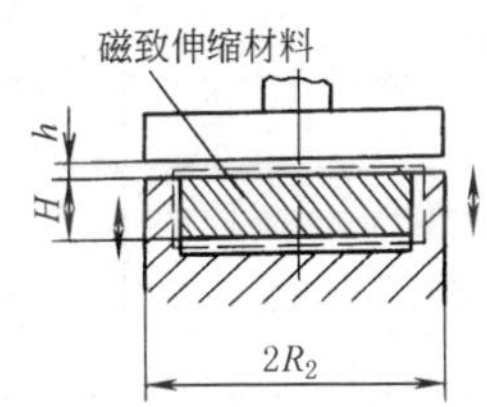	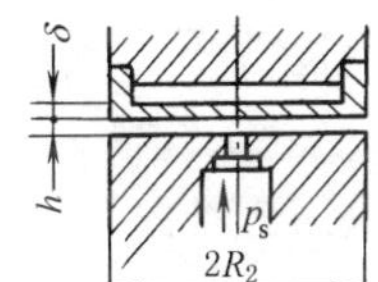 薄壁结构型

续表

	径向轴承	推力轴承	球型及锥型轴承	气体挤压膜轴承	气体弹性轴承
毛细孔节流型	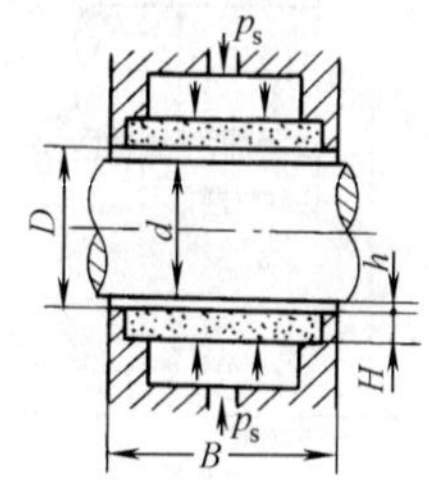	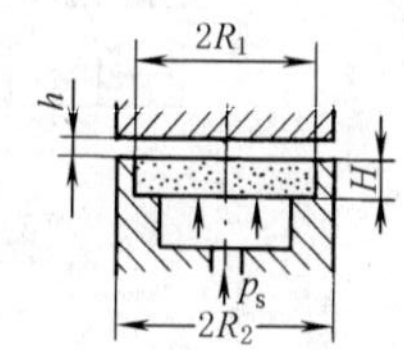	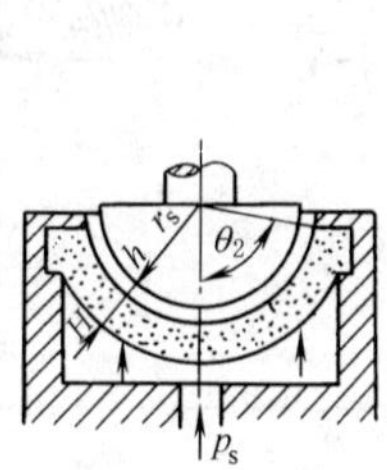 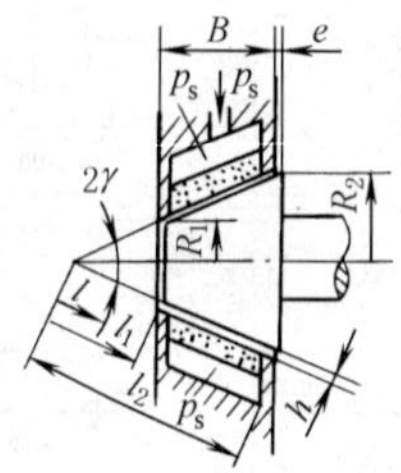	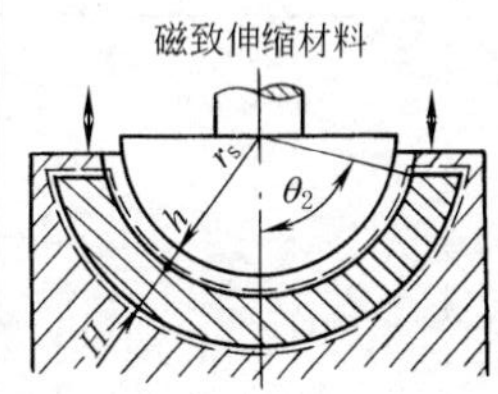	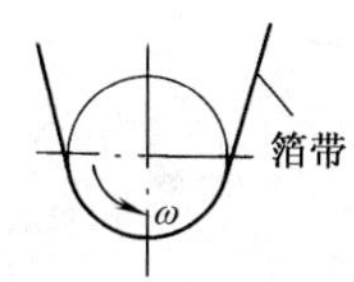
可变节流型	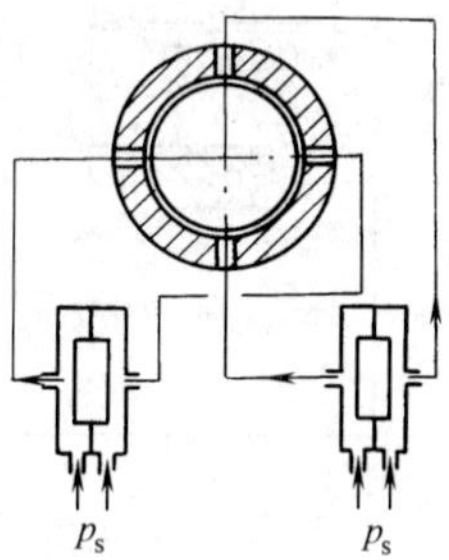	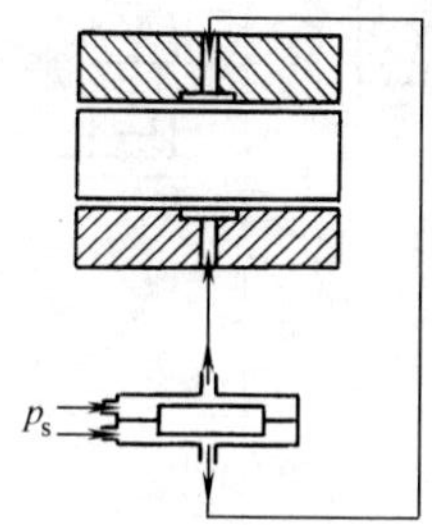	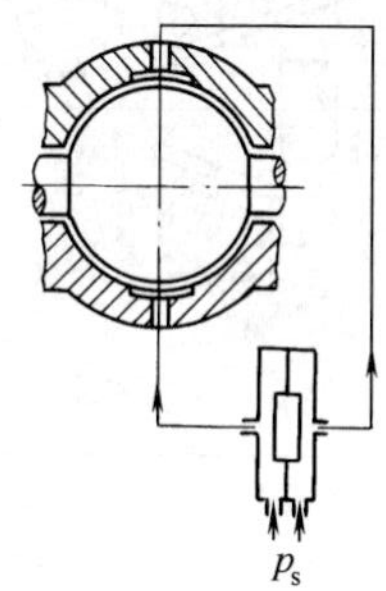		
轴承材料	(1)黄铜、青铜 (2)淬火钢,不锈钢 (3)青铜石墨		(4)钛及其合金 (5)尼龙,塑料 (6)粉末冶金材料	(1)压电陶瓷 (2)磁致伸缩材料	(1)弹簧钢 (2)橡皮 (3)金属箔带 (4)塑料
应用举例	(1)精密机床主轴轴承 (2)高速砂轮轴轴承 (3)精密仪器轴承 (4)计算机磁头轴承 (5)纺织机械轴承		(6)卫星姿态模拟支承 (7)低温涡轮膨胀机轴承 (8)医疗器械轴承	精密陀螺仪转子轴承	

6.2 气体动压轴承

气体动压轴承与液体动压轴承的支承原理相同，只是气体可以压缩，为可压缩流体润滑轴承。气体压强与密度的关系为

$$p\rho^{-n}=\text{常数}$$

式中 n 为多变指数。由于气膜内温升很低，可以把气体在轴承气膜内的流动近似看作等温过程，这时 $n=1$。

气体动压润滑的雷诺方程是

$$\frac{\partial}{\partial \bar{x}}\left(\bar{p}\bar{h}^3\frac{\partial \bar{p}}{\partial \bar{x}}\right)+\left(\frac{D}{B}\right)^2\frac{\partial}{\partial \bar{z}}\left(\bar{p}\bar{h}^3\frac{\partial \bar{p}}{\partial \bar{z}}\right)=\Lambda\frac{\partial}{\partial \bar{x}}(\bar{p}\bar{h})+\sigma\frac{\partial}{\partial \bar{t}}(\bar{p}\bar{h}) \tag{8-1-32}$$

式中 $\bar{p}$——无量纲压力，$\bar{p}=p/p_a$；

$\bar{h}$——无量纲间隙，$\bar{h}=h/c$；

$\bar{x}$——无量纲周向坐标，$\bar{x}=x/R$；

$\bar{z}$——无量纲轴向坐标，$\bar{z}=\frac{2z}{B}$；

$\bar{t}$——无量纲时间（此处 γ 是横向振动频率），$\bar{t}=r\gamma$；

Λ——压缩数，是判别轴承的压缩效应及切向速度影响的特性数，当 $\Lambda<1$ 时气体润滑与液体润滑相同，$\Lambda=\frac{6\eta\omega}{p_a}\left(\frac{R}{c}\right)^2$；

σ——挤压数，是判别气膜挤压效应及法向速度影响的特性数，当 $\sigma\geqslant 10$ 时，为挤压膜轴承，$\sigma=\frac{12\eta\gamma}{p_a}\left(\frac{R}{c}\right)^2$；

p_a——环境压力；

c——轴承间隙；

R——轴承半径；

B——轴承宽度；

η——气体的动力黏度；

ω——轴颈角速度。

6.2.1 气体动压径向轴承

气体动压径向轴承的结构类型见表 8-1-148。如圆筒轴承由于轴的自重或载荷使轴颈中心偏离轴承中心，当轴与轴承表面作相对运动时，其间隙内的气体便形成流体动力楔，产生承载能力。

螺旋槽径向轴承，当轴和轴承表面按规定方向作相对运动时，由于偏心及螺旋槽，使间隙内气体既有流体动力楔形效应，又有阶梯效应和泵唧效应，它们共同形成承载能力。

圆筒轴承的承载能力低、稳定性差，采用较少。常用的是螺旋槽或人字槽轴承，其承载能力高，稳定性好。可倾瓦轴承稳定性最好，适用于很高速的场合。

径向轴承的宽径比和相对间隙一般取：$B/D=0.5\sim2$，$c/r=0.0002\sim0.0004$。

螺旋槽或人字槽径向轴承槽的结构参数建议按表 8-1-150 选取，符号参考图8-1-38。

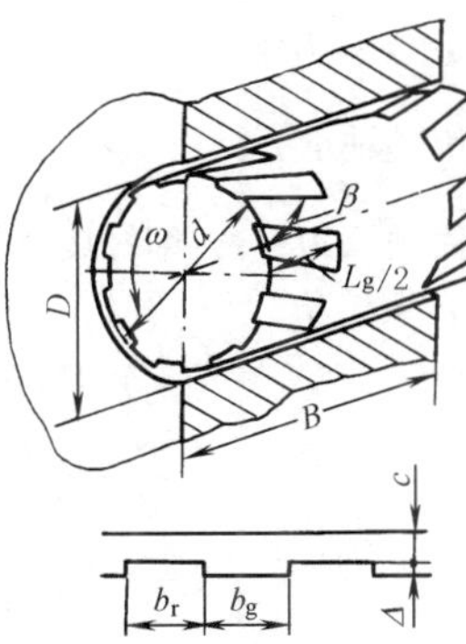

图 8-1-38　人字槽径向轴承

b_g—沟宽；b_r—台宽；Δ—槽深

径向轴承的工作性能与压缩数和偏心率有关，压缩数

$$\Lambda=\frac{6\eta\omega}{p_a}\left(\frac{d}{2c}\right)^2 \tag{8-1-33}$$

式中 p_a——环境压力。

正常工作下，取偏心率 $\varepsilon=0.1\sim0.5$，极限状态下可取 $\varepsilon=0.8\sim0.9$。轴承的性能计算包括承载能力 F、刚度

G、摩擦力矩 M 和偏位角 ϕ。前三者常以无量纲的载荷系数 $\overline{F}$、刚度系数 $\overline{G}$ 和摩擦力矩系数 $\overline{M}$ 表示。

表 8-1-150 **螺旋槽径向轴承推荐的结构参数**

结构参数	最大承载能力		最大稳定性	
	槽面转	非槽面转	槽面转	非槽面转
螺旋角 β	23°~24°	27°~28°	20°~50°	21°~32°
槽宽系数 $\overline{b}=\dfrac{b_g}{b_g+b_r}$	0.35~0.45	0.40~0.50	0.60	0.47~0.53
槽长系数 $\overline{L}=\dfrac{L_g}{B}$	0.50~0.60	0.70~0.85	1.00	0.50~0.70
槽深系数 $\overline{\delta}=\dfrac{\Delta+c}{c}$	2.6	2.6~2.8	3.0~4.0	2.2~2.5
槽数 Z	$Z\geqslant\Lambda/5$			

（1）承载能力

按最大承载能力设计时，其载荷系数

$$\overline{F}=\frac{F}{p_aBD}=\begin{cases}\left.\begin{array}{l}\left(1+0.040\dfrac{B}{D}\Lambda\right)\varepsilon\ \ (B/D\geqslant1)\\\left(0.7+0.056\dfrac{B}{D}\Lambda\right)\varepsilon\ \ (B/D<1)\end{array}\right\}\text{槽面旋转}\\\left.\begin{array}{l}\left(1+0.055\dfrac{B}{D}\Lambda\right)\varepsilon\ \ (B/D\geqslant1)\\\left(0.7+0.072\dfrac{B}{D}\Lambda\right)\varepsilon\ \ (B/D<1)\end{array}\right\}\text{非槽面旋转}\end{cases}$$

按最大稳定性设计时，其承载能力 F_W 要低于上式计算值，约为

$$F_W=\begin{cases}(0.23\sim0.50)F & \text{槽面旋转}\\(0.70\sim0.80)F & \text{非槽面旋转}\end{cases}$$

（2）刚度

$$\overline{G}=\frac{Gc}{p_aBD}=\begin{cases}\left\{0.35\Lambda^{0.6}+0.045\Lambda\left(\dfrac{B}{D}-1\right)\right\} & (5\leqslant\Lambda<40)\\\left(0.048+0.044\dfrac{B}{D}\right)\Lambda-0.00025\Lambda^2 & (40\leqslant\Lambda\leqslant100)\end{cases}$$

（3）摩擦力矩

螺旋槽轴承

$$\overline{M}=\frac{0.4cM\pi}{\eta\omega D^3B}=0.9$$

圆筒轴承 $\overline{M}\approx1$，即螺旋槽径向轴承的摩擦功耗约为同样尺寸的圆筒轴承的 90%。

（4）偏位角

$$\phi=\begin{cases}43-(6.625-0.3125\Lambda)(\Lambda-2) & (2\leqslant\Lambda<10)\\\left(\dfrac{B}{D}\right)^{-2.2}\arctan\left(\dfrac{3.6}{\Lambda}-0.085\right)+9.6\left|\dfrac{B}{D}-1\right|^{0.5} & (10\leqslant\Lambda<40)\\1+9\left|\dfrac{B}{D}-1\right|^{0.5} & (40\leqslant\Lambda<100)\end{cases}$$

6.2.2 气体动压推力轴承

螺旋槽推力轴承最为常用，有泵入型、泵出型和人字型三种，见图 8-1-39。其中以泵入型性能较好，其承载能力比泵出型约高 20%~50%。止推环和轴肩连接处与环境压力沟通称为开式螺旋槽止推轴承，反之称为闭式螺旋槽止推轴承。由于螺旋槽有方向性，所以这种轴承只能按预定的方向转动。

螺旋槽推力轴承槽的最佳结构参数建议按表 8-1-151 选取。

表 8-1-151　　环形螺旋槽推力轴承槽的荐用参数

结构参数	泵入型		人字型	
	最大承载	最大刚度	最大承载	最大刚度
β	71.2°	72.2°	74.5°	75.0°
$\bar{b}=\dfrac{b_g}{b_g+b_r}$	0.66	0.65	0.50	0.50
$\bar{L}=\dfrac{L_g^{①}}{R_2-R_1}$	0.73	0.72	0.50	1.00
$\bar{\delta}=\dfrac{\Delta+h_0}{h_0}$	4.05	3.25	3.61	2.93
$\bar{R}=\dfrac{R_2}{R_1}$	1.5~2.5			
Z	$Z\geqslant\dfrac{10\pi\bar{b}}{\bar{L}\tan\beta}\left(\dfrac{\bar{R}+1}{\bar{R}-1}\right)$			

① 泵入型 $L_g=(R_2-R_g)$；人字型 $L_g=(R_2-R_{g2})+(R_{g1}-R_1)$。

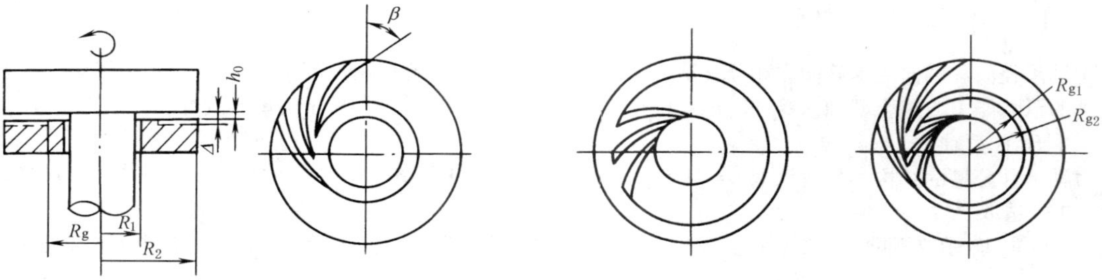

(a) 泵入型　　(b) 泵出型　　(c) 人字型

图 8-1-39　螺旋槽推力轴承示意图

推力轴承在间隙为 h_0 时的压缩数：

$$\Lambda_t=\frac{3\eta\omega}{p_a}\left(\frac{R_2}{h_0}\right)^2\frac{\bar{R}^2-1}{\bar{R}^2} \tag{8-1-34}$$

其承载能力、刚度和摩擦力矩可用下面的近似公式计算。

(1) 泵入型螺旋槽环形推力轴承

① 承载能力

$$\bar{F}=\frac{F}{p_a\pi(R_2^2-R_1^2)}=\begin{cases}0.022\Lambda_t & (\text{最大承载})\\ 0.020\Lambda_t & (\text{最大刚度})\end{cases}$$

② 刚度

$$\bar{G}=\frac{Gh_0}{p_a\pi(R_2^2-R_1^2)}=\begin{cases}0.044\Lambda_t & (\text{最大承载})\\ 0.050\Lambda_t & (\text{最大刚度})\end{cases}$$

③ 摩擦力矩

$$\bar{M}=\frac{2Mh_0}{\pi\eta\omega(R_2^4-R_1^4)}=\begin{cases}0.319\dfrac{(\bar{R}+1)^2}{R^2+1} & (\text{最大承载})\\ 0.337\dfrac{(\bar{R}+1)^2}{R^2+1} & (\text{最大刚度})\end{cases}$$

(2) 人字型螺旋槽推力轴承

① 承载能力

$$\bar{F}=\frac{F}{p_a\pi(R_2^2-R_1^2)}=\begin{cases}0.023\Lambda_t & (\text{最大承载})\\ 0.021\Lambda_t & (\text{最大刚度})\end{cases}$$

② 刚度

$$\bar{G}=\frac{Gh_0}{p_a\pi(R_2^2-R_1^2)}=\begin{cases}0.046\Lambda_t & (\text{最大承载})\\ 0.051\Lambda_t & (\text{最大刚度})\end{cases}$$

③ 摩擦力矩
$$\overline{M}=\frac{2Mh_0}{\pi\eta\omega\ (R_2^4-R_1^4)}=\begin{cases}0.638 & (最大承载)\\ 0.671 & (最大刚度)\end{cases}$$

6.2.3 气体动压组合型轴承

组合型轴承包括：封闭 H 型轴承（图 8-1-40）和球型轴承（图 8-1-41）。

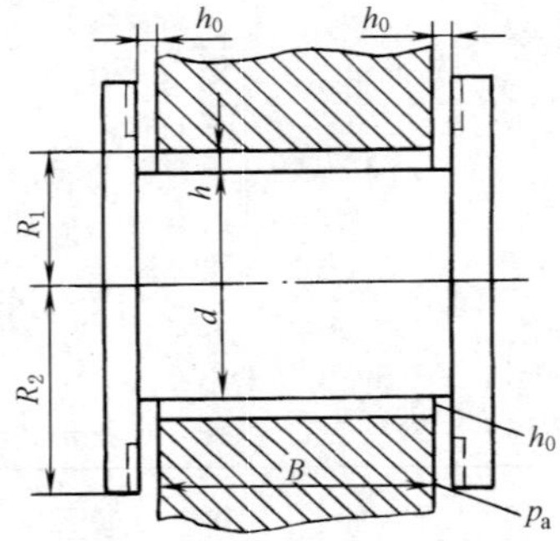

图 8-1-40 封闭 H 型轴承

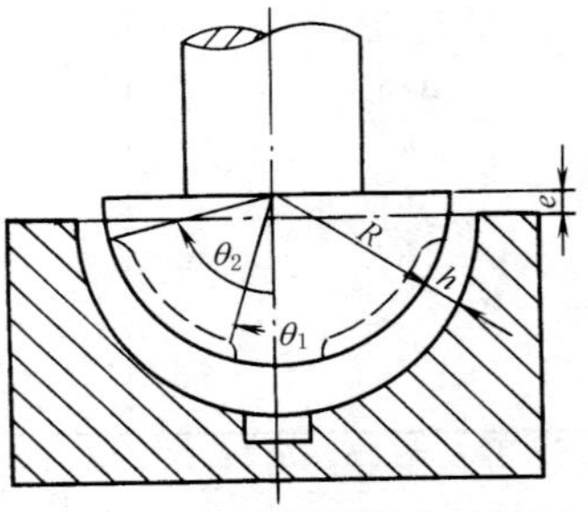

图 8-1-41 螺旋槽半球型轴承

这类轴承径向和轴向的承载能力相互关联。泵入式推力轴承的泵唧作用提高了径向轴承的初端压力，因而提高了轴承的承载能力。组合型轴承等同时承受两个方向的载荷，结构紧凑，易于实现等刚性。

（1）封闭 H 型轴承

推力轴承部分槽的结构参数建议取 $\beta=73.5°$、$\overline{b}=0.60$、$\overline{L}=0.80$、$\overline{\delta}=3.0$。径向轴承部分的槽的结构参数仍按表 8-1-151 选取。

当径向与推力轴承取相同的间隙（即 $c=h_0$），并要求轴承具有等刚性时，径向轴承宽径比 B/D 应由下式确定

$$\frac{B}{D}=3.2-7.25\left(\frac{1}{\overline{R}}-0.45\right)^{0.7}-\left[0.297+\frac{0.0061}{\frac{1}{\overline{R}}-0.44}\right]\mathrm{e}^{-\frac{\Lambda_H}{29}} \tag{8-1-35}$$

$$1.5\leqslant\overline{R}\leqslant2.5,\ 10\leqslant\Lambda_H\leqslant100$$

式中 $\Lambda_H=\dfrac{6\eta\omega}{p_a}\left(\dfrac{R_2}{h_0}\right)^2$。

这时，轴承的刚度

$$\overline{G}=\frac{Gh_0}{p_0\pi(R_2^2-R_1^2)}=0.122\frac{\overline{R}^2\left(1-\dfrac{1.2}{\overline{R}}-2.08\times10^{-4}\Lambda_H\right)\Lambda_H}{\overline{R}^2-1} \tag{8-1-36}$$

$$1.5\leqslant\overline{R}\leqslant2.5,\ 10\leqslant\Lambda_H\leqslant100$$

摩擦力矩

$$\overline{M}=\frac{Mh_0}{\pi\eta\omega(R_2^4-R_1^4+\dfrac{1}{4}BD^2)}\approx0.8 \tag{8-1-37}$$

（2）球型轴承

球型轴承有半球型（图 8-1-41）和整球型两种。一般在球面上开螺旋槽。半球型轴承最大承载时的槽结构参数建议按表 8-1-152 选取。

当结构确定后，可以计算出压缩数

$$\Lambda_0=\frac{6\mu\omega}{p_a}\left(\frac{R}{c}\right)^2$$

表 8-1-152 **球轴承槽的结构参数**

$\theta_1=0$	Z	5	10	15	30
	β①	12.0°	13.7°	14.3°	15.0°
$\theta_2=\dfrac{\pi}{2}$	$\overline{b}$	0.460	0.480	0.485	0.493
	$\overline{\delta}$	4.23	3.94	3.86	3.78

① β 为轴承旋转方向与螺旋槽方向之夹角。

轴承的承载能力、刚度和摩擦力矩可以按式（8-1-38）~式（8-1-40）计算：

$$\overline{F}=\frac{F}{p_{\rm a}\pi R^2}=0.096\Lambda_0^{0.769}\varepsilon \tag{8-1-38}$$

$$\overline{G}=\frac{Gh_0}{p_{\rm a}\pi R^2}=0.096\Lambda_0^{0.769}\ (10\leqslant\Lambda_0\leqslant100) \tag{8-1-39}$$

$$\overline{M}=\frac{3Mh_0}{4\eta\omega\pi R^4}=0.74 \tag{8-1-40}$$

例 设计一轴向、径向等刚度的封闭 H 型轴承，其刚度应不小于 3×10^5N/cm，轴承摩擦功耗不大于 10W。已知：润滑气体为 80℃氢气（$\eta_{s0}=2.19\times10^{-9}$N・s/cm^2）；$p_{\rm a}=10$N/cm^2；工作转速 $n=30000$r/min（$\omega=3.14\times10^3$1/s）；轴径 $d=1$cm；推力盘直径 $2R_2=1.8$cm。

选用 H 型轴承，计算步骤和结果见表 8-1-153。

表 8-1-153 H 型轴承计算步骤

	计算项目	单位	计算公式及说明	结果
	轴径 d	cm	已知	1
	推力轴承外径 $2R_2$	cm	已知	1.8
	转速 n	r/min	已知	3×10^4
	环境压强 $p_{\rm a}$	N/cm^2	已知	10
	工作气体黏度 η	N・s/cm^2	80℃氦，查有关资料	2.19×10^{-9}
	角速度 ω	1/s	$\omega=\frac{2\pi n}{60}$	3.14×10^3
	推力轴承内径 $2R_1$	cm	$2R_1=d$	1
推力轴承	外内径比 $\overline{R}$		$\overline{R}=R_2/R_1$	1.8
	间隙 h_0	cm	选取	2×10^{-4}
	槽的螺旋角 β	(°)	选取	73.5
	槽宽系数 $\overline{b}$		选取	0.6
	槽长系数 $\overline{L}$		选取	0.8
	槽深系数 $\overline{\delta}$		选取	3.0
	槽数 Z		$Z\geqslant\frac{10\pi\overline{b}}{\overline{L}\tan\beta}\times\frac{\overline{R}+1}{\overline{R}-1}$	取 25
	外径上槽宽 b_{g2}	cm	$b_{g2}=\overline{b}\,\frac{2\pi R_2}{25}$	0.135
	槽终端半径 R_g	cm	$R_g=R_2-\overline{L}(R_2-R_1)$（泵入型）	0.58
	槽终端宽度 b_{g1}	cm	$b_{g1}=\overline{b}\,\frac{2\pi R_2}{25}$	0.087
	槽深 Δ	cm	$\Delta=h_0(\overline{\delta}-1)$	4×10^{-4}
	压缩数 $\Lambda_{\rm H}$		$\Lambda_{\rm H}=\frac{6\eta\omega}{p_{\rm a}}\left(\frac{R_2}{h_0}\right)^2$	83.5
径向轴承	间隙 c	cm	$c=h_0$	2×10^{-4}
	槽的螺旋角 β	(°)	查表 8-1-152	23
	槽宽系数 $\overline{b}$		查表 8-1-152	0.35
	槽长系数 $\overline{L}$		查表 8-1-151	0.60
	槽深系数 $\overline{\delta}$		查表 8-1-152	2.6
	压缩数 Λ		$\Lambda=\frac{6\eta\omega}{p_{\rm a}}\left(\frac{d}{2c}\right)^2$	25.8

续表

	计算项目	单位	计算公式及说明	结果
径向轴承	槽数 Z		$Z\geqslant\frac{\Lambda}{5}$	取 10
	宽径比 B/D		式(8-1-35)	1.68
	轴承宽度 B	cm	$B=1.68\times1$	1.7
	槽长 $L_g/2$	cm	$L_g/2=\frac{1}{2}B\bar{L}$	0.51
	槽宽 b_g	cm	$b_g=\bar{b}\frac{\pi d}{10}$	0.11
	槽深 Δ	cm	$\Delta=c(\bar{\delta}-1)$	3.2×10^{-4}
	刚度系数 $\bar{G}$		式（8-1-36）	4.65
	刚度 G	N/cm	$G=\frac{\bar{G}p_a\pi(R_2^2-R_1^2)}{h_0}$	4.1×10^5
	摩擦力矩 M	N·cm	$M=0.8\frac{\pi\eta\omega(R_2^4-R_1^4+BD^3/1)}{h_0}$	8.8
	功耗 N	W	$N=M\omega$	2.72

6.3 气体静压轴承

气体静压轴承的作用原理与液体动压轴承相同。常用的节流器有小孔、狭缝和多孔质轴衬（毛细孔节流），高承载时也使用可变节流器。各种节流器的气体静压轴承的性能比较见表 8-1-154。供气压力、节流器参数和轴承间隙三者，若匹配得当，可得到承载高、刚度大、流量小和工作稳定的轴承。对于低速精密轴承，还要考虑涡流力矩问题。

表 8-1-154　气体静压轴承常用的各种节流器性能比较

比较项目		孔式供气		缝式供气		多孔质轴衬供气	反馈供气
		小孔节流	环面节流	周向缝节流	轴向缝节流	毛细孔节流	可变节流
		示意图					
		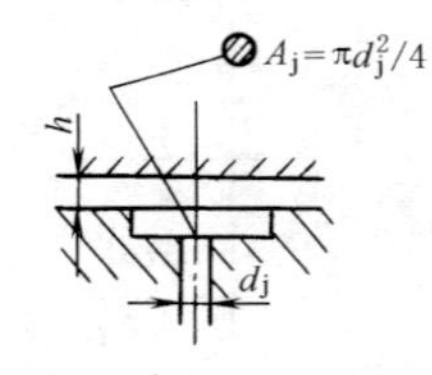	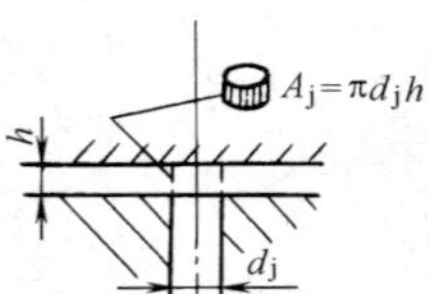	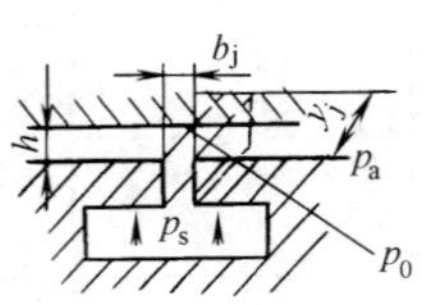		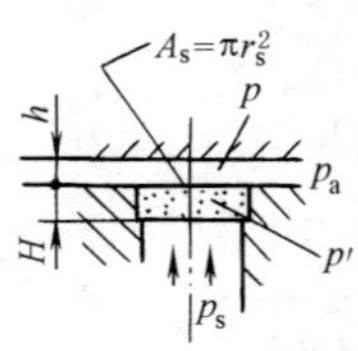	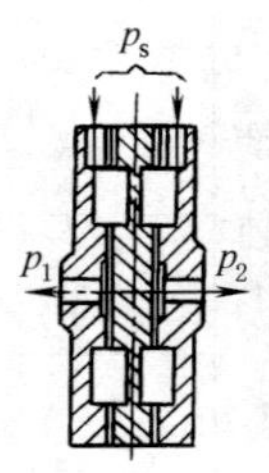
轴承性能	承载能力	高	较低	较高	最低	高	最高
	刚度	最大	较小	大	小	大	极大
	流量	最小	较小	大	最大	大	小
	稳定性	差	较好	好	最好	好	较差
	涡流力矩	大	大	小	最大	最小	大
宽径比		0.5~2	0.5~2	≤1	≥2	任意	任意
影响因素	非轴向流	大	大	小	最小	最小	大
	散流	大	大	小	大	小	大
	供气压力	大	大	小	小	大	最大
	气体种类和温度	有	有	无	无	有	有

6.3.1 气体静压径向轴承

典型的静压径向轴承如图 8-1-42 所示。通常在轴线方向设一列或两列进气孔（缝），每一列沿圆周方向均匀布置若干小孔（狭缝），以 Z 代表每列孔数（缝数）。气体静压径向轴承的设计参数见表 8-1-155。设计步骤如下。

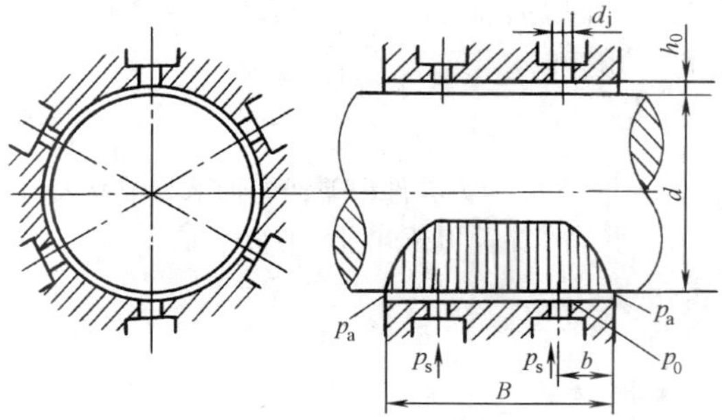

图 8-1-42　气体静压轴承

p_a—环境压力；p_0—节流器出口压力；p_s—供气压力；d_j—节流孔径

（1）确定压力比

$$\bar{p}_0=\frac{p_0-p_a}{p_s-p_a} \tag{8-1-41}$$

式中，p_0 为设计状态（$\varepsilon=0$）下节流器的出口压力。

按最大承载设计取 $\bar{p}_0=0.4$，按最大刚度设计取 $\bar{p}_0=0.8$。为使节流器不出现阻塞，$\bar{p}_0$ 必须满足条件

$$\bar{p}_0>\frac{\left(\dfrac{2}{k+1}\right)^{\frac{k}{k-1}}-\dfrac{p_a}{p_s}}{1-\dfrac{p_a}{p_s}} \tag{8-1-42}$$

表 8-1-155　　　气体静压径向轴承的设计参数

设计参数		供气参数		结构参数		运转参数	节流器参数
		p_s/p_a	$\bar{p}_0$	B/D	b/B	ε	Z、d_j、λ
节流类型	孔式节流	2～10	0.35～0.8	0.5～2	1/2(单列) 1/4～1/8(双列)	0.1～0.5	$Z=6\sim12$ $d_j=(1\sim5)\times10^{-2}$
	缝式节流			≤1(周) ≥2(轴)			$\lambda=1\sim2$

使用空气作润滑剂时，压缩指数 $k=1.401$。则 $\bar{p}_0$ 必须满足

$$\bar{p}_0>\frac{0.528-(p_a/p_s)}{1-(p_a/p_s)}$$

若取 $\bar{p}_0=0.4$，则必须使

$$(p_a/p_s)>0.213 \text{ 或 } (p_s/p_a)<4.7$$

若取 $\bar{p}_0>0.528$，则 p_s/p_a 为任何值时节流器都不出现阻塞现象。

（2）确定节流器参数与间隙 h_0 的关系

1）孔式节流　根据式（8-1-43）近似估算

$$\bar{p}_0=\frac{1}{1+\left(1+\dfrac{4}{Y^2}\right)^{1/2}} \tag{8-1-43}$$

$$Y=Y_pY_\eta Y_d=\frac{\dfrac{p_a}{p_s}}{\left[\left(1+\dfrac{p_a}{p_s}\right)\left(1-\dfrac{p_a}{p_s}\right)\right]^{1/2}}\times\frac{24\eta(2RT)^{1/2}}{p_a}\times\frac{\alpha ZA_jb}{\pi Dh_0^3} \tag{8-1-44}$$

式中　Y_p——压力系数；

Y_η——气体介质系数；

Y_d——尺寸系数；

A_j——节流面积，对于环面节流 $A_j=\pi d_jh_0$，对小孔节流 $A_j=\dfrac{\pi d_j^2}{4}$；

α——流量系数。

当 Y_p、Y_η 和轴承尺寸 D、b 已知时（通常 $\alpha=0.80$），即可确定孔数 Z、节流孔径 d_j 和间隙 h_0 之间的关系。对于推力轴承 $h_0=h$。

当用钻头钻孔时，d_j 值应符合标准钻头直径；当用电火花穿孔时，d_j 值应符合标准铜丝直径。h_0 的选取一般有下列限制

$$\frac{h_0}{D}=0.00025\sim0.00050$$

$h_0>(3\sim5)\delta$（δ 为零件误差，即轴承与轴颈表面的加工误差及轴承的变形之和）

2）缝式节流　可按式（8-1-45）估算

$$\bar{p}_0=\left[\left(\frac{\xi}{2}\right)^2+\frac{1+\xi}{1+\lambda}\right]^{1/2}-\frac{\xi}{2} \tag{8-1-45}$$

式中　$\xi=\dfrac{2p_a}{p_s-p_a}$

$$\lambda=\begin{cases}\dfrac{2y_j}{b}\left(\dfrac{h_0}{b_j}\right)^2 & （单列缝）\\ \dfrac{y_j}{b}\left(\dfrac{h_0}{b_j}\right)^2 & （双列缝）\end{cases}$$

y_j 为隙缝长度。

理论上 λ 可取到 8，考虑到加工条件，通常取 $\lambda=1\sim2$。在 $\bar{p}_0$ 已确定，p_s、y_j、b 为已知时，即可确定缝宽 b_j 与间隙 h_0 之间的关系。

（3）静态性能计算

主要是承载能力、刚度和流量的计算，在某些场合也要进行摩擦力矩和涡流力矩计算。

1）孔式节流

① 承载能力

$$F=(p_s-p_a)BD\bar{F} \tag{8-1-46}$$

式中，$\bar{F}$ 为载荷系数，可由图 8-1-43 查出 $\bar{F}_n$，再乘以修正系数 k_x，即 $\bar{F}=\bar{F}_n k_x$。$\bar{F}_n$ 为具有较多节流孔的窄轴承（只考虑轴向流）的理论值，k_x 是考虑周向流影响的修正数，可由图 8-1-44 查出。

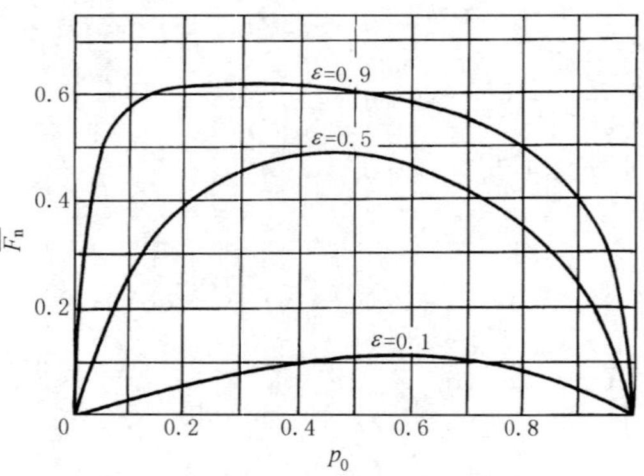

图 8-1-43　孔式节流窄轴承的载荷系数

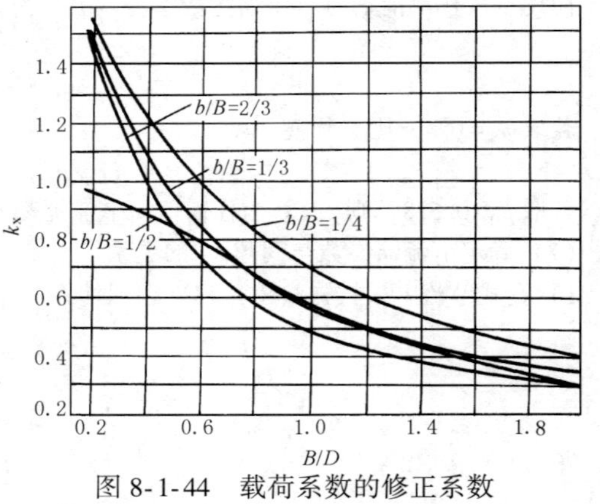

图 8-1-44　载荷系数的修正系数

② 刚度　对大多数气体静压轴承来说，偏心率在 0.5 以内时，刚度近似为常量，可按下式计算：

$$G=\frac{2F}{h_0}=2(p_s-p_a)BD\left(\frac{\bar{F}}{h_0}\right) \tag{8-1-47}$$

③ 流量

$$Q=\frac{\pi h_0^3(p_0^2-p_a^2)}{12\eta\dfrac{b}{D}p_a} \tag{8-1-48}$$

式中，$p_0=\bar{p}_0(p_s-p_a)+p_a$。

对于常态空气润滑的小孔节流轴承，其流量可按式（8-1-49）估算：

$$Q=7.4\times10^4ZA_jf\sqrt{T} \tag{8-1-49}$$

式中，f 为流量系数，可取 $f=0.3\sim0.48$（亚音速流）或 $f=0.484$（超音速流）；T 为绝对温度。

2）缝式节流

① 承载能力　可按式（8-1-46）计算，其中 $\overline{F}$ 由图 8-1-45 给出。这种轴承散流影响很小，可忽略不计，周向流影响反映在参数 B/D 中。

② 刚度　可按式（8-1-47）计算。

③ 流量

$$Q=\frac{\pi h_0^3}{12\eta\left(\frac{b}{D}\right)p_a}\left(\frac{p_s^2-p_a^2}{1+\lambda}\right) \tag{8-1-50}$$

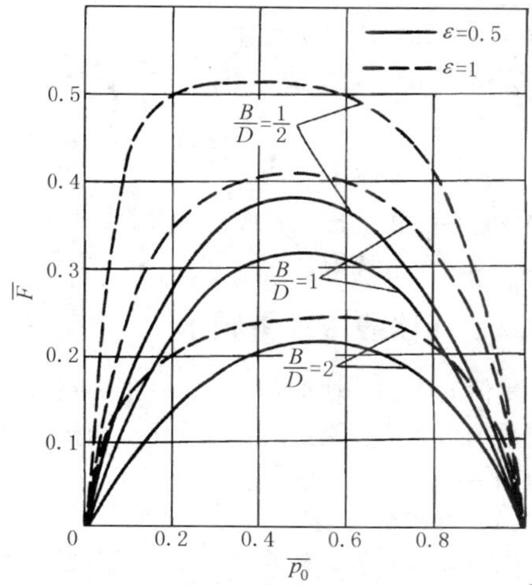

图 8-1-45　缝式节流径向轴承的载荷系数 $\overline{F}$

（$p_s=50\text{N/cm}^2$，双排缝）

（4）稳定性计算

为保证轴承稳定工作，对高速气体轴承，在计算静态性能后，应再校核稳定性，包括计算同步涡动的临界速度 ω_{cr} 和气锤振动的气容比 $\overline{V}_c$。

① 同步涡动的临界速度　支承在气体静压轴承上的转子，其同步涡动的临界转速（自然频率）按式（8-1-51）计算

$$\omega_{cr}=\left\{\frac{1}{2}(\Omega_1+\Omega_2)\pm\left[\frac{1}{4}(\Omega_2-\Omega_1)^2+\Omega_3^2\right]^{1/2}\right\}^{1/2} \tag{8-1-51}$$

$$\Omega_1=\frac{G_1+G_2}{m}$$

$$\Omega_2=\frac{G_1L_1^2+G_2L_2^2}{I_t-I_p}$$

$$\Omega_3^2=\frac{(-G_1L_1+G_2L_2)^2}{m(I_t-I_p)}$$

式中　m——转子质量；

I_t——转子横向转动惯量；

I_p——转子极转动惯量；

G_1——轴承 1 的刚度；

G_2——轴承 2 的刚度。

其他符号的意义见图 8-1-46。

由上式可计算出两个 ω_{cr} 值，大值称为 $\omega_{cr}^{(2)}$，小值称作 $\omega_{cr}^{(1)}$。

当 $\omega<\omega_{cr}^{(1)}$ 时，该轴承不属高速范围，不会出现涡动不稳定。当 $\omega=\omega_{cr}^{(1)}$ 或 $\omega=\omega_{cr}^{(2)}$ 时，转子在同步涡动频率下工作，应注意避免出现同步共振。同时，一般认为当 $\omega\geqslant2\omega_{cr}^{(1)}$ 时，转子又会出现大振幅的半速涡动，$2\omega_{cr}^{(1)}$ 是涡动危险转速。所以，为使转子避免出现涡动不稳定，其工作速度 ω 应满足（见图 8-1-47）：

$$1.15\omega_{cr}^{(2)}<\omega<1.7\omega_{cr}^{(1)}$$

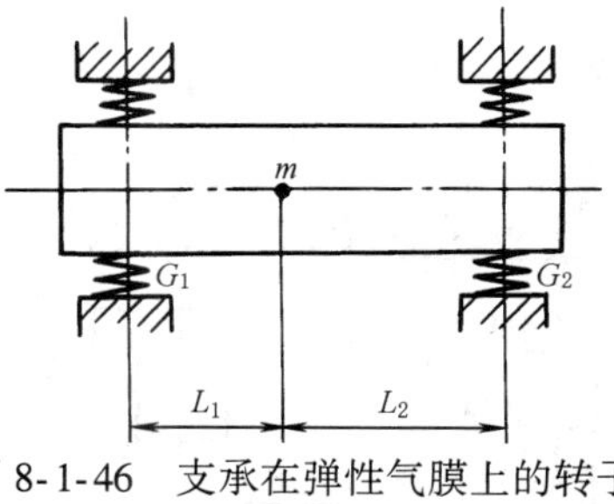

图 8-1-46　支承在弹性气膜上的转子

m—转子质量；L_1—转子质量中心到轴承 1 中线的距离；L_2—转子质量中心到轴承 2 中线的距离

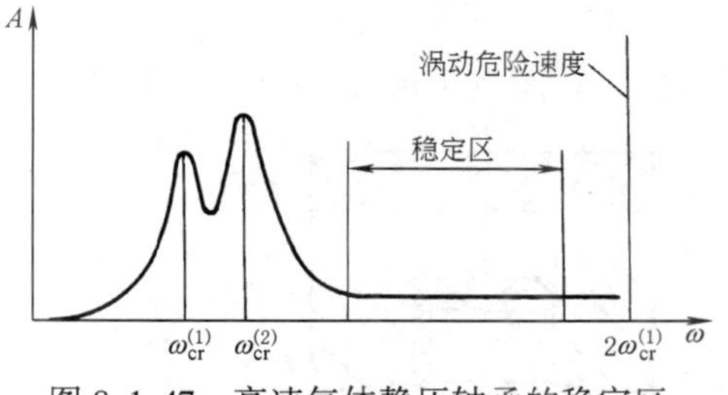

图 8-1-47　高速气体静压轴承的稳定区

A—转子振幅；ω—转子角速度

上述避免涡动的极限速度的判据是保守的判据，使用中也可适当放宽。若出现 $1.15\omega_{cr}^{(2)}>1.7\omega_{cr}^{(1)}$ 的现象，说明结构不合理，应设法改进。

② 气容比　为使轴承不会产生气锤振动，气容比 $\bar{V}_c$ 必须满足下列要求：

$$\bar{V}_c=\frac{ZV_c}{\pi BDh_0}\leqslant 0.05\ (\text{径向轴承可到 }0.1)$$

式中　V_c——供、排气腔或稳压气腔容积；

Z——气腔数目。

6.3.2　气体静压推力轴承

气体静压推力轴承有圆形、环形和矩形等，供气方式有单孔、多孔、狭缝等，见表 8-1-150。单孔供气的圆形推力轴承，承载能力高，流量小，结构简单，但角刚度低。多孔和狭缝供气的环形推力轴承，角刚度高，常和径向轴承联合使用，应用广泛。

（1）孔式节流型

推力轴承的节流孔数、孔径与间隙之间的关系，仍可由式（8-1-43）和式（8-1-44）确定，其中和径向轴承不同的只是尺寸系数，推力轴承尺寸系数为

$$Y_d=\frac{\alpha ZA_j\ln\bar{R}}{8\pi h_0^3}\tag{8-1-52}$$

$\bar{R}$ 通常取为 1.6~4.0。按最大刚度设计时，一般取 $\bar{p}_0=0.69$，则 $Y=1.24$。

其承载能力、刚度和流量计算如下。

1）单孔圆形推力轴承（图 8-1-48）

无量纲承载力

$$\bar{F}=\frac{F}{(p_s-p_a)\pi(R_2^2-R_1^2)}=\frac{\bar{p}_0}{2\ln\bar{R}}\tag{8-1-53}$$

无量纲刚度

$$\bar{G}=\frac{Gh_0}{(p_s-p_a)\pi(R_2^2-R_1^2)}=\frac{\dfrac{d\bar{p}_0}{dh}h_0}{2\ln\bar{R}}\tag{8-1-54}$$

当按最大刚度设计时，取 $\bar{p}_0=0.69$，$\dfrac{d\bar{p}_n}{dh}h_0=0.98$，这时

$$\bar{F}=0.35\frac{1}{\ln\bar{R}}\tag{8-1-55}$$

$$\bar{G}=0.49\frac{1}{\ln\bar{R}}\tag{8-1-56}$$

流量

$$Q=\frac{\pi h_0^3(p_0^2-p_a^2)}{12\eta p_a\ln\bar{R}}\tag{8-1-57}$$

2）多孔环面节流环形推力轴承（图 8-1-49）

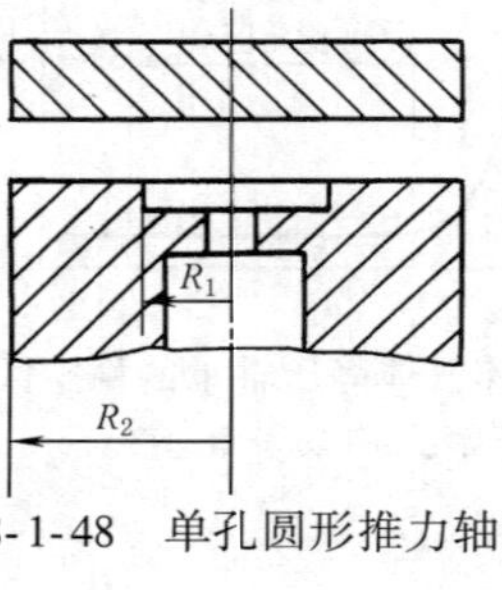

图 8-1-48　单孔圆形推力轴承

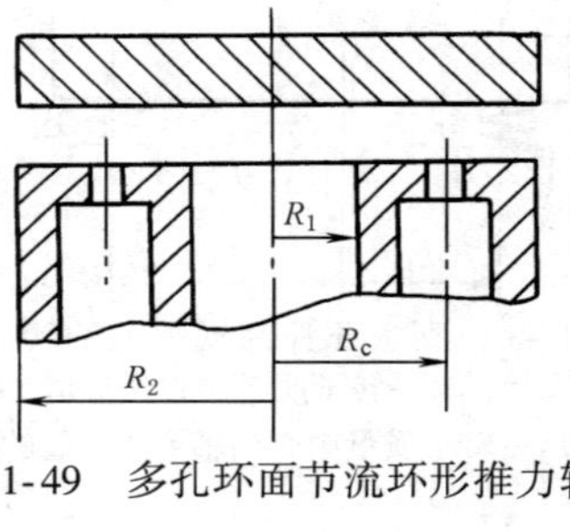

图 8-1-49　多孔环面节流环形推力轴承

第 8 篇

无量纲承载力

$$\bar{F}=\frac{\bar{p}_0}{\ln\bar{R}}\times\frac{\bar{R}-1}{\bar{R}+1} \tag{8-1-58}$$

无量纲刚度

$$\bar{G}=\frac{\frac{\mathrm{d}\bar{p}_0}{\mathrm{d}h}h_0}{\ln\bar{R}}\times\frac{\bar{R}-1}{\bar{R}+1} \tag{8-1-59}$$

当按最大刚度设计时

$$\bar{F}=\frac{0.69}{\ln\bar{R}}\times\frac{\bar{R}-1}{\bar{R}+1} \tag{8-1-60}$$

$$\bar{G}=0.98\frac{1}{\ln\bar{R}}\times\frac{\bar{R}-1}{\bar{R}+1} \tag{8-1-61}$$

流量

$$Q=\frac{\pi h_0^3(p_0^2-p_a^2)}{3\eta p_a\ln\bar{R}} \tag{8-1-62}$$

环形轴承一列孔的位置 R_c 按下式计算：

$$R_c=\sqrt{R_1R_2}$$

小孔节流型环形轴承可提高承载能力 30%左右。为获得更高承载能力和大的角刚度，可设计成双列供气孔型式。

计算推力轴承的稳定性主要是计算气锤振动，其判据和径向轴承相同，即气容比

$$\bar{V}_c=\frac{ZV_c}{\pi(R_2^2-R_1^2)h_0}\leqslant 0.05(0.1)$$

(2) 缝式节流型

对于单列周向缝式节流推力轴承，有

$$\bar{p}_0=\sqrt{\frac{1+\xi}{1+\lambda}+\frac{\xi^2}{2}}-\frac{\xi}{2} \tag{8-1-63}$$

$$\lambda=\left(\frac{h_0}{b_j}\right)^3\frac{y_j}{R_e}\frac{4}{\ln\bar{R}} \tag{8-1-64}$$

$$\xi=\frac{2p_a}{p_s-p_a} \tag{8-1-65}$$

系数 ξ 通常是给定的，因此，上式给出 $\bar{p}_0$ 与 λ 的关系。一般设计推荐按表 8-1-156 选取 $\bar{p}_0$ 和 λ 等值。

表 8-1-156　　缝式节流静压推力轴承的 $\overline{p_0}$ 和 λ 推荐值

供气压力 p_s/p_a	2	3	5
λ	0.65	0.72	0.77
$\bar{p}_0$	0.68	0.69	0.70
$\frac{\mathrm{d}\bar{p}_0}{\mathrm{d}h}h_0$	0.64	0.61	0.58

轴承的静态性能如下：

无量纲承载力

$$\bar{F}=\frac{F}{(p_s-p_a)\pi(R_2^2-R_1^2)}=\frac{\bar{p}_0}{\ln\bar{R}}\left(\frac{\bar{R}-1}{\bar{R}+1}\right) \tag{8-1-66}$$

无量纲刚度

$$\bar{G}=\frac{Gh_0}{(p_s-p_a)\pi(R_2^2-R_1^2)}=\frac{\frac{\mathrm{d}\bar{p}_0}{\mathrm{d}h}h_0}{\ln\bar{R}}\left(\frac{\bar{R}-1}{\bar{R}+1}\right) \tag{8-1-67}$$

流量

$$Q=\frac{\pi h_0^3}{3\eta\ln\bar{R}}\left[\frac{p_s^2-p_a^2}{p_a(1+\lambda)}\right] \tag{8-1-68}$$

第 8 篇

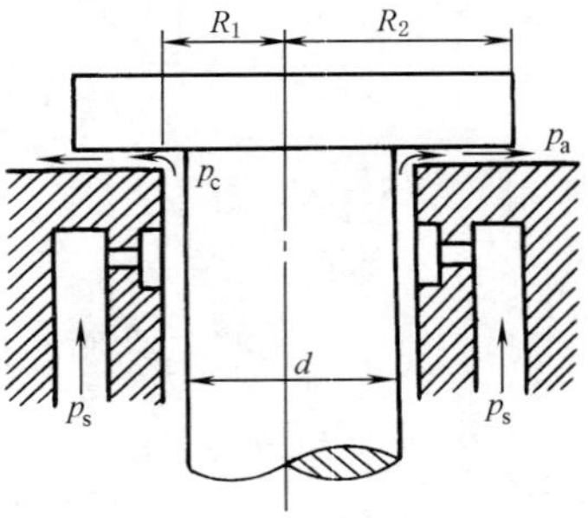

图 8-1-50　靠径向轴承排气支承的推力轴承

（3）靠径向排气支承的推力轴承

这种推力轴承无供气孔或缝，仅靠径向轴承的排气作为供气源，如图 8-1-50所示。其结构简单，耗气量小，小载荷的支承广泛采用。设径向轴承的排气压力为

$$\bar{p}_c = \frac{p_c - p_a}{p_s - p_a} \tag{8-1-69}$$

推力轴承的无量纲承载力

$$\bar{F} = \frac{F}{(p_s - p_a)\pi(R_2^2 - R_1^2)} = \frac{\bar{p}_c}{2\ln\bar{R}}\left(1 - \frac{2\ln\bar{R}}{\bar{R}^2 - 1}\right) \tag{8-1-70}$$

式中，$\bar{p}_c$ 由径向轴承决定，一般设计取 $\bar{p}_c \leqslant 0.3$。

6.3.3　气体静压球面轴承

球面轴承常用的结构型式有中心小孔节流型、周向多孔（单列或双列）环面节流型和周向狭缝（单列或双列）节流型三种，见表 8-1-149 和表 8-1-150。

（1）中心小孔节流型

这种轴承结构简单，制造容易，轴向承载能力高，涡流力矩小，但其水平承载能力低，易发生锤振动。一般主要用作轴向承载，其承载能力

$$\bar{F}_z = \frac{F_z}{\pi R^2(p_s - p_a)} - \frac{\bar{p}_0}{2}\left[1 - \frac{\sin2\theta_2 - \sin2\theta_1}{\frac{\pi}{90}(\theta_2 - \theta_1)}\right] \tag{8-1-71}$$

（2）多孔环面节流型

周向多孔环面节流轴承与中心小孔节流轴承相比，其水平承载能力高，但涡流力矩大，制造困难。

若以 e_H、e_z 分别代表水平和轴向偏心量，在小偏心下，具有下列近似关系

$$\frac{F_H}{F_z} \approx \frac{e_H}{e_z} \approx \tan\lambda$$

轴承的水平和轴向承载能力可按下式估算：

$$\bar{F}_H = \frac{F_H}{\pi R^2(p_s - p_a)} \approx \bar{F}\sin\lambda \qquad \bar{F}_z = \frac{F_z}{\pi R^2(p_s - p_a)} \approx \bar{F}\cos\lambda$$

式中

$$\bar{F} = \frac{45}{\pi}\bar{p}_0\left[\frac{\sin2\theta_2 - \sin2\theta_c}{\theta_2 - \theta_c} - \frac{\sin2\theta_c - \sin2\theta_1}{\theta_c - \theta_1}\right]$$

对于 $\theta_2 \leqslant 90°$ 的部分球面轴承，$\frac{F_H}{F_z}<1$，设计要求其值尽量接近于 1。$\bar{p}_0$ 的选取要从不阻塞条件及要求的$\frac{F_H}{F_z}$值考虑，通常在 0.4~0.6 之间取值。

球面轴承的涡流力矩主要决定于轴承表面质量（粗糙度、圆度等）和节流孔加工精度（等分度、垂直度）。轴承精度愈高，涡流力矩愈小。

（3）狭缝节流型

缝式节流球面轴承的涡流力矩小，水平承载能力介于上述两种结构之间。

6.3.4　气源

常用气体压缩机或气瓶作为轴承气源，个别也可用主机废气（航空发动机）、化工流程尾气作气源。

供气压力 p_s 通常在 20~100N/cm² 之间，压力稳定度应为供气压力的±5%左右。气体清洁度要求：灰尘粒度一般小于 3~5μm；湿度不大于 65%，必须有较精密的稳压器和过滤器。

例　设计一用空气润滑的径向轴承和推力轴承组合的孔式节流静压轴承。已知：$n=70000$r/min；$d\leqslant4$cm；$R_2\leqslant6$cm。对轴承的要求是：径向承载能力大于 500N；轴向承载能力大于 1000N；轴承刚度 $G\geqslant3.5\times10^5$N/cm；流量小于 8m³/h。两径向支承

轴承之间的跨距为 16cm。计算步骤及结果见表 8-1-157。

表 8-1-157　　孔式节流静压组合轴承计算步骤

	计算项目	单位	计算公式及说明	结果
径向轴承	轴径 d	cm	根据要求选取	4
	转速 n	r/min	已知	70000
	角速度 ω	1/s	$\omega=\frac{\pi n}{30}$	7.33×10^3
	宽径比 B/D		选取	1
	轴承宽度 B	cm	$B=[B/D]D$	4
	供气孔位置 b/B		选取(参见表 8-1-155)	1/4
	供气孔数 Z		选取(参见表 8-1-155)	8
	气体黏度 η	$N\cdot s/cm^2$	已知	1.8×10^{-9}
	气体常数 R	$cm^2/(s^2\cdot K)$	已知	2.87×10^6
	供气压力 p_s	N/cm^2	选取	70
	环境压力 p_a	N/cm^2	已知	10
	压力比 $\bar{p}_0$		按最大刚度选取	0.69
	系数 Y		式(8-1-44)	1.24
	压力系数 Y_p		$Y_p=\frac{p_a/p_s}{(1+p_a/p_s)(1-p_a/p_s)^{1/2}}$	0.135
	气体介质系数 Y_η	cm	$Y_\eta=\frac{24\eta(2RT)^{1/2}}{p_a}$	1.76×10^{-4}
	尺寸系数 Y_d	1/cm	$Y_d=\frac{\alpha ZA_jb}{\pi h_0^3d}$(小孔节流)	$0.4\frac{d_j^2}{h_0^3}$
	孔径 d_j 与间隙 h_0 之间的关系		$d_j^2=\frac{1.24}{0.135\times1.76\times10^{-4}\times0.4}h_0^3$	$d_j=3.61\times10^2h_0^{3/2}$
	间隙 h_0	cm	选取	1.5×10^{-3}
	节流孔直径 d_j	cm	$d_j=3.61\times10^2h_0^{3/2}$	2×10^{-2}
	凹穴深度 h_g	cm	$h_g\geqslant\frac{d_j}{4}-h_0$	4×10^{-3}
	凹穴直径 d_g	cm	$d_g\leqslant\sqrt{\frac{0.05\times4DBh_0}{Zh_g}}$	取 0.35
	最大偏心率 ε_{max}		根据不同工作机械的要求选定	0.5
	$\bar{F}_n$		查图 8-1-43	0.42
	修正系数 k_x		查图 8-1-44	0.7
	载荷系数 $\bar{F}$		$\bar{F}=\bar{F}_nk_x$	0.3
	承载能力 F	N	$F=2(p_s-p_a)BD\bar{F}$(两个轴承)	576
	刚度 G	N/cm	$G=2(p_s-p_a)BD\frac{\bar{F}}{h_0}$(一个轴承)	3.84×10^5
	节流孔出口压力 p_0	cm^3/s	$p_0=\bar{p}_0(p_s-p_a)+p_a$	5.14
	流量 Q_j	cm^3/s	$Q_j=\frac{\pi h_0^3(p_0^2-p_a^2)}{12\eta(b/D)p_a}$(一个轴承)	500
推力轴承	推力轴承外半径 R_2	cm	选取	6
	节流孔所在半径 R_c	cm	$R_c=\sqrt{R_1R_2}$	3.46
	外内径比 $\bar{R}$		$\bar{R}=R_2/R_1$	3
	节流孔数 Z		选取	8
	尺寸系数 Y_d	1/cm	$Y_d=\frac{\alpha ZA_j\ln\bar{R}}{8\pi h_0^3}$(环面节流)	$0.88\frac{d_j}{h_0^2}$

续表

计算项目		单位	计算公式及说明	结果
推力轴承	孔径 d_j 与间隙 h_0 之间的关系		$d_j=\frac{1.24}{0.135\times1.76\times10^{-4}\times0.88}h_0^2$	$d_j=5.9\times10^4h_0^2$
	间隙 h_0	cm	选取	1.5×10^{-3}
	节流孔直径 d_j	cm	$d_j=5.9\times10^4h_0^2$	取 0.14
	载荷系数 $\overline{F}$		$\overline{F}=\frac{0.69}{\ln\overline{R}}\times\frac{\overline{R}-1}{\overline{R}+1}$	0.314
	承载能力 F	N	$F=\pi(R_2^2-R_1^2)(p_s-p_a)\overline{F}$	1890
	刚度系数		$\overline{G}=\frac{0.98}{\ln\overline{R}}\times\frac{\overline{R}-1}{\overline{R}+1}$	0.446
	刚度 G	N/cm	$G=\pi(R_2^2-R_1^2)(p_s-p_a)\frac{\overline{G}}{h_0}$	17.9×10^5
	流量 Q_t	cm^3/s	$Q_t=\frac{\pi h_0^3(p_0^2-p_a^2)}{3\eta p_a\ln\overline{R}}$（一个轴承）	454
	总流量 Q	cm^3/h	$Q=(2Q_j+2Q_t)\frac{3600}{10^6}$	6.87
稳定性校核	两径向轴承中线跨距 $2L$	cm	选取（$L_1=L_2$）	16
	除轴以外旋转部件的等效质量盘的厚度 t	cm	选取	0.6
	轴质量 m_1	kg	$m_1=\pi R_1^2(2L+B)\rho$（ρ 为钢的密度）	0.205
	除轴以外旋转部件的等效质量盘的质量 m_2	kg	$m_2=2\pi R_2^2t\rho$	0.111
	转子质量 m	kg	$m=m_1+m_2$	0.316
	极转动惯量 I_p	$kg\cdot m^2$	$I_p=m_1\frac{d_1^2}{8}+m_2\frac{d_2^2}{8}$	2.41
	横向转动惯量 I_t	$kg\cdot m^2$	$I_t=m_1\left[\frac{(2L+B)^2}{12}+\frac{d_1^2}{16}\right]+m_2\left\{\frac{d_2^2}{16}+\frac{1}{12}[(2L+B+2t)^2+(2L+B)^2+(2L+B+2t)(2L+B)]\right\}$	198
	Ω_1	$1/s^2$	$\Omega_1=\frac{2G}{m}$	2.5×10^7
	Ω_2	$1/s^2$	$\Omega_2=\frac{G_1L_1^2+G_2L_2^2}{m(I_t-I_p)}$	2.91×10^7
	Ω_3^2	$1/s^4$	$\Omega_3^2=\frac{(-G_1L_1+G_2L_2)^2}{m(I_t-I_p)}$	0
	临界角速度 $\omega_{cr}^{(1)}$	1/s	$\omega_{cr}^{(1)}=\sqrt{\Omega_1}$	5000
	临界角速度 $\omega_{cr}^{(2)}$	1/s	$\omega_{cr}^{(2)}=\sqrt{\Omega_2}$	5400
	$1.15\omega_{cr}^{(2)}$	1/s		6210
	$1.7\omega_{cr}^{(2)}$	1/s		8500
	校核稳定性		$1.15\omega_{cr}^{(2)}<\omega<1.7\omega_{cr}^{(1)}$	稳定 $6210<\omega=7330<8500$

7 流体动静压润滑轴承

7.1 工作原理及特性

在轴颈旋转时油腔式静压润滑轴承，即是典型的动静压轴承，由于轴的旋转可在封油面上产生动压效应，该动压效应和油腔的静压效应共同承受外载荷，并使轴承的承载能力有所提高，在静压油腔较浅时，即油腔深度 h_q 等于轴承间隙 c 时或油腔面积与轴瓦总面积之比较小时的静压润滑轴承都是严格意义上的动静压润滑轴承。

动静压润滑轴承的结构简图见图 8-1-51。带节流器（薄膜节流器）动静压润滑轴承结构简图见图 8-1-52。图 8-1-53 给出了各种典型的动静压润滑轴承的示意图。动静压润滑轴承其他结构可参见流体静压润滑轴承。

有时动静压润滑轴承的油腔可缩成供油孔（槽）一样大，并以轴颈与轴承之间的间隙为节流器（隙缝节流），从而其结构更为简单。

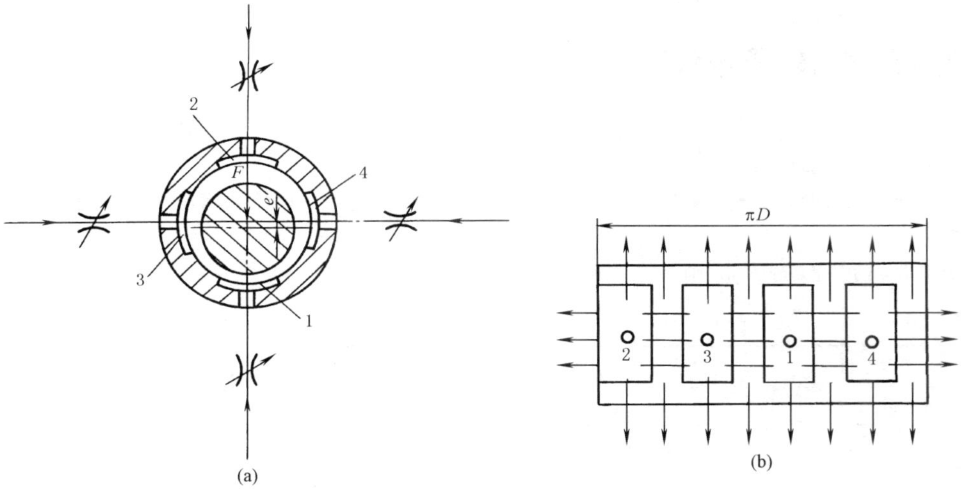

图 8-1-51 动静压轴承

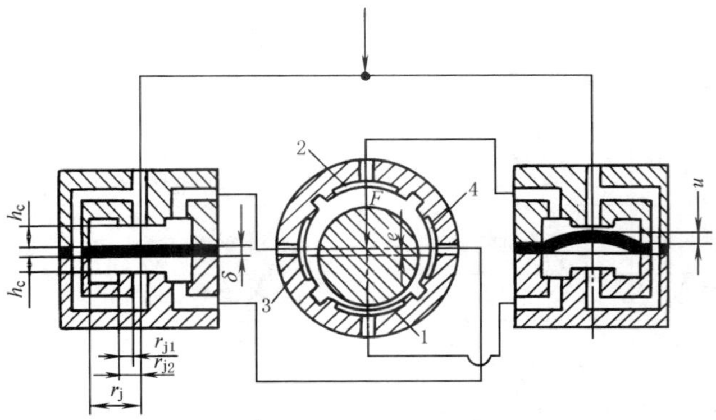

图 8-1-52 带节流器的动静压轴承

典型的动静压润滑轴承包括浅油腔式、隙缝式和小孔式节流动静压润滑轴承。动静压润滑轴承可适用于高速重载的工况和频繁启动或停机时要求具有一定的润滑油膜，以防止磨损的场合，它还适用于载荷不断变化及有瞬时过载的工况。同时适当的静压设计还可以提高轴承的动力学稳定性。

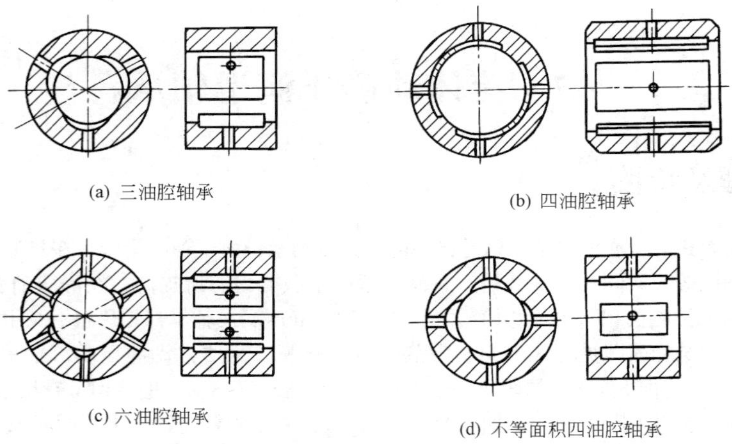

图 8-1-53　各种典型的动静压轴承

7.2　动静压润滑轴承设计实例

动静压润滑轴承设计具有静压润滑轴承和动压润滑轴承设计的全部特点，即不但要设计静压油路系统与节流器，而且要在封油面处满足动压轴承的要求。

动静压润滑轴承的设计参数选择，可根据本章 4.3 节中的建议选取。静压油路与节流器的参数根据本章 5.4 节建议选取。

例　设计某磨床的隙缝动静压润滑轴承。

表 8-1-158

计算项目	单　位	计算公式及说明	结　果
轴承载荷 F	N	已　知	340
轴承直径 D	cm	已　知	3
轴颈转速 n	r/min	已　知	11000
宽径比 B/D		选定(参见本章 4.3 节)	1.0
半径间隙 c	cm	选定(参见本章 4.3 节)	0.0022
轴向封油面长度 l_1	cm	选定(参见本章 5.4 节)	0.75
周向封油面长度 l_t	cm	选定(参见本章 5.4 节)	0.47
相对间隙 ψ		$\psi=\frac{2c}{D}$	0.00147
角速度 ω	1/s	$\omega=2\pi n/60$	1152
平均压强 p_m	N/cm^2	$p_m=\frac{W}{BD}$	37.8
润滑油牌号		选定(参见本章 5.6.4 节)	HU-22
平均油温 t_m	℃	预选(参见本章 4.3 节)	50
在 t_m 下油黏度 η	Pa·s	查图 8-1-16	19×10^{-4}
油腔数 N_s		选定(参见本章 5.4.1 节)	8
压力比 $\bar{p}_0$		选定(参见本章 5.5 节)	0.58
功耗比 K_n		选定(参见本章 5.5 节)	3
缝隙宽、间隙等 Z_s	cm	选定(参见本章 5.5 节)	0.003

续表

计算项目	单位	计算公式及说明	结果
最大位移率 ε_{max}		选定(参见本章 5.5 节)	0.3
载荷系数 $\bar{F}$		查图 8-1-54	0.28
供油压力 p_s	Pa	$p_s=\dfrac{p_m}{\bar{F}}$	1.4×10^6
流量系数 $\bar{Q}$		查图 8-1-55	2.2
流量 Q	L/min	$Q=\bar{Q}p_s c^3/\eta\times6\times10^{-2}$	1.0
泵功耗 N_p	kW	$N_p=p_s Q$	0.023
摩擦数 C_f		查图 8-1-56	0.98
摩擦力矩 F_t		$F_t=C_f\eta D^2B\omega\times10^{-6}$	0.06
摩擦功耗 N_f	kW	$N_f=F_t\ \omega$	0.07
总功耗 N	kW	$N=N_p+N_f$	0.093

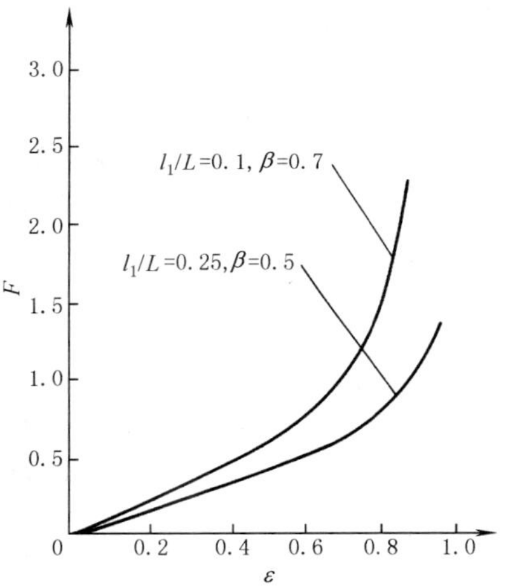

图 8-1-54　隙缝式动静压润滑轴承承载曲线（$K=1.0$）

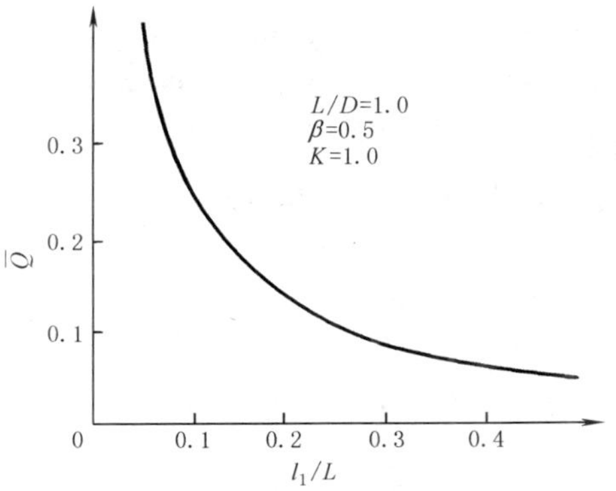

图 8-1-55　隙缝式动静压润滑轴承流量曲线

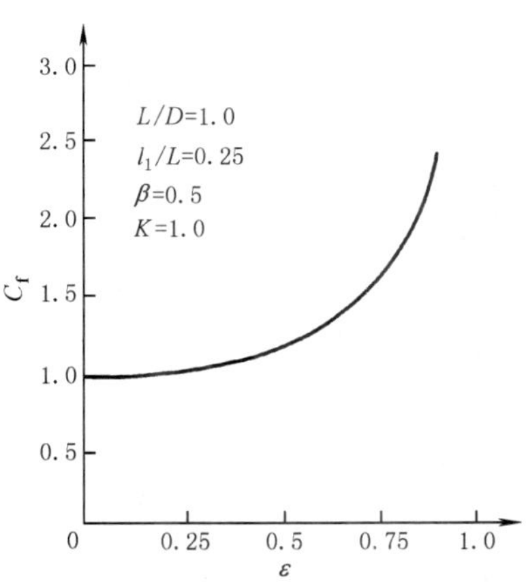

图 8-1-56　隙缝式动静压润滑轴承摩擦力矩曲线

8 电磁轴承

利用电场力或磁场力使转子悬浮的轴承统称为电磁轴承。其中靠电场力使转子悬浮的轴承称为静电轴承或电悬浮轴承；靠磁场力使转子悬浮的轴承称为磁力轴承或磁悬浮轴承。

电磁轴承是典型的机械电子产品，综合了机械学、动力学、控制工程、电磁学、电子学和计算机科学等多领域的最新成果，是现代支承技术中最有前景的高新技术。

电磁轴承使被支承的转子无接触地悬浮起来，具有无接触、无磨损、性能可靠、工作转速高、功耗小、使用寿命长、不需要维修、无润滑剂污染等特点，其应用在支承技术领域具有革命性的意义，是其他支承型式无法媲美的。

电磁轴承的另一个突出优点是可对振动进行主动控制。通过在线参数识别和调整、自动不平衡补偿等，使对转子系统的控制达到很高的精度。另外转子系统的运行状态和振动信息可以同时由其中的控制、测量环节得到，并可极为方便地融入旋转机械装备的工况监测及故障诊断系统之中。

目前，电磁轴承中以磁力轴承应用较多。在国外磁力轴承已被成功地应用于数百种产品中，在国内磁力轴承的应用已开始进入实用阶段。

8.1 静电轴承

静电轴承是一种20世纪50年代出现的新型轴承。它结构紧凑、功耗小，有害力矩（对精密仪表有影响）远比磁力轴承小。但是，即使有相当高的电场强度，产生的支承力仍比较小，所以一般只用于一些微型的精密仪器中，例如静电陀螺仪、静电加速度表和超高真空规等。

8.1.1 静电轴承的基本原理

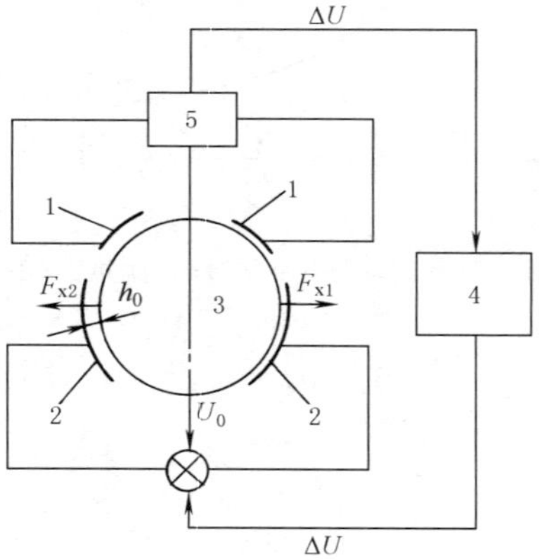

图 8-1-57 静电轴承原理

1—测量电极；2—加力电极；3—转子；4—放大线路；5—位移传感器

转子和轴承相当于两个电极，电极间有一个很小的间隙（轴承间隙），形成一个电容，见图 8-1-57。在电极上施加电压就会产生静电力。由于间隙 h_0 和转子直径 d 之比极小，可以按平板电容器公式来计算其电容 C 和静电力 F。

$$C=\varepsilon_0\varepsilon_r A/h_0 \tag{8-1-72}$$

$$F=-\frac{1}{2}\varepsilon_0\varepsilon_r A(U/h_0)^2 \tag{8-1-73}$$

式中 ε_0——真空的介电常数，$\varepsilon_0=8.85\times10^{-12}$F/m；

ε_r——电极间物质的相对介电常数；

A——电极面积；

h_0——轴承间隙；

U——电压。

式中负号表示静电力为吸力，计算时常略去。若为单电极轴承，则轴承承载能力即为该电极吸力的反向等值载荷。和其他轴承一样，若沿轴的圆周设置 Z 个电极，则轴承的承载能力是这些电极吸力矢量和的反向等值载荷，即

$$F=\sum_{i=1}^{Z}F_i$$

8.1.2 静电轴承的分类

静电轴承按控制方式分为无源型和有源型两种。由伺服控制使转子稳定运转的属有源型，靠自身电磁参数调谐，或者采用非调谐的电桥电路，使转子稳定运转的属无源型，LC 调谐回路与有源型控制回路原理图和特点见表 8-1-159。静电轴承根据轴颈几何形状可分为平面型、圆柱型、圆锥型和球型。

表 8-1-159　　两种静电轴承的比较

线路名称	LC 调谐回路	有源型控制回路
典型线路	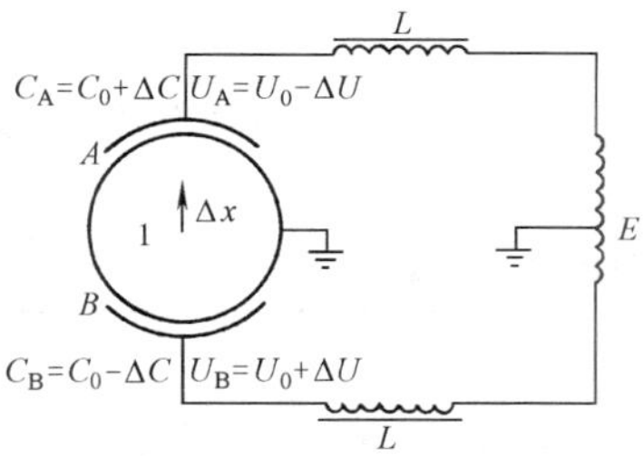 E——电源电压,V; L——谐振电感,H; C_0——转子处于平衡位置时的电容量,F; U_0——转子处于平衡位置时的谐振电压,V; ΔC,ΔU——由于转子位置变化量 Δx 引起的电容、电压变化量	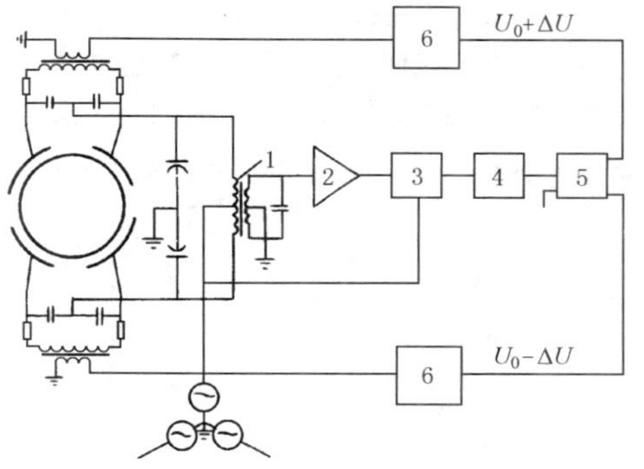 1—量测变压器;2—高放;3—检相; 4—校正;5—差放;6—调制功放
特点	利用转子与支承电极间的电容 C 随间隙变化而变化的特点,在线路中串或并入电感 L,构成谐振回路	通常使用电容电桥位移传感器测量转子的位移。在测量变压器输出端得到正比于转子位移的信号,经放大、检相为直流电压,由差放分为两路并调制成交流信号,再经功放和高压变压器将电压加到支承电极

8.1.3　静电轴承的常用材料与结构参数

静电轴承常用材料及结构参数见表 8-1-160。

表 8-1-160　　静电轴承常用材料及结构参数

参数名称		荐用值	附注
电参数	外加电压/V 电场强度/MV·m^{-1}	2000~4000 40~50	受击穿场强限制
几何参数	轴承相对间隙/m 形状误差 表面粗糙度参数 Ra/μm	$(2\sim10)\times10^{-4}$ 小于间隙值的 $^1/_{10}\sim{}^1/_{100}$ <0.1	按电压和加工精度确定 按仪器要求精度确定最小误差 影响击穿场强
环境参数	真空度/Pa	常在真空环境,真空度高于 1.33×10^{-4}	真空度低,击穿场强也低
常用材料			
壳体或定子 电极 转子		金属、陶瓷(Al_2O_3、BeO 等) 钢、铜、铝、镍等 铝、铍、石英等	

8.1.4 静电轴承的设计与计算

设计步骤大致如下：①选择轴承结构型式及轴承材料；②根据承载能力和刚度要求，确定轴承尺寸和极板总面积；③确定极板数（一般 2~12 极）和轴承间隙，计算初始电参数；④选择电源（交流或直流），决定控制方式；⑤建立转子动力学方程，设计控制系统参数；⑥核算承载能力和刚度，如不满足要求需重新确定参数，直至满足为止；⑦进行系统动态分析；⑧进行电子线路设计。

平面型、谐振式回路控制的止推静电轴承的承载能力和刚度计算见表 8-1-161，其他类型或其他控制方式的静电轴承，承载能力和刚度计算可参阅参考文献［14］。

表 8-1-161　　平面型、谐振式支承回路静电轴承的性能计算

<table>
<tr><th>回　路</th><th>示　意　图</th><th colspan="2">计　算　公　式</th></tr>
<tr><td rowspan="2">并联谐振</td><td rowspan="2">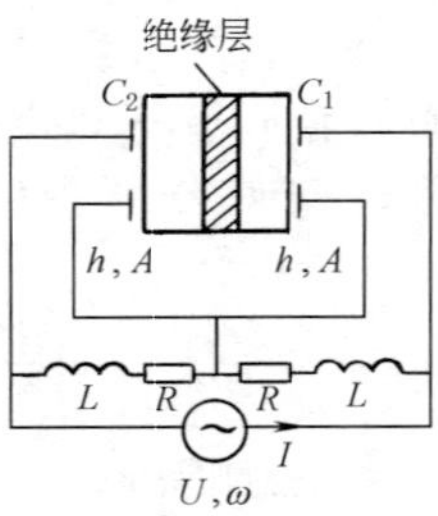
</td><td>承载能力/N</td><td>$$F=\frac{3.67\varepsilon_r AU^2(Q^2-Q_0Q+1)\varepsilon}{h_0^2\{[Q+(Q_0-Q)\varepsilon^2]^2+(1-\varepsilon^2)^2\}}\times10^{-12}$$ $$F=\frac{14.68\varepsilon_r AI^2}{h_0^2G_e^2}\times\frac{(Q^2-Q_0Q+1)\varepsilon\times10^{-12}}{\{[Q_0-(Q_0-Q)(1-\varepsilon)]^2+(1-\varepsilon)^2\}}\times\frac{1}{\{[Q_0-(Q_0-Q)(1-\varepsilon)]^2+(1+\varepsilon)^2\}}$$</td></tr>
<tr><td>刚度/N·m^{-1}</td><td>$$K=\frac{3.67\varepsilon_r AU^2(Q^2-Q_0Q+1)}{h_0^3(Q^2+1)^2}\times10^{-12}$$ $$K=\frac{14.68\varepsilon_r AI^2(Q^2-Q_0Q+1)}{h_0^3G_e^2(Q^2+1)^2}\times10^{-12}$$</td></tr>
<tr><td rowspan="2">串联谐振</td><td rowspan="2">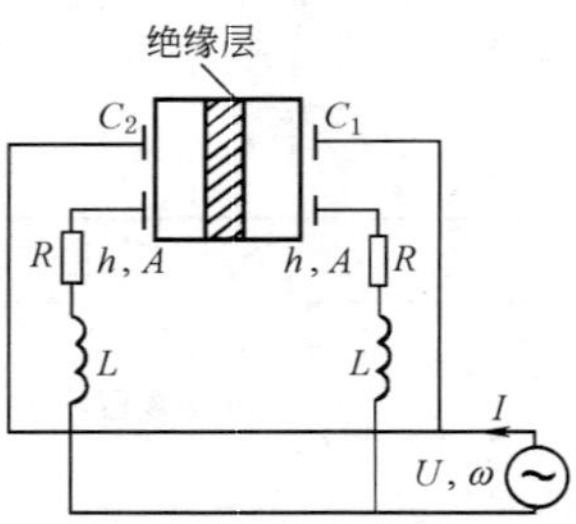
</td><td>承载能力/N</td><td>$$F=\frac{14.68\varepsilon_r AU^2[(Q_e-Q)^2+1]\varepsilon}{h_0^2\{[Q_0-(Q_0-Q)(1-\varepsilon)]^2+(1-\varepsilon^2)^2\}}\times\frac{(Q^2-Q_0Q+1)\varepsilon\times10^{-12}}{\{[Q_0-(Q_0-Q)(1-\varepsilon)]^2+(1-\varepsilon)^2\}}$$ $$F=\frac{3.67\varepsilon_r AI^2(Q^2-Q_0Q+1)\varepsilon\times10^{-12}}{h_0^2G_e^2\{[Q_cQ+(Q_c-Q_0)(Q_0-Q)\varepsilon^2]^2+[Q_c-(Q_c-Q_0)\varepsilon^2]^2\}}$$</td></tr>
<tr><td>刚度/N·m^{-1}</td><td>$$K=\frac{14.68\varepsilon_r AU^2[(Q_c-Q)^2+1][Q^2-Q_0Q+1]}{h_0^3(Q^2+1)^2}\times10^{-12}$$ $$K=\frac{3.67\varepsilon_r AI^2(Q^2-Q_0Q+1)}{h_0^3G_e^2Q_c^2(Q^2+1)}\times10^{-12}$$</td></tr>
<tr><td>备　注</td><td colspan="3">$Q_c=\frac{\omega(C_0+C_e)}{2G_e}$　$Q_L=\frac{1}{2\omega L_eG_e}$　$Q=Q_c-Q_L$　$Q_0=\frac{\omega C_0}{2G_e}$
$C_0=8.85\frac{\varepsilon_r A}{h_0}\times10^{-12}$　$\omega=2\pi f$
C_0——一个电极在无偏心时的电容，F；ω——角频率，rad/s；f——电源频率，Hz；L_e——等效并联电感，H；G_e——等效并联电导，S；ε——偏心率；h_0——转子无偏心时的间隙，m；ε_r——相对介电常数，对真空 $\varepsilon_r=1$；A——电极面积，m^2；I——电流，A；U——电压，V</td></tr>
</table>

8.1.5 应用举例——静电轴承陀螺仪

静电轴承陀螺仪是静电轴承最重要的应用实例，静电轴承陀螺仪结构见图 8-1-58，主要由下列几部分组成。

1）球形转子　有空心薄壁球和实心球两种结构。空心球的典型外径为 50mm 或 38mm，壁厚为 0.4~0.6mm，在赤道处加厚，使极轴成为唯一稳定的惯量主轴。通常采用铍材料制成半球，由真空电子束焊成球形，然后在专用设备上精研，使球度误差小于 0.2μm，表面粗糙度参数 Ra<0.05~0.012μm。实心球的典型外径为 10mm，球度误差小于 0.05μm。

2）壳体与电极　通常采用氧化铝（Al_2O_3）或氧化钡（BaO）陶瓷材料制成密闭球腔，球腔内壁镀上电极，电极有 6 块、8 块和 12 块等几种。电极腔和转子之间隙约为50~100μm。

3）光电角度传感器　用来检测静电陀螺仪壳体相对于自转轴的角度，在极轴方向和赤道上各装一只。

4）钛离子泵　用来吸收球腔内的残余气体分子，以保证静电陀螺仪陶瓷腔体内的真空度不低于 0.133×10^{-3}Pa。

5）旋转线圈和力矩器　在陶瓷壳体外部安装按正六面体分布的三对线圈，它们产生的磁场相互正交。转子自转方向为 z 轴，在 x 轴和 y 轴方向的线圈中通以两相交流电，就会产生一个 z 轴方向的旋转磁场，使转子转动。给 x、y、z 三个线圈分别通以直流电，用三个直流磁场可以控制动量矩向量的运动。

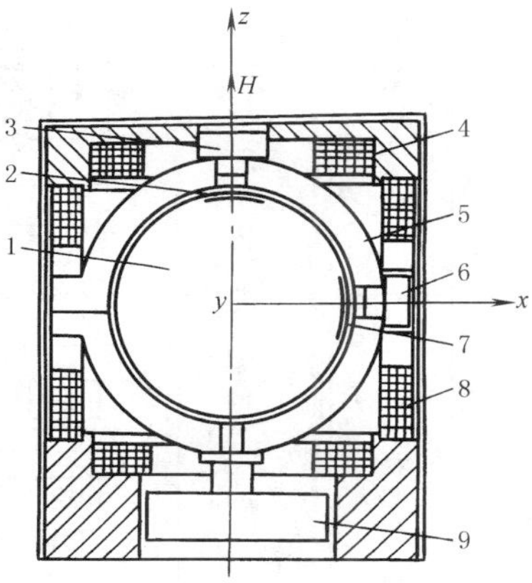

图 8-1-58　静电轴承陀螺仪结构

1—转子；2—顶端刻线；3—顶端光电传感器；4—阻尼线圈；5—陶瓷电极；6—侧向光电传感器；7—侧向刻线；8—旋转线圈；9—钛离子泵

通常，静电陀螺仪的漂移误差为 10^{-6}(°)/h，为其他类型轴承支承的陀螺仪的 1/1000，在失重低温状态下，最精密的静电轴承支承的陀螺仪，预期其漂移误差可小到 10^{-3}(″)/a。

8.2 磁力轴承

磁力轴承无需任何润滑剂，无机械接触，因而无磨损，功耗也小，约为普通滑动轴承的 1/10~1/100。通过电子控制系统可控制转子的位置，调节支承阻尼和刚度，使转子具有良好的动态性能。它能在真空、低温、高温、高速等各种特殊环境下工作。

随着控制技术的进步以及磁性材料、功率器件、超导技术和大规模集成电路的发展和价格下降，磁力轴承的应用范围不断扩大，可靠性不断提高。

8.2.1 磁力轴承的分类与应用

磁力轴承的分类见表 8-1-162。

无源型轴承不可能在空间坐标三个方向上都稳定，至少在一个方向上要采用有源型。有源型磁力轴承的主要特点是具有可检测位置变化的传感器和反馈系统或伺服控制系统，有交流激励型和直流激励型两种。

有源交流激励型磁力轴承的信号反馈方法，通常采用电感-电容电桥电路、电感-电阻电桥电路、差动变压器、求和电阻、相位漂移电路和比较时间滞后效应等。有源交流激励型磁力轴承的控制方式分为脉冲式和时分式两种。两种控制方式都用轴承励磁线圈交替地作为位移传感器和力发生器，不同之处在于：前者是将预定幅值和宽度的恒定脉冲电流馈入线圈，从而产生承载力，脉冲数越多，承载能力越大；后者是改变线圈中直流电流大小，从而产生大小不同的承载力，电流越大，承载能力越大。

有源直流激励型磁力轴承应用较多，其控制方法包括磁通控制、位移控制以及无传感器轴承中所采用的电感控制等，控制手段分数字控制和模拟控制两种，控制策略包括 PID 控制、LQG 控制、H_∞ 控制及 μ 综合、时间延迟控制、模糊控制、自适应控制、滑模控制等。整个闭环系统由传感器、控制器、功率放大器、轴承-转子系统构成。

表 8-1-162　　　　磁力轴承的分类

名称		简图	特点
按控制方式	无源型磁力轴承	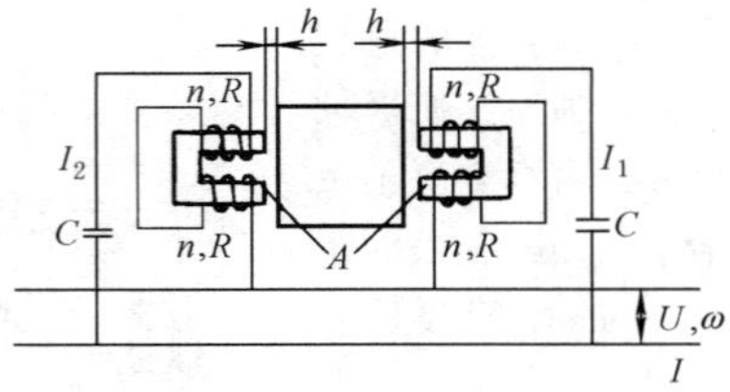	利用调整本身励磁参数的方法，实现转子的稳定运转，故又称被动稳定型磁力轴承。结构简单，但刚度小，损耗较大
	有源型磁力轴承	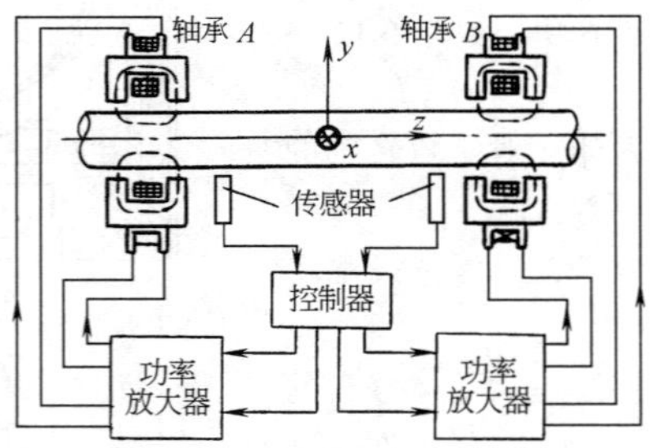	利用各种电的或机械的传感器、桥式网络电或磁参数的变化、光束或其他方法来传感转子的位置的变化，进行伺服控制，以实现转子的稳定运转，故又称主动控制型磁力轴承。与无源型比较，刚度大、响应速度快、功耗小，可实现 5 个自由度的控制，但需要外控回路
	有源无源混合型磁力轴承	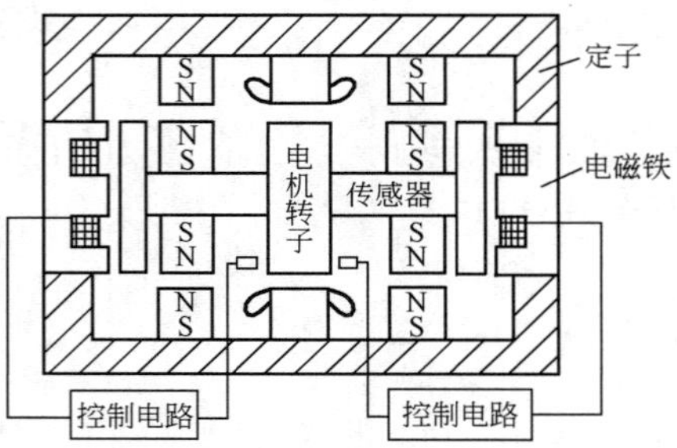	兼有有源型和无源型磁力轴承的特点
按磁能来分	永磁型磁力轴承	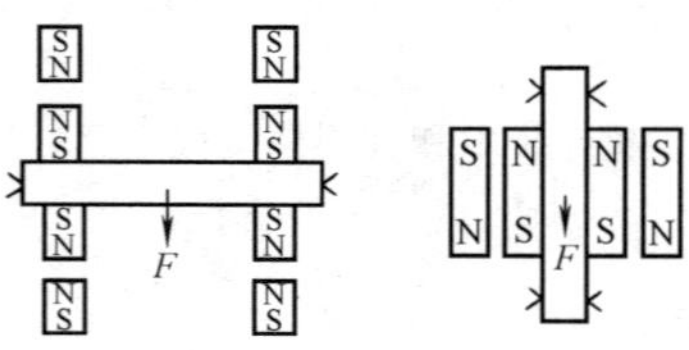	结构简单，无控制系统和调谐电路，功耗小。但刚度小，稳定性差，采用一般的永磁材料有退磁作用，配合不当还会出现反转。大型轴承装配困难
	激励型磁力轴承	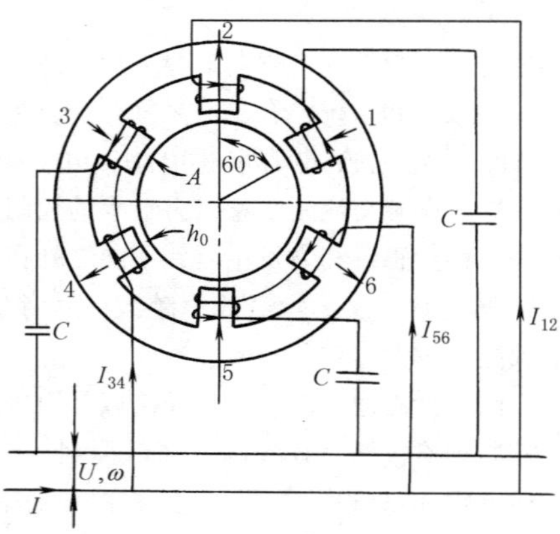	利用电磁铁原理，配有控制系统或调谐电路。结构多样，承载能力和刚度大，稳定性好，应用广泛。但体积大，功耗高

续表

名称		简图	特点
按磁能来分	激励永磁混合型磁力轴承	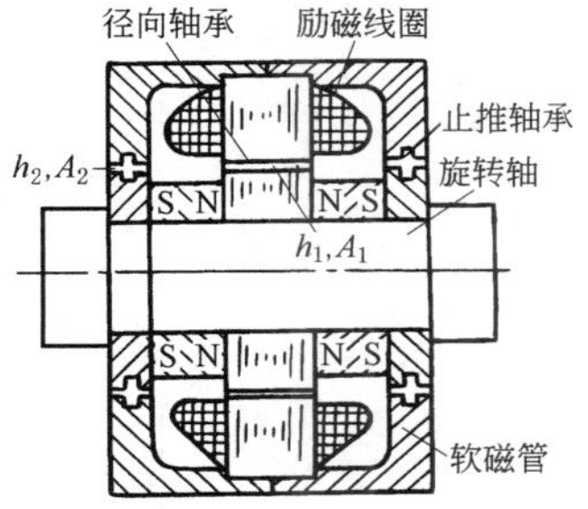	兼有永磁型和激励型磁力轴承的特点，应用广泛
	超导型磁力轴承	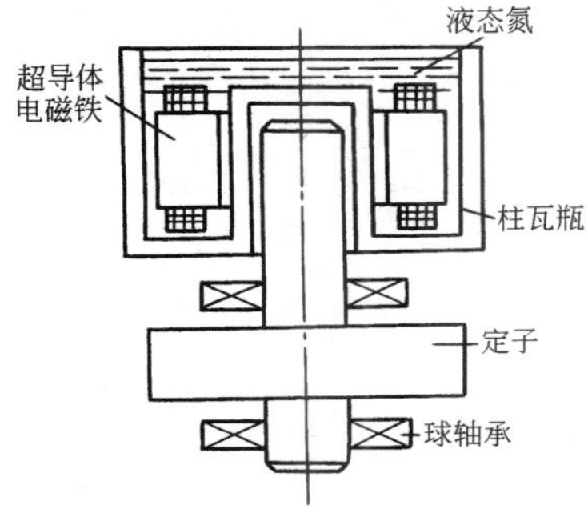	电磁铁激励线圈为超导体线圈（置于液氮中），可使磁场强度提高十几倍甚至更高，承载能力极高
按结构型式	径向轴承	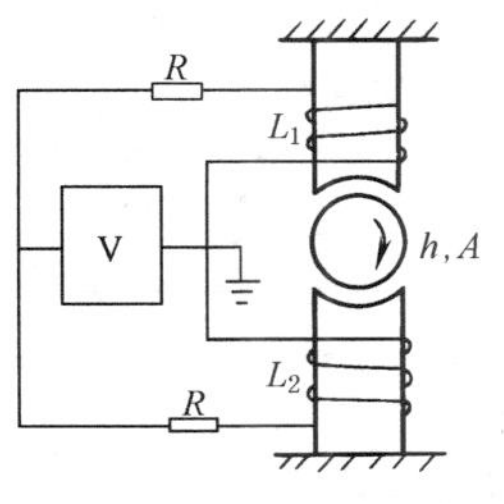	提供径向承载力
	止推轴承	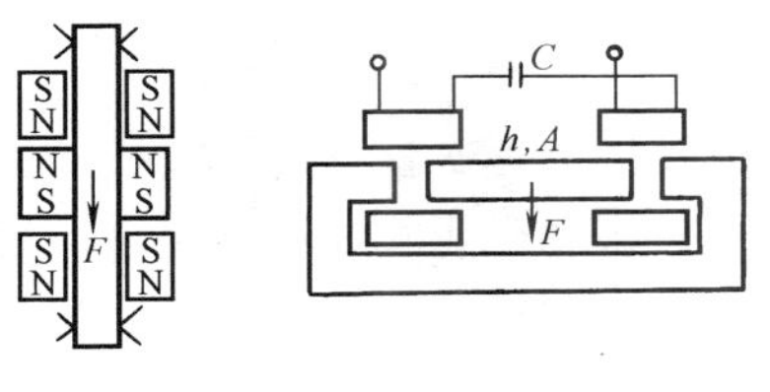	只能提供轴向承载力
	组合轴承 锥型轴承	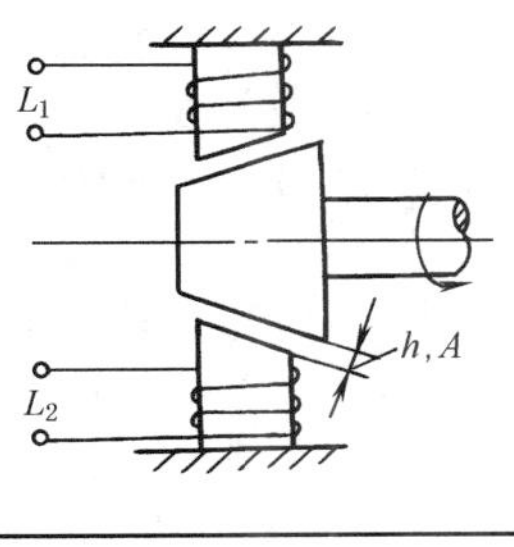	结构紧凑，可靠性高。能同时提供径向和轴向承载能力。但轴向和径向位移都相当大时会产生轴向和径向耦合干扰

续表

名称			简图	特点
按结构型式	组合轴承	T型轴承	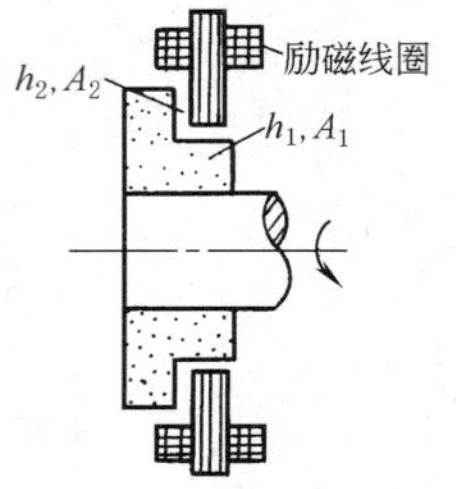	容易加工，可靠性高，轴向和径向耦合干扰比锥型轴承小。磁通垂直于叠片平面，所以工作频率受到限制
		阶梯型轴承	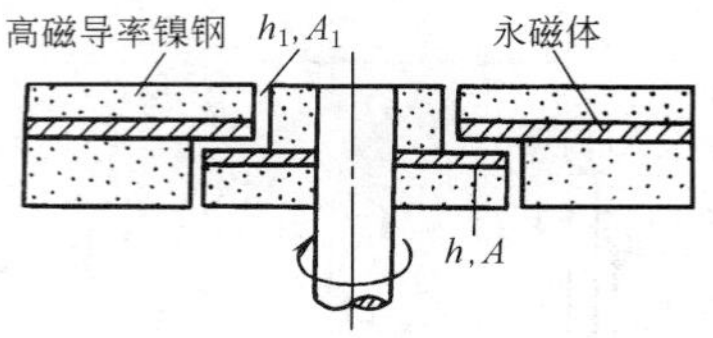	结构紧凑，工艺性好，可以利用多种磁性材料组合，以适应使用要求
		球型轴承	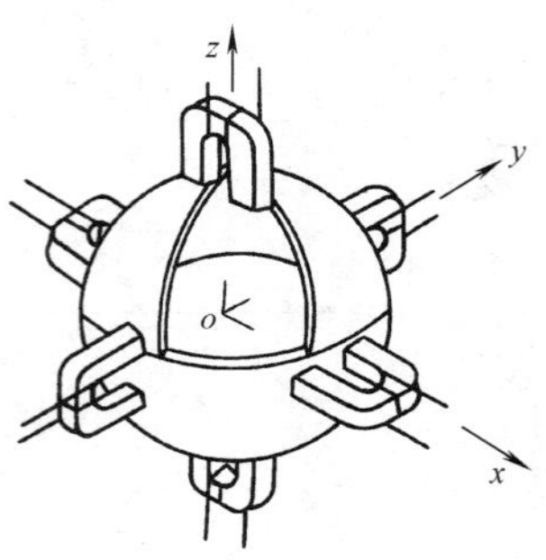	可提供三向承载能力，多用于陀螺仪等仪表
		边缘磁场型轴承	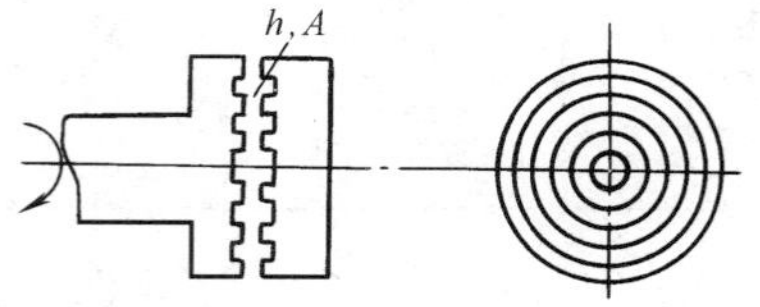	当轴径向偏移时，齿出现偏移，边缘磁通产生径向力使轴回复原位

磁力轴承主要应用于精密陀螺仪、加速度计、空间飞行器姿态飞轮、密度计、流量计、同步调相机、精密电流稳定器、振动阻尼器、真空泵、功率表、钟表、超高速离心机、金属提纯设备、超高速磨头、精密机床、水轮发电机、大型电动机、发电机、汽轮机、气体压缩机、抽风机等。

8.2.2 磁力轴承的性能计算

永磁型磁力轴承的承载能力和刚度取决于永磁材料的种类，磁极的布置，磁极的面积、形状和厚度，轴承间隙以及软磁钢部分的尺寸。因此要进行理论计算比较困难。最简单的方法是实验相似法，借助几种用实验已测定出承载能力的结构，对相同的材料和结构，只要设计轴承的尺寸和间隙具有和实验轴承同样的比值，则其承载能力与磁铁任一线性尺寸的平方成正比。

任何一种材料和结构的永磁型磁力轴承都有一最大尺寸，在此尺寸上，轴承就不能支承其本身质量。

永磁型径向轴承和止推轴承的承载能力估算公式见表 8-1-163。交流激励型磁力轴承的承载能力和刚度估算公式见表 8-1-164。直流激励型磁力轴承的承载能力和刚度估算公式见表 8-1-165。其他类型磁力轴承的性能计算可参阅参考文献[14]、[15]。

表 8-1-163　　永磁型轴承的承载能力计算公式

轴承类别	止推轴承	径向轴承
结构示意图	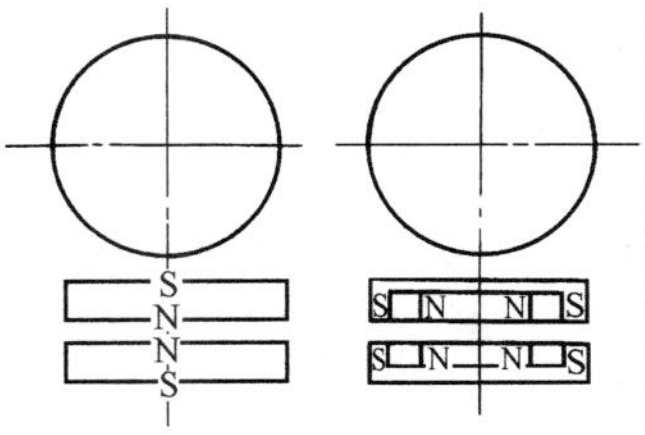 $\xi=1.0$　　$\xi=1.7$	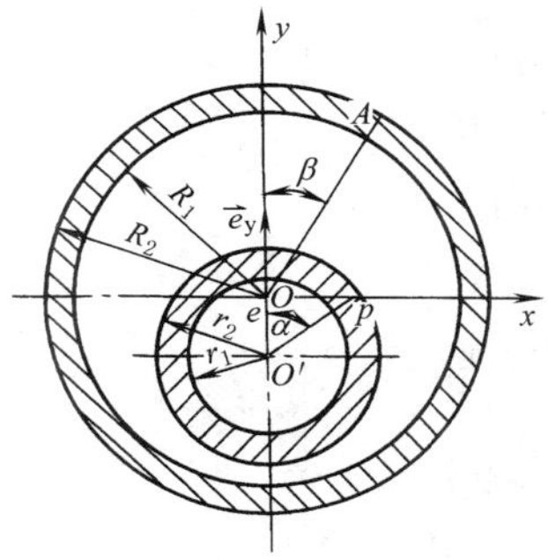
承载能力公式	$F=1/16\xi\mu_0\mu_r H_c^2 A\times\left\{1-\dfrac{h/\delta}{[1-(h/\delta)^2]^{1/2}}\right\}^{1.35}$	$F=(1-\xi)\times10^{-7}\int_{R_1}^{R_2}\int_{r_1}^{r_2}\int_0^{2\pi}\int_0^{2\pi}\dfrac{(M_1 n)(M_2 n)Rr(r\cos\alpha-e-R\cos\beta)}{[(r\sin\alpha-R\sin\beta)^2+(r\cos\alpha-e-R\cos\beta)^2]^{3/2}}\times \mathrm{d}R\mathrm{d}r\mathrm{d}\alpha\mathrm{d}\beta$ $\xi=\dfrac{R_1+R_2+r_1+r_2}{4\sqrt{(R_1+R_2+r_1+r_2)^2+(4\beta)^2}}$
备注	ξ——结构型式系数；H_c——永磁材料的矫顽力，A/m；μ_0——真空磁导率，H/m，$\mu_0=4\pi\times10^{-7}$ H/m；μ_r——相对磁导率；A——轴承面积，m²；h——轴承间隙，m；δ——永磁铁厚度，m	ξ——轴承宽度系数；M_1,M_2——外内磁环材料的磁化强度，A/m；n——磁环介质表面单位外法线矢量；R_1,R_2——外磁环内外半径，m；r_1,r_2——内磁环内外半径，m；α——内磁环中心 O' 到磁元 p 的矢径与 y 轴的夹角；β——外磁环中心 O 到磁元 A 的矢径与 y 轴的夹角；e——偏心距，m

表 8-1-164　　交流激励型磁力轴承承载力与刚度公式

轴承类型	径向轴承	双向止推轴承	
		串联调谐	并联调谐
示意图	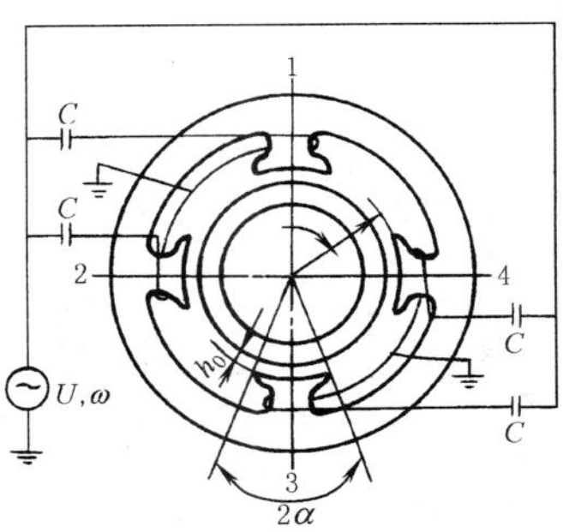	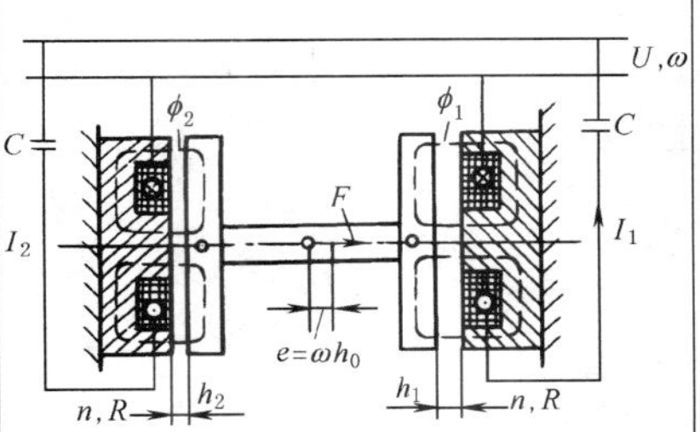	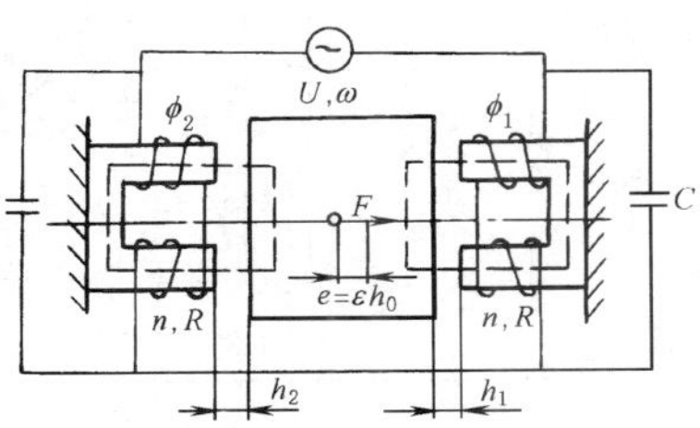

续表

轴承类型	径向轴承	双向止推轴承	
		串联调谐	并联调谐
荐用参数	气隙磁通密度 $B_a=(0.05\sim0.3)T$ 铁芯磁通密度 $B_e\leqslant0.6B_sT$ $\dfrac{\text{铁损等值电阻}}{\text{线圈直流电阻}}=0.8\sim1.2$ 励磁频率 $f>400\text{Hz}$ $h_0=(0.25\sim0.5)\times10^{-3}\text{m}$	品质因数 $Q_0>10$、$Q\approx1$ 气隙最大磁通密度 $B_{am}\leqslant0.8B_sT$, $\dfrac{\text{气隙最大磁阻 }R_{am}}{\text{铁芯最大磁阻 }R_{cm}}\approx25$ B_s 为饱和磁通密度,T; 轴承间隙 $h_0=(h_1+h_2)/2=(0.25\sim0.5)\times10^{-3}\text{m}$ 励磁频率 $f=400\sim13000\text{Hz}$	
承载能力与刚度	$F=4K_mZ^2I^2\mu_0\mu_r\alpha DB\dfrac{Q_0-2}{h_0^3}\varepsilon\cos\left(\dfrac{\pi}{m}\right)$ $K=4K_mZ^2I^2\mu_0\mu_r\alpha DB\dfrac{Q_0-2}{h_0^3}\varepsilon\cos\left(\dfrac{\pi}{m}\right)$	$F=\dfrac{Z^2I^2\mu_0\mu_rA(Q^2-QQ_0+1)\varepsilon}{4h_0^2\{[Q+(Q_0-Q)\varepsilon^2]^2+(1-\varepsilon^2)^2\}}$ $K=\dfrac{Z^2I^2\mu_0\mu_rA(Q^2-QQ_0+1)}{4h_0^3(Q^2+1)}$	$F=\dfrac{Z^2I^2\mu_0\mu_rA}{h_0^2\omega^2C^2R^2}\times\dfrac{\varepsilon(Q^2-Q_0Q+1)}{[Q_0-(Q_0-1)(1-\varepsilon)]^2+(1-\varepsilon)^2}\times\dfrac{1}{[Q_0-(Q_0-1)(1-\varepsilon)]^2+(1+\varepsilon)}$ $K=\dfrac{Z^2I^2\mu_0\mu_rA(Q_L-Q)^2(Q^2-Q_0Q+1)}{h_0^3(Q^2+1)^2}$
功耗	$2.83IU$	$1.41IU$	
备注	K_m——磁极系数,不超过 8 级为 1;Q_0——品质因数,$Q_0=\dfrac{n^2\mu_0\mu_rA\omega}{(R+R_c)h_0}$;$Q_L$——考虑漏感时线圈品质因数;$Q_c$——电容器品质因数,$Q=Q_L-Q_c$;$m$——磁极数;$\omega$——电源频率,Hz;$R$——线圈直流电阻,Ω;$C$——调谐电容,F;$Z$——线圈匝数;$U$——电压有效值,V;$I$——电流有效值,A;$A$——轴承面积,$\text{m}^2$;$\varepsilon$——偏心率;$\mu_0$——真空磁导率,H/m,$\mu_0=4\pi\times10^{-7}\text{H/m}$;$\mu_r$——相对磁导率;$\alpha$——极靴包角,rad;$D$——轴承直径,m;$B$——轴承宽度,m		

表 8-1-165　直流激励型磁力轴承的承载能力和刚度估算公式

轴承类型	径向轴承	止推轴承
示意图	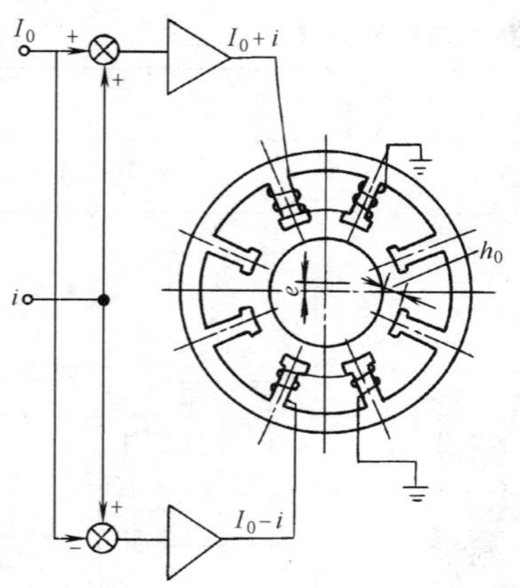	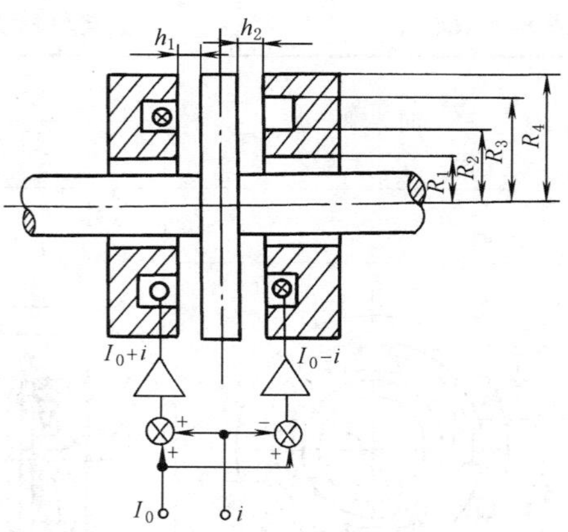
荐用参数	气隙磁通密度 $B_a=0.05\sim0.3T$ 铁芯磁通密度 $B_e\leqslant0.6B_sT$ $h_0=(0.25\sim0.5)\times10^{-3}\text{m}$	气隙最大磁通密度 $B_{am}\leqslant0.8B_sT$ B_s 为饱和磁通密度,T;轴承间隙 $h_0=(h_1+h_2)/2=(0.25\sim0.5)\times10^{-3}\text{m}$

续表

轴承类型	径向轴承	止推轴承
承载能力与刚度	$F=\dfrac{\mu_0 A_a N^2}{4}\left[\left(\dfrac{I_0-i}{h_0-e}\right)^2-\left(\dfrac{I_0+i}{h_0+e}\right)^2\right]\cos\left(\dfrac{\pi}{m}\right)$ $K_s=\mu_0 A_a N^2\left(\dfrac{I_0^2}{h_0^3}\right)\cos\left(\dfrac{\pi}{m}\right)$ $K_{si}=-\mu_0 A_a N^2\dfrac{I_0}{h_0^2}\cos\left(\dfrac{\pi}{m}\right)$	$F=\dfrac{\mu_0 A_a N^2}{4}\left[\left(\dfrac{I_0-i}{h_0-e}\right)^2-\left(\dfrac{I_0+i}{h_0+e}\right)^2\right]$ $K_s=\mu_0 A_a N^2\dfrac{I_0^2}{h_0^3}$ $K_{si}=-\mu_0 A_a N^2\dfrac{I_0}{h_0^2}$ 其中 $A_a=\pi(R_2^2-R_1^2)=\pi(R_4^2-R_3^2)$
功耗	I_0U	I_0U
备注	m——磁极数；N——线圈匝数；U——电压有效值，V；I_0——直流偏磁，A；A_a——磁路有效截面积，m^2；e——位移，m；μ_0——真空磁导率，H/m，$\mu_0=4\pi\times10^{-7}$H/m；h_0——转子处于中间位置时的间隙，m；K_s——位移刚度系数，$N\cdot m^{-1}$；K_{si}——电流刚度系数，$N\cdot A^{-1}$；i——由于转子位移引起的控制电流，A	

8.2.3 磁力轴承的材料

常用磁力轴承材料及其特点见表 8-1-166。磁力轴承常用永磁材料的性能见表 8-1-167。

表 8-1-166　　磁力轴承常用材料

材料类别	永磁材料	软磁材料	超导材料
名称	铁氧体 铝镍钴合金 稀土钴 钕铁硼合金	高硅合金 硅镍铁合金 镍铁合金 坡莫合金 铁铝合金 软磁铁氧体	钡镧铜氧系列 钇钡铜氧系列 铋锶钙铜氧系列 铊钡钙铜氧系列
性能要求	磁能积高 抗去磁性好 温度稳定性好 磁性能稳定 可加工性好	磁导率高 铁损耗低 磁对形变不敏感 力学稳定性好 可加工性好	临界温度高

表 8-1-167　　永磁材料性能

材料名称	代号	磁性能			密度 ρ /g·cm^{-3}	剩磁温度系数/℃$^{-1}$	特性
		剩余磁感应强度 B_r/T	矫顽力 H_c /kA·m^{-1}	磁能积 $(BH)_{max}$/kJ·m^{-3}			
铁氧体	H10	≥0.2	127~159	6.4~9.5	4.5~4.8	约0.18%	各向同性
	H35	0.38~0.42	159~215	26~29	4.0~5.2	约0.18%	各向异性
铝镍钴合金	AlNiCo5	1.14~1.20	44.6~46.2	35~39.8	7.4	—	各向同性
	AlNiCo8	0.75~1.10	95.5~107	31.8~71.6	7.4	—	各向异性
稀土钴	XH40	0.35~0.45	199~318	23.9~39.8	7.8~8.4	约0.04%	—
	XH100	0.55~0.80	279~557	59.7~99.5	7.8~8.4	约0.04%	—
	XH150	0.75~0.90	358~537	99.5~139	7.8~8.4	约0.04%	—
	XH200	0.85~1.00	477~716	139~179	7.8~8.4	约0.04%	—
钕铁硼合金	—	1.00~1.25	577~916	191~287	—	约0.12%	—

第2章 滚动轴承

1 滚动轴承的分类和特性

1.1 滚动轴承分类（摘自 GB/T 271—2008）

滚动轴承按其公称外径（D，mm）尺寸大小可分为微型轴承（$D \leqslant 26$）、小型轴承（$26<D<60$）、中小型轴承（$60 \leqslant D<120$）、中大型轴承（$120 \leqslant D<200$）、大型轴承（$200 \leqslant D \leqslant 440$）、特大型轴承（$D>440$）；常用轴承结构类型分类见表 8-2-1；综合分类表示如下：

- 滚动轴承
  - 向心轴承
    - 径向接触轴承
      - 径向接触球轴承——深沟球轴承
      - 径向接触滚子轴承
        - 圆柱滚子轴承
        - 滚针轴承
    - 角接触向心轴承
      - 角接触向心球轴承
        - 调心球轴承
        - 角接触球轴承
      - 角接触向心滚子轴承
        - 圆锥滚子轴承
        - 调心滚子轴承
  - 推力轴承
    - 轴向接触轴承
      - 轴向接触球轴承——推力球轴承
      - 轴向接触滚子轴承
        - 推力圆柱滚子轴承
        - 推力滚针轴承
    - 角接触推力轴承
      - 角接触推力球轴承——推力角接触球轴承
      - 角接触推力滚子轴承
        - 推力圆锥滚子轴承
        - 推力调心滚子轴承
  - 组合轴承
  - 轴承单元

表 8-2-1　常用轴承结构分类

轴承结构分类	向心轴承						
	径向接触轴承						
	径向接触球轴承						径向接触滚子轴承
	深沟球轴承						圆柱滚子轴承
	单列					双列	单列
	不可分离型						可分离型
	无装填槽				有装填槽	无装填槽	外圈无挡边
	—	外球面					
		带顶丝	带偏心套	圆锥孔			内圈双挡边
名称	（单列向心）深沟球轴承	带顶丝（单列向心）外球面（深沟）球轴承	带偏心套（单列向心）外球面（深沟）球轴承	圆锥孔（单列向心）外球面（深沟）球轴承	有装球缺口有保持架的（单列向心）深沟球轴承	双列（向心）深沟球轴承	（外圈无挡边单列向心）圆柱滚子轴承
简图	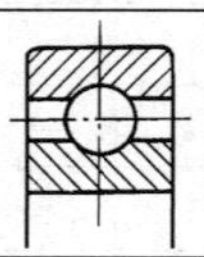	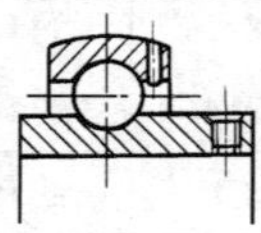	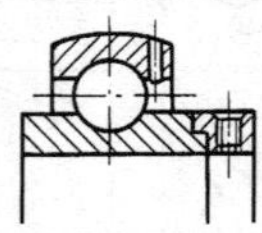	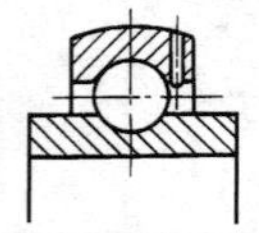	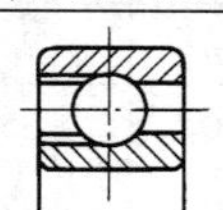	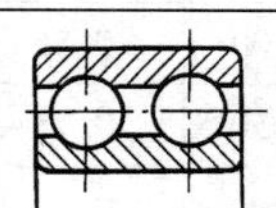	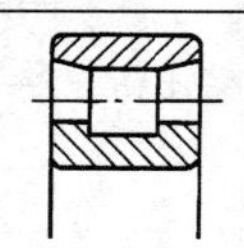
类型代号及标准号	6	UC	UEL	UK	6①	4	N
	GB/T 276—2013	GB/T 3882—1995			—	—	GB/T 283—2007

续表

轴承结构分类	向心轴承						
	径向接触轴承						
	径向接触滚子轴承						
	圆柱滚子轴承						滚针轴承
	单列				双列		单列
	可分离型						
	外圈单挡边	外圈双挡边			外圈无挡边	外圈双挡边	
	内圈双挡边	内圈无挡边	内圈单挡边		内圈双挡边	内圈无挡边	
		不带挡圈		带平挡圈			
名称	外圈单挡边(单列向心)圆柱滚子轴承	内圈无挡边(单列向心)圆柱滚子轴承	内圈单挡边(单列向心)圆柱滚子轴承	内圈单挡边并带平挡圈的(单列向心)圆柱滚子轴承	(外圈无挡边)双列(向心)圆柱滚子轴承	内圈无挡边双列(向心)圆柱滚子轴承	(单列向心)滚针轴承
简图	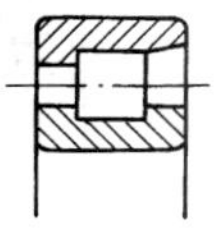	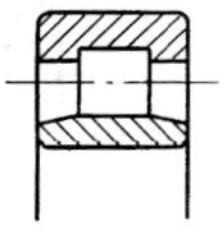	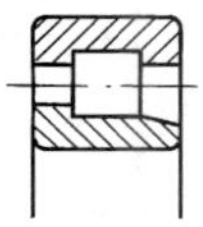	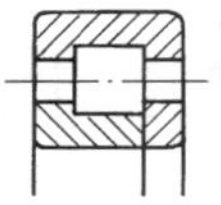	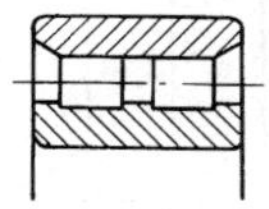	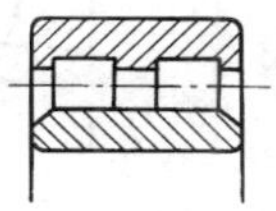	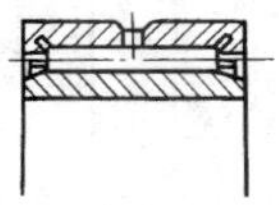
类型代号及标准号	NF	NU	NJ	NUP	NN	NNU	NA
	GB/T 283—2007				GB/T 285—1994		GB/T 5801—2006

轴承结构分类	向心轴承					
	径向接触轴承					角接触向心轴承
	径向接触滚子轴承					角接触向心球轴承
	滚针轴承					调心球轴承
	单列					双列
	—			不可分离型		
	无外圈	冲压外圈		滚轮外圈无挡边		外圈球面滚道
		穿孔型	封口型	内圈带平挡圈	内圈带螺栓轴	
	无内圈					
名称	(单列向心)滚针及保持架组件	穿孔型冲压外圈(单列向心)滚针轴承	封口型冲压外圈(单列向心)滚针轴承	带平挡圈(单列向心)滚轮滚针轴承	带螺栓轴(单列向心)滚轮滚针轴承	(双列向心)调心球轴承
简图	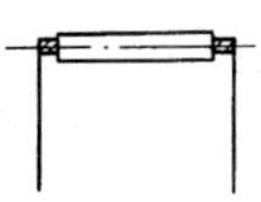	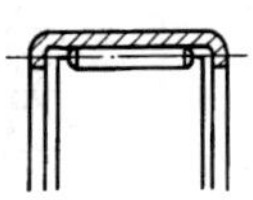		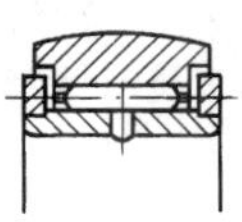	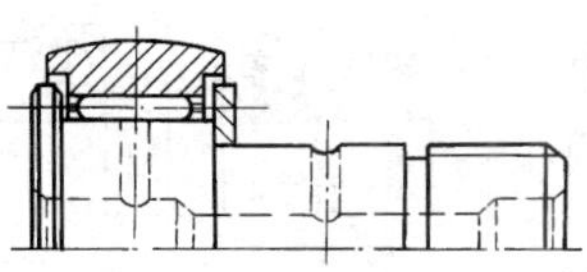	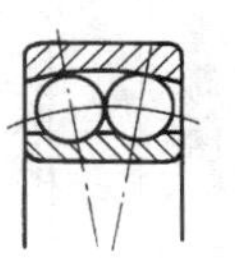
类型代号及标准号	K	HK	BK	NATR	KR	1
	GB/T 20056—2006	GB/T 290—1998		GB/T 6445—2007		GB/T 281—2013

续表

轴承结构分类	向心轴承						
	角接触向心轴承						
	角接触向心球轴承						
	角接触球轴承						
	单列						双列
	不可分离型		可分离型				不可分离型
	锁口在外圈	锁口在内圈	外圈可分离	内圈可分离	双半内圈		有装填槽
					四点接触	三点接触	
名称	（锁口在外圈的单列向心）角接触球轴承	锁口在内圈的（单列向心）角接触球轴承	外圈可分离的（单列向心）角接触球轴承	内圈可分离的（单列向心）角接触球轴承	（双半内圈单列向心）四点接触球轴承	（双半内圈单列向心）三点接触球轴承	双列（向心）角接触球轴承
简图	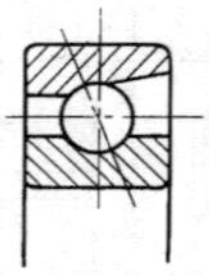	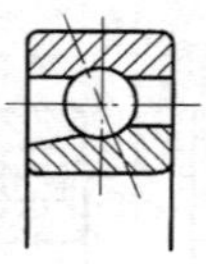	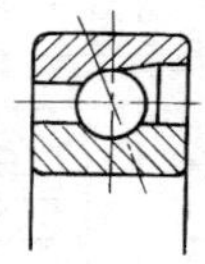	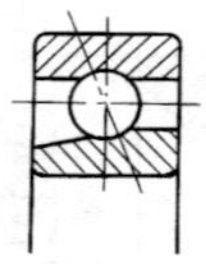		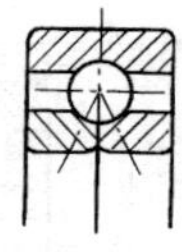	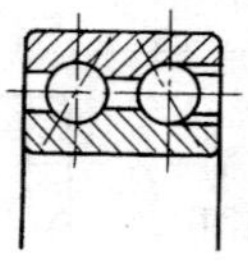
类型代号及标准号	7	B7	S7	SN7	QJ	QJS	O[①]
	GB/T 292—2007			—	GB/T 294—1994		GB/T 296—1994

轴承结构分类	向心轴承					推力轴承	
	角接触向心轴承					轴向接触轴承	
	角接触向心滚子轴承					轴向接触球轴承	
	圆锥滚子轴承				调心滚子轴承	推力球轴承	
	单列	双列		四列	双列	单列	
	可分离型				不可分离型	可分离型	
	—	双内圈	双外圈	双内圈	外圈球面滚道	单向	
						平底型	球面型
名称	（单列向心）圆锥滚子轴承	（双内圈）双列（向心）圆锥滚子轴承	（双外圈）双列（向心）圆锥滚子轴承	四列（向心）圆锥滚子轴承	（双列向心）调心滚子轴承	（单向）推力球轴承	球面型（单向）推力球轴承
简图	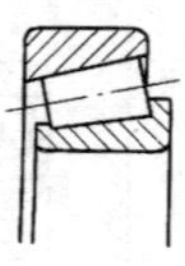	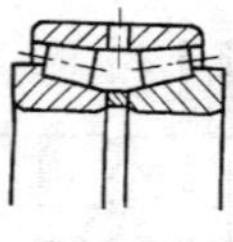	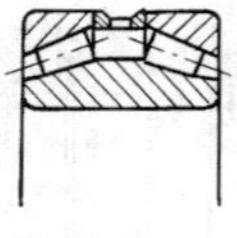	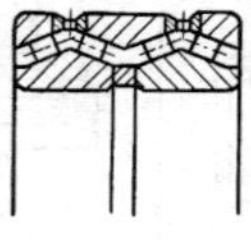	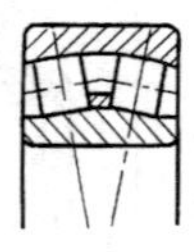	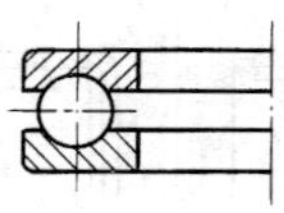	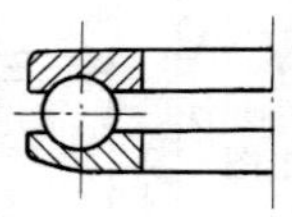
类型代号及标准号	3	35	37	38	2	5	
	GB/T 297—1994	GB/T 299—2008		GB/T 300—2008	GB/T 288—2013	GB/T 301—1995	

续表

轴承结构分类	推力轴承						
	轴向接触轴承				角接触推力轴承		
	轴向接触球轴承		轴向接触滚子轴承		角接触推力球轴承		角接触推力滚子轴承
	推力球轴承		推力圆柱滚子轴承	推力滚针轴承	推力角接触球轴承		推力圆锥滚子轴承
	双列		单列			双列	单列
	可分离型			—	可分离型		
	双向		单向			双向	单向
	平底型	球面型	平底型	无垫圈	平底型		
名称	双向推力球轴承	球面型双向推力球轴承	(单向)推力圆柱滚子轴承	(单向)推力滚针和保持架组件	(单向)推力角接触球轴承	双向推力角接触球轴承	(单向)推力圆锥滚子轴承
简图	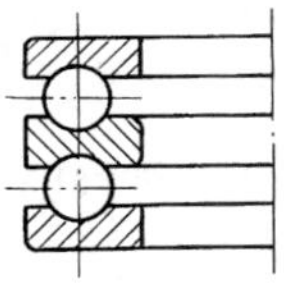	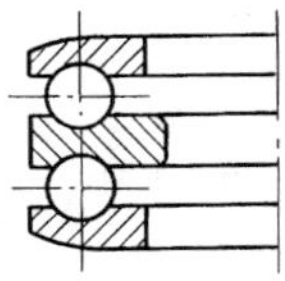	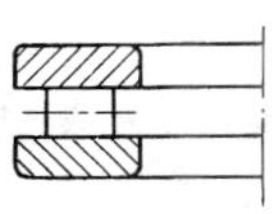		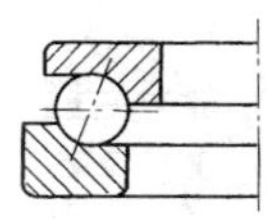	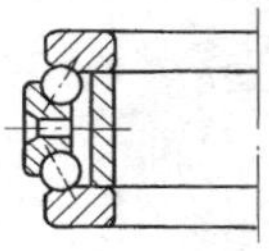	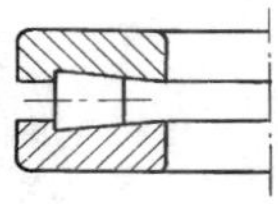
类型代号	5	5	8	AXK	56	23	9
及标准号	GB/T 301—1995		GB/T 4663—1994	GB/T 4605—2003	JB/T 8717—2010	JB/T 6362—2007	JB/T 10188—2000

轴承结构分类	推力轴承 角接触推力轴承 角接触推力滚子轴承 推力调心滚子轴承 单列	组合轴承				
	可分离型					
	单向	单向		双向	单向	双向
	平底型	向心滚针				
		推力球	角接触推力球		推力圆柱滚子	
名称	(单向)推力调心滚子轴承	(单列向心)滚针和(单向)推力球组合轴承	(单列向心)滚针和(单向推力)角接触球组合轴承	(单列向心)滚针和双向(推力)角接触球组合轴承	(单列向心)滚针和(单向)推力圆柱滚子组合轴承	(单列向心)滚针和双向推力圆柱滚子组合轴承
简图	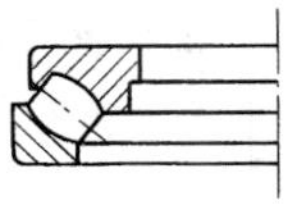	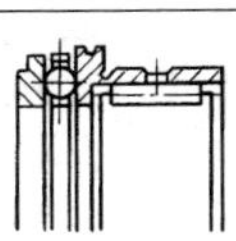	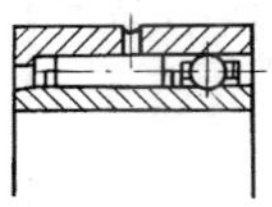	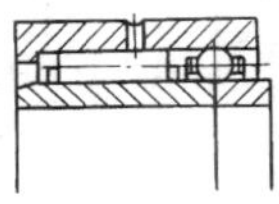	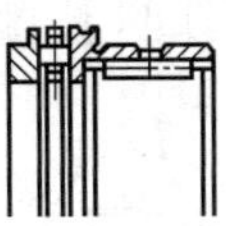	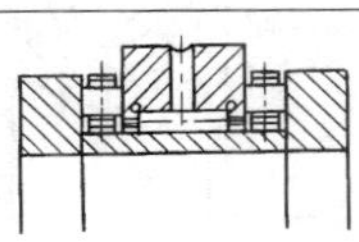
类型代号	2	MKX	NKIA	NKIB	NKXR	ZARN
及标准号	GB/T 5859—2008	GB/T 25760—2010	GB/T 25761—2010		GB/T 16643—1996	GB/T 25768—2010

① 类型代号一般在轴承代号中省略，不表示。

注：1. 表中名称栏内括弧中的文字在标准、图纸文件轴承名称叙述中可省略。

2. 在 GB/T 271—2008 标准中还有“双列推力圆柱滚子轴承，代号 8，标准号 JB/T 10188—2000”及“双列或多列推力圆柱滚子轴承，代号 8”未编入本表。

1.2 带座外球面球轴承常用结构型式分类（摘自 GB/T 28779—2012）

表 8-2-2　　常用带座外球面球轴承结构型式

简　　图	结构型式名称	结构型式代号及标准号	
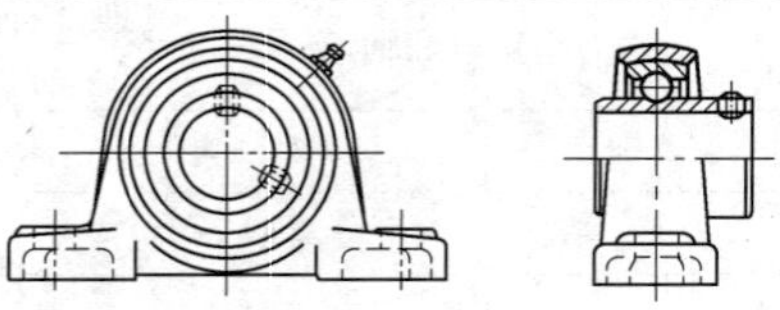	带立式座顶丝外球面球轴承	UCP 型	GB/T 7810—1995
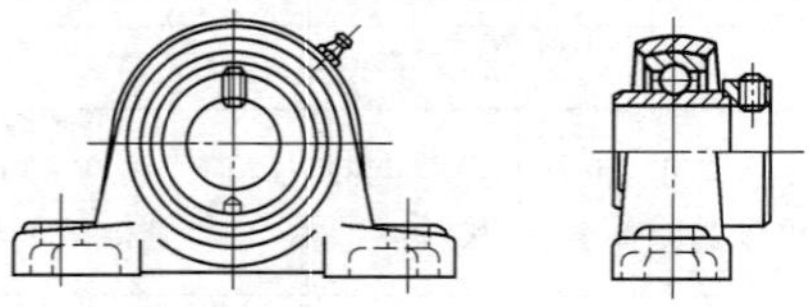	带立式座偏心套外球面球轴承	UELP 型	GB/T 7810—1995
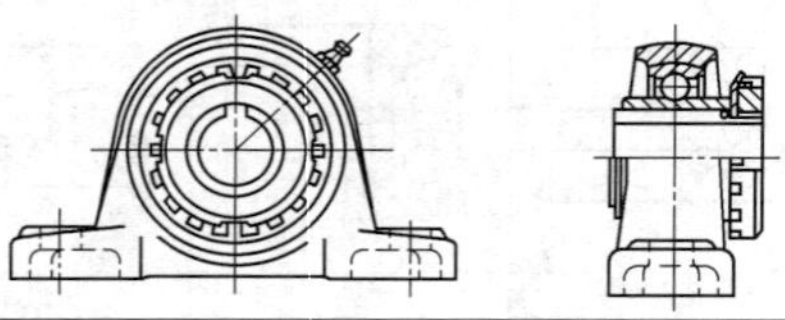	带立式座紧定套外球面球轴承	UKP+H 型	GB/T 7810—1995
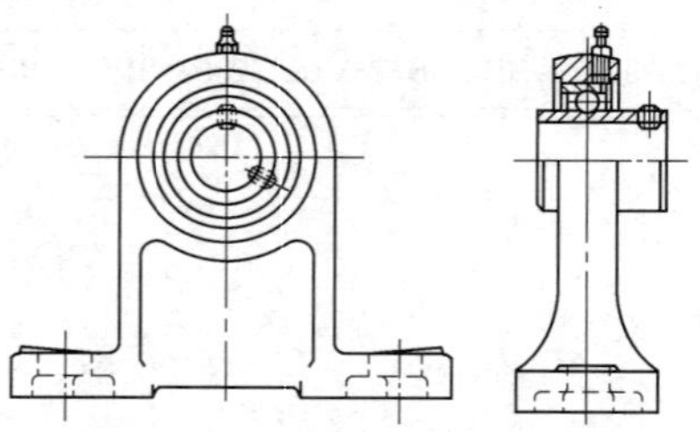	带高中心立式座顶丝外球面球轴承	UCPH 型	JB/T 5303—2002
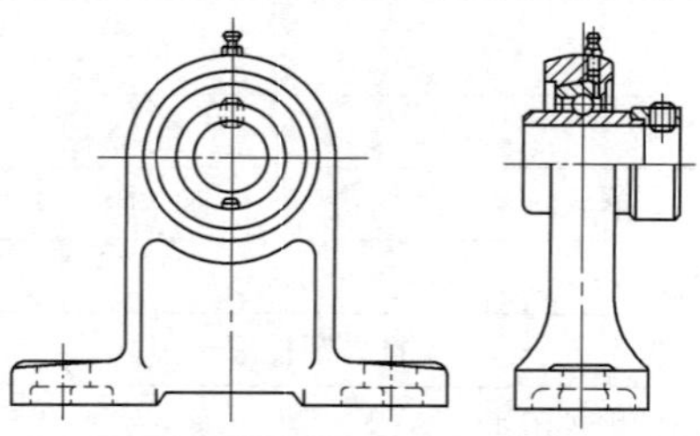	带高中心立式座偏心套外球面球轴承	UELPH 型	JB/T 5303—2002
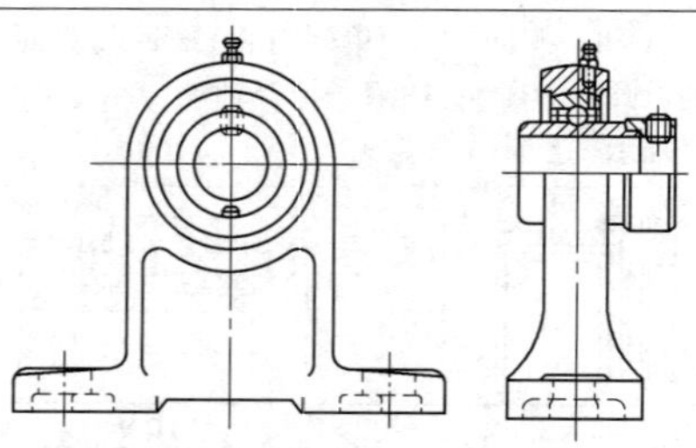	带高中心立式座紧定套外球面球轴承	UKPH+H 型	JB/T 5303—2002
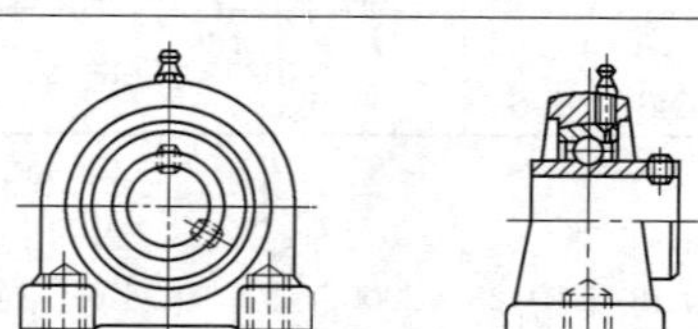	带窄立式座顶丝外球面球轴承	UCPA 型	JB/T 5303—2002

续表

简　　图	结构型式名称	结构型式代号及标准号	
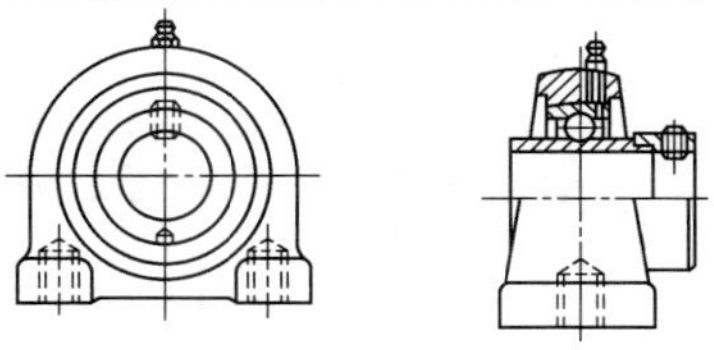	带窄立式座偏心套外球面球轴承	UELPA 型	JB/T 5303—2002
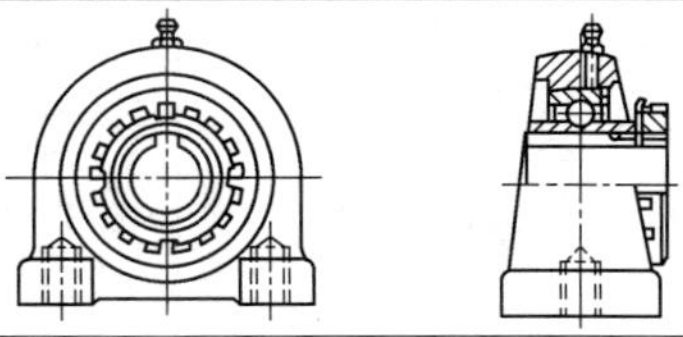	带窄立式座紧定套外球面球轴承	UKPA+H 型	JB/T 5303—2002
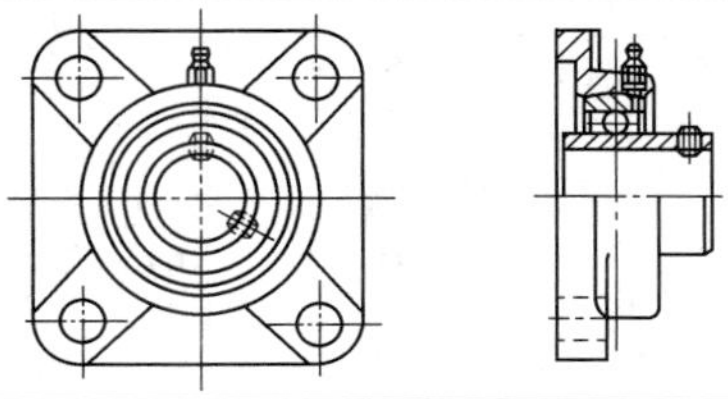	带方形座顶丝外球面球轴承	UCFU 型	GB/T 7810—1995
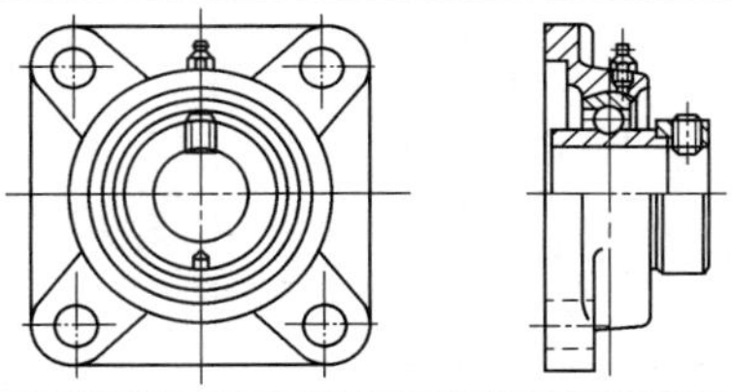	带方形座偏心套外球面球轴承	UELFU 型	GB/T 7810—1995
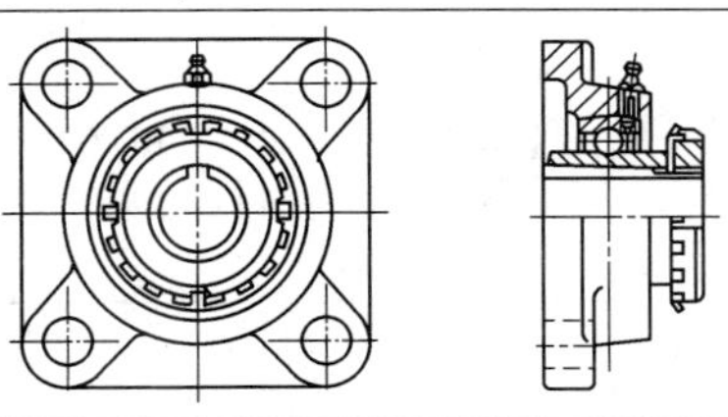	带方形座紧定套外球面球轴承	UKFU+H 型	GB/T 7810—1995
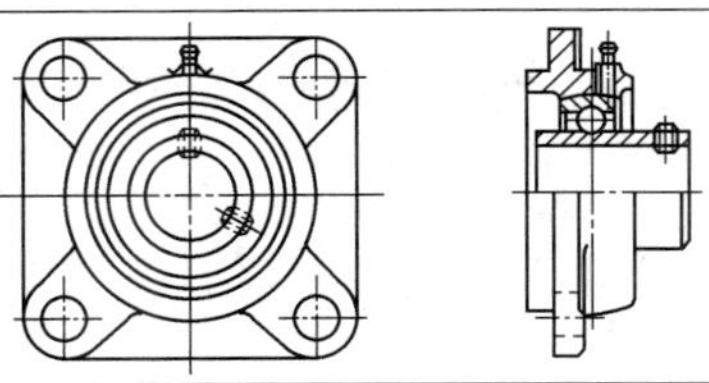	带凸台方形座顶丝外球面球轴承	UCFS 型	—
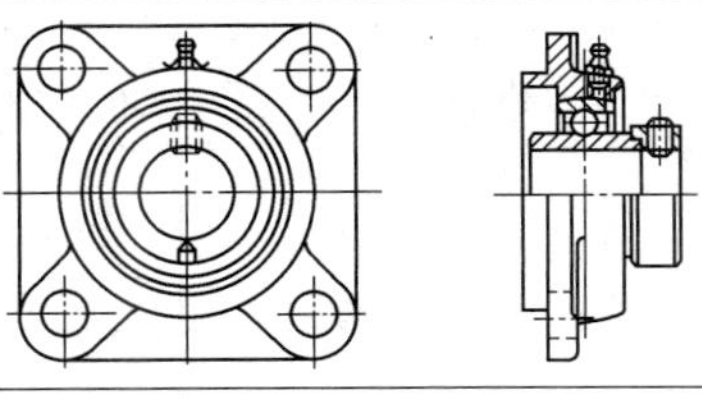	带凸台方形座偏心套外球面球轴承	UELFS 型	—
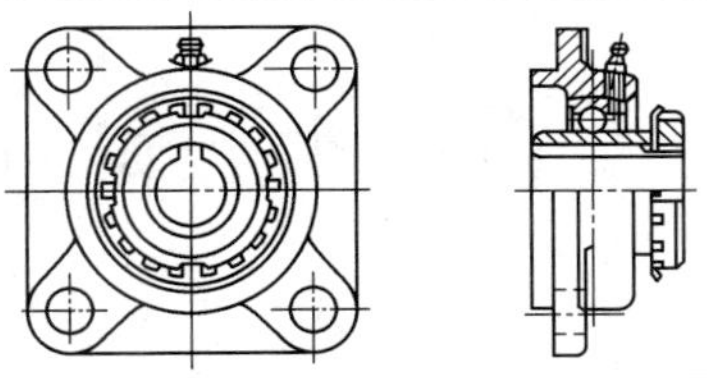	带凸台方形座紧定套外球面球轴承	UKFS+H 型	—

续表

简　　图	结构型式名称	结构型式代号及标准号	
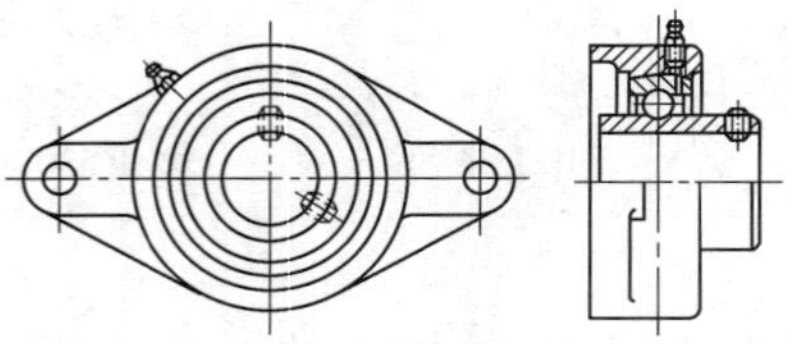	带菱形座顶丝外球面球轴承	UCFLU 型	GB/T 7810—1995
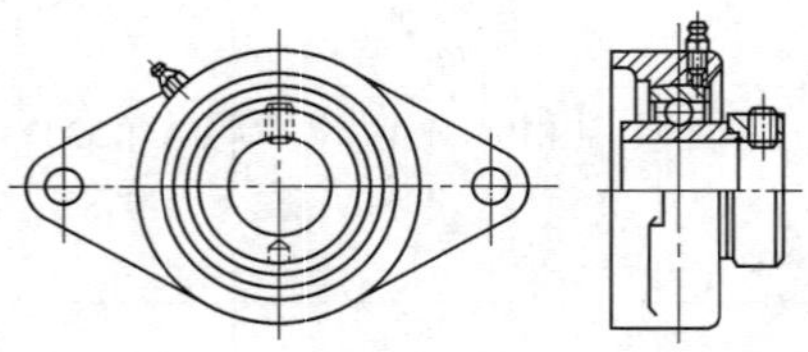	带菱形座偏心套外球面球轴承	UELFLU 型	GB/T 7810—1995
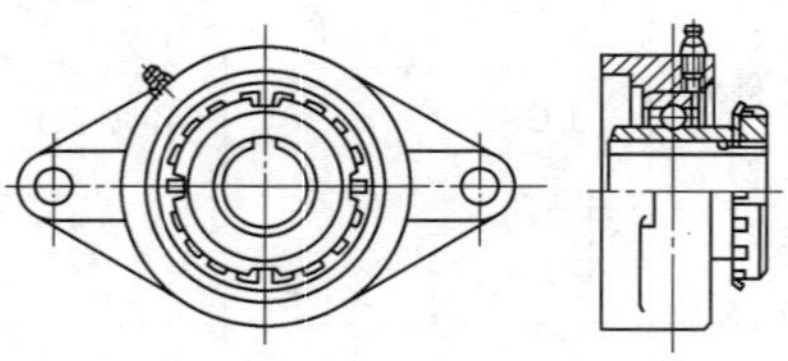	带菱形座紧定套外球面球轴承	UKFLU+H 型	GB/T 7810—1995
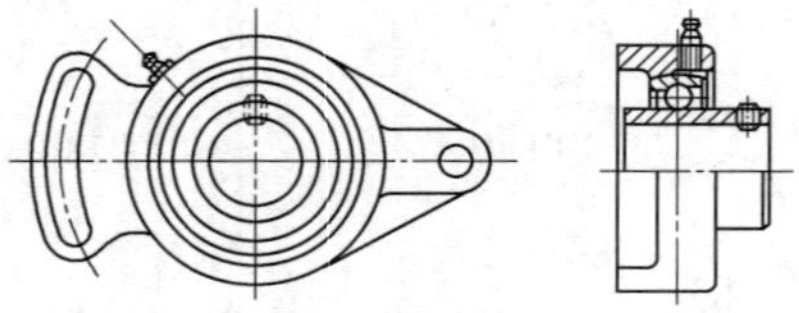	带可调菱形座顶丝外球面球轴承	UCFA 型	JB/T 5303—2002
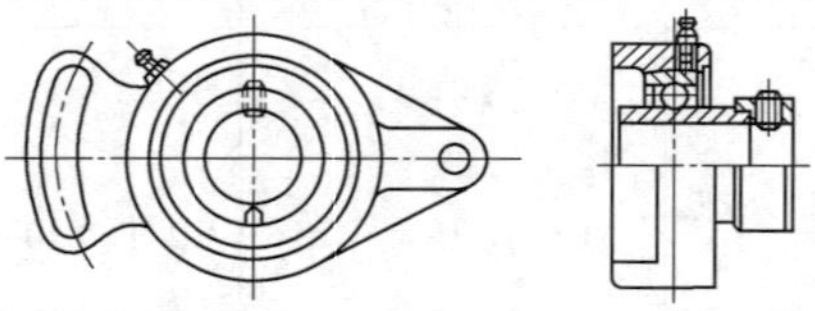	带可调菱形座偏心套外球面球轴承	UELFA 型	JB/T 5303—2002
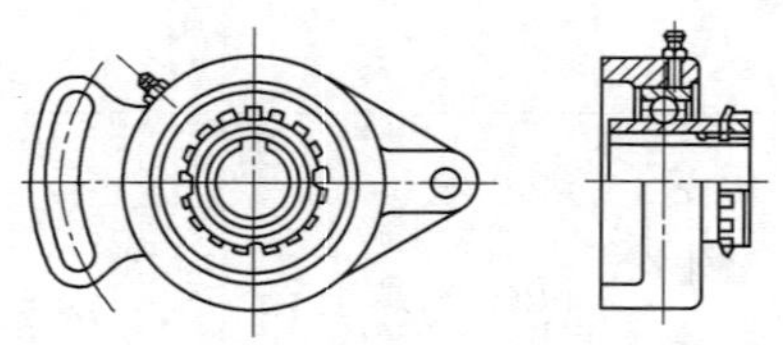	带可调菱形座紧定套外球面球轴承	UKFA+H 型	JB/T 5303—2002
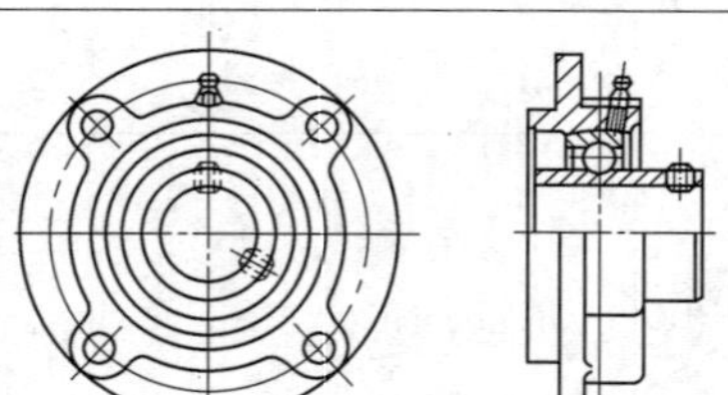	带凸台圆形座顶丝外球面球轴承	UCFC 型	GB/T 7810—1995
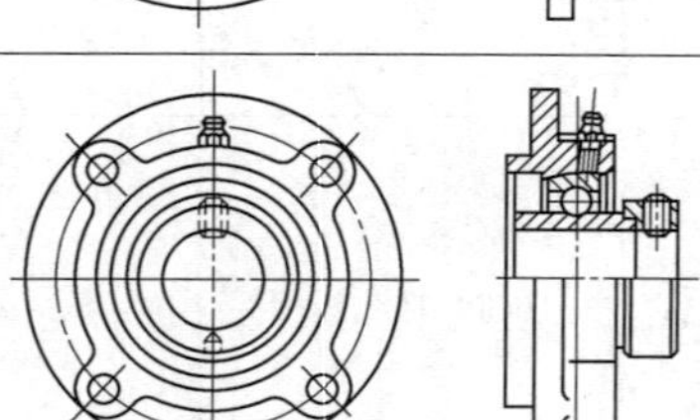	带凸台圆形座偏心套外球面球轴承	UELFC 型	GB/T 7810—1995

续表

简　　图	结构型式名称	结构型式代号及标准号	
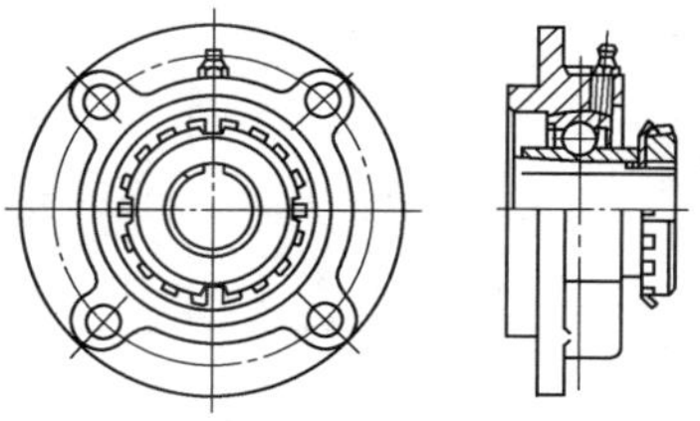	带凸台圆形座紧定套外球面球轴承	UKFC+H 型	GB/T 7810—1995
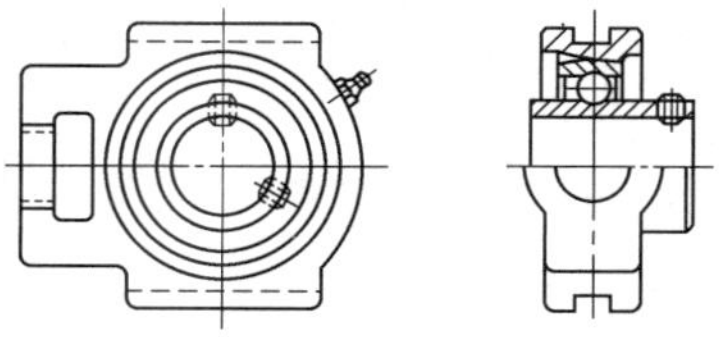	带滑块座顶丝外球面球轴承	UCK 型	同上
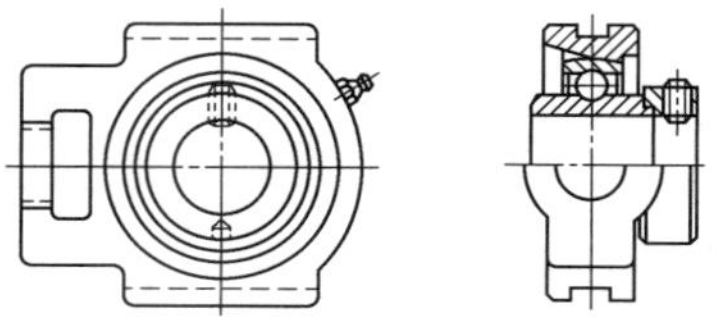	带滑块座偏心套外球面球轴承	UELK 型	同上
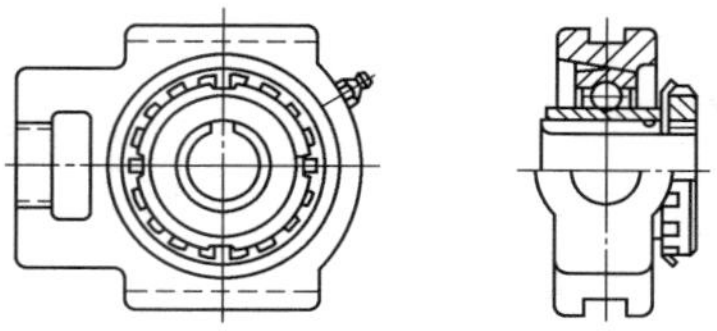	带滑块座紧定套外球面球轴承	UKK+H 型	同上
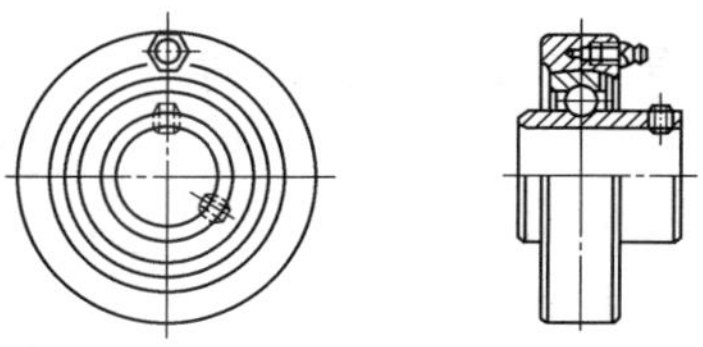	带环形座顶丝外球面球轴承	UCC 型	同上
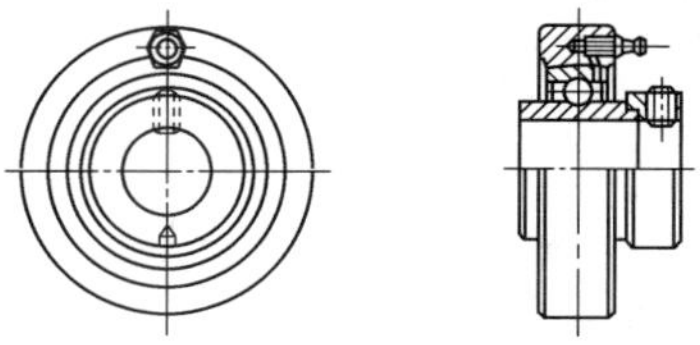	带环形座偏心套外球面球轴承	UELC 型	同上
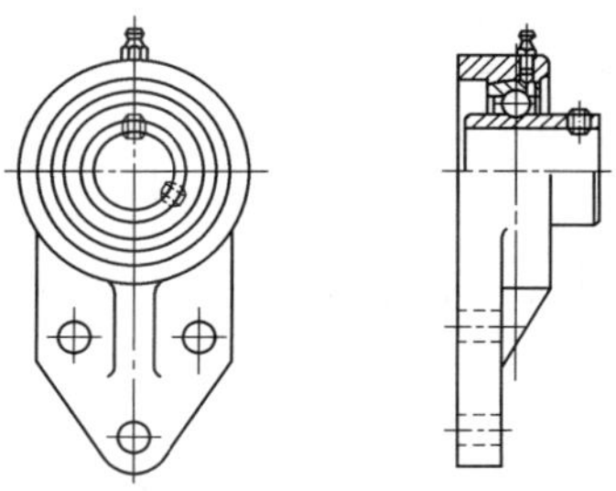	带悬挂式座顶丝外球面球轴承	UCFB 型	JB/T 5303—2002

续表

简　图	结构型式名称	结构型式代号及标准号	
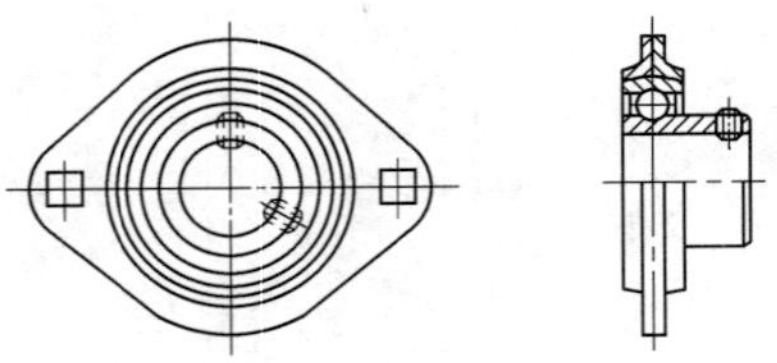	带冲压菱形座一端平头顶丝外球面球轴承	UBPFL 型	GB/T 7810—1995
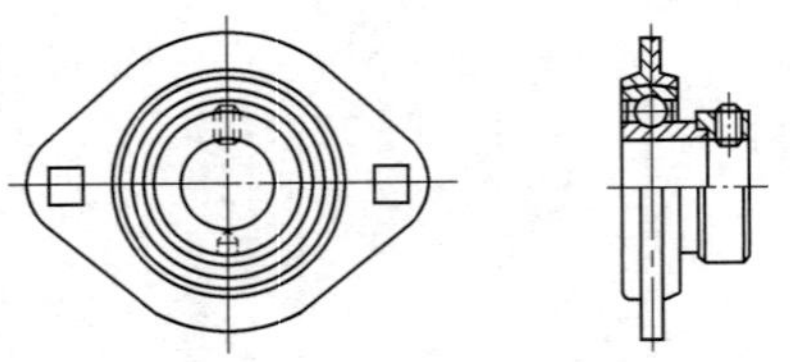	带冲压菱形座轻型偏心套外球面球轴承	UEPFL 型	GB/T 7810—1995
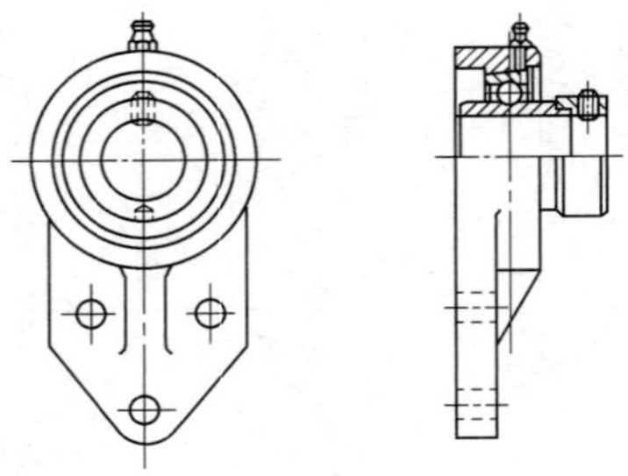	带悬挂式座偏心套外球面球轴承	UELFB 型	JB/T 5303—2002
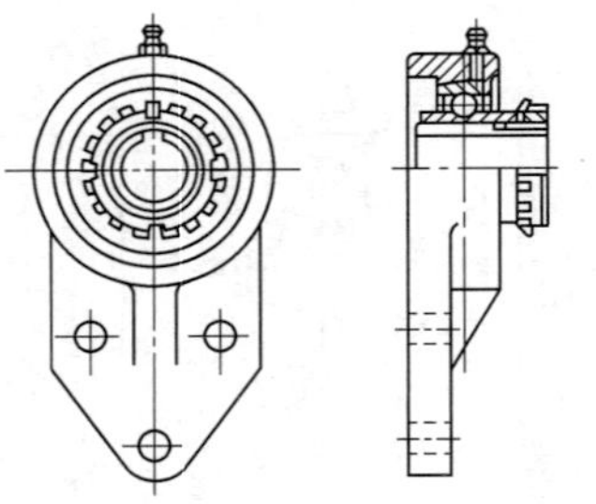	带悬挂式座紧定套外球面球轴承	UKFB+H 型	同上
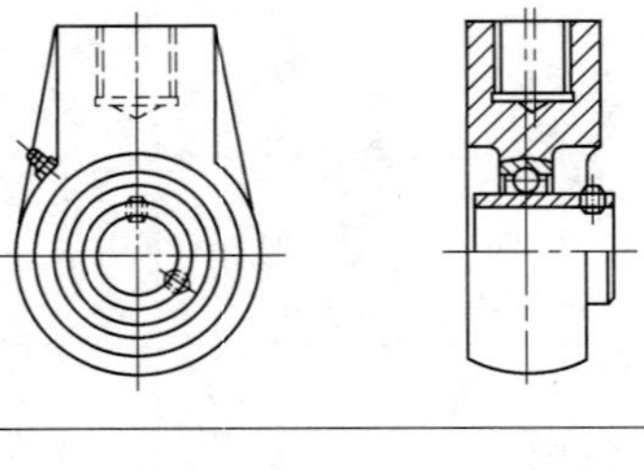	带悬吊式座顶丝外球面球轴承	UCHA 型	同上
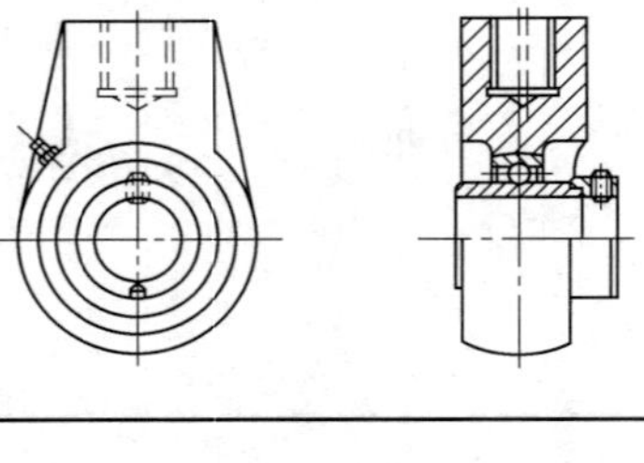	带悬吊式座偏心套外球面球轴承	UELHA 型	同上

续表

简 图	结构型式名称	结构型式代号及标准号	
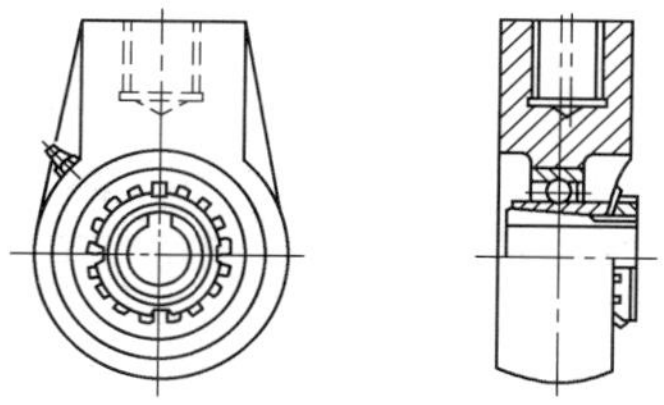	带悬吊式座紧定套外球面球轴承	UKHA+H 型	JB/T 5303—2002
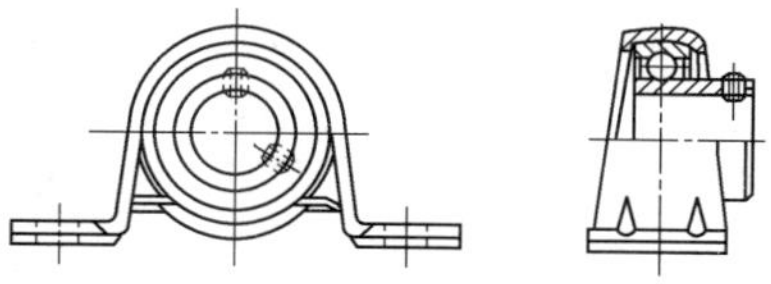	带冲压立式座一端平头顶丝外球面球轴承	UBPP 型	GB/T 7810—1995
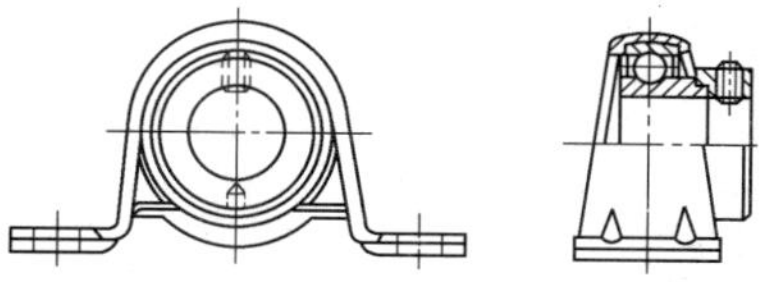	带冲压立式座一端平头偏心套外球面球轴承	UEPP 型	GB/T 7810—1995
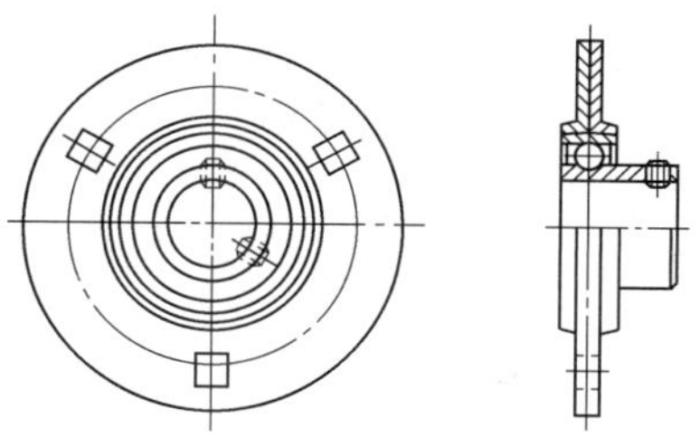	带冲压圆形座一端平头顶丝外球面球轴承	UBPF 型	GB/T 7810—1995
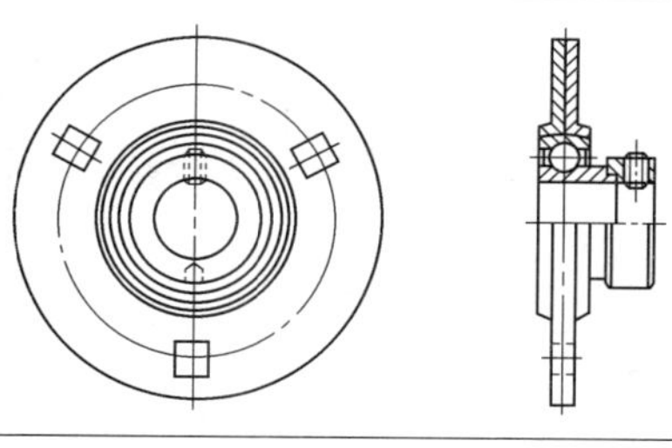	带冲压圆形座一端平头偏心套外球面球轴承	UEPF 型	同上
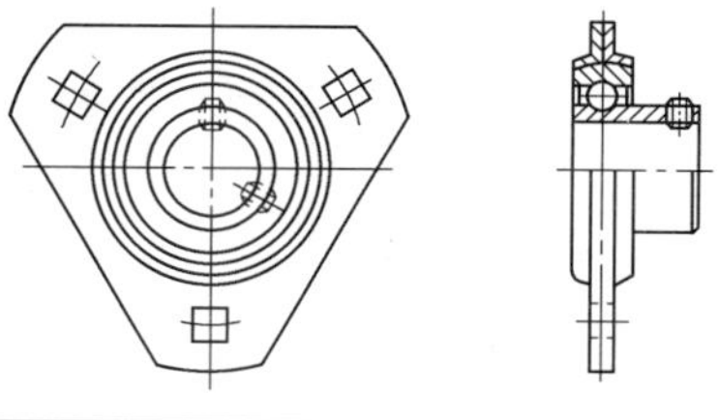	带冲压三角形座一端平头顶丝外球面球轴承	UBPFT 型	GB/T 7810—1995
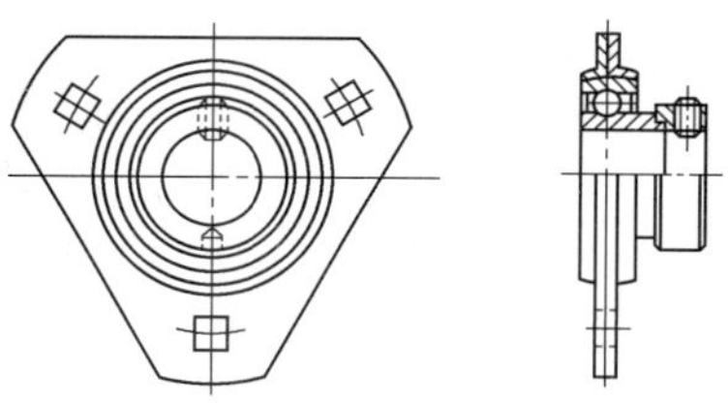	带冲压三角形座轻型偏心套外球面球轴承	UEPFT 型	同上

注：结构型式代号按 GB/T 27554—2011 的规定。

1.3 滚动轴承特性比较

表 8-2-3 滚动轴承特性比较

<table>
<tr><th rowspan="2">轴承类型</th><th rowspan="2">深沟球轴承</th><th colspan="3">角接触球轴承</th><th rowspan="2">调心球轴承</th><th rowspan="2">圆柱滚子轴承</th><th rowspan="2">滚针</th><th rowspan="2">圆锥滚子轴承</th><th rowspan="2">调心滚子轴承</th><th colspan="4">推力轴承</th></tr>
<tr><th>单列</th><th>双列</th><th>组合</th><th>球</th><th>圆柱</th><th>圆锥</th><th>调心滚子</th></tr>
<tr><td>载荷方向</td><td>主要承受径向载荷，也可同时承受少量的双向轴向载荷。在转速较高、不宜用推力轴承时，可承受较轻纯轴向载荷</td><td>7、B7、S7、SN7 型承受径向和单向轴向的联合载荷；QJ、QJS 型承受径向和双向轴向的联合载荷。不宜受纯轴向载荷</td><td>双列角接触球轴承承受径向为主和双向轴向载荷的联合载荷。不宜承受纯轴向载荷</td><td>承受以径向载荷为主的径、轴向联合载荷（串联为单向轴向，其他配置可承受双向轴向），也可承受纯径向载荷</td><td>主要承受径向载荷，也可同时承受少量的双向轴向载荷</td><td>仅能承受径向载荷，内、外圈的带挡边的单列轴承可承受较小轴向载荷（加带挡圈的可承受双向的）</td><td>仅能承受径向载荷</td><td>主要承受以径向载荷为主的径、轴向（单列为单轴向，双列为双轴向）联合载荷，而大锥角可承受以轴向载荷为主的径、轴向联合载荷</td><td>主要承受径向载荷，也可同时承受少量的双向轴向载荷</td><td>51000 型只能承受单向轴向载荷，52000 型可承受双向轴向载荷，230000 型主要承受单向轴向载荷，也可同时承受一定量的径向载荷</td><td colspan="2">承受单向轴向载荷</td><td>承受轴向载荷为主的轴、径向联合载荷，但径向载荷不得超过轴向载荷的 55%</td></tr>
<tr><td rowspan="2">限制轴向位移能力</td><td rowspan="2">能限制轴的双向轴向移动在轴承的游隙范围内</td><td rowspan="2">能限制轴（外壳）的单向轴向移动</td><td colspan="2">能限制轴（外壳）的双向轴向移动在轴承轴向游隙范围内</td><td rowspan="2">限制轴（外壳）的双向轴向移动在轴承轴向游隙范围内</td><td colspan="2">NU、N 和滚针不能限制轴（外壳）的轴向移动</td><td rowspan="2">30000 型限制轴（外壳）的单向轴向移动，双列和四列可限制轴（外壳）的双向轴向移动</td><td rowspan="2">限制轴（外壳）的双向轴向移动</td><td colspan="4">51000、81000 型、圆锥和调心滚子限制轴（外壳）的单向轴向移动</td></tr>
<tr><td></td><td>串联式配置限制轴（外壳）的单向轴向移动</td><td>NF、NJ 限制轴（外壳）单向（NUP 双向）轴向移动</td><td></td><td>52000 型能限制轴（外壳）的双向轴向移动</td><td></td><td></td><td></td></tr>
<tr><td>额定动载荷比</td><td>1</td><td>分离型 0.6~0.8
7000 型 1~1.4
三点接触
四点接触
1.4~1.8</td><td>1.6~2.1</td><td>1.6~2.3</td><td>0.6~0.9</td><td>NU、NJ
NF、 型 1.5~3
NUP、N
NCL 1.6~3.5
NN
NNU 型 2.6~5.2</td><td></td><td>单列 1.1~1.5
双列 2.6~4.3
四列 4.5~7.4</td><td>1.8~4.0</td><td>1</td><td>1.7~1.9</td><td>2.0~2.1</td><td>1.7~2.2</td></tr>
<tr><td>摩擦比</td><td>1.0</td><td>1.3</td><td>1.4</td><td>1.4</td><td>0.8</td><td>0.8</td><td>1.3</td><td>1.3</td><td>1.3</td><td>0.7</td><td>2.0</td><td>1.3</td><td>1.0</td></tr>
<tr><td>转速比</td><td>1.0</td><td>α=15°，1.4
α=40°，0.8</td><td>0.6</td><td>0.8</td><td>0.7</td><td>1.0</td><td>有保持架 0.6</td><td>0.6</td><td>0.6</td><td>0.2</td><td>0.2</td><td>0.3</td><td>0.6</td></tr>
<tr><td>旋转精度</td><td>A</td><td>A</td><td>C</td><td>A</td><td>C</td><td>A</td><td>C</td><td>A</td><td>C</td><td>B</td><td>A</td><td>C</td><td>C</td></tr>
<tr><td>刚度</td><td>C</td><td>C</td><td>B</td><td>B</td><td>C</td><td>A</td><td>A</td><td>A</td><td>A</td><td>B</td><td>A</td><td>A</td><td>A</td></tr>
</table>

续表

轴承类型	深沟球轴承	角接触球轴承			调心球轴承	圆柱滚子轴承	滚针	圆锥滚子轴承	调心滚子轴承	推力轴承			
		单列	双列	组合						球	圆柱	圆锥	调心滚子
噪声、振动	A	B	C	B	C	A	C	C	C	C	C	C	C
允许角度差	0组 游隙 8′ 3组 游隙 12′ 4组 游隙 16′	0°2′	0°	0°	3°	单列 0°2′	0°	0°2′	13系列≤1° 30、31、22系列≤1.5° 40、23系列≤2° 41、32系列≤2.5°	0°	0°	0°	292系列≤1.5° 293系列≤2° 294系列≤2.5°
调心性	C	C	C	C	A	C	C	C	A	球面垫圈 A	×	×	A
内外圈分离性	×	分离型✓	×	×	×	✓	✓	✓	×	✓	✓	✓	✓
固定侧用	✓	✓	✓	✓	✓	NUP✓	✓	单列 双列 ✓	✓	×	×	×	×
游动侧用	✓	×	✓	✓	✓	N、NU、NNU✓	✓	单列× 双列✓	✓	×	×	×	×
使用寿命	长	长	长		较短	很长	较长	单列很长 双列长	较长	较短	较长	较长	较长
价格	低	低	低		较高	较低 （双列较高）	较低	较低	高	较低	较低	较高	高
其他 深沟球轴承	结构简单，使用方便。6000型在安装、密封、配合无特殊要求的地方，均可采用。外圈带止动槽的可简化轴向定位，缩小轴向尺寸。带防尘盖的防尘性好，带密封圈的密封性好，两面带防尘盖或密封圈的已装入适量润滑脂，工作中在一定时期内不用再加油。UC、UEL内圈较一般轴承宽，供装置密封及紧定螺钉或偏心套用，安装、拆卸和使用方便，适用于要求密封较高的长轴，安装或受载荷时弯曲、倾斜较大的轴上，对主机的制造安装精度要求较低												
其他 角接触球轴承	单列角接触球轴承接触角愈大，承受轴向载荷的能力愈高，在承受径向载荷时，同时产生轴向力，必须施加反向轴向力，因此一般应成对使用。成对双联角接触球轴承由厂家选配组合提供，一般安装后有预过盈，消除了轴承中的游隙，因而提高了载荷能力、刚度和旋转精度。QJ型具有双半内圈，在无载荷和纯径向载荷作用时，钢球与套圈呈四点接触，径向载荷容量大；在纯轴向载荷作用下，钢球与套圈呈两点接触，可承受双向轴向载荷，兼有单、双列角接触球轴承的功能												

续表

<table>
<tr><th rowspan="2">轴承类型</th><th rowspan="2" colspan="2">深沟球轴承</th><th colspan="3">角接触球轴承</th><th rowspan="2">调心球轴承</th><th rowspan="2">圆柱滚子轴承</th><th rowspan="2">滚针</th><th rowspan="2">圆锥滚子轴承</th><th rowspan="2">调心滚子轴承</th><th colspan="4">推力轴承</th></tr>
<tr><th>单列</th><th>双列</th><th>组合</th><th>球</th><th>圆柱</th><th>圆锥</th><th>调心滚子</th></tr>
<tr><td rowspan="5">其他</td><td>调心球(滚子)轴承</td><td colspan="14">主要用在载荷作用下弯曲较大的传动轴,以及支承座孔不易保证严格同心的地方。调心滚子轴承的滚子与两套圈滚道为修正线接触,承载能力大,特别适于重载或振动载荷下工作。10000K、20000K 移动内圈,带紧定套的移动紧定套可微量调整径向游隙,10000K+H0000 型、20000K+H0000 型安装、拆卸方便</td></tr>
<tr><td>圆柱滚子轴承</td><td colspan="14">允许外圈与内圈轴线偏斜度较小(2′~4′),故只能用于刚性较大的轴上,并要求支承座孔很好地对中。常用于受外力弯曲较小的固定短轴上,或因发热而使轴伸长的机件上,此时,于一个支点上安装无挡边的滚子轴承,另一个支点上则应安装使轴与轴承箱能固定起来的轴承</td></tr>
<tr><td>滚针轴承</td><td colspan="14">适用于径向安装尺寸受限制的地方,无保持架的极限转速比有保持架的低,无内、外圈时,作为滚道的轴或外壳的表面硬度一般为 58~64HRC,表面粗糙度当对公差要求不高时,$Ra \leqslant 0.32\mu m$;当对公差要求较高时,$Ra \leqslant 0.2\mu m$。对 HK、BK 型,当轴承与外壳孔的配合不比 K6 更紧时,轴径公差一般取 h5。向心滚针和保持架组件一般壳孔尺寸公差用 G6。当轴径 $d=3\sim80$mm 时,轴径公差为 h5,当 $d\geqslant80\sim250$mm 时,取 g5,形位公差不应超过直径公差的 50%。BK 型的一端面封闭,用于轴颈无伸出端的支承中,端面封闭起密封作用</td></tr>
<tr><td>圆锥滚子轴承</td><td colspan="14">为分离型轴承,其内圈(含圆锥滚子和保持架)和外圈可以分别安装。在安装和使用过程中可以调整轴承的径向和轴向游隙,也可以预过盈安装。单列的在径向载荷作用下,会产生附加轴向力,因此,一般应成对配置(同名端面相对安装)。如单独使用,其外加轴向力应大于附加轴向力。双列的两内圈之间、四列的内、外圈之间均有隔圈,改变其厚度可以调整轴承的游隙。四列性能与双列性能基本相同,可承受更大径向载荷,但极限转速低,主要用于重型机械,如轧钢机等
这类轴承轴向游隙的大小,对轴承能否良好工作影响很大,过小时温升高,过大则轴承易损坏</td></tr>
<tr><td>推力球(滚子)轴承</td><td colspan="14">推力球(滚子)轴承在运转中,如外加轴向力小,轴承未被压紧,由于离心力(或离心力矩)作用,钢球(滚子)和滚道之间产生滑移而破坏轴承的正常运转,因此,必须施加足够的轴向力,轴向力小时可以用弹簧使轴承预紧
推力球轴承为分离型轴承,两支承平面必须平行,不允许有任何偏差,轴中心线与外壳支承面应保证垂直,若不能保证,可采用球面座圈和调心垫圈加以补偿</td></tr>
</table>

注 1. 表中其他符号含义:✓—适用;✕—不适用;A—好;B—尚好;C—不好。
2. 表中的额定动载荷比、摩擦比、转速比都是以深沟球轴承为基准的比较值。

2 轴 承 代 号

2.1 滚动轴承代号（摘自 GB/T 272—1993、JB/T 2974—2004）

表 8-2-4　　轴承代号的排列顺序

<table>
<tr><td rowspan="2">分段</td><td rowspan="2">前置代号</td><td colspan="5">基本代号</td><td colspan="8">后置代号(组)</td></tr>
<tr><td colspan="3">滚动轴承</td><td colspan="2">滚针轴承</td><td>1</td><td>2</td><td>3</td><td>4</td><td>5</td><td>6</td><td>7</td><td>8</td></tr>
<tr><td>符号意义</td><td>成套轴承分部件</td><td>类型代号</td><td>尺寸系列代号</td><td>内径代号</td><td>类型代号</td><td>配合安装特征尺寸表示</td><td>内部结构</td><td>密封与防尘套圈变型</td><td>保持架及其材料</td><td>轴承材料</td><td>公差等级</td><td>游隙</td><td>配置</td><td>其他</td></tr>
<tr><td rowspan="2">表号</td><td rowspan="2">表 8-2-5</td><td>表 8-2-6</td><td>表 8-2-7</td><td>表 8-2-8</td><td colspan="2" rowspan="2">滚针轴承基本代号构成见表 8-2-19</td><td rowspan="2">表 8-2-9</td><td rowspan="2">表 8-2-15</td><td rowspan="2">表 8-2-16
表 8-2-17</td><td rowspan="2">表 8-2-11</td><td rowspan="2">表 8-2-10</td><td rowspan="2">表 8-2-13</td><td rowspan="2">表 8-2-12</td><td rowspan="2">表 8-2-14</td></tr>
<tr><td colspan="3">滚动轴承基本代号构成见表 8-2-18</td></tr>
</table>

表 8-2-5　　前置代号

代　　号	含　　义	示　　例
F	凸缘外圈的向心球轴承（仅适用于 $d \leqslant 10$mm）	F 618/4
L	可分离轴承的可分离内圈或外圈	LNU 207
R	不带可分离内圈或外圈的轴承（滚针轴承仅适用于 NA 型）	RNU 207 RNA 6904
WS	推力圆柱滚子轴承轴圈	WS 81107
GS	推力圆柱滚子轴承座圈	GS 81107
KOW-	无轴圈推力轴承	KOW-51108
KIW-	无座圈推力轴承	KIW-51108
LR	带可分离的内圈或外圈与滚动体组件轴承	—
K	滚子和保持架组件	K 81107

表 8-2-6　　类型代号

代　　号	轴　承　类　型	代　　号	轴　承　类　型
0	双列角接触球轴承	6	深沟球轴承
1	调心球轴承	7	角接触球轴承
2	调心滚子轴承和推力调心滚子轴承	8	推力圆柱滚子轴承
3	圆锥滚子轴承	N	圆柱滚子轴承 双列或多列用字母 NN 表示
4	双列深沟球轴承	U	外球面球轴承
5	推力球轴承	QJ	四点接触球轴承

注：在表中代号后或前加字母或数字表示该类轴承中的不同结构。

表 8-2-7　　轴承尺寸系列代号

直径系列代号	向心轴承								推力轴承			
	宽度系列代号								高度系列代号			
	8	0	1	2	3	4	5	6	7	9	1	2
	尺寸系列代号											
7	—	—	17	—	37	—	—	—	—	—	—	—
8	—	08	18	28	38	48	58	68	—	—	—	—
9	—	09	19	29	39	49	59	69	—	—	—	—
0	—	00	10	20	30	40	50	60	70	90	10	—
1	—	01	11	21	31	41			71	91	11	—
2	82	02	12	22	32	42			72	92	12	22
3	83	03	13	23	33	—	—	—	73	93	13	23
4	—	04	—	24	—	—	—	—	74	94	14	24
5	—	—	—	—	—	—	—	—	—	95	—	—

表 8-2-8　　内径代号

公称内径/mm	内　径　代　号	示　　例
0.6~10 (非整数)	用公称内径毫米数直接表示，在其与尺寸系列代号之间用"/"分开	深沟球轴承 618/2.5，d=2.5mm
1~9 (整数)	用公称内径毫米数直接表示，对深沟球轴承及角接触球轴承7、8、9直径系列，内径与尺寸系列代号之间用"/"分开	深沟球轴承 625 618/5，d=5mm
10~17　10、12 15、17	00、01、 02、03	深沟球轴承 6200，d=10mm
20~480 (22、28、32除外)	公称内径除以5的商数，商数为个位数，在商数左边加"0"，如08	调心滚子轴承 23208 d=40mm
大于和等于500 以及22、28、32	用公称内径毫米数直接表示，但在与尺寸系列之间用"/"分开	调心滚子轴承 230/500，d=500mm 深沟球轴承 62/22，d=22mm

表 8-2-9　　内部结构变化代号

代　　号	含　　义	示　　例
A、B、C、D、E	a. 表示内部结构改变 b. 表示标准设计，其含义随不同类型、结构而异	
	A　①无装球缺口的双列角接触或深沟球轴承 　②滚针轴承外圈带双锁圈(d>9mm，F_w>12mm) 　③套圈无挡边的深沟球轴承 B　①角接触球轴承　公称接触角 α=40° 　②圆锥滚子轴承　接触角加大 C　调心滚子轴承设计改变，内圈无挡圈，活动中挡圈，冲压保持架，对称型滚子，加强型 ①角接触球轴承　公称接触角 α=15° ②调心滚子轴承　C型 E　加强型①	3205A — — 7210 B 32310 B 7005 C 23122C NU 207 E
AC D ZW	角接触球轴承　公称接触角 α=25° 剖分式轴承 滚针保持架组件　双列	7210 AC K 50×55×20 D K 20×25×40 ZW
CA CC② CAB CABC CAC	C型调心滚子轴承，内圈带挡边，活动中挡圈，实体保持架 C型调心滚子轴承，滚子引导方式有改进 CA型调心滚子轴承，滚子中部穿孔，带柱销式保持架 CAB型调心滚子轴承，滚子引导方式有改进 CA型调心滚子轴承，滚子引导方式有改进	23084 CA/W 33 22205 CC — — 22252 CACK

① 加强型，即内部结构设计改进，增大轴承承载能力。

② CC还有第二种解释，见表8-2-12。

注：表中 d——滚针轴承内径；F_w——无内圈滚针轴承滚针总体内径。

表 8-2-10　　公差等级代号

代　　号	含　　义		示　　例
/P0	公差等级符合标准规定的：	0 级，代号中省略，不表示	6203
/P6		6 级	6203/P6
/P6x		6x 级	30210/P6x
/P5		5 级	6203/P5
/P4		4 级	6203/P4
/P2		2 级	6203/P2
/SP	尺寸精度相当于：	5 级，旋转精度相当于 4 级	234420/SP
/UP		4 级，旋转精度高于 4 级	234730/UP

表 8-2-11　　轴承零件材料改变的代号

代　　号	含　　义		示　　例
/HE	套圈，滚动体和保持架或仅是套圈和滚动体由：	电渣重熔轴承钢(军用钢)ZGCr-15 制造	6204/HE
/HA		真空冶炼轴承钢制造	6204/HA
/HU		不可淬硬不锈钢 1Cr18Ni9Ti 制造	6004/HU
/HV		可淬硬不锈钢(/HV-9Cr18；/HV1-9Cr18Mo/HV2-GCr18Mo)制造	6014/HV
/HN	套圈、滚动体由耐热钢(/HN-Cr4Mo4V；/HN1-Cr14Mo4；/HN2-Cr15Mo4V；/HN3-W18Cr4V)制造		NU208/HN
/HC	套圈和滚动体或仅是套圈由渗碳钢(/HC-20Cr2Ni4A；/HC1-20Cr2Mn2MoA；/HC2-15Mn)制造		—
/HP	套圈和滚动体由：	铍青铜或其他防磁材料制造，材料有变化时，附加数字表示	—
/HQ		非金属材料(/HQ-塑料；/HQ1-陶瓷)制造	—
/HG	套圈和滚动体或仅是套圈由其他轴承钢(/HG-5CrMnMo；/HG1-55SiMoVA)制造		—
/CS	轴承零件采用碳素结构钢制造		—

表 8-2-12　　配置代号

代　　号		含　　义	示　　例
1. 常用配置(可由下面 2、3 组合成多种配置方式)	/DB	成对背对背安装	7210C/DB
	/DF	成对面对面安装	32208/DF
	/DT	成对串联安装	7210C/DT
	/TBT	三套配置，两套串联和一套：背对背	7210C/TBT
	/TFT	三套配置，两套串联和一套：面对面	7210C/TFT
	/TT	三套配置，串联	7210C/TT
	/QBC	四套配置，成对串联的背对背	7210C/QBC
	/QFC	四套配置，成对串联的面对面	7210C/QFC
	/QT	四套配置，串联	7210C/QT
	/QBT	四套配置，三套串联和一套：背对背	7210C/QBT
	/QFT	四套配置，三套串联和一套：面对面	7210C/QFT
2. 配置组中轴承数目	/D	两套轴承	7210AC/QBT 表示接触角 $\alpha=25°$ 的角接触球轴承 7210 AC，四套成组配置，三套串联和一套背对背 7210C/DBGA 表示接触角 $\alpha=15°$ 的角接触球轴承　7210C，成对背对背配置，有轻预紧 6210/DFGA 表示深沟球轴承 6210，修磨端面后，成对面对面配置，有轻预紧 NU210/QTR 表示圆柱滚子轴承 NU210，四套配置，均匀预紧
	/T	三套轴承	
	/Q	四套轴承	
	/P	五套轴承	
	/S	六套轴承	
3. 配置组中轴承排列	B	背对背	
	F	面对面	
	T	串联	
	G	万能组配	
	BT	背对背和串联	
	FT	面对面和串联	
	BC	成对串联的背对背	
	FC	成对串联的面对面	
4. 配置时的轴向游隙、预紧及轴向载荷分配	GA	轻预紧(深沟及角接触球轴承)(用于角接触球轴承，"G"省略)	
	GB	中预紧(深沟及角接触球轴承)(用于角接触球轴承，"G"省略)	
	GC	重预紧(深沟及角接触球轴承)(用于角接触球轴承，"G"省略)	
	G	特殊预紧，附加数字直接表示预紧大小	
	CA	轴向游隙较小(深沟及角接触球轴承)	
	CB	轴向游隙较 CA 大(深沟及角接触球轴承)	
	CC	轴向游隙较 CB 大(深沟及角接触球轴承)	
	CG	轴向游隙为零(圆锥滚子轴承)	
	R	载荷均匀分配	

第 8 篇

表 8-2-13　　游隙代号

代　号	含　义	示　例
/C1	游隙符合标准规定的 1 组	NN3006K/C1
/C2	游隙符合标准规定的 2 组	6210/C2
—	游隙符合标准规定的 0 组	6210
/C3	游隙符合标准规定的 3 组	6210/C3
/C4	游隙符合标准规定的 4 组	NN3006K/C4
/C5	游隙符合标准规定的 5 组	NNU4920K/C5
/CN	0 组游隙,/CN 与字母 H、M 或 L 组合,表示游隙范围减半;与 P 组合,表示游隙范围偏移 如:/CNH　0 组游隙减半,位于上半部 /CNM　0 组游隙减半,位于中部 /CNL　0 组游隙减半,位于下半部 /CNP 游隙范围位于 0 组的上半部及 3 组的下半部	—
/C9	轴承游隙不同于现标准	6205-2RS/C9
/CM	电机深沟球轴承游隙	

注：公差等级代号与游隙代号需同时表示时，可进行简化，取公差等级代号加上游隙组号（0 组不表示）组合表示。

例　/P63 表示轴承公差等级 P6 级，径向游隙 3 组。

/P52 表示轴承公差等级 P5 级，径向游隙 2 组。

表 8-2-14　　其他特性代号

代号	含义、示例
/Z	轴承的振动加速度或速度级极值组别。附加数字表示极值不同：Z1、Z2、Z3、Z4 振动加速度级极值符合标准规定的 Z1 组、Z2 组、Z3 组、Z4 组 示例:6204/Z1
/V	轴承的振动加速度或速度级极值组别。附加数字表示极值不同：V1、V2、V3、V4 振动速度级极值符合标准规定的:V1 组、V2 组、V3 组、V4 组 示例:6306/V1
/ZC	轴承噪声极值有规定,附加数字表示极值不同
/T	对启动力矩有要求的轴承,后接数字表示启动力矩
/RT	对转动力矩有要求的轴承,后接数字表示转动力矩
/ZP3	Z3 组　轴承的振动加速度峰值限值
/ZP4	Z4 组　轴承的振动加速度峰值限值
/VP3	V3 组　轴承的振动速度峰值限值
/VP4	V4 组　轴承的振动速度峰值限值

代号	含义、示例
/S0	轴承套圈经过高温回火处理,工作温度可达:150℃　例 N210/S0
/S1	200℃　NUP212/S1
/S2	250℃　NU214/S2
/S3	300℃　NU308/S3
/S4	350℃　NU214/S4
/W20	轴承外圈上有三个润滑油孔
/W26	轴承内圈上有六个润滑油孔
/W33	轴承外圈上有润滑油槽和三个润滑油孔
/W33X	轴承外圈上有润滑油槽和六个润滑油孔 示例:23120 CC/W33
/W513	W26+W33
/W518	W20+W26
/AS	外圈有油孔,附加数字表示油孔数(滚针轴承)
/IS	内圈有油孔,附加数字表示油孔数(滚针轴承) 示例:HK2020/AS1 NAO17×30×13/IS1 在 AS、IS 后加“R”分别表示内圈或外圈上有润滑油孔和沟槽 示例:NAO15×28×13/ASR

代号	含义、示例
/HT	轴承内充特殊高温润滑脂,当轴承内装脂量和标准值不同时附加字母表示:A—小于标准值 B—多于标准值 C—多于 B(充满) 例:NA6909/ISR/HT
/LT	轴承内充特殊低温润滑脂
/MT	轴承内充特殊中温润滑脂
/LHT	轴承内装特殊高、低温润滑脂
/Y (Y 和另一字母如 YA、YB 组合用来识别无法用现有后置代号表达的非成系列的改变)	YA—结构改变(综合表达) YB—技术条件改变(综合表达) 注:凡轴承代号上有 Y 的后置代号,应查阅图纸或补充技术条件,以便了解其改变的具体内容

表 8-2-15　　密封、防尘与外部形状变化代号

代号	含　义	示　例
K	圆锥孔轴承　锥度 1∶12(外球面球轴承除外)	1210K
K30	圆锥孔轴承　锥度 1∶30	24122K30
R	轴承外圈有止动挡边(凸缘外圈)(不适用于内径小于 10mm 的向心球轴承)	30307R
N	轴承外圈上有止动槽	6210N
NR	轴承外圈上有止动槽,并带止动环	6210NR
-RS	轴承一面带骨架式橡胶密封圈(接触式)	6210-RS
-2RS	轴承两面带骨架式橡胶密封圈(接触式)	6210-2RS
-LS	轴承一面带骨架式橡胶密封圈(接触式、套圈不开槽)	6210-LS
-2LS	轴承两面带骨架式橡胶密封圈(接触式、套圈不开槽)	6210-2LS
-RZ	轴承一面带骨架式橡胶密封圈(非接触式)	6210-RZ
-2RZ	轴承两面带骨架式橡胶密封圈(非接触式)	6210-2RZ
-Z	轴承一面带防尘盖	6210-Z
-2Z	轴承两面带防尘盖	6210-2Z
-FS	轴承一面带毡圈密封	6203-FS
-2FS	轴承两面带毡圈密封	6203-2FS
-RSZ	轴承一面带骨架式橡胶密封圈(接触式)一面带防尘盖	6210-RSZ
-RZZ	轴承一面带骨架式橡胶密封圈(非接触式)一面带防尘盖	6210-RZZ
-ZN	轴承一面带防尘盖另一面外圈有止动槽	6210-ZN
-ZNR	轴承一面带防尘盖另一面外圈有止动槽并带止动环	6210-ZNR
-ZNB	轴承一面带防尘盖同一面外圈有止动槽	6210-ZNB
-2ZN	轴承两面带防尘盖,外圈有止动槽	6210-2ZN
U	有调心座垫圈的外调心推力球轴承	53210U
-2PS	滚轮轴承,滚轮两端为多片卡簧式密封	—
SK	螺栓型滚轮轴承,螺栓轴端部有内六角盲孔(对螺栓型滚轮轴承,滚轮两端为多片卡簧式密封,螺栓轴端部有内六角盲孔,后置代号可简化为-2PSK)	—
PP	轴承两面带软质橡胶密封圈	NATR8PP
-2K	双圆锥孔轴承,锥度为 1∶12	QF2308-2K
D	(1)双列角接触球轴承,双内圈 (2)双列圆锥滚子轴承,无内隔圈,端面不修磨	3307D —
DC	双列角接触球轴承,双外圈	3924-2KDC
D1	双列圆锥滚子轴承,无内隔圈,端面修磨	—
DH	有两个座圈的单向推力轴承	—
DS	有两个轴圈的单向推力轴承	—
N1	轴承外圈有一个定位槽口	—
N2	轴承外圈有两个或两个以上的定位槽口	—
N4	N+N2,定位槽口和止动槽不在同一侧	—
N6	N+N2,定位槽口和止动槽在同一侧	—
P	双半外圈的调心滚子轴承	—
PR	同 P,两半外圈间有隔圈	—
S	(1)轴承外圈表面为球面(球面球轴承和滚轮轴承除外)	—
	(2)游隙可调(滚针轴承)	NA4906S
WB	宽内圈轴承(双面宽);WB1—单面宽	—
WC	宽外圈轴承	—
SC	带外罩向心轴承	—
X	滚轮滚针轴承外圈表面为圆柱面	KR30X
Z	(1)带防尘罩的滚针组合轴承 (2)带外罩的滚针和满装推力球组合轴承(脂润滑)	NK25Z
ZH	推力轴承,座圈带防尘罩	—
ZS	推力轴承,轴圈带防尘罩	—

注:密封圈代号与防尘盖代号,可以与止动槽代号进行多种组合。

表 8-2-16　　不编制保持架材料改变后置代号的轴承

轴承类型	保持架的结构和材料
深沟球轴承	(1)当轴承外径 $D \leqslant 400$mm 时,采用钢板(带)或黄铜板(带)冲压保持架 (2)当轴承外径 $D>400$mm 时,采用黄铜实体保持架
调心球轴承	(1)当轴承外径 $D \leqslant 200$mm 时,采用钢板(带)冲压保持架 (2)当轴承外径 $D>200$mm 时,采用黄铜实体保持架
圆柱滚子轴承	(1)圆柱滚子轴承:轴承外径 $D \leqslant 400$mm 时,采用钢板(带)冲压保持架,外径 $D>400$mm 时,采用钢制实体保持架 (2)双列圆柱滚子轴承,采用黄铜实体保持架
调心滚子轴承	(1)对称调心滚子轴承(带活动中挡圈),采用钢板(带)冲压保持架 (2)其他调心滚子轴承,采用黄铜实体保持架

续表

轴承类型	保持架的结构和材料	轴承类型	保持架的结构和材料
滚针轴承	采用钢板或硬铝冲压保持架	圆锥滚子轴承	(1)当轴承外径 $D \leq 650$mm 时,采用钢板冲压保持架 (2)当轴承外径 $D>650$mm 时,采用钢制实体保持架
长圆柱滚子轴承	采用钢板(带)冲压保持架		
角接触球轴承	(1)分离型角接触球轴承采用酚醛层压布管实体保持架 (2)双半内圈或双半外圈(三点、四点接触)球轴承采用硬铝制实体保持架 (3)角接触球轴承及其变型 当轴承外径 $D \leq 250$mm 时,接触角 $\alpha=15°$、$25°$,采用酚醛层压布管实体保持架;$\alpha=40°$,采用钢板冲压保持架。当轴承外径$D>250$mm 时,采用黄铜或硬铝制实体保持架 5、4、2 级公差轴承采用酚醛层压布管实体保持架 锁口在内圈的角接触球轴承及其变型采用酚醛层压布管实体保持架 (4)双列角接触球轴承,采用钢板(带)冲压保持架	推力球轴承	(1)当轴承外径 $D \leq 250$mm 时,采用钢板(带)冲压保持架 (2)当轴承外径 $D>250$mm 时,采用实体保持架
		推力滚子轴承	(1)推力圆柱滚子轴承,采用实体保持架 (2)推力调心滚子轴承,采用实体保持架 (3)推力圆锥滚子轴承,采用实体保持架 (4)推力滚针轴承,采用冲压保持架

表 8-2-17　保持架结构型式和材料与表 8-2-16 不同时采用的代号

代号	含　　义	代号	含　　义
a. 保持架材料		b. 保持架结构型式及表面处理	
F	钢、球墨铸铁或粉末冶金实体保持架	H	自锁兜孔保持架
		W	焊接保持架
Q	青铜实体保持架	R	铆接保持架(用于大型轴承)
		E	磷化处理保持架
M	黄铜实体保持架	D D1 D2 D3	碳氮共渗保持架 渗碳保持架 渗氮保持架 低温碳氮共渗保持架
L	轻合金实体保持架		
T	酚醛层压布管实体保持架	C	有镀层的保持架(C1—镀银)
		A	外圈引导
TH	玻璃纤维增强酚醛树脂保持架(筐型)	B	内圈引导
		P	由内圈或外圈引导的拉孔或冲孔的窗形保持架
TN	工程塑料模注保持架	S	引导面有润滑槽 注意:本条的代号只能与"a 保持架材料"结合使用 例　MPS—有拉孔或冲孔(窗形保持架)的黄铜实体保持架,外圈或内圈引导,引导面有润滑油槽 JA—钢板冲压保持架,外圈引导 FE—经磷化处理的钢制实体保持架
J	钢板冲压保持架		
Y	铜板冲压保持架		
SZ	保持架由弹簧丝或弹簧制造	c. 无保持架	
ZA	锌铝合金保持架	V	满装滚动体(无保持架) 例:6208 V—满装球深沟球轴承

表 8-2-18　　滚动轴承基本代号构成与排列

轴承类型		简图	类型代号	尺寸系列代号	轴承代号	标准号
深沟球轴承	深沟球轴承	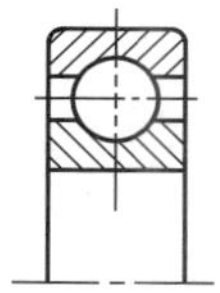	6 6 6 6 16 6 6 6 6	17 37 18 19 (0)0 (1)0 (0)2 (0)3 (0)4	61700 63700 61800 61900 16000 6000 6200 6300 6400	GB/T 276
	有装球缺口的有保持架深沟球轴承	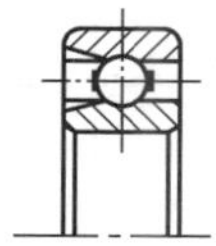	(6)	(0)2 (0)3	200 300	—
	双列深沟球轴承	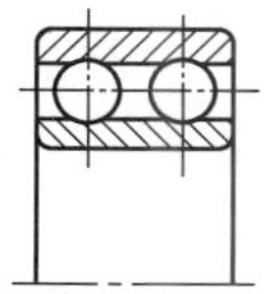	4 4	(2)2 (2)3	4200 4300	—
调心球轴承	调心球轴承	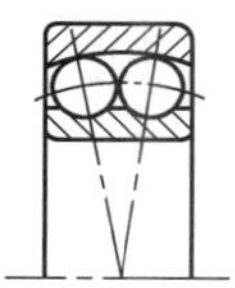	1 (1) 1 (1)	(0)2 22 (0)3 23	1200 2200 1300 2300	GB/T 281
圆柱滚子轴承	外圈无挡边圆柱滚子轴承	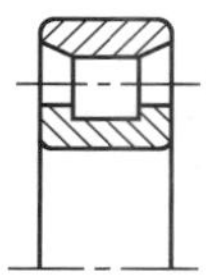	N N N N N N	10 (0)2 22 (0)3 23 (0)4	N 1000 N 200 N 2200 N 300 N 2300 N 400	GB/T 283
	内圈无挡边圆柱滚子轴承	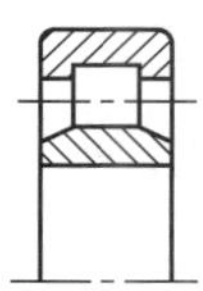	NU NU NU NU NU NU	10 (0)2 22 (0)3 23 (0)4	NU 1000 NU 200 NU 2200 NU 300 NU 2300 NU 400	
	内圈单挡边圆柱滚子轴承	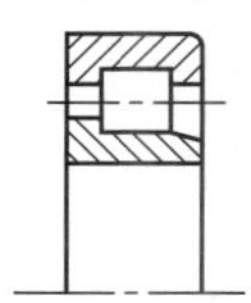	NJ NJ NJ NJ NJ	(0)2 22 (0)3 23 (0)4	NJ 200 NJ 2200 NJ 300 NJ 2300 NJ 400	
	内圈单挡边并带平挡圈圆柱滚子轴承	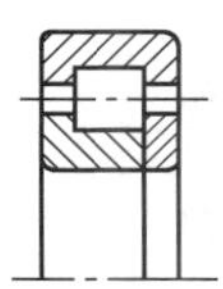	NUP NUP NUP NUP	(0)2 22 (0)3 23	NUP 200 NUP 2200 NUP 300 NUP 2300	
	外圈单挡边圆柱滚子轴承	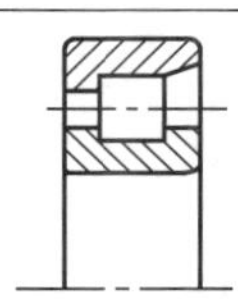	NF NF NF	(0)2 (0)3 23	NF 200 NF 300 NF 2300	

续表

轴承类型		简图	类型代号	尺寸系列代号	轴承代号	标准号
圆柱滚子轴承	双列圆柱滚子轴承	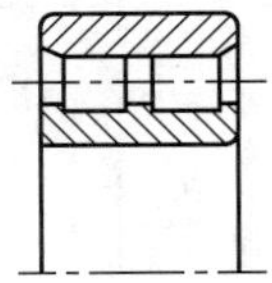	NN	30	NN 3000	GB/T 285
	内圈无挡边双列圆柱滚子轴承	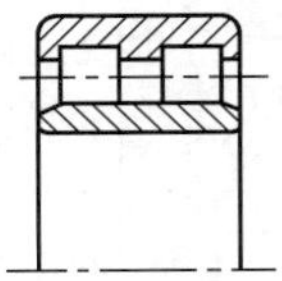	NNU	49	NNU 4900	
	外圈有单挡边并带单平挡圈的双列圆柱滚子轴承	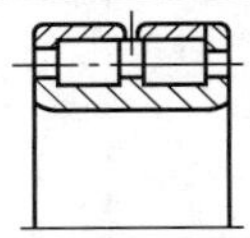	NNFP		NNFP 0000	—
	外圈无挡边带双锁圈的无保持架双列圆柱滚子轴承	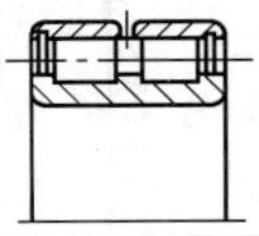	NNCL		NNCL 0000V	—
	外圈有单挡边并带锁圈的双列圆柱滚子轴承	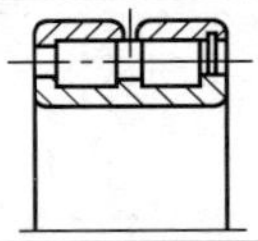	NNFL		NNFL 0000	—
	外圈有挡边、双外圈的无保持架双列圆柱滚子轴承	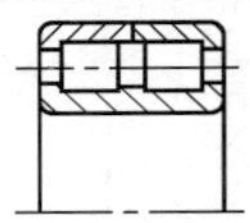	NNC		NNC 0000V	—
	无挡边的圆柱滚子轴承	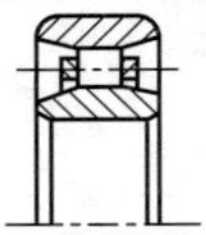	NB		NB 0000	—
	外圈有单挡边并带平挡圈的圆柱滚子轴承	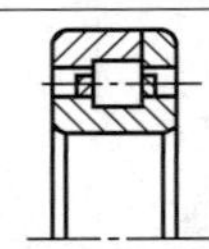	NFP		NFP 0000	—
	内圈无挡边但带平挡圈的圆柱滚子轴承	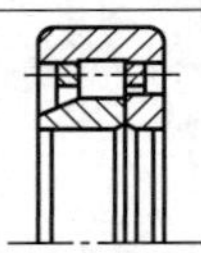	NJP		NJP 0000	—
	外圈无挡边带双锁圈的无保持架圆柱滚子轴承	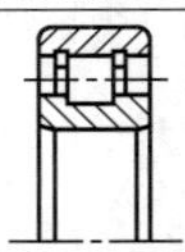	NCL		NCL 0000V	—
	内圈无挡边两面带平挡圈的无保持架双列圆柱滚子轴承	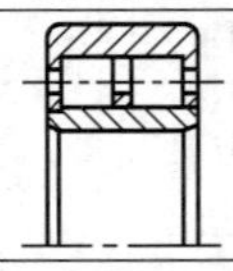	NNUP		NNUP 0000V	—
	外圈两面带平挡圈的双列圆柱滚子轴承	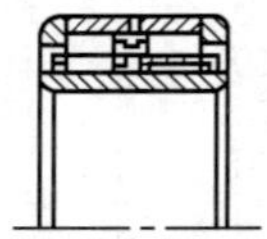	NNP		NNP 0000	—

续表

轴承类型		简图	类型代号	尺寸系列代号	轴承代号	标准号
圆柱滚子轴承	外圈有止动槽两面带密封圈的双内圈无保持架双列圆柱滚子轴承	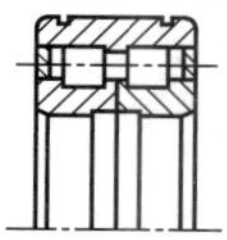	NNF		NNF 0000-2 LSNV	—
	无挡边四列圆柱滚子轴承	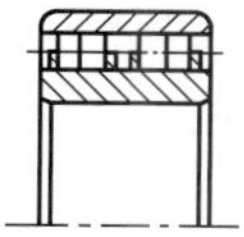	NNQB		NNQB 0000	—
	无挡边三列圆柱滚子轴承	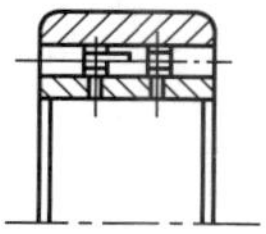	NNTB		NNTB 0000	—
	外圈单挡边带锁圈的无保持架圆柱滚子轴承	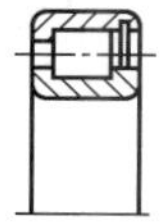	NFL		NFL 0000V	—
	套圈无挡边外圈带双锁圈的无保持架圆柱滚子轴承	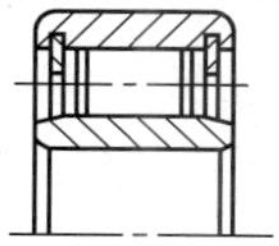	NBCL		NBCL 0000V	—
	内圈无挡边但带双锁圈的无保持架圆柱滚子轴承	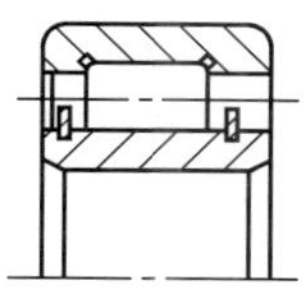	NUCL		NUCL 0000V	—
	内圈单挡边、大端面凸出外圈的圆柱滚子轴承	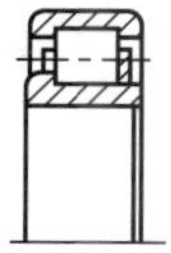	NJG		NJG 0000	—
	内圈无挡边两面带平挡圈的无保持架三列圆柱滚子轴承	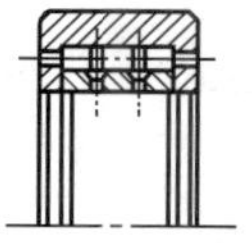	NNTUP		NNTUP 0000V	—
	外圈带平挡圈的四列圆柱滚子轴承		NNQP		NNQP 0000	—
	无挡边双列圆柱滚子轴承	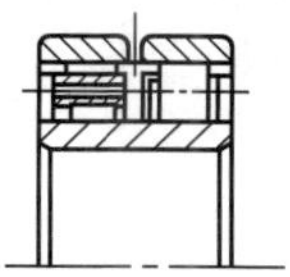	NNB		NNB 0000	—
	内圈单挡边的双列圆柱滚子轴承	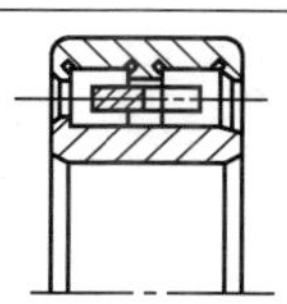	NNJ		NNJ 0000	—

续表

轴承类型		简图	类型代号	尺寸系列代号	轴承代号	标准号
调心滚子轴承	调心滚子轴承	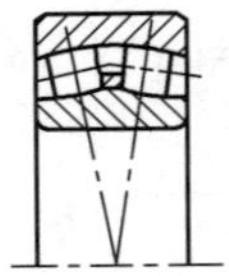	2 2 2 2 2 2 2 2	13 22 23 30 31 32 40 41	21300 22200 22300 23000 23100 23200 24000 24100	GB/T 288
	单列调心滚子轴承	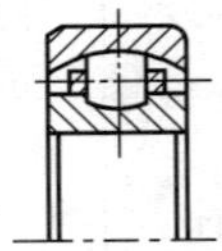	2 2 2	02 03 04	20200 20300 20400	—
角接触球轴承	角接触球轴承	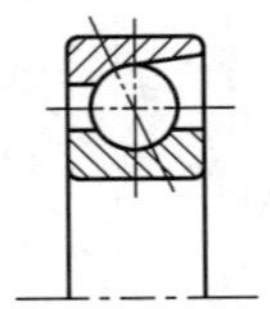	7 7 7 7 7	19 (1)0 (0)2 (0)3 (0)4	71900 7000 7200 7300 7400	GB/T 292
	分离型角接触球轴承	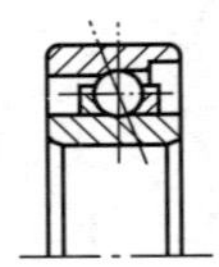	S7		S 70000	GB/T 292
	内圈分离型角接触球轴承	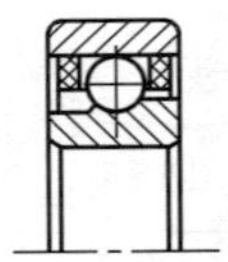	SN7		SN 70000	—
	锁口在内圈上的角接触球轴承	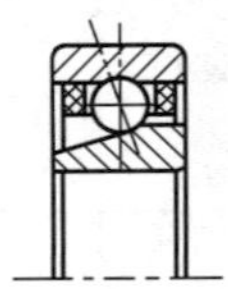	B7 B7 B7	(1)0 (0)2 (0)3	B 7000 B 7200 B 7300	GB/T 292
	双半外圈四点接触球轴承	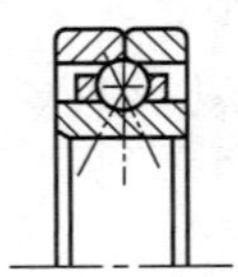	QJF		QJF 0000	—
	双半外圈三点接触球轴承	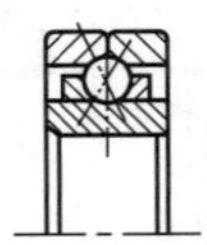	QJT		QJT 0000	—
	四点接触球轴承	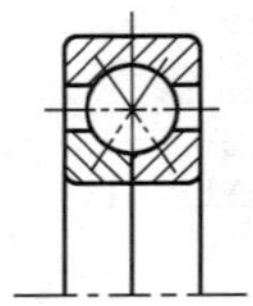	QJ QJ QJ	10 (0)2 (0)3	QJ 1000 QJ 200 QJ 300	GB/T 294

续表

轴承类型		简图	类型代号	尺寸系列代号	轴承代号	标准号
角接触球轴承	双半内圈三点接触球轴承		QJS		QJS 0000	GB/T 294
	双列角接触球轴承	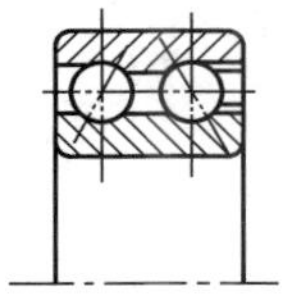	(0) (0)	32 33	3200 3300	GB/T 296
圆锥滚子轴承	单列圆锥滚子轴承	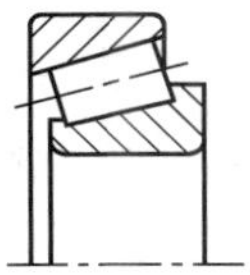	3 3 3 3 3 3 3 3 3 3	02 03 13 20 22 23 29 30 31 32	30200 30300 31300 32000 32200 32300 32900 33000 33100 33200	GB/T 297
	双内圈双列圆锥滚子轴承	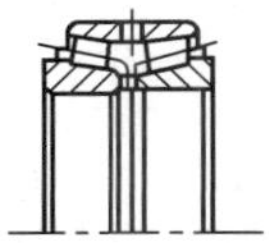	35		350000	GB/T 299
	双外圈双列圆锥滚子轴承	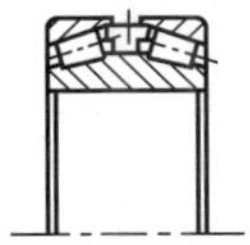	37		370000	—
	四列圆锥滚子轴承	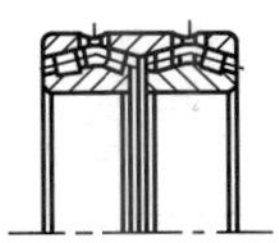	38		380000	GB/T 300
推力球轴承	推力球轴承	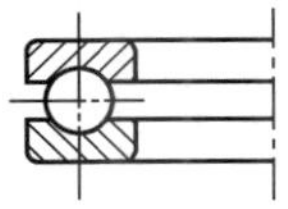	5 5 5 5	11 12 13 14	51100 51200 51300 51400	GB/T 301
	双向推力球轴承	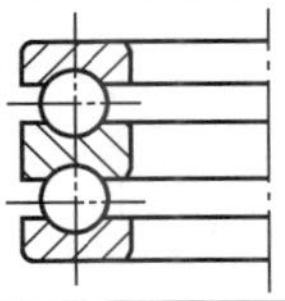	5 5 5	22 23 24	52200 52300 52400	
	带球面座圈的推力球轴承	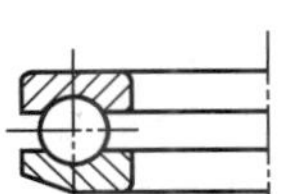	5 5 5	32① 33① 34①	53200 53300 53400	
	带球面座圈的双向推力球轴承	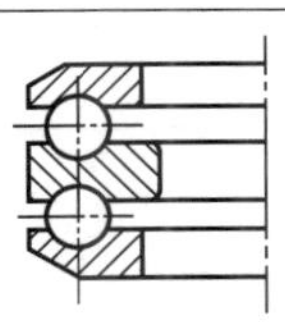	5 5 5	42② 43② 44②	54200 54300 54400	

第8篇

续表

轴承类型		简图	类型代号	尺寸系列代号	轴承代号	标准号
推力角接触球轴承	推力角接触球轴承	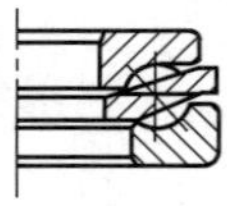	56 76		560000 760000	JB/T 8717 JB/T 8564
	双向推力角接触球轴承	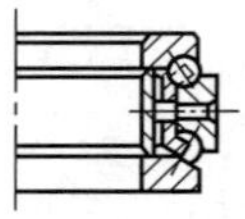	23 23 23	44③ 47③ 49③	234400 234700 234900	JB/T 6362
推力圆柱滚子轴承	推力圆柱滚子轴承	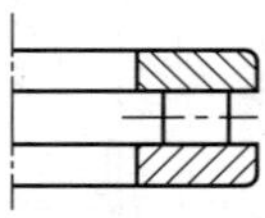	8 8	11 12	81100 81200	GB/T 4663
	双列或多列推力圆柱滚子轴承	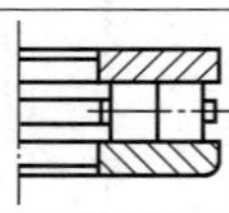	8 8 8	93 74 94	89300 87400 89400	—
	双向推力圆柱滚子轴承	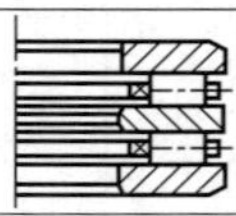	8 8	22 23	82200 82300	—
推力圆锥滚子轴承	推力圆锥滚子轴承	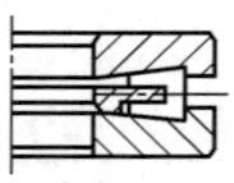	9		90000	—
推力调心滚子轴承	推力调心滚子轴承	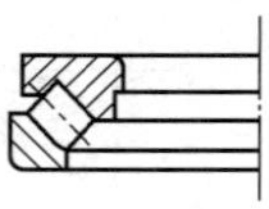	2 2 2	92 93 94	29200 29300 29400	GB/T 5859
外球面球轴承	带顶丝外球面球轴承	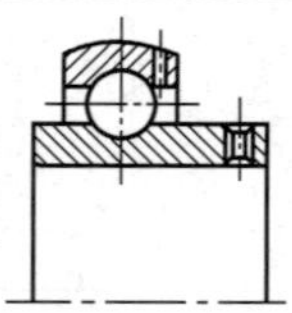	UC UC	2 3	UC 200 UC 300	GB/T 3882
	带偏心套外球面球轴承	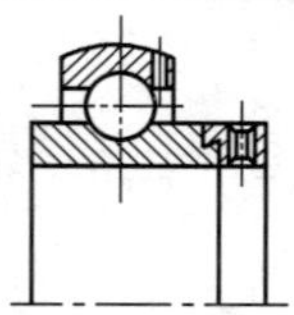	UEL UEL	2 3	UEL 200 UEL 300	
	圆锥孔外球面球轴承	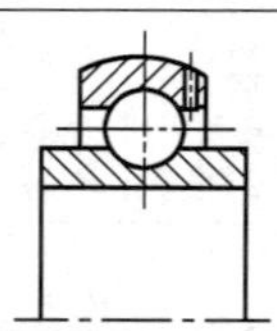	UK UK	2 3	UK 200 UK 300	

① 尺寸系列实为12、13、14，表示成32、33、34。
② 尺寸系列实为22、23、24，表示成42、43、44。
③ 尺寸系列代号不同于表8-2-7。
注：表中括号“（ ）”，表示该数字在代号中省略。

表 8-2-19　　滚针轴承基本代号构成及排列

<table>
<tr><th colspan="2">轴承类型</th><th>简　图</th><th>类型代号</th><th colspan="2">配合安装特征尺寸表示</th><th>轴承代号</th><th>标准号</th></tr>
<tr><td rowspan="3">滚针和保持架组件</td><td>滚针和保持架组件</td><td>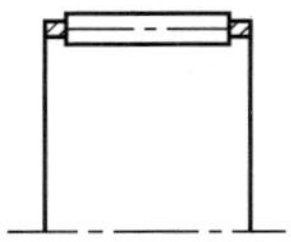</td><td>K</td><td colspan="2">$F_w \times E_w \times B_c$</td><td>K $F_w \times E_w \times B_c$</td><td>JB/T 7918</td></tr>
<tr><td>推力滚针和保持架组件</td><td>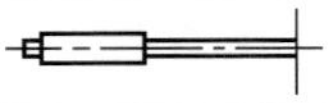</td><td>AXK</td><td colspan="2">$D_{c1}D_c$[1]</td><td>AXK $D_{c1}D_c$</td><td>GB/T 4605</td></tr>
<tr><td>带冲压中心套的推力滚针和保持架组件</td><td>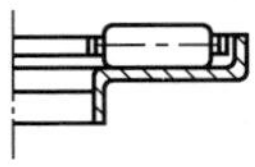</td><td>AXW</td><td colspan="2">D_1</td><td>AXW D_1</td><td>—</td></tr>
<tr><td rowspan="12">滚针轴承</td><td rowspan="2">滚针轴承</td><td rowspan="2">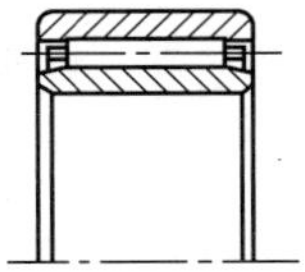</td><td rowspan="2">NA</td><td colspan="2">用尺寸系列代号、内径代号表示</td><td rowspan="2">NA 4800
NA 4900
NA 6900
NA 2200-2RS</td><td rowspan="2">GB/T 5801</td></tr>
<tr><td>尺寸系列代号
48
49
69</td><td rowspan="2">内径代号按表 8-2-8[2]</td></tr>
<tr><td>满装滚针轴承</td><td>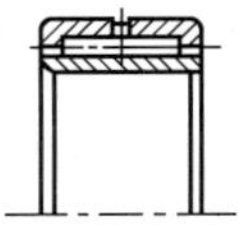</td><td>NAV</td><td>40
48
49</td><td>NAV 4000
NAV 4800
NAV 4900</td><td>JB/T 3588</td></tr>
<tr><td>穿孔型冲压外圈滚针轴承</td><td>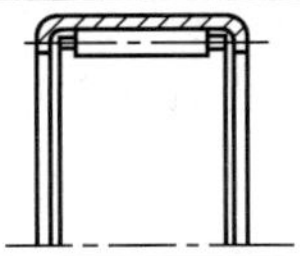</td><td>HK[4]</td><td colspan="2">F_wB[1]</td><td>HK F_w B</td><td rowspan="2">GB/T 290</td></tr>
<tr><td>封口型冲压外圈滚针轴承</td><td>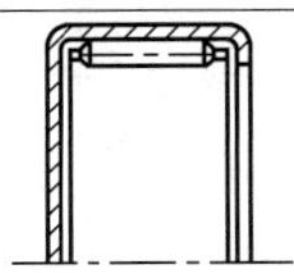</td><td>BK[4]</td><td colspan="2">F_wB[1]</td><td>BK F_wB</td></tr>
<tr><td>无内圈滚针轴承(轻系列)</td><td rowspan="2">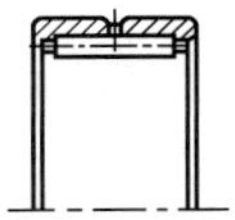</td><td>NK</td><td colspan="2">F_w/B</td><td>NK F_w/B</td><td>GB/T 5801</td></tr>
<tr><td>无内圈滚针轴承(重系列)</td><td>NKS
NKH</td><td colspan="2">F_w
F_w</td><td>NKS F_w
NKH F_w</td><td>—
—</td></tr>
<tr><td>滚针轴承(轻系列)</td><td rowspan="2">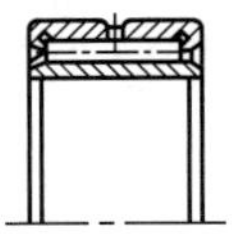</td><td>NKI</td><td colspan="2">d/B</td><td>NKI d/B</td><td>GB/T 5801</td></tr>
<tr><td>滚针轴承(重系列)</td><td>NKIS
NKIH</td><td colspan="2">d
d</td><td>NKIS d
NKIH d</td><td>—</td></tr>
<tr><td>外圈无挡边滚针轴承</td><td>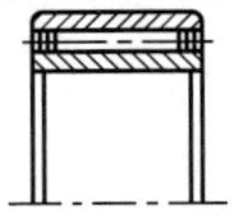</td><td>NAO</td><td colspan="2">$d \times D \times B$</td><td>NAO $d \times D \times B$</td><td>—</td></tr>
<tr><td>穿孔型冲压外圈满装滚针轴承</td><td>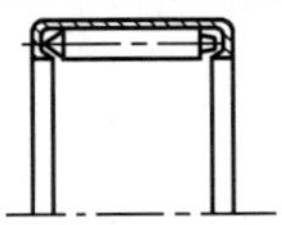</td><td>F-[4]</td><td colspan="2">F_wB[1]</td><td>F-F_wB</td><td rowspan="2">GB/T 290</td></tr>
<tr><td>封口型冲压外圈满装滚针轴承</td><td>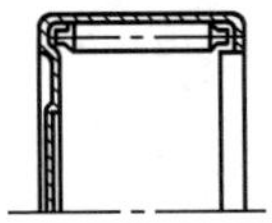</td><td>MF-[4]</td><td colspan="2">F_wB[1]</td><td>MF-F_wB</td></tr>
</table>

续表

轴承类型		简　　图	类型代号	配合安装特征尺寸表示	轴承代号	标准号
滚针轴承	穿孔型冲压外圈满装滚针轴承(油脂限位)	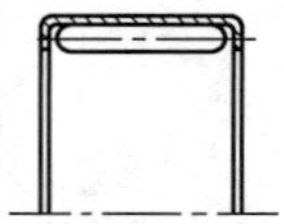	FY-④	F_wB①	FY-F_wB	—
	封口型冲压外圈满装滚针轴承(油脂限位)	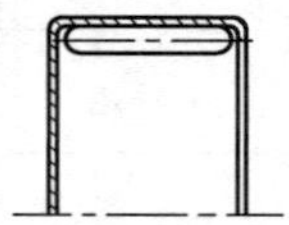	MFY-④	F_wB①	MFY-F_wB	—
滚针组合轴承	滚针和推力圆柱滚子组合轴承	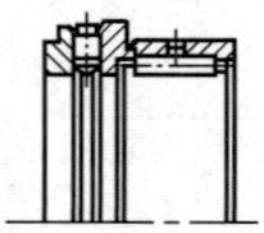	NKXR	F_w	NKXR F_w	GB/T 16643
	滚针和推力球组合轴承	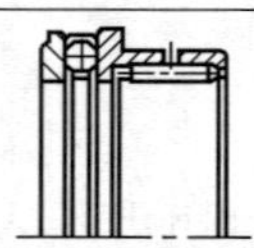	NKX	F_w	NKX F_w	JB/T 3122
	带外罩的滚针和满装推力球组合轴承(油润滑)	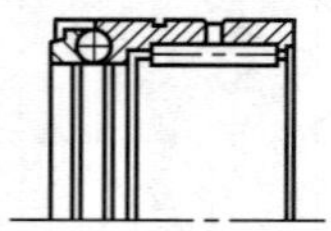	NX	F_w	NX F_w	—
	滚针和角接触球组合轴承(单向)	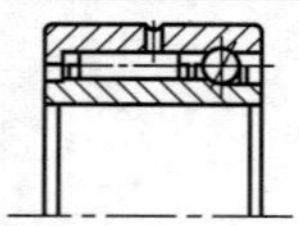	NKIA	用尺寸系列代号、内径代号表示	NKIA 5900	JB/T 3123
	滚针和角接触球组合轴承(双向)	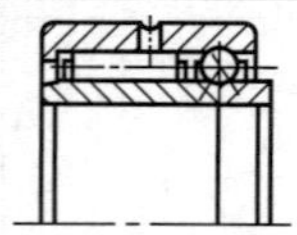	NKIB	尺寸系列代号 59 内径代号按表 8-2-8	NKIB 5900	
	滚针和双向推力圆柱滚子组合轴承	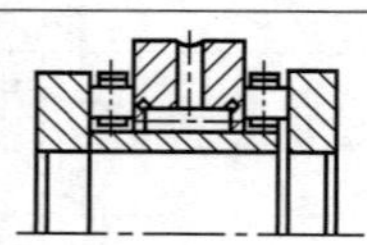	ZARN	dD	ZARN dD	JB/T 6644
	带法兰盘的滚针和双向推力圆柱滚子组合轴承	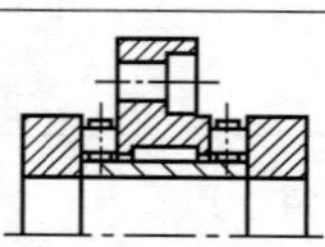	ZARF	dD	ZARF dD	
	圆柱滚子与双向推力滚针组合轴承	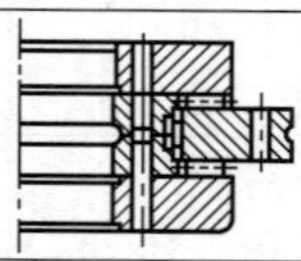	YRT	d	YRT d	—
长圆柱滚子轴承	长圆柱滚子轴承	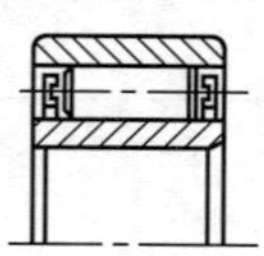	NAOL	用尺寸系列代号、内径代号表示	NAOL 0000	—
	外圈带双挡边的长圆柱滚子轴承	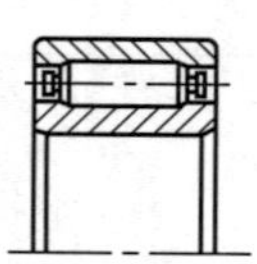	NAL	用尺寸系列代号、内径代号表示	NAL 0000	—

续表

轴承类型		简图	类型代号	配合安装特征尺寸表示	轴承代号	标准号
特种滚针轴承	调心滚针轴承	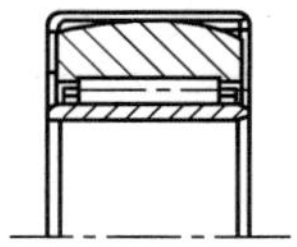	PNA	d/D	PNA d/D	—
滚轮滚针轴承	无挡边滚轮滚针轴承	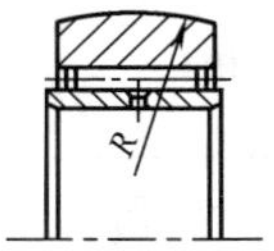	STO	d	STO d	—
滚轮滚针轴承	两面带密封圈，外圈双挡边的滚轮滚针轴承	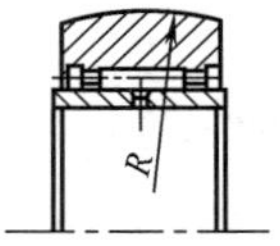	NA	用尺寸系列代号、内径代号表示 尺寸系列代号 22；内径代号②	NA 2200-2RS	—
滚轮轴承	平挡圈滚轮滚针轴承 （轻系列） （重系列）	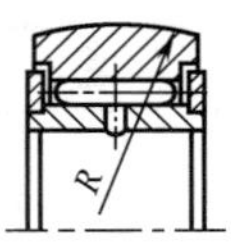	NATR NATR	d dD	NATR d NATR dD	GB/T 6445.1
滚轮轴承	平挡圈滚轮满装滚针轴承 （轻系列） （重系列）	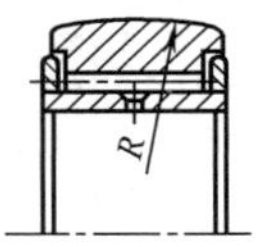	NATV NATV	d dD	NATV d NATV dD	GB/T 6445.1
滚轮轴承	带螺栓轴滚轮滚针轴承 （轻系列） （重系列）	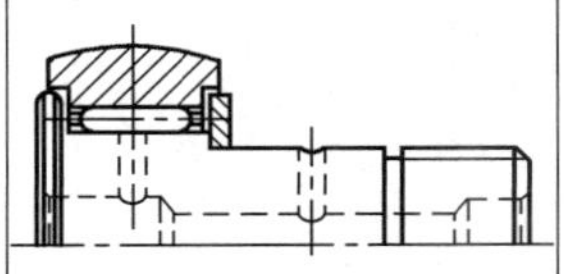	KR③ KR③	D Dd_1	KR D KR Dd_1	GB/T 6445.1
滚轮轴承	带螺栓轴滚轮满装滚针轴承 （轻系列） （重系列）	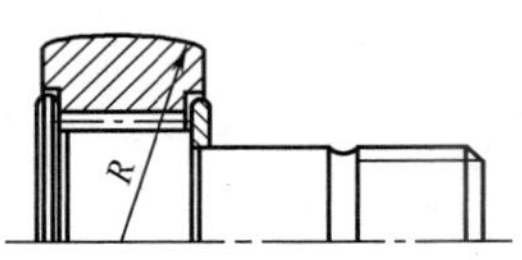	KRV③ KRV③	D Dd_1	KRV D KRV Dd_1	GB/T 6445.1
滚轮轴承	平挡圈滚轮满装圆柱滚子轴承 （轻系列） （重系列）	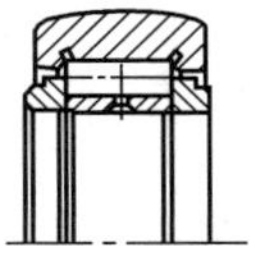	NUTR NUTR	d dD	NUTR d NUTR dD	JB/T 7754
滚轮轴承	带螺栓轴滚轮满装圆柱滚子轴承	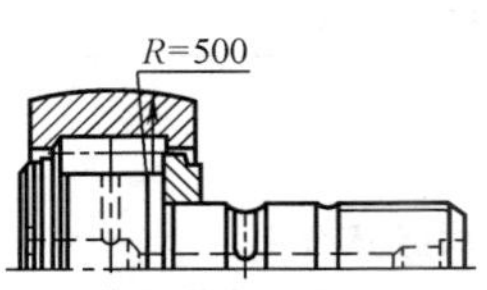	NUKR③	D	NUKR D	JB/T 7754

① 尺寸直接用毫米数表示时，如是个位数，需在其左边加“0”。如 8mm 用 08 表示。

② 内径代号除 d<10mm 用“/实际毫米数”表示外，其余按表 8-2-8 的规定。

③ 若 KR、KRV、NUKR 型轴承带偏心套，则在该类型代号后加 E，分别变为 KRE、KRVE、NUKRE。

④ 该代号为 1 系列尺寸的轴承代号；按 2 系列尺寸时，则在类型代号后加“H”，如 HKH、BKH、FH-、MFH-。

注：表中 d—轴承内径；D—轴承外径；B—轴承宽度；F_w—无内圈滚针轴承滚针总体内径；D_1—带冲压中心套的推力滚针和保持架组件中心套外径；d_1—带螺栓轴滚轮滚针轴承螺栓公称直径；D_{c1}—推力滚针和保持架组件内径；D_c—推力滚针和保持架组件外径；B_c—滚针保持架组件宽度。

2.2 带附件轴承代号（摘自 JB/T 2974—2004）

表 8-2-20 带附件轴承代号

所带附件名称	带附件轴承代号[①]	示例
带紧定套	轴承代号+紧定套代号	22208 K+H 308
带退卸套	轴承代号+退卸套代号	22208 K+AH 308
带内圈	适用于无内圈的滚针轴承、滚针组合轴承:轴承代号+IR	NKX 30+IR
带斜挡圈	适用于圆柱滚子轴承:轴承代号+斜挡圈代号[②]	NJ 210+HJ 210

① 仅适用于带附件轴承的包装及图样、设计文件、手册的标记，不适用于轴承标志。

② 可组合简化 NJ…+HJ…=NH…例如 NH210。

2.3 带座外球面球轴承代号（摘自 JB/T 6640—2007）

表 8-2-21 带座外球面球轴承代号

<table>
<tr><th colspan="2">前置代号</th><th colspan="7">基本代号</th><th colspan="2">后置代号</th></tr>
<tr><td colspan="2" rowspan="2">前置代号为带座轴承上附加防尘盖时,在其基本代号前添加的补充代号</td><td colspan="4">结构型式代号</td><td colspan="2">尺寸系列代号</td><td rowspan="3">内径代号</td><td colspan="2" rowspan="2">后置代号为带座轴承在结构型式、尺寸、公差、技术要求等有改变时,在基本代号后添加的补充代号</td></tr>
<tr><td colspan="2">外球面球轴承结构型式代号</td><td colspan="2">外球面球轴承座结构型式代号</td><td rowspan="2">代号</td><td rowspan="2">系列</td></tr>
<tr><td>代号</td><td>含义</td><td>代号</td><td>含义</td><td>代号</td><td>含义</td><td>代号</td><td>含义</td></tr>
<tr><td>C-</td><td>带座轴承两侧(对法兰座只有一侧)为铸造通盖</td><td>UC</td><td>带顶丝外球面球轴承</td><td>P</td><td>铸造立式座</td><td></td><td></td><td rowspan="17">见表8-2-8</td><td>-RZ</td><td>一面密封结构改变</td></tr>
<tr><td></td><td></td><td></td><td></td><td>PH</td><td>铸造高中心立式座</td><td>2</td><td>2系列</td><td>-2RZ</td><td>两面密封结构改变</td></tr>
<tr><td>CM-</td><td>带座轴承一侧为铸造通盖,而另一侧(对法兰座只有这一侧)为铸造盲盖</td><td>UEL</td><td>带偏心套外球面球轴承</td><td>PA</td><td>铸造窄立式座</td><td></td><td></td><td></td><td></td></tr>
<tr><td></td><td></td><td></td><td></td><td>FU</td><td>铸造方形座</td><td></td><td></td><td></td><td></td></tr>
<tr><td></td><td></td><td>UK</td><td>有圆锥孔外球面球轴承</td><td>FS</td><td>铸造凸台方形座</td><td>3</td><td>3系列</td><td>/J</td><td>轴承与轴承座的球面内径采用J7公差带相配合</td></tr>
<tr><td></td><td></td><td></td><td></td><td>FLU</td><td>铸造菱形座</td><td></td><td></td><td></td><td></td></tr>
<tr><td>S-</td><td>带座轴承两侧(对法兰座只有一侧)为钢板冲压通盖</td><td>UB</td><td>一端平头带顶丝外球面球轴承</td><td>FA</td><td>铸造可调菱形座</td><td></td><td></td><td></td><td></td></tr>
<tr><td></td><td></td><td></td><td></td><td>FC</td><td>铸造凸台圆形座</td><td></td><td></td><td>—</td><td>轴承与轴承座的球面内径采用H公差相配合</td></tr>
<tr><td></td><td></td><td>UE</td><td>轻型带偏心套外球面球轴承</td><td>K</td><td>铸造滑块座</td><td></td><td></td><td></td><td></td></tr>
<tr><td>SM-</td><td>带座轴承一侧为钢板冲压通盖,而另一侧(对法兰座只有这一侧)为钢板冲压盲盖</td><td></td><td></td><td>C</td><td>铸造环形座</td><td></td><td></td><td></td><td></td></tr>
<tr><td></td><td></td><td></td><td></td><td>FT</td><td>铸造三角形座</td><td></td><td></td><td></td><td></td></tr>
<tr><td></td><td></td><td>UD</td><td>两端平头外球面球轴承</td><td>FB</td><td>铸造悬挂式座</td><td></td><td></td><td>/K</td><td>轴承与轴承座的球面内径采用K7公差带相配合</td></tr>
<tr><td></td><td></td><td></td><td></td><td>HA</td><td>铸造悬吊式座</td><td></td><td></td><td></td><td></td></tr>
<tr><td></td><td></td><td></td><td></td><td>PP</td><td>冲压立式座</td><td></td><td></td><td></td><td></td></tr>
<tr><td></td><td></td><td></td><td></td><td>PF</td><td>冲压圆形座</td><td></td><td></td><td></td><td></td></tr>
<tr><td></td><td></td><td></td><td></td><td>PFT</td><td>冲压三角形座</td><td></td><td></td><td>W3</td><td>轴承外圈上有润滑油槽</td></tr>
<tr><td></td><td></td><td></td><td></td><td>PFL</td><td>冲压菱形座</td><td></td><td></td><td></td><td></td></tr>
</table>

注：1. 方形、菱形、圆形、三角形座属法兰座。

2. 其他后置代号同本章 2.1 节。

表 8-2-22 带附件的带紧定套带座外球面球轴承代号

结构型式	带座轴承结构型式代号	紧定套代号	组合代号
带立式座紧定套外球面球轴承	UKP	H 000	UKP 000+H 000
带方形座紧定套外球面球轴承	UKFU	H 000	UKFU 000+H 000
带菱形座紧定套外球面球轴承	UKFL	H 000	UKFL 000+H 000
带凸台圆形座紧定套外球面球轴承	UKFC	H 000	UKFC 000+H 000
带滑块座紧定套外球面球轴承	UKK	H 000	UKK 000+H 000

3 滚动轴承的选择与计算

3.1 基本概念及术语（摘自 GB/T 6391—2010、GB/T 6930—2002、GB/T 4662—2012）

1）寿命 单个滚动轴承的寿命系指轴承的一个套圈（或垫圈）或滚动体材料上出现第一个疲劳扩展迹象之前，轴承的一个套圈（或垫圈）相对另一个套圈（或垫圈）旋转的转数。

2）可靠度（属轴承寿命范畴）系指一组在相同条件下运转、近于相同的滚动轴承期望达到或超过规定寿命的百分率。单个滚动轴承的可靠度为该轴承达到或超过规定寿命的概率。

3）静载荷 轴承套圈或垫圈彼此相对转速为零时（向心或推力轴承）或滚动之件沿在滚动方向无运动时（直线轴承），作用在轴承上的载荷。

4）动载荷 当轴承套圈或垫圈相对旋转时（向心或推力轴承）或滚动元件间沿滚动方向运动时（直线轴承），作用在轴承上的载荷。

5）额定寿命 以径向基本额定动载荷或轴向基本额定动载荷为基础的寿命的预期值。

6）基本额定寿命 对于采用当代常用优质材料和具有良好加工质量并在常规运转条件下运转的轴承，基本额定寿命系指与90%的可靠度相关的额定寿命。

7）径向基本额定动载荷 系指一套滚动轴承理论上所能承受的恒定的径向载荷。在这一载荷作用下轴承的基本额定寿命为一百万转。对于单列角接触轴承，该载荷是指引起轴承套圈相互间产生纯径向位移的载荷的径向分量。

8）轴向基本额定动载荷 系指一套滚动轴承理论上所能承受的恒定的中心轴向载荷，在该载荷作用下，轴承的基本额定寿命为一百万转。

9）径向（或轴向）当量动载荷 系指一恒定的径向载荷（或中心轴向载荷），在该载荷作用下，滚动轴承具有与实际载荷条件下相同的寿命。

10）径向（或轴向）基本额定静载荷 在最大载荷滚动体与滚道接触中心处产生与下列计算接触应力所对应的径向静载荷（中心轴向静载荷）：4600MPa 调心球轴承（径向）；4200MPa 其他类型向心球轴承（径向）以及推力球轴承（轴向）；4000MPa 向心（径向）和推力滚子轴承（轴向）。

注：1. 对于单列角接触球轴承，其径向额定静载荷是指使轴承套圈相互间纯径向位移的载荷的径向分量。

2. 在静载荷条件下，这些接触应力系指引起滚动体与滚道的总永久变形量约为滚动体直径的0.0001倍时的应力。

11）径向（或轴向）当量静载荷 系指在最大载荷滚动体与滚道接触中心处产生与实际载荷条件下相同接触应力的径向（或中心轴向）静载荷。

3.2 滚动轴承类型选择

选择滚动轴承的类型与多种因素有关，通常根据下列几个主要因素，并可参考表8-2-1、表8-2-3综合考虑。

①允许空间。②载荷大小和方向。例如既有径向又有轴向的联合载荷一般选用角接触球轴承（角接触球轴承承受轴向载荷能力随接触角的增大而增大）或圆锥滚子轴承，如径向载荷大，轴向载荷小，可选深沟球轴承（虽然深沟球轴承的接触角 $\alpha=0$，但由于球与滚道间存在微量间隙，内外圈可形成相对位移，形成不大的接触角，所以能承受较小的轴向载荷）和内外圈都有挡边的圆柱滚子轴承，如同时还存在轴或壳体变形大以及安装对中性差的情况，可选用调心球轴承、调心滚子轴承；如轴向载荷大，径向载荷小，可选用推力角接触球轴承、推力圆锥滚子轴承，若同时要求调心性能，可选推力调心滚子轴承。一般说滚子轴承的承载能力比球轴承大许多，见表8-2-3的额定动载荷比。③轴承工作转速。④旋转精度。一般机械均可用0级公差轴承。⑤轴承的刚性。一般滚子轴承的刚性大于球轴承，提高轴承的刚性，可通过“预紧”，但必须适当。⑥轴向游动。轴承配置通常是一端固定，一端游动，以适应轴的热胀冷缩，保证轴承游动方式，一是可选用内圈或外圈无挡边的轴承，另一种是在内圈与轴或者外圈与轴承孔之间采用间隙配合。⑦摩擦力矩。需要低摩擦力矩的机械（如仪器）；应尽量采用球轴承，还应避免采用接触式密封轴承。⑧安装与拆卸。装卸频繁时，可选用分离型轴承，或选用内圈为圆锥孔的、带紧定套或退卸套的调心滚子轴承、调心球轴承。

3.3 按额定动载荷选择轴承（摘自 GB/T 6391—2010）

选择轴承一般应根据机械的类型、工作条件、可靠度要求及轴承的工作转速 n，预先确定一个适当的使用寿命 L_h（用工作小时表示），再进行额定动载荷和额定静载荷的计算。各类机械所需轴承的使用寿命推荐值见表 8-2-27。

3.3.1 基本额定动载荷计算

对于转速较高的轴承（$n>10\text{r/min}$），可按基本额定动载荷计算值选择轴承，然后校核其额定静载荷（见 3.4）是否满足要求。当轴承可靠度为 90%、轴承材料为常用优质材料（本篇各轴承尺寸性能表中所列基本额定动载荷均为常用优质材料，即普通电炉轴承钢的情况）并在常规条件运转时，取 500h 作为额定寿命的基准，同时考虑温度、振动、冲击等变化，则轴承基本额定动载荷可按式（8-2-1）进行简化计算。

$$C=\frac{f_h f_m f_d}{f_n f_T}P<C_r\ (\text{或}\ C_a) \tag{8-2-1}$$

式中 C——基本额定动载荷计算值，N；

P——当量动载荷，按式（8-2-2）计算，N；

f_h——寿命因数，按表 8-2-23 选取；

f_n——速度因数，按表 8-2-24 选取；

f_m——力矩载荷因数，力矩载荷较小时 $f_m=1.5$，力矩载荷较大时 $f_m=2$；

f_d——冲击载荷因数，按表 8-2-25 选取；

f_T——温度因数，按表 8-2-26 选取；

C_r——轴承尺寸及性能表中所列径向基本额定动载荷（在 GB/T 6391 中有计算公式），N；

C_a——轴承尺寸及性能表中所列轴向基本额定动载荷（在 GB/T 6391 中有计算公式），N。

表 8-2-23　寿命因数 f_h 值

L_h/h	f_h		L_h/h	f_h		L_h/h	f_h		L_h/h	f_h	
	球轴承	滚子轴承		球轴承	滚子轴承		球轴承	滚子轴承		球轴承	滚子轴承
100	0.585	0.617	300	0.843	0.858	700	1.119	1.105	1750	1.520	1.455
105	0.594	0.626	310	0.853	0.866	720	1.129	1.115	1800	1.535	1.470
110	0.604	0.635	320	0.862	0.875	740	1.140	1.125	1850	1.545	1.480
115	0.613	0.643	330	0.871	0.883	760	1.150	1.135	1900	1.560	1.490
120	0.621	0.652	340	0.879	0.891	780	1.160	1.145	1950	1.575	1.505
125	0.630	0.660	350	0.888	0.898	800	1.170	1.151	2000	1.590	1.515
130	0.638	0.668	360	0.896	0.906	820	1.179	1.160	2100	1.615	1.540
135	0.646	0.675	370	0.905	0.914	840	1.189	1.170	2200	1.640	1.560
140	0.654	0.683	380	0.913	0.921	860	1.198	1.180	2300	1.665	1.580
145	0.662	0.690	390	0.921	0.928	880	1.207	1.185	2400	1.690	1.600
150	0.669	0.697	400	0.928	0.935	900	1.216	1.190	2500	1.710	1.620
155	0.677	0.704	410	0.936	0.942	920	1.225	1.200	2600	1.730	1.640
160	0.684	0.710	420	0.944	0.949	940	1.234	1.210	2700	1.755	1.660
165	0.691	0.717	430	0.951	0.956	960	1.243	1.215	2800	1.775	1.675
170	0.698	0.723	440	0.958	0.962	980	1.251	1.225	2900	1.795	1.695
175	0.705	0.730	450	0.965	0.969	1000	1.260	1.230	3000	1.815	1.710
180	0.711	0.736	460	0.973	0.975	1050	1.281	1.250	3100	1.835	1.730
185	0.718	0.724	470	0.980	0.982	1100	1.301	1.270	3200	1.855	1.745
190	0.724	0.748	480	0.986	0.988	1150	1.320	1.285	3300	1.875	1.760
195	0.731	0.754	490	0.993	0.994	1200	1.339	1.300	3400	1.895	1.775
200	0.737	0.760	500	1.000	1.000	1250	1.360	1.315	3500	1.910	1.795
210	0.749	0.771	520	1.013	1.010	1300	1.375	1.330	3600	1.930	1.810
220	0.761	0.782	540	1.026	1.025	1350	1.395	1.345	3700	1.950	1.825
230	0.772	0.792	560	1.038	1.035	1400	1.410	1.360	3800	1.965	1.840
240	0.783	0.802	580	1.051	1.045	1450	1.425	1.375	3900	1.985	1.850
250	0.794	0.812	600	1.063	1.055	1500	1.445	1.390	4000	2.00	1.865
260	0.804	0.822	620	1.074	1.065	1550	1.460	1.405	4100	2.02	1.880
270	0.814	0.831	640	1.086	1.075	1600	1.475	1.420	4200	2.03	1.895
280	0.824	0.840	660	1.097	1.085	1650	1.490	1.430	4300	2.05	1.905
290	0.834	0.849	680	1.108	1.095	1700	1.505	1.445	4400	2.07	1.920

续表

L_h/h	f_h		L_h/h	f_h		L_h/h	f_h		L_h/h	f_h	
	球轴承	滚子轴承		球轴承	滚子轴承		球轴承	滚子轴承		球轴承	滚子轴承
4500	2.08	1.935	9000	2.62	2.38	20000	3.42	3.02	45000	4.48	3.86
4600	2.10	1.945	9200	2.64	2.40	21000	3.48	3.07	46000	4.51	3.88
4700	2.11	1.960	9400	2.66	2.41	22000	3.53	3.11	47000	4.55	3.91
4800	2.13	1.970	9600	2.68	2.43	23000	3.58	3.15	48000	4.58	3.93
4900	2.14	1.985	9800	2.70	2.44	24000	3.63	3.19	49000	4.61	3.96
5000	2.15	2.00	10000	2.71	2.46	25000	3.68	3.23	50000	4.64	3.98
5200	2.18	2.02	10500	2.76	2.49	26000	3.73	3.27	55000	4.80	4.10
5400	2.21	2.04	11000	2.80	2.53	27000	3.78	3.31	60000	4.94	4.20
5600	2.24	2.06	11500	2.85	2.56	28000	3.82	3.35	65000	5.07	4.30
5800	2.27	2.09	12000	2.89	2.59	29000	3.87	3.38	70000	5.19	4.40
6000	2.29	2.11	12500	2.93	2.63	30000	3.91	3.42	75000	5.30	4.50
6200	2.32	2.13	13000	2.96	2.66	31000	3.96	3.45	80000	5.43	4.58
6400	2.34	2.15	13500	3.00	2.69	32000	4.00	3.48	85000	5.55	4.68
6600	2.37	2.17	14000	3.04	2.72	33000	4.04	3.51	90000	5.65	4.75
6800	2.39	2.19	14500	3.07	2.75	34000	4.08	3.55	100000	5.85	4.90
7000	2.41	2.21	15000	3.11	2.77	35000	4.12	3.58			
7200	2.43	2.23	15500	3.14	2.80	36000	4.16	3.61			
7400	2.46	2.24	16000	3.18	2.83	37000	4.20	3.64			
7600	2.48	2.26	16500	3.21	2.85	38000	4.24	3.67			
7800	2.50	2.28	17000	3.24	2.88	39000	4.27	3.70			
8000	2.52	2.30	17500	3.27	2.91	40000	4.31	3.72			
8200	2.54	2.31	18000	3.30	2.93	41000	4.35	3.75			
8400	2.56	2.33	18500	3.33	2.95	42000	4.38	3.78			
8600	2.58	2.35	19000	3.36	2.98	43000	4.42	3.80			
8800	2.60	2.36	19500	3.39	3.00	44000	4.45	3.83			

注：表中 L_h 为轴承的预期使用寿命（以 h 计），设计时，根据不同设备的要求，先确定一个轴承的预期使用寿命，查出相应的 f_h，再求出轴承的 C，然后确定轴承的型号。反之，知道轴承的型号可以求出轴承的寿命。

表 8-2-24　速度因数 f_n 值

n/r·min^{-1}	f_n		n/r·min^{-1}	f_n		n/r·min^{-1}	f_n		n/r·min^{-1}	f_n	
	球轴承	滚子轴承		球轴承	滚子轴承		球轴承	滚子轴承		球轴承	滚子轴承
10	1.494	1.435	25	1.110	1.090	40	0.941	0.947	60	0.822	0.838
11	1.447	1.395	26	1.086	1.077	41	0.933	0.940	62	0.813	0.830
12	1.406	1.359	27	1.073	1.065	42	0.926	0.933	64	0.805	0.822
13	1.369	1.326	28	1.060	1.054	43	0.919	0.927	66	0.797	0.815
14	1.335	1.297	29	1.048	1.043	44	0.912	0.920	68	0.788	0.807
15	1.305	1.271	30	1.036	1.032	45	0.905	0.914	70	0.781	0.800
16	1.277	1.246	31	1.024	1.022	46	0.898	0.908	72	0.774	0.794
17	1.252	1.224	32	1.014	1.012	47	0.892	0.902	74	0.767	0.787
18	1.228	1.203	33	1.003	1.003	48	0.886	0.896	76	0.760	0.781
19	1.206	1.184	34	0.993	0.994	49	0.880	0.891	78	0.753	0.775
20	1.186	1.166	35	0.984	0.985	50	0.874	0.885	80	0.747	0.769
21	1.166	1.149	36	0.975	0.977	52	0.862	0.875	82	0.741	0.763
22	1.149	1.133	37	0.966	0.969	54	0.851	0.865	84	0.735	0.758
23	1.132	1.118	38	0.957	0.961	56	0.841	0.856	86	0.729	0.753
24	1.116	1.104	39	0.949	0.954	58	0.831	0.847	88	0.724	0.747

续表

n/r·min^{-1}	f_n		n/r·min^{-1}	f_n		n/r·min^{-1}	f_n		n/r·min^{-1}	f_n	
	球轴承	滚子轴承		球轴承	滚子轴承		球轴承	滚子轴承		球轴承	滚子轴承
90	0.718	0.742	450	0.420	0.458	2000	0.255	0.293	9000	0.155	0.187
92	0.713	0.737	460	0.417	0.455	2100	0.251	0.289	9200	0.154	0.185
94	0.708	0.733	470	0.414	0.452	2200	0.247	0.285	9400	0.153	0.184
96	0.703	0.728	480	0.411	0.449	2300	0.244	0.281	9600	0.152	0.183
98	0.698	0.724	490	0.408	0.447	2400	0.240	0.277	9800	0.150	0.182
100	0.693	0.719	500	0.405	0.444	2500	0.237	0.274	10000	0.140	0.181
105	0.682	0.709	520	0.400	0.439	2600	0.234	0.271	10500	0.147	0.178
110	0.672	0.699	540	0.395	0.434	2700	0.231	0.268	11000	0.145	0.176
115	0.662	0.690	560	0.390	0.429	2800	0.228	0.265	11500	0.143	0.173
120	0.652	0.681	580	0.386	0.424	2900	0.226	0.262	12000	0.141	0.171
125	0.644	0.673	600	0.382	0.420	3000	0.223	0.259	12500	0.139	0.169
130	0.635	0.665	620	0.377	0.416	3100	0.221	0.257	13000	0.137	0.167
135	0.627	0.657	640	0.374	0.412	3200	0.218	0.254	13500	0.135	0.165
140	0.620	0.650	660	0.370	0.408	3300	0.216	0.252	14000	0.134	0.163
145	0.613	0.643	680	0.366	0.405	3400	0.214	0.250	14500	0.132	0.162
150	0.606	0.637	700	0.363	0.401	3500	0.212	0.248	15000	0.131	0.160
155	0.599	0.631	720	0.359	0.398	3600	0.210	0.246	15500	0.129	0.158
160	0.593	0.625	740	0.356	0.395	3700	0.208	0.243	16000	0.128	0.157
165	0.587	0.619	760	0.353	0.391	3800	0.206	0.242	16500	0.126	0.155
170	0.581	0.613	780	0.350	0.388	3900	0.205	0.240	17000	0.125	0.154
175	0.575	0.608	800	0.347	0.385	4000	0.203	0.238	17500	0.124	0.153
180	0.570	0.603	820	0.344	0.383	4100	0.201	0.236	18000	0.123	0.151
185	0.565	0.598	840	0.341	0.380	4200	0.199	0.234	18500	0.122	0.150
190	0.560	0.593	860	0.338	0.377	4300	0.198	0.233	19000	0.121	0.149
195	0.555	0.589	880	0.336	0.375	4400	0.196	0.231	19500	0.120	0.148
200	0.550	0.584	900	0.333	0.372	4500	0.195	0.230	20000	0.119	0.147
210	0.541	0.576	920	0.331	0.370	4600	0.193	0.228	21000	0.117	0.146
220	0.533	0.568	940	0.329	0.367	4700	0.192	0.227	22000	0.115	0.143
230	0.525	0.560	960	0.326	0.366	4800	0.191	0.225	23000	0.113	0.141
240	0.518	0.553	980	0.324	0.363	4900	0.190	0.224	24000	0.112	0.139
250	0.511	0.546	1000	0.322	0.360	5000	0.188	0.222	25000	0.110	0.137
260	0.504	0.540	1050	0.317	0.355	5200	0.186	0.220	26000	0.109	0.136
270	0.498	0.534	1100	0.312	0.350	5400	0.183	0.217	27000	0.107	0.134
280	0.492	0.528	1150	0.307	0.346	5600	0.181	0.215	28000	0.106	0.133
290	0.486	0.523	1200	0.303	0.341	5800	0.179	0.213	29000	0.105	0.131
300	0.481	0.517	1250	0.299	0.337	6000	0.177	0.211	30000	0.104	0.130
310	0.476	0.512	1300	0.295	0.333	6200	0.175	0.209			
320	0.471	0.507	1350	0.291	0.329	6400	0.173	0.207			
330	0.466	0.503	1400	0.288	0.326	6600	0.172	0.205			
340	0.461	0.498	1450	0.284	0.322	6800	0.170	0.203			
350	0.457	0.494	1500	0.281	0.319	7000	0.168	0.201			
360	0.452	0.490	1550	0.278	0.316	7200	0.167	0.199			
370	0.448	0.486	1600	0.275	0.313	7400	0.165	0.198			
380	0.444	0.482	1650	0.272	0.310	7600	0.164	0.196			
390	0.441	0.478	1700	0.270	0.307	7800	0.162	0.195			
400	0.437	0.475	1750	0.267	0.305	8000	0.161	0.193			
410	0.433	0.471	1800	0.265	0.302	8200	0.160	0.192			
420	0.430	0.467	1850	0.262	0.300	8400	0.158	0.190			
430	0.426	0.464	1900	0.260	0.297	8600	0.157	0.189			
440	0.423	0.461	1950	0.258	0.295	8800	0.156	0.188			

表 8-2-25　冲击载荷因数 f_d

载荷性质	f_d	举例
无冲击或轻微冲击	1.0~1.2	电机、汽轮机、通风机、水泵
中等冲击	1.2~1.8	车辆、机床、起重机、冶金设备、内燃机
强大冲击	1.8~3.0	破碎机、轧钢机、石油钻机、振动筛

表 8-2-26　温度因数 f_T

工作温度/℃	<120	125	150	175	200	225	250	300
f_T	1.0	0.95	0.9	0.85	0.80	0.75	0.70	0.6

表 8-2-27　各种机械所需轴承使用寿命推荐值

使用条件	使用寿命/h	使用条件	使用寿命/h
不经常使用的仪器和设备	300~3000	每天8h工作，满载荷使用，如机床、木材加工机械、工程机械、印刷机械、分离机、离心机	20000~30000
短期或间断使用的机械，中断使用不致引起严重后果，如手动机械、农业机械、装配吊车、自动送料装置	3000~8000		
间断使用的机械，中断使用将引起严重后果，如发电站辅助设备、流水作业的传动装置、带式输送机、车间吊车	8000~12000	24h连续工作的机械，如压缩机、泵、电机、轧机齿轮装置、纺织机械	40000~50000
每天8h工作的机械、但经常不是满载荷使用，如电机、一般齿轮装置、压碎机、起重机和一般机械	10000~25000	24h连续工作的机械、中断使用将引起严重后果，如纤维机械、造纸机械、电站主要设备、给排水设备、矿用泵、矿用通风机	约100000

3.3.2　当量动载荷 P 的计算

轴承的基本额定动载荷是在假定的运转条件下确定的。其中载荷条件是：向心轴承仅承受纯径向载荷；推力轴承仅承受纯轴向载荷。实际上，轴承在大多数应用场合，常常同时承受径向载荷和轴向载荷，因此，在进行轴承计算时，必须把实际载荷转换为与确定额定动载荷条件相一致的当量动载荷。当量动载荷的一般计算公式为：

$$P = XF_r + YF_a \tag{8-2-2}$$

式中　P——当量动载荷，N；

F_r——径向载荷，N；

F_a——轴向载荷，N；

X——径向动载荷系数；

Y——轴向动载荷系数。

各类轴承当量动载荷的计算公式详见本章各类轴承尺寸与性能表。

3.3.3　载荷和速度均变动时的平均当量动载荷计算

若轴承在变动载荷和变动转速下工作，在确定轴承寿命时，应用平均当量动载荷和平均转速。平均当量动载荷一般按式（8-2-3）计算。

$$P_m = \sqrt[\varepsilon]{\frac{1}{N}\int_0^N P^{\varepsilon}\,dN} \tag{8-2-3}$$

式中　P_m——平均当量动载荷，N；

P——当量动载荷（是一函数），N；

N——载荷变动一个周期内的总转数，r。

对于如图 8-2-1 所示的载荷和转数之间的关系，平均当量动载荷的计算公式为式(8-2-4)。

$$P_m = \sqrt[\varepsilon]{\frac{N_1P_1^{\varepsilon}+N_2P_2^{\varepsilon}+N_3P_3^{\varepsilon}+\cdots}{N}} \tag{8-2-4}$$

式中　P_1，P_2，P_3，…——分别为 N_1、N_2、N_3、…转数时的当量动载荷，N。

$N_1+N_2+N_3+\cdots=N$（N_1、N_2、N_3、…分别为转速 n_1、n_2、n_3、…与相应运转时间 t_1、t_2、t_3、…的乘积）

对球轴承，$\varepsilon=3$；对滚子轴承，$\varepsilon=10/3$。

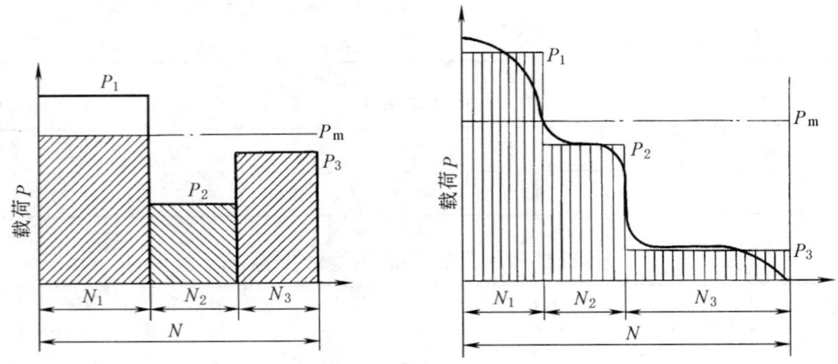

图 8-2-1　载荷与转数之间的关系

轴承的转速保持不变，载荷仅随时间单调而连续地周期变化，见表 8-2-28 中所列各图，其平均当量动载荷可利用表中简化公式近似地求出。

表 8-2-28

一　般　情　况	正　弦　曲　线	正弦曲线上半部
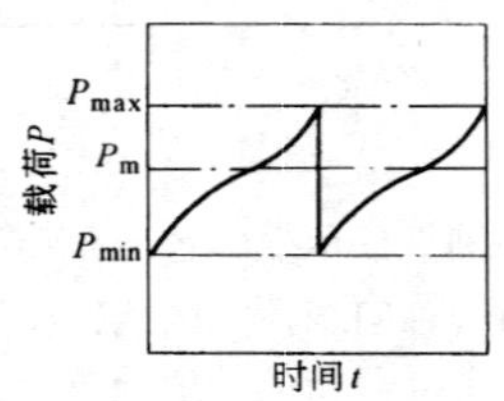	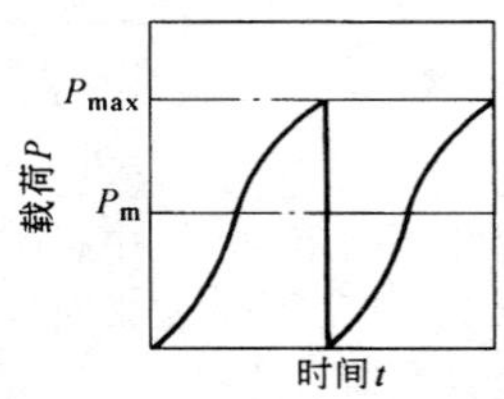	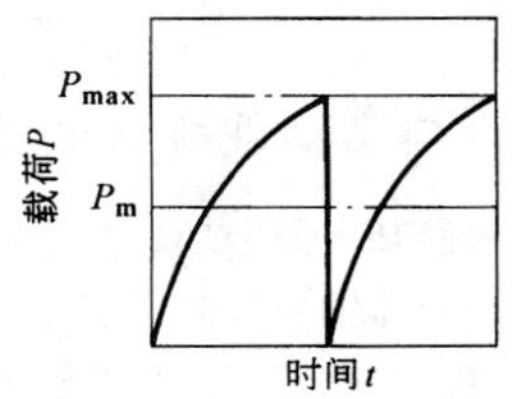
$P_m=\frac{1}{3}(P_{min}+2P_{max})$	$P_m=0.65P_{max}$	$P_m=0.75P_{max}$

若轴承载荷由大小和方向都不变的载荷 F_1（如转子重力等）以及大小不变的旋转载荷 F_2（如不平衡量引起的离心力等）组成，如图 8-2-2 所示，则其平均载荷可按式（8-2-5）计算。

$$F_m=\varphi_m(F_1+F_2) \tag{8-2-5}$$

式中　F_m——平均载荷；

φ_m——因数，可按图 8-2-2 确定。

求出 F_m 后，可根据 F_1 和 F_2 的合成载荷平面方向，将 F_m 按式（8-2-2）再转换成平均当量动载荷 P_m。

有关修正额定寿命（$L_{nm}=a_1a_{ISO}L_{10}$）的计算见标准 GB/T 6391—2010，本章 10 节有该标准摘编。

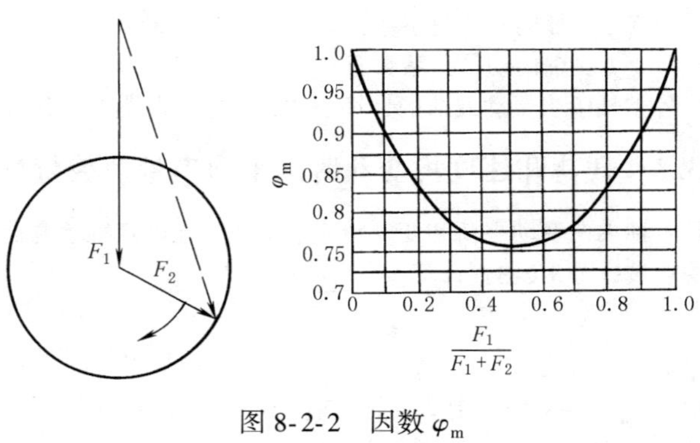

图 8-2-2　因数 φ_m

补充说明，基本额定寿命 L_{10h}（以小时计）与基本额定动载荷（C）（N）和当量动载荷 P(N)间的关系如下

$$L_{10h}=\frac{10^6}{60n}\left(\frac{C}{P}\right)^{\varepsilon}$$

为了简化计算，取 500h 作为额定寿命的基准，引入速度系数 $f_n=\left[\frac{33\frac{1}{3}}{n}\right]^{1/\varepsilon}$，寿命系数 $f_h=\left(\frac{L_{10h}}{500}\right)^{1/\varepsilon}$，则轴承寿命公式转换为

$$C=\frac{f_h}{f_n}P$$

再考虑力矩载荷因数 f_m，冲击载荷因数 f_d、温度因数 f_T，则上式为

$$C=\frac{f_h f_m f_d}{f_n f_T}P \quad \text{即式（8-2-1）所示。}$$

3.4 额定静载荷的计算（摘自 GB/T 4662—2012）

对低速旋转（转速≤10r/min）或缓慢摆动的轴承，应分别计算额定动载荷（见本章 3.3 节）和额定静载荷，取其中较大者选择轴承。额定静载荷的计算见式（8-2-6）。按额定静载荷送轴承时，必须注意与轴承相配合部位的刚度，轴承箱的刚度较低时，可选较高的安全因数，反之则送较低的安全因数。

$$C_0=S_0P_0<C_{0r}\text{（或 }C_{0a}\text{）} \tag{8-2-6}$$

式中 C_0——基本额定静载荷计算值，N；

P_0——当量静载荷，N，计算公式见表 8-2-29；

S_0——安全因数，静止轴承和缓慢摆动或转速极低的轴承 S_0 见表 8-2-30；旋转轴承 S_0 见表 8-2-31；推力调心滚子轴承，无论其旋转与否均应取 $S_0\geqslant4$；轴承箱刚度较低时 S_0 取较高值，反之取较低值；

C_{0r}——轴承尺寸及性能表中所列径向基本额定静载荷，N；

C_{0a}——轴承尺寸及性能表中所列轴向基本额定静载荷，N。

表 8-2-29　当量静载荷计算公式

轴承类型		计算公式		说明
向心轴承	$\alpha=0$ 的向心滚子轴承	径向当量静载荷	$P_{0r}=F_r$	F_r——径向载荷 F_a——轴向载荷 X_0——径向静载荷系数 Y_0——轴向静载荷系数 （见轴承尺寸性能表）
	向心球轴承和 $\alpha\neq0$ 的向心滚子轴承		$\begin{cases}P_{0r}=X_0F_r+Y_0F_a\\P_{0r}=F_r\end{cases}$ 取二式中的较大值	
推力轴承	$\alpha=90°$ 的推力轴承	轴向当量静载荷	$P_{0a}=F_a$	
	$\alpha\neq90°$ 的推力轴承		$P_{0a}=2.3F_r\tan\alpha+F_a$	

表 8-2-30　静止轴承安全因数

轴承使用场合		S_0
飞机变距螺旋桨叶片		≥0.5
水坝闸门装置		≥1
吊　桥		≥1.5
附加动载荷	较小的大型起重机吊钩	≥1
	很大的小型装卸起重机吊钩	≥1.6

表 8-2-31　旋转轴承安全因数

使用要求和载荷性质	S_0	
	球轴承	滚子轴承
对旋转精度及平稳性要求较高，或承受冲击载荷	1.5~2	2.5~4
正常使用	0.5~2	1~3.5
对旋转精度及平稳性要求较低，没有冲击和振动	0.5~2	1~3

若轴承的转速较低，对运转精度和摩擦力矩要求不高时，可允许有较大的接触应力，即可取 $S_0<1$；反之，则取 $S_0>1$。

3.5 滚动轴承的极限转速

轴承的极限转速与轴承的类型、尺寸、载荷、润滑、精度、游隙、保持架及冷却条件等因素有关，但最主要

的因素是轴承的允许工作温度。列于轴承样本中尺寸与性能表中的各个型号轴承极限转速，分别是在脂润滑和油润滑条件下确定的。它仅适用于：①$P \leqslant 0.1C$ 的载荷条件；②润滑冷却条件正常；③刚性的轴承座和轴；④向心轴承仅承受径向载荷，推力轴承仅承受轴向载荷；⑤轴承公差为 0 级。

当轴承在 $P>0.1C$ 载荷条件下运转时，滚动体和滚道接触面的接触应力增大，使轴承温度升高，润滑剂的性能相对恶化。因此，应将性能表中极限转速的数值乘以降低系数 f_1，见图 8-2-3。

对于承受径向和轴向联合载荷作用的向心轴承，由于承受载荷的滚动体的数量增加，摩擦与发热增大，润滑条件变差，因此，必须根据轴承类型和载荷角大小，将性能表上的极限转速乘以一个降低系数 f_2，见图 8-2-4。

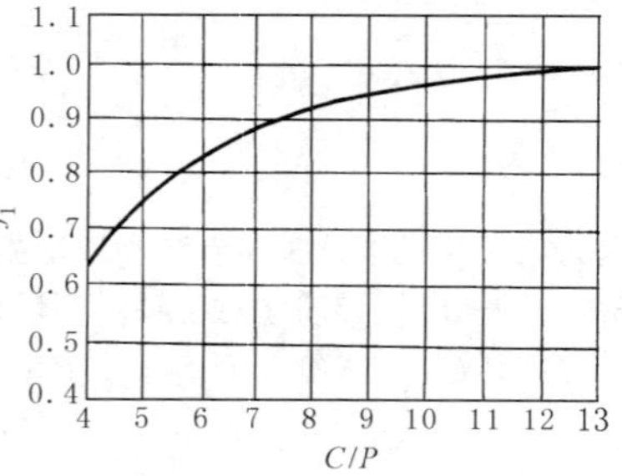

图 8-2-3

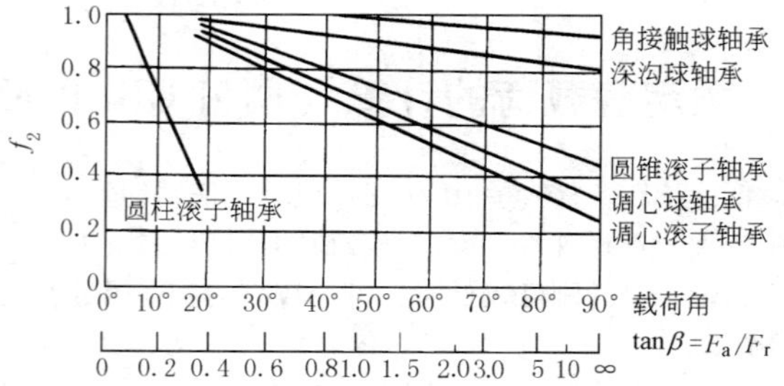

图 8-2-4

因此，当 $P>0.1C$，同时在联合载荷作用下，则应将性能表上的极限转速乘以 f_1 和 f_2，得到许可的极限转速。

如果所选轴承的极限转速不能满足使用要求，可采取某些改进措施予以提高，如提高轴承精度，适当增大游隙，改用特殊材料和结构的保持架，采用油雾或喷射润滑，改善冷却条件等。

第 8 篇

3.6 滚动轴承的摩擦计算与温升

3.6.1 轴承的摩擦

（1）轴承摩擦力矩（M）的近似计算

滚动轴承的摩擦主要有：滚动体与滚道之间的滚动摩擦和滑动摩擦；保持架与滚动体及套圈引导面之间的滑动摩擦；滚子端面与套圈挡边面之间的滑动摩擦；润滑剂的黏性阻力；密封装置的滑动摩擦等。其大小取决于轴承的类型、尺寸、载荷、转速、润滑、密封等因素。轴承的摩擦力矩一般可按式（8-2-7）计算：

$$M=\mu Fd/2 \tag{8-2-7}$$

式中 M——轴承摩擦力矩，N·mm；

μ——轴承摩擦因数；

F——轴承载荷，N，$F=\sqrt{F_a^2+F_r^2}$；

d——轴承内径，mm。

在 $P \approx 0.1C$、$n \approx 0.5n_1$（n_1 为极限转速）、润滑充足、运转正常的情况下，μ 的数值见表 8-2-32。对主要承受径向载荷的向心轴承，μ 取较小值；对主要承受轴向载荷的向心轴承，μ 取较大值；对推力轴承，由于作用于滚动体的离心力随转速而变化，μ 值变化范围较大，应用时需特别注意。一般来说，随着轴承载荷增大，转速提高，润滑油量增多，μ 值会相应增大。

（2）轴承摩擦力矩 M 的精确计算

轴承摩擦力矩的精确计算主要考虑了与轴承载荷无关的摩擦力矩 $M_。$ 和与轴承载荷有关的摩擦力矩 M_1 两部分，即

总摩擦力矩　　$M=M_0+M_1$

M_0 与 M_1 的计算　在高速轻载的应用场合，M_0 起主要作用。M_0 主要与轴承类型、润滑剂的黏度和轴承转速有关。M_1 主要是弹性滞后和接触表面差动滑动的摩擦损耗有关。

M_0、M_1 及有关系数 f_0、f_1 和 F_1 的计算式表 8-2-33～表 8-2-35。

表 8-2-32　　滚动轴承的摩擦因数 μ

轴承类型	μ	轴承类型	μ	轴承类型	μ
深沟球轴承	0.0015～0.0022	滚针轴承(满针)	0.0025～0.0040	单列圆锥滚子轴承	0.0018～0.0028
调心球轴承	0.0010～0.0018	滚针轴承(有保持架)	0.0020～0.0040	单向推力球轴承	0.0013～0.0020
单列圆柱滚子轴承	0.0011～0.0022	角接触球轴承	0.0018～0.0025	单向推力调心滚子轴承	0.0018～0.0030
调心滚子轴承	0.0018～0.0025				

表 8-2-33　　M_0 及 M_1

条　件	M_0 及 M_1	说　明
$\nu n \geqslant 2000$ 时	$M_0=10^{-7}f_0(\nu n)^{2/3}D_m^3$	D_m—轴承平均直径,mm,$D_m=0.5(d+D)$ f_o—与轴承类型和润滑有关的系数,见下表 n—轴承转速,r/min ν—在轴承工作温度下润滑剂的运动黏度(对润滑脂取基油的黏度),mm²/s
$\nu n<2000$ 时	$M_0=160\times10^{-7}f_0D_m^3$	
	$M_1=f_1F_1D_m$	D_m 同上 f_1—与轴承类型和载荷有关的系数,见下表 F_1—计算轴承摩擦力矩时的轴承载荷

表 8-2-34　　系数 f_0 的值

轴承类型	润滑方式			
	脂润滑	喷雾润滑	油浴润滑(卧轴)	油浴润滑(竖轴)、喷油润滑
深沟球轴承	0.7～2.0①	0.7～1.0①	2	3～4①
调心球轴承	1.5～2.0①		1.5～2.0①	
推力球轴承	5.5	0.8	1.5	3
角接触球轴承	2	1.7	3.3	6.6
带保持架滚子轴承	0.6～1.0①	1.5～2.8①	2.2～4.0①	2.2～4.0①②
满装滚子轴承	5～10①	—	5	—
调心滚子轴承	3.5～7.0①	1.7～3.5①	3.5～7.0①	7～14①
圆锥滚子轴承	6	3	6	8～10①②
滚针轴承	12	6	12	24
推力圆柱滚子轴承	9	—	3.5	8
推力调心滚子轴承	—		2.5～5.0①	5～10①
推力滚针轴承	14		5	11

① 小值适用于轻系列轴承，大值适用于重系列轴承。

② 对油浴润滑（竖轴）取为 $2f_0$。

表 8-2-35　　f_1 和 F_1 的计算式

轴承类型	f_1	$F_1$①
深沟球轴承	$0.0009(P_0/C_0)^{0.55}$	$3F_a-0.1F_r$
调心球轴承	$0.0003(P_0/C_0)^{0.40}$	$1.4YF_a-0.1F_r$
角接触球轴承	$0.0013(P_0/C_0)^{0.33}$	$F_a-0.4F_r$
双列角接触球轴承	$0.001(P_0/C_0)^{0.33}$	$1.4F_a-0.1F_r$
圆柱滚子轴承(带保持架)	0.00025～0.00030②	F_r
圆柱滚子轴承(满装滚子)	0.00045	
调心滚子轴承	0.0004～0.0005②	$1.2YF_a$
圆锥滚子轴承		$2YF_a$
推力球轴承	$0.0012(P_0/C_0)^{0.33}$	F_a
推力圆柱滚子轴承	0.0018	
推力调心滚子轴承	0.0005～0.0006②	$F_a(F_{max}\leqslant0.55F_a)$

① 若 $F_1<F_r$，则取 $F_1=F_r$。

② 轻系列时取偏小的值；重系列时取偏大的值。

注：Y 是当 $F_a/F_r>e$ 时的载荷轴向因子，可由各类轴承主要尺寸与性能表之前述部分查出。

（3）考虑 M_2 时 M 的计算　如果圆柱滚子轴承同时承受径向载荷和轴向载荷的作用，则应考虑附加摩擦力矩 M_2，即轴承的总摩擦力矩为

$$M=M_0+M_1+M_2$$

而

$$M_2=f_2F_aD_m$$

式中　f_2——与轴承结构及润滑方式有关的系数，见表 8-2-36。

要更准确地计算滚动轴承的摩擦力矩，需考虑其他因素引起的摩擦力矩，如滑动摩擦力矩，密封圈引起的摩擦力矩等。

表 8-2-36　　圆柱滚子轴承的 f_2 值

轴承类型	润滑方式	
	脂润滑	油润滑
带保持架优化设计	0.0003	0.0002
带保持架其他设计	0.009	0.006
单列端装滚子	0.006	0.003
双列满装滚子	0.015	0.009

注：表中给出的是在润滑剂有足够黏度和 $F_a/F_r≤0.4$ 条件下的 f_2 值。

3.6.2　轴承的温升

轴承摩擦损失在轴承内部几乎都变为热量使轴承温度上升，单位时间内摩擦产生的热量可用下式计算

$$Q=1.05×10^{-4}Mn$$

式中　Q——单位时间内的发热量，kW；

M——摩擦力矩，N·m；

n——轴承转速，r/min。

轴承的工作温度是由发热量与散热量的平衡决定的。通常情况下，运转初期温度会急剧上升，经过一段时间后，才会趋于稳定。机械系统达到热平衡所需的时间与轴承的发热量、轴承座（或机体）等的热容量、冷却面积、润滑油量、环境温度等相关。在循环油润滑和油雾润滑时，油和空气带走热量的多少，对轴承温度也有很大影响。由于影响轴承温度的因素繁多，因而，定量确定出轴承温度值比较困难，通常是实时测量。

轴承在运转一段时间后，温度不能达到稳定状态时，可判断发生异常。温升异常的原因有：轴承扭动（力矩载荷）、游隙过小、预紧量过大、润滑剂过多或不足、杂质混入轴承内部或密封装置发热等。

3.7　滚动轴承的预紧

滚动轴承的预紧，是指安装轴承时使轴承滚动体和内、外套圈之间产生一定的初始压力和预变形，以保持轴承内、外圈均处于压紧状态，使轴承在工作载荷下，处于负游隙状态下运转。预紧的目的是：增加轴承的刚度；使旋转轴在轴向和径向正确定位，提高轴的旋转精度；降低轴的振动和噪声，减小由于惯性力矩所引起的滚动体相对于内、外圈滚道的滑动；补偿因磨损造成的轴承内部游隙变化；延长轴承寿命。

按预载荷的方向可分为轴向预紧和径向预紧，在实际应用中，球轴承多采用轴向预紧，圆柱滚子轴承为径向预紧。两个相同型号的角接触球轴承或圆锥滚子轴承成对安装时，按施加预载荷的方法，轴向预紧又分定位预紧和定压预紧。

3.7.1　定位预紧

定位预紧是指轴承的轴向位置在使用过程中保持不变的一种轴向预紧方式，如图 8-2-5 所示，可以通过调整两轴承之间的隔套的宽度以获得一定的预紧量。

当两个相同型号的角接触球轴承成对安装时，其轴向载荷—变形的曲线如图 8-2-6 所示。预紧前，两轴承的内圈与内垫片间存在间隙，施加轴向预紧力 F_{a0} 后，轴向间隙消除，轴承内部产生的轴向（预紧）变形 $\delta_{aⅠ}$、$\delta_{aⅡ}$ 均为 δ_{a0}。图中两个轴承的载荷—变形曲线的形成交点。当外加轴向载荷 F_a 作用于轴上后，两轴承的轴向变形和轴向载荷发生变化，轴将沿 F_a 的方向移动位移量 δ_a；此时，轴承Ⅰ变形增加了 δ_a，轴承Ⅱ的变形减少了 δ_a。

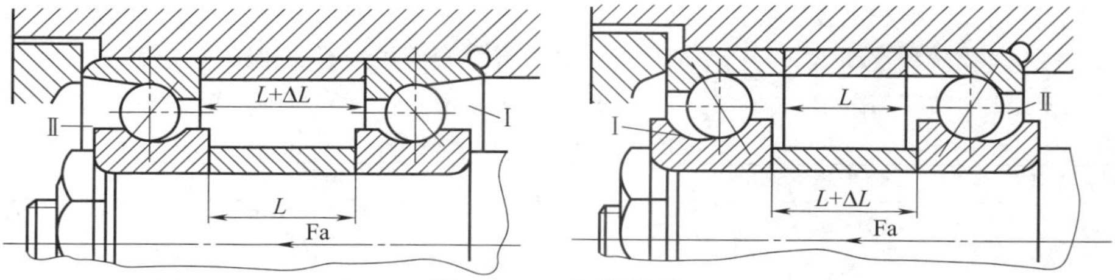

图 8-2-5　定位预紧

由图 8-2-6 中可以看出，轴承Ⅰ、Ⅱ的轴向变形量分别为

$$\delta_{a\,\text{I}}=\delta_{a0}+\delta_a \qquad \delta_{a\,\text{II}}=\delta_{a0}-\delta_a$$

相应地，轴承Ⅰ、Ⅱ所受的轴向载荷为

$$F_{a\,\text{I}}=F_{a0}+\Delta F_{a\,\text{I}}$$

$$F_{a\,\text{II}}=F_{a0}-\Delta F_{a\,\text{II}}$$

由力的平衡条件可得

$$F_a=F_{a\,\text{I}}-F_{a\,\text{II}}$$

可以看出，在轴向载荷 F_a 作用下，支承系统的轴向位移量仅为 δ_a。因此，成对安装角接触球轴承通过预紧可显著提高支承系统的刚度。

若增大 F_a，使 $\Delta F_{a\,\text{II}}=F_{a0}$，则轴沿 F_a 方向的移动量 $\delta_a=\delta_{a0}$。此时，轴承Ⅱ完全不受载荷，则

$$\delta_{a\,\text{I}}=2\delta_{a0}$$

$$\delta_{a\,\text{II}}=0$$

使轴承Ⅱ完全不承受载荷的外加轴向载荷称为卸紧载荷。当预紧的轴承是一对相同型号的角接触球轴承时，其卸紧载荷为

$$F_{ax}=2^{3/2}F_{a0}=2.83F_{a0}$$

如果外加轴向载荷 F_a 大于上述值时，轴向载荷完全由轴承Ⅰ承受。此时，成对安装的角接触球轴承仅起到单个轴承的作用，这种情况应当避免。

当两个相同型号的圆锥滚子轴承成对安装时，其轴向载荷—变形曲线如图 8-2-7 所示。从图中可以看出，成对安装的圆锥滚子轴承通过预紧可提高刚度一倍。

$$F_{ax}=2F_{a0}$$

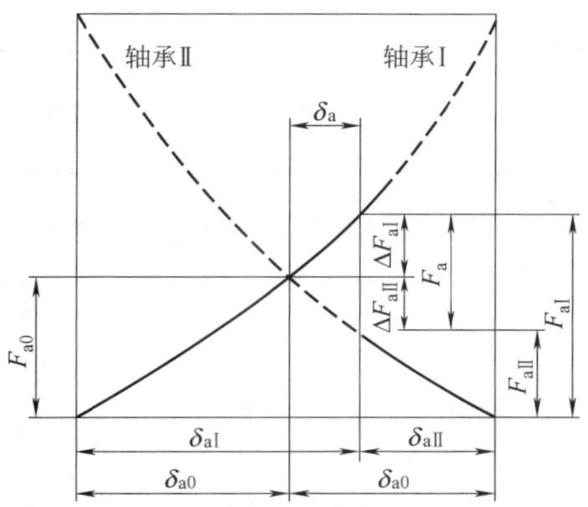

图 8-2-6　角接触球轴承定位预紧时的载荷—变形曲线

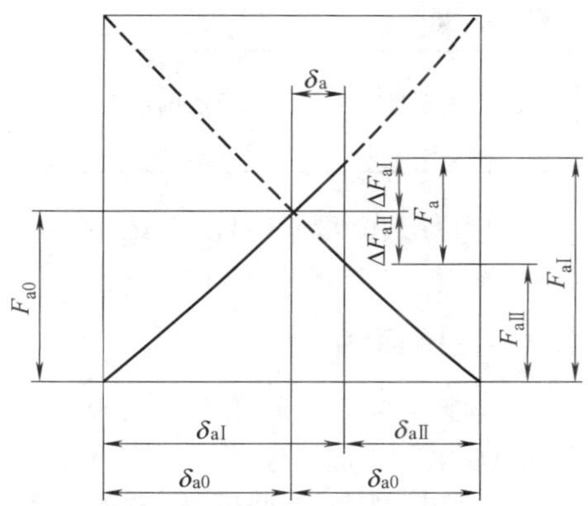

图 8-2-7　圆锥滚子轴承定位预紧时的载荷—变形曲线

3.7.2 最小轴向（定位）预紧载荷的选取

预紧量过小达不到预紧的目的，但预紧载荷过大，轴承的刚度并不能得到显著提高，反而使轴承中的摩擦增大，温度升高，轴承寿命降低。

预紧载荷的大小，应根据载荷情况和使用要求确定。一般地说，在高速轻载荷条件下，或是为了减小支承系

统的振动和提高旋转精度，则选用较轻的预紧载荷；在中速中载荷或低速重载荷条件下，以及为了增加支承系统的刚度，则选用中预紧载荷和重预紧载荷。一般应通过计算并结合使用经验决定预紧载荷的大小。

定位预紧时，应使滚动体与滚道始终保持接触。此时，最小的轴向预紧载荷可按表 8-2-37 所列公式确定。

表 8-2-37　　定位预紧时的最小预紧载荷

序号	轴承类型	载荷状况	最小预紧载荷 F_{a0min}
1	角接触球轴承 深沟球轴承	纯轴向载荷	$F_{a0min} \geqslant 0.35F_a$
		径向和轴向联合载荷	$\begin{cases} F_{a0min} \geqslant 1.7F_{r\,\mathrm{I}}\tan\alpha_{\mathrm{I}} - 0.5F_a \\ F_{a0min} \geqslant 1.7F_{r\,\mathrm{II}}\tan\alpha_{\mathrm{II}} + 0.5F_a \end{cases}$ 取两者中的较大值
2	圆锥滚子轴承	纯轴向载荷	$F_{a0min} \geqslant 0.5F_a$
		径向和轴向联合载荷	$\begin{cases} F_{a0min} \geqslant 1.9F_{r\,\mathrm{I}}\tan\alpha_{\mathrm{I}} - 0.5F_a \\ F_{a0min} \geqslant 1.9F_{r\,\mathrm{II}}\tan\alpha_{\mathrm{II}} + 0.5F_a \end{cases}$ 取两者中的较大值
3	推力球轴承	纯轴向载荷	$F_{a0min} = A(n/1000)^2$
4	推力调心滚子轴承	纯轴向载荷	$F_{a0min} = (1\sim2)/1000$
		径向和轴向联合作用	$F_{a0min} = 1.8F_r + A(n/1000)^2$
5	推力角接触球轴承 $\alpha = 45°$	径向和轴向联合作用	$F_{a0min} = 1.9F_r + A(n/1000)^2$
	推力角接触球轴承 $\alpha = 60°$		$F_{a0min} = 3.3F_r + A(n/1000)^2$
6	推力滚子轴承	纯轴向载荷	$F_{a0min} = \max\begin{pmatrix} C_0/1000 \\ A(n/1000)^2 \end{pmatrix}$
7	推力滚针轴承	纯轴向载荷	$F_{a0min} = C_0/2000$
	符号表示		$F_{r\,\mathrm{I}}$——轴承Ⅰ所承受的径向载荷 $F_{r\,\mathrm{II}}$——轴承Ⅱ所承受的径向载荷 F_a——轴向载荷 F_r——径向载荷 α_{I}——轴承Ⅰ的接触角 α_{II}——轴承Ⅱ的接触角 n——轴承转速(r/min) C_0——轴承的额定静载荷(N) A——最小载荷常量 $A=k(C_0/10000)^2$ 或查产品性能表 k——载荷系数，见表 8-2-38

表 8-2-38　　载荷系数 k

轴承类型	推力球轴承	推力角接触球轴承	推力非对称调心滚子轴承	推力对称调心滚子轴承	推力圆柱滚子轴承	推力圆柱滚子轴承
k	1	0.4	0.04	0.06	0.04	0.02

在实际应用中，要正确测定所施加的预紧载荷值是很困难的。可以采用测量轴承的启动摩擦力矩，测量轴承的轴向位移量，测量预紧弹簧的变形量，测量螺母紧固扭矩等方法控制预紧量。

3.7.3　定压预紧

定压预紧是指通过弹簧使轴承的轴向预紧载荷在使用中保持不变的一种轴向预紧方式。如图 8-2-8 所示，可以通过调整弹簧的压缩量以获得一定的预紧量。

当两个相同型号的角接触球轴承成对安装并采用定压预紧时，其同向载荷—变形曲线如图 8-2-9 所示。从图中看出，轴承Ⅰ、Ⅱ在预紧载荷 F_{a0} 作用下，其预紧变形量均为 δ_{a0}，当外加轴向载荷 F_a 作用于轴上后，轴沿 F_a 方向移动了 δ_a。轴承Ⅱ的外圈在弹簧作用下始终压紧内圈。由于弹簧的刚度与轴承的刚度相比很小，故可以近似地认为，在外加轴向载荷作用下，轴承Ⅰ的变形量增加 δ_a，而轴承Ⅱ的变形量和预紧载荷保持不变。

与定位预紧相比，在相同预紧变形量时，定压预紧对支承系统轴向刚度的增加不显著。但在定位预紧时，轴和轴承座温度差所引起的轴向长度差、内外圈温度差引起的径向膨胀量等均会影响到预紧变形量，而定压预紧时，则不受影响。因此，必须根据具体技术要求选择预紧方式。通常，在要求高刚度时，选用定位预紧；在高速运转时，选用定压预紧。

3.7.4 径向预紧

利用轴承和轴颈的过盈配合，使轴承内圈膨胀，以消除径向游隙并产生一定预变形的方法，称轴承的径向预紧。径向预紧可提高支承刚度。在高速圆柱滚子轴承中，径向预紧可以减小在离心力作用下，滚动体与滚道打滑现象。对于圆锥形内孔的轴承，用锁紧螺母调整内圈与紧定套的相对位置，减小轴承的径向游隙实现径向预紧。

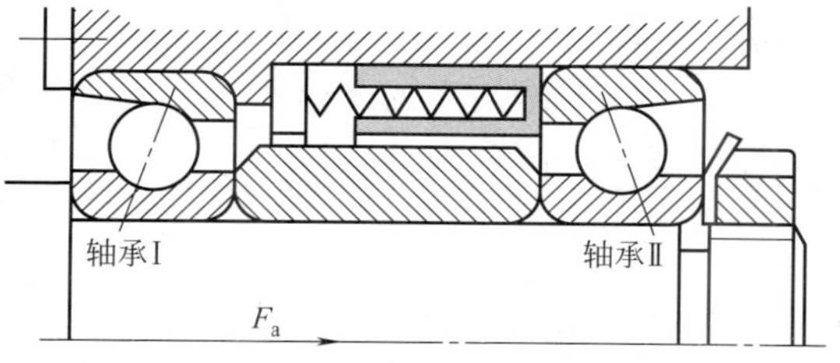

图 8-2-8　定压预紧

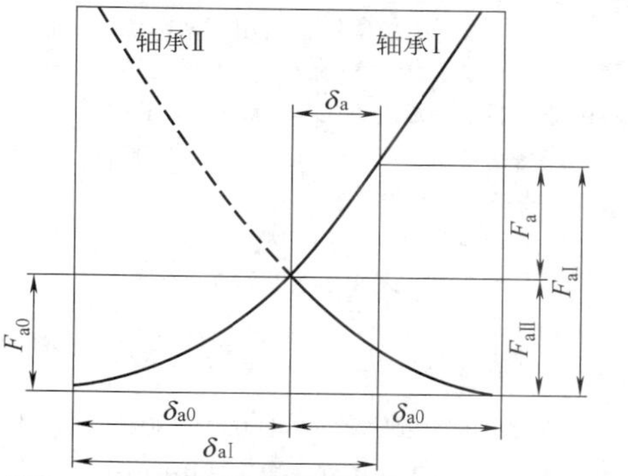

图 8-2-9　定压预紧时的载荷—变形曲线

3.8 滚动轴承选择计算举例

例 1　根据工作条件选用 $d=40\text{mm}$ 的调心滚子轴承，轴承受径向载荷 $F_r=45\text{kN}$，转速 $n=10\text{r/min}$，运转条件正常，要求寿命 $L_h=1500\text{h}$。试决定型号。

根据式（8-2-1）

$$C=\frac{f_hf_mf_d}{f_nf_T}P$$

查表 8-2-23～表 8-2-26 得：$f_h=1.390$，$f_n=1.435$，$f_m=1$，$f_d=1$，$f_T=1$

$$C=\frac{1.390\times1\times1}{1.435\times1}\times45=43.6\text{kN}$$

根据式（8-2-6）

$$C_0=S_0P_0$$

查表 8-2-29

$$P_{0r}=F_r=45\text{kN}$$

查表 8-2-31

$$S_0=1$$

$$C_0=1\times45=45\text{kN}$$

查表 8-2-97，22208（cc）型轴承　$C_r=79\text{kN}$，$C_{0r}=88.5\text{kN}$，能满足要求，故选 22208（cc）型轴承。

例 2　单列角接触球轴承 7307B，承受纯轴向载荷，转速 $n=1000\text{r/min}$，要求寿命 $L_h=5000\text{h}$，计算此种轴承能承受的最大轴向载荷。

因 $F_r=0$，故 $F_a/F_r>1.14$，由表 8-2-80 查得 $P=0.35F_r+0.57F_a$

由表 8-2-83 查得 7307B 型轴承 $C_r=38.2\text{kN}$，$C_{0r}=24.5\text{kN}$

根据式（8-2-1）$P=\dfrac{f_nf_T}{f_hf_mf_d}C$ 查表 8-2-23～表 8-2-26 得：$f_n=0.322$，$f_h=2.15$，$f_m=f_d=f_T=1$

按当量动载荷求得轴向载荷

$$F_a=\frac{P}{0.57}=\frac{0.322\times1}{2.15\times1\times0.57\times1}\times38.2=10.04\text{kN}$$

例 3　一农用泵拟用深沟球轴承，轴径 $d=35\text{mm}$，转速 $n=2000\text{r/min}$，径向载荷 $F_r=1750\text{N}$，轴向载荷 $F_a=740\text{N}$，要求寿命 $L_h=5000\text{h}$，试选择轴承代号。

查表 8-2-74，试选轴承代号 6207，$d=35\text{mm}$，$C_r=25.5\text{kN}$，$D_W=11.112\text{mm}$，$Z=9$，$C_{0r}=15.2\text{kN}$

$$\frac{F_a}{izD_W^2}=\frac{740}{1\times9\times(11.112)^2}=0.666,\quad \frac{F_a}{F_r}=\frac{740}{1750}=0.42$$

查表 8-2-73：$e=0.26$，$\dfrac{F_a}{F_r}>e$，$X=0.56$，$Y=1.73$

$P_r=XF_r+YF_a=0.56\times1750+1.73\times740=2260\text{N}$

查表 8-2-23~表 8-2-26 得：$f_d=1.1$，$f_T=1$，$f_n=0.255$，$f_h=2.15$，$f_m=1$　$\therefore C=\dfrac{f_h f_m f_d}{f_n f_T}P_r=\dfrac{2.15\times1\times1.1}{0.255\times1}\times2260=20960\text{N}$

轴承 6207 的 $C_r=25500\text{N}>20960\text{N}$，故选取合适。

校核轴承的额定静载荷：$P_{0r}=0.6F_r+0.5F_a=0.6\times1750+0.5\times740=1420\text{N}$

$$P_{0r}<F_r，取 P_{0r}=F_r=1750\text{N}，取 S_0=1，C_0=S_0P_{0r}=1\times1750=1750\text{N}，C_0<C_{0r}$$

故轴承 6207 满足要求。

例 4　根据工作条件，选用双列圆锥滚子轴承，要求轴承的内径 $d>95\text{mm}$，径向载荷 $F_r=24000\text{N}$，轴向载荷 $F_a=3500\text{N}$，转速 $n=250\text{r/min}$，工作温度 150℃，工作中有强烈振动，要求轴承寿命 $L_h=5000\text{h}$，试选择轴承代号。

按题意要求，$d>95\text{mm}$，先取 $d=100\text{mm}$，并按表 8-2-100 预选 352220 X2 型轴承，其计算系数 $e=0.39$，$Y_1=1.7$，$Y_2=2.6$，$Y_0=1.7$，当 $F_a/F_r=3500/24000=0.146<e$ 时，当量动载荷 $P_r=F_r+1.7F_a=24000+1.7\times3500=29950\text{N}$

查表 8-2-23~表 8-2-26 得：$f_d=2.5$，$f_T=0.9$，$f_n=0.546$，$f_h=2.0$，$f_m=1$

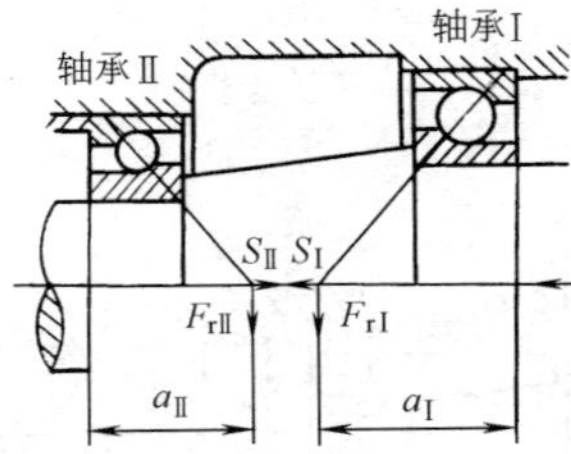

图 8-2-10

根据式（8-2-1）　$C=\dfrac{f_h f_d f_m}{f_n f_T}P_r=\dfrac{2.0\times2.5\times1}{0.546\times0.9}\times29950=304742\text{N}$

352220 X2 型轴承 $C_r=480000\text{N}>304742\text{N}$，故预选 352220 X2 型轴承合适。

例 5　根据工作条件，决定选用两个单列角接触球轴承相对安装，轴径 $d=35\text{mm}$，工作中有中等冲击，转速 $n=1800\text{r/min}$，两轴承如图 8-2-10 所示安装，外加轴向力 $F_a=870\text{N}$，轴承Ⅰ、Ⅱ所受径向载荷分别为 $F_{rⅠ}=3390\text{N}$，$F_{rⅡ}=1040\text{N}$，试决定轴承代号。

我国生产的角接触球轴承有三种：70000C 型 $\alpha=15°$；70000AC 型 $\alpha=25°$；70000B 型 $\alpha=40°$。根据所给轴径尺寸可选用 7007C、7007AC、7207C、7207AC、7207B、7307B 六种，查表 8-2-83，它们的有关数据摘列于下表。

型　号	7007C	7007AC	7207C	7207AC	7207B	7307B
C_r/N	19500	18500	30500	29000	27000	38200
C_{or}/N	14200	13500	20000	19200	18800	24500
F_a/C_{or}	0.0613	0.0644	0.0435	0.0453	0.0463	0.0355
e	0.433	0.436	0.415	0.417	0.418	0.407
Y	1.229	1.223	1.351	1.345	1.342	1.375

对于轴承Ⅰ：查表 8-2-82 $S_Ⅰ$ 分别为 $eF_{rⅠ}$（7000C 型）、$0.68F_{rⅠ}$（7000AC 型）、$1.14F_{rⅠ}$（7000B 型），又因 F_a 与 $S_Ⅰ$ 方向一致，$F_{rⅠ}>F_{rⅡ}$，所以 $S_Ⅰ>S_Ⅱ$，故 $F_{aⅠ}=S_Ⅰ$。$F_a/F_{rⅠ}=870/3390=0.257$，查表 8-2-80，当量动载荷 $P_{rⅠ}$ 分别为：7000C 型，$P_{rⅠ}=F_{rⅠ}+YF_{aⅠ}$，7000AC 型，$P_{rⅠ}=F_{rⅠ}+0.92F_{aⅠ}$，7000B 型，$P_{rⅠ}=F_{rⅠ}+0.55F_{aⅠ}$

对于轴承Ⅱ，查表 8-2-82，$F_{aⅡ}=S_Ⅰ+F_a$。$\because F_a/F_{rⅡ}=870/1040=0.837$，查表 8-2-80，$P_{rⅡ}$ 分别为：7000C 型，$P_{rⅡ}=0.72F_{rⅡ}+YF_{aⅡ}$，7000AC 型，$P_{rⅡ}=0.67F_{rⅡ}+1.41F_{aⅡ}$，7000B 型，$P_{rⅡ}=F_{rⅡ}+0.55F_{aⅡ}$

根据式（8-2-1）可推出 $f_h=\dfrac{f_T f_n}{f_m f_d}\times\dfrac{C}{P}$，查表 8-2-24~表 8-2-26 得 $f_T=1$，$f_n=0.265$，$f_d=1.4$，$f_m=1$，将相应的 P、C 代入可求出 f_h，查表 8-2-23 得到相应的 L_h，其数值如下表：

轴承型号	$S_Ⅰ$	$F_{aⅠ}$	$P_{rⅠ}$	$f_{hⅠ}$	$L_{hⅠ}$	$F_{aⅡ}$	$P_{rⅡ}$	$f_{hⅡ}$	$L_{hⅡ}$
7007C	1468	1468	5194	0.710	180	2338	3622	1.018	523
7007AC	2305	2305	5511	0.634	133	3175	5174	0.676	154
7207C	1407	1407	5291	1.089	645	2277	3825	1.507	1701
7207AC	2305	2305	5511	0.995	491	3175	5174	1.059	585
7207B	3865	3865	5516	0.925	393	4735	3644	1.400	1352
7307B	3865	3865	5516	1.309	1103	4735	3644	1.981	3900

选择 7307B 型轴承寿命较长。

例 6　一直径 $d=45\text{mm}$ 的轴，需用单向推力球轴承，轴承在变化的工作状态下运转：$P_1=2900\text{N}$、$n_1=640\text{r/min}$ 时工作 20% 的时间，$P_2=2700\text{N}$、$n_2=1075\text{r/min}$ 时工作 30% 的时间，$P_3=700\text{N}$、$n_3=2000\text{r/min}$ 时工作 50% 的时间，要求轴承寿命 $L_h=16000\text{h}$，试选择轴承代号。

求载荷变动一个周期内的总转数　$N=n_1\times20\%+n_2\times30\%+n_3\times50\%$

$$=640\times20\%+1075\times30\%+2000\times50\%$$
$$=1451\mathrm{r}$$

按式（8-2-4）求平均当量动载荷

$$P_m=\sqrt[3]{(N_1P_1^3+N_2P_2^3+N_3P^3)/N}$$
$$=\sqrt[3]{(640\times20\%\times2900^3+1075\times30\%\times2700^3+2000\times50\%\times700^3)/1451}$$
$$=1891\mathrm{N}$$

查表 8-2-23～表 8-2-26　得 $f_n=0.284$，$f_h=3.18$，$f_m=f_d=f_T=1$

根据式（8-2-1）
$$C=\frac{f_hf_df_m}{f_nf_T}P=\frac{3.18\times1\times1}{0.284\times1}\times1891=21174\mathrm{N}$$

选用 51109 型轴承，其 $C_a=27000\mathrm{N}>21174\mathrm{N}$，极限转速 $n=3200\mathrm{r/min}>2000\mathrm{r/min}$，满足要求。

计算需要的最小轴向载荷：

根据表 8-2-37
$$F_{a0\min}\geqslant A\left(\frac{n_3}{1000}\right)^2$$

查表 8-2-102 得 $A=0.024$

$$F_{a0\min}\geqslant0.024\times\left(\frac{2000}{1000}\right)^2=0.096\mathrm{kN}=96\mathrm{N}$$

轴承在工作中承受的最小载荷 P_3（700N）大于 $F_{a0\min}$（96N），轴承不需要预紧。

例 7　根据需要选用内径 $d=150\mathrm{mm}$ 的推力调心滚子轴承。轴承所受的轴向载荷 $F_a=46000\mathrm{N}$，径向载荷 $F_r=12000\mathrm{N}$，转速 1200r/min，油润滑。要求寿命 $L_h=25000\mathrm{h}$，试选择其代号。

根据内径，查表 8-2-104 可选择 29330、29430 型两种轴承，但 29430 型轴承极限转速为 950r/min<1200r/min，不合要求。

验算 29330 型轴承如下：

$$\because 0.55F_a=0.55\times46000=25300>12000=F_r$$
$$\therefore P_a=F_a+1.2F_r=46000+1.2\times12000=60400\mathrm{N}$$

根据式（8-2-1）$C=\dfrac{f_hf_mf_d}{f_nf_T}P$，则 $f_h=\dfrac{f_nf_T}{f_mf_d}\times\dfrac{C}{P}$，查表 8-2-104，$C_a=802000\mathrm{N}$，查表 8-2-24～表 8-2-26 得 $f_n=0.341$，$f_d=f_T=f_m=1$

$$f_h=\frac{0.341\times1\times802000}{1\times1\times60400}=4.528$$

查表 8-2-23，$L_h=75000\mathrm{h}>25000\mathrm{h}$

计算需要最小轴向载荷：

根据表 8-2-37 $\dfrac{C_{0a}}{1000}\leqslant F_{a0\min}>1.8F_r+A\left(\dfrac{n}{1000}\right)^2$

查表 8-2-104　　29330 型轴承 $A=0.774$，$C_{0a}=2753\mathrm{kN}$

$$1.8F_r+A\left(\frac{n}{1000}\right)^2=1.8\times12+0.774\times\left(\frac{1200}{1000}\right)^2=22.7\mathrm{kN}$$

$$\frac{C_{0a}}{1000}=\frac{2753}{1000}=2.75\mathrm{kN}$$

$F_a=46\mathrm{kN}$，既大于 22.7kN，也大于 2.75kN，不需预紧。

例 8　某传动机构由两个单列圆锥滚子轴承支承，如图 8-2-11 所示，轴承Ⅰ选用 32307 型轴承，轴承Ⅱ选用 32306 型轴承，轴承转速 $n=1380\mathrm{r/min}$，两轴承受力 $F_{r\mathrm{I}}=4000\mathrm{N}$、$F_{r\mathrm{II}}=4250\mathrm{N}$，外加轴向力 $F_a=350\mathrm{N}$，方向如图。计算两轴承寿命。

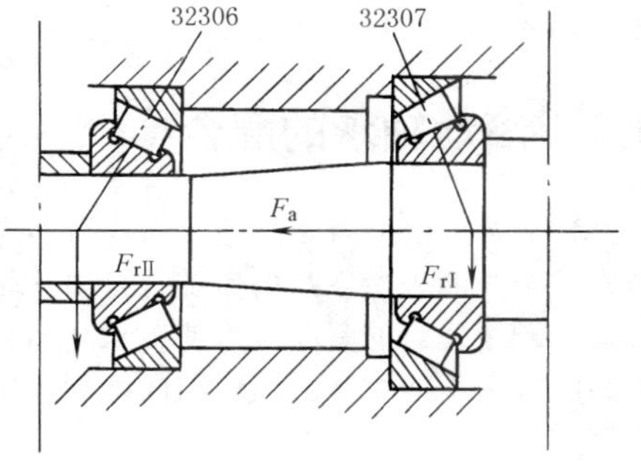

图 8-2-11

查表 8-2-99 得：$C_{r\mathrm{I}}=105000\mathrm{N}$　$e_{\mathrm{I}}=0.31$　$Y_{\mathrm{I}}=1.9$　$Y_{0\mathrm{I}}=1.1$

$C_{r\mathrm{II}}=85500\mathrm{N}$　$e_{\mathrm{II}}=0.31$　$Y_{\mathrm{II}}=1.9$　$Y_{0\mathrm{II}}=1.1$

附加轴向力　$S_{\mathrm{I}}=\dfrac{F_{r\mathrm{I}}}{2Y_1}=\dfrac{4000}{2\times1.9}=1052.6\mathrm{N}$

第 8 篇

$$S_{\text{II}}=\frac{F_{\text{rII}}}{2Y_{\text{II}}}=\frac{4250}{2\times1.9}=1118.4\text{N}$$

轴承Ⅰ　$F_{\text{aI}}=S_{\text{II}}+F_{\text{a}}=1118.4+350=1468.4\text{N}$

$F_{\text{aI}}/F_{\text{rI}}=1468.4/4000=0.367>e_{\text{I}}$

$P_{\text{rI}}=0.4F_{\text{rI}}+Y_{\text{I}}F_{\text{aI}}=0.4\times4000+1.9\times1468.4=4390\text{N}$

轴承Ⅱ　$F_{\text{aII}}=S_{\text{II}}=1118.4\text{N}$

$F_{\text{aII}}/F_{\text{rII}}=1118.4/4250=0.263<e_{\text{II}}$

$P_{\text{rII}}=F_{\text{rII}}=4250\text{N}$

查表 8-2-24～表 8-2-26 得：$f_{\text{n}}=0.327$，$f_{\text{d}}=1.5$，$f_{\text{m}}=f_{\text{T}}=1$

$$f_{\text{hI}}=\frac{f_{\text{n}}f_{\text{T}}}{f_{\text{m}}f_{\text{d}}}\times\frac{C_{\text{rI}}}{P_{\text{rI}}}=\frac{0.327\times1\times105000}{1\times1.5\times4390}=5.214$$

$$f_{\text{hII}}=\frac{f_{\text{n}}f_{\text{T}}}{f_{\text{m}}f_{\text{d}}}\times\frac{C_{\text{rII}}}{P_{\text{rII}}}=\frac{0.327\times1\times85500}{1\times1.5\times4250}=4.386$$

查表 8-2-23 得：$L_{\text{hI}}=100000\text{h}$，$L_{\text{hII}}=67500\text{h}$

轴承Ⅰ寿命为 100000h，轴承Ⅱ寿命为 67500h。

4　滚动轴承的公差与配合（摘自 GB/T 307.1—2005、GB/T 307.4—2012、GB/T 275—1993）

4.1　滚动轴承的公差分级

表 8-2-39　滚动轴承的公差等级

级别		向心轴承	圆锥滚子轴承	推力球、推力滚子轴承	应　用	说　明
		产品现有级别				
0	普通级	✓	✓	✓	一般轴承用	(1)一般轴承为 0 级，凡属 0 级的在轴承型号上不标注公差等级 (2)使用精密轴承时，只有轴和外壳的形位公差精度和表面粗糙度同轴承精度协调一致时，才能充分发挥其效能
6	高级	✓	6x	✓	机床主轴、精密机械、测量仪和高速机械等要求特别高的工作精度和运转平稳性的支承	
5	精密级	✓	✓	✓		
4	超精密级	✓	✓	✓		
2	最精密级	✓				

注：1. 滚动轴承按尺寸公差与旋转精度（均为产品的制造精度）分级。

2. 调心球轴承、调心滚子、推力调心滚子和推力圆锥滚子轴承只生产 0 级公差，圆锥滚子轴承一般只生产 0 级公差，有特殊要求时也可生产其他公差等级。

4.2　滚动轴承的配合

为了防止轴承内圈与轴、外圈与外壳孔在机器运转时产生不应有的相对滑动，必须选择正确的配合。通常轴与内圈采用适当的紧配合是防止轴与内圈相对滑动的最简单而有效的方法。特别是对于轴承的薄壁套圈，采用适当的紧配合可使轴承套圈在运转时受力均匀，以致轴承的承载能力得到充分的发挥。但是轴承的配合又不能太紧，因内圈的弹性膨胀和外圈的收缩使轴承径向游隙减小以至完全消除，从而影响正常运转。

轴承内径 d 与轴的配合，取基孔制，但公差带位于零线下方，即上偏差为零，与一般基孔制相比，在同名配合之下，更易获得较为紧密的配合。外径 D 与外壳孔的配合取基轴制，其公差带与一般基轴制一样，位于零线下方，上偏差为零，但与一般公差制度相比，其公差带不完全一样。轴承与孔的配合与轴相比一般较松。

轴承与轴和外壳孔配合的常用公差带见图 8-2-12 和图 8-2-13。

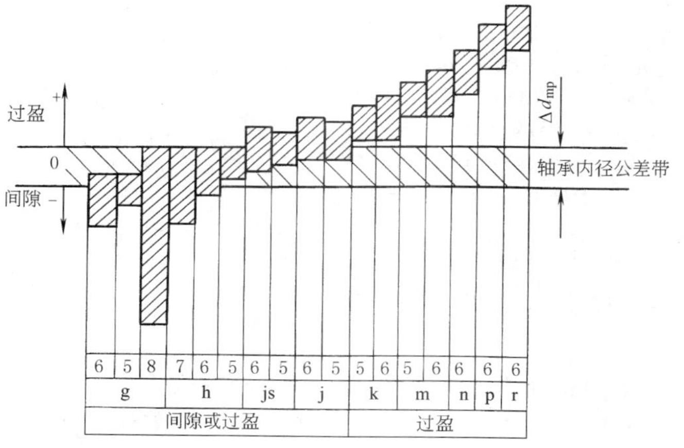

图 8-2-12　轴承与轴配合的常用公差带关系

注：Δd_{mp} 为轴承内圈单一平面平均内径的偏差

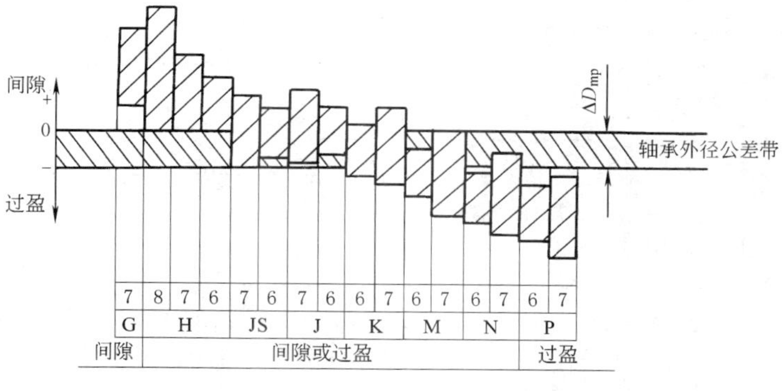

图 8-2-13　轴承与外壳孔配合常用公差带关系

注：ΔD_{mp} 为轴承外圈单一平面平均外径的偏差

4.2.1　选择轴承配合应考虑的因素

(1) 圆柱形内孔的轴承配合选择

表 8-2-40

考虑因素	轴承配合选择	
1. 载荷的方向和性质	局部载荷(又称固定载荷) 作用于套圈上的合成径向载荷由套圈滚道局部区域所承受并相应传至轴或外壳配合表面的相应局部区域内,这种载荷称为局部载荷。局部载荷的特点是合成径向载荷向量与套圈相对静止	

续表

<table>
<tr><th>考虑因素</th><th colspan="2">轴承配合选择</th></tr>
<tr><td rowspan="2">1. 载荷的方向和性质</td><td>循环载荷(又称旋转载荷)
作用于套圈上的合成径向载荷向量沿着滚道圆周方向旋转,顺次地由滚道的各个部位所承受,这种载荷称为循环载荷。循环载荷的特点是合成径向载荷向量与套圈相对转动</td><td rowspan="2">承受循环载荷的套圈与轴或外壳孔应选用过渡或过盈配合;而局部载荷除使用上有特殊要求外,一般不宜采用紧配合,一般选用较松的配合;摆动载荷一般采用与循环载荷相同的配合
当轴承套圈承受摆动载荷,特别是在重载荷的情况下,内、外圈都应采用过盈配合,内圈旋转时,通常内圈采用循环载荷时的配合,但是有时外圈必须在外壳孔内轴向游动,或其载荷较轻时,可采用比循环载荷稍松的配合</td></tr>
<tr><td>摆动载荷(又称不定向载荷)
作用于套圈上的合成径向载荷向量在套圈滚道的一定区域内相对摆动,为滚道一定区域所承受,或作用于轴承上的载荷是冲击载荷、振动载荷,其方向或数值经常变动,这种载荷称为摆动载荷</td></tr>
<tr><td>2. 载荷的大小</td><td colspan="2">套圈与轴或外壳间的过盈量取决于载荷的大小,较重的载荷需要较大的过盈量,较轻的载荷采用较小的过盈量。一般径向载荷,球轴承 $P_r \leqslant 0.07C$ 时称为轻载荷,$0.07C_r < P_r \leqslant 0.15C_r$ 时称为正常载荷,$P_r > 0.15C_r$ 时称为重载荷;滚子轴承(圆锥轴承除外)$P_r \leqslant 0.08C_r$ 为轻载荷,$0.08C_r < P_r \leqslant 0.18C_r$ 为正常载荷,$P_r > 0.18C_r$ 为重载荷;圆锥滚子轴承,$P_r \leqslant 0.13C_r$ 为轻载荷,$0.13C_r < P_r \leqslant 0.26C_r$ 为正常载荷,$P_r > 0.26C_r$ 为重载荷。这里 C 为轴承的径向基本额定动载荷,P_r 为当量动载荷</td></tr>
<tr><td>3. 工作温度的影响</td><td colspan="2">轴承在运转时,套圈的温度经常高于其相邻零件的温度,因此,轴承内圈可能因热膨胀而与轴松动,外圈可能因热膨胀而影响轴承的轴向游动。所以在选择配合时必须仔细考虑轴承装置各部分的温度差及其热传导的方向</td></tr>
<tr><td>4. 轴承旋转精度</td><td colspan="2">当对轴承有较高的精度要求时,为了消除弹性变形和振动的影响,避免采用间隙配合。与轴承配合的轴应采用公差等级 IT5 制造,外壳孔至少应采用公差等级 IT7 制造,几何形状的精度(圆度和锥度)也应有较严格的要求</td></tr>
<tr><td>5. 轴与外壳的结构和材料</td><td colspan="2">轴承套圈与其部件的配合,不应由于轴或外壳表面的不规则形状而导致轴承内、外圈的不正常变形。对开式的外壳,与轴承外圈的配合不宜采用过盈配合,但也不应使外圈在外壳孔内转动。为了保证轴承有足够的支承面,当轴承安装于薄壁外壳、轻合金外壳或空心轴上时,应采用比厚壁外壳、铸铁外壳或实体轴更紧的配合</td></tr>
<tr><td>6. 安装与拆卸方便</td><td colspan="2">在很多情况下,为了有利于安装和拆卸,特别是对于重型机械,为了缩短拆换轴承或修理机器所需的中停时间,轴承采用间隙配合。当需要采用过盈配合时,常采用分离型轴承或内圈带锥孔和带紧定套或退卸套的轴承</td></tr>
<tr><td>7. 游动轴承的轴向位移</td><td colspan="2">安装在非固定端轴承要求轴承的一个套圈在运转中能在轴向游动时,轴承外圈(承受固定载荷套圈)与壳体孔的配合,应采用间隙配合,如果采用内圈或外圈无挡边的圆柱滚子轴承(N 型和 NU 型)或滚针轴承安装于非固定端时,内、外圈皆可采用过盈配合安装</td></tr>
</table>

(2) 圆锥形内孔的轴承配合

圆锥形内孔的轴承，其安装和拆卸比较方便，可以直接安装于锥形的轴颈上或借助外部为锥形的中间套筒(紧定套或退卸衬套)，安装于圆柱形的轴上。

带紧定套或退卸衬套的非分离型轴承，可用于公差较大的轴，但是轴的几何公差必须严格控制。

轴承外圈与轴承箱内孔的配合与圆柱形内孔轴承的规则一样。

4.2.2 轴承与轴和外壳的配合

表 8-2-41 轴与向心轴承和推力轴承配合的公差带(摘自 GB/T 275—1993)

	内圈工作条件		应用举例	深沟球轴承、调心球轴承和角接触球轴承	圆柱滚子轴承和圆锥滚子轴承	调心滚子轴承	轴的公差带代号	说明
	旋转状态	载荷		轴承公称内径 d/mm				
向心轴承	内圈相对于载荷方向旋转或载荷方向摆动	轻载荷(球轴承 $P_r \le 0.07C_r$;圆柱滚子轴承 $P_r \le 0.08C_r$;圆锥滚子轴承 $P_r \le 0.13C_r$)	电器仪表、机床(主轴)精密机械泵、通风机传送带	$d \le 18$ $18<d \le 100$ $100<d \le 200$ —	— $d \le 40$ $40<d \le 140$ $140<d \le 200$	— $d \le 40$ $40<d \le 100$ $100<d \le 200$	h5 j6① k6① m6①	(1)表中①凡对精度有较高要求的场合,应用 j5、k5、… 代替 j6、k6、… 等;②圆锥滚子轴承和角接触球轴承,因内部游隙的影响不甚重要,可用 k6 和 m6 代替 k5 和 m5;③重载荷下轴承应选用轴承径向游隙大于 0 组的滚子轴承;④凡有较高的精度或转速要求的场合,应选用 h7(IT5)代替 h8(IT6)等;⑤IT6、IT7 表示圆柱度公差数值 (2)表中轻载荷、正常载荷和重载荷均指径向当量动载荷 P_r
		正常载荷(球轴承 $0.07C_r < P_r \le 0.15C_r$;圆柱滚子轴承 $0.08C_r<P_r \le 0.18C_r$;圆锥滚子轴承 $0.13C_r<P_r \le 0.26C_r$)	一般通用机械、电动机、涡轮机、泵、内燃机变速箱、木工机械	$d \le 18$ $18<d \le 100$ $100<d \le 140$ $140<d \le 200$ $200<d \le 280$ — —	— $d \le 40$ $40<d \le 100$ $100<d \le 140$ $140<d \le 200$ $200<d \le 400$ —	— $d \le 40$ $40<d \le 65$ $65<d \le 100$ $100<d \le 140$ $140<d \le 280$ $280<d \le 500$	j5 js5 k5② m5② m6 n6 p6 r6	
		重载荷(球轴承 $P_r > 0.15C_r$;圆柱滚子轴承 $P_r > 0.18C_r$,圆锥滚子轴承 $P_r>0.26C_r$)	铁路车辆和电车的轴箱、牵引电动机、轧机、破碎机等重型机械	— — — —	$50<d \le 140$ $140<d \le 200$ $d>200$ —	$50<d \le 100$ $100<d \le 140$ $140<d \le 200$ $d>200$	n6③ p6③ r6③ r7③	
	内圈相对于载荷方向静止	所有载荷 内圈必须在轴向容易移动	静止轴上的各种轮子	所有尺寸			f6① g6①	
		所有载荷 内圈不必在轴向移动	张紧滑轮、绳索轮	所有尺寸			h6① j6①	
	纯轴向载荷		所有应用场合	所有尺寸			j6 或 js6	
	锥孔轴承(带锥形套)							
	所有载荷		火车和电车的轴箱	装在退卸衬套上的所有尺寸			h8(IT6)④⑤	
			一般机械或传动轴	装在紧定套上的所有尺寸			h9(IT7)④⑤	

	轴圈工作条件		推力球和推力滚子轴承	推力调心滚子轴承②	轴的公差带代号	说明
			轴承公称内径 d/mm			
推力轴承	纯轴向载荷		所有尺寸	所有尺寸	j6 或 js6	其中①要求较小过盈时,可分别用 j6、k6、m6 代替 k6、m6、n6;②也包括推力圆锥滚子轴承,推力角接触球轴承
	径向和轴向联合载荷	轴圈相对于载荷方向静止	— —	$d \le 250$ $d>250$	j6 js6	
		轴圈相对于载荷方向旋转或摆动	— — —	$d \le 200$ $200<d \le 400$ $d>400$	k6 ① m6 ① n6 ①	

表 8-2-42　**向心轴承（圆锥滚子轴承除外）0 级公差轴承与轴的配合**　μm

基本尺寸/mm		轴承内径公差带 Δd_{mp}		轴公差带																													
				g6		g5		h6		h5		j5		j6		js6		k5		k6		m5		m6		n6		p6		r6		r7	
超过	到	上差	下差	轴颈直径的极限偏差																													
3	6	0	-8	-4	-12	-4	-9	0	-8	0	-5	+3	-2	+6	-2	+4	-4	+6	+1	+9	+1	+9	+4	+12	+4	+16	+8	+20	+12	—	—	—	—
6	10	0	-8	-5	-14	-5	-11	0	-9	0	-6	+4	-2	+7	-2	+4.5	-4.5	+7	+1	+10	+1	+12	+6	+15	+6	+19	+10	+24	+15	—	—	—	—
10	18	0	-8	-6	-17	-6	-14	0	-11	0	-8	+5	-3	+8	-3	+5.5	-5.5	+9	+1	+12	+1	+15	+7	+18	+7	+23	+12	+29	+18	—	—	—	—
18	30	0	-10	-7	-20	-7	-16	0	-13	0	-9	+5	-4	+9	-4	+6.5	-6.5	+11	+2	+15	+2	+17	+8	+21	+8	+28	+15	+35	+22	—	—	—	—
30	50	0	-12	-9	-25	-9	-20	0	-16	0	-11	+6	-5	+11	-5	+8	-8	+13	+2	+18	+2	+20	+9	+25	+9	+33	+17	+42	+26	—	—	—	—
50	80	0	-15	-10	-29	-10	-23	0	-19	0	-13	+6	-7	+12	-7	+9.5	-9.5	+15	+2	+21	+2	+24	+11	+30	+11	+39	+20	+51	+32	—	—	—	—
80	120	0	-20	-12	-34	-12	-27	0	-22	0	-15	+6	-9	+13	-9	+11	-11	+18	+3	+25	+3	+28	+13	+35	+13	+45	+23	+59	+37	—	—	—	—
120 140 160	140 160 180	0	-25	-14	-39	-14	-32	0	-25	0	-18	+7	-11	+14	-11	+12.5	-12.5	+21	+3	+28	+3	+33	+15	+40	+15	+52	+27	+68	+43	+88 +90 +93	+63 +65 +68	—	—
180 200 225	200 225 250	0	-30	-15	-44	-15	-35	0	-29	0	-20	+7	-13	+16	-13	+14.5	-14.5	+24	+4	+33	+4	+37	+17	+46	+17	+60	+31	+79	+50	+106 +109 +113	+77 +80 +84	+123 +126 +130	+77 +80 +84
250 280	280 315	0	-35	-17	-49	-17	-40	0	-32	0	-23	+7	-16	—	—	+16	-16	+27	+4	+36	+4	+43	+20	+52	+20	+66	+34	+88	+56	+126 +130	+94 +98	+146 +150	+94 +98
315 355	355 400	0	-40	-18	-54	-18	-43	0	-36	0	-25	+7	-18	—	—	+18	-18	+29	+4	+40	+4	+46	+21	+57	+21	+73	+37	+98	+62	+144 +150	+108 +114	+165 +171	+108 +114
400 450	450 500	0	-45	-20	-60	-20	-47	0	-40	0	-27	+7	-20	—	—	+20	-20	+32	+5	+45	+5	+50	+23	+63	+23	+80	+40	+108	+68	+166 +172	+126 +132	+189 +195	+126 +132

续表

基本尺寸/mm		过盈或间隙														过盈															
超过	到	最大过盈	最大间隙	最大过盈	最大间隙	最大过盈	最大间隙	最大过盈	最大间隙	最大过盈	最大间隙	最大过盈	最大间隙	最大过盈	最大间隙	最大	最小	最大	最小	最大	最小	最大	最小	最大	最小	最大	最小	最大	最小	最大	最小
3	6	4	12	4	9	8	8	8	5	11	2	14	2	12	4	14	1	17	1	17	4	20	4	24	8	28	12	—	—	—	—
6	10	3	14	3	11	8	9	8	6	12	2	15	2	12.5	4.5	15	1	18	1	20	6	23	6	27	10	32	15	—	—	—	—
10	18	2	17	2	14	8	11	8	8	13	3	16	3	13.5	5.5	17	1	20	1	23	7	26	7	31	12	37	18	—	—	—	—
18	30	3	20	3	16	10	13	10	9	15	4	19	4	16.5	6.5	21	2	25	2	27	8	31	8	38	15	45	22	—	—	—	—
30	50	3	25	3	20	12	16	12	11	18	5	23	5	20	8	25	2	30	2	32	9	37	9	45	17	54	26	—	—	—	—
50	80	5	29	5	23	15	19	15	13	21	7	27	7	24.5	9.5	30	2	36	2	39	11	45	11	54	20	68	32	—	—	—	—
80	120	8	34	8	27	20	22	20	15	26	9	33	9	31	11	38	3	45	3	48	13	55	13	65	23	79	37	—	—	—	—
120 140 160	140 160 180	11	39	11	32	25	25	25	18	32	11	39	11	37.5	12.5	46	3	53	3	58	15	65	15	77	27	93	43	113 115 118	63 65 68	—	—
180 200 225	200 225 250	15	44	15	35	30	29	30	20	37	13	46	13	44.5	14.5	54	4	63	4	67	17	76	17	90	31	109	50	136 139 143	77 80 84	153 156 160	77 80 84
250 280	280 315	18	49	18	40	35	32	35	23	42	16	—	—	51	16	62	4	71	4	78	20	87	20	101	34	123	56	161 165	94 98	181 185	94 98
315 355	355 400	22	54	22	43	40	36	40	25	47	18	—	—	58	18	69	4	80	4	86	21	97	21	113	37	138	62	184 190	108 114	205 211	108 114
400 450	450 500	25	60	25	47	45	40	45	27	52	20	—	—	65	20	77	5	90	5	95	23	108	23	125	40	153	68	211 217	126 132	234 240	126 132

注：内容数据符合《全国滚动轴承产品样本》第 2 版，洛阳轴研科技有限公司编，2012 年。下各表同。

表 8-2-43 向心轴承（圆锥滚子轴承除外）6 级公差轴承与轴的配合 μm

基本尺寸/mm		轴承内径公差带 Δd_{mp}		轴公差带																													
				g6		g5		h6		h5		j5		j6		js6		k5		k6		m5		m6		n6		p6		r6		r7	
超过	到	上差	下差	轴颈直径的极限偏差																													
3	6	0	-7	-4	-12	-4	-9	0	-8	0	-5	+3	-2	+6	-2	+4	-4	+6	+1	+9	+1	+9	+4	+12	+4	+16	+8	+20	+12	—	—	—	—
6	10	0	-7	-5	-14	-5	-11	0	-9	0	-6	+4	-2	+7	-2	+4.5	-4.5	+7	+1	+10	+1	+12	+6	+15	+6	+19	+10	+24	+15	—	—	—	—
10	18	0	-7	-6	-17	-6	-14	0	-11	0	-8	+5	-3	+8	-3	+5.5	-5.5	+9	+1	+12	+1	+15	+7	+18	+7	+23	+12	+29	+18	—	—	—	—
18	30	0	-8	-7	-20	-7	-16	0	-13	0	-9	+5	-4	+9	-4	+6.5	-6.5	+11	+2	+15	+2	+17	+8	+21	+8	+28	+15	+35	+22	—	—	—	—
30	50	0	-10	-9	-25	-9	-20	0	-16	0	-11	+6	-5	+11	-5	+8	-8	+13	+2	+18	+2	+20	+9	+25	+9	+33	+17	+42	+26	—	—	—	—
50	80	0	-12	-10	-29	-10	-23	0	-19	0	-13	+6	-7	+12	-7	+9.5	-9.5	+15	+2	+21	+2	+24	+11	+30	+11	+39	+20	+51	+32	—	—	—	—
80	120	0	-15	-12	-34	-12	-27	0	-22	0	-15	+6	-9	+13	-9	+11	-11	+18	+3	+25	+3	+28	+13	+35	+13	+45	+23	+59	+37	—	—	—	—
120 140 160	140 160 180	0	-18	-14	-39	-14	-32	0	-25	0	-18	+7	-11	+14	-11	+12.5	-12.5	+21	+3	+28	+3	+33	+15	+40	+15	+52	+27	+66	+43	+88 +90 +93	+63 +65 +68	—	—
180 200 225	200 225 250	0	-22	-15	-44	-15	-35	0	-29	0	-20	+7	-13	+16	-13	+14.5	-14.5	+24	+4	+33	+4	+37	+17	+46	+17	+60	+31	+79	+50	+106 +109 +113	+77 +80 +84	+123 +126 +130	+77 +80 +84
250 280	280 315	0	-25	-17	-49	-17	-40	0	-32	0	-23	+7	-16	—	—	+16	-16	+27	+4	+36	+4	+43	+20	+52	+20	+66	+34	+88	+56	+126 +130	+94 +98	+146 +150	+94 +98
315 355	355 400	0	-30	-18	-54	-18	-43	0	-36	0	-25	+7	-18	—	—	+18	-18	+29	+4	+40	+4	+46	+21	+57	+21	+73	+37	+98	+62	+144 +150	+108 +114	+165 +171	+108 +114
400 450	450 500	0	-35	-20	-60	-20	-47	0	-40	0	-27	+7	-20	—	—	+20	-20	+32	+5	+45	+5	+50	+23	+63	+23	+80	+40	+108	+68	+166 +172	+126 +132	+189 +195	+126 +132

续表

基本尺寸/mm		过盈或间隙														过盈															
超过	到	最大过盈	最大间隙	最大过盈	最大间隙	最大过盈	最大间隙	最大过盈	最大间隙	最大过盈	最大间隙	最大过盈	最大间隙	最大过盈	最大间隙	最大	最小	最大	最小	最大	最小	最大	最小	最大	最小	最大	最小	最大	最小	最大	最小
3	6	3	12	3	9	7	8	7	5	10	2	13	2	11	4	13	1	16	1	16	4	19	4	23	8	27	12	—	—	—	—
6	10	2	14	2	11	7	9	7	6	11	2	14	2	11.5	4.5	14	1	17	1	19	6	22	6	26	10	31	15	—	—	—	—
10	18	1	17	1	14	7	11	7	8	12	3	15	3	12.5	5.5	16	1	19	1	22	7	25	7	30	12	36	18	—	—	—	—
18	30	1	20	1	16	8	13	8	9	13	4	17	4	14.5	6.5	19	2	23	2	25	8	29	8	36	15	43	22	—	—	—	—
30	50	1	25	1	20	10	16	10	11	16	5	21	5	18	8	23	2	28	2	30	9	35	9	43	17	52	26	—	—	—	—
50	80	2	29	2	23	12	19	12	13	18	7	24	7	21.5	9.5	27	2	33	2	36	11	42	11	51	20	63	32	—	—	—	—
80	120	3	34	3	27	15	22	15	15	21	9	28	9	26	11	33	3	40	3	43	13	50	13	60	23	74	37	—	—	—	—
120 140 160	140 160 180	4	39	4	31	18	25	18	18	25	11	32	11	30.5	12.5	39	3	46	3	51	15	58	15	70	27	86	43	106 108 111	63 65 68	—	—
180 200 225	200 225 250	7	44	7	35	22	29	22	20	29	13	38	13	36.5	14.5	46	4	55	4	59	17	68	17	82	31	101	50	128 131 135	77 80 84	145 148 152	77 80 84
250 280	280 315	8	49	8	40	25	32	25	23	32	16	—	—	41	16	52	4	61	4	68	20	77	20	91	34	113	58	151 155	94 98	171 175	94 98
315 355	355 400	12	54	12	43	30	36	30	25	37	18	—	—	48	18	59	4	70	4	76	21	87	21	103	37	128	62	174 180	108 114	195 201	108 114
400 450	450 500	15	60	15	47	35	40	35	27	42	20	—	—	55	20	67	5	80	5	85	23	98	23	115	40	143	68	201 207	126 132	224 230	126 132

表 8-2-44　　圆锥滚子轴承（0、6x 级公差）与轴的配合　　μm

基本尺寸/mm		轴承内径公差带 Δd_{mp}		轴公差带																													
				f6		g6		g5		h6		h5		j5		j6		js6		k5		k6		m5		m6		n6		p6		r6	
超过	到	上差	下差	轴颈直径的极限偏差																													
10	18	0	−12	−16	−27	−6	−17	−6	−14	0	−11	0	−8	+5	−3	+8	−3	+5.5	−5.5	+9	+1	+12	+1	+15	+7	+18	+7	+23	+12	+29	+18	—	—
18	30	0	−12	−20	−33	−7	−20	−7	−16	0	−13	0	−9	+5	−4	+9	−4	+6.5	−6.5	+11	+2	+15	+2	+17	+8	+21	+8	+28	+15	+35	+22	—	—
30	50	0	−12	−25	−41	−9	−25	−9	−20	0	−16	0	−11	+6	−5	+11	−5	+8	−8	+13	+2	+18	+2	+20	+9	+25	+9	+33	+17	+42	+26	—	—
50	80	0	−15	−30	−49	−10	−29	−10	−23	0	−19	0	−13	+6	−7	+12	−7	+9.5	−9.5	+15	+2	+21	+2	+24	+11	+30	+11	+39	+20	+51	+32	—	—
80	120	0	−20	−36	−58	−12	−34	−12	−27	0	−22	0	−15	+6	−9	+13	−9	+11	−11	+18	+3	+25	+3	+28	+13	+35	+13	+45	+23	+59	+37	—	—
120 140 160	140 160 180	0	−25	−43	−68	−14	−39	−14	−32	0	−25	0	−18	+7	−11	+14	−11	+12.5	−12.5	+21	+3	+28	+3	+33	+15	+40	+15	+52	+27	+68	+43	+88 +90 +93	+63 +65 +68
180 200 225	200 225 250	0	−30	−50	−79	−15	−44	−15	−35	0	−29	0	−20	+7	−13	+16	−13	+14.5	−14.5	+24	+4	+33	+4	+37	+17	+46	+17	+60	+31	+79	+50	+106 +109 +113	+77 +80 +84
250 280	280 315	0	−35	−56	−88	−17	−49	−17	−40	0	−32	0	−23	+7	−16	—	—	+16	−16	+27	+4	+36	+4	+43	+20	+52	+20	+66	+34	+88	+56	+126 +130	+94 +98
315 355	355 400	0	−40	−62	−98	−18	−54	−18	−43	0	−36	0	−25	+7	−18	—	—	+18	−18	+29	+4	+40	+4	+46	+21	+57	+21	+73	+37	+98	+62	+144 +150	+108 +114
400 450	450 500	0	−45	−68	−108	−20	−60	−20	−47	0	−40	0	−27	+7	−20	—	—	+20	−20	+32	+5	+45	+5	+50	+23	+63	+23	+80	+40	+108	+68	+166 +172	+126 +132

续表

基本尺寸/mm		间隙		过盈或间隙																		过盈											
超过	到	最小	最大	最大过盈	最大间隙	最大过盈	最大间隙	最大过盈	最大间隙	最大过盈	最大间隙	最大过盈	最大间隙	最大过盈	最大间隙	最大过盈	最大间隙	最大	最小	最大	最小	最大	最小	最大	最小	最大	最小	最大	最小
10	18	4	27	6	17	6	14	12	11	12	8	18	3	20	3	17.5	5.5	—	—	—	—	—	—	—	—	—	—	—	—	—	—
18	30	8	33	5	20	5	16	12	13	12	9	18	4	21	4	18.5	6.5	23	2	27	2	—	—	—	—	—	—	—	—	—	—
30	50	13	41	3	25	3	20	12	16	12	11	18	5	23	5	20	8	25	2	30	2	32	9	37	9	—	—	—	—	—	—
50	80	15	49	5	29	5	23	15	19	15	13	21	7	27	7	24.5	9.5	30	2	36	2	39	11	45	11	54	20	—	—	—	—
80	120	16	58	8	34	8	27	20	22	20	15	26	9	33	9	31	11	38	3	45	3	48	13	55	13	65	23	79	37	—	—
120 140 160	140 160 180	18	68	11	39	11	32	25	25	25	18	32	11	39	11	37.5	12.5	46	3	53	3	58	15	65	15	77	27	93	43	113 115 118	63 65 68
180 200 225	200 225 250	20	79	15	44	15	35	30	29	30	20	37	13	46	13	44.5	14.5	54	4	63	4	67	17	67	17	90	31	109	50	136 139 143	77 80 84
250 280	280 315	21	88	18	49	18	40	35	32	35	23	42	16	—	—	51	16	62	4	71	4	78	20	87	20	101	34	123	56	161 165	94 98
315 355	355 400	22	98	22	54	22	43	40	36	40	25	47	18	—	—	58	18	69	4	80	4	86	21	97	21	113	37	138	62	184 190	108 114
400 450	450 500	23	108	25	60	25	47	45	40	45	27	52	20	—	—	65	20	77	5	90	5	95	23	108	23	125	40	153	68	211 217	126 132

表 8-2-45　　外壳孔与向心轴承和推力轴承配合的公差带（摘自 GB/T 275—1993）

	外圈工作条件				应用举例	壳孔的公差带代号	说明
	旋转状态	载荷	轴向位移的限度	其他情况			
向心轴承	外圈相对于载荷方向静止	轻、正常和重载荷	轴向容易移动	轴处于高温场合	烘干筒、有调心滚子轴承的大电动机	G7	对于向心轴承：①凡对公差有较高要求的场合，应选用标准公差 P6、N6、M6、K6、J6 和 H6 分别代替 P7、N7、M7、K7、J7 和 H7，并应同时选用整体式外壳；②对于轻合金外壳应选择比钢或铸铁外壳较紧的配合
				剖分式外壳	一般机械、铁路车辆轴箱	H7	
		冲击载荷	轴向能移动	整体式或剖分式外壳	铁路车辆轴箱轴承	J7 Js7	
	外圈相对于载荷方向摆动	轻和正常载荷			电动机、泵、曲轴主轴承		
		正常和重载荷	轴向不移动	整体式外壳	电动机、泵、曲轴主轴承	K7	
		重冲击载荷			牵引电动机	M7	有关轻载荷、正常载荷和重载荷的说明见表8-2-40中2. 载荷的大小的说明
	外圈相对于载荷方向旋转	轻载荷			张紧滑轮　球轴承	J7	
		正常和重载荷			张紧滑轮　滚子轴承	K7	
					装用球轴承的轮毂	K7 M7	
		重冲击载荷		薄壁、整体式外壳	装用滚子轴承的轮毂	N7 P7	

	座圈工作条件		轴承类型	壳孔的公差带代号	
推力轴承	纯轴向载荷		推力球轴承	H8	
			推力圆柱、圆锥滚子轴承	H7	
			推力调心滚子轴承	—	外壳孔与座圈间的配合间隙 0.001D（轴承外径）
	径向和轴向联合载荷	座圈相对于载荷方向静止	推力角接触球轴承、推力调心滚子轴承、推力圆锥滚子轴承	H7	
		座圈相对于载荷方向旋转或摆动		K7	正常载荷
				M7	重载荷

表 8-2-46　向心轴承（圆锥滚子轴承除外）0 级公差轴承与外壳的配合　μm

基本尺寸/mm		轴承外径公差带 ΔD_{mp}		外壳孔公差带																															
				G7		H8		H7		H6		J7		J6		JS7		JS6		K6		K7		M6		M7		N6		N7		P6		P7	
超过	到	上差	下差	外壳孔直径的极限偏差																															
10	18	0	−8	+24	+6	+27	0	+18	0	+11	0	+10	−8	+6	−5	+9	−9	+5.5	−5.5	+2	−9	+6	−12	−4	−15	0	−18	−9	−20	−5	−23	−15	−26	−11	−29
18	30	0	−9	+28	+7	+33	0	+21	0	+13	0	+12	−9	+8	−5	+10	−10	+6.5	−6.5	+2	−11	+6	−15	−4	−17	0	−21	−11	−24	−7	−28	−18	−31	−14	−35
30	50	0	−11	+34	+9	+39	0	+25	0	+16	0	+14	−11	+10	−6	+12	−12	+8	−8	+3	−13	+7	−18	−4	−20	0	−25	−12	−28	−8	−33	−21	−37	−17	−42
50	80	0	−13	+40	+10	+46	0	+30	0	+19	0	+18	−12	+13	−6	+15	−15	+9.5	−9.5	+4	−15	+9	−21	−5	−24	0	−30	−14	−33	−9	−39	−26	−45	−21	−51
80	120	0	−15	+47	+12	+54	0	+35	0	+22	0	+22	−13	+16	−6	+17	−17	+11	−11	+4	−18	+10	−25	−6	−28	0	−35	−16	−38	−10	−45	−30	−52	−24	−59
120	150	0	−18	+54	+14	+63	0	+40	0	+25	0	+26	−14	+18	−7	+20	−20	+12.5	−12.5	+4	−21	+12	−28	−8	−33	0	−40	−20	−45	−12	−52	−36	−61	−28	−68
150	180	0	−25	+54	+14	+63	0	+40	0	+25	0	+26	−14	+18	−7	+20	−20	+12.5	−12.5	+4	−21	+12	−28	−8	−33	0	−40	−20	−45	−12	−52	−36	−61	−28	−68
180	250	0	−30	+61	+15	+72	0	+46	0	+29	0	+30	−16	+22	−7	+23	−23	+14.5	−14.5	+5	−24	+13	−33	−8	−37	0	−46	−22	−51	−14	−60	−41	−70	−33	−79
250	315	0	−35	+69	+17	+81	0	+52	0	+32	0	+36	−16	+25	−7	+26	−26	+16	−16	+5	−27	+16	−36	−9	−41	0	−52	−25	−57	−14	−66	−47	−79	−36	−88
315	400	0	−40	+75	+18	+89	0	+57	0	+36	0	+39	−18	+29	−7	+28	−28	+18	−18	+7	−29	+17	−40	−10	−46	0	−57	−26	−62	−16	−73	−51	−87	−41	−98
400	500	0	−45	+83	+20	+97	0	+63	0	+40	0	+43	−20	+33	−7	+31	−31	+20	−20	+8	−32	+18	−45	−10	−50	0	−63	−27	−67	−17	−80	−55	−95	−45	−108

基本尺寸/mm		间隙		间隙或过盈																								过盈			
超过	到	最大	最小	最大间隙	最大过盈	最大间隙	最大过盈	最大间隙	最大过盈	最大间隙	最大过盈	最大间隙	最大过盈	最大间隙	最大过盈	最大间隙	最大过盈	最大间隙	最大过盈	最大间隙	最大过盈	最大间隙	最大过盈	最大间隙	最大过盈	最大间隙	最大过盈	最小	最大	最小	最大
10	18	32	6	35	0	26	0	19	0	18	8	14	5	17	9	13.5	5.5	10	9	14	12	4	15	8	18	−1①	20	3	23	7	26	3	29
18	30	37	7	42	0	30	0	22	0	21	9	17	5	19	10	15.5	6.5	11	11	15	15	5	17	9	21	−2	24	2	28	9	31	5	35
30	50	45	9	50	0	36	0	27	0	25	11	21	6	23	12	19	8	14	13	18	18	7	20	11	25	−1	28	3	33	10	37	6	42
50	80	53	10	59	0	43	0	32	0	31	12	26	6	28	15	22.5	9.5	17	15	22	21	8	24	13	30	−1	33	4	39	13	45	8	51
80	120	62	12	69	0	50	0	37	0	37	13	31	6	32	17	26	11	19	18	25	25	9	28	15	35	−1	38	5	45	15	52	9	59
120	150	72	14	81	0	58	0	43	0	44	14	36	7	38	20	30.5	12.5	22	21	30	28	10	33	18	40	−2	45	6	52	18	61	10	68
150	180	79	14	88	0	65	0	50	0	51	14	43	7	45	20	37.5	12.5	29	21	37	28	17	33	25	40	5	45	13	52	11	61	3	68
180	250	91	15	102	0	76	0	59	0	60	16	52	7	53	23	44.5	14.5	35	24	43	33	22	37	30	46	8	51	16	60	11	70	3	79
250	315	104	17	116	0	87	0	67	0	71	16	60	7	61	26	51	16	40	27	51	36	26	41	35	52	10	57	21	66	12	79	1	88
315	400	115	18	129	0	97	0	76	0	79	18	69	7	68	28	58	18	47	29	57	40	30	46	40	57	14	62	24	73	11	87	1	98
400	500	128	20	142	0	108	0	85	0	88	20	78	7	76	31	65	20	53	32	63	45	35	50	45	63	18	67	28	80	10	95	0	108

①“−”号表示过盈。

表 8-2-47　　向心轴承（圆锥滚子轴承除外）6 级公差轴承与外壳的配合　　μm

基本尺寸/mm		轴承外径公差带 ΔD_{mp}		外壳孔公差带																															
				G7		H8		H7		H6		J7		J6		JS7		JS6		K6		K7		M6		M7		N6		N7		P6		P7	
超过	到	上差	下差	外壳孔直径的极限偏差																															
10	18	0	−7	+24	+6	+27	0	+18	0	+11	0	+10	−8	+6	−5	+9	−9	+5.5	−5.5	+2	−9	+6	−12	−4	−15	0	−18	−9	−20	−5	−23	−15	−26	−11	−29
18	30	0	−8	+28	+7	+33	0	+21	0	+13	0	+12	−9	+8	−5	+10	−10	+6.5	−6.5	+2	−11	+6	−15	−4	−17	0	−21	−11	−24	−7	−28	−18	−31	−14	−35
30	50	0	−9	+34	+9	+39	0	+25	0	+16	0	+14	−11	+10	−6	+12	−12	+8	−8	+3	−13	+7	−18	−4	−20	0	−25	−12	−28	−8	−33	−21	−37	−17	−42
50	80	0	−11	+40	+10	+46	0	+30	0	+19	0	+18	−12	+13	−6	+15	−15	+9.5	−9.5	+4	−15	+9	−21	−5	−24	0	−30	−14	−33	−9	−39	−26	−45	−21	−51
80	120	0	−13	+47	+12	+54	0	+35	0	+22	0	+22	−13	+16	−6	+17	−17	+11	−11	+4	−18	+10	−25	−6	−28	0	−35	−16	−38	−10	−45	−30	−52	−24	−59
120	150	0	−15	+54	+14	+63	0	+40	0	+25	0	+26	−14	+18	−7	+20	−20	+12.5	−12.5	+4	−21	+12	−28	−8	−33	0	−40	−20	−45	−12	−52	−36	−61	−28	−68
150	180	0	−18	+54	+14	+63	0	+40	0	+25	0	+26	−14	+18	−7	+20	−20	+12.5	−12.5	+4	−21	+12	−28	−8	−33	0	−40	−20	−45	−12	−52	−36	−61	−28	−68
180	250	0	−20	+61	+15	+72	0	+46	0	+29	0	+30	−16	+22	−7	+23	−23	+14.5	−14.5	+5	−24	+13	−33	−8	−37	0	−46	−22	−51	−14	−60	−41	−70	−33	−79
250	315	0	−25	+69	+17	+81	0	+52	0	+32	0	+36	−16	+25	−7	+26	−26	+16	−16	+5	−27	+16	−36	−9	−41	0	−52	−25	−57	−14	−66	−47	−79	−36	−88
315	400	0	−28	+75	+18	+89	0	+57	0	+36	0	+39	−18	+29	−7	+28	−28	+18	−18	+7	−29	+17	−40	−10	−46	0	−57	−26	−62	−16	−73	−51	−87	−41	−98
400	500	0	−33	+83	+20	+97	0	+63	0	+40	0	+43	−20	+33	−7	+31	−31	+20	−20	+8	−32	+18	−45	−10	−50	0	−63	−27	−67	−17	−80	−55	−95	−45	−108

基本尺寸/mm		间隙		间隙或过盈																										过盈			
超过	到	最大	最小	最大间隙	最大过盈	最大间隙	最大过盈	最大间隙	最大过盈	最大间隙	最大过盈	最大间隙	最大过盈	最大间隙	最大过盈	最大间隙	最大过盈	最大间隙	最大过盈	最大间隙	最大过盈	最大间隙	最大过盈	最大间隙	最大过盈	最大间隙	最大过盈	最大间隙	最大过盈	最小	最大	最小	最大
10	18	31	6	34	0	25	0	18	0	17	8	13	5	16	9	12.5	5.5	9	9	13	12	3	15	7	18	−2[①]	20	2	23	8	26	4	29
18	30	36	7	41	0	29	0	21	0	20	9	16	5	18	10	14.5	6.5	10	11	14	15	4	17	8	21	−3	24	1	28	10	31	6	35
30	50	43	9	48	0	34	0	25	0	23	11	19	6	21	12	17	8	12	13	16	18	5	20	9	25	−3	28	1	33	12	37	8	42
50	80	51	10	57	0	41	0	30	0	29	12	24	6	26	15	20.5	9.5	15	15	20	21	6	24	11	30	−3	33	2	39	15	45	10	51
80	120	60	12	67	0	48	0	35	0	35	13	29	6	30	17	24	11	17	18	23	25	7	28	13	35	−3	38	3	45	17	52	11	59
120	150	69	14	78	0	55	0	40	0	41	14	33	7	35	20	27.5	12.5	19	21	27	28	7	33	15	40	−5	45	3	52	21	61	13	68
150	180	72	14	81	0	58	0	43	0	44	14	36	7	38	20	30.5	12.5	22	21	30	28	10	33	18	40	−2	45	6	52	18	61	10	68
180	250	81	15	92	0	66	0	49	0	50	16	42	7	43	23	34.5	14.5	25	24	33	33	12	37	20	46	−2	51	6	60	21	70	13	79
250	315	94	17	106	0	77	0	57	0	61	16	50	7	51	26	41	16	30	27	41	36	16	41	25	52	0	57	11	66	22	79	11	88
315	400	103	18	117	0	85	0	64	0	67	18	57	7	56	28	46	18	35	29	45	40	18	46	28	57	2	62	12	73	23	87	13	98
400	500	116	20	130	0	96	0	73	0	76	20	66	7	64	31	53	20	41	32	51	45	23	50	33	63	6	67	16	80	22	95	12	108

① “−” 表示过盈。

表 8-2-48　　圆锥滚子轴承（0、6x 级公差）与外壳的配合　　μm

基本尺寸/mm		轴承外径公差带 ΔD_{mp}		外壳孔公差带																															
				G7		H8		H7		H6		J7		J6		JS7		JS6		K6		K7		M6		M7		N6		N7		P6		P7	
超过	到	上差	下差	外壳孔直径的极限偏差																															
30	50	0	−14	+34	+9	+39	0	+25	0	+16	0	+14	−11	+10	−6	+12	−12	+8.5	−8.5	+3	−13	+7	−18	−4	−20	0	−25	−12	−28	−8	−33	−21	−37	−17	−42
50	80	0	−16	+40	+10	+46	0	+30	0	+19	0	+18	−12	+13	−6	+15	−15	+9.5	−9.5	+4	−15	+9	−21	−5	−24	0	−30	−14	−33	−9	−39	−26	−45	−21	−51
80	120	0	−18	+47	+12	+54	0	+35	0	+22	0	+22	−13	+16	−6	+17	−17	+11	−11	+4	−18	+10	−25	−6	−28	0	−35	−16	−38	−10	−45	−30	−52	−24	−59
120	150	0	−20	+54	+14	+63	0	+40	0	+25	0	+26	−14	+18	−7	+20	−20	+12.5	−12.5	+4	−21	+12	−28	−8	−33	0	−40	−20	−45	−12	−52	−36	−61	−28	−68
150	180	0	−25	+54	+14	+63	0	+40	0	+25	0	+26	−14	+18	−7	+20	−20	+12.5	−12.5	+4	−21	+12	−28	−8	−33	0	−40	−20	−45	−12	−52	−36	−61	−28	−68
180	250	0	−30	+61	+15	+72	0	+46	0	+29	0	+30	−16	+22	−7	+23	−23	+14.5	−14.5	+5	−24	+13	−33	−8	−37	0	−46	−22	−51	−14	−60	−41	−70	−33	−79
250	315	0	−35	+69	+17	+81	0	+52	0	+32	0	+36	−16	+25	−7	+26	−26	+16	−16	+5	−27	+16	−36	−9	−41	0	−52	−25	−57	−14	−66	−47	−79	−36	−88
315	400	0	−40	+75	+18	+89	0	+57	0	+36	0	+39	−18	+29	−7	+28	−28	+18	−18	+7	−29	+17	−40	−10	−46	0	−57	−26	−62	−16	−73	−51	−87	−41	−98
400	500	0	−45	+83	+20	+97	0	+63	0	+40	0	+43	−20	+33	−7	+31	−31	+20	−20	+8	−32	+18	−45	−10	−50	0	−63	−27	−67	−17	−80	−55	−95	−45	−108

基本尺寸/mm		间隙		间隙或过盈																										过盈			
超过	到	最大	最小	最大间隙	最大过盈	最大间隙	最大过盈	最大间隙	最大过盈	最大间隙	最大过盈	最大间隙	最大过盈	最大间隙	最大过盈	最大间隙	最大过盈	最大间隙	最大过盈	最大间隙	最大过盈	最大间隙	最大过盈	最大间隙	最大过盈	最大间隙	最大过盈	最大间隙	最大过盈	最小	最大	最小	最大
30	50	48	9	50	0	39	0	30	0	28	11	24	6	26	12	22	8	17	13	21	18	10	20	14	25	2	28	6	33	7	37	3	42
50	80	56	10	59	0	46	0	35	0	34	12	29	6	31	15	25.5	9.5	20	15	25	21	11	24	16	30	2	33	7	39	10	45	5	51
80	120	65	12	69	0	53	0	40	0	40	13	34	6	35	17	29	11	22	18	28	25	12	28	18	35	2	38	8	45	12	52	6	59
120	150	74	14	81	0	60	0	45	0	46	14	38	7	40	20	32.5	12.5	24	21	32	28	12	33	20	40	0	45	8	52	16	61	8	68
150	180	79	14	88	0	65	0	50	0	51	14	43	7	45	20	37.5	12.5	29	21	37	28	17	33	25	40	5	45	13	52	11	61	3	68
180	250	91	15	102	0	76	0	59	0	60	16	52	7	53	23	44.5	14.5	35	24	43	33	22	37	30	46	8	51	16	60	11	70	3	79
250	315	104	17	116	0	87	0	67	0	71	16	60	7	61	26	51	16	40	27	51	36	26	41	35	52	10	57	21	66	12	79	1	88
315	400	115	18	129	0	97	0	76	0	79	18	69	7	68	28	58	18	47	29	57	40	30	46	40	57	14	62	24	73	11	87	1	98
400	500	128	20	142	0	108	0	85	0	88	20	78	7	76	31	65	20	53	32	63	45	35	50	45	63	18	67	28	80	10	95	0	108

4.2.3 配合表面及主端面的粗糙度和几何公差

与轴承配合的轴颈和外壳表面及端面的粗糙度不应超过表 8-2-49 的规定。

与轴承配合的轴颈和外壳孔表面的圆柱度公差和端面圆跳动公差（图 8-2-14），不应超过表 8-2-50 的规定。

表 8-2-49　轴与外壳孔配合面及端面的表面粗糙度（摘自 GB/T 275—1993）　μm

轴或轴承座直径/mm		轴或外壳孔配合表面直径公差等级								
		IT7			IT6			IT5		
		表面粗糙度								
超过	到	*Rz*	*Ra*		*Rz*	*Ra*		*Rz*	*Ra*	
			磨	车		磨	车		磨	车
	80	10	1.6	3.2	6.3	0.8	1.6	4	0.4	0.8
80	500	16	1.6	3.2	10	1.6	3.2	6.3	0.8	1.6
端面		25	3.2	6.3	25	3.2	6.3	10	1.6	3.2

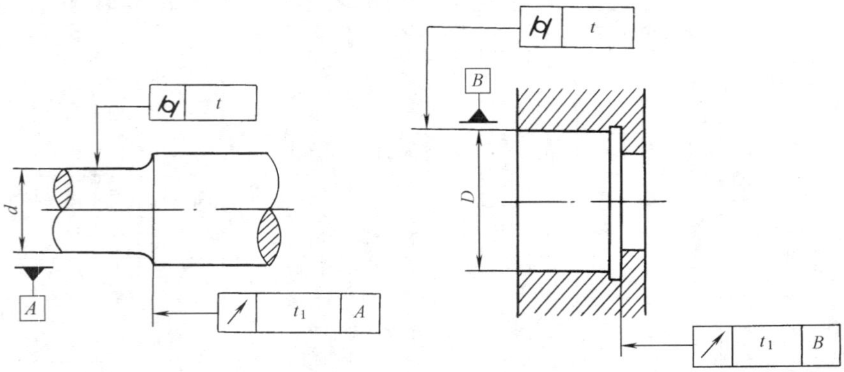

图 8-2-14　轴与外壳孔配合表面及端面的形位公差

表 8-2-50　轴和外壳孔的几何公差（摘自 GB/T 275—1993）

基本尺寸/mm		圆柱度 t				端面圆跳动 t_1			
		轴颈		外壳孔		轴肩		外壳孔肩	
		轴承公差等级							
		0	6(6x)	0	6(6x)	0	6(6x)	0	6(6x)
超过	到	公差值/μm							
	6	2.5	1.5	4	2.5	5	3	8	5
6	10	2.5	1.5	4	2.5	6	4	10	6
10	18	3.0	2.0	5	3.0	8	5	12	8
18	30	4.0	2.5	6	4.0	10	6	15	10
30	50	4.0	2.5	7	4.0	12	8	20	12
50	80	5.0	3.0	8	5.0	15	10	25	15
80	120	6.0	4.0	10	6.0	15	10	25	15
120	180	8.0	5.0	12	8.0	20	12	30	20
180	250	10.0	7.0	14	10.0	20	12	30	20
250	315	12.0	8.0	16	12.0	25	15	40	25
315	400	13.0	9.0	18	13.0	25	15	40	25
400	500	15.0	10.0	20	15.0	25	15	40	25

4.2.4 轴承与实心轴配合过盈量的选择

轴承与实心轴采用过盈配合时，其所需配合的过盈量与轴承载荷的大小、工作温度以及轴的加工精度有关。

在载荷作用下，配合表面的凸点被压平，因而在安装前测得的轴径和内圈孔径之差即名义过盈量 Δd 将略有减小。其有效过盈量 Δd_Y 为：

$$\Delta d_Y=\frac{d}{d+A}\Delta d \tag{8-2-8}$$

式中　Δd_Y——有效过盈量，μm；

Δd——名义过盈量，即测量的过盈量，μm；

d——名义轴承内径，mm；

A——常数，磨削轴 $A=3$，精研轴 $A=2$。

在载荷作用下，内圈材料在径向受到压缩，使内圈在圆周方向胀大，因而使配合比无载荷时为松。由此引起的过盈量的减小值近似为：

$$\Delta d_F = 0.08\sqrt{\frac{d}{B}F_r} \tag{8-2-9}$$

式中　Δd_F——由载荷引起的过盈量的减小值，μm；

B——内圈宽度，mm；

F_r——径向载荷，N。

如果轴承内部的温度比轴承座周围的温度高 ΔT（℃），则内圈和轴在配合处的温差约为 $0.12\Delta T$，用轴承钢制造的轴承，由此温差引起的配合过盈量减小值

$$\Delta d_T \approx 0.0015\Delta Td \ (\mu m)$$

为防止内圈和轴间产生“打滑”现象，对于实心轴，内圈承受旋转载荷时，必须满足 $\Delta d_Y - \Delta d_F - \Delta d_T \geqslant 0$。所以，选用的名义过盈量可近似由下式计算。

$$\Delta d \geqslant \frac{d+A}{d}\left(0.08\sqrt{\frac{d}{B}F_r} + 0.0015\Delta Td\right) \tag{8-2-10}$$

4.2.5　轴承与空心轴配合过盈量的选择

如果轴承是以过盈配合安装于空心轴上，为使轴承的内圈和轴配合面之间有足够的压力，当空心轴的直径比大于 0.5 时，通常所取的过盈量要比安装于实心轴的大；而当空心轴的直径比小于 0.5 时，所取的过盈量与实心轴相同。

设

$$C_i = \frac{d_i}{d}, \quad C_e = \frac{d}{d_e} \approx \frac{d}{k(D-d)+d} \tag{8-2-11}$$

式中　C_i——空心轴的直径比；

C_e——轴承内圈的直径比；

d_e——轴承内圈的外径，mm；

d——轴承内径及空心轴的外径，mm；

d_i——空心轴的内径，mm；

D——轴承外径，mm；

k——系数，圆柱滚子轴承，22 和 23 系列的调心球轴承，$k=0.25$；其他轴承 $k=0.3$。

空心钢轴所需要的平均过盈量 Δd_H 与同直径实心钢轴所求得的平均过盈量 Δd_m 的关系可参考图 8-2-15，并结合空心轴的实际直径比，选择空心轴的公差。

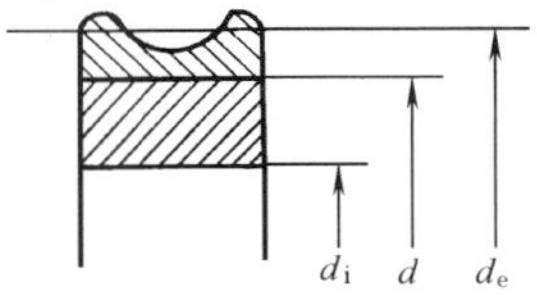

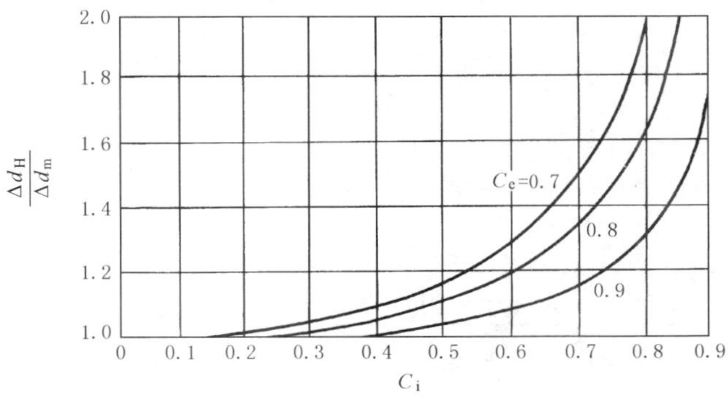

图 8-2-15

例　选用公差等级为 0 级的 6208 轴承，安装于实心轴上，选用 k5 级公差，若安装于 $C_i=0.8$ 的空心轴上，所需的配合过盈量是多少，采用的公差带代号是什么？

经查轴承公差，6208 轴承内孔尺寸为 $40_{-0.012}^{\ 0}$，外径 $D=80$，轴采用公差带代号为 k5，轴的尺寸为 $40_{+0.002}^{+0.013}$

实心轴平均过盈量 $\Delta d_m = \frac{13+2}{2} - \frac{0-12}{2} = 13.5\mu m$

根据式（8-2-11）得 $C_e = \frac{40}{0.3(80-40)+40} = 0.77$

从图 8-2-15 查得，当 $C_i=0.8$，$C_e=0.77$ 时 $\Delta d_H/\Delta d_m \approx 1.7$。因此，安装于空心轴所需的平均过盈量 $\Delta d_H = 1.7\times 13.5 =$

23μm，此值符合 m6 的值。这时空心轴的公差带代号采用 m6，其空心轴的尺寸为 $40^{+0.025}_{+0.009}$。

4.2.6 安装轴承的轴与外壳的圆角、挡肩等设计

1）圆角半径 r_{as} 应小于轴承倒角尺寸 r_s，如图 8-2-16～图 8-2-17 所示。轴和外壳孔单向最大圆角半径按表 8-2-51 选取。

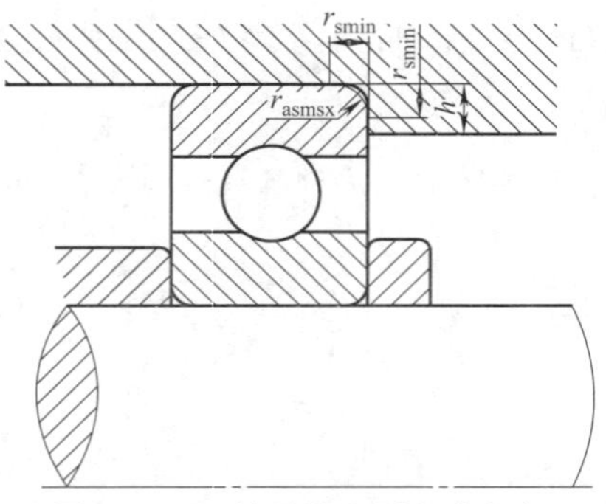

图 8-2-16　轴及外壳圆角半径与轴承倒角装配示意图

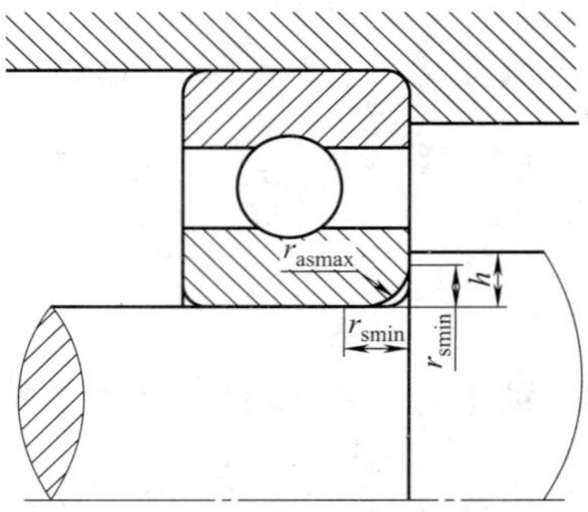

图 8-2-17　轴及外壳挡肩直径与轴承套圈装配示意图

2）为便于轴承的拆卸，挡肩（高度 h）直径应小于内圈外径或大于外圈内径，如图 8-2-17 所示。挡肩最小高度按表 8-2-52 选取。

表 8-2-51　轴和外壳孔单向最大圆角半径　/mm

轴承最小单向倒角尺寸 r_{smin}	r_{asmax}	轴承最小单向倒角尺寸 r_{smin}	r_{asmax}
0.05	0.05	2	2
0.08	0.08	2.1	2
0.1	0.1	3	2.5
0.15	0.15	4	3
0.2	0.2	5	4
0.3	0.3	6	5
0.6	0.6	7.5	6
1	1	9.5	8
1.1	1	12	10
1.5	1.5	15	12

3）圆角半径需大于轴承倒角尺寸，或挡肩高度需减小时，应在内圈与轴肩、或外圈与外壳孔肩之间加垫圈，如图 8-2-18 所示。

4）轴上的轴承固定用螺孔或锁紧螺母用螺纹应尽量与轴端垂直，螺纹旋向与轴的旋转方向相反为宜。

表 8-2-52　挡肩最小高度　mm

轴承最小单向倒角尺寸 r_s	h_{min}		轴承最小单向倒角尺寸 r_{smin}	h_{min}	
	一般情况	特殊情况		一般情况	特殊情况
0.05	0.2	—	2	5	4.5
0.08	0.3	—	2.1	6	5.5
0.1	0.4	—	3	7	6.5
0.15	0.6	—	4	9	8
0.2	0.8	—	5	11	10
0.3	1.2	1	6	14	12
0.6	2.5	2	7.5	18	—
1	3	2.5	9.5	22	—
1.1	3.5	3.3	12	27	—
1.5	4.5	4	15	32	—

注：特殊情况是指推力载荷极小，或设计上要求挡肩必须小的情况。

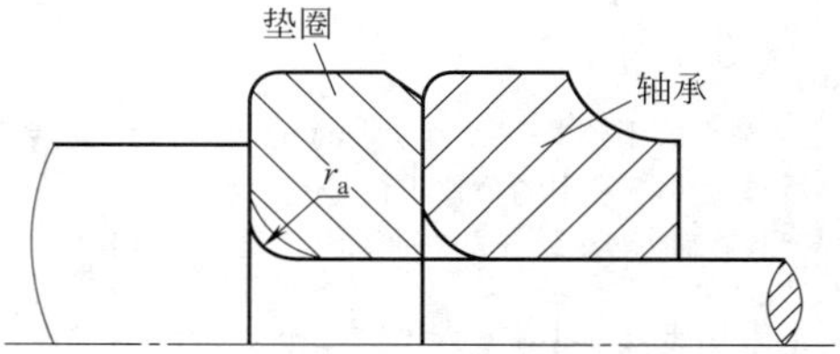

图 8-2-18　加垫圈示例

5 滚动轴承的润滑

5.1 选择润滑油或润滑脂的一般原则

表 8-2-53 选择润滑油或润滑脂的一般原则

影响选择的因素	用 润 滑 脂	用 润 滑 油
温度	当温度超过 120℃时,要用特殊润滑脂。当温度升高到 200~220℃时,再润滑的时间间隔要缩短	油池温度超过 90℃或轴承温度超过 200℃时,可采用特殊的润滑油
速度系数 dn 值① /mm·r·min^{-1}	球轴承<160000;圆柱、圆锥滚子<100000~120000;调心滚子<80000;推力球轴承<40000	球轴承、圆柱滚子:油溶<250000;滴油<400000;循环<600000;圆锥、调心滚子:油溶<120000~160000;循环<250000~300000;圆锥滚子滴油<230000;推力球轴承:油溶<60000;滴油<120000;循环<150000;所有轴承喷雾>600000
载 荷	低到中等	各种载荷直到最大
轴承形式	不用于不对称的球面滚子推力轴承	用于各种轴承
壳体设计	较简单	需要较复杂的密封和供油装置
长时间不需维护的地方	可用。根据操作条件,特别要考虑工作温度	不可以用
集中供油	选用泵送性能好的润滑脂。不能有效地传热,也不能作为液压介质	可用
最低转矩损失	如填装适当,比采用油的损失还要低	为了获得最低功率损失,应采用有清洗泵或油雾装置的循环系统
污染条件	可用。正确的设计可防止污染物的侵入	可用。但要采用有防护、过滤装置的循环系统

① dn=轴承内径(mm)×转速(r/min)。对于大轴承(直径大于 65mm)用 $d_m n$ 值(d_m 为内外径的平均值)。

5.2 滚动轴承润滑油的选择

5.2.1 润滑油的黏度及牌号的选择

表 8-2-54 润滑油的黏度及牌号的选择

已知参数	黏 度 及 牌 号	说 明
n、d、T、p	查图 8-2-17,可求得润滑油黏度及牌号	n——主轴转速,r/min d——轴承内径,mm d_m——轴承内外径平均值,mm T——轴承工作温度,℃ p——轴承所承受的载荷,Pa
dn 值及 T	查表 8-2-55 和图 8-2-19 求其润滑油黏度	
dn 值、p、T 轴承结构及润滑方式	查表 8-2-56~表 8-2-58,求其润滑油黏度及牌号	

表 8-2-55 按照 dn 值/温度推荐的油黏度

dn 值 /mm·r·min^{-1}	润滑油黏度(37.8℃)/mm^2·s^{-1}			
	A 0~30℃	B 30~60℃	C 60~90℃	D 90~120℃
10000	60	115	360	750
10000~25000	35	95	270	550
25000~60000	35	70	270	550
60000~75000	20	60	220	360
75000~100000	20	60	160	360
100000~250000	9	35	115	270
250000 以上	9	35	95	270

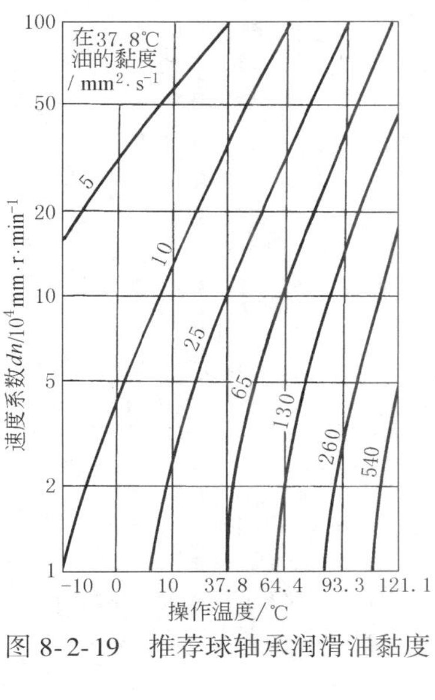

图 8-2-19 推荐球轴承润滑油黏度

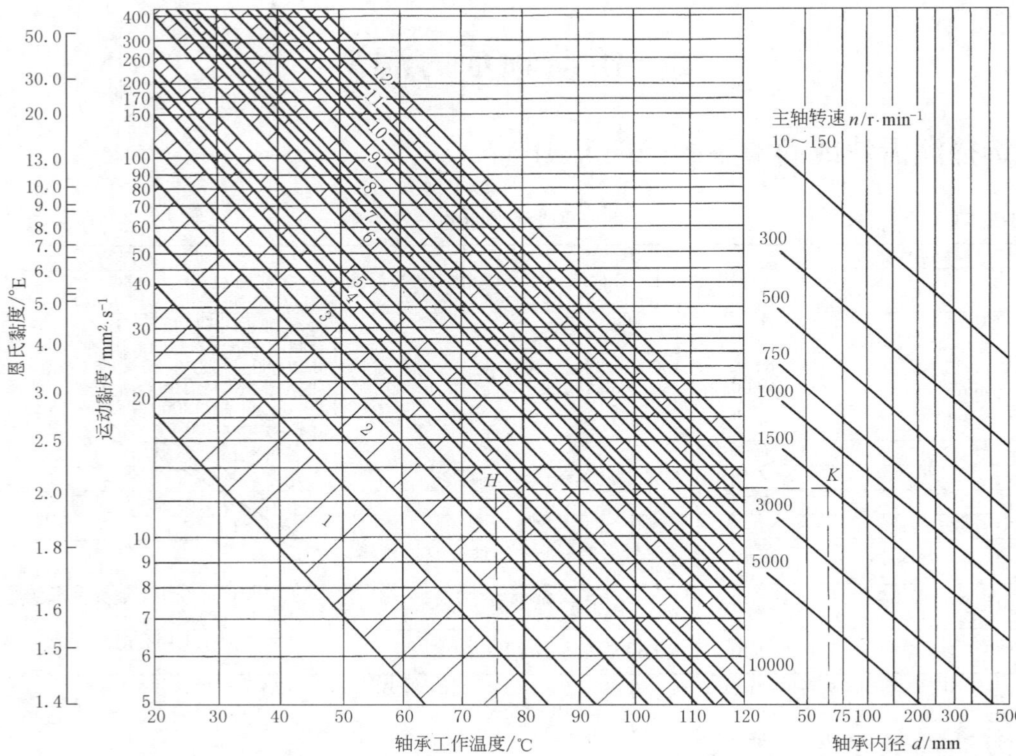

曲线代号	推荐的油品		曲线代号	推荐的油品		曲线代号	推荐的油品	
	普通载荷	重载荷或冲击载荷		普通载荷	重载荷或冲击载荷		普通载荷	重载荷或冲击载荷
1	10 号变压器油 L-AN15 全损耗系统用油	15 号轴承油	5	L-TSA100 汽轮机油 L-AN100 全损耗系统用油	L-ECC20 柴油机油	9		220 号、320 号抗氧防锈工业闭式齿轮油
2	L-TSA32 汽轮机油 L-AN32 全损耗系统用油	L-HL32 液压油	6	L-AN150 全损耗系统用油	L-ECC30 柴油机油	10		460 号抗氧防锈工业闭式齿轮油
3	L-TSA46 汽轮机油 L-AN46 全损耗系统用油	L-HL46 液压油	7	L-AN150 全损耗系统用油		11		460 号抗氧防锈工业闭式齿轮油
4	L-TSA68 汽轮机油 L-AN68 全损耗系统用油	L-HL68 液压油 L-HG68 液压油	8	L-ECC40 柴油机油		12		140 号重负荷车辆齿轮油

图 8-2-20 滚动轴承润滑油黏度及牌号的选择依据

例 已知 $d=60\text{mm}$，$n=1500\text{r/min}$，$T=75℃$，求润滑油黏度及牌号。

可从上图横坐标右侧轴承内径 60mm 处引垂线与转速为 1500r/min 的斜线相交于 K 点，又从 K 点引水平线，与从温度 75℃处所引垂线相交于 H 点，而 H 点处于 46 号油的黏-温曲线区域内。依据图 8-2-20 中附表，如果轴承承受普通载荷，则推荐用 L-TSA 46 汽轮机油或 L-AN46 全损耗系统用油，如果轴承承受重载荷或冲击载荷，可推荐用 L-HL46 液压油。

表 8-2-56　　滚动轴承用润滑油种类、牌号的选择

轴承工作温度/℃	速度系数 dn 值 /mm·r·min^{-1}	工作条件			
		普通载荷(3MPa)		重载荷或冲击载荷(3~20MPa)	
		适用黏度(40℃)/$mm^2 \cdot s^{-1}$	选用油名称、牌号	适用黏度(40℃)/$mm^2 \cdot s^{-1}$	选用油名称、牌号
-30~0		15~32	L-DRA15、L-DRA22、L-DRA32 冷冻机油	15~60	L-DRA22、L-DRA32、L-DRA46 冷冻机油
0~60	15000 以下	32~70	L-AN32、L-AN46、L-AN68 全损耗系统用油 L-TSA32、L-TSA46 汽轮机油	70~162	L-AN68、L-AN100、L-AN150 全损耗系统用油 L-TSA68、L-TSA100 汽轮机油
	15000~75000	32~50	L-AN32、L-AN46 全损耗系统用油 L-TSA32 汽轮机油	42~90	L-AN46、L-AN68、L-AN100 全损耗系统用油 L-TSA46、L-TSA68 汽轮机油
	75000~150000	15~32	L-AN15、L-AN32 全损耗系统用油 L-TSA32 汽轮机油	32~42	L-AN32 全损耗系统用油 L-TSA32 汽轮机油
	150000~300000	9~12	L-FC5、L-FC7 主轴油	15~32	L-FD15 主轴油 L-AN15 全损耗系统用油
60~100	15000 以下	110~162	L-AN150 全损耗系统用油 30 汽油机油	172~240 15~24 (100℃)	40 号汽油机油 680 号汽缸油 L-DAA150 压缩机油
	15000~75000	70~100	L-AN68、L-AN100 全损耗系统用油 20 号汽油机油	110~162	L-AN150 全损耗系统用油 30 号汽油机油
	75000~150000	50~90	L-AN46、L-AN68、L-AN100 全损耗系统用油 L-TSA46、L-TSA68 汽轮机油、20 号汽油机油	70~120	L-AN68、L-AN100 全损耗系统用油 L-TSA68、L-TSA100 号汽轮机油
	150000~300000	32~70	L-AN32、L-AN46、L-AN68 全损耗系统用油 L-TSA32、L-TSA46 汽轮机油	50~90	L-AN46、L-AN68、L-AN100 全损耗系统用油 20 号汽油机油 L-TSA46、L-TSA68 号汽轮机油
100~150		13~16 (100℃)	40 号柴油机油 40 号汽油机油	15~25 (100℃)	40 号汽油机油 680 号汽缸油
0~60 60~100	滚针轴承	50~70	L-AN46、L-AN68 全损耗系统用油 L-TSA46 汽轮机油	70~90	L-AN68、L-AN100 全损耗系统用油 L-TSA68 汽轮机油 20 号汽油机油
		70~90	L-AN68、L-AN100 全损耗系统用油 L-TSA68 汽轮机油 20 号汽油机油	110~162	L-AN150 全损耗系统用油 30 号汽油机油

表 8-2-57　　　　滚动轴承运转条件与适用润滑油黏度

轴承运转温度/℃	速度系数 dn 值/mm・r・min^{-1}	适用黏度(50℃)/mm^2・s^{-1}(40℃/mm^2・s^{-1}) 一般载荷	重载荷或冲击载荷
-10~0	各种全部	10~20(15~30)	15~30(27~55)
0~60	15000 以下	20~35(30~60)	40~60(80~110)
	15000~80000	15~30(22~50)	30~45(55~70)
	80000~150000	10~20(15~30)	15~25(22~45)
	150000~500000	6~10(10~15)	10~20(15~32)
60~100	16000 以下	50~80(100~150)	90~150(150~240)
	15000~80000	40~60(80~110)	60~90(110~140)
	80000~150000	25~35(45~60)	40~80(70~140)
	160000~500000	15~20(22~32)	25~35(45~60)
100~150	各种全部	120~250(200~380)	
0~60	自动调心滚动轴承	20~35(35~60)	
60~100		50~90(100~160)	

表 8-2-58　　　　滚动轴承适用润滑油黏度（40℃）　　　　mm^2・s^{-1}

载荷	工作温度/℃ 0~60					60~100		
	dn 值/mm・r・min^{-1}							
	≈15000	≈75000	≈150000	≈300000	≈450000	≈15000	≈75000	≈150000
一般载荷	36~62	26~50	16~32	8~16	5~12	90~140	72~100	40~60
重载荷或冲击载荷	62~105	50~72	26~40	16~30	8~20	140~220	100~140	60~120
轴承类型	各种		推力球型除外	单列角接触球型及圆柱滚子型		各种		推力球型除外

载荷	工作温度/℃ 60~100		-30~0	0~60	60~100	100~150	>150
	dn 值/mm・r・min^{-1}		≈界限转速				
	≈300000	≈450000					
一般载荷	30~45	12~35	16~32	30~50	40~60	140~200	170~280
重载荷或冲击载荷	40~80	30~50	26~52	40~60	80~150	180~280	260~320
轴承类型	单列角接触球型及圆柱滚子型		各种	自动调心型		各种	

注：本表指用油浴或循环润滑法；150℃以上时，用高黏度、耐热氧化性好的润滑油，由试验试用决定。

5.2.2 滚动轴承用油润滑的方法

表 8-2-59　滚动轴承用油润滑的方法

方法	特　点	适合范围	油量及给油特点	部件结构	维护检查	其他注意事项
油浴润滑	轴承的一部分浸入油槽中 最简单的一种方法，一般用于低速（dn 值<10^5mm·r·min^{-1}）	低、中速	对水平轴，油面在最下面的转动体的一半地方，对垂直轴，浸泡轴承70%~80%	对垂直轴特别要注意下部的密封结构，要安装油面计	检查油面是否正确，如温升高，可降低油面	为了防止磨损，最好装设磁铁栓，使产生的铁粉沉淀
滴油润滑	用给油器使油成滴滴下，油因转动部分的搅动，在轴承箱内形成油雾状 滴下的油将运动中摩擦热量带走，起冷却作用，轴承最高温度应低于70℃	较高速度和中等速度的小型轴承	一般是每分钟5~6滴。要调到1mL/h以下是困难的	轴承的下面没有存油的机构	运转停止时，注意停止滴油	给定量的滴油量
飞溅润滑	用浸入油池内的齿轮或甩油环的旋转将油飞溅进行润滑 可同时对若干轴承供油	较高速度	油面与给油量有关系	为防止磨损粉末进入轴承内，可设密封板或挡板	必须保持一定量的油	特别是减速箱，在底部要安装磁铁栓，防止铁粉分散在油中
油绳润滑	利用纤维物质油绳吸上的油，甩油环使其雾化 油可以过滤，简单便利	轻载荷且相当高的速度	油绳的直径、根数及油面，应根据给油量而变化。冬天有蜡析出的油不适用	要有大面积给油槽	油绳表面被灰尘等附着后，给油量会变化	黏度随温度变化大的油，则给油量变化大
压力循环润滑	用油泵将过滤的油输送至轴承部件中，进行润滑后的油又返回油箱，再经过滤、冷却后循环使用 给油与冷却有保证，给油量及给油的温度容易控制	高速搅动、给油点多的地方不适用	油的压力0.15MPa左右1cm^2轴承投影面积（外径×宽）供给油0.6cm^3/min	必须有油箱、循环泵、给油装置冷却器以及加热器、过滤器、调节阀等，需要油量也大	由于自动给油，安全可靠，不需人管	由于油使用后会劣化，注意油的交换期
油雾润滑	净化无水的压缩空气将少量的油雾化，像空气一样吹向轴承 冷却效果好，给油量与空气量可以分别调节	超高速的轴承可以使用，高速、轻载荷的中、小轴承最适用	空气压力0.05~0.5MPa，内径为40~50mm的轴承给油量为（4~83）×10^{-6}L/min，在苛刻条件下，用较高黏度的极压润滑油	必须有喷雾发生器，带搅拌的油箱、水分离器、空气净化器、喷嘴。轴承箱内空气压力要高，防止尘土进入	油雾浓度、温度、压力等所有调节系统组合在一起	给油量很少，油不能回收，主轴润滑面给油量不足时会引起事故，要十分注意
喷油润滑	将压力油强制送入润滑面，油通过喷嘴喷射到润滑面，叫做喷射润滑 油能送入润滑面，冷却效果好	高速重载荷轴承适用，安全	给油压力0.1~0.5MPa，给油量为0.5~10L/min左右	必须有压力给油泵、过滤器、冷却器。喷嘴的直径0.5~2mm以上，安装在离轴承端面10mm处，发热量大的轴承增设2~4个喷嘴	油面必须保持在一定限度以上	设计的排油口必须要很大，防止不必要的滞流，油流要好。最好用油泵强制排油
油气润滑	用活塞式定量分配器定时将微量油送到管内的压缩空气流中，在管壁上形成连续的油流，提供给轴承	特别适用于高速轴承	比油雾润滑油量少，且稳定，供油量可调整	必须有油箱、给油泵、活塞式定量分配器、喷嘴、节流阀等	较先进的油气润滑装置配备有机外程序控制装置	油气润滑的油颗粒通常为小油滴状，输送距离比油雾润滑短得多

5.3 滚动轴承润滑脂的选择

5.3.1 润滑脂选择的原则

（1）速度

一般原则是速度愈高，选锥入度愈大的脂（锥入度愈大则脂愈软），以减少其摩擦阻力，但过软的脂，在离心力作用下，其润滑能力降低。根据经验，主轴转速 n 和锥入度选用见表 8-2-60。

表 8-2-60

轴承类型	转速 n/r·min^{-1}	锥入度值/(1/10mm)
球轴承	20000	220~250
	10000	175~205
滚锥、滚子轴承	1000 左右	245~295

（2）温度和环境条件

各种润滑脂适宜温度与环境条件见表 8-2-61。

表 8-2-61 各种润滑脂适宜温度与环境条件

润滑脂类型	润滑脂等级(号) 锥入度	最大速度(推荐)用润滑脂的最大速度的百分比	环境	典型工作温度/℃ 最高	典型工作温度/℃ 最低	基础油的黏度近似值(50℃)/mm^2·s^{-1}	备注
锂基脂	2 265~295	100 75	湿或干	100 120	−20	到 70	多用途的，对于内径在 65mm 以上，并在最大速度或最高温度情况下或在垂直轴上的轴承不应采用，建议用于有振动载荷的最高速度处
	3 220~250	100 75	湿或干	100 120	−20	到 70	
极压锂基脂	1 310~340	75	湿或干	90	−15	14mm^2/s (100℃)	推荐用于轧辊轴承和重载圆锥滚子轴承
	2 265~295	100 75		70 90	−15		
钙基脂	1、2、3 220~340	50	湿或干	60	−10	到 70	
极压钙基脂	2、3 220~295	50	湿或干	60	−5	14mm^2/s (100℃)	
钠基脂	3 220~250	75~100	干的	80	−10	20	有时含 20%钙基脂
膨润土脂		50	湿或干	160	10	20mm^2/s (100℃)	
极压膨润土脂		100	湿或干	180	−20		

（3）载荷（表 8-2-62）

表 8-2-62

载荷类型	选用润滑脂性质
重载荷机械	基础油黏度高、稠化剂含量高的润滑脂或加有极压添加剂的润滑脂及加填料(二硫化钼、石墨)的润滑脂
低、中载荷的机械	1 号或 2 号稠度的短纤维润滑脂，基础油以中等黏度为宜

5.3.2 滚动轴承润滑脂的选择

润滑脂的选择可参考表 8-2-63 和表 8-2-64。

表 8-2-63　　滚动轴承润滑脂选用参考（一）

轴径/mm	工作温度/℃	工作环境	轴的转速/r·min^{-1}			
			<300	300~1500	1500~3000	3000~5000
20~140	0~60	有水	3 号、4 号钙基脂	2 号、3 号钙基脂	1 号、2 号钙基脂	1 号钙基脂
	60~110	干燥	2 号钠基脂	2 号钠基脂	2 号钠基脂	1 号二硫化钼复合钙基脂
	<100	潮湿	2 号复合钙基脂	1 号、2 号复合钙基脂	1 号复合钙基脂	1 号二硫化钼复合钙基脂
	-20~100	有水	3 号、4 号锂基脂	2 号、3 号锂基脂	1 号、2 号锂基脂	1 号二硫化钼锂基脂

表 8-2-64　　滚动轴承润滑脂选用参考（二）

工作温度/℃	转速/r·min^{-1}	载荷	推荐用脂	工作温度/℃	转速/r·min^{-1}	载荷	推荐用脂
0~60	约 1000	轻、中	2 号、3 号钙基脂	0~110	约 1000	轻、中、重	2 号钠基脂
0~60	约 1000	重	4 号钙基脂	0~110	约 1000	轻、中	2 号钠基脂
0~60	1000~2000	轻、中	2 号、3 号钙基脂	0~140	约 1000	轻、中、重	2 号二硫化钼复合钙基脂
0~80	约 1000	轻、中、重	3 号钙钠基脂	0~120	约 1000	轻、中	1 号二硫化钼复合钙基脂
0~80	1000~2000	轻、中	2 号钙钠基脂	0~160			3 号二硫化钼复合钙基脂
0~100	约 1000	轻、中、重	3 号钙钠基脂	-20~100			二硫化钼锂基脂
0~100	约 1000	轻、中	1 号、2 号钙钠基脂				

5.3.3 滚动轴承润滑脂的填充量及补充周期

一般滚动轴承不应填满润滑脂，具体填充量参见表 8-2-65。

表 8-2-65

轴承转速/r·min^{-1}	轴承腔内的填充量	轴承位置	轴承腔内的填充量
1500 以下	2/3	水平轴	¼~½
1500~3000	1/2	垂直轴	1/3(上侧)和 1/2(下侧)
3000 以上	¼	易污染环境(对低速和中速)	轴承和轴承盖里的全部空间装满

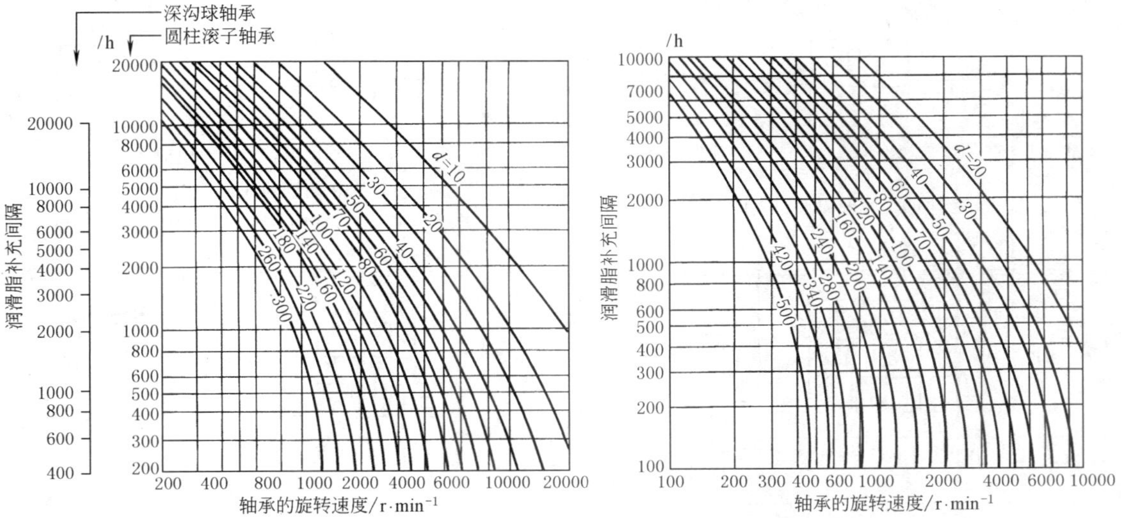

(a) 深沟球轴承、圆柱滚子轴承　　(b) 圆锥滚子轴承、调心滚子轴承

图 8-2-21　润滑脂补充间隔

图 8-2-21 为深沟球轴承、圆柱滚子轴承和圆锥滚子轴承与调心滚子轴承的润滑脂补充周期曲线。可根据轴承内径和转速，查出润滑脂更换的大致时间。此图是在轴承外径表面温度为 70℃ 的情况下绘出的，因此适用于轴承温度 70℃ 以下，若超过 70℃，每上升 15℃，补充周期应减半。如轴承用于尘埃很多且密封不可靠的场合，补充周期可缩短到图示值的½～⅒。

6　滚动轴承的轴向紧固

表 8-2-66

内圈的紧固	简　图	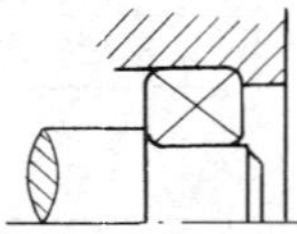	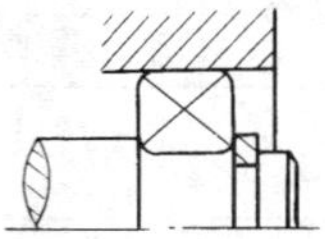	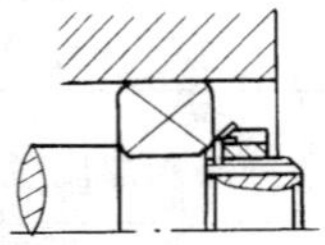	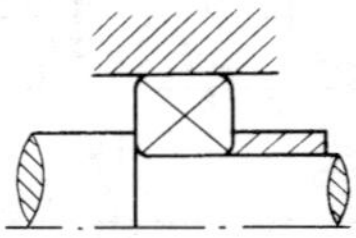	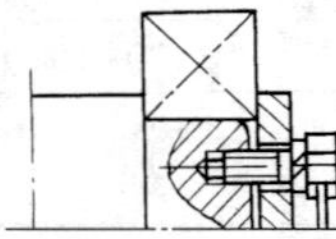
	紧固方法	外壳有凸肩时，利用轴肩作为内圈的单面支承	用弹性挡圈	用圆螺母和止动垫圈	用轴套和其他零件压紧	用轴端挡圈、螺栓和铁丝
	特　点	结构简单，轴向尺寸小，可承受单向的轴向载荷	结构简单，轴向尺寸紧凑，可承受不大的轴向载荷	可承受较大的轴向载荷	可同时固定轴承和其他零件，可以承受较大的轴向载荷	用于轴端切削螺纹有困难的场合，能承受较大的轴向载荷

内圈的紧固	简　图	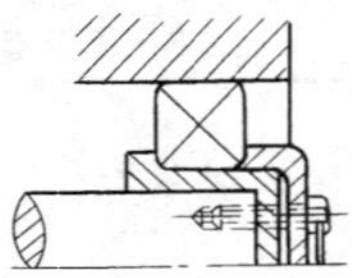	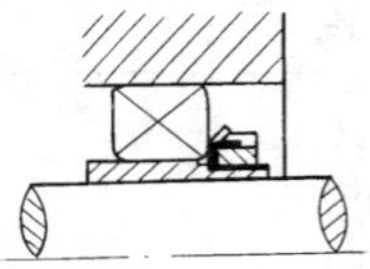	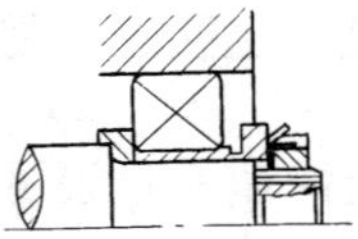	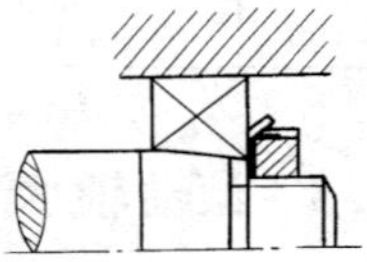
	紧固方法	用带挡边的套筒和端盖	用紧定衬套，圆螺母和止动垫圈	用退卸套、圆螺母和止动垫圈	用圆螺母和止动垫圈
	特　点	用于光轴，能承受较大的轴向载荷	用于带锥孔的轴承，安装在光轴上，便于调整轴向尺寸，结构简单，适于转速不高，轴向载荷不大的条件下	用于带锥孔的轴承，装卸方便，能承受一定的轴向载荷	把带有锥孔的轴承直接装在锥形轴颈上

外圈的紧固	简　图	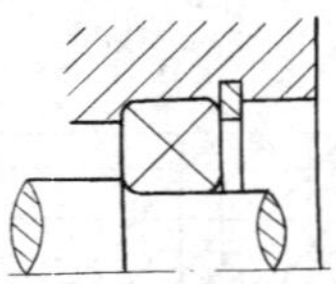	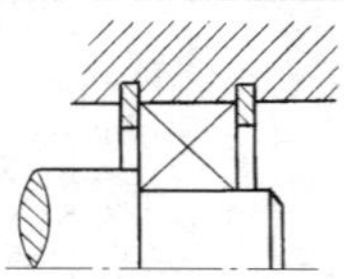	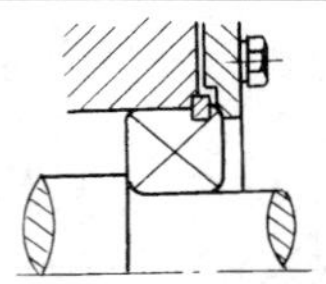	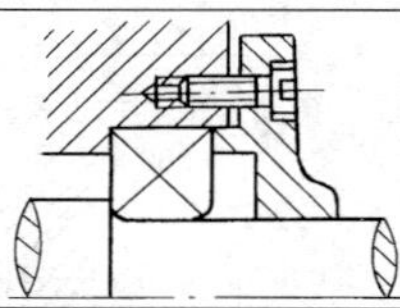
	紧固方法	用弹性挡圈	用两个弹性挡圈	用止动环和轴承盖	用轴承盖
	特　点	结构简单，装拆简便，尺寸小，右图内孔为通孔，加工方便		用于外圈有止动槽的轴承，结构简单，轴向尺寸小，内孔无凸肩	能承受较大的轴向载荷

外圈的紧固	简　图	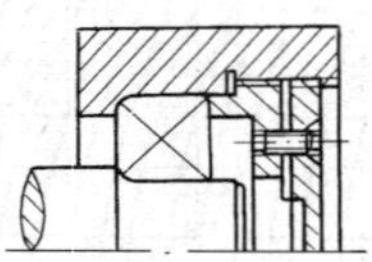	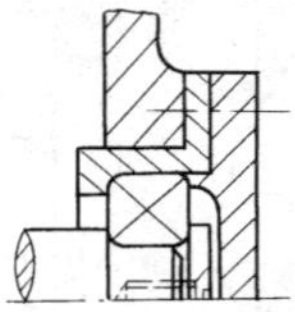	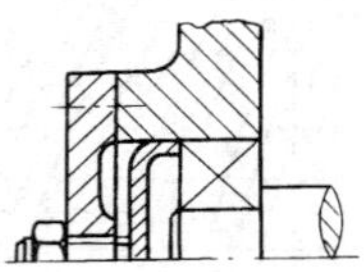	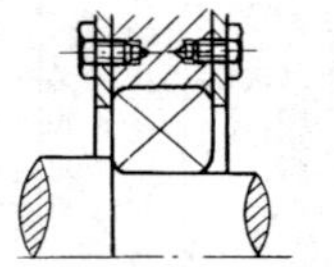
	紧固方法	用外圆柱表面有螺纹和开口的轴承盖	用衬套和轴承盖	用轴承盖、压盖和调节螺钉	用两个压环
	特　点	在径向尺寸小、不宜使用轴承盖的情况下采用，能承受较大的轴向载荷	壳体可做成通孔，轴上零件可在壳体外安装，可用增减垫片的方法调整轴向尺寸	常用于向心推力轴承，可调整轴向游隙，能承受较大的轴向载荷	用于内孔不能加工凸肩时

7 滚动轴承的密封

表 8-2-67

<table>
<tr><th colspan="3">型　式</th><th>简　图</th><th>特 点 与 应 用</th></tr>
<tr><td rowspan="8">非接触式(除密封间隙中的润滑剂摩擦外,均不会出现任何其他摩擦,不会产生磨损,因此使用时间较长,也不会产生热量,所以可应用于转速高的地方)
非接触式密封的间隙(mm):
<table><tr><td>轴径</td><td><50</td><td>≥50</td></tr><tr><td>径向间隙</td><td>0.1~0.4</td><td>0.5~1.0</td></tr><tr><td>轴向间隙</td><td>1~2</td><td>3~5</td></tr></table></td><td rowspan="4">间隙式</td><td>缝隙式</td><td>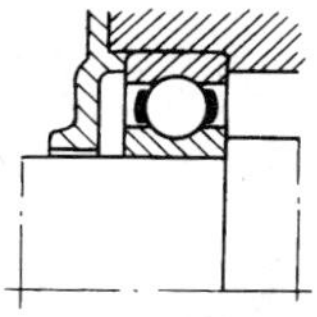</td><td>轴与端盖配合面之间,间隙越小,轴向宽度越长,密封效果越好,一般径向间隙 0.1~0.3mm。适用于环境比较干净的脂润滑的工作条件</td></tr>
<tr><td>沟槽式</td><td>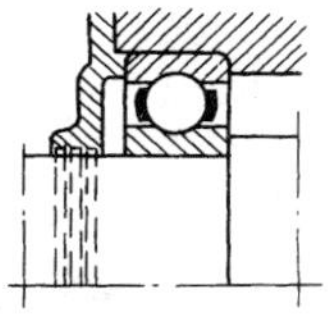</td><td>在端盖配合面上,开有三个以上的宽为 3~4mm、深为 4~5mm 的沟槽。充填润滑脂,以提高密封效果</td></tr>
<tr><td>螺旋沟槽式</td><td>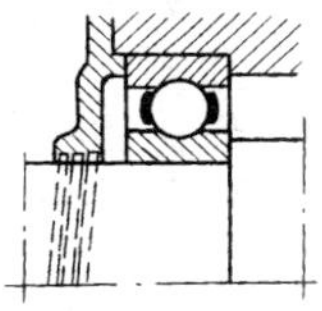</td><td>螺旋线方向与轴的旋转方向相反,沿着轴泄逸的油又被输回轴承中</td></tr>
<tr><td>W形沟槽式</td><td>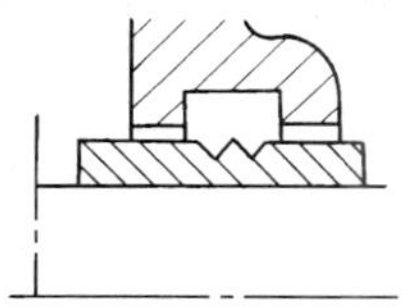</td><td>用于油润滑。在轴上或轴套上开有“W”形槽,借以甩回渗漏出来的润滑油。端盖孔壁上相应开有回油槽,将甩到孔壁上的油回收流入轴承内</td></tr>
<tr><td rowspan="4">迷宫式</td><td>轴向式</td><td>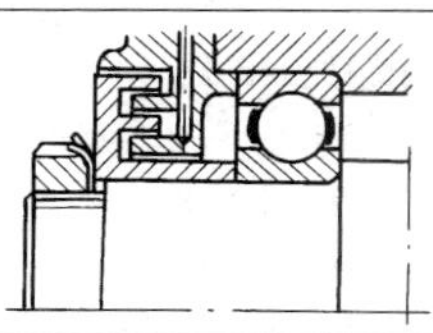</td><td>轴向迷宫曲路由套和端盖的轴向间隙组成,但迷宫曲路沿径向展开,故曲路折回次数不宜过多。由于装拆方便,端盖不需剖分,因此轴向迷宫比径向迷宫应用广泛</td></tr>
<tr><td>径向式</td><td>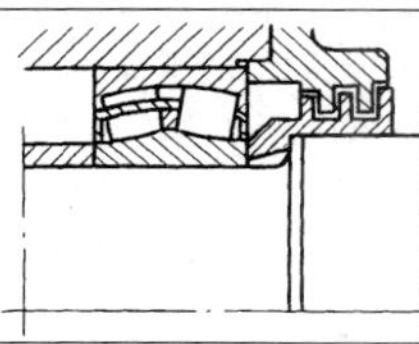</td><td>径向迷宫曲路由套和端盖的径向间隙组成,端盖应剖分
迷宫曲路沿轴向展开,故径向尺寸比较紧凑。曲路折回次数越多,密封越可靠。适用于比较脏的工作环境,如金属切屑机床的工作端多采用此种密封型式</td></tr>
<tr><td>斜向式</td><td>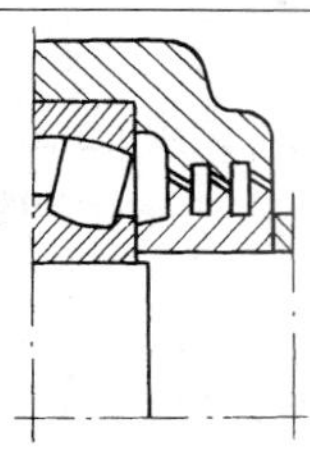</td><td>其倾斜面可绕轴承中心作一定摆动,适用于轴摆动较大的地方,如调心轴承支承</td></tr>
<tr><td>组合式</td><td>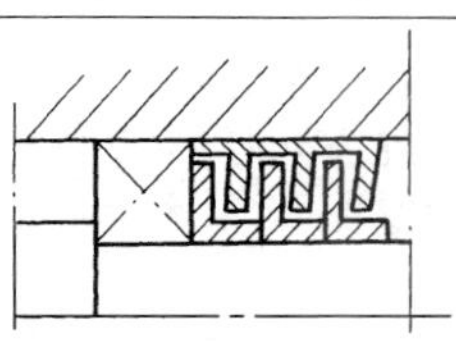</td><td>组合式迷宫密封由两组“Γ”形垫圈组成,占用空间小,成本低。适用于成批生产的条件。此类垫圈成组安装,数量越多密封效果越好</td></tr>
</table>

续表

型式			简图	特点与应用
非接触式（除密封间隙中的润滑剂摩擦外，均不会出现任何其他摩擦，不会产生磨损，因此使用时间较长，也不会产生热量，所以可应用于转速高的地方）	垫圈式	旋转垫圈	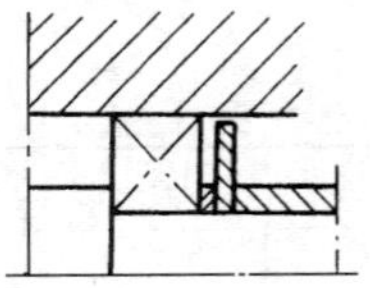	工作时，垫圈与轴一起转动，轴的转速越高，密封效果越好。旋转垫圈既可用来阻挡油的泄出，也可用来阻挡杂物的侵入，视垫圈所在位置而定
		静止垫圈	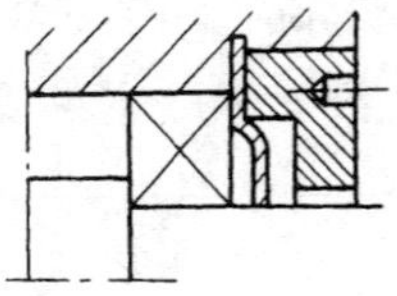	固定在轴承外圈上的垫圈工作时静止不动。主要用来阻挡外界灰尘、杂物的侵入
	甩油环式		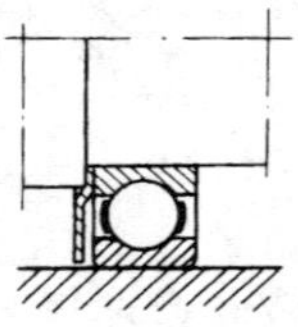	靠甩油环旋转将油甩出进行密封，转速越高密封效果越好。一般多用于油润滑处
	挡油圈式		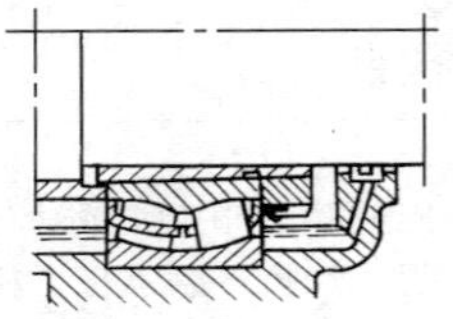	靠挡油圈挡住油并借离心力将油甩入箱内，然后由孔道流回，转速越高，密封效果越好。适用于油润滑处
接触式（必须有一定贴合压力使密封圈贴附滑动面，因此运转会产生磨损和热量，适用于中、低速的工作条件）	毡封式		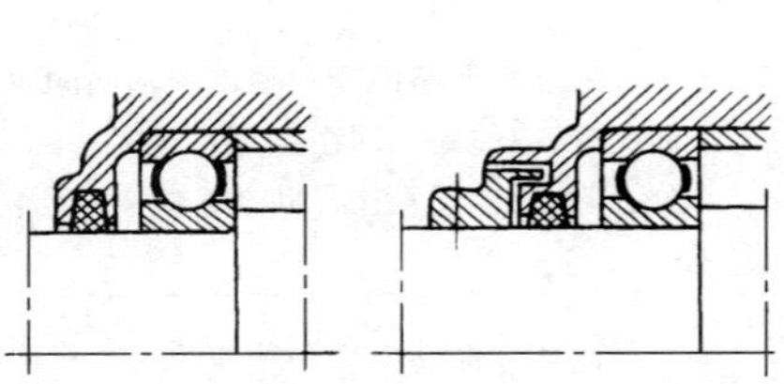 (a) (b)	主要用于脂润滑、工作环境比较干净的轴承密封。一般接触处的圆周速度不超过 4～5m/s，允许工作温度可达 90℃。如果轴表面经过抛光，毛毡质量较好，圆周速度可允许到 7～8m/s 毡圈可为单个、两个或多个 毡圈与轴之间的摩擦较大，长期使用易把轴磨出沟槽。因此，一般多采用轴套与毛毡圈接触，以保护轴 毛毡式密封效果欠佳，虽然多毡圈式比单、双毡圈式密封效果要好一些，但因为外面的毡圈首先与污物接触而得不到轴承内的润滑剂，所以逐渐干燥失去弹性
	油封式（皮碗式）		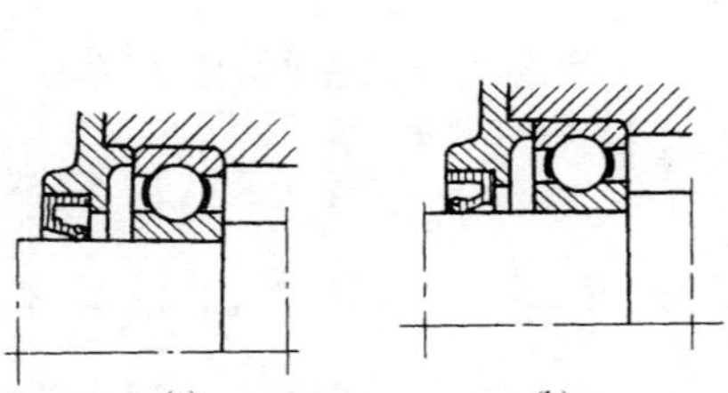 (a) (b)	油封密封圈用耐油橡胶制成，用于脂润滑或油润滑的轴承密封中。接触处的圆周速度不大于 7m/s，适用于温度-40～100℃ 为了保持密封圈的压力，皮碗用弹簧圈紧箍在轴上，使密封唇呈锐角状。图 a 的密封唇面向轴承，主要用于防止润滑油的泄出。图 b 的密封唇背向轴承，主要用于阻止灰尘杂物的侵入 同时采用两个油封相对安装。面向轴承者为阻止润滑油流出，背向轴承者为阻止灰尘杂物的侵入

第8篇

续表

型　　式	简　　图
综合式（在粉尘、水分多等恶劣环境下，以及不允许有润滑剂泄漏的场合，往往用综合式密封结构）	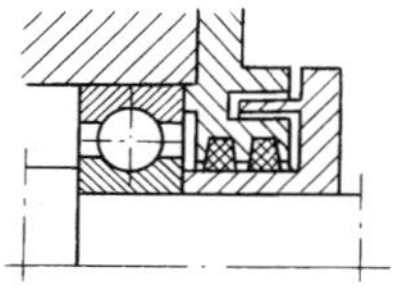 (a) 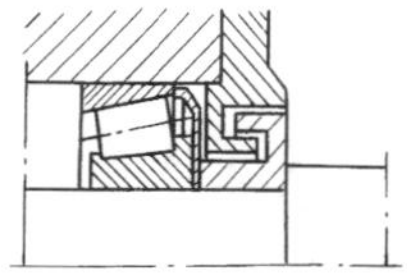 (b) 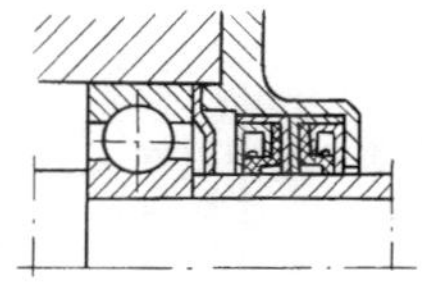 (c) 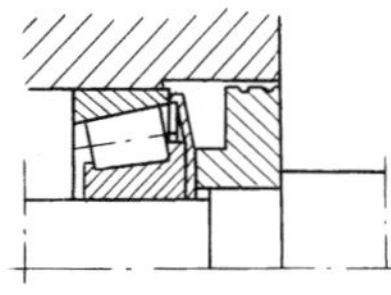 (d) 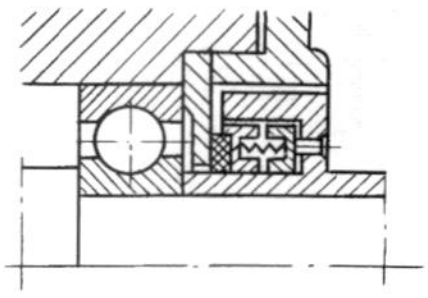 (e) 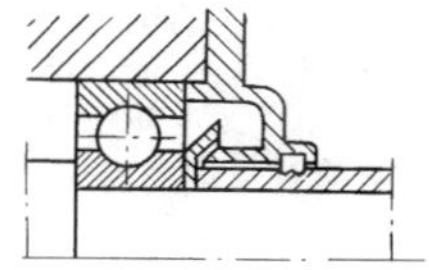 (f)

8　滚动轴承的游隙选用与调整

轴承的游隙是指在无载荷的情况下，轴承内外环间所能移动的最大距离，作径向移动者称为径向游隙，作轴向移动者称为轴向游隙，如图 8-2-22 所示。

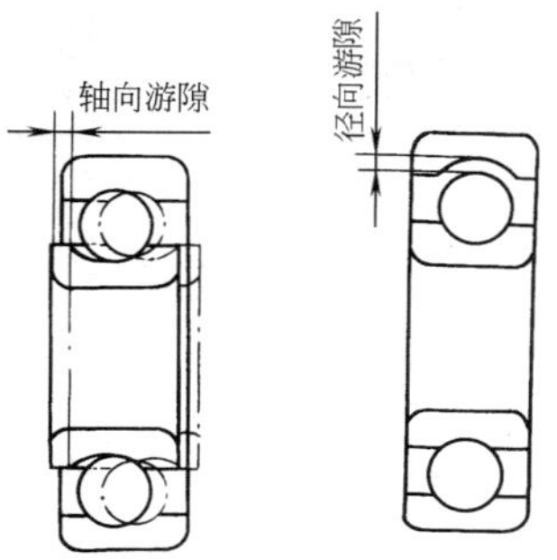

图 8-2-22　径向游隙和轴向游隙

轴承的径向游隙又分为原始游隙、安装游隙和工作游隙。通常，轴承的原始径向游隙大于轴承工作时的游隙，轴承的径向游隙对轴承的寿命、温升、噪声等都有很大的影响。严格说来，轴承的额定动载荷是随游隙的大小而变化的，产品样本中所列的额定载荷（C 和 C_0）是工作游隙为零时的载荷数值。决定轴承径向游隙时，必须考虑以下几点。

① 过盈配合安装时，内圈的膨胀和外圈的收缩导致游隙的减小。

② 在运转温度下，轴承内外圈的温度差及其相关件的热膨胀导致游隙的变化。

③ 在工作时，球轴承通常在运转温度下，游隙应接近于零。对于滚子轴承，在正常的工作条件下，通常应留有一定的径向游隙。

④ 在正常的工作状态下，如果轴承的内外圈的配合等级在表 8-2-68 范围内，应优先采用 0 组游隙。

⑤ 按 0 组游隙制造的轴承在轴承代号中不标注游隙组代号。

⑥ 对于大冲击、重载荷、过盈量大的配合，内圈环境温度高，外圈环境温度低等情况的轴承应选用游隙较大的轴承（如用第 3 组、第 4 组、……）；对于内、外套圈有松动的配合、有振动及对音响有要求、对运转精度有要求、从外壳传入热量及组装后游隙可调整的轴承选用游隙较小的轴承（如用第 2 组）。

表 8-2-68　　0 组游隙轴承的配合

轴 承 类 型	轴	外　壳
球轴承	j5、…、k5	J6
滚子轴承和滚针轴承	k5、…、m5	K6

向心滚动轴承的径向游隙见 GB/T 4604.1—2012，四点接触球轴承的轴向游隙见 GB/T 4604.2—2013。一般非调整式轴承（如深沟球轴承、圆柱滚子轴承等）的内部游隙均由轴承制造厂选配，在使用过程中不再进行游隙的调整，用户只选择合适的游隙等级和配合，就能保证轴承的正常运转。一般圆柱滚子轴承的径向游隙比深沟球轴承大，因为滚子轴承的刚性比球轴承大，当出现温差时，易出现径向夹紧。角接触球轴承和圆锥滚子轴承等调整式轴承，安装时必须根据使用情况对轴向游隙进行适当调整。有些支承因结构需要和温度变化必须有一定径向和轴向游隙，而另一些支承则需使其达到游隙为零，甚至应稍带预过盈，轴承的预紧见本章 3.7 节。几种游隙的调整方法见表 8-2-69。在产品结构设计中，应考虑游隙调整的需要。

表 8-2-69　　游隙的调整方法

机器部位及工况	调整方法	简　图
轿车前轮轮毂中的圆锥滚子轴承内圈	一般采用带有开口销的冠状螺母、带翅垫圈、止动垫圈调整固定(使用背螺母来锁紧轴颈螺母是不可取的,因为调整好的轴承游隙会因螺纹的啮合间隙变化而改变),使支承带有少量预过盈	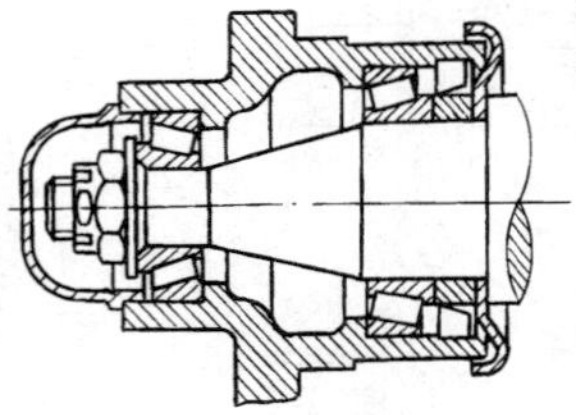
运输矿车的游动轮对中	类似于汽车轮毂;差别在于行驶的冲击力较大,转速较低,所以需要进行较紧一些的调整。调整固定方法同上	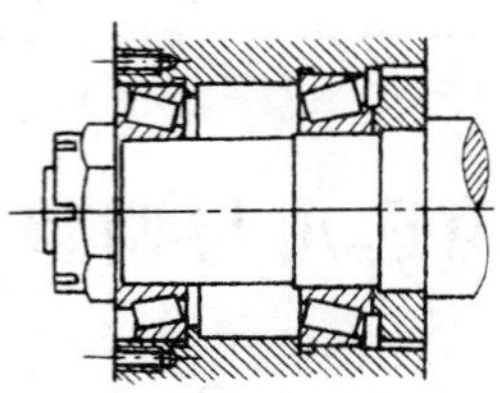
转向器主销轴承,承受冲击载荷,轴承中的游隙是有害的	对于这里的推力轴承、转向节叉和轴卡爪的结构高度公差,在装配时用垫圈 S 调整。因而应备有各种不同厚度的垫圈	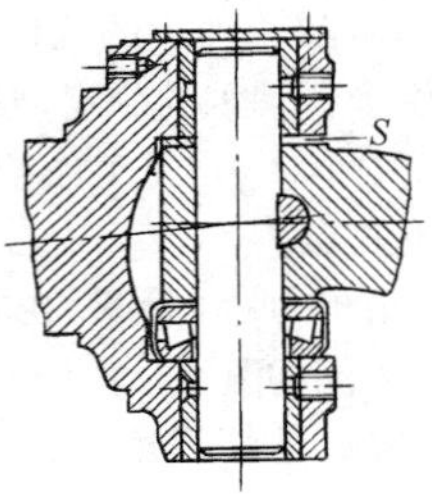
车床主轴中的圆柱滚子轴承及推力球轴承。支承的游隙越小,其刚度和工作精度越高	工作温度随游隙的减小而上升。因此安装时要找出游隙与温度的最佳配合关系。用螺母 M 将圆柱滚子轴承的内圈紧固于锥形轴颈上,从而减小其径向游隙;同时用螺母 N 将推力轴承组调整至无游隙。配置在二推力轴承之间的弹簧可使因工作压力而卸载的轴承保持要求的预过盈	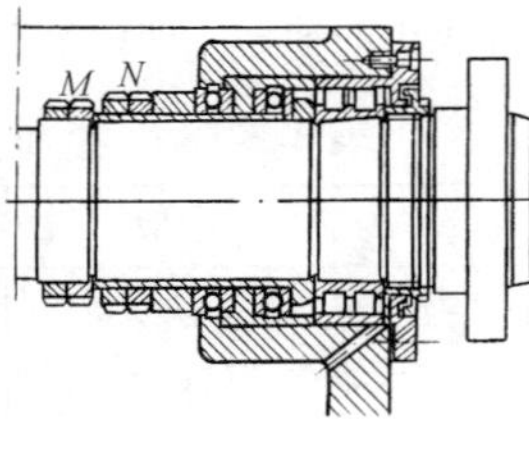
主要承受静载荷并工作在振动之下的圆柱滚子轴承	装入精整片 S 进行调整,必须带有少量预过盈	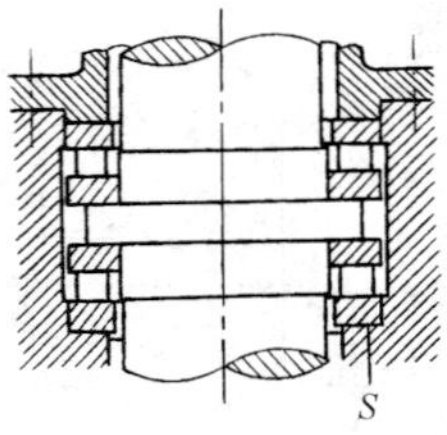
转速低、受力大的起重机重型钢绳支架	用螺母 M 来紧定调整圆锥滚子轴承,使带有必要的预过盈	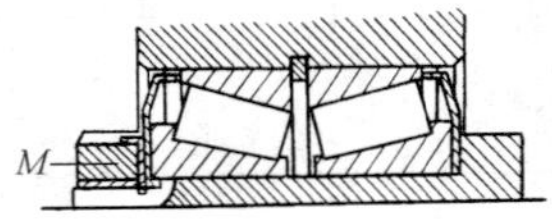
静止状态下以及较小回转运动中都会承受很强振动舵柄的轴承	不能有游隙,否则滚子就会撞击滚道。所以安装前的轴承径向游隙应小于 0 组游隙。可由原来的径向游隙值、轴承圆锥配合面的锥度和压紧螺钉螺纹的螺距算出,需要将压紧螺钉旋多少转才能达到轴承无间隙配合所要求的预过盈	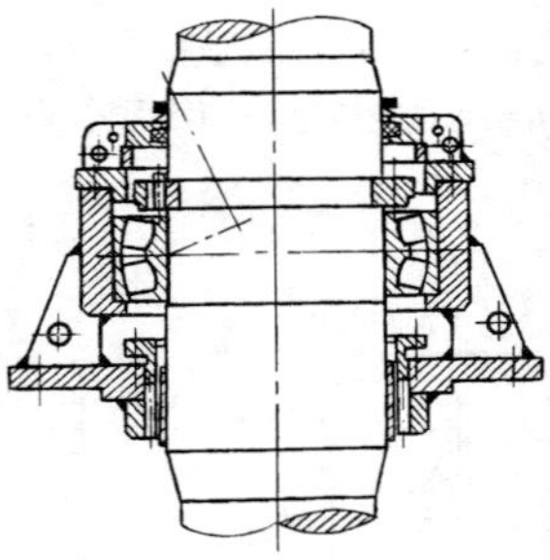
双向推力球轴承	用螺母 M 进行调整。调整后轴承应有相当的预过盈,使工作中卸载的一列球仍能可靠地沿着沟底运动	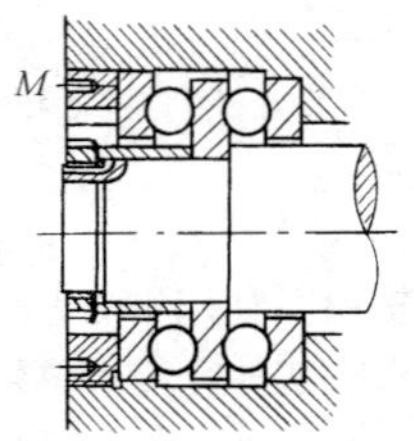
推力球轴承	通常也用装有垫片 S 的固定盖进行游隙调整。推力球轴承最好装在立轴上,因为这样钢球保持架能与套圈保持相对同心	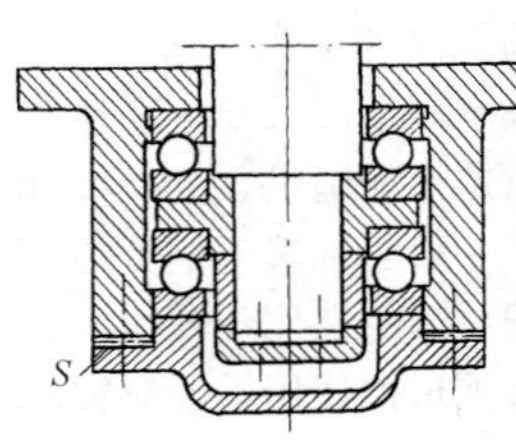

9 滚动轴承组合设计

9.1 轴承的配置

表 8-2-70 轴承配置与支承结构的基本型式

型式				简图	特点与应用	
轴承配置型式	两个向心轴承对称布置				承受纯径向载荷的轴	
	背对背	载荷作用中心处于轴承中心线之外	两支承通常可取同型号的角接触轴承	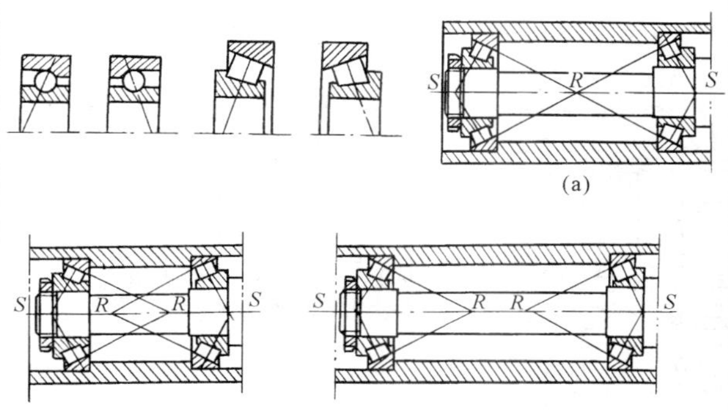 (a) (b) (c)	承受径向载荷和轴向载荷联合作用的轴	支点间跨距较大，悬臂长度较小，故悬臂端刚性较大，当轴受热伸长时，轴承游隙增大，轴承不会卡死破坏 对于背对背排列的圆锥滚子轴承支承结构，其游隙变化如下： （1）外滚道锥尖重合时（图a），轴向膨胀量和径向膨胀量基本平衡，预调游隙保持不变 （2）外滚道锥尖交错时（图b），径向膨胀量大于轴向膨胀量，工作游隙减小 （3）外滚道锥尖不相交时（图c），轴向膨胀量大于径向膨胀量，工作游隙增大。如果采用预紧安装，当轴受热伸长时，预紧量将减小
	面对面	载荷作用中心处于轴承中心线之内		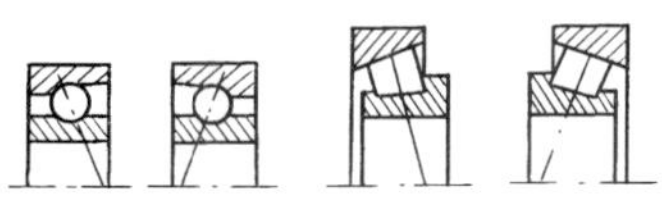		结构简单，装拆方便，当轴受热伸长时，轴承游隙减小，容易造成轴承卡死，因此要特别注意轴承游隙的调整
	串联	载荷作用中心处于轴承中心线同一侧		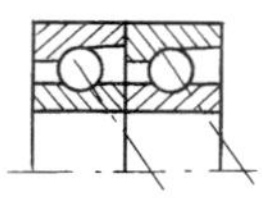		适合于轴向载荷大，需多个轴承联合承担的情况
轴承支承结构型式	两端固定支承	指两个支承端各限制一个方向的轴向位移的支承		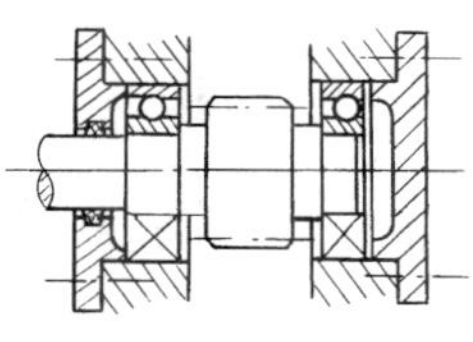	承受纯径向载荷或轴向载荷较小的联合载荷作用的轴 一般采用向心型轴承组成两端固定支承，并在其中一个支承端，使轴承外圈与外壳孔间采用较松的配合，同时在外圈与端盖间留出适当空隙，以适应轴的受热伸长	
				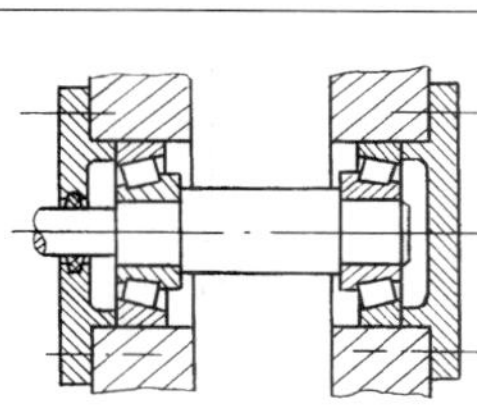	承受径向和轴向载荷联合作用的轴 多采用角接触型轴承面对面或背对背排列组成两端固定支承。这种支承可通过调整某个轴承套圈的轴向位置，使轴承达到所要求的游隙或预紧量，所以特别适合于旋转精度要求高的机械	

续表

型式			简图	特点与应用
轴承支承结构型式	固定-游动支承	指在轴的一个支承端使轴承与轴及外壳孔的位置相对固定，以实现轴向定位，另一端轴承与轴或外壳孔可相对移动	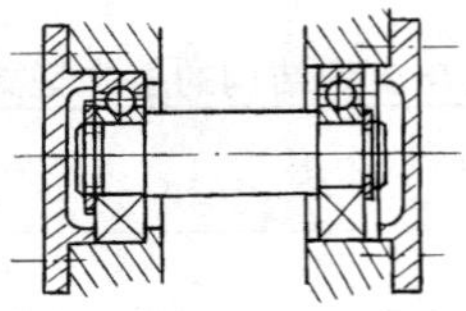	运转精度高，对各种工作条件的适应性强，因此在各种机床主轴、工作温度较高的蜗杆轴及跨距较大的长轴支承中得到广泛应用 轴的轴向定位精度取决于固定端轴承的轴向游隙大小。因此用一对角接触球轴承或圆锥滚子轴承组成的固定端的轴向定位精度，比用一套深沟球轴承的高 固定端轴承通常选用： (1)受径向载荷和一定的轴向载荷——深沟球轴承 (2)受径向载荷和双向轴向载荷——一对角接触球轴承或圆锥滚子轴承 (3)分别受径向载荷和轴向载荷——向心轴承与推力轴承组合，或不同类型角接触轴承组合
	两端游动支承	两个支承端的轴承对轴都不作精确的轴向定位	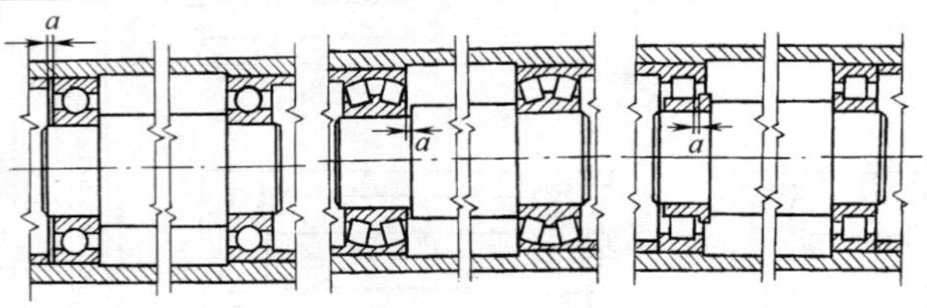 (a) (b) (c)	图a，工作中，即使处于不利的发热状态，轴承也不会被卡死 图b，常用于轴的位置已由其他零件限定的场合，如人字齿轮轴支承 图c，几乎所有不需要调整的轴承，均可作游动支承。角接触球轴承不宜作游动支承

9.2 滚动轴承组合设计的典型结构

表 8-2-71

序号	结构型式	其他组合	特点
1	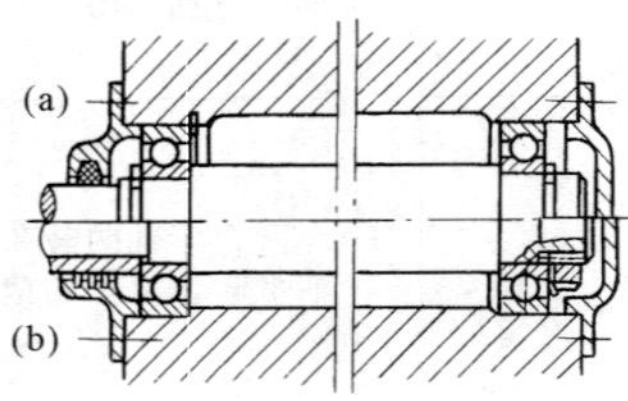	左端：深沟球轴承 右端：单列圆柱滚子轴承	左端为固定支点，右端为浮动支点。结构简单，拧紧轴承盖时轴承不会被压紧。a型箱体为通孔，便于加工，b型可承受稍大的轴向力。本结构用以承受径向力和不大的轴向力。广泛用于各种机械 当右端使用圆柱滚子轴承时，其外圈也应做轴向固定
2	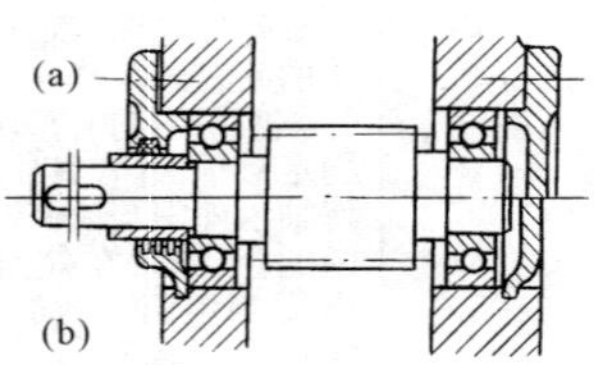	带单挡边的单列圆柱滚子轴承	轴承靠端盖轴向固定。右端轴承外圈与端盖间留有不大的间隙(0.5～1mm)，以便游动。主要用于承受径向力。结构简单，加工及安装均方便
3	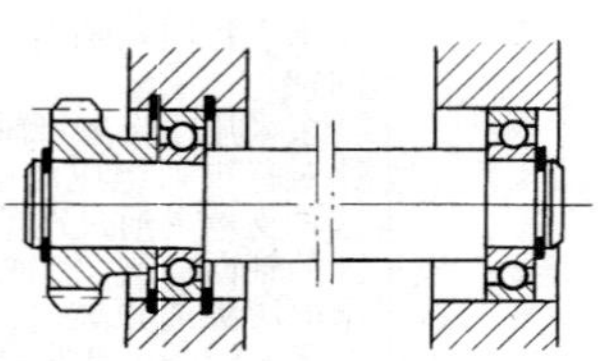		左端为固定支点，右端为游动支点。结构简单，装卸容易，外壳为通孔，便于加工，广泛用于轴向力较小的场合

续表

序号	结构型式	其他组合	特点
4	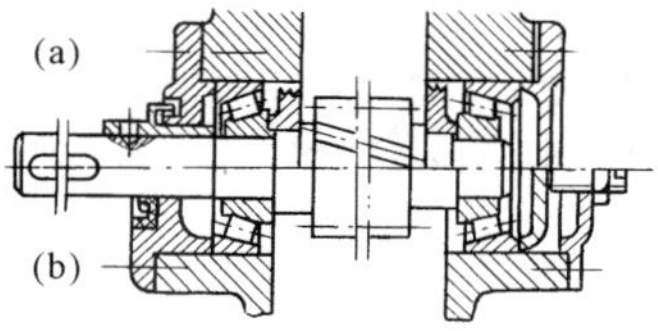	推力球轴承	a 型用轴承盖与箱体间的垫片，b 型用螺钉和压盖调整轴向间隙或预紧。结构简单，装拆简便，箱体为通孔，加工容易，能同时承受径向力和较大的轴向力
5	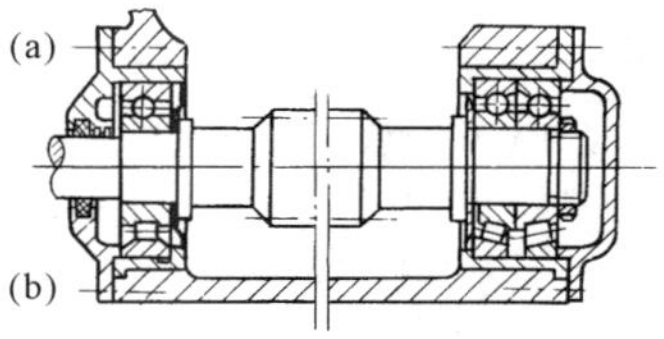		右端为固定支点，用两个圆锥滚子轴承承受轴向力，左端为游动支点。轴承装在套筒中，便于提高轴承孔的配合精度，但加工面增多。能承受较大的径向和轴向力
6	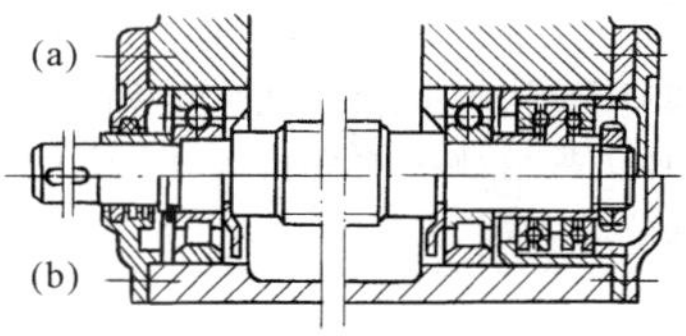	单列圆柱滚子轴承	左端是游动支点，右端是固定支点，a 型使用双向推力球轴承，b 型使用两个单向推力球轴承。本结构能承受很大的轴向和径向载荷 当采用圆柱滚子轴承时，应考虑外圈的轴向固定问题
7	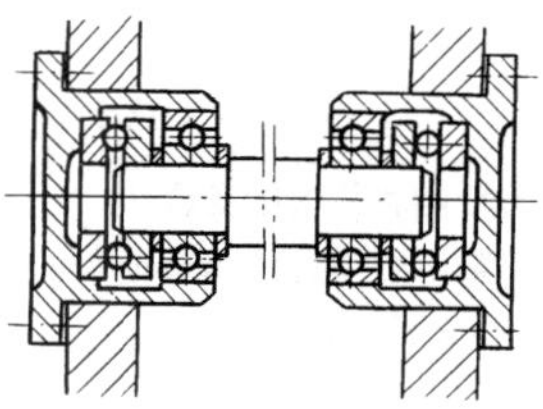	单列圆柱滚子轴承	用对称安装的两个单向推力球轴承承受轴向力，用套筒与箱体间的垫片调整轴向间隙。当采用圆柱滚子轴承时，应注意外圈的轴向固定问题
8	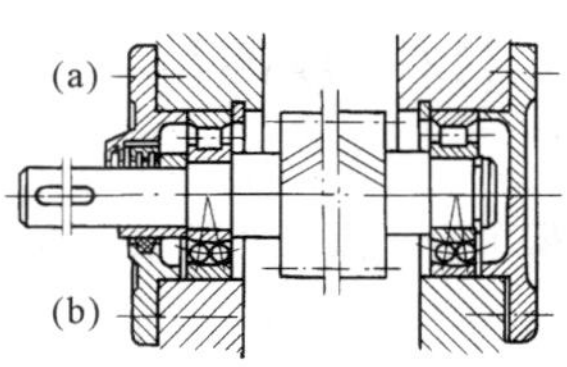	调心滚子轴承	本方案轴是游动的，常用在人字齿轮传动中（往往是高速轴），用以自动调节两边齿的受力。一般用于重载

续表

序号	结构型式	其他组合	特点
9	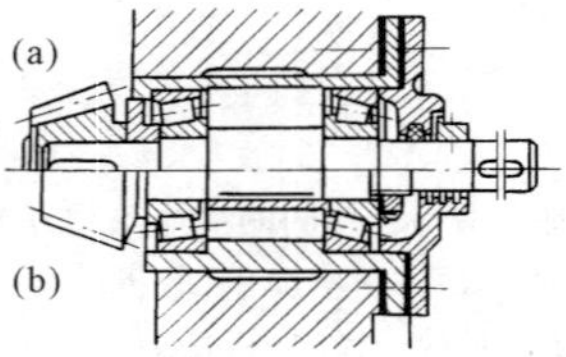	推力球轴承	适用于小圆锥齿轮的支承，a 型的优点：①轴向力由受径向力小的右端轴承承受；②结构简单；③用轴承盖与套筒间的垫片调整轴向间隙，调整方便。b 型的优点：①结构刚性大；②允许轴的热胀量大
10	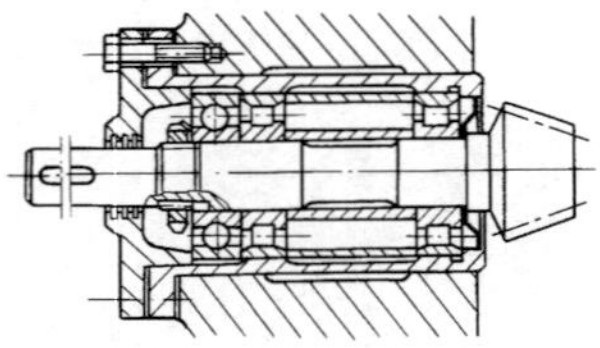		向心球轴承只承受轴向载荷，为便于装配，外圈与套筒的内孔之间留有径向间隙。适用于径向载荷较大，轴向载荷较小，精度要求较高的情况下
11	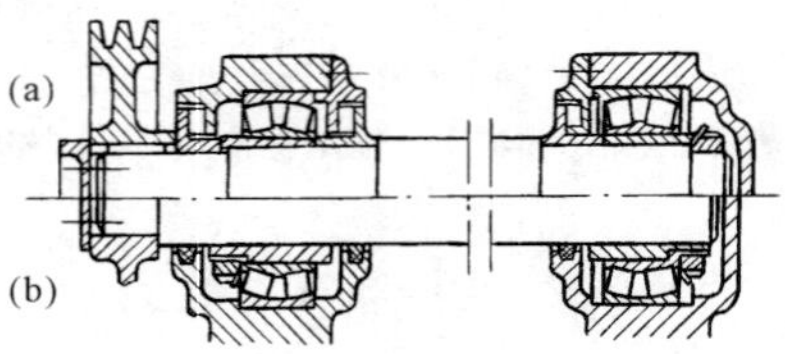	圆锥孔调心球轴承	采用自动调心型轴承，适用于两轴承座不同轴度较大，轴的刚性较小的场合。左端为固定支点，右端为游动支点。a 型能承受较大的轴向力，b 型装在光轴上，便于调整轴向尺寸，但不能用于轴向力较大的场合（图中所用轴承座为对开式）
12	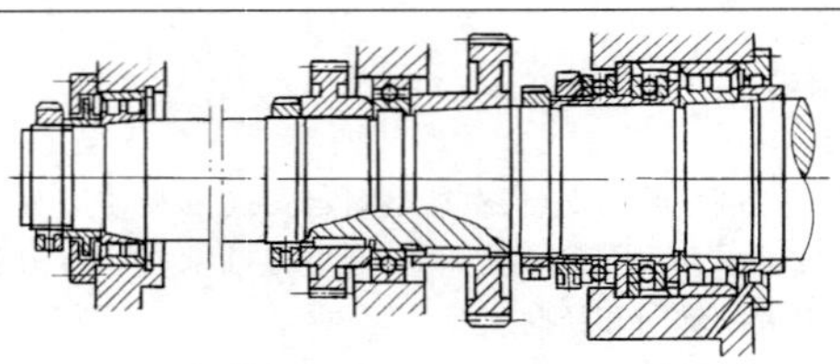		车床主轴的一种典型结构。为增加轴的刚性，采用三点支承，右端为固定支点，其余两支点皆可游动。用两个单向推力球轴承承受轴向力，用套筒压紧带锥孔的双列圆柱滚子轴承，并以此来调整径向游隙。右端有退卸套，便于拆卸。此结构能承受较大的径向和轴向力且精度较高
13	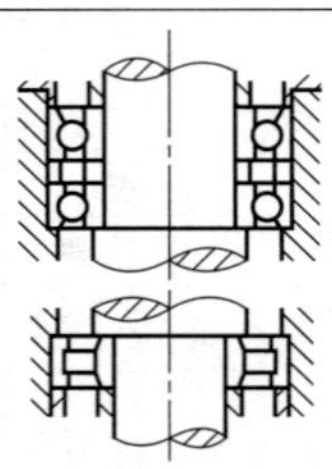	立轴	双联角接触球轴承位于固定端，圆柱滚子轴承位于自由端 使用参考示例：机床主轴，立式电动机等
14	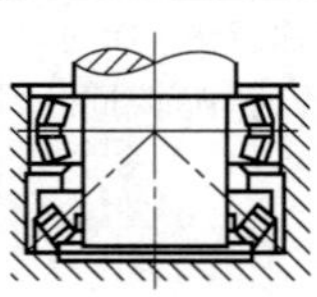	立轴	1. 适用于轴向载荷大的场合 2. 上下部轴承可通过使其球面中心一致，来消除轴挠曲和安装误差的影响 3. 向下部的推力调心滚子轴承施加预载荷 使用参考示例：起重机的中心轴等

10　滚动轴承的修正额定寿命（摘自 GB/T 6391—2010）

多年来，采用基本额定寿命 L_{10}（即 10^6r）作为衡量轴承性能判据获得了令人满意的结果，该寿命是与 90% 的可靠度、常用优质材料和良好加工质量以及常规运转条件相关的寿命。然而，对于许多应用场合，还希望计算不同水平可靠度的寿命、和（或）更精确地计算特定润滑和污染条件、特殊轴承性能以及非常规运转条件对寿命的影响，这时需计算修正额定寿命。

用 n 表示失效概率，(100-n) 表示幸存概率（也表示可靠度），则 (100-n)%可靠度、特殊轴承性能和特定运转条件下的修正基本额定寿命 L_{nm} 可按下式计算。

$$L_{nm}=a_1 a_{ISO} L_{10}$$

式中　a_1——可靠度寿命修正系数；

a_{ISO}——系统方法的寿命修正系数。

可靠度寿命修正系数 a_1 值见表 8-2-72。

表 8-2-72　　　　可靠度寿命修正系数 a_1

可靠度/%	90	95	96	97	98	99	99.2	99.4	99.6	99.8	99.9	99.92	99.94	99.95
L_{nm}	L_{10m}	L_{5m}	L_{4m}	L_{3m}	L_{2m}	L_{1m}	$L_{0.8m}$	$L_{0.6m}$	$L_{0.4m}$	$L_{0.2m}$	$L_{0.1m}$	$L_{0.08m}$	$L_{0.06m}$	$L_{0.5m}$
a_1	1	0.64	0.55	0.47	0.37	0.25	0.22	0.19	0.16	0.12	0.093	0.087	0.080	0.077

寿命修正系数 a_{ISO} 包括轴承类型、材料（如洁净度、硬度、表面结构、疲劳极限、温度响应）、润滑（如黏度、轴承转速、轴承尺寸、润滑剂类型、添加剂）、环境（如污染程度、湿度）、杂质颗粒（如硬度、尺寸、形状、材料）、套圈中内应力（如制造过程产生的、安装后套圈过盈产生的内应力）、安装（如装拆损伤、不同心）、轴承载荷等影响因素，这些不同影响因素之间是相互关联的。计算方法见原标准 GB/T 6391—2010。其具体数值通常应与轴承制造厂家商议。

11　常用滚动轴承尺寸及性能参数

11.1　深沟球轴承

径向当量动载荷　　$P_r=XF_r+YF_a$

系数 X、Y 见表 8-2-73。

径向当量静载荷　　$P_{0r}=0.6F_r+0.5F_a$

当 $P_{0r}<F_r$ 时，取 $P_{0r}=F_r$

表 8-2-73　　　　X、Y 系数

轴承类型	相对轴向载荷		单列轴承				双列轴承				e
	$\frac{f_0F_a}{C_{0r}}$	$\frac{F_a}{iZD_W^2}$	$\frac{F_a}{F_r}\leqslant e$		$\frac{F_a}{F_r}>e$		$\frac{F_a}{F_r}\leqslant e$		$\frac{F_a}{F_r}>e$		
			X	Y	X	Y	X	Y	X	Y	
深沟球轴承	0.172	0.172	1	0	0.56	2.3	1	0	0.56	2.3	0.19
	0.345	0.345				1.99				1.99	0.22
	0.689	0.689				1.71				1.71	0.26
	1.03	1.03				1.55				1.55	0.28
	1.38	1.38				1.45				1.45	0.3
	2.07	2.07				1.31				1.31	0.34
	3.45	3.45				1.15				1.15	0.38
	5.17	5.17				1.04				1.04	0.42
	6.89	6.89				1				1	0.44

注：1. f_0 数值参见 GB/T 4662—2012。

2. 符号意义　i——轴承中滚动体的列数；

Z——单列轴承中的滚动体数；

D_W——滚动体直径，mm；

F_a——轴向载荷，N。

3. D_W、Z 数据见后面相关表中，其数据来自《深沟球轴承优化设计统一图册》（洛阳轴承研究所，1989）。

深沟球轴承（摘自 GB/T 276）

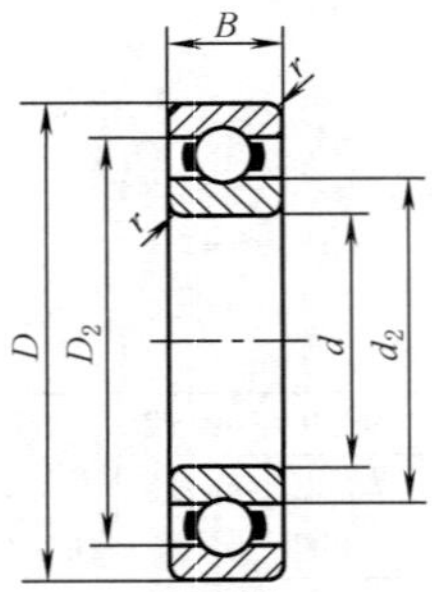

60000型

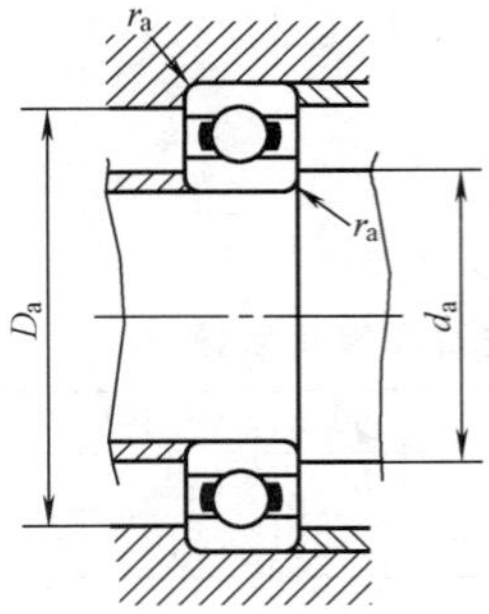

应用

主要承受纯径向载荷，也可承受一定的轴向载荷。承受纯径向载荷时，接触角为零。当径向游隙加大时，具有角接触球轴承的功能，可承受较大的轴向载荷。结构简单，使用方便应用广泛

表 8-2-74

基本尺寸 /mm			基本额定载荷 /kN		极限转速 /r·min^{-1}		质量 /kg	轴承代号	其他尺寸 /mm			安装尺寸 /mm			球径 /mm	球数
d	D	B	C_r	C_{0r}	脂	油	W ≈	60000 型	d_2 ≈	D_2 ≈	r min	d_a min	D_a max	r_a max	D_W	Z
3	8	3	0.45	0.15	38000	48000	0.0008	619/3	4.5	6.5	0.15	4.2	6.8	0.15	—	—
	10	4	0.65	0.22	38000	48000	0.002	623	5.2	8.1	0.15	4.2	8.8	0.15	—	—
4	9	3.5	0.55	0.18	38000	48000	0.0008	628/4	5.52	7.48	0.1	4.8	8.2	0.1	—	—
	11	4	0.95	0.35	36000	45000	0.002	619/4	5.9	9.1	0.15	5.2	9.8	0.15	—	—
	13	5	1.15	0.4	36000	45000	0.0003	624	6.7	10.1	0.2	5.6	11.4	0.2	—	—
	16	5	1.88	0.68	32000	40000	0.005	634	8.4	10.1	0.3	6.4	13.6	0.3	—	—
5	13	4	1.08	0.42	34000	43000	0.0025	619/5	7.35	10.1	0.2	6.6	11.4	0.2	—	—
	14	5	1.05	0.5	30000	38000	0.0045	605	7.35	10.1	0.2	6.6	12.4	0.2	—	—
	16	5	1.88	0.68	32000	40000	0.004	625	8.4	12.6	0.3	7.4	13.6	0.3	—	—
	19	6	2.80	1.02	28000	36000	0.008	635	10.7	15.3	0.3	7.4	17.0	0.3	—	—
6	13	5	1.08	0.42	34000	43000	0.0021	628/6	7.9	11.1	0.15	7.2	11.8	0.15	—	—
	15	5	1.48	0.60	32000	40000	0.0045	619/6	8.6	12.4	0.2	7.6	13.4	0.2	—	—
	17	6	1.95	0.72	30000	38000	0.006	606	9.0	14	0.3	8.4	14.6	0.3	—	—
	19	6	2.80	1.05	28000	36000	0.008	626	10.7	15.7	0.3	8.4	17.0	0.3	—	—
7	14	5	1.18	0.50	32000	40000	0.0024	628/7	9.0	12	0.15	8.2	12.8	0.15	—	—
	17	5	2.02	0.80	30000	38000	0.0057	619/7	9.6	14.4	0.3	9.4	15.2	0.3	—	—
	19	6	2.88	1.08	28000	36000	0.007	607	10.7	15.3	0.3	9.4	16.6	0.3	—	—
	22	7	3.28	1.35	26000	34000	0.014	627	11.8	18.2	0.3	9.4	19.6	0.3	—	—
8	16	5	1.32	0.65	30000	38000	0.004	628/8	10.8	14	0.2	9.6	14.4	0.2	—	—
	19	6	2.25	0.92	28000	36000	0.0085	619/8	11.0	16	0.3	10.4	17.2	0.3	—	—
	22	7	3.32	1.38	26000	34000	0.015	608	11.8	18.2	0.3	10.4	19.6	0.3	—	—
	24	8	3.35	1.40	24000	32000	0.016	628	12.8	19.2	0.3	10.4	21.6	0.3	—	—
9	17	5	1.60	0.72	28000	36000	0.0042	628/9	11.1	14.9	0.2	10.6	15.4	0.2	—	—
	20	6	2.48	1.08	27000	34000	0.0092	619/9	12.0	17	0.3	11.4	18.2	0.3	—	—
	24	7	3.35	1.40	22000	30000	0.016	609	14.2	19.2	0.3	11.4	21.6	0.3	—	—
	26	8	4.45	1.95	22000	30000	0.019	629	14.4	21.1	0.3	11.4	23.6	0.3	—	—
10	19	5	1.80	0.93	28000	36000	0.005	61800	12.6	16.4	0.3	12.0	17	0.3	2.381	11
	22	6	2.70	1.30	25000	32000	0.008	61900	13.5	18.5	0.3	12.4	20	0.3	3.175	9

第 8 篇

续表

基本尺寸 /mm			基本额定载荷 /kN		极限转速 /r·min^{-1}		质量 /kg	轴承代号	其他尺寸 /mm			安装尺寸 /mm			球径 /mm	球数
d	D	B	C_r	C_{0r}	脂	油	W ≈	60000 型	d_2 ≈	D_2 ≈	r min	d_a min	D_a max	r_a max	D_W	Z
10	26	8	4.58	1.98	22000	30000	0.019	6000	14.9	21.3	0.3	12.4	23.6	0.3	4.762	7
	30	9	5.10	2.38	20000	26000	0.032	6200	17.4	23.8	0.6	15.0	26	0.6	4.762	8
	35	11	7.65	3.48	18000	24000	0.053	6300	19.4	27.6	0.6	15.0	30.0	0.6	6.35	7
12	21	5	1.90	1.00	24000	32000	0.005	61801	14.6	18.4	0.3	14	19	0.3	2.381	12
	24	6	2.90	1.50	22000	28000	0.008	61901	15.5	20.6	0.3	14.4	22	0.3	3.175	10
	28	7	5.10	2.40	20000	26000	0.015	16001	16.7	23.3	0.3	14.4	25.6	0.3	4.762	8
	28	8	5.10	2.38	20000	26000	0.022	6001	17.4	23.8	0.3	14.4	25.6	0.3	4.762	8
	32	10	6.82	3.05	19000	24000	0.035	6201	18.3	26.1	0.6	17.0	28	0.6	5.953	7
	37	12	9.72	5.08	17000	22000	0.051	6301	19.3	29.7	1	18.0	32	1	7.938	6
15	24	5	2.10	1.30	22000	30000	0.005	61802	17.6	21.4	0.3	17	22	0.3	2.381	14
	28	7	4.30	2.30	20000	26000	0.012	61902	18.3	24.7	0.3	17.4	26	0.3	3.969	10
	32	8	5.60	2.80	19000	24000	0.023	16002	20.2	26.8	0.3	17.4	29.6	0.3	4.762	9
	32	9	5.58	2.85	19000	24000	0.031	6002	20.4	26.6	0.3	17.4	29.6	0.3	4.762	9
	35	11	7.65	3.72	18000	22000	0.045	6202	21.6	29.4	0.6	20.0	32	0.6	5.953	8
	42	13	11.5	5.42	16000	20000	0.080	6302	24.3	34.7	1	21.0	37	1	7.938	7
17	26	5	2.20	1.5	20000	28000	0.007	61803	19.6	23.4	0.3	19	24	0.3	2.381	16
	30	7	4.60	2.6	19000	24000	0.014	61903	20.3	26.7	0.3	19.4	28	0.3	3.969	11
	35	8	6.00	3.3	18000	22000	0.028	16003	22.7	29.3	0.3	19.4	32.6	0.3	4.762	10
	35	10	6.00	3.25	17000	21000	0.040	6003	22.9	29.1	0.3	19.4	32.6	0.3	4.762	10
	40	12	9.58	4.78	16000	20000	0.064	6203	24.6	33.4	0.6	22.0	36	0.6	6.747	8
	47	14	13.5	6.58	15000	18000	0.109	6303	26.8	38.2	1	23.0	41.0	1	8.731	7
	62	17	22.7	10.8	11000	15000	0.268	6403	31.9	47.1	1.1	24.0	55.0	1	12.7	6
20	32	7	3.50	2.20	18000	24000	0.015	61804	23.5	28.6	0.3	22.4	30	0.3	3.175	14
	37	9	6.40	3.70	17000	22000	0.031	61904	25.2	31.8	0.3	22.4	34.6	0.3	4.762	11
	42	8	7.90	4.50	16000	19000	0.052	16004	27.1	34.9	0.3	22.4	39.6	0.3	5.556	10
	42	12	9.38	5.02	16000	19000	0.068	6004	26.9	35.1	0.6	25.0	38	0.6	6.35	9
	47	14	12.8	6.65	14000	18000	0.103	6204	29.3	39.7	1	26.0	42	1	7.938	8
	52	15	15.8	7.88	13000	16000	0.142	6304	29.8	42.2	1.1	27.0	45.0	1	9.525	7
	72	19	31.0	15.2	9500	13000	0.400	6404	38.0	56.1	1.1	27.0	65.0	1	15.081	6
25	37	7	4.3	2.90	16000	20000	0.017	61805	28.2	33.8	0.3	27.4	35	0.3	3.500	15
	42	9	7.0	4.50	14000	18000	0.038	61905	30.2	36.8	0.3	27.4	40	0.3	4.762	13
	47	8	8.8	5.60	13000	17000	0.059	16005	33.1	40.9	0.3	27.4	44.6	0.3	5.556	12
	47	12	10.0	5.85	13000	17000	0.078	6005	31.9	40.1	0.6	30	43	0.6	6.35	10
	52	15	14.0	7.88	12000	15000	0.127	6205	33.8	44.2	1	31	47	1	7.938	9
	62	17	22.2	11.5	10000	14000	0.219	6305	36.0	51.0	1.1	32	55	1	11.5	7
	80	21	38.2	19.2	8500	11000	0.529	6405	42.3	62.7	1.5	34	71	1.5	17	6
30	42	7	4.70	3.60	13000	17000	0.019	61806	33.2	38.8	0.3	32.4	40	0.3	3.500	18
	47	9	7.20	5.00	12000	16000	0.043	61906	35.2	41.8	0.3	32.4	44.6	0.3	4.762	14
	55	9	11.2	7.40	11000	14000	0.084	16006	38.1	47.0	0.3	32.4	52.6	0.3	6.350	12
	55	13	13.2	8.30	11000	14000	0.113	6006	38.4	47.7	1	36	50.0	1	7.144	11
	62	16	19.5	11.5	9500	13000	0.200	6206	40.8	52.2	1	36	56	1	9.525	9
	72	19	27.0	15.2	9000	11000	0.349	6306	44.8	59.2	1.1	37	65	1	12	8

续表

基本尺寸/mm			基本额定载荷/kN		极限转速/r·min^{-1}		质量/kg	轴承代号	其他尺寸/mm			安装尺寸/mm			球径/mm	球数
d	D	B	C_r	C_{0r}	脂	油	W ≈	60000 型	d_2 ≈	D_2 ≈	r min	d_a min	D_a max	r_a max	D_W	Z
30	90	23	47.5	24.5	8000	10000	0.710	6406	48.6	71.4	1.5	39	81	1.5	19.05	6
35	47	7	4.90	4.00	11000	15000	0.023	61807	38.2	43.8	0.3	37.4	45	0.3	3.500	20
	55	10	9.50	6.80	10000	13000	0.078	61907	41.1	48.9	0.6	40	51	0.6	5.556	14
	62	9	12.2	8.80	9500	12000	0.107	16007	44.6	53.5	0.3	37.4	59.6	0.3	6.350	14
	62	14	16.2	10.5	9500	12000	0.148	6007	43.3	53.7	1	41	56	1	8	11
	72	17	25.5	15.2	8500	11000	0.288	6207	46.8	60.2	1.1	42	65	1	11.112	9
	80	21	33.4	19.2	8000	9500	0.455	6307	50.4	66.6	1.5	44	71	1.5	13.494	8
	100	25	56.8	29.5	6700	8500	0.926	6407	54.9	80.1	1.5	44	91	1.5	21	6
40	52	7	5.10	4.40	10000	13000	0.026	61808	43.2	48.8	0.3	42.4	50	0.3	3.500	22
	62	12	13.7	9.90	9500	12000	0.103	61908	46.3	55.7	0.6	45	58	0.6	6.747	14
	68	9	12.6	9.60	9000	11000	0.125	16008	49.6	58.5	0.3	42.4	65.6	0.3	6.350	15
	68	15	17.0	11.8	9000	11000	0.185	6008	48.8	59.2	1	46	62	1	8	12
	80	18	29.5	18.0	8000	10000	0.368	6208	52.8	67.2	1.1	47	73	1	12	9
	90	23	40.8	24.0	7000	8500	0.639	6308	56.5	74.6	1.5	49	81	1.5	15.081	8
	110	27	65.5	37.5	6300	8000	1.221	6408	63.9	89.1	2	50	100	2	21	7
45	58	7	6.40	5.60	9000	12000	0.030	61809	48.3	54.7	0.3	47.4	56	0.3	3.969	22
	68	12	14.1	10.90	8500	11000	0.123	61909	51.8	61.2	0.6	50	63	0.6	6.747	15
	75	10	15.6	12.2	8000	10000	0.155	16009	55.0	65.0	0.6	50	70	0.6	7.144	15
	75	16	21.0	14.8	8000	10000	0.230	6009	54.2	65.9	1	51	69	1	9	12
	85	19	31.5	20.5	7000	9000	0.416	6209	58.8	73.2	1.1	52	78	1	12	10
	100	25	52.8	31.8	6300	7500	0.837	6309	63.0	84.0	1.5	54	91	1.5	17.462	8
	120	29	77.5	45.5	5600	7000	1.520	6409	70.7	98.3	2	55	110	2	23	7
50	65	7	6.6	6.1	8500	10000	0.043	61810	54.3	60.7	0.3	52.4	62.6	0.3	3.969	24
	72	12	14.5	11.7	8000	9500	0.122	61910	56.3	65.7	0.6	55	68	0.6	6.747	16
	80	10	16.1	13.1	8000	9500	0.166	16010	60.0	70.0	0.6	55	75	0.6	7.144	16
	80	16	22.0	16.2	7000	9000	0.250	6010	59.2	70.9	1	56	74	1	9	13
	90	20	35.0	23.2	6700	8500	0.463	6210	62.4	77.6	1.1	57	83	1	12.7	10
	110	27	61.8	38.0	6000	7000	1.082	6310	69.1	91.9	2	60	100	2	19.05	8
	130	31	92.2	55.2	5300	6300	1.855	6410	77.3	107.8	2.1	62	118	2.1	25.4	7
55	72	9	9.1	8.4	8000	9500	0.070	61811	60.2	66.9	0.3	57.4	69.6	0.3	4.762	23
	80	13	15.9	13.2	7500	9000	0.170	61911	62.9	72.2	1	61	75	1	7.144	16
	90	11	19.4	16.2	7000	8500	0.207	16011	67.3	77.7	0.6	60	85	0.6	7.938	16
	90	18	30.2	21.8	7000	8500	0.362	6011	65.4	79.7	1.1	62	83	1	11	12
	100	21	43.2	29.2	6000	7500	0.603	6211	68.9	86.1	1.5	64	91	1.5	14.288	10
	120	29	71.5	44.8	5600	6700	1.367	6311	76.1	100.9	2	65	110	2	20.638	8
	140	33	100	62.5	4800	6000	2.316	6411	82.8	115.2	2.1	67	128	2.1	26.988	7
60	78	10	9.1	8.7	7000	8500	0.093	61812	66.2	72.9	0.3	62.4	75.6	0.3	4.762	24
	85	13	16.4	14.2	6700	8000	0.181	61912	67.9	77.2	1	66	80	1	7.144	17
	95	11	19.9	17.5	6300	7500	0.224	16012	72.3	82.7	0.6	65	90	0.6	7.938	17
	95	18	31.5	24.2	6300	7500	0.385	6012	71.4	85.7	1.1	67	89	1	11	13

续表

基本尺寸 /mm			基本额定载荷 /kN		极限转速 /r·min^{-1}		质量 /kg	轴承代号	其他尺寸 /mm			安装尺寸 /mm			球径 /mm	球数
d	D	B	C_r	C_{0r}	脂	油	W ≈	60000 型	d_2 ≈	D_2 ≈	r min	d_a min	D_a max	r_a max	D_W	Z
60	110	22	47.8	32.8	5600	7000	0.789	6212	76.0	94.1	1.5	69	101	1.5	15.081	10
	130	31	81.8	51.8	5000	6000	1.710	6312	81.7	108.4	2.1	72	118	2.1	22.225	8
	150	35	109	70.0	4500	5600	2.811	6412	87.9	122.2	2.1	72	138	2.1	28.575	7
65	85	10	11.9	11.5	6700	8000	0.13	61813	71.1	78.9	0.6	69	81	0.6	5.556	23
	90	13	17.4	16.0	6300	7500	0.196	61913	72.9	82.2	1	71	85	1	7.144	19
	100	11	20.5	18.6	6000	7000	0.241	16013	77.3	87.7	0.6	70	95	0.6	7.938	18
	100	18	32.0	24.8	6000	7000	0.410	6013	75.3	89.7	1.1	72	93	1	11.112	13
	120	23	57.2	40.0	5000	6300	0.990	6213	82.5	102.5	1.5	74	111	1.5	16.669	10
	140	33	93.8	60.5	4500	5300	2.100	6313	88.1	116.9	2.1	77	128	2.1	24	8
	160	37	118	78.5	4300	5300	3.342	6413	94.5	130.6	2.1	77	148	2.1	30.162	7
70	90	10	12.1	11.9	6300	7500	0.138	61814	76.1	83.9	0.6	74	86	0.6	5.556	24
	100	16	23.7	21.1	6000	7000	0.336	61914	79.3	90.7	1	76	95	1	8.731	17
	110	13	27.9	25.0	5600	6700	0.386	16014	83.8	96.2	0.6	75	105	0.6	9.525	17
	110	20	38.5	30.5	5600	6700	0.575	6014	82.0	98.0	1.1	77	103	1	12.303	13
	125	24	60.8	45.0	4800	6000	1.084	6214	89.0	109.0	1.5	79	116	1.5	16.669	11
	150	35	105	68.0	4300	5000	2.550	6314	94.8	125.3	2.1	82	138	2.1	25.4	8
	180	42	140	99.5	3800	4500	4.896	6414	105.6	146.4	3	84	166	2.5	34	7
75	95	10	12.5	12.8	6000	7000	0.147	61815	81.1	88.9	0.6	79	91	0.6	5.556	26
	105	16	24.3	22.5	5600	6700	0.355	61915	84.3	95.7	1	81	100	1	8.731	18
	115	13	28.7	26.8	5300	6300	0.411	16015	88.8	101.2	0.6	80	110	0.6	9.525	18
	115	20	40.2	33.2	5300	6300	0.603	6015	88.0	104.0	1.1	82	108	1	12.303	14
	130	25	66.0	49.5	4500	5600	1.171	6215	94.0	115.0	1.5	84	121	1.5	17.462	11
	160	37	113	76.8	4000	4800	3.050	6315	101.3	133.7	2.1	87	148	2.1	26.988	8
	190	45	154	115	3600	4300	5.739	6415	112.1	155.9	3	89	176	2.5	36.512	7
80	100	10	12.7	13.3	5600	6700	0.155	61816	86.1	93.9	0.6	84	96	0.6	5.556	27
	110	16	24.9	23.9	5300	6300	0.375	61916	89.3	100.7	1	86	105	1	8.731	19
	125	14	33.1	31.4	5000	6000	0.539	16016	95.8	109.2	0.6	85	120	0.6	10.319	18
	125	22	47.5	39.8	5000	6000	0.821	6016	95.2	112.8	1.1	87	118	1	13.494	14
	140	26	71.5	54.2	4300	5300	1.448	6216	100.0	122.0	2	90	130	2	18.256	11
	170	39	123	86.5	3800	4500	3.610	6316	107.9	142.2	2.1	92	158	2.1	28.575	8
	200	48	163	125	3400	4000	6.752	6416	117.1	162.9	3	94	186	2.5	38.1	7
85	110	13	19.2	19.8	5000	6300	0.245	61817	92.5	102.5	1	90	105	1	7.144	24
	120	18	31.9	29.7	4800	6000	0.507	61917	95.8	109.2	1.1	92	113.5	1	10.319	17
	130	14	34	33.3	4500	5600	0.568	16017	100.8	114.2	0.6	90	125	0.6	10.319	19
	130	22	50.8	42.8	4500	5600	0.848	6017	99.4	117.6	1.1	92	123	1	14	14
	150	28	83.2	63.8	4000	5000	1.803	6217	107.1	130.9	2	95	140	2	19.844	11
	180	41	132	96.5	3600	4300	4.284	6317	114.4	150.6	3	99	166	2.5	30.162	8
	210	52	175	138	3200	3800	7.933	6417	123.5	171.5	4	103	192	3	40	7
90	115	13	19.5	20.5	4800	6000	0.258	61818	97.5	107.5	1	95	110	1	7.144	25
	125	18	32.8	31.5	4500	5600	0.533	61918	100.8	114.2	1.1	97	118.5	1	10.319	18

第8篇

续表

基本尺寸/mm			基本额定载荷/kN		极限转速/r·min^{-1}		质量/kg	轴承代号	其他尺寸/mm			安装尺寸/mm			球径/mm	球数
d	D	B	C_r	C_{0r}	脂	油	W ≈	60000型	d_2 ≈	D_2 ≈	r min	d_a min	D_a max	r_a max	D_W	Z
90	140	16	41.5	39.3	4300	5300	0.671	16018	107.3	122.8	1	96	134	1	11.906	17
	140	24	58.0	49.8	4300	5300	1.10	6018	107.2	126.8	1.5	99	131	1.5	15.081	14
	160	30	95.8	71.5	3800	4800	2.17	6218	111.7	138.4	2	100	150	2	22.225	10
	190	43	145	108	3400	4000	4.97	6318	120.8	159.2	3	104	176	2.5	32	8
	225	54	192	158	2800	3600	9.56	6418	131.8	183.2	4	108	207	3	42.862	7
95	120	13	19.8	21.3	4500	5600	0.27	61819	102.5	112.5	1	100	115	1	7.144	26
	130	18	33.7	33.3	4300	5300	0.56	61919	105.8	119.2	1.1	102	124	1	10.319	19
	145	16	42.7	41.9	4000	5000	0.71	16019	112.3	127.8	1	101	139	1	11.906	18
	145	24	57.8	50.0	4000	5000	1.15	6019	110.2	129.8	1.5	104	136	1.5	15.081	14
	170	32	110	82.8	3600	4500	2.62	6219	118.1	146.9	2.1	107	158	2.1	24	10
	200	45	157	122	3200	3800	5.74	6319	127.1	167.9	3	109	186	2.5	34	8
100	125	13	20.1	22.0	4300	5300	0.28	61820	107.5	117.5	1	105	120	1	7.144	27
	140	20	42.7	41.9	4000	5000	0.77	61920	112.3	127.8	1.1	107	133	1	11.906	18
	150	16	43.8	44.3	3800	4800	0.74	16020	118.3	133.8	1	106	144	1	11.906	19
	150	24	64.5	56.2	3800	4800	1.18	6020	114.6	135.4	1.5	109	141	1.5	16	14
	180	34	122	92.8	3400	4300	3.19	6220	124.8	155.3	2.1	112	168	2.1	25.4	10
	215	47	173	140	2800	3600	7.09	6320	135.6	179.4	3	114	201	2.5	36.512	8
	250	58	223	195	2400	3200	12.9	6420	146.4	203.6	4	118	232	3	47.625	7
105	130	13	20.3	22.7	4000	5000	0.30	61821	112.5	122.5	1	110	125	1	7.144	28
	145	20	43.9	44.3	3800	4800	0.81	61921	117.3	132.8	1.1	112	138	1	11.906	19
	160	18	51.8	50.6	3600	4500	1.00	16021	123.7	141.3	1	111	154	1	13.494	17
	160	26	71.8	63.2	3600	4500	1.52	6021	121.5	143.6	2	115	150	2	17	14
	190	36	133	105	3200	4000	3.78	6221	131.3	163.7	2.1	117	178	2.1	26.988	10
	225	49	184	153	2600	3200	8.05	6321	142.1	187.9	3	119	211	2.5	38.1	8
110	140	16	28.1	30.7	3800	5000	0.50	61822	119.3	130.7	1	115	135	1	8.731	25
	150	20	43.6	44.4	3600	4500	0.84	61922	122.3	137.8	1.1	117	143	1	11.906	19
	170	19	57.4	56.7	3400	4300	1.27	16022	130.7	149.3	1	116	164	1	14.288	17
	170	28	81.8	72.8	3400	4300	1.89	6022	129.1	152.9	2	120	160	2	18.256	14
	200	38	144	117	3000	3800	4.42	6222	138.9	173.2	2.1	122	188	2.1	28.575	10
	240	50	205	178	2400	3000	9.53	6322	150.2	199.8	3	124	226	2.5	41.275	8
	280	65	225	238	2000	2800	18.34	6422	163.6	226.5	4	128	262	3	52.388	7
120	150	16	28.9	32.9	3400	4300	0.54	61824	129.3	140.7	1	125	145	1	8.731	27
	165	22	55.0	56.9	3200	4000	1.13	61924	133.7	151.3	1.1	127	158	1	13.494	19
	180	19	58.8	60.4	3000	3800	1.374	16024	140.7	159.3	1	126	174	1	14.288	18
	180	28	87.5	79.2	3000	3800	1.99	6024	137.7	162.4	2	130	170	2	19	14
	215	40	155	131	2600	3400	5.30	6224	149.4	185.6	2.1	132	203	2.1	30.162	10
	260	55	228	208	2200	2800	12.2	6324	163.3	216.7	3	134	246	2.5	44.45	8
130	165	18	37.9	42.9	3200	4000	0.736	61826	140.8	154.2	1.1	137	158	1	10.319	25
	180	24	65.1	67.2	3000	3800	1.496	61926	145.2	164.8	1.5	139	171	1.5	15.081	18
	200	22	79.7	79.2	2800	3600	1.868	16026	153.6	176.4	1.1	137	193	1	17.462	16

续表

基本尺寸 /mm			基本额定载荷 /kN		极限转速 /r·min^{-1}		质量 /kg	轴承代号	其他尺寸 /mm			安装尺寸 /mm			球径 /mm	球数
d	D	B	C_r	C_{0r}	脂	油	W ≈	60000 型	d_2 ≈	D_2 ≈	r min	d_a min	D_a max	r_a max	D_W	Z
130	200	33	105	96.8	2800	3600	3.08	6026	151.4	178.7	2	140	190	2	21	14
	230	40	165	148.0	2400	3200	6.12	6226	162.9	199.1	3	144	216	2.5	30.162	11
	280	58	253	242	2000	2600	14.77	6326	176.2	233.8	4	148	262	3	48	8
140	175	18	38.2	44.3	3000	3800	0.784	61828	150.8	164.2	1.1	147	168	1	10.319	26
	190	24	66.6	71.2	2800	3600	1.589	61928	155.2	174.8	1.5	149	181	1.5	15.081	19
	210	22	82.1	85	2400	3200	2.00	16028	163.6	186.4	1.1	147	203	1	17.462	17
	210	33	116	108	2400	3200	3.17	6028	160.6	189.5	2	150	200	2	22.225	14
	250	42	179	167	2000	2800	7.77	6228	175.8	214.2	3	154	236	2.5	32	11
	300	62	275	272	1900	2400	18.33	6328	189.5	250.5	4	158	282	3	50.8	8
150	190	20	49.1	57.1	2800	3400	1.114	61830	162.3	177.8	1.1	157	183	1	11.906	25
	210	28	84.7	90.2	2600	3200	2.454	61930	168.6	191.4	2	160	180	2	17.462	18
	225	24	91.9	98.5	2200	3000	2.638	16030	175.6	199.4	1.1	157	218	1	18.256	18
	225	35	132	125	2200	3000	3.903	6030	172.0	203.0	2.1	162	213	2.1	23.812	14
	270	45	203	199	1900	2600	9.78	6230	189.0	231.0	3	164	256	2.5	35	11
	320	65	288	295	1700	2200	21.87	6330	203.6	266.5	4	168	302	3	52.388	8
160	200	20	49.6	59.1	2600	3200	1.176	61832	172.3	187.8	1.1	167	193	1	11.906	26
	220	28	86.9	95.5	2400	3000	2.589	61932	178.6	201.4	2	170	190	2	17.462	19
	240	25	98.7	107	2000	2800	2.835	16032	187.6	212.4	1.5	169	231	1.5	19.05	18
	240	38	145	138	2000	2800	4.83	6032	183.8	216.3	2.1	172	228	2.1	25	14
	290	48	215	218	1800	2400	12.22	6232	203.1	246.9	3	174	276	2.5	36.512	11
	340	68	313	340	1600	2000	26.43	6332	221.6	284.5	4	178	322	3	52.388	9
170	215	22	61.5	73.3	2200	3000	1.545	61834	183.7	201.3	1.1	177	208	1	13.494	25
	230	28	88.8	100	2000	2800	2.725	61934	188.6	211.4	2	180	220	2	17.462	20
	260	28	118	130	1900	2600	4.157	16034	201.4	228.7	1.5	179	251	1.5	21	18
	260	42	170	170	1900	2600	6.50	6034	196.8	233.2	2.1	182	248	2.1	28	14
	310	52	245	260	1700	2200	15.241	6234	216.0	264.0	4	188	292	3	40	11
	360	72	335	378	1500	1900	31.14	6334	237.0	303.0	4	188	342	3	55	9
180	225	22	62.3	75.9	2000	2800	1.621	61836	193.7	211.3	1.1	187	218	1	13.494	26
	250	33	118	133	1900	2600	4.062	61936	201.6	228.5	2	190	240	2	20.638	19
	280	31	144	157	1800	2400	5.135	16036	214.5	245.5	2	190	270	2	23.812	17
	280	46	188	198	1800	2400	8.51	6036	212.4	251.6	2.1	192	268	2.1	30.162	14
	320	52	262	285	1600	2000	15.518	6236	227.5	277.9	4	198	302	3	42	11
190	240	24	75.1	91.6	1900	2600	2.1	61838	205.2	224.9	1.5	199	231	1.5	15.081	25
	260	33	117	133	1800	2400	4.216	61938	211.6	238.5	2	200	250	2	20.638	19
	290	31	149	168	1700	2200	5.429	16038	224.5	255.5	2	200	280	2	23.812	18
	290	46	188	200	1700	2200	8.865	6038	220.4	259.7	2.1	202	278	2.1	30.162	14
	340	55	285	322	1500	1900	18.691	6238	241.2	294.6	4	208	322	3	44.45	11

续表

基本尺寸 /mm			基本额定载荷 /kN		极限转速 /r·min^{-1}		质量 /kg	轴承代号	其他尺寸 /mm			安装尺寸 /mm			球径 /mm	球数
d	D	B	C_r	C_{0r}	脂	油	W ≈	60000 型	d_2 ≈	D_2 ≈	r min	d_a min	D_a max	r_a max	D_W	Z
200	250	24	74.2	91.2	1800	2400	2.178	61840	215.2	234.9	1.5	209	241	1.5	15.081	25
	280	38	149	168	1700	2200	5.879	61940	224.5	255.5	2.1	212	268	2.1	23.812	18
	310	34	167	191	1800	2000	6.624	16040	238.5	271.6	2	210	300	2	25.4	18
	310	51	205	225	1600	2000	11.64	6040	234.2	275.8	2.1	212	298	2.1	32	14
	360	58	288	332	1400	1800	22.577	6240	253.0	307.0	4	218	342	3	45	11
220	270	24	76.4	97.8	1700	2200	2.369	61844	235.2	254.9	1.5	229	261	1.5	15.081	27
	300	38	152	178	1600	2000	6.340	61944	244.5	275.5	2.1	232	288	2.1	23.812	19
	340	37	181	216	1400	1800	9.285	16044	262.5	297.6	2.1	232	328	2.1	26.988	18
	340	56	252	268	1400	1800	18.0	6044	257.0	304.0	3	234	326	2.5	—	—
	400	65	355	365	1200	1600	36.5	6244	282.0	336.0	4	238	382	3	—	—
240	300	28	83.5	108	1500	1900	4.50	61848	259.0	282	2	250	290	2	—	—
	320	38	142	178	1400	1800	8.2	61948	266.0	294.0	2.1	252	308	2.1	—	—
	360	37	172	210	1200	1600	14.5	16048	281.0	319	2.1	252	348	2.1	—	—
	360	56	270	292	1200	1600	20.0	6048	277.0	324	3	254	346	2.5	—	—
	440	72	358	467	1000	1400	53.9	6248	308.0	373	4	258	422	3	—	—
260	320	28	95	128	1300	1700	4.85	61852	279.0	302.0	2	270	310	2	—	—
	360	46	210	268	1200	1600	13.70	61952	292.0	328.0	2.1	272	348	2.1	—	—
	400	44	235	310	1100	1500	22.5	16052	306.0	354.0	3	274	386	2.5	—	—
	400	65	292	372	1100	1500	28.80	6052	304.0	357.0	4	278	382	3	—	—
280	350	33	135	178	1200	1600	7.4	61856	302.0	329.0	2	290	340	2	—	—
	380	46	210	268	1100	1400	15.0	61956	312.0	349.0	2.1	292	368	2.1	—	—
	420	65	305	408	950	1300	32.10	6056	324.0	376.0	4	298	402	3	—	—
300	380	38	162	222	1100	1400	11.0	61860	326.0	356.0	2.1	312	368	2.1	—	—
	420	56	270	370	1000	1300	21.10	61960	338.0	382.0	3	314	406	2.5	—	—
320	400	38	168	235	1000	1300	11.80	61864	346.0	375.0	2.1	332	388	2.1	—	—
	440	56	275	392	950	1200	23.0	61964	358.0	402.0	3	334	426	2.5	—	—
	480	74	345	510	900	1100	48.4	6064	370.0	431.0	4	338	462	3	—	—
340	460	56	292	418	900	1100	27.0	61968	378.0	422.0	3	354	446	2.5	—	—
360	540	82	400	622	750	950	68.0	6072	416.0	485.0	5	382	518	4	—	—
380	480	46	235	348	800	1000	20.5	61876	412.0	449.0	2.1	392	468	2.1	—	—
400	600	90	512	868	630	800	89.4	6080	462.0	536.0	5	422	478	4	—	—
460	580	56	322	538	600	750	36.28	61892	498.0	542.0	3	474	566	2.5	—	—
500	670	78	445	808	500	630	79.50	619/500	555.0	615.0	5	522	648	4	—	—
	720	100	625	1178	450	560	117.00	60/500	568.0	650.0	6	528	692	5	—	—

注：深沟球轴承有双列型，系列 4200A，4300A（A 表示无装球缺口），它具有除高于单列深沟球轴承 1.62 倍的径向承载能力外，还可承受轴向载荷的能力。

带防尘盖的深沟球轴承（摘自 GB/T 276）

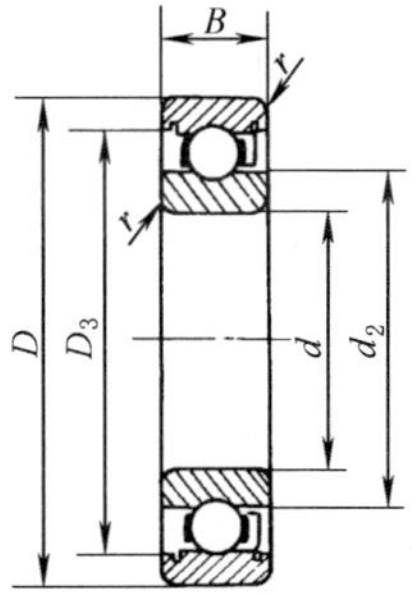
60000-Z型

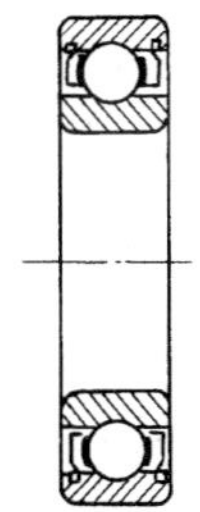
60000-2Z型

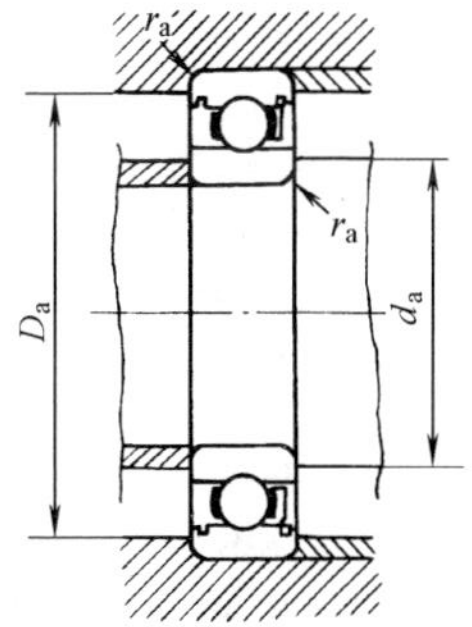

符号含义及应用

Z——一面带防尘盖

2Z—两面带防尘盖

用于单独润滑较困难、安置润滑油路和检查润滑不方便的情况。制造厂已填注定量、定牌号防锈、润滑两用锂基脂，安装时不需清洗和添加润滑剂。

注：新（尺寸）标准 GB/T 276—2013 修改了图形的局部结构。本表按《全国滚动轴承产品样本》第 2 版未作修改。

表 8-2-75

基本尺寸 /mm			基本额定载荷 /kN		极限转速 /r·min^{-1}		质量 /kg	轴承代号		其他尺寸 /mm			安装尺寸 /mm			球径 /mm	球数
d	D	B	C_r	C_{0r}	脂	油	W ≈	60000-Z 型	60000-2Z 型	d_2 ≈	D_3 ≈	r min	d_a min	D_a max	r_a max	D_W	Z
3	8	3	0.45	0.15	38000	48000	0.0008	619/3-Z	619/3-2Z	4.5	6.8	0.15	4.2	6.8	0.15	—	—
	10	4	0.65	0.22	38000	48000	0.002	623-Z	623-2Z	5.2	8.3	0.15	4.2	8.8	0.15	—	—
4	9	3.5	0.55	0.18	38000	48000	0.0008	628/4-Z	628/4-2Z	5.52	7.8	0.1	4.8	8.2	0.1	—	—
	11	4	0.95	0.35	36000	45000	0.002	619/4-Z	619/4-2Z	5.9	9.6	0.15	5.2	9.8	0.15	—	—
	13	5	1.15	0.4	36000	45000	0.0003	624-Z	624-2Z	6.7	10.8	0.2	5.6	11.4	0.2	—	—
	16	5	1.88	0.68	32000	40000	0.005	634-Z	634-2Z	8.4	13.3	0.3	6.4	13.6	0.3	—	—
5	13	4	1.08	0.42	34000	43000	0.0025	619/5-Z	619/5-2Z	7.35	10.7	0.2	6.6	11.4	0.2	—	—
	14	5	1.05	0.5	30000	38000	0.0045	605-Z	605-2Z	7.35	11.1	0.2	6.6	12.4	0.2	—	—
	16	5	1.88	0.68	32000	40000	0.004	625-Z	625-2Z	8.4	13.3	0.3	7.4	13.6	0.3	—	—
	19	6	2.80	1.02	28000	36000	0.008	635-Z	635-2Z	10.7	16.8	0.3	7.4	17.0	0.3	—	—
6	13	5	1.08	0.42	34000	43000	0.0021	628/6-Z	628/6-2Z	7.9	11.8	0.15	7.2	11.8	0.15	—	—
	15	5	1.48	0.60	32000	40000	0.0045	619/6-Z	619/6-2Z	8.6	13	0.2	7.6	13.4	0.2	—	—
	17	6	1.95	0.72	30000	38000	0.006	606-Z	606-2Z	9.0	14.7	0.3	8.4	14.6	0.3	—	—
	19	6	2.80	1.05	28000	36000	0.008	626-Z	626-2Z	10.7	16.8	0.3	8.4	17.0	0.3	—	—

续表

基本尺寸 /mm			基本额定载荷 /kN		极限转速 /r·min^{-1}		质量 /kg	轴承代号		其他尺寸 /mm			安装尺寸 /mm			球径 /mm	球数
d	D	B	C_r	C_{0r}	脂	油	W ≈	60000-Z 型	60000-2Z 型	d_2 ≈	D_3 ≈	r min	d_a min	D_a max	r_a max	D_W	Z
7	14	5	1.18	0.50	32000	40000	0.0024	628/7-Z	628/7-2Z	9.0	12.5	0.15	8.2	12.8	0.15	—	—
	17	5	2.02	0.80	30000	38000	0.0057	619/7-Z	619/7-2Z	9.6	15.1	0.3	9.4	15.2	0.3	—	—
	19	6	2.88	1.08	28000	36000	0.007	607-Z	607-2Z	10.7	16.5	0.3	9.4	16.6	0.3	—	—
	22	7	3.28	1.35	26000	34000	0.014	627-Z	627-2Z	11.8	19.3	0.3	9.4	19.6	0.3	—	—
8	16	5	1.32	0.65	30000	38000	0.004	628/8-Z	628/8-2Z	10.8	14.5	0.2	9.6	14.4	0.2	—	—
	19	6	2.25	0.92	28000	36000	0.0085	619/8-Z	619/8-2Z	11.0	17.1	0.3	10.4	17.2	0.3	—	—
	22	7	3.32	1.38	26000	34000	0.015	608-Z	608-2Z	11.8	19.3	0.3	10.4	19.6	0.3	—	—
	24	8	3.35	1.40	24000	32000	0.016	628-Z	628-2Z	12.8	20.3	0.3	10.4	21.6	0.3	—	—
9	17	5	1.60	0.72	28000	36000	0.0042	628/9-Z	628/9-2Z	11.1	15.4	0.2	10.6	15.4	0.2	—	—
	20	6	2.48	1.08	27000	34000	0.0092	619/9-Z	619/9-2Z	12.0	18.1	0.3	11.4	18.2	0.3	—	—
	24	7	3.35	1.40	22000	30000	0.016	609-Z	609-2Z	14.2	20.3	0.3	11.4	21.6	0.3	—	—
	26	8	4.45	1.95	22000	30000	0.019	629-Z	629-2Z	14.4	22.2	0.3	11.4	23.6	0.3	—	—
10	19	5	1.8	0.93	28000	36000	0.005	61800-Z	61800-2Z	12.6	17.3	0.3	12.0	17	0.3	2.381	11
	19	6	1.6	0.75	26000	34000	0.0063	62800-Z	62800-2Z	12.6	16.4	0.3	12.0	17	0.3	—	—
	22	6	2.7	1.3	25000	32000	0.008	61900-Z	61900-2Z	13.5	19.4	0.3	12.4	20	0.3	3.175	9
	22	8	2.7	1.28	25000	32000	0.015	62900-Z	62900-2Z	13.5	18.5	0.3	12.4	20	0.3	—	—
	26	8	4.58	1.98	22000	30000	0.020	6000-Z	6000-2Z	14.9	22.6	0.3	12.4	23.6	0.3	4.762	7
	30	9	5.10	2.38	20000	26000	0.030	6200-Z	6200-2Z	17.4	25.2	0.6	15	26	0.6	4.762	8
	35	11	7.65	3.48	18000	24000	0.050	6300-Z	6300-2Z	19.4	29.5	0.6	15	30	0.6	6.35	7
12	21	5	1.9	1.0	24000	32000	0.005	61801-Z	61801-2Z	14.6	19.3	0.3	14	19	0.3	2.381	12
	24	6	2.9	1.5	22000	28000	0.008	61901-Z	61901-2Z	15.5	21.5	0.3	14.4	22	0.3	3.175	10
	28	8	5.10	2.38	20000	26000	0.022	6001-Z	6001-2Z	17.4	24.8	0.3	14.4	25.6	0.3	4.762	8
	32	10	6.82	3.05	19000	24000	0.040	6201-Z	6201-2Z	18.3	28.0	0.6	17	28	0.6	5.953	7
	37	12	9.72	5.08	17000	22000	0.060	6301-Z	6301-2Z	19.3	31.6	1	18	32	1	7.938	6
15	24	5	2.1	1.3	22000	30000	0.005	61802-Z	61802-2Z	17.6	22.3	0.3	17	22	0.3	2.381	14
	28	7	4.3	2.3	20000	26000	0.012	61902-Z	61902-2Z	18.3	25.6	0.3	17.4	26	0.3	3.969	10

续表

基本尺寸 /mm			基本额定载荷 /kN		极限转速 /r·min^{-1}		质量 /kg	轴承代号		其他尺寸 /mm			安装尺寸 /mm			球径 /mm	球数
d	D	B	C_r	C_{0r}	脂	油	W ≈	60000-Z 型	60000-2Z 型	d_2 ≈	D_3 ≈	r min	d_a min	D_a max	r_a max	D_W	Z
15	32	9	5.58	2.85	19000	24000	0.030	6002-Z	6002-2Z	20.4	28.5	0.3	17.4	29.6	0.3	4.762	9
	35	11	7.65	3.72	18000	22000	0.040	6202-Z	6202-2Z	21.6	31.3	0.6	20	32.0	0.6	5.953	8
	42	13	11.5	5.42	16000	20000	0.080	6302-Z	6302-2Z	24.3	36.6	1	21	37	1	7.938	7
17	26	5	2.2	1.5	20000	28000	0.007	61803-Z	61803-2Z	19.6	24.3	0.3	19	24	0.3	2.381	16
	30	7	4.6	2.6	19000	24000	0.014	61903-Z	61903-2Z	20.3	27.6	0.3	19.4	28	0.3	3.969	11
	35	10	6.00	3.25	17000	21000	0.040	6003-Z	6003-2Z	22.9	31.0	0.3	19.4	32.6	0.3	4.762	10
	40	12	9.58	4.78	16000	20000	0.060	6203-Z	6203-2Z	24.6	35.3	0.6	22	36	0.6	6.747	8
	47	14	13.5	6.58	15000	18000	0.110	6303-Z	6303-2Z	26.8	40.1	1	23	41	1	8.731	7
20	32	7	3.5	2.2	18000	24000	0.015	61804-Z	61804-2Z	23.5	29.7	0.3	22.4	30	0.3	3.175	14
	37	9	6.4	3.7	17000	22000	0.031	61904-Z	61904-2Z	25.2	32.9	0.3	22.4	34.6	0.3	4.762	11
	42	12	9.38	5.02	16000	19000	0.070	6004-Z	6004-2Z	26.9	37.0	0.6	25	38	0.6	6.35	9
	47	14	12.8	6.65	14000	18000	0.10	6204-Z	6204-2Z	29.3	41.6	1	26	42	1	7.938	8
	52	15	15.8	7.88	13000	16000	0.140	6304-Z	6304-2Z	29.8	44.4	1.1	27	45	1	9.525	7
25	37	7	4.3	2.9	16000	20000	0.017	61805-Z	61805-2Z	28.2	34.9	0.3	27.4	35	0.3	3.500	15
	42	9	7.0	4.5	14000	18000	0.038	61905-Z	61905-2Z	30.2	37.9	0.3	27.4	40	0.3	4.762	13
	47	12	10.0	5.85	13000	17000	0.080	6005-Z	6005-2Z	31.9	42.0	0.6	30	43	0.6	6.35	10
	52	15	14.0	7.88	12000	15000	0.120	6205-Z	6205-2Z	33.8	46.4	1	31	47	1	7.938	9
	62	17	22.2	11.5	10000	14000	0.220	6305-Z	6305-2Z	36.0	53.2	1.1	32	55	1	11.5	7
30	42	7	4.7	3.6	13000	17000	0.019	61806-Z	61806-2Z	33.2	39.9	0.3	32.4	40	0.3	3.500	18
	47	9	7.2	5.0	12000	16000	0.043	61906-Z	61906-2Z	35.2	42.9	0.3	32.4	44.6	0.3	4.762	14
	55	13	13.2	8.3	11000	14000	0.120	6006-Z	6006-2Z	38.4	49.9	1	36	50	1	7.144	11
	62	16	19.5	11.5	9500	13000	0.190	6206-Z	6206-2Z	40.8	54.4	1	36	56	1	9.525	9
	72	19	27.0	15.2	9000	11000	0.350	6306-Z	6306-2Z	44.8	61.4	1.1	37	65	1	12	8
35	47	7	4.9	4.0	11000	15000	0.023	61807-Z	61807-2Z	38.2	44.9	0.3	37.4	45	0.3	3.500	20
	55	10	9.5	6.8	10000	13000	0.078	61907-Z	61907-2Z	41.1	50.3	0.6	40	51	0.6	5.556	14
	62	14	16.2	10.5	9500	12000	0.160	6007-Z	6007-2Z	43.3	55.9	1	41	56	1	8	11
	72	17	25.5	15.2	8500	11000	0.270	6207-Z	6207-2Z	46.8	62.4	1.1	42	65	1	11.112	9

续表

基本尺寸 /mm			基本额定载荷 /kN		极限转速 /r·min^{-1}		质量 /kg	轴承代号		其他尺寸 /mm			安装尺寸 /mm			球径 /mm	球数
d	D	B	C_r	C_{0r}	脂	油	W ≈	60000-Z 型	60000-2Z 型	d_2 ≈	D_3 ≈	r min	d_a min	D_a max	r_a max	D_W	Z
35	80	21	33.4	19.2	8000	9500	0.420	6307-Z	6307-2Z	50.4	68.8	1.5	44	71	1.5	13.494	8
40	52	7	5.1	4.4	10000	13000	0.026	61808-Z	61808-2Z	43.2	49.9	0.3	42.4	50	0.3	3.500	22
	62	12	13.7	9.9	9500	12000	0.103	61908-Z	61908-2Z	46.3	57.1	0.6	45	58	0.6	6.747	14
	68	15	17.0	11.8	9000	11000	0.190	6008-Z	6008-2Z	48.8	61.4	1	46	62	1	8	12
	80	18	29.5	18.0	8000	10000	0.370	6208-Z	6208-2Z	52.8	69.4	1.1	47	73	1	12	9
	90	23	40.8	24.0	7000	8500	0.630	6308-Z	6308-2Z	56.5	77.0	1.5	49	81	1.5	15.081	8
45	58	7	6.4	5.6	9000	12000	0.030	61809-Z	61809-2Z	48.3	55.8	0.3	47.4	56	0.3	3.969	22
	68	12	14.1	10.9	8500	11000	0.123	61909-Z	61909-2Z	51.8	62.6	0.6	50	63	0.6	6.747	15
	75	16	21.0	14.8	8000	10000	0.230	6009-Z	6009-2Z	54.2	68.1	1	51	69	1	9	12
	85	19	31.5	20.5	7000	9000	0.420	6209-Z	6209-2Z	58.8	75.7	1.1	52	78	1	12	10
	100	25	52.8	31.8	6300	7500	0.830	6309-Z	6309-2Z	63.0	86.5	1.5	54	91	1.5	17.462	8
50	65	7	6.6	6.1	8500	10000	0.043	61810-Z	61810-2Z	54.3	61.8	0.3	52.4	62.6	0.3	3.969	24
	72	12	14.5	11.7	8000	9500	0.122	61910-Z	61910-2Z	56.3	67.1	0.6	55	68	0.6	6.747	16
	80	16	22.0	16.2	7000	9000	0.280	6010-Z	6010-2Z	59.2	73.1	1	56	74	1	9	13
	90	20	35.0	23.2	6700	8500	0.470	6210-Z	6210-2Z	62.4	80.1	1.1	57	83	1	12.7	10
	110	27	61.8	38.0	6000	7000	1.080	6310-Z	6310-2Z	69.1	94.4	2	60	100	2	19.05	8
55	72	9	9.1	8.4	8000	9500	0.070	61811-Z	61811-2Z	60.2	68.3	0.3	57.4	69.6	0.3	4.762	23
	80	13	15.9	13.2	7500	9000	0.170	61911-Z	61911-2Z	62.9	73.6	1	61	75	1	7.144	16
	90	18	30.2	21.8	7000	8500	0.380	6011-Z	6011-2Z	65.4	82.2	1.1	62	83	1	11	12
	100	21	43.2	29.2	6000	7500	0.580	6211-Z	6211-2Z	68.9	88.6	1.5	64	91	1.5	14.288	10
	120	29	71.5	44.8	5600	6700	1.370	6311-Z	6311-2Z	76.1	103.4	2	65	110	2	20.638	8
60	78	10	9.1	8.7	7000	8500	0.093	61812-Z	61812-2Z	66.2	74.6	0.3	62.4	75.6	0.3	4.762	24
	85	13	16.4	14.2	6700	8000	0.181	61912-Z	61912-2Z	67.9	78.6	1	66	80	1	7.144	17
	95	18	31.5	24.2	6300	7500	0.390	6012-Z	6012-2Z	71.4	88.2	1.1	67	89	1	11	13
	110	22	47.8	32.8	5600	7000	0.770	6212-Z	6212-2Z	76.0	96.5	1.5	69	101	1.5	15.081	10
	130	31	81.8	51.8	5000	6000	1.710	6312-Z	6312-2Z	81.7	111.1	2.1	72	118	2.1	22.225	8

续表

基本尺寸 /mm			基本额定载荷 /kN		极限转速 /r·min^{-1}		质量 /kg	轴承代号		其他尺寸 /mm			安装尺寸 /mm			球径 /mm	球数
d	D	B	C_r	C_{0r}	脂	油	W ≈	60000-Z 型	60000-2Z 型	d_2 ≈	D_3 ≈	r min	d_a min	D_a max	r_a max	D_W	Z
65	85	10	11.9	11.5	6700	8000	0.130	61813-Z	61813-2Z	71.1	80.6	0.6	69	81	0.6	5.556	23
	90	13	17.4	16.0	6300	7500	0.196	61913-Z	61913-2Z	72.9	83.6	1	71	85	1	7.144	19
	100	18	32.0	24.8	6000	7000	0.420	6013-Z	6013-2Z	75.3	92.2	1.1	72	93	1	11.112	13
	120	23	57.2	40.0	5000	6300	0.980	6213-Z	6213-2Z	82.5	105.0	1.5	74	111	1.5	16.669	10
	140	33	93.8	60.5	4500	5300	2.090	6313-Z	6313-2Z	88.1	119.7	2.1	77	128	2.1	24	8
70	90	10	12.1	11.9	6300	7500	0.138	61814-Z	61814-2Z	76.1	85.6	0.6	74	86	0.6	5.556	24
	100	16	23.7	21.1	6000	7000	0.336	61914-Z	61914-2Z	79.3	92.6	1	76	95	1	8.731	17
	110	20	38.5	30.5	5600	6700	0.570	6014-Z	6014-2Z	82.0	100.5	1.1	77	103	1	12.303	13
	125	24	60.8	45.0	4800	6000	1.040	6214-Z	6214-2Z	89.0	111.8	1.5	79	116	1.5	16.669	11
	150	35	105	68.0	4300	5000	2.60	6314-Z	6314-2Z	94.8	128.0	2.1	82	138	2.1	25.4	8
75	95	10	12.5	12.8	6000	7000	0.147	61815-Z	61815-2Z	81.1	90.6	0.6	79	91	0.6	5.556	26
	105	16	24.3	22.5	5600	6700	0.355	61915-Z	61915-2Z	84.3	97.6	1	81	100	1	8.731	18
	115	20	40.2	33.2	5300	6300	0.640	6015-Z	6015-2Z	88.0	106.5	1.1	82	108	1	12.303	14
	130	25	66.0	49.5	4500	5600	1.180	6215-Z	6215-2Z	94.0	117.8	1.5	84	121	1.5	17.462	11
	160	37	113	76.8	4000	4800	3.050	6315-Z	6315-2Z	101.3	136.5	2.1	87	148	2.1	26.988	8
80	100	10	12.7	13.3	5600	6700	0.155	61816-Z	61816-2Z	86.1	95.6	0.6	84	96	0.6	5.556	27
	110	16	24.9	23.9	5300	6300	0.375	61916-Z	61916-2Z	89.3	102.6	1	86	105	1	8.731	19
	125	22	47.5	39.8	5000	6000	0.830	6016-Z	6016-2Z	95.2	115.6	1.1	87	118	1	13.494	14
	140	26	71.5	54.2	4300	5300	1.380	6216-Z	6216-2Z	100.0	124.8	2	90	130	2	18.256	11
	170	39	123	86.5	3800	4500	3.620	6316-Z	6316-2Z	107.9	144.9	2.1	92	158	2.1	28.575	8
85	110	13	19.2	19.8	5000	6300	0.245	61817-Z	61817-2Z	92.5	104.4	1	90	105	1	7.144	24
	120	18	31.9	29.7	4800	6000	0.507	61917-Z	61917-2Z	95.8	111.1	1.1	92	113.5	1	10.319	17
	130	22	50.8	42.8	4500	5600	0.860	6017-Z	6017-2Z	99.4	120.4	1.1	92	123	1	14	14
	150	28	83.2	63.8	4000	5000	1.750	6217-Z	6217-2Z	107.1	133.7	2	95	140	2	19.844	11
	180	41	132	96.5	3600	4300	4.270	6317-Z	6317-2Z	114.4	153.4	3	99	166	2.5	30.162	8
90	115	13	19.5	20.5	4800	6000	0.258	61818-Z	61818-2Z	97.5	109.4	1	95	110	1	7.144	25
	125	18	32.8	31.5	4500	5600	0.533	61918-Z	61918-2Z	100.8	116.1	1.1	97	118.5	1	10.319	18

续表

基本尺寸 /mm			基本额定载荷 /kN		极限转速 /r·min^{-1}		质量 /kg	轴承代号		其他尺寸 /mm			安装尺寸 /mm			球径 /mm	球数
d	D	B	C_r	C_{0r}	脂	油	W ≈	60000-Z 型	60000-2Z 型	d_2 ≈	D_3 ≈	r min	d_a min	D_a max	r_a max	D_W	Z
90	140	24	58.0	49.8	4300	5300	1.10	6018-Z	6018-2Z	107.2	129.6	1.5	99	131	1.5	15.081	14
	160	30	95.8	71.5	3800	4800	2.20	6218-Z	6218-2Z	111.7	141.1	2	100	150	2	22.225	10
95	120	13	19.8	21.3	4500	5600	0.27	61819-Z	61819-2Z	102.5	114.4	1.0	100	115	1	7.144	26
	130	18	33.7	33.3	4300	5300	0.558	61919-Z	61919-2Z	105.8	121.1	1.1	102	124	1	10.319	19
	145	24	57.8	50.0	4000	5000	1.14	6019-Z	6019-2Z	110.2	132.6	1.5	104	136	1.5	15.081	14
	170	32	110	82.8	3600	4500	2.62	6219-Z	6219-2Z	118.1	149.7	2.1	107	158	2.1	24	10
100	125	13	20.1	22.0	4300	5300	0.283	61820-Z	61820-2Z	107.5	119.4	1.0	105	120	1	7.144	27
	140	20	42.7	41.9	4000	5000	0.774	61920-Z	61920-2Z	112.3	130.1	1.1	107	133	1	11.906	18
	150	24	64.5	56.2	3800	4800	1.250	6020-Z	6020-2Z	114.6	138.2	1.5	109	141	1.5	16	14
	180	34	122	92.8	3400	4300	3.200	6220-Z	6220-2Z	124.8	158.0	2.1	112	168	2.1	25.4	10
105	130	13	20.3	22.7	4000	5000	0.295	61821-Z	61821-2Z	112.5	124.4	1.0	110	125	1	7.144	28
	145	20	43.9	44.3	3800	4800	0.808	61921-Z	61921-2Z	117.3	135.1	1.1	112	138	1	11.906	19
	160	26	71.8	63.2	3600	4500	1.52	6021-Z	6021-2Z	121.5	146.4	2	115	150	2	17	14
110	140	16	28.1	30.7	3800	5000	0.496	61822-Z	61822-2Z	119.3	133.0	1.0	115	135	1	8.731	25
	150	20	43.6	44.4	3600	4500	0.835	61922-Z	61922-2Z	122.3	140.1	1.1	117	143	1	11.906	19
	170	28	81.8	72.8	3400	4300	1.87	6022-Z	6022-2Z	129.1	155.7	2	120	160	2	18.256	14
120	150	16	28.9	32.9	3400	4300	0.536	61824-Z	61824-2Z	129.3	143.0	1.0	125	145	1	8.731	27
	165	22	55	56.9	3200	4000	1.131	61924-Z	61924-2Z	133.7	153.6	1.1	127	158	1	13.494	19
	180	28	87.5	79.2	3000	3800	2.00	6024-Z	6024-2Z	137.7	165.2	2	130	170	2	19	14
130	165	18	37.9	42.9	3200	4000	0.736	61826-Z	61826-2Z	140.8	156.5	1.1	137	158	1	10.319	25
	180	24	65.1	67.2	3000	3800	1.496	61926-Z	61926-2Z	145.2	167.1	1.5	139	171	1.5	15.081	18
140	175	18	38.2	44.3	3000	3800	0.784	61828-Z	61828-2Z	150.8	166.5	1.1	147	168	1	10.319	26

带止动槽及单面防尘盖的深沟球轴承（摘自 GB/T 276）

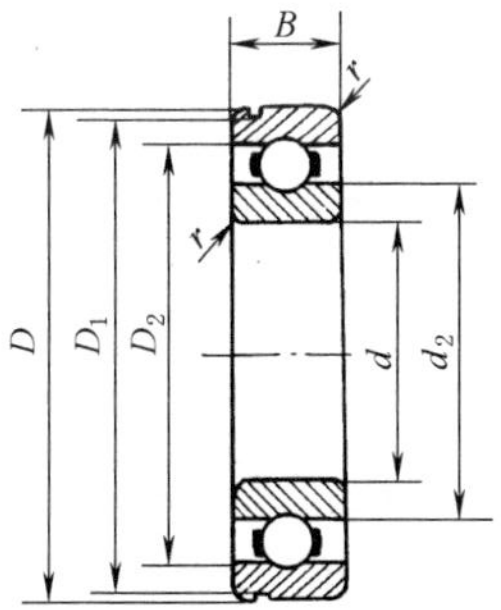

60000-N型

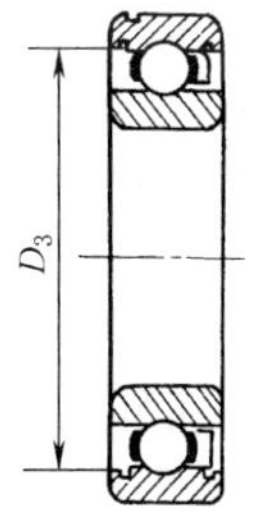

60000-ZN型

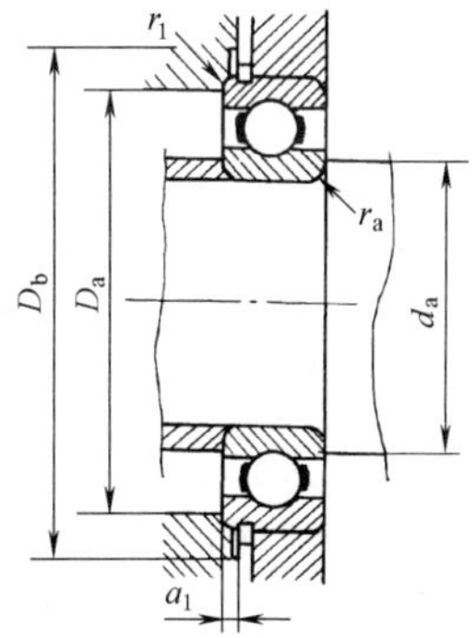

符号含义及应用

N—外圈上有止动槽

ZN——一面带防尘盖，另一面外圈有止动槽

止动槽内的止动环，可限制轴承的轴向位移，简化轴承座结构，缩小尺寸。

注：新尺寸标准 GB/T 276—2013 删除了 60000ZN，增加了 60000NR（外圈有止动槽并带止动环的结构），本表对照《全国滚动轴承产品样本》第 2 版，（2012 年出版）结构和数据没有变化。

表 8-2-76

基本尺寸 /mm			基本额定载荷 /kN		极限转速 /r·min^{-1}		质量 /kg	轴承代号		其他尺寸 /mm					安装尺寸 /mm						球径 /mm	球数
d	D	B	C_r	C_{0r}	脂	油	W ≈	60000-N 型	60000-ZN 型	d_2	D_2	D_1 max	D_3	r min	d_a min	D_a max	D_b	a_1	r_a max	r_1 max	D_W	Z
10	19	5	1.8	0.93	28000	36000	0.005	61800-N	61800-ZN	12.6	16.4	—	17.3	0.3	12.0	17	—	—	0.3	—	2.381	11
	22	6	2.7	1.3	25000	32000	0.008	61900-N	61900-ZN	13.5	18.5	20.8	19.4	0.3	12.4	20	26	0.8	0.3	0.2	3.175	9
	26	8	4.58	1.98	22000	30000	0.019	6000-N	6000-ZN	14.9	21.3	25.15	22.6	0.3	12.4	23.6	31	1.4	0.3	0.3	4.762	7
	30	9	5.10	2.38	20000	26000	0.030	6200-N	6200-ZN	17.4	23.8	28.17	25.2	0.6	15.0	26	36	1.6	0.6	0.5	4.762	8
	35	11	7.65	3.48	18000	24000	0.050	6300-N	6300-ZN	19.4	27.6	33.17	29.5	0.6	15.0	30	41	1.6	0.6	0.5	6.35	7
12	21	5	1.9	1.0	24000	32000	0.005	61801-N	61801-ZN	14.6	18.4	—	19.3	0.3	14	19	—	—	0.3	—	2.381	12
	24	6	2.9	1.5	22000	28000	0.008	61901-N	61901-ZN	15.5	20.6	22.8	21.5	0.3	14.4	22	28	0.8	0.3	0.2	3.175	10
	28	8	5.1	2.38	20000	26000	0.022	6001-N	6001-ZN	17.4	23.8	26.7	24.8	0.3	14.4	25.6	32	1.4	0.3	0.3	4.762	8
	32	10	6.82	3.05	19000	24000	0.035	6201-N	6201-ZN	18.3	26.1	30.15	28.0	0.6	17.0	28	38	1.6	0.6	0.5	5.953	7
	37	12	9.72	5.08	17000	22000	0.050	6301-N	6301-ZN	19.3	29.7	34.77	31.6	1	18.0	32	43	1.6	1	0.5	7.938	6
15	24	5	2.1	1.3	22000	30000	0.005	61802-N	61802-ZN	17.6	21.4	22.8	22.3	0.3	17	22	28	—	0.3	—	2.381	14
	28	7	4.3	2.3	20000	26000	0.012	61902-N	61902-ZN	18.3	24.7	26.7	25.6	0.3	17.4	26	32	1.1	0.3	0.3	3.969	10
	32	9	5.58	2.85	19000	24000	0.030	6002-N	6002-ZN	20.4	26.6	30.15	28.5	0.3	17.4	29.6	38	1.6	0.3	0.3	4.762	9
	35	11	7.65	3.72	18000	22000	0.040	6202-N	6202-ZN	21.6	29.4	33.17	31.3	0.6	20.0	32.0	41	1.6	0.6	0.5	5.953	8
	42	13	11.5	5.42	16000	20000	0.080	6302-N	6302-ZN	24.3	34.7	39.75	36.6	1	21.0	37	48	1.6	1	0.5	7.938	7

续表

基本尺寸/mm			基本额定载荷/kN		极限转速/r·min^{-1}		质量/kg	轴承代号		其他尺寸/mm					安装尺寸/mm						球径/mm	球数
d	D	B	C_r	C_{0r}	脂	油	W ≈	60000-N型	60000-ZN型	d_2	D_2	D_1 max	D_3	r min	d_a min	D_a max	D_b	a_1	r_a max	r_1 max	D_W	Z
17	26	5	2.2	1.5	20000	28000	0.007	61803-N	61803-ZN	19.6	23.4	—	24.3	0.3	19	24	—	—	0.3	—	2.381	16
	30	7	4.6	2.6	19000	24000	0.014	61903-N	61903-ZN	20.3	26.7	28.7	27.6	0.3	19.4	28	34	1.1	0.3	0.3	3.969	11
	35	10	6.0	3.25	17000	21000	0.040	6003-N	6003-ZN	22.9	29.1	33.17	31	0.3	19.4	32.6	42	1.6	0.3	0.3	4.762	10
	40	12	9.58	4.78	16000	20000	0.060	6203-N	6203-ZN	24.6	33.4	38.1	35.3	0.6	22.0	36	46	1.6	0.6	0.5	6.747	8
	47	14	13.5	6.58	15000	18000	0.110	6303-N	6303-ZN	26.8	38.2	44.6	40.1	1	23	41	54	2	1	0.5	8.731	7
	62	17	22.7	10.8	11000	15000	0.268	6403-N	6403-ZN	31.9	47.1	59.61	—	1.1	24	55	69	2.7	1	0.5	12.7	6
20	32	7	3.5	2.2	18000	24000	0.015	61804-N	61804-ZN	23.5	28.6	30.7	29.7	0.3	22.4	30	36	1.1	0.3	0.3	3.175	14
	37	9	6.4	3.7	17000	22000	0.031	61904-N	61904-ZN	25.2	31.8	35.7	32.9	0.3	22.4	34.6	41	1.4	0.3	0.3	4.762	11
	42	12	9.38	5.02	16000	19000	0.070	6004-N	6004-ZN	26.9	35.1	39.75	37	0.6	25	38	49	1.6	0.6	0.5	6.35	9
	47	14	12.8	6.65	14000	18000	0.100	6204-N	6204-ZN	29.3	39.7	44.6	41.6	1	26	42	54	2	1	0.5	7.938	8
	52	15	15.8	7.88	13000	16000	0.140	6304-N	6304-ZN	29.8	42.2	49.73	44.6	1.1	27	45	59	2	1	0.5	9.525	7
	72	19	31.0	15.2	9500	13000	0.40	6404-N	6404-ZN	38.0	56.1	68.81	—	1.1	27	65	80	2.7	1	0.5	15.081	6
25	37	7	4.3	2.9	16000	20000	0.017	61805-N	61805-ZN	28.2	33.8	35.7	34.9	0.3	27.4	35	41	1.1	0.3	0.3	3.500	15
	42	9	7.0	4.5	14000	18000	0.038	61905-N	61905-ZN	30.2	36.8	40.7	37.9	0.3	27.4	40	46	1.4	0.3	0.3	4.762	13
	47	12	10.0	5.85	13000	17000	0.080	6005-N	6005-ZN	31.9	40.1	44.6	42	0.6	30	43	54	1.6	0.6	0.6	6.35	10
	52	15	14.0	7.88	12000	15000	0.120	6205-N	6205-ZN	33.8	44.2	49.73	46.4	1	31	47	59	2	1	1	7.938	9
	62	17	22.2	11.5	10000	14000	0.220	6305-N	6305-ZN	36.0	51.0	59.61	53.2	1.1	32	55	69	2.6	1	1	11.5	7
	80	21	38.2	19.2	8500	11000	0.529	6405-N	6405-ZN	42.3	62.7	76.81	—	1.5	34	71	88	2.7	1.5	1.5	17	6
30	42	7	4.7	3.6	13000	17000	0.019	61806-N	61806-ZN	33.2	38.8	40.7	39.9	0.3	32.4	40	46.0	1.1	0.3	0.3	3.500	18
	47	9	7.2	5.0	12000	16000	0.043	61906-N	61906-ZN	35.2	41.8	45.7	42.9	0.3	32.4	44.6	51.0	1.4	0.3	0.3	4.762	14
	55	13	13.2	8.3	11000	14000	0.120	6006-N	6006-ZN	38.4	47.7	52.6	49.9	1	36.0	50	62.0	1.6	1	0.5	7.144	11
	62	16	19.5	11.5	9500	13000	0.190	6206-N	6206-ZN	40.8	52.2	59.61	54.4	1	36.0	56.0	69.0	2.6	1	0.5	9.525	9
	72	19	27.0	15.2	9000	11000	0.350	6306-N	6306-ZN	44.8	59.2	68.81	61.4	1.1	37.0	65.0	80.0	2.6	1	0.5	12	8
	90	23	47.5	24.5	8000	10000	0.710	6406-N	6406-ZN	48.6	71.4	86.79	—	1.5	39	81	98.0	2.7	1.5	0.5	19.06	6
35	47	7	4.9	4.0	11000	15000	0.023	61807-N	61807-ZN	38.2	43.8	45.7	44.9	0.3	37.4	45	46.0	1.1	0.3	0.3	3.500	20
	55	10	9.5	6.8	10000	13000	0.078	61907-N	61907-ZN	41.1	48.9	53.7	50.3	0.6	40	51	54.0	1.4	0.6	0.5	5.556	14
	62	14	16.2	10.5	9500	12000	0.160	6007-N	6007-ZN	43.3	53.7	59.61	55.9	1	41.0	56	69.0	1.6	1	0.5	8	11

续表

基本尺寸 /mm			基本额定载荷 /kN		极限转速 /r·min^{-1}		质量 /kg	轴承代号		其他尺寸 /mm					安装尺寸 /mm						球径 /mm	球数
d	D	B	C_r	C_{0r}	脂	油	W ≈	60000-N 型	60000-ZN 型	d_2	D_2	D_1 max	D_3	r min	d_a min	D_a max	D_b	a_1	r_a max	r_1 max	D_W	Z
35	72	17	25.5	15.2	8500	11000	0.270	6207-N	6207-ZN	46.8	60.2	68.81	62.4	1.1	42.0	65	80.0	2.6	1	0.5	11.112	9
	80	21	33.4	19.2	8000	9500	0.420	6307-N	6307-ZN	50.4	66.6	76.81	68.8	1.5	44.0	71.0	88.0	2.6	1.5	0.5	13.494	8
	100	25	56.8	29.5	6700	8500	0.926	6407-N	6407-ZN	54.9	80.1	96.8	—	1.5	44	91	108.0	2.7	1.5	0.5	21	6
40	52	7	5.1	4.4	10000	13000	0.026	61808-N	61808-ZN	43.2	48.8	50.7	49.9	0.3	42.4	50	51.0	1.1	0.3	0.3	3.500	22
	62	12	13.7	9.9	9500	12000	0.103	61908-N	61908-ZN	46.3	55.7	60.7	57.1	0.6	45	58	61.0	1.4	0.6	0.5	6.747	14
	68	15	17.0	11.8	9000	11000	0.190	6008-N	6008-ZN	48.8	59.2	64.82	61.4	1	46.0	62.0	76.0	2	1	0.5	8	12
	80	18	29.5	18.0	8000	10000	0.370	6208-N	6208-ZN	52.8	67.2	76.81	69.4	1.1	47.0	73.0	88.0	2.6	1	0.5	12	9
	90	23	40.8	24.0	7000	8500	0.630	6308-N	6308-ZN	56.5	74.6	86.79	77.0	1.5	49.0	81.0	98.0	2.6	1.5	0.5	15.081	8
	110	27	65.5	37.5	6300	8000	1.221	6408-N	6408-ZN	63.9	89.1	106.81	—	2	50	100	118.0	2.7	2	0.5	21	7
45	58	7	6.4	5.6	9000	12000	0.030	61809-N	61809-ZN	48.3	54.7	56.7	55.8	0.3	47.4	56	57.0	1.1	0.3	0.3	3.969	22
	68	12	14.1	10.9	8500	11000	0.123	61909-N	61909-ZN	51.8	61.2	66.7	62.6	0.6	50	63	66.0	1.4	0.6	0.5	6.747	15
	75	16	21.0	14.8	8000	10000	0.230	6009-N	6009-ZN	54.2	65.9	71.83	68.1	1	51.0	69.0	83.0	2	1	0.5	9	12
	85	19	31.5	20.5	7000	9000	0.420	6209-N	6209-ZN	58.8	73.2	81.81	75.7	1.1	52.0	78.0	93.0	2.6	1	0.5	12	10
	100	25	52.8	31.8	6300	7500	0.837	6309-N	6309-ZN	63.0	84.0	96.8	86.5	1.5	54	91	108.0	2.6	1.5	0.5	17.462	8
	120	29	77.5	45.5	5600	7000	1.520	6409-N	6409-ZN	70.7	98.3	115.21	—	2	55	110	131.0	3.4	2	0.5	23	7
50	65	7	6.6	6.1	8500	10000	0.043	61810-N	61810-ZN	54.3	60.7	63.7	61.8	0.3	52.4	62.6	69.0	1.1	0.3	0.3	3.969	24
	72	12	14.5	11.7	8000	9500	0.122	61910-N	61910-ZN	56.3	65.7	70.7	67.1	0.6	55	68	76.0	1.4	0.6	0.5	6.747	16
	80	16	22.0	16.2	7000	9000	0.280	6010-N	6010-ZN	59.2	70.9	76.81	73.1	1	56	74	88	2	1	0.5	9	13
	90	20	35.0	23.2	6700	8500	0.470	6210-N	6210-ZN	62.4	77.6	86.79	80.1	1.1	57	83	98	2.6	1	0.5	12.7	10
	110	27	61.8	38.0	6000	7000	1.080	6310-N	6310-ZN	69.1	91.9	106.81	94.4	2	60	100	118	2.6	2	0.5	19.05	8
	130	31	92.2	55.2	5300	6300	1.855	6410-N	6410-ZN	77.3	107.8	125.22	—	2.1	62	118	141.0	3.4	2.1	0.5	25.4	7
55	72	9	9.1	8.4	8000	9500	0.070	61811-N	61811-ZN	60.2	66.9	70.7	68.3	0.3	57.4	69.6	76.0	1.4	0.3	0.3	4.762	23
	80	13	15.9	13.2	7500	9000	0.170	61911-N	61911-ZN	62.9	72.2	77.9	73.6	1	61	75	86.0	1.7	1	0.5	7.144	16
	90	18	30.2	21.8	7000	8500	0.380	6011-N	6011-ZN	65.4	79.7	86.79	82.2	1.1	62	83	98	2.2	1	0.5	11	12
	100	21	43.2	29.2	6000	7500	0.580	6211-N	6211-ZN	68.9	86.1	96.8	88.6	1.5	64	91	108	2.6	1.5	0.5	14.288	10
	120	29	71.5	44.8	5600	6700	1.370	6311-N	6311-ZN	76.1	100.9	115.21	103.4	2	65	110	131	3.2	2	0.5	20.638	8
	140	33	100	62.5	4800	6000	2.316	6411-N	6411-ZN	82.8	115.2	135.23	—	2.1	67	128	151.0	4.1	2.1	0.5	26.988	7

续表

基本尺寸 /mm			基本额定载荷 /kN		极限转速 /r·min^{-1}		质量 /kg	轴承代号		其他尺寸 /mm					安装尺寸 /mm						球径 /mm	球数
d	D	B	C_r	C_{0r}	脂	油	W ≈	60000-N 型	60000-ZN 型	d_2	D_2	D_1 max	D_3	r min	d_a min	D_a max	D_b	a_1	r_a max	r_1 max	D_W	Z
60	78	10	9.1	8.7	7000	8500	0.093	61812-N	61812-ZN	66.2	72.9	76.2	74.6	0.3	62.4	75.6	84.0	1.4	0.3	0.3	4.762	24
	85	13	16.4	14.2	6700	8000	0.181	61912-N	61912-ZN	67.9	77.2	82.9	78.6	1	66	80	91.0	1.7	1	0.5	7.144	17
	95	18	31.5	24.2	6300	7500	0.390	6012-N	6012-ZN	71.4	85.7	91.82	88.2	1.1	67	89	103	2.2	1	0.5	11	13
	110	22	47.8	32.8	5600	7000	0.770	6212-N	6212-ZN	76.0	94.1	106.81	96.5	1.5	69	101	118	2.6	1.5	0.5	15.081	10
	130	31	81.8	51.8	5000	6000	1.710	6312-N	6312-ZN	81.7	108.4	125.22	111.1	2.1	72	118	141	3.2	2.1	0.5	22.225	8
	150	35	109	70.0	4500	5600	2.811	6412-N	6412-ZN	87.9	122.2	145.24	—	2.1	72	138	161.0	4.1	2.1	0.5	28.575	7
65	85	10	11.9	11.5	6700	8000	0.130	61813-N	61813-ZN	71.1	78.9	82.9	80.6	0.6	69	81	91.0	1.4	0.6	0.5	5.556	23
	90	13	17.4	16.0	6300	7500	0.196	61913-N	61913-ZN	72.9	82.2	87.9	83.6	1	71	85	96.0	1.7	1	0.5	7.144	19
	100	18	32.0	24.8	6000	7000	0.420	6013-N	6013-ZN	75.3	89.7	96.8	92.2	1.1	72	93	108	2.2	1	0.5	11.112	13
	120	23	57.2	40.0	5000	6300	0.980	6213-N	6213-ZN	82.5	102.5	115.21	105.0	1.5	74	111	131	3.2	1.5	0.5	16.669	10
	140	33	93.8	60.5	4500	5300	2.090	6313-N	6313-ZN	88.1	116.9	135.23	119.7	2.1	77	128	151	3.9	2.1	0.5	24	8
	160	37	118	78.5	4300	5300	3.342	6413-N	6413-ZN	94.5	130.6	155.22	—	2.1	77	148	171.0	4.1	2.1	0.5	30.162	7
70	90	10	12.1	11.9	6300	7500	0.138	61814-N	61814-ZN	76.1	83.9	87.9	85.6	0.6	74	86	96.0	1.4	0.6	0.5	5.556	24
	100	16	23.7	21.1	6000	7000	0.336	61914-N	61914-ZN	79.3	90.7	97.9	92.6	1	76	95	106.0	2.1	1	0.5	8.731	17
	110	20	38.5	30.5	5600	6700	0.57	6014-N	6014-ZN	82.0	98.0	106.81	100.5	1.1	77	103	118	2.2	1	0.5	12.303	13
	125	24	60.8	45.0	4800	6000	1.04	6214-N	6214-ZN	89.0	109.0	120.22	111.8	1.5	79	116	136	3.2	1.5	0.5	16.669	11
	150	35	105	68.0	4300	5000	2.60	6314-N	6314-ZN	94.8	125.3	145.24	128.0	2.1	82	138	161	3.9	2.1	0.5	25.4	8
	180	42	140	99.5	3800	4500	4.896	6414-N	6414-ZN	105.6	146.4	173.66	—	3	84	166	194	4.8	2.5	0.5	34	7
75	95	10	12.5	12.8	6000	7000	0.147	61815-N	61815-ZN	81.1	88.9	92.9	90.6	0.6	79	91	101.0	1.4	0.6	0.5	5.556	26
	105	16	24.3	22.5	5600	6700	0.355	61915-N	61915-ZN	84.3	95.7	102.6	97.6	1	81	100	112.0	2.1	1	0.5	8.731	18
	115	20	40.2	33.2	5300	6300	0.64	6015-N	6015-ZN	88.0	104.0	111.81	106.5	1.1	82	108	123	2.2	1	0.5	12.303	14
	130	25	66.0	49.5	4500	5600	1.180	6215-N	6215-ZN	94.0	115.0	125.22	117.8	1.5	84	121	141	3.2	1.5	0.5	17.462	11
	160	37	113	76.8	4000	4800	3.050	6315-N	6315-ZN	101.3	133.7	155.22	136.5	2.1	87	148	171	3.9	2.1	0.5	26.988	8
	190	45	154	115	3600	4300	5.739	6415-N	6415-ZN	112.1	155.9	183.64		3	89	176	204	4.8	2.5	0.5	36.512	7
80	100	10	12.7	13.3	5600	6700	0.155	61816-N	61816-ZN	86.1	93.9	97.9	95.6	0.6	84	96	106.0	1.4	0.6	0.5	5.556	27

续表

基本尺寸 /mm			基本额定载荷 /kN		极限转速 /r·min^{-1}		质量 /kg	轴承代号		其他尺寸 /mm					安装尺寸 /mm						球径 /mm	球数
d	D	B	C_r	C_{0r}	脂	油	W ≈	60000-N 型	60000-ZN 型	d_2	D_2	D_1 max	D_3	r min	d_a min	D_a max	D_b	a_1	r_a max	r_1 max	D_W	Z
80	110	16	24.9	23.9	5300	6300	0.375	61916-N	61916-ZN	89.3	100.7	107.6	102.6	1	86	105	117.0	2.1	1	0.5	8.731	19
	125	22	47.5	39.8	5000	6000	0.830	6016-N	6016-ZN	95.2	112.8	120.22	115.6	1.1	87	118	136	2.2	1	0.5	13.494	14
	140	26	71.5	54.2	4300	5300	3.620	6216-N	6216-ZN	100.0	122.0	135.23	124.8	2	90	130	151	3.9	2	0.5	18.256	11
	170	39	123	86.5	3800	4500	3.620	6316-N	6316-ZN	107.9	142.0	163.65	144.9	2.1	92	158	184	4.6	2.1	0.5	28.575	8
	200	48	163	125	3400	4000	6.740	6416-N	6416-ZN	117.1	162.9	193.65	—	3	94	186	214	4.8	2.5	0.5	38.1	7
85	110	13	19.2	19.8	5000	6300	0.245	61817-N	61817-ZN	92.5	102.5	107.6	104.4	1	90	105	91.0	1.7	1	0.5	7.144	24
	120	18	31.9	29.7	4800	6000	0.507	61917-N	61917-ZN	95.8	109.2	117.6	111.1	1.1	92	113.5	127.0	2.6	1	0.5	10.319	17
	130	22	50.8	42.8	4500	5600	0.860	6017-N	6017-ZN	99.4	117.6	125.22	120.4	1.1	92	123	141	2.2	1	0.5	14	14
	150	28	83.2	63.8	4000	5000	1.750	6217-N	6217-ZN	107.1	130.9	145.24	133.7	2	95	140	161	3.9	2	0.5	19.844	11
	180	41	132	96.5	3600	4300	4.270	6317-N	6317-ZN	114.4	150.6	173.66	153.4	3	99	166	191	4.6	2.5	0.5	30.162	8
	210	52	175	138	3200	3800	7.933	6417-N	6417-ZN	123.5	171.5	203.6		4	103	192	224	4.8	3	0.5	40	7
90	115	13	19.5	20.5	4800	6000	0.258	61818-N	61818-ZN	97.5	107.5	112.6	109.4	1	95	110	122.0	1.7	1	0.5	7.144	25
	125	18	32.8	31.5	4500	5600	0.533	61918-N	61918-ZN	100.8	114.2	122.6	116.1	1.1	97	118.5	132.0	2.6	1	0.5	10.319	18
	140	24	58.0	49.8	4300	5300	1.10	6018-N	6018-ZN	107.2	126.8	135.23	129.6	1.5	99	131	151	2.8	1.5	0.5	15.081	14
	160	30	95.8	71.5	3800	4800	2.20	6218-N	6218-ZN	111.7	138.4	155.22	141.1	2	100	150	171	3.9	2	0.5	22.225	10
95	120	13	19.8	21.3	4500	5600	0.270	61819-N	61819-ZN	102.5	112.5	117.6	114.4	1	100	115	127.0	1.7	1	0.5	7.144	26
	130	18	33.7	33.3	4300	5300	0.558	61919-N	61919-ZN	105.8	119.2	127.6	121.1	1.1	102	124	137.0	2.8	1	0.5	10.319	19
	145	24	57.8	50.0	4000	5000	1.140	6019-N	6019-ZN	110.2	129.8	140.23	132.6	1.5	104	136	156	2.8	1.5	0.5	15.081	14
	170	32	110	82.8	3600	4500	2.350	6219-N	6219-ZN	118.1	146.9	163.65	149.7	2.1	107	158	184	4.6	2.1	0.5	24	10
100	125	13	20.1	22.0	4300	5300	0.283	61820-N	61820-ZN	107.5	117.5	122.6	119.4	1	105	120	132.0	1.7	1	0.5	7.144	27
	140	20	42.7	41.9	4000	5000	0.774	61920-N	61920-ZN	112.3	127.8	137.6	130.1	1.1	107	133	147.0	2.8	1	0.5	11.906	18
	150	24	64.5	56.2	3800	4800	1.250	6020-N	6020-ZN	114.6	135.4	145.24	138.2	1.5	109	141	161	2.8	1.5	0.5	16	14
	180	34	122	92.8	3400	4300	3.120	6220-N	6220-ZN	124.8	155.3	173.66	158.0	2.1	112	168	194	4.6	2.1	0.5	25.4	10

带密封圈的深沟球轴承（摘自 GB/T 276）

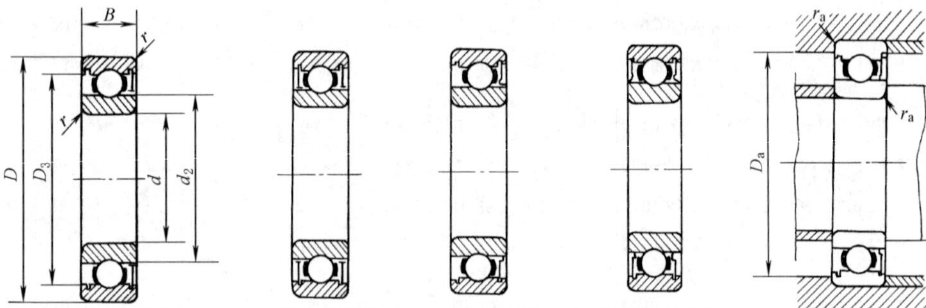

60000-RZ型　60000-2RZ型　60000-RS型　60000-2RS型

符号含义与应用

RZ—轴承一面带骨架橡胶密封圈（非接触式）

2RZ—轴承两面带骨架橡胶密封圈（非接触式）

RS—轴承一面带骨架橡胶密封圈（接触式）

2RS—轴承两面带骨架橡胶密封圈（接触式）

带密封圈的轴承的性能、填脂和用途与带防尘盖的轴承相同。不同的是防尘盖与内圈之间有较大间隙，而非接触式密封圈间隙很小，接触式密封圈没有间隙，各型密封效果不同，无间隙密封效果较好，但摩擦和噪声增加，极限转速较低。

表 8-2-77

基本尺寸 /mm			基本额定载荷 /kN		极限转速 $/r\cdot min^{-1}$		质量 /kg	轴承代号		其他尺寸 /mm			安装尺寸 /mm			球径 /mm	球数
d	D	B	C_r	C_{0r}	脂	油	W ≈	60000-RZ 型 60000-RS 型	60000-2RZ 型 60000-2RS 型	d_2	D_3	r min	d_a min	D_a max	r_a max	D_W	Z
10	19	5	1.8	0.93	21000		0.005	61800-RS	61800-2RS	12.6	17.3	0.3	12	17	0.3	2.381	11
	19	5	1.8	0.93	28000	36000	0.005	61800-RZ	61800-2RZ	12.6	17.3	0.3	12	17	0.3	2.381	11
	22	6	2.7	1.3	19000		0.008	61900-RS	61900-2RS	13.5	19.4	0.3	12.4	20	0.3	3.175	9
	22	6	2.7	1.3	25000	32000	0.008	61900-RZ	61900-2RZ	13.5	19.4	0.3	12.4	20	0.3	3.175	9
	26	8	4.58	1.98	15000		0.019	6000-RS	6000-2RS	14.9	22.6	0.3	12.4	23.6	0.3	4.762	7
	26	8	4.58	1.98	22000	30000	0.019	6000-RZ	6000-2RZ	14.9	22.6	0.3	12.4	23.6	0.3	4.762	7
	30	9	5.10	2.38	14000		0.030	6200-RS	6200-2RS	17.4	25.2	0.6	15	26	0.6	4.762	8
	30	9	5.10	2.38	20000	26000	0.030	6200-RZ	6200-2RZ	17.4	25.2	0.6	15	26	0.6	4.762	8
	35	11	7.65	3.48	12000		0.050	6300-RS	6300-2RS	19.4	29.5	0.6	15	30	0.6	6.35	7
	35	11	7.65	3.48	18000	24000	0.050	6300-RZ	6300-2RZ	19.4	29.5	0.6	15	30	0.6	6.35	7
12	21	5	1.9	1.0	18000		0.005	61801-RS	61801-2RS	14.6	19.3	0.3	14.0	19	0.3	2.381	12
	21	5	1.9	1.0	24000	32000	0.005	61801-RZ	61801-2RZ	14.6	19.3	0.3	14.0	19	0.3	2.381	12
	24	6	2.9	1.5	17000		0.008	61901-RS	61901-2RS	15.5	25.6	0.3	14.4	22	0.3	3.175	10
	24	6	2.9	1.5	22000	28000	0.008	61901-RZ	61901-2RZ	15.5	25.6	0.3	14.4	22	0.3	3.175	10
	28	8	5.10	2.38	14000		0.020	6001-RS	6001-2RS	17.4	24.8	0.3	14.4	25.6	0.3	4.762	8
	28	8	5.10	2.38	20000	26000	0.020	6001-RZ	6001-2RZ	17.4	24.8	0.3	14.4	25.6	0.3	4.762	8

续表

基本尺寸 /mm			基本额定载荷 /kN		极限转速 /r·min^{-1}		质量 /kg	轴承代号		其他尺寸 /mm			安装尺寸 /mm			球径 /mm	球数
d	D	B	C_r	C_{0r}	脂	油	W ≈	60000-RZ 型 60000-RS 型	60000-2RZ 型 60000-2RS 型	d_2	D_3	r min	d_a min	D_a max	r_a max	D_W	Z
12	32	10	6.82	3.05	13000		0.040	6201-RS	6201-2RS	18.3	28.0	0.6	17	28.0	0.6	5.953	7
	32	10	6.82	3.05	19000	24000	0.040	6201-RZ	6201-2RZ	18.3	28.0	0.6	17	28.0	0.6	5.953	7
	37	12	9.72	5.08	12000		0.060	6301-RS	6301-2RS	19.3	31.6	1	18	32.0	1	7.938	6
	37	12	9.72	5.08	17000	22000	0.060	6301-RZ	6301-2RZ	19.3	31.6	1	18	32.0	1	7.938	6
15	24	5	2.1	1.3	17000		0.005	61802-RS	61802-2RS	17.6	22.3	0.3	17.0	22	0.3	2.381	14
	24	5	2.1	1.3	22000	30000	0.005	61802-RZ	61802-2RZ	17.6	22.3	0.3	17.0	22	0.3	2.381	14
	28	7	4.3	2.3	15000		0.012	61902-RS	61902-2RS	18.3	25.6	0.3	17.4	26	0.3	3.969	10
	28	7	4.3	2.3	20000	26000	0.012	61902-RZ	61902-2RZ	18.3	25.6	0.3	17.4	26	0.3	3.969	10
	32	9	5.58	2.85	13000		0.030	6002-RS	6002-2RS	20.4	28.5	0.3	17.4	29.6	0.3	4.762	9
	32	9	5.58	2.85	19000	24000	0.030	6002-RZ	6002-2RZ	20.4	28.5	0.3	17.4	29.6	0.3	4.762	9
	35	11	7.65	3.72	12000		0.040	6202-RS	6202-2RS	21.6	31.3	0.6	20	32	0.6	5.953	8
	35	11	7.65	3.72	18000	22000	0.040	6202-RZ	6202-2RZ	21.6	31.3	0.6	20	32	0.6	5.953	8
	42	13	11.5	5.42	11000		0.080	6302-RS	6302-2RS	24.3	36.6	1	21	37	1	7.938	7
	42	13	11.5	5.42	16000	20000	0.080	6302-RZ	6302-2RZ	24.3	36.6	1	21	37	1	7.938	7
17	26	5	2.2	1.5	15000		0.007	61803-RS	61803-2RS	19.6	24.3	0.3	19.0	24	0.3	2.381	16
	26	5	2.2	1.5	20000	28000	0.007	61803-RZ	61803-2RZ	19.6	24.3	0.3	19.0	24	0.3	2.381	16
	30	7	4.6	2.6	14000		0.014	61903-RS	61903-2RS	20.3	27.6	0.3	19.4	28	0.3	3.969	11
	30	7	4.6	2.6	19000	24000	0.014	61903-RZ	61903-2RZ	20.3	27.6	0.3	19.4	28	0.3	3.969	11
	35	10	6.00	3.25	12000		0.040	6003-RS	6003-2RS	22.9	31.0	0.3	19.4	32.6	0.3	4.762	10
	35	10	6.00	3.25	17000	21000	0.040	6003-RZ	6003-2RZ	22.9	31.0	0.3	19.4	32.6	0.3	4.762	10
	40	12	9.58	4.78	11000		0.060	6203-RS	6203-2RS	24.6	35.3	0.6	22	36.0	0.6	6.747	8
	40	12	9.58	4.78	16000	20000	0.060	6203-RZ	6203-2RZ	24.6	35.3	0.6	22	36.0	0.6	6.747	8
	47	14	13.5	6.58	10000		0.110	6303-RS	6303-2RS	26.8	40.1	1	23	41.0	1	8.731	7
	47	14	13.5	6.58	15000	18000	0.110	6303-RZ	6303-2RZ	26.8	40.1	1	23	41.0	1	8.731	7
20	32	7	3.5	2.2	14000		0.015	61804-RS	61804-2RS	23.5	29.7	0.3	22.4	30	0.3	3.175	14
	32	7	3.5	2.2	18000	24000	0.015	61804-RZ	61804-2RZ	23.5	29.7	0.3	22.4	30	0.3	3.175	14
	37	9	6.4	3.7	13000		0.031	61904-RS	61904-2RS	25.2	32.9	0.3	22.4	34.6	0.3	4.762	11
	37	9	6.4	3.7	17000	22000	0.031	61904-RZ	61904-2RZ	25.2	32.9	0.3	22.4	34.6	0.3	4.762	11

续表

基本尺寸 /mm			基本额定载荷 /kN		极限转速 /r·min^{-1}		质量 /kg	轴承代号		其他尺寸 /mm			安装尺寸 /mm			球径 /mm	球数
d	D	B	C_r	C_{0r}	脂	油	W ≈	60000-RZ 型 60000-RS 型	60000-2RZ 型 60000-2RS 型	d_2	D_3	r min	d_a min	D_a max	r_a max	D_W	Z
20	42	12	9.38	5.02	11000		0.070	6004-RS	6004-2RS	26.9	37.0	0.6	25	38.0	0.6	6.35	9
	42	12	9.38	5.02	16000	19000	0.070	6004-RZ	6004-2RZ	26.9	37.0	0.6	25	38.0	0.6	6.35	9
	47	14	12.8	6.65	9500		0.100	6204-RS	6204-2RS	29.3	41.6	1	26	42.0	1	7.938	8
	47	14	12.8	6.65	14000	18000	0.100	6204-RZ	6204-2RZ	29.3	41.6	1	26	42.0	1	7.938	8
	52	15	15.8	7.88	9000		0.140	6304-RS	6304-2RS	29.8	44.4	1.1	27	45	1	9.525	7
	52	15	15.8	7.88	13000	16000	—	6304-RZ	6304-2RZ	29.8	44.4	1.1	27	45	1	9.525	7
25	37	7	4.3	2.9	12000		0.017	61805-RS	61805-2RS	28.2	34.9	0.3	27.4	35	0.3	3.500	15
	37	7	4.3	2.9	16000	20000	0.017	61805-RZ	61805-2RZ	28.2	34.9	0.3	27.4	35	0.3	3.500	15
	42	9	7.0	4.5	11000		0.038	61905-RS	61905-2RS	30.2	37.9	0.3	27.4	40	0.3	4.762	13
	42	9	7.0	4.5	14000	18000	0.038	61905-RZ	61905-2RZ	30.2	37.9	0.3	27.4	40	0.3	4.762	13
	47	12	10.0	5.85	9000		0.080	6005-RS	6005-2RS	31.9	42.0	0.6	30	43	0.6	6.35	10
	47	12	10.0	5.85	13000	17000	0.080	6005-RZ	6005-2RZ	31.9	42.0	0.6	30	43	0.6	6.35	10
	52	15	14.0	7.88	8000		0.120	6205-RS	6205-2RS	33.8	46.4	1	31	47	1	7.938	9
	52	15	14.0	7.88	12000	15000	0.120	6205-RZ	6205-2RZ	33.8	46.4	1	31	47	1	7.938	9
	62	17	22.2	11.5	6800		0.220	6305-RS	6305-2RS	36.0	53.2	1.1	32	55	1	11.5	7
	62	17	22.2	11.5	10000	14000	0.220	6305-RZ	6305-2RZ	36.0	53.2	1.1	32	55	1	11.5	7
30	42	7	4.7	3.6	11000		0.019	61806-RS	61806-2RS	33.2	39.9	0.3	32.4	40	0.3	3.500	18
	42	7	4.7	3.6	13000	17000	0.019	61806-RZ	61806-2RZ	33.2	39.9	0.3	32.4	40	0.3	3.500	18
	47	9	7.2	5.0	9000		0.043	61906-RS	61906-2RS	35.2	42.9	0.3	32.4	44.6	0.3	4.762	14
	47	9	7.2	5.0	12000	16000	0.043	61906-RZ	61906-2RZ	35.2	42.9	0.3	32.4	44.6	0.3	4.762	14
	55	13	13.2	8.30	7500		0.120	6006-RS	6006-2RS	38.4	49.8	1	36	50	1	7.144	11
	55	13	13.2	8.30	11000	14000	0.120	6006-RZ	6006-2RZ	38.4	49.8	1	36	50	1	7.144	11
	62	16	19.5	11.5	6700		0.190	6206-RS	6206-2RS	40.8	54.4	1	36	56	1	9.525	9
	62	16	19.5	11.5	9500	13000	0.190	6206-RZ	6206-2RZ	40.8	54.4	1	36	56	1	9.525	9
	72	19	27.0	15.2	6000		0.350	6306-RS	6306-2RS	44.8	61.4	1.1	37	65	1	12	8
	72	19	27.0	15.2	9000	11000	0.350	6306-RZ	6306-2RZ	44.8	61.4	1.1	37	65	1	12	8
35	47	7	4.9	4.0	9000		0.023	61807-RS	61807-2RS	38.2	44.9	0.3	37.4	45	0.3	3.500	20
	47	7	4.9	4.0	11000	15000	0.023	61807-RZ	61807-2RZ	38.2	44.9	0.3	37.4	45	0.3	3.500	20

续表

基本尺寸 /mm			基本额定载荷 /kN		极限转速 /r·min^{-1}		质量 /kg	轴承代号		其他尺寸 /mm			安装尺寸 /mm			球径 /mm	球数
d	D	B	C_r	C_{0r}	脂	油	W ≈	60000-RZ 型 60000-RS 型	60000-2RZ 型 60000-2RS 型	d_2	D_3	r min	d_a min	D_a max	r_a max	D_W	Z
35	55	10	9.5	6.8	7500		0.078	61907-RS	61907-2RS	41.1	50.3	0.6	40	51	0.6	5.556	14
	55	10	9.5	6.8	10000	13000	0.078	61907-RZ	61907-2RZ	41.1	50.3	0.6	40	51	0.6	5.556	14
	62	14	16.2	10.5	6500		0.160	6007-RS	6007-2RS	43.3	55.9	1	41	56	1	8	11
	62	14	16.2	10.5	9500	12000	0.160	6007-RZ	6007-2RZ	43.3	55.9	1	41	56	1	8	11
	72	17	25.5	15.2	5800		0.270	6207-RS	6207-2RS	46.8	62.4	1.1	42	65	1	11.112	9
	72	17	25.5	15.2	8500	11000	0.270	6207-RZ	6207-2RZ	46.8	62.4	1.1	42	65	1	11.112	9
	80	21	33.4	19.2	5400		0.420	6307-RS	6307-2RS	50.4	68.8	1.5	44	71	1.5	13.494	8
	80	21	33.4	19.2	8000	9500	0.420	6307-RZ	6307-2RZ	50.4	68.8	1.5	44	71	1.5	13.494	8
40	52	7	5.1	4.4	7500		0.026	61808-RS	61808-2RS	43.2	49.9	0.3	42.4	50	0.3	3.500	22
	52	7	5.1	4.4	10000	13000	0.026	61808-RZ	61808-2RZ	43.2	49.9	0.3	42.4	50	0.3	3.500	22
	62	12	13.7	9.9	7000		0.103	61908-RS	61908-2RS	46.3	57.1	0.6	45	58	0.6	6.747	14
	62	12	13.7	9.9	9500	12000	0.103	61908-RZ	61908-2RZ	46.3	57.1	0.6	45	58	0.6	6.747	14
	68	15	17.0	11.8	6000		0.190	6008-RS	6008-2RS	48.8	61.4	1	46	62	1	8	12
	68	15	17.0	11.8	9000	11000	0.190	6008-RZ	6008-2RZ	48.8	61.4	1	46	62	1	8	12
	80	18	29.5	18.0	5400		0.370	6208-RS	6208-2RS	52.8	69.4	1.1	47	73	1	12	9
	80	18	29.5	18.0	8000	10000	0.370	6208-RZ	6208-2RZ	52.8	69.4	1.1	47	73	1	12	9
	90	23	40.8	24.0	4800		0.630	6308-RS	6308-2RS	56.5	77.0	1.5	49	81	1.5	15.081	8
	90	23	40.8	24.0	7000	8500	0.630	6308-RZ	6308-2RZ	56.5	77.0	1.5	49	81	1.5	15.081	8
45	58	7	6.4	5.6	6800		0.030	61809-RS	61809-2RS	48.3	55.8	0.3	47.4	56	0.3	3.969	22
	58	7	6.4	5.6	9000	12000	0.030	61809-RZ	61809-2RZ	48.3	55.8	0.3	47.4	56	0.3	3.969	22
	68	12	14.1	10.9	6400		0.123	61909-RS	61909-2RS	51.8	62.6	0.6	50	63	0.6	6.747	15
	68	12	14.1	10.9	8500	11000	0.123	61909-RZ	61909-2RZ	51.8	62.6	0.6	50	63	0.6	6.747	15
	75	16	21.0	14.8	5400		0.240	6009-RS	6009-2RS	54.2	68.1	1	51	69	1	9	12
	75	16	21.0	14.8	8000	10000	0.240	6009-RZ	6009-2RZ	54.2	68.1	1	51	69	1	9	12
	85	19	31.5	20.5	4800		0.420	6209-RS	6209-2RS	58.8	75.7	1.1	52	78	1	12	10
	85	19	31.5	20.5	7000	9000	0.420	6209-RZ	6209-2RZ	58.8	75.7	1.1	52	78	1	12	10
	100	25	52.8	31.8	4300		0.830	6309-RS	6309-2RS	63.0	86.5	1.5	54	91	1.5	17.462	8
	100	25	52.8	31.8	6300	7500	0.830	6309-RZ	6309-2RZ	63.0	86.5	1.5	54	91	1.5	17.462	8
50	65	7	6.6	6.1	6400		0.043	61810-RS	61810-2RS	54.3	61.8	0.3	52.4	62.6	0.3	3.969	24
	65	7	6.6	6.1	8500	10000	0.043	61810-RZ	61810-2RZ	54.3	61.8	0.3	52.4	62.6	0.3	3.969	24
	72	12	14.5	11.7	6000		0.122	61910-RS	61910-2RS	56.3	67.1	0.6	55	68	0.6	6.747	16

续表

基本尺寸 /mm			基本额定载荷 /kN		极限转速 /r·min^{-1}		质量 /kg	轴承代号		其他尺寸 /mm			安装尺寸 /mm			球径 /mm	球数
d	D	B	C_r	C_{0r}	脂	油	W ≈	60000-RZ 型 60000-RS 型	60000-2RZ 型 60000-2RS 型	d_2	D_3	r min	d_a min	D_a max	r_a max	D_W	Z
50	72	12	14.5	11.7	8000	9500	0.122	61910-RZ	61910-2RZ	56.3	67.1	0.6	55	68	0.6	6.747	16
	80	16	22.0	16.2	4800		0.280	6010-RS	6010-2RS	59.2	73.1	1	56	74	1	9	13
	80	16	22.0	16.2	7000	9000	0.280	6010-RZ	6010-2RZ	59.2	73.1	1	56	74	1	9	13
	90	20	35.0	23.2	4600		0.470	6210-RS	6210-2RS	62.4	80.1	1.1	57	83	1	12.7	10
	90	20	35.0	23.2	6700	8500	0.470	6210-RZ	6210-2RZ	62.4	80.1	1.1	57	83	1	12.7	10
	110	27	61.8	38.0	4100		1.080	6310-RS	6310-2RS	69.1	94.4	2	60	100	2	19.05	8
	110	27	61.8	38.0	6000	7000	1.080	6310-RZ	6310-2RZ	69.1	94.4	2	60	100	2	19.05	8
55	72	9	9.1	8.4	6000		0.070	61811-RS	61811-2RS	60.2	68.3	0.3	57.4	69.6	0.3	4.762	23
	72	9	9.1	8.4	8000	9500	0.070	61811-RZ	61811-2RZ	60.2	68.3	0.3	57.4	69.6	0.3	4.762	23
	80	13	15.9	13.2	5600		0.170	61911-RS	61911-2RS	62.9	73.6	1	61	75	1	7.144	16
	80	13	15.9	13.2	7500	9000	0.170	61911-RZ	61911-2RZ	62.9	73.6	1	61	75	1	7.144	16
	90	18	30.2	21.8	4800		0.380	6011-RS	6011-2RS	65.4	82.2	1.1	62	83	1	11	12
	90	18	30.2	21.8	7000	8500	0.380	6011-RZ	6011-2RZ	65.4	82.2	1.1	62	83	1	11	12
	100	21	43.2	29.2	4100		0.580	6211-RS	6211-2RS	68.9	88.6	1.5	64	91	1.5	14.288	10
	100	21	43.2	29.2	6000	7500	0.580	6211-RZ	6211-2RZ	68.9	88.6	1.5	64	91	1.5	14.288	10
	120	29	71.5	44.8	3800		1.370	6311-RS	6311-2RS	76.1	103.4	2	65	110	2	20.638	8
	120	29	71.5	44.8	5600	6700	1.370	6311-RZ	6311-2RZ	76.1	103.4	2	65	110	2	20.638	8
60	78	10	9.1	8.7	5300		0.093	61812-RS	61812-2RS	66.2	74.6	0.3	62.4	75.6	0.3	4.762	24
	78	10	9.1	8.7	7000	8500	0.093	61812-RZ	61812-2RZ	66.2	74.6	0.3	62.4	75.6	0.3	4.762	24
	85	13	16.4	14.2	5000		0.181	61912-RS	61912-2RS	67.9	78.6	1	66	80	1	7.144	17
	85	13	16.4	14.2	6700	8000	0.181	61912-RZ	61912-2RZ	67.9	78.6	1	66	80	1	7.144	17
	95	18	31.5	24.2	4300		0.410	6012-RS	6012-2RS	71.4	88.2	1.1	67	89	1	11	13
	95	18	31.5	24.2	6300	7500	0.410	6012-RZ	6012-2RZ	71.4	88.2	1.1	67	89	1	11	13
	110	22	47.8	32.8	3800		0.770	6212-RS	6212-2RS	76.0	96.5	1.5	69	101	1.5	15.081	10
	110	22	47.8	32.8	5600	7000	0.770	6212-RZ	6212-2RZ	76.0	96.5	1.5	69	101	1.5	15.081	10
	130	31	81.8	51.8	3400		1.710	6312-RS	6312-2RS	81.7	111.1	2.1	72	118	2.1	22.225	8
	130	31	81.8	51.8	5000	6000	1.710	6312-RZ	6312-2RZ	81.7	111.1	2.1	72	118	2.1	22.225	8
65	85	10	11.9	11.5	5000		0.130	61813-RS	61813-2RS	71.1	80.6	0.6	69	81	0.6	5.556	23
	85	10	11.9	11.5	6700	8000	0.130	61813-RZ	61813-2RZ	71.1	80.6	0.6	69	81	0.6	5.556	23
	90	13	17.4	16.0	4700		0.196	61913-RS	61913-2RS	72.9	83.6	1	71	85	1	7.144	19

续表

基本尺寸 /mm			基本额定载荷 /kN		极限转速 /r·min^{-1}		质量 /kg	轴承代号		其他尺寸 /mm			安装尺寸 /mm			球径 /mm	球数
d	D	B	C_r	C_{0r}	脂	油	W ≈	60000-RZ 型 60000-RS 型	60000-2RZ 型 60000-2RS 型	d_2	D_3	r min	d_a min	D_a max	r_a max	D_W	Z
65	90	13	17.4	16.0	6300	7500	0.196	61913-RZ	61913-2RZ	72.9	83.6	1	71	85	1	7.144	19
	100	18	32.0	24.8	4100		0.410	6013-RS	6013-2RS	75.3	92.2	1.1	72	93	1	11.112	13
	100	18	32.0	24.8	6000	7000	0.410	6013-RZ	6013-2RZ	75.3	92.2	1.1	72	93	1	11.112	13
	120	23	57.2	40.0	3400		0.980	6213-RS	6213-2RS	82.5	105.0	1.5	74	111	1.5	16.669	10
	120	23	57.2	40.0	5000	6300	0.980	6213-RZ	6213-2RZ	82.5	105.0	1.5	74	111	1.5	16.669	10
	140	33	93.8	60.5	3000		2.090	6313-RS	6313-2RS	88.1	119.7	2.1	77	128	2.1	24	8
	140	33	93.8	60.5	4500	5300	2.090	6313-RZ	6313-2RZ	88.1	119.7	2.1	77	128	2.1	24	8
70	90	10	12.1	11.9	4700		0.138	61814-RS	61814-2RS	76.1	85.6	0.6	74	86	0.6	5.556	24
	90	10	12.1	11.9	6300	7500	0.138	61814-RZ	61814-2RZ	76.1	85.6	0.6	74	86	0.6	5.556	24
	100	16	23.7	21.1	4500		0.336	61914-RS	61914-2RS	79.3	92.6	1	76	95	1	8.731	17
	100	16	23.7	21.1	6000	7000	0.336	61914-RZ	61914-2RZ	79.3	92.6	1	76	95	1	8.731	17
	110	20	38.5	30.5	3800		0.60	6014-RS	6014-2RS	82.0	100.5	1.1	77	103	1	12.303	13
	110	20	38.5	30.5	5600	6700	0.60	6014-RZ	6014-2RZ	82.0	100.5	1.1	77	103	1	12.303	13
	125	24	60.8	45.0	3300		1.04	6214-RS	6214-2RS	89.0	111.8	1.5	79	116	1.5	16.669	11
	125	24	60.8	45.0	4800	6000	1.04	6214-RZ	6214-2RZ	89.0	111.8	1.5	79	116	1.5	16.669	11
	150	35	105	68.0	2900		2.60	6314-RS	6314-2RS	94.8	128.0	2.1	82	138	2.1	25.4	8
	150	35	105	68.0	4300	5000	2.60	6314-RZ	6314-2RZ	94.8	128.0	2.1	82	138	2.1	25.4	8
75	95	10	12.5	12.8	4500		0.147	61815-RS	61815-2RS	81.1	90.6	0.6	79	91	0.6	5.556	26
	95	10	12.5	12.8	6000	7000	0.147	61815-RZ	61815-2RZ	81.1	90.6	0.6	79	91	0.6	5.556	26
	105	16	24.3	22.5	4200		0.355	61915-RS	61915-2RS	84.3	97.6	1	81	100	1	8.731	18
	105	16	24.3	22.5	5600	6700	0.355	61915-RZ	61915-2RZ	84.3	97.6	1	81	100	1	8.731	18
	115	20	40.2	33.2	3600		0.64	6015-RS	6015-2RS	88.0	106.5	1.1	82	108	1	12.303	14
	115	20	40.2	33.2	5300	6300	0.64	6015-RZ	6015-2RZ	88.0	106.5	1.1	82	108	1	12.303	14
	130	25	66.0	49.5	3000		1.18	6215-RS	6215-2RS	94.0	117.8	1.5	84	121	1.5	17.462	11
	130	25	66.0	49.5	4500	5600	1.18	6215-RZ	6215-2RZ	94.0	117.8	1.5	84	121	1.5	17.462	11
	160	37	113	76.8	2800		3	6315-RS	6315-2RS	101.3	136.5	2.1	87	148	2.1	26.988	8
	160	37	113	76.8	4000	4800	3	6315-RZ	6315-2RZ	101.3	136.5	2.1	87	148	2.1	26.988	8
80	100	10	12.7	13.3	4200		0.155	61816-RS	61816-2RS	86.1	95.6	0.6	84	96	0.6	5.556	27
	100	10	12.7	13.3	5600	6700	0.155	61816-RZ	61816-2RZ	86.1	95.6	0.6	84	96	0.6	5.556	27
	110	16	24.9	23.9	4000		0.375	61916-RS	61916-2RS	89.3	102.6	1	86	105	1	8.731	19

续表

基本尺寸/mm			基本额定载荷/kN		极限转速/r·min^{-1}		质量/kg	轴承代号		其他尺寸/mm			安装尺寸/mm			球径/mm	球数
d	D	B	C_r	C_{0r}	脂	油	W ≈	60000-RZ 型 60000-RS 型	60000-2RZ 型 60000-2RS 型	d_2	D_3	r min	d_a min	D_a max	r_a max	D_W	Z
80	110	16	24.9	23.9	5300	6300	0.375	61916-RZ	61916-2RZ	89.3	102.6	1	86	105	1	8.731	19
	125	22	47.5	39.8	3400		1.05	6016-RS	6016-2RS	95.2	115.6	1.1	87	118	1	13.494	14
	125	22	47.5	39.8	5000	6000	1.05	6016-RZ	6016-2RZ	95.2	115.6	1.1	87	118	1	13.494	14
	140	26	71.5	54.2	2900		1.38	6216-RS	6216-2RS	100.0	124.8	2	90	130	2	18.256	11
	140	26	71.5	54.2	4300	5300	1.38	6216-RZ	6216-2RZ	100.0	124.8	2	90	130	2	18.256	11
	170	39	123	86.5	2600		3.62	6316-RS	6316-2RS	107.9	144.9	2.1	92	158	2.1	28.575	8
	170	39	123	86.5	3800	4500	3.62	6316-RZ	6316-2RZ	107.9	144.9	2.1	92	158	2.1	28.575	8
85	110	13	19.2	19.8	3800		0.245	61817-RS	61817-2RS	92.5	104.4	1	90	105	1	7.144	24
	110	13	19.2	19.8	5000	6300	0.245	61817-RZ	61817-2RZ	92.5	104.4	1	90	105	1	7.144	24
	120	18	31.9	29.7	3600		0.507	61917-RS	61917-2RS	95.8	111.1	1.1	92	113.5	1	10.319	17
	120	18	31.9	29.7	4800	6000	0.507	61917-RZ	61917-2RZ	95.8	111.1	1.1	92	113.5	1	10.319	17
	130	22	50.8	42.8	3200		1.10	6017-RS	6017-2RS	99.4	120.4	1.1	92	123	1	14	14
	130	22	50.8	42.8	4500	5600	1.10	6017-RZ	6017-2RZ	99.4	120.4	1.1	92	123	1	14	14
	150	28	83.2	63.8	2800		1.75	6217-RS	6217-2RS	107.1	133.7	2	95	140	2	19.844	11
	150	28	83.2	63.8	4000	5000	1.75	6217-RZ	6217-2RZ	107.1	133.7	2	95	140	2	19.844	11
	180	41	132	96.5	2400		4.27	6317-RS	6317-2RS	114.4	153.4	3	99	166	2.5	30.162	8
	180	41	132	96.5	3600	4300	4.27	6317-RZ	6317-2RZ	114.4	153.4	3	99	166	2.5	30.162	8
90	115	13	19.5	20.5	3600		0.258	61818-RS	61818-2RS	97.5	109.4	1	95	110	1	7.144	25
	115	13	19.5	20.5	4800	6000	0.258	61818-RZ	61818-2RZ	97.5	109.4	1	95	110	1	7.144	25
	125	18	32.8	31.5	3400		0.533	61918-RS	61918-2RS	100.8	116.1	1.1	97	118.5	1	10.319	18
	125	18	32.8	31.5	4500	5600	0.533	61918-RZ	61918-2RZ	100.8	116.1	1.1	97	118.5	1	10.319	18
	140	24	58.0	49.8	3000		1.16	6018-RS	6018-2RS	107.2	129.6	1.5	99	131	1.5	15.081	14
	140	24	58.0	49.8	4300	5300	1.16	6018-RZ	6018-2RZ	107.2	129.6	1.5	99	131	1.5	15.081	14
	160	30	95.8	71.5	2600		2.18	6218-RS	6218-2RS	111.7	141.1	2.0	100	150	2	22.225	10
	160	30	95.8	71.5	3800	4800	2.18	6218-RZ	6218-2RZ	111.7	141.1	2.0	100	150	2	22.225	10
	190	43	145	108	2200		4.96	6318-RS	6318-2RS	120.8	164.0	3	104	176	2.5	32	8
	190	43	145	108	3400	4000	4.96	6318-RZ	6318-2RZ	120.8	164.0	3	104	176	2.5	32	8
95	120	13	19.8	21.3	3400		0.27	61819-RS	61819-2RS	102.5	114.4	1	100	115	1	7.144	26
	120	13	19.8	21.3	4500	5600	0.27	61819-RZ	61819-2RZ	102.5	114.4	1	100	115	1	7.144	26
	130	18	33.7	33.3	3200		0.558	61919-RS	61919-2RS	105.8	121.1	1.1	102	124	1	10.319	19
	130	18	33.7	33.3	4300	5300	0.558	61919-RZ	61919-2RZ	105.8	121.1	1.1	102	124	1	10.319	19

续表

基本尺寸 /mm			基本额定载荷 /kN		极限转速 /r·min^{-1}		质量 /kg	轴承代号		其他尺寸 /mm			安装尺寸 /mm			球径 /mm	球数
d	D	B	C_r	C_{0r}	脂	油	W ≈	60000-RZ 型 60000-RS 型	60000-2RZ 型 60000-2RS 型	d_2	D_3	r min	d_a min	D_a max	r_a max	D_W	Z
95	145	24	57.8	50.0	2800		1.21	6019-RS	6019-2RS	110.2	132.6	1.5	104	136	1.5	15.081	14
	145	24	57.8	50.0	4000	5000	1.21	6019-RZ	6019-2RZ	110.2	132.6	1.5	104	136	1.5	15.081	14
	170	32	110	82.8	2400		2.62	6219-RS	6219-2RS	118.1	149.7	2.1	107	158	2.1	24	10
	170	32	110	82.8	3600	4500	2.62	6219-RZ	6219-2RZ	118.1	149.7	2.1	107	158	2.1	24	10
100	125	13	20.1	22.0	3200		0.283	61820-RS	61820-2RS	107.5	119.4	1	105	120	1	7.144	27
	125	13	20.1	22.0	4300	5300	0.283	61820-RZ	61820-2RZ	107.5	119.4	1	105	120	1	7.144	27
	140	20	42.7	41.9	3000		0.774	61920-RS	61920-2RS	112.3	130.1	1.1	107	133	1	11.906	18
	140	20	42.7	41.9	4000	5000	0.774	61920-RZ	61920-2RZ	112.3	130.1	1.1	107	133	1	11.906	18
	150	24	64.5	56.2	2600		1.25	6020-RS	6020-2RS	114.6	138.2	1.5	109	141	1.5	16	14
	150	24	64.5	56.2	3800	4800	1.25	6020-RZ	6020-2RZ	114.6	138.2	1.5	109	141	1.5	16	14
	180	34	122	92.8	2200		3.2	6220-RS	6220-2RS	124.8	158.0	2.1	112	168	2.1	25.4	10
	180	34	122	92.8	3400	4300	3.2	6220-RZ	6220-2RZ	124.8	158.0	2.1	112	168	2.1	25.4	10
105	130	13	20.3	22.7	3000		0.295	61821-RS	61821-2RS	112.5	124.4	1	110	125	1	7.144	28
	130	13	20.3	22.7	4000	5000	0.295	61821-RZ	61821-2RZ	112.5	124.4	1	110	125	1	7.144	28
	145	20	43.9	44.3	2900		0.808	61921-RS	61921-2RS	117.3	135.1	1.1	112	138	1	11.906	19
	145	20	43.9	44.3	3800	4800	0.808	61921-RZ	61921-2RZ	117.3	135.1	1.1	112	138	1	11.906	19
	160	26	71.8	63.2	2400		1.52	6021-RS	6021-2RS	121.5	146.4	2	115	150	2	17	14
	160	26	71.8	63.2	3600	4500	1.52	6021-RZ	6021-2RZ	121.5	146.4	2	115	150	2	17	14
110	140	16	28.1	30.7	2900		0.496	61822-RS	61822-2RS	119.3	133.0	1	115	135	1	8.731	25
	140	16	28.1	30.7	3800	5000	0.496	61822-RZ	61822-2RZ	119.3	133.0	1	115	135	1	8.731	25
	150	20	43.6	44.4	2700		0.835	61922-RS	61922-2RS	122.3	140.1	1.1	117	143	1	11.906	19
	150	20	43.6	44.4	3600	4500	0.835	61922-RZ	61922-2RZ	122.3	140.1	1.1	117	143	1	11.906	19
	170	28	81.8	72.8	2200		1.87	6022-RS	6022-2RS	129.1	155.7	2	120	160	2	18.256	14
	170	28	81.8	72.8	3400	4300	1.87	6022-RZ	6022-2RZ	129.1	155.7	2	120	160	2	18.256	14
120	150	16	28.9	32.9	2600		0.536	61824-RS	61824-2RS	129.3	143.0	1	125	145	1	8.731	27
	150	16	28.9	32.9	3400	4300	0.536	61824-RZ	61824-2RZ	129.3	143.0	1	125	145	1	8.731	27
	165	22	55	56.9	2400		1.131	61924-RS	61924-2RS	133.7	153.6	1.1	127	158	1	13.494	19
	165	22	55	56.9	3200	4000	1.131	61924-RZ	61924-2RZ	133.7	153.6	1.1	127	158	1	13.494	19
	180	28	87.5	79.2	2000		2	6024-RS	6024-2RS	137.7	165.2	2	130	170	2	19	14
	180	28	87.5	79.2	3000	3800	2	6024-RZ	6024-2RZ	137.7	165.2	2	130	170	2	19	14

注：新尺寸标准 GB/T 276—2013 修改了图形的局部结构，本表按《全国滚动轴承产品样本》第 2 版（2012 年出版）稍作修改。

11.2 调心球轴承

调心球轴承（摘自 GB/T 281）

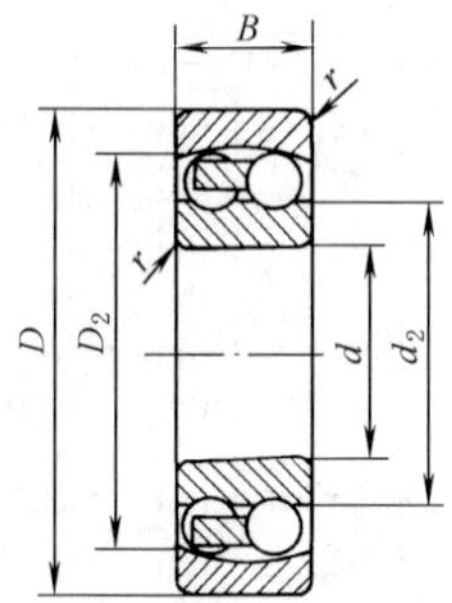

圆柱孔
10000（TN、M）型

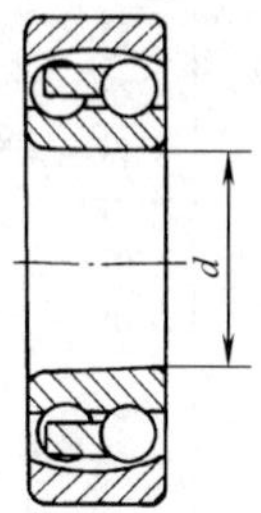

圆锥孔（锥度1∶12）
10000 K(KTN、KM)型

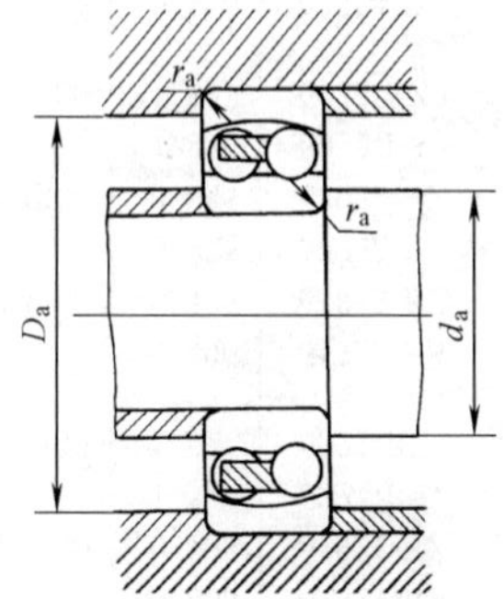

径向当量动载荷：

当 $F_a/F_r \leqslant e, P_r=F_r+Y_1F_a$

当 $F_a/F_r>e, P_r=0.65F_r+Y_2F_a$

径向当量静载荷：

$P_{0r}=F_r+Y_0F_a$

符号含义与应用

K—圆锥孔（锥度 1∶12）

TN—工程塑料保持架

M—黄铜实体保持架

本表所列后置代号为 TN 和 M 的轴承均为优化设计结构。

这类轴承有自动调心性能，但内、外套圈轴线倾斜角度不得大于 3°。主要承受径向载荷，也可同时承受少量轴向载荷，不用于纯轴向载荷。

表 8-2-78

基本尺寸 /mm			基本额定载荷/kN		极限转速 /r·min^{-1}		质量 /kg	轴承代号		其他尺寸 /mm			安装尺寸 /mm			计算系数			
d	D	B	C_r	C_{0r}	脂	油	W ≈	圆柱孔 10000(TN、M)型	圆锥孔 10000 K(KTN、KM)型	d_2	D_2	r min	d_a max	D_a max	r_a max	e	Y_1	Y_2	Y_0
10	30	9	5.48	1.20	24000	28000	0.035	1200	1200 K	16.7	24.4	0.6	15	25	0.6	0.32	2.0	3.0	2.0
	30	9	5.40	1.20	24000	28000	0.035	1200 TN	1200 KTN	16.7	23.5	0.6	15	25	0.6	0.31	2.1	3.17	2.1
	30	14	7.12	1.58	24000	28000	0.050	2200	2200 K	15.3	23.32	0.6	15	25	0.6	0.62	1.0	1.6	1.1
	30	14	8.00	1.70	24000	28000	0.054	2200 TN	—	15.6	23.3	0.6	15	25	0.6	0.48	1.3	2.0	1.4
	35	11	7.22	1.62	20000	24000	0.06	1300	1300 K	—	—	0.6	15	30	0.6	0.33	1.9	3.0	2.0
	35	11	7.30	1.60	20000	24000	0.062	1300 TN	—	18.5	26.4	0.6	15	30	0.6	0.33	1.9	3.0	2.0
	35	17	11.0	2.45	18000	22000	0.09	2300	2300 K	—	—	0.6	15	30	0.6	0.66	0.95	1.5	1.0
	35	17	10.8	2.40	18000	22000	0.097	2300 TN	—	17.1	25.4	0.6	15	30	0.6	0.56	1.1	1.7	1.1
12	32	10	5.55	1.25	22000	26000	0.042	1201	1201 K	18.5	26.2	0.6	17	27	0.6	0.33	1.9	2.9	2.0
	32	10	6.20	1.40	22000	26000	0.042	1201 TN	1201 KTN	18.4	25.5	0.6	17	27	0.6	0.32	1.9	3.0	2.1
	32	14	8.80	1.80	22000	26000	—	2201	2201 K	—	—	0.6	17	27	0.6	—	—	—	—

续表

基本尺寸 /mm			基本额定载荷/kN		极限转速 /r·min^{-1}		质量 /kg	轴承代号		其他尺寸 /mm			安装尺寸 /mm			计算系数			
d	D	B	C_r	C_{0r}	脂	油	W ≈	圆柱孔 10000(TN、M)型	圆锥孔 10000 K(KTN、KM)型	d_2	D_2	r min	d_a max	D_a max	r_a max	e	Y_1	Y_2	Y_0
12	32	14	8.50	1.90	22000	26000	0.059	2201 TN	—	17.6	25.6	0.6	17	27	0.6	0.45	1.4	2.2	1.5
	37	12	9.42	2.12	18000	22000	0.07	1301	1301 K	20.0	30.8	1	18	31	1	0.35	1.8	2.8	1.9
	37	12	9.40	2.10	18000	22000	0.071	1301 TN	—	20.0	29.2	1	18	31	1	0.34	1.8	2.8	1.9
	37	17	12.5	2.72	17000	22000	—	2301	2301 K	—	—	1	18	31	1	—	—	—	—
	37	17	11.5	2.60	17000	22000	0.105	2301 TN	—	18.8	27.5	1	18	31	1	0.53	1.1	1.9	1.3
15	35	11	7.48	1.75	18000	22000	0.051	1202	1202 K	20.9	29.9	0.6	20	30	0.6	0.33	1.9	3.0	2.0
	35	11	7.40	1.70	18000	22000	0.051	1202 TN	1202 KTN	21.0	29.0	0.6	20	30	0.6	0.30	2.1	3.2	2.2
	35	14	7.65	1.80	18000	22000	0.06	2202	2202 K	20.8	30.4	0.6	20	30	0.6	0.50	1.3	2.0	1.3
	35	14	8.70	2.00	18000	22000	0.066	2202 TN	—	20.5	28.6	0.6	20	30	0.6	0.39	1.6	2.5	1.7
	42	13	9.50	2.28	16000	20000	0.1	1302	1302 K	23.6	34.1	1	21	36	1	0.33	1.9	2.9	2.0
	42	13	10.8	2.60	16000	20000	0.097	1302 TN	—	23.9	33.7	1	21	36	1	0.31	2.0	3.1	2.1
	42	17	12.0	2.88	14000	18000	0.11	2302	2302 K	23.2	35.2	1	21	36	1	0.51	1.2	1.9	1.3
	42	17	11.8	2.90	14000	18000	0.126	2302 TN	—	23.9	33.5	1	21	36	1	0.46	1.4	2.1	1.4
17	40	12	7.90	2.02	16000	20000	0.076	1203	1203 K	24.2	33.7	0.6	22	35	0.6	0.31	2.0	3.2	2.1
	40	12	8.90	2.20	16000	20000	0.075	1203 TN	1203 KTN	24.1	32.8	0.6	22	35	0.6	0.30	2.1	3.2	2.2
	40	16	9.00	2.45	16000	20000	0.09	2203	2203 K	23.5	34.3	0.6	22	35	0.6	0.50	1.2	1.9	1.3
	40	16	10.5	2.50	16000	20000	0.098	2203 TN	—	23.6	33.1	0.6	22	35	0.6	0.40	1.6	2.4	1.6
	47	14	12.5	3.18	14000	17000	0.14	1303	1303 K	26.4	38.3	1	23	41	1	0.33	1.9	3.0	2.0
	47	14	12.8	3.40	14000	17000	0.131	1303 TN	—	28.9	39.5	1	23	41	1	0.30	2.1	3.2	2.2
	47	19	14.5	3.58	13000	16000	0.17	2303	2303 K	25.8	39.4	1	23	41	1	0.52	1.2	1.9	1.3
	47	19	14.5	3.60	13000	16000	0.175	2303 TN	—	26.5	37.5	1	23	41	1	0.50	1.3	1.9	1.3
20	47	14	9.95	2.65	14000	17000	0.12	1204	1204 K	28.9	39.1	1	26	41	1	0.27	2.3	3.6	2.4
	47	14	12.8	3.40	14000	17000	0.12	1204 TN	1204 KTN	29.2	39.6	1	26	41	1	0.30	2.1	3.2	2.2
	47	18	12.5	3.28	14000	17000	0.15	2204	2204 K	28.0	40.4	1	26	41	1	0.48	1.3	2.0	1.4
	47	18	16.8	4.20	14000	17000	0.152	2204 TN	2204 KTN	27.4	39.3	1	26	41	1	0.40	1.6	2.4	1.6
	52	15	12.5	3.38	12000	15000	0.17	1304	1304 K	31.3	43.6	1.1	27	45	1	0.29	2.2	3.4	2.3
	52	15	14.2	4.00	12000	15000	0.169	1304 TN	1304 KTN	32.4	43.4	1.1	27	45	1	0.28	2.2	3.4	2.3

续表

基本尺寸/mm			基本额定载荷/kN		极限转速/r·min^{-1}		质量/kg	轴承代号		其他尺寸/mm			安装尺寸/mm			计算系数			
d	D	B	C_r	C_{0r}	脂	油	W ≈	圆柱孔 10000(TN、M)型	圆锥孔 10000 K(KTN、KM)型	d_2	D_2	r min	d_a max	D_a max	r_a max	e	Y_1	Y_2	Y_0
20	52	21	17.8	4.75	11000	14000	0.22	2304	2304 K	28.8	43.7	1.1	27	45	1	0.51	1.2	1.9	1.3
	52	21	18.2	4.70	11000	14000	0.238	2304 TN	2304 KTN	29.5	40.9	1.1	27	45	1	0.44	1.4	2.2	1.5
25	52	15	12.0	3.30	12000	14000	0.14	1205	1205 K	33.1	44.9	1	31	46	1	0.27	2.3	3.6	2.4
	52	15	14.2	4.00	12000	14000	0.148	1205 TN	1205 KTN	33.3	44.2	1	31	46	1	0.28	2.3	3.5	2.4
	52	18	12.5	3.40	12000	14000	0.19	2205	2205 K	33.0	44.7	1	31	46	1	0.41	1.5	2.3	1.5
	52	18	16.8	4.40	12000	14000	0.17	2205 TN	2205 KTN	32.6	44.6	1	31	46	1	0.33	1.9	3.0	2.0
	62	17	17.8	5.05	10000	13000	0.26	1305	1305 K	37.8	52.5	1.1	32	55	1	0.27	2.3	3.5	2.4
	62	17	18.8	5.50	10000	13000	0.272	1305 TN	1305 KTN	37.3	50.3	1.1	32	55	1	0.28	2.2	3.5	2.3
	62	24	24.5	6.48	9500	12000	0.35	2305	2305 K	35.2	52.5	1.1	32	55	1	0.47	1.3	2.1	1.4
	62	24	24.5	6.50	9500	12000	0.375	2305 TN	2305 KTN	36.1	50.0	1.1	32	55	1	0.41	1.5	2.3	1.6
30	62	16	15.8	4.70	10000	12000	0.23	1206	1206 K	40.1	53.2	1	36	56	1	0.24	2.6	4.0	2.7
	62	16	15.5	4.70	10000	12000	0.228	1206 TN	1206 KTN	40.0	51.7	1	36	56	1	0.25	2.5	3.9	2.7
	62	20	15.2	4.60	10000	12000	0.26	2206	2206 K	40.0	53.0	1	36	56	1	0.39	1.6	2.4	1.7
	62	20	23.8	6.60	10000	12000	0.275	2206 TN	2206 KTN	38.8	53.4	1	36	56	1	0.33	1.9	3.0	2.0
	72	19	21.5	6.28	8500	11000	0.4	1306	1306 K	44.9	60.9	1.1	37	65	1	0.26	2.4	3.8	2.6
	72	19	21.2	6.30	8500	11000	0.399	1306 TN	1306 KTN	44.9	59.0	1.1	37	65	1	0.25	2.5	3.9	2.6
	72	27	31.5	8.68	8000	10000	0.5	2306	2306 K	41.7	60.9	1.1	37	65	1	0.44	1.4	2.2	1.5
	72	27	31.5	8.70	8000	10000	0.556	2306 TN	2306 KTN	41.9	58.5	1.1	37	65	1	0.43	1.5	2.3	1.5
35	72	17	15.8	5.08	8500	10000	0.32	1207	1207 K	47.5	60.7	1.1	42	65	1	0.23	2.7	4.2	2.9
	72	17	18.8	5.90	8500	10000	0.328	1207 TN	1207 KTN	47.1	60.2	1.1	42	65	1	0.23	2.7	4.2	2.9
	72	23	21.8	6.65	8500	10000	0.44	2207	2207 K	46.0	62.2	1.1	42	65	1	0.38	1.7	2.6	1.8
	72	23	30.5	8.70	8500	10000	0.425	2207 TN	2207 KTN	45.1	61.9	1.1	42	65	1	0.31	2.0	3.1	2.1
	80	21	25.0	7.95	7500	9500	0.54	1307	1307 K	51.5	69.5	1.5	44	71	1.5	0.25	2.6	4.0	2.7
	80	21	26.2	8.50	7500	9500	0.534	1307 TN	1307 KTN	51.7	67.1	1.5	44	71	1.5	0.25	2.5	3.9	2.6
	80	31	39.2	11.0	7100	9000	0.68	2307	2307 K	46.5	68.4	1.5	44	71	1.5	0.46	1.4	2.1	1.4
	80	31	39.5	11.2	7100	9000	0.763	2307 TN	2307 KTN	47.7	66.6	1.5	44	71	1.5	0.39	1.6	2.5	1.7

续表

基本尺寸/mm			基本额定载荷/kN		极限转速/r·min^{-1}		质量/kg	轴承代号		其他尺寸/mm			安装尺寸/mm			计算系数			
d	D	B	C_r	C_{0r}	脂	油	W ≈	圆柱孔 10000(TN、M)型	圆锥孔 10000 K(KTN、KM)型	d_2	D_2	r min	d_a max	D_a max	r_a max	e	Y_1	Y_2	Y_0
40	80	18	19.2	6.40	7500	9000	0.41	1208	1208 K	53.6	68.8	1.1	47	73	1	0.22	2.9	4.4	3.0
	80	18	20.0	6.90	7500	9000	0.43	1208 TN	1208 KTN	53.6	66.7	1.1	47	73	1	0.22	2.9	4.5	3.0
	80	23	22.5	7.38	7500	9000	0.53	2208	2208 K	52.4	68.8	1.1	47	73	1	0.24	1.9	2.9	2.0
	80	23	31.8	10.2	7500	9000	0.523	2208 TN	2208 KTN	52.1	69.3	1.1	47	73	1	0.29	2.2	3.4	2.3
	90	23	29.5	9.50	6700	8500	0.71	1308	1308 K	57.5	76.8	1.5	49	81	1.5	0.24	2.6	4.0	2.7
	90	23	33.7	11.3	6700	8500	0.723	1308 TN	1308 KTN	60.6	78.7	1.5	49	81	1.5	0.24	2.6	4.1	2.8
	90	33	44.8	13.2	6300	8000	0.93	2308	2308 K	53.5	76.8	1.5	49	81	1.5	0.43	1.5	2.3	1.5
	90	33	54.0	15.8	6300	8000	1.013	2308 TN	2308 KTN	53.4	76.2	1.5	49	81	1.5	0.40	1.6	2.5	1.7
45	85	19	21.8	7.32	7100	8500	0.49	1209	1209 K	57.3	73.7	1.1	52	78	1	0.21	2.9	4.6	3.1
	85	19	23.5	8.30	7100	8500	0.489	1209 TN	1209 KTN	57.4	71.7	1.1	52	78	1	0.22	2.9	4.5	3.0
	85	23	23.2	8.00	7100	8500	0.55	2209	2209 K	57.5	74.1	1.1	52	78	1	0.31	2.1	3.2	2.2
	85	23	32.5	10.5	7100	8500	0.574	2209 TN	2209 KTN	55.3	72.4	1.1	52	78	1	0.26	2.4	3.8	2.5
	100	25	38.0	12.8	6000	7500	0.96	1309	1309 K	63.7	85.7	1.5	54	91	1.5	0.25	2.5	3.9	2.6
	100	25	38.8	13.5	6000	7500	0.978	1309 TN	1309 KTN	67.7	87.0	1.5	54	91	1.5	0.23	2.7	4.2	2.8
	100	36	55.0	16.2	5600	7100	1.25	2309	2309 K	60.2	86.0	1.5	54	91	1.5	0.42	1.5	2.3	1.6
	100	36	63.8	19.2	5600	7100	1.351	2309 TN	2309 KTN	60.0	85.0	1.5	54	91	1.5	0.37	1.7	2.6	1.8
50	90	20	22.8	8.08	6300	8000	0.54	1210	1210 K	62.3	78.7	1.1	57	83	1	0.20	3.1	4.8	3.3
	90	20	26.5	9.50	6300	8000	0.55	1210 TN	1210 KTN	62.3	77.5	1.1	57	83	1	0.21	3.0	4.6	3.1
	90	23	23.2	8.45	6300	8000	0.68	2210	2210 K	62.5	79.3	1.1	57	83	1	0.29	2.2	3.4	2.3
	90	23	33.5	11.2	6300	8000	0.596	2210 TN	2210 KTN	61.3	79.3	1.1	57	83	1	0.24	2.7	4.1	2.8
	110	27	43.2	14.2	5600	6700	1.21	1310	1310 K	70.1	95.0	2	60	100	2	0.24	2.7	4.1	2.8
	110	27	43.8	15.2	5600	6700	1.301	1310 TN	1310 KTN	70.3	90.6	2	60	100	2	0.24	2.7	4.1	2.8
	110	40	64.5	19.8	5000	6300	1.64	2310	2310 K	65.8	94.4	2	60	100	2	0.43	1.5	2.3	1.6
	110	40	64.8	20.2	5000	6300	1.839	2310 TN	2310 KTN	67.7	91.4	2	60	100	2	0.34	1.9	2.9	2.0
55	100	21	26.8	10.0	6000	7100	0.72	1211	1211 K	70.1	88.4	1.5	64	91	1.5	0.20	3.2	5.0	3.4
	100	21	27.8	10.5	6000	7100	0.717	1211 TN	1211 KTN	70.7	86.4	1.5	64	91	1.5	0.19	3.3	5.1	3.4
	100	25	26.8	9.95	6000	7100	0.81	2211	2211 K	69.7	87.8	1.5	64	91	1.5	0.28	2.3	3.5	2.4

续表

基本尺寸/mm			基本额定载荷/kN		极限转速/r·min^{-1}		质量/kg	轴承代号		其他尺寸/mm			安装尺寸/mm			计算系数			
d	D	B	C_r	C_{0r}	脂	油	W ≈	圆柱孔 10000(TN、M)型	圆锥孔 10000 K(KTN、KM)型	d_2	D_2	r min	d_a max	D_a max	r_a max	e	Y_1	Y_2	Y_0
55	100	25	39.2	13.5	6000	7100	0.81	2211 TN	2211 KTN	67.6	87.4	1.5	64	91	1.5	0.23	2.7	4.2	2.8
	120	29	51.5	18.2	5000	6300	1.58	1311	1311 K	77.7	104	2	65	110	2	0.23	2.7	4.2	2.8
	120	29	52.8	18.8	5000	6300	1.641	1311 TN	1311 KTN	78.7	101.5	2	65	110	2	0.23	2.7	4.2	2.8
	120	43	75.2	23.5	4800	6000	2.1	2311	2311 K	72	103	2	65	110	2	0.41	1.5	2.4	1.6
	120	43	75.2	24.0	4800	6000	2.345	2311 TN	2311 KTN	73.9	99.7	2	65	110	2	0.33	1.9	3.0	2.0
60	110	22	30.2	11.5	5300	6300	0.9	1212	1212 K	77.8	97.5	1.5	69	101	1.5	0.19	3.4	5.3	3.6
	110	22	31.2	12.2	5300	6300	0.917	1212 TN	1212 KTN	78.6	95.7	1.5	69	101	1.5	0.18	3.4	5.3	3.6
	110	28	34.0	12.5	5300	6300	1.1	2212	2212 K	75.5	96.1	1.5	69	101	1.5	0.28	2.3	3.5	2.4
	110	28	46.5	16.2	5300	6300	1.109	2212 TN	2212 KTN	74.8	96.0	1.5	69	101	1.5	0.24	2.6	4.0	2.7
	130	31	57.2	20.8	4500	5600	1.96	1312	1312 K	87	115	2.1	72	118	2.1	0.23	2.8	4.3	2.9
	130	31	58.2	21.2	4500	5600	2.023	1312 TN	1312 KTN	87.1	111.5	2.1	72	118	2.1	0.23	2.8	4.3	2.9
	130	46	86.8	27.5	4300	5300	2.6	2312	2312 K	76.9	112	2.1	72	118	2.1	0.41	1.6	2.5	1.6
	130	46	87.5	28.2	4300	5300	2.912	2312 TN	2312 KTN	80.0	108.5	2.1	72	118	2.1	0.33	1.9	3.0	2.0
65	120	23	31.0	12.5	4800	6000	0.92	1213	1213 K	85.3	105	1.5	74	111	1.5	0.17	3.7	5.7	3.9
	120	23	35.0	13.8	4800	6000	1.155	1213 TN	1213 KTN	85.7	104.0	1.5	74	111	1.5	0.18	3.6	5.6	3.8
	120	31	43.5	16.2	4800	6000	1.5	2213	2213 K	81.9	105	1.5	74	111	1.5	0.28	2.3	3.5	2.4
	120	31	56.8	20.2	4800	6000	1.504	2213 TN	2213 KTN	80.9	104.5	1.5	74	111	1.5	0.24	2.6	4.0	2.7
	140	33	61.8	22.8	4300	5300	2.39	1313	1313 K	92.5	122	2.1	77	128	2.1	0.23	2.8	4.3	2.9
	140	33	62.8	22.8	4300	5300	2.528	1313 TN	1313 KTN	90.4	115.7	2.1	77	128	2.1	0.23	2.7	4.2	2.9
	140	48	96.0	32.5	3800	4800	3.2	2313	2313 K	85.5	122	2.1	77	128	2.1	0.38	1.6	2.6	1.7
	140	48	97.2	31.8	3800	4800	3.477	2313 TN	2313 KTN	87.6	118.4	2.1	77	128	2.1	0.32	2.0	3.1	2.1
70	125	24	34.5	13.5	4800	5600	1.29	1214	1214 K	87.4	109	1.5	79	116	1.5	0.18	3.5	5.4	3.7
	125	24	34.5	13.5	4800	5600	1.345	1214 M	1214 KM	88.7	106.9	1.5	79	116	1.5	0.18	3.5	5.4	3.7
	125	31	44.0	17.0	4500	5600	1.62	2214	2214 K	87.5	111	1.5	79	116	1.5	0.27	2.4	3.7	2.5

续表

基本尺寸/mm			基本额定载荷/kN		极限转速/r·min^{-1}		质量/kg	轴承代号		其他尺寸/mm			安装尺寸/mm			计算系数			
d	D	B	C_r	C_{0r}	脂	油	W ≈	圆柱孔 10000(TN、M)型	圆锥孔 10000 K(KTN、KM)型	d_2	D_2	r min	d_a max	D_a max	r_a max	e	Y_1	Y_2	Y_0
70	125	31	55.2	19.5	4500	5600	1.575	2214 TN	2214 KTN	88.1	109.3	1.5	79	116	1.5	0.23	2.7	4.2	2.9
	150	35	74.5	27.5	4000	5000	3.0	1314	1314 K	97.7	129	2.1	82	138	2.1	0.22	2.8	4.4	2.9
	150	35	75.0	28.5	4000	5000	3.267	1314 M	1314 KM	97.2	125.1	2.1	82	138	2.1	0.23	2.8	4.3	2.9
	150	51	110	37.5	3600	4500	3.9	2314	2314 K	91.6	130	2.1	82	138	2.1	0.38	1.7	2.6	1.8
	150	51	113	37.2	3600	4500	5.358	2314 M	2314 KM	91.7	126.1	2.1	82	138	2.1	0.37	1.7	2.6	1.8
75	130	25	38.8	15.2	4300	5300	1.35	1215	1215 K	93	116	1.5	84	121	1.5	0.17	3.6	5.6	3.8
	130	25	38.8	15.5	4300	5300	1.461	1215 M	1215 KM	93.9	113.3	1.5	84	121	1.5	0.17	3.7	5.7	3.8
	130	31	44.2	18.0	4300	5300	1.72	2215	2215 K	93.1	117	1.5	84	121	1.5	0.25	2.5	3.9	2.6
	130	31	56.5	20.8	4300	5300	1.619	2215 TN	2215 KTN	93.2	113.9	1.5	84	121	1.5	0.22	2.9	4.4	3.0
	160	37	79.0	29.8	3800	4500	3.6	1315	1315 K	104	138	2.1	87	148	2.1	0.22	2.8	4.4	3.0
	160	37	78.8	30.0	3800	4500	3.898	1315 M	1315 KM	106.0	135.0	2.1	87	148	2.1	0.22	2.8	4.4	3.0
	160	55	122	42.8	3400	4300	4.7	2315	2315 K	97.8	139	2.1	87	148	2.1	0.38	1.7	2.6	1.7
	160	55	126	42.2	3400	4300	6.535	2315 M	2315 KM	98.8	135.2	2.1	87	148	2.1	0.37	1.7	2.7	1.8
80	140	26	39.5	16.8	4000	5000	1.65	1216	1216 K	101	125	2	90	130	2	0.18	3.6	5.5	3.7
	140	26	39.5	16.2	4000	5000	1.792	1216 M	1216 KM	102	121.7	2	90	130	2	0.17	3.7	5.7	3.9
	140	33	48.8	20.2	4000	5000	2.19	2216	2216 K	98.8	124	2	90	130	2	0.25	2.5	3.9	2.6
	140	33	65.2	25.5	4000	5000	2.057	2216 TN	2216 KTN	98.9	124.5	2	90	130	2	0.22	2.9	4.4	3.0
	170	39	88.5	32.8	3600	4300	4.2	1316	1316 K	109	147	2.1	92	158	2.1	0.22	2.9	4.5	3.1
	170	39	86.5	32.8	3600	4300	4.648	1316 M	1316 KM	110.2	140.7	2.1	92	158	2.1	0.22	2.8	4.4	3.0
	170	58	128	45.5	3200	4000	5.7	2316	2316 K	104	148	2.1	92	158	2.1	0.39	1.6	2.5	1.7
	170	58	137	47.5	3200	4000	7.785	2316 M	2316 KM	105.4	144.4	2.1	92	158	2.1	0.37	1.7	2.6	1.8
85	150	28	48.8	20.5	3800	4500	2.1	1217	1217 K	107	134	2	95	140	2	0.17	3.7	5.7	3.9
	150	28	47.8	19.5	3800	4500	2.240	1217 M	1217 KM	107.1	129	2	95	140	2	0.17	3.6	5.6	3.8
	150	36	58.2	23.5	3800	4500	2.53	2217	2217 K	105	133	2	95	140	2	0.25	2.5	3.8	2.6
	150	36	66.3	26.2	3800	4500	2.611	2217 TN	2217 KTN	104.7	130.3	2	95	140	2	0.22	2.9	4.5	3.0
	180	41	97.8	37.8	3400	4000	5.0	1317	1317 K	117	158	3	99	166	2.5	0.22	2.9	4.5	3.0

续表

基本尺寸/mm			基本额定载荷/kN		极限转速/r·min^{-1}		质量/kg	轴承代号		其他尺寸/mm			安装尺寸/mm			计算系数			
d	D	B	C_r	C_{0r}	脂	油	W ≈	圆柱孔 10000(TN、M)型	圆锥孔 10000 K(KTN、KM)型	d_2	D_2	r min	d_a max	D_a max	r_a max	e	Y_1	Y_2	Y_0
85	180	41	97.8	38.5	3400	4000	5.475	1317 M	1317 KM	117.4	149.4	3	99	166	2.5	0.22	2.9	4.4	3.0
	180	60	140	51.0	3000	3800	6.70	2317	2317 K	111	157	3	99	166	2.5	0.38	1.7	2.6	1.7
	180	60	140	51.5	3000	3800	8.982	2317 M	2317 KM	114.6	153.6	3	99	166	2.5	0.36	1.8	2.7	1.8
90	160	30	56.5	23.2	3600	4300	2.5	1218	1218 K	112	142	2	100	150	2	0.17	3.8	5.7	4.0
	160	30	52.5	21.7	3600	4300	2.753	1218 M	1218 KM	113.9	137.2	2	100	150	2	0.18	3.6	5.5	3.7
	160	40	70.0	28.5	3600	4300	3.22	2218	2218 K	112	142	2	100	150	2	0.27	2.4	3.7	2.5
	160	40	70.2	28.5	3600	4300	4.073	2218 M	2218 KM	112.6	139	2	100	150	2	0.26	2.4	3.7	2.5
	190	43	115	44.5	3200	3800	6.0	1318	1318 K	122	165	3	104	176	2.5	0.22	2.8	4.4	2.9
	190	43	115.8	46.2	3200	3800	6.418	1318 M	1318 KM	126.7	162.4	3	104	176	2.5	0.23	2.7	4.2	2.9
	190	64	142	57.2	2800	3600	7.9	2318	2318 K	115	164	3	104	176	2.5	0.39	1.6	2.5	1.7
	190	64	152	57.8	2800	3600	10.722	2318 M	2318 KM	119.4	160.5	3	104	176	2.5	0.37	1.7	2.6	1.8
95	170	32	63.5	27.0	3400	4000	3.0	1219	1219 K	120	151	2.1	107	158	2.1	0.17	3.7	5.7	3.9
	170	32	63.8	26.8	3400	4000	3.314	1219 M	1219 KM	121.8	147.6	2.1	107	158	2.1	0.17	3.7	5.7	3.8
	170	43	82.8	33.8	3400	4000	4.2	2219	2219 K	118	151	2.1	107	158	2.1	0.26	2.4	3.7	2.5
	170	43	83.2	34.2	3400	4000	5.024	2219 M	2219 KM	119.1	147.9	2.1	107	158	2.1	0.27	2.3	3.6	2.5
	200	45	132	50.8	3000	3600	7.0	1319	1319 K	127	174	3	109	186	2.5	0.23	2.8	4.3	2.9
	200	45	132	52.4	3000	3600	7.5	1319 M	1319 KM	131.1	170.2	3	109	186	2.5	0.24	2.6	4.0	2.7
	200	67	162	64.2	2800	3400	9.2	2319	2319 K	—	—	3	109	186	2.5	0.38	1.7	2.6	1.8
	200	67	165	64.2	2800	3400	12.414	2319 M	2319 KM	125.1	168.6	3	109	186	2.5	0.37	1.7	2.7	1.8
100	180	34	68.5	29.2	3200	3800	3.7	1220	1220 K	127	159	2.1	112	168	2.1	0.18	3.5	5.4	3.7
	180	34	69.2	29.5	3200	3800	3.979	1220 M	1220 KM	128.5	155.4	2.1	112	168	2.1	0.17	3.7	5.7	3.8

续表

基本尺寸/mm			基本额定载荷/kN		极限转速/r·min^{-1}		质量/kg	轴承代号		其他尺寸/mm			安装尺寸/mm			计算系数			
d	D	B	C_r	C_{0r}	脂	油	W ≈	圆柱孔 10000(TN、M)型	圆锥孔 10000 K(KTN、KM)型	d_2	D_2	r min	d_a max	D_a max	r_a max	e	Y_1	Y_2	Y_0
100	180	46	97.2	40.5	3200	3800	5.0	2220	2220 K	125	160	2.1	112	168	2.1	0.27	2.3	3.6	2.5
	180	46	97.5	40.5	3200	3800	6.065	2220 M	2220 KM	125.7	156.8	2.1	112	168	2.1	0.27	2.4	3.7	2.5
	215	47	142	57.2	2800	3400	8.64	1320	1320 K	—	185	3	114	201	2.5	0.24	2.7	4.1	2.8
	215	47	145	59.5	2800	3400	9.240	1320 M	1320 KM	140.3	181	3	114	201	2.5	0.24	2.7	4.1	2.8
	215	73	192	78.5	2400	3200	12.4	2320	2320 K	—	—	3	114	201	2.5	0.37	1.7	2.6	1.8
	215	73	192	78.5	2400	3200	15.949	2320 M	2320 KM	134.5	182.5	3	114	201	2.5	0.37	1.7	2.6	1.8
105	190	36	74	32.2	3000	3600	4.4	1221	1221 K	134	167	2.1	117	178	2.1	0.18	3.5	5.5	3.7
	190	36	74.5	32.2	3000	3600	4.727	1221 M	1221 KM	135.6	163.7	2.1	117	178	2.1	0.17	3.7	5.7	3.9
	190	50	—	—	3000	3600	—	2221	2221 K	—	—	2.1	117	178	2.1	—	—	—	—
	190	50	110	46.5	3000	3600	7.391	2221 M	—	131.9	164.8	2.1	117	178	2.1	0.27	2.3	3.6	2.4
	225	49	152	64.5	2600	3200	9.55	1321	1321 K	—	—	3	119	211	2.5	0.24	2.6	4.1	2.7
	225	49	150	63.5	2600	3200	10.544	1321 M	—	148.5	190.8	3	119	211	2.5	0.24	2.7	4.3	2.8
	225	77	205	86.8	2400	3000	18.284	2321 M	2321 KM	140.8	190.9	3	119	211	2.5	0.36	1.7	2.7	1.8
110	200	38	87.2	37.5	2800	3400	5.2	1222	1222 K	140	176	2.1	122	188	2.1	0.17	3.6	5.6	3.8
	200	38	88.0	38.5	2800	3400	5.578	1222 M	1222 KM	142.5	173.2	2.1	122	188	2.1	0.17	3.6	5.6	3.8
	200	53	125	52.2	2800	3400	7.2	2222	2222 K	137	177	2.1	122	188	2.1	0.28	2.2	3.5	2.4
	200	53	125	52.2	2800	3400	8.759	2222 M	2222 KM	138.3	174.1	2.1	122	188	2.1	0.28	2.3	3.5	2.4
	240	50	162	72.8	2400	3000	11.8	1322	1322 K	154	206	3	124	226	2.5	0.23	2.8	4.3	2.9
	240	50	162	72.5	2400	3000	12.452	1322 M	1322 KM	157.8	201.9	3	124	226	2.5	0.23	2.8	4.3	2.9
	240	80	215	94.2	2200	2800	17.6	2322	2322 K	—	—	3	124	226	2.5	0.39	1.6	2.5	1.7
	240	80	215	94.2	2200	2800	21.967	2322 M	2322 KM	149.8	202.6	3	124	226	2.5	0.37	1.7	2.7	1.8

注：新标准 GB/T 281—2013 增加了 39 系列和 30 系列，扩大了 02 系列尺寸范围，增加了两面带密封圈的轴承结构及型号。本表数据符合《全国滚动轴承产品样本》第 2 版。

带紧定套的调心球轴承（摘自 GB/T 281）

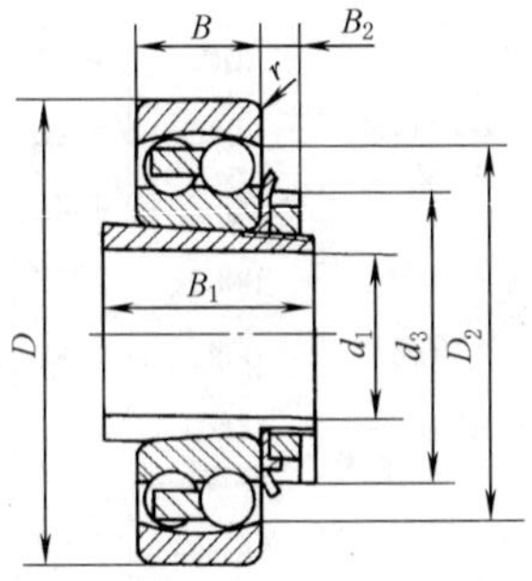

10000 K(KTN、KM)+H 0000型

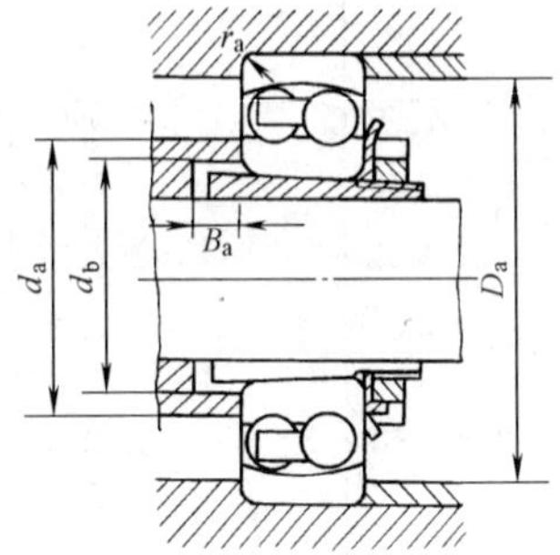

符号含义与应用

K、TN、M 含义同前；H0000 为带紧定套

这类轴承有自动调心性能，可用于光轴安装固定，紧定套还可调整轴承的径向游隙。其轴向载荷承载能力取决于紧定套与轴之间的摩擦。允许轴向载荷可用下式估算

$$F_{am}=0.003Bd$$

F_{am}——允许最大轴向载荷，kN；

B——轴承公称宽度，mm；

d——轴承公称内径，mm

表 8-2-79

基本尺寸 /mm			基本额定载荷/kN		极限转速 /r·min^{-1}		质量 /kg	轴承代号	其他尺寸 /mm					安装尺寸 /mm					计算系数			
d_1	D	B	C_r	C_{0r}	脂	油	W ≈	10000 K(KTN、KM)+ H 0000 型	d_3	D_2	B_1	B_2	r min	d_a max	d_b min	D_a max	B_a min	r_a max	e	Y_1	Y_2	Y_0
17	47	14	9.95	2.65	14000	17000	—	1204 K+H 204	32	39.1	24	7	1	28	23	41	5	1	0.27	2.3	3.6	2.4
	47	14	12.8	3.4	14000	17000	—	1204 KTN+H 204	32	39.5	24	7	1	29	23	41	5	1	0.3	2.1	3.2	2.2
	47	18	12.5	3.28	14000	17000	—	2204 K+H 304	32	40.4	28	7	1	28	23	41	5	1	0.48	1.3	2.0	1.4
	47	18	16.8	4.2	14000	17000	—	2204 KTN+H 304	32	39.3	28	7	1	27	23	41	5	1	0.40	1.6	2.4	1.7
	52	15	12.5	3.38	12000	15000	—	1304 K+H 304	32	43.6	28	7	1.1	31	23	45	8	1	0.29	2.2	3.4	2.3
	52	15	14.2	4.0	12000	15000	—	1304 KTN+H 304	32	43.4	28	7	1.1	32	23	45	8	1	0.28	2.2	3.4	2.3
	52	21	17.8	4.75	11000	14000	—	2304 K+H 2304	32	43.7	31	7	1.1	28	24	45	5	1	0.51	1.2	1.9	1.3
	52	21	18.2	4.7	11000	14000	—	2304 KTN+H 2304	32	40.9	31	7	1.1	29	24	45	5	1	0.44	1.4	2.2	1.5
20	52	15	12.0	3.30	12000	14000	0.21	1205 K+H 205	38	44.9	26	8	1	33	28	46	5	1	0.27	2.3	3.6	2.4
	52	15	14.2	4.0	12000	14000	0.218	1205 KTN+H 205	38	44.2	26	8	1	33	28	46	5	1	0.28	2.3	3.5	2.4
	52	18	12.5	3.40	12000	14000	0.35	2205 K+H 305	38	44.7	29	8	1	33	28	46	5	1	0.41	1.5	2.3	1.5
	52	18	16.8	4.40	12000	14000	0.329	2205 KTN+H 305	38	44.6	29	8	1	32	28	46	5	1	0.33	1.9	3.0	2.0
	62	17	17.8	5.05	10000	13000	0.51	1305 K+H 305	38	52.5	29	8	1.1	37	28	55	6	1	0.27	2.3	3.5	2.4

续表

基本尺寸/mm			基本额定载荷/kN		极限转速/r·min^{-1}		质量/kg	轴承代号	其他尺寸/mm					安装尺寸/mm					计算系数			
d_1	D	B	C_r	C_{0r}	脂	油	W ≈	10000 K(KTN、KM)+H 0000 型	d_3	D_2	B_1	B_2	r min	d_a max	d_b min	D_a max	B_a min	r_a max	e	Y_1	Y_2	Y_0
20	62	17	18.8	5.50	10000	13000	0.521	1305 KTN+H 305	38	50.3	29	8	1.1	37	28	55	6	1	0.28	2.2	3.5	2.3
	62	24	24.5	6.48	9500	12000	—	2305 K+H 2305	38	52.5	35	8	1.1	34	30	55	5	1	0.47	1.3	2.1	1.4
	62	24	24.5	6.50	9500	12000	—	2305 KTN+H 2305	38	50.0	35	8	1.1	36	30	55	5	1	0.41	1.5	2.3	1.6
25	62	16	15.8	4.70	10000	12000	0.33	1206 K+H 206	45	53.2	27	8	1	40	33	56	5	1	0.24	2.6	4.0	2.7
	62	16	15.5	4.70	10000	12000	0.328	1206 KTN+H 206	45	51.7	27	8	1	40	33	56	5	1	0.25	2.5	3.9	2.7
	62	20	15.2	4.60	10000	12000	0.37	2206 K+H 306	45	53	31	8	1	40	33	56	5	1	0.39	1.6	2.4	1.7
	62	20	23.8	6.60	10000	12000	0.384	2206 KTN+H 306	45	53.4	31	8	1	38	33	56	5	1	0.33	1.9	3.0	2.0
	72	19	21.5	6.28	8500	11000	0.51	1306 K+H 306	45	60.9	31	8	1.1	44	33	65	6	1	0.26	2.4	3.8	2.6
	72	19	21.2	6.30	8500	11000	0.504	1306 KTN+H 306	45	59.0	31	8	1.1	44	33	65	6	1	0.25	2.5	3.9	2.6
	72	27	31.5	8.68	8000	10000	0.63	2306 K+H 2306	45	60.9	38	8	1.1	41	35	65	5	1	0.44	1.4	2.2	1.5
	72	27	31.5	8.70	8000	10000	0.685	2306 KTN+H 2306	45	58.5	38	8	1.1	41	35	65	5	1	0.43	1.5	2.3	1.5
30	72	17	15.8	5.08	8500	10000	0.45	1207 K+H 207	52	60.7	29	9	1.1	47	38	65	5	1	0.23	2.7	4.2	2.9
	72	17	18.8	5.90	8500	10000	0.457	1207 KTN+H 207	52	60.2	29	9	1.1	47	38	65	5	1	0.23	2.7	4.2	2.9
	72	23	21.8	6.65	8500	10000	0.58	2207 K+H 307	52	62.2	35	9	1.1	46	39	65	5	1	0.38	1.7	2.6	1.8
	72	23	30.5	8.70	8500	10000	0.563	2207 KTN+H 307	52	61.9	35	9	1.1	45	39	65	5	1	0.31	2.0	3.1	2.1
	80	21	25	7.95	7500	9500	0.68	1307 K+H 307	52	69.5	35	9	1.5	51	39	71	7	1.5	0.25	2.6	4.0	2.7
	80	21	26.2	8.50	7500	9500	0.673	1307 KTN+H 307	52	67.1	35	9	1.5	51	39	71	7	1.5	0.25	2.5	3.9	2.6
	80	31	39.2	11	7100	9000	0.85	2307 K+H 2307	52	68.4	43	9	1.5	46	40	71	5	1.5	0.46	1.4	2.1	1.4
	80	31	39.5	11.2	7100	9000	0.931	2307 KTN+H 2307	52	66.0	43	9	1.5	47	40	71	5	1.5	0.39	1.6	2.5	1.7
35	80	18	19.2	6.40	7500	9000	0.58	1208 K+H 208	58	68.8	31	10	1.1	53	43	73	6	1	0.22	2.9	4.4	3.0
	80	18	20.0	6.90	7500	9000	0.599	1208 KTN+H 208	58	66.7	31	10	1.1	53	43	73	6	1	0.22	2.9	4.5	3.0
	80	23	22.5	7.38	7500	9000	0.72	2208 K+H 308	58	68.8	36	10	1.1	52	44	73	6	1	0.24	1.9	2.9	2.0
	80	23	31.8	10.2	7500	9000	0.711	2208 KTN+H 308	58	69.3	36	10	1.1	52	44	73	6	1	0.29	2.2	3.4	2.3
	90	23	29.5	9.5	6700	8500	0.9	1308 K+H 308	58	76.8	36	10	1.5	57	44	81	6	1.5	0.24	2.6	4.0	2.7
	90	23	33.7	11.0	6700	8500	0.917	1308 KTN+H 308	58	78.7	36	10	1.5	61	44	81	6	1.5	0.24	2.6	4.1	2.8
	90	33	44.8	13.2	6300	8000	1.15	2308 K+H 2308	58	76.8	46	10	1.5	53	45	81	6	1.5	0.43	1.5	2.3	1.5
	90	33	54.0	15.8	6300	8000	1.23	2308 KTN+H 2308	58	76.2	46	10	1.5	53	45	81	6	1.5	0.40	1.6	2.5	1.7

续表

基本尺寸/mm			基本额定载荷/kN		极限转速/r·min^{-1}		质量/kg	轴承代号	其他尺寸/mm					安装尺寸/mm					计算系数			
d_1	D	B	C_r	C_{0r}	脂	油	W ≈	10000 K(KTN、KM)+H 0000 型	d_3	D_2	B_1	B_2	r min	d_a max	d_b min	D_a max	B_a min	r_a max	e	Y_1	Y_2	Y_0
40	85	19	21.8	7.32	7100	8500	0.72	1209 K+H 209	65	73.7	33	11	1.1	57	48	78	6	1	0.21	2.9	4.6	3.1
	85	19	23.5	8.30	7100	8500	0.718	1209 KTN+H 209	65	71.7	33	11	1.1	59	48	78	6	1	0.22	2.9	4.5	3.0
	85	23	23.2	8.00	7100	8500	0.8	2209 K+H 309	65	74.1	39	11	1.1	57	50	78	8	1	0.31	2.1	3.2	2.2
	85	23	32.5	10.5	7100	8500	0.822	2209 KTN+H 309	65	72.4	39	11	1.1	55	50	78	8	1	0.26	2.4	3.8	2.5
	100	25	38.0	12.8	6000	7500	1.21	1309 K+H 309	65	85.7	39	11	1.5	63	50	91	6	1.5	0.25	2.5	3.9	2.6
	100	25	38.8	13.5	6000	7500	1.225	1309 KTN+H 309	65	87.0	39	11	1.5	67	50	91	6	1.5	0.23	2.7	4.2	2.8
	100	36	54.0	16.2	5600	7100	1.51	2309 K+H 2309	65	86	50	11	1.5	60	50	91	6	1.5	0.42	1.5	2.3	1.6
	100	36	63.8	19.2	5600	7100	1.625	2309 KTN+H 2309	65	85	50	11	1.5	60	50	91	6	1.5	0.37	1.7	2.6	1.8
45	90	20	22.8	8.08	6300	8000	0.81	1210 K+H 210	70	78.7	35	12	1.1	62	53	83	6	1	0.20	3.1	4.8	2.3
	90	20	26.5	9.50	6300	8000	0.816	1210 KTN+H 210	70	77.5	35	12	1.1	62	53	83	6	1	0.21	3.0	4.6	3.1
	90	23	23.2	8.45	6300	8000	0.98	2210 K+H 310	70	79.3	42	12	1.1	62	55	83	10	1	0.29	2.2	3.4	2.3
	90	23	33.5	11.2	6300	8000	0.859	2210 KTN+H 310	70	79.3	42	12	1.1	61	55	83	10	1	0.24	2.7	4.1	2.8
	110	27	43.2	14.2	5600	6700	1.51	1310 K+H 310	70	95	42	12	2	70	55	100	6	2	0.24	2.7	4.1	2.8
	110	27	43.8	15.2	5600	6700	1.602	1310 KTN+H 310	70	90.6	42	12	2	70	55	100	6	2	0.24	2.7	4.1	2.8
	110	40	64.5	19.8	5000	6300	2	2310 K+H 2310	70	94.4	55	12	2	65	56	100	6	2	0.43	1.5	2.3	1.6
	110	40	64.8	20.2	5000	6300	2.097	2310 KTN+H 2310	70	91.4	55	12	2	67	56	100	6	2	0.34	1.9	2.9	2.0
50	100	21	26.8	10	6000	7100	1.03	1211 K+H 211	75	88.4	37	12	1.5	70	60	91	7	1.5	0.2	3.2	5.0	3.4
	100	21	27.8	10.5	6000	7100	1.025	1211 KTN+H 211	75	86.4	37	12	1.5	70	60	91	7	1.5	0.19	3.3	5.1	3.4
	100	25	26.8	9.95	6000	7100	1.2	2211 K+H 311	75	87.8	45	12	1.5	69	60	91	11	1.5	0.28	2.3	3.5	2.4
	100	25	39.2	13.5	6000	7100	1.196	2211 KTN+H 311	75	87.4	45	12	1.5	67	60	91	11	1.5	0.23	2.7	4.2	2.8
	120	29	51.5	18.2	5000	6300	1.97	1311 K+H 311	75	104	45	12	2	77	60	110	7	2	0.23	2.7	4.2	2.8
	120	29	52.8	18.8	5000	6300	2.026	1311 KTN+H 311	75	101.5	45	12	2	78	60	110	7	2	0.23	2.7	4.2	2.8
	120	43	75.2	23.5	4800	6000	2.52	2311 K+H 2311	75	103	59	12	2	72	61	110	7	2	0.41	1.5	2.4	1.6
	120	43	75.2	24	4800	6000	2.761	2311 KTN+H 2311	75	99.7	59	12	2	73	61	110	7	2	0.33	1.9	3.0	2.0
55	110	22	30.2	11.5	5300	6300	1.25	1212 K+H 212	80	97.5	38	13	1.5	77	64	101	7	1.5	0.19	3.4	5.3	3.6
	110	22	31.2	12.2	5300	6300	1.265	1212 KTN+H 212	80	95.7	38	13	1.5	78	64	101	7	1.5	0.18	3.4	5.3	3.6

续表

基本尺寸 /mm			基本额定载荷/kN		极限转速 /r·min^{-1}		质量 /kg	轴承代号	其他尺寸 /mm					安装尺寸 /mm					计算系数			
d_1	D	B	C_r	C_{0r}	脂	油	W ≈	10000 K(KTN、KM)+ H 0000 型	d_3	D_2	B_1	B_2	r min	d_a max	d_b min	D_a max	B_a min	r_a max	e	Y_1	Y_2	Y_0
55	110	28	34.0	12.5	5300	6300	1.49	2212 K+H 312	80	96.1	47	13	1.5	75	65	101	10	1.5	0.28	2.3	3.5	2.4
	110	28	46.5	16.2	5300	6300	1.512	2212 KTN+H 312	80	96.0	47	13	1.5	74	65	101	10	1.5	0.24	2.6	4.0	2.7
	130	31	57.2	20.8	4500	5600	2.35	1312 K+H 312	80	115	47	13	2.1	87	65	118	7	2.1	0.23	2.8	4.3	2.9
	130	31	58.2	21.2	4500	5600	2.49	1312 KTN+H 312	80	111.5	47	13	2.1	87	65	118	7	2.1	0.23	2.8	4.3	2.9
	130	46	86.8	27.5	4300	5300	3.09	2312 K+H 2312	80	112	62	13	2.1	76	66	118	7	2.1	0.41	1.6	2.5	1.6
	130	46	87.5	28.2	4300	5300	3.402	2312 KTN+H 2312	80	108.5	62	13	2.1	80	66	118	7	2.1	0.33	1.9	3.0	2.0
60	120	23	31.0	12.5	4800	6000	1.32	1213 K+H 213	85	105	40	14	1.5	85	70	111	7	1.5	0.17	3.7	5.7	3.9
	120	23	35.0	13.8	4800	6000	1.552	1213 KTN+H 213	85	104	40	14	1.5	85	70	111	7	1.5	0.18	3.6	5.6	3.8
	120	31	43.5	16.2	4800	6000	1.96	2213 K+H 313	85	105	50	14	1.5	81	70	111	9	1.5	0.28	2.3	3.5	2.4
	120	31	56.8	20.2	4800	6000	1.964	2213 KTN+H 313	85	104.5	50	14	1.5	80	70	111	9	1.5	0.24	2.6	4.0	2.7
	140	33	61.8	22.2	4300	5300	2.85	1313 K+H 313	85	122	50	14	2.1	92	70	128	7	2.1	0.23	2.8	4.3	2.9
	140	33	62.8	22.8	4300	5300	2.993	1313 KTN+H 313	85	115.7	50	14	2.1	89	70	128	7	2.1	0.23	2.7	4.2	2.9
	140	48	96.0	32.5	3800	4800	3.75	2313 K+H 2313	85	122	65	14	2.1	85	72	128	7	2.1	0.38	1.6	2.6	1.7
	140	48	97.2	31.8	3800	4800	4.022	2313 KTN+H 2313	85	118.4	65	14	2.1	87	72	128	7	2.1	0.32	2.0	3.1	2.1
65	130	25	38.8	15.2	4300	5300	2.06	1215 K+H 215	98	116	43	15	1.5	93	80	121	7	1.5	0.17	3.6	5.6	3.8
	130	25	38.8	15.5	4300	5300	2.171	1215 KM+H 215	98	113.3	43	15	1.5	93	80	121	7	1.5	0.17	3.7	5.7	3.8
	130	31	44.2	18.0	4300	5300	2.55	2215 K+H 315	98	117	55	15	1.5	93	80	121	13	1.5	0.25	2.5	3.9	2.6
	130	31	56.5	20.8	4300	5300	2.457	2215 KTN+H 315	98	113.9	55	15	1.5	93	80	121	13	1.5	0.22	2.9	4.4	3.0
	160	37	79.0	29.8	3800	4500	4.43	1315 K+H 315	98	138	55	15	2.1	104	80	148	7	2.1	0.22	2.8	4.4	3.0
	160	37	78.8	30.0	3800	4500	4.741	1315 KM+H 315	98	135	55	15	2.1	106	80	148	7	2.1	0.22	2.8	4.4	3.0
	160	55	122	42.8	3400	4300	5.75	2315 K+H 2315	98	139	73	15	2.1	97	82	148	7	2.1	0.38	1.7	2.6	1.7
	160	55	126	42.2	3400	4300	7.585	2315 KM+H 2315	98	135.2	73	15	2.1	98	82	148	7	2.1	0.37	1.7	2.7	1.8
70	140	26	39.5	16.8	4000	5000	2.53	1216 K+H 216	105	125	46	17	2	101	85	130	7	2	0.18	3.6	5.5	3.7

续表

基本尺寸/mm			基本额定载荷/kN		极限转速/r·min^{-1}		质量/kg	轴承代号	其他尺寸/mm					安装尺寸/mm					计算系数			
d_1	D	B	C_r	C_{0r}	脂	油	W ≈	10000 K(KTN、KM)+H 0000 型	d_3	D_2	B_1	B_2	r min	d_a max	d_b min	D_a max	B_a min	r_a max	e	Y_1	Y_2	Y_0
70	140	26	39.5	16.2	4000	5000	2.672	1216 KM+H 216	105	121.7	46	17	2	102	85	130	7	2	0.17	3.7	3.7	3.9
	140	33	48.8	20.2	4000	5000	3.19	2216 K+H 316	105	124	59	17	2	98	85	130	13	2	0.25	2.5	3.9	2.6
	140	33	65.2	25.5	4000	5000	3.053	2216 KTN+H 316	105	124.5	59	17	2	98	85	130	13	2	0.22	2.9	4.4	3.0
	170	39	88.5	32.8	3600	4300	5.2	1316 K+H 316	105	147	59	17	2.1	109	85	158	7	2.1	0.22	2.9	4.5	3.1
	170	39	86.5	32.8	3600	4300	5.652	1316 KM+H 316	105	141.7	59	17	2.1	110	85	158	7	2.1	0.22	2.8	4.4	3.0
	170	58	128	45.5	3200	4000	7.0	2316 K+H 2316	105	148	78	17	2.1	104	88	158	7	2.1	0.39	1.6	2.5	1.7
	170	58	135	47.5	3200	4000	9.085	2316 KM+H 2316	105	144.4	78	17	2.1	105	88	158	7	2.1	0.37	1.7	2.6	1.8
75	150	28	48.8	20.5	3800	4500	3.1	1217 K+H 217	110	134	50	18	2	107	90	140	8	2	0.17	3.7	5.7	3.9
	150	28	47.8	19.5	3800	4500	3.24	1217 KM+H 217	110	129	50	18	2	107	90	140	8	2	0.17	3.6	5.6	3.8
	150	36	58.2	23.5	3800	4500	3.73	2217 K+H 317	110	133	63	18	2	105	91	140	13	2	0.25	2.5	3.8	2.6
	150	36	66.2	26.2	3800	4500	3.805	2217 KTN+H 317	110	130.3	63	18	2	104	91	140	13	2	0.22	2.9	4.5	3.0
	180	41	97.8	37.8	3400	4000	6.7	1317 K+H 317	110	158	63	18	3	117	91	166	8	2.1	0.22	2.9	4.5	3.0
	180	41	97.8	38.5	3400	4000	7.175	1317 KM+H 317	110	149.4	63	18	3	117	91	166	8	2.1	0.22	2.9	4.4	3.0
	180	60	140	51.5	3000	3800	8.15	2317 K+H 2317	110	157	82	18	3	111	94	166	8	2.5	0.38	1.7	2.6	1.7
	180	60	140	51.5	3000	3800	10.432	2317 KM+H 2317	110	153.6	82	18	3	114	94	166	8	2.5	0.36	1.8	2.7	1.8
80	160	30	56.5	23.2	3600	4300	3.7	1218 K+H 218	120	142	52	18	2	112	95	150	8	2	0.17	3.8	5.7	4.0
	160	30	52.5	21.8	3600	4300	3.953	1218 KM+H 218	120	137.2	52	18	2	113	95	150	8	2	0.18	3.6	5.5	3.7
	160	40	70.0	28.5	3600	4300	4.57	2218 K+H 318	120	142	65	18	2	112	96	150	11	2	0.27	2.4	3.7	2.5
	160	40	70.2	28.5	3600	4300	5.423	2218 KM+H 318	120	139	65	18	2	112	96	150	11	2	0.26	2.4	3.7	2.5
	190	43	115	44.5	3200	3800	7.35	1318 K+H 318	120	165	65	18	3	122	96	176	8	2.5	0.22	2.8	4.4	2.9
	190	43	115.8	46.2	3200	3800	7.768	1318 KM+H 318	120	162.4	65	18	3	126	96	176	8	2.5	0.23	2.7	4.2	2.9
	190	64	142	57.2	2800	3600	9.6	2318 K+H 2318	120	164	86	18	3	115	100	176	8	2.5	0.39	1.6	2.5	1.7
	190	64	152	57.8	2800	3600	12.422	2318 KM+H 2318	120	160.5	86	18	3	119	100	176	8	2.5	0.37	1.7	2.6	1.8

续表

基本尺寸/mm			基本额定载荷/kN		极限转速/r·min^{-1}		质量/kg	轴承代号	其他尺寸/mm					安装尺寸/mm					计算系数			
d_1	D	B	C_r	C_{0r}	脂	油	W ≈	10000 K(KTN、KM)+H 0000 型	d_3	D_2	B_1	B_2	r min	d_a max	d_b min	D_a max	B_a min	r_a max	e	Y_1	Y_2	Y_0
85	170	32	63.5	27.0	3400	4000	4.35	1219 K+H 219	125	151	55	19	2.1	120	100	158	8	2.1	0.17	3.7	5.7	3.9
	170	32	63.8	26.8	3400	4000	4.664	1219 KM+H 219	125	147.6	55	19	2.1	121	100	158	8	2.1	0.17	3.7	5.7	3.8
	170	43	82.8	33.8	3400	4000	5.75	2219 K+H 319	125	157	68	19	2.1	118	102	158	10	2.1	0.26	2.4	3.7	2.5
	170	43	83.2	34.2	3400	4000	6.574	2219 KM+H 319	125	147.9	68	19	2.1	119	102	158	10	2.1	0.27	2.3	3.6	2.5
	200	45	132	50.8	3000	3600	8.55	1319 K+H 319	125	174	68	19	3	126	102	186	8	2.5	0.23	2.8	4.3	2.9
	200	45	132	52.4	3000	3600	9.0	1319 KM+H 319	125	170.2	68	19	3	133	102	186	8	2.5	0.24	2.6	4.0	2.7
	200	67	162	64.2	2800	3400	—	2319 K+H 2319	125	—	90	19	3	—	105	186	8	2.5	0.38	1.7	2.6	1.8
	200	67	165	64.8	2800	3400	—	2319 KM+H 2319	125	168.6	90	19	3	125	105	186	8	2.5	0.37	1.7	2.7	1.8
90	180	34	68.5	29.2	3200	3800	5.2	1220 K+H 220	130	159	58	20	2.1	127	106	168	8	2.1	0.18	3.5	5.4	3.7
	180	34	69.2	29.5	3200	3800	5.479	1220 KM+H 220	130	155.4	58	20	2.1	128	106	168	8	2.1	0.17	3.7	5.7	3.7
	180	46	97.2	40.5	3200	3800	6.7	2220 K+H 320	130	160	71	20	2.1	125	108	168	9	2.1	0.27	2.3	3.6	2.5
	180	46	97.5	40.5	3200	3800	8.305	2220 KM+H 320	130	156.8	71	20	2.1	125	108	168	9	2.1	0.27	2.4	3.7	2.5
	215	47	142	57.2	2800	3400	10.34	1320 K+H 320	130	185	71	20	3	136	108	201	8	2.5	0.24	2.7	4.1	2.8
	215	47	145	59.5	2800	3400	10.94	1320 KM+H 320	130	181	71	20	3	140	108	201	8	2.5	0.24	2.7	4.1	2.8
	215	73	192	78.5	2400	3200	—	2320 K+H 2320	130	—	97	20	3	—	110	201	7	2.5	0.37	1.7	2.6	1.8
	215	73	192	78.5	2400	3200	—	2320 KM+H 2320	130	182.5	97	20	3	134	110	201	8	2.5	0.37	1.7	2.6	1.8
100	200	38	87.2	37.5	2800	3400	7.1	1222 K+H 222	145	176	63	21	2.1	140	116	188	8	2.1	0.17	3.6	5.6	3.8
	200	38	88.0	38.5	2800	3400	7.478	1222 KM+H 222	145	173.1	63	21	2.1	142	116	188	8	2.1	0.17	3.6	5.6	3.8
	200	53	125	52.2	2800	3400	9.4	2222 K+H 322	145	177	77	21	2.1	137	118	188	7	2.1	0.28	2.2	3.5	2.4
	200	53	125	52.2	2800	3400	10.959	2222 KM+H 322	145	174.1	77	21	2.1	138	118	188	7	2.1	0.28	2.3	3.5	2.4
	240	50	162	72.8	2400	3000	14	1322 K+H 322	145	206	77	21	3	154	118	226	10	2.5	0.23	2.8	4.3	2.9
	240	50	162	72.5	2400	3000	14.652	1322 KM+H 322	145	201.9	77	21	3	157	118	226	10	2.5	0.23	2.8	4.3	2.9

注：见表 8-2-78 注。

11.3 角接触球轴承

表 8-2-80　单列角接触球轴承当量载荷计算公式

接触角	型　号	计算项目	单个轴承或串联配置	面对面、背对背配置	
15°	7000C 型、7000C/DT 型	当量动载荷	当 $F_a/F_r \leqslant e$ 时, $P_r=F_r$ 当 $F_a/F_r>e$ 时, $P_r=0.44F_r+YF_a$	7000C/DB 型、7000C/DF 型	当 $F_a/F_r \leqslant e$ 时, $P_r=F_r+Y_1F_a$ 当 $F_a/F_r>e$ 时, $P_r=0.72F_r+Y_2F_a$
		当量静载荷	$P_{0r}=0.5F_r+0.46F_a$ 当 $P_{0r}<F_r$ 时, 取 $P_{0r}=F_r$		$P_{0r}=F_r+0.92F_a$
25°	7000AC 型、7000AC/DT 型	当量动载荷	当 $F_a/F_r \leqslant 0.68$ 时, $P_r=F_r$ 当 $F_a/F_r>0.68$ 时, $P_r=0.41F_r+0.87F_a$	7000AC/DB 型、7000AC/DF 型	当 $F_a/F_r \leqslant 0.68$ 时, $P_r=F_r+0.92F_a$ 当 $F_a/F_r>0.68$ 时, $P_r=0.67F_r+1.41F_a$
		当量静载荷	$P_{0r}=0.5F_r+0.38F_a$ 当 $P_{0r}<F_r$ 时, 取 $P_{0r}=F_r$		$P_{0r}=F_r+0.76F_a$
40°	7000B 型 7000B/DT 型	当量动载荷	当 $F_a/F_r \leqslant 1.14$ 时, $P_r=F_r$ 当 $F_a/F_r>1.14$ 时, $P_r=0.35F_r+0.57F_a$	7000B/DB 型、7000B/DF 型	当 $F_a/F_r \leqslant 1.14$ 时, $P_r=F_r+0.55F_a$ 当 $F_a/F_r>1.14$ 时, $P_r=0.57F_r+0.93F_a$
		当量静载荷	$P_{0r}=0.5F_r+0.26F_a$ 当 $P_{0r}<F_r$ 时, 取 $P_{0r}=F_r$		$P_{0r}=F_r+0.52F_a$

注：两套或两套以上单列角接触球轴承安装在一起作为一个支承整体时，其基本额定动载荷为 $i^{0.7}\times C_r$，基本额定静载荷为 $i\times C_{0r}$（i 为支承整体中单个轴承数，C_r、C_{0r} 为单个轴承数值）。此时的极限转速为单列轴承的 60%~80%。

表 8-2-81　当量动载荷计算有关系数

F_a/C_{0r}	e	Y	Y_1	Y_2	F_a/C_{0r}	e	Y	Y_1	Y_2	F_a/C_{0r}	e	Y	Y_1	Y_2
0.015	0.38	1.47	1.65	2.39	0.087	0.46	1.23	1.38	2.00	0.29	0.55	1.02	1.14	1.66
0.029	0.40	1.40	1.57	2.28	0.12	0.47	1.19	1.34	1.93	0.44	0.56	1.00	1.12	1.63
0.058	0.43	1.30	1.46	2.11	0.17	0.50	1.12	1.26	1.82	0.58	0.56	1.00	1.12	1.63

表 8-2-82　角接触球轴承轴向力和附加轴向力计算公式

F_a 与 S_{II} 方向一致

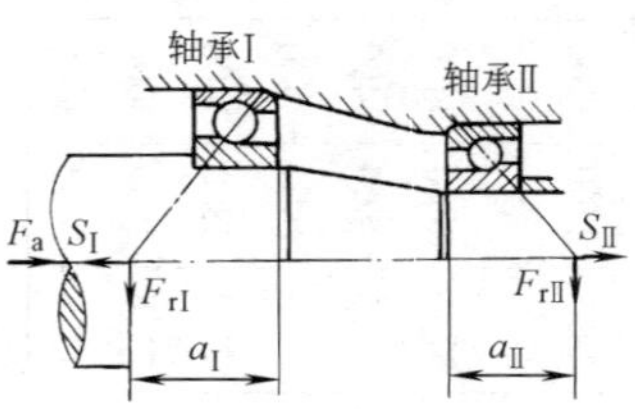

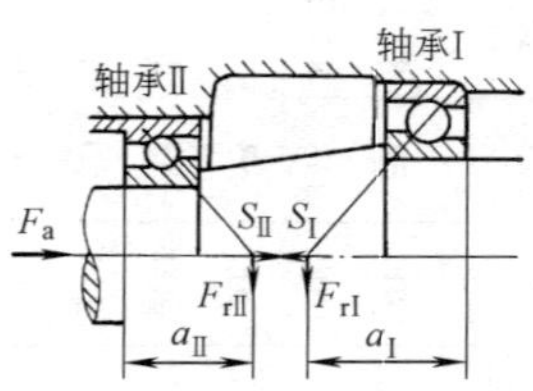

	F_a 的方向	条　件	轴承Ⅰ轴向力	轴承Ⅱ轴向力
成对安装轴承轴向力	F_a 与 S_{II} 方向一致	$S_{\text{I}} \leqslant S_{\text{II}}$　$F_a \geqslant 0$ $S_{\text{I}}>S_{\text{II}}$　$F_a \geqslant S_{\text{I}}-S_{\text{II}}$	$F_{a\text{I}}=S_{\text{II}}+F_a$	$F_{a\text{II}}=S_{\text{II}}$
		$S_{\text{I}}>S_{\text{II}}$　$F_a<S_{\text{I}}-S_{\text{II}}$	$F_{a\text{I}}=S_{\text{I}}$	$F_{a\text{II}}=S_{\text{I}}-F_a$
	F_a 与 S_{I} 方向一致	$S_{\text{I}} \geqslant S_{\text{II}}$　$F_a \geqslant 0$ $S_{\text{I}}<S_{\text{II}}$　$F_a \geqslant S_{\text{II}}-S_{\text{I}}$	$F_{a\text{I}}=S_{\text{I}}$	$F_{a\text{II}}=S_{\text{I}}+F_a$
		$S_{\text{I}}<S_{\text{II}}$　$F_a<S_{\text{II}}-S_{\text{I}}$	$F_{a\text{I}}=S_{\text{II}}-F_a$	$F_{a\text{II}}=S_{\text{II}}$

续表

F_a 与 $S_Ⅰ$ 方向一致 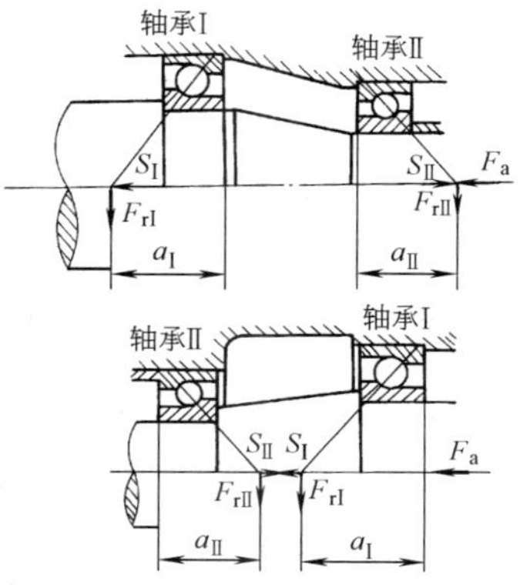	附加轴向力	附加轴向力 S 为由轴承径向力引起的轴向力，在计算成对使用的单列角接触球轴承的当量动载荷时，应考虑进去
		接触角 $\alpha=15°$　　$S=eF_r$，e 为判断系数（见表 8-2-81）
		接触角 $\alpha=25°$　　$S=0.68F_r$
		接触角 $\alpha=40°$　　$S=1.14F_r$

单列角接触球轴承（摘自 GB/T 292）

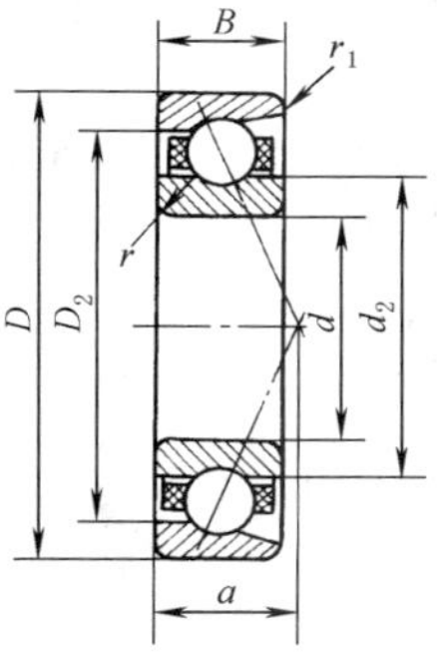

70000 C(AC)型

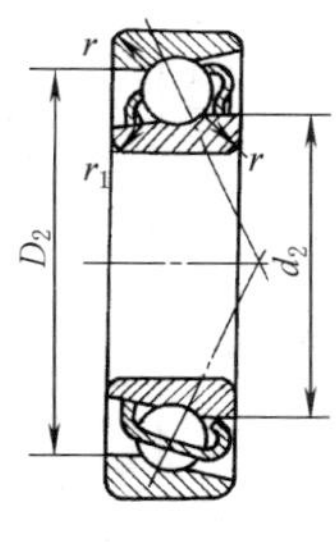

70000 B型

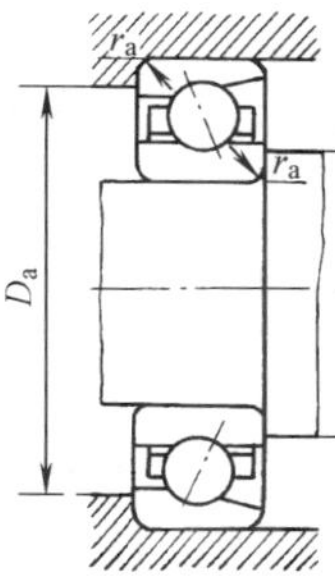

符号含义与应用

C—接触角 $\alpha=15°$的轴承

AC—接触角 $\alpha=25°$的轴承

B—接触角 $\alpha=40°$的轴承

单列角接触球轴承是不可分离型，内圈和外圈不能分开安装。可同时承受径向、单向轴向载荷，承受纯径向载荷时，必须成对安装。

表 8-2-83

基本尺寸 /mm			基本额定载荷/kN		极限转速 /r·min⁻¹		质量 /kg	轴承代号	其他尺寸 /mm					安装尺寸 /mm		
d	D	B	C_r	C_{0r}	脂	油	W ≈	70000 C (AC,B)型	d_2 ≈	D_2 ≈	a	r min	r_1 min	d_a min	D_a max	r_a max
10	26	8	4.92	2.25	19000	28000	0.018	7000 C	14.9	21.1	6.4	0.3	0.15	12.4	23.6	0.3
	26	8	4.75	2.12	19000	28000	0.018	7000 AC	14.9	21.1	8.2	0.3	0.15	12.4	23.6	0.3
	30	9	5.82	2.95	18000	26000	0.03	7200 C	17.4	23.6	7.2	0.6	0.15	15	25	0.6
	30	9	5.58	2.82	18000	26000	0.03	7200 AC	17.4	23.6	9.2	0.6	0.15	15	25	0.6
12	28	8	5.42	2.65	18000	26000	0.02	7001 C	17.4	23.6	6.7	0.3	0.15	14.4	25.6	0.3
	28	8	5.20	2.55	18000	26000	0.02	7001 AC	17.4	23.6	8.7	0.3	0.15	14.4	25.6	0.3
	32	10	7.35	3.52	17000	24000	0.035	7201 C	18.3	26.1	8	0.6	0.15	17	27	0.6
	32	10	7.10	3.35	17000	24000	0.035	7201 AC	18.3	26.1	10.2	0.6	0.15	17	27	0.6
15	32	9	6.25	3.42	17000	24000	0.028	7002 C	20.4	26.6	7.6	0.3	0.15	17.4	29.6	0.3
	32	9	5.95	3.25	17000	24000	0.028	7002 AC	20.4	26.6	10	0.3	0.15	17.4	29.6	0.3
	35	11	8.68	4.62	16000	22000	0.043	7202 C	21.6	29.4	8.9	0.6	0.15	20	30	0.6

续表

基本尺寸 /mm			基本额定载荷/kN		极限转速 /r·min^{-1}		质量 /kg	轴承代号	其他尺寸 /mm					安装尺寸 /mm		
d	D	B	C_r	C_{0r}	脂	油	W ≈	70000 C (AC,B)型	d_2 ≈	D_2 ≈	a	r min	r_1 min	d_a min	D_a max	r_a max
15	35	11	8.35	4.40	16000	22000	0.043	7202 AC	21.6	29.4	11.4	0.6	0.15	20	30	0.6
17	35	10	6.60	3.85	16000	22000	0.036	7003 C	22.9	29.1	8.5	0.3	0.15	19.4	32.6	0.3
	35	10	6.30	3.68	16000	22000	0.036	7003 AC	22.9	29.1	11.1	0.3	0.15	19.4	32.6	0.3
	40	12	10.8	5.95	15000	20000	0.062	7203 C	24.6	33.4	9.9	0.6	0.3	22	35	0.6
	40	12	10.5	5.65	15000	20000	0.062	7203 AC	24.6	33.4	12.8	0.6	0.3	22	35	0.6
20	42	12	10.5	6.08	14000	19000	0.064	7004 C	26.9	35.1	10.2	0.6	0.15	25	37	0.6
	42	12	10.0	5.78	14000	19000	0.064	7004 AC	26.9	35.1	13.2	0.6	0.15	25	37	0.6
	47	14	14.5	8.22	13000	18000	0.1	7204 C	29.3	39.7	11.5	1	0.3	26	41	1
	47	14	14.0	7.82	13000	18000	0.1	7204 AC	29.3	39.7	14.9	1	0.3	26	41	1
	47	14	14.0	7.85	13000	18000	0.11	7204 B	30.5	37	21.1	1	0.3	26	41	1
25	47	12	11.5	7.45	12000	17000	0.074	7005 C	31.9	40.1	10.8	0.6	0.15	30	42	0.6
	47	12	11.2	7.08	12000	17000	0.074	7005 AC	31.9	40.1	14.4	0.6	0.15	30	42	0.6
	52	15	16.5	10.5	11000	16000	0.12	7205 C	33.8	44.2	12.7	1	0.3	31	46	1
	52	15	15.8	9.88	11000	16000	0.12	7205 AC	33.8	44.2	16.4	1	0.3	31	46	1
	52	15	15.8	9.45	9500	14000	0.13	7205 B	35.4	42.1	23.7	1	0.3	31	46	1
	62	17	26.2	15.2	8500	12000	0.3	7305 B	39.2	48.4	26.8	1.1	0.6	32	55	1
30	55	13	15.2	10.2	9500	14000	0.11	7006 C	38.4	47.7	12.2	1	0.3	36	49	1
	55	13	14.5	9.85	9500	14000	0.11	7006 AC	38.4	47.7	16.4	1	0.3	36	49	1
	62	16	23.0	15.0	9000	13000	0.19	7206 C	40.8	52.2	14.2	1	0.3	36	56	1
	62	16	22.0	14.2	9000	13000	0.19	7206 AC	40.8	52.2	18.7	1	0.3	36	56	1
	62	16	20.5	13.8	8500	12000	0.21	7206 B	42.8	50.1	27.4	1	0.3	36	56	1
	72	19	31.0	19.2	7500	10000	0.37	7306 B	46.5	56.2	31.1	1.1	0.6	37	65	1
35	62	14	19.5	14.2	8500	12000	0.15	7007 C	43.3	53.7	13.5	1	0.3	41	56	1
	62	14	18.5	13.5	8500	12000	0.15	7007 AC	43.3	53.7	18.3	1	0.3	41	56	1
	72	17	30.5	20.0	8000	11000	0.28	7207 C	46.8	60.2	15.7	1.1	0.6	42	65	1
	72	17	29.0	19.2	8000	11000	0.28	7207 AC	46.8	60.2	21	1.1	0.6	42	65	1
	72	17	27.0	18.8	7500	10000	0.3	7207 B	49.5	58.1	30.9	1.1	0.6	42	65	1
	80	21	38.2	24.5	7000	9500	0.51	7307 B	52.4	63.4	34.6	1.5	0.6	44	71	1.5
40	68	15	20.0	15.2	8000	11000	0.18	7008 C	48.8	59.2	14.7	1	0.3	46	62	1
	68	15	19.0	14.5	8000	11000	0.18	7008 AC	48.8	59.2	20.1	1	0.3	46	62	1
	80	18	36.8	25.8	7500	10000	0.37	7208 C	52.8	67.2	17	1.1	0.6	47	73	1
	80	18	35.2	24.5	7500	10000	0.37	7208 AC	52.8	67.2	23	1.1	0.6	47	73	1
	80	18	32.5	23.5	6700	9000	0.39	7208 B	56.4	65.7	34.5	1.1	0.6	47	73	1
	90	23	46.2	30.5	6300	8500	0.67	7308 B	59.3	71.5	38.8	1.5	0.6	49	81	1.5
	110	27	67.0	47.5	6000	8000	1.4	7408 B	64.6	85.4	38.7	2	1	50	100	2
45	75	16	25.8	20.5	7500	10000	0.23	7009 C	54.2	65.9	16	1	0.3	51	69	1
	75	16	25.8	19.5	7500	10000	0.23	7009 AC	54.2	65.9	21.9	1	0.3	51	69	1
	85	19	38.5	28.5	6700	9000	0.41	7209 C	58.8	73.2	18.2	1.1	0.6	52	78	1
	85	19	36.8	27.2	6700	9000	0.41	7209 AC	58.8	73.2	24.7	1.1	0.6	52	78	1
	85	19	36.0	26.2	6300	8500	0.44	7209 B	60.5	70.2	36.8	1.1	0.6	52	78	1
	100	25	59.5	39.8	6000	8000	0.9	7309 B	66	80	42.0	1.5	0.6	54	91	1.5

续表

基本尺寸 /mm			基本额定载荷/kN		极限转速 /r·min^{-1}		质量 /kg	轴承代号	其他尺寸 /mm					安装尺寸 /mm		
d	D	B	C_r	C_{0r}	脂	油	W ≈	70000 C (AC,B)型	d_2 ≈	D_2 ≈	a	r min	r_1 min	d_a min	D_a max	r_a max
50	80	16	26.5	22.0	6700	9000	0.25	7010 C	59.2	70.9	16.7	1	0.3	56	74	1
	80	16	25.2	21.0	6700	9000	0.25	7010 AC	59.2	70.9	23.2	1	0.3	56	74	1
	90	20	42.8	32.0	6300	8500	0.46	7210 C	62.4	77.7	19.4	1.1	0.6	57	83	1
	90	20	40.8	30.5	6300	8500	0.46	7210 AC	62.4	77.7	26.3	1.1	0.6	57	83	1
	90	20	37.5	29.0	5600	7500	0.49	7210 B	65.5	75.2	39.4	1.1	0.6	57	83	1
	110	27	68.2	48.0	5000	6700	1.15	7310 B	74.2	88.8	47.5	2	1	60	100	2
	130	31	95.2	64.2	5000	6700	2.08	7410 B	77.6	102.4	46.2	2.1	1.1	62	118	2.1
55	90	18	37.2	30.5	6000	8000	0.38	7011 C	65.4	79.7	18.7	1.1	0.6	62	83	1
	90	18	35.2	29.2	6000	8000	0.38	7011 AC	65.4	79.7	25.9	1.1	0.6	62	83	1
	100	21	52.8	40.5	5600	7500	0.61	7211 C	68.9	86.1	20.9	1.5	0.6	64	91	1.5
	100	21	50.5	38.5	5600	7500	0.61	7211 AC	68.9	86.1	28.6	1.5	0.6	64	91	1.5
	100	21	46.2	36.0	5300	7000	0.65	7211 B	72.4	83.4	43	1.5	0.6	64	91	1.5
	120	29	78.8	56.5	4500	6000	1.45	7311 B	80.5	96.3	51.4	2	1	65	110	2
60	95	18	38.2	32.8	5600	7500	0.4	7012 C	71.4	85.7	19.4	1.1	0.6	67	88	1
	95	18	36.2	31.5	5600	7500	0.4	7012 AC	71.4	85.7	27.1	1.1	0.6	67	88	1
	110	22	61.0	48.5	5300	7000	0.8	7212 C	76	94.1	22.4	1.5	0.6	69	101	1.5
	110	22	58.2	46.2	5300	7000	0.8	7212 AC	76	94.1	30.8	1.5	0.6	69	101	1.5
	110	22	56.0	44.5	4800	6300	0.84	7212 B	79.3	91.5	46.7	1.5	0.6	69	101	1.5
	130	31	90.0	66.3	4300	5600	1.85	7312 B	87.1	104.2	55.4	2.1	1.1	72	118	2.1
	150	35	118	85.5	4300	5600	3.56	7412 B	91.4	118.6	55.7	2.1	1.1	72	138	2.1
65	100	18	40.0	35.5	5300	7000	0.43	7013 C	75.3	89.8	20.1	1.1	0.6	72	93	1
	100	18	38.0	33.8	5300	7000	0.43	7013 AC	75.3	89.8	28.2	1.1	0.6	72	93	1
	120	23	69.8	55.2	4800	6300	1	7213 C	82.5	102.5	24.2	1.5	0.6	74	111	1.5
	120	23	66.5	52.5	4800	6300	1	7213 AC	82.5	102.5	33.5	1.5	0.6	74	111	1.5
	120	23	62.5	53.2	4300	5600	1.05	7213 B	88.4	101.2	51.1	1.5	0.6	74	111	1.5
	140	33	102	77.8	4000	5300	2.25	7313 B	93.9	112.4	59.5	2.1	1.1	77	128	2.1
70	110	20	48.2	43.5	5000	6700	0.6	7014 C	82	98	22.1	1.1	0.6	77	103	1
	110	20	45.8	41.5	5000	6700	0.6	7014 AC	82	98	30.9	1.1	0.6	77	103	1
	125	24	70.2	60.0	4500	6700	1.1	7214 C	89	109	25.3	1.5	0.6	79	116	1.5
	125	24	69.2	57.5	4500	6700	1.1	7214 AC	89	109	35.1	1.5	0.6	79	116	1.5
	125	24	70.2	57.2	4300	5600	1.15	7214 B	91.1	104.9	52.9	1.5	0.6	79	116	1.5
	150	35	115	87.2	3600	4800	2.75	7314 B	100.9	120.5	63.7	2.1	1.1	82	138	2.1
75	115	20	49.5	46.5	4800	6300	0.63	7015 C	88	104	22.7	1.1	0.6	82	108	1
	115	20	46.8	44.2	4800	6300	0.63	7015 AC	88	104	32.2	1.1	0.6	82	108	1
	130	25	79.2	65.8	4300	5600	1.2	7215 C	94	115	26.4	1.5	0.6	84	121	1.5
	130	25	75.2	63.0	4300	5600	1.2	7215 AC	94	115	36.6	1.5	0.6	84	121	1.5
	130	25	72.8	62.0	4000	5300	1.3	7215 B	96.1	109.9	55.5	1.5	0.6	84	121	1.5
	160	37	125	98.5	3400	4500	3.3	7315 B	107.9	128.6	68.4	2.1	1.1	87	148	2.1
80	125	22	58.5	55.8	4500	6000	0.85	7016 C	95.2	112.8	24.7	1.1	0.6	87	118	1
	125	22	55.5	53.2	4500	6000	0.85	7016 AC	95.2	112.8	34.9	1.1	0.6	87	118	1
	140	26	89.5	78.2	4000	5300	1.45	7216 C	100	122	27.7	2	1	90	130	2

续表

基本尺寸 /mm			基本额定载荷/kN		极限转速 /r·min^{-1}		质量 /kg	轴承代号	其他尺寸 /mm					安装尺寸 /mm		
d	D	B	C_r	C_{0r}	脂	油	W ≈	70000 C (AC,B)型	d_2 ≈	D_2 ≈	a	r min	r_1 min	d_a min	D_a max	r_a max
80	140	26	85. 0	74. 5	4000	5300	1. 45	7216 AC	100	122	38. 9	2	1	90	130	2
	140	26	80. 2	69. 5	3600	4800	1. 55	7216 B	103. 2	117. 8	59. 2	2	1	90	130	2
	170	39	135	110	3600	4800	3. 9	7316 B	114. 8	136. 8	71. 9	2. 1	1. 1	92	158	2. 1
85	130	22	62. 5	60. 2	4300	5600	0. 89	7017 C	99. 4	117. 6	25. 4	1. 1	0. 6	92	123	1
	130	22	59. 2	57. 2	4300	5600	0. 89	7017 AC	99. 4	117. 6	36. 1	1. 1	0. 6	92	123	1
	150	28	99. 8	85. 0	3800	5000	1. 8	7217 C	107. 1	131	29. 9	2	1	95	140	2
	150	28	94. 8	81. 5	3800	5000	1. 8	7217 AC	107. 1	131	41. 6	2	1	95	140	2
	150	28	93. 0	81. 5	3400	4500	1. 95	7217 B	110. 1	126	63. 6	2	1	95	140	2
	180	41	148	122	3000	4000	4. 6	7317 B	121. 2	145. 6	76. 1	3	1. 1	99	166	2. 5
90	140	24	71. 5	69. 8	4000	5300	1. 15	7018 C	107. 2	126. 8	27. 4	1. 5	0. 6	99	131	1. 5
	140	24	67. 5	66. 5	4000	5300	1. 15	7018 AC	107. 2	126. 8	38. 8	1. 5	0. 6	99	131	1. 5
	160	30	122	105	3600	4800	2. 25	7218 C	111. 7	138. 4	31. 7	2	1	100	150	2
	160	30	118	100	3600	4800	2. 25	7218 AC	111. 7	138. 4	44. 2	2	1	100	150	2
	160	30	105	94. 5	3200	4300	2. 4	7218 B	118. 1	135. 2	67. 9	2	1	100	150	2
	190	43	158	138	2800	3800	5. 4	7318 B	128. 6	153. 2	80. 2	3	1. 1	104	176	2. 5
95	145	24	73. 5	73. 2	3800	5000	1. 2	7019 C	110. 2	129. 8	28. 1	1. 5	0. 6	104	136	1. 5
	145	24	69. 5	69. 8	3800	5000	1. 2	7019 AC	110. 2	129. 8	40	1. 5	0. 6	104	136	1. 5
	170	32	135	115	3400	4500	2. 7	7219 C	118. 1	147	33. 8	2. 1	1. 1	107	158	2. 1
	170	32	128	108	3400	4500	2. 7	7219 AC	118. 1	147	46. 9	2. 1	1. 1	107	158	2. 1
	170	32	120	108	3000	4000	2. 9	7219 B	126. 1	144. 4	72. 5	2. 1	1. 1	107	158	2. 1
	200	45	172	155	2800	3800	6. 25	7319 B	135. 4	161. 5	84. 4	3	1. 1	109	186	2. 5
100	150	24	79. 2	78. 5	3800	5000	1. 25	7020 C	114. 6	135. 4	28. 7	1. 5	0. 6	109	141	1. 5
	150	24	75	74. 8	3800	5000	1. 25	7020 AC	114. 6	135. 4	41. 2	1. 5	0. 6	109	141	1. 5
	180	34	148	128	3200	4300	3. 25	7220 C	124. 8	155. 3	35. 8	2. 1	1. 1	112	168	2. 1
	180	34	142	122	3200	4300	3. 25	7220 AC	124. 8	155. 3	49. 7	2. 1	1. 1	112	168	2. 1
	180	34	130	115	2600	3600	3. 45	7220 B	130. 9	150. 5	75. 7	2. 1	1. 1	112	168	2. 1
	215	47	188	180	2400	3400	7. 75	7320 B	144. 5	172. 5	89. 6	3	1. 1	114	201	2. 5
105	160	26	88. 5	88. 8	3600	4800	1. 6	7021 C	121. 5	143. 6	30. 8	2	1	115	150	2
	160	26	83. 8	84. 2	3600	4800	1. 6	7021 AC	121. 5	143. 6	43. 9	2	1	115	150	2
	190	36	162	145	3000	4000	3. 85	7221 C	131. 3	163. 8	37. 8	2. 1	1. 1	117	178	2. 1
	190	36	155	138	3000	4000	3. 85	7221 AC	131. 3	163. 8	52. 4	2. 1	1. 1	117	178	2. 1
	190	36	142	130	2600	3600	4. 1	7221 B	137. 5	159	79. 9	2. 1	1. 1	117	178	2. 1

续表

基本尺寸/mm			基本额定载荷/kN		极限转速/r·min^{-1}		质量/kg	轴承代号	其他尺寸/mm					安装尺寸/mm		
d	D	B	C_r	C_{0r}	脂	油	W ≈	70000 C (AC,B)型	d_2 ≈	D_2 ≈	a	r min	r_1 min	d_a min	D_a max	r_a max
105	225	49	202	195	2200	3200	8.8	7321 B	151.4	180.7	93.7	3	1.1	119	211	2.5
110	170	28	100	102	3600	4800	1.95	7022 C	129.1	152.9	32.8	2	1	120	160	2
	170	28	95.5	97.2	3600	4800	1.95	7022 AC	129.1	152.9	46.7	2	1	120	160	2
	200	38	175	162	2800	3800	4.55	7222 C	138.9	173.2	39.8	2.1	1.1	122	188	2.1
	200	38	168	155	2800	3800	4.55	7222 AC	138.9	173.2	55.2	1.1	2.1	122	188	2.1
	200	38	155	145	2400	3400	4.8	7222 B	144.8	166.8	84	2.1	1.1	122	188	2.1
	240	50	225	225	2000	3000	10.5	7322 B	160.3	192	98.4	3	1.1	124	226	2.5
120	180	28	108	110	2800	3800	2.1	7024 C	137.7	162.4	34.1	2	1	130	170	2
	180	28	102	105	2800	3800	2.1	7024 AC	137.7	162.4	48.9	2	1	130	170	2
	215	40	188	180	2400	3400	5.4	7224 C	149.4	185.7	42.4	2.1	1.1	132	203	2.1
	215	40	180	172	2400	3400	5.4	7224 AC	149.4	185.7	59.1	2.1	1.1	132	203	2.1
130	200	33	128	135	2600	3600	3.2	7026 C	151.4	178.7	38.6	2	1	140	190	2
	200	33	122	128	2600	3200	3.2	7026 AC	151.4	178.7	54.9	2	1	140	190	2
	230	40	205	210	2200	3200	6.25	7226 C	162.9	199.3	44.3	3	1.1	144	216	2.5
	230	40	195	200	2200	3200	6.25	7226 AC	162.9	199.3	62.2	3	1.1	144	216	2.5
140	210	33	140	145	2400	3400	3.62	7028 C	162	188	40	2	1	150	200	2
	210	33	140	150	2200	3200	3.62	7028 AC	162	188	59.2	2	1	150	200	2
	250	42	230	245	1900	2800	9.36	7228 C	—	—	41.7	3	1.1	154	236	2.5
	250	42	230	235	1900	2800	9.24	7228 AC	—	—	68.6	3	1.1	154	236	2.5
	300	62	288	315	1700	2400	22.44	7328 B	—	—	111	4	1.5	158	282	3
150	225	35	160	155	2200	3200	4.83	7030 C	174	201	43	2.1	1.1	162	213	2.1
	225	35	152	168	2000	3000	4.83	7030 AC	174	201	63.2	2.1	1.1	162	213	2.1
160	290	48	262	298	1700	2400	14.5	7232 C	—	—	47.9	3	1.1	174	276	2.5
	290	48	248	278	1700	2400	14.5	7232 AC	—	—	78.9	3	1.1	174	276	2.5
170	260	42	192	222	1800	2600	8.25	7034 AC	—	—	73.4	2.1	1.1	182	248	2.1
	310	52	322	390	1600	2200	19.2	7234 C	—	—	51.5	4	1.5	188	292	3
	310	52	305	368	1600	2200	17.2	7234 AC	—	—	84.5	4	1.5	188	292	3
180	320	52	335	415	1500	2000	18.1	7236 C	—	—	52.6	4	1.5	198	302	3
	320	52	315	388	1500	2000	18.1	7236 AC	—	—	87	4	1.5	198	302	3
190	290	46	215	262	1600	2200	10.7	7038 AC	—	—	81.5	2.1	1.1	202	278	2.1
200	310	51	252	325	1500	2000	14.04	7040 AC	—	—	87.7	2.1	1.1	212	298	2.1
	360	58	360	475	1300	1800	25.2	7240 C	—	—	58.8	4	1.5	218	342	3
	360	58	345	448	1300	1800	25.2	7240 AC	—	—	97.3	4	1.5	218	342	3
220	400	65	358	482	1100	1600	38.5	7244 AC	—	—	108.1	4	1.5	238	382	3

注：对照《全国滚动轴承产品样本》第 2 版本表数据没有变化。但 GB/T 292 有新尺寸标准即 GB/T 292—2007。新标准就图例而言增加了内、外圈都有锁口的图例，删去了分离型和成对双联型图例。即仅内、外圈都有锁口、外圈有锁口和内圈有锁口三个图例。本表尺寸符合新标准，其他尺寸见新标准。

成对安装角接触球轴承（摘自 GB/T 292）

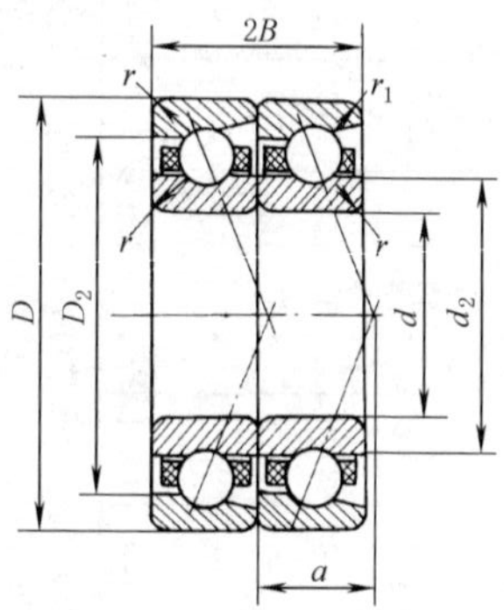

70000 C(AC、B)/ DT型

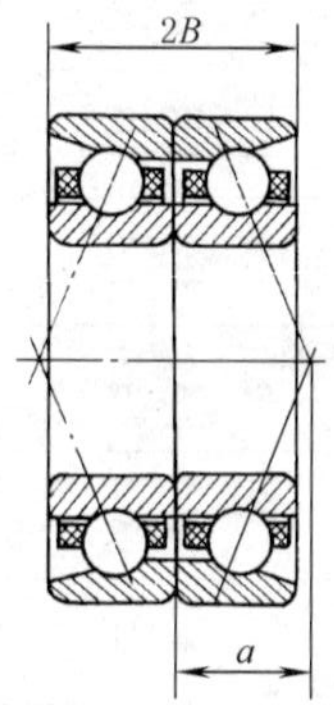

70000 C(AC、B)/ DB型

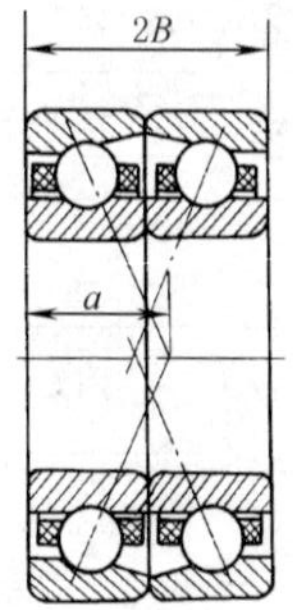

70000 C(AC、B)/ DF型

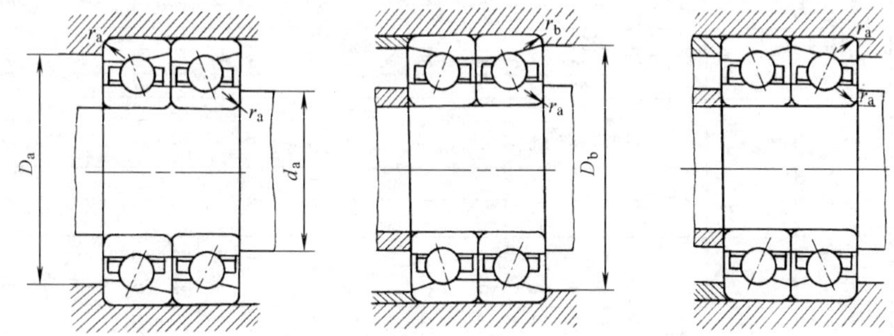

符号含义与应用

DT—成对串联安装

DB—成对背对背安装

DF—成对面对面安装

能承受以径向载荷为主的径向、轴向联合载荷，也可承受纯径向载荷。串联配置只能承受单一方向的轴向载荷，其他两种配置可承受任一方向的轴向载荷。生产厂按一定的预紧载荷要求，选配组合成对提供用户，用户安装紧固后，套圈和钢球处于预紧状态，提高了组合轴承的刚性。DB 的刚性和承受倾覆力矩性能好，DF 的刚性和承受倾覆力矩性能不如 DB。

表 8-2-84

基本尺寸 /mm			基本额定载荷/kN		极限转速 /r·min^{-1}		质量 /kg	轴承代号			其他尺寸 /mm					安装尺寸 /mm				
d	D	$2B$	C_r	C_{0r}	脂	油	W ≈	串联 70000 C(AC、B)/DT 型	背对背 70000 C(AC、B)/DB 型	面对面 70000 C(AC、B)/DF 型	d_2 ≈	D_2 ≈	a	r min	r_1 min	d_a min	D_a max	D_b max	r_a max	r_b max
10	26	16	7.98	4.50	14000	20000	0.036	7000 C/DT	7000 C/DB	7000 C/DF	14.9	21.1	6.4	0.3	0.15	12.4	23.6	24.8	0.3	0.15
	26	16	7.68	4.25	14000	20000	0.036	7000 AC/DT	7000 AC/DB	7000 AC/DF	14.9	21.1	8.2	0.3	0.15	12.4	23.6	24.8	0.3	0.15
	30	18	9.42	5.90	13000	18000	0.06	7200 C/DT	7200 C/DB	7200 C/DF	17.4	23.6	7.2	0.6	0.15	15	25	28.8	0.6	0.15
	30	18	9.02	5.65	13000	18000	0.06	7200 AC/DT	7200 AC/DB	7200 AC/DF	17.4	23.6	9.2	0.6	0.15	15	25	28.8	0.6	0.15
12	28	16	8.78	5.30	13000	18000	0.04	7001 C/DT	7001 C/DB	7001 C/DF	17.4	23.6	6.7	0.3	0.15	14.4	25.6	26.8	0.3	0.15
	28	16	8.42	5.20	13000	18000	0.04	7001 AC/DT	7001 AC/DB	7001 AC/DF	17.4	23.6	8.7	0.3	0.15	14.4	25.6	26.8	0.3	0.15
	32	20	11.8	7.05	12000	17000	0.07	7201 C/DT	7201 C/DB	7201 C/DF	18.3	26.1	8	0.6	0.15	17	27	30.8	0.6	0.15
	32	20	11.5	6.70	12000	17000	0.07	7201 AC/DT	7201 AC/DB	7201 AC/DF	18.3	26.1	10.2	0.6	0.15	17	27	30.8	0.6	0.15
15	32	18	10.0	6.85	12000	17000	0.056	7002 C/DT	7002 C/DB	7002 C/DF	20.4	26.6	7.6	0.3	0.15	17.4	29.6	30.8	0.3	0.15
	32	18	9.65	6.50	12000	17000	0.056	7002 AC/DT	7002 AC/DB	7002 AC/DF	20.4	26.6	10	0.3	0.15	17.4	29.6	30.8	0.3	0.15
	35	22	14.0	9.25	11000	15000	0.086	7202 C/DT	7202 C/DB	7202 C/DF	21.6	29.4	8.9	0.6	0.15	20	30	33.8	0.6	0.15
	35	22	13.5	8.80	11000	15000	0.086	7202 AC/DT	7202 AC/DB	7202 AC/DF	21.6	29.4	11.4	0.6	0.15	20	30	33.8	0.6	0.15

续表

基本尺寸/mm			基本额定载荷/kN		极限转速/r·min⁻¹		质量/kg	轴承代号			其他尺寸/mm					安装尺寸/mm				
d	D	$2B$	C_r	C_{0r}	脂	油	W ≈	串联 70000 C(AC、B)/DT 型	背对背 70000 C(AC、B)/DB 型	面对面 70000 C(AC、B)/DF 型	d_2 ≈	D_2 ≈	a	r min	r_1 min	d_a min	D_a max	D_b max	r_a max	r_b max
17	35	20	10.8	7.70	11000	15000	0.072	7003 C/DT	7003 C/DB	7003 C/DF	22.9	29.1	8.5	0.3	0.15	19.4	32.6	33.8	0.3	0.15
	35	20	10.2	7.35	11000	15000	0.072	7003 AC/DT	7003 AC/DB	7003 AC/DF	22.9	29.1	11.1	0.3	0.15	19.4	32.6	33.8	0.3	0.15
	40	24	17.5	11.8	10000	14000	0.124	7203 C/DT	7203 C/DB	7203 C/DF	24.8	33.4	9.9	0.6	0.3	22	35	37.6	0.6	0.3
	40	24	17.0	11.5	10000	14000	0.124	7203 AC/DT	7203 AC/DB	7203 AC/DF	24.8	33.4	12.9	0.6	0.3	22	35	37.6	0.6	0.3
20	42	24	17.0	12.2	9500	13000	0.128	7004 C/DT	7004 C/DB	7004 C/DF	26.9	35.1	10.2	0.6	0.15	25	37	40.8	0.6	0.15
	42	24	16.2	11.5	9500	13000	0.128	7004 AC/DT	7004 AC/DB	7004 AC/DF	26.9	35.1	13.2	0.6	0.15	25	37	40.8	0.6	0.15
	47	28	23.8	16.5	9500	13000	0.2	7204 C/DT	7204 C/DB	7204 C/DF	29.3	39.7	11.5	1	0.3	26	41	44.6	1	0.3
	47	28	22.8	15.5	9500	13000	0.2	7204 AC/DT	7204 AC/DB	7204 AC/DF	29.3	39.7	14.9	1	0.3	26	41	44.6	1	0.3
	47	28	22.8	15.8	9500	13000	0.22	7204 B/DT	7204 B/DB	7204 B/DF	30.5	37	21.1	1	0.3	26	41	44.6	1	0.3
25	47	24	18.8	14.8	9500	14000	0.148	7005 C/DT	7005 C/DB	7005 C/DF	31.9	40.1	10.8	0.6	0.15	30	42	45.8	0.6	0.15
	47	24	18.0	14.2	9500	14000	0.148	7005 AC/DT	7005 AC/DB	7005 AC/DF	31.9	40.1	14.4	0.6	0.15	30	42	45.8	0.6	0.15
	52	30	26.8	21.0	8000	11000	0.24	7205 C/DT	7205 C/DB	7205 C/DF	33.8	44.2	12.7	1	0.3	31	46	49.6	1	0.3
	52	30	25.5	19.8	8000	11000	0.24	7205 AC/DT	7205 AC/DB	7205 AC/DF	33.8	44.2	16.4	1	0.3	31	46	49.6	1	0.3
	52	30	25.5	18.8	8000	11000	0.26	7205 B/DT	7205 B/DB	7205 B/DF	35.4	42.1	23.7	1	0.3	31	46	49.6	1	0.3
	62	34	42.5	30.5	6700	10000	—	7305 B/DT	7305 B/DB	7305 B/DF	39.2	48.4	26.8	1.1	0.6	32	55	57	1	0.6
30	55	26	24.5	20.5	6700	10000	0.22	7006 C/DT	7006 C/DB	7006 C/DF	38.4	47.7	12.2	1	0.3	36	49	52.6	1	0.3
	55	26	23.0	19.8	6700	10000	0.22	7006 AC/DT	7006 AC/DB	7006 AC/DF	38.4	47.7	16.4	1	0.3	36	49	52.6	1	0.3
	62	32	37.2	30.0	6300	9500	0.38	7206 C/DT	7206 C/DB	7206 C/DF	40.8	52.2	14.2	1	0.3	36	56	59.6	1	0.3
	62	32	35.5	28.5	6300	9000	0.38	7206 AC/DT	7206 AC/DB	7206 AC/DF	40.8	52.2	18.7	1	0.3	36	56	59.6	1	0.3
	62	32	33.2	27.5	6300	9000	0.42	7206 B/DT	7206 B/DB	7206 B/DF	42.8	50.1	27.4	1	0.3	36	56	59.6	1	0.3
	72	38	50.2	38.5	6000	8500	0.74	7306 B/DT	7306 B/DB	7306 B/DF	46.8	56.2	31.1	1.1	0.6	37	65	67	1	0.6
35	62	28	31.5	28.5	6000	8500	0.3	7007 C/DT	7007 C/DB	7007 C/DF	43.3	53.7	13.5	1	0.3	41	56	59.6	1	0.3
	62	28	30.0	27.0	6000	8500	0.3	7007 AC/DT	7007 AC/DB	7007 AC/DF	43.3	53.7	18.3	1	0.3	41	56	59.6	1	0.3
	72	34	49.0	40.0	5600	7500	0.56	7207 C/DT	7207 C/DB	7207 C/DF	46.8	60.2	15.3	1.1	0.6	42	65	67	1	0.6
	72	34	47.0	38.5	5600	7500	0.56	7207 AC/DT	7207 AC/DB	7207 AC/DF	46.8	60.2	21	1.1	0.6	42	65	67	1	0.6
	72	34	43.7	37.5	5600	7500	0.6	7207 B/DT	7207 B/DB	7207 B/DF	49.5	58.1	30.9	1.1	0.6	42	65	67	1	0.6
	80	42	61.8	49.0	5300	7000	1.02	7307 B/DT	7307 B/DB	7307 B/DF	52.4	63.4	34.6	1.5	0.6	44	71	75	1.5	0.6

续表

基本尺寸/mm			基本额定载荷/kN		极限转速/r·min^{-1}		质量/kg	轴承代号			其他尺寸/mm					安装尺寸/mm				
d	D	$2B$	C_r	C_{0r}	脂	油	W ≈	串联 70000 C(AC、B)/DT 型	背对背 70000 C(AC、B)/DB 型	面对面 70000 C(AC、B)/DF 型	d_2 ≈	D_2 ≈	a	r min	r_1 min	d_a min	D_a max	D_b max	r_a max	r_b max
40	68	30	32.5	30.5	5600	7500	0.36	7008 C/DT	7008 C/DB	7008 C/DF	48.8	59.2	14.7	1	0.3	46	62	65.6	1	0.3
	68	30	30.8	29.0	5600	7500	0.36	7008 AC/DT	7008 AC/DB	7008 AC/DF	48.8	59.2	20.1	1	0.3	46	62	65.6	1	0.3
	80	36	59.5	51.5	5300	7000	0.74	7208 C/DT	7208 C/DB	7208 C/DF	52.8	67.2	17	1.1	0.6	47	73	75	1	0.6
	80	36	57.0	49.0	5300	7000	0.74	7208 AC/DT	7208 AC/DB	7208 AC/DF	52.8	67.2	23	1.1	0.6	47	73	75	1	0.6
	80	36	52.5	47.0	5300	7000	0.78	7208 B/DT	7208 B/DB	7208 B/DF	56.4	65.7	34.5	1.1	0.6	47	73	75	1	0.6
	90	46	74.8	61.0	4500	6300	1.34	7308 B/DT	7308 B/DB	7308 B/DF	59.3	71.5	38.8	1.5	0.6	49	81	85	1.5	0.6
45	75	32	41.8	41.0	5300	7000	0.46	7009 C/DT	7009 C/DB	7009 C/DF	54.2	65.9	16	1	0.3	51	69	72.6	1	0.3
	75	32	41.8	39.0	5300	7000	0.46	7009 AC/DT	7009 AC/DB	7009 AC/DF	54.2	65.9	21.9	1	0.3	51	69	72.6	1	0.3
	85	38	62.5	57.0	4500	6300	0.82	7209 C/DT	7209 C/DB	7209 C/DF	58.8	73.2	18.2	1.1	0.6	52	78	80	1	0.6
	85	38	59.5	54.5	4500	6300	0.82	7209 AC/DT	7209 AC/DB	7209 AC/DF	58.8	73.2	24.7	1.1	0.6	52	78	80	1	0.6
	85	38	58.2	52.5	4500	6300	0.88	7209 B/DT	7209 B/DB	7209 B/DF	60.5	70.2	36.8	1.1	0.6	52	78	80	1	0.6
	100	50	96.5	79.5	4000	5600	1.8	7309 B/DT	7309 B/DB	7309 B/DF	66	80	42.9	1.5	0.6	54	91	95	1.5	0.6
50	80	32	43.0	44.0	4500	6300	0.5	7010 C/DT	7010 C/DB	7010 C/DF	59.2	70.9	16.7	1	0.3	56	74	77.6	1	0.3
	80	32	40.8	42.0	4500	6300	0.5	7010 AC/DT	7010 AC/DB	7010 AC/DF	59.2	70.9	23.2	1	0.3	56	74	77.6	1	0.3
	90	40	69.2	64.0	4300	6000	0.92	7210 C/DT	7210 C/DB	7210 C/DF	62.4	77.7	19.4	1.1	0.6	57	83	85	1	0.6
	90	40	66.2	61.0	4300	6000	0.92	7210 AC/DT	7210 AC/DB	7210 AC/DF	62.4	77.7	26.3	1.1	0.6	57	83	85	1	0.6
	90	40	60.8	58.0	4300	6000	0.98	7210 B/DT	7210 B/DB	7210 B/DF	65.4	75.2	39.4	1.1	0.6	57	83	85	1	0.6
	110	54	110	96.0	3800	5300	2.3	7310 B/DT	7310 B/DB	7310 B/DF	74.2	88.8	47.5	2	1	60	100	104	2	1
55	90	36	60.2	64.0	4000	5600	0.76	7011 C/DT	7011 C/DB	7011 C/DF	66	79	18.7	1.1	0.6	62	83	85	1	0.6
	90	36	57.0	58.5	4000	5600	0.76	7011 AC/DT	7011 AC/DB	7011 AC/DF	66	79	25.9	1.1	0.6	62	83	85	1	0.6
	100	42	85.5	81.0	3800	5300	1.22	7211 C/DT	7211 C/DB	7211 C/DF	68.9	86.1	20.9	1.5	0.6	64	91	95	1.5	0.6
	100	42	81.8	77.0	3800	5300	1.22	7211 AC/DT	7211 AC/DB	7211 AC/DF	68.9	86.1	28.6	1.5	0.6	64	91	95	1.5	0.6
	100	42	74.8	72.0	3800	5300	1.3	7211 B/DT	7211 B/DB	7211 B/DF	72.4	83.4	43	1.5	0.6	64	91	95	1.5	0.6
	120	58	128	112	3400	4800	2.9	7311 B/DT	7311 B/DB	7311 B/DF	80.5	96.4	51.4	2	1	65	110	114	2	1

续表

基本尺寸/mm			基本额定载荷/kN		极限转速/r·min^{-1}		质量/kg	轴承代号			其他尺寸/mm					安装尺寸/mm				
d	D	$2B$	C_r	C_{0r}	脂	油	W ≈	串联 70000 C(AC、B)/DT 型	背对背 70000 C(AC、B)/DB 型	面对面 70000 C(AC、B)/DF 型	d_2 ≈	D_2 ≈	a	r min	r_1 min	d_a min	D_a max	D_b max	r_a max	r_b max
60	95	36	61.8	65.5	3800	5300	0.8	7012 C/DT	7012 C/DB	7012 C/DF	71.4	85.7	19.38	1.1	0.6	67	88	90	1	0.6
	95	36	58.6	63.0	3800	5300	0.8	7012 AC/DT	7012 AC/DB	7012 AC/DF	71.4	85.7	27.1	1.1	0.6	67	88	90	1	0.6
	110	44	98.8	97.0	3600	5000	1.6	7212 C/DT	7212 C/DB	7212 C/DF	76	94.1	22.4	1.5	0.6	69	101	105	1.5	0.6
	110	44	94.2	92.5	3600	5000	1.6	7212 AC/DT	7212 AC/DB	7212 AC/DF	76	94.1	30.8	1.5	0.6	69	101	105	1.5	0.6
	110	44	90.8	89.0	3600	5000	1.68	7212 B/DT	7212 B/DB	7212 B/DF	79.3	91.5	46.7	1.5	0.6	69	101	105	1.5	0.6
	130	62	145	135	3400	4500	3.7	7312 B/DT	7312 B/DB	7312 B/DF	87.1	104.2	55.4	2.1	1.1	72	118	123	2.1	1
65	100	36	64.8	71.0	3600	5000	0.86	7013 C/DT	7013 C/DB	7013 C/DF	75.3	89.8	20.1	1.1	0.6	72	93	95	1	0.6
	100	36	61.5	67.5	3600	5000	0.86	7013 AC/DT	7013 AC/DB	7013 AC/DF	75.3	89.8	28.2	1.1	0.6	72	93	95	1	0.6
	120	46	112	110	3400	4500	2	7213 C/DT	7213 C/DB	7213 C/DF	82.5	102.5	24.2	1.5	0.6	74	111	115	1.5	0.6
	120	46	108	105	3400	4500	2	7213 AC/DT	7213 AC/DB	7213 AC/DF	82.5	102.5	33.5	1.5	0.6	74	111	115	1.5	0.6
	120	46	102	105	3400	4500	2.1	7213 B/DT	7213 B/DB	7213 B/DF	88.4	101.2	51.1	1.5	0.6	74	111	115	1.5	0.6
	140	66	165	155	3000	4000	4.5	7313 B/DT	7313 B/DB	7313 B/DF	93.9	112.4	59.5	2.1	1.1	77	128	133	2.1	1
70	110	40	78.0	87.0	3400	4800	1.2	7014 C/DT	7014 C/DB	7014 C/DF	82	98	22.1	1.1	0.6	77	103	105	1	0.6
	110	40	74.2	83.0	3400	4800	1.2	7014 AC/DT	7014 AC/DB	7014 AC/DF	82	98	30.9	1.1	0.6	77	103	105	1	0.6
	125	48	115	120	3200	4300	2.2	7214 C/DT	7214 C/DB	7214 C/DF	89	109	25.3	1.5	0.6	79	116	120	1.5	0.6
	125	48	112	115	3200	4300	2.2	7214 AC/DT	7214 AC/DB	7214 AC/DF	89	109	35.1	1.5	0.6	79	116	120	1.5	0.6
	125	48	115	115	3200	4300	2.3	7214 B/DT	7214 B/DB	7214 B/DF	91.1	104.9	52.9	1.5	0.6	79	116	120	1.5	0.6
	150	70	185	175	2800	3600	5.5	7314 B/DT	7314 B/DB	7314 B/DF	100.9	120.5	63.7	2.1	1.1	82	138	143	2.1	1
75	115	40	80.2	93.0	3400	4500	1.26	7015 C/DT	7015 C/DB	7015 C/DF	88	104	22.7	1.1	0.6	82	108	110	1	0.6
	115	40	75.8	88.5	3400	4500	1.26	7015 AC/DT	7015 AC/DB	7015 AC/DF	88	104	32.2	1.1	0.6	82	108	110	1	0.6
	130	50	128	132	3000	4000	2.4	7215 C/DT	7215 C/DB	7215 C/DF	94	115	26.4	1.5	0.6	84	121	125	1.5	0.6
	130	50	122	125	3000	4000	2.4	7215 AC/DT	7215 AC/DB	7215 AC/DF	94	115	36.6	1.5	0.6	84	121	125	1.5	0.6
	130	50	118	125	3000	4000	2.6	7215 B/DT	7215 B/DB	7215 B/DF	96.1	109.9	55.5	1.5	0.6	84	121	125	1.5	0.6
	160	74	202	198	2600	3400	6.6	7315 B/DT	7315 B/DB	7315 B/DF	107.9	128.6	68.4	2.1	1.1	87	148	153	2.1	1

续表

基本尺寸 /mm			基本额定载荷/kN		极限转速 /r·min^{-1}		质量 /kg	轴承代号			其他尺寸 /mm					安装尺寸 /mm				
d	D	$2B$	C_r	C_{0r}	脂	油	W ≈	串联 70000 C(AC、B)/DT 型	背对背 70000 C(AC、B)/DB 型	面对面 70000 C(AC、B)/DF 型	d_2 ≈	D_2 ≈	a	r min	r_1 min	d_a min	D_a max	D_b max	r_a max	r_b max
80	125	44	94.8	112	3200	4300	1.7	7016 C/DT	7016 C/DB	7016 C/DF	95.2	112.8	24.7	1.1	0.6	87	118	120	1	0.6
	125	44	90.0	105	3200	4300	1.7	7016 AC/DT	7016 AC/DB	7016 AC/DF	95.2	112.8	34.9	1.1	0.6	87	118	120	1	0.6
	140	52	145	155	2800	3600	2.9	7216 C/DT	7216 C/DB	7216 C/DF	100	122	27.7	2	1	90	130	134	2	1
	140	52	138	148	2800	3600	2.9	7216 AC/DT	7216 AC/DB	7216 AC/DF	100	122	28.9	2	1	90	130	134	2	1
	140	52	130	138	2800	3600	3.1	7216 B/DT	7216 B/DB	7216 B/DF	103.2	117.8	59.2	2	1	90	130	134	2	1
	170	78	218	220	2400	3400	7.8	7316 B/DT	7316 B/DB	7316 B/DF	114.8	136.8	71.9	2.1	1.1	92	158	163	2.1	1
85	130	44	102	120	3000	4000	1.78	7017 C/DT	7017 C/DB	7017 C/DF	99.4	117.6	25.4	1.1	0.6	92	123	125	1	0.6
	130	44	95.8	115	3000	4000	1.78	7017 AC/DT	7017 AC/DB	7017 AC/DF	99.4	117.6	36.1	1.1	0.6	92	123	125	1	0.6
	150	56	162	170	2600	3400	3.6	7217 C/DT	7217 C/DB	7217 C/DF	107.1	131	29.9	2	1	95	140	144	2	1
	150	56	152	162	2600	3400	3.6	7217 AC/DT	7217 AC/DB	7217 AC/DF	107.1	131	41.6	2	1	95	140	144	2	1
	150	56	150	162	2600	3400	3.9	7217 B/DT	7217 B/DB	7217 B/DF	110.1	126	63.3	2	1	95	140	144	2	1
	180	82	240	245	2400	3200	9.2	7317 B/DT	7317 B/DB	7317 B/DF	121.2	145.6	76.1	3	1.1	99	166	173	2.5	1
90	140	48	115	140	2800	3600	2.3	7018 C/DT	7018 C/DB	7018 C/DF	107.2	126.8	27.4	1.5	0.6	99	131	135	1.5	0.6
	140	48	110	132	2800	3600	2.3	7018 AC/DT	7018 AC/DB	7018 AC/DF	107.2	126.8	38.8	1.5	0.6	99	131	135	1.5	0.6
	160	60	198	210	2400	3400	4.5	7218 C/DT	7218 C/DB	7218 C/DF	111.7	138.4	31.7	2	1	100	150	154	2	1
	160	60	192	200	2400	3400	4.5	7218 AC/DT	7218 AC/DB	7218 AC/DF	111.7	138.4	44.2	2	1	100	150	154	2	1
	160	60	170	188	2400	3400	4.8	7218 B/DT	7218 B/DB	7218 B/DF	118.1	135.2	67.9	2	1	100	150	154	2	1
	190	86	255	275	2200	3000	10.8	7318 B/DT	7318 B/DB	7318 B/DF	128.6	153.2	80.2	3	1.1	104	176	183	2.5	1
95	145	48	118	145	2600	3400	2.4	7019 C/DT	7019 C/DB	7019 C/DF	110.2	129.8	28.1	1.5	0.6	104	136	140	1.5	0.6
	145	48	112	138	2600	3400	2.4	7019 AC/DT	7019 AC/DB	7019 AC/DF	110.2	129.8	40	1.5	0.6	104	136	140	1.5	0.6
	170	64	218	228	2400	3200	5.4	7219 C/DT	7219 C/DB	7219 C/DF	118.1	147	33.8	2.1	1.1	107	158	163	2.1	1
	170	64	208	218	2400	3200	5.4	7219 AC/DT	7219 AC/DB	7219 AC/DF	118.1	147	46.9	2.1	1.1	107	158	163	2.1	1
	170	64	195	218	2400	3200	5.8	7219 B/DT	7219 B/DB	7219 B/DF	126.1	144.4	72.5	2.1	1.1	107	158	163	2.1	1
	200	90	278	310	2000	2800	12.5	7319 B/DT	7319 B/DB	7319 B/DF	135.4	161.5	84.4	3	1.1	109	186	193	2.5	1

续表

基本尺寸/mm			基本额定载荷/kN		极限转速/r·min^{-1}		质量/kg	轴承代号			其他尺寸/mm					安装尺寸/mm				
d	D	$2B$	C_r	C_{0r}	脂	油	W ≈	串联 70000 C(AC、B)/DT 型	背对背 70000 C(AC、B)/DB 型	面对面 70000 C(AC、B)/DF 型	d_2 ≈	D_2 ≈	a	r min	r_1 min	d_a min	D_a max	D_b max	r_a max	r_b max
100	150	48	128	158	2600	3400	2.5	7020 C/DT	7020 C/DB	7020 C/DF	114.6	135.4	28.7	1.5	0.6	109	141	145	1.5	0.6
	150	48	122	150	2600	3400	2.5	7020 AC/DT	7020 AC/DB	7020 AC/DF	114.6	135.4	41.2	1.5	0.6	109	141	145	1.5	0.6
	180	68	240	255	2200	3000	6.5	7220 C/DT	7220 C/DB	7220 C/DF	124.8	155.3	35.8	2.1	1.1	112	168	173	2.1	1
	180	68	230	245	2200	3000	6.5	7220 AC/DT	7220 AC/DB	7220 AC/DF	124.8	155.3	49.7	2.1	1.1	112	168	173	2.1	1
	180	68	210	230	2200	3000	6.9	7220 B/DT	7220 B/DB	7220 B/DF	130.9	150.5	75.7	2.1	1.1	112	168	173	2.1	1
	215	94	305	360	1800	2400	15.5	7320 B/DT	7320 B/DB	7320 B/DF	144.5	172.5	89.6	3	1.1	114	201	208	2.5	1
105	160	52	142	178	2600	3400	3.2	7021 C/DT	7021 C/DB	7021 C/DF	121.5	143.6	30.8	2	1	115	150	154	2	1
	160	52	135	168	2600	3400	3.2	7021 AC/DT	7021 AC/DB	7021 AC/DF	121.5	143.6	43.9	2	1	115	150	154	2	1
	190	72	262	290	2000	2800	7.7	7221 C/DT	7221 C/DB	7221 C/DF	131.3	163.8	37.8	2.1	1.1	117	178	183	2.1	1
	190	72	250	275	2000	2800	7.7	7221 AC/DT	7221 AC/DB	7221 AC/DF	131.3	163.8	52.4	2.1	1.1	117	178	183	2.1	1
	190	72	230	258	2000	2800	8.2	7221 B/DT	7221 B/DB	7221 B/DF	137.5	159	79.9	2.1	1.1	117	178	183	2.1	1
	225	98	328	392	1700	2400	17.6	7321 B/DT	7321 B/DB	7321 B/DF	151.4	180.7	93.7	3	1.1	119	211	218	2.5	1
110	170	56	162	205	2400	3400	3.9	7022 C/DT	7022 C/DB	7022 C/DF	129.1	152.9	32.8	2	1	120	160	164	2	1
	170	56	155	195	2400	3400	3.9	7022 AC/DT	7022 AC/DB	7022 AC/DF	129.1	152.9	46.7	2	1	120	160	164	2	1
	200	76	285	325	1900	2600	9.1	7222 C/DT	7222 C/DB	7222 C/DF	138.9	173.2	39.8	2.1	1.1	122	188	193	2.1	1
	200	76	272	310	1900	2600	9.1	7222 AC/DT	7222 AC/DB	7222 AC/DF	138.9	173.2	55.2	2.1	1.1	122	188	193	2.1	1
	200	76	250	290	1900	2600	9.6	7222 B/DT	7222 B/DB	7222 B/DF	144.8	166.8	84	2.1	1.1	122	188	193	2.1	1
	240	100	365	450	1500	2200	22.56	7322 B/DT	7322 B/DB	7322 B/DF	160.3	192	98.4	3	1.1	124	226	233	2.5	1
120	180	56	175	222	1900	2600	4.2	7024 C/DT	7024 C/DB	7024 C/DF	137.7	162.4	34.1	2	1	130	170	174	2	1
	180	56	165	210	1900	2600	4.2	7024 AC/DT	7024 AC/DB	7024 AC/DF	137.7	162.4	48.9	2	1	130	170	174	2	1
	215	80	305	362	1700	2400	10.8	7224 C/DT	7224 C/DB	7224 C/DF	149.4	185.7	42.4	2.1	1.1	132	203	208	2.1	1
	215	80	292	345	1700	2400	10.8	7224 AC/DT	7224 AC/DB	7224 AC/DF	149.4	185.7	59.1	2.1	1.1	132	203	208	2.1	1

续表

基本尺寸 /mm			基本额定载荷/kN		极限转速 /r·min^{-1}		质量 /kg	轴承代号			其他尺寸 /mm					安装尺寸 /mm				
d	D	$2B$	C_r	C_{0r}	脂	油	W ≈	串联 70000 C(AC、B)/DT 型	背对背 70000 C(AC、B)/DB 型	面对面 70000 C(AC、B)/DF 型	d_2 ≈	D_2 ≈	a	r min	r_1 min	d_a min	D_a max	D_b max	r_a max	r_b max
130	200	66	208	272	1800	2400	6.4	7026 C/DT	7026 C/DB	7026 C/DF	151.4	178.7	38.6	2	1	140	190	194	2	1
	200	66	198	258	1800	2400	6.4	7026 AC/DT	7026 AC/DB	7026 AC/DF	151.4	178.7	54.9	2	1	140	190	194	2	1
	230	80	332	418	1500	2200	12.5	7226 C/DT	7226 C/DB	7226 C/DF	162.9	199.3	44.3	3	1.1	144	216	223	2.5	1
	230	80	315	400	1500	2200	12.5	7226 AC/DT	7226 AC/DB	7226 AC/DF	162.9	199.3	62.2	3	1.1	144	216	223	2.5	1
140	210	66	228	290	1700	2400	7.24	7028 C/DT	7028 C/DB	7028 C/DF	—	—	—	2	1	150	200	204	2	1
	210	66	228	300	1500	2200	7.84	7028 AC/DT	7028 AC/DB	7028 AC/DF	—	—	59.2	2	1	150	200	204	2	1
	250	84	372	490	1300	2000	18.72	7228 C/DT	7228 C/DB	7228 C/DF	—	—	41.7	3	1.1	154	236	243	2.5	1
	250	84	372	470	1300	2000	18.48	7228 AC/DT	7228 AC/DB	7228 AC/DF	—	—	68.6	3	1.1	154	236	243	2.5	1
	300	124	465	630	1200	1700	44.88	7328 B/DT	7328 B/DB	7328 B/DF	—	—	111	4	1.5	158	282	291	3	1.5
150	225	70	260	312	1500	2200	9.66	7030 C/DT	7030 C/DB	7030 C/DF	—	—	—	2.1	1.1	162	213	218	2.1	1
	225	70	245	335	1400	2000	9.66	7030 AC/DT	7030 AC/DB	7030 AC/DF	—	—	63.2	2.1	1.1	162	213	218	2.1	1
160	290	96	425	595	1200	1700	29	7232 C/DT	7232 C/DB	7232 C/DF	—	—	47.9	3	1.1	174	276	283	2.5	1
	290	96	402	555	1200	1700	29	7232 AC/DT	7232 AC/DB	7232 AC/DF	—	—	78.9	3	1.1	174	276	283	2.5	1
170	260	84	310	445	1200	1800	16.5	7034 AC/DT	7034 AC/DB	7034 AC/DF	—	—	73.4	2.1	1.1	182	248	253	2.1	1
	310	104	522	780	1100	1500	38.4	7234 C/DT	7234 C/DB	7234 C/DF	—	—	51.5	4	1.5	188	292	301	3	1.5
	310	104	495	735	1100	1500	34.4	7234 AC/DT	7234 AC/DB	7234 AC/DF	—	—	84.5	4	1.5	188	292	301	3	1.5
180	320	104	542	830	1000	1400	36.2	7236 C/DT	7236 C/DB	7236 C/DF	—	—	52.6	4	1.5	198	302	311	3	1.5
	320	104	510	775	1000	1400	36.2	7236 AC/DT	7236 AC/DB	7236 AC/DF	—	—	87	4	1.5	198	302	311	3	1.5
190	290	92	348	525	1100	1500	21.4	7038 AC/DT	7038 AC/DB	7038 AC/DF	—	—	81.5	2.1	1.1	202	278	283	2.1	1
200	310	102	410	650	1000	1400	28.08	7040 AC/DT	7040 AC/DB	7040 AC/DF	—	—	87.7	2.1	1.1	212	298	302	2.1	1
	360	116	585	950	900	1300	50.4	7240 C/DT	7240 C/DB	7240 C/DF	—	—	58.8	4	1.5	218	342	351	3	1.5
	360	116	558	895	900	1300	50.4	7240 AC/DT	7240 AC/DB	7240 AC/DF	—	—	97.3	4	1.5	218	342	351	3	1.5
220	400	130	580	965	750	1100	77	7244 AC/DT	7244 AC/DB	7244 AC/DF	—	—	108.1	4	1.5	238	382	391	3	1.5

注：GB/T 292—2007 已删去成对双联角接触球轴承，但《全国滚动轴承产品样本》第 2 版仍保留，所以本表仍保留。

分离型角接触球轴承（摘自 GB/T 292）

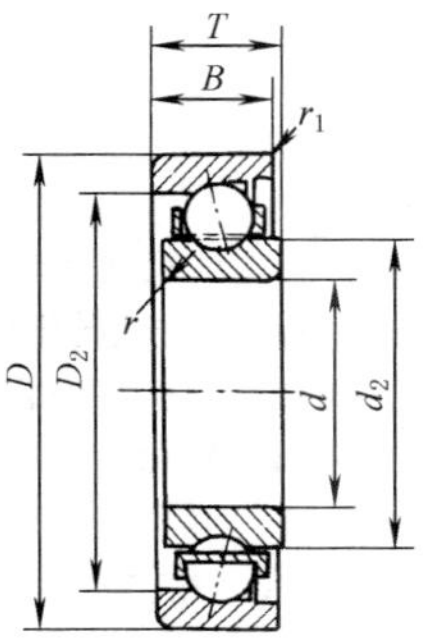

S 70000 J型

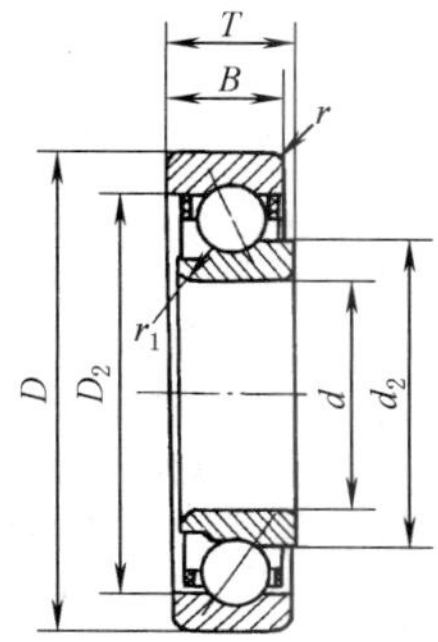

SN 70000 型

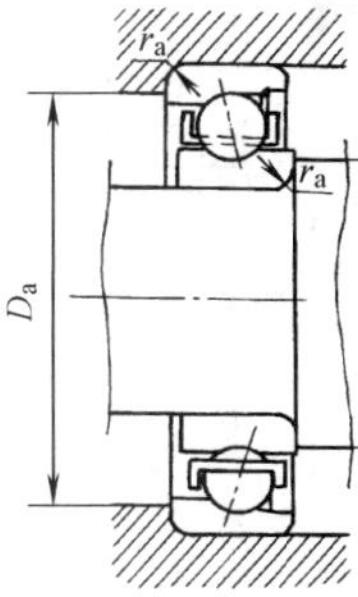

符号含义与应用

S—可分离基本型（外圈可分离）

SN—内圈可分离型

J—钢板冲压保持架

可分离型的内外圈可分别安装，用于安装条件受限制的场合，能承受单向轴向载荷，限制一个方向轴向位移，必须成对安装

表 8-2-85

基本尺寸 /mm			基本额定载荷/kN		极限转速 /r·min^{-1}		质量 /kg	轴承代号	其他尺寸 /mm					安装尺寸 /mm		
d	D	B	C_r	C_{0r}	脂	油	W ≈	S 70000 型 SN 70000 型	d_2 ≈	D_2 ≈	T	r min	r_1 min	d_a min	D_a max	r_a max
3	10	4	0.25	0.18	36000	48000	0.015	S 723 J	7.7	5.55	4	0.15	0.08	4.2	8.8	0.15
5	13	4	0.45	0.42	32000	43000	0.0023	S 7195 J	7.25	10.1	4	0.2	0.1	6.6	11.4	0.2
	16	5	1.10	0.82	30000	40000	0.046	S 725 J	8.1	12.8	5	0.3	0.15	7.4	13.6	0.3
6	15	5	1.10	0.92	30000	40000	0.0039	S 7196 J	8.8	12.2	5	0.2	0.1	7.6	13.4	0.2
	19	6	1.50	1.12	26000	36000	—	S 726 J	9.5	15.45	6	0.3	0.15	8.4	16.6	0.3
7	22	7	2.20	1.30	24000	34000	0.022	S 727 J	10.7	17.6	7	0.3	0.15	9.4	19.6	0.3
8	22	7	1.60	1.40	24000	34000	—	S 708 J	12.1	17.8	7	0.3	0.15	10.4	19.6	0.3
	24	8	2.20	1.25	22000	30000	—	S 728 J	12.1	19	8	0.3	0.15	10.4	21.6	0.3
9	26	8	2.20	1.25	20000	29000	—	S 729 J	14.2	20.8	8	0.3	0.15	11.4	23.6	0.3
10	26	8	2.30	2.45	19000	28000	—	S 7000 J	14.5	21.2	8	0.3	0.15	12.4	23.6	0.3
	30	9	3.60	3.20	18000	26000	0.03	S 7200 J	15.9	24.1	9	0.6	0.15	15	25	0.6
12	28	8	2.30	2.68	18000	26000	—	S 7001 J	16.7	23.3	8	0.3	0.15	14.4	25.6	0.3
	32	7	2.50	3.00	17000	24000	0.028	S 78201 J	17.7	24.6	7	0.3	—	14.4	29.6	0.3
15	32	9	2.50	3.68	17000	24000	0.028	S 7002 J	19.9	27.2	9	0.3	0.15	17.4	29.6	0.3
	35	8	3.30	4.00	16000	22000	0.035	S 78202 J	20.7	29	8	0.3	—	17.4	32.6	0.3
	35	11	6.70	4.50	16000	22000	0.0436	SN 7202 J	20.7	29.5	11	0.6	—	20	30	0.6
	35	11	3.70	4.50	16000	22000	0.044	S 7202 J	20.5	29.2	11	0.6	0.15	20	30	0.6
17	40	12	9.20	6.45	15000	20000	0.0596	SN 7203 J	23.4	33.8	12	0.6	—	22	35	0.6
20	42	12	3.80	4.92	14000	19000	0.065	S 7004 J	26.1	36.1	12	0.6	0.15	25	37	0.6
	47	14	10.1	8.05	13000	18000	0.0946	SN 7204 J	27.9	39.8	14	1	—	26	41	1
25	52	15	12.8	9.55	11000	16000	0.114	SN 7205 J	32.9	44.4	15	1	—	31	46	1
30	62	16	17.8	14.8	9000	13000	0.187	SN 7206 J	40.3	52.7	16	1	—	36	56	1
600	730	60	332	888	380	500	60.7	S 718/600	—	—	60	3	—	614	716	2.5
800	980	82	568	1890	200	300	132	S 718/800	—	—	—	5	—	822	958	4
1180	1420	106	850	3580	—	—	332	S 718/1180	—	—	—	6	—	1208	1392	5

注：GB/T 292—2007 已删去分离型角接触球轴承，本表按《全国滚动轴承产品样本》第 2 版予以保留。

双列角接触球轴承(摘自 GB/T 296—1994)

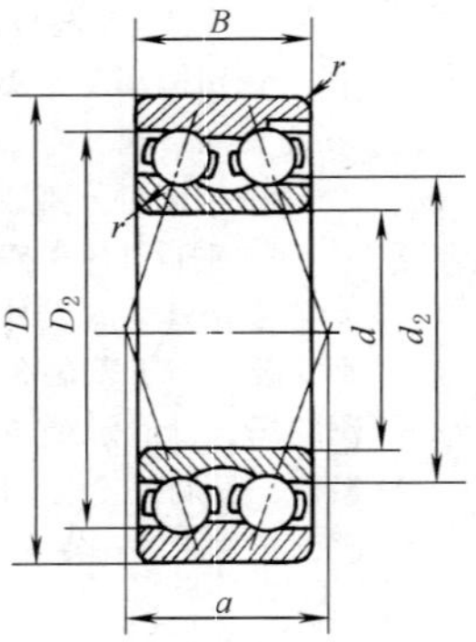

00000 型

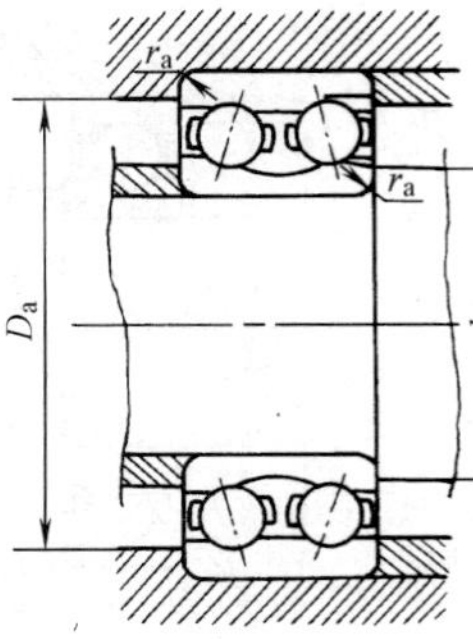

应用

可以同时承受径向载荷为主的径向和轴向联合载荷和力矩载荷。限制轴的两方向轴向位移,刚性好,可承受倾覆力矩。接触角为 30°。安装时注意不要让主要轴向力通过有缺口的一面。

当量动载荷:

当 $F_a/F_r \leqslant 0.8$ 时:$P_r = F_r + 0.78F_a$

当 $F_a/F_r > 0.8$ 时:$P_r = 0.63F_r + 1.24F_a$

当量静载荷:$P_{or} = F_r + 0.66F_a$

表 8-2-86

基本尺寸 /mm			基本额定载荷 /kN		极限转速 /r·min^{-1}		质量 /kg	轴承代号	其他尺寸 /mm				安装尺寸 /mm		
d	D	B	C_r	C_{0r}	脂	油	W ≈	3200 型 3300 型	d_2 ≈	D_2 ≈	a	r min	d_a min	D_a max	r_a max
10	30	14.3	7.42	4.30	16000	22000	0.054	3200	17.7	23.6	18	0.6	15	25	0.6
12	32	15.9	10.2	5.60	15000	20000	0.058	3201	19.1	26.5	20	0.6	17	27	0.6
15	35	15.9	11.2	6.80	12000	17000	0.066	3202	22.1	29.5	22	0.6	20	30	0.6
17	40	17.5	14.0	8.65	10000	15000	0.1	3203	25.2	33.6	25	0.6	22	35	0.6
20	47	20.6	18.5	12.0	9000	13000	0.16	3204	29.6	39.5	30	1	26	41	1
	52	22.2	22.2	14.2	8500	12000	0.22	3304	31.8	42.6	32	1.1	27	45	1
25	52	20.6	20.2	14.0	8000	11000	0.18	3205	34.6	44.5	33	1	31	46	1
	62	25.4	31.2	20.8	7500	10000	0.35	3305	38.4	51.4	38	1.1	32	55	1
30	62	23.8	25.2	20.0	7000	9500	0.29	3206	41.4	53.2	38	1	36	56	1
	72	30.2	36.8	28.5	6300	8500	0.53	3306	39.8	64.1	44	1.1	37	65	1
35	72	27	33.5	27.5	6000	8000	0.44	3207	48.1	61.9	45	1.1	42	65	1
	80	34.9	44.0	34.0	5600	7500	0.73	3307	44.6	70.1	49	1.5	44	71	1.5
40	80	30.2	40.5	33.5	5600	7500	0.58	3208	47.8	72.1	49	1.1	47	73	1
	90	36.5	53.2	43.0	5000	6700	0.95	3308	50.8	80.1	56	1.5	49	81	1.5
45	85	30.2	42.8	38.0	5000	6700	0.63	3209	52.8	77.1	52	1.1	52	78	1
	100	39.7	64.8	73.5	4500	6000	1.40	3309	63.8	86.3	64	1.5	54	91	1.5
50	90	30.2	42.8	39.0	4800	6300	0.66	3210	57.8	82.1	56	1.1	57	83	1
	110	44.4	79.2	96.5	4000	5300	1.95	3310	73.3	97.0	73	2	60	100	2
55	100	33.3	51.5	67.0	4300	5600	1.05	3211	70.4	88.3	64	1.5	64	91	1.5
	120	49.2	85.8	108	3800	5000	2.55	3311	81.0	110	80	2	65	110	2
60	110	36.5	65.0	85.0	3800	5000	1.4	3212	78.0	98.3	71	1.5	69	101	1.5
	130	54	100	128	3400	4500	3.25	3312	87.2	115	86	2.1	72	118	2.1
65	120	38.1	70.2	95.0	3600	4800	1.75	3213	83.7	105	76	1.5	74	111	1.5
	140	58.7	115	150	3200	4300	4.1	3313	92.5	122	94	2.1	77	128	2.1

续表

基本尺寸 /mm			基本额定载荷 /kN		极限转速 /r·min^{-1}		质量 /kg	轴承代号	其他尺寸 /mm				安装尺寸 /mm		
d	D	B	C_r	C_{0r}	脂	油	W ≈	3200 型 3300 型	d_2 ≈	D_2 ≈	a	r min	d_a min	D_a max	r_a max
70	125	39.7	68.8	98.0	3200	4300	1.90	3214	90.6	111	81	1.5	79	116	1.5
	150	63.5	132	172	2800	3800	5.05	3314	99.2	131	101	2.1	82	138	2.1
75	130	41.3	75.8	110	3200	4300	2.10	3215	94.7	116	84	1.5	84	121	1.5
	160	68.3	142	185	2600	3600	6.15	3315	106	139	107	2.1	87	148	2.1
80	140	44.4	90.8	135	2800	3800	2.65	3216	102	127	91	2	90	130	2
	170	68.3	158	212	2400	3400	6.95	3316	113	148	112	2.1	92	158	2.1
85	150	49.2	98	145	2600	3600	3.40	3217	107	133	97	2	95	140	2
	180	73	175	240	2200	3200	8.30	3317	120	157	119	3	99	166	2.5
90	160	52.4	115	172	2400	3400	4.15	3218	115	143	104	2	100	150	2
	190	73	198	285	2000	3000	9.25	3318	128	169	125	3	104	176	2.5
95	170	55.6	132	205	2200	3200	5.00	3219	124	154	111	2.1	107	158	2.1
	200	77.8	215	315	1900	2800	11.0	3319	135	178	133	3	109	186	2.5
100	180	60.3	142	220	2000	3000	6.10	3220	129	160	118	2.1	112	168	2.1
	215	82.6	230	355	1800	2600	13.5	3320	142	187	139	3	114	201	2.5
110	200	69.8	170	270	1900	2800	8.80	3222	143	178	132	2.1	122	188	2.1
	240	92.1	262	425	1700	2400	19.0	3322	155	205	153	3	124	226	2.5

四点接触球轴承（摘自 GB/T 294—1994）

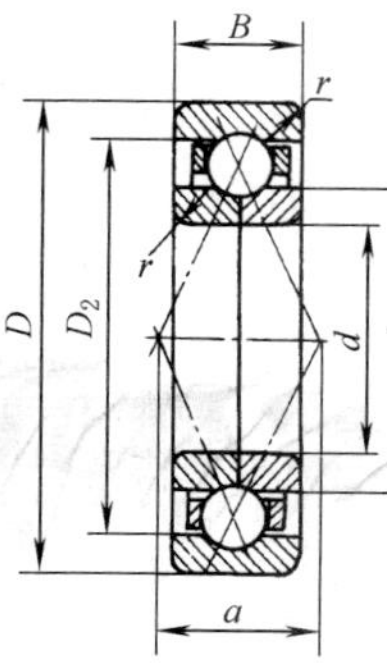

QJ 0000型

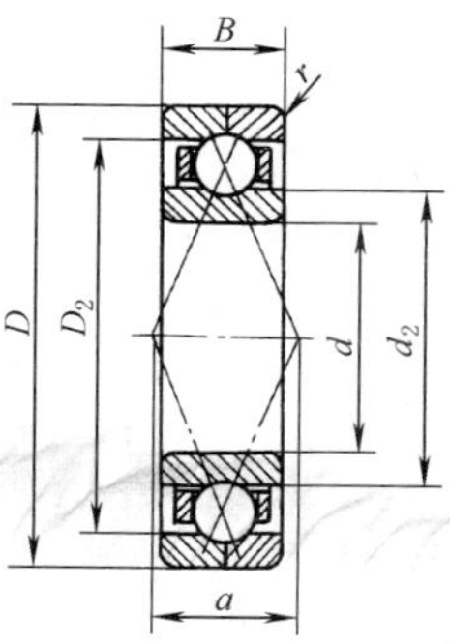

QJF 0000型

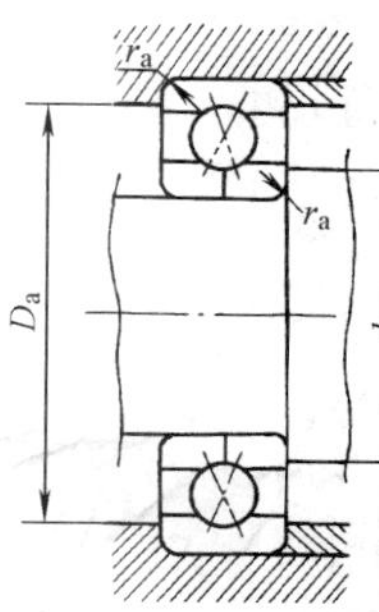

符号含义及应用

QJ—双半内圈四点接触

QJF—双半外圈四点接触

四点接触是双向单列角接触球轴承亦为可分离轴承，内外圈沟道设计使每沟道和球有两个接触点，接触角为 35°，在无载荷或纯径向载荷作用时，钢球与套圈呈四点接触，在纯轴向载荷时，钢球与套圈呈两点接触，可承受双向轴向载荷，还可承受力矩载荷。

当量动载荷：当 $F_a/F_r \leqslant 0.95$ 时，$P_r=F_r+0.66F_a$；当 $F_a/F_r>0.95$ 时，$P_r=0.6F_r+1.07F_a$

当量静载荷：$P_{or}=F_r+0.58F_a$

表 8-2-87

基本尺寸 /mm			基本额定载荷/kN		极限转速 /r·min^{-1}		质量 /kg	轴承代号	其他尺寸 /mm				安装尺寸 /mm		
d	D	B	C_r	C_{0r}	脂	油	W ≈	QJ 0000 型 QJF 0000 型	d_2 ≈	D_2 ≈	a	r min	d_a min	D_a max	r_a max
30	72	19	44.5	31.2	6700	9000	0.42	QJ 306	45.8	58.2	36	1.1	37	65	1
35	72	17	28.0	25.8	6300	8500	0.356	QJF 207	—	—	—	1.1	42	65	1
	80	21	53.2	37.2	6000	8000	0.57	QJ 307	50.7	64.3	40	1.5	44	71	1.5
40	80	18	36.0	32.0	6000	8000	0.394	QJF 208	—	—	—	1.1	47	73	1
	80	18	40.5	37.0	6700	9000	0.391	QJ 208	54	66	42	1.1	47	73	1

续表

基本尺寸 /mm			基本额定载荷/kN		极限转速 /r·min^{-1}		质量 /kg	轴承代号	其他尺寸 /mm				安装尺寸 /mm		
d	D	B	C_r	C_{0r}	脂	油	W ≈	QJ 0000 型 QJF 0000 型	d_2 ≈	D_2 ≈	a	r min	d_a min	D_a max	r_a max
45	85	19	40.0	37.8	5300	7000	0.43	QJF 209	—	—	—	1.1	52	78	1
	100	25	55.5	50.2	4800	6300	0.923	QJF 309	—	—	—	1.5	54	91	1.5
50	90	20	41.8	40.2	5000	6700	0.514	QJF 210	—	—	—	1.1	57	83	1
	90	20	55.5	44.8	5000	6700	0.52	QJ 210	63.5	76.5	49	1.1	57	83	1
	110	27	73.5	72.2	4500	6000	1.2	QJF 310	—	—	—	2	60	100	2
	110	27	85.0	80.0	5000	6700	1.33	QJ 310	70	90	56	2	60	100	2
55	100	21	50.2	50.2	4500	6000	0.76	QJF 211	—	—	—	1.5	64	91	1.5
	100	21	71.0	62.0	5300	7000	0.769	QJ 211	70.3	84.7	54	1.5	64	91	1.5
	120	29	86.5	85.0	4000	5300	1.48	QJF 311	—	—	—	2	65	110	2
	120	29	115	86.5	4000	5300	1.48	QJ 311	77.2	97.8	61	2	65	110	2
60	110	22	62.8	63.8	4300	5600	1.0	QJF 212	—	—	—	1.5	69	101	1.5
	110	22	81.0	71.0	4800	6300	0.99	QJ 212	77	93	60	1.5	69	101	1.5
	130	31	93.5	93.2	3800	5000	2.2	QJF 312	—	—	—	2.1	72	118	2.1
65	120	23	65.2	67.8	3800	5000	1.12	QJF 213	—	—	—	1.5	74	111	1.5
	120	23	90.0	83.0	4300	5600	1.2	QJ 213	84.5	101	65	1.5	74	111	1.5
	140	33	105	102	3400	4500	2.32	QJF 313	—	—	—	2.1	77	128	2.1
70	125	24	98.0	91.5	4300	5600	2.32	QJ 214	89	106	68	1.5	79	116	1.5
	150	35	168	132	3200	4300	3.15	QJ 314	97.3	123	77	2.1	82	138	2.1
75	130	25	108	98.0	4000	5300	1.45	QJ 215	93.8	112	72	1.5	84	121	1.5
85	180	41	210	188	2600	3600	5.5	QJ 317	117	148	93	3	99	166	2.5
90	140	24	102	130	3200	4300	—	QJ 1018	—	—	—	1.5	99	131	1.5
	160	30	165	150	3200	4300	2.91	QJ 218	114	136	88	2	100	150	2.0
	190	43	238	228	2400	3400	6.41	QJ 318	124	156	98	3	104	176	2.5
100	180	34	212	192	2800	3800	4.05	QJ 220	127	153	98	2.1	112	168	2.1
110	170	28	150	195	3000	4000	—	QJ 1022	—	—	—	2	120	160	2
	200	38	255	245	2400	3400	5.76	QJ 222	141	169	109	2.1	122	188	2.1
	240	50	328	345	2000	3000	12.4	QJ 322	154	196	23	2.1	122	188	2.1
120	180	28	152	208	2200	3200	—	QJ 1024	—	—	—	2	130	170	2
	215	40	280	275	2200	3200	6.49	QJ 224	152	183	117	2	132	203	2.1
	260	55	352	392	1600	2200	15.3	QJ 324	169	211	133	3	134	246	2.5
130	200	33	202	230	2000	2700	—	QJ 1026	—	—	—	2	140	190	2
	230	40	288	290	1900	2800	7.28	QJ 226	165	195	126	3	144	216	2.5
140	210	33	205	242	1900	2600	—	QJ 1028	—	—	—	2	150	200	2
	250	42	292	352	1500	2000	10.5	QJ 228	179	211	137	3	154	236	2.5
	300	62	422	512	1300	1800	22.4	QJ 328	196	244	154	4	158	282	3
150	225	35	225	275	1800	2400	4.59	QJ 1030	174	201	131	2.1	162	213	2.1
	270	45	302	372	1400	1900	12.4	QJ 230	194	226	147	3	164	256	2.5
160	240	38	260	318	1600	2200	—	QJ 1032	—	—	140	2.1	172	228	2.1
	290	48	352	455	1300	1800	14.7	QJ 232	207	243	158	3	174	276	2.5
170	260	42	200	350	1500	2000	7.45	QJ 1034	198.8	231.2	151	2.1	182	248	2.1
	310	52	358	480	1200	1700	18.1	QJ 234	222	258	168	4	188	292	3

续表

基本尺寸 /mm			基本额定载荷/kN		极限转速 /r·min^{-1}		质量 /kg	轴承代号	其他尺寸 /mm				安装尺寸 /mm		
d	D	B	C_r	C_{0r}	脂	油	W ≈	QJ 0000 型 QJF 0000 型	d_2 ≈	D_2 ≈	a	r min	d_a min	D_a max	r_a max
180	280	46	335	408	1400	1800	10.7	QJ 1036	212.7	247.8	161	2.1	192	268	2.1
	320	52	392	545	1100	1600	—	QJ 236	231	269	175	4	198	302	3
190	290	46	348	430	1300	1700	—	QJ 1038	—	—	168	2.1	202	278	2.1
200	310	51	382	498	1200	1600	—	QJ 1040	—	—	179	2.1	212	298	2.1
220	340	56	448	622	1000	1400	18	QJ 1044	259	301	196	3	234	326	2.5
240	360	56	458	655	950	1300	21	QJ 1048	282.2	318	210	3	254	346	2.5
260	400	65	510	765	850	1200	—	QJ 1052	—	—	—	4	278	382	3
280	420	65	540	835	800	1000	—	QJ 1056	—	—	245	4	298	402	3
300	460	74	630	1040	700	950	—	QJ 1060	—	—	—	4	318	442	3
320	480	74	650	1090	650	850	—	QJ 1064	—	—	280	4	338	462	3
340	520	82	725	1270	600	800	—	QJ 1068	—	—	301	5	362	498	4
360	540	82	768	1380	530	700	—	QJ 1072	—	—	—	5	382	518	4
380	560	82	805	1430	500	670	—	QJ 1076	—	—	—	5	402	538	4

11.4 圆柱滚子轴承

径向当量动载荷：$P_r=F_r$，对轴向承载圆柱滚子轴承

2、3 系列：　$0\leqslant F_a/F_r\leqslant 0.12$ 时，$P_r=F_r+0.3F_a$

$0.12\leqslant F_a/F_r\leqslant 0.3$ 时，$P_r=0.94F_r+0.8F_a$

22、23 系列：　$0\leqslant F_a/F_r\leqslant 0.18$ 时，$P_r=F_r+0.2F_a$

$0.18\leqslant F_a/F_r\leqslant 0.3$ 时，$P_r=0.94F_r+0.53F_a$

径向当量静载荷：$P_{0r}=F_r$

内、外圈均带挡边的单列圆柱滚子轴承，承受轴向载荷的大小，与所承受径向载荷的大小及润滑方法有关，允许最大轴向载荷为

$$\text{油润滑 } F_{ap}=KC_{0r}\left(\frac{n_g-n}{n_g+2n}\right)\text{，脂润滑 } F_{ap}=KC_{0r}\left(\frac{n_g-2.5n}{n_g+10n}\right)\text{，} F_{ap}<0.4F_r$$

式中　F_{ap}——允许的最大轴向载荷，N；

C_{0r}——轴承的径向基本额定静载荷，N；

K——与轴承尺寸系列有关的系数，对于 2、3 系列 $K=0.2$，对于 22、23 系列 $K=0.16$；

n_g——轴承承受纯径向载荷时的极限转速，r/min，当 $F_r>0.1C_r$ 时，需将尺寸表中的极限转速乘以降低系数（见本章 3.5）；

n——轴承实际工作转速，r/min。

按上述公式确定的轴向载荷可使 0 级轴承（改进结构及加强型轴承除外）在下列条件下正常工作。

轴承温升：油润滑时 55℃，脂润滑时 40℃。轴承最高温度为 90℃（所使用的油黏度为 $\upsilon_{50}=30\text{mm}^2/\text{s}$，润滑脂滴点为 170℃）。

若轴向载荷是间歇作用时，允许轴向载荷提高 1 倍，短暂作用时可提高 2 倍。

型号后带 E 的为加强型圆柱滚子轴承，是经优化设计的结构，滚子数量较多、较长且直径较大，载荷能力高，应优先采用。

圆柱滚子轴承（摘自 GB/T 283）

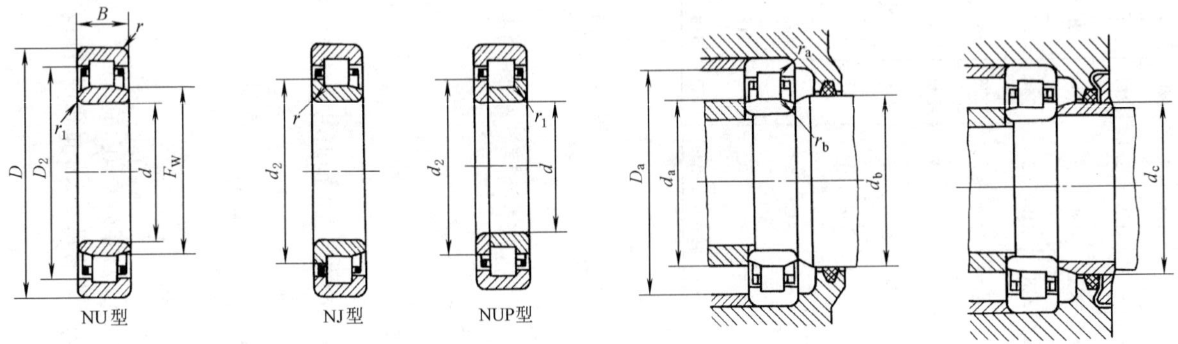

NU型　NJ型　NUP型

符号含义与应用

NU—内圈无挡边

NJ—内圈单挡边

NUP—内圈单挡边并带平挡圈

E—加强型

大多为单列，是可分离型，安装、拆卸比较方便，一般只能承受纯径向载荷，与相同尺寸的深沟球轴承相比，有较大承受径向载荷的能力，但要求轴和轴承座孔加工精度高，内、外圈轴线偏角误差允许 2′~4′，用于刚性较大的轴。允许轴向无挡边方向有不大的位移，内、外圈有挡边的一面可承受一定量的轴向载荷。NU 型不能限制轴或外壳的轴向位移，不能承受轴向载荷，常用作游动支承。NJ 型可限制轴或外壳一个方向轴向位移，并能承受较小的单向轴向载荷，常成对使用。NUP 型可在轴承的轴向间隙范围内限制轴或外壳两个方向的轴向位移，并能承受较小的双向轴向载荷。

表 8-2-88

基本尺寸 /mm				基本额定载荷/kN		极限转速 /r·min^{-1}		质量 /kg	轴承代号			其他尺寸 /mm				安装尺寸 /mm						
d	D	B	F_W	C_r	C_{0r}	脂	油	W ≈	NU 型	NJ 型	NUP 型	d_2	D_2	r min	r_1 min	d_a max	d_a min	d_b min	d_c min	D_a max	r_a max	r_b max
15	35	11	19.3	8.35	5.5	15000	19000	—	NU 202	NJ 202	—	22	26.4	0.6	0.3	—	17	21	23	31	0.6	0.3
17	40	12	22.9	9.55	7.0	14000	18000	—	NU 203	NJ 203	NUP 203	25.5	30.9	0.6	0.3	—	19	24	27	36	0.6	0.3
	47	14	27	13.5	10.8	13000	17000	0.147	NU 303	NJ 303	—	—	—	1	0.6	—	21	27	30	42	1	0.6
20	42	12	25.5	11.0	9.2	13000	17000	0.09	NU 1004	—	—	—	—	0.6	0.3	—	22	27	—	38	0.6	0.3
	47	14	26.5	27.0	24.0	12000	16000	0.117	NU 204 E	NJ 204 E	NUP 204 E	29.7	38.5	1	0.6	26	24	29	32	42	1	0.6
	47	18	26.5	32.2	30.0	12000	16000	0.149	NU 2204 E	NJ 2204 E	NUP 2204 E	29.7	38.5	1	0.6	26	24	29	32	42	1	0.6
	52	15	27.5	30.5	25.5	11000	15000	0.155	NU 304 E	NJ 304 E	NUP 304 E	31.2	42.3	1.1	0.6	27	24	30	33	45.5	1	0.6
	52	21	27.5	41.0	37.5	10000	14000	0.216	NU 2304 E	NJ 2304 E	NUP 2304 E	29.7	38.5	1.1	0.6	27	24	30	33	45.5	1	0.6
25	47	12	30.5	11.5	10.2	11000	15000	0.1	NU 1005	—	—	—	38.8	0.6	0.3	30	27	32	—	43	0.6	0.3
	52	15	31.5	28.5	26.8	11000	14000	0.14	NU 205 E	NJ 205 E	NUP 205 E	34.7	43.5	1	0.6	31	29	34	37	47	1	0.6
	52	18	31.5	34.5	33.8	11000	14000	0.168	NU 2205 E	NJ 2205 E	NUP 2205 E	34.7	43.5	1	0.6	31	29	34	37	47	1	0.6
	62	17	34	40.2	35.8	9000	12000	0.251	NU 305 E	NJ 305 E	NUP 305 E	38.1	50.4	1.1	1.1	33	31.5	37	40	55.5	1	1
	62	24	34	56.0	54.5	9000	12000	0.355	NU 2305 E	NJ 2305 E	NUP 2305 E	38.1	50.4	1.1	1.1	33	31.5	37	40	55.5	1	1

续表

基本尺寸/mm				基本额定载荷/kN		极限转速/r·min^{-1}		质量/kg	轴承代号			其他尺寸/mm				安装尺寸/mm						
d	D	B	F_W	C_r	C_{0r}	脂	油	W ≈	NU 型	NJ 型	NUP 型	d_2	D_2	r min	r_1 min	d_a max	d_a min	d_b min	d_c min	D_a max	r_a max	r_b max
30	55	13	36.5	13.5	12.8	9500	12000	0.12	NU 1006	—	—	—	45.6	1	0.6	35	34	38	—	50	1	0.6
	62	16	37.5	37.8	35.5	8500	11000	0.214	NU 206 E	NJ 206 E	NUP 206 E	41.3	52.3	1	0.6	37	34	40	44	57	1	0.6
	62	20	37.5	47.8	48.0	8500	11000	0.268	NU 2206 E	NJ 2206 E	NUP 2206 E	41.3	52.3	1	0.6	37	34	40	44	57	1	0.6
	72	19	40.5	51.5	48.2	8000	10000	0.377	NU 306 E	NJ 306 E	NUP 306 E	45	58.6	1.1	1.1	40	36.5	44	48	65.5	1	1
	72	27	40.5	73.2	75.5	8000	10000	0.538	NU 2306 E	NJ 2306 E	NUP 2306 E	45	58.6	1.1	1.1	40	36.5	44	48	65.5	1	1
	90	23	45	59.8	53.0	7000	9000	0.73	NU 406	NJ 406	NUP 406	50.5	65.8	1.5	1.5	44	38	47	52	82	1.5	1.5
35	62	14	42	20.5	18.8	8500	11000	0.16	NU 1007	—	—	—	54.5	1	0.6	41	39	44	—	57	1	0.6
	72	17	44	48.8	48.0	7500	9500	0.311	NU 207 E	NJ 207 E	NUP 207 E	48.3	60.5	1.1	0.6	43	39	46	50	65.5	1	0.6
	72	23	44	60.2	63.0	7500	9500	0.414	NU 2207 E	NJ 2207 E	NUP 2207 E	48.3	60.5	1.1	0.6	43	39	46	50	65.5	1	0.6
	80	21	46.2	65.0	63.2	7000	9000	0.501	NU 307 E	NJ 307 E	NUP 307 E	51.1	66.3	1.5	1.1	45	41.5	48	53	72	1.5	1
	80	31	46.2	91.8	98.2	7000	9000	0.738	NU 2307 E	NJ 2307 E	NUP 2307 E	51.1	66.3	1.5	1.1	45	41.5	48	53	72	1.5	1
	100	25	53	74.2	68.2	6000	7500	0.94	NU 407	NJ 407	NUP 407	59	75.3	1.5	1.5	52	43	55	61	92	1.5	1.5
40	68	15	47	22.2	22.0	7500	9500	0.22	NU 1008	NJ 1008	—	—	57.6	1	0.6	46	44	49	—	63	1	0.6
	80	18	49.5	54.0	53.0	7000	9000	0.394	NU 208 E	NJ 208 E	NUP 208 E	54.2	67.6	1.1	1.1	49	46.5	52	56	73.5	1	1
	80	23	49.5	70.8	75.2	7000	9000	0.507	NU 2208 E	NJ 2208 E	NUP 2208 E	54.2	67.6	1.1	1.1	49	46.5	52	56	73.5	1	1
	90	23	52	80.5	77.8	6300	8000	0.68	NU 308 E	NJ 308 E	NUP 308 E	57.7	75.4	1.5	1.5	51	48	55	60	82	1.5	1.5
	90	33	52	110	118	6300	8000	0.974	NU 2308 E	NJ 2308 E	NUP 2308 E	57.7	75.4	1.5	1.5	51	48	55	60	82	1.5	1.5
	110	27	58	94.8	89.8	5600	7000	1.25	NU 408	NJ 408	NUP 408	64.8	83.3	2	2	57	49	60	67	101	2	2
45	75	16	52.5	24.2	23.8	6500	8500	0.26	NU 1009	NJ 1009	—	—	63.9	1	0.6	52	49	54	—	70	1	0.6
	85	19	54.5	61.2	63.8	6300	8000	0.45	NU 209 E	NJ 209 E	NUP 209 E	59.2	72.6	1.1	1.1	54	51.5	57	61	78.5	1	1
	85	23	54.5	74.5	82.0	6300	8000	0.55	NU 2209 E	NJ 2209 E	NUP 2209 E	59.2	72.6	1.1	1.1	54	51.5	57	61	78.5	1	1
	100	25	58.5	97.5	98.0	5600	7000	0.93	NU 309 E	NJ 309 E	NUP 309 E	64.7	83.6	1.5	1.5	57	53	60	66	92	1.5	1.5
	100	36	58.5	135	152	5600	7000	1.34	NU 2309 E	NJ 2309 E	NUP 2309 E	64.7	83.6	1.5	1.5	57	53	60	66	92	1.5	1.5
	120	29	64.5	108	100	5000	6300	1.8	NU 409	NJ 409	NUP 409	71.8	91.4	2	2	63	54	66	74	111	2	2
50	80	16	57.5	26.2	27.5	6300	8000	—	NU 1010	NJ 1010	—	—	68.9	1	0.6	57	54	59	—	75	1	0.6
	90	20	59.5	64.2	69.2	6000	7500	0.505	NU 210 E	NJ 210 E	NUP 210 E	64.2	77.6	1.1	1.1	58	56.5	62	67	83.5	1	1
	90	23	59.5	77.8	88.8	6000	7500	0.59	NU 2210 E	NJ 2210 E	NUP 2210 E	64.2	77.6	1.1	1.1	58	56.5	62	67	83.5	1	1
	110	27	65	110	112	5300	6700	1.2	NU 310 E	NJ 310 E	NUP 310 E	71.2	91.7	2	2	63	59	67	73	101	2	2
	110	40	65	162	185	5300	6700	1.79	NU 2310 E	NJ 2310 E	NUP 2310 E	71.2	91.7	2	2	63	59	67	73	101	2	2
	130	31	70.8	125	120	4800	6000	2.3	NU 410	NJ 410	NUP 410	78.8	101	2.1	2.1	69	61	73	81	119	2.1	2.1

续表

基本尺寸/mm				基本额定载荷/kN		极限转速/r·min^{-1}		质量/kg	轴承代号			其他尺寸/mm				安装尺寸/mm						
d	D	B	F_W	C_r	C_{0r}	脂	油	W ≈	NU型	NJ型	NUP型	d_2	D_2	r min	r_1 min	d_a max	d_a min	d_b min	d_c min	D_a max	r_a max	r_b max
55	90	18	64.5	37.5	40.0	5600	7000	0.45	NU 1011	NJ 1011	—	—	79	1.1	1	63	60	66	—	83.5	1	1
	100	21	66	84.0	95.5	5300	6700	0.68	NU 211 E	NJ 211 E	NUP 211 E	70.9	86.2	1.5	1.1	65	61.5	68	73	92	1.5	1
	100	25	66	99.2	118	5300	6700	0.81	NU 2211 E	NJ 2211 E	NUP 2211 E	70.9	86.2	1.5	1.1	65	61.5	68	73	92	1.5	1
	120	29	70.5	135	138	4800	6000	1.53	NU 311 E	NJ 311 E	NUP 311 E	77.4	100.6	2	2	69	64	72	80	111	2	2
	120	43	70.5	198	228	4800	6000	2.28	NU 2311 E	NJ 2311 E	NUP 2311 E	77.4	100.6	2	2	69	64	72	80	111	2	2
	140	33	77.2	135	132	4300	5300	2.8	NU 411	NJ 411	NUP 411	85.2	108	2.1	2.1	76	66	79	87	129	2.1	2.1
60	95	18	69.5	40.2	45.0	5300	6700	0.48	NU 1012	NJ 1012	—	—	81.6	1.1	1	68	65	71	—	88.5	1	1
	110	22	72	94.0	102	5000	6300	0.86	NU 212 E	NJ 212 E	NUP 212 E	77.7	95.8	1.5	1.5	71	68	75	80	102	1.5	1.5
	110	28	72	128	152	5000	6300	1.12	NU 2212 E	NJ 2212 E	NUP 2212 E	77.7	95.8	1.5	1.5	71	68	75	80	102	1.5	1.5
	130	31	77	148	155	4500	5600	1.87	NU 312 E	NJ 312 E	NUP 312 E	84.3	109.9	2.1	2.1	75	71	79	86	119	2.1	2.1
	130	46	77	222	260	4500	5600	2.81	NU 2312 E	NJ 2312 E	NUP 2312 E	84.3	109.9	2.1	2.1	75	71	79	86	119	2.1	2.1
	150	35	83	162	162	4000	5000	3.4	NU 412	NJ 412	NUP 412	91.8	116	2.1	2.1	82	71	85	94	139	2.1	2.1
65	100	18	74.5	40	46.5	4800	6000	0.51	NU 1013	NJ 1013	—	—	86.6	1.1	1	73	70	76	—	93.5	1	1
	120	23	78.5	108	118	4500	5600	1.08	NU 213 E	NJ 213 E	NUP 213 E	84.6	104	1.5	1.5	77	73	81	87	112	1.5	1.5
	120	31	78.5	148	180	4500	5600	1.48	NU 2213 E	NJ 2213 E	NUP 2213 E	84.6	104	1.5	1.5	77	73	81	87	112	1.5	1.5
	140	33	82.5	178	188	4000	5000	2.31	NU 313 E	NJ 313 E	NUP 313 E	90.6	118.8	2.1	2.1	81	76	85	93	129	2.1	2.1
	140	48	82.5	245	285	4000	5000	3.34	NU 2313 E	NJ 2313 E	NUP 2313 E	90.6	118.8	2.1	2.1	81	76	85	93	129	2.1	2.1
	160	37	89.5	178	178	3800	4800	4	NU 413	NJ 413	NUP 413	98.5	124	2.1	2.1	88	76	91	100	149	2.1	2.1
70	110	20	80	49.8	57.0	4800	6000	0.71	NU 1014	NJ 1014	—	—	95.4	1.1	1	78	75	82	—	103.5	1	1
	125	24	83.5	118	135	4300	5300	1.2	NU 214 E	NJ 214 E	NUP 214 E	89.6	109	1.5	1.5	82	78	86	92	117	1.5	1.5
	125	31	83.5	155	192	4300	5300	1.56	NU 2214 E	NJ 2214 E	NUP 2214 E	89.6	109	1.5	1.5	82	78	86	92	117	1.5	1.5
	150	35	89	205	220	3800	4800	2.86	NU 314 E	NJ 314 E	NUP 314 E	97.5	127	2.1	2.1	87	81	92	100	139	2.1	2.1
	150	51	89	272	320	3800	4800	4.1	NU 2314 E	NJ 2314 E	NUP 2314 E	97.5	127	2.1	2.1	87	81	92	100	139	2.1	2.1
	180	42	100	225	232	3400	4300	5.9	NU 414	NJ 414	NUP 414	110	139	3	3	99	83	102	112	167	2.5	2.5
75	115	20	85	54.0	61.2	4500	5600	0.74	NU 1015	NJ 1015	—	—	101	1.1	1	83	80	87	—	108.5	1	1
	130	25	88.5	130	155	4000	5000	1.32	NU 215 E	NJ 215 E	NUP 215 E	94.6	114	1.5	1.5	87	83	90	96	122	1.5	1.5
	130	31	88.5	162	205	4000	5000	1.64	NU 2215 E	NJ 2215 E	NUP 2215 E	94.6	114	1.5	1.5	87	83	90	96	122	1.5	1.5
	160	37	95	258	260	3600	4500	3.43	NU 315 E	NJ 315 E	NUP 315 E	104.2	136.5	2.1	2.1	93	86	97	106	149	2.1	2.1
	160	55	95.5	258	308	3600	4500	5.4	NU 2315	NJ 2315	NUP 2315	104	129	2.1	2.1	93	86	98	107	149	2.1	2.1
	190	45	104.5	262	272	3200	4000	7.1	NU 415	NJ 415	NUP 415	116	147	3	3	103	88	107	118	177	2.5	2.5

续表

基本尺寸 /mm				基本额定载荷/kN		极限转速 /r·min^{-1}		质量 /kg	轴承代号			其他尺寸 /mm				安装尺寸 /mm						
d	D	B	F_W	C_r	C_{0r}	脂	油	W ≈	NU 型	NJ 型	NUP 型	d_2	D_2	r min	r_1 min	d_a max	d_a min	d_b min	d_c min	D_a max	r_a max	r_b max
80	125	22	91.5	62.0	77.8	4300	5300	1	NU 1016	NJ 1016	—	—	109	1.1	1	90	85	94	—	118.5	1	1
	140	26	95.3	138	165	3800	4800	1.58	NU 216 E	NJ 216 E	NUP 216 E	101.1	123.1	2	2	94	89	97	104	131	2	2
	140	33	95.3	185	242	3800	4800	2.05	NU 2216 E	NJ 2216 E	NUP 2216 E	101.1	123.1	2	2	94	89	97	104	131	2	2
	170	39	101	258	282	3400	4300	4.05	NU 316 E	NJ 316 E	NUP 316 E	110.1	144.2	2.1	2.1	99	91	105	114	159	2.1	2.1
	170	58	103	270	328	3400	4300	6.4	NU 2316	NJ 2316	NUP 2316	111	136	2.1	2.1	99	91	106	114	159	2.1	2.1
	200	48	110	298	315	3000	3800	8.3	NU 416	NJ 416	NUP 416	122	156	3	3	109	93	112	124	187	2.5	2.5
85	130	22	96.5	67.5	81.6	4000	5000	1.05	NU 1017	NJ 1017	—	—	114	1.1	1	95	90	99	—	123.5	1	1
	150	28	100.5	165	192	3600	4500	2	NU 217 E	NJ 217 E	NUP 217 E	107.1	131.7	2	2	99	94	104	110	141	2	2
	150	36	100.5	215	272	3600	4500	2.58	NU 2217 E	NJ 2217 E	NUP 2217 E	107.1	131.7	2	2	99	94	104	110	141	2	2
	180	41	108	292	332	3200	4000	4.82	NU 317 E	NJ 317 E	NUP 317 E	117.4	153	3	3	106	98	110	119	167	2.5	2.5
	180	60	108	308	380	3200	4000	7.4	NU 2317	NJ 2317	NUP 2317	117	144	3	3	106	98	111	120	167	2.5	2.5
	210	52	113	328	345	2800	3600	9.8	NU 417	NJ 417	NUP 417	126	162	4	4	111	101	115	128	194	3	3
90	140	24	103	77.5	94.8	3800	4800	1.36	NU 1018	NJ 1018	—	—	122	1.5	1.1	101	96.5	106	—	132	1.5	1
	160	30	107	180	215	3400	4300	2.44	NU 218 E	NJ 218 E	NUP 218 E	113.9	140	2	2	105	99	109	116	151	2	2
	160	40	107	240	312	3400	4300	3.26	NU 2218 E	NJ 2218 E	NUP 2218 E	113.9	140	2	2	105	99	109	116	151	2	2
	190	43	113.5	312	348	3000	3800	5.59	NU 318 E	NJ 318 E	NUP 318 E	123.7	161.9	3	3	111	103	117	127	177	2.5	2.5
	190	64	115	325	395	3000	3800	8.4	NU 2318	NJ 2318	NUP 2318	125	153	3	3	111	103	118	128	177	2.5	2.5
	225	54	123.5	368	392	2400	3200	11	NU 418	NJ 418	NUP 418	137	175	4	4	122	106	125	139	209	3	3
95	145	24	108	79.0	98.5	3600	4500	1.4	NU 1019	NJ 1019	—	—	127	1.5	1.1	106	101.5	111	—	137	1.5	1
	170	32	112.5	218	262	3200	4000	2.96	NU 219 E	NJ 219 E	NUP 219 E	120.2	148.9	2.1	2.1	111	106	116	123	159	2.1	2.1
	170	43	112.5	288	368	3200	4000	3.97	NU 2219 E	NJ 2219 E	NUP 2219 E	120.2	148.9	2.1	2.1	111	106	116	123	159	2.1	2.1
	200	45	121.5	330	380	2800	3600	6.52	NU 319 E	NJ 319 E	NUP 319 E	131.7	169.9	3	3	119	108	124	134	187	2.5	2.5
	200	67	121.5	388	500	2800	3600	10.4	NU 2319	NJ 2319	NUP 2319	132	161	3	3	119	108	124	135	187	2.5	2.5
	240	55	133.5	395	428	2200	3000	14	NU 419	NJ 419	NUP 419	147	185	4	4	132	111	136	149	224	3	3
100	150	24	113	81.8	102	3400	4300	1.5	NU 1020	NJ 1020	—	—	132	1.5	1.1	111	106.5	116	—	142	1.5	1
	180	34	119	245	302	3000	3800	3.58	NU 220 E	NJ 220 E	NUP 220 E	127	157.2	2.1	2.1	117	111	122	130	169	2.1	2.1
	180	46	119	332	440	3000	3800	4.86	NU 2220 E	NJ 2220 E	NUP 2220 E	127	157.2	2.1	2.1	117	111	122	130	169	2.1	2.1
	215	47	127.5	382	425	2600	3200	7.89	NU 320 E	NJ 320 E	NUP 320 E	139.1	182.3	3	3	125	113	132	143	202	2.5	2.5
	215	73	129.5	435	558	2600	3200	13.5	NU 2320	NJ 2320	NUP 2320	140	172	3	3	125	113	132	143	202	2.5	2.5
	250	58	139	438	480	2000	2800	16	NU 420	NJ 420	NUP 420	153	194	4	4	137	116	141	156	234	3	3

续表

基本尺寸/mm				基本额定载荷/kN		极限转速/r·min^{-1}		质量/kg	轴承代号			其他尺寸/mm				安装尺寸/mm						
d	D	B	F_W	C_r	C_{0r}	脂	油	W ≈	NU 型	NJ 型	NUP 型	d_2	D_2	r min	r_1 min	d_a max	d_a min	d_b min	d_c min	D_a max	r_a max	r_b max
105	160	26	119.5	95.8	122	3200	4000	1.9	NU 1021	NJ 1021	—	—	140	2	1.1	118	112	122	—	151	2	1
	190	36	126.8	195	235	2800	3600	4	NU 221	NJ 221	NUP 221	135	159	2.1	2.1	124	116	129	137	179	2.1	2.1
	225	49	135	338	392	2200	3000	—	NU 321	NJ 321	NUP 321	147	181	3	3	132	118	137	149	212	2.5	2.5
	260	60	144.5	532	602	1900	2600	—	NU 421	NJ 421	NUP 421	159	202	4	4	143	121	147	162	244	3	3
110	170	28	125	120	155	3000	3800	2.3	NU 1022	NJ 1022	—	131	149	2	1.1	124	116.5	128	—	161	2	1
	200	38	132.5	292	360	2600	3400	5.02	NU 222 E	NJ 222 E	NUP 222 E	141.3	174.1	2.1	2.1	130	121	135	144	189	2.1	2.1
	200	53	132.5	328	445	2600	3400	7.5	NU 2222	NJ 2222	NUP 2222	141	167	2.1	2.1	130	121	135	144	189	2.1	2.1
	240	50	143	368	428	2000	2800	11	NU 322	NJ 322	NUP 322	155	192	3	3	140	123	145	158	227	2.5	2.5
	240	80	143	560	740	2000	2800	17.5	NU 2322	NJ 2322	NUP 2322	155	201	3	3	140	123	145	158	227	2.5	2.5
	280	65	155	540	602	1800	2400	22	NU 422	NJ 422	NUP 422	171	216	4	4	153	126	157	173	264	3	3
120	180	28	135	135	168	2600	3400	2.96	NU 1024	NJ 1024	—	—	159	2	1.1	134	126.5	138	—	171	2	1
	215	40	143.5	338	422	2200	3000	6.11	NU 224 E	NJ 224 E	NUP 224 E	153	188.1	2.1	2.1	141	131	146	156	204	2.1	2.1
	215	58	143.5	362	522	2200	3000	9.5	NU 2224	NJ 2224	NUP 2224	153	180	2.1	2.1	141	131	146	156	204	2.1	2.1
	260	55	154	460	552	1900	2600	14	NU 324	NJ 324	NUP 324	168	209	3	3	151	133	156	171	247	2.5	2.5
	260	86	154	662	868	1900	2600	22.5	NU 2324	NJ 2324	NUP 2324	168	219	3	3	151	133	156	171	247	2.5	2.5
	310	72	170	672	772	1700	2200	30	NU 424	NJ 424	NUP 424	188	238	5	5	168	140	172	190	290	4	4
130	200	33	148	160	212	2400	3200	3.7	NU 1026	NJ 1026	—	—	175	2	1.1	146	136.5	151	—	191	2	1
	230	40	156	270	352	2000	2800	7	NU 226	NJ 226	NUP 226	165	192	3	3	151	143	158	168	217	2.5	2.5
	230	64	156	385	552	2000	2800	11.5	NU 2226	NJ 2226	NUP 2226	—	—	3	3	151	143	158	168	217	2.5	2.5
	280	58	167	515	620	1700	2200	18	NU 326	NJ 326	NUP 326	182	225	4	4	164	146	169	184	264	3	3
	280	93	167	785	1060	1700	2200	28.5	NU 2326	NJ 2326	NUP 2326	182	236	4	4	164	146	169	184	264	3	3
	340	78	185	820	942	1500	1900	39	NU 426	NJ 426	NUP 426	—	—	5	5	183	150	187	208	320	4	4
140	210	33	158	165	220	2000	2800	4	NU 1028	NJ 1028	—	—	185	2	1.1	156	146.5	161	—	201	2	1
	250	42	169	315	415	1800	2400	9.1	NU 228	NJ 228	NUP 228	179	208	3	3	166	153	171	182	237	2.5	2.5
	250	68	169	458	700	1800	2400	15	NU 2228	NJ 2228	NUP 2228	179	208	3	3	166	153	171	182	237	2.5	2.5
	300	62	180	570	690	1600	2000	22	NU 328	NJ 328	NUP 328	196	241	4	4	176	156	182	198	284	3	3
	300	102	180	865	1180	1600	2000	37	NU 2328	NJ 2328	NUP 2328	192	252	4	4	176	156	182	198	284	3	3
	360	82	196	885	1020	1400	1800	—	NU 428	NJ 428	NUP 428	—	—	5	5	195	160	200	222	340	4	4

续表

基本尺寸 /mm				基本额定载荷/kN		极限转速 /r·min^{-1}		质量 /kg	轴承代号			其他尺寸 /mm				安装尺寸 /mm						
d	D	B	F_W	C_r	C_{0r}	脂	油	W ≈	NU 型	NJ 型	NUP 型	d_2	D_2	r min	r_1 min	d_a max	d_a min	d_b min	d_c min	D_a max	r_a max	r_b max
150	225	35	169.5	198	268	1900	2600	4.8	NU 1030	NJ 1030	—	—	198	2.1	1.5	167	158	173	—	214	2.1	1.5
	270	45	182	378	490	1700	2200	11	NU 230	NJ 230	NUP 230	193	225	3	3	179	163	184	196	257	2.5	2.5
	270	73	182	555	772	1700	2200	17	NU 2230	NJ 2230	NUP 2230	193	225	3	3	179	163	184	196	257	2.5	2.5
	320	65	193	622	765	1500	1900	26	NU 330	NJ 330	NUP 330	209	270	4	4	190	166	195	213	304	3	3
	320	108	193	975	1340	1500	1900	45	NU 2330	NJ 2330	NUP 2330	209	270	4	4	190	166	195	213	304	3	3
	380	85	209	955	1100	1300	1700	53	NU 430	NJ 430	NUP 430	—	—	5	5	210	170	216	237	360	4	4
160	240	38	180	222	302	1800	2400	6	NU 1032	NJ 1032	—	—	211	2.1	1.5	178	168	184	—	229	2.1	1.5
	290	48	195	425	552	1600	2000	14	NU 232	NJ 232	NUP 232	206	250	3	3	192	173	197	210	277	2.5	2.5
	290	80	195	618	898	1600	2000	25	NU 2232	NJ 2232	NUP 2232	205	252	3	3	190	173	196	209	277	2.5	2.5
	340	68	208	658	825	1400	1800	31.6	NU 332	NJ 332	NUP 332	—	—	4	4	200	176	211	228	324	3	3
	340	114	208	1018	1430	1400	1800	55.8	NU 2332	NJ 2332	NUP 2332	—	—	4	4	200	176	211	228	324	3	3
170	260	42	193	268	365	1700	2200	8.14	NU 1034	NJ 1034	—	—	227	2.1	2.1	190	181	197	—	249	2.1	2.1
	310	52	208	445	650	1500	1900	17.1	NU 234	NJ 234	NUP 234	220	269	4	4	204	186	211	223	294	3	3
	360	72	220	750	952	1300	1700	36	NU 334	NJ 334	NUP 334	—	290	4	4	216	186	223	241	344	3	3
	360	120	220	1162	1650	1300	1700	63	NU 2334	NJ 2334	NUP 2334	—	290	4	4	212	186	223	241	344	3	3
180	280	46	205	315	438	1600	2000	10.1	NU 1036	NJ 1036	—	215	244	2.1	2.1	203	191	209	—	269	2.1	2.1
	320	52	218	445	650	1400	1800	18	NU 236	NJ 236	NUP 236	230	279	4	4	214	196	221	233	304	3	3
	380	75	232	875	1100	1200	1600	42	NU 336	NJ 336	NUP 336	252	306	4	4	227	196	235	255	364	3	3
	380	126	232	1268	1780	1200	1600	71.2	NU 2336	NJ 2336	NUP 2336	252	306	4	4	222	196	236	255	364	3	3
190	290	46	215	350	495	1500	1900	—	NU 1038	NJ 1038	—	—	254	2.1	2.1	213	201	219	—	279	2.1	2.1
	340	55	231	535	745	1300	1700	23	NU 238	NJ 238	NUP 238	244	295	4	4	227	206	234	247	324	3	3
	340	92	231	1022	1570	1300	1700	38.5	NU 2238	NJ 2238	NUP 2238	—	295	4	4	227	206	234	247	324	3	3
	400	78	245	925	1190	1100	1500	50	NU 338	NJ 338	NUP 338	—	322	5	5	240	210	248	268	380	4	4

续表

基本尺寸 /mm				基本额定载荷/kN		极限转速 /r·min^{-1}		质量 /kg	轴承代号			其他尺寸 /mm				安装尺寸 /mm						
d	D	B	F_W	C_r	C_{0r}	脂	油	W ≈	NU 型	NJ 型	NUP 型	d_2	D_2	r min	r_1 min	d_a max	d_a min	d_b min	d_c min	D_a max	r_a max	r_b max
200	310	51	229	428	615	1400	1800	14.3	NU 1040	NJ 1040	—	239	269	2.1	2.1	226	211	233	—	299	2.1	2.1
	360	58	244	598	842	1200	1600	26	NU 240	NJ 240	NUP 240	258	312	4	4	240	216	247	261	344	3	3
	360	98	244	1172	1725	1200	1600	—	NU 2240	NJ 2240	NUP 2240	—	—	4	4	—	216	247	261	344	3	3
	420	80	260	1018	1290	1000	1400	—	NU 340	NJ 340	NUP 340	—	—	5	5	254	220	263	283	400	4	4
220	340	56	250	470	685	1200	1600	—	NU 1044	NJ 1044	—	262	297	3	3	248	233	254	—	327	2.5	2.5
	400	65	270	735	1050	1000	1400	36	NU 244	NJ 244	NUP 244	286	332	4	4	266	236	273	289	384	3	3
	400	108	270	1425	2330	1000	1400	62	NU 2244	NJ 2244	NUP 2244	—	332	4	4	—	236	274	—	384	3	3
	460	88	284	1132	1465	900	1200	75	NU 344	NJ 344	—	307	371	5	5	278	240	287	—	440	4	4
240	360	56	270	492	745	1000	1400	21	NU 1048	NJ 1048	—	282	317	3	3	268	253	275	—	347	2.5	2.5
	440	72	295	922	1345	900	1200	48.2	NU 248	NJ 248	NUP 248	313	365	4	4	293	256	298	316	424	3	3
	500	95	310	1352	1810	800	1000	97.1	NU 348	NJ 348	—	335	403	5	5	296	260	313	—	480	4	4
260	400	65	296	620	932	950	1300	31	NU 1052	NJ 1052	—	309	349	4	4	292	276	300	—	384	3	3
280	420	65	316	628	965	850	1100	33	NU 1056	NJ 1056	—	329	369	4	4	311	296	320	—	404	3	3
300	460	74	340	922	1470	800	1000	44.4	NU 1060	NJ 1060	—	356	402	4	4	335	316	344	—	444	3	3
	540	85	364	1425	2190	700	900	87.2	NU 260	NJ 260	—	387	451	5	5	358	320	368	392	520	4	4
320	480	74	360	932	1520	750	950	47	NU 1064	NJ 1064	—	376	422	4	4	355	336	364	—	464	3	3
400	600	90	450	1488	2480	560	700	88.8	NU 1080	NJ 1080	—	470	527	5	5	446	420	455	—	580	4	4

注：1. 新尺寸标准 GB/T 283—2007 扩大了尺寸范围，增加了 N 型结构的轴承型号，修改和删除了部分滚子组的公称内、外径，修改了挡边宽度。本表数据符合《全国滚动轴承产品样本》第 2 版（2012 年出版）。

2. 质量以 NJ 型为主。

圆柱滚子轴承（摘自 GB/T 283）

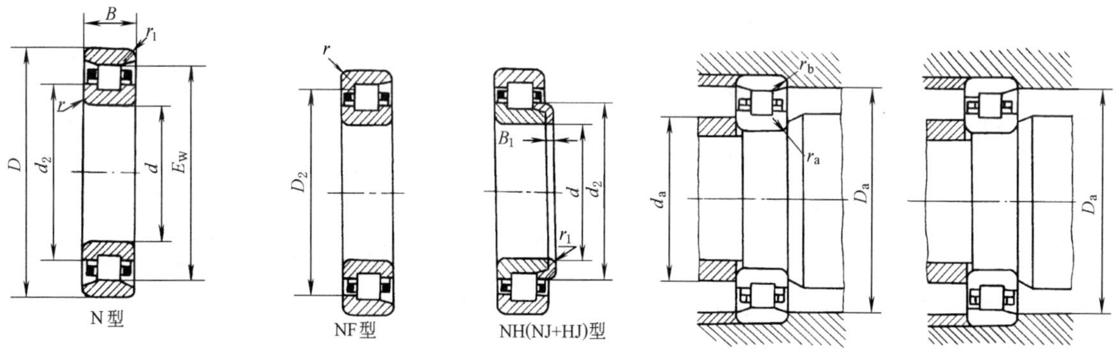

符号含义与应用

N—外圈无挡边

NF—外圈有单挡边

NH—内圈有单挡边（NJ），并带斜挡圈（HJ）

E—加强型

应用基本同前。N 型不能承受轴向载荷，不能限制轴或外壳的轴向位移，常用作游动支承。NF 型在有挡边一侧能承受较小轴向载荷，并能限制单向轴向位移，常成对使用。NH 型能承受较小的双向轴向载荷，并能限制双向轴向位移。

表 8-2-89

基本尺寸 /mm			基本额定载荷 /kN		极限转速 /r·min^{-1}		质量 /kg	轴承代号			其他尺寸 /mm						安装尺寸 /mm			
d	D	B	C_r	C_{0r}	脂	油	W ≈	N 型	NF 型	NH(NJ+HJ)型	E_W	d_2	D_2	B_1	r min	r_1 min	d_a min	D_a max	r_a max	r_b max
15	35	11	8.35	5.5	15000	19000	—	N 202	NF 202	—	29.3	22	26.4	—	0.6	0.3	19	—	0.6	0.3
17	40	12	9.55	7.0	14000	18000	—	N 203	NF 203	—	33.9	25.5	30.9	—	0.6	0.3	21	—	0.6	0.3
20	42	12	11.0	8.0	13000	17000	0.09	N 1004	—	—	36.5	28.3	—	—	0.6	0.3	24	—	0.6	0.3
	47	14	13.0	11.0	12000	16000	0.11	—	NF 204	NJ 204+HJ 204	40	29.9	36.7	3	1	0.6	25	42	1	0.6
	47	14	27.0	24.0	12000	16000	0.117	N 204 E	—	—	41.5	29.7	—	—	1	0.6	25	42	1	0.6
	47	18	32.2	30.0	12000	16000	0.149	N 2204 E	—	—	41.5	29.7	—	—	1	0.6	25	42	1	0.6
	52	15	18.0	15.0	11000	15000	0.17	—	NF 304	NJ 304+HJ 304	44.5	31.8	39.8	4	1.1	0.6	26.5	47	1	0.6
	52	15	30.5	25.5	11000	15000	0.155	N 304 E	—	—	45.5	31.2	—	—	1.1	0.6	26.5	47	1	0.6
	52	21	41.0	37.5	10000	14000	0.216	N 2304 E	—	—	45.5	31.2	—	—	1.1	0.6	26.5	47	1	0.6
25	47	12	11.5	10.2	11000	15000	0.1	N 1005	—	—	41.5	—	—	—	0.6	0.3	29	—	0.6	0.3
	52	15	14.8	12.8	11000	14000	0.16	—	NF 205	NJ 205+HJ 205	45	34.9	41.6	3	1	0.6	30	47	1	0.6
	52	15	28.8	26.8	11000	14000	0.14	N 205 E	—	—	46.5	34.7	—	—	1	0.6	30	47	1	0.6
	52	18	22.2	19.8	11000	14000	—	—	—	NJ 2205+HJ 2205	—	34.9	41.6	3	1	0.6	30	—	1	0.6
	52	18	34.5	33.8	11000	14000	0.168	N 2205 E	—	—	46.5	34.7	—	—	1	0.6	30	47	1	0.6

续表

基本尺寸 /mm			基本额定载荷 /kN		极限转速 /r·min^{-1}		质量 /kg	轴承代号			其他尺寸 /mm						安装尺寸 /mm			
d	D	B	C_r	C_{0r}	脂	油	W ≈	N 型	NF 型	NH(NJ+HJ)型	E_W	d_2	D_2	B_1	r min	r_1 min	d_a min	D_a max	r_a max	r_b max
25	62	17	26.8	22.5	9000	12000	0.2	—	NF 305	NJ 305+HJ 305	53	39	48	4	1.1	1.1	31.5	55	1	1
	62	17	40.2	35.8	9000	12000	0.251	N 305 E	—	—	54	38.1	—	—	1.1	1.1	31.5	55	1	1
	62	24	40.2	39.2	9000	12000	—	—	NF 2305	—	53	39	48	—	1.1	1.1	31.5	55	1	1
	62	24	55.8	54.5	9000	12000	0.355	N 2305 E	—	—	54	38.1	—	—	1.1	1.1	31.5	55	1	1
30	62	16	20.5	18.2	8500	11000	0.2	—	NF 206	NJ 206+HJ 206	53.5	41.8	49.1	4	1	0.6	36	56	1	0.6
	62	16	37.8	35.5	8500	11000	0.214	N 206 E	—	—	55.5	41.3	—	—	1	0.6	36	56	1	0.6
	62	20	30.2	30.2	8500	11000	0.29	—	—	NJ 2206+HJ 2206	53.5	41.8	49.1	4	1	0.6	36	—	1	0.6
	62	20	47.8	48.0	8500	11000	0.268	N 2206 E	—	—	55.5	41.3	—	—	1	0.6	36	56	1	0.6
	72	19	35.0	31.5	8000	10000	0.3	—	NF 306	NJ 306+HJ 306	62	45.9	56.7	5	1.1	1.1	37	64	1	1
	72	19	51.5	48.2	8000	10000	0.377	N 306 E	—	—	62.5	45	—	—	1.1	1.1	37	64	1	1
	72	27	48.8	47.5	8000	10000	0.6	—	NF 2306	—	62	45.9	56.7	—	1.1	1.1	37	64	1	1
	72	27	73.2	75.5	8000	10000	0.538	N 2306 E	—	—	62.5	45	—	—	1.1	1.1	37	64	1	1
	90	23	60.0	53.0	7000	9000	0.73	N 406	—	NJ 406+HJ 406	73	50.5	65.8	7	1.5	1.5	39	—	1.5	1.5
35	72	17	29.8	28.0	7500	9500	0.3	—	NF 207	NJ 207+HJ 207	61.8	47.6	56.8	4	1.1	0.6	42	64	1	0.6
	72	17	48.8	48.0	7500	9500	0.311	N 207 E	—	—	64	48.3	—	—	1.1	0.6	42	64	1	0.6
	72	23	45.8	48.5	7500	9500	0.45	—	—	NJ 2207+HJ 2207	61.8	47.6	56.8	4	1.1	0.6	42	—	1	0.6
	72	23	60.2	63.0	7500	9500	0.414	N 2207 E	—	—	64	48.3	—	—	1.1	0.6	42	64	1	0.6
	80	21	41.0	43.0	7000	9000	0.56	—	NF 307	NJ 307+HJ 307	68.2	50.8	62.4	6	1.5	1.1	44	71	1.5	1
	80	21	62.0	65.0	7000	9000	0.501	N 307 E	—	—	70.2	51.1	—	—	1.5	1.1	44	71	1.5	1
	80	31	54.8	57.5	7000	9000	0.85	—	NF 2307	—	68.2	50.8	62.4	—	1.5	1.1	44	71	1.5	1
	80	31	87.5	91.8	7000	9000	0.738	N 2307 E	—	—	70.2	51.5	—	—	1.5	1.1	44	71	1.5	1
	100	25	70.8	74.2	6000	7500	0.94	N 407	—	NJ 407+HJ 407	83	59	75.3	8	1.5	1.5	44	—	1.5	1.5
40	68	15	21.2	22.2	7500	9500	0.22	N 1008	—	—	61	50.3	—	—	1	0.6	45	—	1	0.6
	80	18	37.5	39.2	7000	9000	0.4	—	NF 208	NJ 208+HJ 208	70	54.2	64.7	5	1.1	1.1	47	72	1	1
	80	18	51.5	54.0	7000	9000	0.394	N 208 E	—	—	71.5	54.2	—	—	1.1	1.1	47	72	1	1
	80	23	52.0	54.5	7000	9000	0.53	—	—	NJ 2208+HJ 2208	70	54.2	64.7	5	1.1	1.1	47	—	1	1
	80	23	67.5	70.8	7000	9000	0.507	N 2208 E	—	—	71.5	54.2	—	—	1.1	1.1	47	72	1	1
	90	23	48.8	51.2	6300	8000	0.7	—	NF 308	NJ 308+HJ 308	77.5	58.4	71.2	7	1.5	1.5	49	80	1.5	1.5
	90	23	76.8	80.5	6300	8000	0.68	N 308 E	—	—	80	57.7	—	—	1.5	1.5	49	80	1.5	1.5

续表

基本尺寸 /mm			基本额定载荷 /kN		极限转速 /r·min^{-1}		质量 /kg	轴承代号			其他尺寸 /mm						安装尺寸 /mm			
d	D	B	C_r	C_{0r}	脂	油	W ≈	N 型	NF 型	NH(NJ+HJ)型	E_W	d_2	D_2	B_1	r min	r_1 min	d_a min	D_a max	r_a max	r_b max
40	90	33	70.8	74.2	6300	8000	1.1	—	NF 2308	—	77.5	58.4	71.2	—	1.5	1.5	49	80	1.5	1.5
	90	33	105	110	6300	8000	0.974	N 2308 E	—	—	80	57.7	—	—	1.5	1.5	49	80	1.5	1.5
	110	27	90.5	94.8	5600	7000	1.25	N 408	—	NJ 408+HJ 408	92	64.8	83.3	8	2	2	50	—	2	2
45	85	19	39.8	41.8	6300	8000	0.5	—	NF 209	NJ 209+HJ 209	75	59	69.7	5	1.1	1.1	52	77	1	1
	85	19	58.5	61.2	6300	8000	0.45	N 209 E	—	—	76.5	59.2	—	—	1.1	1.1	52	77	1	1
	85	23	54.8	57.5	6300	8000	0.59	—	—	NJ 2209+HJ 2209	75	59	69.7	5	1.1	1.1	52	—	1	1
	85	23	71.0	74.5	6300	8000	0.55	N 2209 E	—	—	76.5	59.2	—	—	1.1	1.1	52	77	1	1
	100	25	66.8	70.0	5600	7000	0.9	—	NF 309	NJ 309+HJ 309	86.5	64	79.3	7	1.5	1.5	54	89	1.5	1.5
	100	25	93.0	97.5	5600	7000	0.93	N 309 E	—	—	88.5	64.7	—	—	1.5	1.5	54	89	1.5	1.5
	100	36	91.5	95.8	5600	7000	1.5	—	NF 2309	—	86.5	64	79.6	—	1.5	1.5	54	89	1.5	1.5
	100	36	130	135	5600	7000	1.34	N 2309 E	—	—	88.5	64.7	—	—	1.5	1.5	54	89	1.5	1.5
	120	29	102	108	5000	6300	1.8	N 409	—	NJ 409+HJ 409	100.5	71.8	91.4	8	2	2	55	—	2	2
50	80	16	25.0	26.2	6300	8000	—	N 1010	—	—	72.5	—	—	—	1	0.6	55	—	1	0.6
	90	20	43.2	45.2	6000	7500	0.6	—	NF 210	NJ 210+HJ 210	80.4	64.6	75.1	5	1.1	1.1	57	83	1	1
	90	20	61.2	64.2	6000	7500	0.505	N 210 E	—	—	81.5	64.2	—	—	1.1	1.1	57	83	1	1
	90	23	57.2	60.0	6000	7500	0.65	—	—	NJ 2210+HJ 2210	80.4	64.6	75.1	5	1.1	1.1	57	—	1	1
	90	23	74.2	77.8	6000	7500	0.59	N 2210 E	—	—	81.5	64.2	—	—	1.1	1.1	57	83	1	1
	110	27	76.0	79.5	5300	6700	1.2	—	NF 310	NJ 310+HJ 310	95	71	87.3	8	2	2	60	98	2	2
	110	27	105	110	5300	6700	1.2	N 310 E	—	—	97	71.2	—	—	2	2	60	98	2	2
	110	40	112	117.2	5300	6700	1.85	—	NF 2310	—	95	71	87.3	8	2	2	60	98	2	2
	110	40	155	162	5300	6700	1.79	N 2310 E	—	—	97	71.2	—	—	2	2	60	98	2	2
	130	31	120	125	4800	6000	2.3	N 410	—	NJ 410+HJ 410	110.8	78.8	101	9	2.1	2.1	62	—	2.1	2.1
55	90	18	37.5	40.0	5600	7000	0.45	N 1011	—	—	80.5	—	—	—	1.1	1	61.5	—	1	1
	100	21	55.2	60.2	5300	6700	0.7	—	NF 211	NJ 211+HJ 211	88.5	70.8	82.7	6	1.5	1.1	64	91	1.5	1
	100	21	84.0	95.5	5300	6700	0.68	N 211 E	—	—	90.0	70.2	—	—	1.5	1.1	64	91	1.5	1
	100	25	74.2	87.5	5300	6700	0.86	—	—	NJ 2211+HJ 2211	88.5	70.8	82.7	6	1.5	1.1	64	—	1.5	1
	100	25	99.2	118	5300	6700	0.81	N 2211 E	—	—	90	70.9	—	—	1.5	1.1	64	91	1.5	1
	120	29	102	105	4800	6000	1.7	—	NF 311	NJ 311+HJ 311	104.5	77.2	95.8	9	2	2	65	107	2	2
	120	29	135	138	4800	6000	1.53	N 311 E	—	—	106.5	77.4	—	—	2	2	65	107	2	2
	120	43	135	148	4800	6000	2.4	—	NF 2311	NJ 2311+HJ 2311	104.5	77.2	95.8	9	2	2	65	107	2	2
	120	43	200	228	4800	6000	2.28	N 2311 E	—	—	106.5	77.4	—	—	2	2	65	107	2	2
	140	33	135	132	4300	5300	2.8	N 411	—	NJ 411+HJ 411	117.2	85.2	108	10	2.1	2.1	67	—	2.1	2.1

续表

基本尺寸 /mm			基本额定载荷 /kN		极限转速 /r·min^{-1}		质量 /kg	轴承代号			其他尺寸 /mm						安装尺寸 /mm			
d	D	B	C_r	C_{0r}	脂	油	W ≈	N 型	NF 型	NH(NJ+HJ)型	E_W	d_2	D_2	B_1	r min	r_1 min	d_a min	D_a max	r_a max	r_b max
60	95	18	40.5	45.0	5300	6700	0.48	N 1012	—	—	85.5	72.9	—	—	1.1	1	66.5	—	1	1
	110	22	65.8	73.5	5000	6300	0.9	—	NF 212	NJ 212+HJ 212	97	—	—	6	1.5	1.5	69	100	1.5	1.5
	110	22	94.0	102	5000	6300	0.86	N 212 E	—	—	100	77.7	—	—	1.5	1.5	69	100	1.5	1.5
	110	28	95.5	118	5000	6300	1.25	—	—	NJ 2212+HJ 2212	97	—	—	6	1.5	1.5	69	—	1.5	1.5
	110	28	128	152	5000	6300	1.12	N 2212 E	—	—	100	77.7	—	—	1.5	1.5	69	100	1.5	1.5
	130	31	125	128	4500	5600	2	—	NF 312	NJ 312+HJ 312	113	84.2	104	9	2.1	2.1	72	116	2.1	2.1
	130	31	142	155	4500	5600	1.87	N 312 E	—	—	115	84.3	—	—	2.1	2.1	72	116	2.1	2.1
	130	46	162	195	4500	5600	2	—	NF 2312	NJ 2312+HJ 2312	113	84.2	104	9	2.1	2.1	72	116	2.1	2.1
	130	46	222	260	4500	5600	2.81	N 2312 E	—	—	115	84.3	—	—	2.1	2.1	72	116	2.1	2.1
	150	35	162	162	4000	5000	3.4	N 412	—	NJ 412+HJ 412	127	91.8	116	10	2.1	2.1	72	—	2.1	2.1
65	120	23	76.8	87.5	4500	5600	1.1	—	NF 213	NJ 213+HJ 213	105.5	84.8	98.9	6	1.5	1.5	74	108	1.5	1.5
	120	23	108	118	4500	5600	1.08	N 213 E	—	—	108.5	84.6	—	—	1.5	1.5	74	108	1.5	1.5
	120	31	112	145	4500	5600	—	—	—	NJ 2213+HJ 2213	105.5	84.8	98.6	6	1.5	1.5	74	—	1.5	1.5
	120	31	148	180	4500	5600	1.48	N 2213 E	—	—	108.5	84.6	—	—	1.5	1.5	74	108	1.5	1.5
	140	33	130	135	4000	5000	2.5	—	NF 313	NJ 313+HJ 313	121.5	91	112	10	2.1	2.1	77	125	2.1	2.1
	140	33	178	188	4000	5000	2.31	N 313 E	—	—	124.5	90.6	—	—	2.1	2.1	77	125	2.1	2.1
	140	48	182	210	4000	5000	4	—	NF 2313	NJ 2313+HJ 2313	121.5	91	112	10	2.1	2.1	77	125	2.1	2.1
	140	48	245	285	4000	5000	3.34	N 2313 E	—	—	124.5	90.6	—	—	2.1	2.1	77	125	2.1	2.1
	160	37	178	178	3800	4800	4	N 413	—	NJ 413+HJ 413	135.3	98.5	124	11	2.1	2.1	77	—	2.1	2.1
70	110	20	49.8	57.0	4800	6000	0.71	N 1014	—	—	100	84.5	—	—	1.1	1	76.5	—	1	1
	125	24	76.8	87.5	4300	5300	1.3	—	NF 214	NJ 214+HJ 214	110.5	89.6	104	7	1.5	1.5	79	114	1.5	1.5
	125	24	118	135	4300	5300	1.2	N 214 E	—	—	113.5	89.6	—	—	1.5	1.5	79	114	1.5	1.5
	125	31	112	145	4300	5300	1.7	—	—	NJ 2214+HJ 2214	110.5	89.6	104	7	1.5	1.5	79	—	1.5	1.5
	125	31	155	192	4300	5300	1.56	N 2214 E	—	—	113.5	89.6	—	—	1.5	1.5	79	114	1.5	1.5
	150	35	152	162	3800	4800	3.1	—	NF 314	NJ 314+HJ 314	130	98	120	10	2.1	2.1	82	134	2.1	2.1
	150	35	205	220	3800	4800	2.86	N 314 E	—	—	133	97.5	—	—	2.1	2.1	82	134	2.1	2.1
	150	51	222	260	3800	4800	4.4	—	NF 2314	NJ 2314+HJ 2314	130	98	120	10	2.1	2.1	82	134	2.1	2.1
	150	51	272	320	3800	4800	4.1	N 2314 E	—	—	133	97.5	—	—	2.1	2.1	82	134	2.1	2.1
	180	42	225	232	3400	4300	5.9	N 414	—	NJ 414+HJ 414	152	110	139	12	3	3	84	—	2.5	2.5

续表

基本尺寸 /mm			基本额定载荷 /kN		极限转速 /r·min^{-1}		质量 /kg	轴 承 代 号			其他尺寸 /mm						安装尺寸 /mm			
d	D	B	C_r	C_{0r}	脂	油	W ≈	N 型	NF 型	NH(NJ+HJ)型	E_W	d_2	D_2	B_1	r min	r_1 min	d_a min	D_a max	r_a max	r_b max
75	130	25	93.2	110	4000	5000	1.4	—	NF 215	NJ 215+HJ 215	116.5	94	110	7	1.5	1.5	84	120	1.5	1.5
	130	25	130	155	4000	5000	1.32	N 215 E	—	—	118.5	94.6	—	—	1.5	1.5	84	120	1.5	1.5
	130	31	130	165	4000	5000	1.8	—	—	NJ 2215+HJ 2215	116.5	94	110	7	1.5	1.5	84	—	1.5	1.5
	130	31	162	205	4000	5000	1.64	N 2215 E	—	—	118.5	94.6	—	—	1.5	1.5	84	120	1.5	1.5
	160	37	172	188	3600	4500	3.7	—	NF 315	NJ 315+HJ 315	139.5	104	129	11	2.1	2.1	87	143	2.1	2.1
	160	37	238	260	3600	4500	3.43	N 315 E	—	—	143	104.2	—	—	2.1	2.1	87	143	2.1	2.1
	160	55	258	308	3600	4500	5.4	N 2315	NF 2315	NJ 2315+HJ 2315	139.5	104	129	11	2.1	2.1	87	143	2.1	2.1
	190	45	262	272	3200	4000	7.1	N 415	—	NJ 415+HJ 415	160.5	116	147	13	3	3	89	—	2.5	2.5
80	125	22	62.0	77.8	4300	5300	1	N 1016	—	—	113.5	—	—	—	1.1	1	86.5	—	1	1
	140	26	108	125	3800	4800	1.7	—	NF 216	NJ 216+HJ 216	125	101	118	8	2	2	90	128	2	2
	140	26	138	165	3800	4800	1.58	N 216 E	—	—	127.3	101.1	—	—	2	2	90	128	2	2
	140	33	152	195	3800	4800	2.2	—	—	NJ 2216+HJ 2216	125	101	118	8	2	2	90	—	2	2
	140	33	188	242	3800	4800	2.05	N 2216 E	—	—	127.3	101.1	—	—	2	2	90	128	2	2
	170	39	185	200	3400	4300	4.4	—	NF 316	NJ 316+HJ 316	147	111	136	11	2.1	2.1	92	151	2.1	2.1
	170	39	258	282	3400	4300	4.05	N 316 E	—	—	151	110.1	—	—	2.1	2.1	92	151	2.1	2.1
	170	58	270	328	3400	4300	6.4	N 2316	NF 2316	NJ 2316+HJ 2316	147	111	136	11	2.1	2.1	92	151	2.1	2.1
	200	48	298	315	3000	3800	8.3	N 416	—	NJ 416+HJ 416	170	122	156	13	3	3	94	—	2.5	2.5
85	150	28	120	145	3600	4500	2.1	—	NF 217	NJ 217+HJ 217	133.8	108	126	8	2	2	95	137	2	2
	150	28	165	192	3600	4500	2	N 217 E	—	—	136.5	107.1	—	—	2	2	95	137	2	2
	150	36	172	230	3600	4500	2.8	—	—	NJ 2217+HJ 2217	133.8	108	126	8	2	2	95	—	2	2
	150	36	215	272	3600	4500	2.58	N 2217 E	—	—	136.5	107.1	—	—	2	2	95	137	2	2
	180	41	222	242	3200	4000	5.2	—	NF 317	NJ 317+HJ 317	156	117	144	12	3	3	99	160	2.5	2.5
	180	41	295	332	3200	4000	4.82	N 317 E	—	—	160	117.4	—	—	3	3	99	160	2.5	2.5
	180	60	310	380	3200	4000	7.4	N 2317	NF 2317	NJ 2317+HJ 2317	156	117	144	12	3	3	99	160	2.5	2.5
	210	52	328	345	2800	3600	9.8	N 417	—	NJ 417+HJ 417	179.5	126	162	14	4	4	103	—	3	3
90	140	24	77.5	94.8	3800	4800	1.36	N 1018	—	—	127	—	—	—	1.5	1.1	98	—	1.5	1
	160	30	148	178	3400	4300	2.5	—	NF 218	NJ 218+HJ 218	143	114	134	9	2	2	100	146	2	2
	160	30	180	215	3400	4300	2.44	N 218 E	—	—	145	113.9	—	—	2	2	100	146	2	2
	160	40	202	268	3400	4300	3.5	—	—	NJ 2218+HJ 2218	143	114	134	9	2	2	100	—	2	2

续表

基本尺寸 /mm			基本额定载荷 /kN		极限转速 /r·min^{-1}		质量 /kg	轴承代号			其他尺寸 /mm						安装尺寸 /mm			
d	D	B	C_r	C_{0r}	脂	油	W ≈	N 型	NF 型	NH(NJ+HJ)型	E_W	d_2	D_2	B_1	r min	r_1 min	d_a min	D_a max	r_a max	r_b max
90	160	40	240	312	3400	4300	3.26	N 2218 E	—	—	145	113.9	—	—	2	2	100	146	2	2
	190	43	238	265	3000	3800	6.1	—	NF 318	NJ 318+HJ 318	165	125	153	12	3	3	104	169	2.5	2.5
	190	43	212	348	3000	3800	5.59	N 318 E	—	—	169.5	123.7	—	—	3	3	104	169	2.5	2.5
	190	64	325	395	3000	3800	8.4	N 2318	NF 2318	NJ 2318+HJ 2318	165	125	153	12	3	3	104	169	2.5	2.5
	225	54	368	392	2400	3200	11	N 418	—	NJ 418+HJ 418	191.5	137	175	14	4	4	108	—	3	3
95	170	32	160	190	3200	4000	3.2	—	NF 219	NJ 219+HJ 219	151.5	121	142	9	2.1	2.1	107	155	2.1	2.1
	170	32	218	262	3200	4000	2.96	N 219 E	—	—	154.5	120.2	—	—	2.1	2.1	107	155	2.1	2.1
	170	43	225	298	3200	4000	4.5	—	—	NJ 2219+HJ 2219	151.5	121	142	9	2.1	2.1	107	—	2.1	2.1
	170	43	288	368	3200	4000	3.97	N 2219 E	—	—	154.5	120.2	—	—	2.1	2.1	107	155	2.1	2.1
	200	45	258	288	2800	3600	7	—	NF 319	NJ 319+HJ 319	173.5	132	161	13	3	3	109	178	2.5	2.5
	200	45	330	380	2800	3600	6.52	N 319 E	—	—	177.5	131.7	—	—	3	3	109	178	2.5	2.5
	200	67	388	500	2800	3600	10.4	N 2319	NF 2319	NJ 2319+HJ 2319	173.5	132	161	13	3	3	109	178	2.5	2.5
	240	55	396	428	2200	3000	14	N 419	—	NJ 419+HJ 419	201.5	147	185	15	4	4	113	—	3	3
100	150	24	81.8	102	3400	4300	1.5	N 1020	—	—	137	—	—	—	1.5	1.1	108	—	1.5	1
	180	34	175	212	3000	3800	3.5	—	NF 220	NJ 220+HJ 220	160	128	150	10	2.1	2.1	112	164	2.1	2.1
	180	34	245	302	3000	3800	3.58	N 220 E	—	—	163	127	—	—	2.1	2.1	112	164	2.1	2.1
	180	46	252	335	3000	3800	5.2	—	—	NJ 2220+HJ 2220	160	128	150	10	2.1	2.1	112	—	2.1	2.1
	180	46	332	440	3000	3800	4.86	N 2220 E	—	—	163	127	—	—	2.1	2.1	112	164	2.1	2.1
	215	47	295	340	2600	3200	8.6	—	NF 320	NJ 320+HJ 320	185.5	140	172	13	3	3	114	190	2.5	2.5
	215	47	362	425	2600	3200	7.89	N 320 E	—	—	191.5	139.1	—	—	3	3	114	190	2.5	2.5
	215	73	435	558	2600	3200	13.5	N 2320	NF 2320	NJ 2320+HJ 2320	185.5	140	172	13	3	3	114	190	2.5	2.5
	250	58	438	480	2000	2800	16	N 420	—	NJ 420+HJ 420	211	153	194	16	4	4	118	—	3	3
105	160	26	95.8	122	3200	4200	1.9	N 1021	—	—	145.5	125.5	—	—	2	1.1	114	—	2	1
	190	36	195	235	2800	3600	4	N 221	NF 221	NJ 221+HJ 221	168.8	135	159	10	2.1	2.1	117	173	2.1	2.1
	225	49	338	392	2200	3000	—	N 321	NF 321	NJ 321+HJ 321	196	147	181	13	3	3	119	199	2.5	2.5
	260	60	532	602	1900	2600	—	N 421	—	NJ 421+HJ 421	220.5	159	202	16	4	4	123	—	3	3

续表

基本尺寸 /mm			基本额定载荷 /kN		极限转速 /r·min^{-1}		质量 /kg	轴承代号			其他尺寸 /mm						安装尺寸 /mm			
d	D	B	C_r	C_{0r}	脂	油	W ≈	N 型	NF 型	NH(NJ+HJ)型	E_W	d_2	D_2	B_1	r min	r_1 min	d_a min	D_a max	r_a max	r_b max
110	170	28	120	155	3000	3800	2.3	N 1022	—	—	155	131	—	—	2	1.1	119	—	2	1
	200	38	230	285	2600	3400	5	—	NF 222	NJ 222+HJ 222	178.5	141	167	11	2.1	2.1	122	182	2.1	2.1
	200	38	292	360	2600	3400	5.02	N 222 E	—	—	180.5	141.3	—	—	2.1	2.1	122	182	2.1	2.1
	200	53	328	445	2600	3400	7.5	N 2222	NF 2222	NJ 2222+HJ 2222	178.5	141	167	11	2.1	2.1	122	—	2.1	2.1
	240	50	368	428	2000	2800	11	N 322	NF 322	NJ 322+HJ 322	207	155	192	14	3	3	124	211	2.5	2.5
	240	80	560	740	2000	2800	7.5	N 2322	NF 2322	NJ 2322+HJ 2322	207	155	201	14	3	3	124	211	2.5	2.5
	280	65	540	602	1800	2400	22	N 422	—	NJ 422+HJ 422	235	171	216	17	4	4	128	—	3	3
120	180	28	135	168	2600	3400	2.96	N 1024	—	—	165	156	—	—	2	1.1	129	—	2	1
	215	40	240	332	2200	3000	6.4	—	NF 224	NJ 224+HJ 224	191.5	153	180	11	2.1	2.1	132	196	2.1	2.1
	215	40	338	422	2200	3000	6.11	N 224 E	—	—	195.5	153	—	—	2.1	2.1	132	196	2.1	2.1
	215	58	362	522	2200	3000	9.5	N 2224	—	NJ 2224+HJ 2224	191.5	153	180	11	2.1	2.1	132	—	2.1	2.1
	260	55	460	552	1900	2600	14	N 324	NF 324	NJ 324+HJ 324	226	168	209	14	3	3	134	230	2.5	2.5
	260	86	662	868	1900	2600	22.5	N 2324	NF 2324	NJ 2324+HJ 2324	226	168	219	14	3	3	134	230	2.5	2.5
	310	72	672	772	1700	2200	30	N 424	—	NJ 424+HJ 424	260	188	238	17	5	5	142	—	4	4
130	200	33	160	212	2400	3200	3.7	N 1026	—	—	182	156	—	—	2	1.1	139	—	2	1
	230	40	270	352	2000	2800	7	N 226	NF 226	NJ 226+HJ 226	204	165	192	11	3	3	144	208	2.5	2.5
	230	64	385	552	2000	2800	11.5	N 2226	NF 2226	NJ 2226+HJ 2226	204	167	195	11	3	3	144	—	2.5	2.5
	280	58	515	620	1700	2200	18	N 326	NF 326	NJ 326+HJ 326	243	182	225	14	4	4	148	247	3	3
	280	93	785	1060	1700	2200	28.5	N 2326	NF 2326	NJ 2326+HJ 2326	243	182	236	14	4	4	148	247	3	3
	340	78	820	942	1500	1900	39	N 426	—	NJ 426+HJ 426	285	—	—	18	5	5	152	—	4	4
140	210	33	165	220	2000	2800	4	N 1028	—	—	192	—	—	—	2	1.1	149	—	2	1
	250	42	315	415	1800	2400	9.1	N 228	NF 228	NJ 228+HJ 228	221	179	208	11	3	3	154	—	2.5	2.5
	250	68	458	700	1800	2400	15	N 2228	—	NJ 2228+HJ 2228	221	179	208	11	3	3	154	—	2.5	2.5
	300	62	570	690	1600	2000	22	N 328	NF 328	NJ 328+HJ 328	260	196	241	15	4	4	158	—	3	3
	300	102	865	1180	1600	2000	37	N 2328	NF 2328	NJ 2328+HJ 2328	260	192	252	15	4	4	158	—	3	3
	360	82	885	1020	1400	1800	—	N 428	—	NJ 428+HJ 428	304	—	—	18	5	5	162	—	4	4
150	225	35	198	268	1900	2600	4.8	N 1030	—	—	205.5	177	—	—	2.1	1.5	161	—	2.1	1.5
	270	45	378	490	1700	2200	11	N 230	NF 230	NJ 230+HJ 230	238	193	225	12	3	3	164	—	2.5	2.5
	270	73	555	772	1700	2200	17	N 2230	NF 2230	NJ 2230+HJ 2230	238	193	225	12	3	3	164	—	2.5	2.5
	320	65	625	765	1500	1900	26	N 330	NF 330	NJ 330+HJ 330	277	209	270	15	4	4	168	—	3	3
	320	108	975	1340	1500	1900	45	N 2330	NF 2330	NJ 2330+HJ 2330	277	209	270	15	4	4	168	—	3	3
	380	85	955	1100	1300	1700	53	N 430	—	NJ 430+HJ 430	321	—	—	20	5	5	172	—	4	4

续表

基本尺寸 /mm			基本额定载荷 /kN		极限转速 /r·min^{-1}		质量 /kg	轴承代号			其他尺寸 /mm						安装尺寸 /mm			
d	D	B	C_r	C_{0r}	脂	油	W ≈	N型	NF型	NH(NJ+HJ)型	E_W	d_2	D_2	B_1	r min	r_1 min	d_a min	D_a max	r_a max	r_b max
160	240	38	222	302	1800	2400	6	N 1032	—	—	220	—	—	—	2.1	1.5	171	—	2.1	1.5
	290	48	425	552	1600	2000	14	N 232	NF 232	NJ 232+HJ 232	255	206	250	12	3	3	174	—	2.5	2.5
	290	80	618	898	1600	2000	25	N 2232	—	NJ 2232+HJ 2232	255	205	252	12	3	3	174	—	2.5	2.5
	340	68	658	825	1400	1800	31.6	N 332	NF 332	NJ 332+HJ 332	292	—	—	—	4	4	178	—	3	3
	340	114	1018	1430	1400	1800	55.8	N 2332	NF 2332	—	292	—	—	—	4	4	178	—	3	3
170	260	42	268	365	1700	2200	8.14	N 1034	—	—	237	201	—	—	2.1	2.1	181	—	2.1	2.1
	310	52	445	650	1500	1900	17.1	N 234	NF 234	NJ 234+HJ 234	272	220	269	12	4	4	188	—	3	3
	360	72	750	952	1300	1700	36	N 334	—	—	310	—	—	—	4	4	188	—	3	3
	360	120	1162	1650	1300	1700	63	N 2334	NF 2334	—	310	—	290	—	4	4	188	—	3	3
180	280	46	315	438	1600	2000	10.1	N 1036	—	—	255	215	—	—	2.1	2.1	191	—	2.1	2.1
	320	52	445	650	1400	1800	18	N 236	NF 236	NJ 236+HJ 236	282	230	279	12	4	4	198	—	3	3
	380	75	875	1100	1200	1600	42	N 336	—	—	328	252	—	—	4	4	198	—	3	3
	380	126	1268	1780	1200	1600	71.2	N 2336	NF 2336	—	328	—	306	—	4	4	198	—	3	3
190	290	46	350	495	1500	1900	10.0	N 1038	—	—	265	225	—	—	2.1	2.1	201	—	2.1	2.1
	340	55	535	745	1300	1700	23	N 238	NF 238	NJ 238+HJ 238	299	244	295	13	4	4	208	—	3	3
	340	92	1022	1570	1300	1700	38.5	N 2238	—	NJ 2238+HJ 2238	299	—	295	13	4	4	208	—	3	3
	400	78	925	1190	1100	1500	50	N 338	—	—	345	264	—	—	5	5	212	—	4	4
200	310	51	428	615	1400	1800	14.3	N 1040	—	—	281	239	—	—	2.1	2.1	211	—	2.1	2.1
	360	58	598	842	1200	1600	26	N 240	NF 240	NJ 240+HJ 240	316	258	312	14	4	4	218	—	3	3
	360	98	1172	1725	1200	1600	—	N 2240	—	NJ 2240+HJ 2240	316	256	313	14	4	4	218	—	3	3
	420	80	1018	1290	1000	1400	—	N 340	—	—	360	280	—	—	5	5	222	—	4	4
220	340	56	470	685	1200	1600	—	N 1044	—	—	310	—	—	—	3	3	233	—	2.5	2.5
	400	65	735	1050	1000	1400	36	N 244	NF 244	NJ 244+HJ 244	350	286	332	15	4	4	238	—	3	3
	400	108	1425	2330	1000	1400	62	N 2244	—	—	350	—	—	—	4	4	238	—	3	3
240	360	56	492	745	1000	1400	21	N 1048	—	—	330	282	—	—	3	3	253	—	2.5	2.5
	440	72	922	1345	900	1200	48.2	N 248	NF 248	NJ 248+HJ 248	385	313	365	16	4	4	258	—	3	3
	500	95	1352	1810	800	1000	97.1	N 348	—	—	430	—	—	—	5	5	262	—	4	4
260	400	65	620	932	950	1300	31	N 1052	—	—	364	309	—	—	4	4	276	—	3	3
280	420	65	628	965	850	1100	33	N 1056	—	—	384	329	—	—	4	4	296	—	3	3
300	460	74	922	1470	800	1000	44.4	N 1060	—	—	420	356	—	—	4	4	316	—	3	3
	540	85	1425	2190	700	900	87.2	N 260	—	—	475	—	—	—	5	5	322	487	4	4
320	480	74	932	1520	750	950	47	N 1064	—	—	440	376	—	—	4	4	336	—	3	3
400	600	90	1488	2480	560	700	88.8	N 1080	—	—	550	470	—	—	5	5	420	—	4	4

注：见表 8-2-88 注 1。

无外圈圆柱滚子轴承（摘自 GB/T 283）

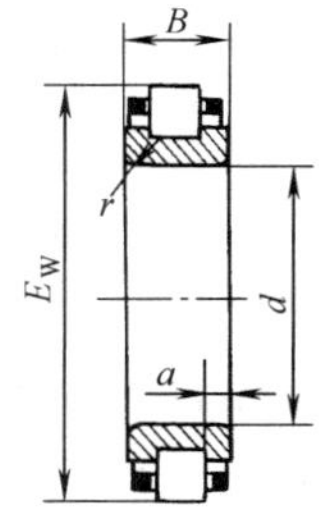

RN型

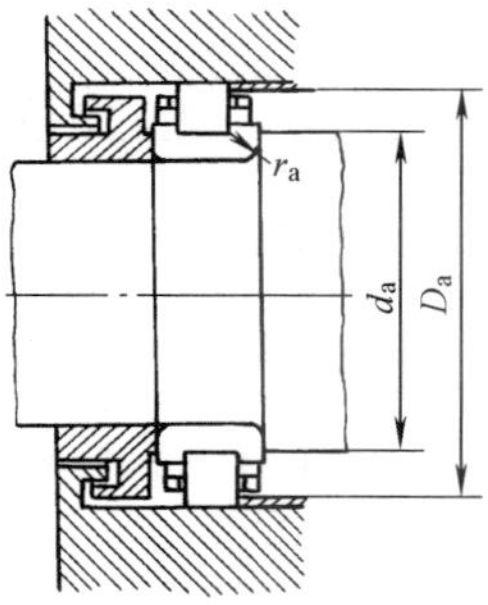

符号含义与应用

RN—无外圈，内圈有双挡边

E—加强型

应用基本同前。不能承受轴向载荷，不能限制轴或外壳的轴向位移，与轴承接触的外壳孔表面硬度、加工精度和表面质量应与套圈滚道相近，用于径向尺寸受限制的部件。

表 8-2-90

基本尺寸 /mm			基本额定载荷 /kN		极限转速 /r·min^{-1}		质量 /kg	轴承代号	其他尺寸 /mm		安装尺寸 /mm		
d	E_W	B	C_r	C_{0r}	脂	油	W ≈	RN 型	a	r min	d_a min	D_a max	r_a max
20	41.5	14	27.0	24.0	12000	16000	—	RN 204 E	2.5	1	25	37.3	1
	41.5	18	32.2	30.0	12000	16000	—	RN 2204 E	3.5	1	25	37.3	1
	45.5	15	30.5	25.5	11000	15000	—	RN 304 E	2.5	1.1	26.5	41.2	1
	45.5	21	41.0	37.5	10000	14000	—	RN 2304 E	3.5	1.1	26.5	41.2	1
25	46.5	15	28.8	26.8	11000	14000	—	RN 205 E	3	1	30	42.3	1
	46.5	18	34.5	33.8	11000	14000	—	RN 2205 E	3.5	1	30	42.3	1
	54	17	40.2	35.8	9000	12000	—	RN 305 E	3	1.1	31.5	49.4	1
	54	24	55.8	54.5	9000	12000	—	RN 2305 E	4	1.1	31.5	49.4	1
30	55.5	16	37.8	35.5	8500	11000	—	RN 206 E	3	1	36	50.5	1
	55.5	20	47.2	48.0	8500	11000	—	RN 2206 E	3.5	1	36	50.5	1
	62.5	19	51.5	48.2	8000	10000	—	RN 306 E	3.5	1.1	37	58.2	1
	62.5	27	73.2	75.5	8000	10000	—	RN 2306 E	4.5	1.1	37	58.2	1
35	64	17	48.8	48.0	7500	9500	—	RN 207 E	3	1.1	42	59	1
	64	23	60.2	63.0	7500	9500	—	RN 2207 E	4.5	1.1	42	59	1
	70.2	21	65.0	63.2	7000	9000	—	RN 307 E	3.5	1.5	44	64.3	1.5
	70.2	31	91.8	98.2	7000	9000	—	RN 2307 E	5	1.5	44	64.3	1.5
	83	25	74.2	68.2	6000	7500	0.64	RN 407	—	1.5	44	—	1.5
40	71.5	18	54.0	53.0	7000	9000	—	RN 208 E	3.5	1.1	47	66.2	1
	71.5	23	70.8	75.2	7000	9000	—	RN 2208 E	4	1.1	47	66.2	1
	80	23	80.5	77.8	6300	8000	—	RN 308 E	4	1.5	49	73.3	1.5
	80	33	110	118	6300	8000	—	RN 2308 E	5.5	1.5	49	73.3	1.5
	92	27	94.8	89.8	5600	7000	—	RN 408	—	2	50	—	2
45	76.5	19	61.2	63.8	6300	8000	—	RN 209 E	3.5	1.1	52	71.2	1
	76.5	23	74.5	82.0	6300	8000	—	RN 2209 E	4	1.1	52	71.2	1
	88.5	25	97.5	98.0	5600	7000	—	RN 309 E	4.5	1.5	54	81.5	1.5
	88.5	36	135	152	5600	7000	—	RN 2309 E	6	1.5	54	81.5	1.5
50	72.5	16	26.2	27.5	6300	8000	—	RN 1010	—	1	55	—	1
	81.5	20	64.2	69.2	6000	7500	—	RN 210 E	4	1.1	57	77	1
	81.5	23	77.8	88.8	6000	7500	—	RN 2210 E	4	1.1	57	77	1
	97	27	110	112	5300	6700	—	RN 310 E	5	2	60	89.6	2
	97	40	162	185	5300	6700	—	RN 2310 E	6.5	2	60	89.6	2

第 8 篇

续表

基本尺寸 /mm			基本额定载荷 /kN		极限转速 /r·min^{-1}		质量 /kg	轴承代号	其他尺寸 /mm		安装尺寸 /mm		
d	E_W	B	C_r	C_{0r}	脂	油	W ≈	RN 型	a	r min	d_a min	D_a max	r_a max
55	90	21	84.0	95.5	5300	6700	—	RN 211 E	3.5	1.5	64	85	1.5
	90	25	99.2	118	5300	6700	—	RN 2211 E	4	1.5	64	85	1.5
	106.5	29	135	138	4800	6000	—	RN 311 E	5	2	65	98.2	2
	106.5	43	200	228	4800	6000	—	RN 2311 E	6.5	2	65	98.2	2
60	86.5	18	40.2	45.0	5300	6700	0.303	RN 1012	—	1.1	66.5	—	1
	100	22	94.0	102	5000	6300	—	RN 212 E	4	1.5	69	93.2	1.5
	100	28	128	152	5000	6300	—	RN 2212 E	4	1.5	69	93.2	1.5
	115	31	148	155	4500	5600	—	RN 312 E	5.5	2.1	72	106.5	2.1
	115	46	222	260	4500	5600	—	RN 2312 E	7	2.1	72	106.5	2.1
65	108.5	23	108	118	4500	5600	—	RN 213 E	4	1.5	74	101	1.5
	108.5	31	148	180	4500	5600	—	RN 2213 E	4.5	1.5	74	101	1.5
	124.5	33	178	188	4000	5000	—	RN 313 E	5.5	2.1	77	114.6	2.1
	124.5	48	245	285	4000	5000	—	RN 2313 E	8	2.1	77	114.6	2.1
70	100	20	49.8	57.0	4800	6000	—	RN 1014	—	1.1	76.5	—	1
	113.5	24	118	135	4300	5300	—	RN 214 E	4	1.5	79	105.8	1.5
	113.5	31	155	192	4300	5300	—	RN 2214 E	4.5	1.5	79	105.8	1.5
	133	35	205	220	3800	4800	—	RN 314 E	5.5	2.1	82	123.5	2.1
	133	51	272	320	3800	4800	—	RN 2314 E	8.5	2.1	82	123.5	2.1
75	118.5	25	130	155	4000	5000	—	RN 215 E	4	1.5	84	111.4	1.5
	118.5	31	162	205	4000	5000	—	RN 2215 E	4.5	1.5	84	111.4	1.5
	143	37	238	260	3600	4500	—	RN 315 E	5.5	2.1	87	131.6	2.1
80	127.3	26	138	165	3800	4800	—	RN 216 E	4.5	2	90	119.8	2
	127.3	33	185	242	3800	4800	—	RN 2216 E	4.5	2	90	119.8	2
	151	39	258	282	3400	4300	—	RN 316 E	6	2.1	92	139	2.1
85	136.5	28	165	192	3600	4500	—	RN 217 E	4.5	2	95	129	2
	136.5	36	215	272	3600	4500	—	RN 2217 E	5	2	95	129	2
	160	41	292	332	3200	4000	—	RN 317 E	6.5	3	99	147	3
90	145	30	180	215	3400	4300	—	RN 218 E	5	2	100	136.4	2
	145	40	240	312	3400	4300	—	RN 2218 E	6	2	100	136.4	2
	169.5	43	312	348	3000	3800	—	RN 318 E	6.5	3	104	155.5	3
95	154.5	32	218	262	3200	4000	—	RN 219 E	5	2.1	107	145.5	2.1
	154.5	43	288	368	3200	4000	—	RN 2219 E	6.5	2.1	107	145.5	2.1
	177.5	45	330	380	2800	3600	—	RN 319 E	7.5	3	109	163.5	2.5
100	163	34	245	302	3000	3800	—	RN 220 E	5	2.1	112	152.8	2.1
	163	46	332	440	3000	3800	—	RN 2220 E	6	2.1	112	152.8	2.1
	191.5	47	382	425	2600	3200	—	RN 320 E	7.5	3	114	175	2.5
105	168.8	36	195	235	2800	3600	2.76	RN 221	7.5	2.1	117	161.2	2.1
	195	49	338	392	2200	3000	—	RN 321	9.5	3	119	184	2.5
110	180.5	38	292	360	2600	3400	—	RN 222 E	6	2.1	122	170.2	2.1
	207	50	368	428	2000	2800	—	RN 322	9	3	124	195	2.5

续表

基本尺寸 /mm			基本额定载荷 /kN		极限转速 /r·min⁻¹		质量 /kg	轴承代号	其他尺寸 /mm		安装尺寸 /mm		
d	E_W	B	C_r	C_{0r}	脂	油	W ≈	RN 型	a	r min	d_a min	D_a max	r_a max
120	195.5	40	338	422	2200	3000	—	RN 224 E	6	2.1	132	183.5	2.1
	226	55	460	552	1900	2600	—	RN 324	9.5	3	134	213	2.5
130	204	40	270	352	2000	2800	4.48	RN 226	8	3	144	195	2.5
	243	58	515	620	1700	2200	—	RN 326	10	4	148	229	3
140	221	42	315	415	1800	2400	5.94	RN 228	8	3	154	211.5	2.5
	260	62	570	690	1600	2000	13.2	RN 328	11	4	158	245	3
150	238	45	378	490	1700	2200	—	RN 230	8.5	3	164	228	2.5
	277	65	622	765	1500	1900	17.04	RN 330	11.5	4	168	262	3
160	255	48	425	552	1600	2000	—	RN 232	9	3	174	245	2.5
	292	68	658	825	1400	1800	—	RN 332	13	4	178	276	3
170	272	52	445	650	1500	1900	—	RN 234	10	4	188	262	3
	310	72	750	952	1300	1700	—	RN 334	13.5	4	188	293	3
180	282	52	445	650	1400	1800	—	RN 236	10	4	198	270	3
	328	75	875	1100	1200	1600	35.9	RN 336	13.5	4	198	309	3
190	299	55	535	745	1300	1700	—	RN 238	10.5	4	208	286.5	3
	345	78	925	1190	1100	1500	31.6	RN 338	14	5	212	325	4
200	316	58	598	842	1200	1600	—	RN 240	11.5	4	218	302.5	3
	360	80	1018	1290	1000	1400	—	RN 340	15	5	222	340	4
220	350	65	735	1050	1000	1400	—	RN 244	12.5	4	238	335	3

注：见表 8-2-88 注。

无内圈圆柱滚子轴承（摘自 GB/T 283）

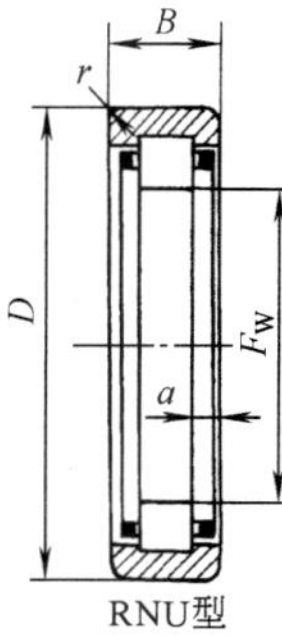

RNU型

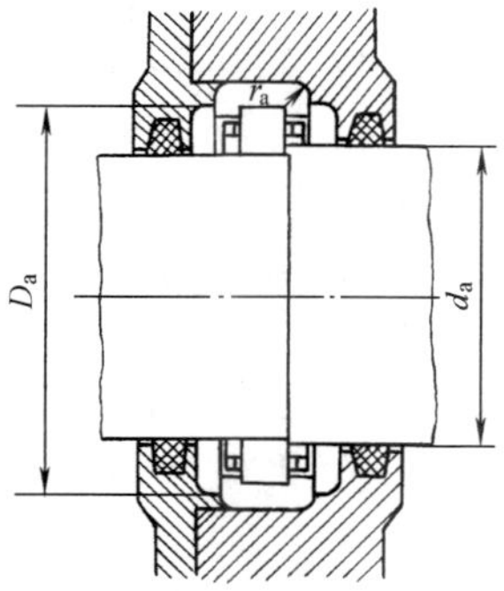

符号含义与应用

RNU—无内圈，外圈有双挡边

应用基本同前。与轴承接触的轴颈表面的硬度、加工精度和表面质量应与套圈的滚道相近，用于径向尺寸受限制的部件。

表 8-2-91

基本尺寸 /mm			基本额定载荷 /kN		极限转速 /r·min⁻¹		质量 /kg	轴承代号	其他尺寸 /mm		安装尺寸 /mm		
F_W	D	B	C_r	C_{0r}	脂	油	W ≈	RNU 型	a	r min	d_a max	D_a max	r_a max
20	35	11	8.35	5.5	15000	19000	0.038	RNU 202	3	0.6	22.4	31	0.6
22.9	40	12	9.55	7.0	14000	18000	—	RNU 203	3.25	0.6	25.3	36	0.6

续表

基本尺寸 /mm			基本额定载荷 /kN		极限转速 /r·min^{-1}		质量 /kg	轴承代号	其他尺寸 /mm		安装尺寸 /mm		
F_W	D	B	C_r	C_{0r}	脂	油	W ≈	RNU 型	a	r min	d_a max	D_a max	r_a max
26.5	47	14	27.0	24.0	12000	16000	0.089	RNU 204 E	2.5	1	29.8	42	1
	47	18	32.2	30.0	12000	16000	0.113	RNU 2204 E	3.5	1	29.8	42	1
27.5	52	15	30.5	25.5	11000	15000	0.12	RNU 304 E	2.5	1.1	32	45.5	1
	52	21	41.0	37.5	10000	14000	0.168	RNU 2304 E	3.5	1.1	32	45.5	1
30.5	47	12	11.5	10.2	11000	15000	—	RNU 1005	3.25	0.6	32.6	43	0.6
31.5	52	15	28.8	26.8	11000	14000	0.104	RNU 205 E	3	1	34.9	47	1
	52	18	34.5	33.8	11000	14000	0.124	RNU 2205 E	3.5	1	34.9	47	1
34	62	17	40.5	35.8	9000	12000	0.193	RNU 305 E	3	1.1	39	55.5	1
	62	24	55.8	54.5	9000	12000	0.272	RNU 2305 E	4	1.1	39	55.5	1
37.5	62	16	37.8	35.5	8500	11000	0.159	RNU 206 E	3	1	41.8	57	1
	62	20	47.8	48.0	8500	11000	0.202	RNU 2206 E	3.5	1	41.8	57	1
40.5	72	19	51.5	48.2	8000	10000	0.285	RNU 306 E	3.5	1.1	46.2	61.5	1
	72	27	73.5	75.5	8000	10000	0.409	RNU 2306 E	4.5	1.1	46.2	61.5	1
44	72	17	48.8	48.0	7500	9500	0.233	RNU 207 E	3	1.1	47.4	61.5	1
	72	23	60.2	63.0	7500	9500	0.307	RNU 2207 E	4.5	1.1	47.4	61.5	1
46.2	80	21	65.0	63.2	7000	9000	0.379	RNU 307 E	3.5	1.5	50.3	72	1.5
	80	31	91.8	98.2	7000	9000	0.557	RNU 2307 E	5	1.5	50.3	72	1.5
49.5	80	18	54.0	53.0	7000	9000	0.294	RNU 208 E	3.5	1.1	54.2	73.5	1
	80	23	70.8	75.2	7000	9000	0.38	RNU 2208 E	4	1.1	54.2	73.5	1
52	90	23	80.5	77.8	6300	8000	0.515	RNU 308 E	4	1.5	58.3	82	1.5
	90	33	110	118	6300	8000	0.738	RNU 2308 E	5.5	1.5	58.3	82	1.5
54.5	85	19	61.2	63.8	6300	8000	0.335	RNU 209 E	3.5	1.1	59	78.5	1
	85	23	74.5	82.0	6300	8000	0.407	RNU 2209 E	4	1.1	59	78.5	1
58.5	100	25	97.5	98.0	5600	7000	0.703	RNU 309 E	4.5	1.5	64	92	1.5
	100	36	135	152	5600	7000	1.01	RNU 2309 E	6	1.5	64	92	1.5
59.5	90	20	64.2	69.2	6000	7500	0.369	RNU 210 E	4	1.1	64.1	83.5	1
	90	23	77.8	88.8	6000	7500	0.433	RNU 2210 E	4	1.1	64.1	83.5	1
65	110	27	110	112	5300	6700	0.896	RNU 310 E	5	2	71	101	2
	110	40	162	185	5300	6700	1.34	RNU 2310 E	6.5	2	71	101	2
66	100	21	84.0	95.5	5300	6700	0.508	RNU 211 E	3.5	1.5	70	92	1.5
	100	25	99.2	118	5300	6700	0.601	RNU 2211 E	4	1.5	70	92	1.5
70.5	120	29	135	138	4800	6000	1.16	RNU 311 E	5	2	77.2	111	2
	120	43	200	228	4800	6000	1.74	RNU 2311 E	6.5	2	77.2	111	2
72	110	22	94.0	102	5000	6300	0.632	RNU 212 E	4	1.5	77.6	102	1.5
	110	28	128	152	5000	6300	0.831	RNU 2212 E	4	1.5	77.6	102	1.5
77	130	31	148	155	4500	5600	1.40	RNU 312 E	5.5	2.1	82.5	119	2.1
	130	46	222	260	4500	5600	2.12	RNU 2312 E	7	2.1	82.5	119	2.1

续表

基本尺寸 /mm			基本额定载荷 /kN		极限转速 /r·min^{-1}		质量 /kg	轴承代号	其他尺寸 /mm		安装尺寸 /mm		
F_W	D	B	C_r	C_{0r}	脂	油	W ≈	RNU 型	a	r min	d_a max	D_a max	r_a max
78.5	120	23	108	118	4500	5600	0.796	RNU 213 E	4	1.5	84	112	1.5
	120	31	148	180	4500	5600	1.09	RNU 2213 E	4.5	1.5	84	112	1.5
80	110	20	49.8	57.0	4800	6000	—	RNU 1014	5	1.1	83.8	103.5	1
82.5	140	33	178	188	4000	5000	1.75	RNU 313 E	5.5	2.1	90.8	129	2.1
	140	48	245	285	4000	5000	2.54	RNU 2313 E	8	2.1	90.8	129	2.1
83.5	125	24	118	135	4300	5300	0.878	RNU 214 E	4	1.5	88.6	117	1.5
	125	31	155	192	4300	5300	1.15	RNU 2214 E	4.5	1.5	88.6	117	1.5
88.5	130	25	130	155	4000	5000	0.964	RNU 215 E	4	1.5	92.9	122	1.5
	130	31	162	205	4000	5000	1.21	RNU 2215 E	4.5	1.5	92.9	122	1.5
89	150	35	205	220	3800	4800	2.18	RNU 314 E	5.5	2.1	97.5	139	2.1
	150	51	272	320	3800	4800	3.11	RNU 2314 E	8.5	2.1	97.5	139	2.1
95	160	37	238	260	3600	4500	2.62	RNU 315 E	5.5	2.1	103.5	149	2.1
95.3	140	26	138	165	3800	4800	1.14	RNU 216 E	4.5	2	100	131	2
	140	33	188	242	3800	4800	1.49	RNU 2216 E	4.5	2	100	131	2
95.5	160	55	258	308	3600	4500	4.54	RNU 2315	—	2.1	103.5	149	2.1
96.5	130	22	67.5	81.6	4000	5000	0.72	RNU 1017	5.5	1.1	100.8	123.5	1
100.5	150	28	165	192	3600	4500	1.48	RNU 217 E	4.5	2	107	141	2
	150	36	215	272	3600	4500	1.93	RNU 2217 E	5	2	107	141	2
101	170	39	258	282	3400	4300	3.1	RNU 316 E	6	2.1	111.8	159	2.1
103	140	24	77.5	94.8	3800	4800	0.98	RNU 1018	6	1.5	107.8	132	1.5
107	160	30	180	215	3400	4300	1.79	RNU 218 E	5	2	114.2	151	2
	160	40	240	312	3400	4300	2.41	RNU 2218 E	6	2	114.2	151	2
108	180	41	295	332	3200	4000	3.66	RNU 317 E	6.5	3	115.5	167	2.5
	180	60	310	380	3200	4000	6.47	RNU 2317	—	3	115.5	167	2.5
112.5	170	32	218	262	3200	4000	2.22	RNU 219 E	5	2.1	120	159	2.1
	170	43	288	368	3200	4000	2.97	RNU 2219 E	6.5	2.1	120	159	2.1
113.5	190	43	312	348	3000	3800	4.27	RNU 318 E	6.5	3	125	177	2.5
119	180	34	245	302	3000	3800	2.68	RNU 220 E	5	2.1	128	169	2.1
	180	46	332	440	3000	3800	3.65	RNU 2220 E	6	2.1	128	169	2.1
121.5	200	45	330	380	2800	3600	4.86	RNU 319 E	7.5	3	132	187	2.5
125	170	28	120	155	3000	3800	1.91	RNU 1022	6.5	2	130.7	161	2
127.5	215	47	382	425	2600	3200	5.98	RNU 320 E	7.5	3	140.5	202	2.5
132.5	200	38	292	360	2600	3400	3.69	RNU 222 E	6	2.1	141.5	189	2.1

续表

基本尺寸 /mm			基本额定载荷 /kN		极限转速 /r·min⁻¹		质量 /kg	轴承代号	其他尺寸 /mm		安装尺寸 /mm		
F_W	D	B	C_r	C_{0r}	脂	油	W ≈	RNU 型	a	r min	d_a max	D_a max	r_a max
135	180	28	135	168	2600	3400	2.31	RNU 1024	6.5	2	140.7	171	2
	225	49	338	392	2200	3000	—	RNU 321	9.5	3	147	212	2.5
143	240	50	368	428	2000	2800	—	RNU 322	9	3	155.5	227	2.5
143.5	215	40	338	422	2200	3000	4.52	RNU 224 E	6	2.1	153	204	2.1
154	260	55	460	552	1900	2600	—	RNU 324	9.5	3	168.5	247	2.5
156	230	40	270	352	2000	2800	5.6	RNU 226	8	3	165.5	217	2.5
158	210	33	165	220	2000	2800	—	RNU 1028	8	2	164.5	201	2
167	280	58	515	620	1700	2200	—	RNU 326	10	4	182	264	3
169	250	42	315	415	1800	2400	—	RNU 228	8	3	179.5	237	2.5
169.5	225	35	198	268	1900	2600	3.64	RNU 1030	8.5	2.1	176.7	214	2.1
180	300	62	570	690	1600	2000	—	RNU 328	11	4	196	284	3
182	270	45	378	490	1700	2200	—	RNU 230	8.5	3	193	257	2.5
193	320	65	622	765	1500	1900	—	RNU 330	11.5	4	210	304	3
195	290	48	425	552	1600	2000	—	RNU 232	9	3	205	277	2.5
205	280	46	315	438	1600	2000	—	RNU 1036	10.5	2.1	214.5	269	2.1
208	340	68	658	825	1400	1800	—	RNU 332	13	4	225	324	3
	310	52	445	650	1500	1900	—	RNU 234	10	4	219.8	294	3
218	320	52	445	650	1400	2800	—	RNU 236	10	4	230.5	304	3
220	360	72	750	952	1300	1700	—	RNU 334	13.5	4	238	344	3
231	340	55	535	745	1300	1700	—	RNU 238	10.5	4	244.5	324	3
232	380	75	875	1100	1200	1600	—	RNU 336	13.5	4	251	364	3
244	360	58	598	842	1200	1600	—	RNU 240	11	4	258	344	3
245	400	78	925	1190	1100	1500	—	RNU 338	14	5	265	380	4
260	420	80	1018	1290	1000	1400	—	RNU 340	15	5	280	400	4
270	400	65	735	1050	1000	1400	—	RNU 244	12.5	4	286	384	3

注：见表 8-2-88 注。

轧机用四列圆柱滚子轴承（摘自 JB/T 5389.1—2005）

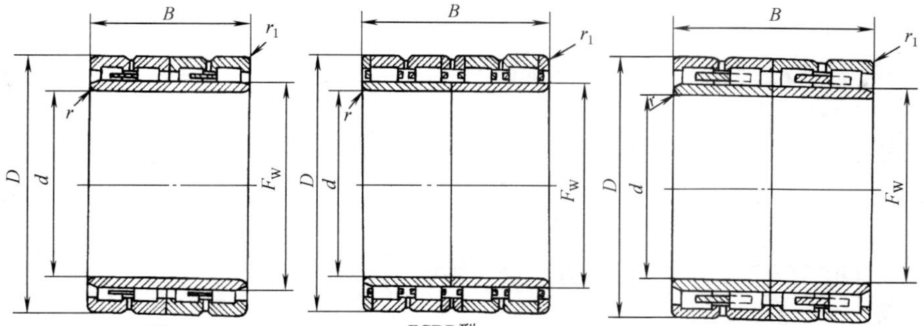

FC型　　FCDP型　　FCD型

符号含义与应用

FC—四列圆柱滚子轴承（一个内圈）

FCDP—外圈单挡边，带平挡圈的双内圈四列圆柱滚子轴承

FCD—双内圈四列圆柱滚子轴承

能承受大的径向载荷，不能承受轴向载荷，不能限制轴向位移，刚性大，用于轧机等重型机械

表 8-2-92

主要尺寸/mm						基本额定载荷/kN		轴承代号
d	D	B	F_W	r min	r_1 min	C_r	C_{0r}	FC 型、FCD 型
100	140	104	111	1.5	1.1	395	925	FC 2028104
	145	70	113	1.5	1.1	255	540	FC 202970
110	170	120	127	2	2	708	1325	FC 2234120
120	180	105	135	2	2	550	1145	FC 2436105
130	200	125	149	2	2	862	1525	FC 2640125
140	210	125	158	2	2	840	1438	FC 2842125
145	210	155	166	2	2	855	2020	FC 2942155
	225	156	169	2	2	975	2080	FC 2945156
150	225	120	169	2	2	922	1612	FC 3045120
	230	156	174	2	2	990	2145	FC 3046156
160	230	130	180	1.5	1.5	815	1865	FC 3246130②
	230	168	180	2.1	2.1	1000	2410	FC 3246168/YA3②
	240	168	183	2.1	2.1	1102	2438	FC 3248168
	240	124	183	2.1	2.1	808	1638	FC 3248124
170	250	170	192	2.1	2.1	1252	2600	FC 3450170
	260	120	195	2.1	2.1	758	1275	FC 3452120
180	250	156	200	2.1	2.1	995	2490	FC 3650156/C4YA4②
	260	168	202	2.1	2.1	1145	2715	FC 3652168
	280	180	207	2.1	2.1	1708	2925	FC 3656180
190	270	170	212	2.1	2.1	1185	2885	FC 3854170/YA3②
	260	168	212	2.1	2.1	1085	2815	FC 3852168
	270	200	212	2.1	2.1	1345	3395	FC 3854200
	280	200	214	2.1	2.1	1440	3435	FC 3856200
200	270	170	222	2.1	2.1	1120	2985	FC 4054170Q1/YA3②
	280	200	222	2.1	2.1	1375	3555	FC 4056200
	290	192	226	2.1	2.1	1430	3450	FC 4058192
210	300	210	234	2.1	2.1	1802	4548	FC 4260210
220	310	192	246	2.1	2.1	1500	3760	FC 4462192
	310	225	244	2.1	2.1	1695	4410	FC 4462225②
	320	210	248	2.1	2.1	1710	4155	FC 4464210
230	330	206	260	2.1	2.1	1720	4245	FC 4666206
240	330	220	264	2.1	2.1	1735	4665	FC 4866220②
	360	220	272	2.1	2.1	2060	4800	FC 4872220
250	350	220	278	3	3	1885	4885	FC 5070220
260	370	220	292	3	3	2030	5110	FC 5274220
	380	280	294	3	3	2580	6560	FCD 5276280
400	400	290	296	4	4	2910	6915	FC 5276220/C4YA4②
270	380	230	298	3	3	2502	5938	FCD 5476230
280	390	220	312	3	3	2105	5465	FC 5678220
	390	275	308	1.5	1.1	2505	6830	FCDP 5678275
	420	280	318	4	4	2930	7130	FCD 5684280
290	410	240	320	4	4	2415	6205	FCD 5882240
	420	300	327	4	4	3010	7815	FCD 5884300
300	420	218	332	4	4	2315	5850	FC 6084218
	420	240	332	4	4	2455	6400	FCD 6084240
	420	300	332	3	3	2920	7955	FCD 6084300①
320	450	240	355	4	4	2665	6835	FCD 6490240
	480	290	364	4	4	3485	7475	FCD 6496290
	480	350	364	4	4	4645	10400	FCD 6496350①
330	460	340	365	4	4	3530	9955	FCD 6692340①
340	460	260	370	4	4	3100	8750	FCD 6892260
	480	350	378	4	4	3830	10605	FCD 6896350①
360	510	370	392	4	4	4280	11880	FCD 72102370①
370	520	380	409	1.5	1.5	4430	12510	FCDP74104380②
380	540	400	422	4	4	4850	13570	FCD 76108400①
400	560	410	445	5	5	5070	14575	FCD 80112410①
420	600	440	470	5	5	5875	16530	FCD 84120440①

① FCDP 型轴承与 FCD 型轴承外形尺寸和额定载荷相同。

② 轴承代号及基本额定载荷数据来自《全国滚动轴承产品样本》第 2 版。

注：FCD 型及 FCDP 型，标准中尚有 d = 440、460、480、500、530、550、560、570、600、630、650、670、690、700、710、730、750、800、830、850、900、950、1000、1060、1110、1120 等各种规格，本表未编入。

11.5 滚针轴承

径向当量动载荷 $P_r = F_r$

径向当量静载荷 $P_{0r} = F_r$

向心滚针和保持架组件（摘自 JB/T 7918—1997）

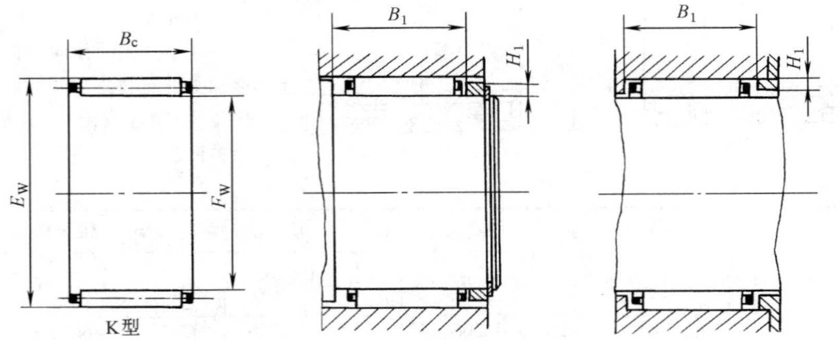

K型

符号含义与应用

K—滚针和保持架组件，即为无套圈的滚针轴承

为最薄型的滚动轴承，能承受冲击载荷或交变载荷。不能承受轴向载荷，不能限制轴向位移。为保证载荷能力和运转性能与有套圈轴承相同，轴或外壳孔滚道表面硬度、加工精度和表面质量应与轴承套圈滚道相仿。多用于变速箱、汽车、摩托车等。

表 8-2-93

基本尺寸/mm			基本额定载荷/kN		极限转速/r·min^{-1}		质量/g	轴承代号	安装尺寸/mm	
F_W	E_W	B_c	C_r	C_{0r}	脂	油	W ≈	K 型	B_1	H_1
5	8	8	2.28	2.08	18000	28000	—	K 5×8×8	8.1	1
	8	10	2.98	2.88	18000	28000	0.1	K 5×8×10	10.1	1
	9	10	3.08	2.62	18000	28000	—	K 5×9×10	10.1	1.4
6	9	8	2.52	2.42	18000	28000	1.4	K 6×9×8	8.1	1
	9	10	3.28	3.38	18000	28000	—	K 6×9×10	10.1	1
7	10	8	2.75	2.78	18000	28000	—	K 7×10×8	8.1	1
	10	10	3.55	3.85	18000	28000	—	K 7×10×10	10.1	1
8	11	10	3.80	4.35	18000	28000	1.8	K 8×11×10	10.1	1
	11	13	5.00	6.18	18000	28000	—	K 8×11×13	13.12	1
9	12	10	4.02	4.82	17000	26000	—	K 9×12×10	10.1	1
	12	13	5.30	6.85	17000	26000	2.7	K 9×12×13	13.12	1
10	13	8	3.45	4.10	17000	26000	—	K 10×13×8	8.1	1
	13	10	4.48	5.70	17000	26000	2.3	K 10×13×10	10.1	1
	13	13	5.88	8.12	17000	26000	3.0	K 10×13×13	13.12	1
	14	10	5.05	5.58	17000	26000	3.4	K 10×14×10	10.1	1.4
	14	13	6.70	7.98	17000	26000	4.4	K 10×14×13	13.12	1.4
	14	17	8.72	11.2	17000	26000	—	K 10×14×17	17.12	1.4
12	15	8	3.75	4.78	16000	24000	—	K 12×15×8	8.1	1
	15	10	4.85	6.65	16000	24000	3.0	K 12×15×10	10.1	1
	15	13	6.40	9.48	16000	24000	3.6	K 12×15×13	13.12	1
	15	17	8.28	13.2	16000	24000	—	K 12×15×17	17.12	1
	16	10	5.68	6.78	16000	24000	—	K 12×16×10	10.1	1.4
	16	13	7.52	9.72	16000	24000	4.5	K 12×16×13	13.12	1.4
	16	17	9.82	13.5	16000	24000	—	K 12×16×17	17.12	1.4
14	18	10	6.25	7.98	15000	22000	4.6	K 14×18×10	10.1	1.4
	18	13	8.28	11.5	15000	22000	6.3	K 14×18×13	13.12	1.4

注：1. 本表数据符合《全国滚动轴承产品样本》第 2 版。

2. F_W>100mm 的轴承为非标准轴承。

续表

基本尺寸/mm			基本额定载荷/kN		极限转速/r·min^{-1}		质量/g	轴承代号	安装尺寸/mm	
F_W	E_W	B_c	C_r	C_{0r}	脂	油	W ≈	K 型	B_1	H_1
14	18	17	10. 8	16. 0	15000	22000	8. 1	K 14×18×17	17. 12	1. 4
	19	10	6. 05	6. 62	15000	22000	—	K 14×19×10	10. 1	1. 7
	19	13	8. 35	9. 98	15000	22000	—	K 14×19×13	13. 12	1. 7
	19	17	11. 2	14. 5	15000	22000	—	K 14×19×17	17. 12	1. 7
	20	12	8. 72	9. 45	15000	22000	8. 6	K 14×20×12	12. 1	2
	20	17	12. 8	15. 5	15000	22000	—	K 14×20×17	17. 12	2
15	19	10	6. 52	8. 58	14000	20000	—	K 15×19×10	10. 1	1. 4
	19	13	8. 62	12. 2	14000	20000	—	K 15×19×13	13. 12	1. 4
	19	17	11. 2	11. 2	14000	20000	8. 8	K 15×19×17	17. 12	1. 4
	20	10	6. 40	7. 22	14000	20000	—	K 15×20×10	10. 1	1. 7
	20	13	8. 82	10. 8	14000	20000	8. 9	K 15×20×13	13. 12	1. 7
	20	17	11. 8	15. 8	14000	20000	—	K 15×20×17	17. 12	1. 7
	21	17	12. 8	15. 8	14000	20000	—	K 15×21×17	17. 12	2
16	20	10	6. 78	9. 18	13000	19000	5. 7	K 16×20×10	10. 1	1. 4
	20	13	8. 98	13. 2	13000	19000	7. 1	K 16×20×13	13. 12	1. 4
	20	17	11. 5	18. 5	13000	19000	9. 2	K 16×20×17	17. 12	1. 4
	22	12	9. 25	10. 5	13000	19000	—	K 16×22×12	12. 1	2
	22	17	13. 5	17. 2	13000	19000	—	K 16×22×17	17. 12	2
	22	20	16. 0	21. 2	13000	19000	—	K 16×22×20	20. 14	2
17	21	10	7. 02	9. 78	12000	18000	5. 8	K 17×21×10	10. 1	1. 4
	21	13	9. 28	14. 0	12000	18000	7. 5	K 17×21×13	13. 12	1. 4
	21	17	12. 0	19. 8	12000	18000	9. 5	K 17×21×17	17. 12	1. 4
	23	17	14. 5	18. 8	12000	18000	—	K 17×23×17	17. 12	2
	23	20	16. 8	23. 2	12000	18000	—	K 17×23×20	20. 14	2
18	22	10	7. 25	10. 2	11000	17000	6. 1	K 18×22×10	10. 1	1. 4
	22	13	9. 60	14. 8	11000	17000	7. 7	K 18×22×13	13. 12	1. 4
	22	17	12. 5	21. 0	11000	17000	11	K 18×22×17	17. 12	1. 4
	24	17	14. 2	19. 0	11000	17000	16	K 18×24×17	17. 12	2
	24	20	16. 8	23. 5	11000	17000	19	K 18×24×20	20. 14	2
	24	30	24. 5	38. 2	11000	17000	—	K 18×24×30	30. 14	2
20	24	10	7. 42	11. 0	10000	16000	7. 0	K 20×24×10	10. 1	1. 4
	24	13	9. 82	15. 8	10000	16000	8. 5	K 20×24×13	13. 12	1. 4
	24	17	12. 8	22. 2	10000	16000	11	K 20×24×17	17. 12	1. 4
	26	17	15. 8	22. 2	10000	16000	18	K 20×26×17	17. 12	2
	26	20	18. 5	27. 5	10000	16000	20	K 20×26×20	20. 14	2
22	26	10	7. 85	12. 2	9500	15000	7. 1	K 22×26×10	10. 1	1. 4
	26	13	10. 5	17. 5	9500	15000	9. 4	K 22×26×13	13. 12	1. 4
	26	17	13. 5	24. 8	9500	15000	12	K 22×26×17	17. 12	1. 4
	28	17	16. 5	24. 0	9500	15000	20	K 22×28×17	17. 12	2
	28	20	19. 2	29. 5	9500	15000	—	K 22×28×20	20. 14	2
25	29	10	8. 45	14. 0	9000	14000	8. 3	K 25×29×10	10. 1	1. 4
	29	13	11. 2	20. 2	9000	14000	10. 5	K 25×29×13	13. 12	1. 4
	29	17	14. 5	28. 2	9000	14000	14	K 25×29×17	17. 12	1. 4
	31	17	17. 8	27. 5	9000	14000	22	K 25×31×17	17. 12	2
	31	20	20. 8	33. 8	9000	14000	25	K 25×31×20	20. 14	2
	32	16	16. 0	21. 8	9000	14000	25	K 25×32×16	16. 12	2. 3

续表

基本尺寸/mm			基本额定载荷/kN		极限转速/r·min^{-1}		质量/g	轴承代号	安装尺寸/mm	
F_W	E_W	B_c	C_r	C_{0r}	脂	油	W ≈	K 型	B_1	H_1
28	33	13	12.5	20.8	8500	13000	15	K 28×33×13	13.12	1.7
	33	17	16.8	30.0	8500	13000	20	K 28×33×17	17.12	1.7
	33	27	26.2	53.2	8500	13000	32	K 28×33×27	27.14	1.7
	34	17	18.8	30.8	8500	13000	—	K 28×34×17	17.12	2
	35	20	22.2	34.2	8500	13000	35	K 28×35×20	20.14	2.3
30	35	13	12.8	21.5	8000	12000	16	K 30×35×13	13.12	1.7
	35	17	17.0	31.5	8000	12000	21	K 30×35×17	17.12	1.7
	35	27	26.8	55.8	8000	12000	33	K 30×35×27	27.14	1.7
	37	20	23.0	36.5	8000	12000	40	K 30×37×20	20.14	2.3
	38	20	25.8	38.8	8000	12000	—	K 30×38×20	20.14	2.7
32	37	13	13.5	23.5	7500	11000	18	K 32×37×13	13.12	1.7
	37	17	18.0	34.2	7500	11000	22	K 32×37×17	17.12	1.7
	37	27	28.0	60.8	7500	11000	37	K 32×37×27	27.14	1.7
	39	20	23.8	38.8	7500	11000	42	K 32×39×20	20.14	2.3
	39	30	35.5	65.2	7500	11000	—	K 32×39×30	30.14	2.3
35	40	13	14.0	25.5	7000	10000	19	K 35×40×13	13.12	1.7
	40	17	18.0	37.0	7000	10000	25	K 35×40×17	17.12	1.7
	40	27	29.2	65.8	7000	10000	39	K 35×40×27	27.14	1.7
	42	20	25.2	43.2	7000	10000	41	K 35×42×20	20.14	2.3
	42	30	37.8	72.5	7000	10000	62	K 35×42×30	30.14	2.3
38	43	13	14.5	27.5	6700	9500	—	K 38×43×13	13.12	1.7
	43	17	19.5	39.8	6700	9500	—	K 38×43×17	17.12	1.7
	43	27	30.2	71.0	6700	9500	—	K 38×43×27	27.14	1.7
	46	20	29.5	49.2	6700	9500	46	K 38×46×20	20.14	2.7
	46	30	44.0	82.5	6700	9500	—	K 38×46×30	30.14	2.7
40	45	13	15.0	29.5	6300	9000	22	K 40×45×13	13.12	1.7
	45	17	20.2	42.8	6300	9000	27	K 40×45×17	17.12	1.7
	45	27	31.5	75.8	6300	9000	44	K 40×45×27	27.14	1.7
	48	20	30.2	51.8	6300	9000	52	K 40×48×20	20.14	2.7
	48	25	38.0	69.2	6300	9000	—	K 40×48×25	25.14	2.7
	48	30	45.2	86.8	6300	9000	—	K 40×48×30	30.14	2.7
42	47	13	15.2	30.5	6000	8500	22	K 42×47×13	13.12	1.7
	47	17	20.5	44.2	6000	8500	28	K 42×47×17	17.12	1.7
	47	27	31.8	78.5	6000	8500	47	K 42×47×27	27.14	1.7
	50	20	31.0	54.2	6000	8500	54	K 42×50×20	20.14	2.7
	50	30	46.5	91.2	6000	8500	—	K 42×50×30	30.14	2.7
45	50	13	16.2	33.5	5600	8000	24	K 45×50×13	13.12	1.7
	50	17	21.5	48.5	5600	8000	31	K 45×50×17	17.12	1.7
	50	27	33.5	86.0	5600	8000	50	K 45×50×27	27.14	1.7
	53	20	31.8	57.0	5600	8000	62	K 45×53×20	20.14	2.7
	53	25	39.8	76.5	5600	8000	—	K 45×53×25	25.14	2.7
	53	30	47.5	95.8	5600	8000	82	K 45×53×30	30.14	2.7
48	53	13	16.5	35.5	5300	7500	—	K 48×53×13	13.12	1.7

续表

基本尺寸/mm			基本额定载荷/kN		极限转速/r·min^{-1}		质量/g	轴承代号	安装尺寸/mm	
F_W	E_W	B_c	C_r	C_{0r}	脂	油	W ≈	K 型	B_1	H_1
48	53	17	22.2	51.2	5300	7500	32	K 48×53×17	17.12	1.7
	53	27	34.5	91.0	5300	7500	—	K 48×53×27	27.14	1.7
	56	20	33.2	62.0	5300	7500	—	K 48×56×20	20.14	2.7
	56	30	49.8	105	5300	7500	—	K 48×56×30	30.14	2.7
50	55	13	16.8	36.5	5000	7000	—	K 50×55×13	13.12	1.7
	55	17	22.5	52.8	5000	7000	32	K 50×55×17	17.12	1.7
	55	20	26.2	65.0	5000	7000	39	K 50×55×20	20.14	1.7
	55	27	35.0	93.5	5000	7000	—	K 50×55×27	27.14	1.7
	57	16	23.8	44.5	5000	7000	50	K 50×57×16	16.12	2.3
	58	20	34.0	64.8	5000	7000	65	K 50×58×20	20.14	2.7
	58	25	42.8	88.8	5000	7000	—	K 50×58×25	25.14	2.7
	58	30	50.8	108	5000	7000	95	K 50×58×30	30.14	2.7
52	57	17	23.0	55.5	4800	6700	—	K 52×57×17	17.12	1.7
	57	20	27.2	68.5	4800	6700	—	K 52×57×20	20.14	1.7
	60	20	34.8	67.2	4800	6700	—	K 52×60×20	20.14	2.7
	60	30	52.0	112	4800	6700	—	K 52×60×30	30.14	2.7
55	61	20	31.2	73.5	4800	6700	—	K 55×61×20	20.14	2
	61	30	45.8	120	4800	6700	—	K 55×61×30	30.14	2
	62	40	62.5	160	4800	6700	—	K 55×62×40	40.17	2.3
	63	20	35.2	69.8	4800	6700	73	K 55×63×20	20.14	2.7
	63	25	44.2	93.8	4800	6700	90	K 55×63×25	25.14	2.7
	63	30	52.8	118	4800	6700	110	K 55×63×30	30.14	2.7
58	66	20	36.8	75.0	4500	6300	—	K 58×66×20	20.14	2.7
	66	30	55.0	125	4500	6300	—	K 58×66×30	30.14	2.7
60	66	20	33.2	88.0	4300	6000	—	K 60×66×20	20.14	2
	66	30	48.5	132	4300	6000	—	K 60×66×30	30.14	2
	68	20	37.5	77.5	4300	6000	—	K 60×68×20	20.14	2.7
	68	25	47.0	105	4300	6000	—	K 60×68×25	25.14	2.7
	68	30	56.0	130	4300	6000	136	K 60×68×30	30.14	2.7
63	71	20	38.0	80.2	4000	5600	80	K 63×71×20	20.14	2.7
	71	25	47.5	108	4000	5600	—	K 63×71×25	25.14	2.7
	71	30	56.8	135	4000	5600	—	K 63×71×30	30.14	2.7
65	73	20	38.5	82.8	4000	5600	—	K 65×73×20	20.14	2.7
	73	25	48.5	112	4000	5600	—	K 65×73×25	25.14	2.7
	73	30	57.8	140	4000	5600	126	K 65×73×30	30.14	2.7
68	74	20	35.2	92.5	3800	5300	65	K 68×74×20	20.14	2
	74	30	51.5	150	3800	5300	97	K 68×74×30	30.14	2
	76	20	39.8	88	3800	5300	—	K 68×76×20	20.14	2.7
	76	25	50.0	118	3800	5300	—	K 68×76×25	25.14	2.7
	76	30	59.8	148	3800	5300	—	K 68×76×30	30.14	2.7
70	76	20	35.8	94.2	3800	5300	70	K 70×76×20	20.14	2

续表

基本尺寸/mm			基本额定载荷/kN		极限转速/r·min⁻¹		质量/g	轴承代号	安装尺寸/mm	
F_W	E_W	B_c	C_r	C_{0r}	脂	油	W ≈	K 型	B_1	H_1
70	76	30	52.2	155	3800	5300	100	K 70×76×30	30.14	2
	78	20	40.5	90.5	3800	5300	—	K 70×78×20	20.14	2.7
	78	25	50.8	122	3800	5300	115	K 70×78×25	25.14	2.7
	78	30	60.5	152	3800	5300	136	K 70×78×30	30.14	2.7
72	78	20	36.5	98.8	3600	5000	90	K 72×78×20	20.14	2
	78	30	53.5	160	3600	5000	—	K 72×78×30	30.14	2
	80	20	41.0	93.2	3600	5000	94	K 72×80×20	20.14	2.7
	80	25	51.5	125	3600	5000	—	K 72×80×25	25.14	2.7
	80	30	61.5	155	3600	5000	—	K 72×80×30	30.14	2.7
75	81	20	37.5	102	3400	4800	75	K 75×81×20	20.14	2
	81	30	54.8	168	3400	4800	106	K 75×81×30	30.14	2
	83	20	72.5	98.2	3400	4800	100	K 75×83×20	20.14	2.7
	83	25	53.2	132	3400	4800	123	K 75×83×25	25.14	2.7
	83	30	63.5	165	3400	4800	147	K 75×83×30	30.14	2.7
80	86	20	38.5	108	3200	4500	76	K 80×86×20	20.14	2
	86	30	56.2	178	3200	4500	110	K 80×86×30	30.14	2
	88	25	54.5	138	3200	4500	130	K 80×88×25	25.14	2.7
	88	30	65	172	3200	4500	141	K 80×88×30	30.14	2.7
	88	35	75	210	3200	4500	—	K 80×88×35	35.17	2.7
85	92	20	40.5	105	3000	4300	96	K 85×92×20	20.14	2.3
	92	30	60.8	178	3000	4300	142	K 85×92×30	30.14	2.3
	93	20	45.0	112	3000	4300	130	K 85×93×20	20.14	2.7
	93	25	56.5	148	3000	4300	140	K 85×93×25	25.14	2.7
	93	30	67.5	185	3000	4300	160	K 85×93×30	30.14	2.7
	95	45	108	290	3000	4300	—	K 85×95×45	45.17	3.3
90	97	20	41.8	112	2800	4000	103	K 90×97×20	20.14	2.3
	97	30	62.8	190	2800	4000	151	K 90×97×30	30.14	2.3
	98	25	57.8	156	2800	4000	140	K 90×98×25	20.14	2.7
	98	30	69.0	195	2800	4000	172	K 90×98×30	25.14	2.7
95	102	20	43.2	120	2600	3800	110	K 95×102×20	20.14	2.3
	102	30	64.5	202	2600	3800	165	K 95×102×30	30.14	2.3
	103	30	71.5	208	2600	3800	165	K 95×103×30	30.14	2.7
100	107	20	44.5	125	2400	3600	95	K 100×107×20	20.14	2.3
	107	30	66.5	212	2400	3600	170	K 100×107×30	30.14	2.3
	108	30	72.8	218	2400	3600	190	K 100×108×30	30.14	2.7
105	112	20	45.2	132	2200	3400	115	K 105×112×20	20.14	2.3
	112	30	67.5	220	2200	3400	170	K 105×112×30	30.14	2.3
	115	30	81.8	218	2200	3400	205	K 105×115×30	30.14	3.3
110	117	25	58.2	185	2000	3200	150	K 110×117×25	25.14	2.3
	117	35	80.2	278	2000	3200	211	K 110×117×35	35.17	2.3
	120	30	85.0	228	2000	3200	—	K 110×120×30	30.14	3.3
115	122	25	59.8	195	2000	3200	—	K 115×122×25	25.14	2.3

续表

基本尺寸/mm			基本额定载荷/kN		极限转速/r·min^{-1}		质量/g	轴承代号	安装尺寸/mm	
F_W	E_W	B_c	C_r	C_{0r}	脂	油	W ≈	K 型	B_1	H_1
115	122	35	82.2	292	2000	3200	—	K 115×122×35	35.17	2.3
	125	35	99.5	290	2000	3200	—	K 115×125×35	35.17	3.3
120	127	25	61.2	202	1900	3000	168	K 120×127×25	25.14	2.3
	127	35	84.2	305	1900	3000	243	K 120×127×35	35.17	2.3
125	135	35	105	315	1900	3000	360	K 125×135×35	35.17	3.3
130	137	25	63.2	218	1800	2800	180	K 130×137×25	25.14	2.3
	137	35	87.2	328	1800	2800	250	K 130×137×35	35.17	2.3
145	153	30	88.5	315	1600	2400	262	K 145×153×30	30.14	2.7
155	163	30	91.5	338	1500	2200	304	K 155×163×30	30.14	2.7
165	173	35	108	432	1500	2200	322	K 165×173×35	35.17	2.7
175	183	35	112	460	1400	2000	390	K 175×183×35	35.17	2.7
185	195	40	145	548	1200	1800	590	K 185×195×40	40.17	3.3
195	205	40	150	585	1100	1700	650	K 195×205×40	40.17	3.3

成套滚针轴承（摘自 GB/T 5801—2006）

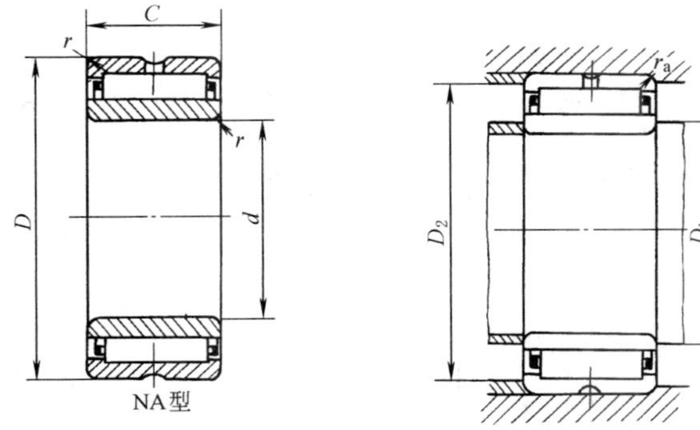

（当$d \geq$32mm时，NA6900型为双列滚针结构）

符号含义

NA— 有实体内外圈，外圈有双挡边（或双锁圈），内圈无挡边，且可与外圈及组件分离，可分别安装内、外圈

表 8-2-94

基本尺寸/mm			基本额定载荷/kN		极限转速/r·min^{-1}		质量/g	轴承代号	其他尺寸/mm	安装尺寸/mm		
d	D	C	C_r	C_{0r}	脂	油	W ≈	NA 型	r min	D_1 min	D_2 max	r_a max
10	22	13	8.60	9.20	15000	22000	24.3	NA 4900	0.3	12	20	0.3
12	24	13	9.60	10.8	13000	19000	27.6	NA 4901	0.3	14	22	0.3
	24	22	16.2	21.5	13000	19000	46.9	NA 6901	0.3	14	22	0.3

续表

基本尺寸 /mm			基本额定载荷 /kN		极限转速 /r·min^{-1}		质量 /g	轴承代号	其他尺寸 /mm	安装尺寸 /mm		
d	D	C	C_r	C_{0r}	脂	油	W ≈	NA 型	r min	D_1 min	D_2 max	r_a max
15	28	13	10.2	12.8	10000	16000	35.9	NA 4902	0.3	17	26	0.3
	28	23	17.5	25.2	10000	16000	63.7	NA 6902	0.3	17	26	0.3
17	30	13	11.2	14.5	9500	15000	39.4	NA 4903	0.3	19	28	0.3
	30	23	19.0	28.8	9500	15000	69.9	NA 6903	0.3	19	28	0.3
20	37	17	21.2	25.2	9000	14000	79.9	NA 4904	0.3	22	35	0.3
	37	30	35.2	48.5	9000	14000	141	NA 6904	0.3	22	35	0.3
22	39	17	23.2	29.2	9000	13000	85.4	NA 49/22	0.3	24	37	0.3
	39	30	38.5	56.2	9000	13000	151	NA 69/22	0.3	24	37	0.3
25	42	17	24.0	31.2	8000	12000	94.7	NA 4905	0.3	27	40	0.3
	42	30	40.0	60.2	8000	12000	167	NA 6905	0.3	27	40	0.3
28	45	17	24.8	33.2	7500	11000	104	NA 49/28	0.3	30	43	0.3
	45	30	41.5	64.2	7500	11000	183	NA 69/28	0.3	30	43	0.3
30	47	17	25.5	35.5	7000	10000	108	NA 4906	0.3	32	45	0.3
	47	30	42.8	68.5	7000	10000	191	NA 6906	0.3	32	45	0.3
32	52	20	31.5	48.5	6300	9000	168	NA 49/32	0.6	36	48	0.6
	52	36	48.0	83.2	6300	9000		NA 69/32	0.6	36	48	0.6
35	55	20	32.5	51.0	6000	8500	181	NA 4907	0.6	39	51	0.6
	55	36	49.5	87.2	6000	8500		NA 6907	0.6	39	51	0.6
40	62	22	43.5	66.2	5000	7000	240	NA 4908	0.6	44	58	0.6
	62	40	62.8	108	5000	7000		NA 6908	0.6	44	58	0.6
45	68	22	46.0	73.0	4800	6700	284	NA 4909	0.6	49	64	0.6
	68	40	67.2	118	4800	6700	—	NA 6909	0.6	49	64	0.6
50	72	22	48.2	80.0	4500	6300	287	NA 4910	0.6	54	68	0.6
	72	40	70.2	128	4500	6300	—	NA 6910	0.6	54	68	0.6
55	80	25	58.5	99.0	4000	5600	416	NA 4911	1	60	75	1
	80	45	87.8	168	4000	5600	—	NA 6911	1	60	75	1
60	85	25	61.2	108	3800	5300	448	NA 4912	1	65	80	1
	85	45	90.8	182	3800	5300	—	NA 6912	1	65	80	1
65	90	25	62.2	112	3600	5000	479	NA 4913	1	70	85	1
	90	45	93.2	188	3600	5000	—	NA 6913	1	70	85	1
70	100	30	84.0	152	3200	4500	762	NA 4914	1	75	95	1

第8篇

续表

基本尺寸 /mm			基本额定载荷 /kN		极限转速 /r·min^{-1}		质量 /g	轴承代号	其他尺寸 /mm	安装尺寸 /mm		
d	D	C	C_r	C_{0r}	脂	油	W ≈	NA 型	r min	D_1 min	D_2 max	r_a max
	100	54	130	260	3200	4500	—	NA 6914	1	75	95	1
75	105	30	85. 5	158	3000	4300	805	NA 4915	1	80	100	1
	105	54	130	270	3000	4300	—	NA 6915	1	80	100	1
80	110	30	89. 0	170	2800	4000	852	NA 4916	1	85	105	1
	110	54	135	292	2800	4000	—	NA 6916	1	85	105	1
85	120	35	112	235	2400	3600	1280	NA 4917	1. 1	91. 5	113. 5	1
	120	63	155	365	2400	3600	—	NA 6917	1. 1	91. 5	113. 5	1
90	125	35	115	250	2200	3400	1340	NA 4918	1. 1	96. 5	118. 5	1
	125	63	165	388	2200	3400	—	NA 6918	1. 1	96. 5	118. 5	1
95	130	35	120	265	2000	3200	1410	NA 4919	1. 1	101. 5	123. 5	1
	130	63	172	412	2000	3200	—	NA 6919	1. 1	101. 5	123. 5	1
100	140	40	130	270	2000	3200	1960	NA 4920	1. 1	106. 5	133. 5	1
	140	71	202	480	2000	3200	—	NA 6920	1. 1	106. 5	133. 5	1
110	140	30	93. 0	210	2000	3200	1130	NA 4822	1	115	135	1
	150	40	138	295	1900	3000	2120	NA 4922	1. 1	116. 5	143. 5	1
120	150	30	96. 2	225	1900	3000	1220	NA 4824	1	125	145	1
	165	45	180	382	1800	2800	2910	NA 4924	1. 1	126. 5	158. 5	1
130	165	35	118	302	1700	2600	—	NA 4826	1. 1	136. 5	158. 5	1
	180	50	202	460	1600	2400	3960	NA 4926	1. 5	138	172	1. 5
140	175	35	122	320	1600	2400	1980	NA 4828	1. 1	146. 5	168. 5	1
	190	50	210	488	1500	2200	4220	NA 4928	1. 5	148	182	1. 5
150	190	40	152	395	1500	2200	2800	NA 4830	1. 1	156. 5	183. 5	1
160	200	40	158	418	1500	2200	2970	NA 4832	1. 1	166. 5	193. 5	1
170	215	45	192	520	1300	2000	4080	NA 4834	1. 1	176. 5	208. 5	1
180	225	45	198	552	1200	1900	4290	NA 4836	1. 1	186. 5	218. 5	1
190	240	50	230	688	1200	1800	5700	NA 4838	1. 5	198	232	1. 5
200	250	50	235	725	1100	1700	5970	NA 4840	1. 5	208	242	1. 5
220	270	50	245	785	950	1500	6500	NA 4844	1. 5	228	262	1. 5
240	300	60	352	1050	900	1400	10100	NA 4848	2	249	291	2
260	320	60	368	1130	800	1200	10800	NA 4852	2	269	311	2
280	350	69	445	1310	750	1100	15800	NA 4856	2	289	341	2
300	380	80	608	1700	750	1100	22200	NA 4860	2. 1	311	369	2. 1
320	400	80	630	1820	700	1000	23500	NA 4864	2. 1	331	389	2. 1
340	420	80	642	1900	670	950	24800	NA 4868	2. 1	351	409	2. 1
360	440	80	662	2010	630	900	26100	NA 4872	2. 1	371	429	2. 1

注：滚针轴承可带或不带保持架，可具有一列或两列滚针，外圈上可有或无润滑槽和润滑孔。

见表 8-2-93 注 1。

无内圈有保持架滚针轴承（摘自 GB/T 5801—2006）

单列 F_w5～18mm

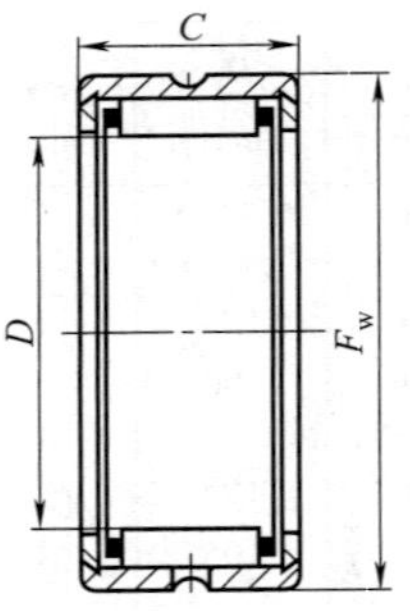

RNA 型
NK 型 (F_w≤10mm)

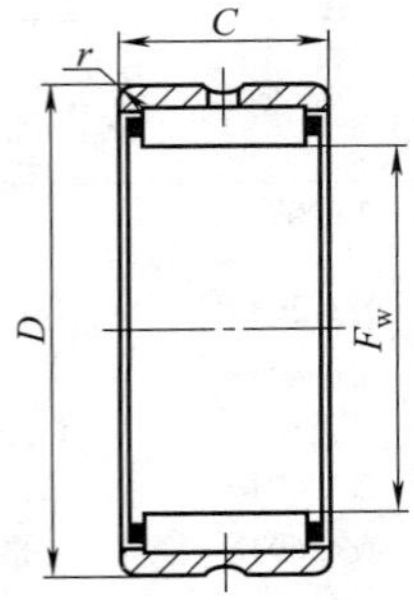

RNA 型
NK 型

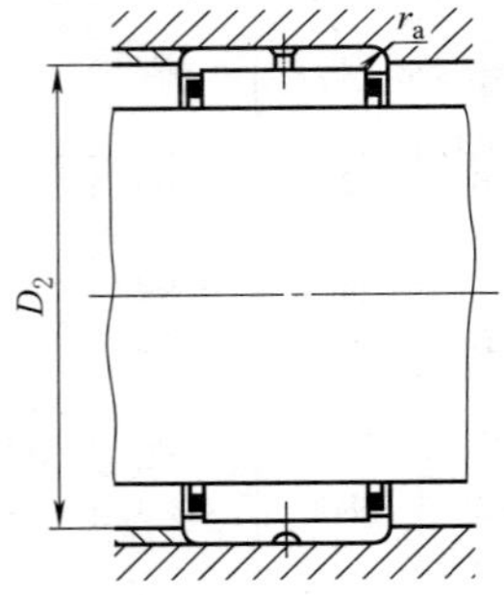

符号含义及应用

RNA、NK—为无实体内套圈、外圈有双挡边、有保持架的两个系列。

径向尺寸小、承受径向载荷大，对轴颈加工精度与热处理要求高，不能承受轴向载荷，不能限制轴向位移，一般用压配合装入座孔。

表 8-2-95

基本尺寸/mm				基本额定载荷/kN		极限转速/r·min^{-1}		质量/g	轴承代号	安装尺寸/mm	
F_W	D	C	r min	C_r	C_{0r}	脂	油	W ≈	RNA 型 NK 型	D_2 max	r_a max
5	10	10	0.15	2.10	1.60	22000	32000	3.30	NK 5/10	8.8	0.15
	10	12	0.15	2.80	2.30	22000	32000	4.00	NK 5/12	8.8	0.15
6	12	10	0.15	2.40	1.90	22000	32000	5.10	NK 6/10	10.8	0.15
	12	12	0.15	3.10	2.80	22000	32000	6.20	NK 6/12	10.8	0.15
7	14	10	0.30	2.60	2.30	20000	30000	7.30	NK 7/10	12	0.3
	14	12	0.30	3.40	3.20	20000	30000	8.80	NK 7/12	12	0.3
8	15	12	0.30	3.70	3.70	19000	28000	9.60	NK 8/12	13	0.3
	15	16	0.30	4.90	5.30	19000	28000	12.8	NK 8/16	13	0.3
9	16	12	0.30	4.20	4.50	18000	26000	10.4	NK 9/12	14	0.3
	16	16	0.30	5.60	6.50	18000	26000	13.9	NK 9/16	14	0.3
10	17	12	0.30	4.40	4.90	16000	24000	11.2	NK 10/12	15	0.3
	17	16	0.30	5.90	7.20	16000	24000	15.1	NK 10/16	15	0.3
12	19	12	0.30	6.50	7.10	15000	22000	12.4	NK 12/12	17	0.3
	19	16	0.30	9.10	11.0	15000	22000	16.3	NK 12/16	17	0.3
14	22	13	0.3	8.60	9.20	15000	22000	16.8	RNA 4900	20	0.3
	22	16	0.3	11.0	12.5	15000	22000	20.9	NK 14/16	20	0.3
	22	20	0.3	14.0	17.0	15000	22000	26.2	NK 14/20	20	0.3
15	23	16	0.3	11.0	12.8	14000	20000	21.8	NK 15/16	21	0. 3
	23	20	0.3	13.8	17.2	14000	20000	27.2	NK 15/20	21	0.3
16	24	13	0.3	9.60	10.8	13000	19000	18.8	RNA 4901	22	0.3
	24	16	0.3	11.5	14.0	13000	19000	23.0	NK 16/16	22	0.3
	24	20	0.3	14.5	18.8	13000	19000	28.6	NK 16/20	22	0.3
	24	22	0.3	16.2	21.5	13000	19000	32.1	RNA 6901	22	0. 3
17	25	16	0.3	12.2	15.0	12000	18000	24.2	NK 17/16	23	0.3
	25	20	0.3	15.5	20.5	12000	18000	30.2	NK 17/20	23	0.3
18	26	16	0.3	12.8	16.2	11000	17000	25.4	NK 18/16	24	0.3
	26	20	0.3	16.2	22.0	11000	17000	31.7	NK 18/20	24	0.3
19	27	16	0.3	13.2	17.5	10000	16000	26.6	NK 19/16	25	0.3
	27	20	0.3	16.8	23.5	10000	16000	33.2	NK 19/20	25	0.3

续表

基本尺寸/mm				基本额定载荷/kN		极限转速/r·min⁻¹		质量/g	轴承代号	安装尺寸/mm	
F_W	D	C	r_s min	C_r	C_{0r}	脂	油	W ≈	RNA 型 NK 型	D_2 max	r_{as} max
20	28	13	0.3	10.2	10.8	10000	16000	22.2	RNA 4902	26	0.3
	28	16	0.3	13.2	17.5	10000	16000	27.4	NK 20/16	26	0.3
	28	20	0.3	16.8	23.8	10000	16000	34.3	NK 20/20	26	0.3
	28	23	0.3	17.5	25.2	10000	16000	63.7	RNA 6902	26	0.3
21	29	16	0.3	13.8	18.8	9500	15000	28.6	NK 21/16	27	0. 3
	29	20	0.3	17.5	25.5	9500	15000	35.9	NK 21/20	27	0.3
22	30	13	0.3	11.2	14.5	9500	15000	24.1	RNA 4903	28	0.3
	30	16	0.3	14.2	20.0	9500	15000	29.9	NK 22/16	28	0.3
	30	20	0.3	18.0	27.0	9500	15000	37.4	NK 22/20	28	0.3
	30	23	0.3	19.0	28.8	9500	15000	43.1	RNA 6903	28	0.3
24	32	16	0.3	15.2	22.2	9000	14000	32.3	NK 24/16	30	0.3
	32	20	0.3	19.2	30.2	9000	14000	40.4	NK 24/20	30	0.3
25	33	16	0.3	15.2	22.5	9000	14000	33.2	NK 25/16	31	0.3
	33	20	0.3	19.2	30.5	9000	14000	41.4	NK 25/20	31	0.3
	37	17	0.3	21.2	25.2	9000	14000	56.7	RNA 4904	35	0.3
	37	30	0.3	35.2	48.5	9000	14000	101	RNA 6904	35	0.3
26	34	16	0.3	15.5	23.5	9000	13000	34.4	NK 26/16	32	0.3
	34	20	0.3	19.8	32.0	9000	13000	42.9	NK 26/20	32	0.3
28	37	20	0.3	22.2	34.0	9000	13000	51.6	NK 28/20	35	0.3
	37	30	0.3	33.8	57.8	9000	13000	77.7	NK 28/30	35	0.3
	39	17	0.3	23.2	29.2	9000	13000	54.4	RNA 49/22	37	0.3
	39	30	0.3	38.5	56.2	9000	13000	96.5	RNA 69/22	37	0.3
29	38	20	0.3	22.2	34.0	8000	12000	52.7	NK 29/20	36	0.3
	38	30	0.3	33.5	58.0	8000	12000	79.4	NK 29/30	36	0.3
30	40	20	0.3	23.0	35.8	8000	12000	64.2	NK 30/20	38	0.3
	40	30	0.3	34.8	61.0	8000	12000	96.6	NK 30/30	38	0.3
	42	17	0.3	24.0	31.2	8000	12000	66.2	RNA 4905	40	0.3
	42	30	0.3	40.0	60.2	8000	12000	117	RNA 6905	40	0.3
32	42	20	0.3	23.5	37.8	7500	11000	67.6	NK 32/20	40	0.3
	42	30	0.3	35.5	64.2	7500	11000	102	NK 32/30	40	0.3
	45	17	0.3	24.8	33.2	7500	11000	79	RNA 49/28	43	0.3
	45	30	0.3	41.5	64.2	7500	11000	140	RNA 69/28	43	0.3
34	45	20	0.3	24.8	41.5	7000	10000	73.1	NK 35/20	43	0.3
	45	30	0.3	37.5	70.5	7000	10000	110	NK 35/30	43	0.3
	47	17	0.3	25.5	35.5	7000	10000	74.7	RNA 4906	45	0.3
	47	30	0.3	42.8	68.5	7000	10000	133	RNA 6906	45	0.3
37	47	20	0.3	25.2	43.2	6300	9000	76.5	NK 37/20	45	0.3
	47	30	0.3	38.2	74.0	6300	9000	115	NK 37/30	45	0.3
38	48	20	0.3	26.0	45.2	6300	9000	78.5	NK 38/20	46	0.3
	48	30	0.3	39.2	77.0	6300	9000	118	NK 38/30	46	0.3

单双列 F_W30～80mm

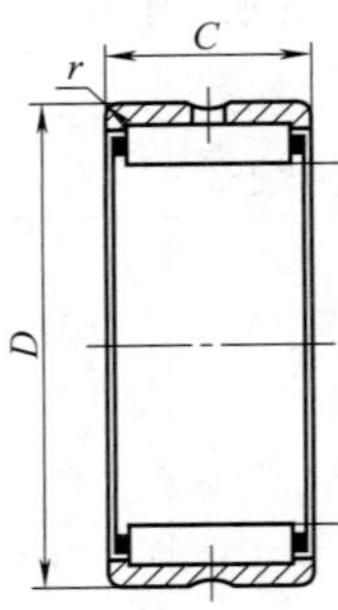

RNA 型
NK 型

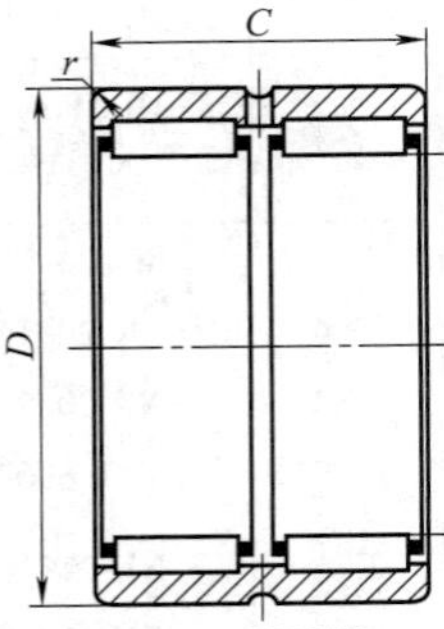

RNA 6900型
(F_W≥40mm)

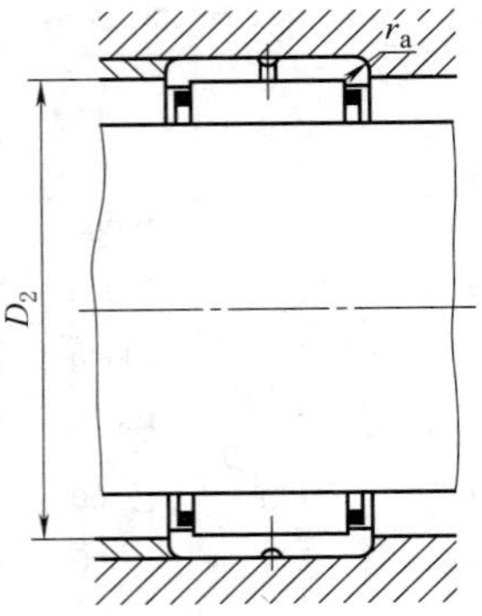

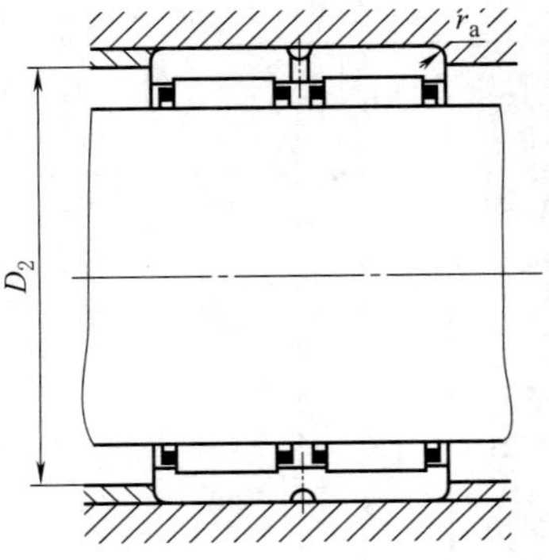

续表

基本尺寸/mm				基本额定载荷/kN		极限转速/r·min^{-1}		质量/g	轴承代号	安装尺寸/mm	
F_W	D	C	r_s min	C_r	C_{0r}	脂	油	W ≈	RNA 型 NK 型	D_2 max	r_{as} max
40	50	20	0.3	26.5	47.2	6300	9000	81.9	NK 40/20	48	0.3
	50	30	0.3	40.0	80.2	6300	9000	123	NK 40/30	48	0.3
	52	20	0.6	31.5	48.5	6300	9000	98.7	RNA 49/32	48	0.6
	52	36	0.6	48.0	83.2	6300	9000	—	RNA 69/32	48	0.6
42	52	20	0.3	27.0	49.0	6000	8500	85.3	NK 42/20	50	0.3
	52	30	0.3	40.8	83.5	6000	8500	128	NK 42/30	50	0.3
	55	20	0.6	32.5	51.0	6000	8500	1163	RNA 4907	51	0.6
	55	36	0.6	49.5	87.2	6000	8500	—	RNA 6907	51	0.6
43	53	20	0.3	27.5	50.8	5600	8000	87.3	NK 43/30	51	0.3
	53	30	0.3	41.5	86.5	5600	8000	132	NK 43/30	51	0.3
45	55	20	0.3	28.0	52.8	5300	7500	90.7	NK 45/20	53	0.3
	55	30	0.3	42.5	89.8	5300	7500	137	NK 45/30	53	0.3
47	57	20	0.3	29.2	56.5	5000	7000	94.7	NK 47/20	55	0.3
	57	30	0.3	44.2	96.2	5000	7000	143	NK 47/30	55	0.3
48	62	22	0.6	43.5	66.2	5000	7000	146	RNA 4908	58	0.6
	62	40	0.6	62.8	108	5000	7000	—	RNA 6908	58	0.6
50	62	25	0.6	38.8	74.2	4800	6700	154	NK 50/25	58	0.6
	62	35	0.6	51.8	108	4800	6700	215	NK 50/35	58	0.6
52	68	22	0.6	46.0	73.0	4800	6700	194	RNA 4909	64	0.6
	68	40	0.6	67.2	118	4800	6700	—	RNA 6909	64	0.6
55	68	25	0.6	41.0	82.5	4500	6300	188	NK 55/25	65	0.6
	68	35	0.6	54.8	120	4500	6300	264	NK 55/35	64	0.6
58	72	22	0.6	48.2	80.0	4500	6300	172	RNA 4910	68	0.6
	72	40	0.6	70.2	128	4500	6300	—	RNA 6910	68	0.6
60	72	25	0.6	43.2	90.8	4000	5600	181	NK 60/25	68	0.6
	72	35	0.6	57.5	132	4000	5600	254	NK 60/35	68	0.6
63	80	25	1	58.5	99.0	4000	5600	274	RNA 4911	75	1
	80	45	1	87.8	168	4000	5600	—	RNA 6911	75	1
65	78	25	0.6	45.2	98.8	4000	5600	219	NK 65/25	74	0.6
	78	35	0.6	60.2	142	4000	5600	307	NK 65/35	74	0.6

续表

基本尺寸/mm				基本额定载荷/kN		极限转速/r·min⁻¹		质量/g	轴承代号	安装尺寸/mm	
F_W	D	C	r_s min	C_r	C_{0r}	脂	油	W ≈	RNA 型 NK 型	D_2 max	r_{as} max
68	82	25	0.6	45.5	92.0	3800	5300	245	NK 68/25	78	0.6
	82	35	0.6	66.5	150	3800	5300	343	NK 68/35	78	0.6
	85	25	1	61.2	108	3800	5300	294	RNA 4912	80	1
	85	45	1	90.8	182	3800	5300	—	RNA 6912	80	1
72	90	25	1	62.2	112	3600	5000	335	RNA 4913	85	1
	90	45	1	93.2	188	3600	5000	—	RNA 6913	85	1
73	90	25	1	54.2	100	3600	5000	319	NK 73/25	85	1
	90	35	1	79.5	165	3600	5000	448	NK 73/35	85	1
75	92	25	1	55.2	105	3400	4800	328	NK 75/25	87	1
	92	35	1	81.0	170	3400	4800	460	NK 75/35	87	1
80	95	25	1	57.2	112	3200	4500	288	NK 80/25	90	1
	95	35	1	83.8	182	3200	4500	405	NK 80/35	90	1
	100	30	1	84.0	152	3200	4500	491	RNA 4914	95	1
	100	54	1	130	260	3200	4500	—	RNA 6914	95	1
85	105	25	1	69.2	120	3000	4300	429	NK 85/25	100	1
	105	30	1	85.5	158	3000	4300	515	RNA 4915	100	1
	105	35	1	100	195	3000	4300	600	NK 85/35	100	1
	105	54	1	130	270	3000	4300	—	RNA 6915	100	1
90	110	25	1	72.2	130	2800	4000	452	NK 90/25	105	1
	110	30	1	89.0	170	2800	4000	544	RNA 4916	105	1
	110	35	1	105	210	2800	4000	634	NK 90/35	105	1
	110	54	1	135	292	2800	4000	—	RNA 6916	105	1
95	115	26	1	76.8	142	2400	3600	492	NK 95/26	110	1
	115	36	1	110	225	2400	3600	681	NK 95/36	110	1
100	120	26	1	79.8	152	2400	3600	517	NK 100/26	115	1
	120	35	1.1	112	235	2400	3600	687	RNA 4917	113.5	1
	120	36	1	115	242	2400	3600	716	NK 100/36	115	1
	120	63	1.1	155	365	2400	3600	—	RNA 6917	113.5	1
105	125	26	1	80.8	158	2200	3400	538	NK 105/26	120	1
	125	35	1.1	115	250	2200	3400	721	RNA 4918	118.5	1
	125	36	1	115	250	2200	3400	745	NK 105/36	120	1
	125	63	1.1	165	388	2200	3400	—	RNA 6918	118.5	1
110	130	30	1.1	98.2	205	2000	3200	647	NK 110/30	123.5	1
	130	35	1.1	120	265	2000	320	754	RNA 4919	123.5	1
	130	40	1.1	125	285	2000	3200	864	NK 110/40	123.5	1
	130	63	1.1	172	412	2000	3200	—	RNA 6919	123.5	1
115	140	40	1.1	130	270	2000	3200	1180	RNA 4920	133.5	1
	140	71	1.1	202	480	2000	3200	—	RNA 6920	133.5	1
120	140	30	1	93.0	210	2000	3200	718	RNA 4822	135	1
125	150	40	1.1	138	295	1900	3000	1275	RNA 4922	143.5	1
130	150	30	1	96.2	225	1900	3000	771	RNA 4824	145	1
135	165	45	1.1	180	382	1800	2800	1870	RNA 4924	158.5	1
145	165	35	1.1	118	302	1700	2600	990	RNA 4826	158.5	1
150	180	50	1.5	202	460	1600	2400	2280	RNA 4926	172	1.5

续表

基本尺寸/mm				基本额定载荷/kN		极限转速/r·min^{-1}		质量/g	轴承代号	安装尺寸/mm	
F_W	D	C	r_s min	C_r	C_{0r}	脂	油	W ≈	RNA 型 NK 型	D_2 max	r_{as} max
155	175	35	1.1	122	320	1600	2400	1050	RNA 4828	168.5	1
160	190	50	1.5	210	488	1500	2200	2410	RNA 4928	182	1.5
165	190	40	1.1	152	395	1500	2200	1670	RNA 4830	183.5	1
175	200	40	1.1	158	418	1500	2200	1760	RNA 4832	193.5	1
185	215	45	1.1	192	520	1300	2000	2640	RNA 4834	208.5	1
195	225	45	1.1	198	552	1200	1900	2770	RNA 4836	218.5	1
210	240	50	1.5	230	688	1200	1800	3290	RNA 4838	232	1.5
220	250	50	1.5	235	725	1100	1700	3440	RNA 4840	242	1.5
240	270	50	1.5	245	785	950	1500	3730	RNA 4844	262	1.5
265	300	60	2	352	1050	900	1400	5520	RNA 4848	291	2
285	320	60	2	368	1130	800	1200	5910	RNA 4852	311	2
305	350	69	2	445	1310	750	1100	9700	RNA 4856	341	2
330	380	80	2.1	608	1700	750	1100	13100	RNA 4860	369	2.1
350	400	80	2.1	630	1820	700	1000	13900	RNA 4864	389	2.1
370	420	80	2.1	642	1900	670	950	14600	RNA 4868	409	2.1
390	440	80	2.1	662	2010	630	900	15300	RNA 4872	429	2.1

注：本表数据取自《全国滚动轴承产品样本》第 2 版。

第 8 篇

冲压外圈滚针轴承（摘自 GB/T 290—1998）

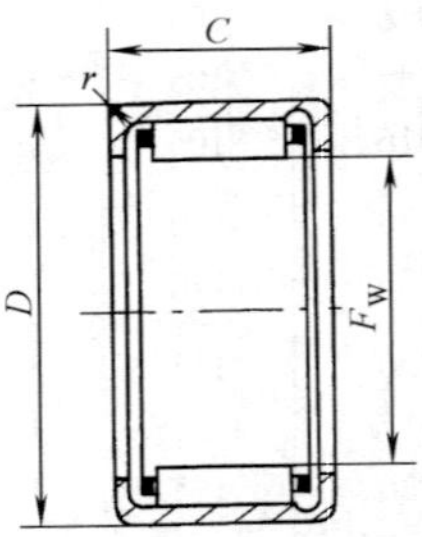

HK 0000型(1系列)
HKH 0000型(2系列)

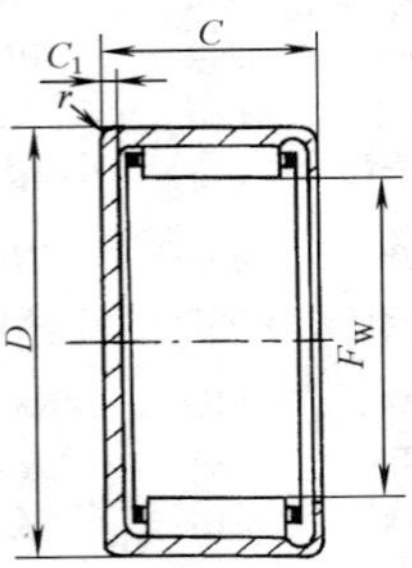

BK 0000型(1系列)
BKH 0000型(2系列)

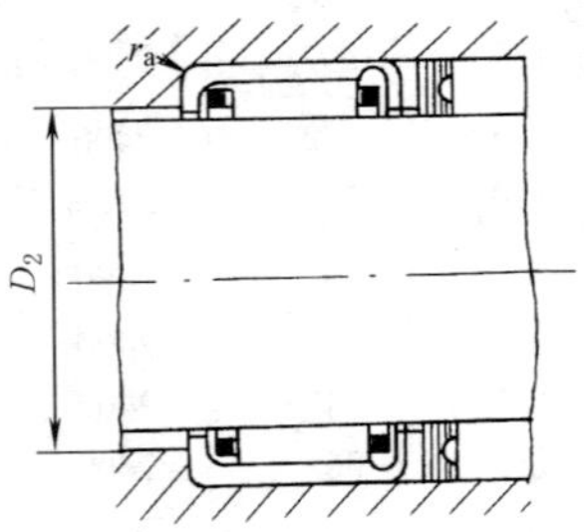

符号含义与应用

HK、HKH—两端为穿孔型冲压外圈

BK、BKH——端面为封口型冲压外圈

无内圈有保持架，薄壁外圈所以径向尺寸小，轴的加工精度与热处理要求高，不能承受轴向载荷，不能限制轴向位移。多用于机床、汽车与纺织机械等。轴承在装配前应注入足量的润滑脂。用压入配合装入座孔中。

表 8-2-96

基本尺寸/mm			基本额定载荷/kN		极限转速/r·min^{-1}		质量/g W		轴承代号		其他尺寸/mm		安装尺寸/mm	
F_W	D	C	C_r	C_{0r}	脂	油	HK 型 HKH 型	BK 型 BKH 型	HK 0000 型 HKH 0000 型	BK 0000 型 BKH 0000 型	C_1 max	r min	D_2 max	r_a max
4	8	8	1.50	1.20	20000	28000	1.40	1.50	HK 0408	BK 0408	1.0	0.3	5	0.3
	8	9	1.80	1.40	20000	28000	1.60	1.70	HK 0409	BK 0409	1.0	0.4	5	0.4
5	9	8	1.90	1.60	17000	24000	1.70	1.80	HK 0508	BK 0508	1.0	0.4	5.3	0.4
	9	9	2.30	2.00	17000	24000	1.90	2.00	HK 0509	BK 0509	1.0	0.4	5.3	0.4
6	10	8	2.10	1.90	16000	22000	1.90	2.10	HK 0608	BK 0608	1.0	0.4	6.3	0.4
	10	9	2.50	2.40	16000	22000	2.10	2.30	HK 0609	BK 0609	1.0	0.4	6.3	0.4
	10	10	2.90	2.90	16000	22000	2.40	2.50	HK 0610	BK 0610	1.0	0.4	6.3	0.4

续表

基本尺寸 /mm			基本额定载荷/kN		极限转速 $/r \cdot min^{-1}$		质量 /g		轴承代号		其他尺寸 /mm		安装尺寸 /mm	
							W							
F_W	D	C	C_r	C_{0r}	脂	油	HK 型 HKH 型	BK 型 BKH 型	HK 0000 型 HKH 0000 型	BK 0000 型 BKH 0000 型	C_1 max	r min	D_2 max	r_a max
7	11	8	2.30	2.20	15000	20000	2.10	2.30	HK 0708	BK 0708	1.0	0.4	7.3	0.4
	11	9	2.70	2.70	15000	20000	2.40	2.50	HK 0709	BK 0709	1.0	0.4	7.3	0.4
	11	10	3.10	3.30	15000	20000	2.70	2.90	HK 0710	BK 0710	1.0	0.4	7.3	0.4
	11	12	3.90	4.30	15000	20000	3.30	3.40	HK 0712	BK 0712	1.0	0.4	7.3	0.4
8	12	8	2.40	2.40	14000	19000	2.40	2.60	HK 0808	BK 0808	1.0	0.4	8.3	0.4
	12	9	2.90	3.10	14000	19000	2.70	2.90	HK 0809	BK 0809	1.0	0.4	8.3	0.4
	12	10	3.30	3.70	14000	19000	2.90	3.20	HK 0810	BK 0810	1.0	0.4	8.3	0.4
	12	12	4.20	4.90	14000	19000	3.60	3.80	HK 0812	BK 0812	1.0	0.4	8.3	0.4
	14	10	3.40	3.20	14000	19000	5.50	5.90	HKH 0810	BKH 0810	1.3	0.4	9	0.4
	14	12	4.40	4.40	14000	19000	6.60	7.10	HKH 0812	BKH 0812	1.3	0.4	9	0.4
	14	14	5.40	5.70	14000	19000	7.90	8.30	HKH 0814	BKH 0814	1.3	0.4	9	0.4
9	13	8	2.70	2.90	13000	18000	2.70	2.90	HK 0908	BK 0908	1.0	0.4	9.3	0.4
	13	9	3.30	3.70	13000	18000	2.90	3.20	HK 0909	BK 0909	1.0	0.4	9.3	0.4
	13	10	3.70	4.40	13000	18000	3.30	3.50	HK 0910	BK 0910	1.0	0.4	9.3	0.4
	13	12	4.70	5.90	13000	18000	4.10	4.30	HK 0912	BK 0912	1.0	0.4	9.3	0.4
	13	14	5.60	7.40	13000	18000	4.90	5.20	HK 0914	BK 0914	1.0	0.4	9.3	0.4
	15	10	3.70	3.60	13000	18000	5.90	6.40	HKH 0910	BKH 0910	1.3	0.4	10	0.4
	15	12	4.80	5.00	13000	18000	7.20	7.70	HKH 0912	BKH 0912	1.3	0.4	10	0.4
	15	14	5.80	6.50	13000	18000	8.40	9.00	HKH 0914	BKH 0914	1.3	0.4	10	0.4
	15	16	6.80	7.90	13000	18000	9.80	10.4	HKH 0916	BKH 0916	1.3	0.4	10	0.4
10	14	8	2.90	3.20	11000	17000	2.90	3.20	HK 1008	BK 1008	1.0	0.4	10.3	0.4
	14	9	3.40	4.00	11000	17000	3.10	3.50	HK 1009	BK 1009	1.0	0.4	10.3	0.4
	14	10	3.90	4.80	11000	17000	3.60	3.90	HK 1010	BK 1010	1.0	0.4	10.3	0.4
	14	12	4.90	6.40	11000	17000	4.40	4.80	HK 1012	BK 1012	1.0	0.4	10.3	0.4
	14	14	5.80	8.00	11000	17000	5.30	5.60	HK 1014	BK 1014	1.0	0.4	10.3	0.4
	16	10	3.90	4.00	11000	17000	6.40	7.00	HKH 1010	BKH 1010	1.3	0.4	11	0.4
	16	12	5.10	5.60	11000	17000	7.80	8.50	HKH 1012	BKH 1012	1.3	0.4	11	0.4
	16	14	6.20	7.30	11000	17000	9.10	9.80	HKH 1014	BKH 1014	1.3	0.4	11	0.4
	16	16	7.30	8.90	11000	17000	10.6	11.2	HKH 1016	BKH 1016	1.3	0.4	11	0.4
12	16	8	3.10	3.80	9500	15000	3.30	3.80	HK 1208	BK 1208	1.0	0.4	12.3	0.4
	16	9	3.70	4.70	9500	15000	3.70	4.20	HK 1209	BK 1209	1.0	0.4	12.3	0.4
	16	10	4.30	5.60	9500	15000	4.10	4.60	HK 1210	BK 1210	1.0	0.4	12.3	0.4
	16	12	5.30	7.50	9500	15000	5.10	5.50	HK 1212	BK 1212	1.0	0.4	12.3	0.4
	16	14	6.30	9.40	9500	15000	6.00	6.50	HK 1214	BK 1214	1.0	0.4	12.3	0.4
	18	10	4.40	4.90	9500	15000	7.30	8.30	HKH 1210	BKH 1210	1.3	0.4	13	0.4
	18	12	5.80	6.90	9500	15000	9.00	9.90	HKH 1212	BKH 1212	1.3	0.4	13	0.4
	18	14	7.00	8.80	9500	15000	10.6	11.5	HKH 1214	BKH 1214	1.3	0.4	13	0.4
	18	16	8.20	10.8	9500	15000	12.2	13.2	HKH 1216	BKH 1216	1.3	0.4	13	0.4
	18	18	9.30	12.8	9500	15000	13.8	14.7	HKH 1218	BKH 1218	1.3	0.4	13	0.4

续表

基本尺寸/mm			基本额定载荷/kN		极限转速/r·min^{-1}		质量/g		轴承代号		其他尺寸/mm		安装尺寸/mm	
							W							
F_W	D	C	C_r	C_{0r}	脂	油	HK 型 HKH 型	BK 型 BKH 型	HK 0000 型 HKH 0000 型	BK 0000 型 BKH 0000 型	C_1 max	r min	D_2 max	r_a max
14	20	10	4.90	5.80	9500	15000	8.30	9.60	HK 1410	BK 1410	1.3	0.4	15	0.4
	20	12	6.30	8.10	9500	15000	10.1	11.3	HK 1412	BK 1412	1.3	0.4	15	0.4
	20	14	7.70	10.5	9500	15000	12.0	13.2	HK 1414	BK 1414	1.3	0.4	15	0.4
	20	16	9.00	12.8	9500	15000	13.9	15.2	HK 1416	BK 1416	1.3	0.4	15	0.4
	20	18	10.2	15.0	9500	15000	15.6	16.9	HK 1418	BK 1418	1.3	0.4	15	0.4
	20	20	11.5	17.2	9500	15000	17.5	18.7	HK 1420	BK 1420	1.3	0.4	15	0.4
	22	12	7.00	7.20	9500	15000	13.2	14.5	HKH 1412	BKH 1412	1.3	0.4	16	0.4
	22	14	8.80	9.60	9500	15000	15.7	17.0	HKH 1414	BKH 1414	1.3	0.4	16	0.4
	22	16	10.5	12.0	9500	15000	18.1	19.4	HKH 1416	BKH 1416	1.3	0.4	16	0.4
	22	18	12.2	14.2	9500	15000	20.5	21.8	HKH 1418	BKH 1418	1.3	0.4	16	0.4
	22	20	13.5	16.8	9500	15000	23.1	24.4	HKH 1420	BKH 1420	1.3	0.4	16	0.4
15	21	10	5.10	6.20	9000	14000	8.70	10.2	HK 1510	BK 1510	1.3	0.4	16	0.4
	21	12	6.60	8.70	9000	14000	10.7	12.1	HK 1512	BK 1512	1.3	0.4	16	0.4
	21	14	8.00	11.2	9000	14000	12.7	14.1	HK 1514	BK 1514	1.3	0.4	16	0.4
	21	16	9.40	13.8	9000	14000	14.5	16.0	HK 1516	BK 1516	1.3	0.4	16	0.4
	21	18	10.8	16.2	9000	14000	16.5	18.0	HK 1518	BK 1518	1.3	0.4	16	0.4
	21	20	12.0	18.5	9000	14000	18.5	20.0	HK 1520	BK 1520	1.3	0.4	16	0.4
	23	12	7.50	7.90	9000	14000	13.9	15.4	HKH 1512	BKH 1512	1.3	0.4	17	0.4
	23	14	9.40	10.5	9000	14000	16.6	18.1	HKH 1514	BKH 1514	1.3	0.4	17	0.4
	23	16	11.2	13.2	9000	14000	19.3	20.8	HKH 1516	BKH 1516	1.3	0.4	17	0.4
	23	18	12.8	15.8	9000	14000	21.8	23.3	HKH 1518	BKH 1518	1.3	0.4	17	0.4
	23	20	14.5	18.5	9000	14000	24.4	25.9	HKH 1520	BKH 1520	1.3	0.4	17	0.4
16	22	10	5.30	6.60	8500	13000	9.00	10.6	HK 1610	BK 1610	1.3	0.4	17	0.4
	22	12	6.80	9.30	8500	13000	11.0	12.6	HK 1612	BK 1612	1.3	0.4	17	0.4
	22	14	8.30	12.0	8500	13000	13.0	14.7	HK 1614	BK 1614	1.3	0.4	17	0.4
	22	16	9.70	14.5	8500	13000	15.1	16.7	HK 1616	BK 1616	1.3	0.4	17	0.4
	22	18	11.2	17.2	8500	13000	17.2	18.8	HK 1618	BK 1618	1.3	0.4	17	0.4
	22	20	12.5	20.0	8500	13000	19.2	20.9	HK 1620	BK 1620	1.3	0.4	17	0.4
	24	12	7.50	8.00	8500	13000	14.1	15.8	HKH 1612	BKH 1612	1.3	0.8	18	0.8
	24	14	9.40	10.8	8500	13000	17.0	18.6	HKH 1614	BKH 1614	1.3	0.8	18	0.8
	24	16	11.2	13.2	8500	13000	19.6	21.3	HKH 1616	BKH 1616	1.3	0.8	18	0.8
	24	18	12.8	16.0	8500	13000	22.3	24.0	HKH 1618	BKH 1618	1.3	0.8	18	0.8
	24	20	14.5	18.8	8500	13000	24.9	26.6	HKH 1620	BKH 1620	1.3	0.8	18	0.8
17	23	10	5.50	7.10	8000	12000	9.30	11.2	HK 1710	BK 1710	1.3	0.4	18	0.4
	23	12	7.10	9.90	8000	12000	11.5	13.4	HK 1712	BK 1712	1.3	0.4	18	0.4
	23	14	8.60	12.8	8000	12000	13.7	15.6	HK 1714	BK 1714	1.3	0.4	18	0.4
	23	16	10.2	15.5	8000	12000	15.9	17.7	HK 1716	BK 1716	1.3	0.4	18	0.4
	23	18	11.5	18.5	8000	12000	18.1	19.9	HK 1718	BK 1718	1.3	0.4	18	0.4
	23	20	13.5	22.5	8000	12000	20.5	22.4	HK 1720	BK 1720	1.3	0.4	18	0.4
	25	12	7.90	8.80	8000	12000	14.9	16.8	HKH 1712	BKH 1712	1.3	0.8	19	0.8
	25	14	9.90	11.8	8000	12000	17.8	19.7	HKH 1714	BKH 1714	1.3	0.8	19	0.8
	25	16	11.8	14.5	8000	12000	20.7	22.6	HKH 1716	BKH 1716	1.3	0.8	19	0.8

续表

基本尺寸 /mm			基本额定载荷/kN		极限转速 /r·min^{-1}		质量 /g W		轴承代号		其他尺寸 /mm		安装尺寸 /mm	
F_W	D	C	C_r	C_{0r}	脂	油	HK 型 HKH 型	BK 型 BKH 型	HK 0000 型 HKH 0000 型	BK 0000 型 BKH 0000 型	C_1 max	r min	D_2 max	r_a max
17	25	18	13.5	17.5	8000	12000	23.5	25.4	HKH 1718	BKH 1718	1.3	0.8	19	0.8
	25	20	15.2	20.5	8000	12000	26.4	28.3	HKH 1720	BKH 1720	1.3	0.8	19	0.8
18	24	10	5.60	7.50	7500	11000	9.90	12.0	HK 1810	BK 1810	1.3	0.4	19	0.4
	24	12	7.30	10.5	7500	11000	12.1	14.2	HK 1812	BK 1812	1.3	0.4	19	0.4
	24	14	8.90	13.5	7500	11000	14.5	16.5	HK 1814	BK 1814	1.3	0.4	19	0.4
	24	16	10.5	16.5	7500	11000	16.7	18.8	HK 1816	BK 1816	1.3	0.4	19	0.4
	24	18	12.0	19.5	7500	11000	19.0	21.1	HK 1818	BK 1818	1.3	0.4	19	0.4
	24	20	13.2	22.5	7500	11000	21.2	23.3	HK 1820	BK 1820	1.3	0.4	19	0.4
	26	12	8.30	9.50	7500	11000	15.7	17.9	HKH 1812	BKH 1812	1.3	0.8	20	0.8
	26	14	10.5	12.8	7500	11000	18.8	20.9	HKH 1814	BKH 1814	1.3	0.8	20	0.8
	26	16	12.5	15.8	7500	11000	21.8	23.9	HKH 1816	BKH 1816	1.3	0.8	20	0.8
	26	18	14.2	19.0	7500	11000	24.8	26.9	HKH 1818	BKH 1818	1.3	0.8	20	0.8
	26	20	16.2	22.2	7500	11000	27.8	30.0	HKH 1820	BKH 1820	1.3	0.8	20	0.8
20	26	10	6.00	8.40	7000	10000	10.8	13.3	HK 2010	BK 2010	1.3	0.4	21	0.4
	26	12	7.80	11.8	7000	10000	13.3	15.8	HK 2012	BK 2012	1.3	0.4	21	0.4
	26	14	9.50	15.2	7000	10000	15.7	18.3	HK 2014	BK 2014	1.3	0.4	21	0.4
	26	16	11.2	18.5	7000	10000	18.2	20.8	HK 2016	BK 2016	1.3	0.4	21	0.4
	26	18	12.5	21.8	7000	10000	20.8	23.3	HK 2018	BK 2018	1.3	0.4	21	0.4
	26	20	14.2	25.2	7000	10000	23.3	25.8	HK 2020	BK 2020	1.3	0.4	21	0.4
	28	12	8.70	10.2	7000	10000	17.1	19.7	HKH 2012	BKH 2012	1.3	0.8	22	0.8
	28	14	11.0	13.8	7000	10000	20.3	22.9	HKH 2014	BKH 2014	1.3	0.8	22	0.8
	28	16	13.0	17.2	7000	10000	23.6	26.2	HKH 2016	BKH 2016	1.3	0.8	22	0.8
	28	18	15.0	20.8	7000	10000	26.8	29.4	HKH 2018	BKH 2018	1.3	0.8	22	0.8
	28	20	16.8	24.2	7000	10000	30.2	32.8	HKH 2020	BKH 2020	1.3	0.8	22	0.8
22	28	10	6.30	9.30	6700	9500	11.7	14.8	HK 2210	BK 2210	1.3	0.4	23	0.4
	28	12	8.20	13.0	6700	9500	14.4	17.5	HK 2212	BK 2212	1.3	0.4	23	0.4
	28	14	10.0	16.8	6700	9500	17.2	20.2	HK 2214	BK 2214	1.3	0.4	23	0.4
	28	16	11.8	20.5	6700	9500	19.9	22.9	HK 2216	BK 2216	1.3	0.4	23	0.4
	28	18	13.2	24.2	6700	9500	22.5	25.6	HK 2218	BK 2218	1.3	0.4	23	0.4
	28	20	15.0	27.8	6700	9500	25.3	28.4	HK 2220	BK 2220	1.3	0.4	23	0.4
	30	12	9.10	11.2	6700	9500	18.4	21.5	HKH 2212	BKH 2212	1.3	0.8	24	0.8
	30	14	11.2	15.0	6700	9500	21.9	25.0	HKH 2214	BKH 2214	1.3	0.8	24	0.8
	30	16	13.5	18.5	6700	9500	25.3	28.4	HKH 2216	BKH 2216	1.3	0.8	24	0.8
	30	18	15.5	22.2	6700	9500	28.9	32.1	HKH 2218	BKH 2218	1.3	0.8	24	0.8
	30	20	17.5	26.0	6700	9500	32.4	35.6	HKH 2220	BKH 2220	1.3	0.8	24	0.8
25	32	12	9.10	13.2	6300	9000	18.3	22.2	HK 2512	BK 2512	1.3	0.8	27	0.8
	32	14	11.5	17.5	6300	9000	21.9	25.9	HK 2514	BK 2514	1.3	0.8	27	0.8
	32	16	13.5	22.0	6300	9000	25.2	29.2	HK 2516	BK 2516	1.3	0.8	27	0.8
	32	18	15.5	26.5	6300	9000	28.8	32.8	HK 2518	BK 2518	1.3	0.8	27	0.8
	32	20	17.5	30.8	6300	9000	32.3	36.3	HK 2520	BK 2520	1.3	0.8	27	0.8
	32	24	21.2	39.5	6300	9000	39.3	43.2	HK 2524	BK 2524	1.3	0.8	27	0.8

续表

基本尺寸/mm			基本额定载荷/kN		极限转速/r·min^{-1}		质量/g W		轴承代号		其他尺寸/mm		安装尺寸/mm	
F_W	D	C	C_r	C_{0r}	脂	油	HK型 HKH型	BK型 BKH型	HK 0000型 HKH 0000型	BK 0000型 BKH 0000型	C_1 max	r min	D_2 max	r_a max
25	35	14	12.2	14.0	6300	9000	29.9	34.0	HKH 2514	BKH 2514	1.6	0.8	28	0.8
	35	16	15.0	18.2	6300	9000	35.0	39.0	HKH 2516	BKH 2516	1.6	0.8	28	0.8
	35	18	17.5	22.5	6300	9000	40.0	44.1	HKH 2518	BKH 2518	1.6	0.8	28	0.8
	35	20	20.2	26.8	6300	9000	44.9	49.0	HKH 2520	BKH 2520	1.6	0.8	28	0.8
	35	24	25.0	35.2	6300	9000	54.8	58.9	HKH 2524	BKH 2524	1.6	0.8	28	0.8
28	35	12	9.50	14.5	6300	9000	20.0	24.9	HK 2812	BK 2812	1.3	0.8	30	0.8
	35	14	12.0	19.5	6300	9000	24.0	29.0	HK 2814	BK 2814	1.3	0.8	30	0.8
	35	16	14.2	24.2	6300	9000	27.6	32.6	HK 2816	BK 2816	1.3	0.8	30	0.8
	35	18	16.2	29.2	6300	9000	31.7	36.6	HK 2818	BK 2818	1.3	0.8	30	0.8
	35	20	18.5	34.0	6300	9000	35.5	40.5	HK 2820	BK 2820	1.3	0.8	30	0.8
	35	24	22.5	43.5	6300	9000	43.2	48.1	HK 2824	BK 2824	1.3	0.8	30	0.8
	38	14	13.2	16.2	6300	9000	33.2	38.3	HKH 2814	BKH 2814	1.6	0.8	31	0.8
	38	16	16.5	21.2	6300	9000	38.8	43.9	HKH 2816	BKH 2816	1.6	0.8	31	0.8
	38	18	19.2	26.2	6300	9000	44.4	49.5	HKH 2818	BKH 2818	1.6	0.8	31	0.8
	38	20	22.2	31.0	6300	9000	49.8	54.9	HKH 2820	BKH 2820	1.6	0.8	31	0.8
	38	24	27.5	41.0	6300	9000	60.8	65.8	HKH 2824	BKH 2824	1.6	0.8	31	0.8
30	37	12	10.0	15.8	5600	8000	21.4	27.1	HK 3012	BK 3012	1.3	0.8	32	0.8
	37	14	12.5	21.2	5600	8000	25.5	31.2	HK 3014	BK 3014	1.3	0.8	32	0.8
	37	16	15.0	26.5	5600	8000	29.6	35.3	HK 3016	BK 3016	1.3	0.8	32	0.8
	37	18	17.2	31.8	5600	8000	33.6	39.3	HK 3018	BK 3018	1.3	0.8	32	0.8
	37	20	19.2	37.0	5600	8000	37.9	43.6	HK 3020	BK 3020	1.3	0.8	32	0.8
	37	24	23.5	47.5	5600	8000	46.0	51.7	HK 3024	BK 3024	1.3	0.8	32	0.8
	40	14	13.8	17.5	5600	8000	35.2	41.0	HKH 3014	BKH 3014	1.6	0.8	33	0.8
	40	16	17.0	22.8	5600	8000	41.1	46.9	HKH 3016	BKH 3016	1.6	0.8	33	0.8
	40	18	20.2	28.0	5600	8000	47.0	52.8	HKH 3018	BKH 3018	1.6	0.8	33	0.8
	40	20	23.0	33.2	5600	8000	52.8	58.6	HKH 3020	BKH 3020	1.6	0.8	33	0.8
	40	24	28.5	43.8	5600	8000	64.4	70.2	HKH 3024	BKH 3024	1.6	0.8	33	0.8
32	39	12	10.5	17.2	5300	7500	22.7	29.2	HK 3212	BK 3212	1.3	0.8	34	0.8
	39	14	13.2	23.0	5300	7500	27.2	33.7	HK 3214	BK 3214	1.3	0.8	34	0.8
	39	16	15.5	28.5	5300	7500	31.3	37.8	HK 3216	BK 3216	1.3	0.8	34	0.8
	39	18	18.0	34.2	5300	7500	35.8	42.3	HK 3218	BK 3218	1.3	0.8	34	0.8
	39	20	20.2	40.0	5300	7500	40.4	46.8	HK 3220	BK 3220	1.3	0.8	34	0.8
	39	24	24.5	51.5	5300	7500	49.0	55.5	HK 3224	BK 3224	1.3	0.8	34	0.8
	42	14	14.5	18.5	5300	7500	37.2	43.7	HKH 3214	BKH 3214	1.6	0.8	35	0.8
	42	16	17.8	24.2	5300	7500	43.5	50.1	HKH 3216	BKH 3216	1.6	0.8	35	0.8
	42	18	20.8	29.8	5300	7500	49.7	56.3	HKH 3218	BKH 3218	1.6	0.8	35	0.8
	42	20	23.8	35.5	5300	7500	55.8	62.4	HKH 3220	BKH 3220	1.6	0.8	35	0.8
	42	24	29.5	46.8	5300	7500	68.1	74.7	HKH 3224	BKH 3224	1.6	0.8	35	0.8
35	42	12	10.8	18.5	5000	7000	24.5	32.3	HK 3512	BK 3512	1.3	0.8	37	0.8
	42	14	13.5	24.5	5000	7000	29.3	37.1	HK 3514	BK 3514	1.3	0.8	37	0.8
	42	16	16.2	30.8	5000	7000	33.9	41.6	HK 3516	BK 3516	1.3	0.8	37	0.8

续表

基本尺寸 /mm			基本额定载荷/kN		极限转速 /r·min^{-1}		质量 /g		轴承代号		其他尺寸 /mm		安装尺寸 /mm	
							W							
F_W	D	C	C_r	C_{0r}	脂	油	HK 型 HKH 型	BK 型 BKH 型	HK 0000 型 HKH 0000 型	BK 0000 型 BKH 0000 型	C_1 max	r min	D_2 max	r_a max
35	42	18	18.5	37.0	5000	7000	38.7	46.4	HK 3518	BK 3518	1.3	0.8	37	0.8
	42	20	21.0	43.2	5000	7000	43.5	51.2	HK 3520	BK 3520	1.3	0.8	37	0.8
	42	24	25.5	55.5	5000	7000	52.8	60.5	HK 3524	BK 3524	1.3	0.8	37	0.8
	45	14	14.8	19.8	5000	7000	39.8	47.6	HKH 3514	BKH 3514	1.6	0.8	38	0.8
	45	16	18.2	25.8	5000	7000	46.5	54.4	HKH 3516	BKH 3516	1.6	0.8	38	0.8
	45	18	21.5	31.8	5000	7000	53.2	61.0	HKH 3518	BKH 3518	1.6	0.8	38	0.8
	45	20	24.5	37.8	5000	7000	59.8	67.7	HKH 3520	BKH 3520	1.6	0.8	38	0.8
	45	24	30.2	49.8	5000	7000	72.9	80.8	HKH 3524	BKH 3524	1.6	0.8	38	0.8
38	45	12	11.2	19.8	4500	6300	26.4	35.4	HK 3812	BK 3812	1.3	0.8	40	0.8
	45	14	14.0	26.5	4500	6300	31.5	40.6	HK 3814	BK 3814	1.3	0.8	40	0.8
	45	16	16.8	33.0	4500	6300	36.4	45.4	HK 3816	BK 3816	1.3	0.8	40	0.8
	45	18	19.2	39.5	4500	6300	41.5	50.6	HK 3818	BK 3818	1.3	0.8	40	0.8
	45	20	21.8	46.2	4500	6300	46.7	55.7	HK 3820	BK 3820	1.3	0.8	40	0.8
	45	24	26.2	59.5	4500	6300	56.7	65.8	HK 3824	BK 3824	1.3	0.8	40	0.8
	48	14	15.8	22.2	4500	6300	43.1	52.3	HKH 3814	BKH 3814	1.6	0.8	41	0.8
	48	16	19.5	28.8	4500	6300	50.4	59.6	HKH 3816	BKH 3816	1.6	0.8	41	0.8
	48	18	22.8	35.5	4500	6300	57.6	66.8	HKH 3818	BKH 3818	1.6	0.8	41	0.8
	48	20	26.2	42.2	4500	6300	64.7	73.9	HKH 3820	BKH 3820	1.6	0.8	41	0.8
	48	24	32.2	55.5	4500	6300	78.9	88.1	HKH 3824	BKH 3824	1.6	0.8	41	0.8
40	47	12	11.5	21.2	4500	6300	27.6	37.7	HK 4012	BK 4012	1.3	0.8	42	0.8
	47	14	14.5	28.2	4500	6300	33.1	43.1	HK 4014	BK 4014	1.3	0.8	42	0.8
	47	16	17.2	35.2	4500	6300	38.1	48.2	HK 4016	BK 4016	1.3	0.8	42	0.8
	47	18	20.0	42.2	4500	6300	43.7	53.7	HK 4018	BK 4018	1.3	0.8	42	0.8
	47	20	22.5	49.2	4500	6300	49.0	59.1	HK 4020	BK 4020	1.3	0.8	42	0.8
	47	24	27.2	63.5	4500	6300	59.6	69.7	HK 4024	BK 4024	1.3	0.8	42	0.8
	50	14	16.2	23.2	4500	6300	45.1	55.2	HKH 4014	BKH 4014	1.6	0.8	43	0.8
	50	16	20.0	30.2	4500	6300	52.7	62.8	HKH 4016	BKH 4016	1.6	0.8	43	0.8
	50	18	23.5	37.2	4500	6300	60.3	70.4	HKH 4018	BKH 4018	1.6	0.8	43	0.8
	50	20	26.8	44.5	4500	6300	67.7	77.8	HKH 4020	BKH 4020	1.6	0.8	43	0.8
	50	24	33.2	58.5	4500	6300	82.7	92.8	HKH 4024	BKH 4024	1.6	0.8	43	0.8
42	49	12	12.0	22.5	4300	6000	29.0	40.1	HK 4212	BK 4212	1.3	0.8	44	0.8
	49	14	15.0	30.0	4300	6000	34.7	45.7	HK 4214	BK 4214	1.3	0.8	44	0.8
	49	16	18.0	37.5	4300	6000	40.1	51.2	HK 4216	BK 4216	1.3	0.8	44	0.8
	49	18	20.5	45.0	4300	6000	45.8	56.8	HK 4218	BK 4218	1.3	0.8	44	0.8
	49	20	23.2	52.2	4300	6000	51.4	62.5	HK 4220	BK 4220	1.3	0.8	44	0.8
	49	24	28.2	67.2	4300	6000	62.5	73.6	HK 4224	BK 4224	1.3	0.8	44	0.8
	52	14	16.5	24.5	4300	6000	47.0	58.2	HKH 4214	BKH 4214	1.6	0.8	46	0.8
	52	16	20.5	31.8	4300	6000	54.9	66.1	HKH 4216	BKH 4216	1.6	0.8	46	0.8
	52	18	24.0	39.2	4300	6000	62.9	74.1	HKH 4218	BKH 4218	1.6	0.8	46	0.8
	52	20	27.5	46.5	4300	6000	70.6	81.8	HKH 4220	BKH 4220	1.6	0.8	46	0.8
	52	24	34.2	61.5	4300	6000	86.2	97.4	HKH 4224	BKH 4224	1.6	0.8	46	0.8

续表

基本尺寸/mm			基本额定载荷/kN		极限转速/$r \cdot min^{-1}$		质量/g W		轴承代号		其他尺寸/mm		安装尺寸/mm	
F_W	D	C	C_r	C_{0r}	脂	油	HK 型 HKH 型	BK 型 BKH 型	HK 0000 型 HKH 0000 型	BK 0000 型 BKH 0000 型	C_1 max	r min	D_2 max	r_a max
45	52	12	12.2	23.8	3800	5300	30.8	43.5	HK 4512	BK 4512	1.3	0.8	47	0.8
	52	14	15.5	31.8	3800	5300	36.8	49.5	HK 4514	BK 4514	1.3	0.8	47	0.8
	52	16	18.5	39.5	3800	5300	42.5	55.2	HK 4516	BK 4516	1.3	0.8	47	0.8
	52	18	21.2	47.5	3800	5300	48.6	61.3	HK 4518	BK 4518	1.3	0.8	47	0.8
	52	20	24.0	55.5	3800	5300	54.7	67.4	HK 4520	BK 4520	1.3	0.8	47	0.8
	52	24	29.0	71.2	3800	5300	66.4	79.1	HK 4524	BK 4524	1.3	0.8	47	0.8
	55	14	17.0	25.5	3800	5300	49.6	62.5	HKH 4514	BKH 4514	1.6	0.8	49	0.8
	55	16	20.8	33.5	3800	5300	58.1	70.9	HKH 4516	BKH 4516	1.6	0.8	49	0.8
	55	18	24.5	41.2	3800	5300	66.4	79.3	HKH 4518	BKH 4518	1.6	0.8	49	0.8
	55	20	28.2	50.0	3800	5300	74.6	87.4	HKH 4520	BKH 4520	1.6	0.8	49	0.8
	55	24	34.8	64.5	3800	5300	91.1	104	HKH 4524	BKH 4524	1.6	0.8	49	0.8
50	58	16	21.2	43.5	3400	4800	52.7	68.4	HK 5016	BK 5016	1.6	0.8	53	0.8
	58	18	24.5	52.2	3400	4800	60.0	75.6	HK 5018	BK 5018	1.6	0.8	53	0.8
	58	20	27.8	61.0	3400	4800	67.3	82.9	HK 5020	BK 5020	1.6	0.8	53	0.8
	58	24	33.8	78.5	3400	4800	82.3	97.9	HK 5024	BK 5024	1.6	0.8	53	0.8
55	63	16	22.2	47.5	3200	4500	57.3	76.2	HK 5516	BK 5516	1.6	0.8	58	0.8
	63	18	25.8	57.2	3200	4500	65.3	84.2	HK 5518	BK 5518	1.6	0.8	58	0.8
	63	20	29.0	66.5	3200	4500	73.3	92.2	HK 5520	BK 5520	1.6	0.8	58	0.8
	63	24	35.2	85.5	3200	4500	89.6	109	HK 5524	BK 5524	1.6	0.8	58	0.8
60	68	16	23.5	52.8	2800	4000	62.4	84.9	HK 6016	BK 6016	1.6	0.8	63	0.8
	68	18	27.2	63.5	2800	4000	71.1	93.6	HK 6018	BK 6018	1.6	0.8	63	0.8
	68	20	30.5	74.0	2800	4000	79.8	102	HK 6020	BK 6020	1.6	0.8	63	0.8
	68	24	37.2	95.0	2800	4000	97.6	120	HK 6024	BK 6024	1.6	0.8	63	0.8
65	73	16	24.5	56.8	2800	4000	67.1	93.5	HK 6516	BK 6516	1.6	0.8	68	0.8
	73	18	28.2	68.2	2800	4000	76.5	103	HK 6518	BK 6518	1.6	0.8	68	0.8
	73	20	31.8	79.5	2800	4000	85.8	112	HK 6520	BK 6520	1.6	0.8	68	0.8
	73	24	38.6	102	2800	4000	105	131	HK 6524	BK 6524	1.6	0.8	68	0.8
70	78	16	25.2	60.8	2600	3800	71.8	102	HK 7016	BK 7016	1.6	0.8	73	0.8
	78	18	29.2	73.0	2600	3800	81.8	112	HK 7018	BK 7018	1.6	0.8	73	0.8
	78	20	32.8	85.2	2600	3800	91.9	122	HK 7020	BK 7020	1.6	0.8	73	0.8
	78	24	40.0	110	2600	3800	112	143	HK 7024	BK 7024	1.6	0.8	73	0.8

注：见表 8-2-93 注 1。

11.6 调心滚子轴承

调心滚子轴承（摘自 GB/T 288）

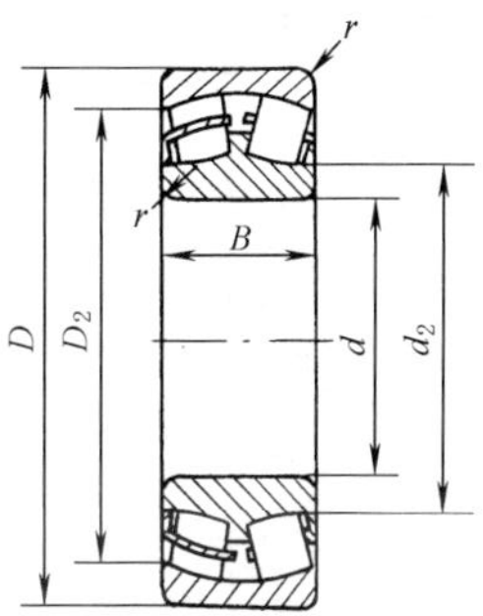

圆柱孔
20000型

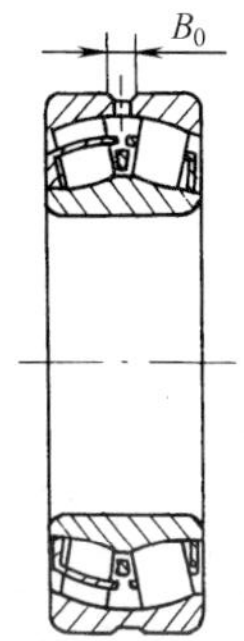

圆柱孔
20000CC/W33型

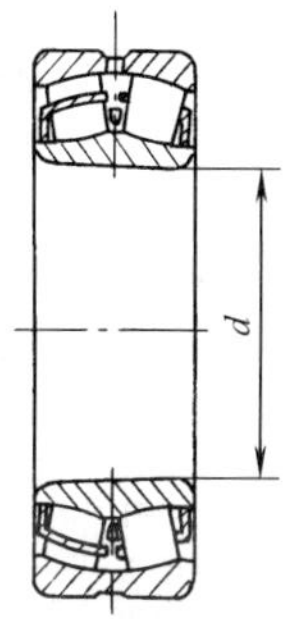

圆锥孔
20000CCK/W33型
20000CCK30/W33型

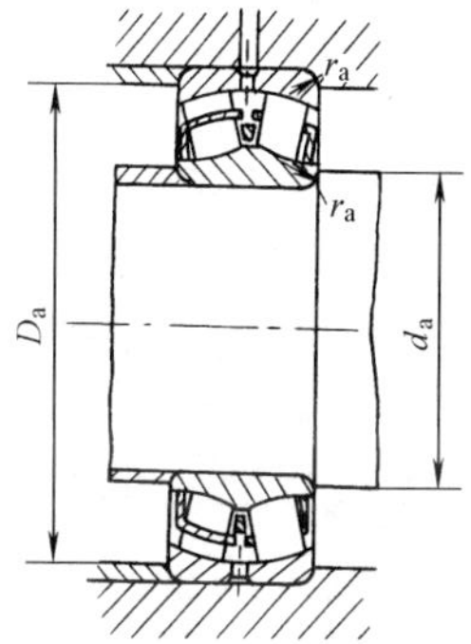

符号含义及应用

CC—内圈无挡边，带活动中挡圈，冲压保持架，滚子和滚道经优化设计的结构，有助于滚子引导，减少摩擦发热

K—圆锥孔，锥度 1∶12

K30—圆锥孔，锥度 1∶30

W33—轴承外圈上有润滑油槽和三个油孔

TN—工程塑料成形保持架

能自动调心，主要承受径向载荷，同时也能承受双向轴向载荷。锥孔者，可装在紧定套或退卸套上，便于在光轴上或阶梯轴上任何位置安装，也可调整轴承的径向游隙。

应优先选用结构经优化设计的 20000CC 型和 20000TN 型产品。

径向当量动载荷：

当 $F_a/F_r \leqslant e$ 时，$P_r = F_r + Y_1 F_a$

当 $F_a/F_r > e$ 时，$P_r = 0.67F_r + Y_2 F_a$

径向当量静载荷：

$P_{0r} = F_r + Y_0 F_a$

表 8-2-97

基本尺寸/mm			基本额定载荷/kN		极限转速/r·min^{-1}		质量/kg	轴承代号		其他尺寸/mm				安装尺寸/mm			计算系数			
d	D	B	C_r	C_{0r}	脂	油	W ≈	圆柱孔	圆锥孔	d_2 ≈	D_2 ≈	B_0	r min	d_a min	D_a max	r_a max	e	Y_1	Y_2	Y_0
20	52	15	31.5	31.2	6000	7500	0.175	21304 CC	21304 CCK	29.5	42	—	1.1	27	45	1	0.31	2.2	3.3	2.2
	52	15	35.8	34.2	6000	7500	0.161	21304 TN	21304 KTN	30.5	44.1	—	1.1	27	45	1	0.29	2.3	3.4	2.2
25	52	18	36.8	36.8	8000	10000	0.177	22205 CC/W33	—	30.9	43.9	5.5	1	30	46	1	0.35	1.9	2.9	1.9
	52	18	45.2	44.0	8000	10000	0.178	22205 TN/W33	—	28.8	42.8	5.5	1	30	46	1	0.36	1.9	2.8	1.8
	62	17	42.5	44.2	5300	6700	0.277	21305 CC	21305 CCK	36.4	50.8	—	1.1	32	55	1	0.29	2.4	3.5	2.3
	62	17	45.5	44.5	5300	6700	0.257	21305 TN	21305 KTN	35.9	51.3	—	1.1	32	55	1	0.29	2.4	3.5	2.3
30	62	20	51.8	55.0	6700	8500	0.283	22206 CC/W33	—	37.9	52.7	5.5	1	36	56	1	0.32	2.1	3.1	2.1
	62	20	58.2	59.5	6700	8500	0.271	22206 TN/W33	—	37.4	53.3	5.5	1	35	56	1	0.32	2.1	3.1	2.1
	72	19	57.2	62.0	4500	6000	0.412	21306 CC	21306 CCK	43.3	59.6	—	1.1	37	65	1	0.27	2.5	3.7	2.4
	72	19	63.8	63.5	4500	6000	0.391	21306 TN	21306 KTN	41.2	59.6	—	1.1	37	65	1	0.28	2.4	3.6	2.4

续表

基本尺寸/mm			基本额定载荷/kN		极限转速/r·min⁻¹		质量/kg	轴承代号		其他尺寸/mm				安装尺寸/mm			计算系数			
d	D	B	C_r	C_{0r}	脂	油	W ≈	圆柱孔	圆锥孔	d_2 ≈	D_2 ≈	B_0	r min	d_a min	D_a max	r_a max	e	Y_1	Y_2	Y_0
35	72	23	70.2	79.0	5600	7000	0.437	22207 CC/W33	—	44.1	60.9	5.5	1.1	42	65	1	0.32	2.1	3.2	2.1
	72	23	78.2	84.5	5600	7000	0.428	22207 TN/W33	—	43.6	61.5	5.5	1.1	42	65	1	0.32	2.1	3.2	2.1
	80	21	65.2	73.2	4000	5300	0.542	21307 CC	21307 CCK	49.1	66.3	—	1.5	44	71	1.5	0.27	2.5	3.8	2.5
	80	21	74.2	75.5	4000	5300	0.507	21307 TN	21307 KTN	47.6	67.8	—	1.5	44	71	1.5	0.27	2.5	3.8	2.5
40	80	23	79.0	88.5	5000	6300	0.524	22208 CC/W33	22208 CCK/W33	50.4	69.4	5.5	1.1	47	73	1	0.28	2.4	3.6	2.4
	80	23	95.0	102	5000	6300	0.524	22208 TN/W33	22208 KTN/W33	49.4	70.5	5.5	1.1	47	73	1	0.28	2.4	3.6	2.4
	90	23	87.2	96.2	3600	4500	0.743	21308 CC	21308 CCK	54.0	75.1	—	1.5	49	81	1.5	0.26	2.6	3.8	2.5
	90	23	93.5	99.0	3600	4500	0.717	21308 TN	21308 KTN	53.5	75.6	—	1.5	49	81	1.5	0.26	2.6	3.8	2.5
	90	33	122	138	4500	6000	1.02	22308 CC/W33	22308 CCK/W33	51.4	74.3	5.5	1.5	49	81	1.5	0.38	1.8	2.7	1.8
	90	33	132	148	4500	6000	1.02	22308 TN/W33	22308 KTN/W33	50.9	74.8	5.5	1.5	48	81	1.5	0.38	1.8	2.7	1.8
45	85	23	82.8	95.2	4500	6000	0.571	22209 CC/W33	22209 CCK/W33	54.6	73.6	5.5	1.1	52	78	1	0.26	2.6	3.8	2.5
	85	23	95.0	102	4500	6000	0.555	22209 TN/W33	22209 KTN/W33	53.6	74.7	5.5	1.1	52	78	1	0.26	2.6	3.8	2.5
	100	25	102	115	3200	4000	1.0	21309 CC	21309 CCK	61.4	84.4	—	1.5	54	91	1.5	0.25	2.7	4.0	2.6
	100	25	110	120	3200	4000	0.949	21309 TN	21309 KTN	60.4	84.4	—	1.5	54	91	1.5	0.25	2.7	4.0	2.6
	100	36	145	170	4000	5300	1.37	22309 CC/W33	22309 CCK/W33	57.6	82.2	5.5	1.5	54	91	1.5	0.37	1.8	2.7	1.8
	100	36	165	185	4000	5300	1.39	22309 TN/W33	22309 KTN/W33	57.6	83.3	5.5	1.5	54	91	1.5	0.37	1.8	2.7	1.8
50	90	23	86.0	102	4300	5300	0.614	22210 CC/W33	22210 CCK/W33	59.7	78.8	5.5	1.1	57	83	1	0.24	2.8	4.1	2.7
	90	23	99.0	110	4300	5300	0.596	22210 TN/W33	22210 KTN/W33	58.7	79.8	5.5	1.1	57	83	1	0.24	2.8	4.1	2.7
	110	27	122	140	2800	3800	1.3	21310 CC	21310 CCK	66.7	91.7	—	2	60	100	2	0.25	2.7	4.0	2.6
	110	27	128	140	2800	3800	1.22	21310 TN	21310 KTN	67.3	93.3	—	2	60	100	2	0.25	2.7	4.1	2.7
	110	40	182	212	3800	4800	1.79	22310 CC/W33	22310 CCK/W33	63.4	91.9	5.5	2	60	100	2	0.37	1.8	2.7	1.8
	110	40	198	228	3800	4800	1.84	22310 TN/W33	22310 KTN/W33	64.1	92.7	5.5	2	60	100	2	0.37	1.8	2.8	1.8
55	100	25	105	125	3800	5000	0.847	22211 CC/W33	22211 CCK/W33	66	88	5.5	1.5	64	91	1.5	0.24	2.8	4.2	2.8
	100	25	122	140	3800	5000	0.823	22211 TN/W33	22211 KTN/W33	65.5	88.5	5.5	1.5	63	91	1.5	0.24	2.8	4.2	2.8
	120	29	145	170	2600	3400	1.65	21311 CC	21311 CCK	72.6	100.5	—	2	65	110	2	0.25	2.7	4.1	2.7
	120	29	148	165	2600	3400	1.57	21311 TN	21311 KTN	74.1	102.1	—	2	65	110	2	0.24	2.8	4.2	2.7
	120	43	215	252	3400	4300	2.31	22311 CC/W33	22311 CCK/W33	69.2	100.5	5.5	2	65	110	2	0.36	1.9	2.8	1.8
	120	43	232	262	3400	4300	2.32	22311 TN/W33	22311 KTN/W33	68.8	101.2	5.5	2	65	110	2	0.36	1.9	2.8	1.8
60	110	28	125	155	3600	4500	1.15	22212 CC/W33	22212 CCK/W33	72.7	96.5	5.5	1.5	69	101	1.5	0.24	2.8	4.1	2.7
	110	28	155	185	3600	4500	1.14	22212 TN/W33	22212 KTN/W33	72.7	98.6	5.5	1.5	69	101	1.5	0.24	2.8	4.2	2.7
	130	31	165	195	2400	3200	2.08	21312 CC	21312 CCK	79.5	109.3	—	2.1	72	118	2.1	0.24	2.8	4.2	2.7
	130	31	175	195	2400	3200	1.96	21312 TN	21312 KTN	80	110.8	—	2.1	72	118	2.1	0.24	2.8	4.2	2.8
	130	46	248	292	3200	4000	2.88	22312 CC/W33	22312 CCK/W33	74.9	109	5.5	2.1	72	118	2.1	0.36	1.9	2.8	1.8
	130	46	270	312	3200	4000	2.96	22312 TN/W33	22312 KTN/W33	75.5	109.6	5.5	2.1	72	118	2.1	0.36	1.9	2.8	1.9

续表

基本尺寸/mm			基本额定载荷/kN		极限转速/r·min^{-1}		质量/kg	轴承代号		其他尺寸/mm				安装尺寸/mm			计算系数			
d	D	B	C_r	C_{0r}	脂	油	W ≈	圆柱孔	圆锥孔	d_2 ≈	D_2 ≈	B_0	r min	d_a min	D_a max	r_a max	e	Y_1	Y_2	Y_0
65	120	31	155	195	3200	4000	1.54	22213 CC/W33	22213 CCK/W33	78.4	104	5.5	1.5	74	111	1.5	0.25	2.7	4.0	2.6
	120	31	178	212	3200	4000	1.53	22213 TN/W33	22213 KTN/W33	77.4	105	5.5	1.5	74	111	1.5	0.25	2.7	4.0	2.6
	140	33	188	228	2200	3000	2.57	21313 CC	21313 CCK	87.4	118.1	—	2.1	77	128	2.1	0.24	2.9	4.3	2.8
	140	33	202	235	2200	3000	2.45	21313 TN	21313 KTN	86.4	119.1	—	2.1	77	128	2.1	0.24	2.9	4.3	2.8
	140	48	272	320	3000	3800	3.47	22313 CC/W33	22313 CCK/W33	81.5	117.4	5.5	2.1	77	128	2.1	0.35	1.9	2.9	1.9
	140	48	302	355	3000	3800	3.57	22313 TN/W33	22313 KTN/W33	81.5	118.5	5.5	2.1	77	128	2.1	0.35	2.0	2.9	1.9
70	125	31	155	195	3000	3800	1.6	22214 CC/W33	22214 CCK/W33	84.1	109.7	5.5	1.5	79	116	1.5	0.24	2.9	4.3	2.8
	125	31	185	225	3000	3800	1.6	22214 TN/W33	22214 KTN/W33	83	110.6	5.5	1.5	79	116	1.5	0.24	2.9	4.3	2.8
	150	35	218	268	2000	2800	3.11	21314 CC	21314 CCK	94.3	127.9	—	2.1	82	138	2.1	0.23	2.9	4.3	2.8
	150	35	225	265	2000	2800	2.97	21314 TN	21314 KTN	92.8	127.4	—	2.1	82	138	2.1	0.23	2.9	4.3	2.8
	150	51	320	395	2800	3400	4.34	22314 CC/W33	22314 CCK/W33	88.2	125.9	8.3	2.1	82	138	2.1	0.34	2.0	2.9	1.9
	150	51	340	405	2800	3400	4.35	22314 TN/W33	22314 KTN/W33	87.7	126.5	8.3	2.1	82	138	2.1	0.34	2.0	2.9	1.9
75	130	31	165	215	3000	3800	1.69	22215 CC/W33	22215 CCK/W33	88.2	114.8	5.5	1.5	84	121	1.5	0.22	3.0	4.5	2.9
	130	31	185	232	3000	3800	1.67	22215 TN/W33	22215 KTN/W33	87.7	115.4	5.5	1.5	84	121	1.5	0.22	3.0	4.5	2.9
	160	37	245	302	1900	2600	3.76	21315 CC	21315 CCK	102.2	137.7	—	2.1	87	148	2.1	0.23	3.0	4.4	2.9
	160	37	258	310	1900	2600	3.63	21315 TN	21315 KTN	99.5	136	—	2.1	87	148	2.1	0.23	2.9	4.3	2.9
	160	55	358	448	2600	3200	5.28	22315 CC/W33	22315 CCK/W33	94.5	133.8	8.3	2.1	87	148	2.1	0.35	2.0	2.9	1.9
	160	55	390	470	2600	3200	5.33	22315 TN/W33	22315 KTN/W33	93.7	135.1	8.3	2.1	87	148	2.1	0.35	2.0	2.9	1.9
80	140	33	180	235	2800	3400	2.13	22216 CC/W33	22216 CCK/W33	95.1	122.8	5.5	2	90	130	2	0.22	3.0	4.5	3.0
	140	33	218	275	2800	3400	2.09	22216 TN/W33	22216 KTN/W33	93.5	124.2	5.5	2	90	130	2	0.22	3.0	4.5	3.0
	170	39	268	332	1800	2400	4.47	21316 CC	21316 CCK	107	144.4	—	2.1	92	158	2.1	0.23	3.0	4.4	2.9
	170	39	288	350	1800	2400	4.33	21316 TN	21316 KTN	105	143.4	—	2.1	92	158	2.1	0.23	2.9	4.3	2.9
	170	58	402	508	2400	3000	6.32	22316 CC/W33	22316 CCK/W33	100.4	142.5	8.3	2.1	92	158	2.1	0.34	2.0	2.9	1.9
	170	58	422	515	2400	3000	6.27	22316 TN/W33	22316 KTN/W33	100.4	143.6	8.3	2.1	92	158	2.1	0.34	2.0	2.9	1.9
85	150	36	218	282	2600	3200	2.67	22217 CC/W33	22217 CCK/W33	100.6	132.2	8.3	2	95	140	2	0.23	3.0	4.4	2.9
	150	36	270	340	2600	3200	2.64	22217 TN/W33	22217 KTN/W33	101.3	135.9	8.3	2	95	140	2	0.22	3.0	4.5	2.9
	180	41	305	385	1700	2200	5.23	21317 CC	21317 CCK	112.9	153.3	—	3	99	166	2.5	0.23	3.0	4.4	2.9
	180	41	318	390	1700	2200	5.07	21317 TN	21317 KTN	111.9	152.3	—	3	99	166	2.5	0.23	3.0	4.4	2.9
	180	60	442	555	2200	2800	7.27	22317 CC/W33	22317 CCK/W33	106.3	151.6	8.3	3	99	166	2.5	0.34	2.0	3.0	2.0
	180	60	472	572	2200	2800	7.27	22317 TN/W33	22317 KTN/W33	105.3	152.6	8.3	3	99	166	2.5	0.34	2.0	3.0	2.0
90	160	40	258	338	2400	3000	3.38	22218 CC/W33	22218 CCK/W33	107.8	141	8.3	2	100	150	2	0.24	2.9	4.3	2.8
	160	40	288	378	2400	3000	3.35	22218 TN/W33	22218 KTN/W33	107.8	142.1	8.3	2	100	150	2	0.24	2.9	4.3	2.8
	160	52.4	338	482	1800	2400	4.4	23218 CC/W33	23218 CCK/W33	105.5	137.2	5.5	2	100	150	2	0.31	2.2	3.2	2.1
	190	43	328	420	1600	2200	6.17	21318 CC	21318 CCK	119.7	161	—	3	104	176	2.5	0.23	3.0	4.5	2.9
	190	43	338	420	1600	2200	5.88	21318 TN	21318 KTN	119.7	161	—	3	104	176	2.5	0.23	3.0	4.5	2.9
	190	64	495	640	2200	2600	8.63	22318 CC/W33	22318 CCK/W33	112.8	159.7	8.3	3	104	176	2.5	0.34	2.0	3.0	2.0
	190	64	532	660	2200	2600	8.72	22318 TN/W33	22318 KTN/W33	111.8	160.8	8.3	3	104	176	2.5	0.34	2.0	3.0	2.0

续表

基本尺寸/mm			基本额定载荷/kN		极限转速/r·min^{-1}		质量/kg	轴承代号		其他尺寸/mm				安装尺寸/mm			计算系数			
d	D	B	C_r	C_{0r}	脂	油	W ≈	圆柱孔	圆锥孔	d_2 ≈	D_2 ≈	B_0	r min	d_a min	D_a max	r_a max	e	Y_1	Y_2	Y_0
95	170	43	290	390	2200	2800	4.2	22219 CC/W33	22219 CCK/W33	113.5	148.5	8.3	2.1	107	158	2.1	0.24	2.8	4.2	2.7
	170	43	318	420	2200	2800	4.1	22219 TN/W33	22219 KTN/W33	113.5	149.6	8.3	2.1	107	158	2.1	0.24	2.8	4.2	2.7
	200	45	365	485	1700	2200	7.15	21319 CC	21319 CCK	129.7	171.9	—	3	109	186	2.5	0.22	3.1	4.6	3.0
	200	45	375	482	1700	2200	6.9	21319 TN	21319 KTN	127.6	169.8	—	3	109	186	2.5	0.22	3.0	4.5	3.0
	200	67	545	705	2000	2600	9.97	22319 CC/W33	22319 CCK/W33	118.5	168.2	8.3	3	109	186	2.5	0.34	2.0	3.0	2.0
	200	67	582	728	2000	2600	10.1	22319 TN/W33	22319 KTN/W33	117.5	169.2	8.3	3	109	186	2.5	0.34	2.0	3.0	2.0
100	165	52	330	510	1700	2200	4.31	23120 CC/W33	23120 CCK/W33	115.5	144.3	5.5	2	110	155	2	0.29	2.3	3.5	2.3
	180	46	332	435	2200	2600	5.01	22220 CC/W33	22220 CCK/W33	120.3	158.1	8.3	2.1	112	168	2.1	0.24	2.8	4.1	2.7
	180	46	378	492	2200	2600	4.97	22220 TN/W33	22220 KTN/W33	119.3	159.1	8.3	2.1	112	168	2.1	0.24	2.8	4.1	2.7
	180	60.3	432	630	1600	2200	6.52	23220 CC/W33	23220 CCK/W33	118.6	154.5	5.5	2.1	112	168	2.1	0.32	2.1	3.2	2.1
	215	47	395	530	1600	2000	8.81	21320 CC	21320 CCK	136.6	180.6	—	3	114	201	2.5	0.22	3.1	4.6	3.0
	215	47	438	575	1600	2000	8.63	21320 TN	21320 KTN	136.6	181.7	—	3	114	201	2.5	0.22	3.1	4.6	3.0
	215	73	635	832	1900	2400	12.8	22320 CC/W33	22320 CCK/W33	126.7	179.8	11.1	3	114	201	2.5	0.34	2.0	2.9	1.9
	215	73	675	855	1900	2400	13	22320 TN/W33	22320 KTN/W33	125.7	180.9	11.1	3	114	201	2.5	0.34	2.0	2.9	1.9
105	225	49	418	558	1500	1900	10.0	21321 CC	21321 CCK	140.4	186.3	—	3	119	211	2.5	0.22	3.1	4.5	3.0
	225	49	458	605	1500	1900	9.75	21321 TN	21321 KTN	143.4	190.4	—	3	119	211	2.5	0.22	3.1	4.6	3.0
110	170	45	280	452	2000	2400	3.68	23022 CC/W33	—	125.4	152.1	5.5	2	120	160	2	0.24	2.8	4.2	2.8
	180	56	388	602	1600	2000	5.51	23122 CC/W33	23122 CCK/W33	126.4	157.9	5.5	2	120	170	2	0.29	2.4	3.5	2.3
	180	69	470	775	1600	2000	6.63	24122 CC/W33	24122 CCK30/W33	124.9	154.2	5.5	2	120	170	2	0.35	1.9	2.8	1.9
	200	53	420	588	1900	2400	7.32	22222 CC/W33	22222 CCK/W33	132.5	173.7	8.3	2.1	122	188	2.1	0.25	2.7	4.0	2.6
	200	53	462	635	1900	2400	7.25	22222 TN/W33	22222 KTN/W33	132.5	174.8	8.3	2.1	122	188	2.1	0.25	2.7	4.0	2.6
	200	69.8	535	800	1500	1900	9.46	23222 CC/W33	23222 CCK/W33	130.2	169.1	5.5	2.1	122	188	2.1	0.34	2.0	3.0	2.0
	240	50	472	635	1400	1800	11.8	21322 CC	21322 CCK	150.5	200.5	—	3	124	226	2.5	0.21	3.2	4.8	3.1
	240	50	525	695	1400	1800	11.7	21322 TN	21322 KTN	150.5	201.5	—	3	124	226	2.5	0.21	3.2	4.8	3.1
	240	80	735	968	1700	2200	17.5	22322 CC/W33	22322 CCK/W33	141	199.6	13.9	3	124	226	2.5	0.34	2.0	3.0	2.0
	240	80	815	1058	1700	2200	18.2	22322 TN/W33	22322 KTN/W33	140	200.7	13.9	3	124	226	2.5	0.34	2.0	3.0	2.0
120	180	46	308	500	1800	2200	3.98	23024 CC/W33	23024 CCK/W33	133.5	162.2	5.5	2	130	170	2	0.23	2.9	4.4	2.9
	180	60	390	675	1500	2000	5.05	24024 CC/W33	24024 CCK30/W33	133.1	159.9	5.5	2	130	170	2	0.30	2.3	3.4	2.2
	200	62	462	722	1400	1800	7.67	23124 CC/W33	23124 CCK/W33	140.1	175.1	5.5	2	130	190	2	0.29	2.4	3.5	2.3
	200	80	590	998	1400	1800	9.65	24124 CC/W33	24124 CCK30/W33	138.2	170.2	5.5	2	130	190	2	0.37	1.8	2.7	1.8
	215	58	492	690	1700	2200	9.0	22224 CC/W33	22224 CCK/W33	143	187.9	11.1	2.1	132	203	2.1	0.26	2.6	3.9	2.6

续表

基本尺寸/mm			基本额定载荷/kN		极限转速/r·min^{-1}		质量/kg	轴承代号		其他尺寸/mm				安装尺寸/mm			计算系数			
d	D	B	C_r	C_{0r}	脂	油	W ≈	圆柱孔	圆锥孔	d_2 ≈	D_2 ≈	B_0	r min	d_a min	D_a max	r_a max	e	Y_1	Y_2	Y_0
120	215	58	558	765	1700	2200	9.1	22224 TN/W33	22224 KTN/W33	142	189	11.1	2.1	132	203	2.1	0.26	2.6	3.9	2.6
	215	76	625	955	1300	1700	11.7	23224 CC/W33	23224 CCK/W33	141.5	182.7	8.3	2.1	132	203	2.1	0.34	2.0	3.0	2.0
	260	86	868	1160	1500	1900	22.2	22324 CC/W33	22324 CCK/W33	152.4	216.6	13.9	3	134	246	2.5	0.34	2.0	3.0	2.0
	260	86	935	1230	1500	1900	22.9	22324 TN/W33	22324 KTN/W33	152.4	216.6	13.9	3	134	246	2.5	0.34	2.0	3.0	2.0
130	200	52	382	630	1700	2000	5.85	23026 CC/W33	23026 CCK/W33	148.1	180.5	5.5	2	140	190	2	0.23	2.9	4.3	2.8
	200	69	485	852	1400	1800	7.55	24026 CC/W33	24026 CCK30/W33	145.9	175.8	5.5	2	140	190	2	0.31	2.2	3.2	2.1
	210	64	495	802	1300	1700	8.49	23126 CC/W33	23126 CCK/W33	148	183.9	8.3	2	140	200	2	0.28	2.4	3.6	2.4
	210	80	600	1030	1300	1700	10.3	24126 CC/W33	24126 CCK30/W33	147.7	181.1	8.3	2	140	200	2	0.35	1.9	2.9	1.9
	230	64	578	832	1600	2000	11.2	22226 CC/W33	22226 CCK/W33	153.3	200.9	11.1	3	144	216	2.5	0.26	2.6	3.8	2.5
	230	64	648	912	1600	2000	11.3	22226 TN/W33	22226 KTN/W33	152.3	201.9	11.1	3	144	216	2.5	0.26	2.6	3.8	2.5
	230	80	695	1080	1200	1600	13.8	23226 CC/W33	23226 CCK/W33	152.2	196.4	8.3	3	144	216	2.5	0.33	2.0	3.0	2.0
	280	93	990	1340	1400	1800	27.5	22326 CC/W33	22326 CCK/W33	164.6	233.5	16.7	4	148	262	3	0.34	2.0	3.0	2.0
	280	93	1078	1440	1400	1800	28.6	22326 TN/W33	22326 KTN/W33	164.6	233.5	16.7	4	148	262	3	0.34	2.0	3.0	2.0
140	210	53	405	680	1600	1900	6.31	23028 CC/W33	23028 CCK/W33	158	190.4	8.3	2	150	200	2	0.22	3.0	4.5	2.9
	210	69	502	895	1300	1700	8.01	24028 CC/W33	24028 CCK30/W33	156.3	186.4	5.5	2	150	200	2	0.29	2.3	3.4	2.3
140	225	68	552	905	1200	1600	10.2	23128 CC/W33	23128 CCK/W33	159.7	197.4	8.3	2.1	152	213	2.1	0.28	2.4	3.6	2.4
	225	85	688	1200	1200	1600	12.5	24128 CC/W33	24128 CCK30/W33	158.2	193.1	8.3	2.1	152	213	2.1	0.35	1.9	2.9	1.9
	250	68	658	955	1400	1700	14.2	22228 CC/W33	22228 CCK/W33	167.1	218.5	11.1	3	154	236	2.5	0.26	2.6	3.9	2.6
	250	68	745	1060	1400	1700	14.4	22228 TN/W33	22228 KTN/W33	166.1	219.5	11.1	3	154	236	2.5	0.26	2.6	3.9	2.6
	250	88	835	1300	1100	1500	18.1	23228 CC/W33	23228 CCK/W33	164.2	212.6	11.1	3	154	236	2.5	0.34	2.0	3.0	2.0
	300	102	1160	1610	1300	1700	34.6	22328 CC/W33	22328 CCK/W33	177.4	250.3	16.7	4	158	282	3	0.34	2.0	2.9	1.9
	300	102	1262	1720	1300	1700	36.2	22328 TN/W33	22328 KTN/W33	176.3	250.3	16.7	4	158	282	3	0.34	2.0	2.9	1.9
150	225	56	445	750	1400	1800	7.74	23030 CC/W33	23030 CCK/W33	168.8	203	8.3	2.1	162	213	2.1	0.22	3.0	4.5	3.0
	225	75	585	1070	1200	1500	10.1	24030 CC/W33	24030 CCK30/W33	167.6	199.2	5.5	2.1	162	213	2.1	0.30	2.3	3.4	2.2
	250	80	758	1250	1100	1400	15.7	23130 CC/W33	23130 CCK/W33	173	216.5	11.1	2.1	162	238	2.1	0.30	2.3	3.4	2.2
	250	100	915	1600	1100	1400	19.0	24130 CC/W33	24130 CCK30/W33	171.7	211.6	8.3	2.1	162	238	2.1	0.37	1.8	2.7	1.8
	270	73	770	1130	1300	1600	18	22230 CC/W33	22230 CCK/W33	178.7	234.7	13.9	3	164	256	2.5	0.26	2.6	3.9	2.6
	270	73	858	1230	1300	1600	18.4	22230 TN/W33	22230 KTN/W33	178.7	236.8	13.9	3	164	256	2.5	0.26	2.6	3.9	2.6
	270	96	972	1540	1100	1400	23.2	23230 CC/W33	23230 CCK/W33	177.1	228.8	11.1	3	164	256	2.5	0.34	2.0	3.0	1.9
	320	108	1305	1850	1200	1500	42	22330 CC/W33	22330 CCK/W33	189.8	266.3	16.7	4	168	302	3	0.34	2.0	3.0	1.9
	320	108	1408	1970	1200	1500	43.6	22330 TN/W33	22330 KTN/W33	190.8	267.3	16.7	4	168	302	3	0.34	2.0	3.0	1.9

续表

基本尺寸/mm			基本额定载荷/kN		极限转速/r·min^{-1}		质量/kg	轴承代号		其他尺寸/mm				安装尺寸/mm			计算系数			
d	D	B	C_r	C_{0r}	脂	油	W ≈	圆柱孔	圆锥孔	d_2 ≈	D_2 ≈	B_0	r min	d_a min	D_a max	r_a max	e	Y_1	Y_2	Y_0
160	240	60	522	890	1300	1700	9.43	23032 CC/W33	23032 CCK/W33	179.5	216.4	11.1	2.1	172	228	2.1	0.22	3.0	4.5	3.0
	240	80	670	1230	1100	1400	12.2	24032 CC/W33	24032 CCK30/W33	178.1	212.2	8.3	2.1	172	228	2.1	0.30	2.3	3.4	2.2
	270	86	868	1440	1000	1300	19.8	23132 CC/W33	23132 CCK/W33	186.5	234.5	13.9	2.1	172	258	2.1	0.30	2.3	3.4	2.2
	270	109	1068	1880	1000	1300	24.4	24132 CC/W33	24132 CCK30/W33	184.4	228.4	8.3	2.1	172	258	2.1	0.37	1.8	2.7	1.8
	290	80	870	1290	1200	1500	22.9	22232 CC/W33	22232 CCK/W33	191.9	251.4	13.9	3	174	276	2.5	0.26	2.6	3.8	2.5
	290	80	978	1430	1200	1500	23.4	22232 TN/W33	22232 KTN/W33	190.9	252.4	13.9	3	174	276	2.5	0.26	2.6	3.8	2.5
	290	104	1120	1780	1100	1400	29.4	23232 CC/W33	23232 CCK/W33	189.1	244.9	13.9	3	174	276	2.5	0.34	2.0	2.9	1.9
	340	114	1172	1770	800	1000	51	22332	22332 K	213	279.4	—	4	178	322	3	0.38	1.8	2.7	1.8
170	260	67	632	1100	1200	1600	12.8	23034 CC/W33	23034 CCK/W33	192.8	233.2	11.1	2.1	182	248	2.1	0.23	2.9	4.3	2.9
	260	90	812	1520	1000	1300	16.7	24034 CC/W33	24034 CCK30/W33	190.7	227.7	8.3	2.1	182	248	2.1	0.31	2.2	3.2	2.1
	280	88	925	1550	1000	1300	21.1	23134 CC/W33	23134 CCK/W33	195.5	244.4	13.9	2.1	182	268	2.1	0.29	2.3	3.5	2.3
	280	109	1098	1930	1000	1300	25.5	24134 CC/W33	24134 CCK30/W33	192.9	238.2	8.3	2.1	182	268	2.1	0.36	1.9	2.8	1.8
	310	86	1002	1500	1100	1400	28.1	22234 CC/W33	22234 CCK/W33	205.4	269.6	16.7	4	188	292	3	0.26	2.6	3.8	2.5
	310	86	1120	1660	1100	1400	28.9	22234 TN/W33	22234 KTN/W33	204.4	270.7	16.7	4	188	292	3	0.26	2.6	3.8	2.5
	310	110	1232	2030	900	1200	35.7	23234 CC/W33	23234 CCK/W33	205.7	264.4	13.9	4	188	292	3	0.34	2.0	3.0	2.0
	360	120	1295	2060	750	950	60	22334	22334 K	227.4	319	—	4	188	342	3	0.39	1.7	2.6	1.7
180	280	74	738	1310	1200	1400	16.9	23036 CC/W33	23036 CCK/W33	206.1	248.9	13.9	2.1	192	268	2.1	0.24	2.8	4.2	2.8
	280	100	952	1820	950	1200	22.1	24036 CC/W33	24036 CCK30/W33	204.3	243.1	8.3	2.1	192	268	2.1	0.32	2.1	3.1	2.1
	300	96	1078	1830	900	1200	26.9	23136 CC/W33	23136 CCK/W33	208.5	260.9	13.9	3	194	286	2.5	0.30	2.3	3.4	2.2
	300	118	1242	2220	900	1200	32.0	24136 CC/W33	24136 CCK30/W33	207.8	256.4	11.1	3	194	286	2.5	0.36	1.9	2.8	1.8
	320	86	1038	1590	1100	1300	29.4	22236 CC/W33	22236 CCK/W33	215.7	280.1	16.7	4	198	302	3	0.25	2.7	3.9	2.6
	320	86	1170	1760	1100	1300	30.2	22236 TN/W33	22236 KTN/W33	214.7	281.1	16.7	4	198	302	3	0.25	2.7	3.9	2.6
	320	112	1315	2170	850	1100	37.9	23236 CC/W33	23236 CCK/W33	213.7	274.3	13.9	4	198	302	3	0.33	2.0	3.0	2.0
	380	126	1420	2270	700	900	70	22336	22336 K	240.8	336.5	—	4	198	362	3	0.38	1.8	2.6	1.7
190	290	75	775	1380	1100	1400	17.7	23038 CC/W33	23038 CCK/W33	215.2	260	13.9	2.1	202	278	2.1	0.23	2.9	4.3	2.8
	290	100	1002	1910	900	1200	23.0	24038 CC/W33	24038 CCK30/W33	213.7	254.9	8.3	2.1	202	278	2.1	0.31	2.2	3.3	2.1
	320	104	1232	2120	850	1100	33.6	23138 CC/W33	23138 CCK/W33	222.6	279.2	13.9	3	204	306	2.5	0.30	2.2	3.3	2.2
	320	128	1448	2590	850	1100	40.2	24138 CC/W33	24138 CCK30/W33	219.3	271.6	11.1	3	204	306	2.5	0.37	1.8	2.7	1.8
	340	120	1488	2490	800	1100	46.1	23238 CC/W33	23238 CCK/W33	227.7	291.6	16.7	4	208	322	3	0.33	2.0	3.0	2.0
	400	132	1568	2530	670	850	81	22338	22338 K	255	328.4	—	5	212	378	4	0.36	1.8	2.7	1.8
200	310	82	915	1650	1000	1300	22.7	23040 CC/W33	23040 CCK/W33	228.5	276.7	13.9	2.1	212	298	2.1	0.24	2.8	4.2	2.8
	310	109	1150	2220	850	1100	29.3	24040 CC/W33	24040 CCK30/W33	226.5	270.8	11.1	2.1	212	298	2.1	0.32	2.1	3.2	2.1
	340	112	1418	2460	800	1000	41.6	23140 CC/W33	23140 CCK/W33	235.6	295.5	16.7	3	214	326	2.5	0.31	2.2	3.3	2.2

续表

基本尺寸/mm			基本额定载荷/kN		极限转速/r·min^{-1}		质量/kg	轴承代号		其他尺寸/mm				安装尺寸/mm			计算系数			
d	D	B	C_r	C_{0r}	脂	油	W ≈	圆柱孔	圆锥孔	d_2 ≈	D_2 ≈	B_0	r min	d_a min	D_a max	r_a max	e	Y_1	Y_2	Y_0
200	340	140	1622	2950	800	1000	49.9	24140 CC/W33	24140 CCK30/W33	231.2	285.8	11.1	3	214	326	2.5	0.38	1.8	2.6	1.7
	360	128	1652	2790	750	1000	55.4	23240 CC/W33	23240 CCK/W33	240.7	307.8	16.7	4	218	342	3	0.34	2.0	3.0	2.0
	420	138	1680	2720	630	800	94	22340	22340 K	267.4	371.3	—	5	222	398	4	0.38	1.8	2.7	1.7
220	340	90	1088	1990	950	1200	29.7	23044 CC/W33	23044 CCK/W33	252.9	305.8	13.9	3	234	326	2.5	0.24	2.9	4.3	2.8
	340	118	1365	2680	750	1000	38.1	24044 CC/W33	24044 CCK30/W33	248.7	297.5	11.1	3	234	326	2.5	0.31	2.2	3.2	2.1
	370	120	1612	2820	700	950	51.5	23144 CC/W33	23144 CCK/W33	258	332.7	16.7	4	238	352	3	0.30	2.3	3.4	2.2
	370	150	1900	3490	700	950	62.3	24144 CC/W33	24144 CCK30/W33	253.3	313.5	11.1	4	238	352	3	0.38	1.8	2.7	1.8
	400	144	2125	3620	670	900	78.5	23244 CC/W33	23244 CCK/W33	263.6	340.2	16.7	4	238	382	3	0.34	2.0	2.9	1.9
	460	145	1905	3200	560	700	120	22344	22344 K	295.2	406.1	—	5	242	438	4	0.35	1.9	2.8	1.9
240	360	92	1160	2160	850	1100	32.4	23048 CC/W33	23048 CCK/W33	271	325	13.9	3	254	346	2.5	0.23	3.0	4.4	2.9
	360	118	1438	2850	700	950	40.8	24048 CC/W33	24048 CCK30/W33	267.5	317.8	11.1	3	254	346	2.5	0.29	2.3	3.4	2.3
	400	128	1838	3220	670	850	63.7	23148 CC/W33	23148 CCK/W33	278.4	350.6	16.7	4	258	382	3	0.30	2.3	3.4	2.2
	400	160	2155	3980	670	850	76.9	24148 CC/W33	24148 CCK30/W33	274.4	340.9	11.1	4	258	382	3	0.37	1.8	2.7	1.8
	440	160	2558	4490	630	800	107.3	23248 CC/W33	23248 CCK/W33	289.6	372.5	22.3	4	258	422	3	0.35	2.0	2.9	1.9
	500	155	1950	3250	500	630	153	22348	22348 K	322.2	440.9	—	5	262	478	4	0.35	1.9	2.8	1.9
260	400	104	1458	2770	800	950	47.7	23052 CC/W33	23052 CCK/W33	297.9	358.1	16.7	4	278	382	3	0.23	2.9	4.3	2.8
	400	140	1838	3740	630	850	62.4	24052 CC/W33	24052 CCK30/W33	293.3	348.2	11.1	4	278	382	3	0.31	2.1	3.2	2.1
	440	144	2270	4070	600	800	88.2	23152 CC/W33	23152 CCK/W33	306.5	385.2	16.7	4	278	422	3	0.30	2.2	3.3	2.2
	440	180	2732	5180	600	800	107.6	24152 CC/W33	24152 CCK30/W33	300.4	372.4	13.9	4	278	422	3	0.38	1.8	2.7	1.7
	540	165	2480	4190	480	600	191	22352	22352 K	351	446.5	—	6	288	512	5	0.34	2.0	2.9	1.9
280	420	106	1582	3000	700	900	50.9	23056 CC/W33	23056 CCK/W33	315	379.4	16.7	4	298	402	3	0.22	3.0	4.5	2.9
	420	140	1962	3980	600	800	65.8	24056 CC/W33	24056 CCK30/W33	310	369.6	11.1	4	298	402	3	0.30	2.3	3.4	2.2
	460	146	2372	4290	560	750	94.1	23156 CC/W33	23156 CCK/W33	324.8	406.1	16.7	5	302	438	4	0.29	2.3	3.5	2.3
	460	180	2802	5330	560	750	113.2	24156 CC/W33	24156 CCK30/W33	318.4	393.8	13.9	5	302	438	4	0.36	1.9	2.8	1.8
	500	130	1900	3380	500	630	—	22256	22256 K	355	431.1	—	5	302	478	4	0.28	2.4	3.6	2.4
	580	175	2730	4650	450	560	238	22356	22356 K	—	—	—	6	308	552	5	0.34	2.0	3.0	1.9

续表

基本尺寸/mm			基本额定载荷/kN		极限转速/r·min^{-1}		质量/kg	轴承代号		其他尺寸/mm				安装尺寸/mm			计算系数			
d	D	B	C_r	C_{0r}	脂	油	W ≈	圆柱孔	圆锥孔	d_2 ≈	D_2 ≈	B_0	r min	d_a min	D_a max	r_a max	e	Y_1	Y_2	Y_0
300	460	118	1910	3690	670	850	71.4	23060 CC/W33	23060 CCK/W33	344	414.4	16.7	4	318	442	3	0.23	3.0	4.4	2.9
	460	160	2422	5010	530	700	94.1	24060 CC/W33	24060 CCK30/W33	337	401.6	13.9	4	318	442	3	0.31	2.2	3.2	2.1
	500	160	2150	4420	400	500	133	23160	23160 K	—	—	—	5	322	478	4	0.32	2.1	3.1	2.0
	540	140	2070	3450	450	560	134	22260	22260 K	378	464.2	—	5	322	518	4	0.28	2.4	3.6	2.4
320	480	121	1560	3260	400	500	81.5	23064	23064 K	—	—	—	4	338	462	3	0.26	2.6	3.8	2.5
340	520	133	1780	3810	380	480	109	23068	23068 K	—	—	—	5	362	498	4	0.25	2.7	4.0	2.6
360	540	134	1930	4180	360	450	114	23072	23072 K	—	—	—	5	382	518	4	0.25	2.7	4.0	2.6
380	560	135	1930	4240	340	430	120	23076	23076 K	—	—	—	5	402	538	4	0.24	2.8	4.1	2.7
	620	194	2950	6240	300	380	244	23176	23176 K	—	—	—	5	402	598	4	0.24	2.0	3.0	2.0
400	600	148	2320	5110	300	380	154	23080	23080 K	—	—	—	5	422	578	4	0.25	2.6	3.8	2.5
	820	243	5100	9290	240	320	644	22380	22380 K	—	—	—	7.5	436	784	6	0.33	2.1	3.1	2.0
420	620	150	2320	5110	280	360	160	23084	23084 K	—	—	—	5	442	598	4	0.24	2.8	4.3	2.8
440	650	157	2450	5740	260	340	192	23088	23088 K	—	—	—	6	468	622	5	0.24	2.8	4.2	2.8
460	680	163	2770	6670	220	300	232	23092	23092 K	—	—	—	6	488	652	5	0.23	2.9	4.4	2.9
	760	240	4420	9190	190	260	479	23192	23192 K	—	—	—	7.5	496	724	6	0.33	2.0	3.0	2.0
480	700	165	2820	6440	200	280	232	23096	23096 K	—	—	—	6	508	672	5	0.24	2.8	4.2	2.8
500	720	167	3040	7180	190	260	235	230/500	230/500 K	—	—	—	6	528	692	5	0.23	3.0	4.4	2.9
530	780	185	3580	8310	170	220	304	230/530	230/530 K	—	—	—	6	558	752	5	0.23	2.9	4.3	2.8
560	820	195	3930	9950	160	200	364	230/560	230/560 K	—	—	—	6	588	792	5	0.23	2.9	4.3	2.8
600	870	200	4240	10400	130	170	417	230/600	230/600 K	—	—	—	6	628	842	5	0.22	3.0	4.5	2.9
630	920	212	4700	11500	120	160	511	230/630	230/630 K	—	—	—	7.5	666	884	6	0.23	3.0	4.4	2.9
850	1220	272	8750	22200	75	95	1388	230/850	230/850 K	—	—	—	7.5	886	1184	6	0.28	2.4	3.5	2.3

注：1. GB/T 288 已有新尺寸标准 GB/T 288—2013，新标准删除了原标准部分结构、紧定套相关尺寸和保持架代号。增加了 38、39、40、49 系列的外形尺寸，增加了 22、23 系列密封轴承结构及其外形尺寸。本表数据符合《全国滚动轴承产品样本》第 2 版。

2. 代号不包括结构变化附加代号，结构如有加油槽或油孔等变化，需与厂家联系。

带紧定套调心滚子轴承（摘自 GB/T 288）

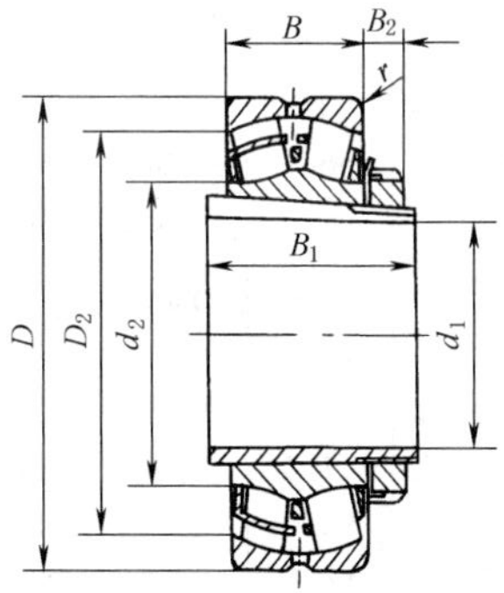

20000CCK / W33+H型

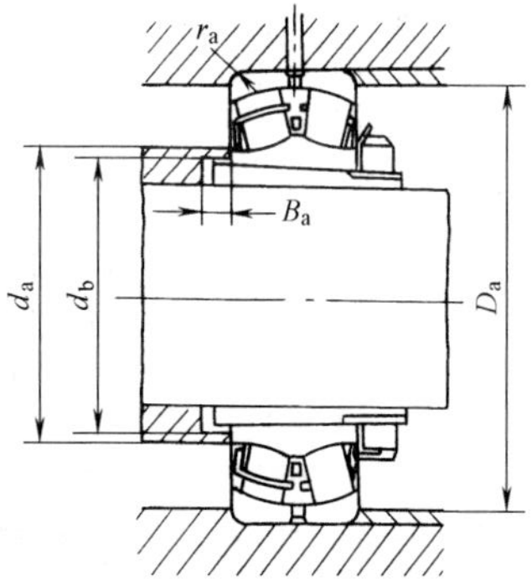

符号含义及应用

H 表示带紧定套，余见前。

注：见表 8-2-97 表注。

表 8-2-98

基本尺寸/mm			基本额定载荷/kN		极限转速/r·min^{-1}		质量/kg	轴承代号	其他尺寸/mm					安装尺寸/mm					计算系数			
d_1	D	B	C_r	C_{0r}	脂	油	W ≈	20000 CCK/W33 (KTN/W33)+H 型	d_2 ≈	D_2 ≈	B_1	B_2 ≈	r min	d_a max	d_b min	D_a max	B_a min	r_a max	e	Y_1	Y_2	Y_0
17	52	15	31.5	31.2	6000	7500	—	21304 CCK+H 304	29.5	42	28	7	1.1	29	23	45	8	1	0.31	2.2	3.3	2.2
	52	15	35.8	34.2	6000	7500	—	21304 KTN+H 304	30.5	44.1	28	7	1.1	30	23	45	8	1	0.29	2.3	3.4	2.2
20	62	17	42.5	44.2	5300	6700	0.348	21305 CCK+H 305	36.4	50.8	29	8	1.1	36	28	55	6	1	0.29	2.4	3.5	2.3
	62	17	45.5	44.5	5300	6700	0.328	21305 KTN+H 305	35.9	51.3	29	8	1.1	35	28	55	6	1	0.29	2.4	3.5	2.3
25	72	19	57.2	62	4500	6000	0.507	21306 CCK+H 306	43.3	59.6	31	8	1.1	43	33	65	6	1	0.27	2.5	3.7	2.4
	72	19	63.8	63.5	4500	6000	0.486	21306 KTN+H 306	41.2	59.6	31	8	1.1	41	33	65	6	1	0.28	2.4	3.6	2.4
30	80	21	65.2	73.2	4000	5300	0.682	21307 CCK+H 307	49.1	66.3	35	9	1.5	49	39	71	7	1.5	0.27	2.5	3.8	2.5
	80	21	74.2	75.5	4000	5300	0.647	21307 KTN+H 307	47.6	67.8	35	9	1.5	47	39	71	7	1.5	0.27	2.5	3.8	2.5
35	80	23	79	88.5	5000	6300	0.71	22208 CCK/W33+H 308	50.4	69.4	36	10	1.1	50	44	73	5	1	0.28	2.4	3.6	2.4
	80	23	95	102	5000	6300	0.71	22208 KTN/W33+H 308	49.4	70.5	36	10	1.1	49	44	73	5	1	0.28	2.4	3.6	2.4
	90	23	87.2	96.2	3600	4500	0.93	21308 CCK+H 308	54	75.1	36	10	1.5	54	44	81	5	1.5	0.26	2.6	3.8	2.5
	90	23	93.5	99	3600	4500	0.91	21308 KTN+H 308	53.5	75.6	36	10	1.5	53	44	81	5	1.5	0.26	2.6	3.8	2.5
	90	33	122	138	4500	6000	1.24	22308 CCK/W33+H 2308	51.4	74.3	46	10	1.5	51	45	81	5	1.5	0.38	1.8	2.7	1.8
	90	33	132	148	4500	6000	1.24	22308 KTN/W33+H 2308	50.9	74.8	46	10	1.5	50	45	81	5	1.5	0.38	1.8	2.7	1.8

续表

基本尺寸/mm			基本额定载荷/kN		极限转速/r·min^{-1}		质量/kg	轴承代号	其他尺寸/mm					安装尺寸/mm					计算系数			
d_1	D	B	C_r	C_{0r}	脂	油	W ≈	20000 CCK/W33 (KTN/W33)+H 型	d_2 ≈	D_2 ≈	B_1	B_2 ≈	r min	d_a max	d_b min	D_a max	B_a min	r_a max	e	Y_1	Y_2	Y_0
40	85	23	82.8	95.2	4500	6000	0.79	22209 CCK/W33+H 309	54.6	73.6	39	11	1.1	54	50	78	7	1	0.26	2.6	3.8	2.5
	85	23	95	102	4500	6000	0.78	22209 KTN/W33+H 309	53.6	74.7	39	11	1.1	53	50	78	7	1	0.26	2.6	3.8	2.5
	102	25	102	115	3200	4000	1.22	21309 CCK+H 309	61.4	84.4	39	11	1.5	61	50	91	5	1.5	0.25	2.7	4.0	2.6
	100	25	110	120	3200	4000	1.17	21309 KTN+H 309	60.4	84.4	39	11	1.5	60	50	91	5	1.5	0.25	2.7	4.0	2.6
	100	36	145	170	4000	5300	1.65	22309 CCK/W33+H 2309	57.6	82.2	50	11	1.5	57	51	91	5	1.5	0.37	1.8	2.7	1.8
	100	36	165	185	4000	5300	1.67	22309 KTN/W33+H 2309	57.6	83.3	50	11	1.5	57	51	91	5	1.5	0.37	1.8	2.7	1.8
45	90	23	87.5	102	4300	5300	0.914	22210 CCK/W33+H 310	59.7	78.8	42	12	1.1	59	55	83	9	1	0.24	2.8	4.1	2.7
	90	23	99.0	110	4300	5300	0.896	22210 KTN/W33+H 310	58.7	79.8	42	12	1.1	58	55	83	9	1	0.24	2.8	4.1	2.7
	110	27	122	140	2800	3800	1.60	21310 CCK+H 310	66.7	91.7	42	12	2	66	55	100	5	2	0.25	2.7	4.0	2.6
	110	27	128	140	2800	3800	1.52	21310 KTN+H 310	67.3	93.3	42	12	2	67	55	100	5	2	0.25	2.7	4.1	2.7
	110	40	182	212	3800	4800	2.15	22310 CCK/W33+H 2310	63.4	91.9	55	12	2	63	56	100	5	2	0.37	1.8	2.7	1.8
	110	40	198	228	3800	4800	2.2	22310 KTN/W33+H 2310	64.1	92.7	55	12	2	64	56	100	5	2	0.37	1.8	2.8	1.8
50	100	25	105	125	3800	5000	1.20	22211 CCK/W33+H 311	66	88	45	12	1.5	66	60	91	10	1.5	0.24	2.8	4.2	2.8
	100	25	122	140	3800	5000	1.17	22211 KTN/W33+H 311	65.5	88.5	45	12	1.5	65	60	91	10	1.5	0.24	2.8	4.2	2.8
	120	29	145	170	2600	3400	2.00	21311 CCK+H 311	72.6	100.5	45	12	2	72	60	110	6	2	0.25	2.7	4.1	2.7
	120	29	148	165	2600	3400	1.92	21311 KTN+H 311	74.1	102.1	45	12	2	74	60	110	6	2	0.24	2.8	4.2	2.7
	120	43	215	252	3400	4300	2.73	22311 CCK/W33+H 2311	69.2	100.5	59	12	2	69	61	110	6	2	0.36	1.9	2.8	1.8
	120	43	232	262	3400	4300	2.74	22311 KTN/W33+H 2311	68.8	101.2	59	12	2	68	61	110	6	2	0.36	1.9	2.8	1.8
55	110	28	125	155	3600	4500	1.24	22212 CCK/W33+H 312	72.7	96.5	47	13	1.5	72	65	101	9	1.5	0.24	2.8	4.1	2.7
	110	28	155	185	3600	4500	1.23	22212 KTN/W33+H 312	72.7	98.6	47	13	1.5	72	65	101	9	1.5	0.24	2.8	4.2	2.7
	130	31	165	195	2400	3200	2.17	21312 CCK+H 312	79.5	109.3	47	13	2.1	79	65	118	6	2.1	0.24	2.8	4.2	2.7
	130	31	175	195	2400	3200	2.05	21312 KTN+H 312	80	110.8	47	13	2.1	80	65	118	6	2.1	0.24	2.8	4.2	2.8
	130	46	248	292	3200	4000	3.36	22312 CCK/W33+H 2312	74.9	109	62	13	2.1	74	67	118	6	2.1	0.36	1.9	2.8	1.8
	130	46	270	312	3200	4000	3.44	22312 KTN/W33+H 2312	75.5	109.6	62	13	2.1	75	67	118	6	2.1	0.36	1.9	2.8	1.9
60	120	31	155	195	3200	4000	2	22213 CCK/W33+H 313	78.4	104	50	14	1.5	78	70	111	8	1.5	0.25	2.7	4.0	2.6
	120	31	178	212	3200	4000	1.99	22213 KTN/W33+H 313	77.4	105	50	14	1.5	77	70	111	8	1.5	0.25	2.7	4.0	2.6
	140	33	188	228	2200	3000	3.03	21313 CCK+H 313	87.4	118.1	50	14	2.1	87	70	128	6	2.1	0.24	2.9	4.3	2.8
	140	33	202	235	2200	3000	2.91	21313 KTN+H 313	86.4	119.1	50	14	2.1	86	70	128	6	2.1	0.24	2.9	4.3	2.8
	140	48	272	320	3000	3800	4.02	22313 CCK/W33+H 2313	81.5	117.4	65	14	2.1	81	72	128	5	2.1	0.35	1.9	2.9	1.9
	140	48	302	355	3000	3800	4.12	22313 KTN/W33+H 2313	81.5	118.5	65	14	2.1	81	72	128	5	2.1	0.35	2.0	2.9	1.9
	125	31	155	195	3000	3800	1.6	22214 CCK/W33+H 314	84.1	109.7	52	14	1.5	84	76	116	9	1.5	0.24	2.9	4.3	2.8

续表

基本尺寸/mm			基本额定载荷/kN		极限转速/r·min^{-1}		质量/kg	轴承代号	其他尺寸/mm					安装尺寸/mm					计算系数			
d_1	D	B	C_r	C_{0r}	脂	油	W ≈	20000 CCK/W33 (KTN/W33)+H 型	d_2 ≈	D_2 ≈	B_1	B_2 ≈	r min	d_a max	d_b min	D_a max	B_a min	r_a max	e	Y_1	Y_2	Y_0
60	125	31	185	225	3000	3800	1.6	22214 KTN/W33+H 314	83	110.6	52	14	1.5	83	76	116	9	1.5	0.24	2.9	4.3	2.8
	150	35	218	268	2000	2800	3.11	21314 CCK+H 314	94.3	127.9	52	14	2.1	94	76	138	6	2.1	0.23	2.9	4.3	2.8
	150	35	225	265	2000	2800	2.97	21314 KTN+H 314	92.8	127.4	52	14	2.1	92	76	138	6	2.1	0.23	2.9	4.3	2.8
	150	51	320	395	2800	3400	4.34	22314 CCK/W33+H 2314	88.2	125.9	68	14	2.1	88	77	138	6	2.1	0.34	2.0	2.9	1.9
	150	51	340	405	2800	3400	4.35	22314 KTN/W33+H 2314	87.7	126.5	68	14	2.1	87	77	138	6	2.1	0.34	2.0	2.9	1.9
65	130	31	165	215	3000	3800	2.52	22215 CCK/W33+H 315	88.2	114.8	55	15	1.5	88	81	121	12	1.5	0.22	3.0	4.5	2.9
	130	31	185	232	3000	3800	2.5	22215 KTN/W33+H 315	87.7	115.4	55	15	1.5	87	81	121	12	1.5	0.22	3.0	4.5	2.9
	160	37	245	302	1900	2600	4.59	21315 CCK+H 315	102.2	137.7	55	15	2.1	102	81	148	6	2.1	0.23	3.0	4.4	2.9
	160	37	258	310	1900	2600	4.46	21315 KTN+H 315	99.5	136	55	15	2.1	99	81	148	6	2.1	0.23	2.9	4.3	2.9
	160	55	358	448	2600	3200	6.33	22315 CCK/W33+H 2315	94.5	133.8	73	15	2.1	94	82	148	5	2.1	0.35	2.0	2.9	1.9
	160	55	390	470	2600	3200	6.38	22315 KTN/W33+H 2315	93.7	135.1	73	15	2.1	93	82	148	5	2.1	0.35	2.0	2.9	1.9
70	140	33	180	235	2800	3400	3.13	22216 CCK/W33+H 316	95.1	122.8	59	17	2	95	86	130	12	2	0.22	2.0	4.5	3.0
	140	33	218	275	2800	3400	3.09	22216 KTN/W33+H 316	93.5	124.2	59	17	2	93	86	130	12	2	0.22	3.0	4.5	3.0
	170	39	268	332	1800	2400	5.47	21316 CCK+H 316	107	144.4	59	17	2.1	107	86	158	6	2.1	0.23	3.0	4.4	2.9
	170	39	288	350	1800	2400	5.33	21316 KTN+H 316	105	143.4	59	17	2.1	105	86	158	6	2.1	0.23	2.9	4.3	2.9
	170	58	402	508	2400	3000	7.62	22316 CCK/W33+H 2316	100.4	142.5	78	17	2.1	100	88	158	6	2.1	0.34	2.0	2.9	1.9
	170	58	422	515	2400	3000	7.57	22316 KTN/W33+H 2316	100.4	143.6	78	17	2.1	100	88	158	6	2.1	0.34	2.0	2.9	1.9
75	150	36	218	282	2600	3200	3.87	22217 CCK/W33+H 317	100.6	132.2	63	18	2	100	91	140	12	2	0.23	3.0	4.4	2.9
	150	36	270	340	2600	3200	3.84	22217 KTN/W33+H 317	101.3	135.9	63	18	2	101	91	140	12	2	0.22	3.0	4.5	2.9
	180	41	305	385	1700	2200	6.43	21317 CCK+H 317	112.9	153.3	63	18	3	112	91	166	7	2.5	0.23	3.0	4.4	2.9
	180	41	318	390	1700	2200	6.27	21317 KTN+H 317	111.9	152.3	63	18	3	111	91	166	7	2.5	0.23	3.0	4.4	2.9
	180	60	442	555	2200	2800	8.57	22317 CCK/W33+H 2317	106.3	151.6	82	18	3	106	93	166	7	2.5	0.34	2.0	3.0	2.0
	180	60	472	572	2200	2800	8.57	22317 KTN/W33+H 2317	105.3	152.6	82	18	3	105	93	166	7	2.5	0.34	2.0	3.0	2.0
80	160	40	258	338	2400	3000	4.73	22218 CCK/W33+H 318	107.8	141	65	18	2	107	96	150	10	2	0.24	2.9	4.3	2.8
	160	40	288	378	2400	3000	4.7	22218 KTN/W33+H 318	107.8	142.1	65	18	2	107	96	150	10	2	0.24	2.9	4.3	2.8
	160	52.4	338	482	1800	2400	6.1	23218 CCK/W33+H 2318	105.5	137.2	86	18	2	105	99	150	18	2	0.31	2.2	3.2	2.1
	190	43	328	420	1700	2200	7.52	21318 CCK+H 318	119.7	161	65	18	3	119	96	176	7	2.5	0.23	3.0	4.5	2.9
	190	43	338	420	1700	2200	7.23	21318 KTN+H 318	119.7	161	65	18	3	119	96	176	7	2.5	0.23	3.0	4.5	2.9
	190	64	492	640	2200	2600	10.3	22318 CCK/W33+H 2318	112.8	159.7	86	18	3	112	99	176	7	2.5	0.34	2.0	3.0	2.0
	190	64	532	660	2200	2600	10.4	22318 KTN/W33+H 2318	111.8	160.8	86	18	3	111	99	176	7	2.5	0.34	2.0	3.0	2.0
85	170	43	290	390	2200	2800	5.75	22219 CCK/W33+H 319	113.5	148.5	68	19	2.1	113	102	158	9	2.1	0.24	2.8	4.2	2.7
	170	43	318	420	2200	2800	5.65	22219 KTN/W33+H 319	113.5	149.6	68	19	2.1	113	102	158	9	2.1	0.24	2.8	4.2	2.7
	200	45	365	485	1700	2200	8.7	21319 CCK+H 319	129.7	171.9	68	19	3	129	102	186	7	2.5	0.22	3.1	4.6	3.0
	200	45	378	482	1700	2200	8.45	21319 KTN+H 319	127.6	169.8	68	19	3	127	102	186	7	2.5	0.22	3.0	4.5	3.0
	200	67	545	705	2000	2600	11.9	22319 CCK/W33+H 2319	118.5	168.2	90	19	3	118	104	186	7	2.5	0.34	2.0	3.0	2.0
	200	67	582	728	2000	2600	12	22319 KTN/W33+H 2319	117.5	169.2	90	19	3	117	104	186	7	2.5	0.34	2.0	3.0	2.0

续表

基本尺寸/mm			基本额定载荷/kN		极限转速/r·min^{-1}		质量/kg	轴承代号	其他尺寸/mm					安装尺寸/mm					计算系数			
d_1	D	B	C_r	C_{0r}	脂	油	W ≈	20000 CCK/W33 (KTN/W33)+H 型	d_2 ≈	D_2 ≈	B_1	B_2 ≈	r min	d_a max	d_b min	D_a max	B_a min	r_a max	e	Y_1	Y_2	Y_0
90	165	52	330	510	1700	2200	—	23120 CCK/W33+H 3120	115.5	144.3	76	20	2	115	107	155	7	2	0.29	2.3	3.5	2.3
	180	46	322	435	2200	2600	6.71	22220 CCK/W33+H 320	120.3	158.1	71	20	2.1	120	108	168	8	2.1	0.24	2.8	4.1	2.7
	180	46	378	492	2200	2600	6.68	22220 KTN/W33+H 320	119.3	159.1	71	20	2.1	119	108	168	8	2.1	0.24	2.8	4.1	2.7
	180	60.3	432	630	1600	2200	8.67	23220 CCK/W33+H 2320	118.6	154.5	97	20	2.1	118	110	168	19	2.1	0.32	2.1	3.2	2.1
	215	47	395	530	1600	2000	10.5	21320 CCK+H 320	136.6	180.6	71	20	3	136	108	201	7	2.5	0.22	3.1	4.6	3.0
	215	47	435	575	1600	2000	10.33	21320 KTN+H 320	136.6	181.7	71	20	3	136	108	201	7	2.5	0.22	3.1	4.6	3.0
	215	73	638	832	1900	2400	14.95	22320 CCK/W33+H 2320	126.7	179.8	97	20	3	126	110	201	7	2.5	0.34	2.0	2.9	1.9
	215	73	675	855	1900	2400	15.15	22320 KTN/W33+H 2320	125.7	180.9	97	20	3	125	110	201	7	2.5	0.34	2.0	2.9	1.9
100	180	56	388	602	1600	2000	7.61	23122 CCK/W33+H 3122	126.4	157.9	81	21	2	126	117	170	7	2	0.29	2.4	3.5	2.3
	200	53	420	588	1900	2400	9.52	22222 CCK/W33+H 322	132.5	173.7	77	21	2.1	132	118	188	6	2.1	0.25	2.7	4.0	2.6
	200	53	462	635	1900	2400	9.45	22222 KTN/W33+H 322	132.5	174.8	77	21	2.1	132	118	188	6	2.1	0.25	2.7	4.0	2.6
	200	69.8	535	800	1500	1900	12.21	23222 CCK/W33+H 2322	130.2	169.1	105	21	2.1	130	121	188	17	2.1	0.34	2.0	3.0	2.0
	240	50	472	635	1400	1800	14	21322 CCK+H 322	150.5	200.5	77	21	3	150	118	226	9	2.5	0.21	3.2	4.8	3.1
	240	50	525	695	1400	1800	13.9	21322 KTN+H 322	150.5	201.5	77	21	3	150	118	226	9	2.5	0.21	3.2	4.8	3.1
	240	80	735	968	1700	2200	20.25	22322 CCK/W33+H 2322	140.9	199.6	105	21	3	140	121	226	7	2.5	0.34	2.0	3.0	2.0
	240	80	815	1058	1700	2200	20.95	22322 KTN/W33+H 2322	140	200.7	105	21	3	140	121	226	7	2.5	0.34	2.0	3.0	2.0
110	180	46	308	500	1800	2200	5.68	23024 CCK/W33+H 3024	133.5	162.2	72	22	2	133	127	170	7	2	0.23	2.9	4.4	2.9
	200	62	462	722	1400	1800	10.24	23124 CCK/W33+H 3124	140.1	175.1	88	22	2	140	128	190	7	2	0.29	2.4	3.5	2.3
	215	58	492	690	1700	2200	11.65	22224 CCK/W33+H 3124	143	187.9	88	22	2.1	143	128	203	11	2.1	0.26	2.6	3.9	2.6
	215	58	558	765	1700	2200	11.75	22224 KTN/W33+H 3124	142	189	88	22	2.1	142	128	203	11	2.1	0.26	2.6	3.9	2.6
	215	76	625	955	1300	1700	14.9	23224 CCK/W33+H 2324	141.5	182.7	112	22	2.1	141	131	203	17	2.1	0.34	2.0	3.0	2.0
	260	86	868	1160	1500	1900	25.4	22324 CCK/W33+H 2324	152.4	216.6	112	22	3	152	131	246	7	2.5	0.34	2.0	3.0	2.0
	260	86	935	1230	1500	1900	26.1	22324 KTN/W33+H 2324	152.4	216.6	112	22	3	152	131	246	7	2.5	0.34	2.0	3.0	2.0
115	200	52	385	630	1700	2000	8.4	23026 CCK/W33+H 3026	148.1	180.5	80	23	2	148	137	190	8	2	0.23	2.9	4.3	2.8
	210	64	495	802	1300	1700	11.9	23126 CCK/W33+H 3126	148	183.9	92	23	2	148	138	200	8	2	0.28	2.4	3.6	2.4
	230	64	578	832	1600	2000	14.85	22226 CCK/W33+H 3126	153.3	200.9	92	23	3	153	138	216	8	2.5	0.26	2.6	3.8	2.5
	230	64	648	912	1600	2000	14.95	22226 KTN/W33+H 3126	152.3	201.9	92	23	3	152	138	216	8	2.5	0.26	2.6	3.8	2.5
	230	80	695	1080	1200	1600	18.4	23226 CCK/W33+H 2326	152.2	196.4	121	23	3	152	142	216	21	2.5	0.33	2.0	3.0	2.0

续表

基本尺寸/mm			基本额定载荷/kN		极限转速/r·min^{-1}		质量/kg	轴承代号	其他尺寸/mm					安装尺寸/mm					计算系数			
d_1	D	B	C_r	C_{0r}	脂	油	W ≈	20000 CCK/W33 (KTN/W33)+H 型	d_2 ≈	D_2 ≈	B_1	B_2 ≈	r min	d_a max	d_b min	D_a max	B_a min	r_a max	e	Y_1	Y_2	Y_0
115	280	93	990	1340	1400	1800	32.1	22326 CCK/W33+H 2326	164.6	233.5	121	23	4	164	142	262	8	3	0.34	2.0	3.0	2.0
	280	93	1078	1440	1400	1800	33.2	22326 KTN/W33+H 2326	164.6	233.5	121	23	4	164	142	262	8	3	0.34	2.0	3.0	2.0
125	210	53	405	680	1600	1900	9.11	23028 CCK/W33+H 3028	158	190.4	82	24	2	158	147	200	8	2	0.22	3.0	4.5	2.9
	225	68	552	905	1200	1600	13.65	23128 CCK/W33+H 3128	159.7	197.4	97	24	2.1	159	149	213	8	2.1	0.28	2.4	3.6	2.4
	250	68	658	955	1400	1700	18.55	22228 CCK/W33+H 3128	167.1	218.5	97	24	3	167	149	236	8	2.5	0.26	2.6	3.9	2.6
	250	68	745	1060	1400	1700	18.75	22228 KTN/W33+H 3128	166.1	219.5	97	24	3	166	149	236	8	2.5	0.26	2.6	3.9	2.6
	250	88	835	1300	1100	1500	23.65	23228 CCK/W33+H 2328	164.2	212.6	131	24	3	164	152	236	22	2.5	0.34	2.0	3.0	2.0
	300	102	1160	1610	1300	1700	40.15	22328 CCK/W33+H 2328	177.4	250.3	131	24	4	177	152	282	8	3	0.34	2.0	2.9	1.9
	300	102	1262	1720	1300	1700	41.75	22328 KTN/W33+H 2328	176.3	250.3	131	24	4	176	152	282	8	3	0.34	2.0	2.9	1.9
135	225	56	445	750	1400	1800	11.2	23030 CCK/W33+H 3030	168.8	203	87	26	2.1	168	158	213	8	2.1	0.22	3.0	4.5	3.0
	250	80	758	1250	1100	1400	20.6	23130 CCK/W33+H 3130	173	216.5	111	26	2.1	173	160	238	8	2.1	0.30	2.3	3.4	2.2
	270	73	770	1130	1300	1600	23.5	22230 CCK/W33+H 3130	178.7	234.7	111	26	3	178	160	256	15	2.5	0.26	2.6	3.9	2.6
	270	73	858	1230	1300	1600	23.9	22230 KTN/W33+H 3130	178.7	236.8	111	26	3	178	160	256	15	2.5	0.26	2.6	3.9	2.6
	270	96	970	1540	1100	1400	29.8	23230 CCK/W33+H 2330	117.1	228.8	139	26	3	177	163	256	20	2.5	0.34	2.0	3.0	1.9
	320	108	1305	1850	1200	1500	48.6	22330 CCK/W33+H 2330	189.8	266.3	139	26	4	189	163	302	8	3	0.34	2.0	3.0	1.9
	320	108	1405	1970	1200	1500	50.2	22330 KTN/W33+H 2330	190.8	267.3	139	26	4	190	163	302	8	3	0.34	2.0	3.0	1.9
140	240	60	522	890	1300	1700	14.03	23032 CCK/W33+H 3032	179.5	216.4	93	28	2.1	179	168	228	8	2.1	0.22	3.0	4.5	3.0
	270	86	868	1440	1000	1300	27.75	23132 CCK/W33+H 3132	186.5	234.5	119	28	2.1	186	170	258	8	2.1	0.30	2.3	3.4	2.2
	290	80	870	1290	1200	1500	30.55	22232 CCK/W33+H 3132	191.9	251.4	119	28	3	191	170	276	14	2.5	0.26	2.6	3.8	2.5
	290	80	978	1430	1200	1500	31.05	22232 KTN/W33+H 3132	190.9	252.4	119	28	3	190	170	276	14	2.5	0.26	2.6	3.8	2.5
	290	104	1120	1780	1100	1400	38.55	23232 CCK/W33+H 2332	189.1	244.9	147	28	3	189	174	276	18	2.5	0.34	2.0	2.9	1.9
150	260	67	632	1100	1200	1600	18.3	23034 CCK/W33+H 3034	192.8	233.2	101	29	2.1	192	179	248	8	2.1	0.23	2.9	4.3	2.9
	280	88	925	1550	1000	1300	29.5	23134 CCK/W33+H 3134	195.5	244.4	122	29	2.1	195	180	268	8	2.1	0.29	2.3	3.5	2.3
	310	86	1000	1500	1100	1400	36.5	22234 CCK/W33+H 3134	205.4	269.6	122	29	4	205	180	292	10	3	0.26	2.6	3.8	2.5
	310	86	1120	1660	1100	1400	37.3	22234 KTN/W33+H 3134	204.4	270.7	122	29	4	204	180	292	10	3	0.26	2.6	3.8	2.5
	310	110	1232	2030	900	1200	45.7	23234 CCK/W33+H 2334	205.7	264.4	154	29	4	205	185	292	18	3	0.34	2.0	3.0	2.0
	360	120	1180	2060	750	950	70	22334 K+H 2334	227.4	319	154	29	4	227	185	342	8	3	0.39	1.7	2.6	1.7

续表

基本尺寸/mm			基本额定载荷/kN		极限转速/r·min⁻¹		质量/kg	轴承代号	其他尺寸/mm					安装尺寸/mm					计算系数			
d_1	D	B	C_r	C_{0r}	脂	油	W ≈	20000 CCK/W33 (KTN/W33)+H 型	d_2 ≈	D_2 ≈	B_1	B_2 ≈	r min	d_a max	d_b min	D_a max	B_a min	r_a max	e	Y_1	Y_2	Y_0
160	280	74	738	1310	1200	1400	22.65	23036 CCK/W33+H 3036	206.1	248.9	109	30	2.1	206	189	268	8	2.1	0.24	2.8	4.2	2.8
	300	96	1080	1830	900	1200	29.2	23136 CCK/W33+H 3136	208.5	260.9	131	30	3	208	191	286	8	2.5	0.30	2.3	3.4	2.2
	320	86	1038	1590	1100	1300	38.9	22236 CCK/W33+H 3136	215.7	280.1	131	30	4	215	191	302	18	3	0.25	2.7	3.9	2.6
	320	86	1170	1760	1100	1300	39.7	22236 KTN/W33+H 3136	214.7	281.1	131	30	4	214	191	302	18	3	0.25	2.7	3.9	2.6
	320	112	1315	2170	850	1100	48.9	23236 CCK/W33+H 2336	213.7	274.3	161	30	4	213	195	302	22	3	0.33	2.0	3.0	2.0
	380	126	1420	2270	700	900	81.0	22336 K+H 2336	240.8	336.5	161	30	4	240	195	362	8	3	0.38	1.8	2.6	1.7
170	290	75	775	1380	1100	1400	22.65	23038 CCK/W33+H 3038	215.2	260	112	31	2.1	215	199	278	9	2.1	0.23	2.9	4.3	2.8
	320	104	1232	2120	850	1100	42.8	23138 CCK/W33+H 3138	222.6	279.2	141	31	3	222	202	306	9	2.5	0.30	2.2	3.3	2.2
	340	120	1490	2490	800	1100	57.6	23238 CCK/W33+H 2338	227.7	291.6	169	31	4	227	206	322	21	3	0.33	2.0	3.0	2.0
	400	132	1570	2530	670	850	92.5	22338 K+H 2338	255	328.4	169	31	5	255	206	378	9	4	0.36	1.8	2.7	1.8
180	310	82	915	1650	1000	1300	30.4	23040 CCK/W33+H 3040	228.5	276.7	120	32	2.1	228	210	298	9	2.1	0.24	2.8	4.2	2.8
	340	112	1418	2460	800	1000	43.9	23140 CCK/W33+H 3140	235.6	295.5	150	32	3	235	212	326	9	2.5	0.31	2.2	3.3	2.2
	360	128	1650	2790	750	1000	69.4	23240 CCK/W33+H 2340	240.7	307.8	176	32	4	240	216	342	19	3	0.34	2.0	3.0	2.0
	420	138	1680	2720	630	800	108	22340 K+H 2340	267.4	371.3	176	32	5	267	216	398	9	4	0.38	1.8	2.7	1.7
200	340	90	1090	1990	950	1200	40.9	23044 CCK/W33+H 3044	252.9	305.8	126	35	3	252	231	326	9	2.5	0.24	2.9	4.3	2.8
	370	120	1612	2820	700	950	62.7	23144 CCK/W33+H 3144	258	323.7	161	35	4	258	233	352	9	3	0.30	2.3	3.4	2.2
	400	144	2125	3620	670	900	95.5	23244 CCK/W33+H 2344	263.6	340.2	186	35	4	263	236	382	10	3	0.34	2.0	2.9	1.9
	460	145	1900	3200	560	700	137	22344 K+H 2344	295.2	406.1	186	35	5	295	236	438	9	4	0.35	1.9	2.8	1.9
220	360	92	1160	2160	850	1100	42.4	23048 CCK/W33+H 3048	271	325	133	37	3	271	251	346	11	2.5	0.23	3.0	4.4	2.9
	400	128	1838	3220	670	850	89.7	23148 CCK/W33+H 3148	278.4	350.6	172	37	4	278	254	382	11	3	0.30	2.3	3.4	2.2
	440	160	2558	4490	630	800	127.3	23248 CCK/W33+H 2348	289.6	372.5	199	37	4	289	257	422	6	3	0.35	2.0	2.9	1.9
	500	155	1950	3250	500	630	173	22348 K+H 2348	322.2	440.9	199	37	5	322	257	478	11	4	0.35	1.9	2.8	1.9
240	400	104	1458	2770	800	950	61.2	23052 CCK/W33+H 3052	297.9	358.1	145	37	4	297	272	382	11	3	0.23	2.9	4.3	2.8
	440	144	2270	4070	600	800	109	23152 CCK/W33+H 3152	306.5	385.2	190	39	4	306	276	422	11	3	0.30	2.2	3.3	2.2
	540	165	2480	4190	480	600	214	22352 K+H 2352	351	446.5	211	39	6	351	278	512	11	5	0.34	2.0	2.9	1.9
260	420	106	1580	3000	700	900	66.9	23056 CCK/W33+H 3056	315	379.4	152	41	4	315	292	402	12	3	0.22	3.0	4.5	2.9
	460	146	2370	4290	560	750	117	23156 CCK/W33+H 3156	324.8	406.1	195	41	5	324	296	438	12	4	0.29	2.3	3.5	2.3
	580	175	2730	4650	450	560	265	22356 K+H 2356	355	431.1	224	41	6	355	299	552	12	5	0.34	2.0	3.0	1.9
280	460	118	1910	3690	670	850	91.9	23060 CCK/W33+H 3060	344	414.4	168	42	4	344	313	442	12	3	0.23	3.0	4.4	2.9
	500	160	2190	4420	400	500	162	23160 K+H 3160	—	—	208	40	5	—	318	478	12	4	0.32	2.1	3.1	2.0
	540	140	2070	3450	450	560	163	22260 K+H 3160	378	464.2	208	40	5	378	318	518	32	4	0.28	2.4	3.6	2.4

11.7 圆锥滚子轴承

单列圆锥滚子轴承（摘自 GB/T 297—1994）

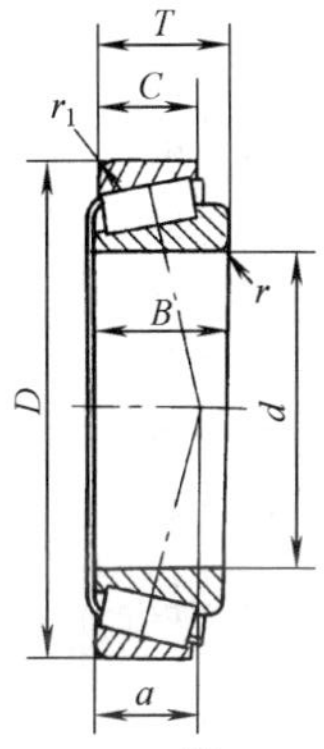

30000型

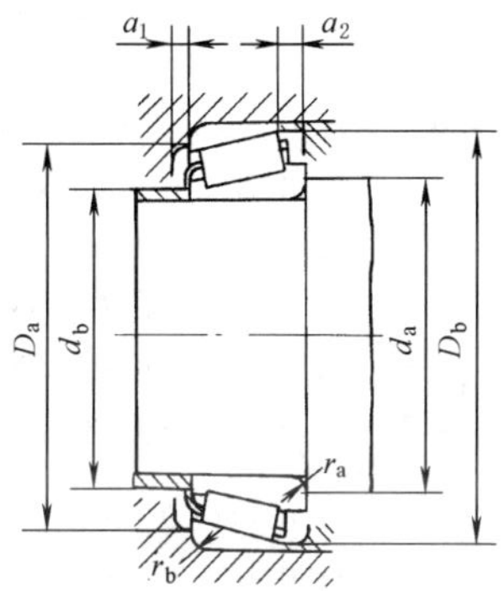

径向当量动载荷：

当 $F_a/F_r \leqslant e$，$P_r=F_r$

当 $F_a/F_r>e$，$P_r=0.4F_r+YF_a$

径向当量静载荷：

$P_{0r}=0.5F_r+Y_0F_a$

若 $P_{0r}<F_r$ 取 $P_{0r}=F_r$

在计算轴承的当量动载荷时，必须计入径向载荷引起的附加轴向力，近似计算如下

附加轴向力：

$S \approx F_r/(2Y)$

为了防止轴承在高速运转时，因滚子和保持架的惯性力导致滚子与滚道间产生破坏性滑动轴承必须承受一定的最小径向载荷，其最小值如下：

最小径向载荷：$F_{rmin}=0.02C_r$

前面各式中 F_r 和 F_a 均指作用于轴承上的总载荷。

符号含义及应用

X2—宽度（高度）为非标准

外圈可以和内圈组件分离，内、外圈可分别安装。主要承受以径向载荷为主的径向载荷和轴向载荷的联合载荷，安装时可以调整游隙的大小，能限制一个方向位移，一般成对使用。

表 8-2-99

基本尺寸/mm					基本额定载荷/kN		极限转速/r·min^{-1}		质量/kg	计算系数			轴承代号	其他尺寸/mm			安装尺寸/mm								
d	D	T	B	C	C_r	C_{0r}	脂	油	W ≈	e	Y	Y_0	30000 型	a ≈	r min	r_1 min	d_a min	d_b max	D_a min	D_a max	D_b min	a_1 min	a_2 min	r_a max	r_b max
15	42	14.25	13	11	23.8	21.5	9000	12000	0.094	0.29	2.1	1.2	30302	9.6	1	1	21	22	36	36	38	2	3.5	1	1
17	40	13.25	12	11	21.8	21.8	9000	12000	0.079	0.35	1.7	1	30203	9.9	1	1	23	23	34	34	37	2	2.5	1	1
	47	15.25	14	12	29.5	27.2	8500	11000	0.129	0.29	2.1	1.2	30303	10.4	1	1	23	25	40	41	43	3	3.5	1	1
	47	20.25	19	16	36.8	36.2	8500	11000	0.173	0.29	2.1	1.2	32303	12.3	1	1	23	24	39	41	43	3	4.5	1	1
20	37	12	12	9	13.8	17.5	9500	13000	0.056	0.32	1.9	1	32904	8.2	0.3	0.3	—	—	—	—	—	—	—	0.3	0.3
	42	15	15	12	26.2	28.2	8500	11000	0.095	0.37	1.6	0.9	32004	10.3	0.6	0.6	25	25	36	37	39	3	3	0.6	0.6
	47	15.25	14	12	29.5	30.5	8000	10000	0.126	0.35	1.7	1	30204	11.2	1	1	26	27	40	41	43	2	3.5	1	1
	52	16.25	15	13	34.5	33.2	7500	9500	0.165	0.3	2	1.1	30304	11.1	1.5	1.5	27	28	44	45	48	3	3.5	1.5	1.5
	52	22.25	21	18	44.8	46.2	7500	9500	0.230	0.3	2	1.1	32304	13.6	1.5	1.5	27	26	43	45	48	3	4.5	1.5	1.5

续表

基本尺寸/mm					基本额定载荷/kN		极限转速/r·min^{-1}		质量/kg	计算系数			轴承代号	其他尺寸/mm			安装尺寸/mm								
d	D	T	B	C	C_r	C_{0r}	脂	油	W ≈	e	Y	Y_0	30000 型	a ≈	r min	r_1 min	d_a min	d_b max	D_a min	D_a max	D_b min	a_1 min	a_2 min	r_a max	r_b max
22	40	12	12	9	15.8	20.0	8500	11000	0.065	0.32	1.9	1	329/22	8.5	0.3	0.3	—	—	—	—	—	—	—	0.3	0.3
	44	15	15	11.5	27.2	30.2	8000	10000	0.100	0.40	1.5	0.8	320/22	10.8	0.6	0.6	27	27	38	39	41	3	3.5	0.6	0.6
25	42	12	12	9	16.8	21.0	6300	10000	0.064	0.32	1.9	1	32905	8.7	0.3	0.3	—	—	—	—	—	—	—	0.3	0.3
	47	15	15	11.5	29.2	34.0	7500	9500	0.11	0.43	1.4	0.8	32005	11.6	0.6	0.6	30	30	40	42	44	3	3.5	0.6	0.6
	47	17	17	14	34.0	42.5	7500	9500	0.129	0.29	2.1	1.1	33005	11.1	0.6	0.6	30	30	40	42	45	3	3	0.6	0.6
	52	16.25	15	13	33.8	37.0	7000	9000	0.154	0.37	1.6	0.9	30205	12.5	1	1	31	31	44	46	48	2	3.5	1	1
	52	22	22	18	49.2	55.8	7000	9000	0.216	0.35	1.7	0.9	33205	14.0	1	1	31	30	43	46	49	4	4	1	1
	62	18.25	17	15	49.0	48.0	6300	8000	0.263	0.3	2	1.1	30305	13.0	1.5	1.5	32	34	54	55	58	3	3.5	1.5	1.5
	62	18.25	17	13	42.5	46.0	6300	8000	0.262	0.83	0.7	0.4	31305	20.1	1.5	1.5	32	31	47	55	59	3	5.5	1.5	1.5
	62	25.25	24	20	64.5	68.8	6300	8000	0.368	0.3	2	1.1	32305	15.9	1.5	1.5	32	32	52	55	58	3	5.5	1.5	1.5
28	45	12	12	9	17.5	22.8	7500	9500	0.069	0.32	1.9	1	329/28	9.0	0.3	0.3	—	—	—	—	—	—	—	0.3	0.3
	52	16	16	12	33.0	40.5	6700	8500	0.142	0.43	1.4	0.8	320/28	12.6	1	1	34	33	45	46	49	3	4	1	1
	58	24	24	19	60.8	68.2	6300	8000	0.286	0.34	1.8	1.0	332/28	15.0	1	1	34	33	49	52	55	4	5	1	1
30	47	12	12	9	17.8	23.2	7000	9000	0.072	0.32	1.9	1	32906	9.2	0.3	0.3	—	—	—	—	—	—	—	0.3	0.3
	55	17	16	14	29.2	35.5	6300	8000	0.16	0.26	2.3	1.3	32006 X2	12.0	1	1	—	—	—	—	—	3	5	—	—
	55	17	17	13	37.5	46.8	6300	8000	0.170	0.43	1.4	0.8	32006	13.3	1	1	36	35	48	49	52	3	4	1	1
	55	20	20	16	45.8	58.8	6300	8000	0.201	0.29	2.1	1.1	33006	12.8	1	1	36	35	48	49	52	3	4	1	1
	62	17.25	16	14	45.2	50.5	6000	7500	0.231	0.37	1.6	0.9	30206	13.8	1	1	36	37	53	56	58	2	3.5	1	1
	62	21.25	20	17	54.2	63.8	6000	7500	0.287	0.37	1.6	0.9	32206	15.6	1	1	36	36	52	56	58	3	4.5	1	1
	62	25	25	19.5	66.8	75.5	6000	7500	0.342	0.34	1.8	1	33206	15.7	1	1	36	36	53	56	59	5	5.5	1	1
	72	20.75	19	16	61.8	63.0	5600	7000	0.387	0.31	1.9	1.1	30306	15.3	1.5	1.5	37	40	62	65	66	3	5	1.5	1.5
	72	20.75	19	14	55.0	60.5	5600	7000	0.392	0.83	0.7	0.4	31306	23.1	1.5	1.5	37	37	55	65	68	3	7	1.5	1.5
	72	28.75	27	23	85.5	96.5	5600	7000	0.562	0.31	1.9	1.1	32306	18.9	1.5	1.5	37	38	59	65	66	4	6	1.5	1.5
32	52	14	14	10	25.0	32.5	6300	8000	0.106	0.32	1.9	1	329/32	10.2	0.6	0.6	37	37	46	47	49	3	4	0.6	0.6
	58	17	17	13	38.2	49.2	6000	7500	0.187	0.45	1.3	0.7	320/32	14.0	1	1	38	38	50	52	55	3	4	1	1
	65	26	26	20.5	72.0	82.2	5600	7000	0.385	0.35	1.7	1	332/32	16.6	1	1	38	38	55	59	62	5	5.5	1	1

续表

基本尺寸/mm					基本额定载荷/kN		极限转速/r·min^{-1}		质量/kg	计算系数			轴承代号	其他尺寸/mm			安装尺寸/mm								
d	D	T	B	C	C_r	C_{0r}	脂	油	W ≈	e	Y	Y_0	30000型	a ≈	r min	r_1 min	d_a min	d_b max	D_a min	D_a max	D_b min	a_1 min	a_2 min	r_a max	r_b max
35	55	14	14	11.5	27.0	34.8	6000	7500	0.114	0.29	2.1	1.1	32907	10.1	0.6	0.6	40	40	49	50	52	3	2.5	0.6	0.6
	62	18	17	15	35.5	47.2	5600	7000	0.21	0.29	2.1	1.1	32007 X2	14.0	1	1	—	—	—	—	—	3	5	1	1
	62	18	18	14	45.2	59.2	5600	7000	0.224	0.44	1.4	0.8	32007	15.1	1	1	41	40	54	56	59	4	4	1	1
	62	21	21	17	49.0	63.2	5600	7000	0.254	0.31	2	1.1	33007	13.5	1	1	41	41	54	56	59	3	4	1	1
	72	18.25	17	15	56.8	63.5	5300	6700	0.331	0.37	1.6	0.9	30207	15.3	1.5	1.5	42	44	62	65	67	3	3.5	1.5	1.5
	72	24.25	23	19	73.8	89.5	5300	6700	0.445	0.37	1.6	0.9	32207	17.9	1.5	1.5	42	42	61	65	68	3	5.5	1.5	1.5
	72	28	28	22	86.5	102	5300	6700	0.515	0.35	1.7	0.9	33207	18.2	1.5	1.5	42	42	61	65	68	5	6	1.5	1.5
	80	22.75	21	18	78.8	82.5	5000	6300	0.515	0.31	1.9	1.1	30307	16.8	2	1.5	44	45	70	71	74	3	5	2	1.5
	80	22.75	21	15	69.0	76.8	5000	6300	0.514	0.83	0.7	0.4	31307	25.8	2	1.5	44	42	62	71	76	4	8	2	1.5
	80	32.75	31	25	105	118	5000	6300	0.763	0.31	1.9	1.1	32307	20.4	2	1.5	44	43	66	71	74	4	8.5	2	1.5
40	62	15	14	12	22.2	28.2	5600	7000	0.14	0.28	2.1	1.2	32908 X2	12.0	0.6	0.6	—	—	—	—	—	3	5	0.6	0.6
	62	15	15	12	33.0	46.0	5600	7000	0.155	0.29	2.1	1.1	32908	11.1	0.6	0.6	45	45	55	57	59	3	3	0.6	0.6
	68	19	18	16	41.8	55.2	5300	6700	0.27	0.3	2	1.1	32008 X2	15.0	1	1	—	—	—	—	—	3	5	1	1
	68	19	19	14.5	54.2	71.0	5300	6700	0.267	0.38	1.6	0.9	32008	14.9	1	1	46	46	60	62	65	4	4.5	1	1
	68	22	22	18	63.0	79.5	5300	6700	0.306	0.28	2.1	1.2	33008	14.1	1	1	46	46	60	62	64	3	4	1	1
	75	26	26	20.5	88.8	110	5000	6300	0.496	0.36	1.7	0.9	33108	18.0	1.5	1.5	47	47	65	68	71	4	5.5	1.5	1.5
	80	19.75	18	16	66.0	74.0	5000	6300	0.422	0.37	1.6	0.9	30208	16.9	1.5	1.5	47	49	69	73	75	3	4	1.5	1.5
	80	24.75	23	19	81.5	97.2	5000	6300	0.532	0.37	1.6	0.9	32208	18.9	1.5	1.5	47	48	68	73	75	3	6	1.5	1.5
	80	32	32	25	110.0	135	5000	6300	0.715	0.36	1.7	0.9	33208	20.8	1.5	1.5	47	47	67	73	76	5	7	1.5	1.5
	90	25.25	23	20	95.2	108	4500	5600	0.747	0.35	1.7	1	30308	19.5	2	1.5	49	52	77	81	84	3	5.5	2	1.5
	90	25.25	23	17	85.5	96.5	4500	5600	0.727	0.83	0.7	0.4	31308	29.0	2	1.5	49	48	71	81	87	4	8.5	2	1.5
	90	35.25	33	27	120	148	4500	5600	1.04	0.35	1.7	1	32308	23.3	2	1.5	49	49	73	81	83	4	8.5	2	1.5
45	68	15	14	12	23.2	32.8	5300	6700	—	0.31	1.9	1.1	32909 X2	13.0	0.6	0.6	—	—	—	—	—	3	5	0.6	0.6
	68	15	15	12	33.5	48.5	5300	6700	0.180	0.32	1.9	1	32909	12.2	0.6	0.6	50	50	61	63	65	3	3	0.6	0.6
	75	20	19	16	46.5	62.5	5000	6300	0.32	0.3	2	1.1	32009 X2	16.0	1	1	—	—	—	—	—	4	6	1	1
	75	20	20	15.5	61.2	81.5	5000	6300	0.337	0.39	1.5	0.8	32009	16.5	1	1	51	51	67	69	72	4	4.5	1	1
	75	24	24	19	76.0	100	5000	6300	0.398	0.32	1.9	1	33009	15.9	1	1	51	51	67	69	72	4	5	1	1

续表

基本尺寸/mm					基本额定载荷/kN		极限转速/r·min^{-1}		质量/kg	计算系数			轴承代号	其他尺寸/mm			安装尺寸/mm								
d	D	T	B	C	C_r	C_{0r}	脂	油	W ≈	e	Y	Y_0	30000型	a ≈	r min	r_1 min	d_a min	d_b max	D_a min	D_a max	D_b min	a_1 min	a_2 min	r_a max	r_b max
45	80	26	26	20.5	91.2	118	4500	5600	0.535	0.38	1.6	1	33109	19.1	1.5	1.5	52	52	69	73	77	4	5.5	1.5	1.5
	85	20.75	19	16	71.0	83.5	4500	5600	0.474	0.4	1.5	0.8	30209	18.6	1.5	1.5	52	53	74	78	80	3	5	1.5	1.5
	85	24.75	23	19	84.5	105	4500	5600	0.573	0.4	1.5	0.8	32209	20.1	1.5	1.5	52	53	73	78	81	3	6	1.5	1.5
	85	32	32	25	115	145	4500	5600	0.771	0.39	1.5	0.9	33209	21.9	1.5	1.5	52	52	72	78	81	5	7	1.5	1.5
	100	27.25	25	22	113	130	4000	5000	0.984	0.35	1.7	1	30309	21.3	2	1.5	54	59	86	91	94	3	5.5	2	1.5
	100	27.25	25	18	100	115	4000	5000	0.944	0.83	0.7	0.4	31309	31.7	2	1.5	54	54	79	91	96	4	9.5	2.0	1.5
	100	38.25	36	30	152	188	4000	5000	1.40	0.35	1.7	1	32309	25.6	2	1.5	54	56	82	91	93	4	8.5	2.0	1.5
50	72	15	14	12	23.2	32.8	5000	6300	0.7	0.35	1.7	0.9	32910 X2	15.0	0.6	0.6	—	—	—	—	—	3	5	0.6	0.6
	72	15	15	12	38.5	56.0	5000	6300	0.181	0.34	1.8	1	32910	13.0	0.6	0.6	55	55	64	67	69	3	3	0.6	0.6
	80	20	19	16	48.0	66.2	4500	5600	0.31	0.32	1.9	1	32010 X2	17.0	1	1	—	—	—	—	—	4	6	1	1
	80	20	20	15.5	64.0	89.0	4500	5600	0.366	0.42	1.4	0.8	32010	17.8	1	1	56	56	72	74	77	4	4.5	1	1
	80	24	24	19	80.5	110	4500	5600	0.433	0.32	1.9	1	33010	17.0	1	1	56	56	72	74	76	4	5	1	1
	85	26	26	20	93.5	125	4300	5300	0.572	0.41	1.5	0.8	33110	20.4	1.5	1.5	57	56	74	78	82	4	6	1.5	1.5
	90	21.75	20	17	76.8	92.0	4300	5300	0.529	0.42	1.4	0.8	30210	20.0	1.5	1.5	57	58	79	83	86	3	5	1.5	1.5
	90	24.75	23	19	86.8	108	4300	5300	0.626	0.42	1.4	0.8	32210	21.0	1.5	1.5	57	57	78	83	86	3	6	1.5	1.5
	90	32	32	24.5	118	155	4300	5300	0.825	0.41	1.5	0.8	33210	23.2	1.5	1.5	57	57	77	83	87	5	7.5	1.5	1.5
	110	29.25	27	23	135	158	3800	4800	1.28	0.35	1.7	1	30310	23.0	2.5	2	60	65	95	100	103	4	6.5	2	2
	110	29.25	27	19	113	128	3800	4800	1.21	0.83	0.7	0.4	31310	34.8	2.5	2	60	58	87	100	105	4	10.5	2	2
	110	42.25	40	33	185	235	3800	4800	1.89	0.35	1.7	1	32310	28.2	2.5	2	60	61	90	100	102	5	9.5	2	2
55	80	17	17	14	43.5	66.8	4800	6000	0.262	0.31	1.9	1.1	32911	14.3	1	1	61	60	71	74	77	3	3	1	1
	90	23	22	19	66.8	93.2	4000	5000	0.53	0.31	1.9	1.1	32011 X2	19.0	1.5	1.5	—	—	—	—	—	4	6	1.5	1.5
	90	23	23	17.5	84.0	118	4000	5000	0.551	0.41	1.5	0.8	32011	19.8	1.5	1.5	62	63	81	83	86	4	5.5	1.5	1.5
	90	27	27	21	99.2	145	4000	5000	0.651	0.31	1.9	1.1	33011	19.0	1.5	1.5	62	63	81	83	86	5	6	1.5	1.5
	95	30	30	23	120	165	3800	4800	0.843	0.37	1.6	0.9	33111	21.9	1.5	1.5	62	62	83	88	91	5	7	1.5	1.5
	100	22.75	21	18	95.2	115	3800	4800	0.713	0.4	1.5	0.8	30211	21.0	2	1.5	64	64	88	91	95	4	5	2	1.5
	100	26.75	25	21	112	142	3800	4800	0.853	0.4	1.5	0.8	32211	22.8	2	1.5	64	62	87	91	96	4	6	2	1.5
	100	35	35	27	148	198	3800	4800	1.15	0.4	1.5	0.8	33211	25.1	2	1.5	64	62	85	91	96	6	8	2	1.5
	120	31.5	29	25	160	188	3400	4300	1.63	0.35	1.7	1	30311	24.9	2.5	2	65	70	104	110	112	4	6.5	2.5	2

续表

基本尺寸/mm					基本额定载荷/kN		极限转速/r·min^{-1}		质量/kg	计算系数			轴承代号	其他尺寸/mm			安装尺寸/mm								
d	D	T	B	C	C_r	C_{0r}	脂	油	W ≈	e	Y	Y_0	30000 型	a ≈	r min	r_1 min	d_a min	d_b max	D_a min	D_a max	D_b min	a_1 min	a_2 min	r_a max	r_b max
55	120	31.5	29	21	135	158	3400	4300	1.56	0.83	0.7	0.4	31311	37.5	2.5	2	65	63	94	110	114	4	10.5	2.5	2
	120	45.5	43	35	212	270	3400	4300	2.37	0.35	1.7	1	32311	30.4	2.5	2	65	66	99	110	111	5	10	2.5	2
60	85	17	16	14	36.2	56.5	4000	5000	0.24	0.38	1.6	0.9	32912 X2	18.0	1	1	—	—	—	—	—	3	5	1	1
	85	17	17	14	48.2	73.0	4000	5000	0.279	0.33	1.8	1	32912	15.1	1	1	66	65	75	79	82	3	3	1	1
	95	23	22	19	67.8	98.0	3800	4800	0.56	0.33	1.8	1	32012 X2	20.0	1.5	1.5	—	—	—	—	—	4	6	1.5	1.5
	95	23	23	17.5	85.8	122	3800	4800	0.584	0.43	1.4	0.8	32012	20.9	1.5	1.5	67	67	85	88	91	4	5.5	1.5	1.5
	95	27	27	21	102	150	3800	4800	0.691	0.33	1.8	1	33012	19.8	1.5	1.5	67	67	85	88	90	5	6	1.5	1.5
	100	30	30	23	125	172	3600	4500	0.895	0.4	1.5	0.8	33112	23.1	1.5	1.5	67	67	88	93	96	5	7	1.5	1.5
	110	23.75	22	19	108	130	3600	4500	0.904	0.4	1.5	0.8	30212	22.3	2	1.5	69	69	96	101	103	4	5	2	1.5
	110	29.75	28	24	138	180	3600	4500	1.17	0.4	1.5	0.8	32212	25.0	2	1.5	69	68	95	101	105	4	6	2	1.5
	110	38	38	29	172	230	3600	4500	1.51	0.4	1.5	0.8	33212	27.5	2	1.5	69	69	93	101	105	6	9	2	1.5
	130	33.5	31	26	178	210	3200	4000	1.99	0.35	1.7	1	30312	26.6	3	2.5	72	76	112	118	121	5	7.5	2.5	2.1
	130	33.5	31	22	152	178	3200	4000	1.90	0.83	0.7	0.4	31312	40.4	3	2.5	72	69	103	118	124	5	11.5	2.5	2.1
	130	48.5	46	37	238	302	3200	4000	2.90	0.35	1.7	1	32312	32.0	3	2.5	72	72	107	118	122	6	11.5	2.5	2.1
65	90	17	17	14	47.5	73.2	3800	4800	0.295	0.35	1.7	0.9	32913	16.2	1	1	71	70	80	84	87	3	3	1	1
	100	23	22	19	70.2	102	3600	4500	0.63	0.35	1.7	0.9	32013 X2	21.0	1.5	1.5	—	—	—	—	—	4	6	1.5	1.5
	100	23	23	17.5	86.8	128	3600	4500	0.620	0.46	1.3	0.7	32013	22.4	1.5	1.5	72	72	90	93	97	4	5.5	1.5	1.5
	100	27	27	21	102	158	3600	4500	0.732	0.35	1.7	1	33013	20.9	1.5	1.5	72	72	89	93	96	5	6	1.5	1.5
	110	34	34	26.5	148	220	3400	4300	1.30	0.39	1.6	0.9	33113	26.0	1.5	1.5	72	73	96	103	106	6	7.5	1.5	1.5
	120	24.75	23	20	125	152	3200	4000	1.13	0.4	1.5	0.8	30213	23.8	2	1.5	74	77	106	111	114	4	5	2	1.5
	120	32.75	31	27	168	222	3200	4000	1.55	0.4	1.5	0.8	32213	27.3	2	1.5	74	75	104	111	115	4	6	2	1.5
	120	41	41	32	212	282	3200	4000	1.99	0.39	1.5	0.9	33213	29.5	2	1.5	74	74	102	111	115	7	9	2	1.5
	140	36	33	28	205	242	2800	3600	2.44	0.35	1.7	1	30313	28.7	3	2.5	77	83	122	128	131	5	8	2.5	2.1
	140	36	33	23	172	202	2800	3600	2.37	0.83	0.7	0.4	31313	44.2	3	2.5	77	75	111	128	134	5	13	2.5	2.1
	140	51	48	39	272	350	2800	3600	3.51	0.35	1.7	1	32313	34.3	3	2.5	77	79	117	128	131	6	12	2.5	2.1
70	100	20	19	16	55.8	85.5	3600	4500	—	0.33	1.8	1	32914 X2	19.0	1	1	—	—	—	—	—	4	6	1	1

续表

基本尺寸/mm					基本额定载荷/kN		极限转速/r·min^{-1}		质量/kg	计算系数			轴承代号	其他尺寸/mm			安装尺寸/mm								
d	D	T	B	C	C_r	C_{0r}	脂	油	W ≈	e	Y	Y_0	30000 型	a ≈	r min	r_1 min	d_a min	d_b max	D_a min	D_a max	D_b min	a_1 min	a_2 min	r_a max	r_b max
70	100	20	20	16	74.2	115	3600	4500	0.471	0.32	1.9	1	32914	17.6	1	1	76	76	90	94	96	4	4	1	1
	110	25	24	20	87.8	128	3400	4300	0.85	0.34	1.8	1	32014 X2	23.0	1.5	1.5	—	—	—	—	—	5	7	1.5	1.5
	110	25	25	19	110	160	3400	4300	0.839	0.43	1.4	0.8	32014	23.8	1.5	1.5	77	78	98	103	105	5	6	1.5	1.5
	110	31	31	25.5	142	220	3400	4300	1.07	0.28	2	1	33014	22.0	1.5	1.5	77	79	99	103	105	5	5.5	1.5	1.5
	120	37	37	29	180	268	3200	4000	1.70	0.39	1.5	1.2	33114	28.2	2	1.5	79	79	104	111	115	6	8	2	1.5
	125	26.25	24	21	138	175	3000	3800	1.26	0.42	1.4	0.8	30214	25.8	2	1.5	79	81	110	116	119	4	5.5	2	1.5
	125	33.25	31	27	175	238	3000	3800	1.64	0.42	1.4	0.8	32214	28.8	2	1.5	79	79	108	116	120	4	6.5	2	1.5
	125	41	41	32	218	298	3000	3800	2.10	0.41	1.5	0.8	33214	30.7	2	1.5	79	79	107	116	120	7	9	2	1.5
	150	38	35	30	228	272	2600	3400	2.98	0.35	1.7	1	30314	30.7	3	2.5	82	89	130	138	141	5	8	2.5	2.1
	150	38	35	25	198	230	2600	3400	2.86	0.83	0.7	0.4	31314	46.8	3	2.5	82	80	118	138	143	5	13	2.5	2.1
	150	54	51	42	312	408	2600	3400	4.34	0.35	1.7	1	32314	36.5	3	2.5	82	84	125	138	141	6	12	2.5	2.1
75	105	20	20	16	82.0	125	3400	4300	0.490	0.33	1.8	1	32915	18.5	1	1	81	81	94	99	102	4	4	1	1
	115	25	24	20	89.2	135	3200	4000	0.88	0.35	1.7	0.9	32015 X2	24.0	1.5	1.5	—	—	—	—	—	5	7	1.5	1.5
	115	25	25	19	108	160	3200	4000	0.875	0.46	1.3	0.7	32015	25.2	1.5	1.5	82	83	103	108	110	5	6	1.5	1.5
	115	31	31	25.5	138	220	3200	4000	1.12	0.3	2	1	33015	22.8	1.5	1.5	82	83	103	108	110	6	5.5	1.5	1.5
	125	37	37	29	182	280	3000	3800	1.78	0.4	1.5	0.8	33115	29.4	2	1.5	84	84	109	116	120	6	8	2	1.5
	130	27.25	25	22	145	185	2800	3600	1.36	0.44	1.4	0.8	30215	27.4	2	1.5	84	85	115	121	125	4	5.5	2	1.5
	130	33.25	31	27	178	242	2800	3600	1.74	0.44	1.4	0.8	32215	30.0	2	1.5	84	84	115	121	126	4	6.5	2	1.5
	130	41	41	31	218	300	2800	3600	2.17	0.43	1.4	0.8	33215	31.9	2	1.5	84	83	111	121	125	7	10	2	1.5
	160	40	37	31	265	318	2400	3200	3.57	0.35	1.7	1	30315	32.0	3	2.5	87	95	139	148	150	5	9	2.5	2.1
	160	40	37	26	218	258	2400	3200	3.38	0.83	0.7	0.4	31315	49.7	3	2.5	87	86	127	148	153	6	14	2.5	2.1
	160	58	55	45	365	482	2400	3200	5.37	0.35	1.7	1	32315	39.4	3	2.5	87	91	133	148	150	7	13	2.5	2.1
80	110	20	20	16	83.0	128	3200	4000	0.514	0.35	1.7	0.9	32916	19.6	1	1	86	85	99	104	107	4	4	1	1
	125	29	27	23	108	162	3000	3800	1.18	0.34	1.8	1	32016 X2	26.0	1.5	1.5	—	—	—	—	—	5	8	1.5	1.5
	125	29	29	22	148	220	3000	3800	1.27	0.42	1.4	0.8	32016	26.8	1.5	1.5	87	89	112	117	120	6	7	1.5	1.5
	125	36	36	29.5	190	305	3000	3800	1.63	0.28	2.2	1.2	33016	25.2	1.5	1.5	87	90	112	117	119	6	7	1.5	1.5
	130	37	37	29	188	292	2800	3600	1.87	0.42	1.4	0.8	33116	30.7	2	1.5	89	89	114	121	126	6	8	2	1.5
	140	28.25	26	22	168	212	2600	3400	1.67	0.42	1.4	0.8	30216	28.1	2.5	2	90	90	124	130	133	4	6	2.1	2

续表

基本尺寸/mm					基本额定载荷/kN		极限转速/r·min^{-1}		质量/kg	计算系数			轴承代号	其他尺寸/mm			安装尺寸/mm								
d	D	T	B	C	C_r	C_{0r}	脂	油	W ≈	e	Y	Y_0	30000 型	a ≈	r min	r_1 min	d_a min	d_b max	D_a min	D_a max	D_b min	a_1 min	a_2 min	r_a max	r_b max
80	140	35.25	33	28	208	278	2600	3400	2.13	0.42	1.4	0.8	32216	31.4	2.5	2	90	89	122	130	135	5	7.5	2.1	2
	140	46	46	35	258	362	2600	3400	2.83	0.43	1.4	0.8	33216	35.1	2.5	2	90	89	119	130	135	7	11	2.1	2
	170	42.5	39	33	292	352	2200	3000	4.27	0.35	1.7	1	30316	34.4	3	2.5	92	102	148	158	160	5	9.5	2.5	2.1
	170	42.5	39	27	242	288	2200	3000	4.05	0.83	0.7	0.4	31316	52.8	3	2.5	92	91	134	158	161	6	15.5	2.5	2.1
	170	61.5	58	48	408	542	2200	3000	6.38	0.35	1.7	1	32316	42.1	3	2.5	92	97	142	158	160	7	13.5	2.5	2.1
85	120	23	22	29	77.8	125	3400	3800	0.73	0.26	2.3	1.3	32917 X2	21.0	1.5	1.5	—	—	—	—	—	4	6	1.5	1.5
	120	23	23	18	102	165	3400	3800	0.767	0.33	1.8	1	32917	21.1	1.5	1.5	92	92	111	113	115	4	5	1.5	1.5
	130	29	27	23	110	170	2800	3600	1.25	0.35	1.7	0.9	32017 X2	27.0	1.5	1.5	—	—	—	—	—	5	8	1.5	1.5
	130	29	29	22	148	220	2800	3600	1.32	0.44	1.4	0.8	32017	28.1	1.5	1.5	92	94	117	122	125	6	7	1.5	1.5
	130	36	36	29.5	188	305	2800	3600	1.69	0.29	2.1	1.1	33017	26.2	1.5	1.5	92	94	118	122	125	6	6.5	1.5	1.5
	140	41	41	32	225	355	2600	3400	2.43	0.41	1.5	0.8	33117	33.1	2.5	2	95	95	122	130	135	7	9	2.1	2
	150	30.5	28	24	185	238	2400	3200	2.06	0.42	1.4	0.8	30217	30.3	2.5	2	95	96	132	140	142	5	6.5	2.1	2
	150	38.5	36	30	238	325	2400	3200	2.68	0.42	1.4	0.8	32217	33.9	2.5	2	95	95	130	140	143	5	8.5	2.1	2
	150	49	49	37	295	415	2400	3200	3.52	0.42	1.4	0.8	33217	36.9	2.5	2	95	95	128	140	144	7	12	2.1	2
	180	44.5	41	34	320	388	2000	2800	4.96	0.35	1.7	1	30317	35.9	4	3	99	107	156	166	168	6	10.5	3	2.5
	180	44.5	41	28	268	318	2000	2800	4.69	0.83	0.7	0.4	31317	55.6	4	3	99	96	143	166	171	6	16.5	3	2.5
	180	63.5	60	49	442	592	2000	2800	7.31	0.35	1.7	1	32317	43.5	4	3	99	102	150	166	168	8	14.5	3	2.5
90	125	23	22	19	81.5	140	3200	3600	—	0.38	1.6	0.9	32918 X2	25.0	1.5	1.5	—	—	—	—	—	4	6	1.5	1.5
	125	23	23	18	100	165	3200	3600	0.796	0.34	1.8	1	32918	22.2	1.5	1.5	97	96	113	117	121	4	5	1.5	1.5
	140	32	30	26	128	192	2600	3400	1.7	0.34	1.8	1	32018 X2	29.0	2	1.5	—	—	—	—	—	5	8	2	1.5
	140	32	32	24	178	270	2600	3400	1.72	0.42	1.4	0.8	32018	30.0	2	1.5	99	100	125	131	134	6	8	2	1.5
	140	39	39	32.5	242	388	2600	3400	2.20	0.27	2.2	1.2	33018	27.2	2	1.5	99	100	127	131	135	7	6.5	2	1.5
	150	45	45	35	265	415	2400	3200	3.13	0.4	1.5	0.8	33118	34.9	2.5	2	100	100	130	140	144	7	10	2.1	2
	160	32.5	30	26	210	270	2200	3000	2.54	0.42	1.4	0.8	30218	32.3	2.5	2	100	102	140	150	151	5	6.5	2.1	2
	160	42.5	40	34	282	395	2200	3000	3.44	0.42	1.4	0.8	32218	36.8	2.5	2	100	101	138	150	153	5	8.5	2.1	2
	160	55	55	42	345	500	2200	3000	4.55	0.4	1.5	0.8	33218	40.8	2.5	2	100	100	134	150	154	8	13	2.1	2
	190	46.5	43	36	358	440	1900	2600	5.80	0.35	1.7	1	30318	37.5	4	3	104	113	165	176	178	6	10.5	3	2.5
	190	46.5	43	30	295	358	1900	2600	5.46	0.83	0.7	0.4	31318	58.5	4	3	104	102	151	176	181	6	16.5	3	2.5
	190	67.5	64	53	502	682	1900	2600	8.81	0.35	1.7	1	32318	46.2	4	3	104	107	157	176	178	8	14.5	3	2.5

续表

基本尺寸/mm					基本额定载荷/kN		极限转速/r·min^{-1}		质量/kg	计算系数			轴承代号	其他尺寸/mm			安装尺寸/mm								
d	D	T	B	C	C_r	C_{0r}	脂	油	W ≈	e	Y	Y_0	30000型	a ≈	r min	r_1 min	d_a min	d_b max	D_a min	D_a max	D_b min	a_1 min	a_2 min	r_a max	r_b max
95	130	23	23	18	102	170	2600	3400	0.831	0.36	1.7	0.9	32919	23.4	1.5	1.5	102	101	117	122	126	4	5	1.5	1.5
	145	32	30	26	128	192	2400	3200	1.7	0.36	1.7	0.9	32019 X2	30.0	2	1.5	—	—	—	—	—	5	8	2	1.5
	145	32	32	24	185	280	2400	3200	1.79	0.44	1.4	0.8	32019	31.4	2	1.5	104	105	130	136	140	6	8	2	1.5
	145	39	39	32.5	240	390	2400	3200	2.26	0.28	2.2	1.2	33019	28.4	2	1.5	104	104	131	136	139	7	6.5	2	1.5
	160	49	49	38	312	498	2200	3000	3.94	0.39	1.5	0.8	33119	37.3	2.5	2	105	105	138	150	154	7	11	2.1	2
	170	34.5	32	27	238	308	2000	2800	3.04	0.42	1.4	0.8	30219	34.2	3	2.5	107	108	149	158	160	5	7.5	2.5	2.1
	170	45.5	43	37	318	448	2000	2800	4.24	0.42	1.4	0.8	32219	39.2	3	2.5	107	106	145	158	163	5	8.5	2.5	2.1
	170	58	58	44	395	568	2000	2800	5.48	0.41	1.5	0.8	33219	42.7	3	2.5	107	105	144	158	163	9	14	2.5	2.1
	200	49.5	45	38	388	478	1800	2400	6.80	0.35	1.7	1	30319	40.1	4	3	109	118	172	186	185	6	11.5	3	2.5
	200	49.5	45	32	325	400	1800	2400	6.46	0.83	0.7	0.4	31319	61.2	4	3	109	107	157	186	189	6	17.5	3	2.5
	200	71.5	67	55	540	738	1800	2400	10.1	0.35	1.7	1	32319	49.0	4	3	109	114	166	186	187	8	16.5	3	2.5
100	140	25	25	20	135	218	2400	3200	1.12	0.33	1.8	1	32920	24.3	1.5	1.5	107	108	128	132	136	4	5	1.5	1.5
	150	32	30	26	130	205	2200	3000	1.79	0.37	1.6	0.9	32020 X2	32.0	2	1.5	—	—	—	—	—	5	8	2	1.5
	150	32	32	24	180	282	2200	3000	1.85	0.46	1.3	0.7	32020	32.8	2	1.5	109	109	134	141	144	6	8	2	1.5
	150	39	39	32.5	240	390	2200	3000	2.33	0.29	2.1	1.2	33020	29.1	2	1.5	109	108	135	141	143	7	6.5	2	1.5
	165	52	52	40	322	528	2000	2800	4.31	0.41	1.5	0.8	33120	40.3	2.5	2	110	110	142	155	159	8	12	2.1	2
	180	37	34	29	268	350	1900	2600	3.72	0.42	1.4	0.8	30220	36.4	3	2.5	112	114	157	168	169	5	8	2.5	2.1
	180	49	46	39	355	512	1900	2600	5.10	0.42	1.4	0.8	32220	41.9	3	2.5	112	113	154	168	172	5	10	2.5	2.1
	180	63	63	48	458	665	1900	2600	6.71	0.4	1.5	0.8	33220	45.5	3	2.5	112	112	151	168	172	10	15	2.5	2.1
	215	51.5	47	39	425	525	1600	2000	8.22	0.35	1.7	1	30320	42.2	4	3	114	127	184	201	199	6	12.5	3	2.5
	215	56.5	51	35	390	488	1600	2000	8.59	0.83	0.7	0.4	31320	68.4	4	3	114	115	168	201	204	7	21.5	3	2.5
	215	77.5	73	60	628	872	1600	2000	13.0	0.35	1.7	1	32320	52.9	4	3	114	122	177	201	201	8	17.5	3	2.5
105	145	25	25	20	135	225	2200	3000	1.16	0.34	1.8	1	32921	25.4	1.5	1.5	112	112	132	137	141	5	5	1.5	1.5
	160	35	33	28	170	270	2000	2800	2.5	0.36	1.7	0.9	32021 X2	33.0	2.5	2	—	—	—	—	—	6	9	2.1	2
	160	35	35	26	215	335	2000	2800	2.40	0.44	1.4	0.7	32021	34.6	2.5	2	115	116	143	150	154	6	9	2.1	2
	160	43	43	34	270	438	2000	2800	2.97	0.28	2.1	1.2	33021	30.8	2.5	2	115	116	145	150	153	7	9	2.1	2
	175	56	56	44	368	608	1900	2600	5.29	0.4	1.5	0.8	33121	42.9	2.5	2	115	115	149	165	170	8	12	2.1	2

续表

基本尺寸/mm					基本额定载荷/kN		极限转速/r·min^{-1}		质量/kg	计算系数			轴承代号	其他尺寸/mm			安装尺寸/mm								
d	D	T	B	C	C_r	C_{0r}	脂	油	W ≈	e	Y	Y_0	30000 型	a ≈	r min	r_1 min	d_a min	d_b max	D_a min	D_a max	D_b min	a_1 min	a_2 min	r_a max	r_b max
105	190	39	36	30	298	398	1800	2400	4.38	0.42	1.4	0.8	30221	38.5	3	2.5	117	121	165	178	178	6	9	2.5	2.1
	190	53	50	43	298	578	1800	2400	6.26	0.42	1.4	0.8	32221	45.0	3	2.5	117	118	161	178	182	5	10	2.5	2.1
	190	68	68	52	522	770	1800	2400	8.12	0.4	1.5	0.8	33221	48.6	3	2.5	117	117	159	178	182	12	16	2.5	2.1
	225	53.5	49	41	452	562	1500	1900	9.38	0.35	1.7	1	30321	43.6	4	3	119	133	193	211	208	7	12.5	3	2.5
	225	58	53	36	418	525	1500	1900	9.58	0.83	0.7	0.4	31321	70.0	4	3	119	121	176	211	213	7	22	3	2.5
	225	81.5	77	63	678	945	1500	1900	14.8	0.35	1.7	1	32321	55.1	4	3	119	128	185	211	210	8	18.5	3	2.5
110	150	25	24	20	89.5	148	2000	2800	1.1	0.28	2.1	1.2	32922 X2	25	1.5	1.5	—	—	—	—	—	5	7	1.5	1.5
	150	25	25	20	135	232	2000	2800	1.20	0.36	1.7	0.9	32922	26.5	1.5	1.5	117	117	137	142	146	5	5	1.5	1.5
	170	38	36	31	190	302	1900	2600	3.1	0.35	1.7	0.9	32022 X2	35	2.5	2	—	—	—	—	—	6	9	2.1	2
	170	38	38	29	258	402	1900	2600	3.02	0.43	1.4	0.8	32022	36.6	2.5	2	120	122	152	160	163	7	9	2.1	2
	170	47	47	37	302	502	1900	2600	3.74	0.29	2.1	1.2	33022	33.2	2.5	2	120	123	152	160	161	7	10	2.1	2
	180	56	56	43	390	638	1800	2400	5.50	0.42	1.4	0.8	33122	44.0	2.5	2	120	121	155	170	174	9	13	2.1	2
	200	41	38	32	330	445	1700	2200	5.21	0.42	1.4	0.8	30222	40.4	3	2.5	122	128	174	188	189	6	9	2.5	2.1
	200	56	53	46	450	665	1700	2200	7.43	0.42	1.4	0.8	32222	47.3	3	2.5	122	124	170	188	192	6	10	2.5	2.1
	240	54.5	50	42	495	612	1400	1800	11.0	0.35	1.7	1	30322	45.1	4	3	124	142	206	226	222	8	12.5	3	2.5
	240	63	57	38	480	610	1400	1800	12.1	0.83	0.7	0.4	31322	75.3	4	3	124	129	188	226	226	7	25	3	2.5
	240	84.5	80	65	760	1060	1400	1800	17.8	0.35	1.7	1	32322	57.8	4	3	124	137	198	226	224	9	19.5	3	2.5
120	165	29	29	23	180	318	1800	2400	1.78	0.35	1.7	1	32924	29.3	1.5	1.5	127	128	150	157	160	6	6	1.5	1.5
	180	38	36	31	208	338	1700	2200	3.1	0.37	1.6	0.9	32024 X2	38.0	2.5	2	—	—	—	—	—	6	9	2.1	2
	180	38	38	29	255	405	1700	2200	3.18	0.46	1.3	0.7	32024	39.3	2.5	2	130	131	161	170	173	7	9	2.1	2
	180	48	48	38	312	535	1700	2200	4.07	0.31	2	1.1	33024	35.5	2.5	2	130	132	160	170	171	6	10	2.1	2
	200	62	62	48	470	778	1600	2000	7.68	0.40	1.5	0.8	33124	47.6	2.5	2	130	130	172	190	192	10	14	2.1	2
	215	43.5	40	34	355	482	1500	1900	6.20	0.44	1.4	0.8	30224	44.1	3	2.5	132	139	187	203	203	6	9.5	2.5	2.1
	215	61.5	58	50	500	758	1500	1900	9.26	0.44	1.4	0.8	32224	52.3	3	2.5	132	134	181	203	206	7	11.5	2.5	2.1
	260	59.5	55	46	588	745	1300	1700	14.2	0.35	1.7	1	30324	49.0	4	3	134	153	221	246	238	8	13.5	3	2.5
	260	68	62	42	560	725	1300	1700	15.3	0.83	0.7	0.4	31324	81.8	4	3	134	140	203	246	246	9	26	3	2.5
	260	90.5	86	69	865	1230	1300	1700	22.1	0.35	1.7	1	32324	61.6	4	3	134	147	213	246	240	9	21.5	3	2.5

续表

基本尺寸/mm					基本额定载荷/kN		极限转速/r·min^{-1}		质量/kg	计算系数			轴承代号	其他尺寸/mm			安装尺寸/mm								
d	D	T	B	C	C_r	C_{0r}	脂	油	W ≈	e	Y	Y_0	30000型	a ≈	r min	r_1 min	d_a min	d_b max	D_a min	D_a max	D_b min	a_1 min	a_2 min	r_a max	r_b max
130	180	32	30	26	148	260	1700	2200	2.31	0.27	2.2	1.2	32926 X2	30.0	2	1.5	—	—	—	—	—	5	8	2	1.5
	180	32	32	25	215	380	1700	2200	2.34	0.34	1.8	1	32926	31.6	2	1.5	140	139	164	171	174	6	7	2	1.5
	200	45	42	36	255	418	1600	2000	4.46	0.35	1.7	0.9	32026 X2	42.0	2.5	2	—	—	—	—	—	7	11	2.1	2
	200	45	45	34	350	568	1600	2000	4.94	0.43	1.4	0.8	32026	43.3	2.5	2	140	144	178	190	192	8	11	2.1	2
	200	55	55	43	418	728	1600	2000	6.14	0.34	1.8	1	33026	42.0	2.5	2	140	140	178	190	192	8	12	2.1	2
	230	43.75	40	34	382	520	1400	1800	6.94	0.44	1.4	0.8	30226	46.1	4	3	144	150	203	216	219	7	10	3	2.5
	230	67.75	64	54	578	888	1400	1800	11.4	0.44	1.4	0.8	32226	56.6	4	3	144	143	193	216	221	7	14	3	2.5
	280	63.75	58	49	670	855	1100	1500	17.3	0.35	1.7	1	30326	53.2	5	4	145	165	239	262	258	8	15	4	3
	280	72	66	44	620	805	1100	1500	18.4	0.83	0.7	0.4	31326	87.2	5	4	147	150	218	262	263	9	28	4	3
140	190	32	30	26	152	265	1600	2000	2.43	0.29	2.1	1.1	32928 X2	32.0	2	1.5	—	—	—	—	—	5	8	2	1.5
	190	32	32	25	218	392	1600	2000	2.47	0.36	1.7	0.9	32928	33.8	2	1.5	150	150	177	181	184	6	6	2	1.5
	210	45	42	36	270	452	1400	1800	5.21	0.37	1.6	0.9	32028 X2	44.0	2.5	2	—	—	—	—	—	7	11	2.1	2
	210	45	45	34	345	568	1400	1800	5.15	0.46	1.3	0.7	32028	46.0	2.5	2	150	153	187	200	202	8	11	2.1	2
	210	56	56	44	428	755	1400	1800	6.57	0.36	1.7	0.9	33028	45.1	2.5	2	150	150	186	200	202	8	12	2.1	2
	250	45.75	42	36	428	585	1200	1600	8.73	0.44	1.4	0.8	30228	49.0	4	3	154	162	219	236	236	9	11	3	2.5
	250	71.75	68	58	675	1050	1200	1600	14.4	0.44	1.4	0.8	32228	60.7	4	3	154	156	210	236	240	8	14	3	2.5
	300	67.75	62	53	758	975	1000	1400	21.4	0.35	1.7	1	30328	56.5	5	4	155	176	255	282	275	9	15	4	3
	300	77	70	47	710	928	1000	1400	22.8	0.83	0.7	0.4	31328	94.1	5	4	157	162	235	282	283	9	30	4	3
150	210	38	36	31	208	368	1400	1800	—	0.27	2.2	1.2	32930 X2	35.6	2.5	2	—	—	—	—	—	6	9	2.1	2
	210	38	38	30	272	510	1400	1800	3.87	0.33	1.8	1	32930	36.4	2.5	2	160	162	192	200	202	7	8	2.1	2
	225	48	45	38	305	525	1300	1700	6.2	0.37	1.6	0.9	32030 X2	47.0	3	2.5	—	—	—	—	—	7	12	2.5	2.1
	225	48	48	36	385	635	1300	1700	6.25	0.46	1.3	0.7	32030	49.2	3	2.5	162	164	200	213	216	8	12	2.5	2.1
	225	59	59	46	482	875	1300	1700	7.98	0.36	1.7	0.9	33030	48.2	3	2.5	162	162	200	213	218	9	13	2.5	2.1
	270	49	45	38	472	645	1100	1500	10.8	0.44	1.4	0.8	30230	52.4	4	3	164	174	234	256	252	9	11	3	2.5
	270	77	73	60	755	1180	1100	1500	18.2	0.44	1.4	0.8	32230	65.4	4	3	164	168	226	256	256	8	17	3	2.5
	320	72	65	55	840	1090	950	1300	25.2	0.35	1.7	1	30330	60.6	5	4	165	190	273	302	294	9	17	4	3
	320	82	75	50	808	1070	950	1300	27.4	0.83	0.7	0.4	31330	100.1	5	4	167	173	251	302	302	9	32	4	3

续表

基本尺寸/mm					基本额定载荷/kN		极限转速/r·min^{-1}		质量/kg	计算系数			轴承代号	其他尺寸/mm			安装尺寸/mm								
d	D	T	B	C	C_r	C_{0r}	脂	油	W ≈	e	Y	Y_0	30000型	a ≈	r min	r_1 min	d_a min	d_b max	D_a min	D_a max	D_b min	a_1 min	a_2 min	r_a max	r_b max
160	220	38	36	31	228	405	1300	1700	3.79	0.27	2.2	1.2	32932 X2	36.0	2.5	2	—	—	—	—	—	6	9	2.1	2
	220	38	38	30	275	525	1300	1700	4.07	0.35	1.7	1	32932	38.7	2.5	2	170	170	199	210	214	7	8	2.1	2
	240	51	48	41	362	632	1200	1600	7.7	0.37	1.6	0.9	32032 X2	50.0	3	2.5	—	—	—	—	—	7	12	2.5	2.1
	240	51	51	38	440	735	1200	1600	7.66	0.46	1.3	0.7	32032	52.6	3	2.5	172	175	213	228	231	8	13	2.5	2.1
	290	52	48	40	538	738	1000	1400	13.3	0.44	1.4	0.8	30232	55.5	4	3	174	189	252	276	271	9	12	3	2.5
	290	84	80	67	898	1430	1000	1400	23.3	0.44	1.4	0.8	32232	70.9	4	3	174	180	242	276	276	10	17	3	2.5
	340	75	68	58	920	1190	900	1200	29.5	0.35	1.7	1	30332	63.3	5	4	175	202	290	320	312	9	17	4	3
170	230	38	36	31	232	418	1200	1600	3.84	0.28	2.1	1.2	32934 X2	38.0	2.5	2	—	—	—	—	—	6	6	2.1	2
	230	38	38	30	295	560	1200	1600	4.33	0.38	1.6	0.9	32934	41.9	2.5	2	180	183	213	220	222	7	8	2.1	2
	260	57	54	46	405	728	1100	1500	10.1	0.31	1.9	1.1	32034 X2	51.0	3	2.5	—	—	—	—	—	8	13	2.5	2.1
	260	57	57	43	545	920	1100	1500	10.4	0.44	1.4	0.7	32034	56.4	3	2.5	182	187	230	248	249	10	14	2.5	2.1
	310	57	52	43	618	865	1000	1300	16.6	0.44	1.4	0.8	30234	60.4	5	4	188	201	269	292	290	9	14	4	3
	310	91	86	71	1015	1640	1000	1300	28.6	0.44	1.4	0.8	32234	76.3	5	4	188	194	259	292	296	10	20	4	3
	360	80	72	62	1042	1370	850	1100	35.6	0.35	1.7	1	30334	68.0	5	4	185	214	307	342	331	10	18	4	3
180	250	45	45	34	355	708	1100	1500	6.44	0.48	1.3	0.7	32936	54.0	2.5	2	190	193	225	240	241	8	11	2.1	2
	280	64	60	52	525	890	1000	1400	14.7	0.4	1.5	0.8	32036 X2	63	3	2.5	—	—	—	—	—	8	14	2.5	2.1
	280	64	64	48	670	1150	1000	1400	14.1	0.42	1.4	0.8	32036	60.1	3	2.5	192	199	247	268	267	10	16	2.5	2.1
	320	57	52	43	638	912	900	1200	17.3	0.45	1.3	0.7	30236	62.8	5	4	198	209	278	302	300	9	14	4	3
	320	91	86	71	1045	1720	900	1200	29.9	0.45	1.3	0.7	32236	78.8	5	4	198	201	267	302	306	10	20	4	3
	380	83	75	64	1142	1500	900	1100	40.7	0.35	1.7	1	30336	70.9	5	4	198	228	327	362	351	10	19	4	3
190	260	45	42	36	305	580	1000	1400	6.52	0.38	1.6	0.9	32938 X2	52.0	2.5	2	—	—	—	—	—	7	11	2.1	2
	260	45	45	34	378	740	1000	1400	6.66	0.48	1.3	0.7	32938	55.2	2.5	2	200	204	235	250	251	8	11	2.1	2
	290	64	60	52	525	932	950	1300	14.1	0.29	2.1	1.1	32038 X2	56.0	3	2.5	—	—	—	—	—	8	14	2.5	2.1
	290	64	64	48	682	1180	950	1300	14.6	0.44	1.4	0.8	32038	62.8	3	2.5	202	209	257	278	279	10	16	2.5	2.1
	340	60	55	46	732	1030	850	1100	20.8	0.44	1.4	0.8	30238	65.0	5	4	208	223	298	322	321	9	14	4	3
	340	97	92	75	1175	1900	850	1100	36.1	0.44	1.4	0.8	32238	82.1	5	4	208	214	286	322	326	10	22	4	3
200	280	51	48	41	362	710	950	1300	8.86	0.39	1.5	0.8	32940 X2	57.0	3	2.5	—	—	—	—	—	7	12	2.5	2.1
	280	51	51	39	482	950	950	1300	9.43	0.39	1.5	0.8	32940	54.2	3	2.5	212	214	257	268	271	9	12	2.5	2.1
	310	70	66	56	602	1120	900	1200	17.4	0.37	1.6	0.9	32040 X2	67.0	3	2.5	—	—	—	—	—	10	16	2.5	2.1

续表

基本尺寸/mm					基本额定载荷/kN		极限转速/r·min^{-1}		质量/kg	计算系数			轴承代号	其他尺寸/mm			安装尺寸/mm								
d	D	T	B	C	C_r	C_{0r}	脂	油	W ≈	e	Y	Y_0	30000型	a ≈	r min	r_1 min	d_a min	d_b max	D_a min	D_a max	D_b min	a_1 min	a_2 min	r_a max	r_b max
200	310	70	70	53	818	1420	900	1200	18.9	0.43	1.4	0.8	32040	66.9	3	2.5	212	221	273	298	297	11	17	2.5	2.1
	360	64	58	48	802	1140	800	1000	24.7	0.44	1.4	0.8	30240	69.3	5	4	218	236	315	342	338	9	16	4	3
	360	104	98	82	1382	2180	800	1000	43.2	0.41	1.5	0.8	32240	85.1	5	4	218	222	302	342	342	11	22	4	3
220	300	51	48	41	390	795	900	1200	10.1	0.31	1.9	1.1	32944 X2	53.0	3	2.5	—	—	—	—	—	7	12	2	2.5
	300	51	51	39	492	978	900	1200	10.0	0.43	1.4	0.8	32944	59.1	3	2.5	232	234	275	288	290	10	12	2.5	2.1
	340	76	72	62	735	1330	800	1000	22.3	0.35	1.7	0.9	32044 X2	71.0	4	3	—	—	—	—	—	10	16	3.5	2.5
	340	76	76	57	952	1670	800	1000	24.4	0.43	1.4	0.8	32044	73.0	4	3	234	243	300	326	326	12	19	3	2.5
240	320	51	48	41	408	860	800	1000	10.9	0.45	1.3	0.7	32948 X2	67.0	3	2.5	—	—	—	—	—	7	12	2.5	2.1
	320	51	51	39	545	1060	800	1000	10.7	0.46	1.3	0.7	32948	64.7	3	2.5	252	254	290	308	311	10	12	2.5	2.1
	360	76	72	62	745	1420	700	900	25.5	0.32	1.9	1	32048 X2	70.0	4	3	—	—	—	—	—	10	16	3	2.5
	360	76	76	57	965	1730	700	900	25.9	0.46	1.3	0.7	32048	78.4	4	3	254	261	318	346	346	12	19	3	2.5
260	360	63.5	60	52	550	1150	700	900	19.2	0.3	2	1.1	32952 X2	64.0	3	2.5	—	—	—	—	—	8	14	2.5	2.1
	360	63.5	63.5	48	720	1470	700	900	18.6	0.41	1.5	0.8	32952	69.6	3	2.5	272	279	328	348	347	11	15.5	2.5	2.1
	400	87	82	71	945	1810	670	850	37.8	0.3	2	1.1	32052 X2	76.0	5	4	—	—	—	—	—	12	18	4	3
	400	87	87	65	1175	2170	670	850	38.0	0.43	1.4	0.8	32052	85.6	5	4	278	287	352	382	383	14	22	4	3
280	380	63.5	63.5	48	780	1580	630	800	19.7	0.43	1.4	0.7	32956	74.5	3	2.5	292	298	344	368	368	11	15	2.5	2.1
	420	87	82	71	652	1940	600	750	39.6	0.37	1.6	0.9	32056 X2	87.0	5	4	—	—	—	—	—	12	18	4	3
	420	87	87	65	1248	2290	600	750	40.2	0.46	1.3	0.7	32056	90.3	5	4	298	305	370	402	402	14	22	4	3
300	420	76	72	62	815	1700	600	750	30.2	0.28	2.1	1.2	32960 X2	72.0	4	3	—	—	—	—	—	10	16	3	2.5
	420	76	76	57	1068	2200	600	750	31.5	0.39	1.5	0.8	32960	80.0	4	3	315	324	379	406	405	13	19	3	2.5
	460	100	95	82	1100	2190	560	700	55.9	0.31	1.9	1.1	32060 X2	90.0	5	4	—	—	—	—	—	14	20	4	3
	460	100	100	74	1592	2940	560	700	57.5	0.43	1.4	0.8	32060	97.7	5	4	318	329	404	442	439	15	26	4	3
320	440	76	72	62	838	1760	560	700	44.7	0.3	2	1.1	32964 X2	76.0	4	3	—	—	—	—	—	10	16	3	2.5
	440	76	76	57	1090	2320	560	700	33.3	0.42	1.4	0.8	32964	85.1	4	3	335	343	398	426	426	13	19	3	2.5
	480	100	95	82	1100	2190	530	670	59.1	0.42	1.4	0.8	32064 X2	106	5	4	—	—	—	—	—	14	20	4	3
	480	100	100	74	1615	3000	530	670	60.6	0.46	1.3	0.7	32064	103.5	5	4	338	350	424	462	461	15	26	4	3
340	460	76	72	62	845	1830	530	670	34.3	0.31	1.9	1.1	32968 X2	80.0	4	3	—	—	—	—	—	10	16	3	2.5
	460	76	76	57	1100	2380	530	670	34.8	0.44	1.4	0.8	32968	90.5	4	3	355	362	417	446	446	13	19	3	2.5
360	480	76	72	62	878	1940	500	630	35.8	0.33	1.8	1	32972 X2	84.0	4	3	—	—	—	—	—	10	16	3	2.5
	480	76	76	57	1110	2430	500	630	36.3	0.46	1.3	0.7	32972	96.2	4	3	375	381	436	466	466	13	19	3	2.5

双列圆锥滚子轴承（摘自 GB/T 299）

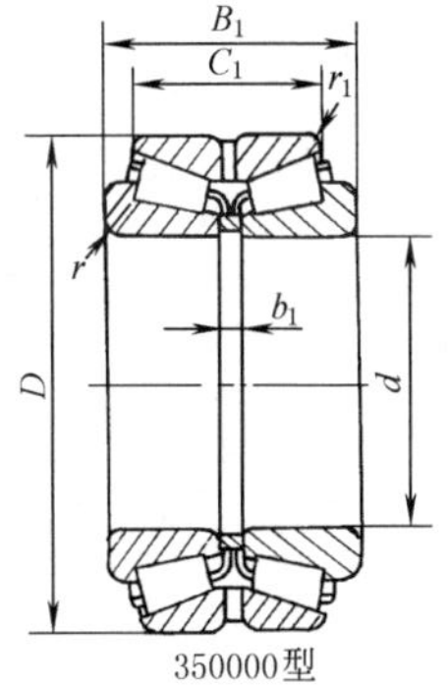

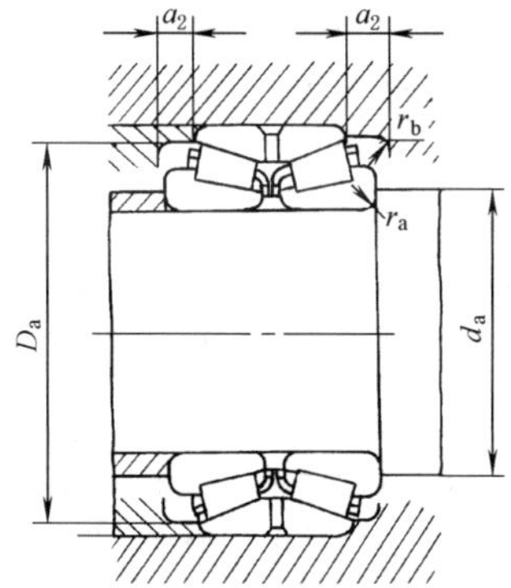

径向当量动载荷：

当 $F_a/F_r \leq e$，$P_r=F_r+Y_1F_a$

当 $F_a/F_r>e$，$P_r=0.67F_r+Y_2F_a$

径向当量静载荷：

$P_{0r}=F_r+Y_0F_a$

各式中 F_r、F_a 均指作用于轴承上的总载荷

最小径向载荷 $F_{rmin}=0.02C_r$

对 F_{rmin} 的说明见表 8-2-99。

符号含义与应用

E—加强型，优化设计内部结构设计改进，增大承载能力，应优先选用

X2—含义见前

外圈是一个整体，外圈可有或无润滑油槽或油孔，两内圈小端面相对，中间有隔圈，改变隔圈的厚度可调整游隙，在轴向游隙范围内限制轴与外壳的双向轴向位移。这种轴承在承受径向载荷的同时可承受双向轴向载荷

表 8-2-100

基本尺寸 /mm			基本额定载荷 /kN		极限转速 /r·min^{-1}		质量 /kg	轴承代号①	其他尺寸 /mm				安装尺寸 /mm					计算系数			
d	D	B_1	C_r	C_{0r}	脂	油	W ≈	350000 型	C_1	b_1	r min	r_1 min	d_a min	D_a min	a_2 min	r_a max	r_b max	e	Y_1	Y_2	Y_0
25	62	42	69.8	100	4600	5600	—	351305 E	31.5	8	1.5	0.6	32	59	5.5	1.5	0.6	0.83	0.8	1.2	0.8
30	72	47	89.0	125	4000	5000	—	351306 E	33.5	9	1.5	0.6	37	68	7	1.5	0.6	0.83	0.8	1.2	0.8
35	80	51	112	160	3600	4500	—	351307 E	35.5	9	2	0.6	44	76	8	2	0.6	0.83	0.8	1.2	0.8
40	80	55	112	65.8	3800	4500	—	352208 X2	40	8	1.5	0.6	48	74	8	1.5	0.6	0.38	1.8	2.6	1.7
	80	55	135	188	3800	4500	1.18	352208 E	43.5	9	1.5	0.6	47	75	6	1.5	0.6	0.37	1.8	2.7	1.8
	90	56	138	170	3200	4000	1.56	351308 E	39.5	10	2	0.6	49	87	8.5	2	0.6	0.83	0.8	1.2	0.8
45	85	55	142	200	3200	4000	1.27	352209 E	43.5	9	1.5	0.6	52	81	6	1.5	0.6	0.4	1.7	2.5	1.6
	100	60	158	218	2900	3600	2.11	351309 E	41.5	10	2	0.6	54	96	9.5	2	0.6	0.83	0.8	1.2	0.8
50	90	55	152	218	3200	3800	1.36	352210 E	43.5	9	1.5	0.6	57	86	6	1.5	0.6	0.42	1.6	2.4	1.6
	110	64	185	260	2700	3400	2.65	351310 E	43.5	10	2.5	0.6	60	105	10.5	2.1	0.6	0.83	0.8	1.2	0.8

续表

基本尺寸 /mm			基本额定载荷 /kN		极限转速 /r·min^{-1}		质量 /kg	轴承代号①	其他尺寸 /mm				安装尺寸 /mm					计算系数			
d	D	B_1	C_r	C_{0r}	脂	油	W ≈	350000 型	C_1	b_1	r min	r_1 min	d_a min	D_a min	a_2 min	r_a max	r_b max	e	Y_1	Y_2	Y_0
55	100	60	185	270	3800	3400	1.85	352211 E	48.5	10	2	0.6	64	96	6	2	0.6	0.4	1.7	2.5	1.6
	120	70	218	305	2400	3000	3.92	351311 E	49	12	2.5	0.6	65	114	10.5	2.1	0.6	0.83	0.8	1.2	0.8
60	110	66	225	330	2600	3200	—	352212 E	54.5	10	2	0.6	69	105	6	2	0.6	0.4	1.7	2.5	1.6
	130	74	248	350	2300	2800	—	351312 E	51	12	3	1	72	124	11.5	2.5	1	0.83	0.8	1.2	0.8
65	120	70	230	365	2200	3000	—	352213 X2	55	8	2	0.6	74	114	7.5	2	0.6	0.37	1.8	2.7	1.8
	120	73	272	410	2200	3000	2.49	352213 E	61.5	11	2	0.6	74	115	6	2	0.6	0.4	1.7	2.5	1.6
	140	79	280	410	2000	2600	5.16	351313 E	53	13	3	1	77	134	13	2.5	1	0.83	0.8	1.2	0.8
70	125	70	240	388	2200	2800	—	352214 X2	55	8	2	0.6	79	118	8	2	0.6	0.39	1.7	2.6	1.7
	125	74	285	440	2200	2800	3.56	352214 E	61.5	12	2	0.6	79	120	6.5	2	0.6	0.42	1.6	2.4	1.6
	150	83	318	460	1900	2400	6.23	351314 E	57	13	3	1	82	143	13	2.5	1	0.83	0.8	1.2	0.8
75	130	74	288	445	2000	2600	3.68	352215 E	61.5	12	2	0.6	84	126	6.5	2	0.6	0.44	1.6	2.3	1.5
	130	75	245	412	2000	2600	3.6	352215 X2	62	8	2	0.6	84	124	7	2	0.6	0.41	1.7	2.5	1.6
	160	88	355	510	1700	2200	—	351315 E	60	14	3	1	87	153	14	2.5	1	0.83	0.8	1.2	0.8
80	140	78	335	530	1900	2400	4.58	352216 E	63.5	12	2.5	0.6	90	135	7.5	2.1	0.6	0.42	1.6	2.4	1.6
	140	80	282	480	1900	2400	4.97	352216 X2	65	10	2.5	0.6	90	133	8	2.1	0.6	0.4	1.7	2.5	1.6
	170	94	388	590	1600	2200	—	351316 E	63	16	3	1	92	161	15.5	2.5	1	0.83	0.8	1.2	0.8
85	150	85	330	560	1700	2200	6.01	352217 X2	65	10	2.5	0.6	95	142	11	2.1	0.6	0.4	1.7	2.5	1.6
	150	86	385	600	1700	2200	5.85	352217 E	69	14	2.5	0.6	95	143	8.5	2.1	0.6	0.42	1.6	2.4	1.6
	180	99	428	660	1400	2000	—	351317 E	66	17	4	1	99	171	16.5	3	1	0.83	0.8	1.2	0.8
90	160	94	460	720	1600	2200	7.35	352218 E	77	14	2.5	0.6	100	153	8.5	2.1	0.6	0.42	1.6	2.4	1.6
	160	95	375	630	1600	2200	7.46	352218 X2	78	10	2.5	0.6	100	152	9.5	2.1	0.6	0.39	1.7	2.6	1.7
	190	103	478	738	1300	1900	—	351318 E	70	17	4	1	104	181	16.5	3	1	0.83	0.8	1.2	0.8
95	170	100	515	835	1400	2000	9.04	352219 E	83	14	3	1	107	163	8.5	2.5	1	0.42	1.6	2.4	1.6

续表

基本尺寸 /mm			基本额定载荷 /kN		极限转速 /r·min^{-1}		质量 /kg	轴承代号①	其他尺寸 /mm				安装尺寸 /mm					计算系数			
d	D	B_1	C_r	C_{0r}	脂	油	W ≈	350000 型	C_1	b_1	r min	r_1 min	d_a min	D_a min	a_2 min	r_a max	r_b max	e	Y_1	Y_2	Y_0
95	200	109	525	830	1300	1700	—	351319 E	74	19	4	1	109	189	17.5	3	1	0.83	0.8	1.2	0.8
100	180	107	582	925	1400	1900	10.7	352220 E	87	15	3	1	112	172	10	2.5	1	0.42	1.6	2.4	1.6
	180	112	480	860	1400	1900	11.5	352220 X2	92	10	3	1	111	172	11	2.5	1	0.39	1.7	2.6	1.7
	215	124	630	1010	1100	1400	—	351320 E	81	22	4	1	114	204	21.5	3	1	0.83	0.8	1.2	0.8
105	190	115	648	1080	1300	1700	13.1	352221 E	95	15	3	1	117	182	10	2.5	1	0.42	1.6	2.4	1.6
	190	118	558	982	1300	1700	13	352221 X2	96	12	3	1	116	181	12	2.5	1	0.4	1.7	2.5	1.7
	225	127	670	1080	1100	1400	—	351321 E	83	21	4	1	119	213	22	3	1	0.83	0.8	1.2	0.8
110	180	95	442	840	1300	1700	10	352122	76	11	2	0.6	120	173	10.5	2	0.6	0.25	2.7	4	2.6
	200	121	732	1210	1200	1600	15.5	352222 E	101	15	3	1	122	192	10	2.5	1	0.42	1.6	2.4	1.6
	200	125	625	1120	1200	1600	16.4	352222 X2	102	12	3	1	121	191	11.5	2.5	1	0.39	1.7	2.6	1.7
	240	137	788	1290	1000	1300	—	351322 E	87	23	4	1	124	226	25	3	1	0.83	0.8	1.2	0.8
120	200	110	532	910	1100	1500	12.6	352124	90	14	2	0.6	130	194	11	2	0.6	0.3	2.2	3.3	2.2
	215	132	812	1360	1100	1400	18.9	352224 E	109	16	3	1	132	206	11.5	2.5	1	0.44	1.6	2.3	1.5
	215	132	732	1340	1100	1400	19.1	352224 X2	106	12	3	1	132	206	14	2.5	1	0.41	1.6	2.5	1.6
	260	148	902	1490	900	1200	—	351324 E	96	24	4	1	134	246	26	3	1	0.83	0.8	1.2	0.8
130	180	70	270	565	1200	1600	4.88	352926 X2	50	10	2	0.6	139	174	11	2	0.6	0.27	2.5	3.7	2.4
	200	95	442	830	1100	1500	9.72	352026 X2	75	10	2.5	0.6	140	194	11	2.1	0.6	0.35	1.9	2.9	1.9
	210	110	565	1000	1000	1400	12.9	352126	90	14	2	0.6	141	203	11	2	0.6	0.26	2.6	3.8	2.5
	230	145	938	1630	1000	1300	24.1	352226 E	117.5	17	4	1	144	221	14	3	1	0.44	1.6	2.3	1.5
	230	150	735	1400	1000	1300	26.2	352226 X2	120	12	4	1	142	222	16	3	1	0.39	1.7	2.6	1.7
	280	156	1015	1640	800	1100	—	351326 E	100	24	5	1.1	147	263	28	4	1	0.83	0.8	1.2	0.8
140	210	95	470	900	950	1300	8.35	352028 X2	75	12	2.5	0.6	150	204	11	2.1	0.6	0.37	1.8	2.7	1.8
	225	115	588	1110	950	1300	15.3	352128	90	15	2.5	1	151	217	13.5	2.1	1	0.34	2	3	2
	250	153	1100	1840	850	1100	30.1	352228 E	125.5	17	4	1	154	240	14	3	1	0.44	1.6	2.3	1.5
	250	158	1032	1840	850	1100	30.6	352228 X2	128	12	4	1	153	241	16	3	1	0.33	2.1	3.1	2
	300	168	1162	1940	700	1000	—	351328E	108	28	5	1.1	157	283	30	4	1	0.83	0.8	1.2	0.8

续表

基本尺寸 /mm			基本额定载荷 /kN		极限转速 /r·min^{-1}		质量 /kg	轴承代号①	其他尺寸 /mm				安装尺寸 /mm					计算系数			
d	D	B_1	C_r	C_{0r}	脂	油	W ≈	350000 型	C_1	b_1	r min	r_1 min	d_a min	D_a min	a_2 min	r_a max	r_b max	e	Y_1	Y_2	Y_0
150	210	80	368	790	950	1300	9.32	352930 X2	62	10	2.5	0.6	159	204	10	2.1	0.6	0.27	2.5	3.7	2.4
	250	138	815	1560	850	1100	25.8	352130	112	18	2.5	1	163	242	14	2.1	1	0.3	2.2	3.3	2.2
	270	164	1225	2140	800	1100	37.3	352230 E	130	18	4	1	164	256	17	3	1	0.44	1.6	2.3	1.5
	270	172	1120	2180	800	1100	38.9	352230 X2	138	12	4	1	164	260	18	3	1	0.39	1.7	2.6	1.7
	320	178	1320	2250	670	950	—	351330 E	114	28	5	1.1	167	302	32	4	1	0.83	0.8	1.2	0.8
160	240	115	638	1260	850	1100	16.5	352032 X2	90	12	3	1	171	234	13.5	2.5	1	0.37	1.8	2.7	1.8
	270	150	912	1720	800	1000	28.2	352132	120	18	2.5	1	174	262	16	2.1	1	0.36	1.9	2.8	1.8
	290	178	1455	2840	700	1000	46.9	352232 E	144	18	4	1	174	276	17	3	1	0.44	1.6	2.3	1.5
170	230	82	415	922	850	1100	8.11	352934 X2	65	10	2.5	0.6	180	223	9.5	2.1	0.6	0.28	2.4	3.6	2.3
	260	120	705	1460	800	1000	20.4	352034 X2	95	12	3	1	183	252	13.5	2.5	1	0.31	2.2	3.2	2.1
	280	150	1005	2000	750	950	35.6	352134	120	18	2.5	1	184	271	16	2.1	1	0.38	1.8	2.6	1.7
	310	192	1655	3200	750	950	58.2	352234 E	152	20	5	1.1	188	296	20	4	1	0.44	1.6	2.3	1.5
180	250	95	490	1080	800	1000	13	352936 X2	74	10	2.5	0.6	190	243	11.5	2.1	0.6	0.37	1.8	2.7	1.8
	280	134	778	1540	750	950	28.5	352036 X2	108	12	3	1	191	272	14	2.5	1	0.28	2.4	3.6	2.4
	300	164	1152	2350	700	900	39.9	352136	134	20	3	1	196	287	16	2.5	1	0.26	2.6	3.8	2.6
	320	190	1455	2770	670	850	51.5	352236 X2	145	12	5	1.1	196	308	23.5	4	1	0.36	1.9	2.8	1.8
	320	192	1698	3350	670	850	63.8	352236 E	152	20	5	1.1	198	306	20	4	1	0.45	1.5	2.2	1.5
190	260	95	548	1270	750	950	13.3	352938 X2	75	12	2.5	0.6	200	253	11	2.1	0.6	0.38	1.8	2.6	1.7
	290	134	778	1540	700	900	28.8	352038 X2	104	12	3	1	202	282	16	2.5	1	0.45	1.5	2.2	1.5
	320	170	1215	2420	670	850	52	352138	130	14	3	1	207	306	21	2.5	1	0.31	2.2	3.2	2.1
	340	204	1822	3350	600	800	69.8	352238 E	160	20	5	1.1	208	326	22	4	1	0.44	1.6	2.3	1.5
200	280	105	638	1520	700	900	18.1	352940 X2	80	12	3	1	211	273	13.5	2.5	1	0.39	1.8	2.6	1.7
	310	152	955	2140	670	850	39	352040 X2	120	12	3	1	212	300	17	2.5	1	0.39	1.7	2.6	1.7

续表

基本尺寸 /mm			基本额定载荷 /kN		极限转速 /r·min^{-1}		质量 /kg	轴承代号①	其他尺寸 /mm				安装尺寸 /mm					计算系数			
d	D	B_1	C_r	C_{0r}	脂	油	W ≈	350000 型	C_1	b_1	r min	r_1 min	d_a min	D_a min	a_2 min	r_a max	r_b max	e	Y_1	Y_2	Y_0
200	340	184	1518	2970	630	800	63.8	352140	150	20	3	1	220	326	18	2.5	1	0.25	2.7	4	2.7
	360	218	2242	3950	560	700	90.7	352240 E	174	22	5	1.1	218	342	22	4	1	0.41	1.7	2.5	1.6
220	300	110	692	1710	670	850	21.7	352944 X2	88	12	3	1	231	292	12	2.5	1	0.31	2.2	3.2	2.1
	340	165	1298	2680	600	750	49	352044 X2	130	12	4	1	234	331	18.5	3	1	0.35	1.9	2.9	1.9
	370	195	1612	3240	600	750	76.3	352144	150	19	4	1.1	238	356	23.5	3	1	0.37	1.8	2.7	1.8
240	320	110	692	1580	600	750	22.2	352948 X2	90	12	3	1	251	312	11	2.5	1	0.32	2.1	3.1	2.1
	360	165	1298	2820	530	670	52.8	352048 X2	130	12	4	1	256	349	18.5	3	1	0.33	2	3	2
	400	210	1958	4050	500	630	98.1	352148	163	20	4	1.1	261	384	25	3	1	0.31	2.2	3.2	2.1
260	360	134	988	2490	530	670	37	352952 X2-1	108	12	3	1	274	350	14.5	2.5	1	0.37	1.8	2.7	1.8
	400	186	1645	3600	500	630	79.3	352052 X2	146	12	5	1.1	277	386	21.5	4	1	0.3	2.3	3.3	2.2
	440	225	2315	4720	450	560	124	352152	180	13	4	1.1	284	421	24	3	1	0.24	2.8	4.2	2.8
280	380	134	1132	2810	480	600	41.3	352956 X2	108	12	3	1	294	371	14.5	2.5	1	0.29	2.3	3.4	2.3
	420	186	1780	3880	450	560	81.5	352056 X2	146	16	5	1.1	297	409	21.5	4	1	0.37	1.8	2.7	1.8
300	420	160	1425	3610	450	560	60.8	352960 X2-1	128	16	4	1	317	408	17.5	3	1	0.28	2.4	3.6	2.3
	460	210	1918	4390	430	530	117	352060 X2	165	16	5	1.1	320	445	24	4	1	0.31	2.2	3.2	2.1
	500	205	2210	4460	400	500	143	351160	165	25	5	1.5	327	480	28	4	1.5	0.32	2.1	3.2	2.1
320	440	160	1478	3830	430	530	67	352964 X2	128	16	4	1	335	427	17.5	3	1	0.3	2.3	3.3	2.2
	480	210	1918	4390	400	500	122	352064 X2	160	16	5	1.1	340	468	26.5	4	1	0.42	1.6	2.4	1.6
340	460	160	1518	4050	400	500	71	352968 X2	128	16	4	1	355	448	17.5	3	1	0.31	2.2	3.2	2.1
	520	180	1958	4070	380	480	128	351068	135	16	5	1.5	360	501	24	4	1.5	0.29	2.3	3.4	2.3

续表

基本尺寸 /mm			基本额定载荷 /kN		极限转速 /r·min^{-1}		质量 /kg	轴承代号①	其他尺寸 /mm				安装尺寸 /mm					计算系数			
d	D	B_1	C_r	C_{0r}	脂	油	W ≈	350000 型	C_1	b_1	r min	r_1 min	d_a min	D_a min	a_2 min	r_a max	r_b max	e	Y_1	Y_2	Y_0
340	580	242	3008	5970	340	430	235	351168	170	30	5	1.5	365	555	37.5	4	1.5	0.42	1.6	2.4	1.6
360	480	160	1560	4270	380	480	74.3	352972 X2	128	16	4	1	376	468	17.5	3	1	0.33	2.1	3.1	2
	540	185	2220	4910	360	450	132	351072	140	21	5	1.5	380	522	24	4	1.5	0.3	2.3	3.3	2.2
	600	242	3090	6270	320	400	235	351172	170	30	5	1.5	390	572	37.5	4	1.5	0.44	1.5	2.3	1.5
380	520	145	1268	3250	360	450	80.3	351976	105	15	4	1.1	402	505	21.5	3	1	0.43	1.6	2.3	1.6
	560	190	2252	5090	340	430	146	351076	140	26	5	1.5	406	542	26.5	4	1.5	0.31	2.2	3.2	2.1
	620	242	3468	7430	300	380	264	351176	170	30	5	1.5	406	598	37.5	4	1.5	0.46	1.5	3.2	1.4
400	540	150	1268	3110	320	400	86.9	351980	105	20	4	1.1	420	525	21.5	3	1	0.45	1.5	2.2	1.5
	600	206	2745	6380	300	380	180	351080	150	26	5	1.5	420	580	29.5	4	1.5	0.4	1.7	2.5	1.7
420	560	145	1518	3740	300	380	88.8	351984	105	15	4	1.1	440	546	21.5	3	1	0.31	2.2	3.2	2.1
	620	206	2675	6600	280	360	196	351084	150	26	5	1.5	448	601	29.5	4	1.5	0.41	1.6	2.5	1.6
	700	275	4472	8810	240	320	392	351184	200	31	6	2.5	460	670	39	5	2.5	0.32	2.1	3.2	2.1
440	600	170	1980	4860	280	360	114	351988	125	22	4	1.1	462	585	21.5	3	1	0.39	1.8	2.6	1.7
	650	212	2880	7020	260	340	213	351088	152	24	6	2.5	469	629	31.5	5	2.1	0.43	1.6	2.3	1.5
460	620	174	2000	4990	260	340	128	351992	130	26	4	1.1	480	605	23.5	3	1	0.4	1.7	2.5	1.7
	680	230	3478	8160	220	300	253	351092	175	30	6	2.5	489	657	29	5	2.1	0.31	2.2	3.2	2.1
480	650	180	2040	5270	240	320	133	351996	130	24	5	1.5	502	633	26.5	4	1.5	0.42	1.6	2	1.6
	700	240	3488	8190	200	280	281	351096	180	40	6	2.5	511	677	31.5	5	2.1	0.32	2.1	3.1	2.1
	790	310	5238	11990	180	240	561	351196	224	38	7.5	3	520	755	44.5	6	2.5	0.41	1.6	2.5	1.6

续表

基本尺寸 /mm			基本额定载荷 /kN		极限转速 /r·min^{-1}		质量 /kg	轴承代号①	其他尺寸 /mm				安装尺寸 /mm					计算系数			
d	D	B_1	C_r	C_{0r}	脂	油	W ≈	350000 型	C_1	b_1	r min	r_1 min	d_a min	D_a min	a_2 min	r_a max	r_b max	e	Y_1	Y_2	Y_0
500	670	180	2252	6120	220	300	129	3519/500	130	24	5	1.5	524	650	26.5	4	1.6	0.44	1.5	2.3	1.5
	720	236	3551	8450	190	260	289	3510/500	180	36	6	2.5	530	700	29.5	5	2.1	0.33	2	3	2
530	710	190	2505	6800	190	260	192	3519/530	136	26	5	1.5	554	693	28.5	4	1.5	0.41	1.6	2.5	1.6
560	750	213	2672	7060	170	220	235	3519/560	156	43	5	1.5	586	731	30	4	1.5	0.44	1.5	2.3	1.5
	820	260	4548	10800	160	200	410	3510/560	185	30	6	2.5	594	795	39	5	2.1	0.4	1.7	2.5	1.7
600	800	205	3362	9460	150	190	265	3519/600	156	25	5	1.5	625	779	26	4	1.5	0.33	2.1	3.1	2
	870	270	5112	12730	130	170	500	3510/600	198	34	6	2.5	630	845	37.5	5	2.1	0.41	1.6	2.5	1.6
630	850	242	3908	10390	130	170	368	3519/630	182	42	6	2.5	657	829	31.5	5	2.1	0.4	1.7	2.5	1.7
670	1090	410	10140	23200	90	120	1370	3511/670	295	40	7.5	3	719	1050	59	6	2.5	0.32	2.1	3.2	2.1
710	950	240	4262	12400	100	140	444	3519/710	175	28	6	2.5	743	925	34	5	2.1	0.49	1.5	2.2	1.4
	1030	315	6872	17930	90	120	810	3510/710	220	35	7.5	3	752	1000	49	6	2.5	0.43	1.6	2.3	1.5
750	1000	264	5260	14480	90	120	499	3519/750	194	40	6	2.5	783	978	36.5	5	2.1	0.4	1.7	2.5	1.6
800	1060	270	5260	15000	80	100	604	3519/800	204	40	6	2.5	838	1031	34.5	5	2.1	0.35	1.9	2.9	1.9
850	1120	268	5720	16860	75	95	636	3519/850	188	32	6	2.5	886	1093	40.5	5	2.1	0.46	1.5	2.2	1.5
900	1180	275	5238	16200	70	90	730	3519/900	205	31	6	2.5	940	1146	36.5	5	2.1	0.39	1.7	2.6	1.7
950	1250	300	7112	21100	—	—	910	3519/950	220	36	7.5	3	994	1220	41.5	6	2.5	0.33	2	3	2

① 按国标 GB/T 299 规定，优化设计的轴承代号后不加“E”。为了与老结构区分，本表中优化设计的双列圆锥滚子轴承代号后均加“E”。

注：新尺寸标准 GB/T 299—2008 增加了部分轴承外形尺寸，本表数据符合《全国滚动轴承产品样本》第 2 版。

四列圆锥滚子轴承（摘自 GB/T 300）

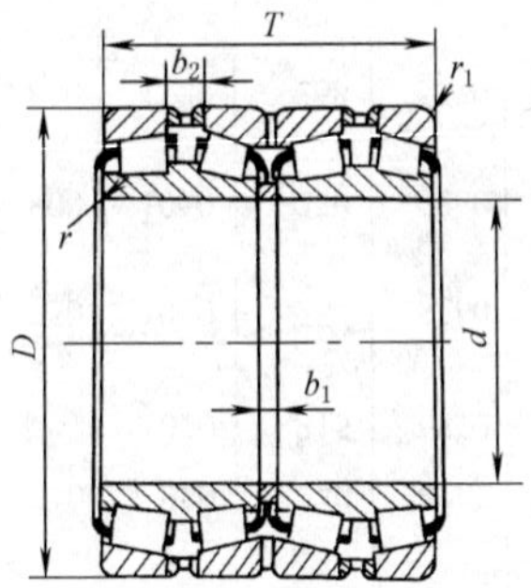

380000型

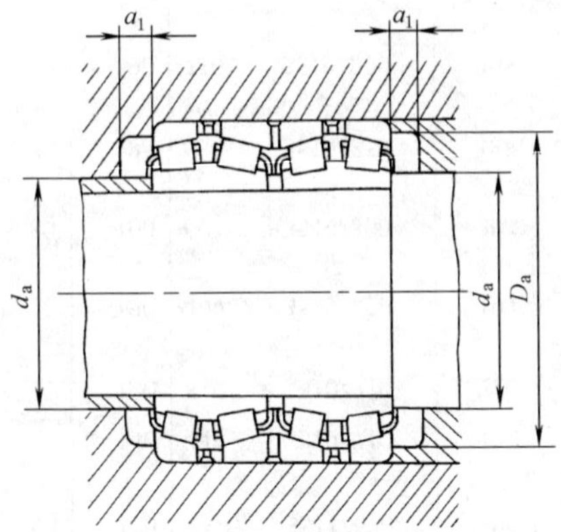

径向当量动载荷：

当 $F_a/F_r \leqslant e$ 时，$P_r=F_r+Y_1F_a$

当 $F_a/F_r>e$ 时，$P_r=0.67F_r+Y_2F_a$

径向当量静载荷：

$P_{0r}=F_r+Y_0F_a$

式中　F_r、F_a 均指作用于轴承上总载荷

最小径向载荷 $F_{rmin}=0.02C_r$

应用

外圈为两个单滚道和一个双滚道双滚道上可有或无油槽、油孔，内圈为两个双滚道，内、外圈均有隔圈，改变隔圈的厚度可以调整轴承的游隙，主要用于轧机等重型机械中。

可以承受大的径向载荷，同时也能承受双向轴向载荷，能限制轴或外壳的双向轴向位移。

表 8-2-101

基本尺寸/mm			基本额定载荷/kN		极限转速/r·min^{-1}		质量/kg	轴承代号	其他尺寸/mm				计算系数				安装尺寸/mm		
d	D	T	C_r	C_{0r}	脂	油	W ≈	380000型	b_1	b_2	r min	r_1 min	e	Y_1	Y_2	Y_0	d_a max	D_a min	a_1
140	210	185	632	1400	800	1000	24.1	382028	14	17.5	2.5	2	0.37	0.2	0.3	2	150	196	16
150	210	165	630	1580	800	1000	21.2	382930	10	17.5	2.5	2	0.27	2.5	3.7	2.4	160	196	15
170	260	230	1330	3290	670	850	39.5	382034	14	22	3	2.5	0.44	1.5	2.3	1.5	183	240	15
200	310	275	1842	4200	560	700	75.1	382040	14	24.5	3	2.5	0.37	1.7	2.3	2.1	213	284	15
220	340	305	2168	5430	500	630	98	382044	14	31.5	4	3	0.35	1.9	2.8	1.9	234	314	15
240	360	310	2210	5610	450	560	91	382048	14	34	4	3	0.31	2.2	3.2	2.1	256	334	18
260	360	265	1842	5220	450	560	76.3	382952	14	29.5	3	2.5	0.37	1.8	2.7	1.8	274	337	20
	400	345	2838	7140	430	530	153	382052	16	34.5	5	4	0.29	2.3	3.4	2.3	277	370	20

续表

基本尺寸 /mm			基本额定载荷 /kN		极限转速 /r·min^{-1}		质量 /kg	轴承代号	其他尺寸 /mm				计算系数				安装尺寸 /mm		
d	D	T	C_r	C_{0r}	脂	油	W ≈	380000 型	b_1	b_2	r min	r_1 min	e	Y_1	Y_2	Y_0	d_a max	D_a min	a_1
280	460	324	2974	7290	360	450	200	381156	16	30	5	4	0. 33	2. 1	3. 1	2	304	423	20
300	420	300	2440	7210	380	480	130	382960	14	29	4	3	0. 29	2. 3	3. 4	2. 3	317	394	20
	460	390	3332	9330	360	450	219	382060	20	37	5	4	0. 31	2. 2	3. 2	2. 1	320	425	20
	500	370	3552	8710	340	430	285	381160	15	39	5	4	0. 32	2. 1	3. 2	2. 1	327	460	20
320	480	390	3332	9330	340	430	234	382064	20	37	5	4	0. 42	1. 6	2. 4	1. 6	340	440	20
340	460	310	2598	8100	340	430	145	382968	14	34	4	3	0. 31	2. 2	3. 2	2. 1	355	434	20
	520	325	3248	8620	320	400	234	381068	8	31	5	4	0. 29	2. 3	3. 4	2. 3	360	486	20
	580	425	4798	11700	280	360	441	381168	16	50. 5	5	4	0. 42	1. 6	2. 4	1. 6	365	531	20
360	540	325	3520	8840	300	380	248	381072	13	28. 5	5	4	0. 3	2. 3	3. 3	2. 2	380	504	20
380	560	325	3520	8840	280	380	281	381076	16	30. 5	5	4	0. 31	2. 1	3. 2	2. 1	405	530	20
	620	420	4935	12300	240	360	487	381176	20	48	5	4	0. 46	1. 5	2. 2	1. 4	405	570	20
400	600	356	4358	10400	240	320	317	381080	16	36	5	4	0. 4	1. 7	2. 5	1. 7	420	560	20
420	620	356	4358	10400	220	300	358	381084	16	36	5	4	0. 41	1. 6	2. 4	1. 6	450	570	20
	700	480	7102	18500	190	260	760	381184	15	48	6	5	0. 32	2. 1	3. 2	2. 1	460	645	25
440	650	376	4495	12390	200	280	401	381088	16	44	6	5	0. 43	1. 6	2. 3	1. 5	469	606	20
460	620	310	3520	10200	200	280	173	381992	14	32	4	3	0. 4	1. 7	2. 5	1. 7	480	590	25
	680	410	5375	14200	180	240	476	381092	20	39	6	5	0. 31	2. 2	3. 2	2. 1	489	636	25
480	650	338	3552	10500	190	260	301	381996	20	39	5	4	0. 42	1. 6	2. 4	1. 6	502	613	25
	700	420	6055	16900	170	220	547	381096	20	40	6	5	0. 32	2. 1	3. 1	2. 1	510	655	25

续表

基本尺寸 /mm			基本额定载荷 /kN		极限转速 /r·min^{-1}		质量 /kg	轴承代号	其他尺寸 /mm				计算系数				安装尺寸 /mm		
d	D	T	C_r	C_{0r}	脂	油	W ≈	380000 型	b_1	b_2	r min	r_1 min	e	Y_1	Y_2	Y_0	d_a max	D_a min	a_1
500	720	420	6160	17400	160	200	565	3810/500	16	38	6	5	0.33	2.1	3.1	2	530	674	25
530	780	450	7878	21500	140	180	744	3810/530	20	49	6	5	0.38	1.8	2.6	1.7	560	742	25
	870	590	9765	26100	120	160	1422	3811/530	24	60	7.5	6	0.46	1.5	2.2	1.4	570	794	25
560	750	368	4578	13300	140	180	456	3819/560	28	42	5	4	0.43	1.6	2.3	1.5	586	710	30
	920	620	11732	26100	100	140	1635	3811/560	20	70	7.5	6	0.39	1.7	2.6	1.7	604	848	25
600	800	380	5762	18900	120	160	536	3819/600	13	40.5	5	4	0.33	2.1	3.1	2	625	760	30
	870	480	8768	25400	100	140	995	3810/600	20	52	6	5	0.41	1.7	2.5	1.6	630	821	30
	980	650	13305	36700	90	120	1970	3811/600	22	71	7.5	6	0.32	2.1	3.2	2.1	644	908	25
630	850	418	6748	19800	100	140	720	3819/630	26	40	6	5	0.4	1.7	2.5	1.7	657	800	30
	920	515	9608	26800	95	130	1158	3810/630	25	57	7.5	6	0.42	1.6	2.4	1.6	669	858	30
	1030	670	15085	39900	85	110	2201	3811/630	22	78	7.5	6	0.3	2.2	3.3	2.2	673	959	30
670	900	412	7270	22300	95	130	959	3819/670	24	38	6	5	0.44	1.5	2.3	1.5	700	855	30
	1090	710	16448	39900	75	95	2665	3811/670	26	72	7.5	6	0.32	2.1	3.2	2.1	719	1020	30
710	1030	555	11732	35800	75	95	1568	3810/710	23	70	7.5	6	0.43	1.6	2.3	1.5	752	962	30
	1150	750	17915	50900	67	85	3227	3811/710	26	74	9.5	8	0.32	2.1	3.2	2.1	762	1078	30
750	1090	605	13722	42400	70	90	1874	3810/750	25	74	7.5	6	0.43	1.6	2.4	1.6	793	1020	30
	1220	840	22942	68000	48	80	3994	3811/750	30	65	9.5	8	0.32	2.1	3.2	2.1	807	1130	30
950	1360	880	24410	83600	—	—	4087	3820/950	40	60	7.5	6	0.26	2.6	3.8	2.6	1000	1290	30
1060	1500	1000	30455	105000	—	—	5896	3820/1060	40	70	9.5	8	0.26	2.6	3.8	2.6	1117	1420	30

注：新尺寸标准 GB/T 300—2008 增加了部分轴承外形尺寸，本表数据符合《全国滚动轴承产品样本》第 2 版。

11.8 推力球轴承

单向推力球轴承(摘自 GB/T 301—1995)

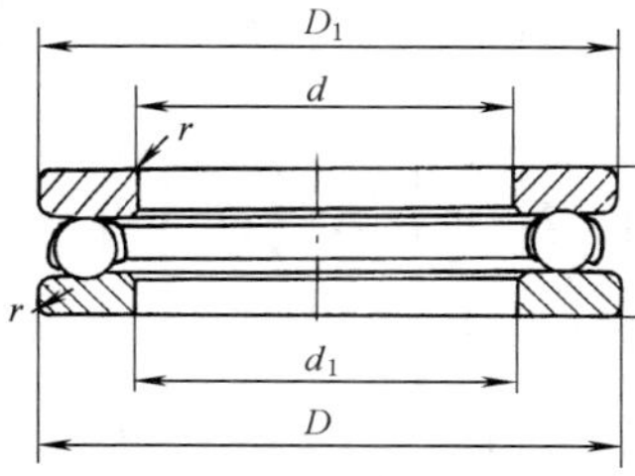

51000型

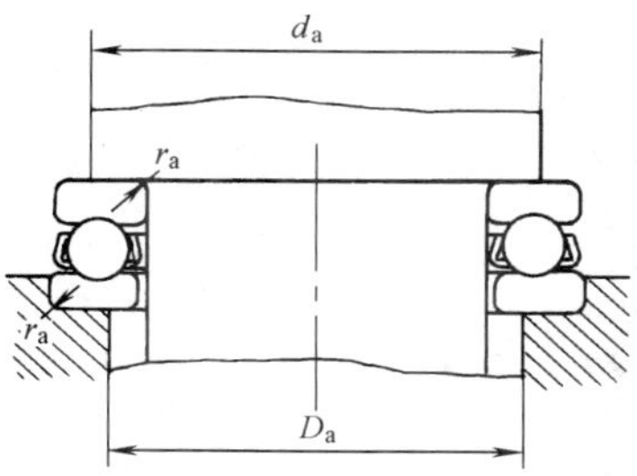

应用

单向推力球轴承只能承受一个方向的轴向载荷,可限制轴和壳体一个方向的轴向位移。为了防止钢球和沟道间引起过大的滑动,轴承在运行中的轴向载荷不能小于最小的轴向载荷。

轴向当量动载荷:$P_a = F_a$

轴向当量静载荷:$P_{0a} = F_a$

最小轴向载荷 $F_{amin} = A\left(\frac{n}{1000}\right)^2$

式中 n——转速,r/min

表 8-2-102

基本尺寸 /mm			基本额定载荷 /kN		最小载荷常数	极限转速 /r·min⁻¹		质量 /kg	轴承代号	其他尺寸 /mm			安装尺寸 /mm		
d	D	T	C_a	C_{0a}	A	脂	油	W ≈	51000 型	d_1 min	D_1 max	r min	d_a min	D_a max	r_a max
10	24	9	10.0	14.0	0.001	6300	9000	0.019	51100	11	24	0.3	18	16	0.3
	26	11	12.5	17.0	0.002	6000	8000	0.028	51200	12	26	0.6	20	16	0.6
12	26	9	10.2	15.2	0.001	6000	8500	0.021	51101	13	26	0.3	20	18	0.3
	28	11	13.2	19.0	0.002	5300	7500	0.031	51201	14	28	0.6	22	18	0.6
15	28	9	10.5	16.8	0.002	5600	8000	0.022	51102	16	28	0.3	23	20	0.3
	32	12	16.5	24.8	0.003	4800	6700	0.041	51202	17	32	0.6	25	22	0.6
17	30	9	10.8	18.2	0.002	5300	7500	0.024	51103	18	30	0.3	25	22	0.3
	35	12	17.0	27.2	0.004	4500	6300	0.048	51203	19	35	0.6	28	24	0.6
20	35	10	14.2	24.5	0.004	4800	6700	0.036	51104	21	35	0.3	29	26	0.3
	40	14	22.2	37.5	0.007	3800	5300	0.075	51204	22	40	0.6	32	28	0.6
	47	18	35.0	55.8	0.016	3600	4500	0.15	51304	22	47	1	36	31	1
25	42	11	15.2	30.2	0.005	4300	6000	0.055	51105	26	42	0.6	35	32	0.6
	47	15	27.8	50.5	0.013	3400	4800	0.11	51205	27	47	0.6	38	34	0.6
	52	18	35.5	61.5	0.021	3000	4300	0.17	51305	27	52	1	41	36	1
	60	24	55.5	89.2	0.044	2200	3400	0.31	51405	27	60	1	46	39	1
30	47	11	16.0	34.2	0.007	4000	5600	0.062	51106	32	47	0.6	40	37	0.6
	52	16	28.0	54.2	0.016	3200	4500	0.13	51206	32	52	0.6	43	39	0.6
	60	21	42.8	78.5	0.033	2400	3600	0.26	51306	32	60	1	48	42	1
	70	28	72.5	125	0.082	1900	3000	0.51	51406	32	70	1	54	46	1
35	52	12	18.2	41.5	0.010	3800	5300	0.077	51107	37	52	0.6	45	42	0.6
	62	18	39.2	78.2	0.033	2800	4000	0.21	51207	37	62	1	51	46	1
	68	24	55.2	105	0.059	2000	3200	0.37	51307	37	68	1	55	48	1
	80	32	86.8	155	0.13	1700	2600	0.76	51407	37	80	1.1	62	53	1

续表

基本尺寸 /mm			基本额定载荷 /kN		最小载荷常数	极限转速 /r·min^{-1}		质量 /kg	轴承代号	其他尺寸 /mm			安装尺寸 /mm		
d	D	T	C_a	C_{0a}	A	脂	油	W ≈	51000 型	d_1 min	D_1 max	r min	d_a min	D_a max	r_a max
40	60	13	26.8	62.8	0.021	3400	4800	0.11	51108	42	60	0.6	52	48	0.6
	68	19	47.0	98.2	0.050	2400	3600	0.26	51208	42	68	1	57	51	1
	78	26	69.2	135	0.096	1900	3000	0.53	51308	42	78	1	63	55	1
	90	36	112	205	0.22	1500	2200	1.06	51408	42	90	1.1	70	60	1
45	65	14	27.0	66.0	0.024	3200	4500	0.14	51109	47	65	0.6	57	53	0.6
	73	20	47.8	105	0.059	2200	3400	0.30	51209	47	73	1	62	56	1
	85	28	75.8	150	0.13	1700	2600	0.66	51309	47	85	1	69	61	1
	100	39	140	262	0.36	1400	2000	1.41	51409	47	100	1.1	78	67	1
50	70	14	27.2	69.2	0.027	3000	4300	0.15	51110	52	70	0.6	62	58	0.6
	78	22	48.5	112	0.068	2000	3200	0.37	51210	52	78	1	67	61	1
	95	31	96.5	202	0.21	1600	2400	0.92	51310	52	95	1.1	77	68	1
	110	43	160	302	0.50	1300	1900	1.86	51410	52	110	1.5	86	74	1.5
55	78	16	33.8	89.2	0.043	2800	4000	0.22	51111	57	78	0.6	69	64	0.6
	90	25	67.5	158	0.13	1900	3000	0.58	51211	57	90	1	76	69	1
	105	35	115	242	0.31	1500	2200	1.28	51311	57	105	1.1	85	75	1
	120	48	182	355	0.68	1100	1700	2.51	51411	57	120	1.5	94	81	1.5
60	85	17	40.2	108	0.063	2600	3800	0.27	51112	62	85	1	75	70	1
	95	26	73.5	178	0.16	1800	2800	0.66	51212	62	95	1	81	74	1
	110	35	118	262	0.35	1400	2000	1.37	51312	62	110	1.1	90	80	1
	130	51	200	395	0.88	1000	1600	3.08	51412	62	130	1.5	102	88	1.5
65	90	18	40.5	112	0.07	2400	3600	0.31	51113	67	90	1	80	75	1
	100	27	74.8	188	0.18	1700	2600	0.72	51213	67	100	1	86	79	1
	115	36	115	262	0.38	1300	1900	1.48	51313	67	115	1.1	95	85	1
	140	56	215	448	1.14	900	1400	3.91	51413	68	140	2	110	95	2
70	95	18	40.8	115	0.078	2200	3400	0.33	51114	72	95	1	85	80	1
	105	27	73.5	188	0.19	1600	2400	0.75	51214	72	105	1	91	84	1
	125	40	148	340	0.60	1200	1800	1.98	51314	72	125	1.1	103	92	1
	150	60	255	560	1.71	850	1300	4.85	51414	73	150	2	118	102	2
75	100	19	48.2	140	0.11	2000	3200	0.38	51115	77	100	1	90	85	1
	110	27	74.8	198	0.21	1500	2200	0.82	51215	77	110	1	96	89	1
	135	44	162	380	0.77	1100	1700	2.58	51315	77	135	1.5	111	99	1.5
	160	65	268	615	2.00	800	1200	6.08	51415	78	160	2	125	110	2
80	105	19	48.5	145	0.12	1900	3000	0.40	51116	82	105	1	95	90	1
	115	28	83.8	222	0.27	1400	2000	0.90	51216	82	115	1	101	94	1
	140	44	160	380	0.81	1000	1600	2.69	51316	82	140	1.5	116	104	1.5
	170	68	292	692	2.55	750	1100	7.12	51416	83	170	2.1	133	117	2.1
85	110	19	49.2	150	0.13	1800	2800	0.42	51117	87	110	1	100	95	1
	125	31	102	280	0.41	1300	1900	1.21	51217	88	125	1	109	101	1
	150	49	208	495	1.28	950	1500	3.47	51317	88	150	1.5	124	111	1.5
	180	72	318	782	3.24	700	1000	8.28	51417	88	177	2.1	141	124	2.1

续表

基本尺寸/mm			基本额定载荷/kN		最小载荷常数	极限转速/r·min^{-1}		质量/kg	轴承代号	其他尺寸/mm			安装尺寸/mm		
d	D	T	C_a	C_{0a}	A	脂	油	W ≈	51000型	d_1 min	D_1 max	r min	d_a min	D_a max	r_a max
90	120	22	65.0	200	0.21	1700	2600	0.65	51118	92	120	1	108	102	1
	135	35	115	315	0.52	1200	1800	1.65	51218	93	135	1.1	117	108	1
	155	50	205	495	1.34	900	1400	3.69	51318	93	155	1.5	129	116	1.5
	190	77	325	825	3.71	670	950	9.86	51418	93	187	2.1	149	131	2.1
100	135	25	85.0	268	0.37	1600	2400	0.95	51120	102	135	1	121	114	1
	150	38	132	375	0.75	1100	1700	2.21	51220	103	150	1.1	130	120	1
	170	55	235	595	1.88	800	1200	4.86	51320	103	170	1.5	142	128	1.5
	210	85	400	1080	6.17	600	850	13.3	51420	103	205	3	165	145	2.5
110	145	25	87.0	288	0.43	1500	2200	1.03	51122	112	145	1	131	124	1
	160	38	138	412	0.89	1000	1600	2.39	51222	113	160	1.1	140	130	1
	190	63	278	755	2.97	700	1100	7.05	51322	113	187	2	158	142	2
	230	95	490	1390	10.4	530	750	20.0	51422	113	225	3	181	159	2.5
120	155	25	87.0	298	0.48	1400	2000	1.10	51124	122	155	1	141	134	1
	170	39	135	412	0.96	950	1500	2.62	51224	123	170	1.1	150	140	1
	210	70	330	945	4.58	670	950	9.54	51324	123	205	2.1	173	157	2.1
	250	102	412	1220	12.4	480	670	25.5	51424	123	245	4	196	174	3
130	170	30	108	375	0.74	1300	1900	1.70	51126	132	170	1	154	146	1
	190	45	188	575	1.75	900	1400	3.93	51226	133	187	1.5	166	154	1.5
	225	75	358	1070	5.91	600	850	11.7	51326	134	220	2.1	186	169	2.1
	270	110	630	2010	21.1	430	600	32.0	51426	134	265	4	212	188	3
140	180	31	110	402	0.84	1200	1800	1.85	51128	142	178	1	164	156	1
	200	46	190	598	1.96	850	1300	4.27	51228	143	197	1.5	176	164	1.5
	240	80	395	1230	7.84	560	800	14.1	51328	144	235	2.1	199	181	2.1
	280	112	630	2010	22.2	400	560	32.2	51428	144	275	4	222	198	3
150	190	31	110	415	0.93	1100	1700	1.95	51130	152	188	1	174	166	1
	215	50	242	768	3.06	800	1200	5.52	51230	153	212	1.5	189	176	1.5
	250	80	405	1310	8.80	530	750	14.9	51330	154	245	2.1	209	191	2.1
	300	120	670	2240	27.9	380	530	38.2	51430	154	295	4	238	212	3
160	200	31	110	428	1.01	1000	1600	2.06	51132	162	198	1	184	176	1
	225	51	240	768	3.23	750	1100	5.91	51232	163	222	1.5	199	186	1.5
	270	87	470	1570	12.8	500	700	18.9	51332	164	265	3	225	205	2.5
170	215	34	135	528	1.48	950	1500	2.71	51134	172	213	1.1	197	188	1
	240	55	280	915	4.48	700	1000	7.31	51234	173	237	1.5	212	198	1.5
	280	87	470	1580	13.8	480	670	22.5	51334	174	275	3	235	215	2.5
180	225	34	135	528	1.56	900	1400	2.77	51136	183	222	1.1	207	198	1
	250	56	285	958	4.91	670	950	7.84	51236	183	247	1.5	222	208	1.5
	300	95	518	1820	17.9	430	600	28.7	51336	184	295	3	251	229	2.5
190	240	37	172	678	2.41	850	1300	3.61	51138	193	237	1.1	220	210	1
	270	62	328	1160	6.97	630	900	10.5	51238	194	267	2	238	222	2
	320	105	608	2220	26.7	400	560	41.1	51338	195	315	4	266	244	3

续表

基本尺寸 /mm			基本额定载荷 /kN		最小载荷常数	极限转速 /r · min^{-1}		质量 /kg	轴承代号	其他尺寸 /mm			安装尺寸 /mm		
d	D	T	C_a	C_{0a}	A	脂	油	W ≈	51000 型	d_1 min	D_1 max	r min	d_a min	D_a max	r_a max
200	250	37	172	698	2.60	800	1200	3.77	51140	203	247	1.1	230	220	1
	280	62	332	1210	7.59	600	850	11.0	51240	204	277	2	248	232	2
	340	110	600	2220	28.0	360	500	44.0	51340	205	335	4	282	258	3
220	270	37	188	782	3.35	750	1100	4.60	51144	223	267	1.1	250	240	1
	300	63	365	1360	10.3	560	800	13.7	51244	224	297	2	268	252	2
240	300	45	258	1040	5.95	700	1000	7.6	51148	243	297	1.5	276	264	1.5
	340	78	468	1870	19.0	450	630	23.6	51248	244	335	2.1	299	281	2.1
	380	112	692	2870	44.1	320	450	51	51348	245	375	4	322	298	3
260	320	45	270	1140	6.99	670	950	8.10	51152	263	317	1.5	296	284	1.5
	360	79	488	2050	22.3	430	600	25.5	51252	264	355	2.1	319	301	2.1
280	350	53	338	1430	11.2	560	800	12.2	51156	283	347	1.5	322	308	1.5
	380	80	490	2140	24.7	400	560	27.8	51256	284	375	2.1	339	321	2.1
300	380	62	415	1860	18.5	500	700	17.5	51160	304	376	2	348	332	2
	420	95	578	2670	39.3	360	560	42.5	51260	304	415	3	371	349	2.5
320	400	63	418	1920	20.2	480	670	18.9	51164	324	396	2	368	352	2
	440	95	612	2920	45.3	340	480	45.5	51264	325	435	3	391	369	2.5
340	420	64	428	2050	22.7	450	630	20.5	51168	344	416	2	388	372	2
	460	96	620	3040	49.6	320	450	52	51268	345	455	3	411	389	2.5
	540	160	1120	5720	175	150	220	145	51368	345	535	5	460	420	4
360	440	65	432	2110	24.6	430	600	22	51172	364	436	2	408	392	2
	500	110	775	3940	84.0	260	380	70.9	51272	365	495	4	442	418	3
380	460	65	440	2210	26.0	430	600	23.0	51176	384	456	2	428	412	2
	520	112	788	4120	91.5	240	360	73.0	51276	385	515	4	463	437	3
400	480	65	452	2320	28.0	400	560	23.7	51180	404	476	2	448	432	2
	540	112	802	4310	99.0	220	340	76	51280	405	535	4	482	458	3
420	500	65	462	2480	33.3	380	530	25.2	51184	424	495	2	468	452	2
440	540	80	527	3000	47.0	360	500	42.0	51188	444	536	2.1	499	481	2.1
	600	130	808	4430	105	180	280	112	51288	455	595	5	536	504	4
460	560	80	578	3310	58.9	320	450	43	51192	464	555	2.1	519	501	2.1
	620	130	892	5230	148	170	260	119	51292	465	615	5	556	524	4
480	580	80	592	3490	53.0	300	430	43.9	51196	484	575	2.1	539	521	2.1
500	600	80	595	3570	68.8	280	400	47.2	511/500	504	595	2.1	559	541	2.1
	670	135	1020	6200	212	150	220	140	512/500	505	665	5	600	570	4
530	640	85	708	4000	80.0	260	380	57.3	511/530	534	635	3	595	575	2.5
630	850	175	1320	9300	481	100	160	252	512/630	635	845	6	762	718	5
670	800	105	860	5020	206	160	240	105	511/670	674	795	4	747	723	3
750	900	90	768	5900	220	160	240	112.2	511/750	755	895	4	838	812	3

双向推力球轴承（摘自 GB/T 301—1995）

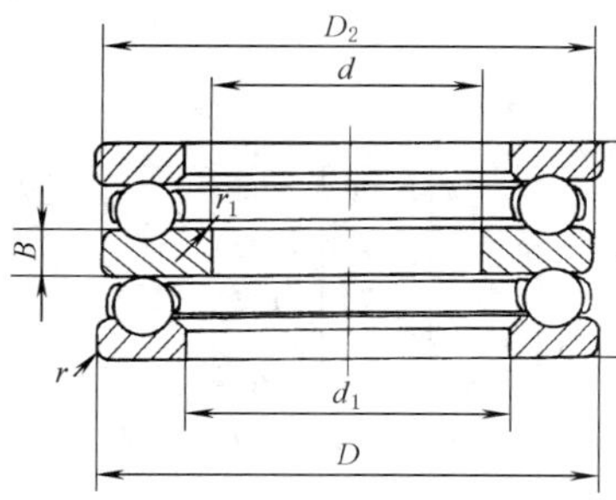

52000型

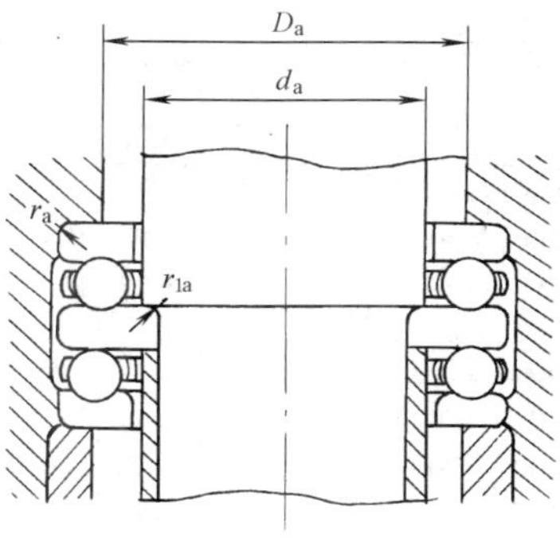

应用

双向轴承可以承受两个方向的轴向载荷，可限制两个方向的轴向位移。

最小轴向载荷计算式同表 8-2-102

表 8-2-103

基本尺寸 /mm			基本额定载荷 /kN		最小载荷常数	极限转速 /r·min^{-1}		质量 /kg	轴承代号	其他尺寸 /mm					安装尺寸 /mm			
d	D	T_1	C_a	C_{0a}	A	脂	油	$W\approx$	52000型	d_1 min	D_2 max	B	r min	r_1 min	d_a max	D_a min	r_a	r_{1a}
10	32	22	16.5	24.8	0.003	4800	6700	0.08	52202	17	32	5	0.6	0.3	15	22	0.6	0.3
15	40	26	22.2	37.5	0.007	3800	5300	0.15	52204	22	40	6	0.6	0.3	20	28	0.6	0.3
	60	45	55.5	89.2	0.044	2200	3400	0.61	52405	27	60	11	1	0.6	25	39	1	0.6
20	47	28	27.8	50.5	0.013	3400	4800	0.21	52205	27	47	7	0.6	0.3	25	34	0.6	0.3
	52	34	35.5	61.5	0.021	3000	4300	0.32	52305	27	52	8	1	0.3	25	36	1	0.3
	70	52	72.5	125	0.082	1900	3000	0.97	52406	32	70	12	1	0.6	30	46	1	0.6
25	52	29	28.0	54.2	0.016	3200	4500	0.24	52206	32	52	7	0.6	0.3	30	39	0.6	0.3
	60	38	42.8	78.5	0.033	2400	3600	0.47	52306	32	60	9	1	0.3	30	42	1	0.3
	80	59	86.8	155	0.13	1700	2600	1.41	52407	37	80	14	1.1	0.6	35	53	1	0.6
30	62	34	39.2	78.2	0.033	2800	4000	0.41	52207	37	62	8	1	0.3	35	46	1	0.3
	68	44	55.2	105	0.059	2000	3200	0.68	52307	37	68	10	1	0.3	35	48	1	0.3
	68	36	47.0	98.2	0.050	2400	3600	0.53	52208	42	68	9	1	0.6	40	51	1	0.6
	78	49	69.2	135	0.098	1900	3000	1.03	52308	42	78	12	1	0.6	40	55	1	0.6
	90	65	112	205	0.22	1500	2200	1.94	52408	42	90	15	1.1	0.6	40	60	1	0.6
35	73	37	47.8	105	0.059	2200	3400	0.59	52209	47	73	9	1	0.6	45	56	1	0.6
	85	52	75.8	150	0.13	1700	2600	1.25	52309	47	85	12	1	0.6	45	61	1	0.6
	100	72	140	262	0.36	1400	2000	2.64	52409	47	100	17	1.1	0.6	45	67	1	0.6
40	78	39	48.5	112	0.068	2000	3200	0.69	52210	52	78	9	1	0.6	50	61	1	0.6
	95	58	96.5	202	0.21	1600	2400	1.76	52310	52	95	14	1.1	0.6	50	68	1	0.6
	110	78	160	302	0.50	1300	1900	3.40	52410	52	110	18	1.5	0.6	50	74	1.5	0.6
45	90	45	67.5	158	0.13	1900	3000	1.17	52211	57	90	10	1	0.6	55	69	1	0.6
	105	64	115	242	0.31	1500	2200	2.38	52311	57	105	15	1.1	0.6	55	75	1	0.6
	120	87	182	355	0.68	1100	1700	4.54	52411	57	120	20	1.5	0.6	55	81	1.5	0.6
50	95	46	73.5	178	0.16	1800	2800	1.21	52212	62	95	10	1	0.6	60	74	1	0.6
	110	64	118	262	0.35	1400	2000	2.54	52312	62	110	15	1.1	0.6	60	80	1	0.6
50	130	93	200	395	0.88	1000	1600	5.58	52412	62	130	21	1.5	0.6	60	88	1.5	0.6
	140	101	215	448	1.14	900	1400	7.07	52413	68	140	23	2	1	65	95	2	1
55	100	47	74.8	188	0.18	1700	2600	1.32	52213	67	100	10	1	0.6	65	79	1	0.6
	115	65	115	262	0.38	1300	1900	2.72	52313	67	115	15	1.1	0.6	65	85	1	0.6

续表

基本尺寸 /mm			基本额定载荷 /kN		最小载荷常数	极限转速 /r·min^{-1}		质量 /kg	轴承代号	其他尺寸 /mm					安装尺寸 /mm			
d	D	T_1	C_a	C_{0a}	A	脂	油	$W\approx$	52000型	d_1 min	D_2 max	B	r min	r_1 min	d_a max	D_a min	r_a	r_{1a}
55	105	47	73.5	188	0.19	1600	2400	1.42	52214	72	105	10	1	1	70	84	1	1
	125	72	148	340	0.60	1200	1800	3.64	52314	72	125	16	1.1	1	70	92	1	1
	150	107	255	560	1.71	850	1300	8.71	52414	73	150	24	2	1	70	102	2	1
60	110	47	74.8	198	0.21	1500	2200	1.50	52215	77	110	10	1	1	75	89	1	1
	135	79	162	380	0.77	1100	1700	4.72	52315	77	135	18	1.5	1	75	99	1.5	1
	160	115	268	615	2.00	800	1200	10.7	52415	78	160	26	2	1	75	110	2	1
65	115	48	83.8	222	0.27	1400	2000	1.63	52216	82	115	10	1	1	80	94	1	1
	140	79	160	380	0.81	1000	1600	4.92	52316	82	140	18	1.5	1	80	104	1.5	1
	170	120	292	692	2.55	750	1100	12.5	52416	83	170	27	2.1	1	80	117	2.1	1
	180	128	318	782	3.24	700	1000	14.8	52417	88	179.5	29	2.1	1.1	85	124	2.1	1
70	125	55	102	280	0.41	1300	1900	2.27	52217	88	125	12	1	1	85	109	1	1
	150	87	208	495	1.28	950	1500	6.26	52317	88	150	19	1.5	1	85	114	1.5	1
	190	135	325	825	3.71	670	950	17.3	52418	93	189.5	30	2.1	1.1	90	131	2.1	1
75	135	62	115	315	0.52	1200	1800	3.05	52218	93	135	14	1.1	1	90	108	1	1
	155	88	205	495	1.34	900	1400	6.56	52318	93	155	19	1.5	1	90	116	1.5	1
80	210	150	400	1080	6.17	600	850	23.5	52420	103	209.5	33	3	1.1	100	145	2.5	1
85	150	67	132	375	0.75	1100	1700	4.03	52220	103	150	15	1.1	1	100	120	1	1
	170	97	235	595	1.88	800	1200	8.62	52320	103	170	21	1.5	1	100	128	1.5	1
90	230	166	490	1390	10.4	530	750	33.0	52422	113	229	37	3	1.1	110	159	2.5	1
95	160	67	138	412	0.89	1000	1600	4.38	52222	113	160	15	1.1	1	110	130	1	1
	190	110	278	755	2.97	700	1100	12.4	52322	113	189.5	24	2	1	110	142	2	1
100	170	68	135	412	0.96	950	1500	4.82	52224	123	170	15	1.1	1.1	120	140	1	1
	210	123	330	945	4.58	670	950	17.1	52324	123	209.5	27	2.1	1.1	120	157	2.1	1
	270	192	630	2010	21.1	430	600	55.0	52426	134	269	42	4	2	130	188	3	2
110	190	80	188	575	1.75	900	1400	7.36	52226	133	189.5	18	1.5	1.1	130	154	1.5	1
	225	130	358	1070	5.91	600	850	20.8	52326	134	224	30	2.1	1.1	130	169	2.1	1
	280	196	630	2010	22.2	400	560	61.2	52428	144	279	44	4	2	140	198	3	2
120	200	81	190	598	1.96	850	1300	7.80	52228	143	199.5	18	1.5	1.1	140	164	1.5	1
	240	140	395	1230	7.84	560	800	25.0	52328	144	239	31	2.1	1.1	140	181	2.1	1
	300	209	670	2240	27.9	380	530	68.1	52430	154	299	46	4	2	150	212	3	2
130	215	89	242	768	3.06	800	1200	10.3	52230	153	214.5	20	1.5	1.1	150	176	1.5	1
	250	140	405	1310	8.80	530	750	26.4	52330	154	249	31	2.1	1.1	150	191	2.1	1
140	225	90	240	768	3.23	750	1100	10.9	52232	163	224.5	20	1.5	1.1	160	186	1.5	1
	270	153	470	1570	12.8	500	700	33.6	52332	164	269	33	3	1.1	160	205	2.5	1
150	240	97	280	915	4.48	700	1000	13.4	52234	173	239.5	21	1.5	1.1	170	198	1.5	1
	280	153	470	1580	13.8	480	670	15.0	52334	174	279	33	3	1.1	170	215	2.5	1
	250	98	285	958	4.91	670	950	14.6	52236	183	249	21	1.5	2	180	208	1.5	2
	300	165	518	1820	17.9	430	600	49.0	52336	184	299	37	3	2	180	229	2.5	2
160	270	109	328	1160	6.97	630	900	19.5	52238	194	269	24	2	2	190	222	2	2
170	280	109	332	1210	7.59	500	850	20.4	52240	204	279	24	2	2	200	232	2	2

11.9 推力滚子轴承

推力调心滚子轴承（摘自 GB/T 5859）

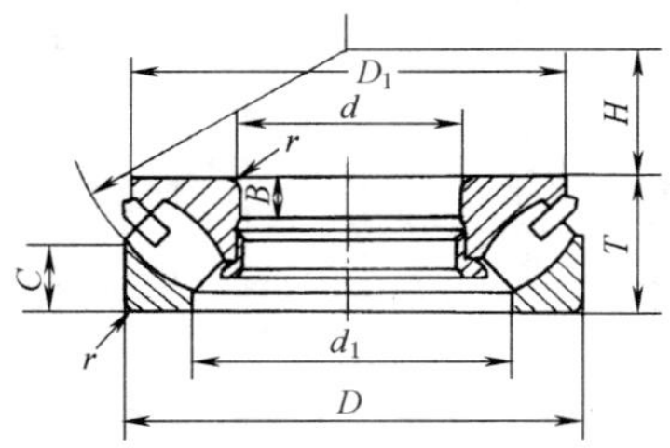

29000型

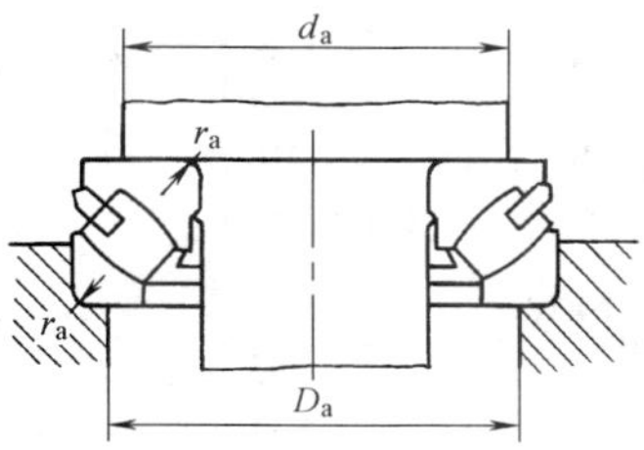

轴向当量动载荷：

当 $F_r \leqslant 0.55F_a$ 时，$P_a=F_a+1.2F_r$

轴向当量静载荷：

当 $F_r \leqslant 0.55F_a$ 时，$P_{0a}=F_a+2.7F_r$

最小轴向载荷：

$$\frac{C_{0a}}{1000} \leqslant F_{amin} > 1.8F_r + A\left(\frac{n}{1000}\right)^2$$

式中　n——转速，r/min

应用：

能承受较大的单向轴向载荷，能限制单向位移，可承受以轴向载荷为主的径向、轴向联合载荷，但径向载荷不得超过轴向载荷的55%。此种轴承经优化设计系加强型承受载荷较大，滚子为非对称球面，能减小滚子在滚道中相对滑动。通常用油润滑，低速时也可用脂润滑。

表 8-2-104

基本尺寸 /mm			基本额定载荷 /kN		最小载荷常数	极限转速 /r·min^{-1}	轴承代号	其他尺寸 /mm						安装尺寸 /mm		
d	D	T	C_a	C_{0a}	A	油	29000型	d_1 max	D_1 max	B min	C	H	r min	d_a min	D_a max	r_a max
60	130	42	328	897	0.086	2400	29412	89	123	15	20.1	38	1.5	90	107	1.5
65	140	45	380	1048	0.118	2200	29413	96	133	16	21.3	42	2	100	115	2
70	150	48	428	1198	0.155	2000	29414	103	142	17	22.7	44	2	105	124	2
75	160	51	480	1367	0.21	1900	29415	109	152	18	24.3	47	2	115	132	2
80	170	54	546	1563	0.263	1800	29416	117	162	19	26.8	50	2.1	120	141	2.1
85	150	39	335	1037	0.105	2200	29317	114	143.5	13	18.7	50	1.5	115	129	1.5
	180	58	598	1708	0.304	1700	29417	125	170	21	27.3	54	2.1	130	150	2.1
90	155	39	345	1089	0.116	2200	29318	117	148.5	13	18.8	52	1.5	118	135	1.5
	190	60	660	1904	0.392	1600	29418	132	180	22	28.5	56	2.1	135	158	2.1
100	170	42	400	1284	0.166	2000	29320	129	163	14	20.8	58	1.5	132	148	1.5
	210	67	798	2343	0.588	1400	29420	146	200	24	32.4	62	3	150	175	2.5
110	190	48	500	1625	0.279	1800	29322	143	182	16	23	64	2	145	165	2
	230	73	948	2854	0.724	1300	29422	162	220	26	34.8	69	3	165	192	2.5
120	210	54	638	2066	0.44	1600	29324	159	200	18	25.9	70	2.1	160	182	2.1
	250	78	1102	3308	0.933	1200	29424	174	236	29	36.6	74	4	180	210	3
130	225	58	680	2235	0.543	1500	29326	171	215	19	27.8	76	2.1	170	195	2.1
	270	85	1282	3918	1.64	1100	29426	189	255	31	40	81	4	195	227	3
140	240	60	738	2539	0.71	1400	29328	183	230	20	28	82	2.1	185	208	2.1
	280	85	1322	4133	1.796	1000	29428	199	268	31	40	86	4	205	237	3
150	250	60	802	2753	0.774	1300	29330	194	240	20	28.9	87	2.1	195	220	2.1
	300	90	1490	4680	2.285	950	29430	214	285	32	42.1	92	4	220	253	3
160	270	67	952	3253	1.063	1200	29332	208	260	23	31.7	92	3	210	236	2.5

续表

基本尺寸 /mm			基本额定载荷 /kN		最小载荷常数	极限转速 /r·min^{-1}	轴承代号	其他尺寸 /mm						安装尺寸 /mm		
d	D	T	C_a	C_{0a}	A	油	29000型	d_1 max	D_1 max	B min	C	H	r min	d_a min	D_a max	r_a max
160	320	95	1632	5315	2.969	900	29432	229	306	34	47.1	99	5	230	271	4
170	280	67	965	3358	1.16	1100	29334	216	270	23	31.7	96	3	220	247	2.5
	340	103	1928	6265	4.015	850	29434	243	324	37	48.8	104	5	245	288	4
180	300	73	1140	4056	1.628	1000	29336	232	290	25	34.8	103	3	235	263	2.5
	360	109	2112	6867	4.936	750	29436	255	342	39	51.9	110	5	260	305	4
190	320	78	1335	4861	2.294	900	29338	246	308	27	38.6	110	4	250	281	3
	380	115	2358	7774	6.228	700	29438	271	360	41	55	117	5	275	322	4
200	280	48	628	2518	0.759	1400	29240	236	271	15	24	108	2	235	258	2
	340	85	1468	5181	2.827	900	29340	261	325	29	39.1	116	4	265	298	3
	400	122	2550	8368	7.588	700	29440	286	380	43	56.5	122	5	290	338	4
220	300	48	650	2705	0.749	1300	29244	254	292	15	24	117	2	260	277	2
	360	85	1565	5661	3.21	850	29344	280	345	29	40.7	125	4	285	316	3
	420	122	2658	8990	8.583	670	29444	308	400	43	56.9	132	6	310	360	5
240	340	60	940	3951	1.483	1100	29248	283	330	19	29.3	130	2.1	285	311	2.1
	380	85	1625	6014	3.569	800	29348	300	365	29	41.9	135	4	300	337	3
	440	122	2798	9771	9.656	630	29448	326	420	43	51.2	142	6	330	381	5
260	360	60	970	4207	1.754	1000	29252	302	350	19	29.5	139	2.1	305	331	2.1
	420	95	1992	7716	6.073	750	29352	329	405	32	46	148	5	330	372	4
	480	132	3335	11930	14.45	600	29452	357	460	48	65	154	6	360	419	5
280	380	60	980	4348	1.855	950	29256	323	370	19	29.5	150	2.1	325	351	2.1
	440	95	2078	8207	6.782	670	29356	348	423	32	46.3	158	5	350	394	4
	520	145	3852	13794	20.73	530	29456	387	495	52	67.6	166	6	390	446	5
300	420	73	1375	6057	3.43	900	29260	353	405	21	35.8	162	3	355	386	2.5
	480	109	2622	10396	10.2	630	29360	379	460	37	53.1	168	5	380	429	4
	540	145	4000	14689	22.95	480	29460	402	515	52	68.3	175	6	410	471	5
320	440	73	1445	6556	3.822	800	29264	372	430	21	36	172	3	375	406	2.5
	500	109	2648	10691	11.15	600	29364	399	482	37	53	180	5	400	449	4
	580	155	4658	17432	31.97	450	29464	435	555	55	75	191	7.5	435	507	6
340	460	73	1470	6838	4.27	800	29268	395	445	21	36.6	183	3	395	427	2.5
	540	122	3132	12554	15.64	530	29368	428	520	41	57.8	192	5	430	484	4
	620	170	5135	18866	38.98	430	29468	462	590	61	78.5	201	7.5	465	541	6
360	500	85	1845	8412	6.797	700	29272	423	485	25	40.8	194	4	420	461	3
	560	122	3208	13114	16.33	500	29372	448	540	41	58.1	202	5	450	504	4
	640	170	5438	20562	43.24	400	29472	480	610	61	81	210	7.5	485	560	6
380	520	85	1935	9107	7.536	670	29276	441	505	27	42.1	202	4	440	480	3
	600	132	3655	15005	24.68	450	29376	477	580	44	61.4	216	6	480	538	5
	670	175	5955	23345	55.3	380	29476	504	640	63	84.5	230	7.5	510	587	6

续表

基本尺寸 /mm			基本额定载荷 /kN		最小载荷常数	极限转速 /r·min^{-1}	轴承代号	其他尺寸 /mm						安装尺寸 /mm		
d	D	T	C_a	C_{0a}	A	油	29000 型	d_1 max	D_1 max	B min	C	H	r min	d_a min	D_a max	r_a max
400	540	85	1958	9359	8.989	670	29280	460	526	27	42.2	212	4	460	500	3
	620	132	3788	15865	24.52	450	29380	494	596	44	64.7	225	6	500	557	5
	710	185	6235	24293	67.59	360	29480	534	680	67	86	236	7.5	540	622	6
420	580	95	2420	11571	12.6	600	29284	489	564	30	49.2	225	5	490	534	4
	650	140	3770	17692	30.7	430	29384	520	626	48	67.1	235	6	525	585	5
	730	185	6514	25562	70.27	340	29484	556	700	67	89	244	7.5	560	643	6
440	600	95	2532	12439	13.89	560	29288	508	585	30	49.3	235	5	510	554	4
	680	145	4552	19229	36.0	400	29388	548	655	49	70.8	245	6	548	614	5
	780	206	7465	28835	89.34	320	29488	588	745	74	97	260	9.5	595	684	8
460	620	95	2540	12643	15.32	530	29292	530	605	30	49.3	245	5	530	575	4
	710	150	4890	21051	44.6	360	29392	567	685	51	72	257	6	575	638	5
	800	206	8002	31810	99.15	300	29492	608	765	74	99.9	272	9.5	615	704	8
480	650	103	2765	13555	17.66	500	29296	556	635	33	49.4	259	5	555	603	4
	730	150	5100	22458	48.02	340	29396	590	705	51	74.4	270	6	593	660	5
	850	224	8752	34066	132.4	280	29496	638	810	81	102.8	280	9.5	645	744	8
500	670	103	2855	14281	18.48	480	292/500	574	654	33	50.5	268	5	575	622	4
	750	150	5135	22895	48.09	340	293/500	611	725	51	74.9	280	6	615	683	5
	870	224	9032	35832	146.9	260	294/500	661	830	81	102.8	290	9.5	670	765	8
530	710	109	3235	16392	24.2	430	292/530	612	692	35	54	288	5	611	661	4
	800	160	5875	26124	68.1	320	293/530	648	772	54	78.6	295	7.5	650	724	6
	920	236	10430	42513	179.2	240	294/530	700	880	87	113.2	309	9.5	700	810	8
560	750	115	3520	17939	30.09	430	292/560	644	732	37	57.7	302	5	645	697	4
	850	175	6808	31664	86.9	300	293/560	690	822	60	87.5	310	7.5	691	770	6
	980	250	11650	47887	238	220	294/560	740	940	92	120	328	12	750	860	10
600	800	122	3918	20181	37.04	400	292/600	688	780	39	59.4	321	5	690	744	4
	900	180	7382	35016	102.9	280	293/600	731	870	61	90	335	7.5	735	815	6
	1030	258	12470	52890	290	200	294/600	785	990	92	126	347	12	800	900	10
630	850	132	4705	24547	52.95	360	292/630	728	830	42	67.3	338	6	730	786	5
	950	190	7970	36393	122.2	260	293/630	767	920	65	93.9	345	9.5	780	857	8
	1090	280	13902	57622	343	180	294/630	830	1040	100	13	365	12	845	956	10
670	900	140	5138	26906	65.18	340	292/670	773	880	45	68.6	364	6	780	830	5
	1000	200	8970	43170	158.4	240	293/670	813	963	68	100	372	9.5	825	905	8
	1150	290	14920	61781	405	170	294/670	880	1105	106	138	387	15	900	1010	12
710	950	145	5540	29444	80.47	300	292/710	815	930	46	73.7	380	6	825	880	5
	1060	212	9798	45242	199.2	220	293/710	864	1028	72	101.8	394	9.5	875	960	8
	1220	308	17238	74880	554.7	160	294/710	925	1165	113	148.5	415	15	950	1070	12

续表

基本尺寸 /mm			基本额定载荷 /kN		最小载荷常数	极限转速 /r·min^{-1}	轴承代号	其他尺寸 /mm						安装尺寸 /mm		
d	D	T	C_a	C_{0a}	A	油	29000型	d_1 max	D_1 max	B min	C	H	r min	d_a min	D_a max	r_a max
750	1000	150	5942	31990	94.72	280	292/750	861	976	48	76.8	406	6	870	928	5
	1120	224	10890	51639	250.5	200	293/750	910	1086	76	108	415	9.5	925	1010	8
	1280	315	18305	79617	650.6	150	294/750	983	1220	116	152	436	15	1000	1125	12
800	1060	155	6530	35963	116.2	260	292/800	915	1035	50	79.2	426	7.5	925	985	6
	1180	230	11685	55789	295.8	190	293/800	965	1146	78	112	440	9.5	985	1065	8
	1360	335	20440	89611	831.6	140	294/800	1040	1310	120	161	462	15	1070	1195	12
850	1120	160	7072	39733	140.9	240	292/850	966	1095	51	82.9	453	7.5	980	1035	6
	1250	243	12935	62092	371.3	180	293/850	1024	1205	85	116.5	468	12	1040	1130	10
	1440	354	22010	96756	1026	130	294/850	1060	1372	126	168	494	15	1130	1265	12
900	1180	170	7608	42526	165.4	220	292/900	1023	1150	54	84.5	477	7.5	1035	1095	6
	1320	250	13855	67595	471	170	293/900	1086	1280	86	120	496	12	1110	1195	10

注：新标准 GB/T 5859—2008 扩大了尺寸范围，本表数据符合《全国滚动轴承产品样本》第 2 版。

推力圆柱滚子轴承（摘自 GB/T 4663—1994）

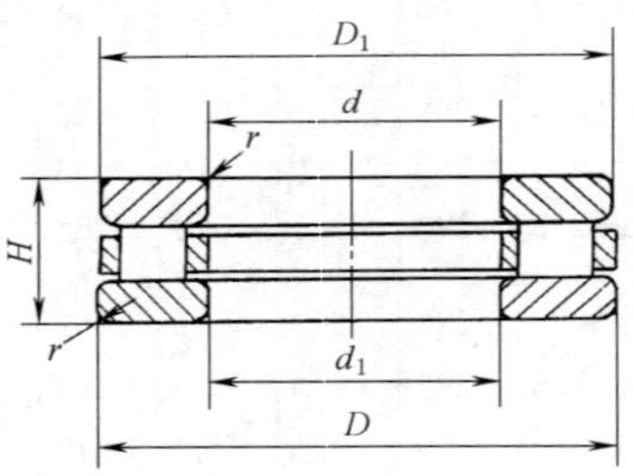

80000型

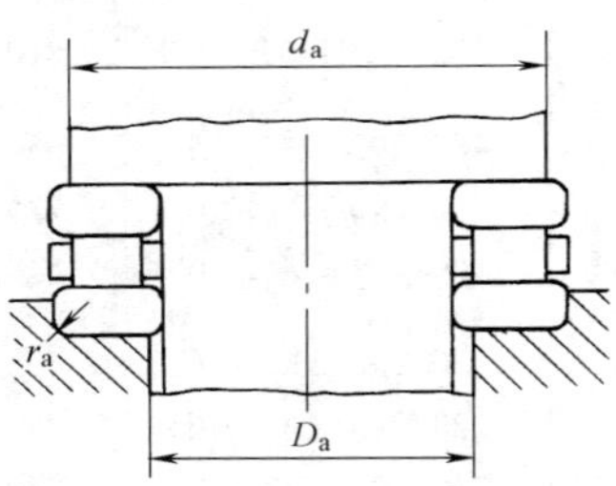

轴向当量动载荷：$P_a=F_a$

轴向当量静载荷：$P_{0a}=F_a$

最小轴向载荷：

$$\frac{C_{0a}}{1000}\leqslant F_{amin}>A\left(\frac{n}{1000}\right)^2$$

式中　n——转速，r/min

应用

能承受较大的单向轴向载荷，比推力球轴承的轴向载荷能力大得多。限制单向位移，刚性大。适用转速低的场合。

表 8-2-105

基本尺寸 /mm			基本额定载荷 /kN		最小载荷常数	极限转速 /r·min^{-1}		质量 /kg	轴承代号	其他尺寸 /mm			安装尺寸 /mm		
d	D	H	C_a	C_{0a}	A	脂	油	$W\approx$	80000型	d_1 min	D_1 max	r min	d_a min	D_a max	r_a max
40	60	13	37.2	115	0.002	1700	2400	0.12	81108	42	60	0.6	58	42	0.6
	68	19	68.2	190	0.004	1200	1800	0.27	81208	42	68	1	66	43	1
50	78	22	77.0	235	0.005	1000	1600	0.45	81210	52	78	1	75	53	1
55	78	16	56.5	215	0.005	1400	2000	0.24	81111	57	78	0.6	77	57	0.6
	90	25	104	318	0.009	950	1500	0.71	81211	57	90	1	85	59	1
65	90	18	65.8	235	0.006	1200	1800	0.381	81113	67	90	1	87	67	1
	100	27	112	362	0.012	850	1300	0.874	81213	67	100	1	96	69	1
75	110	27	125	430	0.017	750	1100	0.98	81215	77	110	1	106	79	1
85	110	19	75.0	302	0.008	900	1400	0.45	81117	87	110	1	108	87	1

续表

基本尺寸 /mm			基本额定载荷 /kN		最小载荷常数	极限转速 $/r \cdot min^{-1}$		质量 /kg	轴承代号	其他尺寸 /mm			安装尺寸 /mm		
d	D	H	C_a	C_{0a}	A	脂	油	$W\approx$	80000型	d_1 min	D_1 max	r min	d_a min	D_a max	r_a max
85	125	31	152	550	0.026	670	950	1.44	81217	88	125	1	119	90	1
90	120	22	105	408	0.015	850	1300	0.67	81118	92	120	1	117	93	1
100	150	38	228	840	0.059	560	850	2.58	81220	103	150	1.1	142	107	1
120	155	25	155	660	0.036	700	1000	1.36	81124	122	155	1	151	124	1
130	190	45	368	1420	0.164	450	700	4.59	81226	133	187	1.5	181	137	1.5

推力圆锥滚子轴承（摘自 GB/T 4663—1994）

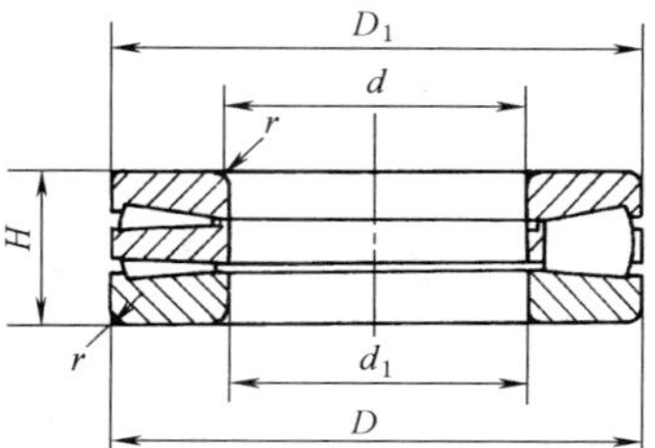

90000 型

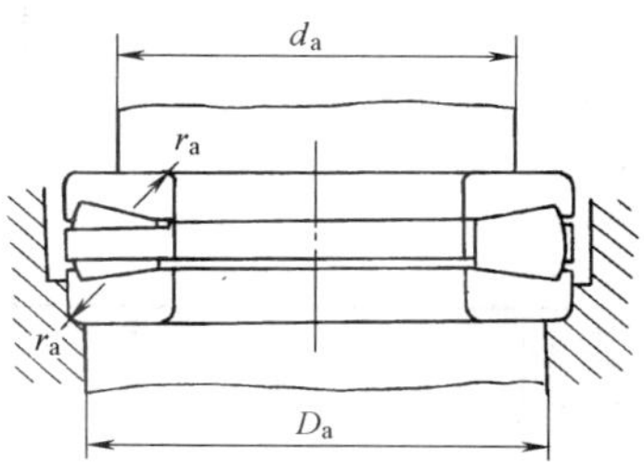

轴向当量动载荷：$P_a=F_a$

轴向当量静载荷：$P_{0a}=F_a$

最小轴向载荷：

$$\frac{C_{0a}}{1000}\leqslant F_{a\min}>A\left(\frac{n}{1000}\right)^2$$

式中　n——转速，r/min

应用见推力圆柱滚子轴承，但转速可稍高于圆柱滚子轴承。

表 8-2-106

基本尺寸 /mm			基本额定载荷 /kN		最小载荷常数	极限转速 $/r \cdot min^{-1}$		质量 /kg	轴承代号	其他尺寸 /mm			安装尺寸 /mm		
d	D	H	C_a	C_{0a}	A	脂	油	$W\approx$	90000型	d_1 min	D_1 max	r min	d_a min	D_a max	r_a max
130	270	85	1140	3780	0.638	380	500	28.5	99426	134	265	4	195	227	3
140	280	85	1230	4150	0.736	360	480	—	99428	144	275	4	205	237	3
170	340	103	1670	5750	1.38	280	380	58	99434	174	335	5	245	288	4
180	360	109	1790	5980	1.58	240	340	55.8	99436	184	355	5	260	305	4
200	400	122	2020	7210	2.256	200	300	75	99440	205	395	5	290	338	4
240	440	122	2550	9480	3.826	180	260	—	99448	245	435	6	330	381	5
260	480	132	3000	11400	5.50	160	220	—	99452	265	475	6	360	419	5
280	520	145	3470	13400	7.56	140	190	—	99456	285	515	6	390	446	5
320	580	155	4400	17200	12.6	110	160	—	99464	325	575	7.5	435	507	6
380	670	175	5540	22900	22.2	85	120	254	99476	385	665	7.5	510	587	6

第 8 篇

推力滚针和保持架组件 推力垫圈（摘自 GB/T 4605—2003）

轴向当量动载荷： $P_a=F_a$ 应用见推力圆柱滚子轴承。

轴向当量静载荷： $P_{0a}=F_a$

最小轴向载荷： $\frac{C_{0a}}{2000}\leqslant F_{a\min}>1.8F_r+A\left(\frac{n}{1000}\right)^2$

式中 n——转速，r/min

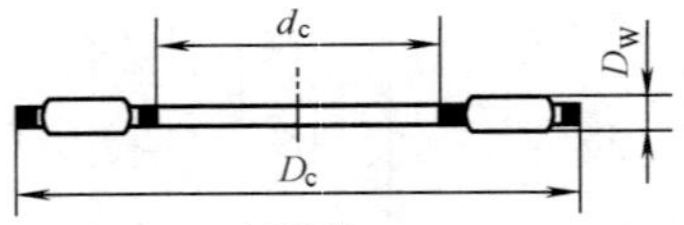

AXK型

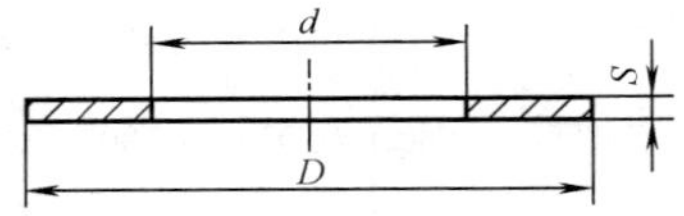

ASA、AS型垫圈

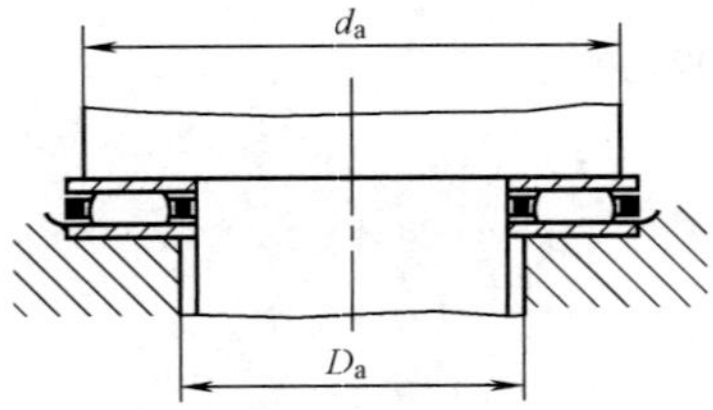

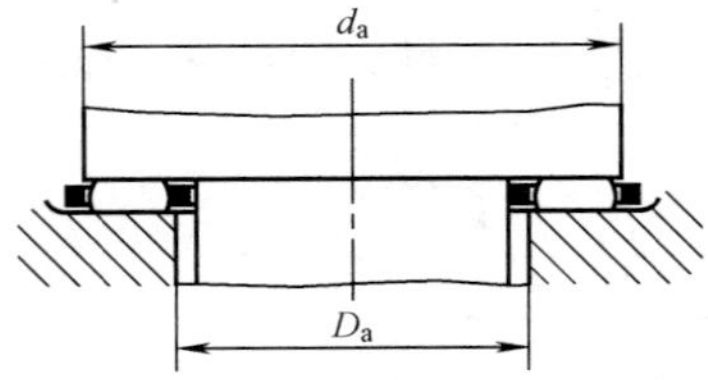

表 8-2-107

组件尺寸 /mm			基本额定载荷/kN		极限转速 /r·min^{-1}		质量 /kg	组件代号	垫圈尺寸 /mm			质量 /kg	垫圈代号	安装尺寸 /mm	
d_c	D_c	D_W	C_a	C_{0a}	脂	油	W ≈	AXK 型	d	D	S	W	ASA 型 AS 型	d_a min	D_a max
17	30	2	7.28	29.5	3200	4300	0.004	AXK 1730	17	30	0.8	0.003	ASA 1730	29	19
											1	0.004	AS 1730	29	19
20	35	2	9.0	38.0	2800	3800	0.005	AXK 2035	20	35	0.8	0.004	ASA 2035	34	22
											1	0.005	AS 2035	34	22
25	42	2	13.0	48.2	2200	3200	0.007	AXK 2542	25	42	0.8	0.006	ASA 2542	41	29
											1	0.007	AS 2542	41	29
30	47	2	15.8	74.0	2000	3000	0.008	AXK 3047	30	47	0.8	0.006	ASA 3047	46	35
											1	0.008	AS 3047	46	35
35	52	2	16.0	80.2	1900	2800	0.01	AXK 3552	35	52	0.8	0.007	ASA 3552	51	40
											1	0.009	AS 3552	51	40
40	60	3	25.0	110	1700	2400	0.016	AXK 4060	40	60	0.8	0.01	ASA 4060	58	45
											1	0.012	AS 4060	58	45
45	65	3	26.0	122	1600	2200	0.018	AXK 4565	45	65	0.8	0.01	ASA 4565	63	50
											1	0.013	AS 4565	63	50
50	70	3	27.5	135	1600	2200	0.02	AXK 5070	50	70	0.8	0.011	ASA 5070	68	55
											1	0.014	AS 5070	68	55
55	78	3	30.2	162	1400	1900	0.028	AXK 5578	55	78	0.8	0.014	ASA 5578	76	60
											1	0.018	AS 5578	76	60
60	85	3	35.5	228	1300	1800	0.033	AXK 6085	60	85	0.8	0.018	ASA 6085	83	65
											1	0.022	AS 6085	83	65
65	90	3	36.0	242	1200	1700	0.035	AXK 6590	65	90	0.8	0.019	ASA 6590	88	70
											1	0.024	AS 6590	88	70

注：1. 与组件配合的轴公差为 h8、孔公差为 H10，与推力垫圈配合的轴公差为 h10（作轴圈用），孔公差为 H11（作座圈用）。

2. 标准中尚有 $d_c(d)$ = 6、7、8、9、10、12、14、15、16、18、22、28、32、70、75、80、85、90、100、110、120、130、140、150、160 等规格，本表未编入。

11.10 带座外球面球轴承

1）带座外球面球轴承与轴心线允许偏斜 5°。若使用中要求补充添加润滑脂，则偏斜角不允许超过 2°。

2）带座外球面球轴承内圈孔的上偏差为正值，下偏差为零。正常工作状态下，与带顶丝和偏心套轴承配合的轴选用 h7，轻载荷、低速时选用比 h7 松的配合，重载荷、高速时选用比 h7 紧的配合。与带紧定套轴承配合的轴选用 h9，形状公差选用 IT5 级。各种带座外球面球轴承在不同配合下的极限转速见表 8-2-108（供参考）。

3）所有这类轴承，在轴承内一般装填符合 SY/412《锂基润滑脂》规定的 2 号工业锂基润滑脂，轴承两侧面带密封。正常工作状态下，在允许的润滑期内不用再润滑。

4）轴承座的标准符合 GB/T 7809—1995。

5）带座外球面球轴承的外形尺寸符合标准 GB/T 7810—1995、JB/T 5303。

表 8-2-108　　带座外球面球轴承在不同配合下的极限转速　　$r \cdot min^{-1}$

轴承内径 d/mm	轴的公差							
	j7(h9/IT5)①		h7		h8		h9	
	200 系列	300 系列	200 系列	300 系列	200 系列	300 系列	200 系列	300 系列
12	6700	—	5300	—	3800	—	1400	—
15	6700	—	5300	—	3800	—	1400	—
17	6700	—	5300	—	3800	—	1400	—
20	6000	—	4800	—	3400	—	1200	—
25	5600	5000	4000	3600	3000	2600	1000	900
30	4500	4300	3400	3000	2400	2200	850	800
35	4000	3800	3000	2800	2000	2000	750	700
40	3600	3400	2600	2400	1900	1700	670	630
45	3200	3000	2400	2200	1700	1500	600	560
50	3000	2600	2200	2000	1600	1400	560	500
55	2600	2400	2000	1800	1400	1300	500	450
60	2400	2200	1800	1700	1200	1100	450	430
65	2200	2000	1700	1500	1100	1100	430	400
70	2200	1900	1600	1400	1100	1000	400	360
75	2000	1800	1500	1300	1000	900	380	340
80	1900	1700	1400	1200	950	850	340	320
85	1800	1600	1300	1100	900	800	320	300
90	1700	1500	1200	1100	800	750	300	280
95	—	1400	—	1000	—	700	—	260
100	—	1300	—	950	—	670	—	240
105	—	1200	—	900	—	630	—	220
110	—	1200	—	800	—	600	—	200
120	—	1100	—	750	—	530	—	190
130	—	1000	—	670	—	480	—	180
140	—	900	—	600	—	430	—	160

① 括号内 h9/IT5 一栏适用于带紧定套外球面球轴承，其余 j7～h9 各栏适用于带顶丝和偏心套外球面球轴承。

带立式座外球面球轴承(带顶丝 UCP、带偏心套 UELP)(摘自 GB/T 7810—1995)

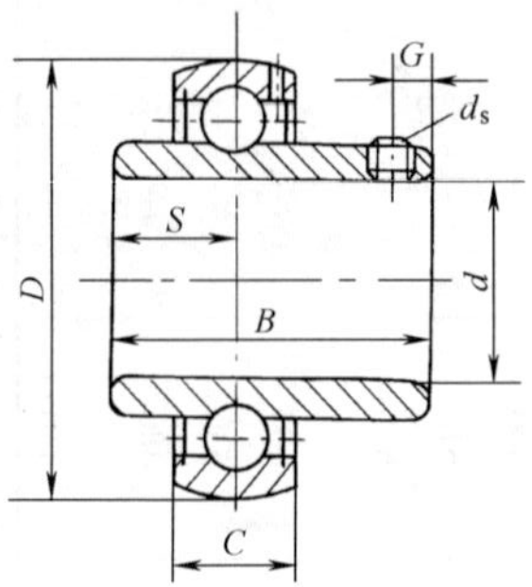

UC型

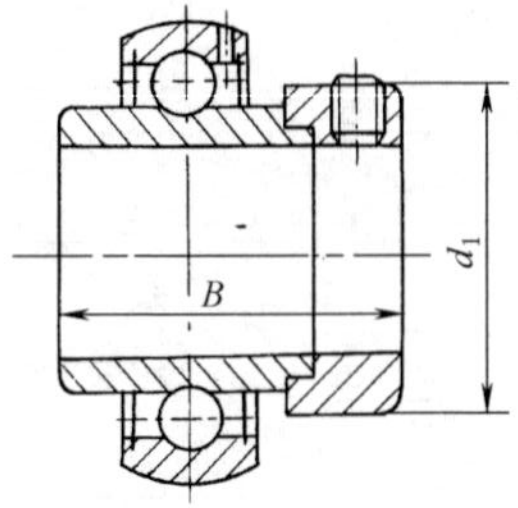

UEL型

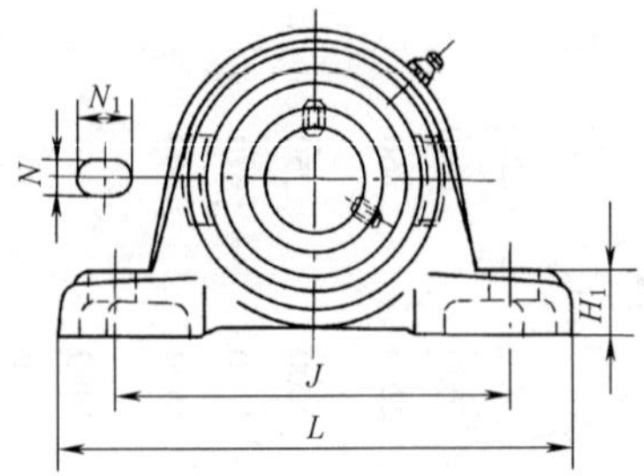

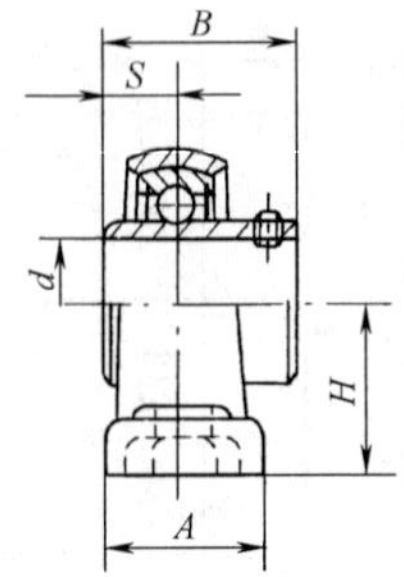

UCP型

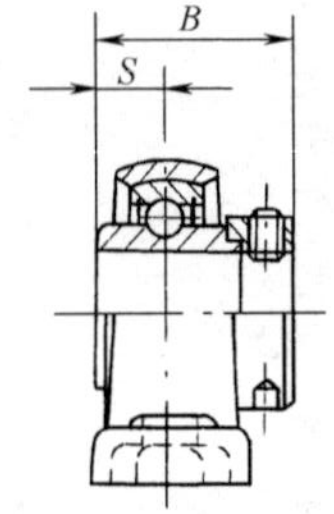

UELP型

符号意义与应用

U—表示带座外球面球轴承,后面均同

UC—带顶丝外球面球轴承

UEL—带偏心套外球面球轴承

P—铸造立式座

具有与深沟球轴承相同的载荷能力,调心性能较好,有密封装置,结构紧凑,使用方便。

UC 型、UEL 型的尺寸与基本额定载荷等符合 GB/T 3882。

表 8-2-109

轴承尺寸/mm								基本额定载荷/kN		配用偏心套	座尺寸/mm								带座轴承代号	轴承代号	座代号
d	D	B	S	C	d_s	G	d_1 max	C_r	C_{0r}	代号	A max	H	H_1 max	N min	N max	N_1 min	J	L max	UCP 型 UELP 型	UC 型 UEL 型	P 型
12	40	27.4	11.5	14	M6×0.75	4	—	7.35	4.78	—	39	30.2	17	10.5	12.43	16	96	129	UCP 201	UC 201	P 203
	40	37.3	13.9	14	—	—	28.6	7.35	4.78	E 201	39	30.2	17	10.5	12.43	16	96	129	UELP 201	UEL 201	P 203
15	40	27.4	11.5	14	M6×0.75	4	—	7.35	4.78	—	39	30.2	17	10.5	12.43	16	96	129	UCP 202	UC 202	P 203
	40	37.3	13.9	14	—	—	28.6	7.35	4.78	E 202	39	30.2	17	10.5	12.43	16	96	129	UELP 202	UEL 202	P 203
17	40	27.4	11.5	14	M6×0.75	4	—	7.35	4.78	—	39	30.2	17	10.5	12.43	16	96	129	UCP 203	UC 203	P 203
	40	37.3	13.9	14	—	—	28.6	7.35	4.78	E 203	39	30.2	17	10.5	12.43	16	96	129	UELP 203	UEL 203	P 203
20	47	31.0	12.7	17	M6×0.75	5	—	9.88	6.65	—	39	33.3	17	10.5	12.43	16	96	134	UCP 204	UC 204	P 204
	47	43.7	17.1	17	—	—	33.3	9.88	6.65	E 204	39	33.3	17	10.5	12.43	16	96	134	UELP 204	UEL 204	P 204
25	52	34.1	14.3	17	M6×0.75	5	—	10.8	7.88	—	39	36.5	17	10.5	12.43	16	105	142	UCP 205	UC 205	P 205
	62	38	15	21	M6×0.75	6	—	17.2	11.5	—	45	45	17	17		20	132	175	UCP 305	UC 305	P 305
	52	44.4	17.5	17	—	—	38.1	10.8	7.88	E 205	39	36.5	17	10.5	12.43	16	105	142	UELP 205	UEL 205	P 205

续表

轴承尺寸/mm								基本额定载荷/kN		配用偏心套	座尺寸/mm							带座轴承代号	轴承代号	座代号
d	D	B	S	C	d_s	G	d_1 max	C_r	C_{0r}	代号	A max	H	H_1 max	N min max	N_1 min	J	L max	UCP 型 UELP 型	UC 型 UEL 型	P 型
25	62	46.8	16.7	21	—	—	42.8	17.2	11.5	E 305	45	45	17	17	20	132	175	UELP 305	UEL 305	P 305
30	62	38.1	15.9	19	M6×0.75	5	—	15.0	11.2	—	48	42.9	20	13 14.93	19	121	167	UCP 206	UC 206	P 206
	72	43	17	23	M6×0.75	6	—	20.8	15.2	—	50	50	20	17	20	140	180	UCP 306	UC 306	P 306
	62	48.4	18.3	19	—	—	44.5	15.0	11.2	E 206	48	42.9	20	13 14.93	19	121	167	UELP 206	UEL 206	P 206
	72	50	17.5	23	—	—	50	20.8	15.2	E 306	50	50	20	17	20	140	180	UELP 306	UEL 306	P 306
35	72	42.9	17.5	20	M8×1	7	—	19.8	15.2	—	48	47.6	20	13 14.93	19	126	172	UCP 207	UC 207	P 207
	80	48	19	25	M8×1	8	—	25.8	19.2	—	56	56	22	17	25	160	210	UCP 307	UC 307	P 307
	72	51.1	18.8	20	—	—	55.6	19.8	15.2	E 207	48	47.6	20	13 14.93	19	126	172	UELP 207	UEL 207	P 207
	80	51.6	18.3	25	—	—	55	25.8	19.2	E 307	56	56	22	17	25	160	210	UELP 307	UEL 307	P 307
40	80	49.2	19	21	M8×1	8	—	22.8	18.2	—	55	49.2	20	13 14.93	19	136	186	UCP 208	UC 208	P 208
	90	52	19	27	M10×1.25	10	—	31.2	24.0	—	60	60	24	17	27	170	220	UCP 308	UC 308	P 308
	80	56.3	21.4	21	—	—	60.3	22.8	18.2	E 208	55	49.2	20	13 14.93	19	136	186	UELP 208	UEL 208	P 208
	90	57.1	19.8	27	—	—	63.5	31.2	24.0	E 308	60	60	24	17	27	170	220	UELP 308	UEL 308	P 308
45	85	49.2	19.0	22	M8×1	8	—	24.5	20.8	—	55	54	22	13 14.93	19	146	192	UCP 209	UC 209	P 209
	100	57	22	30	M10×1.25	10	—	40.8	31.8	—	67	67	26	20	30	190	245	UCP 309	UC 309	P 309
	85	56.3	21.4	22	—	—	63.5	24.5	20.8	E 209	55	54	22	13 14.93	19	146	192	UELP 209	UEL 209	P 209
	100	58.7	19.8	30	—	—	70	40.8	31.8	E 309	67	67	26	20	30	190	245	UELP 309	UEL 309	P 309
50	90	51.6	19.0	24	M10×1.25	10	—	27.0	23.2	—	61	57.2	23	17 19.05	20.5	159	208	UCP 210	UC 210	P 210
	110	61	22	32	M12×1.5	12	—	47.5	37.8	—	75	75	29	20	35	212	275	UCP 310	UC 310	P 310
	90	62.7	24.6	24	—	—	69.9	27.0	23.2	E 210	61	57.2	23	17 19.02	20.5	159	208	UELP 210	UEL 210	P 210
	110	66.6	24.6	32	—	—	76.2	47.5	37.8	E 310	75	75	29	20	35	212	275	UELP 310	UEL 310	P 310

续表

轴承尺寸/mm								基本额定载荷/kN		配用偏心套	座尺寸/mm							带座轴承代号	轴承代号	座代号
d	D	B	S	C	d_s	G	d_1 max	C_r	C_{0r}	代号	A max	H	H_1 max	N min max	N_1 min	J	L max	UCP 型 UELP 型	UC 型 UEL 型	P 型
55	100	55.6	22.2	25	M10×1.25	10	—	33.5	29.2	—	61	63.5	25	17 19.02	20.5	172	233	UCP 211	UC 211	P 211
	120	66	25	34	M12×1.5	12	—	55.0	44.8	—	80	80	32	20	38	236	310	UCP 311	UC 311	P 311
	100	71.4	27.8	25	—	—	76.2	33.5	29.2	E 211	61	63.5	25	17 19.02	20.5	172	233	UELP 211	UEL 211	P 211
	120	73	27.8	34	—	—	83	55.0	44.8	E 311	80	80	32	20	38	236	310	UELP 311	UEL 311	P 311
60	110	65.1	25.4	27	M10×1.25	10	—	36.8	32.8	—	71	69.9	27	17 19.02	22	186	243	UCP 212	UC 212	P 212
	130	71	26	36	M12×1.5	12	—	62.8	51.8	—	85	85	34	25	38	250	330	UCP 312	UC 312	P 312
	110	77.8	31.0	27	—	—	84.2	36.8	32.8	E 212	71	69.9	27	17 19.02	22	186	243	UELP 212	UEL 212	P 212
	130	79.4	30.95	36	—	—	89	62.8	51.8	E 312	85	85	34	25	38	250	330	UELP 312	UEL 312	P 312
65	120	65.1	25.4	28	M10×1.25	10	—	44.0	40.0	—	73	76.2	34	21 24.52	24	203	268	UCP 213	UC 213	P 213
	140	75	30	38	M12×1.5	12	—	72.2	60.5	—	90	90	37	25	38	260	340	UCP 313	UC 313	P 313
	120	85.7	34.1	28	—	—	86	44.0	40.0	E 213	73	76.2	34	21 24.52	24	203	268	UELP 213	UEL 213	P 213
	140	85.7	32.55	38	—	—	97	72.2	60.5	E 313	90	90	37	25	38	260	340	UELP 313	UEL 313	P 313
70	125	74.6	30.2	29	M12×1.5	12	—	46.8	45.0	—	74	79.4	34	21 24.52	24	210	274	UCP 214	UC 214	P 214
	150	78	33	40	M12×1.5	12	—	80.2	68.0	—	90	95	41	27	40	280	360	UCP 314	UC 314	P 314
	125	85.7	34.1	29	—	—	90	46.8	45.0	E 214	74	79.4	34	21 24.52	24	210	274	UELP 214	UEL 214	P 214
	150	92.1	34.15	40	—	—	102	80.2	68.0	E 314	90	95	41	27	40	280	360	UELP 314	UEL 314	P 314
75	130	77.8	33.3	30	M12×1.5	12	—	50.8	49.5	—	83	82.6	35	21 24.52	24	217	300	UCP 215	UC 215	P 215
	160	82	32	42	M14×1.5	14	—	87.2	76.8	—	100	100	41	27	40	290	380	UCP 315	UC 315	P 315
	130	92.1	37.3	30	—	—	102	50.8	49.5	E 215	83	82.6	35	21 24.52	24	217	300	UELP 215	UEL 215	P 215
	160	100	37.3	42	—	—	113	87.2	76.8	E 315	100	100	41	27	40	290	380	UELP 315	UEL 315	P 315
80	140	82.6	33.3	33	M12×1.5	12	—	55.0	54.2	—	84	88.9	38	21 24.52	24	232	305	UCP 216	UC 216	P 216
	170	86	34	44	M14×1.5	14	—	94.5	86.5	—	110	106	46	27	40	300	400	UCP 316	UC 316	P 316
	170	106.4	40.5	44	—	—	119	94.5	86.5	E 316	110	106	46	27	40	300	400	UELP 316	UEL 316	P 316

续表

轴承尺寸/mm								基本额定载荷/kN		配用偏心套	座尺寸/mm							带座轴承代号	轴承代号	座代号
d	D	B	S	C min max	d_s	G	d_1 max	C_r	C_{0r}	代号	A max	H	H_1 max	N min max	N_1 min	J	L max	UCP 型 UELP 型	UC 型 UEL 型	P 型
85	150	85.7	34.1	35	M12×1.5	12	—	64.0	63.8	—	95	95.2	41	21 24.52	24	247	330	UCP 217	UC 217	P 217
	180	96	40	46	M16×1.5	16	—	102	96.5	—	110	112	46	33	45	320	420	UCP 317	UC 317	P 317
	180	109.5	42.05	46	—	—	127	102	96.5	E 317	110	112	46	33	45	320	420	UELP 317	UEL 317	P 317
90	160	96.0	39.7	37	M12×1.5	12	—	73.8	71.5	—	100	101.6	44	25 28.52	34	262	356	UCP 218	UC 218	P 218
	190	96	40	48	M16×1.5	16	—	110	108	—	110	118	51	33	45	330	430	UCP 318	UC 318	P 318
	190	115.9	43.65	48	—	—	133	110	108	E 318	110	118	51	33	45	330	430	UELP 318	UEL 318	P 318
95	200	103	41	50	M16×1.5	16	—	120	122	—	120	125	51	36	50	360	470	UCP 319	UC 319	P 319
	200	122.3	38.9	50	—	—	140	120	122	E 319	120	125	51	36	50	360	470	UELP 319	UEL 319	P 319
100	180	108	42	34 51	M12×1.5	12	—	95	92	—	111	115	46	25 28.52	34	308	390	UCP 220	UC 220	P 220
	215	108	42	54	M18×1.5	18	—	132	140	—	120	140	56	36	50	380	490	UCP 320	UC 320	P 320
	215	128.6	50	54	—	—	146	132	140	E 320	120	140	56	36	50	380	490	UELP 320	UEL 320	P 320
105	225	112	44	56	M18×1.5	18	—	142	152	—	120	140	56	36	50	380	490	UCP 321	UC 321	P 321
110	240	117	46	60	M18×1.5	18	—	158	178	—	140	150	61	40	55	400	520	UCP 322	UC 322	P 322
120	260	126	51	64	M18×1.5	18	—	175	208	—	140	160	71	40	55	450	570	UCP 324	UC 324	P 324
130	280	135	54	68	M20×1.5	20	—	195	242	—	140	180	81	40	55	480	600	UCP 326	UC 326	P 326
140	300	145	59	72	M20×1.5	20	—	212	272	—	140	200	81	40	55	500	620	UCP 328	UC 328	P 328

注：P 300 型座中 A、H_1、L 尺寸为公称尺寸，不是最大值，N_1 尺寸为公称尺寸，不是最小值。

带立式座外球面球轴承（带紧定套）（摘自 GB/T 7810—1995）

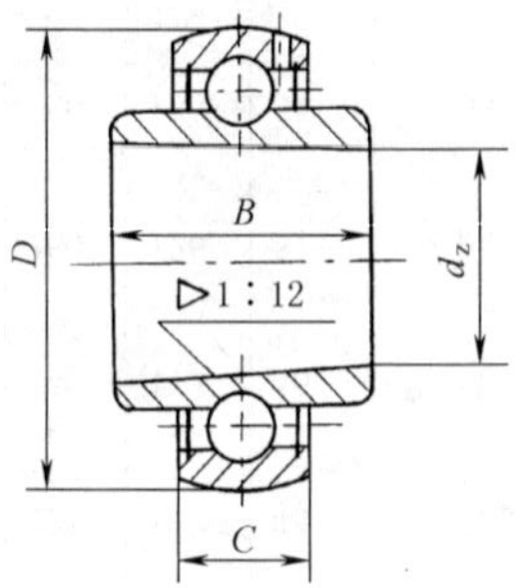

UK型

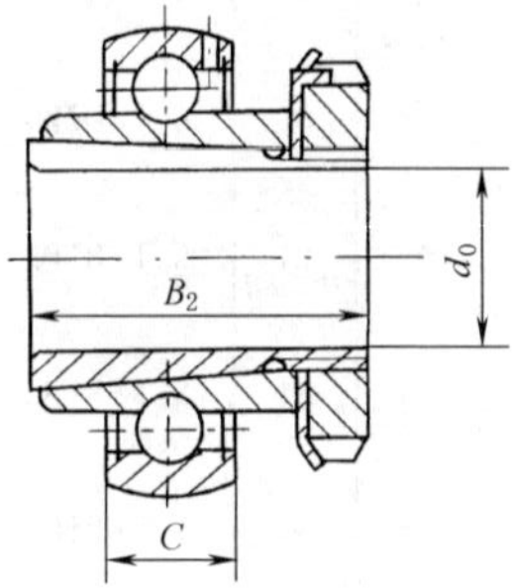

UK+H型

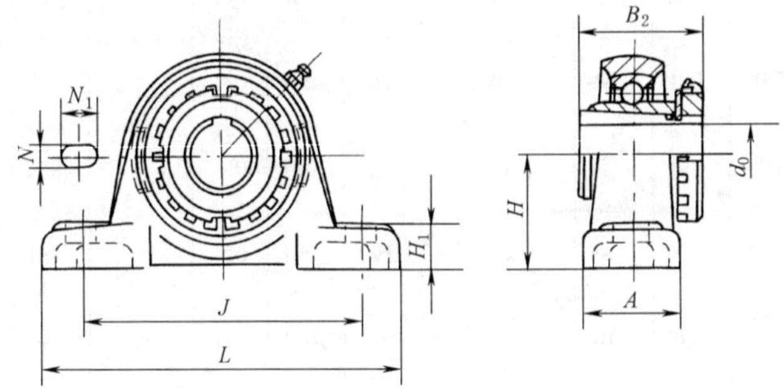

UKP+H型

符号意义与应用

UK——带圆锥孔外球面球轴承

H——紧定套

P——含义同前

应用见前。

UK型、UK+H型的尺寸与基本额定载荷符合 GB/T 3882。

表 8-2-110

轴承尺寸 /mm							配用件代号		基本额定载荷 /kN		座尺寸 /mm								带座轴承代号	轴承代号	座代号
d_z	D	d_0	B_2	B min	B max	C	轴承	紧定套	C_r	C_{0r}	A max	H	H_1 max	N min	N max	N_1 min	J	L max	UKP+H 型	UK+H 型	P 型
25	52	20	35	15	27	17	UK 205	H 2305	10.8	7.88	39	36.5	17	10.5	12.43	16	105	142	UKP 205+H 2305	UK 205+H 2305	P 205
	62	20	35	21	27	21	UK 305	H 2305	17.2	11.5	45	45	17	17		20	132	175	UKP 305+H 2305	UK 305+H 2305	P 305
30	62	25	38	16	30	19	UK 206	H 2306	15.0	11.2	48	42.9	20	13	14.93	19	121	167	UKP 206+H 2306	UK 206+H 2306	P 206
	72	25	38	23	30	23	UK 306	H 2306	20.8	15.2	50	50	20	17		20	140	180	UKP 306+H 2306	UK 306+H 2306	P 306
35	72	30	43	17	34	20	UK 207	H 2307	19.8	15.2	48	47.6	20	13	14.93	19	126	172	UKP 207+H 2307	UK 207+H 2307	P 207
	80	30	43	26	34	25	UK 307	H 2307	25.8	19.2	56	56	22	17		25	160	210	UKP 307+H 2307	UK 307+H 2307	P 307
40	80	35	46	18	36	21	UK 208	H 2308	22.8	18.2	55	49.2	20	13	14.93	19	136	186	UKP 208+H 2308	UK 208+H 2308	P 208
	90	35	46	26	36	27	UK 308	H 2308	31.2	24.0	60	60	24	17		27	170	220	UKP 308+H 2308	UK 308+H 2308	P 308
45	85	40	50	19	39	22	UK 209	H 2309	24.5	20.8	55	54	22	13	14.93	19	146	192	UKP 209+H 2309	UK 209+H 2309	P 209
	100	40	50	28	39	30	UK 309	H 2309	40.8	31.8	67	67	26	20		30	190	245	UKP 309+H 2309	UK 309+H 2309	P 309
50	90	45	55	20	43	24	UK 210	H 2310	27.0	23.2	61	57.2	23	17	19.02	20.5	159	208	UKP 210+H 2310	UK 210+H 2310	P 210
	110	45	55	30	43	32	UK 310	H 2310	47.5	37.8	75	75	29	20		35	212	275	UKP 310+H 2310	UK 310+H 2310	P 310

续表

轴承尺寸 /mm							配用件代号		基本额定载荷 /kN		座尺寸 /mm								带座轴承代号	轴承代号	座代号
d_z	D	d_0	B_2	B min	B max	C	轴承	紧定套	C_r	C_{0r}	A max	H	H_1 max	N min	N max	N_1 min	J	L max	UKP+H 型	UK+H 型	P 型
55	100	50	59	21	47	25	UK 211	H 2311	33.5	29.2	61	63.5	25	17	19.02	20.5	172	233	UKP 211+H 2311	UK 211+H 2311	P 211
	120	50	59	33	47	34	UK 311	H 2311	55.0	44.8	80	80	32	20		38	236	310	UKP 311+H 2311	UK 311+H 2311	P 311
60	110	55	62	22	49	27	UK 212	H 2312	36.8	32.8	71	69.9	27	17	19.02	22	186	243	UKP 212+H 2312	UK 212+H 2312	P 212
	130	55	62	34	49	36	UK 312	H 2312	62.8	51.8	85	85	34	25		38	250	330	UKP 312+H 2312	UK 312+H 2312	P 312
65	120	60	65	23	51	28	UK 213	H 2313	44.0	40.0	73	76.2	34	21	24.52	24	203	268	UKP 213+H 2313	UK 213+H 2313	P 213
	140	60	65	36	51	38	UK 313	H 2313	72.2	60.5	90	90	37	25		38	260	340	UKP 313+H 2313	UK 313+H 2313	P 313
75	130	65	73	25	58	30	UK 215	H 2315	50.8	49.5	83	82.6	35	21	24.52	24	217	300	UKP 215+H 2315	UK 215+H 2315	P 215
	160	65	73	40	58	42	UK 315	H 2315	87.2	76.8	100	100	41	27		40	290	380	UKP 315+H 2315	UK 315+H 2315	P 315
80	140	70	78	26	61	33	UK 216	H 2316	55.0	54.2	84	88.9	38	21	24.52	24	232	305	UKP 216+H 2316	UK 216+H 2316	P 216
	170	70	78	42	61	44	UK 316	H 2316	94.5	86.5	110	106	46	27		40	300	400	UKP 316+H 2316	UK 316+H 2316	P 316
85	150	75	82	28	64	35	UK 217	H 2317	64.0	63.8	95	95.2	41	21	24.52	24	247	330	UKP 217+H 2317	UK 217+H 2317	P 217
	180	75	82	45	64	46	UK 317	H 2317	102	96.5	110	112	46	33		45	320	420	UKP 317+H 2317	UK 317+H 2317	P 317
90	160	80	86	30	68	37	UK 218	H 2318	73.8	71.5	100	101.6	44	25	28.52	34	262	356	UKP 218+H 2318	UK 218+H 2318	P 218
	190	80	86	47	68	48	UK 318	H 2318	110	108	110	118	51	33		45	330	430	UKP 318+H 2318	UK 318+H 2318	P 318
95	200	85	90	49	71	50	UK 319	H 2319	120	122	120	125	51	36		50	360	470	UKP 319+H 2319	UK 319+H 2319	P 319
100	215	90	97	51	77	54	UK 320	H 2320	132	140	120	140	56	36		50	380	490	UKP 320+H 2320	UK 320+H 2320	P 320
110	240	100	105	56	84	60	UK 322	H 2322	158	178	140	150	61	40		55	400	520	UKP 322+H 2322	UK 322+H 2322	P 322
120	260	110	112	60	90	64	UK 324	H 2324	175	208	140	160	71	40		55	450	570	UKP 324+H 2324	UK 324+H 2324	P 324
130	280	115	121	65	98	68	UK 326	H 2326	195	242	140	180	81	40		55	480	600	UKP 326+H 2326	UK 326+H 2326	P 326
140	300	125	131	70	107	72	UK 328	H 2328	212	272	140	200	81	40		55	500	620	UKP 328+H 2328	UK 328+H 2328	P 328

注：P 300 型座中 A、H_1、L 尺寸为公称尺寸，不是最大值，N_1 尺寸为公称尺寸，不是最小值。

带方形座外球面球轴承（带顶丝、带偏心套）（摘自 GB/T 7810—1995）

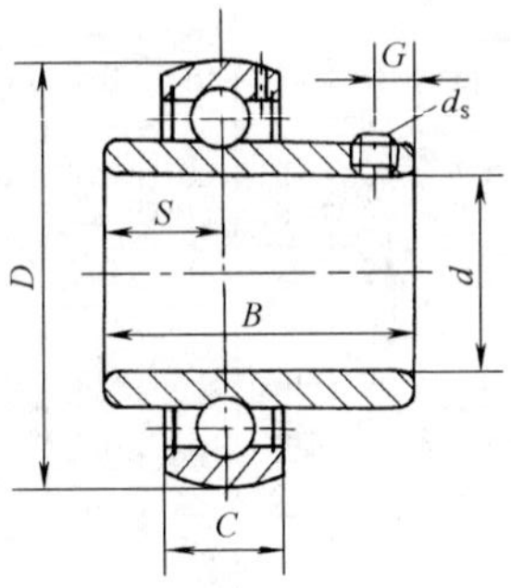
UC型

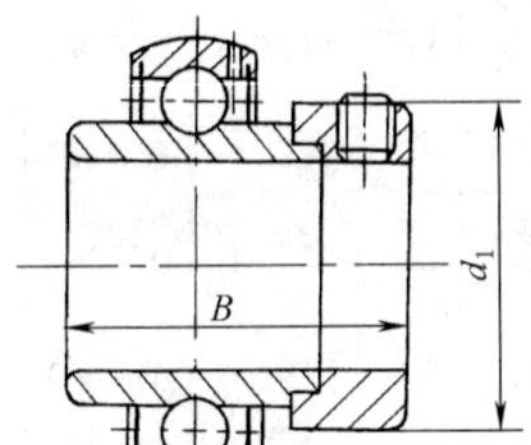
UEL型

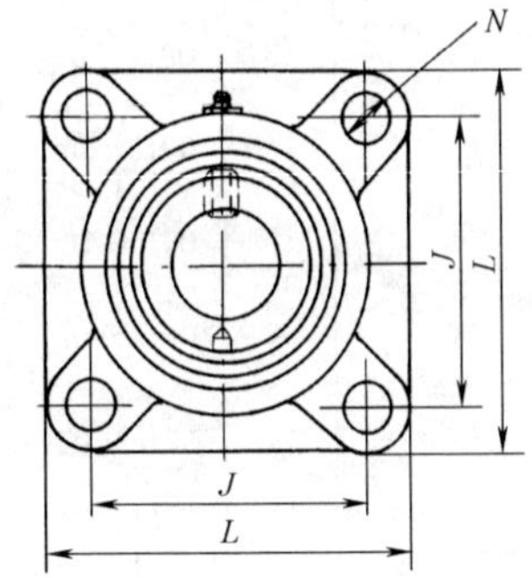

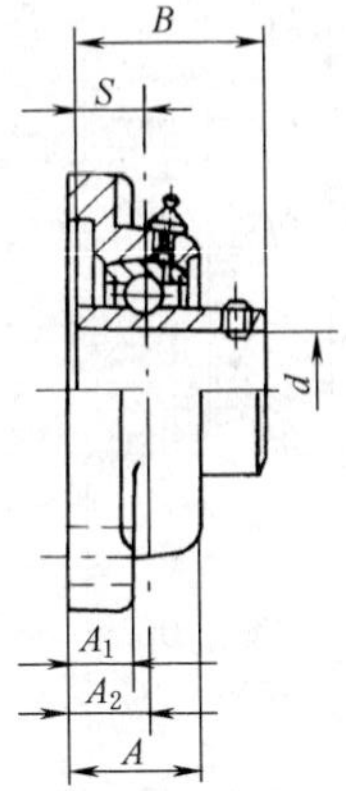
UCFU型

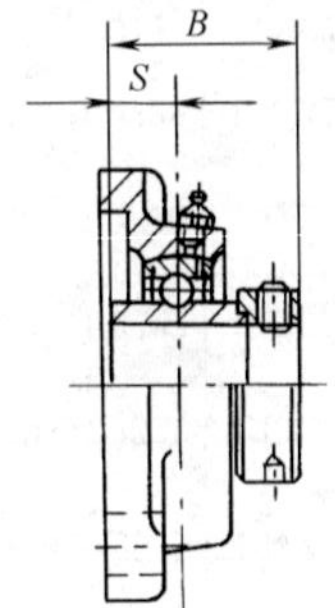
UELFU型

符号含义与应用

FU——铸造方形座

其他符号与应用见前。

表 8-2-111

轴承尺寸/mm								基本额定载荷/kN		配用偏心套	座尺寸/mm						带座轴承代号	轴承代号	座代号
d	D	B	S	C	d_s	G	d_1 max	C_r	C_{0r}	代号	A max	A_1 max	A_2	J	L max	N min max	UCFU 型 UELFU 型	UC 型 UEL 型	FU 型
12	40	27.4	11.5	14	M6×0.75	4	—	7.35	4.78	—	32	13	17	54	78	10.5 12.43	UCFU 201	UC 201	FU 203
	40	37.3	13.9	14	—	—	28.6	7.35	4.78	E 201	32	13	17	54	78	11.5	UELFU 201	UEL 201	FU 203
15	40	27.4	11.5	14	M6×0.75	4	—	7.35	4.78	—	32	13	17	54	78	10.5 12.43	UCFU 202	UC 202	FU 203
	40	37.3	13.9	14	—	—	28.6	7.35	4.78	E 202	32	13	17	54	78	11.5	UELFU 202	UEL 202	FU 203
17	40	27.4	11.5	14	M6×0.75	4	—	7.35	4.78	—	32	13	17	54	78	10.5 12.43	UCFU 203	UC 203	FU 203
	40	37.3	13.9	14	—	—	28.6	7.35	4.78	E 203	32	13	17	54	78	11.5	UELFU 203	UEL 203	FU 203
20	47	31.0	12.7	17	M6×0.75	5	—	9.88	6.65	—	34	15	19	63.5	88	10.5 12.43	UCFU 204	UC 204	FU 204
	47	43.7	17.1	17	—	—	33.3	9.88	6.65	E 204	34	15	19	63.5	88	11.5	UELFU 204	UEL 204	FU 204

续表

轴承尺寸/mm								基本额定载荷/kN		配用偏心套	座尺寸/mm							带座轴承代号	轴承代号	座代号
d	D	B	S	C	d_s	G	d_1 max	C_r	C_{0r}	代号	A max	A_1 max	A_2	J	L max	N min	N max	UCFU 型 UELFU 型	UC 型 UEL 型	FU 型
25	52	34.1	14.3	17	M6×0.75	5	—	10.8	7.88	—	35	15	19	70	97	11.5	12.43	UCFU 205	UC 205	FU 205
	62	38	15	21	M6×0.75	6	—	17.2	11.5	—	29	13	17	80	110	16		UCFU 305	UC 305	FU 305
	52	44.4	17.5	17	—	—	38.1	10.8	7.88	E 205	35	15	19	70	97	11.5	12.43	UELFU 205	UEL 205	FU 205
	62	46.8	16.7	21	—	—	42.8	17.2	11.5	E 305	29	13	17	80	110	16		UELFU 305	UEL 305	FU 305
30	62	38.1	15.9	19	M6×0.75	5	—	15.0	11.2	—	38	16	20	82.5	110	11.5	12.43	UCFU 206	UC 206	FU 206
	72	43	17	23	M6×0.75	6	—	20.8	15.2	—	32	15	18	95	125	16		UCFU 306	UC 306	FU 306
	62	48.4	18.3	19	—	—	44.5	15.0	11.2	E 206	38	16	20	82.5	110	11.5	12.43	UELFU 206	UEL 206	FU 206
	72	50	17.5	23	—	—	50	20.8	15.2	E 306	32	15	18	95	125	16		UELFU 306	UEL 306	FU 306
35	72	42.9	17.5	20	M8×1	7	—	19.8	15.2	—	38	17	21	92	119	13	14.93	UCFU 207	UC 207	FU 207
	80	48	19	25	M8×1	8	—	25.8	19.2	—	36	16	20	100	135	19		UCFU 307	UC 307	FU 307
	72	51.1	18.8	20	—	—	55.6	19.8	15.2	E 207	38	17	21	92	119	13	14.93	UELFU 207	UEL 207	FU 207
	80	51.6	18.3	25	—	—	55	25.8	19.2	E 307	36	16	20	100	135	19		UELFU 307	UEL 307	FU 307
40	80	49.2	19	21	M8×1	8	—	22.8	18.2	—	43	17	24	101.5	132	13	14.93	UCFU 208	UC 208	FU 208
	90	52	19	27	M10×1.25	10	—	31.2	24.0	—	40	17	23	112	150	19		UCFU 308	UC 308	FU 308
	80	56.3	21.4	21	—	—	60.3	22.8	18.2	E 208	43	17	24	101.5	132	13	14.93	UELFU 208	UEL 208	FU 208
	90	57.1	19.8	27	—	—	63.5	31.2	24.0	E 308	40	17	23	112	150	19		UELFU 308	UEL 308	FU 308
45	85	49.2	19.0	22	M8×1	8	—	24.5	20.8	—	45	18	24	105	139	13	16.93	UCFU 209	UC 209	FU 209
	100	57	22	30	M10×1.25	10	—	40.8	31.8	—	44	18	25	125	160	19		UCFU 309	UC 309	FU 309
	85	56.3	21.4	22	—	—	63.5	24.5	20.8	E 209	45	18	24	105	139	13	16.93	UELFU 209	UEL 209	FU 209
	100	58.7	19.8	30	—	—	70	40.8	31.8	E 309	44	18	25	125	160	19		UELFU 309	UEL 309	FU 309
50	90	51.6	19.0	24	M10×1.25	10	—	27.0	23.2	—	48	20	28	111	145	17	19.02	UCFU 210	UC 210	FU 210
	110	61	22	32	M12×1.5	12	—	47.5	37.8	—	48	19	28	132	175	23		UCFU 310	UC 310	FU 310

续表

轴承尺寸/mm								基本额定载荷/kN		配用偏心套	座尺寸/mm							带座轴承代号	轴承代号	座代号
d	D	B	S	C	d_s	G	d_1 max	C_r	C_{0r}	代号	A max	A_1 max	A_2	J	L max	N min	N max	UCFU 型 UELFU 型	UC 型 UEL 型	FU 型
50	90	62.7	24.6	24	—	—	69.9	27.0	23.2	E 210	48	20	28	111	145	17	19.02	UELFU 210	UEL 210	FU 210
	110	66.6	24.6	32	—	—	76.2	47.5	37.8	E 310	48	19	28	132	175	23		UELFU 310	UEL 310	FU 310
55	100	55.6	22.2	25	M10×1.25	10	—	33.5	29.2	—	51	21	31	130	164	17	19.02	UCFU 211	UC 211	FU 211
	120	66	25	34	M12×1.5	12	—	55.0	44.8	—	52	20	30	140	185	23		UCFU 311	UC 311	FU 311
	100	71.4	27.8	25	—	—	76.2	33.5	29.2	E 211	51	21	31	130	164	17	19.02	UELFU 211	UEL 211	FU 211
	120	73	27.8	34	—	—	83	55.0	44.8	E 311	52	20	30	140	185	23		UELFU 311	UEL 311	FU 311
60	110	65.1	25.4	27	M10×1.25	10	—	36.8	32.8	—	60	21	34	143	177	17	19.02	UCFU 212	UC 212	FU 212
	130	71	26	36	M12×1.5	12	—	62.8	51.8	—	56	22	33	150	195	23		UCFU 312	UC 312	FU 312
	110	77.8	31.0	27	—	—	84.2	36.8	32.8	E 212	60	21	34	143	177	17	19.02	UELFU 212	UEL 212	FU 212
	130	79.4	30.95	36	—	—	89	62.8	51.8	E 312	56	22	33	150	195	23		UELFU 312	UEL 312	FU 312
65	120	65.1	25.4	28	M10×1.25	10	—	44.0	40.0	—	52	24	35	150	188	17	19.02	UCFU 213	UC 213	FU 213
	140	75	30	38	M12×1.5	12	—	72.2	60.5	—	58	25	33	166	208	23		UCFU 313	UC 313	FU 313
	120	85.7	34.1	28	—	—	86	44.0	40.0	E 213	52	24	35	150	188	17	19.02	UELFU 213	UEL 213	FU 213
	140	85.7	32.55	38	—	—	97	72.2	60.5	E 313	58	25	33	166	208	23		UELFU 313	UEL 313	FU 313
70	125	74.6	30.2	29	M12×1.5	12	—	46.8	45.0	—	54	24	35	152	193	17	19.93	UCFU 214	UC 214	FU 214
	150	78	33	40	M12×1.5	12	—	80.2	68.0	—	61	28	36	178	226	25		UCFU 314	UC 314	FU 314
	125	85.7	34.1	29	—	—	90	46.8	45.0	E 214	54	24	35	152	193	17	19.93	UELFU 214	UEL 214	FU 214
	150	92.1	34.15	40	—	—	102	80.2	68.0	E 314	61	28	36	178	226	25		UELFU 314	UEL 314	FU 314
75	130	77.8	33.3	30	M12×1.5	12	—	50.8	49.5	—	58	24	38	152	198	17	24.52	UCFU 215	UC 215	FU 215
	160	82	32	42	M14×1.5	14	—	87.2	76.8	—	66	30	39	184	236	25		UCFU 315	UC 315	FU 315
	130	92.1	37.3	30	—	—	102	50.8	49.5	E 215	58	24	38	152	198	17	24.52	UELFU 215	UEL 215	FU 215
	160	100	37.3	42	—	—	113	87.2	76.8	E 315	66	30	39	184	236	25		UELFU 315	UEL 315	FU 315

续表

轴承尺寸/mm								基本额定载荷/kN		配用偏心套	座尺寸/mm						带座轴承代号	轴承代号	座代号
d	D	B	S	C min max	d_s	G	d_1 max	C_r	C_{0r}	代号	A max	A_1 max	A_2	J	L max	N min max	UCFU 型 UELFU 型	UC 型 UEL 型	FU 型
80	140	82.6	33.3	33	M12×1.5	12	—	55.0	54.2	—	65	24	34	166	213	21 24.52	UCFU 216	UC 216	FU 216
	170	86	34	44	M14×1.5	14	—	94.5	86.5	—	68	32	41	196	256	31	UCFU 316	UC 316	FU 316
	170	106.4	40.5	44	—	—	119	94.5	86.5	E 316	68	32	41	196	256	31	UELFU 316	UEL 316	FU 316
85	150	85.7	34.1	35	M12×1.5	12	—	64.0	63.8	—	75	26	36	172	220	21 24.52	UCFU 217	UC 217	FU 217
	180	96	40	46	M16×1.5	16	—	102	96.5	—	74	32	44	204	260	31	UCFU 317	UC 317	FU 317
	180	109.5	42.05	46	—	—	127	102	96.5	E 317	74	32	44	204	260	31	UELFU 317	UEL 317	FU 317
90	160	96.0	39.7	37	M12×1.5	12	—	73.8	71.5	—	75	27	42	187	240	21 24.52	UCFU 218	UC 218	FU 218
	190	96	40	48	M16×1.5	16	—	110	108	—	76	36	44	216	280	35	UCFU 318	UC 318	FU 318
	190	115.9	43.65	48	—	—	133	110	108	E 318	76	30	44	216	280	35	UELFU 318	UEL 318	FU 318
95	200	103	41	50	M16×1.5	16	—	120	122	—	94	30	59	228	290	35	UCFU 319	UC 319	FU 319
	200	122.3	38.9	50	—	—	140	120	122	E 319	94	30	59	228	290	35	UELFU 319	UEL 319	FU 319
100	180	108	42	34 51	M12×1.5	12	—	95	92	—	80	29	44	210	270	25 28.52	UCFU 220	UC 220	FU 220
	215	108	42	54	M18×1.5	18	—	132	140	—	94	32	59	242	310	38	UCFU 320	UC 320	FU 320
	215	128.6	50	54	—	—	146	132	140	E 320	94	32	59	242	310	38	UELFU 320	UEL 320	FU 320
105	225	112	44	56	M18×1.5	18	—	142	152	—	94	32	59	242	310	38	UCFU 321	UC 321	FU 321
110	240	117	46	60	M18×1.5	18	—	158	178	—	96	35	60	266	340	41	UCFU 322	UC 322	FU 322
120	260	126	51	64	M18×1.5	18	—	175	208	—	110	40	65	290	370	41	UCFU 324	UC 324	FU 324
130	280	135	54	68	M20×1.5	20	—	195	242	—	115	45	65	320	410	41	UCFU 326	UC 326	FU 326
140	300	145	59	72	M20×1.5	20	—	212	272	—	125	55	75	350	450	41	UCFU 328	UC 328	FU 328

注：FU 300 型座中 A、A_1、L 尺寸为公称尺寸，不是最大值，N 尺寸为公称尺寸，不是最小值。

带菱形座外球面球轴承（带紧定套）（摘自 GB/T 7810—1995）

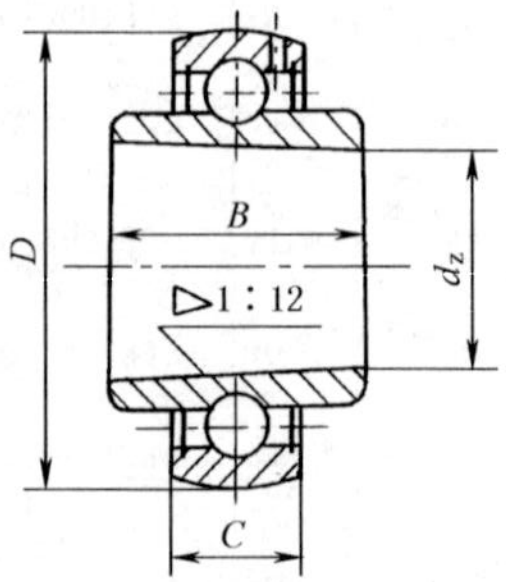

UK型

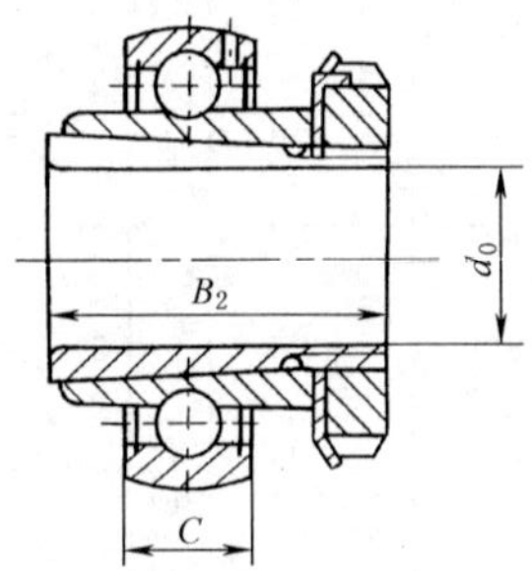

UK+H型

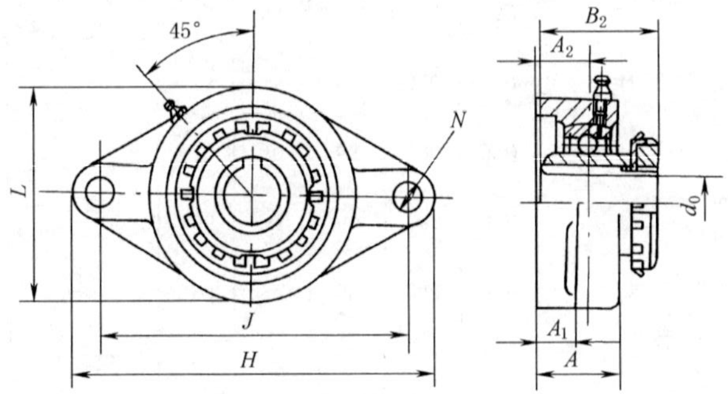

UKFLU+H型

符号含义与应用

FLU——铸造菱形座

其他符号与应用见前。

表 8-2-112

轴承尺寸 /mm							配用件代号		基本额定载荷/kN		座尺寸 /mm								带座轴承代号	轴承代号	座代号
d_z	D	d_0	B_2	B min	B max	C	轴承	紧定套	C_r	C_{0r}	A max	A_1 max	A_2	H max	J	L max	N min	N max	UKFLU+H 型	UK+H 型	FLU 型
25	52	20	35	15	27	17	UK 205	H 2305	10.8	7.88	35	15	19	125	99	70	11.5	12.43	UKFLU 205+H 2305	UK 205+H 2305	FLU 205
	62	20	35	21	27	21	UK 305	H 2305	17.2	11.5	29	13	16	150	113	80	19		UKFLU 305+H 2305	UK 305+H 2305	FLU 305
30	62	25	38	16	30	19	UK 206	H 2306	15.0	11.2	38	16	20	142	116.5	83	11.5	12.43	UKFLU 206+H 2306	UK 206+H 2306	FLU 206
	72	25	38	23	30	23	UK 306	H 2306	20.8	15.2	32	15	18	180	134	90	23		UKFLU 306+H 2306	UK 306+H 2306	FLU 306
35	72	30	43	17	34	20	UK 207	H 2307	19.8	15.2	38	17	21	156	130	96	13	14.93	UKFLU 207+H 2307	UK 207+H 2307	FLU 207
	80	30	43	26	34	25	UK 307	H 2307	25.8	19.2	36	16	20	185	141	100	23		UKFLU 307+H 2307	UK 307+H 2307	FLU 307
40	80	35	46	18	36	21	UK 208	H 2308	22.8	18.2	43	17	24	172	143.5	105	13	14.93	UKFLU 208+H 2308	UK 208+H 2308	FLU 208
	90	35	46	26	36	27	UK 308	H 2308	31.2	24.0	40	17	23	200	158	112	23		UKFLU 308+H 2308	UK 308+H 2308	FLU 308
45	85	40	50	19	39	22	UK 209	H 2309	24.5	20.8	45	18	24	180	148.5	112	13	16.93	UKFLU 209+H 2309	UK 209+H 2309	FLU 209
	100	40	50	28	39	30	UK 309	H 2309	40.8	31.8	44	18	25	230	177	125	25		UKFLU 309+H 2309	UK 309+H 2309	FLU 309

续表

轴承尺寸 /mm							配用件代号		基本额定载荷/kN		座尺寸 /mm								带座轴承代号	轴承代号	座代号
d_z	D	d_0	B_2	B min	B max	C	轴承	紧定套	C_r	C_{0r}	A max	A_1 max	A_2	H max	J	L max	N min	N max	UKFLU+H 型	UK+H 型	FLU 型
50	90	45	55	20	43	24	UK 210	H 2310	27.0	23.2	48	20	28	190	157	117	17	19.02	UKFLU 210+H 2310	UK 210+H 2310	FLU 210
	110	45	55	30	43	32	UK 310	H 2310	47.5	37.8	48	19	28	240	187	140		25	UKFLU 310+H 2310	UK 310+H 2310	FLU 310
55	100	50	59	21	47	25	UK 211	H 2311	33.5	29.2	51	21	31	222	184	134	17	19.02	UKFLU 211+H 2311	UK 211+H 2311	FLU 211
	120	50	59	33	47	34	UK 311	H 2311	55.0	44.8	52	20	30	250	198	150		25	UKFLU 311+H 2311	UK 311+H 2311	FLU 311
60	110	55	62	22	49	27	UK 212	H 2312	36.8	32.8	60	21	34	238	202	142	17	19.02	UKFLU 212+H 2312	UK 212+H 2312	FLU 212
	130	55	62	34	49	36	UK 312	H 2312	62.8	51.8	56	20	33	270	212	160		31	UKFLU 312+H 2312	UK 312+H 2312	FLU 312
65	140	60	65	36	51	38	UK 313	H 2313	72.2	60.5	58	25	33	295	240	175		31	UKFLU 313+H 2313	UK 313+H 2313	FLU 313
75	160	65	73	40	58	42	UK 315	H 2315	87.2	76.8	66	30	39	320	260	195		35	UKFLU 315+H 2315	UK 315+H 2315	FLU 315
80	170	70	78	42	61	44	UK 316	H 2316	94.5	86.5	68	32	38	355	285	210		38	UKFLU 316+H 2316	UK 316+H 2316	FLU 316
85	180	75	82	45	64	46	UK 317	H 2317	102	96.5	74	32	44	370	300	220		38	UKFLU 317+H 2317	UK 317+H 2317	FLU 317
90	190	80	86	47	68	48	UK 318	H 2318	110	108	76	36	44	385	315	235		38	UKFLU 318+H 2318	UK 318+H 2318	FLU 318
95	200	85	90	49	71	50	UK 319	H 2319	120	122	94	40	59	405	330	250		41	UKFLU 319+H 2319	UK 319+H 2319	FLU 319
100	215	90	97	51	77	54	UK 320	H 2320	132	140	94	40	59	440	360	270		44	UKFLU 320+H 2320	UK 320+H 2320	FLU 320
110	240	100	105	56	84	60	UK 322	H 2322	158	178	96	42	60	470	390	300		44	UKFLU 322+H 2322	UK 322+H 2322	FLU 322
120	260	110	112	60	90	64	UK 324	H 2324	175	208	110	48	65	520	430	330		47	UKFLU 324+H 2324	UK 324+H 2324	FLU 324
130	280	115	121	65	98	68	UK 326	H 2326	195	242	115	50	65	550	460	360		47	UKFLU 326+H 2326	UK 326+H 2326	FLU 326
140	300	125	131	70	107	72	UK 328	H 2328	212	272	125	60	75	600	500	400		51	UKFLU 328+H 2328	UK 328+H 2328	FLU 328

注：FLU 300 型座中，A、H、L 尺寸为公称尺寸，不是最大值，N 尺寸为公称尺寸，不是最小值。

带凸台圆形座外球面球轴承（带顶丝、带偏心套）（摘自 GB/T 7810—1995）

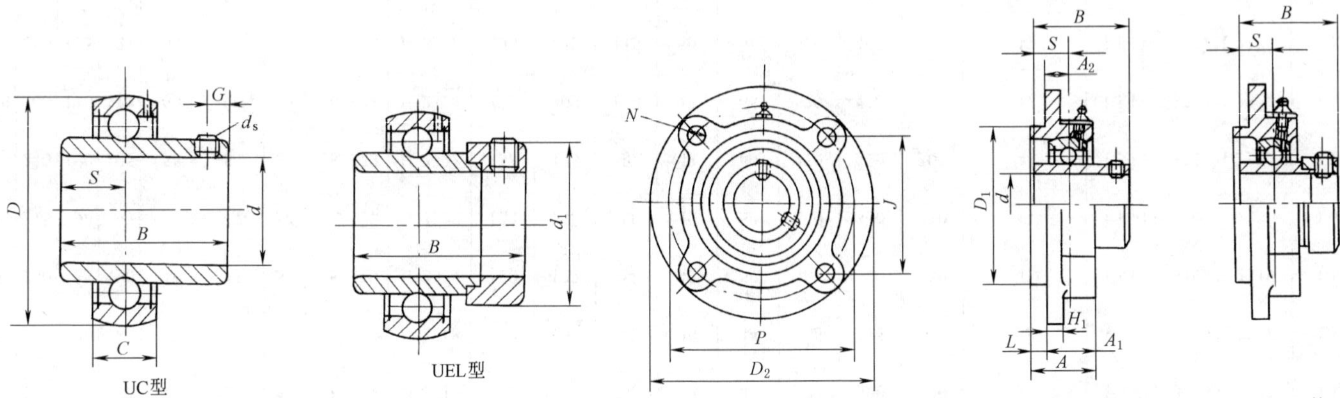

UC型　UEL型　UCFC型　UELFC型

符号含义与应用

FC——铸造凸台圆形座

其他符号与应用见前。

表 8-2-113

轴承尺寸/mm								基本额定载荷/kN		配用偏心套	座尺寸/mm									带座轴承代号	轴承代号	座代号
d	D	B	S	C	d_s	G	d_1 max	C_r	C_{0r}	代号	A max	A_1	A_2	D_1	D_2 max	H_1	J	N min	P	UCFC 型 UELFC 型	UC 型 UEL 型	FC 型
12	40	27.4	11.5	14	M6×0.75	4	—	7.35	4.78	—	23	19	9	58	97	6	53.0	12	75	UCFC 201	UC 201	FC 203
	40	37.3	13.9	14	—	—	28.6	7.35	4.78	E 201	23	19	9	58	97	6	53.0	12	75	UELFC 201	UEL 201	FC 203
15	40	27.4	11.5	14	M6×0.75	4	—	7.35	4.78	—	23	19	9	58	97	6	53.0	12	75	UCFC 202	UC 202	FC 203
	40	37.3	13.9	14	—	—	28.6	7.35	4.78	E 202	23	19	9	58	97	6	53.0	12	75	UELFC 202	UEL 202	FC 203
17	40	27.4	11.5	14	M6×0.75	4	—	7.35	4.78	—	23	19	9	58	97	6	53.0	12	75	UCFC 203	UC 203	FC 203
	40	37.3	13.9	14	—	—	28.6	7.35	4.78	E 203	23	19	9	58	97	6	53.0	12	75	UELFC 203	UEL 203	FC 203
20	47	31.0	12.7	17	M6×0.75	5	—	9.88	6.65	—	25.5	20.5	10	62	100	7	55.1	12	78	UCFC 204	UC 204	FC 204
	47	43.7	17.1	17	—	—	33.3	9.88	6.65	E 204	25.5	20.5	10	62	100	7	55.1	12	78	UELFC 204	UEL 204	FC 204
25	52	34.1	14.3	17	M6×0.75	5	—	10.8	7.88	—	27	21	10	70	115	7	63.6	12	90	UCFC 205	UC 205	FC 205
	52	44.4	17.5	17	—	—	38.1	10.8	7.88	E 205	27	21	10	70	115	7	63.6	12	90	UELFC 205	UEL 205	FC 205

续表

轴承尺寸/mm								基本额定载荷/kN		配用偏心套	座尺寸/mm									带座轴承代号	轴承代号	座代号
d	D	B	S	C	d_s	G	d_1 max	C_r	C_{0r}	代号	A max	A_1	A_2	D_1	D_2 max	H_1	J	N min	P	UCFC 型 UELFC 型	UC 型 UEL 型	FC 型
30	62	38.1	15.9	19	M6×0.75	5	—	15.0	11.2	—	31	23	10	80	125	8	70.7	12	100	UCFC 206	UC 206	FC 206
	62	48.4	18.3	19	—	—	44.5	15.0	11.2	E 206	31	23	10	80	125	8	70.7	12	100	UELFC 206	UEL 206	FC 206
35	72	42.9	17.5	20	M8×1	7	—	19.8	15.2	—	34	26	11	90	135	9	77.8	14	110	UCFC 207	UC 207	FC 207
	72	51.1	18.8	20	—	—	55.6	19.8	15.2	E 207	34	26	11	90	135	9	77.8	14	110	UELFC 207	UEL 207	FC 207
40	80	49.2	19	21	M8×1	8	—	22.8	18.2	—	36	26	11	100	145	9	84.8	14	120	UCFC 208	UC 208	FC 208
	80	56.3	21.4	21	—	—	60.3	22.8	18.2	E 208	36	26	11	100	145	9	84.8	14	120	UELFC 208	UEL 208	FC 208
45	85	49.2	19.0	22	M8×1	8	—	24.5	20.8	—	38	26	10	105	160	14	93.3	16	132	UCFC 209	UC 209	FC 209
	85	56.3	21.4	22	—	—	63.5	24.5	20.8	E 209	38	26	10	105	160	14	93.3	16	132	UELFC 209	UEL 209	FC 209
50	90	51.6	19.0	24	M10×1.25	10	—	27.0	23.2	—	40	28	10	110	165	14	97.6	16	138	UCFC 210	UC 210	FC 210
	90	62.7	24.6	24	—	—	69.9	27.0	23.2	E 210	40	28	10	110	165	14	97.6	16	138	UELFC 210	UEL 210	FC 210
55	100	55.6	22.2	25	M10×1.25	10	—	33.5	29.2	—	43	31	13	125	185	15	106.1	19	150	UCFC 211	UC 211	FC 211
	100	71.4	27.8	25	—	—	76.2	33.5	29.2	E 211	43	31	13	125	185	15	106.1	19	150	UELFC 211	UEL 211	FC 211
60	110	65.1	25.4	27	M10×1.25	10	—	36.8	32.8	—	48	36	17	135	195	15	113.1	19	160	UCFC 212	UC 212	FC 212
	110	77.8	31.0	27	—	—	84.2	36.8	32.8	E 212	48	36	17	135	195	15	113.1	19	160	UELFC 212	UEL 212	FC 212
65	120	65.1	25.4	28	M10×1.25	10	—	44.0	40.0	—	50	36	16	145	205	15	120.2	19	170	UCFC 213	UC 213	FC 213
	120	85.7	34.1	28	—	—	86	44.0	40.0	E 213	50	36	16	145	205	15	120.2	19	170	UELFC 213	UEL 213	FC 213
70	125	74.6	30.2	29	M12×1.5	12	—	46.8	45.0	—	54	40	17	150	215	18	125.1	19	177	UCFC 214	UC 214	FC 214
	125	85.7	34.1	29	—	—	90	46.8	45.0	E 214	54	40	17	150	215	18	125.1	19	177	UELFC 214	UEL 214	FC 214
75	130	77.8	33.3	30	M12×1.5	12	—	50.8	49.5	—	56	40	18	165	220	18	130.1	19	184	UCFC 215	UC 215	FC 215
	130	92.1	37.3	30	—	—	102	50.8	49.5	E 215	56	40	18	165	220	18	130.1	19	184	UELFC 215	UEL 215	FC 215
80	140	82.6	33.3	33	M12×1.5	12	—	55.0	54.2	—	58	42	18	170	240	18	141.4	23	200	UCFC 216	UC 216	FC 216
85	150	85.7	34.1	35	M12×1.5	12	—	64.0	63.8	—	63	45	18	180	250	20	147.1	23	208	UCFC 217	UC 217	FC 217
90	160	96.0	39.7	37	M12×1.5	12	—	73.8	71.5	—	68	50	22	190	265	20	155.5	23	220	UCFC 218	UC 218	FC 218

带凸台圆形座外球面球轴承（带紧定套）（摘自 GB/T 7810—1995）

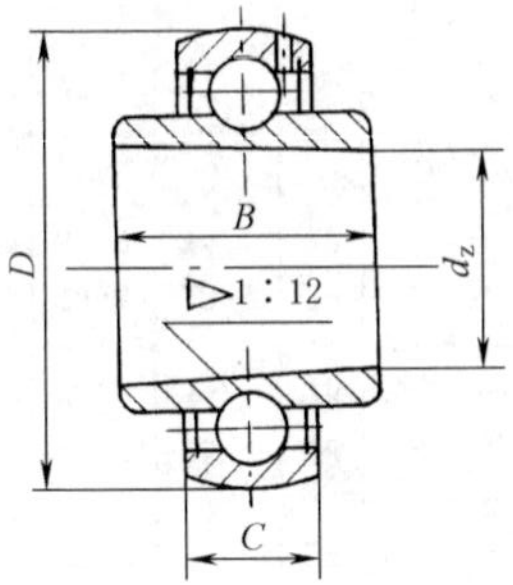

UK型

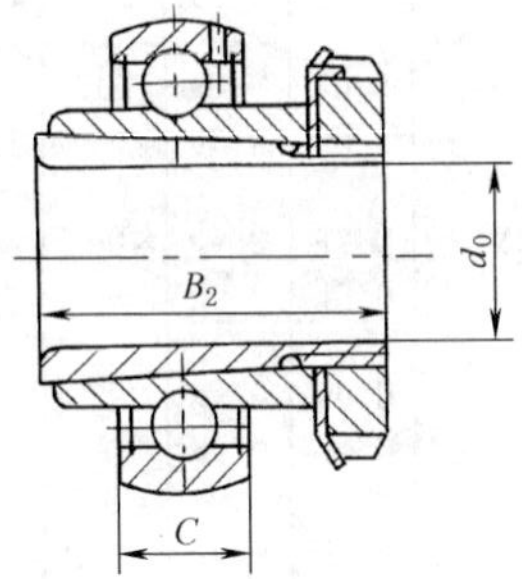

UK+H型

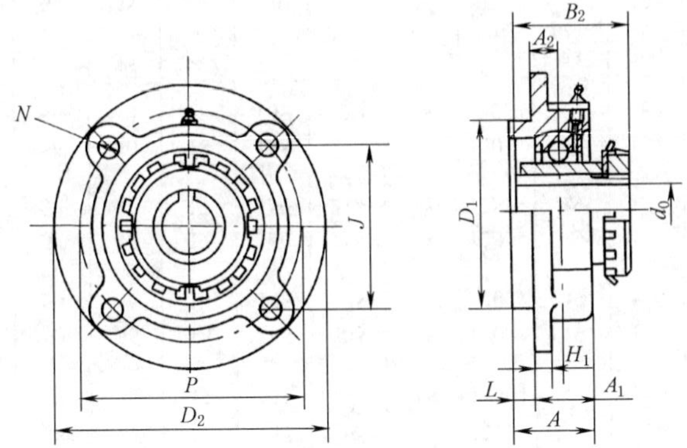

UKFC+H型

符号含义与应用
见前。

表 8-2-114

轴承尺寸/mm							配用件代号		基本额定载荷/kN		座尺寸/mm									带座轴承代号	轴承代号	座代号
d_z	D	d_0	B_2	B min	B max	C	轴承	紧定套	C_r	C_{0r}	A	A_1	A_2	D_1	D_2 max	H_1	J	N max	P	UKFC+H 型	UK+H 型	FC 型
25	52	20	35	15	27	17	UK 205	H 2305	10.8	7.88	27	21	10	70	115	7	63.6	12	90	UKFC 205+H 2305	UK 205+H 2305	FC 205
30	62	25	38	16	30	19	UK 206	H 2306	15.0	11.2	31	23	10	80	125	8	70.7	12	100	UKFC 206+H 2306	UK 206+H 2306	FC 206
35	72	30	43	17	34	20	UK 207	H 2307	19.8	15.2	34	26	11	90	135	9	77.8	14	110	UKFC 207+H 2307	UK 207+H 2307	FC 207
40	80	35	46	18	36	21	UK 208	H 2308	22.8	18.2	36	26	11	100	145	9	84.8	14	120	UKFC 208+H 2308	UK 208+H 2308	FC 208
45	85	40	50	19	39	22	UK 209	H 2309	24.5	20.8	38	26	10	105	160	14	93.3	16	132	UKFC 209+H 2309	UK 209+H 2309	FC 209
50	90	45	55	20	43	24	UK 210	H 2310	27.0	23.2	40	28	10	110	165	14	97.6	16	138	UKFC 210+H 2310	UK 210+H 2310	FC 210
55	100	50	59	21	47	25	UK 211	H 2311	33.5	29.2	43	31	13	125	185	15	106.1	19	150	UKFC 211+H 2311	UK 211+H 2311	FC 211
60	110	55	62	22	49	27	UK 212	H 2312	36.8	32.8	48	36	17	135	195	15	113.1	19	160	UKFC 212+H 2312	UK 212+H 2312	FC 212
65	120	60	65	23	51	28	UK 213	H 2313	44.0	40.0	50	36	16	145	205	15	120.2	19	170	UKFC 213+H 2313	UK 213+H 2313	FC 213

续表

轴承尺寸/mm							配用件代号		基本额定载荷/kN		座尺寸/mm									带座轴承代号	轴承代号	座代号
d_z	D	d_0	B_2	B min	B max	C	轴承	紧定套	C_r	C_{0r}	A	A_1	A_2	D_1	D_2 max	H_1	J	N max	P	UKFC+H 型	UK+H 型	FC 型
75	130	65	73	25	58	30	UK 215	H 2315	50.8	49.5	56	40	18	160	220	18	130.1	19	184	UKFC 215+H 2315	UK 215+H 2315	FC 215
80	140	70	78	26	61	33	UK 216	H 2316	55.0	54.2	58	42	18	170	240	18	141.4	23	200	UKFC 216+H 2316	UK 216+H 2316	FC 216
85	150	75	82	28	64	35	UK 217	H 2317	64.0	63.8	63	45	18	180	250	20	147.1	23	208	UKFC 217+H 2317	UK 217+H 2317	FC 217
90	160	80	86	30	68	37	UK 218	H 2318	73.8	71.5	68	50	22	190	265	20	155.5	23	220	UKFC 218+H 2318	UK 218+H 2318	FC 218

带滑块座外球面球轴承（带顶丝、带偏心套）（摘自 GB/T 7810—1995）

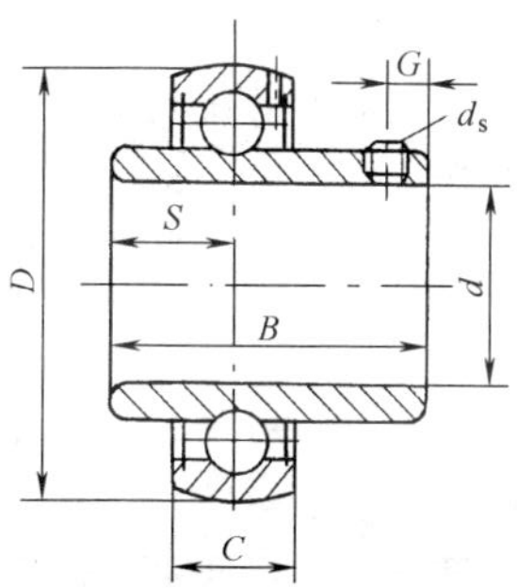

UC型

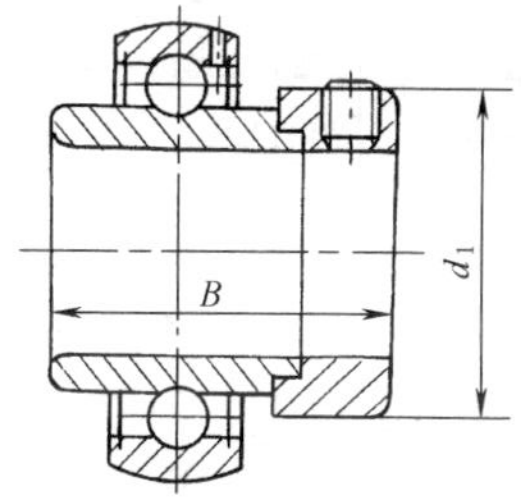

UEL型

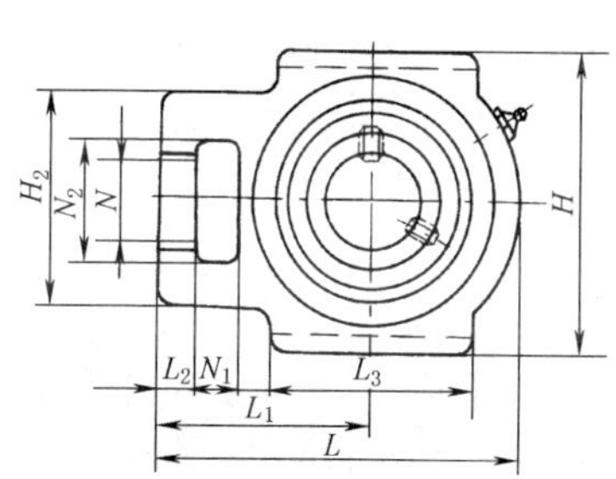

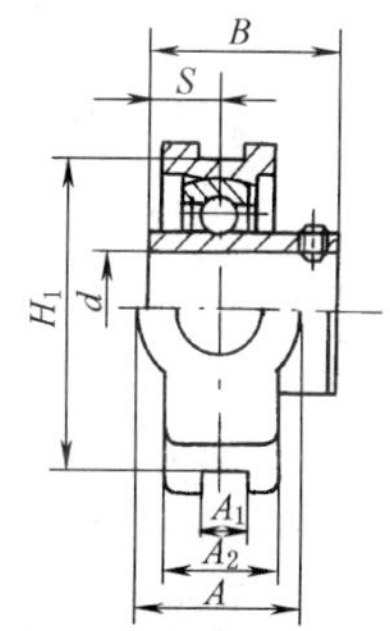

UCK型

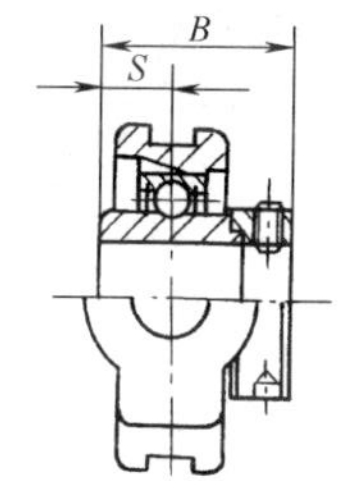

UELK型

符号含义与应用

K——铸造滑块座

其他符号与应用见前。

表 8-2-115

轴承尺寸/mm								基本额定载荷/kN		配用偏心套	座尺寸/mm													带座轴承代号	轴承代号	座代号
d	D	B	S	C	d_s	G	d_1 max	C_r	C_{0r}	代号	A max	A_1	A_2 max	H max	H_1	H_2 max	L max	L_1 max	L_2 min	L_3 max	N min	N_1 min	N_2 min	UCK 型 UELK 型	UC 型 UEL 型	K 型
20	47	31.0	12.7	17	M6×0.75	5	—	9.88	6.65	—	51	13.5	36	94	76	64	104	69	9	59	18	15	30	UCK 204	UC 204	K 204
	47	43.7	17.1	17	—	—	33.3	9.88	6.65	E 204	51	13.5	36	94	76	64	104	69	9	59	18	15	30	UELK 204	UEL 204	K 204

续表

轴承尺寸/mm								基本额定载荷/kN		配用偏心套	座尺寸/mm													带座轴承代号	轴承代号	座代号
d	D	B	S	C	d_s	G	d_1 max	C_r	C_{0r}	代号	A max	A_1	A_2 max	H max	H_1	H_2 max	L max	L_1 max	L_2 min	L_3 max	N min	N_1 min	N_2 min	UCK 型 UELK 型	UC 型 UEL 型	K 型
25	52	34.1	14.3	17	M6×0.75	5	—	10.8	7.88	—	51	13.5	38	94	76	64	104	69	9	59	18	15	30	UCK 205	UC 205	K 205
	62	38	15	21	M6×0.75	6	—	17.2	11.5	—	36	12	26	89	80	62	122	76	12	65	26	16	36	UCK 305	UC 305	K 305
	52	44.4	17.5	17	—	—	38.1	10.8	7.88	E 205	51	13.5	38	94	76	64	104	69	9	59	18	15	30	UELK 205	UEL 205	K 205
	62	46.8	16.7	21	—	—	42.8	17.2	11.5	E 305	36	12	26	89	80	62	122	76	12	65	26	16	36	UELK 305	UEL 305	K 305
30	62	38.1	15.9	19	M6×0.75	5	—	15.0	11.2	—	53	13.5	38	107	89	66	118	74	9	66	19	15	36	UCK 206	UC 206	K 206
	72	43	17	23	M6×0.75	6	—	20.8	15.2	—	41	16	28	100	90	70	137	85	14	74	28	18	41	UCK 306	UC 306	K 306
	62	48.4	18.3	19	—	—	44.5	15.0	11.2	E 206	53	13.5	38	107	89	66	118	74	9	66	19	15	36	UELK 206	UEL 206	K 206
	72	50	17.5	23	—	—	50	20.8	15.2	E 306	41	16	28	100	90	70	137	85	14	74	28	18	41	UELK 306	UEL 306	K 306
35	72	42.9	17.5	20	M8×1	7	—	19.8	15.2	—	53	13.5	38	107	89	66	132	81	10	72	19	15	36	UCK 207	UC 207	K 207
	80	48	19	25	M8×1	8	—	25.8	19.2	—	45	16	32	111	100	75	150	94	15	80	30	20	45	UCK 307	UC 307	K 307
	72	51.1	18.8	20	—	—	55.6	19.8	15.2	E 207	53	13.5	38	107	89	66	132	81	10	72	19	15	36	UELK 207	UEL 207	K 207
	80	51.6	18.3	25	—	—	55	25.8	19.2	E 307	45	16	32	111	100	75	150	94	15	80	30	20	45	UELK 307	UEL 307	K 307
40	80	49.2	19	21	M8×1	8	—	22.8	18.2	—	67	17.5	44	124	101	85	146	91	14	84	27	18	47	UCK 208	UC 208	K 208
	90	52	19	27	M10×1.25	10	—	31.2	24.0	—	50	18	34	124	112	83	162	100	17	89	32	22	50	UCK 308	UC 308	K 308
	80	56.3	21.4	21	—	—	60.3	22.8	18.2	E 208	67	17.5	44	124	101	85	146	91	14	84	27	18	47	UELK 208	UEL 208	K 208
	90	57.1	19.8	27	—	—	63.5	31.2	24.0	E 308	50	18	34	124	112	83	162	100	17	89	32	22	50	UELK 308	UEL 308	K 308
45	85	49.2	19.0	22	M8×1	8	—	24.5	20.8	—	67	17.5	44	124	101	85	149	91	14	84	27	18	47	UCK 209	UC 209	K 209
	100	57	22	30	M10×1.25	10	—	40.8	31.8	—	55	18	38	138	125	90	178	110	18	97	34	24	55	UCK 309	UC 309	K 309
	85	56.3	21.4	22	—	—	63.5	24.5	20.8	E 209	67	17.5	44	124	101	85	149	91	14	84	27	18	47	UELK 209	UEL 209	K 209
	100	58.7	19.8	30	—	—	70	40.8	31.8	E 309	55	18	38	138	125	90	178	110	18	97	34	24	55	UELK 309	UEL 309	K 309
50	90	51.6	19.0	24	M10×1.25	10	—	27.0	23.2	—	67	17.5	50	124	101	85	153	92	14	88	27	18	47	UCK 210	UC 210	K 210
	110	61	22	32	M12×1.5	12	—	47.5	37.8	—	61	20	40	151	140	98	191	117	20	106	37	27	61	UCK 310	UC 310	K 310
	90	62.7	24.6	24	—	—	69.9	27.0	23.2	E 210	67	17.5	50	124	101	85	153	92	14	88	27	18	47	UELK 210	UEL 210	K 210
	110	66.6	24.6	32	—	—	76.2	47.5	37.8	E 310	61	20	40	151	140	98	191	117	20	106	37	27	61	UELK 310	UEL 310	K 310

续表

轴承尺寸/mm								基本额定载荷/kN		配用偏心套	座尺寸/mm													带座轴承代号	轴承代号	座代号
d	D	B	S	C	d_s	G	d_1 max	C_r	C_{0r}	代号	A max	A_1	A_2 max	H max	H_1	H_2 max	L max	L_1 max	L_2 min	L_3 max	N min	N_1 min	N_2 min	UCK 型 UELK 型	UC 型 UEL 型	K 型
55	100	55.6	22.2	25	M10×1.25	10	—	33.5	29.2	—	72	27	56	152	130	104	191	120	17	104	34	24	62	UCK 211	UC 211	K 211
	120	66	25	34	M12×1.5	12	—	55.0	44.8	—	66	22	44	163	150	105	207	127	21	115	39	29	66	UCK 311	UC 311	K 311
	100	71.4	27.8	25	—	—	76.2	33.5	29.2	E 211	72	27	56	152	130	104	191	120	17	104	34	24	62	UELK 211	UEL 211	K 211
	120	73	27.8	34	—	—	83	55.0	44.8	E 311	66	22	44	163	150	105	207	127	21	115	39	29	66	UELK 311	UEL 311	K 311
60	110	65.1	25.4	27	M10×1.25	10	—	36.8	32.8	—	72	27	56	152	130	104	196	120	17	104	34	29	62	UCK 212	UC 212	K 212
	130	71	26	36	M12×1.5	12	—	62.8	51.8	—	71	22	46	178	160	113	220	135	23	123	41	31	71	UCK 312	UC 312	K 312
	110	77.8	31.0	27	—	—	84.2	36.8	32.8	E 212	72	27	56	152	130	104	196	120	17	104	34	29	62	UELK 212	UEL 212	K 212
	130	79.4	30.95	36	—	—	89	62.8	51.8	E 312	71	22	46	178	160	113	220	135	23	123	41	31	71	UELK 312	UEL 312	K 312
65	140	75	30	38	M12×1.5	12	—	72.2	60.5	—	80	26	50	190	170	116	238	146	25	134	43	32	70	UCK 313	UC 313	K 313
	140	85.7	32.55	38	—	—	97	72.2	60.5	E 313	80	26	50	190	170	116	238	146	25	134	43	32	70	UELK 313	UEL 313	K 313
70	150	78	33	40	M12×1.5	12	—	80.2	68.0	—	90	26	52	202	180	130	252	155	25	140	46	36	85	UCK 314	UC 314	K 314
	150	92.1	34.15	40	—	—	102	80.2	68.0	E 314	90	26	52	202	180	130	252	155	25	140	46	36	85	UELK 314	UEL 314	K 314
75	160	82	32	42	M14×1.5	14	—	87.2	76.8	—	90	26	55	216	192	132	262	160	25	150	46	36	85	UCK 315	UC 315	K 315
	160	100	37.3	42	—	—	113	87.2	76.8	E 315	90	26	55	216	192	132	262	160	25	150	46	36	85	UELK 315	UEL 315	K 315
80	170	86	34	44	M14×1.5	14	—	94.5	86.5	—	102	30	60	230	204	150	282	174	28	160	53	42	98	UCK 316	UC 316	K 316
	170	106.4	40.5	44	—	—	119	94.5	86.5	E 316	102	30	60	230	204	150	282	174	28	160	53	42	98	UELK 316	UEL 316	K 316
85	180	96	40	46	M16×1.5	16	—	102	96.5	—	102	32	64	240	214	152	298	183	30	170	53	42	98	UCK 317	UC 317	K 317
	180	109.5	42.05	46	—	—	127	102	96.5	E 317	102	32	64	240	214	152	298	183	30	170	53	42	98	UELK 317	UEL 317	K 317
90	190	96	40	48	M16×1.5	16	—	110	108	—	110	32	66	255	228	160	312	192	30	175	57	46	106	UCK 318	UC 318	K 318
	190	115.9	43.65	48	—	—	133	110	108	E 318	110	32	66	255	228	160	312	192	30	175	57	46	106	UELK 318	UEL 318	K 318
95	200	103	41	50	M16×1.5	16	—	120	122	—	110	35	72	270	240	165	322	197	31	180	57	46	106	UCK 319	UC 319	K 319
	200	122.3	38.9	50	—	—	140	120	122	E 319	110	35	72	270	240	165	322	197	31	180	57	46	106	UELK 319	UEL 319	K 319
100	215	108	42	54	M18×1.5	18	—	132	140	—	120	35	75	290	260	175	345	210	32	200	59	48	115	UCK 320	UC 320	K 320
	215	128.6	50	54	—	—	146	132	140	E 320	120	35	75	290	260	175	345	210	32	200	59	48	115	UELK 320	UEL 320	K 320

续表

轴承尺寸/mm								基本额定载荷/kN		配用偏心套	座尺寸/mm													带座轴承代号	轴承代号	座代号
d	D	B	S	C	d_s	G	d_1 max	C_r	C_{0r}	代号	A max	A_1	A_2 max	H max	H_1	H_2 max	L max	L_1 max	L_2 min	L_3 max	N min	N_1 min	N_2 min	UCK 型 UELK 型	UC 型 UEL 型	K 型
105	225	112	44	56	M18×1.5	18	—	142	152	—	120	35	75	290	260	175	345	210	32	200	59	48	115	UCK 321	UC 321	K 321
110	240	117	46	60	M18×1.5	18	—	158	178	—	130	38	80	320	285	185	385	235	38	215	65	52	125	UCK 322	UC 322	K 322
120	260	126	51	64	M18×1.5	18	—	175	208	—	140	45	90	355	320	210	432	267	42	230	70	60	140	UCK 324	UC 324	K 324
130	280	135	54	68	M20×1.5	20	—	195	242	—	150	50	100	385	350	220	465	285	45	240	75	65	150	UCK 326	UC 326	K 326
140	300	145	59	72	M20×1.5	20	—	212	272	—	155	50	100	415	380	230	515	315	50	255	80	70	160	UCK 328	UC 328	K 328

带滑块座外球面球轴承（带紧定套）（摘自 GB/T 7810—1995）

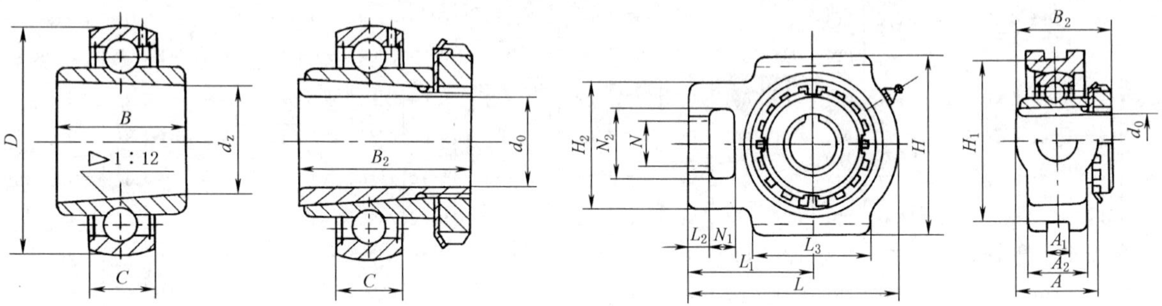

UK型　UK+H型　UKK+H型

符号含义与应用见前。

表 8-2-116

轴承尺寸/mm							配用件代号		基本额定载荷/kN		座尺寸/mm													带座轴承代号	轴承代号	座代号
d_z	D	d_0	B_2	B min	B max	C	轴承	紧定套	C_r	C_{0r}	A max	A_1	A_2 max	H max	H_1	H_2 max	L max	L_1 max	L_2 min	L_3 max	N min	N_1 min	N_2 min	UKK+H 型	UK+H 型	K 型
25	52	20	35	15	27	17	UK 205	H 2305	10.8	7.88	51	13.5	38	94	76	64	104	69	9	59	18	15	30	UKK 205+H 2305	UK 205+H 2305	K 205
	62	20	35	21	27	21	UK 305	H 2305	17.2	11.5	36	12	26	89	80	62	122	76	12	65	26	16	36	UKK 305+H 2305	UK 305+H 2305	K 305

续表

轴承尺寸/mm							配用件代号		基本额定载荷/kN		座尺寸/mm													带座轴承代号	轴承代号	座代号
d_z	D	d_0	B_2	B min	B max	C	轴承	紧定套	C_r	C_{0r}	A max	A_1	A_2 max	H max	H_1	H_2 max	L max	L_1 max	L_2 min	L_3 max	N min	N_1 min	N_2 min	UKK+H 型	UK+H 型	K 型
30	62	25	38	16	30	19	UK 206	H 2306	15.0	11.2	53	13.5	38	107	89	66	118	74	9	66	19	15	36	UKK 206+H 2306	UK 206+H 2306	K 206
	72	25	38	23	30	23	UK 306	H 2306	20.8	15.2	41	16	28	100	90	70	137	85	14	74	28	18	41	UKK 306+H 2306	UK 306+H 2306	K 306
35	72	30	43	17	34	20	UK 207	H 2307	19.8	15.2	53	13.5	38	107	89	66	132	81	10	72	19	15	36	UKK 207+H 2307	UK 207+H 2307	K 207
	80	30	43	26	34	25	UK 307	H 2307	25.8	19.2	45	16	32	111	100	75	150	94	15	80	30	20	45	UKK 307+H 2307	UK 307+H 2307	K 307
40	80	35	46	18	36	21	UK 208	H 2308	22.8	18.2	67	17.5	44	124	101	85	146	91	14	84	27	18	47	UKK 208+H 2308	UK 208+H 2308	K 208
	90	35	46	26	36	27	UK 308	H 2308	31.2	24.0	50	18	34	124	112	83	162	100	17	89	32	22	50	UKK 308+H 2308	UK 308+H 2308	K 308
45	85	40	50	19	39	22	UK 209	H 2309	24.5	20.8	67	17.5	44	124	101	85	149	91	14	84	27	18	47	UKK 209+H 2309	UK 209+H 2309	K 209
	100	40	50	28	39	30	UK 309	H 2309	40.8	31.8	55	18	38	138	125	90	178	110	18	97	34	24	55	UKK 309+H 2309	UK 309+H 2309	K 309
50	90	45	55	20	43	24	UK 210	H 2310	27.0	23.2	67	17.5	50	124	101	85	153	92	14	88	27	18	47	UKK 210+H 2310	UK 210+H 2310	K 210
	110	45	55	30	43	32	UK 310	H 2310	47.5	37.8	61	20	40	151	140	98	191	117	20	106	37	27	61	UKK 310+H 2310	UK 310+H 2310	K 310
55	100	50	59	21	47	25	UK 211	H 2311	33.5	29.2	72	27	56	152	130	104	191	120	17	104	34	24	62	UKK 211+H 2311	UK 211+H 2311	K 211
	120	50	59	33	47	34	UK 311	H 2311	55.0	44.8	66	22	44	163	150	105	207	127	21	115	39	29	66	UKK 311+H 2311	UK 311+H 2311	K 311
60	110	55	62	22	49	27	UK 212	H 2312	36.8	32.8	72	27	56	152	130	104	196	120	17	104	34	29	62	UKK 212+H 2312	UK 212+H 2312	K 212
	130	55	62	34	49	36	UK 312	H 2312	62.8	51.8	71	22	46	178	160	113	220	135	23	123	41	31	71	UKK 312+H 2312	UK 312+H 2312	K 312
65	140	60	65	36	51	38	UK 313	H 2313	72.2	60.5	80	26	50	190	170	116	238	146	25	134	43	32	70	UKK 313+H 2313	UK 313+H 2313	K 313
75	160	65	73	40	58	42	UK 315	H 2315	87.2	76.8	90	26	55	216	192	132	262	160	25	150	46	36	85	UKK 315+H 2315	UK 315+H 2315	K 315
80	170	70	78	42	61	44	UK 316	H 2316	94.5	86.5	102	30	60	230	204	150	282	174	28	160	53	42	98	UKK 316+H 2316	UK 316+H 2316	K 316
85	180	75	82	45	64	46	UK 317	H 2317	102	96.5	102	32	64	240	214	152	298	183	30	170	53	42	98	UKK 317+H 2317	UK 317+H 2317	K 317
90	190	80	86	47	68	48	UK 318	H 2318	110	108	110	32	66	255	228	160	312	192	30	175	57	46	106	UKK 318+H 2318	UK 318+H 2318	K 318
95	200	85	90	49	71	50	UK 319	H 2319	120	122	110	35	72	270	240	165	322	197	31	180	57	46	106	UKK 319+H 2319	UK 319+H 2319	K 319
100	215	90	97	51	77	54	UK 320	H2320	132	140	120	35	75	290	260	175	345	210	32	200	59	48	115	UKK 320+H 2320	UK 320+H 2320	K 320
110	240	100	105	56	84	60	UK 322	H 2322	158	178	130	38	80	320	285	185	385	235	38	215	65	52	125	UKK 322+H 2322	UK 322+H 2322	K 322
120	260	110	112	60	90	64	UK 324	H 2324	175	208	140	45	90	355	320	210	432	267	42	230	70	60	140	UKK 324+H 2324	UK 324+H 2324	K 324
130	280	115	121	65	98	68	UK 326	H 2326	195	242	150	50	100	385	350	220	465	285	45	240	75	65	150	UKK 326+H 2326	UK 326+H 2326	K 326
140	300	125	131	70	107	72	UK 328	H 2328	212	272	155	50	100	415	380	230	515	315	50	255	80	70	160	UKK 328+H 2328	UK 328+H 2328	K 328

带方形座外球面球轴承（带紧定套）（摘自 GB/T 7810—1995）

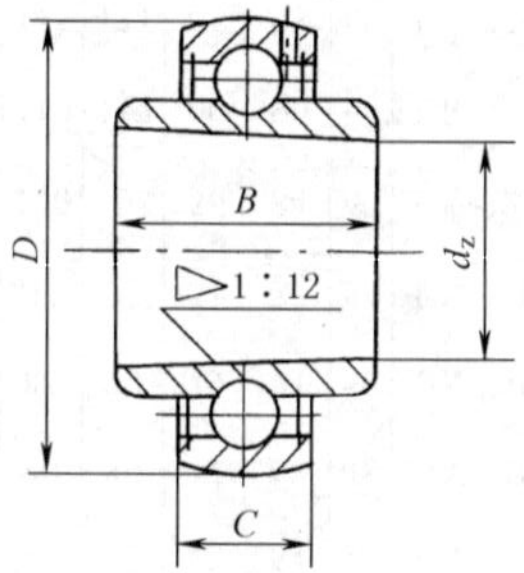

UK型

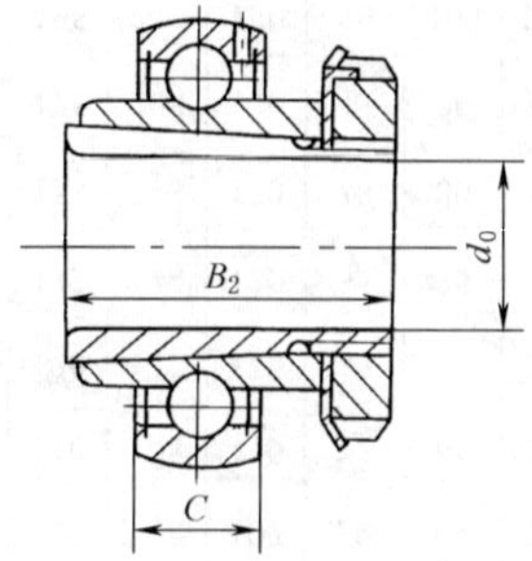

UK+H型

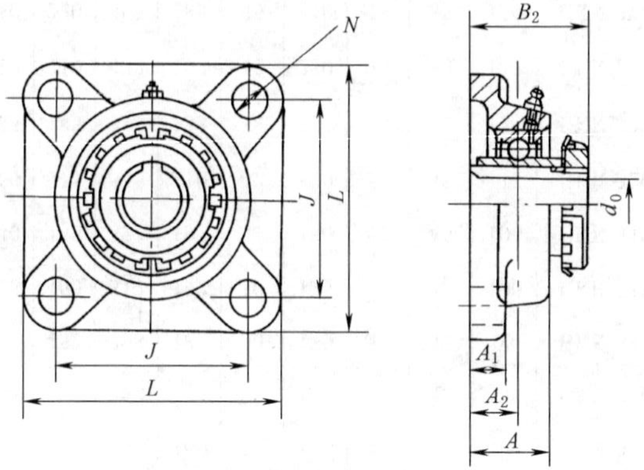

UKFU+H型

符号含义与应用见前。

表 8-2-117

轴承尺寸/mm							配用件代号		基本额定载荷/kN		座尺寸/mm							带座轴承代号	轴承代号	座代号
d_z	D	d_0	B_2	B min	B max	C	轴承	紧定套	C_r	C_{0r}	A max	A_1 max	A_2	J	L max	N min	N max	UKFU+H 型	UK+H 型	FU 型
25	52	20	35	15	27	17	UK 205	H 2305	10.8	7.88	35	15	19	70	97	11.5	12.43	UKFU 205+H 2305	UK 205+H 2305	FU 205
	62	20	35	21	27	21	UK 305	H 2305	17.2	11.5	29	13	16	80	110	16		UKFU 305+H 2305	UK 305+H 2305	FU 305
30	62	25	38	16	30	19	UK 206	H 2306	15.0	11.2	38	16	20	82.5	110	11.5	12.43	UKFU 206+H 2306	UK 206+H 2306	FU 206
	72	25	38	23	30	23	UK 306	H 2306	20.8	15.2	32	15	18	95	125	16		UKFU 306+H 2306	UK 306+H 2306	FU 306
35	72	30	43	17	34	20	UK 207	H 2307	19.8	15.2	38	17	21	92	119	13	14.93	UKFU 207+H 2307	UK 207+H 2307	FU 207
	80	30	43	26	34	25	UK 307	H 2307	25.8	19.2	36	16	20	100	135	19		UKFU 307+H 2307	UK 307+H 2307	FU 307
40	80	35	46	18	36	21	UK 208	H 2308	22.8	18.2	43	17	24	101.5	132	13	14.93	UKFU 208+H 2308	UK 208+H 2308	FU 208
	90	35	46	26	36	27	UK 308	H 2308	31.2	24.0	40	17	23	112	150	19		UKFU 308+H 2308	UK 308+H 2308	FU 308
45	85	40	50	19	39	22	UK 209	H 2309	24.5	20.8	45	18	24	105	139	13	16.93	UKFU 209+H 2309	UK 209+H 2309	FU 209
	100	40	50	28	39	30	UK 309	H 2309	40.8	31.8	44	18	25	125	160	19		UKFU 309+H 2309	UK 309+H 2309	FU 309

续表

轴承尺寸/mm							配用件代号		基本额定载荷/kN		座尺寸/mm							带座轴承代号	轴承代号	座代号
d_z	D	d_0	B_2	B min	B max	C	轴承	紧定套	C_r	C_{0r}	A max	A_1 max	A_2	J	L max	N min	N max	UKFU+H 型	UK+H 型	FU 型
50	90	45	55	20	43	24	UK 210	H 2310	27.0	23.2	48	20	28	111	145	17	19.02	UKFU 210+H 2310	UK 210+H 2310	FU 210
	110	45	55	30	43	32	UK 310	H 2310	47.5	37.8	48	19	28	132	175		23	UKFU 310+H 2310	UK 310+H 2310	FU 310
55	100	50	59	21	47	25	UK 211	H 2311	33.5	29.2	51	21	31	130	164	17	19.02	UKFU 211+H 2311	UK 211+H 2311	FU 211
	120	50	59	33	47	34	UK 311	H 2311	55.0	44.8	52	20	30	140	185		23	UKFU 311+H 2311	UK 311+H 2311	FU 311
60	110	55	62	22	49	27	UK 212	H 2312	36.8	32.8	60	21	34	143	177	17	19.02	UKFU 212+H 2312	UK 212+H 2312	FU 212
	130	55	62	34	49	36	UK 312	H 2312	62.8	51.8	56	22	33	150	195		23	UKFU 312+H 2312	UK 312+H 2312	FU 312
65	120	60	65	23	51	28	UK 213	H 2313	44.0	40.0	52	24	34	149.5	189	17	19.02	UKFU 213+H 2313	UK 213+H 2313	FU 213
	140	60	65	36	51	38	UK 313	H 2313	72.2	60.5	58	22	33	166	208		23	UKFU 313+H 2313	UK 313+H 2313	FU 313
75	130	65	73	25	58	30	UK 215	H 2315	50.8	49.5	58	24	35	159	202	17	24.52	UKFU 215+H 2315	UK 215+H 2315	FU 215
	160	65	73	40	58	42	UK 315	H 2315	87.2	76.8	66	25	39	184	236		25	UKFU 315+H 2315	UK 315+H 2315	FU 315
80	140	70	78	26	61	33	UK 216	H 2316	55.0	54.2	65	24	35	165	213	21	24.52	UKFU 216+H 2316	UK 216+H 2316	FU 216
	170	70	78	42	61	44	UK 316	H 2316	94.5	86.5	68	27	38	196	250		31	UKFU 316+H 2316	UK 316+H 2316	FU 316
85	150	75	82	28	64	35	UK 217	H 2317	64.0	63.8	75	26	36	175	222	21	24.52	UKFU 217+H 2317	UK 217+H 2317	FU 217
	180	75	82	45	64	46	UK 317	H 2317	102	96.5	74	27	44	204	260		31	UKFU 317+H 2317	UK 317+H 2317	FU 317
90	190	80	86	47	68	48	UK318	H2318	110	108	76	30	44	216	280		35	UKFU318+H2318	UK318+H2318	FU318
95	200	85	90	49	71	50	UK 319	H 2319	120	122	94	30	59	228	290		35	UKFU 319+H 2319	UK 319+H 2319	FU 319
100	215	90	97	51	77	54	UK 320	H 2320	132	140	94	32	59	242	310		38	UKFU 320+H 2320	UK 320+H 2320	FU 320
110	240	100	105	56	84	60	UK 322	H 2322	158	178	96	35	60	266	340		41	UKFU 322+H 2322	UK 322+H 2322	FU 322
120	260	110	112	60	90	64	UK 324	H 2324	175	208	110	40	65	290	370		41	UKFU 324+H 2324	UK 324+H 2324	FU 324
130	280	115	121	65	98	68	UK 326	H 2326	195	242	115	45	65	320	410		41	UKFU 326+H 2326	UK 326+H 2326	FU 326
140	300	125	131	70	107	72	UK 328	H 2328	212	272	125	55	75	350	450		41	UKFU 328+H 2328	UK 328+H 2328	FU 328

注：FU 300 型座中 A、A_1、L 尺寸为公称尺寸，不是最大值，N 尺寸为公称尺寸，不是最小值。

第8篇

带菱形座外球面球轴承（带顶丝、带偏心套）（摘自 GB/T 7810—1995）

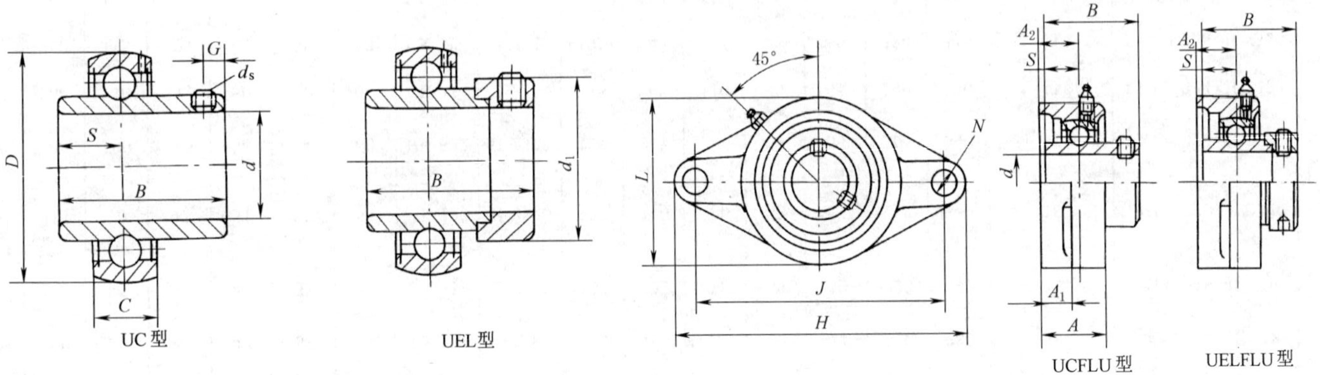

符号含义与应用见前。

表 8-2-118

轴承尺寸/mm								基本额定载荷/kN		配用偏心套	座尺寸/mm								带座轴承代号	轴承代号	座代号
d	D	B	S	C	d_s	G	d_1 max	C_r	C_{0r}	代号	A max	A_1 max	A_2	H max	J	L max	N min	N max	UCFLU 型 UELFLU 型	UC 型 UEL 型	FLU 型
12	40	27.4	11.5	14	M6×0.75	4	—	7.35	4.78	—	32	13	17	99	76.5	61	10.5	12.43	UCFLU 201	UC 201	FLU 203
	40	37.3	13.9	14	—	—	28.6	7.35	4.78	E 201	32	13	17	99	76.5	61	10.5	12.43	UELFLU 201	UEL 201	FLU 203
15	40	27.4	11.5	14	M6×0.75	4	—	7.35	4.78	—	32	13	17	99	76.5	61	10.5	12.43	UCFLU 202	UC 202	FLU 203
	40	37.3	13.9	14	—	—	28.6	7.35	4.78	E 202	32	13	17	99	76.5	61	10.5	12.43	UELFLU 202	UEL 202	FLU 203
17	40	27.4	11.5	14	M6×0.75	4	—	7.35	4.78	—	32	13	17	99	76.5	61	10.5	12.43	UCFLU 203	UC 203	FLU 203
	40	37.3	13.9	14	—	—	28.6	7.35	4.78	E 203	32	13	17	99	76.5	61	10.5	12.43	UELFLU 203	UEL 203	FLU 203
20	47	31.0	12.7	17	M6×0.75	5	—	9.88	6.65	—	34	15	19	113	90	62	10.5	12.43	UCFLU 204	UC 204	FLU 204
	47	43.7	17.1	17	—	—	33.3	9.88	6.65	E 204	34	15	19	113	90	62	10.5	12.43	UELFLU 204	UEL 204	FLU 204
25	52	34.1	14.3	17	M6×0.75	5	—	10.8	7.88	—	35	15	19	125	99	70	11.5	12.43	UCFLU 205	UC 205	FLU 205
	62	38	15	21	M6×0.75	6	—	17.2	11.5	—	29	13	16	150	113	80	19		UCFLU 305	UC 305	FLU 305
	52	44.4	17.5	17	—	—	38.1	10.8	7.88	E 205	35	15	19	125	99	70	11.5	12.43	UELFLU 205	UEL 205	FLU 205
	62	46.8	16.7	21	—	—	42.8	17.2	11.5	E 305	29	13	16	150	113	80	19		UELFLU 305	UEL 305	FLU 305

续表

轴承尺寸/mm								基本额定载荷/kN		配用偏心套	座尺寸/mm								带座轴承代号	轴承代号	座代号
d	D	B	S	C	d_s	G	d_1 max	C_r	C_{0r}	代号	A max	A_1 max	A_2	H max	J	L max	N min	N max	UCFLU 型 UELFLU 型	UC 型 UEL 型	FLU 型
30	62	38.1	15.9	19	M6×0.75	5	—	15.0	11.2	—	38	16	20	142	116.5	83	11.5	12.43	UCFLU 206	UC 206	FLU 206
	72	43	17	23	M6×0.75	6	—	20.8	15.2	—	32	15	18	180	134	90	23		UCFLU 306	UC 306	FLU 306
	62	48.4	18.3	19	—	—	44.5	15.0	11.2	E 206	38	16	20	142	116.5	83	11.5	12.43	UELFLU 206	UEL 206	FLU 206
	72	50	17.5	23	—	—	50	20.8	15.2	E 306	32	15	18	180	134	90	23		UELFLU 306	UEL 306	FLU 306
35	72	42.9	17.5	20	M8×1	7	—	19.8	15.2	—	38	17	21	156	130	96	13	14.93	UCFLU 207	UC 207	FLU 207
	80	48	19	25	M8×1	8	—	25.8	19.2	—	36	16	20	185	141	100	23		UCFLU 307	UC 307	FLU 307
	72	51.1	18.8	20	—	—	55.6	19.8	15.2	E 207	38	17	21	156	130	96	13	14.93	UELFLU 207	UEL 207	FLU 207
	80	51.6	18.3	25	—	—	55	25.8	19.2	E 307	36	16	20	185	141	100	23		UELFLU 307	UEL 307	FLU 307
40	80	49.2	19	21	M8×1	8	—	22.8	18.2	—	43	17	24	172	143.5	105	13	14.93	UCFLU 208	UC 208	FLU 208
	90	52	19	27	M10×1.25	10	—	31.2	24.0	—	40	17	23	200	158	112	23		UCFLU 308	UC 308	FLU 308
	80	56.3	21.4	21	—	—	60.3	22.8	18.2	E 208	43	17	24	172	143.5	105	13	14.93	UELFLU 208	UEL 208	FLU 208
	90	57.1	19.8	27	—	—	63.5	31.2	24.0	E 308	40	17	23	200	158	112	23		UELFLU 308	UEL 308	FLU 308
45	85	49.2	19.0	22	M8×1	8	—	24.5	20.8	—	45	18	24	180	148.5	112	13	16.93	UCFLU 209	UC 209	FLU 209
	100	57	22	30	M10×1.25	10	—	40.8	31.8	—	44	18	25	230	177	125	25		UCFLU 309	UC 309	FLU 309
	85	56.3	21.4	22	—	—	63.5	24.5	20.8	E 209	45	18	24	180	148.5	112	13	16.93	UELFLU 209	UEL 209	FLU 209
	100	58.7	19.8	30	—	—	70	40.8	31.8	E 309	44	18	25	230	177	125	25		UELFLU 309	UEL 309	FLU 309
50	90	51.6	19.0	24	M10×1.25	10	—	27.0	23.2	—	48	20	28	190	157	117	17	19.02	UCFLU 210	UC 210	FLU 210
	110	61	22	32	M12×1.5	12	—	47.5	37.8	—	48	19	28	240	187	140	25		UCFLU 310	UC 310	FLU 310
	90	62.7	24.6	24	—	—	69.9	27.0	23.2	E 210	48	20	28	190	157	117	17	19.02	UELFLU 210	UEL 210	FLU 210
	110	66.6	24.6	32	—	—	76.2	47.5	37.8	E 310	48	19	28	240	187	140	25		UELFLU 310	UEL 310	FLU 310
55	100	55.6	22.2	25	M10×1.25	10	—	33.5	29.2	—	51	21	31	222	184	134	17	19.02	UCFLU 211	UC 211	FLU 211
	120	66	25	34	M12×1.5	12	—	55.0	44.8	—	52	20	30	250	198	150	25		UCFLU 311	UC 311	FLU 311
	100	71.4	27.8	25	—	—	76.2	33.5	29.2	E 211	51	21	31	222	184	134	17	19.02	UELFLU 211	UEL 211	FLU 211
	120	73	27.8	34	—	—	83	55.0	44.8	E 311	52	20	30	250	198	150	25		UELFLU 311	UEL 311	FLU 311
60	110	65.1	25.4	27	M10×1.25	10	—	36.8	32.8	—	60	21	34	238	202	142	17	19.02	UCFLU 212	UC 212	FLU 212
	130	71	26	36	M12×1.5	12	—	62.8	51.8	—	56	22	33	270	212	160	31		UCFLU 312	UC 312	FLU 312

续表

轴承尺寸/mm								基本额定载荷/kN		配用偏心套	座尺寸/mm							带座轴承代号	轴承代号	座代号
d	D	B	S	C	d_s	G	d_1 max	C_r	C_{0r}	代号	A max	A_1 max	A_2	H max	J	L max	N min max	UCFLU 型 UELFLU 型	UC 型 UEL 型	FLU 型
60	110	77.8	31.0	27	—	—	84.2	36.8	32.8	E 212	60	21	34	238	202	142	17 19.02	UELFLU 212	UEL 212	FLU 212
	130	79.4	30.95	36	—	—	89	62.8	51.8	E 312	56	22	33	270	212	160	31	UELFLU 312	UEL 312	FLU 312
65	140	75	30	38	M12×1.5	12	—	72.2	60.5	—	58	25	33	295	240	175	31	UCFLU 313	UC 313	FLU 313
	140	85.7	32.55	38	—	—	97	72.2	60.5	E 313	58	25	33	295	240	175	31	UELFLU 313	UEL 313	FLU 313
70	150	78	33	40	M12×1.5	12	—	80.2	68.0	—	61	28	36	315	250	185	35	UCFLU 314	UC 314	FLU 314
	150	92.1	34.15	40	—	—	102	80.2	68.0	E 314	61	28	36	315	250	185	35	UELFLU 314	UEL 314	FLU 314
75	160	82	32	42	M14×1.5	14	—	87.2	76.8	—	66	30	39	320	260	195	35	UCFLU 315	UC 315	FLU 315
	160	100	37.3	42	—	—	113	87.2	76.8	E 315	66	30	39	320	260	195	35	UELFLU 315	UEL 315	FLU 315
80	170	86	34	44	M14×1.5	14	—	94.5	86.5	—	68	32	38	355	285	210	38	UCFLU 316	UC 316	FLU 316
	170	106.4	40.5	44	—	—	119	94.5	86.5	E 316	68	32	38	355	285	210	38	UELFLU 316	UEL 316	FLU 316
85	180	96	40	46	M16×1.5	16	—	102	96.5	—	74	32	44	370	300	220	38	UCFLU 317	UC 317	FLU 317
	180	109.5	42.05	46	—	—	127	102	96.5	E 317	74	32	44	370	300	220	38	UELFLU 317	UEL 317	FLU 317
90	190	96	40	48	M16×1.5	16	—	110	108	—	76	36	44	385	315	235	38	UCFLU 318	UC 318	FLU 318
	190	115.9	43.65	48	—	—	133	110	108	E 318	76	36	44	385	315	235	38	UELFLU 318	UEL 318	FLU 318
95	200	103	41	50	M16×1.5	16	—	120	122	—	94	40	59	405	330	250	41	UCFLU 319	UC 319	FLU 319
	200	122.3	38.9	50	—	—	140	120	122	E 319	94	40	59	405	330	250	41	UELFLU 319	UEL 319	FLU 319
100	215	108	42	54	M18×1.5	18	—	132	140	—	94	40	59	440	360	270	44	UCFLU 320	UC 320	FLU 320
	215	128.6	50	54	—	—	146	132	140	E 320	94	40	59	440	360	270	44	UELFLU 320	UEL 320	FLU 320
105	225	112	44	56	M18×1.5	18	—	142	152		94	40	59	440	360	270	44	UCFLU 321	UC 321	FLU 321
110	240	117	46	60	M18×1.5	18	—	158	178		96	42	60	470	390	300	44	UCFLU 322	UC 322	FLU 322
120	260	126	51	64	M18×1.5	18	—	175	208		110	48	65	520	430	330	47	UCFLU 324	UC 324	FLU 324
130	280	135	54	68	M20×1.5	20	—	195	242		115	50	65	550	460	360	47	UCFLU 326	UC 326	FLU 326
140	300	145	59	72	M20×1.5	20	—	212	272		125	60	75	600	500	400	51	UCFLU 328	UC 328	FLU 328

注：FLU 300 型座中 A、H、L 尺寸为公称尺寸，不是最大值，N 尺寸为公称尺寸，不是最小值。

带环形座外球面球轴承（带顶丝、带偏心套）（摘自 GB/T 7810—1995）

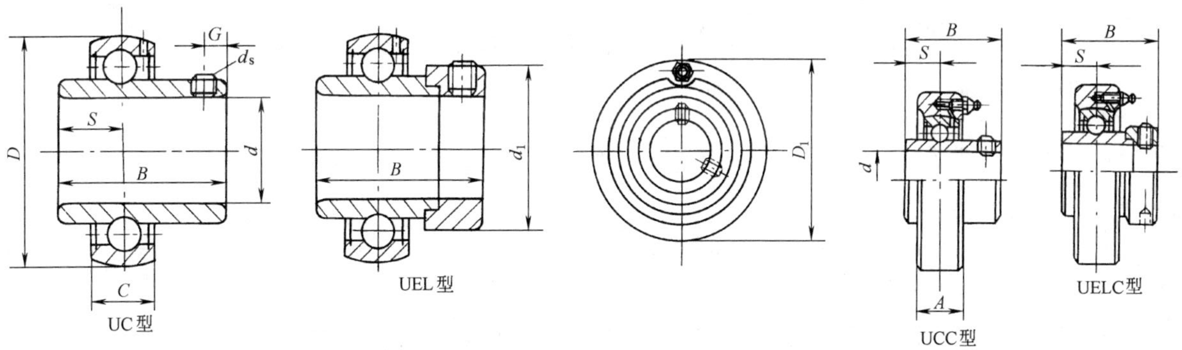

符号含义与应用
C——铸造环形座
其他符号与应用见前。

表 8-2-119

轴承尺寸/mm								基本额定载荷/kN		配用偏心套	座尺寸/mm		带座轴承代号	轴承代号	座代号
d	D	B	S	C	d_s	G	d_1 max	C_r	C_{0r}	代号	A	D_1	UCC 型 UELC 型	UC 型 UEL 型	C 型
12	40	27.4	11.5	14	M6×0.75	4	—	7.35	4.78	—	20	67	UCC 201	UC 201	C 203
	40	37.3	13.9	14	—	—	28.6	7.35	4.78	E 201	20	67	UELC 201	UEL 201	C 203
15	40	27.4	11.5	14	M6×0.75	4	—	7.35	4.78	—	20	67	UCC 202	UC 202	C 203
	40	37.3	13.9	14	—	—	28.6	7.35	4.78	E 202	20	67	UELC 202	UEL 202	C 203
17	40	27.4	11.5	14	M6×0.75	4	—	7.35	4.78	—	20	67	UCC 203	UC 203	C 203
	40	37.3	13.9	14	—	—	28.6	7.35	4.78	E 203	20	67	UELC 203	UEL 203	C 203
20	47	31.0	12.7	17	M6×0.75	5	—	9.88	6.65	—	20	72	UCC 204	UC 204	C 204
	47	43.7	17.1	17	—	—	33.3	9.88	6.65	E 204	20	72	UELC 204	UEL 204	C 204
25	52	34.1	14.3	17	M6×0.75	5	—	10.8	7.88	—	22	80	UCC 205	UC 205	C 205
	62	38	15	21	M6×0.75	6	—	17.2	11.5	—	26	90	UCC 305	UC 305	C 305
	52	44.4	17.5	17	—	—	38.1	10.8	7.88	E 205	22	80	UELC 205	UEL 205	C 205
	62	46.8	16.7	21	—	—	42.8	17.2	11.5	E 305	26	90	UELC 305	UEL 305	C 305
30	62	38.1	15.9	19	M6×0.75	5	—	15.0	11.2	—	27	85	UCC 206	UC 206	C 206
	72	43	17	23	M6×0.75	6	—	20.8	15.2	—	28	100	UCC 306	UC 306	C 306
	62	48.4	18.3	19	—	—	44.5	15.0	11.2	E 206	27	85	UELC 206	UEL 206	C 206
	72	50	17.5	23	—	—	50	20.8	15.2	E 306	28	100	UELC 306	UEL 306	C 306

续表

轴承尺寸/mm								基本额定载荷/kN		配用偏心套	座尺寸/mm		带座轴承代号	轴承代号	座代号
d	D	B	S	C	d_s	G	d_1 max	C_r	C_{0r}	代号	A	D_1	UCC 型 UELC 型	UC 型 UEL 型	C 型
35	72	42.9	17.5	20	M8×1	7	—	19.8	15.2	—	28	90	UCC 207	UC 207	C 207
	80	48	19	25	M8×1	8	—	25.8	19.2	—	32	110	UCC 307	UC 307	C 307
	72	51.1	18.8	20	—	—	55.6	19.8	15.2	E 207	28	90	UELC 207	UEL 207	C 207
	80	51.6	18.3	25	—	—	55	25.8	19.2	E 307	32	110	UELC 307	UEL 307	C 307
40	80	49.2	19	21	M8×1	8	—	22.8	18.2	—	30	100	UCC 208	UC 208	C 208
	90	52	19	27	M10×1.25	10	—	31.2	24.0	—	34	120	UCC 308	UC 308	C 308
	80	56.3	21.4	21	—	—	60.3	22.8	18.2	E 208	30	100	UELC 208	UEL 208	C 208
	90	57.1	19.8	27	—	—	63.5	31.2	24.0	E 308	34	120	UELC 308	UEL 308	C 308
45	85	49.2	19.0	22	M8×1	8	—	24.5	20.8	—	31	110	UCC 209	UC 209	C 209
	100	57	22	30	M10×1.25	10	—	40.8	31.8	—	38	130	UCC 309	UC 309	C 309
	85	56.3	21.4	22	—	—	63.5	24.5	20.8	E 209	31	110	UELC 209	UEL 209	C 209
	100	58.7	19.8	30	—	—	70	40.8	31.8	E 309	38	130	UELC 309	UEL 309	C 309
50	90	51.6	19.0	24	M10×1.25	10	—	27.0	23.2	—	33	120	UCC 210	UC 210	C 210
	110	61	22	32	M12×1.5	12	—	47.5	37.8	—	40	140	UCC 310	UC 310	C 310
	90	62.7	24.6	24	—	—	69.9	27.0	23.2	E 210	33	120	UELC 210	UEL 210	C 210
	110	66.6	24.6	32	—	—	76.2	47.5	37.8	E 310	40	140	UELC 310	UEL 310	C 310
55	100	55.6	22.2	25	M10×1.25	10	—	33.5	29.2	—	35	125	UCC 211	UC 211	C 211
	120	66	25	34	M12×1.5	12	—	55.0	44.8	—	44	150	UCC 311	UC 311	C 311
	100	71.4	27.8	25	—	—	76.2	33.5	29.2	E 211	35	125	UELC 211	UEL 211	C 211
	120	73	27.8	34	—	—	83	55.0	44.8	E 311	44	150	UELC 311	UEL 311	C 311
60	110	65.1	25.4	27	M10×1.25	10	—	36.8	32.8	—	38	130	UCC 212	UC 212	C 212
	130	71	26	36	M12×1.5	12	—	62.8	51.8	—	46	160	UCC 312	UC 312	C 312
	110	77.8	31.0	27	—	—	84.2	36.8	32.8	E 212	38	130	UELC 212	UEL 212	C 212
	130	79.4	30.95	36	—	—	89	62.8	51.8	E 312	46	160	UELC 312	UEL 312	C 312
65	120	65.1	25.4	28	M10×1.25	10	—	44.0	40.0	—	40	140	UCC 213	UC 213	C 213
	140	75	30	38	M12×1.5	12	—	72.2	60.5	—	50	170	UCC 313	UC 313	C 313
	120	85.7	34.1	28	—	—	86	44.0	40.0	E 213	40	140	UELC 213	UEL 213	C 213
	140	85.7	32.55	38	—	—	97	72.2	60.5	E 313	50	170	UELC 313	UEL 313	C 313

续表

轴承尺寸/mm								基本额定载荷/kN		配用偏心套	座尺寸/mm		带座轴承代号	轴承代号	座代号
d	D	B	S	C	d_s	G	d_1 max	C_r	C_{0r}	代号	A	D_1	UCC 型 UELC 型	UC 型 UEL 型	C 型
70	150	78	33	40	M12×1.5	12	—	80.2	68.0	—	52	180	UCC 314	UC 314	C 314
	150	92.1	34.15	40	—	—	102	80.2	68.0	E 314	52	180	UELC 314	UEL 314	C 314
75	160	82	32	42	M14×1.5	14	—	87.2	76.8	—	55	190	UCC 315	UC 315	C 315
	160	100	37.3	42	—	—	113	87.2	76.8	E 315	55	190	UELC 315	UEL 315	C 315
80	170	86	34	44	M14×1.5	14	—	94.5	86.5	—	60	200	UCC 316	UC 316	C 316
	170	106.4	40.5	44	—	—	119	94.5	86.5	E 316	60	200	UELC 316	UEL 316	C 316
85	180	96	40	46	M16×1.5	16	—	102	96.5	—	64	215	UCC 317	UC 317	C 317
	180	109.5	42.05	46	—	—	127	102	96.5	E 317	64	215	UELC 317	UEL 317	C 317
90	190	96	40	48	M16×1.5	16	—	110	108	—	66	225	UCC 318	UC 318	C 318
	190	115.9	43.65	48	—	—	133	110	108	E 318	66	225	UELC 318	UEL 318	C 318
95	200	103	41	50	M16×1.5	16	—	120	122	—	72	240	UCC 319	UC 319	C 319
	200	122.3	38.9	50	—	—	140	120	122	E 319	72	240	UELC 319	UEL 319	C 319
100	215	108	42	54	M18×1.5	18	—	132	140	—	75	260	UCC 320	UC 320	C 320
	215	128.6	50	54	—	—	146	132	140	E 320	75	260	UELC 320	UEL 320	C 320
105	225	112	44	56	M18×1.5	18	—	142	152	—	75	260	UCC 321	UC 321	C 321
110	240	117	46	60	M18×1.5	18	—	158	178	—	80	300	UCC 322	UC 322	C 322
120	260	126	51	64	M18×1.5	18	—	175	208	—	90	320	UCC 324	UC 324	C 324
130	280	135	54	68	M20×1.5	20	—	195	242	—	100	340	UCC 326	UC 326	C 326
140	300	145	59	72	M20×1.5	20	—	212	272	—	100	360	UCC 328	UC 328	C 328

带冲压立式座外球面球轴承（带顶丝、带偏心套）（摘自 GB/T 7810—1995）

冲压座强度低，只适用于较小的载荷，允许轴向载荷小于允许径向载荷的 30%。

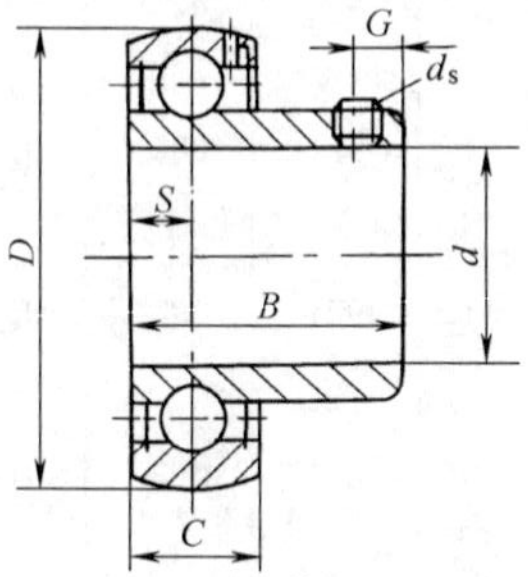

UB型

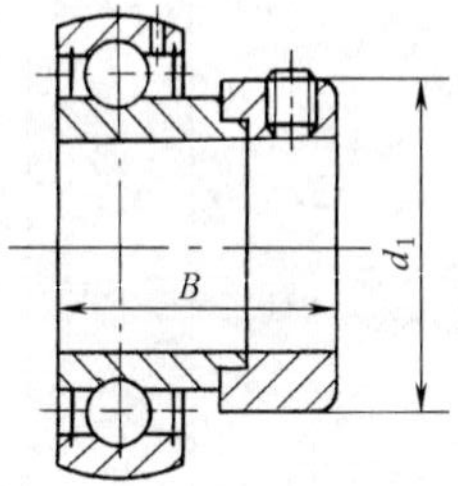

UE型

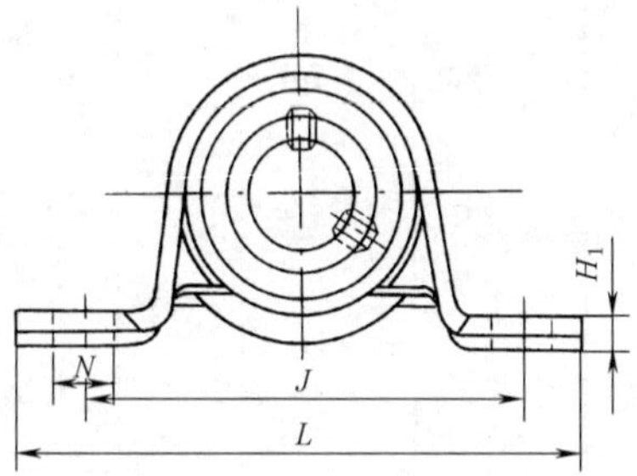

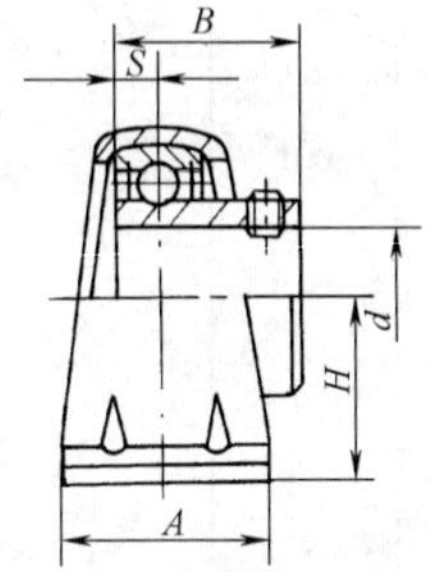

UBPP型

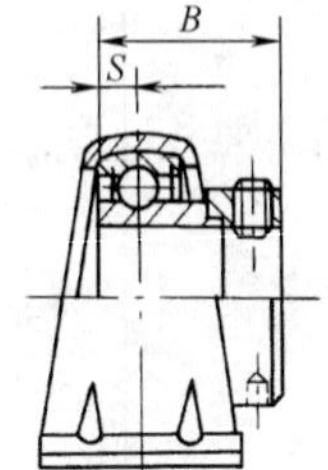

UEPP型

符号含义与应用

UB——一端平头带顶丝外球面球轴承

UE——一端平头带偏心套外球面球轴承

PP——冲压立式座

应用见前。

UB 型、UE 型的尺寸与基本额定载荷符合 GB/T 3882

表 8-2-120

轴承尺寸/mm								基本额定载荷/kN		配用偏心套	座尺寸/mm						轴承座允许径向载荷/kN	带座轴承代号	轴承代号	座代号
d	D	B	S	C min max	d_s	G	d_1 max	C_r	C_{0r}	代号	A max	H	H_1 max	J	L max	N	max	UBPP 型 UEPP 型	UB 型 UE 型	PP 型
12	40	22	6	12	M5×0.8	4.5	—	7.35	4.78	—	26	22.2	4	68	87	9.5	1.25	UBPP 201	UB 201	PP 203
	40	28.6	6.5	12 13	—	—	28.6	7.35	4.78	E 201	26	22.2	4	68	87	9.5	1.25	UEPP 201	UE 201	PP 203
15	40	22	6	12	M5×0.8	4.5	—	7.35	4.78	—	26	22.2	4	68	87	9.5	1.25	UBPP 202	UB 202	PP 203
	40	28.6	6.5	12 13	—	—	28.6	7.35	4.78	E 202	26	22.2	4	68	87	9.5	1.25	UEPP 202	UE 202	PP 203
17	40	22	6	12	M5×0.8	4.5	—	7.35	4.78	—	26	22.2	4	68	87	9.5	1.25	UBPP 203	UB 203	PP 203
	40	28.6	6.5	12 13	—	—	28.6	7.35	4.78	E 203	26	22.2	4	68	87	9.5	1.25	UEPP 203	UE 203	PP 203
20	47	25	7	14	M6×0.75	5	—	9.88	6.65	—	33	25.4	4	76	99	9.5	1.70	UBPP 204	UB 204	PP 204
	47	31.0	7.5	14 15	—	—	33.3	9.88	6.65	E 204	33	25.4	4	76	99	9.5	1.70	UEPP 204	UE 204	PP 204
25	52	27	7.5	15	M6×0.75	5.5	—	10.8	7.88	—	33	28.6	4.5	86	109	11.5	1.80	UBPP 205	UB 205	PP 205
	52	31.5	7.5	15	—	—	38.1	10.8	7.88	E 205	33	28.6	4.5	86	109	11.5	1.80	UEPP 205	UE 205	PP 205
30	62	30	8	16	M6×0.75	6	—	15.0	11.2	—	39	33.3	4.5	95	119	11.5	2.50	UBPP 206	UB 206	PP 206
	62	35.7	9	16 18	—	—	44.5	15.0	11.2	E 206	39	33.3	4.5	95	119	11.5	2.50	UEPP 206	UE 206	PP 206
35	72	32	8.5	17	M8×1	6	—	19.8	15.2	—	43	39.7	5	106	130	11.5	3.30	UBPP 207	UB 207	PP 207
	72	38.9	9.5	17 19	—	—	55.6	19.8	15.2	E 207	43	39.7	5	106	130	11.5	3.30	UEPP 207	UE 207	PP 207
40	80	34	9	18	M8×1	7	—	22.8	18.2	—	43	43.7	5	120	148	13	3.80	UBPP 208	UB 208	PP 208
	80	43.7	11.0	18 22	—	—	60.3	22.8	18.2	E 208	43	43.7	5	120	148	13	3.80	UEPP 208	UE 208	PP 208
45	85	43.7	11.0	19 22	—	—	63.5	24.5	20.8	E 209	45	46.8	6	128	156	13	4.20	UEPP 209	UE 209	PP 209

注：原标准尺寸 d 尚有 50、55、60 三规格。

带冲压圆形座外球面球轴承（带顶丝、带偏心套）（摘自 GB/T 7810—1995）

允许轴向载荷小于允许径向载荷的 50%。

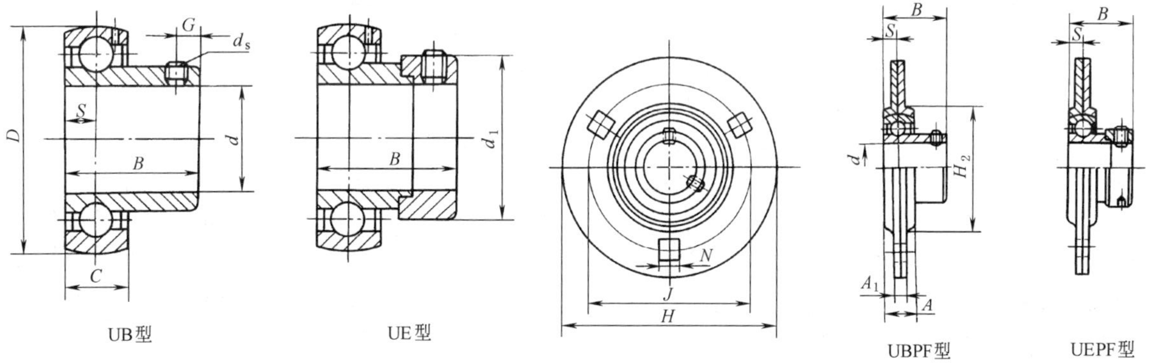

符号含义与应用

PF——冲压圆形座

其他见前。

表 8-2-121

轴承尺寸/mm								基本额定载荷/kN		配用偏心套	座尺寸/mm						轴承座允许径向载荷/kN	带座轴承代号	轴承代号	座代号
d	D	B	S	C min max	d_s	G	d_1 max	C_r	C_{0r}	代号	A max	A_1 max	H max	H_2 max	J	N	max	UBPF 型 UEPF 型	UB 型 UE 型	PF 型
12	40	22	6	12	M5×0.8	4.5	—	7.35	4.78	—	15	4.5	82	49	63.5	7.1	2.45	UBPF 201	UB 201	PF 203
	40	28.6	6.5	12 13	—	—	28.6	7.35	4.78	E 201	15	4.5	82	49	63.5	7.1	2.45	UEPF 201	UE 201	PF 203
15	40	22	6	12	M5×0.8	4.5	—	7.35	4.78	—	15	4.5	82	49	63.5	7.1	2.45	UBPE 202	UB 202	PF 203
	40	28.6	6.5	12 13	—	—	28.6	7.35	4.78	E 202	15	4.5	82	49	63.5	7.1	2.45	UEPF 202	UE 202	PF 203
17	40	22	6	12	M5×0.8	4.5	—	7.35	4.78	—	15	4.5	82	49	63.5	7.1	2.45	UBPF 203	UB 203	PF 203
	40	28.6	6.5	12 13	—	—	28.6	7.35	4.78	E 203	15	4.5	82	49	63.5	7.1	2.45	UEPF 203	UE 203	PF 203
20	47	25	7	14	M6×0.75	5	—	9.88	6.65	—	17	4.5	91	56	71.5	9	3.29	UBPE 204	UB 204	PF 204
	47	31.0	7.5	14 15	—	—	33.3	9.88	6.65	E 204	17	4.5	91	56	71.5	9	3.29	UEPF 204	UE 204	PF 204
25	52	27	7.5	15	M6×0.75	5.5	—	10.8	7.88	—	19	4.5	96	61	76	9	3.60	UBPF 205	UB 205	PF 205
	52	31.5	7.5	15	—	—	38.1	10.8	7.88	E 205	19	4.5	96	61	76	9	3.60	UEPF 205	UE 205	PF 205
30	62	30	8	16	M6×0.75	6	—	15.0	11.2	—	20	5.5	114	72	90.5	11	5.00	UBPF 206	UB 206	PF 206
	62	35.7	9	16 18	—	—	44.5	15.0	11.2	E 206	20	5.5	114	72	90.5	11	5.00	UEPF 206	UE 206	PF 206
35	72	32	8.5	17	M8×1	6	—	19.8	15.2	—	23	5.5	127	81	100	11	6.56	UBPF 207	UB 207	PF 207
	72	38.9	9.5	17 19	—	—	55.6	19.8	15.2	E 207	23	5.5	127	81	100	11	6.56	UEPF 207	UE 207	PF 207
40	80	34	9	18	M8×1	7	—	22.8	18.2	—	23	7	149	91	119	13.5	7.56	UBPF 208	UB 208	PF 208
	80	43.7	11.0	18 22	—	—	60.3	22.8	18.2	E 208	23	7	149	91	119	13.5	7.56	UEPF 208	UE 208	PF 208
45	85	43.7	11.0	19 22	—	—	63.5	24.5	20.8	E 209	23	7	150	98	120.5	13.5	8.13	UEPF 209	UE 209	PF 209
50	90	43.7	11.0	20 22	—	—	69.9	27.0	23.2	E 210	25	8	157	102	127	13.5	9.00	UEPF 210	UE 210	PF 210
55	100	48.4	12.0	21 25	—	—	76.2	33.5	29.2	E 211	26	8	168	113	138	13.5	11.1	UEPF 211	UE 211	PF 211
60	110	53.1	13.5	22 27	—	—	84.2	36.8	32.8	E 212	28	8	177	122	148	13.5	12.2	UEPF 212	UE 212	PF 212

注：PF 208 和大于 PF 208 的轴承座有四个螺孔。

带冲压三角形座外球面球轴承（带顶丝、带偏心套）（摘自 GB/T 7810—1995）

允许轴向载荷小于允许径向载荷的 50%。

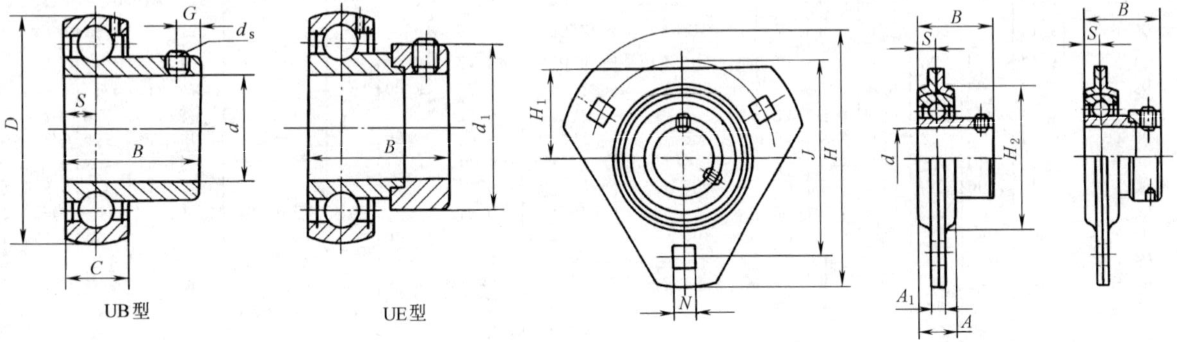

UB型　UE型　UBPFT型　UEPFT型

符号含义与应用

PFT——冲压三角形座

其他见前。

表 8-2-122

轴承尺寸/mm								基本额定载荷/kN		配用偏心套	座尺寸/mm							轴承座允许径向载荷/kN	带座轴承代号	轴承代号	座代号
d	D	B	S	C min max	d_s	G	d_1 max	C_r	C_{0r}	代号	A max	A_1 max	H max	H_1 max	H_2 max	J	N	max	UBPFT 型 UEPFT 型	UB 型 UE 型	PFT 型
12	40	22	6	12	M5×0.8	4.5	—	7.35	4.78	—	15	4.5	82	29	49	63.5	7.1	2.45	UBPFT 201	UB 201	PFT 203
	40	28.6	6.5	12　13	—	—	28.6	7.35	4.78	E 201	15	4.5	82	29	49	63.5	7.1	2.45	UEPFT 201	UE 201	PFT 203
15	40	22	6	12	M5×0.8	4.5	—	7.35	4.78	—	15	4.5	82	29	49	63.5	7.1	2.45	UBPFT 202	UB 202	PFT 203
	40	28.6	6.5	12　13	—	—	28.6	7.35	4.78	E 202	15	4.5	82	29	49	63.5	7.1	2.45	UEPFT 202	UE 202	PFT 203
17	40	22	6	12	M5×0.8	4.5	—	7.35	4.78	—	15	4.5	82	29	49	63.5	7.1	2.45	UBPFT 203	UB 203	PFT 203
	40	28.6	6.5	12　13	—	—	28.6	7.35	4.78	E 203	15	4.5	82	29	49	63.5	7.1	2.45	UEPFT 203	UE 203	PFT 203
20	47	25	7	14	M6×0.75	5	—	9.88	6.65	—	17	4.5	91	34	56	71.5	9	3.29	UBPFT 204	UB 204	PFT 204
	47	31.0	7.5	14　15	—	—	33.3	9.88	6.65	E 204	17	4.5	91	34	56	71.5	9	3.29	UEPFT 204	UE 204	PFT 204
25	52	27	7.5	15	M6×0.75	5.5	—	10.8	7.88	—	19	4.5	96	36	61	76	9	3.60	UBPFT 205	UB 205	PFT 205
	52	31.5	7.5	15	—	—	38.1	10.8	7.88	E 205	19	4.5	96	36	61	76	9	3.60	UEPFT 205	UE 205	PFT 205
30	62	30	8	16	M6×0.75	6	—	15.0	11.2	—	20	5.5	114	41	72	90.5	11	5.00	UBPFT 206	UB 206	PFT 206
	62	35.7	9	16　18	—	—	44.5	15.0	11.2	E 206	20	5.5	114	41	72	90.5	11	5.00	UEPFT 206	UE 206	PFT 206
35	72	32	8.5	17	M8×1	6	—	19.8	15.2	—	23	5.5	127	45	81	100	11	6.56	UBPFT 207	UB 207	PFT 207
	72	38.9	9.5	17　19	—	—	55.6	19.8	15.2	E 207	23	5.5	127	45	81	100	11	6.56	UEPFT 207	UE 207	PFT 207

带冲压菱形座外球面球轴承（带顶丝、带偏心套）（摘自 GB/T 7810—1995）

允许轴向载荷小于允许径向载荷的 50%。

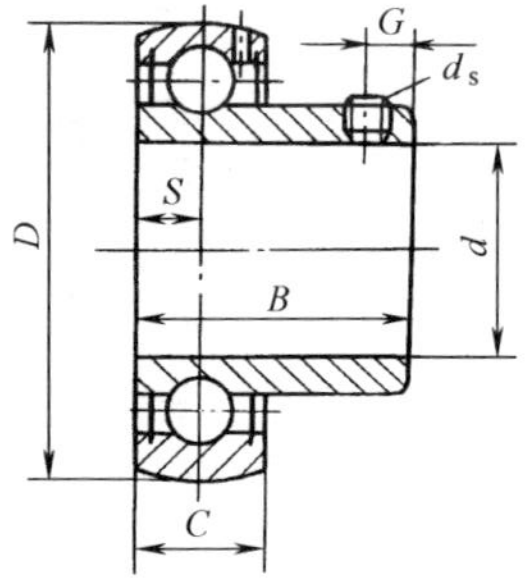

UB型

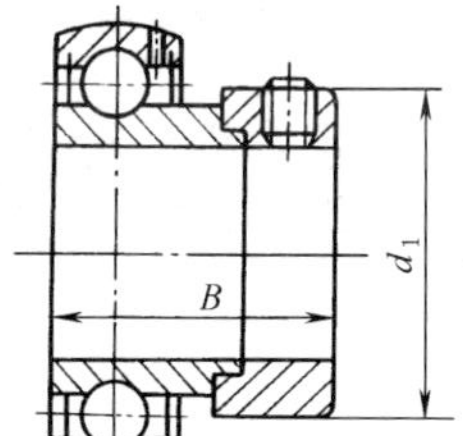

UE型

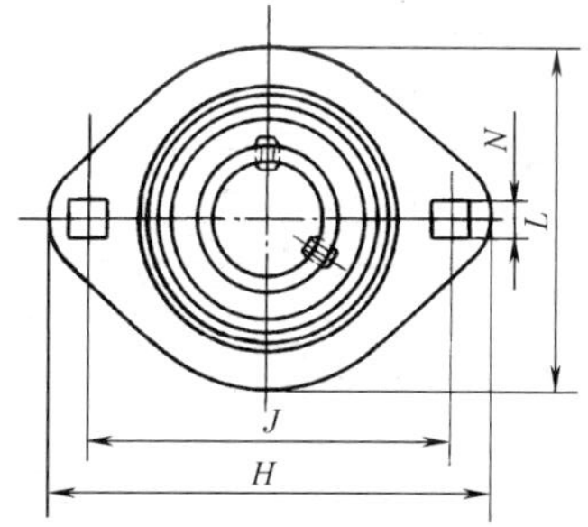

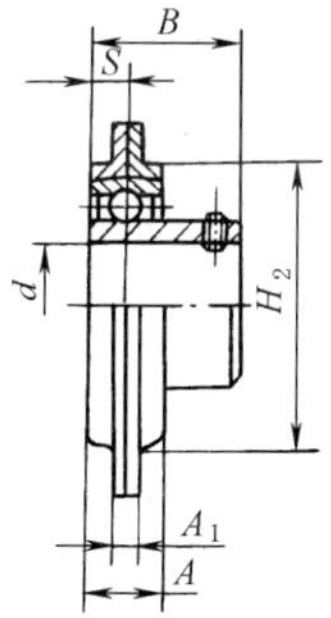

UBPFL型

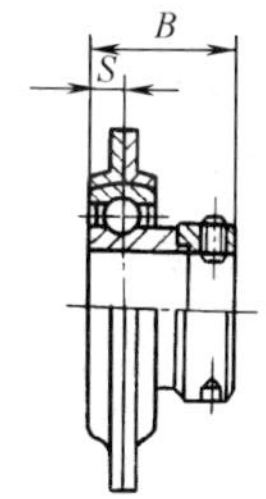

UEPFL型

符号含义与应用

PFL——冲压菱形座

其他见前。

表 8-2-123

轴承尺寸/mm								基本额定载荷/kN		配用偏心套	座尺寸/mm							轴承座允许径向载荷/kN	带座轴承代号	轴承代号	座代号
d	D	B	S	C min max	d_s	G	d_1 max	C_r	C_{0r}	代号	A max	A_1 max	H max	H_2 max	J	L max	N	max	UBPFL 型 UEPFL 型	UB 型 UE 型	PFL 型
12	40	22	6	12	M5×0.8	4.5	—	7.35	4.78	—	15	4.5	82	49	63.5	60	7.1	2.45	UBPFL 201	UB 201	PFL 203
	40	28.6	6.5	12 13	—	—	28.6	7.35	4.78	E 201	15	4.5	82	49	63.5	60	7.1	2.45	UEPFL 201	UE 201	PFL 203
15	40	22	6	12	M5×0.8	4.5	—	7.35	4.78	—	15	4.5	82	49	63.5	60	7.1	2.45	UBPFL 202	UB 202	PFL 203
	40	28.6	6.5	12 13	—	—	28.6	7.35	4.78	E 202	15	4.5	82	49	63.5	60	7.1	2.45	UEPFL 202	UE 202	PFL 203
17	40	22	6	12	M5×0.8	4.5	—	7.35	4.78	—	15	4.5	82	49	63.5	60	7.1	2.45	UBPFL 203	UB 203	PFL 203
	40	28.6	6.5	12 13	—	—	28.6	7.35	4.78	E 203	15	4.5	82	49	63.5	60	7.1	2.45	UEPFL 203	UE 203	PFL 203
20	47	25	7	14	M6×0.75	5	—	9.88	6.65	—	17	4.5	91	56	71.5	68	9	3.29	UBPFL 204	UB 204	PFL 204
	47	31.0	7.5	14 15	—	—	33.3	9.88	6.65	E 204	17	4.5	91	56	71.5	68	9	3.29	UEPFL 204	UE 204	PFL 204
25	52	27	7.5	15	M6×0.75	5.5	—	10.8	7.88	—	19	4.5	96	61	76	72	9	3.60	UBPFL 205	UB 205	PFL 205
	52	31.5	7.5	15	—	—	38.1	10.8	7.88	E 205	19	4.5	96	61	76	72	9	3.60	UEPFL 205	UE 205	PFL 205
30	62	30	8	16	M6×0.75	6	—	15.0	11.2	—	20	5.5	114	72	90.5	85	11	5.00	UBPFL 206	UB 206	PFL 206
	62	35.7	9	16 18	—	—	44.5	15.0	11.2	E 206	20	5.5	114	72	90.5	85	11	5.00	UEPFL 206	UE 206	PFL 206
35	72	32	8.5	17	M8×1	6	—	19.8	15.2	—	23	5.5	127	81	100	95	11	6.56	UBPFL 207	UB 207	PFL 207
	72	38.9	9.5	17 19	—	—	55.6	19.8	15.2	E 207	23	5.5	127	81	100	95	11	6.56	UEPFL 207	UE 207	PFL 207

11.11　滚动轴承座

1）适用于直径系列 2（22）和直径系列 3（23）的调心球轴承、调心滚子轴承和带紧定套的调心球轴承、调心滚子轴承。

2）适用于线速度小于等于 5m/s，工作温度小于等于 90℃的工作条件。

11.11.1　二螺柱立式滚动轴承座

适用圆柱孔轴承的等径孔滚动轴承座（摘自 GB/T 7813—2008）

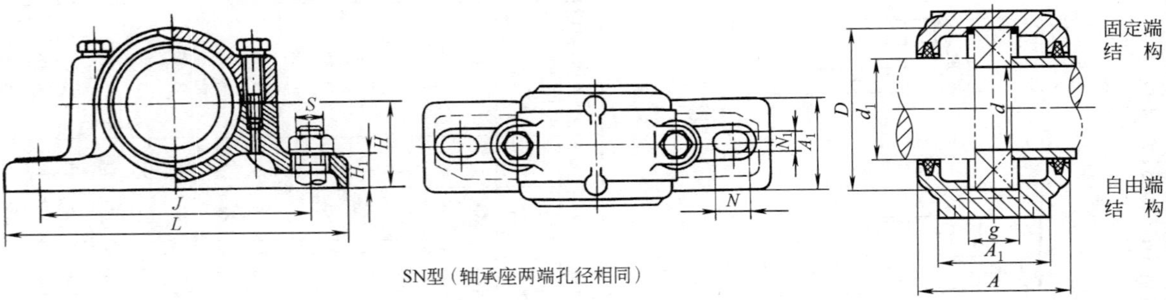

SN型（轴承座两端孔径相同）

表 8-2-124

尺寸/mm													质量/kg	轴承座型号	适用轴承代号			
d	d_1	D	g	A max	A_1	H	H_1 max	L max	J	S	N_1	N	W ≈	SN 型	调心球轴承		调心滚子轴承①	
25	30	52	25	72	46	40	22	170	130	M12	15	20	1.3	SN 205	1205	2205	22205 C	—
		62	34	82	52	50	22	185	150	M12	15	20	1.9	SN 305	1305	2305	—	—
30	35	62	30	82	52	50	22	190	150	M12	15	20	1.8	SN 206	1206	2206	22206 C	—
		72	37	85	52	50	22	185	150	M12	15	20	2.1	SN 306	1306	2306	—	—
35	45	72	33	85	52	50	22	190	150	M12	15	20	2.1	SN 207	1207	2207	22207 C	—
		80	41	92	60	60	25	205	170	M12	15	20	3.0	SN 307	1307	2307	—	—
40	50	80	33	92	60	60	25	210	170	M12	15	20	2.6	SN 208	1208	2208	22208 C	—
		90	43	100	60	60	25	205	170	M12	15	20	3.3	SN 308	1308	2308	22308 C	21308 C
45	55	85	31	92	60	60	25	210	170	M12	15	20	2.8	SN 209	1209	2209	22209 C	—
		100	46	105	70	70	28	255	210	M16	18	23	4.6	SN 309	1309	2309	22309 C	21309 C
50	60	90	33	100	60	60	25	210	170	M12	15	20	3.1	SN 210	1210	2210	22210 C	—
		110	50	115	70	70	30	255	210	M16	18	23	5.1	SN 310	1310	2310	22310 C	21310 C
55	65	100	33	105	70	70	28	270	210	M16	18	23	4.3	SN 211	1211	2211	22211 C	—
		120	53	120	80	80	30	275	230	M16	18	23	6.5	SN 311	1311	2311	22311 C	21311 C
60	70	110	38	115	70	70	30	270	210	M16	18	23	5.0	SN 212	1212	2212	22212 C	—

续表

尺寸/mm													质量/kg	轴承座型号	适用轴承代号			
d	d_1	D	g	A max	A_1	H	H_1 max	L max	J	S	N_1	N	W ≈	SN 型	调心球轴承		调心滚子轴承①	
60	70	130	56	125	80	80	30	280	230	M16	18	23	7.3	SN 312	1312	2312	22312 C	21312 C
65	75	120	43	120	80	80	30	290	230	M16	18	23	6.3	SN 213	1213	2213	22213 C	—
		140	58	135	90	95	32	315	260	M20	22	27	9.7	SN 313	1313	2313	22313 C	21313 C
70	80	125	44	120	80	80	30	290	230	M16	18	23	6.1	SN 214	1214	2214	22214 C	—
		150	61	140	90	95	32	320	260	M20	22	27	11.0	SN 314	1314	2314	22314 C	21314 C
75	85	130	41	125	80	80	30	290	230	M16	18	23	7.0	SN 215	1215	2215	22215 C	—
		160	65	145	100	100	35	345	290	M20	22	27	14.0	SN 315	1315	2315	22315 C	21315 C
80	90	140	43	135	90	95	32	330	260	M20	22	27	9.3	SN 216	1216	2216	22216 C	—
		170	68	150	100	112	35	345	290	M20	22	27	13.8	SN 316	1316	2316	22316 C	21316 C
85	95	150	46	140	90	95	32	330	260	M20	22	27	9.8	SN 217	1217	2217	22217 C	—
		180	70	165	110	112	40	380	320	M24	26	32	15.8	SN 317	1317	2317	22317 C	21317 C
90	100	160	62.4	145	100	100	35	360	290	M20	22	27	12.3	SN 218	1218	2218	22218 C	—
100	115	180	70.3	165	110	112	40	400	320	M24	26	32	16.5	SN 220	1220	2220	22220 C	23220 C
110	125	200	80	177	120	125	45	420	350	M24	26	32	19.3	SN 222	1222	2222	22222 C	23222 C
120	135	215	86	187	120	140	45	420	350	M24	26	32	24.6	SN 224②	—	—	22224 C	23224 C
130	145	230	90	192	130	150	50	450	380	M24	26	32	30.0	SN 226②	—	—	22226 C	23226 C
140	155	250	98	207	150	150	50	510	420	M30	33	42	37.0	SN 228②	—	—	22228 C	23228 C
150	165	270	106	224	160	160	60	540	450	M30	33	42	45.0	SN 230②	—	—	22230 C	23230 C
160	175	290	114	237	160	170	60	560	470	M30	33	42	53.0	SN 232②	—	—	22232 C	23232 C

① 所列调心滚子轴承代号为 C 型结构，同时适用非对称型调心滚子轴承（22205、22206、22207 除外）和对称型调心滚子轴承基型、CC 型结构。

② SN224～SN232 应装有吊环螺钉。

适用圆柱孔轴承的异径孔滚动轴承座（摘自 GB/T 7813—2008）

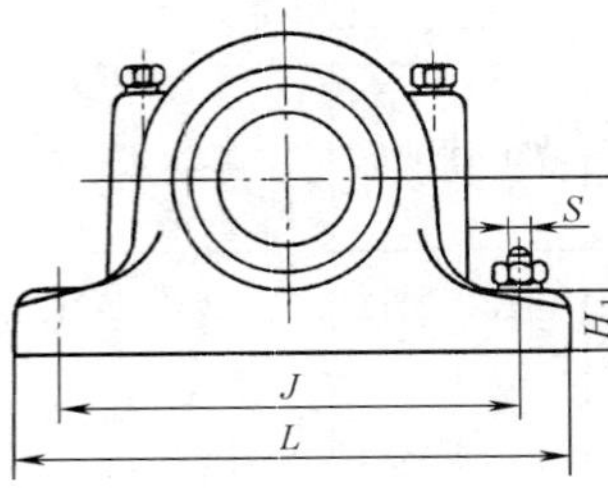

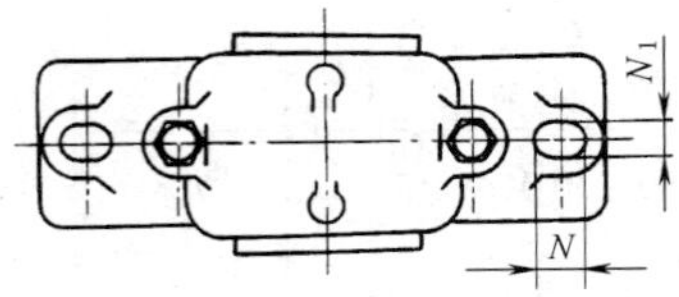

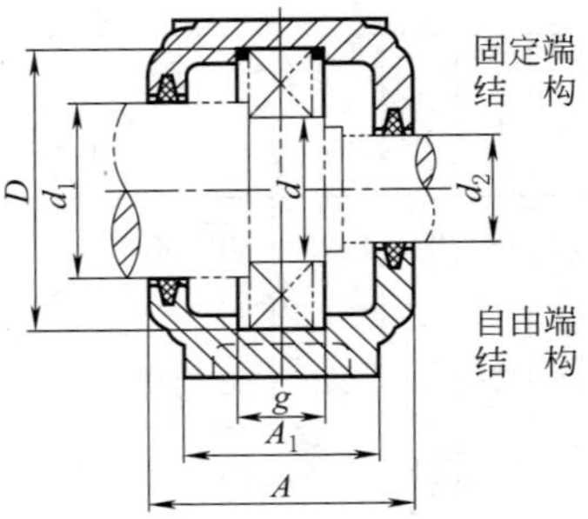

SNK型（轴承座两端孔径不同）

表 8-2-125

尺寸/mm														轴承座型号	适用轴承代号			
d	d_2 max	d_1 min	D	g	A max	A_1	H	H_1 max	L max	J	S	N_1	N	SNK 型	调心球轴承		调心滚子轴承[2]	
25	20	30	52	25	72	46	40	22	170	130	M12	15	20	SNK 205	1205	2205	22205 C	—
		35	62	34	82	52	50	22	185	150	M12	15	20	SNK 305	1305	2305	—	21305 C
30	25	35	62	30	82	52	50	22	190	150	M12	15	20	SNK 206	1206	2206	22206 C	—
		40	72	37	85	52	50	22	185	150	M12	15	20	SNK 306	1306	2306	—	21306 C
35	30	45	72	33	85	52	50	22	190	150	M12	15	20	SNK 207	1207	2207	22207 C	—
		45	80	41	92	60	60	25	205	170	M12	15	20	SNK 307	1307	2307	—	21307 C
40	35	50	80	33	92	60	60	25	210	170	M12	15	20	SNK 208	1208	2208	22208 C	—
		50	90	43	100	60	60	25	205	170	M12	15	20	SNK 308	1308	2308	22308 C	21308 C
45	40	55	85	31	92	60	60	25	210	170	M12	15	20	SNK 209	1209	2209	22209 C	—
		55	100	46	105	70	70	28	255	210	M16	18	23	SNK 309	1309	2309	22309 C	21309 C
50	45	60	90	33	100	60	60	25	210	170	M12	15	20	SNK 210	1210	2210	22210 C	—
		60	110	50	115	70	70	30	255	210	M16	18	23	SNK 310	1310	2310	22310 C	21310 C
55	50	65	100	33	105	70	70	28	270	210	M16	18	23	SNK 211	1211	2211	22211 C	—
		65	120	53	120	80	80	30	275	230	M16	18	23	SNK 311	1311	2311	22311 C	21311 C
60	55	70	110	38	115	70	70	30	270	210	M16	18	23	SNK 212	1212	2212	22212 C	—
		70	130	56	125	80	80	30	280	230	M16	18	23	SNK 312	1312	2312	22312 C	21312 C

第 8 篇

续表

尺寸/mm														轴承座型号	适用轴承代号			
d	d_2 max	d_1 min	D	g	A max	A_1	H	H_1 max	L max	J	S	N_1	N	SNK 型	调心球轴承		调心滚子轴承②	
65	60	75	120	43	120	80	80	30	290	230	M16	18	23	SNK 213	1213	2213	22213 C	—
		75	140	58	135	90	95	32	315	260	M20	22	27	SNK 313	1313	2313	22313 C	21313 C
70	65	80	125	44	120	80	80	30	290	230	M16	18	23	SNK 214	1214	2214	22214 C	—
		80	150	61	140	90	95	32	320	260	M20	22	27	SNK 314	1314	2314	22314 C	21314 C
75	70	85	130	41	125	80	80	30	290	230	M16	18	23	SNK 215	1215	2215	22215 C	—
		85	160	65	145	100	100	35	345	290	M20	22	27	SNK 315	1315	2315	22315 C	21315 C
80	75	90	140	43	135	90	95	32	330	260	M20	22	27	SNK 216	1216	2216	22216 C	—
		90	170	68	150	100	112	35	345	290	M20	22	27	SNK 316	1316	2316	22316 C	21316 C
85	80	95	150	46	140	90	95	32	330	260	M20	22	27	SNK 217	1217	2217	22217 C	—
		100	180	70	165	110	112	40	380	320	M24	26	32	SNK 317	1317	2317	22317 C	21317 C
90	85	100	160	62.4	145	100	100	35	360	290	M20	22	27	SNK 218	1218	2218	22218 C	23218 C
100	95	115	180	70.3	165	110	112	40	400	320	M24	26	32	SNK 220	1220	2220	22220 C	23220 C
110	105	125	200	80	177	120	125	45	420	350	M24	26	32	SNK 222	1222	2222	22222 C	23222 C
120	115	135	215	86	187	120	140	45	420	350	M24	26	32	SNK 224①	—	—	22224 C	23224 C
130	125	145	230	90	192	130	150	50	450	380	M24	28	36	SNK 226①	—	—	22226 C	23226 C
140	135	155	250	98	207	150	150	50	510	420	M30	33	42	SNK 228①	—	—	22228 C	23228 C
150	145	165	270	106	224	160	160	60	540	450	M30	33	42	SNK 230①	—	—	22230 C	23230 C
160	150	175	290	114	237	160	170	60	560	470	M30	33	42	SNK 232①	—	—	22232 C	23232 C

① SNK224～SNK232 应装有吊环螺钉。

② 所列调心滚子轴承代号为 C 型结构，同时适用非对称型调心滚子轴承和对称型调心滚子轴承基型、CC 型结构。

适用带紧定套轴承的等径孔滚动轴承座（摘自 GB/T 7813—2008）

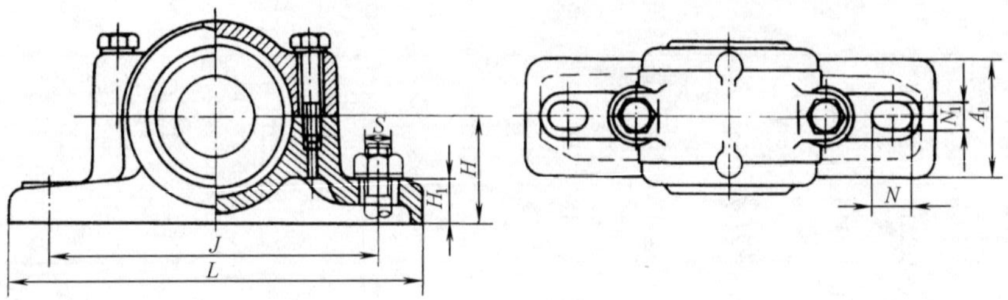

SN型

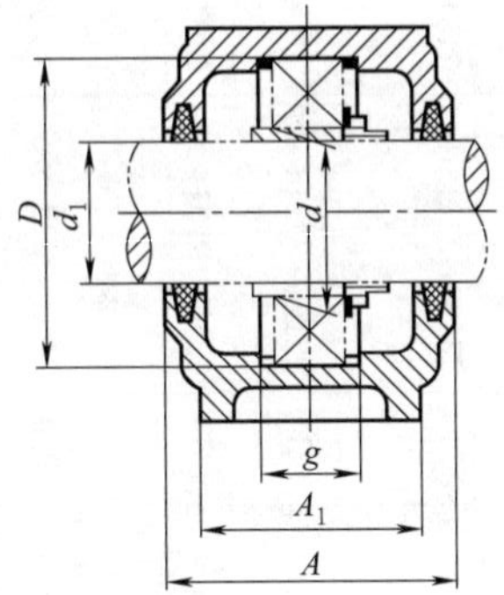

表 8-2-126

尺寸/mm													质量/kg	轴承座型号	适用轴承代号			
d_1	d	D	g	A max	A_1	H	H_1 max	L max	J	S	N_1	N	W ≈	SN 型	调心球轴承		调心滚子轴承[②]	
20	25	52	25	72	46	40	22	170	130	M12	15	20	1.4	SN 505	1205 K+H 205	2205 K+H 305	—	—
		62	34	82	52	50	22	190	150	M12	15	20	2.0	SN 605	1305 K+H 305	2305 K+H 2305	—	—
25	30	62	30	82	52	50	22	190	150	M12	15	20	1.9	SN 506	1206 K+H 206	2206 K+H 306	—	—
		72	37	85	52	50	22	190	150	M12	15	20	2.2	SN 606	1306 K+H 306	2306 K+H 2306	—	—
30	35	72	33	85	52	50	22	190	150	M12	15	20	2.1	SN 507	1207 K+H 207	2207 K+H 307	—	—
		80	41	92	60	60	25	210	170	M12	15	20	3.3	SN 607	1307 K+H 307	2307 K+H 2307	—	—
35	40	80	33	92	60	60	25	210	170	M12	15	20	3.1	SN 508	1208 K+H 208	2208 K+H 308	22208 CK+H 308	—
		90	43	100	60	60	25	210	170	M12	15	20	3.4	SN 608	1308 K+H 308	2308 K+H 2308	—	22308 CK+H 2308
40	45	85	31	92	60	60	25	210	170	M12	15	20	2.9	SN 509	1209 K+H 209	2209 K+H 309	22209 CK+H 309	—
		100	46	105	70	70	28	270	210	M16	18	23	4.7	SN 609	1309 K+H 309	2309 K+H 2309	—	22309 CK+H 2309
45	50	90	33	100	60	60	25	210	170	M12	15	20	3.3	SN 510	1210 K+H 210	2210 K+H 310	22210 CK+H 310	—
		110	50	115	70	70	30	270	210	M16	18	23	5.0	SN 610	1310 K+H 310	2310 K+H 2310	—	22310 CK+H 2310
50	55	100	33	105	70	70	28	270	210	M16	18	23	4.6	SN 511	1211 K+H 211	2211 K+H 311	22211 CK+H 311	—
		120	53	120	80	80	30	290	230	M16	18	23	6.6	SN 611	1311 K+H 311	2311 K+H 2311	—	22311 CK+H 2311
55	60	110	38	115	70	70	30	270	210	M16	18	23	5.4	SN 512	1212 K+H 212	2212 K+H 312	22212 CK+H 312	—
		130	56	125	80	80	30	290	230	M16	18	23	7.3	SN 612	1312 K+H 312	2312 K+H 2312	—	22312 CK+H 2312

续表

尺寸/mm													质量/kg	轴承座型号	适用轴承代号			
d_1	d	D	g	A max	A_1	H	H_1 max	L max	J	S	N_1	N	W ≈	SN 型	调心球轴承		调心滚子轴承[②]	
60	65	120	43	120	80	80	30	290	230	M16	18	23	6.7	SN 513	1213 K+H 213	2213 K+H 313	22213 CK+H 313	—
		140	58	135	90	95	32	330	260	M20	22	27	9.9	SN 613	1313 K+H 313	2313 K+H 2313	—	22313 CK+H 2313
65	75	130	41	125	80	80	30	290	230	M16	18	23	7.3	SN 515	1215 K+H 215	2215 K+H 315	22215 CK+H 315	—
		160	65	145	100	100	35	360	290	M20	22	27	13.3	SN 615	1315 K+H 315	2315 K+H 2315	—	22315 CK+H 2315
70	80	140	43	135	90	95	32	330	260	M20	22	27	9.3	SN 516	1216 K+H 216	2216 K+H 316	22216 CK+H 316	—
		170	68	150	100	112	35	360	290	M20	22	27	14.3	SN 616	1316 K+H 316	2316 K+H 2316	—	22316 CK+H 2316
75	85	150	46	140	90	95	32	330	260	M20	22	27	9.8	SN 517	1217 K+H 217	2217 K+H 317	22217 CK+H 317	—
		180	70	165	110	112	40	400	320	M24	26	32	15	SN 617	1317 K+H 317	2317 K+H 2317	—	22317 CK+H 2317
80	90	160	62	145	100	100	35	360	290	M20	22	27	12.5	SN 518	1218 K+H 218	2218 K+H 318	22218 CK+H 318	23218 CK+H 2318
		190	74	165	110	112	40	405	320	M24	26	32	—	SN 618	1318 K+H 318	2318 K+H 2318	—	22318 CK+H 2318
85	95	200	77	177	120	125	45	420	350	M24	26	32	—	SN 619	1319 K+H 319	2319K+H 2319	—	22319 CK+H 2319
90	100	180	70.3	165	110	112	40	400	320	M24	26	32	17	SN 520	1220 K+H 220	2220 K+H 320	22220 CK+H 320	23220 CK+H 2320
		215	83	187	120	140	45	420	350	M24	26	32	—	SN 620	1320 K+H 320	2320 K+H 2320	—	22320 CK+H 2320
100	110	200	80	177	120	125	45	420	350	M24	26	32	18.5	SN 522	1222 K+H 222	2222 K+H 322	22222 CK+H 322	23222 CK+H 2322
		240	90	195	130	150	50	475	390	M24	28	35	—	SN 622	1322 K+H 322	2322 K+H 2322	—	22322 CK+H 2322
110	120	215	86	187	120	140	45	420	350	M24	26	32	24.5	SN 524[①]	—	—	22224 CK+H 3124	23224 CK+H 2324
		260	96	210	160	160	60	545	450	M30	35	42	—	SN 624[①]	—	—	—	22324 CK+H 2324
115	130	230	90	192	130	150	50	450	380	M24	28	32	30	SN 526[①]	—	—	22226 CK+H 3126	23226 CK+H 2326
		280	103	225	160	170	60	565	470	M30	35	42	—	SN 626[①]	—	—	—	22326 CK+H 2326
125	140	250	98	207	150	150	50	510	420	M30	33	40	38	SN 528[①]	—	—	22228 CK+H 3128	23228 CK+H 2328
		300	112	237	170	180	65	630	520	M30	35	42	—	SN 628[①]	—	—	—	22328 CK+H 2328
135	150	270	106	224	160	160	60	540	450	M30	33	40	45.6	SN 530[①]	—	—	22230 CK+H 3130	23230 CK+H 2330
		320	118	245	180	190	65	680	560	M30	35	42	—	SN 630[①]	—	—	—	22330 CK+H 2330
140	160	290	114	237	160	170	60	560	470	M30	33	40	53.8	SN 532[①]	—	—	22232 CK+H 3132	23232 CK+H 2332
		340	124	260	190	200	70	710	580	M36	42	50	—	SN 632[①]	—	—	—	22332 CK+H 2332

① SN 524～SN 532 及 SN 624～SN 632 应装有吊环螺钉。

② 所列调心滚子轴承代号为 C 型结构，同时适用非对称型调心滚子轴承（21300 系列除外）和对称型调心滚子轴承基型、CC 型结构。

11.11.2 四螺柱立式滚动轴承座

适用圆锥孔带紧定套调心轴承的四螺柱滚动轴承座（摘自 GB/T 7813—2008）

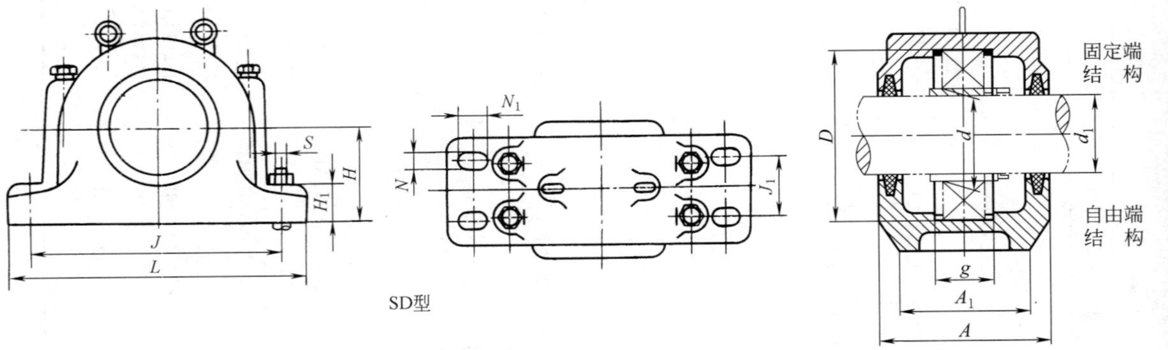

SD型

（注：轴承座型号中 TS 表示轴承座带迷宫式密封圈、SD500、SD600 的外形尺寸与国际标准规定的不一致）

表 8-2-127

尺寸/mm														轴承座型号 SD 型	适用轴承代号⑤
紧定套内径 d_1	轴承内径 d	D	g①②	A max	$A_1$③	H	H_1	L④	J	J_1	S	N	N_1 min		
150	170	280	108	235	180	170	70	515	430	100	M24	28	28	SD 3134TS	23134 CK+H 3134
		310	96	270	230	180	60	620	510	140	M30	35	35	SD 534	22234 CK+H 3134
		360	130	300	270	210	65	740	610	170	M30	35	35	SD 634	22334 CK+H 2334
160	180	300	116	245	190	180	75	535	450	110	M24	28	28	SD 3136TS	23136 CK+H 3136
		320	96	280	240	190	60	650	540	150	M30	35	35	SD 536	22236 CK+H 3136
		380	136	320	290	225	70	780	640	180	M36	40	40	SD 636	22336 CK+H 2336
170	190	320	124	265	210	190	80	565	480	120	M24	28	28	SD 3138TS	23138 CK+H 3138
		340	102	290	260	200	65	700	570	160	M30	35	35	SD 538	22238 CK+H 3138
		400	142	330	300	240	70	820	680	190	M36	40	40	SD 638	22338 CK+H 2338
180	200	340	132	285	230	210	85	615	510	130	M30	35	35	SD 3140TS	23140 CK+H 3140
		360	108	300	270	210	65	740	610	170	M30	35	35	SD 540	22240 CK+H 3140
		420	148	350	320	250	85	860	710	200	M36	42	42	SD 640	22340 CK+H 2340
200	220	370	140	295	240	220	90	645	540	140	M30	35	35	SD 3144TS	23144 CK+H 3144
		400	118	330	300	240	70	820	680	190	M36	40	40	SD 544	22244 CK+H 3144
		460	155	360	330	280	85	920	770	210	M36	42	42	SD 644	22344 CK+H 2344
220	240	400	148	315	260	240	95	705	600	150	M30	35	35	SD 3148TS	23148 CK+H 3148
		440	130	340	310	260	85	880	740	200	M36	42	42	SD 548	22248 CK+H 3148
		500	165	390	370	300	100	990	830	230	M42	50	50	SD 648	22348 CK+H 2348
240	260	440	164	325	280	260	100	775	650	160	M36	42	42	SD 3152TS	23152 CAK+H 3152
		480	140	370	340	280	85	940	790	210	M36	42	42	SD 552	22252 CAK+H 3152
		540	175	410	390	325	100	1060	890	250	M42	50	50	SD 652	22352 CAK+H 2352
260	280	460	166	325	280	280	105	795	670	160	M36	42	42	SD 3156TS	23156 CAK+H 3156
		500	140	390	370	300	100	990	830	230	M42	50	50	SD 556	22256 CAK+H 3156
		580	185	440	420	355	110	1110	930	270	M48	57	57	SD 656	22356 CAK+H 2356
280	300	500	180	355	310	300	110	835	710	190	M36	42	42	SD 3160TS	23160 CAK+H 3160
		540	150	410	390	325	100	1060	890	250	M42	50	50	SD 560	22260 CAK+H 3160
300	320	540	196	375	330	320	115	885	750	200	M36	42	42	SD 3164TS	23164 CAK+H 3164
		580	160	440	420	355	110	1110	930	270	M48	57	57	SD 564	22264 CAK+H 3164

① 对 SD 3100 不利用止推环使轴承在轴承座内固定时，该值减小 20mm。

② 对 SD 500、SD 600 不利用止推环使轴承在轴承座内固定时，该值减小 10mm。

③ SD 500、SD 600 系列 A_1 为最小值。

④ 对 SD 3100 系列 L 为最大值。

⑤ 所列调心滚子轴承代号为 C 型结构，同时适用非对称型调心滚子轴承和 CC 型结构。CA 型对称球面滚子轴承，内圈两侧有小挡边，并有一个中间挡圈，尺寸较大，滚道经优化加工。

11.11.3 滚动轴承剖分立式轴承座的技术条件（摘自 JB/T 8874—2010）

（1）滚动轴承座材料

应采用 HT200 灰铸铁或 ZG 200~ZG 400 铸钢制造，其力学性能不得低于 GB/T 9439（或 GB/T 11352）的规定，轴承座也可采用与其性能相同或比其优越的其他材料制造。

（2）对滚动轴承座铸件的要求

① 铸件上的型砂应清除干净，对浇口、冒口、结疤和夹砂等均应铲除或打磨掉，清理后的毛坯表面应平整、光洁。

② 铸件表面不允许有裂纹、气孔、缩孔、渣眼、浇铸不足以及其他能降低轴承座强度和明显损害外观的铸造缺陷存在。

无损于轴承座强度和外观的微小铸造缺陷，可以不加修整，但缺陷的数量和大小应由订户与制造厂协商确定。

③ 轴承座铸件在机械加工前应进行时效处理。

（3）对滚动轴承座机械加工后的要求

① 轴承座加工后的表面不得有砂眼、毛刺和锐边。

② 轴承座上盖与底座相配后，其铸造外形不得有明显错位。

轴承座内孔直径 D 与其铸造外缘不得有明显偏心。在轴向不得有明显的偏移。

③ 轴承座中心高 H（或 h）的极限偏差应符合 GB/T 1800.2—2009 表 22 中 h13 的规定。轴承座内孔直径 D 的极限偏差应符合 GB/T 275—1993 表 A2、表 A4 中 H8 的规定。其他尺寸：孔按 H14，轴按 h14，其他按 JS14 执行。

④ 轴承座内孔直径 D 和孔肩端面的表面粗糙度应符合 GB/T 275—1993 中表 7 的规定。

轴承座上盖底面与底座的配合面以及底座底面，其表面粗糙度 Ra 的最大值为 6.3μm。

⑤ 轴承座内孔圆柱度 t 及内孔端面圆跳动 t_1 应符合 GB/T 275—1993 中表 6 的规定。轴承座内孔轴心线对底面的平行度应符合 GB/T 1184—1996 表 B3 中规定的公差等级 8 级的公差值。

11.12 紧定套（摘自 GB/T 9160.1—2006）

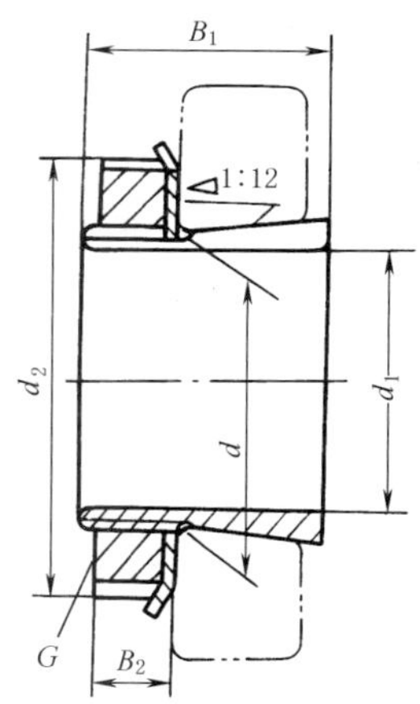

带锁紧垫圈结构

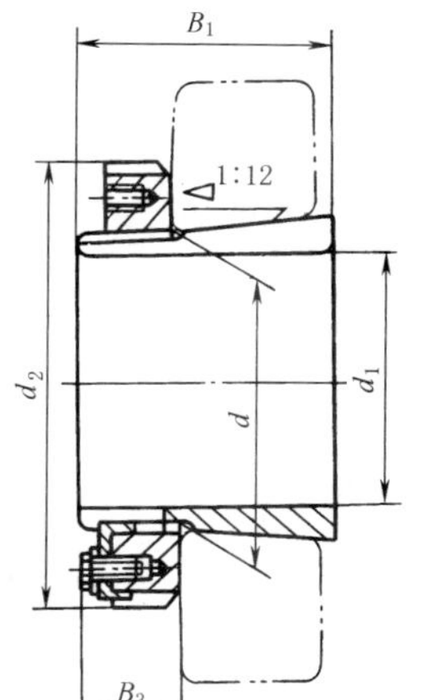

带锁紧卡结构

本紧定套适用于安装锥孔(锥度为 1∶12)轴承于无轴肩的圆柱形轴上。

表 8-2-128

尺寸/mm						质量/kg	基本代号	组成零件		
d_1	d	d_2	B_1	B_2	G	W ≈	紧定套	紧定衬套	锁紧螺母	锁紧垫圈
12	15	25	19	6	M15×1	—	H 202	A 202	KM 02	MB 02
		25	22	6	M15×1	—	H 302	A 302	KM 02	MB 02
		25	25	6	M15×1	—	H 2302	A 2302	KM 02	MB 02

续表

尺寸/mm						质量/kg	基本代号	组成零件		
d_1	d	d_2	B_1	B_2	G	W ≈	紧定套	紧定衬套	锁紧螺母	锁紧垫圈
14	17	28	20	6	M17×1	—	H 302	A 302	KM 03	MB 03
		28	24	6	M17×1	—	H 303	A 303	KM 03	MB 03
		28	27	6	M17×1	—	H 2303	A 2303	KM 03	MB 03
17	20	32	24	7	M20×1	—	H 204	A 204	KM 04	MB 04
		32	28	7	M20×1	—	H 304	A 304	KM 04	MB 04
		32	31	7	M20×1	—	H 2304	A 2304	KM 04	MB 04
20	25	38	26	8	M25×1. 5	0. 070	H 205	A 205	KM 05	MB 05
		38	29	8	M25×1. 5	0. 075	H 305	A 305	KM 05	MB 05
		38	35	8	M25×1. 5	—	H 2305	A 2305	KM 05	MB 05
25	30	45	27	8	M30×1. 5	0. 10	H 305	A 206	KM 06	MB 06
		45	31	8	M30×1. 5	0. 11	H 306	A 306	KM 06	MB 06
		45	38	8	M30×1. 5	—	H 2306	A 2306	KM 06	MB 06
30	35	52	29	9	M35×1. 5	0. 13	H 207	A 207	KM 07	MB 07
		52	35	9	M35×1. 5	0. 14	H 307	A 307	KM 07	MB 07
		52	43	9	M35×1. 5	0. 17	H 2307	A 2307	KM 07	MB 07
35	40	58	31	10	M40×1. 5	0. 17	H 208	A 208	KM 08	MB 08
		58	36	10	M40×1. 5	0. 19	H 308	A 308	KM 08	MB 08
		58	46	10	M40×1. 5	0. 22	H 2308	A 2308	KM 08	MB 08
40	45	65	33	11	M45×1. 5	0. 23	H 209	A 209	KM 09	MB 09
		65	39	11	M45×1. 5	0. 25	H 309	A 309	KM 09	MB 09
		65	50	11	M45×1. 5	0. 28	H 2309	A 2309	KM 09	MB 09
45	50	70	35	12	M50×1. 5	0. 27	H 210	A 210	KM 10	MB 10
		70	42	12	M50×1. 5	0. 30	H 310	A 310	KM 10	MB 10
		70	55	12	M50×1. 5	0. 36	H 2310	A 2310	KM 10	MB 10
50	55	75	37	12	M55×2	0. 31	H 211	A 211	KM 11	MB 11
		75	45	12	M55×2	0. 42	H 311	A 311	KM 11	MB 11
		75	59	12	M55×2	0. 42	H 2311	A 2311	KM 11	MB 11
55	60	80	38	13	M60×2	0. 35	H 212	A 212	KM 12	MB 12
		80	47	13	M60×2	0. 39	H 312	A 312	KM 12	MB 12
		80	62	13	M60×2	0. 48	H 2312	A 2312	KM 12	MB 12
60	65	85	40	14	M65×2	0. 40	H 213	A 213	KM 13	MB 13
		85	50	14	M65×2	0. 46	H 313	A 313	KM 13	MB 13
		85	65	14	M65×2	0. 55	H 2313	A 2313	KM 13	MB 13
	70	92	41	14	M70×2	—	H 214	A 214	KM 14	MB 14
		92	52	14	M70×2	—	H 314	A 314	KM 14	MB 14
		92	68	14	M70×2	0. 90	H 2314	A 2314	KM 14	MB 14
65	75	98	43	15	M75×2	0. 71	H 215	A 215	KM 15	MB 15
		98	55	15	M75×2	0. 83	H 315	A 315	KM 15	MB 15
		98	73	15	M75×2	1. 05	H 2315	A 2315	KM 15	MB 15
70	80	105	46	17	M80×2	0. 88	H 216	A 216	KM 16	MB 16
		105	59	17	M80×2	1. 00	H 316	A 316	KM 16	MB 16
		105	78	17	M80×2	1. 30	H 2316	A 2316	KM 16	MB 16

续表

尺寸/mm						质量/kg	基本代号	组成零件			
d_1	d	d_2	B_1	B_2	G	W ≈	紧定套	紧定衬套	锁紧螺母	锁紧垫圈
75	85	110	50	18	M85×2	1.00	H 217	A 217	KM 17	MB 17
		110	63	18	M85×2	1.20	H 317	A 317	KM 17	MB 17
		110	82	18	M85×2	1.45	H 2317	A 2317	KM 17	MB 17
80	90	120	52	18	M90×2	1.20	H 218	A 218	KM 18	MB 18
		120	65	18	M90×2	1.35	H 318	A 318	KM 18	MB 18
		120	86	18	M90×2	1.70	H 2318	A 2318	KM 18	MB 18
85	95	125	55	19	M95×2	1.35	H 219	A 219	KM 19	MB 19
		125	68	19	M95×2	1.55	H 319	A 319	KM 19	MB 19
		125	90	19	M95×2	1.90	H 2319	A 2319	KM 19	MB 19
90	100	130	58	20	M100×2	1.50	H 220	A 220	KM 20	MB 20
		130	71	20	M100×2	1.70	H 320	A 320	KM 20	MB 20
		130	76	20	M100×2	—	H 3120	A 3120	KM 20	MB 20
		130	97	20	M100×2	2.15	H 2320	A 2320	KM 20	MB 20
95	105	140	60	20	M105×2	1.70	H 221	A 221	KM 21	MB 21
		140	74	20	M105×2	1.95	H 321	A 321	KM 21	MB 21
100	110	145	63	21	M110×2	1.90	H 222	A 222	KM 22	MB 22
		145	77	21	M110×2	2.20	H 322	A 322	KM 22	MB 22
		145	81	21	M110×2	—	H 3122	A 3122	KM 22	MB 22
		145	105	21	M110×2	2.75	H 2322	A 2322	KM 22	MB 22
110	120	145	72	22	M120×2	1.95	H 3024	A 3024	KML 24	MBL 24
		155	88	22	M120×2	2.65	H 3124	A 3124	KM 24	MB 24
		155	112	22	M120×2	3.20	H 2324	A 2324	KM 24	MB 24
115	130	155	80	23	M130×2	2.85	H 3026	A 3026	KML 26	MBL 26
		165	92	23	M130×2	3.65	H 3126	A 3126	KM 26	MB 26
		165	121	23	M130×2	4.60	H 2326	A 2326	KM 26	MB 26
125	140	165	82	24	M140×2	3.15	H 3028	A 3028	KML 28	MBL 28
		180	97	24	M140×2	4.35	H 3128	A 3128	KM 28	MB 28
		180	131	24	M140×2	5.55	H 2328	A 2328	KM 28	MB 28
135	150	180	87	26	M150×2	3.90	H 3030	A 3030	KML 30	MBL 30
		195	111	26	M150×2	5.50	H 3130	A 3130	KM 30	MB 30
		195	139	26	M150×2	6.60	H 2330	A 2330	KM 30	MB 30
140	160	190	93	28	M160×3	5.20	H 3032	A 3032	KML 32	MBL 32
		210	119	28	M160×3	7.65	H 3132	A 3132	KM 32	MB 32
		210	147	28	M160×3	9.15	H 2332	A 2332	KM 32	MB 32
150	170	200	101	29	M170×3	6.00	H 3034	A 3034	KML 34	MBL 34
		220	122	29	M170×3	8.40	H 3134	A 3134	KM 34	MB 34
		220	154	29	M170×3	10.0	H 2334	A 2334	KM 34	MB 34
160	180	210	109	30	M180×3	6.85	H 3036	A 3036	KML 36	MBL 36
		230	131	30	M180×3	9.50	H 3136	A 3136	KM 36	MB 36
		230	161	30	M180×3	11.0	H 2336	A 2336	KM 36	MB 36
170	190	220	112	31	M190×3	7.45	H 3038	A 3038	KML 38	MBL 38

续表

尺寸/mm							质量/kg	基本代号	组成零件			
d_1	d	d_2	B_1	B_2	B_3	G	W ≈	紧定套	紧定衬套	锁紧螺母	锁紧垫圈	锁紧卡
170	190	240	141	31	—	M190×3	11.0	H 3138	A 3138	KM 38	MB 38	—
		240	169	31	—	M190×3	12.5	H 2338	A 2338	KM 38	MB 38	—
180	200	240	120	32	—	M200×3	9.20	H 3040	A 3040	KML 40	MBL 40	—
		250	150	32	—	M200×3	12.0	H 3140	A 3140	KM 40	MB 40	—
		250	176	32	—	M200×3	14.0	H 2340	A 2340	KM 40	MB 40	—
200	220	260	126	—	41	Tr220×4	10.5	H 3044	A 3044	HML 44	—	MSL 44
		280	161	35		Tr220×4	15.0	H 3144	A 3144	HM 44	MB 44	—
		280	186	35		Tr220×4	17.0	H 2344	A 2344	HM 44	MB 44	—
220	240	290	133	—	46	Tr240×4	13.0	H 3048	A 3048	HML 48	—	MSL 48
		300	172	37		Tr240×4	18.0	H 3148	A 3148	HM 48	MB 48	—
		300	199	37		Tr240×4	20.0	H 2348	A 2348	HM 48	MB 48	—
240	260	310	145	—	46	Tr260×4	15.5	H 3052	A 3052	HML 52	—	MSL 48
		330	190	39		Tr260×4	22.5	H 3152	A 3152	HM 52	MB 52	—
		330	211	39		Tr260×4	25.0	H 2352	A 2352	HM 52	MB 52	—
260	280	330	152	—	50	Tr280×4	17.5	H 3056	A 3056	HML 56	—	MSL 56
		350	195	41		Tr280×4	25.0	H 3156	A 3156	HM 56	MB 56	—
		350	224	41		Tr280×4	26.5	H 2356	A 2356	HM 56	MB 56	—
280	300	360	168	—	54	Tr300×4	23.0	H 3060	A 3060	HML 60	—	MSL 60
		380	208	—	53	Tr300×4	30.0	H 3160	A 3160	HM 60	—	MS 60
		380	240	—	53	Tr300×4	—	H 3260	A 3260	HM 60	—	MS 60
300	320	380	171	—	55	Tr320×5	24.5	H 3064	A 3064	HML 64	—	MSL 64
		400	226	—	56	Tr320×5	35.0	H 3164	A 3164	HM 64	—	MS 64
		400	258	—	56	Tr320×5	39.0	H 3264	A 3264	HM 64	—	MS 64
320	340	400	187	—	58	Tr340×5	28.5	H 3068	A 3068	HML 68	—	MSL 64
		440	254	—	72	Tr340×5	—	H 3168	A 3168	HM 68	—	MS 68
		440	288	—	72	Tr340×5	—	H 3268	A 3268	HM 68	—	MS 68
340	360	420	188	—	58	Tr360×5	30.5	H 3072	A 3072	HML 72	—	MSL 72
		460	259	—	75	Tr360×5	—	H 3172	A 3172	HM 72	—	MS 68
		460	299	—	75	Tr360×5	—	H 3272	A 3272	HM 72	—	MS 68
360	380	450	193	—	62	Tr380×5	36.0	H 3076	A 3076	HML 76	—	MSL 76
		490	264	—	77	Tr380×5	—	H 3176	A 3176	HM 76	—	MS 76
		490	310	—	77	Tr380×5	—	H 3276	A 3276	HM 76	—	MS 76
380	400	470	210	—	66	Tr400×5	41.5	H 3080	A 3080	HML 80	—	MSL 80
		520	272	—	82	Tr400×5	—	H 3180	A 3180	HM 80	—	MS 80
		520	328	—	82	Tr400×5	—	H 3280	A 3280	HM 80	—	MS 80
400	420	490	212	—	66	Tr420×5	43.5	H 3084	A 3084	HML 84	—	MSL 84
		540	304	—	90	Tr420×5	—	H 3184	A 3184	HM 84	—	MS 80
		540	352	—	90	Tr420×5	—	H 3284	A 3284	HM 84	—	MS 80
410	440	520	228	—	77	Tr440×5	—	H 3088	A 3088	HML 88	—	MSL 88
		560	307	—	90	Tr440×5	—	H 3188	A 3188	HM 88	—	MS 88
		560	361	—	90	Tr440×5	—	H 3288	A 3288	HM 88	—	MS 88

续表

尺　寸/mm							质量/kg	基本代号	组 成 零 件			
d_1	d	d_2	B_1	B_2	B_3	G	W ≈	紧定套	紧定衬套	锁紧螺母	锁紧垫圈	锁紧卡
430	460	540	234	—	77	Tr460×5	—	H 3092	A 3092	HML 92	—	MSL 88
		580	326	—	95	Tr460×5	—	H 3192	A 3192	HM 92	—	MS 88
		580	382	—	95	Tr460×5	—	H 3292	A 3292	HM 92	—	MS 88
450	480	560	237	—	77	Tr480×5	73.5	H 3096	A 3096	HML 96	—	MSL 96
		620	335	—	95	Tr480×5	—	H 3196	A 3196	HM 96	—	MS 96
		620	397	—	95	Tr480×5	—	H 3296	A 3296	HM 96	—	MS 96
470	500	580	247	—	85	Tr500×5	—	H 30/500	A 30/500	HML/500	—	MSL 96
		630	356	—	100	Tr500×5	—	H 31/500	A 31/500	HM/500	—	MS/500
		630	428	—	100	Tr500×5	—	H 32/500	A 32/500	HM/500	—	MS/500

注：1. $d_1=500\sim1000$ 的尺寸未编入。

2. 带锁紧垫圈的尺寸范围 $d_1=12\sim260$；带锁紧卡的尺寸范围 $d_1=200\sim1000$。

11.13 退卸衬套（摘自 GB/T 9160.1—2006）

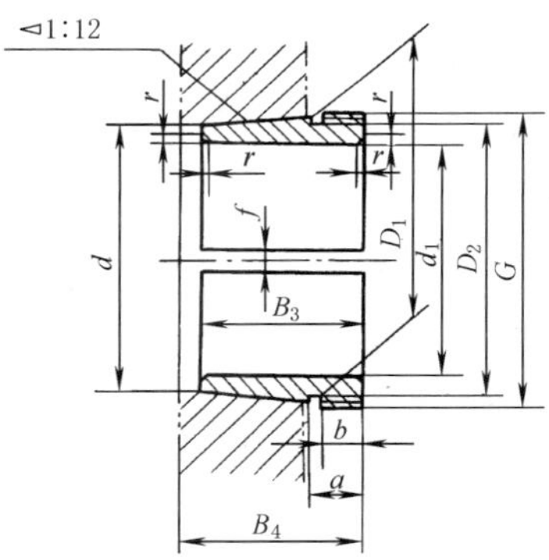

安装示意图

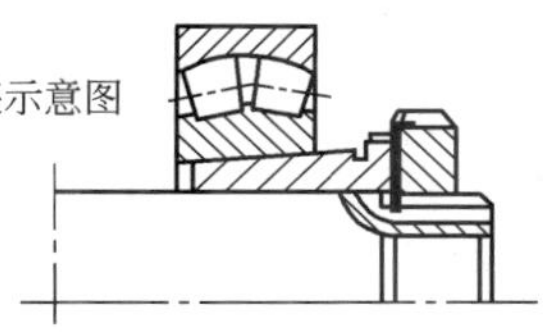

退卸衬套适用于将锥孔（锥度为 1∶12 或 1∶30）轴承安装于圆柱形轴上。轴承安装于紧靠轴肩处，退卸衬套被轴上螺母压入轴承内孔，直到轴承径向游隙减小到合适值为止。拆卸轴承时，拧紧装在退卸衬套上的另一个特制螺母使退卸衬套退出。适用于径向载荷较大，轴向载荷较小的双列球面轴承在光轴上固定。

表 8-2-129　　用于内孔锥度为 1∶12 轴承的退卸衬套

尺　寸/mm											质量/kg	基本代号	配用螺母代号
d_1	d	B_3 max	B_4	D_1	D_2	a	b	f	r	G	W ≈	退卸衬套	
35	40	25	27	41.50	41.0	9	6	2	0.5	M45×1.5	—	AH 208	KM 09
		29	32	41.92	41.0	9	6	2	0.5	M45×1.5	0.09	AH 308	KM 09
		40	43	42.75	42.0	10	7	2	0.5	M45×1.5	0.128	AH 2308	KM 09
40	45	26	29	46.67	46.0	9	6	2	0.5	M50×1.5	—	AH 209	KM 10
		31	34	47.08	46.5	9	6	2	0.5	M50×1.5	0.109	AH 309	KM 10
		44	47	48.08	47.5	10	7	2	0.5	M50×1.5	0.164	AH 2309	KM 10
45	50	28	31	51.15	51.0	10	7	2	0.5	M55×2	—	AH 210	KM 11
		35	38	52.33	51.5	10	7	2	0.5	M55×2	0.137	AH 310	KM 11
		50	53	53.50	52.0	12	9	2	0.5	M55×2	0.209	AH 2310	KM 11
50	55	29	32	56.83	56.0	10	7	3	0.5	M60×2	—	AH 211	KM 12
		37	40	57.50	56.5	10	7	3	0.5	M60×2	0.161	AH 311	KM 12
		54	57	58.67	57.0	13	10	3	0.5	M60×2	0.253	AH 2311	KM 12

续表

尺寸/mm											质量/kg	基本代号	配用螺母代号
d_1	d	B_3 max	B_4	D_1	D_2	a	b	f	r	G	W ≈	退卸衬套	
55	60	32	35	62.00	61.5	11	8	3	0.5	M65×2	—	AH 212	KM 13
		40	43	62.67	61.5	11	8	3	0.5	M65×2	0.189	AH 312	KM 13
		58	61	63.92	62.0	14	11	3	0.5	M65×2	0.297	AH 2312	KM 13
60	65	32.5	36	67.08	66.5	11	8	3	1	M70×2	—	AHX 213	KM 14
		42	45	67.83	67.0	11	8	3	1	M70×2	0.253	AHX 313	KM 14
		61	64	69.08	68.5	15	12	3	1	M70×2	0.395	AHX 2313	KM 14
65	70	33.5	37	72.17	71.5	11	8	3	1	M75×2	—	AHX 214	KM 15
		43	47	73.00	72.5	11	8	3	1	M75×2	0.28	AHX 314	KM 15
		64	68	74.42	73.5	15	12	3	1	M75×2	0.466	AHX 2314	KM 15
70	75	34.5	38	77.25	76.5	11	8	3	1	M80×2	—	AHX 215	KM 16
		45	49	78.17	77.5	11	8	3	1	M80×2	0.313	AHX 315	KM 16
		68	72	79.75	79.0	15	12	3	1	M80×2	0.534	AHX 2315	KM 16
75	80	35.5	39	82.33	81.5	11	8	3	1	M90×2	—	AH 216	KM 18
		48	52	83.42	82.5	11	8	3	1	M90×2	0.365	AH 316	KM 18
		71	75	85.00	84.5	15	12	3	1	M90×2	0.597	AH 2316	KM 18
80	85	38.5	42	87.50	87.0	12	9	3	1	M95×2	—	AH 217	KM 19
		52	56	88.67	88.0	12	9	3	1	M95×2	0.429	AH 317	KM 19
		74	78	90.17	89.5	16	13	3	1	M95×2	0.69	AH 2317	KM 19
85	90	40	44	92.67	92.0	12	9	3	1	M100×2	—	AH 218	KM 20
		53	57	93.75	93.0	12	9	3	1	M100×2	0.461	AH 318	KM 20
		63	67	94.50	94.0	13	10	3	1	M100×2	0.576	AH 3218	KM 20
		79	83	95.50	95.0	17	14	3	1	M100×2	0.779	AH 2318	KM 20
90	95	43	47	97.83	97.0	13	10	4	1	M105×2	—	AH 219	KM 21
		57	61	99.00	98.5	13	10	4	1	M105×2	0.532	AH 319	KM 21
		67	71	99.75	99.0	14	11	4	1	M105×2	—	AH 3219	KM 21
		85	89	100.83	100.0	19	16	4	1	M105×2	0.886	AH 2319	KM 21
95	100	45	49	103.00	102.5	13	10	4	1	M110×2	—	AH 220	KM 22
		59	63	104.17	103.5	13	10	4	1	M110×2	0.582	AH 320	KM 22
		64	68	104.50	104.0	14	11	4	1	M110×2	0.650	AH 3120	KM 22
		73	77	105.25	104.5	14	11	4	1	M110×2	0.767	AH 3220	KM 22
		90	94	106.25	105.5	19	16	4	1	M110×2	0.998	AH 2320	KM 22
105	110	50	54	113.23	112.5	14	11	4	1	M120×2	—	AH 222	KM 24
		63	67	114.33	113.5	15	12	4	1	M120×2	0.663	AH 322	KM 24
		68	72	114.83	114.0	14	11	4	1	M120×2	0.760	AH 3122	KM 24
		82	86	116.00	115.5	14	11	4	1	M120×2	0.883	AHX 3222	KM 24
		98	102	116.92	116.0	19	16	4	1	M120×2	0.950	AHX 2322	KM 24
115	120	53	57	123.50	123.0	15	12	4	1	M130×2	—	AH 224	KM 26
		60	64	124.00	123.5	16	13	4	1	M130×2	0.750	AH 3024	KM 26
		69	73	124.75	124.0	16	13	4	1	M130×2	—	AH 324	KM 26
		75	79	125.33	124.0	15	12	4	1	M130×2	0.950	AH 3124	KM 26
		90	94	126.50	126.0	16	13	4	1	M130×2	1.110	AHX 3224	KM 26
		105	109	127.42	126.5	20	17	4	1	M130×2	1.600	AHX 2324	KM 26

续表

尺寸/mm											质量/kg	基本代号	配用螺母代号
d_1	d	B_3 max	B_4	D_1	D_2	a	b	f	r	G	W ≈	退卸衬套	
125	130	53	57	133.50	133.0	15	12	4	1	M140×2	—	AH 226	KM 28
		67	71	134.50	134.0	17	14	4	1	M140×2	0.930	AH 3026	KM 28
		74	78	135.08	134.5	17	14	4	1	M140×2	—	AH 326	KM 28
		78	82	135.58	135.0	15	12	4	1	M140×2	1.080	AH 3126	KM 28
		98	102	137.00	136.5	18	15	4	1	M140×2	1.580	AHX 3226	KM 28
		115	119	138.08	137.5	22	19	4	1	M140×2	1.970	AHX 2326	KM 28
135	140	56	61	143.75	143.0	16	13	4	1	M150×2	—	AH 228	KM 30
		68	73	144.67	144.0	17	14	4	1	M150×2	1.010	AH 3028	KM 30
		77	82	145.42	144.5	17	14	4	1	M150×2	—	AH 328	KM 30
		83	88	145.92	145.0	17	14	4	1	M150×2	1.280	AH 3128	KM 30
		104	109	147.58	147.0	18	15	4	1	M150×2	1.840	AHX 3228	KM 30
		125	130	148.92	148.0	23	20	4	1	M150×2	2.330	AHX 2328	KM 30
145	150	60	65	154.00	153.5	17	14	4	1	M160×3	—	AH 230	KM 32
		72	77	154.92	154.0	18	15	4	1	M160×3	1.150	AH 3030	KM 32
		83	88	155.83	155.0	18	15	4	1	M160×3	—	AHX 330	KM 32
		96	101	156.92	156.0	18	15	4	1	M160×3	1.790	AHX 3130	KM 32
		114	119	158.25	157.5	20	17	4	1	M160×3	2.220	AHX 3230	KM 32
		135	140	159.42	158.5	27	24	4	1	M160×3	2.820	AHX 2330	KM 32
150	160	64	69	164.25	163.0	18	15	5	2	M170×3	—	AH 232	KM 34
		77	82	165.25	164.0	19	16	5	2	M170×3	2.060	AH 3032	KM 34
		88	93	166.17	165.0	19	16	5	2	M170×3	—	AHX 332	KM 34
		103	108	167.42	166.0	19	16	5	2	M170×3	2.870	AHX 3132	KM 34
		124	130	168.92	167.0	23	20	5	2	M170×3	4.080	AHX 3232	KM 34
		140	146	169.92	168.0	27	24	5	2	M170×3	4.72	AHX 2332	KM 34
160	170	69	74	174.58	173.0	19	16	5	2	M180×3	—	AH 234	KM 36
		85	90	175.83	174.0	20	17	5	2	M180×3	2.430	AH 3034	KM 36
		93	98	176.50	175.0	20	17	5	2	M180×3	—	AHX 334	KM 36
		104	109	177.00	176.0	19	16	5	2	M180×3	3.040	AHX 3134	KM 36
		134	140	179.42	178.0	27	24	5	2	M180×3	4.80	AHX 3234	KM 36
		146	152	180.42	179.0	27	24	5	2	M180×3	5.25	AHX 2334	KM 36
170	180	69	74	184.58	183.0	19	16	5	2	M190×3	—	AH 236	KM 38
		92	98	186.25	185.0	23	17	5	2	M190×3	2.81	AH 3036	KM 38
		105	110	187.50	186.0	20	17	5	2	M190×3	—	AHX 2236	KM 38
		116	122	188.33	187.0	22	19	5	2	M190×3	3.76	AHX 3136	KM 38
		140	146	189.22	188.0	27	24	5	2	M190×3	5.32	AHX 3236	KM 38
		154	160	190.92	189.0	29	26	5	2	M190×3	5.83	AHX 2336	KM 38
180	190	73	78	194.58	193.0	23	17	5	2	M200×3	—	AHX 238	KM 40
		96	102	196.50	195.0	24	18	5	2	M200×3	3.32	AHX 3038	KM 40
		112	117	197.75	196.0	24	18	5	2	M200×3	—	AHX 2238	KM 40
		125	131	198.75	197.0	26	20	5	2	M200×3	4.89	AHX 3138	KM 40
		145	152	200.08	199.0	31	25	5	2	M200×3	5.90	AHX 3238	KM 40
		160	167	201.25	200.0	32	26	5	2	M200×3	6.63	AHX 2338	KM 40

续表

尺　　寸/mm											质量/kg	基本代号	配用螺母代号
d_1	d	B_3 max	B_4	D_1	D_2	a	b	f	r	G	W ≈	退卸衬套	
190	200	77	82	204.83	203.0	24	18	5	2	Tr210×4	—	AHX 240	HM 42
		102	108	206.92	205.0	25	19	5	2	Tr210×4	3.80	AHX 3040	HM 42
		118	123	208.17	207.0	25	19	5	2	Tr220×4	—	AH 2240	HM 44
		134	140	209.42	208.0	27	21	5	2	Tr220×4	5.49	AH 3140	HM 44
		153	160	210.75	209.0	31	25	5	2	Tr220×4	6.68	AH 3240	HM 44
		170	177	211.75	210.0	36	30	5	2	Tr220×4	7.54	AH 2340	HM 44
200	220	85	91	225.58	224.0	24	18	5	2	Tr230×4	—	AHX 244	HM 46
		111	117	227.58	226.0	26	20	5	2	Tr230×4	7.40	AHX 3044	HM 46
		130	136	229.17	228.0	26	20	5	2	Tr240×4	—	AH 2244	HM 48
		145	151	230.17	229.0	29	23	5	2	Tr240×4	10.40	AH 3144	HM 48
		181	189	232.75	231.0	36	30	5	2	Tr240×4	13.50	AH 2344	HM 48
220	240	96	102	246.17	245.0	28	22	5	2	Tr260×4	—	AH 248	HML 52
		116	123	248.00	247.0	27	21	5	2	Tr260×4	8.75	AH 3048	HML 52
		144	150	250.25	249.0	27	21	5	2	Tr260×4	—	AH 2248	HM 52
		154	161	250.83	249.0	31	25	5	2	Tr260×4	12.0	AH 3148	HM 52
		189	197	253.42	252.0	36	30	5	2	Tr260×4	15.50	AH 2348	HM 52
240	260	105	111	266.83	265.0	29	23	6	3	Tr280×4	—	AHX 252	HML 56
		128	135	268.83	267.0	29	23	6	3	Tr280×4	10.70	AH 3052	HML 56
		155	161	271.00	270.0	29	23	6	3	Tr280×4	—	AHX 2252	HM 56
		172	179	272.25	271.0	32	26	6	3	Tr280×4	16.20	AHX 3152	HM 56
		205	213	274.75	273.0	36	30	6	3	Tr280×4	19.60	AHX 2352	HM 56
260	280	105	113	287.00	286.0	29	23	6	3	Tr300×4	—	AHX 256	HML 60
		131	139	289.08	288.0	30	24	6	3	Tr300×4	12.0	AH 3056	HML 60
		155	163	291.08	290.0	30	24	6	3	Tr300×4	—	AHX 2256	HM 60
		175	183	292.42	291.0	34	28	6	3	Tr300×4	17.5	AHX 3156	HM 60
		212	220	295.33	294.0	36	30	6	3	Tr300×4	21.6	AHX 2356	HM 60
280	300	145	153	310.08	309.0	32	26	6	3	Tr320×5	14.4	AH 3060	HML 64
		170	178	312.17	311.0	32	26	6	3	Tr320×5	—	AHX 2260	HM 64
		192	200	313.67	312.0	36	30	6	3	Tr320×5	20.8	AHX 3160	HM 64
		228	236	316.33	315.0	40	34	6	3	Tr320×5	26.0	AHX 3260	HM 64
300	320	149	157	330.33	329.0	33	27	6	3	Tr340×5	16.0	AHX 3064	HML 68
		180	190	333.08	332.0	33	27	6	3	Tr340×5	—	AHX 2264	HM 68
		209	217	335.00	334.0	37	31	6	3	Tr340×5	24.5	AHX 3164	HM 68
		246	254	337.67	336.0	42	36	6	3	Tr340×4	30.6	AHX 3264	HM 68
320	340	162	171	351.42	350.0	34	28	6	3	Tr360×5	19.5	AHX 3068	HML 72
		225	234	356.25	355.0	39	33	6	3	Tr360×5	29.0	AHX 3168	HM 72
		264	273	359.08	358.0	44	38	6	3	Tr360×5	35.4	AHX 3268	HM 72
340	360	167	176	371.67	370.0	36	30	6	3	Tr380×5	21.0	AHX 3072	HML 76
		229	238	376.42	375.0	41	35	6	3	Tr380×5	33.0	AHX 3172	HM 76
		274	283	379.95	378.0	46	40	6	3	Tr380×5	41.5	AHX 3272	HM 76
360	380	170	180	391.92	390.0	37	31	6	3	Tr400×5	23.2	AHX 3076	HML 80
		232	242	396.67	395.0	42	36	6	3	Tr400×5	35.7	AHX 3176	HM 80
		284	294	400.50	399.0	48	42	6	3	Tr400×5	45.6	AHX 3276	HM 80

续表

尺寸/mm											质量/kg	基本代号	配用螺母代号
d_1	d	B_3 max	B_4	D_1	D_2	a	b	f	r	G	W ≈	退卸衬套	
380	400	183	193	412.83	411.0	39	33	6	3	Tr420×5	27.3	AHX 3080	HML 84
		240	250	417.17	416.0	44	38	6	3	Tr420×5	39.5	AHX 3180	HM 84
		302	312	421.83	420.0	50	44	6	3	Tr420×5	51.7	AHX 3280	HM 84
400	420	186	196	433.00	432.0	40	34	8	3	Tr440×5	29.0	AHX 3084	HML 88
		266	276	439.17	438.0	46	40	8	3	Tr440×5	46.5	AHX 3184	HM 88
		321	331	443.25	442.0	52	46	8	3	Tr440×5	58.9	AHX 3284	HM 88
420	440	194	205	453.67	452.0	41	35	8	3	Tr460×5	32.0	AHX 3088	HML 92
		270	281	459.42	458.0	48	42	8	3	Tr460×5	49.8	AHX 3188	HM 92
		330	341	463.92	462.0	54	48	8	3	Tr460×5	63.8	AHX 3288	HM 92
440	460	202	213	474.17	473.0	43	37	8	3	Tr480×5	35.2	AHX 3092	HML 96
		285	296	480.58	479.0	49	43	8	3	Tr480×5	57.9	AHX 3192	HM 96
		349	360	485.33	484.0	56	50	8	3	Tr480×5	74.5	AHX 3292	HM 96
460	480	205	217	494.42	493.0	44	38	8	3	Tr500×5	39.2	AHX 3096	HML/500
		295	307	501.33	500.0	51	45	8	4	Tr500×5	63.1	AHX 3196	HM/500
		364	376	506.50	505.0	58	52	8	4	Tr500×5	82.1	AHX 3296	HM/500
480	500	209	221	514.58	513.0	46	40	8	3	Tr530×6	42.5	AHX 30/500	HML/530
		313	325	522.67	521.0	53	47	8	4	Tr530×6	70.9	AHX 31/500	HM/530
		393	405	528.75	527.0	60	54	8	4	Tr530×6	94.6	AHX 32/500	HM/530

注：d_1 = 500~1000 的尺寸未编入。

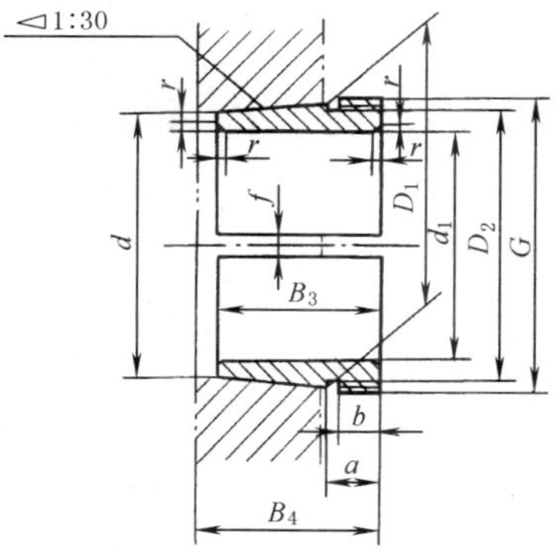

表 8-2-130　　用于内孔锥度为 1∶30 轴承的退卸衬套

尺寸/mm					基本代号	配用螺母代号
d_1	d	B_3 max	B_4	G	退卸衬套	
115	120	73	82	M125×2	AH 24024	KM 25
		93	102	M130×2	AH 24124	KM 26
125	130	83	93	M135×2	AH 24026	KM 27
		94	104	M140×2	AH 24126	KM 28
135	140	83	93	M145×2	AH 24028	KM 29
		99	109	M150×2	AH 24128	KM 30
145	150	90	101	M155×3	AH 24030	KM 31
		115	126	M160×3	AH 24130	KM 32

续表

尺寸/mm					基本代号	配用螺母代号
d_1	d	B_3 max	B_4	G	退卸衬套	
150	160	95	106	M170×3	AH 24032	KM 34
		124	135	M170×3	AH 24132	KM 34
160	170	106	117	M180×3	AH 24034	KM 36
		125	136	M180×3	AH 24134	KM 36
170	180	116	127	M190×3	AH 24036	KM 38
		134	145	M190×3	AH 24136	KM 38
180	190	118	131	M200×3	AH 24038	KM 40
		146	159	M200×3	AH 24138	KM 40
190	200	127	140	Tr210×4	AH 24040	HM 42
		158	171	Tr210×4	AH 24140	HM 42
200	220	138	152	Tr230×4	AH 24044	HM 46
		170	184	Tr230×4	AH 24144	HM 46
220	240	138	153	Tr250×4	AH 24048	HM 50
		180	195	Tr260×4	AH 24148	HM 52
240	260	162	178	Tr280×4	AH 24052	HM 56
		202	218	Tr280×4	AH 24152	HM 56
260	280	162	179	Tr300×4	AH 24056	HM 60
		202	219	Tr300×4	AH 24156	HM 60
280	300	184	202	Tr320×5	AH 24060	HM 64
		224	242	Tr320×5	AH 24160	HM 64
300	320	184	202	Tr340×5	AH 24064	HM 68
		242	260	Tr340×5	AH 24164	HM 68
320	340	206	225	Tr360×5	AH 24068	HM 72
		269	288	Tr360×5	AH 24168	HM 72
340	360	206	226	Tr380×5	AH 24072	HM 76
		269	289	Tr380×5	AH 24172	HM 76
360	380	208	228	Tr400×5	AH 24076	HM 80
		271	291	Tr400×5	AH 24176	HM 80
380	400	228	248	Tr420×5	AH 24080	HM 84
		278	298	Tr420×5	AH 24180	HM 84
400	420	230	252	Tr440×5	AH 24084	HM 88
		310	332	Tr440×5	AH 24184	HM 88
420	440	242	264	Tr460×5	AH 24088	HM 92
		310	332	Tr460×5	AH 24188	HM 92
440	460	250	273	Tr480×5	AH 24092	HM 96
		332	355	Tr480×5	AH 24192	HM 96
460	480	250	273	Tr500×5	AH 24096	HM/500
		340	363	Tr500×5	AH 24196	HM/500

续表

尺寸/mm					基本代号	配用螺母代号
d_1	d	B_3 max	B_4	G	退卸衬套	
480	500	253	276	Tr530×6	AH 240/500	HM/530
		360	383	Tr530×6	AH 241/500	HM/530
500	530	285	309	Tr560×6	AH 240/530	HM/560
		370	394	Tr560×6	AH 241/530	HM/560
530	560	296	320	Tr600×6	AH 240/560	HM/600
		393	417	Tr600×6	AH 241/560	HM/600
570	600	310	336	Tr630×6	AH 240/600	HM/630
		413	439	Tr630×6	AH 241/600	HM/630

注：d_1 = 600～1000 的尺寸未编入。

11.14 止推环（摘自 GB/T 7813—2008）

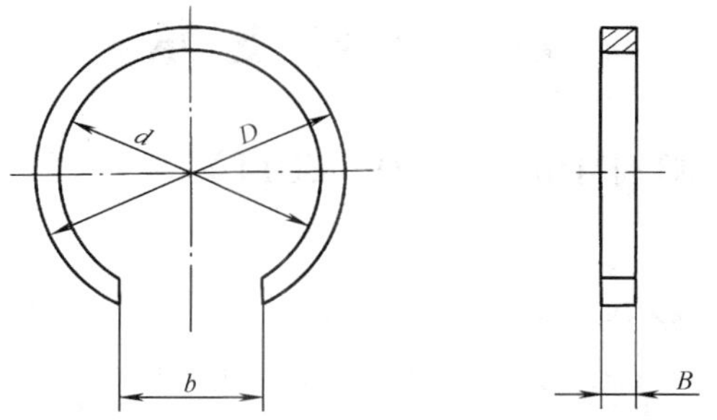

表 8-2-131

mm

型号	D	d	B	b	型号	D	d	B	b
SR 52×5	52	45	5	32	SR 140×8.5	140	127	8.5	93
SR 52×7	52	45	7	32	SR 140×10	140	127	10	93
SR 62×7	62	54	7	38	SR 140×12.5	140	127	12.5	93
SR 62×8.5	62	54	8.5	38	SR 150×9	150	135	9	98
SR 62×10	62	54	10	38	SR 150×10	150	135	10	98
SR 72×8	72	64	8	47	SR 150×13	150	135	13	98
SR 72×9	72	64	9	47	SR 160×10	160	144	10	105
SR 72×10	72	64	10	47	SR 160×11.2	160	144	11.2	105
SR 80×7.5	80	70	7.5	52	SR 160×14	160	144	14	105
SR 80×10	80	70	10	52	SR 160×16.2	160	144	16.2	105
SR 85×6	85	75	6	57	SR 170×10	170	154	10	112
SR 85×8	85	75	8	57	SR 170×10.5	170	154	10.5	112
SR 90×6.5	90	80	6.5	62	SR 170×14.5	170	154	14.5	112
SR 90×10	90	80	10	62	SR 180×10	180	163	10	120
SR 100×6	100	90	6	68	SR 180×12.1	180	163	12.1	120
SR 100×8	100	90	8	68	SR 180×14.5	180	163	14.5	120
SR 100×10	100	90	10	68	SR 180×18.1	180	163	18.1	120
SR 100×10.5	100	90	10.5	68	SR 190×10	190	173	10	130
SR 110×8	110	99	8	73	SR 190×15.5	190	173	15.5	130
SR 110×10	110	99	10	73	SR 200×10	200	180	10	130
SR 110×11.5	110	99	11.5	73	SR 200×13.5	200	180	13.5	130
SR 120×10	120	108	10	78	SR 200×16	200	180	16	130
SR 120×12	120	108	12	78	SR 200×21	200	180	21	130
SR 125×10	125	113	10	84	SR 215×10	215	195	10	140
SR 125×13	125	113	13	84	SR 215×14	215	195	14	140
SR 130×8	130	118	8	88	SR 215×18	215	195	18	140
SR 130×10	130	118	10	88	SR 230×10	230	210	10	150
SR 130×12.5	130	118	12.5	88	SR 230×13	230	210	13	150

续表

型　　号	D	d	B	b	型　　号	D	d	B	b
SR 240×10	240	218	10	150	SR 360×6	360	332	5	210
SR 240×20	240	218	20	150	SR 360×10	360	332	10	210
SR 250×10	250	230	10	160	SR 370×10	370	337	10	210
SR 250×15	250	230	15	160	SR 380×5	380	342	5	210
SR 260×10	260	238	10	170	SR 400×5	400	369	5	210
SR 270×10	270	248	10	170	SR 400×10	400	369	10	210
SR 270×16. 5	270	248	16. 5	170	SR 420×5	420	379	5	220
SR 280×10	280	255	10	170	SR 440×5	440	420	5	220
SR 290×10	290	268	10	180	SR 440×10	440	420	10	220
SR 290×17	290	268	17	180	SR 460×5	460	430	5	200
SR 300×10	300	275	10	190	SR 460×10	460	430	10	200
SR 310×5	310	285	5	190	SR 480×5	480	451	5	240
SR 310×10	310	285	10	190	SR 500×5	500	461	5	220
SR 320×5	320	296	5	200	SR 500×10	500	461	10	220
SR 320×10	320	296	10	200	SR 540×5	540	487	5	240
SR 340×5	340	314	5	210	SR 540×10	540	487	10	240
SR 340×10	340	314	10	210	SR 580×5	580	524	5	260

12　回转支承

12.1　型号编制方法（摘自 JB/T 2300—2011）

回转支承 ×× ×. ××. ××××. × × JB/T 2300

- 安装孔型式：0— 内、外圈安装孔均为光孔
  - 1— 内、外圈安装孔均为螺纹孔
  - 2— 内圈安装孔为螺纹孔，外圈安装孔为光孔
  - 3— 外圈安装孔为螺纹孔，内圈安装孔为光孔
- 安装配合型式：0— 标准型无止口
  - 1— 标准型有止口
  - 2— 特殊型
- 滚道中心圆直径 D_L，mm
- 滚动体直径 D_W，mm
- 传动型式：0— 无齿式；
  - 1— 渐开线圆柱齿轮外齿啮合较小模数
  - 2— 渐开线圆柱齿轮外齿啮合较大模数
  - 3— 渐开线圆柱齿轮内齿啮合较小模数
  - 4— 渐开线圆柱齿轮内齿啮合较大模数
- 结构型式：01— 单排四点接触球式回转支承
  - 02— 双排异径球式回转支承
  - 11— 单排交叉滚柱式回转支承
  - 13— 三排滚柱式回转支承

标记示例：单排四点接触球式，内齿啮合较大模数，滚动体直径为 40mm，滚道中心圆直径为 1000mm，标准型有止口，内、外圈安装孔均为光孔的回转支承。标记为：回转支承 014. 40. 1000. 10 JB/T 2300

12.2　基本参数

12.2.1　单排四点接触球式回转支承（01 系列）

单排四点接触球式回转支承由两个座圈组成，结构紧凑、重量轻、钢球与圆弧滚道四点接触，能同时承受轴向力、径向力和倾翻力矩。适用于回转式输送机、焊接操作机、中小型起重机和挖掘机等工程机械。

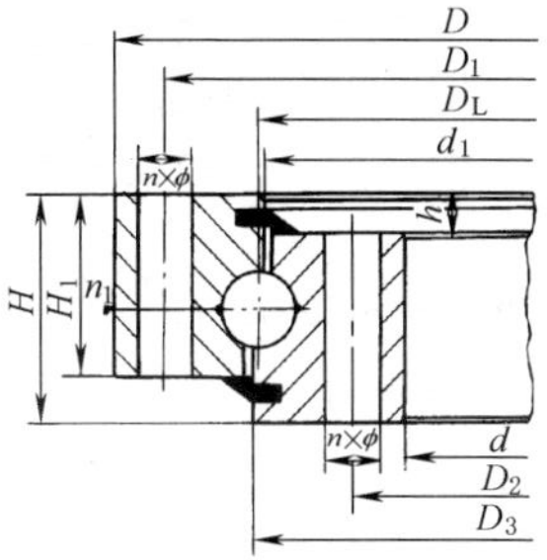

010

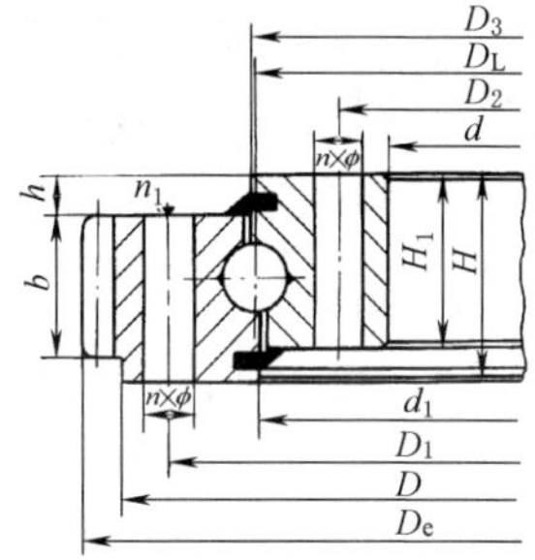

011、012

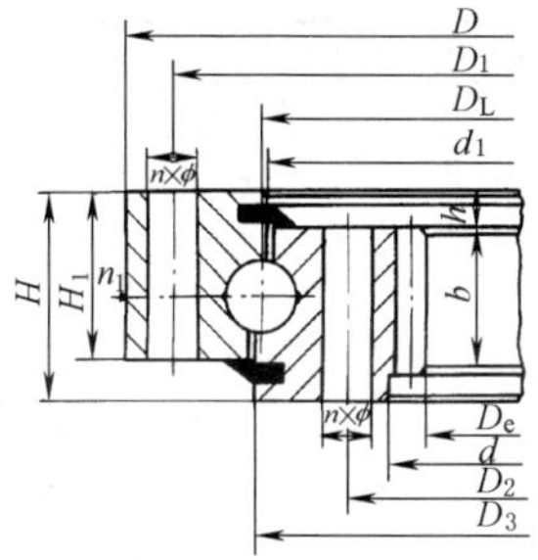

013、014

表 8-2-132

承载曲线图编号	基本型号			外形尺寸			安装尺寸				结构尺寸					齿轮参数			外齿参数		内齿参数		齿轮圆周力		参考质量/kg
	无齿式 D_L/mm	外齿式 D_L/mm	内齿式 D_L/mm	D/mm	d/mm	H/mm	D_1/mm	D_2/mm	n	ϕ/mm	n_1	D_3/mm	d_1/mm	H_1/mm	h/mm	b/mm	径向变位系数 x	模数 m/mm	D_e/mm	齿数 z	D_e/mm	齿数 z	正火 Z/10^4N	调质 T/10^4N	
1	010.30.500	011.30.500	013.30.500	602	398	80	566	434	20	18(M16)	4	501	498	70	10	60	+0.5	5	629	123	367	74	3.7	5.2	85
		012.30.500	014.30.500															6	628.8	102	368.4	62	4.5	6.2	
1′	010.25.500	011.25.500	013.25.500	602	398	80	566	434	20	18(M16)	4	501	499	70	10	60	+0.5	5	629	123	367	74	3.7	5.2	85
		012.25.500	014.25.500															6	628.8	102	368.4	62	4.5	6.2	
2	010.30.560	011.30.560	013.30.560	662	458	80	626	494	20	18(M16)	4	561	558	70	10	60	+0.5	5	689	135	427	86	3.7	5.2	95
		012.30.560	014.30.560															6	688.8	112	428.4	72	4.5	6.2	
2′	010.25.560	011.25.560	013.25.560	662	458	80	626	494	20	18(M16)	4	561	559	70	10	60	+0.5	5	689	135	427	86	3.7	5.2	95
		012.25.560	014.25.560															6	688.8	112	428.4	72	4.5	6.2	
3	010.30.630	011.30.630	013.30.630	732	528	80	696	564	24	18(M16)	4	631	628	70	10	60	+0.5	6	772.8	126	494.4	83	4.5	6.2	110
		012.30.630	014.30.630															8	774.4	94	491.2	62	6.0	8.3	
3′	010.25.630	011.25.630	013.25.630	732	528	80	696	564	24	18(M16)	4	631	629	70	10	60	+0.5	6	772.8	126	494.4	83	4.5	6.2	110
		012.25.630	014.25.630															8	774.4	94	491.2	62	6.0	8.3	
4	010.30.710	011.30.710	013.30.710	812	608	80	776	644	24	18(M16)	4	711	708	70	10	60	+0.5	6	850.8	139	572.4	96	4.5	6.2	120
		012.30.710	014.30.710															8	854.4	104	571.2	72	6.0	8.3	
4′	010.25.710	011.25.710	013.25.710	812	608	80	776	644	24	18(M16)	4	711	709	70	10	60	+0.5	6	850.8	139	572.4	96	4.5	6.2	120
		012.25.710	014.25.710															8	854.4	104	571.2	72	6.0	8.3	
5	010.40.800	011.40.800	013.40.800	922	678	100	878	722	30	22(M20)	6	801	798	90	10	80	+0.5	8	966.4	118	635.2	80	8.0	11.1	220
		012.40.800	014.40.800															10	968	94	634	64	10.0	14.0	
5′	010.30.800	011.30.800	013.30.800	922	678	100	878	722	30	22(M20)	6	801	798	90	10	80	+0.5	8	966.4	118	635.2	80	8.0	11.1	220
		012.30.800	014.30.800															10	968	94	634	64	10.0	14.1	

续表

承载曲线图编号	基本型号			外形尺寸			安装尺寸				结构尺寸					齿轮参数			外齿参数		内齿参数		齿轮圆周力		参考质量 /kg
	无齿式 D_L /mm	外齿式 D_L /mm	内齿式 D_L /mm	D /mm	d /mm	H /mm	D_1 /mm	D_2 /mm	n	ϕ /mm	n_1	D_3 /mm	d_1 /mm	H_1 /mm	h /mm	b /mm	径向变位系数 x	模数 m /mm	D_e /mm	齿数 z	D_e /mm	齿数 z	正火 Z /10^4N	调质 T /10^4N	
6	010. 40. 900	011. 40. 900	013. 40. 900	1022	778	100	978	822	30	22 (M20)	6	901	898	90	10	80	+0. 5	8	1062. 4	130	739. 2	93	8. 0	11. 1	240
		012. 40. 900	014. 40. 900															10	1068	104	734	74	10. 0	14. 0	
6′	010. 30. 900	011. 30. 900	013. 30. 900	1022	778	100	978	822	30	22 (M20)	6	901	898	90	10	80	+0. 5	8	1062. 4	130	739. 2	93	8. 0	11. 1	240
		012. 30. 900	014. 30. 900															10	1068	104	734	74	10. 0	14. 0	
7	010. 40. 1000	011. 40. 1000	013. 40. 1000	1122	878	100	1078	922	36	22 (M20)	6	1001	998	90	10	80	+0. 5	10	1188	116	824	83	10. 0	14. 0	270
		012. 40. 1000	014. 40. 1000															12	1185. 6	96	820. 8	69	12. 0	16. 7	
7′	010. 30. 1000	011. 30. 1000	013. 30. 1000	1122	878	100	1078	922	36	22 (M20)	6	1001	998	90	10	80	+0. 5	10	1188	116	824	83	10. 0	14. 0	270
		012. 30. 1000	014. 30. 1000															12	1185. 6	96	820. 8	69	12. 0	16. 7	
8	010. 40. 1120	011. 40. 1120	013. 40. 1120	1242	998	100	1198	1042	36	22 (M20)	6	1121	1118	90	10	80	+0. 5	10	1298	127	944	95	10. 0	14. 0	300
		012. 40. 1120	014. 40. 1120															12	1305. 6	106	940. 8	79	12. 0	16. 7	
8′	010. 30. 1120	011. 30. 1120	013. 30. 1120	1242	998	100	1198	1042	36	22 (M20)	6	1121	1118	90	10	80	+0. 5	10	1298	127	944	95	10. 0	14. 0	300
		012. 30. 1120	014. 30. 1120															12	1305. 6	106	940. 8	79	12. 0	16. 7	
9	010. 45. 1250	011. 45. 1250	013. 45. 1250	1390	1110	110	1337	1163	40	26 (M24)	5	1252	1248	100	10	90	+0. 5	12	1449. 6	118	1048. 8	88	13. 5	18. 8	420
		012. 45. 1250	014. 45. 1250															14	1453. 2	101	1041. 6	75	15. 8	21. 9	
9′	010. 35. 1250	011. 35. 1250	013. 35. 1250	1390	1110	110	1337	1163	40	26 (M24)	5	1251	1248	100	10	90	+0. 5	12	1449. 6	118	1048. 8	88	13. 5	18. 8	420
		012. 35. 1250	014. 35. 1250															14	1453. 2	101	1041. 6	75	15. 8	21. 9	
10	010. 45. 1400	011. 45. 1400	013. 45. 1400	1540	1260	110	1487	1313	40	26 (M24)	5	1402	1398	100	10	90	+0. 5	12	1605. 6	131	1192. 8	100	13. 5	18. 8	480
		012. 45. 1400	014. 45. 1400															14	1607. 2	112	1195. 6	86	15. 8	21. 9	
10′	010. 35. 1400	011. 35. 1400	013. 35. 1400	1540	1260	110	1487	1313	40	26 (M24)	5	1401	1398	100	10	90	+0. 5	12	1605. 6	131	1192. 8	100	13. 5	18. 8	480
		012. 35. 1400	014. 35. 1400															14	1607. 2	112	1195. 6	86	15. 8	21. 9	
11	010. 45. 1600	011. 45. 1600	013. 45. 1600	1740	1460	110	1687	1513	45	26 (M24)	5	1602	1598	100	10	90	+0. 5	14	1817. 2	127	1391. 6	100	15. 8	21. 9	550
		012. 45. 1600	014. 45. 1600															16	1820. 8	111	1382. 4	87	18. 1	25. 0	
11′	010. 35. 1600	011. 35. 1600	013. 35. 1600	1740	1460	110	1687	1513	45	26 (M24)	5	1601	1598	100	10	90	+0. 5	14	1817. 2	127	1391. 6	100	15. 8	21. 9	550
		012. 35. 1600	014. 35. 1600															16	1820. 8	111	1382. 4	87	18. 1	25. 0	
12	010. 45. 1800	011. 45. 1800	013. 45. 1800	1940	1660	110	1887	1713	45	26 (M24)	5	1802	1798	100	10	90	+0. 5	14	2013. 2	141	1573. 6	113	15. 8	21. 9	610
		012. 45. 1800	014. 45. 1800															16	2012. 8	123	1574. 4	99	18. 1	25. 0	
12′	010. 35. 1800	011. 35. 1800	013. 35. 1800	1940	1660	110	1887	1713	45	26 (M24)	5	1801	1798	100	10	90	+0. 5	14	2013. 2	141	1573. 6	113	15. 8	21. 9	610
		012. 35. 1800	014. 35. 1800															16	2012. 8	123	1574. 4	99	18. 1	25. 0	
13	010. 60. 2000	011. 60. 2000	013. 60. 2000	2178	1825	144	2110	1891	48	33 (M30)	8	2002	1998	132	12	120	+0. 5	16	2268. 8	139	1734. 4	109	24. 1	33. 3	1100
		012. 60. 2000	014. 60. 2000															18	2264. 4	123	1735. 2	97	27. 1	37. 5	
13′	010. 40. 2000	011. 40. 2000	013. 40. 2000	2178	1825	144	2110	1891	48	33 (M30)	8	2001	1998	132	12	120	+0. 5	16	2268. 8	139	1734. 4	109	24. 1	33. 3	1100
		012. 40. 2000	014. 40. 2000															18	2264. 4	123	1735. 2	97	27. 1	37. 5	

续表

承载曲线图编号	基本型号 无齿式 D_L /mm	基本型号 外齿式 D_L /mm	基本型号 内齿式 D_L /mm	外形尺寸 D /mm	外形尺寸 d /mm	外形尺寸 H /mm	安装尺寸 D_1 /mm	安装尺寸 D_2 /mm	安装尺寸 n	安装尺寸 ϕ /mm	结构尺寸 n_1	结构尺寸 D_3 /mm	结构尺寸 d_1 /mm	结构尺寸 H_1 /mm	结构尺寸 h /mm	齿轮参数 b /mm	齿轮参数 径向变位系数 x	齿轮参数 模数 m /mm	外齿参数 D_e /mm	外齿参数 齿数 z	内齿参数 D_e /mm	内齿参数 齿数 z	齿轮圆周力 正火 Z /10^4N	齿轮圆周力 调质 T /10^4N	参考质量 /kg
14	010.60.2240	011.60.2240	013.60.2240	2418	2065	144	2350	2131	48	33 (M30)	8	2242	2238	132	12	120	+0.5	16	2492.8	153	1990.4	125	24.1	33.3	1250
		012.60.2240	014.60.2240															18	2498.4	136	1987.2	111	27.1	37.5	
14′	010.40.2240	011.40.2240	013.40.2240	2418	2065	144	2350	2131	48	33 (M30)	8	2241	2238	132	12	120	+0.5	16	2492.8	153	1990.4	125	24.1	33.3	1250
		012.40.2240	014.40.2240															18	2498.4	136	1987.2	111	27.1	37.5	
15	010.60.2500	011.60.2500	013.60.2500	2678	2325	144	2610	2391	56	33 (M30)	8	2502	2498	132	12	120	+0.5	18	2768.4	151	2239.2	125	27.1	37.5	1400
		012.60.2500	014.60.2500															20	2776	136	2228	112	30.1	41.8	
15′	010.40.2500	011.40.2500	013.40.2500	2678	2325	144	2610	2391	56	33 (M30)	8	2501	2498	132	12	120	+0.5	18	2768.4	151	2239.2	125	27.1	37.5	1400
		012.40.2500	014.40.2500															20	2776	136	2228	112	30.1	41.8	
16	010.60.2800	011.60.2800	013.60.2800	2978	2625	144	2910	2691	56	33 (M30)	8	2802	2798	132	12	120	+0.5	18	3074.4	168	2527.2	141	27.1	37.5	1600
		012.60.2800	014.60.2800															20	3076	151	2528	127	30.1	41.8	
16′	010.40.2800	011.40.2800	013.40.2800	2978	2625	144	2910	2691	56	33 (M30)	8	2802	2798	132	12	120	+0.5	18	3074.4	168	2527.2	141	27.1	37.5	1600
		012.40.2800	014.40.2800															20	3076	151	2528	127	30.1	41.8	
17	010.75.3150	011.75.3150	013.75.3150	3376	2922	174	3286	3014	56	45 (M42)	8	3152	3147	162	12	150	+0.5	20	3476	171	2828	142	37.7	52.2	2800
		012.75.3150	014.75.3150															22	3471.6	155	2824.8	129	41.5	57.4	
17′	010.50.3150	011.50.3150	013.50.3150	3376	2922	174	3286	3014	56	45 (M42)	8	3152	3147	162	12	150	+0.5	20	3476	171	2828	142	37.7	52.2	2800
		012.50.3150	014.50.3150															22	3471.6	155	2824.8	129	41.5	57.4	
18	010.75.3550	011.75.3550	013.75.3550	3776	3322	174	3686	3414	56	45 (M42)	8	3552	3547	162	12	150	+0.5	20	3876	191	3228	162	37.7	52.2	3200
		012.75.3550	014.75.3550															22	3889.6	174	3220.8	147	41.5	57.4	
18′	010.50.3550	011.50.3550	013.50.3550	3776	3322	174	3686	3414	56	45 (M42)	8	3552	3547	162	12	150	+0.5	20	3876	191	3228	162	37.7	52.2	3200
		012.50.3550	014.50.3550															22	3889.6	174	2220.8	147	41.5	57.4	
19	010.75.4000	011.75.4000	013.75.4000	4226	3772	174	4136	3864	60	45 (M42)	10	4002	3997	162	12	150	+0.5	22	4329.6	194	3660.8	167	41.5	57.4	3600
		012.75.4000	014.75.4000															25	4345	171	3660	147	47.1	65.2	
19′	010.50.4000	011.50.4000	013.50.4000	4226	3772	174	4136	3864	60	45 (M42)	10	4002	3998	162	12	150	+0.5	22	4329.6	194	3660.8	167	41.5	57.4	3600
		012.50.4000	014.50.4000															25	4345	171	3660	147	47.1	65.2	
20	010.75.4500	011.75.4500	013.75.4500	4726	4272	174	4636	4364	60	45 (M42)	10	4502	4497	162	12	150	+0.5	22	4835.6	217	4166.8	190	41.5	57.4	4000
		012.75.4500	014.75.4500															25	4845	191	4160	167	47.1	65.2	
20′	010.50.4500	011.50.4500	013.50.4500	4726	4272	174	4636	4364	60	45 (M42)	10	4502	4497	162	12	150	+0.5	22	4835.6	217	4166.8	190	41.5	57.4	4000
		012.50.4500	014.50.4500															25	4845	191	4160	167	47.1	65.2	

注：1. n_1 为润滑油孔数，均布；油杯 M10×1 JB/T 7940.1～7940.2。
2. 安装孔 $n\times\phi$ 可为光孔或螺孔；若为螺孔，螺纹深度是螺纹直径的 2 倍。
3. 表内齿轮圆周力为最大圆周力，额定圆周力取其 1/2。
4. 外齿修顶系数为 0.1，内齿修顶系数为 0.2。
5. 内外径均为自由公差。若主机与回转支承有配合要求，订货时必须注明。
6. 在 JB/T 2300—2011 的标准中，还有滚道中心圆直径 D_L = 200～450 的规格，本表未编入，见原标准。
7. 生产厂：徐州罗特艾德回转支承公司。该公司除生产 01、03 系列回转支承外，还有单排交叉滚柱式（11 系列）、双排球式（02 系列）等多种产品。

12.2.2 三排滚柱式回转支承（13 系列）

三排滚柱式回转支承有三个座圈，上、下及径向滚道各自分开，使得每一排滚柱的负载都能确切地加以确定。能够同时承受各种载荷，是回转支承四种产品中承载能力最大的一种，轴、径向尺寸都较大，结构牢固，特别适用于要求较大直径的重型机械，如斗轮式挖掘机、轮式起重机、船用起重机、港口起重机、钢水运转台及大吨位汽车起重机等机械上。

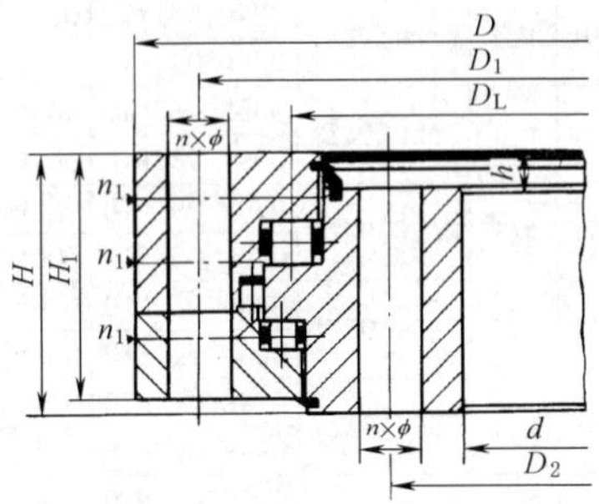

130

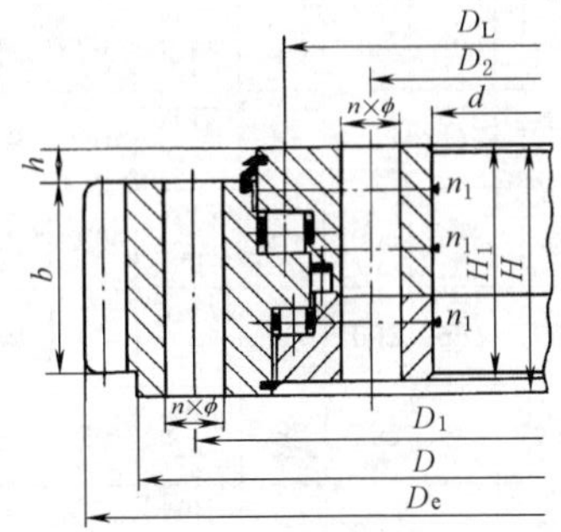

131、132

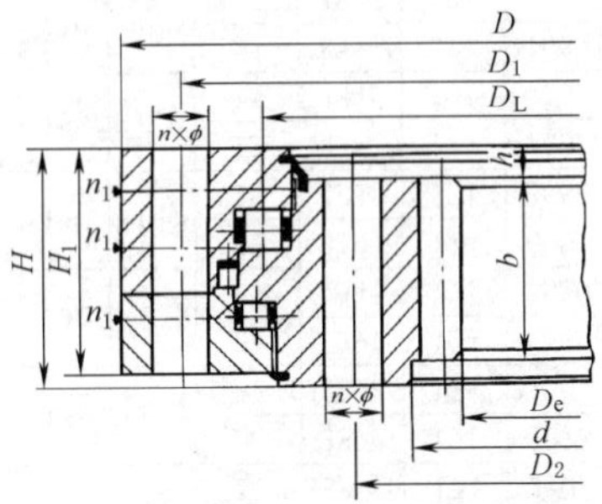

133、134

表 8-2-133

承载曲线图编号	基本型			外形尺寸			安装尺寸				结构尺寸			齿轮参数			外齿参数		内齿参数		齿轮圆周力		参考质量 /kg
	无齿式 D_L /mm	外齿式 D_L /mm	内齿式 D_L /mm	D /mm	d /mm	H /mm	D_1 /mm	D_2 /mm	n	ϕ /mm	n_1	H_1 /mm	h /mm	b /mm	径向变位系数 x	模数 m /mm	D_e /mm	齿数 z	D_e /mm	齿数 z	正火 Z /10^4N	调质 T /10^4N	
1	130.25.500	131.25.500	133.25.500	634	366	148	598	402	24	18 (M16)	4	138	32	80	+0.5	5	664	130	337	68	5.0	6.7	224
		132.25.500	134.25.500													6	664.8	108	338.4	57	6.0	8.0	
2	130.25.560	131.25.560	133.25.560	694	426	148	658	462	24	18 (M16)	4	138	32	80	+0.5	5	724	142	397	80	5.0	6.7	240
		132.25.560	134.25.560													6	724.8	118	398.4	67	6.0	8.0	
3	130.25.630	131.25.630	133.25.630	764	496	148	728	532	28	18 (M16)	4	138	32	80	+0.5	6	808.8	132	458.4	77	6.0	8.0	270
		132.25.630	134.25.630													8	806.4	98	459.2	58	8.0	11.0	
4	130.25.710	131.25.710	133.25.710	844	576	148	808	612	28	18 (M16)	4	138	32	80	+0.5	6	886.8	145	536.4	90	6.0	8.0	300
		132.25.710	134.25.710													8	886.4	108	539.2	68	8.0	11.0	

续表

承载曲线图编号	基本型 无齿式 D_L /mm	基本型 外齿式 D_L /mm	基本型 内齿式 D_L /mm	外形尺寸 D /mm	外形尺寸 d /mm	外形尺寸 H /mm	安装尺寸 D_1 /mm	安装尺寸 D_2 /mm	安装尺寸 n	安装尺寸 ϕ /mm	结构尺寸 n_1	结构尺寸 H_1 /mm	结构尺寸 h /mm	齿轮参数 b /mm	齿轮参数 径向变位系数 x	齿轮参数 模数 m /mm	外齿参数 D_e /mm	外齿参数 齿数 z	内齿参数 D_e /mm	内齿参数 齿数 z	齿轮圆周力 正火 Z /10^4N	齿轮圆周力 调质 T /10^4N	参考质量 /kg
5	130. 32. 800	131. 32. 800	133. 32. 800	964	636	182	920	680	36	22 (M20)	4	172	40	120	+0. 5	8	1006. 4	123	595. 2	75	12. 1	16. 7	500
		132. 32. 800	134. 32. 800													10	1008	98	594	60	15. 1	20. 9	
6	130. 32. 900	131. 32. 900	133. 32. 900	1064	736	182	1020	780	36	22 (M20)	4	172	40	120	+0. 5	8	1102. 4	135	691. 2	87	12. 1	16. 7	600
		132. 32. 900	134. 32. 900													10	1108	108	694	70	15. 1	20. 9	
7	130. 32. 1000	131. 32. 1000	133. 32. 1000	1164	836	182	1120	880	40	22 (M20)	5	172	40	120	+0. 5	10	1218	119	784	79	15. 1	20. 9	680
		132. 32. 1000	134. 32. 1000													12	1221. 6	99	784. 8	66	18. 1	25. 1	
8	130. 32. 1120	131. 32. 1120	133. 32. 1120	1284	956	182	1240	1000	40	22 (M20)	5	172	40	120	+0. 5	10	1338	131	904	91	15. 1	20. 9	820
		132. 32. 1120	134. 32. 1120													12	1341. 6	109	904. 8	76	18. 1	25. 1	
9	130. 40. 1250	131. 40. 1250	133. 40. 1250	1445	1055	220	1393	1107	45	26 (M24)	5	210	50	150	+0. 5	12	1509. 6	123	988. 8	83	22. 9	31. 4	1200
		132. 40. 1250	134. 40. 1250													14	1509. 2	105	985. 6	71	26. 3	36. 6	
10	130. 40. 1400	131. 40. 1400	133. 40. 1400	1595	1205	220	1543	1257	45	26 (M24)	5	210	50	150	+0. 5	12	1665. 6	136	1144. 8	96	22. 9	31. 4	1300
		132. 40. 1400	134. 40. 1400													14	1663. 2	116	1139. 6	82	26. 3	36. 6	
11	130. 40. 1600	131. 40. 1600	133. 40. 1600	1795	1405	220	1743	1457	48	26 (M24)	6	210	50	150	+0. 5	14	1873. 2	131	1335. 6	96	26. 3	36. 6	1520
		132. 40. 1600	134. 40. 1600													16	1868. 8	114	1334. 4	84	30. 2	41. 7	
12	130. 40. 1800	131. 40. 1800	133. 40. 1800	1995	1605	220	1943	1657	48	26 (M24)	6	210	50	150	+0. 5	14	2069. 2	145	1531. 6	110	26. 3	36. 6	1750
		132. 40. 1800	134. 40. 1800													16	2076. 8	127	1526. 4	96	30. 2	41. 7	

续表

承载曲线图编号	基本型 无齿式 D_L /mm	基本型 外齿式 D_L /mm	基本型 内齿式 D_L /mm	外形尺寸 D /mm	外形尺寸 d /mm	外形尺寸 H /mm	安装尺寸 D_1 /mm	安装尺寸 D_2 /mm	安装尺寸 n	安装尺寸 ϕ /mm	结构尺寸 n_1	结构尺寸 H_1 /mm	结构尺寸 h /mm	齿轮参数 b /mm	齿轮参数 径向变位系数 x	齿轮参数 模数 m /mm	外齿参数 D_e /mm	外齿参数 齿数 z	内齿参数 D_e /mm	内齿参数 齿数 z	齿轮圆周力 正火 Z /10^4N	齿轮圆周力 调质 T /10^4N	参考质量 /kg
13	130.45.2000	131.45.2000	133.45.2000	2221	1779	231	2155	1845	60	33 (M30)	6	219	54	160	+0.5	16	2300.8	141	1702.4	107	32.2	44.5	2400
		132.45.2000	134.45.2000													18	2300.4	125	1699.2	95	36.2	50.1	
14	130.45.2240	131.45.2240	133.45.2240	2461	2019	231	2395	2085	60	33 (M30)	6	219	54	160	+0.5	16	2556.8	157	1926.4	121	32.2	44.5	2700
		132.45.2240	134.45.2240													18	2552.4	139	1933.2	108	36.2	50.1	
15	130.45.2500	131.45.2500	133.45.2500	2721	2279	231	2655	2345	72	33 (M30)	8	219	54	160	+0.5	18	2822.4	154	2185.2	122	36.2	50.1	3000
		132.45.2500	134.45.2500													20	2816	138	2188	110	40.2	55.6	
16	130.45.2800	131.45.2800	133.45.2800	3021	2579	231	2955	2645	72	33 (M30)	8	219	54	160	+0.5	18	3110.4	170	2491.2	139	36.2	50.1	3400
		132.45.2800	134.45.2800													20	3116	153	2488	125	40.2	55.6	
17	130.50.3150	131.50.3150	133.50.3150	3432	2868	270	3342	2958	72	45 (M42)	8	258	65	180	+0.5	20	3536	174	2768	139	45.2	62.6	5000
		132.50.3150	134.50.3150													22	3537.6	158	2758.8	126	49.8	68.9	
18	130.50.3550	131.50.3550	133.50.3550	3832	3268	270	3742	3358	72	45 (M42)	8	258	65	180	+0.5	20	3936	194	3168	159	45.2	62.6	5600
		132.50.3550	134.50.3550													22	3933.6	176	3154.8	144	49.8	68.9	
19	130.50.4000	131.50.4000	133.50.4000	4282	3718	270	4192	3808	80	45 (M42)	8	258	65	180	+0.5	22	4395.6	197	3616.8	165	49.8	68.9	6400
		132.50.4000	134.50.4000													25	4395	173	3610	145	56.5	78.3	
20	130.50.4500	131.50.4500	133.50.4500	4782	4218	270	4692	4308	80	45 (M42)	8	258	65	180	+0.5	22	4901.6	220	4122.8	188	49.8	68.9	7100
		132.50.4500	134.50.4500													25	4895	193	4110	165	56.5	78.3	

注：同表 8-2-132。

12.3　选型计算（摘自 JB/T 2300—2011）

回转支承所承受的作用力包括：总轴向力 F_a（kN）、总倾覆力矩 M（kN·m）、在力矩作用平面内的总径向力 F_r（kN）。如果主机做提升动作，则提升载荷应乘以提升惯性系数 K（$K=1.25$）。选型计算时，静态工况下回转支承所承受的作用力 F_2、M、F_r 和动态工况所承受的作用力应分别计算。

12.3.1　单排四点接触球式（01 系列）回转支承的计算

（1）按静态工况选型

分别按承载角 α 为 45°和 60°两种情况计算。

方法Ⅰ（$\alpha=60°$）：

$$F'_a=(F_a+5.046F_r)f_s$$
$$M'=Mf_s$$

方法Ⅱ（$\alpha=45°$）：

$$F'_a=(1.225F_a+2.676F_r)f_s$$
$$M'=1.225Mf_s$$

式中　F'_a——回转支承当量中心轴向力，kN；

M'——回转支承当量倾翻力矩，kN·m；

f_s——回转支承静态工况下的安全系数，见表 8-2-134。

（2）按动态工况校核寿命

方法Ⅰ（$\alpha=60°$）：

$$F'_a=(F_a+5.046F_r)f_d$$
$$M'=Mf_d$$

方法Ⅱ（$\alpha=45°$）：

$$F'_a=(1.225F_a+2.676F_r)f_d$$
$$M'=1.225Mf_d$$

式中　f_d——回转支承动态工况下安全系数，见表 8-2-134。

表 8-2-134　　　　**回转支承安全系数**

<table>
<tr><th colspan="3" rowspan="4">应用主机</th><th colspan="6">回转支承型式</th></tr>
<tr><th colspan="2">01</th><th colspan="2">02</th><th colspan="2">11、13</th></tr>
<tr><th colspan="6">安全系数</th></tr>
<tr><th>f_s</th><th>f_d</th><th>f_s</th><th>f_d</th><th>f_s</th><th>f_d</th></tr>
<tr><td rowspan="4">塔式起重机</td><td rowspan="3">上回转式</td><td>$M_f\leqslant0.5M$</td><td rowspan="4">1.25</td><td>1.36</td><td rowspan="4">1.25</td><td>1.00</td><td rowspan="4">1.25</td><td>1.00</td></tr>
<tr><td>$0.5M<M_f<0.8M$</td><td>1.55</td><td>1.15</td><td>1.13</td></tr>
<tr><td>$M_f\geqslant0.8M$</td><td>1.71</td><td>1.26</td><td>1.23</td></tr>
<tr><td colspan="2">下回转式</td><td rowspan="2">1.36</td><td>1.00</td><td>1.07</td></tr>
<tr><td colspan="3">轮式起重机、堆取料机及各种工作台</td><td>1.10</td><td>1.10</td><td>1.10</td><td>1.10</td><td>1.00</td></tr>
<tr><td colspan="3">悬臂式起重机、港口起重机、各种装卸机械</td><td rowspan="2">1.25</td><td>1.55</td><td>1.25</td><td>1.15</td><td rowspan="3">1.25</td><td>1.13</td></tr>
<tr><td colspan="3">带式输送机装卸用塔式起重机和履带起重机</td><td>1.71</td><td>1.10</td><td>1.26</td><td>1.23</td></tr>
<tr><td colspan="3">抓斗及拉铲挖掘机、挖泥船、浮游起重机</td><td rowspan="2">1.45</td><td rowspan="2">2.50</td><td>1.45</td><td>1.71</td><td>1.62</td></tr>
<tr><td colspan="3">斗容量小于 1.6m³ 的挖掘机</td><td rowspan="2">1.25</td><td rowspan="2">1.26</td><td>1.45</td><td rowspan="3">1.45</td></tr>
<tr><td colspan="3">斗容量大于等于 1.6m³ 的挖掘机</td><td>1.75</td><td>3.00</td><td rowspan="2">1.75</td></tr>
<tr><td colspan="3">冶金用起重机、斗轮挖掘机、隧道掘进机</td><td>2.00</td><td>3.50</td><td>1.45</td><td>1.75</td></tr>
</table>

注：M_f 为最小幅度时空载恢复力矩。

12.3.2 三排滚柱式（13 系列）回转支承的计算

（1）按静态工况选型

$$F'_a = F_a f_s$$

$$M' = M f_s$$

（2）按动态工况校核寿命

$$F'_a = F_a f_d$$

$$M' = M f_d$$

用以上计算得到的 F'_a 和 M'值在所选回转支承的承载能力曲线图中找点，当该点位于承载能力曲线以下时，说明该回转支承满足要求。01 系列回转支承按静态工况选型时，按两种计算方法找出两点，其中有一点在承载能力曲线以下即可。

12.3.3 01 系列回转支承承载能力曲线图❶

01 系列回转支承承载能力曲线如图 8-2-23 所示。图中，曲线 1 为静态承载能力曲线，曲线 2 为动态承载能力曲线，曲线 8.8、10.9、12.9 为 8.8 级、10.9 级、12.9 级螺栓材料的承载能力曲线

安装螺栓的强度校核在承载曲线图中，按静态工况计算出来的总轴向力 F_a 和总倾翻力矩 M 的交点，应落在所选的 8.8 级、10.9 级、12.9 级螺栓承载曲线的下方。回转支承与主机安装时，安装螺栓的预紧力应达到螺栓材料屈服强度的 0.7 倍。

编号 1（01×.30.500）

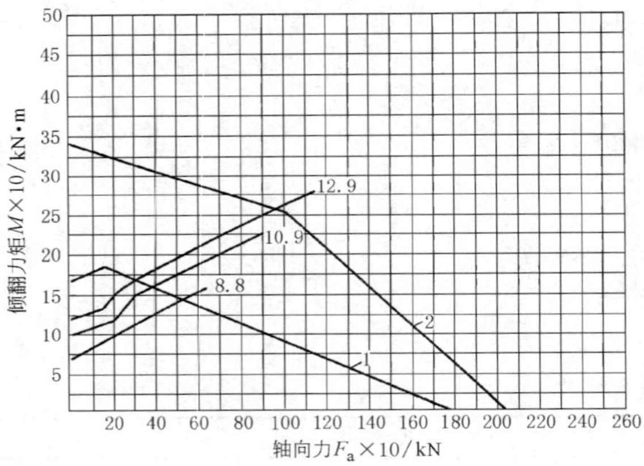

编号 1′（01×.25.500）

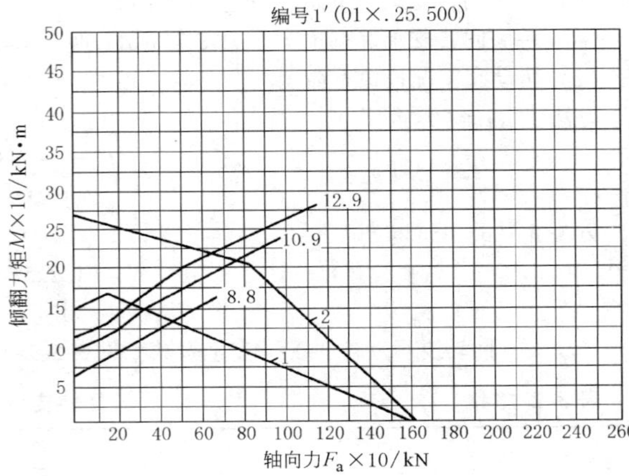

编号 2（01×.30.560）

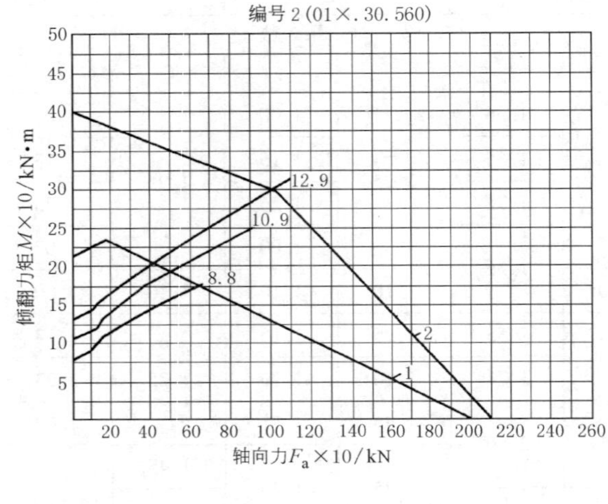

编号 2′（01×.25.560）

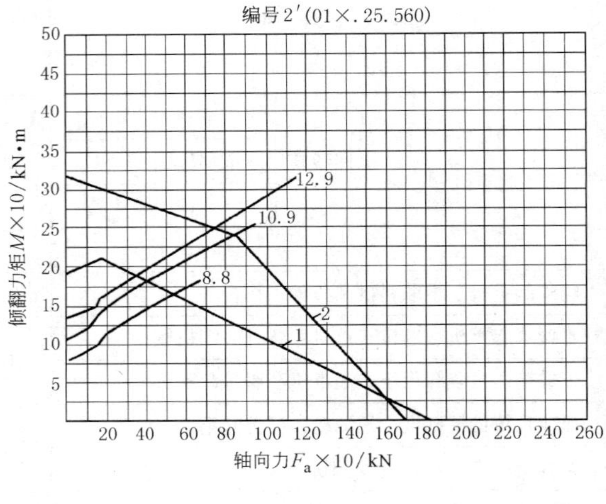

---

❶ 摘自徐州回转支承厂回转支承选型计算资料（1992 年），和 JB/T 2300—2011 一致。

编号 3 (01×.30.630)

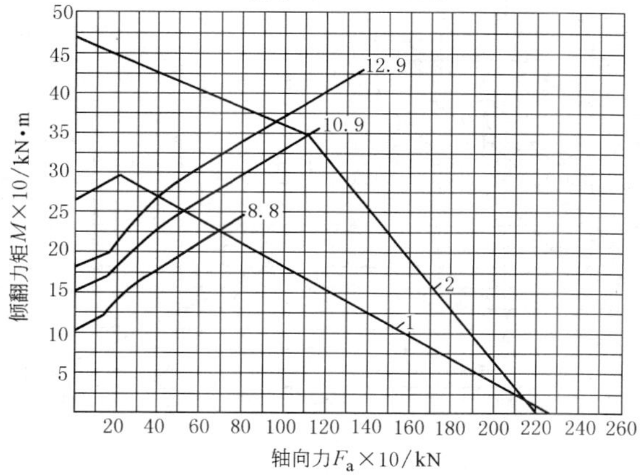

编号 3′ (01×.25.630)

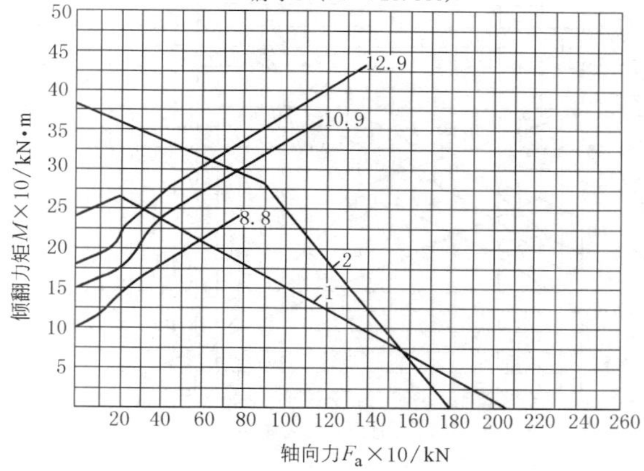

编号 4 (01×.30.710)

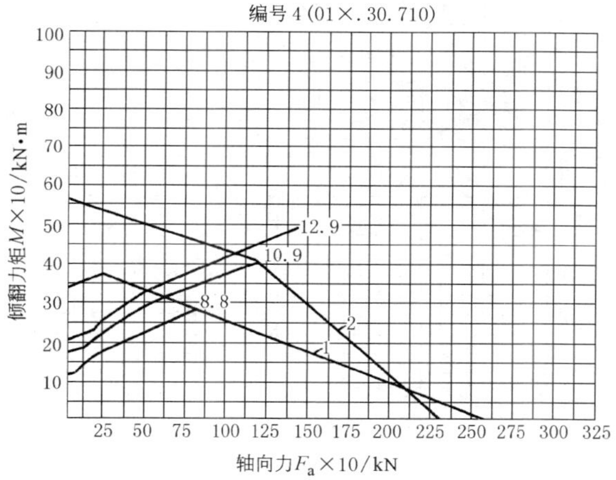

编号 4′ (01×.25.710)

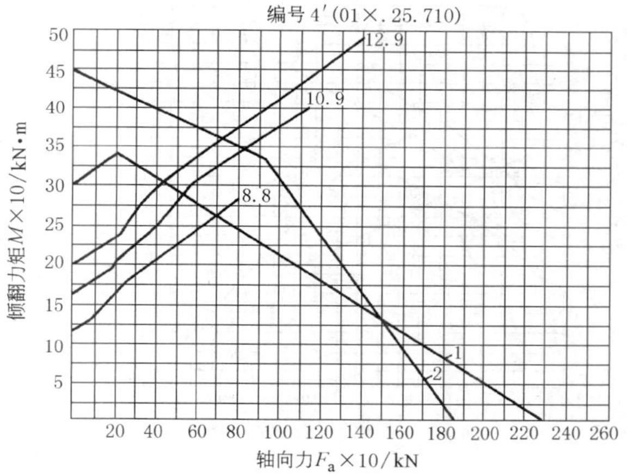

编号 5 (01×.40.800)

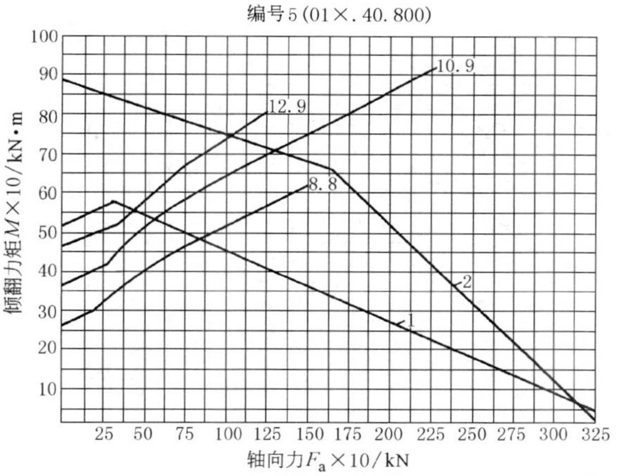

编号 5′ (01×.30.800)

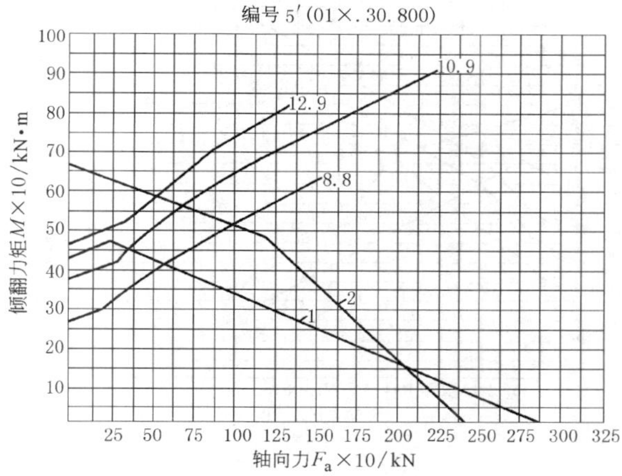

图 8-2-23

编号 6 (01×.40.900)

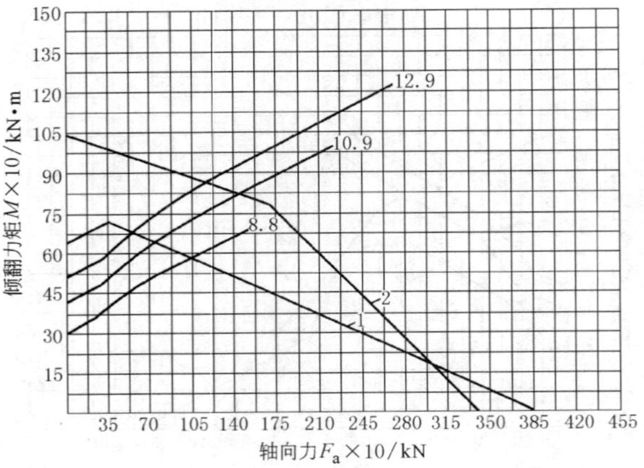

编号 6′ (01×.30.900)

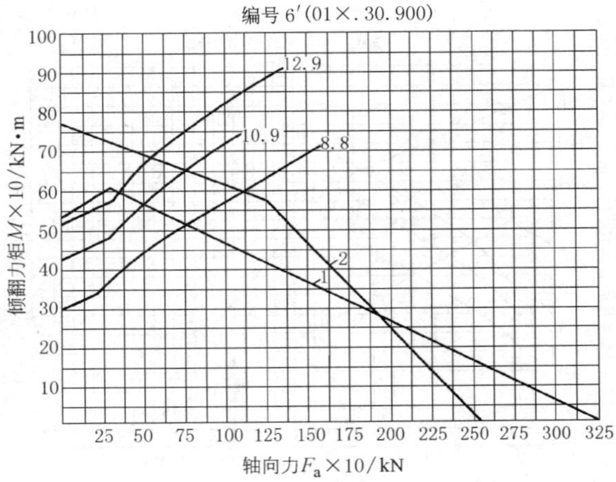

编号 7 (01×.40.1000)

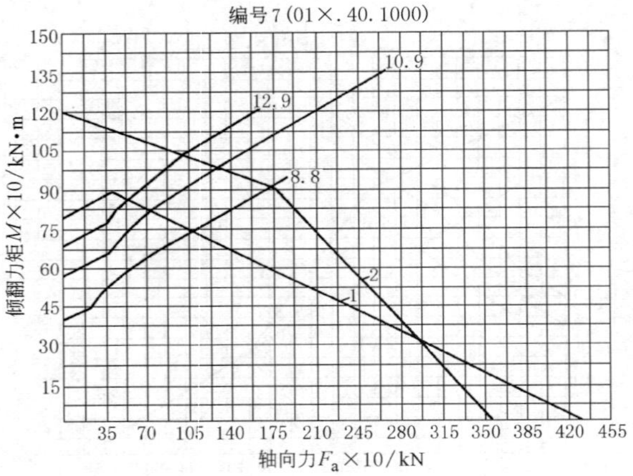

编号 7′ (01×.30.1000)

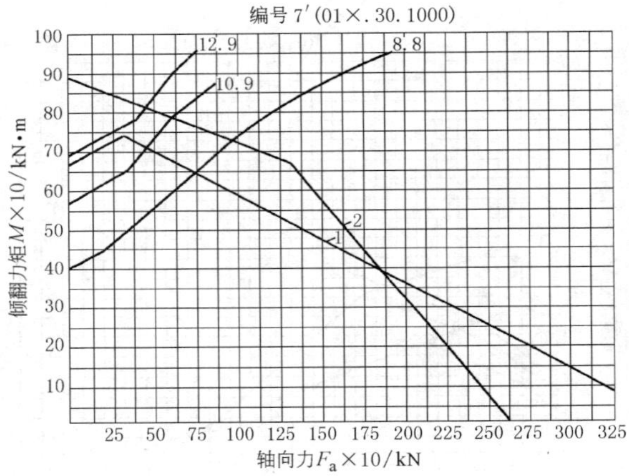

编号 8 (01×.40.1120)

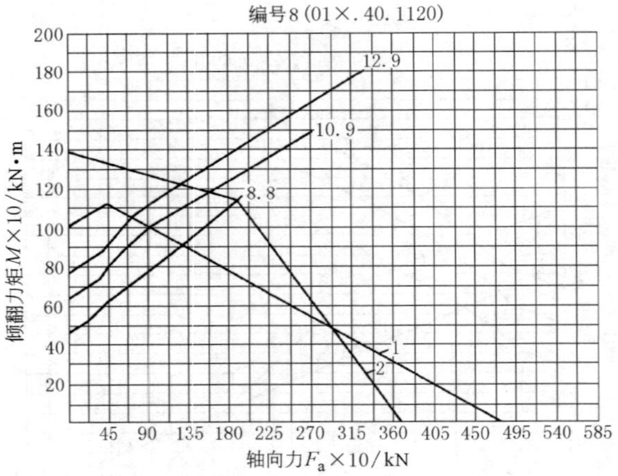

编号 8′ (01×.30.1120)

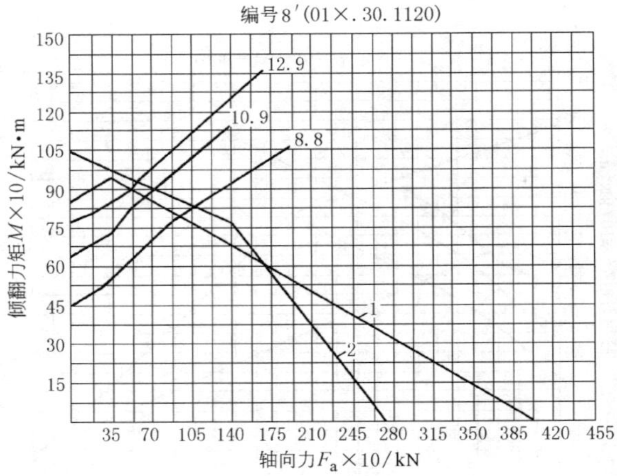

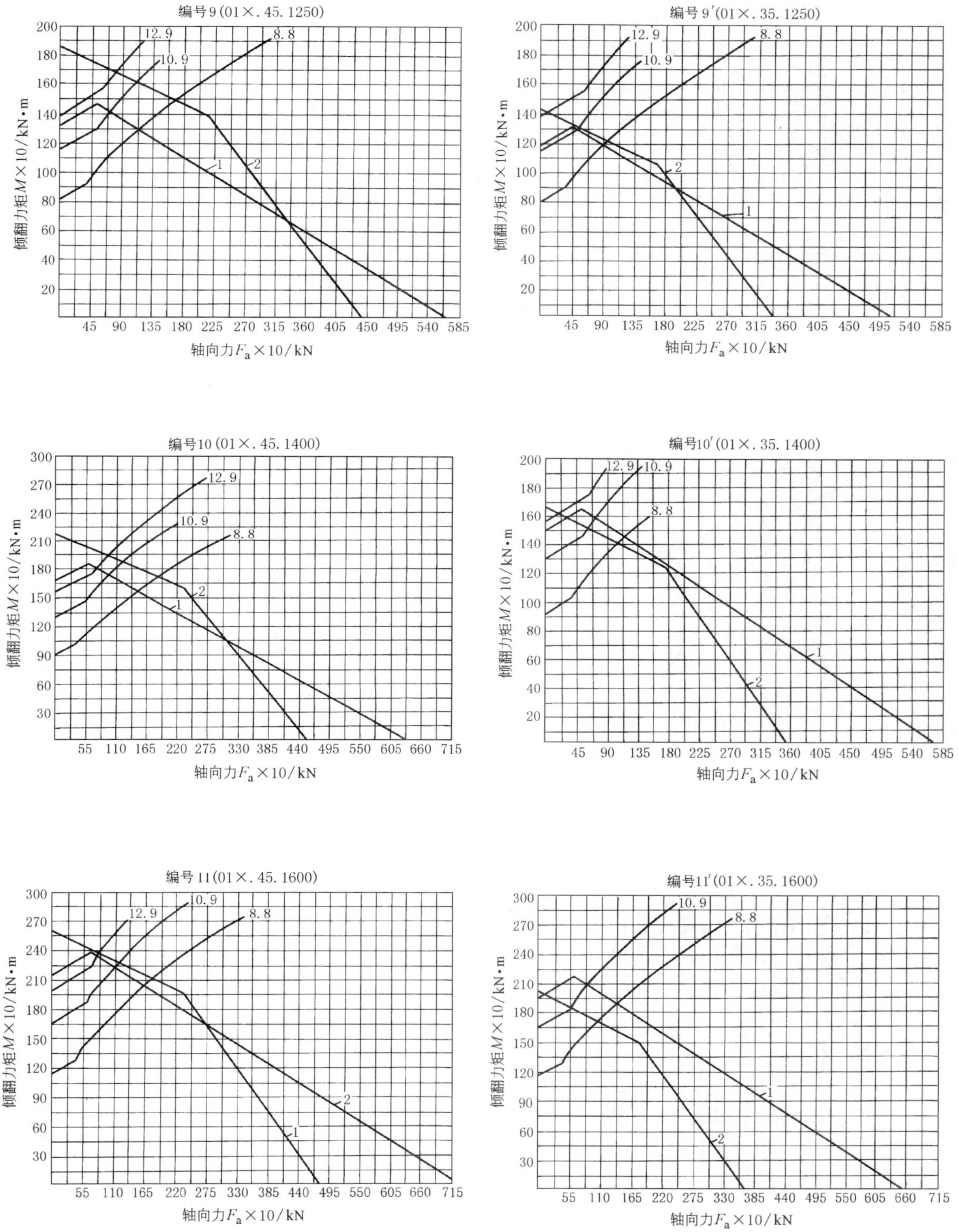
编号9(01×.45.1250)
倾翻力矩M×10/kN·m
轴向力F_a×10/kN
12.9
10.9
8.8
1
2
编号9′(01×.35.1250)
倾翻力矩M×10/kN·m
轴向力F_a×10/kN
12.9
10.9
8.8
1
2
编号10(01×.45.1400)
倾翻力矩M×10/kN·m
轴向力F_a×10/kN
12.9
10.9
8.8
1
2
编号10′(01×.35.1400)
倾翻力矩M×10/kN·m
轴向力F_a×10/kN
12.9
10.9
8.8
1
2
编号11(01×.45.1600)
倾翻力矩M×10/kN·m
轴向力F_a×10/kN
12.9
10.9
8.8
1
2
编号11′(01×.35.1600)
倾翻力矩M×10/kN·m
轴向力F_a×10/kN
10.9
8.8
1
2

图 8-2-23

编号12 (01×.45.1800)

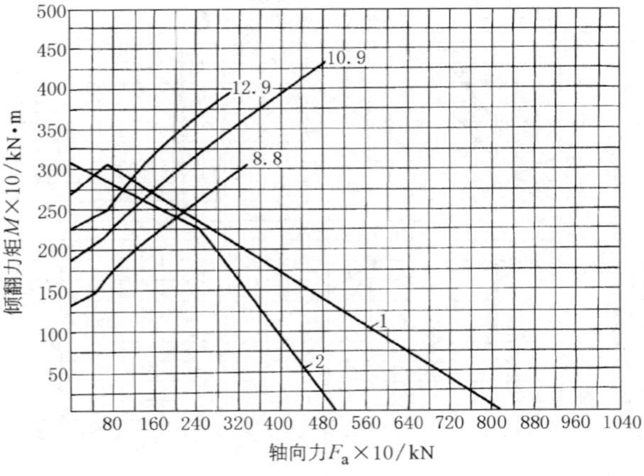

编号12′(01×.35.1800)

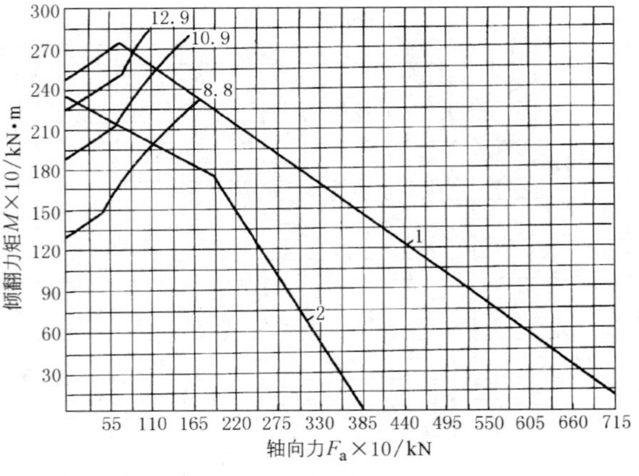

编号13 (01×.60.2000)

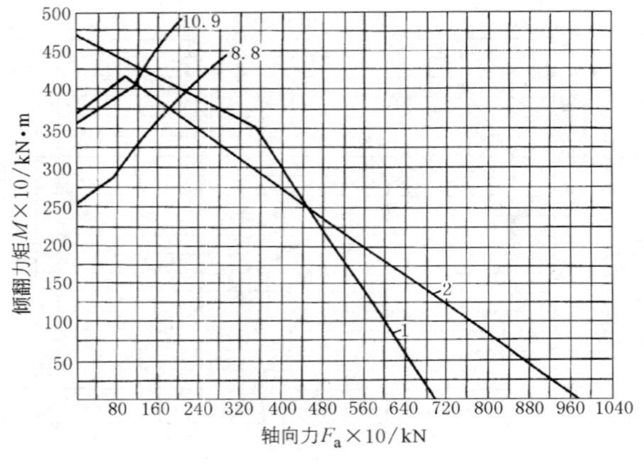

编号13′(01×.40.2000)

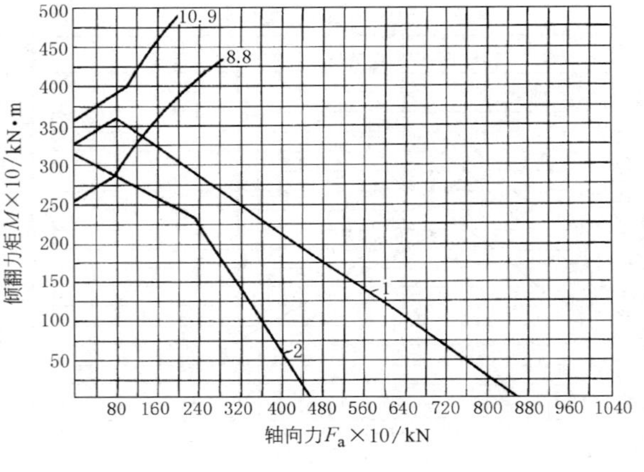

编号14 (01×.60.2240)

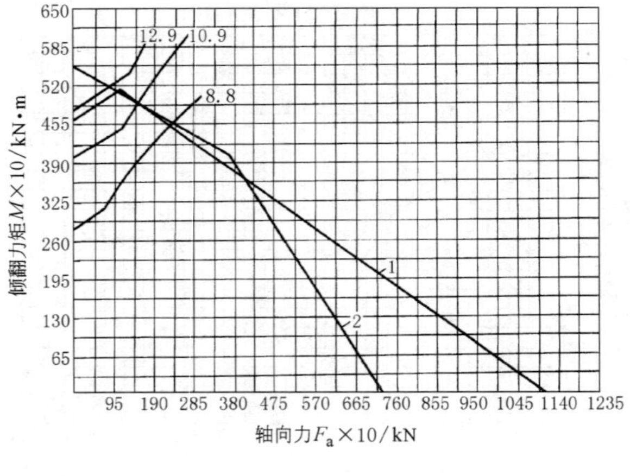

编号14′(01×.40.2240)

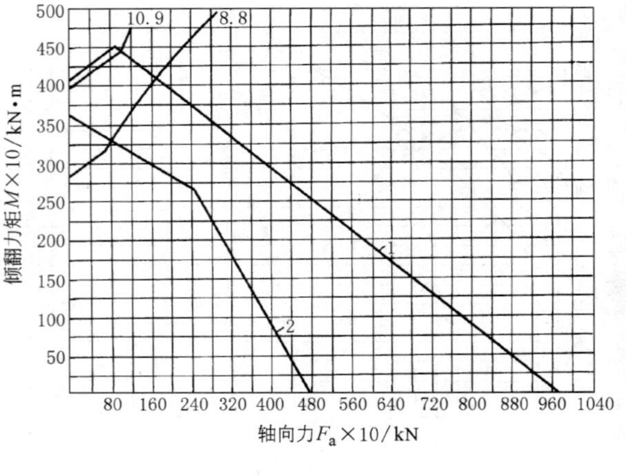

编号15 (01×.60.2500)

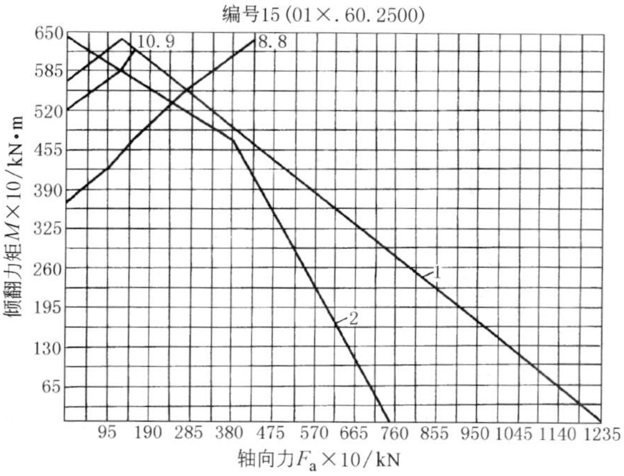

编号15′(01×.40.2500)

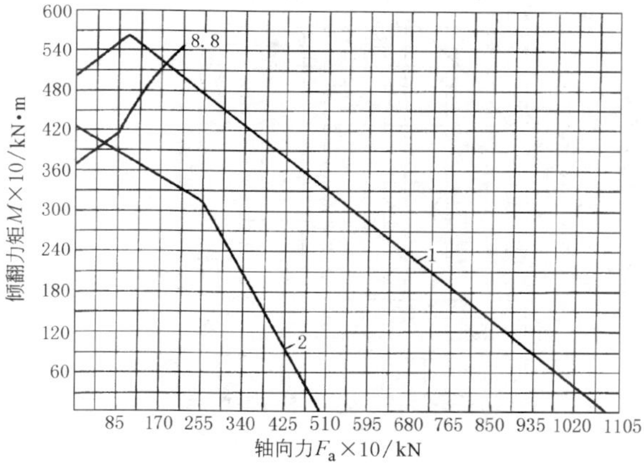

编号16 (01×.60.2800)

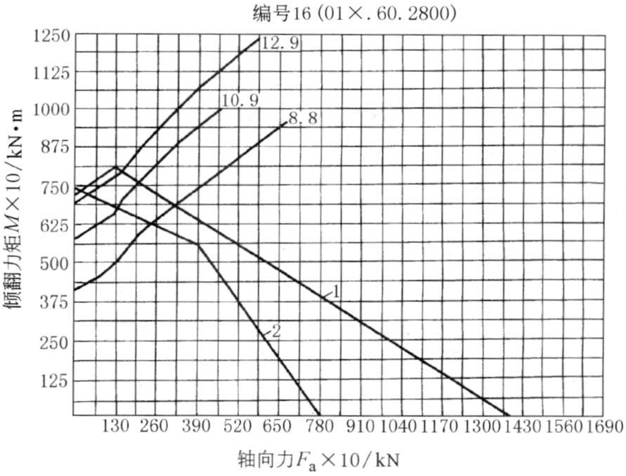

编号16′(01×.40.2800)

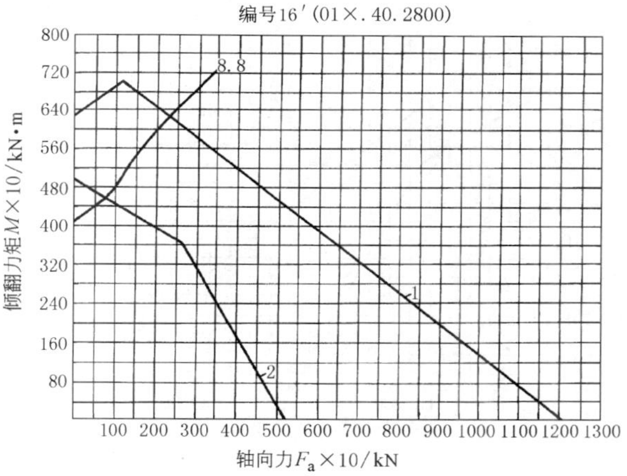

编号17 (01×.75.3150)

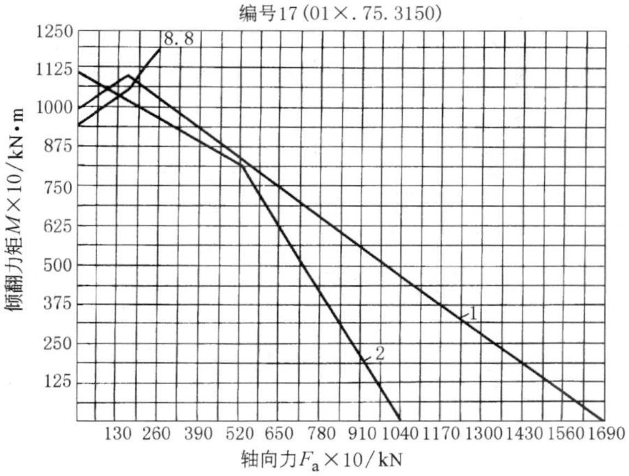

编号17′(01×.50.3150)

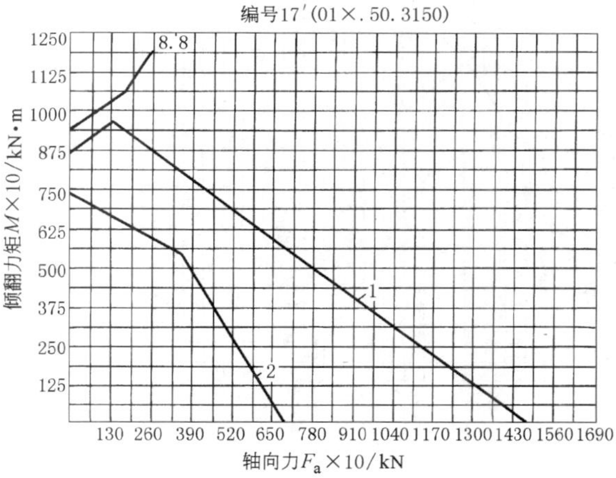

图 8-2-23

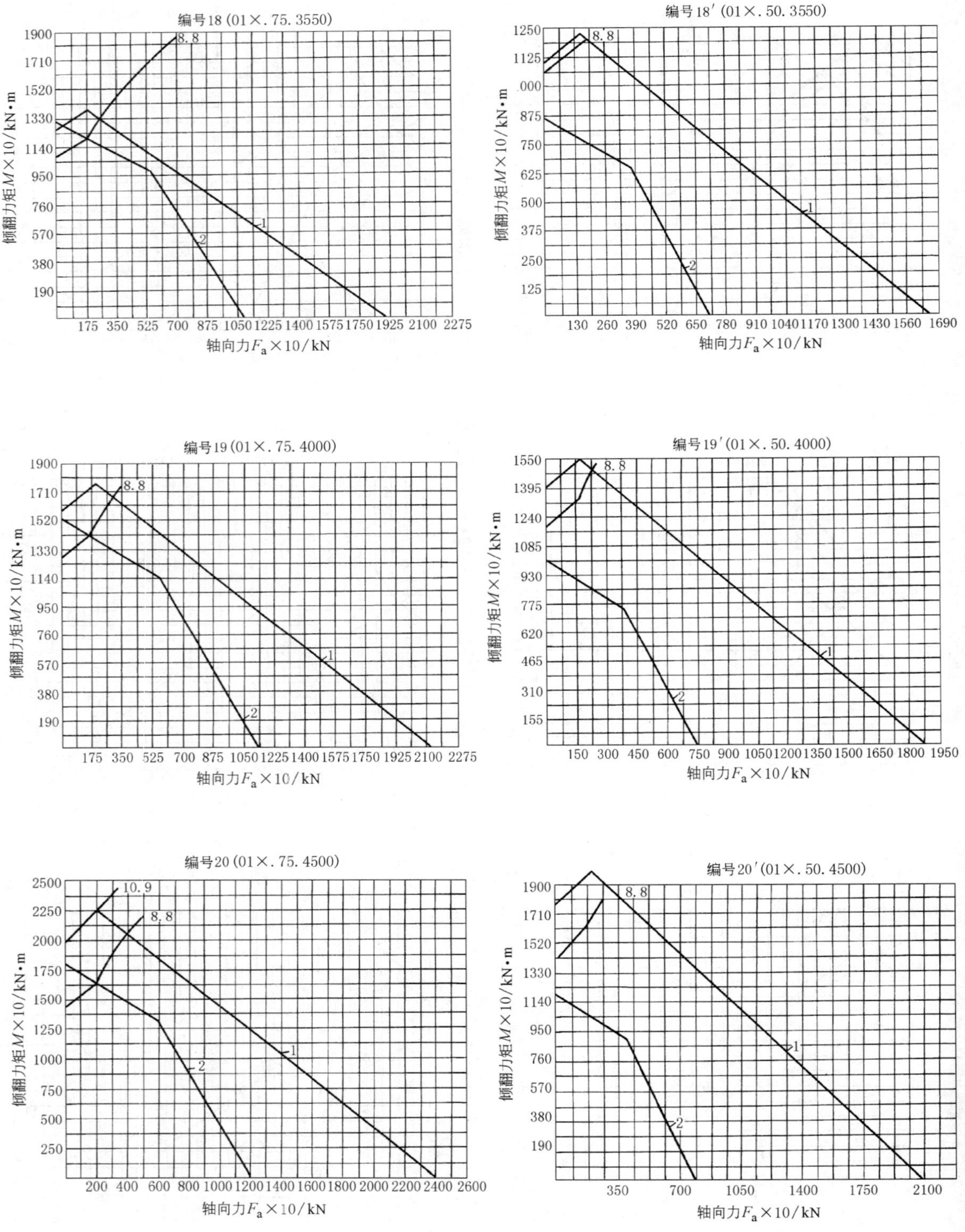

图 8-2-23 01系列回转支承承载能力曲线

12.3.4 13 系列回转支承承载能力曲线图

图 8-2-24 中各条曲线的含义及说明与图 8-2-20 相同。

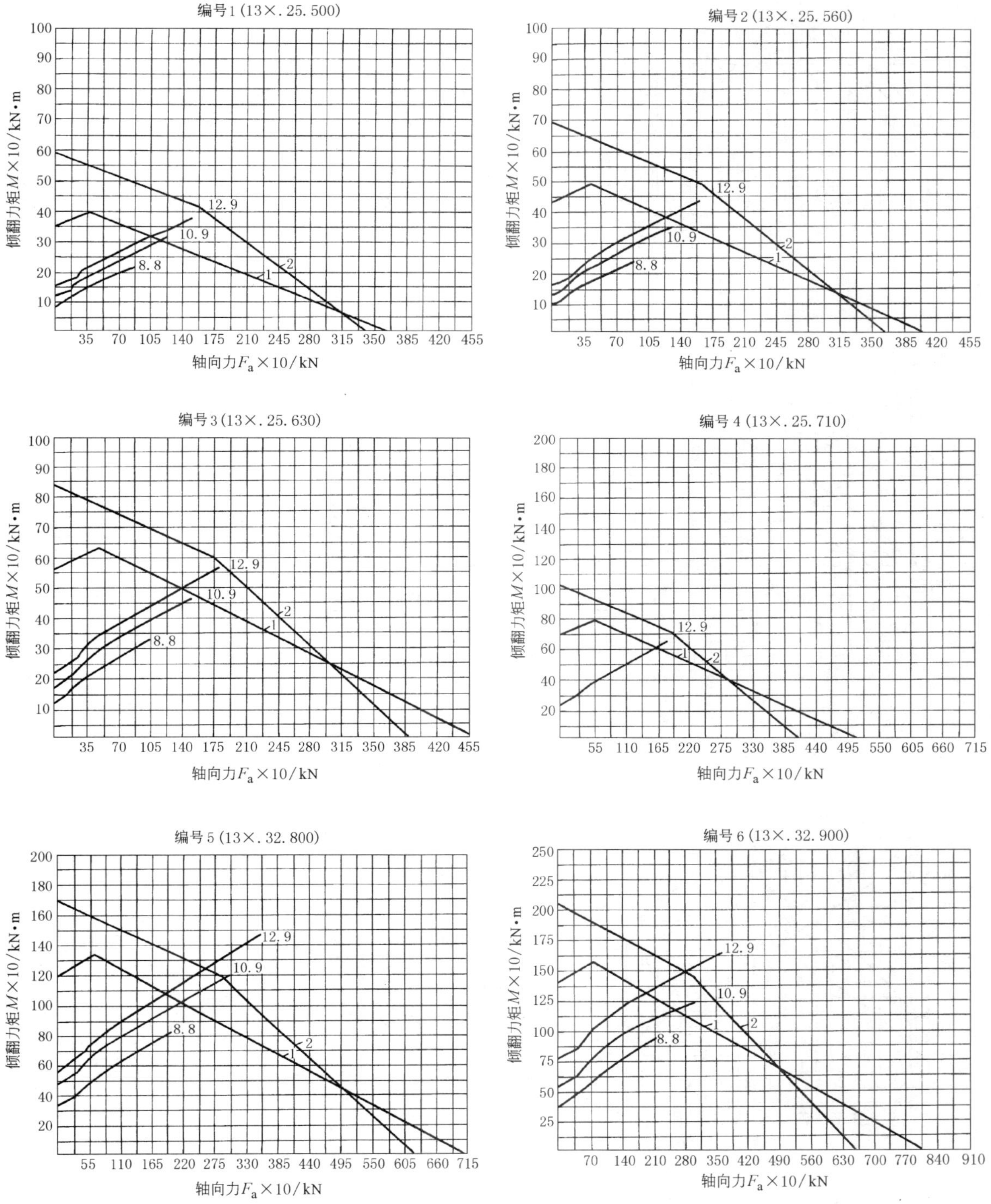

图 8-2-24

编号7(13×.32.1000)

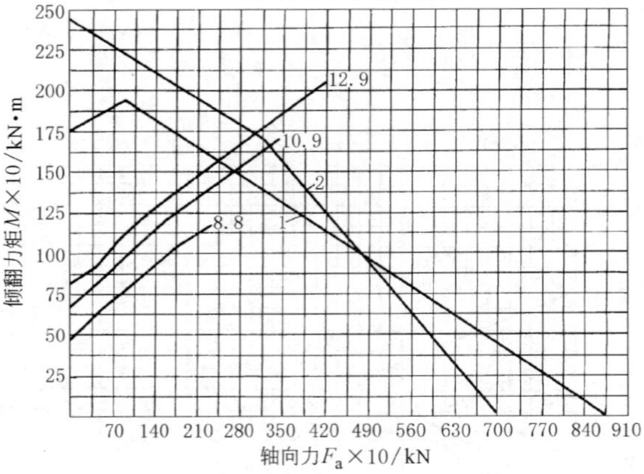

编号8(13×.32.1120)

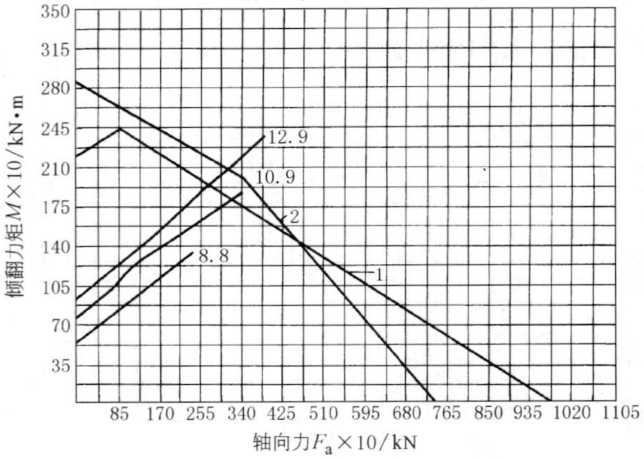

编号9(13×.40.1250)

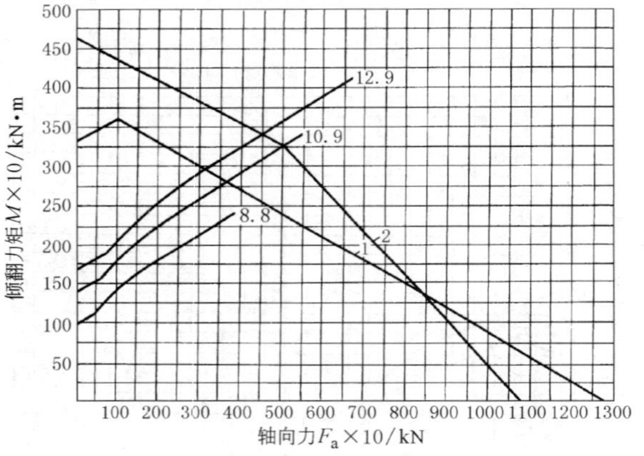

编号10(13×.40.1400)

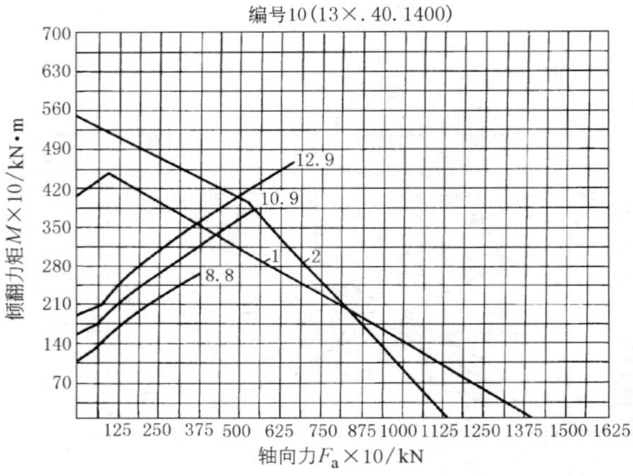

编号11(13×.40.1600)

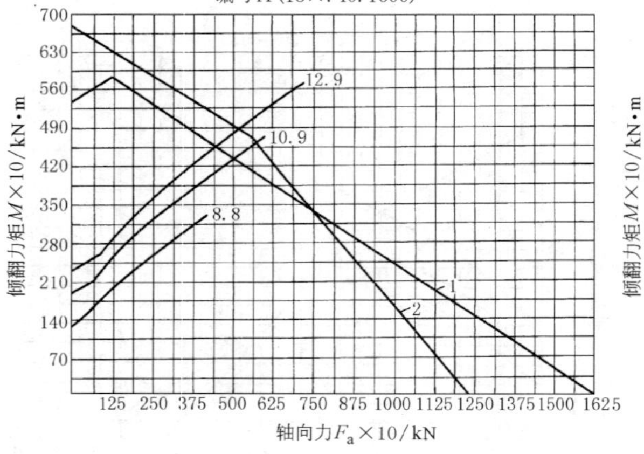

编号12(13×.40.1800)

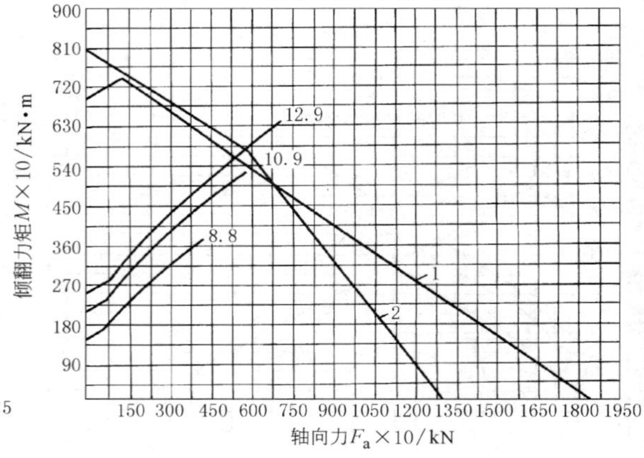

编号13 (13×. 45. 2000)

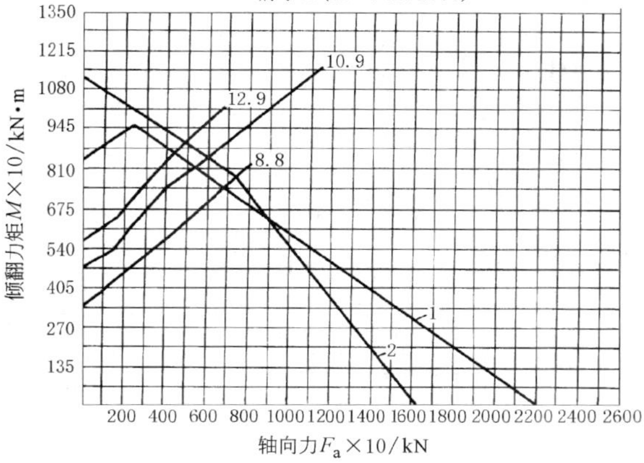

编号14 (13×. 45. 2240)

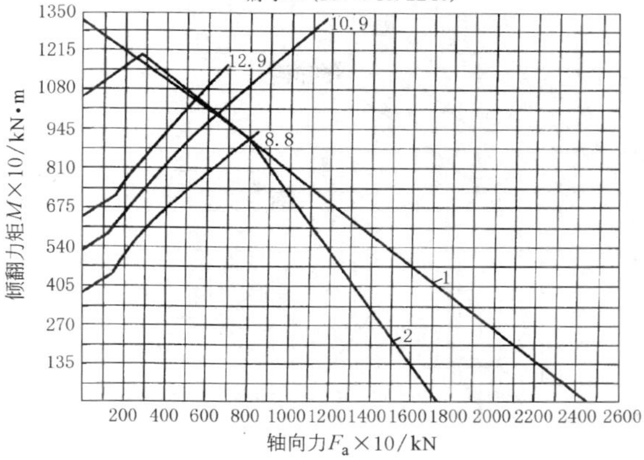

编号15 (13×. 45. 2500)

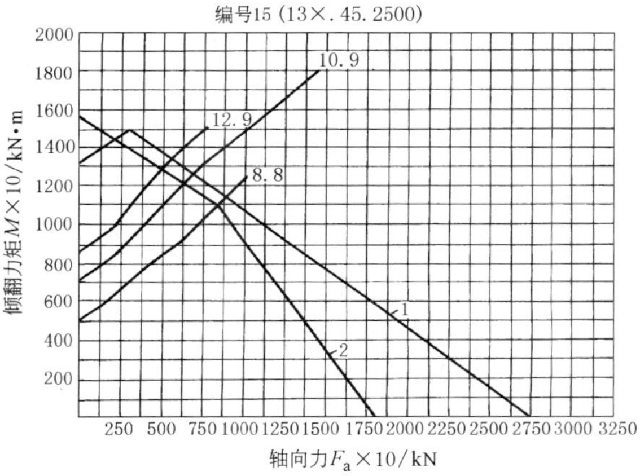

编号16 (13×. 45. 2800)

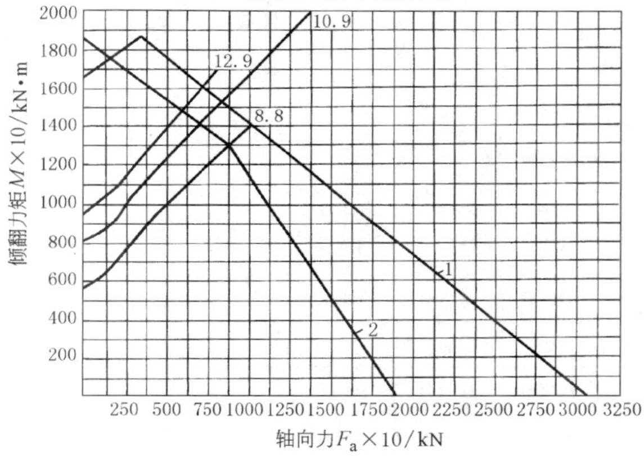

编号17 (13×. 50. 3150)

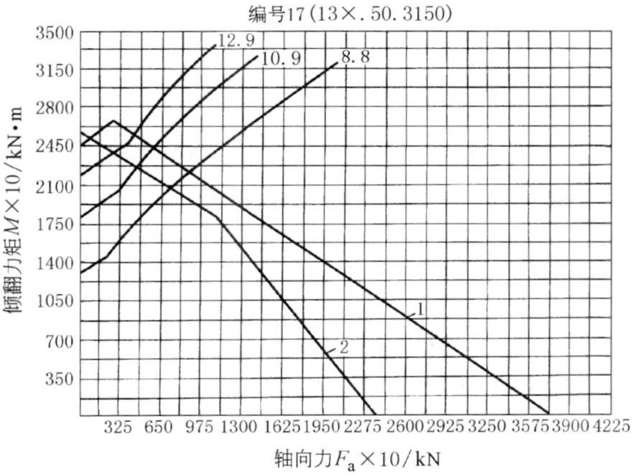

编号18 (13×. 50. 3550)

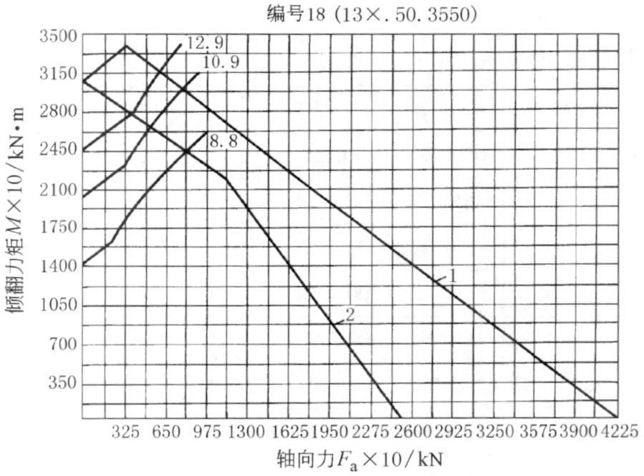

图 8-2-24

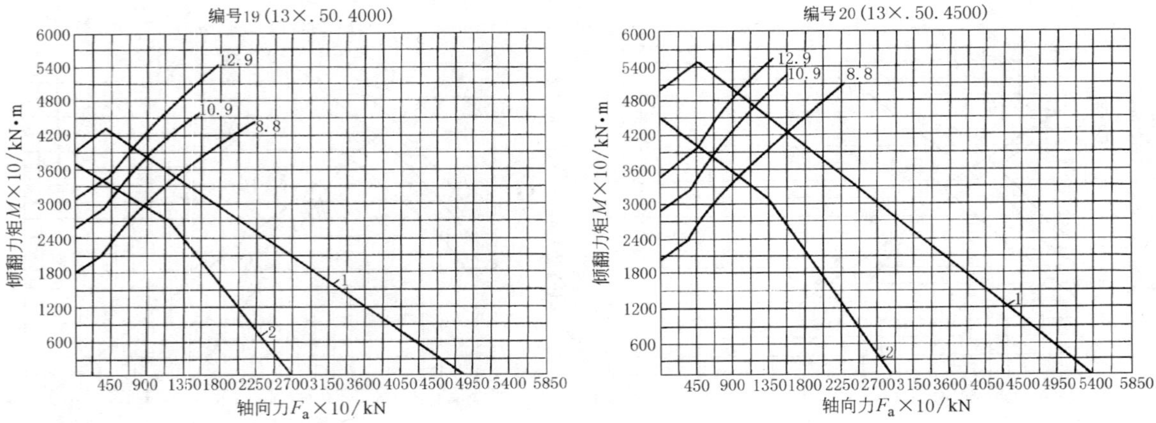

图 8-2-24　13 系列回转支承承载曲线

13　各国滚动轴承代号对照

表 8-2-135　　球轴承和滚子轴承

名称	中国 GB	瑞典 SKF	德国 FAG	日本 NSK	日本 NTN	日本 KOYO	日本 NACHI	美国 FAFNIR	美国 MRC	英国 RHP	奥地利 STEYR	法国 SNR
深沟球轴承(摘自GB/T 276—1994)	61800	61800	61800	6800								
	61900	61900		6900				9300K	1900S			
	16000	16000	16000	16000							16000	16000
	6000	6000	6000	6000				9100K	100KS	6000	6000	6000
	6200	6200	6200	6200				200K	200S	6200	6200	6200
	6300	6300	6300	6300				300K	300S	6300	6300	6300
	6400	6400	6400	—	6400				400S	6400	6400	
	6000-Z	6000-Z	6000ZR	6000Z			6000ZE	9100KD	100KSF	6000Z	6000Z	6000Z
	6200-Z	6200-Z	6200ZR	6200Z			6200ZE	200KD	200SF	6200Z	6200Z	6200Z
	6300-Z	6300-Z	6300ZR	6300Z			6300ZE	300KD	300SF	6300Z	6300Z	6300Z
	6000-2Z	6000-2Z	6000.2ZR	6000ZZ			6000ZZE	9100KDD	100KSFF	6000-2Z	6000-2Z	6000ZZ
	6200-2Z	6200-2Z	6200.2ZR	6200ZZ			6200ZZE	200KDD	200SFF	6200-2Z	6200-2Z	6200ZZ
	6300-2Z	6300-2Z	6300.2ZR	6300ZZ			6300ZZE	300KDD	300SFF	6300-2Z	6300-2Z	6300ZZ
	6000-RS	600-RS1	600RSR	6000DU	6000LU	6000RS	6000NSE	9100P	100KSZ	6000RS	6000RS	6000E
	6200-RS	6200-RS1	6200RSR	6200DU	6200LU	6200RS	6200NSE	200P	200SZ	6200RS	6200RS	6200E
	6300-RS	6300-RS1	6300RSR	6300DU	6300LU	6300RS	6300NSE	300P	300SZ	6300RS	6300RS	6300E
	6000-2RS	600-2RS1	6000.2RSR	600DDU	6000LLU	6000-2RS	6000-2NSE	9100PP	100KSZZ	6000-2RS	6000-2RS	6000EE
	6200-2RS	6200-2RS1	6200.2RSR	6200DDU	6200LLU	6200-2RS	6200-2NSE	200PP	200SZZ	6200-2RS	6200-2RS	6200EE
	6300-2RS	6300-2RS1	6300.2RSR	6300DDU	6300LLU	6300-2RS	6300-2NSE	300PP	300SZZ	6300-2RS	6300-2RS	6300EE

续表

名称	中国 GB	瑞典 SKF	德国 FAG	日本 NTN	日本 NSK	日本 KOYO	日本 NACHI	英国 RHP	奥地利 STEYR	法国 SNR
调心球轴承(摘自GB/T 281—1994)	1200	1200E	1200	1200S	1200			1200	1200	1200
	1300	1300E	1300	1300S	1300			1300	1300	1300
	2200	2200E	2200	2200S	2200			2200	2200	2200
	2300			2300S	2300			2300		
	1200K	1200EK	1200K	1200SK	1200K			1200K	1200K	1200K
	1300K	1300EK	1300K	1300SK	1300K				1300K	1300K
	2200K	2200EK	2200K	2200SK	2200K			2200K	2200K	2200K
	2300K	2300EK	2300K	2300SK	2300K				2300K	2300K
	1200K +H200	1200EK +H200	1200K +H200	1200SK +H200X		1200K+H200X		1200K +H200	1200K +H200	1200K +H200

名称		中国 GB	瑞典 SKF	德国 FAG	德国 GMN	德国 DKF	德国 IBC	日本 NSK	日本 NTN	日本 KOYO	日本 NACHI
角接触球轴承(摘自GB/T 292—1994)	1	71900C	71900CD	B71900C	S61900C		71900C	7900C			
	2	7000C	7000CD	B7000C	S6000C		7000C	7000C			
	3	7200C	7200CD	B7200C	S6200C			7200C			
	4	7300C							7300C		
	5	7000AC	7000ACD	B7000E	S6000E	$B7000S_PB$	7000E	7000A	7000		
	6	7200AC	7200ACD	B7200E	S6200E	$B7200S_PB$	7200E	7200A	7200		
	7	7300AC				$B7300S_PB$	7300E	7300A	7300		
	8	7200B	7200B	7200B		7200B	7200BE	7200B			
	9	7300B	7300B	7300B		7300B	7300BE	7300B			

名称		美国 FAFNIR	美国 MRC	英国 RHP	英国 BARDEN	法国 SNFA	法国 SNR	奥地利 STEYR	波兰 FLT	捷克 ZKL
角接触球轴承(摘自GB/T 292—1994)	1	2M9300W1	1900-R	$7900X_2$	1900H	EB10CE1	71900C			
	2	2M9100W1	100-KR	$7000X_2$	100H	EX10CE1	7000C			
	3	2M200W1	200-R	$7200X_2$	200H	E210CE1	7200C			
	4	2MM300W1	300-R		300H		7300C			
	5	3M9100W1	7100-KR	$7000X_3$	2100H		7000H			
	6	3M200W1	7200	$7200X_3$	2200H	BS210CE3	7200H			
	7	3MM300W1	7300		2300H		7300H			
	8	7200WN	7200-P	$7200X_6$			7200B	7200B	7200B	7200C
	9	7300WN	7300-P	$7300X_6$			7300B	7300B	7300B	7300C

名称	中国 GB	瑞典 SKF	德国 FAG	日本 NSK	日本 NTN	日本 NACHI	日本 KOYO	美国 MRC	英国 RHP	奥地利 STEYR	波兰 FLT	捷克 ZKL
圆柱滚子轴承(摘自GB/T 283—1994)	N200			N200				MR200C		N200	N200	N200B
	N200E	N200EC	N200E									
	N300			N300						N300	N300	N300B
	N300E	N300EC	N300E									
	N400		N400M	N400				MR400C		N400	N400	N400B
	NF200			NF200				MR200D	NF200			
	NF300			NF300				MR300D	NF300			
	NU1000	NU1000	NU1000	NU1000				MR100KE		NU1000	NU1000	
	NU200			NU200				MR200E	NU200	NU200	NU200	NU200B

续表

名称	中国 GB	瑞典 SKF	德国 FAG	日本				美国 MRC	英国 RHP	奥地利 STEYR	波兰 FLT	捷克 ZKL
				NSK	NTN	NACHI	KOYO					
圆柱滚子轴承(摘自GB/T 283—1994)	NU200E	NU200EC	NU200E	NU200E			NU200R			NU200E		
	NU300			NU300				MR300E		NU300	NU300	NU300B
	NU300E	NU300EC	NU300E	NU300E			NU300R			NU300E		
	NU400	NU400	NU400	NU400				NR400E		NU400	NU400	NU400B
	NU2200			NU2200					NU2200	NU2200	NU2200	NU2200B
	NU2200E	NU2200EC	NU2200E	NU2200E			NU2200R			NU2200E		
	NU2300			NU2300					NU2300	NU2300	NU2300	NU2300B
	NU2300E	NU2300EC	NU2300E	NU2300E			NU2300R			NU2300E		
	NJ200			NJ200				MR200G		NJ200	NJ200	NJ200B
	NJ200E	NJ200EC	NJ200E	NJ200E			NJ200R			NJ200E		
	NJ300			NJ300				MR300G		NJ300	NJ300	NJ300B
	NJ300E	NJ300EC	NJ300E	NJ300E			NJ300R			NJ300E		
	NJ400	NJ400		NJ400				MR400G		NJ400	NJ400	NJ400B
	NJ2200			NJ2200						NJ2200	NJ2200	NJ2200B
	NJ2200E	NJ2200EC	NJ2200E	NJ2200E			NJ2200R			NJ2200E		
	NJ2300			NJ2300						NJ2300	NJ2300	NJ2300B
	NJ2300E	NJ2300EC	NJ2300E	NJ2300E			NJ2300R			NJ2300E		
	NUP200			NUP200						NUP200	NUP200	
	NUP200E	NUP200EC	NUP200E	NUP200E			NUP200R			NUP200E		
	NUP300			NUP300					NUP300	NUP300		
	NUP300E	NUP300EC	NUP300E	NUP300E			NUP300R			NUP300E		
	NUP400	NUP400	NUP400	NUP400						NUP400		
	NUP2200			NUP2200						NUP2200	NUP2200	
	NUP2200E	NUP2200EC	NUP2200E	NUP2200E			NUP2200R			NUP2200E		
	NUP2300			NUP2300						NUP2300	NUP2300	
	NUP2300E	NUP2300EC	NUP2300E	NUP2300E			NUP2300R			NUP2300E		

名称	中国 GB	瑞典 SKF	德国 FAG	日本				美国 TORRINGTON
				NSK	NTN	NACHI	KOYO	
调心滚子轴承(摘自GB/T 288—1994)	21300CC	21300CC	21300E·TVPB	21300CD	21300C	21300E	21300RH	21300VCSJ
	21300CCK	21300CCK	21300EK·TVPB	21300CDK	21300CK	21300EK	21300RHK	21300KVCSJ
	2300CC/W33	23000CC/W33	2300EAS·M	23000CDE4	23000BD1	23000EW33	23000RHW33	
	2400CC/W33	24000CC/W33	24000ES·TVPB	24000CE4	24000BD1	24000EW33	24000RHW33	24000CJ
	23100CC/W33	23100CC/W33	23100EAS·M	23100CE4	23100BD1	23100EW33	23100RHW33	23100CJ
	24100CC/W33	24100CC/W33	24100ES·TVPB	24100CE4	24100BD1	24100EW33	24100RHW33	24100CJ
	22200CC/W33	22200CC	22200ES·TVPB	22200HE4	22200CD1	22200EW33	22200RHW33	22200CJ
	23200CC/W33	23200CC/W33	23200EAS·M	23200CE4	23200BD1	23200EW33	23200RHW33	
	22300CC/W33	22300CC	22300EAS·M	22300HE4	22300CD1	22300EW33	22300RHW33	22300CJ
	23000CCK/W33	23000CCK/W33	23000EASK·M	23000CDK4	23000BKD1	23000EK/EW33K	23000RHKW33	
	23100CCK/W33	23100CCK/W33	23100EASK·M	23100CKE4	23100BKD1	23100EK/EW33K	23100RHKW33	

续表

名称	中国 GB	瑞典 SKF	德国 FAG	日本				美国 TORRINGTON
				NSK	NTN	NACHI	KOYO	
调心滚子轴承(摘自GB/T 288—1994)	22200CCK/W33	22200CCK/W33	22200ESK · TVPB	22200HKE4	22200CKD1	22200EK/EW33K	22200RHKW33	22200CJ
	23200CCK/W33	23200CCK/W33	23200EASK · M	23200CKE4	23200BKD1	23200EK/EW33K	23200RHKW33	
	22300CCK/W33	22300CCK	22300EASK · M	22300HKE4	22300CKD1	22300EK/EW33K	22300RHKW33	22300CJ
	24000CCK30/W33	24000CCK30/W33	24000BSK30 MB/BK30MB	24000CK30E4	24000BK30D1	24000EW 33K30	24000RHK 30W33	
	24100CCK30/W33	241000CCK30/W33	24100ESK30 · TVPB	24100CK30E4	24100BK30D1	24100EW 33K30	24100RHK 30W33	
	21300CCK +H300	21300CCK +H300	21300EK · TVPB+H300	21300CDK +H300X	21300CK +H300X	23100EK +H300	21300RHKW33 +H300X	
	23000CCK/W33 +H3000	23000CCK/W33+H3000	23000EASK · M +H3000	23000CDKE4 +H3000	23000BKD1 +H3000X	23000EK +H3000	23000RHKW33 +H3000	23000E +SNW3000
	23100CCK/W33 +H3100	23100CCK/W33 +H3100	23100EASK · M+H3100	23100CKE4 +H3100X	23100BKD1 +H3100X	23100EK +H3100	23100RHKW33 +H3100X	23100K +SNW–3100
	22200CCK/W33 +H300	22200EK +H300	22200ESKTVPB +H300	22200HKE4 +H300X	22200CKD1 +H300X	22200EK +H300	22200RHKW33 +H300X	22200K +SNW-00
	23200CCK/W33 +H2300	23200CCK/W33 +H2300	23200EASK · M +H2300	23200CKE4 +H2300X	23200BKD1 +H2300X	23200EK +H2300	23200RHKW33 +H2300X	23200K +SNW-100
	22300CCK/W33 +H2300	22300EK +H2300	22300ESKTVPB +H2300	22300HKE4 +H2300X	22300CKD1 +H2300X	22300EK +H2300	22300RHKW33 +H2300X	22300K +SNW-100

名称	中国 GB	瑞典 SKF	德国 FAG	日本		法国 SNR	奥地利 STEYR	捷克 ZKL	英国 RHP
				NSK	NTN				
圆锥滚子轴承(摘自GB/T 297—1994)	30200	30200	30200A	HR30200J	ET-30200	30200A	30200	30200E	
	30300	30300	30300A	HR30300J	ET-30300	30300V	30300	30300E	
	32200	32200	32200A	HR32200J	ET-32200	32200V	32200	32200E	
	32300	32300	32300A	HR32300J	ET-32300/ 4T-32300/ 32300U	32300V/ 32300BC12	32300	32300E	
	32000	32000X	32000X	HR32000XJ	ET-32000X 32000U	32000VC12	32000X	32000X	
	31300	31300	31300A	30300D/ HR30300DJ	4T-30300D/ ET-30300D/ 30300DU	31300VC12	31300	31300E	
	33000	33000	33000	HR33000J	4T-33000/ 33000U	33000VC12			
	33200	33200	33200	HR33200J	4T-33200/ 33200U				
推力球轴承(摘自GB/T 301—1995)	51100	51100	51100	51100	51100	51100	51100		51100
	51200	51200	51200	51200X	51200	51200	51200		51200
	51300	51300	51300	51300	51300	51300	51300		
	51400	51400	51400	51400	51400		51400		
	52200	52200	52200	52200	52200		52200		
	52300	52300	52300	52300	52300		52300		
	52400	52400	52400	52400	52400		52400		

注：1. 本表仅列出部分轴承的对照。

2. 有的国家有多家公司（工厂）生产轴承，表中只列出个别公司产品对照。

3. 本表为代号系列对照，具体某个代号对照请查有关标准。

表 8-2-136　　滚针轴承

	中国		德国	日本	美国	德国	日本	日本
	轴承代号	旧轴承代号	FAG	NTN	TORRINGTON	INA	IKO	KOYO
向心滚针和保持架组件	K 5×8×8	(29241/5)	K 5×8×8	K 5×8×8	K5×8×8	K 5×8×8	KT 588	
	K 6×9×8	K 060908(29241/6)	K 6×9×8	K 6×9×8	K6×9×8	K 6×9×8	KT 698	
	K 7×10×8	K 071008(29241/7)	K 7×10×8	K 7×10×8	K7×10×8	K 7×10×8	KT 7108	R7/8
	K 8×11×8	K 081108(29241/8)	K 8×11×8	K 8×11×8			KT 8118	R8/8
	K 14×18×10	K 141810(29241/14)	K 14×18×10	K 14×18×10	K14×18×10	K 14×18×10	KT 141810	R14/10
	K 15×19×10	K 151910(29241/15)	K 15×19×10	K 15×19×10	K15×19×10	K 15×19×10	KT 151910	
	K 16×20×10	K 162010(29241/16)	K 16×20×10	K 16×20×10	K16×24×10	K 16×20×10	KT 162010	
	K 17×21×10	K 172110(29241/17)	K 17×21×10	K 17×21×10	K17×21×10	K 17×21×10	KT 172110	R17/10
	K 18×22×10	K 182210(29241/18)	K 18×22×10	K 18×22×10	K18×22×10	K 18×22×10	KT 182210	R18/10
	K 20×24×10	K 202410(29241/20)	K 20×24×10	K 20×24×10	K20×24×10	K 20×24×10	KT 202410	R20/10
	K 22×26×10	K 222610(29241/22)	K 22×26×10	K 22×26×10	K22×26×10	K 22×26×10	KT 222610	R22/10
	K 25×29×10	K 252910(29241/25)	K 25×29×10	K 25×29×10		K 25×29×10	KT 252910	R25/10
	K 28×33×13	K 283313(29241/28)	K 28×33×13	K 28×33×13		K 28×33×13	KT 283313	R28/10
	K 30×35×13	K 303513(29241/30)	K 30×35×13	K 30×35×13		K 30×35×13	KT 303513	R30/13-1
	K 32×37×13	K 323713(29241/32)	K 32×37×13	K 32×37×13	K32×37×13	K 32×37×13	KT 323713	
	K 35×40×13	K 354013(29241/35)	K 35×40×13	K 35×40×13	K35×40×13	K 35×40×13	KT 354013	
	K 40×45×13	K 404513(29241/40)		K 40×45×13		K 40×45×13	KT 404513	
	K 42×47×13	K 424713(29241/42)	K 42×47×13			K 42×47×13	KT 424713	
	K 5×8×10	K 050810(39241/5)	K 5×8×10	K 5×8×10	K5×8×10	K 5×8×10		
	K 6×9×10	K 060910(39241/6)	K 6×9×10	K 6×9×10		K 6×9×10	KT 6910	
	K 7×10×10	K 071010(39241/7)	K 7×10×10	K 7×10×10		K 7×10×10	KT 71010	R7/10
	K 8×11×10	K 081110(39241/8)	K 8×11×10	K 8×11×10	K8×11×10	K 8×11×10	KT 81110	R8/10-1
	K 9×12×10	K 091210(39241/9)	K 9×12×10	K 9×12×10	K9×12×10	K 9×12×10	KT 91210	R9/10-1
	K 10×13×10	K 101310(39241/10)	K 10×13×10	K 10×13×10	K10×13×10	K 10×13×10	KT 101310	
	K 12×15×10	K 121510(39241/12)	K 12×15×10	K 12×15×10	K12×15×10	K 12×15×10	KT 121510	R12/10-1
	K 14×18×13	K 141813(39241/14)	K 14×18×13	K 14×18×13		K 14×18×13	KT 141813	
	K 15×19×13	K 151913(39241/15)	K 15×19×13	K 15×19×13	K15×19×13	K 15×19×13	KT 151913	R15/13
	K 16×20×13	K 162013(39241/16)	K 16×20×13	K 16×20×13	K16×20×13	K 16×20×13	KT 162013	R16/13
	K 17×21×13	K 172113(39241/17)	K 17×21×13	K 17×21×13	K17×21×13	K 17×21×13	KT 172113	R17/13
	K 18×22×13	K 182213(39241/18)	K 18×22×13	K 18×22×13		K 18×22×13	KT 182213	R18/13
	K 20×24×13	K 202413(39241/20)	K 20×24×13	K 20×24×13		K 20×24×13	KT 202413	R20/13
	K 22×26×13	K 222613(39241/22)	K 22×26×13	K 22×26×13	K22×26×13	K 22×26×13	KT 222613	R22/13
	K 25×29×13	K 252913(39241/25)	K 25×29×13	K 25×29×13	K25×29×13	K 25×29×13	KT 252913	R25/13-1
	K 8×11×13	K 081113(49241/8)	K 8×11×13	K 8×11×13		K 8×11×13	KT 81113	R8/13
	K 9×12×13	K 091213(49241/9)	K 9×12×13	K 9×12×13	K9×12×13	K 9×12×13	KT 91213	R9/13
	K 10×13×13	K 101313(49241/10)	K 10×13×13	K 10×13×13		K 10×13×13	KT 101313	R10/13
	K 12×15×13	K 121513(49241/12)	K 12×15×13	K 12×15×13	K12×15×13	K 12×15×13	KT 121513	R12/13
	K 14×18×15	(49241/14)	K 14×18×15	K 14×18×15		K 14×18×15		
	K 17×21×15	(49241/17)	K 17×21×15	K 17×21×15			KT 172115	
	K 28×33×17	K 283317(49241/28)	K 28×33×17	K 28×33×17		K 28×33×17	KT 283317	

续表

	中国		德国	日本	美国	德国	日本	日本
	轴承代号	旧轴承代号	FAG	NTN	TORRINGTON	INA	IKO	KOYO
向心滚针和保持架组件	K 30×35×17	K 303517(49241/30)	K 30×35×17	K 30×35×17	K30×35×17	K 30×35×17	KT 303517	R30/17
	K 32×37×17	K 323717(49241/32)	K 32×37×17	K 32×37×17	K32×37×17	K 32×37×17	KT 323717	R32/17-1
	K 35×40×17	K 354017(49241/35)	K 35×40×17	K 35×40×17		K 35×40×17	KT 354017	R35/17
	K 40×45×17	K 404517(49241/40)	K 40×45×17	K 40×45×17	K40×45×17	K 40×45×17	KT 404517	
	K 45×50×17	K 455017(49241/45)	K 45×50×17	K 45×50×17	K45×50×17	K 45×50×17	KT 455017	
	K 48×53×17	K 485317(49241/48)	K 48×53×17	K 48×53×17	K48×53×17		KT 485317	
	K 55×61×20	K 556120(49241/55)	K 55×61×20	K 55×61×20			KT 556120	
	K 70×76×20	K 707620(49241/70)	K 70×76×20	K 70×76×20		K 70×76×20		
	K 80×86×20	K 808620(49241/80)	K 80×86×20	K 80×86×20		K 80×86×20		
	K 14×18×17	K 141817(59241/17)	K 14×18×17	K 14×18×17		K 14×18×17		R14/17A
			K 15×19×17	K 15×19×17	K15×19×17	K 15×19×17	KT 151917	R15/17
	K 16×20×17	K 162017(59241/16)	K 16×20×17	K 16×20×17	K16×20×17	K 16×20×17	KT 162017	R16/17
	K 17×21×17	K 172117(59241/17)	K 17×21×17	K 17×21×17		K 17×21×17	KT 172117	
	K 18×22×17	K 182217(59241/18)	K 18×22×17	K 18×22×17		K 18×22×17		R18/17
	K 20×24×17	K 202417(59241/20)	K 20×24×17	K 20×24×17		K 20×24×17	KT 202417	R20/17-1
	K 22×26×17	K 222617(59241/22)	K 22×26×17	K 22×26×17		K 22×26×17	KT 222617	R22/17
	K 25×29×17	K 252917(59241/25)	K 25×29×17	K 25×29×17		K 25×29×17		R25/17
	K 50×55×20	K 505520(59241/50)	K 50×55×20	K 50×55×20	K50×55×20	K 50×55×20	KT 505520	R50/20
	K 28×33×27	K 283327(79241/28)	K 28×33×27	K 28×33×27		K 28×33×27	KT 283327	R28/27
	K 30×35×27	K 303527(79241/30)	K 30×35×27	K 30×35×27		K 30×35×27	KT 303527	
	K 32×37×27	K 323727(79241/32)	K 32×37×27	KJ 32×37×27		K 32×37×27		
	K 35×40×27	K 354027(79241/35)	K 35×40×27	KJ 35×40×27		K 35×40×27		
	K 40×45×27	K 404527(79241/40)	K 40×45×27	K 40×45×27		K 40×45×27	KT 404527	
	K 42×47×27	K 424727(79241/42)	K 42×47×27	K 42×47×27		K 42×47×27		
	K 45×50×27	K 455027(79241/45)	K 45×50×27	K 45×50×27		K 45×50×27	KT 455027	R45/27
	K 10×14×10	K 101410(29242/10)	K 10×14×10	K 10×14×10		K 10×14×10	KT 101410	RS10/10
	K 12×16×10	K 121610(29242/12)	K 12×16×10				KT 121610	
	K 15×20×13	K 152013(29242/15)	K 15×20×13	K 15×20×13		K 15×20×13		RS15/13
	K 25×30×13	K 253013(29242/25)	K 25×30×13	K 25×30×13	K25×30×13	K 25×30×13	KT 253013	
	K 85×93×25	K 859325(29242/85)	K 85×93×25				KT 859325	
	K 90×98×25	K 909825(29242/90)	K 90×98×25				KT 909825	
	K 10×14×13	K 101413(39242/10)	K 10×14×13	K 10×14×13		K 10×14×13	KT 101413	RS10/13
	K 12×16×13	K 121613(39242/12)	K 12×16×13	K 12×16×13	K12×16×13	K 12×16×13	KT 121613	12R1613
	K 28×34×17	K 283417(39242/28)	K 28×34×17	K 28×34×17		K 28×34×17	KT 283417	
	K 40×46×17	K 404617(39242/40)	K 40×46×17	K 40×46×17		K 40×46×17		
	K 85×93×30	K 859330(39242/85)	K 85×93×30	K 85×93×30			KT 859330	
	K 100×108×30	K 10010830(39242/100)	K 100×108×30	K 100×108×30		K 100×108×30	KT 10010830	

续表

	中国		德国	日本	美国	德国	日本	日本
	轴承代号	旧轴承代号	FAG	NTN	TORRINGTON	INA	IKO	KOYO
向心滚针和保持架组件	K 14×20×12	K 142012(19243/14)	K 14×20×12	K 14×20×12	K14×20×12	K 14×20×12	KT 142012	
	K 16×22×12	K 162212(19243/16)	K 16×22×12	K 16×22×12		K 16×22×12	KT 162212	
	K 18×24×12	K 182412(19243/18)	K 18×24×12	K 18×24×12	K18×24×12	K 18×24×12	KT 182412	RS18/12-1
	K 20×26×12	K 202612(19243/20)	K 20×26×12	K 20×26×12	K20×26×12	K 20×26×12	KT 202612	
	K 28×35×16	K 283516(19243/28)	K 28×35×16	K 28×35×16		K 28×35×16	KT 283516	
	K 30×37×16	K 303716(19243/30)		K 30×37×16		K 30×37×16	KT 303716	
	K 35×42×16	K 354216(19243/35)	K 35×42×16	K 35×42×16	K35×42×16	K 35×42×16	KT 354216	
	K 55×63×20	K 556320(19243/55)	K 55×63×20	K 55×63×20		K 55×63×20	KT 556320	
	K 60×68×20	K 606820(19243/60)	K 60×68×20	K 60×68×20		K 60×68×20	KT 606820	
	K 63×71×20	K 637120(19243/63)	K 63×71×20				KT 637120	
	K 17×23×15	K 172315(29243/17)	K 17×23×15				KT 172315	
	K 30×37×20	K 303720(29243/30)		K 30×37×20			KT 303720	RS30/20
	K 32×39×20	K 323920(29243/32)		K 32×39×20			KT 323920	
	K 35×42×20	K 354220(29243/35)		K 35×42×20		K 35×42×20	KT 354220	RS35/20-1
	K 40×47×20	K 404720(29243/40)		K 40×47×20		K 40×47×20	KT 404720	RS40/20
	K 55×63×25	K 556325(29243/55)	K 55×63×25	K 55×63×25		K 55×63×25	KT 556325	
	K 60×68×25	K 606825(29243/60)	K 60×68×25	K 60×68×25	K60×68×25	K 60×68×25	KT 606825	
	K 80×88×25	K 808825(29243/80)	K 80×88×25				KT 808825	
	K 10×15×15	K 101515(39243/10)		K 10×15×15			KT 101515	
	K 16×22×17	K 162217(39243/16)		K 16×22×17			KT 162217	RS16/17-1
	K 18×24×17	K 182417(39243/18)		K 18×24×17			KT 182417	RS18/17P
	K 20×26×17	K 202617(39243/20)	K 20×26×17	K 20×26×17	K20×26×17	K 20×26×17	KT 202617	RS20/17
	K 25×31×17	K 253117(39243/25)	K 25×31×17	K 25×31×17	K25×31×17	K 25×31×17	KT 253117	
	K 65×73×30	K 657330(39243/65)	K 65×73×30	K 65×73×30	K65×73×30	K 65×73×30	KT 657330	
	K 70×78×30	K 707830(39243/70)	K 70×78×30	K 70×78×30		K 70×78×30	KT 707830	
	K 75×83×30	K 758330(39243/75)	K 75×83×30	K 75×83×30		K 75×83×30	KT 758330	
	K 80×88×30	K 808830(39243/80)	K 80×88×30	K 80×88×30		K 80×88×30	KT 808830	
	K 10×16×12	K 101612(19244/10)		K 10×16×12	K10×16×12	K 10×16×12		
	K 12×18×12	K 121812(19244/12)	K 12×18×12	K 12×18×12		K 12×18×12	KT 121812	
	K 25×32×16	K 253216(19244/25)	K 25×32×16	K 25×32×16		K 25×32×16	KT 253216	
	K 38×46×20	K 384620(19244/38)	K 38×46×20	K 38×46×20		K 38×46×20	KT 384620	38R4620
	K 40×48×20	K 404820(19244/40)	K 40×48×20	K 40×48×20	K40×48×20	K 40×48×20	KT 404820	
	K 45×53×20	K 455320(19244/45)	K 45×53×20	K 45×53×20	K45×53×20	K 45×53×20	KT 455320	
	K 50×58×20	K 505820(19244/50)	K 50×58×20	K 50×58×20	K50×58×20	K 50×58×20	KT 505820	
	K 40×48×25	K 404825(29244/40)		K 40×48×25			KT 404825	
	K 45×53×25	K 455325(29244/45)	K 45×53×25	K 45×53×25			KT 455325	
	K 50×58×25	K 505825(29244/50)	K 50×58×25	K 50×58×25	K50×58×25	K 50×58×25	KT 505825	

表 8-2-137 带立式座外球面球轴承

		中国		日本				瑞典	德国
		轴承代号	旧轴承代号	NSK	NTN	FYH	ASAHI	SKF	FAG
带顶丝UCP型	1.2系列	UCP 203	Z 90503					SY 17 TF	
		UCP 204	Z 90504	UCP 204	UCP 204	UCP 204	UCP 204	SY 20 TF	P56204
		UCP 205	Z 90505	UCP 205	UCP 205	UCP 205	UCP 205	SY 25 TF	P56205
		UCP 206	Z 90506	UCP 206	UCP 206	UCP 206	UCP 206	SY 30 TF	P56206
		UCP 207	Z 90507	UCP 207	UCP 207	UCP 207	UCP 207	SY 35 TF	P56207
		UCP 208	Z 90508	UCP 208	UCP 208	UCP 208	UCP 208	SY 40 TF	P56208
		UCP 209	Z 90509	UCP 209	UCP 209	UCP 209	UCP 209	SY 45 TF	P56209
		UCP 210	Z 90510	UCP 210	UCP 210	UCP 210	UCP 210	SY 50 TF	P56210
		UCP 211	Z 90511	UCP 211	UCP 211	UCP 211	UCP 211	SY 55 TF	P56211
		UCP 212	Z 90512	UCP 212	UCP 212	UCP 212	UCP 212	SY 60 TF	P56212
		UCP 213	Z 90513	UCP 213	UCP 213	UCP 213	UCP 213	SY 65 TF	
		UCP 214	Z 90514	UCP 214	UCP 214	UCP 214	UCP 214	SYJ 70 TG	
		UCP 215	Z 90515	UCP 215	UCP 215	UCP 215	UCP 215	SYJ 75 TG	
		UCP 216	Z 90516	UCP 216	UCP 216	UCP 216	UCP 216	SYJ 80 TG	
		UCP 217	Z 90517	UCP 217	UCP 217	UCP 217	UCP 217	SYJ 85 TG	
		UCP 218	Z 90518	UCP 218	UCP 218	UCP 218	UCP 218	SYJ 90 TG	
		UCP 220	Z 90520					SYJ 100 TG	
	2.3系列	UCP 305	Z 90605	UCP 305	UCP 305	UCP 305	UCP 305		
		UCP 306	Z 90606	UCP 306	UCP 306	UCP 306	UCP 306		
		UCP 307	Z 90607	UCP 307	UCP 307	UCP 307	UCP 307		
		UCP 308	Z 90608	UCP 308	UCP 308	UCP 308	UCP 308		
		UCP 309	Z 90609	UCP 309	UCP 309	UCP 309	UCP 309		
		UCP 310	Z 90610	UCP 310	UCP 310	UCP 310	UCP 310		
		UCP 311	Z 90611	UCP 311	UCP 311	UCP 311	UCP 311		
		UCP 312	Z 90612	UCP 312	UCP 312	UCP 312	UCP 312		

续表

类型	系列	中国 轴承代号	中国 旧轴承代号	日本 NSK	日本 NTN	日本 FYH	日本 ASAHI	瑞典 SKF	德国 FAG
带顶丝UCP型	2.3系列	UCP 313	Z 90613	UCP 313	UCP 313	UCP 313	UCP 313		
		UCP 314	Z 90614	UCP 314	UCP 314	UCP 314	UCP 314		
		UCP 315	Z 90615	UCP 315	UCP 315	UCP 315	UCP 315		
		UCP 316	Z 90616	UCP 316	UCP 316	UCP 316	UCP 316		
		UCP 317	Z 90617	UCP 317	UCP 317	UCP 317	UCP 317		
		UCP 318	Z 90618	UCP 318	UCP 318	UCP 318	UCP 318		
		UCP 319	Z 90619	UCP 319	UCP 319	UCP 319	UCP 319		
		UCP 320	Z 90620	UCP 320	UCP 320	UCP 320	UCP 320		
		UCP 321	Z 90621	UCP 321	UCP 321	UCP 321	UCP 321		
		UCP 322	Z 90622	UCP 322	UCP 322	UCP 322	UCP 322		
		UCP 324	Z 90624	UCP 324	UCP 324	UCP 324	UCP 324		
		UCP 326	Z 90626	UCP 326	UCP 326	UCP 326	UCP 326		
		UCP 328	Z 90628	UCP 328	UCP 328	UCP 328	UCP 328		
带偏心套UELP型(1.2系列/2.3系列)		UELP 201	Z 390501					SY 12 WM	
		UELP 202	Z 390502					SY 15 WM	
		UELP 203	Z 390503					SY 17 WM	
		UELP 204	Z 390504	EWP 204		NAP 204		SY 20 WM	
		UELP 205/UELP 305	Z 390505/Z 390605	EWP 205/EWP 305		NAP 205		SY 25 WM	P36205
		UELP 206/UELP 306	Z 390506/Z 390606	EWP 206/EWP 306		NAP 206		SY 30 WM	P36206
		UELP 207/UELP 307	Z 390507/Z 390607	EWP 207/EWP 307		NAP 207		SY 35 WM	P36207
		UELP 208/UELP 308	Z 390508/Z 390608	EWP 208/EWP 308		NAP 208		SY 40 WM	P36208
		UELP 209/UELP 309	Z 390509/Z 390609	EWP 209/EWP 309		NAP 209		SY 45 WM	P36209
		UELP 210/UELP 310	Z 390510/Z 390610	EWP 210/EWP 310		NAP 210		SY 50 WM	P36210
		UELP 211/UELP 311	Z 390511/Z 390611	EWP 211/EWP 311		NAP 211		SY 55 WM	
		UELP 212/UELP 312	Z 390512/Z 390612	EWP 212/EWP 312		NAP 212		SY 60 WM	

续表

类型	系列	中国		日本				瑞典	德国
		轴承代号	旧轴承代号	NSK	NTN	FYH	ASAHI	SKF	FAG
带紧定套UKP+H型	1.2系列	UKP 205+H 2305	Z 290504	UKP 205+H 2305X	UKP 205+H 2305X	UKP 205LⅡ+H 2305	UKP 205+H 2305		
		UKP 206+H 2306	Z 290505	UKP 206+H 2306X	UKP 206+H 2306X	UKP 206LⅢ+H 2306	UKP 206+H 2306		
		UKP 207+H 2307	Z 290506	UKP 207+H 2307X	UKP 207+H 2307X	UKP 207LⅢ+H 2307	UKP 207+H 2307		
		UKP 208+H 2308	Z 290507	UKP 208+H 2308X	UKP 208+H 2308X	UKP 208LⅢ+H 2308	UKP 208+H 2308		
		UKP 209+H 2309	Z 290508	UKP 209+H 2309X	UKP 209+H 2309X	UKP 209LⅢ+H 2309	UKP 209+H 2309		
		UKP 210+H 2310	Z 290509	UKP 210+H 2310X	UKP 210+H 2310X	UKP 210LⅢ+H 2310	UKP 210+H 2310		
		UKP 211+H 2311	Z 290510	UKP 211+H 2311X	UKP 211+H 2311X	UKP 211LⅢ+H 2311	UKP 211+H 2311		
		UKP 212+H 2312	Z 290511	UKP 212+H 2312X	UKP 212+H 2312X	UKP 212LⅢ+H 2312	UKP 212+H 2312		
		UKP 213+H 2313	Z 290512	UKP 213+H 2313X	UKP 213+H 2313X	UKP 213LⅢ+H 2313	UKP 213+H 2313		
		UKP 215+H 2315	Z 290513	UKP 215+H 2315X	UKP 215+H 2315X	UKP 215LⅢ+H 2315	UKP 215+H 2315		
		UKP 216+H 2316	Z 290514		UKP 216+H 2316X	UKP 216LⅢ+H 2316	UKP 216+H 2316		
		UKP 217+H 2317	Z 290515		UKP 217+H 2317X	UKP 217LⅢ+H 2317	UKP 217+H 2317		
		UKP 218+H 2318	Z 290516		UKP 218+H 2318X	UKP 218LⅢ+H 2318	UKP 218+H 2318		
	2.3系列	UKP 305+H 2305	Z 290604		UKP 305+H 2305X	UKP 305+H 2305	UKP 305+H 2305		
		UKP 306+H 2306	Z 290605		UKP 306+H 2306X	UKP 306+H 2306	UKP 306+H 2306		
		UKP 307+H 2307	Z 290606		UKP 307+H 2307X	UKP 307+H 2307	UKP 307+H 2307		
		UKP 308+H 2308	Z 290607		UKP 308+H 2308X	UKP 308+H 2308	UKP 308+H 2308		
		UKP 309+H 2309	Z 290608		UKP 309+H 2309X	UKP 309+H 2309	UKP 309+H 2309		
		UKP 310+H 2310	Z 290609		UKP 310+H 2310X	UKP 310+H 2310	UKP 310+H 2310		
		UKP 311+H 2311	Z 290610		UKP 311+H 2311X	UKP 311+H 2311	UKP 311+H 2311		
		UKP 312+H 2312	Z 290611		UKP 312+H 2312X	UKP 312+H 2312	UKP 312+H 2312		
		UKP 313+H 2313	Z 290612		UKP 313+H 2313X	UKP 313+H 2313	UKP 313+H 2313		
		UKP 315+H 2315	Z 290613	UKP 315+H 2315X	UKP 315+H 2315X	UKP 315+H 2315	UKP 315+H 2315		
		UKP 316+H 2316	Z 290614	UKP 316+H 2316X	UKP 316+H 2316X	UKP 316+H 2316	UKP 316+H 2316		
		UKP 317+H 2317	Z 290615	UKP 317+H 2317X	UKP 317+H 2317X	UKP 317+H 2317	UKP 317+H 2317		
		UKP 318+H 2318	Z 290616	UKP 318+H 2318X	UKP 318+H 2318X	UKP 318+H 2318	UKP 318+H 2318		
		UKP 319+H 2319	Z 290617	UKP 319+H 2319X	UKP 319+H 2319X	UKP 319+H 2319	UKP 319+H 2319		
		UKP 320+H 2320	Z 290618	UKP 320+H 2320X	UKP 320+H 2320X	UKP 320+H 2320	UKP 320+H 2320		
		UKP 322+H 2322	Z 290620	UKP 322+H 2322X	UKP 322+H 2322X	UKP 322+H 2322	UKP 322+H 2322		
		UKP 324+H 2324	Z 290622	UKP 324+H 2324	UKP 324+H 2324X	UKP 324+H 2324	UKP 324+H 2324		
		UKP 326+H 2326	Z 290623	UKP 326+H 2326	UKP 326+H 2326X	UKP 326+H 2326	UKP 326+H 2326		
		UKP 328+H 2328	Z 290625	UKP 328+H 2328	UKP 328+H 2328X	UKP 328+H 2328	UKP 328+H 2328		

第 3 章 直线运动滚动功能部件

常用的三种直线运动导轨基本性能比较见表 8-3-1。滚动直线导轨的运行速度已达 300m/min。在欧美各国 2/3 以上的高速数控机床都采用了滚动直线导轨，已在各种现代机械设备中得到越来越广泛的应用。滚动功能部件皆以滚珠或滚柱为滚动体，它的失效形式和计算方法与本篇第 2 章滚动轴承基本类似。常用的滚动功能部件已制定了国家标准或行业标准，国内已有多家专业厂进行批量生产。用户只需正确造型并进行必要的计算确定具体型号，即可向有关厂家订购。

本章将摘要介绍主要厂家的产品供用户选用。

表 8-3-1　直线运动导轨基本性能比较

运动形式	滑动导轨	滚动直线导轨	静压导轨
摩擦因数	μ=0.04~0.06	μ=0.002~0.005	μ=0.0005~0.001
运行速度	低速	低速~高速	中速~高速
刚　度	高	较　高	较　低
寿　命	三者相近		
可靠性	高	较　高	较　差

1　直线运动滚动功能部件主要类型及特点

表 8-3-2

类型	简图及特点	
滚动直线导轨副	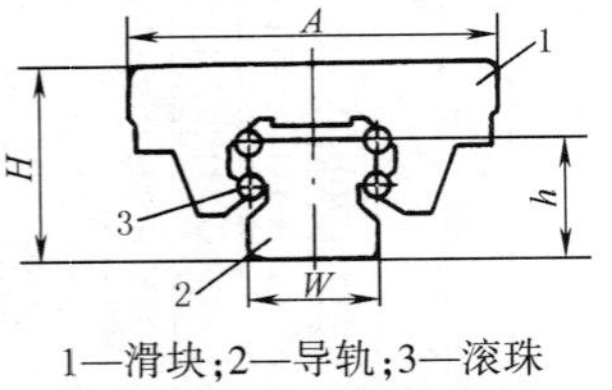 1—滑块；2—导轨；3—滚珠	滚动体与圆弧沟槽相接触，与点接触相比承载能力大，刚性好 摩擦因数小，一般为 0.002~0.005，仅为滑动导轨副的 1/20~1/50，节省动力，可以承受上下左右四个方向的载荷。动、静摩擦差别很小 磨损小，寿命长，安装、维修、润滑简便。允许运动速度为滑动导轨十倍以上，运动灵活、无冲击，在低速微量进给时，能很好地控制位置尺寸，不会发生空转打滑，并能实现超微米级精度的进给
滚动直线导套副	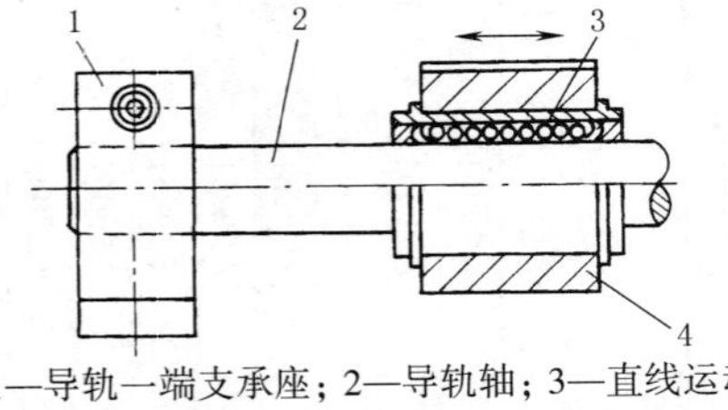 1—导轨一端支承座；2—导轨轴；3—直线运动球轴承（外购件）；4—直线运动球轴承支座	摩擦因数小，只有 0.001~0.004，节省动力。微量移动灵活、准确，低速时无蠕动爬行 精度高，行程长，移动速度快。具有自调整能力，可降低相配件加工精度。维修、润滑简便 导轨与导套呈圆柱形，造价低，但滚动体与轴呈点接触，承载能力较小，适用于精度要求较高、载荷较轻的场合
滚动花键副	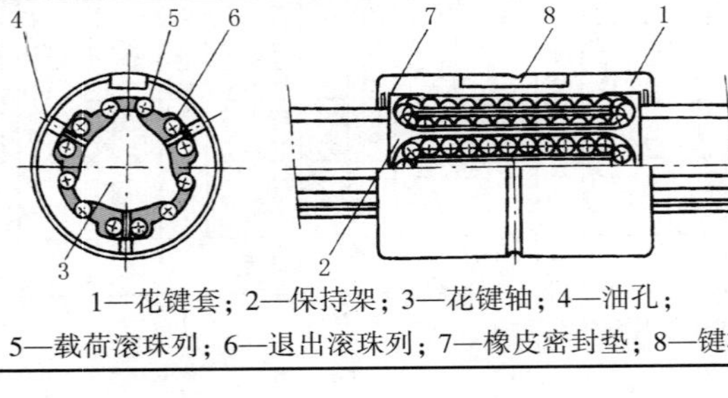 1—花键套；2—保持架；3—花键轴；4—油孔；5—载荷滚珠列；6—退出滚珠列；7—橡皮密封垫；8—键槽	摩擦阻力极小，摩擦因数在 0.002~0.003 之间，可进行高速旋转或直线往复运动（速度可达 100m/min 以上）。摩擦阻力几乎与运动速度无关，在低速微动往复运动时，不会出现爬行现象 可采用变换滚珠直径大小的办法施加预加载荷，消除正反转的间隙，以减少冲击和提高刚度及运动精度，承载能力高，寿命长，精度保持性好

续表

类型	简图及特点	
滚动导轨块	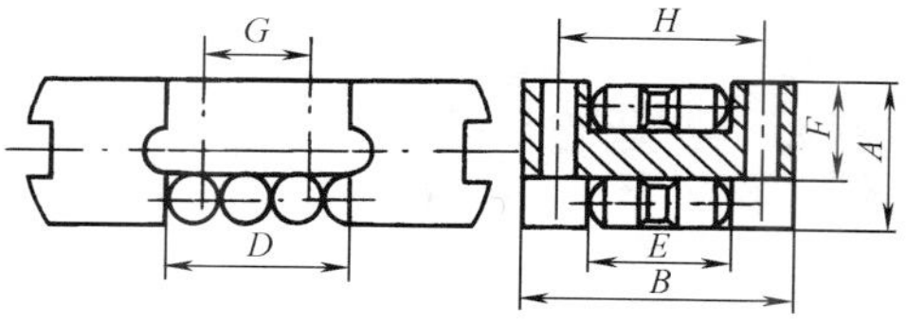	滚动体为圆柱滚子，承载能力大约为球轴承的10倍以上 摩擦因数小在0.005~0.01之间，且动静摩擦因数之差较小，对反复启动、停车、反向且频率较高机构可减少整机重量及动力消耗，无打滑。在重载或变载条件下可实现平稳运动。 灵敏度高，低速微调时控制准确，无爬行，滚动时导向性好，可提高机械随动性及定位精度。润滑系统简单，装拆、调整方便。不受床身长度限制，可根据承载大小选用多块导轨块。广泛用于NC，CNC机床的平面直线运动机构中

2 直线运动系统的载荷计算

作用在导轨及滑块上的载荷，因工件重心的位置、驱动力F的位置及启动和停止时加、减速引起的惯性力及工作阻力等外力而变化。可以用空间力系六个平衡方程求解。表8-3-3给出了8种常见的二导轨四滑块直线运动系统各滑块所受载荷的计算式供参考。图中P_r为垂直于运动平面的反力，称径向反力；P_h为平行于运动平面的反力，称横向反力。

表8-3-3 直线运动系统常见受载情况的计算

	使用条件	作用在一个滑块上的载荷	应用
1	等速运动或静止时 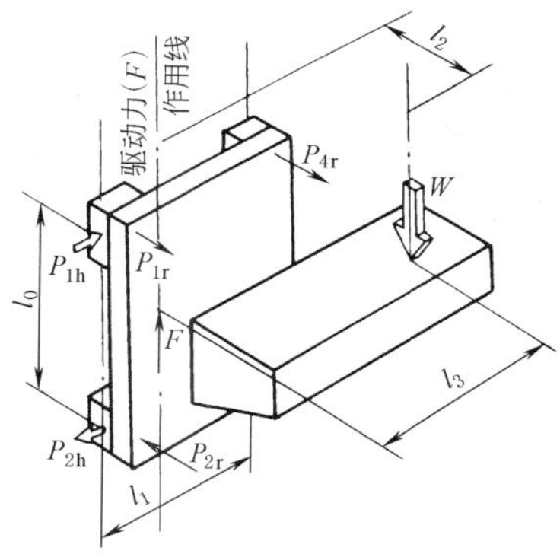	$P_{1r}\sim P_{4r}=\frac{W}{2}\times\frac{l_2}{l_0}$ $P_{1h}\sim P_{4h}=\frac{W}{2}\times\frac{l_3}{l_0}$ 式中 W——外加载荷($W=mg$,下同)； P_{1r}、P_{2r}、…——垂直于运动平面的支反力； P_{1h}、P_{2h}、…——平行于运动平面且垂直于导轨的支反力，下同； F——驱动(推)力	二根立式导轨 匀速运动或静止时用左列公式计算。启动及停止时因惯性力引起的载荷变化参见本表8。常见于工业用立式机械手、自动喷涂机械、起重机等场合
2	等速运动或静止时 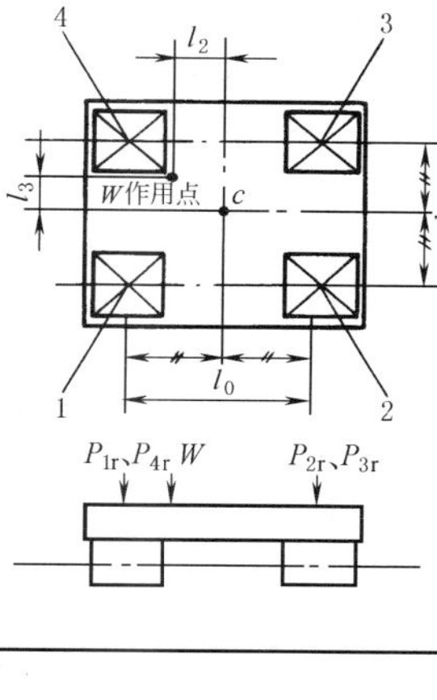	$P_{1r}=\frac{W}{4}+\frac{W}{2}\times\frac{l_2}{l_0}-\frac{W}{2}\times\frac{l_3}{l_1}$ $P_{2r}=\frac{W}{4}-\frac{W}{2}\times\frac{l_2}{l_0}-\frac{W}{2}\times\frac{l_3}{l_1}$ $P_{3r}=\frac{W}{4}-\frac{W}{2}\times\frac{l_2}{l_0}+\frac{W}{2}\times\frac{l_3}{l_1}$ $P_{4r}=\frac{W}{4}+\frac{W}{2}\times\frac{l_2}{l_0}+\frac{W}{2}\times\frac{l_3}{l_1}$	卧式导轨之一(四个滑块移动) 匀速或静止时的卧式导轨(滑块移动)用左列公式计算。直线运动且l_2、l_3变化时，平均载荷的计算(参见表8-3-4平均载荷部分)，常见于工业用卧式机械手、自动压力机械、X-Y平台等

续表

	使　用　条　件	作用在一个滑块上的载荷	应　　用
3	等速运动或静止时 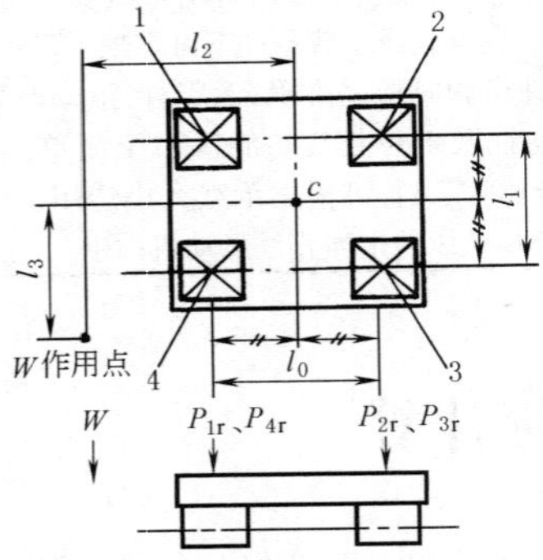	$P_{1r}=\frac{W}{4}+\frac{W}{2}\times\frac{l_2}{l_0}-\frac{W}{2}\times\frac{l_3}{l_1}$ $P_{2r}=\frac{W}{4}-\frac{W}{2}\times\frac{l_2}{l_0}-\frac{W}{2}\times\frac{l_3}{l_1}$ $P_{3r}=\frac{W}{4}-\frac{W}{2}\times\frac{l_2}{l_0}+\frac{W}{2}\times\frac{l_3}{l_1}$ $P_{4r}=\frac{W}{4}+\frac{W}{2}\times\frac{l_2}{l_0}+\frac{W}{2}\times\frac{l_3}{l_1}$	卧式导轨之二（四个滑块移动），载荷 *W* 作用在工作台面外 匀速或静止时的卧式导轨（滑块移动）用左列公式计算，如工业用机械手、工厂运送机械、*X-Y* 平台
4	等速运动或静止时 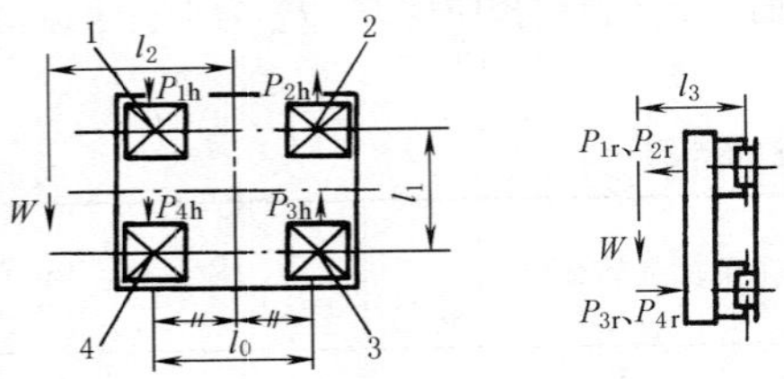	$P_{1r}\sim P_{4r}=\frac{W}{2}\times\frac{l_3}{l_1}$ $P_{1h}=P_{4h}=\frac{W}{4}+\frac{W}{2}\times\frac{l_2}{l_0}$ $P_{2h}=P_{3h}=\frac{W}{4}-\frac{W}{2}\times\frac{l_2}{l_0}$	二根横梁导轨（四个滑块移动） 匀速运动或静止时的垂直导轨用左列公式计算，常见于交叉式轨道、工业用机械手、装货机等
5	等速运动或静止时 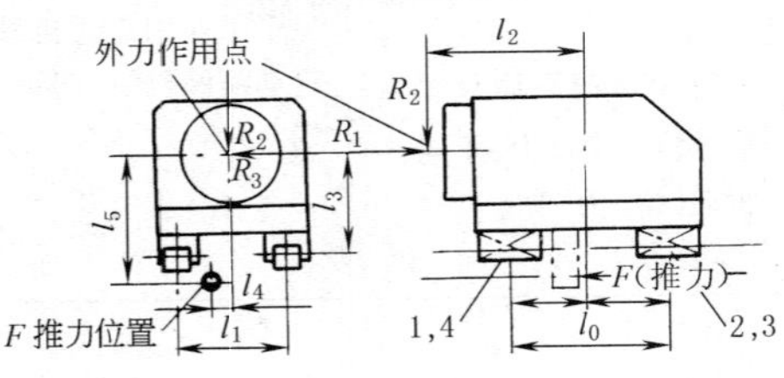	R_1 作用时 $P_{1r}\sim P_{4r}=\frac{R_1}{2}\times\frac{l_5}{l_0}$ $P_{1h}\sim P_{4h}=\frac{R_1}{2}\times\frac{l_4}{l_0}$ R_2 作用时 $P_{1r}=P_{4r}=\frac{R_2}{4}+\frac{R_2}{2}\times\frac{l_2}{l_0}$ $P_{2r}=P_{3r}=\frac{R_2}{4}-\frac{R_2}{2}\times\frac{l_2}{l_0}$ R_3 作用时 $P_{1r}\sim P_{4r}=\frac{R_3}{2}\times\frac{l_3}{l_1}$ $P_{1h}=P_{4h}=\frac{R_3}{4}+\frac{R_3}{2}\times\frac{l_2}{l_0}$ $P_{2h}=P_{3h}=\frac{R_3}{4}-\frac{R_3}{2}\times\frac{l_2}{l_0}$	承受水平及垂直外力时的导轨 常见于钻孔机组、铣床、车床、机械加工中心等切削机械
6	等速运动或静止时 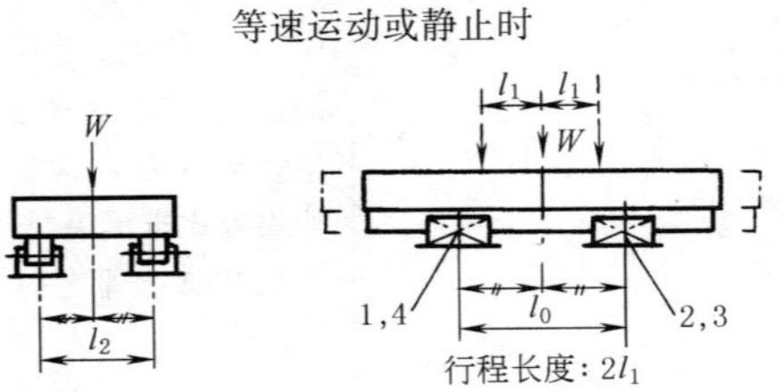 行程长度：$2l_1$	$P_{1r}\sim P_{4r}(\max)=\frac{W}{4}+\frac{W}{2}\times\frac{l_1}{l_0}$ $P_{1r}\sim P_{4r}(\min)=\frac{W}{4}-\frac{W}{2}\times\frac{l_1}{l_0}$	二根导轨移动时（行程 $2l_1$）的水平式导轨，四滑块支持，*W* 作用台面中心 用于匀速运动时取平均载荷，常见于企业用机械手、*X-Y* 平台

续表

	使用条件	作用在一个滑块上的载荷	应用
7	有加减速时 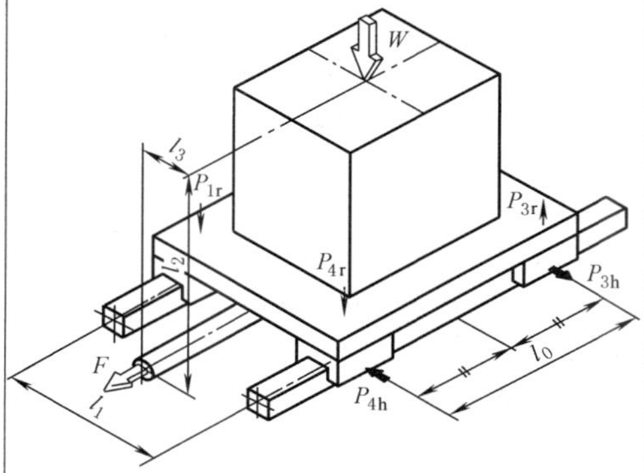 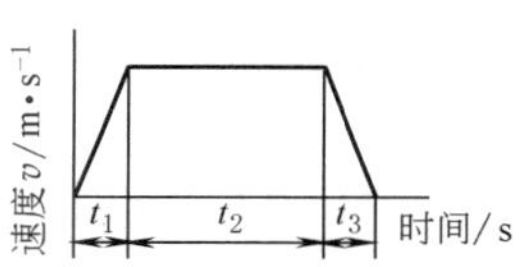 速度线图	加速时 $P_{1r}=P_{4r}=\frac{W}{4}-\frac{W}{2}\times\frac{1}{g}\times\frac{v}{t_1}\times\frac{l_2}{l_0}$ $P_{2r}=P_{3r}=\frac{W}{4}+\frac{W}{2}\times\frac{1}{g}\times\frac{v}{t_1}\times\frac{l_2}{l_0}$ $P_{1h}\sim P_{4h}=\frac{W}{2}\times\frac{1}{g}\times\frac{v}{t_1}\times\frac{l_3}{l_0}$ g 为重力加速度,$g=9.8\text{m/s}^2$ 等速时 $P_{1r}\sim P_{4r}=\frac{W}{4}$ 减速时 $P_{1r}=P_{4r}=\frac{W}{4}+\frac{W}{2}\times\frac{1}{g}\times\frac{v}{t_3}\times\frac{l_2}{l_0}$ $P_{2r}=P_{3r}=\frac{W}{4}-\frac{W}{2}\times\frac{1}{g}\times\frac{v}{t_3}\times\frac{l_2}{l_0}$ $P_{1h}\sim P_{4h}=\frac{W}{2}\times\frac{1}{g}\times\frac{v}{t_3}\times\frac{l_3}{l_0}$	二根承受惯性力的水平式导轨,四滑块支持 以滚珠丝杠驱动居多
8	有加减速时 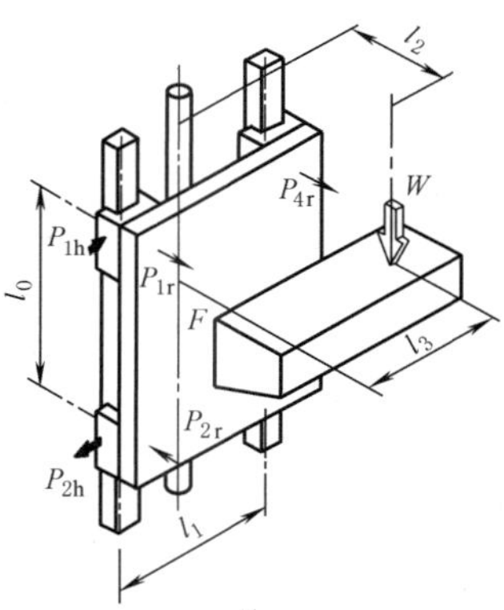 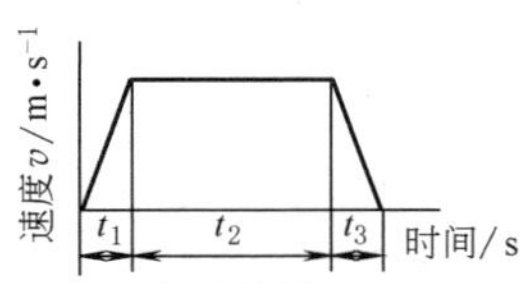 速度线图	加速时 $a_1=\frac{v}{t_1}$ $P_{1r}\sim P_{4r}=\frac{W(1+a_1/g)l_2}{2l_0}$ $P_{1h}\sim P_{4h}=\frac{W(1+a_1/g)l_3}{2l_0}$ 等速时 $a_2=0$ $P_{1r}\sim P_{4r}=\frac{Wl_2}{2l_0}$ $P_{1h}\sim P_{4h}=\frac{Wl_3}{2l_0}$ 减速时 $a_3=v/t_3$ $P_{1r}\sim P_{4r}=\frac{W(1-a_3/g)l_2}{2l_0}$ $P_{1h}\sim P_{4h}=\frac{W(1-a_3/g)l_3}{2l_0}$	二根承受惯性力的立式导轨,四滑块支持

有些机械工作过程中载荷是变化的，如工业机械手及机床，这时就要按平均（或当量）载荷 P_m 来计算，即系统运行中加于支承上的载荷发生变化时，与这种变动载荷条件下寿命相当的某个不变载荷即为 P_m。常见的三种变载荷的平均载荷 P_m 计算公式见表 8-3-4。平均载荷主要用于寿命计算。

表 8-3-4　　　　常见的平均载荷（P_m）计算公式

载荷变化		计算公式
阶梯式变化载荷	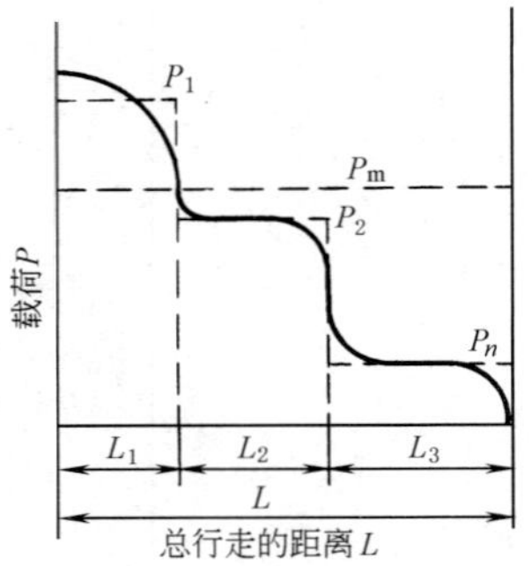	$P_m=\sqrt[3]{\frac{1}{L}(P_1^3L_1+P_2^3L_2+\cdots+P_n^3L_n)}$　　(8-3-1) 式中　P_m——平均载荷，N P_n——变动载荷，N L——总运行距离，m L_n——承受 P_n 载荷时行走的距离，m
单调式变化载荷	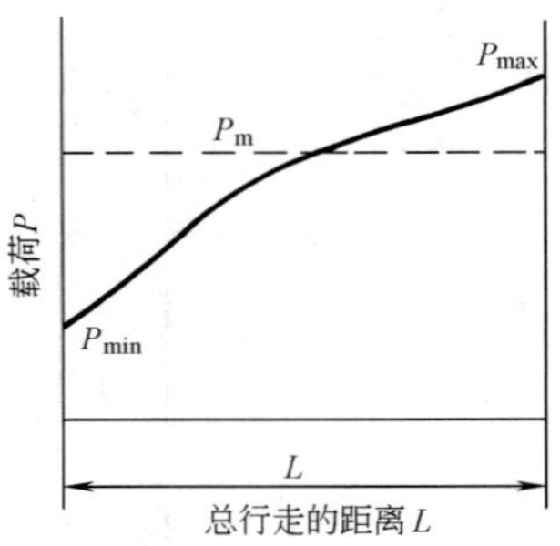	$P_m\approx\frac{1}{3}(P_{min}+2P_{max})$　　(8-3-2) 式中　P_{min}——最小载荷，N P_{max}——最大载荷，N
正弦曲线式变化载荷	(a) $P_m\approx0.65P_{max}$　　(8-3-3) 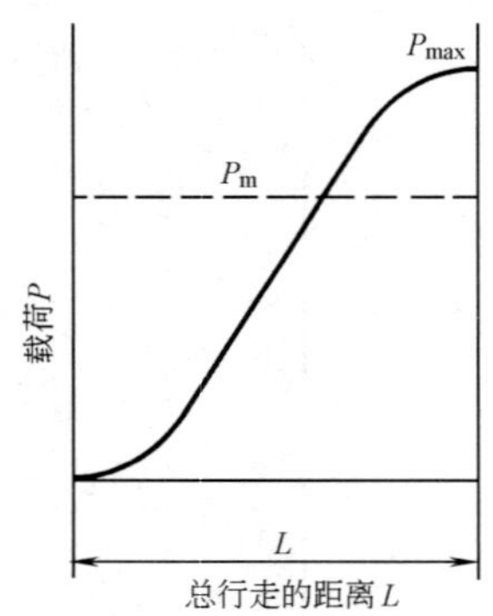	(b) $P_m\approx0.75P_{max}$　　(8-3-4) 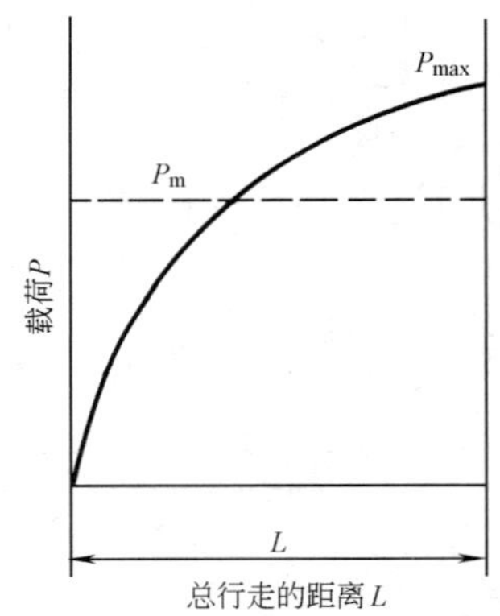

摩擦力 F 可按式（8-3-5）计算。

$$F=\mu P+f \tag{8-3-5}$$

式中，P 为支承面法向压力；μ 为摩擦因数，$\mu=0.002\sim0.005$；f 为密封件阻力，参见表 8-3-5。

表 8-3-5　　滚动直线导轨副密封件摩擦阻力参考值

型号规格	15 及 20	25	30	35	45	55
阻力/N	3	5	15	25	30	35

例 1　某机械的垂直导轨（图 8-3-1）将工件从下面提起，运行到最高点卸下，下降时仅承受升降台自身的重力 W_2，类似于表 8-3-3 的情况 1——计算 P_h（两者不同处是表中为双导轨，本例为单导轨，故 P_h 值增大一倍）。

上升时

$$P_{u1h}=P_{u2h}=\frac{W_1l_1}{l_0}+\frac{W_2l_2}{l_0}=\frac{500\times500}{250}+\frac{1000\times200}{250}=1800\ (\mathrm{N})$$

下降时

$$P_{d1h}=P_{d2h}=\frac{W_2l_2}{l_0}=\frac{1000\times200}{250}=800\ (\mathrm{N})$$

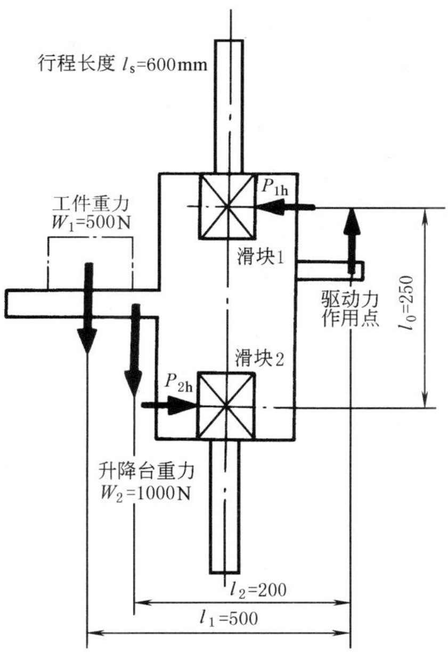

图 8-3-1

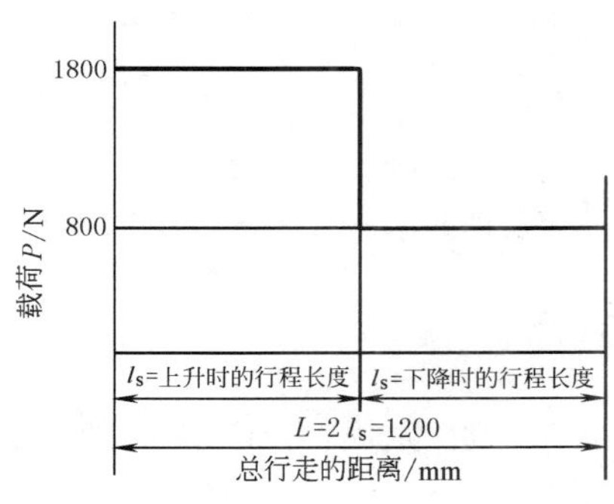

图 8-3-2

全行程载荷变化如图 8-3-2 所示，属于阶梯式变化，可用表 8-3-4 中的公式（8-3-1）计算得平均横向载荷：

$$P_{1mh}=P_{2mh}=\sqrt[3]{\frac{1}{L}\left(P_u^3\times\frac{1}{2}L+P_d^3\times\frac{1}{2}L\right)}$$

$$=\sqrt[3]{\frac{1}{1200}\times\left(1800^3\times\frac{120}{2}+800^3\times\frac{120}{2}\right)}=1470\ (\mathrm{N})$$

例 2　某工业用机械手（图 8-3-3）的工作臂重力 $W=500\mathrm{N}$，工作行程为 600mm，求滑块的平均载荷。显然，工作臂外伸到最大位置时，载荷达到最大；工作臂内缩到最小位置时，载荷减至最小。其值可分别对 O_1 及 O_2 列力矩平衡方程算得。

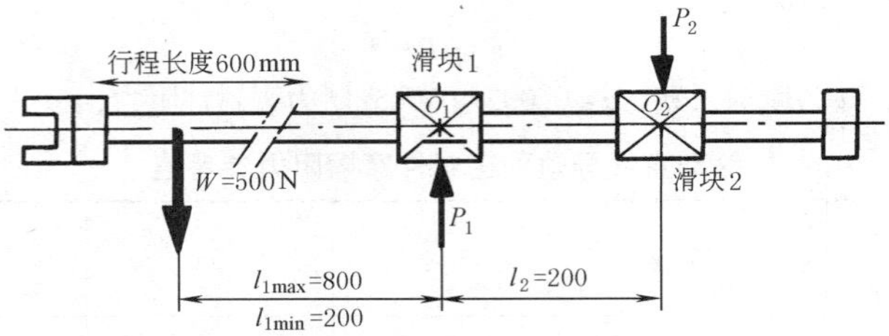

图 8-3-3

外伸时

$$P_{1max}=\frac{500\times(800+200)}{200}=2500(\mathrm{N})\qquad P_{2max}=\frac{500\times800}{200}=2000\ (\mathrm{N})$$

内收时

$$P_{1min}=\frac{500\times(200+200)}{200}=1000\ (\mathrm{N})\qquad P_{2min}=\frac{500\times200}{200}=500\ (\mathrm{N})$$

这种载荷的变化规律相当于表 8-3-4 的单调式变化，其平均载荷可用表中式（8-3-2）计算出：

$$P_{1m}=\frac{1}{3}(P_{1min}+2P_{1max})=\frac{1}{3}(1000+2\times2500)=2000\quad(\mathrm{N})$$

$$P_{2m}=\frac{1}{3}(P_{2min}+2P_{2max})=\frac{1}{3}(500+2\times2000)=1500\quad(\mathrm{N})$$

3 滚动直线导轨副和导套副及滚动导轨块的承载能力计算

滚动功能部件的主要失效形式是滚动元件与滚道的疲劳点蚀与塑性变形，其相应的计算准则为寿命（或动载荷）计算和静载荷计算。某些滚动功能部件还具有滚动体循环装置，循环装置的失效主要靠正确的制造、安装与使用维护来避免。

2008 年我国等效引用了 ISO 关于直线运动滚动支承的额定动载荷和额定寿命即 GB/T 21559. 1—2008/ISO 14728. 1—2004 以及计算额定静载荷即 GB/T 21559. 2—2008/ISO 14728. 2—2004。ISO 的计算虽然比较精确但偏于复杂，故本手册仍推荐适合一般计算要求的下述简化计算方法和公式。

3.1 寿命计算

直线运动滚动功能部件寿命计算的基本公式为

滚动体为球时

$$L=\left(\frac{f_H f_T f_C f_a}{f_W}\times\frac{C}{P_c}\right)^3\times50 \tag{8-3-6}$$

滚动体为滚子时

$$L=\left(\frac{f_H f_T f_C f_a}{f_W}\times\frac{C}{P_c}\right)^{10/3}\times100 \tag{8-3-7}$$

式中 L ——额定寿命，指一组同样的直线运动滚动功能部件，在相同条件下运行，其数量的 90%不发生疲劳点蚀时所能达到的总运行距离，km；

C ——基本额定动载荷，指垂直于运动方向且大小不变地作用于一组同样的直线运动滚动功能部件上使额定寿命为 $L=50$km（对球形滚动体）或 $L=100$km（对滚子形滚动体）时的载荷，kN，其数值见后面各厂产品目录表中（新 ISO 标准球滚动体 L 也取 100km，这时相应 C 值要重新调整，本手册球类 C 值仍为 50km）；

P_c ——当量载荷，指直线运动滚动功能部件所承受的垂直于运动方向的载荷，kN；

f_H ——硬度系数，$f_H=(\text{实际硬度 HRC 值}/58\text{HRC})^{3.6}$，一般厂家滚动元件及滚道表面的实际硬度均在 58HRC 以上，f_H 均可取 1；

f_T、f_C、f_W ——分别为温度系数、接触系数、载荷系数见表 8-3-6、表 8-3-7、表 8-3-8。

f_a ——精度系数，2级3级精度为1，4级及5级精度取0.9。

用小时数表示的额定寿命 L_h 为

$$L_h = 8.3L/ln \tag{8-3-8}$$

式中 l——直线运动部件单向行程长度，m；

n——直线运动部件每分钟往返次数，1/min。

表 8-3-6 温度系数 f_T

工作温度/℃	f_T
≤100	1.00
>100~150	0.90
>150~200	0.73
>200~250	0.6

表 8-3-7 接触系数 f_C

每根导轨上的滑块(或导套)数或每根轴上花键套个数	f_C
1	1.00
2	0.81
3	0.72
4	0.66
5	0.61

表 8-3-8 载荷系数 f_W

工 作 条 件	f_W
无外部冲击或振动的低速运动场合，速度小于15m/min	1~1.2
无明显冲击或振动的中速运动场合，速度为15~60m/min	1.2~1.5
有外部冲击或振动的高速运动场合，速度大于60m/min	1.5~3.5

3.2 静载能力计算

$$\frac{C_0}{P_0} \geqslant f_s \tag{8-3-9}$$

式中 C_0 ——基本额定静载荷，指直线运动滚动功能部件中承受最大接触应力的滚动体与滚道的塑性变形之和为滚动体直径1/10000时的载荷，kN，见相应产品目录表；

P_0 ——当量静载荷，即引起最大载荷滚动体与滚道接触中心处产生与实际载荷条件相同接触应力的静载荷 kN；

f_s ——静态安全系数，考虑启动与停止时惯性力对 P_0 的影响，其值见表8-3-9。

表 8-3-9 静态安全系数 f_s

运动条件	载荷条件	f_s 的下限	运动条件	载荷条件	f_s 的下限
不经常运动情况	冲击小，导轨挠曲变形小时	1.0~1.3	普通运动情况	普通载荷、导轨挠曲变形小时	1.0~1.5
	有冲击、扭曲载荷作用时	2.0~3.0		有冲击、扭曲载荷作用时	2.5~7.0

3.3 当量载荷计算

当各个方向的载荷同时作用于滚动直线导轨副中的滑块上时，应用当量载荷 P_E 替代式（8-3-6）和式（8-3-7）中的 P_c 或替代式（8-3-9）中的 P_0 进行寿命计算和静载荷能力计算。P_E 按下式计算：

$$P_E = x|P_R - P_L| + y|P_h| \tag{8-3-10}$$

式中 P_R ——径向载荷（即指向导轨面的载荷），N；

P_L ——反径向载荷（与 P_R 方向相反的载荷），N；

P_h ——横向载荷（与 P_R 方向垂直的载荷），N；

x、y——径向与横向载荷系数，详见各型产品目录。若 x、y 值无资料，均可按1代入计算。

同时承受载荷 P 与转矩 M 作用时

$$P_E = P + C_0 M / M_t \tag{8-3-11}$$

式中　C_0——额定静载荷；

M_t——指与 M 对应的 M_A（M_y）、M_B（M_z）、M_C（M_x）额定值，见目录表。

4　滚动直线导轨副

4.1　结构组成与类型

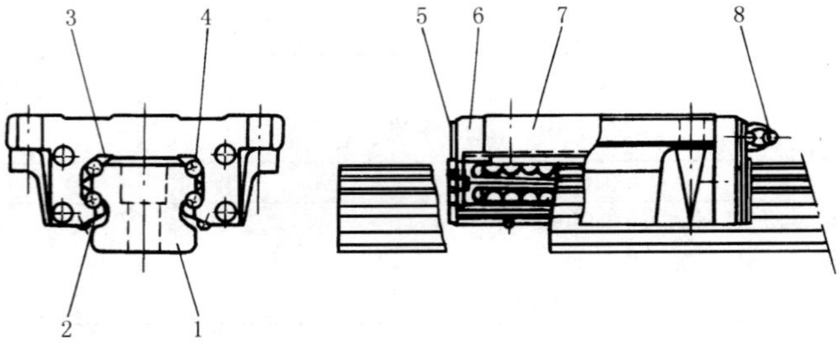

图 8-3-4　滚动直线导轨副结构组成

1—导轨；2—侧面密封垫；3—保持架；4—承载球列；5—末端密封垫；6—侧面平板；7—滑块；8—润滑油接口

滚动直线导轨副结构组成如图 8-3-4 所示。按滚珠在导轨副中的分布与接触情况，滚动直线导轨副的类型、结构、特性与用途见表 8-3-10。

表 8-3-10　　滚动直线导轨副主要类型及参数（参数标准引自 JB/T 7175.2—2006）

名　称	结　构　简　图	特点及适用场合、标准参数	主要厂家及牌号
四滚道型	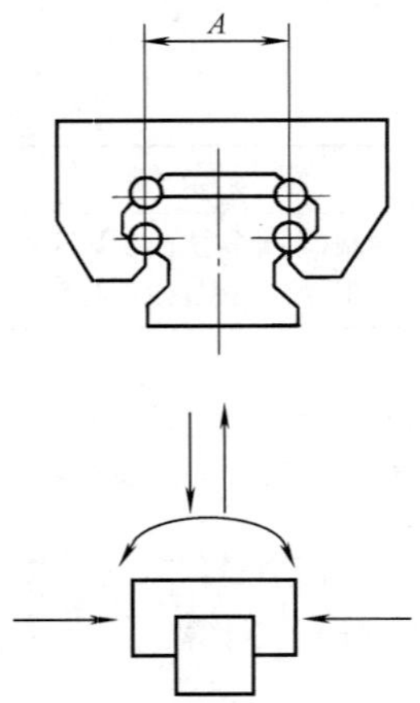	轨道两侧各有互成45°的两列承载滚珠。垂直向上、下和左右水平额定载荷相同。额定载荷大，刚性好，可承受冲击及重载，用途较广，如加工中心、数控机床、机器人、机械手、焊接机、包装机、木工机械、传输生产线等。A 为标准参数（也为型号代码）：15、20、25、30、35、40、45、50、55、65、85、100、120	汉中厂 HJG-DA15～85，DB 型 45～55，DZ 型 35～100 南京厂 GZB25～125，GGB16～85 GSB35～55，GGD35～65 济宁厂 KL、KT15～65（滚珠）、ZL15～65（滚珠）KL、KT35～125（滚柱）及 ZL35～125（滚柱） 上海厂 SGA15～35
两滚道型（双边单列）	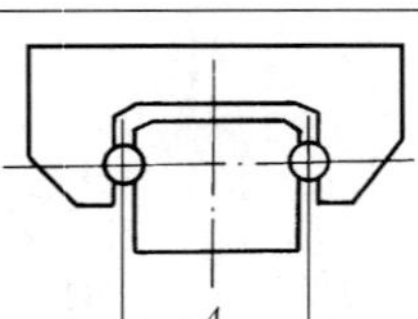	轨道两侧各有一列承载滚珠。结构轻、薄、短小，且调整方便，可承受上下左右的载荷及不大的力矩，是集成电路片传输装置、医疗设备、办公自动化设备、机器人等的常用导轨。A 为标准参数（也为型号代码）：7、9、12、15、20、25（有普通系列及加宽系列）	南京厂 GGC9～15 上海厂 SGC9～15，SGE，SGU18，28，SGW12

续表

名称	结构简图	特点及适用场合、标准参数	主要厂家及牌号
分离型（单边双列）	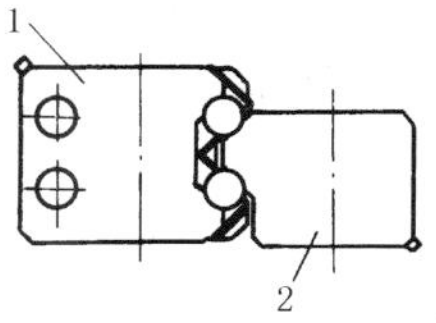 1—滑块；2—导轨	两列滚珠与运动平面均成45°接触，因此同一平面只要安装一组导轨，就可以上下左右均匀地承载。若采用两组平行导轨，上下左右可承受同一额定载荷，间隙调整方便，广泛用于电加工机床、精密工作台等电子机械设备（参数尚未标准化）	南京GGF型、上海SGB型及SGVB型
交叉圆柱滚子V形直线导轨副	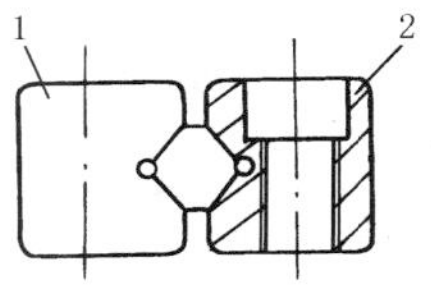 1—滑块；2—轨道	采用圆柱滚子代替滚珠，且相邻滚子安装位置交错90°，采用V形导轨，其接触面长为原来的1.7倍，刚性为2倍，寿命为6倍；适用于轻、重载荷，无间隙，运动平稳无冲击的场合，如精密内外圆磨床、电子计算机、电加工机床、测量仪器、医疗器械、木工机械等	上海SGV型 南京GZV型

注：生产厂上海中恒导轨有限公司（原上海组合夹具厂）、南京工艺装备制造有限公司、山东济宁博特精工股份有限公司、汉中汉江机床有限公司。

4.2 四滚道滚动直线导轨副安装连接尺寸（摘自JB/T 7175.3—1996）

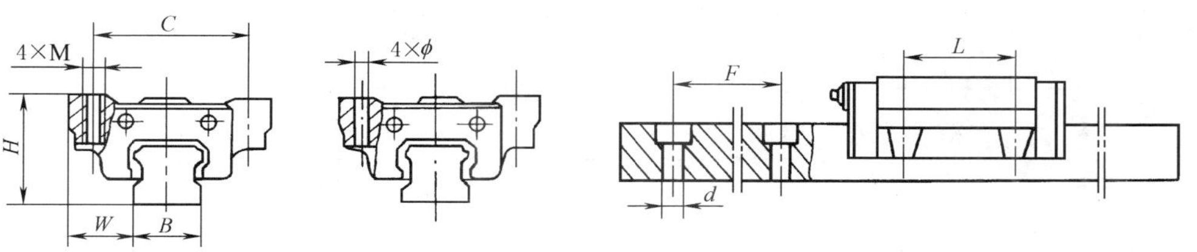

表8-3-11　　四滚道型滚动直线导轨副的安装连接尺寸　　mm

型号代码	装配组合后		滑块				导轨		
	H	W	C	L	M	ϕ	B	F	d
20	30	21.50	53	40	M6	6	20	60	6
25	36	23.50	57	45	M8	7	23	60	7
30	42	31	72	52	M10	9	28	80	9
35	48	33	82	62	M10	9	34	80	9
45	60	37.50	100	80	M12	11	45	105	14
55	70	43.50	116	95	M14	14	53	120	16
65	90	53.50	142	110	M16	16	63	150	18

注：1. 滑块有螺纹孔及光孔两种结构供用户选择，订货时向厂家说明。
2. 二滚道型滚动直线导轨副安装连接尺寸暂未标准化。
3. 型号代码中数值表示图中B的公称尺寸。

4.3 滚动直线导轨副的精度（摘自JB/T 7175.4—2006）

本标准适用于四滚道和两滚道型以滚珠为滚动体的导轨副，按1~6级精度依次递减。

表 8-3-12

<table>
<tr><th>序号</th><th>简图</th><th>检验项目</th><th>允许偏差/μm</th></tr>
<tr><td>1</td><td>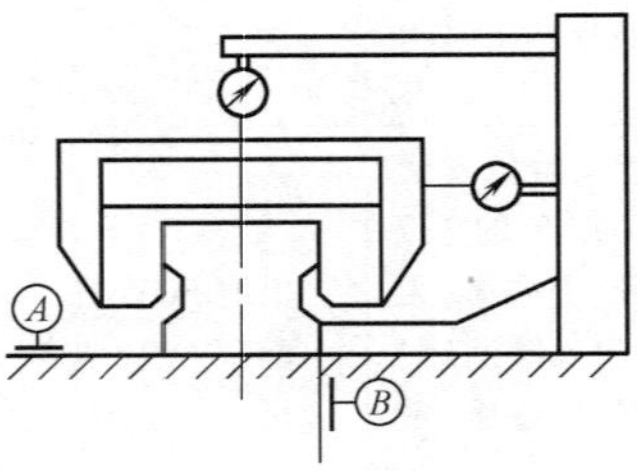</td><td>(1)滑块顶面中心对导轨基准底面 A 的平行度
(2)与导轨基准侧面 B 同侧的滑块侧面对导轨基准侧面的平行度</td><td>
<table>
<tr><th rowspan="2">导轨长度/mm</th><th colspan="6">精度等级</th></tr>
<tr><th>1</th><th>2</th><th>3</th><th>4</th><th>5</th><th>6</th></tr>
<tr><td><500</td><td>2</td><td>4</td><td>8</td><td>14</td><td>20</td><td>28</td></tr>
<tr><td>>500~1000</td><td>3</td><td>6</td><td>10</td><td>17</td><td>25</td><td>34</td></tr>
<tr><td>>1000~1500</td><td>4</td><td>8</td><td>13</td><td>20</td><td>30</td><td>40</td></tr>
<tr><td>>1500~2000</td><td>5</td><td>9</td><td>15</td><td>22</td><td>32</td><td>46</td></tr>
<tr><td>>2000~2500</td><td>6</td><td>11</td><td>17</td><td>24</td><td>34</td><td>54</td></tr>
<tr><td>>2500~3000</td><td>7</td><td>12</td><td>18</td><td>26</td><td>36</td><td>62</td></tr>
<tr><td>>3000~3500</td><td>8</td><td>13</td><td>20</td><td>28</td><td>38</td><td>70</td></tr>
<tr><td>>3500~4000</td><td>9</td><td>15</td><td>22</td><td>30</td><td>40</td><td>80</td></tr>
</table></td></tr>
<tr><td>2</td><td>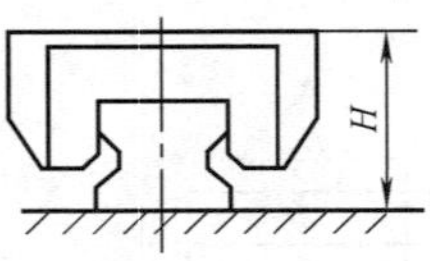</td><td>滑块顶面与导轨基准底面高度 H 的尺寸偏差</td><td>
<table>
<tr><th colspan="6">精度等级</th></tr>
<tr><td>1</td><td>2</td><td>3</td><td>4</td><td>5</td><td>6</td></tr>
<tr><td>±5</td><td>±12</td><td>±25</td><td>±50</td><td>±100</td><td>±200</td></tr>
</table></td></tr>
<tr><td>3</td><td>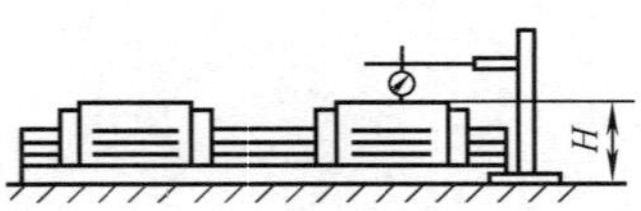</td><td>同一平面上配对导轨的多个滑块顶面高度 H 的变动量</td><td>
<table>
<tr><th colspan="6">精度等级</th></tr>
<tr><td>1</td><td>2</td><td>3</td><td>4</td><td>5</td><td>6</td></tr>
<tr><td>3</td><td>5</td><td>7</td><td>20</td><td>40</td><td>60</td></tr>
</table></td></tr>
<tr><td>4</td><td>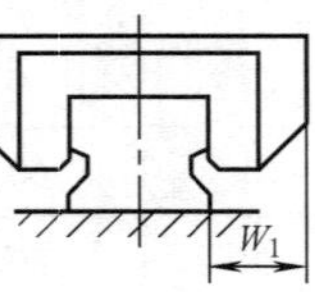</td><td>与导轨侧面基准同侧的滑块侧面与导轨侧面基准间距离 W_1 的尺寸偏差(只适用于基准导轨)</td><td>
<table>
<tr><th colspan="6">精度等级</th></tr>
<tr><td>1</td><td>2</td><td>3</td><td>4</td><td>5</td><td>6</td></tr>
<tr><td>±8</td><td>±15</td><td>±30</td><td>±60</td><td>±150</td><td>±240</td></tr>
</table></td></tr>
<tr><td>5</td><td>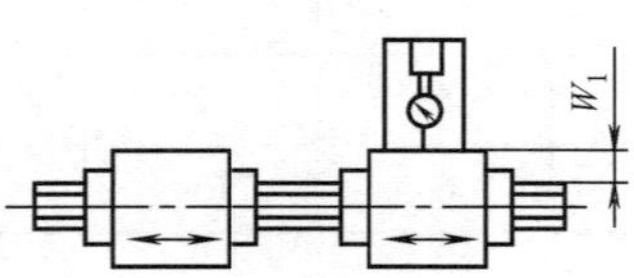</td><td>同一导轨上多个滑块侧面与导轨侧面基准间距离 W_1 的变动量(只适用基准导轨)</td><td>
<table>
<tr><th colspan="6">精度等级</th></tr>
<tr><td>1</td><td>2</td><td>3</td><td>4</td><td>5</td><td>6</td></tr>
<tr><td>5</td><td>7</td><td>10</td><td>25</td><td>70</td><td>100</td></tr>
</table></td></tr>
</table>

注：1. 精度项目及检验方法见表中简图所示。

2. 由于导轨轴上的四条滚道是用螺栓将其固定在专用夹具体上精磨的，在自由状态下可能会存在误差，因此，精度检验时应将导轨固定在专用平台上测量。

3. 当基准导轨副上滑块数超过两件时，只检验首尾两件，中间滑块不作 W_1 检查，但中间滑块的 W_1 值应小于首尾两滑块的 W_1 值。

各级精度的滚动直线导轨副新标准还要检验预紧拖动力的变动量，将直线导轨固定，用测力器沿导轨长度方向水平而匀速地分别拉动各滑块（不带密封），测得各滑块的拖动力 F 值，并与制造商设定的预紧力值相比，其变化幅度不得超过表 8-3-13 中给出的百分比范围。

各种机械设备推荐的精度等级见表 8-3-14。

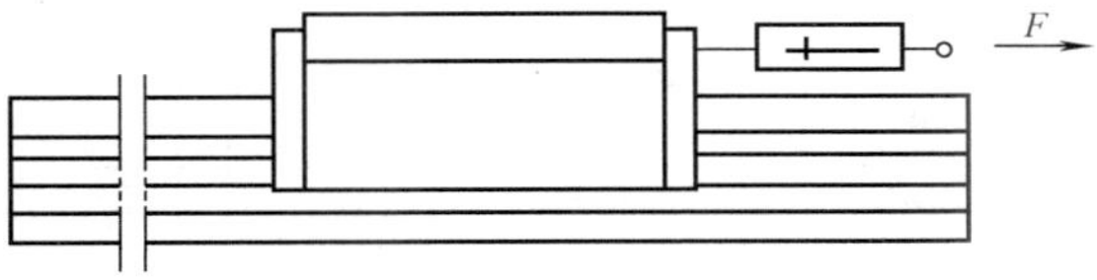

表 8-3-13　预紧拖动力变动量允差

允差/%			
微预压	轻预压	中预压	重预压
25	20	15	10

表 8-3-14　推荐采用精度等级

机床及机械类型		坐标	精度等级 2	3	4	5
数控机械	车床	x	✓	✓	✓	
		z		✓	✓	✓
	铣床、加工中心	x、y	✓	✓	✓	
		z		✓	✓	✓
	坐标镗床、坐标磨床	x、y	✓	✓		
		z		✓	✓	
	磨床	x、y	✓	✓		
		z	✓		✓	
	电加工机床	x、y	✓	✓		
		z			✓	✓
	精密冲裁机	x、z			✓	✓
	绘图机	x、y		✓	✓	
	精密十字工作台	x、y		✓		
普通机床		x、y		✓		
		z		✓	✓	
通用机械					✓	✓

注：由南京工艺装备制造公司推荐。

4.4　预加载荷的选择

为了减少机械在受载后姿态或位置的变化，设计时要考虑滚动直线导轨副的刚度 K，刚度 K 等于滑块受的外力与位移的比值。

采用预加载荷（即预先给滚动体施加内部载荷）的方法可以提高滚动直线导轨副的刚度。预加载荷越大，刚度提高越多，但滚动直线导轨副的滚动摩擦因数也略有增大，寿命也减少。故用户应根据使用要求选择合适的预加载荷。

JSA-LG（济宁厂产品）滚动直线导轨副的预加载荷按大小分为四种类型：F_0 是无预加载荷的，导轨副内的平均间隙为零；F_1、F_2、F_3 的预加载荷分别以额定动载荷 C 的 2.5%、5%、7%作为预加载荷的值。各种规格的滚动直线导轨副的预加载荷及刚度 R 见表 8-3-15。

F_0 是无预加载荷的滚动直线导轨副，它的刚度随外载荷的增大而增大，表 8-3-15 中 F_0 的刚度值是外加载荷等于 0.1C 时的刚度值（C 是额定动载荷，可查样本），当外加载荷 F 不等于 0.1C 时，对应的刚度值 R_f 按下式计算：$R_f=R\ (F/0.1C)^{1/3}$（N/μm），式中的 R 可查表 8-3-15 中 F_0 对应的 R 值。

F_1、F_2、F_3 是采用预加载荷的滚动直线导轨副，其刚度 R 值不受外载影响，直接从表 8-3-15 中查取。

用户在订货时可以用最大外载荷的 1/3 作为预加载荷，并参照表 8-3-15 选择适当的预加载荷类型，也可参照表 8-3-16 和表 8-3-17 选择适当的预加载荷类型，JSA-LG 滚动直线导轨副在出厂时已根据用户要求调整好预加载荷，用户不需要再调整。

表 8-3-15 **滚动直线导轨副预加载荷及刚度值 *R***

型号	F_0(间隙)	F_1(轻预加载荷)		F_2(中预加载荷)		F_3(重预加载荷)	
	刚度值 R /N·μm^{-1}	预加载荷 /N	刚度值 R /N·μm^{-1}	预加载荷 /N	刚度值 R /N·μm^{-1}	预加载荷 /N	刚度值 R /N·μm^{-1}
JSA-LG15	145	218	183				
JSA-LG20	182	340	229	680	288		
JSA-LG20C	242	454	305	908	384		
JSA-LG25	218	490	275	980	346	1372	387
JSA-LG25C	291	653	366	1306	461	1830	516
JSA-LG35	291	871	366	1742	461	2439	516
JSA-LG35C	387	1161	488	2322	615	3252	688
JSA-LG45	363	1361	458	2722	577	3812	645
JSA-LG45C	484	1815	610	3630	769	5082	860
JSA-LG55	436	1960	549	3920	692	5488	774
JSA-LG55C	581	2613	732	5226	922	7317	1032
JSA-LG65	533	3194	671	6388	846	8943	946
JSA-LG65C	775	4646	976	9292	1230	13008	1376

注：本表资料来自山东济宁博特滚动导轨公司。

表 8-3-16 **不同使用场合推荐的预加载荷种类**

代号	使用条件	应用举例
F_0 (无预加载荷)	(1)冲击及振动很小 (2)两根导轨并用 (3)精度要求不太高 (4)要求尽量减小驱动力	(1)橡胶溶解机,自动包装机 (2)普通机械 x、y 轴 (3)各种精密机床 x、y 工作台 (4)电加工机床
F_1 (预加载荷为 0.025C)	(1)悬挂载荷或扭转载荷 (2)使用一根滚动直线导轨副 (3)轻载荷,要求精度高,两根导轨并列使用	(1)自动涂装机,工业机器人 (2)电加工机床,测量机和精密机床 x、y 工作台 (3)普通机械的 z 轴
F_2 (预加载荷为 0.05C)	(1)要求较高承载能力和刚度 (2)承受较大的冲击和振动 (3)要求精度高	(1)加工中心 (2)铣床、立式或卧式镗床 (3)刀架
F_3 (预加载荷为 0.07C)	(1)承受大的冲击和振动 (2)精度要求不太高	(1)重型机床 (2)大型机械

表 8-3-17 **根据不同使用精度推荐的预加载荷**

精度等级	预加载荷			
	F_0	F_1	F_2	F_3
1,2,3	可用	可用	可用	可用
2,3,4	可用	可用	可用	
5,6	可用	可用		

4.5 滚动直线导轨副系列产品

表 8-3-10 所列的四种滚动直线导轨副，国内主要厂家均有系列产品供用户选购。除四滚道型安装连接尺寸均统一外，其余尺寸性能有所不同。

表 8-3-18～表 8-3-21 摘编四种常用滚动直线导轨副部分系列产品的尺寸与性能，供选用参考。

四滚道型滚动直线导轨副结构尺寸及载荷特性

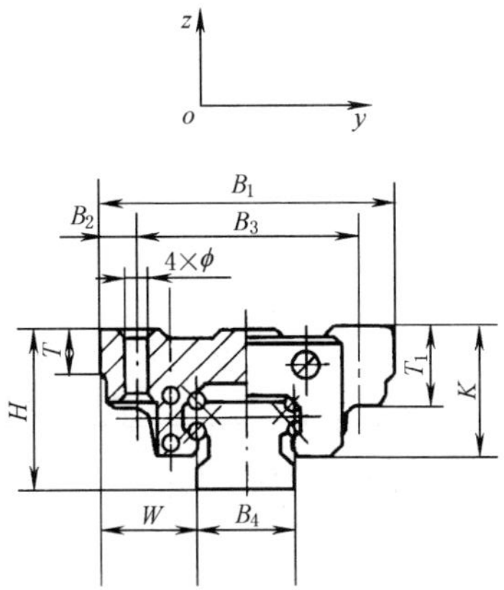

AB型（4×ϕ为光孔）
ABL 型（加长）

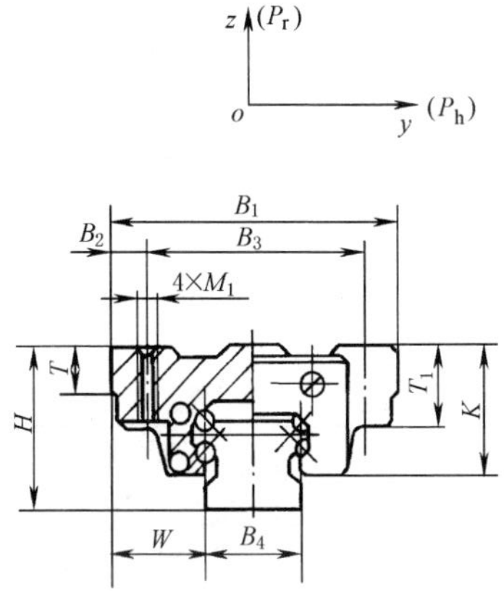

AA 型（4×M_1为螺孔）
AAL型（加长）

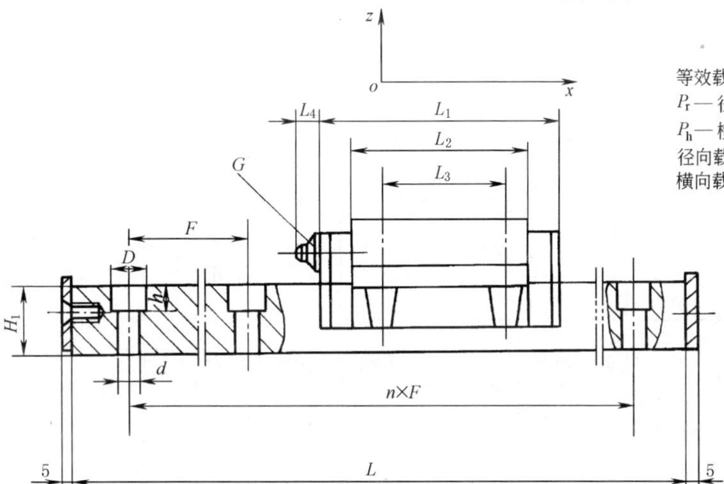

等效载荷 $P_E=|xP_r|+|yP_h|$
P_r— 径向或反径向载荷（z向）
P_h— 横向载荷（y向）
径向载荷系数 x 及
横向载荷系数 y 均为1

表 8-3-18

mm

规格		结构尺寸																				载荷特性				
		B_1	B_2	B_3	B_4	W	M_1 (AA)	ϕ (AB)	H	K	T	T_1	H_1	$d\times D\times h$	L_1	L_2	L_3	L_4	F	L_{max}	G (油杯)	C /kN	C_0 /kN	M_y (M_A) /N·m	M_z (M_B) /N·m	M_x (M_C) /N·m
16	AA,AB	47	4.5	38	16	15.5	M5	4.5	24	19.4	7	11	15	4.5×7.5×5.3	58	40.5	30	2.5	60	1200	ϕ4	6.07	6.8	55.5	55.5	88.8
20	AA,AB	63	5	53	20	21.5	M6	7	30	24	10	10	18	6×9.5×8.5	70	50	40	11	60	2000	M6	11.5	14.5	92.4	92.4	154
	AAL,ABL														86	66						13.6	20.3	121.8	121.8	203
25	AA,AB	70	6.5	57	23	23.5	M8	7	37 (36)	30.5	12 (10)	16	22	7×11×9	79.5	59	45	11	60	3000	M6	17.7	22.6	149.8	149.8	246
	AAL,ABL														98.5	78						20.7	34.97	244.8	244.8	402
30	AA,AB	90	9	72	28	31	M10	9	42	35	10	18	26	9×14×12	95.2	70	52	11	80	3000	M6	27.6	34.4	311.3	311.3	546
	AAL,ABL														117.2	92						33.4	45.8	560	560	745.2
35	AA,AB	100	9	82	34	33	M10	11	48	38	13	21	29	9×14×12	107.8	81	62	11	80	3000	M6	35.1	47.2	488	488	790
	AAL,ABL														131.8	105						39.96	64.85	681	681	1102.45
45	AA,AB	120	10	100	45	37.5	M12	13	(60) 62	51	15	25	38	14×20×16	135	102	80	11	100 (105)	3000	M6	42.5	71	848	848	1448
	AAL,ABL														163	130						64.4	102.1	1345.4	1345.4	2247.25
55	AA,AB	140	12	116	53	43.5	M14	14	70	57	20	29	44	16×23×20	161	118	95	14	120	3000	M8×1	79.4	101	1547	1547	2580
	AAL,ABL														199	156						92.2	142.5	2264.3	2264.3	3776.25
65	AA,AB	170	14	142	63	53.5	M16	16	90	76	23	37	53	18×26×22	195	147	110	14	150	3000	M8×1	115	163	3237	3237	4860
	AAL,ABL														255	207						148	224.5	4627.5	4627.5	6945.95
85	AA,AB	215	15	185	85	65	M20	18	110	94	30	55	65	24×35×28	243.4	179	140	14	180	3000	M8×1	172.2	257.4	6076.4	6076.4	12842
	AAL,ABL														300.4	236						202.3	327.64	9946.3	9946.3	15410

注：1. 如选用上表中括号内数字，订购时请特别注明。本表为南京工艺装备厂 GGB 系列。

2. 表中 M_A、M_B、M_C（如下图）是指一个滑块的额定力矩值。

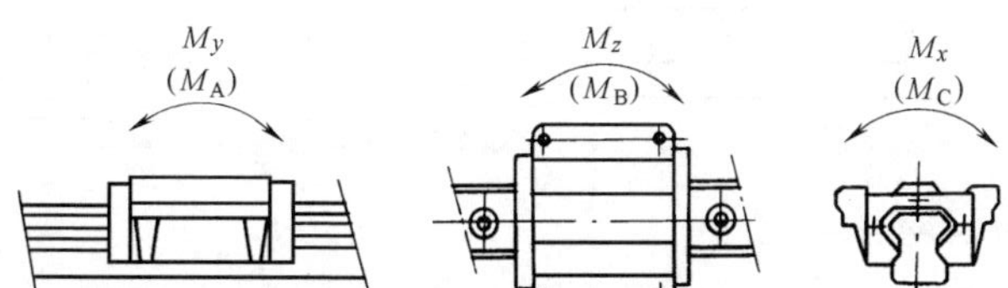

3. 表中 L_{max} 为导轨单根最大长度，如需接长另行协商。

4. 上海厂生产型号为 SGA：V15、20V/W、25V/W、30V/W、35V/W（V 为标准型，W 为加长型）；济宁厂生产型号为 JSA：LG15、LG_{20C}^{20}、LG_{25C}^{25}、LG_{35C}^{35}、LG_{45C}^{45}、LG_{55C}^{55}、LG_{65C}^{65}（标准/加长），又分 KL 宽型及 ZL 型。汉中厂生产 HJG-DA、DB 及 DZ 型以上产品 AA 型和 AB 型的基本参数都一样，安装连接尺寸相同，但其余结构尺寸有差别，因而载荷特性值有所不同。

两滚道（微型）滚动直线导轨副结构尺寸及载荷特性

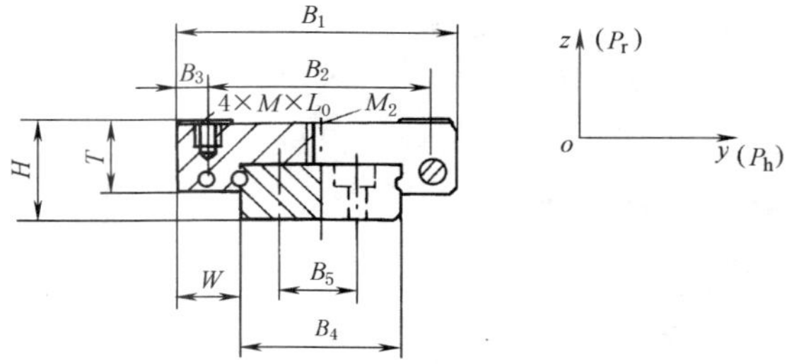

$P_E = |xP_r| + |yP_h|$

GGC7 及 GGC9 型 $x = y = 1$

GGC12 及 GGC15 型

$x = 1$，$y = 0.83$

符号意义同表 8-3-18

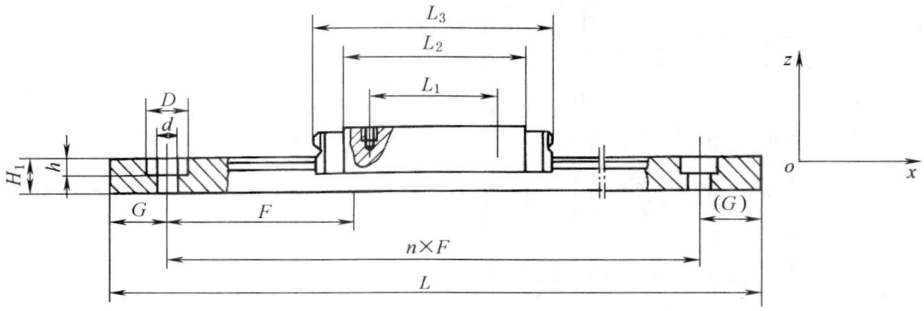

表 8-3-19

mm

型号	结构尺寸																	载荷特性				
	B_1	B_2	B_3	B_4	B_5	H_1	T	L_1	L_2	L_3	$4\times M \times L_0$	$d\times D \times h$	F	W	G min	H	M_2	C /kN	C_0 /kN	M_y (M_A) /N·m	M_z (M_B) /N·m	M_x (M_C) /N·m
GGC 7BA	17	12	2.5	7	0	4.7	6.5	8	14	25	4×M2 ×2.5	2.5×4.2 ×2.3	15	5	10	8	—	1.26	1.07	2.62	2.62	4.51
GGC 7BAK	25	—	—	14	0	5.2	7	12	20.5	30	—	3.5×6 ×3.2	30	5.5	10	9	2× M4	1.62	1.61	5.54	5.54	13.52
GGC 9BA	20	15	2.5	9	0	5.5	7.8	13	18	32	4×M2 ×2.5	2.6×4.5 ×3	20	5.5	10	10	M3	1.71	1.8	6.58	6.58	10.8
GGC 9BAK	30	21	4. 5	18	0	7. 5	7. 8	12	27	41	4×M3 ×3	3. 6×6 ×4. 5	25	6	10	12	M3	2. 56	2. 7	14. 8	14. 8	32. 4
GGC 12BA	27	20	3. 5	12	0	7. 5	10	15	23	37	4×M3 ×3. 5	3. 5×6 ×4. 5	25	7. 5	10	13	M3	3. 48	3. 5	13. 6	13. 6	24. 3
GGC 12BAK	40	28	6	24	0	8. 5	10	15	32. 4	46. 4	4×M3 ×3. 5	4. 5×8 ×4. 5	40	8	10	14	M4	4. 45	4. 6	28. 8	28. 8	73
GGC 15BA	32	25	3. 5	15	0	9. 5	12	20	25. 7	43	4×M3 ×4	3. 5×6 ×4. 5	40	8. 5	10	16	M4	5. 4	5. 5	25. 4	25. 4	47. 3
GGC 15BAK	60	45	7. 5	42	23	9. 5	12	20	41. 3	55. 3	4×M4 ×4. 5	4. 5×8 ×4. 5	40	9	10	16	M5	7. 5	8. 5	68. 6	68. 6	70. 3

注：1. GGC 为南京厂产品。上海厂有 SGC9V/W、SGC12V/W 及 SGC15V/W（V 为标准型，W 为加长型），尺寸性能相近。

2. M_y（M_A）、M_z（M_B）、M_x（M_C）的含义见表 8-3-18 注 2。

第 8 篇

GGF 分离型滚动直线导轨副

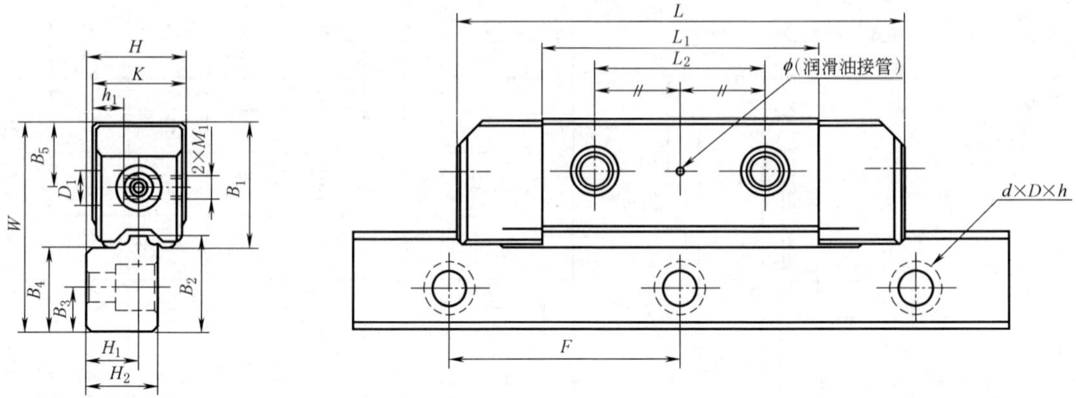

表 8-3-20

mm

型号	导轨副尺寸		滑块尺寸									油孔尺寸	导轨尺寸								额定动载	额定静载
	H	W	B_1	B_5	K	h_1	D_1	M_1	L	L_1	L_2	ϕ	B_2	B_3	B_4	H_1	H_2	$d\times D\times h$	F	单根最大长度 L_{max}	C /kN	C_0 /kN
GGF15	15	30	18.7	10	14	3.5	6.5	M4	69	40	20	$\phi 2$	13.5	6	10.7	8	11	3.5×6×4.5	60	600	3.7	3.9
GGF20	20	42	25.5	13	19	5.5	10	M6	92	56.6	35	$\phi 3$	19.5	8	15.6	10.5	14	6×9.5×8.5	60	600	7.57	8.16
GGF25	25	55	28	16	24	7	11	M8	122	80	45	$\phi 3$	27	10	21.8	13	17	10×14×11	80	600	13.05	18.4
SGB 20V/W	20	42	25.5	13	19	5.5	10	M6	$\frac{93}{112}$	—	$\frac{35}{50}$	$\phi 3$	19.5	8	—	—	15	6×9.5×8.5	60	—	$\frac{8.9}{12.2}$	$\frac{15.4}{20.6}$
HJG-D35T	35	75	43.5	21.5	34	12	18	M12	155	103.8	60	$\phi 4$	37	14.5	30.5	18	26	11×17.5×14	105	1510	30.20	46.97

注：GGF 为南京厂产品。SGB 为上海厂产品（V 为标准型，W 为加长型），HJG 为汉中汉江机床厂产品。

交叉圆柱滚子 V 形滚动直线导轨副结构尺寸、载荷特性及精度等级

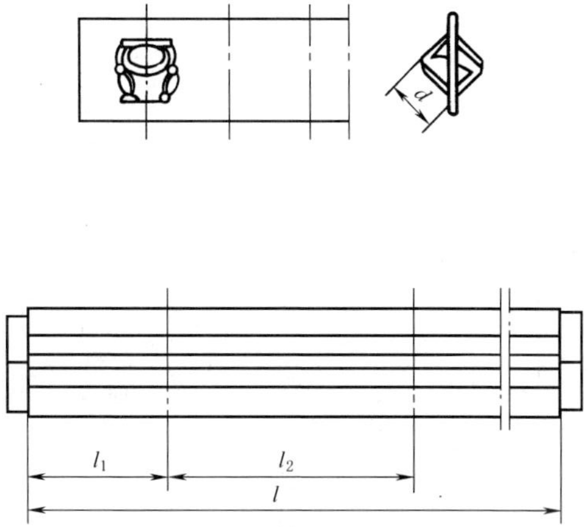

(a)

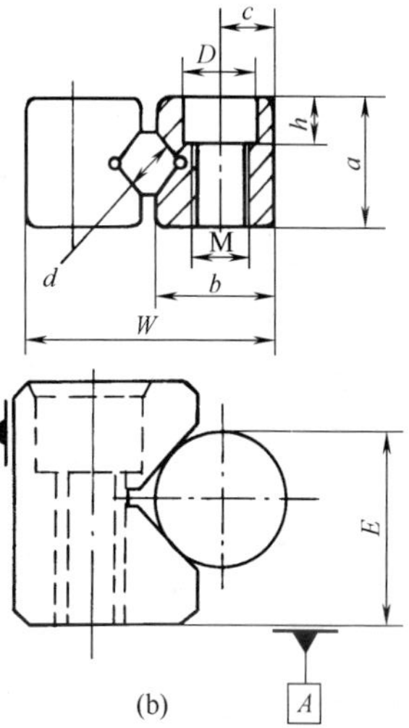

(b)

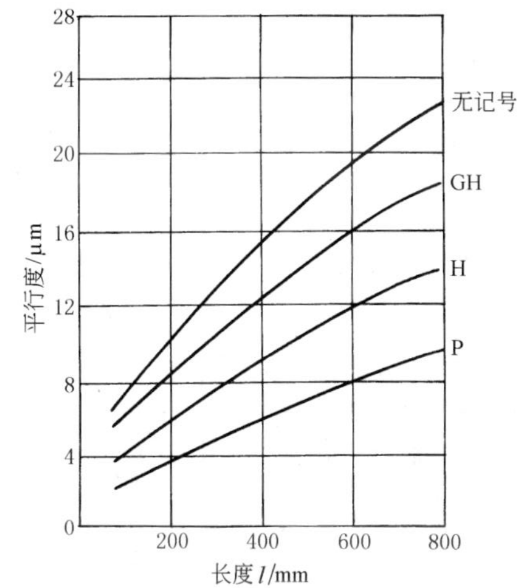

(c) 导轨面对基准 A、B 的平行度

表 8-3-21

mm

型号	结构尺寸										长度系列(滚柱数) $l(N)$	单个滚柱的额定载荷 /kN 动载荷 C_1	静载荷 C_{01}
	d	W	a	b	c	M	l_1	l_2	D	h			
SGV 3	3	18	8	8.3	3.5	M4	12.5	25	6	3.1	50(7)、75(10)、100(14)、125(17)、150(21)、175(24)、200(28)	0.27	0.36
SGV 4	4	22	11	10.2	4.5	M5	20	40	8	4.2	80(7)、120(11)、160(15)、200(19)、240(23)、280(27)、320(31)	0.63	0.76
SGV 6	6	30	15	14.4	6	M6	25	50	9.5	5.2	100(7)、150(10)、200(13)、250(17)、300(20)、350(24)、400(27)、450(31)、500(34)	1.7	1.9
SGV 9	9	40	20	19.2	8	M8			10.5	6.2	200(10)、300(15)、400(20)、500(25)、600(30)、700(35)	4.3	4.35
SGV 12	12	58	28	28	12	M10	50	100	14	8.2	200(7)、300(10)、400(14)、500(17)、600(21)、700(24)、800(28)	7.2	7.6
SGV 15	15	71	36	34.4	14	M12			17.5	10.2	300(8)、400(11)、500(13)、600(16)、700(19)、800(22)、900(25)、1000(27)	11.2	12.3
SGV18	18	83	40	40.2	18	M14	50	100	20	12.2	400(9)、500(11)、600(13)、700(16)、800(18)、900(20)、1000(23)、1100(25)、1200(27)	15.9	17.8

精度等级 项目	普通级 无记号	普高级 GH	高级 H	精密级 P
导轨面对基准 A、B 的平行度	按图 c 规定			
高度 E 尺寸误差	±0.02	±0.02	±0.02	±0.01
高度 E 相互配对差	0.02	0.02	0.01	0.01

备注：1. E=1/2 名义高度+滚子半径
2. 高度相互配对是指同一台面上床身所需使用的 4 根导轨标注同一出厂编号
3. 生产厂:上海中恒导轨厂
4. 南京厂有 GZV1、2、3、4、6、9、12、15 同类产品

交叉导轨长度及额定载荷的确定方法：为了导轨运行时，保持架不出现悬臂状态，导轨长度 l 一般应不小于（1.5~1.7）l_s，l_s 为行程长度。由所需 l 选出相应的滚子数 N 进行额定载荷计算的公式见表 8-3-22。

表 8-3-22

载荷方向	正向载荷 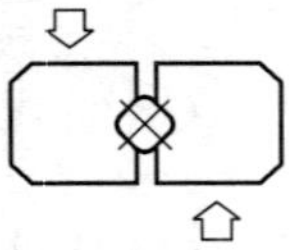	侧向载荷 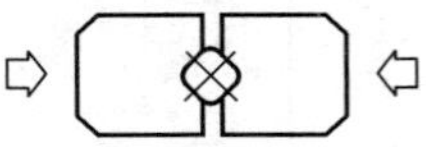	式中 C——额定动载荷，N C_0——额定静载荷，N C_1——每个滚子的额定动载荷，N C_{01}——每个滚子的额定静载荷，N N——滚子数 $N/2$——滚子数（忽略小数点后之值）
额定动载荷	$C=\left(\frac{N}{2}\right)^{3/4}C_1$	$C=2\left(\frac{N}{2}\right)^{3/4}C_1$	
额定静载荷	$C_0=\left(\frac{N}{2}\right)C_{01}$	$C_0=2\left(\frac{N}{2}\right)C_{01}$	

微型 SGW 滚动直线导轨副

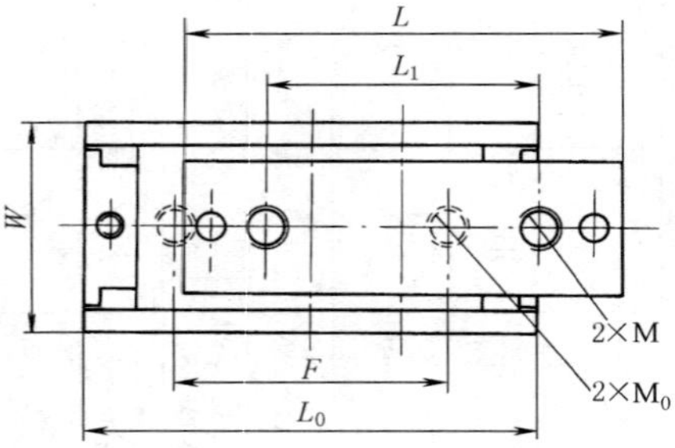

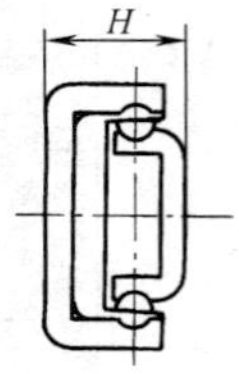

微型滚动直线导轨副，是由钢板冲制成形，重量轻、滚动轻便、摩擦阻力小、惯性小、反应灵敏。适用于录像机、半导体装置、硬盘等存储装置的读出与写入部位及医疗设备、绘图仪等高精度机械设备。

表 8-3-23

型 号	结构尺寸/mm								额定载荷/N	
	W	H	L_0	L	F	L_1	M_0	M	C_0	C
SGW12	12	6	25	24	15	15	M2.5	M2.5	206	127

生产厂：上海中恒导轨厂。

4.6 安装与压紧方式

最常用的安装方式如图 8-3-5 所示，用于受冲击、振动或精度要求高的场合。

无冲击、无振动或精度要求不高的情况可采用图 8-3-6 所示的结构，也能保证滑块的正常运行。

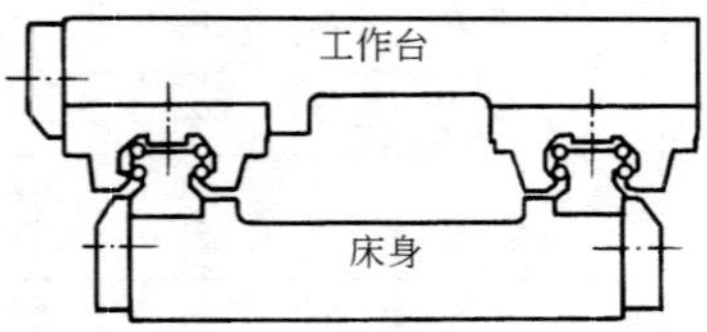

图 8-3-5

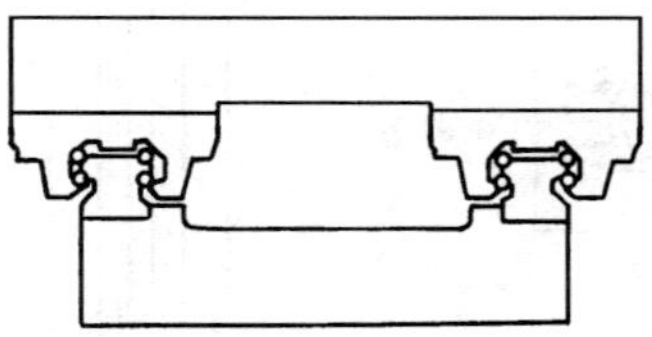

图 8-3-6

最常用的压紧结构如图 8-3-7 所示，压板 1 的工作面在 B 处用沉割法切出 V 形槽，将定位面隔成两块，使用时可根据零件的实际情况修整两块平面的高低，使压板能同时压紧导轨与床身的侧面。另一些常用的压紧结构见图 8-3-8，供参考选用。

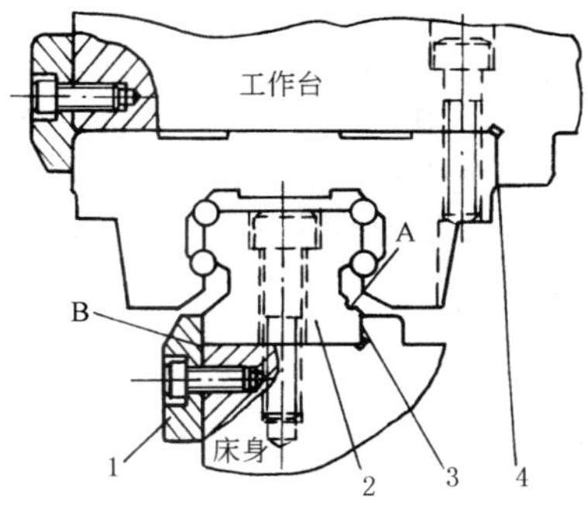

图 8-3-7

1—压板；2—基准导轨；3,4—安装基准面

（A 为基准所在侧标记）

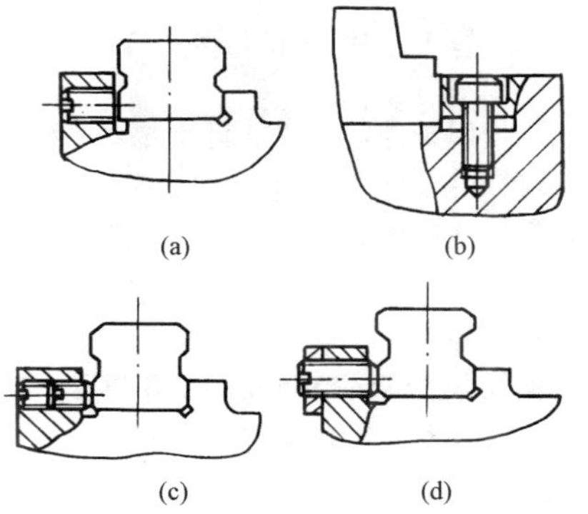

图 8-3-8

安装时要准确认定基准面所在一侧的标记 A（见图 8-3-7）。两副导轨中出厂编号末位字母为 J 的是基准导轨（主导轨），无此标记者为非基准导轨（副导轨），不能任意调换，否则不能保持原有的定位精度。

图 8-3-9 为滚动直线导轨副常见的组合应用形式，其中，图 a、b、c 均为水平安装，图 d 为互为垂直的两平面安装。图 e 及图 f 为侧面安装，均为滑块移动，一侧有调整垫片。

图 8-3-10 为三种常用的应用举例，其中，图 a 表示装配螺栓孔的使用方法，图 b 及图 c 的四方向等载荷型（或轻载荷型）与分离型合并使用的结构。

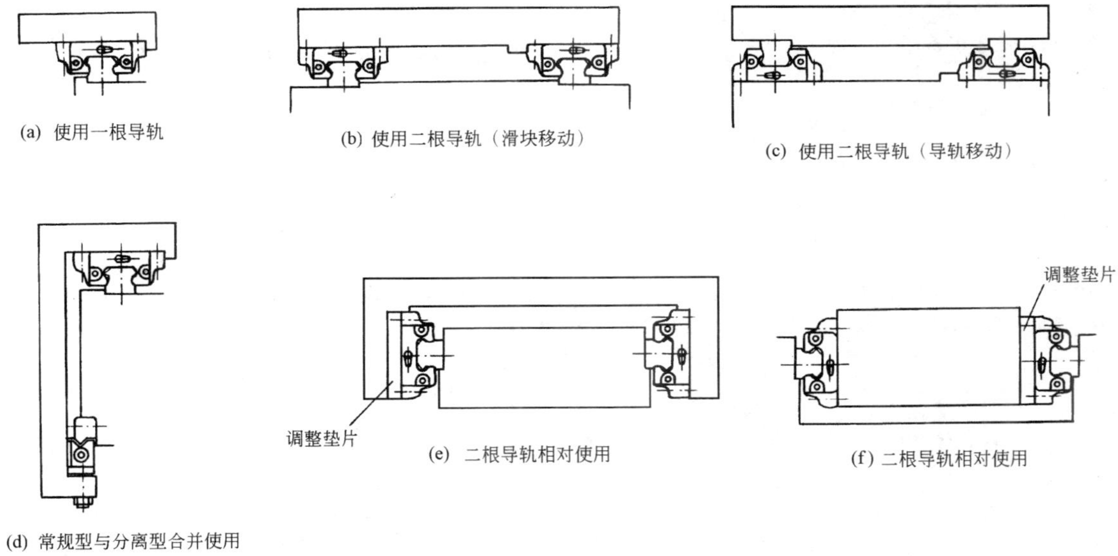

图 8-3-9 滚动直线导轨副常用的组合应用形式

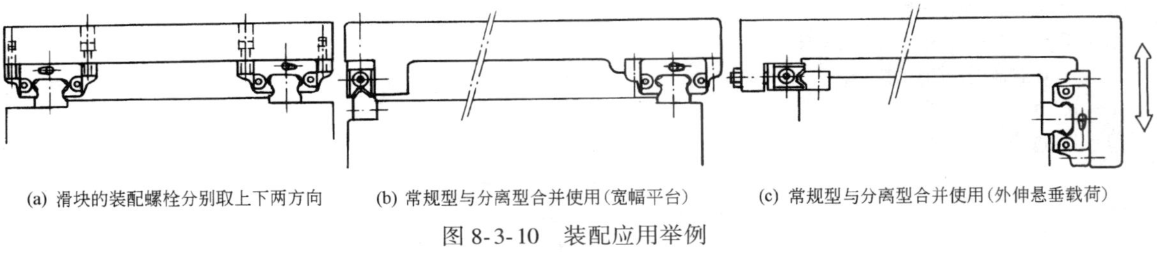

图 8-3-10 装配应用举例

4.7 滚动直线导轨副选择计算程序

1）确定使用条件：安装空间及方式（水平或立式、导轨及滑块个数）；作用载荷的大小、方位及坐标；行程的长度及频度；运行的速度及加速度；要求的寿命、刚度及精度；环境要求（温度、材料等）。

2）根据使用条件参考表 8-3-10 及图 8-3-9 和图 8-3-10 选择合适的滚动直线导轨副的类型，并确定导轨副的组合形式。

3）参考表 8-3-3 计算导轨副每个滑块上的载荷。

4）根据经验、安装空间或初估算初选一种规格型号尺寸。

5）根据式（8-3-10）及式（8-3-11）算出当量载荷，并依据最大当量载荷值和式（8-3-9）验算静态安全系数 f_s。

6）参考表 8-3-4 算出平均载荷，再根据式（8-3-6）、式（8-3-7）和式（8-3-8）进行寿命计算。根据静强度计算结果及寿命计算结果判断是否要变更初选的导轨副尺寸型号。

7）参考表 8-3-12~表 8-3-14 选择合适的精度。

8）参考表 8-3-15~表 8-3-17 选择适合的预加载荷级别及相应的刚度，确定合适的固定安装方案。

9）关于润滑及密封，一般滚动直线导轨副出厂时均装有钠基或锂基润滑脂，通常每使用一年补充一次。

为了防止异物进入和润滑剂泄出，产品出厂时滑块的两端均装有耐油橡胶密封垫。在尘埃较大的场合可加装风箱式密封罩或伸缩式防护罩，将导轨全部遮盖起来。

4.8 选择计算实例

第 8 篇

例 1 某轻型铣床工作台采用两根水平滚动直线导轨副，每根导轨有两个滑块，总载荷 $P=18000$N，作用于工作台中心。单向行程长度 0.6m，每分钟往返次数 $n=4$，每日平均开机 6h，要求使用 5 年以上。试选择合适型号的滚动直线导轨副。

解 按每年 300 个工作日计算，$L_h=5\times300\times6=9000$h

每个滑块上的计算载荷 $P_c=\dfrac{1}{4}P=\dfrac{1}{4}\times18000=4500$N（径向）

代入式（8-3-8）可得 $L=\dfrac{lnL_h}{8.3}=\dfrac{0.6\times4\times9000}{8.3}=2592$km

每根导轨使用两个滑块，从表 8-3-7 可查得 $f_C=0.81$；工作温度低于 100℃，由表 8-3-6 得 $f_T=1$；工作中有中等冲击但速度小于 60m/min，由表 8-3-8，可取 $f_W=2$，导轨副元件硬度在 58HRC 以上，取 $f_H=1$，代入式（8-3-6）可得

$$C=\frac{f_W P_c}{f_H f_T f_C}\sqrt[3]{\frac{L}{50}}=\frac{2\times4500}{1\times1\times0.81}\sqrt[3]{\frac{2592}{50}}=41430\text{N}=41.43\text{kN}$$

可由表 8-3-18 选四滚道型 GGB45（AA 或 AB）型，$C=42.5$kN，$C_0=71$kN，$C_0/P_0=71/4.5=15.8$，大于表 8-3-9 静态安全系数 f_s 的要求。

例 2 某立式滚动导轨副选用 GGB25AB2P$_1$2×1500-4（四滚道，公称尺寸 25，AB 型，2 根导轨，F$_1$ 中预加载荷，2 个滑块，导轨长 1500mm，4 级精度）。由表 8-3-18，基本额定动载荷 $C=17.7$kN，基本额定静载荷 $C_0=22.6$kN，受载简图如图 8-3-11 所示。相当于表 8-3-3 的情况 1，由三个不同的 mg 进行叠加计算求出每个滑块的载荷。

图 8-3-11 中，距离 $l_0=300$mm，$l_1=80$mm，$l_2=50$mm，$l_3=280$mm，$l_4=150$mm，$l_5=250$mm，行程 $l=1000$mm，质量 $m_0=100$kg，$m_1=200$kg，$m_2=100$kg。

仅上升时装载质量 m_0，下降时不装载。重力加速度 $g=9.8\text{m/s}^2$。

（1）滑块载荷大小的计算

1）上升时

① 滑块的径向载荷大小 P_{urn}

$$P_{ur1}=+\frac{m_1gl_4}{2l_0}+\frac{m_2gl_5}{2l_0}+\frac{m_0gl_3}{2l_0}$$
$$=+1355.6\text{N}$$

$$P_{ur2}=-\frac{m_1gl_4}{2l_0}-\frac{m_2gl_5}{2l_0}-\frac{m_0gl_3}{2l_0}$$
$$=-1355.6\text{N}$$

$$P_{ur3}=-\frac{m_1gl_4}{2l_0}-\frac{m_2gl_5}{2l_0}-\frac{m_0gl_3}{2l_0}$$
$$=-1355.6\text{N}$$

$$P_{ur4}=+\frac{m_1gl_4}{2l_0}+\frac{m_2gl_5}{2l_0}+\frac{m_0gl_3}{2l_0}$$
$$=+1355.6\text{N}$$

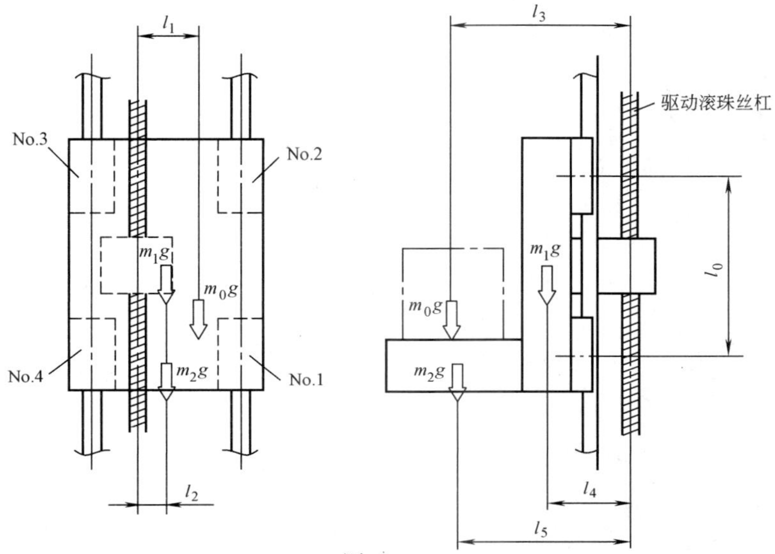

图 8-3-11

② 滑块的横向载荷大小 P_{uhn}

$$P_{uh1}=+\frac{m_1gl_2}{2l_0}+\frac{m_2gl_2}{2l_0}+\frac{m_0gl_1}{2l_0}$$
$$=+375.7\text{N}$$

$$P_{uh2}=-\frac{m_1gl_2}{2l_0}-\frac{m_2gl_2}{2l_0}-\frac{m_0gl_1}{2l_0}$$
$$=-375.7\text{N}$$

$$P_{uh3}=-\frac{m_1gl_2}{2l_0}-\frac{m_2gl_2}{2l_0}-\frac{m_0gl_1}{2l_0}$$
$$=-375.7\text{N}$$

$$P_{uh4}=+\frac{m_1gl_2}{2l_0}+\frac{m_2gl_2}{2l_0}+\frac{m_0gl_1}{2l_0}$$
$$=+375.7\text{N}$$

2）下降时

① 滑块的径向载荷大小 P_{drn}

$$P_{dr1}=+\frac{m_1gl_4}{2l_0}+\frac{m_2gl_5}{2l_0}=+898.3\text{N}$$

$$P_{dr2}=-\frac{m_1gl_4}{2l_0}-\frac{m_2gl_5}{2l_0}=-898.3\text{N}$$

$$P_{dr3}=-\frac{m_1gl_4}{2l_0}-\frac{m_2gl_5}{2l_0}=-898.3\text{N}$$

$$P_{dr4}=+\frac{m_1gl_4}{2l_0}+\frac{m_2gl_5}{2l_0}=+898.3\text{N}$$

② 滑块的横向载荷大小 P_{dhn}

$$P_{dh1}=+\frac{m_1gl_2}{2l_0}+\frac{m_2gl_2}{2l_0}=+245\text{N}$$

$$P_{dh2}=-\frac{m_1gl_2}{2l_0}-\frac{m_2gl_2}{2l_0}=-245\text{N}$$

$$P_{dh3}=-\frac{m_1gl_2}{2l_0}-\frac{m_2gl_2}{2l_0}=-245\text{N}$$

$$P_{dh4}=+\frac{m_1gl_2}{2l_0}+\frac{m_2gl_2}{2l_0}=+245\text{N}$$

（2）当量载荷

$x=1$，$y=1$

1）上升时

$$P_{Eu1}=|P_{ur1}|+|P_{uh1}|=1731.3\text{N}$$

$$P_{Eu2}=|P_{ur2}|+|P_{uh2}|=1731.3\text{N}$$

$$P_{Eu3}=|P_{ur3}|+|P_{uh3}|=1731.3\text{N}$$

$$P_{Eu4}=|P_{ur4}|+|P_{uh4}|=1731.3\text{N}$$

2）下降时

$$P_{Ed1}=|P_{dr1}|+|P_{dh1}|=1143.3\text{N}$$

$$P_{Ed2}=|P_{dr2}|+|P_{dh2}|=1143.3\text{N}$$

$$P_{Ed3}=|P_{dr3}|+|P_{dh3}|=1143.3\text{N}$$

$$P_{Ed4}=|P_{dr4}|+|P_{dh4}|=1143.3\text{N}$$

（3）静态安全系数核算

按最大当量载荷及式（8-3-9）

$$\frac{C_0}{P_{cmax}}=\frac{22.6\times10^3}{1731.3}=13>f_s$$ （表 8-3-9 中，允许 $f_s=2.5\sim5.0$）

（4）平均载荷 P_m 计算

按表 8-3-4，属于阶梯式变化载荷，$P_m=P_c$

$$P_{c1}=P_{c2}=P_{c3}=P_{c4}=\sqrt[3]{\frac{1}{2l}(P_{Eu1}^3l+P_{Ed1}^3l)}=\sqrt[3]{\frac{1}{2\times1}(1731.3^3\times1+1143.3^3\times1)}$$
$$=1495.1\ (\text{N})$$

（5）额定寿命计算

各滑块计算载荷相同，故寿命也相同，按式（8-3-6）

$$L=\left(\frac{f_Hf_Tf_C}{f_W}\times\frac{C}{P_c}\right)^3\times50=\left(\frac{1\times1\times0.81}{1.2}\times\frac{17700}{1495.1}\right)^3\times50=25515\ (\text{km})$$

（假定 $f_W=1$，$f_T=1$，$f_H=1$，2 个滑块，故 $f_C=0.81$）

设每分钟往返次数 $n=4$，二班制，每班 8h，开机率 70%。

则用式（8-3-8）可算出用小时表示的寿命

$$L_h=8.3L/ln=\frac{8.3\times25515}{1\times4}=52943\ (\text{h})$$

$$L_a=\frac{52943}{300\times16\times0.7}=15.76\ (\text{年})$$ （按每年 300 个工作日）

若改选小一号 GGB20AB 型，$C=11.5$kN，$C_0=14.5$kN

则可得 $f_s=8.38$，$L=6998$km，$L_h=14521$h

$$L_a=4.32\ \text{年}$$

第 8 篇

5 滚动直线导套副

5.1 结构与特点

滚动直线导套副是由直线运动球轴承（GB/T 16940—1997）、直线运动球轴承支座、圆形导轨轴及导轨轴两端支座（开放型可加中间导轨轴支座）组成，参见表 8-3-24 及表 8-3-25 图。由于结构上的原因，直线运动球轴承只能在导轨轴上作轴向直线往复运动，而不能旋转。负载滚珠与导轨轴外圆柱为点接触，因而许用载荷较小，但摩擦阻力也较小。这种轴承运动轻便、灵活，精度较高，价格较低，维护方便，更换容易，适用于精度要求较高且载荷较轻的直线往复运动系统。广泛用于机床、计算机、电子仪器、输送机械、纺织机械、包装机械及印刷机械等。

5.2 滚动直线球轴承（摘自 GB/T 16940—1997）

滚动直线球轴承标准将这种轴承分为闭型（LBP 型及 LB 型）、调整型（LB…AJ 型）及开口型（LB…OP 型及 LB…WOP 型）三种，如表 8-3-24 中图 a、b、c 所示。闭型轴承只能通过座的配合、轴的公差和轴承来对球组内径与轴之间的游隙进行调整。调整型轴承有宽度为 f 的窄开口，允许对球组内径与轴之间的游隙作机械调整。开口型沿轴向截去一部分，从而提供其在支承导轨轴上的游隙并可自由通过“∧”形中间支座。表 8-3-24 给出了四个系列的外形尺寸。

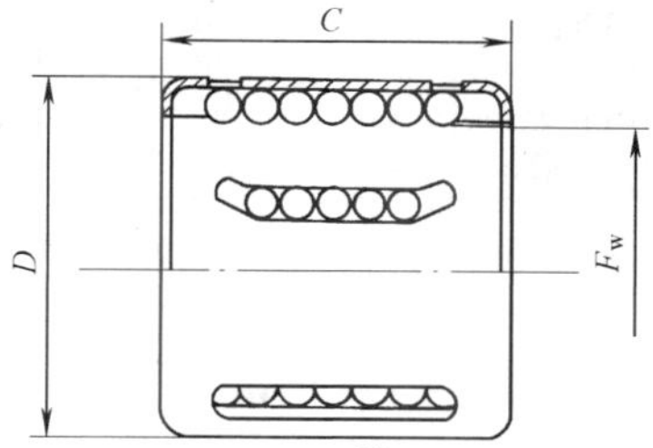

LBP…型

(a)

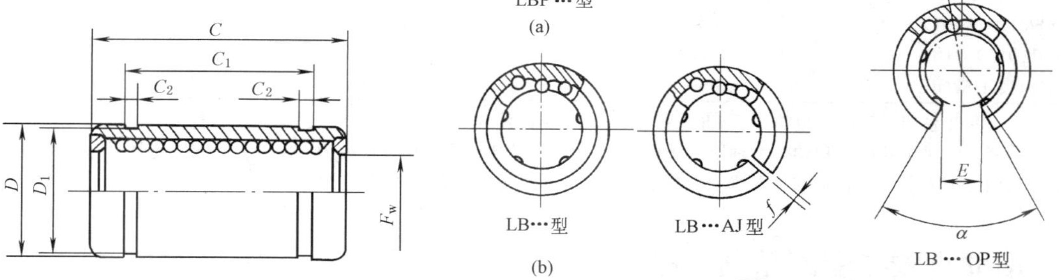

(b)

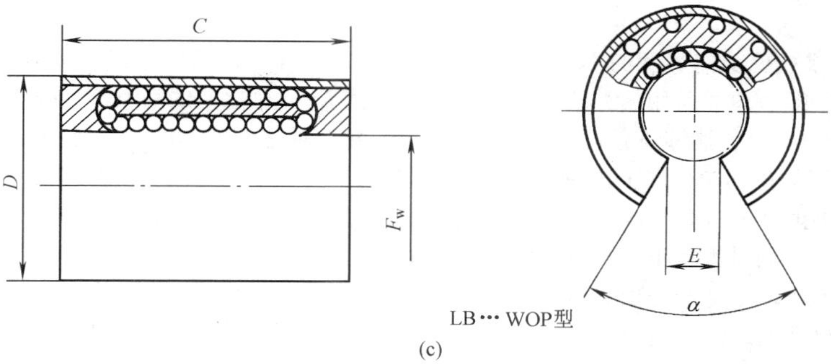

(c)

表 8-3-24　　直线运动球轴承外形尺寸　　mm

1 系列				1 系列				2 系列			
轴承代号	外形尺寸			轴承代号	外形尺寸			轴承代号	外形尺寸		
LBP 型	F_W	D	C	LBP 型	F_W	D	C	LBP 型	F_W	D	C
LBP 3710	3	7	10	LBP 162430	16	24	30	LBP 122024	12	20	24
LBP 4812	4	8	12	LBP 202830	20	28	30	LBP 162528	16	25	28
LBP 51015	5	10	15	LBP 253540	25	35	40	LBP 203030	20	30	30
LBP 61219	6	12	19	LBP 304050	30	40	50	LBP 253737	25	37	37
LBP 81524	8	15	24	LBP 405260	40	52	60	LBP 304444	30	44	44
LBP 101726	10	17	26	LBP 506270	50	62	70	LBP 405656	40	56	56
LBP 121928	12	19	28	LBP 607585	60	75	85				

3 系列

轴承代号			外形尺寸								开口包容角
LB…型	LB…AJ 型	LB…OP 型	F_W	D	C	C_1	C_{2min}	D_{1max}	f	E_{min}	$\alpha_{min}/(°)$
LB 51222	LB51222 AJ		5	12	22	14.2	1.1	11.5	1		
LB 61322	LB 61322 AJ		6	13	22	14.2	1.1	12.4	1		
LB 81625	LB 81625 AJ		8	16	25	16.2	1.1	15.2	1		
LB 101929	LB 101929 AJ	LB 101929 OP	10	19	29	21.6	1.3	18	1	6	65
LB 122232	LB 122232 AJ	LB 122232 OP	12	22	32	22.6	1.3	21	1.5	6.5	65
LB 162636	LB 162636 AJ	LB 162636 OP	16	26	36	24.6	1.3	24.9	1.5	9	50
LB 203245	LB 203245 AJ	LB 203245 OP	20	32	45	31.2	1.6	30.5	2	9	50
LB 254058	LB 254058 AJ	LB 254058 OP	25	40	58	43.7	1.85	38.5	2	11	50
LB 304768	LB 304768 AJ	LB 304768 OP	30	47	68	51.7	1.85	44.5	2	12.5	50
LB 355270	LB 355270 AJ	LB 355270 OP	35	52	70	49.2	2.15	49	2.5	15	50
LB 406280	LB 406280 AJ	LB 406280 OP	40	62	80	60.3	2.15	59	2.5	16.5	50
LB 5075100	LB 5075100 AJ	LB 5075100 OP	50	75	100	77.3	2.65	72	2.5	21	50
LB 6090125	LB 6090125 AJ	LB 6090125 OP	60	90	125	101.3	3.15	86.5	3	26	50
LB 80120165	LB 80120165 AJ	LB 80120165 OP	80	120	165	133.3	4.15	116	3	36	50
LB 100150175	LB 100150175 AJ	LB 100150175 OP	100	150	175	143.3	4.15	145	3	45	50

4 系列

轴承代号	外形尺寸				开口包容角
LB…WOP 型	F_W	D	C	E_{min}	$\alpha_{min}/(°)$
LB 306075 WOP	30	60	75	14	72
LB 4075100 WOP	40	75	100	19.5	72
LB 5090125 WOP	50	90	125	24.5	72
LB 60110150 WOP	60	110	150	29	72
LB 80145200 WOP	80	145	200	39	72

注：1. 1 和 2 系列表中尺寸也适用于 LB…型和 LB…A 型轴承。

2. 3 系列表中对于开口型和调整型轴承，D 和 D_{1max} 是在套筒开缝后装在直径为 D、偏差为零的厚壁环规中所测得的尺寸。

3. 4 系列表中 D 是在套筒开口后装在直径为 D、偏差为零的厚壁环规中所测得的尺寸。

5.3　滚动直线导套副系列产品

根据使用直线运动球轴承结构类型的不同，滚动直线导套副也有三种结构形式。①标准型滚动直线导套副（配用 LB 型或 LBP 型轴承），这是常用的类型，直线运动球轴承与导轨轴之间的间隙不可调整。②调整型滚动直线导套副（配用 LB…AJ 型轴承），能够任意调整直线运动球组与导轨轴之间的间隙，适用于要求调隙的场合，可以方便地获得零间隙或适当的负间隙。以上两种导套副一般只适用于短行程或对运动轨迹精度要求不太高的场合。③开放型直线导套副（配用 LB…OP 型或 LB…WOP 型轴承），可以调整间隙且适用于带有多个导轨轴支承座的长行程的场合，可以避免长导轨轴因跨距太大而下垂对运动精度和性能的影响，有利于获得较高的运动精度。

表 8-3-25 摘编部分滚动直线导套副系列产品的尺寸与性能，表中所谓“特殊系列”是合乎新国标 GB/T 16940—1997 系列外形尺寸的。而所谓“通用系列”外形尺寸并不符合新国标，有关厂家今后将会重新更正系列名称以适应新标准的推行。

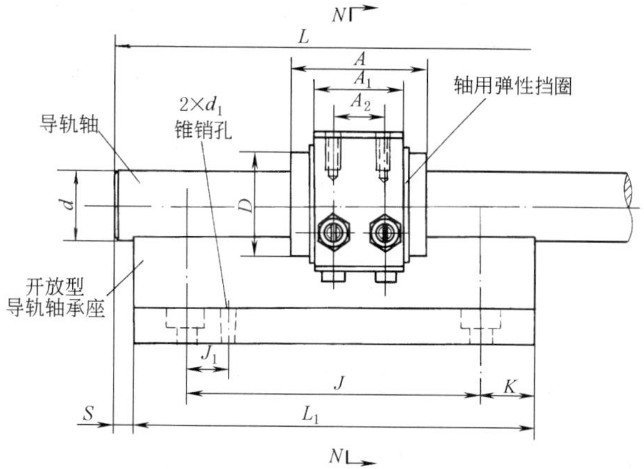

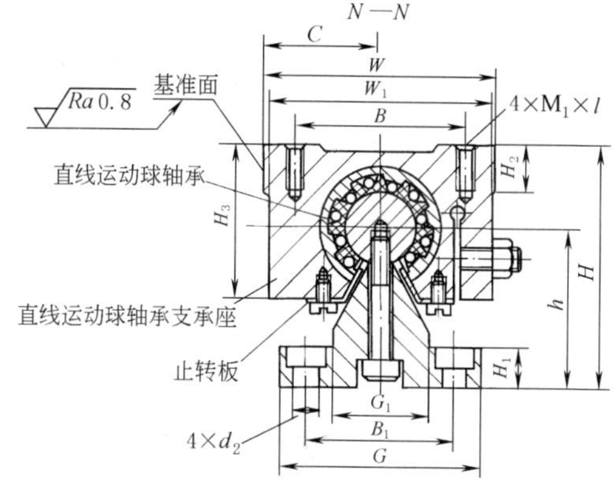

表 8-3-25

开放型滚动直线导套副尺寸系列

通用系列																												特殊系列							
型号规格	外形尺寸/mm																									额定动载荷 C/N	额定静载荷 C_0/N	型号规格	外形尺寸/mm					额定动载荷 C/N	额定静载荷 C_0/N
	d (js6)	d_1	d_2	D (h6)	L	L_1	A	A_1 (−0.2)	A_2	J	J_1	K	C	W	W_1	B	B_1	G	G_1	h	H	H_1	H_2	H_3	M_1×l				d (js6)	D (h6)	A	A_1 (−0.2)	A_2		
GTA13	13	5	5.8	23	≤500	100	32	20.5	11	80	15	10	27	54	53	36	36	50	22	36	56	11	9	33	M5×8	260	480	GTAt12	12	22	32	20.4	11	250	480
GTA16	16	5	5.8	28	≤650	100	37	23.5	13	80	15	10	28	56	54	42	36	50	24	39	63	10	10	40	M5×14	420	720	GTAt16	16	26	36	22.4	12	280	550
GTA20	20	6	7	32	≤800	125	42	27.5	16	100	20	12.5	30	60	58	45	40	56	24	41	67	12	12	43	M6×14	550	920	GTAt20	20	32	45	28.5	16	550	970
GTA25	25	6	7	40	≤1000	125	59	37.5	24	100	20	12.5	35.5	71	68	56	40	56	24	41	71	12	14	52	M6×14	870	1560	GTAt25	25	40	58	40.5	26	870	1560
GTA30	30	6	7	45	≤1500	150	64	41	26	120	25	15	40	80	77	63	45	60	26	51	85	14	16	58	M8×16	1270	2150	GTAt30	30	47	68	48.5	32	1270	2150
GTA35	35	8	9	52	≤1800	150	70	45.5	28	120	25	15	45	90	87	71	53	71	34	58	96	14	18	66	M8×16	1670	3040								
GTA38	38	8	9	57	≤2000	150	76	54.5	38	120	25	15	50	100	96	80	53	71	34	58	100	14	20	73	M8×16	2050	3520								
GTA40	40	8	9	60	≤2000	150	80	56.5	38	120	25	15	50	100	96	80	53	71	34	58	100	14	20	74	M8×18	2050	3520	GTAt40	40	62	80	56.5	40	2050	3520

续表

型号规格	通用系列 外形尺寸/mm d(js6)	d_1	d_2	D(h6)	L	L_1	A	A_1(-0.2)	A_2	J	J_1	K	C	W	W_1	B	B_1	G	G_1	h	H	H_1	H_2	H_3	$M_1\times l$	额定动载荷 C/N	额定静载荷 C_0/N	特殊系列 型号规格	外形尺寸/mm d(js6)	D(h6)	A	A_1(-0.2)	A_2	额定动载荷C/N	额定静载荷C_0/N
GTA50	50	8	11	80	≤2500	200	100	69	50	160	30	20	62.5	125	121	100	67	90	42	72	125	17	25	95	M12×25	4010	6950	GTAt50	50	75	100	72.5	53	4010	6950
GTA60	60	8	11	90	≤3000	200	110	79	56	160	30	20	70	140	135	110	67	90	48	85	145	17	28	108	M12×25	4800	8030	GTAt60	60	90	125	95.5	71	5190	8910
GTA80	80	8	13.5	120	≤3500	250	140	99.5	75	200	40	25	90	180	175	150	85	110	60	110	190	20	35	143	M12×25	8820	14210	GTAt80	80	120	165	125.5	100	8820	14120

注：1. 4×d_2 孔配用内六角螺钉紧固。

2. S尺寸由客户自定，请于订货时注明。

3. 开放型导轨轴支承座有特殊要求者可特殊订货。

4. 特殊系列外形尺寸除所列尺寸外，其他尺寸系列与通用系列对应规格所列尺寸相同。

5. 生产厂：南京工艺装备公司。

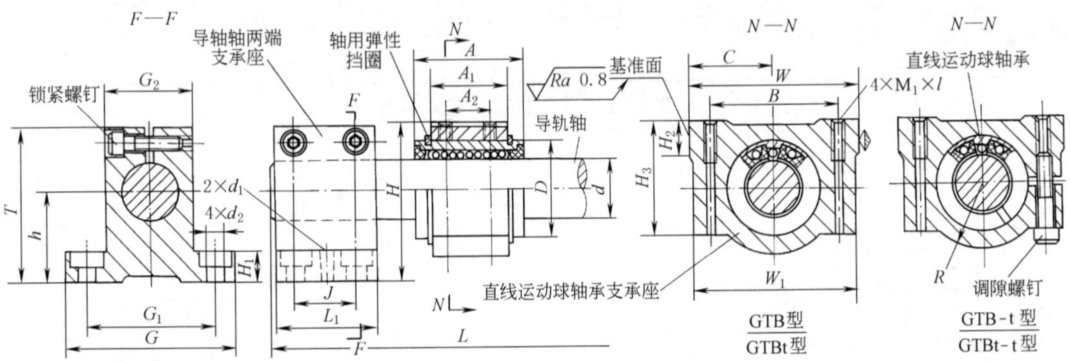

表 8-3-26　**标准型及调整型滚动直线导套副尺寸系列**

型号规格	通用系列 外形尺寸/mm d(js6)	d_1	d_2	D(h5)	h	C	G	G_1	G_2	L	L_1	T	H_1	H	H_3	H_2	A	A_1(-0.2)	A_2	J	W	W_1	B	R	$M_1\times l$	额定动载荷 C/N	额定静载荷 C_0/N	特殊系列 型号规格	外形尺寸/mm d(js6)	D(h6)	A	A_1(-0.2)	A_2	额定动载荷C/N	额定静载荷C_0/N
GTB13	13	5	5.8	23	20	25	45	32	20	≤500	32	38	10	40	28	9	32	20.5	11	18	50	48	36	18	M5×12	260	480	GTBt12	12	22	32	20.4	11	250	480

续表

型号规格	通用系列																											特殊系列							
	外形尺寸 /mm																									额定动载荷 C /N	额定静载荷 C_0 /N	型号规格	外形尺寸/mm					额定动载荷 C /N	额定静载荷 C_0 /N
	d (js6)	d_1	d_2	D (h5)	h	C	G	G_1	G_2	L	L_1	T	H_1	H	H_3	H_2	A	A_1 (−0.2)	A_2	J	W	W_1	B	R	$M_1 \times l$				d (js6)	D (h6)	A	A_1 (−0.2)	A_2		
GTB16	16	5	5.8	28	24	28	50	36	24	≤650	32	46	10	48	34	10	37	23.8	13	18	56	54	42	22	M5×12	420	720	GTBt16	16	26	36	22.4	12	280	500
GTB20	20	6	7	32	27	30	60	45	30	≤800	38	50	12	53	38	12	42	27.8	16	22	60	58	45	24	M6×14	550	920	GTBt20	20	32	45	28.3	16	550	970
GTB25	25	6	7	40	33	35.5	67	50	36	≤1000	38	60	12	63	42	14	59	37.4	24	22	71	68	56	28	M6×14	870	1560	GTBt25	25	40	58	40.5	26	870	1560
GTB30	30	6	7	45	37	40	75	56	42	≤1500	38	67	12	71	50	16	64	41	26	22	80	77	63	32	M8×16	1270	2150	GTBt30	30	47	68	48.5	32	1270	2150
GTB35	35	8	9	52	42	45	85	67	50	≤1800	48	75	16	80	56	18	70	45.5	28	28	90	87	71	36	M8×16	1670	3040								
GTB38	38	8	9	57	48	60	90	71	54	≤2000	48	85	16	90	63	20	76	54.5	40	28	100	96	80	40	M8×18	2050	3520								
GTB40	40	8	9	60	48	50	90	71	54	≤2000	48	85	16	90	63	20	80	56.4	40	28	100	96	80	40	M8×18	2050	3520	GTBt40	40	62	80	56.5	40	2050	3520
GTB50	50	8	11	80	57	62.5	110	85	65	≤2500	52	105	20	110	75	25	100	69	50	30	125	121	100	50	M 12×22	4010	6950	GTBt50	50	75	100	72.5	53	4010	6950
GTB60	60	8	11	90	65	70	125	100	80	≤3000	52	120	20	125	85	28	110	79	56	30	140	135	110	56	M 12×22	4800	8030	GTBt60	60	90	125	95.5	71	5190	8910
GTB80	80	8	13.5	120	80	90	160	130	105	≤3500	60	150	25	160	110	25	140	99.4	75	34	180	175	150	70	M 12×25	8820	14210	GTBt80	80	120	165	125.5	100	8820	14120

注：1. 通用系列 GTB-t 型尺寸，参数与 GTB 型相同。

2. 通用系列 $4\times d_2$ 孔配用内六角螺钉。

3. 特殊系列外形尺寸除表所列尺寸外，其他尺寸系列与通用系列对应规格所列尺寸相同。

4. 特殊系列 GTBt-t 型尺寸，参数与 GTBt 型相同。

5. 生产厂：南京工艺装备公司。

5.4 滚动直线导套副的精度

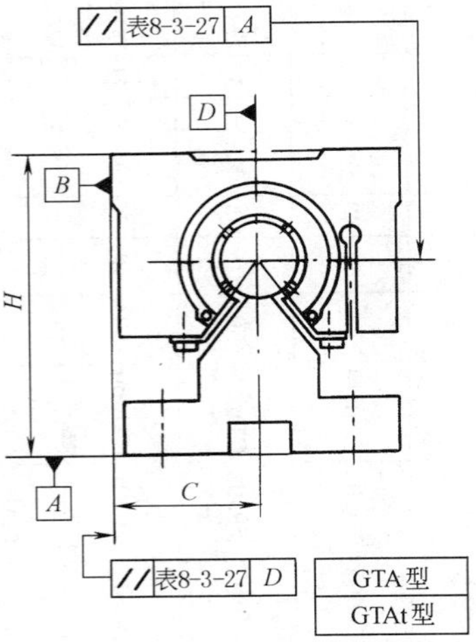

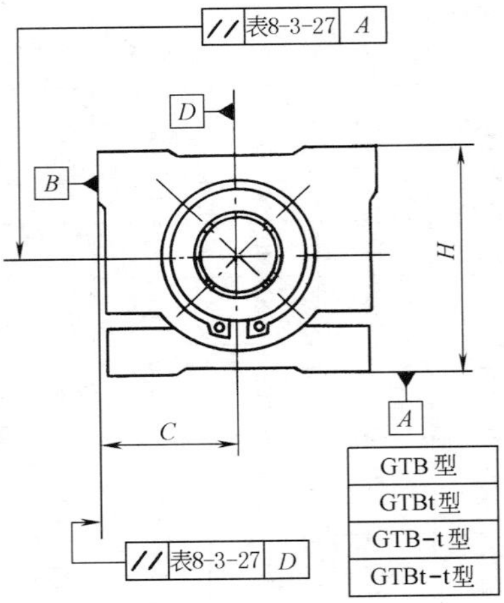

表 8-3-27 μm

序号	项　目	精度等级		
		J	P	P_1
1	直线运动导轨轴轴心线对导轨轴支承座 *A* 面的平行度/米	10	15	20
2	直线运动球轴承支承座 *B* 面对导轨轴的平行度/米	15	20	30
3	高度 *H* 的尺寸公差	±40	±50	±100
4	同一导轨轴上二个直线运动球轴承支承座 *H* 尺寸的一致性	15	25	35
5	安装基面 *B* 对导轨轴中心线的尺寸 *C* 的公差	±40	±150	±250
6	同一导轨轴上二个直线运动球轴承支承座 *C* 尺寸的一致性	20	30	60

注：1. 表中所列精度等级 GTA 型在导轨轴支承座位置上检测，GTB 型靠近导轨轴两端支承座位置检测。

2. 各项目的检测，必须在基面 *B*、*A* 相互垂直的情况下进行。

3. 在同一平面上并列使用二套滚动直线导套副时，*C* 的尺寸公差和两者一致性只适用基准滚动直线导套副。

4. 直线运动球轴承内切圆与导轨轴、直线运动球轴承安装外圆与支承座孔间的配合分别为 g6、H7。

5.5 安装调整方法

直线运动球轴承压入支承座时，应采用专用安装工具压靠外圈端面，如图 8-3-12 所示。不允许直接敲打轴承，以免变形。封闭调整型和开放型按图 8-3-13 和图 8-3-14 方式安装，然后用螺钉压紧调整间隙，注意不要使预压过大。导套支座常用安装方式见图 8-3-15 及图 8-3-16。导套内的直线运动球轴承的常用固定方法见图 8-3-17。

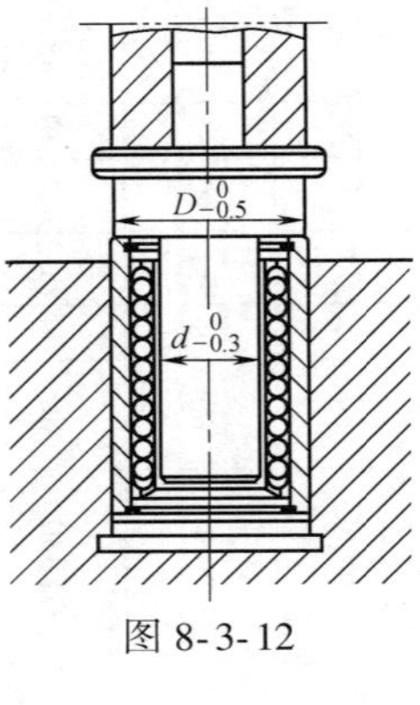

图 8-3-12

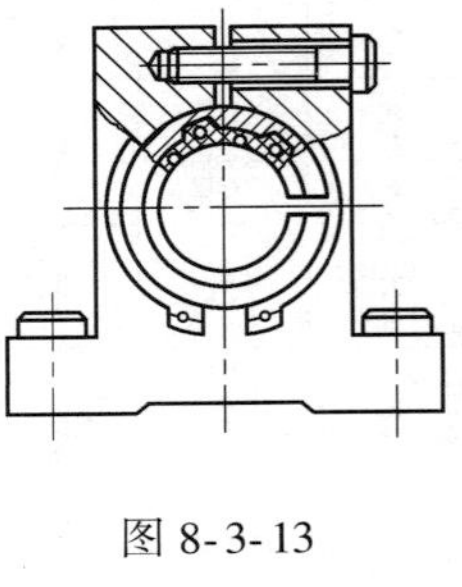

图 8-3-13

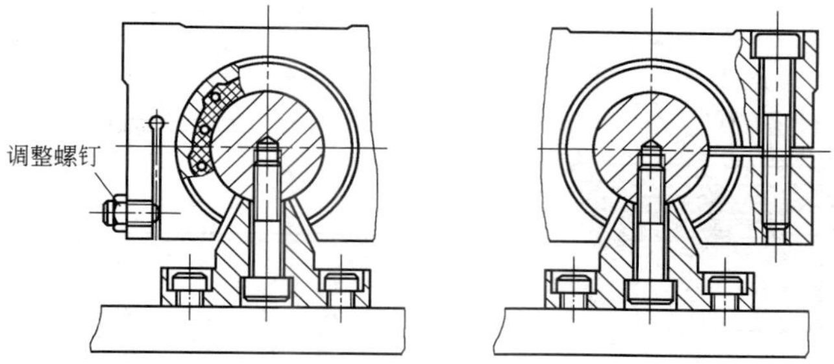

图 8-3-14

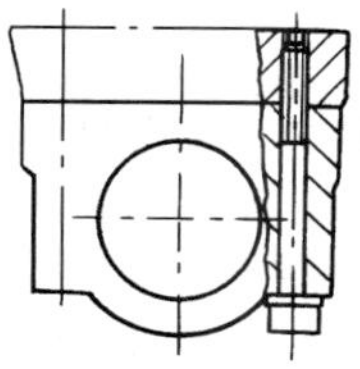
图 8-3-15

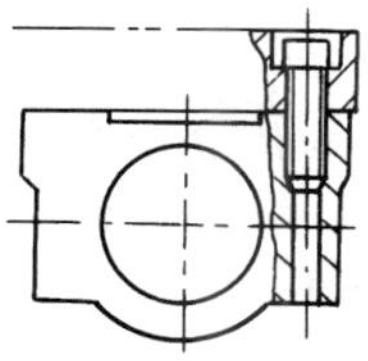
图 8-3-16

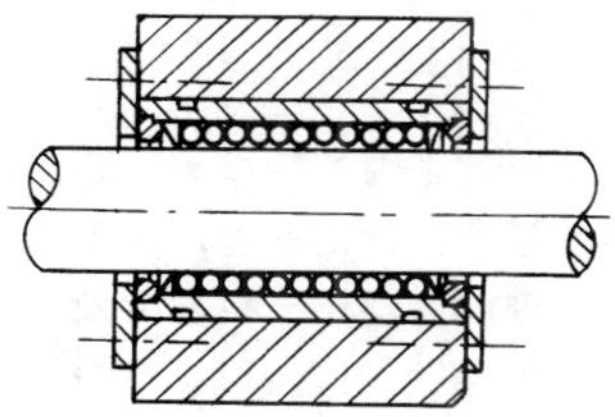
图 8-3-17

5.6 选择计算实例

例 某工作台选用两根 GTA25 型滚动直线导套副，每根轴上各有两个导套。工作台与工件之总重量为400N，该导套单行程长度 $l=0.6$m，每分钟往返 4 次，每日开机 6h，试核算该滚动直线导套副的使用寿命。取 $f_W=1.6$，工作温度在 100℃以下。

解 每个导套所受载荷 $P_c=\frac{1}{4}\times400=100$（N）。

由表 8-3-6，$f_T=1$；由表 8-3-7，$f_C=0.81$；滚动元件及滚道的硬度均在 58HRC 以上，故 $f_H=1$。

由表 8-3-25 可查得 GTA25 型滚动直线导套副的额定动载荷 $C=870$N。

将以上数据代入式（8-3-6）可得

$$L=\left(\frac{f_Hf_Tf_C}{f_W}\times\frac{C}{P_c}\right)^3\times50=\left(\frac{1\times1\times0.81}{1.6}\times\frac{870}{100}\right)^3\times50=4272(\text{km})$$

代入式（8-3-8）可得

$$L_h=8.3L/ln=8.3\times4272/0.6\times4=14774(\text{h})$$

预期使用年限 $L_a=\frac{L_h}{6\times300}=\frac{14774}{1800}=8.2$ 年

6 滚动花键副

6.1 结构和工作原理

滚动花键副由花键轴、花键套、滚珠及循环装置组成，见图 8-3-18。花键轴上有三条互成 120°的花键，花键的两侧均有滚珠及滚道，其中三列滚珠用于正向传递转矩，另三列滚珠则用于反向传递转矩。当花键轴与花键套产生相对直线运动时，滚珠就在滚道及反向循环装置中滚动，形成闭合回路。花键轴采用优质合金钢中频淬硬 58HRC，花键套采用优质合金钢渗碳淬硬 58HRC，因此，具有较高的寿命和强度。

滚珠、花键套、循环装置与密封装置是组装成一体的，可以自由地从花键轴上卸下，滚珠及花键套上的其他零件均不会散落。结构紧凑，组装简单。

由于滚珠与花键套和花键轴滚道的接触角为 45°，因此既能承受径向载荷，又能传递转矩。通过选配滚珠的

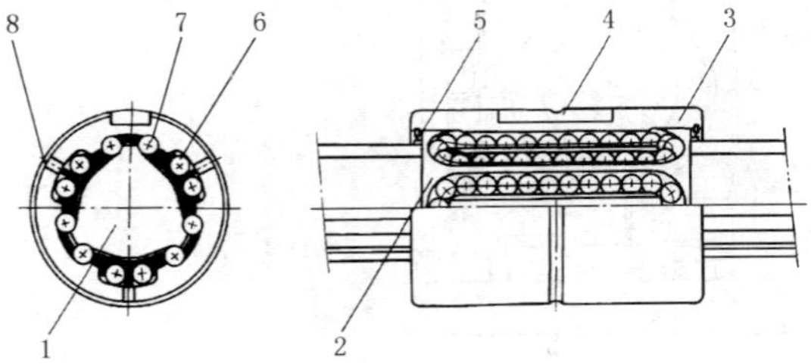

图 8-3-18

1—花键轴；2—保持架；3—花键套；4—键槽；5—橡胶密封垫；6—退出滚珠列；7—承载滚珠列；8—油孔

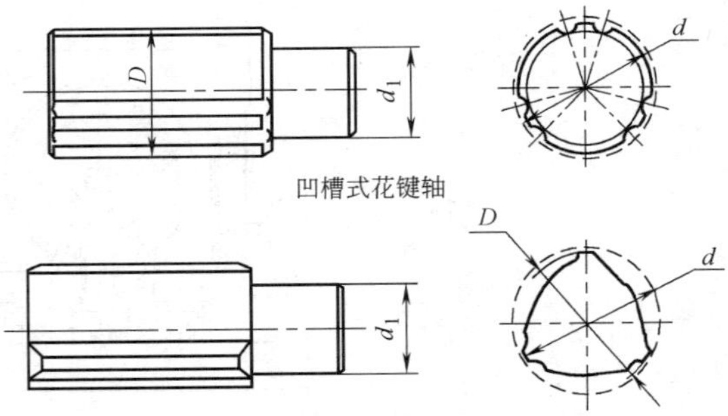

图 8-3-19

直径，使滚动花键副内产生过盈，即预加载荷，可以提高接触刚度、运动精度和抗冲击的能力。滚动花键副可用于高速运动的场合，运动速度可达 100m/min 以上。

滚动花键副已广泛用于机器人及摇臂、自动装卸车、组合机床、自动搬运装置、轮胎成形机、点焊机主轴、高速自动涂装机导轴、铆接机、卷绕机、电弧加工机摇盘、磨床主轴驱动轴、各种变速装置、精密分度轴以及各种机床主轴、各类测量仪器及自动绘图仪的精密导向轴、线切割机等多种机械设备中。

6.2 滚动花键副系列产品

常用滚动花键副按花键轴截面形状不同可分为凹槽式与凸缘式两类，如图 8-3-19 所示。每一类又按连接方式不同分为键连接型（表 8-3-28，表 8-3-30）和凸缘式连接型（表 8-3-29，表 8-3-31）。公称轴径 d_0 为滚珠中的圆直径，表示型号名义尺寸。表 8-3-28～表 8-3-31 摘编南京厂部分滚动花键副系列产品的尺寸和特性。汉江厂生产有 HKGJF15～F70 两种系列，分别为法兰和键连接。

GJZ 型、GJZA 凸缘式滚动花键副结构尺寸

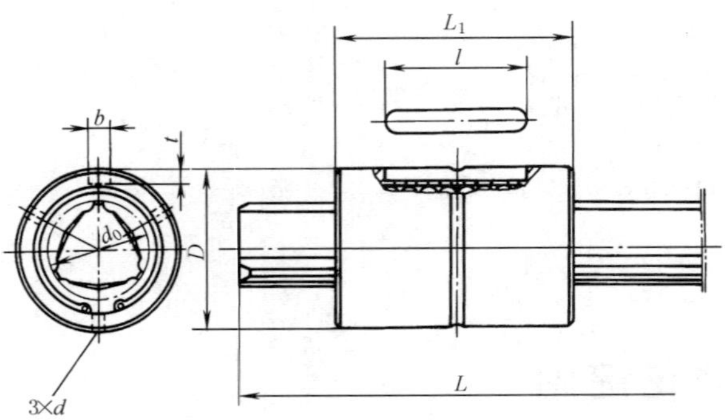

标记示例：

GJZA50-C-P-2×500L

(1)(2)(3)(4)(5)(6)(7)(8)

型号说明

(1) 滚动花键副代号

(2) 结构代号：Z——键连接型花键套

F——法兰连接型花键套

(3) A ——加长型

(4) 滚珠中心圆直径，mm

(5) 精度等级，见表 8-3-32

(6) 扭转间隙，见表 8-3-33

(7) 一根轴上花键轴套的个数

(8) 花键轴全长，mm

表 8-3-28 mm

规格型号	公称轴径 d_0	外径 D	套长度 L_1	轴最大长度 L	键槽宽度 b	键槽深度 t	键槽长度 l	油孔 d	基本额定转矩	
									动转矩 C_T /N·m	静转矩 C_{OT} /N·m
GJZ15①	15	$23^{0}_{-0.013}$	$40^{0}_{-0.3}$	300	3.5H8	$2^{0}_{-0.3}$	20	2	27	45
GJZA15①	15	$23^{0}_{-0.013}$	$50^{0}_{-0.3}$	300	3.5H8	$2^{0}_{-0.3}$	20	2	27	45
GJZ20	20	$30^{0}_{-0.013}$	$50^{0}_{-0.3}$	500	4H8	$2.5^{+0.1}_{0}$	26	3	64	90

续表

规格型号	公称轴径 d_0	外径 D	套长度 L_1	轴最大长度 L	键槽宽度 b	键槽深度 t	键槽长度 l	油孔 d	基本额定转矩 动转矩 C_T /N·m	基本额定转矩 静转矩 C_{0T} /N·m
GJZ25	25	$38^{0}_{-0.016}$	$60^{0}_{-0.3}$	700	5H8	$3^{+0.2}_{0}$	36	3	134	184
GJZA25	25	$38^{0}_{-0.016}$	$70^{0}_{-0.3}$	700	5H8	$3^{+0.2}_{0}$	36	3	152	225
GJZ30T	30	$45^{0}_{-0.016}$	$70^{0}_{-0.3}$	1000	6H8	$3^{+0.2}_{0}$	40	3	238	317
GJZA32	32	$48^{0}_{-0.016}$	$70^{0}_{-0.3}$	1000	8H8	$4^{+0.2}_{0}$	40	3	238	317
GJZA32	32	$48^{0}_{-0.016}$	$80^{0}_{-0.3}$	1000	8H8	$4^{+0.2}_{0}$	40	3	272	388
GJZ40	40	$60^{0}_{-0.019}$	$90^{0}_{-0.3}$	1200	10H8	$5^{+0.2}_{0}$	56	4	523	670
GJZA40	40	$60^{0}_{-0.019}$	$100^{0}_{-0.3}$	1200	10H8	$5^{+0.2}_{0}$	56	4	607	837
GJZ50	50	$75^{0}_{-0.019}$	$100^{0}_{-0.3}$	1200	14H8	$5.5^{+0.2}_{0}$	60	4	956	1146
GJZA50	50	$75^{0}_{-0.019}$	$112^{0}_{-0.3}$	1200	14H8	$5.5^{+0.2}_{0}$	60	4	1130	1473
GJZ60	60	$90^{0}_{-0.022}$	$127^{0}_{-0.3}$	1200	16H8	$6^{+0.2}_{0}$	70	4	1631	2262
GJZ70	70	$100^{0}_{-0.022}$	$135^{0}_{-0.3}$	1200	18H8	$6^{+0.1}_{0}$	68	4	2617	3597
GJZ85	85	$120^{0}_{-0.022}$	$155^{0}_{-0.3}$	1200	20H8	$7^{+0.1}_{0}$	80	5	4139	5635

① 非标产品。

注：生产厂为南京工艺装备厂。

GJF 凸缘式滚动花键副结构尺寸

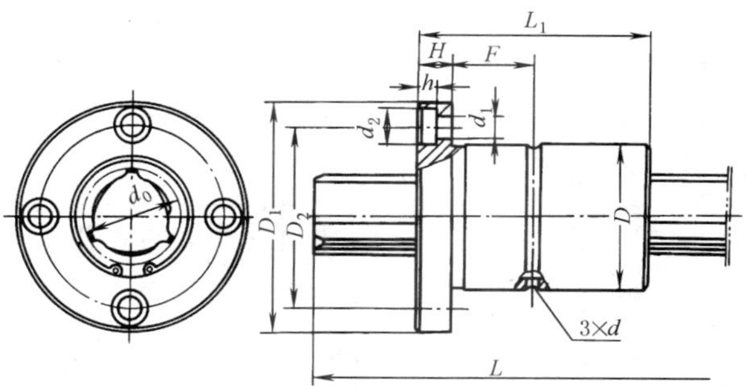

表 8-3-29

mm

型号规格	公称轴径 d_0	外径 D	套长度 L_1	轴最大长度 L	法兰直径 D_1	安装孔中心径 D_2	法兰厚度 H	沉孔深度 h	油孔 d	沉孔直径 d_2	过孔直径 d_1	油孔位置 F	基本额定转矩 动转矩 C_T /N·m	基本额定转矩 静转矩 C_{0T} /N·m
GJF15①	15	$23^{0}_{-0.013}$	$40^{0}_{-0.3}$	300	$43^{0}_{-0.2}$	32	7	4.4	2	8	4.5	13	27	45
GJF20	20	$30^{0}_{-0.013}$	$50^{0}_{-0.3}$	500	$49^{0}_{-0.2}$	38	7	4.4	3	8	4.5	18	64	90
GJF25	25	$38^{0}_{-0.016}$	$60^{0}_{-0.3}$	700	$60^{0}_{-0.2}$	47	9	5	3	10	5.8	21	134	184
GJF30	30	$45^{0}_{-0.016}$	$70^{0}_{-0.3}$	1000	$70^{0}_{-0.2}$	54	10	6	3	11	6.6	25	238	317
GJF32	32	$48^{0}_{-0.016}$	$70^{0}_{-0.3}$	1000	$73^{0}_{-0.2}$	57	10	6	3	12	7	25	238	317
GJF40	40	$57^{0}_{-0.019}$	$90^{0}_{-0.3}$	1200	$90^{0}_{-0.2}$	70	14	7	4	15	9	31	523	670

续表

型号规格	公称轴径 d_0	外径 D	套长度 L_1	轴最大长度 L	法兰直径 D_1	安装孔中心径 D_2	法兰厚度 H	沉孔深度 h	油孔 d	沉孔直径 d_2	过孔直径 d_1	油孔位置 F	基本额定转矩	
													动转矩 C_T /N·m	静转矩 C_{0T} /N·m
GJF50	50	$70^{0}_{-0.019}$	$100^{0}_{-0.3}$	1200	$108^{0}_{-0.2}$	86	16	9	4	18	11	34	956	1146
GJF60	60	$85^{0}_{-0.022}$	$127^{0}_{-0.3}$	1200	$124^{0}_{-0.2}$	102	18	11	4	18	11	45.5	1631	2262
GJF70	70	$100^{0}_{-0.022}$	$135^{0}_{-0.3}$	1200	$142^{0}_{-0.2}$	117	20	13	4	20	14	47.5	2617	3597
GJF85	85	$120^{0}_{-0.022}$	$155^{0}_{-0.3}$	1200	$168^{0}_{-0.2}$	138	22	13	5	20	13	55.5	4139	5635

① 非标产品。

注：1. 花键轴套，采用渗碳钢制造，滚道硬度为58~63HRC，法兰硬度≤30HRC，必要时可配钻铰定位销孔防止周向松动。

2. 花键轴套有特殊要求可特殊订货。

3. 生产厂为南京工艺装备厂。

GJZG 型凹槽式滚动花键副尺寸系列

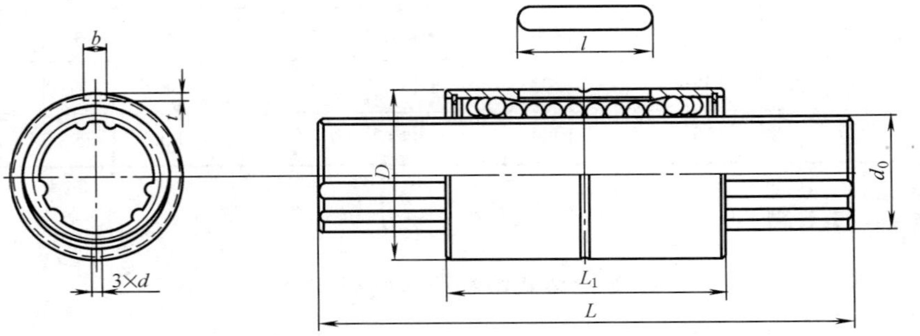

表 8-3-30 mm

规格型号	轴外径 d_0(h7)	外径 D	套长度 L_1	轴最大长度 L	键槽宽度 b	键槽深度 t	键槽长度 l	油孔 d	基本额定转矩	
									动转矩 C_T /N·m	静转矩 C_{0T} /N·m
GJZG30	$30^{0}_{-0.025}$	$48^{0}_{-0.016}$	$80^{0}_{-0.3}$	1000	4H8	$2.5^{+0.1}_{0}$	40	3	171	148
GJZG60	$60^{0}_{-0.03}$	$90^{0}_{-0.022}$	$140^{0}_{-0.3}$	1200	12H9	$5^{+0.2}_{0}$	67	5	1220	1040
GJZG100	$100^{0}_{-0.035}$	$150^{0}_{-0.025}$	$185^{0}_{-0.3}$	1200	20H8	$7.5^{+0.2}_{0}$	90	5	3730	3010

GJFG 型凹槽式滚动花键副尺寸系列

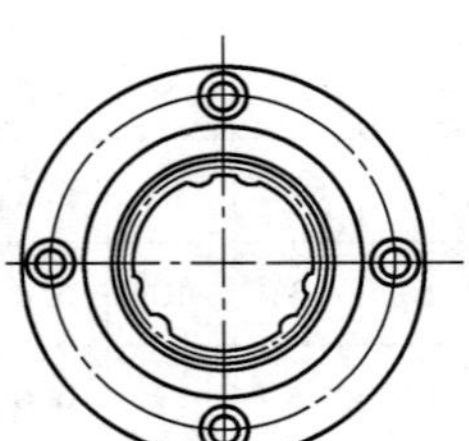

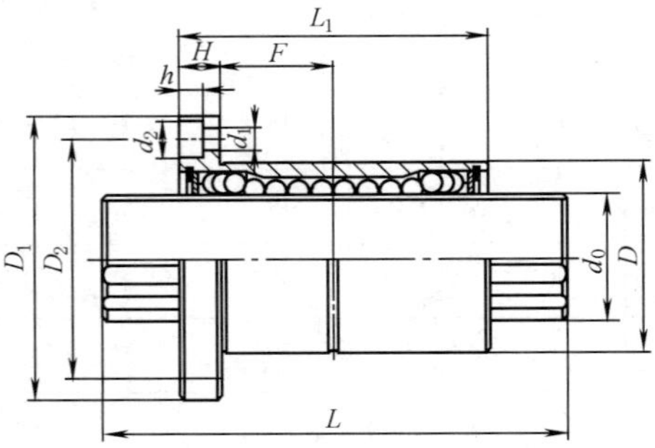

表 8-3-31

mm

规格型号	轴外径 d_0(h7)	外径 D	套长度 L_1	轴最大长度 L	法兰直径 D_1	安装孔中心距 D_2	法兰厚度 H	沉孔深度 h	沉孔直径 d_2	过孔直径 d_1	油孔 d	油孔位置 F	基本额定转矩 动转矩 C_T /N·m	基本额定转矩 静转矩 C_{0T} /N·m
GJFG30	$30^{0}_{-0.025}$	$48^{0}_{-0.016}$	$80^{0}_{-0.3}$	1000	$75^{0}_{-0.2}$	60	10	6.5	11	6.6	3	30	171	148
GJFG60	$60^{0}_{-0.03}$	$90^{0}_{-0.022}$	$140^{0}_{-0.3}$	1200	$134^{0}_{-0.2}$	112	16	11	18	11	5	54	1220	1040

6.3 滚动花键副的精度

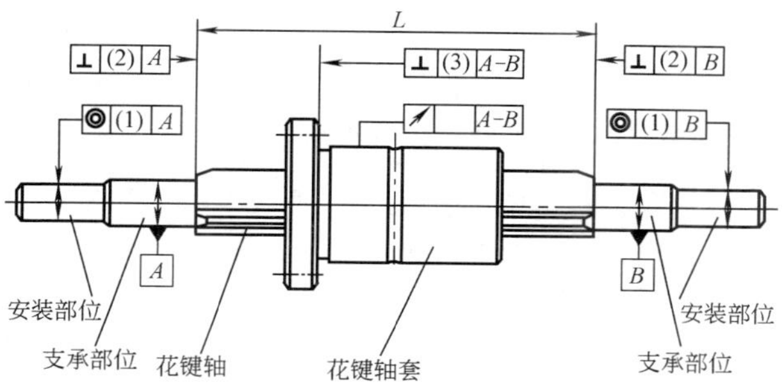

任意 100mm 花键滚道的直线度：

2 级　　6μm

3 级　　13μm

4 级　　33μm

移动量小于 100mm 或大于 100mm 时，与移动量成正比地增、减以上数值。

表 8-3-32

μm

花键轴套表面对支承部位轴线的径向圆跳动

滚珠中心圆直径 d_0 /mm	精度等级	长度 L/mm <200	200~315	315~400	400~500	500~630	630~800	800~1000	1000~1250	1250~1600
15	2	18	25	—	—	—				
	3	34	45	53	—	—				
20	4	56	71	83	95	112				
25	2	18	21	25	29	34	42			
30	3	32	39	44	50	57	68			
32	4	53	58	70	78	88	103	24		
40	2	16	19	21	24	27	32	38		
	3	32	36	39	43	47	54	63		
50	4	53	58	63	68	74	84	97	114	139
60	2	16	17	19	21	23	26	30	35	
63	3	30	34	36	38	41	45	51	59	
70	4	51	55	58	61	65	71	79	90	106
85	2	16	17	17	19	20	22	24	28	—
	3	30	32	34	35	37	40	43	48	—
100	4	51	53	55	57	60	64	69	76	86

同轴度与垂直度

测量部位	精度等级	滚珠中心圆直径 d_0/mm 15,20	25,30 32	40,50	60,63 70	85 100
同轴 (1)	2	12	13	15	17	20
	3	19	22	25	29	34
	4	46	53	62	73	86
垂直 (2)	2	8	9	11	13	15
	3	11	13	16	19	22
	4	27	33	39	46	54
垂直 (3)	2	9	11	13	15	18
	3	13	16	19	22	25
	4	33	39	46	54	63

6.4 滚动花键轴与花键套间的扭转间隙

滚动花键轴与花键套间的扭转间隙对滚动花键副的总成精度和刚度有很大影响，可以采用变换滚珠直径的预紧办法控制扭转间隙的大小，甚至可以获得微量的过盈。但过大的预紧量会产生较大的摩擦阻力，同时装配也不方便，设计时可根据使用条件参照表 8-3-33 选用合适的扭转间隙类型。

表 8-3-33　　滚动花键副扭转间隙类型及选用

扭转间隙类型	d_0/mm					使用条件	应用举例
	15	20,25,30,32	40,50,63	70,85	100		
	扭转间隙/μm						
P_2（中预压）	−15～−9	−20～−12	−30～−18	−40～−24	−50～−30	需要高刚度,有振动、冲击处,悬臂倾覆力矩处	点焊熔接机轴,刀架,分度(转位)轴
P_1（轻预压）	−9～−3	−12～−4	−18～−6	−24～−8	−30～−10	轻度振动,倾覆力矩,轻度悬臂及交变转矩处	工业机器人摇臂,各种自动装卸机,自动涂装机主轴
P_0（普通）	±3	±4	±6	±8	±10	承受一定方向转矩处,用较小的力使之顺利运动处	各种计量仪器,自动绘图机,卷线机,包装机以及弯板机主轴

注：本表为南京工艺装备厂资料，供设计参考。

6.5　额定载荷计算

滚动花键副计算的基本公式仍然是式（8-3-6）~式（8-3-9），但轴上的载荷以转矩形式给出，故额定转矩及计算转矩为式（8-3-6）和式（8-3-7）括号中分子的 C 及分母的 P_c 均乘以滚珠中心所在圆的半径$\frac{1}{2}d_0$，可得式（8-3-12），用类似的方法可从式（8-3-9）导出式（8-3-13）：

$$L=\left(\frac{f_H f_T f_C}{f_W}\times\frac{C_T}{T_C}\right)^3\times50 \tag{8-3-12}$$

$$\frac{C_{0T}}{T_{0max}}\geqslant f_s \tag{8-3-13}$$

式中　C_T 及 C_{0T}——分别为基本额定动转矩及额定静转矩，各种型号滚动花键副的 C_T 及 C_{0T}值可由表 8-3-28~表 8-3-31 查出；

T_C及 T_{0max}——分别为花键副的计算转矩及最大计算转矩。

f_T 见表 8-3-6，f_C 见表 8-3-7，f_s 见表 8-3-9，f_H 仍可取 1，f_W 见表 8-3-34。

表 8-3-34　　载荷系数 f_W

冲击及振动	滚动体中心速度	f_W
无冲击及振动	$v\leqslant15$m/min	1.0~1.5
微冲击及振动	15m/min<v<60m/min	1.5~2.0
有冲击及振动	v>60m/min	2.0~3.5

6.6　使用注意事项

花键轴对轴端结构的要求：当轴端需要加工轴颈时，应使 $d_1<d$，见表 8-3-35、表 8-3-36 及图 8-3-20。

当花键轴需要大直径轴颈 D_0 时，磨削滚道必须留出足够的退刀长度 S，其长度与花键截面小径 d 有关，见表 8-3-35 及表 8-3-36，如图 8-3-20 所示。

$$S\geqslant1.2\sqrt{R(D_0-d)}$$

R=40~150mm，通常小尺寸为低精度。

表 8-3-35　凹槽式花键轴截形 mm

公称直径	d	D
30	27.8	30
60	55	60
100	93.4	100

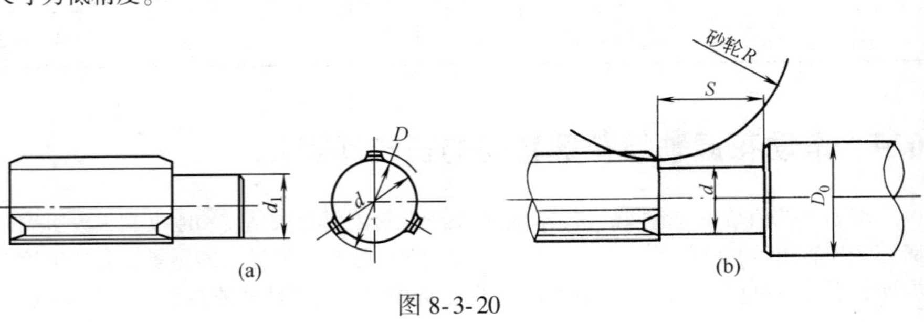

(a)　　(b)

图 8-3-20

表 8-3-36　　凸缘式花键轴截形　　mm

公称轴径 d_0	15	20	25	30	32	40	50	60
d	11.6	15.3	19	22.5	24	30.5	38.5	46
D	14.4	19.7	24	29.2	31	38.5	48.5	57.5

7　滚动导轨块

滚动导轨块采用滚柱承载是滚珠承载能力 10 倍以上且动、静摩擦之差较小，对反复启动、静止往复运动频率较高的工况可减少整机重量和动力费用。

采用滚动导轨块可获得较高的灵敏度及高刚度和高性能的平面直线运动，在低速往复运动时移动轻便，没有爬行，还能提高机械的跟随性和定位精度。在重载及变载的工况下均能很好运行，寿命较长。

采用滚动导轨块，不受机床床身长度的限制，精度保持性良好。润滑系统简单，维修方便，定位基准精度高，装配拆卸调整方便，寿命长。

这种导轨块应用面较广，小规格的可用在模具、精密仪器的直线运动系统及 NC、CNC 数控机床上，大规格的可用在重型机械设备上。这种导轨块已经系列化，在我国已有专业化工厂批量生产。

7.1　结构与特点

如图 8-3-21a、b 所示，滚子在导轨块体内作周而复始的循环滚动。为了防止滚子从导轨块体脱落，图 a 由弹簧钢带 1 从滚子中段将滚子限位；图 b 滚子两端带有小台阶，并用带有凹槽的侧盖将滚子限位。运动时低于安装平面“A”的为回路滚子；高于平面“B”的为承载滚子，与机座的导轨表面作滚动接触。一般可在铸铁的机座上镶以钢制的导轨组成复合机座。钢制导轨面应经淬硬（58~64 HRC）和磨削，且硬化层必须达到 1~2mm 的深度，以保证应有的精度、寿命及承载能力。

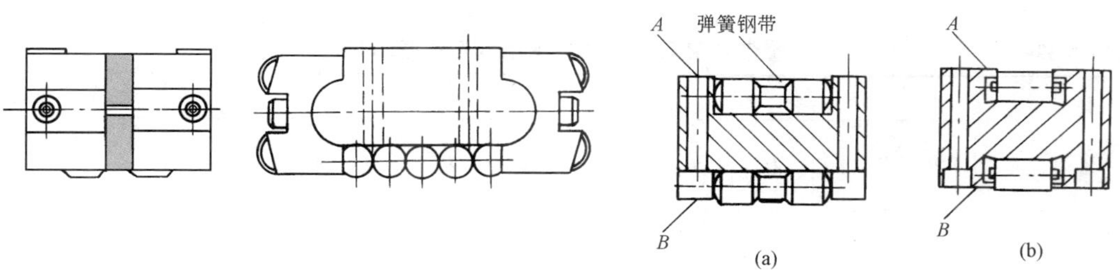

图 8-3-21　滚动导轨块

7.2　滚动导轨块系列产品

本节摘编汉中汉江机床厂生产的部分滚动导轨块系列产品的尺寸和性能，见表 8-3-38~表 8-3-40，供参考。(南京厂生产 GZB 型导轨块，有五种尺寸系列)

汉江型号标记方法：

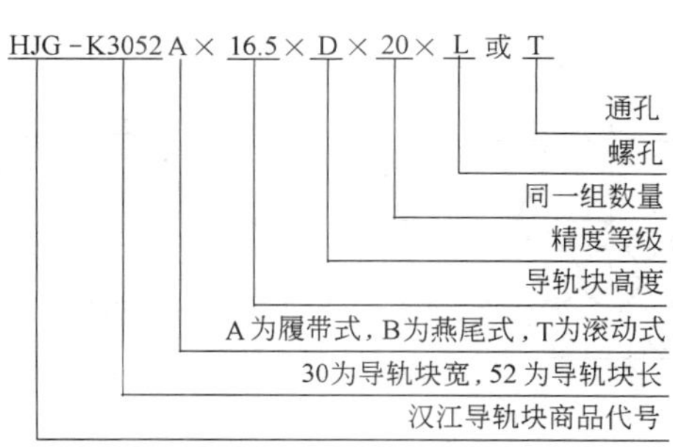

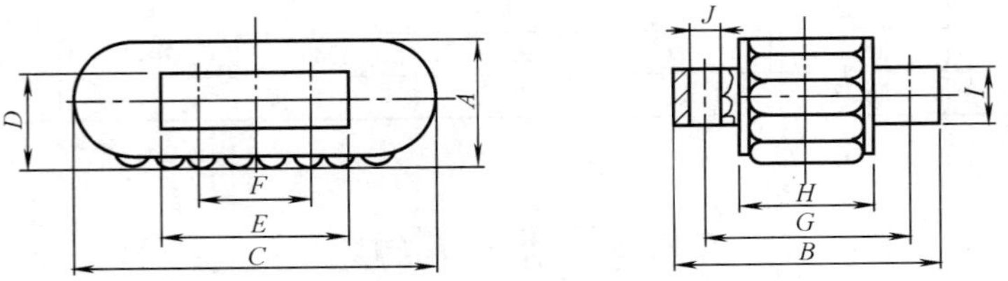

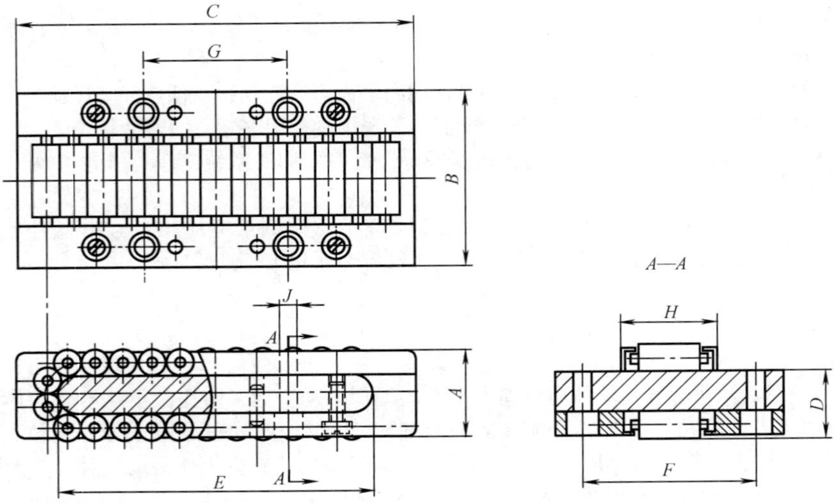

表 8-3-37　　履带式滚动导轨块支承结构形式基本尺寸

<table>
<tr><th rowspan="3">型号</th><th colspan="11">主要尺寸/mm</th><th colspan="2">额定载荷/kN</th></tr>
<tr><th rowspan="2">A</th><th rowspan="2">B</th><th rowspan="2">C</th><th rowspan="2">D</th><th rowspan="2">E</th><th rowspan="2">F</th><th rowspan="2">G</th><th rowspan="2">H</th><th rowspan="2">I</th><th colspan="2">J</th><th rowspan="2">动载荷
C</th><th rowspan="2">静载荷
C_0</th></tr>
<tr><th>T</th><th>L</th></tr>
<tr><td>HJG-K3040A</td><td>15</td><td>30</td><td>38.5</td><td>11</td><td>20</td><td>12</td><td>23</td><td>15</td><td>7</td><td>ϕ3.6</td><td>M4</td><td>11.1</td><td>21.1</td></tr>
<tr><td>HJG-K3650A</td><td>16</td><td>36</td><td>48.5</td><td>12</td><td>30</td><td>18</td><td>29</td><td>20</td><td>8</td><td>ϕ3.6</td><td>M5</td><td>19.5</td><td>44.2</td></tr>
<tr><td>HJG-K4560A</td><td>19</td><td>45</td><td>58.4</td><td>14</td><td>35</td><td>20</td><td>36</td><td>25</td><td>9</td><td>ϕ4.8</td><td>M4</td><td>29</td><td>68</td></tr>
<tr><td>HJG-K5570A</td><td>20</td><td>55</td><td>67.9</td><td>15</td><td>45</td><td>27</td><td>44</td><td>32</td><td>10</td><td>ϕ5.8</td><td>M5</td><td>46</td><td>120</td></tr>
<tr><td>HJG-K6890A</td><td>28</td><td>68</td><td>87</td><td>21</td><td>55</td><td>35</td><td>54</td><td>40</td><td>14</td><td>ϕ7</td><td>M6</td><td>71</td><td>189.1</td></tr>
<tr><td>HJG-K82125A</td><td>40</td><td>82</td><td>123.5</td><td>30</td><td>78</td><td>50</td><td>66</td><td>50</td><td>20</td><td>ϕ9</td><td>M6</td><td>112</td><td>333</td></tr>
</table>

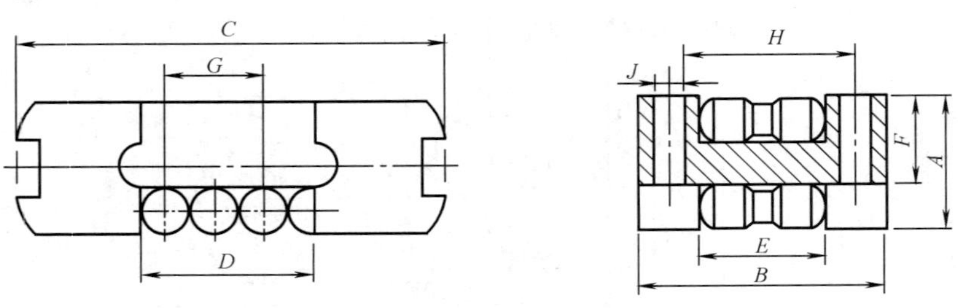

表 8-3-38　　滚动式滚动导轨块支承结构形式基本尺寸

型号	主要尺寸/mm										额定载荷/kN	
	A	$B_{-0.2}^{0}$	C	$D_{-0.2}^{0}$	E	F	G	H	J		动载荷 C	静载荷 C_0
									T	L		
HJG-K3050	16.5	30	50.6	20.6	16	11	12	23	ϕ3.6	M4	15.5	18
HJG-K3662	17.5	36	62.6	32.6	21	12	18	29	ϕ4.8	M4	26.6	38.6
HJG-K4575	21	45	75	37	25	14	20	36	ϕ5.8	M5	41.2	62.3
HJG-K5585	21.5	55	85	45	32	15	27	44	ϕ5.8	M5	53.5	92.8
HJG-K68105	30	68	107	57	40	21	35	54	ϕ7	M6	86.2	143
HJG-K82145	42	82	144	78	50	30	40	66	ϕ9	M8	152	260

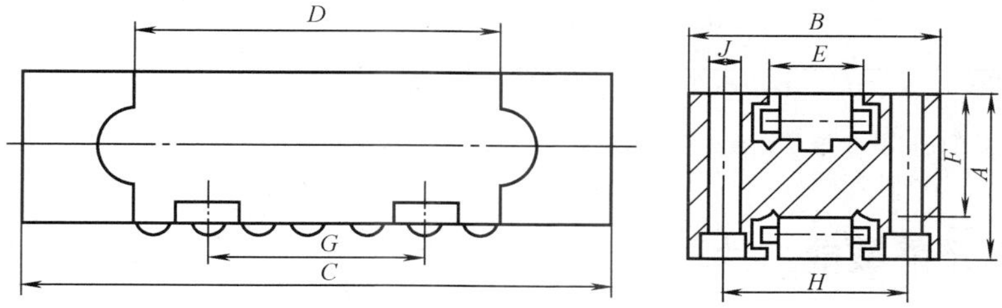

表 8-3-39　　燕尾式滚动导轨块支承结构、基本尺寸

型号	主要尺寸/mm										额定载荷/kN	
	A	B	C	D	E	F	G±0.1	H±0.1	J		动载荷 C	静载荷 C_0
									T	L		
HJG-K2560B	17	25	60	35	10	13	20	19.5	ϕ3.3	M4	26.6	38.6
HJG-K2764B	19	27	64	39	10.3	14	25.5	20.5	ϕ3.3	M4	41.2	63.2
HJG-K3070B	20	30	68.5	42.5	12.3	15	26	23	ϕ3.3	M4	53.5	72
HJG-K40100B	26	40	101	62	13.5	19	44	30	ϕ5	M6	86.2	112
HJG-K40125B	26	40	125.5	87.5	13.5	19	68	30	ϕ5	M6	116	151
HJG-K52140B	38	52	139.65	92.5	19.8	29	51	41	ϕ7		120	160
HJG-K52203B	38	52	202.5	155.5	19.8	29	102	41	ϕ6.8	M8	202	274
HJG-K76198B	57.15	76.2	198	123.6	30.2	42	76.2	62	ϕ6.8	M8	300	400
HJG-K124333B	100	124	333	212	60.3	73	120	102.5	ϕ11		800	1000

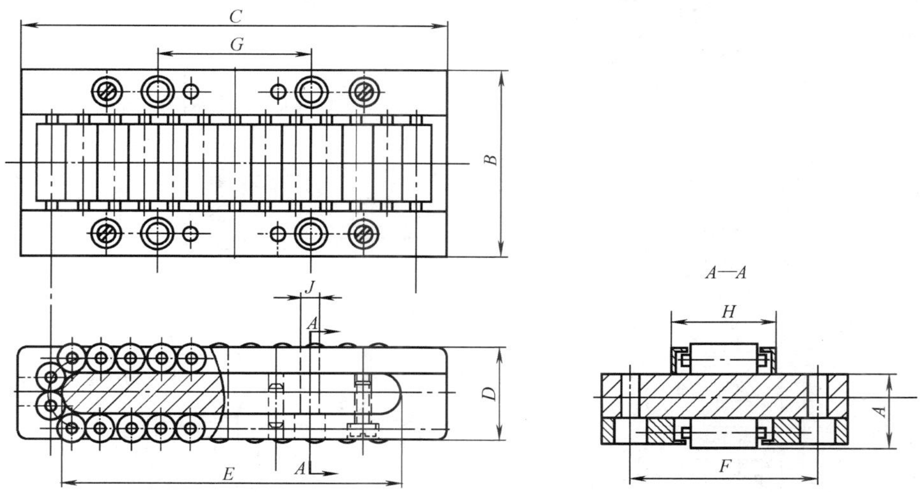

表 8-3-40　　履带式（C 型）滚动导轨块结构、外形及基本尺寸

型号	主要尺寸/mm									额定载荷/kN	
	A	B	C	D	E	F±0.1	G±0.1	H	J	动载荷 C	静载荷 C_0
HJG-K3475C	12.7	34	75	18.7	57	27.7	27	23.7	ϕ3	33	36
HJG-K47104C	20	47	104	28	85	39	38	30	ϕ5	68	88.5
HJG-K64140C	27	64	140	37	115	49	51	37	ϕ5.5	110	140

第 8 篇

7.3 精度等级

表 8-3-41　　滚动导轨块精度　　mm

精度等级	高度公差	高度分组允差				
		Ⅰ	Ⅱ	Ⅲ	Ⅳ	Ⅴ
F	0.01	—	—	—	—	—
E	0.005	+0.02 +0.015	+0.015 +0.010	—		—
D	0.003	+0.02 +0.017	+0.017 +0.014	+0.014 +0.011	+0.011 +0.008	—
C	0.002	+0.02 +0.018	+0.018 +0.016	+0.016 +0.014	+0.014 +0.012	+0.012 +0.010

注：1. 表中精度等级 F、E、D、C 各级高度公差带值为 0.01mm、0.005mm、0.003mm、0.002mm；C 级、D 级和 E 级，制造厂可按分组允差供货。

2. 使用 HJG-K 滚动导轨块时要注意基准选择，以一侧为基准测量，对侧要保证平行，一组导轨块要求在同一平面内。

3. 导轨块滚柱与保持器侧面不接触，所以保持器不需加固，可用螺钉或专用安装配件简单地固定。

7.4 寿命计算及静载能力计算

根据式（8-3-7）~式（8-3-9）计算寿命及静载能力，式中系数仍查用表 8-3-6~表 8-3-9，但接触系数 f_C 应理解为紧靠使用滑块个数对载荷分配不均的影响。

7.5 导轨块的安装形式和方法

图 8-3-22 所示为导轨块开式安装形式，工作台上只有向下的载荷，没有倾覆力矩的场合；其中图 a 及图 b 为窄式，侧向预紧压力受温差影响较小，图 c 为宽式，其侧向压紧力受温差影响较大。

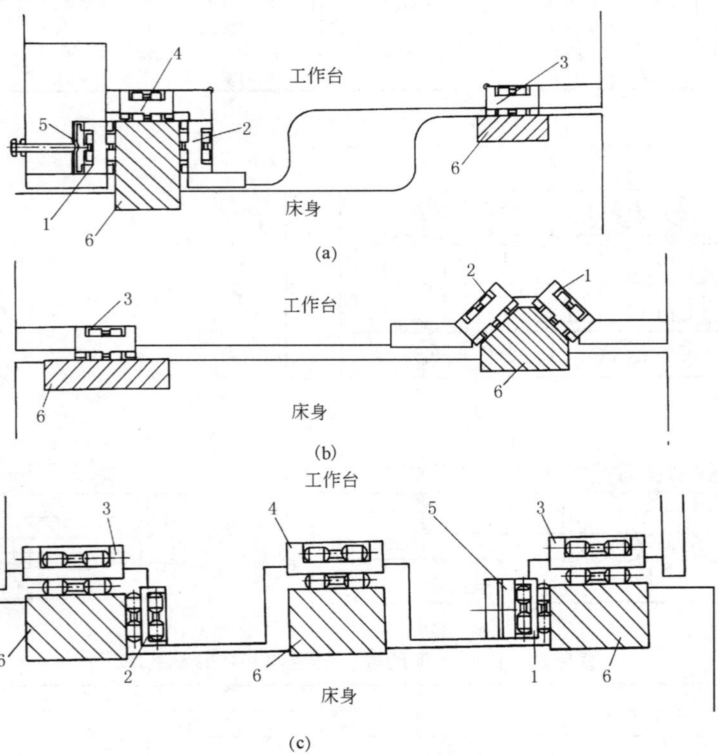

图 8-3-22　导轨块开式安装形式

1~4—导轨块；5—弹簧垫（或调整垫）；6—镶条导轨

图 8-3-23 为闭式安装形式，工作台与床身之间上、下和左、右均装有导轨块 1~4。适合于水平导轨副有倾覆力矩的场合。图中 5 均为可调或弹簧垫片。图 a 用于一般工况，图 b 采用 8 列导轨块，用于重载或宽型工作台。

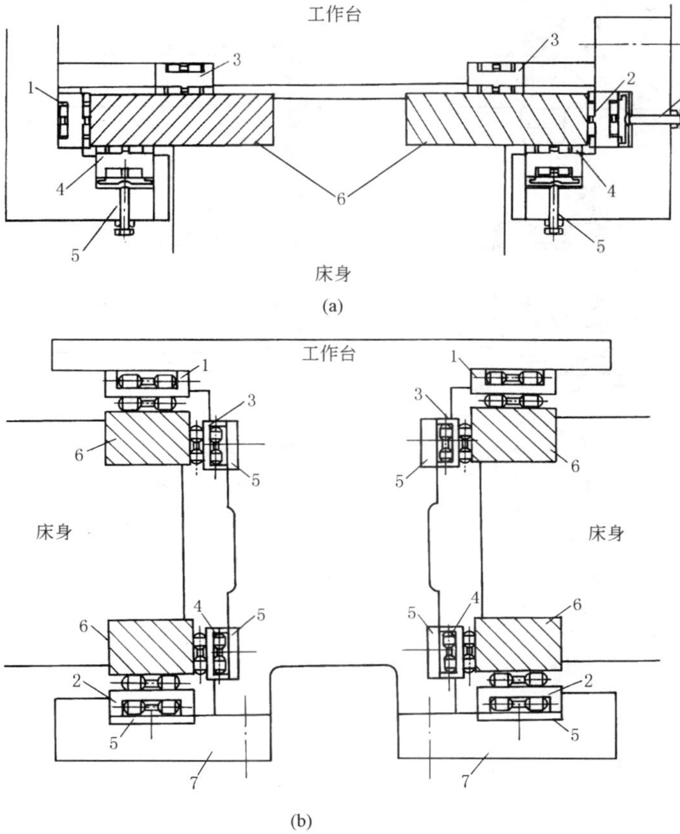

图 8-3-23　导轨块闭式安装形式

1~4—导轨块；5—弹簧垫(或调整垫)；6—镶条导轨；7—压板

图 8-3-24 为常用的导轨块安装方法。图 a 为图 8-3-23 中图 a 右侧局部安装方法。图 d 方法可不精加工安装表面，但调整费时且刚度较低。图 e 方法只能用于压紧导轨，如果工作台较长，承载侧导轨块或基准侧的导向块多于 2 个，则首尾两个必须与工作台刚性连接，中间的几个可以安装在弹簧垫上作为辅助支承分担部分载荷。

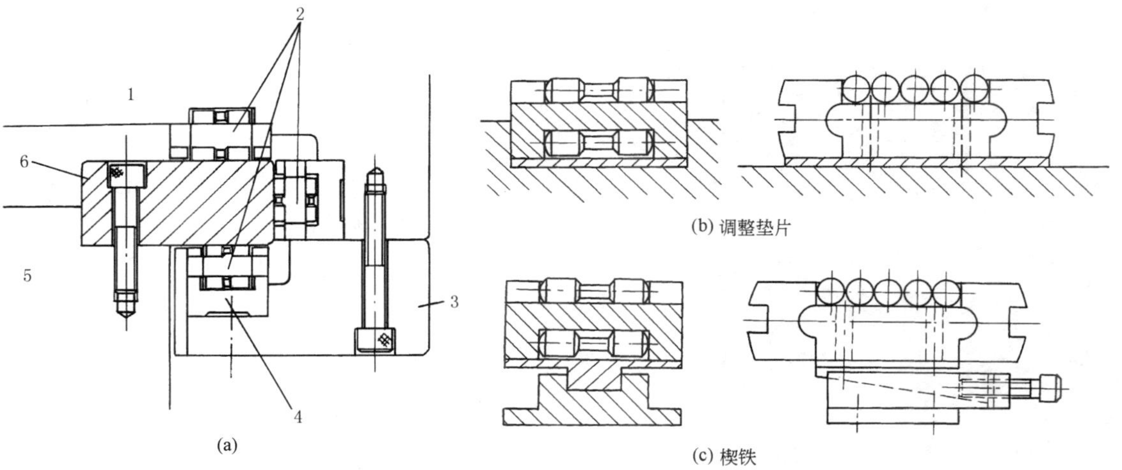

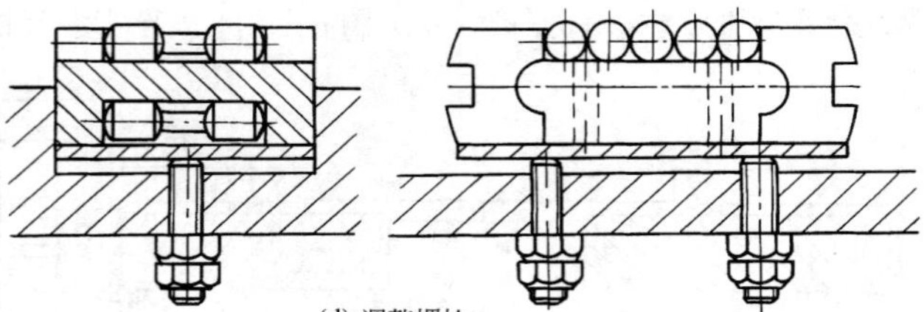

(d) 调整螺栓

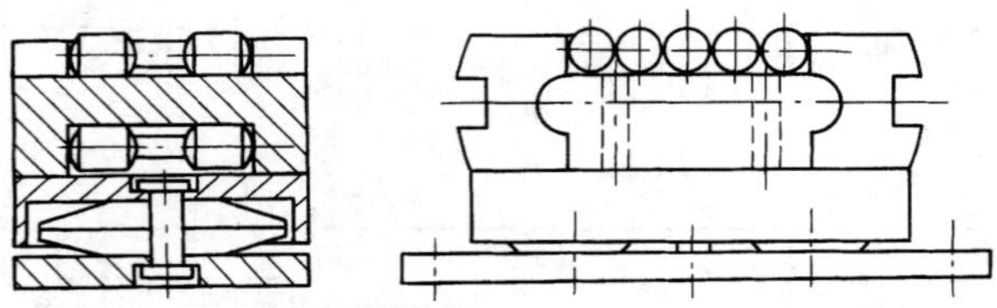

(e) 弹簧垫片

图 8-3-24　导轨块的安装方法

1—工作台；2—导轨块；3—压板；4—可调垫片；5—床身；6—镶条

参 考 文 献

[1] Proceedings of the First International Symposium on Magnetic Bearings. ETH Zurich. Switzerland. 1988, (June): 6~8.

[2] Proceedings of the Second International Symposium on Magnetic Bearings. Tokyo. Japan. 1990, (July): 12~14.

[3] Proceedings of the Third International Symposium on Magnetic Bearings. Virginia. USA, 1992, (July): 24~31.

[4] Proceedings of the Fourth International Symposium on Magnetic Bearings. Zurich. Switzerland. 1994, (August): 23~26.

[5] Proceedings of the Fifth International Symposium on Magnetic Bearings. Kanazawa. Japan. 1996, (August): 28~30.

[6] Proceedings of the Sixth International Symposium on Magnetic Bearings. Virginia. USA. 1998, (August): 5~7.

[7] Proceedings of the Seventh International Symposium on Magnetic Bearings. Zurich Switzerland. 2000, (August): 23~25.

[8] Proceedings of the Eighth International Symposium on Magnetic. Bearings Mito. Japan. 2002, (August): 26~28.

[9] Proceedings of the Ninth International Symposium on Magnetic Bearings. Kentucky. USA. 2004, (August): 3~6.

[10] The Maganetic Levitation Technical Committee of the institute of Electrical Engineers of Japan: "Magnetic Suspension Technology-Magnetic Levitation Systems and Magnetic Bearings". CORONA PUBLSHING Co. LTD. Japan, 1993.

[11] C. R. Knospe, E. G. Collins: "Special Issues on Magnetic Bearing Control", IEEE Trans. on Conteol Systems Technology. 1996, 4 (5).

[12] Gerhard Schweitzer, Hannes Bleuler, Alfons Traxler: "Active Magnetic Bearings-Basics, Properties and Applications of Active Magnetic Bearings", Vdf Hochschulverlag AG an der ETH Zurich, 1994.

[13] 虞烈著. 可控磁悬浮转子系统. 北京：科学出版社，2003.

[14] 徐灏主编. 机械设计手册，第四卷. 第二版. 北京：机械工业出版社，2000.

[15] 卜炎主编. 实用轴承技术手册. 北京：机械工业出版社，2004.

[16] 晏磊，刘光军著. 静电悬浮控制系统. 北京：国防工业出版社，2001.

[17] 《机械工程标准手册》编委会编. 机械工程标准手册. 轴承卷. 北京：中国标准出版社，2002.

[18] 中国机械工业集团公司洛阳轴承研究所编. 最新国内外轴承代号对照手册. 第2版. 北京：机械工业出版社，2006.

[19] 洛阳轴研科技股份有限公司编. 全国滚动轴承产品样本. 第2版. 北京：机械工业出版社，2012

机械设计手册

第六版

第2卷

HANDBOOK OF MECHANICAL DESIGN

第9篇 起重运输机械零部件

主要撰稿 安 剑 迟国东 杨明亮 邹舜卿

审 稿 王德夫

9

第1章 起重机械零部件

1 机构工作级别及分级举例（摘自 GB/T 3811—2008）

1.1 机构的使用等级

机构的设计预期寿命，是指设计预期的该机构从开始使用起到预期更换或最终报废为止的总运转时间，它只是该机构实际运转小时数累计之和，而不包括工作中此机构的停歇时间。机构的使用等级是将该机构的总运转时间分成十个等级，以 T_0、T、T_2…、T_9 表示，见表 9-1-1。

表 9-1-1

使用等级	总使用时间 t_T/h	机构运转频繁情况	使用等级	总使用时间 t_T/h	机构运转频繁情况
T_0	$t_T \leqslant 200$	很少使用	T_5	$3200<t_T \leqslant 6300$	中等频繁使用
T_1	$200<t_T \leqslant 400$		T_6	$6300<t_T \leqslant 12500$	较频繁使用
T_2	$400<t_T \leqslant 800$	不频繁使用	T_7	$12500<t_T \leqslant 25000$	频繁使用
T_3	$800<t_T \leqslant 1600$		T_8	$25000<t_T \leqslant 50000$	
T_4	$1600<t_T \leqslant 3200$		T_9	$50000<t_T$	

1.2 机构的载荷状态级别

机构的载荷状态级别表明了机构所受载荷的轻重情况。载荷状态分为 4 个级别，见表 9-1-2。

表 9-1-2 载荷状态级别

载荷状态级别	说　明	载荷状态级别	说　明
L1	机构很少承受最大载荷，一般承受较小载荷	L3	机构有时承受最大载荷，一般承受较大载荷
L2	机构较少承受最大载荷，一般承受中等载荷	L4	机构经常承受最大载荷

1.3 机构的工作级别

机构工作级别的划分，是将各个机构分别作为一个整体进行的关于其载荷大小程度及运转频繁情况总的评价，它并不表示该机构中所有零部件都有与此相同的受载及运转情况。根据机构的 10 个使用等级和 4 个载荷状态级别，机构单独作为一个整体进行分级的工作级别划分为 M1～M8 共 8 级，见表 9-1-3。

表 9-1-3 工作级别

载荷状态级别	机构利用等级										载荷状态级别	机构利用等级									
	T_0	T_1	T_2	T_3	T_4	T_5	T_6	T_7	T_8	T_9		T_0	T_1	T_2	T_3	T_4	T_5	T_6	T_7	T_8	T_9
L1	M1	M1	M1	M2	M3	M4	M5	M6	M7	M8	L3	M1	M2	M3	M4	M5	M6	M7	M8	M8	M8
L2	M1	M1	M2	M3	M4	M5	M6	M7	M8	M8	L4	M2	M3	M4	M5	M6	M7	M8	M8	M8	M8

1.4 机构分级举例

1.4.1 流动式起重机机构分级举例

流动式起重机各机构单独作为整体的分级举例见表 9-1-4。

表 9-1-4 流动式起重机机构分级

序号	机构名称		起重机整机工作级别	机构使用等级	机构载荷状态	机构工作级别
1	起升机构		A1	T_4	L1	M3
			A3	T_4	L2	M4
			A4	T_4	L3	M5
2	回转机构		A1	T_2	L2	M2
			A3	T_3	L2	M3
			A4	T_4	L2	M4
3	变幅机构		A1	T_2	L2	M2
			A3	T_3	L2	M3
			A4	T_3	L2	M3
4	臂架伸缩机构		A1	T_2	L1	M1
			A3	T_2	L2	M2
			A4	T_2	L2	M2
5	运行机构	轮胎式运行机构（仅在工作现场）	A1	T_2	L1	M1
			A3	T_2	L2	M2
			A4	T_2	L2	M2
		履带运行机构	A1	T_2	L1	M1
			A3	T_2	L2	M2
			A4	T_2	L2	M2

注：在空载状态下臂架伸缩机构作伸缩动作。

1.4.2 塔式起重机机构分级举例

塔式起重机各机构单独作为整体的分级举例见表 9-1-5。

表 9-1-5 塔式起重机机构分级

序号	起重机的类别和使用情况	起重机整机工作级别	机构使用等级					机构载荷状态					机构工作级别				
			H	S	L	D	T	H	S	L	D	T	H	S	L	D	T
1(a)	很少使用的起重机	A1	T_1	T_1	T_1	T_1	T_1	L2	L3	L2	L2	L3	M1	M2	M1	M1	M2
1(b)	货场用起重机	A2	T_3	T_3	T_2	T_2	T_1	L1	L3	L1	L1	L3	M2	M4	M1	M1	M2
1(c)	钻井平台上维修用起重机	A3	T_3	T_3	T_2	T_2	T_1	L1	L3	L2	L2	L3	M2	M4	M2	M2	M2
1(d)	造船厂舾装起重机	A4	T_4	T_4	T_3	T_3	T_2	L2	L3	L2	L2	L3	M4	M5	M3	M3	M3
2(a)	建筑用快装式塔式起重机	A4	T_3	T_3	T_2	T_2	T_1	L2	L3	L3	L2	L3	M3	M4	M3	M2	M2
2(b)	建筑用非快装式塔式起重机	A4	T_4	T_4	T_3	T_3	T_2	L2	L3	L3	L2	L3	M4	M5	M4	M3	M3

续表

序号	起重机的类别和使用情况	起重机整机工作级别	机构使用等级					机构载荷状态					机构工作级别				
			H	S	L	D	T	H	S	L	D	T	H	S	L	D	T
2(c)	电站安装设备用的塔式起重机	A4	T_4	T_4	T_3	T_3	T_2	L2	L2	L2	L2	L3	M4	M4	M3	M3	M3
3(a)	船舶修理厂用塔式起重机	A4	T_4	T_4	T_3	T_3	T_5	L2	L3	L2	L2	L3	M4	M5	M3	M3	M6
3(b)	造船用起重机	A5	T_4	T_4	T_3	T_3	T_4	L3	L3	L3	L3	L3	M5	M5	M4	M4	M5
3(c)	抓斗起重机	A6	T_5	T_5	T_4	T_5	T_2	L3	L3	L3	L3	L3	M6	M6	M5	M6	M3

注：H——起升机构；S——回转机构；L——动臂俯仰变幅机构；D——小车运行变幅机构；T——大车（纵向）运行机构。

1.4.3 臂架起重机机构分级举例

臂架起重机各机构单独作为整体的分级举例见表 9-1-6。

表 9-1-6 臂架起重机机构分级

序号	起重机的类别	起重机的使用情况	起重机整机工作级别	机构使用等级					机构载荷状态					机构工作级别				
				H	S	L	D	T	H	S	L	D	T	H	S	L	D	T
1	人力驱动起重机	很少使用	A1	T_1	T_1	T_1	T_2	T_2	L2	L2	L2	L1	L1	M1	M1	M1	M1	M1
2	车间电动悬臂起重机	很少使用	A2	T_2	T_2	T_1	T_1	T_2	L2	L2	L2	L2	L2	M2	M2	M1	M1	M2
3	造船用臂架起重机	不频繁较轻载使用	A4	T_5	T_4	T_4	T_4	T_5	L2	L2	L2	L2	L2	M5	M4	M4	M4	M5
4(a)	货场用吊钩起重机	不频繁较轻载使用	A4	T_4	T_4	T_3	T_4	T_4	L2	L2	L2	L2	L2	M4	M4	M3	M4	M4
4(b)	货场用抓斗或电磁盘起重机	较频繁中等载荷使用	A6	T_5	T_5	T_5	T_5	T_4	L3	L3	L3	L3	L3	M6	M6	M6	M6	M5
4(c)	货场用抓斗、电磁盘或集装箱起重机	频繁重载使用	A8	T_7	T_6	T_6	T_6	T_5	L3	L3	L3	L3	L3	M8	M7	M7	M7	M6
5(a)	港口装卸用吊钩起重机	较频繁中等载荷使用	A6	T_4	T_4	T_4	—	T_3	L3	L3	L2	—	L2	M5	M5	M4	—	M3
5(b)	港口装船用吊钩起重机	较频繁重载使用	A7	T_6	T_5	T_4	—	T_3	L3	L3	L3	—	L3	M7	M6	M5	—	M4
5(c)	港口装卸抓斗、电磁盘或集装箱用起重机	较频繁重载使用	A7	T_6	T_5	T_5	—	T_3	L3	L3	L3	—	L3	M7	M6	M6	—	M4
5(d)	港口装船用抓斗、电磁盘或集装箱起重机	较频繁重载使用	A8	T_7	T_6	T_6	—	T_3	L3	L3	L3	—	L3	M8	M7	M7	—	M4
6	铁路起重机	较少使用	A3	T_2	T_2	T_2	—	T_1	L3	L2	L3	—	L2	M3	M2	M3	—	M1

注：H——起升机构；S——回转机构；L——动臂俯仰变幅机构；D——小车运行变幅机构；T——大车（纵向）运行机构。

1.4.4 桥式和门式起重机机构分级举例

桥式和门式起重机机构单独作为整体的分级举例见表 9-1-7。

表 9-1-7　　　　桥式和门式起重机机构分级

序号	起重机的类别	起重机的使用情况	起重机整机工作级别	机构使用等级			机构载荷状态			机构工作级别		
				H	D	T	H	D	T	H	D	T
1	人力驱动的起重机（含手动葫芦起重机）	很少使用	A1	T_2	T_2	T_2	L1	L1	L1	M1	M1	M1
2	车间装配用起重机	较少使用	A3	T_2	T_2	T_2	L2	L1	L2	M2	M1	M2
3(a)	电站用起重机	很少使用	A2	T_2	T_2	T_3	L2	L1	L2	M2	M1	M3
3(b)	维修用起重机	较少使用	A3	T_2	T_2	T_2	L2	L1	L2	M2	M1	M2
4(a)	车间用起重机（含车间用电动葫芦起重机）	较少使用	A3	T_4	T_3	T_4	L1	L1	L1	M3	M2	M3
4(b)	车间用起重机（含车间用电动葫芦起重机）	不频繁较轻载使用	A4	T_4	T_3	T_4	L2	L2	L2	M4	M3	M4
4(c)	较繁忙车间用起重机（含车间用电动葫芦起重机）	不频繁中等载荷使用	A5	T_5	T_3	T_5	L2	L2	L2	M5	M3	M5
5(a)	货场用吊钩起重机（含货场用电动葫芦起重机）	较少使用	A3	T_4	T_3	T_4	L1	L1	L2	M3	M2	M4
5(b)	货场用抓斗或电磁盘起重机	较频繁中等载荷使用	A6	T_5	T_5	T_5	L3	L3	L3	M6	M6	M6
6(a)	废料场吊钩起重机	较少使用	A3	T_4	T_3	T_4	L2	L2	L2	M4	M3	M4
6(b)	废料场抓斗或电磁盘起重机	较频繁中等载荷使用	A6	T_5	T_5	T_5	L3	L3	L3	M6	M6	M6
7	桥式抓斗卸船机	频繁重载使用	A8	T_7	T_6	T_5	L3	L3	L3	M8	M7	M6
8(a)	集装箱搬运起重机	较频繁中等载荷使用	A6	T_5	T_5	T_5	L3	L3	L3	M6	M6	M6
8(b)	岸边集装箱起重机	较频繁重载使用	A7	T_6	T_6	T_5	L3	L3	L3	M7	M7	M6
9	冶金用起重机											
9(a)	换轧辊起重机	很少使用	A2	T_3	T_2	T_3	L3	L3	L3	M4	M3	M4
9(b)	料箱起重机	频繁重载使用	A8	T_7	T_5	T_7	L4	L4	L4	M8	M7	M8
9(c)	加热炉起重机	频繁重载使用	A8	T_6	T_6	T_6	L3	L4	L3	M7	M8	M7
9(d)	炉前兑铁水铸造起重机	较频繁重载使用	A6 ～ A7	T_7	T_5	T_5	L3	L3	L3	M7～M8	M6	M6
9(e)	炉后出钢水铸造起重机	较频繁重载使用	A7 ～ A8	T_7	T_6	T_6	L4	L3	L3	M8	M7	M6～M7
9(f)	板坯搬运起重机	较频繁重载使用	A7	T_6	T_5	T_6	L3	L4	L4	M7	M7	M8
9(g)	冶金流程在线的专用起重机	频繁重载使用	A8	T_6	T_6	T_7	L4	L3	L4	M8	M7	M8
9(h)	冶金流程线外用的起重机	较频繁中等载荷使用	A6	T_6	T_5	T_5	L2	L2	L3	M6	M5	M6
10	铸工车间用起重机	不频繁中等载荷使用	A5	T_5	T_4	T_5	L2	L2	L3	M5	M4	M5
11	锻造起重机	较频繁重载使用	A7	T_6	T_5	T_5	L3	L3	L3	M7	M6	M6
12	淬火起重机	较频繁中等载荷使用	A6	T_5	T_4	T_5	L3	L3	L3	M6	M5	M6
13	装卸桥	较频繁重载使用	A7	T_7	T_7	T_3	L4	L4	L2	M8	M8	M3

注：H——起升机构；D——小车运行变幅机构；T——大车（纵向）运行机构。

2 钢丝绳及绳具

2.1 钢丝绳（摘自 GB 8918—2006、GB/T 20118—2006）

重要用途钢丝绳（GB 8918—2006）适用于矿井提升、高炉卷扬、大型浇铸、石油钻井、大型吊装、繁忙起重、索道、地面缆车、船舶和海上设施等用途的圆股及异形股钢丝绳。

一般用途钢丝绳（GB/T 20118—2006）适用于机械、建筑、船舶、渔业、林业、矿业、货运索道等行业使用的各种圆股钢丝绳。

2.1.1 分类

重要用途钢丝绳按其股的断面、股数和股外层钢丝的数目分类，见表 9-1-8；一般用途钢丝绳按其股数和股外层钢丝的数目分类，见表 9-1-9。如果需方没有明确要求某种结构的钢丝绳时，在同一组别内，结构的选择由供方自行确定。

表 9-1-8 重要用途钢丝绳分类

组别	类别		分类原则	典型结构		直径范围
				钢丝绳	股绳	mm
1	圆股钢丝绳	6×7	6 个圆股，每股外层丝可到 7 根，中心丝（或无）外捻制 1~2 层钢丝，钢丝等捻距	6×7 6×9W	（1+6） （3+3/3）	8~36 14~36
2		6×19	6 个圆股，每股外层丝 8~12 根，中心丝外捻制 2~3 层钢丝，钢丝等捻距	6×19S 6×19W 6×25Fi 6×26WS 6×31WS	（1+9+9） （1+6+6/6） （1+6+6F+12） （1+5+5/5+10） （1+6+6/6+12）	12~36 12~40 12~44 20~40 22~46
3		6×37	6 个圆股，每股外层丝 14~18 根，中心丝外捻制 3~4 层钢丝，钢丝等捻距	6×29Fi 6×36WS 6×37S（点线接触） 6×41WS 6×49SWS 6×55SWS	（1+7+7F+14） （1+7+7/7+14） （1+6+15+15） （1+8+8/8+16） （1+8+8+8/8+16） （1+9+9+9/9+18）	14~44 18~60 20~60 32~56 36~60 36~64
4		8×19	8 个圆股，每股外层丝 8~12 根，中心丝外捻制 2~3 层钢丝，钢丝等捻距	8×19S 8×19W 8×25Fi 8×26WS 8×31WS	（1+9+9） （1+6+6/6） （1+6+6F+12） （1+5+5/5+10） （1+6+6/6+12）	20~44 18~48 16~52 24~48 26~56
5		8×37	8 个圆股，每股外层丝 14~18 根，中心丝外捻制 3~4 层钢丝，钢丝等捻距	8×36WS 8×41WS 8×49SWS 8×55SWS	（1+7+7/7+14） （1+8+8/8+16） （1+8+8+8/8+16） （1+9+9+9/9+18）	22~60 40~56 44~64 44~64
6		18×7	钢丝绳中有 17 或 18 个圆股，每股外层丝 4~7 根，在纤维芯或钢芯外捻制 2 层股	17×7 18×7	（1+6） （1+6）	12~60 12~60
7		18×19	钢丝绳中有 17 或 18 个圆股，每股外层丝 8~12 根，钢丝等捻距，在纤维芯或钢芯外捻制 2 层股	18×19W 18×19S	（1+6+6/6） （1+9+9）	24~60 28~60

续表

组别	类别		分类原则	典型结构		直径范围
				钢丝绳	股绳	mm
8	圆股钢丝绳	34×7	钢丝绳中有34~36个圆股,每股外层丝可到7根,在纤维芯或钢芯外捻制3层股	34×7 36×7	(1+6) (1+6)	16~60 20~60
9	圆股钢丝绳	35W×7	钢丝绳中有24~40个圆股,每股外层丝4~8根,在纤维芯或钢芯(钢丝)外捻制3层股	35W×7 24W×7	(1+6)	16~60
10	异型股钢丝绳	6V×7	6个三角形股,每股外层丝7~9根,三角形股芯外捻制1层钢丝	6V×18 6V×19	(/3×2+3/+9) (/1×7+3/+9)	20~36 20~36
11	异型股钢丝绳	6V×19	6个三角形股,每股外层丝10~14根,三角形股芯或纤维芯外捻制2层钢丝	6V×21 6V×24 6V×30 6V×34	(FC+9+12) (FC+12+12) (6+12+12) (/1×7+3/+12+12)	18~36 18~36 20~38 28~44
12	异型股钢丝绳	6V×37	6个三角形股,每股外层丝15~18根,三角形股芯外捻制2层钢丝	6V×37 6V×37S 6V×43	(/1×7+3/+12+15) (/1×7+3/+12+15) (/1×7+3/+15+18)	32~52 32~52 38~58
13	异型股钢丝绳	4V×39	4个扇形股,每股外层丝15~18根,纤维股芯外捻制3层钢丝	4V×39S 4V×48S	(FC+9+15+15) (FC+12+18+18)	16~36 20~40
14	异型股钢丝绳	6Q×19 +6V×21	钢丝绳中有12~14个股,在6个三角形股外,捻制6~8个椭圆股	6Q×19 +6V×21 6Q×33 +6V×21	外股(5+14) 内股(FC+9+12) 外股(5+13+15) 内股(FC+9+12)	40~52 40~60

注 1. 13组及11组中异形股钢丝绳中6V×21、6V×24结构仅为纤维绳芯，其余组别的钢丝绳，可由需方指定纤维芯或钢芯。
2. 三角形股芯的结构可以相互代替，或改用其他结构的三角形股芯，但应在订货合同中注明。
3. 钢丝绳的主要用途推荐，见表9-1-10。

表 9-1-9　　一般用途钢丝绳分类

组别	类别	分类原则	典型结构		直径范围
			钢丝绳	股	mm
1	单股钢丝绳	1个圆股,每股外层丝可到18根,中心丝外捻制1~3层钢丝	1×7 1×19 1×37	(1+6) (1+6+12) (1+6+12+18)	0.6~12 1~16 1.4~22.5
2	6×7	6个圆股,每股外层丝可到7根,中心丝(或无)外捻制1~2层钢丝,钢丝等捻距	6×7 6×9W	(1+6) (3+3/3)	1.8~36 14~36
3	6×19(a)	6个圆股,每股外层丝8~12根,中心丝外捻制2~3层钢丝,钢丝等捻距	6×19S 6×19W 6×25Fi 6×26WS 6×31WS	(1+9+9) (1+6+6/6) (1+6+6F+12) (1+5+5/5+10) (1+6+6/6+12)	6~36 6~40 8~44 13~40 12~46
3	6×19(b)	6个圆股,每股外层丝12根,中心丝外捻制2层钢丝	6×19	(1+6+12)	3~46
4	6×37(a)	6个圆股,每股外层丝14~18根,中心丝外捻制3~4层钢丝,钢丝等捻距	6×29Fi 6×36WS 6×37S(点线接触) 6×41WS 6×41SWS 6×55SWS	(1+7+7F+14) (1+7+7/7+14) (1+6+15+15) (1+8+8/8+16) (1+8+8+8/8+16) (1+9+9+9/9+18)	10~44 12~60 10~60 32~60 36~60 36~60
4	6×37(b)	6个圆股,每股外层丝8根,中心丝外捻制3层钢丝	6×37	(1+6+12+18)	5~60

续表

组别	类别	分类原则	典型结构		直径范围
			钢丝绳	股	mm
5	6×61	6个圆股,每股外层丝24根,中心丝外捻制4层钢丝	6×61	(1+6+12+18+24)	40~60
6	8×19	8个圆股,每股外层丝8~12根,中心丝外捻制2~3层钢丝,钢丝等捻距	8×19S 8×19W 8×25Fi 8×26WS 8×31WS	(1+9+9) (1+6+6/6) (1+6+6F+12) (1+5+5/5+10) (1+6+6/6+12)	11~44 10~48 18~52 16~48 14~56
7	8×37	8个圆股,每股外层丝14~18根,中心丝外捻制3~4层钢丝,钢丝等捻距	8×36WS 8×41WS 8×49SWS 8×55SWS	(1+7+7/7+14) (1+8+8/8+16) (1+8+8+8/8+16) (1+9+9+9/9+18)	14~60 40~60 44~60 44~60
8	18×7	钢丝绳中有17或18个圆股,在纤维芯或钢芯外捻制2层股,外层10~12个股,每股外层丝4~7根,中心丝外捻制一层钢丝	17×7 18×7	(1+6) (1+6)	6~44 6~44
9	18×19	钢丝绳中有17或18个圆股,在纤维芯或钢芯外捻制2层股,外层10~12个股,每股外层丝8~12根,中心丝外捻制2~3层钢丝	18×19W 18×19S 18×19	(1+6+6/6) (1+9+9) (1+6+12)	14~44 14~44 10~44
10	34×7	钢丝绳中有34~36个圆股,在纤维芯或钢芯外捻制3层股,外层17~18个股,每股外层丝4~8根,中心丝外捻制一层钢丝	34×7 36×7	(1+6) (1+6)	16~44 16~44
11	35W×7	钢丝绳中有24~40个圆股,在钢芯外捻制2~3层股,外层12~18个股,每股外层丝4~8根,中心丝外捻制一层钢丝	35W×7 24W×7	(1+6) (1+6)	12~50 12~50
12	6×12	6个圆股,每股外层丝12根,股纤维芯外捻制一层钢丝	6×12	(FC+12)	8~32
13	6×24	6个圆股,每股外层丝12~16根,股纤维芯外捻制2层钢丝	6×24 6×24S 6×24W	(FC+9+15) (FC+12+12) (FC+8+8/8)	8~40 10~44 10~44
14	6×15	6个圆股,每股外层丝15根,股纤维芯外捻制一层钢丝	6×15	(FC+15)	10~32
15	4×19	4个圆股,每股外层丝14~18根,中心丝外捻制3~4层钢丝,钢丝等捻距	4×19S 4×25Fi 4×26WS 4×31WS	(1+9+9) (1+6+6F+12) (1+5+5/5+10) (1+6+6/6+12)	8~28 12~34 12~31 12~36
16	4×37	4个圆股,每股外层丝8~12根,中心丝外捻制2~3层钢丝,钢丝等捻距	4×36WS 4×41WS	(1+7+7/7+14) (1+8+8/8+16)	14~42 26~46

注：1. 3组和4组内推荐用（a）类钢丝绳。

2. 12组~14组仅为纤维芯，其余组别的钢丝绳可由需方指定纤维芯或钢芯。

3. （a）为线接触，（b）为点接触。

钢丝绳按捻法分为右交互捻、左交互捻、右同向捻和左同向捻四种，如图9-1-1所示。其中图a和图b绳与股捻向相反，图c和图d绳与股捻向相同。

表9-1-8中，1~9组钢丝绳可为交互捻和同向捻，其中6~9组多层圆股钢丝绳的内层绳捻法，由生产厂确定；13组钢丝绳仅为交互捻；10~12组和14组异形股钢丝绳为同向捻；14组钢丝绳的内层与外层绳捻向应相

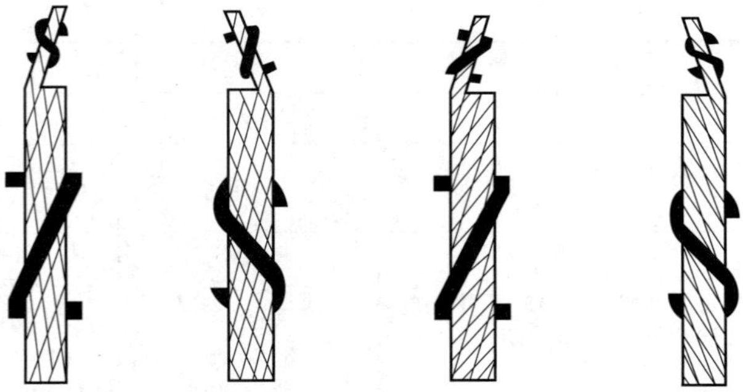

(a) 右交互捻TS　(b) 左交互捻SZ　(c) 右同向捻ZZ　(d) 左同向捻SS

图 9-1-1　钢丝绳按捻法分类

反，且内层绳为同向捻。

表 9-1-9 中，1 组中 1×19 和 1×37 单股钢丝绳外层钢丝与内部各层钢丝的捻向相反；2~4 组、6~11 组钢丝绳可为交互捻和同向捻，其中 8 组、9 组、10 组和 11 组多层股钢丝绳的内层绳捻法，由供方确定；3 组中 6×19（b）类、6×19W 结构，6 组中 8×19W 结构和 9 组中 18×19W、18×19 结构钢丝绳推荐使用交互捻；4 组中 6×37（b）类、5 组、12 组、13 组、14 组、15 组、16 组钢丝绳仅为交互捻。

钢丝绳特点及用途见表 9-1-10。

表 9-1-10　钢丝绳特点及用途

分类		特点	用途
按钢丝绳绕制次数分	单绕绳	由若干层钢丝绕同一绳芯绕制而成。这种钢丝绳挠性差、僵性最大，不能承受横向压力	不宜用作起重绳，适于作起重机的桅索、不运动的拉索及架空索道的承载索
		密封式钢丝绳是专门制造的一种特种构造的单绕绳，表面封闭光滑、耐磨、雨水不易浸入内部，横向承载能力强	用于缆索起重机与架空索道
	双绕绳	先由钢丝绕成股，再由股围绕绳芯绕成绳。这种钢丝绳的挠性受绳芯材料影响很大。比单绕绳挠性好	起重机中广泛应用
	三绕绳	由双绕钢丝绳再绕绳芯绕成的。比双绕绳挠性好，但制造工艺复杂，成本高，由于钢丝细，易磨损	起重机中不采用
按钢丝绳绕制方法分	同向捻	钢丝绕成股的方向和股捻成绳的方向相同称为同向捻，如绳股右捻称为右同向捻，绳股左捻，称为左同向捻。这种钢丝绳钢丝之间接触较好，表面比较平滑，挠性好，磨损小，使用寿命较长。但是容易松散和扭转	在自由悬吊的起重机中不宜采用，在不怕松散的情况下有导轨时可以采用。通常用作牵引绳，不宜用作起升绳
	交互捻	钢丝绕成股的方向和股捻成绳的方向相反称为交互捻，如绳右捻，股左捻，称为右交互捻；绳左捻，股右捻，称为左交互捻。这种钢丝绳的缺点是僵性较大，使用寿命较低，但不容易松散和扭转	在起重机中广泛应用
	混合捻	钢丝绕成股的方向和股捻成绳的方向一部分相同，一部分相反，称为混合捻。混合捻具有同向捻和交互捻的特点，但制造困难	应用较少

续表

分类		特点	用途
按钢丝绳中丝与丝的接触状态分	点接触	这是普通钢丝绳,股内钢丝直径相等,内外各层之间钢丝捻距不同互相交叉,接触在交叉点上,丝间接触应力很高,易于磨损折断,使用寿命较低	现多被线接触绳所代替
	线接触	由不同直径钢丝捻制而成,股内各层之间钢丝全长上平行捻制,每层钢线螺距相等,钢丝之间呈线状接触,包括外粗式(S型)、粗细式(W型)及填充式(Fi型)。这种钢丝绳消除了点接触的二次弯曲应力,能降低工作时总的弯曲应力,耐疲劳性能好。结构结构紧密,金属断面利用系数高。使用寿命长,比普通钢丝绳寿命高1~2倍	广泛应用,优先选用
	面接触	股内钢丝形状特殊,呈面状接触,密封式面接触钢丝绳表面光滑,抗蚀性和耐磨性均好,能承受大的横向力	用作索道的承载绳
按股绳截面分	圆股	股绳截面形状是圆形,制造方便	广泛应用
	异形股	股绳截面主要有三角形、椭圆和扁圆形。这种钢丝绳支撑表面比圆股钢丝绳大3~4倍,在卷筒上支撑点增加3~4倍。耐磨性强,不易产生断丝。钢丝绳结构密度大,在相同绳径和强度条件下,总破断拉力大于圆股钢丝绳。使用寿命比普通圆股钢丝绳约高3倍,制造复杂	逐渐广泛应用
	多股阻旋转	由两层绳股组成,这两层绳股的捻制方向相反,是采用旋转力矩平衡原理捻制而成的,钢丝绳受力时,其自由端不会发生旋转。在卷筒上支撑表面比较大,钢丝支撑点比普通钢丝绳增加3.33倍。有较大的抗挤压强度,使用时不易变形,总破断拉力大于普通钢丝绳	用于起升高度大且钢丝绳分支数少的起重机,如动臂起重机、竖井提升
按钢丝绳绳芯分	有机芯(麻芯或棉芯)	具有较高挠性和弹性,不能耐高温,不能承受横向拉力(不宜用于缠绕在卷筒上),不能承受高温辐射	起重机少用
	纤维芯	具有较高挠性和弹性,不能耐高温,不能承受横向压力	起重机中广泛应用
	石棉芯	具有较高挠性和弹性,不能承受横向压力,可在高温条件下工作	用于高温环境下工作的起重机
	钢丝芯	强度较高,能承受高温和横向压力,但挠性较差。近来有采用螺旋金属管做绳芯,管中储有润滑油	适宜受冲击负荷,受热和受挤压条件下使用

2.1.2 钢丝绳标记代号

钢丝绳标记代号应按GB/T 8706—2006《钢丝绳 术语、标记和分类》的标定执行，见表9-1-11。

表 9-1-11 **钢丝绳标记代号**

<table>
<tr><th>钢丝绳特性代号</th><th colspan="4">标 记 方 法</th></tr>
<tr><td rowspan="5">(1)尺寸
(2)钢丝绳结构
1)钢丝形状及结构类型代号
圆形钢丝:无代号
三角形钢丝:V
矩形钢丝:R
梯形钢丝:T
椭圆形钢丝:Q
Z 形钢丝:Z
H 形钢丝 H
填充钢丝:F
H 形钢丝与圆形钢丝搭配:H
2)股形状及结构类型代号
圆形股:无代号
三角形股:V
椭圆形股:Q
扁形或带形股:P
组合芯股:B(表示股芯由多根钢丝组合而成,标记位置在股形状代号和股中钢丝的数量之后,例:V 25 B)
压实股:K(表示股结构成形经过一个附加的压实加工工艺。标记位置在股中钢丝的数量之前,例:K 26 WS)
单捻股:无代号</td>
<td colspan="4">1. 圆钢丝绳和编织钢丝绳公称直径(d)应以毫米表示;
2. 扁钢丝绳公称尺寸(宽度 W×厚度 S)应以毫米表示,包括缝合线或铆钉;
3. 包覆圆钢丝绳应以毫米表示两个直径:包括包覆层在内的钢丝绳全横截面节圆直径和不包括包覆层的钢丝绳节圆直径(d)用斜线(/)分开,如,16/13;
4. 包覆扁钢丝绳应以毫米表示外层尺寸和内层尺寸:包括包覆层在内的全横截面的尺寸(宽度 W×厚度 S)和不包括包覆层的横截面的尺寸(宽度 W×厚度 S)用斜线(/)分开,包括缝合线或铆钉,如,68×24/56×12
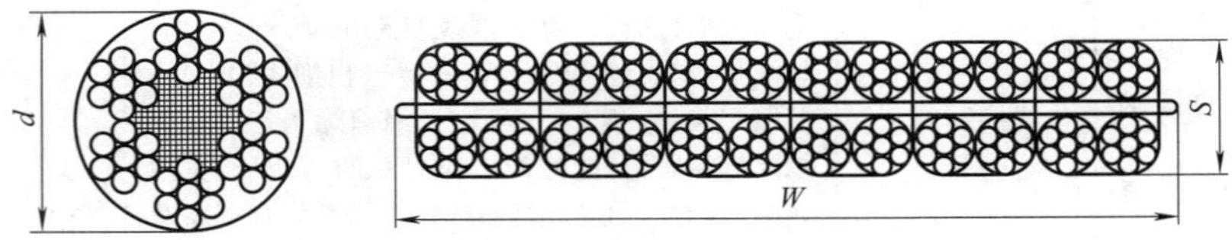
</td></tr>
<tr><td>单股钢丝绳</td><td>由一层或多层圆形钢丝螺旋状缠绕在一个芯丝上捻制而成的单捻钢丝绳</td><td>应按下列顺序标记:
1)1;
2)乘号(×);
3)股中钢丝的数量及股的标记
示例:ⅰ)1×7
ⅱ)1×19
ⅲ)1×19M</td><td>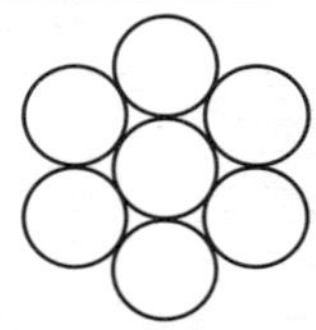
钢丝绳结构:1×7
股结构:(1-6)
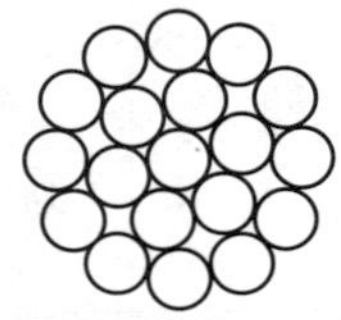
钢丝绳结构:1×19
股结构:(1-6-12)</td></tr>
<tr><td>半密封钢丝绳</td><td>中心钢丝周围螺旋状缠绕这一层或多层圆形钢丝,在外层由异形钢丝(H 形)和圆形钢丝相间捻制而成的单捻钢丝绳,其中至少有一层钢丝与外层反向捻</td><td>按类别标记
类别:
1)一层半密封钢丝;
2)二层半密封钢丝;
3)多层半密封钢丝
示例:一层 H 形钢丝</td><td>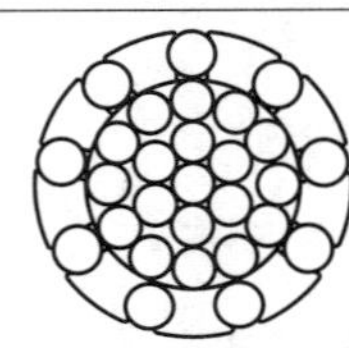
钢丝绳结构:一层 H 形钢丝
股结构:(1-6-12-9H)</td></tr>
<tr><td>全密封钢丝绳</td><td>中心钢丝周围螺旋状缠绕着一层或多层圆形钢丝,其外面由一层或数层异形钢丝(外层是 Z 形钢丝)捻制而成的单捻钢丝绳,其中至少有一层钢丝与外层反向捻</td><td>按类别标记
类别:
1)一层全密封钢丝绳;
2)二层全密封钢丝绳;
3)三层全密封钢丝绳;
4)多层全密封钢丝绳
示例:三层 Z 形钢丝</td><td>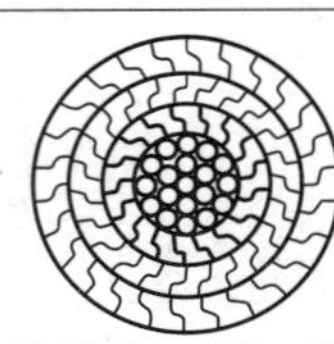
钢丝绳结构:三层 Z 形钢丝
股结构:(1-6-12-17z-23z-26z)</td></tr>
<tr><td>单层多股钢丝绳</td><td>由一层股围绕一个绳芯螺旋捻制而成的多股钢丝绳</td><td>应按下列顺序标记:
1)外层股数;
2)乘号(×);
3)每个外层股中钢丝的数量及相应股的标记;
4)连接号短划线(-);
5)绳芯的标记
示例:ⅰ)6×36WS-SFC
ⅱ)6×V25-SFC
ⅲ)8×25F-IWRC</td><td>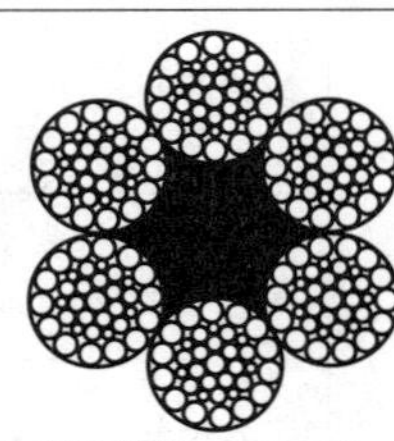
钢丝绳结构:6×36WS-SFC
股结构:(1-7-7+7-14)
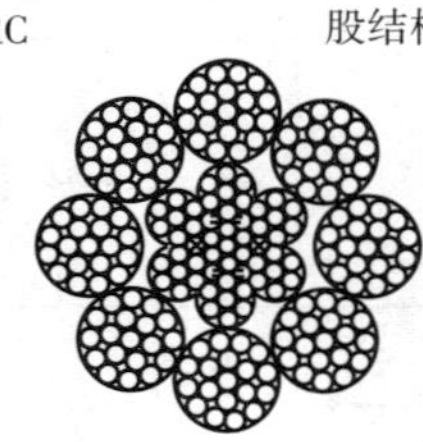
钢丝绳结构:8×25F-IWRC
股结构:(1-6-6F-12)
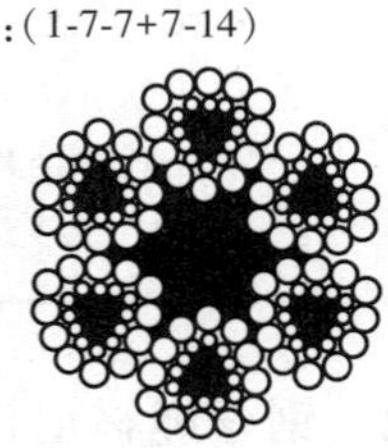
钢丝绳结构:6×V25-SFC
股结构:(V-12/12)</td></tr>
</table>

续表

<table>
<tr><th>钢丝绳特性代号</th><th colspan="4">标 记 方 法</th></tr>
<tr>
<td rowspan="3">平行捻股的西鲁式:S
平行捻股的瓦林吞式:W
平行捻股的填充式:F
平行捻股的组合式:WS(由典型的瓦林吞式和西鲁式股类型组合而成)
多任务序捻股(圆股)中的点接触捻:M
多任务序捻股(圆股)中的复合捻:N(标记在基本代号之后,例:复合西鲁式为SN)
3)钢丝绳形状及结构类型代号
圆形钢丝绳:无代号
编织形钢丝绳:BR
扁形钢丝绳:P
扁形钢丝绳缝合类型为单线缝合:PS
扁形钢丝绳缝合类型为双线缝合:PN
扁形钢丝绳应用类型为提升用:HR
扁形钢丝绳应用类型为补偿用或平衡用:CR
(3)芯结构
绳(股)芯代号:</td>
<td>平行捻密实钢丝绳</td>
<td>至少由二层平行捻股围绕一个芯螺旋捻制而成的多股钢丝绳</td>
<td>应按下列顺序标记
1)外层股数;
2)乘号(×);
3)股形状代号,适用时;
4)每个外层股中钢丝的数量及相应股结构类型代号;
5)连接号短划线(-);
6)绳芯标记 PWRC
示例:8×25F-PWRC</td>
<td>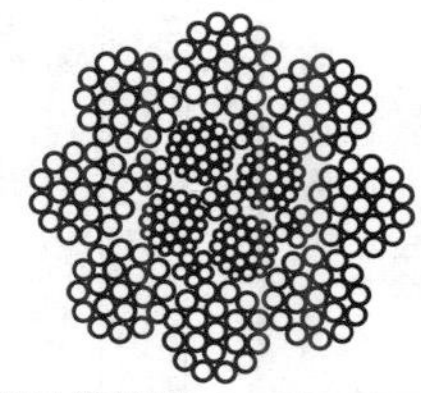
钢丝绳结构:8×25F-PWRC
外层股结构:(1-6-6F-12)</td>
</tr>
<tr>
<td rowspan="2">阻旋转钢丝绳</td>
<td rowspan="2">一般至少由两层股围绕一个芯螺旋捻制而成的多股钢丝绳,且外层股与相邻内层股捻向相反。
由三个或四个股组成的钢丝绳也具有阻旋转性能</td>
<td>10个或10个以上外层股时应按下列顺序标记
1)钢丝绳中除中心组件外的股的总数;或当中心组件和外层股相同时,钢丝绳中股的总数;
2)除外层股外的下层钢丝绳结构类型代号在括号中标出;
3)乘号(×);
4)股形状代号,适用时;
5)一个外层股的钢丝总数和股结构代号,适用时;
6)连接号短划线(—);
7)中心组件的标记
示例:ⅰ)18×7-WSC
或者,WSC 的结构与其他股的结构相同时
19×7
ⅱ)18×19S-WSC
或者,WSC 的结构与其他股的结构相同时
19×19S
ⅲ)34(W) ×7-WSC
或者,WSC 的结构与其他股的结构相同时 35(W) ×7
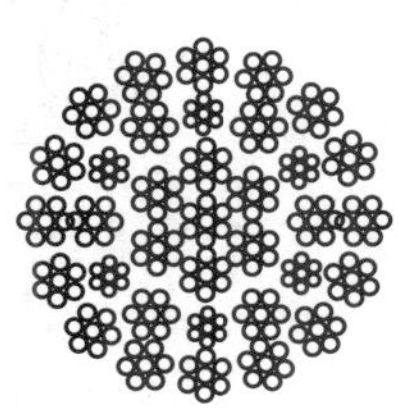
钢丝绳结构:134(W)×7-WSC 或 35(W)×7
股结构:(1-6)</td>
<td>
钢丝绳结构:18×7-WSC
或 19×7
股结构:(1-6)

钢丝绳结构:18×19S-WSC
或 19×19S
股结构:(1-9-9)</td>
</tr>
<tr>
<td>8个或9个外层时应按下列顺序标记
1)外层股数;
2)乘号(×);
3)每个外层股中钢丝的数量及相应股的标记;
4)连接号冒号(:)表示反向捻芯;
5)独立钢丝绳芯 IWRC
示例:8×25F:IWRC</td>
<td>
钢丝绳结构:8×25F:IWRC
股结构:(1-6-6F-12)</td>
</tr>
</table>

续表

钢丝绳特性代号	标记方法			
1)芯:C 纤维芯:FC 天然纤维芯:NFC 合成纤维芯:SFC 固态聚合物芯:SPC 2)钢芯:WC 钢丝股芯:WSC 独立钢丝绳芯:IWRC 压实股独立钢丝绳芯:IWRC(K) 聚合物包覆独立绳芯:EPIWRC 平行捻钢丝绳芯:PWRC 压实股平行捻钢丝绳芯:PWRC(K) 填充聚合物的平行捻钢丝绳芯:PWRC(EP) 密实钢丝股芯:KWSC (4)钢丝绳级别 当需要给出钢丝绳级别时,应标明钢丝绳破断拉力级别(即钢丝绳力学性能表上的钢丝绳公称抗拉强度级别),如1570、1670、1770、1870、1960等 (5)钢丝表面状态 钢丝表面状态(外层钢丝)代号: 光面或无镀层钢丝:U B级镀锌钢丝:B A级镀锌钢丝:A B级锌合金镀层钢丝:B(Zn/Al) A级锌合金镀层钢丝:A(Zn/Al)	压实股钢丝绳	多个股围绕一个绳芯或一个中心螺旋捻制一层或多层的多股钢丝绳。且成绳之前,外层股是经过模拔、轧制或锻打等变形加工的压实股	单层股和外层股数为10个或10个以上的双层钢丝绳应按下列顺序标记 1)钢丝绳中除绳芯或中心组件外的股的总数; 2)乘号(×); 3)外层压实股字母代号K; 4)一个外层股的钢丝总数及股结构代号; 5)连接号短划线(-); 6)绳芯或中心组件的标记 示例:ⅰ)6×K7-FC ⅱ)8×K31WS-IWRC ⅲ)15×K7-IWRC ⅳ)18×K19S-WSC	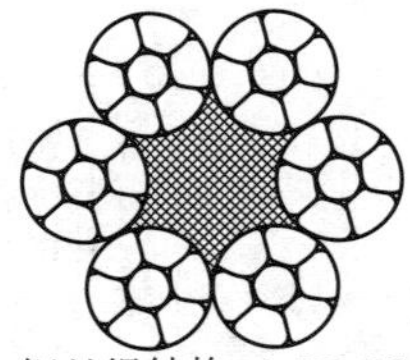 钢丝绳结构:6×K7-FC 股结构:(1-6)
			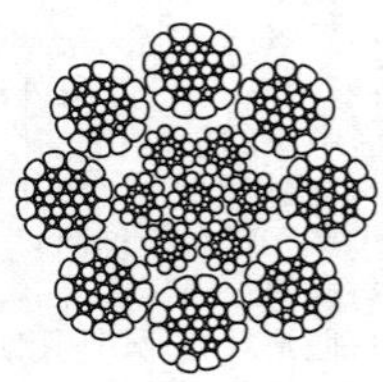 钢丝绳结构:8×K31WS-IWRC 股结构:(1-6-6+6-12) 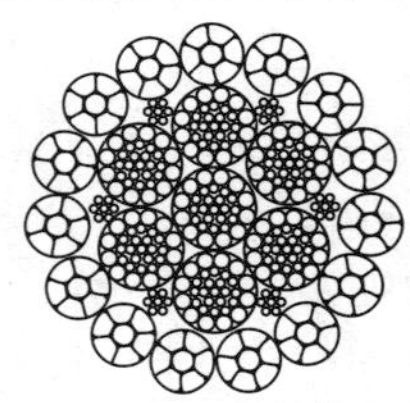 钢丝绳结构:15×K7-IWRC 股结构:(1-6) 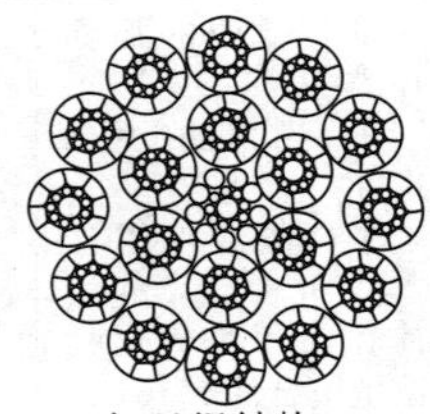 钢丝绳结构:18×K19S-WSC 股结构:(1-9-9)	
			外层股数为15个或15个以上的三层股钢丝绳应按照下列顺序标记 1)钢丝绳中包括绳芯在内的股的总数; 2)除外层股外的下层钢绳结构类型代号在括号中标出; 3)乘号(×); 4)外层压实股字母代号K; 5)一个外层股的钢丝总数	
			示例:ⅰ)35(W)×K7 ⅱ)40(W)×K7 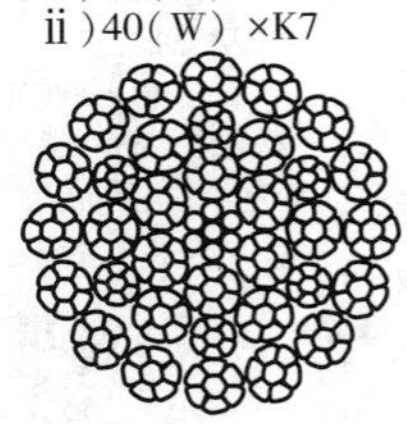 钢丝绳结构:35(W)×K7 股结构:(1-6) 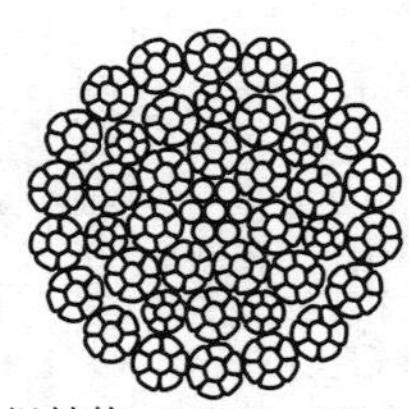 钢丝绳结构:40(W)×K7 股结构:(1-6)	
			外层股数为8个的双层股钢丝绳 应按下列顺序标记 1)外层股数; 2)乘号(×); 3)外层压实股字母代号K; 4)一个外层股的钢丝总数及股结构代号; 5)连接号短划线(-); 6)PWRC(K) 示例:ⅰ)8×K19S-PWRC(K) ⅱ)8×36WS-PWRC(K)	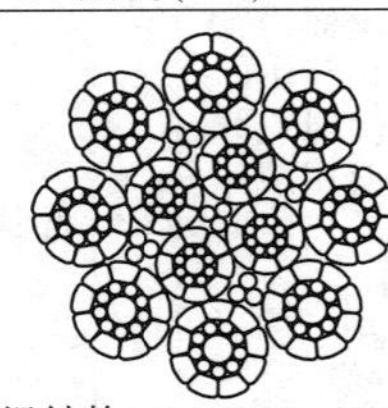 钢丝绳结构:8×K19S-PWRC(K) 股结构:(1-9-9) 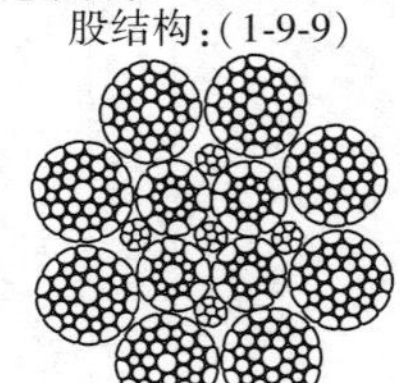 钢丝绳结构:8×36WS-PWRC(K) 股结构:(1-7-7+7-14)

续表

<table>
<tr><th>钢丝绳特性代号</th><th colspan="4">标 记 方 法</th></tr>
<tr><td rowspan="3">（6）捻制类型及方向
捻制方法用两个字母表示：第一个字母表示钢丝在股中的捻制方向（用小写字母），第二个字母表示股在钢丝绳中的捻制方向（用大写字母）。
1）单捻钢丝绳捻向代号
右捻：Z
左捻：S
2）多股钢丝绳捻向代号
右交互捻：sZ
左交互捻：zS
右同向捻：zZ
左同向捻：：sS
右混合捻：aZ
左混合捻：aS</td>
<td>缆式钢丝绳</td>
<td>由多个（一般为6个）作为独立单元的圆股钢丝绳围绕一个绳芯紧密螺旋捻制而成的多股钢丝绳</td>
<td>应按下列顺序标记
1）独立单元钢丝绳总数；
2）乘号（×）；
3）独立单元钢丝绳结构标记，加方括号；
4）连接号短划线（-）；
5）绳芯结构标记，并加方括号
示例：ⅰ）6 ×[6 × 19S-IWRC]-[FC]
ⅱ）6 ×[6×36WS-IWRC]-[6×36WS-IWRC]</td>
<td>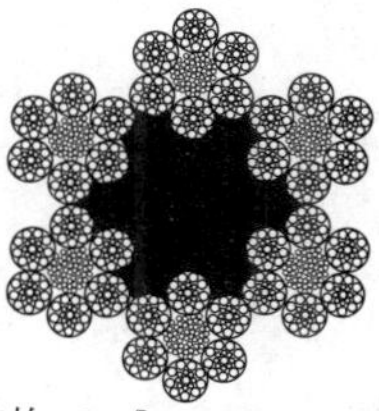
钢丝绳结构：6 ×[6×19S-IWRC]-[FC]
股结构：（1-9-9）
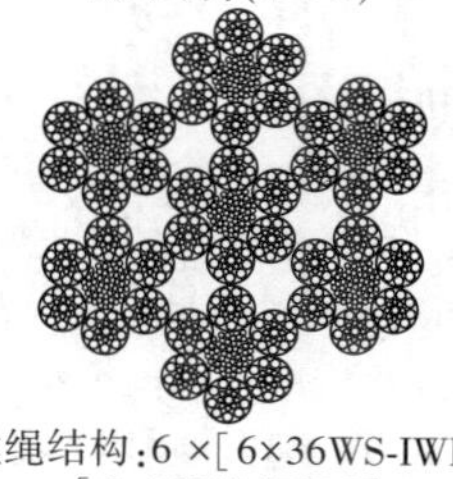
钢丝绳结构：6 ×[6×36WS-IWRC]-[6×36WS-IWRC]
股结构：（1-7-7+7-14）</td></tr>
<tr><td>编织钢丝绳</td>
<td>由多个圆股成对编织而成的钢丝绳</td>
<td>应按下列顺序标记
1）编织钢丝绳字母代号BR；
2）股的总数；
3）乘号（×）；
4）股中钢丝的数量及股结构的标记
示例：ⅰ）BR8×19S
ⅱ）BR12×19W</td>
<td>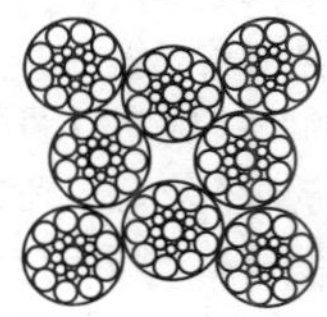
钢丝绳结构：BR8×19S
股结构：（1-9-9）
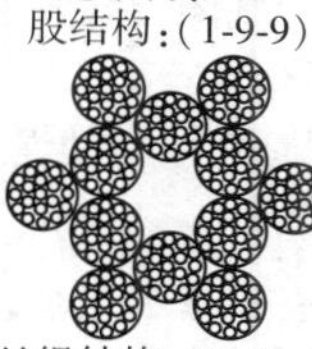
钢丝绳结构：BR12×19W
股结构：（1-6-6+6）</td></tr>
<tr><td>扁钢丝绳</td>
<td>由被称作“子绳”（每条子绳由4股组成）的单元钢丝绳制成。通常为6条、8条、或10条子绳，左向捻和右向捻交替并排排列，并用缝合线如钢丝、股缝合或铆钉铆接</td>
<td>应按下列顺序标记
1）钢丝绳结构代号；
2）缝合类型代号；
3）应用类型代号；
4）子绳单元钢丝绳总数；
5）乘号（×）；
6）子绳单元钢丝绳结构
基本标记，加方括号
示例：
ⅰ）PDHR8×[4×9]
ⅱ）PDCR8×[4×9]</td>
<td>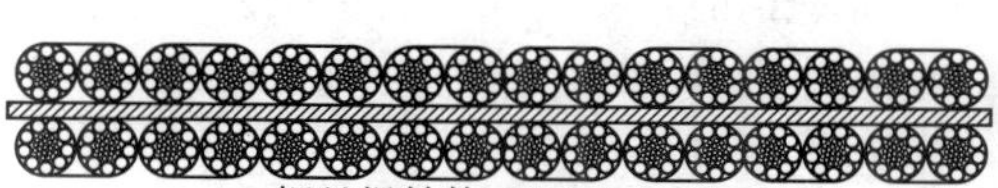
钢丝绳结构：PD8×[4×9]
股结构：（FC-9）
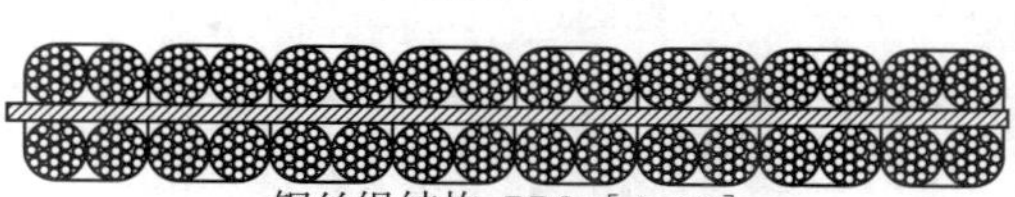
钢丝绳结构：PD8×[4×19]
股结构：（1-6-12）</td></tr>
</table>

注：1. 股的结构由中心逐层向外层进行标记。平行捻的各层钢丝之间用“-”号隔开，多任务序捻（点接触）的各捻制工序钢丝层用“/”号隔开，同一层不同尺寸的钢丝用“+”号隔开。例如：平行捻股结构19S表示为（1-9-9），多任务序捻（点接触）37M表示为（1-6/12/18），三角股结构V25表示为（V-12/12），组合平行捻股结构49SWS表示为（1-8-8-8+8-16），圆股复合捻股结构103SWSNS表示为（1-9-9-9+9-18/24-24）。

2. 多股钢丝绳芯通常为独立的单元，但是平行捻密实绳芯除外，代号为PWRC。

3. 外层钢丝在单捻钢丝绳中、外层股在多股钢丝绳中或单元钢丝绳在缆式钢丝绳中沿钢丝绳轴线的捻制向即为钢丝绳的捻向。

钢丝绳标记系列示例

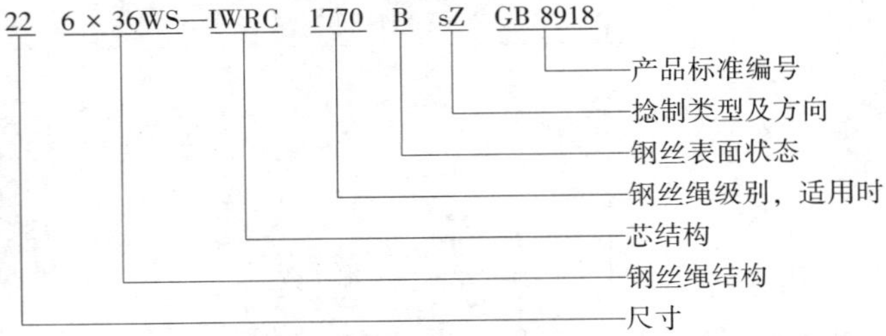

2.1.3 钢丝绳直径的计算与选择（摘自 GB/T 3811—2008）

起重机用钢丝绳应符合 GB/T 20118 的要求，优先选用线接触型钢丝绳。

当起重机进行危险物品装卸作业（如吊运液态熔融金属、高放射性或高腐蚀性物品等），或吊运大件物品、重要设备、且起重机在使用时对人身安全及可靠性有较高要求时，应采用 GB 8918 中规定的钢丝绳。

（1）确定钢丝绳最大工作静拉力应考虑的因素

在起升机构中，钢丝绳最大工作静拉力是由起升载荷考虑滑轮组效率和承载分支数后确定，起升载荷是指起升质量的重力。起升质量包括允许起升的最大有效物品、取物装置（下滑轮组、吊钩、吊梁、抓斗、容器、起重电磁铁等）、悬挂挠性件及其他在升降中的设备质量。起升高度小于 50m 的起升钢丝绳的重量可以不计。在上极限位置若钢丝绳与铅垂线夹角大于 22.5°时，还需考虑由钢丝绳的倾斜引起钢丝绳拉力的增大。

对于四绳（或双绳）抓斗，其闭合绳和支持绳载荷分配按如下规定：

如使用的系统能自动且快速地（例如采用启动式电控装置等）使用闭合绳和支持绳中的载荷平均分配，则闭合绳和支持绳各取总载荷的 66%；当采用直流或交流变频调速时，并保证抓斗离地时起升与闭合机构载荷准确协调共同承担者，则闭合绳和支持绳各取总载荷的 55%。

如使用的系统在起升过程中不能使闭合绳和支持绳中的载荷平均分配（在抓斗闭合及起升初期几乎由闭合绳承受载荷），则闭合绳取总载荷的 100%，支持绳取总载荷的 66%。

（2）C 系数法

该方法只适用于运动绳。选取的钢丝绳直径不应小于按式（9-1-1）计算的钢丝绳直径。

$$d_{\min}=C\sqrt{S} \tag{9-1-1}$$

式中 $d_{\min}$——钢丝绳最小直径，mm；

C——钢丝绳选择系数，mm/$\sqrt{\mathrm{N}}$；

S——钢丝绳最大工作静拉力，N。

钢丝绳选择系数 C 取值与钢丝的公称抗拉强度和机构工作级别有关，见表 9-1-12。

当钢丝绳的 k' 和 σ_t 值与表 9-1-12 不同时，则可根据工作级别从表 9-1-12 选择安全系数 n 值并根据所选择钢丝绳的 k' 和 σ_t 值按式（9-1-2）换算钢丝绳选择系数 C，然后再按式（9-1-1）选择绳径。

$$C=\sqrt{\frac{n}{k'\sigma_t}} \tag{9-1-2}$$

式中 n——钢丝绳的最小安全系数，按表 9-1-12 选取；

k'——钢丝绳最小破断拉力系数，见表 9-1-12 注；

σ_t——钢丝的公称抗拉强度，N/mm^2。

（3）最小安全系数法

本方法对运动绳和静态绳都适用。按与钢丝绳所在机构工作级别有关的安全系数选择钢丝绳直径。所选钢丝绳的整绳最小破断拉力应满足式（9-1-3）。

$$F_0\geqslant Sn \tag{9-1-3}$$

式中 F_0——钢丝绳的整绳最小破断拉力，kN；

S——同式（9-1-1）；

n——同式（9-1-2）。

设计时，根据具体情况选择计算方法。

表 9-1-12　　钢丝绳的选择系数 C 和安全系数 n

	机构工作级别	选择系数 C 值 钢丝公称抗拉强度 σ_t/N · mm^{-2}							安全系数 n	
		1470	1570	1670	1770	1870	1960	2160	运动绳	静态绳
纤维芯钢丝绳	M1	0.081	0.078	0.076	0.073	0.071	0.070	0.066	3.15	2.5
	M2	0.083	0.080	0.078	0.076	0.074	0.072	0.069	3.35	2.5
	M3	0.086	0.083	0.080	0.078	0.076	0.074	0.071	3.55	3
	M4	0.091	0.088	0.085	0.083	0.081	0.079	0.075	4	3.5
	M5	0.096	0.093	0.090	0.088	0.085	0.083	0.079	4.5	4
	M6	0.107	0.104	0.101	0.098	0.095	0.093	0.089	5.6	4.5
	M7	0.121	0.117	0.114	0.110	0.107	0.105	0.100	7.1	5
	M8	0.136	0.132	0.128	0.124	0.121	0.118	0.112	9	5
钢芯钢丝绳	M1	0.078	0.075	0.073	0.071	0.069	0.067	0.064	3.15	2.5
	M2	0.080	0.077	0.075	0.073	0.071	0.069	0.066	3.35	2.5
	M3	0.082	0.080	0.077	0.075	0.073	0.071	0.068	3.55	3
	M4	0.087	0.085	0.082	0.080	0.078	0.076	0.072	4	3.5
	M5	0.093	0.090	0.087	0.085	0.082	0.080	0.076	4.5	4
	M6	0.103	0.100	0.097	0.094	0.092	0.090	0.085	5.6	4.5
	M7	0.116	0.113	0.109	0.106	0.103	0.101	0.096	7.1	5
	M8	0.131	0.127	0.123	0.120	0.116	0.114	0.108	9	5

注：1. 对于吊运危险物品的起重用钢丝绳，一般应比设计工作级别高一级的工作级别选择表中的钢丝绳选择系数 C 和钢丝绳最小安全系数 n 值。对起升机构工作级别为 M7、M8 的某些冶金起重机和港口集装箱起重机等，在使用过程中能监控钢丝绳劣化损伤发展进程，保证安全使用，保证一定寿命和及时更换钢丝绳的前提下，允许按稍低的工作级别选择钢丝绳；对冶金起重机最低安全系数不应小于 7.1，港口集装箱起重机主起升钢丝绳和小车曳引钢丝绳的最低安全系数不应小于 6。

伸缩臂架用的钢丝绳，安全系数不应小于 4。

2. 本表中给出的 C 值是根据起重机常用的钢丝绳 6×19W（S）型的最小破断拉力系数 k'、且只针对运动绳的安全系数用式（9-1-1）计算而得。对纤维芯（FC）钢丝绳 $k'=0.330$，对金属丝绳芯（IWRC）或金属丝股芯（WSC）钢丝绳 $k'=0.356$。

2.1.4　重要用途钢丝绳结构及力学性能表（摘自 GB 8918—2006）

第 1 组 6×7 类

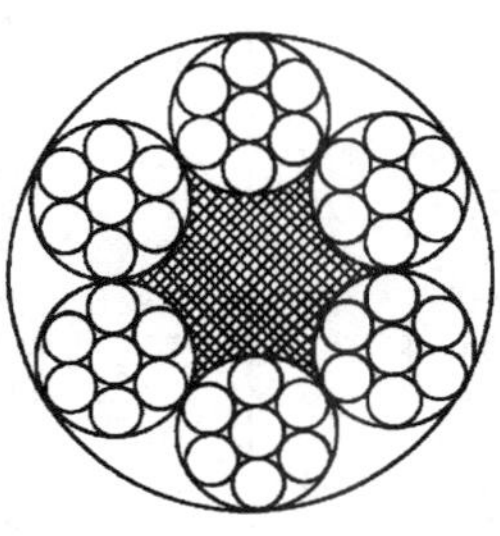

6×7-FC

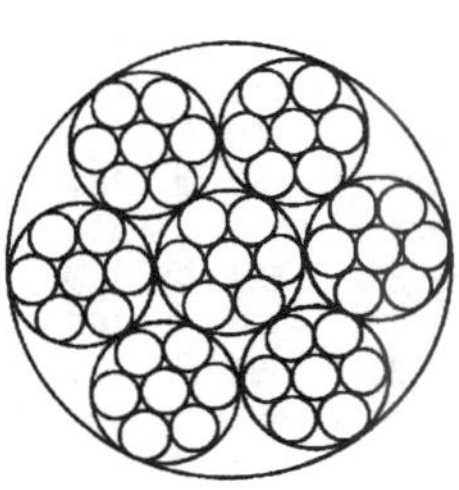

6×7-WSC

直径：8～36mm

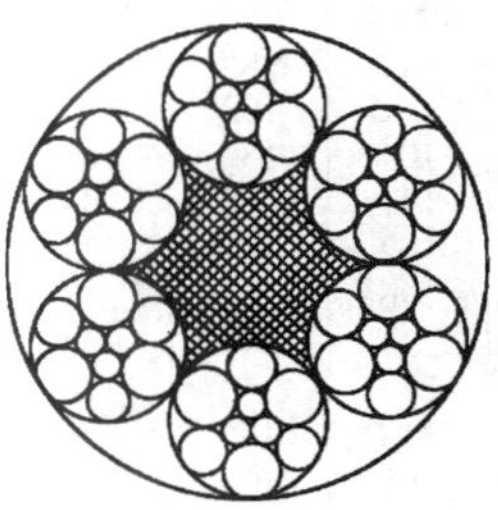

6×9W-FC

6×9W-IWRC

直径:14～36mm

表 9-1-13 力学性能（第 1 组 4 种结构）

钢丝绳公称直径		钢丝绳参考质量/(kg/100m)			钢丝绳公称抗拉强度/MPa									
					1570		1670		1770		1870		1960	
					钢丝绳最小破断拉力/kN									
D/mm	允许偏差/%	天然纤维芯钢丝绳	合成纤维芯钢丝绳	钢芯钢丝绳	纤维芯钢丝绳	钢芯钢丝绳	纤维芯钢丝绳	钢芯钢丝绳	纤维芯钢丝绳	钢芯钢丝绳	纤维芯钢丝绳	钢芯钢丝绳	纤维芯钢丝绳	钢芯钢丝绳
8	$^{+5}_{0}$	22.5	22.0	24.8	33.4	36.1	35.5	38.4	37.6	40.7	39.7	43.0	41.6	45.0
9		28.4	27.9	31.3	42.2	45.7	44.9	48.6	47.6	51.5	50.3	54.4	52.7	57.0
10		35.1	34.4	38.7	52.1	56.4	55.4	60.0	58.8	63.5	62.1	67.1	65.1	70.4
11		42.5	41.6	46.8	63.1	68.2	67.1	72.5	71.1	76.9	75.1	81.2	78.7	85.1
12		50.5	49.5	55.7	75.1	81.2	79.8	86.3	84.6	91.5	89.4	96.7	93.7	101
13		59.3	58.1	65.4	88.1	95.3	93.7	101	99.3	107	105	113	110	119
14		68.8	67.4	75.9	102	110	109	118	115	125	122	132	128	138
16		89.9	88.1	99.1	133	144	142	153	150	163	159	172	167	180
18		114	111	125	169	183	180	194	190	206	201	218	211	228
20		140	138	155	208	225	222	240	235	254	248	269	260	281
22		170	166	187	252	273	268	290	284	308	300	325	315	341
24		202	198	223	300	325	319	345	338	366	358	387	375	405
26		237	233	262	352	381	375	405	397	430	420	454	440	476
28		275	270	303	409	442	435	470	461	498	487	526	510	552
30		316	310	348	469	507	499	540	529	572	559	604	586	633
32		359	352	396	534	577	568	614	602	651	636	687	666	721
34		406	398	447	603	652	641	693	679	735	718	776	752	813
36		455	446	502	676	730	719	777	762	824	805	870	843	912

第 2 组 6×19 类

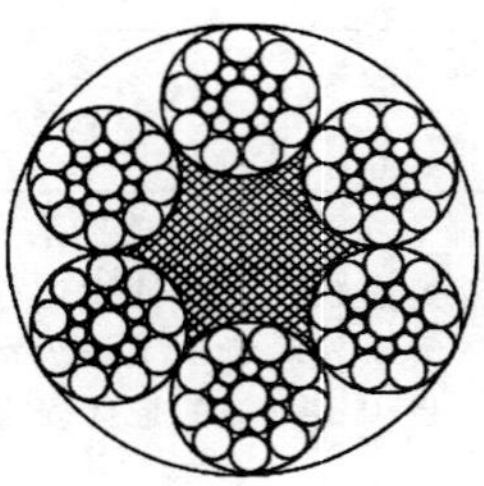

6×19S-FC

6×19S-IWRC

直径：12～36mm

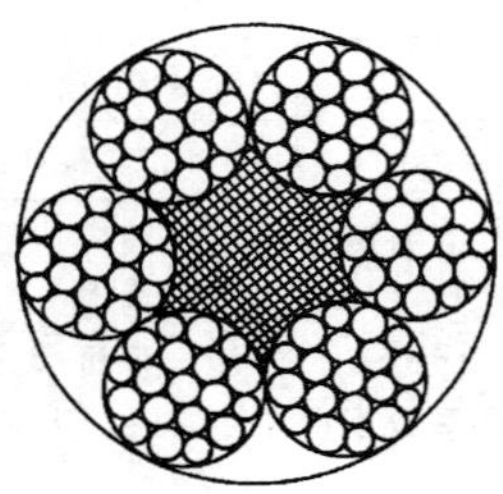

6×19W-FC

6×19S-IWRC

直径：12～40mm

表 9-1-14 力学性能（第 2 组 4 组结构）

钢丝绳公称直径		钢丝绳参考质量/(kg/100m)			钢丝绳公称抗拉强度/MPa									
					1570		1670		1770		1870		1960	
					钢丝绳最小破断拉力/kN									
D/mm	允许偏差/%	天然纤维芯钢丝绳	合成纤维芯钢丝绳	钢芯钢丝绳	纤维芯钢丝绳	钢芯钢丝绳	纤维芯钢丝绳	钢芯钢丝绳	纤维芯钢丝绳	钢芯钢丝绳	纤维芯钢丝绳	钢芯钢丝绳	纤维芯钢丝绳	钢芯钢丝绳
12	$^{+5}_{0}$	53.1	51.8	58.4	74.6	80.5	79.4	85.6	84.1	90.7	88.9	95.9	93.1	100
13		62.3	60.8	68.5	87.6	94.5	93.1	100	98.7	106	104	113	109	118
14		72.2	70.5	79.5	102	110	108	117	114	124	121	130	127	137
16		94.4	92.1	104	133	143	141	152	150	161	158	170	166	179
18		119	117	131	168	181	179	193	189	204	200	216	210	226
20		147	144	162	207	224	220	238	234	252	247	266	259	279
22		178	174	196	251	271	267	288	283	304	299	322	313	338
24		212	207	234	298	322	317	342	336	363	355	383	373	402
26		249	243	274	350	378	373	402	395	426	417	450	437	472
28		289	282	318	406	438	432	466	458	494	484	522	507	547
30		332	324	365	466	503	496	535	526	567	555	599	582	628
32		377	369	415	531	572	564	609	598	645	632	682	662	715
34		426	416	469	599	646	637	687	675	728	713	770	748	807
36		478	466	525	671	724	714	770	757	817	800	863	838	904
38		532	520	585	748	807	796	858	843	910	891	961	934	1010
40		590	576	649	829	894	882	951	935	1010	987	1070	1030	1120

第 2 组 6×19 类

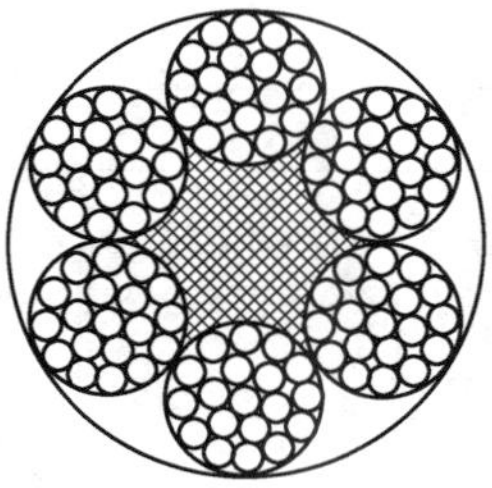

6×25F-FC

6×25F-IWRC

直径:12～44mm

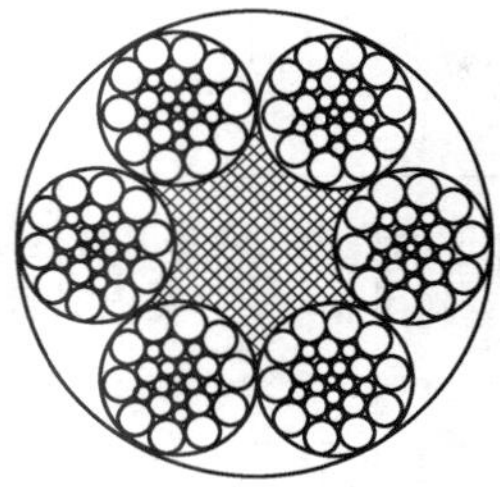

6×26WS-FC

6×26WS-IWRC

直径:20～40mm

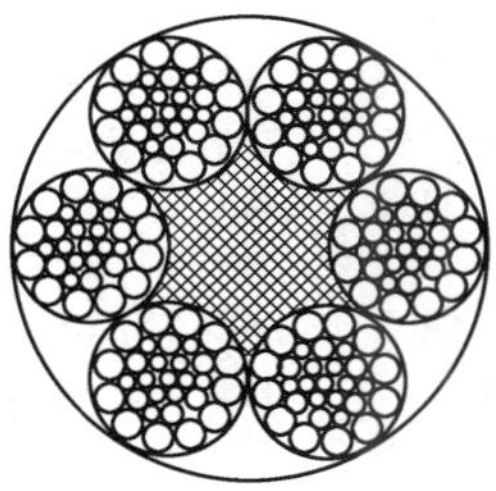

6×31WS-FC

6×31WS-IWSC

直径:22～46mm

第 3 组 6×37 类

6×29F-FC

6×29F-IWRC

直径:14～44mm

6×36WS-FC

6×36WS-IWRC

直径:18～60mm

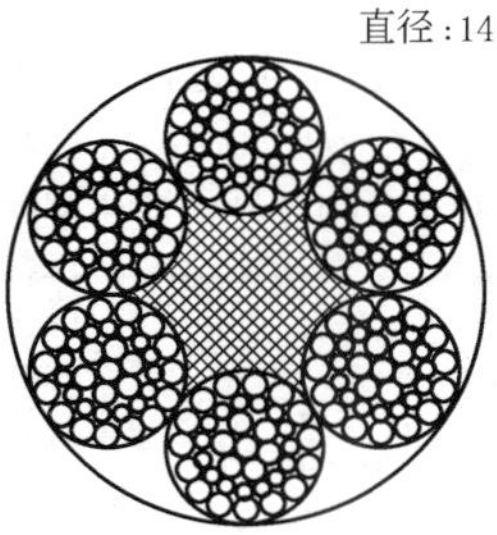

6×37S-FC

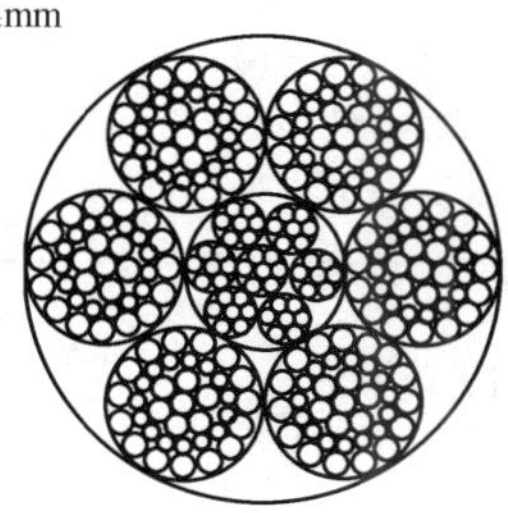

6×37S-IWRC

直径:20～60mm

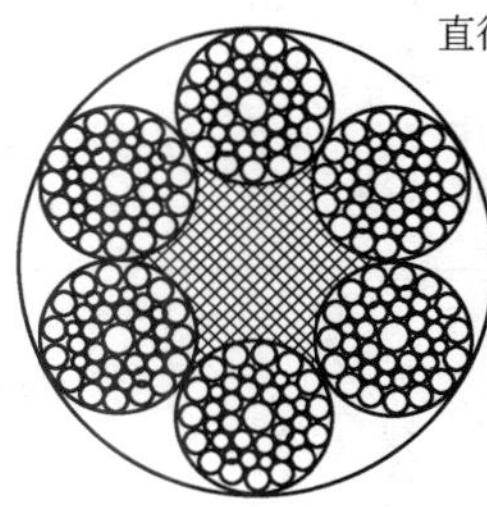

6×41WS-FC

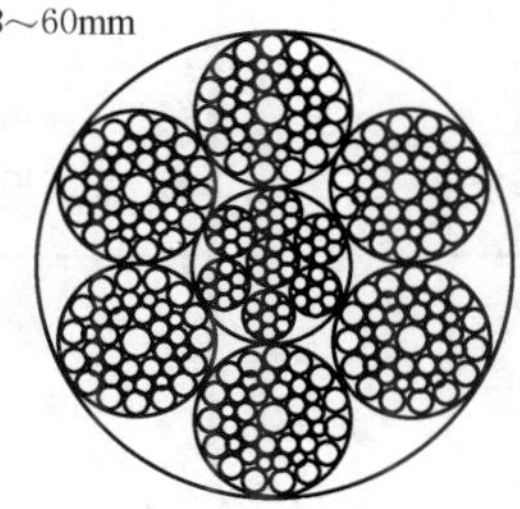

6×41WS-IWRC

直径:32～56mm

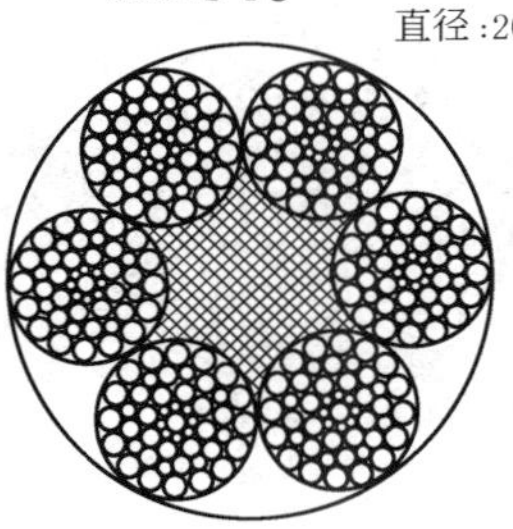

6×49WS-FC

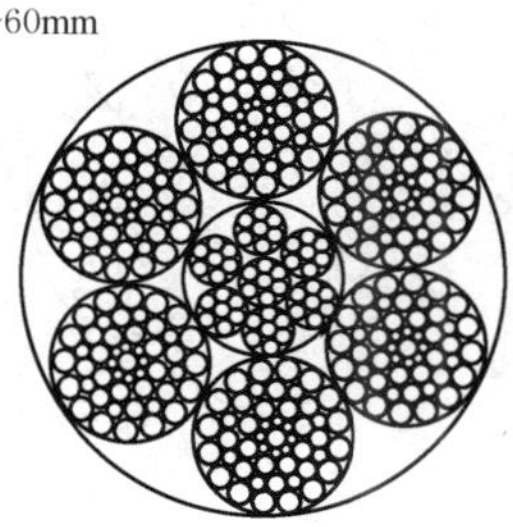

6×49WS-IWRC

直径:36～60mm

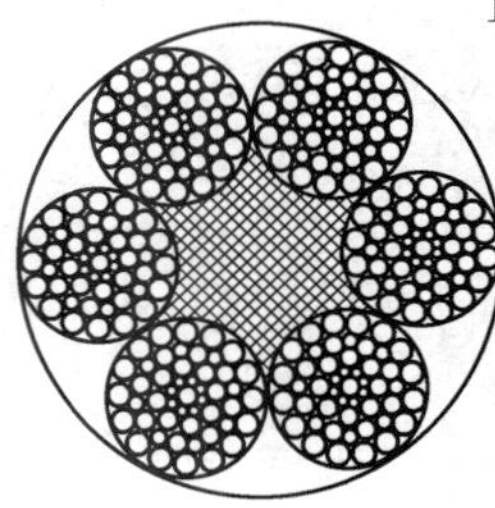

6×55WS-FC

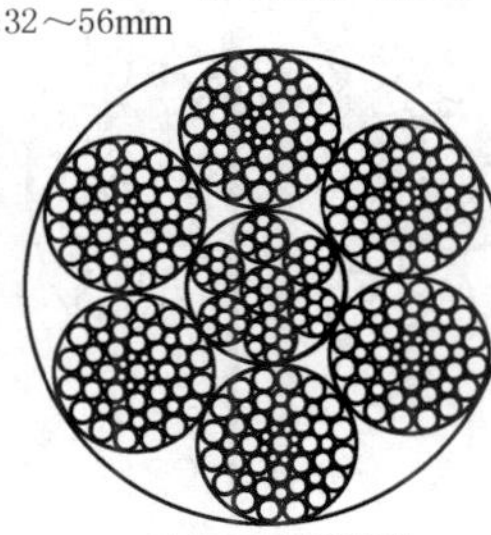

6×55WS-IWRC

直径:36～64mm

表 9-1-15 **力学性能**（第 2 组 6 种结构，第 3 组 12 种结构）

钢丝绳公称直径		钢丝绳参考质量/(kg/100m)			钢丝绳公称抗拉强度/MPa									
					1570		1670		1770		1870		1960	
					钢丝绳最小破断拉力/kN									
D/mm	允许偏差/%	天然纤维芯钢丝绳	合成纤维芯钢丝绳	钢芯钢丝绳	纤维芯钢丝绳	钢芯钢丝绳	纤维芯钢丝绳	钢芯钢丝绳	纤维芯钢丝绳	钢芯钢丝绳	纤维芯钢丝绳	钢芯钢丝绳	纤维芯钢丝绳	钢芯钢丝绳
12		54.7	53.4	60.2	74.6	80.5	79.4	85.6	84.1	90.7	88.9	95.9	93.1	100
13		64.2	62.7	70.6	87.6	94.5	93.1	100	98.7	106	104	113	109	118
14		74.5	72.7	81.9	102	110	108	117	114	124	121	130	127	137
16		97.3	95.0	107	133	143	141	152	150	161	158	170	166	179
18		123	120	135	168	181	179	193	189	204	200	216	210	226
20		152	148	167	207	224	220	238	234	252	247	266	259	279
22		184	180	202	251	271	267	288	283	305	299	322	313	338
24		219	214	241	298	322	317	342	336	363	355	383	373	402
26		257	251	283	350	378	373	402	395	426	417	450	437	472
28		298	291	328	406	438	432	466	458	494	484	522	507	547
30		342	334	376	466	503	496	535	526	567	555	599	582	628
32		389	380	428	531	572	564	609	598	645	632	682	662	715
34		439	429	483	599	646	637	687	675	728	713	770	748	807
36	+50	492	481	542	671	724	714	770	757	817	800	863	838	904
38		549	536	604	748	807	796	858	843	910	891	961	934	1010
40		608	594	669	829	894	882	951	935	1010	987	1070	1030	1120
42		670	654	737	914	986	972	1050	1030	1110	1090	1170	1140	1230
44		736	718	809	1000	1080	1070	1150	1130	1220	1190	1290	1250	1350
46		804	785	884	1100	1180	1170	1260	1240	1330	1310	1410	1370	1480
48		876	855	963	1190	1290	1270	1370	1350	1450	1420	1530	1490	1610
50		950	928	1040	1300	1400	1380	1490	1460	1580	1540	1660	1620	1740
52		1030	1000	1130	1400	1510	1490	1610	1580	1700	1670	1800	1750	1890
54		1110	1080	1220	1510	1630	1610	1730	1700	1840	1800	1940	1890	2030
56		1190	1160	1310	1620	1750	1730	1860	1830	1980	1940	2090	2030	2190
58		1280	1250	1410	1740	1880	1850	2000	1960	2120	2080	2240	2180	2350
60		1370	1340	1500	1870	2010	1980	2140	2100	2270	2220	2400	2330	2510
62		1460	1430	1610	1990	2150	2120	2290	2250	2420	2370	2560	2490	2680
64		1560	1520	1710	2120	2290	2260	2440	2390	2580	2530	2730	2650	2860

第 4 组 8×19 类

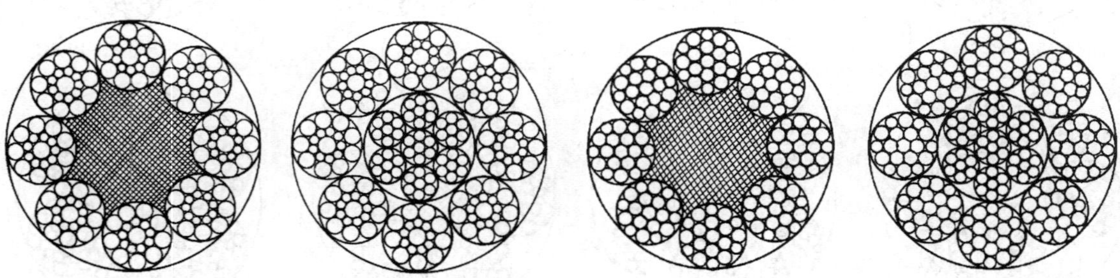

8×19S-FC　8×19S-IWRC　8×19W-FC　8×19W-IWRC

直径：20～44mm　直径:18～48mm

表 9-1-16 力学性能（第 4 组 4 种结构）

钢丝绳公称直径		钢丝绳参考质量/(kg/100m)			钢丝绳公称抗拉强度/MPa									
					1570		1670		1770		1870		1960	
					钢丝绳最小破断拉力/kN									
D /mm	允许偏差/%	天然纤维芯钢丝绳	合成纤维芯钢丝绳	钢芯钢丝绳	纤维芯钢丝绳	钢芯钢丝绳	纤维芯钢丝绳	钢芯钢丝绳	纤维芯钢丝绳	钢芯钢丝绳	纤维芯钢丝绳	钢芯钢丝绳	纤维芯钢丝绳	钢芯钢丝绳
18	+50	112	108	137	149	176	159	187	168	198	178	210	186	220
20		139	133	169	184	217	196	231	207	245	219	259	230	271
22		168	162	204	223	263	237	280	251	296	265	313	278	328
24		199	192	243	265	313	282	333	299	353	316	373	331	391
26		234	226	285	311	367	331	391	351	414	370	437	388	458
28		271	262	331	361	426	384	453	407	480	430	507	450	532
30		312	300	380	414	489	440	520	467	551	493	582	517	610
32		355	342	432	471	556	501	592	531	627	561	663	588	694
34		400	386	488	532	628	566	668	600	708	633	748	664	784
36		449	432	547	596	704	634	749	672	794	710	839	744	879
38		500	482	609	664	784	707	834	749	884	791	934	829	979
40		554	534	675	736	869	783	925	830	980	877	1040	919	1090
42		611	589	744	811	958	863	1020	915	1080	967	1140	1010	1200
44		670	646	817	891	1050	947	1120	1000	1190	1060	1250	1110	1310
46		733	706	893	973	1150	1040	1220	1100	1300	1160	1370	1220	1430
48		798	769	972	1060	1250	1130	1330	1190	1410	1260	1490	1320	1560

第 4 组 8×19 类和第 5 组 8×37 类

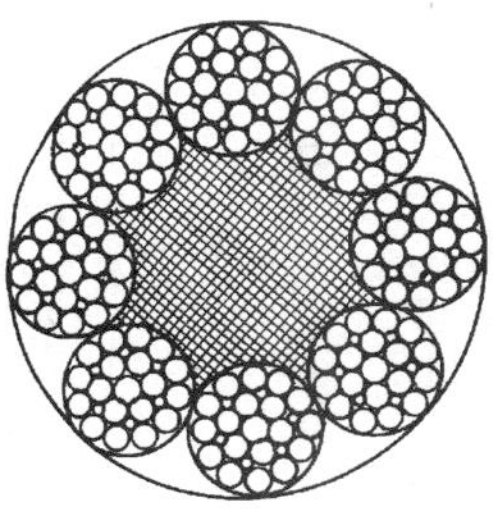
8×25F-FC

8×25F-IWRC

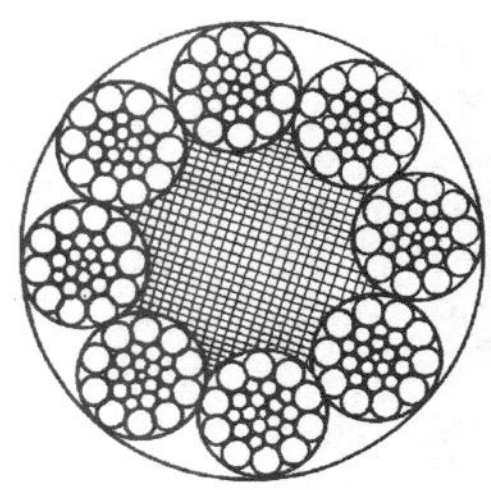
8×26WS-FC

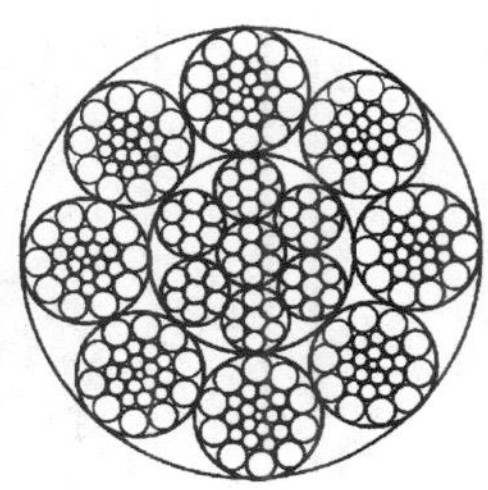
8×26WS-IWRC

直径：16～52mm　　直径：24～48mm

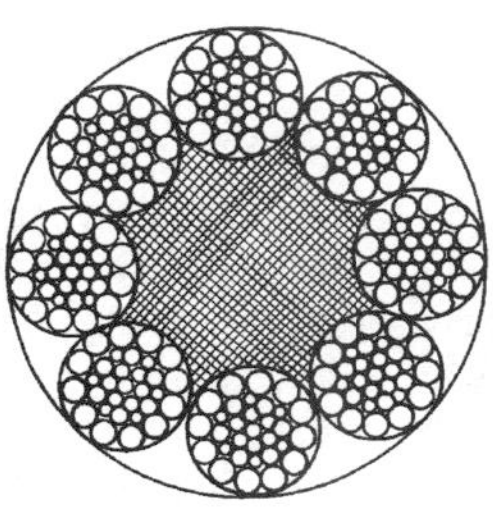
8×31WS-FC

8×31WS-IWRC

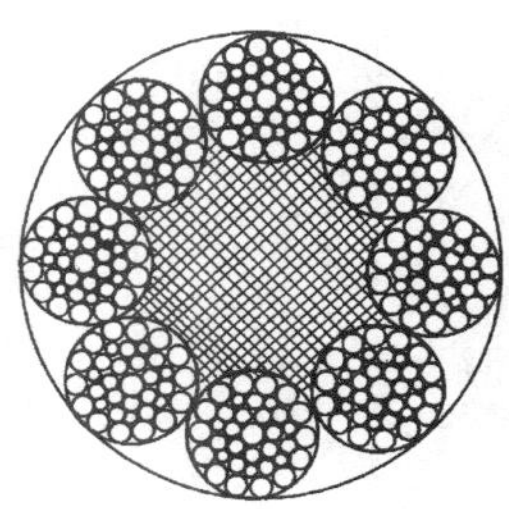
8×36WS-FC

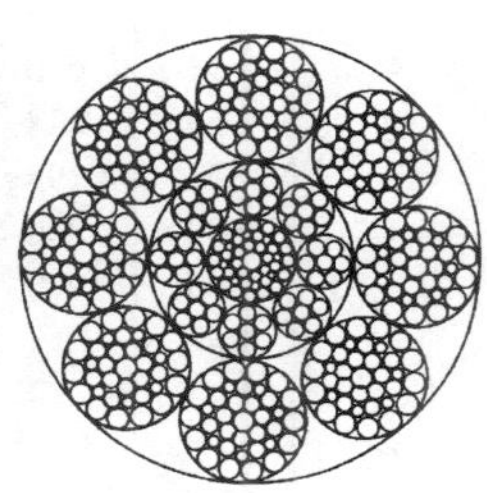
8×36WS-IWRC

直径：26～56mm　　直径：22～60mm

第 9 篇

8×41WS-FC

8×41WS-IWRC

直径：40～56mm

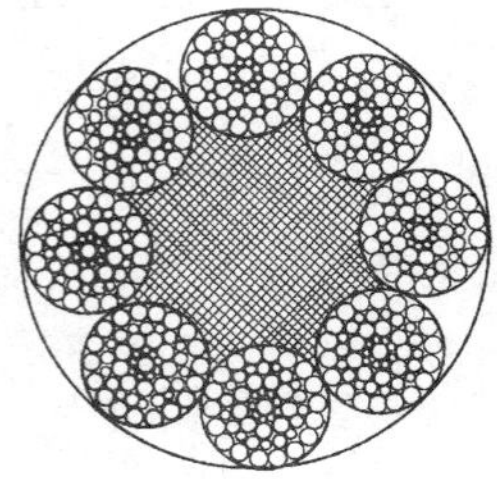

8×49SWS-FC

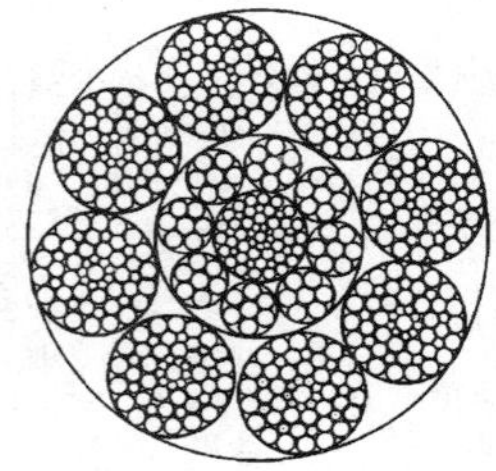

8×49SWS-IWRC

直径：44～64mm

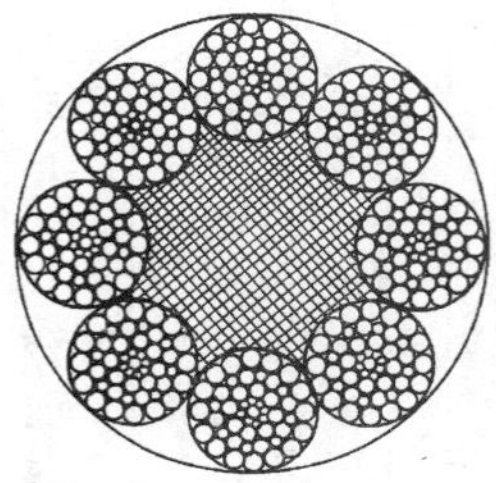

8×55SWS-FC

8×55SWS-IWRC

直径：44～64mm

表 9-1-17 **力学性能**（第 4 组 6 种结构，第 5 组 8 种结构）

钢丝绳公称直径		钢丝绳参考质量/(kg/100m)			钢丝绳公称抗拉强度/MPa									
					1570		1670		1770		1870		1960	
					钢丝绳最小破断拉力/kN									
D/mm	允许偏差/%	天然纤维芯钢丝绳	合成纤维芯钢丝绳	钢芯钢丝绳	纤维芯钢丝绳	钢芯钢丝绳	纤维芯钢丝绳	钢芯钢丝绳	纤维芯钢丝绳	钢芯钢丝绳	纤维芯钢丝绳	钢芯钢丝绳	纤维芯钢丝绳	钢芯钢丝绳
16		91.4	88.1	111	118	139	125	148	133	157	140	166	147	174
18		116	111	141	149	176	159	187	168	198	178	210	186	220
20		143	138	174	184	217	196	231	207	245	219	259	230	271
22		173	166	211	223	263	237	280	251	296	265	313	278	328
24		206	198	251	265	313	282	333	299	353	316	373	331	391
26		241	233	294	311	367	331	391	351	414	370	437	388	458
28		280	270	341	361	426	384	453	407	480	430	507	450	532
30		321	310	392	414	489	440	520	467	551	493	582	517	610
32		366	352	445	471	556	501	592	531	627	561	663	588	694
34		413	398	503	532	628	566	668	600	708	633	748	664	784
36		463	446	564	596	704	634	749	672	794	710	839	744	879
38		516	497	628	664	784	707	834	749	884	791	934	829	979
40	+50	571	550	696	736	869	783	925	830	980	877	1040	919	1090
42		630	607	767	811	958	863	1020	915	1080	967	1140	1010	1200
44		691	666	842	891	1050	947	1120	1000	1190	1060	1250	1110	1310
46		755	728	920	973	1150	1040	1220	1100	1300	1160	1370	1220	1430
48		823	793	1000	1060	1250	1130	1330	1190	1410	1260	1490	1320	1560
50		892	860	1090	1150	1360	1220	1440	1300	1530	1370	1620	1440	1700
52		965	930	1180	1240	1470	1320	1560	1400	1660	1480	1750	1550	1830
54		1040	1000	1270	1340	1580	1430	1680	1510	1790	1600	1890	1670	1980
56		1120	1080	1360	1440	1700	1530	1810	1630	1920	1720	2030	1800	2130
58		1200	1160	1460	1550	1830	1650	1940	1740	2060	1840	2180	1930	2280
60		1290	1240	1570	1660	1960	1760	2080	1870	2200	1970	2330	2070	2440
62		1370	1320	1670	1770	2090	1880	2220	1990	2350	2110	2490	2210	2610
64		1460	1410	1780	1880	2230	2000	2370	2120	2510	2240	2650	2350	2780

第 6 组 18×7 类

17×7-FC

17×7-WSC

直径：12～60mm

18×7-FC

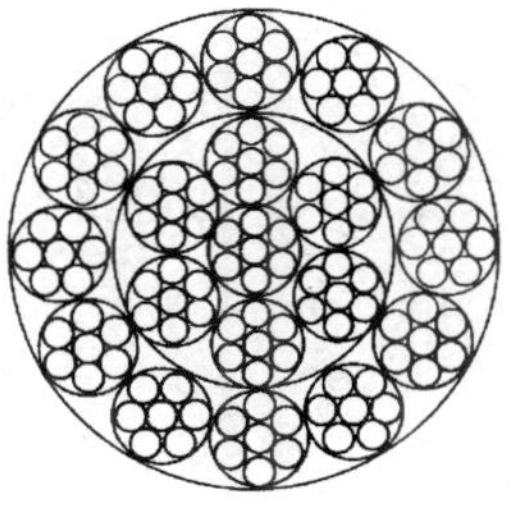

18×7-WSC

直径：12～60mm

第 7 组 18×19 类

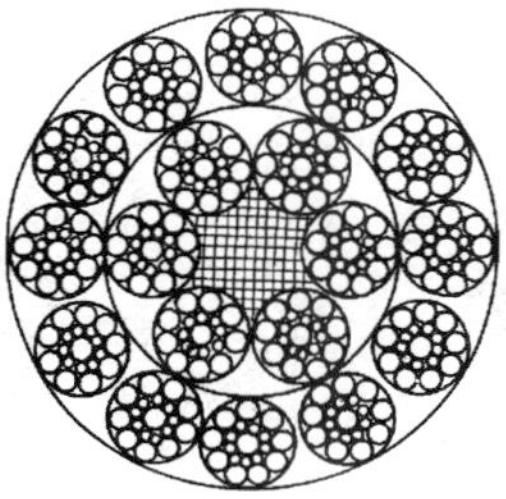

18×19S－FC

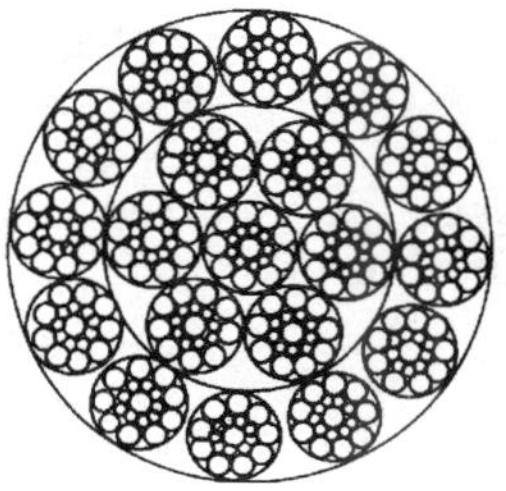

18×19S-WSC

直径：28～60mm

18×19W7－FC

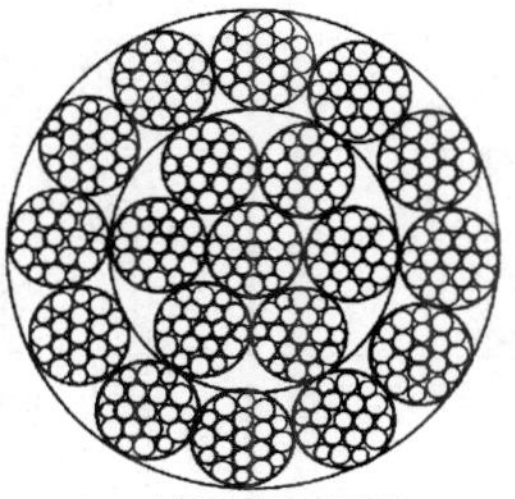

18×19W－WSC

直径：24～60mm

表 9-1-18 　　力学性能（第 6 组 4 种结构，第 7 组 4 种结构）

钢丝绳公称直径		钢丝绳参考质量/(kg/100m)		钢丝绳公称抗拉强度/MPa									
				1570		1670		1770		1870		1960	
				钢丝绳最小破断拉力/kN									
D/mm	允许偏差/%	天然纤维芯钢丝绳	钢芯钢丝绳	纤维芯钢丝绳	钢芯钢丝绳	纤维芯钢丝绳	钢芯钢丝绳	纤维芯钢丝绳	钢芯钢丝绳	纤维芯钢丝绳	钢芯钢丝绳	纤维芯钢丝绳	钢芯钢丝绳
12		56.2	61.9	70.1	74.2	74.5	78.9	79.0	83.6	83.5	88.3	87.5	92.6
13		65.9	72.7	82.3	87.0	87.5	92.6	92.7	98.1	98.0	104	103	109
14		76.4	84.3	95.4	101	101	107	108	114	114	120	119	126
16		99.8	110	125	132	133	140	140	149	148	157	156	165
18		126	139	158	167	168	177	178	188	188	199	197	208
20		156	172	195	206	207	219	219	232	232	245	243	257
22		189	208	236	249	251	265	266	281	281	297	294	311
24		225	248	280	297	298	316	316	334	334	353	350	370
26		264	291	329	348	350	370	371	392	392	415	411	435
28		306	337	382	404	406	429	430	455	454	481	476	504
30		351	387	438	463	466	493	494	523	522	552	547	579
32		399	440	498	527	530	561	562	594	594	628	622	658
34		451	497	563	595	598	633	634	671	670	709	702	743
36	+50	505	557	631	667	671	710	711	752	751	795	787	833
38		563	621	703	744	748	791	792	838	837	886	877	928
40		624	688	779	824	828	876	878	929	928	981	972	1030
42		688	759	859	908	913	966	968	1020	1020	1080	1070	1130
44		755	832	942	997	1000	1060	1060	1120	1120	1190	1180	1240
46		825	910	1030	1090	1100	1160	1160	1230	1230	1300	1290	1360
48		899	991	1120	1190	1190	1260	1260	1340	1340	1410	1400	1480
50		975	1080	1220	1290	1290	1370	1370	1450	1450	1530	1520	1610
52		1050	1160	1320	1390	1400	1480	1480	1570	1570	1660	1640	1740
54		1140	1250	1420	1500	1510	1600	1600	1690	1690	1790	1770	1870
56		1220	1350	1530	1610	1620	1720	1720	1820	1820	1920	1910	2020
58		1310	1450	1640	1730	1740	1840	1850	1950	1950	2060	2040	2160
60		1400	1550	1750	1850	1860	1970	1980	2090	2090	2210	2190	2310

第 8 组 34×7 类

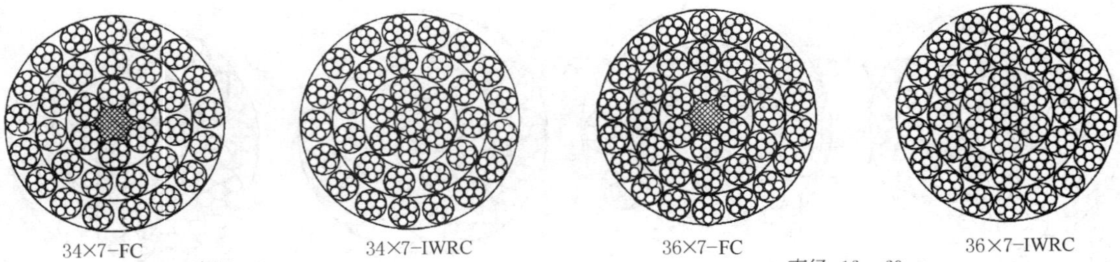

34×7-FC　34×7-IWRC　直径:16～60mm　36×7-FC　36×7-IWRC　直径:16～60mm

表 9-1-19　　**力学性能（第 8 组 4 种结构）**

钢丝绳公称直径 D/mm	允许偏差/%	钢丝绳参考质量/(kg/100m) 天然纤维芯钢丝绳	钢丝绳参考质量/(kg/100m) 钢芯钢丝绳	1570 纤维芯钢丝绳	1570 钢芯钢丝绳	1670 纤维芯钢丝绳	1670 钢芯钢丝绳	1770 纤维芯钢丝绳	1770 钢芯钢丝绳	1870 纤维芯钢丝绳	1870 钢芯钢丝绳	1960 纤维芯钢丝绳	1960 钢芯钢丝绳
				钢丝绳公称抗拉强度/MPa；钢丝绳最小破断拉力/kN									
16	+50	99.8	110	124	128	132	136	140	144	147	152	155	160
18		126	139	157	162	167	172	177	182	187	193	196	202
20		156	172	193	200	206	212	218	225	230	238	241	249
22		189	208	234	242	249	257	264	272	279	288	292	302
24		225	248	279	288	296	306	314	324	332	343	348	359
26		264	291	327	337	348	359	369	380	389	402	408	421
28		306	337	379	391	403	416	427	441	452	466	473	489
30		351	387	435	449	463	478	491	507	518	535	543	561
32		399	440	495	511	527	544	558	576	590	609	618	638
34		451	497	559	577	595	614	630	651	666	687	698	721
36		505	557	627	647	667	688	707	729	746	771	782	808
38		563	621	698	721	743	767	787	813	832	859	872	900
40		624	688	774	799	823	850	872	901	922	951	966	997
42		688	759	853	881	907	937	962	993	1020	1050	1060	1100
44		755	832	936	967	996	1030	1060	1090	1120	1150	1170	1210
46		825	910	1020	1060	1090	1120	1150	1190	1220	1260	1280	1320
48		899	991	1110	1150	1190	1220	1260	1300	1330	1370	1390	1440
50		975	1080	1210	1250	1290	1330	1360	1410	1440	1490	1510	1560
52		1050	1160	1310	1350	1390	1440	1470	1520	1560	1610	1630	1690
54		1140	1250	1410	1460	1500	1550	1590	1640	1680	1730	1760	1820
56		1220	1350	1520	1570	1610	1670	1710	1770	1810	1860	1890	1950
58		1310	1450	1630	1680	1730	1790	1830	1890	1940	2000	2030	2100
60		1400	1550	1740	1800	1850	1910	1960	2030	2070	2140	2170	2240

第 9 组 35×7 类

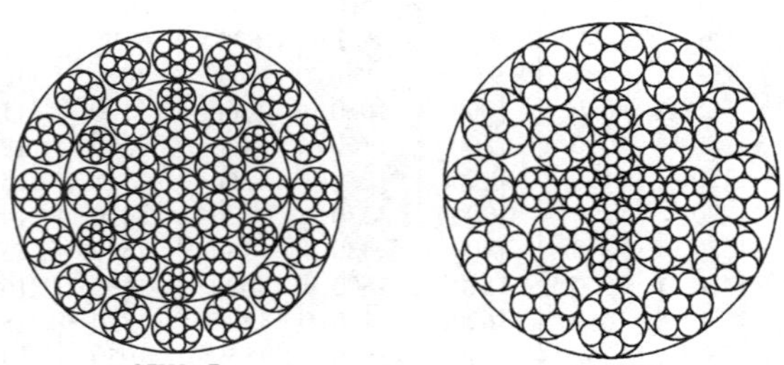

35W×7　24W×7

直径:16～60mm

表 9-1-20 力学性能（第 9 组 2 种结构）

钢丝绳公称直径		钢丝绳参考质量/(kg/100m)	钢丝绳公称抗拉强度/MPa				
			1570	1670	1770	1870	1960
D/mm	允许偏差/%		钢丝绳最小破断拉力/kN				
16	+50	118	145	154	163	172	181
18		149	483	195	206	218	229
20		184	226	240	255	269	282
22		223	274	291	308	326	342
24		265	326	346	367	388	406
26		311	382	406	431	455	477
28		361	443	471	500	528	553
30		414	509	541	573	606	635
32		471	579	616	652	689	723
34		532	653	695	737	778	816
36		596	732	779	826	872	914
38		664	816	868	920	972	1020
40		736	904	962	1020	1080	1130
42		811	997	1060	1120	1190	1240
44		891	1090	1160	1230	1300	1370
46		973	1200	1270	1350	1420	1490
48		1060	1300	1390	1470	1550	1630
50		1150	1410	1500	1590	1680	1760
52		1240	1530	1630	1720	1820	1910
54		1340	1650	1750	1860	1960	2060
56		1440	1770	1890	2000	2110	2210
58		1550	1900	2020	2140	2260	2370
60		1660	2030	2160	2290	2420	2540

第 10 组 6V×7 类

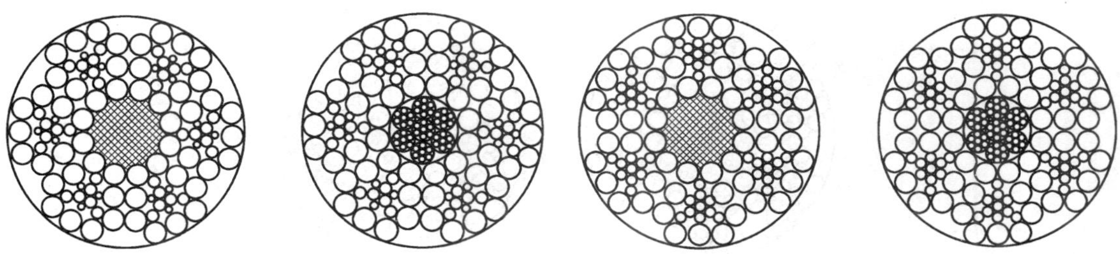

6V×18-FC　6V×18-IWRC　直径：20～36mm

6V×19-FC　6V×19-ZWRC　直径：20～36mm

表 9-1-21 力学性能（第 10 组 4 种结构）

钢丝绳公称直径		钢丝绳参考质量/(kg/100m)			钢丝绳公称抗拉强度/MPa									
					1570		1670		1770		1870		1960	
					钢丝绳最小破断拉力/kN									
D/mm	允许偏差/%	天然纤维芯钢丝绳	合成纤维芯钢丝绳	钢芯钢丝绳	纤维芯钢丝绳	钢芯钢丝绳	纤维芯钢丝绳	钢芯钢丝绳	纤维芯钢丝绳	钢芯钢丝绳	纤维芯钢丝绳	钢芯钢丝绳	纤维芯钢丝绳	钢芯钢丝绳
20	+60	165	162	175	236	250	250	266	266	282	280	298	294	312
22		199	196	212	285	302	303	322	321	341	339	360	356	378
24		237	233	252	339	360	361	383	382	406	404	429	423	449
26		279	273	295	398	422	423	449	449	476	474	503	497	527
28		323	317	343	462	490	491	521	520	552	550	583	576	612
30		371	364	393	530	562	564	598	597	634	631	670	662	702
32		422	414	447	603	640	641	681	680	721	718	762	753	799
34		476	467	505	681	722	724	768	767	814	811	860	850	902
36		534	524	566	763	810	812	861	860	913	909	965	953	1010

第 11 组 6V×19 类

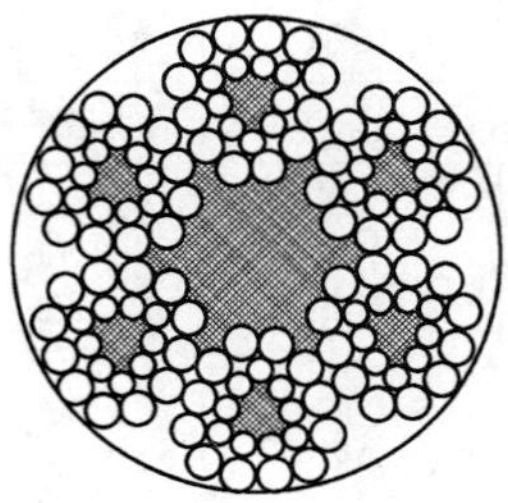
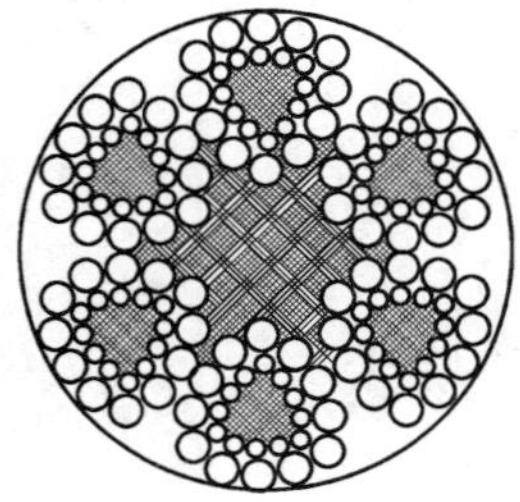

6V×21+7FC　　6V×24+7FC

直径:18～36mm

表 9-1-22　　**力学性能**（第 11 组 2 种结构）

钢丝绳公称直径		钢丝绳参考质量/(kg/100m)		钢丝绳公称抗拉强度/MPa				
				1570	1670	1770	1870	1960
D/mm	允许偏差/%	天然纤维芯钢丝绳	合成纤维芯	钢丝绳最小破断拉力/kN				
18	+60	121	118	168	179	190	201	210
20		149	146	208	221	234	248	260
22		180	177	252	268	284	300	314
24		215	210	300	319	338	357	374
26		252	247	352	374	396	419	439
28		292	286	408	434	460	486	509
30		335	329	468	498	528	557	584
32		382	374	532	566	600	634	665
34		431	422	601	639	678	716	750
36		483	473	674	717	760	803	841

第 11 组 6V×19 类

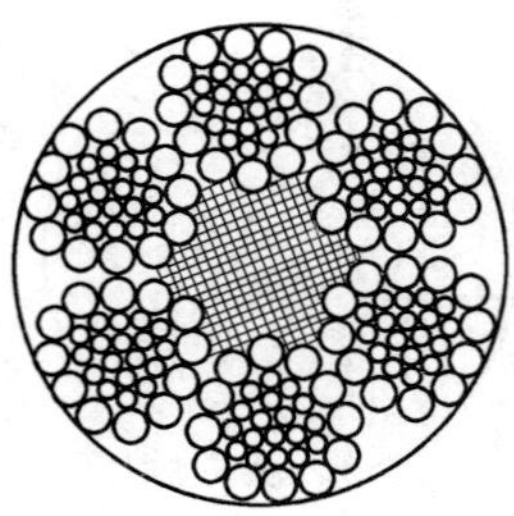
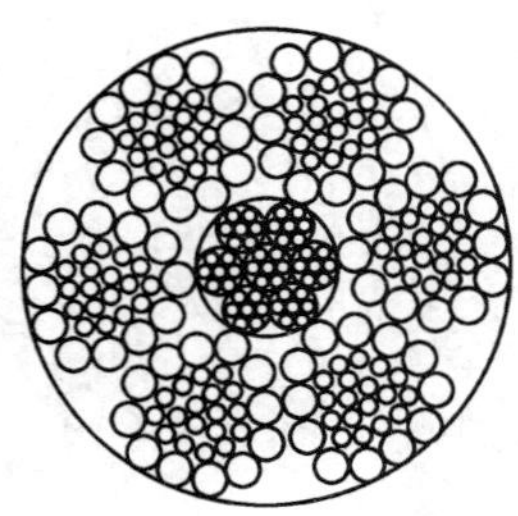

6V×30+FC　　6V×30+IWR

直径:20～38mm

表 9-1-23　　**力学性能**（第 11 组 2 种结构）

钢丝绳公称直径		钢丝绳参考质量/(kg/100m)			钢丝绳公称抗拉强度/MPa									
					1570		1670		1770		1870		1960	
					钢丝绳最小破断拉力/kN									
D/mm	允许偏差/%	天然纤维芯钢丝绳	合成纤维芯钢丝绳	钢芯钢丝绳	纤维芯钢丝绳	钢芯钢丝绳	纤维芯钢丝绳	钢芯钢丝绳	纤维芯钢丝绳	钢芯钢丝绳	纤维芯钢丝绳	钢芯钢丝绳	纤维芯钢丝绳	钢芯钢丝绳
20	+60	162	159	172	203	216	216	230	229	243	242	257	254	270
22		196	192	208	246	261	262	278	278	295	293	311	307	326
24		233	229	247	293	311	312	331	330	351	349	370	365	388
26		274	268	290	344	365	366	388	388	411	410	435	429	456
28		318	311	336	399	423	424	450	450	477	475	504	498	528
30		365	357	386	458	486	487	517	516	548	545	579	572	606
32		415	407	439	521	553	554	588	587	623	620	658	650	690
34		468	459	496	588	624	625	664	663	703	700	743	734	779
36		525	515	556	659	700	701	744	743	789	785	833	823	873
38		585	573	619	735	779	781	829	828	879	875	928	917	973

第 11 组 6V×19 类和第 12 组 6V×37 类

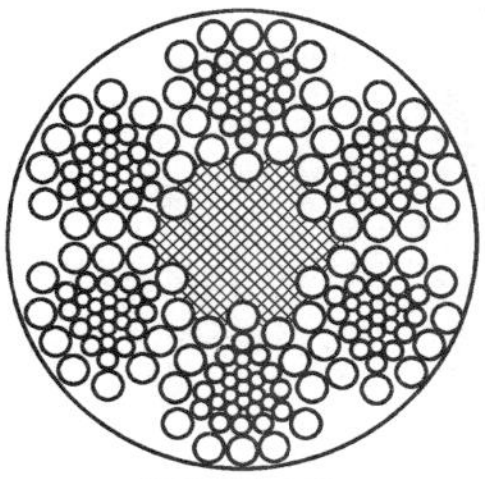

6V×34+FC

6V×34+IWR

直径：28～44mm

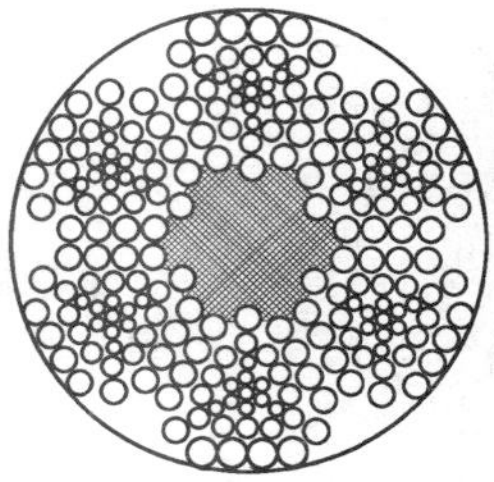

6V×37+FC

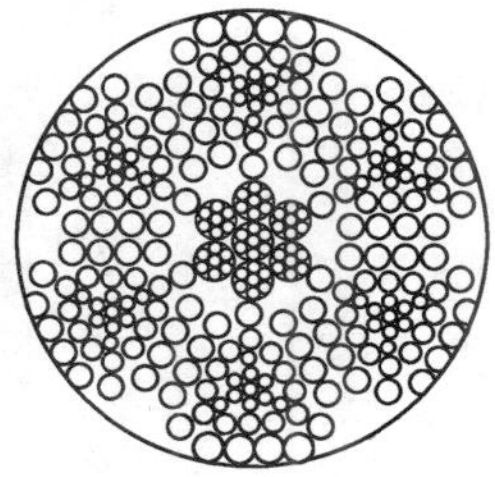

6V×37+IWR

直径：32～52mm

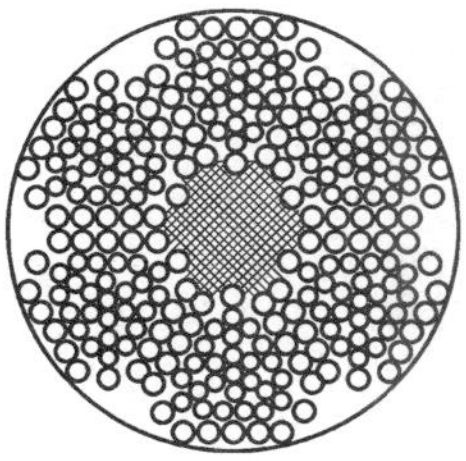

6V×43+FC

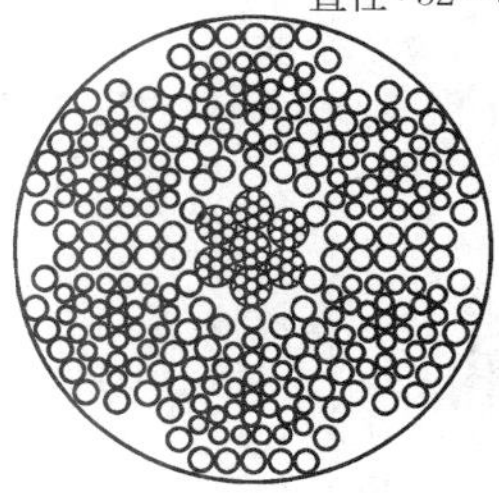

6V×43+IWR

直径：38～58mm

表 9-1-24　　力学性能（第 11 组 2 种结构，第 12 组 4 种结构）

钢丝绳公称直径		钢丝绳参考质量/(kg/100m)			钢丝绳公称抗拉强度/MPa									
					1570		1670		1770		1870		1960	
					钢丝绳最小破断拉力/kN									
D/mm	允许偏差/%	天然纤维芯钢丝绳	合成纤维芯钢丝绳	钢芯钢丝绳	纤维芯钢丝绳	钢芯钢丝绳	纤维芯钢丝绳	钢芯钢丝绳	纤维芯钢丝绳	钢芯钢丝绳	纤维芯钢丝绳	钢芯钢丝绳	纤维芯钢丝绳	钢芯钢丝绳
28	+60	318	311	336	443	470	471	500	500	530	528	560	553	587
30		364	357	386	509	540	541	574	573	609	606	643	635	674
32		415	407	439	579	614	616	653	652	692	689	731	723	767
34		468	459	496	653	693	695	737	737	782	778	826	816	866
36		525	515	556	732	777	779	827	826	876	872	926	914	970
38		585	573	619	816	866	868	921	920	976	972	1030	1020	1080
40		648	635	686	904	960	962	1020	1020	1080	1080	1140	1130	1200
42		714	700	757	997	1060	1060	1130	1120	1190	1190	1260	1240	1320
44		784	769	831	1090	1160	1160	1240	1230	1310	1300	1380	1370	1450
46		857	840	908	1200	1270	1270	1350	1350	1430	1420	1510	1490	1580
48		933	915	988	1300	1380	1390	1470	1470	1560	1550	1650	1630	1730
50		1010	993	1070	1410	1500	1500	1590	1590	1690	1680	1790	1760	1870
52		1100	1070	1160	1530	1620	1630	1720	1720	1830	1820	1930	1910	2020
54		1180	1160	1250	1650	1750	1750	1860	1860	1970	1960	2080	2060	2180
56		1270	1240	1350	1770	1880	1890	2000	2000	2120	2110	2240	2210	2350
58		1360	1340	1440	1900	2020	2020	2150	2140	2270	2260	2400	2370	2520

第 12 组 6V×37 类

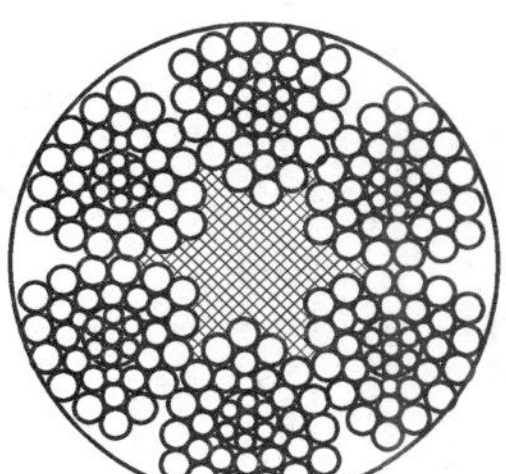

6V×37S+FC

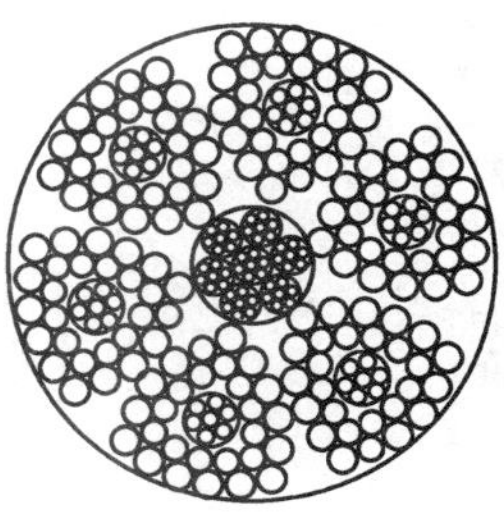

6V×37S+ZWR

直径：32～52mm

表 9-1-25 力学性能（第 12 组 2 种结构）

钢丝绳公称直径		钢丝绳参考质量/(kg/100m)			钢丝绳公称抗拉强度/MPa									
					1570		1670		1770		1870		1960	
					钢丝绳最小破断拉力/kN									
D/mm	允许偏差/%	天然纤维芯钢丝绳	合成纤维芯钢丝绳	钢芯钢丝绳	纤维芯钢丝绳	钢芯钢丝绳	纤维芯钢丝绳	钢芯钢丝绳	纤维芯钢丝绳	钢芯钢丝绳	纤维芯钢丝绳	钢芯钢丝绳	纤维芯钢丝绳	钢芯钢丝绳
32	+60	427	419	452	596	633	634	673	672	713	710	753	744	790
34		482	473	511	673	714	716	760	759	805	802	851	840	891
36		541	530	573	754	801	803	852	851	903	899	954	942	999
38		602	590	638	841	892	894	949	948	1010	1000	1060	1050	1110
40		667	654	707	931	988	991	1050	1050	1110	1110	1180	1160	1230
42		736	721	779	1030	1090	1090	1160	1160	1230	1220	1300	1280	1360
44		808	792	855	1130	1200	1200	1270	1270	1350	1340	1420	1410	1490
46		883	865	935	1230	1310	1310	1390	1390	1470	1470	1560	1540	1630
48		961	942	1020	1340	1420	1430	1510	1510	1600	1600	1700	1670	1780
50		1040	1020	1100	1460	1540	1550	1640	1640	1730	1730	1840	1820	1930
52		1130	1110	1190	1570	1670	1670	1780	1770	1880	1870	1990	1970	2090

第 13 组 4V×39 类

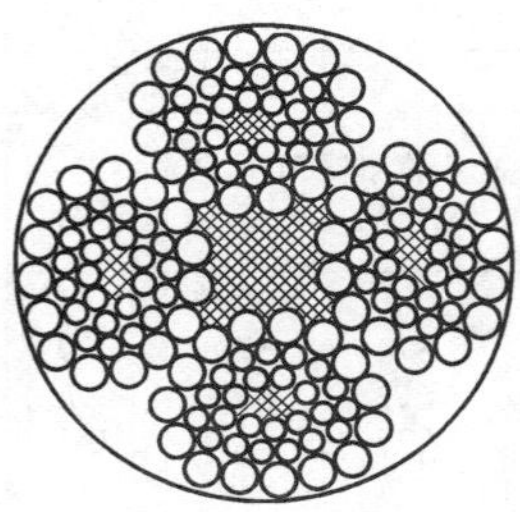

4V×39S+5FC
直径:16～36mm

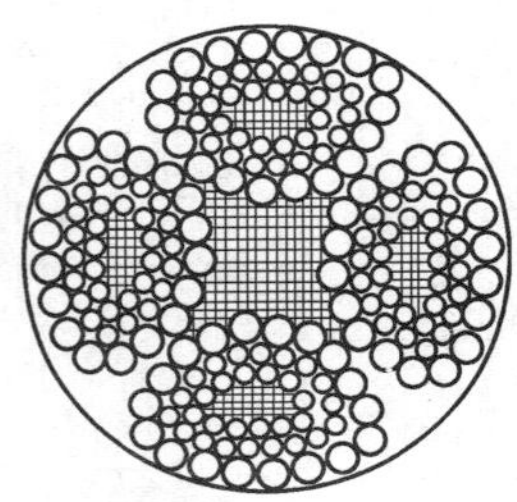

4V×48S+5FC
直径:20～40mm

表 9-1-26 力学性能（第 13 组 2 种结构）

钢丝绳公称直径		钢丝绳参考质量/(kg/100m)		钢丝绳公称抗拉强度/MPa				
				1570	1670	1770	1870	1960
D/mm	允许偏差/%	天然纤维芯钢丝绳	合成纤维芯	钢丝绳最小破断拉力/kN				
16	+60	105	103	145	154	163	172	181
18		133	130	183	195	206	218	229
20		164	161	226	240	255	269	282
22		198	195	274	291	308	326	342
24		236	232	326	346	367	388	406
26		277	272	382	406	431	455	477
28		321	315	443	471	500	528	553
30		369	362	509	541	573	606	635
32		420	412	579	616	652	689	723
34		474	465	653	695	737	778	816
36		531	521	732	779	826	872	914
38		592	580	816	868	920	972	1020
40		656	643	904	962	1020	1080	1130

第 14 组 6Q×19+6V×21 类

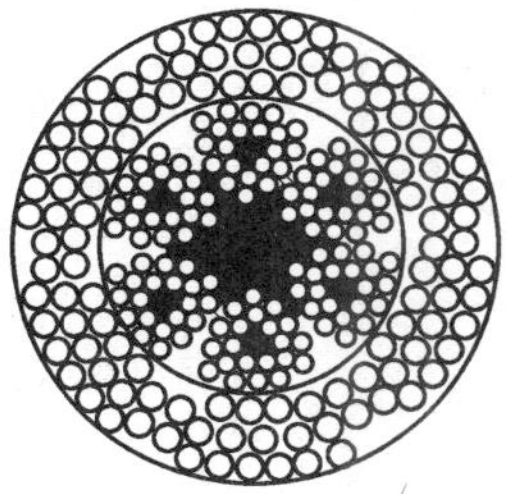

6Q×19+6V×21+7FC
直径:40～52 mm

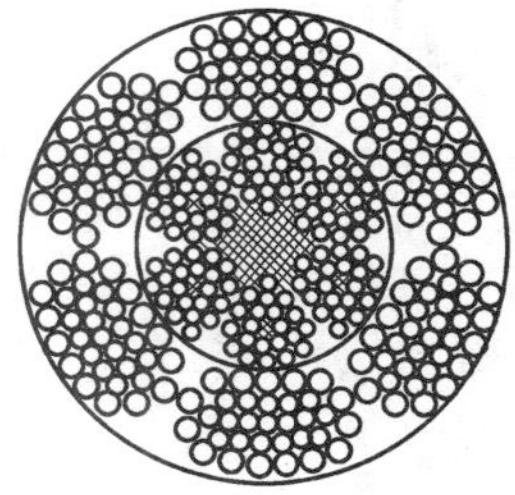

6Q×33+6V×21+7FC
直径:40～60 mm

表 9-1-27　　力学性能（第 14 组 2 种结构）

钢丝绳公称直径		钢丝绳参考质量/(kg/100m)		钢丝绳公称抗拉强度/MPa				
				1570	1670	1770	1870	1960
D/mm	允许偏差/%	天然纤维芯钢丝绳	合成纤维芯	钢丝绳最小破断拉力/kN				
40	+60	656	643	904	962	1020	1080	1130
42		723	709	997	1060	1120	1190	1240
44		794	778	1090	1160	1230	1300	1370
46		868	851	1200	1270	1350	1420	1490
48		945	926	1300	1390	1470	1550	1630
50		1030	1010	1410	1500	1590	1680	1760
52		1110	1090	1530	1630	1720	1820	1910
54		1200	1170	1650	1750	1860	1960	2060
56		1290	1260	1770	1890	2000	2110	2210
58		1380	1350	1900	2020	2140	2260	2370
60		1480	1450	2030	2160	2290	2420	2540

2.1.5　一般用途钢丝绳结构及力学性能表（摘自 GB/T 20118—2006）

第 1 组单股绳类

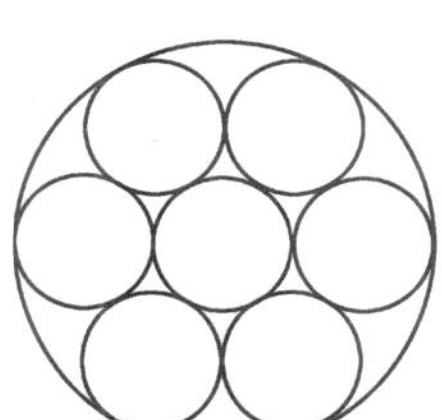

1×7

表 9-1-28　　力学性能（第 1 组 结构 1×7）

钢丝绳公称直径/mm	参考质量/(kg/100m)	钢丝绳公称抗拉强度/MPa			
		1570	1670	1770	1870
		钢丝绳最小破断拉力/kN			
0.6	0.19	0.31	0.32	0.34	0.36
1.2	0.75	1.22	1.30	1.38	1.45
1.5	1.17	1.91	2.03	2.15	2.27
1.8	1.69	2.75	2.92	3.10	3.27
2.1	2.30	3.74	3.98	4.22	4.45
2.4	3.01	4.88	5.19	5.51	5.82
2.7	3.80	6.18	6.57	6.97	7.36
3	4.70	7.63	8.12	8.60	9.09
3.3	5.68	9.23	9.82	10.4	11.0
3.6	6.77	11.0	11.7	12.4	13.1
3.9	7.94	12.9	13.7	14.5	15.4
4.2	9.21	15.0	15.9	16.9	17.8
4.5	10.6	17.2	18.3	19.4	20.4
4.8	12.0	19.5	20.8	22.0	23.3
5.1	13.6	22.1	23.5	24.9	26.3
5.4	15.2	24.7	26.3	27.9	29.4
6	18.8	30.5	32.5	34.4	36.4
6.6	22.7	36.9	39.3	41.6	44.0
7.2	27.1	43.9	46.7	49.5	52.3
7.8	31.8	51.6	54.9	58.2	61.4
T8.4	36.8	59.8	63.6	67.4	71.3
9	42.3	68.7	73.0	77.4	81.8
9.6	48.1	78.1	83.1	88.1	93.1
10.5	57.6	93.5	99.4	105	111
11.5	69.0	112	119	126	134
12	75.2	122	130	138	145

注：最小钢丝破断拉力总和=钢丝绳最小破断拉力×1.111。

第 1 组单股绳类

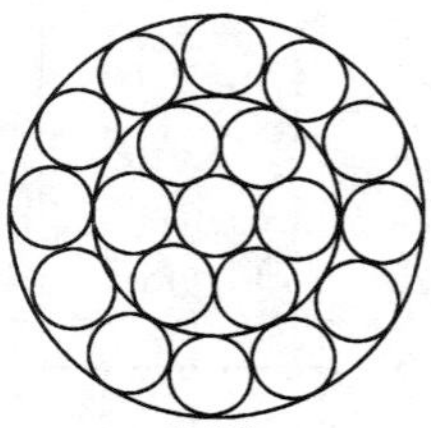

1×19

表 9-1-29　　力学性能（第 1 组 结构 1×19）

钢丝绳公称直径/mm	参考质量/(kg/100m)	钢丝绳公称抗拉强度/MPa			
		1570	1670	1770	1870
		钢丝绳最小破断拉力/kN			
1	0.51	0.83	0.89	0.94	0.99
1.5	1.14	1.87	1.99	2.11	2.23
2	2.03	3.33	3.54	3.75	3.96
2.5	3.17	5.20	5.53	5.86	6.19
3	4.56	7.49	7.97	8.44	8.92
3.5	6.21	10.2	10.8	11.5	12.1
4	8.11	13.3	14.2	15.0	15.9
4.5	10.3	16.9	17.9	19.0	20.1
5	12.7	20.8	22.1	23.5	24.8
5.5	15.3	25.2	26.8	28.4	30.0

续表

钢丝绳公称直径 /mm	参考质量 /(kg/100m)	钢丝绳公称抗拉强度/MPa			
		1570	1670	1770	1870
		钢丝绳最小破断拉力/kN			
6	18.3	30.0	31.9	33.8	35.7
6.5	21.4	35.2	37.4	39.6	41.9
7	24.8	40.8	43.4	46.0	48.6
7.5	28.5	46.8	49.8	52.8	55.7
8	32.4	56.6	56.6	60.0	63.4
8.5	36.6	60.1	63.9	67.8	71.6
9	41.1	67.4	71.7	76.0	80.3
10	50.7	83.2	88.6	93.8	99.1
11	61.3	101	107	114	120
12	73.0	120	127	135	143
13	85.7	141	150	159	167
14	99.4	163	173	184	194
15	114	187	199	211	223
16	130	213	227	240	254

注：最小钢丝破断拉力总和=钢丝绳最小破断拉力×1. 111。

第 1 组单股绳类

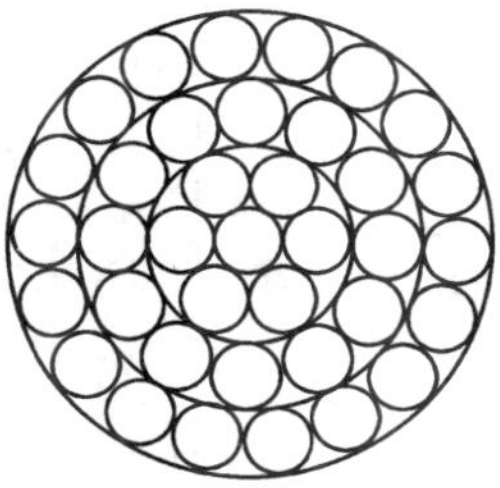

1×37

表 9-1-30　　力学性能（第 1 组 结构 1×37）

钢丝绳公称直径 /mm	参考质量 /(kg/100m)	钢丝绳公称抗拉强度/MPa			
		1570	1670	1770	1870
		钢丝绳最小破断拉力/kN			
1.4	0.98	1.51	1.60	1.70	1.80
2.1	2.21	3.39	3.61	3.82	4.04
2.8	3.93	6.03	6.42	6.80	7.18
3.5	6.14	9.42	10.0	10.6	11.2
4.2	8.84	13.6	14.4	15.3	16.2
4.9	12.0	18.5	19.6	20.8	22.0
5.6	15.7	24.1	25.7	27.2	28.7
6.3	19.9	30.5	32.5	34.4	36.4
7	24.5	37.7	40.1	42.5	44.9
7.7	29.7	45.6	48.5	51.4	54.3
8.4	35.4	54.3	57.7	61.2	64.7
9.1	41.5	63.7	67.8	71.8	75.9
9.8	48.1	73.9	78.6	83.3	88.0
10.5	55.2	84.8	90.2	95.6	101
11	60.6	93.1	99.0	105	111
12	72.1	111	118	125	132
12.5	78.3	120	128	136	143
14	98.2	151	160	170	180
15.5	120	185	197	208	220
17	145	222	236	251	265
18	162	249	265	281	297
19.5	191	292	311	330	348
21	221	339	361	382	404
22.5	254	389	414	439	464

注：最小钢丝破断拉力总和=钢丝绳最小破断拉力×1. 176。

第 2 组 6×7 类

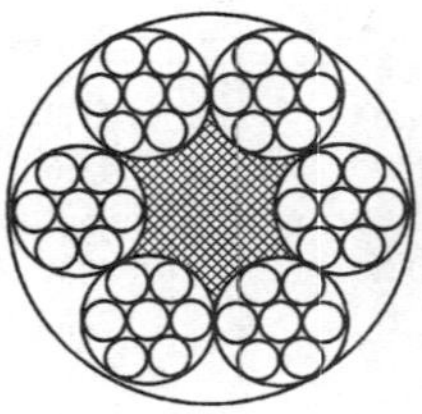
6×7+FC

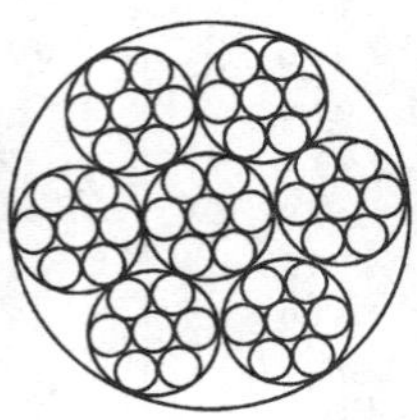
6×7+IWS

6×7+IWR

直径：18～36mm

6×9W+FC

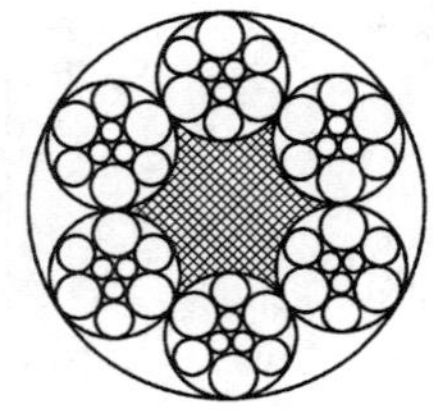
6×9W+IWR

直径：14～36mm

表 9-1-31 **力学性能（第 2 组 5 种结构）**

钢丝绳公称直径/mm	参考质量/(kg/100m)			钢丝绳公称抗拉强度/MPa							
				1570		1670		1770		1870	
				钢丝绳最小破断拉力/kN							
	天然纤维芯钢丝绳	合成纤维芯钢丝绳	钢芯钢丝绳	纤维芯钢丝绳	钢芯钢丝绳	纤维芯钢丝绳	钢芯钢丝绳	纤维芯钢丝绳	钢芯钢丝绳	纤维芯钢丝绳	钢芯钢丝绳
1.8	1.14	1.11	1.25	1.69	1.83	1.80	1.94	1.90	2.06	2.01	2.18
2	1.40	1.38	1.55	2.08	2.25	2.22	2.40	2.35	2.54	2.48	2.69
3	3.16	3.10	3.48	4.69	5.07	4.99	5.40	5.29	5.72	5.59	6.04
4	5.62	5.50	6.19	8.34	9.02	8.87	9.59	9.40	10.2	9.93	10.7
5	8.78	8.60	9.68	13.0	14.1	13.9	15.0	14.7	15.9	15.5	16.8
6	12.6	12.4	13.9	18.8	20.3	20.0	21.6	21.2	22.9	22.4	24.2
7	17.2	16.9	19.0	25.5	27.6	27.2	29.4	28.8	31.1	30.4	32.9
8	22.5	22.0	24.8	33.4	36.1	35.5	38.4	37.6	40.7	39.7	43.0
9	28.4	27.9	31.3	42.2	45.7	44.9	48.6	47.6	51.5	50.3	54.4
10	35.1	34.4	38.7	52.1	56.4	55.4	60.0	58.8	63.5	62.1	67.1
11	42.5	41.6	46.8	63.1	68.2	67.1	72.5	71.1	76.9	75.1	81.2
12	50.5	49.5	55.7	75.1	81.2	79.8	86.3	84.6	91.5	89.4	96.7
13	59.3	58.1	65.4	88.1	95.3	93.7	101	99.3	107	105	113
14	68.8	67.4	75.9	102	110	109	118	115	125	122	132
16	89.9	88.1	99.1	133	144	142	153	150	163	159	172
18	114	111	125	169	183	180	194	190	206	201	218
20	140	138	155	208	225	222	240	235	254	248	269
22	170	166	187	252	273	268	290	284	308	300	325
24	202	198	223	300	325	319	345	338	366	358	387
26	237	233	262	352	381	375	405	397	430	420	454
28	275	270	303	409	442	435	470	461	498	487	526
30	316	310	348	469	507	499	540	529	572	559	604
32	359	352	396	534	577	568	614	602	651	636	687
34	406	398	447	603	652	641	693	679	735	718	776
36	455	446	502	676	730	719	777	762	824	805	870

注：最小钢丝破断拉力总和=钢丝绳最小破断拉力×1.134（纤维芯）或 1.214（钢芯）。

第 3 组 6×19（a）类

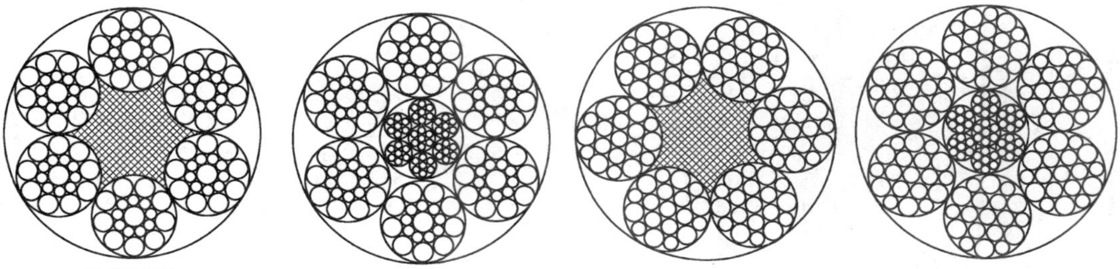

6×19S+FC　6×19S+IWR　直径:6～36mm　6×19W+FC　6×19W+IWR　直径:6～40mm

表 9-1-32　力学性能（第 3 组 4 种结构）

钢丝绳公称直径/mm	参考质量/(kg/100m)			钢丝绳公称抗拉强度/MPa											
				1570		1670		1770		1870		1960		2160	
				钢丝绳最小破断拉力/kN											
	天然纤维芯钢丝绳	合成纤维芯钢丝绳	钢芯钢丝绳	纤维芯钢丝绳	钢芯钢丝绳	纤维芯钢丝绳	钢芯钢丝绳	纤维芯钢丝绳	钢芯钢丝绳	纤维芯钢丝绳	钢芯钢丝绳	纤维芯钢丝绳	钢芯钢丝绳	纤维芯钢丝绳	钢芯钢丝绳
6	13.3	13.0	14.6	18.7	20.1	19.8	21.4	21.0	22.7	22.2	24.0	23.3	25.1	25.7	27.7
7	18.1	17.6	19.9	25.4	27.4	27.0	29.1	28.6	30.9	30.2	32.6	31.7	34.2	34.9	37.7
8	23.6	23.0	25.9	33.2	35.8	35.3	38.0	37.4	40.3	39.5	42.6	41.4	44.6	45.6	49.2
9	29.9	29.1	32.8	42.0	45.3	44.6	48.2	47.3	51.0	50.0	53.9	52.4	56.5	57.7	62.3
10	36.9	36.0	40.6	51.8	55.9	55.1	59.5	58.4	63.0	61.7	66.6	64.7	69.8	71.3	76.9
11	44.6	43.5	49.1	62.7	67.6	66.7	71.9	70.7	76.2	74.7	80.6	78.3	84.4	86.2	93.0
12	53.1	51.8	58.4	74.6	80.5	79.4	85.6	84.1	90.7	88.9	95.9	93.1	100	103	111
13	62.3	60.8	68.5	87.6	94.5	93.1	100	98.7	106	104	113	109	118	120	130
14	72.2	70.5	79.5	102	110	108	117	114	124	121	130	127	137	140	151
16	94.4	92.1	104	133	143	141	152	150	161	158	170	166	179	182	197
18	119	117	131	168	181	179	193	189	204	200	216	210	226	231	249
20	147	144	162	207	224	220	238	234	252	247	266	259	279	285	308
22	178	174	196	251	271	267	288	283	305	299	322	313	338	345	372
24	212	207	234	298	322	317	342	336	363	355	383	373	402	411	443
26	249	243	274	350	378	373	402	395	426	417	450	437	472	482	520
28	289	282	318	406	438	432	466	458	494	484	522	507	547	559	603
30	332	324	365	466	503	496	535	526	567	555	599	582	628	642	692
32	377	369	415	531	572	564	609	598	645	632	682	662	715	730	787
34	426	416	469	599	646	637	687	675	728	713	770	748	807	824	889
36	478	466	525	671	724	714	770	757	817	800	863	838	904	924	997
38	532	520	585	748	807	796	858	843	910	891	961	934	1010	1030	1110
40	590	576	649	829	894	882	951	935	1010	987	1070	1030	1120	1140	1230

注：最小钢丝破断拉力总和=钢丝绳最小破断拉力×1.214（纤维芯）或 1.308（钢芯）。

第 3 组 6×19（b）类

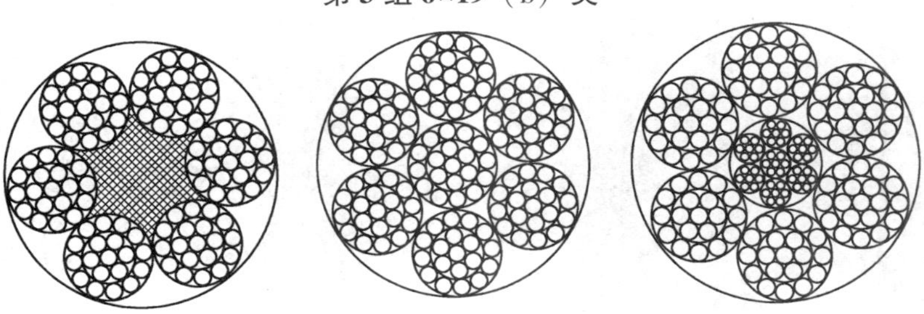

6×19+FC　6×19+IWS　6×19+IWR

直径:3～46mm

表 9-1-33 **力学性能（第 3 组 3 种结构）**

钢丝绳公称直径/mm	参考质量/(kg/100 m)			钢丝绳公称抗拉强度/MPa							
				1570		1670		1770		1870	
				钢丝绳最小破断拉力/kN							
	天然纤维芯钢丝绳	合成纤维芯钢丝绳	钢芯钢丝绳	纤维芯钢丝绳	钢芯钢丝绳	纤维芯钢丝绳	钢芯钢丝绳	纤维芯钢丝绳	钢芯钢丝绳	纤维芯钢丝绳	钢芯钢丝绳
3	3. 16	3. 10	3. 60	4. 34	4. 69	4. 61	4. 99	4. 89	5. 29	5. 17	5. 59
4	5. 62	5. 50	6. 40	7. 71	8. 34	8. 20	8. 87	8. 69	9. 40	9. 19	9. 93
5	8. 78	8. 60	10. 0	12. 0	13. 0	12. 8	13. 9	13. 6	14. 7	14. 4	15. 5
6	12. 6	12. 4	14. 4	17. 4	18. 8	18. 5	20. 0	19. 6	21. 2	20. 7	22. 4
7	17. 2	16. 9	19. 6	23. 6	25. 5	25. 1	27. 2	26. 6	28. 8	28. 1	30. 4
8	22. 5	22. 0	25. 6	30. 8	33. 4	32. 8	35. 5	34. 8	37. 6	36. 7	39. 7
9	28. 4	27. 9	32. 4	39. 0	42. 2	41. 6	44. 9	44. 0	47. 6	46. 5	50. 3
10	35. 1	34. 4	40. 0	48. 2	52. 1	51. 3	55. 4	54. 4	58. 8	57. 4	62. 1
11	42. 5	41. 6	48. 4	58. 3	63. 1	62. 0	67. 1	65. 8	71. 1	69. 5	75. 1
12	50. 5	50. 0	57. 6	69. 4	75. 1	73. 8	79. 8	78. 2	84. 6	82. 7	89. 4
13	59. 3	58. 1	67. 6	81. 5	88. 1	86. 6	93. 7	91. 8	99. 3	97. 0	105
14	68. 8	67. 4	78. 4	94. 5	102	100	109	107	115	113	122
16	89. 9	88. 1	102	123	133	131	142	139	150	147	159
18	114	111	130	156	169	166	180	176	190	186	201
20	140	138	160	193	208	205	222	217	235	230	248
22	170	166	194	233	252	248	268	263	284	278	300
24	202	198	230	278	300	295	319	313	338	331	358
26	237	233	270	326	352	346	375	367	397	388	420
28	275	270	314	378	409	402	435	426	461	450	487
30	316	310	360	434	469	461	499	489	529	517	559
32	359	352	410	494	534	525	568	557	602	588	636
34	406	398	462	557	603	593	641	628	679	664	718
36	455	446	518	625	676	664	719	704	762	744	805
38	507	497	578	696	753	740	801	785	849	829	896
40	562	550	640	771	834	820	887	869	940	919	993
42	619	607	706	850	919	904	978	959	1040	1010	1100
44	680	666	774	933	1010	993	1070	1050	1140	1110	1200
46	743	728	846	1020	1100	1080	1170	1150	1240	1210	1310

注：最小钢丝破断拉力总和=钢丝绳最小破断拉力×1. 226（纤维芯）或 1. 321（钢芯）。

第 3 组 6×19（a）类和第 4 组 6×37（a）类

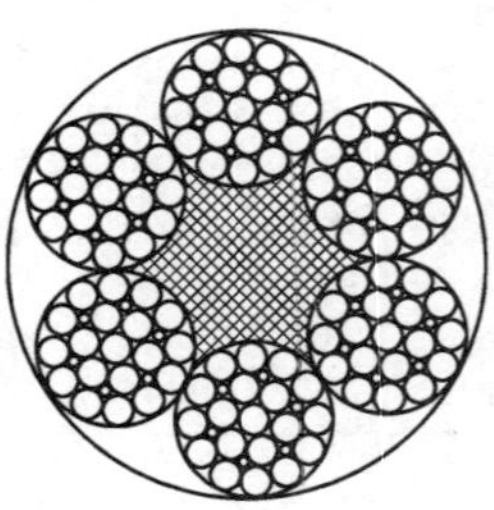

6×25Fi+FC

6×25Fi+IWR

直径：8～44mm

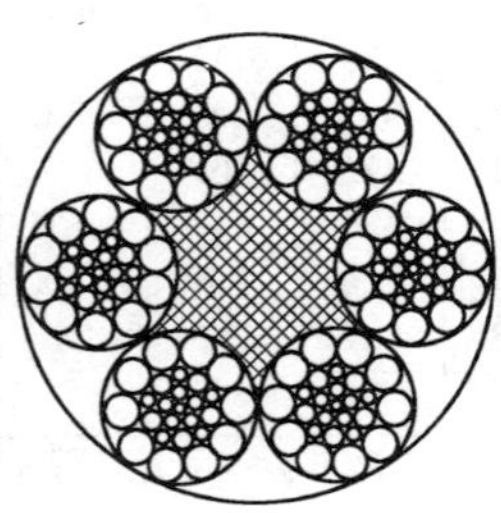

6×26WS+FC

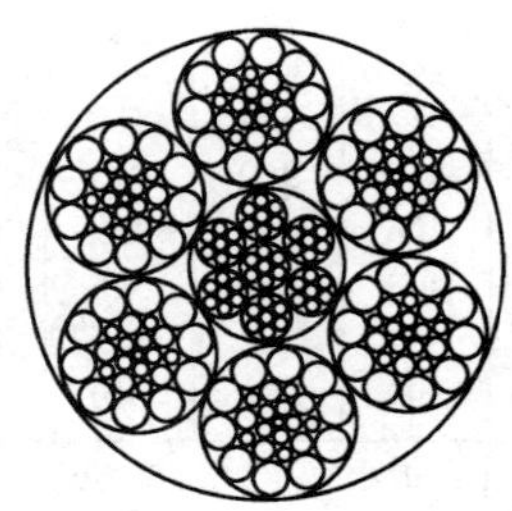

6×26WS+IWR

直径:13～40mm

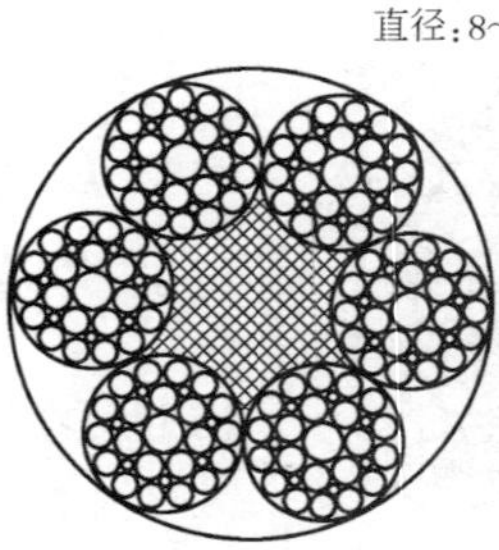

6×29Fi+FC

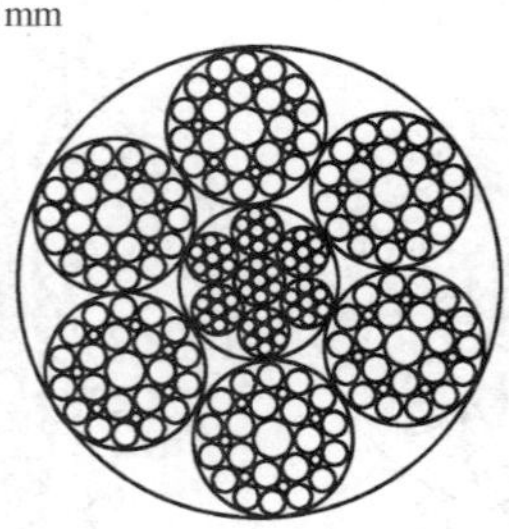

6×29Fi+IWR

直径:10～44mm

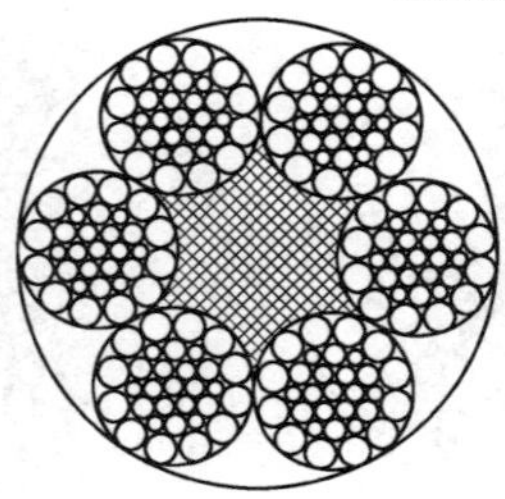

6×31WS+FC

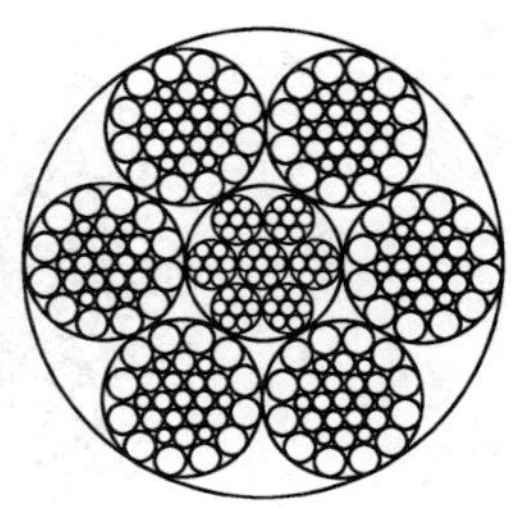

6×31WS+IWR

直径:12～46mm

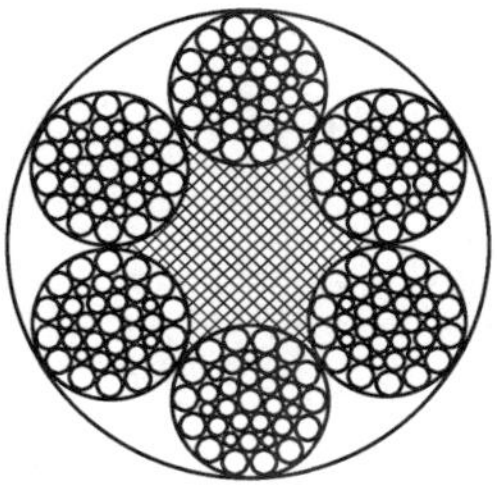

6×36WS+FC

6×36WS+IWR

直径:12～60mm

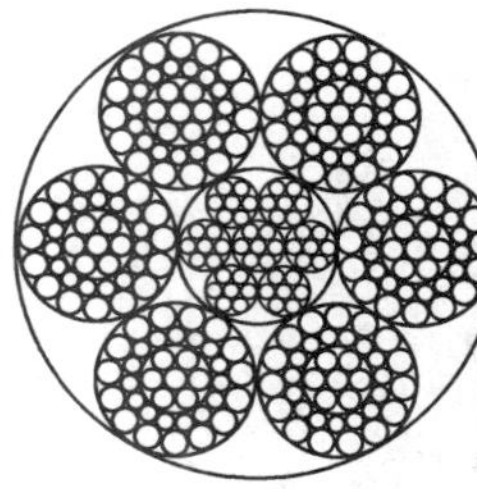

6×37S+FC

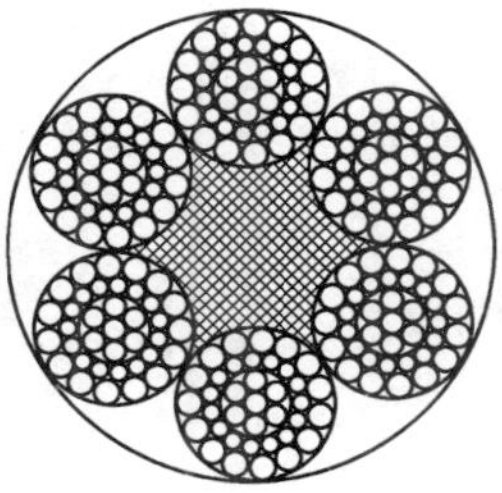

6×37S+IWR

直径:10～60mm

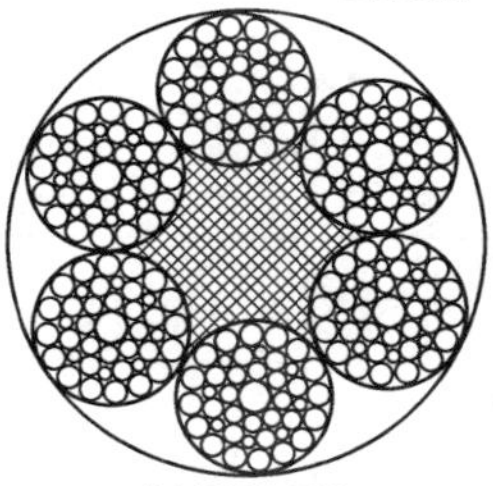

6×41WS+FC

6×41WS+IWR

直径:32～60mm

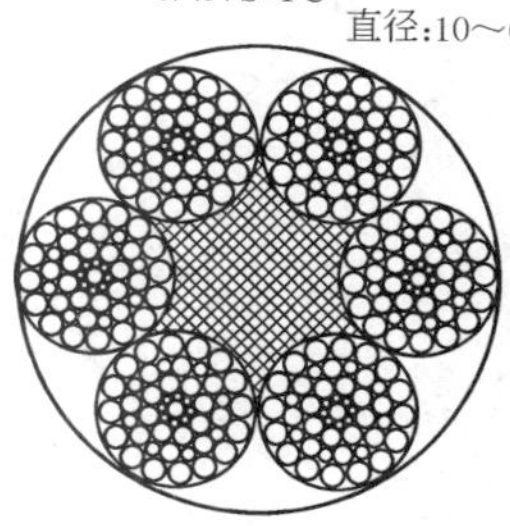

6×49SWS+FC

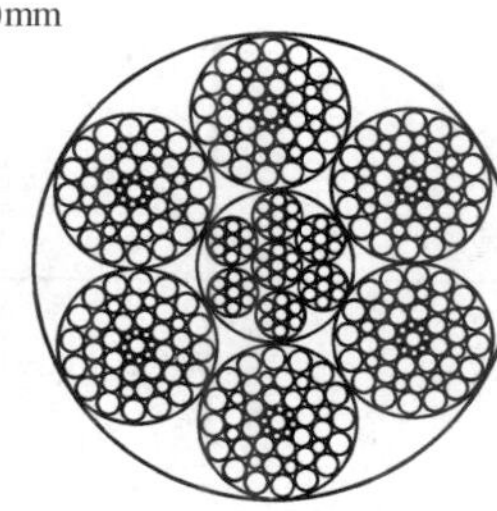

6×49SWS+IWR

直径:36～60mm

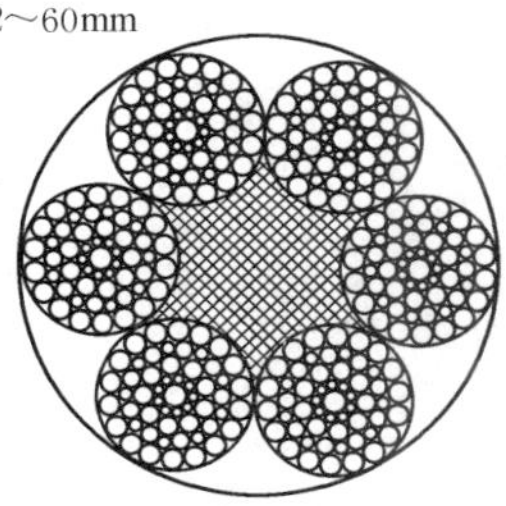

6×55SWS+FC

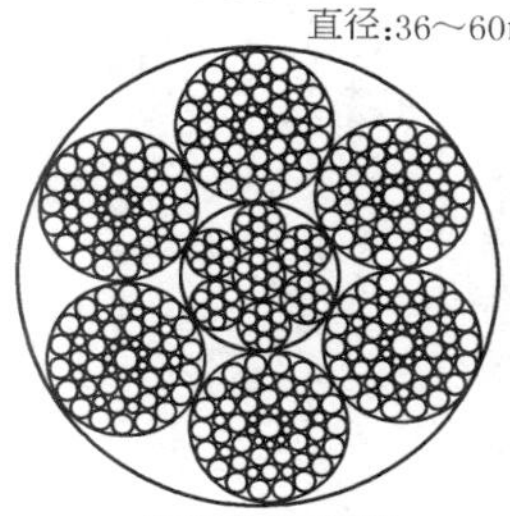

6×55SWS+IWR

直径:36～60mm

表 9-1-34　　力学性能（第 3 组 6 种结构，第 4 组 12 种结构）

钢丝绳公称直径/mm	参考质量/(kg/100m)			钢丝绳公称抗拉强度/MPa											
				1570		1670		1770		1870		1960		2160	
				钢丝绳最小破断拉力/kN											
	天然纤维芯钢丝绳	合成纤维芯钢丝绳	钢芯钢丝绳	纤维芯钢丝绳	钢芯钢丝绳	纤维芯钢丝绳	钢芯钢丝绳	纤维芯钢丝绳	钢芯钢丝绳	纤维芯钢丝绳	钢芯钢丝绳	纤维芯钢丝绳	钢芯钢丝绳	纤维芯钢丝绳	钢芯钢丝绳
8	24.3	23.7	26.8	33.2	35.8	35.3	38.0	37.4	40.3	39.5	42.6	41.4	44.7	45.6	49.2
10	38.0	37.1	41.8	51.8	55.9	55.1	59.5	58.4	63.0	61.7	66.6	64.7	69.8	71.3	76.9
12	54.7	53.4	60.2	74.6	80.5	79.4	85.6	84.1	90.7	88.9	95.9	93.1	100	103	111
13	64.2	62.7	70.6	87.6	94.5	93.1	100	98.7	106	104	113	109	118	120	130
14	74.5	72.7	81.9	102	110	108	117	114	124	121	130	127	137	140	151
16	97.3	95.0	107	133	143	141	152	150	161	158	170	166	179	182	197
18	123	120	135	168	181	179	193	189	204	200	216	210	226	231	249
20	152	148	167	207	224	220	238	234	252	247	266	259	279	285	308
22	184	180	202	251	271	267	288	283	305	299	322	313	338	345	372
24	219	214	241	298	322	317	342	336	363	355	383	373	402	411	443
26	257	251	283	350	378	373	402	395	426	417	450	437	472	482	520
28	298	291	328	406	438	432	466	458	494	484	522	507	547	559	603
30	342	334	376	466	503	496	535	526	567	555	599	582	628	642	692
32	389	380	428	531	572	564	609	598	645	632	682	662	715	730	787
34	439	429	483	599	646	637	687	675	728	713	770	748	807	824	889
36	492	481	542	671	724	714	770	757	817	800	863	838	904	924	997
38	549	536	604	748	807	796	858	843	910	891	961	934	1010	1030	1110
40	608	594	669	829	894	882	951	935	1010	987	1070	1030	1120	1140	1230
42	670	654	737	914	986	972	1050	1030	1110	1090	1170	1140	1230	1260	1360
44	736	718	809	1000	1080	1070	1150	1130	1220	1190	1290	1250	1350	1380	1490
46	804	785	884	1100	1180	1170	1260	1240	1330	1310	1410	1370	1480	1510	1630
48	876	855	963	1190	1290	1270	1370	1350	1450	1420	1530	1490	1610	1640	1770
50	950	928	1040	1300	1400	1380	1490	1460	1580	1540	1660	1620	1740	1780	1920
52	1030	1000	1130	1400	1510	1490	1610	1580	1700	1670	1800	1750	1890	1930	2080
54	1110	1080	1220	1510	1630	1610	1730	1700	1840	1800	1940	1890	2030	2080	2240
56	1190	1160	1310	1620	1750	1730	1860	1830	1980	1940	2090	2030	2190	2240	2410
58	1280	1250	1410	1740	1880	1850	2000	1960	2120	2080	2240	2180	2350	2400	2590
60	1370	1340	1500	1870	2010	1980	2140	2100	2270	2220	2400	2330	2510	2570	2770

注：最小钢丝破断拉力总和=钢丝绳最小破断拉力×1.226（纤维芯）或 1.321（钢芯），其中 6×37S 纤维芯为 1.191，钢芯为 1.283。

第 9 篇

第 4 组 6×37（b）类

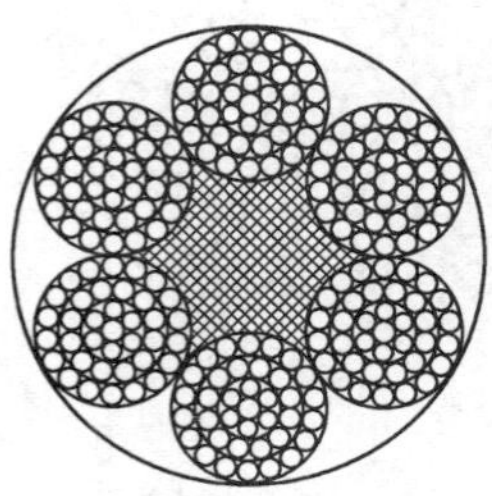

6×37+FC

6×37+IWR

直径:5～60mm

表 9-1-35　　力学性能（第 4 组 2 种结构）

钢丝绳公称直径/mm	参考质量/(kg/100 m)			钢丝绳公称抗拉强度/MPa							
				1570		1670		1770		1870	
				钢丝绳最小破断拉力/kN							
	天然纤维芯钢丝绳	合成纤维芯钢丝绳	钢芯钢丝绳	纤维芯钢丝绳	钢芯钢丝绳	纤维芯钢丝绳	钢芯钢丝绳	纤维芯钢丝绳	钢芯钢丝绳	纤维芯钢丝绳	钢芯钢丝绳
5	8.65	8.43	10.0	11.6	12.5	12.3	13.3	13.1	14.1	13.8	14.9
6	12.5	12.1	14.4	16.7	18.0	17.7	19.2	18.8	20.3	19.9	21.5
7	17.0	16.5	19.6	22.7	24.5	24.1	26.1	25.6	27.7	27.0	29.2
8	22.1	21.6	25.6	29.6	32.1	31.5	34.1	33.4	36.1	35.3	38.2
9	28.0	27.3	32.4	37.5	40.6	39.9	43.2	42.3	45.7	44.7	48.3
10	34.6	33.7	40.0	46.3	50.1	49.3	53.3	52.2	56.5	55.2	59.7
11	41.9	40.8	48.4	56.0	60.6	59.6	64.5	63.2	68.3	66.7	72.2
12	49.8	48.5	57.6	66.7	72.1	70.9	76.7	75.2	81.3	79.4	85.9
13	58.5	57.0	67.6	78.3	84.6	83.3	90.0	88.2	95.4	93.2	101
14	67.8	66.1	78.4	90.8	98.2	96.6	104	102	111	108	117
16	88.6	86.3	102	119	128	126	136	134	145	141	153
18	112	109	130	150	162	160	173	169	183	179	193
20	138	135	160	185	200	197	213	209	226	221	239
22	167	163	194	224	242	238	258	253	273	267	289
24	199	194	230	267	288	284	307	301	325	318	344
26	234	228	270	313	339	333	360	353	382	373	403
28	271	264	314	363	393	386	418	409	443	432	468
30	311	303	360	417	451	443	479	470	508	496	537
32	354	345	410	474	513	504	546	535	578	565	611
34	400	390	462	535	579	570	616	604	653	638	690
36	448	437	518	600	649	638	690	677	732	715	773
38	500	487	578	669	723	711	769	754	815	797	861
40	554	539	640	741	801	788	852	835	903	883	954
42	610	594	706	817	883	869	940	921	996	973	1050
44	670	652	774	897	970	954	1030	1010	1090	1070	1150
46	732	713	846	980	1060	1040	1130	1100	1190	1170	1260
48	797	776	922	1070	1150	1140	1230	1200	1300	1270	1370
50	865	843	1000	1160	1250	1230	1330	1300	1410	1380	1490
52	936	911	1080	1250	1350	1330	1440	1410	1530	1490	1610
54	1010	983	1170	1350	1460	1440	1550	1520	1650	1610	1740
56	1090	1060	1250	1450	1570	1540	1670	1640	1770	1730	1870
58	1160	1130	1350	1560	1680	1660	1790	1760	1900	1860	2010
60	1250	1210	1440	1670	1800	1770	1920	1880	2030	1990	2150

注：最小钢丝破断拉力总和=钢丝绳最小破断拉力×1.249（纤维芯）或 1.336（钢芯）。

第 5 组 6×61 类

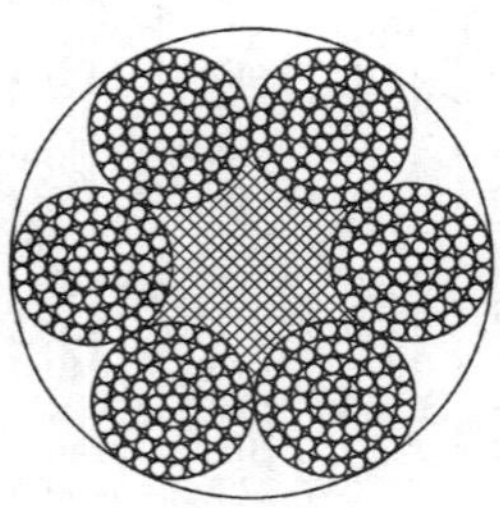

6×61+FC

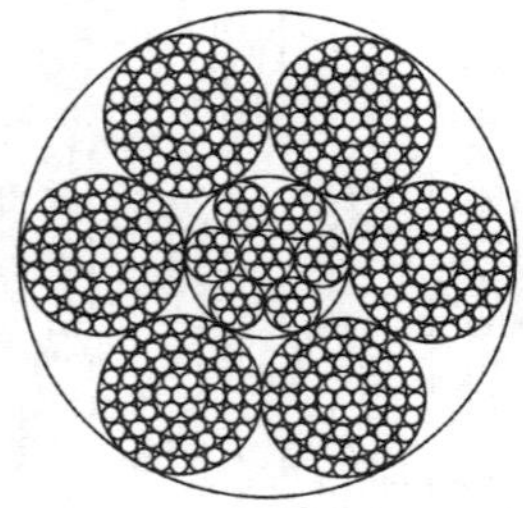

6×61+IWR

表 9-1-36　　　　力学性能（第 5 组 2 种结构）

钢丝绳公称直径/mm	参考质量/(kg/100 m)			钢丝绳公称抗拉强度/MPa							
				1570		1670		1770		1870	
				钢丝绳最小破断拉力/kN							
	天然纤维芯钢丝绳	合成纤维芯钢丝绳	钢芯钢丝绳	纤维芯钢丝绳	钢芯钢丝绳	纤维芯钢丝绳	钢芯钢丝绳	纤维芯钢丝绳	钢芯钢丝绳	纤维芯钢丝绳	钢芯钢丝绳
40	578	566	637	711	769	756	818	801	867	847	916
42	637	624	702	784	847	834	901	884	955	934	1010
44	699	685	771	860	930	915	989	970	1050	1020	1110
46	764	749	842	940	1020	1000	1080	1060	1150	1120	1210
48	832	816	917	1020	1110	1090	1180	1150	1250	1220	1320
50	903	885	995	1110	1200	1180	1280	1250	1350	1320	1430
52	976	957	1080	1200	1300	1280	1380	1350	1460	1430	1550
54	1050	1030	1160	1300	1400	1380	1490	1460	1580	1540	1670
56	1130	1110	1250	1390	1510	1480	1600	1570	1700	1660	1790
58	1210	1190	1340	1490	1620	1590	1720	1690	1820	1780	1920
60	1300	1270	1430	1600	1730	1700	1840	1800	1950	1910	2060

注：最小钢丝破断拉力总和=钢丝绳最小破断拉力×1.301（纤维芯）或 1.392（钢芯）。

第 6 组　8×19 类

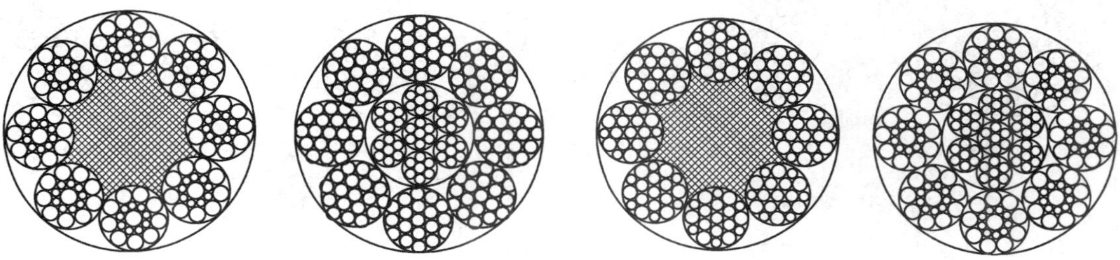

8×19S+FC　8×19S+IWR　直径:11～44mm

8×19W+FC　8×19W+IWR　直径:10～48mm

表 9-1-37　　　　力学性能（第 6 组 4 种结构）

钢丝绳公称直径/mm	参考质量/(kg/100m)			钢丝绳公称抗拉强度/MPa											
				1570		1670		1770		1870		1960		2160	
				钢丝绳最小破断拉力/kN											
	天然纤维芯钢丝绳	合成纤维芯钢丝绳	钢芯钢丝绳	纤维芯钢丝绳	钢芯钢丝绳	纤维芯钢丝绳	钢芯钢丝绳	纤维芯钢丝绳	钢芯钢丝绳	纤维芯钢丝绳	钢芯钢丝绳	纤维芯钢丝绳	钢芯钢丝绳	纤维芯钢丝绳	钢芯钢丝绳
10	34.6	33.4	42.2	46.0	54.3	48.9	57.8	51.9	61.2	54.8	64.7	57.4	67.8	63.3	74.7
11	41.9	40.4	51.1	55.7	65.7	59.2	69.9	62.8	74.1	66.3	78.3	69.5	82.1	76.6	90.4
12	49.9	48.0	60.8	66.2	78.2	70.5	83.2	74.7	88.2	78.9	93.2	82.7	97.7	91.1	108
13	58.5	56.4	71.3	77.7	91.8	82.7	97.7	87.6	103	92.6	109	97.1	115	107	126
14	67.9	65.4	82.7	90.2	106	95.9	113	102	120	107	127	113	133	124	146
16	88.7	85.4	108	118	139	125	148	133	157	140	166	147	174	162	191
18	112	108	137	149	176	159	187	168	198	178	210	186	220	205	242
20	139	133	169	184	217	196	231	207	245	219	259	230	271	253	299
22	168	162	204	223	263	237	280	251	296	265	313	278	328	306	362
24	199	192	243	265	313	282	333	299	353	316	373	331	391	365	430
26	234	226	285	311	367	331	391	351	414	370	437	388	458	428	505
28	271	262	331	361	426	384	453	407	480	430	507	450	532	496	586
30	312	300	380	414	489	440	520	467	551	493	582	517	610	570	673
32	355	342	432	471	556	501	592	531	627	561	663	588	694	648	765
34	400	386	488	532	628	566	668	600	708	633	748	664	784	732	864
36	449	432	547	596	704	634	749	672	794	710	839	744	879	820	969
38	500	482	609	664	784	707	834	749	884	791	934	829	979	914	1080
40	554	534	675	736	869	783	925	830	980	877	1040	919	1090	1010	1200
42	611	589	744	811	958	863	1020	915	1080	967	1140	1010	1200	1120	1320
44	670	646	817	891	1050	947	1120	1000	1190	1060	1250	1110	1310	1230	1450
46	733	706	893	973	1150	1040	1220	1100	1300	1160	1370	1220	1430	1340	1580
48	798	769	972	1060	1250	1130	1330	1190	1410	1260	1490	1320	1560	1460	1720

注：最小钢丝破断拉力总和=钢丝绳最小破断拉力×1.214（纤维芯）或 1.306（钢芯）。

第 6 组 8×19 类和第 7 组 8×37 类

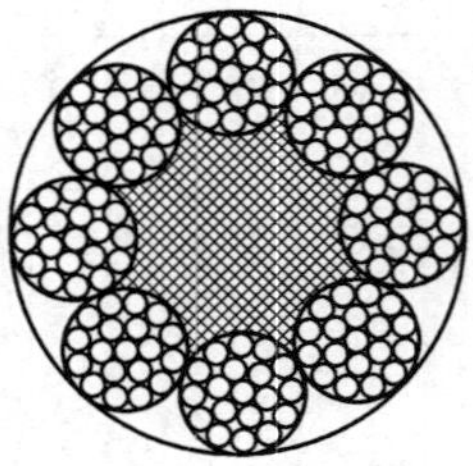
8×25Fi+FC

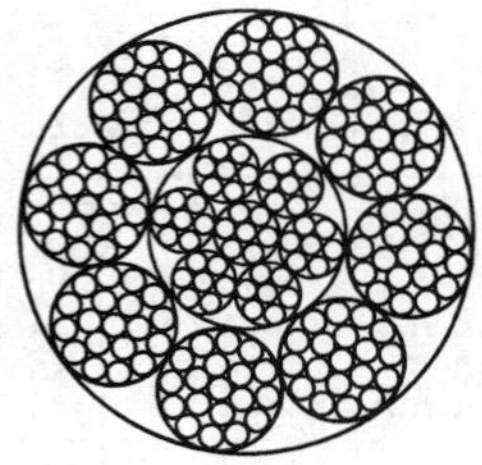
8×25Fi+IWR

直径:18～52mm

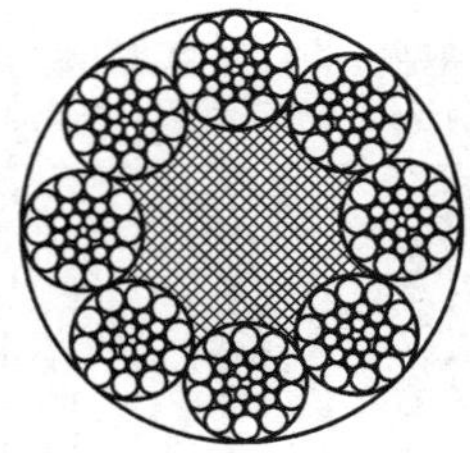
8×26WS+FC

8×26WS+IWR

直径:16～48mm

8×31WS+FC

8×31WS+IWR

直径:14～56mm

8×36WS+FC

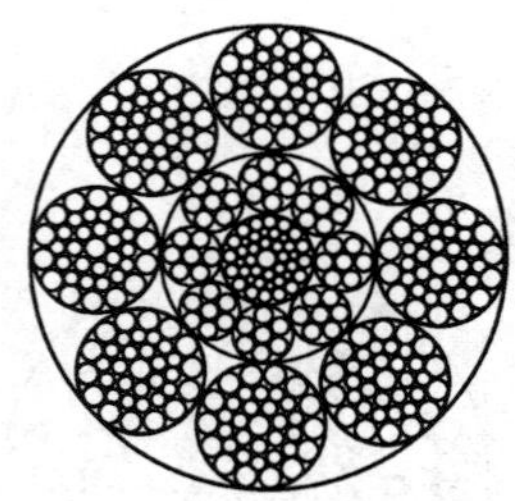
8×36WS+IWR

直径:14～60mm

8×41WS+FC

8×41WS+IWR

直径:40～60mm

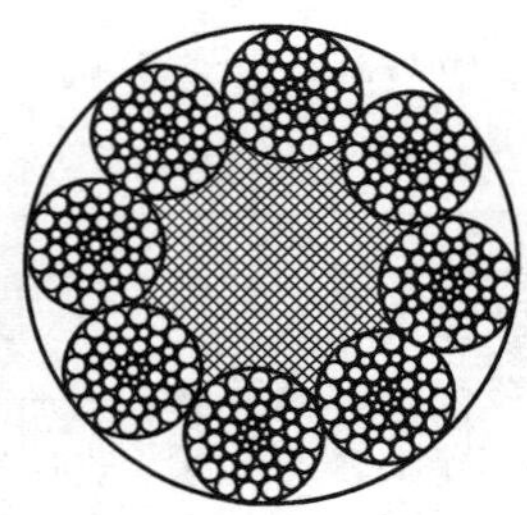
8×49SWS+FC

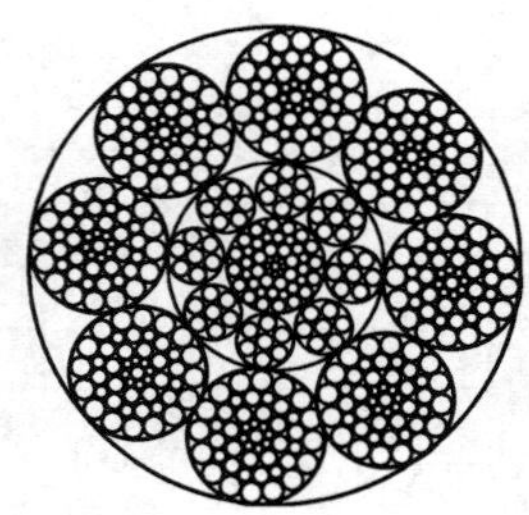
8×49SWS+IWR

直径: 44 ～60mm

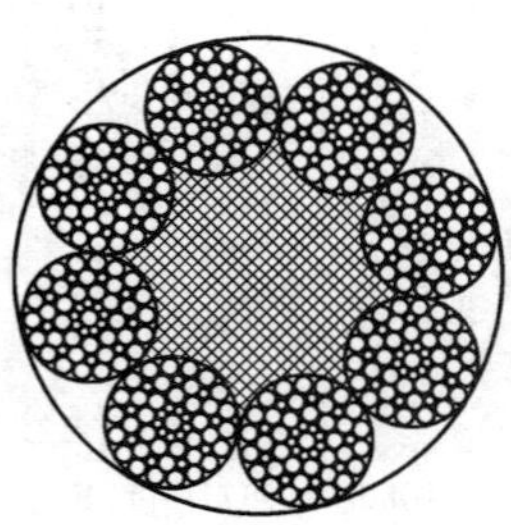
8×55SWS+FC

8×55SWS+IWR

直径:44～60mm

表 9-1-38　　力学性能（第 6 组 6 种结构，第 7 组 8 种结构）

钢丝绳公称直径/mm	参考质量/(kg/100m)			钢丝绳公称抗拉强度/MPa											
				1570		1670		1770		1870		1960		2160	
				钢丝绳最小破断拉力/kN											
	天然纤维芯钢丝绳	合成纤维芯钢丝绳	钢芯钢丝绳	纤维芯钢丝绳	钢芯钢丝绳	纤维芯钢丝绳	钢芯钢丝绳	纤维芯钢丝绳	钢芯钢丝绳	纤维芯钢丝绳	钢芯钢丝绳	纤维芯钢丝绳	钢芯钢丝绳	纤维芯钢丝绳	钢芯钢丝绳
14	70.0	67.4	85.3	90.2	106	95.9	113	102	120	107	127	113	133	124	146
16	91.4	88.1	111	118	139	125	148	133	157	140	166	147	174	162	191
18	116	111	141	149	176	159	187	168	198	178	210	186	220	205	242
20	143	138	174	184	217	196	231	207	245	219	259	230	271	253	299
22	173	166	211	223	263	237	280	251	296	265	313	278	328	306	362
24	206	198	251	265	313	282	333	299	353	316	373	331	391	365	430
26	241	233	294	311	367	331	391	351	414	370	437	388	458	428	505
28	280	270	341	361	426	384	453	407	480	430	507	450	532	496	586
30	321	310	392	414	489	440	520	467	551	493	582	517	610	570	673
32	366	352	445	471	556	501	592	531	627	561	663	588	694	648	765
34	413	398	503	532	628	566	668	600	708	633	748	664	784	732	864
36	463	446	564	596	704	634	749	672	794	710	839	744	879	820	969
38	516	497	628	664	784	707	834	749	884	791	934	829	979	914	1080
40	571	550	696	736	869	783	925	830	980	877	1040	919	1090	1010	1230
42	630	607	767	811	958	863	1020	915	1080	967	1140	1010	1200	1120	1320
44	691	666	842	890	1050	947	1120	1000	1190	1060	1250	1110	1310	1230	1450
46	755	728	920	973	1150	1040	1220	1100	1300	1160	1370	1220	1430	1340	1580
48	823	793	1000	1060	1250	1130	1330	1190	1410	1260	1490	1320	1560	1460	1720
50	892	860	1090	1150	1360	1220	1440	1300	1530	1370	1620	1440	1700	1580	1870
52	965	930	1180	1240	1470	1320	1560	1400	1660	1480	1750	1550	1830	1710	2020
54	1040	1000	1270	1340	1580	1430	1680	1510	1790	1600	1890	1670	1980	1850	2180
56	1120	1080	1360	1440	1700	1530	1810	1630	1920	1720	2030	1800	2130	1980	2340
58	1200	1160	1460	1550	1830	1650	1940	1740	2060	1840	2180	1930	2280	2130	2510
60	1290	1240	1570	1660	1960	1760	2080	1870	2200	1970	2330	2070	2440	2280	2690

注：最小钢丝破断拉力总和=钢丝绳最小破断拉力×1.226（纤维芯）或 1.374（钢芯）。

第 8 组 18×7 类和第 9 组 18×19 类

17×7+FC

17×7+IWS

直径:6～44mm

18×7+FC

18×7+IWS

直径:6～44mm

18×19W+FC

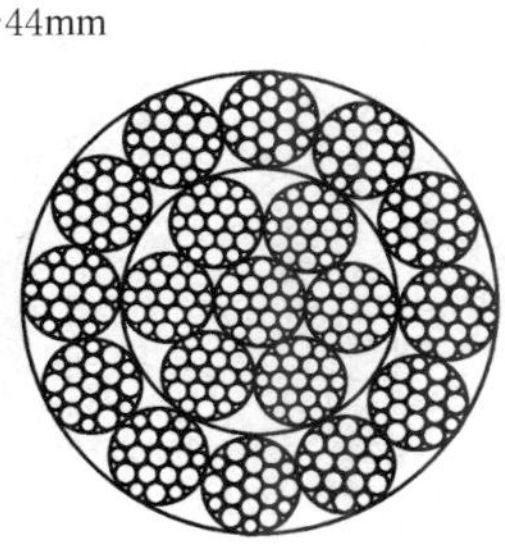

18×19W+IWS

直径:14～44mm

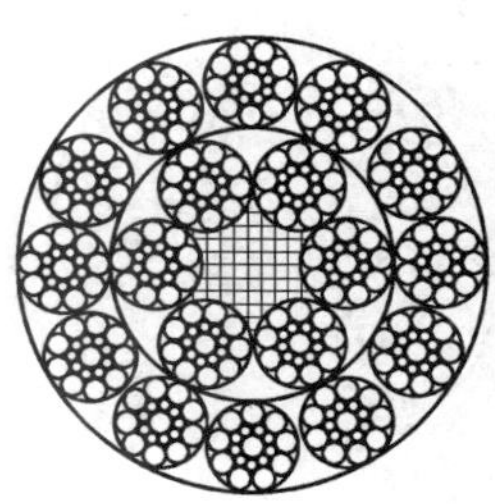

18×19S+FC

18×19S+IWS

直径:14～44mm

18×19+FC

18×19+IWS

直径:10～44mm

表 9-1-39　　力学性能（第 8 组 4 种结构，第 9 组 6 种结构）

钢丝绳公称直径/mm	参考质量/(kg/100m)		钢丝绳公称抗拉强度/MPa											
			1570		1670		1770		1870		1960		2160	
			钢丝绳最小破断拉力/kN											
	纤维芯钢丝绳	钢芯钢丝绳	纤维芯钢丝绳	钢芯钢丝绳	纤维芯钢丝绳	钢芯钢丝绳	纤维芯钢丝绳	钢芯钢丝绳	纤维芯钢丝绳	钢芯钢丝绳	纤维芯钢丝绳	钢芯钢丝绳	纤维芯钢丝绳	钢芯钢丝绳
6	14.0	15.5	17.5	18.5	18.6	19.7	19.8	20.9	20.9	22.1	21.9	23.1	24.1	25.5
7	19.1	21.1	23.8	25.2	25.4	26.8	26.9	28.4	28.4	30.1	29.8	31.5	32.8	34.7
8	25.0	27.5	31.1	33.0	33.1	35.1	35.1	37.2	37.1	39.3	38.9	41.1	42.9	45.3
9	31.6	34.8	39.4	41.7	41.9	44.4	44.4	47.0	47.0	49.7	49.2	52.1	54.2	57.4
10	39.0	43.0	48.7	51.5	51.8	54.8	54.9	58.1	58.0	61.3	60.8	64.3	67.0	70.8
11	47.2	52.0	58.9	62.3	62.6	66.3	66.4	70.2	70.1	74.2	73.5	77.8	81.0	85.7
12	56.2	61.9	70.1	74.2	74.5	78.9	79.0	83.6	83.5	88.3	87.5	92.6	96.4	102
13	65.9	72.7	82.3	87.0	87.5	92.6	92.7	98.1	98.0	104	103	109	113	120
14	76.4	84.3	95.4	101	101	107	108	114	114	120	119	126	131	139
16	99.8	110	125	132	133	140	140	149	148	157	156	165	171	181
18	126	139	158	167	168	177	178	188	188	199	197	208	217	230
20	156	172	195	206	207	219	219	232	232	245	243	257	268	283
22	189	208	236	249	251	265	266	281	281	297	294	311	324	343
24	225	248	280	297	298	316	316	334	334	353	350	370	386	408
26	264	291	329	348	350	370	371	392	392	415	411	435	453	479
28	306	337	382	404	406	429	430	455	454	481	476	504	525	555
30	351	387	438	463	466	493	494	523	522	552	547	579	603	638
32	399	440	498	527	530	561	562	594	594	628	622	658	686	725
34	451	497	563	595	598	633	634	671	670	709	702	743	774	819
36	505	557	631	667	671	710	711	752	751	795	787	833	868	918
38	563	621	703	744	748	791	792	838	837	886	877	928	967	1020
40	624	688	779	824	828	876	878	929	928	981	972	1030	1070	1130
42	688	759	859	908	913	966	968	1020	1020	1080	1070	1130	1180	1250
44	755	832	942	997	1000	1060	1060	1120	1120	1190	1180	1240	1300	1370

注：最小钢丝破断拉力总和=钢丝绳最小破断拉力×1.283，其中 17×7 为 1.250。

第 10 组 34×7 类

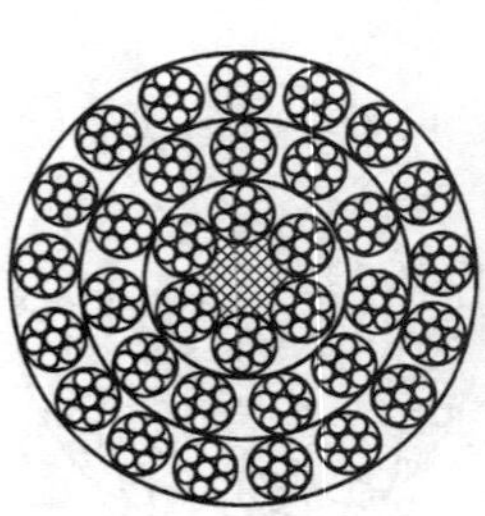

34×7+FC

34×7+IWS

36×7+FC

36×7+IWS

直径:16～44mm　　直径:16～44mm

表 9-1-40　　力学性能（第 10 组 4 种结构）

钢丝绳公称直径/mm	参考质量/(kg/100 m)		钢丝绳公称抗拉强度/MPa 钢丝绳最小破断拉力/kN							
			1570		1670		1770		1870	
	纤维芯钢丝绳	钢芯钢丝绳	纤维芯钢丝绳	钢芯钢丝绳	纤维芯钢丝绳	钢芯钢丝绳	纤维芯钢丝绳	钢芯钢丝绳	纤维芯钢丝绳	钢芯钢丝绳
16	99.8	110	124	128	132	136	140	144	147	152
18	126	139	157	162	167	172	177	182	187	193
20	156	172	193	200	206	212	218	225	230	238
22	189	208	234	242	249	257	264	272	279	288
24	225	248	279	288	296	306	314	324	332	343
26	264	291	327	337	348	359	369	380	389	402
28	306	337	379	391	403	416	427	441	452	466
30	351	387	435	449	463	478	491	507	518	535
32	399	440	495	511	527	544	558	576	590	609
34	451	497	559	577	595	614	630	651	666	687
36	505	557	627	647	667	688	707	729	746	771
38	563	621	698	721	743	767	787	813	832	859
40	624	688	774	799	823	850	872	901	922	951
42	688	759	853	881	907	937	962	993	1020	1050
44	755	832	936	967	996	1030	1060	1090	1120	1150

注：最小钢丝破断拉力总和＝钢丝绳最小破断拉力×1.334，其中34×7为1.300。

第 11 组 35W×7 类

35W×7

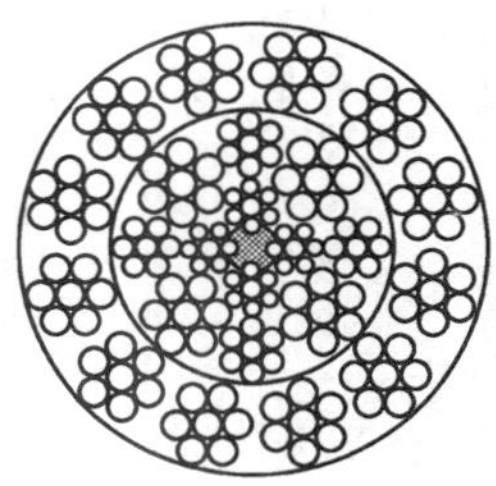

24W×7

表 9-1-41　　力学性能（第 11 组 2 种结构）

钢丝绳公称直径/mm	参考质量/(kg/100m)	钢丝绳公称抗拉强度/MPa 钢丝绳最小破断拉力/kN					
		1570	1670	1770	1870	1960	2160
12	66.2	81.4	86.6	91.8	96.9	102	112
14	90.2	111	118	125	132	138	152
16	118	145	154	163	172	181	199
18	149	183	195	206	218	229	252
20	184	226	240	255	269	282	311
22	223	274	291	308	326	342	376
24	265	326	346	367	388	406	448
26	311	382	406	431	455	477	526
28	361	443	471	500	528	553	610
30	414	509	541	573	606	635	700
32	471	579	616	652	689	723	796
34	532	653	695	737	778	816	899
36	596	732	779	826	872	914	1010
38	664	816	868	920	972	1020	1120
40	736	904	962	1020	1080	1130	1240
42	811	997	1060	1120	1190	1240	1370
44	891	1090	1160	1230	1300	1370	1510
46	973	1200	1270	1350	1420	1490	1650
48	1060	1300	1390	1470	1550	1630	1790
50	1150	1410	1500	1590	1680	1760	1940

注：最小钢丝破断拉力总和＝钢丝绳最小破断拉力×1.287。

第 12 组 6×12 类

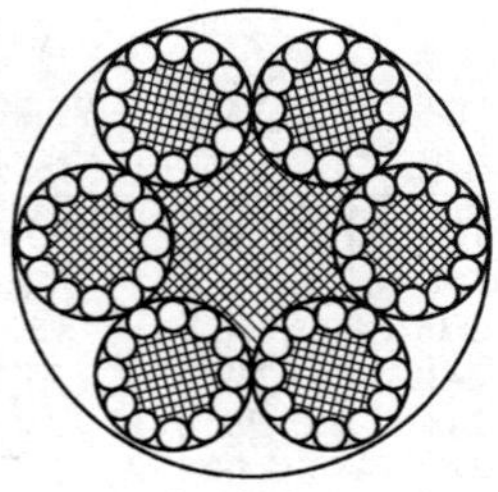

6×12+7FC

表 9-1-42　　力学性能（第 12 组 结构 6×12+7FC）

钢丝绳公称直径/mm	参考质量/(kg/100m)		钢丝绳公称抗拉强度/MPa			
			1470	1570	1670	1770
	天然纤维芯钢丝绳	合成纤维芯钢丝绳	钢丝绳最小破断拉力/kN			
8	16. 1	14. 8	19. 7	21. 0	22. 3	23. 7
9	20. 3	18. 7	24. 9	26. 6	28. 3	30. 0
9. 3	21. 7	20. 0	26. 6	28. 4	30. 2	32. 0
10	25. 1	23. 1	30. 7	32. 8	34. 9	37. 0
11	30. 4	28. 0	37. 2	39. 7	42. 2	44. 8
12	36. 1	33. 3	44. 2	47. 3	50. 3	53. 3
12. 5	39. 2	36. 1	48. 0	51. 3	54. 5	57. 8
13	42. 4	39. 0	51. 9	55. 5	59. 0	62. 5
14	49. 2	45. 3	60. 2	64. 3	68. 4	72. 5
15. 5	60. 3	55. 5	73. 8	78. 8	83. 9	88. 9
16	64. 3	59. 1	78. 7	84. 0	89. 4	94. 7
17	72. 5	66. 8	88. 8	94. 8	101	107
18	81. 3	74. 8	99. 5	106	113	120
18. 5	85. 9	79. 1	105	112	119	127
20	100	92. 4	123	131	140	148
21. 5	116	107	142	152	161	171
22	121	112	149	159	169	179
24	145	133	177	189	201	213
24. 5	151	139	184	197	210	222
26	170	156	208	222	236	250
28	197	181	241	257	274	290
32	257	237	315	336	357	379

注：最小钢丝破断拉力总和=钢丝绳最小破断拉力×1. 136。

第 13 组 6×24 类

6×24+7FC
直径：8～40mm

表 9-1-43　　力学性能（第 13 组 结构 6×24+7FC）

钢丝绳公称直径/mm	参考质量/(kg/100m)		钢丝绳公称抗拉强度/MPa			
			1470	1570	1670	1770
	天然纤维芯钢丝绳	合成纤维芯钢丝绳	钢丝绳最小破断拉力/kN			
8	20.4	19.5	26.3	28.1	29.9	31.7
9	25.8	24.6	33.3	35.6	37.9	40.1
10	31.8	30.4	41.2	44.0	46.8	49.6
11	38.5	36.8	49.8	53.2	56.6	60.0
12	45.8	43.8	59.3	63.3	67.3	71.4
13	53.7	51.4	69.6	74.3	79.0	83.8
14	62.3	59.6	80.7	86.2	91.6	97.1
16	81.4	77.8	105	113	120	127
18	103	98.5	133	142	152	161
20	127	122	165	176	187	198
22	154	147	199	213	226	240
24	183	175	237	253	269	285
26	215	206	278	297	316	335
28	249	238	323	345	367	389
30	286	274	370	396	421	446
32	326	311	421	450	479	507
34	368	351	476	508	541	573
36	412	394	533	570	606	642
38	459	439	594	635	675	716
40	509	486	659	703	748	793

注：最小钢丝破断拉力总和=钢丝绳最小破断拉力×1.150（纤维芯）。

第 13 组 6×24 类

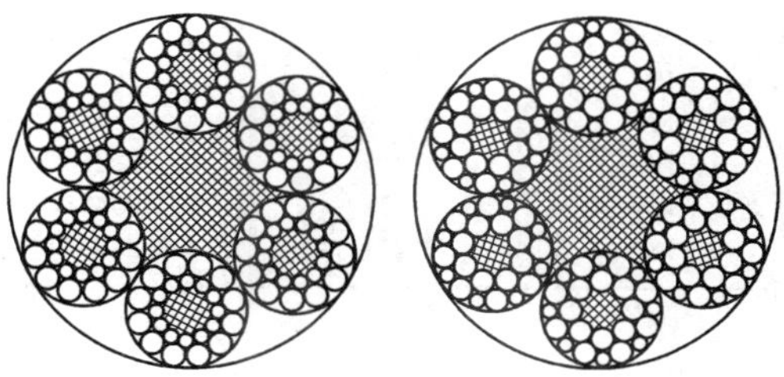

6×24S+7FC　　6×24W+7FC

直径：10～44mm

表 9-1-44　　力学性能（第 13 组 2 种结构）

钢丝绳公称直径/mm	参考质量/(kg/100m)		钢丝绳公称抗拉强度/MPa			
			1470	1570	1670	1770
	天然纤维芯钢丝绳	合成纤维芯钢丝绳	钢丝绳最小破断拉力/kN			
10	33.1	31.6	42.8	45.7	48.6	51.5
11	40.0	38.2	51.8	55.3	58.8	62.3
12	47.7	45.5	61.6	65.8	70.0	74.2
13	55.9	53.4	72.3	77.2	82.1	87.0
14	64.9	61.9	83.8	90.0	95.3	101
16	84.7	80.9	110	117	124	132
18	107	102	139	148	157	167
20	132	126	171	183	194	206
22	160	153	207	221	235	249
24	191	182	246	263	280	297
26	224	214	289	309	329	348
28	260	248	335	358	381	404
30	298	284	385	411	437	464
32	339	324	438	468	498	527
34	383	365	495	528	562	595
36	429	410	554	592	630	668
38	478	456	618	660	702	744
40	530	506	684	731	778	824
42	584	557	755	806	857	909
44	641	612	828	885	941	997

注：最小钢丝破断拉力总和=钢丝绳最小破断拉力×1.150（纤维芯）。

第 14 组 6×15 类

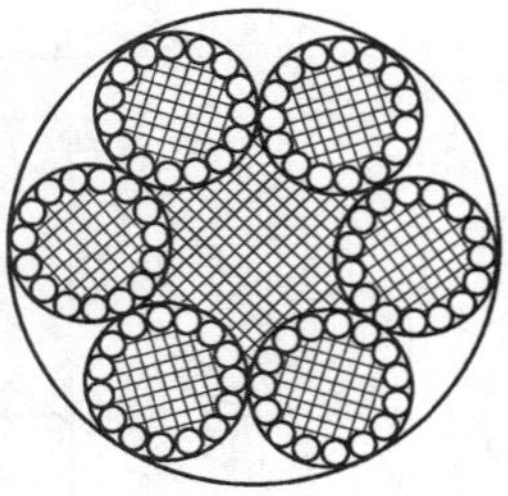

6×15+7FC

表 9-1-45　　力学性能（第 14 组 结构 6×15+7FC）

钢丝绳公称直径/mm	参考质量/(kg/100m)		钢丝绳公称抗拉强度/MPa			
			1470	1570	1670	1770
	天然纤维芯钢丝绳	合成纤维芯钢丝绳	钢丝绳最小破断拉力/kN			
10	20.0	18.5	26.5	28.3	30.1	31.9
12	28.8	26.6	38.1	40.7	43.3	45.9
14	39.2	36.3	51.9	55.4	58.9	62.4
16	51.2	47.4	67.7	72.3	77.0	81.6
18	64.8	59.9	85.7	91.6	97.4	103
20	80.0	74.0	106	113	120	127
22	96.8	89.5	128	137	145	154
24	115	107	152	163	173	184
26	135	125	179	191	203	215
28	157	145	207	222	236	250
30	180	166	238	254	271	287
32	205	189	271	289	308	326

注：最小钢丝破断拉力总和=钢丝绳最小破断拉力×1.136。

第 15 组 4×19 类和第 16 组 4×37 类

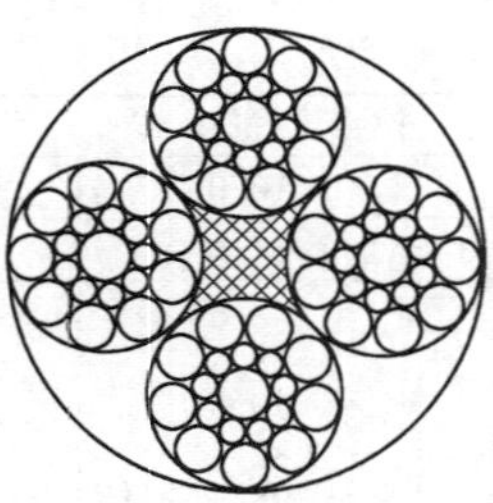

4×19S+FC
直径：8～28mm

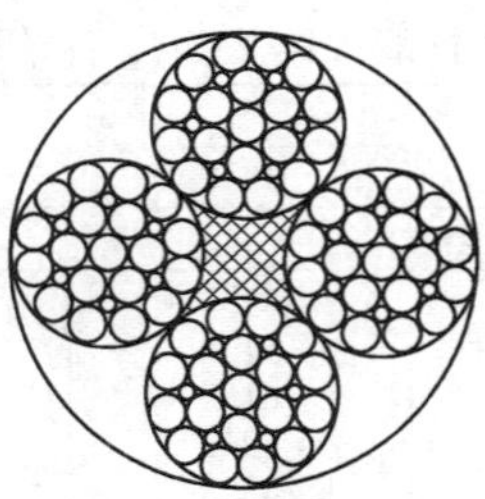

4×25Fi+FC
直径:12～34mm

4×26WS+FC
直径:12～31mm

4×31WS+FC
直径:12～36mm

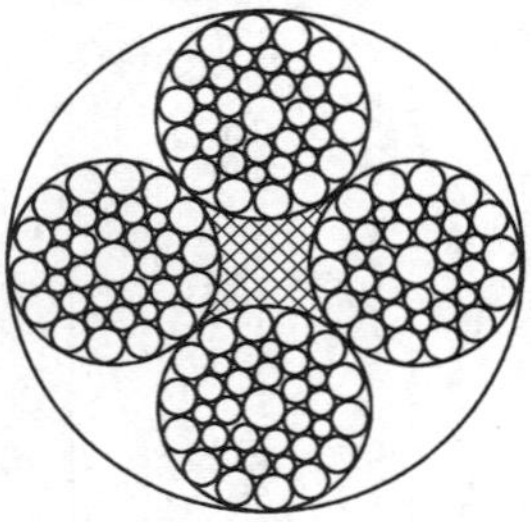

4×36WS+FC
直径:14～42mm

4×41WS+FC
直径:26～46mm

表 9-1-46　力学性能（第 15 组 4 种结构，第 16 组 2 种结构）

钢丝绳公称直径/mm	参考质量/(kg/100m)	钢丝绳公称抗拉强度/MPa					
		1570	1670	1770	1870	1960	2160
		钢丝绳最小破断拉力/kN					
8	26.2	36.2	38.5	40.8	43.1	45.2	49.8
10	41.0	56.5	60.1	63.7	67.3	70.6	77.8
12	59.0	81.4	86.6	91.8	96.9	102	112
14	80.4	111	118	125	132	138	152
16	105	145	154	163	172	181	199
18	133	183	195	206	218	229	252
20	164	226	240	255	269	282	311
22	198	274	291	308	326	342	376
24	236	326	346	367	388	406	448
26	277	382	406	431	455	477	526
28	321	443	471	500	528	553	610
30	369	509	541	573	606	635	700
32	420	579	616	652	689	723	796
34	474	653	695	737	778	816	899
36	531	732	779	826	872	914	1010
38	592	816	868	920	972	1020	1120
40	656	904	962	1020	1080	1130	1240
42	723	997	1060	1120	1190	1240	1370
44	794	1090	1160	1230	1300	1370	1510
46	868	1200	1270	1350	1420	1490	1650

注：最小钢丝破断拉力总和=钢丝绳最小破断拉力×1.191。

2.1.6　重要用途钢丝绳主要用途推荐表（摘自 GB 8918—2006）

表 9-1-47　钢丝绳主要用途推荐表

用途	名称	结构	备注
立井提升	三角股钢丝绳	6V×37S　6V×37　6V×34　6V×30　6V×43　6V×21	
	线接触钢丝绳	6×19S　6×19W　6×25Fi　6×29Fi　6×26WS 6×31WS　6×36WS　6×41WS	推荐同向捻
	多层股钢丝绳	18×7　17×7　35W×7　24W×7	用于钢丝绳罐道的立井
		6Q×19+6V×21　6Q×33+6V×21	
开凿立井提升（建井用）	多层股钢丝绳及异形股钢丝绳	6Q×33+6V×21　17×7　18×7　34×7　36×7 6Q×19+6V×21　4V×39S　4V×48S　35W×7　24W×7	
立井平衡绳	钢丝绳	6×37S　6×36WS　4V×39S　4V×48S	仅适用于交互捻
	多层股钢丝绳	17×7　18×7　34×7　36×7　35W×7　24W×7	
斜井提升（绞车）	三角股钢丝绳	6V×18　6V×19	仅适用于交互捻
	钢丝绳	6×7　6×9W	
高炉卷扬	三角股钢丝绳	6V×37S　6V×37　6V×30　6V×34　6V×43	推荐同向捻
	线接触钢丝绳	6×19S　6×25Fi　6×29Fi　6×26WS　6×31WS 6×36WS　6×41WS	
立井罐道及索道	三角股钢丝绳	6V×18　6V×19	
	多层股钢丝绳	18×7　17×7	推荐同向捻
露天斜坡卷扬	三角股钢丝绳	6V×37S　6V×37　6V×30　6V×34　6V×43	
	线接触钢丝绳	6×36WS　6×37S　6×41WS　6×49SWS　6×55SWS	推荐同向捻
石油钻井	线接触钢丝绳	6×19S　6×19W　6×25Fi　6×29Fi　6×26WS 6×31WS　6×41WS	也可采用钢芯
钢绳牵引胶带运输机、索道及地面缆车	线接触钢丝绳	6×19S　6×19W　6×25Fi　6×29Fi　6×26WS 6×31WS　6×36WS　6×41WS	推荐同向捻 6×19W 不适合索道

第 9 篇

续表

用途	名称	结构	备注
挖掘机(电铲卷扬)	线接触钢丝绳	6×19S+IWR 6×19W+IWR 6×25Fi+IWR 6×29Fi+IWR 6×26WS+IWR 6×31WS+IWR 6×36WS+IWR 6×49SWS+IWR 6×55SWS+IWR 35W×7 24W×7	推荐同向捻
	三角股钢丝绳	6V×37S 6V×37 6V×30 6V×34 6V×43	
起重机 大型浇铸吊车	线接触钢丝绳	6×19S+IWR 6×19W+IWR 6×25Fi+IWR 6×36WS+IWR 6×41WS+IWR	
起重机 港口装卸、水利工程及建筑用塔式起重机	多层股钢丝绳	18×19S 18×19W 34×7 36×7 35W×7 24W×7	
	四股扇形股钢丝绳	4V×39S 4V×48S	
起重机 繁忙起重及其他重要用途	线接触钢丝绳	6×19S 6×19W 6×25Fi 6×29Fi 6×26WS 6×31WS 6×36WS 6×37S 6×41WS 6×49SWS 6×55SWS 8×19S 8×19W 8×25Fi 8×26WS 8×31WS 8×36WS 8×41WS 8×49SWS 8×55SWS	
	四股扇形股钢丝绳	4V×39S 4V×48S	
热移钢机(轧钢厂推钢台)	线接触钢丝绳	6×19S+IWR 6×19W+IWR 6×25Fi+IWR 6×29Fi+IWR 6×26WS+IWR 6×37S+IWR 6×36WS+IWR	
船舶装卸	线接触钢丝绳	6×19W 6×25Fi 6×29Fi 6×31WS 6×36WS 6×37S	镀锌
	多层股钢丝绳	18×19S 18×19W 34×7 36×7 35W×7 24W×7	
	四股扇形股钢丝绳	4V×39S 4V×48S	
拖船、货网	钢丝绳	6×31WS 6×36WS 6×37S	镀锌
船舶张拉桅杆吊桥	钢丝绳	6×7+IWS 6×19S+IWR	镀锌
打捞沉船	钢丝绳	6×31WS 6×36WS 6×37S 6×41WS 6×49SWS 6×55SWS 8×19S 8×19W 8×31WS 8×36WS 8×41WS 8×49SWS 8×55SWS	镀锌

注：1. 腐蚀是主要报废原因时，应采用镀锌钢丝绳。
2. 钢丝绳工作时，终端不能自由旋转，或虽有反拨力，但不能相互纠合在一起的工作场合，应采用同向捻钢丝绳。

2.1.7 电梯用钢丝绳（摘自 GB 8903—2005）

主要用途：适用于载客电梯或载货电梯的曳引用钢丝绳、液压电梯用悬挂钢丝绳、补偿用钢丝绳和限速器用钢丝绳，以及杂物电梯和在导轨中运行的人力升降机等用的钢丝绳。不适用于建筑工地升降机，矿井升降机以及不在永久性导轨中间运行的临时性升降机用钢丝绳。

标记示例：结构为 8×19 西鲁式，绳芯为天然纤维芯，直径为 13mm，钢丝公称抗拉强度为 1370/1700（1500）MPa，表面状态光面，双强度配置，捻制方法为右交互捻的电梯钢丝绳标记为：

电梯钢丝绳　13NAT 8×19S+FN-13-1500（双）右交 ZS-GB 8903—2005。

力学性能（6×19 类，3 种结构）

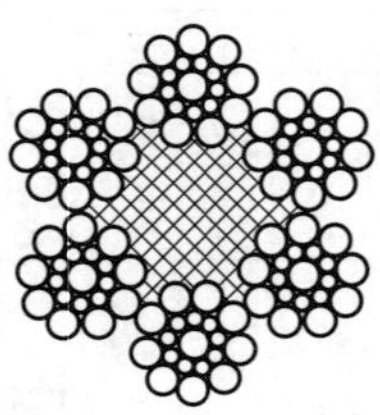

6×19S+FC

6×19W+FC

6×25FiS+FC

表 9-1-48

钢丝绳公称直径/mm	参考质量/(kg/100mm)	最小破断拉力/kN						
		双强度/MPa				单强度/MPa		
		1180/1770等级	1320/1620等级	1370/1770等级	1570/1770等级	1570等级	1620等级	1770等级
6	12.9	16.3	16.8	17.8	19.5	18.7	19.2	21.0
6.3	14.2	17.9	—	—	21.5	—	21.2	23.2
6.5*	15.2	19.1	19.7	20.9	22.9	21.9	22.6	24.7
8*	23.0	8.9	29.8	31.7	34.6	33.2	34.2	37.4
9	29.1	36.6	37.7	40.1	43.8	42.0	43.3	47.3
9.5	32.4	40.8	42.0	44.7	48.8	46.8	48.2	52.7
10*	35.9	45.2	46.5	49.5	54.1	51.8	53.5	58.4
11*	43.4	54.7	54.3	59.9	65.5	62.7	64.7	70.7
12	51.7	65.1	67.0	71.3	77.9	74.6	77.0	84.1
12.7	57.9	72.9	75.0	79.8	87.3	83.6	86.2	94.2
13*	60.7	76.4	78.6	83.7	91.5	87.6	90.3	98.7
14	70.4	88.6	91.2	97.0	106	102	105	114
14.3	73.4	92.4	—	—	111	—	—	119
15	80.8	102	—	111	122	117	—	131
16*	91.9	116	119	127	139	133	137	150
17.5	110	138	—	—	166	—	—	179
18	116	146	151	160	175	168	173	189
19*	130	163	168	179	195	187	193	211
20	144	181	186	198	216	207	214	234
20.6	152	192			230			248
22*	174	219	225	240	262	251	259	283

注：1. 最小破断拉力系数为 0.330。
2. 带 * 标记对新电梯的优先尺寸。

力学性能（8×19 类，3 种结构）

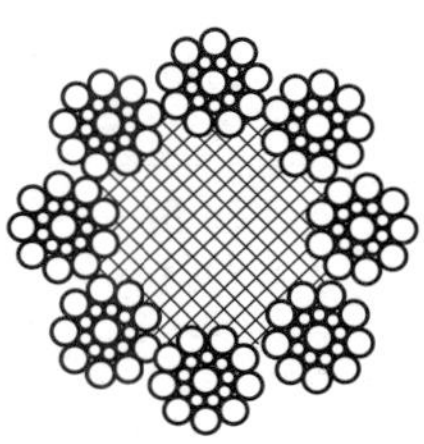

8×19S+FC

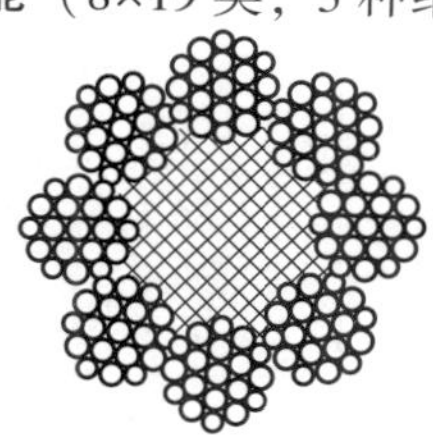

8×19W+FC

8×25FiS+FC

表 9-1-49

钢丝绳公称直径/mm	参考质量/(kg/100mm)	最小破断拉力/kN						
		双强度/MPa				单强度/MPa		
		1180/1770等级	1320/1620等级	1370/1770等级	1570/1770等级	1570等级	1620等级	1770等级
8*	21.8	25.7	26.5	28.1	30.8	29.4	30.4	33.2
9	27.5	32.5	—	35.6	38.9	37.3	—	42.0
9.5	30.7	36.2	37.3	39.7	43.6	41.5	42.8	46.8
10*	34.0	40.1	41.3	44.0	48.1	46.0	47.5	51.9
11*	41.1	48.6	50.0	53.2	58.1	55.7	57.4	62.8
12	49.0	57.8	59.5	63.6	69.2	66.2	68.4	74.7
12.7	54.8	64.7	66.6	70.9	77.5	74.2	76.6	83.6
13*	57.5	67.8	69.8	74.3	81.2	77.7	80.2	87.6
14	66.6	78.7	81.0	86.1	94.2	90.2	93.0	102

续表

钢丝绳公称直径/mm	参考质量/(kg/100mm)	最小破断拉力/kN						
		双强度/MPa				单强度/MPa		
		1180/1770等级	1320/1620等级	1370/1770等级	1570/1770等级	1570等级	1620等级	1770等级
14.3	69.5	82.1	—	—	98.3	—	—	—
15	76.5	90.3	—	98.9	108	104	—	117
16*	87.0	103	106	113	123	118	122	133
17.5	104	123	—	—	147	—	—	—
18	110	130	134	142	156	149	154	168
19*	123	145	149	159	173	166	171	187
20	136	161	165	176	192	184	190	207
20.6	144	170	—	—	204	—	—	—
22*	165	194	200	213	233	223	230	251

注：1. 最小破断拉力系数为0.293。
2. 带*标记对新电梯的优先尺寸。

力学性能（8×19类，3种结构）

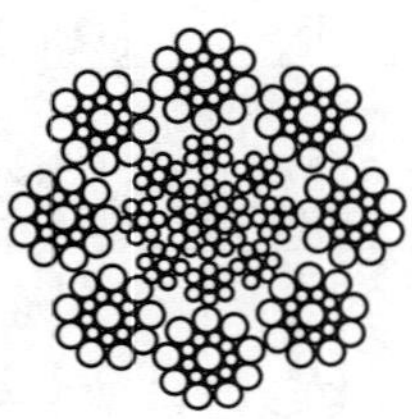

8×19S+IWR

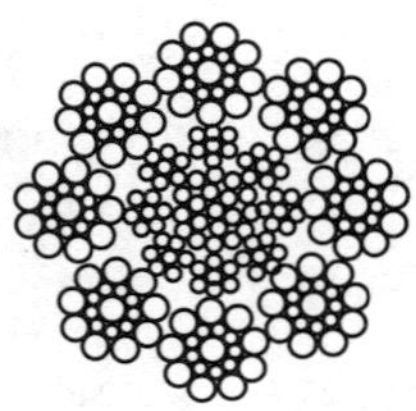

8×19W+IWR

8×25FiS+IWR

表 9-1-50

钢丝绳公称直径/mm	参考质量/(kg/100m)	最小破断拉力/kN				
		双强度/MPa			单强度/MPa	
		1180/1770等级	1370/1770等级	1570/1770等级	1570等级	1770等级
8*	26.0	33.6	35.8	38.0	35.8	40.3
9	33.0	42.5	45.3	48.2	45.3	51.0
9.5	36.7	47.4	50.4	53.7	50.4	56.9
10*	40.7	52.5	55.9	59.5	55.9	63.0
11*	49.2	63.5	67.6	79.1	67.6	76.2
12	58.6	75.6	80.5	85.6	80.5	90.7
12.7	65.6	84.7	90.1	95.9	90.1	102
13*	68.8	88.7	94.5	100	94.5	106
14	79.8	102	110	117	110	124
15	91.6	118	126	134	126	142
16*	104	134	143	152	143	161
18	132	170	181	193	181	204
19*	147	190	202	215	202	227
20	163	210	224	238	224	252
22*	197	254	271	288	271	305

注：1. 最小破断拉力系数为0.356。
2. 带*标记对新电梯的优先尺寸。
3. 钢丝绳外股与钢丝绳芯分层捻制。
4. 适用于曳引用钢丝绳和液压电梯用悬挂钢丝绳。

第9篇

力学性能（8×19 类，2 种结构）

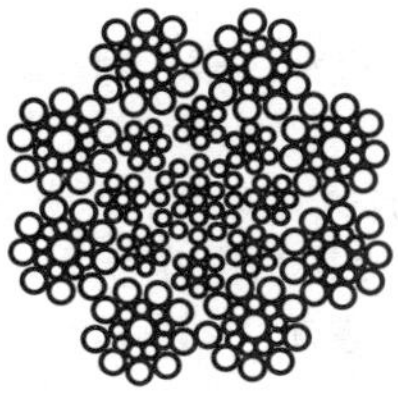

8×19S+IWR

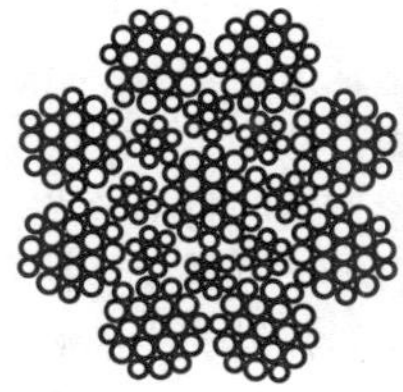

8×19W+IWR

表 9-1-51

钢丝绳公称直径/mm	参考质量/(kg/100m)	最小破断拉力/kN				
		双强度/MPa			单强度/MPa	
		1180/1770 等级	1370/1770 等级	1570/1770 等级	1570 等级	1770 等级
8*	29.2	38.2	40.7	43.3	40.7	45.9
9	37.0	48.4	51.5	54.8	51.5	58.1
9.5	41.2	53.9	57.4	61.0	57.4	64.7
10*	45.7	59.7	63.6	67.6	63.6	71.7
11*	55.3	72.3	76.9	81.8	76.9	86.7
12	65.8	86.0	91.6	97.4	91.6	103
12.7	73.7	96.4	103	109	103	116
13*	77.2	101	107	114	107	121
14	89.6	117	125	133	125	141
15	103	134	143	152	143	161
16*	117	153	163	173	163	184
18	148	194	206	219	206	232
19*	165	216	230	244	230	259
20	183	239	254	271	254	287
22*	221	289	308	327	308	347

注：1. 最小破断拉力系数为 0.405。
2. 带 * 标记对新电梯的优先尺寸。
3. 钢丝绳外股与钢丝绳芯一次平行捻制。
4. 适用于补偿用钢丝绳。

表 9-1-52 力学性能（6×36 类，2 种结构）

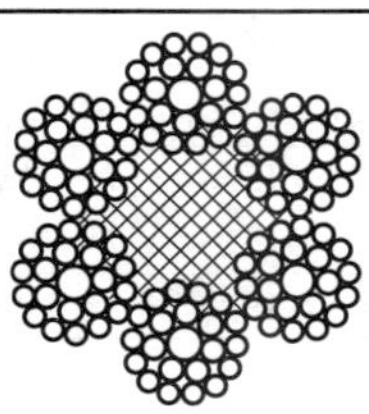

6×29Fi+FC

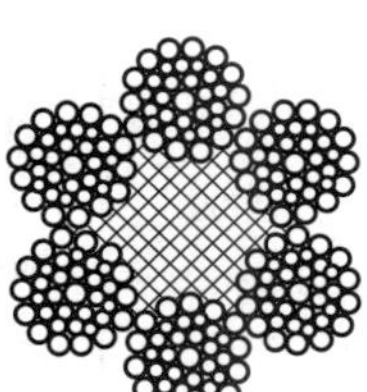

6×36WS+FC

钢丝绳公称直径/mm	参考质量/(kg/100m)	最小破断拉力/kN		
		1570MPa 等级	1770MPa 等级	1960MPa 等级
24	211	298	336	373
25	229	324	365	404
26	248	350	395	437
27	268	378	426	472
28	288	406	458	507
29	309	436	491	544
30	330	466	526	582
31	353	498	561	622
32	376	531	598	662
33	400	564	636	704
34	424	599	675	748
35	450	635	716	792
36	476	671	757	838
37	502	709	800	885
38	530	748	843	934

注：1. 最小破断拉力系数为 0.330。
2. 适用于补偿用钢丝绳。

2.1.8 密封钢丝绳（摘自 Y/T 5295—2010）

主要用途：适用于客运索道承载索、货运索道承载索、缆索起重机承载索、挖掘机绷绳、吊桥主索、矿井罐道等场合使用的密封钢丝绳。

分类：按用途分客运索道用密封钢丝绳（客运索道承载索、货运索道承载索、缆索起重机主索、吊桥主索）和其他用途密封钢丝绳（包括矿井罐道、挖掘机绷绳等）。密封钢丝绳按结构分为半密封和一 ~五层全密封六种，绳芯结构可采用点接触、点线接触、线接触、压实股结构形式。如果需方没有明确要求密封钢丝绳结构时，则结构由供方确定。密封钢丝绳按钢丝表面状态分光面（U）和镀锌（Zn）两种。密封钢丝绳捻向按最外层钢丝捻向确定，分为左捻（S）和右捻（Z）两种。如需方无要求，按右捻供货。

标记示例：

密封钢丝绳的标记由中心向外层标记，其格式如下：

公称直径-表面状态-WSC-$n_1Z+n_2Z+n_3Z+n_4Z+n_5Z$-抗拉强度-捻向-标准号

其中，n_1，n_2，n_3，n_4，n_5 为相应层别 Z 形钢丝的根数（根数由供方确定）。

① 密封钢丝绳公称直径为 20mm，由一层 Z 形钢丝和线接触（1×25Fi）绳芯构成，抗拉强度级别为 1470MPa 右捻镀锌密封钢丝绳标记为：

密封钢丝绳 20Zn-WSC（1×25Fi）+18Z-1470Z　YB/T 5295—2010。

② 密封钢丝绳公称直径为 60mm，由三层 Z 形钢丝和点接触（1×37）绳芯构成，抗拉强度级别为 1370MPa 左捻光面密封钢丝绳标记为：

密封钢丝绳　60U-WSC(1×37)+22Z+26Z+33Z-1370S　YB/T 5295—2010。

表 9-1-53　客运索道用密封钢丝绳结构及破断力

类别	钢丝绳公称直径/mm	参考质量/(kg/100m)	钢丝绳公称抗拉强度/MPa				
			1370	1470	1570	1670	1770
			最小钢丝破断拉力总和/kN				
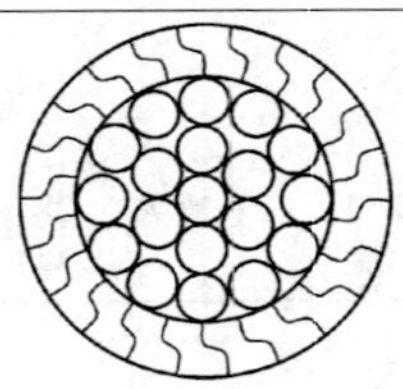	22	278	463	497	531	564	605
	24	331	511	598	639	679	720
	26	388	647	694	741	788	835
	28	451	751	806	860	915	970
	30	518	862	925	988	1050	1113
	32	589	980	1051	1123	1194	1266
$WSC+n_1Z$	34	664	1107	1188	1259	1349	1430
一层 Z 形	36	745	1240	1330	1421	1511	1602
	28	470	767	823	879	935	991
	30	538	881	945	1010	1074	1138
	32	609	1001	1075	1148	1221	1294
	34	692	1132	1214	1297	1397	1462
	36	782	1269	1361	1454	1546	1639
	38	871	1311	1517	1620	1723	1827
	40	958	1566	1680	1795	1909	2023
	42	1040	1726	1852	1978	2104	2230
$WSC+n_1Z+n_2Z$	44	1140	1852	1987	2122	2258	2393
二层 Z 形	46	1259	2070	2221	2372	2523	2674
	46	1240	2082	2234	2386	2538	2690
	48	1360	2267	2433	2598	2764	2929
	50	1460	2461	2640	2820	2999	3179
	52	1640	2661	2855	3049	3243	3437
	54	1750	2869	3078	3288	3497	3706
$WSC+n_1Z+n_2Z+n_3Z$	56	1870	3087	3312	3547	3763	3988
三层 Z 形	58	2002	3312	2554	3795	4037	4279

第 9 篇

续表

类　别	钢丝绳公称直径/mm	参考质量/(kg/100m)	钢丝绳公称抗拉强度/MPa				
			1370	1470	1570	1670	1770
			最小钢丝破断拉力总和/kN				
 WSC+n_1Z+n_2Z+n_3Z+n_4Z 四层 Z 形	58	2010	3278	3518	3757	3996	4236
	60	2130	3507	3763	4019	4275	4531
	62	2270	3746	4019	4292	4566	4839
	64	2430	3991	4282	4573	4865	5156
	66	2570	4244	4554	4864	5174	5484
	68	2710	4505	4835	5164	5493	5822
	70	2860	4774	5123	5471	5820	6168
 WSC+n_1Z+n_2Z+n_3Z+n_4Z+n_5Z 五层 Z 形	60	2148	3524	3781	4038	4295	4552
	62	2284	3762	4037	4311	4586	4860
	64	2435	4009	4301	4594	4886	5179
	66	2589	4263	4575	4886	5197	5508
	68	2745	4525	4855	5186	5516	5846
	70	2889	4795	5145	5495	5845	6195

注：密封钢丝绳的最小破断拉力=最小钢丝破断拉力总和×0.86。

表 9-1-54　　其他用途密封钢丝绳结构及破断力

类　别	钢丝绳公称直径/mm	参考质量/(kg/100m)	钢丝绳公称抗拉强度/MPa			
			1270	1370	1470	1570
			最小钢丝破断拉力总和/kN			
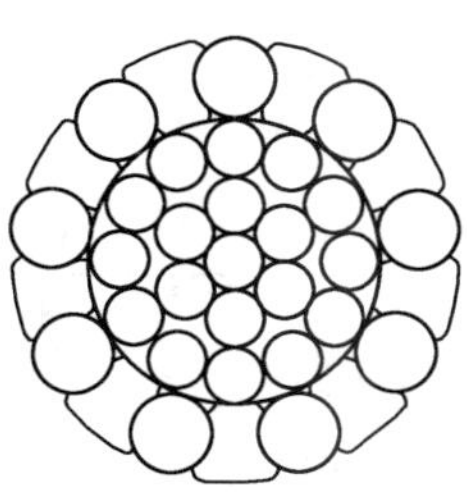 WSC+n_1H- n_1Φ 一层圆形及 X 形	20	225	347	376	402	431
	22	271	420	450	486	516
	24	322	499	536	578	614
	26	367	586	612	679	702
	28	426	680	706	787	809
	30	476	781	792	851	908
	32	557	888	949	1028	1088
	34	623	1003	1020	1094	1169
	36	693	1124	1131	1211	1296
	38	771	1252	1272	1366	1457
	40	864	1388	1437	1541	1647
	42	936	1394	1502	1610	1721
	44	1030	1544	1665	1787	1908
	46	1110	1664	1789	1926	2050
	48	1231	1812	1944	2098	2244
	50	1324	1966	2123	2276	2433

注：密封绳最小破断拉力=最小钢丝破断拉力总和×0.88。

表 9-1-55　　其他用途密封钢丝绳结构及破断力

类　别	钢丝绳公称直径/mm	参考质量/(kg/100m)	钢丝绳公称抗拉强度/MPa				
			1180	1270	1370	1470	1570
			最小钢丝破断拉力总和/kN				
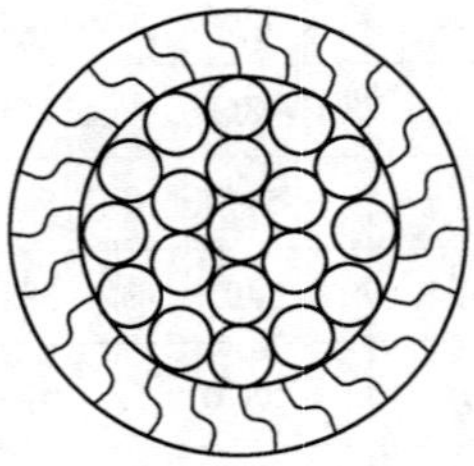 WSC+n_1Z 一层Z形	16	141	202	217	234	251	268
	18	178	255	274	296	318	339
	20	220	315	339	366	392	419
	22	266	381	410	443	475	507
	24	316	454	488	526	564	603
	26	371	532	573	618	663	708
	28	430	617	664	717	769	821
	30	494	709	763	823	883	944
	32	562	806	867	936	1004	1072
	34	634	910	979	1056	1133	1210
	36	712	1020	1099	1185	1272	1358
	38	793	1135	1222	1318	1414	1511
	40	878	1258	1354	1460	1567	1674
	42	968	1387	1493	1610	1728	1845
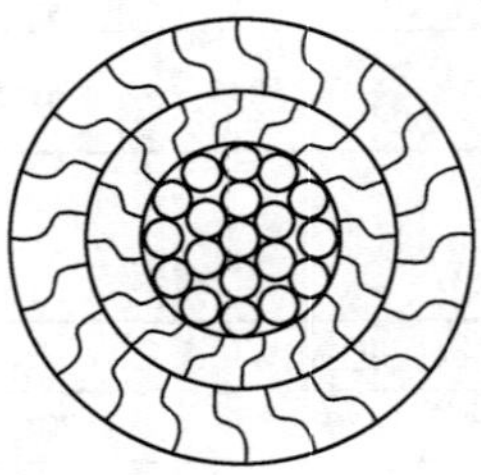 WSC+n_1Z+n_2Z 二层Z形	24	322	462	496	536	575	614
	26	378	542	583	629	675	721
	28	438	628	676	729	782	835
	30	503	721	776	837	898	959
	32	572	820	883	952	1022	1091
	34	646	926	997	1075	1154	1232
	36	724	1038	1118	1206	1294	1382
	38	807	1157	1246	1344	1442	1540
	40	894	1282	1379	1488	1596	1705
	42	985	1413	1521	1641	1761	1881
	44	1074	1542	1660	1790	1921	2052
	46	1178	1690	1819	1963	2107	2250
	48	1286	1840	1980	2136	2292	2448
	50	1395	1996	2149	2318	2487	2656
	52	1509	2159	2324	2507	2690	2873
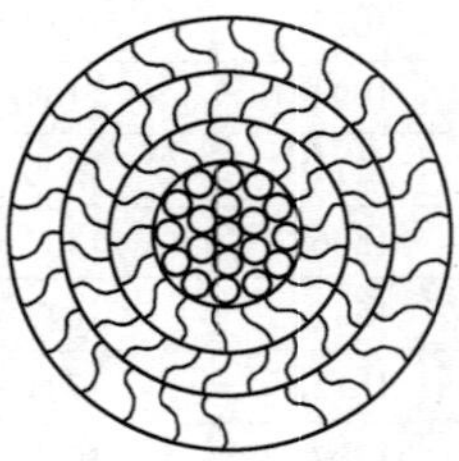 WSC+n_1Z+n_2Z+ n_3Z 三层Z形	48	1310	1878	2022	2180	2340	2499
	50	1421	2038	2193	2366	2539	2711
	52	1538	2204	2372	2559	2746	2933
	54	1657	2377	2558	2759	2961	3162
	56	1782	2566	2751	2967	3184	3401
	58	1912	2742	2951	3184	3416	3649
	60	2046	2935	3158	3407	3656	3905
	62	2184	3133	3372	3637	3903	4168
	64	2328	3339	3594	3877	4160	4443
	66	2474	3550	3821	4122	4423	4724
	68	2626	3769	4056	4375	4695	5014
	70	2783	3994	4298	4637	4975	5314

续表

类　别	钢丝绳公称直径/mm	参考质量/(kg/100m)	钢丝绳公称抗拉强度/MPa				
			1180	1270	1370	1470	1570
			最小钢丝破断拉力总和/kN				
 WSC+n_1Z+n_2Z+ n_3Z+ n_4Z 四层 Z 形	56	1803	2574	2751	2968	3185	3401
	58	1934	2761	2951	3184	3416	3648
	60	2069	2954	3158	3407	3656	3904
	62	2210	3155	3372	3638	3903	4169
	64	2354	3361	3593	3876	4159	4442
	66	2504	3575	3822	4123	4423	4724
	68	2658	3795	4057	4376	4696	5015
	70	2817	4021	4299	4637	4976	5314
	72	2981	4225	4547	4905	5263	5622
	74	3149	4463	4803	5182	5560	5938
	76	3321	4708	5067	5466	5868	6263
	78	3498	4959	5337	5757	6177	6597
	80	3680	5216	5614	6056	6498	6940
 WSC+n_1Z+n_2Z+ n_3Z+ n_4Z+ n_5Z 五层 Z 形	60	2093	2968	3194	3446	3697	3949
	62	2235	3169	3411	3679	3948	4216
	64	2381	3377	3634	3920	4207	4493
	66	2532	3591	3865	4193	4474	4778
	68	2688	3812	4103	4426	4749	5072
	70	2849	4039	4348	4690	5032	5375
	72	2981	4273	4599	4962	5324	5686
	74	3149	4514	4858	5241	5624	6006
	76	3321	4761	5125	5528	5932	6335
	78	3498	5015	5398	5823	6248	6673
	80	3680	5276	5678	6125	6572	7020

注：密封钢丝绳的最小破断拉力=最小钢丝破断拉力总和×0.86。

2.1.9　不锈钢丝绳（摘自 GB/T 9944—2002）

主要用途：适用于仪表和机械传动、拉索、吊索、减振器减振等使用的场合。

标记示例：6×7+IWS 结构，公称直径 1.6mm 的钢丝绳标记为：

1.6NAT 6×7+IWS GB/T 9944

表 9-1-56　　钢丝绳分类

类　别	结　构		公称直径/mm
	钢　丝　绳	股　绳	
1×3	1×3	3+0	0.15~0.65
1×7	1×7	6+1	0.15~1.2
1×19	1×19	12+6+1	0.6~6.0
3×7	3×7	6+1	0.7~1.2
6×7	6×7	6+1	0.45~8.0
6×19(a)	6×19S 6×19W 6×25Fi 6×26WS 6×31WS	9+9+1 6/6+6+1 12+6F+6+1 10+5/5+5+1 12+6/6+6+1	6.0~28.0
6×19(b)	6×19	12+6+1	1.6~28.5
8×19	8×19S 8×19W 8×25Fi 8×26WS 8×31WS	9+9+1 6/6+6+1 12+6F+6+1 10+5/5+5+1 12+6/6+6+1	8.0~28.0

第 9 篇

表 9-1-57 钢丝绳结构及破断拉力

结　构	公称直径/mm	允许偏差/mm	最小破断拉力/kN	参考质量/(kg/100m)
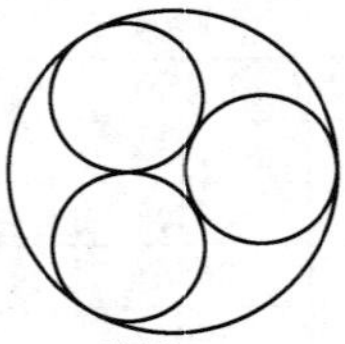 1×3	0.15 0.25 0.35 0.45	+0.03 0	0.022 0.056 0.113 0.185	0.012 0.029 0.055 0.089
	0.55 0.65	+0.06 0	0.284 0.393	0.135 0.186
 1×7	0.15 0.25 0.30 0.35 0.40 0.45	+0.03 0	0.025 0.063 0.093 0.127 0.157 0.200	0.011 0.031 0.044 0.061 0.080 0.100
	0.50 0.60 0.70	+0.06 0	0.255 0.382 0.540	0.125 0.180 0.245
	0.80 0.90 1.0	+0.08 0	0.667 0.823 1.00	0.327 0.400 0.500
	1.2	+0.10 0	1.32	0.700
 1×19	0.60 0.70 0.80	+0.08 0	0.343 0.470 0.617	0.175 0.240 0.310
	0.90	+0.09 0	0.774	0.390
	1.0	+0.10 0	0.950	0.500
	1.2 1.5	+0.12 0	1.27 2.25	0.700 1.10
	2.0	+0.20 0	3.82	2.00
	2.5	+0.25 0	5.58	3.13
	3.0	+0.30 0	8.03	4.50
	3.5	+0.35 0	10.6	6.13
	4.0	+0.40 0	13.9	8.19
	5.0	+0.50 0	21.0	12.9
	6.0	+0.60 0	30.4	18.5
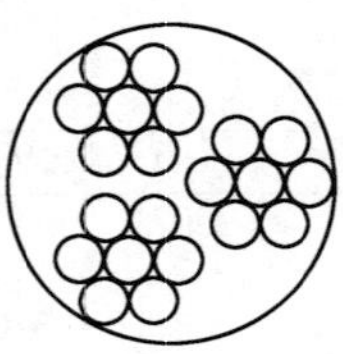 3×7	0.70 0.80	+0.08 0	0.323 0.488	0.182 0.238
	1.0 1.2	+0.12 0	0.686 0.931	0.375 0.540

续表

结　　构	公称直径/mm	允许偏差/mm	最小破断拉力/kN	参考质量/(kg/100m)
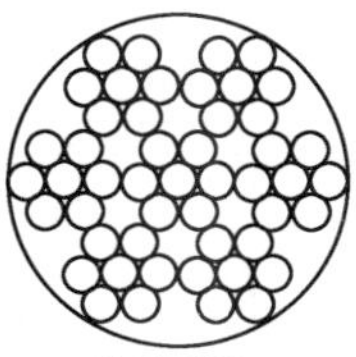 6×7+IWS	0.45 0.50 0.60 0.70 0.80 0.90	+0.09 0	0.142 0.176 0.253 0.345 0.461 0.539	0.08 0.12 0.15 0.20 0.26 0.32
	1.0 1.2	+0.15 0	0.637 1.20	0.375 0.540
	1.5 1.6 1.8 2.0	+0.20 0	1.67 2.15 2.25 2.94	0.93 1.20 1.35 1.65
	2.4 3.0 3.2	+0.30 0	4.10 6.37 7.15	2.40 3.70 4.20
	3.5 4.0 4.5	+0.40 0	7.64 9.51 12.1	5.10 6.50 8.30
	5.0	+0.50 0	14.7	10.5
	6.0 8.0	+0.60 0	18.6 40.6	15.1 26.6
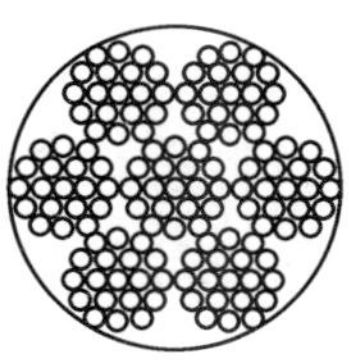 6×19+IWS	1.6	+0.25 0	1.85	1.12
	2.4 3.2	+0.30 0	4.10 7.85	2.60 4.30
	4.0 4.8 5.0 5.6 6.0 6.4	+0.40 0	10.7 16.5 17.4 22.3 23.5 28.5	6.70 9.70 10.5 12.8 14.9 16.4
	7.2	+0.50 0	34.7	20.8
	8.0	+0.56 0	40.1	25.8
	9.5	+0.66 0	53.4	36.2
 6×19+IWR	11.0	+0.76 0	72.5	53.0
	12.7	+0.84 0	101	68.2
	14.3	+0.91 0	127	87.8
	16.0	+0.99 0	156	106
	19.0	+0.14 0	221	157
	22.0	+1.22 0	295	213
	25.4	+1.27 0	380	278
	28.5	+1.37 0	474	357

续表

结　　构	公称直径/mm	允许偏差/mm	最小破断拉力/kN	参考质量/(kg/100m)
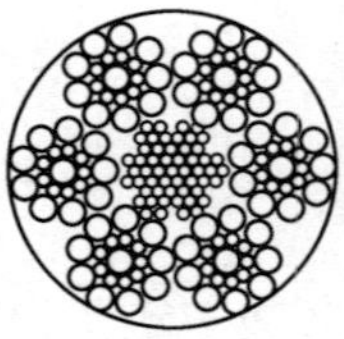 6×19S+IWR 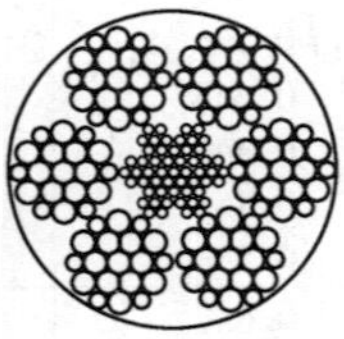 6×19W+IWR 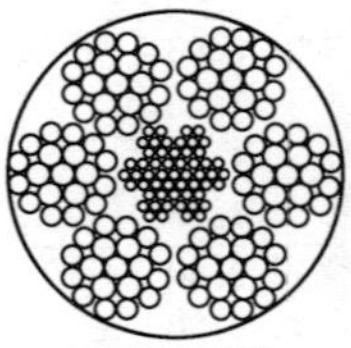 6×25Fi+IWR 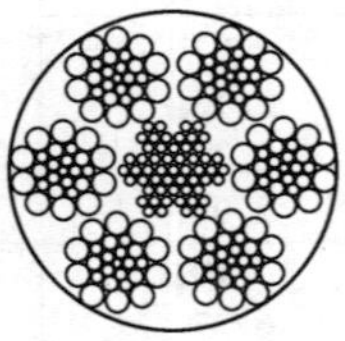 6×26WS+IWR 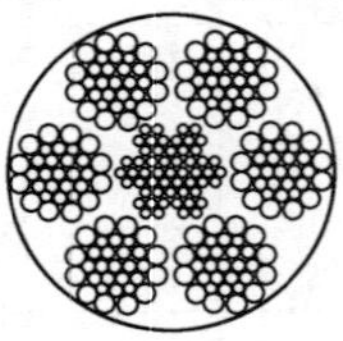 6×31WS+IWR	6.0	+0.42 0	23.9	15.4
	7.0		32.6	20.7
	8.0	+0.56 0	42.6	27.0
	8.75		54.0	32.4
	9.0		54.0	34.2
	10.0		63.0	42.2
	11.0	+0.66 0	76.2	53.1
	12.0		85.6	60.8
	13.0	+0.82 0	106	71.4
	14.0		123	82.8
	16.0		161	108
	18.0	+1.10 0	192	137
	20.0		237	168
	22.0	+1.20 0	304	216
	24.0		342	241
	26.0	+1.40 0	401	282
	28.0		466	327
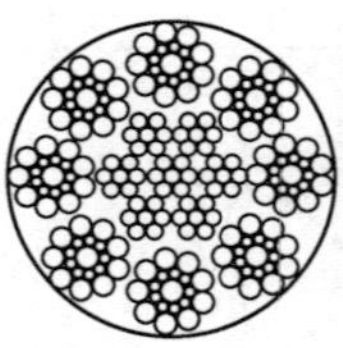 8×19S+IWR 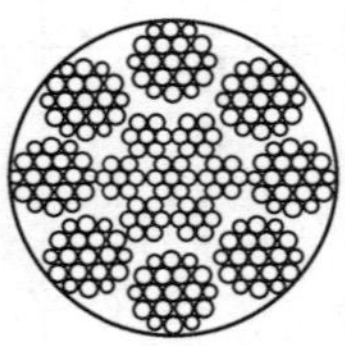 8×19W+IWR 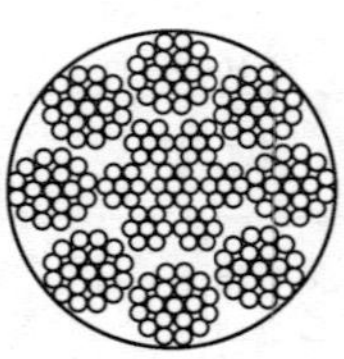 8×25Fi+IWR 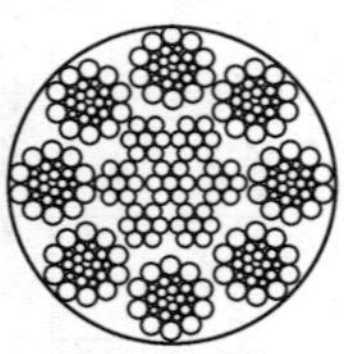 8×26WS+IWR 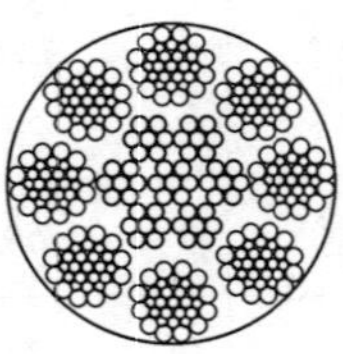 8×31WS+IWR	8.0	+0.56 0	42.6	28.3
	8.75		54.0	33.9
	9.0		54.0	35.8
	10.0		61.2	44.2
	11.0	+0.66 0	74.0	53.5
	12.0		83.3	63.7
	13.0	+0.82 0	103	74.8
	14.0		120	86.7
	16.0		156	113
	18.0	+1.10 0	187	143
	20.0		231	176
	22.0	+1.20 0	296	219
	24.0		332	252
	26.0	+1.40 0	390	296
	28.0		453	343

注：1. 8.75mm 钢丝绳主要用于电气化铁炉接触网滑轮补偿装置。

2. 公称直径≤8.0mm 为钢丝股芯，≥8.75mm 为钢丝绳绳芯。

3. 制绳用钢丝的材料应采用 GB/T 4240 中规定的 1Cr18Ni9、0Cr18Ni9 奥氏体不锈钢。根据需方要求也可采用其他牌号的奥氏体不锈钢。

制绳用钢丝的抗拉强度应能使制成的钢丝绳满足本表规定的最小破断拉力要求。

4. 钢丝绳的绳芯为金属绳芯，可以是钢丝股芯（IWS）或独立的钢丝绳绳芯（IWR）。

5. 单捻钢丝绳为左捻，1×19 的下层和上层的捻法相反，双捻钢丝绳的右交互捻。根据需方要求，也可供应其他捻法的钢丝绳。

6. 用于飞机操纵用钢丝绳，应进行伸长率试验，其伸长率不得大于 1.5%。

7. 根据需方要求，飞机操纵用和减振器用钢丝绳，可进行疲劳性能试验，试验结果应符合 GB/T 9944—2002 中表 5 的规定。

2.2 绳具

2.2.1 钢丝绳夹（摘自 GB/T 5976—2006）

（1）主要用途

适用于起重机、矿山运输、船舶和建筑业等重型工况使用的 GB8918—2006、GB/T20118—2006 中圆股钢丝绳的绳端固定或连接的场合。

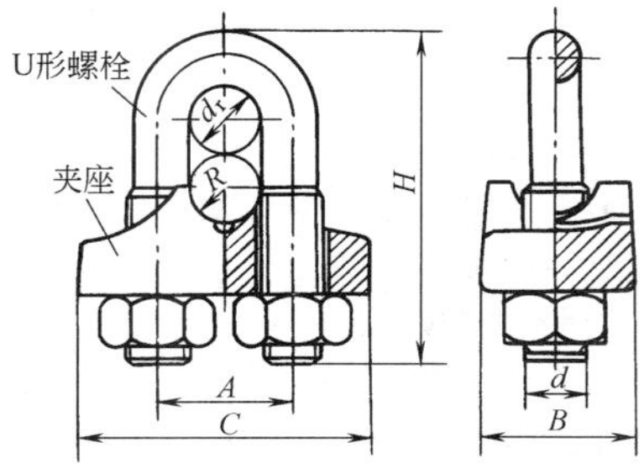

标记示例：

钢丝绳为右捻 6 股，规格为 20（钢丝绳公称直径 d_r > 18 ~ 20mm），夹座材料为 KTH350—10 的钢丝绳夹，标记为：

绳夹 GB/T5976—20KTH

钢丝绳为左捻 6 股时，标记为：

绳夹 GB/T5976—20 左 KTH

表 9-1-58

绳夹规格（钢丝绳公称直径）d_r/mm	尺寸/mm						螺母直径（GB/T 41—2000）d	单组质量/kg
	适用钢丝绳公称直径	A	B	C	R	H		
6	6	13.0	14	27	3.5	31	M6	0.034
8	>6~8	17.0	19	36	4.5	41	M8	0.073
10	>8~10	21.0	23	44	5.5	51	M10	0.140
12	>10~12	25.0	28	53	6.5	62	M12	0.243
14	>12~14	29.0	32	61	7.5	72	M14	0.372
16	>14~16	31.0	32	63	8.5	77	M14	0.402
18	>16~18	35.0	37	72	9.5	87	M16	0.601
20	>18~20	37.0	37	74	10.5	92	M16	0.624
22	>20~22	43.0	46	89	12.0	108	M20	1.122
24	>22~24	45.5	46	91	13.0	113	M20	1.205
26	>24~26	47.5	46	93	14.0	117	M20	1.244
28	>26~28	51.5	51	102	15.0	127	M22	1.605
32	>28~32	55.5	51	106	17.0	136	M22	1.727
36	>32~36	61.5	55	116	19.5	151	M24	2.286
40	>36~40	69.0	62	131	21.5	168	M27	3.133
44	>40~44	73.0	62	135	23.5	178	M27	3.470
48	>44~48	80.0	69	149	25.5	196	M30	4.701
52	>48~52	84.5	69	153	28.0	205	M30	4.897
56	>52~56	88.5	69	157	30.0	214	M30	5.075
60	>56~60	98.5	83	181	32.0	237	M36	7.921

注：1. 夹座和 U 形螺栓的材料应符合表 9-1-59 的规定。

2. 夹座的绳槽表面有右旋钢丝绳用和左旋钢丝绳用的区分。常用夹座绳槽表面以配合捻向为右旋 6 圆股钢丝绳为宜，如要求与其他结构的钢丝绳配合使用，订货时提出诸如钢丝绳股数、股型、捻向等特殊要求。

表 9-1-59

零件名称		材料
夹座	锻造	GB/T700—2006 规定的 Q235-B
	铸造	GB/T1348—2009 规定的 QT450-10
		GB/T9440—2010 规定的 KTH350-10
		GB/T11352—2009 规定的 ZG270-500
U 形螺栓		GB/T700—2006 规定的 Q235-B

注：1. 允许采用性能不低于表中的材料代用。

2. 当绳夹用于起重机上时，支座材料推荐采用 Q235-B 钢或 ZG270-500 制造。

（2）钢丝绳夹使用方法（摘自 GB/T 5976—2006）

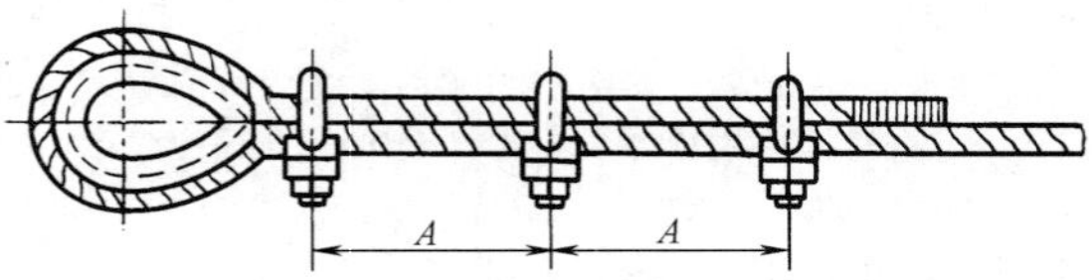

图 9-1-2　钢丝绳夹的布置示例

1）钢丝绳夹的布置

钢丝绳夹应按图 9-1-2 所示把夹座扣在钢丝绳的工作段上，U 形螺栓扣在钢丝绳的尾段上。钢丝绳夹不得在钢丝绳上交替布置。

2）钢丝绳夹的数量

对于符合本标准规定的适用场合，每一连接处所需钢丝绳夹的最少数量，推荐如表 9-1-60 所示。

表 9-1-60

绳夹公称规格（钢丝绳公称直径）d_r/mm	钢丝绳夹的最少数量/组	绳夹规格（钢丝绳公称直径）d_r/mm	钢丝绳夹的最少数量/组
≤18	3	>36~44	6
>18~26	4	>44~60	7
>26~36	5		

3）钢丝绳夹间的距离

钢丝绳夹间的距离 A 等于 6~7 倍钢丝绳直径。

4）绳夹固定处的强度

绳夹按上述固定方法正确布置和夹紧，夹座按图中所示置于钢绳较长部位。固定处的强度至少为钢丝绳自身强度的 80%。绳夹在实际使用中，受载一、二次以后应作检查，在多数情况下，螺母需要进一步拧紧。

5）钢丝绳夹的紧固方法

紧固绳夹时须考虑每个绳夹的合理受力，离套环最远处的绳夹不得首先单独紧固。离套环最近处的绳夹（第一个绳夹）应尽可能地靠紧套环，但仍须保证绳夹的正确拧紧，不得损坏钢丝绳的外层钢丝。

2.2.2　钢丝绳用楔形接头（摘自 GB/T 5973—2006）

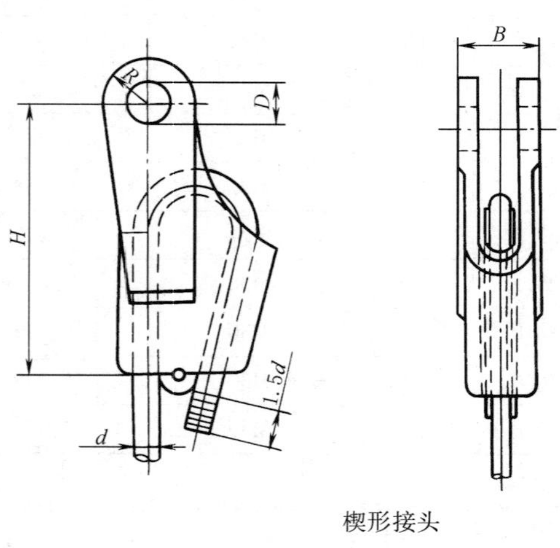

楔形接头

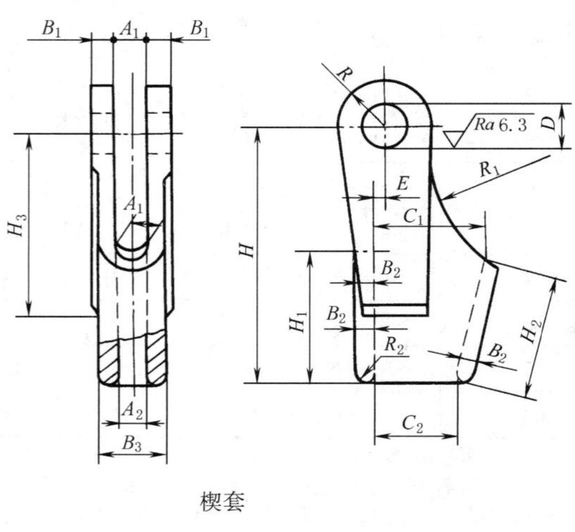

楔套

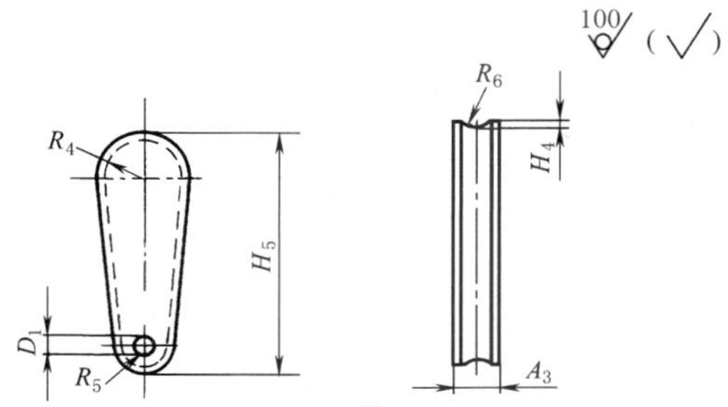

楔

材料：楔套为 ZG270—500；楔为 HT200

标记示例：

规格为 20（钢丝绳公称直径 d>18~20mm）的楔形接头，标记为：楔形接头 GB/T 5973—20；楔套，标记为：楔套 GB/T 5973—20；楔，标记为：楔 GB/T 5973—20

表 9-1-61

规格（钢丝绳公称直径）d/mm	楔套尺寸/mm																					
	A_1		A_2		B	B_1	B_2	B_3	C_1		C_2		D (H10)	E	H	H_1	H_2	H_3	R	R_1	R_2	单件质量/kg
	基本尺寸	极限偏差	基本尺寸	极限偏差					基本尺寸	极限偏差	基本尺寸	极限偏差										
6	13	$^{+1.0}_{0}$	11	$^{+1.0}_{0}$	29	8	7	25	30	$^{+1.0}_{0}$	20.5	$^{+1.0}_{0}$	16	3.0	105	45	43.0	60	16	40	2	0.452
8	15		13		31	8	7	27	39		27.0		18	3.5	125	55	51.0	80	25	50	2	0.623
10	18		16		38	10	8	30	49		32.5		20	4.5	150	75	71.0	100	25	60	3	0.802
12	20		18		44	12	10	36	58		40.5		25	5.5	180	80	75.0	110	30	70	3	1.309
14	23		21		51	14	13	41	69		50.5		30	6.5	185	85	79.0	140	35	80	3	1.708
16	26	$^{+1.5}_{0}$	24	$^{+1.5}_{0}$	60	17	15	48	77	$^{+1.5}_{0}$	56.5	$^{+1.5}_{0}$	34	7.5	195	95	88.0	140	42	90	4	2.379
18	28		26		64	18	17	52	87		65.5		36	8.5	195	100	92.0	150	44	100	4	2.948
20	30		28		72	21	18	58	93		68.0		38	9.5	220	115	107.0	160	50	110	4	3.939
22	32		29		76	22	22	64	104		80.0		40	10.5	240	115	107.0	180	52	120	5	4.571
26	38		35		92	27	25	76	120		92.5		55	12.5	280	130	118.0	210	65	140	6	7.153
28	40		36		94	27	25	78	129		93.0		55	13.5	320	165	154.0	230	70	155	6	9.906
32	44	$^{+2.0}_{0}$	40	$^{+2.0}_{0}$	110	33	27	84	146	$^{+2.0}_{0}$	104.0	$^{+2.0}_{0}$	65	15.0	360	190	180.0	270	77	175	7	12.948
36	48		44		122	37	32	96	166		120.5		70	17.0	390	210	195.0	280	85	195	7	16.848
40	55		51		145	45	32	103	184		125.5		75	19.0	470	260	246.0	340	90	210	8	23.665

规格（钢丝绳公称直径）d/mm	楔尺寸/mm								G /mm	断裂载荷/kN	许用载荷/kN	单组质量/kg
	A_3	H_4	H_5	R_4	R_5	R_6	D_1	单件质量/kg				
6	9	2	65	12	6.5	3.5	2	0.133	41	12	4	0.59
8	11	2	79	15	8.0	4.5		0.179	47	21	7	0.80
10	12	3	98	18	9.5	5.5		0.242	53	32	11	1.04
12	14	3	111	21	11.5	6.5		0.421	70	48	16	1.73
14	15	4	120	24	14.0	7.5	3.2	0.632	67	66	22	2.34
16	17	4	136	26	14.5	9.0		0.889	59	85	28	3.27
18	19	5	142	30	18.5	10.0		1.045	55	108	36	4.00
20	21	5	161	31	17.0	11.0		1.513	59	135	45	5.45
22	23	5	166	35	22.0	12.0	4	1.794	76	168	56	6.37
24	25	6	180	37	22.0	13.0		2.387	81	190	63	8.32
26	28	6	192	39	23.0	14.0		3.011	88	215	75	10.16
28	30	7	229	42	21.5	15.0		4.064	88	270	90	13.97
32	34	7	259	47	24.5	17.5	5	4.992	97	336	112	17.94
36	38	8	286	54	29.5	19.5		6.178	102	450	150	23.03
40	42	8	341	58	26.5	21.5		8.689	121	540	180	32.35

注：1. 表中许用载荷和断裂载荷是楔套材料采用 GB/T 11352—2009 中规定的 ZG270-500 铸钢件，楔的材料采用不低于 GB/T 9439—2010 中规定的 HT200 灰铸铁件确定的。当采用较好材料时，表中的许用载荷和断裂载荷允许适当提高。楔套和楔需进行退火处理，消除其内应力，还需进行防锈处理。

2. 表中尺寸 G 为参考尺寸（未在图中标出）。

3. 楔形接头使用时应合理安全，与钢丝绳的连接方法应如图所示。

4. 楔形接头适用于各类起重机上的，符合 GB 8918—2006、GB/T 20118—2006 规定的圆股钢丝绳的绳端固定或连接场合。

2.2.3 钢丝绳铝合金压制接头（摘自 GB/T 6946—2008）

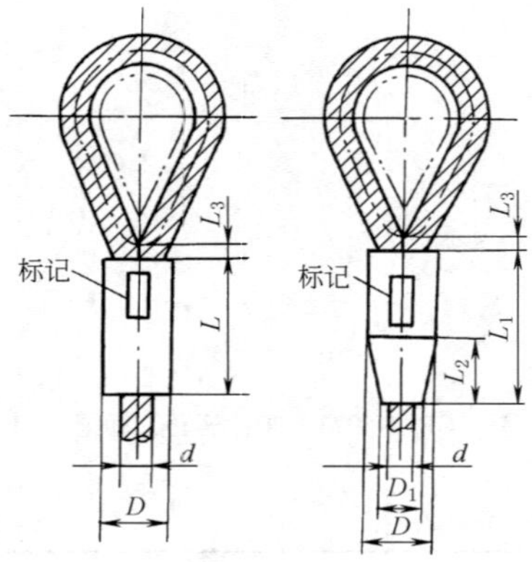

A型　　B型

材料：3A21H112（此种材料只能用在吊装索具上）或 5A02H112 铝，必须附有质量证明书。

标记示例：

直径为 16mm 的钢丝绳，按钢丝绳截面积选用 18 号圆柱锥端铝合金压制接头，标记为：接头 TLB18—16 ××

型号表示方法：

TL □ △—△ □

- □——制造厂标志
- △——钢丝绳公称直径
- △——接头号
- □——型式代号：A(圆柱形接头)、B(圆柱锥端形接头)
- TL——铝合金压制接头代号

表 9-1-62　　**接头基本参数**　　mm

接头号	D 基本尺寸	D 极限偏差	D_{1min}	L_{min}	L_{1min}	L_{2max}	$L_3\approx$	压制力(参考值)/kN
6	13	+0.35 0	—	30	—	—	3	300
7	15		—	34	—	—	4	350
8	17		—	38	42	—	4	400
9	19	+0.40 0	15	44	48	20	5	450
10	21		16	49	53	22	5	500
11	23		18	54	75	24	6	600
12	25	+0.50 0	19	59	75	27	6	700
13	27		21	64	75	29	7	800
14	29		22	69	75	31	7	1000
16	33	+0.60 0	25	78	83	35	8	1200
18	37		28	88	90	40	9	1400
20	41		31	98	110	44	10	1600
22	45	+0.80 0	34	108	115	49	11	1800
24	49		37	118	126	53	12	2000
26	54		41	127	142	57	13	2250
28	58	+1.0 0	44	137	150	62	14	2550
30	62		47	147	155	66	15	2950
32	66		50	157	176	71	16	3400
34	70	+1.5 0	53	167	180	75	17	3800
36	74		56	176	185	79	18	4300
38	78		59	186	205	84	19	4800
40	82	+2.0 0	62	196	210	88	20	5300
44	90		68	215	228	96	22	6200
48	98		74	235	248	106	24	7300
52	106	+2.0 0	80	255	270	114	26	8600
56	114		86	275	290	124	28	10000
60	124		93	295	315	132	30	12000
65	135		102	360	—	144	33	15300

表 9-1-63　　钢丝绳金属截面积与接头号关系　　mm^2

钢丝绳公称直径 d/mm	第一种情况			第二种情况			第三种情况		
	钢丝绳金属截面积		接头号	钢丝绳金属截面积		接头号	钢丝绳金属截面积		接头号
	>	≤		>	≤		>	≤	
6	11.9	16.5	6	16.5	20.5	7	20.5	25.9	8
7	13.9	19.2	7	19.2	23.9	8	23.9	30.0	9
8	18.1	25.0	8	25.0	31.2	9	31.2	39.2	10
9	22.9	31.7	9	31.7	39.4	10	39.4	49.6	11
10	28.3	39.2	10	39.2	48.7	11	48.7	61.3	12
11	34.2	47.5	11	47.5	58.9	12	58.9	74.1	13
12	40.7	56.6	12	56.6	70.1	13	70.1	88.2	14
13	47.8	66.2	13	66.2	82.3	14	82.3	104.0	16
14	55.4	76.8	14	76.8	95.4	16	95.4	120.0	18
16	72.4	100.0	16	100.0	125.0	18	125.0	157.0	20
18	91.6	127.0	18	127.0	158.0	20	158.0	199.0	22
20	113.0	157.0	20	157.0	195.0	22	195.0	245.0	24
22	137.0	189.0	22	189.0	236.0	24	236.0	296.0	26
24	163.0	226.0	24	226.0	280.0	26	280.0	353.0	28
26	191.0	265.0	26	265.0	329.0	28	329.0	414.0	30
28	222.0	308.0	28	308.0	382.0	30	382.0	480.0	32
30	254.0	352.0	30	352.0	438.0	32	438.0	551.0	34
32	290.0	401.0	32	401.0	499.0	34	499.0	627.0	36
34	327.0	454.0	34	454.0	563.0	36	563.0	708.0	38
36	366.0	509.0	36	509.0	631.0	38	631.0	794.0	40
38	408.0	565.0	38	565.0	703.0	40	703.0	884.0	44
40	452.0	630.0	40	630.0	780.0	44	780.0	980.0	48
44	547.0	760.0	44	760.0	942.0	48	942.0	1185.0	52
48	651.0	904.0	48	904.0	1121.0	52	1121.0	1411.0	56
52	764.0	1061.0	52	1061.0	1316.0	56	1316.0	1656.0	60
56	886.0	1231.0	56	1231.0	1526.0	60	—	—	—
60	1017.0	1413.0	60	—	—	—	—	—	—

注：接头号的选取与钢丝绳公称直径及金属截面积有关。按表中钢丝绳公称直径，再根据钢丝绳金属截面积选取接头号。介于表中钢丝绳公称直径系列之间的钢丝绳，应按下列原则选取。

1. 直径为 6~14mm，所选用的钢丝绳公称直径按小数位四舍五入选取。例如：ϕ9.3mm 选取 ϕ9mm。
2. 在直径大于 14~40mm 范围内，所选用的钢丝绳公称直径与表中钢丝绳公称直径之差小于 1mm 时，选取系列小值；当直径差大于或等于 1mm 时，选取系列大值。例如：ϕ22.5mm 选取 ϕ22mm，ϕ31mm 选取 ϕ32mm。
3. 在直径大于 40~65mm 范围内，所选用的钢丝绳公称直径与表中钢丝绳公称直径之差小于或等于 2mm 时，选取系列小值；当直径差大于 2mm 时，选取系列大值。例如：ϕ46mm 选取 ϕ44mm，ϕ47.5mm 选取 ϕ48mm。

适用范围：适用于直径 6~65mm，公称抗拉强度不大于 1870MPa 的 GB 8918 和 GB/T 20118 中规定的圆股钢丝绳的接头，不适用于单股和异形股钢丝绳的接头。

使用条件：1. 接头在使用中不允许受弯；

2. 接头工作环境温度范围-40℃~+150℃。

质量要求：1. 接头所使用的扁椭圆管用超声波探伤检查管的内部缺陷，不允许有缩孔、裂纹、分层、夹渣等；

2. 接头表面应光滑、无裂纹、飞边和毛刺；

3. 采用套环时，包络套环的钢丝绳不得有松股现象，应贴合紧密、平整，在加压之后接头基本参数应满足表 9-1-62 的规定；

4. 当无套环时，接头到绳套内边的距离必须大于或等于 3 倍的吊钩宽度或 15 倍钢丝绳直径；

5. 钢丝绳端部应超出接头（1.0~1.5）d；

6. 接头合模错移量：径向不得超过 0.5mm，轴向不得超过 1mm；

7. 接头强度应能承受钢丝绳最小破断拉力 90%的静载荷以及承受钢丝绳最小破断拉力 15%～30%的冲击载荷。

2.2.4 钢丝绳用普通套环（摘自 GB/T 5974.1—2006）

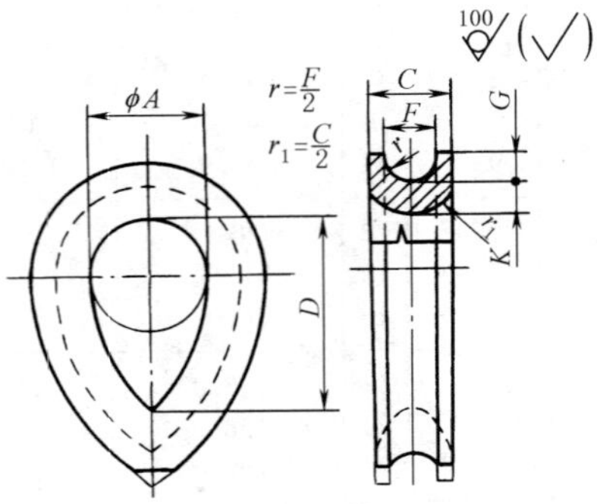

材料：Q235-B、15、35

标记示例：规格为 16（钢丝绳公称直径 $d>14\sim16$mm）通套环，标记为：

套环　GB/T 5974.1—16

表 9-1-64　　mm

套环规格（钢丝绳公称直径）d/mm	尺寸/mm										单件质量/kg
	F	C		A		D		G (min)	K		
		基本尺寸	极限偏差	基本尺寸	极限偏差	基本尺寸	极限偏差		基本尺寸	极限偏差	
6	6.7±0.2	10.5	0 −1.0	15	+1.5 0	27	+2.7 0	3.3	4.2	0 −0.1	0.032
8	8.9±0.3	14.0	0 −1.4	20	+2.0 0	36	+3.6 0	4.4	5.6	0 −0.2	0.075
10	11.2±0.3	17.5		25		45		5.5	7.0		0.150
12	13.4±0.4	21.0		30		54		6.6	8.4		0.250
14	15.6±0.5	24.5		35		63		7.7	9.8		0.393
16	17.8±0.6	28.0	0 −2.8	40	+4.0 0	72	+7.2 0	8.8	11.2	0 −0.4	0.605
18	20.1±0.6	31.5		45		81		9.9	12.6		0.867
20	22.3±0.7	35.0		50		90		11.0	14.0		1.205
22	24.5±0.8	38.5		55		99		12.1	15.4		1.563
24	26.7±0.9	42.0	0 −3.4	60	+4.8 0	108	+8.6 0	13.2	16.8	0 −0.6	2.045
26	29.0±0.9	45.5		65		117		14.3	18.2		2.620
28	31.2±1.0	49.0		70		126		15.4	19.6		3.290
32	35.6±1.2	56.0		80		144		17.6	22.4		4.854
36	40.1±1.3	63.0	0 −4.4	90	+6.0 0	162	+11.3 0	19.8	25.2	0 −0.8	6.972
40	44.5±1.5	70.0		100		180		22.0	28.0		9.624
44	49.0±1.6	77.0		110		198		24.2	30.8		12.808
48	53.4±1.8	84.0		120		216		26.4	33.6		16.595
52	57.9±1.9	91.0	0 −5.5	130	+7.8 0	234	+14.0 0	28.6	36.4	0 −1.1	20.945
56	62.3±2.1	98.0		140		252		30.8	39.2		26.310
60	66.8±2.2	105.0		150		270		33.0	42.0		31.396

注：1. 适用于 GB 8918—2006 和 GB/T 20118—2006 中规定的圆股钢丝绳。

2. 套环的最大承载能力应不低于公称抗拉强度为 1770MPa 的圆股钢丝绳最小破断拉力的 32%。

3. 使用时，套环所采用的锁轴直径不得小于钢丝绳直径的 2 倍。

4. 套环成形后应光滑平整，不得有损害钢绳的裂纹等缺陷。

5. 套环表面应进行热浸镀锌，镀层质量不低于 120g/m^2。

2.2.5 钢丝绳用重型套环（摘自 GB/T 5974.2—2006）

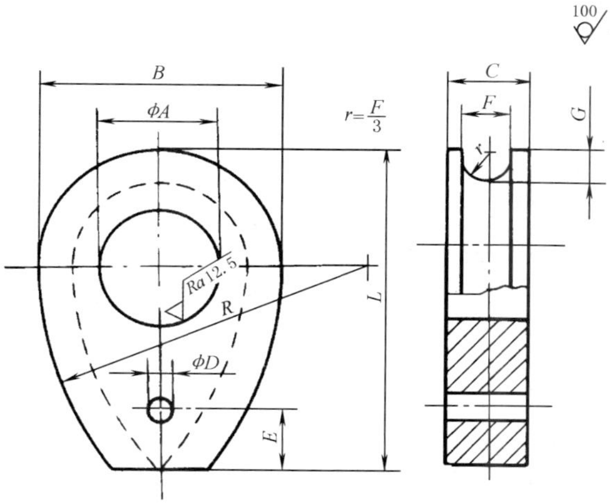

材料：见注 2

标记示例：规格为 16（钢丝绳公称直径 $d>14\sim16$mm），可锻铸铁制成的重型套环标记为：

套环 GB/T 5974.2—16KTH

表 9-1-65

套环规格（钢丝绳公称直径）d/mm	尺寸/mm														单件质量/kg
	F	C		A		B		L		R		G (min)	D	E	
		基本尺寸	极限偏差	基本尺寸	极限偏差	基本尺寸	极限偏差	基本尺寸	极限偏差	基本尺寸	极限偏差				
8	8.9±0.3	14.0		20		40		56		59		6.0			0.08
10	11.2±0.3	17.5	0 −1.4	25	+0.149 +0.065	50	±2	70	±3	74	+3 0	7.5	5	20	0.17
12	13.4±0.4	21.0		30		60		84		89		9.0			0.32
14	15.6±0.5	24.5		35		70		98		104		10.5			0.50
16	17.8±0.6	28.0		40		80		112		118		12.0			0.78
18	20.1±0.6	31.5	0 −2.8	45	+0.180 +0.080	90	±4	126	±6	133	+6 0	13.5			1.14
20	22.3±0.7	35.0		50		100		140		148		15.0			1.41
22	24.5±0.8	38.5		55		110		154		163		16.5			1.96
24	26.7±0.9	42.0		60		120		168		178		18.0			2.41
26	29.0±0.9	45.5	0 −3.4	65	+0.220 +0.100	130	±6	182	±9	193	+9 0	19.5			3.46
28	31.2±1.0	49.0		70		140		196		207		21.0	10	30	4.30
32	35.6±1.2	56.0		80		160		224		237		24.0			6.46
36	40.1±1.3	63.0		90		180		252		267		27.0			9.77
40	44.5±1.5	70.0	0 −4.4	100	+0.260 +0.120	200	±9	280	±13	296	+13 0	30.0			12.94
44	49.0±1.6	77.0		110		220		308		326		33.0			17.02
48	53.4±1.8	84.0		120		240		336		356		36.0			22.75
52	57.9±1.9	91.0		130		260		364		385		39.0	15	45	28.41
56	62.3±2.1	98.0	0 −5.5	140	+0.305 +0.145	280	±13	392	±18	415	+19 0	42.0			35.56
60	66.8±2.2	105.0		150		300		420		445		45.0			48.35

注 1. 适用于 GB 8918—2006、GB/T 20118—2006 中规定的圆股钢丝绳。

2. 套环的材料：套环规格 $d=8\sim32$mm，材料为可锻铸铁 KTH370-12；套环规格 $d=36\sim60$mm，材料为球墨铸铁 QT450-10 和铸钢 ZG270-500。

3. 套环的最大承载能力应不低于公称抗拉强度为 1870MPa 圆股钢丝绳的最小破断拉力。

4. 同表 9-1-64 注 4。套环是否进行防护处理，供需双方协商。

2.2.6 索具套环（摘自 CB/T 33—1999）

钢索套环

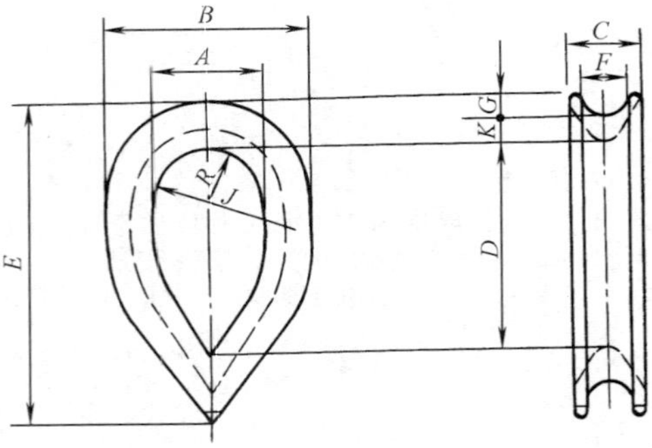

材料：Q255-A

标记示例：

钢索直径为 6mm 的钢索套环标记为：

套环 WT6 CB/ T 33—1999

表 9-1-66 mm

型号	钢索直径	套环的许用负荷/kN(tf)	A	B	C	D	E	F	G	J	K	R	质量/kg
WT4	4	1.67(0.17)	10.0	19.0	6.0	20	32	4.4	2.5	14	2.0	4.4	0.011
WT5	5	2.45(0.25)	12.5	23.5	7.5	25	40	5.5	3.0	17	2.5	5.5	0.019
WT6	6	3.43(0.35)	15.0	28.0	9.0	30	47	6.6	3.5	20	3.0	6.6	0.034
WT8	8	6.27(0.64)	20.0	37.0	12.0	40	63	8.8	4.5	27	4.0	8.8	0.074
WT10	9~10	9.80(1.00)	25.0	46.0	15.0	50	79	11.0	5.5	34	5.0	11.0	0.132
WT12	11~12	14.70(1.50)	30.0	56.0	18.0	60	95	13.0	7.0	41	6.0	13.0	0.212
WT14	13~14	19.60(2.00)	35.0	65.0	21.0	70	111	15.0	8.0	48	7.0	15.0	0.311
WT16	16	26.46(2.70)	40.0	74.0	24.0	80	126	18.0	9.0	54	8.0	18.0	0.514
WT18	18	33.32(3.40)	45.0	83.0	27.0	90	142	20.0	10.0	61	9.0	20.0	0.938
WT20	20	40.18(4.10)	50.0	92.0	30.0	100	158	22.0	11.0	68	10.0	22.0	1.320
WT22	22	49.00(5.00)	55.0	101.0	33.0	110	174	24.0	12.0	75	11.0	24.0	1.750
WT25	24	63.70(6.50)	62.0	115.0	38.0	125	198	28.0	14.0	85	12.0	28.0	2.550
WT28	26~28	80.36(8.20)	70.0	129.0	42.0	140	221	31.0	15.5	95	14.0	31.0	3.530
WT32	32	104.86(10.70)	80.0	147.0	48.0	160	253	35.0	17.5	109	16.0	35.0	5.150
WT36	36	132.30(13.50)	90.0	166.0	54.0	180	284	40.0	20.0	122	18.0	40.0	7.250
WT40	40	166.60(17.00)	100.0	184.0	60.0	200	316	44.0	22.0	136	20.0	44.0	10.430
WT45	44	205.80(21.00)	112.0	207.0	68.0	225	356	50.0	25.0	153	22.5	50.0	14.810
WT50	48	264.60(27.00)	125.0	231.0	75.0	250	395	55.0	28.0	170	25.0	56.0	21.940
WT56	52~56	323.40(33.00)	140.0	258.0	84.0	280	442	62.0	31.0	190	28.0	62.0	30.240
WT63	60	392.00(40.00)	158.0	291.0	94.0	315	498	69.0	35.0	214	31.5	69.0	40.040

纤维索套环

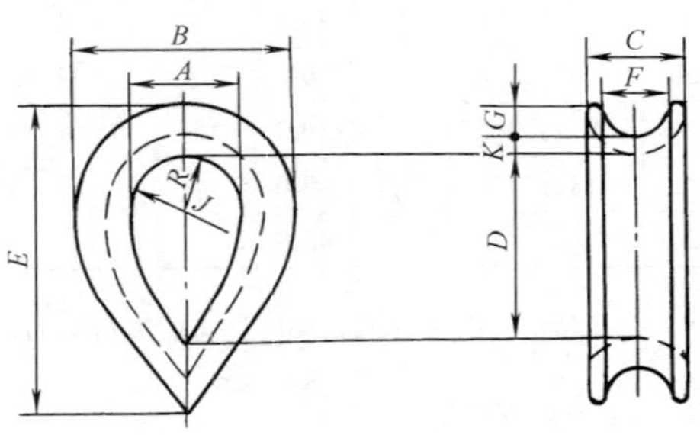

材料：Q255—A

标记示例：

纤维索直径为 22mm 的纤维索套环标记为：

套环 FT22 CB/T 33—1999

表 9-1-67

mm

型号	纤维索直径	套环许用负荷/kN(tf)	*A*	*B*	*C*	*D*	*E*	*F*	*G*	*J*	*K*	*R*	质量/kg
FT6	6	0.78(0.08)	11	21	8.4	18	30	6.6	3.0	8.4	2.0	4.8	0.014
FT8	7~8	1.37(0.14)	14	26	11.0	24	40	8.8	4.0	11.0	2.0	6.4	0.033
FT10	9~10	2.06(0.21)	18	32	14.0	30	50	11.0	4.5	14.0	2.5	8.0	0.056
FT12	11~12	2.94(0.30)	22	39	17.0	36	60	13.0	5.5	17.0	3.0	9.6	0.089
FT14	13~14	3.92(0.40)	25	45	20.0	42	70	15.0	6.5	20.0	3.5	11.2	0.129
FT16	16	4.90(0.50)	29	51	22.0	48	80	18.0	7.0	22.0	4.0	12.8	0.172
FT18	18	6.37(0.65)	32	57	25.0	54	90	20.0	8.0	25.0	4.5	14.4	0.251
FT20	20	7.84(0.80)	36	64	28.0	60	100	22.0	9.0	28.0	5.0	16.0	0.345
FT22	22	9.80(1.00)	40	71	31.0	66	110	24.0	10.0	31.0	5.5	18.0	0.497
FT25	24	11.76(1.20)	45	79	35.0	75	125	28.0	11.0	35.0	6.0	20.0	0.725
FT28	26~28	14.70(1.50)	50	90	39.0	84	140	31.0	13.0	39.0	7.0	23.0	1.080
FT32	30~32	18.62(1.90)	58	102	45.0	96	160	35.0	14.0	45.0	8.0	26.0	1.560
FT36	34~36	24.50(2.50)	65	115	50.0	108	180	40.0	16.0	50.0	9.0	29.0	2.150
FT40	38~40	31.36(3.20)	72	128	56.0	120	200	44.0	18.0	56.0	10.0	32.0	3.250
FT45	44	38.22(3.90)	81	143	63.0	135	225	50.0	20.0	63.0	11.0	36.0	4.320
FT50	48	47.04(4.80)	90	159	70.0	150	250	55.0	22.0	70.0	12.5	40.0	5.750
FT56	52~56	58.80(6.00)	101	179	78.0	168	280	62.0	25.0	78.0	14.0	45.0	8.100
FT63	60	73.50(7.50)	113	201	88.0	189	315	69.0	28.0	88.0	16.0	51.0	11.240
FT70	64~68	88.20(9.00)	126	225	98.0	210	350	77.0	32.0	98.0	17.5	56.0	14.950
FT80	72.76~80	107.80(11.00)	114	256	112.0	240	400	88.0	36.0	112.0	20.0	64.0	20.820
FT90	88	137.20(14.00)	162	287	126.0	270	450	99.0	40.0	126.0	22.5	72.0	30.210
FT100	96	176.40(18.00)	180	320	140.0	300	500	110.0	45.0	140.0	25.0	80.0	46.310

2.2.7 一般起重用 D 型和弓型锻造卸扣（摘自 GB/T 25854—2010）

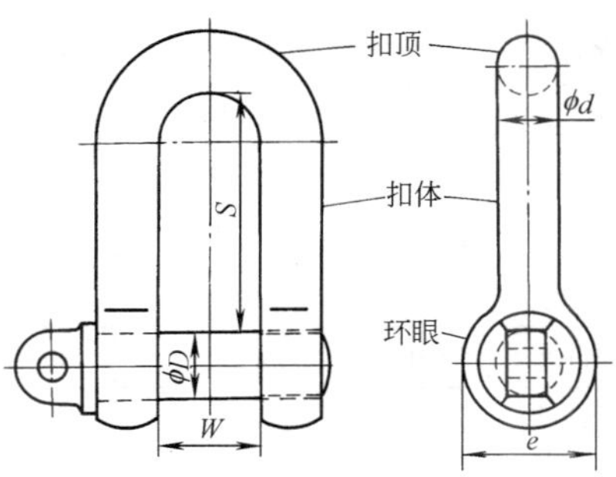

D型卸扣(代号D)

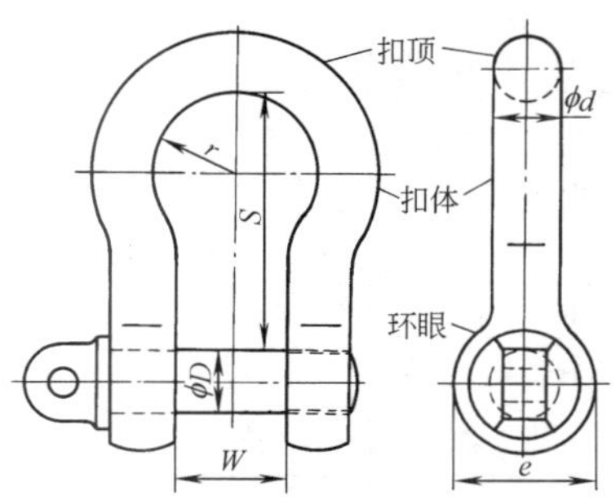

弓型卸扣(代号B)

材料：4 级、6 级、8 级

标记示例：

销轴为 W 型、极限工作载荷为 20t 的 M4 级 D 型卸扣应标记为：

卸扣 GB/T 25854—4DWZO

型号表示方法：

卸扣 GB/T 25854- □—□ □ □

- □ 极限工作载荷 WLL（单位为 t）
- □ 销轴型式（W、X、Y 或 Z）
- □ 扣体型式（D 或 B）
- □ 卸扣级别（4 级、6 级或 8 级）

销轴的几种型式

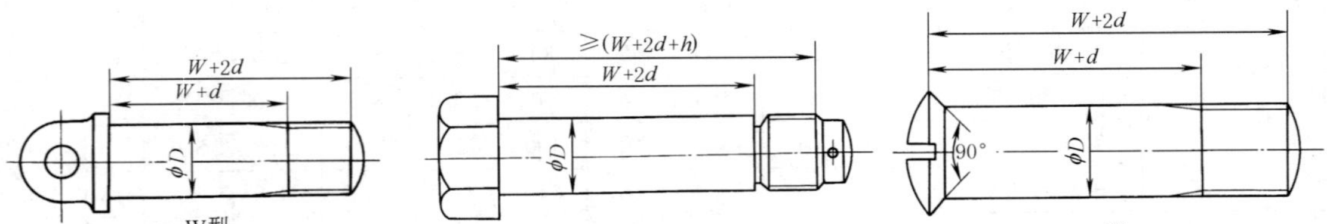

W型 带环眼和台肩的螺纹销轴　　X型 六角头螺栓(配六角螺母和开口销)　　Y型 沉头和开槽螺钉

Z 型：根据型号表示方法，采用其他形式的销轴均以 Z 型表示。

表 9-1-68

极限工作载荷 WLL/t			D 型卸扣的尺寸/mm					弓型卸扣的尺寸/mm					
卸扣级别			d (max)	D (max)	W (min)	S (min)	e (max)	d (max)	D (max)	W (min)	$2r$ (min)	S (min)	e (max)
4 级	6 级	8 级											
0.32	0.50	0.63	8.0	9.0		18.0	19.8	9.0	10.0		16.0	22.4	22
0.40	0.63	0.8	9.0	10.0		20.0	22.0	10.0	11.2		18.0	25.0	24.64
0.50	0.8	1	10.0	11.2		22.4	24.64	11.2	12.5		20.0	28.0	27.5
0.63	1	1.25	11.2	12.5		25.0	27.5	12.5	14.0		22.4	31.5	30.8
0.8	1.25	1.6	12.5	14.0		28.0	30.8	14.0	16.0		25.0	35.5	35.2
1	1.6	2	14.0	16.0		31.5	35.2	16.0	18.0		28.0	40.0	39.6
1.25	2	2.5	16.0	18.0		35.5	39.6	18.0	20.0		31.5	45.0	44
1.6	2.5	3.2	18.0	20.0		40.0	44	20.0	22.4		35.5	50.0	49.28
2	3.2	4	20.0	22.4		45.0	49.28	22.4	25.0		40.0	56.0	55
2.5	4	5	22.4	25.0		50.0	55	25.0	28.0		45.0	63.0	61.8
3.2	5	6.3	25.0	28.0		56.0	61.8	28.0	31.5		50.0	71.0	69.3
4	6.3	8	28.0	31.5		63.0	69.3	31.5	35.5		56.0	80.0	78.1
5	8	10	31.5	35.5		71.0	78.1	35.5	40.0		63.0	90.0	88
6.3	10	12.5	35.5	40.0		80.0	88	40.0	45.0		71.0	100.0	99
8	12.5	16	40.0	45.0		90.0	99	45.0	50.0		80.0	112.0	110
10	16	20	45.0	50.0		100.0	110	50.0	56.0		90.0	125.0	123.2
12.5	20	25	50.0	56.0		112.0	123.2	56.0	63.0		100.0	140.0	138.6
16	25	32	56.0	63.0		125.0	138.6	63.0	71.0		112.0	160.0	156.2
20	32	40	63.0	71.0		140.0	156.2	71.0	80.0		125.0	180.0	176
25	40	50	71.0	80.0		160.0	178	80.0	90.0		140.0	200.0	198
32	50	63	80.0	90.0		180.0	198	90.0	100.0		160.0	224.0	220
40	63	80*	90.0	100.0		200.0	220	100.0	112.0		180.0	250.0	246.4
50	80	100*	100.0	112.0		224.0	246.4	112.0	125.0		200.0	280.0	275
63	100	—	112.0	125.0		250.0	275	125.0	140.0		224.0	315.0	308.0

续表

极限工作载荷 WLL/t			D 型卸扣的尺寸/mm					弓型卸扣的尺寸/mm					
卸扣级别			*d*（max）	*D*（max）	*W*（min）	*S*（min）	*e*（max）	*d*（max）	*D*（max）	*W*（min）	2*r*（min）	*S*（min）	*e*（max）
4 级	6 级	8 级											
80	—	—	125.0	140.0		280.0	308	140.0	160.0		250.0	355.0	352.0
100	—	—	140.0	160.0		315.0	352.0	160.0	180.0		280.0	400.0	396.0

注：1. 卸扣级别中带 * 标记的，弓型卸扣没有此级别。

2. X 型中 *h* 为螺母厚度。

3. 卸扣的材质：4 级卸扣为镇静钢；6 级、8 级卸扣应为电炉冶炼。6 级卸扣钢材除符合 GB/T 13304.1 规定的合金成分外，还应至少、含有元素镍、铬、钼三者中之一。8 级卸扣除符合 GB/T 13304.1 规定的合金成分外，还应至少含有元素镍、铬、钼三者中的两种。

4. 卸扣的热处理要求应按本标准进行。

2.2.8 索具螺旋扣（摘自 GB/T 3818—1999）

（1）螺旋扣的型式、规格和参数

表 9-1-69

型式					规格和参数						
项目	名称	螺杆型式	螺旋套型式	简图	螺杆直径/mm	M 级 安全工作载荷 SWL/kN 起重绑扎	M 级 安全工作载荷 SWL/kN 救生	M 级 最小破断载荷/kN	P 级 安全工作载荷 SWL/kN 起重绑扎	P 级 安全工作载荷 SWL/kN 救生	P 级 最小破断载荷/kN
KUUD	开式索具螺旋扣	UU	模锻		M6	1.2	0.8	4.8	1.8	1.0	6.0
				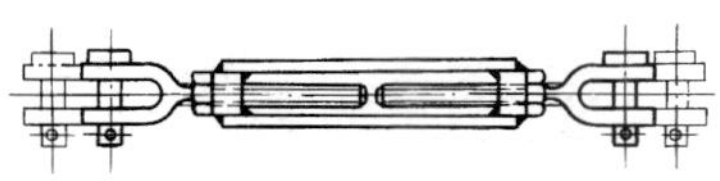	M8	2.5	1.6	9.6	4.0	2.5	15
KUUH			焊接		M10	4.0	2.5	15	6.0	4.0	24
KOOD		OO	模锻		M12	6.0	4.0	24	8.0	5.0	30
				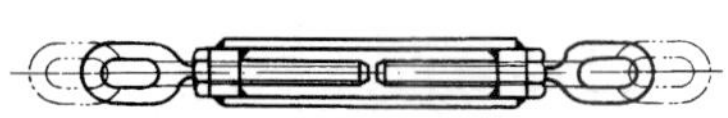	M14	9.0	6.0	36	12	8.0	48
KOOH			焊接		M16	12	8.0	48	17	10	60
KOUD		OU	模锻		M18	17	10	60	21	12	72
				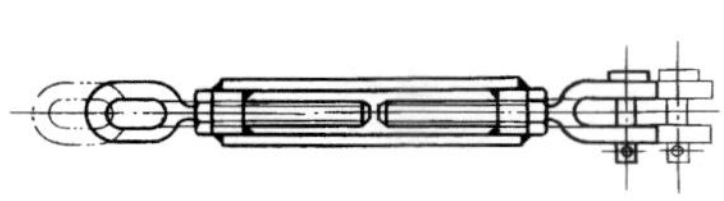	M20	21	12	72	27	16	96
KOUH			焊接		M22	27	16	96	35	20	120

第 9 篇

续表

型式					规格和参数						
					螺杆直径/mm	M级			P级		
						安全工作载荷SWL/kN		最小破断载荷/kN	安全工作载荷SWL/kN		最小破断载荷/kN
项目	名称	螺杆型式	螺旋套型式	简图		起重绑扎	救生		起重绑扎	救生	
KCCD	开式索具螺旋扣	CC	模	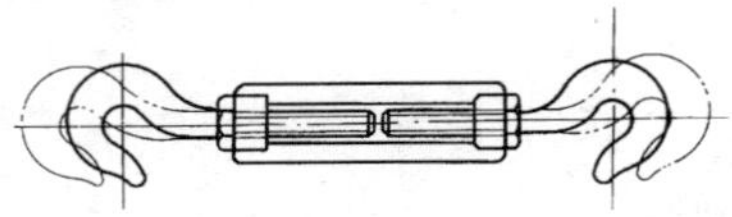	M24	35	20	120	45	25	150
					M27	45	28	168	55	34	204
KCUD		CU		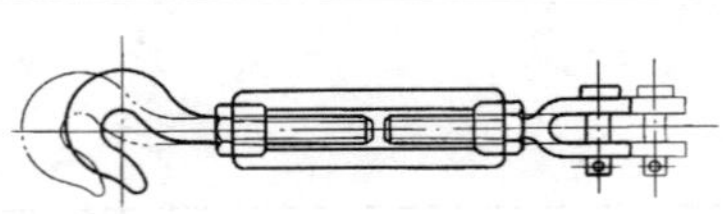	M30	55	35	210	75	43	258
					M36	75	50	300	95	63	378
KCOD		CO		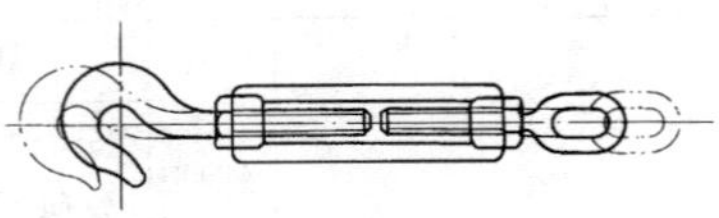	M39	95	60	360	120	75	450
					M42	105	70	420	145	85	510
ZCUD	旋转式索具螺旋扣	CU	锻	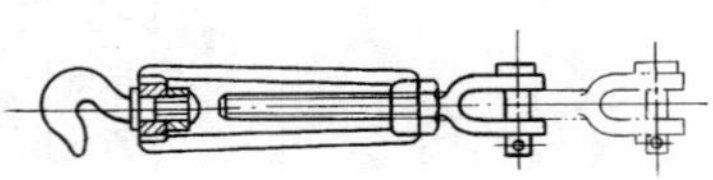	M48	140	90	540	180	110	660
					M56	175	115	690	220	140	840
ZUUD		UU		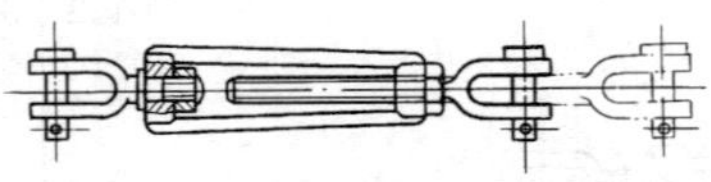	M60	210	125	750	250	160	960
					M64	250	160	960	320	200	1200

注：本标准强度计算，起重、绑扎按许用应力 $\sigma_p=\frac{1}{2}\sigma_s$，救生按 $\sigma_p=\frac{1}{6}\sigma_b$。

（2）螺旋扣的结构型式和基本尺寸

KUUD 型、KUUH 型、KOOD 型和 KOOH 型

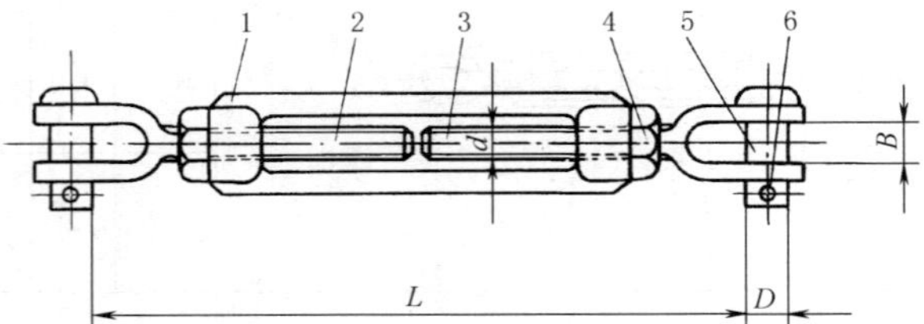

KUUD型

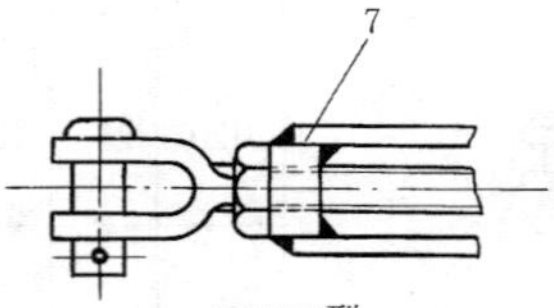

KUUH型

1—模锻螺旋套；2—U 形左螺杆；3—U 形右螺杆；4—锁紧螺母；5—光直销；6—开口销；7—焊接螺旋套

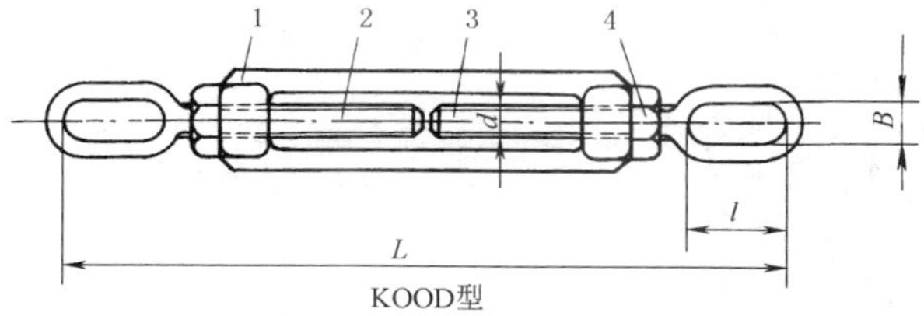

KOOD型

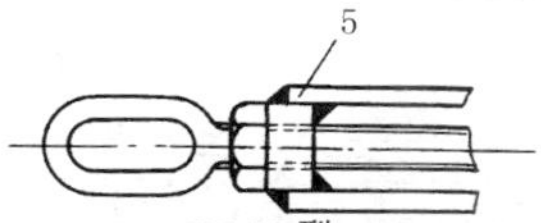

KOOH型

1—模锻螺旋套；2—O 形左螺杆；3—O 形右螺杆；4—锁紧螺母；5—焊接螺旋套

表 9-1-70　KUUD 型、KUUH 型、KOOD 型和 KOOH 型螺旋扣的基本尺寸　mm

螺杆直径 d		最大钢索直径	B	D	L	质量/kg		螺杆直径 d		最大钢索直径	B	l	L	质量/kg	
KUUD	KUUH					KUUD	KUUH	KOOD	KOOH					KOOD	KOOH
M6	—	3.8	10	6	155/230	0.2	—	M6	—	3.8	10	19	170/245	0.2	—
M8	—	4.9	12	8	210/325	0.4	—	M8	—	4.9	12	24	230/345	0.3	—
M10	—	6.2	14	10	230/340	0.5	—	M10	—	6.2	14	28	255/365	0.4	—
M12	—	7.7	16	12	280/420	0.9	—	M12	—	7.7	16	34	310/450	0.7	—
M14	—	9.3	18	14	295/435	1.1	—	M14	—	9.3	18	40	325/465	0.9	—
M16	—	11.0	22	16	335/525	1.8	—	M16	—	11.0	22	47	390/560	1.6	—
M18	—	13.0	25	18	375/540	2.3	—	M18	—	13.0	25	55	415/580	1.8	—
M20	—	15.0	27	20	420/605	3.1	—	M20	—	15.0	27	60	470/655	2.6	—
M22	M22	17.0	30	23	445/630	3.7	4.1	M22	M22	17.0	30	70	495/680	2.9	3.4
M24	M24	19.5	32	26	505/720	5.8	6.2	M24	M24	19.5	32	80	575/785	4.8	5.2
M27	M27	21.5	36	30	545/755	6.9	7.3	M27	M27	21.5	36	90	610/820	5.5	6.0
M30	M30	24.5	40	32	635/880	11.4	12.1	M30	M30	24.5	40	100	700/950	9.8	10.5
M36	M36	28.0	44	38	650/900	14.1	15.1	M36	M36	28.0	44	105	730/975	11.6	12.5
—	M39	31.0	49	41	720/985	—	21.3	—	M39	31.0	49	120	820/1085	—	18.1
—	M42	34.0	52	45	760/1025	—	24.4	—	M42	34.0	52	130	855/1120	—	19.1
—	M48	40.0	58	50	845/1135	—	35.9	—	M48	40.0	58	140	940/1230	—	29.9
—	M56	43.0	65	57	870/1160	—	43.8	—	M56	43.0	65	150	970/1260	—	35.9
—	M60	46.0	70	61	940/1250	—	57.2	—	M60	46.0	70	170	1085/1390	—	46.2
—	M64	49.0	75	65	975/1280	—	65.8	—	M64	49.0	75	180	1130/1435	—	57.3

KOUD 型、KOUH 型、KCCD 型、KCUD 型和 KCOD 型

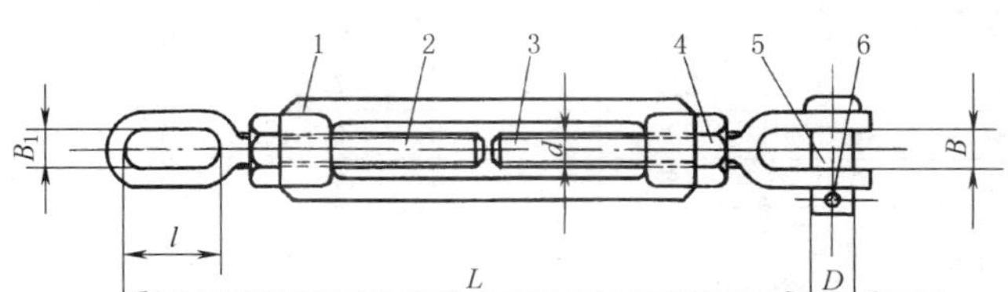

KOUD型

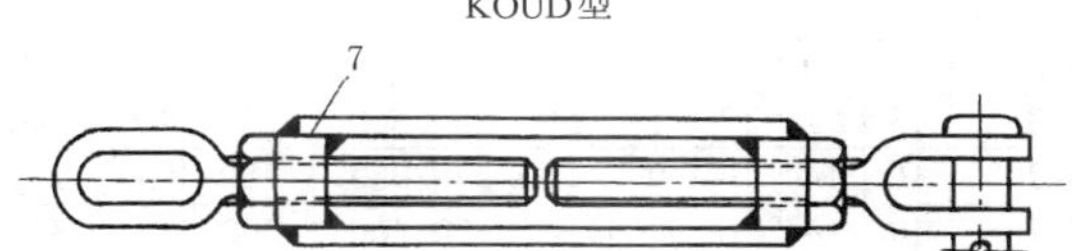

KOUH型

1—模锻螺旋套；2—O 形左螺杆；3—U 形右螺杆；4—锁紧螺母；5—光直销；6—开口销；7—焊接螺旋套

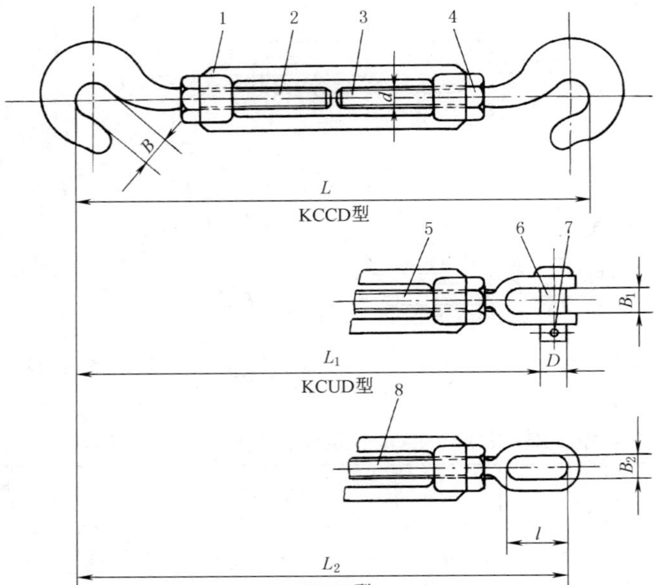

1—模锻螺旋套；2—C 形左螺杆；3—C 形右螺杆；4—锁紧螺母；5—U 形右螺杆；6—光直销；7—开口销；8—O 形右螺杆

表 9-1-71　KOUD 型、KOUH 型、KCCD 型、KCUD 型和 KCOD 型螺旋扣的基本尺寸　mm

	螺杆直径 d		最大钢索直径	B	B_1	D	l	L	质量/kg	
	KOUD	KOUH							KOUD	KOUH
KOUD、KOUH	M6	—	3. 8	10	10	6	19	160/235	0. 3	—
	M8	—	4. 9	12	12	8	24	220/335	0. 4	—
	M10	—	6. 2	14	14	10	28	240/355	0. 5	—
	M12	—	7. 7	16	16	12	34	295/435	0. 8	—
	M14	—	9. 3	18	18	14	40	310/450	1. 0	—
	M16	—	11. 0	22	22	16	47	375/540	1. 7	—
	M18	—	13. 0	25	25	18	55	395/560	2. 0	—
	M20	—	15. 0	27	27	20	60	445/630	2. 8	—
	M22	M22	17. 0	30	30	23	70	470/655	3. 3	3. 8
	M24	M24	19. 5	32	32	26	80	540/775	5. 3	5. 7
	M27	M27	21. 5	36	36	30	90	575/790	6. 2	6. 7
	M30	M30	24. 5	40	40	32	100	665/915	10. 6	11. 3
	M36	M36	28. 0	44	44	38	105	690/940	12. 8	13. 7
	—	M39	31. 0	49	49	41	120	770/1035	—	19. 3
	—	M42	34. 0	52	52	45	130	810/1075	—	21. 8
	—	M48	40. 0	58	58	50	140	890/1180	—	32. 9
	—	M56	43. 0	65	65	57	150	920/1210	—	40. 9
	—	M60	46. 0	70	70	61	170	1010/1320	—	52. 1
	—	M64	49. 0	75	75	65	180	1055/1360	—	61. 5

	螺杆直径 d	最大钢索直径	B	B_1	B_2	D	l	L	L_1	L_2	质量/kg		
	KCCD、KCUD、KCOD										KCCD	KCUD	KCOD
KCCD、KCUD、KCOD	M6	3. 8	8	10	10	6	19	160/235	160/235	165/240	0. 2	0. 2	0. 2
	M8	4. 9	13	12	12	8	24	250/360	230/340	240/350	0. 4	0. 4	0. 5
	M10	6. 2	16	14	14	10	28	270/385	250/365	260/375	0. 6	0. 5	0. 7
	M12	7. 7	18	16	16	12	34	320/460	300/440	315/455	1. 0	1. 0	1. 2
	M14	9. 3	20	18	18	14	40	330/470	315/455	330/470	1. 2	1. 1	1. 3
	M16	11. 0	24	22	22	16	47	390/560	375/545	390/560	2. 0	1. 9	2. 2

ZCUD 型和 ZUUD 型

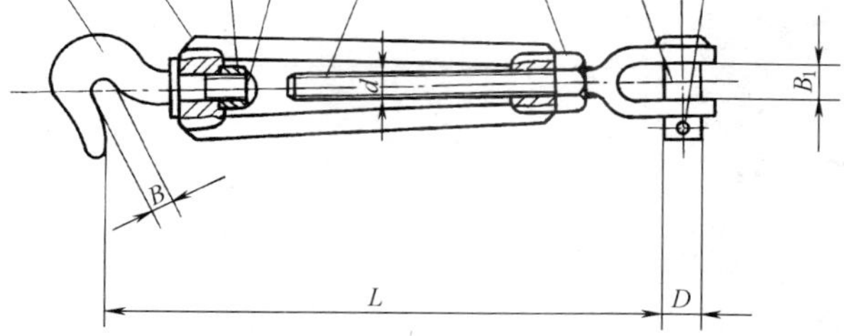

ZCUD型

1—钩子；2—模锻螺旋套；3—圆螺母；4—U 形螺杆；5—锁紧螺母；6—光直销；7—开口销

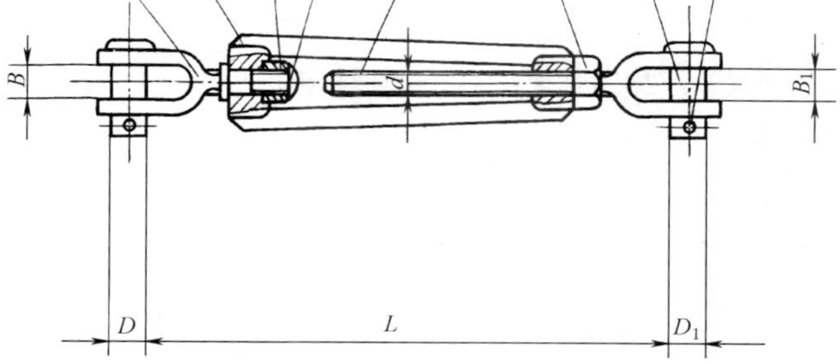

ZUUD型

1—叉子；2—模锻螺旋套；3—圆螺母；4—U 形螺杆；5—锁紧螺母；6—光直销；7—开口销

表 9-1-72　　ZCUD 型和 ZUUD 型螺旋扣的基本尺寸　　mm

螺杆直径 d	最大钢索直径	ZCUD 型					ZUUD 型					
		B	B_1	D	L	质量/kg	B	B_1	D	D_1	L	质量/kg
M8	4.9	10	12	8	185/265	0.4	12	12	8	8	190/270	0.4
M10	6.2	11	14	10	200/285	0.5	14	14	10	10	210/295	0.5
M12	7.7	12	16	12	240/330	0.9	16	16	12	12	245/335	0.9
M14	9.3	16	18	14	300/420	1.3	18	18	14	14	305/425	1.2
M16	11.0	20	22	16	315/440	1.8	22	22	16	16	325/450	1.6

(3) 标记示例

螺杆直径 39mm、强度等级为 M 的 KOUH 型（焊接螺旋套，OU 形螺杆）开式索具螺旋扣，标记为：

螺旋扣　KOUH39-M　CB/T 3818—1999

螺杆直径 12mm、强度等级为 P 的 ZUUD 型（模锻螺旋套，UU 形螺杆）旋转式索具螺旋扣，标记为：

螺旋扣　ZUUD12-P　CB/T 3818—1999

(4) 螺旋扣主要零部件的材料强度等级

表 9-1-73

强度级	零件名称	抗拉强度 σ_b /MPa	屈服强度 σ_s /MPa	伸长率 δ_5 /%	硬度 HB	相当材料牌号
M	开式焊接螺旋套 开式模锻螺旋套 旋转式模锻螺旋套 U 形螺杆 O 形螺杆 C 形螺杆 钩子、叉子 光直销	≥410	≥235	≥22	130~170	20
P		≥490	≥325	≥19		16Mn

(5) 螺旋扣一般零件的材料

表 9-1-74

零件名称	材料		
	名称	牌号	标准号
锁紧螺母 圆螺母 开口销	碳素钢	Q235-A	GB/T 700—2006

2.2.9 起重孔（摘自 JB/ZQ 4791—2006）

孔的尺寸

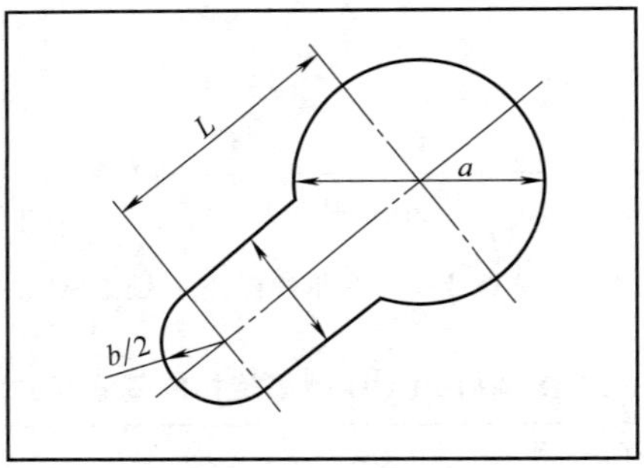

表 9-1-75

mm

零件厚度	a	L	b
25~30	50	60	25
>30	60	80	30

孔的配置

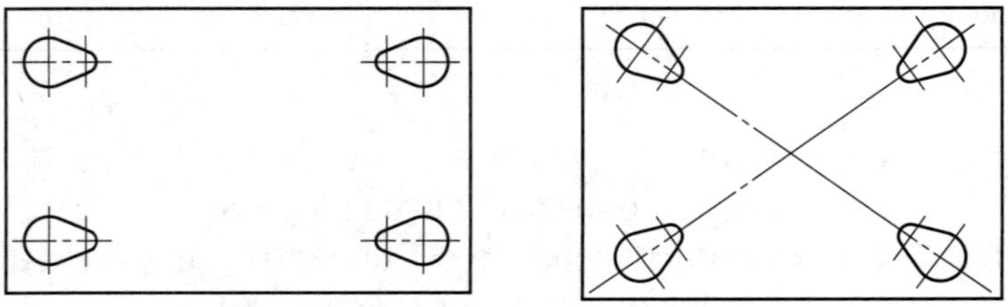

3 卷　　筒

3.1 卷筒几何尺寸

表 9-1-76　　　　mm

名称		公式	符号意义
卷筒名义直径		$D_1=hd$	d——钢丝绳直径 h——与机构工作级别和钢丝绳结构有关的系数，按表9-1-77选取 D_1——按钢丝绳中心计算的卷筒卷绕直径 D——卷筒绳槽底径
绳槽半径		$R=(0.53\sim0.6)d$	
绳槽深度	标准槽	$H_1=(0.25\sim0.4)d$	
	深槽	$H_2=(0.6\sim0.9)d$	
绳槽节距	标准槽	$P_1=d+(2\sim4)$	
	深槽	$P_1=d+(6\sim8)$	
卷筒厚度	铸钢卷筒	$\delta\approx d$	
	铸铁卷筒	$\delta\approx0.02D+(6\sim10)$；不宜小于12mm	
	焊接卷筒	$\delta\approx0.8d$	

名称		公式		符号意义
单层绕卷筒长度	单联卷筒	$L_d=L_0+2L_1+L_2$	$L_0=\left(\frac{H_{max}m}{\pi D_1}+Z_1\right)P$	见图9-1-3 L_0——卷筒有螺纹槽部分长度 L_1——无绳槽的卷筒端部尺寸，按需要定 L_2——固定绳尾所需长度，$L_2\approx3P$ L_g——中间光滑部分长度，根据钢丝绳允许偏斜角确定 l——卷筒总卷绳长，$l=H_{max}m$ H_{max}——最大起升高度 m——滑轮组倍率 Z_1——钢丝绳安全圈数，$Z_1\geqslant2\sim3$ $D_1,D_2,D_3,\cdots$ D_n——各层直径 P——绳槽节距，$P=(1.1\sim1.2)d$ Z——每层圈数 n——卷绕层数
	双联卷筒	$L_s=2(L_0+L_1+L_2)+L_g$		
多层卷绕卷筒长度		$l=Z\pi(D_1+D_2+D_3+\dots+D_n)$ $D_1=D+d$ $D_2=D+3d$ $D_3=D+5d$ … $D_n=D+(2n-1)d$ 则 $l=Z\pi n(D+nd)$， $Z=\frac{l}{\pi n(D+nd)}$ 考虑钢丝绳在卷筒上排列可能不均匀，应将卷筒长度增加10%，即 $L=1.1ZP=\frac{1.1lP}{\pi n(D+nd)}$		

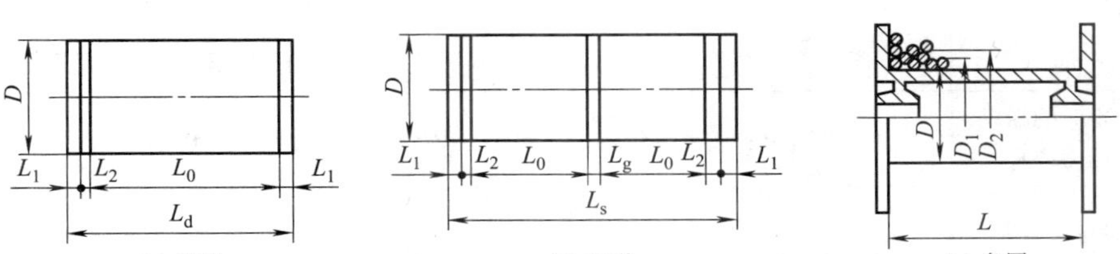

(a) 单联　　(b) 双联　　(c) 多层

图 9-1-3

表 9-1-77　　**系数 h 值**（摘自 GB/T 3811—2008）

机构工作级别	卷筒 h_1	滑轮 h_2	平衡滑轮 h_3	机构工作级别	卷筒 h_1	滑轮 h_2	平衡滑轮 h_3
M1	11.2	12.5	11.2	M3	14	16	12.5
M2	12.5	14	12.5	M4	16	18	14

续表

机构工作级别	卷筒 h_1	滑轮 h_2	平衡滑轮 h_3	机构工作级别	卷筒 h_1	滑轮 h_2	平衡滑轮 h_3
M5	18	20	14	M7	22.4	25	16
M6	20	22.4	16	M8	25	28	18

注 1. 采用抗扭转钢丝绳时，h 值按比机构工作级别高一级的值选取。

2. 对于流动式起重机及某些水工工地用的臂架起重机，建议取 $h_1=16$，$h_2=18$，与工作级别无关。

3. 臂架伸缩机构滑轮的 h_2 值，可选为卷筒的 h_1 值。

4. 桥式和门式起重机，取 h_3 等于 h_2。

5. 用 C 系数法或最小安全系数法求出的最小钢丝绳直径，并由此确定了卷筒和滑轮的最小直径后，只要实际采用的钢丝绳直径不大于原算得的最小直径的 25%、钢丝绳实际的拉力不超过原计算钢丝绳计算最小直径时用的最大工作拉力 S 值，则新选的钢丝绳仍可以与算得的卷筒和滑轮的最小直径配用。

6. 本表的 h 值不能限制或代替钢丝绳制造厂和起重机制造厂之间的协议，当考虑采用不同柔性的新型钢丝绳时尤其如此。

3.2 卷筒强度计算

表 9-1-78

<table>
<tr><td rowspan="6">强度计算</td><td>应力</td><td>卷筒壁内表面最大压应力 σ_1</td><td>卷筒壁内表面最大压应力 σ_1
由弯矩产生的拉应力 σ_2</td></tr>
<tr><td>条件</td><td>$L\leqslant 3D$</td><td>$L>3D$</td></tr>
<tr><td>公式</td><td>$\sigma_1=A_1A_2\dfrac{S_{max}}{\delta P}\leqslant\sigma_{yP}$(MPa)</td><td>$\sigma_1=A_1A_2\dfrac{S_{max}}{\delta P}\leqslant\sigma_{yP}$(MPa)
$\sigma_2=\dfrac{M_{max}}{W}\leqslant\sigma_{1P}$(MPa)</td></tr>
<tr><td>符号意义</td><td>A_1——与卷筒层数有关的系数
<table><tr><td>卷筒层数 n</td><td>1</td><td>2</td><td>3</td><td>≥4</td></tr><tr><td>系数 A_1</td><td>1</td><td>1.4</td><td>1.8</td><td>2</td></tr></table>A_2——应力减小系数，一般取 $A_2=0.75$
s_{max}——钢丝绳最大拉力，N
P——卷筒绳槽节距，mm
δ——卷筒壁厚，mm
σ_{yP}——许用压应力，MPa
钢：$\sigma_{yP}=\dfrac{\sigma_s}{2}$，$\sigma_s$——屈服强度
铸铁：$\sigma_{yP}=\dfrac{\sigma_y}{5}$，$\sigma_y$——抗压强度</td><td>$M_{max}$——由钢丝绳最大拉力引起卷筒的最大弯矩，N · mm
W——抗弯截面模数，
$W=\dfrac{0.1\ (D^4-D_0^4)}{D}$，mm^3
D——卷筒绳槽底径，mm
D_0——卷筒内径，mm
σ_{1P}——许用拉应力，MPa
钢：$\sigma_{1P}=\dfrac{\sigma_s}{2.5}$，$\sigma_s$——屈服强度
铸铁：$\sigma_{1P}=\dfrac{\sigma_b}{6}$，$\sigma_b$——抗拉强度</td></tr>
<tr><td>合成应力</td><td>$\sigma=\sigma_1$</td><td>$\sigma=\sigma_2+\dfrac{\sigma_{1P}}{\sigma_{yP}}\sigma_1\leqslant\sigma_{1P}$</td></tr>
<tr><td colspan="3"></td></tr>
<tr><td rowspan="5">稳定性验算</td><td>条件</td><td colspan="2">$D\geqslant 1200$mm，$L>2D$ 的大尺寸卷筒，需对卷筒壁进行稳定性验算</td></tr>
<tr><td>失去稳定时的临界压力</td><td colspan="2">钢卷筒：$p_W=52500\dfrac{\delta^3}{R^3}$ (MPa)；铸铁卷筒：$p_W=(25000-32500)\dfrac{\delta^3}{R^3}$ (MPa)</td></tr>
<tr><td>卷筒壁单位压力</td><td colspan="2">$p=\dfrac{2S_{max}}{DP}$ (MPa)</td></tr>
<tr><td>稳定性系数</td><td colspan="2">$K=\dfrac{p_W}{p}\geqslant 1.3\sim1.5$</td></tr>
<tr><td>符号意义</td><td colspan="2">R——卷筒绳槽底半径，mm，$R=\dfrac{D}{2}$，其他符号同强度计算的符号</td></tr>
</table>

注：卷筒在钢丝绳拉力作用下，产生压缩、弯曲和扭转应力，其中压缩应力最大。当 $L\leqslant 3D$ 时，弯曲和扭转的合成应力不超过压缩应力的 10%~15%，即计算压应力即可。当 $L>3D$ 时，要考虑弯曲应力。

3.3 钢丝绳在卷筒上固定的计算

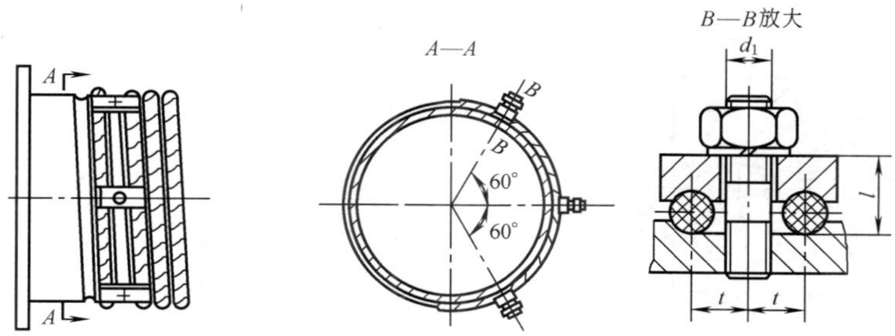

表 9-1-79 用压板固定的计算

名　称	钢丝绳固定处拉力/N	螺栓扣紧力/N		螺栓的合成应力/MPa
		压板槽为半圆形	压板槽为梯形	
公式	$S=\frac{S_{max}}{e^{\mu\alpha}}$	$N=\frac{S}{2\mu}$	$N=\frac{S}{\mu+\mu_1}$	$\sigma=\frac{4N}{Z\pi d_1^2}+\frac{SL}{0.1Zd_1^2}\leqslant\sigma_{1P}$
简式	当 $\alpha=3\pi$ 时，$S=0.22S_{max}$ 当 $\alpha=4\pi$ 时，$S=0.134S_{max}$	$N=3.1S$	$N=2.8S$	
符号意义	S_{max}——钢绳最大拉力，N； μ——钢绳与光卷筒间的摩擦因数，通常 $\mu=0.16$； α——安全圈（通常为 2~3 圈）在卷筒上的包角； e——自然对数的底数 $e=2.718282$； μ_1——压板与钢丝绳间的换算摩擦因数，$\mu_1=\frac{\mu}{\sin\beta+\mu\cos\beta}$； β——压板槽的斜面角，一般 $\beta=45°$； Z——螺栓数量； L——钢绳拉力对螺栓根部的作用力臂；可近似取 $L=\frac{\delta+d}{2}$； δ—卷筒壁厚，mm； d—钢绳直径，mm； d_1—螺纹内径，mm； σ_{1P}——螺栓许用应力；$\sigma_{1P}=\frac{0.8\sigma_s}{1.5}$； 对于 Q235，$\sigma_{1P}=100\sim200$MPa； 35 钢，$\sigma_{1P}=120\sim140$MPa			

注：钢绳进出卷筒的偏斜角本表未列计算，可按《起重机设计规范》GB/T 3811—2008 选取，如下。

（1）钢丝绳绕进或绕出卷筒时钢丝绳偏离螺旋槽两侧的角度推荐不大于 3.5°；对大起升高度及 D/d 值较大的卷筒，其钢丝绳偏离中心线的允许偏斜角应由计算确定。

（2）对于光卷筒无绳槽多层缠绕卷筒，当未采用排绳器时钢丝绳中心线与卷筒轴垂直平面的偏离角度推荐不大于 1.7°。

3.4 钢丝绳用压板（摘自 GB/T 5975—2006）

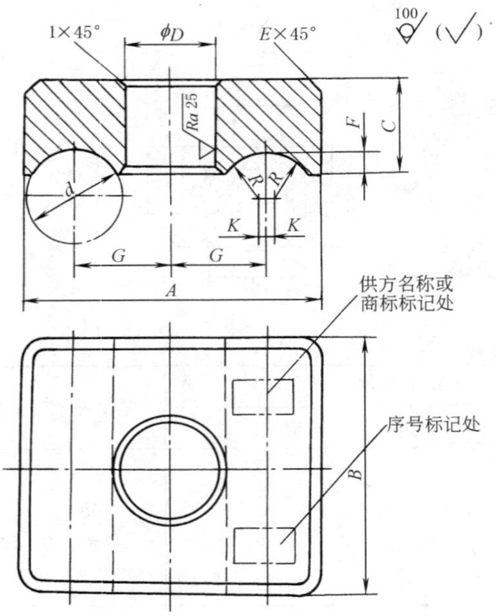

材料：Q235-B

标记示例

序号为 4（钢丝绳公称直径 d>14～17mm）的标准槽压板标记为：

压板　GB/T 5975-4

序号为 4（钢丝绳公称直径 d>14～17mm）的深槽压板标记为：

压板　GB/T 5975-4 深

表 9-1-80

压板序号	尺寸/mm														单件质量/kg	
	适用钢丝绳公称直径 d	A		B	C	D	E	F	G		K	R		压板螺栓直径	标准槽	深槽
		标准槽	深槽						标准槽	深槽		基本尺寸	极限偏差			
1	>6～8	25	29	25	8	9	1	2.0	8.0	10.0	1.0	4.0	$^{+0.1}_{0}$	M8	0.03	0.04
2	>8～11	35	39	35	12	11	1	3.0	11.5	13.5	1.5	5.0		M10	0.10	0.12
3	>11～14	45	51	45	16	15	2	3.5	14.5	17.5	1.5	7.0		M14	0.22	0.25
4	>14～17	55	66	50	18	18	2	4.0	17.5	21.5	1.5	8.5	$^{+0.2}_{0}$	M16	0.32	0.37
5	>17～20	65	73	60	20	22	3	5.0	21.0	25.0	1.0	10.0		M20	0.48	0.55
6	>20～23	75	85	60	20	22	4	6.0	24.5	29.5	1.5	11.5		M20	0.55	0.65
7	>23～26	85	95	70	25	26	4	6.5	28.0	33.0	1.0	13.0		M24	0.91	1.05
8	>26～29	95	105	70	25	30	5	7.0	31.5	36.5	1.5	14.5	$^{+0.3}_{0}$	M27	0.99	1.12
9	>29～32	105	117	80	30	33	5	8.0	34.5	40.5	1.5	16.0		M30	1.52	1.75
10	>32～35	115	129	90	35	33	6	9.0	38.0	45.0	1.0	17.5		M30	2.23	2.58
11	>35～38	125	141	90	35	39	6	10.0	40.5	48.5	1.5	19.0		M36	2.29	2.69
12	>38～41	135	153	100	40	45	8	11.0	44.0	53.0	1.0	20.5		M42	3.17	3.74
13	>41～44	145	163	110	40	45	8	12.0	47.5	56.5	1.5	22.0		M42	3.82	4.44
14	>44～47	155	175	110	50	45	8	13.0	51.5	61.5	1.5	23.5		M42	5.25	6.12
15	>47～52	170	189	125	50	52	10	13.0	56.0	65.0	2.0	26.0		M48	6.69	7.57
16	>52～56	180	—	135	50	52	10	14.0	60.0	—	2.0	28.0		M48	8.10	—
17	>56～60	190	—	145	55	52	10	15.0	64.0	—	2.0	30.0		M48	9.20	—

注：本标准适用于起重机卷筒上所使用的 GB 8918—2008、GB/T 20118—2006 中规定的圆股钢丝绳的绳端固定。

第 9 篇

3.5 起重机卷筒

3.5.1 卷筒尺寸和卷筒绳槽（摘自 JB/T 9006—2014）

（1）卷筒尺寸

① 卷筒直径 D 应根据表 9-1-76 中按钢丝绳中心计算的卷筒卷绕直径 D_1，并按优先数 $R10$、$R20$ 或 $R40$ 系列选择确定，宜优先选取表 9-1-81 中的数值。

表 9-1-81　　卷筒直径系列　　mm

D								
200	250	280	315	355	400	450	500	560
630	710	800	900	1000	1120	1250	1320	1400
1500	1600	1700	1800	1900	2000	2120	2240	2360
2500	2650	2800	3000	3150	3350	3550	3750	4000

推荐直径小于 500mm 的卷筒采用无缝钢管加工而成，其直径可根据 GB/T 17395—2008《无缝钢管尺寸、外形、重量及允许偏差》中无缝钢管的规格确定。

② 卷筒长度宜按优先数 R40 系列选择确定。

③ 卷筒的壁厚应根据不同材料、结构型式、工作级别环境及预订使用条件由计算或试验确定。必要时，考虑增加磨损裕量。

若壁厚的公差（或不均匀性）偏大，导致对较高转速的卷筒的支承和传力部件产生较大的附加载荷，乃至影响卷筒的强度、刚度和起升机构起重量限制器或称量装置的系统精度时，则卷筒应进行静平衡试验和检测。卷筒静平衡等级宜满足 GB/T 9239.1—2006 中规定的 G16 及以上等级。对不平衡补偿建议采用配平衡的方法进行补偿。

（2）卷筒绳槽

卷筒绳槽的槽底半径 r，按（0.53~0.6）d（d 为钢丝绳直径）确定。绳槽形式分为标准槽和加深槽两种形式。卷筒绳槽断面尺寸应符合表 9-1-82 的规定，一般情况应采用标准槽，当钢丝绳有脱槽危险以及高速传动机构中使用的卷筒，宜采用加深槽。

卷筒绳槽断面尺寸

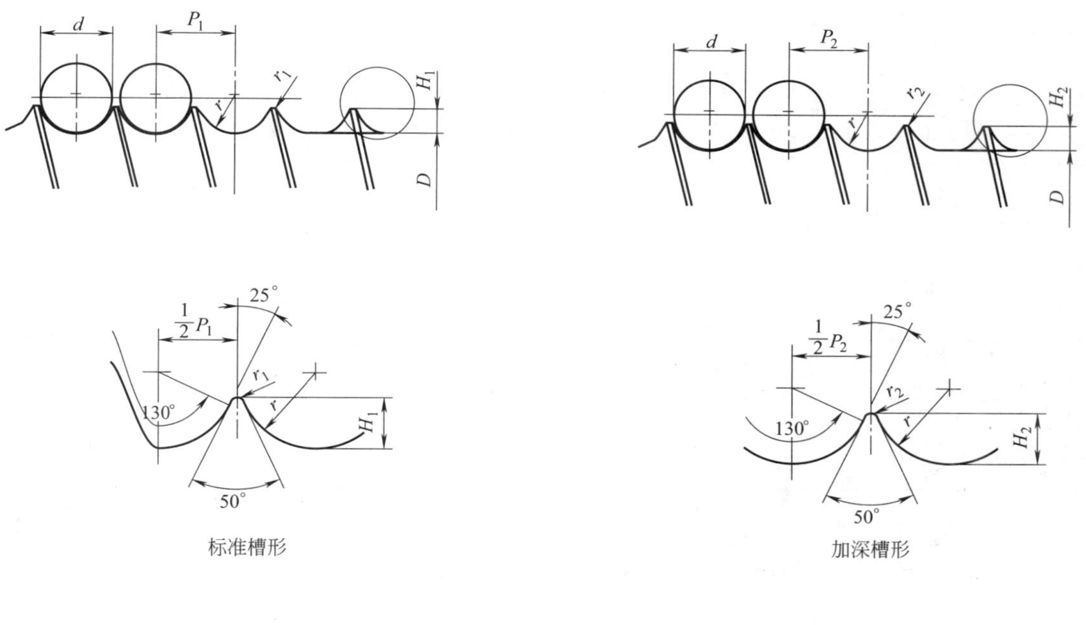

表 9-1-82

mm

钢丝绳公称直径 d	槽底半径		标准槽形			加深槽形		
	r	极限偏差	P_1	H_{1min}	r_{1min}	P_2	H_{2min}	r_{2min}
6	3.2	+0.1 0	7.0	2.2	0.5	—	—	0.3
>6~7	3.7		8.0	2.5				
>7~8	4.2		9.0	2.8		11	5.0	
>8~9	5.0		10.5	3.3		12		
>9~10	5.5	+0.2 0	12.0	3.8	0.8	14	6.0	0.5
>10~11	6.0		13.0	4.2		15	6.5	
>11~12	6.5		14.0	4.5		16	7.0	
>12~13	7.0		15.0	4.8		18	8.0	
>13~14	7.5		16.0	5.0		19	8.5	
>14~15	8.0		17.0	5.5		20	9.0	
>15~16	8.5		18.0	6.0		21	9.5	
>16~17	9.0		19.0	6.5		23	10.5	
>17~18	9.5		20.0			24	11.0	
>18~19	10.0		21.0	7.0		25	11.5	
>19~20	10.5		22.0	7.5		26	12.0	
>20~21	11.0		24.0	8.0		28	13.0	
>21~22	12.0		25.0	8.5		29		
>22~23	12.5		26.0	9.0		31	14.0	
>23~24	13.0		27.0			32	14.5	
>24~25	13.5		28.0	9.5		33	15.0	
>25~26	14.0		29.0	10.0		34	16.0	
>26~27	15.0		30.0			36	16.5	
>27~28			32.0	10.5		37	17.0	
>28~29	16.0	+0.4 0	33.0	11.0	1.3	38		0.8
>29~30			34.0	11.5		39	18.0	
>30~31	17.0		35.0			41	18.5	
>31~32			36.0	12.0		42	19.0	
>32~33	18.0		37.0	12.5		44	20.0	
>33~34			38.0	13.0				
>34~35	19.0		39.0			46	21.0	
>35~36			40.0	13.5		47		
>36~37	20.0		41.0	14.0		48	22.0	
>37~38			42.0	14.5	1.6	50	23.0	1.3
>38~39	21.0		44.0	15.0		52	24.0	
>39~40								
>40~41	22.0		45.0	15.0		54	25.0	
>41~42	23.0		47.0	16.0		55		
>42~43			48.0	16.5		56	26.0	
>43~44	24.0		49.0	16.5		58		
>44~45			50.0	17.0	2.0	60	27.0	1.6
>45~46	25.0		52.0	17.5		62	28.0	
>46~47			53.0	18.5		63		
>47~48	26.0		54.0			64	29.0	
>48~50	27.0		56.0	19.0		65		
>50~52	28.0		58.0	19.5		—	—	—
>52~54	29.0		60.0	21.0				
>54~56	30.0		63.0		2.5			
>56~58	31.0		64.0	22.0				
>58~60	32.0		67.0	23.0	3.0			

注 1. 本标准规定的槽形除多层缠绕和电动葫芦用卷筒外，适用所有起重机的钢丝绳缠绕的铸造卷筒和焊接卷筒。

2. 钢丝绳绕进或绕出卷筒时，钢丝绳中心线偏离螺旋槽中心线两侧的角度不应大于3.5°；对大起升高度及D/d值较大的卷筒，其钢丝绳偏离螺旋槽中心线的允许偏斜角应由计算确定。

第9篇

3.5.2 卷筒型式和技术要求（摘自 JB/T 9006—2014）

（1）卷筒型式

1）按制造工艺分

① 铸造卷筒［部分典型结构型式见表 9-1-83 中的图（c）和图（d），部分典型结构组装型式见图（a）和图（b）］。

② 焊接卷筒［部分典型结构型式见表 9-1-83 中的图（k）~图（p），部分典型结构组装型式见图（e）~图（j）］。

注：典型结构组装结构型式是卷筒典型结构型式的上一级部件。

2）按卷筒轴的布置形式分

① 长轴式卷筒［部分典型组装型式见表 9-1-83 中的图（a）、图（b）和图（e）、图（f）］。

② 短轴式卷筒［部分典型组装型式见表 9-1-83 中的图（g）~图（j）］。

（2）技术要求

1）材料

① 铸铁卷筒材料的力学性能不应低于 GB/T 9439—2010《灰铸铁件》表 2 中规定的 HT200 灰铸铁，铸钢卷筒材料的力学性能不应低于 GB/T 11352—2009《一般工程用铸造碳钢件》表 2 中规定的 ZG270~500 铸钢。

② 推荐焊接卷筒钢板（包括用无缝钢管做筒体）材料的力学性能不应低于 GB/T 700—2006《碳素结构钢》表 2 中规定的 Q235B，也可以采用力学性能和焊接性能均不低于上述材料的其他材料。

③ 焊接卷筒短轴材料的力学性能不应低于 GB/T 699—1999《优质碳素结构钢》表 3 中规定的正火状态下硬度为 140~180HBW 的 35 钢，也可以采用力学性能和焊接性能均不低于上述材质的其他材料。

④ 短轴材料应进行化学成分检验、硬度检验和超声波无损探伤检验，无损探伤检验质量等级应达到JB/T 5000.15—2007《重型机械通用技术条件　第 15 部分：锻钢件无损探伤》表 7 中的Ⅲ级。

2）筒体

① 铸铁卷筒应符合 JB/T 5000.4《重型机械通用技术条件　第 4 部分：铸铁件》的规定。铸钢卷筒应符合 JB/T 5000.6《重型机械通用技术条件　第 6 部分：铸钢件》的规定，且其缺陷的补焊应符合 JB/T 5000.7《重型机械通用技术条件　第 7 部分：铸钢件补焊》的规定。

② 焊接卷筒应符合 JB/T 5000.3《重型机械通用技术条件　第 3 部分：焊接件》的规定。根据钢板规格或制造工艺的需要，筒体允许环向对接焊缝和纵向对接焊缝同时存在。采用无缝钢管作为筒体的加工毛坯时，筒体不应出现环形焊缝。接长的筒体在环向对接焊缝处的两相邻纵向对接焊缝应符合以下规定。

a. 卷制成形的错开位置不应小于 45°或弧长 200mm 以上的焊接热影响区。

b. 两半压制成形的应错开 90°。

c. 不应出现十字交叉焊缝。

3）焊接及焊缝质量检验

① 焊材应与被焊接的材料相适应，并应符合 GB/T 5117《碳钢焊条》的规定。

② 焊缝坡口型式应符合 GB/T 985.1《气焊、焊条电弧焊、气体保护焊和高能焊的推荐坡口》和 GB/T 985.2《埋弧焊的推荐坡口》的规定。

③ 焊缝应进行外观检验，不应有弧坑、飞溅、熔渣、严重咬边、表面裂纹等影响性能和外观质量的缺陷。

④ 短轴与其他板件（端板、筋板和锥筋板）往一起组焊时应根据材料的焊接性能，必要时采取焊前预热和焊后缓冷的工艺措施。

⑤ 筒体环向对接焊缝应进行 100%的无损检测；用射线检测时不应低于 GB/T 3323《金属熔化焊焊接接头射线照相》中的Ⅱ级；用超声波检测时不应低于 JB/T 10559《起重机械无损检测　钢焊缝超声检测》中的Ⅰ级。

⑥ 筒体纵向对接焊缝应进行≥20%无损检测，但至少要保证筒体两端各 160mm 范围内做检验；用射线检测时不应低于 GB/T 3323 中的Ⅲ级；用超声波检测时不应低于 JB/T 10559 中的 3 级。

⑦ 筒体与法兰、端板的连接焊缝应进行≥20%的无损检测，不允许有裂纹；用磁粉检测时验收水平不应低于 JB/T 6061《无损检测　焊缝磁粉检测》中的 2 级。

⑧ 短轴与端板连接焊缝应进行100%的无损检验，不允许有裂纹。用磁粉检测时验收水平不应低于JB/T 6061《无损检测　焊缝磁粉检测》中的2级。

4）消除应力处理

① 铸铁卷筒应进行时效处理或退火处理。

② 铸钢卷筒应进行退火处理。

③ 焊接卷筒组装型式1和2中所示结构的焊接卷筒型式1和2（见表9-1-83）允许不进行退火处理，其他结构型式的焊接卷筒应进行退火处理或采取其他措施进行消除应力处理。

④ 对圆锥型短轴组件结构的焊接卷筒，允许只对短轴组件部分进行退火处理。

5）外观及表面处理

① 铸铁卷筒绳槽表面粗糙度不应低于GB/T 1031《产品几何技术规范（GPS）表面结构　轮廓法》中规定的*Ra*12.5，铸钢和焊接卷筒绳槽表面粗糙度不应低于GB/T 1031中规定的*Ra*6.3。

② 同一卷筒上左旋和右旋绳槽的底径极限偏差，不应超过GB/T 1801《产品几何技术规范（GPS）极限配合公差带和配合的选择》中规定的h12。

③ 加工表面未注公差尺寸的公差等级应按GB/T 1804《一般公差　未注公差的线性和角度尺寸的公差》中的m级（中等级）。

④ 卷筒不应有裂纹。铸造卷筒成品的表面不应有影响使用性能和有损外观的显著缺陷（如气孔、疏松、夹渣等）。

⑤ 铸造卷筒钢丝绳压板用的螺孔应完整，螺纹不应有破碎、断裂等缺陷。

⑥ 采用卷筒联轴器与减速器连接的卷筒，其与卷筒联轴器的连接配合面应符合JB/T 7009—2007《卷筒用球面滚子联轴器》中的配合技术要求。

⑦ 卷筒加工后需配合的部位应涂抗腐蚀的防锈油，其余应涂防锈漆。

6）形位公差

卷筒上配合圆孔的圆度 t_1、同轴度 Φt_2、左右螺旋槽的径向圆跳动 t_3 以及端面圆跳动 t_4，不得大于GB/T 1184《形状和位置公差　未注公差值》中的下列值：

$t_1 \leqslant$(配合孔的公差带)/2；

Φt_2 不低于8级；

$t_3 = D/1000 \leqslant 1.0$；

t_4 不低于8级。

7）使用条件

① 使用环境温度为-20℃～+40℃，超出该范围由用户与制造商协商解决。

② 钢丝绳绕进或绕出卷筒时，其钢丝绳中心线偏离螺旋槽中心线两侧的角度不应大于3.5°；对大起升高度及 D/d 值较大的卷筒，其钢丝绳偏离螺旋槽中心线的允许偏斜角应由计算确定。

③ 对于光卷筒无绳槽多层卷绕卷筒，当未采用排绳装置时钢丝绳中心线与卷筒轴垂直平面的偏离角度不应大于1.7°。

8）卷筒的修复及报废

① 铸造卷筒出现影响性能的表面缺陷（如：裂纹等）时，应报废。

② 焊接卷筒出现影响性能的裂纹时，应采取焊补措施；如不能修复，应报废。

③ 绳槽槽底壁厚磨损达原设计壁厚的20%时，应报废。

9）其他

① 钢丝绳在卷筒上应能按顺序整齐排列。只缠绕一层钢丝绳的卷筒，应做出螺旋形槽。用于多层缠绕的卷筒，应采用使用排绳装置或便于钢丝绳自动转层缠绕的凸缘导板结构等措施。

② 多层缠绕的卷筒，应有防止钢丝绳从端部滑落的凸缘。当钢丝绳全部缠绕在卷筒后，凸缘超出缠绕钢丝绳外表面的高度不应小于钢丝绳直径的1.5倍（对塔式起重机是钢丝绳直径的2倍）。

③ 用于电动葫芦的卷筒，推荐采用焊接的方法制作。

④ 钢丝绳在卷筒上绳端的固定应符合GB/T 3811—2008《起重机设计规范》和GB/T 5975《钢丝绳压板》的规定。

3.5.3 卷筒的部分典型结构组装型式和部分典型结构型式示例（摘自 JB/T 9006—2014）

表 9-1-83

分类	卷筒的部分典型结构组装型式图	卷筒的部分典型结构型式图
铸造卷筒	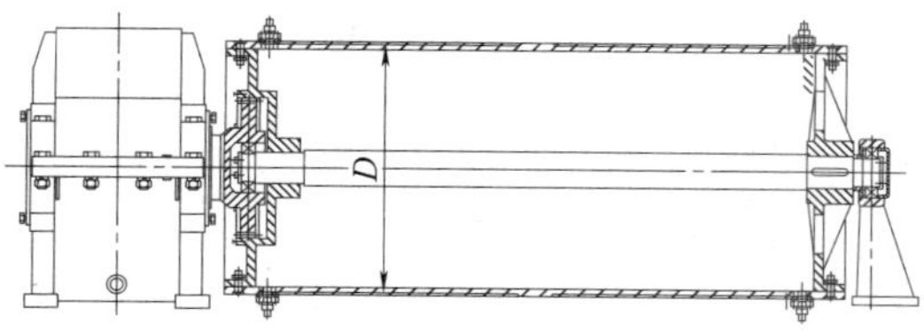 (a) 铸造卷筒组装型式1 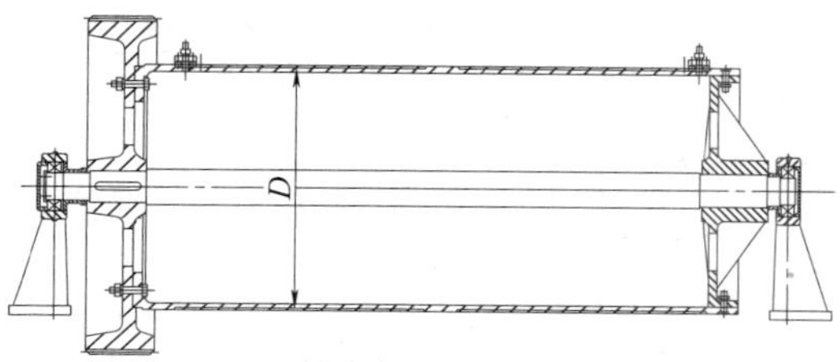 (b) 铸造卷筒组装型式2	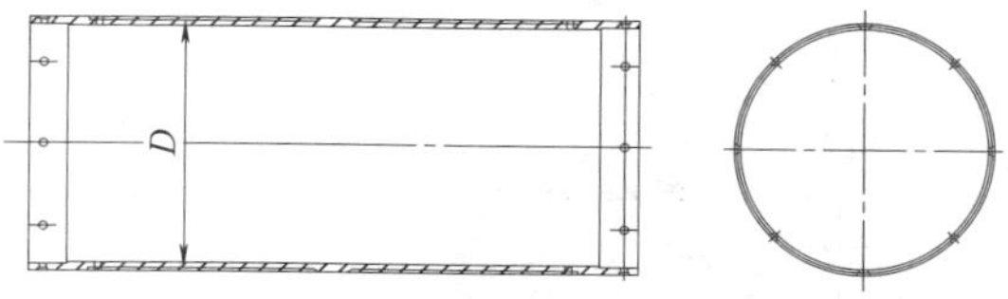 (c) 铸造卷向型式1(通过齿轮连接盘与减速器输出轴端C型齿轮轴伸连接) 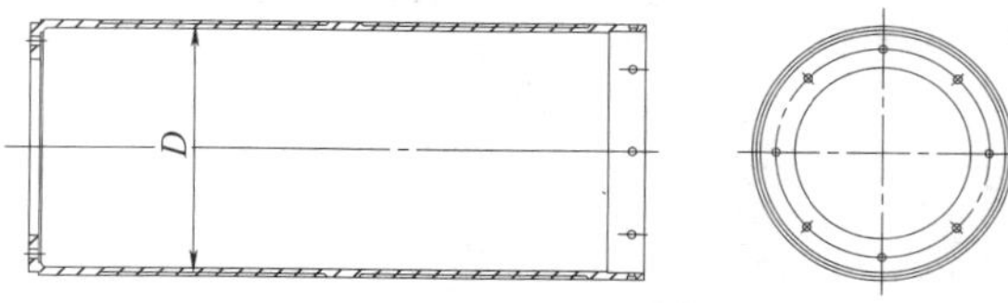 (d) 铸造卷筒型式2(与开式齿轮直接连接)
焊接卷筒	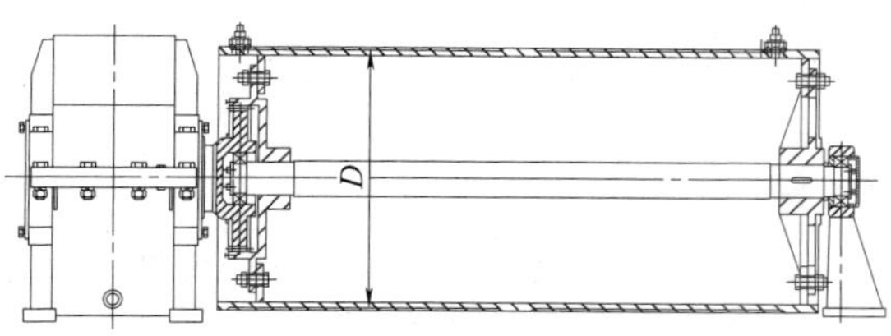 (e) 焊接卷筒组装型式1 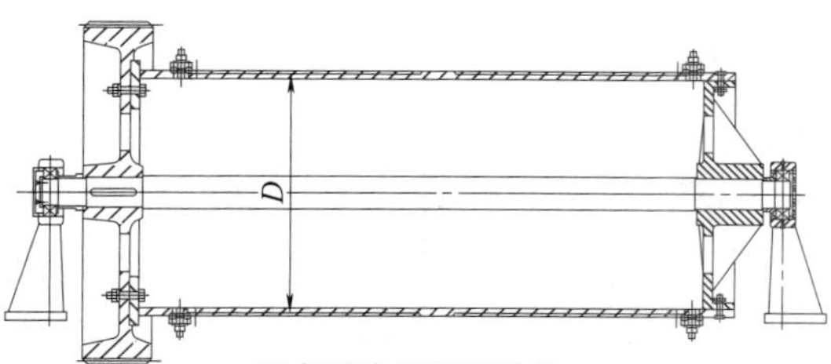 (f) 焊接卷筒组装型式2	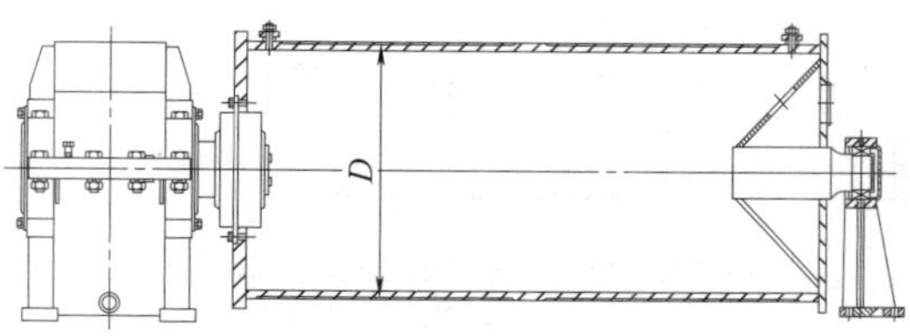 (g) 焊接卷筒组装型式3 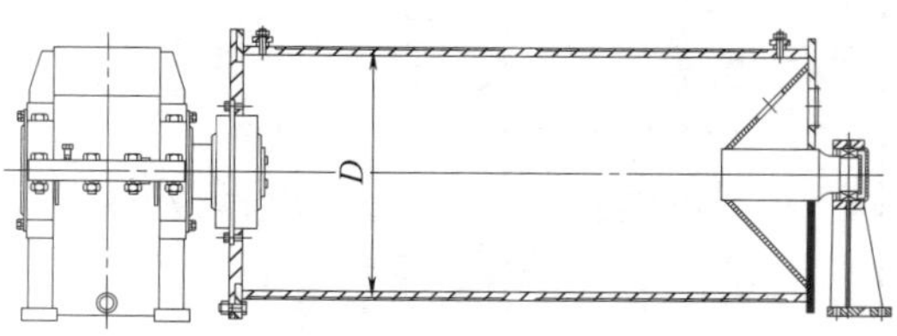 (h) 焊接卷筒组装型式4

续表

分类	卷筒的部分典型结构组装型式图	卷筒的部分典型结构型式图
焊接卷筒	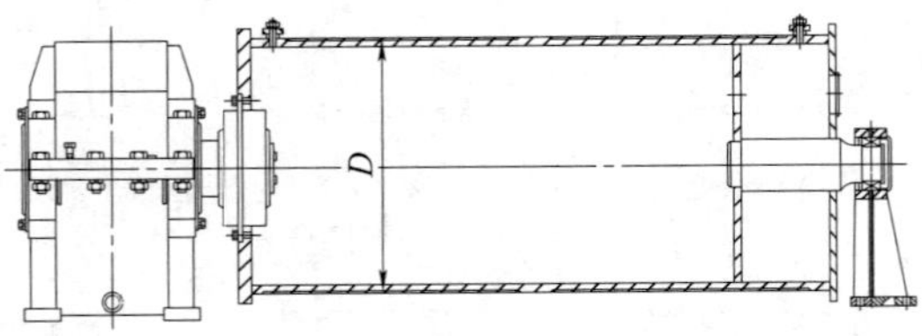 (i) 焊接卷筒组装型式5 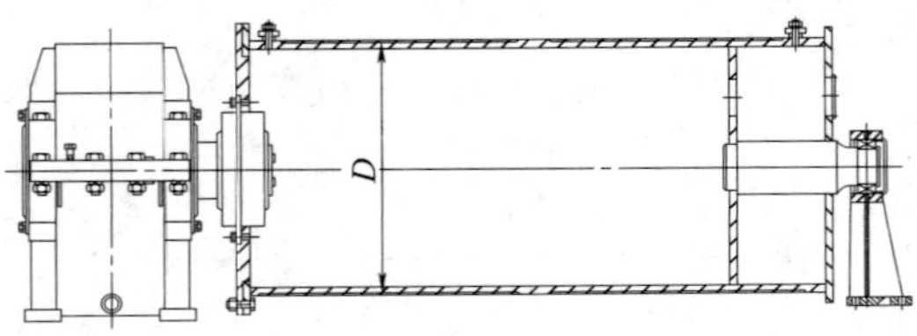 (j) 焊接卷筒组装型式6 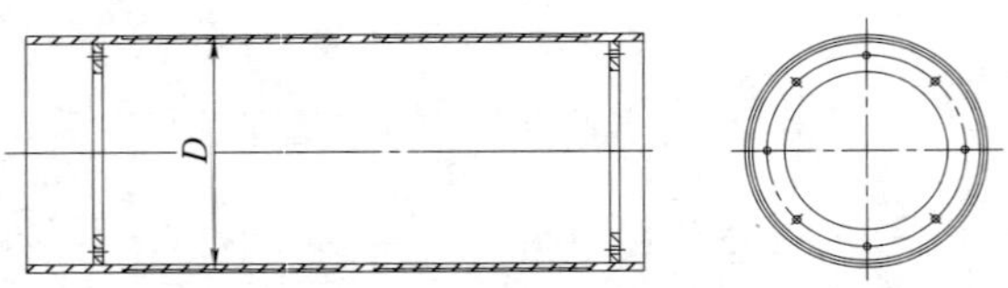 (k) 焊接卷筒型式1(通过齿轮连接盘与减速器输出轴端C型齿轮轴伸连接) 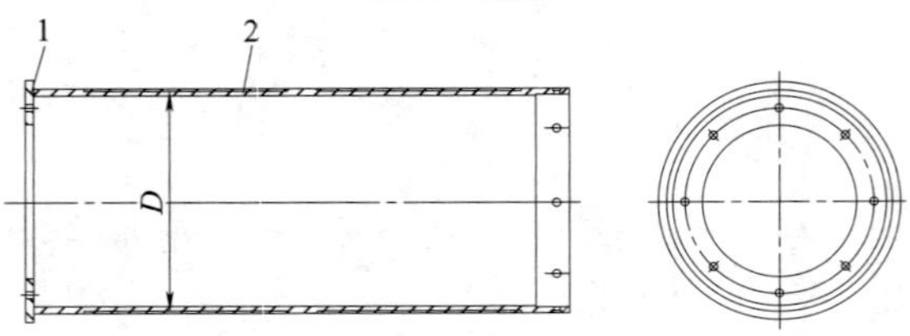 (l) 焊接卷筒型式2(与开式齿轮直接连接) 1—法兰；2—筒体	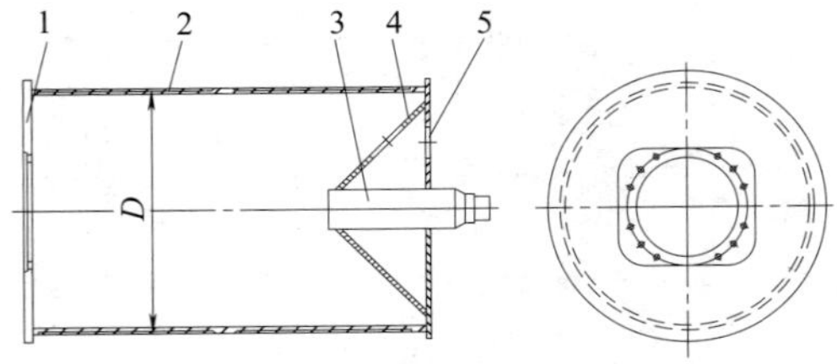 (m) 焊接卷筒型式3(直接与卷筒联轴器连接) 1—法兰；2—筒体；3—短轴；4—锥筋板；5—端板 3、4、5组成圆锥型短轴组件 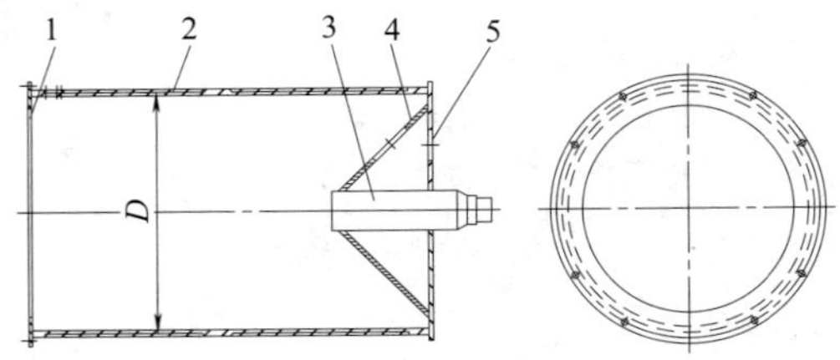 (n) 焊接卷筒型式4(通过中间过渡法兰与卷筒联轴器连接) 1—法兰；2—筒体；3—短轴；4—锥筋板；5—端板 3、4、5组成圆锥型短轴组件 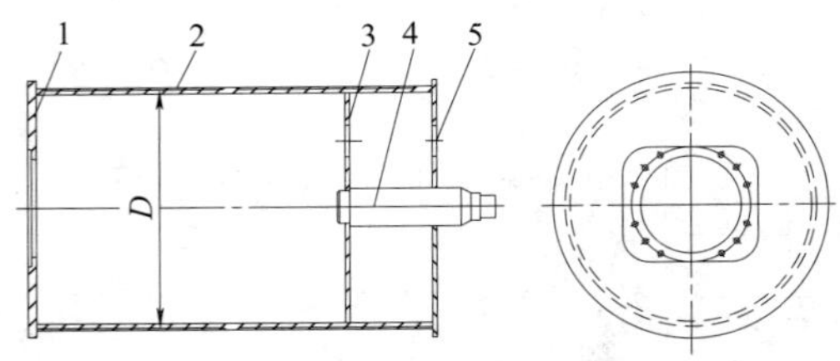 (o) 焊接卷筒型式5(直接与卷筒联轴器连接) 1—法兰；2—筒体；3—筋板；4—短轴；5—端板 3、4、5组成双圆板型短轴组件 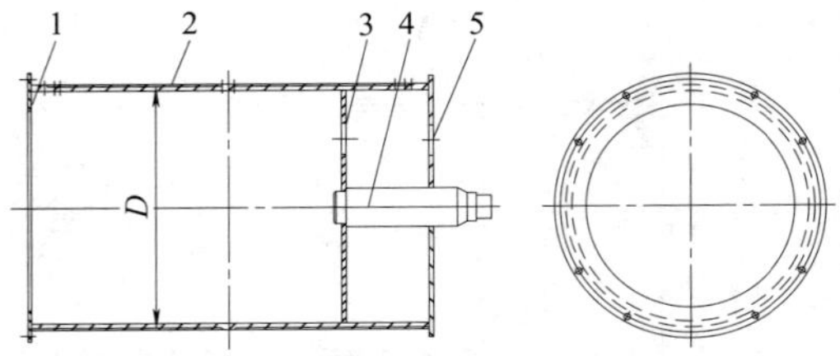 (p) 焊接卷筒型式6(通过中间过渡法兰与卷筒联轴器连接) 1—法兰；2—筒体；3—筋板；4—短轴；5—端板 3、4、5组成双圆板型短轴组件

3.5.4 焊接卷筒组尺寸参数

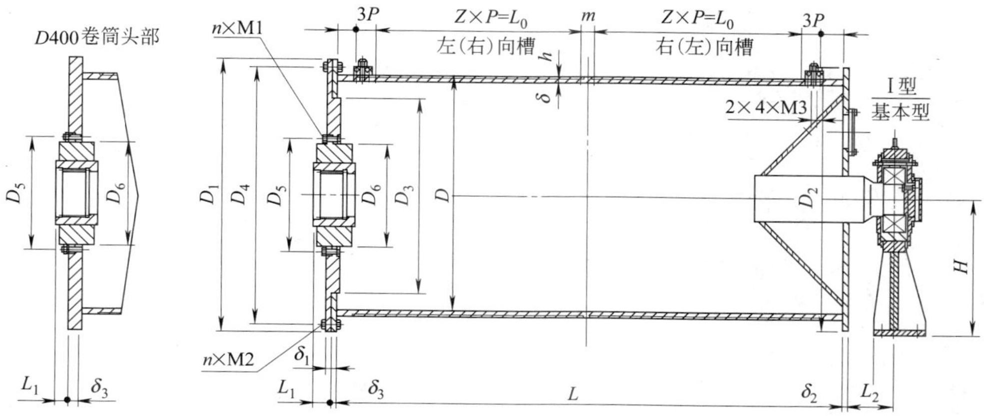

表 9-1-84 卷筒组尺寸参数（圆锥板型短轴式） mm

卷筒直径 D	联轴器型号	钢丝绳规格	D_1	D_2	D_3	D_4	D_5	D_6	δ_1	δ_2	δ_3	L_1	L_2	$n\times$M1	$n\times$M2
400	WZL01	8	450	450	—	—	260	190	—	10	24	25	130	8×M12	—
	WZL02	10					280	200	—	12	30	24	130	8×M16	
	WZL03	12					300	220	—	16	30	28	130		
500	WZL04	12	670	560	450	600	320	240	20	16	12	49.5	130	8×M16	10×M20
	WZL05	14					340	260	25	18	14	69.5	130		
	WZL06	16					360	280	25	20	16	73.5	140		
630	WZL07	18	800	700	560	730	400	340	25	22	18	83.5	155	12×M20	10×M20
	WZL08	20					450	380	30	26	20	87.5	155		
710	WZL09	22	900	790	630	830	500	420	30	28	22	95	155	12×M20	12×M20
	WZL10	24					530	450	30	30	24	100	170		
800	WZL10	26	1000	890	720	930	530	450	30	32	26	100	170	12×M20	12×M20
	WZL11	28					600	530	50	36	28	121.5	180		
900	WZL10	26	1100	1000	810	1020	530	450	20	32	26	90	170	12×M20	12×M24
	WZL11	28					600	530	35	36	28	106.5	180		
	WZL11	32					600	530	35	40	32	106.5	180		
1000	WZL10	26	1200	1100	910	1120	530	450	20	32	26	90	170	12×M20	12×M24
	WZL11	28					600	530	25	36	28	96.5	180		
	WZL11	32					600	530	25	40	32	96.5	180		
	WZL12	32					630	560	25	40	32	104	180	24×M20	
	WZL12	34					630	560	25	42	34	104	195		
1120	WZL10	26	1320	1220	1020	1240	530	450	20	32	26	90	170	12×M20	12×M24
	WZL11	28					600	530	25	36	28	96.5	180		
	WZL11	32					600	530	25	40	32	96.5	180		
	WZL12	32					630	560	25	40	32	104	180	24×M20	
	WZL12	34					630	560	25	42	34	104	195		

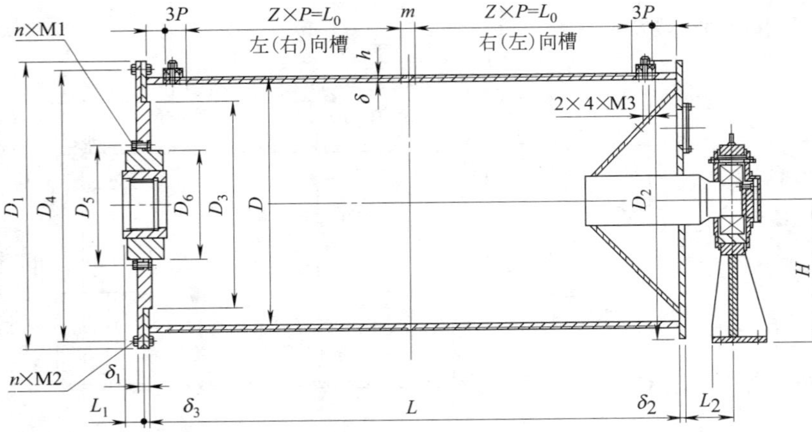

表 9-1-85　卷筒组尺寸参数（双圆板型短轴式） mm

卷筒直径 D	联轴器型号	钢丝绳规格	D_1	D_2	D_3	D_4	D_5	D_6	δ_1	δ_2	δ_3	L_1	L_2	n×M1	n×M2
1250	WZL10	26	1450	1360	1150	1670	530	450	20	26	26	90	170	12×M20	16×M24
	WZL11	28					600	530	25	28	28	96.5	180	12×M20	
	WZL11	32					600	530	25	32	32	96.5	180	12×M20	
	WZL12	32					630	560	25	36	36	104	180	24×M20	
	WZL12	36					630	560	25	36	36	104	195	24×M20	
	WZL13	36					660	600	35	36	36	110.5	205	24×M24	
1320	WZL11	32	1520	1430	1220	1440	600	530	25	32	32	96.5	180	12×M20	16×M24
	WZL12	32					630	560	25	32	32	104	180	24×M20	
	WZL12	36					630	560	25	36	36	104	195	24×M20	
	WZL13	36					660	600	35	36	36	110.5	205	24×M24	
1400	WZL11	28	1600	1510	1290	1520	600	530	25	28	28	96.5	180	12×M20	16×M24
	WZL12	32					630	560	25	32	32	104	180	24×M20	
	WZL12	36					630	560	25	36	36	104	195	24×M20	
	WZL13	36					660	600	35	36	36	110.5	205	24×M24	
1500	WZL11	28	1700	1620	1390	1620	600	530	25	28	28	96.5	180	12×M20	16×M24
	WZL12	32					630	560	25	32	32	104	180	24×M20	
	WZL13	32					660	600	35	32	32	110.5	195	24×M24	
	WZL12	36					630	560	25	36	36	104	195	24×M20	
	WZL13	36					660	600	35	36	36	110.5	180	24×M24	
1600	WZL11	28	1800	1720	190	1720	600	530	25	28	28	96.5	180	12×M20	18×M24
	WZL12	32					630	560	25	32	32	104	180	24×M20	
	WZL13	32					660	600	35	32	32	110.5	180	24×M24	
	WZL12	36					630	560	25	36	36	104	195	24×M20	
	WZL13	36					660	600	35	36	36	110.5	195	24×M24	
	WZL14	38					730	670	35	38	38	123	205	24×M24	
1800	WZL12	32	2000	1920	1680	1920	630	560	25	32	32	104	180	24×M20	20×M24
	WZL13	32					660	600	35	32	32	110.5	180	24×M24	
	WZL13	36					660	600	35	36	36	110.5	195	24×M24	
	WZL14	38					730	670	35	38	38	123	20	24×M24	
	WZL15	40					800	730	35	40	40	134.5	210	24×M24	

4 滑　　轮

4.1 滑轮设计计算

4.1.1 滑轮结构和材料

绳索滑轮一般用来导向和支承，以改变绳索及其传递拉力的方向或平衡绳索分支的拉力。

承受载荷不大的小尺寸滑轮（D<350mm）一般制成实体的滑轮，用 Q235B 或铸铁（如 HT200）。受大载荷的滑轮一般采用球铁（如 QT400-18）或铸钢（如 ZG270-500），铸成带筋和孔或带轮辐的结构。大型滑轮（D>800mm）一般用型钢或钢板焊接结构。

受力不大的滑轮直接安装在心轴上使用，受有较大载荷的滑轮则装在滑动轴承（轴套材料采用青铜或粉末冶金等）或滚动轴承上，后者一般用在转速较高、载荷大的情况下。轮毂或轴套长度与直径比一般取为 1.5~1.8。具有固定轴的滑轮称为定滑轮；具有活动轴的滑轮（随绳索串动改变其位置）称为动滑轮。

4.1.2 滑轮长度计算

小型铸造滑轮的强度尺寸决定于铸造工艺条件，一般不进行强度计算。对于大尺寸焊接滑轮必须进行强度验算（见表 9-1-86）。

表 9-1-86　　大尺寸焊接滑轮强度验算

计算简图	项　目		公　式	符号意义
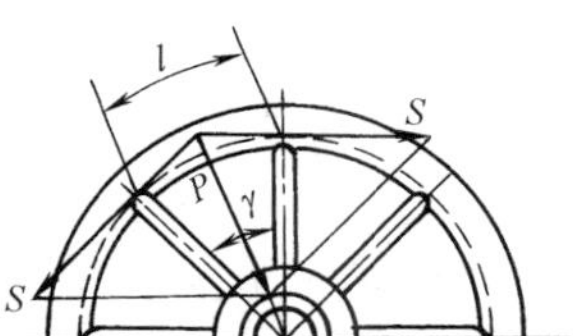	计算假定		假定轮缘是多支点梁，绳索拉力 S 使轮缘产生弯曲	S——绳索拉力，N γ——绳索在滑轮上包角的圆心角 l——两轮辐间的轮缘弧长，mm W——轮缘抗弯断面系数，mm^3 σ_{wP}——许用弯曲应力，对于 Q235 型钢应小于 100MPa F——辐条断面积，mm^2 φ——断面折减系数，见第 1 篇第 1 章 $\sigma_{\gamma P}$——许用压应力，对于 Q235 钢大约为 100MPa
	绳索拉力的合力		$P=2S\sin\dfrac{\gamma}{2}$(N)	
	轮缘	最大弯矩	$M_{max}=\dfrac{Pl}{16}$(N·mm)	
	轮缘	最大弯曲应力	$\sigma_{max}=\dfrac{Sl}{8W}\sin\dfrac{\gamma}{2}<\sigma_{wP}$(MPa)	
	辐条内压应力		当 P 力方向与辐条中心线重合时，辐条中产生的压应力最大 $\sigma_{\gamma}=\dfrac{2S\sin\dfrac{\gamma}{2}}{\varphi F}<\sigma_{\gamma P}$(MPa)	

4.1.3 钢丝绳进出滑轮时的允许偏斜角（摘自 GB/T 3811—2008）

钢丝绳绕进或绕出滑轮槽时的最大偏斜角（即钢丝绳中心线和与滑轮轴垂直的平面之间的夹角）不应大于 5°

4.1.4 滑轮主要尺寸

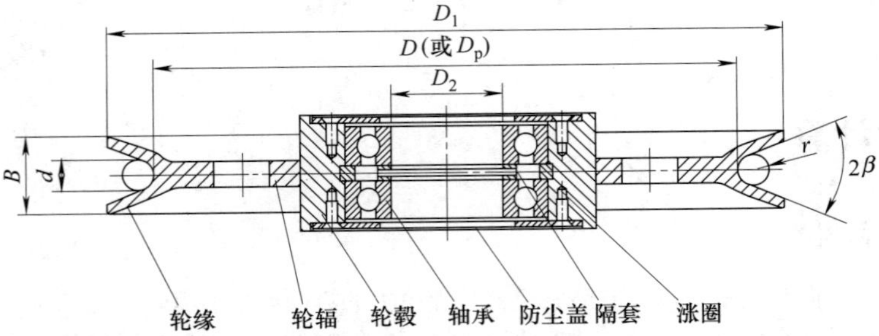

图 9-1-4 滑轮的典型结构

d——钢丝绳直径；

r——滑轮绳槽底半径，$r \approx (0.53 \sim 0.6)d$；

2β——绳槽两侧面夹角，$2\beta \approx 30° \sim 90°$，一般为 35°～45°；

D——滑轮直径，$D \geqslant (h_2-1)d$；

D_p——平衡滑轮直径，$D_p \geqslant (h_3-1)d$（h_2和 h_3值见表 9-1-77）；

臂架起重机、桥式类型起重机平衡滑轮直径 $D_p=D$

滑轮绳槽断面的基本尺寸应符合表 9-1-89 的规定。

4.2 滑轮组设计计算

由一根挠性件依次绕过若干动滑轮和定滑轮而组成的联合装置，称为滑轮组。在起重机械中广泛应用倍率滑轮组。按工作原理，滑轮组分为省力和增速两种，见表 9-1-87。

表 9-1-87

名称	简图	挠性件自由端		符号意义
		牵引力	牵引速度	
省力滑轮组	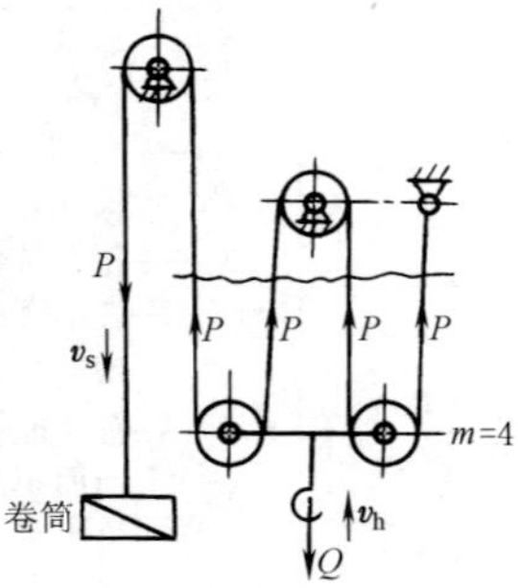	$P=\frac{Q}{m}$	$v_s=mv_h$	P——挠性件自由端牵引力,N Q——起重量的重力,N m——滑轮组倍率,单联滑轮组 $m=n$,双联滑轮组 $m=\frac{n}{2}$ n——悬挂物品挠性件分支数 v_s——挠性件自由端牵引速度,m/min v_h——动滑轮组的速度,m/min
增速滑轮组	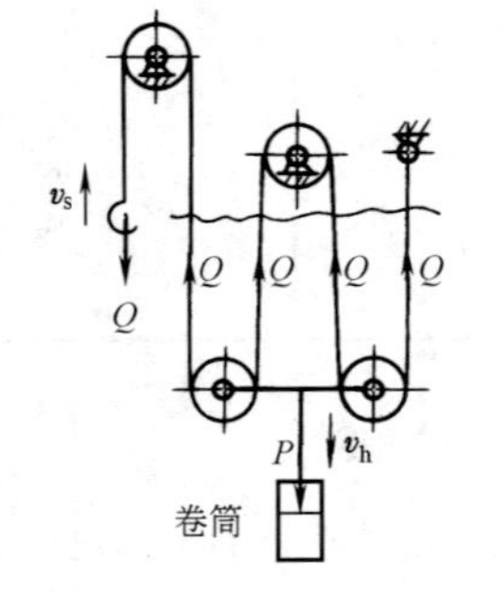	$P=Qm$	$v_s=\frac{v_h}{m}$	

省力滑轮组用于起升物品，它的挠性件的自由端或者经过导向滑轮、或者直接上绞车卷筒。增速滑轮组用于液力和气力升降机中，力求减小活塞的行程和速度。

在构造形式上，滑轮组有单联和双联两种。如图 9-1-5 所示。

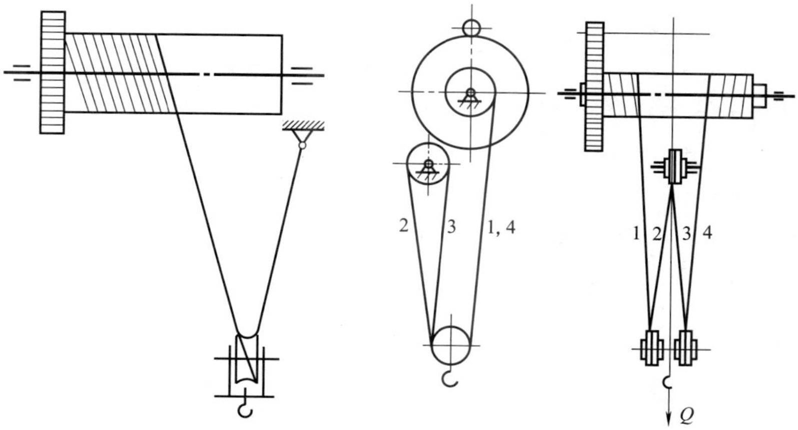

(a) 单联　　(b) 双联

图 9-1-5　滑轮组简图

从单联滑轮组绕出的挠性件只有一个分支是自由端进行牵引，如果不经导向滑轮而直接通向卷筒，就会使起重的物品在垂直移动的同时，伴随水平移动，也就是使物品作斜线移动。单联滑轮组主要用于不用卷筒的单独滑轮组起重工具或用于装有导向滑轮的起重机中（如运行式动臂起重机等），或对尺寸要求特别紧凑的滑车中。双联滑轮组是由两个单联滑轮组组成，但挠性件可以是一根共同的，它绕过两个单联滑轮组间的均衡滑轮。当挠性件的两根分支的张力有差别时，均衡滑轮在心轴上转动，使两根分支的张力达到平衡。双联滑轮组主要用在由于位置限制不能安装导向滑轮的起重机中，如桥式起重机的起升机构。

4.3　起重机用滑轮（摘自 GB/T 27546—2011）

本标准适用于起重机械常用钢丝绳钢（铁）制滑轮。

4.3.1　滑轮直径的选用系列与匹配

滑轮直径 D 和钢丝绳直径 d 的匹配关系见表 9-1-88。表中以黑框线包络的区域为最常使用的匹配范围。

表 9-1-88

mm

钢丝绳直径 d	滑轮直径 D																												
	70	80	90	100	110	125	140	160	180	200	225	250	280	315	355	400	450	500	560	630	710	800	900	1000	1120	1250	1400	1600	1800
6																													
>6~7																													
>7~8																													
>8~9																													
>9~10																													
>10~11																													
>11~12																													
>12~13																													
>13~14																													
>14~15																													
>15~16																													
>16~17																													
>17~18																													
>18~19																													

续表

钢丝绳直径 d	滑轮直径 D																												
	70	80	90	100	110	125	140	160	180	200	225	250	280	315	355	400	450	500	560	630	710	800	900	1000	1120	1250	1400	1600	1800
>19~20																													
>20~21																													
>21~22																													
>22~24																													
>24~25																													
>25~26																													
>26~28																													
>28~30																													
>30~32																													
>32~33																													
>33~35																													
>35~37																													
>37~39																													
>39~41																													
>41~43																													
>43~45																													
>45~46																													
>46~47																													
>47~48.5																													
>48.5~50																													
>50~52																													
>52~54.5																													
>54.5~56																													
>56~58																													

4.3.2 滑轮型式及绳槽断面

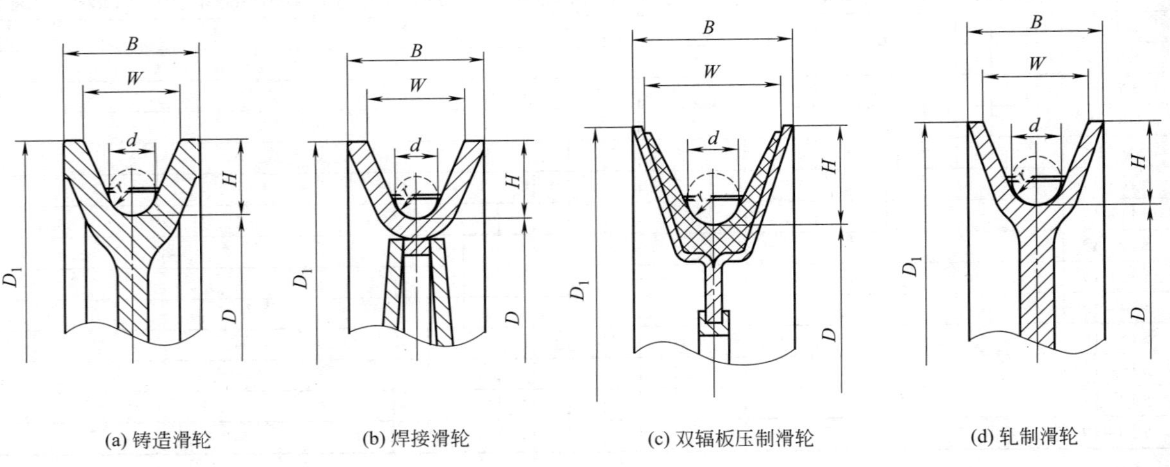

(a) 铸造滑轮　(b) 焊接滑轮　(c) 双辐板压制滑轮　(d) 轧制滑轮

表 9-1-89

mm

钢丝绳直径 d	槽底半径 r			槽高 H	槽宽 W	轮缘宽 B			
	基本尺寸	极限偏差				铸造滑轮	轧制滑轮	焊接滑轮	双辐板压制滑轮
		铸造	其他						
6	3.3	+0.2 0	—	12.5	15	22	—	—	—
>6~7	3.8			15.0	17	26			
>7~8	4.3				18				
>8~9	5.0			17.5	21	32			
>9~10	5.5				22				
>10~11	6.0	+0.3 0	+0.90 0	20.0	25	36	37	34	43
>11~12	6.5								
>12~13	7.0			22.5	28	40			
>13~14	7.5			25.0	31	45			
>14~15	8.2						50	44	57
>15~16	9.0	+0.4 0		27.5	35	50			
>16~17	9.5			30.0	38	53			
>17~18	10.0								
>18~19	10.5		+1.10 0	32.5	41	56			
>19~20	11.0			35	44	60	60	53	67
>20~21	11.5								
>21~22	12.0				45	63			
>22~23	12.5				46				
>23~24	13.0			37.5	48	67			
>24~25	13.5			40.0	51	71	73	68	82
>25~26	14.0				52				
>26~28	15.0				53	75			
>28~30	16.0	+0.8 0		45.0	59	85			
>30~32	17.0				61		92	84	95
>32~34	18.0		+1.3 0	50.0	66	90			
>34~36	19.0			55.0	72	100			106
>36~38	20.0				73				
>38~39	21.0			60.0	78	105	104	102	120
>39~41	22.0				79				
>41~43	23.0			65.0	84	115			
>43~45	24.0		+1.5 0		86		123	122	—
>45~46	25.0			67.5	90	120			
>46~47	25.0			70.0	92	125			
>47~48.5	26.0				94				
>48.5~50	27.0			72.5	96	130			
>50~52	28.0	+0.8 0	+1.5 0	75.0	99	130	135	—	—
>52~54.5	29.0			77.5	103	140			
>54.5~56	30.0			80.0	106				
>56~58	31.0			82.5	110	150			

4.3.3 滑轮技术要求

(1) 材料

滑轮材料的力学性能见表 9-1-90

表 9-1-90

序号	滑轮组成及零件名称		材 料 要 求
1	轮毂、轮辐、轮缘、绳衬	铸造滑轮	铸钢材料的力学性能不应低于 GB/T 11352—2009 表 2 中的 ZG270-500 铸铁材料的力学性能不应低于 GB/T 9439—2010 表 2 中的 HT200 球墨铸铁材料的力学性能不应低于 GB/T 1348—2009 表 1 中的 QT400-18

续表

序号	滑轮组成及零件名称		材料要求
1	轮毂、轮辐、轮缘、绳衬	轧制滑轮	结构钢材料的力学性能不应低于 GB/T 700—2006 表 2 中的 Q235B
		焊接滑轮	结构钢材料的力学性能不应低于 GB/T 700—2006 表 2 中的 Q235B
		双辐板压制滑轮	轮毂铸铁材料的力学性能不应低于 GB/T 9439—2010 表 2 中的 HT200 轮辐结构钢材料的力学性能不应低于 GB/T 700—2006 表 2 中的 Q235B
2	连接管	双辐板压制滑轮	结构钢材料的力学性能不应低于 GB/T 700—2006 表 2 中的 Q235B
3	涨圈		结构钢材料的力学性能不应低于 GB/T 699—1999 表 3 中的 45
4	防尘盖		结构钢材料的力学性能不应低于 GB/T 700—2006 表 2 中的 Q235
5	隔套		铸铁材料的力学性能不应低于 GB/T 9439—2010 表 2 中的 HT200

（2）焊接及焊缝

焊接滑轮和轧制滑轮应符合下列要求。

① 焊材应与被焊接的材料相适应，并应符合 GB/T 5117 的规定。

② 焊缝坡口形式应符合 GB/T 985.1 和 GB/T 985.2 的规定。

③ 焊缝应进行外观检验，不应有弧坑、飞溅、熔渣、严重咬边、表面裂纹等影响性能及外观质量的缺陷。

（3）外观及表面处理

① 滑轮绳槽表面粗糙度，对采用机械加工方法制造的绳槽表面不应低于 GB/T 1031 中的 Ra12.5μm，对采用轧制和压制的绳槽表面不应低于 GB/T 1031 中的 Ra25μm，滑轮安装轴承内孔的表面粗糙度不应低于 Ra3.2μm，其他未注加工表面粗糙度不应低于 GB/T 1031 中的 Ra25μm。

② 滑轮的机械加工面和隔环等外露部位应涂防锈油，非加工面应进行涂装。

③ 铸造滑轮、焊接滑轮和轧制滑轮应进行消除应力处理。

④ 焊接滑轮轮槽表面滚压后应无伤痕，除去氧化皮。

⑤ 双辐板压制部分应光滑、平整、无皱纹、裂纹和毛刺。

⑥ 铸件的加工表面不应有砂眼、气孔、缩孔、裂纹和疏松等缺陷，非加工表面不应有影响强度的缺陷。

（4）装配

① 所有零件检验合格后，才能进行装配。

② 装配好的滑轮应转动灵活。

（5）极限与配合

① 滑轮体与轴承外径配合公差推荐为 M7 或 P7。

② 槽底半径 r 的极限偏差应符合表 9-1-89 的规定。其他尺寸极限偏差，对铸造滑轮为 h14，对其他滑轮应符合表 9-1-91 的规定。

表 9-1-91

mm

滑轮直径 D		宽度 B		外圆 D_1	
基本尺寸	极限偏差	基本尺寸	极限偏差	基本尺寸	极限偏差
160~400	+2.5	≤50	+2	≤250	-1.0
>400~600	+3.0			>250~500	-1.2
>600~800	+4.0	≤76	+3	>500~1000	-1.6
>800~1000	+5.0			>1000~1200	-2.0
>1000~1200	+6.0	≤108	+4	>1200~1500	-2.5
>1200~1500	+7.0			>1500~1800	-3.0
>1500~1800	+8.0	≤150	+5	>1800~2000	-3.5

（6）几何公差

滑轮的几何公差见表 9-1-92

表 9-1-92

mm

<table>
<tr><th>种类</th><th>符号</th><th>项目</th><th>符号说明</th><th>允许的几何公差</th></tr>
<tr><td rowspan="2">形状</td><td>⌭</td><td>圆柱度</td><td>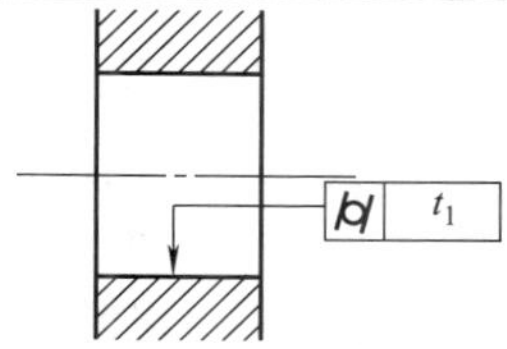轮毂孔</td><td>圆柱度公差 t_1：
t_1=(轮毂孔的公差带)/2</td></tr>
<tr><td>⌒</td><td>线轮廓度</td><td>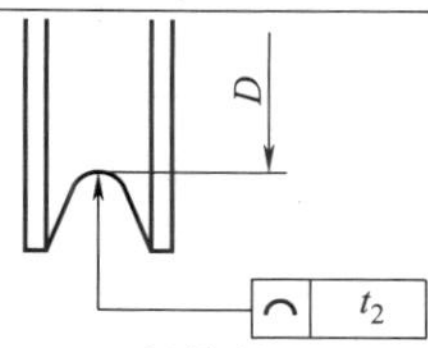绳槽断面</td><td>绳槽半径公差带内的线轮廓度公差 t_2：
t_2≤绳槽半径极限偏差</td></tr>
<tr><td rowspan="2">位置</td><td>↗</td><td>绳槽底圆跳动</td><td>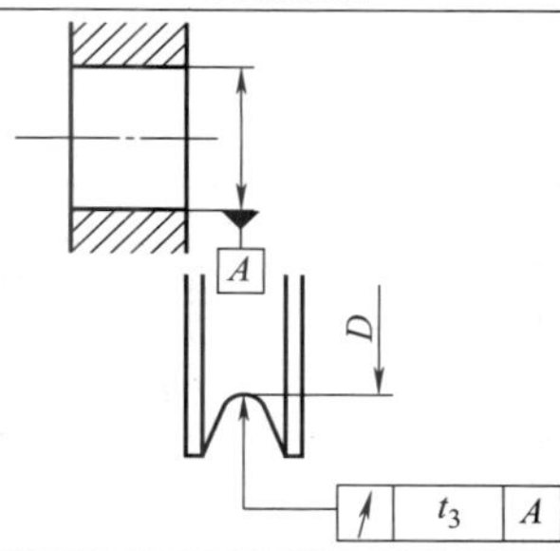</td><td>绳槽底圆跳动公差 t_3：
铸造滑轮 $t_3=D/1000\leqslant1.0$
其他滑轮 $t_3=2.5D/1000$</td></tr>
<tr><td>↗</td><td>绳槽侧向圆跳动</td><td>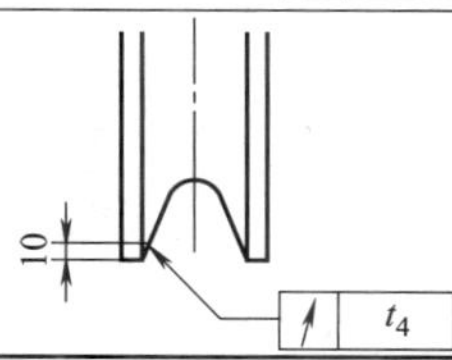</td><td><table><tr><th>D</th><th>t_4</th></tr><tr><td>≤250</td><td>2.0</td></tr><tr><td>>250~500</td><td>2.5</td></tr><tr><td>>500~1000</td><td>3.0</td></tr><tr><td>>1000~1200</td><td>4.0</td></tr><tr><td>>1200~1500</td><td>5.0</td></tr><tr><td>>1500~1800</td><td>6.0</td></tr></table></td></tr>
</table>

4.3.4 起重机用轧制滑轮尺寸参数

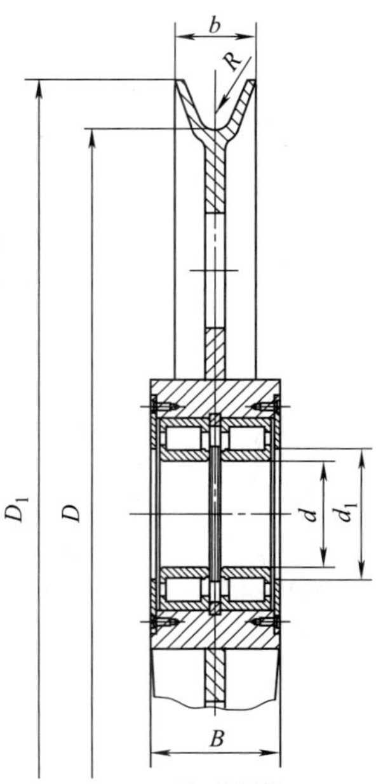

$D\leqslant1000$

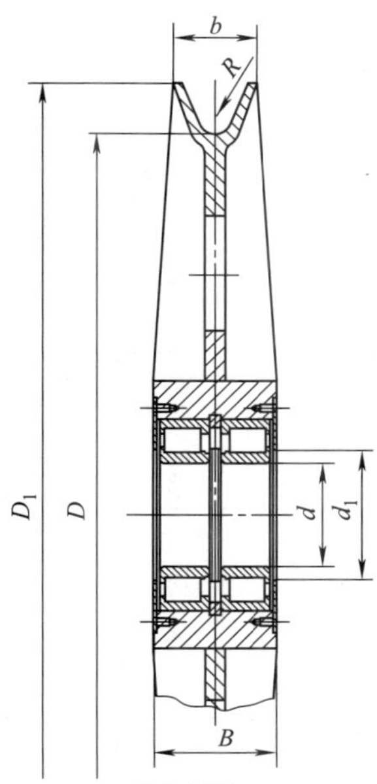

$D\geqslant1120$

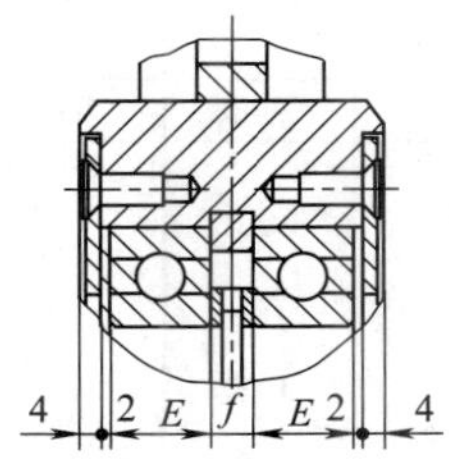

深沟球轴承60000型

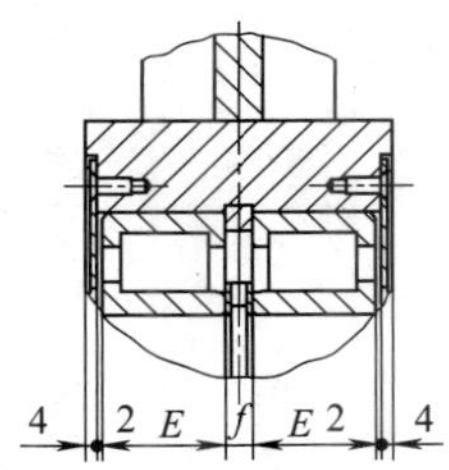

圆柱滚子轴承NJ型

表 9-1-93　　滑轮尺寸参数　　mm

D	D_1	R	d	d_1	b	B	E	f	轴承型号	适用钢丝绳	质量/kg
225	265	6.5	50	62	37	60	20	8	6210	10～12	9.77
	275	8			43					12～14	10.40
250	290	6.5	50	62	37	60	20	8	6210	10～12	10.87
	300	8			43					12～14	11.57
280	320	6.5	60	72	37	64	22	8	6212	10～12	13.50
	330	8			43					12～14	14.27
	340	10			50					14～18	16.16
315	355	6.5	50	62	37	60	20	8	6210	10～12	14.09
	365	8	60	72	43	64	22		6212	12～14	16.40
355	415	10	70	87	50	68	24	8	6214	14～18	20.05
	425	12			60					18～22	26.14
400	450	8	70	87	43	68	24	8	6214	12～14	24.87
	460	10	80	97	50	72	26		6216	14～18	27.12
450	510	10	90	107	50	80	30	8	6218	14～18	33.88
	520	12			60					18～22	38.96
	540	15	90	107	73	80	30	8	6218	22～28	46.93
			150	172		114	45	12	NJ230E		81.10
500	560	10	80	97	50	72	26	8	6216	14～18	34.24
	570	12	100	122	60	90	34	10	6220	18～22	48.10
			160	182		120	48	12	NJ232E		87.67
560	630	12	90	107	60	80	30	8	6218	18～22	50.15
	650	15			73					22～28	59.88
			200	232		140	58	12	NJ240E		140.36
	670	19	90	107	90	100	40	8	NJ2218E	28～36	81.49
			200	232		140	58	12	NJ240E		151.01
630	700	12	100	122	60	90	34	10	6220	18～22	62.39
			130	152		102	40		6226		76.39
			160	182		120	48	12	NJ232E		102.86
	720	15	120	142	73	102	40	10	6224	22～28	84.85
			150	172		114	45	12	NJ230E		105.28
			180	202		128	52		NJ236E		127.27
	740	19	160	182	90	120	48	12	NJ232E	28～36	129.28
710	780	12	100	122	62	90	34	10	6220	18～22	81.07
						114	46		NJ2220E		89.81
			130	152		102	40		6226		92.98
			160	182		120	48	12	NJ232E		118.90
	800	15	100	122	73	114	46	10	NJ2220E	22～28	94.77
			120	142		102	40		6224		97.30
			150	172		114	45	12	NJ230E		117.51
			180	202		128	52		NJ236E		140.21
			200	232		140	58		NJ240E		163.48
	820	19	100	122	90	114	46	10	NJ2220E	28～36	114.42
			140	162		106	42		6228		123.24
			170	192		128	52	12	NJ234E		153.23
			200	232		140	58		NJ240E		178.35
			240	272		168	72		NJ248E		241.17

续表

D	D_1	R	d	d_1	b	B	E	f	轴承型号	适用钢丝绳	质量/kg
800	890	15	120	142	75	102	40	10	6224	22～28	119.44
			150	172		114	45	12	NJ230E		140.43
			180	202		128	52		NJ236E		162.63
	910	19	140	162	90	106	42	10	6228	28～36	139.59
			170	192		128	52	12	NJ234E		170.93
			200	232		140	58		NJ240E		196.85
	926	22	220	252	103	154	65	12	NJ244E	34～42	250.97
			240	272		168	72		NJ248E		295.77
900	990	15	120	142	77	102	40	10	6224	22～28	148.56
			150	172		114	45	12	NJ230E		170.93
			180	202		128	52		NJ236E		192.21
	1010	19	110	132	92	128	53	10	NJ2222E	28～36	173.31
			140	162		106	42		6228		173.64
			170	192		128	52	12	NJ234E		202.45
			200	232		140	58		NJ240E		229.22
			240	272		168	72		NJ248E		292.27
	1026	22	220	252	103	154	65	12	NJ244E	34～42	276.51
			240	272		168	72		NJ248E		322.34
1000	1110	19	140	162	92	106	42	10	6228	28～36	197.37
			170	192		128	52	12	NJ234E		227.58
			200	232		140	58		NJ240E		255.96
	1126	22	220	252		154	65	12	NJ244E	34～42	303.74
			240	272	103	168	72		NJ248E		350.19
1120	1230	19	140	162	92	106	42	10	6228	28～36	258.79
			170	192		128	52	12	NJ234E		295.78
			200	232		140	58		NJ240E		325.28
	1246	22	220	252	105	154	65	12	NJ244E	34～42	377.19
			240	272		168	72		NJ248E		438.76
1250	1376	22	220	252	105	154	65	12	NJ244E	34～42	429.88
			240	272		168	72		NJ248E		477.31
1400	1526	22	220	252	105	154	65	12	NJ244E	34～42	492.19
			240	272		168	72		NJ248E		540.91

标记示例：

钢丝绳直径 26mm，滑轮直径 $D=630$mm，滑轮槽底半径 $R=15$mm（适用钢丝绳直径 22～28mm）和滑轮轴直径 $d=180$mm 的轧制滑轮，标记为：

滑轮　D630×R15—d180

型号意义：

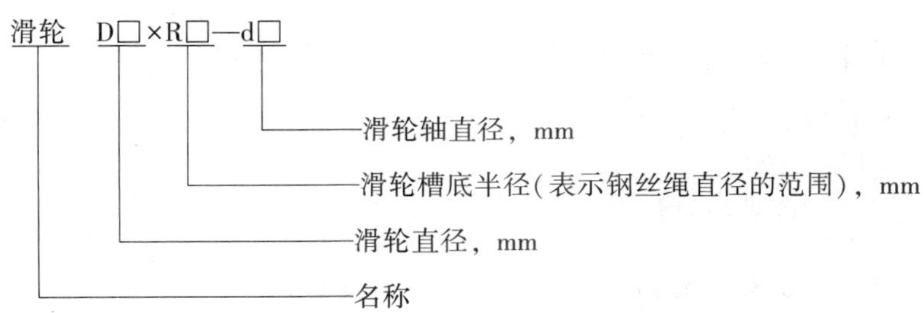

第9篇

5　链条和链轮

5.1　概述

本节主要介绍起重链条和链轮，其他链传动见第 14 篇。

起重机械中应用的链条有环形焊接链和片式关节链。

与钢丝绳相比，焊接链有以下优点。

① 挠性好，可用较小直径的链轮和卷筒，由载荷产生的驱动机构的力矩较小，传动比也较小，传动机构外形尺寸小。

② 比较耐腐蚀。

其缺点如下。

① 由于有焊接点，有突然断裂的可能，安全可靠性差，不耐冲击。

② 同样载重量下，比钢丝绳重。

③ 不能用于高速，通常速度 $v<0.1$m/s（用于星轮），$v<1$m/s（用于光卷筒）。

④ 链条在运动中经常产生滑移和摩擦，易磨损。

片式关节链的优点：挠性较焊接链更好，比较可靠，运动较平稳，$v\leqslant0.25$m/s（可达 1m/s）。缺点：有方向性，横向无挠性，比钢丝绳重，与焊接链重量差不多。成本高，对灰尘和锈蚀较敏感。

起重链用于起重量小、起升高度小、起升速度低的起重机械。

为了携带和拆卸方便，链条的端部链节用可拆卸链环。

片式关节链是白薄钢片以销轴铰接而成的一种链条。焊接链和片式关节链选择计算方法相同。

5.2　起重链的选择

根据最大工作载荷及安全系数计算链条的破坏载荷 S_p，以 S_p 来选择链条。

$$S_p \geqslant S_{max} n(\mathrm{N})$$

式中　S_p——破坏载荷，N；

S_{max}——链条最大工作载荷，N；

n——安全系数，按表 9-1-94 选取。

表 9-1-94　　　**安全系数 *n* 值**

链条种类	焊接链						片式链	
用途	光滑卷筒或滑轮		链轮		捆绑物品	吊钩用(带小钩,小环等)	速度 v/m·s^{-1}	
驱动方式	手动	机动	手动	机动			<1	1～1.5
n	3	6	4	8	6	5	6	8

5.3　链条

5.3.1　起重用短环链（T 级高精度葫芦链）（摘自 GB/T 20947—2007）

该标准规定了手动葫芦或动力驱动环链葫芦用 T 级（T 型、DAT 型和 DT 型）高精度葫芦链的要求。

不同类型葫芦链的使用状态如下。

T 型：工况不考虑磨损情况的手动葫芦或低速动力环链葫芦，在-40～+200℃温度下使用。

DAT 型：耐磨性要求链条有更长寿命的重载高速动力驱动环链葫芦，在-20～+200℃温度下使用。

DA 型：磨损情况下的动力驱动环链葫芦，在-10～+200℃温度下使用。

钢材应为镇静钢，具有低温韧性和足够的冲击韧性，并应含有足量的合金元素。钢材的晶粒度按 ISO 643

《钢铁素体或奥氏体晶粒度显微金相测定法》进行试验时，达到奥氏体 5 级晶粒度或更细的品级。链条在经受制造验证之前，都应在高于 Ac3 点的温度进行淬火或渗碳淬火，以及回火处理。焊接影响长度 e 在连环中心的任何一侧均不得超过 $0.6d_n$（见表 9-1-95）。

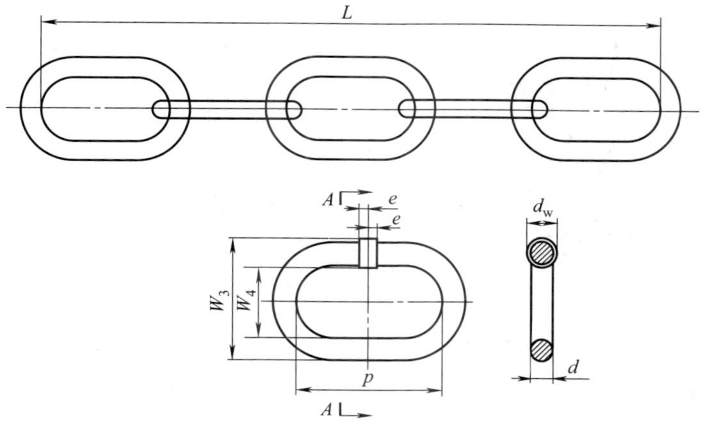

表 9-1-95

mm

直径		节距		焊缝处宽度		计量长度 $11\times p_n$		焊缝直径	最小破断力	极限工作载荷(WLL) /kN		
名义直径 d_n	公差	名义 p_n	公差	内宽 W_4 (min)	外宽 W_3 (max)	名义	公差	d_w (max)	(BF) /kN	T 型	DAT 型	DT 型
3	±0. 2	9	+0. 18 0	3. 6	10. 2	99	+0. 5 0	3. 3	11. 3	28	22	14
4	±0. 2	12	+0. 25 0	4. 8	13. 6	132	+0. 6 0	4. 3	20. 1	50	40	25
5	±0. 2	15	+0. 3 0	6	17	165	+0. 8 0	5. 4	31. 4	80	63	40
6. 3	±0. 2	19	+0. 4 0	7. 2	20. 4	209	+1 0	6. 5	49. 9	120	100	63
7. 1	±0. 3	21	+0. 4 0	8. 4	23. 8	231	+1. 1 0	7. 6	63. 3	160	120	80
8	±0. 3	24	+0. 5 0	9. 6	27. 2	264	+1. 3 0	8. 6	80. 4	200	160	100
9	±0. 4	27	+0. 5 0	10. 8	30. 6	297	+1. 4 0	9. 7	102	250	200	125
10	±0. 4	30	+0. 6 0	12	34	330	+1. 6 0	10. 8	126	320	250	160
11. 2	±0. 4	34	+0. 7 0	13. 2	37. 4	374	+1. 8 0	11. 9	158	400	320	200
12. 5	±0. 5	38	+0. 8 0	14. 4	40. 8	418	+2. 0 0	13	196	500	400	250
13	±0. 5	39	+0. 8 0	15. 6	44. 2	429	+2. 1 0	14	212	530	420	260
14	±0. 6	42	+0. 8 0	16. 8	47. 6	462	+2. 2 0	15. 1	246	600	500	300
16	±0. 6	48	+0. 9 0	19. 2	54. 5	528	+2. 5 0	17. 3	322	800	630	400
18	±0. 9	54	+1. 0 0	21. 6	61. 2	594	+2. 9 0	19. 4	407	1000	800	500
20	±1	60	+1. 2 0	24	68	660	+3. 2 0	21. 6	503	1250	1000	630
22	±1. 1	66	+1. 3 0	26. 4	74. 8	726	+3. 5 0	23. 8	608	1500	1250	750

注：1. 环链名义节距 p_n 以 $3d_n$ 作为基础最大名义值为 $3.2d_n$；在焊缝处最小宽度 $W_4=1.2d_n$；在焊缝处最大宽度 $W_3=3.4.d_n$。

2. 节距 p_n 或多环节距 1 的允许公差的百分比按公差公式计标：$[1.65/n+0.33]\%$，式中，n 为链环数（$n=11$ 为标准计量长度）。对单环节距和标准计量长度，常把公差分成+2/3 和−1/3。

5.3.2 起重机用短环链(吊链等用4级、6级和8级普通精度链)(摘自GB/T 24814—2009)

本标准规定了起重机和吊链用以及一般起重机一般提升用4级、6级和8级普通精度链的要求。

钢材为镇静钢，可焊性好，应含有足够量的冶金元素（4级没有含合金元素）。钢材的晶粒度按照GB/T 6394—2002《金属平均晶粒度测定法》中5.3规定的截点法规定进行试验时，应达到奥氏体5级晶粒度或更细的品级。链条在经受验证力前应进行淬火和回火处理。焊接尺寸影响区 e 在链环中心的任何一侧均不应超过材料直径的0.6倍（见表9-1-96）。

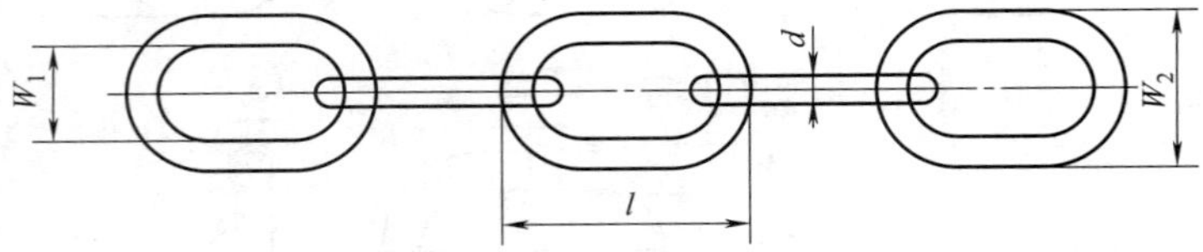

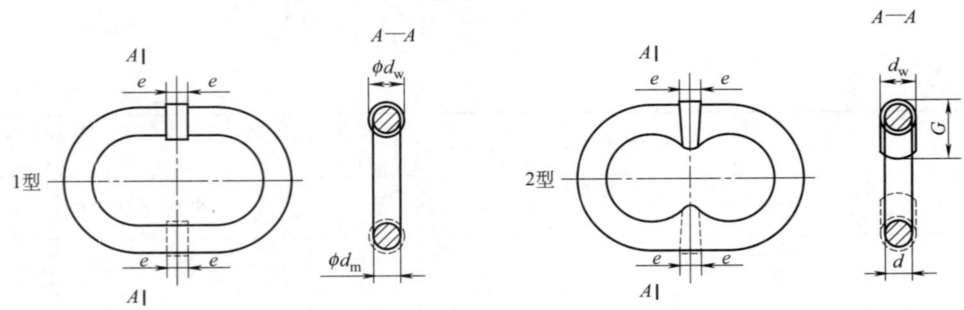

表 9-1-96

mm

名义尺寸 d_n	直径公差 $(d-d_n)$	焊缝公差(max) 1型 (d_w-d_m)	2型 (d_w-d_m)	2型 $(G-d_m)$	链环极限外长 l (max) $(5d_n)$	(min) $(4.75d_n)$	非焊缝处外宽 W_2 (max) $(3.5d_n)$	非焊缝处内宽 W_1 (min) $(1.25d_n)$	最小破断力/kN 4级	6级	8级	极限工作载荷/kN 4级	6级	8级
5	+0.10 −0.30	0.5	1.0	1.75	25	24	18	6.3	15.8	24.8	31.6	40	63	80
6.3	+0.13 −0.38	0.63	1.26	2.2	32	30	22	7.9	25	39.4	50	63	100	125
7.1	+0.14 −0.43	0.71	1.42	2.5	36	34	25	8.9	31.8	50	62.4	80	125	160
8	+0.16 −0.48	0.8	1.6	2.8	40	38	28	10	40.4	63.4	80.6	100	160	200
9	+0.18 −0.54	0.9	1.8	3.15	45	43	32	11.3	51	80.2	102	125	200	250
10	+0.20 −0.60	1.0	2.0	3.5	50	47	35	12.5	63	99	126	160	250	320
11.2	+0.22 −0.67	1.12	2.24	3.9	56	53	39	14	79	126	158	200	320	400
12.5	+0.25 −0.75	1.25	2.5	4.4	63	59	44	15.7	98.2	158	198	250	400	500
14	+0.28 −0.84	1.4	2.8	4.9	70	66	49	18	126	198	248	320	500	630
16	+0.32 −0.96	16	3.2	5.6	80	76	56	20	162	254	322	400	630	800

续表

名义尺寸 d_n	直径公差 $(d-d_n)$	焊缝公差(max)			链环极限外长 l		非焊缝处外宽 W_2	非焊缝处内宽 W_1	最小破断力/kN			极限工作载荷/kN		
		1 型	2 型		(max)	(min)	(max)	(min)						
		(d_w-d_m)	(d_w-d_m)	$(G-d_m)$	$(5d_n)$	$(4.75d_n)$	$(3.5d_n)$	$(1.25d_n)$	4 级	6 级	8 级	4 级	6 级	8 级
18	±0.90	1.8	3.6	6.3	90	85	63	23	204	322	408	500	800	1000
20	±1.0	2.0	4.0	7.0	100	95	70	25	252	396	504	630	1000	1250
22.4	±1.1	2.24	4.48	7.85	112	106	78	28	316	498	632	800	1250	1600
25	±1.25	2.5	5.0	8.75	125	119	88	32	394	628	786	1000	1600	2000
28	±1.4	2.8	5.6	9.8	140	133	98	35	494	786	986	1250	2000	2500
32	±1.6	3.2	6.4	11.2	160	152	112	40	644	1014	1288	1600	2500	3200
36	±1.8	3.6	7.2	12.6	180	171	126	45	816	1284	1630	2000	3200	4000
40	±2.0	4.0	8.0	14.0	200	190	140	50	1006	1584	2012	2500	4000	5000
45	±2.25	4.5	9.0	15.75	225	214	158	57	1274	2004	2546	3200	5000	6300
4 级、6 级和 8 级普通精度链暂用附加尺寸														
6	+0.12 −0.36	0.6	1.2	2.1	30	28	21	7.5	22.8	35.8	45.4	57	90	110
7	+0.14 −0.42	0.7	1.4	2.45	35	33	25	8.8	30.8	48.6	61.6	78	120	150
8.7	+0.17 −0.52	0.87	1.74	3.05	44	41	30	10.9	47.6	75	95.2	120	190	240
9.5	+0.19 −0.57	0.95	1.9	3.35	48	45	33	11.9	56.8	89.4	114	140	220	280
10.3	+0.21 −0.62	1.03	2.06	3.6	52	49	36	12.9	66.8	106	134	170	260	330
11	+0.22 −0.66	1.1	2.2	3.85	55	52	39	13.8	76.2	120	154	190	300	380
12	+0.24 −0.72	1.2	2.4	4.2	60	57	42	15	90.6	144	182	230	360	460
13	+0.26 −0.78	1.3	2.6	4.55	65	62	46	16.3	108	168	214	270	420	540
13.5	+0.27 −0.81	1.35	2.7	4.75	68	64	47	17	116	182	230	290	450	580
16.7	+0.33 −1.00	1.67	3.34	5.85	84	79	58	21	176	276	352	440	700	890
19	±0.95	1.9	3.8	6.65	95	90	67	24	228	358	454	570	910	1150
20.6	±1.0	2.06	4.12	7.2	103	98	72	26	268	420	534	680	1070	1350
30	±1.5	3.0	6.0	10.5	150	142	105	38	566	892	1132	1140	2270	2880
4 级普通精度链暂用附加尺寸														
41.3	±2.1	4.13	8.26	14.45	207	196	145	52	1072	—	—	2730	—	—
46	±2.3	4.6	9.2	16.1	230	218	161	58	1330	—	—	3390	—	—
4 级和 6 级普通精度链暂用附加尺寸														
25.4	±1.3	2.54	5.1	8.9	127	121	89	132	406	840	—	1030	1820	—
8 级普通精度链暂用附加尺寸														
22	±1.1	2.2	4.4	7.7	110	104	77	28	—		610	—		1550
23	±1.15	2.3	4.6	8.05	115	109	81	29	—		666	—		1690
26	±1.3	2.6	5.2	9.1	130	123	91	33	—		850	—		2160
35	±1.75	3.5	7.0	12.25	175	166	123	44	—	—	1540	—	—	3920

注：表中所列的暂用附加尺寸作为选择链条的临时措施。

5.3.3 板式链、连接环及槽轮（摘自 GB/T 6074—2006）

该标准规定了一般提升用板式链条的技术特性，槽轮和连接环的形状。内容包括尺寸、互换性极限、链长测量、预拉和最小抗拉强度。该标准中的规定不适用于 8×8 的板数组合。

(1) 板式链（链条）

该标准包括了两种系列的链条：一种是由 GB/T 1243A（ISO 606A）系列和美国 ASME B29.8 标准派生出来的，这一系列由符号 LH 或 BL 标记，尺寸见表 9-1-97；另一个系列由 GB/T 1243B（ISO 606B）系列派生出来的，它们由符号 LL 标记，尺寸见表 9-1-98。

链号由两个字母和四位数字组成（见表 9-1-97、表 9-1-98），两个字母为型号代号，前两位数字表示链条节距，它是 3.175mm（1/16 in）的倍数，后两位数字表示链板组合（外链板数目和内链板数目的组合）。

标记示例：

1. 由 GB/T 1243 08B 派生出的公称节距为 12.7mm，包含各 2 片内外链板的板式链标号如下：

LL0822

2. 由 GB/T1243 12A（ASME 60 号链条）派生出的公称节距为 19.05mm，包含 3 片外链板和 4 片内链板的板式链标号如下：

LH1234［BL634］

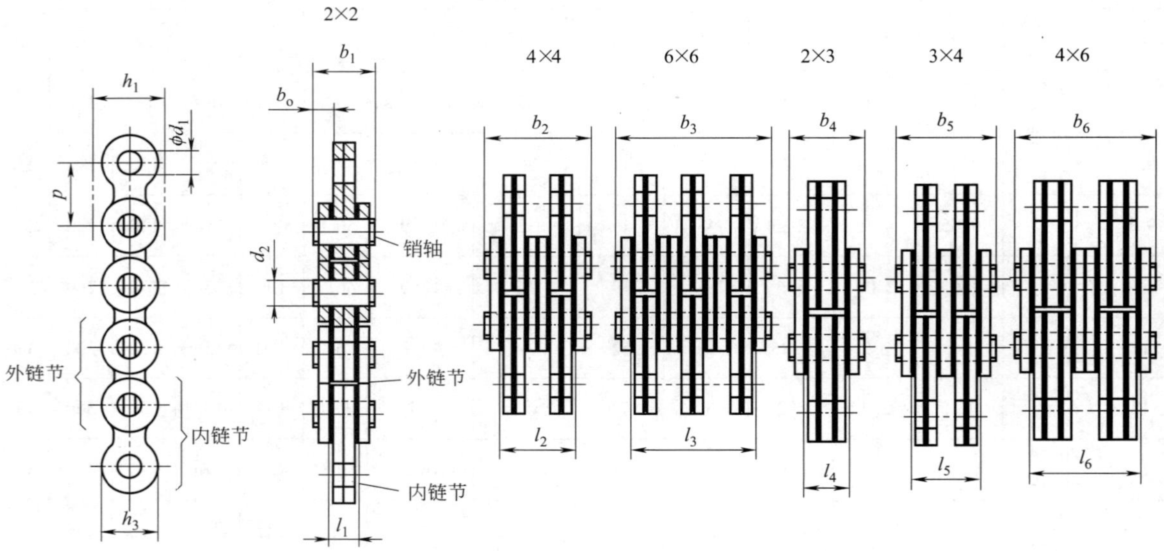

链条的板数组合形式和尺寸代号

表 9-1-97　　LH 系列链条主要尺寸、测量力和抗拉强度

链号	ASME 链号	节距 p (nom) /mm	板数组合	链板厚度 b_0 (max)	内链板孔径 d_1 (min)	销轴直径 d_2 (max)	链条通道高度 $h_1$①(min)	链板高度 h_3 (max)	铆接销轴高度 $b_1 \sim b_6$ (max)	外链节内宽 $l_1 \sim l_6$ (min)	测量力 /N	抗拉强度 (min) /kN
				mm								
LH0822②	BL422	12.7	2×2	2.08	5.11	5.09	12.32	12.07	11.1	4.2	222	22.2
LH0823	BL423	12.7	2×3	2.08	5.11	5.09	12.32	12.07	13.2	6.3	222	22.2
LH0834	BL434	12.7	3×4	2.08	5.11	5.09	12.32	12.07	17.4	10.4	334	33.4
LH0844②	BL444	12.7	4×4	2.08	5.11	5.09	12.32	12.07	19.6	12.4	445	44.5
LH0846	BL446	12.7	4×6	2.08	5.11	5.09	12.32	12.07	23.8	16.6	445	44.5
LH0866	BL466	12.7	6×6	2.08	5.11	5.09	12.32	12.07	28	21	667	66.7
LH1022②	BL522	15.875	2×2	2.48	5.98	5.96	15.34	15.09	12.9	4.9	334	33.4
LH1023	BL523	15.875	2×3	2.48	5.98	5.96	15.34	15.09	15.4	7.4	334	33.4
LH1034	BL534	15.875	3×4	2.48	5.98	5.96	15.34	15.09	20.4	12.3	489	48.9

续表

链号	ASME链号	节距 p (nom) /mm	板数组合	链板厚度 b_0 (max)	内链板孔径 d_1 (min)	销轴直径 d_2 (max)	链条通道高度 $h_1$① (min)	链板高度 h_3 (max)	铆接销轴高度 $b_1 \sim b_6$ (max)	外链节内宽 $l_1 \sim l_6$ (min)	测量力 /N	抗拉强度 (min) /kN
				mm								
LH1044②	BL544	15.875	4×4	2.48	5.98	5.96	15.34	15.09	22.8	14.7	667	66.7
LH1046	BL546	15.875	4×6	2.48	5.98	5.96	15.34	15.09	27.7	19.5	667	66.7
LH1066	BL566	15.875	6×6	2.48	5.98	5.96	15.34	15.09	32.7	24.6	1000	100.1
LH1222②	BL622	19.05	2×2	3.3	7.96	7.94	18.34	18.11	17.4	6.6	489	48.9
LH1223	BL623	19.05	2×3	3.3	7.96	7.94	18.34	18.11	20.8	9.9	489	48.9
LH1234	BL634	19.05	3×4	3.3	7.96	7.94	18.34	18.11	27.5	16.5	756	75.6
LH1244②	BL644	19.05	4×4	3.3	7.96	7.94	18.34	18.11	30.8	19.8	979	97.9
LH1246	BL646	19.05	4×6	3.3	7.96	7.94	18.34	18.11	37.5	26.4	979	97.9
LH1266	BL666	19.05	6×6	3.3	7.96	7.94	18.34	18.11	44.2	33.2	1468	146.8
LH1622②	BL822	25.4	2×2	4.09	9.56	9.54	24.38	24.13	21.4	8.2	845	84.5
LH1623	BL823	25.4	2×3	4.09	9.56	9.54	24.38	24.13	25.5	12.3	845	84.5
LH1634	BL834	25.4	3×4	4.09	9.56	9.54	24.38	24.13	33.8	20.5	1290	129.0
LH1644②	BL844	25.4	4×4	4.09	9.56	9.54	24.38	24.13	37.9	24.6	1690	169.0
LH1646	BL846	25.4	4×6	4.09	9.56	9.54	24.38	24.13	46.2	32.7	1690	169.0
LH1666	BL866	25.4	6×6	4.09	9.56	9.54	24.38	24.13	54.5	41.1	2536	253.6
LH2022②	BL1022	31.75	2×2	4.9	11.14	11.11	30.48	30.18	25.4	9.8	1156	115.6
LH2023	BL1023	31.75	2×3	4.9	11.14	11.11	30.48	30.18	30.4	14.8	1156	115.6
LH2034	BL1034	31.75	3×4	4.9	11.14	11.11	30.48	30.18	40.3	24.5	1824	182.4
LH2044②	BL1044	31.75	4×4	4.9	11.14	11.11	30.48	30.18	45.2	29.5	2313	231.3
LH2046	BL1046	31.75	4×6	4.9	11.14	11.11	30.48	30.18	55.1	39.4	2313	231.3
LH2066	BL1066	31.75	6×6	4.9	11.14	11.11	30.48	30.18	65	49.2	3470	347
LH2422②	BL1222	38.1	2×2	5.77	12.74	12.71	36.55	36.2	29.7	11.6	1512	151.2
LH2423	BL1223	38.1	2×3	5.77	12.74	12.71	36.55	36.2	35.5	17.4	1512	151.2
LH2434	BL1234	38.1	3×4	5.77	12.74	12.71	36.55	36.2	47.1	28.9	2446	244.6
LH2444②	BL1244	38.1	4×4	5.77	12.74	12.71	36.55	36.2	52.9	34.4	3025	302.5
LH2446	BL1246	38.1	4×6	5.77	12.74	12.71	36.55	36.2	64.6	46.3	3025	302.5
LH2466	BL1266	38.1	6×6	5.77	12.74	12.71	36.55	36.2	76.2	57.9	4537	453.7
LH2822②	BL1422	44.45	2×2	6.6	14.31	14.29	42.67	42.24	33.6	13.2	1913	191.3
LH2823	BL1423	44.45	2×3	6.6	14.31	14.29	42.67	42.24	40.2	19.7	1913	191.3
LH2834	BL1434	44.45	3×4	6.6	14.31	14.29	42.67	42.24	53.4	32.7	3158	315.8
LH2844②	BL1444	44.45	4×4	6.6	14.31	14.29	42.67	42.24	60.0	39.1	3826	382.6
LH2846	BL1446	44.45	4×6	6.6	14.31	14.29	42.67	42.24	73.2	52.3	3826	382.6
LH2866	BL1466	44.45	6×6	6.6	14.31	14.29	42.67	42.24	86.4	65.5	5783	578.3
LH3222②	BL1622	50.8	2×2	7.52	17.49	17.46	48.74	48.26	40.0	15.0	2891	289.1
LH3223	BL1623	50.8	2×3	7.52	17.49	17.46	48.74	48.26	46.6	22.5	2891	289.1
LH3234	BL1634	50.8	3×4	7.52	17.49	17.46	48.74	48.26	61.8	37.5	4404	440.4
LH3244②	BL1644	50.8	4×4	7.52	17.49	17.46	48.74	48.26	69.3	44.8	5783	578.3
LH3246	BL1646	50.8	4×6	7.52	17.49	17.46	48.74	48.26	84.5	59.9	5783	578.3
LH3266	BL1666	50.8	6×6	7.52	17.49	17.46	48.74	48.26	100.0	75.0	8674	867.4
LH4022②	BL2022	63.5	2×2	9.91	23.84	23.81	60.88	60.33	51.8	19.9	4337	433.7
LH4023	BL2023	63.5	2×3	9.91	23.84	23.81	60.88	60.33	61.7	29.8	4337	433.7
LH4034	BL2034	63.5	3×4	9.91	23.84	23.81	60.88	60.33	81.7	49.4	6494	649.4
LH4044②	BL2044	63.5	4×4	9.91	23.84	23.81	60.88	60.33	91.6	59.1	8674	867.4
LH4046	BL2046	63.5	4×6	9.91	23.84	23.81	60.88	60.33	111.5	78.9	8674	867.4
LH4066	BL2066	63.5	6×6	9.91	23.84	23.81	60.88	60.33	131.4	99.0	13011	1301.1

① 链条通道高度是装配好的链条应能通过的最小高度。

② 与具有相同节距和相同最小抗拉强度的非偶数组合的链条相比，这些链条已经降低了疲劳强度和磨损寿命。当选择特殊应用的链条时应引起注意。

表 9-1-98　　LL 系列链条主要尺寸、测量力和抗拉强度

链号	节距 p (nom) /mm	板数组合	链板厚度 b_0(max)	内链板孔径 d_1 (min)	销轴直径 d_2(max)	链条通道高度 $h_1$①(min)	链板高度 h_3 (max)	铆接销轴高度 $b_1 \sim b_3$ (max)	外链节内宽 $l_1 \sim l_3$ (min)	测量力 /N	抗拉强度 (min)/kN
			mm								
LL0822	12.7	2×2	1.55	4.46	4.45	11.18	10.92	8.5	3.1	180	18
LL0844		4×4						14.6	9.1	360	36
LL0866		6×6						20.7	15.2	540	54
LL1022	15.875	2×2	1.65	5.09	5.08	13.98	13.72	9.3	3.4	220	22
LL1044		4×4						16.1	10.1	440	44
LL1066		6×6						22.9	16.8	660	66
LL1222	19.05	2×2	1.9	5.73	5.72	16.39	16.13	10.7	3.9	290	29
LL1244		4×4						18.5	11.6	580	58
LL1266		6×6						26.3	19.0	870	87
LL1622	25.4	2×2	3.2	8.3	8.28	21.34	21.08	17.2	6.2	600	60
LL1644		4×4						30.2	19.4	1200	120
LL1666		6×6						43.2	31.0	1800	180
LL2022	31.75	2×2	3.7	10.21	10.19	26.68	26.42	20.1	7.2	950	95
LL2044		4×4						35.1	22.4	1900	190
LL2066		6×6						50.1	36.0	2850	285
LL2422	38.1	2×2	5.2	14.65	14.63	33.73	33.4	28.4	10.2	1700	170
LL2444		4×4						49.4	30.6	3400	340
LL2466		6×6						70.4	51.0	5100	510
LL2822	44.45	2×2	6.45	15.92	15.9	37.46	37.08	34	12.8	2000	200
LL2844		4×4						60	38.4	4000	400
LL2866		6×6						86	64.0	6000	600
LL3222	50.8	2×2	6.45	17.83	17.81	42.72	42.29	35	12.8	2600	260
LL3244		4×4						61	38.4	5200	520
LL3266		6×6						87	64.0	7800	780
LL4022	63.5	2×2	8.25	22.91	22.89	53.49	52.96	44.7	16.2	3600	360
LL4044		4×4						77.9	48.6	7200	720
LL4066		6×6						111.1	81.0	10800	1080
LL4822	76.2	2×2	10.3	29.26	29.24	64.52	63.88	56.1	20.2	5600	560
LL4844		4×4						97.4	60.6	11200	1120
LL4866		6×6						138.9	101.0	16800	1680

① 链条通道高度是装配好的链条应能通过的最小高度。

注：由不同制造商制造的链条决不能放在同一应用场合中一起使用。

（2）连接环

1）形式和尺寸　板式链连接环有两种基本形式，内连接环和外连接环。用于 LH 系列和 LL 系列板式链终端连接环的尺寸见表 9-1-99 和表 9-1-100。

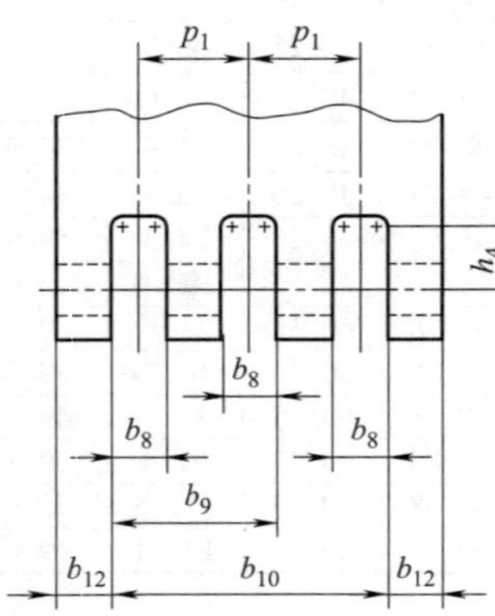

(a) 外连接环

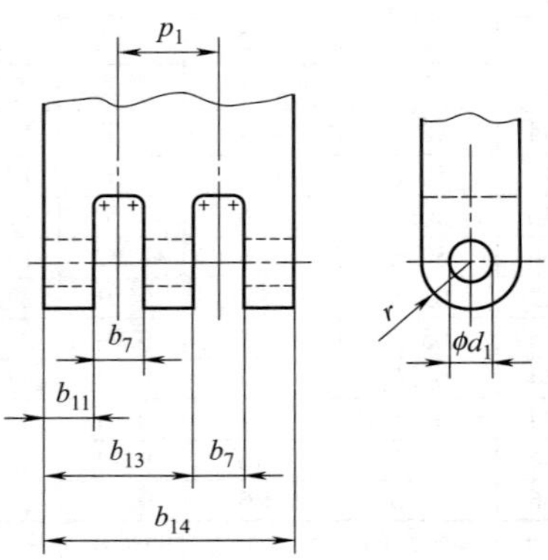

(b) 内连接环

表 9-1-99　　LH 系列连接环尺寸　　mm

链号	ASME 链号	b_7	b_8	b_9	b_{10}	b_{12} (min)	b_{11} (max)	b_{13} (max)	b_{14} (max)	p_1 (nom)	d_1 (min)	h_4 (min)	r (max)
		H12①											
LH0822	BL422	—	4.41	—	—	3.12	4.03	—	—	—	5.11	6.35	6.35
LH0823	BL423	—	6.53	—	—		6.05	—	—	—			
LH0834	BL434	2.21	4.33	10.68	—		4.03	10.20	—	6.35			
LH0844	BL444	4.41	4.41	12.89	—		4.03	12.25	—	8.47			
LH0846	BL446	4.41	6.53	17.12	—		6.05	16.32	—	10.59			
LH0866	BL466	4.41	4.41	12.89	21.36		4.03	12.25	20.47	8.47			
LH1022	BL522	—	5.24	—	—	3.72	4.80	—	—	—	5.98	7.92	7.92
LH1023	BL523	—	7.76	—	—		7.20	—	—	—			
LH1034	BL534	2.62	5.14	12.69	—		4.80	12.12	—	7.55			
LH1044	BL544	5.24	5.24	15.31	—		4.80	14.56	—	10.07			
LH1046	BL546	5.24	7.76	20.35	—		7.20	19.40	—	12.59			
LH1066	BL566	5.24	5.24	15.31	25.38		4.80	14.56	24.31	10.07			
LH1222	BL622	—	6.96	—	—	4.95	6.41	—	—	—	7.96	9.53	9.53
LH1223	BL623	—	10.31	—	—		9.61	—	—	—			
LH1234	BL634	3.48	6.83	16.88	—		6.41	16.18	—	10.05			
LH1244	BL644	6.96	6.96	20.36	—		6.41	19.43	—	13.40			
LH1246	BL646	6.96	10.31	27.06	—		9.61	25.89	—	16.75			
LH1266	BL666	6.96	6.96	20.36	33.76		6.41	19.43	32.45	13.40			
LH1622	BL822	—	8.59	—	—	6.13	7.93	—	—	—	9.56	12.70	12.70
LH1623	BL823	—	12.73	—	—		11.89	—	—	—			
LH1634	BL834	4.29	8.43	20.86	—		7.93	19.97	—	12.42			
LH1644	BL844	8.59	8.59	25.15	—		7.93	23.98	—	16.56			
LH1646	BL846	8.59	12.73	33.43	—		11.89	31.96	—	20.70			
LH1666	BL866	8.59	8.59	25.15	41.71		7.93	23.98	40.04	16.56			
LH2022	BL1022	—	10.26	—	—	7.35	9.48	—	—	—	11.14	15.88	15.88
LH2023	BL1023	—	15.21	—	—		14.22	—	—	—			
LH2034	BL1034	5.13	10.08	24.93	—		9.48	23.86	—	14.85			
LH2044	BL1044	10.26	10.26	30.06	—		9.48	28.65	—	19.80			
LH2046	BL1046	10.26	15.21	39.96	—		14.22	38.18	—	24.75			
LH2066	BL1066	10.26	10.26	30.06	49.86		9.48	28.65	47.82	19.80			
LH2422	BL1222	—	12.05	—	—	8.66	11.16	—	—	—	12.74	19.05	19.05
LH2423	BL1223	—	17.87	—	—		16.74	—	—	—			
LH2434	BL1234	6.02	11.84	29.31	—		11.16	28.05	—	17.46			
LH2444	BL1244	12.05	12.05	35.33	—		11.16	33.68	—	23.28			
LH2446	BL1246	12.05	17.87	46.97	—		16.74	44.89	—	29.10			
LH2466	BL1266	12.05	12.05	35.33	58.61		11.16	34.68	56.20	23.28			
LH2822	BL1422	—	13.76	—	—	9.90	12.76	—	—	—	14.31	22.23	22.23
LH2823	BL1423	—	20.41	—	—		19.13	—	—	—			
LH2834	BL1434	6.88	13.53	33.48	—		12.76	32.04	—	19.95			
LH2844	BL1444	13.76	13.76	40.36	—		12.76	38.47	—	26.60			
LH2846	BL1446	13.76	20.41	53.66	—		19.13	51.28	—	33.25			
LH2866	BL1466	13.76	13.76	40.36	66.97		12.76	38.47	64.18	26.60			
LH3222	BL1622	—	15.65	—	—	11.28	14.53	—	—	—	17.49	25.40	25.40
LH3223	BL1623	—	23.22	—	—		21.80	—	—	—			
LH3234	BL1634	7.82	15.40	38.11	—		14.53	36.48	—	22.71			
LH3244	BL1644	15.65	15.65	45.93	—		14.53	43.80	—	30.28			
LH3246	BL1646	15.65	23.22	61.07	—		21.80	58.38	—	37.85			
LH3266	BL1666	15.65	15.65	45.93	76.22		14.53	43.80	73.07	30.28			

续表

链号	ASME 链号	b_7	b_8	b_9	b_{10}	b_{12} (min)	b_{11} (max)	b_{13} (max)	b_{14} (max)	p_1 (nom)	d_1 (min)	h_4 (min)	r (max)
		H12①											
LH4022	BL2022		20.53	—	—		19.19	—	—	—			
LH4023	BL2023	—	30.49	—	—		28.78	—	—	—			
LH4034	BL2034	10.27	20.23	50.11	—	14.86	19.19	48.11	—	29.88	23.84	31.75	31.75
LH4044	BL2044	20.53	20.53	60.37	—		19.19	57.76	—	39.84			
LH4046	BL2046	20.53	30.49	80.30	—		28.78	76.99	—	49.80			
LH4066	BL2066	20.53	20.53	60.37	100.22		19.19	57.76	96.33	39.84			

① 公差 H12 是根据 GB/T 1801 确定的。

表 9-1-100　　LL 系列连接环尺寸　　mm

链号	b_7	b_8	b_9	b_{10}	b_{12} (min)	b_{11} (max)	b_{13} (max)	b_{14} (max)	p_1 (nom)	d_1 (min)	h_4 (min)	r (max)
	H12①											
LL0822	—		—	—			—	—				
LL0844	3.35	3.35	—	—	2.33	2.97	9.07	—	6.35	4.46	6	6.35
LL0866	3.35		9.71	16.06			9.07	15.17				
LL1022	—		—	—			—	—				
LL1044	3.58	3.58	—	—	2.48	3.14	9.58	—	6.75	5.09	8	7.92
LL1066	3.58		10.33	17.08			9.58	16.01				
LL1222	—		—	—			—	—				
LL1244	4.16	4.16	—	—	2.85	3.61	11.03	—	7.80	5.73	9	9.52
LL1266	4.16		11.96	19.76			11.03	18.45				
LL1622	—		—	—			—	—				
LL1644	6.81	6.81	—	—	4.8	6.15	18.64	—	13	8.3	12	12.7
LL1666	6.81		19.81	31.81			18.64	31.14				
LL2022	—		—	—			—	—				
LL2044	7.86	7.86	—	—	5.55	7.08	21.45	—	15	10.21	14	15.88
LL2066	7.86		22.86	37.86			22.45	35.82				
LL2422	—		—	—			—	—				
LL2444	10.91	10.91	—	—	7.8	10.02	30.26	—	21	14.65	18	19.05
LL2466	10.91		31.91	52.91			30.26	50.50				
LL2822	—		—	—			—	—				
LL2844	13.46	13.46	—	—	9.68	12.46	37.57	—	26	15.92	20	22.2
LL2866	13.46		39.46	65.47			37.57	62.68				
LL3222	—		—	—			—	—				
LL3244	13.51	13.51	—	—	9.68	12.39	37.38	—	26	17.83	23	25.4
LL3266	13.51		39.51	65.52			37.38	62.37				
LL4022	—		—	—			—	—				
LL4044	17.21	17.21	—	—	12.38	15.87	47.80	—	33.2	22.91	28	31.75
LL4066	17.21		50.41	83.62			47.80	79.73				
LL4822	—		—	—			—	—				
LL4844	21.41	21.41	—	—	15.45	19.84	59.72	—	41.4	29.26	34	38.1
LL4866	21.41		62.82	104.2			59.72	99.60				

① 公差 H12 是根据 GB/T 1801 确定的。

2）连接环和销轴的强度　连接环和用于固定链条的销轴应能承受至少和链条一样的最小抗拉强度。

3）链长调整　当板式链多排应用时，就必须补偿在不同链排之间存在的长度误差。通常使用长度调节器，将其装在固定装置上，其长度调节能力至少等于一个链条节距。

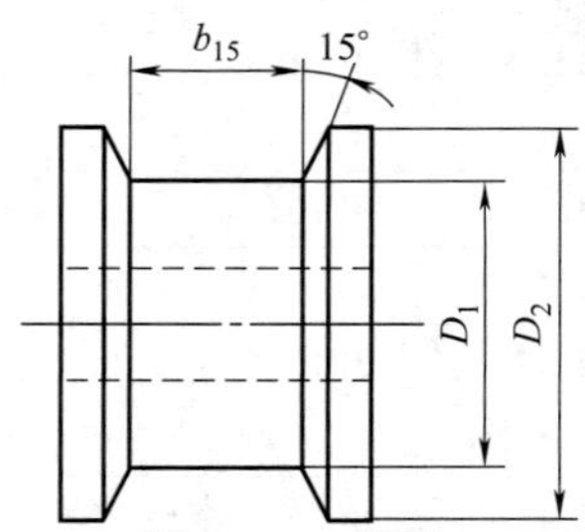

图 9-1-6　槽轮

（3）槽轮

槽轮尺寸由下列公式设计计算，如图 9-1-6 所示。

1）最小槽轮直径：

$$D_1 = 5\times\text{链条公称节距}$$

假如有试验根据，可以采用更小的槽轮直径。

2）最小轮缘内宽：

$$b_{15} = 1.05\times\text{铆接销轴高度}$$

3）最小轮缘直径：

$$D_{2\min} = D_1 + h_3$$

尺寸 h_3 和铆接销轴高度（尺寸 $b_1 \sim b_6$）见表 9-1-97 或表 9-1-98。

5.4 焊接链的滑轮、卷筒与链轮

5.4.1 焊接链的滑轮

焊接链的滑轮一般由铸铁制成，结构与钢丝绳滑轮相仿，为了使链条与滑轮接触良好，滑轮轮缘制成槽形的，槽形两侧有的带边，有的不带边，其结构尺寸见图 9-1-7。滑轮直径按驱动情况确定，一般取：手动 $D>20d$；机动 $D>30d$（d 为链环圆钢直径）。

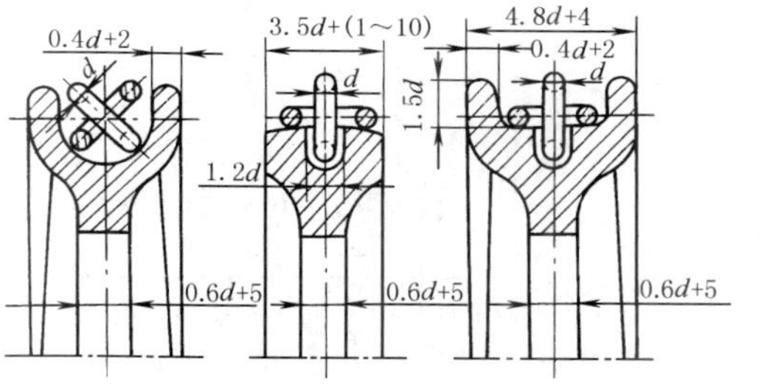

图 9-1-7 滑轮

5.4.2 焊接链的卷筒

焊接链的卷筒和链轮用来传递转矩。焊接链卷筒材料和结构与钢丝绳卷筒基本一样。卷筒表面有光面和带槽的两种，卷筒面上链环槽的尺寸关系如图 9-1-8 所示。焊接链在卷筒上的固定方法见图 9-1-9。

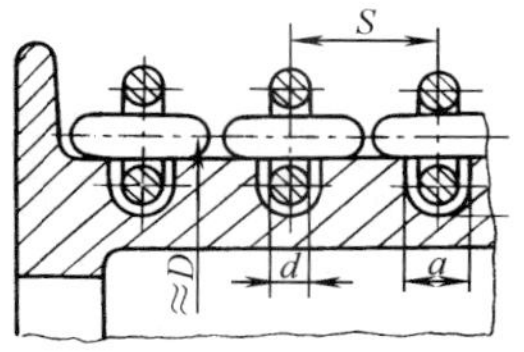

图 9-1-8 卷筒面上的链环槽

$a = 1.2d$

$S = 3.5d + (2\sim3)$

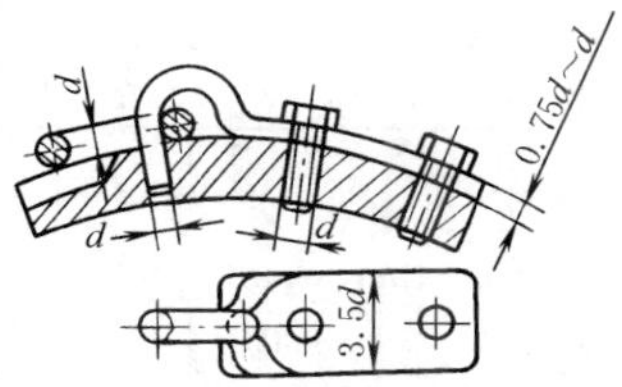

图 9-1-9 链的固定

5.4.3 焊接链的链轮

焊接链链轮轮缘表面除有凹槽外尚带有驱动齿（由轮槽两边向内的突起），齿数一般不少于 4~6 个。焊接链链轮一般由铸铁（HT150 等）制造，大载荷链轮用铸钢制造。

5.4.4 焊接链链轮的计算和画法

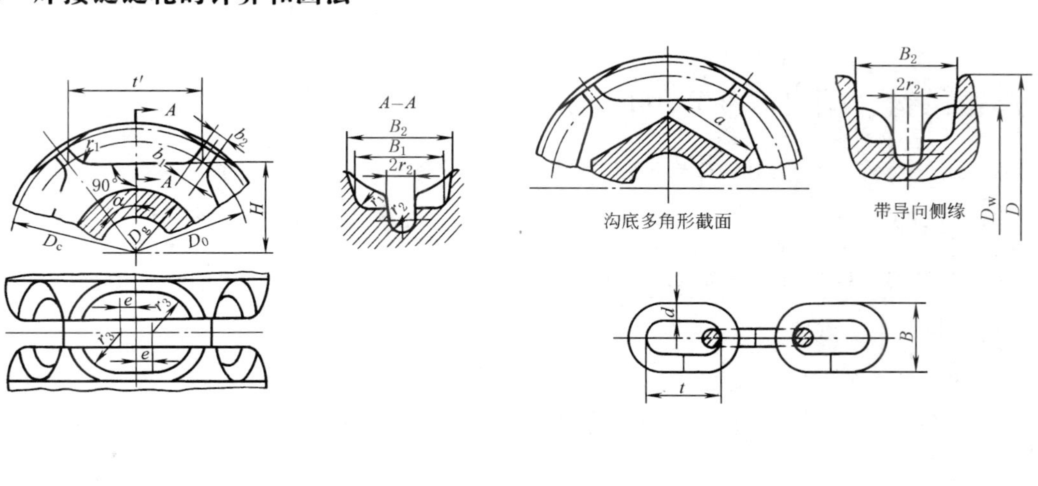

表 9-1-101 mm

参数名称	代号	计算公式	参数名称	代号	计算公式
链轮上窝眼数	Z	最少窝眼数不少于4	导向侧缘直径	D	$D=D_w+1.2B$
中心夹角的半角	α	$\alpha=\dfrac{180°}{Z}$	窝眼槽底宽度	B_1	$B_1=1.1B$
			窝眼槽顶宽度	B_2	$B_2=(1.2\sim1.3)B$
链轮节距	t'	$t'=D_0\sin\alpha$	齿根宽	b_1	$b_1=t-2.2d$
链轮节圆直径	D_0	$D_0=\sqrt{\left(\dfrac{t}{\sin\dfrac{\alpha}{2}}\right)^2+\left(\dfrac{d}{\cos\dfrac{\alpha}{2}}\right)^2}$	齿顶宽	b_2	$b_2=t-2.5d$
			齿根半径	r_1	$r_1=0.5d$
			沟底半径	r_2	$r_2=0.6d$
		$D_0=\dfrac{t}{\sin\dfrac{\alpha}{2}}$（$Z\geqslant12$时）	窝眼槽半径	r_3	$r_3=0.5B_1$
			r_3 圆心位置	e	$e=0.45(t+2d-B)$
沟底圆直径	D_g	$D_g=D_0-(1.2\sim1.25)B$	窝眼槽底平面到中心距离	H	$H=0.5\left(t\cot\dfrac{\alpha}{2}-d\tan\dfrac{\alpha}{2}\right)-0.5d$
沟底多角形边长	a	$a=D_g\tan\alpha$			
链轮外径	D_w	$D_w=D_0-(1\sim1.3)d$			$H=0.5[\sqrt{D_0^2-(t+d)^2}-d]$，（$Z\geqslant12$时）
		$D_w=D_0+0.5d$（用于滑车组链轮）			
齿顶圆直径	D_c	$D_c=D_0+0.6d$			

注：1. D_0、H 及 t' 计算精确度达 0.1mm，其余尺寸可圆整到标准直径或长度尺寸。

2. $Z>4$ 的链轮，窝眼槽半径 r_3 在距链轮中心 H 的地方。

3. $Z>12$ 的链轮，窝眼槽底平面可做成圆弧面，圆弧面半径 $R=H$。

链轮窝眼数：一般 $Z=7\sim23$，亦可选用 $Z=18$，20，23，26，28，30，32，34，36，38，40，42，44，46，48，50，52。

4. $\sin\dfrac{\alpha}{z}$和 $\cos\dfrac{\alpha}{z}$的数值见表 9-1-102。

表 9-1-102 $\sin\dfrac{90°}{Z}$和 $\cos\dfrac{90°}{Z}$数值

Z	$\sin\dfrac{90°}{Z}$	$\cos\dfrac{90°}{Z}$	Z	$\sin\dfrac{90°}{Z}$	$\cos\dfrac{90°}{Z}$	Z	$\sin\dfrac{90°}{Z}$	$\cos\dfrac{90°}{Z}$	Z	$\sin\dfrac{90°}{Z}$	$\cos\dfrac{90°}{Z}$
7	0.2224	0.9749	18	0.0872	0.9961	30	0.0523	0.9986	42	0.0374	0.9993
8	0.1951	0.9807	20	0.0785	0.9969	32	0.0491	0.9987	44	0.0357	0.9993
10	0.1564	0.9876	23	0.0683	0.9976	34	0.0462	0.9989	46	0.0341	0.9994
12	0.1305	0.9914	24	0.0654	0.9978	36	0.0436	0.9990	48	0.0337	0.9994
14	0.1120	0.9937	26	0.0604	0.9981	38	0.0413	0.9991	50	0.0314	0.9995
16	0.0980	0.9951	28	0.0561	0.9984	40	0.0393	0.9992			

6 吊 钩

6.1 起重吊钩（摘自 GB/T 10051.1—2010）

该标准适用于钩号为 006～250 的起重机械用锻造吊钩，其他规格的吊钩可参照使用，不适用于铸造吊钩。

6.1.1 力学性能

吊钩按其力学性能分为 5 个强度等级，见表 9-1-103。

6.1.2 起重量

在不同的强度等级和机构工作级别下，各吊钩的起重量见表 9-1-104。

按照 GB/T 3811 的规定表中未列入小于 0.1t 和大于 500t 的起重量，如需要可按 R10 优先数系延伸。

表 9-1-103　　　　吊钩的 5 个强度等级

强度等级	结构钢					调质钢		
	上屈服强度 R_{eH} 或延伸强度 $R_{p0.2}$/MPa	冲击吸收功 A_{kv}(ISO-V)/J				上屈服强度 R_{eH} 或延伸强度 $R_{p0.2}$/MPa	冲击吸收功 A_{kv}(ISO-V)/J	
		+20℃		-20℃			+20℃	-20℃
		纵向	横向	纵向	横向		纵向	纵向
M	235	(55)	(31)	39	21	—	—	—
P	315					—	—	—
(S)	390					390	(35)	27
T	—	—				490	(35)	27
(V)	—	—				620	(30)	27

注：1. 尽量避免采用括号内的强度等级。
2. 括号中所给的冲击吸收功值仅供参考，冲击功试验应在-20℃下进行。

表 9-1-104　　　　吊钩的起重量

强度等级	机构工作级别(按 GB/T 3811)									
M	—	—	—	—	M3	M4	M5	M6	M7	M8
P	—	—	—	M3	M4	M5	M6	M7	M8	—
(S)	—	—	M3	M4	M5	M6	M7	M8	—	—
T	—	M3	M4	M5	M6	M7	—	—	—	—
(V)	M3	M4	M5	M6	M7	—	—	—	—	—
钩号	起重量/t									
006	0.32	0.25	0.2	0.16	0.125	0.1	—	—	—	—
010	0.5	0.4	0.32	0.25	0.2	0.16	0.125	0.1	—	—
012	0.63	0.5	0.4	0.32	0.25	0.2	0.16	0.125	0.1	—
020	1	0.8	0.63	0.5	0.4	0.32	0.25	0.2	0.16	0.125
025	1.25	1	0.8	0.63	0.5	0.4	0.32	0.25	0.2	0.16
04	2	1.6	1.25	1	0.8	0.63	0.5	0.4	0.32	0.25
05	2.5	2	1.6	1.25	1	0.8	0.63	0.5	0.4	0.32
08	4	3.2	2.5	2	1.6	1.25	1	0.8	0.63	0.5
1	5	4	3.2	2.5	2	1.6	1.25	1	0.8	0.63
1.6	8	6.3	5	4	3.2	2.5	2	1.6	1.25	1
2.5	12.5	10	8	6.3	5	4	3.2	2.5	2	1.6
4	20	16	12.5	10	8	6.3	5	4	3.2	2.5
5	25	20	16	12.5	10	8	6.3	5	4	3.2
6	32	25	20	16	12.5	10	8	6.3	5	4
8	40	32	25	20	16	12.5	10	8	6.3	5
10	50	40	32	25	20	16	12.5	10	8	6.3
12	63	50	40	32	25	20	16	12.5	10	8
16	80	63	50	40	32	25	20	16	12.5	10
20	100	80	63	50	40	32	25	20	16	12.5
25	125	100	80	63	50	40	32	25	20	16
32	160	125	100	80	63	50	40	32	25	20
40	200	160	125	100	80	63	50	40	32	25
50	250	200	160	125	100	80	63	50	40	32
63	320	250	200	160	125	100	80	63	50	40
80	400	320	250	200	160	125	100	80	63	50
100	500	400	320	250	200	160	125	100	80	63
125	—	500	400	320	250	200	160	125	100	80
160	—	—	500	400	320	250	200	160	125	100
200	—	—	—	500	400	320	250	200	160	125
250	—	—	—	—	500	400	320	250	200	160

注：1. 机构工作级别低于 M3 的按 M3 考虑。
2. T、V 级强度等级的吊钩不推荐用于冶金起重机。

6.1.3 应力计算

按表 9-1-105 计算的应力值如图 9-1-10~图 9-1-12 所示。

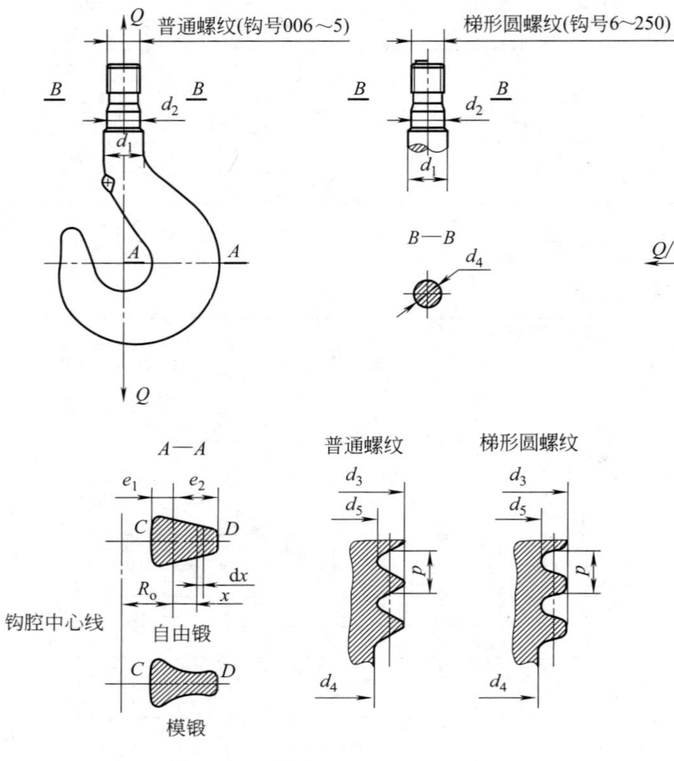

直柄单钩

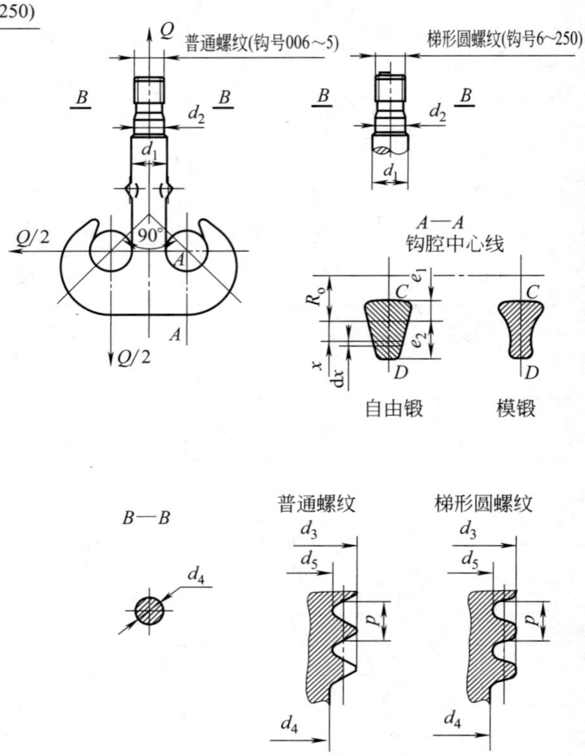

直柄双钩

表 9-1-105

截面位置及应力种类		计算公式	符号意义
主弯曲截面 A—A 的边界应力(假定:单钩载荷作用于一根铅垂的钢丝绳上,作用线通过吊钩截面形心连线的曲率中心;双钩载荷作用于两根成 90°角的钢丝绳上)	单钩	$\sigma_C \equiv \dfrac{Q}{FK_B} \cdot \dfrac{e_1}{R_o - e_1}$ $\sigma_D \equiv \left\| -\dfrac{Q}{FK_B} \cdot \dfrac{e_2}{R_o + e_2} \right\|$	σ_C——C 点拉应力,MPa σ_D——D 点压应力,MPa Q——按表 9-1-104 的起重量换算出的起升力,N F——截面面积,mm^2 e_1——截面重心至内缘距离,mm e_2——截面重心至外缘距离,mm K_B——依截面形状定的曲梁系数 $K_B = -\dfrac{1}{F}\int_{-e_2}^{e_1} \dfrac{x}{R_o + x} dF$ x——计算 K_B 值的自变量 dF——微分面积 R_o——截面重心轴线至钩腔中心线距离,mm σ_E——拉应力,MPa τ——切应力,MPa d_4——颈部直径,mm d_5——外螺纹小径,mm P——螺距,mm
	双钩	$\sigma_C \equiv \dfrac{Q}{2FK_B} \cdot \dfrac{e_1}{R_o - e_1}$ $\sigma_D \equiv \left\| -\dfrac{Q}{2FK_B} \cdot \dfrac{e_2}{R_o + e_2} \right\|$	
钩柄部最小截面 B—B 的拉应力(忽略各种缺口的应力集中)	单、双钩	$\sigma_E \equiv \dfrac{4Q}{\pi d_4^2}$	
钩柄部螺纹的切应力(假定第一圈螺纹承受有效载荷的一半,剪切面的高度为螺距的一半)		$\tau \equiv \dfrac{Q}{\pi d_5 P}$	

机构工作级别										强度等级
–	–	–	–	M3	M4	M5	M6	M7	M8	M
–	–	–	M3	M4	M5	M6	M7	M8	–	P
–	–	M3	M4	M5	M6	M7	M8	–	–	(S)
–	M3	M4	M5	M6	M7	–	–	–	–	T
M3	M4	M5	M6	M7	–	–	–	–	–	(V)

σ_D、σ_C/MPa ⟶

630	500	400	315	250	200	160	125	100	80
500	400	315	250	200	160	125	100	80	63
400	315	250	200	160	125	100	80	63	50
315	250	200	160	125	100	80	63	50	40
250	200	160	125	100	80	63	50	40	31.5
200	160	125	100	80	63	50	40	31.5	25
160	125	100	80	63	50	40	31.5	25	20
125	100	80	63	50	40	31.5	25	20	16
100	80	63	50	40	31.5	25	20	16	12.5
80	63	50	40	31.5	25	20	16	12.5	10

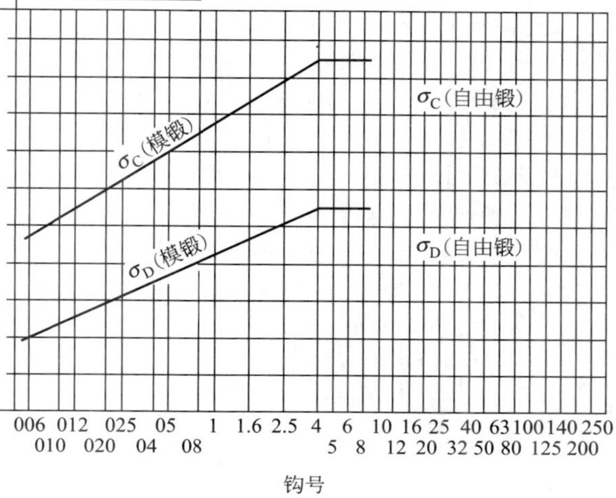

图 9-1-10　单钩应力值 σ_C 和 σ_D（只用于 GB/T 10051.5 规定的尺寸）

机构工作级别										强度等级
–	–	–	–	M3	M4	M5	M6	M7	M8	M
–	–	–	M3	M4	M5	M6	M7	M8	–	P
–	–	M3	M4	M5	M6	M7	M8	–	–	(S)
–	M3	M4	M5	M6	M7	–	–	–	–	T
M3	M4	M5	M6	M7	–	–	–	–	–	(V)

σ_D、σ_C/MPa ⟶

630	500	400	315	250	200	160	125	100	80
500	400	315	250	200	160	125	100	80	63
400	315	250	200	160	125	100	80	63	50
315	250	200	160	125	100	80	63	50	40
250	200	160	125	100	80	63	50	40	31.5
200	160	125	100	80	63	50	40	31.5	25
160	125	100	80	63	50	40	31.5	25	20
125	100	80	63	50	40	31.5	25	20	16
100	80	63	50	40	31.5	25	20	16	12.5
80	63	50	40	31.5	25	20	16	12.5	10

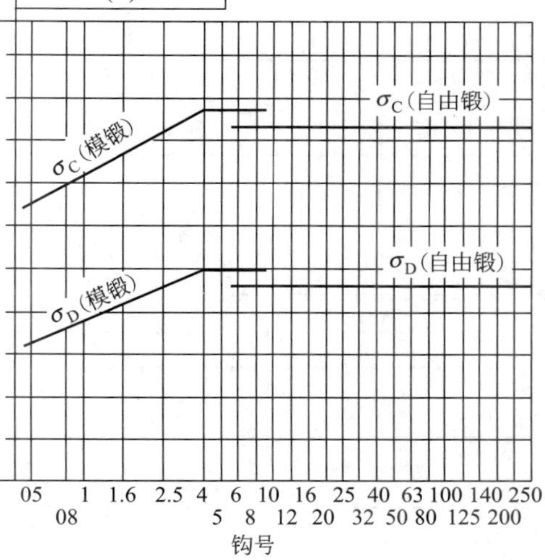

图 9-1-11　双钩应力值 σ_C 和 σ_D（只用于 GB/T 10051.7 规定的尺寸）

第 9 篇

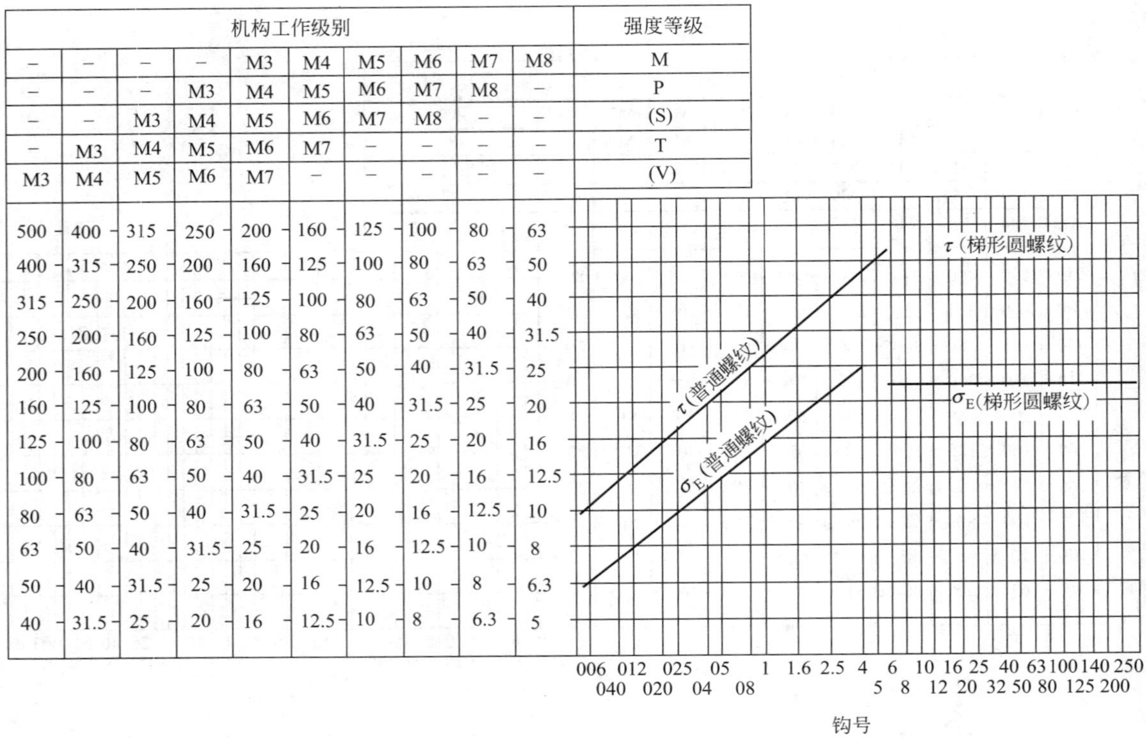

图 9-1-12　单、双钩柄部应力值 σ_E 和 τ（只用于 GB/T 10051.5 和 GB/T 10051.7 规定的尺寸）

6.1.4　材料

吊钩材料的牌号见表 9-1-106，其化学成分和力学性能见表 9-1-107～表 9-1-110。

表 9-1-106　　**材料牌号**

钩号	柄部直径 d_1/mm	强度等级				
		M	P	(S)	T	(V)
0.06～1.6	14～36	Q345qD	Q345qD	Q420qD或35CrMo	35CrMo	35CrMo
2.5～40	42～150					34Cr2Ni2Mo
50～250	170～375		Q420qD	35CrMo	34Cr2Ni2Mo	30Cr2Ni2Mo

注：当采用 JB/T 6396 中规定的材料时，材料中 Alt 的含量≥0.020，或用其他形式证明钢材中的氮被固化。

表 9-1-107　　**桥梁用结构钢化学成分**（摘自 GB/T 714—2008）　　%

材料牌号	C	Si	Mn	P	S	Nb	V	Ti
				不大于				
D345qD	≤0.18	≤0.55	0.90～1.70	0.025	0.020	0.06	0.08	0.03
D420qD			1.00～1.70					

材料牌号	Cr	Ni	Cu	Mo	B	N	Als
	不大于						不小于
D345qD	0.80	0.50	0.55	0.20	—	0.012	0.015
D420qD		0.70		0.35	≤0.004		

表 9-1-108　　**合金结构钢锻件化学成分**（摘自 JB/T 6396—2006）　　%

材料牌号	C	Si	Mn	P	S	Cr	Ni	Mo
35CrMo	0.32～0.40	0.17～0.37	0.40～0.70	≤0.035	≤0.035	0.80～1.10	—	0.15～0.25
30Cr2Ni2Mo	0.26～0.34		0.30～0.60			1.80～1.20	1.80～2.20	0.30～0.50
34Cr2Ni2Mo	0.30～0.38		0.40～0.70			1.40～1.70	1.40～1.70	0.15～0.30

表 9-1-109　　桥梁用结构钢力学性能（摘自 GB/T 714—2008）

材料牌号	拉伸试验				V形冲击试验	
	下屈服强度 R_{C1}/MPa		抗拉强度 R_m/ MPa	断后伸长率 A/%	试验温度/℃	冲击吸收功 A_{KV2}/J
	厚度/mm					
	≤50	>50~100				
	不小于					不小于
D345qD	345	335	490	20	−20	47
D420qD	420	410	540	19		

注：1. 当屈服不明显时，可测量 $R_{p0.2}$ 代替屈服强度。

2. 钢板及钢带的拉伸试验取横向试样，型钢的拉伸试验取纵向试样。

3. 冲击试验取纵向试样。

4. 厚度不大于 16mm 的钢材，断后伸长率提高 1%（绝对值）。

表 9-1-110　　大型合金结构钢锻件力学性能（摘自 JB/T 6396—2006）

材料牌号	热处理状态	截面尺寸/mm	R_m/ MPa ≥	$R_{p0.2}$(R_{C1})/MPa≥	A_5/% ≥	Z/% ≥	A_{KU}(A_{KV})/J ≥	A_{KDVM}/J ≥	HB
35CrMo	调质	≤100	735	(540)	15	45	47	—	217~269
		101~300	685	(490)	15	45	39		207~255
		301~500	635	(440)	15	35	31		196~255
		501~800	590	(390)	12	30	23		176~241
30Cr2Ni2Mo	调质	≤100	1100~1300	900	10	45	(35)	40	325~369
		101~160	1000~1200	800	11	50	(45)	50	302~341
		161~250	900~1100	700	12	50	(45)	50	269~321
		251~500	830~980	635	12	—	—	45	250~302
		501~1000	780~930	590	12	—	—	45	229~286
34Cr2Ni2Mo	调质	≤100	1000~1200	800	11	50	(45)	50	302~341
		101~160	900~1100	700	12	55	(45)	50	269~321
		161~250	800~950	600	13	55	(45)	50	241~302
		251~500	740~890	540	14	—	—	41	225~269
		501~1000	690~840	490	15	—	—	41	207~255

注：1. 冲击功有两种以上试验方法时，任选一种检验。

2. 当要求锻件做力学性能测定时，其硬度只作为参考，不作为验收依据。

3. 当锻件做三个冲击时，允许其中一个试样单值低于规定值，但不得低于规定值的 70%，三个试样单值的算术平均值不得低于规定值。

6.1.5 直柄单钩（摘自 GB/T 10051.5—2010）

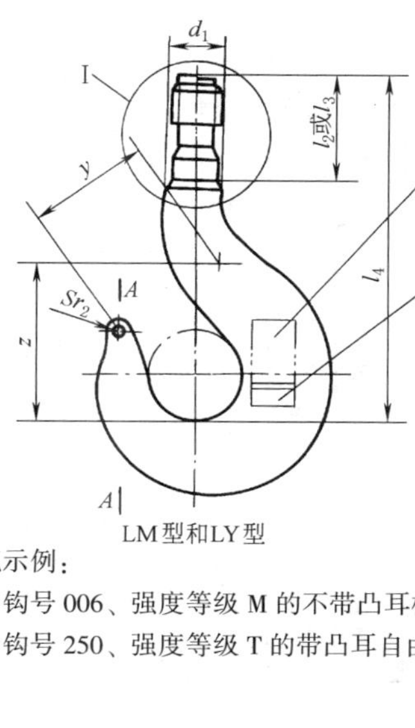

LM型和LY型

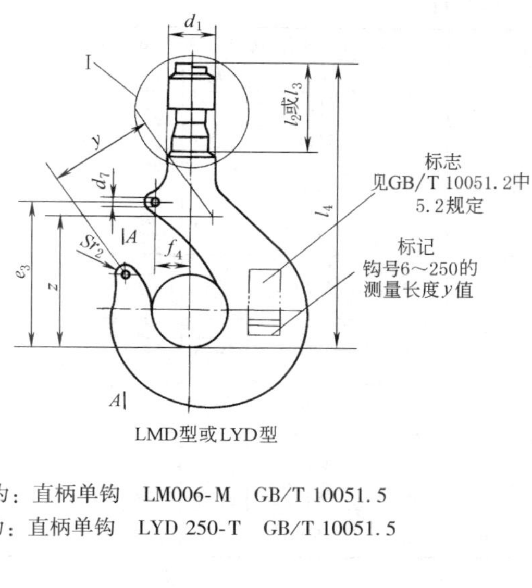

LMD型或LYD型

标记示例：

钩号 006、强度等级 M 的不带凸耳模锻直柄单钩，标记为：直柄单钩　LM006-M　GB/T 10051.5

钩号 250、强度等级 T 的带凸耳自由锻直柄单钩，标记为：直柄单钩　LYD 250-T　GB/T 10051.5

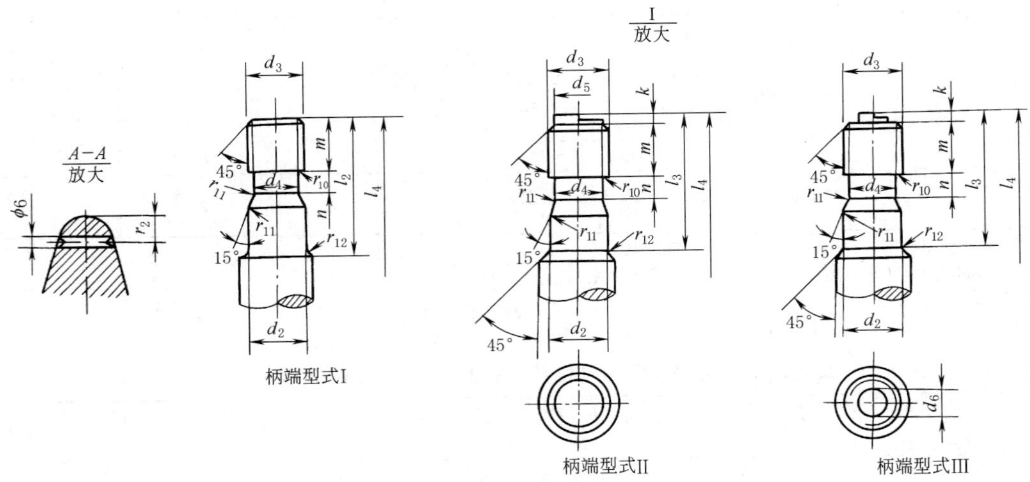

图 9-1-13 直柄单钩

型号说明：

L Y D 250 - T

- T——强度等级 M，P，S，T，V
- 250——钩号 006 ~ 250
- D——带凸耳 D；不带凸耳不表示
- Y——模锻 M；自由锻 Y
- L——螺纹柄

说明：

① A—A 剖面中钩号 6~250 的直柄单钩见表 9-1-113，应压入 $\phi6$ 不锈钢圆柱销。②轻小型起重设备用的 006~5 号直柄单钩，柄端为型式Ⅰ；起重机械和轻小型起重设备用的 6~32 号为型式Ⅱ；起重机械用的 40~250 号为型式Ⅲ。③表面粗糙度见表 9-1-111。④普通螺纹公差带为 GB/T 197 中的 6g；梯形圆螺纹见表 9-1-111，螺母旋合后螺纹应均匀接触，无载荷时，其接触面应不小于 50%。⑤单钩钩柄中心线应与钩腔中心线重合，其偏移量不大于表 9-1-112 的规定。

表 9-1-111

部　位	表面粗糙度 $Ra/\mu m$
d_4，r_{10}，r_{11}	3.2
梯形圆螺纹	6.3
其余加工面	12.5

表 9-1-112 mm

钩　号	≤10	12~20	25~80	>100
偏移量	2	3	4	6

表 9-1-113　直柄单钩尺寸 mm

钩号	d_1	d_2	普通螺纹或梯形圆螺纹			d_6	d_7	e_3	f_4	l_2 或 l_3	l_4	m	n	k	r_{10}	r_{11}	r_{12}	y	z
			d_3	d_4	d_5														
006	14	10	M10	7.5	—	—	3.2	52	11.5	30.5	97.5	9	4.5	—	1	2.5	2	—	—
010	16	12	M12	9	—	—	3.2	60	13	32.5	106	11	5	—	1.2	3	2	—	—
012								63	14	32.5	112	11	5	—	1.2	3	2	—	—
020	20	16	M16	12.5	—	—	4.2	70	16	41.5	135.5	15	6	—	1.2	3	2	—	—
025								74	17	41.5	141.5	15	6	—	1.2	3	2	—	—
04	24	20	M20	16	—	—	5.2	83	19	46	152.5	18	7.5	—	1.6	4	2	—	—
05								89	20	46	164	18	7.5	—	1.6	4	2	—	—
08	30	24	M24	19.5	—	—	6.2	100	22	55	183	22	9	—	2	5	3	—	—
1								105	23	55	194	22	9	—	2	8	3		
1.6	36	30	M30	24.5	—	—	6.2	118	26	68	221	27	10	—	2	10	3	—	—
2.5	42	36	M36	30	—	—	10.2	132	30	83	250	32	10	—	2	10	3	—	—
4	48	42	M42	35.5	—	—	10.2	148	33	93	281.5	36	15	—	3	10	3	—	—
5	53	45	M45	38.5	—	—	10.2	165	37	103	314.5	40	15	—	3	10	3	—	—
6	60	50	TY50×6	42	43.4	—	10.2	185	41	112	375	45	20	10	4	14	3	130	160

续表

钩号	d_1	d_2	普通螺纹或梯形圆螺纹			d_6	d_7	e_3	f_4	l_2 或 l_3	l_4	m	n	k	r_{10}	r_{11}	r_{12}	y	z
			d_3	d_4	d_5														
8	67	56	TY56×6	48	49.4	—	12.2	210	46	122	413	50	20	10	4	16	3	145	180
10	75	64	TY64×8	54	55.2	—	12.2	221	34	135	446	56	25	10	4	18	3	160	200
12	85	72	TY72×8	62	63.2	—	16.2	252	37	157	504.5	63	25	12	4	20	3	180	220
16	95	80	TY80×10	68	69	—	16.2	280	42	170	576	71	30	12	6	22	3	200	250
20	106	90	TY90×10	78	79	—	20.2	330	48	187	645	80	30	12	6	25	3	225	280
25	118	100	TY100×12	85	86.8	—	20.2	360	54	207	716	90	40	12	6	28	3	255	315
32	132	110	TY110×12	95	96.8	—	20.2	400	60	232	788	100	40	12	6	32	3	290	350
40	150	125	TY125×14	108	109.6	80	25.3	447	68	257	885	112	45	12	8	36	3	320	395
50	170	140	TY140×16	120	122.4	90	25.3	485	75	280	969	125	50	12	10	40	5	355	445
63	190	160	TY160×18	138	140.2	100	25.3	550	83	322	1100	140	55	12	10	45	5	400	495
80	212	180	TY180×20	156	158	120	25.3	598	88	357	1245	160	60	12	12	50	5	450	565
100	236	200	TY200×22	173	175.8	140	30.3	688	100	402	1388	180	70	12	12	56	5	505	635
125	265	225	TY225×24	196	198.6	160	30.3	750	108	465	1565	200	80	15	12	63	5	570	710
160	300	250	TY250×28	217	219.2	180	30.3	825	117	510	1761	225	90	15	15	70	5	640	800
200	335	280	TY280×32	242	244.8	200	30.3	900	124	613	2012	250	100	15	18	80	5	720	900
250	375	320	TY320×36	278	280.4	240	30.3	980	134	690	2272	280	110	15	20	90	5	810	1015

注：M 为普通螺纹 GB/T 193，TY 为梯形圆螺纹代号，梯形圆螺纹见表 9-1-114。

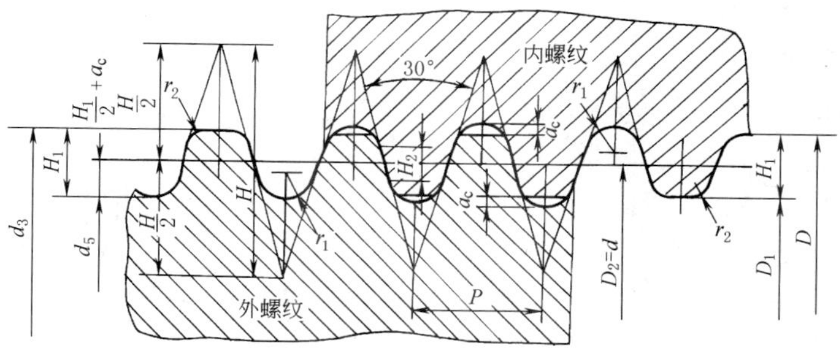

标记示例：

公称直径 80mm，螺距 10mm 的梯形圆螺纹，标记为：TY80×10

$P\approx\frac{d_3}{9}$——螺距；d_5——外螺纹小径；d（D_2）——螺纹中径；H——原始三角形高度；H_1——基本牙型高度；H_2——接触高度；D——内螺纹大径；D_1——内螺纹小径；a_c——允许最大径向间隙；d_3——外螺纹大径；W——螺纹心部截面积。

$H=1.866P$；　　$a_c=0.05P$；

$H_1=0.55P$；　　$r_1=0.22104P$；

$H_2=0.27234P$；　　$r_2=0.15359P$

表 9-1-114　　直柄吊钩用梯形圆螺纹尺寸及轴向间隙

mm

钩柄				钩柄与螺母					螺母		轴向间隙
d_3 (c11)	P	d_5 (c11)	W /mm^2	$d(D_2)$	H_1	H_2	r_1	r_2	D (C11)	D_1 (C11)	
50 56	6	43.4 49.4	1479 1917	47 53	3.3	1.634	1.326	0.922	50.6 56.6	44 50	≤0.1
64 72	8	55.2 63.2	2393 3137	60 68	4.4	2.179	1.768	1.229	64.8 72.8	56 64	
80 90	10	69 79	3739 4902	75 85	5.5	2.723	2.210	1.536	81 91	70 80	≤0.2

续表

钩柄				钩柄与螺母					螺母		轴向间隙
d_3 (c11)	P	d_5 (c11)	W /mm^2	$d(D_2)$	H_1	H_2	r_1	r_2	D (C11)	D_1 (C11)	
100 110	12	86.8 96.8	5917 7359	94 104	6.6	3.268	2.652	1.843	101.2 111.2	88 98	≤0.2
125	14	109.6	9434	118	7.7	3.813	3.095	2.150	126.4	111	≤0.3
140	16	122.4	11767	132	8.8	4.357	3.537	2.457	141.6	124	
160	18	140.2	15438	151	9.9	4.902	3.979	2.765	161.8	142	
180	20	158	19607	170	11	5.447	4.421	3.072	182	160	
200	22	175.8	24273	189	12.1	5.991	4.863	3.379	202.2	178	
225	24	198.6	30977	213	13.2	6.536	5.305	3.686	227.4	201	
250	28	219.2	37737	236	15.4	7.626	6.189	4.301	252.8	222	
280	32	244.8	47067	264	17.6	8.715	7.073	4.915	283.2	248	
320	36	280.4	61751	302	19.8	9.804	7.957	5.529	323.6	284	

6.1.6 直柄双钩（摘自 GB/T 10051.7—2010）

直柄双钩

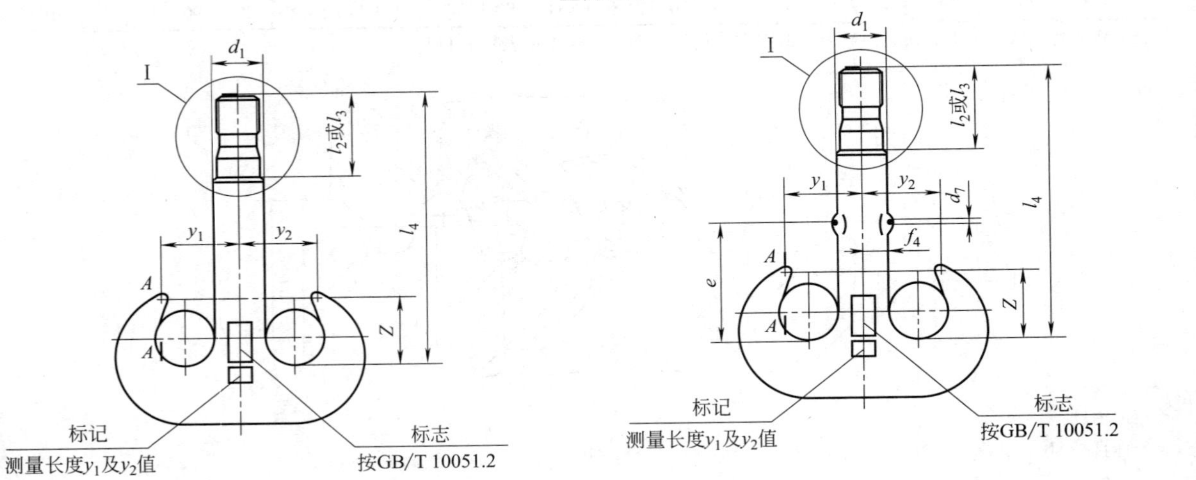

LM型和LY型　　　　LMD型和LYD型

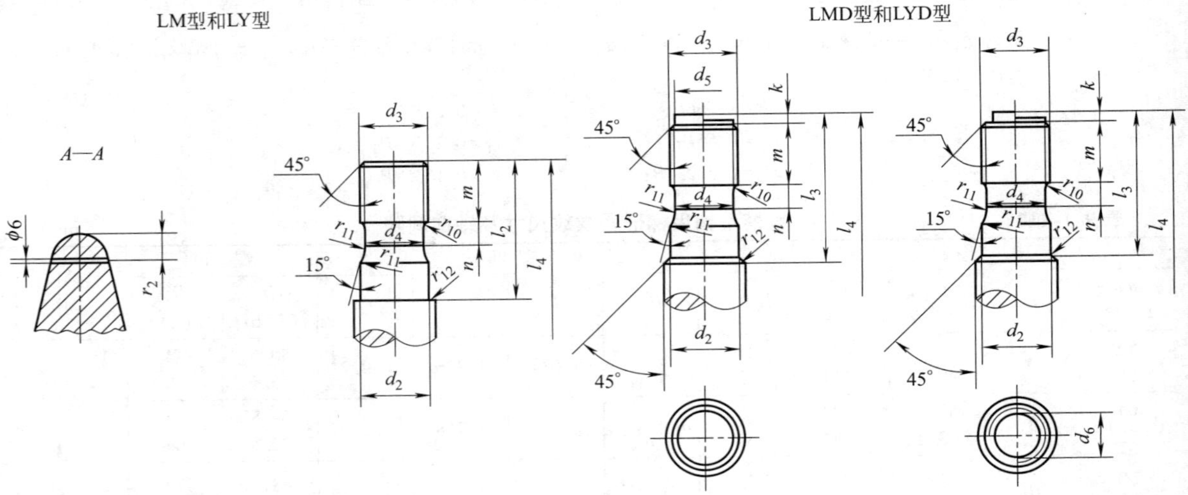

型式Ⅰ　钩号05～5　　　型式Ⅱ　钩号6～32　　　型式Ⅲ　钩号40～250

标记示例

钩号为 10、强度等级为 M 的不带凸耳模锻直柄双钩：双钩　LM10-M　GB/T 10051.7

钩号为 12、强度等级为 P 的带凸耳自由锻直柄双钩：双钩　LYD12-P　GB/T 10051.7

型号说明：

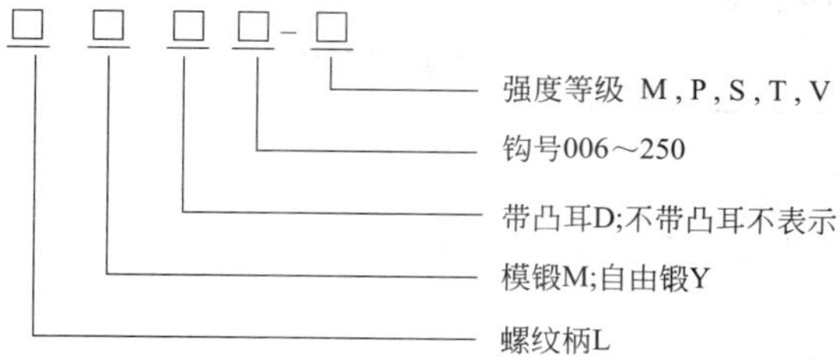

说明：①A—A 剖面中钩号 6~250 的直柄双钩，应压入 $\phi6$ 不锈钢圆柱销。②轻小型起重设备用的 05~5 号双钩，柄端为型式Ⅰ；起重机械和轻小型起重设备用的 6~32 号为型式Ⅱ；起重机械用的 40~250 号为型式Ⅲ。③表面粗糙度见表 9-1-111。④普通螺纹公差带为 GB/T 197 中的 6g；梯形圆螺纹见表 9-1-114，螺母旋合后螺纹应均匀接触，无载荷时，其接触面应不小于 50%。

表 9-1-115　　直柄双钩尺寸　　mm

钩号	d_1	d_2	普通螺纹或梯形圆螺纹			d_6	d_7	e	f_4	l_2	l_3	l_4	m	n	k	r_{10}	r_{11}	r_{12}	$y_1=y_2$	Z
			d_3	d_4	d_5															
05	24	20	M20	16	—	—	5.2	80	14	46	—	159.5	18	7.5		1.6	4	2	—	—
08	30	24	M24	19.5	—	—	5.2	83	16	55	—	178	22	9		2	5	3	—	—
1	30	24	M24	19.5	—	—	6.2	96	16	55	—	189	22	9		2	8	3	—	—
1.6	36	30	M30	24.5	—	—	6.2	100	20	68	—	215.5	27	10		2	10	3	—	—
2.5	42	36	M36	30	—	—	6.2	112	22	83	—	243.5	32	10		2	10	3	—	—
4	48	42	M42	35.5	—	—	10.2	124	25	93	—	274	36	15		3	10	3	—	—
5	53	45	M45	38.5	—	—	10.2	143	30	103	—	306	40	15		3	10	3	—	—
6	60	50	TY50×6	42	43.4	—	10.2	160	34	—	112	365.5	45	20	10	4	14	3	93	85
8	67	56	TY56×6	48	49.4	—	10.2	182	38	—	122	403	50	20	10	4	16	3	104.5	95
10	75	64	TY64×8	54	55.2	—	12.2	192	42	—	135	435	56	25	10	4	18	3	117.5	107
12	85	72	TY72×8	62	63.2	—	12.2	210	48	—	157	492	63	25	12	4	20	3	132.5	120
16	95	80	TY80×10	68	69	—	16.2	237	53	—	170	562	71	30	12	6	22	3	148.5	135
20	106	90	TY90×10	78	79	—	16.2	265	59	—	187	628	80	30	12	6	25	3	165.5	150.5
25	118	100	TY100×12	85	86.8	—	20.2	315	66	—	207	696	90	40	12	6	28	3	185	168
32	132	110	TY110×12	95	96.8	—	20.2	335	74	—	232	768	100	40	12	6	32	3	207	189
40	150	125	TY125×14	108	109.6	80	20.2	375	84	—	257	863	112	45	12	8	36	3	233	212
50	170	140	TY140×16	120	122.4	90	25.3	420	95	—	280	944	125	50	12	10	40	5	265	240
63	190	160	TY160×18	138	140.2	100	25.3	460	106	—	322	1072	140	55	12	10	45	5	297	270
80	212	180	TY180×20	156	158	120	25.3	515	119	—	357	1212	160	60	12	12	50	5	331	300
100	236	200	TY200×22	173	175.8	140	25.3	575	132	—	402	1351	180	70	12	12	56	5	370	336
125	265	225	TY225×24	196	198.6	160	30.3	645	148	—	465	1522	200	80	15	12	63	5	414.5	376
160	300	250	TY250×28	217	219.2	180	30.3	725	168	—	510	1714	225	90	15	15	70	5	466	422
200	335	280	TY280×32	242	244.8	200	30.3	800	188	—	613	1962	250	100	15	18	80	5	522.5	475
250	375	320	TY320×36	278	280.4	240	30.3	875	210	—	690	2217	280	110	15	20	90	5	587.5	535

注：M 为普通螺纹 GB/T 196；TY 为梯形圆螺纹代号，梯形圆螺纹见表 9-1-114。

6.2 吊耳

6.2.1 焊接吊耳（摘自 JB/ZQ 4628—2006）

表 9-1-116 圆柱形焊接吊耳尺寸 mm

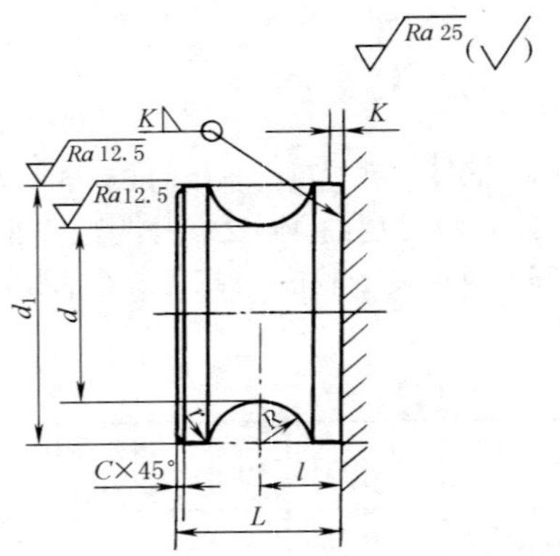

材料:25 钢

标记示例 d=26mm 的圆柱形焊接吊耳标记为:圆柱吊耳 26JB/ZQ 4628—2006

每个吊耳的允许起重量/t	d	d_1	L	l	R	r	C	K	每个吊耳质量/kg
0.7	26	36^{0}_{-2}	20	10	6	1.6	1	5	0.09
1.7	40	55^{0}_{-2}	33	16	10	3	2	6	0.4
3.9	55	80^{0}_{-2}	48	23	16	4	2	9	1.28
7.4	70	100^{0}_{-2}	62	30	20	5	3	12	3.04
11.2	80	120^{0}_{-2}	80	38	25	6	4	15	5.64
17.9	110	160^{0}_{-2}	98	48	32	6	5	17	11.43
19.6	125	180	115	56	36	15	6	17	16.4
26.2	160	225	140	68	40	20	6	17	36.4
32.8	200	275	160	77	40	25	7	17	60.8

注：1. 焊接质量应符合 JB/T 5000.3 的规定。

2. 适用于工作需要倾翻的场合。

表 9-1-117 钩形焊接吊耳尺寸 mm

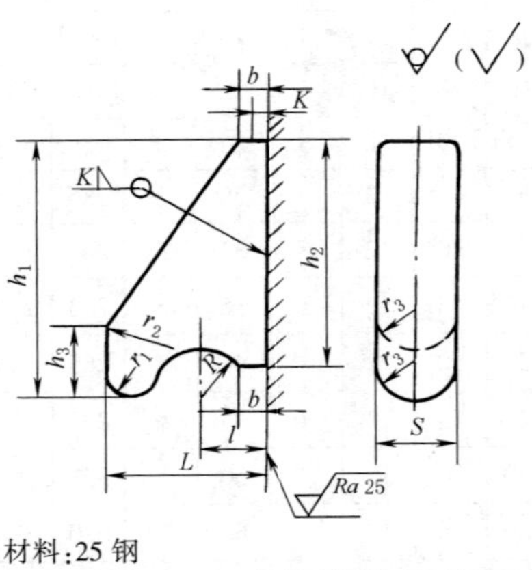

材料:25 钢

标记示例:R=30mm 的钩形焊接吊耳标记为:圆柱吊耳 30 JB/ZQ 4628—2006

每个吊耳的允许起重量/t	b	h_1	h_2	h_3	L	l	S	R	r_1	r_2	r_3	K	每个吊耳质量/kg
1.6	8	80	70	20	50	20	20	15	8	20	10	4	0.35
3.3	10	112	100	25	60	25	26	20	8	25	13	5	0.64
5.4	12	145	130	30	75	32	30	25	9	30	15	7	1.54
7.8	14	178	160	35	90	38	36	30	12	35	18	8	2.7
10.3	16	210	190	40	105	45	40	35	14	40	20	9	3.85

注：1. 焊接质量应符合 JB/T 5000.3 的规定。

2. 适用于起吊重物的场合。

6.2.2 铸造吊耳（摘自 JB/ZQ 4629—2006）

表 9-1-118

mm

A 型铸造钩形吊耳

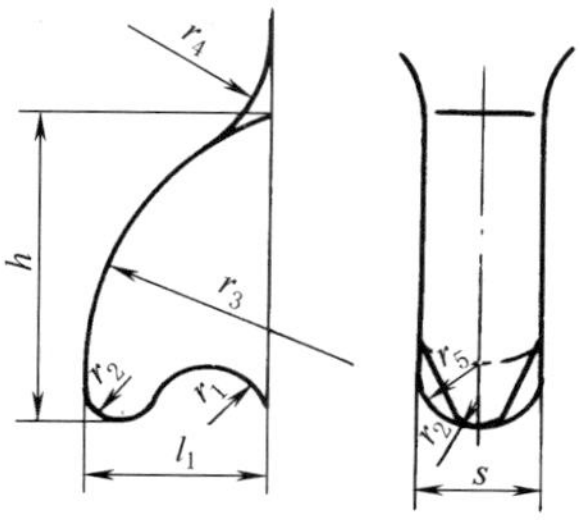

材料：ZG 270—500；HT200

标记示例

A 型 6 号铸造钩形吊耳标记为：

铸造钩形吊耳 A6JB/ZQ 4629—2006

序号	1	2	3	4	5	6	7	8	9	10	11
每个铸铁吊耳允许起重量/t	0.3	0.8	1.8	3.1	5.0	7.0	10.0	20.0	30.0	40.0	50.0
每个铸钢吊耳允许起重量/t	0.6	1.1	2.3	3.9	6.3	8.8	12.5	25.0	37.5	50.0	63.5
h	35	66	100	128	160	190	210	240	270	300	330
l	20	36	52	68	84	100	120	135	155	170	185
s	16	28	40	54	66	80	92	104	116	128	140
r_1	6	10	16	20	54	30	35	40	45	50	55
r_2	4	6	12	16	20	20	25	30	32	36	40
r_3	30	56	82	108	134	160	185	210	235	260	285
r_4	16	25	32	40	50	60	70	80	85	95	100
r_5	8	14	20	27	33	40	46	52	58	64	70
每个铸铁吊耳允许起重量/t	0.6	1.5	3.1	6.3	9.1	15.5	19.2	34.2	56.1	—	—
每个铸钢吊耳允许起重量/t	0.7	1.9	3.9	7.9	11.4	19.4	24.0	42.7	70.1	—	—
d	22	36	50	70	85	110	125	160	200	—	—
d_1	35	60	85	120	145	185	215	260	320	—	—
l_2	20	32	49	64	79	100	120	143	168	—	—
l_3	8	12	18	24	30	38	45	53	63	—	—
r_6	6	10	15	20	25	80	35	40	45	—	—
r_7	3	4	5	6	8	10	12	16	20	—	—
r_8	3	5	8	10	12	16	20	25	30	—	—

B 型铸造钩形吊耳

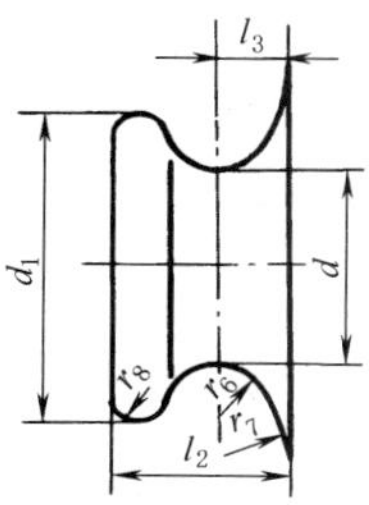

材料：ZG 270—500；HT200

标记示例

B 型 6 号铸造钩形吊耳标记为：

圆柱形吊耳 B6JB/ZQ 4629—2006

注：1. 每个吊耳的允许起重量按 8 倍安全系数计算。

2. 钩形吊耳适用于起吊重物场合；圆柱形吊耳适用于工件需要倾翻的场合

6.2.3 插入式圆柱形吊耳（摘自 JB/ZQ 4630—2006）

表 9-1-119

mm

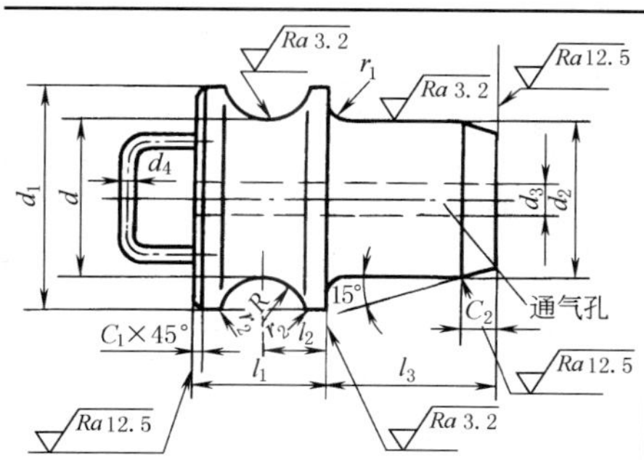

材料：35（手柄材料为 20）

标记示例

d=50mm 的插入式圆柱形吊耳标记为：

插入式圆柱形吊耳 50JB/ZQ 4630—2006

每个吊耳允许起重量/t	d	d_1	$d_2(^{-0.4}_{-0.5})$	d_3	d_4	l_1	l_2	R	r_1	r_2	C_1	C_2	每个吊耳质量/kg
1.0	25	35	25	5.5	—	20	10	6	1.6	2	1	5	0.20
1.4	32	50	32			30	15	10	1.6	2	1		0.40
2.3	40	60	40			36	18	12	1.6	2	1		1.10
3.5	50	80	50	11	—	46	23	18	2.5	2	1.5	10	1.50
6.2	65	100	65			56	28	20	2.5	3	2		3.35
9.0	80	124	80			72	36	25	4	3	3		8.30
15	100	150	100	22	10	84	42	30	6	5	3	15	17.30
24	125	185	125			104	52	35	6	6	5		24.80
38	160	230	160		16	186	68	40	6	8	8		54.80
66	200	280	200			154	77	45	10	8	10		101.00

注：1. 仅 $d_1 \geqslant 100$mm 的吊耳带有手柄。吊耳质量是按 $l_3=d_2$ 计算的近似值。

2. 插入长度 l_3 由结构选定。其取值范围为（1~1.5）d_2，插入孔处的壁厚 S 应大于或等于 l_3，C 值见表 9-1-120。

3. 适于机器箱体由于位置限制不允许保留吊耳的场合。

应用示例

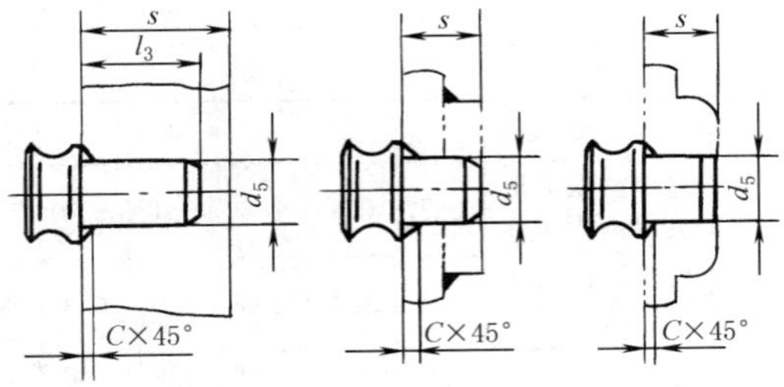

表 9-1-120 **C 值表** mm

d_5(H8)	25	32	40	50	65	80	100	125	160	200
C	2.5	2.5	2.5	4	4	6	10	10	10	16

7 车轮及安全装置

7.1 车轮

7.1.1 车轮的校验计算（摘自 GB/T 3811—2008）

车轮应根据等效工作轮压进行疲劳强度校验计算，应根据最大轮压进行静强度校验计算。

表 9-1-121

名称	计算载荷	车轮的疲劳强度校验	车轮的静强度校验
公式	$P_{\text{mean I、II}}=\dfrac{P_{\text{min I、II}}+2P_{\text{max I、II}}}{3}$	$P_{\text{mean}}\leqslant KDLC$	$P_{\max}\leqslant 1.9KDL$
符号意义	$P_{\text{mean I}}$——无风正常工作起重机的等效工作轮压，N $P_{\text{mean II}}$——有风正常工作起重机的等效工作轮压，N $P_{\text{min I、II}}$——按载荷情况Ⅰ或载荷情况Ⅱ，起重机空载确定的最小轮压，N $P_{\text{max I、II}}$——按载荷情况Ⅰ或载荷情况Ⅱ，起重机满载确定的最大轮压，N P_{mean}——等效工作轮压，取 $P_{\text{mean I}}$ 和 $P_{\text{mean II}}$ 两者之中的大者 $P_{\max}$——最大轮压（包括考虑动载或静载试验的载荷），指在载荷情况Ⅰ、Ⅱ、Ⅲ中最不利状态和位置下最大轮压的较大者，N 载荷情况Ⅰ——无风正常工作情况 载荷情况Ⅱ——有风正常工作情况 载荷情况Ⅲ——特殊载荷作用的情况	K——车轮的许用比压，N/mm^2，钢质车轮按表 9-1-122 选取；对于具有凸起承压面的轨道或车轮，许用比压 K 可增加 10%，因为这能改善轮轨的接触 D——车轮的踏面直径，mm L——车轮与轨道承压面的有效接触宽度，mm C——计算系数： 进行车轮踏面疲劳校验时，$C=C_1C_2$； 进行车轮踏面静强度校验时，$C=C_{\max}$ C_1——转速系数，按表 9-1-123 或表 9-1-124 选取 C_2——工作级别系数，按表 9-1-125 选取 $C_{\max}=C_{1\max}C_{2\max}$，取 $C_{\max}=1.9$	

表 9-1-122 **车轮的许用比压 K** N·mm^{-2}

车轮材料的抗拉强度 σ_b	轨道材料最小抗拉强度	许用比压 K	车轮材料的抗拉强度 σ_b	轨道材料最小抗拉强度	许用比压 K
$\sigma_b>500$	350	5.0	$\sigma_b>800$	510	7.2
$\sigma_b>600$	350	5.6	$\sigma_b>900$	600	7.8
$\sigma_b>700$	510	6.5	$\sigma_b>1000$	700	8.5

注：σ_b 为车轮或滚轮材料未热处理时的抗拉强度（σ_b 值是泛指所有采用的车轮材料，包括铸造、锻造或轧制钢和球墨铸铁等，若材料采用合金结构钢时，很难取到热处理前的 σ_b 值，故建议按合金结构钢标准规定的 σ_b 取值。对翼缘板上运行车轮计算时，考虑两者的匹配关系，许用比压 K 值不宜取得太小，建议取 $K=(3.8\sim5)$ N/mm^2，甚至更小些）。

表 9-1-123　　车轮转速系数 C_1

车轮转速 n/ r·min^{-1}	C_1	车轮转速 n/ r·min^{-1}	C_1	车轮转速 n/ r·min^{-1}	C_1
200	0.66	50	0.94	16	1.09
160	0.72	45	0.96	14	1.10
125	0.77	40	0.97	12.5	1.11
112	0.79	35.5	0.99	11.2	1.12
100	0.82	31.5	1.00	10	1.13
90	0.84	28	1.02	8	1.14
80	0.87	25	1.03	6.3	1.15
71	0.89	22.4	1.04	5.6	1.16
63	0.91	20	1.06	5	1.17
56	0.92	18	1.07		

表 9-1-124　　车轮直径、运行速度与转速系数 C_1

车轮直径 /mm	运行速度/m·min^{-1}														
	10	12.5	16	20	25	31.5	40	50	63	80	100	125	160	200	250
200	1.09	1.06	1.03	1.00	0.97	0.94	0.91	0.87	0.82	0.77	0.72	0.66	—	—	—
250	1.11	1.09	1.06	1.03	1.00	0.97	0.94	0.91	0.87	0.82	0.77	0.72	0.66	—	—
315	1.13	1.11	1.09	1.06	1.03	1.00	0.97	0.94	0.91	0.87	0.82	0.77	0.72	0.66	—
400	1.14	1.13	1.11	1.09	1.06	1.03	1.00	0.97	0.94	0.91	0.87	0.82	0.77	0.72	0.66
500	1.15	1.14	1.13	1.11	1.09	1.06	1.03	1.00	0.97	0.94	0.91	0.87	0.82	0.77	0.72
630	1.17	1.15	1.14	1.13	1.11	1.09	1.06	1.03	1.00	0.97	0.94	0.91	0.87	0.82	0.77
710	—	1.16	1.14	1.13	1.12	1.1	1.07	1.04	1.02	0.99	0.96	0.92	0.89	0.84	0.79
800	—	1.17	1.15	1.14	1.13	1.11	1.09	1.06	1.03	1.00	0.97	0.94	0.91	0.87	0.82
900	—	—	1.16	1.14	1.13	1.12	1.1	1.07	1.04	1.02	0.99	0.96	0.92	0.89	0.84
1000	—	—	1.17	1.15	1.14	1.13	1.11	1.09	1.06	1.03	1.00	0.97	0.94	0.91	0.87

表 9-1-125　　工作级别系数 C_2

车轮所在机构工作级别	C_2	车轮所在机构工作级别	C_2
M1、M2	1.25	M6	0.90
M3、M4	1.12	M7、M8	0.80
M5	1.00		

7.1.2　车轮

表 9-1-126　　车轮轮压　　kN

车轮直径 D/mm	匹配轨道	最大静轮压 $[P_{\mathrm{Imax}}]$	最大工作轮压 $[P_{\max}]$	机构运行速度 v=20m/min					机构运行速度 v=25m/min					机构运行速度 v=31.5m/min				
				允许轮压 P_{cp}														
				M3	M4	M5	M6	~M8	M3	M4	M5	M6	~M8	M3	M4	M5	M6	~M8
250	P24		90	84	75	67	61	54	82	73	65	59	52	79	71	63	57	51
	P43		140	132	118	105	95	84	126	115	102	92	82	123	110	99	89	79
	QU70		170	148	133	118	107	95	143	128	114	103	92	139	125	111	100	89
315	P24		120	108	97	87	78	69	105	94	84	75	67	102	91	82	73	65
	P43		190	170	152	136	122	108	165	147	132	118	105	161	144	129	116	103
	QU70		210	190	171	152	137	122	185	166	148	134	119	179	161	143	129	115
	QU80		240	210	189	168	152	135	204	183	163	147	131	198	177	158	143	127
400	P43		250	222	199	178	160	142	216	193	173	155	138	210	188	168	151	134
	QU70		280	248	222	198	179	159	240	216	192	173	154	234	210	187	169	150
	QU80		300	273	245	218	197	175	265	238	212	191	170	258	231	206	186	165
	QU100		400	359	322	287	259	230	349	313	279	252	224	339	304	271	244	217

续表

车轮直径 D/mm	匹配轨道	最大静轮压 [P_{Imax}]	最大工作轮压 [P_{max}]	机构运行速度 v=20m/min					机构运行速度 v=25m/min					机构运行速度 v=31.5m/min				
				允许轮压 P_{cp}														
				M3	M4	M5	M6	~M8	M3	M4	M5	M6	~M8	M3	M4	M5	M6	~M8
500	P43		320	283	254	227	204	181	278	249	223	200	178	271	243	217	195	173
	QU70		350	315	283	252	227	202	310	278	248	224	199	302	270	241	217	193
	QU80	420	390	348	312	278	251	223	342	306	273	246	219	332	297	265	329	212
	QU100	560	510	457	409	365	329	292	448	401	358	323	287	435	390	348	314	279
	QU120	690	630	564	506	451	406	361	554	497	443	399	355	539	483	431	388	345
630	QU100	710	650	584	524	467	421	374	574	515	459	414	368	564	506	451	406	361
	QU120	890	810	724	649	579	522	464	712	638	569	513	456	699	627	559	504	448
710	QU100	810	740	659	591	527	475	422	653	585	522	470	418	642	575	513	462	411
	QU120	1000	910	815	731	652	587	522	808	724	646	582	517	794	712	635	572	508
800	QU100	920	840	749	671	599	530	480	743	666	594	535	476	729	653	583	525	467
	QU120	1130	1040	925	829	740	666	592	918	823	734	661	588	902	808	721	649	577

车轮直径 D/mm	匹配轨道	机构运行速度 v=40m/min					机构运行速度 v=50m/min					机构运行速度 v=63m/min				
		允许轮压 P_{cp}														
		M3	M4	M5	M6	~M8	M3	M4	M5	M6	~M8	M3	M4	M5	M6	~M8
250	P24	76	68	61	55	49	73	66	59	53	47	70	62	56	50	44
	P43	118	106	95	85	76	115	103	92	82	73	110	98	88	79	70
	QU70	135	121	108	98	87	130	117	104	94	84	125	112	100	90	80
315	P24	98	88	79	71	63	96	86	77	69	61	92	82	74	66	59
	P43	156	140	125	112	100	151	135	121	108	96	146	131	117	105	93
	QU70	174	156	139	126	112	169	152	135	122	108	164	147	131	118	105
	QU80	193	173	154	139	124	187	167	149	135	120	180	162	144	130	116
400	P43	205	183	164	147	131	198	178	159	143	127	192	172	154	138	123
	QU70	227	203	181	163	145	220	198	176	159	141	214	192	171	154	137
	QU80	250	224	200	180	160	243	218	194	175	156	235	211	188	170	151
	QU100	329	295	263	237	211	320	287	256	231	205	310	278	248	224	199
500	P43	263	236	211	189	168	256	229	205	184	164	247	221	198	178	158
	QU70	293	263	234	211	188	284	255	227	205	182	277	248	221	199	177
	QU80	323	289	258	233	207	313	280	250	225	200	304	273	243	219	195
	QU100	423	379	338	305	271	410	368	328	296	263	399	358	319	288	256
	QU120	524	470	419	378	336	508	455	406	366	325	493	442	394	355	316
630	QU100	548	491	438	395	351	533	478	426	384	341	517	463	413	372	331
	QU120	679	609	543	489	435	660	592	528	476	423	640	574	512	461	410
710	QU100	624	559	499	450	400	607	544	485	437	388	594	532	475	428	380
	QU120	773	693	618	557	495	750	672	600	540	480	737	660	589	531	472
800	QU100	717	642	573	516	459	697	624	557	502	446	677	606	541	487	433
	QU120	885	793	708	638	567	860	771	688	620	551	837	750	669	603	536

车轮直径 D/mm	匹配轨道	机构运行速度 v=80m/min					机构运行速度 v=100m/min					机构运行速度 v=125m/min				
		允许轮压 P_{cp}														
		M3	M4	M5	M6	~M8	M3	M4	M5	M6	~M8	M3	M4	M5	M6	~M8
250	P24	66	59	53	47	42	62	56	50	45	40	57	51	46	41	36
	P43	103	92	83	74	66	97	87	78	70	62	91	81	73	65	58
	QU70	118	106	94	85	76	110	99	88	80	71	104	93	83	75	67
315	P24	88	79	71	63	56	83	75	67	60	53	78	70	63	56	50
	P43	140	125	112	100	89	131	117	105	94	84	123	110	99	89	79
	QU70	157	140	125	113	100	148	133	118	107	95	139	125	111	100	89
	QU80	173	155	138	125	111	163	146	130	117	104	153	137	122	110	98
400	P43	186	166	149	134	119	177	159	142	127	113	167	150	134	120	107
	QU70	207	185	165	149	132	198	177	158	143	127	187	167	149	135	120
	QU80	228	204	182	164	146	218	195	174	157	140	205	184	164	148	132
	QU100	300	269	240	216	192	287	257	229	207	184	270	242	216	195	173
500	P43	240	215	192	172	153	232	208	186	167	148	222	199	178	160	142
	QU70	268	240	214	193	172	259	232	207	187	166	248	222	198	179	159
	QU80	294	264	235	212	188	285	256	228	206	183	273	245	218	197	175
	QU100	387	347	309	279	248	374	335	299	270	240	358	321	286	258	229
	QU120	478	428	382	344	306	463	415	370	333	296	443	397	354	319	284

续表

车轮直径 D/mm	匹配轨道	机构运行速度 v=80m/min					机构运行速度 v=100m/min					机构运行速度 v=125m/min				
		允许轮压 P_{cp}														
		M3	M4	M5	M6	~M8	M3	M4	M5	M6	~M8	M3	M4	M5	M6	~M8
630	QU100	502	450	401	361	321	487	436	389	351	312	470	422	376	339	301
	QU120	622	557	497	448	398	603	540	482	434	386	583	522	466	420	373
710	QU100	577	517	461	415	369	560	502	448	404	359	537	481	429	387	344
	QU120	714	640	571	514	457	693	621	554	499	444	663	594	530	477	424
800	QU100	657	588	525	473	420	638	572	510	459	408	618	554	494	445	396
	QU120	812	727	649	585	520	788	706	630	567	504	764	685	611	550	489

车轮直径 D/mm	匹配轨道	机构运行速度 v=160m/min				
		允许轮压 P_{cp}				
		M3	M4	M5	M6	~M8
250	P24	52	47	42	37	33
	P43	83	75	67	60	53
	QU70	95	86	76	69	61
315	P24	73	66	59	53	47
	P43	115	103	92	82	73
	QU70	129	116	103	93	83
	QU80	143	128	114	103	92
400	P43	157	141	126	113	100
	QU70	175	157	140	126	112
	QU80	193	173	154	139	124
	QU100	254	228	203	183	163

车轮直径 D/mm	匹配轨道	机构运行速度 v=160m/min				
		允许轮压 P_{cp}				
		M3	M4	M5	M6	~M8
500	P43	210	188	168	151	134
	QU70	234	210	187	169	150
	QU80	257	230	205	185	164
	QU100	337	302	269	243	216
	QU120	417	373	333	300	267
630	QU100	450	404	360	324	288
	QU120	558	500	446	402	357
710	QU100	519	465	415	374	332
	QU120	643	576	514	463	412
800	QU100	598	536	478	431	383
	QU120	739	661	591	532	473

注：1. 车轮材料 60Mn。

2. 轨道材料（摘自 GB/T 3811—2008）。

起重机轨道材料推荐如下：

轻轨推荐用力学性能不低于 GB/T 11264 中的 55Q；

铁路用热轧钢轨推荐用力学性能不低于 GB2 585 中的 U71Mn；

起重机钢轨推荐用力学性能不低于 YB/T 5055 中的 U71Mn；

当采用其他型钢、方钢、扁钢等做轨道时，应注意其材质和硬度的实际情况，必要时可降低轮压，以保证有足够的使用寿命。

7.1.3 车轮组

桥门式起重机车轮组

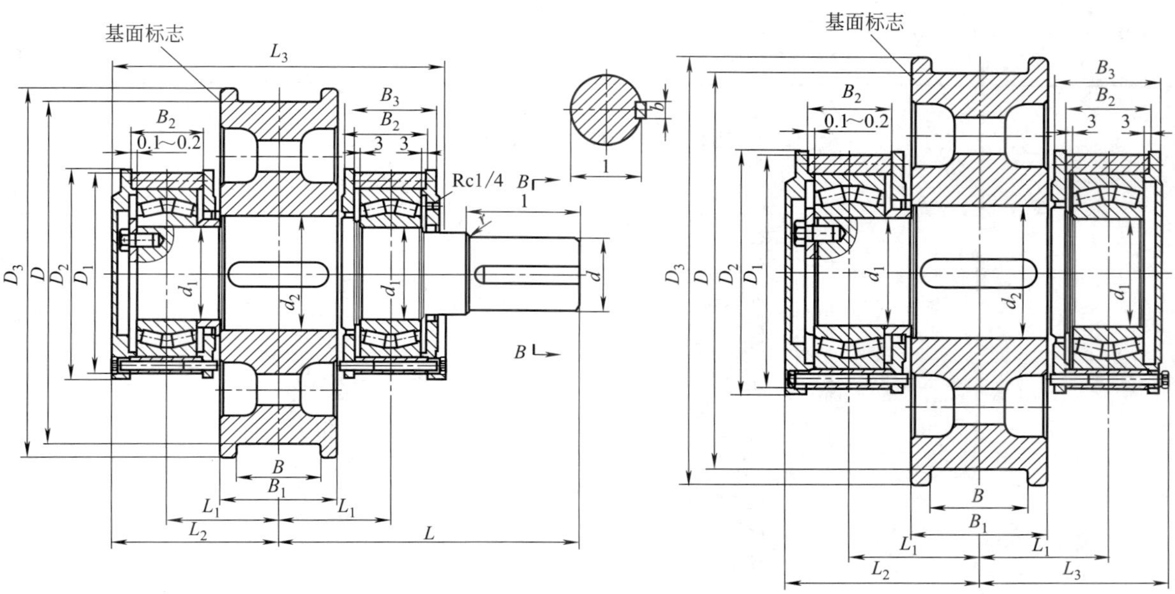

表 9-1-127 车轮组尺寸表 mm

轮径 D (h9)	匹配轨道	D_1 (h7)	D_2	D_3	d (s6)	d_1 (m6)	d_2 (H7)	B	B_1	B_2	B_3	L	L_1	L_2	L_3	l	t	b	质量/kg 主动	质量/kg 从动
250	P24	175	185	280	60	70	90	75	125	50	80	310	130	181	181	105	64	18	82	79
	P43、QU70						90	95	145										87	84
315	P24	210	220	355	65	80	100	75	125	60	90	360	135	191	191		69		133	128
	P43、QU70				70	90	110	95	145					192			74.5	20	144	138
	QU80	230	240		80	100	120	110	160	66	96	400	145	205	204	130	85	22	163	154
400	P43			450			120	95	145				150	210	209				200	191
	QU70	265	275		90	120	145	100	150	78	108			220	215		95	25	235	222
	QU80						145	110	160										245	232
	QU100				100		150	130	180			450	165	235	230	165	106	28	262	246
500	P43			550		130	150	100	150				155	225	219				284	268
	QU70	280	290				160	100	150	84	114			228	222				300	283
	QU80						160	110	160										315	298
	QU100				110		170	130	180			460	180	253	247		116		360	341
	QU120	300	310		110	140	180	150	200	88	118			257	249		116	28	405	387
630	QU100	380	395	680	120	160	190	130	190	106	142	540	195	280	280		127	32	605	573
	QU120				130	170	200	150	210					282		200	137		656	617
710	QU100	410	425	760			200	130	190			560	200	287	285				749	709
	QU120				140	190	230	150	210					292			148	36	813	766
800	QU100	440	460	850			230	130	190	118	160	600	210	308	308				921	868
	QU120				150	200	235	150	210					308			158		993	938

CD、MD 电动葫芦车轮组

主动车轮组

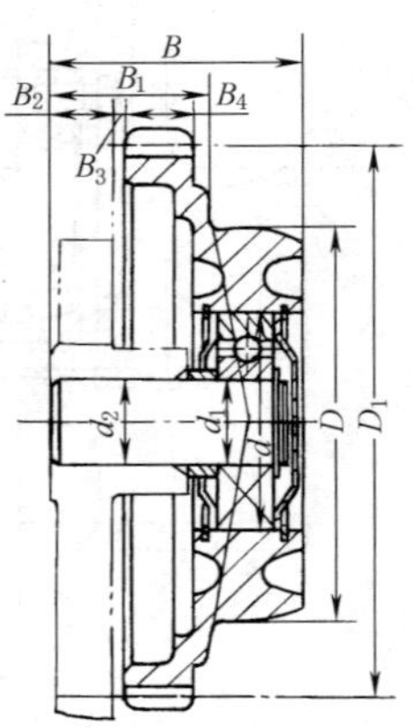

从动车轮组

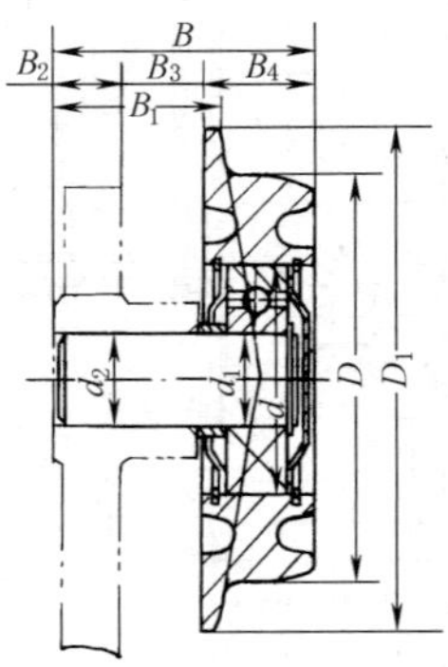

表 9-1-128

mm

电动葫芦吨位系列/t	D	D_1	d (K7)	d_1 (h6)	d_2 $\left(\frac{S7}{h6}\right)$	B	B_1	B_2	B_3	B_4	质量/kg	适用轨道(GB/T 706—1988)
主动车轮组												
0.5~1	110	159	62	25	25	69	43	15	4	20	1.38	16~28b
2~3	130	177	100	35	35	80	50	19	4	22	9.2	20a~32c
5~10	154	196	110	40	40	97	60	23	4	28	13.6	25a~63c
从动车轮组												
0.1~0.25	80	100	35	17	17	50.2	14.6	7	3.6	25	2.35	10~20b
0.5~1	110	130	62	25	25	69	43	15	24	30	5.18	16~28b
2~3	130	155	100	35	35	80	50	19	21	40	8.2	20a~32c
5~10	154	180	110	40	40	97	60	23	32	45	11.4	25a~63c

注：CD、MD 型电动葫芦的走轮轮数与最大轮压见表 9-1-129 供选用车轮组时参考。

表 9-1-129

起重量/t	0.1	0.25	0.5			1						2					
起升高度/m	3	3	6	9	12	6	9	12	18	24	30	6	9	12	18	24	30
走轮轮数	4	4	4	4	6	4	4	6	6	6	6	4	4	6	6	6	6
最大轮压/kN	0.5	1.1	3.18	3.8	3.15	6.5	7.55	3.8	3.5	3	2.9	9.35	7.75	8.2	8.05	8.6	8.85

起重量/t	3						5						10
起升高度/m	6	9	12	18	24	30	6	9	12	18	24	30	19~30
走轮轮数	4	4	6	6	6	6	4	4	6	6	6	6	8
最大轮压/kN	17.35	20.25	16.5	15.15	14	13.4	34.2	38.05	26.7	24.15	22.85	22.1	20

7.1.4 起重机车轮型式与尺寸、踏面形状和尺寸与钢轨的匹配（摘自 JB/T 6392—2008）

起重机车轮型式与尺寸

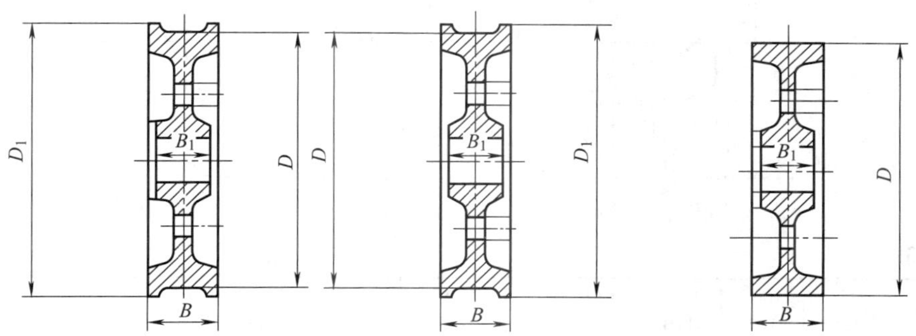

SL—双轮缘车轮　　DL—单轮缘车轮　　WL—无轮缘车轮

型号意义：

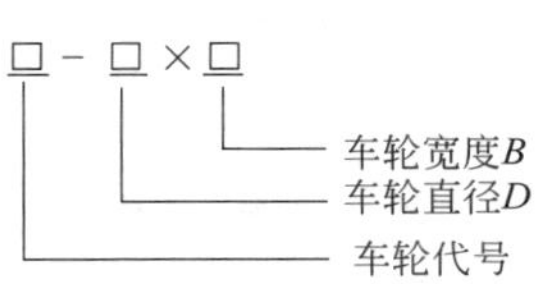

标记示例：

a. 直径 $D=710$mm，轮宽 $B=155$mm 的双轮缘车轮，标记为：车轮　SL-710×155JB/T6392；

b. 直径 $D=315$mm，轮宽 $B=110$mm 的单轮缘车轮，标记为：车轮　DL-315×110JB/T6392；

c. 直径 $D=630$mm，轮宽 $B=145$mm 的无轮缘车轮，标记为：车轮　WL-630×145JB/T6392。

表 9-1-130　　　　　　　　　　　　基本尺寸　　　　　　　　　　　　mm

D	D_1	B	B_1
100	130	80～100	95～100
125	140	80～100	95～100
160	190	90～100	95～100
200	230	95～100	95～100
250	280	95～140	95～140
315	350	95～210	95～210
400	440	105～210	105～210
500	540	105～210	105～210
630	680	120～210	120～210
710	760	140～210	140～210
800	850	140～210	140～210
900	950	145～220	140～220
1000	1060	145～220	140～220
(1250)	1310	145～220	140～220

注：本表中的基本参数（除括号内）宜优先使用。

踏面形状和尺寸与钢轨的匹配

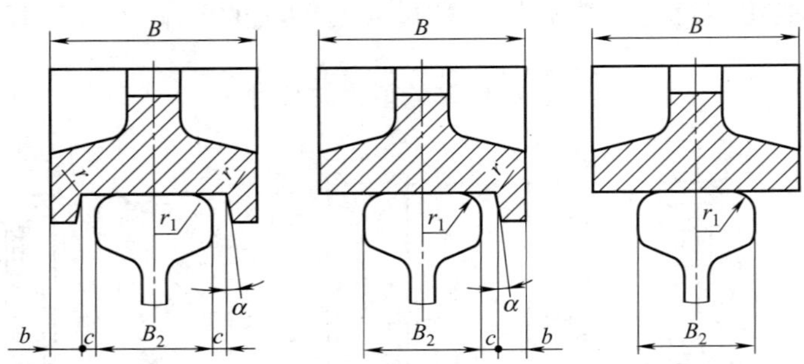

双轮缘车轮踏面　　　单轮缘车轮踏面　　　无轮缘车轮踏面

表 9-1-131　　　　　　　　　　　　　　　　　　　　　　　　mm

$B\geqslant$	90/95	95/100	100/105	110/110	120/120	135/145	135/145	135/145	140/150	140/150	135/145	155/160	185/190	205/210
B_2	32.1	38.1	42.86	50.8	60.33	68	70	70	73	75	70	80	100	120
$c\geqslant$	7.5/9.5	7.5/9.5	7.5/9.5	7.5/9.5	7.5/9.5	7.5/12.5	7.5/12.5	7.5/12.5	7.5/12.5	7.5/12.5	7.5/12.5	7.5/15	12.5/15	12.5/15
$b\geqslant$	20	20	20	20	20	25	25	25	25	25	25	25/30	25/30	25/30
α	6°	6°	6°	6°	6°	6°	6°	6°	6°	6°	10°	10°	10°	10°
$r\leqslant$	5	5	5	5	5	10	10	10	10	10	5	5	5	5

续表

r_1	6.35	6.35	7.94	7.94	7.94	13	13	13	13	15	6	8	8	8
轨道	9kg/m	12kg/m	15kg/m	22kg/m	30kg/m	38kg/m	43kg/m	50kg/m	60kg/m	75kg/m	QU70	QU80	QU100	QU120

注：1. 表中 B 值和 c 值分子用于小车车轮，分母用于大车车轮。

2. 9kg/m、12kg/m、15kg/m、22kg/m、30kg/m 轻轨按照 GB/T 11264 选取。

3. 38kg/m、43kg/m、50kg/m、60kg/m、75kg/m 热轧钢轨按照 GB/T 2585—2007 选取。

4. QU70、QU80、QU100、QU120 起重机钢轨按照 YB/T 5055—2005 选取。

5. 钢轨可以采用方钢，方钢顶部宽度为 B_2，边缘圆角为 r_1 时，对于车轮则 $B=B_2+2(b+c)$，$r=r_1-2$，$r\geqslant 2$。

技术要求：

（1）材料

① 轧制车轮应选用力学性能不低于 GB/T 699 中规定的 60 钢的材料。

② 踏面直径不大于 400mm 的锻造车轮应选用力学性能不低于 GB/T 699 中规定的 55 钢的材料；直径大于 400mm 的锻造车轮应选用力学性能不低于 60 钢的材料。

③ 铸钢车轮应选用力学性能不低于 GB/T 11352 中规定的 ZG340—640 钢的材料。

（2）热处理

① 任何加工方法制造的车轮都应进行消除内应力（如，影响使用性能的热应力）处理。铸钢车轮在机加工之前应进行退火以消除内应力，并要清砂、切割浇冒口，检验质量缺陷。

② 轮辋应进行表面淬火，淬火前进行细化组织处理。热处理后，车轮表面状态宜符合表 9-1-132 的规定。

表 9-1-132

车轮踏面直径/mm	踏面和轮缘内侧面硬度/HBW	淬硬层 260HBW 处深度/mm
100~200	300~380	≥5
>200~400		≥15
>400		≥20

注：根据起重机具体使用工况，允许选用硬度更高或更低的车轮。

（3）精度

① 车轮踏面直径的尺寸偏差不应低于 GB/T 1801—2009 中规定的 h9。轴孔直径的尺寸偏差不应低于 H7。

② 车轮踏面和基准端面（其上加工出深 1.5mm 的 V 形沟槽作标记）相对于孔轴线的径向及端面圆跳动不应低于 GB/T 1184—1996 中规定的 8 级。

（4）成品车轮的表面质量

① 车轮表面不应有目测可见的裂纹。

② 铸造车轮表面的砂眼、气孔、夹渣等缺陷应符合表 9-1-133 的规定。

表 9-1-133 mm

缺陷位置	缺陷当量直径	缺陷深度	缺陷数量	缺陷间距
端面及非切削加工面	≤5	≤δ/5 最大为 10	≤4	≥10
踏面及轮缘内侧面	D≤500：≤1	≤3	≤3	≥50
	D>500：≤1.5			

注：δ 为缺陷处壁厚，D 为车轮踏面直径。

③ 车轮踏面和轮缘内侧面的表面粗糙度按 GB/T 1031—2009 的规定为 Ra6.3，轴孔表面粗糙度为 Ra3.2。

④ 车轮踏面和轮缘内侧面上的缺陷不允许焊补。

⑤ 车轮的切削加工表面应涂防锈油，其他表面均应涂防锈漆。

（5）成品车轮的内部质量

对于铸造车轮，其质量应符合 JB/T 5000.14—2007 中 2 级的规定。对于锻造、轧制车轮，其质量应符合 JB/T 5000.15—2007 中Ⅲ级的规定。

7.1.5 CD、MD电动葫芦用钢轮

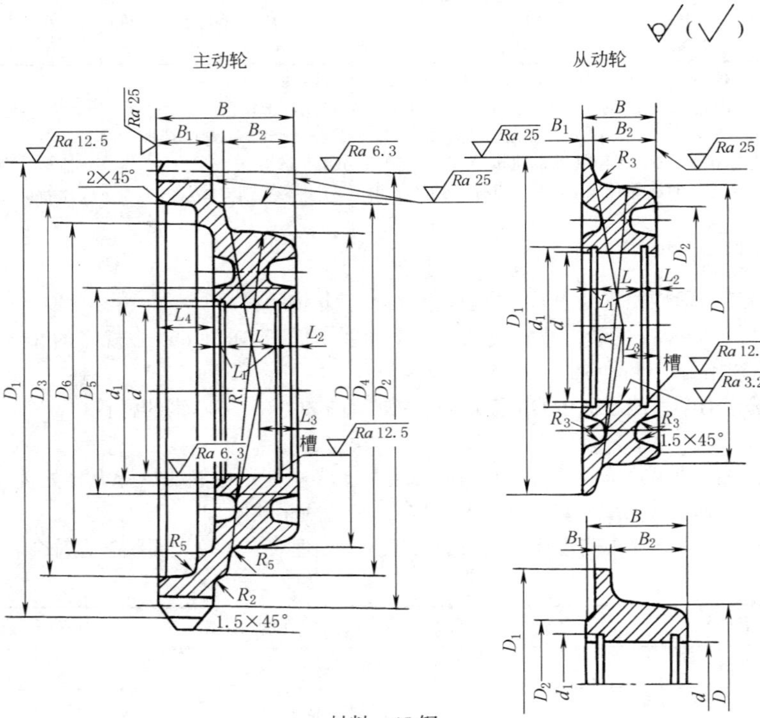

材料：45 钢

调质硬度 235~260HB

表 9-1-134 **齿的参数**

电动葫芦吨位系列	m	z	α	ξ	刀具移位量 x
0.1~1	3	53		—	—
2~3	3	59	20°	-0.4	-1.2
5~10	4	49		-0.4	-1.6

表 9-1-135 mm

主 动 轮

电动葫芦吨位系列	D	D_1 (h10)	D_2	D_3	D_4	D_5	D_6	d (K7)	d_1	B	B_1	B_2	L	L_1	L_2	L_3	L_4	R	质量 /kg
0.5~1	113.5	162.6	159	137	130	75	115	62	65	50	20	26	19+0.28	2.2+0.25	3.8	15	20	125	2.1
2~3	134	180.6	177	155	155	117	140	100	103.5	57	22	30	27+0.28	3.2+0.25	3	18	17	144	2.95
5~10	154	200.8	196	165	180	—	—	110	114	70	28	37	29+0.28	4.2+0.3	3.8	23	25	167	4.5

从 动 轮

电动葫芦吨位系列	D	D_1	D_2	d (K7)	d_1	B	B_1	B_2	L	L_1	L_2	L_3	R	质量 /kg
0.1~0.25	83	100	76	62	37	25	4	20	12+0.43	1.6+0.2	2	12.5	91.5	0.55
0.5~1	113.5	130	—	62	65	30	4	26	19+0.28	2.2+0.25	3.8	15	125	1.0
2~3	134	155	117	100	103.5	40	7	30	27+0.28	3.2+0.25	3	18	144	2.2
5~10	154	180	—	110	114	45	8	37	29+0.28	4.2+0.25	3.8	23	167	3.45

7.2 缓冲器

7.2.1 起重机弹簧缓冲器（摘自 JB/T 8110.1—1999）

（1）结构型式和基本参数

HT1 型壳体焊接式弹簧缓冲器

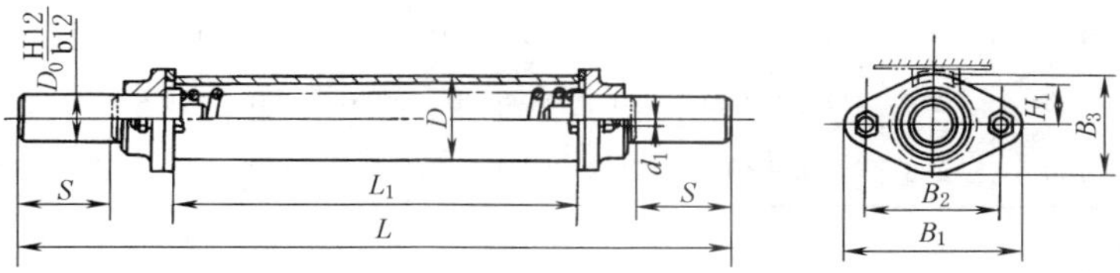

表 9-1-136

型　号	缓冲容量 W /kN·m	缓冲行程 S /mm	缓冲力 P_j /kN	主　要　尺　寸/mm									质量 /kg
				L	L_1	B_1	B_2	B_3	H_1	D_0	D	$d_1 \times l$	
HT1-16	0.16	80	5	435	220	160	120	85	35	40	70	M20×50	≈12.6
HT1-40	0.40	95	8	720	370	170	130	90	38	45	76	M20×50	≈17
HT1-63	0.63	115	11	850	420	190	145	100	45	45	89	M20×60	≈26
HT1-100	1.00	115	18	880	450	220	170	125	57	55	114	M24×60	≈34

HT2 型底座焊接式弹簧缓冲器

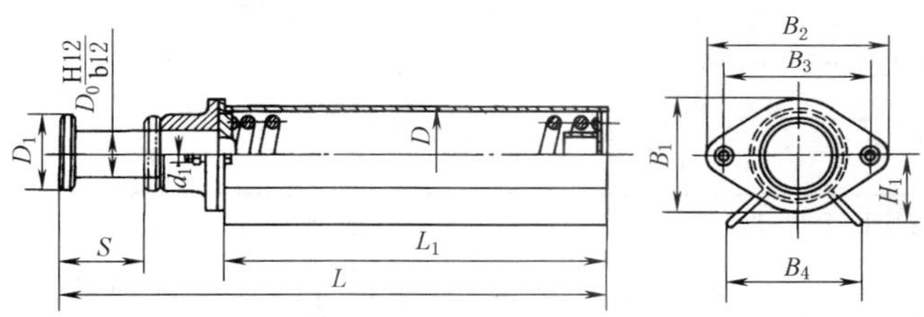

表 9-1-137

型　号	缓冲容量 W /kN·m	缓冲行程 S /mm	缓冲力 P_j /kN	主　要　尺　寸/mm											质量 /kg
				L	L_1	B_1	B_2	B_3	B_4	D_0	D	D_1	H_1	$d_1 \times l$	
HT2-100	1.00	135	15	630	400	165	265	215	200	70	146	100	90	M20×60	≈31.5
HT2-160	1.60	145	20	750	520	160	265	215	200	70	140	100	90	M20×60	≈41.3
HT2-250	2.50	125	37	800	575	165	265	215	200	80	146	110	90	M20×60	≈53.1
HT2-315	3.15	150	45	820	575	215	320	265	230	80	194	110	115	M20×60	≈78.6
HT2-400	4.00	135	57	710	475	265	375	320	280	100	245	130	140	M24×70	≈92.2
HT2-500	5.00	145	66	860	610	245	345	290	255	100	219	130	135	M24×70	≈97.7
HT2-630	6.30	150	88	870	610	270	375	320	280	100	245	130	140	M24×70	≈122.7

HT3 型端部安装式弹簧缓冲器

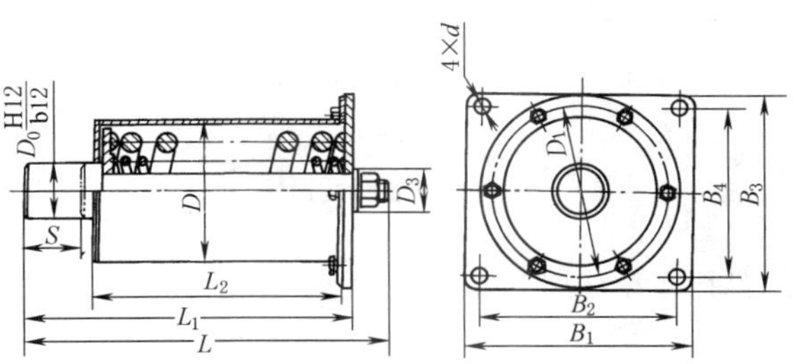

表 9-1-138

型 号	缓冲容量 W /kN·m	缓冲行程 S /mm	缓冲力 P_j /kN	主要尺寸/mm												质量 /kg
				L	L_1	L_2	B_1	B_2	B_3	B_4	D_0	D	D_1	D_3	d	
HT3-630	6.3	150	88	885	810	615	420	350	375	305	90	245	305	105	35	≈145.8
HT3-800	8.0	143	108	900	820	620	520	450	380	310	110	273	345	135	35	≈176.9
HT3-1000	10.0	135	131	830	750	560	520	450	450	390	120	325	395	135	35	≈204.6
HT3-1250①	12.5	135	165	830	750	560	520	450	450	390	120	325	395	135	42	≈231.3
HT3-1600②	16.0	120	273	980	900	730	780	700	480	400	120	325	395	135	42	≈338.0
HT3-2000②	20.0	150	293	1140	1050	820	780	700	480	400	120	325	395	135	42	≈393.8

① 由内外弹簧组成。

② 内外弹簧由两段串联而成。

HT4 型中部安装式弹簧缓冲器

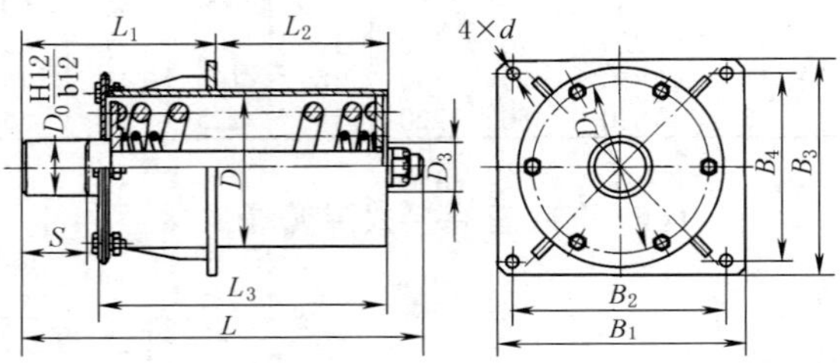

表 9-1-139

型 号	缓冲容量 W /kN·m	缓冲行程 S /mm	缓冲力 P_j /kN	主要尺寸/mm													质量 /kg
				L	L_1	L_2	L_3	B_1	B_2	B_3	B_4	D_0	D	D_1	D_3	d	
HT4-800	8.0	143	108	910	400	430	640	520	450	380	310	110	273	313	135	35	≈180.9
HT4-1000	10.0	135	131	840	400	360	580	520	450	450	390	120	325	365	135	35	≈208.6
HT4-1250①	12.5	135	165	840	400	360	580	520	450	450	390	120	325	365	135	42	≈235.3
HT4-1600②	16.0	120	273	1010	400	530	750	780	700	480	400	120	325	365	135	42	≈342.0
HT4-2000②	20.0	150	293	1140	450	600	840	780	700	480	400	120	325	365	135	42	≈397.8

① 由内外弹簧组成。

② 内外弹簧由两段串联而成。

（2）型号及标记示例

1）型号意义

HT 1 16

- 16——缓冲容量，kN·cm
- 1——结构型式：1，2，3，4
- HT——弹簧缓冲器代号

2）标记示例

缓冲容量 W=0.40kN·m，结构型式为 1 型的弹簧缓冲器，标记为：

缓冲器 HT1-40 JB/T 8110.1—1999

缓冲器弹簧

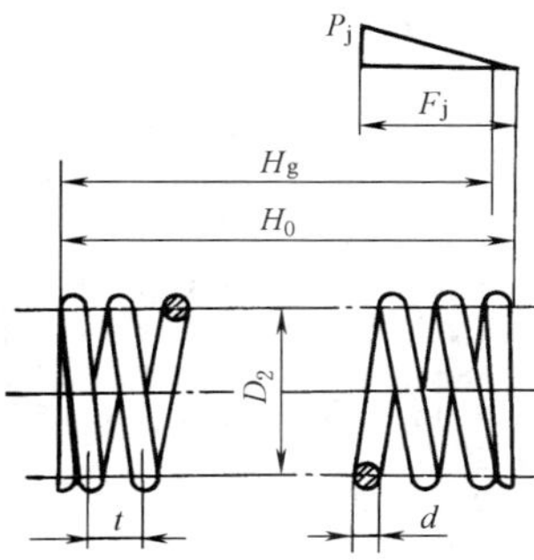

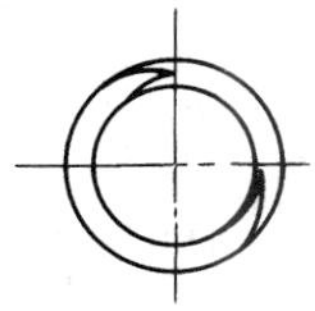

H_g——预紧后的弹簧高度（弹簧工作高度）；

L——弹簧展开长度；

D_{Xmax}——最大允许心轴直径；

D_{Tmin}——最小允许套筒直径。

技术要求：

1. 弹簧的技术要求应符合 GB/T 1239.2 中规定的 3 级精度。
2. 弹簧的材料应采用不低于 GB/T 1222 中规定的60Si2Mn 钢。

表 9-1-140

缓冲器型号	主要尺寸/mm									弹簧刚度 P/N·mm^{-1}	有效圈数 n	旋向	单件质量 /kg	备注
	d	D_2	H_0	H_g	F_j	$t\approx$	D_{Xmax}	D_{Tmin}	L					
HT1-16	10	45	220	215	65	14.5	31	59	2273	75	14.5	右	1.4	
HT1-40	12	50	370	360	105	17	34	66	3553	79	21	右	3.2	
HT1-63	14	60	420	410	126	20.3	41	79	4081	89	20	右	5.4	
HT1-100	18	75	450	440	126	25.4	52	98	4382	146	17	右	8.6	
HT2-100	18	100	380	370	144	33.3	76	124	3770	100	10.5	右	7.5	
HT2-160	20	95	500	490	154	31.9	69	121	4775	129	14.5	右	11.7	
HT2-250	25	100	550	540	135	35	69	131	5027	269	14.5	右	19.7	
HT2-315	30	140	550	540	161	47.2	103	177	5278	281	10.5	右	29.3	
HT2-400	35	180	450	440	145	60	136	224	4524	396	6.5	右	34.2	
HT2-500	35	150	580	570	155	51.5	108	192	5655	423	10.5	右	42.7	
HT2-630 HT3-630	40	170	580	570	160	56.8	121	219	5905	548	9.5	右	58.0	
HT3-800 HT4-800	45	190	580	570	153	62.9	135	245	5999	703	8.5	右	74.5	
HT3-1000 HT4-1000	50	220	520	510	145	72.3	159	281	5556	903	6.5	右	85.2	
HT3-1250	50	220	520	510	145	72.3	159	281	5556	903	6.5	右	85.2	内外弹簧组合式
HT4-1250	25	110	500	490	163	38	79	141	4864	235	12.5	左	18.6	
HT3-1600	60	220	335	330	65	78.5	150	305	3479	3477	3.5	右	75.8	内外弹簧组合串联式
HT4-1600	30	120	320	315	69.8	42	84	156	3016	721	6.5	左	16.7	
HT3-2000	60	220	380	375	80	80	150	305	3839	3042	4	右	83.5	
HT4-2000	30	120	360	355	80.1	42	84	156	3393	625	7.5	左	18.8	

7.2.2 起重机橡胶缓冲器（摘自 JB/T 8110.2—1999）

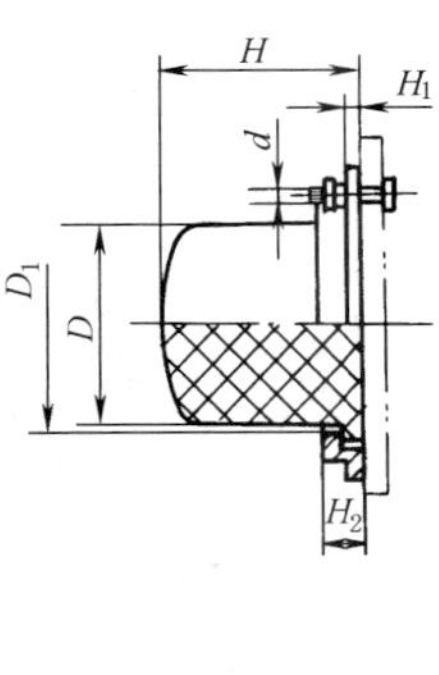

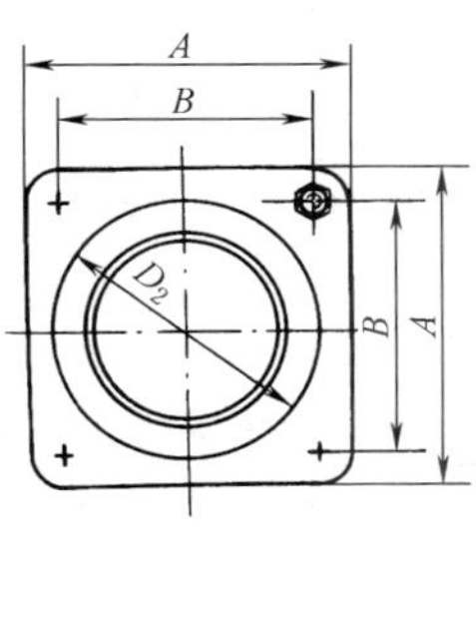

标记示例：

缓冲容量 W=0.40kN·m 的橡胶缓冲器，标记为：

缓冲器 HX-40 JB/T 8110.2—1999

型号意义：

HX - 40

40——缓冲容量(以 kN·cm 表示)

HX——橡胶缓冲器代号

第 9 篇

表 9-1-141

型　号	缓冲容量 W /kN·m	缓冲行程 S /mm	缓冲力 P /kN	主要尺寸/mm								螺栓规格 $d\times l$	质量/kg ≈
				D	D_1	D_2	H	H_1	H_2	A	B		
HX-10	0.10	22	16	50	56	71	50	5	8	80	63	M6×20	0.36
HX-16	0.16	25	19	56	62	80	56	5	10	90	71	M6×20	0.48
HX-25	0.25	28	28	67	73	90	67	6	12	100	80	M6×20	0.70
HX-40	0.40	32	40	80	87	112	80	6	14	125	100	M10×30	1.34
HX-63	0.63	40	50	90	99	125	90	6	16	140	112	M10×30	2.13
HX-80	0.80	45	63	100	109	140	100	8	18	160	125	M12×35	2.70
HX-100	1.00	50	75	112	122	160	112	8	20	180	140	M12×35	3.68
HX-160	1.60	56	95	125	136	180	125	8	22	200	160	M16×40	5.00
HX-250	2.50	63	118	140	153	200	140	8	25	224	180	M16×40	6.50
HX-315	3.15	71	160	160	174	224	160	10	28	250	200	M16×45	9.18
HX-400	4.00	80	200	180	194	250	180	10	32	280	224	M16×45	12.00
HX-630	6.30	90	250	200	215	280	200	10	36	315	250	M20×50	16.18
HX-1000	10.00	100	300	224	242	315	224	12	40	355	280	M20×50	25.00
HX-1600	16.00	112	425	250	269	355	250	12	45	400	315	M20×50	34.00
HX-2000	20.00	125	500	280	300	400	280	12	50	450	355	M20×50	48.20
HX-2500	25.00	140	630	315	335	450	315	12	56	500	400	M20×50	64.80

橡胶弹性体结构型式、尺寸及技术要求

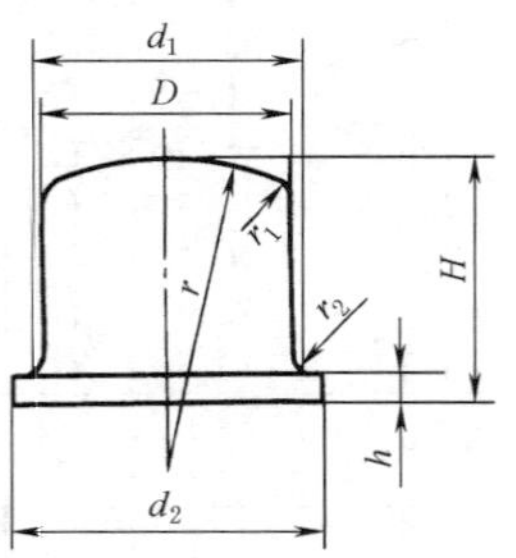

技术要求：

1. 在环境温度为-30～55℃时，缓冲器应能正常工作。
2. 橡胶弹性体不应与油、酸、碱及其他有害化学物品接触。
3. 橡胶弹性体选用的胶料，其物理力学性能应符合下列指标：
   扯断强度大于等于 18MPa　扯断伸长率大于等于 450%
   邵尔 A 硬度 67±3　扯断永久变形小于等于 20%
   热空气老化系数（70℃，72h）大于等于 0.80
4. 橡胶弹性体不得有离层、裂纹、海绵状、缺胶、欠硫等现象，其表面不应有气泡、明疤、凹痕等影响使用性能和美观的缺陷。

表 9-1-142

型　号	尺　寸/mm								质量/kg ≈
	D	d_1	d_2	H	h	r	r_1	r_2	
HX-10	50	52	63	50	5	63	3	2	0.14
HX-16	56	58	71	56	6	71	4	2	0.20
HX-25	67	69	80	67	7	80	5	2	0.33
HX-40	80	83	100	80	8	100	6	2	0.56
HX-63	90	93	112	90	10	112	7	3	0.80
HX-80	100	103	125	100	12	125	8	3	1.12
HX-100	112	116	140	112	14	140	9	3	1.59
HX-160	125	130	160	125	16	160	10	3	2.23
HX-250	140	145	180	140	18	180	12	4	3.20
HX-315	160	166	200	160	20	200	14	4	4.60
HX-400	180	186	224	180	22	224	16	4	6.56
HX-630	200	207	250	200	25	250	18	4	7.74
HX-1000	224	232	280	224	28	280	20	5	12.19
HX-1600	250	259	315	250	32	315	22	5	17.72
HX-2000	280	290	355	280	36	355	25	5	24.70
HX-2500	315	325	400	315	40	400	28	5	34.96

橡胶弹性体允许偏差/mm	尺寸	≤10	>10～20	>20～30	>30～50	>50～80	>80～120	>120～180	>180～250	>250
	允许偏差	±0.50	±0.60	±0.80	±1.00	±1.20	±1.40	±1.80	±2.40	尺寸的±1%

7.2.3 起重机用液压缓冲器（摘自 JB/T 7017—1993）

（1）结构型式和基本参数

HYGD 高频度单向型液压缓冲器

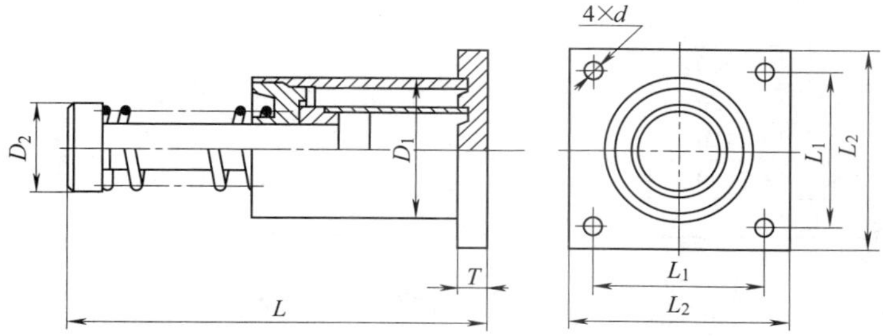

表 9-1-143

参数 / 型号	缓冲容量 W/kN·m	缓冲行程 S/mm	缓冲力 F/kN	主要尺寸/mm							质量 /kg
				D_1	D_2	L	L_1	L_2	T	d	
HYGD2-60	2.5	60	45	127	62	280	125	160	16	13	12
HYGD4-90	4.0	90	45	127	62	355	125	160	16	13	13
HYGD6-80	5.6	80	70	159	80	360	155	200	20	17	22
HYGD8-110	8.0	110	75	159	80	440	155	200	20	17	25
HYGD12-90	12.5	90	140	203	100	430	195	250	25	21	46
HYGD18-120	18	120	150	203	100	520	195	250	25	21	50
HYGD25-130	25	130	200	245	125	580	230	285	30	26	80
HYGD40-180	40	180	230	245	125	720	230	285	30	26	88
HYGD56-200	56	200	280	299	170	760	280	360	35	32	146
HYGD80-270	80	270	300	299	170	945	280	360	35	32	162
HYGD125-220	125	220	570	351	205	880	350	430	40	38	245
HYGD180-320	180	320	570	351	205	1140	350	430	40	38	270
HYGD250-270	250	270	950	485	248	1080	450	560	55	38	520
HYGD355-350	355	350	1020	485	248	1345	450	560	55	38	592

HYDD 低频度单向型液压缓冲器

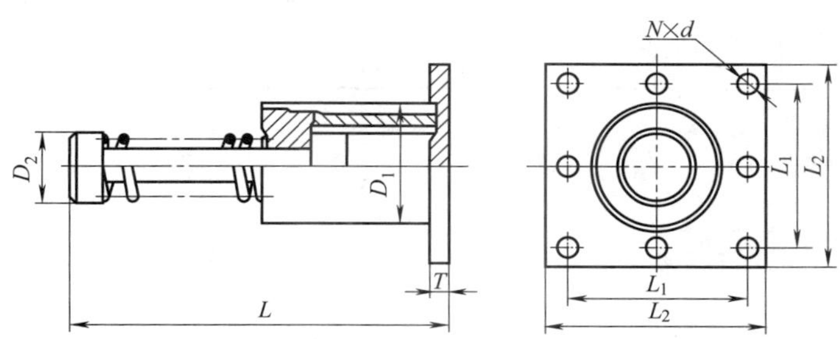

表 9-1-144

参数 / 型号	缓冲容量 W/kN·m	缓冲行程 S/mm	缓冲力 F/kN	主要尺寸/mm							质量 /kg
				D_1	D_2	L	L_1	L_2	T	$N×d$	
HYDD4-50	4.0	50	80	92	60	240	100	130	16	4×14	6
HYDD7-100	7.1	100	75	92	90	360	100	130	16	4×14	11
HYDD10-70	10	70	150	130	80	295	130	170	20	4×22	15
HYDD16-150	16	150	110	130	100	430	130	170	28	4×22	18
HYDD25-80	25	80	315	170	100	360	170	220	22	4×28	37

续表

型号＼参数	缓冲容量 W /kN·m	缓冲行程 S/mm	缓冲力 F/kN	主要尺寸/mm							质量 /kg
				D_1	D_2	L	L_1	L_2	T	$N\times d$	
HYDD31.5-150	31.5	150	210	170	100	550	170	220	22	4×28	45
HYDD40-100	40	100	400	191	120	440	190	250	25	4×34	47
HYDD50-150	50	150	355	191	120	610	190	250	25	4×34	60
HYDD63-100	63	100	630	258	140	505	350	410	36	8×28	130
HYDD100-200	100	200	500	258	160	750	350	410	36	8×28	160
HYDD140-150	140	150	935	300	180	650	400	460	40	8×28	190
HYDD200-250	200	250	800	300	230	920	400	460	40	8×28	250
HYDD250-250	250	250	1000	356	230	1020	480	580	60	8×40	430
HYDD315-400	315	400	800	356	280	1432	480	580	60	8×40	500

HYDS 低频度双向型液压缓冲器

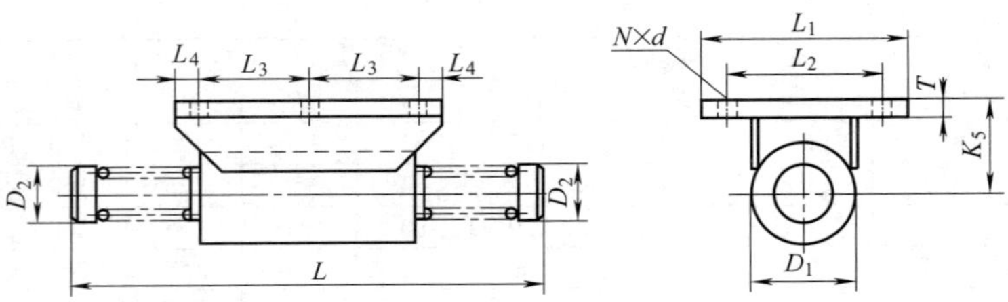

HYDS25-80 安装尺寸

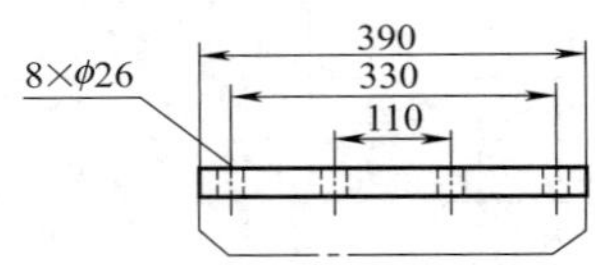

表 9-1-145

型号＼参数	缓冲容量 W /kN·m	缓冲行程 S/mm	缓冲力 F/kN	主要尺寸/mm										质量 /kg
				D_1	D_2	L	L_1	L_2	L_3	L_4	K_5	T	$N\times d$	
HYDS4-50	4.0	50	80	92	55	400	180	140	100	20	80	15	6×16	15
HYDS10-70	10	70	150	130	80	400	230	180	110	25	120	20	6×24	30
HYDS25-80	25	80	315	170	100	640	320	260	—	—	150	30	8×26	70

（2）型号及标记示例

1）型号意义

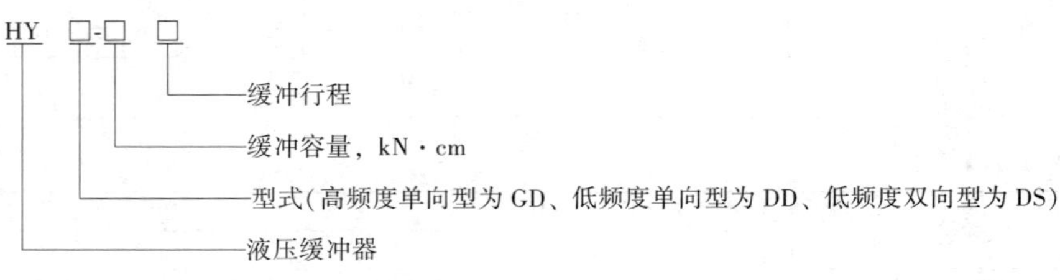

2）标记示例

高频度单向型缓冲器，缓冲容量为 8.0kN·m，缓冲行程为 110mm，标记为：HYGD8-110

低频度单向型缓冲器，缓冲容量为 4.0kN·m，缓冲行程为 50mm，标记为：HYDD4-50

低频度双向型缓冲器，缓冲容量为 4.0kN·m，缓冲行程为 50mm，标记为：HYDS4-50

（3）技术要求

1）环境条件

缓冲器在下列条件下应能正常工作：

① 环境温度-20～+50℃；

② 缓冲器活塞杆轴心线与碰撞物运行方向的夹角应小于2°；

③ 缓冲器撞头与碰撞挡板的夹角应小于2°。

2）材料

主要零件材料要求应符合表9-1-146的规定，其力学性能不低于相应标准的规定；允许采用性能相当或较高的材料。

表9-1-146

零件名称		材料牌号	标准
壳体	铸钢件	ZG230—450	GB 11352
	焊接件	Q235—A	GB 700
缸套		45	GB 699
撞头			
撞杆			
弹簧		60Si2Mn	GB1222

3）缓冲器的外部表面应无明显毛刺、粘砂和焊接缺陷，除配合表面外所有金属零件均应有防腐保护层。

4）弹簧技术要求应符合GB/T 1239.2的规定。

5）在1）规定的环境条件下，缓冲器不得渗油。

7.2.4 起重机用聚氨酯缓冲器（摘自JB/T 10833—2008）

（1）结构型式和基本参数

螺柱型缓冲器

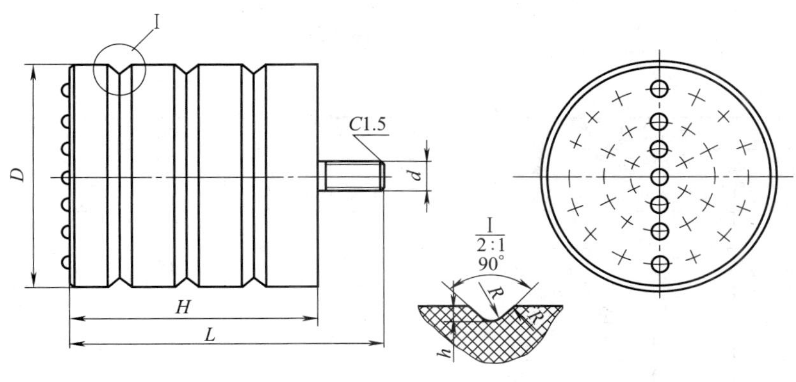

表9-1-147

序号	基本参数			主要尺寸/mm					
	缓冲容量/kN·m	缓冲行程/mm	缓冲力/kN	D	H	L	d	h	R
1	0.3	60	28	63	80	115	M16	3	2
2	0.4	60	42	80	80	115		4	2.5
3	0.5	75	42	80	100	135		4	2.5
4	0.6	60	66	100	80	115		5	3
5	0.8	75	66	100	100	135		5	3
6	1.0	94	66	100	125	160		5	3
7	1.2	75	103	125	100	135		6	4
8	1.5	94	103	125	125	160		6	4

续表

序号	基本参数			主要尺寸/mm					
	缓冲容量/kN·m	缓冲行程/mm	缓冲力/kN	*D*	*H*	*L*	*d*	*h*	*R*
9	2.0	120	103	125	160	195	M16	6	4
10	2.5	94	169	160	125	160		8	5
11	3.2	120	169	160	160	195		8	5
12	4.0	150	169	160	200	235		8	5
13	5.0	120	265	200	160	205	M20	10	6
14	6.3	150	265	200	200	245		10	6
15	7.9	188	265	200	250	295		10	6
16	9.8	150	414	250	200	245	M24	12.5	8
17	12.3	188	414	250	250	295		12.5	8
18	15.7	240	414	250	320	365		12.5	8
19	20.1	188	675	315	250	295		16	10
20	25.7	240	675	315	320	365		16	10

注：缓冲器的缓冲槽数量当 $H/D\approx0.75$ 时为 2，当 $H/D\approx1$ 时为 3，当 $H/D\approx1.25$ 时为 4。

压板型缓冲器

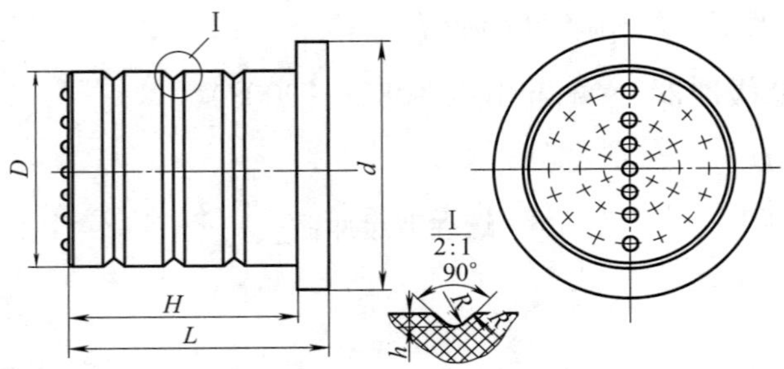

表 9-1-148

序号	基本参数			主要尺寸/mm					
	缓冲容量/kN·m	缓冲行程/mm	缓冲力/kN	*D*	*H*	*L*	*d*	*h*	*R*
1	0.4	60	42	80	80	95	110	4	2.5
2	0.5	75	42	80	100	115	110	4	2.5
3	0.8	75	66	100	100	115	130	5	3
4	1.0	94	66	100	125	140	130	5	3
5	1.5	94	103	125	125	140	160	6	4
6	2.0	120	103	125	160	175	160	6	4
7	3.2	120	169	160	160	180	200	8	5
8	4.0	150	169	160	200	220	200	8	5
9	6.3	150	265	200	200	220	240	10	6
10	7.9	188	265	200	250	270	240	10	6
11	12.3	188	414	250	250	270	300	12.5	8
12	15.7	240	414	250	320	345	300	12.5	8
13	25.7	240	675	315	320	345	370	16	10
14	32.2	300	675	315	400	425	370	16	10

注：缓冲器的缓冲槽数量当 $H/D\approx0.75$ 时为 2，当 $H/D\approx1$ 时为 3，当 $H/D\approx1.25$ 时为 4。

法兰盘型缓冲器

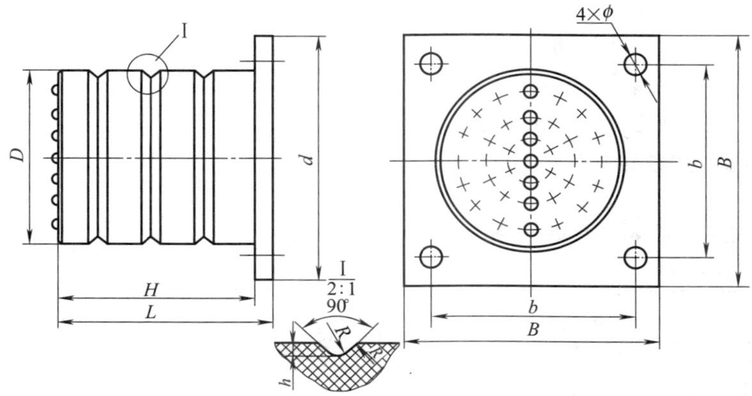

表 9-1-149

序号	基本参数			主要尺寸/mm							
	缓冲容量/kN·m	缓冲行程/mm	缓冲力/kN	D	H	L	B	b	ϕ	h	R
1	0.3	60	28	65	80	88	100	70	12	3	2
2	0.4	60	42	80	80	88	115	85		4	2.5
3	0.5	75	42	80	100	108	115	85		4	2.5
4	0.6	60	66	100	80	88	130	100	14	5	3
5	0.8	75	66	100	100	108	130	100		5	3
6	1.0	90	66	100	125	133	130	100		5	3
7	1.2	75	103	125	100	110	165	130		6	4
8	1.5	94	103	125	125	135	165	130		6	4
9	2.0	120	103	125	160	170	165	130		6	4
10	2.5	94	169	160	125	135	200	160	18	8	5
11	3.2	120	169	160	160	170	200	160		8	5
12	4.0	150	169	160	200	210	200	160		8	5
13	5.0	120	265	200	160	172	250	200		10	6
14	6.3	150	265	200	200	212	250	200		10	6
15	7.9	188	265	200	250	262	250	200		10	6
16	9.8	150	414	250	200	212	320	250	22	12.5	8
17	12.3	188	414	250	250	262	320	250		12.5	8
18	15.7	240	414	250	320	332	320	250		12.5	8
19	20.1	188	675	315	250	264	400	315		16	10
20	25.7	240	675	315	320	334	400	315		16	10
21	32.2	300	675	315	400	414	400	315		16	10
22	36.2	337	675	315	450	464	400	315		16	10
23	37.7	225	1054	400	300	314	460	370		20	12.5
24	56.5	337	1054	400	450	464	460	370		20	12.5
25	65.3	337	1218	(430)	450	464	460	370		20	14
26	69.7	360	1218	(430)	480	494	460	370		20	14
27	72.6	375	1218	(430)	500	514	460	370		20	14
28	88.3	337	1647	500	450	464	640	500	24	25	16
29	98.1	375	1647	500	500	514	640	500		25	16
30	121.5	465	1647	500	620	634	640	500		25	16
31	155.5	375	2617	630	500	516	700	550	26	30	20
32	195.7	472	2617	630	630	646	700	550		30	20
33	316.1	472	4218	800	630	646	880	800		40	25
34	401.8	600	4218	800	800	816	880	800		40	25
35	502.3	750	4218	800	1000	1016	880	800		40	25

注：1. 缓冲器的缓冲槽数量当 $H/D\approx0.75$ 时为 2，当 $H/D\approx1$ 时为 3，当 $H/D\approx1.25$ 时为 4。
2. 括号内的尺寸不推荐采用。

（2）技术要求

1）环境条件

缓冲器的环境条件如下：

① 环境温度-20～+55℃；

② 环境相对湿度：不大于90%；

③ 不适合在强酸、强碱环境下工作；

④ 不宜长年在高温、高湿条件下使用。

2）材料

① 聚氨酯材料性能应符合表9-1-150中相应标准规定。

表 9-1-150

项目	指标	执行标准
密度/g·cm^{-3}	0.50～0.65	GB/T 6343
硬度(邵氏A)	60～80	GB/T 2411
50%压缩强度/MPa	1.0～2.5	GB/T 1041
扯断伸长率/%	≥520	GB/T 528
断裂拉伸强度/MPa	≥25	

② 螺柱型缓冲器的螺柱应不低于螺纹性能等级4.6级、压板型和法兰盘型缓冲器的底座材质应不低于GB/T 700中Q235钢。

3）缓冲器的外部表面应光滑，无明显收缩、裂纹、飞边、毛刺等缺陷。

7.3 棘轮逆止器

棘轮逆止器一般用来作为机械中防止逆转的止逆装置或供间歇传动用，在某些低速、手动操纵的卷扬机上使用。

棘轮的齿形已经标准化。齿距 t 根据齿顶圆来考虑。棘轮的齿数通常在6～30的范围内选取，但有特殊用途时，可以更少或更多些，齿数愈多，冲击愈小，但尺寸较大。为了减少冲击，可以装设两个或多个棘爪。

设计齿形时，要保证棘爪啮合性能可靠，通常将棘轮工作齿面做成与棘轮半径成 φ 的夹角，$\varphi=15°\sim20°$，见图9-1-14。图中：P 为棘轮圆周力，$P=\dfrac{2T}{D}$，N；D 为棘轮直径，$D=zm$，mm。

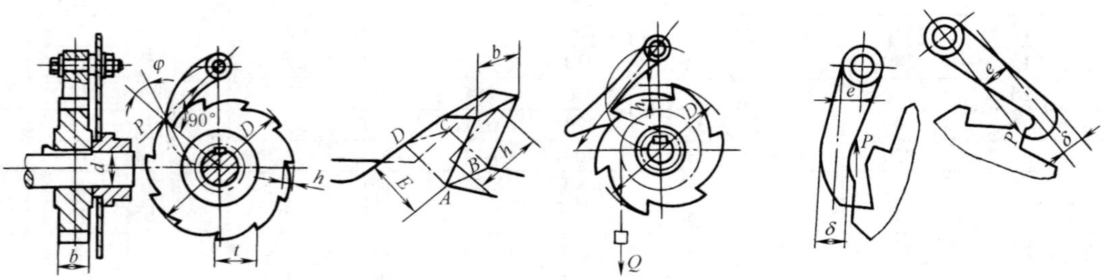

图9-1-14 棘轮

7.3.1 棘轮齿的强度计算

棘轮模数按齿受弯曲计算来确定：

$$m=1.75\sqrt[3]{\frac{T}{z\psi_{\mathrm{m}}\sigma_{\mathrm{bp}}}}$$

式中 $m=\dfrac{t}{\pi}$ ——棘轮模数，mm，m 应取6、8、10、14、16、18、20、22、24、26、30；

t ——齿距，mm；

T——棘轮轴所受的转矩，N·mm；

z——棘轮的齿数，见表 9-1-151；

$\psi_m=\dfrac{b}{m}$——齿宽系数，见表 9-1-152，其中 b 为齿宽，mm；

σ_{bp}——棘轮齿材料的许用弯曲应力，MPa，见表 9-1-152。

棘轮模数按齿受挤压进行验算：

$$m \geqslant \sqrt{\frac{2T}{z\psi_m p_p}}$$

式中　p_p——许用单位线压力，N/mm，见表 9-1-152。

表 9-1-151　棘轮齿数表

机械类型	齿条式顶重机	蜗轮蜗杆滑车	棘轮停止器	带棘轮的制动器
齿数 z	6~8	6~8	12~20	16~25

表 9-1-152　许用弯曲应力、许用单位线压力及齿宽系数

棘爪、棘轮材料	HT150	ZG 270-500 ZG 310-570	Q 235	45
齿宽系数 $\psi_m=\dfrac{b}{m}$	1.5~6.0	1.5~4.0	1.0~2.0	1.0~2.0
许用单位线压力 p_p/N·mm^{-1}	150	300	350	400
许用弯曲应力 σ_{bp}/MPa	30	80	100	120

7.3.2　棘爪的强度计算

棘爪的回转中心，一般选在圆周力 P 的作用线方向，棘爪长度通常取等于 $2t$。

棘爪可制成直头形的或钩头形的（图 9-1-14），对直头形的棘爪应按受偏心压缩来进行强度计算；对钩头形的棘爪则应按受偏心拉伸来计算。基本计算公式如下：

$$\sigma_w=\frac{M_w}{W}+\frac{P}{F}\leqslant\sigma_{bp}$$

式中　$M_w=Pe$——弯矩，N·mm；

$W=\dfrac{b_1\delta^2}{6}$——棘爪危险断面的截面系数，mm^3；

b_1——棘爪宽度，mm，一般比棘轮齿宽 2~3mm；

δ——棘爪危险断面的厚度，mm；

$F=b_1\delta$——棘爪危险断面的面积，mm^2；

σ_{bp}——棘爪材料的许用弯曲应力，MPa；见表 9-1-152。

7.3.3　棘爪轴的强度计算

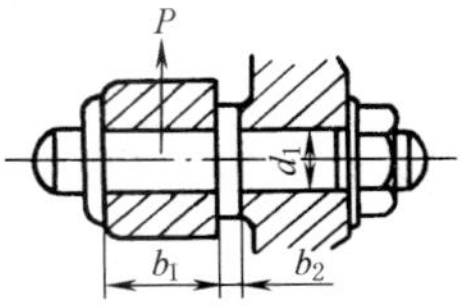

图 9-1-15　棘爪轴

棘爪轴（图 9-1-15），为悬臂梁受弯曲作用。由下式计算：

$$d_1=2.2\sqrt[3]{\frac{P}{\sigma_{bp}}\left(\frac{1}{2}b_1+b_2\right)}$$

或

$$d_1=2.71\sqrt[3]{\frac{T}{zm\sigma_{bp}}\left(\frac{b_1}{2}+b_2\right)}$$

式中　d_1——棘爪轴为实心轴时的直径，mm；

σ_{bp}——棘爪轴材料的许用弯曲应力，MPa，见表 9-1-152。

第 9 篇

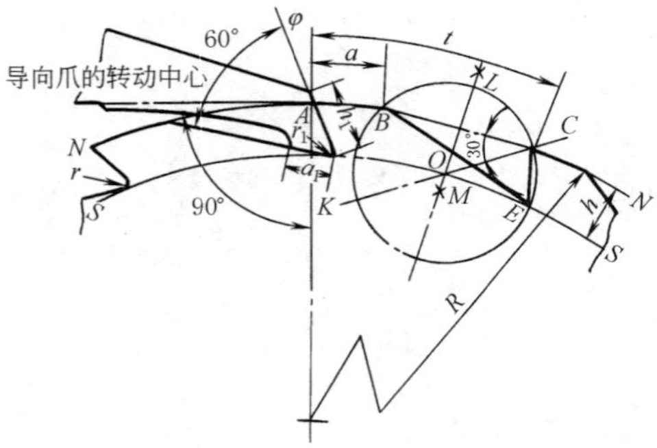

图 9-1-16　棘轮齿形的画法

7.3.4　棘轮齿形与棘爪端的外形尺寸及画法

棘轮齿形与棘爪端的外形尺寸如表 9-1-153 所示。

图 9-1-16 所示为棘轮齿形的画法，其步骤如下：由轮中心以 $R=\frac{mz}{2}$ 为半径画顶圆 NN，再以 $R-h$（齿高 $h=0.75m$）为半径画根圆 SS。用齿距 t 将圆周 NN 分成 z 等分。自任一等分点 A 作弦 $AB=a=m$ 并连接弦 BC。过 BC 之中点作垂线 LM，再由 C 点作直线 CK，与 BC 弦成 30°角并交 LM 线于 O 点。以 O 点为圆心，以 OC 为半径作圆，与根圆 SS 交于 E 点。连接 CE，此即为棘轮齿工作面之方向。再连接 EB 后，便得到全部齿形。角 CEB 为 60°。

表 9-1-153　　**棘轮齿形与棘爪端的外形尺寸**　　mm

<table>
<tr><th rowspan="2">m</th><th colspan="4">棘　轮</th><th colspan="3">棘　爪</th></tr>
<tr><th>t</th><th>h</th><th>a</th><th>r</th><th>h₁</th><th>a₁</th><th>r₁</th></tr>
<tr><td>6</td><td>18.85</td><td>4.5</td><td>6</td><td rowspan="12">1.5</td><td>6</td><td rowspan="2">4</td><td rowspan="12">2</td></tr>
<tr><td>8</td><td>25.13</td><td>6</td><td>8</td><td>8</td></tr>
<tr><td>10</td><td>31.42</td><td>7.5</td><td>10</td><td>10</td><td rowspan="2">6</td></tr>
<tr><td>12</td><td>37.70</td><td>9</td><td>12</td><td>12</td></tr>
<tr><td>14</td><td>43.98</td><td>10.5</td><td>14</td><td rowspan="2">14</td><td rowspan="2">8</td></tr>
<tr><td>16</td><td>50.27</td><td>12</td><td>16</td></tr>
<tr><td>18</td><td>56.55</td><td>13.5</td><td>18</td><td>16</td><td rowspan="2">12</td></tr>
<tr><td>20</td><td>62.83</td><td>15</td><td>20</td><td>18</td></tr>
<tr><td>22</td><td>69.12</td><td>16.5</td><td>22</td><td rowspan="2">20</td><td rowspan="3">14</td></tr>
<tr><td>24</td><td>75.40</td><td>18</td><td>24</td></tr>
<tr><td>26</td><td>81.68</td><td>19.5</td><td>26</td><td>22</td></tr>
<tr><td>30</td><td>94.25</td><td>22.5</td><td>30</td><td>25</td><td>16</td></tr>
</table>

第2章 输送机零部件

1 滚筒（摘自 GB/T 10595—2009）

带式输送机常见的滚筒有三种：传动滚筒、电动滚筒和改向滚筒。

输送机的滚筒直径应符合表 9-2-1 的规定。

表 9-2-1 **输送机的滚筒直径** mm

滚筒直径	200,250,315,400,500,630,800,1000,1250,1400,1600,1800

输送机输送带宽、滚筒长度和滚筒直径之间的关系见表 9-2-2。

表 9-2-2 **输送带宽、滚筒长度和滚筒直径之间的关系** mm

带宽 B	滚筒长度 L	滚筒直径 D
300	400	200,250,315,400
400	500	200,250,315,400,500
500	600	
650	750	200,250,315,400,500,630
800	950	200,250,315,400,500,630,800,1000,1250,1400
1000	1150	250,315,400,500,630,800,1000,1250,1400,1600,1800
1200	1400	
1400	1600	
1600	1800	315,400,500,630,800,1000,1250,1400,1600,1800
1800	2000	
2000	2200	500,630,800,1000,1250,1400,1600,1800
2200	2500	
2400	2800	
2600	3000	630,800,1000,1250,1400,1600,1800
2800	3200	

注：滚筒直径 D 是不包括包层厚度在内的名义滚筒直径，与带宽组合为推荐值。

各种帆布带允许的最小传动滚筒直径见表 9-2-3。

表 9-2-3　　各种帆布带允许的最小传动滚筒直径　　mm

型号＼层数	3	4	5	6	7	8
CC-56、NN-100	500	500	630	800	1000	1000
NN-150、EP-100	500	500	630	800		
NN-200～ NN-300 EP-200～ EP-300	500	630	800	1000		

1.1　传动滚筒

传动滚筒是将驱动装置的动力，通过摩擦力传递给输送带使之运行的部件。其结构型式有三种：钢板焊接光面滚筒适合于环境干燥、输送带张力小、输送距离短的场合；胶面滚筒适合于环境潮湿、输送带张力较小、输送距离较短的场合；铸焊结构胶面滚筒适合于环境潮湿、输送带张力较大、输送距离长的场合。

传动滚筒选用时，主要考虑滚筒结构形式、直径、筒体长度及载荷条件。

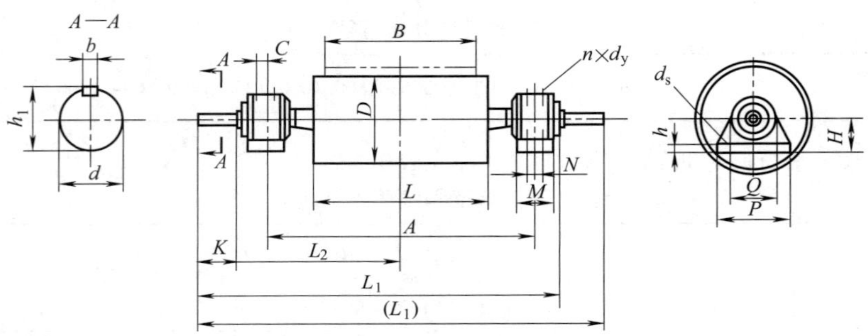

说明：表中，Y——右单出轴；Z——左单出轴；S——双出轴。
图中基本参数参见表 9-2-4 及表 9-2-5。(L_1) 为双出轴安装尺寸。

表 9-2-4　　传动滚筒基本参数

B/mm	许用转矩/kN·m	许用合力/kN	D/mm	轴承型号	轴承座图号	光面 转动惯量/kg·m^2	光面 质量/kg	光面 图号	胶面 转动惯量/kg·m^2	胶面 质量/kg	胶面 人字形图号	胶面 菱形图号
500	2.7	49	500	1316	DTⅡZ1208 DTIIZ1308	5	250	DTⅡ01A4081	6	264	DTⅡ01A4083^Y_Z	DTⅡ01A4084
650	3.5	40				6.5	280	DTⅡ02A4081	7.8	298	DTⅡ02A4083^Y_Z	DTⅡ02A4084
	4.1		630			16.3	324	DTⅡ02A5081	18.5	347	DTⅡ02A5083^Y_Z	DTⅡ02A5084
	6.3	59	500	3520	DTⅡZ1210 DTⅡZ1310	6.5	376	DTⅡ02A4101	7.8	393	DTⅡ02A4103^Y_Z	DTⅡ02A4104
	7.3	80	630			16.3	429	DTⅡ02A5101	18.5	451	DTⅡ02A5103^Y_Z	DTⅡ02A5104
800	4.1	40	500			7.8	432	DTⅡ03A4101	9.8	453	DTⅡ03A4103^Y_Z	DTⅡ03A4104
	6.0	50	630			19.5	492	DTⅡ01A5101	23.5	521	DTⅡ03A5103^Y_Z	DTⅡ03A5104
	7.0		800						25	782	DTⅡ03A6103^Y_Z	DTⅡ03A6104
	12	80	630	3524	DTⅡZ1212 DTⅡZ1312	23.8	752	DTⅡ03A5121	29.5	776	DTⅡ03A5123^Y_Z	DTⅡ03A5104
			800						58	887	DTⅡ03A6123^Y_Z	DTⅡ03A6104
	20	100	630	3528	DTⅡZ1114 DTⅡZ1214 DTⅡZ1314	28.5	844	DTⅡ03A5141	32	920	DTⅡ03A5143^Y_Z	DTⅡ03A5144
	2×16								32	967	DTⅡ03A5143S	DTⅡ03A5144
	20	110	800						66.3	1095	DTⅡ03A6143^Y_Z	DTⅡ03A6144
	2×16								66.3	1143	DTⅡ03A6143S	DTⅡ03A6144
	32	160		3532	DTⅡZ1116 DTⅡZ1216 DTⅡZ1316				67.5	1253	DTⅡ03A6163^Y_Z	DTⅡ03A6164
	2×23								67.5	1287	DTⅡ03A6163S	DTⅡ03A6164

续表

B/mm	许用转矩/kN·m	许用合力/kN	D/mm	轴承型号	轴承座图号	光面 转动惯量/kg·m^2	光面 质量/kg	光面 图号	胶面 转动惯量/kg·m^2	胶面 质量/kg	胶面 人字形图号	胶面 菱形图号
1000	6.0	40	630	3520	DTⅡZ1210 DTⅡZ1310				26.5	585	DTⅡ04A5103$_Z^Y$	DTⅡ04A5104
	12	73	630	3524	DTⅡZ1212 DTⅡZ1312				38.3	857	DTⅡ04A5123$_Z^Y$	DTⅡ04A5124
			800						78.7	964	DTⅡ04A6123$_Z^Y$	DTⅡ04A6124
		80	1000						164.8	1162	DTⅡ04A7123$_Z^Y$	DTⅡ04A7124
	20	110	800	3528	DTⅡZ1114 DTⅡZ1214 DTⅡZ1314				80.3	1168	DTⅡ04A6143$_Z^Y$	DTⅡ04A6144
	2×16								80.3	1216	DTⅡ04A6143S	DTⅡ04A6144s
	20	110	1000						166.5	1408	DTⅡ04A7143$_Z^Y$	DTⅡ04A7144
	2×16								166.5	1456	DTⅡ04A7143S	DTⅡ04A7144s
	27	160	800	3532	DTⅡZ1116 DTⅡZ1216 DTⅡZ1316				81.8	1376	DTⅡ04A6163$_Z^Y$	DTⅡ04A6164
	2×22								81.8	1410	DTⅡ04A6163S	DTⅡ04A6164s
	27	180	1000						168.3	1617	DTⅡ04A7163$_Z^Y$	DTⅡ04A7164
	2×22								168.3	1651	DTⅡ04A7163S	DTⅡ04A7164s
	40	190	800	3536	DTⅡZ1118 DTⅡZ1218 DTⅡZ1318				83.3	1691	DTⅡ04A6183$_Z^Y$	DTⅡ04A6184
	2×35								83.3	1744	DTⅡ04A7163S	DTⅡ04A6184s
	40	210	1000						170	1928	DTⅡ04A7183$_Z^Y$	DTⅡ04A7184
	2×35								170	1981	DTⅡ04A7183S	DTⅡ04A7184s
	52	330		3540	DTⅡZ1120 DTⅡZ1220 DTⅡZ1320				215.3	2585	DTⅡ04A7203$_Z^Y$	DTⅡ04A7204
	2×42								215.3	2677	DTⅡ04A7203S	DTⅡ04A7204s
1200	12	52	630	3524	DTⅡZ1212 DTⅡZ1312				46.5	967	DTⅡ05A5123$_Z^Y$	DTⅡ05A5124
		80	800						96	1059	DTⅡ05A6123$_Z^Y$	DTⅡ05A6124
			1000						200	1307	DTⅡ05A7123$_Z^Y$	DTⅡ05A7124
	20	85	630	3528	DTⅡZ1114 DTⅡZ1214 DTⅡZ1314				47.3	1156	DTⅡ05A5143$_Z^Y$	DTⅡ05A5144
	2×16								47.3	1204	DTⅡ05A5143S	DTⅡ05A5144s
	20	110	800						97.8	1297	DTⅡ05A6143$_Z^Y$	DTⅡ05A6144
	2×16								97.8	1345	DTⅡ05A6143S	DTⅡ05A6144s
	20		1000	3528	DTⅡZ1114 DTⅡZ1214 DTⅡZ1314				202.5	1567	DTⅡ05A7143$_Z^Y$	DTⅡ05A7144
	2×16								202.5	1615	DTⅡ05A7143S	DTⅡ05A7144S
	27	140	800	3532	DTⅡZ1116 DTⅡZ1216 DTⅡZ1316				99.5	1520	DTⅡ05A6163$_Z^Y$	DTⅡ05A6164
	2×22								99.5	1554	DTⅡ05A6163S	DTⅡ05A6164s
	27	160	1000						204.8	1780	DTⅡ05A7163$_Z^Y$	DTⅡ05A7164
	2×22								204.8	1818	DTⅡ05A7163S	DTⅡ05A7164s
	40	180	800	3536	DTⅡZ1118 DTⅡZ1218 DTⅡZ1318				101.3	1928	DTⅡ05A6183$_Z^Y$	DTⅡ05A6184
	2×32								101.3	1981	DTⅡ05A6183S	DTⅡ05A6184s
	40	210	1000						207	2173	DTⅡ05A7183$_Z^Y$	DTⅡ05A7184
	2×32								207	2226	DTⅡ05A7183S	DTⅡ05A7184s
	52	230	800	3540	DTⅡZ1120 DTⅡZ1220 DTⅡZ1320				118.3	2393	DTⅡ05A6203$_Z^Y$	DTⅡ05A6204
	2×42								118.3	2484	DTⅡ05A6203S	DTⅡ05A6204s
	52	290	1000						262	2813	DTⅡ05A7203$_Z^Y$	DTⅡ05A7204
	2×42								262	2903	DTⅡ05A7203S	DTⅡ05A7204s
	66	330		3544	DTⅡZ1122 DTⅡZ1222 DTⅡZ1322				283	3234	DTⅡ05A7223$_Z^Y$	DTⅡ05A7224
	2×50								283	3329	DTⅡ05A7223S	DTⅡ05A7224s

续表

B/mm	许用转矩/kN·m	许用合力/kN	D/mm	轴承型号	轴承座图号	光面 转动惯量/kg·m²	光面 质量/kg	光面 图号	胶面 转动惯量/kg·m²	胶面 质量/kg	胶面 人字形图号	胶面 菱形图号
1400	20	100	800	3528	DTⅡZ1114 DTⅡZ1214 DTⅡZ1314				111.8	1417	DTⅡ06A6143$^{Y}_{Z}$	DTⅡ06A6144
	2×16								111.8	1465	DTⅡ06A6143S	DTⅡ06A6144s
	20		1000						202.5	1720	DTⅡ06A7143$^{Y}_{Z}$	DTⅡ06A7144
	2×16								202.5	1768	DTⅡ06A7143S	DTⅡ06A7144s
	27	130	800	3532	DTⅡZ1116 DTⅡZ1216 DTⅡZ1316				113.8	1530	DTⅡ05A6163$^{Y}_{Z}$	DTⅡ06A6164
	2×22								113.8	1564	DTⅡ05A6163S	DTⅡ06A6164s
	27	160	1000		DTⅡZ1116 DTⅡZ1216 DTⅡZ1316				204.8	1919	DTⅡ06A7163$^{Y}_{Z}$	DTⅡ06A7164
	2×22								204.8	1953	DTⅡ06A7163S	DTⅡ06A7164s
	40	170	800	3536	DTⅡZ1118 DTⅡZ1218 DTⅡZ1318				115.8	2004	DTⅡ06A6183$^{Y}_{Z}$	DTⅡ06A6184
	2×32								115.8	2057	DTⅡ06A6183S	DTⅡ06A6184s
	40	210	1000						236.5	2287	DTⅡ06A7183$^{Y}_{Z}$	DTⅡ06A7184
	2×32								236.5	2339	DTⅡ06A7183S	DTⅡ06A7184s
	52		800	3540	DTⅡZ1120 DTⅡZ1220 DTⅡZ1320				135.3	2553	DTⅡ06A6203$^{Y}_{Z}$	DTⅡ06A6204
	2×42								135.3	2632	DTⅡ06A6203S	DTⅡ06A6204s
	52	260	1000						299.5	2994	DTⅡ06A7203$^{Y}_{Z}$	DTⅡ06A7204
	2×42								299.5	3082	DTⅡ06A7203S	DTⅡ06A7204s
	66	300		3544	DTⅡZ1122 DTⅡZ1222 DTⅡZ1322				300	3456	DTⅡ06A7223$^{Y}_{Z}$	DTⅡ06A7224
	2×50								300	3551	DTⅡ06A7223S	DTⅡ06A7224s

表 9-2-5 基本尺寸 mm

B	D	图号	A	L	L_1	L_2	K	M	N	Q	P	H	h	h_1	d	b	d_s	C	$n\times d_y$
500	500	DTII01A4081	850	600	1114	495	140	70	—	350	410	120	33	74.5	70	20	M20	22	2×M8×1
		DTII01A40 83$^{Y}_{Z}$																	
		DTII01A4084																	
650	500	DTII02A4081	1000	750	1264	570													
		DTII02A40 83$^{Y}_{Z}$																	
		DTII02A4084																	
	630	DTII02A5081																	
		DTII02A50 83$^{Y}_{Z}$																	
		DTII02A5084																	
	500	DTII02A4101			1324	590	170	80	—	380	460	135	46	95	90	25	M24	26	4×M8×1
		DTII02A4103$^{Y}_{Z}$																	
		DTII02A4104																	
	630	DTII02A5101																	
		DTII02A5103$^{Y}_{Z}$																	
		DTII02A5104																	
	500	DTII02A4121	1050		1419	615	210	110	—	440	520	155		116	110	28		32	
		DTII02A4123$^{Y}_{Z}$																	
		DTII02A4124																	
	630	DTII02A5121																	
		DTII02A5123$^{Y}_{Z}$																	
		DTII02A5124																	

第9篇

续表

B	D	图号	A	L	L_1	L_2	K	M	N	Q	P	H	h	h_1	d	b	d_s	C	$n \times d_y$
800	500	DTII03A4101	1300	950	1624	740	170	80	—	380	460	135	46	95	90	25	M24	26	4×M8×1
		DTII03A4103$_{Z}^{Y}$																	
		DTII03A4104																	
	630	DTII03A5101																	
		DTII03A5103$_{Z}^{Y}$																	
		DTII03A5104																	
	800	DTII03A6103$_{Z}^{Y}$																	
		DTII03A6104																	
	630	DTII03A5121			1669		210	110	—	440	530	155		116	110	28	M30	32	
		DTII03A5123$_{Z}^{Y}$																	
		DTII03A5124																	
	800	DTII03A6123$_{Z}^{Y}$																	
		DTII03A6124																	
	630	DTII03A5141			1724	750	250	120	—	480	570	170	63	137	130	32	M30	37	
		DTII03A5143$_{Z}^{Y}$																	
		DTII03A5144																	
		DTII03A5143S			2000	1500													
		DTII03A5144S																	
	800	DTII03A6143$_{Z}^{Y}$			1724	750													
		DTII03A6144																	
		DTII03A6143S			2000	1500													
		DTII03A6144S																	
		DTII03A6163$_{Z}^{Y}$	1400		1839	800		200	105	520	640	200	60	158	150	36		43	4×410×1
		DTII03A6164																	
		DTII03A6163S			2100	1600													
		DTII03A6164S																	
1000	630	DTII04A5103$_{Z}^{Y}$	1500	1150	1824	840	170	80	—	440	530	155	46	95	90	25	M24	26	4×M8×1
		DTII04A5104																	
		DTII04A5123$_{Z}^{Y}$			1869		210	110	—	440	530	155		116	110	28		32	
		DTII04A5124																	
	800	DTII04A6123$_{Z}^{Y}$																	
		DTII04A6124																	
	1000	DTII04A7123$_{Z}^{Y}$																	
		DTII04A7124																	
	630	DTII04A5143$_{Z}^{Y}$			1924	850	250	120	—	480	570	170	63	137	130	32	M30	37	
		DTII04A5144																	
		DTII04A5143S			2300	1700													
		DTII04A5144S																	
	800	DTII04A6143$_{Z}^{Y}$			1924	850													
		DTII04A6144																	
		DTII04A6143S			2300	1700													
		DTII04A6144S																	
	1000	DTII04A7143$_{Z}^{Y}$			1924	850													
		DTII04A7144																	
		DTII04A7143			2300	1700													4×M10×1
		DTII04A7144S																	
	800	DTII04A6163$_{Z}^{Y}$	1600		2039	900		200	105	520	640	200	60	158	150	36		43	
		DTII04A6164																	
		DTII04A6163S			2300	1800													
		DTII04A6164S																	

续表

B	D	图号	A	L	L_1	L_2	K	M	N	Q	P	H	h	h_1	d	b	d_s	C	$n\times d_y$
1000	1000	DTII04A7163$_Z^Y$	1600	1150	2039	900	250	200	105	520	640	200	60	158	150	36	M30	43	4×M10×1
		DTII04A7164																	
		DTII04A7163S			2300	1800													
		DTII04A7164S																	
	800	DTII04A6183$_Z^Y$			2110	910	300	220	120	570	700	220	70	179	170	40		46	
		DTII04A6184																	
		DTII04A6183S			2420	1820													
		DTII04A6184S																	
	1000	DTII04A7183$_Z^Y$			2110	910													
		DTII04A7184																	
		DTII04A7183S			2420	1820													
		DTII04A7184S																	
	800	DTII04A6203$_Z^Y$	1650		2278	975	350	240	140	640	780	240	75	200	190	45		60	
		DTII04A6204																	
		DTII04A6203S			2650	1950													
		DTII04A6204S																	
	1000	DTII04A7203$_Z^Y$			2278	975													
		DTII04A7204																	
		DTII04A7203S			2650	1950													
		DTII04A7204S																	
1200	630	DTII05A5123$_Z^Y$	1750	1400	2129	975	210	110	—	440	530	155	46	116	110	28	M24	32	4×M8×1
		DTII05A5124																	
	800	DTII05A6123$_Z^Y$																	
		DTII05A6124																	
	1000	DTII05A7123$_Z^Y$																	
		DTII05A7124																	
	630	DTII05A5143$_Z^Y$			2174		250	120	—	480	570	170	63	137	130	32	M30	37	
		DTII05A5144																	
		DTII05A5143S			2450	1950													
		DTII05A5144S																	
	800	DTII05A6143$_Z^Y$			2174	975													
		DTII05A6144																	
		DTII05A6143S			2450	1950													
		DTII05A6144S																	
	1000	DTII05A7143$_Z^Y$			2174	975													
		DTII05A7144																	
	1000	DTII05A7143S			2450	1950													
		DTII05A7144S																	
1200	800	DTII05A6163$_Z^Y$	1850		2289	1025		200	105	520	640	200	60	158	150	36		43	4×M10×1
		DTII05A6164																	
		DTII05A6163S			2550	2050													
		DTII05A6164S																	
	1000	DTII05A7163$_Z^Y$			2289	1025													
		DTII05A7164																	
		DTII05A7163S			2550	2050													
		DTII05A7164S																	
	800	DTII05A6183$_Z^Y$			2360	1035	300	220	120	570	700	220	70	179	179	40		46	
		DTII05A6184																	
		DTII05A6183S			2670	2070													
		DTII05A6184S																	

第 9 篇

续表

B	D	图号	A	L	L_1	L_2	K	M	N	Q	P	H	h	h_1	d	b	d_s	C	$n \times d_y$
1200	1000	DTII05A7183$_{Z}^{Y}$	1850	1400	2360	1035	300	220	120	570	700	220	70	179	170	40	M30	46	4×M10×1
		DTII05A7184																	
		DTII05A7183S			2670	2070													
		DTII05A7184S																	
	800	DTII05A6203$_{Z}^{Y}$	1900		2528	1100	350	240	140	640	780	240	75	200	190	45		60	
		DTII05A6204																	
		DTII05A6203S			2900	2200													
		DTII05A6204S																	
	1000	DTII05A7203$_{Z}^{Y}$			2528	1100													
		DTII05A7204																	
		DTII05A7203S			2900	2200													
		DTII05A7204S																	
		DTII05A7223$_{Z}^{Y}$			2533	1100		250		720	880	270	80	210	200	45	M36	65	
		DTII05A7224																	
		DTII05A7223S			2900	2200													
		DTII05A7224S																	
1400	800	DTII06A6143$_{Z}^{Y}$	2050	1600	2474	1125	250	120	—	480	570	170	63	137	130	32	M30	37	4×M8×1
		DTII06A6144																	
		DTII06A6143S			2750	2250													
		DTII06A6144S																	
	1000	DTII06A7143$_{Z}^{Y}$			2474	1125													
		DTII06A7144																	
		DTII06A7143S			2750	2250													
		DTII06A7144S																	
	800	DTII06A6163$_{Z}^{Y}$			2489	1125		200	105	520	640	200	60	158	150	36		43	4×M10×1
		DTII06A6164																	
		DTII06A6163S			2750	2250													
		DTII06A6164S																	
	1000	DTII06A7163$_{Z}^{Y}$			2489	1125													
		DTII06A7164																	
		DTII06A7163S			2750	2250													
		DTII06A7164S																	
	800	DTII06A6183$_{Z}^{Y}$			2560	1135	300	220	120	570	700	220	70	179	170	40		46	
		DTII06A6184																	
		DTII06A6183S			2870	2270													
		DTII06A6184S																	
	1000	DTII06A7183$_{Z}^{Y}$			2560	1135													
		DTII06A7184																	
		DTII06A7183S			2870	2270													
		DTII06A7184S																	
	800	DTII06A6203$_{Z}^{Y}$	2100		2728	1200	350	240	140	640	780	240	75	200	190	45		60	
		DTII06A6204																	
		DTII06A6203S			3100	2400													
		DTII06A6204S																	
	1000	DTII06A7203$_{Z}^{Y}$			2728	1200													
		DTII06A7204																	
		DTII06A7203S			3100	2400													
		DTII06A7204S																	
		DTII06A7223$_{Z}^{Y}$			2733	1200		250		720	880	270	80	210	200		M36	65	
		DTII06A7224																	
		DTII06A7223S			3100	2400													
		DTII06A7224S																	

1.2 改向滚筒

改向滚筒主要用于改变输送带的运行方向或增加输送带与传动滚筒间的包角，其覆面有裸露光钢面和平滑胶面两种。

改向滚筒可用于 180°，及不超过 45°的改向需求。用于 180°改向时，一般放在尾部或垂直拉紧装置处；用于 90°改向时，放在垂直拉紧装置的正上方；用于不超过 45°的改向时，一般做增面滚筒。

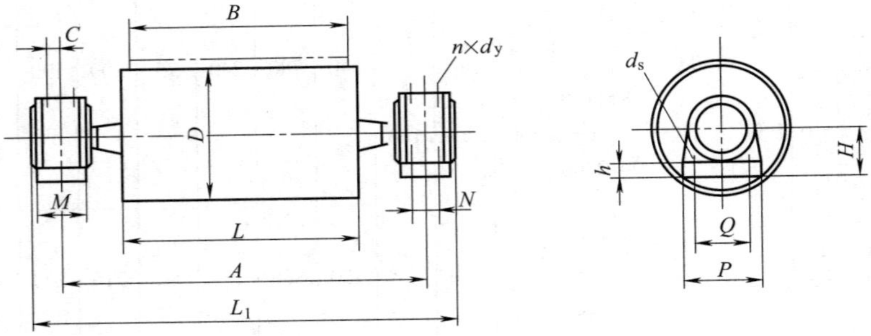

表 9-2-6　　基本参数　　mm

B	许用合力/kN	D	轴承型号	A	L	L_1	Q	P	H	h	M	N	d_s	C	$n\times d_y$	光面 转动惯量/kg·m²	光面 质量/kg	光面 图号	胶面 转动惯量/kg·m²	胶面 质量/kg	胶面 图号
500	9	250	1310	850	600	945	260	320	90	33	70	—	M16	14	2×M8×1	0.5	102	DTII01B1051			
	10	315														1.3	116	DTII01B2051			
		400														3	135	DTII01B3051	3.5	147	DTII01B3052
	23		1312			953	280	340	100					18		3	166	DTII01B3061	3.5	177	DTII01B3062
	28	500														5	187	DTII01B4061	6	201	DTII01B4062
	49		1316			959	350	410	120				M20	22		5	245	DTII01B4081	6	260	DTII01B4082
650	8	250	1310	1000	750	1095	260	320	90				M16	14		0.8	117	DTII02B1051			
		315														1.5	133	DTII02B2051			
	16		1312			1103	280	340	100					18		1.8	166	DTII02B2061			
	20	400														3	189	DTII02B3061	3.5	203	DTII02B3062
	26	315	1316			1109	350	410	120				M20	22		2	227	DTII02B2081			
	32	400														3.3	251	DTII02B3081	3.8	265	DTII02B3082
	40	500														6.5	278	DTII02B4081	7.8	296	DTII02B4082
	46	400	3520			1129	380	460	135	46	80	—	M24	26	4×M8×1	3.5	332	DTII02B3101	4	346	DTII02B3102
	59	500														6.5	368	DTII02B4101	7.8	386	DTII02B4102
		630														16.3	422	DTII02B5101	18.5	440	DTII02B5102
	70		3524	1050		1189	440	530	155		110	—		32		20.3	613	DTII02B5121	21.3	640	DTII02B5122

续表

B	许用合力/kN	D	轴承型号	A	L	L_1	Q	P	H	h	M	N	d_s	C	$n\times d_y$	光面 转动惯量/kg·m²	光面 质量/kg	光面 图号	胶面 转动惯量/kg·m²	胶面 质量/kg	胶面 图号
800	6	250	1310	1250	950	1345	260	320	90	33	70		M16	14	2×M8×1	0.8	136	DTII03B1051			
	12	315	1312			1353	280	340	100					18		1.5	200	DTII03B2061			
	20		1316			1359	350	410	120				M20	22		1.8	260	DTII03B2081			
		400														4.5	288	DTII03B3081	4.8	306	DTII03B3082
	32	400	3520	1300		1429	380	460	135	46	80		M24	26	4×M8×1	4.8	360	DTII03B3101	5	487	DTII03B3102
	40	500														7.8	412	DTII03B4101	9.8	434	DTII03B4102
	50	630														19.5	472	DTII03B5101	23.5	560	DTII03B5102
	47	400	3524			1439	440	530	155		110			32		5.5	509	DTII03B3121	6.3	527	DTII03B3122
	56	500														7.8	560	DTII03B4121	9.3	582	DTII03B4122
	73	630														24.3	690	DTII03B5121	49.5	719	DTII03B5122
	90	800														49.8	780	DTII03B6121	57.3	823	DTII03B6122
	100	630	3528			1449	480	570	170	63	120		M30	37		27.8	855	DTII03B5141	30.8	883	DTII03B5142
	126	800														54.8	942	DTII03B6141	61.8	976	DTII03B6142
	170	630	3532	1400		1579	520	640	200	60	200	105		43	4×M8×1	30	1080	DTII03B5161	33	1108	DTII03B5162
		800														60.5	1200	DTII03B6161	67.5	1243	DTII03B6162
	240	1000														125.3	1413	DTII03B7161	140	1487	DTII03B7162
	250	800	3536			1601	570	700	220	70	220	120		46		61.8	1469	DTII03B6181	68.8	1533	DTII03B6182
	330	1000														126.5	1675	DTII03B7181	140.3	1755	DTII03B7182
1000	6	250	1310	1450	1150	1545	260	320	90	33	70		M16	14	2×M8×1	1	156	DTII04B1051			
	11	315	1312			1553	280	340	100					18		1.8	221	DTII04B2061			
	18		1316			1559	350	410	120				M20	22		2	296	DTII04B2081			
		400														5	328	DTII04B3081	6	350	DTII04B3082
	29		3520	1500		1629	380	460	135	46	80		M24	26	4×M8×1	5	427	DTII04B3101	6	445	DTII04B3102
	35	500														11.5	472	DTII04B4101	13.3	500	DTII04B4102
	43	630														23	546	DTII04B5101	26.5	567	DTII04B5102
	45	400	3524	1500		1639	440	530	155	46	110	—	M24	32	4×M8×1	7.3	567	DTII04B3121	8.3	589	DTII04B3122
		500			1150											9.5	624	DTII04B4121	11.3	652	DTII04B4122
	64	630														29.8	753	DTII04B5121	33.3	797	DTII04B5122
	79	800														58.3	864	DTII04B6121	67	916	DTII04B6122
	75	500	3528			1649	480	570	170	63	120	—	M30	37		8.5	804	DTII04B4141	9.8	831	DTII04B4142
	87	630														32.5	940	DTII04B5141	36	975	DTII04B5142
	110	800														64.3	1042	DTII04B6141	73	1094	DTII04B6142
	130	1000														131.5	1214	DTII04B7141	150.8	1280	DTII04B7142
	168	630	3532	1600		1579	520	640	200	60	200	105		43	4×M10×1	10	1180	DTII04B5161	38.5	1214	DTII04B5162
		800														73.3	1313	DTII04B6161	81.8	1365	DTII04B6162

续表

B	许用合力/kN	D	轴承型号	A	L	L_1	Q	P	H	h	M	N	d_s	C	$n\times d_y$	光面 转动惯量/kg·m²	光面 质量/kg	光面 图号	胶面 转动惯量/kg·m²	胶面 质量/kg	胶面 图号
1000	200	1000	3532	1600	1150	1579	520	640	200	60	200	105	M30	43	4×M10×1	151.5	1542	DTII04B7161	168.3	1607	DTII04B7162
	220	800	3536			1801	570	700	220	70	220	120		46		74.8	1606	DTII04B6181	83.3	1659	DTII04B6182
	290															153.3	1830	DTII04B7181	170	1886	DTII04B7182
	387	1000	3540	1650		1906	640	780	240	75	240	140		60		198.2	2440	DTII04B7201	215.3	2510	DTII04B7202
	429		3544			1916	720	880	250	80	250		M36	65		215.8	2818	DTII04B7221	232.5	2884	DTII04B7222
1200	6	250	1310	1700	1400	1795	260	320	90	33	70	—	M16	14	2×M×1	1.3	181	DTII05B1051			
	11	315	1312			1803	280	340	100					18		1.8	255	DTII05B2061			
	17		1316			1809	350	410	120				M20	22		2	341	DTII05B2081			
		400														6	378	DTII05B3081	7	405	DTII05B3082
	26		3520	1750		1879	380	460	135	46	80	—	M24	26	4×M8×1				7	556	DTII05B3102
	30	500																	16.3	572	DTII05B4102
	37	630																	32.3	659	DTII05B5102
	38	400	3524			1889	440	530	155		110	—		32					10	659	DTII05B3122
	41	500																	13.8	731	DTII05B4122
	53	630																	38	893	DTII05B5122
	64	800																	79.5	1032	DTII05B6122
	70	500	3528			1899	480	570	170	63	120	—		37					21	925	DTII05B4142
	90	630																	42.5	1090	DTII05B5142
	100	800																	87	1229	DTII05B6142
	134	1000																	175.8	1438	DTII05B7142
	150	630	3532	1850		2029	520	640	200	60	200	105	M30	43	4×M10×1				46.8	1334	DTII05B5162
		800																	99.5	1507	DTII05B6162
		1000																	204.8	1770	DTII05B7162
	200	800	3536			2051	570	700	220	70	220	120		46					101.3	1824	DTII05B6182
		1000																	207	2806	DTII05B7182
	230	800	3540	1900		2156	640	780	240	75	240	140		60					118.3	2309	DTII05B6202
	351	1000																	262	2711	DTII05B7202
	291		3544			2166	720	880	270	80	250		M36	65					283	3068	DTII05B7222
	437		3548			2186	750	900	290	90				75					291	3510	DTII05B7242
1400	17	315	1316	1900	1600	2009	350	410	120	33	70	—	M20	22	2×M8×1	2.3	356	DTII06B2081			
		400														6.8	398	DTII06B3081	8	429	DTII06B3082
	25		3520	1950		2079	380	460	135	46	80	—	M24	36	4×M8×1				8	560	DTII06B3102
		500																	18.5	629	DTII06B4102
	40	400	3524			2089	440	530	155		110	—		32					11.5	729	DTII06B3122
		500																	15.8	809	DTII06B4122

续表

B	许用合力/kN	D	轴承型号	A	L	L_1	Q	P	H	h	M	N	d_s	C	$n\times d_y$	光面 转动惯量/kg·m²	光面 质量/kg	光面 图号	胶面 转动惯量/kg·m²	胶面 质量/kg	胶面 图号
1400	50	630	3524	1950	1600	2089	440	530	155	46	110	—	M24	32	4×M8×1				42.8	971	DTII06B5122
		800																	89.3	1124	DTII06B6122
	66	500	3528	2050		2199	480	570	170	63	120	—	M30	37					24	1009	DTII06B4142
	90	630																	48	1197	DTII06B5142
	94	800																	98.3	1350	DTII06B6142
	100	1000																	198	1580	DTII06B7142
	120	630	3532			2299	520	640	200	60	200	105		43	4×M10×1				53.5	1439	DTII06B5162
	150	800																	113.8	1628	DTII06B6162
		1000																	234	1910	DTII06B7162
	186	800	3536			2251	570	700	220	70	220	120		46					115.8	1970	DTII06B6182
	236	1000																	236.5	2253	DTII06B7182
	214	800	3540	2100		2356	640	780	240	75	240	140		60					135.3	2403	DTII06B6202
	331	1000																	299.5	2820	DTII06B7202
	361		3544			2366	720	880	270	80	250		M36	65					300	3333	DTII06B7222
	400		3548			2386	750	900	290	90				75					323.8	3748	DTII06B7242
	427		3552			2396													375.5	4118	DTII06B7262

表 9-2-7　　改向滚筒与传动滚筒直径匹配　　mm

带宽 B	传动滚筒直径 D	≈180°尾部改向滚筒直径	≈180°头部探头滚筒直径	≈90°改向滚筒直径	<45°改向滚筒直径
500	500	400	500	315	250
650	500 630	400 500	500 630	315 400	250 315
800	500 630 800 10CO	400 500 630 800	500 630 800 1000	315 400 500 630	250 315 400 500
1000	630 800 1000	500 630 800	630 800 1000	400 500 630	315 400 500
1200	630 800 1000	500 630 800	630 800 1000	400 500 630	315 400 500
1400	800 1000	630 800	800 1000	500 630	400 500

1.3　电动滚筒

电动滚筒是一种将电机和减速机构或将减速机构置于滚筒体内的驱动装置，其结构紧凑、外形尺寸小，适用于短距离及较小功率的单机驱动带式输送机。

选用电动滚筒应遵循以下原则。

① 按照主机的实际工况条件，确定电动滚筒功率。

② 按照主机的结构安装尺寸、电动滚筒功率及输送带与滚筒直径间的关系选取最小滚筒直径。

③ 按照主机的输送能力、输送带宽度或电动滚筒功率及滚筒直径，确定电动滚筒线速度。

④ 电动滚筒筒体长通常应大于输送带宽度 100~200mm。

⑤ 电动滚筒通常工作的环境温度为-20~+40℃，海拔高度不超过 1000m，输送物料温度不超过 60℃。如工作环境条件与上述条件不符，应选用相应的耐热、耐寒等特种电动滚筒。

⑥ 限制一个方向旋转时，应选用带逆止器的电动滚筒。

⑦ 要求断电立即停机时，应选用带电磁制动器的电动滚筒。

⑧ 在隔爆、防腐等特殊条件下工作时，应选用隔爆、防腐型电动滚筒。

1.3.1 电动滚筒系列选用表

表 9-2-8

滚筒规格 B、D	电动机功率 P/kW	带速 v/m·s^{-1}	输出转矩 M/N·m	最大张力 F_1/N	滚筒规格 B、D	电动机功率 P/kW	带速 v/m·s^{-1}	输出转矩 M/N·m	最大张力 F_1/N
5050 6550 8050	2.2	0.80	640	2585	6550 8050	11	1.00	2585	10340
		1.00	517	2068			1.25	2068	8272
		1.25	413	1654			1.60	1616	6463
		1.60	323	1293			2.00	1292	5170
		2.00	258	1034			2.50	1034	4136
	3.0	0.80	881	3525			3.15	820	3231
		1.00	705	2820			4.00	646	2585
		1.25	564	2256	8050	15	0.80	4407	17625
		1.60	440	1763			1.00	3525	14100
		2.00	352	1410			1.25	2821	11280
		2.50	282	1128			1.60	2203	8813
	4.0	0.80	1175	4700			2.00	1762	7050
		1.00	940	3760			2.50	1410	5640
		1.25	752	3008			3.15	1119	4406
		1.60	587	2350	6563 8063 10063	3.0	0.80	1110	3525
		2.00	470	1880			1.00	888	2820
		2.50	376	1504			1.25	710	2256
	5.5	0.80	1616	6463			1.60	555	1763
		1.00	1292	5170			2.00	444	1410
		1.25	1034	4136			2.50	355	1128
		1.60	808	3231			3.15	282	895
		2.00	646	2585	6563 8063 10063 12063	4.0	0.80	1480	4700
		2.50	517	2068			1.00	1184	3760
		3.15	410	1616			1.25	947	3008
6550 8050	7.5	0.80	2203	8695			1.60	740	2350
		1.00	1762	6956			2.00	592	1880
		1.25	1410	5565			2.50	473	1504
		1.60	1101	4348			3.15	376	1194
		2.00	881	3478		5.5	0.80	2036	6463
		2.50	705	2782			1.00	1628	5170
		3.15	559	2174			1.25	1303	4136
		4.00	440	1739			1.60	1018	3231
	11	0.80	3232	12926			2.00	814	2585

续表

滚筒规格 B、D	电动机功率 P/kW	带速 v/m·s^{-1}	输出转矩 M/N·m	最大张力 F_1/N
6563 8063 10063 12063	5.5	2.50	651	2068
		3.15	517	1616
	7.5	0.80	2776	8695
		1.00	2221	6956
		1.25	1776	5565
		1.60	1388	4348
		2.00	1110	3478
		2.50	888	2782
		3.15	705	2174
	11	0.80	4072	12925
		1.00	3256	10340
		1.25	2605	8272
		1.60	2036	6463
		2.00	1628	5170
		2.50	1302	4136
		3.15	1034	3231
		4.00	814	2585
8063 10063 12063	15	1.00	4442	14100
		1.25	3553	11280
		1.60	2775	8813
		2.00	2221	7050
		2.50	1776	5640
		3.15	1410	4406
		4.00	1110	3525
8063 10063 12063 14063	18.5	1.00	5479	17390
		1.25	4383	13912
		1.60	3424	10869
		2.00	2739	8695
		2.50	2191	6956
		3.15	1739	5434
	22	1.00	6515	20680
		1.25	5212	16544
		1.60	4072	12925
		2.00	3257	10340
		2.50	2606	8272
		3.15	2068	6463
8063 10063 12063 14063	30	1.25	7107	22560
		1.60	5551	17625
		2.00	4442	14100
		2.50	3553	11280
		3.15	2820	8813
10063 12063 14063	37	1.60	6849	21738
		2.00	5479	17390
		2.50	4383	13912
		3.15	3479	10869
14063	45	1.60	8859	26438
		2.00	7087	21250
		2.50	5670	16920
		3.15	4500	13429
8080 10080 12080 14080	5.5	1.00	2068	5170
		1.25	1654	4136
		1.60	1292	3231
		2.00	1034	2585
		2.50	827	2068
		3.15	656	1616
	7.5	1.00	2820	6956
		1.25	2256	5565
		1.60	1762	4348
		2.00	1410	3478
		2.50	1128	2782
		3.15	895	2174
	11	1.00	4136	10340
		1.25	3309	8272
		1.60	2585	6463
		2.00	2067	5170
		2.50	1654	4136
		3.15	1313	3231
	15	1.00	5640	14100
		1.25	4512	11280
		1.60	3525	8813
		2.00	2820	7050
		2.50	2256	5640

续表

滚筒规格 B、D	电动机功率 P/kW	带速 v/m·s^{-1}	输出转矩 M/N·m	最大张力 F_1/N
8080 10080 12080 14080	15	3.15	1790	4406
	18.5	1.00	6956	17390
		1.25	5565	13912
		1.60	4347	10869
		2.00	3478	8695
		2.50	2782	6956
		3.15	2268	5434
		4.00	1739	4348
	22	1.25	6618	16544
		1.60	5170	12925
		2.00	4136	10340
		2.50	3309	8272
		3.15	2628	6463
		4.00	2068	5170
10080 12080 14080	30	1.60	7050	17625
		2.00	5640	14100
		2.50	4512	11280
		3.15	3581	8813
		4.00	2820	7050
	37	1.25	11130	27824
		1.60	8695	21738
		2.00	6956	17390
		2.50	5565	13912
		3.15	4416	10869
		4.00	3478	8695
	45	1.60	10575	26438

滚筒规格 B、D	电动机功率 P/kW	带速 v/m·s^{-1}	输出转矩 M/N·m	最大张力 F_1/N
10080 12080 14080	45	2.00	8468	21250
		2.50	6768	16920
		3.15	5371	13429
		4.00	4230	10575
	55	1.60	12925	32313
		2.00	10340	25850
		2.50	8272	20680
100100 120100 140100	37	1.25	13911	27824
		1.60	10868	21738
		2.00	8694	17390
		2.50	6955	13912
		3.15	5520	10869
		4.00	4347	8695
	45	1.25	16919	33840
		1.60	13218	26438
		2.00	10574	21250
		2.50	8459	16920
		3.15	6714	13429
		4.00	5625	10575
	55	1.25	20681	41360
		1.60	16157	32313
		2.00	12925	25850
		2.50	10340	20680
		3.15	8206	16413
		4.00	6875	12925

注：1. 表中“滚筒规格 B、D”一栏中的数字，前两位或三位数字表示带宽、直径，单位均为 cm。
2. 选用电动滚筒时，应尽量考虑表中的输出转矩及最大张力。

1.3.2 电动滚筒安装尺寸

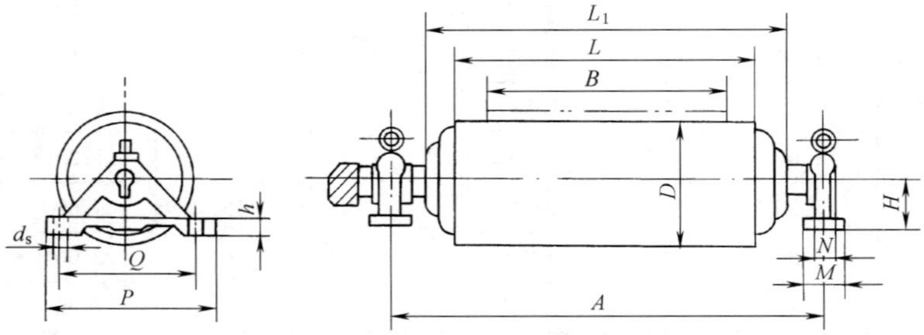

表 9-2-9

mm

D	B	A	L	H	M	N	P	Q	h	L_1	d_s
500	500	850	620	100	70	—	340	280	35	748	$\phi27$
	650	1000	750	120	90	—	340	280	35	900	$\phi27$
	800	1300	950	120	90	—	340	280	35	1100	$\phi27$
630	650	1000	750	120	90	—	340	280	35	868	$\phi27$
	800	1300	950	140	130	80	400	330	35	1068	$\phi27$
	1000	1500	1150	140	130	80	400	330	35	1268	$\phi27$
	1200	1750	1400	160	160	90	440	360	50	1514	$\phi34$
	1400	2000	1600	160	160	90	440	360	50	1720	$\phi34$
	800	1300	950	140	130	80	400	330	35	1068	$\phi27$
800	1000	1500	1150	140	145	80	400	330	35	1268	$\phi27$
	1200	1750	1400	160	160	90	440	360	50	1514	$\phi34$
	1400	2000	1600	160	160	90	440	360	50	1720	$\phi34$
	1000	1500	1150	140	145	80	400	330	35	1268	$\phi27$
1000	1200	1750	1400	160	160	90	440	360	50	1514	$\phi34$
	1400	2000	1600	160	160	90	440	360	50	1720	$\phi34$

2 托辊（摘自 GB/T 10595—2009）

托辊是用于支承输送带及输送带上所承载的物料，保证输送带稳定运行的装置。其种类主要有槽型托辊、缓冲托辊、平行托辊、调心托辊、回程托辊和过渡托辊等。

托辊的基本参数与尺寸

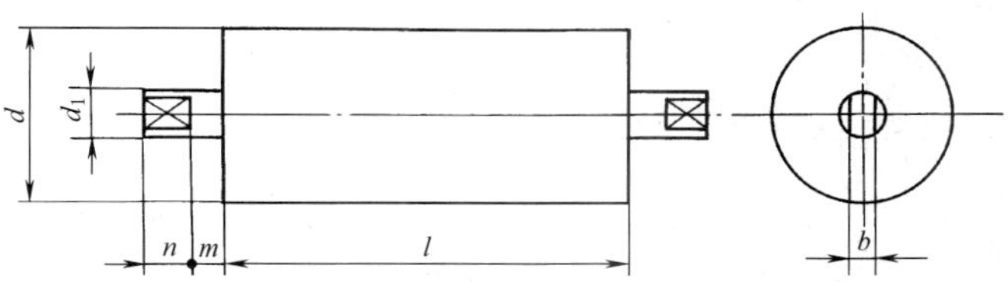

表 9-2-10

mm

<table>
<tr><th>带宽 B</th><th>辊子直径 d</th><th>辊子长度 l</th><th>d_1</th><th>b</th><th>n</th><th>m</th></tr>
<tr><td>300</td><td rowspan="3">63.5,76,89</td><td>160,380</td><td rowspan="4">20</td><td rowspan="4">14</td><td rowspan="5">10</td><td rowspan="14">4</td></tr>
<tr><td>400</td><td>160,250,500</td></tr>
<tr><td>500</td><td>200,315,600</td></tr>
<tr><td>650</td><td>76,89,108</td><td>250,380,750</td></tr>
<tr><td>800</td><td>89,108,133</td><td>315,465,950</td><td rowspan="2">25</td><td rowspan="2">18</td></tr>
<tr><td>1000</td><td rowspan="3">108,133,159</td><td>380,600,1150</td><td rowspan="9">12</td></tr>
<tr><td>1200</td><td>465,700,1400</td><td rowspan="3">30</td><td rowspan="5">22</td></tr>
<tr><td>1400</td><td>530,800,1600</td></tr>
<tr><td>1600</td><td rowspan="4">133,159,194</td><td>600,900,1800</td></tr>
<tr><td>1800</td><td>670,1000,2000</td><td rowspan="3">35</td></tr>
<tr><td>2000</td><td>750,1100,2200</td></tr>
<tr><td>2200</td><td>800,1250,2500</td></tr>
<tr><td>2400</td><td rowspan="3">159,194,219</td><td>900,1400,2800</td><td rowspan="2">45</td><td rowspan="3">32</td></tr>
<tr><td>2600</td><td>950,1500,3000</td></tr>
<tr><td>2800</td><td>1050,1600,3150</td><td>50</td></tr>
</table>

第 9 篇

2.1 槽形托辊

用于承载分支输送散状物料，分为支架式和吊挂式两种，常用槽角有 30°和 45°两种。

2.1.1 35°槽形托辊

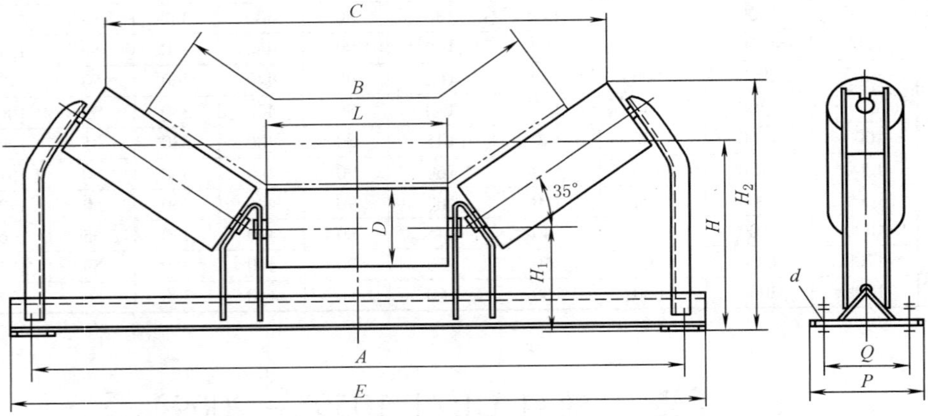

表 9-2-11 mm

带宽	辊子				A	E	C	H	H_1	H_2	P	Q	d	质量	图号
B	D	L	图号	轴承型号										/kg	
500	63.5	200	G102	6203/C4	740	800	569	200	119	272	170	130	M12	12.5	50C114
	76		G202	6204/C4			565	210	122	284				14.9	50C214
	89		G302				559	220	135.5	298				15.8	50C314
650	76	250	G203		890	950	698	225	122	312				16.6	65C214
	89		G303				691	235	135.5	327				17.1	65C314
	108		G403	6205/C4			683	265	146	346				21.3	65C414
800	89	315	G304	6204/C4	1090	1150	862	245	135.5	364				22.1	80C314
	108		G404	6205/C4			855	270	146	383				26.7	80C414
	133		G504	6305/C4			840	305	159.5	407				33.2	80C514
1000	108	380	G405	6205/C4	1290	1350	1037	300	159	437	220	170	M16	38.0	100C414
	133		G505	6305/C4			1022	325	173.5	461				45.5	100C514
	159		G605	6306/C4			1017	370	190.5	490				57.1	100C614
1200	108	465	G406	6205/C4	1540	1600	1261	335	176	502	260	200		50.5	120C414
	133		G506	6305/C4			1247	360	190.5	527				59.2	120C514
	159		G606	6306/C4			1242	390	207.5	556				72.4	120C614
1400	108	530	G408	6205/C4	1740	1800	1433	350	184	548	280	220		56.2	140C414
	133		G508	6305/C4			1418	380	198.5	573				65.7	140C514
	159		G608	6306/C4			1413	410	215.5	602				87.8	140C614
保留品种															
800	108	315	GP2103	6204/C4	1090	1150		270	146	385	170	130	M12	24.3	03C0121
1000		380	GP2304	6305/C4	1290	1350		300	159	437	220	170	M16	38.7	04C0123
	133		GP3204	6205/C4				325	173.5	462				43.5	04C0132
1200	108	465	GP2305	6305/C4	1540	1600		335	176	503	260	200		51.2	05C0123
			GP2405	6306/C4										55.1	05C0124
	133		GP3205	6205/C4				360	190.5	528				57.5	05C0132
			GP3405	6306/C4										63.5	05C0134
	159		GP4205	6205/C4				390	207.5	557				65.1	05C0142
			GP4305	6305/C4										66.4	05C0143
1400	108	530	GP2306		1740	1800		350	184	548	280	220		56.6	06C0123
			GP2406	6306/C4										68.8	06C0124
	133		GP3406					380	198.5	573				78.3	06C0134
	159		GP4306	6305/C4				410	215.5	603				74.8	06C0143

注：与中间架连接的紧固件包括在本部件内。

第 9 篇

2.1.2 35°槽形前倾托辊

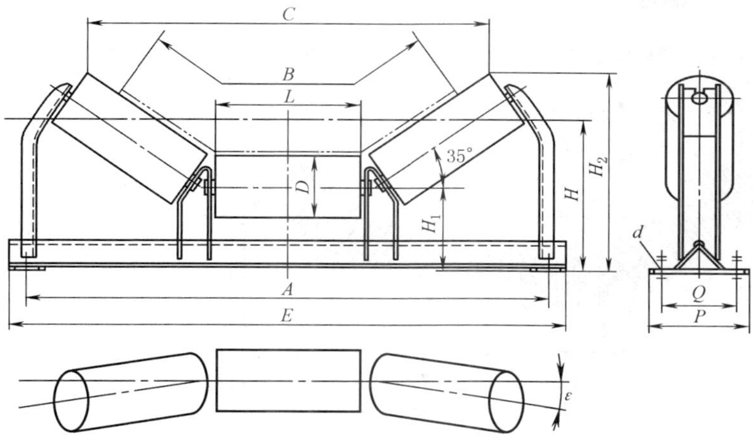

表 9-2-12

mm

带宽	辊子				A	E	C	H	H_1	H_2	ε	P	Q	d	质量	图号
B	D	L	图号	轴承型号											/kg	
500	63.5	200	G102	6203/C4	740	800	569	200	119	272	1°30′	170	130	M12	12.5	50C124
	76		G202	6204/C4			565	210	122	284					14.9	50C224
	89		G302				559	220	135.5	298					15.8	50C324
650	76	250	G203		890	950	698	225	122	312	1°26′				16.6	65C224
	89		G303				691	235	135.5	327					17.1	65C324
	108		G403	6205/C4			683	265	146	346					21.3	65C424
800	89	315	G304	6204/C4	1090	1150	862	245	135.5	364	1°20′				22.1	80C324
	108		G404	6205/C4			855	270	146	383					26.7	80C424
	133		G504	6305/C4			840	305	159.5	407					33.2	80C524
1000	108	380	G405	6205/C4	1290	1350	1037	300	159	437	1°23′	220	170	M16	38.0	100C424
	133		G505	6305/C4			1022	325	173.5	461					45.5	100C524
	159		G605	6306/C4			1017	370	190.5	490					57.1	100C624
1200	108	465	G406	6205/C4	1540	1600	1261	335	176	502		260	200		50.5	120C424
	133		G506	6305/C4			1247	360	190.5	527					59.2	120C524
	159		G606	6306/C4			1242	390	207.5	556	1°22′				72.4	120C624
1400	108	530	G408	6205/C4	1740	1800	1433	350	184	548	1°25′	280	220		56.2	140C424
	133		G508	6305/C4			1418	380	198.5	573					65.7	140C524
	159		G608	6306/C4			1413	410	215.5	602					87.8	140C624
保留品种																
800	108	315	GP2103	6204/C4	1090	1150		270	146	385	1°20′	170	130	M12	24.3	03C0321
1000		380	GP2304	6305/C4	1290	1350		300	159	437	1°23′	220	170	M16	38.7	04C0323
	133		GP3204	6205/C4				325	173.5	462					43.5	04C0132
1200	108	465	GP2305	6305/C4	1540	1600		335	176	503		260	200		51.2	05C0123
			GP2405	6306/C4											55.1	05C124
	133		GP3205	6205/C4				360	190.5	528					57.5	05C132
			GP3405	6306/C4											63.5	05C134
	159		GP4205	6205/C4				390	207.5	557					65.1	05C142
			GP4305	6305/C4											66.4	05C143
1400	108	530	GP2306		1740	1800		350	184	548	1°25′	280	220		56.6	06C0123
			GP2406	6306/C4											68.8	06C0124
	133		GP3406					380	198.5	573					78.3	06C0134
	159		GP4306	6305/C4				410	215.5	603					74.8	06C0143

注：1. 与中间架连接的紧固件包括在本装配件内。
2. H 为输送带理论高度。

第 9 篇

2.2 缓冲托辊

缓冲托辊安装在输送机受料段下方，以减少输送带所受的冲击，延长输送带使用寿命。

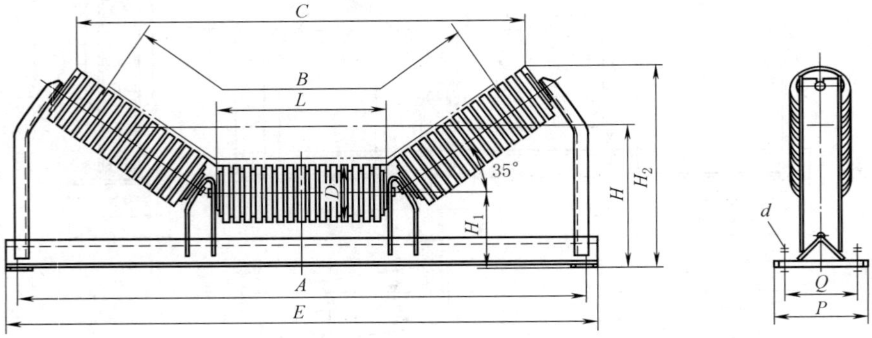

表 9-2-13 mm

带宽 B	辊子				A	E	H_1	H	H_2	P	Q	d	质量/kg	图号
	D	L	图号	轴承										
500	89	200	DTIIGH1101	4G204	740	800	135.5	220	300	170	130	M12	17.5	DTII01C0711
650	89	250	DTIIGH1102	4G204	892	950	135.5	235	329	170	130	M12	21.0	DTII02C0711
800	89	315	DTIIGH1103	4G204	1090	1150	135.5	245	366	170	130	M12	27.7	DTII03C0711
	108		DTIIGH2203	4G205			146	270	385				35.3	DTII03C0722
1000	108	380	DTIIGH2304	4G305	1290	1350	159	300	437	220	170	M16	49.4	DTII04C0723
	133		DTIIGH3404	4G306			173.5	325	462				46.1	DTII04C0734
1200	108	465	DTIIGH2305	4G305	1540	1600	176	335	503	260	200	M16	66.4	DTII05C0723
	133		DTIIGH3405	4G306			190.5	360	528				77.1	DTII05C0734
	159		DTIIGH4405	4G306			207.5	390	557				88.5	DTII05C0744
	159		DTIIGH4605	4G308			207.5	390	557				99.6	DTII05C0746
1400	108	530	DTIIGH2306	4G305	1740	1800	184	350	548	280	220	M16	76.1	DTII06C0723
	133		DTIIGH3406	4G306			198.5	380	573				96.2	DTII06C0734
	159		DTIIGH4406	4G306			215.5	410	603				107.8	DTII06C0744
	159		DTIIGH4606	4G308			215.5	410	603				111.1	DTII06C0746

注：1. 与中间架连接的紧固件包括在本装配体内。
2. H 为输送带理论高度。

2.3 平行托辊

平行托辊分为平行上托辊和平行下托辊两种。平行上托辊用于承载分支，支承输送带及其上的货物；平行下托辊用于回程分支，支承输送带。

2.3.1 平行上托辊

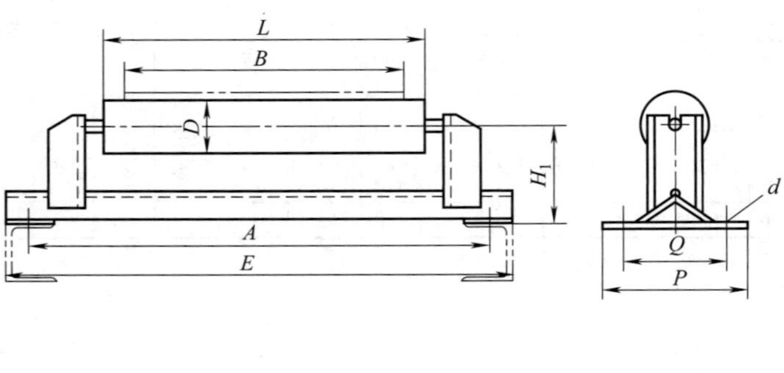

表 9-2-14　　平行上托辊的基本参数与尺寸　　mm

带宽 B	辊子				A	E	H_1	P	Q	d	质量/kg	图号
	D	L	图号	轴承								
550	89	600	DTIIGP1107	4G204	740	800	175.5	170	130	M12	11.6	DTII01C1411
650		750	DTIIGP1109		890	950	190.5				13.7	DTII02C1411
800	89	950	DTIIGP1211	4G205	1090	1150	200.5				19.0	DTII03C1412
	108		DTIIGP2311	4G305			216				20.9	DTII03C1423
1000		1150	DTIIGP2312		1290	1350	246	220	170	M16	31.9	DTII04C1423
	133		DTIIGP3312				258.5				37.2	DTII04C1433
1200	108	1400	DTIIGP2313		1540	1600	281	260	200		40.9	DTII05C1423
	133		DTIIGP3313				293.5				52.1	DTII05C1433
	159		DTIIGP4313				310.5				56.7	DTII05C1443
1400	108	1600	DTIIGP2314		1740	1800	296	280	220		52.7	DTII06C1423
	133		DTIIGP3314				313.5				59.6	DTII03C1433
	159		DTIIGP4314				330.5				63.1	DTII06C1443

2.3.2　平行下托辊

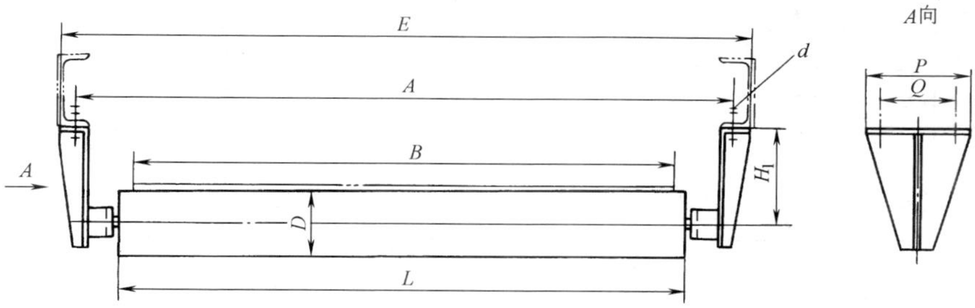

表 9-2-15　　平行下托辊的基本参数与尺寸　　mm

带宽 B	辊子				E	A	H_1	P	Q	d	质量/kg	图号
	D	L	图号	轴承								
500	89	600	DTIIGP1107	4G204	792	740	100	145	90	M12	10.4	DTII01C2111
650		750	DTIIGP1109		942	890					11.8	DTII02C2111
800		950	DTIIGP1111		1142	1090	144.5				14.3	DTII03C2111
			DTIIGP1211	4G205							15.8	DTII03C2112
	108		DTIIGP2111	4G204			154				16.0	DTII03C2121
			DTIIGP2211	4G205							17.4	DTII03C2122
			DTIIGP2311	4G305							17.8	DTII03C2123
1000		1150	DTIIGP2212	4G205	1342	1290	164	150		M16	19.2	DTII04C2122
			DTIIGP2312	4G305							20.8	DTII04C2123
	133		DTIIGP3212	4G205			176.5				25.7	DTII04C2132
			DTIIGP3312	4G305							26.1	DTII04C2133
1200	108	1400	DTIIGP2213	4G205	1592	1540	174				20.7	DTII05C2122
			DTIIGP2313	4G305							23.6	DTII05C2123
			DTIIGP2413	4G306							26.6	DTII05C2124
	133		DTIIGP3213	4G205			186.5				30.0	DTII05C2132
			DTIIGP3313	4G305							30.3	DTII05C2133
			DTIIGP3413	4G306							32.1	DTII05C2134
	159		DTIIGP4213	4G205			199.5				36.6	DTII05C2142
			DTIIGP4313	4G305							37.0	DTII05C2143
			DTIIGP4413	4G306							40.5	DTII05C2144
1400	108	1600	DTIIGP2314	4G305	1800	1740	184				19.8	DTII06C2123
			DTIIGP2414	4G306							29.6	DTII06C2124
	133		DTIIGP3314	4G305			196.5				33.9	DTII06C2133
			DTIIGP3414	4G306							36.8	DTII06C2134
	159		DTIIGP4314	4G305			209.5				41.5	DTII06C2143
			DTIIGP4414	4G306							45.2	DTII06C2144

说明：与中间架连接的紧固件包括在本装配图内。

2.4 调心托辊

调心托辊用于调整输送带跑偏，防止蛇行，保证输送带稳定运行，分为槽型调心托辊和平行调心托辊两种。上分支槽型托辊每隔 10 组放一组槽型调心托辊，下分支平行托辊每 6～10 组放一组平行调心托辊。锥形调心托辊还可用于可逆式带式输送机。

2.4.1 摩擦上调心托辊

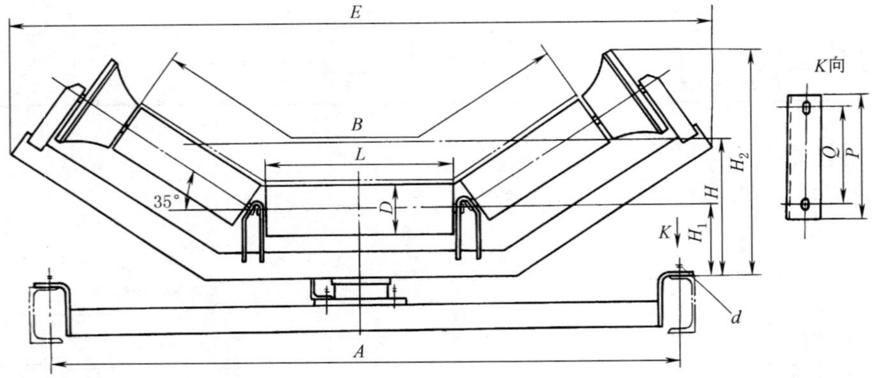

表 9-2-16 mm

<table>
<tr><th>带宽
B</th><th>D</th><th>L</th><th>H</th><th>H_1</th><th>H_2</th><th>E</th><th>A</th><th>P</th><th>Q</th><th>d</th><th>轴承型号</th><th>质量
/kg</th><th>图号</th></tr>
<tr><td>500</td><td rowspan="3">89</td><td>200</td><td>220</td><td rowspan="3">135.5</td><td>346.5</td><td>936</td><td>740</td><td rowspan="4">170</td><td rowspan="4">130</td><td rowspan="4">M12</td><td rowspan="3">4G204</td><td>48.4</td><td>DTII01C1111</td></tr>
<tr><td>650</td><td>250</td><td>235</td><td>375</td><td>1069</td><td>890</td><td>51.7</td><td>DTII02C1111</td></tr>
<tr><td rowspan="2">800</td><td rowspan="2">315</td><td>245</td><td>400</td><td>1203</td><td rowspan="2">1090</td><td>58.0</td><td>DTII03C1111</td></tr>
<tr><td rowspan="2">108</td><td>270</td><td>146</td><td>440</td><td>1260</td><td>4G205</td><td>73.1</td><td>DTII03C1122</td></tr>
<tr><td rowspan="2">1000</td><td rowspan="2">380</td><td>300</td><td>159</td><td>487.5</td><td>1456</td><td rowspan="2">1290</td><td rowspan="2">220</td><td rowspan="2">170</td><td rowspan="2">M16</td><td rowspan="2">4G305</td><td>87.2</td><td>DTII04C1123</td></tr>
<tr><td>133</td><td>325</td><td>173.5</td><td>505</td><td>1492</td><td>107</td><td>DTII04C1133</td></tr>
</table>

说明：与中间架连接的紧固件包括在本装配图内。

2.4.2 锥形上调心托辊

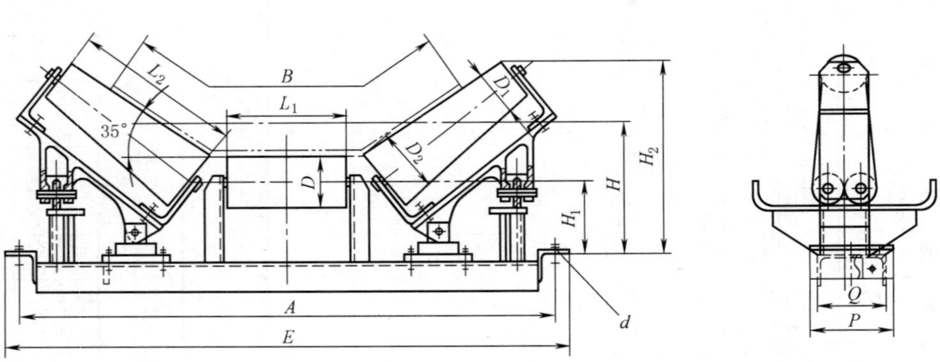

表 9-2-17

mm

带宽 B	辊子 D	辊子 L_1	辊子 图号	辊子 轴承	D_1	D_2	L_2	A	E	H	H_1	H_2	P	Q	d	质量/kg	图号
800	108	250	G403	6205/C4	89	133	340	1090	1150	270	146	395	170	130	M12	70.9	80C414Z
	133		G503	6305/C4	108	159				296	159.6	422				71.1	80C514Z
1000	133	315	G504	6305/C4			415	1290	1350	325	173.5	478	220	170	M16	72.9	100C514Z
	159		G604	6306/C4						355	190.5	508				91.5	100C614Z
1200	133	380	G505	6305/C4		176	500	1540	1600	360	190.5	548	260	200		105.5	120C514Z
	159		G605	6306/C4	133	194				390	207.5	578				109.4	120C614Z
1400	133	465	G506	6305/C4	108	176	550	1740	1800	380	198.5	584	280	220		99.7	140C514Z
	159		G606	6306/C4	133	194				410	215.5	615				110.0	140C614Z

说明：与中间架连接的紧固件包括在本装配图内。

2.4.3 摩擦上平调心托辊

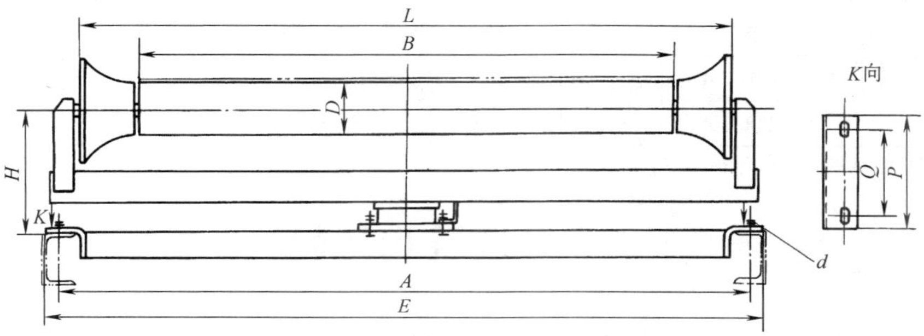

表 9-2-18

mm

带宽 B	D	L	E	H	A	P	Q	d	轴承型号	质量/kg	图号
500	89	690	800	175.5	740	170	130	M12	4G204	45.2	DTII01C1311
650		840	950	190.5	890					48.6	DTII02C1311
800		990	1150	200.5	1090				4G205	55.0	DTII03C1312
1000	108	1226	1350	246.0	1290	220	170	M16	4G306	76.3	DTII04C1324

说明：与中间架连接的紧固件包括在本装配图内。

2.4.4 摩擦下调心托辊

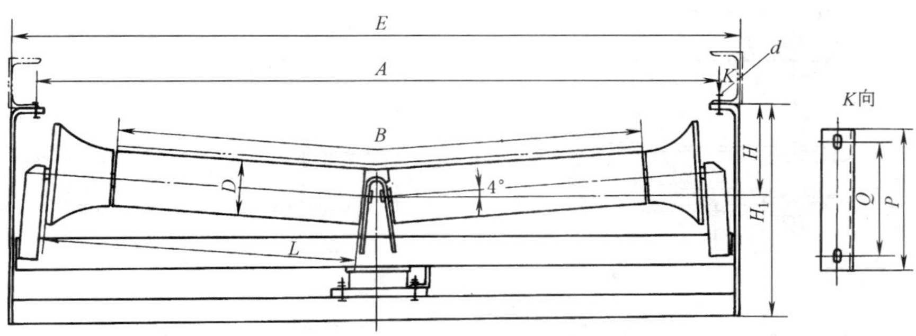

表 9-2-19

mm

带宽 B	D	L	H	H_1	E	A	P	Q	d	轴承型号	质量/kg	图号
500	89	323	100	334	840	740	130	90	M12	4G204	50.5	DTII01C2811
650		398		328	990	890					54.4	DTII02C2811
800		473	144.5	367.5	1150	1090					60.3	DTII03C2811
	108	488	154	396	1176					4G205	73.8	DTII03C2822
		590	164	411	1376	1290			M16	4G305	86.2	DTII04C2823
1000	133		176.5	443.5							104.4	DTII04C2833

说明：与中间架连接的紧固件包括在本装配图内。

2.4.5 锥形下调心托辊

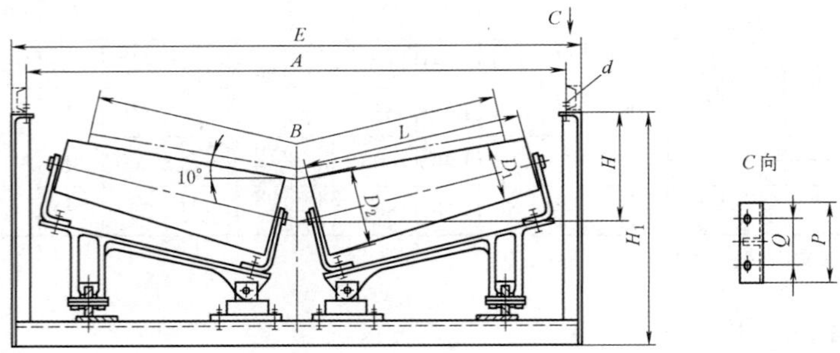

表 9-2-20 mm

带宽 B	辊子			L	A	E	H	H_1	P	Q	d	质量 /kg	图号
	D_1	D_2	轴承型号										
800	108	159	6305/C4	445	1090	1150	217	452	160	90	M16	72.3	80C461Z
1000		176		560	1290	1350	254	532				83.9	100C461Z
1200		194	6306/C4	680	1540	1600	272	557	180			81.8	120C461Z
1400				780	1740	1800	291	578				121.2	140C461Z

说明：与中间架连接的紧固件包括在本装配图内。

3 输送链和链轮

表 9-2-21 几种常用输送链的特点及应用范围

名称	标准	特点及应用范围
长节距输送链	GT/B 8350—2008	适用于输送和机械装卸
输送用平顶链	GT/B 4140—2003	适用于输送瓶、罐、盒等轻型物品
带附件短节距精密滚子输送链	GT/B 1243—2006	适用于小型输送机输送轻型物品
双节距滚子输送链	GT/B 5269—2008	适用于转动功率小、速度低和中心距长的输送装置

3.1 长节距输送链（摘自 GB/T 8350—2008）

3.1.1 链条

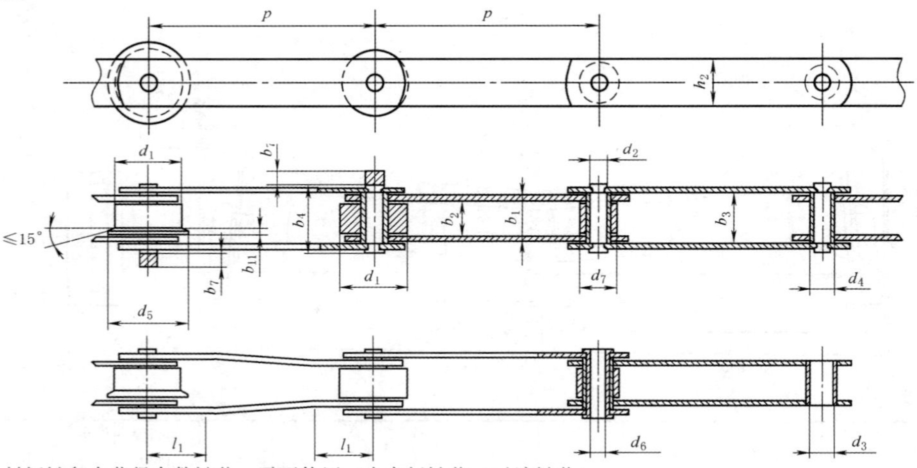

为了在一封闭链条中获得奇数链节，需要使用一个弯板链节（过渡链节）

b_1——内链节内宽
b_2——内链节外宽
b_3——外链节内宽
b_4——销轴长度
b_7——销轴止锁端加长量
b_{11}——带边滚子边缘宽度
d_1——大滚子或带边滚子直径
d_2——销轴直径
d_3——套筒孔径
d_4——套筒外径
d_5——带边滚子边缘直径
d_6——空心销轴内径
d_7——小滚子直径
h_2——链板高度
l_1——过渡链节尺寸
p——节距

表 9-2-22 实心销轴输送链主要尺寸和技术要求

链号（基本）	抗拉强度（min）	d_1（max）	节距 p①②③															d_2（max）	d_3（min）	d_4（max）	h_2（max）	b_1（min）	b_2（max）	b_3（min）	b_4（max）	b_7（max）	$l_1$④（min）	d_5（max）	b_{11}（max）	d_7（max）	测量力
			40	50	63	80	100	125	160	200	250	315	400	500	630	800	1000														
	kN	mm																													kN
M20	20	25	×															6	6.1	9	19	16	22	22.2	35	7	12.5	32	3.5	12.5	0.4
M28	28	30		×														7	7.1	10	21	18	25	25.2	40	8	14	36	4	15	0.56
M40	40	36																8.5	8.6	12.5	26	20	28	28.3	45	9	17	42	4.5	18	0.8
M56	56	42			×													10	10.1	15	31	24	33	33.3	52	10	20.5	50	5	21	1.12
M80	80	50																12	12.1	18	36	28	39	39.4	62	12	23.5	60	6	25	1.6
M112	112	60				×												15	15.1	21	41	32	45	45.5	73	14	27.5	70	7	30	2.24
M160	160	70					×											18	18.1	25	51	37	52	52.5	85	16	34	85	8.5	36	3.2
M224	224	85						×										21	21.2	30	62	43	60	60.6	98	18	40	100	10	42	4.5
M315	315	100							×									25	25.2	36	72	48	70	70.7	112	21	47	120	12	50	6.3
M450	450	120																30	30.2	42	82	56	82	82.8	135	25	55	140	14	60	9
M630	630	140																36	36.2	50	103	66	96	97	154	30	66.5	170	16	70	12.5
M900	900	170									×							44	44.2	60	123	78	112	113	180	37	81	210	18	85	18

① 节距 p 是理论参考尺寸，用来计算链长和链轮尺寸，而不是用作检验链节的尺寸。
②用×表示的链条节距规格仅用于套筒链条和小滚子链条。
③ 阴影区内的节距规格是优选节距规格。
④ 过渡链节尺寸 l_1 决定最大链板长度和对铰链轨迹的最小限制。

表 9-2-23 空心销轴输送链主要尺寸和技术要求

链号（基本）	抗拉强度（min）	d_1（max）	节距 p①②										d_2（max）	d_3（min）	d_4（max）	h_2（max）	b_1（min）	b_2（max）	b_3（min）	b_4（max）	b_7（max）	$l_1$③（min）	d_5（max）	b_{11}（max）	d_6（min）	d_7（max）	测量力
			63	80	100	125	160	200	250	315	400	500															
	kN	mm																									kN
MC28	28	36											13	13.1	17.5	26	20	28	28.3	42	10	17.0	42	4.5	8.2	25	0.56
MC56	56	50											15.5	15.6	21.0	36	24	33	33.3	48	13	23.5	60	5	10.2	30	1.12
MC112	112	70											22	22.2	29.0	51	32	45	45.5	67	19	34.0	85	7	14.3	42	2.24
MC224	224	100											31	31.2	41.0	72	43	60	60.6	90	24	47.0	120	10	20.3	60	4.50

① 节距 p 是理论参考尺寸，用来计算链长和链轮尺寸，而不是用作检验链节的尺寸。
② 阴影区内的节距规格是优选节距规格。
③ 过渡链节尺寸 l_1 决定最大链板长度和对铰链轨迹的最小限制。

3.1.2 附件

（1）K 型附板

K 型附件又分为 K1 型、K2 型、K3 型，安装尺寸见表 9-2-24。

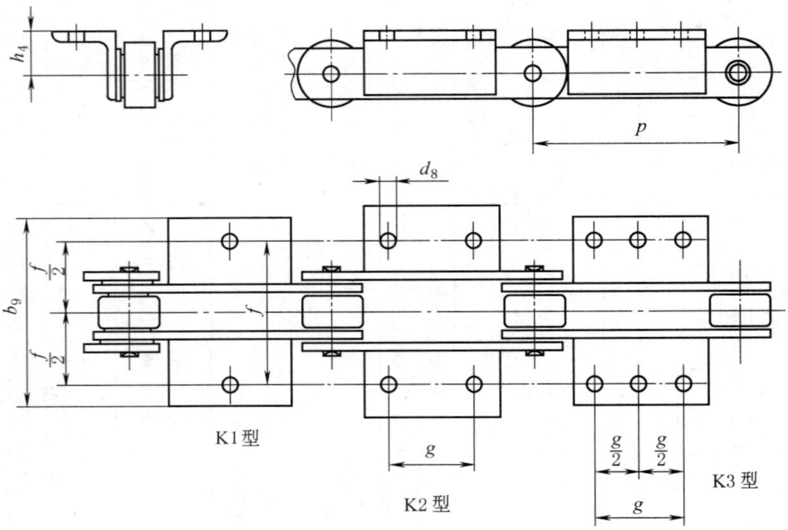

b_9——腹板横向外宽；g——附板孔中心线之间的纵向距离；d_8——附板孔直径；

h_4——附板平台高度；f——附板孔中心线之间的横向距离；p——节距

表 9-2-24　K 型附板尺寸　mm

链号	d_8	h_4	f	b_9（max）	孔距					
					短		中		长	
					p①(min)	g	p①(min)	g	p①(min)	g
M20	6.6	16	54	84	63	20	80	35	100	50
M28	9.0	20	64	100	80	25	100	40	125	65
M40	9.0	25	70	112	80	20	100	40	125	65
M56	11.0	30	88	140	100	25	125	50	160	85
M80	11.0	35	96	160	125	50	160	85	200	125
M112	14.0	40	110	184	125	35	160	65	200	100
M160	14.0	45	124	200	160	50	200	85	250	145
M224	18.0	55	140	228	200	65	250	125	315	190
M315	18.0	65	160	250	200	50	250	100	315	155
M450	18.0	75	180	280	250	85	315	155	400	240
M630	24.0	90	230	380	315	100	400	190	500	300
M900	30.0	110	280	480	315	65	400	155	500	240
MC28	9.0	25	70	112	80	20	100	40	125	65
MC56	11.0	35	88	152	125	50	160	85	200	125
MC112	14.0	45	110	192	160	50	200	85	250	145
MC224	18.0	65	140	220	200	50	250	100	315	155

① 对应纵向孔中心距 g 的最小链条节距。

（2）加高链板

加高链板的高度 h_6，其值见表 9-2-25。其他的规定（包括抗拉强度）见表 9-2-22 和表 9-2-23。

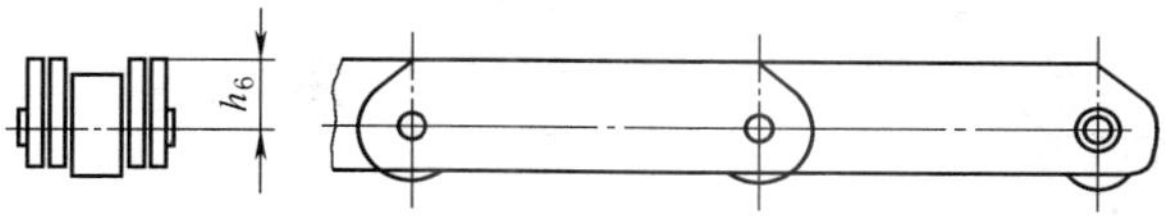

表 9-2-25　　加高链板尺寸　　mm

链号	h_6	链号	h_6
M20	16	M315	65
M28	20	M450	80
M40	22.5	M630	90
M56	30	M900	120
M80	32.5	MC28	22.5
M112	40	MC56	32.5
M160	45	MC112	45
M224	60	MC224	65

注：包括抗拉强度及其他所有的数据都与基本链板数据一样。

3.1.3　标准长节距输送链链轮

（1）基本参数

链轮的基本参数和直径应符合表 9-2-26 的链轮参数与尺寸。

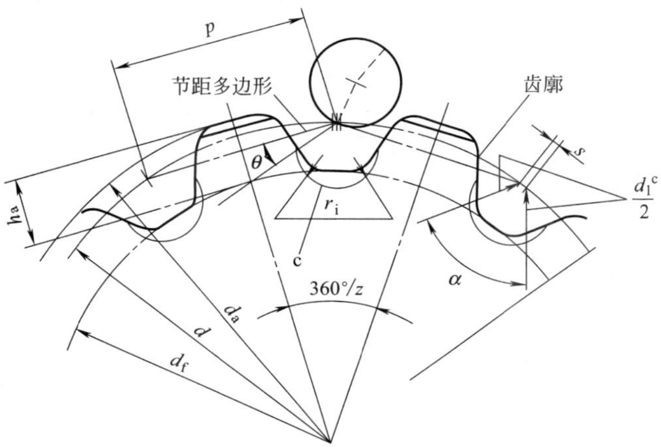

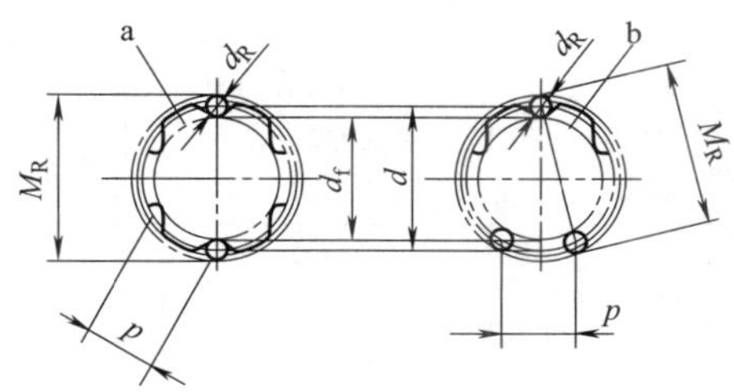

b_a——齿边倒角宽；　d_R——量柱直径；　r_i——齿沟圆弧半径；
b_f——齿宽；　d_1——滚子直径；　r_x——最小齿边倒圆半径；
b_g——齿根部最小倒角宽度；　d_2——销轴直径；　s——齿槽中心分离量；
d——分度圆直径；　h_a——齿根圆以上的齿高；　z——齿数；
d_a——齿顶圆直径；　M_R——跨柱测量距；　α——齿沟角；
d_f——齿根圆直径；　p——弦节距，等于链条节距；　θ——压力角；
d_g——最大齿侧凸缘直径；　r_a——齿侧凸缘圆角半径；

对非滚子链条，用套筒代替滚子。

a 偶数齿；

b 奇数齿；

c 根据不同滚子类型，d_1 可由 d_4 或 d_7 替换。

表 9-2-26

	名称		计算公式	说明
基本参数	配用链条参数	节距 p	见表 9-20-22 和表 9-2-23	
		滚子外径 d_1 $(d_4、d_7)$	见表 9-20-22 和表 9-2-23	
直径与跨柱测量距	分度圆直径 d		$d=\dfrac{p}{\sin(180°/z)}$	表 9-2-27 给出了以单位节距表示的常用齿数范围的分度圆直径
	齿顶圆直径 d_a		$d_{amax}=d+d_1$	
	量柱直径 d_R		$d_R=d_1、d_4$或 d_7	其极限偏差为$^{+0.01}_{0}$mm
	齿根圆直径 d_f		$d_{fmax}=d-d_1$	d_1 可由 d_4 或 d_7 替换，公差带按 h11
	跨柱测量距 M_R		对于偶数齿的链轮： $M_R=d+d_{Rmin}$ 对于偶数齿的链轮： $M_R=d\cos(90°/z)+d_{Rmin}$	跨柱测量距的极限偏差与相应齿根圆直径的极限偏差相同

表 9-2-27 **分度圆直径** mm

齿数 z	单位节距分度圆直径① d	齿数 z	单位节距分度圆直径① d	齿数 z	单位节距分度圆直径① d
6	2.0000	18	5.7588	30	9.5668
$6_{1/2}$	2.1519	$18_{1/2}$	5.9171	$30_{1/2}$	9.7256
7	2.3048	19	6.0755	31	9.8845
$7_{1/2}$	2.4586	$19_{1/2}$	6.2340	$31_{1/2}$	10.0434
8	2.6131	20	6.3925	32	10.2023
$8_{1/2}$	2.7682	$20_{1/2}$	6.5509	$32_{1/2}$	10.3612
9	2.9238	21	6.7095	33	10.5201
$9_{1/2}$	3.0798	$21_{1/2}$	6.8681	$33_{1/2}$	10.6790
10	3.2361	22	7.0266	34	10.8380
$10_{1/2}$	3.3927	$22_{1/2}$	7.1853	$34_{1/2}$	10.9969
11	3.5494	23	7.3439	35	11.1558
$11_{1/2}$	3.7065	$23_{1/2}$	7.5026	$35_{1/2}$	11.3148
12	3.8637	24	7.6613	36	11.4737
$12_{1/2}$	4.0211	$24_{1/2}$	7.8200	$36_{1/2}$	11.6327
13	4.1786	25	7.9787	37	11.7916
$13_{1/2}$	4.3362	$25_{1/2}$	8.1375	$37_{1/2}$	11.9506
14	4.4940	26	8.2962	38	12.1095
$14_{1/2}$	4.6518	$26_{1/2}$	8.4550	$38_{1/2}$	12.2685
15	4.8097	27	8.6138	39	12.4275
$15_{1/2}$	4.9677	$27_{1/2}$	8.7726	$39_{1/2}$	12.5865
16	5.1258	28	8.9314	40	12.7455
$16_{1/2}$	5.2840	$28_{1/2}$	9.0902		
17	5.4422	29	9.2491		
$17_{1/2}$	5.6005	$29_{1/2}$	9.4080		

① 实际链轮的分度圆直径为表中值乘以链条节距值即可获得。

（2）齿槽形状

链轮的齿槽形状由齿廓齿顶段、工作段和齿沟圆弧光滑连接而成。齿槽形状应根据表 9-2-26 规定定义。

表 9-2-28

名　称	计算公式或说明
工作面	工作面是链轮齿的有效工作部分。工作面是两个滚子与齿面接触线之间的区域，即其中一个滚子的中心线位于分度圆上，另一个滚子的中心线位于直径等于$\frac{p+0.25d_2}{\sin(180°/z)}$的圆周上，这不包括由于齿高的限制而使这个圆周减小的情况
压力角 θ	压力角是由链节的节距线与链轮工作面和滚子接触点的法线之间形成的夹角。在工作表面任何接触点的压力角应与表 9-2-29 一致
齿根圆直径以上的齿高 h_a	$h_a=\frac{d_a-d_f}{2}$ 当 K 型附板的平台上装有板条时，链节就成为了桥梁，此时齿顶高度不应超过分度圆弦线以上 $0.8h_4$，h_4 是附件平台高度，其值见表 9-2-24
齿槽中心分离量 S	对于非机加工齿链轮 $S_{min}=0.04p$ 对于机加工齿链轮　$S_{min}=0.08d_1$
最大齿沟圆弧半径 r_i	根据滚子的不同类型 $r_{imax}=\frac{d_1}{2}$或$\frac{d_4}{2}$或$\frac{d_7}{2}$
齿　形	不论齿沟圆弧半径的大小，也不管齿形是直线的还是曲线的，根据滚子类型的不同，从节距线与齿沟中心分离量尺寸线的交点到齿面之间的距离应等于$\frac{d_1}{2}$或$\frac{d_4}{2}$或$\frac{d_7}{2}$，沿齿沟角尺寸线方向测量
齿沟角 α/(°)	$\alpha_{max}=140°-\frac{90°}{z}$、$\alpha_{min}=120°-\frac{90°}{z}$

表 9-2-29

齿数 z	压力角		齿数 z	压力角	
	min	max		min	max
6 或 7 8 或 9	7° 9°	10° 12°	14 或 15 16 或 19	16° 18°	20° 22°
10 或 11 12 或 13	12° 14°	15° 17°	20 或 27 28 以上	20° 23°	25° 28°

(3) 剖面齿廓

剖面齿廓应符合表 9-2-30。

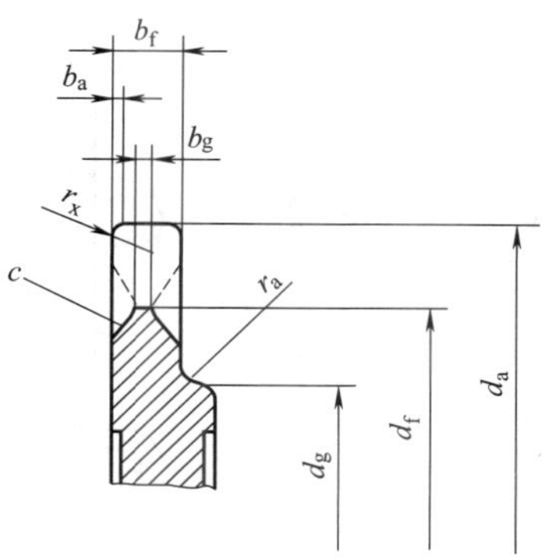

剖面齿廓

表 9-2-30

名　　称	计算公式或说明
齿　宽 b_f	对于非带边滚子： $b_{fmax}=0.9b_1-1(mm)$ $b_{fmin}=0.87b_1-1.7(mm)$ 对于带边滚子： $b_{fmax}=0.9(b_1-b_{11})-1(mm)$ $b_{fmin}=0.87(b_1-b_{11})-1.7(mm)$
最小齿边倒角半径 r_x	$r_x=1.6b_1$
公称齿边倒角宽 b_a	$b_a=0.16b_1$
齿根部最小倒角宽度 b_g	$b_g=0.25b_f$ 注：在特殊操作条件下，被运送的材料可能被堆积在滚子和轮齿之间，为防止发生故障，可将齿沟部倒角
最大齿侧凸缘直径 d_g	$d_g=p\cot\dfrac{180°}{z}-h_2-2r_{aact}$ r_{aact}——实际的齿侧凸缘圆角半径

（4）径向与轴向跳动

表 9-2-31

非机加工齿	机加工齿
$0.005d_f$ 或 1.5mm，选两者中之大值，但最大不得超过 2mm	按$(0.001d_f+0.1)$mm 计算，或取 0.2mm，选两者中之大值，但最大不得超过 2mm

（5）轴孔公差

除非制造商和用户之间另有协议，否则孔公差应取 GB/T 1800 中规定的 H9。

3.2　输送用平顶链和链轮（摘自 GB/T 4140—2003）

3.2.1　输送用平顶链链条

标准输送用平顶链有两种形式：单铰链式和双铰链式。

标准输送用平顶链基本参数

单铰链式

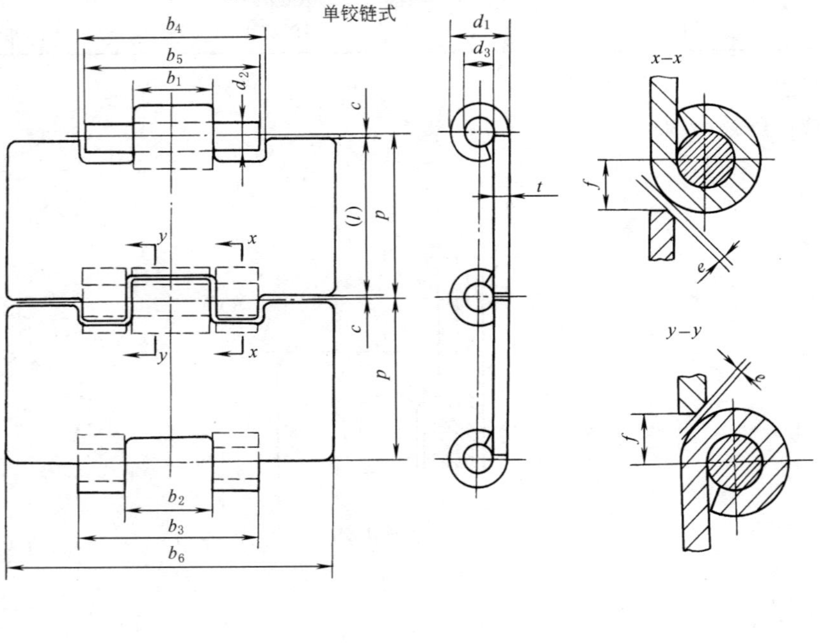

双铰链式

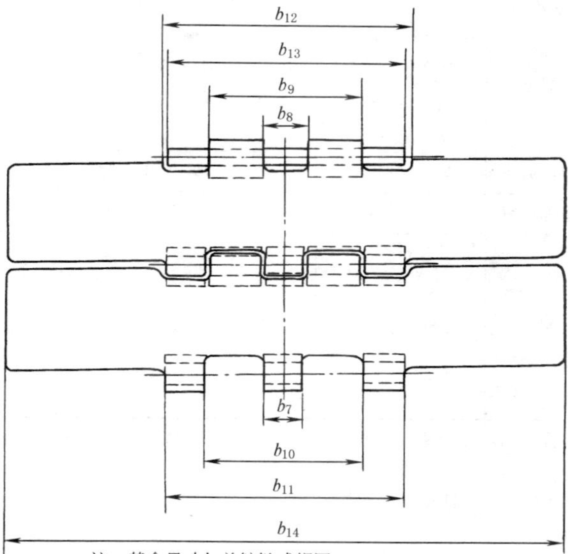

注：其余尺寸与单铰链式相同

表 9-2-32

mm

型　式	链号	节距	铰卷外径	销轴直径	活动铰卷孔径	链板厚度	活动铰卷宽度	固定铰卷内宽	固定铰卷外宽	链板凹槽总宽	销轴长度	链板宽度
		p	d_1	d_2	d_3	t	b_1	b_2	b_3	b_4,b_{12}	b_5,b_{13}	b_6,b_{14}
			max		min	max		min	max	min	max	max
单铰链	C12S											77.20
	C13S											83.60
	C14S											89.90
	C16S	38.10	13.13	6.38	6.40	3.35	20.00	20.10	42.05	42.10	42.60	102.60
	C18S											115.30
	C24S											153.40
	C30S											191.50
双铰链	C30D	38.10	13.13	6.38	6.40	3.35	—	—	—	80.60	81.00	191.50

型　式	链号	链板宽度	中央固定铰卷宽度	活动铰卷间宽	活动铰卷跨宽	外侧固定铰卷间宽	外侧固定铰卷跨宽	链板长度	铰卷轴心线与链板外缘间距	铰链间隙		测量载荷	抗拉强度 Q
		b_6,b_{14}	b_7	b_8	b_9	b_{10}	b_{11}	(l)	c	e	f	/N	
		公称尺寸	max	min	max	min	max		min				min
单铰链	C12S	76.20										碳钢	
	C13S	82.60										200	10000
	C14S	88.90										一级耐蚀钢	
	C16S	101.60	—	—	—	—	—	37.28	0.41	0.41	5.90		
	C18S	114.39										160	8000
	C24S	152.40										二级耐蚀钢	
	C30S	190.50										120	6250

第 9 篇

续表

型式	链号	链板宽度	中央固定铰卷宽度	活动铰卷间宽	活动铰卷跨宽	外侧固定铰卷间宽	外侧固定铰卷跨宽	链板长度	铰卷轴心线与链板外缘间距	铰链间隙		测量载荷	抗拉强度 Q
		b_6, b_{14}	b_7	b_8	b_9	b_{10}	b_{11}	(l)	c	e	f	/N	
		公称尺寸	max	min	max	min	max		min				min
双铰链	C30D	190.50	13.50	13.70	53.50	53.60	80.50	37.28	0.41	0.14	5.90	碳钢 400 一级耐蚀钢 320 二级耐蚀钢 250	 20000 16000 12500

注：1. 平顶链链号中 C 后面的数字是表示链板宽度的代号，它乘以 25.4/4mm 等于链板宽度的公称尺寸。字母 S 表示单铰链，D 表示双铰链。

2. 节距 p 是一个理论计算尺寸，不适用于检验链节的尺寸。

3. 链板长（l）为参考值。

4. 一级耐蚀钢和二级耐蚀钢的划分，仅与耐蚀钢相应的抗拉强度有关，有关钢的耐腐蚀性能详情，请向制造厂咨询。

3.2.2 链轮

（1）基本参数与直径尺寸

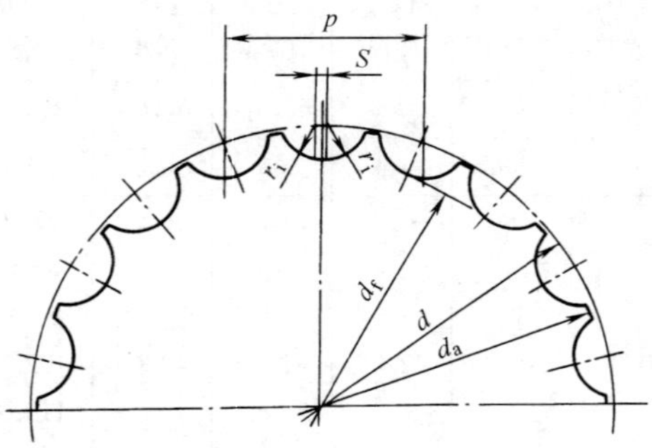

齿槽形状

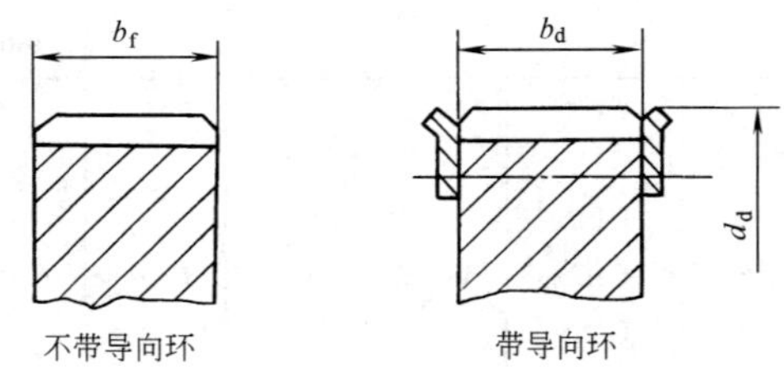

轴向齿廓

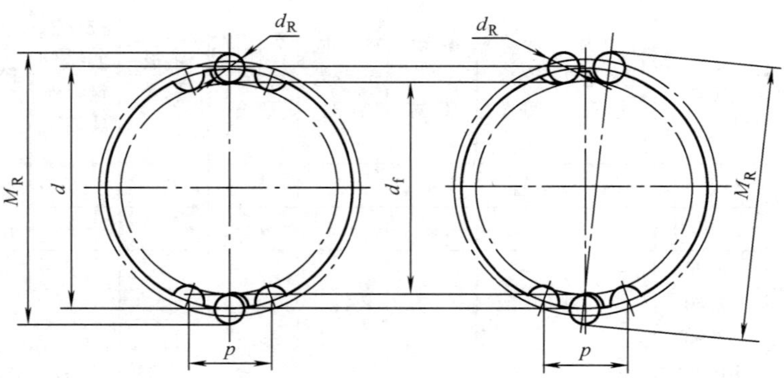

偶数齿　　奇数齿

表 9-2-33

mm

名 称	计 算 方 法	备 注
分度圆直径 d	$d=\dfrac{p}{\sin\dfrac{180°}{z}}$	p 值见表 9-2-32
齿顶圆直径 d_a	$d_a=d\cos\dfrac{180°}{z}+6.35$	
齿根圆直径 d_{fmax}	$d_{fmax}=d-d_1$	
实际齿数 z_1	单切齿 $z=z_1$ 双切齿 $z=\dfrac{1}{2}z_1$	z_1 优先选用 17、19、21、25、27、29、31、35
跨柱测量距 M_R	z_1 为奇数时：$M_R=d\cos\dfrac{90°}{z_1}+d_R$ z_1 为偶数时：$M_R=d+d_R$	量柱直径 $d_R=d_1$

(2) 齿槽形状及轴向齿廓

链轮的齿槽形状及轴向齿廓的尺寸应符合表 9-2-34 的规定。

表 9-2-34

mm

名 称		代 号	数 值	备 注
齿沟圆弧半径		r_i	6.63	
齿沟中心分离量		S	2.00	
齿 宽	单铰链式	b_f	42.5	
	双铰链式		81.3	
导向环间宽	单铰链式	b_d	$b_d \geqslant b_3$ 或 b_5	
	双铰链式		$b_d \geqslant b_{11}$ 或 b_{13}	
导向环外径		d_d	$d_d \leqslant d_a$	

(3) 链轮公差

齿根圆对孔轴心线的圆跳动公差应符合表 9-2-35 的规定。

表 9-2-35

mm

齿根圆直径		径向圆跳动	端面圆跳动
大于	至		
0	177.80	$0.25+0.001d_f$	0.51
177.80	508.00	$0.25+0.001d_f$	$0.003d_f$
508.00	762.00	0.76	$0.003d_f$
762.00		0.76	2.29

3.3 带附件短节距精密滚子输送链（摘自 GB/T 1243—2006）

3.3.1 链条尺寸代号

链条尺寸应符合表 9-2-36 及表 9-2-37 的规定。规定的最大和最小尺寸是保证由不同链条厂生产的链条的链节具有互换性，它们代表了互换性的极限，而不是制造链条时的公差。

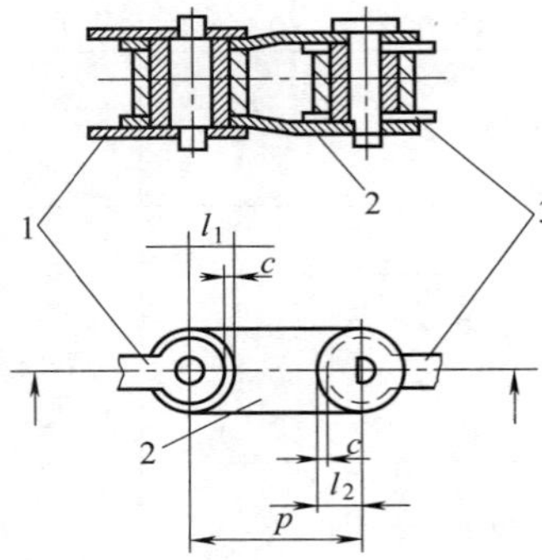

1—外链板；2—过渡链板；3—内链板

c—过渡链板与直链板在连接处的回转间隙；p—节距

(a) 过渡链节

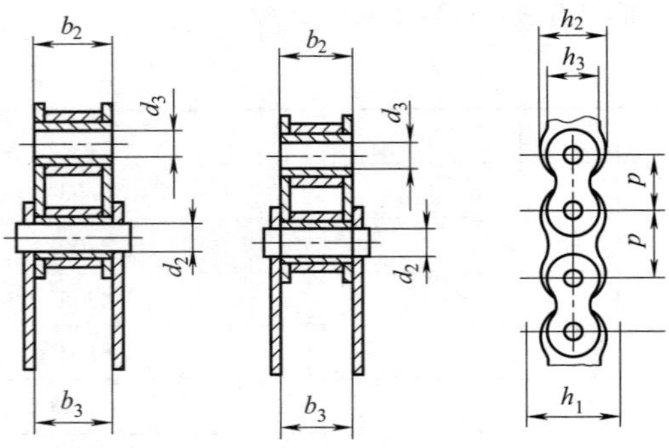

直销轴　　带肩销轴

链条通道高度h_1是考虑过渡链板与直链板在连接处的回转间隙

(b) 链条剖面图

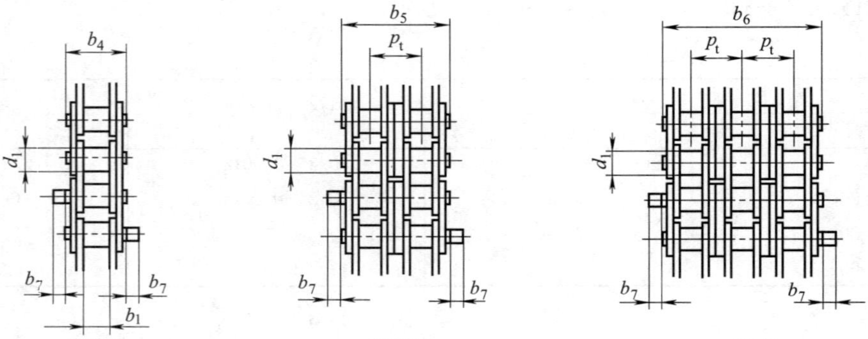

单排链　　双排链　　三排链

(c) 链条型式

表 9-2-36 链条主要尺寸、测量力、抗拉强度及动载强度

链号[①]	节距 p (nom)	滚子直径 d_1 (max)	内节内宽 b_1 (min)	销轴直径 d_2 (max)	套筒孔径 d_3 (min)	链条通道高度 h_1 (min)	内链板高度 h_2 (max)	外或中链板高度 h_3 (max)	过渡链节尺寸[②] l_1 (min)	过渡链节尺寸[②] l_2 (min)	过渡链节尺寸[②] c	排距 p_t	内节外宽 b_2 (max)	外节内宽 b_3 (min)	销轴长度 单排 b_4 (max)	销轴长度 双排 b_5 (max)	销轴长度 三排 b_6 (max)	止锁件附加宽度[③] b_7 (max)	测量力 单排	测量力 双排	测量力 三排	抗拉强度 F_u 单排 (min)	抗拉强度 F_u 双排 (min)	抗拉强度 F_u 三排 (min)	动载强度[④] 单排 F_d (min)
	mm																		N			kN			N
04C	6.35	3.30[⑤]	3.10	2.31	2.34	6.27	6.02	5.21	2.65	3.08	0.10	6.40	4.80	4.85	9.1	15.5	21.8	2.5	50	100	150	3.5	7.0	10.5	630
06C	9.525	5.08[⑤]	4.68	3.60	3.62	9.30	9.05	7.81	3.97	4.60	0.10	10.13	7.46	7.52	13.2	23.4	33.5	3.3	70	140	210	7.9	15.8	23.7	1410
05B	8.00	5.00	3.00	2.31	2.36	7.37	7.11	7.11	3.71	3.71	0.08	5.64	4.77	4.90	8.6	14.3	19.9	3.1	50	100	150	4.4	7.8	11.1	820
06B	9.525	6.35	5.72	3.28	3.33	8.52	8.26	8.26	4.32	4.32	0.08	10.24	8.53	8.66	13.5	23.8	34.0	3.3	70	140	210	8.9	16.9	24.9	1290
08A	12.70	7.92	7.85	3.98	4.00	12.33	12.07	10.42	5.29	6.10	0.08	14.38	11.17	11.23	17.8	32.3	46.7	3.9	120	250	370	13.9	27.8	41.7	2480
08B	12.70	8.51	7.75	4.45	4.50	12.07	11.81	10.92	5.66	6.12	0.08	13.92	11.30	11.43	17.0	31.0	44.9	3.9	120	250	370	17.8	31.1	44.5	2480
081	12.70	7.75	3.30	3.66	3.71	10.17	9.91	9.91	5.36	5.36	0.08	—	5.80	5.93	10.2	—	—	1.5	125	—	—	8.0	—	—	
083	12.70	7.75	4.88	4.09	4.14	10.56	10.30	10.30	5.36	5.36	0.08	—	7.90	8.03	12.9	—	—	1.5	125	—	—	11.6	—	—	
084	12.70	7.75	4.88	4.09	4.14	11.41	11.15	11.15	5.77	5.77	0.08	—	8.80	8.93	14.8	—	—	1.5	125	—	—	15.6	—	—	
085	12.70	7.77	6.25	3.60	3.62	10.17	9.91	8.51	4.35	5.03	0.08	—	9.06	9.12	14.0	—	—	2.0	80	—	—	6.7	—	—	1340
10A	15.875	10.16	9.40	5.09	5.12	15.35	15.09	13.02	6.61	7.62	0.10	18.11	13.84	13.89	21.8	39.9	57.9	4.1	200	390	590	21.8	43.6	65.4	3850
10B	15.875	10.16	9.65	5.08	5.13	14.99	14.73	13.72	7.11	7.62	0.10	16.59	13.28	13.41	19.6	36.2	52.8	4.1	200	390	590	22.2	44.5	66.7	3330
12A	19.05	11.91	12.57	5.96	5.98	18.34	18.10	15.62	7.90	9.15	0.10	22.78	17.75	17.81	26.9	49.8	72.6	4.6	280	560	840	31.3	62.6	93.9	5490
12B	19.05	12.07	11.68	5.72	5.77	16.39	16.13	16.13	8.33	8.33	0.10	19.46	15.62	15.75	22.7	42.2	61.7	4.6	280	560	840	28.9	57.8	86.7	3720
16A	25.40	15.88	15.75	7.94	7.96	24.39	24.13	20.83	10.55	12.20	0.13	29.29	22.60	22.66	33.5	62.7	91.9	5.4	500	1000	1490	55.6	111.2	166.8	9550
16B	25.40	15.88	17.02	8.28	8.33	21.34	21.08	21.08	11.15	11.15	0.13	31.88	25.45	25.58	36.1	68.0	99.9	5.4	500	1000	1490	60.0	106.0	106.0	9530
20A	31.75	19.05	18.90	9.54	9.56	30.48	30.17	26.04	13.16	15.24	0.15	35.76	27.45	27.51	41.1	77.0	113.0	6.1	780	1560	2340	87.0	174.0	261.0	14600
20B	31.75	19.05	19.56	10.19	10.24	26.68	26.42	26.42	13.89	13.89	0.15	36.45	29.01	29.14	43.2	79.7	116.1	6.1	780	1560	2340	95.0	170.0	250.0	13500
24A	38.10	22.23	25.22	11.11	11.14	36.55	36.2	31.24	15.80	18.27	0.18	45.44	35.45	35.51	50.8	96.3	141.7	6.6	1110	2220	3340	125.0	250.0	375.0	20500
24B	38.10	25.40	25.40	14.63	14.68	33.73	33.4	33.40	17.55	17.55	0.18	48.36	37.92	38.05	53.4	101.8	150.2	6.6	1110	2220	3340	160.0	280.0	425.0	19700
28A	44.45	25.40	25.22	12.71	12.74	42.67	42.23	36.45	18.42	21.32	0.20	48.87	37.18	37.24	54.9	103.6	152.4	7.4	1510	3020	4540	170.0	340.0	510.0	27300
28B	44.45	27.94	30.99	15.90	15.95	37.46	37.08	37.08	19.51	19.51	0.20	59.56	46.58	46.71	65.1	124.7	184.3	7.4	1510	3020	4540	200.0	360.0	530.0	27100
32A	50.80	28.58	31.55	14.29	14.31	48.74	48.26	41.68	21.04	24.33	0.20	58.55	45.21	45.26	65.5	124.2	182.9	7.9	2000	4000	6010	223.0	446.0	669.0	34800
32B	50.80	29.21	30.99	17.81	17.86	42.72	42.29	42.29	22.20	22.20	0.20	58.55	45.57	45.70	67.4	126.0	184.5	7.9	2000	4000	6010	250.0	450.0	670.0	29900
36A	57.15	35.71	35.48	17.46	17.49	54.86	54.30	46.86	23.65	27.36	0.20	65.84	50.85	50.90	73.9	140.0	206.0	9.1	2670	5340	8010	281.0	562.0	843.0	44500
40A	63.50	39.68	37.85	19.85	19.87	60.93	60.33	52.07	26.24	30.36	0.20	71.55	54.88	54.94	80.3	151.9	223.5	10.2	3110	6230	9340	347.0	694.0	1041.0	53600
40B	63.50	39.37	38.10	22.89	22.94	53.49	52.96	52.96	27.76	27.76	0.20	72.29	55.75	55.88	82.6	154.9	227.2	10.2	3110	6230	9340	355.0	630.0	950.0	41800
48A	76.20	47.63	47.35	23.81	23.84	73.13	72.39	62.49	31.45	36.40	0.20	87.83	67.81	67.87	95.5	183.4	271.3	10.5	4450	8900	13340	500.0	1000.0	1500.0	73100
48B	76.20	48.26	45.72	29.24	29.29	64.52	63.88	63.88	33.45	33.45	0.20	91.21	70.56	70.69	99.1	190.4	281.6	10.5	4450	8900	13340	560.0	1000.0	1500.0	63600
56B	88.90	53.98	53.34	34.32	34.37	78.64	77.85	77.85	40.61	40.61	0.20	106.60	81.33	81.46	114.6	221.2	327.8	11.7	6090	12190	20000	850.0	1600.0	2240.0	88900

续表

链号①	节距	滚子直径	内节内宽	销轴直径	套筒孔径	链条通道高度	内链板高度	外或中链板高度	过渡链节尺寸②			排距	内节外宽	外节内宽	销轴长度			止锁件附加宽度③	测量力			抗拉强度 F_u			动载强度④
	p (nom)	d_1 (max)	b_1 (min)	d_2 (max)	d_3 (min)	h_1 (min)	h_2 (max)	h_3 (max)	l_1 (min)	l_2 (min)	c	p_t	b_2 (max)	b_3 (min)	单排 b_4 (max)	双排 b_5 (max)	三排 b_6 (max)	b_7 (max)	单排	双排	三排	单排 (min)	双排 (min)	三排 (min)	单排 F_d (min)
	mm																		N			kN			N
64B	101.60	63.50	60.96	39.40	39.45	91.08	90.17	90.17	47.07	47.07	0.20	119.89	92.02	92.15	130.9	250.8	370.7	13.0	7960	15920	27000	1120.0	2000.0	3000.0	106900
72B	114.30	72.39	68.58	44.48	44.53	104.67	103.63	103.63	53.37	53.37	0.20	136.27	103.81	130.94	147.4	283.7	420.0	14.3	10100	20190	33500	1400.0	2500.0	3750.0	132700

① 重载系列链条详见表 9-2-37。

② 对于高应力使用场合，不推荐使用过渡链节。

③ 止锁件的实际尺寸取决于其类型，但都不应超过规定尺寸，使用者应从制造商处获取详细资料。

④ 动载强度值不适用于过渡链节、连接链节或带有附件的链条；双排链和三排链的动载试验不能用单排链的值按比例套用；动载强度值是基于 5 个链节的试样，不含 36A、40A、40B、48A、48B、56B、64B、72B，这些链条是基于 3 个链节的试样。

⑤ 套筒直径。

表 9-2-37　　ANSI 重载系列链条主要尺寸、测量力、抗拉强度及动载强度

链号①	节距	滚子直径	内节内宽	销轴直径	套筒孔径	链条通道高度	内链板高度	外或中链板高度	过渡链节尺寸②			排距	内节外宽	外节内宽	销轴长度			止锁件附加宽度③	测量力			抗拉强度 F_u			动载强度④
	p (nom)	d_1 (max)	b_1 (min)	d_2 (max)	d_3 (min)	h_1 (min)	h_2 (max)	h_3 (max)	l_1 (min)	l_2 (min)	c	p_t	b_2 (max)	b_3 (min)	单排 b_4 (max)	双排 b_5 (max)	三排 b_6 (max)	b_7 (max)	单排	双排	三排	单排 (min)	双排 (min)	三排 (min)	单排 F_d (min)
	mm																		N			kN			N
60H	19.05	11.91	12.57	5.96	5.98	18.34	18.10	15.62	7.90	9.15	0.10	26.11	19.43	19.48	30.2	56.3	82.4	4.6	280	560	840	31.3	62.6	93.9	6330
80H	25.40	15.88	15.75	7.94	7.96	24.39	24.13	20.83	10.55	12.20	0.13	32.59	24.28	24.33	37.4	70.0	102.6	5.4	500	1000	1490	55.6	112.2	166.8	10700
100H	31.75	19.05	18.90	9.54	9.56	30.48	30.17	26.04	13.16	15.24	0.15	39.09	29.10	29.16	44.5	83.6	122.7	6.1	780	1560	2340	87.0	174.0	261.0	16000
120H	38.10	22.23	25.22	11.11	11.14	36.55	36.2	31.24	15.80	18.27	0.18	48.87	37.18	37.24	55.0	103.9	152.8	6.6	1110	2220	3340	125.0	250.0	375.0	22200
140H	44.45	25.40	25.22	12.71	12.74	42.67	42.23	36.45	18.42	21.32	0.20	52.20	38.86	38.91	59.0	111.2	163.4	7.4	1510	3020	4540	170.0	340.0	510.0	29200
160H	50.80	28.58	31.55	14.29	14.31	48.74	48.26	41.66	21.04	24.33	0.20	61.90	46.88	46.94	69.4	131.3	193.2	7.9	2000	4000	6010	223.0	446.0	699.0	36900
180H	57.15	35.71	35.48	17.46	17.49	54.86	54.30	46.86	23.65	27.36	0.20	69.16	52.50	52.55	77.3	146.5	215.7	9.1	2670	5340	8010	281.0	562.0	843.0	46900
200H	63.50	39.68	37.85	19.85	19.87	60.93	60.33	52.07	26.24	30.36	0.20	78.31	58.29	58.34	87.1	165.4	243.7	10.2	3110	6230	9340	347.0	694.0	1041.0	58700
240H	76.20	47.63	47.35	23.81	23.84	73.13	72.39	62.49	31.45	36.40	0.20	101.22	74.54	74.60	111.4	212.6	313.8	10.5	4450	8900	13340	500.0	1000.0	1500.0	84400

① 标准系列链条详见表 9-2-36。

② 对于高应力使用场合，不推荐使用过渡链节。

③ 止锁件的实际尺寸取决于其类型，但都不应超过规定尺寸，使用者应从制造商处获取详细资料。

④ 动载强度值不适用于过渡链节、连接链节或带有附件的链条；双排链和三排链的动载试验不能用单排链的值按比例套用；动载强度值是基于 5 个链节的试样，不含 180H、200H、240H，这些链条是基于 3 个链节的试样。

3.3.2 附件

(1) K 型附板

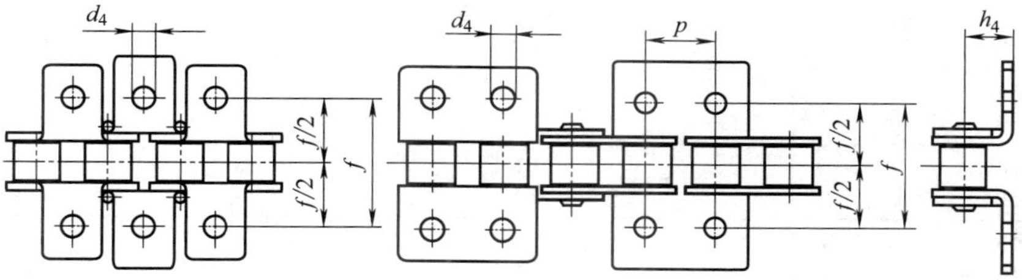

表 9-2-38　　K 型附板尺寸　　mm

链号	附板平台高 h_4	板孔直径 d_4 (min)	孔中心间横向距离 f
06C	6.4	2.6	19.0
08A	7.9	3.3	25.4
08B	8.9	4.3	
10A	10.3	5.1	31.8
10B		5.3	
12A	11.9	5.1	38.1
12B	13.5	6.4	
16A	15.9	6.6	50.8
16B		6.4	
20A	19.8	8.2	63.5
20B		8.4	
24A	23.0	9.8	76.2
24B	26.7	10.5	
28A	28.6	11.4	88.9
28B		13.1	
32A	31.8	13.1	101.6
32B			
40A	42.9	16.3	127.0

注：1. p 见表 9-2-36。
2. K 型附板既可装在外链节，也可装在内链节。
3. K1 和 K2 型附板可以相同，区别是 K1 型附板中心有一个孔。
4. K2 型附板不能逐节安装。

(2) M 型附板

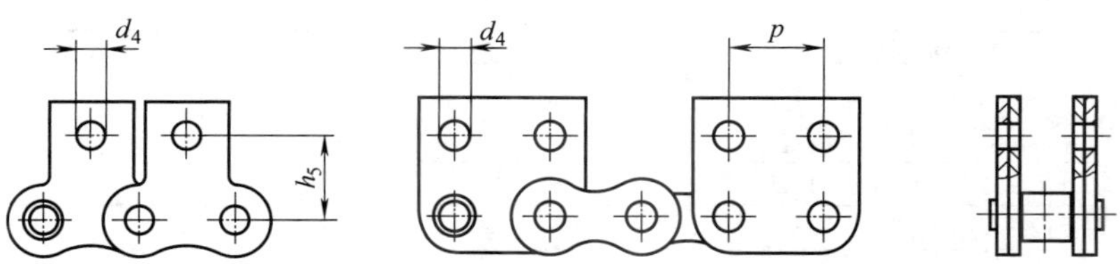

表 9-2-39　　M 型附板尺寸　　mm

链号	附板孔与链板中心的距离 h_5	板孔直径 d_4 (min)
06C	9.5	2.6
08A	12.7	3.3
08B	13.0	4.3
10A	15.9	5.1
10B	16.5	5.3

续表

链号	附板孔与链板中心的距离 h_5	板孔直径 d_4 (min)
12A 12B	18.3 21.0	5.1 6.4
16A 16B	24.6 23.0	6.6 6.4
20A 20B	31.8 30.5	8.2 8.4
24A 24B	36.5 36.0	9.8 10.5
28A	44.4	11.4
32A	50.8	13.1
40A	63.5	16.3

注：1. p 见表 9-2-36。

2. M 型附板既可装在外链节，也可装在内链节。

3. M1 和 M2 型附板可以相同，区别是 M1 型附板中心有一个孔。

4. M2 型附板不推荐逐节安装。

（3）加长销轴

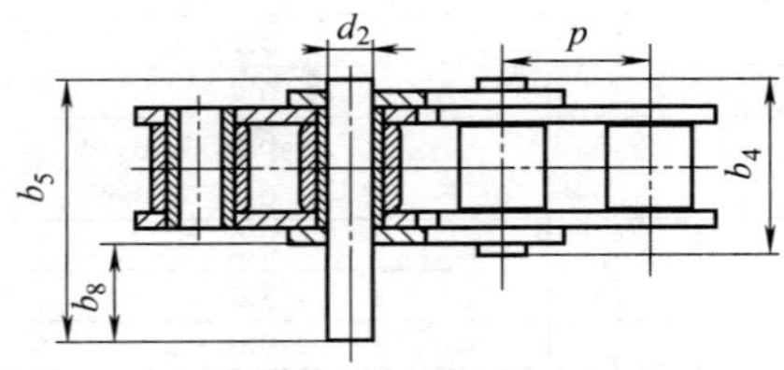

X型加长销轴(基于双排链销轴)

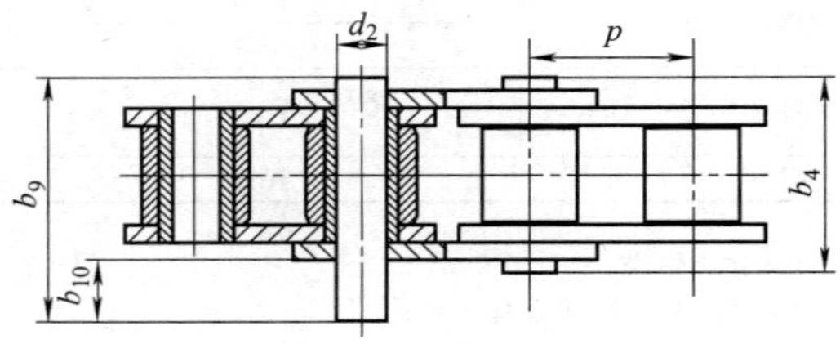

Y型加长销轴(通常用于"A"系列链条)

表 9-2-40　　加长销轴尺寸　　mm

链 号	X 型加长销轴		Y 型加长销轴		X 型和 Y 型销轴直径
	b_8 (max)	b_5 (max)	b_{10} (max)	b_9 (max)	d_2 (max)
05B	7.1	14.3	—	—	2.31
06C	12.3	23.4	10.2	21.9	3.60
06B	12.2	23.8	—	—	3.28
08A	16.5	32.3	10.2	26.3	3.98
08B	15.5	31.0	—	—	4.45
10A	20.6	39.9	12.7	32.6	5.09
10B	18.5	36.2	—	—	5.08
12A	25.7	49.8	15.2	40.0	5.96
12B	21.5	42.2	—	—	5.72
16A	32.2	62.7	20.3	51.7	7.94
16B	34.5	68.0	—	—	8.28
20A	39.1	77.0	25.4	63.8	9.54

续表

链 号	X 型加长销轴		Y 型加长销轴		X 型和 Y 型销轴直径
	b_8 (max)	b_5 (max)	b_{10} (max)	b_9 (max)	d_2 (max)
20B	39.4	79.7	—	—	10.19
24A	48.9	96.3	30.5	78.6	11.11
24B	51.4	101.8	—	—	14.63
28A	—	—	35.6	87.5	12.71
32A	—	—	40.60	102.6	14.29

注：1. 尺寸 b_4 和 p 见表 9-2-36。

2. Y 型加长销轴 b_{10}，b_9 可选择使用，通常用在"A"系列链条。

3.3.3 链轮

（1）基本参数与直径尺寸

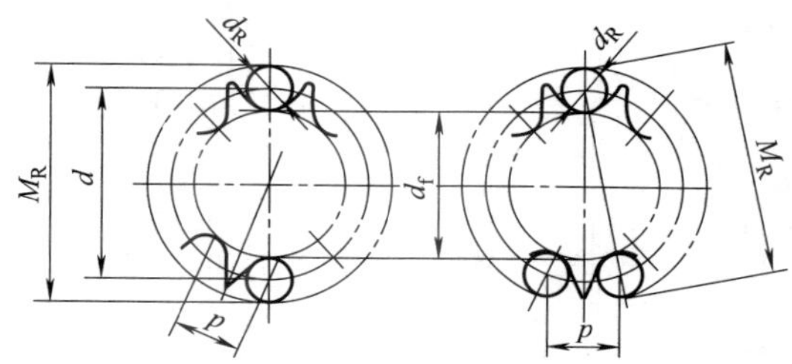

d—分度圆直径；M_R—跨柱测量距；
d_f—齿根圆直径；p—弦节距，等于链条节距；
d_R—量柱直径；z—齿数

注：以上术语对滚子链和套筒链均适用

链轮直径尺寸

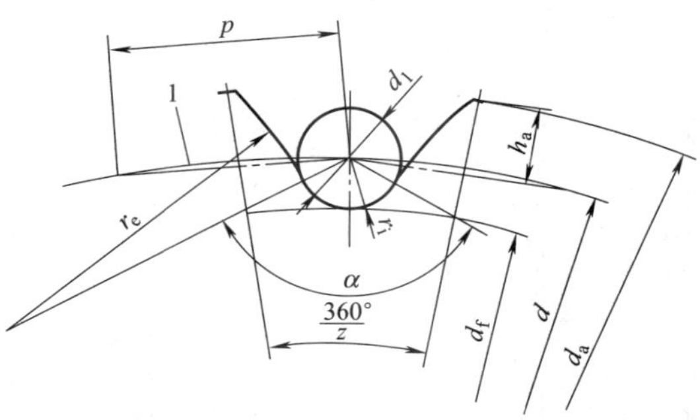

1—节距多边形；p—弦节距，等于链条节距；d—分度圆直径；r_e—齿槽圆弧半径；
d_1—最大滚子直径；r_i—齿沟圆弧半径；d_a—齿顶圆直径；z—齿数；
d_f—齿根圆直径；α—齿沟角；h_a—节距多边形以上的齿高

齿槽形状

表 9-2-41

名　称	计 算 方 法	说　明
分度圆直径 d	$d=\dfrac{p}{\sin\dfrac{180^\circ}{z}}$	本表给出了单位节距的分度圆直径，它是链轮齿数的函数
量柱直径 d_R	$d_R=d_1$	见上图，极限偏差 $^{+0.01}_{0}$ mm
齿根圆直径 d_f	$d_f=d-d_1$	
跨柱测量距 M_R	z 为偶数时 $M_R=d+d_{R\min}$ z 为奇数时 $M_R=d\cos(90^\circ/z)+d_{R\min}$	

续表

分度圆直径/mm					
齿数 z	单位节距 分度圆直径	齿数 z	单位节距 分度圆直径	齿数 z	单位节距 分度圆直径
9	2.9238	51	16.2441	93	29.6084
10	3.2361	52	16.5622	94	29.9267
11	3.5494	53	16.8803	95	30.2449
12	3.8637	54	17.1984	96	30.5632
13	4.1786	55	17.5166	97	30.8815
14	4.4940	56	17.8347	98	31.1997
15	4.8097	57	18.1529	99	31.5180
16	5.1258	58	18.4710	100	31.8362
17	5.4422	59	18.7892	101	32.1545
18	5.7588	60	19.1073	102	32.4727
19	6.0755	61	19.4255	103	32.7910
20	6.3925	62	19.7437	104	33.1093
21	6.7095	63	20.0619	105	33.4275
22	7.0266	64	20.3800	106	33.7458
23	7.3439	65	20.6982	107	34.0640
24	7.6613	66	21.0164	108	34.3823
25	7.9787	67	21.3346	109	34.7006
26	8.2962	68	21.6528	110	35.0188
27	8.6138	69	21.9710	111	35.3371
28	8.9314	70	22.2892	112	35.6654
29	9.2491	71	22.6074	113	35.9737
30	9.5668	72	22.9256	114	36.2919
31	9.8845	73	23.2438	115	36.6102
32	102.23	74	23.2620	116	36.9285
33	10.5201	75	23.8802	117	37.2467
34	10.8380	76	24.1985	118	37.5650
35	11.1558	77	24.6167	119	37.8833
36	11.4737	78	24.3349	120	38.2016
37	11.7916	79	25.1531	121	38.5198
38	12.1096	80	25.4713	122	38.8381
39	12.4275	81	25.7896	123	39.5164
40	12.7455	82	26.1078	124	39.4746
41	13.0635	83	26.4260	125	39.7929
42	13.3815	84	26.7443	126	40.1112
43	13.6995	85	27.0625	127	40.4295
44	14.0176	86	27.3807	128	40.4748
45	14.3356	87	27.6990	129	41.0660
46	14.6537	88	28.0172	130	41.3843
47	14.9717	89	28.3355	131	41.7026
48	15.2898	90	28.6537	132	42.0209
49	15.6079	91	28.9719	133	42.3391
50	15.9260	92	29.2902	134	42.6574

续表

齿数 z	单位节距分度圆直径	齿数 z	单位节距分度圆直径	齿数 z	单位节距分度圆直径
135	42.9757	141	44.8854	147	46.7951
136	43.2940	142	45.2037	148	47.1134
137	43.6123	143	45.5220	149	47.4317
138	43.9306	144	45.8403	150	47.7500
139	44.2488	145	46.1585		
140	44.5671	146	46.4768		

项目	齿根圆直径/mm	极限偏差/mm
齿根圆直径极限偏差	$d_f \leqslant 127$	$^{0}_{-0.25}$
	$127<d_f \leqslant 250$	$^{0}_{-0.30}$
	$d_f>250$	h11(见 GB/T 1801、GB/T 1802)

项目	名称	计算公式	
		最小齿槽形状	最大齿槽形状
齿槽	齿面圆弧半径 r_e/mm	$r_{emax}=0.12d_1(z+2)$	$r_{emin}=0.008d_1(z^2+180)$
	齿沟圆弧半径 r_i/mm	$r_{imin}=0.505d_1$	$r_{imax}=0.505d_1+0.069\cdot\sqrt[3]{d_1}$
	齿沟角 α/(°)	$\alpha_{max}=140°-\frac{90°}{z}$	$\alpha_{min}=120°-\frac{90°}{z}$
	链轮的实际齿槽形状,应符合齿槽形状图和本表的规定,最大和最小齿槽形状决定了齿槽形状的极限,用切齿或等效加工方法得到的实际齿槽形状应位于最大和最小齿槽圆弧半径之间,并在对应的定位圆弧角处与滚子定位圆弧平滑连接		

项目	名称	计算公式	
		最大值	最小值
齿顶圆直径和齿高	齿顶圆直径 d_a/mm	$d_{amax}=d+1.25p-d_1$	$d_{amin}=d+p\left(1-\frac{1.6}{z}\right)-d_1$
	节距多边形以上的弦齿高 h_a/mm	$h_{amax}=0.625p-0.5d_1+\frac{0.8p}{z}$	$h_{amin}=0.5(p-d_1)$

注：d_{amax}和d_{amin}都可用于最大和最小齿槽形状。d_{amax}的极限由刀具来限制。h_{amax}对应于d_{amax}，h_{amin}对应于d_{amin}。

（2）剖面齿廓

链轮的剖面齿廓，应符合表 9-2-42 的规定。

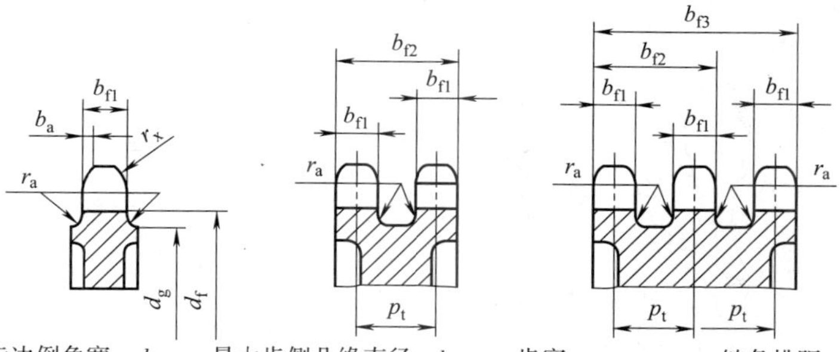

b_a——齿边倒角宽；d_g——最大齿侧凸缘直径；b_{f1}——齿宽；p_t——链条排距；b_{f2}和b_{f3}——齿全宽；r_a——齿侧凸缘圆角半径；d_f——齿根圆直径；r_x——齿侧半径

表 9-2-42

弦节距	链轮	计算公式	备注
$p \leqslant 12.7$mm	单排链轮	$b_{f1}=0.93b_1$;$h14$①	①本行中四排以上链轮的公式可以由用户和制造商之间协议后使用
	双排和三排链轮	$b_{f1}=0.91b_1$;$h14$	
	四排以上链轮	$b_{f1}=0.88b_1$;$h14$	
$p>12.7$mm	单排链轮	$b_{f1}=0.95b_1$;$h14$	
	双排和三排链轮	$b_{f1}=0.93b_1$;$h14$	

续表

	项目	链号	计算公式
其他尺寸	齿全宽 b_{f2} 和 b_{f3}	所有链条	(链条排数-1)×p_t+b_{f1}
	齿侧半径 r_{xnom}		$r_{xnom}=p$
	齿边倒角宽 b_{anom}	081,083,084,085	$b_{anom}=0.06p$
		所有其他链条	$b_{anom}=0.13p$
	最大齿侧凸缘直径	04C 和 06C	$d_g=p\cot\dfrac{180°}{z}-1.05h_2-1.00-2r_a$
		所有其他链条	$d_g=p\cot\dfrac{180°}{z}-1.04h_2-0.76(\mathrm{mm})$

(3) 径向跳动和轴向跳动

表 9-2-43

项目	要　　求
径向跳动	在轴孔和齿根圆之间的径向圆跳动量的指示器读数值不应大于下列两值中较大的数值:$(0.0008d_f+0.08)$mm,或0.15mm,最大可达 0.76mm
轴向跳动	以轴孔和齿部侧面的平面部分为测得的轴向跳动指示器读数值不应超过下列计算值:$(0.0009d_f+0.08)$mm,最大可达 1.14mm,对于焊接链轮,如果上式计算值较小,可以采用 0.25mm

(4) 轮齿的节距精度、齿数与轴孔公差

表 9-2-44

项目	要　　求
轮齿的节距精度	轮齿的节距精度很重要,用户应向制造商详细咨询
轮齿的齿数	本标准主要应用的齿数范围为 9~150 齿。优选齿数为:17,19,21,23,25,38,57,76,95 和 114
轮齿的轴孔公差	轴孔公差应是 H8,除非用户与制造商之间另有协议(见 GB/T 1800.2、GB/T 1801、GB/T 1803)

3.4 传动与输送用双节距精密滚子链(摘自 GB/T 5269—2008)

3.4.1 链条尺寸代号

链条尺寸应符合图示和表 9-2-45 及表 9-2-46 的规定。规定的最大和最小尺寸是保证由不同链条厂生产的链条的链节具有互换性，它们代表了互换性的极限，而不是制造链条时的公差。

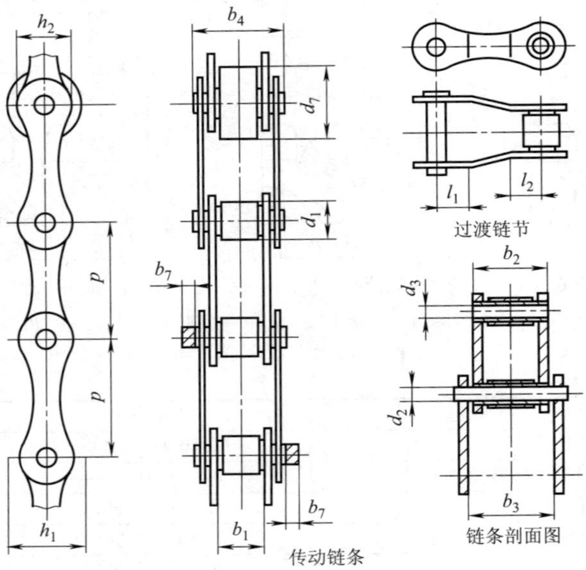

表 9-2-45　传动链条主要尺寸、测量力和抗拉强度

链号	节距 p	小滚子直径① d_1 (max)	大滚子直径① d_7 (max)	内链节内宽 b_1 (min)	销轴直径 d_2 (max)	套筒内径 d_3 (min)	链条通道高度 h_1 (min)	链板高度 h_2 (max)	过渡链板尺寸② l_1 (min)	内链节外宽 b_2 (max)	外链节内宽 b_3 (min)	销轴长度 b_4 (max)	销轴止锁端加长量③ (max)	测量力	抗拉强度 (min)
	mm													N	kN
208A	25.4	7.92	15.88	7.85	3.98	4.00	12.33	12.07	6.9	11.17	11.31	17.8	3.9	120	13.9
208B	25.4	8.51	15.88	7.75	4.45	4.50	12.07	11.81	6.9	11.30	11.43	17.0	3.9	120	17.8
210A	31.75	10.16	19.05	9.40	5.09	5.12	15.35	15.09	8.4	13.84	13.97	21.8	4.1	200	21.8
210B	31.75	10.16	19.05	9.65	5.08	5.13	14.99	14.73	8.4	13.28	13.41	19.6	4.1	200	22.2
212A	38.1	11.91	22.23	12.57	5.96	5.98	18.34	18.10	9.9	17.75	17.88	26.9	4.6	280	31.3
212B	38.1	12.07	22.23	11.68	5.72	5.77	16.39	16.13	9.9	15.62	15.75	22.7	4.6	280	28.9
216A	50.8	15.88	28.58	15.75	7.94	7.96	24.39	24.13	13	22.60	22.74	33.5	5.4	500	55.6
216B	50.8	15.88	28.58	17.02	8.28	8.33	21.34	21.08	13	25.45	25.58	36.1	5.4	500	60.0
220A	63.5	19.05	39.67	18.90	9.54	9.56	30.48	30.17	16	27.45	27.59	41.1	6.1	780	87.0
220B	63.5	19.05	39.67	19.56	10.19	10.24	26.68	26.42	16	29.01	29.14	43.2	6.1	780	95.0
224A	76.2	22.23	44.45	25.22	11.11	11.14	36.55	36.20	19.1	35.45	35.59	50.8	6.6	1110	125.0
224B	76.2	25.4	44.45	25.40	14.63	14.68	33.73	33.40	19.1	37.92	38.05	53.4	6.6	1110	160.0
228B	88.9	27.94	—	30.99	15.90	15.95	37.46	37.08	21.3	46.58	46.71	65.1	7.4	1510	200.0
232B	101.6	29.21	—	30.99	17.81	17.86	42.72	42.29	24.4	45.57	45.70	67.4	7.9	2000	250.0

① 大滚子链条在链号后加 L，它主要用于输送，但有时也用于传动。
② 对繁重的工况不推荐使用过渡链节。
③ 实际尺寸取决于止锁件的形式，但不得超过所给尺寸，详细资料应从链条制造商处得到。

表 9-2-46　输送链条主要尺寸、测量力和抗拉强度

链号[①]	节距 p	小滚子直径[①] d_1 (max)	大滚子直径[①] d_7 (max)	内链节内宽 b_1 (min)	销轴直径 d_2 (max)	套筒内径 d_3 (min)	链条通道高度 h_1 (min)	链板高度 h_2 (max)	过渡链板尺寸[②] l_1 (min)	内链节外宽 b_2 (max)	外链节内宽 b_3 (min)	销轴长度 b_4 (max)	销轴止锁端加长量[③] (max)	测量力	抗拉强度 (min)
	mm													N	kN
C208A	25.4	7.92	15.88	7.85	3.98	4.00	12.33	12.07	6.9	11.17	11.31	17.8	3.9	120	13.9
C208B	25.4	8.51	15.88	7.75	4.45	4.50	12.07	11.81	6.9	11.30	11.43	17.0	3.9	120	17.8
C210A	31.75	10.16	19.05	9.40	5.09	5.12	15.35	15.09	8.4	13.84	13.97	21.8	4.1	200	21.8
C210B	31.75	10.16	19.05	9.65	5.08	5.13	14.99	14.73	8.4	13.28	13.41	19.6	4.1	200	22.2
C212A	38.1	11.91	22.23	12.57	5.96	5.98	18.34	18.10	9.9	17.75	17.88	26.9	4.6	280	31.3
C212A-H	38.1	11.91	22.23	12.57	5.96	5.98	18.34	18.10	9.9	19.43	19.56	30.2	4.6	280	31.3
C212B	38.1	12.07	22.23	11.68	5.72	5.77	16.39	16.13	9.9	15.62	15.75	22.7	4.6	280	28.9
C216A	50.8	15.88	28.58	15.75	7.94	7.96	24.39	24.13	13	22.60	22.74	33.5	5.4	500	55.6
C216A-H	50.8	15.88	28.58	15.75	7.94	7.96	24.39	24.13	13	24.28	24.41	37.4	5.4	500	55.6
C216B	50.8	15.88	28.58	17.02	8.28	8.33	21.34	21.08	13	25.45	25.58	36.1	5.4	500	60.0
C220A	63.5	19.05	39.67	18.90	9.54	9.56	30.48	30.17	16	27.45	27.59	41.1	6.1	780	87.0
C220A-H	63.5	19.05	39.67	18.90	9.54	9.56	30.48	30.17	16	29.11	29.24	44.5	6.1	780	87.0
C220B	63.5	19.05	39.67	19.56	10.19	10.24	26.68	26.42	16	29.01	29.14	43.2	6.1	780	95.0
C224A	76.2	22.23	44.45	25.22	11.11	11.14	36.55	36.20	19.1	35.45	35.59	50.8	6.6	1110	125.0
C224A-H	76.2	22.23	44.45	25.22	11.11	11.14	36.55	36.20	19.1	37.18	37.31	55.0	6.6	1110	125.0
C224B	76.2	25.4	44.45	25.40	14.63	14.68	33.73	33.40	19.1	37.92	38.05	53.4	6.6	1110	160.0
C232A-H	101.6	28.58	57.15	31.55	14.29	14.31	48.74	48.26	25.2	46.88	47.02	69.4	7.9	2000	222.4

① 链号是从表 9-2-45 中的基本链号派生出来的，前缀加字母 C 表示输送链，字尾加 S 表示小滚子链、L 表示大滚子链、加 H 表示重载链条。

② 重载应用场合，不推荐使用过渡链节。

③ 实际尺寸取决于止锁件的形式，但不得超过所给尺寸，详细资料应从链条制造商处得到。

注：带大滚子链条的基本尺寸与表 9-2-45 相同，其链板通常是直边的（不是曲边的）。

3.4.2 附件

（1）K 型附板

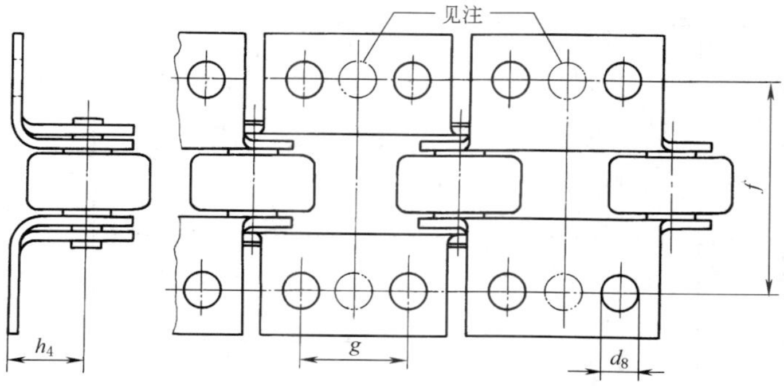

注：K 型附板带有两个孔；K1 附板只在中间开一个孔

表 9-2-47　　K 型附板尺寸　　mm

链号	附板平台高度 h_4	附板孔中心线之间横向距离 f	最小孔径 d_8	附板孔中心线之间纵向距离 g
C208A	9.1	25.4	3.3	9.5
C208B	9.1	25.4	4.3	12.7
C210A	11.1	31.8	5.1	11.9
C210B	11.1	31.8	5.3	15.9
C212A	14.7	42.9	5.1	14.3
C212A-H	14.7	42.9	5.1	14.3
C212B	14.7	38.1	6.4	19.1
C216A	19.1	55.6	6.6	19.1
C216A-H	19.1	55.6	6.6	19.1
C216B	19.1	50.8	6.4	25.4
C220A	23.4	66.6	8.2	23.8
C220A-H	23.4	66.6	8.2	23.8
C220B	23.4	63.5	8.4	31.8
C224A	27.8	79.3	9.8	28.6
C224A-H	27.8	79.3	9.8	28.6
C224B	27.8	76.2	10.5	38.1
C232A-H	36.5	104.7	13.1	38.1

注：重载链条链号标以后缀 H。

（2）M1 型和 M2 型附板

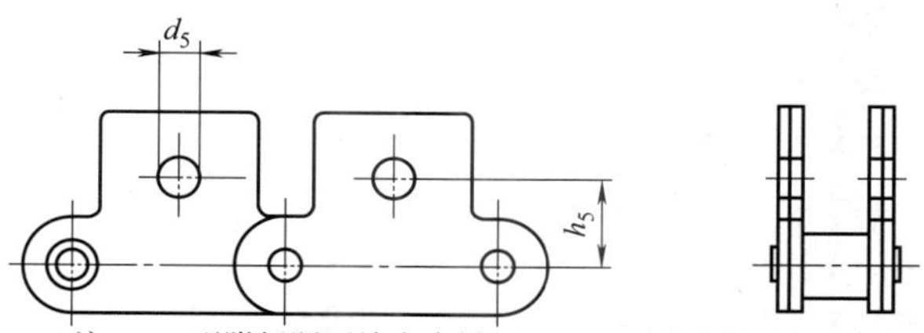

注：M1 型附板既可放在内链板上，也可放在外链板上

M1 型附板

表 9-2-48　　**M1 型附板尺寸**　　mm

链号	附板孔至链条中心线高度 h_5	最小孔径 d_5
C208A	11.1	5.1
C208B	913.0	4.3
C210A	14.3	6.6
C210B	16.5	5.3
C212A	17.5	8.2
C212A-H	17.5	8.2
C212B	21.0	6.4
C216A	22.2	9.8
C216A-H	22.2	9.8
C216B	23.0	6.4
C220A	28.6	13.1
C220A-H	28.6	13.1
C220B	30.5	8.4
C224A	33.3	14.7
C224A-H	33.3	14.7
C224B	36.0	10.5
C232A-H	44.5	19.5

注：重载链条链号标以后缀 H。

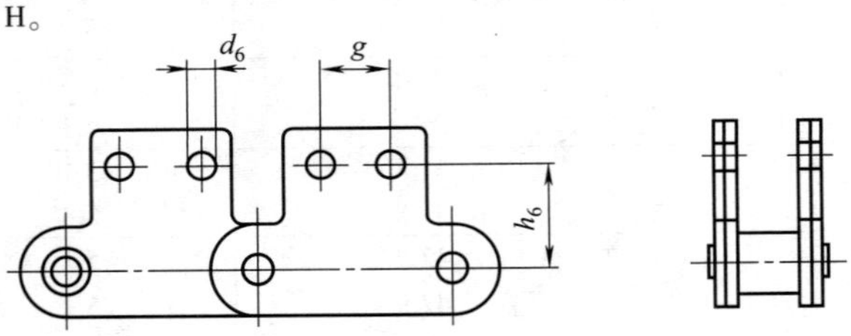

注：M2 型附板既可放在内链板上，也可放在外链板上

M2 型附板

表 9-2-49　　**M2 型附板尺寸**　　mm

链号	附板孔至链条中心线高度 h_6	最小孔径 d_6	附板孔中心线之间纵向距离 g
C208A	13.5	3.3	9.5
C208B	13.7	4.3	12.7
C210A	15.9	5.1	11.9
C210B	16.5	5.3	15.9
C212A	19.0	5.1	14.3
C212A-H	19.0	5.1	14.3
C212B	18.5	6.4	19.1
C216A	25.4	6.6	19.1
C216A-H	25.4	6.6	19.1
C216B	27.4	6.4	25.4
C220A	31.8	8.2	23.8
C220A-H	31.8	8.2	23.8
C220B	33.0	8.4	31.8
C224A	37.3	9.8	28.6
C224A-H	37.3	9.8	28.6
C224B	42.7	10.5	38.1
C232A-H	50.8	13.1	38.1

注：重载链条链号标以后缀 H。

(3) 加长销轴

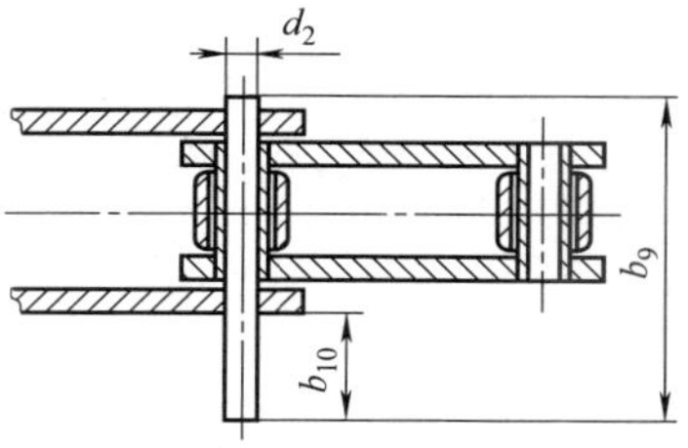

X型加长销轴(双排链销轴)

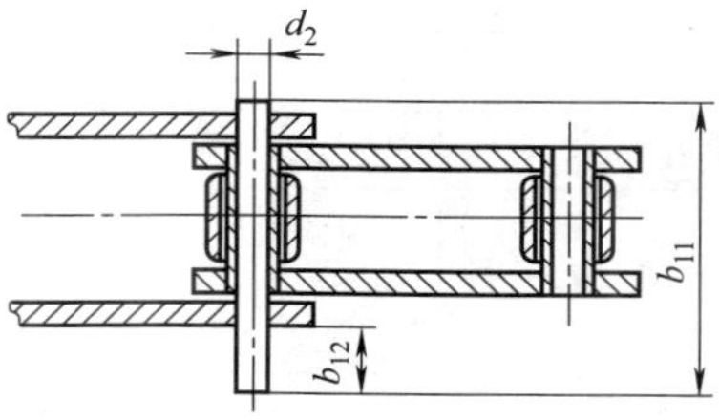

Y型加长销轴(通常用于"A"系列链条)

表 9-2-50 加长销轴尺寸 mm

链号	X 型销轴加长量		Y 型销轴加长量		销轴直径
	b_{10} (max)	b_9 (max)	b_{12} (max)	b_{11} (max)	d_2 (max)
C208A	—	—	10.2	26.3	3.98
C208B	15.5	31.0	—	—	4.45
C210A	—	—	12.7	32.6	5.09
C210B	18.5	36.2	—	—	5.08
C212A	—	—	15.2	40.0	5.96
C212A-H	—	—	15.2	43.3	5.96
C212B	21.5	42.2	—	—	5.72
C216A	—	—	20.3	51.7	7.94
C216A-H	—	—	20.3	55.3	7.94
C216B	34.5	68.0	—	—	8.28
C220A	—	—	25.4	63.8	9.54
C220A-H	—	—	25.4	67.2	9.54
C220B	39.4	79.7	—	—	10.19
C224A	—	—	30.5	78.6	11.11
C224A-H	—	—	30.5	82.4	11.11
C224B	51.4	101.8	—	—	14.63
C232A-H	—	—	40.6	106.3	14.29

注：重载链条标链号以后缀 H。

3.4.3 链轮

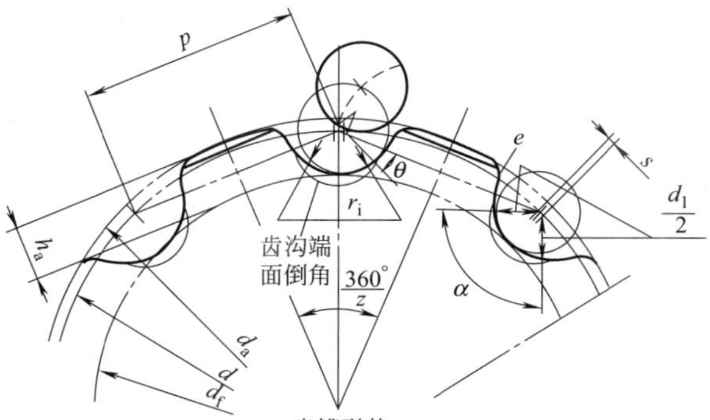

齿槽形状

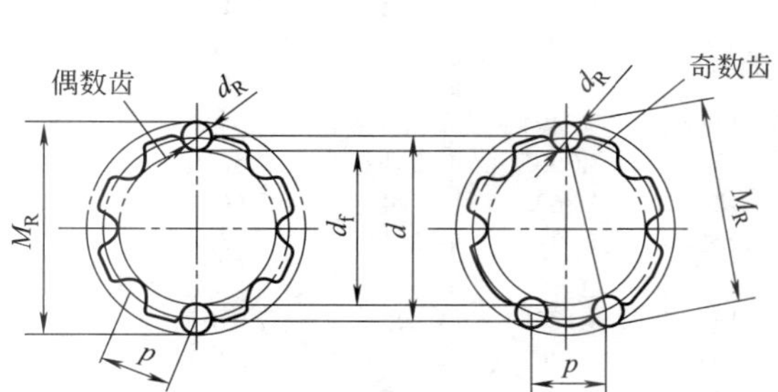

跨柱测量距

表 9-2-51

名称	计算公式	备注
分度圆直径 d	$d=\frac{p}{\sin\frac{180°}{z}}$	表 9-2-52 中按齿数给出了单位节距的分度圆直径

续表

名称	计算公式	备注
量柱直径 d_R	$d_R=d_1{}^{+0.01}_{\ 0}$	
齿根圆直径 d_f	$d_f=d-d_1$	齿根圆直径极限偏差见表 9-2-53
跨柱测量距 M_R	对偶数齿链轮： $M_R=d+d_{Rmin}$ 对奇数齿的单切齿链轮： $M_R=d\cos\dfrac{90°}{z}+d_{Rmin}$ 对奇数齿的双切齿链轮： $M_R=d\cos\dfrac{90°}{z_1}+d_{Rmin}$	
齿顶圆直径 d_a	$d_{amax}=d+0.625p-d_1$ $d_{amin}=d+p\left(0.5-\dfrac{0.4}{z}\right)-d_1$	必须注意 d_{amin} 和 d_{amax} 无论对最小或是最大的齿槽形状都可采用，其受到的限制是刀具受最大加工直径的限制
分度圆弦齿高 h_a	$h_{amax}=p\left(0.3125+\dfrac{0.8}{z}\right)-0.5d_1$ $h_{amin}=p\left(0.25+\dfrac{0.6}{z}\right)-0.5d_1$	h_a 是为简化放大齿形图的绘制而引入的辅助尺寸。h_{amax} 对应于 d_{amax}，h_{amin} 对应于 d_{amin}

表 9-2-52　分度圆直径　mm

齿数 z	单位节距分度圆直径 d	齿数 z	单位节距分度圆直径 d	齿数 z	单位节距分度圆直径 d	齿数 z	单位节距分度圆直径 d	齿数 z	单位节距分度圆直径 d
5	1.7013	17	5.4422	29	9.2491	41	13.0635	53	16.8803
5½	1.8496	17½	5.6005	29½	9.4080	41½	13.2225	53½	17.0393
6	2	18	5.7588	30	9.5668	42	13.3815	54	17.1984
6½	2.1519	18½	5.9171	30½	9.7256	42½	13.5405	54½	17.3575
7	2.3048	19	6.0755	31	9.8845	43	13.6995	55	17.5166
7½	2.4586	19½	6.234	31½	10.0434	43½	13.8585	55½	17.6756
8	2.6131	20	6.3925	32	10.2023	44	14.0176	56	17.8347
8½	2.7682	20½	6.5509	32½	10.3612	44½	14.1765	56½	17.9938
9	2.9238	21	6.7095	33	10.5201	45	14.3356	57	18.1529
9½	3.0798	21½	6. 8681	33½	10.679	45½	14.4946	57½	18.3119
10	3.2361	22	7.0266	34	10.838	46	14.6537	58	18.471
10½	3.3927	22½	7.1853	34½	10.9969	46½	14.8127	58½	18.6301
11	3.5494	23	7.3439	35	11.1558	47	14.9717	59	18.7892
11½	3.7065	23½	7.5026	35½	11.3148	47½	15.1308	59½	18.9482
12	3.8637	24	7.6613	36	11.4737	48	15.2898	60	19.1073
12½	4.0211	24½	7.82	36½	11.6327	48½	15.4488	60½	19.2665
13	4.1786	25	7.9787	37	11.7916	49	15.6079	61	19.4255
13½	4.3362	25½	8.1375	37½	11.9506	49½	15.7669	61½	19.5847
14	4.494	26	8.2692	38	12.1096	50	15.926	62	19.7437
14½	4.6518	26½	8.455	38½	12.2685	50½	16.085	62½	19.9029
15	4.8097	27	8.6138	39	12.4275	51	16.2441	63	20.0619
15½	4.9677	27½	8.7726	39½	12.5865	51½	16.4031	63½	20.221
16	5.1258	28	8.9314	40	12.7455	52	16.5622	64	20.38
16½	5.284	28½	9.0902	40½	12.9045	52½	16.7212	64½	20.5393

续表

齿数 z	单位节距分度圆直径 d	齿数 z	单位节距分度圆直径 d	齿数 z	单位节距分度圆直径 d	齿数 z	单位节距分度圆直径 d	齿数 z	单位节距分度圆直径 d
65	20.6992	67½	21.4939	70	22.2892	72½	23.0849	75	23.8802
65½	20.8575	68	21.6528	70½	22.4485	73	23.2438	—	—
66	21.0164	68½	21.8121	71	22.6074	73½	23.4031	—	—
66½	21.1757	69	21.971	71½	22.7667	74	23.562	—	—
67	21.3346	69½	22.1303	72	22.9256	74½	23.7213		

表 9-2-53　　齿根圆直径极限偏差　　mm

齿根圆直径 d_f	上偏差	下偏差
$d_f \leqslant 127$	0	-0.25
$127 < d_f \leqslant 250$	0	-0.30
$d_f > 250$	H11（见 GB/T 1800.1）	

3.4.4　齿槽形状

用切削或等同方法加工而成的实际齿槽形状，其齿廓应位于最小齿廓半径和最大齿廓半径之间，并与链轮上的滚子定位齿沟圆弧曲线圆滑过渡连接。

表 9-2-54

名称	计算公式	
	最小齿槽形状	最大齿槽形状
齿面圆弧半径 r_e/mm	$r_{emax}=0.12d_1(z+2)$	$r_{emin}=0.008d_1(z^2+180)$
齿沟圆弧半径 r_i/mm	$r_{imin}=0.505d_1$	$r_{imax}=0.505d_1+0.069\cdot\sqrt[3]{d_1}$
齿沟角 α/(°)	$\alpha_{max}=140°-90°/z$	$\alpha_{min}=120°-90°/z$
齿宽 b_f	$b_f=0.95b_1:h14$ （注：经用户与制造厂协商也可用 $b_f=0.93b_1:h14$）	
齿边倒角宽 b_{anom}	$b_{anom}=0.065p$	
最大齿侧凸缘直径	$d_g=p\cot\dfrac{180°}{z}-1.05h_2-1.00-2r_a$，$r_a\approx0.15h_2$	
齿侧倒角半径 r_{xnom}	$r_{xnom}=0.5p$	

3.4.5　径向跳动和轴向跳动

表 9-2-55

项目	要　求
径向跳动	以轴孔和齿根圆作为参考，将链轮回转一周，测得的链轮齿根圆径向跳动量不应超过大于下列两数值中的较大数值：$(0.0008d_f+0.08)$mm，或 0.15mm，最大到 0.76mm
轴向跳动	以轴孔和链轮齿侧平面的平面部分作为参考，将链轮回转一周，测得的链轮轴向跳动量不应超过大于下列数值：$(0.0009d_f+0.08)$mm，最大可达 1.14mm，对于装配（或焊接）结构的链轮，如果上式计算值较小，可以采用 0.25mm 作为最小值

3.4.6　轮齿的节距精度、齿数与轴孔公差

表 9-2-56

项目	要　求
轮齿的节距精度	轮齿的节距精度很重要，用户应向制造商详细咨询
轮齿的孔径公差	除非用户与制造商之间另有协议，轴孔公差应是 H8

4 逆止器（摘自 JB/T 9015—2011）

4.1 型式、基本参数和尺寸

逆止器，是为了防止倾斜带式输送机有载停车时发生倒转或顺滑现象，经对制动力矩的核算，视具体情况增设的逆止或制动装置。

4.1.1 型式

按逆止器内圈旋转时楔块与外圈的接触形式分为非接触式逆止器和接触式逆止器两种型式。

（1）非接触式逆止器标记方法

NF □ □-□

- □（第三个）——内圈孔径代号，单位为 mm
- □（第二个）——额定逆止力矩代号，额定逆止力矩的 1/100，单位为 N·m
- □（第一个）——内圈旋转方向代号：正对逆止器转向指示牌看，内圈沿顺时针方向旋转为 S；内圈沿逆时针方向旋转为 N
- NF——非接触式逆止器代号

标记示例

额定逆止力矩为 2500N·m，内圈孔径为 65mm，内圈沿顺时针方向旋转的非接触式逆止器，其标记为：

逆止器 NFS25-65 JB/T 9015—××××

（2）接触式逆止器标记方法

NJ □ □-□

- □（第三个）——内圈孔径代号，单位为 mm
- □（第二个）——额定逆止力矩代号，额定逆止力矩的 1/100，单位为 N·m
- □（第一个）——内圈旋转方向代号：正对逆止器转向指示牌看，内圈沿顺时针方向旋转为 S；内圈沿逆时针方向旋转为 N
- NJ——接触式逆止器代号

标记示例

额定逆止力矩为 25000N·m，内圈孔径为 140mm，内圈沿逆时针方向旋转的接触式逆止器，其标记为：

逆止器 NJN250-140 JB/T 9015—××××

4.1.2 基本参数

（1）额定逆止力矩

表 9-2-57 N·m

非接触式额定逆止力矩	1000、1600、2500、4000、6300、8000、10000、12500、16000、20000、25000
接触式额定逆止力矩	10000、16000、25000、40000、63000、100000、160000、200000、250000、315000、500000、710000

（2）内圈最高转速

表 9-2-58

逆止器类别	额定逆止力矩/N·m	内圈最高转速/r·min^{-1}
非接触式逆止器	≤12500	1500
	>12500	1000
接触式逆止器	10000	150
	16000~40000	100
	63000	80
	100000~710000	50

（3）阻力矩

表 9-2-59

N·m

逆止器类别	额定逆止力矩	阻力矩
非接触式逆止器	1000~4000	2.0
	6300~10000	3.15
	12500、16000	4.5
	20000、25000	5.6
接触式逆止器	10000	16
	16000	20
	25000	36
	40000	45
	63000	71
	100000	90
	160000	100
	200000	112
	250000	140
	315000	160
	500000	220
	710000	250

（4）最小非接触转速

表 9-2-60

额定逆止力矩/N·m	1000、1600	2500、4000	6300~10000	12500、16000	20000、25000
最小非接触转速/r·min^{-1}	450	425	400	375	350

4.2 外形和主要安装尺寸

4.2.1 非接触式逆止器

非接触式逆止器的外形和主要安装尺寸应符合图示和表 9-2-61 的规定。

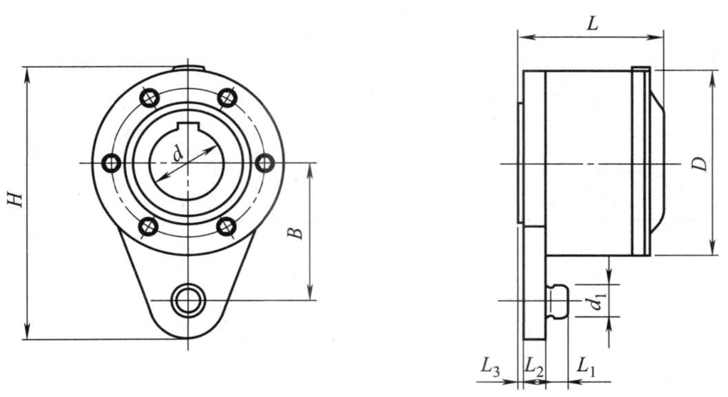

表 9-2-61 mm

额定逆止力矩/N·m	d	D	d_1	H	B	L	L_1	L_2	L_3
1000	40~50	190	28	308	150	162	25	20	5
1600	45~60	208	32	335	160	167	25	22	5
2500	50~70	230	38	380	170	172	25	25	5
4000	60~80	245	42	393	185	183	28	30	5
6300	70~90	260	45	415	195	196	30	35	5
8000	80~100	275	48	443	210	200	35	35	5
10000	90~110	295	52	475	225	238	35	45	5
12500	100~130	330	58	525	250	262	40	50	8
16000	110~140	360	62	565	270	273	40	55	8
20000	120~150	405	65	620	300	275	50	58	8
25000	130~160	440	70	675	335	285	50	63	8

4.2.2 接触式逆止器

接触式逆止器的外形和主要安装尺寸应符合图示和表 9-2-62 的规定。

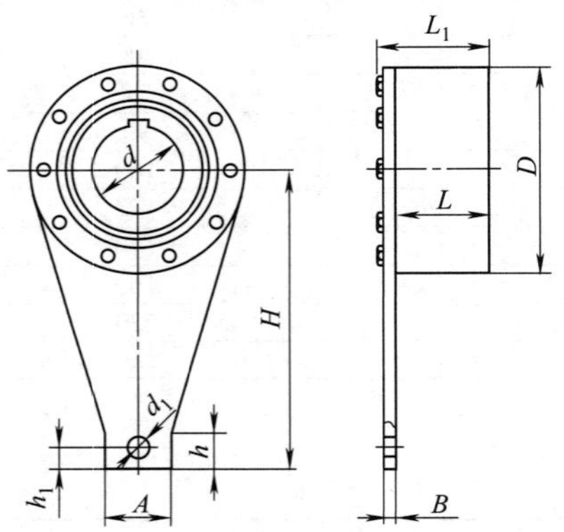

$d<200$

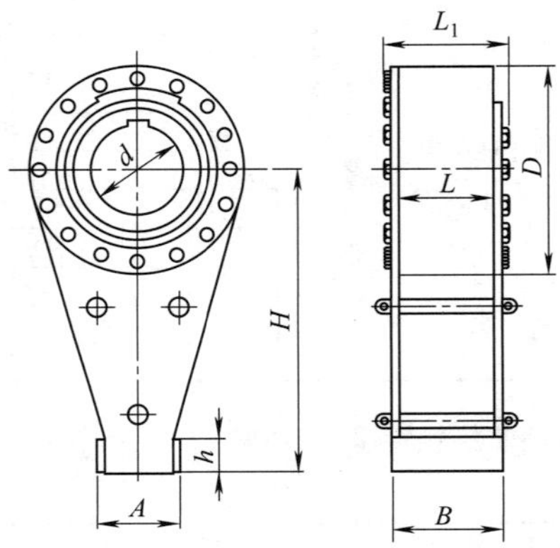

$d>220$

表 9-2-62 mm

额定逆止力矩/N·m	d	A	B	D	H	h	d_1	h_1	L	L_1
10000	90~110	110	12	270	425	60	26	40	110	141
16000	100~130	120	12	320	506	65	26	40	130	161
25000	120~160	120	20	360	612	65	30	40	140	183
40000	160~200	130	20	430	623	70	40	40	160	207
63000	160~220	238	259	500	820	80	—	—	230	303
100000	180~250	288	323	600	1000	100	—	—	290	367
160000	200~270	298	323	650	1100	110	—	—	290	367
200000	230~300	356	335	780	1300	135	—	—	290	392
250000	250~320	386	345	850	1500	135	—	—	320	412
315000	250~320	414	360	930	1600	135	—	—	360	426
500000	320~420	474	484	1030	1800	165	—	—	450	550
710000	350~450	526	494	1090	2000	165	—	—	480	574

5 清扫器

清扫器用于清扫输送带上粘附的物料。

5.1 头部清扫器

头部清扫器为重锤刮板式结构，装于卸料滚筒处，清扫输送带工作面上的粘料。

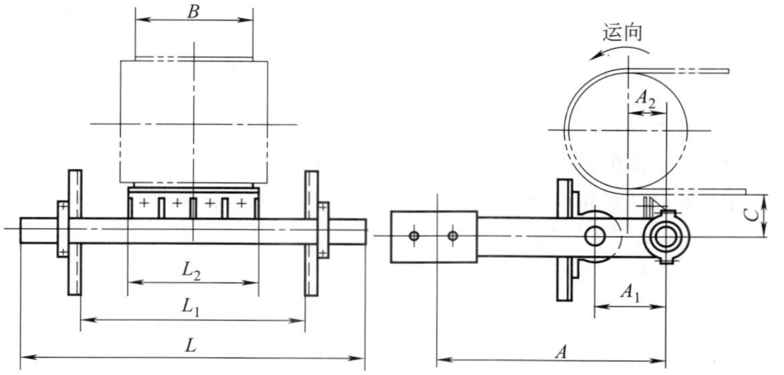

注：刮板的厚度均为 10mm

表 9-2-63

mm

B	L	L_1	L_2	A	A_1	A_2	C	质量/kg	图号
500	990	680	520	530	200	≥60	120	61.2	DT Ⅱ 01E1
650	1140	830	680					64.4	DT Ⅱ 02E1
800	1360	1050	840	580				64.8	DT Ⅱ 03E1
1000	1560	1250	1040					72.9	DT Ⅱ 04E1
1200	1810	1500	1240	630				78.0	DT Ⅱ 05E1
1400	2010	1700	1440					82.6	DT Ⅱ 06E1

5.2 空段清扫器

空段清扫器装在尾部滚筒前下分支输送带的非工作面，或垂直重锤拉紧装置进入边的改向滚筒处，用以清扫输送带非工作面的物料。

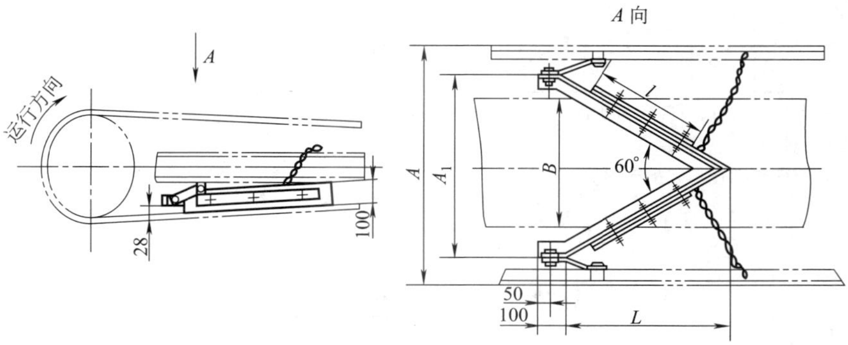

表 9-2-64

mm

B	A	A_1	L	l	质量 /kg	图号
500	800	620	537	430	15.2	DT Ⅱ 01E2
650	950	770	667	580	17.9	DT Ⅱ 02E2
800	1150	970	840	770	22.3	DT Ⅱ 03E2
1000	1350	1170	1013	980	24.0	DT Ⅱ 04E2

续表

B	A	A_1	L	l	重量 /kg	图号
1200	1600	1420	1230	1220	27.8	DTⅡ05E2
1400	1810	1630	1412	1430	30.9	DTⅡ06E2

注：刮板的厚度均为10mm。

6 螺旋拉紧装置

螺旋拉紧装置适用于长度较短的带式输送机，国际上一般限定不大于30m。其主要目的是使输送带具有足够的张力，保证输送带和传动滚筒间产生摩擦力使输送带不打滑，并限制输送带在各托辊间的垂度，使输送机正常运行。

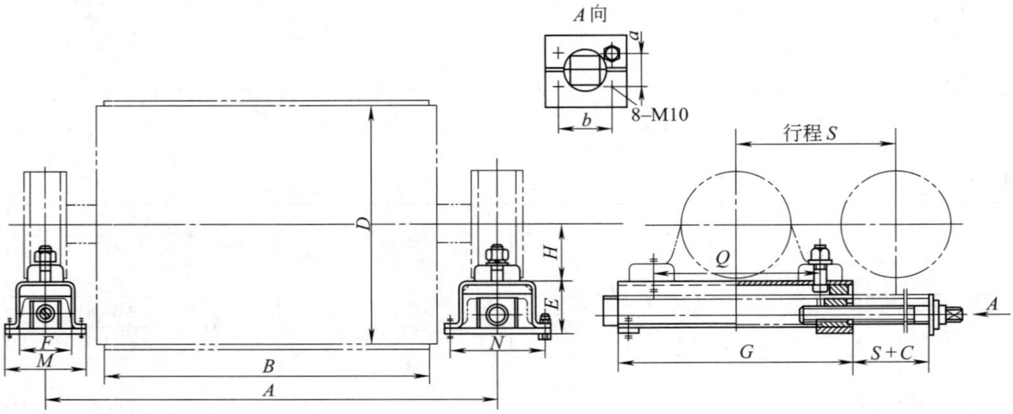

表 9-2-65 mm

B	D	A	H	E	F	M	N	Q	G	a	b	C	质量/kg			图号
													S500	S800	S1000	
500	400	850	90	85	100	182	150	260	390	28	45	180	31.9	33.4	34.3	DTⅡ01D1
650		1000	120					350	480				35.0	37.9	39.8	DTⅡ02D1
800		1300	135	95	120	202	170	380	516	32	50		48.1	54.0	56.1	DTⅡ03D1
1000	500	1500	155	102	140	228	196	440	576				61.8	66.8	69.8	DTⅡ04D1
1200		1750		145	174	264	232			55	55	190	84.7	91.8	96.6	DTⅡ05D1
1400	630	1950											84.7	91.8	96.6	

注：1. 每种带宽有三种行程，即 S=500mm、800mm、1000mm，订货时应注明。

2. 本拉紧装置不包括改向滚筒。

3. 改向滚筒的紧固件包括在本装配图内。

7 输 送 带

输送带是带式输送机的牵引构件和承载构件，用来输送物料和传递动力，按结构可分为织物芯输送带和钢丝绳芯输送带。

7.1 钢丝绳芯输送带（摘自GB/T 9770—2001）

（1）钢丝绳芯输送带纵向拉伸强度

表 9-2-66 带的强度规格和纵向拉伸强度

强度规格	St630	St800	St1000	St1250	St1600	St2000	St2500	St3150	St3500	St4000	St4500	St5000	St5400
纵向拉伸强度/N·mm^{-1}	630	800	1000	1250	1600	2000	2500	3150	3500	4000	4500	5000	5400
钢丝绳最大公称直径/mm	3.0	3.5	4.0	4.5	5.0	6.0	7.2	8.1	8.6	8.9	9.7	10.9	11.3
钢丝绳间距/mm	10±1.5	10±1.5	12±1.5	12±1.5	12±1.5	12±1.5	15±1.5	15±1.5	15±1.5	15±1.5	16±1.5	17±1.5	17±1.5
上覆盖层厚度/mm	5	5	6	6	6	8	8	8	8	8	8	8.5	9
下覆盖层厚度/mm	5	5	6	6	6	6	6	8	8	8	8	8.5	9

表 9-2-67 带的宽度系列对应强度规格的钢丝绳根数

宽度规格/mm	钢丝绳根数												
	St630	St800	St1000	St1250	St1600	St2000	St2500	St3150	St3500	St4000	St4500	St5000	St5400
800	75	75	63	63	63	63	50	50	50				
1000	95	95	79	79	79	79	64	64	64	64	59	55	55
1200	113	113	94	94	94	94	76	76	77	77	71	66	66
1400	133	133	111	111	111	111	89	89	90	90	84	78	78
1600	151	151	126	126	126	126	101	101	104	104	96	90	90
1800		171	143	143	143	143	114	114	117	117	109	102	102
2000			159	159	159	159	128	128	130	130	121	113	113
2200						176	141	141	144	144	134	125	125
2400						193	155	155	157	157	146	137	137
2600						209	168	168	170	170	159	149	149
2800									194	194	171	161	161

表 9-2-68 覆盖层性能

等级代号	拉伸强度/MPa ≥	扯断伸长率/% ≥	磨耗量/mm^3 ≤
D	18	400	90
H	25	450	120
L	20	400	150
P	14	350	200

注：*D*——强磨损工作条件下；*H*——强划裂工作条件下；*L*——一般工作条件下； *P*——耐油、耐热、耐酸碱、耐寒和一般难燃的输送带。

（2）标记

标记示例：

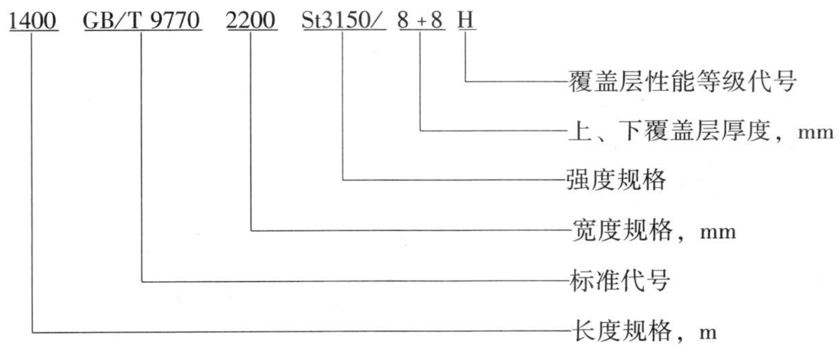

7.2 织物芯输送带（摘自 GB/T 4490—2009）

（1）输送带的宽度及容许极限偏差

表 9-2-69 **有端输送带的公称宽度及极限偏差** mm

公称宽度	极限偏差	公称宽度	极限偏差
300	±5	1600	±16
400	±5	1800	±18
500	±5	2000	±20
600	±6	2200	±22
650	±6.5	2400	±24
800	±8	2600	±26
1000	±10	2800	±28
1200	±12	3000	±30
1400	±14	3200	±32

（2）长度极限偏差

表 9-2-70 **环形输送带的长度极限偏差**

长度/m	极限偏差/mm
≤15	±50
>15 但是≤20	±75
>20	±0.5%×带长（带长精确到 m）

（3）全厚度拉伸强度

带的纵向全厚度拉伸强度值应不小于指定带型号在表中所示值，最小全厚度拉伸强度的数值（N/mm）= 指定带型号。

表 9-2-71 **织物芯输送带的最小全厚度拉伸强度** $N \cdot mm^{-1}$

指定带型号	160	200	250	315	400	500	630
	800	1000	1250	1600	2000	2500	3150

表 9-2-72 **有端输送带的长度极限偏差**

带交货条件	极限偏差 （交货长度和订货长度间的最大容许差）
由一段组成	+2.5% 0
由若干段组成 每单根长度或每段长度 各段长度之和	±5% +2.5% 0

参 考 文 献

［1］ 杨长骙主编. 起重机械. 北京：机械工业出版社，1986.

［2］ 北京钢铁设计院编. 机械设备设计手册. 第二册. 北京：1966.

［3］ 农业机械设计手册. 下册. 北京：机械工业出版社. 1973.

［4］ 《起重机设计手册》编写组. 起重机设计手册. 北京：机械工业出版社，1987.

［5］ 张质文，虞和谦，王金诺，包起帆主编. 起重机设计手册. 北京：中国铁道出版社，1998.

［6］ 大连华锐重工起重机有限公司. 起重机零部件选用手册. 2008.

［7］ 成大先主编. 机械设计手册. 第五版. 第2卷. 北京：化学工业出版社，2008.

［8］ 《运输机械设计选用手册》编辑委员会编. 运输机械设计选用手册·上册. 北京：化学工业出版社，1999.

［9］ 北京起重运输机械研究所编. DTⅡ型固定带式输送机设计选用手册. 北京：冶金工业出版社，1994.

［10］ 王鹰主编. 连续输送机械设计手册. 北京：中国铁道出版社，2001.

机械设计手册

第六版

第2卷

HANDBOOK OF MECHANICAL DESIGN

第10篇 操作件、小五金及管件

主要撰稿 陈应斗 张奇芳 王德夫

审　　稿 林基明 房庆久

10

第 1 章　操作件及小五金

1　操　作　件

1.1　手柄

手柄（摘自 JB/T 7270.1—1994）

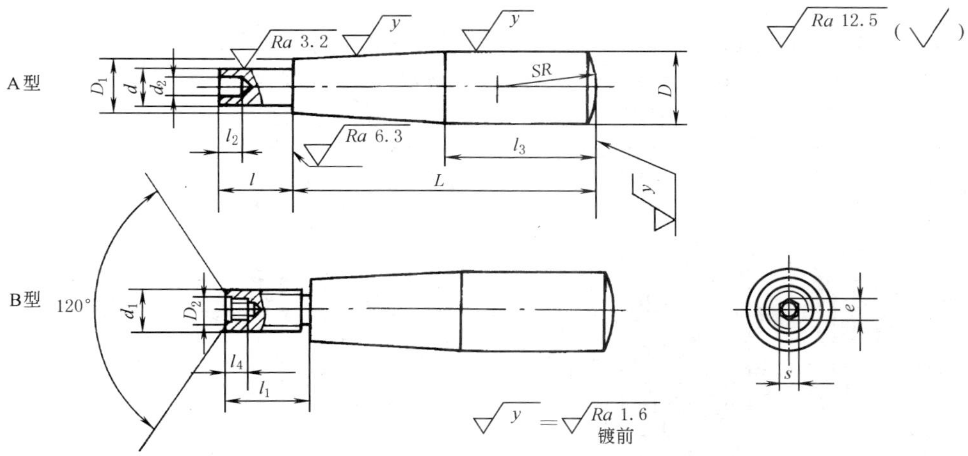

材料：35 钢；Q235-A。

表面处理：喷砂镀铬（PS/D · Cr）；镀铬抛光（D · L_3Cr）；氧化（H · Y）。

标记示例

A 型，$d=6$，$L=50$，$l=10$，35 钢，喷砂镀铬手柄，标记为：手柄 6×50×10　JB/T 7270.1

B 型，$d_1=$M6，$L=50$，35 钢，喷砂镀铬手柄，标记为：手柄 BM6×50　JB/T 7270.1

表 10-1-1　　mm

d 基本尺寸	d 极限偏差 js7	d_1	L	l					l_1	D	D_1	D_2	d_2	l_2	l_3	l_4	e	s	SR	每件质量 /kg≈
4	±0.006	M4	32	—	—	6	8	10	8	9	7	2.5	2.5	3	16	2	2.3	2	12	0.015
5		M5	40			8	10	12	10	11	8	3.1	3.5	4	20	2.5	2.9	2.5	14	0.025
6		M6	50		10	12	14	16	12	13	10	4	4		25	3	3.5	3	16	0.047
8	±0.007	M8	63	12	14	16	18	20	14	16	12	5	5.5		32	4	4.6	4	20	0.087
10		M10	80	16	18	20	22	25	16	20	15	6.3	7	5	40	5	5.8	5	25	0.175
12	±0.009	M12	100	20	22	25	28	32	18	25	18	7.5	9	6	50	6	6.9	6	32	0.262
16		M16	112	22	25	28	32	36	20	32	22	9.8	12	8	56	8	9.2	8	40	0.492

注：1. 其他技术要求按 JB/T 7277 的规定。

2. 经供需双方协商，B 型手柄顶端可不制出内六角。

曲面手柄（摘自 JB/T 7270.2—1994）

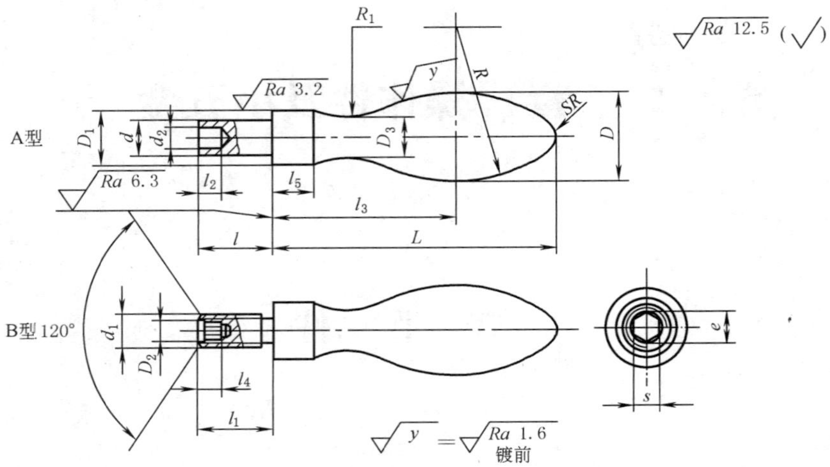

材料：35 钢；Q235-A。

表面处理：喷砂镀铬（PS/D·Cr）；镀铬抛光（D·L_3Cr）；氧化（H·Y）。

标记示例

A 型，$d=6$，$L=50$，$l=12$，35 钢，喷砂镀铬曲面手柄，标记为：手柄 6×50×12　JB/T 7270.2

B 型，$d_1=$M6，$L=50$，35 钢，喷砂镀铬曲面手柄，标记为：手柄 BM6×50　JB/T 7270.2

表 10-1-2　　mm

d		d_1	L	l					l_1	D	D_1	D_2	D_3	d_2	l_2	l_3 ≈	l_4	l_5	e	s	R	R_1	SR	每件质量/kg≈
基本尺寸	极限偏差 js7																							
4	±0.006	M4	32	—	—	6	8	10	8	10	7	2.5	5	2.5	3	20	2	4	2.3	2	20	9.5	2	0.012
5		M5	40			8	10	12	10	13	8	3.1	6.5	3.5	4	25	2.5	5	2.9	2.5	24	14.5	2.5	0.027
6		M6	50		10	12	14	16	12	16	10	4	8	4		32	3	7	3.5	3	28	19	3	0.049
8	±0.007	M8	63	12	14	16	18	20	14	20	12	5	10	5.5		39	4	8	4.6	4	41	21		0.085
10		M10	80	16	18	20	22	25	16	25	15	6.3	13	7	5	49	5	10	5.8	5	50	29	4	0.18
12	±0.009	M12	100	20	22	25	28	32	18	32	18	7.5	16	9	6	60	6	13	6.9	6	63	40	4.5	0.36
16		M16	112	22	25	28	32	36	20	36	22	9.8	18	12	8	70	8	14	9.2	8	68	41	7	0.51

注：1. 其他技术要求按 JB/T 7277 的规定。

2. 经供需双方协商，B 型手柄顶端可不制出内六角。

直手柄（摘自 JB/T 7270.3—1994）

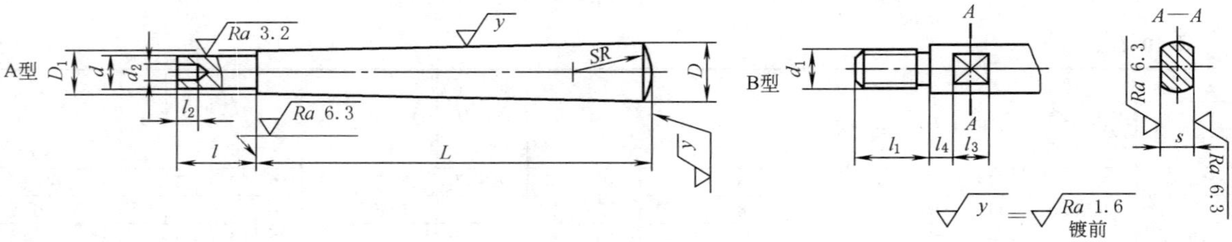

手柄材料：35 钢；Q235-A。

表面处理：喷砂镀铬（PS/D·Cr）；镀铬抛光（D·L_3Cr）；氧化（H·Y）。

标记示例

A 型，$d=6$，$L=63$，$l=10$，35 钢，喷砂镀铬直手柄的标记为：手柄 6×63×10　JB/T 7270.3

B 型，$d_1=$M6，$L=63$，35 钢，喷砂镀铬直手柄的标记为：手柄 BM6×63　JB/T 7270.3

表 10-1-3

mm

d 基本尺寸	d 极限偏差 js7	d_1	L	l			l_1	D	D_1	d_2	l_2	l_3	l_4	SR	s 基本尺寸	s 极限偏差 h13	每件质量 /kg≈
4	±0.006	M4	40	5	6	8	8	7	5	2.5	3	6	4	10	4	0 −0.180	0.010
5		M5	50	6	8	10	10	8	6	3.5	4				5		0.015
6		M6	63	8	10	12	12	10	8	4				12	6		0.032
8	±0.007	M8	80	10	12	16	14	13	10	5.5		8	6	16	8	0 −0.220	0.065
10		M10	100	12	16	20	16	16	12	7	5			20	10		0.125
12	±0.009	M12	125	16	20	25	18	20	16	9	6	10	8	25	13	0 −0.270	0.260
16		M16	160	20	25	32	20	25	20	12	8			32	16		0.510
20	±0.010	M20	200	25	32	40	25	32	25	16	10	12	10	40	21	0 −0.330	1.078

注：其他技术要求按 JB/T 7277 的规定。

转动小手柄（摘自 JB/T 7270.4—1994）

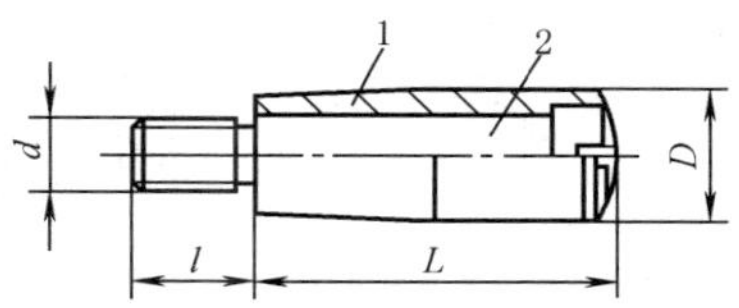

1—转套；2—螺钉

标记示例

d=M8，L=40，35 钢，氧化转动小手柄，标记为：

手柄 M8×40　JB/T 7270.4

d=M8，L=40，塑料转动小手柄，标记为：

手柄 M8×40-塑　JB/T 7270.4

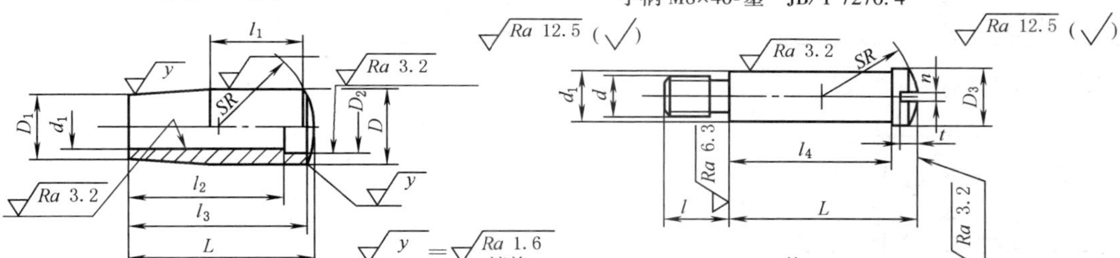

件1　　件2

材料：35 钢；Q235-A；ZL102；塑料。

表面处理：钢件氧化（H·Y）；喷砂镀铬（PS/D·Cr）；镀铬抛光（D·L_3Cr）；ZL102 阳极氧化（D·Y）。

材料：35 钢。

表面处理：氧化（H·Y）。

表 10-1-4

mm

主要尺寸 d	L	l	D	D_1	每套质量/kg≈ 钢	塑料	d_1 基本尺寸	极限偏差 转套 H11	螺钉 d11	l_1	l_2	l_3	l_4	SR	n	t	D_2、D_3
M5	25	10	12	10	0.020	0.009	6	+0.075 0	−0.030 −0.105	12	20	23.8	21	14	1.2	2.0	8
M6	32	12	14	12	0.036	0.016	8	+0.090 0	−0.040 −0.130	16	27	30.5	28	16	1.6	2.5	10
M8	40	14	16	14	0.068	0.031	10			20	34	38	35	20	2	3.0	12
M10	50	16	20	16	0.109	0.057	12	+0.110 0	−0.050 −0.160	25	43	47.1	44	25	2.5	3.5	16

注：其他技术要求按 JB/T 7277 的规定。

转动手柄（摘自 JB/T 7270.5—1994）

（1）手柄

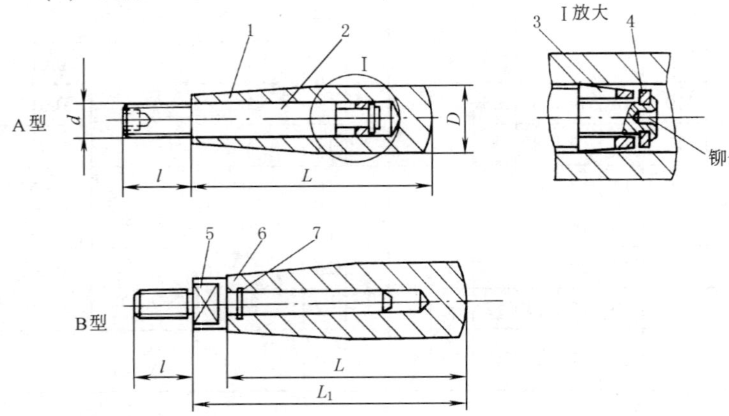

标记示例

A型，d=M6，L=50，35钢，喷砂镀铬转动手柄，标记为：

手柄 M6×50 JB/T 7270.5

B型，d=M6，L=50，塑料转动手柄，标记为：

手柄 BM6×50-塑 JB/T 7270.5

转动手柄及其零件的其他技术要求按 JB/T 7277 的规定

表 10-1-5 mm

主要尺寸					件号	1,6	2,5	3	4	7	每套质量 /kg≈	
					名称	手柄套 A、B	手柄杆 A、B	弹性套	平垫圈	钢丝挡圈		
d	L	L_1	l	D	标准号	—	—	—	GB/T 97.1	GB/T 895.1	钢	塑料
M6	50	—	12	16	规格	50	M6	4	2	—	0.069	0.020
M8	63	71	14	18		63	M8	5	2.5	7	0.113	0.036
M10	80	90	16	22		80	M10	6	3	8	0.205	0.067
M12	100	112	18	25		100	M12	8	4	10	0.269	0.102
M16	112	126	20	32		112	M16	10	6	14	0.505	0.184

（2）手柄套（件1，6）

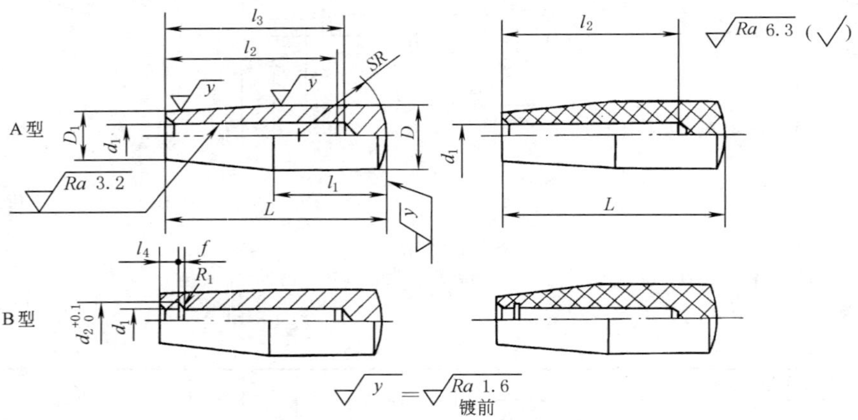

材料：35钢；Q235-A；塑料。

表面处理：钢件喷砂镀铬（PS/D·Cr）；镀铬抛光（D·L_3Cr）；氧化（H·Y）。

表 10-1-6 mm

L	D	D_1	d_1 基本尺寸		d_1 极限偏差 H11		d_2	l_1	l_2		l_3		l_4	f	R_1	SR
			A型	B型	A型	B型			A型	B型	A型	B型				
50	16	12	6	—	+0.075 0		—	25	40	—	42	—	—			20
63	18	14	8	7	+0.090 0		7.4	32	50	45	52	50	3	0.8	0.4	25
80	22	16	10	8			8.5	40	60	55	65	60	3.5			28
100	25	18	12	10	+0.110 0	+0.090 0	10.5	50	75	65	80	70	4.5			32
112	32	22	16	14	+0.110 0		14.6	60	85	80	90	85	5.5	1	0.5	40

（3）A 型手柄杆（件 2）

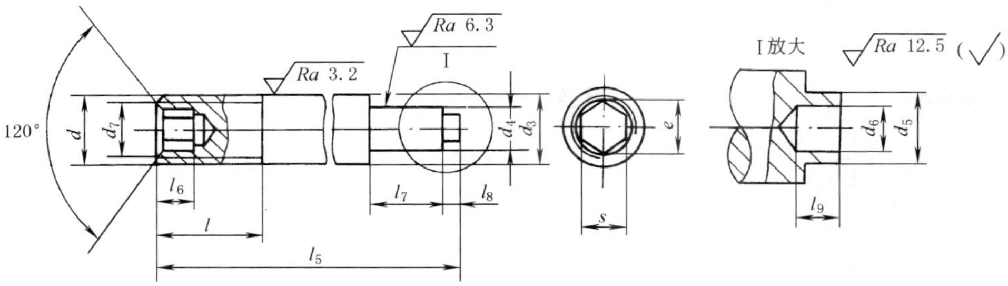

材料：35 钢。
表面处理：氧化（H·Y）。

表 10-1-7

mm

d	l	d_3 基本尺寸	d_3 极限偏差 d11	d_4	d_5	d_6	d_7	l_5	l_6	l_7	l_8	l_9	e	s
M6	12	6	−0.030 −0.105	3.5	2	1	4	50	3	7	1.5	1	3.5	3
M8	14	8	−0.040 −0.130	4.5	2.5	1.5	5	60	4	9		1.5	4.6	4
M10	16	10		5.5	3	2	6.3	70	5	11	2	2	5.8	5
M12	18	12	−0.050 −0.160	7.5	4	2.5	7.5	90	6	13		2.5	6.9	6
M16	20	16		9.5	6	4.5	9.8	100	8	15	2.5	4.5	9.2	8

（4）B 型手柄杆（件 5）

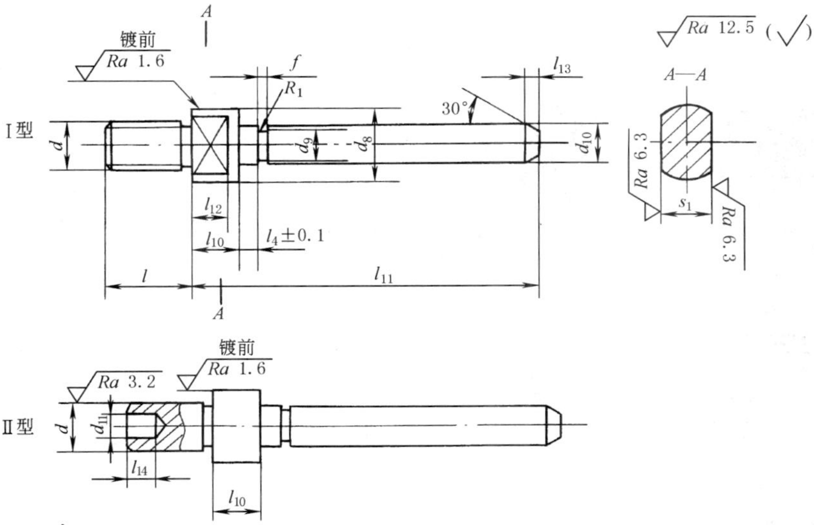

材料：35 钢。
表面处理：d_8 处喷砂镀铬（PS/D·Cr）；镀铬抛光（D·L_3Cr）；氧化（H·Y）。

表 10-1-8

mm

d Ⅰ型	d Ⅱ型 基本尺寸	d Ⅱ型 极限偏差 Js7	d_8	d_9	d_{10} 基本尺寸	d_{10} 极限偏差 d11	d_{11}	l Ⅰ型	l Ⅱ型	l_4	l_{10}	l_{11}	l_{12}	l_{13}	l_{14}	f	R_1	s_1 基本尺寸	s_1 极限偏差 h13
M8	8	±0.007	13	5.4	7	−0.040 −0.130	5.5	14	20	3	8	50	6	4	4	0.8	0.4	10	0 −0.220
M10	10		15	6.4	8		7	16	25	3.5	10	60	8	5	5			13	0 −0.270
M12	12	±0.009	18	8.4	10		9	18	32	4.5	12	75	10		6	1		16	
M16	—	—	21	12	14	−0.050 −0.160	—	20	—	5.5	14	92	12		—		0.5		

注：B 型手柄杆Ⅱ型用于单柄对重手柄。

（5）弹性套（件号 3）

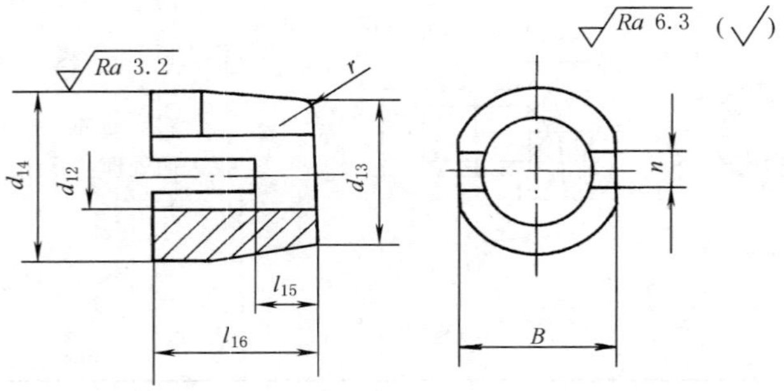

材料：65Mn。
表面硬度：42HRC。

表 10-1-9

mm

d_{12}	d_{13}	d_{14} 基本尺寸	d_{14} 极限偏差 h11	B	l_{15}	l_{16}	n	r
4	6	6.20	0 −0.090	5.5	2	6	1	0.5
5	8	8.25		7.5		8		
6	10	10.25	0 −0.110	9.5	3	10	1.2	1
8	12	12.30		11.5		12		
10	16	16.30		14.5		14	1.5	

曲面转动手柄（摘自 JB/T 7270.6—1994）

（1）手柄

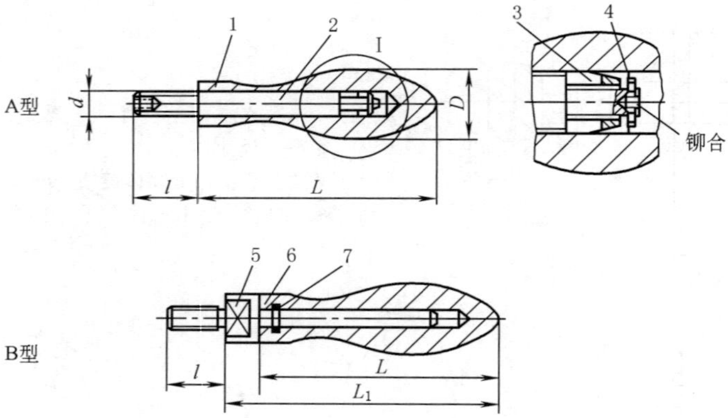

曲面转动手柄及其零件的其他技术要求按 JB/T 7277 的规定

标记示例

A 型，d=M8，L=63，35 钢，喷砂镀铬曲面转动手柄，标记为：手柄 M8×63　JB/T 7270.6

B 型，d=M8，L=63，35 钢，喷砂镀铬曲面转动手柄，标记为：手柄 BM8×63　JB/T 7270.6

表 10-1-10

mm

主要尺寸					件号	1,6	2,5	3	4	7	每套质量 /kg≈
					名称	手柄套 A、B	手柄杆 A、B	弹性套	平垫圈	钢丝挡圈	
d	L	l	L_1	D	标准号	—	JB/T 7270.5		GB 97.1	GB 895.1	
M6	50	12	—	16	规格	50	M6	4	2	—	0.041
M8	63	14	71	20		63	M8	5	2.5	7	0.081
M10	80	16	90	25		80	M10	6	3	8	0.171
M12	100	18	112	32		100	M12	8	4	10	0.331
M16	112	20	126	36		112	M16	10	6	14	0.750

（2）手柄套（件 1，6）

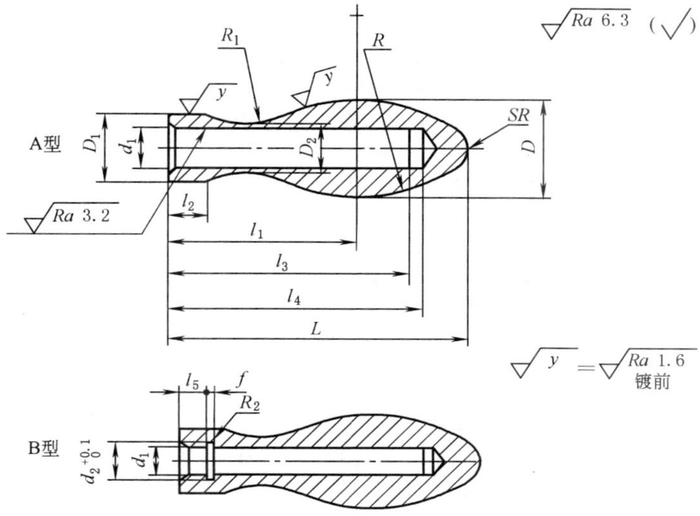

材料：35 钢；Q235-A。

表面处理：喷砂镀铬（PS/D · Cr）；镀铬抛光（D · L_3Cr）。

表 10-1-11

mm

L	D	D_1	d_1 基本尺寸 A	d_1 基本尺寸 B	d_1 极限偏差 H11 A	d_1 极限偏差 H11 B	d_2	D_2	l_1 ≈	l_2	l_3	l_4	l_5	f	R	R_1	R_2	SR ≈
50	16	11	6	—	$^{+0.075}_{0}$		—	9	32	7	40	42	—		31	21	—	3
63	20	14	8	7	$^{+0.090}_{0}$		7.4	11	40	8	50	52	3	0.8	41	26	0.4	3.5
80	25	16	10	8			8.5	13	50	10	60	65	3.5		50	29		5
100	32	20	12	10	$^{+0.110}_{0}$	$^{+0.090}_{0}$	10.5	16	64	13	75	80	4.5		55	40		6
112	36	22	16	14	$^{+0.110}_{0}$		14.6	20	70	14	85	90	5.5	1	68	41	0.5	7

锥柱手柄（摘自 JB/T 7270.7—1994）

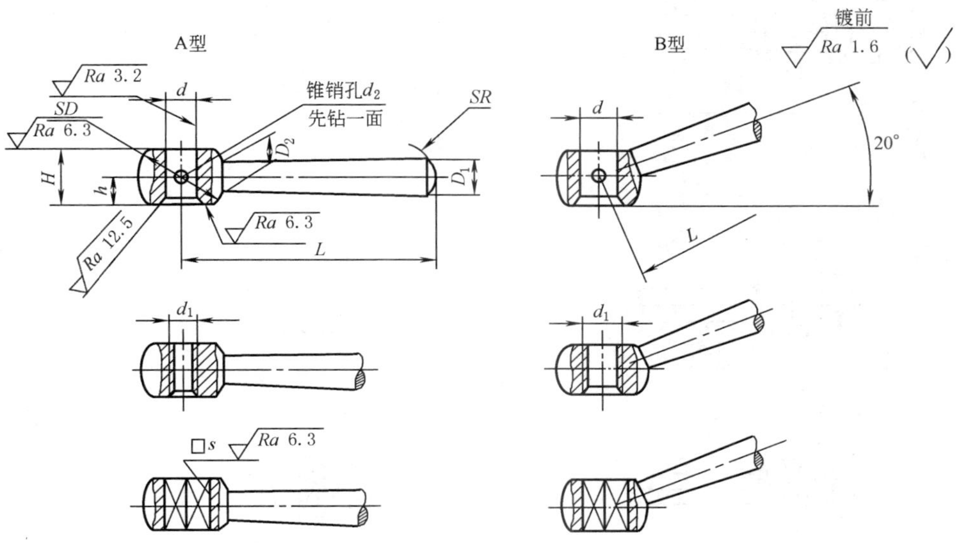

材料：35 钢；Q235-A。

表面处理：喷砂镀铬（PS/D · Cr）；镀铬抛光（D · L_3Cr）；氧化（H · Y）。

标记示例

A 型，$d=6$，$L=50$，35 钢，喷砂镀铬锥柱手柄，标记为：手柄 6×50　JB/T 7270.7

A 型，$d_1=$M6，$L=50$，35 钢，喷砂镀铬锥柱手柄，标记为：手柄 M6×50　JB/T 7270.7

A 型，$s=5$，$L=50$，35 钢，喷砂镀铬锥柱手柄，标记为：手柄 5×5×50　JB/T 7270.7

B 型，$d=6$，$L=50$，35 钢，喷砂镀铬锥柱手柄，标记为：手柄 B6×50　JB/T 7270.7

B 型，$d_1=$M6，$L=50$，35 钢，喷砂镀铬锥柱手柄，标记为：手柄 BM6×50　JB/T 7270.7

B 型，$s=5$，$L=50$，35 钢，喷砂镀铬锥柱手柄，标记为：手柄 B5×5×50　JB/T 7270.7

表 10-1-12　　mm

d		d_1	s		L	SD	D_1	D_2	d_2	H	h	SR	每件质量/kg≈
基本尺寸	极限偏差 H8		基本尺寸	极限偏差 H13									
5	$^{+0.018}_{0}$	M5	—	—	40	12	7	5	2	9	4.5	10	0.013
6		M6	5	$^{+0.18}_{0}$	50	14	8			10	5		0.021
8	$^{+0.022}_{0}$	M8	5.5		63	16	10	6	3	11		12	0.037
10		M10	7	$^{+0.22}_{0}$	80	20	12	8		14	6.5	16	0.068
12	$^{+0.027}_{0}$	M12	8		100	26	15	10	4	18	8.5	20	0.127
16		M16	10		125	32	18	12	5	22	10	25	0.252
20	$^{+0.033}_{0}$	M20	13	$^{+0.27}_{0}$	160	40	22	16	6	28	13	32	0.447
25		M24	18		200	50	28	20	8	36	17	40	0.856

注：其他技术要求按 JB/T 7277 的规定。

球头手柄（摘自 JB/T 7270.8—1994）

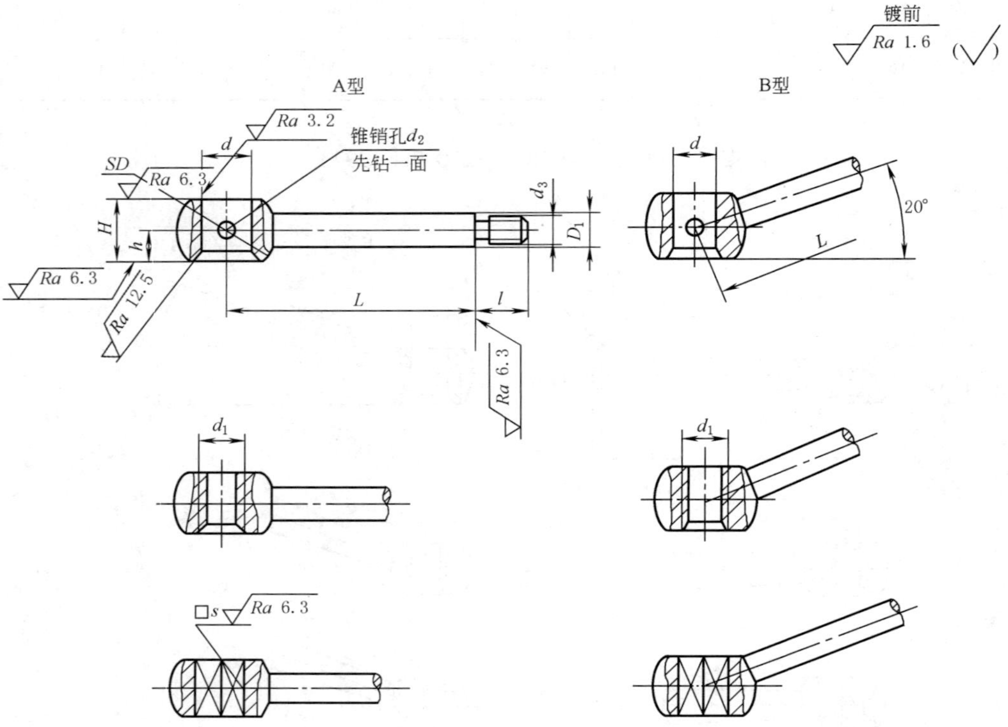

材料：35 钢；Q235-A。

表面处理：喷砂镀铬（PS/D・Cr）；镀铬抛光（D・L_3Cr）。

标记示例

A 型，$d=8$，$L=50$，35 钢，喷砂镀铬球头手柄，标记为：手柄 8×50　JB/T 7270.8

A 型，$d_1=M8$，$L=50$，35 钢，喷砂镀铬球头手柄，标记为：手柄 M8×50　JB/T 7270.8

A 型，$s=5.5$，$L=50$，35 钢，喷砂镀铬球头手柄，标记为：手柄 5.5×5.5×50　JB/T 7270.8

B 型，$d=8$，$L=50$，35 钢，喷砂镀铬球头手柄，标记为：手柄 B8×50　JB/T 7270.8

B 型，$d_1=M8$，$L=50$，35 钢，喷砂镀铬球头手柄，标记为：手柄 BM8×50　JB/T 7270.8

B 型，$s=5.5$，$L=50$，35 钢，喷砂镀铬球头手柄，标记为：手柄 B5.5×5.5×50　JB/T 7270.8

表 10-1-13

mm

<table>
<tr><th colspan="2">d</th><th rowspan="2">d₁</th><th colspan="2">s</th><th rowspan="2">L</th><th rowspan="2">SD</th><th rowspan="2">D₁</th><th rowspan="2">d₂</th><th rowspan="2">d₃</th><th rowspan="2">l</th><th rowspan="2">H</th><th rowspan="2">h</th><th rowspan="2">每件质量/kg≈</th><th rowspan="2">相配圆锥销 GB/T 117</th></tr>
<tr><th>基本尺寸</th><th>极限偏差 H8</th><th>基本尺寸</th><th>极限偏差 H13</th></tr>
<tr><td>8</td><td rowspan="2">+0.022
0</td><td>M8</td><td>5.5</td><td>+0.18
0</td><td>50</td><td>16</td><td>6</td><td rowspan="2">3</td><td>M5</td><td>8</td><td>11</td><td>5</td><td>0.022</td><td rowspan="2">3×20</td></tr>
<tr><td>10</td><td>M10</td><td>7</td><td rowspan="3">+0.22
0</td><td>63</td><td>20</td><td>8</td><td>M6</td><td>10</td><td>14</td><td>6.5</td><td>0.046</td></tr>
<tr><td>12</td><td rowspan="2">+0.027
0</td><td>M12</td><td>8</td><td>80</td><td>26</td><td>10</td><td>4</td><td>M8</td><td>12</td><td>18</td><td>8.5</td><td>0.091</td><td>4×25</td></tr>
<tr><td>16</td><td>M16</td><td>10</td><td>100</td><td>32</td><td>12</td><td>5</td><td>M10</td><td>14</td><td>22</td><td>10</td><td>0.170</td><td>5×32</td></tr>
<tr><td>20</td><td rowspan="2">+0.033
0</td><td>M20</td><td>13</td><td rowspan="2">+0.27
0</td><td>125</td><td>40</td><td>16</td><td>6</td><td>M12</td><td>16</td><td>28</td><td>13</td><td>0.353</td><td>6×40</td></tr>
<tr><td>25</td><td>M24</td><td>18</td><td>160</td><td>50</td><td>20</td><td>8</td><td>M16</td><td>20</td><td>36</td><td>17</td><td>0.742</td><td>8×50</td></tr>
</table>

注：其他技术要求按 JB/T 7277 的规定。

1.2　手柄球与手柄套

手柄球（摘自 JB/T 7271.1—1994）

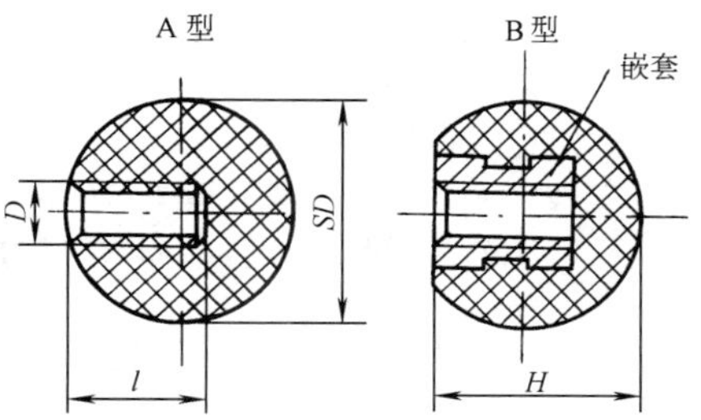

材料：塑料。

标记示例

A 型，$D=M10$，$SD=32$，黑色手柄球，标记为：
手柄球 M10×32　JB/T 7271.1

B 型，$D=M10$，$SD=32$，红色手柄球，标记为：
手柄球 BM10×32（红）　JB/T 7271.1

表 10-1-14

mm

D	SD	H	l	嵌套 JB/T 7275	每件质量/kg≈	
					A 型	B 型
M5	16	14	12	BM5×12	0.003	0.006
M6	20	18	14	BM6×14	0.006	0.012
M8	25	22.5	16	BM8×16	0.012	0.020
M10	32	29	20	BM10×20	0.024	0.043
M12	40	36	25	BM12×25	0.046	0.086
M16	50	45	32	BM16×32	0.063	0.135
M20	63	56	40	BM20×36	0.092	0.198

注：其他技术要求按 JB/T 7277 的规定。

手柄套（摘自 JB/T 7271.3—1994）

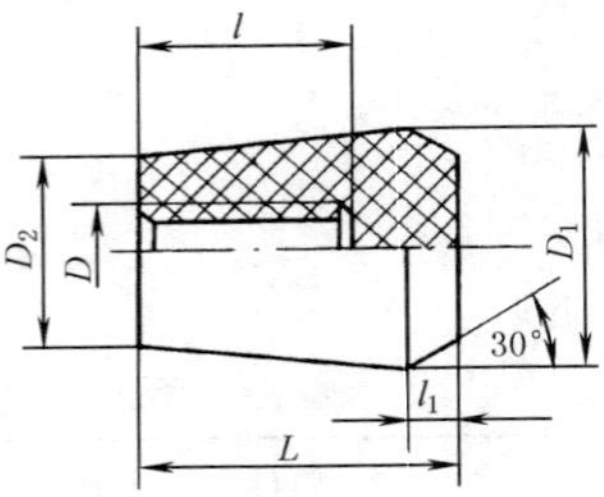

材料：塑料。

标记示例

A 型，D=M12，L=40，黑色手柄套，标记为：

手柄套 M12×40 JB/T 7271.3

A 型，D=M12，L=40，红色手柄套，标记为：

手柄套 M12×40（红） JB/T 7271.3

B 型，D=M12，L=40，黑色手柄套，标记为：

手柄套 BM12×40 JB/T 7271.3

表 10-1-15　mm

D	L	D_1	D_2	l	l_1	每件质量/kg≈
M5	16	12	9	12	3	0.002
M6	20	16	12	14		0.004
M8	25	20	15	16	4	0.007
M10	32	25	20	20	5	0.015
M12	40	32	25	25	6	0.030
M16	50	40	32	32	7	0.062
M20	63	50	40	40	8	0.085

注：其他技术要求按 JB/T 7277 的规定。

椭圆手柄套（摘自 JB/T 7271.4—1994）

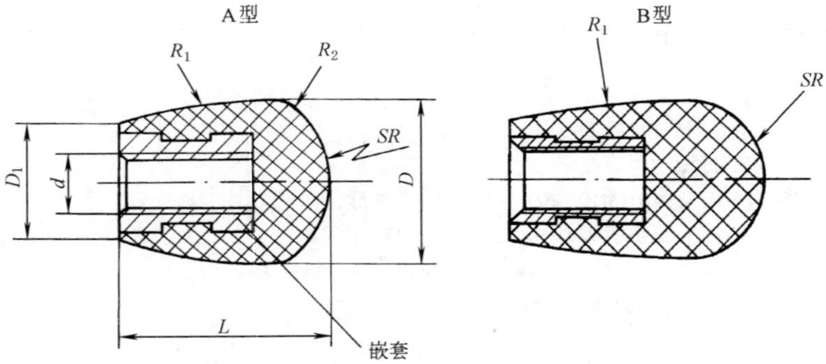

材料：塑料。

标记示例

A 型，d=M8，L=25，黑色椭圆手柄套，标记为：

手柄套 M8×25 JB/T 7271.4

A 型，d=M8，L=25，红色椭圆手柄套，标记为：

手柄套 M8×25（红）JB/T 7271.4

B 型，d=M8，L=32，黑色椭圆手柄套，标记为：

手柄套 BM8×32 JB/T 7271.4

B 型，d=M8，L=32，红色椭圆手柄套，标记为：

手柄套 BM8×32（红）JB/T 7271.4

表 10-1-16　mm

d	L		D	D_1	SR		R_1		R_2	嵌套 JB/T 7275	每件质量 /kg≈
	A 型	B 型			A 型	B 型	A 型	B 型			
M5	16	20	15	12	10	7.5	40	60	3	BM5×12	0.006
M6	20	25	17	14	12	8.5	45	110	4	BM6×14	0.012
M8	25	32	20	16	14	10	50	120	5	BM8×16	0.020
M10	32	40	25	20	16	12.5	70	170	6	BM10×20	0.043
M12	40	50	32	25	18	16	90	200	8	BM12×25	0.086
M16	50	63	40	30	22	20	110	220	12	BM16×32	0.135
M20	63	80	48	35	30	24	130	230	16	BM20×36	0.198

注：其他技术要求按 JB/T 7277 的规定。

长手柄套（摘自 JB/T 7271.5—1994）

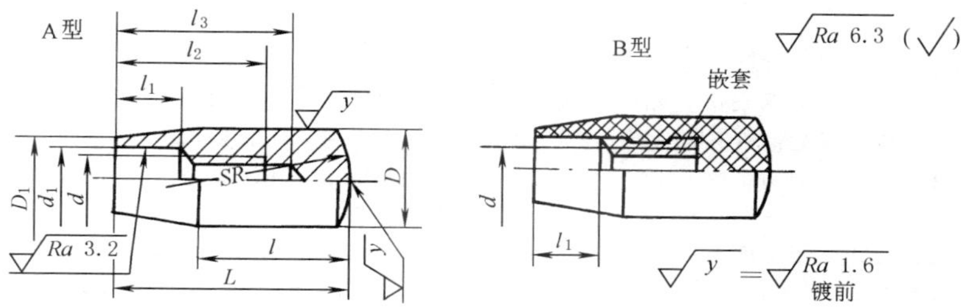

材料：35 钢；Q235-A；塑料。

表面处理：钢件喷砂镀铬（PS/D · Cr）；镀铬抛光（D · L_3Cr）。

标记示例

A 型，d=M8，L=40，35 钢，喷砂镀铬长手柄套，标记为：手柄套 M8×40　JB/T 7271.5

B 型，d=M8，L=40，塑料长手柄套，标记为：手柄套 BM8×40　JB/T 7271.5

表 10-1-17

mm

d	L	D	D_1	d_1	l	l_1	l_2	l_3	SR	嵌套 JB/T 7275	每件质量/kg≈	
											A 型	B 型
M5	32	14	10	7	16	8	20	24	16	BM5×12	0.029	0.009
M6	36	16	12	9	20	10	22	27	20	BM6×14	0.042	0.014
M8	40	18	14	11	25	12	26	31	25	BM8×16	0.059	0.020
M10	50	22	16	13	32	14	32	39	28	BM10×20	0.100	0.039
M12	60	28	22	18	36	18	36	45	36	BM12×25	0.175	0.075
M16	70	32	26	22	40	22	45	55	40	BM16×32	0.300	0.132
M20	80	40	32	28	45	28	56	68	50	BM20×36	0.513	0.209

注：其他技术要求按 JB/T 7277 的规定。

1.3　手柄座

手柄座（摘自 JB/T 7272.1—1994）

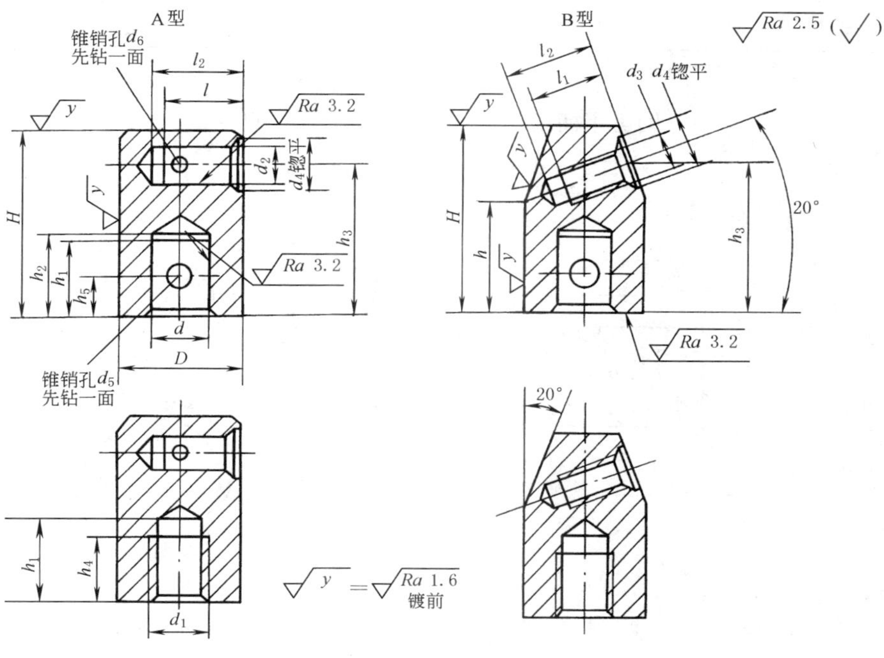

材料：35 钢；Q235-A。

表面处理：喷砂镀铬（PS/D · Cr）；镀铬抛光（D · L_3Cr）；氧化（H · Y）。

标记示例

A 型，d=20，D=40，35 钢，喷砂镀铬手柄座，标记为：手柄座 20×40 JB/T 7272.1

A 型，d_1=M20，D=40，35 钢，喷砂镀铬手柄座，标记为：手柄座 M20×40 JB/T 7272.1

B 型，d=20，D=40，35 钢，喷砂镀铬手柄座，标记为：手柄座 B20×40 JB/T 7272.1

B 型，d_1=M20，D=40，35 钢，喷砂镀铬手柄座，标记为：手柄座 BM20×40 JB/T 7272.1

表 10-1-18

mm

d	基本尺寸	12	16	20	25
	极限偏差 H8	+0.027 0		+0.033 0	
d_1		M12	M16	M20	M24
D		26	32	40	50
d_2	基本尺寸	8	10	12	16
	极限偏差 H8	+0.022 0		+0.027 0	
H		40	50	63	76
d_3		M8	M10	M12	M16
d_4		11	13	17	21
d_5		5	6		8
d_6		3		4	5
l		16	20	25	32
l_1		14	18	22	28
l_2		19	24	29	36
h		24	30	38	50
h_1		16	20	25	32
h_2		19	24	29	36
h_3		32	40	50	63
h_4		14	18	22	28
h_5		8	10	12	16
每件质量/kg≈	A 型	0.121	0.227	0.465	0.937
	B 型	0.104	0.195	0.417	0.835
相配圆锥销 GB/T 117		5×25	6×32	6×40	8×50
		3×25	3×32	4×40	5×50

注：其他技术要求按 JB/T 7277 的规定。

圆盘手柄座（摘自 JB/T 7272.3—1994）

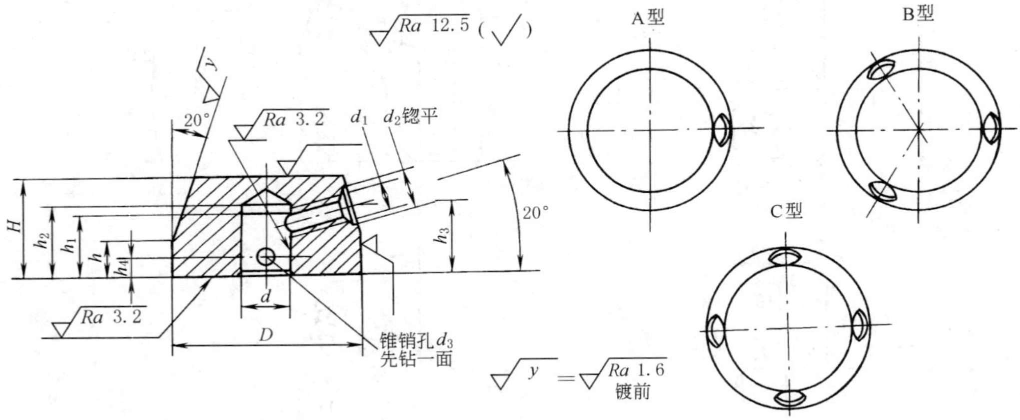

材料：HT200；35 钢；Q235-A。

表面处理：喷砂镀铬（PS/D · Cr）；镀铬抛光（D · L_3Cr）；氧化（H · Y）。

标记示例

A 型，$d=10$，$D=40$，HT200，喷砂镀铬圆盘手柄座，标记为：手柄座 10×40 JB/T 7272.3

B 型，$d=10$，$D=40$，HT200，喷砂镀铬圆盘手柄座，标记为：手柄座 B10×40 JB/T 7272.3

C 型，$d=10$，$D=40$，HT200，喷砂镀铬圆盘手柄座，标记为：手柄座 C10×40 JB/T 7272.3

表 10-1-19

mm

d	基本尺寸	10	12	16	18	22
	极限偏差 H8	+0.022 0	+0.027 0			+0.033 0
D		40	50	60	70	80
H		22	26	32		36
d_1		M6	M8	M10		M12
d_2		9	11	13		17
d_3		4	5		6	
h		8	11	13		
h_1		14	18	21		24
h_2		16	20	23		26
h_3		15	19	23		25
h_4		4	6			
每件质量/kg≈		0.173	0.331	0.581	0.724	1.081
相配圆锥销 GB/T 117		4×40	5×50	5×60	6×70	6×80

注：其他技术要求按 JB/T 7277 的规定。

定位手柄座（摘自 JB/T 7272.4—1994）

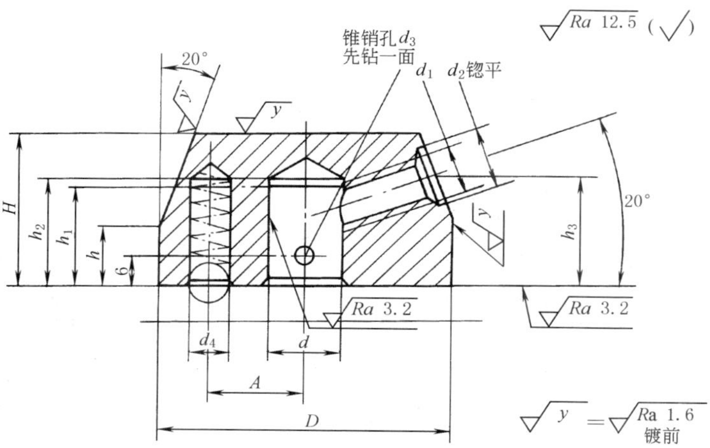

材料：HT200；35 钢；Q235-A。

表面处理：喷砂镀铬（PS/D·Cr）；镀铬抛光（D·L_3Cr）；氧化（H·Y）。

标记示例

$d=16$，$D=60$，HT200，喷砂镀铬定位手柄座，标记为：手柄座 16×60 JB/T 7272.4

表 10-1-20

mm

d 基本尺寸	d 极限偏差 H8	D	A	H	d_1	d_2	d_3	d_4	h	h_1	h_2	h_3	每件质量/kg≈	相配钢球 GB/T 308	相配压缩弹簧 GB/T 2089	相配圆锥销 GB/T 117
12	+0.027 0	50	16	26	M8	11	5	6.7	11	18	20	19	0.326	6.5	0.8×5×25	5×50
16		60	20	32	M10	13		8.5	13	21	23	23	0.570	8	1.2×7×35	5×60
18		70	25				6						0.713			6×70
22	+0.033 0	80	30	36	M12	17						25	1.070			6×80

注：其他技术要求按 JB/T 7277 的规定。

1.4 手轮

小波纹手轮（摘自 JB/T 7273.1—1994）

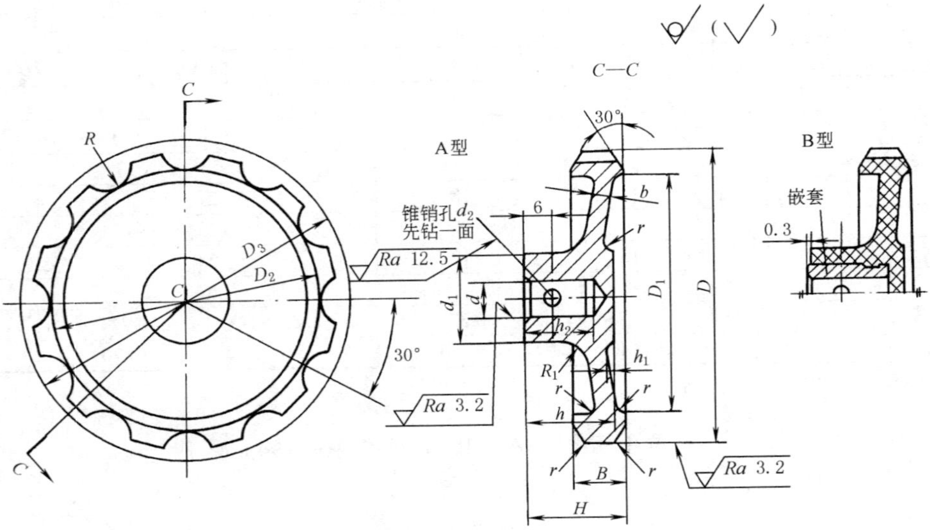

材料：ZL102，塑料。

表面处理：ZL102 为阳极氧化（D・Y）。

标记示例

A 型，d=10，D=80，ZL102，阳极氧化小波纹手轮，标记为：手轮 10×80　JB/T 7273.1

B 型，d=10，D=80，塑料小波纹手轮，标记为：手轮 B10×80　JB/T 7273.1

表 10-1-21　　mm

<table>
<tr><th colspan="2">d</th><th rowspan="2">D</th><th rowspan="2">D₁</th><th rowspan="2">D₂</th><th rowspan="2">D₃</th><th rowspan="2">d₁</th><th rowspan="2">d₂</th><th rowspan="2">H</th><th rowspan="2">h</th><th rowspan="2">h₁</th><th rowspan="2">h₂</th><th rowspan="2">R</th><th rowspan="2">R₁</th><th rowspan="2">r</th><th rowspan="2">B</th><th rowspan="2">b</th><th rowspan="2">嵌套
JB/T 7275</th><th colspan="2">每件质量/kg≈</th><th rowspan="2">相配圆锥销
GB/T 117</th></tr>
<tr><th>基本尺寸</th><th>极限偏差
H8</th><th>铝合金</th><th>塑料</th></tr>
<tr><td>6</td><td>+0.018
0</td><td>50</td><td>40</td><td>45</td><td>58</td><td>16</td><td>2</td><td>16</td><td>15</td><td>1</td><td>12</td><td rowspan="2">6</td><td>4</td><td>1</td><td>8</td><td>3</td><td>6×12</td><td>0.055</td><td>0.039</td><td>2×16</td></tr>
<tr><td>8</td><td rowspan="2">+0.022
0</td><td>63</td><td>50</td><td>55</td><td>68</td><td>18</td><td rowspan="2">3</td><td>20</td><td>19</td><td rowspan="2">1.6</td><td>14</td><td>5</td><td rowspan="2">1.6</td><td>10</td><td rowspan="2">4</td><td>8×14</td><td>0.071</td><td>0.059</td><td>3×18</td></tr>
<tr><td>10</td><td>80</td><td>63</td><td>70</td><td>88</td><td>22</td><td>24</td><td>21</td><td>16</td><td>8</td><td>6</td><td>12</td><td>10×16</td><td>0.099</td><td>0.082</td><td>3×22</td></tr>
<tr><td rowspan="2">12</td><td rowspan="2">+0.027
0</td><td>100</td><td>80</td><td>90</td><td>112</td><td>28</td><td rowspan="2">4</td><td>28</td><td>23</td><td rowspan="2">2</td><td>18</td><td>10</td><td>7</td><td rowspan="2">2</td><td>14</td><td rowspan="2">5</td><td>12×18</td><td>0.234</td><td>0.194</td><td>4×28</td></tr>
<tr><td>125</td><td>100</td><td>112</td><td>140</td><td>36</td><td>32</td><td>25</td><td>20</td><td>12</td><td>8</td><td>16</td><td>12×20</td><td>0.414</td><td>0.250</td><td>4×32</td></tr>
</table>

注：其他技术要求按 JB/T 7277 的规定。

手轮（摘自 JB/T 7273.3—1994）

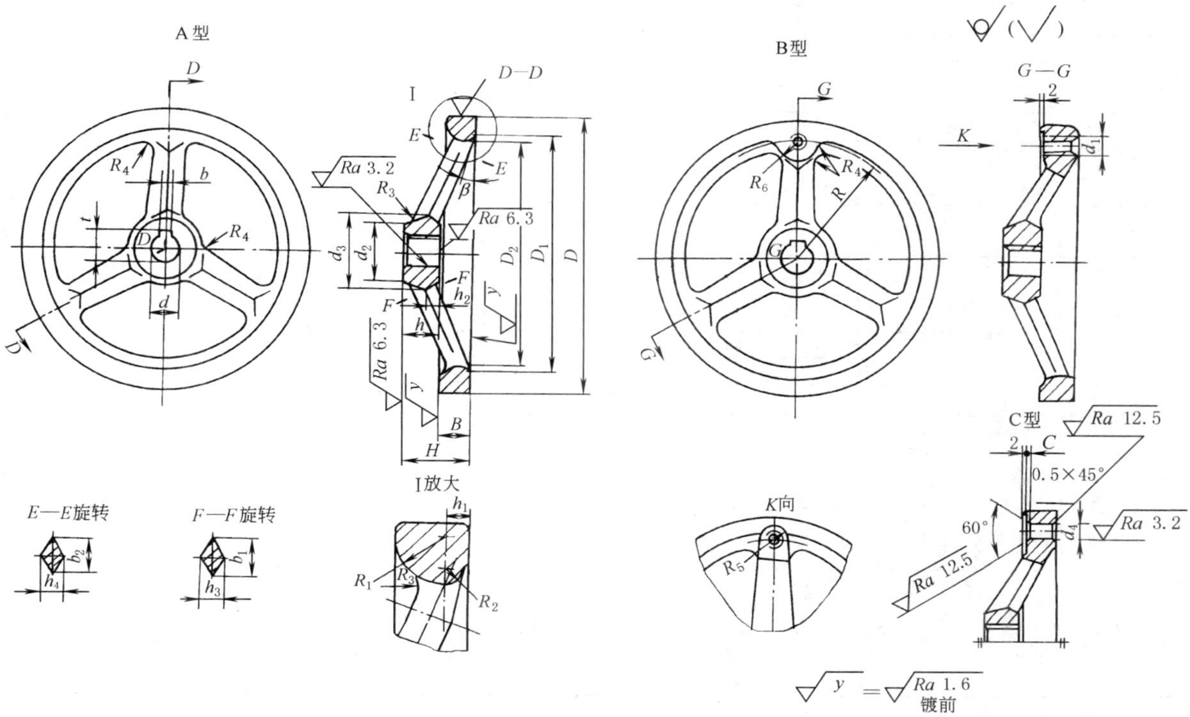

材料：HT200。

表面处理：HT200 喷砂镀铬（PS/D·Cr）；镀铬抛光（D·L_3Cr）。

标记示例

A 型，d=16，D=160，喷砂镀铬手轮，标记为：手轮 16×160　JB/T 7273.3

B 型，d=16，D=160，喷砂镀铬手轮，标记为：手轮 B16×160　JB/T 7273.3

C 型，d=16，D=160，喷砂镀铬手轮，标记为：手轮 C16×160　JB/T 7273.3

表 10-1-22

mm

d	基本尺寸	12	14	16	18	22	25	28
	极限偏差 H8	$^{+0.027}_{0}$				$^{+0.033}_{0}$		
D		100	125	160	200	250	320	
D_1		86	107	138	176	222	288	
D_2		76	97	128	164	210	276	
d_1		M6	M8	M10		M12		
d_2		22	28	32	36	45	55	
d_3		30	38	42	48	58	72	
d_4	基本尺寸	6	8	10		12		
	极限偏差 H8	$^{+0.018}_{0}$	$^{+0.022}_{0}$			$^{+0.027}_{0}$		
R_1		9	11	13	14	16	18	
R_2		4			5			
R_3		5		6		8	10	
R_4		3	4	5		6		
R_5		5	6	8		10		

续表

d_4	基本尺寸	6	8	10		12		
	极限偏差 H8	+0.018 0	+0.022 0			+0.027 0		
R_6		7	8	10		12		
C		1			1.5			
H		32	36	40	45	50	55	
h	基本尺寸	18		20	25	28	32	
	极限偏差 h13	0 −0.270		0 −0.330			0 −0.390	
h_1		5			6			
h_2		6		7	8	9	10	
h_3		10	11	12	14	18	20	
h_4		9	10	11	12	14	16	
B		14	16	18	20	22	24	
b_1		16	18	22	26	30	35	
b_2		14	16	18	20	21	28	
b	基本尺寸	4	5		6		8	
	极限偏差 JS9	±0.015					±0.018	
t	基本尺寸	13.8	16.3	18.3	20.8	24.8	28.3	31.3
	极限偏差	+0.1 0					+0.2 0	
β		15°		10°			5°	
每件质量/kg≈		0.425	0.660	1.160	1.806	2.805	5.730	
相配转动手柄 JB/T 7270.5		M6×50	M8×63	M10×80		M12×100		
相配手柄 JB/T 7270.1		6×50×12	8×63×14	10×80×16	10×80×18	12×100×20	12×100×22	
		BM6×50	BM8×63	BM10×80		BM12×100		

注：1. 手柄选用 JB/T 7270.1 及 JB/T 7270.5 规定的相应规格。

2. 其他技术要求按 JB/T 7277 的规定。

波纹手轮（摘自 JB/T 7273.4—1994）

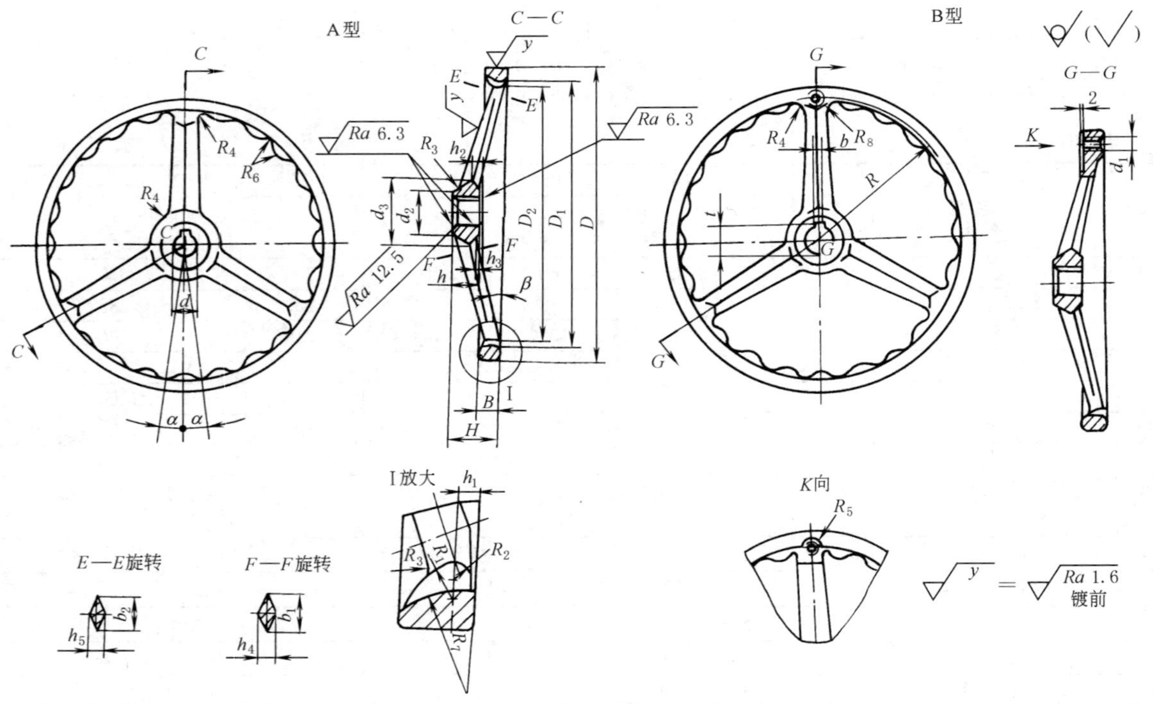

第 10 篇

材料：HT200。

表面处理：喷砂镀铬（PS/D·Cr）；镀铬抛光（D·L_3Cr）。

标记示例

A 型，$d=18$，$D=200$，喷砂镀铬波纹手轮，标记为：手轮 18×200　JB/T 7273.4

B 型，$d=18$，$D=200$，喷砂镀铬波纹手轮，标记为：手轮 B18×200　JB/T 7273.4

表 10-1-23

mm

<table>
<tr><td rowspan="2">d</td><td>基本尺寸</td><td colspan="3">18</td><td colspan="3">22</td><td colspan="3">25</td><td colspan="3">28</td><td colspan="3">32</td><td colspan="3">35</td><td colspan="3">40</td><td colspan="3">45</td></tr>
<tr><td>极限偏差
H8</td><td colspan="3">+0.027
0</td><td colspan="9">+0.033
0</td><td colspan="12">+0.039
0</td></tr>
<tr><td colspan="2">D</td><td colspan="4">200</td><td colspan="4">250</td><td colspan="4">320</td><td colspan="4">400</td><td colspan="4">500</td><td colspan="4">630</td></tr>
<tr><td colspan="2">D_1</td><td colspan="4">176</td><td colspan="4">222</td><td colspan="4">288</td><td colspan="4">364</td><td colspan="4">462</td><td colspan="4">588</td></tr>
<tr><td colspan="2">D_2</td><td colspan="4">164</td><td colspan="4">210</td><td colspan="4">276</td><td colspan="4">352</td><td colspan="4">448</td><td colspan="4">574</td></tr>
<tr><td colspan="2">d_1</td><td colspan="4">M10</td><td colspan="8">M12</td><td colspan="12">—</td></tr>
<tr><td colspan="2">d_2</td><td colspan="4">36</td><td colspan="4">45</td><td colspan="4">55</td><td colspan="4">65</td><td colspan="4">75</td><td colspan="4">85</td></tr>
<tr><td colspan="2">d_3</td><td colspan="4">48</td><td colspan="4">58</td><td colspan="4">72</td><td colspan="4">85</td><td colspan="4">95</td><td colspan="4">105</td></tr>
<tr><td colspan="2">R</td><td colspan="4">88</td><td colspan="4">110</td><td colspan="4">145</td><td colspan="4">—</td><td colspan="4">—</td><td colspan="4">—</td></tr>
<tr><td colspan="2">R_1</td><td colspan="4">20</td><td colspan="4">22</td><td colspan="4">23</td><td colspan="4">26</td><td colspan="4">28</td><td colspan="4">32</td></tr>
<tr><td colspan="2">R_2</td><td colspan="16">5</td><td colspan="8">6</td></tr>
<tr><td colspan="2">R_3</td><td colspan="4">6</td><td colspan="4">8</td><td colspan="4">10</td><td colspan="4">12</td><td colspan="8">16</td></tr>
<tr><td colspan="2">R_4</td><td colspan="4">5</td><td colspan="8">6</td><td colspan="12">8</td></tr>
<tr><td colspan="2">R_5</td><td colspan="4">8</td><td colspan="8">10</td><td colspan="12">—</td></tr>
<tr><td colspan="2">$R_6\approx$</td><td colspan="4">16</td><td colspan="4">16.5</td><td colspan="12">16</td><td colspan="4">20</td></tr>
<tr><td colspan="2">R_7</td><td colspan="4">30</td><td colspan="4">29</td><td colspan="4">30</td><td colspan="4">30</td><td colspan="4">34</td><td colspan="4">36</td></tr>
<tr><td colspan="2">R_8</td><td colspan="4">10</td><td colspan="8">12</td><td colspan="12">—</td></tr>
<tr><td colspan="2">H</td><td colspan="4">45</td><td colspan="4">50</td><td colspan="4">55</td><td colspan="4">65</td><td colspan="4">70</td><td colspan="4">75</td></tr>
<tr><td rowspan="2">h</td><td>基本尺寸</td><td colspan="4">25</td><td colspan="4">28</td><td colspan="4">32</td><td colspan="4">40</td><td colspan="4">45</td><td colspan="4">50</td></tr>
<tr><td>极限偏差
h13</td><td colspan="8">0
−0.330</td><td colspan="16">0
−0.390</td></tr>
<tr><td colspan="2">h_1</td><td colspan="16">6</td><td colspan="8">7</td></tr>
<tr><td colspan="2">h_2</td><td colspan="4">8</td><td colspan="4">9</td><td colspan="4">10</td><td colspan="4">12</td><td colspan="4">14</td><td colspan="4">16</td></tr>
<tr><td colspan="2">h_3</td><td colspan="12">2</td><td colspan="8">3</td><td colspan="4">5</td></tr>
<tr><td colspan="2">h_4</td><td colspan="4">14</td><td colspan="4">18</td><td colspan="4">20</td><td colspan="4">22</td><td colspan="4">24</td><td colspan="4">26</td></tr>
<tr><td colspan="2">h_5</td><td colspan="4">12</td><td colspan="4">14</td><td colspan="8">16</td><td colspan="4">18</td><td colspan="4">20</td></tr>
<tr><td colspan="2">B</td><td colspan="4">20</td><td colspan="4">22</td><td colspan="4">24</td><td colspan="4">26</td><td colspan="4">28</td><td colspan="4">30</td></tr>
<tr><td colspan="2">b_1</td><td colspan="4">26</td><td colspan="4">30</td><td colspan="4">35</td><td colspan="4">38</td><td colspan="4">42</td><td colspan="4">45</td></tr>
<tr><td colspan="2">b_2</td><td colspan="4">20</td><td colspan="4">24</td><td colspan="4">28</td><td colspan="4">30</td><td colspan="4">32</td><td colspan="4">35</td></tr>
<tr><td rowspan="2">b</td><td>基本尺寸</td><td colspan="8">6</td><td colspan="4">8</td><td colspan="4">10</td><td colspan="4">12</td><td colspan="4">14</td></tr>
<tr><td>极限偏差
JS9</td><td colspan="8">±0.015</td><td colspan="8">±0.018</td><td colspan="8">±0.0215</td></tr>
<tr><td rowspan="2">t</td><td>基本尺寸</td><td colspan="3">20.8</td><td colspan="3">24.8</td><td colspan="3">28.3</td><td colspan="3">31.3</td><td colspan="3">35.3</td><td colspan="3">38.3</td><td colspan="3">43.3</td><td colspan="3">48.8</td></tr>
<tr><td>极限偏差</td><td colspan="8">+0.1
0</td><td colspan="16">+0.2
0</td></tr>
<tr><td colspan="2">β</td><td colspan="8">10°</td><td colspan="4">5°</td><td colspan="12">—</td></tr>
<tr><td colspan="2">α</td><td colspan="4">12°30′</td><td colspan="4">10°</td><td colspan="4">7°30′</td><td colspan="4">6°</td><td colspan="4">5°</td><td colspan="4">4°</td></tr>
<tr><td colspan="2">轮辐数</td><td colspan="12">3</td><td colspan="12">5</td></tr>
<tr><td colspan="2">每件质量/kg≈</td><td colspan="4">2.027</td><td colspan="4">3.150</td><td colspan="4">5.730</td><td colspan="4">8.693</td><td colspan="4">12.631</td><td colspan="4">21.615</td></tr>
<tr><td colspan="2">相配转动手柄(JB/T 7270.5)</td><td colspan="4">M10×80</td><td colspan="8">M12×100</td><td colspan="12">—</td></tr>
</table>

注：1. 手柄选用 JB/T 7270.5 规定的相应规格。

2. 其他技术要求按 JB/T 7277 的规定。

圆轮缘手轮（摘自 JB/T 7273.5—1994）

A型

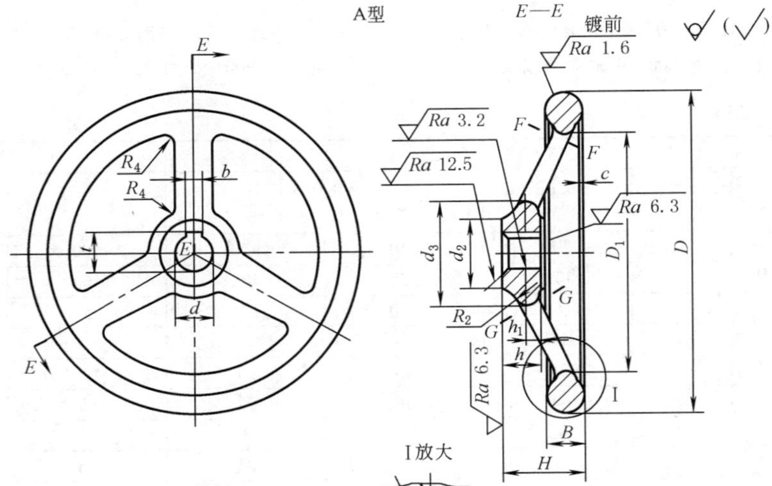

F—F旋转

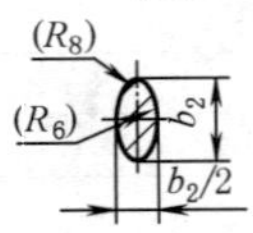

G—G旋转

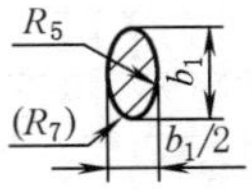

I放大

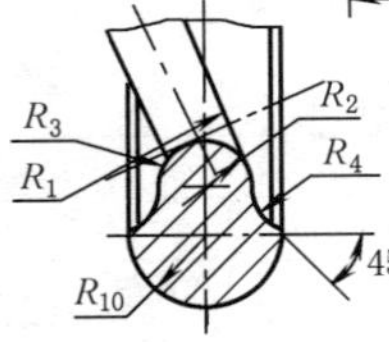

B型

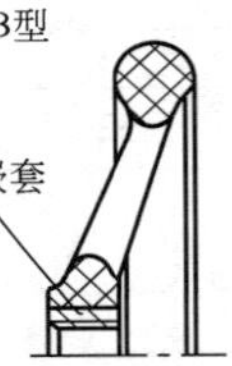

C型

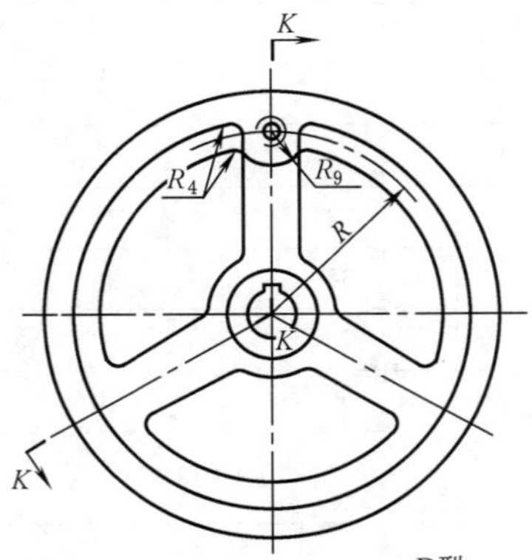

K—K

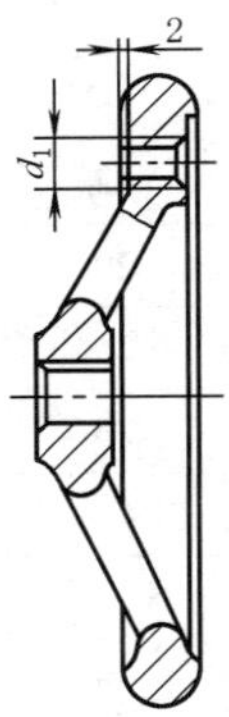

D型

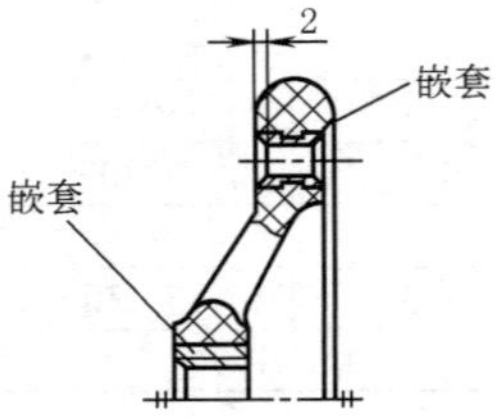

材料：HT200；塑料。

表面处理：HT200 为喷砂镀铬（PS/D・Cr）；镀铬抛光（D・L_3Cr）。

标记示例

A 型，d=16，D=160，HT200，喷砂镀铬圆轮缘手轮，标记为：手轮 16×160 JB/T 7273.5

B 型，d=16，D=160，塑料圆轮缘手轮，标记为：手轮 B16×160 JB/T 7273.5

C 型，d=16，D=160，HT200，喷砂镀铬圆轮缘手轮，标记为：手轮 C16×160 JB/T 7273.5

D 型，d=16，D=160，塑料圆轮缘手轮，标记为：手轮 D16×160 JB/T 7273.5

表 10-1-24

mm

d											
基本尺寸	12	14	16	18	22	25	28	32	35	40	45
极限偏差 H8	+0.027 0				+0.033 0			+0.039 0			

D	100	125	160	200	250	320	400	500	630
D_1	64	87	120	156	200	264	336	428	550
d_1	M8		M10		M12		—		
d_2	26	28	32	36	45	55	65	75	85
d_3	30	39	44	50	61	73	85	97	109
R	36	47	62	80	101	132	—	—	—
R_1	14		18	22	—				
R_2	5		5.5	6	7	8	9	10	11
R_3	12		16	20	24	28	45	65	75
R_4	3		3.5	4			5	6	7
R_5	20		22	24	28	32	36	40	44
R_6	16		18	20	22	24	28	32	36
$R_7 \approx$	3.5		4.1	4.5	5.3	6	6.8	7.5	8.3
$R_8 \approx$	2.8		3.4	3.7	4.1	4.5	5.3	6	6.8
R_9	7.5	8	10		12		—		
R_{10}	7.5	8	9	10	11	12.5	14	16	18
H	33	36	40	45	50	56	64	72	78
h 基本尺寸	17	18	20	25	28	32	40	45	50
h 极限偏差 h13	0 −0.270		0 −0.330			0 −0.390			
h_1	6	7	8	9	10	11	12	14	16
B	15	16	18	20	22	25	28	32	36
b_1	18	20	22	24	28	32	36	40	44
b_2	14	16	18	20	22	24	28	32	36
c	0.6		0.8	1		1.5			2

b 基本尺寸	4	5		6		8		10		12	14
b 极限偏差 JS9	±0.015					±0.018				±0.0215	
t 基本尺寸	13.8	16.3	18.3	20.8	24.8	28.3	31.3	35.3	38.3	43.3	48.8
t 极限偏差	+0.1 0					+0.2 0					
轮辐数	3							5			

B 型 嵌套 JB/T 7275	C12×18		C16×20	C18×25	—				
D 型 嵌套 JB/T 7275	C12×18		C16×20	C18×25	—				
D 型 嵌套 JB/T 7275	BM8×14		BM10×16		—				
每件质量 /kg≈ 铸铁	0.934		1.460	2.200	3.494	5.753	9.342	15.000	23.061
每件质量 /kg≈ 塑料	0.187		0.292	0.440	—				

注：1. 手柄选用 JB/T 7270.5 规定的相应规格。

2. 其他技术要求按 JB/T 7277 的规定。

波纹圆轮缘手轮（摘自 JB/T 7273.6—1994）

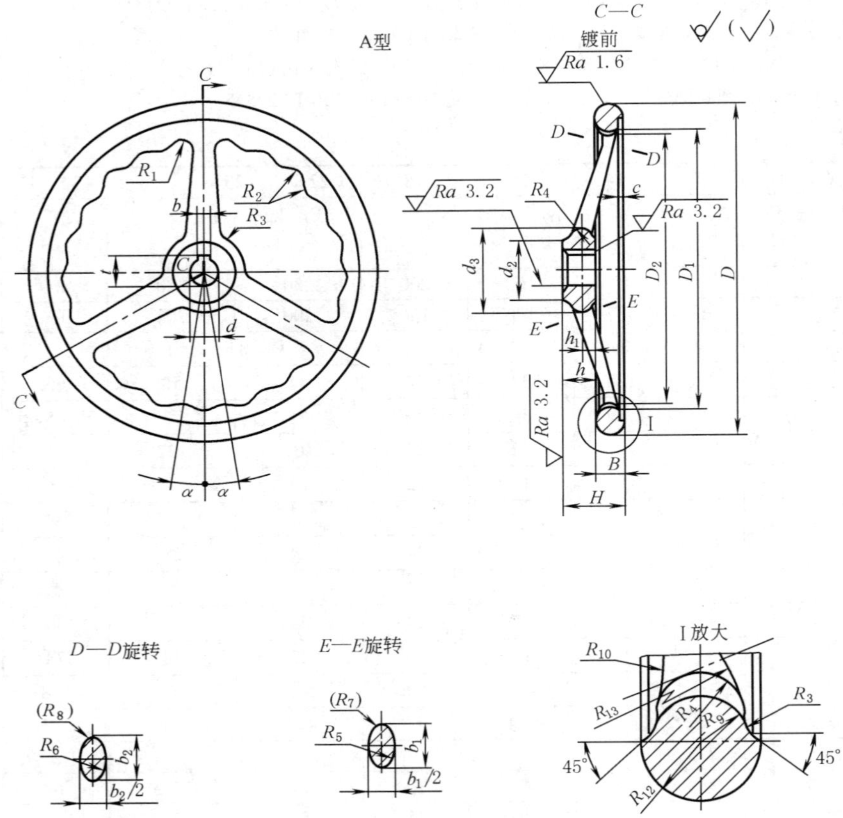

B型

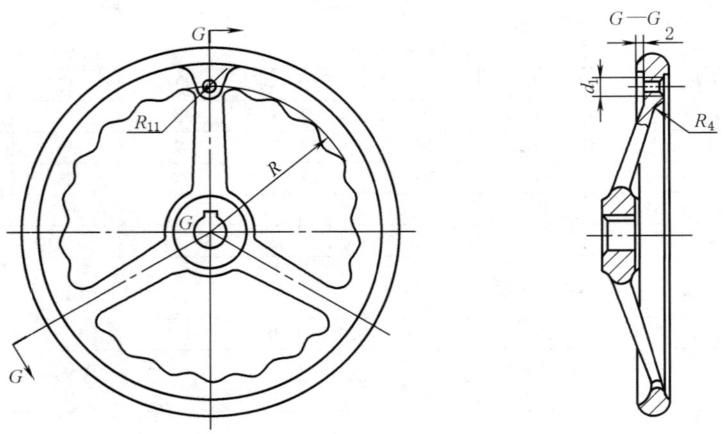

材料：HT200。

表面处理：喷砂镀铬（PS/D · Cr）；镀铬抛光（D · L_3Cr）。

标记示例

A 型，d=28，D=320，喷砂镀铬波纹圆轮缘手轮的标记为：手轮 28×320　JB/T 7273.6

B 型，d=28，D=320，喷砂镀铬波纹圆轮缘手轮的标记为：手轮 B28×320　JB/T 7273.6

表 10-1-25

mm

<table>
<tr><td rowspan="2">d</td><td>基本尺寸</td><td colspan="2">18</td><td colspan="2">22</td><td colspan="2">25</td><td colspan="2">28</td><td colspan="2">32</td><td colspan="2">35</td><td colspan="2">40</td><td colspan="2">45</td></tr>
<tr><td>极限偏差
H8</td><td colspan="2">+0.027
0</td><td colspan="6">+0.033
0</td><td colspan="8">+0.039
0</td></tr>
<tr><td colspan="2">D</td><td colspan="2">200</td><td colspan="3">250</td><td colspan="3">320</td><td colspan="3">400</td><td colspan="2">500</td><td colspan="3">630</td></tr>
<tr><td colspan="2">D_1</td><td colspan="2">168</td><td colspan="3">209</td><td colspan="3">264</td><td colspan="3">336</td><td colspan="2">428</td><td colspan="3">550</td></tr>
<tr><td colspan="2">D_2</td><td colspan="2">160</td><td colspan="3">200</td><td colspan="3">254</td><td colspan="3">324</td><td colspan="2">414</td><td colspan="3">534</td></tr>
<tr><td colspan="2">d_1</td><td colspan="2">M10</td><td colspan="6">M12</td><td colspan="3">—</td><td colspan="2">—</td><td colspan="3">—</td></tr>
<tr><td colspan="2">d_2</td><td colspan="2">36</td><td colspan="3">45</td><td colspan="3">55</td><td colspan="3">65</td><td colspan="2">75</td><td colspan="3">85</td></tr>
<tr><td colspan="2">d_3</td><td colspan="2">50</td><td colspan="3">61</td><td colspan="3">73</td><td colspan="3">85</td><td colspan="2">97</td><td colspan="3">109</td></tr>
<tr><td colspan="2">R</td><td colspan="2">80</td><td colspan="6">120</td><td colspan="3">—</td><td colspan="2">—</td><td colspan="3">—</td></tr>
<tr><td colspan="2">R_1</td><td colspan="2">5.5</td><td colspan="3">4</td><td colspan="3">6</td><td colspan="3">6</td><td colspan="2">7</td><td colspan="3">8</td></tr>
<tr><td colspan="2">$R_2\approx$</td><td colspan="2">9</td><td colspan="3">13.5</td><td colspan="3">22</td><td colspan="3">16</td><td colspan="2">19</td><td colspan="3">30</td></tr>
<tr><td colspan="2">R_3</td><td colspan="8">4</td><td colspan="3">5</td><td colspan="2">6</td><td colspan="3">7</td></tr>
<tr><td colspan="2">R_4</td><td colspan="2">6</td><td colspan="3">7</td><td colspan="3">8</td><td colspan="3">9</td><td colspan="2">10</td><td colspan="3">11</td></tr>
<tr><td colspan="2">R_5</td><td colspan="2">24</td><td colspan="3">28</td><td colspan="3">32</td><td colspan="3">36</td><td colspan="2">40</td><td colspan="3">44</td></tr>
<tr><td colspan="2">R_6</td><td colspan="2">20</td><td colspan="3">22</td><td colspan="3">24</td><td colspan="3">28</td><td colspan="2">32</td><td colspan="3">36</td></tr>
<tr><td colspan="2">$R_7\approx$</td><td colspan="2">4.5</td><td colspan="3">5.3</td><td colspan="3">6</td><td colspan="3">6.8</td><td colspan="2">7.5</td><td colspan="3">8.3</td></tr>
<tr><td colspan="2">$R_8\approx$</td><td colspan="2">3.7</td><td colspan="3">4.1</td><td colspan="3">4.5</td><td colspan="3">5.3</td><td colspan="2">6</td><td colspan="3">6.8</td></tr>
<tr><td colspan="2">R_9</td><td colspan="2">9</td><td colspan="3">9.5</td><td colspan="3">10</td><td colspan="3">11</td><td colspan="2">12</td><td colspan="3">13</td></tr>
<tr><td colspan="2">R_{10}</td><td colspan="2">20</td><td colspan="3">24</td><td colspan="3">32</td><td colspan="3">45</td><td colspan="2">65</td><td colspan="3">75</td></tr>
<tr><td colspan="2">R_{11}</td><td colspan="2">10</td><td colspan="6">12</td><td colspan="3">—</td><td colspan="2">—</td><td colspan="3">—</td></tr>
<tr><td colspan="2">R_{12}</td><td colspan="2">10</td><td colspan="3">11</td><td colspan="3">12.5</td><td colspan="3">14</td><td colspan="2">16</td><td colspan="3">18</td></tr>
<tr><td colspan="2">R_{13}</td><td colspan="2">14</td><td colspan="3">18</td><td colspan="3">—</td><td colspan="3">—</td><td colspan="2">—</td><td colspan="3">—</td></tr>
<tr><td colspan="2">H</td><td colspan="2">45</td><td colspan="3">50</td><td colspan="3">56</td><td colspan="3">64</td><td colspan="2">72</td><td colspan="3">78</td></tr>
<tr><td rowspan="2">h</td><td>基本尺寸</td><td colspan="2">25</td><td colspan="3">28</td><td colspan="3">32</td><td colspan="3">40</td><td colspan="2">45</td><td colspan="3">50</td></tr>
<tr><td>极限偏差
h13</td><td colspan="8">0
−0.330</td><td colspan="8">0
−0.390</td></tr>
<tr><td colspan="2">h_1</td><td colspan="2">9</td><td colspan="3">10</td><td colspan="3">11</td><td colspan="3">12</td><td colspan="2">14</td><td colspan="3">16</td></tr>
<tr><td colspan="2">B</td><td colspan="2">20</td><td colspan="3">22</td><td colspan="3">25</td><td colspan="3">28</td><td colspan="2">32</td><td colspan="3">36</td></tr>
<tr><td colspan="2">b_1</td><td colspan="2">24</td><td colspan="3">28</td><td colspan="3">32</td><td colspan="3">36</td><td colspan="2">40</td><td colspan="3">44</td></tr>
<tr><td colspan="2">b_2</td><td colspan="2">20</td><td colspan="3">22</td><td colspan="3">24</td><td colspan="3">28</td><td colspan="2">32</td><td colspan="3">36</td></tr>
<tr><td rowspan="2">b</td><td>基本尺寸</td><td colspan="4">6</td><td colspan="4">8</td><td colspan="4">10</td><td colspan="2">12</td><td colspan="2">14</td></tr>
<tr><td>极限偏差
JS9</td><td colspan="4">±0.015</td><td colspan="8">±0.018</td><td colspan="4">±0.0215</td></tr>
<tr><td rowspan="2">t</td><td>基本尺寸</td><td colspan="2">20.8</td><td colspan="2">24.8</td><td colspan="2">28.3</td><td colspan="2">31.3</td><td colspan="2">35.3</td><td colspan="2">38.3</td><td colspan="2">43.3</td><td colspan="2">48.8</td></tr>
<tr><td>极限偏差</td><td colspan="4">+0.1
0</td><td colspan="12">+0.2
0</td></tr>
<tr><td colspan="2">α</td><td colspan="8">8.5°</td><td colspan="8">12°</td></tr>
<tr><td colspan="2">c</td><td colspan="8">1.5</td><td colspan="8">2</td></tr>
<tr><td colspan="2">轮辐数</td><td colspan="8">3</td><td colspan="8">5</td></tr>
<tr><td colspan="2">每件质量/kg≈</td><td colspan="2">2.44</td><td colspan="3">3.80</td><td colspan="3">6.00</td><td colspan="3">9.70</td><td colspan="2">15.45</td><td colspan="3">23.70</td></tr>
</table>

注：1. 手柄选用 JB/T 7270.5 规定的相应规格。
2. 其他技术要求按 JB/T 7277 的规定。

第 10 篇

1.5 把手

把手（摘自 JB/T 7274.1—1994）

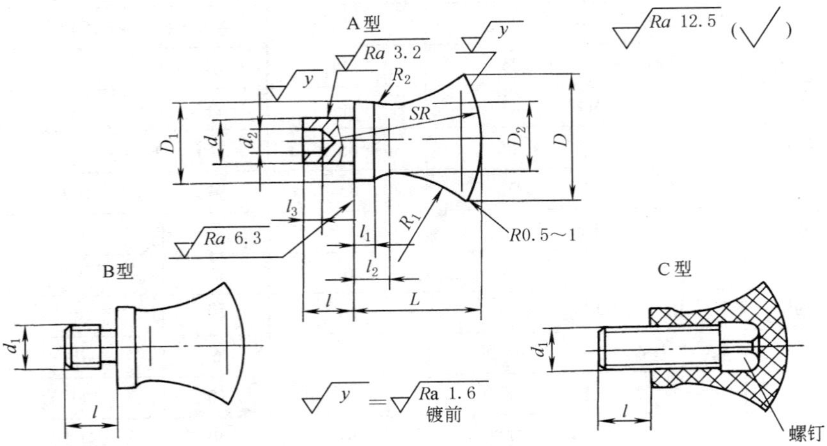

材料：35 钢；塑料。

表面处理：钢件喷砂镀铬（PS/D · Cr）；镀铬抛光（D · L_3Cr）；氧化（H · Y）。

标记示例

A 型，$d=8$，$D=25$，35 钢，喷砂镀铬把手，标记为：

把手 8×25　JB/T 7274.1

B 型，d_1 = M8，D = 25，35 钢，喷砂镀铬把手，标记为：

把手 BM8×25　JB/T 7274.1

C 型，d_1 = M8，D = 25，塑料把手，标记为：

把手 CM8×25　JB/T 7274.1

表 10-1-26　　mm

d 基本尺寸	d 极限偏差 js7	d_1	D	L	l	D_1	D_2	d_2	l_1	l_2	l_3	SR	R_1	R_2	相配螺钉 GB/T 821	每件质量/kg≈ 钢	每件质量/kg≈ 塑料
5	±0.006	M5	16	16	6	10	8	3.5	3	5	3	20	12	1	M5×12	0.018	0.004
6		M6	20	20	8	12	10	4		6	4	25	15		M6×16	0.025	0.007
8	±0.007	M8	25	25	10	16	13	5.5	4	7		32	20	1.5	M8×25	0.050	0.015
10		M10	32	32	12	20	16	7	5	10	5	40	24	2	M10×30	0.100	0.027
12	±0.009	M12	40	40	16	25	20	9	6	13	6	50	28	2.5	M12×40	0.200	0.056

注：其他技术要求按 JB/T 7277 的规定。

压花把手（摘自 JB/T 7274.2—1994）

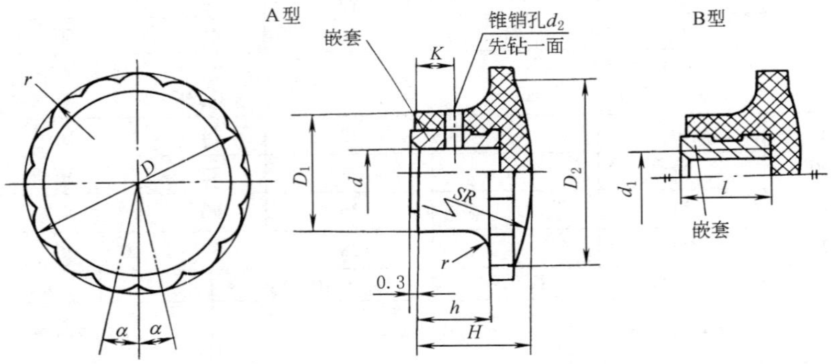

材料：塑料。

标记示例

A 型，$d=10$，$D=40$ 的压花把手，标记为：把手 10×40　JB/T 7274.2

B 型，d_1 = M10，D = 40 的压花把手，标记为：

把手 BM10×40　JB/T 7274.2

表 10-1-27　　mm

d 基本尺寸	d 极限偏差 H8	d_1	D	D_1	d_2	H	D_2	h	SR	r	K	α	嵌套 JB/T 7275 A 型 $d×l$	嵌套 JB/T 7275 B 型 $d_1×l$	每件质量 /kg≈	相配圆锥销 GB/T 117
6	+0.018 0	M6	25	16	2	16	22	10	40	3	5	15°	6×12	BM6×12	0.007	2×16
8	+0.022 0	M8	32	18	3	18	28	12	50	4	6		8×14	BM8×14	0.018	3×18
10		M10	40	22		20	35	14	60	5	7	12°	10×16	BM10×16	0.032	3×22
12	+0.027 0	M12	50	28		25	45	16	80		8	10°	12×20	BM12×20	0.048	3×28

注：其他技术要求按 JB/T 7277 的规定。

十字把手（摘自 JB/T 7274.3—1994）

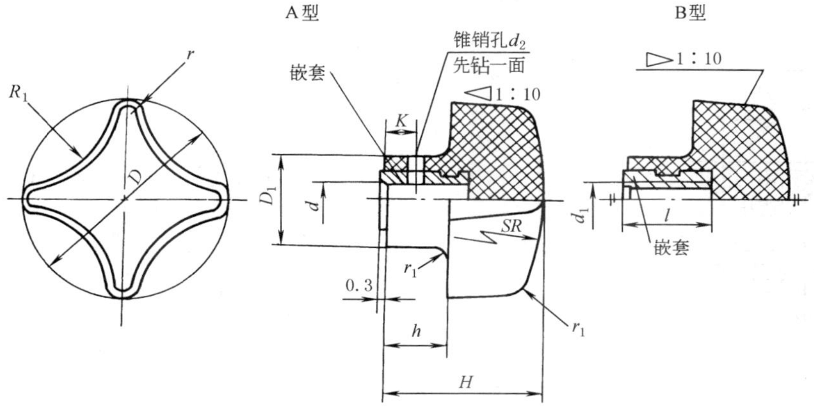

材料：塑料。

标记示例

A 型，$d=8$，$D=40$ 的十字把手，标记为：

把手 8×40　JB/T 7274.3

B 型，$d_1=$M8，$D=40$ 十字把手，标记为：

把手 BM8×40　JB/T 7274.3

表 10-1-28　　mm

d		d_1	D	D_1	d_2	H	h	SR	R_1	r	r_1	K	嵌套 JB/T 7275		每件质量 /kg≈	相配圆锥销 GB/T 117
基本尺寸	极限偏差 H8												A 型 $d×l$	B 型 $d_1×l$		
4	+0.018 0	M4	20	12	2	18	8	25	8	2	1.6	4	4×10	BM4×10	0.005	2×12
5		M5	25	14		20		32	10	2.5			5×10	BM5×10	0.008	2×14
6		M6	32	16		25	10	40	12	3		5	6×12	BM6×12	0.015	2×16
8	+0.022 0	M8	40	18	3	30	12	50	16	3.5	2	6	8×16	BM8×16	0.022	3×18

注：其他技术要求按 JB/T 7277 的规定。

星形把手（摘自 JB/T 7274.4—1994）

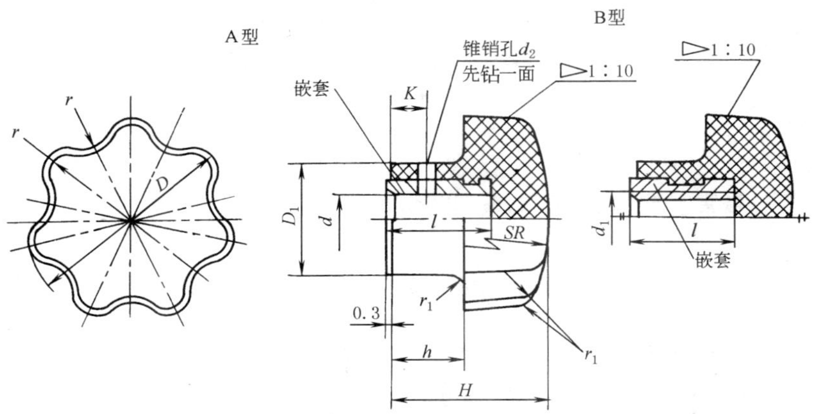

材料：塑料。

标记示例

A 型，$d=10$，$D=40$ 的星形把手，标记为：

把手 10×40　JB/T 7274.4

B 型，$d_1=$M10，$D=40$ 的星形把手，标记为：

把手 BM10×40　JB/T 7274.4

表 10-1-29　　mm

d		d_1	D	D_1	d_2	H	h	SR	r	r_1	K	嵌套 JB/T 7275		每件质量 /kg≈	相配圆锥销 GB/T 117
基本尺寸	极限偏差 H8											A 型 $d×l$	B 型 $d_1×l$		
6	+0.018 0	M6	25	16	2	20	10	32	4	1.6	5	6×12	BM6×12	0.015	2×16
8	+0.022 0	M8	32	18	3	25	12	40	5	2	6	8×16	BM8×16	0.024	3×18
10		M10	40	22		30	14	50	6		7	10×20	BM10×20	0.035	3×22
12	+0.027 0	M12	50	28		35	16	60	8		8	12×25	BM12×25	0.069	3×28
16		M16	63	32	4	40	18	80	10	2.5	10	16×30	BM16×30	0.111	4×32

注：其他技术要求按 JB/T 7277 的规定。

定位把手（摘自 JB/T 7274.5—1994）

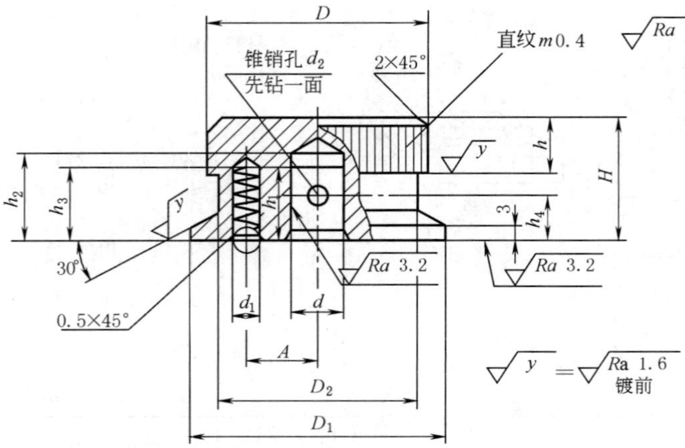

材料：HT200；35 钢；Q235-A。

表面处理：喷砂镀铬（PS/D·Cr）；镀铬抛光（D·L_3Cr）。

标记示例

$d=12$，$D=50$，HT200，喷砂镀铬定位把手，标记为：

把手 12×50 JB/T 7274.5

表 10-1-30 mm

d 基本尺寸	d 极限偏差 H8	D	D_1	D_2	d_1	d_2	H	h	h_1	h_2	h_3	h_4	A	每件质量 /kg≈	相配钢球 GB/T 308	相配压缩弹簧 GB/T 2089
10	+0.022 0	40	48	38	6.7	4	26	12	14	18	18	10	14	0.295	6.5	0.8×5×25
12	+0.027 0	50	58	45		5	30	14	18	20		11	16	0.495		
16		60	68	55	8.5		32	16	21	23	21		20	0.800	8	1.2×6×35
18		70	78	65		6	34	18					25	1.105		

注：其他技术要求按 JB/T 7277 的规定。

1.6 嵌套

嵌套（摘自 JB/T 7275—1994）

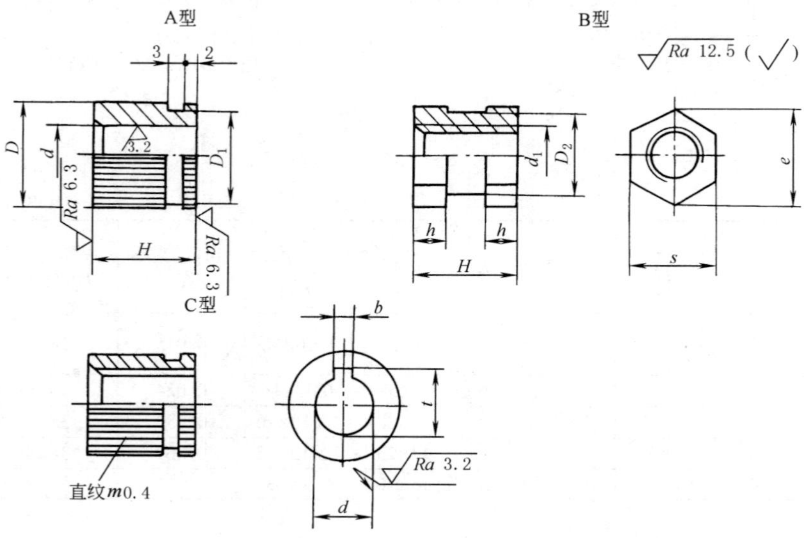

材料：Q235-A。

标记示例

A 型，$d=12$，$H=20$ 的嵌套，标记为：嵌套 12×20 JB/T 7275

B 型，$d_1=$M12，$H=20$ 的嵌套，标记为：

嵌套 BM12×20 JB/T 7275

C 型，$d=12$，$H=20$ 的嵌套，标记为：嵌套 C12×20 JB/T 7275

表 10-1-31

mm

d	基本尺寸	4	5	6	8	10	12	16	18	—	22	25	28	32
	极限偏差 H8	$^{+0.018}_{0}$			$^{+0.022}_{0}$		$^{+0.027}_{0}$			—	$^{+0.033}_{0}$			$^{+0.039}_{0}$
d_1		M4	M5	M6	M8	M10	M12	M16	—	M20	—			
D		6	8	10	12	16	20	25	28	—	32	36	40	45
D_1		5.5	7	9	10	14	18	22	25	—	30	34	38	42
D_2		5.5	7	8	10	14	17	22	—	27	—			
e		6.3	8.1	9.2	11.5	16.2	19.6	25.4	—	31.2	—			
s		5.5	7	8	10	14	17	22	—	27	—			
H	h	每件质量/kg≈												
10	3	0.001	0.002											
12	4		0.003	0.005										
14	4.5			0.006	0.007									
16	5				0.008	0.015								
18	6					0.017	0.028							
20	6.5					0.019	0.032	0.045	0.057	0.062	0.067	0.083	0.101	0.124
25	8						0.040	0.057	0.071	0.077	0.083	0.104	0.126	0.155
28	9							0.064	0.079	0.086	0.093	0.116	0.141	0.173
30	10							0.068	0.085	0.094	0.100	0.124	0.151	0.186
32	11							0.070	0.087	0.096	0.105	0.129	0.157	0.191
36	12								0.098	0.108	0.118	0.145	0.177	0.216
b	基本尺寸	—		2		3	4	5	6	—	6	8		10
	极限偏差 JS9			±0.0125			±0.015					±0.018		
t	基本尺寸	—		7	9	11.4	13.8	18.3	20.8	—	24.8	28.3	31.3	35.3
	极限偏差			$^{+0.1}_{0}$								$^{+0.2}_{0}$		

注：其他技术要求按 JB/T 7277 的规定。

1.7 操作件技术要求（摘自 JB/T 7277—1994）

1.7.1 材料

操作件所用的 35 钢和 Q235-A 应分别符合 GB/T 699—1999《优质碳素结构钢》和 GB/T 700—2006《碳素结构钢》的规定，铸铝 ZL102 应符合 GB/T 1173—1995《铸造铝合金》的规定，铸铁 HT200 应符合 GB/T 9439—1988《灰铸铁件》的规定，塑料根据使用要求使用，推荐采用增强树脂。

1.7.2 表面质量

操作件表面必须光滑，色泽均匀，镀层表面结晶细致，不允许有冷点、脱壳、发花、烧黑等缺陷。非电镀表面不允许有明显的发黄。镀铬抛光件表面应光亮。喷砂镀铬件表面不允许有明显的色泽不一致。铸件不允许有裂纹、气孔、砂眼、疏松、夹杂等缺陷。塑料件不允许有夹生、夹杂、起泡、变形、流痕、裂缝等缺陷。

1.7.3 尺寸和形位公差

① 产品的尺寸公差按产品标准中的规定，形位公差是对金属件的要求，塑料件的形位公差由制造厂控制。

② 手柄支承面对装配轴、孔的轴线垂直度见表 10-1-32。

表 10-1-32　　手柄垂直度　　mm

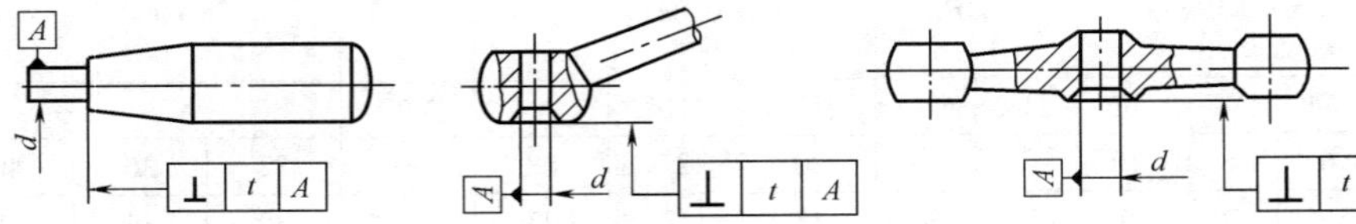

d	4	5	6	8	10	12	14	16	18	20	25
t	0. 100			0. 120			0. 150			0. 200	

③ 手柄座下平面的平面度及下平面对孔轴线的垂直度见表 10-1-33。

表 10-1-33　　手柄座平面度及垂直度　　mm

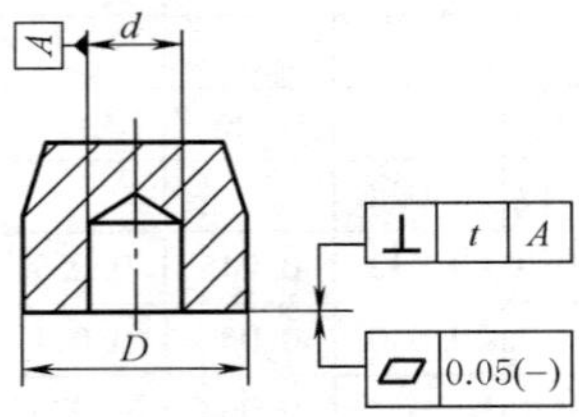

D	>10~16	>16~25	>25~40	>40~63	>63~100
t	0. 100	0. 120	0. 150	0. 200	0. 250

④ 手轮轮缘端面及外径 D 对孔 d 轴线的圆跳动和手轮 D_1 对 D、d_2 对 d 的同轴度见表 10-1-34。

表 10-1-34　　手轮圆跳动和同轴度　　mm

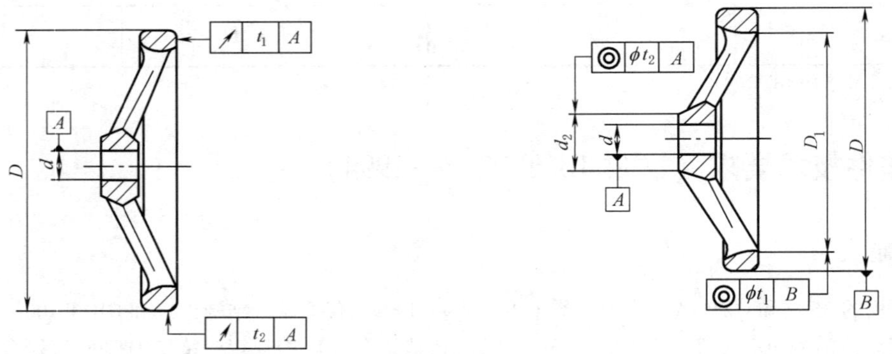

D	≤160	200~320	400~630
t_1	0. 400	0. 500	0. 600
t_2	0. 200	0. 300	0. 400
ϕt_1	2. 0	4. 0	6. 0
d	≤16	18~28	32~45
ϕt_2	2. 0	3. 0	4. 0

2 小 五 金

门 拉 手

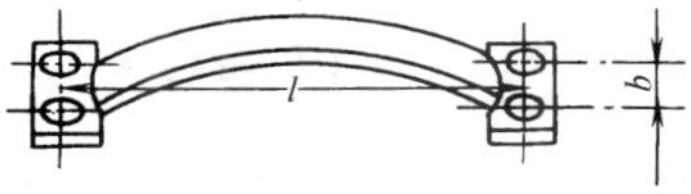

表 10-1-35

mm

长度		75	100	125	150
螺孔中心距	l	65	88	108	131
	b	10	14	18	21.5
配用木螺钉（参考）	直径×长度	3×16	3.5×20	3.5×20	4×25
	数目	4	4	4	4

普通型合页（摘自 QB/T 3874—1999）、轻型合页（摘自 QB/T 3875—1999）、抽芯型合页（摘自 QB/T 3876—1999）

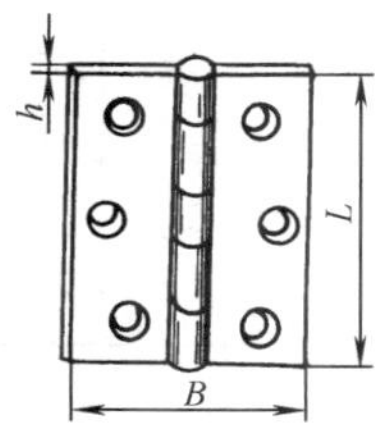

表 10-1-36

mm

规格	L	木螺钉数目 n	普通型合页			轻型合页			抽芯型合页		
			页片尺寸		木螺钉直径×长度	页片尺寸		木螺钉直径×长度	页片尺寸		木螺钉直径×长度
			B	h		B	h		B	h	
20	20	4				16	0.6	1.6×8			
25	25	4	24	1.05	2.5×12	18	0.7	2×10			
32	32	4				22	0.75	2.5×10			
38	38	4	31	1.2	3×16	26	0.8	2.5×10	31	1.2	3×16
50	50/51	4	38	1.25	3×20	33	1.00	3×12	38	1.25	3×20
65	65/64	6	42	1.35	3×25	33	1.05	3×16	42	1.35	3×25
75	75/76	6	50	1.6	4×30	40	1.05	3×18	50	1.6	4×30
90	90/89	6	55	1.6	4×35	48	1.15	3×20	51	1.6	4×35
100	100/102	8	71	1.8	4×40	52	1.25	3×25	71	1.8	5×40
125	125/127	8	82	2.1	5×45						
150	150/152	8	104	2.5	5×50						

H 型合页（摘自 QB/T 3877—1999）

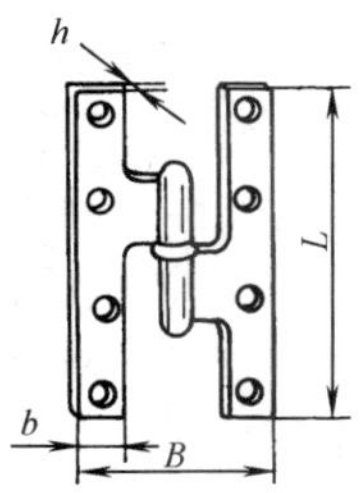

右合页

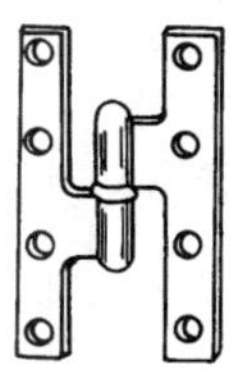

左合页

表 10-1-37　　mm

规格 $L\times B$	页板尺寸				配用木螺钉(参考)	
	L	B	b	h	直径×长度	数目
80×50	80	50	14	2	4×25	6
95×55	95	55	14	2	4×25	6
110×55	110	55	15	2	4×30	6
140×60	140	60	15	2.5	4×40	8

注：1. 用于经常需要脱卸而厚度较小的门扇。
2. 本品分左合页和右合页两种，分别适用于内开门的左手门和右手门（用于外开门时则相反）。

T 型合页（摘自 QB/T 3878—1999）

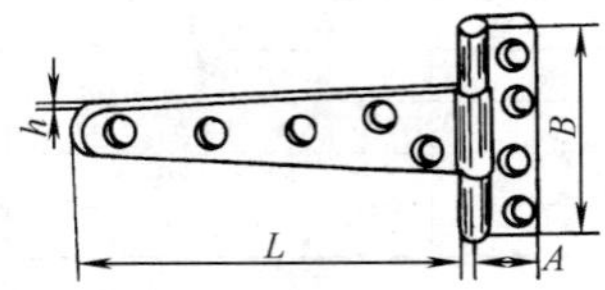

表 10-1-38　　mm

规格	页板尺寸				配用木螺钉(参考)	
	L	B	A	h	直径×长度	数目
75	75	63.5	20	1.35	3×25	6
100	100	63.5	20	1.35	3×25	6
125	125	70	22	1.52	4×30	7
150	150	70	22	1.52	4×30	7
200	200	73	24	1.80	4×35	7
250①	250	82.5	25	1.80	4.5×40	9
300①	300	98.5	26	2.05	5×50	9

① 非标规格。
注：装于较阔门扇（如仓库门）、较重箱盖等。

钢插销（摘自 QB/T 2032—1994）

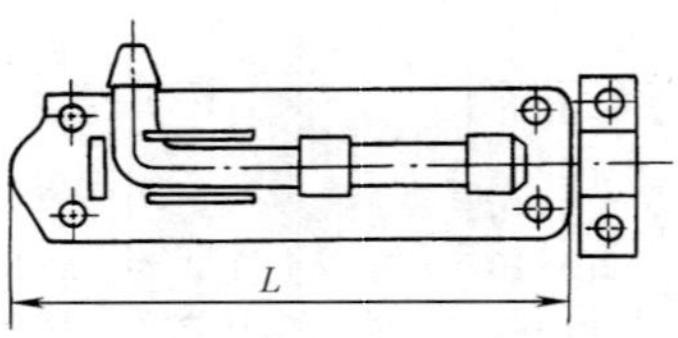

普通型

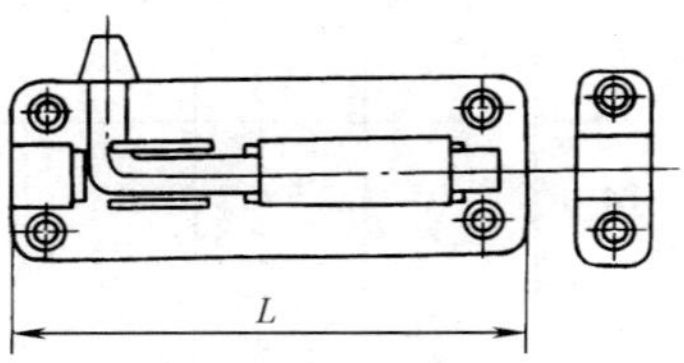

封闭型

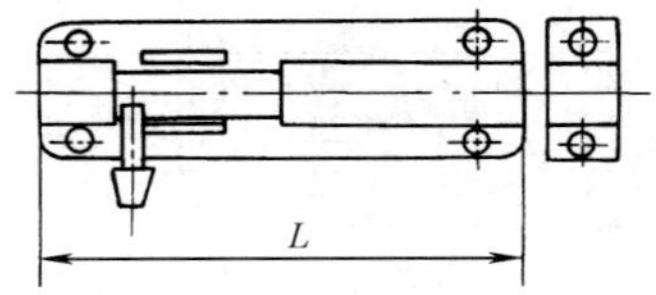

管型

表 10-1-39　　mm

规格	插板长度 L	插板宽度			插板厚度			配用木螺钉(直径×长度)			
		普通型	封闭型	管型	普通型	封闭型	管型	普通型	封闭型	管型	数目
40	40		25	23		1.0	1.0		3×12	3×12	6
50	50		25	23		1.0	1.0		3×12	3×12	6
65	65	25	25	23	1.2	1.0	1.0	3×12	3×12	3×12	6
75	75	25	29	23	1.2	1.2	1.0	3×16	3.5×16	3×14	6
100	100	28	29	26	1.2	1.2	1.2	3×16	3.5×16	3.5×16	6
125	125	28	29	26	1.2	1.2	1.2	3×16	3.5×16	3.5×16	8
150	150	28	29	26	1.2	1.2	1.2	3×18	3.5×18	3.5×16	8
200	200	28	36		1.2	1.3		3×18	4×18		8
250	250	28			1.2			3×18			8
300	300	28			1.2			3×18			8
350	350	32			1.2			3×20			10
400	400	32			1.2			3×20			10
450	450	32			1.2			3×20			10
500	500	32			1.2			3×20			10
550	550	32			1.2			3×20			10
600	600	32			1.2			3×20			10

翻窗插销

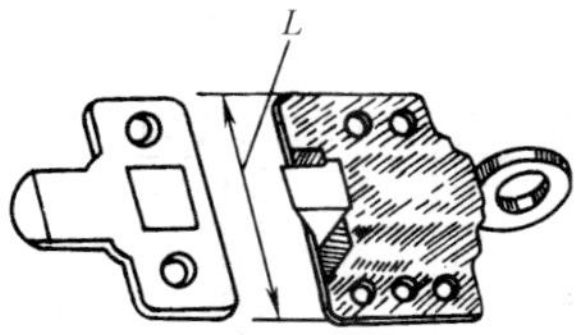

表 10-1-40

mm

规格	壳体尺寸		配用木螺钉(参考)	
	长度 L	宽度 B	直径×长度	数目
50	50	30	3.5×18	6
60	60	35	3.5×20	6
70	70	45	3.5×22	6

暗 箱 扣

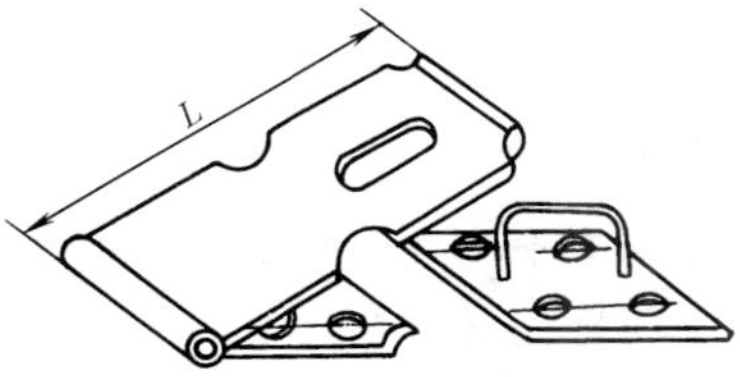

普通式

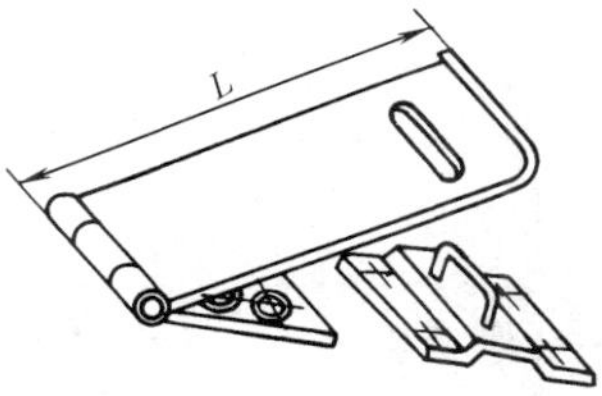

宽式

表 10-1-41

mm

页板长度 L	普通式	40	50	65	75	—	100	—
	宽式	40	50	65	75	90	100	125
配用木螺钉（参考）	直径×长度	3×12		3×14	3×16	3×18		
	数目	5		7	7	7	7	

橡 胶 轮

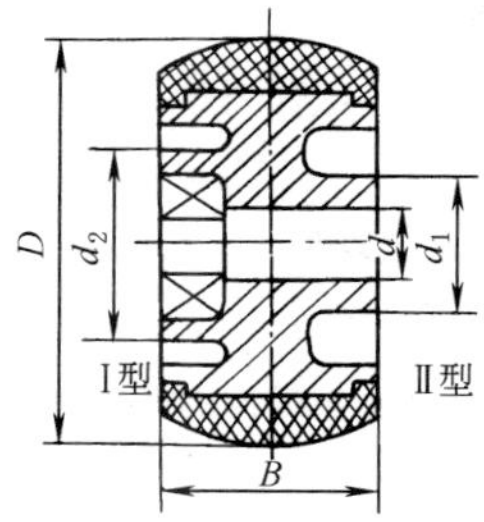

标记示例

轴孔 $d=16$mm 的 4″实芯橡胶轮，标记为：4″实芯橡胶轮或 100×16 实芯橡胶轮

表 10-1-42

mm

规格	D	B	d	Ⅰ型		Ⅱ型	
				d_2	质量/kg	d_1	质量/kg
2″	50	28	6	—	—	12	0.08
3″	75	37	10	—	—	20	0.3
4″	100	40	16	—	—	32	0.86
5″	125	46	16	—	—	34	1.35
6″	150	48	20	—	—	36	1.7
7″	175	50	25	—	—	44	2
8″	200	51	25	68	3.7	48	3.2
10″	250	51	25	72	5.3	55	5
12″	300	67	32	78	10	66	9.5
14″	350	90	38	90	19	—	—

注：1 适用于一般短途慢速用的手推车、拖车和电动车。
2. 所列尺寸均为实测近似值，轴孔 d 在设计选用时，可以适当加大。
3. 实芯橡胶轮的轮胎由天然橡胶或合成橡胶制成，铁芯材料为灰铸铁。
4. Ⅰ型（俗称大搭子）可以装滚动轴承（参考 60000 型）。
5. 该轮子为市场商品。
6. 1″=1in=25.4mm。

工业脚轮和车轮（摘自 GB/T 14687—2011）

（1）车轮与脚轮类型、尺寸与技术参数

车轮主要类型与安装

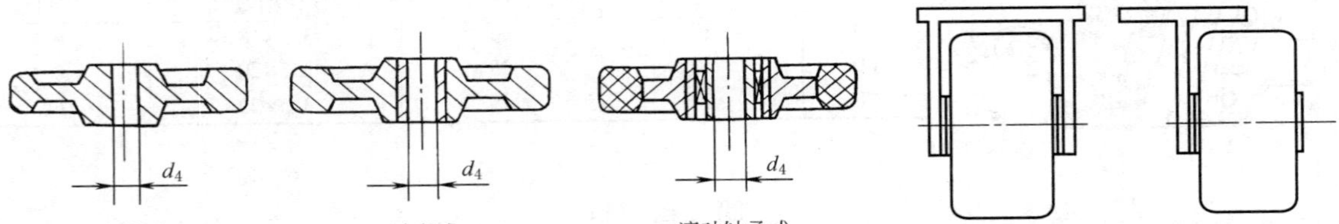

整体式　轴套式　滚动轴承式　跨轴式(K)安装　安耳式(Z)安装

脚轮的类型与安装

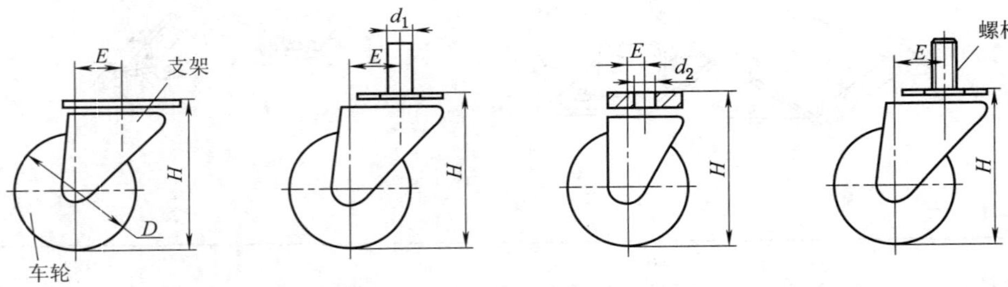

(a) 平板型　(b) 插销型　(c) 孔顶型　(d) 螺杆型

图 a、b、c、d 为万向脚轮（车轮安装在不同的偏心支架上，支架能绕垂直轴线自由转动）

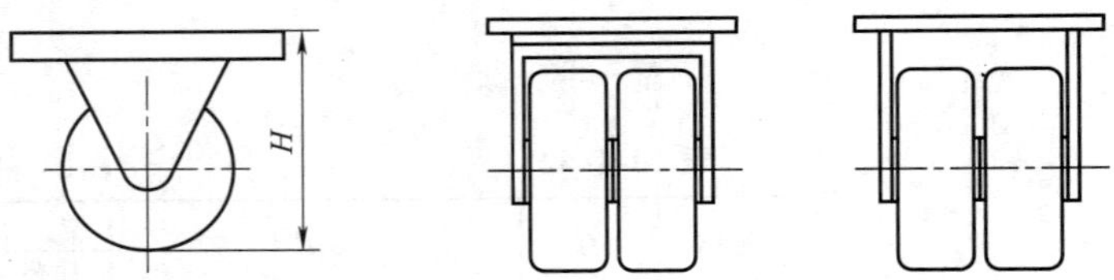

(e) 定向脚轮　(f) 双联脚轮

图 e 为定向脚轮，支架不能转向

图 f 为双联轮，两个车轮可独立自由旋转。可安装在定向支架上或转向支架上

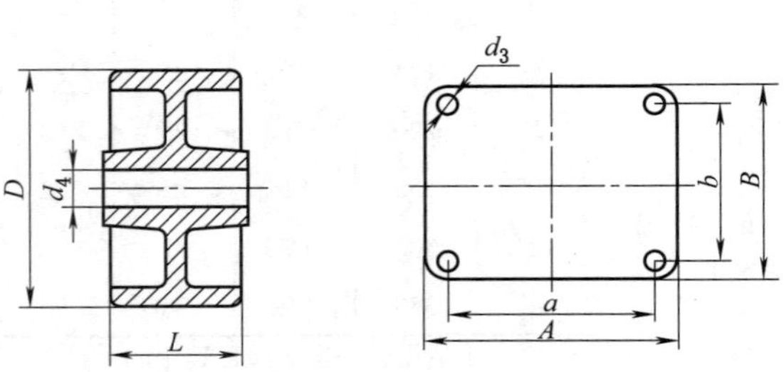

(g) 角脚尺寸　(h) 安装板尺寸

表 10-1-43 车轮与脚轮尺寸及额定载荷

D	L	H	E max	E min	d_1	d_2	$a \times b \times d_3 \times A \times B$	A级 d_4 K	A级 d_4 Z	A级 W	B级 d_4 K	B级 d_4 Z	B级 W	C级 d_4 K	C级 d_4 Z	C级 W	D级 d_4 K	D级 d_4 Z	D级 W
mm								mm		N	mm		N	mm		N	mm		N
50	20	70	30	10	10 12	8 10	40×30×5×55×45 55×40×7×75×65	7	—	250	8	—	300	8	—	400	8	—	500
	25							8		300			400			500			630
63	20	85	38	13			55×40×7×75×65 80×60×9×115×85	7											
	25							8		400	10		500	10		630	10		800
	30							10		500			630			800			1000
75	20	103	35	15		10 12	38×38×7×60×60 55×40×7×75×65 80×60×9×115×85	8		400			500			630			800
	25							10											
	30							12		500	12		630	12		800	12		1000
80	20	106	48	16	10 12	12 16	55×40×7×75×65 80×60×9×115×85 105×80×11×145×110 105×80×11×145×110	8		400	8		500	10		630	10		800
	25							10			10								
	30									500			630						1000
	37.5							12			12			12		800	12		
100	25	125	60	20	16 20	12 16	80×60×9×115×85 105×80×11×145×110	10		400	10		500	10		630	10		800
	30									500			630			800			1000
	37.5									630			800			1000			1250
	40												1000			1600			2000
	50							15	15	800	15	15	1250	15	20	2000	15	20	3200
125	25	150	75	25	16 20		80×60×9×115×85 105×80×11×145×110	12	—	500	12	—	630	12	—	800	12	—	1000
	30								15	630		15	800		15	1000		15	1250
	37.5							15	20	800	15	20	1000	15	20	1250	15	20	1600
	40												1250			1600			2000
	50							20	25	1000	20	25	1600	20	25	2000	20	25	4000
	60									1250			2000			3200			5000
150 160	30	185	90	32	20 24	12 16	80×60×9×115×85 105×80×11×145×110 140×105×14×175×140	12	15	800	12	15	1000	12	15	1250	12	15	1600
	37.5							20	20	1000	20	20	1250	20	20	1600	20	20	2000
	40												1600			2000			2500
	50	195							25	1250		25	2000		25	3200		30	5000
	60								25	1600		25	2500		25	4000		30	6300
	75									2000			3200		30	5000		35	8000
200	37.5	235	120	40	20 24	16	105×80×11×145×110 140×105×14×175×140 160×120×16×200×160 210×160×18×225×205		20	1250		20	1600		20	2000		20	2500
	40												2000		25	2500		25	3200
	50								25	1600		25	2500			4000		30	6300
	60				—	—				2000			3200		30	5000		35	8000
	75							25	30	2500	25	30	4000	25	35	6300	25	40	10000
	105							—		3200	—		5000	—	40	8000	—	50	12500
250	50	300	150	50			140×105×14×175×140 160×120×16×200×160 210×160×18×225×205	25	25	2000	25	25	2000	25	30	5000	25	35	8000
	60									2500			2500			6300		40	10000
	75								30	3200		30	3200		40	8000		50	12500
	105							—	25	4000	—		4000	—		10000	—		16000
300	50	340	180	60				25		2000	25	25	3200	25	30	5000	25	35	8000
	60									2500			4000			6300		40	10000
	75								30	4000		35	6300		40	10000		50	16000
	105							—	35	5000	—	40	8000	—	50	12500	—		20000

续表

<table>
<tr><th rowspan="3">D</th><th rowspan="3">L</th><th rowspan="3">H</th><th colspan="2">E</th><th rowspan="3">d_1</th><th rowspan="3">d_2</th><th rowspan="3">$a \times b \times d_3 \times A \times B$</th><th colspan="3">A 级</th><th colspan="3">B 级</th><th colspan="3">C 级</th><th colspan="3">D 级</th></tr>
<tr><th rowspan="2">max</th><th rowspan="2">min</th><th colspan="2">d_4</th><th rowspan="2">W</th><th colspan="2">d_4</th><th rowspan="2">W</th><th colspan="2">d_4</th><th rowspan="2">W</th><th colspan="2">d_4</th><th rowspan="2">W</th></tr>
<tr><th>K</th><th>Z</th><th>K</th><th>Z</th><th>K</th><th>Z</th><th>K</th><th>Z</th></tr>
<tr><th colspan="8">mm</th><th colspan="2">mm</th><th>N</th><th colspan="2">mm</th><th>N</th><th colspan="2">mm</th><th>N</th><th colspan="2">mm</th><th>N</th></tr>
<tr><td rowspan="4">350</td><td>50</td><td rowspan="10">—</td><td rowspan="10">—</td><td rowspan="10">—</td><td rowspan="10">—</td><td rowspan="10">—</td><td rowspan="10">—</td><td rowspan="3">25</td><td rowspan="2">25</td><td>2000</td><td rowspan="3">25</td><td rowspan="2">25</td><td>3200</td><td rowspan="3">25</td><td rowspan="2">30</td><td>5000</td><td rowspan="3">25</td><td>35</td><td>8000</td></tr>
<tr><td>60</td><td>2500</td><td>4000</td><td>6300</td><td>40</td><td>10000</td></tr>
<tr><td>75</td><td>30</td><td>4000</td><td>35</td><td>6300</td><td>40</td><td>10000</td><td rowspan="2">50</td><td>16000</td></tr>
<tr><td>105</td><td>—</td><td>35</td><td>5000</td><td>—</td><td>40</td><td>8000</td><td>—</td><td>50</td><td>12500</td><td>—</td><td>20000</td></tr>
<tr><td rowspan="4">400</td><td>50</td><td rowspan="3">25</td><td rowspan="2">25</td><td>2500</td><td rowspan="3">25</td><td>25</td><td>4000</td><td rowspan="3">25</td><td>30</td><td>6300</td><td rowspan="3">25</td><td>40</td><td>10000</td></tr>
<tr><td>60</td><td>3200</td><td>30</td><td>5000</td><td>35</td><td>8000</td><td rowspan="4">50</td><td>12500</td></tr>
<tr><td>75</td><td>30</td><td>4000</td><td>35</td><td>6300</td><td>40</td><td>10000</td><td>16000</td></tr>
<tr><td>105</td><td>—</td><td rowspan="3">35</td><td rowspan="2">5000</td><td>—</td><td rowspan="3">40</td><td rowspan="2">8000</td><td>—</td><td rowspan="3">50</td><td rowspan="2">12500</td><td>—</td><td rowspan="2">20000</td></tr>
<tr><td rowspan="2">500</td><td>75</td><td>25</td><td>25</td><td>25</td><td>25</td></tr>
<tr><td>105</td><td>—</td><td>6300</td><td>—</td><td>10000</td><td>—</td><td>16000</td><td>—</td><td>60</td><td>25000</td></tr>
</table>

注：1. W 为额定载荷。

2. K 为跨轴式，Z 为支耳式。

3. D 为轮径，L 为轮宽，H 为安装高度，E 为偏心距，d_1 插销直径，d_2 为中套孔直径，d_3 为平板安装孔直径，d_4 为轮子中心孔直径。

4. 本标准适用于工业车辆及仪器设备的非动力驱动的移动用车轮和脚轮。不适用家具、旅行箱等。

5. 车轮及支架的材料见表 10-1-44。

6. 脚轮分软质轮和硬质轮，软质轮为轮胎邵氏硬度小于 90HA 的车轮，硬度轮为轮胎邵氏硬度不小于 90HA 的车轮。

（2）型号表示方法

1）脚轮支架组件型号编制方法为：

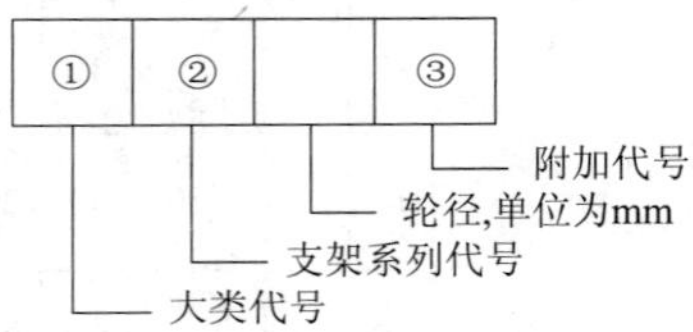

2）车轮组件型号编制方法为：

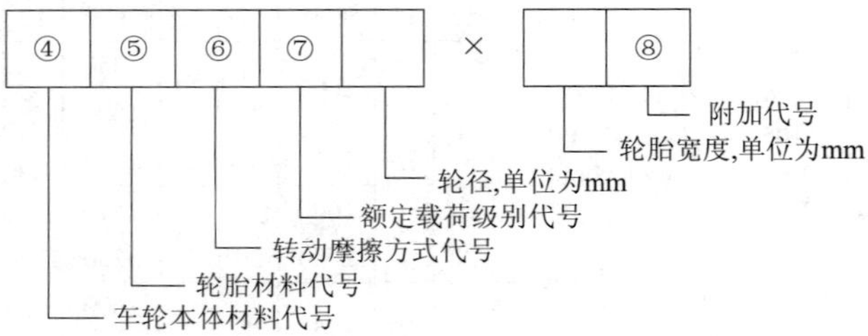

3）脚轮型号编制方法为：

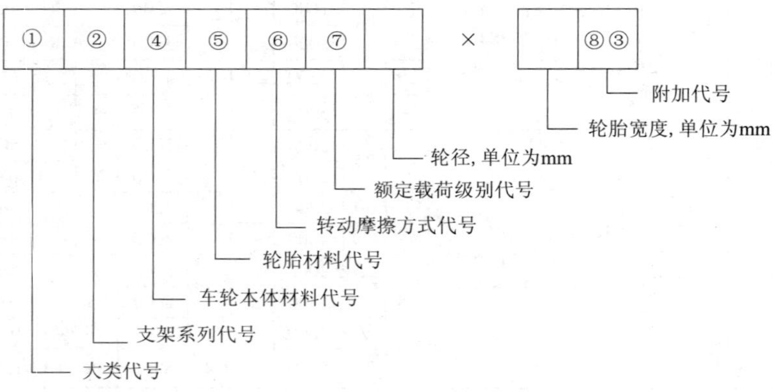

4）型号中有关代号的含义见表 10-1-44。

表 10-1-44　　型号中有关代号含义

序号	代号名称	代号含义	特例
①	大类代号	P—导向平板型；L—导向螺杆型；C—导向插销型；G—导向孔顶型；D—定向；U—无轴型；T—特型	
②	支架系列代号	A～L—冲压式；M～R—焊接式；S～V—注塑式；W～Z—铸锻式	
③	（支架）附加代号	共三位 第 1 位：罗马数字—同种支架系列的不同小类； 第 2 位：Z—单制动，S—双制动； 第 3 位：阿拉伯数字—同种制动方式的不同小类	
④	车轮本体材料代号	0—与轮胎材料同；1—冲压件；2—尼龙；3—聚丙烯；4—铸铁；6—ABS；7—铸铝；8—聚苯乙烯；9—酚醛	00—冲压轮毂外装充气轮胎
⑤	轮胎材料代号	0—与本体材料同；1—再生橡胶；2—天然橡胶；3—丁腈橡胶；4—热塑性橡胶；5—尼龙；6—热塑性聚氨酯；7—浇注型聚氨酯；8—导电橡胶；9—耐热材料	
⑥	转动摩擦方式代号	0—特尔灵轴承；1—整体式；2—轴套式；3—滚针轴承；4—球轴承；5—圆柱滚子轴承；6—推力球轴承；7—圆锥滚子轴承	
⑦	额定载荷级别代号	分 A、B、C、D 四级，逐级递增	
⑧	（车轮）附加代号	A、B、…，表示异型	D 表示双轮

注：特尔灵轴承即车轮孔中从孔两端各装入带凸台的滑动轴套的结构。

第2章 管件

1 管件的分类

表 10-2-1 管件的种类及代号

品种			代号	规格范围	标准号	适用范围
钢制对焊无缝管件	45°弯头	长半径	45E(L)	DN15~800(600)	GB/T 12459—2005	本标准适用于石油、化工、水、电、冶金、纺织等部门的管道工程用碳钢、合金钢和奥氏体不锈钢制对焊无缝管件
	90°弯头	长半径	90E(L)			
		短半径	90E(S)			
		长半径、异径	90E(L)R			
	180°弯头	长半径	180E(L)			
		短半径	180E(S)			
	异径接头（大小头）	同心	R(C)			
		偏心	R(E)			
	三通	等径	T(S)			
		异径	T(R)			
	四通	等径	CR(S)			
		异径	CR(R)			
	管帽	—	C			
	翻边短节	长型	SE(L)			
		短型	SE(S)			
钢板制对焊管件	45°弯头	长半径	45E(L)	DN150~1200	GB/T 13401—2005	本标准适用于石油、化工、水、电、冶金、纺织等部门的管道工程用碳钢、合金钢和奥氏体不锈钢板制对焊管件
	90°弯头	长半径	90E(L)			
		短半径	90E(S)			
	异径接头（大小头）	同心	R(C)			
		偏心	R(E)			
	三通	等径	T(S)			
		异径	T(R)			
	四通	等径	CR(S)			
		异径	CR(R)			
	管帽	—	C			
锻制承插焊	承插焊45°弯头		S45E	DN6~100	GB/T 14383—2008	本标准适用于石油、化工、机械、电力、纺织、化纤、冶金等部门的管道工程用锻钢制螺纹管件
	承插焊90°弯头		S90E			
	承插焊三通		ST			
	承插焊45°三通		S45T			
	承插焊四通		SCR			
	双承口管箍（同心）		SFC			
	双承口管箍（偏心）		SFCR			
	单承口管箍		SHC			
	单承口管箍（带斜角）①		SHCB			
	承插焊管帽		SC			

续表

品种		代号	规格范围	标准号	适用范围
螺纹管件	螺纹45°弯头	T45E	*DN*6~100	GB/T 14383—2008	本标准适用于石油、化工、机械、电力、纺织、化纤、冶金等部门的管道工程用锻钢制螺纹管件
	螺纹90°弯头	T90E			
	内外螺纹90°弯头	T90SE			
	螺纹三通	TT			
	螺纹四通	TCR			
	双螺口管箍(同心)	TFC			
	双螺口管箍(偏心)	TFCR			
	单螺口管箍	THC			
	单螺口管箍(带斜角)①	THCB			
	螺纹管帽	TC			
	四方头管塞	SHP			
	六角头管塞	HHP			
	圆头管塞	RHP			
	六角头内外螺纹接头	HHB			
	无头内外螺纹接头	FB			

① 当要求与主管焊接相连的端部加工成带45°斜角的形状时，在代号后加“B”，即一端带斜角的单承口管箍的代号为SHCB，一端带斜角的单螺口管箍的代号为THCB。

2 管件的结构形式及尺寸

2.1 钢制对焊无缝管件（摘自GB/T 12459—2005）

等径弯头

标记示例

公称尺寸100mm，外径为Ⅰ系列，壁厚等级Sch40的90°短半径弯头，标记为：90E(S) 100-Sch40 GB/T 12459

公称尺寸100mm，外径为Ⅱ系列，壁厚等级Sch40的90°短半径弯头，标记为：90E(S) 100Ⅱ-Sch40 GB/T 12459

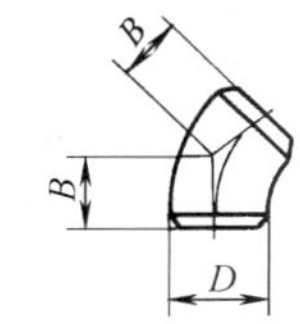

45°弯头

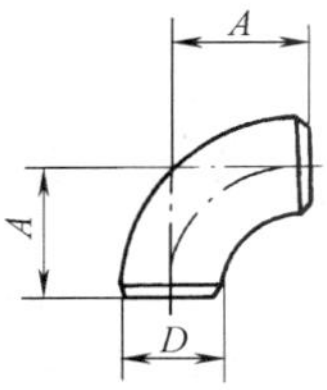

90°弯头

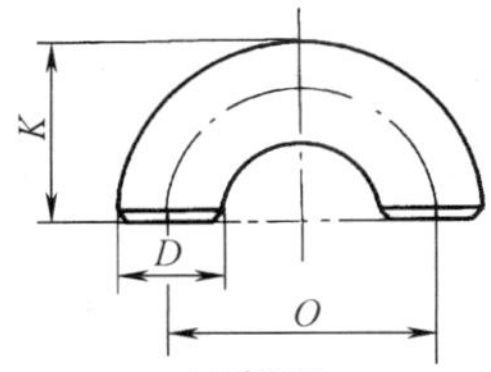

180°弯头

表 10-2-2 mm

公称尺寸 *DN*	端部外径 *D*		中心至端面尺寸 45°弯头 *B*	中心至端面尺寸 90°弯头 *A*		中心至中心尺寸 180°弯头 *O*		背面至端面尺寸 180°弯头 *K*	
	Ⅰ系列	Ⅱ系列	长半径	长半径	短半径	长半径	短半径	长半径	短半径
15	21.3	18	16	38	—	76	—	48	—
20	26.9	25	19	38	—	76	—	51	—
25	33.7	32	22	38	25	76	51	56	41
32	42.4	38	25	48	32	95	64	70	52
40	48.3	45	29	57	38	114	76	83	62
50	60.3	57	35	76	51	152	102	106	81
65	73.0	76	44	95	64	190	127	132	100
80	88.9	89	51	114	76	229	152	159	121
90	101.6	—	57	133	89	267	178	184	140
100	114.3	108	64	152	102	305	203	210	159
125	141.3	133	79	190	127	381	254	262	197
150	168.3	159	95	229	152	457	305	313	237
200	219.1	219	127	305	203	610	406	414	313
250	273.0	273	159	381	254	762	508	518	391
300	323.9	325	190	457	305	914	610	619	467
350	355.6	377	222	533	356	1067	711	711	533
400	406.4	426	252	610	406	1219	813	813	610
450	457.0	480	286	686	457	1372	914	914	686
500	508.0	530	318	762	508	1524	1016	1016	762
550	559	—	343	838	559	1676	1118	1118	838
600	610	630	381	914	610	1829	1219	1219	914
650	660	—	406	991	—	—	—	—	—
700	711	720	438	1067	—	—	—	—	—
750	762	—	470	1143	—	—	—	—	—
800	813	820	502	1219	—	—	—	—	—

90°长半径异径弯头

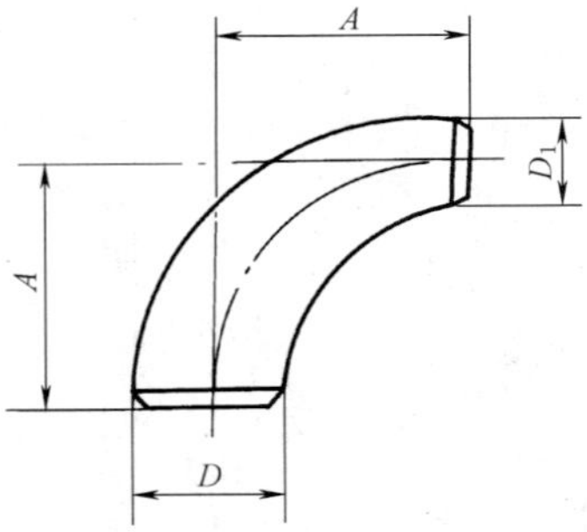

表 10-2-3

mm

公称尺寸 DN	端部外径				中心至端面尺寸 A	公称尺寸 DN	端部外径				中心至端面尺寸 A
	D		D_1				D		D_1		
	Ⅰ系列	Ⅱ系列	Ⅰ系列	Ⅱ系列			Ⅰ系列	Ⅱ系列	Ⅰ系列	Ⅱ系列	
50×25	60.3	57	33.7	32	76	250×125	273.0	273	141.3	133	381
50×32	60.3	57	42.4	38	76	250×150	273.0	273	168.3	159	381
50×40	60.3	57	48.3	45	76	250×200	273.0	273	219.1	219	381
65×32	73.0	76	42.4	38	95	300×150	323.9	325	168.3	159	457
65×40	73.0	76	48.3	45	95	300×200	323.9	325	219.1	219	457
65×50	73	76	60.3	57	95	300×250	323.9	325	273.0	273	457
80×40	88.9	89	48.3	45	114	350×200	355.6	377	219.1	219	533
80×50	88.9	89	60.3	57	114	350×250	355.6	377	273.0	273	533
80×65	88.9	89	73.0	76	114	350×300	355.6	377	323.9	325	533
90×50	101.6	—	60.3	—	133	400×250	406.4	426	273.0	273	610
90×65	101.6	—	73.0	—	133	400×300	406.4	426	323.9	325	610
90×80	101.6	—	88.9	—	133	400×350	406.4	426	355.6	377	610
100×50	114.3	108	60.3	57	152	450×250	457.0	480	273.0	273	686
100×65	114.3	108	73.0	76	152	450×300	457.0	480	323.9	325	686
100×80	114.3	108	88.9	89	152	450×350	457.0	480	355.6	377	686
100×90	114.3	108	101.6	—	152	450×400	457.0	480	406.4	426	686
125×65	141.3	133	73.0	76	190	500×250	508.0	530	273.0	273	762
125×80	141.3	133	88.9	89	190	500×300	508.0	530	323.9	325	762
125×90	141.3	—	101.6	—	190	500×350	508.0	530	355.6	377	762
125×100	141.3	133	114.3	108	190	500×400	508.0	530	406.4	426	762
150×80	168.3	159	88.9	89	229	500×450	508.0	530	457.0	480	762
150×90	168.3	—	101.6	—	229	600×300	610.0	630	323.9	325	914
150×100	168.3	159	114.3	108	229	600×350	610.0	630	355.6	377	914
150×125	168.3	159	141.3	133	229	600×400	610.0	630	406.4	426	914
200×100	219.1	219	114.3	108	305	600×450	610.0	630	457.0	480	914
200×125	219.1	219	141.3	133	305	600×500	610.0	630	508.0	530	914
200×150	219.1	219	168.3	159	305	600×550	610.0	—	559.0	—	914

异径接头（大小头）

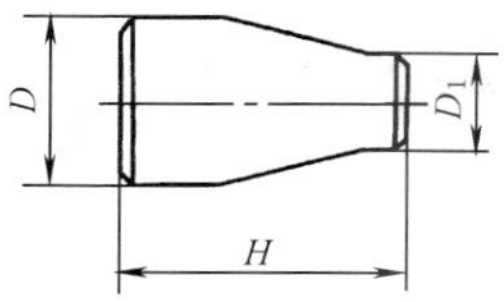

同心

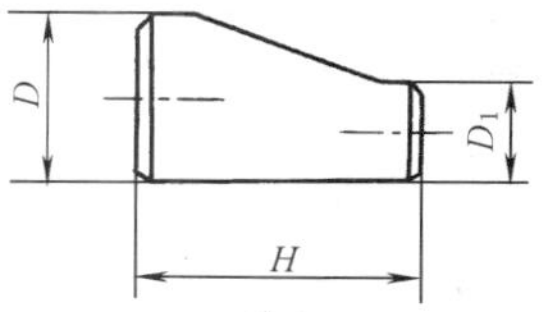

偏心

表 10-2-4

mm

公称尺寸 DN	端部外径				长度 H
	D		D_1		
	Ⅰ系列	Ⅱ系列	Ⅰ系列	Ⅱ系列	
20×10	26.9	25	17.3	18	38
20×15	26.9	25	21.3	18	38
25×15	33.7	32	21.3	18	51
25×20	33.7	32	26.9	18	51
32×15	42.4	38	21.3	18	51
32×20	42.4	38	26.9	25	51
32×25	42.4	38	33.7	32	51
40×15	48.3	45	21.3	18	64
40×20	48.3	45	26.9	25	64
40×25	48.3	45	33.7	32	64
40×32	48.3	45	42.4	38	64
50×20	60.3	57	26.9	25	76
50×25	60.3	57	33.7	32	76
50×32	60.3	57	42.4	38	76
50×40	60.3	57	48.3	45	76
65×25	73.0	76	33.7	32	89
65×32	73.0	76	42.4	38	89
65×40	73.0	76	48.3	45	89
65×50	73.0	76	60.3	57	89
80×32	88.9	89	42.4	38	89
80×40	88.9	89	48.3	45	89
80×50	88.9	89	60.3	57	89
80×65	88.9	89	73.0	76	89
90×32	101.6	—	42.4	—	102
90×40	101.6	—	48.3	—	102
90×50	101.6	—	60.3	—	102
90×65	101.6	—	73.0	—	102
90×80	101.6	—	88.9	—	102
100×40	114.3	108	48.3	45	102
100×50	114.3	108	60.3	57	102
100×65	114.3	108	73.0	76	102
100×80	114.3	108	88.9	89	102
100×90	114.3	—	101.6	—	102
125×50	141.3	133	60.3	57	127
125×65	141.3	133	73.0	76	127
125×80	141.3	133	88.9	89	127
125×90	141.3	—	101.6	—	127
125×100	141.3	133	114.3	108	127
150×65	168.3	159	73.0	76	140
150×80	168.3	159	88.9	89	140
150×90	168.3	—	101.6	—	140
150×100	168.3	159	114.3	108	140
150×125	168.3	159	141.3	133	140
200×90	219.1	—	101.6	—	152
200×100	219.1	219	114.3	108	152
200×125	219.1	219	141.3	133	152
200×150	219.1	219	168.3	159	152
250×100	273.0	273	114.3	108	178
250×125	273.0	273	141.3	133	178
250×150	273.0	273	168.3	159	178
250×200	273.0	273	219.1	219	178
300×125	323.9	325	141.3	133	203
300×150	323.9	325	168.3	159	203
300×200	323.9	325	219.1	219	203
300×250	323.9	325	273.0	273	203
350×150	355.6	377	168.3	159	330
350×200	355.6	377	219.1	219	330
350×250	355.6	377	273.0	273	330
350×300	355.6	377	323.9	325	330
400×200	406.4	426	219.1	219	356
400×250	406.4	426	273.0	273	356
400×300	406.4	426	323.9	325	356
400×350	406.4	426	355.6	377	356
450×250	457.0	480	273.0	273	381
450×300	457.0	480	323.9	325	381
450×350	457.0	480	355.6	377	381
450×400	457.0	480	406.4	426	381
500×300	508.0	530	323.9	325	508
500×350	508.0	530	355.6	377	508
500×400	508.0	530	406.4	426	508
500×450	508.0	530	457.0	480	508
550×350	559.0	—	355.6	—	508
550×400	559.0	—	406.4	—	508
550×450	559.0	—	457.0	—	508
550×500	559.0	—	508.0	—	508
600×400	610.0	630	406.4	426	508
600×450	610.0	630	457.0	480	508
600×500	610.0	630	508.0	530	508
600×550	610.0	—	559.0	—	508
650×450	660.0	—	457.0	—	610
650×500	660.0	—	508.0	—	610
650×550	660.0	—	559.0	—	610
650×600	660.0	—	610.0	—	610
700×500	711.0	720	508.0	530	610
700×550	711.0	—	559.0	—	610
700×600	711.0	720	610.0	630	610
700×650	711.0	—	660.0	—	610
750×550	762.0	—	559.0	—	610
750×600	762.0	—	610.0	—	610
750×650	762.0	—	660.0	—	610
750×700	762.0	—	711.0	—	610
800×600	813.0	820	610.0	630	610
800×650	813.0	—	660.0	—	610
800×700	813.0	820	711.0	720	610
800×750	813.0	—	762.0	—	610

等径三通和等径四通

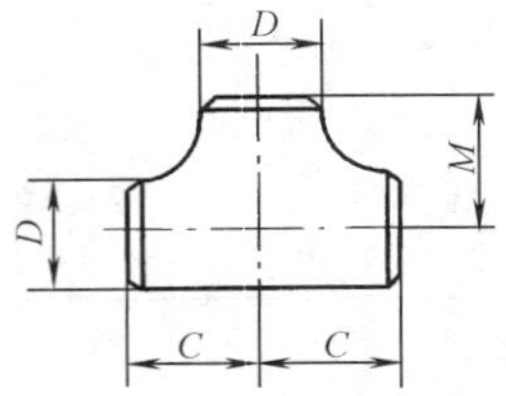

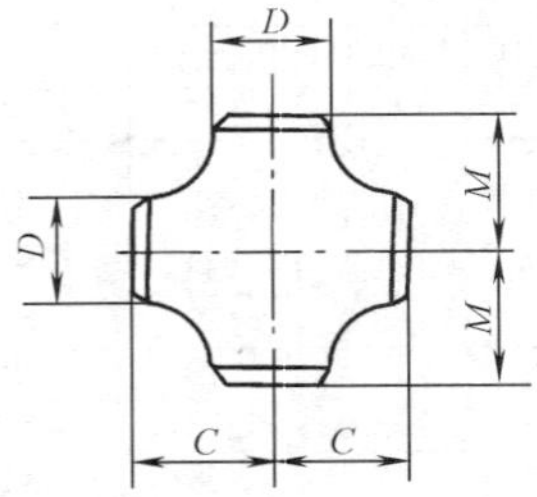

表 10-2-5 mm

公称尺寸 DN	端部外径 D		中心至端面尺寸	公称尺寸 DN	端部外径 D		中心至端面尺寸
	Ⅰ系列	Ⅱ系列	C,M		Ⅰ系列	Ⅱ系列	C,M
15	21.3	18	25	250	273.0	273	216
20	26.9	25	29	300	323.9	325	254
25	33.7	32	38	350	355.6	377	279
32	42.4	38	48	400	406.4	426	305
40	48.3	45	57	450	457.0	480	343
50	60.3	57	64	500	508.0	530	381
65	73.0	76	76	550	559.0	—	419
80	88.9	89	86	600	610.0	630	432
90	101.6	—	95	650	660.0	—	495
100	114.3	108	105	700	711.0	720	521
125	141.3	133	124	750	762.0	—	559
150	168.3	159	143	800	813.0	820	597
200	219.1	219	178				

注：1. *DN*650 及以上的三通和四通，推荐但并不要求采用出口尺寸 *M*。

2. 尺寸 *M* 适用于 *DN*600 及以下的四通。

异径三通和异径四通

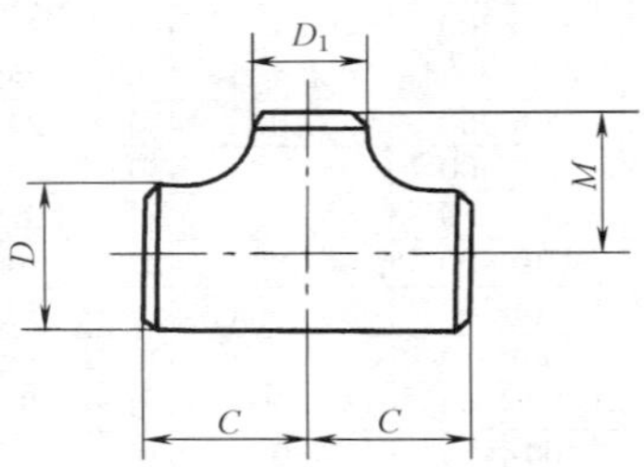

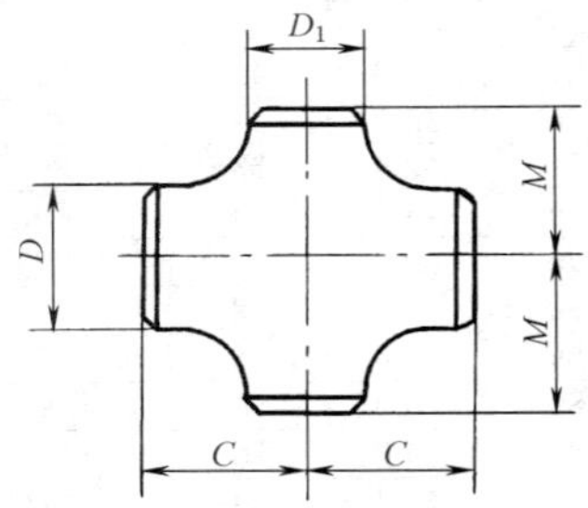

标记示例

公称通径 100mm×100mm×80mm，外径为Ⅰ系列，壁厚等级 Sch40 的异径三通，标记为：

T（R） 100×100×80-Sch40 GB/T 12459

公称通径 100mm×100mm×80mm，外径为Ⅱ系列，壁厚等级 Sch40 的异径三通，标记为：

T（R） 100×100×80Ⅱ-Sch40 GB/T 12459

表 10-2-6 mm

公称尺寸 DN	端部外径 D		端部外径 D_1		中心至端面尺寸		公称尺寸 DN	端部外径 D		端部外径 D_1		中心至端面尺寸	
	Ⅰ系列	Ⅱ系列	Ⅰ系列	Ⅱ系列	C	M		Ⅰ系列	Ⅱ系列	Ⅰ系列	Ⅱ系列	C	M
15×15×8	21.3	18	13.7	10	25	25	40×40×32	48.3	45	42.4	38	57	57
15×15×10	21.3	18	17.3	14	25	25	50×50×20	60.3	57	26.9	25	64	44
20×20×10	26.9	25	17.3	14	29	29	50×50×25	60.3	57	33.7	32	64	51
20×20×15	26.9	25	21.3	18	29	29	50×50×32	60.3	57	42.4	38	64	57
32×32×15	42.4	38	21.3	18	48	48	50×50×40	60.3	57	48.3	45	64	60
32×32×20	42.4	38	26.9	25	48	48	65×65×25	73.0	76	33.7	32	76	57
32×32×25	42.4	38	33.7	32	48	48	65×65×32	73.0	76	42.4	38	76	64
40×40×15	48.3	45	21.3	18	57	57	65×65×40	73.0	76	48.3	45	76	67
40×40×20	48.3	45	26.9	25	57	57	65×65×50	73.0	76	60.3	57	76	70
40×40×25	48.3	45	33.7	32	57	57	80×80×32	88.9	89	42.4	38	86	70

续表

公称尺寸 DN	端部外径				中心至端面尺寸	
	D		D_1		C	M
	Ⅰ系列	Ⅱ系列	Ⅰ系列	Ⅱ系列		
80×80×40	88.9	89	48.3	45	86	73
80×80×50	88.9	89	60.3	57	86	76
80×80×65	88.9	89	73.0	76	86	83
90×90×40	101.6	—	48.3	—	95	79
90×90×50	101.6	—	60.3	—	95	83
90×90×65	101.6	—	73.0	—	95	89
90×90×80	101.6	—	88.9	—	95	92
100×100×40	114.3	108	48.3	45	105	86
100×100×50	114.3	108	60.3	57	105	89
100×100×65	114.3	108	73.0	76	105	95
100×100×80	114.3	108	88.9	89	105	98
100×100×90	114.3	—	101.6	—	105	102
125×125×50	141.3	133	60.3	57	124	105
125×125×65	141.3	133	73.0	76	124	108
125×125×80	141.3	133	88.9	89	124	111
125×125×90	141.3	—	101.6	—	124	114
125×125×100	141.3	133	114.3	108	124	117
150×150×65	168.3	159	73.0	76	143	121
150×150×80	168.3	159	88.9	89	143	124
150×150×90	168.3	—	101.6	—	143	127
150×150×100	168.3	159	114.3	108	143	130
150×150×125	168.3	159	141.3	133	143	137
200×200×90	219.1	—	101.6	—	178	152
200×200×100	219.1	219	114. 3	108	178	156
200×200×125	219.1	219	141.3	133	178	162
200×200×150	219.1	219	168.3	159	178	168
250×250×100	273.0	273	114.3	108	216	184
250×250×125	273.0	273	141.3	133	216	191
250×250×150	273.0	273	168.3	159	216	194
250×250×200	273.0	273	219.1	219	216	208
300×300×125	323.9	325	141.3	133	254	216
300×300×150	323.9	325	168.3	159	254	219
300×300×200	323.9	325	219.1	219	254	229
300×300×250	323.9	325	273.0	273	254	241
350×350×150	355.6	377	168.3	159	279	238
350×350×200	355.6	377	219.1	219	279	248
350×350×250	355.6	377	273.0	273	279	257
350×350×300	355.6	377	323.9	325	279	270
400×400×150	406.4	426	168.3	159	305	264
400×400×200	406.4	426	219.1	219	305	273
400×400×250	406.4	426	273.0	273	305	283
400×400×300	406.4	426	323.9	325	305	295
400×400×350	406.4	426	355.6	377	305	305
450×450×200	457.0	480	219.1	219	343	298
450×450×250	457.0	480	273.0	273	343	308
450×450×300	457.0	480	323.9	325	343	321
450×450×350	457.0	480	355.6	377	343	330
450×450×400	457.0	480	406.4	426	343	330
500×500×200	508.0	530	219.1	219	381	324
500×500×250	508.0	530	273.0	273	381	333
500×500×300	508.0	530	323.9	325	381	346
500×500×350	508.0	530	355.6	377	381	356
500×500×400	508.0	530	406.4	426	381	356
500×500×450	508.0	530	457.0	480	381	368
600×600×250	610.0	630	273.0	273	432	384
600×600×300	610.0	630	323.9	325	432	397
600×600×350	610.0	630	355.6	377	432	406
600×600×400	610.0	630	406.4	426	432	406
600×600×450	610.0	630	457.0	480	432	419
600×600×500	610.0	630	508.0	530	432	432
600×600×550	610.0	—	559.0	—	432	432
650×650×300	660.0	—	323.9	—	495	422
650×650×350	660.0	—	355.6	—	495	432
650×650×400	660.0	—	406.4	—	495	432
650×650×450	660.0	—	457.0	—	495	444
650×650×500	660.0	—	508.0	—	495	457
650×650×550	660.0	—	559.0	—	495	470
650×650×600	660.0	—	610.0	—	495	483
700×700×300	711.0	720	323.9	325	521	448
700×700×350	711.0	720	355.6	377	521	457
700×700×400	711.0	720	406.4	426	521	457
700×700×450	711.0	720	457.0	480	521	470
700×700×500	711.0	720	508.0	530	521	483
700×700×550	711.0	—	559.0	—	521	495
700×700×600	711.0	720	610.0	630	521	508
700×700×650	711.0	—	660.0	—	521	521
750×750×250	762.0	—	273.0	—	559	460
750×750×300	762.0	—	323.9	—	559	473
750×750×350	762.0	—	355.6	—	559	483
750×750×400	762.0	—	406.4	—	559	483
750×750×450	762.0	—	457.0	—	559	495
750×750×500	762.0	—	508.0	—	559	508
750×750×550	762.0	—	559.0	—	559	521
750×750×600	762.0	—	610.0	—	559	533
750×750×650	762.0	—	660.0	—	559	546
750×750×700	762.0	—	711.0	—	559	546
800×800×350	813.0	820	355.6	377	597	508
800×800×400	813.0	820	406.4	426	597	508
800×800×450	813.0	820	457.0	480	597	521
800×800×500	813.0	820	508.0	530	597	533
800×800×550	813.0	—	559.0	—	597	546
800×800×600	813.0	820	610.0	630	597	559
800×800×650	813.0	—	660.0	—	597	572
800×800×700	813.0	820	711.0	720	597	572
800×800×750	813.0	—	762.0	—	597	584

注：*DN*350 及以上的三通和四通，推荐但并不要求采用出口尺寸 *M*。

管　　帽

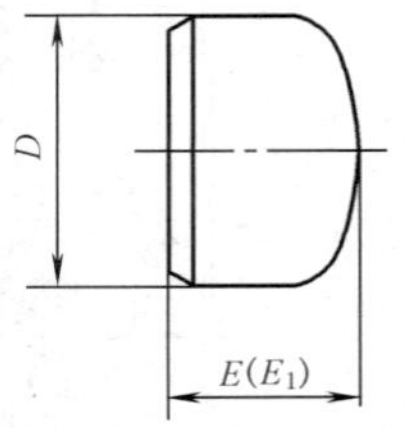

表 10-2-7　　　　mm

公称尺寸 DN	端部外径 D Ⅰ系列	端部外径 D Ⅱ系列	背面至端面尺寸 E	背面至端面尺寸 E_1	对尺寸 E 的限制厚度	公称尺寸 DN	端部外径 D Ⅰ系列	端部外径 D Ⅱ系列	背面至端面尺寸 E	背面至端面尺寸 E_1	对尺寸 E 的限制厚度
15	21.3	18	25	25	4.57	200	219.1	219	102	127	12.7
20	26.9	25	25	25	3.81	250	273.0	273	127	152	12.7
25	33.7	32	38	38	4.57	300	323.9	325	152	178	12.7
32	42.4	38	38	38	4.83	350	355.6	377	165	191	12.7
40	48.3	45	38	38	5.08	400	406.4	426	178	203	12.7
50	60.3	57	38	44	5.59	450	457.0	480	203	229	12.7
65	73.0	76	38	51	7.0	500	508.0	529	229	254	12.7
80	88.9	89	51	64	7.6	600	610.0	630	267	305	12.7
90	101.6	—	64	76	8.1	650	660.0	—	267	—	—
100	114.3	108	64	76	8.6	700	711.0	720	267	—	—
125	141.3	133	76	89	9.5	750	762.0	—	267	—	—
150	168.3	159	89	102	11.0	800	813.0	820	267	—	—

注：1. 管帽的头部形状为椭圆形。半椭圆部分的长度应不小于管帽内径的 1/4。

2. 当管帽的公称壁厚小于或等于限制厚度时，采用 E 值；当管帽的公称壁厚大于限制厚度时，采用 E_1 值。

翻 边 短 节

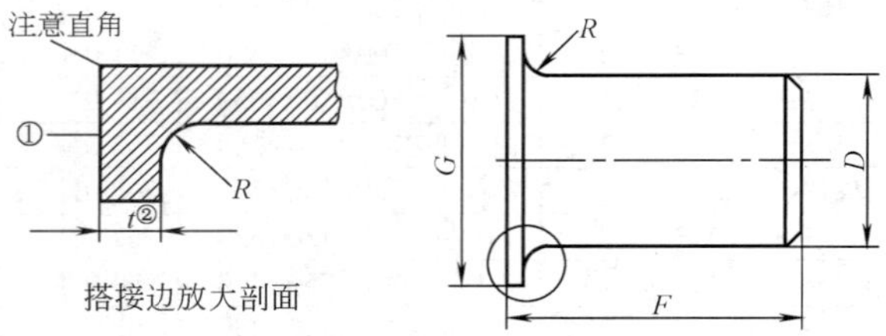

① 密封面表面粗糙度应符合 GB/T 9124 或 ASME B16.5 对突面法兰的规定。

② 搭接边的厚度 t 应不小于钢管公称壁厚。

表 10-2-8　　　　翻边短节尺寸　　　　mm

公称尺寸 DN	短节外径 D max	短节外径 D min	接管长度①② F 长型	接管长度①② F 短型	圆角半径③ R	搭接边外径④ G
15	22.8	20.5	76	51	3	35
20	28.1	25.9	76	51	3	43
25	35.0	32.6	102	51	3	51
32	43.6	41.4	102	51	5	64
40	49.9	47.5	102	51	6	73
50	62.4	59.5	152	64	8	92
65	75.3	72.2	152	64	8	105

续表

公称尺寸 DN	短节外径 D		接管长度①② F		圆角半径③ R	搭接边外径④ G
	max	min	长型	短型		
80	91.3	88.1	152	64	10	127
90	104.0	100.8	152	76	10	140
100	116.7	113.5	152	76	11	157
125	144.3	140.5	203	76	11	186
150	171.3	167.5	203	89	13	216
200	222.1	218.3	203	102	13	270
250	277.2	272.3	254	127	13	324
300	328.0	323.1	254	152	13	381
350	359.9	354.8	305	152	13	413
400	411.0	405.6	305	152	13	470
450	462.0	456.0	305	152	13	533
500	514.0	507.0	305	152	13	584
550	565.0	558.0	305	152	13	641
600	616.0	609.0	305	152	13	692

① 当短型翻边短节用于 *PN*50 和 *PN*110 的较大法兰以及大于或等于 *PN*150 的大部分规格的法兰时，或当长型翻边短节用于 *PN*260 和 *PN*420 的较大法兰时，为了避免法兰可能影响焊接，可能需要增加接管的长度。长度增加量由制造商与采购方双方协商。

② 当采用榫槽面和凹凸密封面时，必须增加搭接边的厚度。增加厚度应附加（不包括）在基本长度 *F* 上。

③ 这些尺寸应与 GB/T 9118.1～9118.2 或 ASME B16.5 中的松套法兰的圆角半径相符合。

④ 该尺寸与 ASME B16.5 中表示的标准机加工面相符合。搭接边的背面应进行机加工，使其与安装表面一致。当采用环连接密封面时，使用 ASME B16.5 中给出的尺寸 *K*。

注：1. 公差见表 10-2-26，表 10-2-27。

2. 使用条件和连接结构通常决定对短节的长度要求，因此，在订货时采购方必须规定是长型或短型短节。

2.2 钢板制对焊管件（摘自 GB/T 13401—2005）

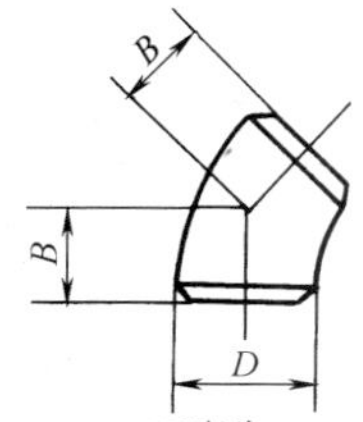

45°弯头

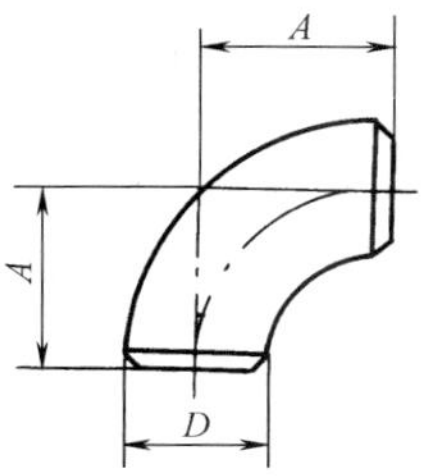

90°弯头

表 10-2-9 弯头 mm

公称尺寸 DN	端部外径 D		中心至端面 45°弯头 B	中心至端面 90°弯头 A		公称尺寸 DN	端部外径 D		中心至端面 45°弯头 B	中心至端面 90°弯头 A	
	Ⅰ系列	Ⅱ系列	长半径	长半径	短半径		Ⅰ系列	Ⅱ系列	长半径	长半径	短半径
150	168.3	159	95	229	152	700	711.0	720	438	1067	—
200	219.1	219	127	305	203	750	762.0	—	470	1143	—
250	273.0	273	159	381	254	800	813.0	820	502	1219	—
300	323.9	325	190	457	305	850	864.0	—	533	1295	—
350	355.6	377	222	533	356	900	914.0	920	565	1372	—
400	406.4	426	254	610	406	950	965.0	—	600	1448	—
450	457.0	480	286	686	457	1000	1016.0	1020	632	1524	—
500	508.0	530	318	762	508	1050	1067.0	—	660	1600	—
550	559.0	—	343	838	559	1100	1118.0	1120	695	1676	—
600	610.0	630	381	914	610	1150	1168.0	—	727	1753	—
650	660.0	—	405	991	—	1200	1219.0	1220	759	1829	—

注：90°长半径异径弯头公称尺寸范围为 150×80～600×550，其Ⅰ、Ⅱ系列尺寸 D、D_1 及 A 与 GB/T 12459—2005 相同。

异径接头（大小头）

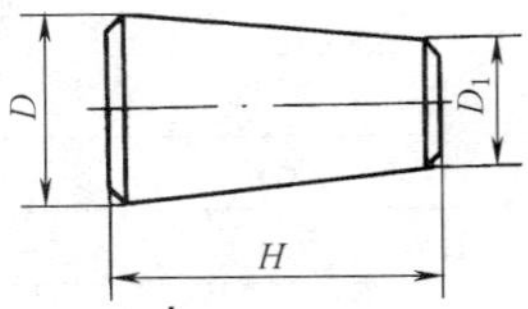

同心

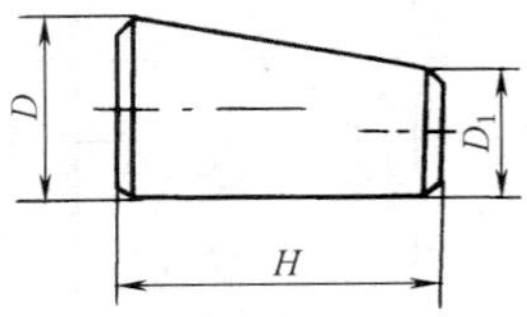

偏心

标记示例

公称通径 500mm×400mm，外径为Ⅰ系列，壁厚等级 Sch80 的同心异径接头，标记为：

R（C）500×400-Sch80 GB/T 13401

公称通径 500mm×400mm，外径为Ⅱ系列，壁厚等级 Sch80 的同心异径接头，标记为：

R（C）500×400Ⅱ-Sch80 GB/T 13401

表 10-2-10　　mm

公称尺寸 *DN*	端部外径				长度 *H*	公称尺寸 *DN*	端部外径				长度 *H*
	D		D_1				*D*		D_1		
	Ⅰ系列	Ⅱ系列	Ⅰ系列	Ⅱ系列			Ⅰ系列	Ⅱ系列	Ⅰ系列	Ⅱ系列	
150×65	168.3	159	73.0	76	140	550×400	559.0	—	406.0	—	508
150×80	168.3	159	88.9	89	140	550×450	559.0	—	457.0	—	508
150×90	168.3	—	101.6	—	140	550×500	559.0	—	508.0	—	508
150×100	168.3	159	114.3	108	140	600×400	610.0	630	406.4	426	508
150×125	168.3	159	141.3	133	140	600×450	610.0	630	457.0	480	508
200×90	219.1	—	101.6	—	152	600×500	610.0	630	508.0	530	508
200×100	219.1	219	114.3	108	152	600×550	610.0	—	559.0	—	508
200×125	219.1	219	141.3	133	152	650×450	660.0	—	457.0	—	610
200×150	219.1	219	168.3	159	152	650×500	660.0	—	508.0	—	610
250×100	273.0	273	114.3	108	178	650×550	660.0	—	559.0	—	610
250×125	273.0	273	141.3	133	178	650×600	660.0	—	610.0	—	610
250×150	273.0	273	168.3	159	178	700×500	711.0	720	508.0	530	610
250×200	273.0	273	219.1	219	178	700×550	711.0	—	559.0	—	610
300×125	323.9	325	141.3	133	203	700×600	711.0	720	610	630	610
300×150	323.9	325	168.3	159	203	700×650	711.0	—	660.0	—	610
300×200	323.9	325	219.1	219	203	750×550	762.0	—	559.0	—	610
300×250	323.9	325	273.0	273	203	750×600	762.0	—	610.0	—	610
350×150	356.0	377	168.3	159	330	750×650	762.0	—	660.0	—	610
350×200	356.0	377	219.0	219	330	750×700	762.0	—	711.0	—	610
350×250	356.0	377	273.0	273	330	800×600	813.0	820	610.0	630	610
350×300	356.0	377	324.0	325	330	800×650	813.0	—	660.0	—	610
400×200	406.4	426	219.0	219	356	800×700	813.0	820	711.0	720	610
400×250	406.4	426	273.0	273	356	800×750	813.0	—	762.0	—	610
400×300	406.4	426	324.0	325	356	850×650	864.0	—	660.0	—	610
400×350	406.4	426	356.0	377	356	850×700	864.0	—	711.0	—	610
450×250	457.0	480	273.0	273	381	850×750	864.0	—	762.0	—	610
450×300	457.0	480	324.0	325	381	850×800	864.0	—	813.0	—	610
450×350	457.0	480	356.0	377	381	900×600	914.0	—	660.0	—	610
450×400	457.0	480	406.4	426	381	900×700	914.0	920	711.0	720	610
500×300	508.0	530	324.0	325	508	900×750	914.0	—	762.0	—	610
500×350	508.0	530	356.0	377	508	900×800	914.0	920	813.0	820	610
500×400	508.0	530	406.4	426	508	900×850	914.0	—	864.0	—	610
500×450	508.0	530	457.0	480	508	950×650	965.0	—	660.0	—	610
550×350	559.0	—	356.0	—	508	950×700	965.0	—	711.0	—	610

续表

公称尺寸 DN	端部外径 D		端部外径 D_1		长度 H	公称尺寸 DN	端部外径 D		端部外径 D_1		长度 H
	Ⅰ系列	Ⅱ系列	Ⅰ系列	Ⅱ系列			Ⅰ系列	Ⅱ系列	Ⅰ系列	Ⅱ系列	
950×750	965.0	—	762.0	—	610	1050×1000	1067.0	—	1016.0	—	610
950×800	965.0	—	813.0	—	610	1100×900	1118.0	1120	914.0	920	610
950×850	965.0	—	864.0	—	610	1100×950	1118.0	—	965.0	—	610
950×900	965.0	—	914.0	—	610	1100×1000	1118.0	1120	1016.0	1020	610
1000×750	1016.0	—	762.0	—	610	1100×1050	1118.0	—	1067.0	—	610
1000×800	1016.0	1020	813.0	820	610	1150×950	1168.0	—	965.0	—	711
1000×850	1016.0	—	864.0	—	610	1150×1000	1168.0	—	1016.0	—	711
1000×900	1016.0	1020	914.0	920	610	1150×1050	1168.0	—	1067.0	—	711
1000×950	1016.0	—	965.0	—	610	1150×1100	1168.0	—	1118.0	—	711
1050×750	1067.0	—	762.0	—	610	1200×1000	1220.0	1220	1016.0	1020	711
1050×800	1067.0	—	813.0	—	610	1200×1050	1220.0	—	1067.0	—	711
1050×850	1067.0	—	864.0	—	610	1200×1100	1220.0	1220	1118.0	1120	711
1050×900	1067.0	—	914.0	—	610	1200×1150	1220.0	—	1168.0	—	711
1050×950	1067.0	—	965.0	—	610						

等径三通和等径四通

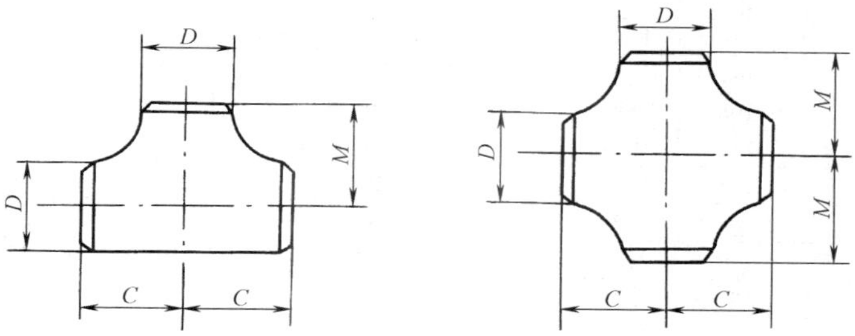

表 10-2-11

mm

公称尺寸 DN	端部外径 D		中心至端面		公称尺寸 DN	端部外径 D		中心至端面	
	Ⅰ系列	Ⅱ系列	C	M		Ⅰ系列	Ⅱ系列	C	M
150	168.3	159	143	143	700	711.0	720	521	521
200	219.1	219	178	178	750	762.0	—	559	559
250	273.0	273	216	216	800	813.0	820	597	597
300	323.9	325	254	254	850	864.0	—	635	635
350	356.0	377	279	279	900	914.0	920	673	673
400	406.0	426	305	305	950	965.0	—	711	711
450	457.0	480	343	343	1000	1016.0	1020	749	711
500	508.0	530	381	381	1050	1067.0	—	762	749
550	559.0	—	419	419	1100	1118.0	1120	813	762
600	610.0	630	432	432	1150	1168.0	—	851	800
650	660.0	—	495	495	1200	1220.0	1220	889	838

注：1. *DN*650 及以上的三通和四通，推荐但并不要求采用出口尺寸 *M*。

2. 尺寸 *M* 适用于 *DN*600 及以下的四通。

异径三通和异径四通

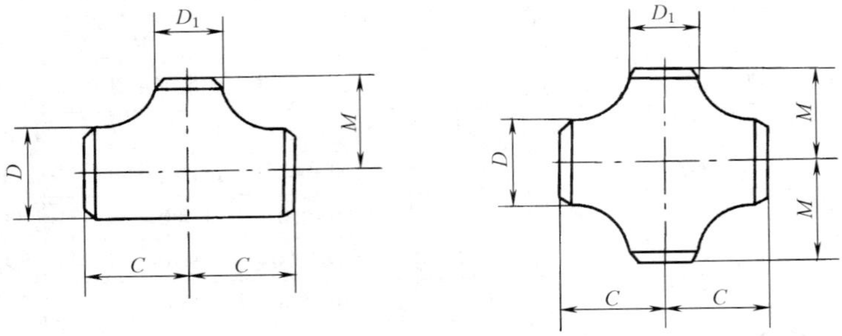

标记示例

公称通径 400mm×400mm×300mm，外径为Ⅰ系列，壁厚等级 STD 的异径三通，标记为：

T（R）400×400×300-STD GB/T 13401

表 10-2-12

mm

公称尺寸 DN	端部外径				中心至端面		公称尺寸 DN	端部外径				中心至端面	
	D		D_1		C	M		D		D_1		C	M
	Ⅰ系列	Ⅱ系列	Ⅰ系列	Ⅱ系列				Ⅰ系列	Ⅱ系列	Ⅰ系列	Ⅱ系列		
150×150×65	168.3	159	73.0	76	143	121	500×500×350	508.0	530	356.0	377	381	356
150×150×80	168.3	159	88.9	89	143	124	500×500×400	508.0	530	406.0	426	381	356
150×150×90	168.3	—	101.6	—	143	127	500×500×450	508.0	530	457.0	480	381	368
150×150×100	168.3	159	114.3	108	143	130	550×550×250	559.0	—	273.0	—	419	359
150×150×125	168.3	159	141.3	133	143	137	550×550×300	559.0	—	323.9	—	419	371
200×200×90	219.1	—	101.6	—	178	152	550×550×350	559.0	—	355.6	—	419	381
200×200×100	219.1	219	114.3	108	178	156	550×550×400	559.0	—	406.4	—	419	381
200×200×125	219.1	219	141.3	133	178	162	550×550×450	559.0	—	457.0	—	419	394
200×200×150	219.1	219	168.3	159	178	168	550×550×500	559.0	—	508.0	—	419	406
250×250×100	273.0	273	114.3	108	216	184	600×600×250	610.0	630	273.0	273	432	384
250×250×125	273.0	273	141.3	133	216	191	600×600×300	610.0	630	323.9	325	432	397
250×250×150	273.0	273	168.3	159	216	194	600×600×350	610.0	630	355.6	377	432	406
250×250×200	273.0	273	219.1	219	216	203	600×600×400	610.0	630	406.4	426	432	406
300×300×125	323.9	325	141.3	133	254	216	600×600×450	610.0	630	457.0	480	432	419
300×300×150	323.9	325	168.3	159	254	219	600×600×500	610.0	630	508.0	530	432	432
300×300×200	323.9	325	219.1	219	254	229	600×600×550	610.0	—	559.0	—	432	432
300×300×250	323.9	325	273.0	273	254	241	650×650×300	660.0	—	323.9	—	495	422
350×350×150	356.0	377	168.0	159	279	238	650×650×350	660.0	—	355.6	—	495	432
350×350×200	356.0	377	219.0	219	279	248	650×650×400	660.0	—	406.4	—	495	432
350×350×250	356.0	377	273.0	273	279	257	650×650×450	660.0	—	457.0	—	495	444
350×350×300	356.0	377	324.0	325	279	270	650×650×500	660.0	—	508.0	—	495	457
400×400×150	406.0	426	168.0	159	305	264	650×650×550	660.0	—	559.0	—	495	470
400×400×200	406.0	426	219.0	219	305	273	650×650×600	660.0	—	610.0	—	495	483
400×400×250	406.0	426	273.0	273	305	283	700×700×300	711.0	720	323.9	325	521	448
400×400×300	406.0	426	324.0	325	305	295	700×700×350	711.0	720	355.6	377	521	457
400×400×350	406.0	426	356.0	377	305	305	700×700×400	711.0	720	406.4	426	521	457
450×450×200	457.0	480	219.0	219	343	298	700×700×450	711.0	720	457.0	480	521	470
450×450×250	457.0	480	273.0	273	343	308	700×700×500	711	720	508.0	530	521	483
450×450×300	457.0	480	324.0	325	343	321	700×700×550	711	—	559.0	—	521	495
450×450×350	457.0	480	356.0	377	343	330	700×700×600	711.0	720	610.0	630	521	508
450×450×400	457.0	480	406.0	426	343	330	700×700×650	711.0	—	660.0	—	521	521
500×500×200	508.0	530	219.0	219	381	324	750×750×250	762.0	—	273.0	—	559	460
500×500×250	508.0	530	273.0	273	381	333	750×750×300	762.0	—	323.9	—	559	473
500×500×300	508.0	530	324.0	325	381	346	750×750×350	762.0	—	355.6	—	559	483

续表

公称尺寸 *DN*	端部外径				中心至端面	
	D		D_1		*C*	*M*
	Ⅰ系列	Ⅱ系列	Ⅰ系列	Ⅱ系列		
750×750×400	762.0	—	460.4	—	559	483
750×750×450	762.0	—	457.0	—	559	495
750×750×500	762.0	—	508.0	—	559	508
750×750×550	762.0	—	559.0	—	559	521
750×750×600	762.0	—	610.0	—	559	533
750×750×650	762.0	—	660.0	—	559	546
750×750×700	762.0	—	711.0	—	559	546
800×800×350	813.0	820	355.6	377	597	508
800×800×400	813.0	820	406.4	426	597	508
800×800×450	813.0	820	457.0	480	597	521
800×800×500	813.0	820	508.0	530	597	533
800×800×550	813.0	—	559.0	—	597	546
800×800×600	813.0	820	610.0	630	597	559
800×800×650	813.0	—	660.0	—	597	572
800×800×700	813.0	820	711.0	720	597	572
800×800×750	813.0	—	762.0	—	597	584
850×850×400	864.0	—	406.4	—	635	533
850×850×450	864.0	—	457.0	—	635	546
850×850×500	864.0	—	508.0	—	635	559
850×850×550	864.0	—	559.0	—	635	572
850×850×600	864.0	—	610.0	—	635	584
850×850×650	864.0	—	660.0	—	635	597
850×850×700	864.0	—	711.0	—	635	597
850×850×750	864.0	—	762.0	—	635	610
850×850×800	864.0	—	813.0	—	635	622
900×900×400	914.0	—	406.4	—	673	559
900×900×450	914.0	—	457.0	—	673	572
900×900×500	914.0	—	508.0	—	673	584
900×900×550	914.0	—	559.0	—	673	597
900×900×600	914.0	—	610.0	—	673	610
900×900×650	914.0	—	660.0	—	673	622
900×900×700	914.0	—	711.0	—	673	622
900×900×750	914.0	—	762.0	—	673	635
900×900×800	914.0	920	813.0	820	673	648
900×900×850	914.0	—	864.0	—	673	660
950×950×450	965.0	—	457.0	—	711	597
950×950×500	965.0	—	508.0	—	711	610
950×950×550	965.0	—	559.0	—	711	622
950×950×600	965.0	—	610.0	—	711	635
950×950×650	965.0	—	660.0	—	711	648
950×950×700	965.0	—	711.0	—	711	648
950×950×750	965.0	—	762.0	—	711	673
950×950×800	965.0	—	813.0	—	711	686
950×950×850	965.0	—	864.0	—	711	698
950×950×900	965.0	—	914.0	—	711	711
1000×1000×450	1017.0	—	457.0	—	749	622
1000×1000×500	1017.0	—	508.0	—	749	635
1000×1000×550	1017.0	—	559.0	—	749	648
1000×1000×600	1017.0	—	610.0	—	749	660
1000×1000×650	1017.0	—	660.0	—	749	673
1000×1000×700	1017.0	—	711.0	—	749	673
1000×1000×750	1017.0	—	762.0	—	749	698
1000×1000×800	1017.0	—	813.0	—	749	711

公称尺寸 *DN*	端部外径				中心至端面	
	D		D_1		*C*	*M*
	Ⅰ系列	Ⅱ系列	Ⅰ系列	Ⅱ系列		
1000×1000×850	1017.0	—	864.0	—	749	724
1000×1000×900	1017.0	1020	914.0	920	749	737
1000×1000×950	1017.0	—	965.0	—	749	749
1050×1050×400	1067.0	—	406.4	—	762	635
1050×1050×450	1067.0	—	457.0	—	762	648
1050×1050×500	1067.0	—	508.0	—	762	660
1050×1050×550	1067.0	—	559.0	—	762	660
1050×1050×600	1067.0	—	610.0	—	762	660
1050×1050×650	1067.0	—	660.0	—	762	698
1050×1050×700	1067.0	—	711.0	—	762	698
1050×1050×750	1067.0	—	762.0	—	762	711
1050×1050×800	1067.0	—	813.0	—	762	711
1050×1050×850	1067.0	—	864.0	—	762	711
1050×1050×900	1067.0	—	914.0	—	762	711
1050×1050×950	1067.0	—	965.0	—	762	711
1050×1050×1000	1067.0	—	1016.0	—	762	711
1100×1100×500	1118.0	—	508.0	—	813	686
1100×1100×550	1118.0	—	559.0	—	813	686
1100×1100×600	1118.0	—	610.0	—	813	698
1100×1100×650	1118.0	—	660.0	—	813	698
1100×1100×700	1118.0	—	711.0	—	813	698
1100×1100×750	1118.0	—	762.0	—	813	711
1100×1100×800	1118.0	—	813.0	—	813	711
1100×1100×850	1118.0	—	864.0	—	813	724
1100×1100×900	1118.0	—	914.0	—	813	724
1100×1100×950	1118.0	—	965.0	—	813	737
1100×1100×1000	1118.0	1120	1016.0	1020	813	749
1100×1100×1050	1118.0	—	1067.0	—	813	762
1150×1150×550	1168.0	—	559.0	—	851	724
1150×1150×600	1168.0	—	610.0	—	851	724
1150×1150×650	1168.0	—	660.0	—	851	737
1150×1150×700	1168.0	—	711.0	—	851	737
1150×1150×750	1168.0	—	762.0	—	851	737
1150×1150×800	1168.0	—	813.0	—	851	749
1150×1150×850	1168.0	—	864.0	—	851	749
1150×1150×900	1168.0	—	914.0	—	851	762
1150×1150×950	1168.0	—	965.0	—	851	762
1150×1150×1000	1168.0	—	1016.0	—	851	775
1150×1150×1050	1168.0	—	1067.0	—	851	787
1150×1150×1100	1168.0	—	1118.0	—	851	800
1200×1200×550	1219.0	—	559.0	—	889	737
1200×1200×600	1219.0	—	610.0	—	889	737
1200×1200×650	1219.0	—	660.0	—	889	762
1200×1200×700	1219.0	—	711.0	—	889	762
1200×1200×750	1219.0	—	762.0	—	889	762
1200×1200×800	1219.0	—	813.0	—	889	787
1200×1200×850	1219.0	—	864.0	—	889	787
1200×1200×900	1219.0	—	914.0	—	889	787
1200×1200×950	1219.0	—	965.0	—	889	813
1200×1200×1000	1219.0	—	1016.0	—	889	813
1200×1200×1050	1219.0	—	1067.0	—	889	813
1200×1200×1100	1219.0	1220	1118.0	1120	889	838
1200×1200×1150	1219.0	—	1168.0	—	889	838

注：*DN*350 及以上的三通和四通，推荐但并不要求采用出口尺寸 *M*。

管　帽

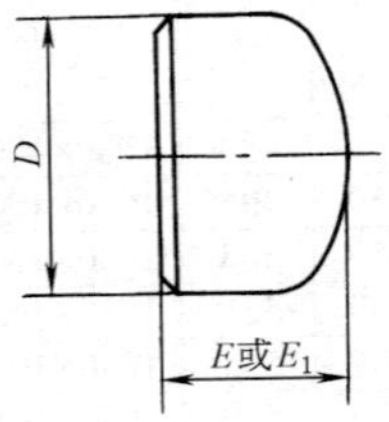

表 10-2-13　　mm

公称通径 DN	坡口处外径 D		长度 E	长度 E 时极限壁厚	长度 E_1
	Ⅰ系列	Ⅱ系列			
150	168.3	159	89	10.92	102
200	219.1	219	102	12.7	127
250	273.0	273	127	12.7	152
300	323.9	325	152	12.7	178
350	355.6	377	165	12.7	191
400	406.4	426	178	12.7	203
450	457.0	480	203	12.7	229
500	508.0	530	229	12.7	254
550	559.0	—	254	12.7	254
600	610.0	630	267	12.7	305
650	660.0	—	267	—	—
700	711.0	720	267	—	—
750	762.0	—	267	—	—
800	813.0	820	267	—	—
850	864.0	—	267	—	—
900	914.0	920	267	—	—
950	965.0	—	305	—	—
1000	1016.0	1020	305	—	—
1050	1067.0	—	305	—	—
1100	1118.0	1120	343	—	—
1150	1168.0	—	343	—	—
1200	1219.0	1220	343	—	—

注：1. 管帽的形状应为椭圆形，并应符合相应国家或行业标准中给定的形状要求。

2. 长度 *E* 适用于厚度不超过“长度 *E* 时极限壁厚”栏中所列值的场合。

3. 对 *DN*600 及以下的管帽，长度 E_1 适用于厚度大于“长度 *E* 时极限壁厚”栏中所列值的场合。对 *DN*650 及以上的管帽，长度 E_1 应由制造厂与采购方协商确定。

2.3　锻制承插焊和螺纹管件（摘自 GB/T 14383—2008）

本标准适用于工业管道系统中公称尺寸不大于 *DN*100 的金材料锻制的承插焊和螺纹管件。

2.3.1 管件级别

承插焊管件的级别（Class）分为3000、6000和9000，螺纹管件的级别分为2000、3000和6000；与之适配的管子壁厚等级见表10-2-14。

表10-2-14　　管件级别和与之适配的管子壁厚等级的关系

连接形式	级别代号	适配的管子壁厚等级	连接形式	级别代号	适配的管子壁厚等级
承插焊	3000	Sch80、XS	承插焊	2000	Sch80、XS
	6000	Sch160		3000	Sch160
	9000	XXS		6000	XXS

注：本表并未限制与管件连接时使用更厚或更薄的管子。实际使用的管子可以比本表所示的更厚或更薄。当使用更厚的管子时，管件的强度决定承压能力；当使用更薄的管子时，管子的强度决定承压能力。

2.3.2 特殊的连接形式

（1）管件可以制成承插焊和螺纹组合的端部连接形式。对于这种组合的端部连接形式，应按表10-2-14中低级别的一端确定管件级别。

（2）经供需双方同意，可制成带其他螺纹型式或其他连接形式的管件；除此之外，管件应符合GB/T 14383其他条款的规定。

2.3.3 接管尺寸

与管件连接的管子尺寸见GB/T 14383附录B。管子外径分为Ⅰ、Ⅱ两个系列，Ⅰ系列外径为推荐使用的管子外径，Ⅱ系列外径不推荐使用。当选用GB/T 14383附录B以外的接管尺寸时，按2.3.4中（4）的规定。

2.3.4 形状、尺寸和公差

（1）承插焊管件

1）承插焊管件端部凸缘的锻造圆角在经过端部平面的加工后，所要求的焊接平面宽度及要求的焊接间隙见图10-2-1。

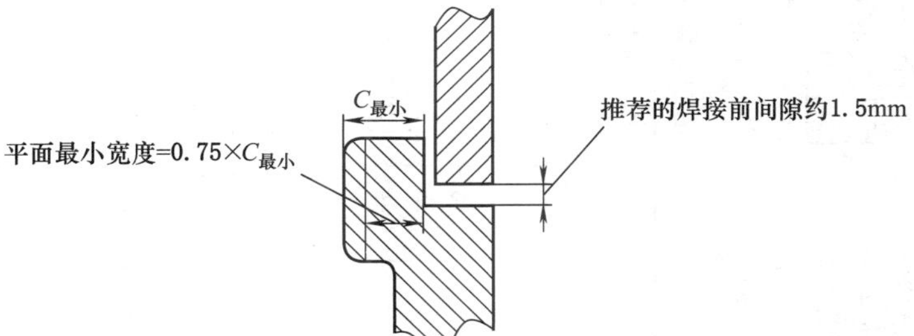

图10-2-1　要求的焊接间隙和最小平面宽度

2）承插焊管端部平面应与承插孔轴向垂直。

3）承插焊管件的形状和尺寸应符合表10-2-15，表10-2-16的规定，尺寸偏差应符合表10-2-21的规定。

（2）螺纹管件

1）螺纹管件的形状和尺寸应符合表10-2-17~表10-2-20的规定，尺寸偏差应符合表10-2-21的规定。

2）螺纹管件的螺纹应符合GB/T 12716标准中的60°圆锥管螺纹（NPT）的规定。

3）管件的螺纹端部应进行倒角，以便于连接和保护螺纹。对于内螺纹，倒角直径不应大于螺纹大径，深度不应小于螺距的1/2，并与螺纹轴向呈约45°的夹角；对于外螺纹，倒角应与螺纹轴向呈30°~45°的夹角。所有倒角应与螺纹同轴。相关表格中规定的螺纹测量长度包括了倒角的深度。

4）当采购方指定采用其他螺纹型式时应在订单中注明螺纹型式和标准编号。

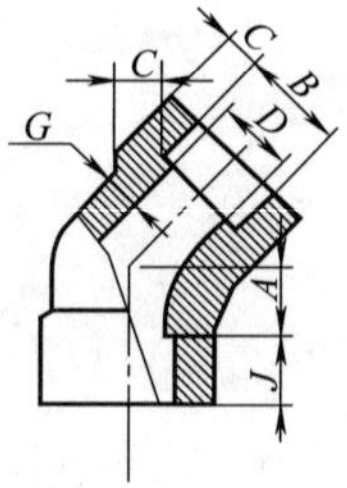

45°弯头

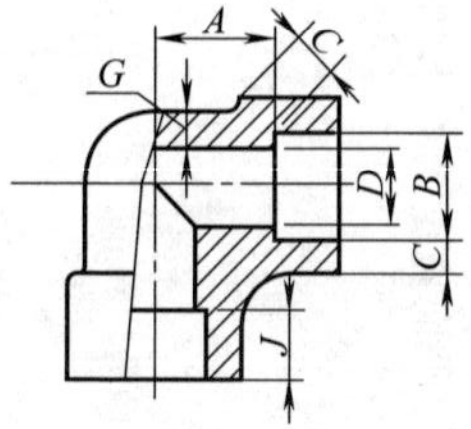

90°弯头

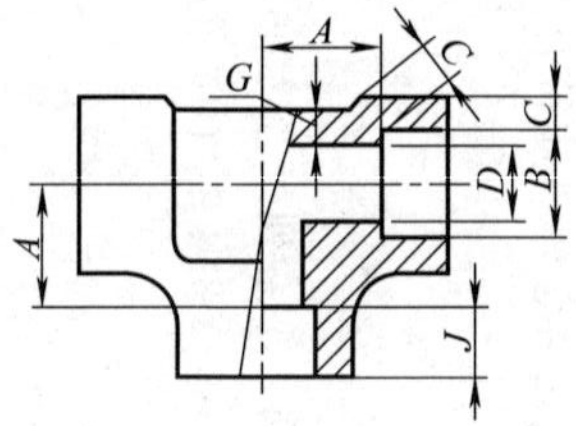

三通

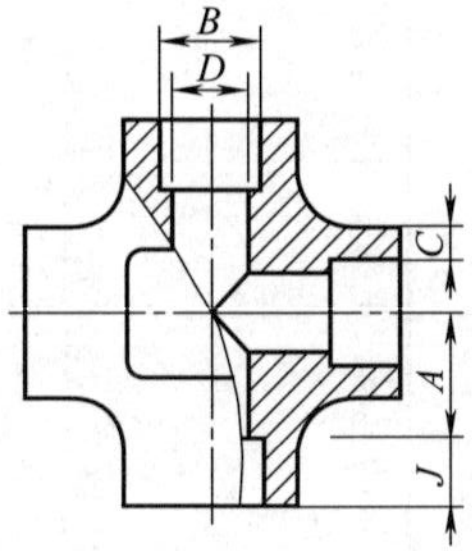

四通

表 10-2-15　承插焊管件——45°弯头、90°弯头、三通和四通尺寸　mm

公称尺寸		承插孔径 B①	流通孔径 D①			承插孔壁厚 C②						本体壁厚 G_{min}			承插孔深度 J_{min}	中心至承插孔底 A					
						3000		6000		9000						90°弯头、三通、四通			45°弯头		
DN	NPS		3000	6000	9000	ave	min	ave	min	ave	min	3000	6000	9000		3000	6000	9000	3000	6000	9000
6	1/8	10.9	6.1	3.2	—	3.18	3.18	3.96	3.43	—	—	2.41	3.15	—	9.5	11.0	11.0	—	8.0	8.0	—
8	1/4	14.3	8.5	5.6	—	3.78	3.30	4.60	4.01	—	—	3.02	3.68	—	9.5	11.0	13.5	—	8.0	8.0	—
10	3/8	17.7	11.8	8.4	—	4.01	3.50	5.03	4.37	—	—	3.20	4.01	—	9.5	13.5	15.5	—	8.0	11.0	—
15	1/2	21.9	15.0	11.0	5.6	4.67	4.09	5.97	5.18	9.53	8.18	3.73	4.78	7.47	9.5	15.5	19.0	25.5	11.0	12.5	15.5
20	3/4	27.3	20.2	14.8	10.3	4.90	4.27	6.96	6.04	9.78	8.56	3.91	5.56	7.82	12.5	19.0	22.5	28.5	13.0	14.0	19.0
25	1	34.0	25.9	19.9	14.4	5.69	4.98	7.92	6.93	11.38	9.96	4.55	6.35	9.09	12.5	22.5	27.0	32.0	14.0	17.5	20.5
32	1¼	42.8	34.3	28.7	22.0	6.07	5.28	7.92	6.93	12.14	10.62	4.85	6.35	9.70	12.5	27.0	32.0	35.0	17.5	20.5	22.5
40	1½	48.9	40.1	33.2	27.2	6.35	5.54	8.92	7.80	12.70	11.12	5.08	7.14	10.15	12.5	32.0	38.0	38.0	20.5	25.5	25.5
50	2	61.2	51.7	42.1	37.4	6.93	6.04	10.92	9.50	13.84	12.12	5.54	8.74	11.07	16.0	38.0	41.0	54.0	25.5	28.5	28.5
65	2½	73.9	61.2	—	—	8.76	7.62	—	—	—	—	7.01	—	—	16.0	41.0	—	—	28.5	—	—
80	3	89.9	76.4	—	—	9.52	8.30	—	—	—	—	7.62	—	—	16.0	57.0	—	—	32.0	—	—
100	4	115.5	100.7	—	—	10.69	9.35	—	—	—	—	8.56	—	—	19.0	66.5	—	—	41.0	—	—

① 当选用Ⅱ系列的管子时，其承插孔径和流通孔径应按Ⅱ系列管子尺寸配制，其余尺寸应符合标准规定。

② 沿承插孔周边的平均壁厚不应小于平均值，局部允许达到最小值。

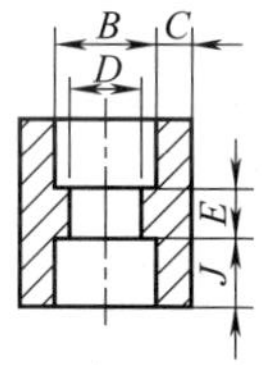

双承口管箍

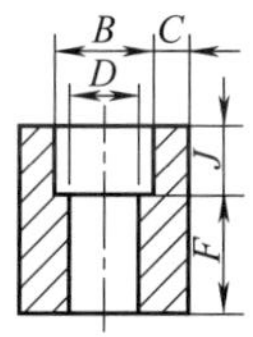

单承口管箍

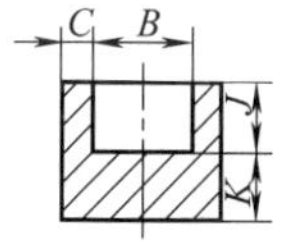

管帽

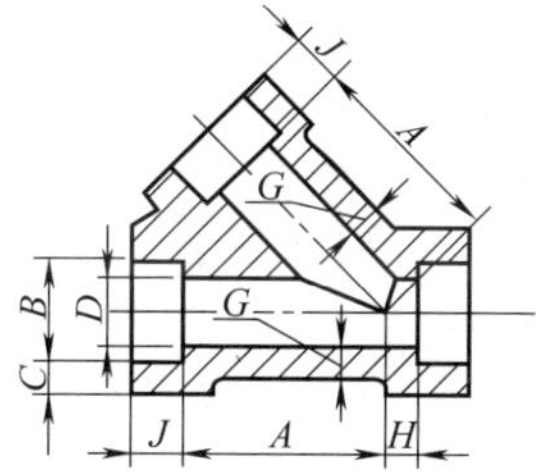

45°三通

表 10-2-16　承插焊管件——双承口管箍、单承口管箍、管帽和 45°三通尺寸　mm

公称尺寸		承插孔径 B①	流通孔径 D①			承插孔壁厚 C②						本体壁厚 G_{min}			承插孔深度 J_{min}	承插孔底距离 E	承插孔底至端面 F	顶部厚度 K_{min}			中心至承插孔底			
						3000		6000		9000											A		H	
DN	NPS		3000	6000	9000	ave	min	ave	min	ave	min	3000	6000	9000				3000	6000	9000	3000	6000	3000	6000
6	1/8	10.9	6.1	3.2	—	3.18	3.18	3.96	3.43	—	—	2.41	3.15	—	9.5	6.5	16.0	4.8	6.4	—	—	—	—	—
8	1/4	14.3	8.5	5.6	—	3.78	3.30	4.60	4.01	—	—	3.02	3.68	—	9.5	6.5	16.0	4.8	6.4	—	—	—	—	—
10	3/8	17.7	11.8	8.4	—	4.01	3.50	5.03	4.37	—	—	3.20	4.01	—	9.5	6.5	17.5	4.8	6.4	—	37	—	9.5	—
15	1/2	21.9	15.0	11.0	5.6	4.67	4.09	5.97	5.18	9.53	8.18	3.73	4.78	7.47	9.5	9.5	22.5	6.4	7.9	11.2	41	51	9.5	11
20	3/4	27.3	20.2	14.8	10.3	4.90	4.27	6.96	6.04	9.78	8.56	3.91	5.56	7.82	12.5	9.5	24.0	6.4	7.9	12.7	51	60	11	13
25	1	34.0	25.9	19.9	14.4	5.69	4.98	7.92	6.93	11.38	9.96	4.55	6.35	9.09	12.5	12.5	28.5	9.6	11.2	14.2	60	71	13	16
32	1¼	42.8	34.3	28.7	22.0	6.07	5.28	7.92	6.93	12.14	10.62	4.85	6.35	9.70	12.5	12.5	30.0	9.6	11.2	14.2	71	81	16	17
40	1½	48.9	40.1	33.2	27.2	6.35	5.54	8.92	7.80	12.70	11.12	5.08	7.14	10.15	12.5	12.5	32.0	11.2	12.7	15.7	81	98	17	21
50	2	61.2	51.7	42.1	37.4	6.93	6.04	10.92	9.50	13.84	12.12	5.54	8.74	11.07	16.0	19.0	41.0	12.7	15.7	19.0	98	151	21	30
65	2½	73.9	61.2	—	—	8.76	7.62	—	—	—	—	7.01	—	—	16.0	19.0	43.0	15.7	19.0	—	151	—	30	—
80	3	89.9	76.4	—	—	9.52	8.30	—	—	—	—	7.62	—	—	16.0	19.0	44.5	19.0	22.4	—	184	—	57	—
100	4	115.5	100.7	—	—	10.69	9.35	—	—	—	—	8.56	—	—	19.0	19.0	48.0	22.4	28.4	—	201	—	66	—

① 当选用Ⅱ系列的管子时，其承插孔径和流通孔径应按Ⅱ系列管子尺寸配制，其余尺寸应符合标准规定。
② 沿承插孔周边的平均壁厚不应小于平均值，局部允许达到最小值。

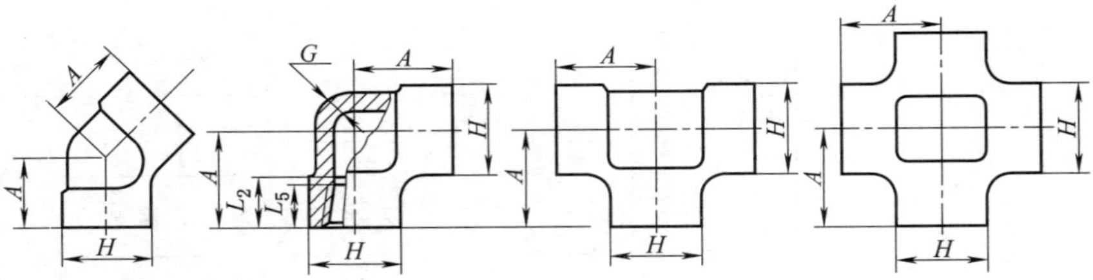

45°弯头　　90°弯头　　三通　　四通

表 10-2-17　　螺纹管件——45°弯头、90°弯头、三通和四通尺寸　　mm

公称尺寸 DN	螺纹尺寸代号 NPT	中心至端面 A						端部外径 H①			本体壁厚 G_{min}			完整螺纹长度 L_{5min}	有效螺纹长度 L_{2min}
		90°弯头、三通和四通			45°弯头										
		2000	3000	6000	2000	3000	6000	2000	3000	6000	2000	3000	6000		
6	1/8	21	21	25	17	17	19	22	22	25	3.18	3.18	6.35	6.4	6.7
8	1/4	21	25	28	17	19	22	22	25	33	3.18	3.30	6.60	8.1	10.2
10	3/8	25	28	33	19	22	25	25	33	38	3.18	3.51	6.98	9.1	10.4
15	1/2	28	33	38	22	25	28	33	38	46	3.18	4.09	8.15	10.9	13.6
20	3/4	33	38	44	25	28	33	38	46	56	3.18	4.32	8.53	12.7	13.9
25	1	38	44	51	28	33	35	46	56	62	3.68	4.98	9.93	14.7	17.3
32	1¼	44	51	60	33	35	43	56	62	75	3.89	5.28	10.59	17.0	18.0
40	1½	51	60	64	35	43	44	62	75	84	4.01	5.56	11.07	17.8	18.4
50	2	60	64	83	43	44	52	75	84	102	4.27	7.14	12.09	19.0	19.2
65	2½	76	83	95	52	52	64	92	102	121	5.61	7.65	15.29	23.6	28.9
80	3	86	95	106	64	64	79	109	121	146	5.99	8.84	16.64	25.9	30.5
100	4	106	114	114	79	79	79	146	152	152	6.55	11.18	18.67	27.7	33.0

① 当 DN65（NPS2½）的管件配管选用Ⅱ系列的管子时，管件的端部外径应大于表中规定尺寸，以满足端部凸缘处的壁厚要求，其余尺寸应符合标准规定。

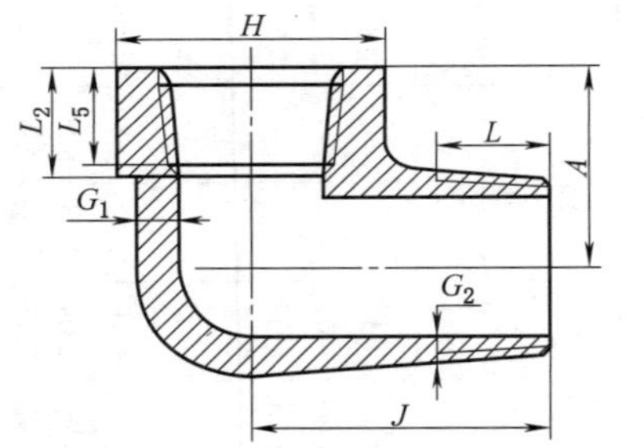

表 10-2-18　　螺纹管件——内外螺纹 90°弯头尺寸　　mm

公称尺寸 DN	螺纹尺寸代号 NPT	中心至内螺纹端面 A①		中心至外螺纹端面 J		端部外径 H②		本体壁厚 G_{1min}		本体壁厚 G_{2min}③		内螺纹完整长度 L_{5min}	内螺纹有效长度 L_{2min}	外螺纹长度 L_{min}
		3000	6000	3000	6000	3000	6000	3000	6000	3000	6000			
6	1/8	19	22	25	32	19	25	3.18	5.08	2.74	4.22	6.4	6.7	10
8	1/4	22	25	32	38	25	32	3.30	5.66	3.22	5.28	8.1	10.2	11
10	3/8	25	28	38	41	32	38	3.51	6.98	3.50	5.59	9.1	10.4	13
15	1/2	28	35	41	48	38	44	4.09	8.15	4.16	6.53	10.9	13.6	14
20	3/4	35	44	48	57	44	51	4.32	8.53	4.88	6.86	12.7	13.9	16
25	1	44	51	57	66	51	62	4.98	9.93	5.56	7.95	14.7	17.3	19
32	1¼	51	54	66	71	62	70	5.28	10.59	5.56	8.48	17.0	18.0	21
40	1½	54	64	71	84	70	84	5.56	11.07	6.25	8.89	17.8	18.4	21
50	2	64	83	84	105	84	102	7.14	12.09	7.64	9.70	19.0	19.2	22

① 制造商也可以选择使用表 10-2-17 中 90°弯头的 A 尺寸。

② 制造商也可以选择使用表 10-2-17 中的 H 尺寸。

③ 为加工螺纹前的壁厚。

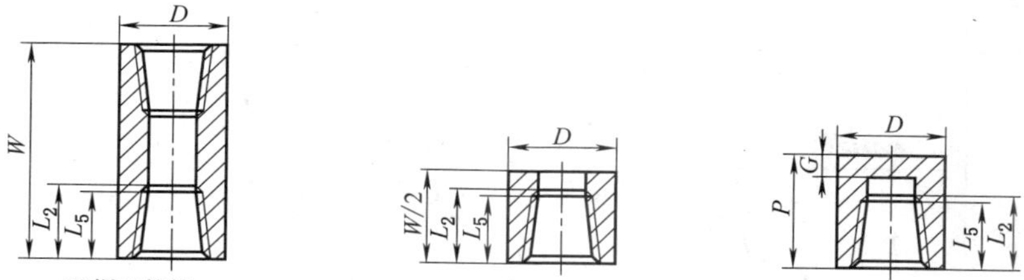

双螺口管箍　　单螺口管箍　　管帽

表 10-2-19　　螺纹管件——双螺口管箍、单螺口管箍和管帽尺寸

mm

公称尺寸 *DN*	螺纹尺寸代号 NPT	端面至端面 *W*	端面至端面 *P*		外径 *D*①		顶部厚度 G_{min}		完整螺纹长度 L_{5min}	有效螺纹长度 L_{2min}
		3000 和 6000	3000	6000	3000	6000	3000	6000		
6	1/8	32	19	—	16	22	4.8	—	6.4	6.7
8	1/4	35	25	27	19	25	4.8	6.4	8.1	10.2
10	3/8	38	25	27	22	32	4.8	6.4	9.1	10.4
15	1/2	48	32	33	28	38	6.4	7.9	10.9	13.6
20	3/4	51	37	38	35	44	6.4	7.9	12.7	13.9
25	1	60	41	43	44	57	9.7	11.2	14.7	17.3
32	1¼	67	44	46	57	64	9.7	11.2	17.0	18.0
40	1½	79	44	48	64	76	11.2	12.7	17.8	18.4
50	2	86	48	51	76	92	12.7	15.7	19.0	19.2
65	2½	92	60	64	92	108	15.7	19.0	23.6	28.9
80	3	108	65	68	108	127	19.0	22.4	25.9	30.5
100	4	121	68	75	140	159	22.4	28.4	27.7	33.0

① 当 *DN*65（NPS 2½）的管件配管选用Ⅱ系列的管子时，管件的端部外径应大于表中规定尺寸，以满足端部凸缘处的壁厚要求，其余尺寸应符合本标准规定。

注：1. 螺纹端部以外的最小壁厚应符合表 10-2-17 中相应公称尺寸和级别的规定。

2. 2000 级别的双螺口管箍、单螺口管箍和管帽不包括在本表中。

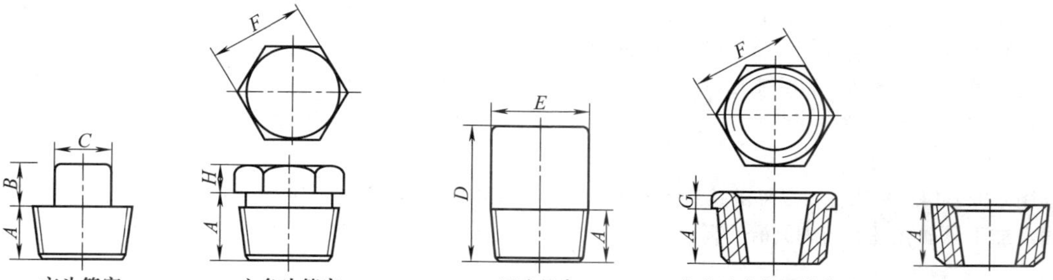

方头管塞　　六角头管塞　　圆头管塞　　六角头内外螺纹接头　　无头内外螺纹接头

表 10-2-20　　螺纹管件——方头管塞、六角头管塞、圆头管塞、六角头内外螺纹接头和无头内外螺纹接头尺寸

mm

公称尺寸 *DN*	螺纹尺寸代号 NPT	螺纹长度 A_{min}	方头高度 B_{min}	方头对边宽度 C_{min}	圆头直径 *E*	总长 D_{min}	六角头厚度 H_{min}	六角头厚度 G_{min}	六角头对边宽度 *F*
6	1/8	10	6	7	10	35	6	—	11
8	1/4	11	6	10	14	41	6	3	16
10	3/8	13	8	11	18	41	8	4	18
15	1/2	14	10	14	21	44	8	5	22
20	3/4	16	11	16	27	44	10	6	27
25	1	19	13	21	33	51	10	6	36
32	1¼	21	14	24	43	51	14	7	46
40	1½	21	16	28	48	51	16	8	50
50	2	22	18	32	60	64	18	9	65
65	2½	27	19	36	73	70	19	10	75
80	3	28	21	41	89	70	21	10	90
100	4	32	25	65	114	76	25	13	115

表 10-2-21　　　　　　　　　　**极限偏差**　　　　　　　　　　mm

公称尺寸		承插焊管件					螺纹管件		
		所有管件		弯头、三通和四通	双承口管箍	单承口管箍	弯头、三通和四通	双螺口管箍	单螺口管箍
DN	NPS	承插孔径 *B*	流通孔径 *D*	中心至承插孔底 *A*、*H*	承插孔底距离 *E*	承插孔底至端面 *F*	中心至端面 *A*、*J*	端面至端面 *W*	端面至端面 *W*/2
6~8	1/8~1/4	+0.4 0	+1.5 0	±1.0	±1.5	±1.0	±1.0	±1.0	±1.0
10~20	3/8~3/4	+0.4 0	+1.5 0	±1.5	±3.0	±1.5	±1.5	±1.5	±1.5
25~40	1~1½	+0.4 0	1.5 0	±2.0	±4.0	±2.0	±2.0	±2.0	±2.0
50	2	+0.5 0	+1.5 0	±2.0	±4.0	±2.0	±2.0	±2.0	±2.0
65~100	2½~4	+0.5 0	+3.0 0	±2.5	±5.0	±2.5	±2.5	±2.5	±2.5

(3) 异径管件的尺寸

1) 对于异径管件，除明确规定以处，应具有与等径管件相同的外形尺寸。异径管件小端的承插孔径、承插孔深度和螺纹长度应按小端公称尺寸对应的尺寸规定。异径管件的流通孔径应按小端公称尺寸对应的尺寸规定。

2) 异径管件尺寸的表示方法如下：

① 对于有两个接管尺寸的管件，首先给出大端的公称尺寸，然后给出小端的公称尺寸；

② 对于三通，首先给出主管大端的公称尺寸，其次给出与主管大端相对一端的公称尺寸，最后给出支管端的公称尺寸，见图 10-2-2a；

③ 对于四通，首先给出最大端的公称尺寸，其次给出与最大端相对一端的公称尺寸，第三给出另外两端中较大一端的公称尺寸，最后给出剩余一端的公称尺寸，见图 10-2-2b。

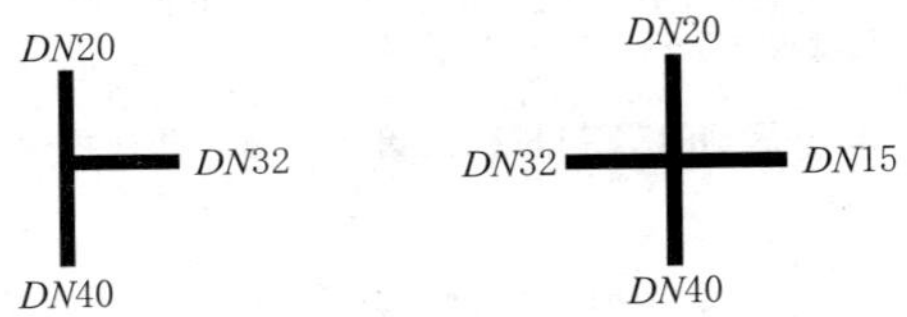

(a) 三通 $DN40\times20\times32$　　(b) 四通 $DN40\times20\times32\times15$

图 10-2-2　异径三通和四通公称尺寸的表示方法

(4) 特殊的接管尺寸

当选用 GB/T 14383 附录 B 以外的接管外径时，应在订货内容中明确规定接管尺寸要求。制造商按需要的接管尺寸确定加工承插孔径和流通孔径；除此之外，管件的其余尺寸应符合本标准的规定。

2.3.5 材料

1) 管件的材料包括锻件、棒材或无缝管等金属材料。制造商应对所用材料进行验证，以确定材料符合订货技术要求和相关材料标准规定的冶炼工艺、化学成分和力学性能等要求。

2) 为了选用方便，管件的常用材料列于表 10-2-22。除表中所列常用材料外，并不限制采用其他材料。

表 10-2-22　　　　　　**常用的材料牌号及材料标准**

材料牌号(旧牌号)	标准编号	材料牌号(旧牌号)	标准编号
20	GB/T 699	06Cr19Ni10(0Cr18Ni9) 06Cr17Ni12Mo2(0Cr17Ni12Mo2) 06Cr18Ni11Ti(0Cr18Ni10Ti)	GB/T 1220 GB/T 1221
Q295、Q345	GB/T 1591		
15CrMo、12Cr1MoV	GB/T 3077	022Cr19Ni10(00Cr19Ni10) 022Cr17Ni12Mo2(00Cr17Ni14Mo2)	GB/T 1220
12Cr5Mo(1Cr5Mo)	GB/T 1221		

2.3.6 热处理

1) 通常情况下，对于冷成形或热成形的碳素钢、低合金钢和不锈钢等铁基材料的管件，应按不同的材料要求进行退火、正火、正火加回火、固溶或固溶加稳定化等方式的热处理。当制造条件满足下列要求时，可不进行热处理。除本条以外的金属材料制造的管件，其热处理由供需双方商定。

① 碳素钢管件的终锻温度不低于 700℃，且不高于 980℃，并置于静止的空气中冷却的条件下；

② 直接用棒材或无缝管切削加工制造的管件，且材料出厂时已经过热处理或碳素钢材料为热轧状态。

2）对于需要进行热处理的管件，如果订货技术要求或相关材料标准对热处理有规定的，应按订货技术要求或相关材料标准的规定进行；如果订货技术要求或相关材料标准没有对热处理做出规定，制造商应制定相应的热处理工艺。不论何种情况，制造商均应对所采用的热处理工艺进行评定，以验证所采用的热处理工艺满足材料的性能要求；并且制造商应保存热处理工艺评定文件，需要时提供给采购方查验，以证明所采用的热处理工艺的正确性。

3）如果没有另外规定，常用材料的热处理要求可按表 10-2-23。

表 10-2-23　常用材料的热处理要求

材料牌号(旧牌号)	热处理要求	材料牌号(旧牌号)	热处理要求
20	退火或正火	06Cr19Ni10(0Cr18Ni9) 06Cr17Ni12Mo2(0Cr17Ni12Mo2) 06Cr18Ni11Ti(0Cr18Ni10Ti) 022Cr19Ni10(00Cr19Ni10) 022Cr17Ni12Mo2(00Cr17Ni14Mo2)	固溶
Q295、Q345	退火或正火+回火		
15CrMo、12Cr1MoV、12Cr5Mo(1Cr5Mo)	退火或正火+回火		

注：对含 Ti 的不锈钢管件，制造商可在固溶处理后进行稳定化热处理。

2.3.7　标志示例

例 1：材料牌号为 20、级别为 3000、公称尺寸为 *DN*40×40 的弯头标志为：

制造商名称或商标　20　材料熔炼炉号　3000　*DN*40×40　GB/T 14383

例 2：材料牌号为 15CrMo、级别为 3000、公称尺寸为 *DN*40×40×25 的三通标志为：

制造商名称或商标　15CrMo　材料熔炼炉号　3000　*DN*40×40×25　GB/T 14383

例 3：材料牌号为 0Cr18Ni9、级别为 6000、公称尺寸为 *DN*40×20×32×15 的四通标志为：

制造商名称或商标　0Cr18Ni9　材料熔炼炉号　6000　*DN*40×20×32×15　GB/T 14383

2.3.8　与管件连接的管子尺寸（规范性附录 B）

表 10-2-24　管子外径和壁厚　mm

	公称尺寸		外径	公称壁厚			
	DN	NPS		XS	Sch80	Sch160	XXS
Ⅰ系列	6	1/8	10.3	2.41	2.41	3.15	4.83
	8	1/4	13.7	3.02	3.02	3.68	6.05
	10	3/8	17.1	3.20	3.20	4.01	6.40
	15	1/2	21.3	3.73	3.73	4.78	7.47
	20	3/4	26.7	3.91	3.91	5.56	7.82
	25	1	33.4	4.55	4.55	6.35	9.09
	32	1¼	42.2	4.85	4.85	6.35	9.70
	40	1½	48.3	5.08	5.08	7.14	10.15
	50	2	60.3	5.54	5.54	8.74	11.07
	65	2½	73.0	7.01	7.01	9.53	14.02
	80	3	88.9	7.62	7.62	11.13	15.24
	100	4	114.3	8.56	8.56	13.49	17.12

注：1. 除 *DN*6～*DN*10（NPS 1/8～NPS 3/8）Sch160 和 XXS 的管子壁厚值为本表规定外，其余数值与 ASME B36.10M 相同。
2. 并不限制采用本表以外的接管壁厚；当采用本表以外的接管壁厚时，见表 10-2-14 中的表注。

	公称尺寸		外径
	DN	NPS	
Ⅱ系列	6	1/8	—
	8	1/4	—
	10	3/8	—
	15	1/2	18
	20	3/4	25
	25	1	32
	32	1¼	38
	40	1½	45
	50	2	57
	65	2½	76
	80	3	89
	100	4	108

3　与管件连接的钢管壁厚分级
（摘自 GB/T 12459—2005、GB/T 13401—2005）

下面列出与管件连接的无缝钢管壁厚分级表，供使用者参考。表中的壁厚数值摘自 ASME B36.10M：1996《焊接和无缝锻轧钢管》和 ASME B36.19M：1985（R1994）《不锈钢管》。

表 10-2-25　mm

	公称尺寸		外径	公称壁厚																
	DN	NPS		Sch5S	Sch10S	Sch40S	Sch80S	Sch10	Sch20	Sch30	STD	Sch40	Sch60	×S	Sch80	Sch100	Sch120	Sch140	Sch160	××S
与管件连接的无缝钢管壁厚分级表（GB/T 12459）	6	1/8	10.3		1.24	1.73	2.41				1.73	1.73		2.41	2.41					
	8	1/4	13.7		1.65	2.24	3.02				2.24	2.24		3.02	3.02					
	10	3/8	17.1		1.65	2.31	3.20				2.31	2.31		3.20	3.20					
	15	1/2	21.3	1.65	2.11	2.77	3.73				2.77	2.77		3.73	3.73				4.78	7.47
	20	3/4	26.7	1.65	2.11	2.87	3.91				2.87	2.87		3.91	3.91				5.56	7.82
	25	1	33.4	1.65	2.77	3.38	4.55				3.38	3.38		4.55	4.55				6.35	9.09
	32	1¼	42.2	1.65	2.77	3.56	4.85				3.56	3.56		4.85	4.85				6.35	9.70
	40	1½	48.3	1.65	2.77	3.68	5.08				3.68	3.68		5.08	5.08				7.14	10.15
	50	2	60.3	1.65	2.77	3.91	5.54				3.91	3.91		5.54	5.54				8.74	11.07
	65	2½	73.0	2.11	3.05	5.16	7.01				5.16	5.16		7.01	7.01				9.53	14.02
	80	3	88.9	2.11	3.05	5.49	7.62				5.49	5.49		7.62	7.62				11.13	15.24
	90	3½	101.6	2.11	3.05	5.74	8.08				5.74	5.74		8.08	8.08					
	100	4	114.3	2.11	3.05	6.02	8.56				6.02	6.02		8.56	8.56		11.13		13.49	17.12
	125	5	141.3	2.77	3.40	6.55	9.53				6.55	6.55		9.53	9.53		12.70		15.88	19.05
	150	6	168.3	2.77	3.40	7.11	10.97				7.11	7.11		10.97	10.97		14.27		18.26	21.95
	200	8	219.1	2.77	3.76	8.18	12.70		6.35	7.04	8.18	8.18	10.31	12.70	12.70	15.09	18.26	20.62	23.01	22.23
	250	10	273.0	3.40	4.19	9.27	*12.70		6.35	7.80	9.27	9.27	12.70	12.70	15.09	18.26	21.44	25.40	28.58	25.40
	300	12	323.8	3.96	*4.57	*9.53	*12.70		6.35	8.38	9.53	10.31	14.27	12.70	17.48	21.44	25.40	28.58	33.32	25.40
	350	14	355.6	3.96	*4.78			6.35	7.92	9.53	9.53	11.13	15.09	12.70	19.05	23.83	27.79	31.75	35.71	
	400	16	406.4	4.19	*4.78			6.35	7.92	9.53	9.53	12.70	16.66	12.70	21.44	26.19	30.96	36.53	40.49	
	450	18	457	4.19	*4.78			6.35	7.92	11.13	9.53	14.27	19.05	12.70	23.83	29.36	34.93	39.67	45.24	
	500	20	508	4.78	*5.54			6.35	9.53	12.70	9.53	15.09	20.62	12.70	26.19	32.54	38.10	44.45	50.01	
	550	22	559	4.78	*5.54			6.35	9.53	12.70	9.53		22.23	12.70	28.58	34.93	41.28	47.63	53.98	
	600	24	610	5.54	6.35			6.35	9.53	14.27	9.53	17.48	24.61	12.70	30.96	38.89	46.02	52.37	59.54	
	650	26	660					7.92	12.70		9.53			12.70						
	700	28	711					7.92	12.70	15.88	9.53			12.70						
	750	30	762	6.35	7.92			7.92	12.70	15.88	9.53			12.70						
	800	32	813					7.92	12.70	15.88	9.53	17.48		12.70						

续表

与管件连接的钢管壁厚分级表（GB/T 13401）	公称尺寸		外径	公称壁厚																
	DN	NPS		Sch5S	Sch10S	Sch40S	Sch80S	Sch10	Sch20	Sch30	STD	Sch40	Sch60	×S	Sch80	Sch100	Sch120	Sch140	Sch160	××S
	150	6	168.3	2.77	3.40	7.11	10.97				7.11	7.11		10.97	10.97		14.27		18.26	21.95
	200	8	219.1	2.77	3.76	8.18	12.70		6.35	7.04	8.18	8.18	10.31	12.70	12.70	15.09	18.26	20.62	23.01	22.23
	250	10	273.0	3.40	4.19	9.27	*12.70		6.35	7.80	9.27	9.27	12.70	12.70	15.09	18.26	21.44	25.40	28.58	25.40
	300	12	323.8	3.96	*4.57	*9.53	*12.70		6.35	8.38	9.53	10.31	14.27	12.70	17.48	21.44	25.40	28.58	33.32	25.40
	350	14	355.6	3.96	*4.78			6.35	7.92	9.53	9.53	11.13	15.09	12.70	19.05	23.83	27.79	31.75	35.71	
	400	16	406.4	4.19	*4.78			6.35	7.92	9.53	9.53	12.70	16.66	12.70	21.44	26.19	30.96	36.53	40.49	
	450	18	457	4.19	*4.78			6.35	7.92	11.13	9.53	14.27	19.05	12.70	23.83	29.36	34.93	39.67	45.24	
	500	20	508	4.78	*5.54			6.35	9.53	12.70	9.53	15.09	20.62	12.70	26.19	32.54	38.10	44.45	50.01	
	550	22	559	4.78	*5.54			6.35	9.53	12.70	9.53		22.23	12.70	28.58	34.93	41.28	47.63	53.98	
	600	24	610	5.54	6.35			6.35	9.53	14.27	9.53	17.48	24.61	12.70	30.96	38.89	46.02	52.37	59.54	
	650	26	660					7.92	12.70		9.53			12.70						
	700	28	711					7.92	12.70	15.88	9.53			12.70						
	750	30	762	6.35	7.92			7.92	12.70	15.88	9.53			12.70						
	800	32	813					7.92	12.70	15.88	9.53	17.48		12.70						
	850	34						7.92			9.53			12.70						
	900	36						7.92	12.70	15.88	9.53	19.05		12.70						
	950	38									9.53			12.70						
	1000	40									9.53			12.70						
	1050	42									9.53			12.70						
	1100	44									9.53			12.70						
	1150	46									9.53			12.70						
	1200	48									9.53			12.70						

注 1. Sch 是美标用以表示管壁厚系列的符号。Sch 数字后带“S”者为 ASME B36. 19M 标准中规定的数据；不带“S”者为 ASME B36. 10M 标准中规定的数据。

2. 带“＊”号的壁厚数据，在 ASME B36. 19M 标准中注明与 ASME B36. 10M 不同。

3. 美标以管重量表示管壁厚的方法：“STD”为标准管壁厚系列代号，“×S”为加强管壁厚系列代号，“××S”为特加强管壁厚系列代号。

4. 管子表号（Sch）是设计压力与设计温度下材料的许用应力的比值乘以 1000，并经圆整后的数值，由表号可推算出压力，即

$$\mathrm{Sch}=\frac{p}{[\sigma]^{t}}\times 1000$$

式中，p——设计压力，MPa；

$[\sigma]^{t}$——设计温度下材料的许用应力，MPa。

5. *DN*—米制单位管件的公称尺寸，NPS—英制单位管件的公称尺寸。

4　对焊管件的焊接坡口
（摘自 GB/T 12459—2005、GB/T 13401—2005）

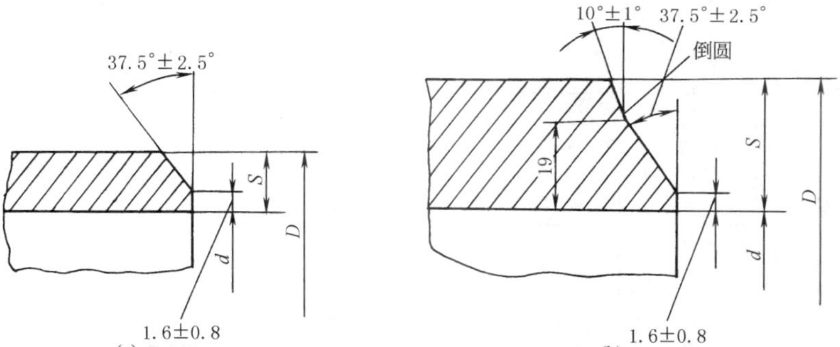

(a) $S\leqslant22$　　(b) $S>22$

图 10-2-3　焊接坡口结构形式

D—端部外径；*d*—端部内径；*S*—管件的公称壁厚

第10篇

5 尺寸公差（摘自 GB/T 12459—2005、GB/T 13401—2005）

5.1 钢制对焊无缝管件公差（摘自 GB/T 12459—2005）

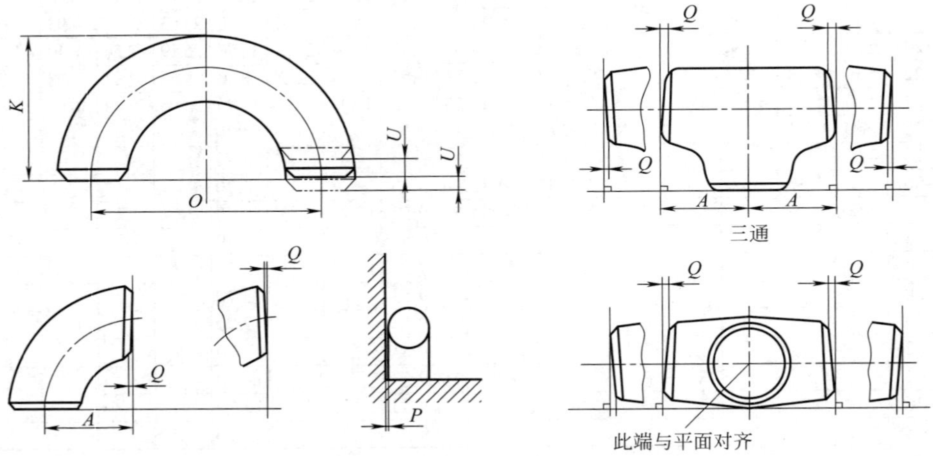

公差简图

表 10-2-26　公差　mm

所有管件				90°和45°弯头及三通中心至端面尺寸	异径接头和翻边短节总长	管帽总长	180°弯头	
公称尺寸 DN	坡口处外径①④ D	端部内径①②③	壁厚②	A,B,C,M	F,H	E	中心至中心尺寸 O	背部至端面尺寸 K
15~65	+1.6 −0.8	±0.8	不小于公称壁厚的87.5%	±2	±2	±3	±6	±6
80~90	±1.6	±1.6		±2	±2	±3	±6	±6
100	±1.6	±1.6		±2	±2	±3	±6	±6
125~200	+2.4 −1.6	±1.6		±2	±2	±6	±6	±6
250~450	+4.0 −3.2	±3.2		±2	±2	±6	±10	±6
500~600	+6.4 −4.8	±4.8		±2	±2	±6	±10	±6
650~750	+6.4 −4.8	±4.8		±3	±5	±10	—	—
800	+6.4 −4.8	±4.8		±5	±5	±10	—	—

公称尺寸 DN	翻边短节				公称尺寸 DN	形位公差		
	搭接边外径 G	搭接边圆角半径 R	短节外径 D	搭接边厚度		弯头、三通、异径接头 Q	90°和45°弯头、三通 P	180°弯头 U
15~65	0 −1	0 −1	极限尺寸见表 10-2-27	+1.6 0	15~100	1	2	1
80~90	0 −1	0 −1		+1.6 0	125~200	2	4	1
100	0 −1	0 −2		+1.6 0	250~300	3	5	2
125~200	0 −1	0 −2		+1.6 0	350~400	3	6	2

续表

公称尺寸 DN	翻边短节 搭接边外径 G	 搭接边圆角半径 R	 短节外径 D	 搭接边厚度	公称尺寸 DN	形位公差 弯头、三通、异径接头 Q	 90°和45°弯头、三通 P	 180°弯头 U
250~450	0 −2	0 −2	极限尺寸 见表10-2-27	+3.2 0	450~600	4	10	2
500~600	0 −2	0 −2		+3.2 0	650~750	5	10	—
650~750	—			—	800	5	13	—
800				—				

① 圆度为正负偏差绝对值之和。
② 端部内径和公称壁厚由采购方指定。
③ 除非采购方另有规定，这些公差适用于公称内径等于公称外径减去两倍公称壁厚的场合。
④ 当需要增加管件壁厚以满足抗内压要求时，该公差可能不适用于成形管件的局部区域。
注：B—45°弯头中心至端面的距离；C—三通、四通的分支出口轴心线至中心体端面的距离；M—三通、四通本体中心线至支管端面的距离。

5.2 钢板制对焊管件公差（摘自 GB/T 13401—2005）

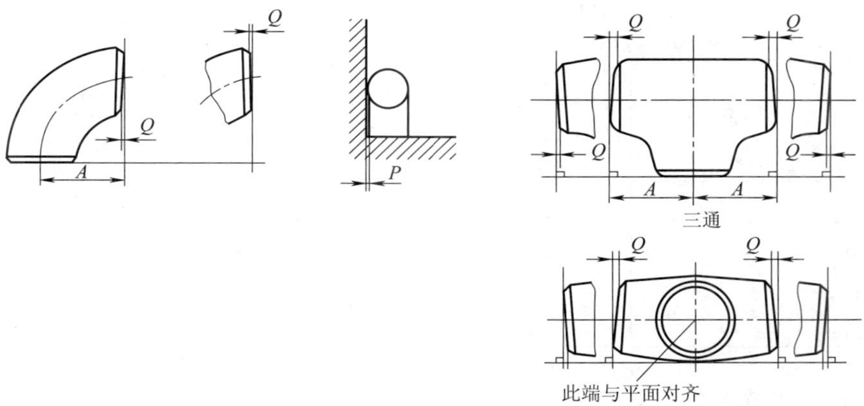

公差简图

表 10-2-27　　　　公差　　　　mm

所有管件 公称尺寸 DN	 坡口处外径①② D	 端部内径①③④	 壁厚③	90°和45°弯头及三通中心至端面尺寸 A,B,C,M	异径接头总长 H	管帽总长 E	形位公差 弯头、三通、异径接头 Q	 90°和45°弯头、三通 P
65	+1.6 −0.8	±0.8	不小于公称壁厚的87.5%	±2	±2	±3	1	2
80~90	±1.6	±1.6		±2	±2	±3	2	4
100	±1.6	±1.6		±2	±2	±3	3	5
125~200	+2.4 −1.6	±1.6		±2	±2	±6	3	6
250~450	+4.0 −3.2	±3.2		±2	±2	±6	4	10
500~600	+6.4 −4.8	±4.8		±2	±2	±6	5	10
650~750	+6.4 −4.8	±4.8		±2	±2	±10	5	13
800~1200	+6.4 −4.8	±4.8		±5	±5	±10	5	19

① 圆度为正负偏差绝对值之和。
② 当需要增加管件壁厚以满足抗内压要求时，该公差可能不适用于成形管件的局部区域。
③ 端部内径和公称壁厚由采购方指定。
④ 除非采购方另有规定，这些公差适用于公称内径等于公称外径减去两倍公称壁厚的场合。

5.3 螺纹管件公差

除螺纹尺寸以外，本标准所规定的其他所有尺寸的未注公差均采用 GB/T 1804 中规定的 V 级。

管件相对应两螺纹轴线间的同轴度公差，采用 GB/T 1184 中规定的 D 级。

6 管件的材料牌号及相关标准

表 10-2-28

	材料牌号	钢板标准
常用无缝管材料（GB/T 12459—2005）	10 20	GB 3087 GB 6479 GB/T 8163 GB/T 9948
	Q295 Q345	GB/T 8163
	16Mn	GB 6479
	12CrMo 15CrMo 1Cr5Mo	GB 6479 GB/T 9948
	12Cr2Mo	GB 6479
	20g 20Mng 12CrMog 15CrMog 12Cr2Mog 12Cr1MoVg	GB 5310
	1Cr19Ni11Nb	GB 5310 GB/T 9948
	0Cr18Ni9 00Cr19Ni10 0Cr18Ni10Ti 0Cr18Ni11Nb 0Cr17Ni12Mo2 00Cr17Ni14Mo2	GB/T 14976

	材料牌号	钢板标准
常用钢板材料（GB/T 12459—2005）	10 20	GB/T 710 GB/T 711
	Q235	GB/T 912 GB/T 3274
	20R 16MnR 15CrMoR	GB 713
	20g 16Mng 15CrMog 12Cr1MoVg	GB 713
	16MnDR 09Mn2VDR	GB 3531
	0Cr18Ni9 0Cr17Ni12Mo2 0Cr18Ni10Ti 0Cr18Ni11Nb	GB/T 3280 GB/T 4237 GB/T 4238
	00Cr19Ni10 00Cr17Ni14Mo2	GB/T 3280 GB/T 4237

	材料牌号	钢板标准
常用钢板材料（GB/T 13401—2005）	10 20	GB/T 710 GB/T 711
	Q235 Q345	GB/T 912 GB/T 3274
	20R 16MnR 15CrMoR	GB 713
	20g 16Mng 15CrMog 12Cr1MoVg	GB 713
	16MnDR 09Mn2VDR	GB 3531
	0Cr18Ni9 0Cr17Ni12Mo2 0Cr18Ni10Ti 0Cr18Ni11Nb	GB/T 3280 GB/T 4237 GB/T 4238
	00Cr19Ni10 00Cr17Ni14Mo2	GB/T 3280 GB/T 4237

注：1. 允许采用表 10-2-28 以外的其他材料，但应符合相应标准的规定。

2. 制造管件用的材料应有质量合格证明书，其检验项目应符合相关标准的规定或订货要求。厚度大于或等于 25mm 的 15CrMoR 钢板应逐张进行超声波检验，合格后方可使用。

7 真空法兰（摘自 GB/T 6070—2007）

本标准适用于低、中、高真空设备用的固定法兰、活套法兰和卡钳法兰的尺寸，其尺寸在三者间可互换。

7.1 有关规定

1）法兰尺寸是加工成形的尺寸，不包括加工余量。在表 10-2-29 和表 10-2-30 中的公称尺寸为 10~40mm 的法兰与 GB/T 4982—2003 相配合一致。

2）法兰用材料一般为 Q235A 或 20 钢，要求无磁或用于腐蚀介质的用奥氏体不锈钢。选用其他材料时应满足 GB/T 6070 附录 A 法兰线密封载荷和焊接的要求。

3）公称尺寸都符合 GB/T 321—2005 中 R10 系列。

4）螺栓孔直径 C 的值由螺栓直径 d 得到，与 GB/T 5277—1985 中间系列一致。

5）法兰配合面是一个环形平面，其表面粗糙度和平面度要求要保证连接处的密封性。

6）最小的密封面由 D_1、D_2、D_3 值决定。

7）固定法兰和活套法兰的外径 D_1 应符合：按 GB/T 5286—2001 选用平垫圈，平垫圈外径不能超出法兰外圆周线的范围。

8）螺栓孔位置按图 10-2-4 所示排列，α 角由螺栓孔数 n 决定，n 根据 GB/T 6070 附录 A 中所列出的线密封载荷及给定的螺栓应力得出。

9）考虑因所用夹紧装置的差异，夹紧装置接触面的最大直径由 D_4 决定。

10）夹紧装置接口宽度值取决于系统的接口用途，并且不应大于 2.5mm。

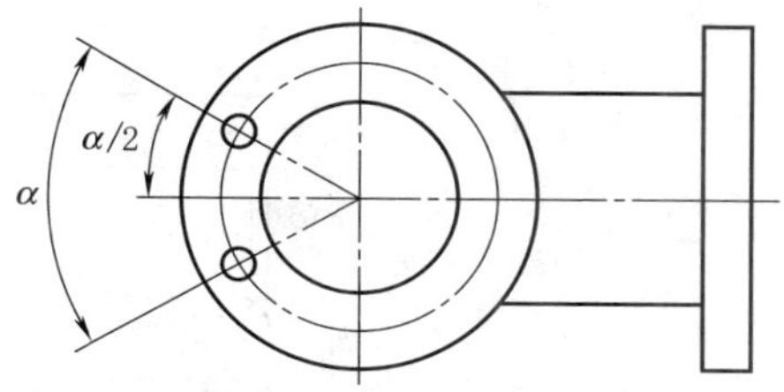

图 10-2-4　螺栓孔位置

7.2　配合尺寸

表 10-2-29～表 10-2-31 中给出的一系列配合符号的尺寸，符合 GB/T 1800.1—2009、GB/T 1800.2—2009 的规定。

（1）固定法兰

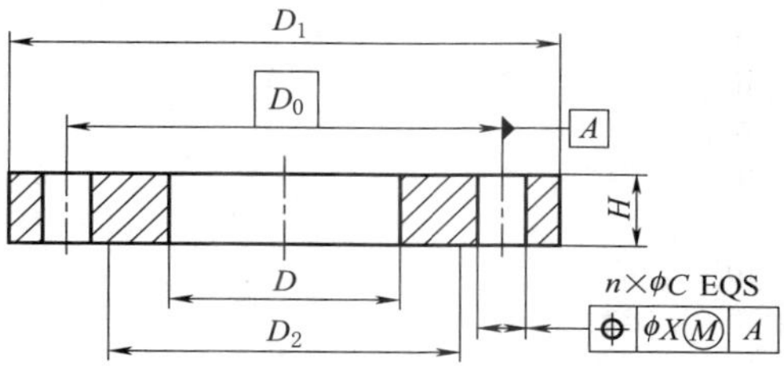

表 10-2-29　　**固定法兰尺寸**　　mm

公称尺寸 DN	D	D_0	D_1	D_2	H js16	C H13	X	螺栓	
								d	n
10	12.2	40	55	30	8	6.6	0.6	6	4
16	17.2	45	60	35	8	6.6	0.6	6	4
20	22.2	50	65	40	8	6.6	0.6	6	4
25	26.2	55	70	45	8	6.6	0.6	6	4
32	34.2	70	90	55	8	9	1	8	4
40	41.2	80	100	65	12	9	1	8	4
50	52.2	90	110	75	12	9	1	8	4
63	70	110	130	95	12	9	1	8	4
80	83	125	145	110	12	9	1	8	8
100	102	145	165	130	12	9	1	8	8
125	127	175	200	155	16	11	1	10	8
160	153	200	225	180	16	11	1	10	8
200	213	260	285	240	16	11	1	10	12
250	261	310	335	290	16	11	1	10	12
320	318	395	425	370	20	14	2	12	12
400	400	480	510	450	20	14	2	12	16
500	501	580	610	550	20	14	2	12	16
630	651	720	750	690	24	14	2	12	20
800	800	890	920	860	24	14	2	12	24
1000	1000	1090	1120	1060	24	14	2	12	32
1250	1250	1404	1440	1340	28	19	2.5	16	32
1600	1600	1755	1790	1705	30	19	2.5	16	32
1800	1800	1940	1980	1920	32	24	2.5	20	32
2000	2000	2205	2245	2140	32	24	2.5	20	32

（2）卡钳法兰

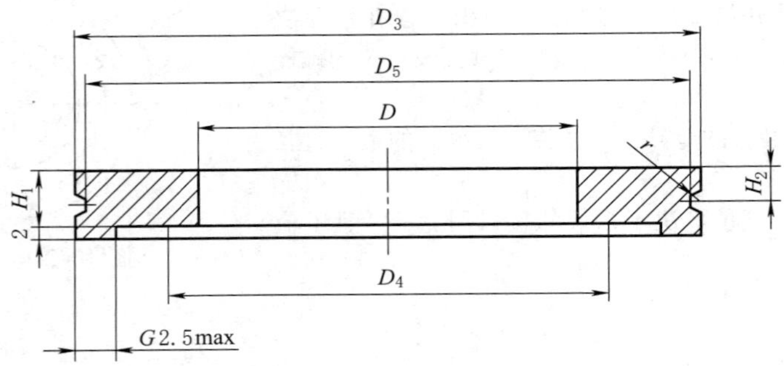

表 10-2-30　卡钳法兰尺寸　mm

公称尺寸 DN	D	H_1 js16	H_2 H14	r B10	D_3 h11	D_4	D_5 h11
10	12.2	6	3	1	30	15	28
16	17.2	6	3	1	35	20	33
20	22.2	6	3	1	40	25	38
25	26.2	6	3	1	45	30	43
32	34.2	6	3	1	55	40	53
40	41.2	10	5	1.5	65	50	62
50	52.2	10	5	1.5	75	60	72
63	70	10	5	1.5	95	80	92
80	83	10	5	1.5	110	95	107
100	102	10	5	1.5	130	115	127
125	127	10	5	2.5	155	140	150
160	153	10	5	2.5	180	165	175
200	213	10	5	2.5	240	225	235
250	261	10	5	2.5	290	275	285
320	318	15	7.5	2.5	370	355	365
400	400	15	7.5	4	450	435	442
500	501	15	7.5	4	550	535	542
630	651	20	10	5	690	660	680

（3）活套法兰

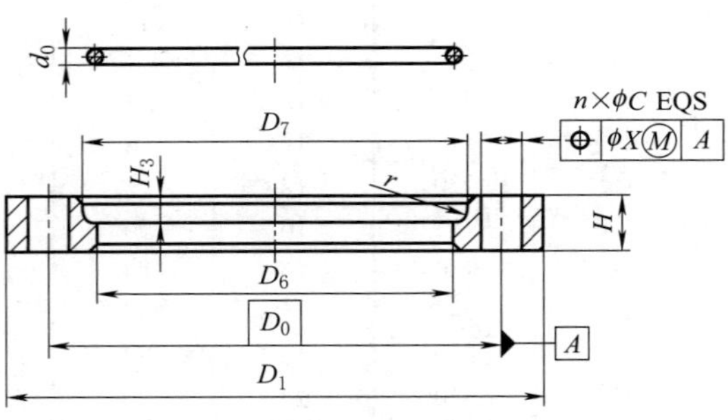

表 10-2-31　活套法兰尺寸　mm

公称尺寸 DN	D_0	D_1	D_6 H11	D_7 H14	H js16	H_3	r B10	$d_0$①	C H13	X	螺栓 d	螺栓 n
10	40	55	30.1	32.1	8	3	1	2	6.6	0.6	6	4
16	45	60	35.1	37.1	8	3	1	2	6.6	0.6	6	4
20	50	65	40.1	42.1	8	3	1	2	6.6	0.6	6	4
25	55	70	45.1	47.1	8	3	1	2	6.6	0.6	6	4
32	70	90	55.5	57.5	8	3	1	2	9	1	8	4
40	80	100	65.5	68.5	12	5.5	1.5	3	9	1	8	4

续表

公称尺寸 DN	D_0	D_1	D_6 H11	D_7 H14	H js16	H_3	r B10	$d_0$①	C H13	X	螺栓	
											d	n
50	90	110	75.5	78.5	12	5.5	1.5	3	9	1	8	4
63	110	130	95.5	98.5	12	5.5	1.5	3	9	1	8	4
80	125	145	110.5	113.5	12	5.5	1.5	3	9	1	8	8
100	145	165	130.5	133.5	12	5.5	1.5	3	9	1	8	8
125	175	200	155.7	160.7	16	6.5	2.5	5	11	1	10	8
160	200	225	180.7	185.7	16	6.5	2.5	5	11	1	10	8
200	260	285	240.7	245.7	16	6.5	2.5	5	11	1	10	12
250	310	335	290.7	295.7	16	6.5	2.5	5	11	1	10	12
320	395	425	370.8	375.8	20	8.5	2.5	5	14	2	12	12
400	480	510	450.8	458.8	20	10	4	8	14	2	12	16
500	580	610	550.8	558.8	20	10	4	8	14	2	12	16
630	720	750	691	701	24	12	5	10	14	2	12	20

① 卡环直径 d_0 建议用下列公差：$d_0=2$mm 为±0.02mm；$d_0=3\sim5$mm 为±0.025mm；$d_0=8\sim10$mm 为±0.030mm。

7.3 法兰线密封载荷（规范性附录 A）

在下列使用条件下，法兰的线密封载荷为 δ 值（见图 10-2-5 和表 10-2-32）。

$$\delta=\frac{200nS}{\pi(d_1+d_2)}$$

式中 δ——n 个螺栓以 200N/mm^2 应力均布施压在胶圈上的线密封载荷，N/mm；

n——螺栓数目；

S——螺栓截面面积，mm^2；

d_1——密封圈内径，mm；

d_2——密封圈压缩前截面直径，mm。

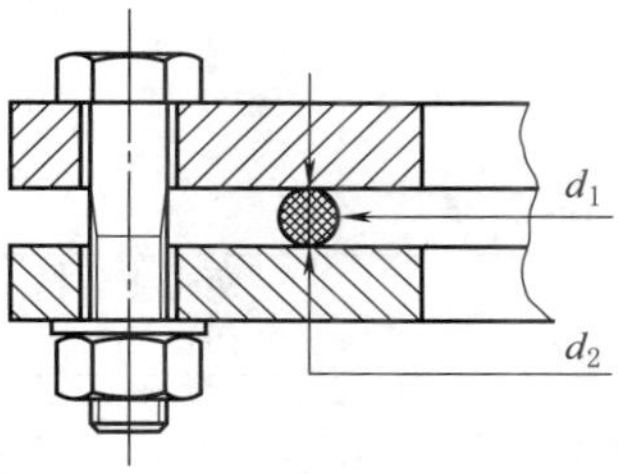

图 10-2-5 1 个螺栓与 O 形圈组合

表 10-2-32 法兰线密封载荷及对应 O 形圈

公称尺寸 DN/mm	δ②常用值 /N·mm^{-1}	采用 O 形圈 GB/T 3452.1	公称尺寸 DN/mm	δ②常用值 /N·mm^{-1}	采用 O 形圈 GB/T 3452.1
10	273.18	15×2.65	200	188.24	218×5.3
16	212.88	20×2.65	250	155.51	265×5.3
20	174.38	25×2.65	320	185.31	325×5.3
25	147.67	30×2.65	400	194.77	412×7
32	214.28	38.5×2.65	500	156.34	515×7
40	185.06	45×2.65	630	153.20	658.88×6.99①
50	148.07	56×3.55	800	149.83	810×7①
63	112.26	75×3.55	1000	160.49	1010×7①
80	193.69	87.5×3.55	1250	240.97	1260×10①
100	158.45	106×5.3	1600	188.91	1610×10①
125	204.10	132×5.3	1800	262.52	1810×12①
160	169.52	160×5.3	2000	236.55	2010×12①

① 在 GB/T 3452.1—2005 中没有此规格，该尺寸作为参考。

② 该值作为指导用，根据所选用密封圈而不同。

7.4 密封槽结构及法兰连接形式（资料性附录 B）

（1）密封槽结构形式及尺寸要求

密封槽结构形式为法兰开槽或平法兰加内定位圈用圆形密封圈密封。密封槽应开在迎着气流方向的法兰平面上。密封槽所用密封圈规格见表 10-2-32，密封槽尺寸见表 10-2-33。内定位圈所用密封圈截面直径分别为 5.3mm、7mm、10mm 三种规格，内定位圈尺寸见表 10-2-33。

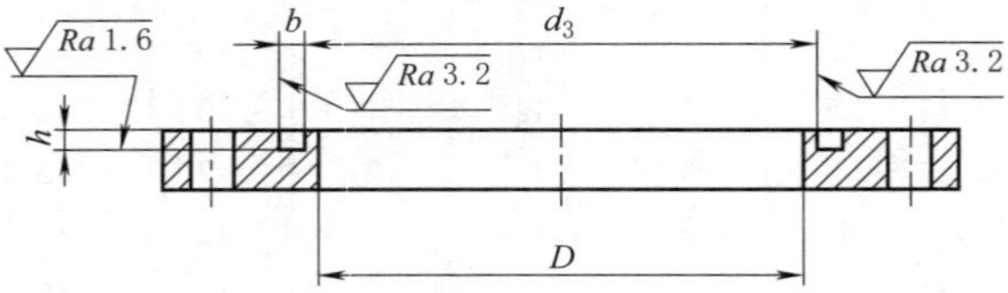

O形圈矩形槽

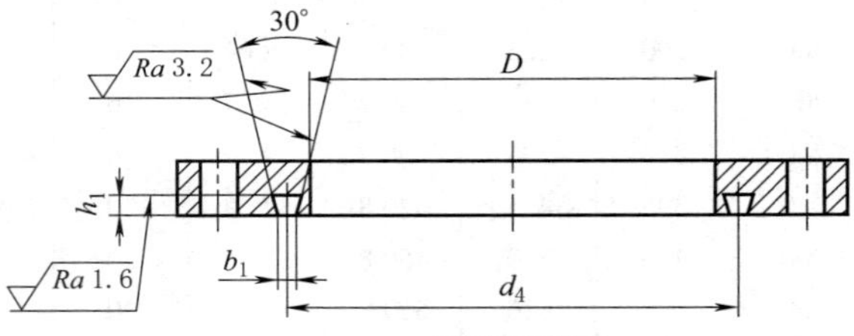

O形圈梯形槽

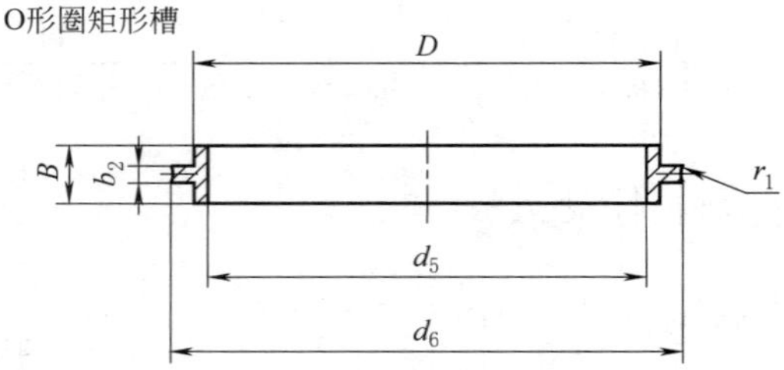

O形圈内定位圈

表 10-2-33　　密封槽、内定位圈尺寸　　mm

公称尺寸 DN	D	矩形密封槽					梯形密封槽					内定位圈				
		d_3	b		h		d_4	b_1		h_1		d_5 max	d_6	b_2	B	r_1
			尺寸	公差	尺寸	公差		尺寸	公差	尺寸	公差					
10	12.2	15	2.7		2		18	2.4		1.9		10	15.3	3.9	8	2.6
16	17.2	20	2.7		2		23	2.4		1.9		16	18.5	3.9	8	2.6
20	22.2	25	2.7		2		28	2.4		1.9		20	25	3.9	8	2.6
25	26.2	30	2.7		2		33	2.4		1.9		25	28.5	3.9	8	2.6
32	34.2	39	2.7	+0.1 0	2	0 −0.1	42	2.4	+0.1 0	1.9	0 −0.1	32	36.5	3.9	8	2.6
40	41.2	45	2.7		2		48	2.4		1.9		40	43	3.9	8	2.6
50	52.2	56	3.6		2.6		60	3.2		2.6		50	55	3.9	8	2.6
63	70	76	3.6		2.6		80	3.2		2.6		67	76	3.9	8	2.6
80	83	88	3.6		2.6		92	3.2		2.6		80	88	3.9	8	2.6
100	102	107	5.3		4		113	4.8		4		99	107	3.9	8	2.6
125	127	133	5.3		4		140	4.8		4		124	132	3.9	8	2.6
160	153	161	5.3		4		168	4.8		4		150	159	3.9	8	2.6
200	213	220	5.3		4		226	4.8		4		210	219	3.9	8	2.6
250	261	268	5.3		4		274	4.8		4		258	267	3.9	8	2.6
320	318	328	5.3	+0.2 0	4	0 −0.2	334	4.8	+0.2 0	4	0 −0.2	314	328	5.6	12	3.5
400	400	415	7		5.2		422	6.3		5.2		396	409	5.6	12	3.5
500	501	518	7		5.2		525	6.3		5.2		496	511	5.6	12	3.5
630	651	663	7		5.2		670	6.3		5.2		646	663	5.6	12	3.5
800	800	815	7		5.2		822	6.3		5.2		796	815	5.6	12	3.5
1000	1000	1015	7		5.2		1022	6.3		5.2		996	1010	5.6	12	3.5
1250	1250	1265	10		7.5		1275	9		7.5		1246	1265	7.8	15	5
1600	1600	1616	10	+0.3 0	7.5	0 −0.3	1626	9	+0.3 0	7.5	0 −0.3	1596	1615	7.8	15	5
1800	1800	1816	12		7.5		1826	11		9.5		1796	1815	7.8	15	5
2000	2000	2016	12		7.5		2026	11		9.5		1996	2015	7.8	15	5

（2）法兰连接形式（见图 10-2-6）

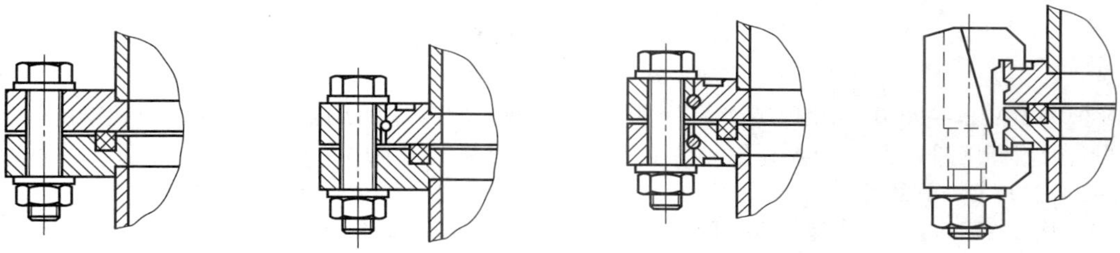

(a) 固定法兰与固定法兰连接　(b) 固定法兰与活套法兰连接　(c) 活套法兰与活套法兰连接　(d) 活套法兰用钩头螺栓连接

图 10-2-6　法兰连接形式

7.5　真空法兰内径及所需接管外径（规范性附录 C）

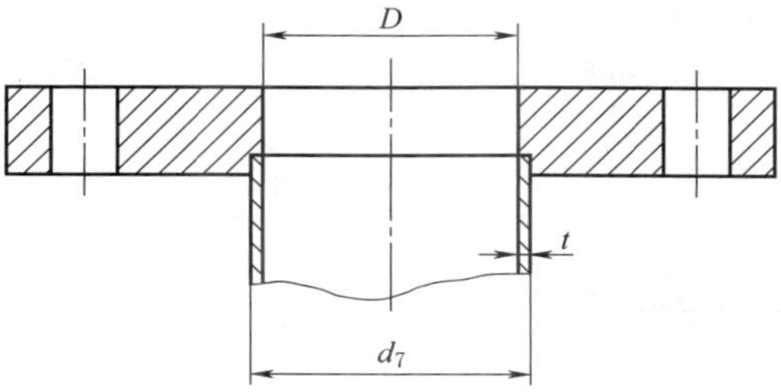

真空法兰与接管

表 10-2-34　**真空法兰内径、接管外径及管壁厚度**　mm

公称尺寸 DN	D	$d_7$①	t①
10	12.2	16	2
16	17.2	20	2
20	22.2	25	2
25	26.2	30	2
32	34.2	38	2
40	41.2	45	2
50	52.2	57	3
63	70	76	3
80	83	89	3
100	102	108	3
125	127	133	3
160	153	159	3
200	213	219	3
250	261	267②	3
320	318	325	3
400	400	406	3
500	501	509②	4
630	651	660②	5
800	800	812②	6
1000	1000	1016②	8
1250	1250	1274②	12
1600	1600	1628②	14
1800	1800	1832②	16
2000	2000	2036②	18

① d_7、t 数值取自 GB/T 17395，作为指导用。
② 在 GB/T 17395 中没有此规格，该尺寸作为参考。

8　钢制管法兰

GB/T 9112~9124—2010《钢制管法兰》系列标准，修改采用 EN 1092-1：2007《法兰及其连接　管道、阀门、管配件及附件用圆形法兰，*PN* 标记　第 1 部分：钢制法兰》及 ASME B16.5—2009《管法兰和法兰管件（NPS½~24）》用 Class 标记。

管法兰及法兰盖的类型、参数按 GB/T 9112~9123，管法兰的技术条件按 GB/T 9124。Class 标记系列未编入本节。

8.1　钢制管法兰类型（摘自 GB/T 9112—2010）

（1）公称压力

公称压力 *PN* 系列有 12 个压力等级，Class 标记的有 6 个压力等级。

PN 系列：*PN*2.5、*PN*6、*PN*10、*PN*16、*PN*25、*PN*40、*PN*100、*PN*160、*PN*250、*PN*320、*PN*400。

Class 系列：Class150、Class300、Class600、Class900、Class1500、Class2500。

（2）公称尺寸与钢管外径

表 10-2-35　**公称尺寸和钢管外径**　mm

用 *PN* 标记的法兰			用 Class 标记的法兰		
公称尺寸 *DN*	钢管外径（*PN*2.5~*PN*160）		公称尺寸		钢管外径
	系列Ⅰ	系列Ⅱ	NPS	*DN*	系列Ⅰ
10	17.2	14	—	—	—
15	21.3	18	1/2	15	21.3
20	26.9	25	3/4	20	26.9
25	33.7	32	1	25	33.7
32	42.4	38	11/4	32	42.4
40	48.3	45	11/2	40	48.3
50	60.3	57	2	50	60.3
65	76.1	76	21/2	65	76.1
80	88.9	89	3	80	88.9
100	114.3	108	4	100	114.3
125	139.7	133	5	125	139.7
150	168.3	159	6	150	168.3
（175）	193.7	—	—	—	—
200	219.1	219	8	200	219.1
（225）	245	—	—	—	—
250	273.0	273	10	250	273.0
300	328.9	325	12	300	323.9
350	355.6	377	14	350	355.6
400	406.4	426	16	400	406.4
450	457	480	18	450	457
500	508	530	20	500	508
600	610	630	24	600	610

注：1. *PN* 系列公称尺寸（*DN*）700~4000 未列入本表。

2. 带括号尺寸不推荐使用，且仅适用于船用法兰。

3. *PN*250、*PN*320、*PN*400 的公称尺寸与钢管外径见 GB/T 9112 表 2。

4. NPS 是美标用英寸表示的公称管径符号。

(3) 法兰类型及代号

表 10-2-36　　*PN* 标记法兰的类型及代号

法兰类型	整体法兰	带颈螺纹法兰	对焊法兰
法兰类型代号	IF	Th	WN
法兰标准编号	GB/T 9113	GB/T 9114	GB/T 9115
法兰简图（EN 标准代号）	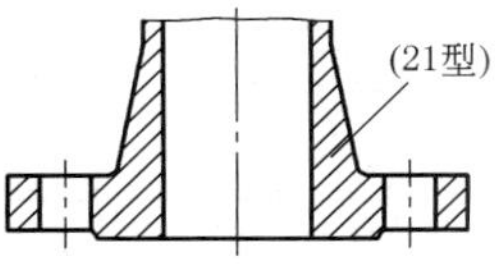	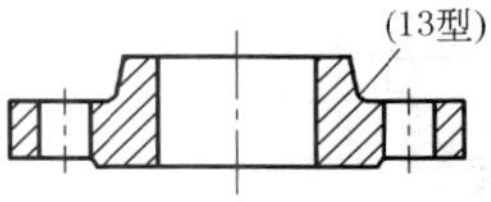	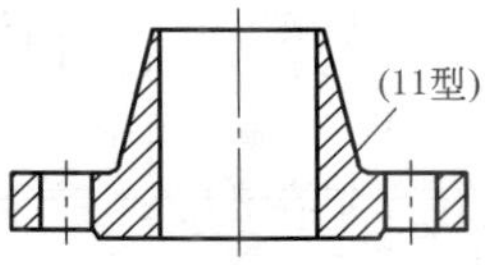
法兰类型	带颈平焊法兰	带颈承插焊法兰	板式平焊法兰
法兰类型代号	SO	SW	PL
法兰标准编号	GB/T 9116	GB/T 9117	GB/T 9119
法兰简图（EN 标准代号）	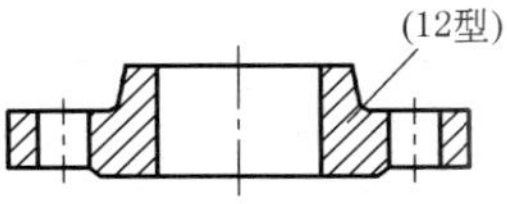	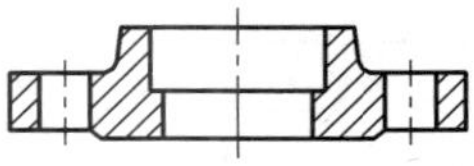	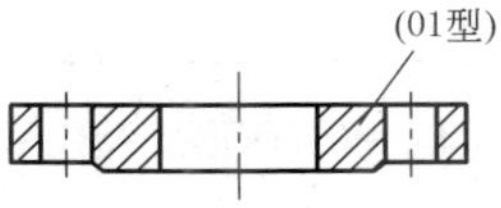
法兰类型	A 型对焊环板式松套法兰	B 型对焊环板式松套法兰	平焊环板式松套法兰
法兰类型代号	PL/W-A	PL/W-B	PL/C
法兰标准编号	GB/T 9120	GB/T 9120	GB/T 9121
法兰简图（EN 标准代号）	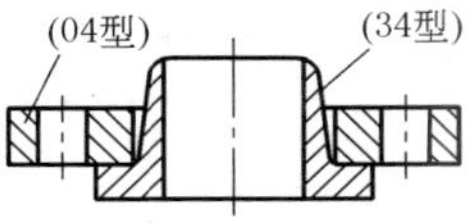	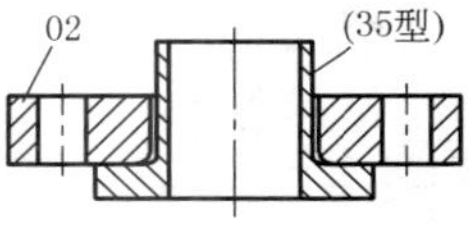	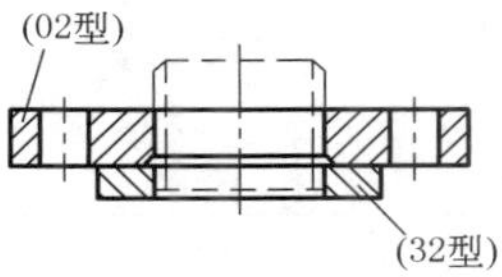
法兰类型	管端翻边板式松套法兰（A 型）	翻边短节板式松套法兰（B 型）	
法兰类型代号	PL/P-A	PL/P-B	
法兰标准编号	GB/T 9122	GB/T 9122	
法兰简图（EN 标准代号）	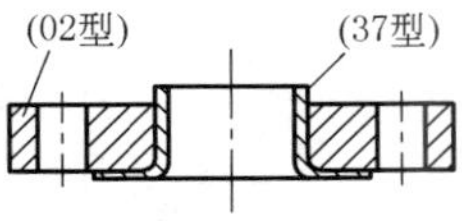	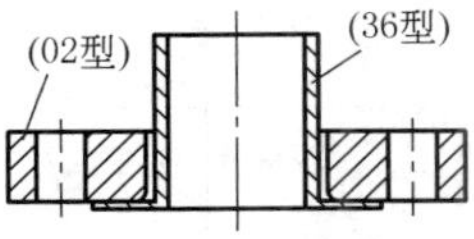	
法兰类型	法兰盖		
法兰类型代号	BL		
法兰标准编号	GB/T 9123		
法兰简图（EN 标准代号）	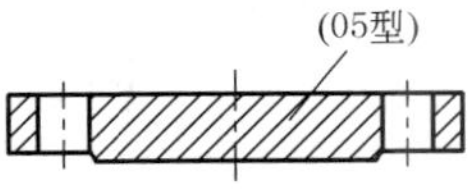		

表 10-2-37　　Class 标记法兰的类型及代号

法兰类型	整体法兰	带颈螺纹法兰	对焊法兰
法兰类型代号	IF	Th	WN
法兰标准编号	GB/T 9113	GB/T 9114	GB/T 9115
法兰简图	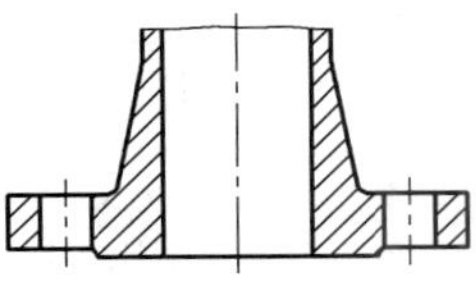	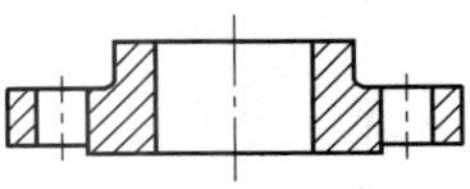	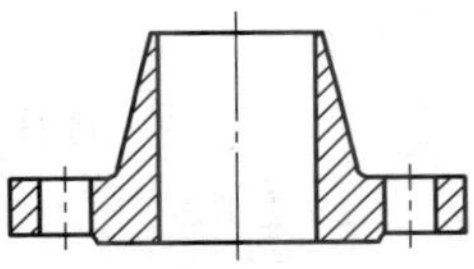

续表

法兰类型	带颈平焊法兰	带颈承插焊法兰	对焊环带颈松套法兰
法兰类型代号	SO	SW	HL/W
法兰标准编号	GB/T 9116	GB/T 9117	GB/T 9118
法兰简图	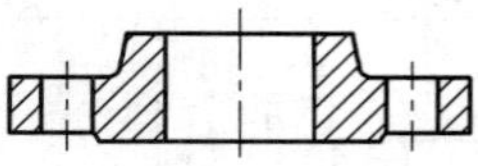	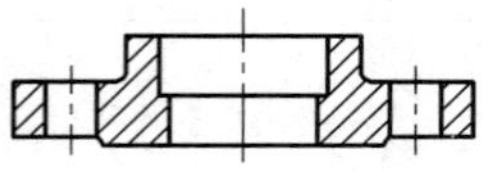	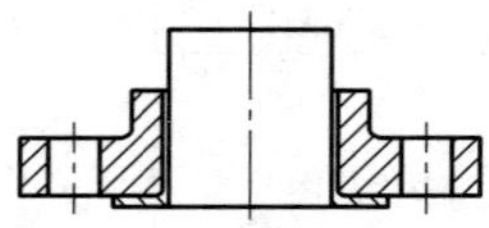
法兰类型	法兰盖		
法兰类型代号	BL		
法兰标准编号	GB/T 9123		
法兰简图	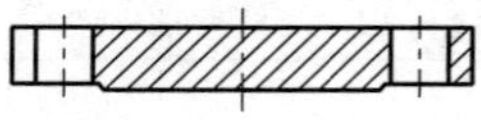		

(4) 密封面形式及代号

表 10-2-38　　密封面形式及代号

密封面形式		代号		EN 标准代号	简　图
平面		FF		A	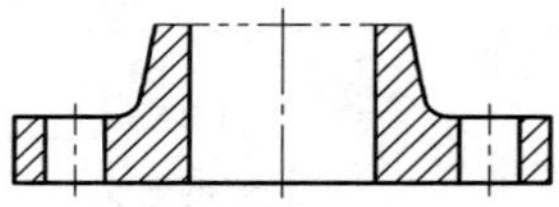
突面		RF		B	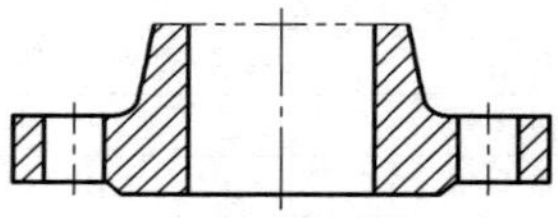
凹凸面	凸面	MF	M	E	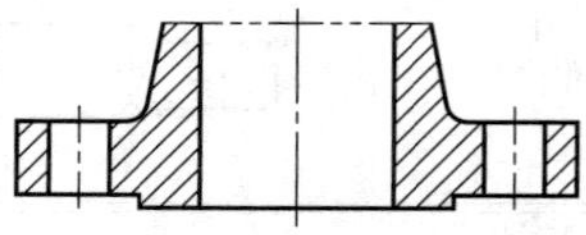
	凹面		F	F	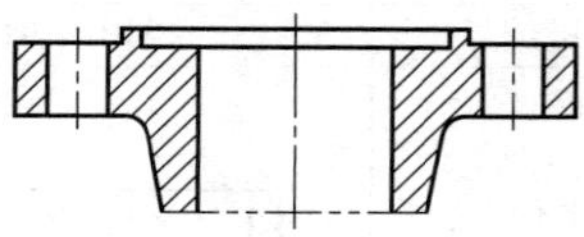
榫槽面	榫面	TG	T	C	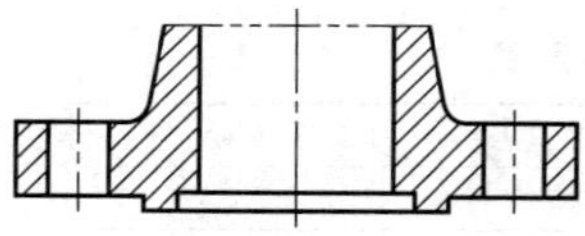
	槽面		G	D	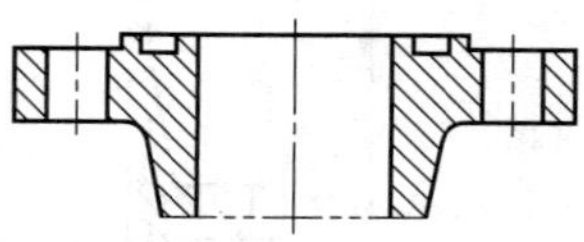

续表

密封面形式		代号		EN 标准代号	简　图
O 形圈面	O 形圈凸面	OSG	OS	G	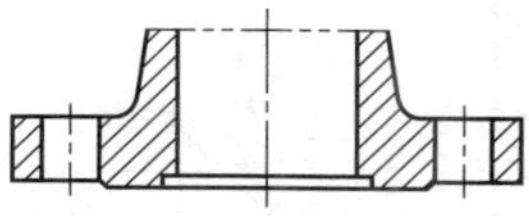
	O 形圈槽面		OG	H	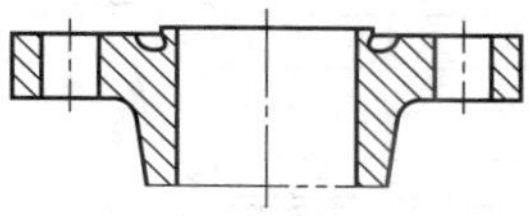
环连接面		RJ		—	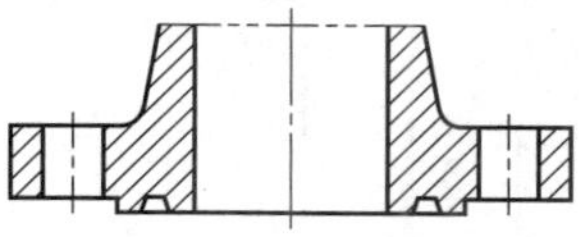

8.2 整体钢制管法兰（摘自 GB/T 9113—2010）

（1）法兰密封面各形式适用的公称压力与公称尺寸范围

表 10-2-39　用 *PN* 标记的整体钢制管法兰的密封面形式及适用的公称压力和公称尺寸范围

密封面形式	公称压力											
	PN2.5	PN6	PN10	PN16	PN25	PN40	PN63	PN100	PN160	PN250	PN320	PN400
平面（FF）	DN10 ~ DN2000					DN10 ~ DN600						
突面（RF）	DN10 ~ DN2000					DN10 ~ DN600	DN10 ~ DN400	DN10 ~ DN350	DN10 ~ DN300		DN10 ~ DN250	DN10 ~ DN200
凹凸面（MF）	—		DN10 ~ DN2000			DN10 ~ DN600	DN10 ~ DN400	DN10 ~ DN350	DN10 ~ DN300		DN10 ~ DN250	DN10 ~ DN200
榫槽面（TG）	—		DN10 ~ DN2000			DN10 ~ DN600	DN10 ~ DN400	DN10 ~ DN350	DN10 ~ DN300		DN10 ~ DN250	DN10 ~ DN200
O 形圈面（OSG）	—		DN10 ~ DN2000			DN10 ~ DN600	—					
环连接面（RJ）	—						DN15 ~ DN400	DN15 ~ DN350	DN15 ~ DN300		DN15 ~ DN250	DN15 ~ DN200

（2）用 *PN* 标记的整体钢制管法兰的类型、图形与尺寸

法兰的类型、图形见图 10-2-7 ~ 图 10-2-11，尺寸见表 10-2-40 ~ 表 10-2-46。

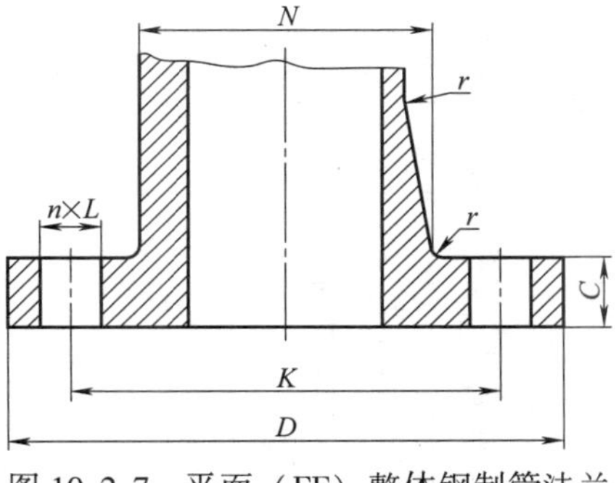

图 10-2-7　平面（FF）整体钢制管法兰

（适用于 PN2.5、PN6、PN10、PN16、PN25 和 PN40）

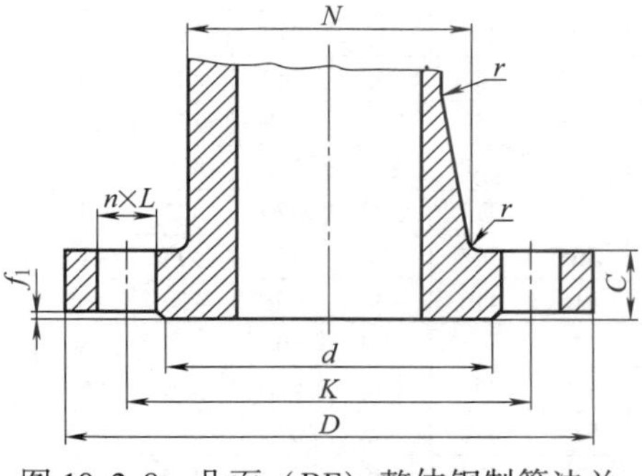

图 10-2-8　凸面（RF）整体钢制管法兰

（适用于 PN2.5、PN6、PN10、PN16、PN25、PN40、PN63、PN100、PN160、PN250、PN320 和 PN400）

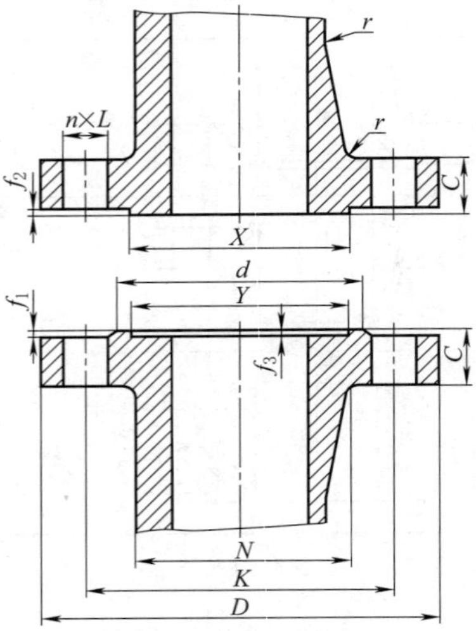

图 10-2-9 凹凸面（MF）整体钢制管法兰

（适用于 *PN*10、*PN*16、*PN*25、*PN*40、*PN*63、*PN*100、*PN*160、*PN*250、*PN*320 和 *PN*400）

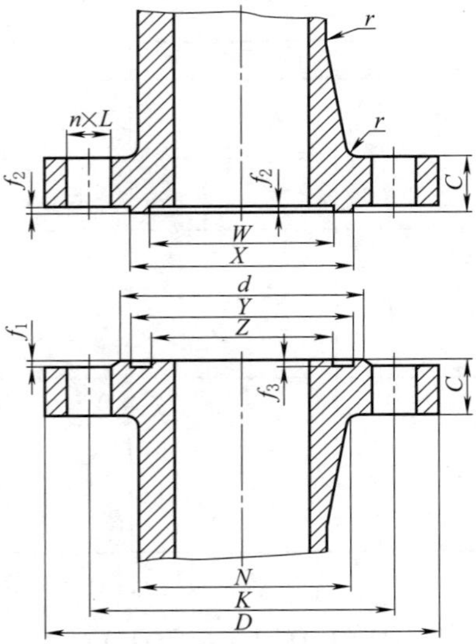

图 10-2-10 榫槽面（TG）整体钢制管法兰

（适用于 *PN*10、*PN*16、*PN*25、*PN*40、*PN*63、*PN*100、*PN*160、*PN*250、*PN*320 和 *PN*400）

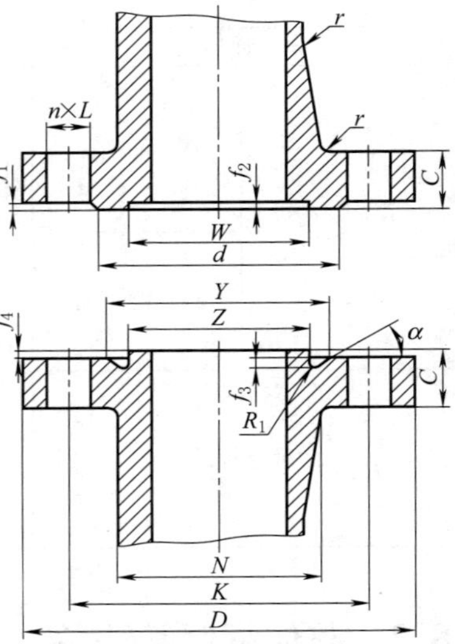

图 10-2-11 O 形圈面（OSG）整体钢制管法兰

（适用于 *PN*10、*PN*16、*PN*25 和 *PN*40）

表 10-2-40 用 *PN* 标记的法兰密封面尺寸

公称尺寸 *DN*	公称压力 *d*/mm						f_1/mm	f_2/mm	f_3/mm	f_4/mm	*W*/mm	*X*/mm	*Y*/mm	*Z*/mm	α ≈	R_1/mm
	*PN*2.5	*PN*6	*PN*10	*PN*16	*PN*25	≥*PN*40										
10	35	35	40	40	40	40					24	34	35	23	—	
15	40	40	45	45	45	45					29	39	40	28	—	
20	50	50	58	58	58	58	2				36	50	51	35		
25	60	60	68	68	68	68					43	57	58	42		
32	70	70	78	78	78	78		4.5	4.0	2.0	51	65	66	50		2.5
40	80	80	88	88	88	88					61	75	76	60	41°	
50	90	90	102	102	102	102					73	87	88	72		
65	110	110	122	122	122	122					95	109	110	94		
80	128	128	138	138	138	138					106	120	121	105		
100	148	148	158	158	162	162					129	149	150	128		
125	178	178	188	188	188	188	3				155	175	176	154		
150	202	202	212	212	218	218					183	203	204	182		
（175）	232	242	242	242	242	242					213	233	234	212		
200	258	258	268	268	278	285		5.0	4.5	2.5	239	259	260	238	32°	3
（225）	282	282	295	295	305	315					266	286	287	265		
250	312	312	320	320	335	345					292	312	313	291		
300	365	365	370	378	395	410					343	363	364	342		
350	415	415	430	438	450	465					395	421	422	394		
400	465	465	482	490	505	535	4				447	473	474	446		
450	520	520	532	550	555	560		5.0	5.0	3.0	497	523	524	496	27°	3.5
500	570	570	585	610	615	615					549	575	576	548		
600	670	670	685	725	720	735	5				649	675	676	648		

注：1. 带括号尺寸不推荐使用，并且仅适用于船用法兰，其密封面形式仅有平面（FF）、突面（RF）和榫槽面（TG）。

2. 公称尺寸（*DN*）大于 600 的未编入，下同。

表 10-2-41　　*PN*2.5 整体钢制管法兰尺寸

公称尺寸 *DN*	连接尺寸					法兰厚度 *C*/mm	法兰颈	
	法兰外径 *D*/mm	螺栓孔中心圆直径 *K*/mm	螺栓孔直径 *L*/mm	螺栓			*N*/mm	*r*/mm
				数量 *n*/个	螺纹规格			
10	75	50	11	4	M10	12	20	4
15	80	55	11	4	M10	12	26	4
20	90	65	11	4	M10	14	34	4
25	100	75	11	4	M10	14	44	4
32	120	90	14	4	M12	14	54	6
40	130	100	14	4	M12	14	64	6
50	140	110	14	4	M12	14	74	6
65	160	130	14	4	M12	14	94	6
80	190	150	18	4	M16	15	110	8
100	210	170	18	4	M16	16	130	8
125	240	200	18	8	M16	18	160	8
150	265	225	18	8	M16	18	182	10
(175)	295	255	18	8	M16	20	210	10
200	320	280	18	8	M16	20	238	10
(225)	345	305	18	8	M16	22	261	10
250	375	335	18	12	M16	22	284	12
300	440	395	22	12	M20	22	342	12
350	490	445	22	12	M20	22	392	12
400	540	495	22	16	M20	22	442	12
450	595	550	22	16	M20	22	494	12
500	645	600	22	20	M20	24	544	12
600	755	705	26	20	M24	30	642	12

注：带括号尺寸不推荐使用，且仅适用于船用法兰。

表 10-2-42　　*PN*6 整体钢制管法兰尺寸

公称尺寸 *DN*	连接尺寸					法兰厚度 *C*/mm	法兰颈	
	法兰外径 *D*/mm	螺栓孔中心圆直径 *K*/mm	螺栓孔直径 *L*/mm	螺栓			*N*/mm	*r*/mm
				数量 *n*/个	螺纹规格			
10	75	50	11	4	M10	12	20	4
15	80	55	11	4	M10	12	26	4
20	90	65	11	4	M10	14	34	4
25	100	75	11	4	M10	14	44	4
32	120	90	14	4	M12	14	54	6
40	130	100	14	4	M12	14	64	6
50	140	110	14	4	M12	14	74	6
65	160	130	14	4	M12	14	94	6
80	190	150	18	4	M16	16	110	8
100	210	170	18	4	M16	16	130	8
125	240	200	18	8	M16	18	160	8
150	265	225	18	8	M16	18	182	10
(175)	295	255	18	8	M16	20	210	10
200	320	280	18	8	M16	20	238	10
(225)	345	305	18	8	M16	22	261	10
250	375	335	18	12	M16	22	284	12
300	440	395	22	12	M20	22	342	12
350	490	445	22	12	M20	22	392	12
400	540	495	22	16	M20	22	442	12
450	595	550	22	16	M20	22	494	12
500	645	600	22	20	M20	24	544	12
600	755	705	26	20	M24	30	642	12

注：1. 带括号尺寸不推荐使用，并且仅适用于船用法兰。

2. 括号内尺寸为原标准法兰厚度，对于现有设备或供需双方认可仍可采用括号内的法兰厚度尺寸。

表 10-2-43　**$PN10$ 整体钢制管法兰尺寸**

公称尺寸 DN	连接尺寸					法兰厚度 C/mm	法兰颈	
	法兰外径 D/mm	螺栓孔中心圆直径 K/mm	螺栓孔直径 L/mm	螺栓			N/mm	r/mm
				数量 n/个	螺纹规格			
10	90	60	14	4	M12	16	28	4
15	95	65	14	4	M12	16	32	4
20	105	75	14	4	M12	18	40	4
25	115	85	14	4	M12	18	50	4
32	140	100	18	4	M16	18	60	6
40	150	110	18	4	M16	18	70	6
50	165	125	18	4	M16	18	84	6
65	185	145	18	8	M16	18	104	6
80	200	160	18	8	M16	20	120	6
100	220	180	18	8	M16	20	140	8
125	250	210	18	8	M16	22	170	8
150	285	240	22	8	M20	22	190	10
(175)	315	270	22	8	M20	24	218	10
200	340	295	22	8	M20	24	246	10
(225)	370	325	22	8	M20	26	272	10
250	395	350	22	12	M20	26	298	12
300	445	400	22	12	M20	26	348	12
350	505	460	22	16	M20	26	408	12
400	565	515	26	16	M24	26	456	12
450	615	565	26	20	M24	28	502	12
500	670	620	26	20	M24	28	559	12
600	780	725	30	20	M27	34	658	12

注：1. 公称尺寸 DN10～DN40 的法兰使用 PN40 法兰的尺寸；公称尺寸 DN50～DN150 的法兰使用 PN16 法兰的尺寸。

2. 对于铸铁法兰和铜合金法兰，该规格的法兰可能是 4 个螺栓孔的，因此，当制造厂和用户协商同意后，与铸铁法兰和铜合金法兰配对使用的钢制法兰可以采用 4 个螺栓孔。

3. 括号内尺寸为原标准法兰厚度，对于现有设备或供需双方认可仍可采用括号内的尺寸，用户也可以根据计算确定法兰厚度。

4. 带括号尺寸不推荐使用，并且仅适用于船用法兰。

表 10-2-44　**$PN16$ 整体钢制管法兰尺寸**

公称尺寸 DN	连接尺寸					法兰厚度 C/mm	法兰颈	
	法兰外径 D/mm	螺栓孔中心圆直径 K/mm	螺栓孔直径 L/mm	螺栓			N/mm	r/mm
				数量 n/个	螺纹规格			
10	90	60	14	4	M12	16	28	4
15	95	65	14	4	M12	16	32	4
20	105	75	14	4	M12	18	40	4
25	115	85	14	4	M12	18	50	4
32	140	100	18	4	M16	18	60	6
40	150	110	18	4	M16	18	70	6
50	165	125	18	4	M16	18	84	6
65	185	145	18	8	M16	18	104	6
80	200	160	18	8	M16	20	120	6
100	220	180	18	8	M16	20	140	8
125	250	210	18	8	M16	22	170	8
150	285	240	22	8	M20	22	190	10
(175)	315	270	22	8	M20	24	218	10
200	340	295	22	12	M20	24	246	10
(225)	370	325	22	12	M20	26	272	10
250	405	355	26	12	M24	26	296	12
300	460	410	26	12	M24	28	350	12
350	520	470	26	16	M24	30	410	12
400	580	525	30	16	M27	32	458	12
450	640	585	30	20	M27	40	516	12
500	715	650	33	20	M30	44	576	12
600	840	770	36	20	M33	54	690	12

注：1. 公称尺寸 DN10～DN40 的法兰使用 PN40 法兰的尺寸。

2. 同表 10-2-43 注 2～4。

表 10-2-45　　*PN*25 整体钢制管法兰尺寸

公称尺寸 DN	连接尺寸					法兰厚度 C/mm	法兰颈	
	法兰外径 D/mm	螺栓孔中心圆直径 K/mm	螺栓孔直径 L/mm	螺栓			N/mm	r/mm
				数量 n/个	螺纹规格			
10	90	60	14	4	M12	16	28	4
15	95	65	14	4	M12	16	32	4
20	105	75	14	4	M12	18	40	4
25	115	85	14	4	M12	18	50	4
32	140	100	18	4	M16	18	60	6
40	150	110	18	4	M16	18	70	6
50	165	125	18	4	M16	20	84	6
65	185	145	18	8	M16	22	104	6
80	200	160	18	8	M16	24	120	8
100	235	190	22	8	M20	24	142	8
125	270	220	26	8	M24	26	162	8
150	300	250	26	8	M24	28	192	10
(175)	330	280	26	12	M24	28	217	10
200	360	310	26	12	M24	30	252	10
(225)	395	340	30	12	M27	32	278	10
250	425	370	30	12	M27	32	304	12
300	485	430	30	16	M27	34	364	12
350	555	490	33	16	M30	38	418	12
400	620	550	36	16	M33	40	472	12
450	670	600	36	20	M33	46	520	12
500	730	660	36	20	M33	48	580	12
600	845	770	39	20	M36	58	684	12

注：1. 公称尺寸 *DN*10～*DN*150 的法兰使用 *PN*40 法兰的尺寸。

2. 同表 10-2-43 注 3、4。

表 10-2-46　　*PN*40 整体钢制管法兰尺寸

公称尺寸 DN	连接尺寸					法兰厚度 C/mm	法兰颈	
	法兰外径 D/mm	螺栓孔中心圆直径 K/mm	螺栓孔直径 L/mm	螺栓			N/mm	r/mm
				数量 n/个	螺纹规格			
10	90	60	14	4	M12	16	28	4
15	95	65	14	4	M12	16	32	4
20	105	75	14	4	M12	18	40	4
25	115	85	14	4	M12	18	50	4
32	140	100	18	4	M16	18	60	6
40	150	110	18	4	M16	18	70	6
50	165	125	18	4	M16	20	84	6
65	185	145	18	8	M16	22	104	6
80	200	160	18	8	M16	24	120	8
100	235	190	22	8	M20	24	142	8
125	270	220	26	8	M24	26	162	8
150	300	250	26	8	M24	28	192	10
(175)	350	295	30	12	M27	32	223	10
200	375	320	30	12	M27	34	254	10
(225)	420	355	33	12	M30	36	283	10
250	450	385	33	12	M30	38	312	12
300	515	450	33	16	M30	42	378	12
350	580	510	36	16	M33	46	432	12
400	660	585	39	16	M36	50	498	12
450	685	610	39	20	M36	57	522	12
500	755	670	42	20	M39	57	576	12
600	890	795	48	20	M45	72	686	12

注：1. 带括号尺寸不推荐使用，并且仅适用于船用法兰。

2. *PN*63～*PN*400 未编入。

3. 同表 10-2-43 注 3、4。

8.3 带颈螺纹钢制管法兰（摘自 GB/T 9114—2010）

（1）法兰密封面形式适用的公称压力与公称尺寸范围

表 10-2-47 用 *PN* 标记的带颈螺纹钢制管法兰的密封面形式及适用的公称压力和公称尺寸范围

密封面形式	公称压力						
	*PN*6	*PN*10	*PN*16	*PN*25	*PN*40	*PN*63	*PN*100
平面(FF)	*DN*10~*DN*300	*DN*10~*DN*600	*DN*10~*DN*600	*DN*10~*DN*600		—	
突面(RF)	*DN*10~*DN*300	*DN*10~*DN*600	*DN*10~*DN*1000	*DN*10~*DN*600		*DN*10~*DN*150	

注：Class 系列未编入。

（2）用 *PN* 标记的带颈螺纹钢制管法兰的类型与尺寸

带颈螺纹钢制管法兰的类型见图 10-2-12、图 10-2-13，尺寸见表 10-2-48~表 10-2-52。

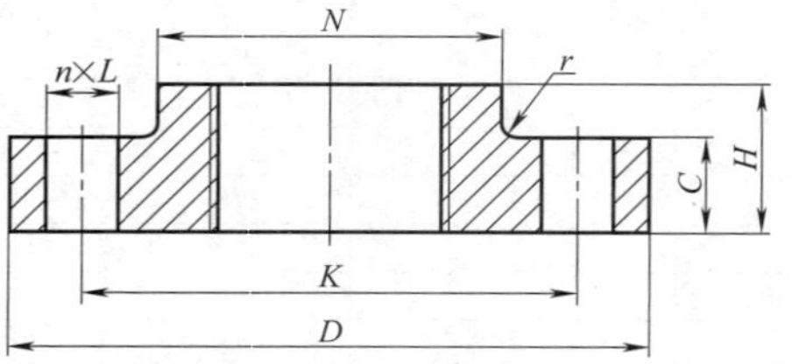

图 10-2-12 平面（FF）带颈螺纹钢制管法兰（适用于 *PN*6、*PN*10、*PN*16、*PN*25 和 *PN*40）

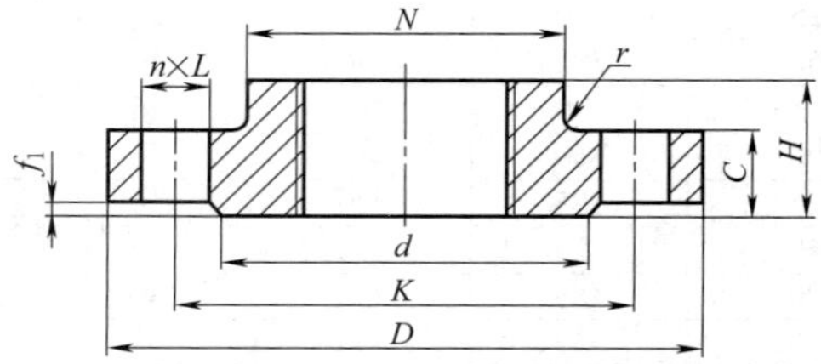

图 10-2-13 突面（RF）带颈螺纹钢制管法兰（适用于 *PN*6、*PN*10、*PN*16、*PN*25、*PN*40、*PN*63 和 *PN*100）

表 10-2-48 *PN*6 带颈螺纹钢制管法兰

公称尺寸 *DN*	钢管外径 *A*/mm	连接尺寸					密封面		法兰厚度 *C*/mm	法兰高度 *H*/mm	法兰颈	
		法兰外径 *D*/mm	螺栓孔中心圆直径 *K*/mm	螺栓孔直径 *L*/mm	螺栓 数量 *n*/个	螺栓 螺纹规格	*d*/mm	f_1/mm			*N*/mm	*r*/mm
10	17.2	75	50	11	4	M10	35	2	12	20	25	4
15	21.3	80	55	11	4	M10	40	2	12	20	30	4
20	26.9	90	65	11	4	M10	50	2	14	24	40	4
25	33.7	100	75	11	4	M10	60	2	14	24	50	4
32	42.4	120	90	14	4	M12	70	2	14	26	60	6
40	48.3	130	100	14	4	M12	80	3	14	26	70	6
50	60.3	140	110	14	4	M12	90	3	14	28	80	6
65	76.1	160	130	14	4	M12	110	3	14	32	100	6
80	88.9	190	150	18	4	M16	128	3	16	34	110	8
100	114.3	210	170	18	4	M16	148	3	16	40	130	8
125	139.7	240	200	18	8	M16	178	3	18	44	160	8
150	168.3	265	225	18	8	M16	202	3	18	44	185	10
200	219.1	320	280	18	8	M16	258	3	20	44	240	10
250	273.0	375	335	18	12	M16	312	3	22	44	295	12
300	323.9	440	395	22	12	M20	365	4	22	44	355	12

表 10-2-49 *PN*10 带颈螺纹钢制管法兰

公称尺寸 *DN*	钢管外径 *A*/mm	连接尺寸					密封面		法兰厚度 *C*/mm	法兰高度 *H*/mm	法兰颈	
		法兰外径 *D*/mm	螺栓孔中心圆直径 *K*/mm	螺栓孔直径 *L*/mm	螺栓 数量 *n*/个	螺栓 螺纹规格	*d*/mm	f_1/mm			*N*/mm	*r*/mm
10	17.2	90	60	14	4	M12	40	2	16	22	30	4
15	21.3	95	65	14	4	M12	45	2	16	22	35	4
20	26.9	105	75	14	4	M12	58	2	18	26	45	4

续表

公称尺寸 DN	钢管外径 A/mm	连接尺寸					密封面		法兰厚度 C/mm	法兰高度 H/mm	法兰颈	
		法兰外径 D/mm	螺栓孔中心圆直径 K/mm	螺栓孔直径 L/mm	螺栓							
					数量 n/个	螺纹规格	d/mm	f_1/mm			N/mm	r/mm
25	33.7	115	85	14	4	M12	68	2	18	28	52	4
32	42.4	140	100	18	4	M16	78	2	18	30	60	6
40	48.3	150	110	18	4	M16	88	3	18	32	70	6
50	60.3	165	125	18	4	M16	102	3	18	28	84	6
65	76.1	185	145	18	8	M16	122	3	18	32	104	6
80	88.9	200	160	18	8	M16	138	3	20	34	118	6
100	114.3	220	180	18	8	M16	158	3	20	40	140	8
125	139.7	250	210	18	8	M16	188	3	22	44	168	8
150	168.3	285	240	22	8	M20	212	3	22	44	195	10
200	219.1	340	295	22	8	M20	268	3	24	44	246	10
250	273.0	395	350	22	12	M20	320	3	26	46	298	12
300	323.9	445	400	22	12	M20	370	4	26	46	350	12
350	355.6	505	460	22	16	M20	430	4	26	53	400	12
400	406.4	565	515	26	16	M24	482	4	26	57	456	12
450	457	615	565	26	20	M24	532	4	28	63	502	12
500	508	670	620	26	20	M24	585	4	28	67	559	12
600	610	780	725	30	20	M27	685	5	30	75	658	12

注：1. 公称尺寸 DN10～DN40 的法兰使用 PN40 法兰的尺寸；公称尺寸 DN50～DN150 的法兰使用 PN16 法兰的尺寸。

2. 采用 55°圆柱管螺纹（Rp）或 55°圆锥管螺纹（Rc）时，螺纹尺寸最大到 DN150。DN150 以上螺纹法兰尺寸参照 EN 1092-1：2007 列出，供参考使用。

表 10-2-50　PN16 带颈螺纹钢制管法兰

公称尺寸 DN	钢管外径 A/mm	连接尺寸					密封面		法兰厚度 C/mm	法兰高度 H/mm	法兰颈	
		法兰外径 D/mm	螺栓孔中心圆直径 K/mm	螺栓孔直径 L/mm	螺栓							
					数量 n/个	螺纹规格	d/mm	f_1/mm			N/mm	r/mm
10	17.2	90	60	14	4	M12	40	2	16	22	30	4
15	21.3	95	65	14	4	M12	45	2	16	22	35	4
20	26.9	105	75	14	4	M12	58	2	18	26	45	4
25	33.7	115	85	14	4	M12	68	2	18	28	52	4
32	42.4	140	100	18	4	M16	78	2	18	30	60	6
40	48.3	150	110	18	4	M16	88	3	18	32	70	6
50	60.3	165	125	18	4	M16	102	3	18	28	84	6
65	76.1	185	145	18	8	M16	122	3	18	32	104	6
80	88.9	200	160	18	8	M16	138	3	20	34	118	6
100	114.3	220	180	18	8	M16	158	3	20	40	140	8
125	139.7	250	210	18	8	M16	188	3	22	44	168	8
150	168.3	285	240	22	8	M20	212	3	22	44	195	10
200	219.1	340	295	22	12	M20	268	3	24	44	246	10
250	273.0	405	355	26	12	M24	320	3	26	46	298	12
300	323.9	460	410	26	12	M24	378	4	28	46	350	12
350	355.6	520	470	26	16	M24	438	4	30	57	400	12
400	406.4	580	525	30	16	M27	490	4	32	63	456	12
450	457	640	585	30	20	M27	550	4	34	68	502	12
500	508	715	650	33	20	M30	610	4	36	73	559	12
600	610	840	770	36	20	M33	725	5	40	83	658	12

注：1. 公称尺寸 DN10～DN40 的法兰使用 PN40 法兰的尺寸。

2. 采用 55°圆柱管螺纹（Rp）或 55°圆锥管螺纹（Rc）时，螺纹尺寸最大到 DN150。DN150 以上螺纹法兰尺寸参照 EN 1092-1：2007 列出，仅供参考使用。

表 10-2-51　　PN25 带颈螺纹钢制管法兰

公称尺寸 DN	钢管外径 A/mm	连接尺寸					密封面		法兰厚度 C/mm	法兰高度 H/mm	法兰颈	
		法兰外径 D/mm	螺栓孔中心圆直径 K/mm	螺栓孔直径 L/mm	螺栓							
					数量 n/个	螺纹规格	d/mm	f_1/mm			N/mm	r/mm
10	17.2	90	60	14	4	M12	40	2	16	22	30	4
15	21.3	95	65	14	4	M12	45	2	16	22	35	4
20	26.9	105	75	14	4	M12	58	2	18	26	45	4
25	33.7	115	85	14	4	M12	68	2	18	28	52	4
32	42.4	140	100	18	4	M16	78	2	18	30	60	6
40	48.3	150	110	18	4	M16	88	3	18	32	70	6
50	60.3	165	125	18	4	M16	102	3	20	34	84	6
65	76.1	185	145	18	8	M16	122	3	22	38	104	6
80	88.9	200	160	18	8	M16	138	3	24	40	118	8
100	114.3	235	190	22	8	M20	162	3	24	44	145	8
125	139.7	270	220	26	8	M24	188	3	26	48	170	8
150	168.3	300	250	26	8	M24	218	3	28	52	200	10
200	219.1	360	310	26	12	M24	278	3	30	52	256	10
250	273.0	425	370	30	12	M27	335	3	32	60	310	12
300	323.9	485	430	30	16	M27	395	4	34	67	364	12
350	355.6	555	490	33	16	M30	450	4	38	72	418	12
400	406.4	620	550	36	16	M33	505	4	40	78	472	12
450	457	670	600	36	20	M33	555	4	46	84	520	12
500	508	730	660	36	20	M33	615	4	48	90	580	12
600	610	845	770	39	20	M36	720	5	48	100	684	12

注：1. 公称尺寸 DN10～DN150 的法兰使用 PN40 法兰的尺寸。

2. 采用 55°圆柱管螺纹（Rp）或 55°圆锥管螺纹（Rc）时，螺纹尺寸最大到 DN150。DN150 以上螺纹法兰尺寸参照 EN 1092-1：2007 列出，供参考使用。

表 10-2-52　　PN40 带颈螺纹钢制管法兰

公称尺寸 DN	钢管外径 A/mm	连接尺寸					密封面		法兰厚度 C/mm	法兰高度 H/mm	法兰颈	
		法兰外径 D/mm	螺栓孔中心圆直径 K/mm	螺栓孔直径 L/mm	螺栓							
					数量 n/个	螺纹规格	d/mm	f_1/mm			N/mm	r/mm
10	17.2	90	60	14	4	M12	40	2	16	22	30	4
15	21.3	95	65	14	4	M12	45	2	16	22	35	4
20	26.9	105	75	14	4	M12	58	2	18	26	45	4
25	33.7	115	85	14	4	M12	68	2	18	28	52	4
32	42.4	140	100	18	4	M16	78	2	18	30	60	6
40	48.3	150	110	18	4	M16	88	3	18	32	70	6
50	60.3	165	125	18	4	M16	102	3	20	34	84	6
65	76.1	185	145	18	8	M16	122	3	22	38	104	6
80	88.9	200	160	18	8	M16	138	3	24	40	118	8
100	114.3	235	190	22	8	M20	162	3	24	44	145	8
125	139.7	270	220	26	8	M24	188	3	26	48	170	8
150	168.3	300	250	26	8	M24	218	3	28	52	200	10
200	219.1	375	320	30	12	M27	285	3	34	52	260	10

第 10 篇

续表

公称尺寸 DN	钢管外径 A/mm	连接尺寸					密封面		法兰厚度 C/mm	法兰高度 H/mm	法兰颈	
		法兰外径 D/mm	螺栓孔中心圆直径 K/mm	螺栓孔直径 L/mm	螺栓							
					数量 n/个	螺纹规格	d/mm	f_1/mm			N/mm	r/mm
250	273.0	450	385	33	12	M30	345	3	38	60	312	12
300	323.9	515	450	33	16	M30	410	4	42	67	380	12
350	355.6	580	510	36	16	M33	465	4	46	72	424	12
400	406.4	660	585	39	16	M36	535	4	50	78	478	12
450	457	685	610	39	20	M36	560	4	57	84	522	12
500	508	755	670	42	20	M39	615	4	57	90	576	12
600	610	890	795	48	20	M45	735	5	72	100	686	12

注：1. 采用55°圆柱管螺纹（Rp）或55°圆锥管螺纹（Rc）时，螺纹尺寸最大到*DN*150。*DN*150以上螺纹法兰尺寸参照EN 1092-1：2007列出，供参考使用。

2. *PN*63、*PN*100的尺寸未编入。

（3）带颈螺纹钢制管法兰的技术要求

1）法兰的技术要求应符合GB/T 9124的规定。

2）*PN*标记的螺纹法兰一般采用符合GB/T 7306.1规定的55°圆柱管螺纹（Rp）或采用符合GB/T 7306.2规定的55°圆锥管螺纹（Rc），用户没有特殊要求，一般按55°圆柱管螺纹（Rp）制造。

3）Class标记的螺纹法兰一般采用符合GB/T 12716规定的60°圆锥管螺纹（NPT），或采用用户规定的螺纹。

4）GB/T 9114规定的螺纹法兰仅适用于钢管外径为Ⅰ系列的钢管。

5）采用55°管螺纹时，*DN*150法兰配用的钢管外径应为165.1mm。采用60°圆锥管螺纹时，*DN*65法兰配用的钢管外径应为73mm，*DN*125法兰配用的钢管外径应为141.3mm。

6）螺纹法兰的内孔管螺纹加工，应使钢管拧入后的端部靠近但不超出法兰密封面。

7）螺纹轴线应与法兰轴线同心，其偏差不应超过5mm/m。

8）*PN*标记的螺纹法兰不带埋头孔，螺纹应倒角至法兰背面的螺纹大径处，角度与螺纹轴线近似成30°～50°。螺纹倒角应与螺纹同心。如果倒角的长度小于一个螺距，则此倒角长度计入螺纹长度。

9）Class150的螺纹法兰不带埋头孔，螺纹应倒角至法兰背面的螺纹大径处，角度与螺纹轴线近似成45°；螺纹倒角应与螺纹同心，并计入螺纹长度。Class300及其以上压力等级的螺纹法兰背面应加工埋头孔，螺纹应倒角至埋头孔内径处，角度与螺纹轴线近似成45°；螺纹倒角和埋头孔均应与螺纹同心。

（4）标记及标记示例

1）标记

带颈螺纹钢制管法兰应按下列规定进行标记：

公称尺寸	-	公称压力	法兰类型代号(Th)	密封面形式代号	螺纹特性代号	材料代号	标准编号

2）标记示例

示例1：公称尺寸*DN*80、公称压力*PN*10、突面（RF）带颈螺纹钢制管法兰（Th）、螺纹采用55°圆锥管螺纹（Rc）、材料为20钢，其标记为：

法兰 *DN*80-*PN*10 Th RF Rc 20 GB/T 9114

示例2：公称尺寸NPS8（*DN*200）、公称压力Class300、突面（RF）带颈螺纹钢制管法兰（Th）、螺纹采用60°圆锥管螺纹（NPT）、材料为06Cr19Ni10，其标记为：

法兰 NPS8（或*DN*200）-Class300 Th RF NPT 06Cr19Ni10 GB/T 9114

8.4 对焊钢制管法兰（摘自GB/T 9115—2010）

（1）法兰密封面形式适用的公称压力与公称尺寸范围

表 10-2-53　用 *PN* 标记的对焊钢制管法兰的密封面形式及适用的公称压力和公称尺寸范围

密封面形式	公称压力											
	*PN*2.5	*PN*6	*PN*10	*PN*16	*PN*25	*PN*40	*PN*63	*PN*100	*PN*160	*PN*250	*PN*320	*PN*400
平面（FF）	*DN*10~*DN*4000	*DN*10~*DN*3600	*DN*10~*DN*3000	*DN*10~*DN*2000	*DN*10~*DN*1000	*DN*10~*DN*600	—					
突面（RF）	*DN*10~*DN*4000	*DN*10~*DN*3600	*DN*10~*DN*3000	*DN*10~*DN*2000	*DN*10~*DN*1000	*DN*10~*DN*600	*DN*10~*DN*400	*DN*10~*DN*350	*DN*10~*DN*300	*DN*10~*DN*250		*DN*10~*DN*200
凹凸面（MF）	—		*DN*10~*DN*2000		*DN*10~*DN*1000	*DN*10~*DN*600	*DN*10~*DN*400	*DN*10~*DN*350	*DN*10~*DN*300	*DN*10~*DN*250		*DN*10~*DN*200
榫槽面（TG）	—		*DN*10~*DN*2000		*DN*10~*DN*1000	*DN*10~*DN*600	*DN*10~*DN*400	*DN*10~*DN*350	*DN*10~*DN*300	*DN*10~*DN*250		*DN*10~*DN*200
O形圈面（OSG）	—		*DN*10~*DN*2000		*DN*10~*DN*1000	*DN*10~*DN*600	—					
环连接面（RJ）	—		—		—	—	*DN*15~*DN*400	*DN*15~*DN*350	*DN*15~*DN*300	*DN*15~*DN*250		*DN*15~*DN*200

注：Class 系列未编入。

（2）用 *PN* 标记的对焊钢制管法兰类型与尺寸

法兰的类型见图 10-2-14~图 10-2-18，尺寸见表 10-2-54~表 10-2-60。

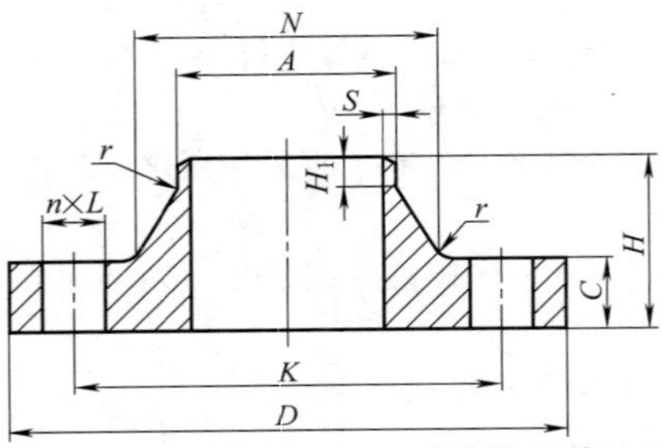

图 10-2-14　平面（FF）对焊钢制管法兰

（适用于 *PN*2.5、*PN*6、*PN*10、*PN*16、*PN*25 和 *PN*40）

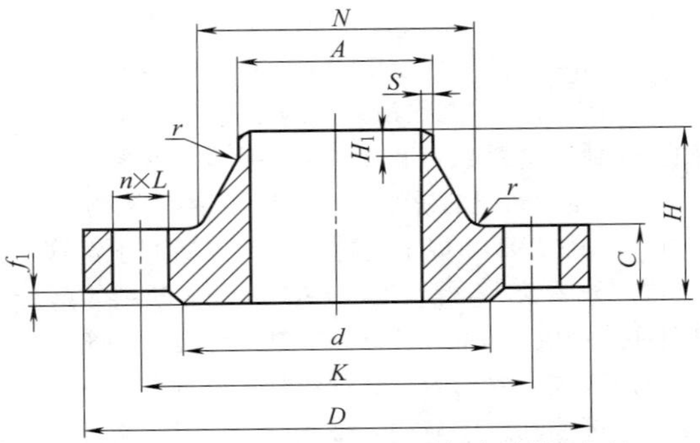

图 10-2-15　突面（RF）对焊钢制管法兰

（适用于 *PN*2.5、*PN*6、*PN*10、*PN*16、*PN*25、*PN*40、*PN*63、*PN*100、*PN*160、*PN*250、*PN*320 和 *PN*400）

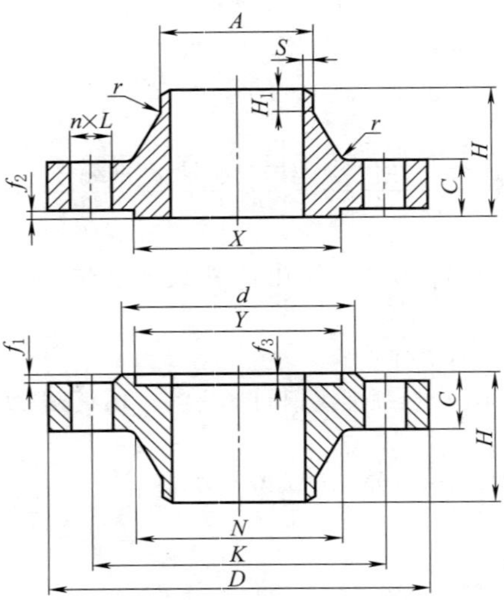

图 10-2-16　凹凸面（MF）对焊钢制管法兰

（适用于 *PN*10、*PN*16、*PN*25、*PN*40、*PN*63、*PN*100、*PN*160、*PN*250、*PN*320 和 *PN*400）

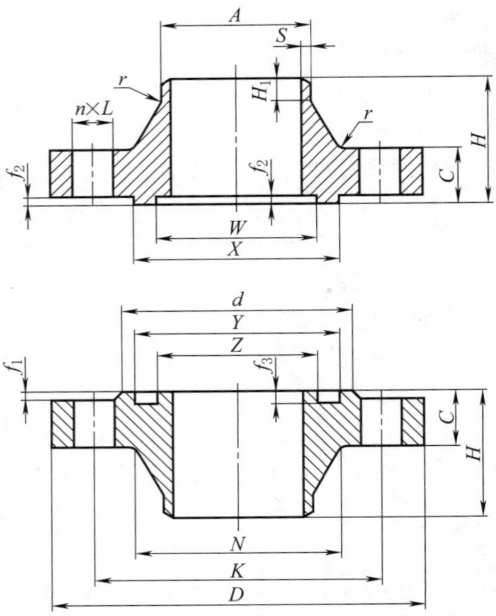

图 10-2-17　榫槽面（TG）对焊钢制管法兰

（适用于 *PN*10、*PN*16、*PN*25、*PN*40、*PN*63、*PN*100、*PN*160、*PN*250、*PN*320 和 *PN*400）

第 10 篇

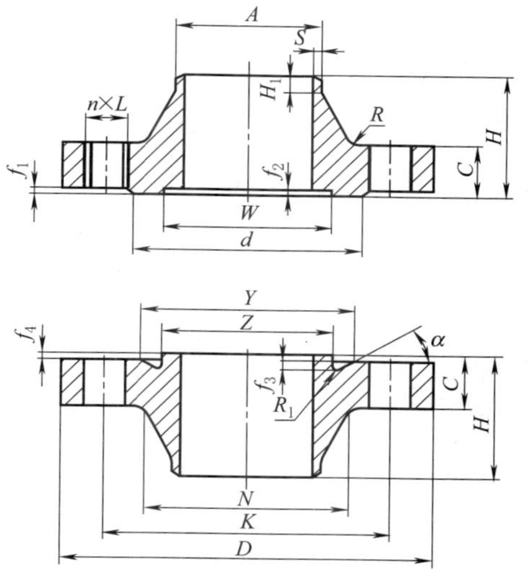

图 10-2-18　O 形圈面（OSG）对焊钢制管法兰

（适用于 $PN10$、$PN16$、$PN25$ 和 $PN40$）

表 10-2-54　　**用 *PN* 标记的法兰密封面尺寸**

公称尺寸 DN	公称压力 $PN2.5$	$PN6$	$PN10$	$PN16$	$PN25$	$\geqslant PN40$	f_1/mm	f_2/mm	f_3/mm	f_4/mm	W/mm	X/mm	Y/mm	Z/mm	$\alpha\approx$	R_1/mm
	d/mm															
10	35	35	40	40	40	40	2	4.5	4.0	2.0	24	34	35	23	—	2.5
15	40	40	45	45	45	45					29	39	40	28	—	
20	50	50	58	58	58	58					36	50	51	35	41°	
25	60	60	68	68	68	68					43	57	58	42		
32	70	70	78	78	78	78					51	65	66	50		
40	80	80	88	88	88	88	3				61	75	76	60		
50	90	90	102	102	102	102					73	87	88	72		
65	110	110	122	122	122	122					95	109	110	94		
80	128	128	138	138	138	138					106	120	121	105		
100	148	148	158	158	162	162		5.0	4.5	2.5	129	149	150	128	32°	3
125	178	178	188	188	188	188					155	175	176	154		
150	202	202	212	212	218	218					183	203	204	182		
(175)	—	—	—	—	242	242					213	233	234	212		
200	258	258	268	268	278	285					239	259	260	238		
(225)	—	—	—	—	305	315					266	286	287	265		
250	312	312	320	320	335	345					292	312	313	291		
300	365	365	370	378	395	410	4				343	363	364	342		
350	415	415	430	438	450	465		5.5	5.0	3.0	395	421	422	394	27°	3.5
400	465	465	482	490	505	535					447	473	474	446		
450	520	520	532	550	555	560					497	523	524	496		
500	570	570	585	610	615	615					549	575	576	548		
600	670	670	685	725	720	735	5				649	675	676	648		

注：1. 带括号尺寸不推荐使用，并且仅适用于船用法兰，其密封面形式仅有平面（FF）、突面（RF）和榫槽面（TG）。

2. 公称尺寸（DN）700~4000 的未编入，见原标准。

表 10-2-55 **NP2.5 对焊钢制管法兰**

公称尺寸 DN	法兰焊端外径（钢管外径）A/mm		连接尺寸					法兰厚度 C/mm	法兰高度 H/mm	法兰颈				
			法兰外径 D/mm	螺栓孔中心圆直径 K/mm	螺栓孔直径 L/mm	螺栓				N/mm		S_{min}/mm	H_1/mm	r/mm
	系列Ⅰ	系列Ⅱ				数量 n/个	螺纹规格			系列Ⅰ	系列Ⅱ			
10	17.2	14	75	50	11	4	M10	12	28	26		2.0	6	4
15	21.3	18	80	55	11	4	M10	12	30	30		2.0	6	4
20	26.9	25	90	65	11	4	M10	14	32	38		2.3	6	4
25	33.7	32	100	75	11	4	M10	14	35	42		2.6	6	4
32	42.4	38	120	90	14	4	M12	14	35	55		2.6	6	6
40	48.3	45	130	100	14	4	M12	14	38	62		2.6	7	6
50	60.3	57	140	110	14	4	M12	14	38	74		2.9	8	6
65	76.1	76	160	130	14	4	M12	14	38	88		2.9	9	6
80	88.9	89	190	150	18	4	M16	16	42	102		3.2	10	8
100	114.3	108	210	170	18	4	M16	16	45	130		3.6	10	8
125	139.7	133	240	200	18	8	M16	18	48	155		4.0	10	8
150	168.3	159	265	225	18	8	M16	18	48	184		4.5	12	10
200	219.1	219	320	280	18	8	M16	20	55	236		6.3	15	10
250	273.0	273	375	335	18	12	M16	22	60	290		6.3	15	12
300	323.9	325	440	395	22	12	M20	22	62	342		7.1	15	12
350	355.6	377	490	445	22	12	M20	22	62	385	390	7.1	15	12
400	406.4	426	540	495	22	16	M20	22	65	438	440	7.1	15	12
450	457	480	595	550	22	16	M20	22	65	492	494	7.1	15	12
500	508	530	645	600	22	20	M20	24	68	538	545	7.1	15	12
600	610	630	755	705	26	20	M24	30	70	640	650	7.1	16	12

注：1. 公称尺寸（*DN*）10~1000 的法兰使用 *PN*6 法兰的尺寸。

2. 公称尺寸（*DN*）700~4000 的未编入，见原标准。

表 10-2-56 **PN6 对焊钢制管法兰**

公称尺寸 DN	法兰焊端外径（钢管外径）A/mm		连接尺寸					法兰厚度 C/mm	法兰高度 H/mm	法兰颈				
			法兰外径 D/mm	螺栓孔中心圆直径 K/mm	螺栓孔直径 L/mm	螺栓				N/mm		S_{min}/mm	H_1/mm	r/mm
	系列Ⅰ	系列Ⅱ				数量 n/个	螺纹规格			系列Ⅰ	系列Ⅱ			
10	17.2	14	75	50	11	4	M10	12	28	26		2.0	6	4
15	21.3	18	80	55	11	4	M10	12	30	30		2.0	6	4
20	26.9	25	90	65	11	4	M10	14	32	38		2.3	6	4
25	33.7	32	100	75	11	4	M10	14	35	42		2.6	6	4
32	42.4	38	120	90	14	4	M12	14	35	55		2.6	6	6
40	48.3	45	130	100	14	4	M12	14	38	62		2.6	7	6
50	60.3	57	140	110	14	4	M12	14	38	74		2.9	8	6
65	76.1	76	160	130	14	4	M12	14	38	88		2.9	9	6
80	88.9	89	190	150	18	4	M16	16	42	102		3.2	10	8
100	114.3	108	210	170	18	4	M16	16	45	130		3.6	10	8
125	139.7	133	240	200	18	8	M16	18	48	155		4.0	10	8
150	168.3	159	265	225	18	8	M16	18	48	184		4.5	12	10
200	219.1	219	320	280	18	8	M16	20	55	236		6.3	15	10
250	273.0	273	375	335	18	12	M16	22	60	290		6.3	15	12
300	323.9	325	440	395	22	12	M20	22	62	342		7.1	15	12
350	355.6	377	490	445	22	12	M20	22	62	385	390	7.1	15	12
400	406.4	426	540	495	22	16	M20	22	65	438	440	7.1	15	12
450	457	480	595	550	22	16	M20	22	65	492	494	7.1	15	12
500	508	530	645	600	22	20	M20	24	68	538	545	7.1	15	12
600	610	630	755	705	26	20	M24	30	70	640	650	7.1	16	12

注：公称尺寸（*DN*）700~3600 的未编入，见原标准。

表 10-2-57　　**PN10 对焊钢制管法兰**

公称尺寸 DN	法兰焊端外径（钢管外径）A/mm		连接尺寸					法兰厚度 C/mm	法兰高度 H/mm	法兰颈				
			法兰外径 D/mm	螺栓孔中心圆直径 K/mm	螺栓孔直径 L/mm	螺栓				N/mm		S_{min}/mm	H_1/mm	r/mm
	系列Ⅰ	系列Ⅱ				数量 n/个	螺纹规格			系列Ⅰ	系列Ⅱ			
10	17.2	14	90	60	14	4	M12	16	35	28		2.0	6	4
15	21.3	18	95	65	14	4	M12	16	38	32		2.0	6	4
20	26.9	25	105	75	14	4	M12	18	40	40		2.3	6	4
25	33.7	32	115	85	14	4	M12	18	40	46		2.6	6	4
32	42.4	38	140	100	18	4	M16	18	42	56		2.6	6	6
40	48.3	45	150	110	18	4	M16	18	45	64		2.6	7	6
50	60.3	57	165	125	18	4	M16	18	45	74		2.9	8	6
65	76.1	76	185	145	18	8①	M16	18	45	92		2.9	10	6
80	88.9	89	200	160	18	8	M16	20	50	105		3.2	10	6
100	114.3	108	220	180	18	8	M16	20	52	131		3.6	12	8
125	139.7	133	250	210	18	8	M16	22	55	156		4.0	12	8
150	168.3	159	285	240	22	8	M20	22	55	184		4.5	12	10
200	219.1	219	340	295	22	8	M20	24	62	234		6.3	16	10
250	273.0	273	395	350	22	12	M20	26	68	292		6.3	16	12
300	323.9	325	445	400	22	12	M20	26	68	342		7.1	16	12
350	355.6	377	505	460	22	16	M20	26	68	385	400	7.1	16	12
400	406.4	426	565	515	26	16	M24	26	72	440	445	7.1	16	12
450	457	480	615	565	26	20	M24	28	72	488	500	7.1	16	12
500	508	530	670	620	26	20	M24	28	75	542	550	7.1	16	12
600	610	630	780	725	30	20	M27	30	82	642	650	8.0	18	12

① 对于铸铁法兰和铜合金法兰，该规格的法兰可能是 4 个螺栓孔的，因此，当制造厂和用户协商同意后，与铸铁法兰和铜合金法兰配对使用的钢制法兰可以采用 4 个螺栓孔。

注：1. 公称尺寸（*DN*）10~40 的法兰使用 *PN*40 法兰的尺寸；公称尺寸（*DN*）50~150 的法兰使用 *PN*16 法兰的尺寸。

2. 公称尺寸（*DN*）700~3000 的未编入，见原标准。

表 10-2-58　　**PN16 对焊钢制管法兰**

公称尺寸 DN	法兰焊端外径（钢管外径）A/mm		连接尺寸					法兰厚度 C/mm	法兰高度 H/mm	法兰颈				
			法兰外径 D/mm	螺栓孔中心圆直径 K/mm	螺栓孔直径 L/mm	螺栓				N/mm		S_{min}/mm	H_1/mm	r/mm
	系列Ⅰ	系列Ⅱ				数量 n/个	螺纹规格			系列Ⅰ	系列Ⅱ			
10	17.2	14	90	60	14	4	M12	16	35	28		2.0	6	4
15	21.3	18	95	65	14	4	M12	16	38	32		2.0	6	4
20	26.9	25	105	75	14	4	M12	18	40	40		2.3	6	4
25	33.7	32	115	85	14	4	M12	18	40	46		2.6	6	4
32	42.4	38	140	100	18	4	M16	18	42	56		2.6	6	6
40	48.3	45	150	110	18	4	M16	18	45	64		2.6	7	6
50	60.3	57	165	125	18	4	M16	18	45	74		2.9	8	6
65	76.1	76	185	145	18	8①	M16	18	45	92		2.9	10	6
80	88.9	89	200	160	18	8	M16	20	50	105		3.2	10	6
100	114.3	108	220	180	18	8	M16	20	52	131		3.6	12	8
125	139.7	133	250	210	18	8	M16	22	55	156		4.0	12	8
150	168.3	159	285	240	22	8	M20	22	55	184		4.5	12	10
200	219.1	219	340	295	22	12	M20	24	62	235		6.3	16	10
250	273.0	273	405	355	26	12	M24	26	70	292		6.3	16	12

续表

公称尺寸 DN	法兰焊端外径（钢管外径）A/mm		连接尺寸					法兰厚度 C/mm	法兰高度 H/mm	法兰颈				
			法兰外径 D/mm	螺栓孔中心圆直径 K/mm	螺栓孔直径 L/mm	螺栓				N/mm		S_{min}/mm	H_1/mm	r/mm
	系列Ⅰ	系列Ⅱ				数量 n/个	螺纹规格			系列Ⅰ	系列Ⅱ			
300	323.9	325	460	410	26	12	M24	28	78	344		7.1	16	12
350	355.6	377	520	470	26	16	M24	30	82	390	400	8.0	16	12
400	406.4	426	580	525	30	16	M27	32	85	445	450	8.0	16	12
450	457	480	640	585	30	20	M27	34	83	490	506	8.0	16	12
500	508	530	715	650	33	20	M30	36	84	548	559	8.0	16	12
600	610	630	840	770	36	20	M33	40	88	670	670	10.0	18	12

① 对于铸铁法兰和铜合金法兰，该规格的法兰可能是 4 个螺栓孔的，因此，当制造厂和用户协商同意后，与铸铁法兰和铜合金法兰配对使用的钢制法兰可以采用 4 个螺栓孔。

注：1. 公称尺寸（DN）10~40 的法兰使用 PN40 法兰的尺寸。

2. 公称尺寸（DN）700~2000 的未编入，见原标准。

表 10-2-59　　*PN*25 对焊钢制管法兰

公称尺寸 DN	法兰焊端外径（钢管外径）A/mm		连接尺寸					法兰厚度 C/mm	法兰高度 H/mm	法兰颈				
			法兰外径 D/mm	螺栓孔中心圆直径 K/mm	螺栓孔直径 L/mm	螺栓				N/mm		S_{min}/mm	H_1/mm	r/mm
	系列Ⅰ	系列Ⅱ				数量 n/个	螺纹规格			系列Ⅰ	系列Ⅱ			
10	17.2	14	90	60	14	4	M12	16	35	28		2.0	6	4
15	21.3	18	95	65	14	4	M12	16	38	32		2.0	6	4
20	26.9	25	105	75	14	4	M12	18	40	40		2.3	6	4
25	33.7	32	115	85	14	4	M12	18	40	46		2.6	6	4
32	42.4	38	140	100	18	4	M16	18	42	56		2.6	6	6
40	48.3	45	150	110	18	4	M16	18	45	64		2.6	7	6
50	60.3	57	165	125	18	4	M16	20	48	75		2.9	8	6
65	76.1	76	185	145	18	8	M16	22	52	90		2.9	10	6
80	88.9	89	200	160	18	8	M16	24	58	105		3.2	12	8
100	114.3	108	235	190	22	8	M20	24	65	134		3.6	12	8
125	139.7	133	270	220	26	8	M24	26	68	162		4.0	12	8
150	168.3	159	300	250	26	8	M24	28	75	192		4.5	12	10
(175)	193.7	—	330	280	26	12	M24	29	78	217	—	5.6	14	10
200	219.1	219	360	310	26	12	M24	30	80	244		6.3	16	10
(225)	245	—	395	340	30	12	M27	31	84	270	—	7.1	17	10
250	273.0	273	425	370	30	12	M27	32	88	298		7.1	18	12
300	323.9	325	485	430	30	16	M27	34	92	352		8.0	18	12
350	355.6	377	555	490	33	16	M30	38	100	398	406	8.0	20	12
400	406.4	426	620	550	36	16	M33	40	110	452	464	8.8	20	12
450	457	480	670	600	36	20	M33	46	110	500	514	8.8	20	12
500	508	530	730	660	36	20	M33	48	125	558	570	10.0	20	12
600	610	630	845	770	39	20	M36	48	125	660	670	11.0	20	12

注：1. 公称尺寸（DN）10~150 的法兰使用 PN40 法兰的尺寸。

2. 带括号尺寸不推荐使用，并且仅适用于船用法兰。

3. 括号内尺寸为原标准法兰厚度，对于现有设备或供需双方认可仍可采用括号内的法兰厚度尺寸。

4. 公称尺寸（DN）700~1000 的未编入，见原标准。

表 10-2-60　　PN40 对焊钢制管法兰

公称尺寸 DN	法兰焊端外径（钢管外径）A/mm		连接尺寸					法兰厚度 C/mm	法兰高度 H/mm	法兰颈				
			法兰外径 D/mm	螺栓孔中心圆直径 K/mm	螺栓孔直径 L/mm	螺栓				N/mm		S_{min}/mm	H_1/mm	r/mm
	系列Ⅰ	系列Ⅱ				数量 n/个	螺纹规格			系列Ⅰ	系列Ⅱ			
10	17.2	14	90	60	14	4	M12	16	35	28		2.0	6	4
15	21.3	18	95	65	14	4	M12	16	38	32		2.0	6	4
20	26.9	25	105	75	14	4	M12	18	40	40		2.3	6	4
25	33.7	32	115	85	14	4	M12	18	40	46		2.6	6	4
32	42.4	38	140	100	18	4	M16	18	42	56		2.6	6	6
40	48.3	45	150	110	18	4	M16	18	45	64		2.6	7	6
50	60.3	57	165	125	18	4	M16	20	48	75		2.9	8	6
65	76.1	76	185	145	18	8	M16	22	52	90		2.9	10	6
80	88.9	89	200	160	18	8	M16	24	58	105		3.2	12	8
100	114.3	108	235	190	22	8	M20	24	65	134		3.6	12	8
125	139.7	133	270	220	26	8	M24	26	68	162		4.0	12	8
150	168.3	159	300	250	26	8	M24	28	75	192		4.5	12	10
(175)	193.7	—	350	295	30	12	M27	31	82	217	—	5.6	14	10
200	219.1	219	375	320	30	12	M27	34	88	244		6.3	16	10
(225)	245	—	420	355	33	12	M30	36	96	275	—	6.3	17	10
250	273.0	273	450	385	33	12	M30	38	105	306		7.1	18	12
300	323.9	325	515	450	33	16	M30	42	115	362		8.0	18	12
350	355.6	377	580	510	36	16	M33	46	125	408	418	8.8	20	12
400	406.4	426	660	585	39	16	M36	50	135	462	480	11.0	20	12
450	457	480	685	610	39	20	M36	57	135	500	530	12.5	20	12
500	508	530	755	670	42	20	M39	57	140	562	580	14.2	20	12
600	610	630	890	795	48	20	M45	72	150	666	686	16.0	20	12

注：带括号尺寸不推荐使用，并且仅适用于船用法兰。

（3）标记及标记示例

1）标记

对焊钢制管法兰应按下列规定进行标记：

[公称尺寸] - [公称压力] [法兰类型代号（WN）] [密封面形式代号] [配管系列] [管表号（可省略）] [材料代号] [标准编号]

2）标记示例

示例1：公称尺寸 DN400、公称压力 PN25、突面（RF）对焊钢制管法兰（WN）、配用米制管（系列Ⅱ）、材料为Q235A，其标记为：

法兰　DN400-PN25　WN　RF　Ⅱ　Q235A　GB/T 9115

示例2：公称尺寸 NPS6（DN 150）、公称压力 Class900、环连接面（RJ）对焊钢制管法兰（WN）、配用英制管、管表号 Sch120、材料为 06Cr17Ni12Mo2，其标记为：

法兰　NPS6（或 DN150）-Class900　WN　RJ　Sch120　06Cr17Ni12Mo2　GB/T 9115

8.5　带颈平焊钢制管法兰（摘自 GB/T 9116—2010）

（1）法兰密封面形式适用的公称压力与公称尺寸范围

表 10-2-61　用 *PN* 标记的带颈平焊钢制管法兰的密封面形式及适用的公称压力和公称尺寸范围

密封面形式	公称压力						
	*PN*6	*PN*10	*PN*16	*PN*25	*PN*40	*PN*63	*PN*100
平面（FF）	*DN*10～*DN*300	*DN*10～*DN*600	*DN*10～*DN*1000	*DN*10～*DN*600		—	
突面（RF）	*DN*10～*DN*300	*DN*10～*DN*600	*DN*10～*DN*1000	*DN*10～*DN*600		*DN*10～*DN*150	
凹凸面（MF）	—	*DN*10～*DN*600	*DN*10～*DN*1000	*DN*10～*DN*600		*DN*10～*DN*150	
榫槽面（TG）	—	*DN*10～*DN*600	*DN*10～*DN*1000	*DN*10～*DN*600		*DN*10～*DN*150	
O 形圈面（OSG）	—	*DN*10～*DN*600	*DN*10～*DN*1000	*DN*10～*DN*600		—	

注：Class 系列未编入。

（2）用 *PN* 标记的带颈平焊钢制管法兰类形式与尺寸带颈平焊钢制管法兰的类型见图 10-2-19～图 10-2-23，尺寸见表 10-2-62～表 10-2-67。

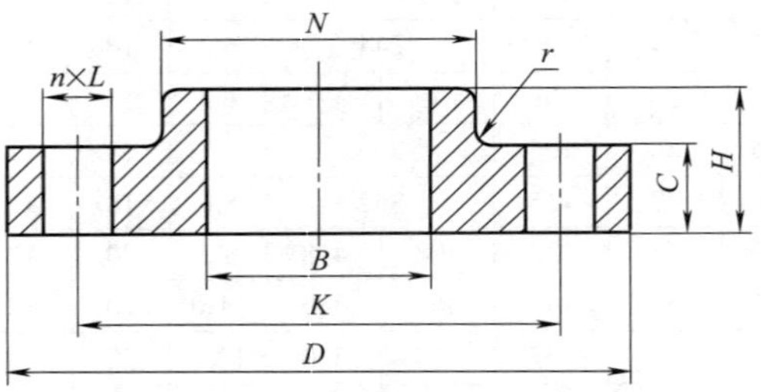

图 10-2-19　平面（FF）带颈平焊钢制管法兰
（适用于 *PN*6、*PN*10、*PN*16、*PN*25 和 *PN*40）

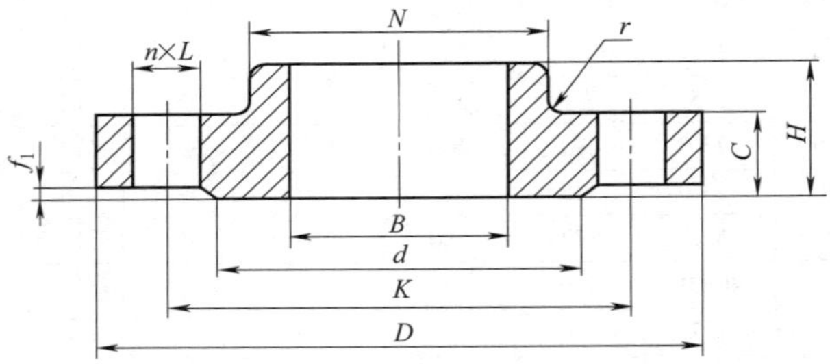

图 10-2-20　突面（RF）带颈平焊钢制管法兰
（适用于 *PN*6、*PN*10、*PN*16、*PN*25、*PN*40、*PN*63 和 *PN*100）

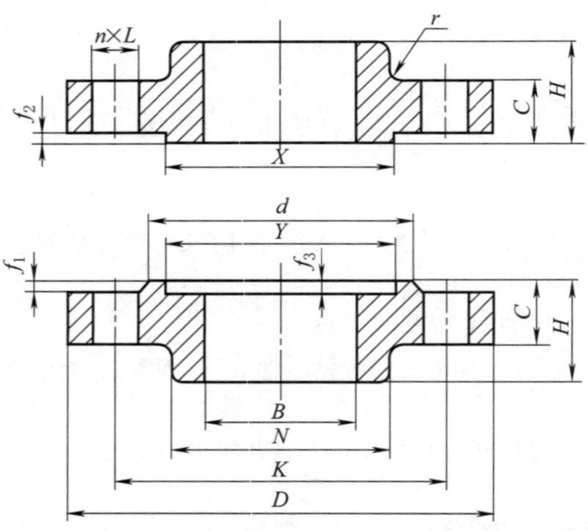

图 10-2-21　凹凸面（MF）带颈平焊钢制管法兰
（适用于 *PN*10、*PN*16、*PN*25、*PN*40、*PN*63 和 *PN*100）

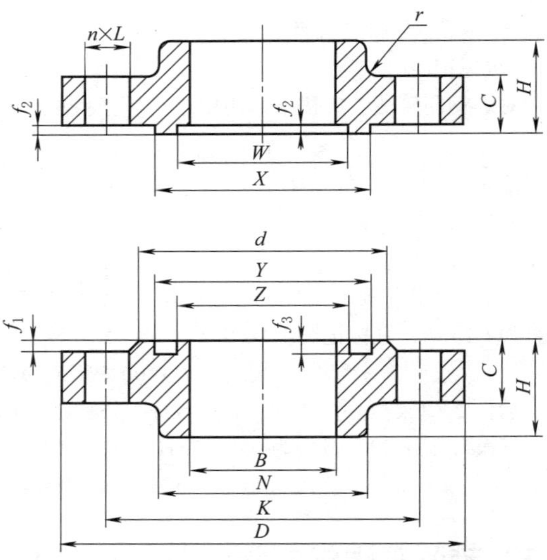

图 10-2-22　榫槽面（TG）带颈平焊钢制管法兰
（适用于 *PN*10、*PN*16、*PN*25、*PN*40、*PN*63 和 *PN*100）

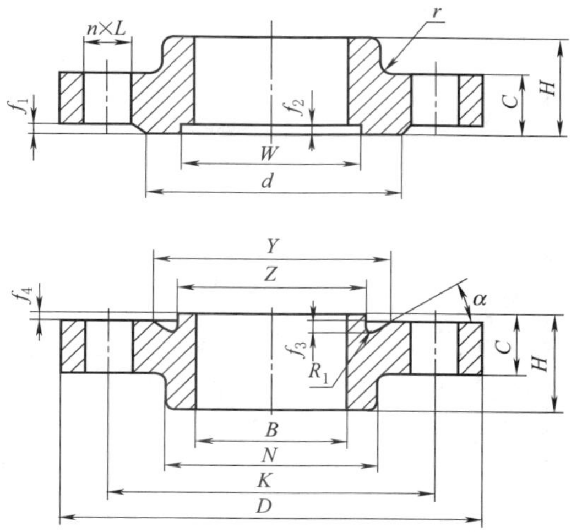

图 10-2-23 O 形圈面（OSG）带颈平焊钢制管法兰

（适用于 *PN*10、*PN*16、*PN*25 和 *PN*40）

表 10-2-62 **用 *PN* 标记的法兰密封面尺寸**

公称尺寸 *DN*	公称压力 *PN*6	*PN*10	*PN*16	*PN*25	*PN*40、*PN*63、*PN*100	f_1/mm	f_2/mm	f_3/mm	f_4/mm	*W*/mm	*X*/mm	*Y*/mm	*Z*/mm	α ≈	R_1/mm
	d/mm														
10	35	40	40	40	40	2	4.5	4.0	2.0	24	34	35	23	—	2.5
15	40	45	45	45	45					29	39	40	28	—	
20	50	58	58	58	58					36	50	51	35	41°	
25	60	68	68	68	68					43	57	58	42		
32	70	78	78	78	78					51	65	66	50		
40	80	88	88	88	88	3				61	75	76	60		
50	90	102	102	102	102					73	87	88	72		
65	110	122	122	122	122					95	109	110	94		
80	128	138	138	138	138					106	120	121	105		
100	148	158	158	162	162		5.0	4.5	2.5	129	149	150	128	32°	3
125	178	188	188	188	188					155	175	176	154		
150	202	212	212	218	218					183	203	204	182		
200	258	268	268	278	285					239	259	260	238		
250	312	320	320	335	345					292	312	313	291		
300	365	370	378	395	410					343	363	364	342		
350	415	430	438	450	465	4	5.5	5.0	3.0	395	421	422	394	27°	3.5
400	465	482	490	505	535					447	473	474	446		
450	520	532	550	555	560					497	523	524	496		
500	570	585	610	615	615					549	575	576	548		
600	670	685	725	720	735	5				649	675	676	648		

注：公称尺寸（*DN*）700~1000 的未编入，见原标准。

表 10-2-63 ***PN*6 带颈平焊钢制管法兰**

公称尺寸 *DN*	钢管外径 *A*/mm 系列Ⅰ	系列Ⅱ	连接尺寸 法兰外径 *D*/mm	螺栓孔中心圆直径 *K*/mm	螺栓孔直径 *L*/mm	螺栓 数量 *n*/个	螺纹规格	法兰厚度 *C*/mm	法兰高度 *H*/mm	法兰颈 *N*/mm 系列Ⅰ	系列Ⅱ	*r*/mm	法兰内径 *B*/mm 系列Ⅰ	系列Ⅱ
10	17.2	14	75	50	11	4	M10	12	20	25		4	18.0	15
15	21.3	18	80	55	11	4	M10	12	20	30		4	22.0	19
20	26.9	25	90	65	11	4	M10	14	24	40		4	27.5	26
25	33.7	32	100	75	11	4	M10	14	24	50		4	34.5	33
32	42.4	38	120	90	14	4	M12	14	26	60		6	43.5	39
40	48.3	45	130	100	14	4	M12	14	26	70		6	49.5	46
50	60.3	57	140	110	14	4	M12	14	28	80		6	61.5	59
65	76.1	76	160	130	14	4	M12	14	32	100		6	77.5	78
80	88.9	89	190	150	18	4	M16	16	34	110		8	90.5	91
100	114.3	108	210	170	18	4	M16	16	40	130		8	116.0	110
125	139.7	133	240	200	18	8	M16	18	44	160		8	141.5	135
150	168.3	159	265	225	18	8	M16	18	44	185		10	170.5	161
200	219.1	219	320	280	18	8	M16	20	44	240		10	221.5	222
250	273.0	273	375	335	18	12	M16	22	44	295		12	276.5	276
300	323.9	325	440	395	22	12	M20	22	44	355		12	327.5	328

表 10-2-64 **PN10 带颈平焊钢制管法兰**

公称尺寸 DN	钢管外径 A/mm		连接尺寸					法兰厚度 C/mm	法兰高度 H/mm	法兰颈			法兰内径 B/mm	
			法兰外径 D/mm	螺栓孔中心圆直径 K/mm	螺栓孔直径 L/mm	螺栓				N/mm		r/mm		
						数量 n/个	螺纹规格							
	系列Ⅰ	系列Ⅱ								系列Ⅰ	系列Ⅱ		系列Ⅰ	系列Ⅱ
10	17.2	14	90	60	14	4	M12	16	22	30		4	18.0	15
15	21.3	18	95	65	14	4	M12	16	22	35		4	22.0	19
20	26.9	25	105	75	14	4	M12	18	26	45		4	27.5	26
25	33.7	32	115	85	14	4	M12	18	28	52		4	34.5	33
32	42.4	38	140	100	18	4	M16	18	30	60		6	43.5	39
40	48.3	45	150	110	18	4	M16	18	32	70		6	49.5	46
50	60.3	57	165	125	18	4	M16	18	28	84		6	61.5	59
65	76.1	76	185	145	18	8①	M16	18	32	104		6	77.5	78
80	88.9	89	200	160	18	8	M16	20	34	118		6	90.5	91
100	114.3	108	220	180	18	8	M16	20	40	140		8	116.0	110
125	139.7	133	250	210	18	8	M16	22	44	168		8	141.5	135
150	168.3	159	285	240	22	8	M20	22	44	195		10	170.5	161
200	219.1	219	340	295	22	8	M20	24	44	246		10	221.5	222
250	273.0	273	395	350	22	12	M20	26	46	298		12	276.5	276
300	323.9	325	445	400	22	12	M20	26	46	350		12	327.5	328
350	355.6	377	505	460	22	16	M20	26	53	400	412	12	359.5	381
400	406.4	426	565	515	26	16	M24	26	57	456	465	12	411.0	430
450	457	480	615	565	26	20	M24	28	63	502	515	12	462.0	485
500	508	530	670	620	26	20	M24	28	67	559	570	12	513.5	535
600	610	630	780	725	30	20	M27	28	75	658	670	12	616.5	636

① 对于铸铁法兰和铜合金法兰，该规格的法兰可能是 4 个螺栓孔的，因此，当制造厂和用户协商同意后，与铸铁法兰和铜合金法兰配对使用的钢制法兰可以采用 4 个螺栓孔。

注：公称尺寸（DN）10~40 的法兰使用 PN40 法兰的尺寸；公称尺寸（DN）50~150 的法兰使用 PN16 法兰的尺寸。

表 10-2-65 **PN16 带颈平焊钢制管法兰**

公称尺寸 DN	钢管外径 A/mm		连接尺寸					法兰厚度 C/mm	法兰高度 H/mm	法兰颈			法兰内径 B/mm	
			法兰外径 D/mm	螺栓孔中心圆直径 K/mm	螺栓孔直径 L/mm	螺栓				N/mm		r/mm		
						数量 n/个	螺纹规格							
	系列Ⅰ	系列Ⅱ								系列Ⅰ	系列Ⅱ		系列Ⅰ	系列Ⅱ
10	17.2	14	90	60	14	4	M12	16	22	30		4	18.0	15
15	21.3	18	95	65	14	4	M12	16	22	35		4	22.0	19
20	26.9	25	105	75	14	4	M12	18	26	45		4	27.5	26
25	33.7	32	115	85	14	4	M12	18	28	52		4	34.5	33
32	42.4	38	140	100	18	4	M16	18	30	60		6	43.5	39
40	48.3	45	150	110	18	4	M16	18	32	70		6	49.5	46
50	60.3	57	165	125	18	4	M16	18	28	84		6	61.5	59
65	76.1	76	185	145	18	8①	M16	18	32	104		6	77.5	78
80	88.9	89	200	160	18	8	M16	20	34	118		6	90.5	91
100	114.3	108	220	180	18	8	M16	20	40	140		8	116.0	110
125	139.7	133	250	210	18	8	M16	22	44	168		8	141.5	135
150	168.3	159	285	240	22	8	M20	22	44	195		10	170.5	161
200	219.1	219	340	295	22	12	M20	24	44	246		10	221.5	222
250	273.0	273	405	355	26	12	M24	26	46	298		12	276.5	276
300	323.9	325	460	410	26	12	M24	28	46	350		12	327.5	328
350	355.6	377	520	470	26	16	M24	30	57	400	412	12	359.0	381
400	406.4	426	580	525	30	16	M27	32	63	456	470	12	411.0	430
450	457	480	640	585	30	20	M27	34	68	502	525	12	462.0	485
500	508	530	715	650	33	20	M30	36	73	559	581	12	513.5	535
600	610	630	840	770	36	20	M33	40	83	658	678	12	616.5	636

① 对于铸铁法兰和铜合金法兰，该规格的法兰可能是 4 个螺栓孔的，因此，当制造厂和用户协商同意后，与铸铁法兰和铜合金法兰配对使用的钢制法兰可以采用 4 个螺栓孔。

注：1. 公称尺寸（DN）10~40 的法兰使用 PN40 法兰的尺寸。

2. 公称尺寸（DN）700~1000 的未编入，见原标准。

表 10-2-66　　**PN25 带颈平焊钢制管法兰**

公称尺寸 DN	钢管外径 A/mm		连接尺寸					法兰厚度 C/mm	法兰高度 H/mm	法兰颈			法兰内径 B/mm	
			法兰外径 D/mm	螺栓孔中心圆直径 K/mm	螺栓孔直径 L/mm	螺栓				N/mm		r/mm		
	系列Ⅰ	系列Ⅱ				数量 n/个	螺纹规格			系列Ⅰ	系列Ⅱ		系列Ⅰ	系列Ⅱ
10	17.2	14	90	60	14	4	M12	16	22	30		4	18.0	15
15	21.3	18	95	65	14	4	M12	16	22	35		4	22.0	19
20	26.9	25	105	75	14	4	M12	18	26	45		4	27.5	26
25	33.7	32	115	85	14	4	M12	18	28	52		4	34.5	33
32	42.4	38	140	100	18	4	M16	18	30	60		6	43.5	39
40	48.3	45	150	110	18	4	M16	18	32	70		6	49.5	46
50	60.3	57	165	125	18	4	M16	20	34	84		6	61.5	59
65	76.1	76	185	145	18	8	M16	22	38	104		6	77.5	78
80	88.9	89	200	160	18	8	M16	24	40	118		8	90.5	91
100	114.3	108	235	190	22	8	M20	24	44	145		8	116.0	110
125	139.7	133	270	220	26	8	M24	26	48	170		8	141.5	135
150	168.3	159	300	250	26	8	M24	28	52	200		10	170.5	161
200	219.1	219	360	310	26	12	M24	30	52	256		10	221.5	222
250	273.0	273	425	370	30	12	M27	32	60	310		10	276.5	276
300	323.9	325	485	430	30	16	M27	34	67	364		10	327.5	328
350	355.6	377	555	490	33	16	M30	38	72	418	429	12	359.5	381
400	406.4	426	620	550	36	16	M33	40	78	472	484	12	411.0	430
450	457	480	670	600	36	20	M33	46	84	520	534	12	462.0	485
500	508	530	730	660	36	20	M33	48	90	580	594	12	513.5	535
600	610	630	845	770	39	20	M36	58	100	684	699	12	616.5	636

注：公称尺寸（DN）10~150 的法兰使用 PN40 法兰的尺寸。

表 10-2-67　　**PN40 带颈平焊钢制管法兰**

公称尺寸 DN	钢管外径 A/mm		连接尺寸					法兰厚度 C/mm	法兰高度 H/mm	法兰颈			法兰内径 B/mm	
			法兰外径 D/mm	螺栓孔中心圆直径 K/mm	螺栓孔直径 L/mm	螺栓				N/mm		r/mm		
	系列Ⅰ	系列Ⅱ				数量 n/个	螺纹规格			系列Ⅰ	系列Ⅱ		系列Ⅰ	系列Ⅱ
10	17.2	14	90	60	14	4	M12	16	22	30		4	18.0	15
15	21.3	18	95	65	14	4	M12	16	22	35		4	22.0	19
20	26.9	25	105	75	14	4	M12	18	26	45		4	27.5	26
25	33.7	32	115	85	14	4	M12	18	28	52		4	34.5	33
32	42.4	38	140	100	18	4	M16	18	30	60		6	43.5	39
40	48.3	45	150	110	18	4	M16	18	32	70		6	49.5	46
50	60.3	57	165	125	18	4	M16	20	34	84		6	61.5	59
65	76.1	76	185	145	18	8	M16	22	38	104		6	77.5	78
80	88.9	89	200	160	18	8	M16	24	40	118		8	90.5	91
100	114.3	108	235	190	22	8	M20	24	44	145		8	116.0	110
125	139.7	133	270	220	26	8	M24	26	48	170		8	141.5	135
150	168.3	159	300	250	26	8	M24	28	52	200		10	170.5	161
200	219.1	219	375	320	30	12	M27	34	52	260		10	221.5	222
250	273.0	273	450	385	33	12	M30	38	60	312		12	276.5	276
300	323.9	325	515	450	33	16	M30	42	67	380		12	327.5	328
350	355.6	377	580	510	36	16	M33	46	72	424	430	12	359.5	381
400	406.4	426	660	585	39	16	M36	50	78	478	492	12	411.0	430
450	457	480	685	610	39	20	M36	57	84	522	539	12	462.0	485
500	508	530	755	670	42	20	M39	57	90	576	594	12	513.5	535
600	610	630	890	795	48	20	M45	72	100	686	704	12	616.5	636

注：PN63、PN100 的未编入，见原标准。

（3）标记及标记示例

1）标记

带颈平焊钢制管法兰应按下列规定进行标记：

公称尺寸 - 公称压力　法兰类型代号（SO）　密封面形式代号　配管系列　材料代号　标准编号

2）标记示例

示例 1：公称尺寸 DN200、公称压力 PN100、凹凸面（MFM）带颈平焊钢制管法兰（SO）、配用米制管（系列Ⅱ）、材料为 06Cr19Ni10，其标记为：

法兰 DN200-PN100　SO　MFM　Ⅱ　06Cr19Ni10　GB/T 9116

示例 2：公称尺寸 NPS12（DN300）、公称压力 Class300、突面（RF）带颈平焊钢制管法兰（SO）、配用英制管、材料为 06Cr17Ni12Mo2，其标记为：

法兰 NPS12(或 DN300)-Class300　SO　RF　06Cr17Ni12Mo2　GB/T 9116

8.6　带颈承插焊钢制管法兰（摘自 GB/T 9117—2010）

（1）法兰密封面形式适用的公称压力及公称尺寸范围

表 10-2-68　用 *PN* 标记的带颈承插焊钢制管法兰的密封面形式及适用的公称压力和公称尺寸范围

密封面形式	公称压力					
	*PN*10	*PN*16	*PN*25	*PN*40	*PN*63	*PN*100
平面(FF)	*DN*10～*DN*50				—	
突面(RF)	*DN*10～*DN*50					
凹凸面(MF)	*DN*10～*DN*50					
榫槽面(TG)	*DN*10～*DN*50					
O 形圈面(OSG)	*DN*10～*DN*50				—	
环连接面(RJ)	—				*DN*15～*DN*50	

注：Class 系列未编入。

（2）用 *PN* 标记的带颈承插焊钢制管法兰类型及尺寸

带颈承插焊钢制管法兰类型见图 10-2-24～图 10-2-28，尺寸见表 10-2-69～表 10-2-71。

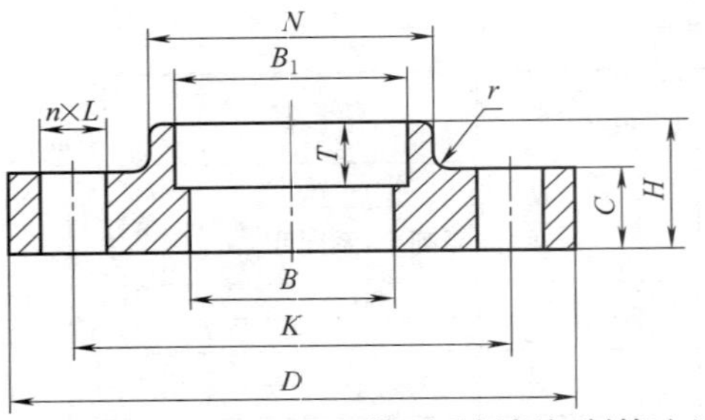

图 10-2-24　平面（FF）带颈承插焊钢制管法兰

（适用于 *PN*10、*PN*16、*PN*25 和 *PN*40）

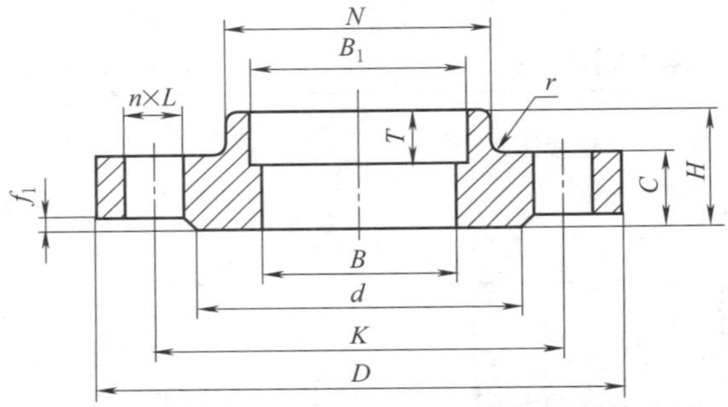

图 10-2-25　突面（RF）带颈承插焊钢制管法兰

（适用于 *PN*10、*PN*16、*PN*25、*PN*40、*PN*63 和 *PN*100）

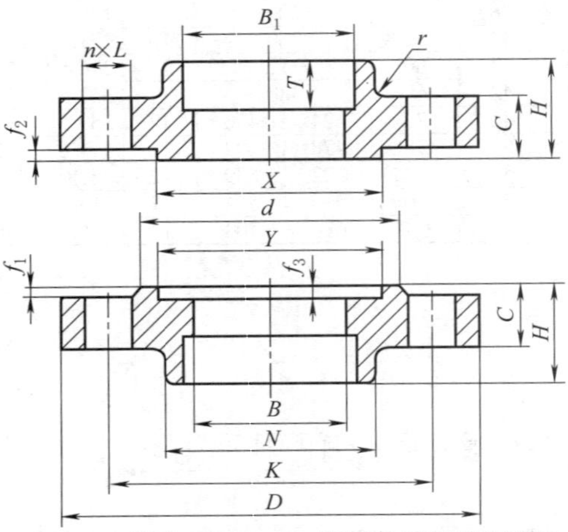

图 10-2-26　凹凸面（MF）带颈承插焊钢制管法兰

（适用于 *PN*10、*PN*16、*PN*25、*PN*40、*PN*63 和 *PN*100）

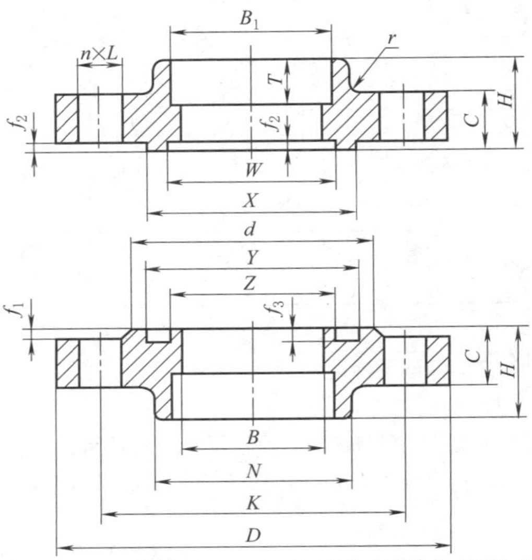

图 10-2-27　榫槽面（TG）带颈承插焊钢制管法兰

（适用于 *PN*10、*PN*16、*PN*25、*PN*40、*PN*63 和 *PN*100）

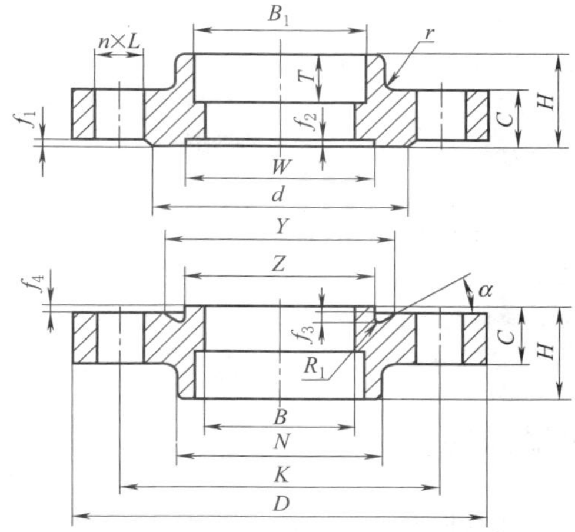

图 10-2-28　O 形圈面（OSG）带颈承插焊钢制管法兰

（适用于 *PN*10、*PN*16、*PN*25 和 *PN*40）

表 10-2-69　　用 *PN* 标记的法兰密封面尺寸

公称尺寸 *DN*	公称压力				f_1/mm	f_2/mm	f_3/mm	f_4/mm	*W*/mm	*X*/mm	*Y*/mm	*Z*/mm	α ≈	R_1/mm
	*PN*10	*PN*16	*PN*25	*PN*40、*PN*63、*PN*100										
	d/mm													
10	40	40	40	40	2	4.5	4.0	2.0	24	34	35	23	—	2.5
15	45	45	45	45					29	39	40	28	—	
20	58	58	58	58					36	50	51	35	41°	
25	68	68	68	68					43	57	58	42		
32	78	78	78	78					51	65	66	50		
40	88	88	88	88	3				61	75	76	60		
50	102	102	102	102					73	87	88	72		

表 10-2-70　　*PN*10、*PN*16 带颈承插焊钢制管法兰

公称尺寸 *DN*	钢管外径 *A*/mm		连接尺寸					法兰厚度 *C*/mm	法兰高度 *H*/mm	法兰颈		法兰内径 *B*/mm		承插孔		
			法兰外径 *D*/mm	螺栓孔中心圆直径 *K*/mm	螺栓孔直径 *L*/mm	螺栓				*N*/mm	*r*/mm			B_1/mm		*T*/mm
	系列Ⅰ	系列Ⅱ				数量 *n*/个	螺纹规格					系列Ⅰ	系列Ⅱ	系列Ⅰ	系列Ⅱ	
10	17.2	14	90	60	14	4	M12	16	22	30	4	11.5	9	18	15	9
15	21.3	18	95	65	14	4	M12	16	22	35	4	15	12	22	19	10
20	26.9	25	105	75	14	4	M12	18	26	45	4	21	19	27.5	26	11
25	33.7	32	115	85	14	4	M12	18	28	52	4	27	26	34.5	33	13
32	42.4	38	140	100	18	4	M16	18	30	60	6	35	30	43.5	39	14
40	48.3	45	150	110	18	4	M16	18	32	70	6	41	37	49.5	46	16
50	60.3	57	165	125	18	4	M16	18	28	84	6	52	49	61.5	59	17

注：公称尺寸（*DN*）10~40 的法兰使用 *PN*40 法兰的尺寸。

表 10-2-71　　*PN*25、*PN*40 带颈承插焊钢制管法兰

公称尺寸 *DN*	钢管外径 *A*/mm		连接尺寸					法兰厚度 *C*/mm	法兰高度 *H*/mm	法兰颈		法兰内径 *B*/mm		承插孔		
			法兰外径 *D*/mm	螺栓孔中心圆直径 *K*/mm	螺栓孔直径 *L*/mm	螺栓				*N*/mm	*r*/mm			B_1/mm		*T*/mm
	系列Ⅰ	系列Ⅱ				数量 *n*/个	螺纹规格					系列Ⅰ	系列Ⅱ	系列Ⅰ	系列Ⅱ	
10	17.2	14	90	60	14	4	M12	16	22	30	4	11.5	9	18	15	9
15	21.3	38	95	65	14	4	M12	16	22	35	4	15	12	22	19	10
20	26.9	25	105	75	14	4	M12	18	26	45	4	21	19	27.5	26	11
25	33.7	32	115	85	14	4	M12	18	28	52	4	27	26	34.5	33	13
32	42.4	38	140	100	18	4	M16	18	30	60	6	35	30	43.5	39	14
40	48.3	45	150	110	18	4	M16	18	32	70	6	41	37	49.5	46	16
50	60.3	57	165	125	18	4	M16	20	34	84	6	52	49	61.5	59	17

（3）标记及标记示例

1）标记

带颈承插焊钢制管法兰应按下列规定进行标记：

公称尺寸 - 公称压力 | 法兰类型代号（SW） | 密封面形式代号 | 管表号（可省略） | 材料代号 | 标准编号

2）标记示例

示例1：公称尺寸 DN50、公称压力 PN25、突面（RF）带颈承插焊钢制管法兰（SW）、材料为0Cr18Ni9，其标记为：

法兰 DN50-PN25 SW RF 0Cr19Ni10 GB/T 9117

示例2：公称尺寸 NPS 3（DN80）、公称压力 Class600、环连接面（RJ）带颈承插焊钢制管法兰（SW）、管表号 Sch80、材料为 06Cr17Ni12Mo2，其标记为：

法兰 NPS 3(或 DN80)-Class600 SW RJ Sch80 06Cr17Ni12Mo2 GB/T 9117

8.7 对焊环带颈松套钢制管法兰（摘自 GB/T 9118—2010）

说明：本标准只规定公称压力用 Class 标记的对焊环带颈松套钢制管法兰的类型、尺寸、技术要求和标记。本标准适用于公称压力 Class150~Class2500 的管法兰。Class2500 未编入本节。

（1）法兰密封面形式适用的公称压力及公称尺寸范围

表 10-2-72 用 Class 标记的对焊环带颈松套钢制管法兰的密封面形式及适用的公称压力和公称尺寸范围

密封面形式	公称压力					
	Class150	Class300	Class600	Class900	Class1500	Class2500
突面（RF）	NPS½(DN15)~NPS24(DN600)					NPS½(DN15)~NPS12(DN300)
环连接面（RJ）	NPS1(DN25)~NPS24(DN600)	NPS½(DN15)~NPS24(DN600)				NPS½(DN15)~NPS12(DN300)

（2）用 Class 标记的对焊环带颈松套钢制管法兰类型与尺寸

对焊环带颈松套钢制管法兰类型见图 10-2-29、图 10-2-30，尺寸见表 10-2-73~表 10-2-78。

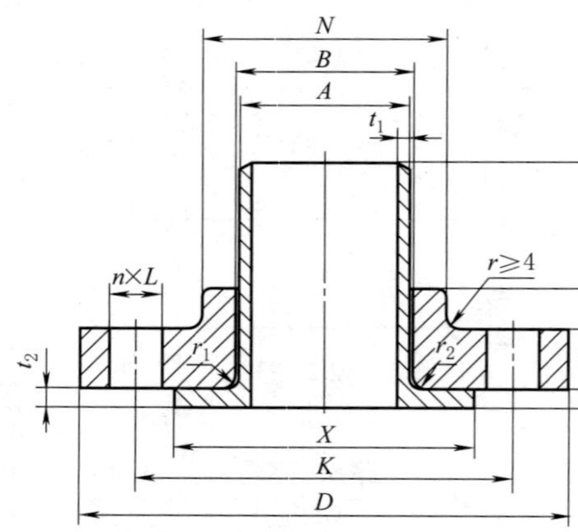

图 10-2-29 突面（RF）对焊环带颈松套钢制管法兰（适用于 Class150、Class300、Class600、Class900、Class1500 和 Class2500）

注：t_1 为短节壁厚，一般为钢管壁厚；t_2 应不小于钢管公称壁厚

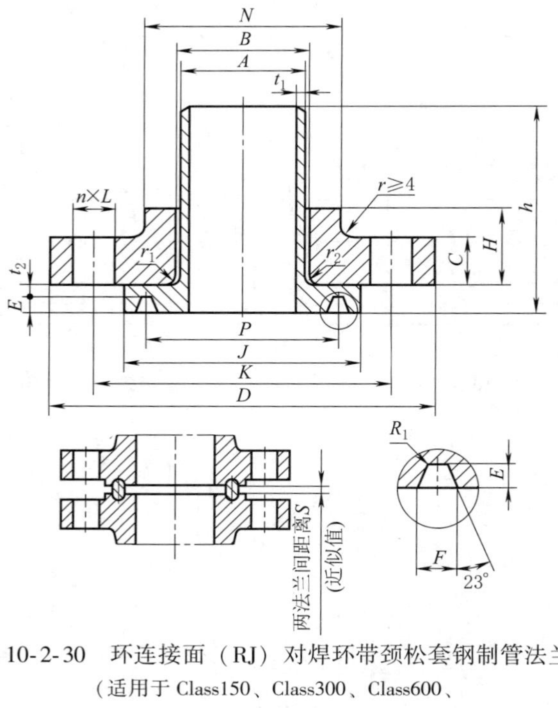

图 10-2-30 环连接面（RJ）对焊环带颈松套钢制管法兰（适用于 Class150、Class300、Class600、Class900、Class1500 和 Class2500）

注：t_1 为短节壁厚，一般为钢管壁厚；t_2 应不小于钢管公称壁厚

表 10-2-73　　用 Class 标记的环连接面的法兰密封面尺寸　　mm

公称尺寸		Class150							Class300						
NPS	*DN*	环号	J_{min}	*P*	*E*	*F*	R_{1max}	*S*	环号	J_{min}	*P*	*E*	*F*	R_{1max}	*S*
½	15	—	—	—	—	—	—	—	R11	50.5①	34.14	5.54	7.14	0.8	3
¾	20	—	—	—	—	—	—	—	R13	63.5①	42.88	6.35	8.74	0.8	4
1	25	R15	63.0①	47.63	6.35	8.74	0.8	4	R16	69.5①	50.80	6.35	8.74	0.8	4
1¼	32	R17	72.5①	57.15	6.35	8.74	0.8	4	R18	79.0①	60.33	6.35	8.74	0.8	4
1½	40	R19	82.0①	65.07	6.35	8.74	0.8	4	R20	90.5	68.27	6.35	8.74	0.8	4
2	50	R22	101①	82.55	6.35	8.74	0.8	4	R23	108	82.55	7.92	11.91	0.8	6
2½	65	R25	120①	101.60	6.35	8.74	0.8	4	R26	127	101.60	7.92	11.91	0.8	6
3	80	R29	133	114.30	6.35	8.74	0.8	4	R31	146	123.83	7.92	11.91	0.8	6
4	100	R36	171	149.23	6.35	8.74	0.8	4	R37	175	149.23	7.92	11.91	0.8	6
5	125	R40	193①	171.45	6.35	8.74	0.8	4	R41	210	180.98	7.92	11.91	0.8	6
6	150	R43	219	193.68	6.35	8.74	0.8	4	R45	241	211.12	7.92	11.91	0.8	6
8	200	R48	273	247.65	6.35	8.74	0.8	4	R49	302	269.88	7.92	11.91	0.8	6
10	250	R52	330	304.80	6.35	8.74	0.8	4	R53	356	323.85	7.92	11.91	0.8	6
12	300	R56	405①	381.00	6.35	8.74	0.8	4	R57	413	381.00	7.92	11.91	0.8	6
14	350	R59	425	396.88	6.35	8.74	0.8	3	R61	457	419.10	7.92	11.91	0.8	6
16	400	R64	483	454.03	6.35	8.74	0.8	3	R65	508	469.90	7.92	11.91	0.8	6
18	450	R68	546	517.53	6.35	8.74	0.8	3	R69	575	533.40	7.92	11.91	0.8	6
20	500	R72	597	558.80	6.35	8.74	0.8	3	R73	635	584.20	9.53	13.49	1.5	6
24	600	R76	711	673.10	6.35	8.74	0.8	3	R77	749	692.15	11.13	16.66	1.5	6

公称尺寸		Class600							Class900						
NPS	*DN*	环号	J_{min}	*P*	*E*	*F*	R_{1max}	*S*	环号	J_{min}	*P*	*E*	*F*	R_{1max}	*S*
½	15	R11	50.5①	34.14	5.54	7.14	0.8	3	R12	60.5	39.67	6.35	8.74	0.8	4
¾	20	R13	63.5	42.88	6.35	8.74	0.8	4	R14	66.5	44.45	6.35	8.74	0.8	4
1	25	R16	69.5①	50.80	6.35	8.74	0.8	4	R16	71.5	50.80	6.35	8.74	0.8	4
1¼	32	R18	79.0①	60.33	6.35	8.74	0.8	4	R18	81.0	60.33	6.35	8.74	0.8	4
1½	40	R20	90.5	68.27	6.35	8.74	0.8	4	R20	92.0	68.27	6.35	8.74	0.8	4
2	50	R23	108	82.55	7.92	11.91	0.8	5	R24	124	95.25	7.92	11.91	0.8	3
2½	65	R26	127	101.60	7.92	11.91	0.8	5	R27	137	107.95	7.92	11.91	0.8	3
3	80	R31	146	123.83	7.92	11.91	0.8	5	R31	156	123.83	7.92	11.91	0.8	4
4	100	R37	175	149.23	7.92	11.91	0.8	5	R37	181	149.23	7.92	11.91	0.8	4
5	125	R41	210	180.98	7.92	11.91	0.8	5	R41	216	180.98	7.92	11.91	0.8	4
6	150	R45	241	211.12	7.92	11.91	0.8	5	R45	241	211.12	7.92	11.91	0.8	4
8	200	R49	302	269.88	7.92	11.91	0.8	5	R49	308	269.88	7.92	11.91	0.8	4
10	250	R53	356	323.85	7.92	11.91	0.8	5	R53	362	323.85	7.92	11.91	0.8	4
12	300	R57	413	381.00	7.92	11.91	0.8	5	R57	419	381.00	7.92	11.91	0.8	4
14	350	R61	457	419.10	7.92	11.91	0.8	5	R62	467	419.10	11.13	16.66	1.5	4
16	400	R65	508	469.90	7.92	11.91	0.8	5	R66	524	469.90	11.13	16.66	1.5	4
18	450	R69	575	533.40	7.92	11.91	0.8	5	R70	594	533.40	12.70	19.84	1.5	5
20	500	R73	635	584.20	9.53	13.49	1.5	5	R74	648	584.20	12.70	19.84	1.5	5
24	600	R77	749	692.15	11.13	16.66	1.5	6	R78	772	692.15	15.88	26.97	2.4	6

公称尺寸		Class1500						
NPS	*DN*	环号	J_{min}	*P*	*E*	*F*	R_{1max}	*S*
½	15	R12	60.5	39.67	6.35	8.74	0.8	4
¾	20	R14	66.5	44.45	6.35	8.74	0.8	4
1	25	R16	71.5	50.80	6.35	8.74	0.8	4
1¼	32	R18	81.0	60.33	6.35	8.74	0.8	4
1½	40	R20	92.0	68.27	6.35	8.74	0.8	4
2	50	R24	124	95.25	7.92	11.91	0.8	3
2½	65	R27	137	107.95	7.92	11.91	0.8	3

续表

公称尺寸		Class1500						
NPS	DN	环号	J_{min}	P	E	F	R_{1max}	S
3	80	R35	168	136.58	7.92	11.91	0.8	3
4	100	R39	194	161.93	7.92	11.91	0.8	3
5	125	R44	229	193.68	7.92	11.91	0.8	3
6	150	R46	248	211.14	9.53	13.49	1.5	3
8	200	R50	318	269.88	11.13	16.66	1.5	4
10	250	R54	371	328.85	11.13	16.66	1.5	4
12	300	R58	438	381.00	14.27	23.01	1.5	5
14	350	R63	489	419.10	15.88	26.97	2.4	6
16	400	R67	546	449.90	17.48	30.18	2.4	8
18	450	R71	613	533.40	17.48	30.18	2.4	8
20	500	R75	673	584.20	17.48	33.32	2.4	10
24	600	R79	794	692.15	20.62	36.53	2.4	11

① 本标准从 ASME B16. 5—2009 标准的英制螺栓孔径转换成公制螺栓孔径，导致 J 尺寸与螺栓孔径有干涉，为了避免干涉，对 J 尺寸数据做了适当的调整，调整后的 J 尺寸与 ASME B16. 5—2009 标准略有差异。

表 10-2-74　　Class150 对焊环带颈松套钢制管法兰

公称尺寸		钢管外径 A/mm	连接尺寸					密封面直径 X/mm	法兰厚度 C/mm	法兰高度 H/mm	法兰颈部直径 N/mm	法兰内径 B_{min}/mm	r_1/mm	r_2/mm	对焊环高度 h/mm
			法兰外径 D/mm	螺栓孔中心圆直径 K/mm	螺栓孔直径 L/mm	螺栓									
NPS	DN					数量 n/个	螺纹规格								
½	15	21.3	90	60.3	16	4	M14	34.9	11.2	16	30	22.9	3	3	50
¾	20	26.9	100	69.9	16	4	M14	42.9	12.7	16	38	28.2	3	3	50
1	25	33.7	110	79.4	16	4	M14	50.8	14.3	17	49	34.9	3	3	50
1¼	32	42.4	115	88.9	16	4	M14	63.5	15.9	21	59	43.7	5	5	50
1½	40	48.3	125	98.4	16	4	M14	73.0	17.5	22	65	50.0	6	6	50
2	50	60.3	150	120.7	19	4	M16	92.1	19.1	25	78	62.5	8	8	65
2½	65	76.1	180	139.7	19	4	M16	104.8	22.3	29	90	78.5	8	8	65
3	80	88.9	190	152.4	19	4	M16	127.0	23.9	30	108	91.4	10	10	65
4	100	114.3	230	190.5	19	8	M16	157.2	23.9	33	135	116.8	11	11	75
5	125	139.7	255	215.9	22	8	M20	185.7	23.9	36	164	144.4	11	11	75
6	150	168.3	280	241.3	22	8	M20	215.9	25.4	40	192	171.4	13	13	90
8	200	219.1	345	298.5	22	8	M20	269.9	28.6	44	246	222.2	13	13	100
10	250	273.0	405	362.0	26	12	M24	323.8	30.2	49	305	277.4	13	13	125
12	300	323.9	485	431.8	26	12	M24	381.0	31.8	56	365	328.2	13	13	150
14	350	355.6	535	476.3	29	12	M27	412.8	35.0	79	400	360.2	13	13	150
16	400	406.4	595	539.8	29	16	M27	469.9	36.6	87	457	411.2	13	13	150
18	450	457	635	577.9	32	16	M30	533.4	39.7	97	505	462.3	13	13	150
20	500	508	700	635.0	32	20	M30	584.2	42.9	103	559	514.4	13	13	150
24	600	610	815	749.3	35	20	M33	692.2	47.7	111	663	616.0	13	13	150

表 10-2-75　　Class300 对焊环带颈松套钢制管法兰

公称尺寸		钢管外径 A/mm	连接尺寸					密封面直径 X/mm	法兰厚度 C/mm	法兰高度 H/mm	法兰颈部直径 N/mm	法兰内径 B_{min}/mm	r_1/mm	r_2/mm	对焊环高度 h/mm
			法兰外径 D/mm	螺栓孔中心圆直径 K/mm	螺栓孔直径 L/mm	螺栓									
NPS	DN					数量 n/个	螺纹规格								
½	15	21.3	95	56.7	16	4	M14	34.9	14.3	22	38	22.9	3	3	50
¾	20	26.9	115	82.6	19	4	M16	42.9	15.9	25	48	28.2	3	3	50
1	25	33.7	125	88.9	19	4	M16	50.8	17.5	27	54	34.9	3	3	50
1¼	32	42.4	135	98.4	19	4	M16	63.5	19.1	27	64	43.7	5	5	50
1½	40	48.3	155	114.3	22	4	M20	73.0	20.7	30	70	50.0	6	6	50

续表

公称尺寸 NPS	公称尺寸 DN	钢管外径 A/mm	连接尺寸 法兰外径 D/mm	连接尺寸 螺栓孔中心圆直径 K/mm	连接尺寸 螺栓孔直径 L/mm	连接尺寸 螺栓 数量 n/个	连接尺寸 螺栓 螺纹规格	密封面直径 X/mm	法兰厚度 C/mm	法兰高度 H/mm	法兰颈部直径 N/mm	法兰内径 B_{min}/mm	r_1/mm	r_2/mm	对焊环高度 h/mm
2	50	60.3	165	127.0	19	8	M16	92.1	22.3	33	84	62.5	8	8	65
2½	65	76.1	190	149.2	22	8	M20	104.8	25.4	38	100	78.5	8	8	65
3	80	88.9	210	168.3	22	8	M20	127.0	28.6	43	117	91.4	10	10	65
4	100	114.3	255	200.0	22	8	M20	157.2	31.8	48	146	116.8	11	11	75
5	125	139.7	280	235.0	22	8	M20	185.7	35.0	51	178	144.4	11	11	75
6	150	168.3	320	269.9	22	12	M20	215.9	36.6	52	206	171.4	13	13	90
8	200	219.1	380	330.2	26	12	M24	269.9	41.3	62	260	222.2	13	13	100
10	250	273.0	445	387.4	29	16	M27	323.8	47.7	95	321	277.4	13	13	250
12	300	323.9	520	450.8	32	16	M30	381.0	50.8	102	375	328.2	13	13	250
14	350	355.6	585	514.4	32	20	M30	412.8	54.0	111	425	360.2	13	13	300
16	400	406.4	650	571.5	35	20	M33	469.9	57.2	121	483	411.2	13	13	300
18	450	457	710	628.6	35	24	M33	533.4	60.4	130	533	462.3	13	13	300
20	500	508	775	685.8	35	24	M33	584.2	63.5	140	587	514.4	13	13	300
24	600	610	915	812.8	42	24	M39	692.2	69.9	152	702	616.0	13	13	300

表 10-2-76　Class600 对焊环带颈松套钢制管法兰

公称尺寸 NPS	公称尺寸 DN	钢管外径 A/mm	连接尺寸 法兰外径 D/mm	连接尺寸 螺栓孔中心圆直径 K/mm	连接尺寸 螺栓孔直径 L/mm	连接尺寸 螺栓 数量 n/个	连接尺寸 螺栓 螺纹规格	密封面直径 X/mm	法兰厚度 C/mm	法兰高度 H/mm	法兰颈部直径 N/mm	法兰内径 B_{min}/mm	r_1/mm	r_2/mm	对焊环高度 h/mm
½	15	21.3	95	66.7	16	4	M14	34.9	14.3	22	38	22.9	3	3	50
¾	20	26.9	115	82.6	19	4	M16	42.9	15.9	25	48	28.2	3	3	65
1	25	33.7	125	88.9	19	4	M16	50.8	17.5	27	54	34.9	3	3	65
1¼	32	42.4	135	98.4	19	4	M16	63.5	20.7	29	64	43.7	5	5	65
1½	40	48.3	155	114.3	22	4	M20	73.0	22.3	32	70	50.0	6	6	75
2	50	60.3	165	127.0	19	8	M16	92.1	25.4	37	84	62.5	8	8	75
2½	65	76.1	190	149.2	22	8	M20	104.8	28.6	41	100	78.5	8	8	90
3	80	88.9	210	168.3	22	8	M20	127.0	31.8	46	117	91.4	10	10	100
4	100	114.3	275	215.9	26	8	M24	157.2	38.1	54	152	116.8	11	11	125
5	125	139.7	330	266.7	29	8	M27	185.7	44.5	60	189	144.4	11	11	150
6	150	168.3	355	292.1	29	12	M27	215.9	47.7	67	222	171.4	13	13	175
8	200	219.1	420	349.2	32	12	M30	269.9	55.6	76	273	222.2	13	13	190
10	250	273.0	510	431.8	35	16	M33	323.8	63.5	111	343	277.4	13	13	200
12	300	323.9	560	489.0	35	20	M33	381.0	66.7	117	400	328.2	13	13	250
14	350	355.6	605	527.0	39	20	M36	412.8	69.9	127	432	360.2	13	13	300
16	400	406.4	685	603.2	42	20	M39	469.9	76.2	140	495	411.2	13	13	300
18	450	457	745	654.0	45	20	M42	533.4	82.6	152	546	462.3	13	13	300
20	500	508	815	723.9	45	24	M42	584.2	88.9	165	610	514.4	13	13	300
24	600	610	940	838.2	51	24	M48	692.2	101.6	184	718	616.0	13	13	300

表 10-2-77　Class900 对焊环带颈松套钢制管法兰

公称尺寸 NPS	公称尺寸 DN	钢管外径 A/mm	连接尺寸 法兰外径 D/mm	连接尺寸 螺栓孔中心圆直径 K/mm	连接尺寸 螺栓孔直径 L/mm	连接尺寸 螺栓 数量 n/个	连接尺寸 螺栓 螺纹规格	密封面直径 X/mm	法兰厚度 C/mm	法兰高度 H/mm	法兰颈部直径 N/mm	法兰内径 B_{min}/mm	r_1/mm	r_2/mm	对焊环高度 h/mm
½	15	21.3	120	82.6	22	4	M20	34.9	22.3	32	38	22.9	3	3	75
¾	20	26.9	130	88.9	22	4	M20	42.9	25.4	35	44	28.2	3	3	75
1	25	33.7	150	101.6	26	4	M24	50.8	28.6	41	52	34.9	3	3	90

续表

公称尺寸		钢管外径 A/mm	连接尺寸					密封面直径 X/mm	法兰厚度 C/mm	法兰高度 H/mm	法兰颈部直径 N/mm	法兰内径 B_{min}/mm	r_1/mm	r_2/mm	对焊环高度 h/mm
			法兰外径 D/mm	螺栓孔中心圆直径 K/mm	螺栓孔直径 L/mm	螺栓									
NPS	DN					数量 n/个	螺纹规格								
1¼	32	42.4	160	111.1	26	4	M24	63.5	28.6	41	64	43.7	5	5	90
1½	40	48.3	180	123.8	29	4	M27	73.0	31.8	44	70	50.0	6	6	90
2	50	60.3	215	165.1	26	8	M24	92.1	38.1	57	105	62.5	8	8	125
2½	65	76.1	245	190.5	29	8	M27	104.8	41.3	64	124	78.5	8	8	150
3	80	88.9	240	190.5	26	8	M24	127.0	38.1	54	127	91.4	10	10	125
4	100	114.3	290	235.0	32	8	M30	157.2	44.5	70	159	116.8	11	11	175
5	125	139.7	350	279.4	35	8	M33	185.7	50.8	79	190	144.4	11	11	200
6	150	168.3	380	317.5	32	12	M30	215.9	55.6	86	235	171.4	13	13	200
8	200	219.1	470	393.7	39	12	M36	269.9	63.5	114	298	222.2	13	13	200
10	250	273.0	545	469.0	39	16	M36	323.8	69.9	127	368	277.4	13	13	250
12	300	323.9	610	533.4	39	20	M36	381.0	79.4	143	419	328.2	13	13	250
14	350	355.6	640	558.8	42	20	M39	412.8	85.8	156	451	360.2	13	13	300
16	400	406.4	705	616.0	45	20	M42	469.9	88.9	165	508	411.2	13	13	300
18	450	457	785	685.8	51	20	M48	533.4	101.6	190	565	462.3	13	13	300
20	500	508	855	749.3	55	20	M52	584.2	108.0	210	622	514.4	13	13	300
24	600	610	1040	901.7	67	20	M64	692.2	139.7	267	749	616.0	13	13	350

注：NPS½（DN15）~NPS2½（DN65）的法兰使用Class1500法兰的尺寸。

表 10-2-78　Class1500 对焊环带颈松套钢制管法兰

公称尺寸		钢管外径 A/mm	连接尺寸					密封面直径 X/mm	法兰厚度 C/mm	法兰高度 H/mm	法兰颈部直径 N/mm	法兰内径 B_{min}/mm	r_1/mm	r_2/mm	对焊环高度 h/mm
			法兰外径 D/mm	螺栓孔中心圆直径 K/mm	螺栓孔直径 L/mm	螺栓									
NPS	DN					数量 n/个	螺纹规格								
½	15	21.3	120	82.6	22	4	M20	34.9	22.3	32	38	22.9	3	3	75
¾	20	26.9	130	88.9	22	4	M20	42.9	25.4	35	44	28.2	3	3	75
1	25	33.7	150	101.6	26	4	M24	50.8	28.6	41	52	34.9	3	3	90
1¼	32	42.4	160	111.1	26	4	M24	63.5	28.6	41	64	43.7	5	5	90
1½	40	48.3	180	123.8	29	4	M27	73.0	31.8	44	70	50.0	6	6	90
2	50	60.3	215	165.1	26	8	M24	92.1	38.1	57	105	62.5	8	8	125
2½	65	76.1	245	190.5	29	8	M27	104.8	41.3	64	124	78.5	8	8	150
3	80	88.9	265	203.2	32	8	M30	127.0	47.7	73	133	91.4	10	10	150
4	100	114.3	310	241.3	35	8	M33	157.2	54.0	90	162	116.8	11	11	200
5	125	139.7	375	292.1	42	8	M39	185.7	73.1	105	197	144.4	11	11	200
6	150	168.3	395	317.5	39	12	M36	215.9	82.6	119	229	171.4	13	13	250
8	200	219.1	485	393.7	45	12	M42	269.9	92.1	143	292	222.2	13	13	250
10	250	273.0	585	482.6	51	12	M48	323.8	108.0	178	368	277.4	13	13	300
12	300	323.9	675	571.5	55	16	M52	381.0	123.9	219	451	328.2	13	13	300
14	350	355.6	750	635.0	60	16	M56	412.8	133.4	241	495	360.2	13	13	350
16	400	406.4	825	704.8	67	16	M64	469.9	146.1	260	552	411.2	13	13	350
18	450	457	915	774.7	73	16	M70	533.4	162.0	275	597	462.3	13	13	350
20	500	508	985	831.8	79	16	M76	584.2	177.8	292	641	541.4	13	13	400
24	600	610	1170	990.6	93	16	M90	692.2	203.2	330	762	616.0	13	13	400

（3）标记及标记示例

1）标记

对焊环带颈松套钢制管法兰应按下列规定进行标记：

公称尺寸-公称压力 法兰类型代号（HL/W） 密封面形式代号 管表号 材料代号 标准编号

2）标记示例

示例1：公称尺寸 NPS20（DN500）、公称压力 Class150、突面（RF）对焊环带颈松套钢制管法兰（HL/W）、管表号 Sch40、材料为 06Cr19Ni10，其标记为：

法兰　NPS 20(或 *DN*500)-Class 150　HL/W　RF　Sch40　06Cr19Ni10　GB/T 9118

示例 2：公称尺寸 NPS 10（*DN*250）、公称压力 Class2500、环连接面（RJ）对焊环带颈松套焊钢制管法兰（HL/W）、管表号 Sch160、材料：松套法兰 20、对焊环 06Cr17Ni12Mo2，其标记为：

法兰　NPS10(或 *DN*250)-Class2500　HL/W　RJ　Sch160　20/06Cr17Ni12Mo2　GB/T 9118

8.8　钢制管法兰盖（摘自 GB/T 9123—2010）

（1）法兰密封面形式适用的公称压力和公称尺寸范围

表 10-2-79　用 *PN* 标记的钢制管法兰盖的密封面形式及适用的公称压力和公称尺寸范围

密封面形式	公称压力 *PN*								
	2.5	6	10	16	25	40	63	100	160
平面(FF)	*ND*10~*DN*1200	*DN*10~*DN*2000	*DN*10~*DN*2000	*DN*10~*DN*2000	*DN*10~*DN*600		—		
突面(RF)	*DN*10~*DN*1200	*DN*10~*DN*2000	*DN*10~*DN*2000	*DN*10~*DN*2000	*DN*10~*DN*600		*DN*10~*DN*400	*DN*10~*DN*350	*DN*10~*DN*300
凹凸面(MF)	—		*DN*10~*DN*1200	*DN*10~*DN*1000	*DN*10~*DN*600		*DN*10~*DN*400	*DN*10~*DN*350	*DN*10~*DN*300
榫槽面(TG)	—		*DN*10~*DN*1200	*DN*10~*DN*1000	*DN*10~*DN*600		*DN*10~*DN*400	*DN*10~*DN*350	*DN*10~*DN*300
O 形圈面(OSG)	—		*DN*10~*DN*1200	*DN*10~*DN*1000	*DN*10~*DN*600		—		
环连接面(RJ)	—						*DN*15~*DN*400	*DN*15~*DN*350	*DN*15~*DN*300

注：Class 标记未编入。

（2）用 *PN* 标记的钢制管法兰盖的类型与尺寸

钢制管法兰盖的类型见图 10-2-31~图 10-2-35，尺寸见表 10-2-80~表 10-2-86。

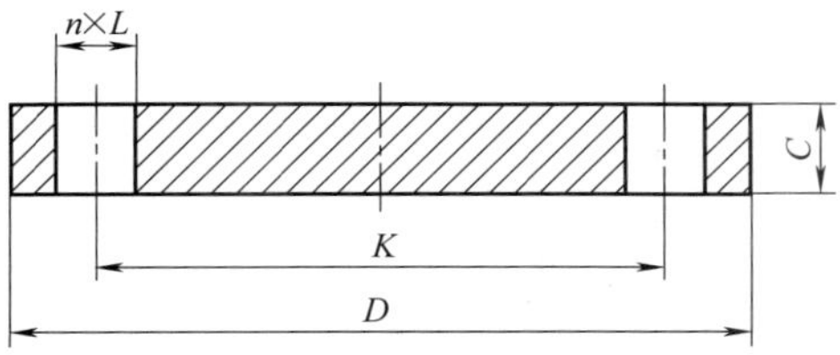

图 10-2-31　平面（FF）钢制管法兰盖
（适用于 *PN*2.5、*PN*6、*PN*10、*PN*16、*PN*25 和 *PN*40）

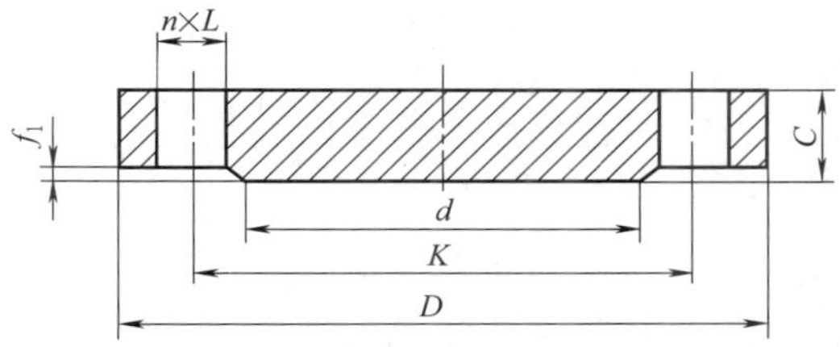

图 10-2-32　突面（RF）钢制管法兰盖
（适用于 *PN*2.5、*PN*6、*PN*10、*PN*16、*PN*25、*PN*40、*PN*63 和 *PN*100）

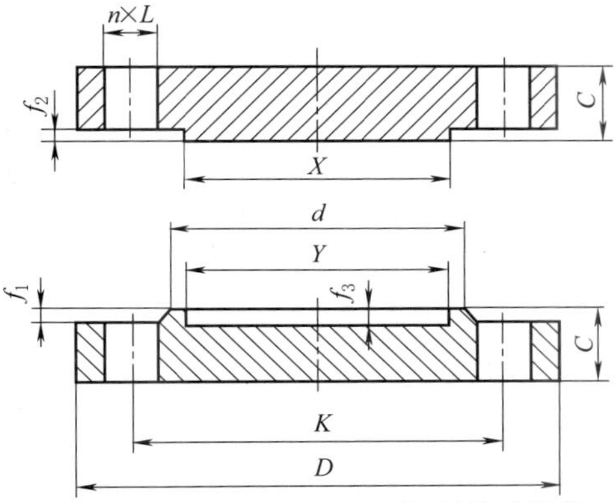

图 10-2-33　凹凸面（MF）钢制管法兰盖
（适用于 *PN*10、*PN*16、*PN*25、*PN*40、*PN*63 和 *PN*100）

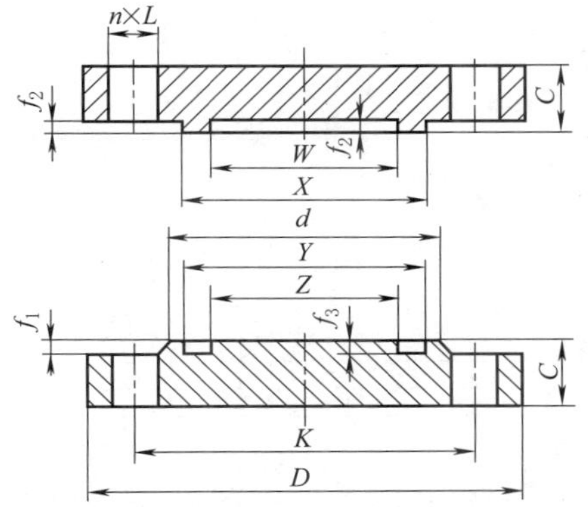

图 10-2-34　榫槽面（TG）钢制管法兰盖
（适用于 *PN*10、*PN*16、*PN*25、*PN*40、*PN*63 和 *PN*100）

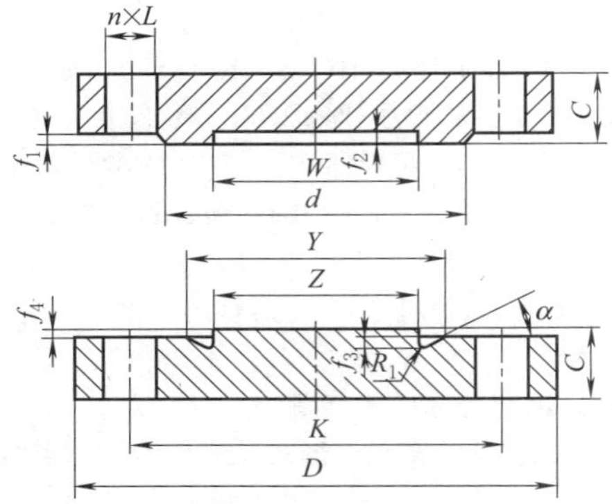

图 10-2-35　O 形圈面（OSG）钢制管法兰盖

（适用于 *PN*10、*PN*16、*PN*25 和 *PN*40）

表 10-2-80　　用 *PN* 标记的法兰盖密封面尺寸

公称尺寸 *DN*	*PN* 2.5	6	10	16	25	≥40	f_1/mm	f_2/mm	f_3/mm	f_4/mm	*W*/mm	*X*/mm	*Y*/mm	*Z*/mm	α ≈	R_1/mm
	d/mm															
10	35	35	40	40	40	40	2	4.5	4.0	2.0	24	34	35	23	—	
15	40	40	45	45	45	45					29	39	40	28	—	
20	50	50	58	58	58	58					36	50	51	35	41°	2.5
25	60	60	68	68	68	68					43	57	58	42		
32	70	70	78	78	78	78					51	65	66	50		
40	80	80	88	88	88	88	3				61	75	76	60		
50	90	90	102	102	102	102					73	87	88	72		
65	110	110	122	122	122	122					95	109	110	94		
80	128	128	138	138	138	138					106	120	121	105		
100	148	148	158	158	162	162		5.0	4.5	2.5	129	149	150	128	32°	3
125	178	178	188	188	188	188					155	175	176	154		
150	202	202	212	212	218	218					183	203	204	182		
200	258	258	268	268	278	285					239	259	260	238		
250	312	312	320	320	335	345					292	312	313	291		
300	365	365	370	378	395	410	4				343	363	364	342		
350	415	415	430	438	450	465		5.5	5.0	3.0	395	421	422	394	27°	3.5
400	465	465	482	490	505	535					447	473	474	446		
450	520	520	532	550	555	560					497	523	524	496		
500	570	570	585	610	615	615					549	575	576	548		
600	670	670	685	725	720	735	5				649	675	676	648		

表 10-2-81　　*PN*2.5 钢制管法兰盖

公称尺寸 *DN*	连接尺寸：法兰外径 *D*/mm	螺栓孔中心圆直径 *K*/mm	螺栓孔直径 *L*/mm	螺栓：数量 *n*/个	螺栓：螺纹规格	法兰盖厚度 *C*/mm
10	75	50	11	4	M10	12
15	80	55	11	4	M10	12
20	90	65	11	4	M10	14
25	100	75	11	4	M10	14
32	120	90	14	4	M12	14
40	130	100	14	4	M12	14
50	140	110	14	4	M12	14
65	160	130	14	4	M12	14
80	190	150	18	4	M16	16
100	210	170	18	4	M16	16

续表

公称尺寸 DN	连接尺寸					法兰盖厚度 C/mm
	法兰外径 D/mm	螺栓孔中心圆直径 K/mm	螺栓孔直径 L/mm	螺栓		
				数量 n/个	螺纹规格	
125	240	200	18	8	M16	18
150	265	225	18	8	M16	18
200	320	280	18	8	M16	20
250	375	335	18	12	M16	22
300	440	395	22	12	M20	22
350	490	445	22	12	M20	22
400	540	495	22	16	M20	22
450	595	550	22	16	M20	24
500	645	600	22	20	M20	24
600	755	705	26	20	M24	30

注：公称尺寸（DN）10~1000 的法兰使用 PN6 法兰的尺寸。

表 10-2-82　PN6 钢制管法兰盖

公称尺寸 DN	连接尺寸					法兰盖厚度 C/mm
	法兰外径 D/mm	螺栓孔中心圆直径 K/mm	螺栓孔直径 L/mm	螺栓		
				数量 n/个	螺纹规格	
10	75	50	11	4	M10	12
15	80	55	11	4	M10	12
20	90	65	11	4	M10	14
25	100	75	11	4	M10	14
32	120	90	14	4	M12	14
40	130	100	14	4	M12	14
50	140	110	14	4	M12	14
65	160	130	14	4	M12	14
80	190	150	18	4	M16	16
100	210	170	18	4	M16	16
125	240	200	18	8	M16	18
150	265	225	18	8	M16	18
200	320	280	18	8	M16	20
250	375	335	18	12	M16	22
300	440	395	22	12	M20	22
350	490	445	22	12	M20	22
400	540	495	22	16	M20	22
450	595	550	22	16	M20	24
500	645	600	22	20	M20	24
600	755	705	26	20	M24	30

表 10-2-83　PN10 钢制管法兰盖

公称尺寸 DN	连接尺寸					法兰盖厚度 C/mm
	法兰外径 D/mm	螺栓孔中心圆直径 K/mm	螺栓孔直径 L/mm	螺栓		
				数量 n/个	螺纹规格	
10	90	60	14	4	M12	16
15	95	65	14	4	M12	16
20	105	75	14	4	M12	18
25	115	85	14	4	M12	18
32	140	100	18	4	M16	18
40	150	110	18	4	M16	18
50	165	125	18	4	M16	18
65	185	145	18	8①	M16	18
80	200	160	18	8	M16	20
100	220	180	18	8	M16	20
125	250	210	18	8	M16	22
150	285	240	22	8	M20	22
200	340	295	22	8	M20	24
250	395	350	22	12	M20	26
300	445	400	22	12	M20	26
350	505	460	22	16	M20	26
400	565	515	26	16	M24	26
450	615	565	26	20	M24	28
500	670	620	26	20	M24	28
600	780	725	30	20	M27	34

① 对于铸铁法兰和铜合金法兰，该规格的法兰可能是 4 个螺栓孔的，因此，当制造厂和用户协商同意后，与铸铁法兰和铜合金法兰配对使用的钢制法兰可以采用 4 个螺栓孔。

注：公称尺寸（DN）10~40 的法兰使用 PN40 法兰的尺寸；公称尺寸（DN）50~150 的法兰使用 PN16 法兰的尺寸。

表 10-2-84　　PN16 钢制管法兰盖

公称尺寸 DN	连接尺寸					法兰盖厚度 C/mm
	法兰外径 D/mm	螺栓孔中心圆直径 K/mm	螺栓孔直径 L/mm	螺栓		
				数量 n/个	螺纹规格	
10	90	60	14	4	M12	16
15	95	65	14	4	M12	16
20	105	75	14	4	M12	18
25	115	85	14	4	M12	18
32	140	100	18	4	M16	18
40	150	110	18	4	M16	18
50	165	125	18	4	M16	18
65	185	145	18	8①	M16	18
80	200	160	18	8	M16	20
100	220	180	18	8	M16	20
125	250	210	18	8	M16	22
150	285	240	22	8	M20	22
200	340	295	22	12	M20	24
250	405	355	26	12	M24	26
300	460	410	26	12	M24	28
350	520	470	26	16	M24	30
400	580	525	30	16	M27	32
450	640	585	30	20	M27	40
500	715	650	33	20	M30	44
600	840	770	36	20	M33	54

① 对于铸铁法兰和铜合金法兰，该规格的法兰可能是 4 个螺栓孔的，因此，当制造厂和用户协商同意后，与铸铁法兰和铜合金法兰配对使用的钢制法兰可以采用 4 个螺栓孔。

注：公称尺寸（DN）10~40 的法兰使用 PN40 法兰的尺寸。

表 10-2-85　　PN25 钢制管法兰盖

公称尺寸 DN	连接尺寸					法兰盖厚度 C/mm
	法兰外径 D/mm	螺栓孔中心圆直径 K/mm	螺栓孔直径 L/mm	螺栓		
				数量 n/个	螺纹规格	
10	90	60	14	4	M12	16
15	95	65	14	4	M12	16
20	105	75	14	4	M12	18
25	115	85	14	4	M12	18
32	140	100	18	4	M16	18
40	150	110	18	4	M16	18
50	165	125	18	4	M16	20
65	185	145	18	8	M16	22
80	200	160	18	8	M16	24
100	235	190	22	8	M20	24
125	270	220	26	8	M24	26
150	300	250	26	8	M24	28
200	360	310	26	12	M24	30
250	425	370	30	12	M27	32
300	485	430	30	16	M27	34
350	555	490	33	16	M30	38
400	620	550	36	16	M33	40
450	670	600	36	20	M33	50
500	730	660	36	20	M33	51
600	845	770	39	20	M35	66

注：公称尺寸（DN）10~150 的法兰使用 PN40 法兰的尺寸。

表 10-2-86　　　　*PN*40 钢制管法兰盖

公称尺寸 *DN*	连接尺寸					法兰盖厚度 *C*/mm
	法兰外径 *D*/mm	螺栓孔中心圆直径 *K*/mm	螺栓孔直径 *L*/mm	螺栓		
				数量 *n*/个	螺纹规格	
10	90	60	14	4	M12	16
15	95	65	14	4	M12	16
20	105	75	14	4	M12	18
25	115	85	14	4	M12	18
32	140	100	18	4	M16	18
40	150	110	18	4	M16	18
50	165	125	18	4	M16	20
65	185	145	18	8	M16	22
80	200	160	18	8	M16	24
100	235	190	22	8	M20	24
125	270	220	26	8	M24	26
150	300	250	26	8	M24	28
200	375	320	30	12	M27	36
250	450	385	33	12	M30	38
300	515	450	33	16	M30	42
350	580	510	36	16	M33	46
400	660	585	39	16	M36	50
450	685	610	39	20	M36	57
500	755	670	42	20	M39	57
600	890	795	48	20	M45	72

（3）标记及标记示例

1）标记

钢制管法兰盖应按下列规定进行标记：

公称尺寸 - 公称压力　法兰盖代号（BL）　密封面形式代号　材料代号　标准编号

2）标记示例

示例 1：公称尺寸 *DN*600、公称压力 *PN*25、突面（RF）钢制管法兰盖（BL）、材料为 Q235A，其标记为：

法兰　*DN*600-*PN*25　BL　RF　Q235A　GB/T 9123

示例 2：公称尺寸 NPS 12（*DN* 300）、公称压力 Class 900、环连接面（RJ）钢制管法兰盖（BL）、材料为 06Cr19Ni10，其标记为：

法兰　NPS 12（或 *DN* 300）-Class 900　BL　RJ　06Cr19Ni10　GB/T 9123

8.9　钢制管法兰的技术条件（摘自 GB/T 9124—2010）

8.9.1　材料

1）*PN* 标记的钢制管法兰用材料应符合表 10-2-87 的规定；Class 标记的钢制管法兰用材料（本节未编入，见原标准）。法兰材料的化学成分、力学性能、使用温度和其他技术要求应符合表 10-2-87 及相关标准的规定。

2）管法兰用锻件（包括锻轧件）的级别及其技术要求参照 JB 4726~4728 标准，并且应符合如下规定。

① 公称压力为 *PN*2.5~*PN*16 的法兰用低碳钢和奥氏体不锈钢锻件，允许采用Ⅰ级锻件。

② 符合下列情况之一者，法兰用锻件应符合Ⅲ级或Ⅲ级以上锻件的要求：公称压力为大于等于 *PN*100 的法兰用锻件；公称压力为大于等于 *PN*63 的法兰用铬钼钢锻件；公称压力为大于等于 *PN*63 且工作温度小于等于 −20℃ 的法兰用铁素体钢锻件。

③ 其他法兰用锻件应符合Ⅱ级或Ⅱ级以上锻件的要求。

3）此处没有涉及法兰材料的选用准则，用户应考虑材料在实际使用过程中性能变坏的可能性。用户应该注意碳化物相转变成石墨，铁素体材料的过分氧化，奥氏体材料对晶间腐蚀的敏感性等问题。

4）当使用条件对材料具有某些特定的要求时，如需要材料进行特定的热处理，则用户应在订货合同中说明。

5）材料的力学性能应从代表材料的最终热处理状态的试样中获得。

表 10-2-87　　*PN* 标记的钢制管法兰用材料

材料组别	锻件		板材		铸件		钢管	
	材料牌号	标准	材料牌号	标准	材料牌号	标准	材料牌号	标准
1E0	—	—	Q235A Q235B	GB/T 700	—	—	—	—
			A 级钢	GB 712				
2E0	20	JB 4726	20	GB/T 711	WCA	GB/T 12229	—	—
			Q245R	GB 713				
	09MnNiD	JB 4727	09MnNiDR	GB 3531	LCA	JB/T 7248	—	—
3E0	A105	GB/T 12228	Q345R	GB 713	WCB	GB/T 12229	—	—
	16Mn	JB 4726						
	15MnV	JB 4726	Q370R	GB 713				
	16MnD	JB 4727	16MnDR	GB 3531	LCB	JB/T 7248	—	—
3E1	—	—	—	—	WCC	GB/T 12229	—	—
4E0	20MnMo	JB 4726	—	—	WC1	JB/T 5263	—	—
					ZG19MoG	GB/T 16253	—	—
	20MnMoD	JB 4727	—	—	—	—	—	—
5E0	15CrMo	JB 4726	15CrMoR	GB 713	ZG15Cr1MoG	GB/T 16253	—	—
					WC6	JB/T 5263	—	—
6E0	12Cr2Mo1	JB 4726	12Cr2Mo1R	GB 713	ZG12Cr2Mo1G	GB/T 16253	—	—
					WC9	JB/T 5263	—	—
6E1	1Cr5Mo	JB 4726	—	—	ZG16Cr5MoG	GB/T 16253	—	—
7E0	—	—	—	—	LCC	JB/T 7248	—	—
7E2	08MnNiCrMoVD	JB 4727	—	—	ZG24Ni2MoD	GB/T 16253	—	—
	—	—	—	—	LC2	JB/T 7248	—	—
7E3	—	—	—	—	LC3	JB/T 7248	—	—
	—	—	—	—	LC4	JB/T 7248	—	—
	—	—	—	—	LC9	JB/T 7248	—	—
9E1	—	—	—	—	C12A	JB/T 5263	—	—
					ZG14Cr9Mo1G	JB/T 16253		
10E0	00Cr19Ni10	JB 4728	022Cr19Ni10	GB/T 4237	CF3	GB/T 12230	00Cr19Ni10	GB/T 14976
10E1	—	—	022Cr19Ni10N	GB/T 4237	—	—	00Cr18Ni10N	GB/T 14976
11E0	0Cr18Ni9	JB 4728	06Cr19Ni10	GB/T 4237	CF8	GB/T 12230	0Cr18Ni9	GB/T 14976
12E0	0Cr18Ni10Ti	JB 4728	06Cr18Ni11Ti	GB/T 4237	ZG08Cr18Ni9Ti	GB/T 12230	0Cr18Ni10Ti	GB/T 14976
	—	—	06Cr18Ni11Nb	GB/T 4237	ZG08Cr20Ni10Nb	GB/T 16253	0Cr18Ni11Nb	GB/T 14976
13E0	00Cr17Ni14Mo2	JB 4728	022Cr17Ni12Mo2	GB/T 4237	CF3M	GB/T 12230	00Cr17Ni14Mo2	GB/T 14976
					ZG03Cr/9Ni11Mo2	GB/T 16253		
	—	—	022Cr19Ni13Mo3	GB/T 4237	ZG03Cr19Ni11Mo3	GB/T 16253	00Cr19Ni13Mo3	GB/T 14976
	—	—	015Cr21Ni26-Mo5Cu2	GB/T 4237	—	—	—	—
13E1	—	—	022Cr17Ni12Mo2N	GB/T 4237	—	—	00Cr17Ni13Mo2N	GB/T 14976
	—	—	022Cr17Ni16Mo5N	GB/T 4237	—	—	—	—
14E0	0Cr17Ni12Mo2	JB 4728	06Cr17Ni12Mo2	GB/T 4237	CF8M	GB/T 12230	0Cr17Ni12Mo2	GB/T 14976
					ZG07Cr19Ni11Mo2	GB/T 16253		
	—	—	06Cr19Ni13Mo3	GB/T 4237	ZG07Cr19Ni11Mo3	GB/T 16253	0Cr19Ni13Mo3	GB/T 14976

续表

材料组别	锻件		板材		铸件		钢管	
	材料牌号	标准	材料牌号	标准	材料牌号	标准	材料牌号	标准
15E0	0Cr18Ni12Mo2Ti	JB 4728	06Cr17Ni12Mo2Ti	GB/T 4237	ZG08Cr18Ni12-Mo2Ti	GB/T 12230	0Cr18Ni12Mo2Ti	GB/T 14976
	—	—	06Cr17Ni12Mo2Nb	GB/T 4237	ZG08Cr19Ni11-Mo2Nb	GB/T 12230	—	—
16E0	—	—	022Cr22Ni5Mo3N	GB/T 4237	—	—	—	—
	—	—	022Cr23Ni5Mo3N	GB/T 4237	—	—	—	—

8.9.2 压力-温度额定值

1）*PN* 标记的法兰压力-温度额定值应符合表 10-2-88～表 10-2-93 的规定。

2）Class 标记的法兰压力-温度额定值未编入本节，见原标准。

3）根据压力-温度额定值确定不同材料在不同使用温度下的最大允许工作压力（MPa），对于中间温度允许用线性内插法确定在该温度下法兰的最大允许工作压力（MPa），对于特殊的材料，其压力-温度额定值根据设计的规定。

4）如果在一对法兰连接中的两个法兰的压力-温度额定值不相同，那么这一对法兰的压力-温度额定值由两个法兰中较低的一个法兰所决定。

5）一个法兰连接由法兰、垫片和螺栓等三个相互分离、相互独立而又相互关联的元件组装而成，法兰连接还受装配的影响。在选用这些元件时必须进行严格的控制，使法兰连接具有良好的密封性。为了使法兰连接在使用中获得良好的密封性能，需要采取一些特殊的技术，如控制螺栓的预紧力等。

6）对于低于－29℃的任何温度，其最大允许工作压力（MPa）不应大于－29℃时的最大允许工作压力（MPa）。

7）用于高温或者低温下的法兰，应该考虑连接管道和设备因温度变化而产生的力和力矩会引起法兰泄漏的危险。用于高温下的法兰，随着使用温度的升高，法兰、螺栓和垫片将会逐渐松弛，螺栓的载荷随之逐渐降低，法兰的密封性能相应的逐渐下降。用于低温下的法兰，尤其是一些含碳的钢法兰，其韧性显著降低，在这种情况下，法兰有可能无法安全地承受冲击载荷、应力和温度突变，或者会产生高的应力集中。因此，要求根据有关标准测试材料在低温下的冲击性能，以保证法兰在低温下的安全使用。

表 10-2-88　　*PN* 2.5 法兰的压力-温度额定值

材料组别	温度/℃																							
	－10～50	100	150	200	250	300	350	400	450	460	470	480	490	500	510	520	530	540	550	560	570	580	590	600
	最大允许工作压力/MPa																							
1E0	0.25	0.25	0.22	0.20	0.17	0.15	—	—	—	—	—	—	—	—	—	—	—	—	—	—	—	—	—	—
2E0	0.25	0.25	0.22	0.20	0.17	0.15	0.12	0.09	—	—	—	—	—	—	—	—	—	—	—	—	—	—	—	—
3E0	0.25	0.23	0.22	0.20	0.19	0.17	0.16	0.14	0.08	—	—	—	—	—	—	—	—	—	—	—	—	—	—	—
3E1	0.25	0.25	0.25	0.25	0.24	0.22	0.20	0.18	0.10	—	—	—	—	—	—	—	—	—	—	—	—	—	—	—
4E0	0.25	0.25	0.25	0.25	0.24	0.21	0.20	0.18	0.17	0.16	0.14	0.13	0.12	0.11	0.08	0.07	0.05	—	—	—	—	—	—	—
5E0	0.25	0.25	0.25	0.25	0.25	0.25	0.23	0.22	0.21	0.20	0.19	0.18	0.17	0.16	0.13	0.11	0.09	0.07	0.05	0.04	0.03	—	—	—
6E0	0.25	0.25	0.25	0.25	0.25	0.25	0.24	0.23	0.22	0.20	0.19	0.18	0.17	0.16	0.14	0.12	0.10	0.09	0.08	0.06	0.06	0.05	0.04	0.04
6E1	0.25	0.25	0.25	0.25	0.25	0.25	0.25	0.25	0.25	0.25	0.25	0.21	0.17	0.13	0.11	0.09	0.08	0.07	0.05	0.05	0.04	—	—	—
9E1	0.25	0.25	0.25	0.25	0.25	0.25	0.25	0.25	0.25	0.25	0.25	0.25	0.25	0.25	0.25	0.25	0.23	0.21	0.19	0.17	0.15	0.14	0.12	0.11
10E0	0.25	0.21	0.19	0.17	0.16	0.15	0.14	0.13	0.13	0.13	0.13	0.12	0.12	0.12	0.12	0.11	0.11	0.10	0.10	0.10	0.09	0.08	0.07	0.07
10E1	0.25	0.25	0.25	0.22	0.20	0.19	0.19	0.18	0.18	0.18	0.18	0.17	0.17	0.17	—	—	—	—	—	—	—	—	—	—
11E0	0.25	0.22	0.20	0.18	0.17	0.16	0.15	0.14	0.14	0.14	0.14	0.14	0.14	0.14	0.13	0.12	0.11	0.10	0.10	0.10	0.09	0.08	0.07	0.07
12E0	0.25	0.25	0.23	0.22	0.21	0.19	0.19	0.18	0.18	0.18	0.18	0.17	0.17	0.17	0.17	0.17	0.16	0.16	0.16	0.15	0.14	0.12	0.11	0.10
13E0	0.25	0.23	0.21	0.19	0.18	0.17	0.16	0.16	0.15	0.15	0.15	0.15	0.15	0.15	—	—	—	—	—	—	—	—	—	—

续表

材料组别	温度/℃																						
	−10~50	100	150	200	250	300	350	400	450	460	470	480	490	500	510	520	530	540	550	560	570	580	590	600
	最大允许工作压力/MPa																						
13E1	0.25	0.24	0.22	0.19	0.18	0.17	0.17	0.16	0.16	0.16	0.16	0.15	0.15	0.15	—	—	—	—	—	—	—	—	—	—
14E0	0.25	0.25	0.22	0.21	0.19	0.18	0.17	0.17	0.16	0.16	0.16	0.16	0.16	0.16	0.16	0.16	0.16	0.16	0.16	0.16	0.15	0.15	0.15	0.14
15E0	0.25	0.25	0.24	0.23	0.22	0.20	0.20	0.19	0.19	0.19	0.19	0.18	0.18	0.18	0.18	0.18	0.18	0.18	0.18	0.18	0.18	0.16	0.15	0.13
16E0	0.25	0.25	0.25	0.25	0.25	—	—	—	—	—	—	—	—	—	—	—	—	—	—	—	—	—	—	—

表 10-2-89　　*PN* 6 法兰的压力-温度额定值

材料组别	温度/℃																						
	常温	100	150	200	250	300	350	400	450	460	470	480	490	500	510	520	530	540	550	560	570	580	590	600
	最大允许工作压力/MPa																						
1E0	0.60	0.60	0.54	0.48	0.42	0.36	—	—	—	—	—	—	—	—	—	—	—	—	—	—	—	—	—	—
2E0	0.60	0.60	0.54	0.48	0.42	0.36	0.30	0.21	—	—	—	—	—	—	—	—	—	—	—	—	—	—	—	—
3E0	0.60	0.55	0.52	0.50	0.45	0.41	0.38	0.35	0.19	—	—	—	—	—	—	—	—	—	—	—	—	—	—	—
3E1	0.60	0.60	0.60	0.60	0.58	0.52	0.48	0.44	0.24	—	—	—	—	—	—	—	—	—	—	—	—	—	—	—
4E0	0.60	0.60	0.60	0.60	0.58	0.51	0.48	0.44	0.41	0.38	0.35	0.32	0.29	0.26	0.21	0.16	0.13	—	—	—	—	—	—	—
5E0	0.60	0.60	0.60	0.60	0.60	0.60	0.57	0.54	0.50	0.48	0.45	0.43	0.40	0.39	0.33	0.26	0.22	0.17	0.14	0.11	0.09			
6E0	0.60	0.60	0.60	0.60	0.60	0.60	0.58	0.55	0.52	0.50	0.47	0.44	0.41	0.38	0.33	0.29	0.25	0.22	0.19	0.16	0.14	0.12	0.10	0.9
6E1	0.60	0.60	0.60	0.60	0.60	0.60	0.60	0.60	0.60	0.60	0.60	0.50	0.41	0.32	0.27	0.23	0.20	0.16	0.14	0.12	0.10	—	—	—
9E1	0.60	0.60	0.60	0.60	0.60	0.60	0.60	0.60	0.60	0.60	0.60	0.60	0.60	0.60	0.60	0.60	0.57	0.52	0.47	0.42	0.38	0.34	0.30	0.26
10E0	0.60	0.50	0.46	0.42	0.39	0.36	0.34	0.33	0.32	0.32	0.32	0.31	0.31	0.31	0.30	0.29	0.28	0.27	0.26	0.24	0.22	0.20	0.18	0.16
10E1	0.60	0.60	0.60	0.53	0.50	0.47	0.46	0.44	0.43	0.43	0.43	0.42	0.42	0.42	0.42	—	—	—	—	—	—	—	—	—
11E0	0.60	0.54	0.49	0.44	0.41	0.38	0.36	0.35	0.35	0.35	0.35	0.34	0.34	0.34	0.33	0.32	0.20	0.28	0.26	0.24	0.22	0.20	0.18	0.16
12E0	0.60	0.59	0.56	0.53	0.50	0.47	0.46	0.44	0.43	0.43	0.43	0.42	0.42	0.42	0.42	0.41	0.41	0.40	0.40	0.36	0.33	0.30	0.27	0.24
13E0	0.60	0.56	0.51	0.47	0.44	0.41	0.39	0.38	0.37	0.37	0.37	0.36	0.36	0.36	—	—	—	—	—	—	—	—	—	—
13E1	0.60	0.57	0.52	0.47	0.44	0.41	0.40	0.39	0.38	0.38	0.38	0.37	0.37	0.37	—	—	—	—	—	—	—	—	—	—
14E0	0.60	0.60	0.54	0.50	0.47	0.44	0.42	0.41	0.40	0.40	0.40	0.39	0.38	0.39	0.39	0.39	0.39	0.39	0.39	0.38	0.38	0.37	0.37	0.33
15E0	0.60	0.60	0.58	0.56	0.53	0.50	0.48	0.46	0.46	0.46	0.46	0.45	0.45	0.45	0.45	0.45	0.44	0.44	0.44	0.44	0.44	0.40	0.36	0.33
16E0	0.60	0.60	0.60	0.60	0.60	—	—	—	—	—	—	—	—	—	—	—	—	—	—	—	—	—	—	—

表 10-2-90　　*PN* 10 法兰的压力-温度额定值

材料组别	温度/℃																						
	常温	100	150	200	250	300	350	400	450	460	470	480	490	500	510	520	530	540	550	560	570	580	590	600
	最大允许工作压力/MPa																						
1E0	1.00	1.00	0.90	0.80	0.70	0.60	—	—	—	—	—	—	—	—	—	—	—	—	—	—	—	—	—	—
2E0	1.00	1.00	0.90	0.80	0.70	0.60	0.50	0.35	—	—	—	—	—	—	—	—	—	—	—	—	—	—	—	—
3E0	1.00	0.92	0.88	0.83	0.76	0.69	0.64	0.59	0.32	—	—	—	—	—	—	—	—	—	—	—	—	—	—	—
3E1	1.00	1.00	1.00	1.00	0.97	0.88	0.80	0.73	0.40	—	—	—	—	—	—	—	—	—	—	—	—	—	—	—
4E0	1.00	1.00	1.00	1.00	0.97	0.85	0.80	0.74	0.69	0.64	0.59	0.54	0.49	0.44	0.35	0.28	0.22	—	—	—	—	—	—	—
5E0	1.00	1.00	1.00	1.00	1.00	1.00	0.95	0.90	0.84	0.80	0.76	0.72	0.68	0.65	0.55	0.44	0.37	0.29	0.23	0.19	0.15	—	—	—
6E0	1.00	1.00	1.00	1.00	1.00	1.00	0.97	0.92	0.88	0.83	0.78	0.73	0.69	0.64	0.56	0.49	0.42	0.37	0.32	0.27	0.24	0.20	0.18	0.16
6E1	1.00	1.00	1.00	1.00	1.00	1.00	1.00	1.00	1.00	1.00	1.00	0.84	0.69	0.53	0.45	0.38	0.33	0.28	0.23	0.20	0.17	—	—	—
9E1	1.00	1.00	1.00	1.00	1.00	1.00	1.00	1.00	1.00	1.00	1.00	1.00	1.00	1.00	1.00	1.00	0.95	0.87	0.79	0.71	0.63	0.57	0.50	0.44
10E0	1.00	0.86	0.77	0.70	0.65	0.60	0.57	0.55	0.53	0.52	0.52	0.51	0.51	0.51	0.49	0.47	0.45	0.44	0.43	0.40	0.37	0.34	0.30	0.28
10E1	1.00	1.00	1.00	0.89	0.83	0.79	0.76	0.74	0.72	0.72	0.71	0.71	0.70	0.70	—	—	—	—	—	—	—	—	—	—
11E0	1.00	0.90	0.81	0.74	0.69	0.64	0.61	0.59	0.58	0.58	0.58	0.57	0.57	0.57	0.54	0.51	0.48	0.46	0.43	0.40	0.37	0.34	0.30	0.28
12E0	1.00	1.00	0.93	0.88	0.84	0.79	0.76	0.74	0.72	0.72	0.71	0.71	0.70	0.70	0.69	0.69	0.68	0.68	0.67	0.61	0.56	0.50	0.45	0.40
13E0	1.00	0.94	0.86	0.79	0.74	0.69	0.66	0.64	0.62	0.62	0.61	0.61	0.60	0.60	—	—	—	—	—	—	—	—	—	—
13E1	1.00	0.96	0.87	0.78	0.73	0.69	0.67	0.64	0.63	0.63	0.62	0.62	0.61	0.61	—	—	—	—	—	—	—	—	—	—
14E0	1.00	1.00	0.90	0.84	0.79	0.74	0.71	0.68	0.67	0.67	0.67	0.66	0.66	0.66	0.66	0.66	0.65	0.65	0.65	0.64	0.63	0.62	0.61	0.56
15E0	1.00	1.00	0.98	0.93	0.88	0.83	0.80	0.78	0.76	0.76	0.76	0.75	0.75	0.75	0.75	0.75	0.74	0.74	0.74	0.74	0.73	0.67	0.60	0.55
16E0	1.00	1.00	1.00	1.00	1.00	—	—	—	—	—	—	—	—	—	—	—	—	—	—	—	—	—	—	—

表 10-2-91　　*PN* 16 法兰的压力-温度额定值

材料组别	温度/℃																							
	常温	100	150	200	250	300	350	400	450	460	470	480	490	500	510	520	530	540	550	560	570	580	590	600
	最大允许工作压力/MPa																							
1E0	1.60	1.60	1.44	1.28	1.12	0.96	—	—	—	—	—	—	—	—	—	—	—	—	—	—	—	—	—	—
2E0	1.60	1.60	1.44	1.28	1.12	0.96	0.80	0.56	—	—	—	—	—	—	—	—	—	—	—	—	—	—	—	—
3E0	1.60	1.48	1.40	1.33	1.21	1.10	1.02	0.95	0.52	—	—	—	—	—	—	—	—	—	—	—	—	—	—	—
3E1	1.60	1.60	1.60	1.60	1.56	1.40	1.29	1.18	0.64	—	—	—	—	—	—	—	—	—	—	—	—	—	—	—
4E0	1.60	1.60	1.60	1.60	1.56	1.37	1.29	1.19	1.10	1.02	0.94	0.86	0.78	0.70	0.56	0.44	0.35	—	—	—	—	—	—	—
5E0	1.60	1.60	1.60	1.60	1.60	1.60	1.52	1.44	1.34	1.28	1.21	1.15	1.08	1.04	0.88	0.71	0.59	0.46	0.37	0.30	0.25	—	—	—
6E0	1.60	1.60	1.60	1.60	1.60	1.60	1.56	1.48	1.40	1.33	1.25	1.18	1.10	1.02	0.89	0.78	0.68	0.59	0.51	0.44	0.38	0.33	0.28	0.25
6E1	1.60	1.60	1.60	1.60	1.60	1.60	1.60	1.60	1.60	1.60	1.60	1.35	1.10	0.86	0.73	0.61	0.53	0.44	0.38	0.32	0.28	—	—	—
9E1	1.60	1.60	1.60	1.60	1.60	1.60	1.60	1.60	1.60	1.60	1.60	1.60	1.60	1.60	1.60	1.60	1.53	1.39	1.26	1.14	1.02	0.91	0.80	0.71
10E0	1.60	1.37	1.23	1.12	1.04	0.96	0.92	0.88	0.85	0.85	0.84	0.84	0.83	0.83	0.81	0.79	0.76	0.73	0.70	0.64	0.59	0.54	0.49	0.44
10E1	1.60	1.60	1.60	1.42	1.33	1.27	1.22	1.18	1.16	0.15	0.14	0.14	0.13	1.13	—	—	—	—	—	—	—	—	—	—
11E0	1.60	1.45	1.31	1.19	1.10	1.02	0.98	0.95	0.93	0.93	0.92	0.92	0.91	0.91	0.87	0.83	0.78	0.74	0.70	0.64	0.59	0.54	0.49	0.44
12E0	1.60	1.58	1.49	1.41	1.34	1.27	1.22	1.18	1.16	1.16	1.15	1.15	1.14	1.13	1.12	1.11	1.10	1.09	1.08	0.98	0.89	0.81	0.73	0.65
13E0	1.60	1.51	1.37	1.27	1.19	1.10	1.05	1.02	1.00	1.00	0.99	0.98	0.97	0.97	—	—	—	—	—	—	—	—	—	—
13E1	1.60	1.53	1.39	1.24	1.17	1.10	1.07	1.03	1.01	1.01	1.00	1.00	0.99	0.98	—	—	—	—	—	—	—	—	—	—
14E0	1.60	1.60	1.45	1.34	1.27	1.18	1.14	1.09	1.07	1.07	1.06	1.06	1.05	1.05	1.05	1.05	1.04	1.04	1.04	1.03	1.01	1.00	0.99	0.89
15E0	1.60	1.60	1.56	1.49	1.41	1.33	1.28	1.24	1.22	1.22	1.21	1.21	1.20	1.20	1.20	1.20	1.19	1.19	1.19	1.18	1.17	1.07	0.97	0.88
16E0	1.60	1.60	1.60	1.60	1.60	—	—	—	—	—	—	—	—	—	—	—	—	—	—	—	—	—	—	—

表 10-2-92　　*PN* 25 法兰的压力-温度额定值

材料组别	温度/℃																							
	常温	100	150	200	250	300	350	400	450	460	470	480	490	500	510	520	530	540	550	560	570	580	590	600
	最大允许工作压力/MPa																							
1E0	—	—	—	—	—	—	—	—	—	—	—	—	—	—	—	—	—	—	—	—	—	—	—	—
2E0	2.50	2.50	2.25	2.00	1.75	1.50	1.25	0.88	—	—	—	—	—	—	—	—	—	—	—	—	—	—	—	—
3E0	2.50	2.32	2.20	2.08	1.90	1.72	1.60	1.48	0.82	—	—	—	—	—	—	—	—	—	—	—	—	—	—	—
3E1	2.50	2.50	2.50	2.50	2.44	2.20	2.02	1.84	1.01	—	—	—	—	—	—	—	—	—	—	—	—	—	—	—
4E0	2.50	2.50	2.50	2.50	2.44	2.14	2.02	1.86	1.72	1.60	1.47	1.35	1.23	1.10	0.88	7.0	0.55	—	—	—	—	—	—	—
5E0	2.50	2.50	2.50	2.50	2.50	2.50	2.38	2.25	2.10	2.00	1.90	1.80	1.70	1.63	1.38	1.11	0.92	0.72	0.58	0.47	0.39	—	—	—
6E0	2.50	2.50	2.50	2.50	2.50	2.50	2.44	2.32	2.20	2.08	1.96	1.84	1.72	1.60	1.40	1.22	1.07	0.92	0.80	0.69	0.60	0.52	0.45	0.40
6E1	2.50	2.50	2.50	2.50	2.50	2.50	2.50	2.50	2.50	2.50	2.50	2.12	1.73	1.34	1.14	0.96	0.83	0.70	0.59	0.51	0.44	—	—	—
9E1	2.50	2.50	2.50	2.50	2.50	2.50	2.50	2.50	2.50	2.50	2.50	2.50	2.50	2.50	2.50	2.50	2.39	2.17	1.97	1.78	1.59	1.42	1.26	1.11
10E0	2.50	2.15	1.92	1.75	1.63	1.51	1.44	1.38	1.33	1.32	1.31	1.30	1.29	1.29	1.25	1.21	1.17	1.13	1.09	1.01	0.92	0.85	0.77	0.70
10E1	2.50	2.50	2.50	2.22	2.08	1.98	1.91	1.85	1.81	1.80	1.79	1.78	1.77	1.77	—	—	—	—	—	—	—	—	—	—
11E0	2.50	2.27	2.04	1.86	1.72	1.60	1.53	1.48	1.45	1.45	1.44	1.43	1.42	1.42	1.36	1.30	1.23	1.16	1.09	1.01	0.92	0.85	0.77	0.70
12E0	2.50	2.47	2.33	2.21	2.10	1.98	1.91	1.85	1.81	1.81	1.80	1.79	1.78	1.77	1.76	1.75	1.73	1.71	1.69	1.53	1.40	1.27	1.14	1.02
13E0	2.50	2.36	2.15	1.98	1.86	1.72	1.65	1.60	1.56	1.56	1.55	1.54	1.53	1.52	—	—	—	—	—	—	—	—	—	—
14E0	2.50	2.50	2.27	2.10	1.98	1.85	1.78	1.71	1.68	1.68	1.67	1.66	1.65	1.65	1.65	1.64	1.64	1.63	1.63	1.60	1.58	1.56	1.54	1.40
15E0	2.50	2.50	2.45	2.33	2.21	2.08	2.01	1.95	1.91	1.91	1.90	1.89	1.88	1.88	1.88	1.87	1.87	1.86	1.86	1.85	1.83	1.67	1.52	1.38
16E0	2.50	2.50	2.50	2.50	2.50	—	—	—	—	—	—	—	—	—	—	—	—	—	—	—	—	—	—	—

表 10-2-93　　*PN*40 法兰的压力-温度额定值

材料组别	温度/℃																							
	常温	100	150	200	250	300	350	400	450	460	470	480	490	500	510	520	530	540	550	560	570	580	590	600
	最大允许工作压力/MPa																							
1E0	—	—	—	—	—	—	—	—	—	—	—	—	—	—	—	—	—	—	—	—	—	—	—	—
2E0	4.00	4.00	3.60	3.20	2.80	2.40	2.00	1.40	—	—	—	—	—	—	—	—	—	—	—	—	—	—	—	—
3E0	4.00	3.71	3.52	3.33	3.04	2.76	2.57	2.38	1.31	—	—	—	—	—	—	—	—	—	—	—	—	—	—	—
3E1	4.00	4.00	4.00	4.00	3.90	3.52	3.23	2.95	1.61	—	—	—	—	—	—	—	—	—	—	—	—	—	—	—
4E0	4.00	4.00	4.00	4.00	3.90	3.42	3.23	2.99	2.76	2.56	2.36	2.16	1.97	1.77	1.40	1.12	0.89	—	—	—	—	—	—	—
5E0	4.00	4.00	4.00	4.00	4.00	4.00	3.80	3.60	3.37	3.20	3.04	2.88	2.72	2.60	2.20	1.79	1.48	1.16	0.93	0.76	0.62	—	—	—
6E0	4.00	4.00	4.00	4.00	4.00	4.00	3.90	3.71	3.52	3.33	3.14	2.95	2.76	2.57	2.24	1.96	1.71	1.48	1.29	1.10	0.97	0.83	0.72	0.64
6E1	4.00	4.00	4.00	4.00	4.00	4.00	4.00	4.00	4.00	4.00	4.00	3.39	2.77	21.5	1.82	1.54	1.33	1.12	0.95	0.81	0.70	—	—	—
9E1	4.00	4.00	4.00	4.00	4.00	4.00	4.00	4.00	4.00	4.00	4.00	4.00	4.00	4.00	4.00	4.00	3.82	3.48	3.16	2.85	2.55	2.28	2.01	1.79
10E0	4.00	3.44	3.08	2.80	2.60	2.41	2.30	2.20	2.14	2.13	2.12	2.11	2.09	2.07	2.01	1.95	1.89	1.83	1.75	1.61	1.48	1.37	1.23	1.12
10E1	4.00	4.00	4.00	3.56	3.33	3.18	3.06	2.97	2.90	2.89	2.88	2.86	2.84	2.83	—	—	—	—	—	—	—	—	—	—
11E0	4.00	3.63	3.27	2.99	2.76	2.57	2.45	2.38	2.33	2.32	2.31	2.30	2.29	2.28	2.18	2.08	1.98	1.87	1.75	1.61	1.48	1.37	1.23	1.12
12E0	4.00	4.00	3.73	3.54	3.37	3.18	3.06	2.97	2.90	2.89	2.88	2.87	2.85	2.83	2.81	2.79	2.76	2.73	2.70	2.45	2.24	2.03	1.82	1.63
13E0	4.00	3.79	3.44	3.18	2.99	2.76	2.64	2.57	2.50	2.49	2.48	2.47	2.45	2.43	—	—	—	—	—	—	—	—	—	—
14E0	4.00	3.82	3.47	3.11	2.93	2.76	2.67	2.58	2.52	2.51	2.50	2.49	2.47	2.45	—	—	—	—	—	—	—	—	—	—
13E1	4.00	4.00	3.63	3.37	3.18	2.97	2.85	2.74	2.69	2.68	2.67	2.66	2.65	2.64	2.64	2.63	2.62	2.61	2.60	2.57	2.54	2.50	2.47	2.24
15E0	4.00	4.00	3.92	3.73	3.54	3.33	3.21	3.12	3.06	3.05	3.04	3.03	3.02	3.00	3.00	3.00	2.99	2.99	2.99	2.96	2.93	2.68	2.43	2.20
16E0	4.00	4.00	4.00	4.00	4.00	—	—	—	—	—	—	—	—	—	—	—	—	—	—	—	—	—	—	—

8.9.3　尺寸与公差

（1）尺寸

1）法兰的尺寸应符合 GB/T 9113~9123 的规定。

2）带颈平焊法兰（SO）、带颈螺纹法兰（Th）、带颈承插焊法兰（SW）及对焊环带颈松套法兰（HL/W）的颈部可以是圆柱形的，或者是锥形的。为了便于制造可在外表面设计不超过 7°的拔模斜度。

3）对于 *PN* 标记的法兰，密封面形式为突面（RF）、凹面（F）、槽面（G）及 O 形圈槽面（OG），密封面凸台与法兰面之间的过渡一般采用 45°倒角，也可以根据制造厂的设计采用其他角度的倒角或圆角。

4）与钢管对焊连接的法兰，法兰颈部厚度 *S* 应不小于钢管的厚度，用户应在订货时注明钢管的规格。本系列标准中所列的 *S* 值仅适用于用户未提出具体要求的场合。

（2）尺寸公差

1）用 *PN* 标记的法兰尺寸公差应符合表 10-2-94 的规定。

2）用 Class 标记的法兰尺寸公差未编入本节，见原标准。

表 10-2-94　　用 *PN* 标记的法兰尺寸公差

项目	法兰类型	尺寸范围	尺寸公差/mm
法兰颈部外径 *A*	对焊法兰 A 型对焊环板式松套法兰 （PL/W-A）	≤*DN* 125	+3.0 0
		DN 150~*DN* 1200	+4.5 0
		≥*DN* 1400	+6.0 0
	B 型对焊环板式松套法兰（PL/W-B） 翻边短节板式松套法兰（PL/P-B） 管端翻边板式松套法兰（PL/P-A）	≤*DN* 150	±0.75%，最小为±0.3
		≥*DN* 200	±1%，最大为±3.0

续表

项目	法兰类型	尺寸范围	尺寸公差/mm	
孔径 *B*	板式平焊法兰(PL) A 型对焊环板式松套法兰(PL/W-A) B 型对焊环板式松套法兰(PL/W-B) 带颈平焊法兰(SO) 平焊环板式松套法兰(PL/C) 管端翻边板式松套法兰(PL/P-A) 翻边短节板式松套法兰(PL/P-B)	≤*DN* 100	+0.5 0	
		DN 125~*DN* 400	+1.0 0	
		DN 450~*DN* 600	+1.5 0	
		≥*DN* 700	+3.0 0	
法兰颈部厚度 *S*	对焊法兰(WN) A 型对焊环板式松套法兰 (PL/W-A)		颈部内外均加工	颈部内外至少一面未加工
		≤*DN* 100	+1.0 0	+2.0 0
		DN 125~*DN*400	+1.5 0	+2.5 0
法兰颈部厚度 *S*	对焊法兰(WN) A 型对焊环板式松套法兰(PL/W-A)	≥*DN* 450	+2.0 0	+3.5 0
	B 型对焊环板式松套法兰 (PL/W-B)	*S*≤8	+15% -10%	
		S>8	+15% -5%	
	管端翻边板式松套法兰 (PL/P-A) 翻边短节板式松套法兰 (PL/P-B)	≤*DN* 600	+15% -12.5%	
		≥*DN* 700	+15% -0.5	
法兰外径 *D*	整体法兰(IF)	≤*DN* 250	±4.0	
		DN 300~*DN* 500	±5.0	
		DN 600~*DN* 800	±6.0	
		DN 900~*DN* 1200	±7.0	
		DN 1400~*DN* 1600	±8.0	
		DN 1800~*DN* 2000	±10.0	
	其他型式法兰	≤*DN* 150	±2.0	
		DN 200~*DN* 500	±3.0	
		DN 600~*DN* 1200	±5.0	
		DN 1400~*DN* 1800	±7.0	
		≥*DN* 2000	±10.0	
法兰高度 *H*	所有带颈法兰	≤*DN* 80	±1.5	
		DN 100~*DN* 250	±2.0	
		≥*DN* 300	±3.0	
法兰颈部直径 *N*	对焊法兰(WN) A 型对焊环板式松套法兰 (PL/W-A) 整体法兰(IF)	≤*DN* 50	0 -2.0	
		DN 65~*DN* 150	0 -4.0	
		DN 200~*DN* 300	0 -6.0	
		DN 350~*DN* 600	0 -8.0	
		DN 700~*DN* 4000	0 -10.0	
	带颈平焊法兰(SO) 带颈螺纹法兰(Th)	≤*DN* 50	+1.0 0	
		DN 65~*DN* 150	+2.0 0	

续表

项目		法兰类型	尺寸范围		尺寸公差/mm
法兰颈部直径 N		带颈平焊法兰(SO) 带颈螺纹法兰(Th)	DN 200~DN 300		+4.0 0
			DN 350~DN 600		+8.0 0
			DN 700~DN 1200		+12.0 0
			DN 1400~DN 1800		+16.0 0
			≥DN 200		+20.0 0
环厚度 F、F_1		B 型对焊环板式松套法兰(PL/W-B)	F≤18mm		±1.0
			F>18mm		±1.5
		翻边短节板式松套法兰(PL/P-B)	≤18mm		±10%
		管端翻边板式松套法兰(PL/P-A)	≤5mm		±0.2
法兰厚度 C		两侧均机械加工的所有型式法兰	C≤18mm		+1.0 -1.3
			18mm<C≤50mm		±1.5
			C>50mm		±2.0
		只加工一侧的所有法兰 两侧均未加工的松套法兰	C≤18mm		+2.0 -1.3
			18mm<C≤50mm		+4.0 -1.5
			C>50mm		+7.0 -2.0
法兰密封面尺寸	d	所有类型法兰	≤DN 250		+2.0 -1.0
			≥DN 300		+3.0 -1.0
	f_1	所有类型法兰 (密封面形式为突面、凹面、槽面)	≤DN 32	f_1=2mm	0 -1
			DN 40~DN 250	f_1=3mm	0 -2
			DN 300~DN 500	f_1=4mm	0 -3
			≥DN 600	f_1=5mm	0 -4
	f_2	所有类型法兰 (密封面形式为榫面、凸面、O 形圈凸面)	所有尺寸		+0.5 0
	f_3	所有类型法兰 (槽面、凹面)	所有尺寸		+0.5 0
		所有类型法兰(O 形圈槽面)	所有尺寸		+0.2 0
	f_4	所有类型法兰(O 形圈槽面)	所有尺寸		+0.5 0
	W	所有类型法兰	所有尺寸		+0.5 0
	X	所有类型法兰	所有尺寸		0 -0.5
	Y	所有类型法兰	所有尺寸		+0.5 0
	Z	所有类型法兰	所有尺寸		0 -0.5

续表

<table>
<tr><th>项目</th><th colspan="2">法兰类型</th><th colspan="2">尺寸范围</th><th>尺寸公差/mm</th></tr>
<tr><td rowspan="3">螺栓孔中心圆直径 K</td><td colspan="2" rowspan="3">所有类型法兰</td><td rowspan="3">螺栓尺寸</td><td>≤M24</td><td>±1.0</td></tr>
<tr><td>M27～M45</td><td>±1.5</td></tr>
<tr><td>≥M48</td><td>±2.0</td></tr>
<tr><td rowspan="3">相邻两螺栓孔的弦距</td><td colspan="2" rowspan="3">所有类型法兰</td><td rowspan="3">螺栓尺寸</td><td>≤M24</td><td>±1.0</td></tr>
<tr><td>M27～M45</td><td>±1.5</td></tr>
<tr><td>≥M48</td><td>±2.0</td></tr>
<tr><td rowspan="2">机加工面的同轴度公差</td><td colspan="2" rowspan="2">所有类型法兰</td><td colspan="2">≤DN 65</td><td>1.0</td></tr>
<tr><td colspan="2">≥DN 80</td><td>2.0</td></tr>
<tr><td rowspan="2">密封面与螺栓支承面的夹角</td><td rowspan="2">所有类型法兰</td><td>机加工的螺栓支承面</td><td colspan="2">所有尺寸</td><td>1°</td></tr>
<tr><td>未机加工的螺栓支承面</td><td colspan="2">所有尺寸</td><td>2°</td></tr>
</table>

8.9.4 连接密封面

（1）法兰密封面的形式应符合 GB/T 9112 的规定。

（2）法兰的连接密封面应进行机械加工，加工表面粗糙度应符合表 10-2-95 的规定。用户有特殊要求应在订货合同中注明。

（3）环连接密封面法兰的环槽密封面的硬度应高于所配合的金属环垫的硬度。

表 10-2-95　　密封面的表面粗糙度

<table>
<tr><th rowspan="2">密封面形式</th><th rowspan="2">密封面代号</th><th colspan="2">Ra/μm</th><th colspan="2">Rz/μm</th></tr>
<tr><th>min</th><th>max</th><th>min</th><th>max</th></tr>
<tr><td>全平面</td><td>FF</td><td rowspan="3">3.2</td><td rowspan="3">6.3</td><td rowspan="3">12.5</td><td rowspan="3">50</td></tr>
<tr><td>突面</td><td>RF</td></tr>
<tr><td>凹凸面</td><td>FM</td></tr>
<tr><td>榫槽面</td><td>TG</td><td rowspan="2">0.8</td><td rowspan="2">3.2</td><td rowspan="2">3.2</td><td rowspan="2">12.5</td></tr>
<tr><td>O 形圈面</td><td>OSG</td></tr>
<tr><td>环连接面</td><td>RJ</td><td>0.4</td><td>1.6</td><td>—</td><td>—</td></tr>
</table>

注：对于全平面（FF）、突面（RF）和凹凸面（FM）法兰，密封面一般加工成锯齿形的同心圆或螺旋齿槽，加工刀具的圆角半径应不小于 1.5mm，同心圆或螺旋齿槽的深度约为 0.05mm，节距约为 0.50～0.56mm，对于 Class 标记的凹凸面（FM）法兰，也可以加工成光面。

8.9.5 紧固件及垫片

（1）紧固件

1）法兰用紧固件的选用应符合 GB/T 9125 的规定。用户应根据法兰的压力、温度、材料和所选择的垫片来选择紧固件材料，以保证法兰连接在预期操作条件下的密封性能。

2）材料的屈服强度值大于等于 640MPa 的螺栓为高强度螺栓，高强度螺栓一般可用于任何压力级的法兰连接。屈服强度小于等于 206MPa 的螺栓为低强度螺栓，低强度螺栓一般仅能用于公称压力不大于 *PN*40 及 Class 300 的法兰连接，用低强度碳钢螺栓连接的法兰一般不用于 200℃以上的温度或-29℃以下的温度。介于高强度螺栓与低强度螺栓之间的螺栓为中强度螺栓。紧固件的选用按 GB/T 9125 的规定。

（2）垫片

1）垫片材料应符合有关标准的规定。用户应负责垫片材料的选用，所选材料应能够承受螺栓载荷而不会被压坏，并适用于操作条件。如果系统的试验压力高于本标准的规定时，要特别注意垫片材料的选择。

2）垫片应满足法兰连接在工作条件下的密封性能。

8.9.6 焊接端类型及尺寸（规范性附录 A）

（1）对焊连接端的类型及尺寸

用 *PN* 标记的法兰对焊连接端的类型及尺寸　用 Class 标记的法兰对焊连接端的类型及尺寸未编入。

① 用 *PN* 标记的对焊法兰（WN）及 A 型对焊环板式松套法兰（LPC）的对焊连接端应符合图 10-2-36～图

10-2-38 的规定。当法兰颈部厚度 S≤3mm 时，法兰的对焊端部为直角。当法兰颈部厚度 3mm<S<22mm 时，法兰的对焊端应符合图 10-2-36 的规定。当法兰颈部厚度 S≥22mm 时，法兰的对焊端部应符合图 10-2-37 的规定。当法兰颈部厚度 S 大于管子壁厚 t 时，法兰的对焊端应符合图 10-2-38 的规定。

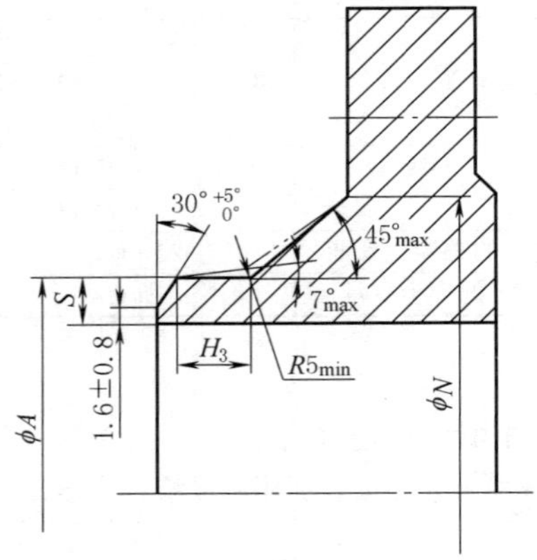

DN≤200 时，H_3 的最小值为 6mm；DN≥250 时，H_3 的最小值为 12mm。

图 10-2-36　当法兰颈部厚度 3mm<S<22mm 时，用 PN 标记的法兰对焊连接端的类型及尺寸

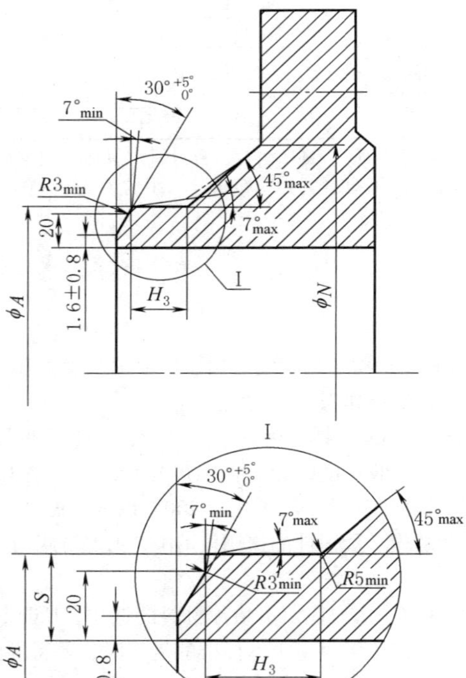

DN≤200 时，H_3 的最小值为 6mm；DN>250 时，H_3 的最小值为 12mm。

图 10-2-37　当法兰颈部厚度 S≥22mm 时，用 PN 标记法兰对焊连接端的类型及尺寸

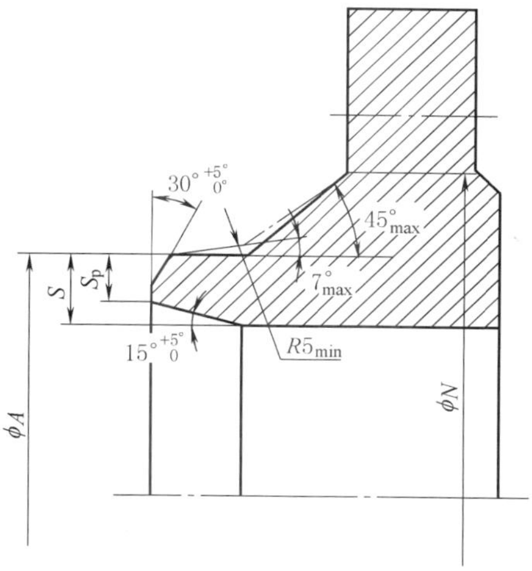

对焊端的连接部位的壁厚 S_p 应该与管子的壁厚 t 相同。

图 10-2-38　当法兰颈部厚度 $S>$管子壁厚 t 时，用 *PN* 标记的法兰对焊连接端的类型及尺寸

② 用 *PN* 标记的对焊法兰的对焊端壁厚见表 10-2-96。

表 10-2-96　　用 *PN* 标记的对焊法兰的对焊端壁厚　　mm

公称尺寸 *DN*	焊端外径（钢管外径）*A*	*PN*2.5		*PN*6		*PN*10		*PN*16		*PN*25		*PN*40		*PN*63		*PN*100	
		S	S_p	*S*	S_p	*S*	S_p	*S*	S_p	*S*	S_p	*S*	S_p	*S*	S_p	*S*	S_p
10	17.2	2	2	2	2	2	2	2	2	2	2	2	2	2	2	2	2
15	21.3	2	2	2	2	2	2	2	2	2	2	2	2	2	2	3.2	2
20	26.9	2.3	2.3	2.3	2.3	2.3	2.3	2.3	2.3	2.3	2.3	2.3	2.3	2.3	2.3	3.2	2.3
25	33.7	2.6	2.6	2.6	2.6	2.6	2.6	2.6	2.6	2.6	2.6	2.6	2.6	2.6	2.6	3.6	2.6
32	42.4	2.6	2.6	2.6	2.6	2.6	2.6	2.6	2.6	2.6	2.6	2.6	2.6	2.6	2.6	3.6	2.9
40	48.3	2.6	2.6	2.6	2.6	2.6	2.6	2.6	2.6	2.6	2.6	2.6	2.6	2.9	2.9	3.6	3.2
50	60.3	2.9	2.9	2.9	2.9	2.9	2.9	2.9	2.9	2.9	2.9	2.9	2.9	2.9	3.2	4	3.6
65	76.1	2.9	2.9	2.9	2.9	2.9	2.9	2.9	2.9	2.9	2.9	2.9	2.9	4	3.6	4	4
80	88.9	3.2	3.2	3.2	3.2	3.2	3.2	3.2	3.2	3.2	3.2	3.2	3.2	4	4	5	5
100	114.3	3.6	3.6	3.6	3.6	3.6	3.6	3.6	3.6	3.6	3.6	3.6	3.6	4.5	4.5	5.6	5.6
125	139.7	4	4	4	4	4	4	4	4	4	4	4	4	4.5	5.6	6.3	6.3
150	168.3	4.5	4.5	4.5	4.5	4.5	4.5	4.5	4.5	4.5	4.5	4.5	4.5	5.6	6.3	8	8
200	219.1	6.3	6.3	6.3	6.3	6.3	6.3	6.3	6.3	6.3	6.3	6.3	6.3	6.3	7.1	8.8	8.8
250	273.0	6.3	6.3	6.3	6.3	6.3	6.3	6.3	6.3	7.1	7.1	7.1	7.1	7.1	8.8	10	10
300	323.9	7.1	7.1	7.1	7.1	7.1	7.1	7.1	7.1	8	8	8	8	8.8	10	12.5	12.5
350	355.6	7.1	7.1	7.1	7.1	7.1	7.1	8	8	8	8	8.8	8.8	11	10	14.2	14.2
400	406.4	7.1	7.1	7.1	7.1	7.1	7.1	8	8	8.8	8.8	11	11	12.5	11	16	16
450	457	7.1	7.1	7.1	7.1	7.1	7.1	8	8	8.8	8.8	12.5	12.5	14.2	—	—	—
500	508	7.1	7.1	7.1	7.1	7.1	7.1	8	8	10	10	14.2	14.2	—	—	—	—
600	510	7.1	7.1	7.1	7.1	8	7.1	10	8.8	11	11	16	16	—	—	—	—
3000	3020	11	10	20	16	32	24	—	—	—	—	—	—	—	—	—	—
3200	3220	11	10	20	16	—	—	—	—	—	—	—	—	—	—	—	—
3400	3420	11	10	22	17.5	—	—	—	—	—	—	—	—	—	—	—	—
3600	3620	11	10	22	17.5	—	—	—	—	—	—	—	—	—	—	—	—
3800	3820	11	10	—	—	—	—	—	—	—	—	—	—	—	—	—	—
4000	4020	11	10	—	—	—	—	—	—	—	—	—	—	—	—	—	—

③ 用 *PN* 标记的 B 型对焊环板式松套法兰对焊端类型见图 10-2-39，对焊端的壁厚见表 10-2-97。

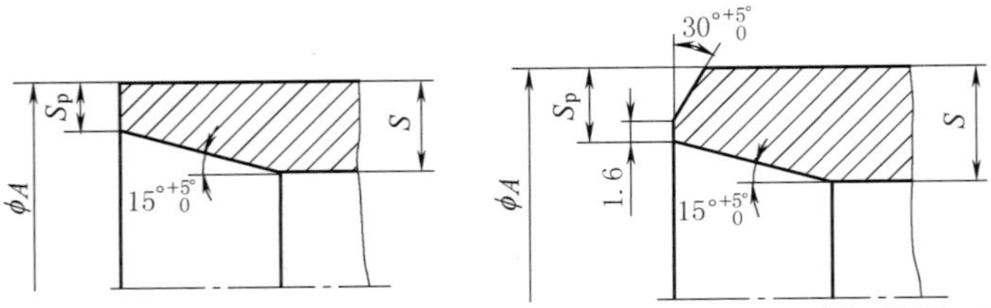

(a) $S_p < 4$mm时的对焊端　　(b) $S_p \geqslant 4$mm时的对焊端

图 10-2-39　用 *PN* 标记的 B 型对焊环板式松套法兰对焊端类型

表 10-2-97　　用 *PN* 标记的 B 型对焊环板式松套法兰对焊端的壁厚　　mm

公称尺寸 *DN*	焊端外径（钢管外径）*A*	*PN*2.5		*PN*6		*PN*10		*PN*16		*PN*25		*PN*40	
		S	S_p	*S*	S_p	*S*	S_p	*S*	S_p	*S*	S_p	*S*	S_p
10	17.2	3	2	3	2	3	2	3	2	3	2	3	2
15	21.3	3	2	3	2	3	2	3	2	3	2	3	2
20	26.9	3	2	3	2	3	2	3	2	3	2	3	2
25	33.7	3	2	3	2	3	2	3	2	3	2	3	2
32	42.4	3	2	3	2	3	2	3	2	3	2	3	2
40	48.3	3	2	3	2	3	2	3	2	3	2	3	2
50	60.3	3	2	3	2	3	2	3	2	4	2.6	4	2.6
65	76.1	4	2	4	2	4	2	4	2	5	2.6	5	2.6
80	88.9	4	2	4	2	4	2	4	2	6	2.6	6	2.6
100	114.3	4	2	4	2	4	2	4	2	6	3.2	6	3.2
125	139.7	5	2	5	2	5	2	5	2	6	3.2	6	3.2
150	168.3	6	2	6	2	6	2	6	2	8	3.2	8	4
200	219.1	6	2.6	6	2.6	6	2.6	6	2.6	8	3.2	10	5
250	273.0	8	3.2	8	3.2	8	3.2	8	3.2	10	5	12	6.3
300	323.9	8	3.2	8	3.2	8	3.2	10	4	10	6.3	12	8
350	355.6	8	3.2	8	3.2	8	3.2	10	4	12	6.3	14	8
400	406.4	8	3.2	8	3.2	8	3.2	12	5	14	8	16	10
450	457	8	3.6	8	3.6	8	3.6	12	5	15	8	—	—
500	508	8	4	8	4	8	4	12	6.3	16	10	—	—
600	610	8	5	8	5	10	5	12	8	18	10	—	—

④ 用 *PN* 标记的管端翻边板式松套法兰和翻边短节板式松套法兰对焊端类型见图 10-2-40，对焊端的壁厚见表 10-2-98。

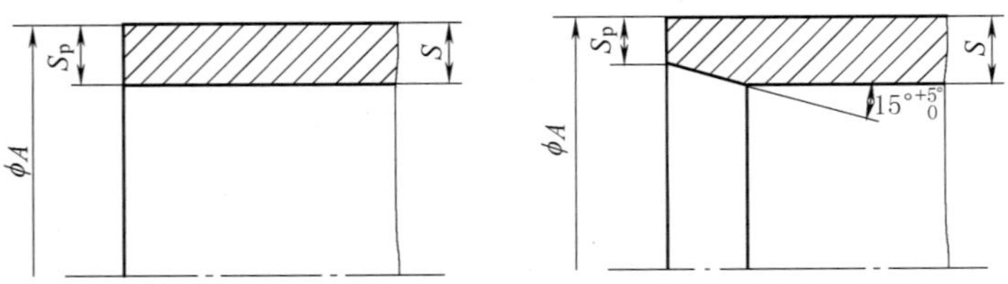

(a) $S = S_p$ 时的对焊端　　(b) $S > S_p$ 时的对焊端

图 10-2-40　用 *PN* 标记的管端翻边板式松套法兰和翻边短节板式松套法兰对焊端类型

表 10-2-98　　用 *PN* 标记的管端翻边板式松套法兰和翻边短节板式松套法兰对焊端壁厚　　mm

公称尺寸 *DN*	焊端外径（钢管外径）*A*	管端翻边板式松套法兰				翻边短节板式松套法兰			
		*PN*2.5～*PN*10		*PN*16		*PN*2.5～*PN*10		*PN*16	
		S	S_p	*S*	S_p	*S*	S_p	*S*	S_p
10	17.2	2	2	2	2	2	2	2	2
15	21.3	2	2	2	2	2	2	2	2
20	26.9	2	2	2	2	2.6	2.6	2.6	2.6

续表

公称尺寸 DN	焊端外径（钢管外径）A	管端翻边板式松套法兰				翻边短节板式松套法兰			
		PN2.5～PN10		PN16		PN2.5～PN10		PN16	
		S	S_p	S	S_p	S	S_p	S	S_p
25	33.7	2	2	2	2	2.6	2.6	2.6	2.6
32	42.4	2	2	2	2	3.2	3.2	3.2	3.2
40	48.3	2	2	2	2	3.2	3.2	3.2	3.2
50	60.3	2	2	2	2	3.2	3.2	3.2	3.2
65	76.1	2	2	2	2	3.2	3.2	3.2	3.2
80	88.9	2	2	3.2	3.2	3.2	3.2	3.2	3.2
100	114.3	3.2	3.2	3.2	3.2	3.2	3.2	3.2	3.2
125	139.7	3.2	3.2	3.5	3.2	4	3.2	4	3.2
150	168.3	3.5	3.2	4.5	3.2	5	3.2	5	3.2
200	219.1	4.5	3.2	5.6	3.2	5	3.2	6	3.2
250	273.0	—	—	—	—	8	3.2	10	3.2
300	323.9	—	—	—	—	8	3.2	10	4
350	355.6	—	—	—	—	8	3.2	10	4
400	406.4	—	—	—	—	8	3.2	10	4
450	457	—	—	—	—	8	3.2	—	—
500	508	—	—	—	—	8	3.2	—	—

（2）板式平焊法兰和平焊环板式松套法兰

板式平焊法兰和平焊环板式松套法兰与钢管的焊接连接应符合图 10-2-41 的规定。对于采用厚壁管的低压法兰，可以适当减少焊缝高度 f_1，但 f_1 不应小于钢管厚度 t。

（3）带颈平焊法兰

带颈平焊法兰与钢管的焊接连接应符合图 10-2-42 的规定。对于采用厚壁管的低压法兰，可以适当减少焊缝高度 f_1，但 f_1 不应小于钢管厚度 t。

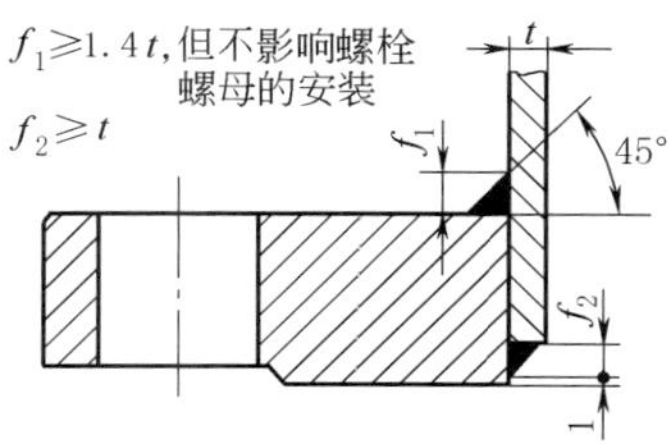

图 10-2-41 板式平焊法兰和平焊环板式松套法兰与钢管的焊接连接

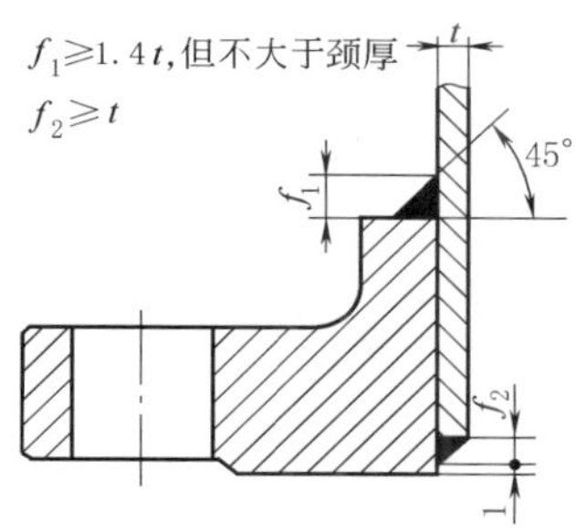

图 10-2-42 带颈平焊法兰与钢管的焊接连接

（4）承插焊法兰

承插焊法兰与钢管的焊接连接应符合图 10-2-43 的规定。对于采用厚壁管的低压法兰，可以适当减少焊缝高度 f_1，但 f_1 不应小于钢管厚度 t。

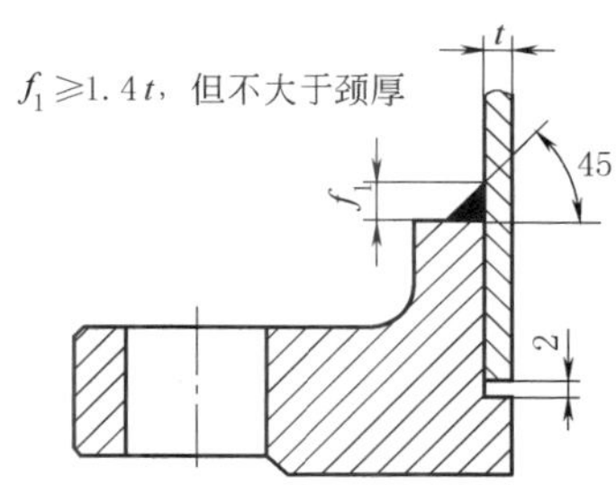

图 10-2-43 承插焊法兰与钢管的焊接连接

8.9.7 用 *PN* 标记的法兰的参考质量（资料性附录 C）

用 *PN* 标记的法兰的参考质量见表 10-2-99～表 10-2-104。

表 10-2-99　　*PN*2.5 法兰的参考质量　　kg

公称尺寸 *DN*	GB/T 9115	GB/T 9116	GB/T 9119	GB/T 9120		GB/T 9121		GB/T 9122		GB/T 9122		GB/T 9123
	对焊法兰	带颈平焊法兰	板式平焊法兰	B 型对焊环板式松套法兰		平焊环板式松套法兰		翻边环板式松套法兰		翻边短节板式松套法兰		法兰盖
				B 型对焊环	板式松套法兰	平焊环	板式松套法兰	翻边环	板式松套法兰	翻边短节	板式松套法兰	
10	0.353	0.326	0.356	0.08	0.345	0.056	0.345	0.02	0.345	0.05	0.345	0.380
15	0.408	0.378	0.402	0.09	0.388	0.069	0.388	0.03	0.388	0.06	0.388	0.438
20	0.621	0.584	0.592	0.17	0.568	0.108	0.568	0.06	0.568	0.10	0.568	0.657
25	0.762	0.729	0.719	0.26	0.688	0.149	0.688	0.08	0.688	0.15	0.688	0.821
32	1.11	1.04	1.16	0.36	1.12	0.185	1.12	0.10	1.12	0.26	1.12	1.18
40	1.26	1.20	1.35	0.45	1.29	0.244	1.29	0.13	1.29	0.31	0.29	1.39
50	1.43	1.34	1.48	0.53	1.42	0.319	1.42	0.18	1.42	0.36	0.42	1.62
65	1.77	1.83	1.86	0.70	1.76	0.451	1.76	0.24	1.76	0.47	1.76	2.14
80	2.88	2.75	2.95	1.0	2.84	0.606	2.84	0.42	2.84	0.57	2.84	3.43
100	3.41	3.01	3.26	1.3	3.10	0.709	3.10	0.49	3.10	0.43	3.10	4.22
125	4.65	4.30	4.31	1.9	4.12	1.00	4.12	0.62	4.12	1.20	4.12	6.10
150	5.50	4.63	4.76	2.4	4.53	1.01	4.53	0.71	4.53	1.40	4.53	7.51
175	—	—	5.82	—	—	—	—	—	—	—	—	—
200	8.60	6.97	6.88	3.9	6.51	1.73	6.51	1.10	6.51	2.03	6.51	12.3
225	—	—	7.42	—	—	—	—	—	—	—	—	—
250	11.7	9.13	8.92	5.8	8.32	2.32	8.32	—	—	2.65	8.32	18.5
300	15.3	12.4	11.9	6.8	11.1	2.88	11.1	—	—	3.12	11.1	25.5
350	20.3	—	16.8	9.5	15.9	4.77	15.9	—	—	4.00	15.9	31.8
400	23.1	—	19.8	11.6	18.8	5.83	18.8	—	—	4.73	18.8	38.5
450	27.0	—	24.6	15.0	23.3	7.02	23.3	—	—	5.30	23.3	51.2
500	30.8	—	26.4	15.9	24.9	8.30	24.9	—	—	6.10	24.9	60.1
600	44.0	—	34.8	23.0	33.0	9.34	33.0	—	—	—	—	103

表 10-2-100　　*PN*6 法兰的参考质量　　kg

公称尺寸 *DN*	GB/T 9115	GB/T 9116	GB/T 9119	GB/T 9120		GB/T 9121		GB/T 9122		GB/T 9122		GB/T 9123
	对焊法兰	带颈平焊法兰	板式平焊法兰	B 型对焊环板式松套法兰		平焊环板式松套法兰		翻边环板式松套法兰		翻边短节板式松套法兰		法兰盖
				B 型对焊环	板式松套法兰	平焊环	板式松套法兰	翻边环	板式松套法兰	翻边短节	板式松套法兰	
10	0.353	0.326	0.356	0.08	0.345	0.056	0.345	0.02	0.345	0.05	0.345	0.380
15	0.408	0.373	0.402	0.09	0.388	0.069	0.388	0.03	0.388	0.06	0.388	0.438
20	0.621	0.584	0.592	0.17	0.568	0.108	0.568	0.06	0.568	0.10	0.568	0.657
25	0.762	0.729	0.719	0.26	0.688	0.149	0.688	0.08	0.688	0.15	0.688	0.821
32	1.11	1.04	1.16	0.36	1.12	0.185	1.12	0.10	1.12	0.26	1.12	1.18
40	1.26	1.20	1.35	0.45	1.29	0.244	1.29	0.13	1.29	0.31	1.29	1.39
50	1.43	1.34	1.48	0.53	1.42	0.319	1.42	0.18	1.42	0.36	1.42	1.62
65	1.77	1.83	1.86	0.70	1.76	0.451	1.76	0.24	1.76	0.47	1.76	2.14
80	2.88	2.75	2.95	1.0	2.84	0.606	2.84	0.42	2.84	0.57	2.84	3.43
100	3.41	3.01	3.26	1.3	3.10	0.709	3.10	0.49	3.10	0.73	3.10	4.22
125	4.65	4.30	4.31	1.9	4.12	1.00	4.12	0.62	4.12	1.20	4.12	6.10
150	5.50	4.63	4.76	2.4	4.53	1.01	4.53	0.71	4.53	1.40	4.53	7.51

续表

公称尺寸DN	GB/T 9115	GB/T 9116	GB/T 9119	GB/T 9120		GB/T 9121		GB/T 9122		GB/T 9122		GB/T 9123
	对焊法兰	带颈平焊法兰	板式平焊法兰	B型对焊环板式松套法兰		平焊环板式松套法兰		翻边环板式松套法兰		翻边短节板式松套法兰		法兰盖
				B型对焊环	板式松套法兰	平焊环	板式松套法兰	翻边环	板式松套法兰	翻边短节	板式松套法兰	
175	—	—	5.82	—	—	1.33	5.33	—	—	—	—	—
200	8.60	6.97	6.88	3.9	6.51	1.73	6.51	1.10	6.51	2.03	6.51	12.3
225	—	—	7.42	—	—	2.03	7.36	—	—	—	—	—
250	11.7	9.13	8.92	5.8	8.32	2.32	8.32	—	—	2.65	8.32	18.5
300	15.3	12.4	11.9	6.8	11.1	2.88	11.1	—	—	3.12	11.1	25.5
350	20.3	—	16.8	9.5	15.9	4.77	15.9	—	—	4.00	15.9	31.8
400	23.1	—	19.8	11.6	18.8	5.83	18.8	—	—	4.73	18.8	38.5
450	27.0	—	24.6	15.0	23.3	7.02	23.3	—	—	5.30	23.3	51.2
500	30.8	—	26.4	15.9	24.9	8.30	24.9	—	—	6.10	24.9	60.1
600	44.0	—	34.8	23.0	33.0	9.34	33.0	—	—	—	—	103

表 10-2-101　　*PN*10 法兰的参考质量　　kg

公称尺寸DN	GB/T 9115	GB/T 9116	GB/T 9119	GB/T 9120		GB/T 9120		GB/T 9121		GB/T 9122		GB/T 9122		GB/T 9123
	对焊法兰	带颈平焊法兰	板式平焊法兰	A型对焊环板式松套法兰		B型对焊环板式松套法兰		平焊环板式松套法兰		翻边环板式松套法兰		翻边短节板式松套法兰		法兰盖
				A型对焊环	板式松套法兰	B型对焊环	板式松套法兰	平焊环	板式松套法兰	翻边环	板式松套法兰	翻边短节	板式松套法兰	
10	0.678	0.646	0.604	0.148	0.549	0.08	0.591	0.094	0.591	0.02	0.591	0.05	0.591	0.722
15	0.768	0.722	0.670	0.189	0.606	0.09	0.654	0.114	0.654	0.03	0.654	0.06	0.654	0.813
20	1.09	1.04	0.936	0.340	0.836	0.17	0.909	0.225	0.909	0.06	0.909	0.10	0.909	1.14
25	1.30	1.25	1.11	0.444	0.990	0.26	1.08	0.296	1.08	0.08	1.08	0.15	1.08	1.38
32	1.91	1.81	1.82	0.572	1.65	0.36	1.77	0.362	1.77	0.10	1.77	0.26	1.77	2.03
40	2.15	2.05	2.08	0.734	1.85	0.45	2.02	0.457	2.02	0.13	2.02	0.31	2.02	2.35
50	2.53	2.39	2.73	0.974	2.34	0.53	2.52	0.653	2.52	0.18	2.52	0.36	2.52	2.88
65	3.03	2.97	3.16	1.29	2.76	0.70	3.05	0.876	3.05	0.24	3.05	0.47	3.05	3.51
80	3.92	3.78	3.60	1.67	3.17	1.0	3.48	1.07	3.48	0.42	3.48	3.57	3.48	4.61
100	4.62	4.38	4.39	2.12	3.78	1.3	4.20	1.28	4.20	0.49	4.20	0.73	4.20	5.65
125	6.30	6.07	5.41	2.88	4.57	1.9	5.21	1.70	5.21	0.62	5.21	1.20	5.21	8.13
150	7.81	7.24	7.14	3.46	6.22	2.4	6.89	1.96	6.89	0.71	6.89	1.40	6.89	10.5
175	—	—	7.72	—	—	—	—	2.49	8.74	—	—	—	—	—
200	11.6	10.1	9.27	5.49	7.90	3.9	8.87	2.81	8.87	1.10	8.87	2.03	8.87	16.5
225	—	—	9.73	—	—	—	—	3.34	10.5	—	—	—	—	—
250	15.8	12.8	11.8	7.53	9.99	5.8	11.2	3.62	11.2	—	—	2.65	11.2	24.1
300	18.3	14.5	13.6	9.11	11.1	6.8	12.8	4.02	12.8	—	—	3.12	12.8	30.8
350	25.3	22.7	20.4	14.1	14.7	9.5	19.4	7.55	19.4	—	—	4.00	19.4	39.6
400	30.6	28.0	27.5	27.8	20.5	11.6	26.4	9.38	26.4	—	—	4.73	26.4	49.4
450	35.1	32.3	33.6	19.6	25.5	15.0	32.2	10.3	12.2	—	—	—	—	63.0
500	40.5	38.7	45.2	23.7	30.7	15.9	38.5	12.6	38.5	—	—	—	—	75.2
600	52.9	48.9	54.5	28.9	43.0	23.0	52.2	14.3	52.2	—	—	—	—	124

表 10-2-102　　***PN*16 法兰的参考质量**　　kg

公称尺寸 *DN*	GB/T 9115	GB/T 9116	GB/T 9119	GB/T 9120		GB/T 9120		GB/T 9121		GB/T 9122		GB/T 9122		GB/T 9123
	对焊法兰	带颈平焊法兰	板式平焊法兰	A 型对焊环板式松套法兰		B 型对焊环板式松套法兰		平焊环板式松套法兰		翻边环板式松套法兰		翻边短节板式松套法兰		法兰盖
				A 型对焊环	板式松套法兰	B 型对焊环	板式松套法兰	平焊环	板式松套法兰	翻边环	板式松套法兰	翻边短节	板式松套法兰	
10	0.678	0.646	0.604	0.148	0.549	0.08	0.591	0.094	0.591	0.02	0.591	0.05	0.591	0.722
15	0.768	0.722	0.670	0.189	0.606	0.09	0.654	0.114	0.654	0.03	0.654	0.06	0.654	0.813
20	1.09	1.04	0.936	0.340	0.836	0.17	0.909	0.225	0.909	0.06	0.909	0.10	0.909	1.14
25	1.30	1.25	1.11	0.444	0.990	0.26	1.08	0.296	1.08	0.08	1.08	0.15	1.08	1.38
32	1.91	1.81	1.82	0.572	1.65	0.36	1.77	0.362	1.77	0.10	1.77	0.26	1.77	2.03
40	2.15	2.0	2.08	0.734	1.85	0.45	2.02	0.457	2.02	0.13	2.02	0.31	2.02	2.35
50	2.53	2.31	2.73	0.974	2.34	0.53	2.52	0.653	2.52	0.18	2.52	0.36	2.52	2.88
65	3.03	2.97	3.16	1.29	2.76	0.70	3.05	0.876	3.05	0.24	3.05	0.47	3.05	3.51
80	3.92	3.78	3.60	1.67	3.17	1.0	3.48	1.07	3.48	0.42	3.48	0.57	3.48	4.61
100	4.62	4.38	4.39	2.12	3.78	1.3	4.20	1.28	4.20	0.49	4.20	0.73	4.20	5.65
125	6.30	6.07	5.01	2.88	4.57	1.9	5.21	1.70	5.20	0.62	5.21	1.20	5.21	8.13
150	7.81	7.24	7.14	3.46	6.22	2.4	6.89	1.96	6.89	0.71	6.89	1.40	6.89	10.5
175	—	—	7.72	—	—	—	—	2.49	8.01	—	—	—	—	—
200	11.5	9.80	9.73	5.55	8.37	3.9	9.31	2.81	9.31	1.10	9.31	2.03	9.31	16.2
225	—	—	10.8	—	—	—	—	3.34	11.5	—	—	—	—	—
250	16.7	13.6	14.2	7.71	12.4	5.8	13.5	3.52	13.5	—	—	—	—	25.0
300	22.1	17.2	19.0	11.4	16.3	9.5	18.0	5.27	18.0	—	—	—	—	35.1
350	32.8	27.9	28.2	19.2	21.5	15.2	27.0	10.1	27.0	—	—	—	—	48.0
400	41.1	35.7	35.9	23.7	27.1	18.7	34.6	12.3	34.6	—	—	—	—	63.5
450	50.6	45.0	46.1	28.2	36.7	24.4	44.6	16.5	44.6	—	—	—	—	96.6
500	66.2	60.4	64.0	35.5	51.1	29.1	62.0	21.4	62.0	—	—	—	—	133
600	104	94.0	102	47.9	78.3	40.3	98.8	28.7	98.8	—	—	—	—	226

表 10-2-103　　***PN*25 法兰的参考质量**　　kg

公称尺寸 *DN*	GB/T 9115	GB/T 9116	GB/T 9119	GB/T 9120		GB/T 9120		GB/T 9121		GB/T 9123
	对焊法兰	带颈平焊法兰	板式平焊法兰	A 型对焊环板式松套法兰		B 型对焊环板式松套法兰		平焊环板式松套法兰		法兰盖
				A 型对焊环	板式松套法兰	B 型对焊环	板式松套法兰	平焊环	板式松套法兰	
10	0.678	0.646	0.604	0.148	0.549	0.08	0.591	0.094	0.591	0.722
15	0.768	0.722	0.670	0.189	0.606	0.09	0.654	0.114	0.654	0.813
20	1.09	1.04	0.936	0.340	0.836	0.17	0.909	0.225	0.909	1.14
25	1.30	1.25	1.11	0.444	0.990	0.26	1.08	0.296	1.08	1.38
32	1.91	1.81	1.82	0.572	1.65	0.36	1.77	0.362	1.77	2.03
40	2.15	2.06	2.08	0.734	1.85	0.45	2.02	0.457	2.02	2.35
50	2.85	2.74	2.73	1.02	2.47	0.69	2.65	0.653	2.65	3.20
65	3.68	3.65	3.48	1.36	3.04	1.1	3.36	0.876	3.36	4.29
80	4.78	4.59	4.32	1.90	3.61	1.6	4.18	1.20	4.18	5.54
100	6.46	6.10	6.07	2.77	5.18	2.4	5.87	1.58	5.87	7.60
125	8.86	8.22	8.19	3.78	6.89	3.2	7.95	2.08	7.95	10.8
150	11.7	10.6	10.3	5.25	8.69	4.6	9.97	2.73	9.97	14.6
175	15.2	—	—	7.20	10.24	—	—	—	—	—
200	17.1	14.9	14.3	9.07	11.6	6.6	13.8	4.52	—	22.5
225	22.1	—	—	11.6	15.2	—	—	—	—	—
250	24.3	20.9	20.1	12.7	17.0	10.0	19.4	5.73	—	33.5

续表

公称尺寸 *DN*	GB/T 9115	GB/T 9116	GB/T 9119	GB/T 9120		GB/T 9120		GB/T 9121		GB/T 9123
	对焊法兰	带颈平焊法兰	板式平焊法兰	A 型对焊环板式松套法兰		B 型对焊环板式松套法兰		平焊环板式松套法兰		法兰盖
				A 型对焊环	板式松套法兰	B 型对焊环	板式松套法兰	平焊环	板式松套法兰	
300	31.8	27.3	26.6	18.0	22.0	15.3	25.5	8.42	—	46.3
350	48.8	45.1	41.8	27.8	32.1	20.8	40.5	14.5	—	68.1
400	63.3	57.7	57.6	36.3	44.5	28.6	56.1	18.0	—	89.7
450	76.0	69.6	69.8	40.9	54.2	34.4	67.8	21.0	—	130
500	97.0	87.0	87.0	55.7	65.9	45.8	84.6	26.8	—	159
600	121	111	127	70.5	98.4	61.0	124	34.1	—	278

表 10-2-104　　*PN*40 法兰的参考质量　　kg

公称尺寸 *DN*	GB/T 9115	GB/T 9116	GB/T 9119	GB/T 9120		GB/T 9120		GB/T 9121		GB/T 9123
	对焊法兰	带颈平焊法兰	板式平焊法兰	A 型对焊环板式松套法兰		B 型对焊环板式松套法兰		平焊环板式松套法兰		法兰盖
				A 型对焊环	板式松套法兰	B 型对焊环	板式松套法兰	平焊环	板式松套法兰	
10	0.678	0.646	0.604	0.148	0.549	0.08	0.591	0.094	0.591	0.722
15	0.768	0.722	0.670	0.189	0.606	0.09	0.654	0.114	0.654	0.813
20	1.09	1.04	0.936	0.340	0.836	0.17	0.909	0.225	0.909	1.14
25	1.30	1.25	1.11	0.444	0.990	0.26	1.08	0.296	1.08	1.38
32	1.91	1.81	1.82	0.572	1.65	0.36	1.77	0.362	1.77	2.03
40	2.15	2.06	2.08	0.734	1.85	0.45	2.02	0.457	2.02	2.35
50	2.85	2.74	2.73	1.02	2.47	0.69	2.65	0.653	2.65	3.20
65	3.68	3.65	3.48	1.36	3.04	1.1	3.36	0.876	3.36	4.29
80	4.78	4.59	4.32	1.90	3.61	1.6	4.18	1.20	4.18	5.54
100	6.46	6.10	6.07	2.77	5.18	2.4	5.87	1.58	5.87	7.60
125	8.86	8.22	8.19	3.78	6.89	3.2	7.95	2.08	7.95	10.8
150	11.7	10.6	10.8	5.25	8.69	4.6	9.07	2.73	0.97	14.6
175	19.2	—	—	6.60	10.2	—	—	—	—	—
200	21.0	18.3	17.9	10.2	14.9	8.8	17.4	5.55	17.4	28.8
225	31.1	—	—	—	20.9	—	—	—	—	—
250	34.2	28.3	29.3	16.4	23.8	14.4	28.4	7.87	28.4	44.4
300	47.6	40.4	45.1	25.4	36.0	20.7	43.6	12.8	43.6	64.2
350	69.3	53.8	66.7	37.8	50.4	30.7	64.9	19.3	64.9	89.5
400	98.0	82.1	97.1	56.4	75.5	45.4	95.1	30.4	95.1	127
450	105	96.2	—	56.4	—	—	—	28.4	—	154
500	130	105	—	72.9	—	—	—	35.3	—	188
600	209	172	—	106	—	—	—	53.3	—	331

8.9.8　加工制造

1）各种类型法兰的制造方法按表 10-2-105 的规定。

2）法兰的螺栓支承面应进行机加工或锪孔，锪孔尺寸按 GB/T 152.4 的有关规定。加工后的法兰厚度应保证符合尺寸公差的要求。

3）螺纹法兰的螺纹加工要求应符合 GB/T 7306.1 或 GB/T 12716 的有关规定。

4）所有螺栓孔应均等地分布在螺栓孔中心圆直径上；对于整体式法兰，其螺栓孔应与管道主轴线或铅垂线跨中布置。

表 10-2-105　　各种法兰类型的制造方法

法兰类型与代号		法兰标准	制造方法				
			锻造	铸造	钢板	棒材或型钢	钢管
整体法兰(IF)		GB/T 9113	√	√	×	√	×
带颈螺纹法兰(Th)		GB/T 9114	√	×	×	√	×
对焊法兰(WN)		GB/T 9115	√	×	×	√	×
带颈平焊法兰(SO)		GB/T 9116	√	×	×	√	×
带颈承插焊法兰(SW)		GB/T 9117	√	×	×	√	×
对焊环带颈松套法兰(HL/W)	带颈松套法兰	GB/T 9118	√	×	×	√	×
	对焊环		√	×	×	×	√
板式平焊法兰(PL)		GB/T 9119	√	×	√	√	×
对焊环板式松套法兰(PL/W)	板式松套法兰	GB/T 9120	√	×	√	√	×
	对焊环		√	×	×	√	×
平焊环板式松套法兰(PL/C)	板式松套法兰	GB/T 9121	√	×	√	√	×
	平焊环		√	×	√	√	×
翻边环板式松套法兰(PL/P)	板式松套法兰	GB/T 9122	√	×	√	√	×
	翻边短节		√	×	√	√	√
法兰盖(BL)		GB/T 9123	√	×	√	√	×

注：√表示可以，×表示不可以。

8.9.9　试验

1）法兰原则上不单独进行压力试验。当法兰安装到管道或设备上之后，其水压试验压力应不大于表 10-2-88～表 10-2-93 规定的常温下最大允许工作压力（MPa）的 1.5 倍或规定的 38℃下最大允许工作压力（MPa）的 1.5 倍。如果采用更高的压力进行试验，用户应该考虑法兰、垫片及紧固件的强度和性能，并应符合有关规范和法规的要求。

2）整体法兰（IF）的压力试验应符合有关产品标准的规定。

9　管法兰连接用紧固件（摘自 GB/T 9125—2010）

9.1　紧固件的型式与尺寸

（1）六角头螺栓

1）管法兰连接用六角头螺栓的类型与尺寸应符合 GB/T 5782 的规定，螺栓末端应倒角，倒角应符合 GB/T 2 的规定。

2）管法兰连接用六角头螺栓的螺纹规格及性能等级应符合表 10-2-106 的规定。

表 10-2-106　　六角头螺栓的规格及性能等级

类型	螺纹规格	性能等级
六角头螺栓(商品紧固件)	M10、M12、M14、M16、M20、M24、M27、M30、M33、M36、M39	5.6、8.8、A2-50、A4-50、A2-70、A4-70、A2-80、A4-80

注：1. 螺纹公称直径 $d \geqslant 27$mm、性能等级为 A2-70、A4-70、A2-80、A4-80 的螺栓，其力学性能应由供需双方协议，并可按本表给出的性能等级标志。

2. 螺纹公称直径 $d \geqslant 39$mm、性能等级为 A2-50、A4-50 的螺栓，其力学性能应由供需双方协议，并可按本表给出的性能等级标志。

（2）等长双头螺柱

1）管法兰连接用等长双头螺柱的类型与尺寸应符合 GB/T 901 的规定，螺柱两端均应倒角，倒角应符合 GB/T 2 的规定。

螺纹规格等于或大于 M36 的螺柱应采用细牙螺纹。螺纹的基本尺寸应符合 GB/T 196 的规定，其公差应符合 GB/T 197 中 6g 的规定。其余技术要求应符合 GB/T 901 的规定。

2）管法兰连接用等长双头螺柱的规格、性能等级及常用材料牌号应符合表 10-2-107 的规定。

表 10-2-107　　等长双头螺柱的规格、性能等级及材料牌号

型式	螺纹规格	长度规格	性能等级	材料牌号
等长双头螺柱 B 级(商品紧固件)	M10、M12、M14、M16、M20、M24、M27、M30、M33、M36、M39	按 GB/T 901 的规定	8.8、A2-50、A4-50、A2-70、A4-70、A2-80、A4-80	—
等长双头螺柱(专用紧固件)	M10、M12、M14、M16、M20、M24、M27、M30、M33、M36×3、M39×3、M42×3、M45×3、M48×3、M52×3、M56×3、M64×3、M72×3、M76×3、M80×3、M90×3	$l\leqslant$80mm 时，按 5mm 递增；80mm<$l\leqslant$200mm 时，按 10mm 递增；$l>$200mm 时，按 20mm 递增	—	40Cr、35CrMoA、25Cr2MoVA、06Cr19Ni10、06Cr17Ni12Mo2、30CrMoA、42CrMoA

注：1. 螺纹公称直径 $d\geqslant$27mm、性能等级为 A2-70、A4-70、A2-80、A4-80 和螺纹公称直径 $d\geqslant$39mm、性能等级为 A2-50、A4-50 的螺栓，其力学性能应由供需双方协议，并可按本表给出的性能等级标志。

2. 根据供需双方协议，M52×3～M90×3 的等长双头螺柱也可以采用 4mm 螺距。

（3）全螺纹螺柱

1）管法兰连接用全螺纹螺柱的基本尺寸应符合 GB/T 196 的规定，其公差应符合 GB/T 197 中 6g 的规定，其余技术要求应符合 GB/T 901 的规定。两端应倒角，倒角应符合 GB/T 2 的规定。螺纹规格等于或大于 M36 的螺柱应采用细牙螺纹。

2）管法兰连接专用全螺纹螺柱的规格及常用材料牌号应符合表 10-2-108 的规定。

表 10-2-108　　全螺纹螺柱的规格及材料牌号

型式	螺纹规格	长度规格	材料牌号
全螺纹螺柱(专用紧固件,图 3)	M12、M14、M16、M20、M24、M27、M30、M33、M36×3、M39×3、M42×3、M45×3、M48×3、M52×3、M56×3、M64×3、M72×3、M76×3、M80×3、M90×3	$l\leqslant$ 80mm 时，按 5mm 递增；80mm<$l\leqslant$200mm 时，按 10mm 递增；$l>$200mm 时，按 20mm 递增	40Cr、30CrMoA、35CrMoA、42CrMoA、25Cr2MoVA、06Cr19Ni10、06Cr17Ni12Mo2

注：根据供需双方协议，M52×3～M90×3 的全螺纹螺柱也可以采用 4mm 螺距。

（4）螺母

1）与六角头螺栓配合使用的螺母类型与尺寸应符合 GB/T 6170 的规定。

2）与双头螺柱、全螺纹螺柱配合使用的大六角螺母的类型与尺寸应符合图 10-2-44 和表 10-2-109 的规定，螺纹的基本尺寸应符合 GB/T 196 的规定，公差应符合 GB/T 197 中 6H 的规定。其他技术要求应符合 GB/T 6170 的规定。

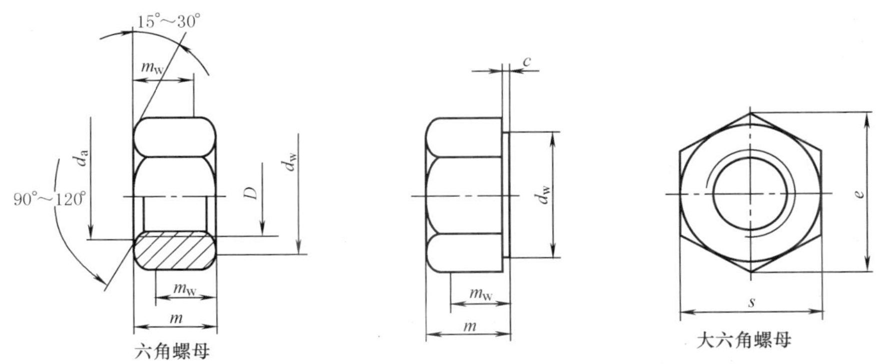

图 10-2-44　六角螺母及大六角螺母

表 10-2-109　　管法兰用大六角螺母尺寸　　mm

D		M12	M14	M16	M20	M24	M27	M30	M33	M36×3	M39×3
d_a	max	13	15.1	17.3	21.6	25.9	29.1	32.4	35.6	38.9	42.1
	min	12	14	16	20	24	27	30	33	36	39
d_w	min	19.2	21.1	24.9	31.4	38.0	42.8	46.5	50.8	55.8	60.1
e	min	22.78	25.94	29.56	37.29	45.2	50.85	55.37	60.26	65.86	70.67
m	max	12.3	14.3	17.1	20.7	24.2	27.6	30.7	33.5	36.5	39.5
	min	11.87	13.6	16.4	19.4	22.9	26.3	29.1	31.9	34.9	37.9
m_w	min	9.5	9.5	11.5	13.5	16.0	18.4	20.4	22.3	24.4	26.5
c	max	0.8	0.8	0.8	0.8	0.8	0.8	0.8	0.8	0.8	0.8
	min	0.4	0.4	0.4	0.4	0.4	0.4	0.4	0.4	0.4	0.4
s	max	21	24	27	34	41	46	50	55	60	65
	min	20.16	23.16	26.16	33	40	45	49	53.8	58.8	63.1
D		M42×3	M45×3	M48×3	M52×3	M56×3	M64×3	M72×3	M76×3	M80×3	M90×3
d_a	max	45.4	48.6	51.8	56.2	60.5	69.1	77.8	82.1	86.1	97.2
	min	42	45	48	52	56	64	72	76	80	90
d_w	min	60.1	65.1	70.1	75.1	79.3	89.3	99.7	104.5	110.1	123.5
e	min	70.67	76.27	81.87	87.47	92.74	103.94	115.14	120.74	126.45	142.8
m	max	42.5	45.5	48.5	52.5	56.5	64.5	72.5	76.5	80.5	90.5
	min	40.9	43.92	46.9	50.6	54.6	62.6	70.6	74.6	78.6	88.3
m_w	min	28.6	30.7	32.8	35.4	38.2	43.8	49.2	52.2	55.0	61.8
c	max	1.0	1.0	1.0	1.0	1.0	1.0	1.5	1.5	1.5	1.5
	min	0.5	0.5	0.5	0.5	0.5	0.5	0.8	0.8	0.8	0.8
s	max	65	70	75	80	85	95	105	110	115	130
	min	63.1	68.1	73.1	78.1	82.8	92.8	102.8	107.8	113.6	127.5

注：1. 除 M14 外，M12～M30 的螺母尺寸与 GB/T 1229 中规定的尺寸一致。

2. 根据供需双方协商，M52×3～M90×3 大六角螺母可以采用 4mm 螺距。

3）螺母的规格、性能等级及常用材料牌号应符合表 10-2-110 的规定。

表 10-2-110　　螺母的规格、性能等级及材料牌号

型式	螺纹规格	性能等级	材料牌号
1 型六角螺母（商品紧固件）	M10、M12、M14、M16、M20、M24	5、8、A2-50、A2-70、A2-80、A4-50、A4-70、A4-80	—
	M27、M30、M33、M36	5、8、A2-50、A4-50	
大六角螺母（专用紧固件）	M12、M14、M16、M20、M24、M27、M30、M33、M36×3、M39×3、M42×3、M45×3、M48×3、M52×3、M56×3、M64×3、M72×3、M76×3、M80×3、M90×3	—	35、45、30CrMoA、35CrMoA、42CrMoA、06Cr19Ni10、06Cr17Ni12Mo2

注：1. 螺纹公称直径 $d \geqslant 27$mm 的螺母，其力学性能应由供需双方协议，并可按本表给出性能等级标志。

2. 根据供需双方协议，M52×3～M90×3 的螺母也可以采用 4mm 螺距。

9.2　紧固件材料及力学性能

（1）商品紧固件

商品紧固件的材料及力学性能应符合 GB/T 3098.1、GB/T 3098.2、GB/T 3098.6 或 GB/T 3098.15 的规定。

（2）管法兰专用紧固件

专用紧固件常用材料及化学成分、热处理制度和产品的力学性能应符合表 10-2-111 的规定。超高温高压法兰用紧固件的材料牌号及化学成分、热处理制度和产品的力学性能由供需双方协商确定。

表 10-2-111　　专用紧固件的材料牌号、化学成分、热处理制度及产品的力学性能

材料牌号	化学成分（标准编号）	热处理制度	力学性能（不小于）				硬度（HB）
			规格	σ_b	σ_s	δ_5	
				MPa		%	
35	GB/T 699	调质（回火≥425℃）	—	—	—	—	234~285
45			—	—	—	—	234~285
40Cr	GB/T 3077	调质（回火≥425℃）	M10~M39	835	735	13	269~321
			≥M42	805	685	13	234~285
30CrMoA	GB/T 3077	调质（回火≥550℃）	—	—	—	—	234~285
35CrMoA	GB/T 3077	调质（回火≥550℃）	<M24	835	735	13	269~321
			≥M24~M76	805	685	13	234~285
			>M76	735	590	13	234~285
42CrMoA	GB/T 3077	调质（回火≥600℃）	≤64	860	725	16	269~321
			>M64	800	655	16	269~321
25Cr2MoVA	GB/T 3077	调质（回火≥550℃）	≤M48	835	735	15	269~321
			>M48	805	685	15	245~277
06Cr19Ni10	GB/T 1220	固溶	—	520	206	40	≤187
06Cr17Ni12Mo2	GB/T 1220	固溶	—	520	206	40	≤187

注：35CrMoA 用于-20℃及其以下低温时，应进行设计温度下的低温 V 型缺口冲击试验，其 3 个试样的吸收能量（*KV*）应不低于 27J。

9.3　紧固件的表面处理

碳钢和合金钢制造的紧固件应进行表面氧化处理，不锈钢紧固件应进行表面钝化处理。

9.4　标记

（1）标记

紧固件的标记方法应符合 GB/T 1237 的规定。

（2）标记示例

示例 1：螺纹规格为 M16，公称长度 l=80mm、性能等级为 5.6 级、表面氧化处理的六角头螺栓，标记为

六角螺栓　GB/T 5782　M16×80　5.6 级

示例 2：螺纹规格为 M16，公称长度 l=80mm、性能等级为 8.8 级、表面氧化处理的等长双头螺柱，标记为：

双头螺柱　GB/T 901　M16×80　8.8 级

示例 3：螺纹规格为 M36×3，公称长度 l=160mm、材料牌号为 35CrMoA、表面氧化处理的管法兰连接专用等长双头螺柱，标记为：

双头螺柱　GB/T 9125　M36×3×130　35CrMoA

示例 4：螺纹规格为 M24，公称长度 l=120mm、材料牌号为 25Cr2MoVA，表面氧化处理的管法兰连接专用全螺纹螺柱，标记为：

主螺纹螺柱　GB/T 9125　M24×120　25Cr2MoVA

示例 5：螺纹规格为 M16、性能等级为 8 级，表面氧化处理的 1 型六角螺母，标记为：

螺母　GB/T 6170　M16　8 级

示例 6：螺纹规格为 M56×3，材料牌号为 35CrMo、表面氧化处理的管法兰连接专用大六角螺母，标记为：

大六角螺母　GB/T 9125　M56×3　35CrMo

9.5　紧固件长度计算方法（资料性附录 A）

（1）用 *PN* 标记的法兰（欧洲体系法兰）

1）平面法兰和突面法兰

螺栓长度：$l=2(C+\Delta C)+m+z+\Delta l+T$

（适用于 $PN\leqslant16$ 的平面和突面法兰）

螺柱长度：$l=2(C+\Delta C)+2m+2z+\Delta l+T$

（适用于所有的突面法兰）

2）松套法兰

螺栓长度：$l=2(C+\Delta C)+2t_2(2S_2)+m+z+\Delta l+T$

（适用于 $PN\leqslant1.6$ 的对焊环带颈松套法兰和翻边环松套法兰）

螺栓长度：$l=2(C+\Delta C)+2F+m+z+\Delta l+T$

（适用于 $PN\leqslant16$ 的对焊环和平焊环板式松套法兰）

螺柱长度：$l=2(C+\Delta C)+2t_2+2m+2z+\Delta l+T$

（适用于所有对焊环带颈松套法兰）

螺柱长度：$l=2(C+\Delta C)+2F+2m+2z+\Delta l+T$

（适用于所有对焊环和平焊环板式松套法兰）

3）凹凸面和榫槽面法兰

螺柱长度：$l=2(C+\Delta C)+2f_1-f_2+2m+2z+\Delta l+T$

（适用于所有凹凸面和榫槽面法兰）

4）环连接面法兰

螺柱长度：$l=2(C+\Delta C+E)+S+2m+2z+\Delta l$

（适用于所有环连接面法兰）

式中　l——紧固件（六角头螺栓、双头螺柱和全螺纹螺柱）长度见图 10-2-45～图 10-2-47，mm；

C——法兰厚度，数值按相应的法兰标准确定，mm；

ΔC——法兰厚度偏差，数值按相应的法兰标准确定，mm；

f——突面法兰的突面高度，数值按相应的法兰标准确定，mm；

f_1、f_2——凹凸面、榫槽面法兰的凸面、榫面高度，数值按相应的法兰标准确定，mm；

F——对焊环和平焊环板式松套法兰的焊环厚度，数值按相应的法兰标准确定，mm；

t_2——对焊环带颈松套法兰的对焊环厚度，数值按用户订货要求确定，mm；

S_2——翻边环松套法兰的翻边环厚度，数值按相应的法兰标准确定，mm；

E——环连接面法兰的凸台高度，数值按相应的法兰标准确定，mm；

S——环连接面法兰间近似距离，数值按表 10-2-112（或相应的法兰标准）确定，mm；

m——螺母最大厚度，数值按表 10-2-113 确定，与螺栓配合时用 m_1，与螺柱配合时用 m_2，mm；

z——紧固件倒角端长度，数值按表 10-2-113 确定，mm；

Δl——螺栓或螺柱的长度偏差，数值按表 10-2-114 确定，mm；

T——垫片厚度，一般取 $T=3$mm。

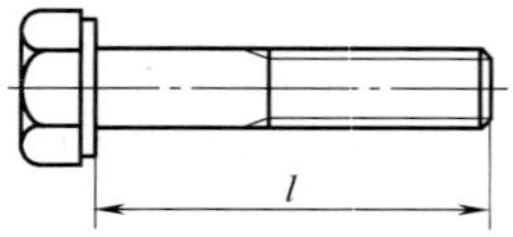

图 10-2-45　六角头螺栓规定长度

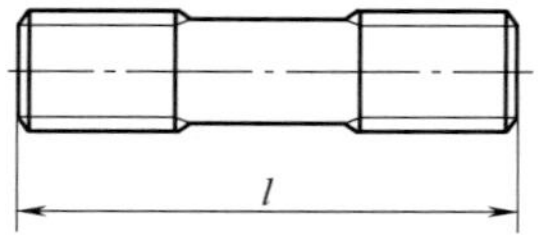

图 10-2-46　双头螺柱规定长度

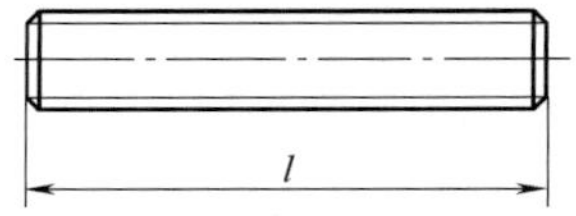

图 10-2-47　全螺纹螺柱规定长度

（2）有关参数

1）法兰厚度偏差应为正值，其数值按相关标准的规定。

2）环连接面法兰间的近似距离见表 10-2-112。

表 10-2-112　　用 *PN* 标记的环连接面法兰间的近似距离　　mm

公称尺寸	环连接面法兰间的近似距离 S					
	*PN*63	*PN*100	*PN*160	*PN*250	*PN*320	*PN*400
15	5	5	5	5	5	5
20	5	5	5	—	—	—

续表

公称尺寸	环连接面法兰间的近似距离 *S*					
	*PN*63	*PN*100	*PN*160	*PN*250	*PN*320	*PN*400
25	5	5	5	5	5	5
32	5	5	5	—	—	—
40	5	5	5	5	5	5
50	7	7	7	7	7	7
65	7	7	7	7	7	7
80	7	7	7	7	7	7
100	7	7	7	7	7	7
125	7	7	7	7	7	7
150	7	7	9	9	9	9
200	7	7	8	8	8	8
250	7	7	8	8	8	
300	7	7	9			
350	7	8				
400	7					

注：小于 *PN*63 的系列原标准没有法兰间近似距离的数据。

3）螺母最大厚度、紧固件倒角端长度见表 10-2-113。

表 10-2-113　　螺母厚度和倒角端长度　　mm

螺纹规格	M10	M12	M14	M16	M20	M24	M27	M30	M33	M36×3	M39×3
m_1	8.4	10.8	12.8	14.8	18	21.5	23.8	25.6	28.7	—	—
m_2	—	—	14.3	16.4	20.4	24.4	27.4	30.4	33.5	36.5	39.5
z	1.5	2	2	2	2.5	2.5	2.5	3	3	2.5	2.5

螺纹规格	M42×3	M45×3	M48×3	M52×4	M56×4	M64×4	M70×4	M76×4	M82×4	M90×4
m_1	—	—	—	—	—	—	—	—	—	—
m_2	—	45.5	48.5	52.5	56.5	64.5	70.5	76.5	82.5	90.5
z	2.5	2.5	2.5	2.5	2.5	2.5	2.5	2.5	2.5	2.5

4）六角头螺栓或螺柱的长度偏差见表 10-2-114。

表 10-2-114　　长度偏差　　mm

六角头螺栓或螺柱的长度 l	长度偏差 Δl	六角头螺栓或螺柱的长度 l	长度偏差 Δl
$30<l\leqslant 50$	1.25	$250<l\leqslant 315$	2.6
$50<l\leqslant 80$	1.5	$315<l\leqslant 400$	2.85
$80<l\leqslant 120$	1.75	$400<l\leqslant 500$	3.15
$120<l\leqslant 180$	2.0	$500<l\leqslant 630$	3.5
$180<l\leqslant 250$	2.3	$630<l\leqslant 800$	4.0

（3）有关说明

上列公式的计算长度未计入垫圈厚度，算得的长度为最小长度，所选用的六角头螺栓或螺柱的长度应向上圆整至尾数为 5 或 0。

9.6　紧固件使用指南（资料性附录 B）

9.6.1　紧固件的使用条件

1）商品六角头螺栓的使用条件可参照下列要求：

① 公称压力小于或等于 *PN*16 或 Class 150；

② 非剧烈循环场合；

③ 配用非金属软垫片。

2）商品等长双头螺柱及六角螺母的使用条件可参照下列要求：

① 公称压力小于或等于 *PN*40 或 Class 300；

② 介质为非易燃、易爆及有毒害性的场合。

3）除上述条件外，应选用管法兰专用螺柱（等长双头螺柱或全螺纹螺柱）和大六角螺母。

4）高温、剧烈循环场合或公称压力大于或等于 *PN*160 或 Class 900 的高压工况下，应选用管法兰专用全螺纹螺柱。

9.6.2 紧固件适用的压力温度

根据紧固件的类型与尺寸、性能等级或材料牌号确定其适用的公称压力和工作温度范围，见表 10-2-115 和表 10-2-116。

表 10-2-115　　管法兰连接用商品紧固件适用的压力-温度范围

紧固件名称及标准编号	规格或直径	性能等级	公称压力 *PN* 或 Class	工作温度/℃
六角头螺栓 GB/T 5782	M10～M39	5.6、8.8	≤*PN*16 ≤Class 150	-10～300
	M10～M39	A4-50	≤*PN*40 ≤Class 300	-196～400
		A4-70	≤*PN*100 ≤Class 600	-196～400
		A2-50	≤*PN*40 ≤Class 300	-196～400
		A2-70	≤*PN*100 ≤Class 600	-196～400
等长双头螺柱 GB/T 901	M12～M39	8.8	≤*PN*40 ≤Class 300	-10～300
		A2-50、A-50		-196～400
		A2-70、A4-70	≤*PN*100 ≤Class 600	-196～400

表 10-2-116　　管法兰专用紧固件适用的压力-温度范围

紧固件名称及标准编号	规格或直径	材料牌号	公称压力 *PN* 或 Class	工作温度/℃
等长双头螺柱 GB/T 9125	M36×3～M90×3	40Cr	≤*PN*100 ≤Class 600	-20～350
		35CrMoA		-100～500
		25Cr2MoVA		-20～550
		06Cr17Ni12Mo2	≤*PN*40 ≤Class 300	-196～550
		06Cr19Ni10		
	d≤100	30CrMo（螺母：35）	≤*PN*100 ≤Class 600	-100～450
	d≤60	42CrMo（螺母：45）		
	d≤100	30CrMo（螺母：A2-50、A2-70）		-60～400
	d≤60	42CrMo（螺母：42CrMo）		-100～450
全螺纹螺柱 GB/T 9125	M12～M33 M36×3～M90×3	40Cr	≤*PN*400 ≤Class 2500	-20～350
		35CrMoA		-100～500
		25Cr2MoVA		>-20～550
		06Cr19Ni10	≤*PN*40 ≤Class 300	-196～550
		06Cr17Ni12Mo2		-196～550
	d≤100	30CrMo（螺母：35）	≤*PN*100 ≤Class 600	-100～450
	d≤60	42CrMo（螺母：45）		
	d≤100	30CrMo（螺母：A2-50、A2-70）		-60～400
	d≤60	42CrMo（螺母：42CrMo）		-100～450

9.6.3 紧固件的选配

螺栓、螺柱与螺母的选配可参照表 10-2-117 的规定。

表 10-2-117　　螺栓、螺柱与螺母选配

类别	规格或直径	螺栓、螺柱		螺母		公称压力 *PN* 或 Class	工作温度/℃
		名称及标准编号	性能等级或材料牌号	名称及标准编号	性能等级或材料牌号		
商品紧固件	M10～M36	六角头螺栓 GB/T 5782	5.6、8.8	1 型六角螺母 GB/T 6170	5、8	≤*PN*40 ≤Class 300	-10～300
			A2-50		A2-50		-196～400
			A4-50		A4-50		-196～400
			A2-70		A2-70	≤*PN*100 ≤Class 600	-196～400
			A4-70		A4-70		-196～400
	M10～M36	等长双头螺柱 GB/T 901	8.8	1 型六角螺母 GB/T 6170	5、8	≤*PN*40 ≤Class 300	-10～300
			A2-50		A2-50		-196～400
			A4-50		A4-50		-196～400
			A2-70		A2-70	≤*PN*100 ≤Class 600	-196～400
			A4-70		A4-70		-196～400
管法兰专用紧固件	M12～M33、M36×3～M90×3	等长双头螺柱 GB/T 9125	40Cr	大六角螺母 GB/T 9125	30CrMo	≤*PN*100 ≤Class 600	-20～350
			35CrMoA		35		-20～400
			25Cr2MoVA				
			06Cr19Ni10		06Cr19Ni10	≤*PN*40 ≤Class 300	-196～550
			06Cr17Ni12Mo2		06Cr17Ni12Mo2		-196～550
	≤100		30CrMo	六角头螺母 GB/T 9125	35	≤*PN*100 ≤Class 600	-20～400
	≤60		42CrMo		45		
	≤100		30CrMo		A2-50、A2-70		-60～400
	≤60		42CrMo		42CrMo		-100～450
	M12～M33、M36×3～M90×3	全螺纹螺柱 GB/T 9125	40Cr	六角头螺母 GB/T 9125	30CrMo	≤*PN*100 ≤Class 600	-20～350
			35CrMoA		35		-20～400
			25Cr2MoVA				
			06Cr19Ni10		06Cr19Ni10	≤*PN*40 ≤Class 300	-196～550
			06Cr17Ni12Mo2		06Cr17Ni12Mo2		
	d≤100		30CrMo		35	≤*PN*100 ≤Class 600	-20～400
	d≤60		42CrMo		45		
	d≤100		30CrMo		A2-50、A2-70		-196～400
	d≤60		42CrMo		42CrMo		-100～450

10　管法兰连接用垫片

管法兰连接用垫片如管法兰用非金属平垫片（GB/T 9126—2008）、管法兰缠绕式垫片分类（GB/T 4622. 1—2008）、管法兰用缠绕式垫片尺寸（GB/T 4622. 2—2008）、管法兰缠绕式垫技术条件（GB/T 4622. 3—2008）、管法兰用金属环垫片（GB/T 9128—2003）、管法兰用金属包覆垫片（GB/T 15601—2013）等，见本手册第 11 篇。

高新技术企业
证书

守信企业
PROMISE-KEEPING ENTERPRISE
北京市工商行政管理局
BEIJING ADMINISTRATION FOR INDUSTRY AND COMMERCE

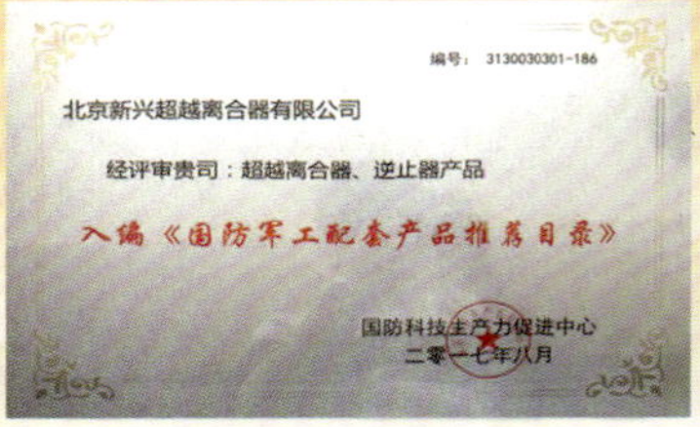
北京新兴超越离合器有限公司
经评审贵司：超越离合器、逆止器产品
入编《国防军工配套产品推荐目录》

HANDBOOK OF MECHANICAL DESIGN

《机械设计手册》第六版卷目